BIOLOGIE MOLÉCULAIRE DE LA CELLULE

DEUXIÈME ÉDITION

CHEZ LE MÊME ÉDITEUR

Gènes, Benjamin Lewin. Traduit de l'américain par Axel Kahn.
La cellule, David M. Prescott. Traduit de l'américain par Daniel Louvard.
Immunologie, Jean-François Bach, 3e édition 1986.
Bactériologie médicale, Léon Le Minor, Michel Véron, 2e édition 1990.
Virologie médicale, Jacques Maurin.
Principes de biochimie, Lehninger. Traduit de l'anglais par Pierre Kamoun.
Biochimie, Lubert Stryer. Traduit de l'anglais par Serge Weinmann.
Appareils et méthodes en biochimie, Pierre Kamoun.
HLA Complexe majeur d'histocompatibilité de l'homme, Jean Dausset et Marika Pla.

et, dans la collection de la « Biologie à la clinique »

Immunologie, Jean-François Bach, Philippe Lesavre, 2e édition 1989.
Génétique, Jacques-Michel Robert.
Virologie, Jean-Marie Huraux, Jean-Claude Nicolas, Henri Agut.
Bactériologie (les bactéries des infections humaines), Patrick Berche, Jean-Louis Gaillard, Michel Simonet.
Biologie moléculaire et médecine, Jean-Claude Kaplan, Marc Delpech.

BIOLOGIE MOLÉCULAIRE DE
LA CELLULE
DEUXIÈME ÉDITION

Bruce Alberts • Dennis Bray
Julian Lewis • Martin Raff • Keith Roberts
James D. Watson

Traduction de l'américain
réalisée et dirigée par

Marianne Minkowski
Docteur ès Sciences
Chargée de Recherches au CNRS

Avec la collaboration de
Gaëlle Rolland
DEA Biologie
et Physiologie végétales

Médecine-Sciences
Flammarion
4, rue Casimir-Delavigne, 75006 PARIS

Bruce Alberts a reçu son Ph. D de Harvard University et il est président du département de biochimie et de biophysique de la Medical School à San Francisco, University of California. *Dennis Bray* a reçu son Ph. D. du Massachusetts Institute of Technology et il a le titre de Senior Scientist au Medical Research Council Cell, département de biophysique du King's College à Londres. *Julian Lewis* a reçu son D. Phil d'Oxford University et a le titre de Senior Scientist à l'Imperial Cancer Research Fund Developmental Biology Unit, département de zoologie, Oxford University. *Martin Raff* a reçu son MD degree de la McGill University et il est professeur au département de biologie à University College à Londres. *Keith Roberts* a reçu son Ph. D de Cambridge University et il est le chef du département de biologie cellulaire au John Innes Institute de Norwich. *James D. Watson* a reçu son Ph. D. de University of Indiana et il est directeur du Cold Spring Harbor Laboratory. Il est auteur de *Molecular Biology of the Gene* et, avec Francis Crick et Maurice Wilkins, il a obtenu le prix Nobel de médecine et de physiologie en 1962.

Cet ouvrage est paru dans son édition américaine sous le titre :
Molecular biology of the cell. Second edition.

Ont participé à cette traduction, sous la direction de Marianne Minkowski :
Nathalie Dubois, Delphine Lees, Monique Hubault-Grassias, Françoise Homo-Delarche, Brigitte Bauvois, Gérard Comtesse, Bernard Maro, Marc Delpech, Evelyne Chiche, Pascale Guéret, Michèle Montmoulineix, Philippe Barrot, Jean-Louis Blouin.

Traduction autorisée de l'édition américaine publiée par
Garland publishing Inc.,
136, Madison Avenue, New York NY 10016

Pour l'édition française brochée: ISBN 2-257-15119-4
reliée : ISBN 2-257-15118-6

Préface à la deuxième édition

Il y a plus de 50 ans, E.B. Wilson écrivait que « la solution de tout problème biologique doit être finalement cherchée dans la cellule ». Cependant, encore très récemment, la biologie cellulaire était généralement enseignée aux étudiants en biologie sous forme d'un cours spécialisé de haut niveau essentiellement basé sur la microscopie électronique. De plus, dans la majorité des facultés de médecine, de nombreux sujets de biologie cellulaire, tels que les mécanismes d'endocytose, de chimiotaxie, de migration cellulaire et d'adhérence cellulaire n'étaient pratiquement pas enseignés — étant considérés comme trop cellulaires pour la biochimie et trop moléculaires pour l'histologie. Cependant, grâce aux récents progrès spectaculaires dans la compréhension des cellules, la biologie cellulaire commence à prendre sa véritable place au cœur de l'enseignement biologique et médical. Dans un nombre croissant d'universités, c'est un cours annuel obligatoire pour tous les étudiants de maîtrise en biologie et en biochimie, et elle devient le sujet « pivot » d'une grande partie du programme de médecine de première année. La première édition de *Biologie Moléculaire de la Cellule* fut écrite en prévision de ces réformes de programme nécessaires et dans l'espoir de les catalyser. Nous serons récompensés si la seconde édition aide à accélérer et à généraliser ces réformes.

En révisant le livre, nous avons trouvé quelques cas pour lesquels les anciennes conclusions se sont avérées fausses en raison de récentes découvertes. Mais, pendant les six années qui ont suivi la parution de la première édition, une moisson fantastiquement riche de nouvelles connaissances sur les cellules ont mis à jour de nouvelles relations et, dans de nombreux cas, imposèrent un changement radical dans le degré d'importance donné aux différents concepts. La présente révision, par conséquent, va très loin : chaque chapitre a subi de sérieuses modifications, beaucoup ont été presque entièrement réécrits et deux nouveaux chapitres — sur le contrôle de l'expression génique et sur le cancer — ont été ajoutés.

Certains critiques de la première édition, particulièrement les enseignants, voulaient une discussion plus détaillée des preuves expérimentales qui viennent à l'appui des concepts discutés. Nous ne souhaitons pas désorganiser le courant conceptuel ou grossir un livre déjà très volumineux ; mais nous admettons qu'il est essentiel de donner aux étudiants une idée de la façon dont les progrès se font. Dans ce but, John Wilson et Tim Hunt ont rédigé un *Livre d'exercices* pour accompagner la partie centrale du texte principal (Chapitres 5 à 14). Comme nous l'expliquons dans la note au lecteur, p. XXXV, chaque paragraphe du *Livre d'exercices* couvre un paragraphe de *Biologie Moléculaire de la Cellule* et prend pour base principale un ensemble d'expériences tirées de la littérature scientifique concernée. Celles-ci sont à l'origine d'une série de questions — certaines faciles, d'autres difficiles — qui sont censées impliquer activement le lecteur dans le raisonnement qui est à la base du processus de découverte.

La réalisation de la seconde édition, comme celle de la première, a pris beaucoup de temps. Comme auparavant, chaque chapitre a fait des allers et retours entre l'auteur qui en écrivit le premier jet et les autres auteurs aux fins de critique et de révision approfondie, de sorte que chaque partie du livre est le fruit d'une rédaction collective ; Tim Hunt et John Wilson participèrent souvent à cette opération. De plus, des experts extérieurs furent invités à faire des suggestions pour la révision et, dans certains cas, à collaborer à l'écriture du texte, qui fut ensuite revu par les auteurs pour être en harmonie avec le reste du livre. Nous sommes particulièrement redevables à James Rothman (Princeton University) pour sa participation au Chapitre 8 et à Jeremy Hyams (University College London), Tim Mitchison (University of California, San Francisco) et Paul Nurse (Oxford University) pour leur collaboration au Chapitre 13. Toutes les parties du texte révisées furent relues par des spécialistes extérieurs dont les commentaires et les suggestions furent inestimables ; une liste de remerciements est donnée p. XXXIII.

Miranda Robertson joua à nouveau un rôle essentiel dans la création d'un manuel lisible, en insistant pour que chaque page soit intelligible et cohérente et en réécrivant de nombreuses pages qui ne l'étaient pas. Nous sommes également redevables au personnel des Éditions Garland, et en particulier à Ruth Adams, Alison Walker et Gavin Borden, pour leur gentillesse, leur bonne humeur, leur efficacité et leur généreux soutien inépuisable pendant les quatre années que prit la préparation de cette édition. Des remerciements particuliers vont à Carol Winter pour son soin assidu dans la frappe de l'ensemble du livre et la préparation des disquettes pour l'imprimeur. Enfin nous offrons à nouveau à nos femmes, nos familles, nos collègues et nos étudiants, notre gratitude et nos excuses pour plusieurs années de négligence et d'abus de leur bonne volonté ; sans leur aide et leur tolérance, ce livre n'aurait pas pu être écrit.

Tiré de la préface à la première édition

La *Biologie Moléculaire de la Cellule* s'intéresse principalement aux cellules eucaryotes, par opposition aux bactéries, et son titre reflète l'importance essentielle des connaissances qui nous sont venues de l'approche moléculaire. Les Parties I et II du livre donnent une analyse des cellules selon cette optique et englobent le sujet traditionnel des cours de biologie cellulaire. Mais la biologie moléculaire en elle-même n'est pas suffisante. Les cellules eucaryotes, qui composent les animaux et les végétaux pluricellulaires, sont des êtres organisés à un niveau exceptionnel : elles vivent de coopération et d'adaptation spéciale. Pour comprendre leur fonctionnement, on doit étudier aussi bien les habitudes des cellules dans des communautés pluricellulaires que le travail interne des cellules isolées. Ce sont deux niveaux de recherche très différents mais la mise au point et l'organisation de chacun dépendent de l'autre. Nous avons donc consacré la Partie III du livre au comportement des cellules chez les animaux et dans les végétaux pluricellulaires. Ainsi la biologie du développement, l'histologie, l'immunobiologie et la neurobiologie sont discutées beaucoup plus longuement que dans les autres manuels. Bien que ces matières puissent ne pas figurer dans un cours de biologie cellulaire de base, servant de lecture facultative ou supplémentaire, elles représentent une partie importante de notre connaissance des cellules et devraient être particulièrement utiles à ceux qui décident de continuer des études de biologie et de médecine. Ce large *éventail* rend compte de notre conviction que la biologie cellulaire devrait être au centre d'un enseignement moderne en biologie.

Ce livre s'adresse essentiellement aux étudiants qui suivent leurs premiers cours de biologie cellulaire, qu'ils soient étudiants de licence ou de maîtrise, ou étudiants en médecine. Bien que nous supposions que la plupart des lecteurs ont au moins suivi un cours d'introduction à la biologie, nous avons essayé d'écrire ce livre de sorte qu'un ignorant en biologie puisse le comprendre en commençant par le début. D'autre part, nous espérons qu'il sera aussi utile aux scientifiques, à la recherche d'un guide qui les aide à choisir leur voie à travers un vaste champ de connaissances. C'est pourquoi nous avons donné une liste de références beaucoup plus complète qu'il n'est nécessaire pour un étudiant moyen, faisant en même temps l'effort de choisir principalement celles que l'on devrait trouver dans la majorité des bibliothèques.

Préface à la première édition française

En lisant « Molecular Biology of the Cell », nous ne pouvons qu'être subjugués par la diversité, la complexité et la précision des mécanismes cellulaires qui y sont décrits, souvent avec art, toujours avec rigueur et clarté. Comment peut-on, en effet, rester indifférent à la précision avec laquelle les cellules communiquent, ou à l'ingénuité et l'intelligence dont elles font preuve dans le système de défense immunitaire ou dans le développement du système nerveux ?

Les auteurs ont réuni, en un seul volume, toutes les connaissances de base de la Biologie Cellulaire, lui retirant ainsi son statut de parent pauvre, tout en insistant sur la nécessité de la Biologie Moléculaire pour la compréhension des fondements de l'évolution et du fonctionnement des cellules. Nous leur savons gré de donner, à tous ceux qui lisent ce livre, le sentiment réconfortant de ne pas arriver trop tard dans la course vers la connaissance de la cellule : il reste encore de nombreux domaines à explorer et de nombreux mystères à élucider.

En traduisant ce livre, j'espère faire partager mon enthousiasme et permettre, à tous ceux que la Biologie Cellulaire et Moléculaire intéresse, de l'aborder avec plaisir.

Je souhaite remercier tous ceux qui m'ont aidée dans cette aventure.

Les scientifiques qui, par amitié ou simple gentillesse, ont accepté de répondre à mes innombrables questions.

Les Éditions Flammarion et tout particulièrement Andrée Piekarski, directrice d'édition, qui a cru au projet, Évelyne Magne qui a accompli, avec une bonne humeur inaltérable, un travail d'organisation et de coordination remarquable, et Évelyne Chiche qui m'a secondée avec compétence dans la correction des épreuves.

Préface à la deuxième édition française

Parue en 1983 aux États-Unis, traduite en français en 1986, la première édition de « Molecular Biology of the Cell », ouvrage si enthousiasmant pour les scientifiques, devint très rapidement une œuvre fondamentale qui devait permettre à la fois un renouveau et un développement de l'enseignement de la Biologie Cellulaire. Les auteurs y réunissaient toutes les connaissances de base dans cette discipline, tout en insistant sur la nécessité de la Biologie Moléculaire pour la compréhension des fondements de l'évolution et du fonctionnement cellulaires. Ils soulignaient, cependant, qu'il restait encore de nombreux domaines à explorer pour parvenir à une complète élucidation des mystères de la cellule.

Grâce à la stupéfiante avancée technologique au cours des six dernières années, le rythme des découvertes en Biologie Cellulaire et Moléculaire fut tel que la seconde édition de « Molecular Biology of the Cell » est un nouveau livre et non une simple mise à jour. Le plan est modifié, les données scientifiques sont presque doublées, et un « Livre d'exercices » permet non seulement d'éprouver les connaissances fraîchement acquises, mais donne aussi, par la qualité de la démarche qui conduit à la solution des problèmes, une illustration, bien que très simple, de ce que peut être un raisonnement scientifique.

Que les nombreux scientifiques et les membres du Comité éditorial des Éditions Flammarion trouvent ici mes vifs remerciements pour l'aide qu'ils m'ont apportée dans les traductions de la première et de la seconde édition de cet ouvrage.

Table des matières

Remerciements
Préfaces
Note au lecteur

Introduction à la cellule

PARTIE I

L'évolution de la cellule

CHAPITRE 1

Des molécules à la première cellule **4**

Des molécules biologiques simples peuvent se former dans des conditions prébiotiques 4
Les polynucléotides sont capables de diriger leur propre synthèse 4
Les molécules qui s'autorépliquent subissent la sélection naturelle 6
Des molécules d'ARN spécialement adaptées peuvent catalyser des réactions biochimiques 6
L'information circule des polynucléotides aux polypeptides 7
Des membranes ont déterminé la première cellule 8
L'ADN est le matériel héréditaire de toutes les cellules actuelles 9
Résumé 10

Des procaryotes aux eucaryotes **10**

Les cellules procaryotes sont structuralement simples mais biochimiquement variées 11
Les réactions métaboliques évoluent 11
Les cyanobactéries peuvent fixer le CO_2 et le N_2 14
Les bactéries peuvent effectuer l'oxydation aérobie des molécules alimentaires 14
Les cellules eucaryotes contiennent plusieurs organites caractéristiques 15
Les cellules eucaryotes dépendent des mitochondries pour leur métabolisme oxydatif 18
Les chloroplastes sont les descendants d'une cellule procaryote intégrée 18
Les cellules eucaryotes contiennent un réseau dense de membranes internes 20
Les cellules eucaryotes ont un cytosquelette 21
Les protozoaires comprennent les plus complexes des cellules connues 21
Les gènes peuvent être exprimés ou réprimés 22
Les cellules eucaryotes ont largement plus d'ADN qu'elles n'en ont besoin pour la caractérisation des protéines 23
Dans les cellules eucaryotes, le matériel génétique est conditionné de manière complexe 23
Résumé 26

Des cellules isolées aux organismes pluricellulaires **27**

Les cellules isolées peuvent s'associer pour former des colonies 27
Les cellules d'un organisme supérieur se spécialisent et coopèrent 28
L'organisation pluricellulaire dépend de la cohésion entre les cellules 28
Les feuillets épithéliaux de cellules isolent le milieu intérieur 29
La communication intercellulaire contrôle l'organisation spatiale des organismes multicellulaires 30
La mémoire cellulaire permet le développement de modèles complexes 31
Les programmes de base du développement tendent à être conservés au cours de l'évolution 31
Les organismes eucaryotes possèdent un mécanisme complexe pour la reproduction 32
Les cellules des vertébrés présentent plus de 200 modes d'adaptation spéciale 32
Les cellules du système immunitaire sont spécialisées dans la reconnaissance chimique 33
Les cellules nerveuses permettent une rapide adaptation à un monde changeant 34
Les connexions des cellules nerveuses déterminent les modes de comportement 35
Résumé 37

Bibliographie **39**

Petites molécules, énergie et biosynthèse

CHAPITRE 2

Les composants chimiques d'une cellule **41**

La biochimie de la cellule est basée sur des composants carbonés 41
Les cellules utilisent quatre types fondamentaux de petites molécules 42
Les glucides sont les molécules alimentaires de la cellule 43
Les acides gras sont des composants des membranes cellulaires 44
Les acides aminés sont les sous-unités des protéines 45

Les nucléotides sont les sous-unités de l'ADN et de l'ARN 45
Résumé 58

Ordre biologique et énergie **59**
L'ordre biologique est rendu possible par la libération d'énergie sous forme de chaleur par les cellules 59
Les organismes photosynthétiques utilisent la lumière solaire pour synthétiser des composés organiques 60
L'énergie chimique passe des végétaux aux animaux 60
Les cellules tirent leur énergie de l'oxydation de molécules biologiques 61
La dégradation des molécules organiques a lieu au cours de séquences de réaction catalysées par des enzymes 61
Une partie de l'énergie libérée par les réactions d'oxydation est liée à la formation d'ATP 62
L'hydrolyse de l'ATP est génératrice d'ordre dans les cellules 62
Résumé 63

Les aliments et l'origine de l'énergie cellulaire **64**
Les molécules alimentaires sont dégradées en trois étapes pour donner de l'ATP 64
La glycolyse peut produire de l'ATP même en l'absence d'oxygène 65
Le catabolisme oxydatif produit une quantité beaucoup plus grande d'énergie utilisable 67
Le métabolisme est dominé par le cycle de l'acide citrique 67
Dans la phosphorylation oxydative, le transfert des électrons vers l'oxygène entraîne la formation d'ATP 69
Les acides aminés et les nucléotides font partie du cycle de l'azote 70
Résumé 70

La biosynthèse et la création d'ordre **71**
La variation d'énergie libre d'une réaction détermine si elle peut avoir lieu 71
Les réactions de biosynthèse sont souvent directement couplées à l'hydrolyse de l'ATP 71
Les coenzymes sont impliquées dans le transfert de groupements chimiques spécifiques 75
La biosynthèse nécessite un pouvoir réducteur 77
Les polymères biologiques sont synthétisés suivant une séquence répétitive de réactions élémentaires de déshydratation 78
Résumé 78

La coordination du catabolisme et de la biosynthèse **80**
Le métabolisme est organisé et soumis à une régulation 80
Les voies métaboliques sont contrôlées par des variations de l'activité enzymatique 80
Les réactions cataboliques peuvent être inversées par un apport d'énergie 80
Les enzymes peuvent être activées ou réprimées par modification covalente 84
Les réactions sont compartimentées à la fois dans les cellules et dans les organismes 84
Résumé 85

Bibliographie **86**

CHAPITRE 3
Macromolécules : structure, conformation et information

Les mécanismes de la reconnaissance moléculaire **87**
Les interactions spécifiques d'une macromolécule dépendent de liaisons faibles non covalentes 88
L'hélice est le motif structural courant dans les structures biologiques faites de sous-unités répétitives 89
La diffusion est la première étape de la reconnaissance moléculaire 92
L'agitation thermique rassemble et sépare les molécules 93
Les atomes et les molécules sont constamment en mouvement 93
Les processus de reconnaissance cellulaire ne peuvent jamais être parfaits 94
Résumé 95

Les acides nucléiques **95**
Les gènes sont constitués d'ADN 95
Les molécules d'ADN sont constituées de deux longues chaînes unies par des paires de bases complémentaires 95
La structure de l'ADN permet d'expliquer l'hérédité 96
Des erreurs dans la réplication de l'ADN provoquent des mutations 97
La séquence nucléotidique d'un gène détermine la séquence des acides aminés d'une protéine 100
Des parties de la séquence d'ADN sont copiées en ARN pour la synthèse d'une protéine 101
Les molécules d'ARN des eucaryotes sont épissées afin d'éliminer les séquences d'introns 102
Les séquences des nucléotides de l'ARNm sont « lues » par groupes de trois et traduites en acides aminés 102
Les molécules d'ARNt adaptent les acides aminés aux groupes de nucléotides 103
Le message de l'ARN est lu d'un bout à l'autre par un ribosome 104
Certaines molécules d'ARN fonctionnent comme catalyseurs 105
Résumé 106

Structure des protéines **107**
La forme d'une molécule protéique est déterminée par sa séquence d'acides aminés 107
Des motifs de repliement communs se retrouvent dans des chaînes protéiques différentes 109
Les protéines ont des structures extrêmement variées 110
Les protéines ont différents niveaux d'organisation structurale 112
Seules quelques-unes des nombreuses chaînes polypeptidiques possibles pourraient être utiles 112
De nouvelles protéines sont souvent le résultat de modifications mineures d'anciennes protéines 115
De nouvelles protéines peuvent évoluer par recombinaison de domaines polypeptidiques préexistants 116
Les homologies structurales peuvent faciliter l'attribution de fonctions à des protéines nouvellement découvertes 117
Les sous-unités protéiques peuvent s'auto-assembler pour former des structures de grandes dimensions 118
Deux sous-unités protéiques du même type peuvent interagir pour former des agrégats géométriquement réguliers 118

Certaines structures formées par auto-assemblage contiennent des sous-unités protéiques et des acides nucléiques 119
Toutes les structures biologiques ne se forment pas par auto-assemblage 121
Résumé 122

Fonction des protéines **122**
La conformation d'une protéine détermine sa chimie 123
La fixation du substrat est la première étape de la catalyse enzymatique 124
Les enzymes accélèrent les réactions chimiques, mais ne peuvent les rendre énergétiquement plus favorables 125
De nombreuses enzymes favorisent un des deux sens d'une réaction en la couplant à l'hydrolyse de l'ATP 126
Les complexes multi-enzymatiques aident à accélérer la vitesse du métabolisme cellulaire 126
Les membranes intracellulaires augmentent la vitesse des réactions limitées par diffusion 127
Les molécules protéiques peuvent changer de forme de manière réversible 127
Les protéines allostériques contribuent à la régulation du métabolisme 128
Les protéines allostériques sont essentielles à la signalisation cellulaire 128
Les protéines peuvent être « poussées » ou « tirées » vers des formes différentes 129
Des changements de conformation protéique induits par l'énergie stockée peuvent effectuer un travail utile 130
Les protéines membranaires qui subissent des transitions allostériques induites par l'ATP peuvent agir comme des pompes 131
Les protéines allostériques liées à la membrane peuvent récupérer l'énergie stockée dans les gradients ioniques pour produire un travail utile 131
Les machines protéiques jouent des rôles essentiels dans de nombreux processus biologiques 131
Résumé 131

Bibliographie **132**

CHAPITRE 4

Les méthodes d'étude des cellules

Microscopie **135**
Un microscope photonique peut distinguer des détails distants de 0,2 μm^2 137
Les tissus sont habituellement fixés et coupés pour la microscopie 138
Différents composants de la cellule peuvent être colorés sélectivement 139
Des molécules spécifiques peuvent être localisées dans les cellules par la microscopie à fluorescence 139
Les cellules vivantes peuvent être observées avec précision au microscope à contraste de phase ou au microscope à contraste d'interférence différentielle 141
Les images peuvent être agrandies et analysées par des techniques électroniques 142
La microscopie électronique permet de distinguer la structure fine de la cellule 142
Les échantillons biologiques nécessitent une préparation particulière pour la microscopie électronique 144
On peut obtenir des images tridimensionnelles en microscopie électronique 146
Les ombrages métalliques permettent l'examen des caractéristiques de surface par microscopie électronique à transmission avec une grande résolution 147
La microscopie électronique par cryofracture et cryodécapage fournit des images exceptionnelles de l'intérieur des cellules 147
La microscopie par coloration négative permet l'observation des macromolécules à haute résolution 148
La structure d'un objet dans un réseau cristallin peut être déduite à partir des figures de diffraction qu'il engendre 150
La diffraction des rayons X révèle l'arrangement tridimensionnel des atomes dans une molécule 151
Résumé 153

Etude des conditions chimiques régnant à l'intérieur des cellules vivantes **153**
La résonance magnétique nucléaire (RMN) peut être utilisée pour analyser les propriétés chimiques de populations de cellules vivantes 153
Les concentrations ioniques peuvent être mesurées avec des électrodes intracellulaires 155
On peut mesurer des concentrations ioniques intracellulaires à variation rapide grâce à des indicateurs émetteurs de lumière 156
Il existe plusieurs façons d'introduire dans les cellules des molécules auxquelles les membranes sont imperméables 157
Résumé 158

Séparation et culture cellulaires **159**
Les cellules peuvent être isolées d'un tissu et séparées en différents types 159
On peut faire pousser des cellules dans une boîte de culture 160
Des milieux chimiquement définis permettent l'identification de facteurs de croissance spécifiques 161
Les lignées cellulaires eucaryotes constituent une source de cellules homogènes très utilisée 162
Les cellules peuvent être fusionnées pour former des cellules hybrides 162
Résumé 163

Le fractionnement des composants cellulaires **163**
Les organites et les macromolécules peuvent être séparés par ultracentrifugation 163
Les détails moléculaires de processus cellulaires complexes peuvent être déchiffrés dans des systèmes acellulaires 166
Les protéines peuvent être séparées par chromatographie 167
La taille et la composition en sous-unités d'une protéine peuvent être déterminées par électrophorèse sur gel de polyacrylamide SDS 169
Plus de 1 000 protéines peuvent être séparées sur un seul gel par électrophorèse bidimensionnelle sur gel de polyacrylamide 171
Le clivage sélectif d'une protéine engendre une série caractéristique de fragments peptidiques 172
De courtes séquences d'acides aminés peuvent être analysées par des appareils automatiques 172
Résumé 174

Le marquage des molécules cellulaires par des isotopes radioactifs et des anticorps **174**
Les atomes radioactifs peuvent être détectés avec une grande sensibilité 175
Les radioisotopes sont employés pour suivre les molécules dans les cellules et les organismes 175

Les anticorps peuvent servir à détecter et isoler des molécules spécifiques 177
Les lignées cellulaires d'hybridomes constituent une source permanente d'anticorps monoclonaux 178
Des anticorps et d'autres macromolécules peuvent être injectés dans des cellules vivantes 180
Résumé 180

La technologie de l'ADN recombinant 180
La technologie de l'ADN recombinant a révolutionné la biologie cellulaire 180
Les nucléases de restriction hydrolysent les molécules d'ADN au niveau de séquences nucléotidiques spécifiques 182
Toute séquence d'ADN peut être produite en grandes quantités par clonage de l'ADN 182
L'électrophorèse sur gel sépare rapidement les molécules d'ADN de tailles différentes 184
Des molécules d'ADN purifiées peuvent être marquées par des radioisotopes *in vitro* 185
Les séquences de fragments d'ADN isolés peuvent être rapidement déterminées 185
Les réactions d'hybridation d'acides nucléiques constituent un moyen sensible pour détecter des séquences nucléotidiques spécifiques 188
Les techniques de « Northern et Southern Blotting » facilitent l'hybridation avec des molécules d'acide nucléique séparées par électrophorèse 189
Les molécules d'ADN synthétiques facilitent le diagnostic prénatal des maladies génétiques 191
L'hybridation à faible stringence permet d'identifier des gènes d'une parenté éloignée 191
Les techniques d'hybridation *in situ* localisent des séquences d'acides nucléiques spécifiques dans les chromosomes et les cellules 192
Les techniques d'ADN recombinant permettent aussi l'étude des protéines mineures d'une cellule 193
La meilleure connaissance de la fonction d'un gène est apportée par les organismes mutants 193
Des cellules et des organismes contenant des gènes modifiés peuvent être fabriqués à la demande 194
Des gènes manipulés codant un ARN antisens peuvent créer des mutations dominantes spécifiques 195
Résumé 196

Bibliographie 196

L'organisation moléculaire des cellules

PARTIE II

CHAPITRE 5 Les mécanismes génétiques fondamentaux

La synthèse des protéines et de l'ARN 201
L'ARN polymérase copie l'ADN en ARN : le processus de la transcription de l'ADN 202
Le promoteur définit le brin d'ADN qui doit être transcrit 204
Des molécules d'ARN de transfert agissent comme « adaptateurs » pour traduire des séquences nucléotidiques en séquences protéiques 205
Des enzymes spécifiques couplent chaque acide aminé à sa molécule d'ARNt correspondante 207
Les acides aminés sont ajoutés à l'extrémité C-terminale d'une chaîne polypeptidique en croissance 208
Le code génétique est dégénéré 209
Les étapes de la synthèse protéique sont catalysées sur le ribosome 210
Un ribosome progresse pas à pas le long de la chaîne d'ARNm 210
Une chaîne protéique se détache du ribosome lorsque l'un des trois différents codons stop est atteint 212
Le processus d'initiation ajuste la phase de lecture pour la synthèse protéique 213
Chez les eucaryotes, seule une espèce de chaîne polypeptidique est habituellement synthétisée à partir de chaque molécule d'ARNm 214
La liaison de nombreux ribosomes à une seule molécule d'ARNm engendre des polyribosomes 214
Le taux global de synthèse protéique chez les eucaryotes est contrôlé par des facteurs d'initiation 215
La fidélité de la synthèse protéique est améliorée par deux processus distincts de correction sur épreuves 215
De nombreux inhibiteurs de la synthèse protéique des procaryotes sont utilisés comme antibiotiques 218
Comment a évolué la synthèse protéique ? 219
Résumé 219

Les mécanismes de réparation de l'ADN 220
Les séquences de l'ADN sont conservées avec une très grande fidélité 220
Les taux de mutation observés dans des cellules en prolifération sont compatibles avec les estimations évolutives 220
La plupart des mutations dans les protéines sont nuisibles et sont éliminées par la sélection naturelle 221
De faibles taux de mutation sont nécessaires à la vie telle que nous la connaissons 221

De faibles taux de mutation signifient que des organismes voisins doivent être composés essentiellement des mêmes protéines 222
Si elles n'étaient pas corrigées, les lésions spontanées de l'ADN modifieraient rapidement les séquences d'ADN 222
La stabilité des gènes dépend de la réparation de l'ADN 223
Différents types de lésions de l'ADN sont reconnus par différentes enzymes 223
Les cellules peuvent produire des enzymes de réparation de l'ADN en réponse à une lésion de l'ADN 225
La structure et la nature chimique de la double hélice d'ADN facilitent sa réparation 226
Résumé 227

Les mécanismes de réplication de l'ADN 227

La réplication de l'ADN aussi bien que sa réparation reposent sur l'appariement des bases 227
La fourche de réplication de l'ADN est asymétrique 228
La grande fidélité de réplication de l'ADN exige un mécanisme de « correction sur épreuves » 229
La réplication de l'ADN dans la direction 5′ 3′ permet la correction efficace des erreurs 230
Une enzyme particulière de polymérisation des nucléotides synthétise de courtes molécules amorces sur la chaîne tardive 231
Des protéines particulières facilitent l'ouverture de la double hélice d'ADN devant la fourche de réplication 231
Les protéines présentes au niveau d'une fourche de réplication coopèrent pour constituer une machine de réplication 232
Un système de correction sur épreuves des mésappariements élimine les erreurs de réplication dans les cellules bactériennes 233
Les fourches de réplication sont amorcées aux origines de réplication 235
Des ADN topoisomérases empêchent l'ADN de s'emmêler au cours de la réplication 236
La réplication de l'ADN est fondamentalement similaire chez les eucaryotes et les procaryotes 236
Résumé 238

Les mécanismes de la recombinaison génétique 239

La recombinaison générale est gouvernée par des interactions d'appariement entre les chaînes complémentaires de deux molécules d'ADN homologues 239
La recombinaison générale peut être initiée au niveau d'une coupure dans une chaîne d'une double hélice d'ADN 240
Les réactions d'hybridation de l'ADN fournissent un modèle simple pour l'étape d'appariement de bases dans la recombinaison génétique 240
La protéine recA permet aux simples chaînes d'ADN de s'apparier avec une région homologue de la double hélice chez *E.coli* 242
La recombinaison génétique générale comporte habituellement un échange de brins croisés 243
La conversion génétique résulte de la combinaison d'une synthèse limitée d'ADN et d'une recombinaison générale 244
Les enzymes de la recombinaison spécifique du site introduisent ou éliminent des séquences données d'ADN dans les génomes 246
Résumé 247

Virus, plasmides et éléments génétiques transposables 248

Les virus sont des éléments génétiques mobiles 249
L'enveloppe externe d'un virus peut être une capside protéique ou une enveloppe membranaire 249
Les génomes viraux existent sous de nombreuses formes et peuvent être constitués d'ARN ou d'ADN 250
Un chromosome viral code les enzymes impliquées dans la réplication de son acide nucléique 250
Les virus à ARN et les virus à ADN se répliquent tous les deux par formation de chaînes complémentaires 251
Les chromosomes viraux peuvent s'intégrer dans les chromosomes de l'hôte 252
La synthèse continue de protéines virales peut rendre une cellule cancéreuse 254
Les virus oncogènes à ARN sont des rétrovirus 254
Certains éléments transposables sont de proches parents des rétrovirus 255
D'autres éléments transposables se transfèrent eux-mêmes directement d'un site du génome à un autre 256
La plupart des virus ont probablement évolué à partir des plasmides 257
Résumé 258

Le clonage de l'ADN et le génie génétique 258

Des nucléases de restriction facilitent le clonage des gènes 258
Une banque d'ADN peut être fabriquée en utilisant des virus ou des vecteurs plasmidiques 259
Deux types de banques d'ADN servent à différents usages 260
Des banques d'ADNc peuvent être préparées à partir de populations choisies de molécules d'ARNm 261
L'hybridation avec une sonde radioactive peut être utilisée pour identifier les clones intéressants dans une banque d'ADN 262
La sélection de clones d'ADN chevauchants permet de « marcher » le long du chromosome vers un gène intéressant proche 262
La traduction *in vitro* facilite l'identification du clone d'ADN correct 265
Des vecteurs d'expression permettent d'utiliser des clones d'ADNc pour produire des protéines en excès 265
Des gènes peuvent être réagencés pour produire des protéines de n'importe quelle séquence désirée 266
Des gènes artificiellement modifiés peuvent être insérés de façon stable dans la lignée germinale de souris ou de *Drosophile* pour donner naissance à des animaux transgéniques 267
Il est possible de cloner des segments choisis d'ADN en tube à essai grâce à une réaction de polymérisations en chaîne 269
L'approche génétique de la cartographie et de l'analyse des grands génomes est considérablement facilitée par les méthodes du génie génétique 270
Résumé 271

Bibliographie 271

CHAPITRE 6

La membrane plasmique

La double couche lipidique 276

Les lipides membranaires sont des molécules amphiphiles qui forment spontanément des doubles couches 276
La double couche lipidique est un fluide bidimensionnel 278
La fluidité d'une double couche lipidique dépend de sa composition 279

La double couche lipidique sert de solvant pour les protéines membranaires 280
La double couche lipidique est asymétrique 281
Les glycolipides se trouvent à la surface de toutes les membranes plasmiques, mais leur fonction est inconnue 282
Résumé 283

Les protéines membranaires 284
La chaîne polypeptidique de nombreuses protéines membranaires traverse la double couche lipidique une ou plusieurs fois 284
Les protéines membranaires peuvent être solubilisées et purifiées par des détergents 286
Le côté cytoplasmique des protéines membranaires peut être étudié dans des stromas d'hématies 288
La spectrine est une protéine du cytosquelette associée de façon non covalente à la face cytoplasmique de la membrane de l'hématie 289
La glycophorine traverse la double couche lipidique des hématies sous la forme d'une hélice unique 291
La bande 3 de la membrane des hématies humaines est une protéine de transport d'anions 291
La bactériorhodopsine est une pompe protonique qui traverse la double couche sous la forme de sept hélices 293
Quatre chaînes polypeptidiques différentes d'un complexe lié à la membrane forment un centre de réaction photosynthétique bactérien 293
De nombreuses protéines membranaires diffusent dans le plan de la membrane 295
Les cellules ont les moyens de limiter les protéines et les lipides à des domaines spécifiques à l'intérieur d'une membrane 297
Résumé 298

Les glucides membranaires 298
Les glucides des membranes biologiques sont principalement limités à la surface non cytosolique 298
Résumé 300

Transport membranaire des petites molécules 300
Les doubles couches lipidiques qui ne contiennent pas de protéines sont imperméables aux ions mais tout à fait perméables à l'eau 301
Les protéines de transport membranaires peuvent agir comme protéines porteuses ou comme canaux 302
Le transport actif se fait par l'intermédiaire de protéines porteuses couplées à une source d'énergie 302
Les protéines porteuses se comportent comme des enzymes liées à la membrane 303
La pompe Na^+-K^+ de la membrane plasmique est une ATPase 304
L'ATPase Na^+-K^+ maintient le potentiel de membrane et aide à contrôler le volume cellulaire 306
Certaines pompes Ca^{2+} sont aussi des ATPases liées à la membrane 307
Les enzymes liées à la membrane qui synthétisent de l'ATP sont des ATPases de transport fonctionnant à l'envers 307
Le transport actif peut être couplé à des gradients ioniques 309
Des antiports situés dans la membrane plasmique règlent le pH intracellulaire 309
Une distribution asymétrique des protéines de transport dans les cellules épithéliales sert de base au transport transcellulaire des solutés 310
Le transport actif chez les bactéries peut se faire par « translocation de groupe » 311
Les bactéries à doubles membranes ont des systèmes de transport qui dépendent de protéines de liaison du substrat hydrosolubles 312
Les canaux protéiques forment des pores aqueux dans la membrane plasmique 312
Le potentiel de membrane dépend des canaux de fuite K^+ et de l'effet Donnan 314
Les canaux ioniques réglés par la tension sont responsables de l'excitabilité électrique des cellules nerveuses et musculaires 316
L'enregistrement local montre que les canaux Na^+ individuels s'ouvrent selon une loi du tout ou rien 318
Le récepteur de l'acétylcholine est un canal cationique dont l'ouverture est réglée par un transmetteur 319
La transmission neuromusculaire nécessite l'activation séquentielle d'au moins quatre séries différentes de canaux ioniques à ouverture contrôlée 321
Les ionophores augmentent la perméabilité ionique des membranes 322
Résumé 323

Le transport membranaire des macromolécules et des particules : exocytose et endocytose 323
Il existe deux voies d'exocytose, l'une constitutive et l'autre provoquée 324
L'exocytose provoquée est une réponse locale de la membrane plasmique et de son cytoplasme sous-jacent 325
Il existe deux types d'endocytose : la pinocytose et la phagocytose 326
Les vésicules de pinocytose se forment à partir de puits recouverts dans la membrane plasmique 326
Les puits recouverts contiennent de la clathrine 327
Il existe au moins deux types de vésicules recouvertes 327
L'endocytose par l'intermédiaire de récepteurs sert de système de concentration pour l'incorporation de macromolécules extracellulaires spécifiques 328
Les cellules importent du cholestérol en absorbant des lipoprotéines de faible densité (LDL) par endocytose par l'intermédiaire de récepteurs 328
Le contenu des endosomes aboutit dans les lysosomes à moins qu'il ne soit spécifiquement récupéré 330
Les complexes ligand-récepteur sont triés dans l'environnement acide des endosomes 331
Des macromolécules peuvent être transférées à travers les feuillets de cellules épithéliales par transcytose 332
Les puits et les vésicules recouverts constituent la voie principale pour l'endocytose en phase liquide dans de nombreuses cellules 333
Le cycle d'endocytose joue peut-être un rôle dans la locomotion cellulaire et dans le phénomène de « capping » 333
Des cellules phagocytaires spécialisées ingèrent des particules qui se fixent à des récepteurs spécifiques de leur surface 334
La phagocytose est une réponse locale qui se produit selon un mécanisme dans lequel la membrane fonctionne comme une « fermeture éclair » 335
La fusion des membranes au cours de l'exocytose et l'endocytose est probablement catalysée par des protéines de fusion 336
Résumé 337

Bibliographie 337

CHAPITRE 7

Conversion de l'énergie : mitochondries et chloroplastes

La mitochondrie 342

La mitochondrie contient une membrane externe et une membrane interne qui définissent deux compartiments internes 343
La membrane interne est plissée en crête 345
L'oxydation mitochondriale démarre quand de grandes quantités d'acétyl CoA sont produites dans l'espace matriciel à partir des acides gras et du pyruvate 345
Le cycle de l'acide citrique oxyde le groupement acétyl de l'acétyl CoA et produit du NADH et du $FADH_2$ pour la chaîne respiratoire 347
Un processus chimiosmotique convertit l'énergie d'oxydation en ATP dans la membrane mitochondriale 349
Les électrons sont transférés du NADH à l'oxygène par l'intermédiaire de trois grands complexes enzymatiques respiratoires 350
L'énergie libérée par le passage des électrons dans la chaîne respiratoire est stockée sous la forme d'un gradient électrochimique de protons à travers la membrane interne 351
L'énergie emmagasinée dans le gradient électrochimique de protons est utilisée pour produire de l'ATP et pour transporter des métabolites et des ions inorganiques dans l'espace matriciel 352
La conversion rapide de l'ADP en ATP dans les mitochondries maintient un rapport ATP/ADP très élevé dans les cellules 353
La différence entre $\Delta G°$ et ΔG : une valeur négative élevée de ΔG est nécessaire pour que l'hydrolyse de l'ATP soit utile à la cellule 354
La respiration cellulaire est remarquablement efficace 354
Résumé 355

La chaîne respiratoire et l'ATP synthétase 356

Des parties retournées fonctionnelles peuvent être isolées des mitochondries 356
L'ATP synthétase peut être purifiée et réincluse dans les membranes 356
L'ATP synthétase peut fonctionner dans le sens inverse pour hydrolyser l'ATP et pomper l'H^+ 357
La chaîne respiratoire pompe H^+ à travers la membrane mitochondriale interne 358
De nombreux transporteurs d'électrons ont été identifiés par des méthodes spectroscopiques 359
La chaîne respiratoire contient trois gros complexes enzymatiques enchâssés dans la membrane interne 360
Les transferts d'électrons sont assurés par des collisions aléatoires entre des donneurs diffusibles et des accepteurs dans la membrane mitochondriale interne 361
Une chute importante dans le potentiel redox à travers chacun des trois complexes enzymatiques respiratoires fournit l'énergie pour le pompage des protons 362
Les mécanismes du pompage respiratoire des protons ne sont pas bien compris 363
Les ionophores H^+ dissipent le gradient H^+ et, de ce fait, découplent le transport des électrons de la synthèse de l'ATP 364
Le contrôle respiratoire freine normalement le flux des électrons à travers la chaîne 364
Des découplants naturels convertissent les mitochondries de la graisse brune en machines génératrices de chaleur 365
Toutes les bactéries utilisent des mécanismes chimiosmotiques pour capter l'énergie 365
Résumé 366

Chloroplastes et photosynthèse 366

Les chloroplastes ressemblent aux mitochondries mais ont un compartiment supplémentaire 366
Deux réactions uniques dans les chloroplastes : la production d'ATP et de NADPH activée par la lumière et la conversion de CO_2 en glucides 368
La fixation du carbone est catalysée par la ribulose diphosphate carboxylase 369
Trois molécules d'ATP et deux molécules de NADPH sont consommées pour chaque molécule de CO_2 fixée au cours du cycle de fixation du carbone 369
Chez certains végétaux tropicaux, la fixation du carbone est compartimentée pour faciliter leur croissance aux faibles concentrations de CO_2 371
La photosynthèse dépend de la photochimie des molécules de chlorophylle 373
Un photosystème contient un complexe d'antenne ajouté à un centre réactionnel 373
Dans un centre réactionnel, l'énergie lumineuse capturée par la chlorophylle crée un donneur puissant d'électrons à partir d'un faible donneur d'électrons 375
La photosynthèse bactérienne établit un gradient électrochimique de protons à travers la membrane plasmique qui active la production d'ATP et de NADPH 375
Chez les végétaux et les cyanobactéries, la phosphorylation non cyclique produit du NADPH et de l'ATP 377
Les chloroplastes peuvent fabriquer de l'ATP par photophosphorylation cyclique sans fabriquer de NADPH 378
La géométrie de la translocation des protons est identique dans les mitochondries et les chloroplastes 379
Comme la membrane mitochondriale interne, la membrane chloroplastique interne contient des protéines de transport qui facilitent l'échange de métabolites avec le cytosol 380
Les chloroplastes effectuent d'autres biosynthèses 380
Résumé 381

L'évolution des chaînes de transport d'électrons 381

Les celllules les plus primitives produisaient probablement l'ATP par fermentation 381
L'évolution des chaînes de transport d'électrons conservatrices de l'énergie a permis aux bactéries anaérobies d'utiliser des composés organiques non fermentables comme source d'énergie 382
En fournissant une source inépuisable de pouvoir réducteur, les bactéries photosynthétiques ont surmonté un obstacle majeur dans l'évolution des cellules 383
Les chaînes photosynthétiques complexes de transport d'électrons des cyanobactéries ont probablement produit le premier oxygène atmosphérique 384
Résumé 386

Les génomes des mitochondries et des chloroplastes 387
La croissance et la division des organites conservent le nombre de mitochondries et de chloroplastes dans une cellule 388
Les génomes des chloroplastes et des mitochondries sont habituellement des molécules d'ADN circulaire 389
Les mitochondries et les chloroplastes contiennent des systèmes génétiques complets 390
Le génome chloroplastique des végétaux supérieurs contient environ 120 gènes 391
Les génomes mitochondriaux ont plusieurs caractéristiques surprenantes 392
Les mitochondries animales contiennent les plus simples systèmes génétiques connus 393
Pourquoi les génomes mitochondriaux des végétaux sont-ils si grands ? 393
Certains gènes d'organites contiennent des introns 393
Les gènes mitochondriaux peuvent être distingués des gènes nucléaires par leur patrimoine héréditaire non mendélien (cytoplasmique) 394
Les gènes des organites sont transmis par la mère dans de nombreux organismes 395
Les mutants « petite » chez les levures montrent l'écrasante domination du noyau cellulaire dans la biogenèse mitochondriale 396
Les produits de gènes nucléaires règlent la synthèse des mitochondries et des chloroplastes 396
Les organites de conversion d'énergie contiennent des protéines spécifiques de certains tissus 397
Les protéines sont importées dans les mitochondries et les chloroplastes grâce à un processus consommateur d'énergie 397
Les mitochondries importent la majorité de leurs lipides ; les chloroplastes synthétisent la majorité d'entre eux 398
Les mitochondries et les chloroplastes ont probablement évolué à partir de bactéries endosymbiotiques 398
Pourquoi les mitochondries et les chloroplastes possèdent-ils leurs propres systèmes génétiques ? 400
Résumé 401

Bibliographie 401

CHAPITRE 8

Le tri intracellulaire et la conservation des compartiments cellulaires

La compartimentation des cellules supérieures 405
Toutes les cellules eucaryotes ont un ensemble fondamental d'organites limités par une membrane 406
Les relations topologiques des organites limités par une membrane peuvent être interprétées en fonction de leurs origines évolutives 408
La circulation protéique intracellulaire à travers le RE et le Golgi peut être suivie par autoradiographie 409
La voie de circulation protéique a deux embranchements divergents : l'un cytosolique, l'autre via le RE 412
Les protéines peuvent se déplacer entre les compartiments de deux façons fondamentalement différentes 413
Des peptides « signal » et des régions « signal » déterminent le destin d'une protéine 414
Les cellules ne peuvent construire de *novo* leurs organites limités par une membrane : elles ont besoin de l'information contenue dans l'organite lui-même 415
Résumé 415

Le compartiment cytosolique 416
Le cytosol est organisé en filaments protéiques 416
Beaucoup de protéines sont modifiées de façon covalente dans le cytosol 416
Certaines protéines cytosoliques sont liées à la face cytoplasmique des membranes par une chaîne d'acides gras 417
Certaines protéines cytosoliques sont programmées pour être rapidement détruites 418
Une voie protéolytique dépendante de l'ubiquitine est responsable du choix de la vitesse de renouvellement protéique chez les eucaryotes 419
La stabilité d'une protéine peut être déterminée par des enzymes qui modifient son extrémité aminée 419
L'accumulation d'agrégats protéiques dans une cellule est en partie évitée grâce à des protéines de réponse au stress 420
Résumé 421

Le transport des protéines et des molécules d'ARN vers l'intérieur ou vers l'extérieur du noyau 421
Les pores nucléaires percent la double membrane nucléaire 422
Les protéines sont activement transportées dans le noyau par l'intermédiaire des pores nucléaires 423
Seules les protéines qui contiennent des signaux d'importation nucléaire sont activement transportées dans le noyau 424
Des pores nucléaires transportent des ARN sélectionnés hors du noyau 425
Résumé 426

Le transport des protéines dans les mitochondries et les chloroplastes 426
Les peptides signal mitochondriaux sont des séquences d'acides aminés amphiphiles 427
La translocation dans la matrice mitochondriale dépend du gradient électrochimique à travers la membrane interne et de l'hydrolyse de l'ATP 427
Les protéines mitochondriales sont importées dans la matrice au niveau des sites de contact qui relient les deux membranes 427
Les protéines se déplient lorsqu'elles sont importées dans la matrice mitochondriale 428
Deux signaux sont nécessaires au transport des protéines dans l'espace intermembranaire mitochondrial 429
Le transfert du cytosol vers la membrane mitochondriale externe a lieu selon un mécanisme énergétiquement indépendant 429
Dans les chloroplastes, il faut deux peptides signal pour diriger les protéines vers la membrane du thylacoïde 430
Résumé 430

Les peroxysomes 431
Les peroxysomes utilisent l'oxygène moléculaire et le peroxyde d'hydrogène pour effectuer des réactions d'oxydation 431

Tous les composants des peroxysomes sont importés du cytosol 433
Résumé 433

Le réticulum endoplasmique 433
Les ribosomes liés à la membrane définissent le RE rugueux 434
Le RE lisse est abondant dans certaines cellules spécialisées 436
Les régions rugueuses et lisses du RE peuvent être séparées par centrifugation 436
Des régions rugueuses du RE contiennent des protéines responsables de la liaison des ribosomes 438
Les peptides signal furent d'abord découverts dans des protéines importées dans le RE 438
Une particule de reconnaissance de signal dirige les peptides signal du RE vers un récepteur spécifique dans la membrane du RE 439
La translocation à travers le RE ne nécessite pas toujours une élongation continue de la chaîne polypeptidique 440
Des combinaisons de peptides d'initiation et de terminaison du transfert peuvent déterminer les nombreuses topologies différentes observées pour les protéines transmembranaires 441
La conformation générale d'une protéine transmembranaire peut être souvent prédite d'après la distribution de ses acides aminés hydrophobes 442
Des chaînes polypeptidiques transloquées se replient dans la lumière du RE 445
Une protéine disulfure isomérase accélère la formation de liaisons disulfure correctes dans la lumière du RE 445
La plupart des protéines synthétisées dans le RE rugueux sont glycosylées par addition d'un oligosaccharide N-glycosylé qui leur est commun 446
Certaines protéines membranaires échangent une extrémité membranaire carboxy-terminale contre un phospholipide contenant de l'inositol, lié de façon covalente, peu de temps après leur entrée dans le RE 448
La majorité des doubles couches lipidiques membranaires sont assemblées dans le RE 448
Les protéines d'échange des phospholipides peuvent transporter les phospholipides du RE vers les mitochondries et les peroxysomes 450
Résumé 450

L'appareil de Golgi 451
Les chaînes oligosaccharidiques sont modifiées dans l'appareil de Golgi 452
Les glucides des membranes cellulaires font face au côté de la membrane qui est topologiquement équivalent à l'extérieur de la cellule 454
Quel est le but de la *N*-glycosylation ? 455
Les protéoglycannes sont assemblés dans l'appareil de Golgi 456
Les protéines sont souvent modifiées par protéolyse au cours de la formation de vésicules de sécrétion 457
Les saccules de Golgi sont organisés comme une série séquentielle de compartiments de transformation 457
Résumé 458

Le transport de protéines depuis l'appareil de Golgi vers les lysosomes 459
Les lysosomes sont les sites principaux de la digestion intracellulaire 459
Les lysosomes sont des organites hétérogènes 459
Les lysosomes peuvent obtenir les matériaux qu'ils dégradent par au moins trois voies 460
Les enzymes lysosomales sont triées dans l'appareil de Golgi par un récepteur protéique membranaire qui reconnaît le mannose 6-phosphate 460
Le récepteur du mannose 6-phosphate fait la navette entre des membranes spécifiques 461
La fixation de multiples groupements mannose 6-phosphate à une enzyme lysosomale amplifie le signal de tri 463
Une déficience de la phosphotransférase GlcNAc est la cause, chez l'homme, d'une maladie lysosomale d'accumulation 464
Résumé 465

Le transport depuis l'appareil de Golgi vers des vésicules sécrétrices et la surface cellulaire 465
Des vésicules de sécrétion bourgeonnent à partir du réseau *trans* du Golgi 465
Les composants membranaires des vésicules sécrétrices sont recyclés 466
Les protéines et les lipides semblent être transmis automatiquement du RE et de l'appareil de Golgi à la surface cellulaire dans des cellules non polarisées 467
Les cellules polarisées doivent diriger les protéines depuis l'appareil de Golgi vers le domaine approprié de la membrane plasmique 468
Les virus exploitent les mécanismes de tri de leurs cellules hôtes 468
Les protéines de l'enveloppe virale portent des signaux qui les dirigent vers des membranes intracellulaires spécifiques 470
Résumé 471

Le transport vésiculaire et la préservation de l'identité des compartiments 471
Les compartiments du RE et du Golgi retiennent à demeure des protéines sélectionnées 471
Il existe au moins deux types de vésicules recouvertes 472
Des mutants de la voie de sécrétion aident à identifier le mécanisme de transport 473
Les systèmes acellulaires fournissent un autre mode d'analyse des mécanismes moléculaires du transport vésiculaire 473
Résumé 474

Bibliographie 475

CHAPITRE 9

Le noyau de la cellule

L'ADN chromosomique et les protéines chromosomiques 483
Chaque chromosome est formé d'une longue molécule d'ADN unique 483
Chaque molécule d'ADN qui forme un chromosome doit contenir un centromère, deux télomères et des origines de réplication 483

La majorité de l'ADN chromosomique ne code pas de protéines essentielles ou d'ARN 485
Chaque gène est une unité fonctionnelle complexe pour la reproduction réglée d'une molécule d'ARN 486
Des comparaisons entre les ADN d'organismes apparentés permettent de distinguer les régions conservées des régions non conservées de la séquence d'ADN 487
Les chromosomes contiennent une variété de protéines liées à des séquences d'ADN spécifiques 488
Des expériences de retardement sur gel détectent des protéines de liaison à l'ADN spécifiques d'une séquence dans des extraits cellulaires 489
Des protéines de liaison à l'ADN spécifiques d'une séquence peuvent être isolées et caractérisées en exploitant leur affinité spécifique pour l'ADN 489
Il y a des motifs communs dans de nombreuses protéines de liaison à l'ADN spécifiques d'une séquence 490
Des protéines de liaison à l'ADN dimériques et symétriques reconnaissent souvent une séquence d'ADN symétrique 490
La protéine cro est un membre d'une famille « hélice-tour-hélice » de protéines de liaison à l'ADN 491
Les molécules protéiques se font concurrence ou coopèrent les unes avec les autres lorsqu'elles se lient à l'ADN 492
La géométrie de l'hélice d'ADN dépend de sa séquence nucléotidique 492
Certaines séquences d'ADN sont très courbées 494
Les protéines peuvent enrouler l'ADN en une bobine serrée 495
Les histones sont les principales protéines de structure des chromosomes eucaryotes 496
L'association des histones avec l'ADN conduit à la formation des nucléosomes, les particules unitaires de la chromatine 496
Certains nucléosomes sont spécifiquement positionnés sur l'ADN 497
Des sites spécifiques sur les chromosomes sont dépourvus de nucléosomes 498
Les nucléosomes sont habituellement empilés pour former des structures régulières d'ordre supérieur 498
Les histones H1 participent à l'empilement des nucléosomes 499
La synthèse d'ARN peut s'effectuer en passant sur les nucléosomes 500
Résumé 502

La structure globale complexe des chromosomes **502**

Les chromosomes semblent repliés en une série de domaines en boucle 503
Les chromosomes mitotiques sont formés de chromatine dans son état le plus condensé 503
Chaque chromosome mitotique comporte un motif caractéristique de très grands domaines 503
L'ADN des chromosomes en écouvillon est organisé en une succession de domaines distincts au cours de l'interphase 506
On peut aussi voir des domaines réguliers de chromatine à l'interphase dans les chromosomes polyténiques 507
Les domaines individuels de chromatine des chromosomes polyténiques peuvent se déplier et se replier comme des unités séparées 509
Les bandes et les interbandes des chromosomes polyténiques contiennent vraisemblablement des gènes 510
La chromatine est moins condensée dans les régions qui ont une activité transcriptionnelle 511
La chromatine active est biochimiquement distincte 511
L'hétérochromatine est très condensée et n'a pas d'activité transcriptionnelle 513
Résumé 514

La réplication des chromosomes **514**

Les origines de réplication sont activées en groupes sur les chromosomes des eucaryotes supérieurs 515
Des séquences d'ADN spécifiques servent d'origines de réplication 516
Un système mammalien acellulaire réplique le chromosome du virus SV40 517
De nouvelles histones sont assemblées en chromatine tandis que l'ADN se réplique 517
Les télomères se composent de courtes séquences répétitives riches en G qui sont ajoutées aux extrémités des chromosomes 519
Des régions différentes sur le même chromosome se répliquent à des moments différents au cours de la phase S 519
La chromatine très condensée se réplique tardivement au cours de la phase S 520
Les gènes de la chromatine active se répliquent de façon précoce au cours de la phase S 520
Les unités de réplication qui se répliquent tardivement coïncident avec les bandes riches en paires A-T sur les chromosomes métaphasiques 521
La chronologie contrôlée de l'utilisation des origines de réplication a-t-elle une fonction ? 521
Des facteurs liés à la chromatine garantissent que chaque région de l'ADN n'est répliquée qu'une fois au cours de chaque phase S en assurant un blocage de la re-réplication de l'ADN 522
Résumé 523

Synthèse et maturation de l'ADN **523**

L'ARN polymérase échange des sous-unités lorsqu'elle commence chaque chaîne d'ARN 524
Il y a trois ARN polymérases différentes pour synthétiser l'ARN chez les eucaryotes 525
Les facteurs de transcription forment des complexes stables au niveau des promoteurs eucaryotes 525
L'ARN polymérase II transcrit certaines séquences d'ADN beaucoup plus souvent que d'autres 527
Les précurseurs des ARN messagers sont modifiés de façon covalente aux deux extrémités 528
L'ARN polymérase II est nécessaire à l'addition du chapeau et du poly-A 529
La plus grande partie de l'ARN synthétisé par ARN polymérase II est rapidement dégradée dans le noyau 529
La maturation de l'ARN entraîne l'excision de longues séquences nucléotidiques du centre des molécules d'ARN 531
Les transcrits d'ARNnh sont immédiatement recouverts de protéines et de snRNP 532
Les introns sont éliminés sous l'aspect de molécules en forme de lasso 533
De multiples introns sont habituellement excisés de chaque transcrit 535
La maturation du même transcrit peut s'effectuer de plusieurs façons pour produire des ARNm codant plusieurs protéines 536
Des modifications des ARNm dans la thalassémie révèlent la façon dont l'épissage de l'ARN peut permettre le développement de nouvelles protéines 536

L'épissage de l'ARN catalysé par un complexe d'épissage a probablement évolué à partir de mécanismes d'auto-épissage 537
Le transport des ARNm vers le cytoplasme est retardé jusqu'à ce que l'épissage soit achevé 538
Les ARN ribosomaux sont synthétisés à partir de groupes de gènes identiques disposés en tandem 539
Le nucléole est un appareil de production des ribosomes 541
Le nucléole est un sous-compartiment très organisé du noyau 543
Le nucléole est rassemblé sur des chromosomes spécifiques après chaque mitose 543
Les chromosomes individuels occupent des territoires séparés dans le noyau au cours de l'interphase 544
Comment le noyau est-il structuré ? 545
Résumé 546

Bibliographie **546**

CHAPITRE 10

Régulation de l'expression des gènes

Stratégies du contrôle des gènes **551**
Les différents types cellulaires d'un organisme pluricellulaire contiennent le même ADN 552
Des types cellulaires différents synthétisent des ensembles de protéines différents 552
L'expression des gènes peut être réglée à chaque étape menant de l'ADN à l'ARN puis à la protéine 553
Les protéines régulatrices de gènes peuvent aussi bien activer que réprimer la transcription 553
Des combinaisons de quelques protéines régulatrices pourraient caractériser un grand nombre de types cellulaires 554
L'action de plusieurs protéines régulatrices détermine généralement l'activité d'un gène 554
Les protéines régulatrices de gènes pilotes activent de nombreux gènes 555
Une seule protéine régulatrice pilote peut transformer un fibroblaste en myoblaste 556
Résumé 556

Le contrôle de l'initiation de la transcription **557**
Les répresseurs des gènes bactériens se fixent près des promoteurs et inhibent ainsi la transcription de gènes spécifiques 557
Des activateurs de gènes bactériens interagissent avec l'ARN polymérase et l'aident à démarrer la transcription 559
Des modifications de la phosphorylation des protéines peuvent régler des gènes 561
La flexibilité de l'ADN permet à des protéines régulatrices qui sont liées à un site éloigné, d'influer sur la transcription 561
Différents facteurs permettent à l'ARN polymérase bactérienne de reconnaître différents promoteurs 562
La nécessité de facteurs de transcription généraux ajoute un élément supplémentaire au contrôle de la transcription chez les eucaryotes 562
La majorité des gènes d'eucaryotes supérieurs sont réglés par des éléments promoteurs voisins en amont et par des éléments « augmenteurs » éloignés 564
La majorité des éléments promoteurs en amont et des éléments amplificateurs sont des séquences modulaires qui se lient à de multiples protéines engagées dans des contrôles combinatoires 564
La majorité des protéines régulatrices possèdent des domaines de fonctions différentes 567
Les protéines régulatrices de gènes eucaryotes peuvent être activées ou inhibées 568
Le mécanisme d'action des amplificateurs est mal défini 568
Résumé 569

Les mécanismes génétiques moléculaires qui créent différents types cellulaires **570**
Des séquences d'ADN localisées sont réarrangées dans de nombreuses bactéries pour activer ou réprimer des gènes à la manière d'un commutateur 570
Un locus régulateur « pilote » détermine les types de conjugaison chez la levure 571
La commutation de signe est une capacité héritée de façon asymétrique 573
Un mécanisme spécifique d'extinction semble « fermer » une région chromatidienne chez la levure 573
Deux protéines de bactériophage qui répriment mutuellement leur synthèse peuvent constituer un commutateur moléculaire stable 574
Les protéines régulatrices eucaryotes peuvent aussi produire des états stables altenatifs 575
Des groupes de protéines régulatrices liés de façon coopérative peuvent être en principe directement hérités 576
L'hétérochromatine des cellules eucaryotes contient des régions où l'ADN est particulièrement condensé 577
Transmission héréditaire d'un chromose X inactivé 577
Les gènes de la *Drosophile* peuvent être aussi réprimés par des caractères héréditaires de la structure chromatidienne 578
Un environnement chromosomique particulier est souvent nécessaire à l'expression optimale d'un gène, mais non à son activation dans les cellules correctes 579
Une étape initiale de décondensation locale de la chromatine pourrait être nécessaire avant que les gènes eucaryotes puissent être activés 580
La tension superhélicoïdale dans l'ADN permet une action à distance 581
Les mécanismes de formation de la chromatine active ne sont pas connus 582
De nouveaux niveaux de contrôle des gènes ont été ajoutés au cours de l'évolution des eucaryotes multicellulaires 583
Chez les vertébrés, le profil de méthylation de l'ADN est hérité lorsque les cellules se divisent 583
La méthylation de l'ADN renforce les décisions de développement dans les cellules de vertébrés 584
Des îlots riches en CG révèlent la présence d'environ 30 000 « gènes domestiques » chez les mammifères 585
Des modes de régulation génétique complexes sont nécessaires pour créer un organisme multicellulaire 586
Résumé 588

Les contrôles post-transcriptionnels **588**
L'atténuation de la transcription provoque l'arrêt prématuré de la transcription de certains ARN 588

L'épissage de l'ARN peut être réglé de manière à produire différentes formes d'une protéine à partir d'un même gène 589
L'épissage différentiel peut être utilisé pour activer ou inactiver des gènes 590
Les mécanismes responsables du choix du site d'épissage, dans l'épissage contrôlé, ne sont pas compris 590
Un changement de site de coupure du transcrit et l'addition de poly-A peuvent modifier l'extrémité carboxylée d'une protéine 591
Il a fallu modifier la définition d'un gène depuis la découverte de l'épissage différentiel 591
Le transport de l'ARN, hors du noyau, peut être réglé 592
Des protéines qui se lient à la région 5' de tête des ARNm exercent un contrôle négatif de la traduction 593
Les séquences amplificatrices de la traduction de certains ARNm viraux suggèrent l'existence d'un mécanisme de contrôle positif de la traduction 593
De nombreux ARNm sont soumis à un contrôle de la traduction 594
Le décalage de phase au cours de la traduction permet la synthèse de deux protéines à partir d'une molécule d'ARNm 595
L'expression des gènes peut être contrôlée par un changement dans la stabilité des ARNm 595
Une synthèse protéique continue est nécessaire pour une dégradation sélective de l'ARNm 596
Certains messagers sont localisés dans une région définie du cytoplasme 596
L'édition de l'ARN change le sens de son message 597
Les réactions cellulaires catalysées par l'ARN ont vraisemblablement une origine très ancienne 597
Résumé 599

L'organisation et l'évolution du génome nucléaire **599**

Les génomes sont ajustés finement par mutation ponctuelle et sont radicalement remodelés et agrandis par recombinaison génétique 599
Les séquences d'ADN répétées en tandem tendent à rester identiques 600
L'évolution de la famille de gènes des globines montre comment des duplications aléatoires contribuent à l'évolution des organismes 601
La recombinaison des exons peut engendrer des gènes codant de nouvelles protéines 602
La majorité des protéines dérivent probablement de gènes très morcelés contenant une série de petits exons 602
Une importante proportion de l'ADN des eucaryotes supérieurs est constituée de séquences nucléotidiques répétées non codantes 604
Les séquences d'ADN satellite n'ont pas de fonction connue 604
L'évolution des génomes a été accélérée par des éléments transposables d'au moins trois types 605
Les éléments transposables peuvent influer sur la régulation des gènes 606
Des « salves » de transposition provoquent des changements dramatiques dans les génomes et augmentent la diversité biologique 607
Deux familles d'éléments transposables, qui semblent s'être multipliées assez récemment, représentent environ 10 p. cent du génome humain 608
Résumé 609

Bibliographie **609**

CHAPITRE 11

Le cytosquelette

La contraction musculaire **613**

Les myofibrilles sont les éléments contractiles d'une cellule du muscle squelettique 614
Les myofibrilles sont composées d'assemblages à répétition de filaments épais et minces 614
La contraction se fait par glissement des filaments épais et minces les uns sur les autres 615
Les filaments minces sont principalement constitués d'actine 616
Les filaments épais sont composés de myosine 617
Les queues de myosine s'assemblent spontanément en un filament épais bipolaire 617
L'hydrolyse de l'ATP entraîne la contraction musculaire 618
La myosine est une ATPase activée par l'actine 619
Les têtes de myosine se lient aux filaments d'actine 619
Une tête de myosine se déplace vers l'extrémité plus d'un filament d'actine 620
La contraction musculaire est amorcée par une augmentation soudaine de Ca^{2+} cytosolique 621
La troponine et la tropomyosine interviennent dans la régulation de la contraction du muscle squelettique par les ions Ca^{2+} 621
D'autres protéines accessoires maintiennent l'architecture de la myofibrille et lui procurent son élasticité 623
Il y a trois principaux types de muscles chez les vertébrés 624
L'activation de la myosine dans le muscle lisse comme dans les cellules non musculaires dépend de la phosphorylation des chaînes légères de la myosine 625
La phosphorylation de la chaîne légère permet aux molécules de myosine non musculaires de s'assembler en filaments 626
Des assemblages de type musculaire peuvent se former de façon transitoire dans des cellules non musculaires 626
Les protéines musculaires sont codées par des familles multigéniques 628
La diversité des protéines musculaires est augmentée par divers épissages alternatifs de l'ARN 628
Résumé 629

Les filaments d'actine et le cortex cellulaire **629**

D'abondantes protéines de liaison à l'actine réticulent les filaments d'actine en d'importants réseaux 630
La gelsoline fragmente les filaments d'actine lorsqu'elle est activée par les ions Ca^{2+} 631
La myosine peut intervenir dans les mouvements cytoplasmiques 631
La circulation cytoplasmique dans les cellules géantes des algues dépend de l'actine et de la myosine 632
Le cortex est organisé par l'association de filaments d'actine avec la membrane plasmique 632
Les réseaux cytosquelettiques attachés à la membrane fournissent un support mécanique à la membrane plasmique 633
Les microvillosités illustrent la façon dont les faisceaux de filaments d'actine réticulés peuvent stabiliser des prolongements locaux de la membrane plasmique 633
Des contacts focaux permettent aux filaments d'actine de tirer sur le substratum 635

Un filament d'actine s'allonge principalement au niveau de son extrémité plus 637
Les filaments d'actine peuvent subir un processus en « tapis-roulant » des sous-unités 638
Les spicules contenant de l'actine et les lamellipodes sont des extensions dynamiques de la surface de nombreuses cellules 638
La formation d'un prolongement acrosomique est couplée à une polymérisation explosive de l'actine dans certains spermatozoïdes d'invertébrés 641
L'assemblage de l'actine est contrôlé depuis la membrane plasmique 641
Des drogues spécifiques modifient le degré de polymérisation de l'actine et influent ainsi sur le comportement cellulaire 642
Le comportement du cortex cellulaire dépend d'un équilibre d'interactions coopératives et compétitives parmi un ensemble de protéines de liaison à l'actine 643
Résumé 644

Le mouvement ciliaire 644

Les cils et les flagelles propagent des ondulations 645
La partie centrale d'un cil contient un faisceau de microtubules parallèles présentant un arrangement de type « 9+2 » 645
Les microtubules sont des tubes creux formés de dimères de tubuline 646
Un long filament mince longe la paroi du doublet de microtubules 647
L'axonème contient des ponts, des rayons et des bras latéraux constitués de protéines 647
Le mouvement de l'axonème est dû à un mécanisme de glissement des microtubules 648
La dynéine est responsable du glissement 648
La flexion ciliaire dépend de la régulation du glissement des microtubules 649
L'axonème peut être disséqué génétiquement 649
Les centrioles jouent deux rôles différents dans la cellule 650
Les centrioles se forment habituellement par duplication de centrioles pré-existants 651
Résumé 652

Les microtubules cytoplasmiques 652

Les microtubules sont des structures extrêmement labiles sensibles à des antimitotiques spécifiques 652
Les deux extrémités d'un microtubule sont différentes et s'allongent à des vitesses différentes 653
L'hydrolyse de nucléotides aide à déstabiliser les microtubules à croissance lente 653
La majorité des microtubules des cellules animales s'allongent à partir du centrosome, qui agit comme centre organisateur 654
L'instabilité dynamique des microtubules fournit un principe organisateur à la morphogenèse cellulaire 656
Les microtubules subissent une lente « maturation », conséquence de modifications post-traductionnelles de leurs sous-unités de tubuline 658
Les propriétés des microtubules cytoplasmiques sont modifiées par des protéines associées aux microtubules (MAP) 659
Le transport des organites dans le cytoplasme est souvent guidé par les microtubules 659
La kinésine et la dynéine cytoplasmiques hydrolysent l'ATP afin de faire circuler des vésicules dans des directions opposées le long de microtubules axonaux 660
Les microtubules déterminent la localisation du réticulum endoplasmique et de l'appareil de Golgi dans les cellules 660
Résumé 661

Les filaments intermédiaires 661

Les filaments intermédiaires sont constitués à partir de quatre familles de polypeptides fibreux 662
Les filaments intermédiaires se forment à partir d'une sous-unité dimérique et d'un domaine central en forme de bâtonnet 663
Les filaments intermédiaires s'étendent de l'enveloppe nucléaire vers la périphérie cellulaire 665
L'assemblage de filaments intermédiaires peut être contrôlé par phosphorylation 665
La lamina nucléaire est construite à partir d'une classe particulière de filaments intermédiaires 665
Les filaments de kératine sont remarquablement divers 666
Quelle est la fonction des filaments intermédiaires ? 666
Résumé 667

L'organisation du cytosquelette 667

Le cytoplasme contient un réseau tridimensionnel complexe de filaments protéiques 668
Comment le cytoplasme est-il organisé ? 668
L'étirement du cortex riche en actine peut polariser une cellule pour une migration orientée 669
L'importance relative des filaments d'actine et des microtubules dans la migration cellulaire varie selon différents types cellulaires 670
Une tension dans le cortex riche en actine peut aider à diriger la locomotion des cellules animales 671
Le cycle d'endocytose peut faciliter l'extension du bord avant des cellules en migration 672
Les microtubules peuvent organiser d'autres filaments du cytosquelette 673
L'organisation du cytosquelette peut être transmise à travers les membranes cellulaires 673
Des contractions concertées du cytosquelette sont à l'origine du repliement des feuillets de cellules épithéliales 674
Le développement des cellules ciliées dans le limaçon dépend de la polymérisation précisément contrôlée de l'actine 675
Résumé 676

Bibliographie 677

CHAPITRE 12

La transmission chimique entre cellules

Trois stratégies de transmission chimique : endocrine, paracrine et synaptique 682

Les cellules endocriniennes et les cellules nerveuses sont spécialisées dans différents types de transmission chimique 682
Les cellules neuroendocriniennes de l'hypothalamus règlent le système endocrinien 683
Des cellules différentes répondent de différentes façons à un même signal chimique 684
Certaines réponses cellulaires à des signaux chimiques sont rapides et transitoires, tandis que d'autres sont lentes et durables 684
Seules les molécules informatives liposolubles peuvent pénétrer directement dans la cellule 688
La dégradation, la récupération ou l'immobilisation des médiateurs chimiques locaux interviennent rapidement après la sécrétion 688

Dans tous les tissus de mammifères, les cellules libèrent continuellement des prostaglandines 689
Résumé 690

Transmission par l'intermédiaire de récepteurs intracellulaires : mécanismes d'action des hormones stéroïdes 690
Les récepteurs activés des hormones stéroïdes règlent la transcription des gènes en se fixant à des séquences d'ADN spécifiques 690
Les hormones stéroïdes induisent souvent à la fois des réponses primaires et des réponses secondaires 692
Les hormones stéroïdes règlent des gènes différents dans différentes cellules cibles 692
Résumé 693

Les mécanismes de transduction par des récepteurs protéiques de surface cellulaire 693
Il y a trois classes connues de récepteurs protéiques de surface cellulaire : les récepteurs liés aux canaux, liés aux protéines G et catalytiques 694
L'AMP cyclique est un messager intracellulaire ubiquiste dans les cellules animales 695
Les molécules de récepteur et d'adényl cyclase sont des protéines distinctes qui interagissent fonctionnellement dans la membrane plasmique 696
Les récepteurs activent indirectement les molécules d'adényl cyclase par l'intermédiaire d'une protéine G stimulatrice (G_S) 696
La protéine G_S est un hétérodimère qui semble se dissocier lorsqu'il est activé 697
Des récepteurs inactivent l'adényl cyclase via une protéine G inhibitrice (G_i) 699
Les ions Ca^{2+} sont stockés dans un compartiment intracellulaire spécial 699
Les ions Ca^{2+} agissent comme messager intracellulaire ubiquiste 701
L'inositol triphosphate ($InsP_3$) couple l'activation du récepteur à la libération de Ca^{2+} à partir du compartiment de rétention du calcium 702
Le dyacyglycérol produit par l'hydrolyse du PIP_2 active la protéine kinase C 703
Les oncogènes *ras* codent une nouvelle classe de protéines G impliquées dans la régulation de la prolifération cellulaire 705
Une importante famille de glycoprotéines homologues qui traversent sept fois la membrane, activent les protéines G 705
De nombreux récepteurs catalytiques sont des glycoprotéines transmembranaires à traversée unique avec une activité protéine kinase spécifique de la tyrosine 706
Certains oncogènes codent des récepteurs catalytiques anormaux qui ont une activité kinase constitutive 707
Résumé 708

Mode d'action de l'AMP cyclique et des ions calcium 708
L'AMP cyclique active une protéine kinase AMP cyclique-dépendante 709
L'AMP cyclique inhibe une protéine phosphatase intracellulaire 710
La calmoduline est un récepteur intracellulaire ubiquiste pour les ions Ca^{2+} 710
Les voies de l'AMP cyclique et des ions Ca^{2+} interagissent 711
Le GMP cyclique est également un messager intracellulaire 713
Les signaux extracellulaires sont considérablement amplifiés par l'utilisation de seconds messagers intracellulaires et de cascades enzymatiques 713
La concentration d'une molécule ne peut être rapidement équilibrée que si la molécule a une courte durée de vie 714
Les cellules peuvent répondre soudainement à la concentration progressivement croissante d'un ligand extracellulaire 715
Résumé 717

Adaptation de la cellule cible 718
Certaines formes de désensibilisation dont le résultat d'une endocytose par l'intermédiaire de récepteurs 718
La désensibilisation entraîne souvent la phosphorylation des récepteurs 718
Certaines formes de désensibilisation sont dues à des modifications dans les protéines G plutôt que dans les récepteurs 719
Le mécanisme d'adaptation joue un rôle essentiel dans la chimiotaxie bactérienne 720
La chimiotaxie bactérienne joue un rôle médiateur dans une famille de quatre récepteurs transmembranaires homologues 721
La méthylation des récepteurs est responsable de l'adaptation 722
Une phosphorylation des protéines en cascade couple l'activation des récepteurs aux modifications de la rotation flagellaire 723
Résumé 724

Bibliographie 725

CHAPITRE 13

Croissance et division cellulaires

Les étapes du cycle cellulaire et leurs relations causales 728
La réplication de l'ADN nucléaire se produit à un moment particulier de l'interphase 728
Le cycle cellulaire est très facile à suivre en culture 730
Des événements décisifs du cycle cellulaire se produisent brusquement sur un fond de croissance continue 731
Une modification dans le cytoplasme induit la synthèse d'ADN : l'activateur de la phase S 732
L'ensemble du génome est répliqué une fois et une fois seulement à chaque cycle 732
Un signal cytoplasmique retarde les préparatifs de la mitose jusqu'à ce que la réplication de l'ADN soit terminée 733
Un facteur promoteur de la phase M déclenche la mitose 734
Les événements du cycle chromosomique sont liés selon un enchaînement séquentiel 734
Le cycle cellulaire est raccourci pendant les divisions précoces au cours desquelles il n'y a pas de division cellulaire 735
Le MPF induit la mitose d'une grande variété de cellules 736
Le MPF est produit par un oscillateur cytoplasmique 736
Résumé 738

Les levures : un système modèle 738
Chaque mutant du cycle de division cellulaire chez la levure s'arrête ou fait une erreur au cours d'une phase spécifique du cycle 739

Les mutants *cdc* de levures peuvent servir à l'analyse du couplage entre les événements du cycle cellulaire 740
La régulation de la taille des cellules dépend d'éléments de contrôle du cycle cellulaire qui s'effectuent au début du cycle 741
Les cellules ne passent par le point de départ qu'après avoir atteint une taille critique 741
Le passage par le point de départ dépend d'une protéine kinase apparentée au MPF 742
Résumé 743

Les contrôles de la division cellulaire chez les organismes pluricellulaires 743
Après la mitose, la division cellulaire est retardée par une pause de durée variable 744
Lorsque les conditions sont défavorables à la croissance, les cellules animales, comme les cellules de levures, s'arrêtent en un point critique de G_1 : le point de restriction 745
La durée du temps de génération de cellules en croissance semble dépendre d'un événement aléatoire 746
Des types cellulaires différents ont besoin de facteurs de croissance différents pour se diviser 746
Des cellules voisines « se disputent » les facteurs de croissance 748
Les cellules animales normales en culture cessent de se diviser lorsqu'elles se détachent de leur substratum 748
La division cellulaire implique des modifications des contacts cellulaires 749
Les cellules qui ne sont pas autorisées à se diviser deviennent quiescentes dans un état G_0 749
Le cycle chromosomique peut être dissocié de la croissance cellulaire 750
La probabilité d'entrer en G_0 augmente en général avec le nombre de divisions effectuées par une cellule : la sénescence cellulaire 750
Résumé 752

Les gènes du contrôle social de la division cellulaire 752
La transformation cellulaire en culture permet d'analyser les gènes impliqués dans le contrôle social de la division cellulaire 752
Les virus tumorigènes sont une source d'oncogènes aisément clonés 754
Des tumeurs d'origines diverses portent des mutations dans les mêmes proto-oncogènes 755
Certains proto-oncogènes codent des facteurs de croissance ou des récepteurs de facteurs de croissance 756
Certains proto-oncogènes codent des médiateurs intracellulaires impliqués dans le signal de division cellulaire 756
Les effets des oncogènes sur le contrôle de la division cellulaire sont étroitement liés aux effets sur l'adhérence cellulaire 757
La relation entre prolifération et adhérence cellulaires reste incomprise 759
Dans l'organisme en croissance, la division cellulaire est contrôlée par des programmes propres aux cellules et par des signaux de position 760
Résumé 761

Les mécanismes de la division cellulaire 762
La phase M est traditionnellement divisée en six étapes 762
Dans une cellule en phase M, la formation du fuseau mitotique s'accompagne d'importantes modifications des propriétés dynamiques des microtubules 763
Les chromosomes se fixent aux microtubules par leurs kinétochores durant la mitose 768
Les kinétochores « captureraient » les extrémités plus des microtubules qui proviennent d'une rupture d'un pôle du fuseau 770
Les chromatides sœurs s'attachent aux pôles opposés du fuseau par leurs kinétochores 771
Des forces bipolaires en équilibre retiennent les chromosomes sur la plaque équatoriale 771
Les chromatides sœurs se séparent brutalement à l'anaphase 773
Deux mécanismes distincts permettent la séparation des chromosomes à l'anaphase 774
Au cours de l'anaphase A, les microtubules kinétochoriens se désassemblent 774
Deux forces différentes peuvent contribuer à l'anaphase B 776
En télophase, l'enveloppe nucléaire se reforme tout d'abord autour de chaque chromosome individuel 777
La métaphase ou l'interphase peuvent être considérées comme des états cellulaires alternatifs « stables » 778
Le fuseau mitotique détermine le site de clivage du cytoplasme pendant la cytodiérèse 779
L'actine et la myosine engendrent les forces nécessaires à la segmentation 780
La cytodiérèse se déroule selon un mécanisme totalement différent dans les cellules des végétaux supérieurs 781
La cytodiérèse doit permettre la transmission fidèle des organites cytoplasmiques 783
Dans quelques cas particuliers, certains composants cellulaires peuvent être ségrégés dans une seule cellule fille 784
Le processus mitotique élaboré des organismes supérieurs a évolué progressivement à partir des mécanismes de division des procaryotes 785
Résumé 786

Bibliographie 787

CHAPITRE 14

Adhérence cellulaire, jonctions cellulaires et matrice extracellulaire

Les jonctions cellulaires 792
Les jonctions étanches forment une barrière de perméabilité à travers les feuillets cellulaires épithéliaux 793
Le cytosquelette d'une cellule est relié à celui de ses voisines ou à la matrice extracellulaire par des jonctions d'ancrage 795
Les jonctions adhérentes relient les faisceaux de filaments d'une cellule à l'autre ou à la matrice extracellulaire 796
Les desmosomes relient les filaments intermédiaires d'une cellule à l'autre ; les hémidesmosomes les relient à la lame basale 797
Les jonctions de type gap permettent aux petites molécules de passer directement d'une cellule à l'autre 798
Les connexons des jonctions de type gap sont des oligomères d'une protéine transmembranaire à traversées multiples 799
La majorité des cellules dans les embryons précoces sont couplées via des jonctions de type gap 799

La perméabilité des jonctions de type gap est réglée 800
Résumé 801

La matrice extracellulaire **802**
La matrice extracellulaire est essentiellement constituée de protéines fibreuses noyées dans un gel polysaccharidique hydraté 803
Les chaînes de glycosaminoglycannes occupent énormément d'espace et forment des gels hydratés 803
L'acide hyaluronique faciliterait la migration cellulaire au cours de la morphogenèse et de la cicatrisation des tissus 804
Les protéoglycannes sont formés de longues chaînes de glycosaminoglycannes liées de façon covalente à un noyau protéique 806
Il est possible que les chaînes de glycosaminoglycannes soient hautement organisées dans la matrice extracellulaire 807
Le collagène est la protéine majeure de la matrice extracellulaire 808
Les collagènes sont sécrétés avec une rallonge non hélicoïdale à chaque extrémité 811
Après la sécrétion, les molécules de pro-collagène de types I, II et III sont scindées en molécules de collagène, qui s'assemblent en fibrilles 812
L'organisation des fibrilles de collagène dans la matrice extracellulaire est adaptée aux besoins du tissu 813
Les cellules peuvent participer à l'organisation des fibrilles de collagène qu'elles sécrètent en exerçant une tension sur la matrice 813
Les molécules de collagène de type IV s'assemblent en un réseau laminaire 815
L'élastine est une protéine réticulée, enroulée au hasard, qui confère aux tissus leur élasticité 815
La fibronectine est une glycoprotéine d'adhérence extracellulaire qui favorise l'adhérence cellule-matrice 816
De multiples formes de la fibronectine sont produites par épissage différentiel de l'ARN 818
La lame basale est une matrice extracellulaire spécialisée, essentiellement composée de collagène de type IV, de protéoglycannes et de laminine 818
Les fonctions des lames basales sont diverses et complexes 820
Les intégrines facilitent la liaison des cellules à la matrice extracellulaire 821
Le cytosquelette et la matrice extracellulaire communiquent à travers la membrane plasmique 822
Résumé 823

Reconnaissance intercellulaire et adhérence cellulaire **824**
Les amibes de terreau se groupent pour former des corps fructifères pluricellulaires quand elles manquent de nourriture 825
Les amibes de terreau s'agrègent par chimiotaxie 826
L'adhérence intercellulaire dans les amibes dépend de glycoprotéines de surface cellulaire spécifiques 827
Des cellules de vertébré dissociées peuvent se réassembler en tissus organisés par l'intermédiaire d'une adhérence intercellulaire sélective 827
La réassociation des cellules de vertébré dissociées dépend de systèmes de reconnaissance spécifiques d'un tissu 829
Des glycoprotéines de la membrane plasmique appartenant à la super-famille des immunoglobulines interviennent dans l'adhérence intercellulaire Ca^{2+}-indépendante chez les vertébrés : la molécule d'adhérence des cellules neurales (N-CAM) 829
Les cadhérines, une famille de glycoprotéines de surface cellulaire homologues, interviennent dans l'adhérence cellulaire Ca^{2+}-dépendante chez les vertébrés 830
Les molécules de surface cellulaire qui interviennent dans l'adhérence cellule-cellule et cellule-matrice peuvent être considérées comme des éléments d'un code morphogénétique 831
Les cellules très mobiles sont des détecteurs sensibles de petites différences d'adhérence 832
Des contacts non jonctionnels peuvent amorcer une adhérence intercellulaire spécifique d'un tissu qui sera stabilisée par des contacts jonctionnels 833
Résumé 833

Bibliographie **834**

PARTIE III

Des cellules aux organismes pluricellulaires

CHAPITRE 15

Cellules germinales et fécondation

Les avantages de la sexualité **839**
Chez les animaux pluricellulaires, la phase diploïde est longue et complexe et la phase haploïde brève et simple 840
La reproduction sexuée confère un avantage sélectif aux cellules qui ont à faire face à des variations imprévisibles de l'environnement 840
De nouveaux gènes apparaissent par duplication et divergence 841
La reproduction sexuée aide à maintenir l'état diploïde d'une espèce diploïde 842
Une espèce diploïde possède une copie de rechange de chaque gène qui peut muter pour remplir une nouvelle fonction 842
Une espèce diploïde peut rapidement enrichir son génome par l'addition de nouveaux gènes 843
Résumé 844

La méiose **845**
La méiose comprend deux divisions nucléaires au lieu d'une 845

Le brassage génétique est accru par des enjambements entre des chromatides homologues non sœurs 847
Le complexe synaptonémal intervient dans l'appariement des chromosomes 848
Les nodules de recombinaison sont supposés intervenir dans les échanges de chromatides 848
Les chiasmata jouent un rôle important dans la ségrégation des chromosomes au cours de la méiose 849
C'est grâce à leur appariement que les chromosomes sexuels peuvent, eux-aussi, se séparer 851
La division méiotique II ressemble à une mitose normale 854
Résumé 854

Les gamètes **855**
L'œuf est la seule cellule de l'animal supérieur qui soit capable de se développer en un nouvel individu 855
Un œuf est très spécialisé pour un développement indépendant, grâce à des réserves nutritives importantes et une enveloppe protectrice élaborée 855
L'ovogenèse procède par étapes 856
L'accroissement des ovocytes se fait grâce à plusieurs mécanismes particuliers 857
La maturation de l'ovocyte chez les vertébrés est déclenchée par une diminution de l'AMP cyclique intracellulaire 860
La maturation de l'ovocyte dépend de l'activation du facteur promoteur de la phase M 860
Dans l'ovaire humain, la majorité des ovocytes meurent sans arriver à maturité 862
Les spermatozoïdes sont très adaptés pour transmettre leur ADN à l'ovule 863
La spermatogenèse est un phénomène continu chez beaucoup de mammifères 864
Les spermatozoïdes possèdent un noyau haploïde, mais leur différenciation est dirigée par le génome diploïde 866
Résumé 868

La fécondation **868**
Le contact avec l'enveloppe gélatineuse d'un ovule stimule la réaction acrosomienne du spermatozoïde d'oursin 868
L'adhérence spermatozoïde-ovule se fait par l'intermédiaire de macromolécules spécifiques de l'espèce 869
L'activation de l'ovule entraîne des modifications des concentrations ioniques intracellulaires 870
La dépolarisation rapide de la membrane plasmique de l'ovule empêche d'autres fusions spermatozoïde-ovule et intervient ainsi dans le blocage rapide de la polyspermie 871
La réaction corticale est responsable du lent blocage de la polyspermie 872
L'activation de l'œuf se fait par l'intermédiaire de la voie de transmission cellulaire des phosphoinositides 872
Chez certains organismes, les synthèses tardives de l'activation de l'œuf sont provoquées par une augmentation du pH intracellulaire 874
La fusion des pronuclei des spermatozoïdes et des œufs d'oursin dépend des centrioles apportés par les spermatozoïdes 874
Les ovocytes de mammifères peuvent être fécondés *in vitro* 875
Résumé 877

Bibliographie **877**

CHAPITRE 16 Les mécanismes cellulaires du développement

Les mouvements morphogéniques et la formation du plan de l'organisme **879**
La polarité de l'embryon d'amphibien dépend de la polarité de l'œuf 880
La segmentation produit de nombreuses cellules à partir d'une seule 880
La blastula est constituée d'un épithélium entourant une cavité 881
La gastrulation transforme une sphère cellulaire creuse en une structure à trois feuillets contenant un intestin primitif 882
Les mouvements de la gastrulation dépendent d'activités cellulaires simples coordonnées de façon complexe 884
Les mouvements de la gastrulation sont organisés autour du blastopore 886
L'endoderme est à l'origine du tube digestif et des organes annexes comme les poumons et le foie 886
Le mésoderme est à l'origine des tissus conjonctifs, des muscles et des systèmes vasculaire et uro-génital 886
L'ectoderme est à l'origine de l'épiderme et du système nerveux 887
La formation du tube neural résulte de changements coordonnés dans la forme des cellules 887
Des blocs de cellules mésodermiques se détachent pour former les somites de chaque côté de l'axe de l'embryon 888
Le plan d'organisation des vertébrés commence par être établi en miniature pour être ensuite maintenu au cours de la croissance de l'embryon 889
Résumé 890

La diversification et la mémoire cellulaires **890**
Au cours du développement, le génome reste constant alors que le mode d'expression des gènes varie 890
Les différences qui existent entre les blastomères qui ne sont pas issus de mammifères proviennent souvent d'asymétries dans l'œuf unicellulaire 892
Les interactions chimiques entre les blastomères engendrent de nouveaux types cellulaires selon un schéma plus subtil : l'induction du mésoderme chez le *Xénope* 893
Chez les mammifères, l'environnement utérin protégé permet un développement précoce d'un genre inhabituel 894
Les cellules de l'embryon de mammifère très précoce se différencient grâce aux interactions intercellulaires 896
Le comportement des cellules de tératocarcinomes souligne l'importance du rôle de l'environnement 896
Chez les animaux multicellulaires, le comportement d'une cellule dépend aussi bien de son passé que de son environnement et de son génome 898
La future fonction spécialisée des cellules est souvent déterminée bien avant que leur différenciation soit décelable 898
Il est possible de découvrir à quel moment a lieu la détermination cellulaire par des expériences de transplantation 899
L'état de détermination peut être gouverné par le cytoplasme ou peut être intrinsèque aux chromosomes 899
Les jeux de chromosomes dérivés de l'ovule et du spermatozoïde gardent l'empreinte de leur passé respectif 900
Résumé 901

Les programmes de développement des cellules isolées : analyse de filiation et le ver nématode **901**
Caenorhabditis elegans est anatomiquement et génétiquement simple 903
Le développement d'un nématode est presque parfaitement invariant 903
Le programme qui définit la filiation cellulaire du ver nématode est déterminé par les gènes de contrôle du développement 905
Les programmes de différenciation et de division cellulaires sont coordonnés 907
Le développement dépend des effets combinés du comportement autonome d'une cellule et des interactions intercellulaires 907
Des manipulations génétiques ont permis d'élucider le rôle des gènes de contrôle du développement 908
Il est possible d'analyser les programmes de développement des cellules de mammifères en culture cellulaire : la différenciation des cellules gliales dans le nerf optique de rat 909
Résumé 911

Les principes de l'organisation tridimensionnelle **911**
Les asymétries imposées par un environnement structuré peuvent être amplifiées par une rétroaction positive 912
Des régions informatives localisées sont souvent génératrices d'un gradient morphogène 913
Des réactions à seuil peuvent transformer un gradient régulier de morphogène en un schéma spatial de détermination très précis 914
Les domaines embryonnaires étant de petite taille, les caractéristiques générales de l'adulte doivent être déterminées précocement 914
L'information de position dans le développement des membres est précisée par étapes 915
Des valeurs de position différentes sont responsables de la non-équivalence de cellules apparemment semblables 915
Les cellules situées dans des champs morphogénétiques séparés peuvent recevoir le même type d'information de position mais l'interprètent différemment 916
L'acide rétinoïque est probablement un morphogène dans le bourgeon du membre d'un vertébré 916
La distribution des valeurs de position contrôle la croissance et est réglée par intercalation 918
Résumé 919

La *Drosophile* et la génétique moléculaire de la formation du plan d'organisation **920**
Le corps de l'insecte est édifié par variation d'un schéma de base de segments répétitifs 921
Le syncytium est le premier stade du développement de la *Drosophile* 921
Deux systèmes orthogonaux contrôlent le plan de base de l'embryon 923
Des signaux émis par les deux extrémités de l'œuf de *Drosophile* contrôlent la polarité antéro-postérieure de l'embryon 924
Trois classes de gènes de segmentation sont responsables de la subdivision de l'embryon 925
L'expression localisée des gènes de segmentation est réglée par une hiérarchie de signaux de position 926
Les produits d'un gène de segmentation contrôlent l'expression d'un autre 928
Les gènes gap, pair-rule et de polarité de l'œuf créent un plan d'organisation transitoire ; les gènes de polarité de segment et les gènes sélecteurs homéotiques l'enregistrent de façon permanente 929
Les gènes de polarité de segment signalent les subdivisions de base de chaque parasegment 929
Les gènes sélecteurs homéotiques du complexe bithorax et du complexe Antennapedia contrôlent les différences entre les parasegments 929
Les gènes sélecteurs homéotiques codent un système d'adresses moléculaires 930
Les produits des gènes sélecteurs homéotiques aident à régler l'expression de ces gènes 930
La mouche adulte se développe à partir d'un ensemble de disques imaginaux qui portent une information de position enregistrée 931
Les gènes sélecteurs homéotiques sont essentiels à la mémoire de l'information de position dans les cellules des disques imaginaux 932
Les gènes sélecteurs homéotiques et les gènes de polarité de segment déterminent les compartiments du corps 934
L'autorégulation des gènes sélecteurs homéotiques fournit un mécanisme possible à la mémoire cellulaire 935
L'expression des gènes sélecteurs homéotiques est réglée par des épissages différentiels ainsi que par des contrôles de transcription 936
De nombreux gènes de contrôle du plan d'organisation ont en commun une séquence homéotique conservée qui code une partie d'une protéine de liaison à l'ADN 937
L'homéobox est très conservée au cours de l'évolution 937
La détermination cellulaire régionale dépend peut-être de mécanismes semblables chez les insectes et les vertébrés 938
Résumé 939

L'organogenèse : l'assemblage coordonné de tissus complexes **940**
La cohésion sélective stabilise le plan d'organisation de cellules de détermination différente 940
Des plans d'organisation spatiaux de molécules d'adhérence cellulaire règlent les modes de déplacement morphogénique 940
Chez les vertébrés, le mésoderme est le support primaire de l'information de position 941
Le derme contrôle la nature et la distribution des structures qui se forment à partir de l'épiderme 942
Le tissu conjonctif d'un membre de vertébré est colonisé par de nombreux types de cellules migratrices 943
La structuration du tissu conjonctif des membres est indépendante des cellules qui le colonisent 944
Le tissu conjonctif détermine les itinéraires et les destinations des cellules migratrices 944
Le développement du système nerveux pose des problèmes particuliers 945
Résumé 946

Bibliographie **946**

CHAPITRE 17

Les cellules différenciées et la conservation des tissus

Le maintien de l'état différencié **951**
La majorité des cellules différenciées gardent en mémoire leur caractère essentiel, même dans un nouvel environnement 952

L'environnement d'une cellule peut moduler l'état différencié 953

Certaines structures se maintiennent grâce à une interaction permanente de leurs constituants : les bourgeons gustatifs et leur innervation 953

Résumé 954

Les tissus à cellules permanentes 954

Les cellules situées au centre du cristallin de l'œil adulte sont des vestiges de l'embryon 955

La majorité des cellules permanentes renouvellent leurs constituants : les cellules photoréceptrices de la rétine 956

Résumé 959

Renouvellement par simple duplication 959

Le foie fonctionne comme une interface entre l'appareil digestif et le sang 959

La perte de cellules hépatiques stimule la prolifération des cellules hépatiques 961

La régénération requiert la croissance coordonnée des constituants cellulaires 962

Les cellules endothéliales tapissent tous les vaisseaux sanguins 962

Les nouvelles cellules endothéliales sont engendrées par simple duplication des cellules endothéliales existantes 963

Les nouveaux capillaires se forment par bourgeonnement 964

La croissance du réseau capillaire est contrôlée par des facteurs libérés par les tissus voisins 965

Résumé 966

Le renouvellement par des cellules souches : l'épiderme 966

Les cellules souches ont la capacité de se diviser indéfiniment et d'engendrer une descendance différenciée 967

L'épiderme est organisé en unités capables de proliférer 968

Au cours de leur maturation, les cellules épidermiques synthétisent une séquence de différentes kératines 970

Le potentiel des cellules souches n'existe que pour les cellules qui sont en contact avec la lame basale 970

La prolifération des cellules basales est réglée selon l'épaisseur de l'épiderme 971

Les cellules sécrétrices de l'épiderme sont enfermées dans les glandes qui ont leurs propres cinétiques de population 971

Résumé 973

Renouvellement par des cellules souches multipotentes : la formation de cellules sanguines 973

Il existe trois principales catégories de globules blancs : les granulocytes, les monocytes et les lymphocytes 974

La production de chaque type de cellule sanguine dans la moelle osseuse est contrôlée individuellement 974

La moelle osseuse contient des cellules souches hématopoïétiques 977

Une cellule souche multipotente donne naissance à toutes les catégories de cellules sanguines 978

Le nombre des cellules sanguines spécialisées est amplifié par les divisions des cellules précurseurs déterminées 979

Les facteurs qui règlent l'hématopoïèse peuvent être analysés en culture 980

L'érythropoïèse dépend de l'érythropoïétine 980

De multiples CSF influent sur la production des neutrophiles et des macrophages 981

Le comportement d'une cellule hématopoïétique dépend en partie du hasard 982

Résumé 983

Genèse, modulation et régénération du muscle squelettique 983

Les nouvelles cellules du muscle squelettique se forment par fusion des myoblastes 983

Les cellules musculaires peuvent moduler leurs propriétés par un changement d'isoformes protéiques 984

Certains myoblastes persistent en tant que cellules souches quiescentes chez l'adulte 985

Résumé 986

Les fibroblastes et leurs transformations : la famille des cellules du tissu conjonctif 986

Les fibroblastes modifient leur caractère en réponse à des signaux dans la matrice extracellulaire 987

La matrice extracellulaire peut influer sur la différenciation des cellules du tissu conjonctif en modifiant la forme et l'ancrage des cellules 988

Différentes molécules informatives agissent séquentiellement pour régler la production des adipocytes 988

Résumé 989

Les tissus mous et la matrice rigide : croissance, renouvellement et réparation dans l'os 989

Le cartilage peut croître par gonflement 990

Les ostéoblastes sécrètent la matrice osseuse alors que les ostéoclastes la détruisent 991

Au cours du développement, le cartilage est érodé par les ostéoclastes pour laisser la place à l'os 993

La structure du corps est stabilisée grâce à son réseau de tissus conjonctifs et par la cohésion sélective des cellules 994

Résumé 995

Appendice — Les cellules du corps humain : un catalogue 995

Bibliographie 997

CHAPITRE 18

Le système immunitaire

Les bases cellulaires de l'immunité 1002

Le système immunitaire de l'homme est composé de milliards de lymphocytes 1002

Les lymphocytes B induisent les réponses humorales ; les lymphocytes T induisent les réponses à médiation cellulaire 1003

Les lymphocytes se différencient dans les organes lymphoïdes centraux, mais réagissent avec les antigènes étrangers dans les organes lymphoïdes périphériques 1004

Grâce aux marqueurs cellulaires de surface, il est possible de distinguer et de séparer les cellules T et les cellules B 1004

Le système immunitaire fonctionne par sélection clonale 1005

La majorité des antigènes stimulent beaucoup de clones lymphocytaires différents 1006

La majorité des lymphocytes recirculent continuellement 1008
La mémoire immunologique est due à l'expansion clonale et à la différenciation lymphocytaire 1008
L'impossibilité de répondre aux antigènes du « soi » est due à l'acquisition de la tolérance immunitaire 1010
La tolérance immunitaire aux antigènes étrangers peut être induite chez un animal adulte 1011
Résumé 1011

Les propriétés fonctionnelles des anticorps 1011
Les récepteurs spécifiques d'un antigène sur les cellules B sont des molécules d'anticorps 1012
Les cellules B peuvent produire des anticorps *in vitro* 1012
Les anticorps ont deux sites de combinaison antigénique identiques 1012
Une molécule d'anticorps est composée de quatre chaînes polypeptidiques : deux chaînes légères identiques et deux chaînes lourdes identiques 1013
Il y a cinq classes différentes de chaînes lourdes, chacune avec des propriétés biologiques différentes 1013
Les anticorps peuvent avoir des chaînes légères $\varkappa$ ou λ mais jamais les deux 1016
La force de l'interaction antigène-anticorps dépend à la fois de l'affinité et du nombre des sites de combinaison 1016
Résumé 1018

La structure fine des anticorps 1018
Les chaînes L et H sont constituées de régions constantes et variables 1019
Les chaînes L et H sont chacune constituées de trois régions hypervariables qui forment ensemble le site de combinaison antigénique 1019
Les chaînes L et H sont repliées en domaines répétitifs homologues 1020
Les études par diffraction des rayons X révèlent les structures tridimensionnelles des domaines des immunoglobulines et des sites de combinaison antigénique 1021
Résumé 1022

La génération de la diversité des anticorps 1023
Les gènes codant les anticorps sont assemblés à partir de segments géniques séparés au cours du développement des cellules B 1024
Chaque région V est codée par plus d'un segment de gène 1024
La jonction imprécise des segments de gène augmente la diversité des régions V 1025
Une hypermutation somatique dépendante de l'antigène règle les réponses humorales avec précision 1026
La jonction des segments de gènes codant les anticorps est réglée pour assurer la monospécificité des cellules B 1027
Le passage de la forme liée à la membrane à la forme sécrétée du même anticorps a lieu par suite d'un changement des transcrits des chaînes lourdes 1028
Les cellules B peuvent commuter la classe d'anticorps qu'elles produisent 1029
Les idiotopes sur les molécules d'anticorps forment la base d'un réseau immunologique 1030
Résumé 1031

Le système du complément 1031
L'activation du complément implique une cascade protéolytique amplificatrice axée sur le clivage de la protéine C3 1031
La voie classique est activée par les complexes antigène-anticorps 1032
Les micro-organismes peuvent directement activer la voie alterne 1033
L'activation du complément induit la phagocytose et l'inflammation 1034
L'assemblage des composants tardifs du complément induit la formation d'un grand complexe lytique 1034
La réaction en cascade du complément est étroitement réglée 1035
Résumé 1036

Les lymphocytes T et l'immunité à médiation cellulaire 1037
Les récepteurs des cellules T sont des hétérodimères ressemblant aux anticorps 1037
Les différentes réponses des cellules T sont induites par différentes classes de cellules T 1038
Les cellules T cytotoxiques tuent les cellules infectées par un virus 1038
Comment les cellules cytotoxiques tuent-elles leurs cibles ? 1039
Les molécules du CMH induisent le rejet de greffe d'organe 1040
Il y a deux classes principales de molécules du CMH 1041
Les cellules T cytotoxiques reconnaissent les antigènes étrangers en association avec les molécules de classe I du CMH 1042
Les cellules T cytotoxiques reconnaissent des fragments de protéines virales à la surface des cellules infectées par un virus 1043
Les études par diffraction des rayons X révèlent le site de liaison antigénique d'une glycoprotéine de classe I du CMH 1044
Les cellules T auxiliaires reconnaissent des fragments d'antigènes étrangers en collaboration avec les glycoprotéines de classe II du CMH à la surface des cellules présentant l'antigène 1044
Les cellules T auxiliaires stimulent la prolifération des lymphocytes T activés en sécrétant l'interleukine II 1046
La majorité des cellules B ont besoin de cellules T auxiliaires pour répondre à l'antigène 1047
Les cellules T auxiliaires facilitent l'activation des cellules B en sécrétant des interleukines 1047
Certaines cellules T auxiliaires activent les macrophages en sécrétant l'interféron 1048
Les protéines d'adhérence intercellulaire stabilisent les interactions entre les cellules T et leurs cibles 1049
Les cellules T suppressives inhibent principalement les cellules T auxiliaires 1050
Les cellules T en cours de différenciation qui réagissent fortement à leurs propres molécules du CMH sont éliminées dans le thymus 1051
Certaines formes alléliques des molécules du CMH ne peuvent présenter d'antigène spécifique aux cellules T : gènes de la réponse immunitaire (*Ir*) 1052
La co-reconnaissance du CMH peut expliquer les réactions de transplantation et le polymorphisme du CMH 1053
Les molécules de reconnaissance immunitaire appartiennent à une ancienne superfamille 1053
Résumé 1054

Bibliographie 1055

CHAPITRE 19

Le système nerveux

Les cellules du système nerveux : un aperçu de leur structure et de leur fonction 1059

La fonction d'une cellule nerveuse dépend de sa structure allongée 1060

Les cellules nerveuses transmettent des signaux électriques 1062

Les cellules nerveuses communiquent chimiquement au niveau des synapses 1062

Les matériaux néosynthétisés sont acheminés par des mécanismes de transport lent et rapide du corps cellulaire à l'axone et aux dendrites 1062

La terminaison nerveuse peut communiquer chimiquement avec le corps cellulaire grâce au transport rétrograde 1063

Les neurones sont entourés par différents types de cellules gliales 1064

Résumé 1065

Canaux à ouverture réglée par la tension et potentiel d'action 1065

Les variations de tension peuvent se propager passivement dans un neurone 1066

Les canaux Na^+ dont l'ouverture est réglée par la tension engendrent le potentiel d'action ; les canaux K^+ dont l'ouverture est réglée par la tension le maintiennent brièvement 1068

Les potentiels d'action propagés pourvoient à une communication rapide sur une longue distance 1070

La myélinisation accélère la vitesse et augmente l'efficacité de propagation des potentiels d'action chez les vertébrés 1073

Résumé 1073

Les canaux ioniques dont l'ouverture est réglée par un ligand et la transmission synaptique rapide 1074

La jonction neuromusculaire est la synapse la mieux comprise 1075

La libération du neurotransmetteur est associée aux potentiels d'action par l'intermédiaire des canaux calciques réglés par la tension 1076

Le neurotransmetteur est rapidement libérée par exocytose 1077

La libération d'un neurotransmetteur est quantifiée et aléatoire 1078

Les canaux dont l'ouverture est réglée par un ligand reconvertissent le signal chimique en signal électrique 1081

Le récepteur de l'acétylcholine est un canal cationique réglé par un ligand 1081

L'acétylcholine est éliminée de la fente synaptique par diffusion et par hydrolyse 1081

La transmission synaptique rapide se fait par l'intermédiaire d'un petit nombre de neurotransmetteurs 1083

L'acétylcholine et le glutamate interviennent dans l'excitation rapide ; le GABA et la glycine interviennent dans l'inhibition rapide 1083

Il existe souvent plusieurs types de récepteurs pour un seul neurotransmetteur 1084

Les synapses sont les cibles principales pour l'action des drogues 1085

Résumé 1085

Le rôle des canaux ioniques dans la mathématique neuronale 1086

La variation du potentiel de membrane dans le soma de la cellule postsynaptique représente une sommation dans l'espace et dans le temps de nombreux potentiels postsynaptiques 1087

Pour une transmission à longue distance, le PPS global est traduit en fréquence d'impulsion nerveuse 1087

Le codage nécessite l'association de différents canaux ioniques 1088

L'adaptation atténue la réponse à un stimulus invariant 1089

Tous les signaux ne sont pas transmis par l'axone 1090

Résumé 1091

Les récepteurs métabotropiques et la modulation synaptique 1091

Les récepteurs métabotropiques sont les médiateurs de réponses lentes et diffuses 1092

Les neuropeptides sont de loin la famille de neurotransmetteurs la plus importante 1093

Des modifications durables du comportement reflètent des modifications dans des synapses spécifiques 1094

Les récepteurs liés à une protéine G servent de médiateurs dans la sensibilisation chez *Aplysia* 1096

Les ions Ca^{2+} et l'AMP cyclique sont des messagers intracellulaires importants dans l'apprentissage associatif chez les invertébrés 1098

L'apprentissage dans l'hippocampe des mammifères dépend de l'entrée de Ca^{2+} par un canal doublement contrôlé 1099

Résumé 1100

Entrée sensorielle 1101

Le potentiel du récepteur est l'image de l'amplitude du stimulus 1101

Les cellules ciliées situées dans l'oreille répondent à l'inclinaison de leurs cils stéréoscopiques 1102

Des canaux cationiques réglés mécaniquement au niveau de l'extrémité des cils stéréoscopiques s'ouvrent lorsque les faisceaux de cils stéréoscopiques s'inclinent 1103

Les photorécepteurs sont sensibles et adaptables mais assez lents 1104

Le potentiel de récepteur dans une cellule en bâtonnet est dû à la fermeture de canaux Na^+ 1105

Les photons modifient la conformation des molécules de rhodopsine 1106

La fermeture des canaux sodiques dans la membrane plasmique est due à une baisse de GMP cyclique dans le cytosol de la cellule photoréceptrice, induite par la lumière 1106

Le photorécepteur s'adapte à l'intensité de la lumière 1107

Les calculs neuronaux traitent les données brutes provenant des cellules sensorielles réceptrices 1107

Résumé 1108

Naissance, croissance et mort des neurones 1108

Les neurones sont engendrés par des programmes limités de division cellulaire 1108

Les cellules gliales radiales forment un échafaudage provisoire pour guider la migration des nouveaux neurones 1109

Le caractère et les connexions futures d'un neurone dépendent de sa date de naissance 1110

Chaque axone ou dendrite s'allonge au moyen d'un cône de croissance localisé à son extrémité 1112

Le cône de croissance est un site d'assemblage de matériaux pour la croissance 1113
Le cône de croissance peut être dirigé *in vitro* par adhérence sélective, par chimiotaxie et par champs électriques 1114
In vivo le cône de croissance pilote le neurite en cours de développement le long d'une voie définie avec précision : la doctrine de l'haptoxie 1115
Les cônes de croissance utilisent des molécules d'adhérence spécifiques pour adhérer aux surfaces cellulaires et à la matrice extracellulaire 1115
La distribution des connexions nerveuses est réglée par la non-équivalence des caractères des neurones : la doctrine de la spécificité neuronale 1117
Les tissus cibles libèrent des facteurs neurotrophiques qui contrôlent la croissance et la survie des cellules nerveuses 1118
La mort neuronale règle le nombre des neurones qui survivent suivant la quantité de cible 1120
Des connexions neuronales sont établies et rompues toute la vie durant 1121
Résumé 1122

Formation et élimination des synapses 1122

Le contact synaptique induit la mise en place des éléments responsables de la transmission dans l'axone en croissance comme dans la cellule cible 1122
Les récepteurs de l'acétylcholine diffusent dans la membrane de la cellule musculaire et se fixent au niveau de la synapse en cours de formation 1123
Le site d'une synapse neuromusculaire se distingue par une spécialisation persistante de la lame basale 1124
La réceptivité d'une cellule musculaire est contrôlée par son activité électrique 1125
L'activité électrique dans le muscle influe sur la survie des neurones moteurs embryonnaires 1125
L'activité électrique règle l'élimination compétitive des synapses selon une règle de synchronisation de l'activité synaptique 1126
Les terminaisons axonales dont l'activité est synchrone s'entraident dans la construction de leurs synapses 1127
Le nombre des afférences qui survivent dépend du nombre de dendrites sur le neurone postsynaptique 1128
Chez les jeunes mammifères les connexions visuelles sont adaptables et sensibles à l'expérience visuelle 1129
Dans le système visuel des mammifères, les synapses actives tendent à évincer les synapses inactives 1129
Les connexions convergentes de la vision binoculaire dépendent de la stimulation binoculaire synchronisée 1131
La règle de synchronisation de l'activité électrique guide l'organisation du système nerveux à la lumière de l'expérience 1131
Résumé 1132

Bibliographie 1132

CHAPITRE 20

Caractères distinctifs des cellules végétales

L'importance de la paroi cellulaire 1137

La paroi cellulaire est composée de fibres de cellulose incluses dans une matrice de polysaccharides et de protéines 1138
Les microfibrilles de cellulose sont réticulées en un réseau complexe avec des molécules d'hémicellulose, de pectine et de glycoprotéines 1140
La porosité limitée des parois cellulaires restreint l'échange de macromolécules entre les cellules végétales et leur environnement 1142
La résistance élastique des parois permet aux cellules végétales d'engendrer une pression hydrostatique interne appelée turgescence 1143
La croissance des cellules végétales dépend à la fois de la pression de turgescence et d'un épaississement contrôlé de la paroi 1143
La turgescence est réglée par des mécanismes rétroactifs qui contrôlent les concentrations des solutés intracellulaires 1144
La paroi cellulaire est modifiée au cours de la création de types spécialisés de cellules 1145
Même une paroi mature est une structure dynamique 1147
Résumé 1151

Le transport entre les cellules 1151

Les cellules végétales communiquent avec leurs voisines par des canaux cytoplasmiques appelés plasmodesmes 1151
Les plasmodesmes permettent aux molécules de passer directement d'une cellule à l'autre 1152
Les liquides dans un végétal vasculaire sont répartis en un grand compartiment intracellulaire et en un grand compartiment extracellulaire 1153
Les cellules photosynthétiques et absorbantes sont liées par des tissus vasculaires comprenant le xylème et le phloème 1153
L'eau et les sels dissous se déplacent par l'intermédiaire du xylème 1153
Les glucides se déplacent sous la pression existant dans le phloème 1155
Résumé 1156

Les interactions entre les végétaux et les autres organismes 1157

La majorité des végétaux vasculaires sont en relation symbiotique avec des champignons du sol 1157
Les bactéries symbiotiques permettent à certains végétaux d'utiliser l'azote atmosphérique 1157
Agrobacterium est un pathogène végétal qui transfère des gènes à sa plante hôte 1159
Les produits de dégradation de la paroi cellulaire agissent souvent comme des signaux dans les interactions végétaux-pathogènes 1159
La paroi cellulaire peut être une source importante de signaux de la cellule végétale normale 1161
Résumé 1161

L'organisation interne particulière des cellules végétales 1161

Le chloroplaste est un membre d'une famille d'organites propre aux végétaux : les plastes 1161
La vacuole de la cellule végétale est un organite remarquablement polyvalent 1163
Les vacuoles peuvent fonctionner comme des organites d'accumulation 1163
Les vésicules de Golgi délivrent des matériaux de la paroi cellulaire à des régions spécifiques de la membrane plasmique 1165
La membrane est rapidement recyclée selon le processus d'endocytose en phase liquide 1167
La synthèse de cellulose a lieu à la surface des cellules végétales 1168

L'organisation des microfibrilles de cellulose détermine la forme de la cellule végétale en croissance 1168
Les microfibrilles de cellulose extracellulaires sont déposées parallèlement aux microtubules corticaux 1169
Le mouvement des matériaux dans les grandes cellules végétales est dirigé par le courant cytoplasmique 1170
Le cytosquelette de cellules végétales répond à des signaux extracellulaires 1171
Résumé 1173

Les aspects cellulaires du développement végétal 1173
Le développement embryonnaire débute par l'établissement d'un axe racine-tige puis s'arrête à l'intérieur de la graine 1173
Les méristèmes produisent continuellement de nouveaux organes et de nouveaux méristèmes créant une série périodique de modules similaires 1174
La forme du végétal est déterminée par des mécanismes de formation type dans les méristèmes apicaux 1175
La génération de nouvelles structures dépend de la division de l'expansion et de la différenciation coordonnée des cellules 1176
Une charpente cytosquelettique détermine le plan de division cellulaire 1177
La polarité des cellules végétales dépend de la distribution asymétrique de canaux ioniques et de transporteurs protéiques liés à la membrane 1179
La croissance et le développement des végétaux sont modulés en réponse à des indications de l'environnement 1179
La croissance et le développement des végétaux sont contrôlés par des médiateurs chimiques 1180
Les cultures cellulaire et tissulaire sont des outils performants pour étudier le développement des végétaux 1181
La génétique moléculaire aide à résoudre les problèmes du développement des végétaux 1181
Résumé 1184

Bibliographie 1184

CHAPITRE 21

Le cancer

Le cancer en tant que processus micro-évolutif 1187
Les cancers diffèrent selon le type de cellules dont ils dérivent 1188
La majorité des cancers dérivent d'une seule cellule anormale 1190
Une modification dans la séquence d'ADN de la cellule est vraisemblablement à l'origine de la majorité des cancers 1190
Une seule mutation n'est pas suffisante pour provoquer le cancer 1192
Les cancers se développent lentement à partir de cellules légèrement anormales 1193
La progression tumorale implique des cycles successifs de mutation et de sélection naturelle 1195
Le développement d'un cancer peut être favorisé par des facteurs qui ne modifient pas la séquence d'ADN des cellules 1195
La majorité des cancers sont produits par des combinaisons de facteurs d'environnement qui peuvent être évitées 1197
La recherche de traitements du cancer est difficile mais non sans espoir 1198
La croissance cancéreuse dépend souvent de dérèglements de la différenciation cellulaire 1199
Pour métastaser, les cellules cancéreuses doivent pouvoir traverser la lame basale 1200
Les défauts de réparation, de réplication et de recombinaison de l'ADN accélèrent le développement du cancer 1201
L'augmentation de la mutabilité aide les cellules cancéreuses à éviter la destruction par les drogues anticancéreuses 1202
Résumé 1203

La génétique moléculaire du cancer 1203
Les virus à ADN comme les virus à ARN peuvent provoquer des tumeurs 1204
La prise de contrôle de la division cellulaire fait partie de la stratégie des virus tumorigènes à ADN pour survivre 1205
Les rétrovirus prélèvent des oncogènes par accident 1205
Les différentes recherches sur les bases génétiques du cancer convergent sur des perturbations dans le même petit groupe de proto-oncogènes 1208
Il existe de nombreuses manières de transformer un proto-oncogène en oncogène 1209
Les actions des oncogènes peuvent être expérimentées dans des souris transgéniques 1210
Le cancer implique la perte de gènes suppresseurs de tumeurs tout comme l'acquisition d'oncogènes 1212
L'analyse moléculaire de tumeurs pulmonaires démontre la complexité et la variabilité du cancer humain 1214
Chaque cas de cancer représente une expérience distincte dans l'évolution cellulaire 1216
Résumé 1216

Bibliographie 1217

Liste des tableaux 1219
Index I-1

Remerciements

En écrivant ce livre, nous avons largement bénéficié des conseils de nombreux biologistes. En plus de ceux qui nous donnèrent leur avis par téléphone et de ceux qui nous aidèrent pour la première édition, nous aimerions remercier les scientifiques suivants pour leurs conseils écrits au cours de la préparation de cette édition.

Chapitre 1 Hans Bode (University of California, Irvine), Tom Cavalier-Smith (Kings College, London), Elaine Robson (University of Reading, U.K.).

Chapitre 2 Efraim Racker (Cornell University), Harry van der Westen (Wageningen, The Netherlands), Richard Wolfenden (University of North Carolina).

Chapitre 3 Charles Cantor (Columbia University), Russel Doolittle (University of California, San Diego), Steven Harrison (Harvard University), Richard Wolfenden (University of North Carolina).

Chapitre 4 Charles Cantor (Columbia University), Steven Harrison (Harvard University), Richard Henderson (MRC Laboratory of Molecular Biology, Cambridge, U.K.), George Ratcliffe (Oxford University), Peter Shaw (John Innes Institute, Norwich, U.K.).

Chapitre 5 Tim Hunt (Cambridge University), Marilyn Kozak (University of Pittsburgh), Thomas Lindahl (Imperial Cancer Research Fund, South Mimms, U.K.), Harold Varmus (University of California, San Francisco).

Chapitre 6 Mark Bretscher (MRC Laboratory of Molecular Biology, Cambridge, U.K.), Lewis Cantley (Harvard University), Stuart Cull-Candy (University College London), Anthony Gardner-Medwin (University College London), Walter Gratzer (Kings College London), Ari Helenius (Yale University), Richard Henderson (MRC Laboratory of Molecular Biology, Cambridge, U.K.), Regis Kelly (University of California, San Francisco), Mark Marsh (Institute of Cancer Research, London), Samuel Silverstein (Columbia University), Wilfred Stein (Hebrew University), Peter Walter (University of California, San Francisco), Judy White (University of California, San Francisco).

Chapitre 7 Martin Brand (Cambridge University), Leslie Grivell (University of Amsterdam), Richard McCarty (Cornell University), David Nicholls (University of Dundee), Gottfried Schatz (University of Basel), Alison Smith (John Innes Institute, Norwich, U.K.).

Chapitre 8 Regis Kelly (University of California, San Francisco), Stuart Kornfeld (Washington University, St. Louis), Paul Lazarow (Rockefeller University), Vishu Lingappa (University of California, San Francisco), George Palade (Yale University), James Rothman (Princeton University), Gottfried Schatz (University of Basel), Kai Simons (EMBO Laboratory, Heidelberg), Alex Varshavsky (Massachusetts Institute of Technology), Peter Walter (University of California, San Francisco), William Wickner (University of California, Los Angeles).

Chapitre 9 Pierre Chambon (University of Strasbourg), Sarah Elgin (Washington University, St. Louis), Gary Felsenfeld (National Institutes of Health, Bethesda), Christine Guthrie (University of California, San Francisco), Harold Weintraub (Hutchinson Cancer Center, Seattle), Keith Yamamoto (University of California, San Francisco).

Chapitre 10 Pierre Chambon (University of Strasbourg), Enrico Coen (John Innes Institute, Norwich, U.K.), Gary Felsenfeld (National Institutes of Health, Bethesda), Ira Herskowitz (University of California, San Francisco), Tim Hunt (Cambridge University), Robert Roeder (Rockefeller University), Harold Weintraub (Hutchinson Cancer Center, Seattle), John Wilson (Baylor University), Keith Yamamoto (University of California, San Francisco).

Chapitre 11 Roger Cooke (University of California, San Francisco), Marc Kirschner (University of California, San Francisco), Michael Klymkowsky (University of Colorado, Boulder), Mark Mooseker (Yale University), Tom Pollard (Johns Hopkins University), Joel Rosenbaum (Yale University), Lewis Tilney (University of Pennsylvania), Klaus Weber (Max Planck Institute for Biophysical Chemistry, Göttingen).

Chapitre 12 Henry Bourne (University of California, San Francisco), Philip Cohen (University of Dundee), Graham Hardie (University of Dundee), Daniel Koshland (University of California, Berkeley), Alex Levitzki (Hebrew University), Robert Mishell (University of Birmingham, U.K.), Anne Mudge (University College London), Michael Schramm (Hebrew University), Zvi Sellinger (Hebrew University), Tom Vanaman (University of Kentucky).

Chapitre 13 Robert Brooks (King's College London), Leland Hartwell (University of Washington, Seattle), John Heath (Oxford University), Tim Hunt (Cambridge University), Jeremy Hyams (University College London), Marc Kirschner (University of California, San Francisco), Tim Mitchison (University of California, San Francisco), Andrew Murray (University of California, San Francisco), Paul Nurse (Oxford University).

Chapitre 14 Michael Bennett (Albert Einstein College of Medicine), Benny Geiger (Weizmann Institute), Daniel Goodenough (Harvard Medical School), Barry Gumbiner (University of California, San Francisco), Richard Hynes (Massachusetts Institute of Technology), Tom Jessell (Columbia University), Louis Reichardt (University of California, San Francisco), Erkki Ruoslahti (La Jolla Cancer Research Foundation), Masatoshi Takeichi (Kyoto University), Robert Trelstad (UMDNJ—Robert Wood Johnson Medical School), Anne Warner (University College London).

Chapitre 15 Adelaide Carpenter (University of California, San Diego), James Crow (University of Wisconsin, Madison), David Epel (Stanford University), Tim Hunt (Cambridge University), James Maller (University of Colorado Medical School), John Maynard Smith (University of Sussex), Anne McLaren (University College London), Montrose Moses (Duke University), Lewis Tilney (University of Pennsylvania), Victor Vacquier (University of California, San Diego).

Chapitre 16 Marianne Bronner-Fraser (University of California, Irvine), Robert Horvitz (Massachusetts Institute of Technology), James Hudspeth (University of California, San Francisco), Philip Ingham (Imperial Cancer Research Fund, Oxford), Ray Keller (University of California, Berkeley), Cynthia Kenyon (University of California, San Francisco), Judith Kimble (University of Wisconsin, Madison), Tom Kornberg (University of California, San Francisco), Mark Krasnow (Stanford University), Peter Lawrence (MRC Laboratory of Molecular Biology, Cambridge, U.K.), Gail Martin (University of California, San Francisco), Patrick O'Farrell (University of California, San Francisco), Jonathan Slack (Imperial Cancer Research Fund, Oxford).

Chapitre 17 Michael Banda (University of California, San Francisco), Alan Boyde (University College London), Michael Dexter (Paterson Institute for Cancer Research, Manchester, U.K.), Charles Emerson (University of Virginia), Howard Green (Harvard University), David Housman (Massachusetts Institute of Technology), Anne Mudge (University College London), Michael Solursh (University of Iowa), Fiona Watt (Imperial Cancer Research Fund, London).

Chapitre 18 Fred Alt (Columbia University), Peter Lachmann (MRC Center, Cambridge, U.K.), Avrion Mitchison (University College London), William Paul (National Institutes of Health, Bethesda), Ronald Schwartz (National Institutes of Health, Bethesda), David Standring (University of California, San Francisco).

Chapitre 19 Tim Bliss (National Institute for Medical Research, London), Michael Brown (Oxford University), Steven Burden (Massachusetts Institute of Technology), Gerald Fischbach (Washington University, St. Louis), James Hudspeth (University of California, San Francisco), Trevor Lamb (Cambridge University), Dale Purves (Washington University, St. Louis), James Schwartz (Columbia University), Charles Stevens (Yale University), Michael Stryker (University of California, San Francisco).

Chapitre 20 Brian Gunning (Australian National University, Canberra), Andy Johnston (John Innes Institute, Norwich, U.K.), Clive Lloyd (John Innes Institute, Norwich, U.K.), Freiderick Meins (Freiderich Miescher Institut, Basel), Scott Stachel (University of California, Berkeley), Andrew Staehelin (University of Colorado, Boulder), Anthony Trewavas (Edinburgh University), Virginia Walbot (Stanford University), Patricia Zambryski (University of California, Berkeley).

Chapitre 21 Michael Bishop (University of California, San Francisco), John Cairns (Harvard School of Public Health), Ruth Ellman (Institute of Cancer Research, Sutton, U.K.), Hartmut Land (Imperial Cancer Research Fund, London), Bruce Ponder (Institute of Cancer Research, Sutton, U.K.).

La photographie de couverture représente un jeu de chromosomes humains en métaphase. La chromatine est visualisée en rouge, par marquage en fluorescence avec de l'iodure de propidium, tandis que les centromères sont révélés avec un antisérum anti-kinétochore. La photographie donnée par Bill Brinkley est tirée de Merry, D.E., Pathak, S., Hsu, T.C. and Brinkley, B.R. *Am. J. Hum. Genet.* 37:425-430, 1985.

Note au lecteur

Bien que les Chapitres de ce livre puissent être lus indépendamment les uns des autres, ils sont ordonnés logiquement en trois parties. Les trois premiers Chapitres de la **Partie I** qui regroupent les principes élémentaires de la biologie cellulaire et de la biochimie, peuvent servir soit d'introduction pour ceux qui n'ont pas étudié la biochimie, soit de rappel pour ceux qui l'ont étudiée. Le Chapitre 4, qui termine la Partie I, traite des principes des méthodes expérimentales essentielles pour l'étude des cellules. Il n'est pas nécessaire de lire ce Chapitre pour comprendre les Chapitres suivants, mais le lecteur y trouvera des renseignements utiles.

La Partie II constitue le « cœur » de la biologie cellulaire, et traite essentiellement des propriétés communes à la majorité des cellules eucaryotes, commençant par l'étude des mécanismes moléculaires fondamentaux de l'hérédité et finissant avec celle de l'adhérence cellulaire et de la matrice extracellulaire.

La Partie III suit le comportement des cellules dans la construction d'organismes multicellulaires, de la formation des ovules et des spermatozoïdes au dérèglement de l'organisation multicellulaire provoqué par le cancer.

Le Chapitre 4 comprend plusieurs tableaux qui donnent les dates des progrès les plus marquants et les noms des scientifiques qui y sont attachés. La règle a été, dans la dernière partie du livre, de ne mentionner aucun scientifique en particulier. Les auteurs de découvertes fondamentales peuvent cependant être identifiés en consultant **la bibliographie** à la fin des Chapitres. Parmi les références, il y a, en général, les articles originaux dans lesquels les découvertes importantes furent présentées pour la première fois. **Les chiffres en exposant** qui accompagnent de nombreux titres de paragraphes se rapportent aux références numérotées dans la bibliographie, procurant un moyen commode de suivre de près des questions particulières.

Dans l'ensemble du livre, des **caractères gras** ont été utilisés pour mettre en évidence les termes clés dans un Chapitre où ils font l'objet d'un exposé particulier. Ceci peut ou non coïncider avec la première apparition du terme dans le texte. Les *caractères italiques* sont utilisés pour souligner des termes importants avec une moins grande insistance.

Le ***Livre d'exercices*** est conçu comme un volume d'accompagnement qui aidera le lecteur à apprécier l'élégance, l'ingéniosité, et les surprises de la recherche. Il fournit des exercices pour accompagner la partie centrale de ce livre (Chapitres 5 à 14). Chaque chapitre d'exercices est divisé en paragraphes qui correspondent aux paragraphes du livre principal, l'essentiel de chaque paragraphe étant un ensemble de problèmes orientés vers la recherche et tirés de la littérature scientifique.

La majorité des exercices illustrent des points du texte principal et sont signalés par un symbole dans la marge près du titre du concept correspondant. Ainsi, 5-4 dans la marge de ce titre se rapporte au problème 4 du chapitre 5 du *Livre d'exercices.* De plus, chaque paragraphe du *Livre d'exercices* commence par une série de courtes sections qu'il faut compléter ou auxquelles il faut répondre par « vrai ou faux », afin d'aider le lecteur à revoir le vocabulaire et les principaux concepts du sujet en question. Le *Livre d'exercices* pourrait être utile pour trouver des sujets de devoirs et comme base de discussions en cours. Il pourrait même fournir des idées de sujets d'examen.

BIOLOGIE MOLÉCULAIRE DE
LA CELLULE
DEUXIÈME ÉDITION

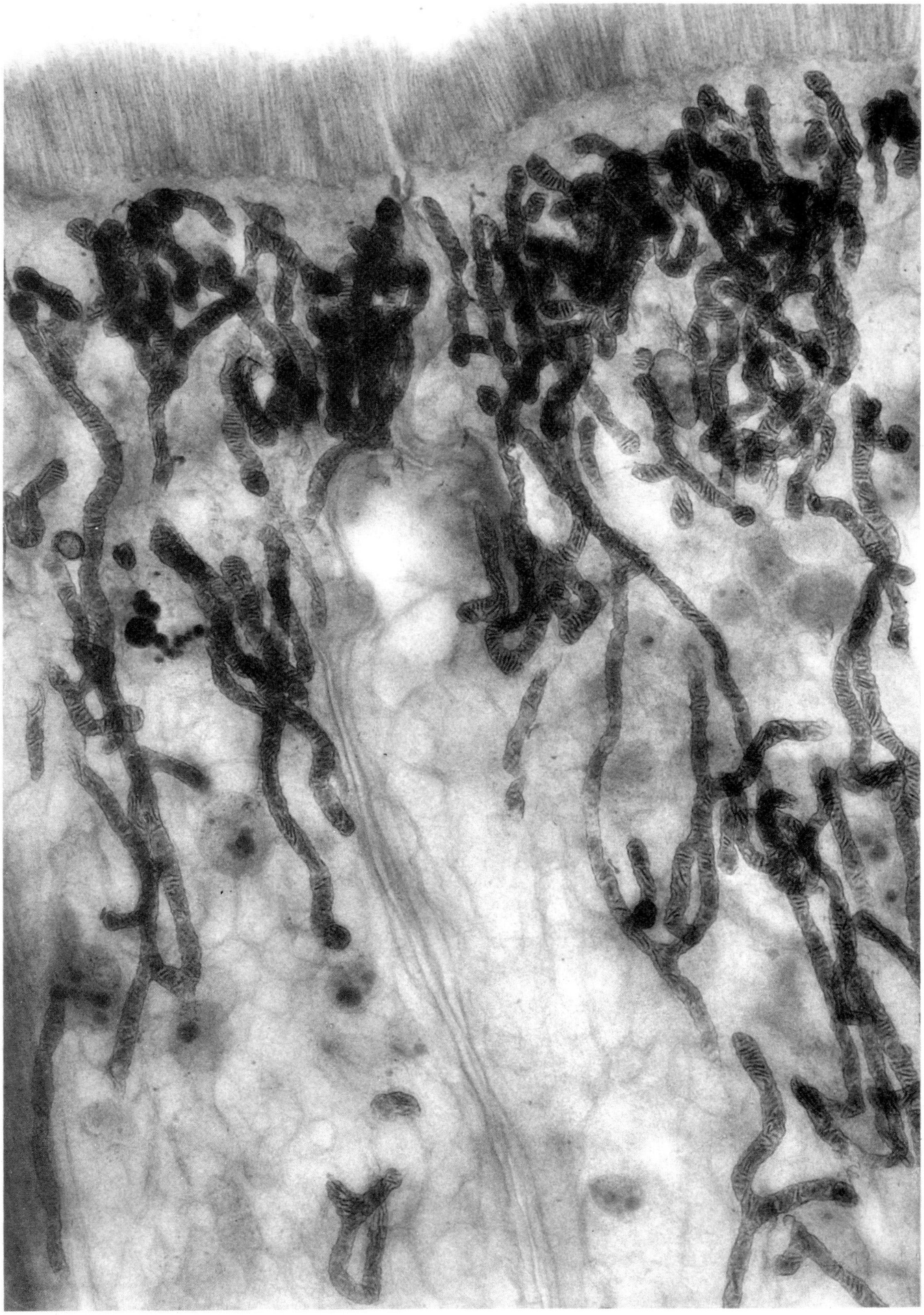

Mitochondries en forme de serpent dans une cellule épithéliale. Il est vraisemblable que les mitochondries ont évolué à partir d'une bactérie qui fut absorbée par une cellule eucaryote primitive (cf. Chapitres 1 et 7). (Avec l'autorisation de Pierre Favard.)

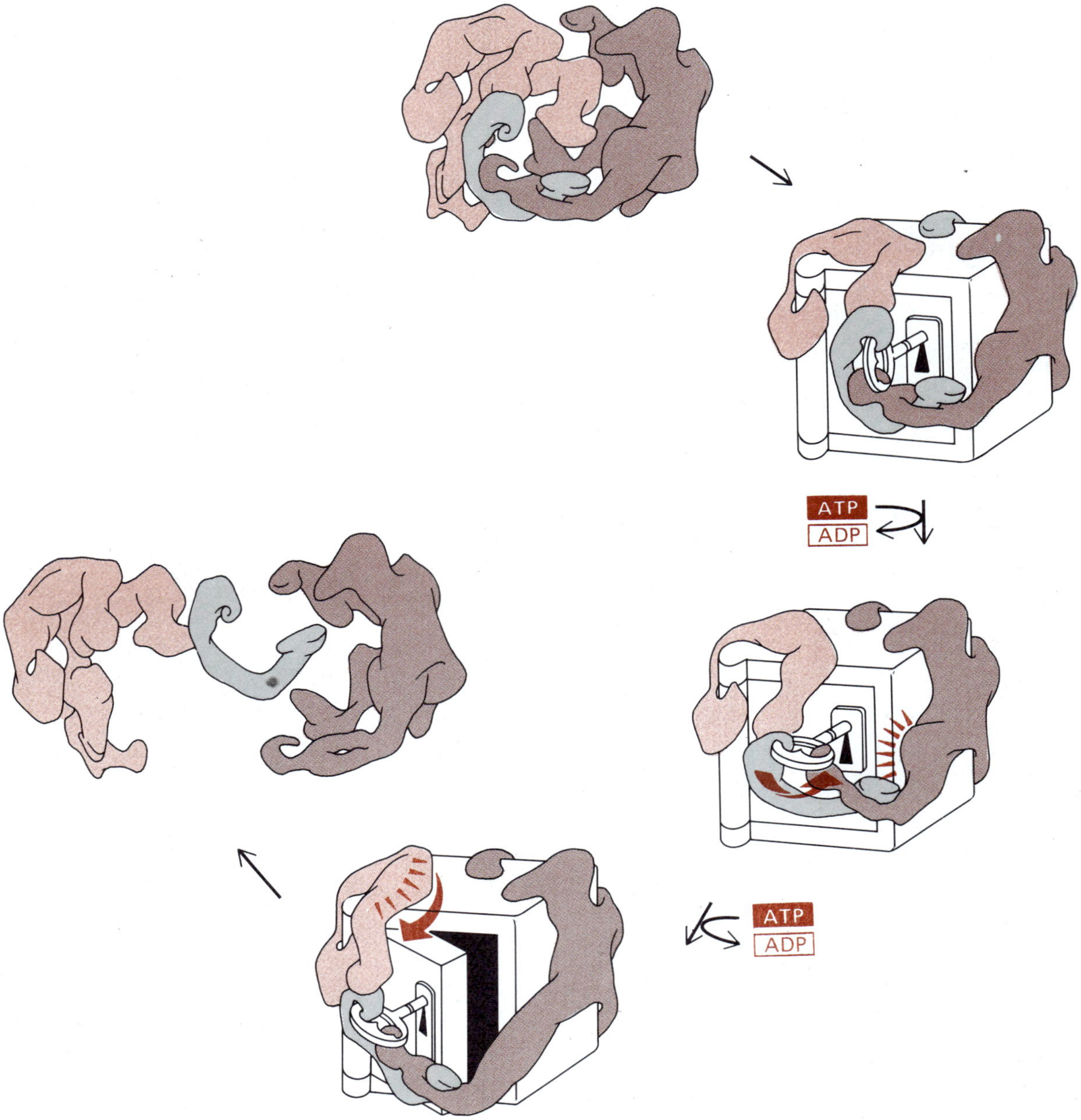

Dessin très schématisé d'une « machine » protéique. Les assemblages protéiques de ce type catalysent les nombreuses réactions dont une cellule a besoin (cf. Chapitre 3).

Une idée de l'échelle. Ces photographies au microscope électronique à balayage, prises à des grossissements augmentés progressivement, montrent des cellules bactériennes sur la pointe d'une épingle ordinaire. (Avec l'autorisation de Tony Brain et de la Science Photo Library.) ▶

I

Introduction à la cellule

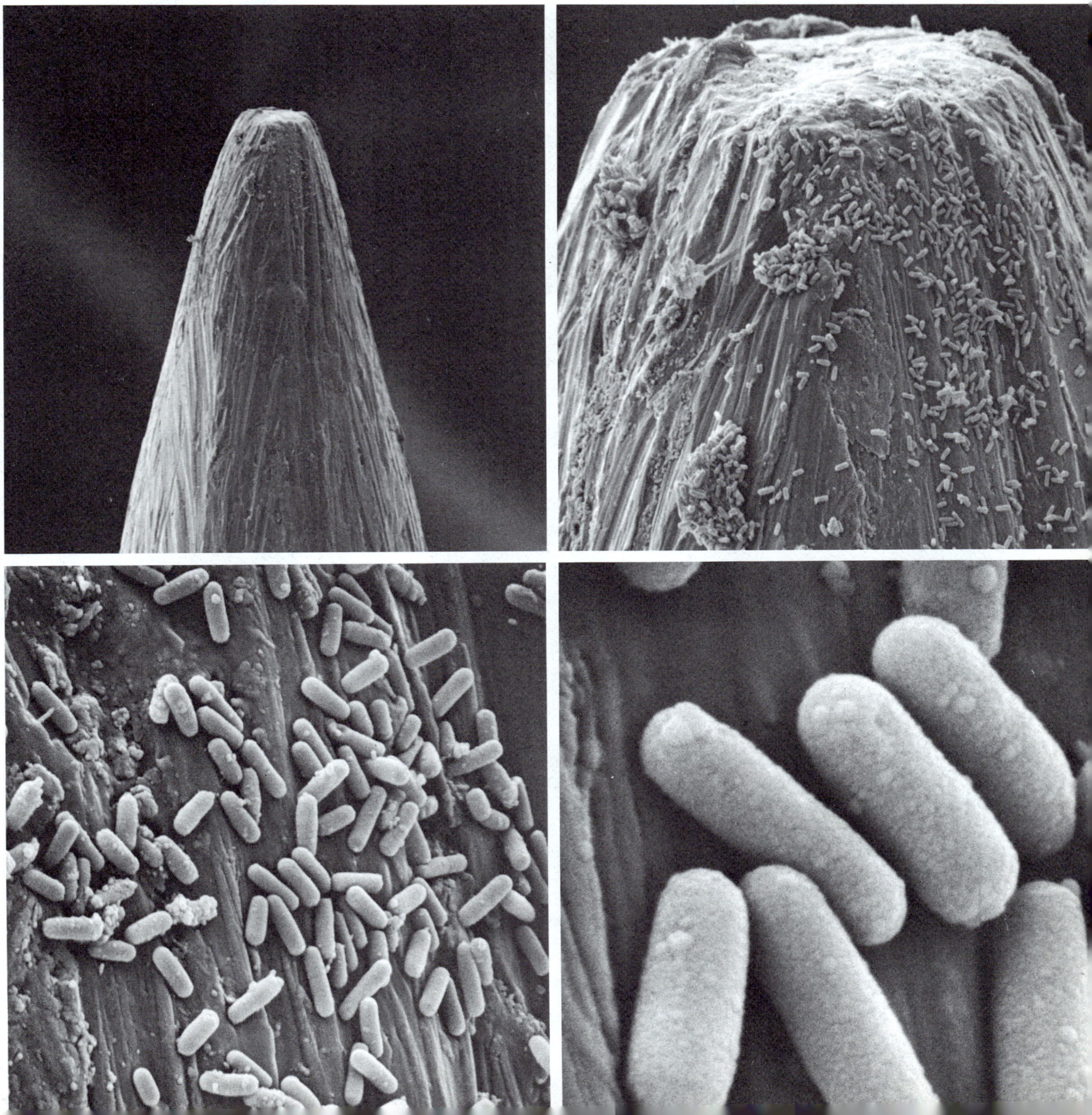

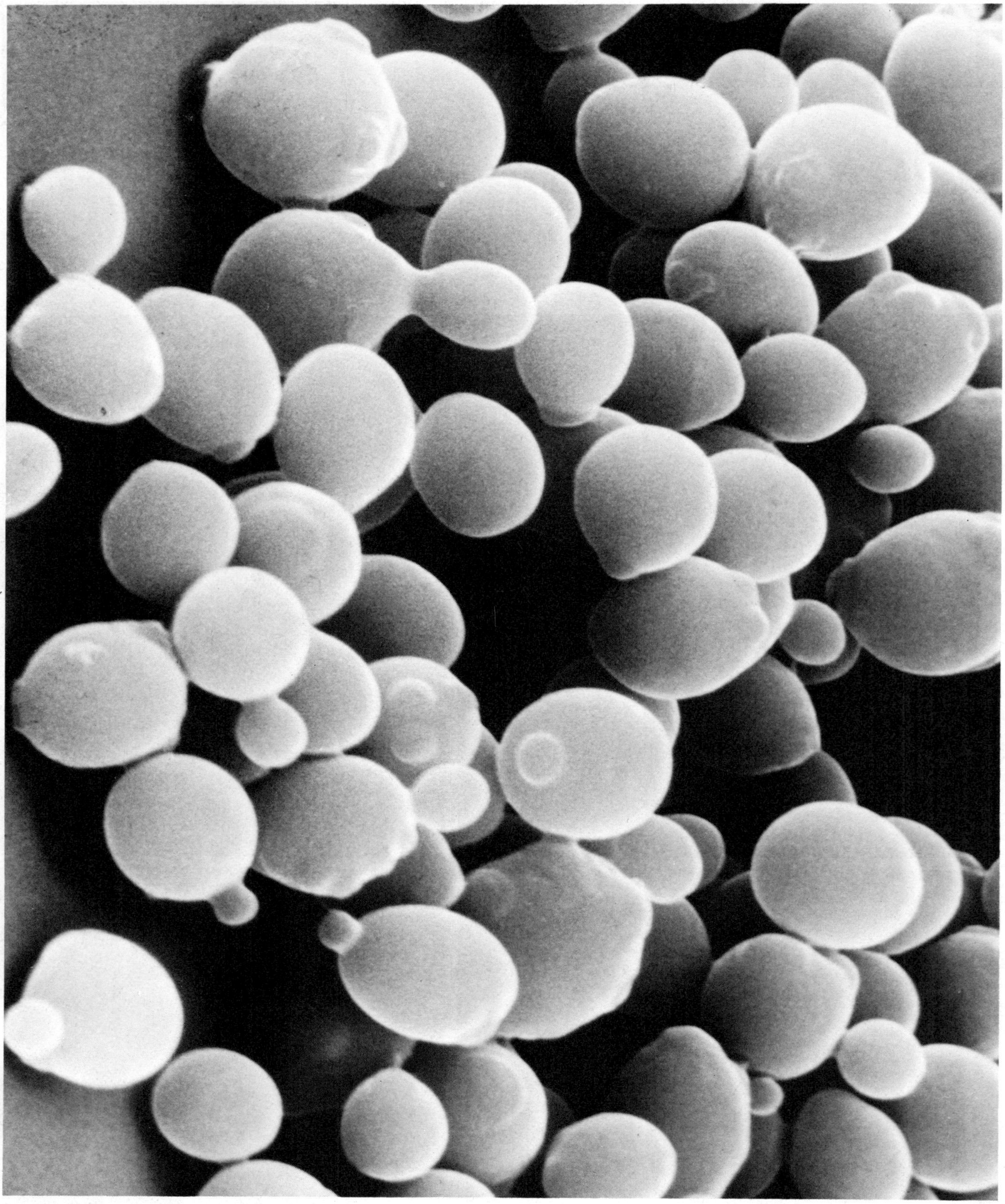

Photographie en microscopie électronique à balayage de cellules de levure en croissance.
Ces eucaryotes unicellulaires bourgeonnent en petites cellules-filles lorsqu'ils se multiplient.
(Avec l'autorisation de Ira Herskowitz et Éric Schabatach.)

L'évolution de la cellule

1

Tous les êtres vivants sont constitués de cellules — petits compartiments limités par une membrane et remplis d'une solution aqueuse concentrée de substances chimiques. Les formes de vie les plus simples sont des cellules isolées qui se propagent en se divisant en deux. Les organismes supérieurs, comme nous-mêmes, sont semblables à des cités cellulaires dans lesquelles des groupes de cellules remplissent des fonctions spécialisées et sont reliés par des systèmes complexes de communication. En un sens, les cellules sont à mi-chemin entre la molécule et l'homme. Nous les étudions afin de comprendre, d'une part, comment elles sont constituées à partir de molécules, et d'autre part, comment elles coopèrent à la fabrication d'un organisme aussi complexe qu'un être humain.

Tous les organismes et toutes les cellules qui les constituent descendraient d'une cellule ancestrale commune par l'*évolution*. L'évolution implique deux processus essentiels : 1) l'apparition d'une *variation* au hasard dans l'information génétique transmise par un individu à ses descendants, et 2) la *sélection* de l'information génétique, qui aide ses possesseurs à survivre et se reproduire. L'évolution est le principe central de la biologie, elle nous aide à saisir la signification de la variété déconcertante du monde vivant.

On s'intéressera, dans ce chapitre, comme dans l'ensemble de cet ouvrage, à la progression qui conduit des molécules aux organismes pluricellulaires. Nous étudierons l'évolution de la cellule, d'abord en tant qu'unité vivante composée de parties plus petites, puis en tant qu'élément servant à la construction de structures plus importantes. Au travers de l'évolution, nous introduirons les composants et les activités cellulaires qui seront traités en détail, dans un ordre sensiblement analogue au cours des chapitres suivants. En commençant par les origines de la première cellule apparue sur terre, nous examinerons comment les propriétés de certains types de grosses molécules permettent la transmission et l'expression de l'information héréditaire et rendent l'évolution possible. Incluses dans une membrane, ces molécules constituent les éléments essentiels d'une cellule autoreproductrice. Nous décrirons ensuite la transition fondamentale survenue au cours de l'évolution, des petites cellules de type bactérien aux cellules beaucoup plus grandes et complexes, comme celles que l'on trouve chez les végétaux et les animaux actuels. Enfin, nous évoquerons les moyens par lesquels des cellules isolées ont pu donner naissance à de grands organismes pluricellulaires en se spécialisant et en coopérant à la formation d'organes aussi complexes que le cerveau.

Il est évident qu'il y a des dangers à présenter la cellule à travers son évolution : les importantes lacunes dans notre connaissance ne peuvent être comblées que par des spéculations qui peuvent s'avérer fausses à bien des égards. Nous ne pouvons remonter le temps afin d'être témoins des événements moléculaires d'un caractère exceptionnel qui se sont produits il y a des milliards d'années. Mais ces événements anciens nous ont laissé de nombreux vestiges à analyser. Des végétaux, des animaux et même des bactéries ancestraux ont été préservés sous la forme de fossiles. Mais, plus important encore, chaque organisme moderne témoigne de la nature des organismes vivants du passé. Les molécules biologiques actuelles, en particulier, sont une source riche d'informations sur le cours de l'évolution ; elles révèlent des analogies fondamentales entre les organismes vivants les plus disparates et nous autorisent à définir leurs différences selon une règle universelle objective. Ces similitudes et différences moléculaires nous posent un problème semblable à celui auquel est confronté l'humaniste, lorsqu'il tente d'établir le texte original d'un auteur ancien en comparant une masse de manuscrits différents, modifiés par des copies et des éditions successives. La tâche est ardue et les preuves sont incomplètes, mais il est possible, en définitive, de faire des suppositions judicieuses sur les principales étapes de l'évolution des cellules vivantes.

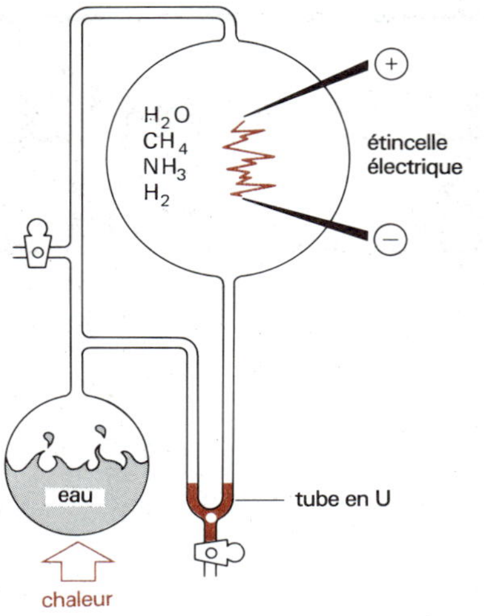

Figure 1-1 Une expérience typique simulant les conditions primitives sur la terre. L'eau est chauffée dans un système fermé contenant CH_4, NH_3 et H_2 et une décharge électrique est envoyée à travers le mélange vaporisé. Les composés organiques s'accumulent dans le piège du tube en U.

Des molécules à la première cellule [1]

Des molécules biologiques simples peuvent se former dans des conditions prébiotiques

Les conditions qui régnaient sur la terre pendant son premier milliard d'années sont encore sujettes à controverses. La surface était-elle initialement en fusion ? L'atmosphère contenait-elle de l'ammoniac ou du méthane ! Tout le monde, toutefois, semble s'accorder à dire que la terre était un endroit terrible, avec des éruptions volcaniques, des éclairs et des pluies torrentielles. Il y avait peu, sinon pas d'oxygène libre, et pas de couche d'ozone pour absorber le cruel rayonnement ultraviolet du soleil.

Il est vraisemblable que des molécules organiques simples (c'est-à-dire des molécules contenant du carbone) ont été produites dans ces conditions. La meilleure preuve en est fournie par des expériences de laboratoire. Si des mélanges de gaz tels que CO_2, CH_4, NH_3 et H_2 sont chauffés en présence d'eau et stimulés par une étincelle électrique ou un rayonnement ultraviolet, ils réagissent pour former de petites molécules organiques — en général un assortiment assez restreint, mais de grandes quantités de chaque type (Figure 1-1). Parmi ces produits, un certain nombre de composés, tels que le cyanure d'hydrogène HCN et le formaldéhyde HCHO, subissent facilement des réactions ultérieures en solution aqueuse (Figure 1-2). Point capital, les quatre classes principales de petites molécules organiques trouvées dans les cellules — *acides aminés, nucléotides, sucres* et *acides gras* — sont produites.

Bien que de telles expériences ne puissent reproduire exactement les conditions primitives qui régnaient sur la terre, elles montrent de façon manifeste que la formation de molécules organiques est étonnamment facile. Et la terre en développement possédait d'immenses avantages sur n'importe quel expérimentateur humain ; elle était très grande et capable de produire un large spectre de conditions. Mais, par-dessus tout, elle avait beaucoup plus de temps — des centaines de millions d'années. Dans de telles circonstances, il semble très vraisemblable qu'à un certain moment et à un certain endroit, un grand nombre des molécules organiques que l'on trouve dans les cellules actuelles se soient accumulées à de fortes concentrations.

HCHO	formaldéhyde
HCOOH	acide formique
HCN	cyanure d'hydrogène
CH_3COOH	acide acétique
NH_2CH_2COOH	glycine
$CH_3CH(OH)COOH$	acide lactique
$NH_2CH(CH_3)COOH$	alanine
$NH(CH_3)-CH_2COOH$	sarcosine
$NH_2-C(=O)-NH_2$	urée
$NH_2CH(CH_2COOH)COOH$	acide aspartique

Figure 1-2 Quelques-uns des composés qui peuvent se former lors de l'expérience décrite sur la Figure 1-1. Les composés représentés en couleur sont des composants importants des cellules actuelles.

Les polynucléotides sont capables de diriger leur propre synthèse

Des molécules organiques simples, telles que les acides aminés et les nucléotides, peuvent s'associer pour former des *polymères* de grandes dimensions. Un acide aminé peut se lier à un autre en formant une liaison peptidique, alors que deux nucléotides peuvent s'associer par un pont phosphodiester. La répétition de ces réactions conduit à des polymères connus sous les noms, respectivement, de **polypeptides** et de **polynucléotides**. Les polypeptides — appelés *protéines* — et les polynucléotides — sous la double forme d'*acides ribonucléiques* (ARN) et d'*acides désoxyribonucléiques* (ADN) — sont généralement considérés comme les constituants les plus importants des organismes actuels. Une série limitée de 20 acides aminés constitue les matériaux de construction universels des protéines, alors que les molécules d'ARN et d'ADN sont constituées chacune à partir de 4 types de nucléotides. On ne peut que spéculer sur les raisons pour lesquelles ces séries particulières de monomères ont été sélectionnées pour la biosynthèse, de préférence à d'autres, chimiquement comparables.

Les premiers polymères ont pu se former de différentes manières — par exemple, par le chauffage de composés organiques secs, ou par l'activité catalytique de grandes concentrations de polyphosphates inorganiques. Les produits de réactions semblables en tube à essai sont des polymères de longueur variable et de séquence aléatoire dans laquelle l'acide aminé ou le nucléotide ajouté en un point quelconque dépend principalement du hasard (Figure 1-3). Toutefois, une fois formé, le polymère est capable d'influencer la formation d'autres polymères.

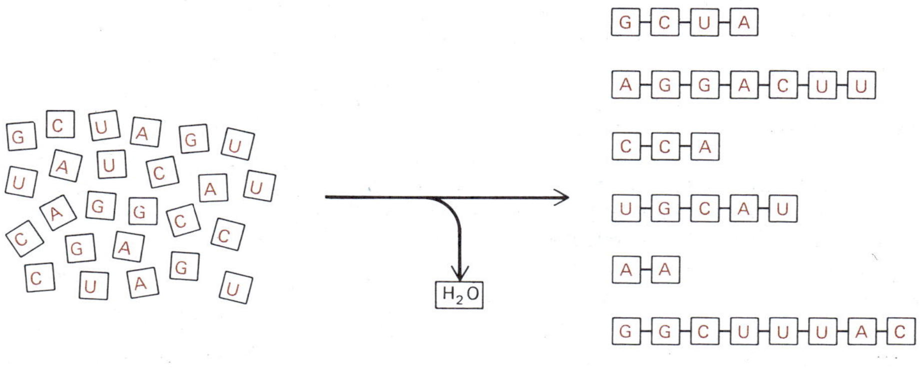

Figure 1-3 Les quatre types de nucléotides (représentés ici par les lettres A, U, G et C) peuvent se polymériser spontanément avec une perte d'eau. Il en résulte un mélange de polynucléotides dont la séquence et la longueur sont aléatoires.

En particulier, les polynucléotides servent de *matrice* aux réactions de polymérisation qui initient la séquence nucléotidique de nouveaux polynucléotides. Un polymère composé d'un seul nucléotide (acide polyuridylique ou poly U), par exemple, peut servir de matrice pour la synthèse d'un second polymère composé d'un autre type de nucléotide (acide polyadénylique ou poly A). Un tel matriçage dépend du fait qu'un polymère se lie préférentiellement à un autre. En alignant le long de sa surface les sous-unités nécessaires à la synthèse de poly A, le poly U favorise la formation de poly A (Figure 1-4).

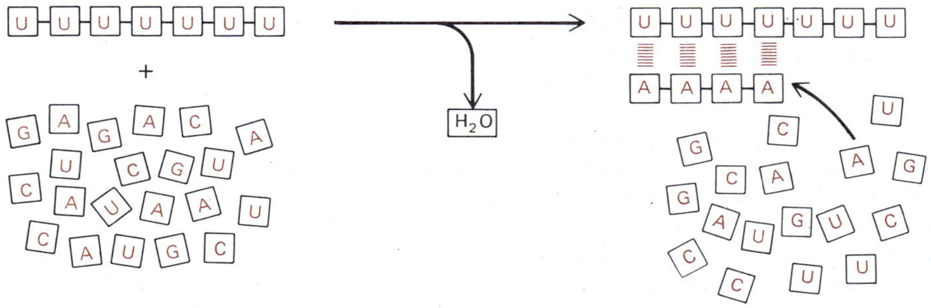

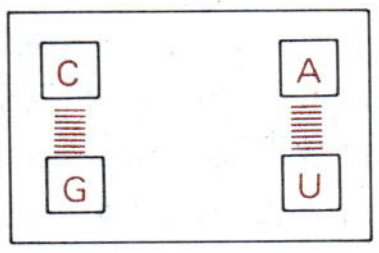

Figure 1-4 L'appariement préférentiel se fait entre des paires de nucléotides (C avec G et A avec U), par des liaisons chimiques relativement faibles *(ci-dessus)*. Cet appariement permet à un polynucléotide de servir de matrice pour la synthèse d'un autre *(à gauche)*.

L'appariement spécifique entre les nucléotides complémentaires a probablement joué un rôle primordial dans l'origine de la vie. Considérons, par exemple, un polynucléotide tel que l'ARN, constitué de l'enchaînement de 4 nucléotides contenant les bases uracile (U), adénine (A), cytosine (C) et guanine (G). Du fait de l'appariement complémentaire entre les bases A et U, et entre les bases G et C, de nouvelles molécules d'ARN sont produites quand l'ARN est ajouté à un mélange de nucléotides activés, dans des conditions favorisant la polymérisation ; l'association des nucléotides s'effectue selon une séquence complémentaire de la première, les nouvelles molécules constituant ainsi un moule de l'original, chaque A de l'original correspondant à un U dans la copie, et ainsi de suite. La séquence des nucléotides du brin d'ARN d'origine contient l'information qui, par essence, est préservée dans les brins complémentaires néoformés. Au cours d'un second cycle de copie, où le brin complémentaire sert de matrice, la séquence originale est restaurée (Figure 1-5).

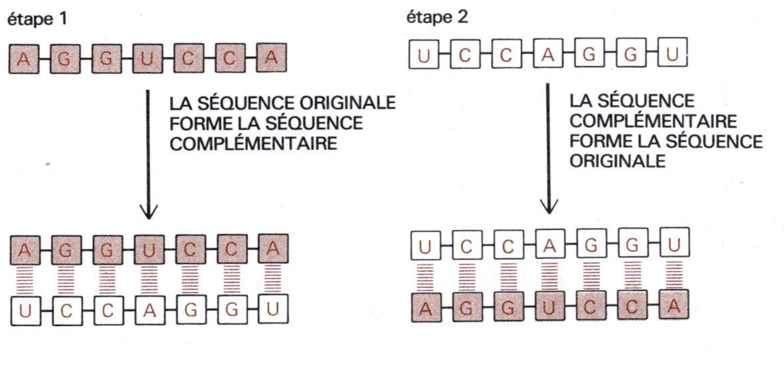

Figure 1-5 Réplication d'une séquence polynucléotidique (ici une molécule d'ARN). Au cours de l'étape 1, la molécule originale d'ARN sert de matrice à la formation d'une molécule d'ARN de séquence complémentaire. Au cours de l'étape 2, cette molécule complémentaire sert elle-même de matrice, pour donner des molécules d'ARN possédant la séquence d'origine. Puisque chaque molécule matrice peut produire plusieurs copies de l'enchaînement complémentaire, ces réactions peuvent aboutir à la « multiplication » de la séquence originale.

De tels mécanismes de *matriçage complémentaire* sont élégants dans leur simplicité, et sont au cœur des processus de transfert de l'information dans les systèmes biologiques. L'information génétique contenue dans toute cellule est codée dans la séquence nucléotidique de ses molécules de polynucléotides et cette information est transmise (ou héritée), de génération en génération, au moyen des interactions d'appariement de bases complémentaires.

L'amorce de mécanismes matriciels requière toutefois la présence de catalyseurs : sans catalyse spécifique, la polymérisation matricielle est lente et inefficace, et d'autres réactions concurrentes gênent la formation de longues copies fidèles. Aujourd'hui, les fonctions catalytiques qui assurent la réplication des polynucléotides sont assurées par des protéines hautement spécialisées appelées *enzymes*, qui ne devaient pas être présentes dans la « soupe prébiotique ». Dans le monde primitif, des ions métalliques et des minéraux comme l'argile auraient fourni une aide catalytique. Mais, fait très important, l'ARN lui-même peut agir comme un catalyseur. Les propriétés chimiques de l'ARN sont telles que les molécules d'ARN n'ont pas seulement les propriétés d'amorçage essentielles à la réplication mais aussi la capacité de se replier pour former des surfaces complexes qui catalysent des réactions spécifiques. Ainsi que nous allons maintenant en discuter, cette souplesse particulière des molécules d'ARN a vraisemblablement fourni la base de l'évolution des premiers systèmes vivants.

Les molécules qui s'autorépliquent subissent la sélection naturelle [2]

Des erreurs se produisent inévitablement dans tout processus de duplication. De nouvelles copies imparfaites de l'original seront propagées. Par une réplication répétée, la séquence des nucléotides dans une molécule polynucléotidique originale subira donc d'importantes modifications, engendrant ainsi une variété de molécules différentes. Dans le cas de l'ARN, ces molécules ont vraisemblablement des propriétés fonctionnelles différentes. Les molécules d'ARN ne sont pas seulement des enchaînements de symboles qui portent l'information de façon abstraite, elles ont des personnalités chimiques qui affectent leur comportement. La séquence spécifique des nucléotides gouverne en particulier le mode de repliement de la molécule en solution. Exactement de la même façon que les nucléotides d'un polynucléotide peuvent s'apparier avec les nucléotides complémentaires libres qui les entourent, ils peuvent aussi s'apparier avec des résidus nucléotidiques complémentaires situés à l'intérieur du polynucléotide lui-même. Une séquence GGGG d'une région de la chaîne polynucléotidique peut former une association relativement forte avec une séquence CCCC d'une autre région de la molécule. De telles associations sont à l'origine de repliements tridimensionnels variés, et la molécule dans son ensemble prend une conformation unique qui dépend entièrement de la séquence de ses nucléotides (Figure 1-6).

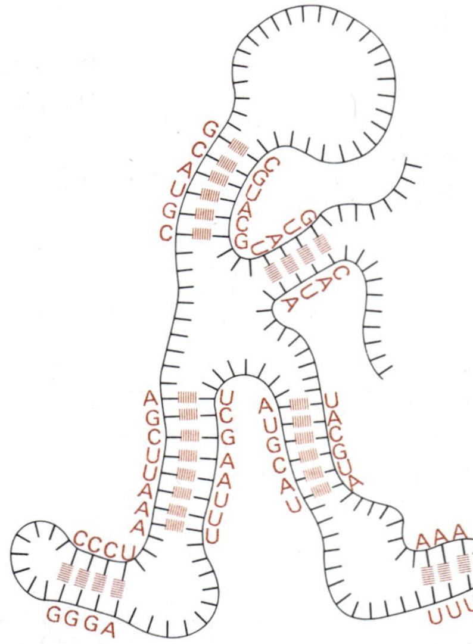

Figure 1-6 L'appariement de nucléotides entre différentes régions de la même chaîne polynucléotidique (ARN) conduit la molécule à adopter une conformation différente.

La structure tridimensionnelle repliée d'un polynucléotide influe à la fois sur sa stabilité et sur sa capacité de se répliquer, de sorte que toutes les conformations polynucléotidiques ne seront pas également efficaces dans un mélange en cours de réplication. Des études en laboratoire ont montré que les systèmes de réplication de l'ARN subissent une forme de sélection naturelle au cours de laquelle différentes séquences favorables finissent par prédominer selon des conditions précises.

Une molécule d'ARN possède donc deux caractéristiques importantes : elle porte l'information codée dans sa séquence nucléotidique, qu'elle transmet par le processus de réplication, et elle a une structure condensée spécifique qui détermine comment elle interagira avec d'autres molécules et répondra aux conditions ambiantes. Ces deux particularités — l'une informationnelle, l'autre fonctionnelle — sont les deux propriétés essentielles pour l'évolution. La séquence nucléotidique d'une molécule d'ARN est analogue au *génotype* — l'information héréditaire — d'un organisme. La structure condensée tridimensionnelle est analogue au *phénotype* — l'expression de l'information génétique sur laquelle agit la sélection naturelle.

Des molécules d'ARN spécialement adaptées peuvent catalyser des réactions biochimiques [2,3]

La sélection naturelle dépend de l'environnement et, pour une molécule donnée d'ARN en cours de réplication, l'ensemble des autres molécules d'ARN présentes dans le mélange est un élément déterminant de l'environnement. En plus de leur rôle de matrices pour leur propre réplication, elles peuvent catalyser la rupture et la formation de liaisons covalentes, y compris de liaisons entre nucléotides. Par exemple, certaines molécules d'ARN spécialement adaptées peuvent catalyser une modification dans d'autres molécules d'ARN, en coupant la séquence nucléotidique en un point précis ; d'autres types de molécules d'ARN découpent spontanément une partie de leur propre séquence nucléotidique et réassocient les extrémités de la coupure (un procédé dit d'auto-épissage). Chaque réaction catalysée par l'ARN dépend d'un arrangement particulier d'atomes qui se forme à la surface de la molécule d'ARN catalytique, conférant une haute réactivité à des groupements chimiques particuliers d'un ou plusieurs de ses nucléotides.

Certaines activités catalytiques auraient eu une importance capitale dans la soupe originelle. Considérons notamment une molécule d'ARN qui catalyse le processus de polymérisation matricielle, en prenant comme matrice une molécule d'ARN donnée quelconque. Cette molécule catalytique, en agissant sur des copies d'elle-même, pourra se répliquer à une vitesse et avec une efficacité accrues (Figure 1-7A). Elle favorisera en même temps la réplication de tous les autres types de molécules d'ARN de son voisinage. Certaines d'entre elles peuvent avoir des actions catalytiques qui facilitent, ou contrarient différemment la survie ou la réplication de l'ARN. Si les effets favorables sont réciproques, les différents types de molécules d'ARN, spécialisées pour différentes réactions, évolueront vers un système coopératif qui se réplique avec une efficacité exceptionnelle (Figure 1-7B).

L'information circule des polynucléotides aux polypeptides [4]

On suggère donc, qu'il y a 3,5 à 4 milliards d'années, quelque part sur la terre, des systèmes autoreproductifs de molécules d'ARN ont amorcé le processus de l'évolution. Des systèmes comportant des groupes différents de séquences nucléotidiques sont entrés en compétition pour les matériaux précurseurs disponibles, en vue de construire des copies d'eux-mêmes, exactement de la même façon que les organismes se font concurrence de nos jours ; entreprise dont le succès dépendait de la fidélité et de la vitesse à laquelle les copies étaient faites et de la stabilité de ces copies.

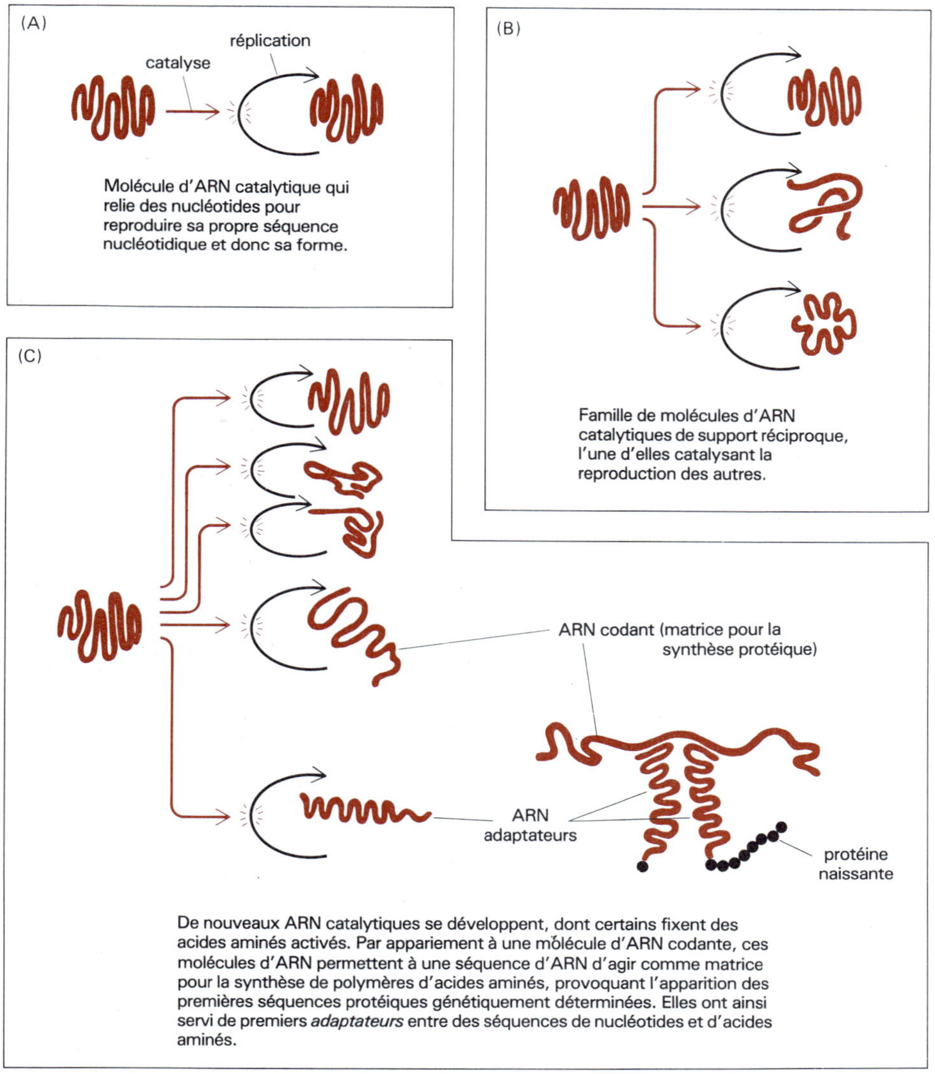

Figure 1-7 Schéma de trois étapes successives dans l'évolution d'un système d'autoréplication des molécules d'ARN capables de diriger la synthèse protéique.

Toutefois, alors que la structure des polynucléotides est bien adaptée au stockage et à la réplication de l'information, les capacités catalytiques des molécules d'ARN sont apparemment trop limitées pour assurer toutes les fonctions d'une cellule évoluée. Les polypeptides, qui sont composés de nombreux acides aminés différents aux chaînes latérales chimiquement variées, atteignent une beaucoup plus grande souplesse. Comme nous le verrons au chapitre 3, ils sont capables d'adopter diverses conformations tridimensionnelles, hérissées de sites réactifs, et ils sont donc idéalement adaptés à un large registre de tâches structurelles et chimiques. Il est probable que les polymères aléatoires d'acides aminés produits par des mécanismes synthétiques prébiotiques aient eu eux-mêmes des propriétés catalytiques, dont certaines ont pu augmenter la réplication des molécules d'ARN. Tout polynucléotide aidant à diriger la synthèse d'un polypeptide utile dans son environnement, aurait eu un grand avantage dans la lutte évolutive pour la survie.

Mais comment les polynucléotides pouvaient-ils exercer un tel contrôle ? Comment l'information contenue dans leurs séquences pouvait-elle conduire à des séquences de polymères d'un type différent ? A l'évidence, les polynucléotides doivent agir comme catalyseurs, dans la réunion des acides aminés sélectionnés. Dans les organismes actuels, un système coopératif de molécules d'ARN joue un rôle essentiel en dirigeant la synthèse des polypeptides — c'est-à-dire la **synthèse protéique** — mais ce processus est favorisé par des protéines particulières préalablement synthétisées. Le mécanisme biochimique de la synthèse protéique est remarquablement élaboré. Une molécule d'ARN porte l'information génétique pour un polypeptide déterminé sous la forme d'un code, tandis qu'une série d'autres molécules d'ARN dites de transfert agissent comme intermédiaires, chacune d'elles fixant un acide aminé spécifique. Ces deux types de molécules d'ARN s'apparient par leurs bases complémentaires pour permettre aux séquences de nucléotides de la molécule d'ARN qui porte l'information de diriger l'incorporation d'acides aminés spécifiques amenés par les ARN de transfert dans une chaîne polypeptidique en croissance. Les précurseurs de ces deux types de molécules d'ARN dirigèrent probablement la première synthèse protéique sans l'aide de protéines (Figure 1-7C).

Aujourd'hui, l'assemblage de nouvelles protéines s'effectue à la surface des *ribosomes* — particules complexes composées de plusieurs grosses molécules d'ARN d'une autre catégorie encore, et de plus de cinquante types différents de protéines. Dans le chapitre 5, nous verrons que l'ARN ribosomal présent dans ces particules joue un rôle catalytique essentiel dans le processus de synthèse protéique et représente plus de 60 % de la masse du ribosome. C'est le composant fondamental du ribosome, tout au moins du point de vue de l'évolution.

Il semble donc vraisemblable que l'ARN dirigea la synthèse primitive des protéines, probablement de façon maladroite et grossière. L'ARN fut ainsi capable de créer des outils (les protéines) pour une biosynthèse plus efficace, et certains d'entre eux purent être utilisés pour la réplication de l'ARN et pour leur propre production.

La synthèse de protéines spécifiques sous la direction de l'ARN exigeait le développement d'un code permettant à la séquence polynucléotidique de déterminer la séquence d'acides aminés qui compose la protéine. Ce code — le *code génétique* — est écrit dans un « dictionnaire » de mots de trois lettres : différents triplets de nucléotides codent pour des acides aminés spécifiques. Le code semble avoir été sélectionné arbitrairement et, cependant, il est virtuellement le même dans tous les organismes vivants. Ceci suggère fortement que toutes les cellules actuelles descendent d'une lignée unique de cellules primitives, qui développèrent le mécanisme de la synthèse protéique.

Lorsque les acides nucléiques eurent évolué au point de coder pour des protéines catalytiques puissantes ou *enzymes*, utiles à leur propre synthèse, la vitesse de prolifération du système de réplication dut se trouver considérablement accrue. La nature potentiellement explosive d'un tel processus autocatalytique peut être observée de nos jours dans le cycle de vie de certains virus bactériens : après avoir pénétré dans une bactérie, ces virus dirigent la synthèse de protéines qui catalysent sélectivement leur propre réplication, de sorte qu'en peu de temps, ils prennent possession de toute la cellule (Figure 1-8).

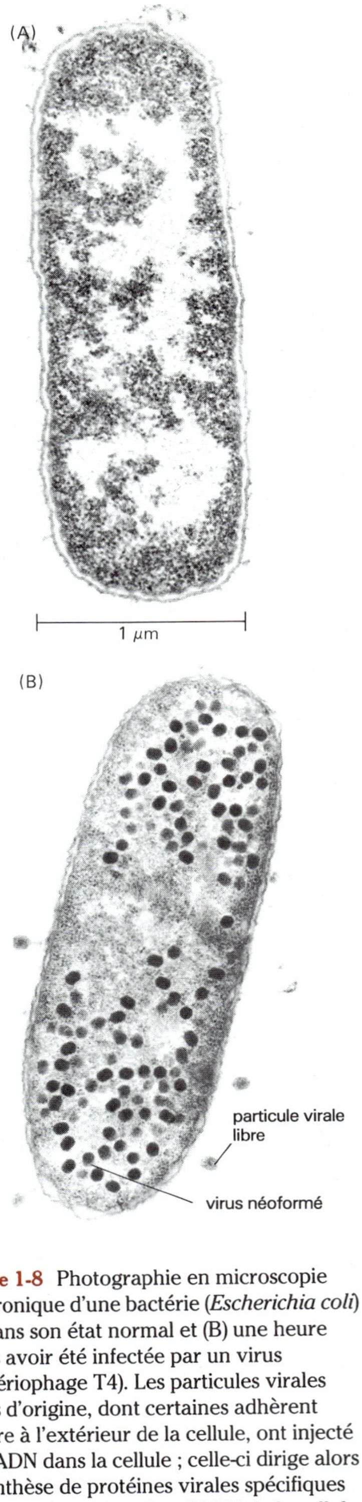

Figure 1-8 Photographie en microscopie électronique d'une bactérie (*Escherichia coli*) (A) dans son état normal et (B) une heure après avoir été infectée par un virus (bactériophage T4). Les particules virales libres d'origine, dont certaines adhèrent encore à l'extérieur de la cellule, ont injecté leur ADN dans la cellule ; celle-ci dirige alors la synthèse de protéines virales spécifiques dont certaines dégradent l'ADN de la cellule hôte, tandis que d'autres catalysent la réplication du virus. Au stade représenté, l'ADN viral néo-synthétisé a été empaqueté dans des enveloppes protéiques, visibles sous la forme de particules denses dans le cytoplasme. La cellule est sur le point d'éclater, libérant plusieurs centaines de nouvelles particules virales dans l'environnement. (Avec l'autorisation de E. Kellenberger.)

Des membranes ont déterminé la première cellule

Un des événements décisifs qui conduisirent à la formation de la première cellule dut être le développement d'une membrane externe. A titre d'exemple, les protéines synthétisées sous le contrôle d'un certain type d'ARN ne pouvaient faciliter la reproduction de cet ARN à moins d'être maintenues dans son voisinage ; en outre, tant que ces protéines étaient libres de diffuser

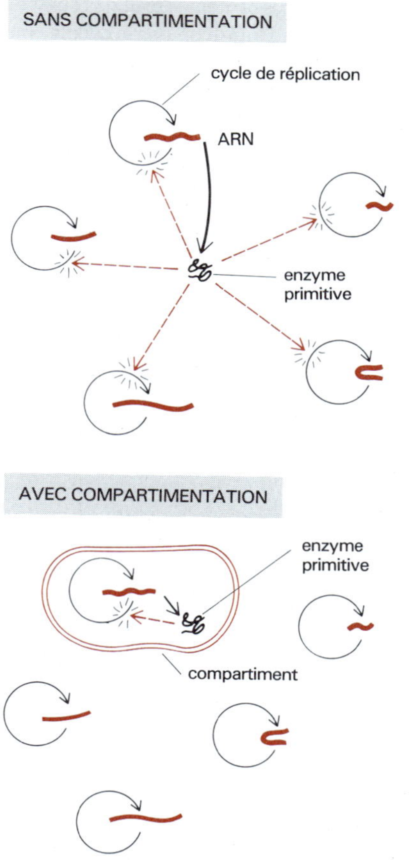

Figure 1-9 Représentation schématique montrant la signification évolutive de la compartimentation de type cellulaire. Dans une population hétérogène de molécules d'ARN qui s'autorépliquent et sont capables de synthèse protéique (comme l'illustre la Figure 1-7), toute forme d'ARN améliorée capable de produire une protéine plus utile doit partager cette protéine avec tous ses concurrents. Cependant, si l'ARN est enfermé à l'intérieur d'un compartiment, comme une membrane lipidique, toute protéine qu'il synthétise est alors réservée à son propre usage ; l'ARN peut alors être sélectionné sur sa capacité de fabriquer une meilleure protéine.

dans la population des molécules d'ARN en cours de réplication, elles pouvaient profiter tout autant à n'importe lequel des ARN concurrents qui pouvaient être présents. S'il se présentait un ARN variant capable de synthétiser une enzyme plus efficace, cette nouvelle enzyme ne pouvait pas favoriser l'ARN variant dans sa compétition avec ses semblables. La sélection des molécules d'ARN selon la qualité des protéines qu'elles engendraient ne pouvait commencer avant le développement d'une compartimentation pour contenir les protéines élaborées par une molécule d'ARN et ne les rendre ainsi accessibles qu'à cet ARN (Figure 1-9).

Le besoin d'endiguement est facilement satisfait par une autre catégorie de molécules qui ont la propriété physico-chimique simple d'être *amphiphiles*, c'est-à-dire composées d'une partie hydrophobe (insoluble dans l'eau) et d'une partie hydrophile (soluble dans l'eau). Quand de telles molécules sont immergées dans l'eau, elles s'agrègent, leurs régions hydrophobes en contact étroit, leurs régions hydrophiles en contact avec l'eau. Les molécules amphiphiles de forme appropriée s'agrègent spontanément pour former des *bi-couches*, donnant naissance à de petites vésicules fermées, dont le contenu aqueux est isolé du milieu extérieur (Figure 1-10). Ce phénomène peut être démontré en tube à essai en mélangeant simplement des phospholipides et de l'eau : dans des conditions appropriées, de petites vésicules se formeront. Toutes les cellules actuelles sont entourées d'une **membrane plasmique**, constituée de molécules amphiphiles — principalement des phospholipides — selon cette configuration, dans les membranes cellulaires, la double couche lipidique contient aussi des protéines amphiphiles.

On ne sait pas avec certitude à quel stade de l'évolution des catalyseurs biologiques les premières cellules se sont formées. Elles pourraient être nées lorsque des molécules de phospholipides de la « soupe prébiotique » se sont assemblées pour former de telles structures membraneuses qui englobèrent un mélange autoreproductif de molécules d'ARN catalytiques. Toutefois, on admet plus communément que la synthèse protéique dut se dérouler avant que les cellules n'existent. De toute façon, une fois enfermées dans une membrane scellée, les molécules d'ARN pouvaient commencer à évoluer, non seulement sur la base de leur propre structure, mais aussi en fonction de leur action sur les autres molécules du même compartiment : les séquences nucléotidiques des molécules d'ARN pouvaient, dès lors, s'exprimer dans le caractère de la cellule en totalité.

L'ADN est le matériel héréditaire de toutes les cellules actuelles [4,5]

Le tableau que nous venons de brosser est, bien sûr, spéculatif : il n'y a pas d'enregistrements fossiles qui retracent les origines de la première cellule. Néanmoins, les organismes actuels, ainsi que certaines expériences, apportent la preuve convaincante de la véracité des grandes lignes de cette histoire de l'évolution. La synthèse prébiotique de petites molécules, l'autoréplication de molécules d'ARN, la traduction de séquences d'ARN en séquences d'acides aminés, et l'assemblage de molécules lipidiques pour former des compartiments limités par une membrane — tout ceci a probablement concouru à engendrer la première cellule vivante, il y a 3,5 ou 4 milliards d'années.

Il est habituel de comparer ces premières cellules avec les plus simples des cellules actuelles, les **mycoplasmes**. Ce sont de petits organismes ressemblant à des bactéries, qui mènent normalement une existence de parasites, en étroite association avec les cellules animales et végétales (Figure 1-11). Certains ont un diamètre d'environ 3 μm et contiennent juste assez d'acide nucléique pour diriger la synthèse d'environ 750 protéines différentes.

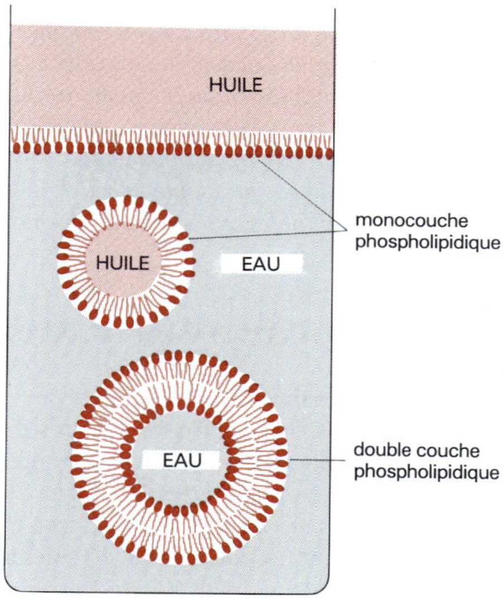

Figure 1-10 Les membranes cellulaires sont composées de phospholipides. Ces molécules ayant des têtes hydrophiles et des queues hydrophobes vont s'aligner d'elles-mêmes à une interface huile-eau, avec leurs têtes dans l'eau et leurs queues dans l'huile. Dans l'eau, elles vont s'associer pour former des vésicules doubles couches fermées, dans lesquelles les queues lipophiles sont en contact les unes avec les autres, et les têtes hydrophiles sont exposées à l'eau.

Certaines de ces protéines sont des enzymes, d'autres sont des protéines de structure ; certaines se trouvent à l'intérieur de la cellule, tandis que d'autres sont incluses dans sa membrane. Ensemble, elles synthétisent les petites molécules essentielles qui ne sont pas disponibles dans l'environnement, redistribuent l'énergie nécessaire aux réactions de biosynthèse et maintiennent les conditions appropriées à l'intérieur de la cellule.

Les premières cellules sur la terre contenaient probablement beaucoup moins de composants qu'un mycoplasme, et se divisaient beaucoup plus lentement. Il y avait, cependant, une différence plus fondamentale entre ces cellules primitives et un mycoplasme ou, de fait, toute autre cellule actuelle : l'information héréditaire dans toutes les cellules vivantes actuelles est stockée dans l'ADN plutôt que dans l'ARN. En tant que dépositaire permanent de l'information génétique, l'ADN est plus stable que l'ARN. Ceci vient en partie de ce qu'il est dépourvu d'un groupement glucidique hydroxylé qui rend l'ARN plus sensible à l'hydrolyse ; mais ceci vient également de ce que l'ADN, au contraire de l'ARN, existe principalement sous la forme d'une double chaîne, composée d'une paire de molécules polynucléotidiques complémentaires. Sa structure bicaténaire non seulement facilite la réplication de l'ADN (comme ce sera expliqué dans le chapitre 3), mais permet aussi l'action d'un mécanisme de réparation : la chaîne intacte sert de matrice pour la correction ou la réparation de la chaîne endommagée correspondante. Les molécules d'ARN monocaténaires résultantes accomplissent ensuite deux fonctions primordiales : elles dirigent la synthèse protéique en tant que molécules d'ARN codantes (*ARN messagers*) et catalytiques (*ARN ribosomaux*).

Ceci suggère, en résumé, que l'ARN est apparu le premier au cours de l'évolution, avec des propriétés à la fois génétiques et catalytiques ; après le développement d'une synthèse protéique efficace, l'ADN prit le contrôle de la fonction génétique primaire et les protéines devinrent les catalyseurs principaux, tandis que l'ARN subsista essentiellement comme intermédiaire reliant les deux (Figure 1-12).

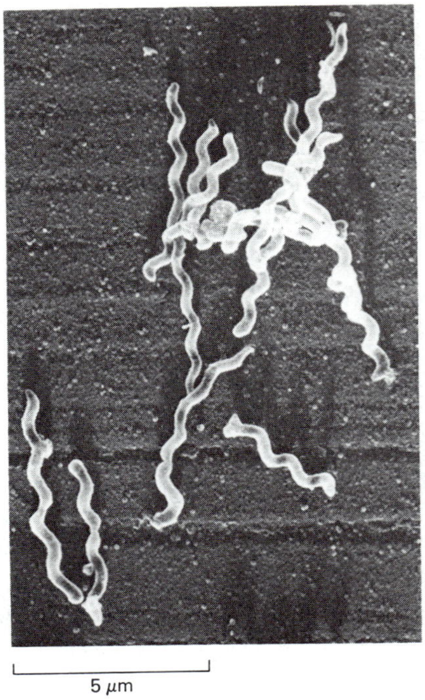

Figure 1-11 *Spiroplasma citrii*, un mycoplasme qui se développe dans les cellules végétales. (Avec l'autorisation de J. Burgess.)

Résumé

Les cellules vivantes sont probablement apparues sur terre, par l'agrégation spontanée de molécules, il y a environ 3,5 milliards d'années. D'après nos connaissances sur les organismes actuels et les molécules qu'ils contiennent, il semble probable que le développement des mécanismes auto-catalytiques essentiels aux organismes vivants, commença avec l'évolution de familles de molécules d'ARN capables de catalyser leur propre réplication. Avec le temps, une de ces familles développa la capacité de diriger la synthèse des polypeptides. Les premières cellules durent vraisemblablement s'appuyer sur la catalyse de l'ARN et celle des protéines, et ne contenir que l'ARN comme matériel héréditaire. Finalement, comme l'accumulation de catalyseurs protéiques supplémentaires permettait le développement de cellules plus efficaces et plus complexes, la double hélice d'ADN remplaça l'ARN comme molécule plus stable pour stocker les quantités croissantes d'information génétique nécessaires à de telles cellules.

Des procaryotes aux eucaryotes [6]

On pense que tous les organismes vivant actuellement sur la terre dérivent d'une seule cellule primitive, née il y a quelques milliards d'années. Cette cellule, en évinçant ses concurrentes, prit la tête du processus d'évolution qui aurait en définitive fait verdir la terre, changé la composition de son atmosphère et fait d'elle le siège de la vie intelligente. Les airs de famille entre tous les organismes semblent trop frappants pour être expliqués de quelque autre façon. Un événement fait date dans le déroulement de l'évolution : c'est le passage, il y a 1,5 milliard d'années, de petites cellules à structure interne relativement simple — les prétendus **procaryotes**, qui comprennent les différents types de bactéries — aux cellules *eucaryotes* plus grandes et radicalement plus complexes, comme celles que l'on trouve chez les animaux et les végétaux supérieurs.

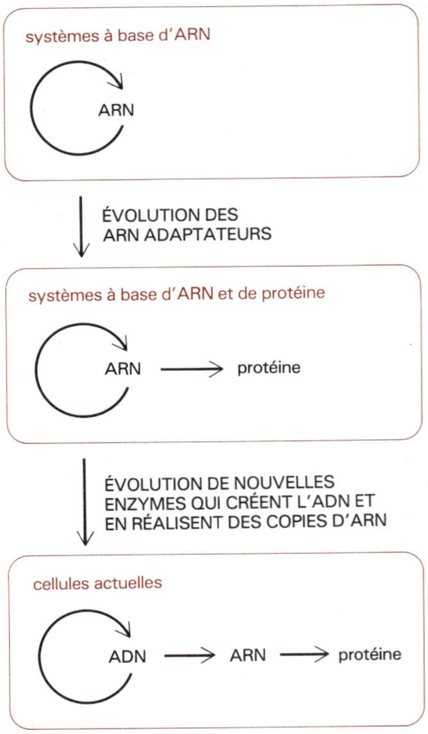

Figure 1-12 Stades suggérés de l'évolution depuis les systèmes d'autoréplication simples des molécules d'ARN jusqu'aux cellules actuelles, dans lesquelles l'ADN est le dépositaire de l'information génétique et l'ARN agit en grande partie comme un intermédiaire pour diriger la synthèse protéique.

Les cellules procaryotes sont structuralement simples mais biochimiquement variées [7]

Les **bactéries** sont les plus simples des organismes trouvés dans la plupart des environnements naturels. Ce sont des cellules sphériques ou en forme de bâtonnets, d'une dimension linéaire courante de quelques micromètres (Figure 1-13). Elles possèdent souvent une coque protectrice résistante, appelée *paroi cellulaire*, sous laquelle une membrane plasmique entoure un compartiment cytoplasmique unique contenant de l'ADN, de l'ARN, des protéines et de petites molécules. Au microscope électronique, l'intérieur de la cellule apparaît comme une matrice de texture variable, sans aucune structure interne organisée évidente (voir Figure 1-8A).

Les bactéries sont petites et peuvent se répliquer rapidement en se divisant simplement en deux par *scissiparité*. Quand la nourriture est abondante, la « survie du meilleur » signifie généralement la survie de celles qui peuvent se diviser le plus rapidement. Dans des conditions optimales, une seule cellule procaryote peut se diviser toutes les 20 minutes et donner ainsi naissance à 4 milliards de cellules (nombre approximativement égal à la population actuelle de la terre) en moins de 11 heures. La capacité de se diviser vite permet aux populations bactériennes de s'adapter rapidement aux modifications de leur environnement. En laboratoire, par exemple, une population de bactéries maintenue dans une grande cuve évoluera, en l'espace de quelques semaines, par mutation spontanée et sélection naturelle de façon à utiliser de nouveaux types de molécules glucidiques comme source de carbone.

Dans la nature, les bactéries vivent dans une variété considérable de niches écologiques et elles font preuve d'une aussi grande richesse dans leur composition biochimique fondamentale. On peut distinguer deux groupes de parenté éloignée : les *eubactéries*, qui sont les formes courantes habitant dans le sol, l'eau et les organismes vivants ; et les *archéobactéries*, que l'on trouve dans des environnements aussi inhospitaliers que les marais, les fonds océaniques, les eaux salées et les sources chaudes acides (Figure 1-14).

Il existe des espèces bactériennes pouvant utiliser virtuellement n'importe quel type de molécule organique comme aliment, y compris les glucides, les acides aminés, les graisses, les hydrocarbures, les polypeptides et les polysaccharides. Certaines, même, sont capables de tirer leurs atomes de carbone du CO_2 et leurs atomes d'azote du N_2. En dépit de leur relative simplicité, les bactéries ont survécu depuis plus longtemps que n'importe quel autre organisme et constituent encore le type cellulaire le plus abondant sur terre.

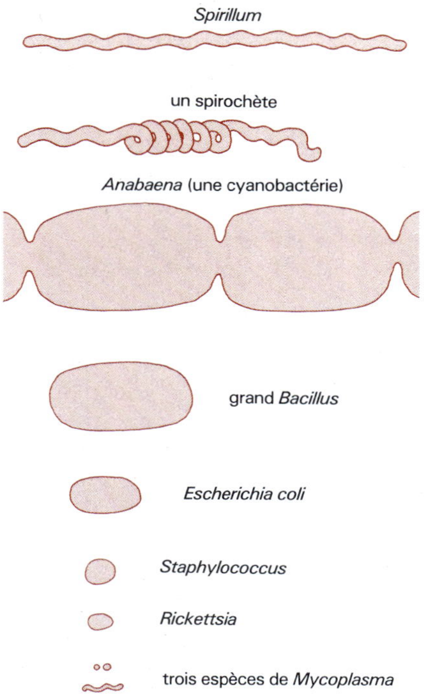

Figure 1-13 Quelques cellules procaryotes dessinées à l'échelle.

Les réactions métaboliques évoluent [7,8]

Une bactérie qui pousse dans une solution saline contenant un seul type de source carbonée telle que le glucose, doit effectuer un grand nombre de réactions chimiques. Non seulement elle doit tirer du glucose l'énergie chimique nécessaire à de nombreux processus vitaux, mais elle doit aussi utiliser les atomes de carbone du glucose pour synthétiser tous les types de molécules organiques dont la cellule a besoin. Ces réactions sont catalysées par des centaines d'enzymes travaillant dans des « chaînes » de réactions telles que le produit d'une réaction sert de substrat à la suivante : ces chaînes enzymatiques, appelées *voies métaboliques*, seront étudiées dans le chapitre suivant.

A l'origine, quand la vie apparut sur terre, de telles réactions métaboliques n'étaient probablement guère indispensables. Les cellules pouvaient survivre et se multiplier en utilisant des molécules de leur environnement — un legs de la « soupe prébiotique ». Une fois ces ressources épuisées, les organismes qui avaient développé des enzymes pour fabriquer plus de

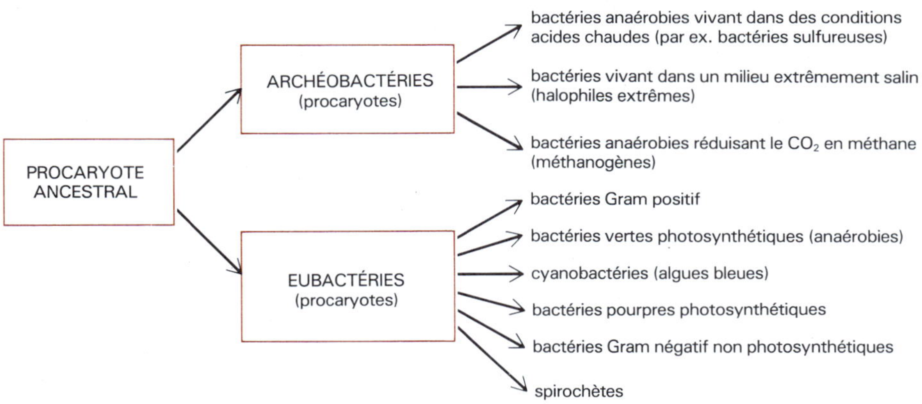

Figure 1-14 Relations de filiation entre les bactéries actuelles (les flèches indiquent les voies probables d'évolution). L'origine des cellules eucaryotes sera abordée ultérieurement dans le texte.

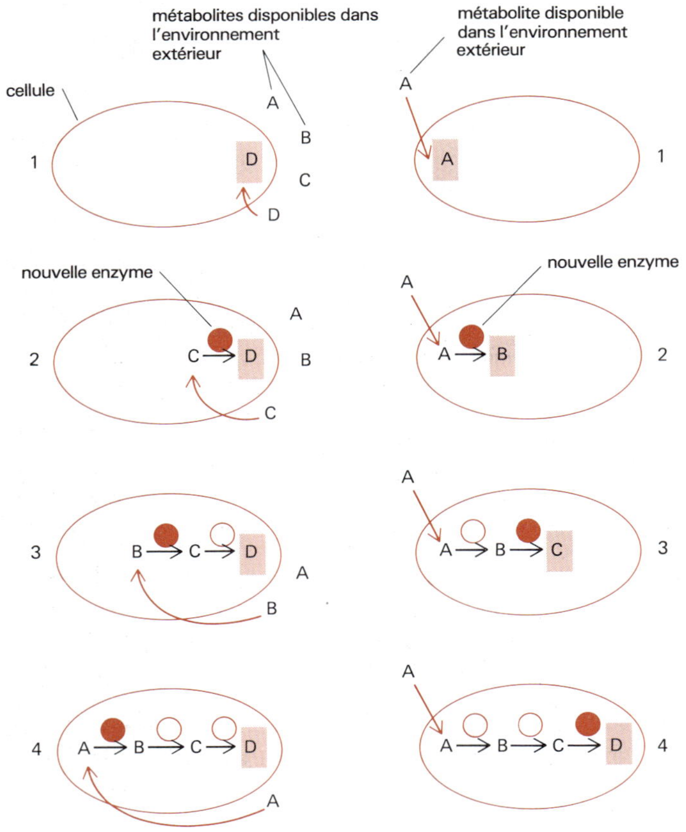

Figure 1-15 Illustration schématique de deux types d'évolution des voies métaboliques. On fournit à la cellule de gauche une réserve de substances voisines (A, B, C, D) produites par synthèse prébiotique. L'une d'entre elles, la substance D, est métaboliquement utile. Comme la cellule épuise la réserve disponible de D, on obtient un avantage sélectif par l'induction d'une nouvelle enzyme capable de produire D à partir de la substance C étroitement apparentée. Des voies métaboliques fondamentales ont pu ainsi évoluer par une série d'étapes similaires.
A droite, un composé métaboliquement utile, A, est disponible en abondance. Au cours de l'évolution, apparaît une enzyme qui, par chance, possède la capacité de convertir la substance A en substance B. D'autres changements surviennent alors dans la cellule, lui permettant d'utiliser la nouvelle substance. L'apparition d'autres enzymes peut donner naissance à une longue chaîne de réactions.

molécules organiques possédaient un sérieux avantage sélectif. C'est de cette façon, pense-t-on, que la collection d'enzymes possédée par les cellules a graduellement augmenté, créant ainsi les voies métaboliques des organismes actuels. La Figure 1-15 illustre deux façons plausibles dont une voie métabolique a pu apparaître au cours de l'évolution.

Si les réactions métaboliques ont évolué par l'addition séquentielle de nouvelles réactions enzymatiques à celles déjà existantes, les plus anciennes réactions pourraient, comme les plus vieux anneaux d'un tronc d'arbre, être les plus proches du centre de l'« arbre métabolique », où sont synthétisés les plus fondamentaux des matériaux de construction moléculaires. Cette position dans la chaîne métabolique est fermement occupée par les transitions qui impliquent les glucides phosphorylés et parmi lesquelles la séquence de réactions connue sous le nom de **glycolyse** occupe probablement la place la plus centrale ; au cours de cette réaction, le glucose peut être dégradé en l'absence d'oxygène (c'est-à-dire en *anaérobiose*). Les voies métaboliques les plus anciennes ont dû être anaérobies, du fait de l'absence d'oxygène dans l'atmosphère de la terre à son origine. La glycolyse a lieu dans pratiquement toutes les cellules vivantes et conduit à la formation du composé *adénosine triphosphate*, ou *ATP*, servant, pour toutes les cellules, de source d'énergie chimique directement utilisable.

Des centaines d'autres réactions chimiques sont liées aux réactions centrales des phosphates glucidiques. Certaines d'entre elles sont responsables de la synthèse de petites molécules, dont beaucoup sont utilisées à tour de rôle dans des réactions ultérieures pour la fabrication de grands polymères spécifiques de l'organisme. D'autres réactions servent à la dégradation de molécules alimentaires complexes en unités chimiques plus simples. L'une des caractéristiques les plus frappantes de ces réactions est qu'elles ont lieu dans tous les types d'organismes. Il y a, assurément, des différences : l'acide aminé lysine n'est pas fabriqué de la même façon chez les bactéries, les levures ou les plantes vertes, et ne l'est pas du tout chez les animaux supérieurs ; et de nombreux produits spécialisés du métabolisme sont limités à certaines espèces. Mais, dans l'ensemble, on retrouve la majorité des réactions et la plupart des enzymes qui les catalysent chez tous les êtres vivants, des bactéries à l'homme ; c'est la raison pour laquelle on pense qu'elles existaient déjà dans les cellules ancestrales primitives qui donnèrent naissance à tous ces organismes.

Les enzymes qui catalysent les réactions métaboliques fondamentales, tout en continuant à remplir les mêmes fonctions essentielles, ont subi des modifications progressives, en même temps que les organismes ont évolué vers des formes différentes. Pour cette raison, la séquence

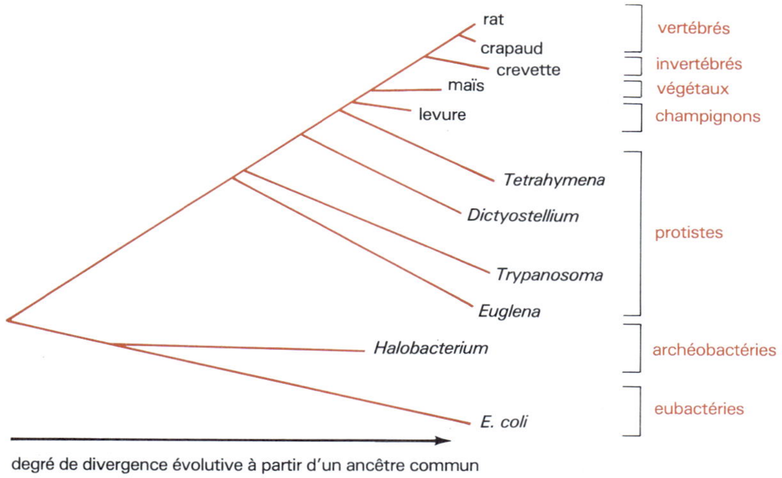

Figure 1-16 Relations évolutives des organismes, déduites des séquences nucléotidiques de leurs gènes codant la petite sous-unité de l'ARN ribosomal. Ces gènes contiennent des séquences hautement conservées, qui varient si lentement qu'elles peuvent être utilisées pour mesurer les relations phylogéniques, embrassant la gamme complète des organismes vivants. Les données suggèrent que les familles de végétaux, d'animaux et de champignons ont divergé à partir d'un ancêtre commun assez tardivement dans l'histoire des cellules eucaryotes. (D'après M.L. Sogin, H.J. Elwood et J.H. Gunderson, *Proc. Natl. Acad. Sci.* USA 83 : 1383-1387, 1986.)

des acides aminés d'un même type d'enzyme dans différentes espèces vivantes constitue une indication extrêmement précieuse des rapports évolutifs entre ces espèces. Les preuves ainsi obtenues sont étroitement comparables à celles que fournissent d'autres domaines de recherche, telle que la paléontologie. Une source d'informations encore plus riche réside au cœur de la cellule vivante, dans la séquence de nucléotides de l'ADN et des méthodes d'analyse modernes permettent de déterminer un grand nombre de ces *séquences d'ADN* et de les comparer entre espèces. Des comparaisons de séquence hautement conservées, qui ont une fonction centrale et ne se modifient donc que lentement au cours de l'évolution, peuvent révéler des relations existant entre des organismes qui divergèrent il y a longtemps (Figure 1-16), tandis que les séquences changeant rapidement peuvent être utilisées pour déterminer comment évoluèrent des espèces plus étroitement apparentées (Figure 1-17). On peut penser qu'une application continue de ces méthodes nous permettra de suivre le cours de l'évolution avec une précision sans précédent.

Figure 1-17 Un être humain est-il plus proche d'un gorille que d'un orang-outan ? On peut répondre à cette question en comparant leurs séquences d'ADN. L'ADN mitochondrial est habituellement choisi pour de telles comparaisons entre des organismes étroitement apparentés, car cet ADN subit une évolution environ 5 à 10 fois plus rapide que le contenu en ADN de la cellule (l'ADN nucléaire). (A) Les 75 premiers nucléotides du même gène (un gène mitochondrial codant une sous-unité de l'enzyme NAD déshydrogénase) sont donnés pour chaque espèce. Une lettre colorée indique chaque point de divergence entre le gorille ou l'orang-outan et l'homme. Les encadrés au-dessous des séquences de nucléotides symbolisent les acides aminés des protéines correspondantes. Les acides aminés des singes sont représentés en couleur lorsqu'ils diffèrent de ceux de l'homme. En analysant de cette façon des séquences supplémentaires d'ADN, on trouve que la séquence du gorille diffère de celle de l'homme par 10 % de ses nucléotides, tandis que l'orang-outan diffère de l'homme et du gorille par 17 % de ses nucléotides. Considérant que ces différences sont dues à des mutations qui se produisent au hasard et avec une fréquence voisine dans la famille de chaque espèce, on peut en déduire le pédigrée représenté en (A). (D'après W.M. Brown, E.M. Prager, A. Wang et A.C. Wilson, *J. Mol. Biol.* 18 : 225-239, 1982.)

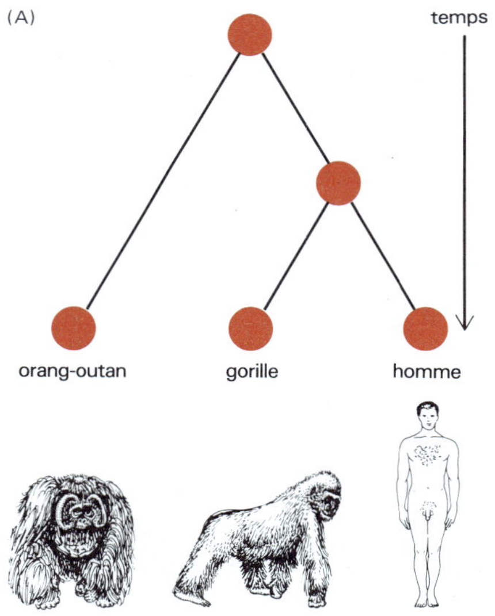

(B)

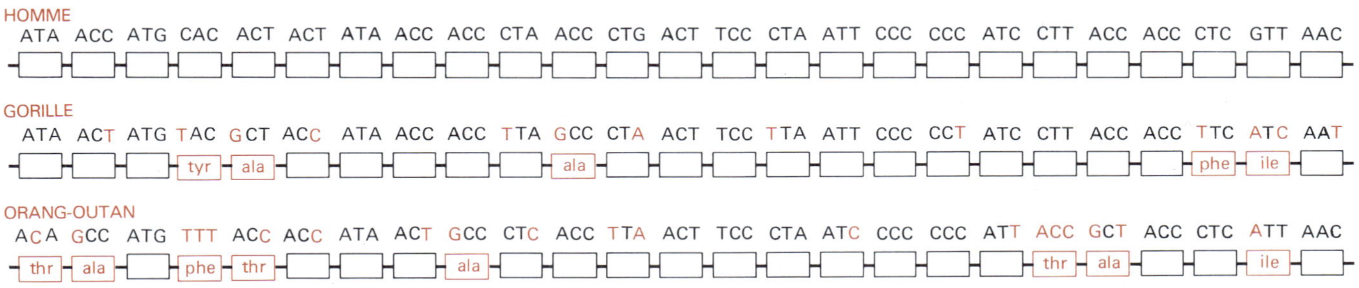

Les cyanobactéries peuvent fixer le CO_2 et le N_2 [9]

Si les premières étapes métaboliques se sont développées afin de combler les lacunes de l'approvisionnement en molécules organiques par la synthèse prébiotique antérieure, que s'est-il passé quand ces composés vinrent à s'épuiser ? Les organismes capables d'utiliser les atomes de carbone et d'azote de l'atmosphère (sous la forme de CO_2 et N_2) auraient eu alors un grand avantage sélectif. Mais, bien qu'ils soient présents en abondance, CO_2 et N_2 sont aussi très stables. Leur conversion en une forme utilisable — c'est-à-dire en molécules organiques telles que les glucides simples — requiert donc une grande quantité d'énergie et un grand nombre de réactions chimiques compliquées.

Dans le cas du CO_2, le mécanisme mis au point pour effectuer cette transformation est la **photosynthèse**, au cours de laquelle l'énergie du rayonnement solaire captée aboutit à la conversion du CO_2 en composés organiques. L'interaction de la lumière solaire avec une molécule pigmentaire, la *chlorophylle*, excite un électron à un état d'énergie supérieur. L'énergie fournie par le retour de l'électron à un niveau d'énergie inférieur active des réactions chimiques, qui sont facilitées et dirigées par des molécules protéiques.

L'une des premières réactions provoquée par la lumière fut probablement la phosphorylation des nucléotides pour former le composé riche en énergie, l'ATP. Une autre doit avoir été la génération de « force réductrice ». Les atomes de carbone et d'azote du CO_2 et du N_2 atmosphériques sont dans un état oxydé et inerte. Un des moyens de les rendre plus réactifs, de sorte qu'ils participent aux réactions de biosynthèse, est de les réduire, c'est-à-dire d'augmenter leur charge électronique. Dans le processus de réduction, les électrons sont arrachés à des donneurs faiblement électronégatifs et transférés par la chlorophylle à un donneur fortement électronégatif, au cours d'une réaction nécessitant de la lumière ; le donneur fortement électronégatif est ensuite utilisé pour réduire CO_2 ou N_2. La comparaison des mécanismes de photosynthèse chez différentes bactéries actuelles suggère que l'une des premières sources d'électrons fut H_2S, à partir duquel le déchet de base aurait été le soufre élémentaire. Beaucoup plus tard, le procédé le plus difficile, mais en fin de compte le plus rentable, pour obtenir des électrons à partir de H_2O était réalisé, et O_2 commença à s'accumuler dans l'atmosphère comme produit de rejet.

Les *cyanobactéries* (connues également sous le nom d'algues bleues) constituent aujourd'hui une voie majeure de conversion, en molécules organiques, du carbone et de l'azote qui entrent ainsi dans la *biosphère*. Elles représentent les organismes les plus autosuffisants qui existent actuellement. Capables de « fixer » à la fois le CO_2 et le N_2 dans des molécules organiques, elles sont, en première approximation, capables de ne vivre que d'eau, d'air et de lumière solaire ; les mécanismes qui le leur permettent sont probablement restés stables depuis plus d'un milliard d'années. Associées à d'autres bactéries qui possèdent certaines de ces capacités, elles créèrent les conditions dans lesquelles des catégories d'organismes plus complexes purent se développer ; dès qu'un ensemble d'organismes eut réussi à synthétiser toute la gamme des composants cellulaires organiques à partir de matériaux inorganiques bruts, d'autres organismes purent subsister, en se nourrissant grâce aux organismes de synthèse primaires et à leurs produits.

Les bactéries peuvent effectuer l'oxydation aérobie des molécules alimentaires [9]

De nombreuses personnes sont aujourd'hui, à juste titre, préoccupées par les conséquences des activités humaines sur l'environnement. Mais, dans le passé, d'autres organismes ont causé des changements révolutionnaires dans le milieu terrestre (moins rapidement, il est vrai). Nulle part ailleurs ceci n'est plus apparent que dans la composition de l'atmosphère terrestre, qui, par l'intermédiaire de la photosynthèse, fut transformée à partir d'un mélange ne contenant pratiquement aucune molécule d'oxygène en un mélange dans lequel l'oxygène constitue 21 p. cent du total.

L'oxygène étant une substance chimique extrêmement réactive, susceptible d'interagir avec la plupart des constituants cytoplasmiques, il doit avoir été toxique pour beaucoup d'organismes primitifs, tout comme il l'est pour de nombreuses bactéries anaérobies actuelles. Toutefois, cette réactivité constitue aussi une source d'énergie chimique et il n'est pas surprenant qu'elle ait été exploitée par les organismes au cours de l'évolution. En utilisant l'oxygène, les organismes sont capables d'oxyder plus complètement les molécules qu'ils ingèrent. Par exemple, en présence d'oxygène, le glucose peut être totalement dégradé en CO_2 et en H_2O, alors qu'en son absence il ne peut être scindé qu'en acide lactique ou en éthanol, produits finaux de la glycolyse anaérobie. De cette façon, une beaucoup plus grande quantité d'énergie peut être dérivée de chaque gramme de glucose. L'énergie libérée dans l'oxydation aérobie de molécules alimentaires — généralement appelée **respiration** — est utilisée pour la synthèse d'ATP, d'une façon très semblable à celle dont les organismes photosynthétiques produisent de l'ATP à partir de l'énergie solaire. Dans ces deux processus, une série de réactions de transfert d'électrons engendre un gradient H^+ entre l'extérieur et l'intérieur d'un minuscule compartiment entouré d'une membrane ; le gradient H^+ sert ensuite à commander la synthèse d'ATP. De nos jours, la respiration est utilisée par la grande majorité des organismes, y compris la plupart des procaryotes.

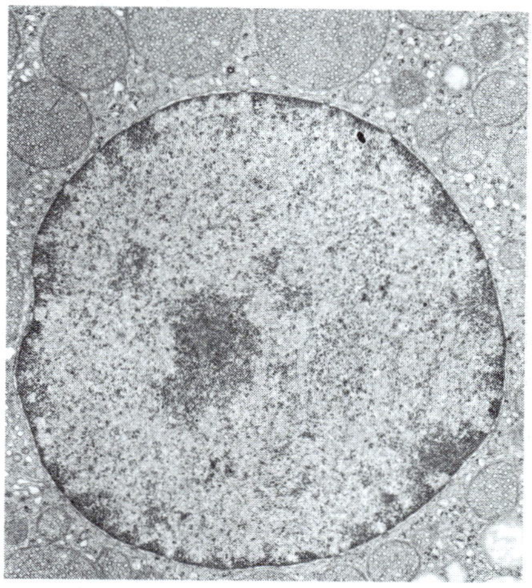

5 µm

Figure 1-18 Le noyau contient la plus grande partie de l'ADN d'une cellule eucaryote. On le voit dans la coupe fine d'une cellule de mammifère examinée au microscope électronique. (Reproduit avec l'autorisation de Daniel S. Friend.)

Les cellules eucaryotes contiennent plusieurs organites caractéristiques [10]

Alors que l'oxygène s'accumulait dans l'atmosphère, qu'advenait-il des organismes anaérobies restants, avec lesquels la vie avait commencé ? Dans un monde riche en oxygène, qu'ils ne pouvaient utiliser, ils étaient en position de faiblesse. Indubitablement, certains ont disparu. D'autres ont soit développé une capacité de respiration, soit trouvé des niches d'où l'oxygène était en grande partie absent et où ils pouvaient continuer à mener une vie anaérobie. Il semble toutefois qu'une troisième catégorie ait découvert une stratégie de survie plus astucieuse et infiniment plus riche en implications pour le futur : on pense qu'ils se sont étroitement associés à un type de cellule aérobie, vivant avec elle en *symbiose.* C'est l'explication la plus plausible de l'origine des cellules actuelles de type **eucaryote** (Planche 1-1), auxquelles ce livre sera particulièrement consacré.

Les cellules eucaryotes, par définition, et contrairement aux cellules procaryotes, possèdent un *noyau* (« caryon » en grec) qui contient la plus grande partie de l'ADN cellulaire, entouré par une double couche membranaire (Figure 1-18). L'ADN est ainsi stocké dans un compartiment séparé du reste du contenu cellulaire, le *cytoplasme,* où ont lieu la plupart des réactions métaboliques de la cellule. De plus, on peut reconnaître dans le **cytoplasme** de nombreux organites caractéristiques. Parmi ceux-ci, deux types de *corpuscules* occupent une place prédominante, les *mitochondries* et les *chloroplastes* (Figures 1-19 et 1-20). Chacun d'eux est entouré d'une double couche membranaire chimiquement différente de celle du noyau. Les mitochondries sont une caractéristique presque universelle des cellules eucaryotes, alors que l'on ne trouve les chloroplastes que dans les cellules eucaryotes capables de photosynthèse — c'est-à-dire chez les végétaux mais pas chez les animaux ou les champignons. Ces deux organites auraient une origine symbiotique.

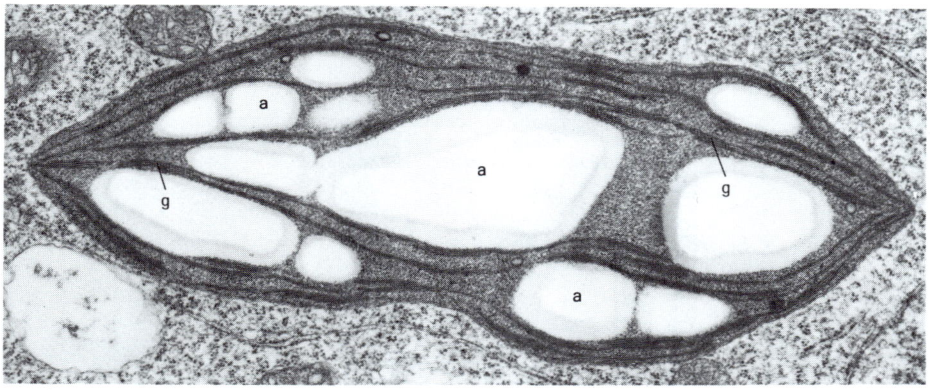

1 µm

Figure 1-19 Micrographie électronique d'un chloroplaste d'une cellule de mousse montrant l'étendue de son système de membranes internes. Les sacs aplatis de la membrane contiennent de la chlorophylle et forment des empilements ou *grana* (g). Ce chloroplaste contient également de grosses accumulations d'amidon (a). (Reproduit avec l'autorisation de J. Burgess.)

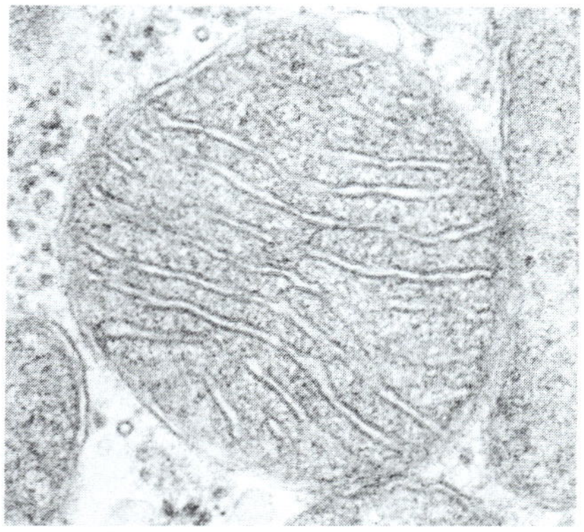

1 µm

Figure 1-20 Les mitochondries effectuent la dégradation oxydative de molécules nutritives dans toutes les cellules eucaryotes. Comme on le voit sur cette micrographie, elles possèdent une membrane externe lisse et une membrane interne avec de nombreuses circonvolutions. (Reproduit avec l'autorisation de Daniel S. Friend.)

CELLULE ANIMALE

coupe fine d'une cellule animale

CELLULE VÉGÉTALE

coupe fine d'une cellule de végétal supérieur

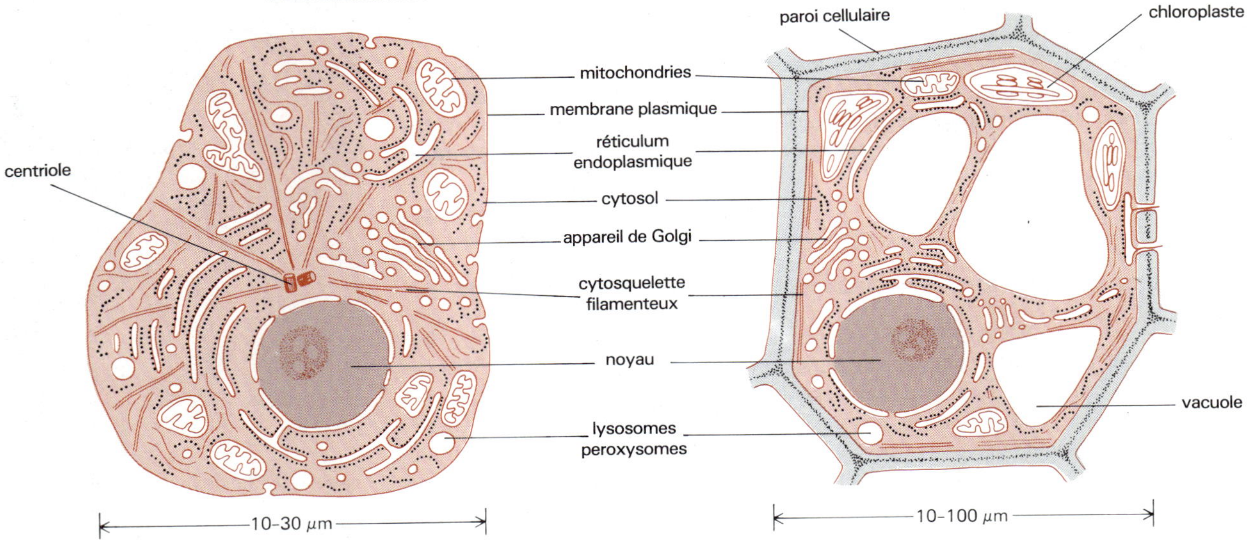

LE SYSTÈME MEMBRANAIRE DE LA CELLULE

MEMBRANE PLASMIQUE

La frontière extérieure de la cellule est la membrane plasmique, feuillet continu de molécules lipidiques d'une épaisseur de 4 à 5 nm, où sont enchâssées des protéines.

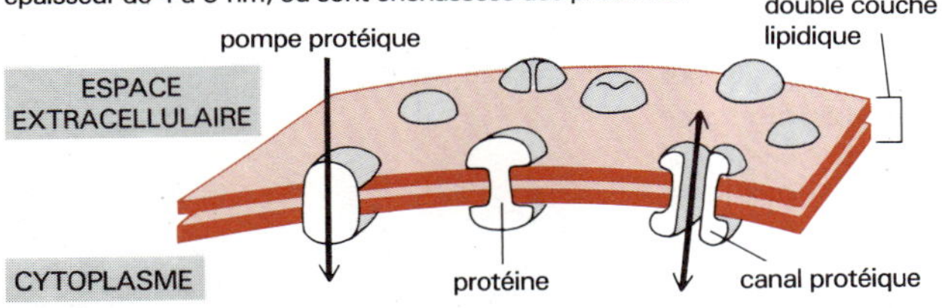

Certaines de ces protéines servent de pompes et de canaux pour le transport de molécules spécifiques vers l'intérieur et l'extérieur de la cellule.

RÉTICULUM ENDOPLASMIQUE

Réseaux de feuillets aplatis, sacs et tunnels membranaires s'étendant partout dans le cytoplasme et entourant un large espace intracellulaire. La membrane du RE est en continuité avec la membrane externe de l'enveloppe nucléaire et est spécialisée dans la synthèse et le transport de lipides et de protéines membranaires. Le réticulum endoplasmique rugueux (RER) se présente généralement sous la forme de feuillets aplatis et est parsemé sur sa face externe de ribosomes engagés dans la synthèse protéique.

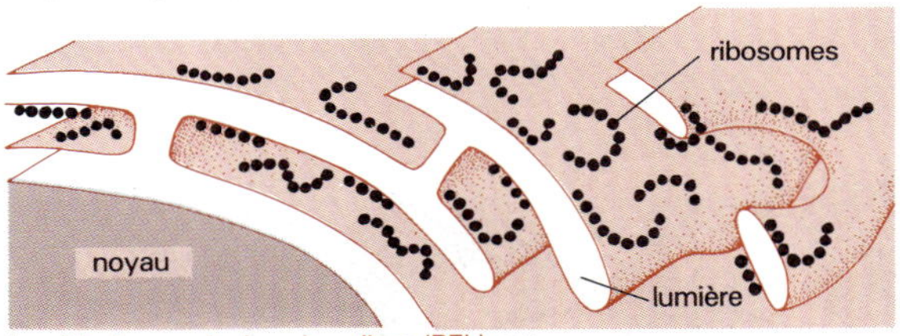

Le réticulum endoplasmique lisse (REL) est généralement plus tubulaire et ne possède pas de ribosomes liés. Une de ses fonctions principales est d'intervenir dans le métabolisme des lipides.

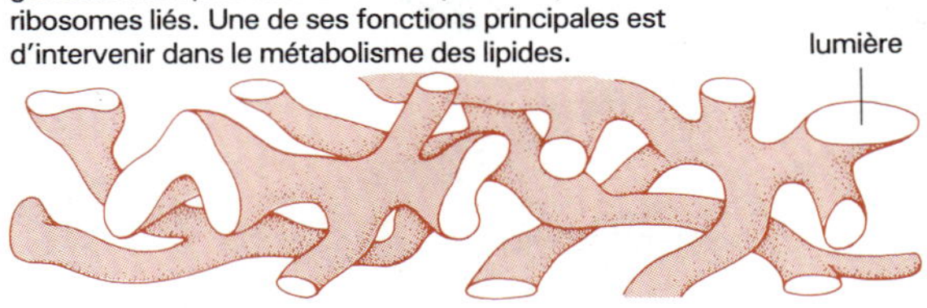

APPAREIL DE GOLGI

Un système de sacs entourés d'une membrane, empilés et aplatis, impliqué dans la modification, le tri et l'emballage de macromolécules qui doivent être sécrétées ou transportées vers d'autres organites.

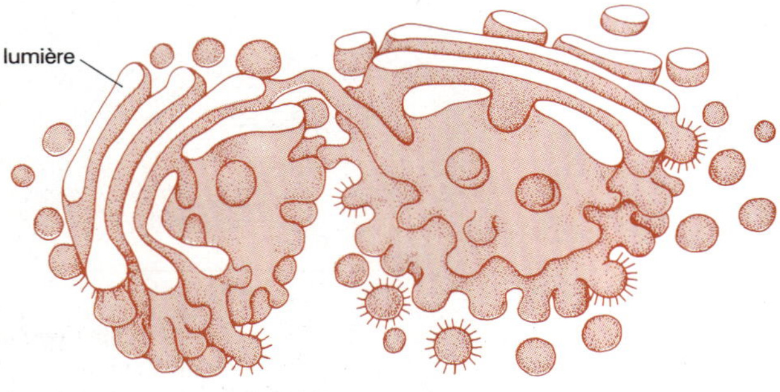

Autour de l'appareil de Golgi se trouvent de nombreuses petites vésicules entourées d'une membrane (50 nm et plus). Elles seraient destinées au transport de matériaux entre l'appareil de Golgi et les différents compartiments de la cellule.

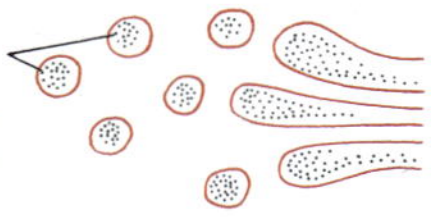

LYSOSOMES

vésicules entourées d'une membrane contenant des enzymes hydrolytiques impliquées dans les digestions intracellulaires

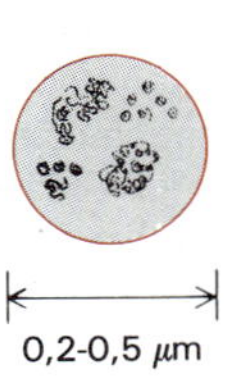

PEROXYSOMES

vésicules entourées d'une membrane contenant des enzymes oxydatives qui produisent et décomposent le peroxyde d'hydrogène

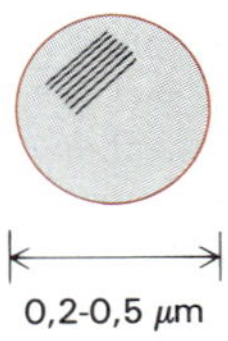

NOYAU

Le noyau est l'organite le plus remarquable de la cellule. Il est séparé du cytoplasme par une enveloppe constituée de deux membranes. Tout l'ADN chromosomique est contenu dans le noyau, enveloppé dans des fibres de chromatine en association avec une masse équivalente de protéines histones. Le contenu nucléaire communique avec le cytosol au moyen d'ouvertures dans l'enveloppe nucléaire appelées pores nucléaires.

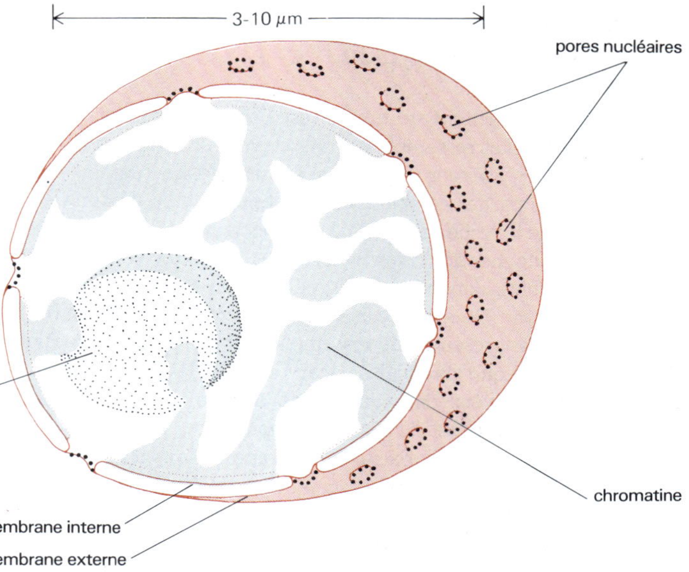

CYTOSQUELETTE

Dans le cytosol, des rangées de filaments protéiques forment des réseaux donnant sa forme à la cellule et fournissant une base à ses mouvements. Dans les cellules animales, le cytosquelette est souvent organisé à partir d'une aire proche du noyau contenant la paire de centrioles. Les trois principaux types de filaments sont :

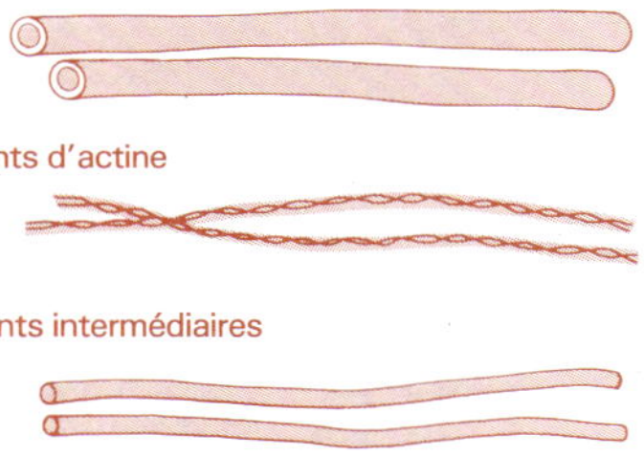

MITOCHONDRIES

Environ de la taille des bactéries, les mitochondries sont les centrales électriques de toutes les cellules eucaryotes, exploitant l'énergie obtenue en combinant l'oxygène avec les molécules alimentaires pour fabriquer de l'ATP.

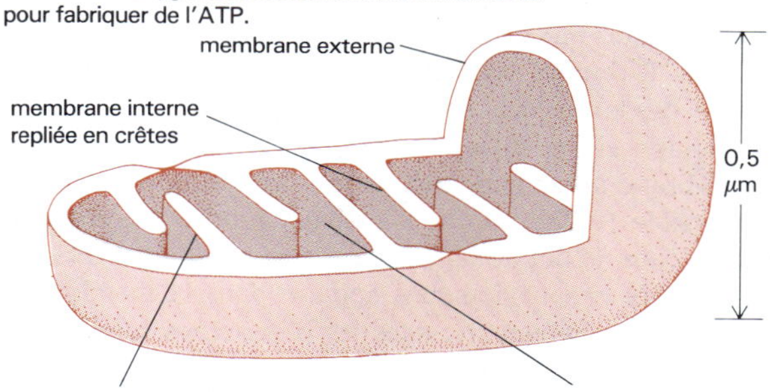

ORGANITES SPÉCIFIQUES DES VÉGÉTAUX

Chloroplastes — Ces plastes contenant de la chlorophylle sont des organites entourés d'une double membrane que l'on trouve chez tous les végétaux supérieurs. Un système membranaire complexe à l'intérieur du chloroplaste contient l'appareil photosynthétique.

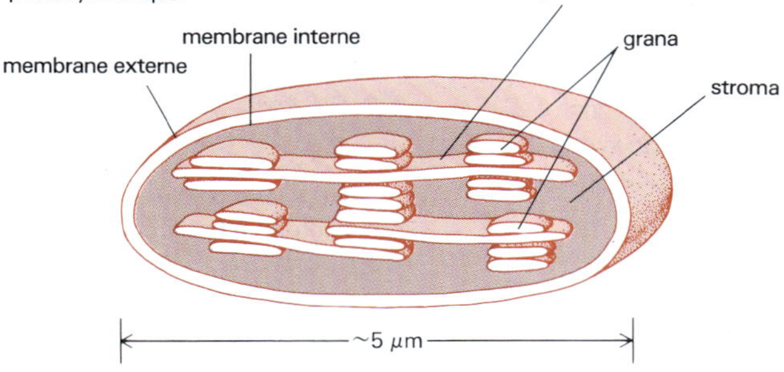

Vacuole — Très grande vésicule entourée d'une membrane unique occupant plus de 90 p. cent du volume cellulaire, la vacuole joue un rôle dans l'occupation de l'espace et dans la digestion intracellulaire.

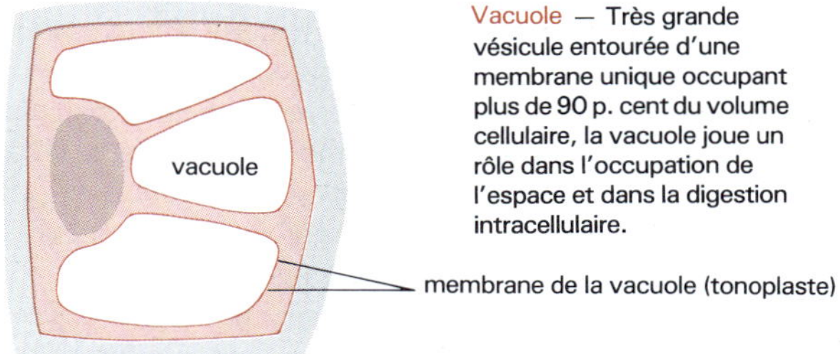

Paroi cellulaire — Les cellules végétales sont entourées par une paroi rigide composée de fibrilles de cellulose disposées dans une matrice composée d'autres polysaccharides.

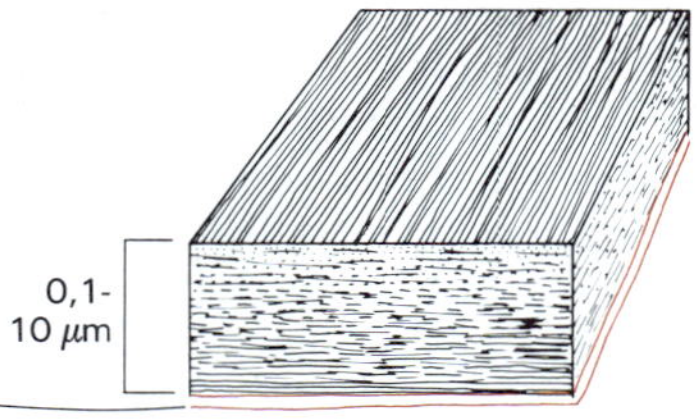

Les cellules eucaryotes dépendent des mitochondries pour leur métabolisme oxydatif [11]

Les **mitochondries** présentent de nombreuses similitudes avec les organismes procaryotes libres : par exemple, elles ressemblent souvent par leur taille et leur forme aux bactéries, elles contiennent de l'ADN et se reproduisent par scissiparité. En fragmentant des cellules eucaryotes et en séparant leurs parties constitutives, il est possible de démontrer que les mitochondries sont responsables de la respiration et que ce processus n'a lieu nulle part ailleurs dans la cellule eucaryote. Sans mitochondries, les cellules des animaux et des champignons seraient des organismes anaérobies, dépendant énergétiquement du processus relativement inefficace et antique de la glycolyse. De nombreuses bactéries actuelles peuvent respirer, et le mécanisme par lequel elles le font présente une ressemblance indubitable avec celui des mitochondries. Il semble donc probable que les cellules eucaryotes sont les descendantes d'organismes primitifs anaérobies qui ont survécu dans un monde devenu riche en oxygène par intégration de bactéries aérobies. Plutôt que de digérer ces bactéries, ils les ont nourries et maintenues en symbiose par égard pour leur capacité de consommer l'oxygène atmosphérique et de produire de l'énergie, exactement de la même façon que nous élevons les vaches pour leur capacité de consommer de l'herbe et de produire du lait. Nous ne pouvons, bien sûr, prouver que cela s'est réellement passé ainsi, mais certains microorganismes constituent une preuve solide de la vraisemblance d'une telle séquence évolutive. Il y a plusieurs centaines d'espèces d'eucaryotes unicellulaires qui ressemblent à l'eucaryote ancestral hypothétique : ils vivent dans des conditions pauvres en oxygène (dans les intestins d'animaux, par exemple) et sont totalement dépourvus de mitochondries ; il existe un eucaryote, l'amibe *Pelomyxa palustris*, qui tout en n'ayant pas de mitochondries peut néanmoins effectuer un métabolisme oxydatif, en hébergeant dans son cytoplasme des bactéries aérobies en une relation de symbiose permanente.

L'acquisition des mitochondries doit avoir eu de nombreuses répercussions. La membrane plasmique, par exemple, est fortement liée au métabolisme énergétique dans les cellules procaryotes, alors que cette fonction vitale a été « confiée » aux mitochondries dans les cellules eucaryotes. Il semble vraisemblable que la séparation des fonctions laissa la membrane plasmique des eucaryotes libre de développer de nouvelles caractéristiques importantes. En particulier, les cellules eucaryotes n'ayant pas besoin de maintenir un fort gradient H^+ à travers leur membrane plasmique, comme le nécessite la production d'ATP chez les procaryotes, il devint possible d'utiliser des modifications contrôlées de la perméabilité ionique de la membrane plasmique dans un but de signalisation cellulaire. Ainsi, lors de l'apparition des eucaryotes, un assortiment de canaux ioniques apparut dans la membrane plasmique. Actuellement, ces canaux sont les médiateurs, dans les organismes supérieurs, de processus de signalisation électrique élaborés — notamment dans le système nerveux — et ils contrôlent une bonne partie du comportement d'eucaryotes unicellulaires indépendants, tels que les protozoaires (voir plus loin).

Les chloroplastes sont les descendants d'une cellule procaryote intégrée

Les **chloroplastes** effectuent la photosynthèse d'une façon pratiquement semblable aux cyanobactéries procaryotes, en absorbant la lumière solaire dans la chlorophylle liée à leurs membranes. Certains ont une étroite ressemblance structurale avec les cyanobactéries, de par leur taille et la façon dont leurs membranes portant la chlorophylle sont empilées en lamelles (Figure 1-20). De plus, les chloroplastes se reproduisent par division et contiennent de l'ADN. Tout ceci suggère fortement que les chloroplastes ont évolué à partir de cyanobactéries qui se sont installées à l'intérieur de cellules eucaryotes, effectuant la photosynthèse pour leurs hôtes en échange du gîte et du couvert. La symbiose entre des cellules photosynthétiques et d'autres types de cellules est, en fait, un phénomène courant et on peut observer d'authentiques cyanobactéries à l'intérieur d'un grand nombre de cellules eucaryotes actuelles (Figure 1-21).

La Figure 1-22 montre les origines évolutives des eucaryotes selon la théorie symbiotique. On doit toutefois insister sur le fait que les mitochondries et les chloroplastes présentent aussi bien d'importantes différences, que des similitudes, avec les bactéries aérobies et les cyanobactéries actuelles. Leur quantité d'ADN est très faible, par exemple, et la plupart des molécules dont ils sont constitués sont synthétisées ailleurs dans la cellule eucaryote et importées dans l'organite. Si l'on admet qu'ils proviennent bien de bactéries symbiotiques, ils ont subi d'importantes modifications au cours de l'évolution et sont devenus très dépendants de leurs cellules hôtes.

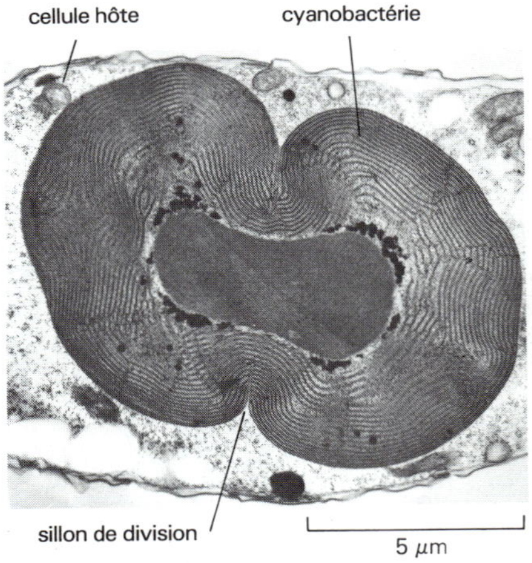

Figure 1-21 Une proche parente des cyanobactéries actuelles qui vit en symbiose permanente à l'intérieur d'une autre cellule (les deux organismes associés sont connus sous le nom de *Cyanophora paradoxa*). La « cyanobactérie » est en train de se diviser. (Reproduit avec l'autorisation de Jeremy D. Pickett-Heaps.)

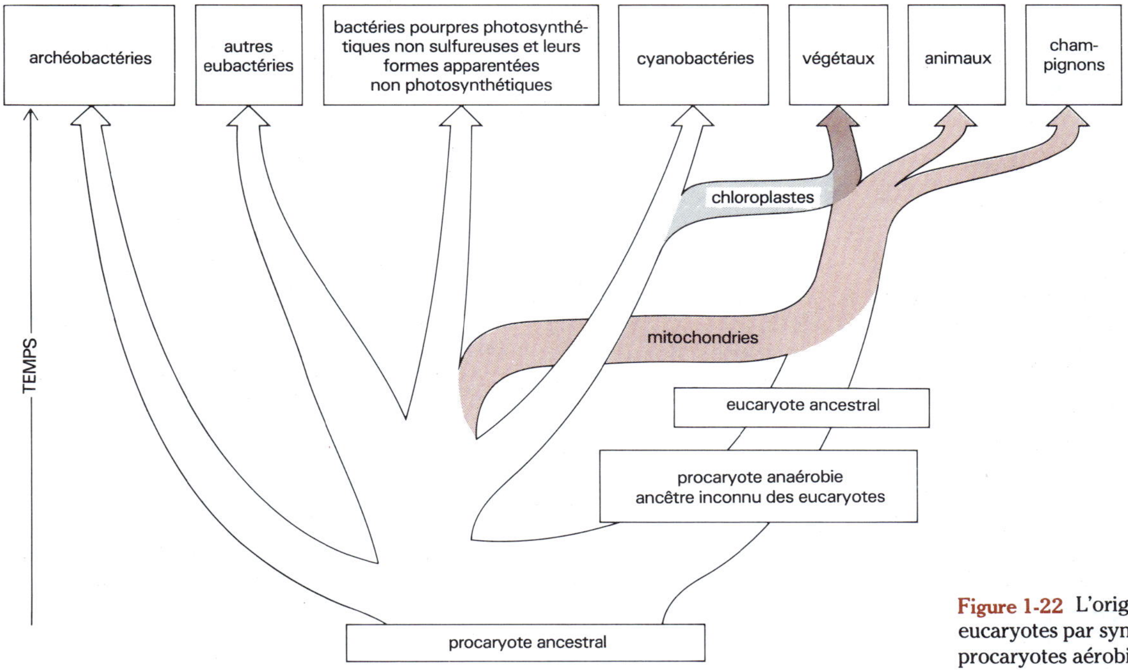

Figure 1-22 L'origine présumée des eucaryotes par symbiose entre des procaryotes aérobies et anaérobies.

La majeure partie des eucaryotes existant ont en commun les mitochondries et tout une constellation d'autres caractéristiques qui les distinguent des procaryotes (Tableau 1-1). Ces fonctions contribuent, ensemble, à donner aux cellules eucaryotes une multitude de capacités différentes et on peut seulement spéculer sur celle qui s'est développée la première. Mais l'acquisition des mitochondries par une cellule eucaryote anaérobie a dû être une étape cruciale dans le succès des eucaryotes, en leur donnant les moyens de capter une abondante source d'énergie pour exercer toutes leurs activités complexes.

Tableau 1-1 Comparaison des organismes procaryotes et eucaryotes

	Procaryotes	**Eucaryotes**
Organismes	bactéries et cyanobactéries	protistes, champignons, plantes et animaux
Taille de la cellule	généralement 1 à 10 μm de long	généralement 10 à 100 μm de long
Métabolisme	anaérobie ou aérobie	aérobie
Organites	peu ou pas	noyau, mitochondries, chloroplastes, réticulum endoplasmique, etc.
ADN	ADN cytoplasmique circulaire	ADN très long, contenant de nombreuses régions non codantes ; organisé en chromosomes et lié par l'enveloppe nucléaire
ARN et protéines	ARN et protéines synthétisés dans le même compartiment	ARN synthétisé et assemblé dans le noyau ; protéines synthétisées dans le cytoplasme
Cytoplasme	pas de cytosquelette, il n'y a ni flux cytoplasmique, ni endocytose ni exocytose	cytosquelette composé de filaments protéiques ; circulation cytoplasmique ; endocytose et exocytose
Division cellulaire	chromosomes séparés par leurs liens à la membrane plasmique	chromosomes séparés par l'appareil fisiforme du cytosquelette
Organisation cellulaire	principalement unicellulaire	principalement pluricellulaire avec différenciation cellulaire

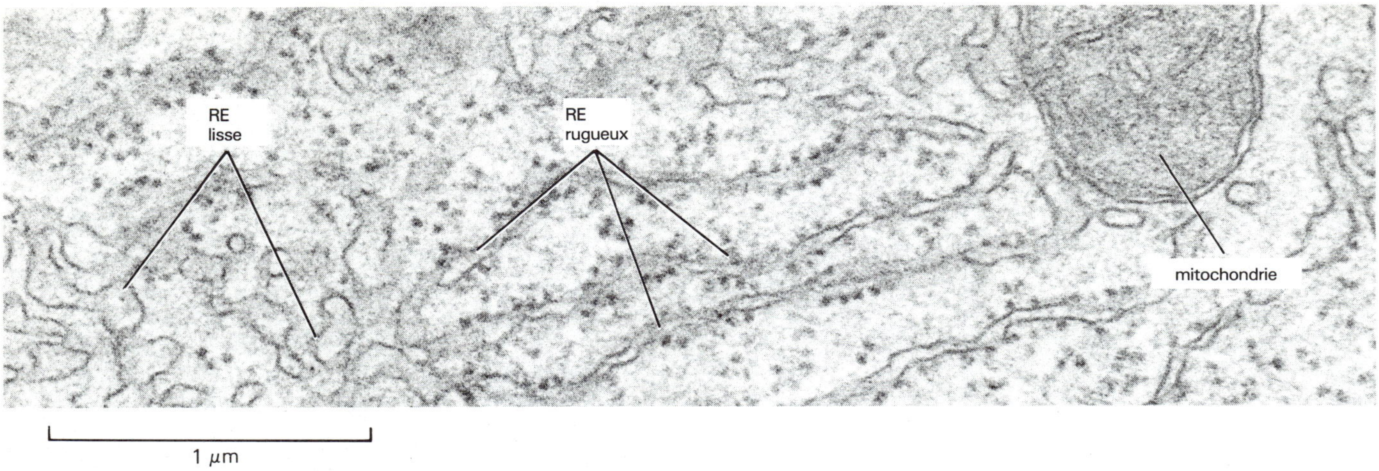

Les cellules eucaryotes contiennent un réseau dense de membranes internes

Figure 1-23 Micrographie électronique d'une coupe fine d'une cellule de mammifère montrant les deux régions — lisse et rugueuse — du réticulum endoplasmique (RE). (Reproduit avec l'autorisation de George Palade.)

Les cellules eucaryotes ont en général un volume beaucoup plus important que celui des procaryotes, souvent multiplié par un facteur 1 000 ou plus, et elles portent une quantité proportionnellement plus grande de la plupart des matériaux cellulaires : une cellule humaine, par exemple, contient environ 1 000 fois plus d'ADN qu'une bactérie type. Cette grande taille crée des problèmes. Puisque tous les matériaux bruts nécessaires aux réactions de biosynthèse qui ont lieu à l'intérieur de la cellule doivent finalement rentrer et sortir en traversant la membrane plasmique qui recouvre sa surface, et que la membrane est aussi le siège de nombreuses réactions importantes, une augmentation du volume cellulaire nécessite une augmentation de la surface cellulaire. Mais c'est une réalité géométrique qu'une simple augmentation d'échelle d'une structure augmente le volume comme le cube de la dimension linéaire, alors que la surface n'est augmentée que du carré. Ainsi, pour conserver un rapport surface/volume aussi élevé que la cellule procaryote, la grosse cellule eucaryote doit augmenter sa surface au moyen de circonvolutions, repliements et autres diversifications de sa membrane.

Ceci explique probablement en partie la profusion complexe de **membranes internes**, qui est un trait caractéristique de toutes les cellules eucaryotes. Les membranes entourent le noyau, les mitochondries et (dans la cellule végétale) les chloroplastes. Elles forment un compartiment labyrinthique appelé **réticulum endoplasmique** (Figure 1-23), où sont synthétisés aussi bien les lipides et les protéines des membranes cellulaires que le matériel destiné à être exporté hors de la cellule. Elles forment aussi des empilements de sacs aplatis constituant l'**appareil de Golgi** (Figure 1-24), qui est aussi impliqué dans la synthèse et le transport de diverses molécules organiques. Des membranes entourent les **lysosomes** qui contiennent des réserves d'enzymes destinées à la digestion intracellulaire et les empêchent ainsi d'attaquer les protéines et les acides nucléiques de la cellule elle-même. De la même façon, les membranes entourent les **peroxysomes**, dans lesquels le peroxyde d'hydrogène, dangereusement réactif, est produit et dégradé au cours de l'oxydation de diverses molécules par l'O_2. Elles forment aussi de petites vésicules et, chez les végétaux, une grande *vacuole* remplie de liquide. Toutes ces structures entourées d'une membrane correspondent à des compartiments internes distincts dans le cytoplasme. Dans une cellule animale type, ces compartiments occupent près de la moitié du volume cellulaire total. Le compartiment restant du cytoplasme, qui inclut tout ce qui n'est pas organites entourés d'une membrane, est habituellement appelé **cytosol**.

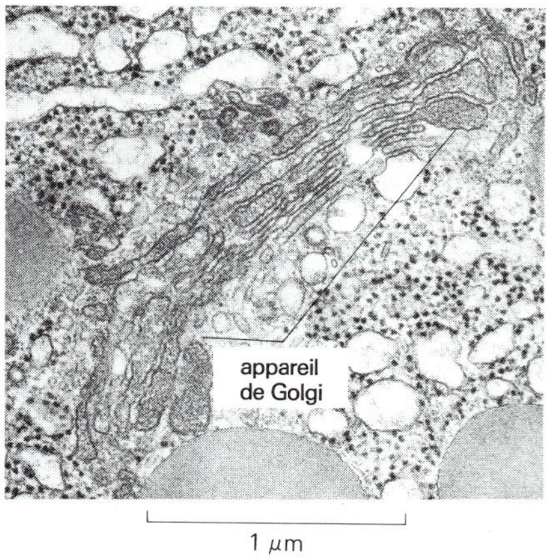

Figure 1-24 Micrographie électronique d'une coupe fine d'une cellule de mammifère montrant l'appareil de Golgi composé de sacs aplatis de membrane disposés en multicouches. (Voir aussi Planche 1-1, pages 16-17). L'appareil de Golgi est impliqué dans la synthèse et l'empaquetage de matériel destiné à la sécrétion cellulaire, aussi bien qu'à l'acheminement de protéines néosynthétisées vers le compartiment cellulaire approprié. (Reproduit avec l'autorisation de Daniel S. Friend.)

Toutes les structures membraneuses de notre liste se trouvent à l'intérieur de la cellule. Comment peuvent-elles alors aider à résoudre le problème que nous avons soulevé au début de ce paragraphe et fournir à la cellule une surface adaptée à son grand volume ? La réponse dépend de l'échange entre les compartiments internes limités par une membrane et l'extérieur de la cellule. Celui-ci se fait par *endocytose* et *exocytose*, processus uniques aux cellules eucaryotes. Dans l'endocytose, des portions de la surface membranaire externe s'invaginent et se resserrent pour former des vésicules cytoplasmiques entourées d'une membrane, contenant à la fois des substances présentes dans le milieu extérieur, et des molécules précédemment adsorbées à la surface de la cellule. De très grosses particules, ou même des cellules étrangères entières, peuvent être absorbées par *phagocytose* — une forme particulière d'endocytose.

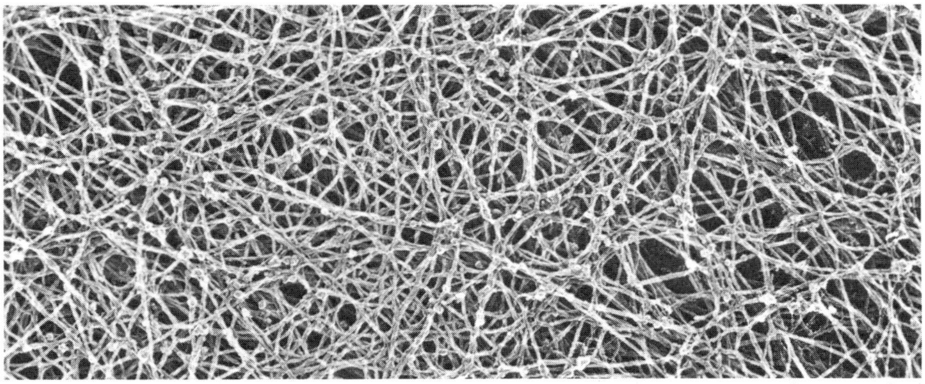

Figure 1-25 On voit, sur cette micrographie électronique d'une cellule animale préparée selon la technique de cryodécapage, un réseau de filaments d'actine situé sous la membrane plasmique. (Avec l'autorisation de John Heuser.)

L'exocytose est le processus inverse, par lequel des vésicules entourées d'une membrane à l'intérieur de la cellule fusionnent avec la membrane plasmique et libèrent leur contenu dans le milieu extérieur. De cette façon, les membranes qui entourent des compartiments dans la partie profonde de la cellule servent à augmenter la surface effective de la cellule pour les échanges de matière avec le monde extérieur.

Comme nous le verrons dans les chapitres suivants, les diverses membranes et les compartiments des cellules eucaryotes limités par une membrane sont hautement spécialisés, certains dans la sécrétion, d'autres dans l'absorption, d'autres encore dans les processus spécifiques de biosynthèse, etc.

Les cellules eucaryotes ont un cytosquelette

Plus une cellule est grande et plus ses structures internes sont compliquées et spécialisées, plus est grand son besoin de conserver ces structures à leurs places et de contrôler leurs mouvements. Toutes les cellules eucaryotes ont un squelette interne, le **cytosquelette**, qui donne à la cellule sa forme, sa capacité de se mouvoir et son aptitude à ordonner ses organites et à les transporter d'un endroit de la cellule à l'autre. Le cytosquelette est composé d'un réseau de filaments protéiques, dont les deux plus importants sont les *filaments d'actine* et les *microtubules* (Figure 1-25). Ceux-ci doivent dater d'une époque très ancienne de l'évolution car on les trouve presque inchangés chez tous les eucaryotes. Ils sont tous deux impliqués dans la génération des mouvements cellulaires ; les filaments d'actine, par exemple, participent à la contraction du muscle, alors que les microtubules sont les principaux éléments structuraux et générateurs de puissance des *cils* et des *flagelles* — longues projections de certaines surfaces cellulaires, qui battent comme des fouets et servent d'instruments de propulsion.

Les filaments d'actine et les microtubules sont également essentiels aux mouvements internes qui ont lieu dans le cytoplasme de toutes les cellules eucaryotes. Ainsi, les microtubules sous la forme de *fuseau mitotique* sont une partie vitale de la machinerie habituelle qui répartit l'ADN de manière égale entre les deux cellules filles au moment où la cellule eucaryote se divise. Ainsi, sans microtubules, la cellule eucaryote ne pourrait se reproduire. Dans cet exemple, et dans d'autres, le mouvement par diffusion libre serait soit trop lent, soit trop hasardeux pour être utile. En fait, les organites de la cellule eucaryote semblent souvent reliés, directement ou indirectement, au cytosquelette, et paraissent se mouvoir le long de voies cytosquelettiques.

Les protozoaires comprennent les plus complexes des cellules connues [12]

La complexité que peut atteindre une cellule eucaryote isolée n'est nulle part mieux illustrée que chez les *protistes* (Figure 1-26). Ce sont des eucaryotes indépendants, à cellule unique, qui ont évolué diversement (voir Figure 1-16) et qui montrent une variété ahurissante de formes et de comportements : ils peuvent être photosynthétiques ou carnivores, mobiles ou sédentaires. Leur anatomie est souvent complexe et comprend des structures telles que des soies sensorielles, des photorécepteurs, des flagelles, des appendices semblables à des membres, des parties buccales, des dards urticants et des faisceaux contractiles semblables à des muscles. Bien que

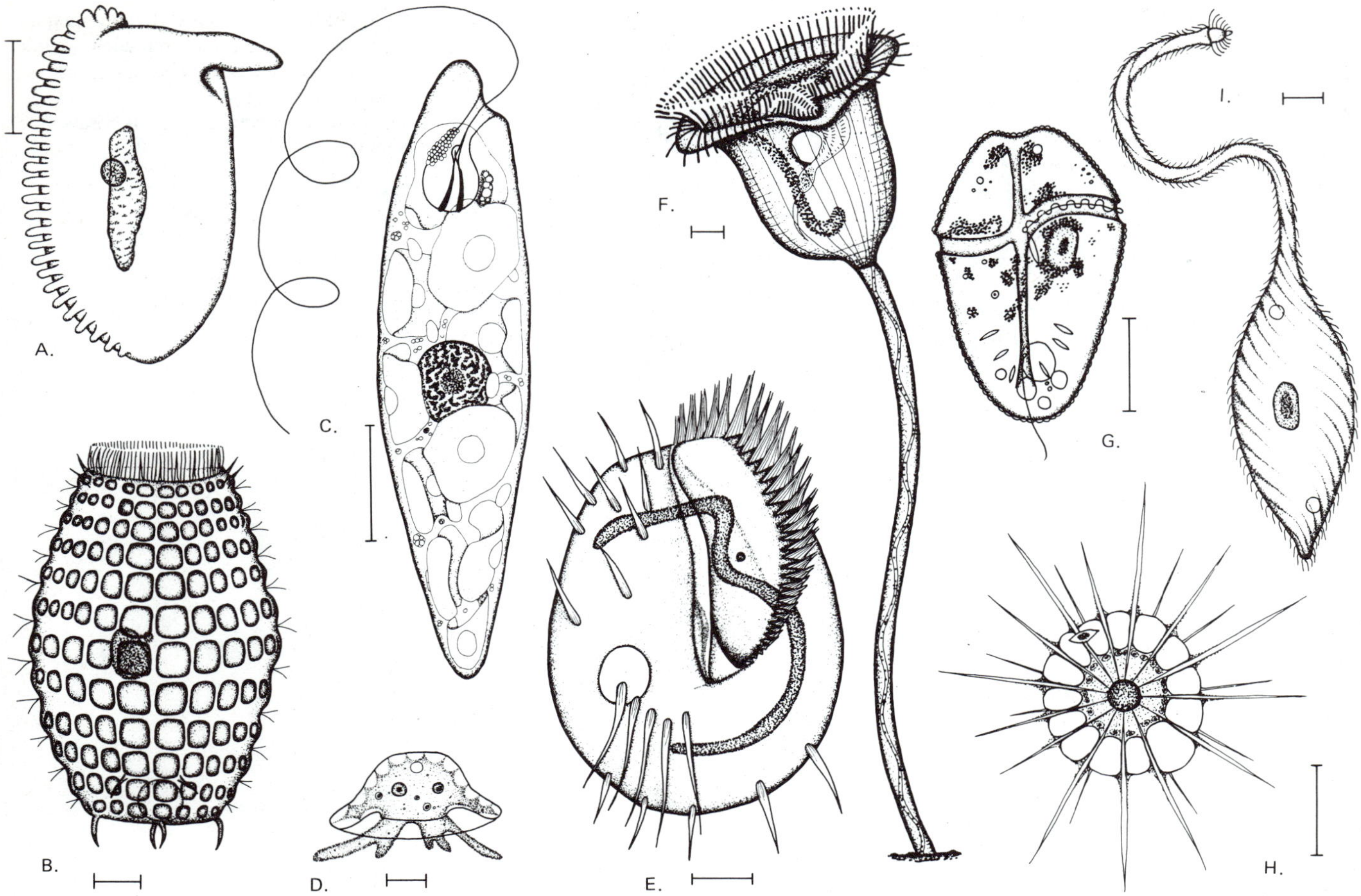

Figure 1-26 Quelques exemples de protistes, illustrant en partie l'énorme diversité de cette classe d'organismes unicellulaires. Ces dessins ont été réalisés à différentes échelles, mais dans chaque cas, le trait représente 10 μm. Les organismes représentés en (A), (B), (E), (F) et (I) sont ciliés ; (C) est un euglènoïde ; (D) est une amibe ; (G) est un dinoflagellé ; (H) est un héliozoaire. (Reproduit d'après M.A. Sleigh, The Biology of Protozoa. London : Edward Arnold, 1973.)

ce soit des cellules isolées, elles peuvent être aussi complexes et multiples que de nombreux organismes pluricellulaires. Ceci est particulièrement vrai pour le groupe de protistes connu sous le nom de **protozoaires** — ou « premiers animaux ».

Didinium est un protozaire carnivore. Il a un corps globulaire, d'environ 150 μm de diamètre, entouré de deux franges de cils ; son extrémité avant est aplatie, à l'exception d'une seule protrusion, ressemblant plutôt à un groin (Figure 1-27). *Didinium* nage à grande vitesse dans l'eau, grâce aux battements synchrones de ses cils. Quand il tombe sur une proie qui lui convient, habituellement un autre type de protozaire, *Paramecium*, il libère de la région de son groin un grand nombre de petits dards paralysants. Le *Didinium* se fixe alors sur la paramécie et la dévore : en se retournant comme un ballon de baudruche, il engloutit l'autre cellule qui est aussi grosse que lui. Ce comportement complexe — nage, paralysie et capture de la proie — est en grande partie engendré par les structures cytosquelettiques situées juste sous la membrane plasmique. Ce *cortex cellulaire* contient, par exemple, les faisceaux parallèles de microtubules qui forment le cœur de chaque cil et lui permettent de battre.

Un tel comportement prédateur et la série de caractéristiques dont il dépend — grande taille, capacité de phagocytose et capacité de se mouvoir à la poursuite d'une proie — sont spécifiques des eucaryotes. En effet, il est probable que ces caractères furent les premiers à apparaître au cours de l'évolution des eucaryotes, permettant la capture ultérieure de bactéries et leur domestication comme mitochondries et chloroplastes.

Les gènes peuvent être exprimés ou réprimés

Les protozoaires, malgré toutes leurs merveilles, ne représentent pas l'apogée de l'évolution eucaryote. De plus grands prodiges ont été accomplis, non pas en concentrant les complexités de toutes sortes dans une seule cellule, mais en répartissant le travail entre différents types de cellules. Des *organismes multicellulaires* se sont développés, dans lesquels des cellules, étroitement proches de par leur ascendance, se sont différenciées les unes des autres, certaines exprimant une particularité à un degré élevé, d'autres une autre, formant ainsi les parties spécialisées d'une grande entreprise coopérative.

Dans un végétal supérieur ou un animal unique, les divers types cellulaires spécialisés apparaissent souvent radicalement différents (Planche 1-2). Ceci semble paradoxal, car toutes les cellules d'un organisme pluricellulaire sont étroitement apparentées, descendant depuis peu de la même cellule précurseur — l'œuf fécondé. Une lignée commune implique des gènes similaires ; comment naissent alors les différences ? Dans un petit nombre de cas, la spécialisation cellulaire implique la perte de matériel génétique : un exemple extrême en est l'érythrocyte des mammifères, qui perd la totalité de son noyau au cours de la différenciation. Mais l'écrasante majorité des cellules de la plupart des espèces végétales et animales conserve toute l'information génétique contenue dans l'œuf fécondé. La spécialisation dépend, non de la perte ou de l'acquisition de gènes, mais de modifications dans *l'expression des gènes*.

Même les bactéries ne fabriquent pas en permanence tous leurs types de protéines mais sont capables d'ajuster le taux de synthèse en fonction des conditions extérieures. Les protéines spécifiquement requises pour le métabolisme du lactose, par exemple, sont fabriquées par de nombreuses bactéries uniquement lorsque ce sucre est disponible. Quand les conditions sont défavorables, certaines bactéries arrêtent la quasi-totalité de leurs processus métaboliques normaux et forment des spores possédant des parois externes rigides et imperméables et une composition cytoplasmique remaniée.

Les cellules eucaryotes ont développé des mécanismes beaucoup plus sophistiqués pour contrôler l'expression génique, et ceux-ci affectent des systèmes entiers de produits géniques qui interagissent. Des groupes de gènes sont activés ou réprimés en réponse à des signaux à la fois externes et internes. La composition de la membrane, le cytosquelette, les produits de sécrétion, le métabolisme même — tous ces caractères, et d'autres, doivent changer de façon coordonnée au moment où les cellules se différencient. Comparons, par exemple, une cellule du muscle du squelette, spécialisée dans la contraction, avec un *ostéoblaste*, qui sécrète la matrice de l'os chez le même animal (Planche 1-2, pages 24-25). De telles transformations radicales du caractère de la cellule reflètent des modifications stables dans l'expression des gènes. Les contrôles qui aboutissent à de tels changements ont atteint, chez les eucaryotes, un degré sans égal chez les procaryotes.

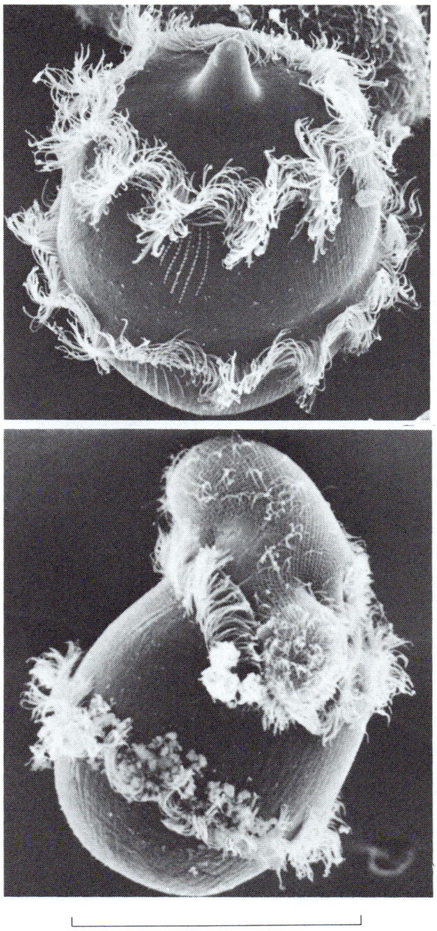

Figure 1-27 Photographie en microscopie électronique à balayage d'un protozoaire en train d'en phagocyter un autre. Les protozoaires sont des animaux unicellulaires qui présentent une étonnante diversité de formes et de comportements. Le *Didinium* (en haut), un protozoaire cilié, possède deux couronnes de cils mobiles et une protubérance en forme de groin à son extrémité antérieure, avec laquelle il capture sa proie. En bas, on voit le *Didinium* en train d'engloutir un autre protozoaire, *Paramecium.* (Reproduit avec l'autorisation de D. Barlow.)

Les cellules eucaryotes ont largement plus d'ADN qu'elles n'en ont besoin pour la caractérisation des protéines

Les cellules eucaryotes contiennent une très grande quantité d'ADN. Comme nous l'avons dit, il y a dans les cellules humaines environ mille fois plus d'ADN que dans les bactéries types, tandis que les cellules de certains amphibiens ont un contenu en ADN plus de dix fois supérieur à celui des humains (Figure 1-28). Toutefois, il semble que seule une petite fraction de cet ADN — peut-être 1 p. cent dans les cellules humaines — porte les caractéristiques des protéines effectivement fabriquées. Alors, à quoi servent les 90 p. cent de l'ADN restant ? Selon une première hypothèse, la majorité de celui-ci ne sert qu'à augmenter l'encombrement physique du noyau. Une autre soutient qu'il est en grande partie parasitaire — collection de séquences d'ADN accumulées dans les cellules au cours des âges, exploitant la machinerie cellulaire pour leur propre reproduction et n'apportant aucune compensation. On a démontré en effet que l'ADN de nombreuses espèces contenait des séquences appelées *élements transposables*, qui ont la capacité de « sauter » de temps à autre d'un endroit de l'ADN à l'autre et même d'insérer des copies supplémentaires d'elles-mêmes en de nouveaux sites. Les éléments transposables pourraient ainsi proliférer comme une infection lente occupant une fraction toujours plus importante du matériel génétique.

Mais l'évolution est opportuniste. Quelles que soient les origines de l'ADN ne codant pas des protéines, il est certain qu'il a maintenant des fonctions importantes. Une partie de cet ADN est structurale, permettant à des fractions du matériel génétique d'être condensées ou « empaquetées » de manière spécifique, comme on le décrit dans la rubrique suivante ; une autre est régulatrice et aide à exprimer ou à réprimer les gènes qui dirigent la synthèse protéique, jouant ainsi un rôle crucial dans le contrôle sophistiqué de l'expression génique dans les cellules eucaryotes.

Dans les cellules eucaryotes, le matériel génétique est conditionné de manière complexe

La longueur de l'ADN des cellules eucaryotes est si grande que le risque d'enchevêtrement ou de cassure devient sérieux. C'est probablement pour cette raison que des protéines propres aux eucaryotes, les *histones*, se sont développées pour se lier à l'ADN et l'insérer à l'intérieur

TYPES CELLULAIRES

Le corps humain contient plus de 200 types cellulaires différents. Ceux-ci sont réunis dans de nombreux types de tissus, tels que

- épithéliums
- tissu conjonctif
- muscle
- tissu nerveux

La plupart des tissus contiennent un mélange de types cellulaires.

EPITHÉLIUMS

Les cellules épithéliales forment des feuillets cellulaires cohérents appelés épithéliums qui tapissent les surfaces interne et externe du corps. Il y a de nombreux types spécialisés d'épithéliums.

Les cellules absorbantes possèdent de nombreuses microvillosités ayant l'aspect de poils qui sortent de leur surface libre pour augmenter la surface d'absorption.

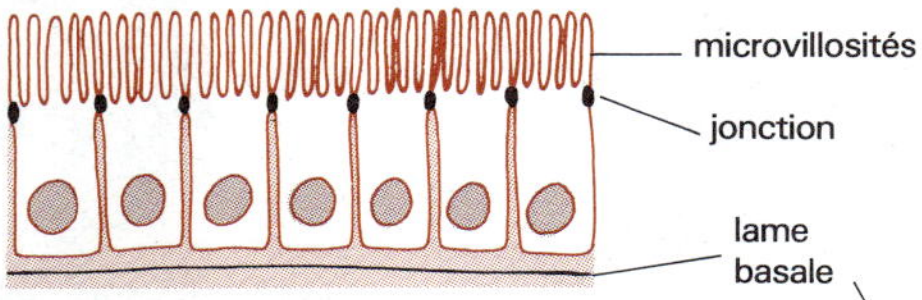

Les cellules épithéliales adjacentes sont liées entre elles par des jonctions donnant au feuillet sa résistance mécanique et le rendant imperméable aux petites molécules. Le feuillet repose sur une lame basale.

Cellules ciliées — les cils de leur surface libre battent de façon synchrone afin de déplacer des substances (telles que le mucus) sur le feuillet épithélial.

Cellules sécrétrices — la plupart des couches épithéliales possèdent des cellules qui sécrètent des substances à la surface.

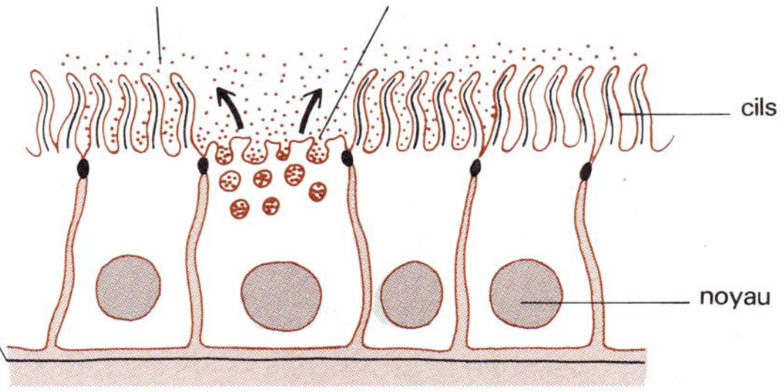

TISSU CONJONCTIF

Les espaces entre les tissus et les organes du corps sont comblés par du tissu conjonctif constitué principalement de fibres protéiques rigides enserrées dans un gel polysaccharidique. Cette matrice extracellulaire est sécrétée en grande partie par les fibroblastes.

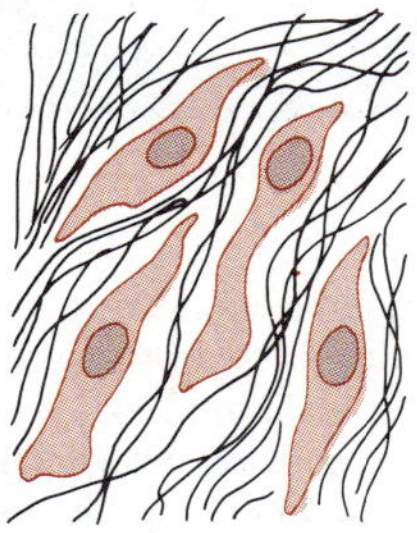

fibroblastes dans un tissu conjonctif lâche

Les deux principaux types de fibres protéiques extra-cellulaires sont le collagène et l'élastine.

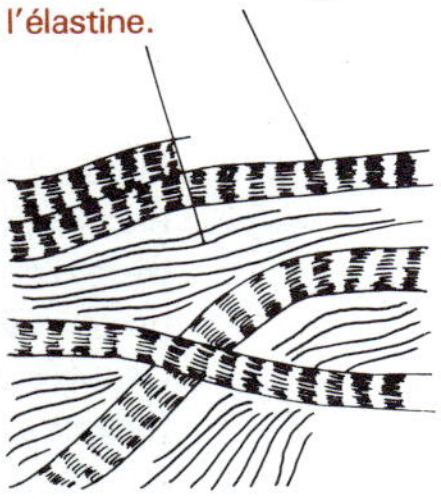

L'os est fait par des cellules appelées ostéoblastes. Ceux-ci sécrètent une matrice extracellulaire dans laquelle se déposent ensuite des cristaux de phosphate de calcium.

Les sels de calcium se déposent dans la matrice extracellulaire.

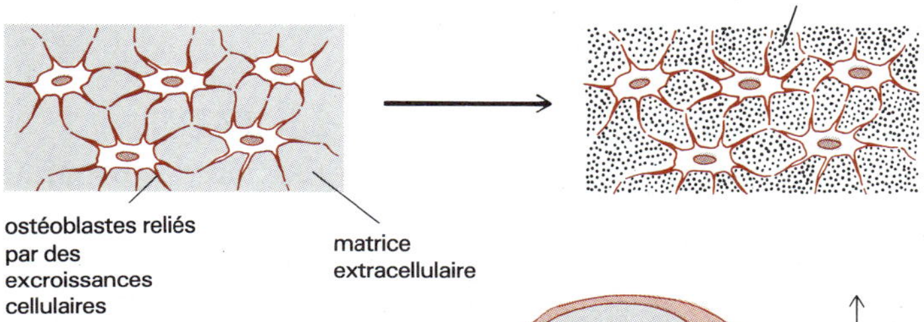

Les cellules adipeuses sont parmi les plus grandes cellules du corps. Ces cellules sont responsables de la production et du stockage des graisses. Le noyau et le cytoplasme sont comprimés à la périphérie de la cellule par une grosse gouttelette lipidique.

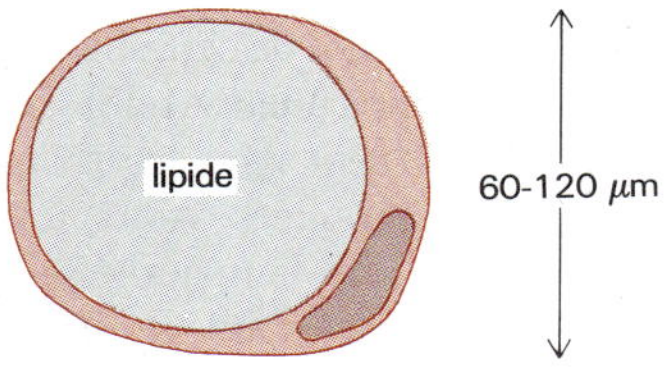

TISSUS NERVEUX

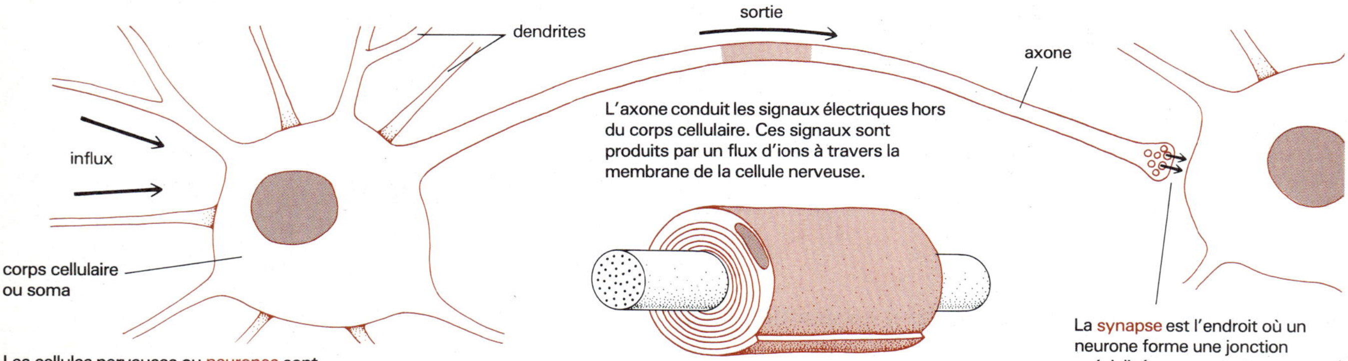

L'axone conduit les signaux électriques hors du corps cellulaire. Ces signaux sont produits par un flux d'ions à travers la membrane de la cellule nerveuse.

Les cellules nerveuses ou neurones sont spécialisées dans la communication. Le cerveau et la moelle épinière, par exemple, sont composés d'un réseau de neurones entourés de cellules gliales de support.

Des cellules spécialisées, appelées cellules de Schwann ou oligodendrocytes, enveloppent l'axone pour former une gaine membranaire multicouches.

La synapse est l'endroit où un neurone forme une jonction spécialisée avec un autre neurone (ou une cellule musculaire). Au niveau des synapses, les signaux passent d'un neurone à l'autre (ou d'un neurone à une cellule musculaire).

 Planche 1-2 Quelques-uns des différents types de cellules présents chez les vertébrés.

Les cellules épithéliales sécrétrices sont souvent regroupées pour former une glande spécialisée dans la sécrétion d'une substance particulière. Comme le montre l'illustration, les glandes exocrines sécrètent leurs produits (tels que les larmes, le mucus et les sucs gastriques) dans des canaux. Les glandes endocrines sécrètent les hormones dans le sang.

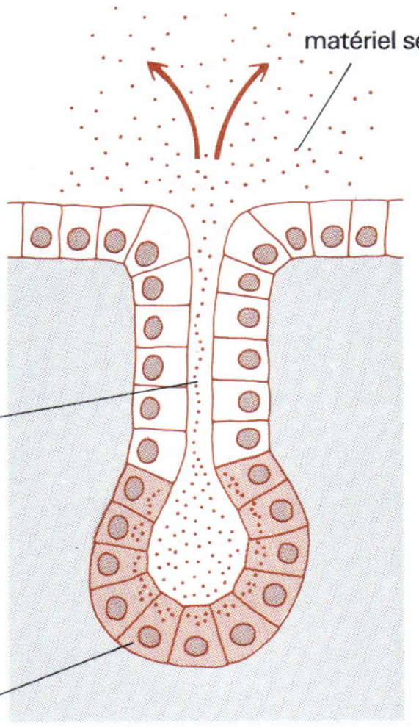

SANG

Les érythrocytes (ou globules rouges du sang) sont de très petites cellules dépourvues de noyau ou de membranes internes et gorgées d'hémoglobine, la protéine qui fixe l'oxygène.

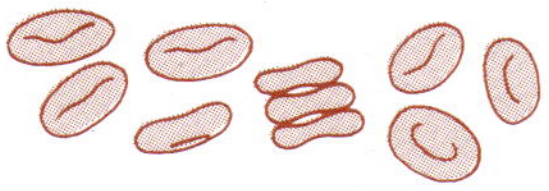

1 cm³ de sang contient 5 000 000 000 d'érythrocytes.

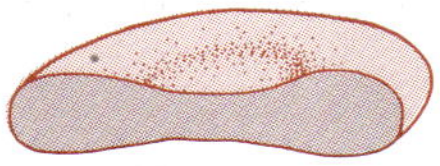

Ils ont normalement la forme d'un disque biconcave.

Globules blancs (leucocytes) — il y a environ un leucocyte pour 1000 globules rouges. Bien qu'ils circulent dans le sang, ils peuvent traverser les parois des vaisseaux sanguins pour faire leur travail dans les tissus environnants. Ils sont de plusieurs types, dont :

les macrophages et les neutrophiles — ces cellules se déplacent vers les sites d'infection où ils ingèrent les bactéries et débris.

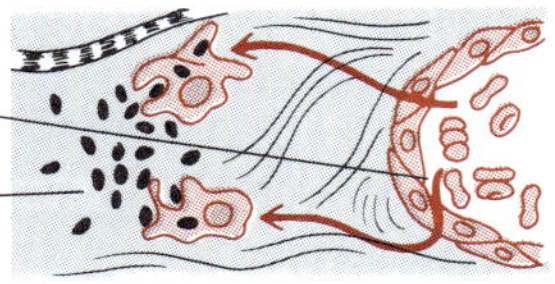

les lymphocytes — responsables des réponses immunitaires, telles que la production d'anticorps et le rejet des greffes.

CELLULES GERMINALES

Le spermatozoïde et l'ovule sont tous deux haploïdes, c'est-à-dire qu'ils ne contiennent qu'un jeu de chromosomes.
Un spermatozoïde du mâle fusionne avec un ovule de la femelle, qui forme ensuite un nouvel organisme par divisions successives.

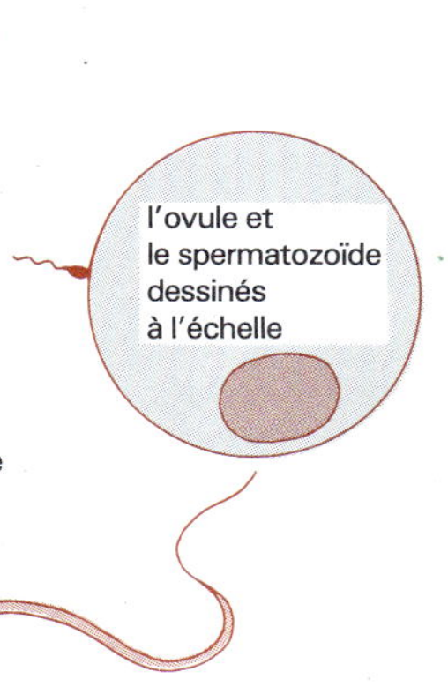

MUSCLE

Les cellules musculaires produisent une force mécanique en se contractant. Chez les vertébrés, il en existe trois types principaux :

muscle squelettique — celui-ci fait bouger les articulations par sa contraction puissante et rapide. Chaque muscle est un faisceau de fibres musculaires dont chacune est une énorme cellule plurinucléée.

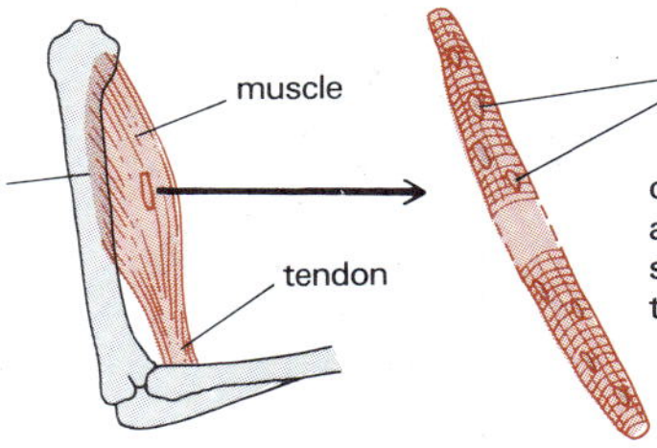

muscle lisse — présent dans le tractus digestif, la vessie, les artères et les veines, il est composé de fines cellules allongées (non striées) à un seul noyau.

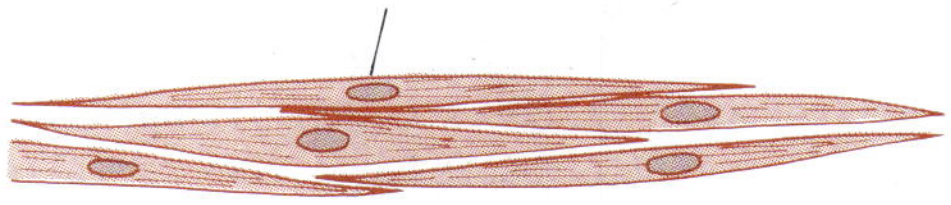

muscle cardiaque — de caractère intermédiaire entre les muscles squelettiques et les muscles lisses, il produit le battement cardiaque. Les cellules adjacentes sont reliées par des jonctions électriquement conductrices qui sont à l'origine de la contraction synchrone des cellules.

CELLULES SENSORIELLES

Les cellules qui détectent les stimuli externes sont parmi les plus complexes du corps d'un vertébré. Les cellules à bordure en brosse de l'oreille interne sont les détecteurs primaires du son. Cellules épithéliales modifiées, elles portent à leur surface des microvillosités particulières (les cils stéréoscopiques). En réponse aux vibrations sonores, le mouvement de ces cils engendre un signal électrique qui est transmis au cerveau.

les cils stéréoscopiques sont très rigides car ils sont remplis de filaments d'actine

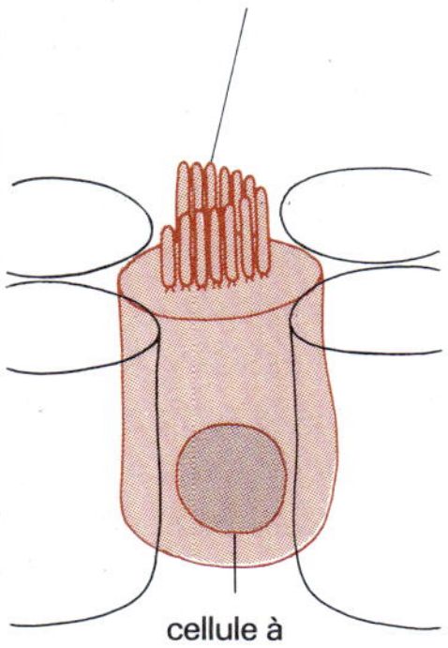

cellule à bordure en brosse

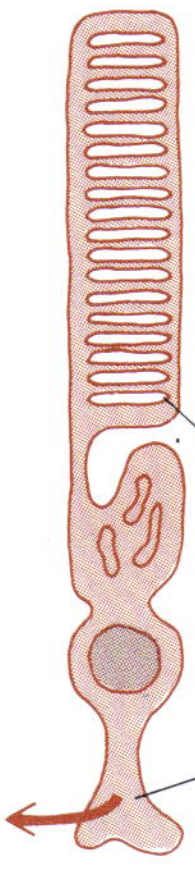

Les cellules en bâtonnets de la rétine de l'œil sont des cellules nerveuses spécialisées dans la réponse à la lumière. La région photosensitive contient de nombreux disques membraneux dans les membranes desquels est inséré le pigment sensible à la lumière, la rhodopsine. La lumière provoque le passage d'un signal électrique vers d'autres cellules nerveuses.

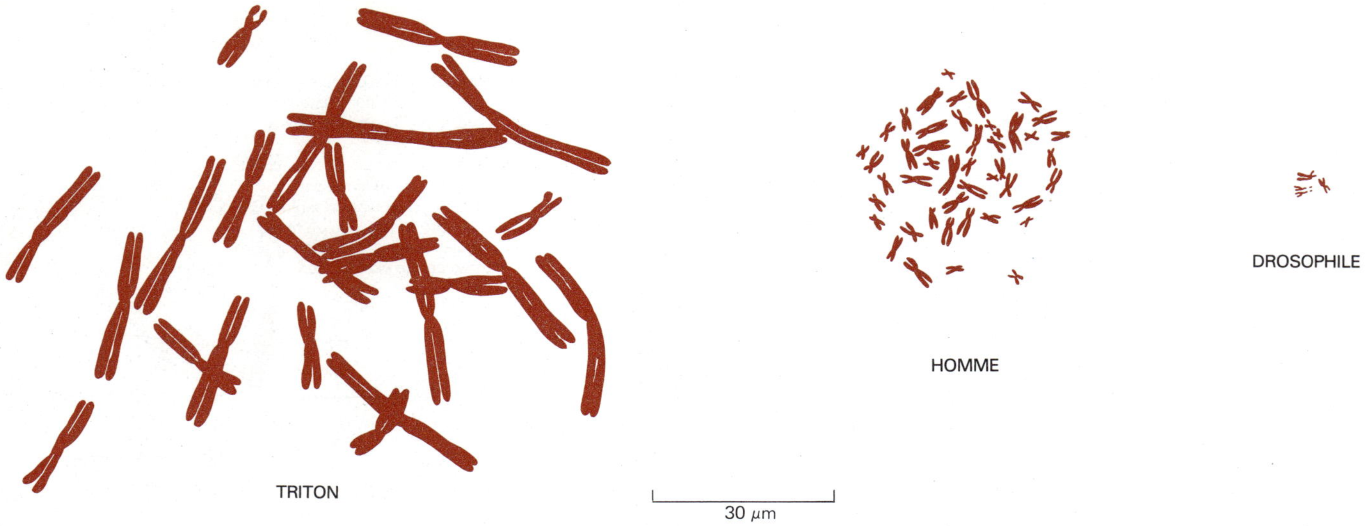

Figure 1-28 Comparaison des chromosomes d'un triton, d'un homme et d'une drosophile. Ainsi que le montre la dimension totale de leurs chromosomes, l'homme a plus d'ADN par cellule que la drosophile, mais moins que le triton. Certaines plantes, comme le lys, ont plus d'ADN qu'aucun animal. (Adapté d'après H.C. Macgregor, *Philos. Trans. R. Soc. Lond. (Biol.)* 283 : 309-318, 1978.)

de **chromosomes** compacts et déformables (Figure 1-29). L'emballage serré des chromosomes est une phase essentielle de la préparation à la division cellulaire chez les eucaryotes (Figure 1-30). Tous les eucaryotes (à une exception près) ont des histones liées à leur ADN et l'importance de ces protéines est reflétée par le fait qu'elles ont été remarquablement conservées au cours de l'évolution : plusieurs histones d'un pois sont presque exactement semblables, acide aminé pour acide aminé, à celles d'une vache.

En plus des histones, beaucoup d'autres protéines sont liées à l'ADN des cellules eucaryotes. En diminuant les chances de l'ADN d'interagir avec d'autres molécules, certaines de ces protéines de liaison à l'ADN changent les motifs de l'expression génique d'un type de cellule spécialisée à un autre. Par exemple, du fait que les gènes contenus dans une masse d'ADN étroitement empaquetée ne sont pas exprimés, l'expression génique peut être contrôlée en changeant le mode d'emballage de l'ADN.

Les membranes entourant le noyau des cellules eucaryotes protègent la structure de l'ADN et le délicat mécanisme de contrôle qui lui est associé, les mettant à l'abri des enchevêtrements avec le cytosquelette en mouvement et d'un grand nombre de modifications chimiques qui se produisent dans le cytoplasme. Elles permettent aussi l'isolement de deux étapes cruciales de l'expression génique : 1) la copie de séquences d'ADN en séquences d'ARN *(transcription de l'ADN)*, et 2) l'utilisation de ces séquences d'ARN, à leur tour, pour diriger la synthèse de protéines spécifiques *(traduction de l'ARN)*. Dans les cellules procaryotes, il n'y a pas de compartimentation — la traduction des séquences d'ARN en protéines commence dès qu'elles ont été transcrites, avant même que leur synthèse ne soit achevée. Chez les eucaryotes, cependant (sauf dans les mitochondries et les chloroplastes qui, à cet égard comme à d'autres, sont plus proches des bactéries), les deux étapes qui conduisent du gène à la protéine sont strictement séparées : la transcription a lieu dans le noyau, la traduction dans le cytoplasme. L'ARN doit quitter le noyau avant de pouvoir être utilisé pour diriger la synthèse protéique. Quand il est dans le noyau il subit des modifications complexes, au cours desquelles certaines parties de la molécule d'ARN sont rejetées et d'autres modifiées *(traitement de l'ARN)*.

Du fait de ces complexités, le matériel génétique d'une cellule eucaryote présente beaucoup plus de possibilités de contrôle qu'il n'y en a chez les bactéries.

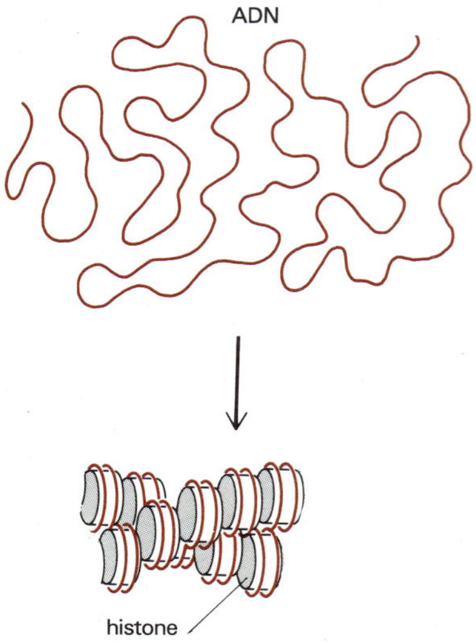

Figure 1-29 Illustration schématique de la façon dont les protéines chargées positivement, appelées histones, interviennent dans le repliement de l'ADN dans les chromosomes.

Résumé

Il existe actuellement deux types de cellules vivantes : les procaryotes (bactéries et formes voisines) et les eucaryotes. Bien qu'elles aient une structure relativement simple, les cellules procaryotes sont biochimiquement polyvalentes et diverses : toutes les voies métaboliques majeures, par exemple, peuvent être trouvées chez les bactéries, y compris les trois principaux processus générateurs d'énergie — la glycolyse, la respiration et la photosynthèse. Les cellules eucaryotes sont plus grandes et plus complexes que les cellules procaryotes et contiennent plus d'ADN, en même temps que des composants permettant à cet ADN de subir des traitements complexes. L'ADN des cellules eucaryotes est enfermé dans un noyau limité par une membrane, alors que le cytoplasme contient de nombreux autres organites limités par une membrane ; ceux-ci comprennent les mitochondries qui effectuent l'oxydation des molécules alimentaires et, dans les cellules végétales, les chloroplastes qui réalisent la photosynthèse. Divers types de preuves suggèrent que les mitochondries et les chloroplastes sont les descendants de cellules procaryotes primitives qui s'établissent comme symbiotes internes d'une cellule anaérobie plus grande. Les cellules eucaryotes sont aussi les seules à contenir un cytosquelette de filaments protéiques qui sert à organiser le cytoplasme et à subvenir au mécanisme de mouvement.

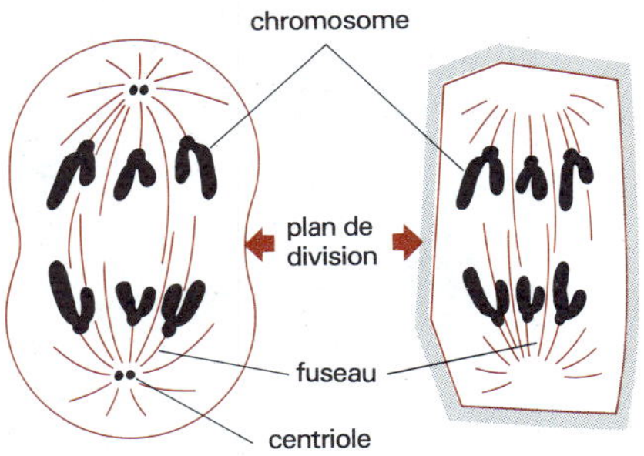

Figure 1-30 Dessin schématique d'une cellule eucaryote en mitose. A gauche, une cellule animale, à droite une cellule végétale. L'enveloppe nucléaire a éclaté et l'ADN une fois répliqué s'est condensé en deux jeux complets de chromosomes. Un jeu est réparti dans chacune des deux cellules nouvellement formées au moyen d'un fuseau mitotique constitué surtout de microtubules.

Des cellules isolées aux organismes pluricellulaires [13]

Les organismes unicellulaires, tels que les bactéries et les protozoaires, ont si bien réussi à s'adapter à une multitude d'environnements différents qu'ils représentent plus de la moitié de la biomasse totale de la terre. Contrairement aux animaux supérieurs, beaucoup de ces organismes unicellulaires peuvent synthétiser toutes les substances dont ils ont besoin à partir de quelques éléments nutritifs simples, et certains d'entre eux se divisent plus d'une fois par heure. Quel fut alors l'avantage sélectif qui conduisit au développement d'**organismes pluricellulaires** ?

Pour répondre brièvement à cette question, nous dirons que les organismes pluricellulaires peuvent exploiter des ressources qu'aucune cellule isolée ne pourrait utiliser aussi bien. La pluricellularité permet à un arbre, par exemple, de pousser ; d'avoir des racines dans le sol, où une catégorie de cellules peut prélever de l'eau et des substances nutritives ; et d'avoir des feuilles dans les airs, où une autre catégorie de cellules peut capter efficacement l'énergie rayonnante du soleil. Il y a dans le tronc de l'arbre des cellules spécialisées qui forment des canaux pour le transport de l'eau et des éléments nutritifs entre les racines et les feuilles. Une autre série de cellules spécialisées forme une couche d'écorce empêchant la perte d'eau et constituant un environnement interne protégé. L'arbre, dans son ensemble, n'entre pas directement en compétition avec les organismes unicellulaires pour sa niche écologique ; il a trouvé un moyen radicalement différent pour survivre et se propager.

En apparaissant, les différents animaux et végétaux ont changé l'environnement où s'est poursuivie l'évolution. La survie dans la jungle fait appel à des talents différents de ceux requis pour survivre en pleine mer. Innovations dans le mouvement, la détection sensorielle, l'organisation sociale — toutes donnaient aux organismes eucaryotes les moyens toujours plus complexes de rivaliser, de se propager et de survivre.

Les cellules isolées peuvent s'associer pour former des colonies

Il est vraisemblable qu'une des étapes primitives de l'évolution des organismes pluricellulaires fut l'association d'organismes unicellulaires pour former des colonies. Le moyen le plus simple d'y parvenir est que les cellules filles restent associées après chaque division cellulaire. Quelques cellules procaryotes font même preuve d'un tel comportement social sous une forme primitive. Les myxobactéries, par exemple, vivent dans le sol et se nourrissent de molécules organiques insolubles qu'elles décomposent en sécrétant des enzymes de dégradation. Elles restent associées en colonies mouvantes, dans lesquelles les enzymes digestives sécrétées par des cellules isolées sont mises en commun, augmentant ainsi le rendement de l'alimentation. Ces cellules représentent, il est vrai, le sommet de la sophistication chez les procaryotes ; quand les réserves alimentaires sont épuisées, les cellules s'agrègent étroitement et forment un *corps végétatif* (Figure 1-31) pluricellulaire, à l'intérieur duquel les bactéries se différencient en spores capables de survivre même dans des conditions extrêmement hostiles. Quand les conditions sont plus favorables les spores du corps végétatif germent pour produire un nouvel essaim de bactéries.

Les *algues vertes* (qu'il ne faut pas confondre avec les « algues bleu-vert » procaryotes ou cyanobactéries) sont des eucaryotes qui existent soit sous forme unicellulaire ou pluricellulaire, soit en colonies (Figure 1-32). Les différentes espèces d'algues vertes peuvent être rangées par ordre de complexité, illustrant le type de progression ayant vraisemblablement eu lieu dans l'évolution des végétaux et des animaux supérieurs. Les algues vertes unicellulaires, comme *Chlamydomonas*, ressemblent aux protozoaires flagellés, excepté le fait qu'elles possèdent des chloroplastes qui leur permettent d'effectuer la photosynthèse. Dans des espèces étroitement apparentées, des groupes de cellules flagellées vivent en colonies cimentées par une matrice sécrétée par les cellules elles-mêmes. Les espèces les plus simples (celles appartenant au genre *Gonium*) ont la forme d'un disque concave constitué de 4, 8, 16 ou 32 cellules. Leurs flagelles battent indépendamment mais, comme ils sont tous orientés dans la même direction, ils sont

Figure 1-31 Photographie en microscopie électronique à balayage des corps fructifères formés par une myxobactérie (*Chondromyces crocatus*). Chaque corps fructifère, recouvert de spores, se forme par l'agrégation et la différenciation d'environ un million de myxobactéries. (D'après P.L. Grilione et J. Pangborn, *J. Bacteriol.* 124 : 1558-1565, 1975.)

capables de propulser la colonie dans l'eau. Toutes les cellules sont équivalentes, et chacune peut se diviser pour donner naissance à une colonie entièrement nouvelle. On trouve de plus grandes colonies chez d'autres espèces, la plus spectaculaire étant *Volvox*, dont certaines colonies peuvent avoir 50 000 cellules (ou plus) reliées entre elles pour former une sphère creuse. Chez *Volvox*, les cellules qui constituent une colonie sont reliées par de fins ponts cytoplasmiques, de sorte que le battement de leurs flagelles est coordonné pour faire avancer la colonie entière en la poussant comme un ballon (Figure 1-32). Il existe, au sein de la colonie de *Volvox*, une répartition du travail entre les cellules, un petit nombre d'entre elles étant spécialisées dans la reproduction et servant de précurseurs à de nouvelles colonies. Les autres cellules sont si dépendantes les unes des autres qu'elles ne peuvent vivre seules et l'organisme meurt si la colonie est dispersée.

Les cellules d'un organisme supérieur se spécialisent et coopèrent

A certains égards, *Volvox* ressemble plus à un organisme pluricellulaire qu'à une simple colonie. Tous ses flagelles battent de façon synchrone lorsqu'elle tournoie dans l'eau et la colonie, structuralement et fonctionnellement polarisée, peut nager en direction d'une source de lumière éloignée. Les cellules reproductrices sont généralement confinées à une extrémité de la colonie, où elles se divisent pour former de nouvelles colonies miniatures, qui sont initialement abritées dans la sphère parentale. Ainsi, d'un point de vue primaire, *Volvox* présente les deux caractéristiques essentielles de tous les organismes pluricellulaires : ses cellules *se spécialisent* et elles *coopèrent*. Par la spécialisation et la coopération, les cellules s'associent pour former un organisme unique coordonné, plus riche de potentialités qu'aucune de ses parties constituantes.

On trouve aussi des modèles organisés de différenciation cellulaire même chez certains procaryotes. De nombreuses espèces de cyanobactéries, par exemple, restent associées après la division cellulaire, en formant des chaînes filamenteuses qui peuvent atteindre jusqu'à un mètre de long. A intervalles réguliers, le long du filament, des cellules isolées revêtent un caractère distinctif et deviennent capables d'incorporer l'azote atmosphérique dans des molécules organiques. Ces quelques cellules spécialisées effectuent la fixation de l'azote pour leurs voisines et en partagent avec elles les produits. Mais les cellules eucaryotes se montrent bien plus douées dans cette sorte de division organisée du travail ; elles, et non les procaryotes, sont les unités vivantes à partir desquelles tous les organismes pluricellulaires plus complexes sont construits.

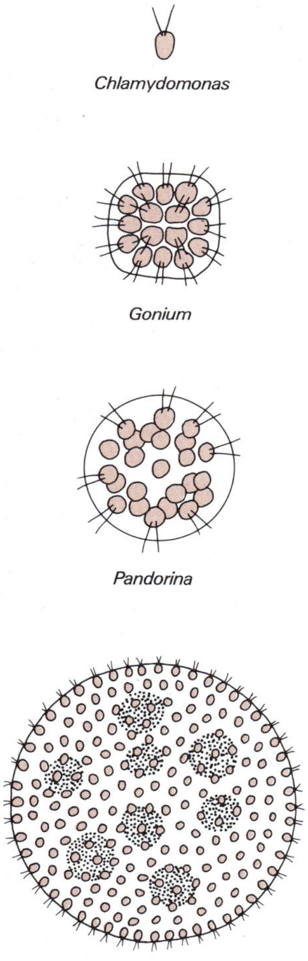

Figure 1-32 Quatre genres étroitement apparentés d'algues vertes, montrant une progression à partir d'une organisation unicellulaire vers une organisation coloniale et pluricellulaire.

L'organisation pluricellulaire dépend de la cohésion entre les cellules

Pour former un organisme pluricellulaire, les cellules doivent être, d'une façon ou d'une autre, reliées entre elles, et les eucaryotes ont mis au point un certain nombre de mécanismes pour accomplir cette fonction. Chez *Volvox*, comme nous l'avons vu plus haut, les cellules ne se séparent pas complètement au moment de la division cellulaire, mais restent reliées par des ponts cytoplasmiques. Chez les végétaux supérieurs, les cellules, non seulement restent réunies par des ponts cytoplasmiques (appelés *plasmodesmes*), mais sont aussi emprisonnées dans un dédale rigide de chambres « en nid d'abeilles » cloisonnées et tapissées de cellulose sécrétée par les cellules elles-mêmes (*parois cellulaires*).

Les cellules de la plupart des animaux n'ont pas de parois rigides et les ponts cytoplasmiques sont exceptionnels. Au lieu de cela, les cellules sont reliées par un réseau relativement lâche de grosses molécules organiques extracellulaires (appelé *matrice extracellulaire*) et par des adhérences entre leurs membranes plasmiques. Chez les *éponges*, par exemple, qu'on a coutume de considérer comme les animaux actuels les plus primitifs, la paroi consiste typiquement en un feuillet cohérent de cellules comportant exactement 5 types spécialisés différents ; celles-ci forment un système de canaux et de pores servant au passage de l'eau, d'où les particules alimentaires sont filtrées et ingérées par les cellules. Les éponges croissent indéfiniment par prolifération cellulaire et ni leur taille ni leur structure ne sont déterminées avec précision. Elles ne possèdent pas de système nerveux pour coordonner les activités de leurs composants et ont été décrites comme des « répliques cellulaires désordonnées », par contraste avec les communautés cellulaires plus sévèrement disciplinées que constituent les animaux supérieurs. Néanmoins, une éponge est loin d'être une structure chaotique. Si l'éponge est passée à travers un fin tamis de façon à séparer mécaniquement ses cellules les unes des autres, les cellules s'assemblent souvent à nouveau de manière spontanée pour former une éponge intacte, s'agrégeant d'abord en une grosse masse puis se réarrangeant éventuellement entre elles en un feuillet pluricellulaire cohérent. De tels feuillets cellulaires sont appelés **épithéliums**.

Les feuillets épithéliaux de cellules isolent le milieu intérieur

Parmi tous les modes d'organisation des cellules animales en tissus multicellulaires le plus fondamentalement important est peut-être l'arrangement épithélial. Le feuillet épithélial a une incidence comparable dans l'évolution des organismes pluricellulaires complexes, à celle de la membrane cellulaire dans l'évolution de cellules isolées complexes.

L'importance des feuillets épithéliaux est bien illustrée dans un autre groupe d'animaux primaires, les *cœlentérés*. Ceux-ci occupent dans l'échelle de l'évolution un échelon plus élevé que les éponges, car ils ont un système nerveux élémentaire. Le groupe comprend les anémones, les méduses et les coraux, aussi bien que le petit organisme d'eau douce *Hydra*. Les cœlentérés sont constitués de deux couches d'épithélium, la couche externe étant l'*ectoderme* et la couche interne l'*endoderme*. La couche endodermique entoure une *cavité cœlentérique*, où est digérée la nourriture (Figure 1-33). Parmi les cellules endodermiques, certaines sécrètent

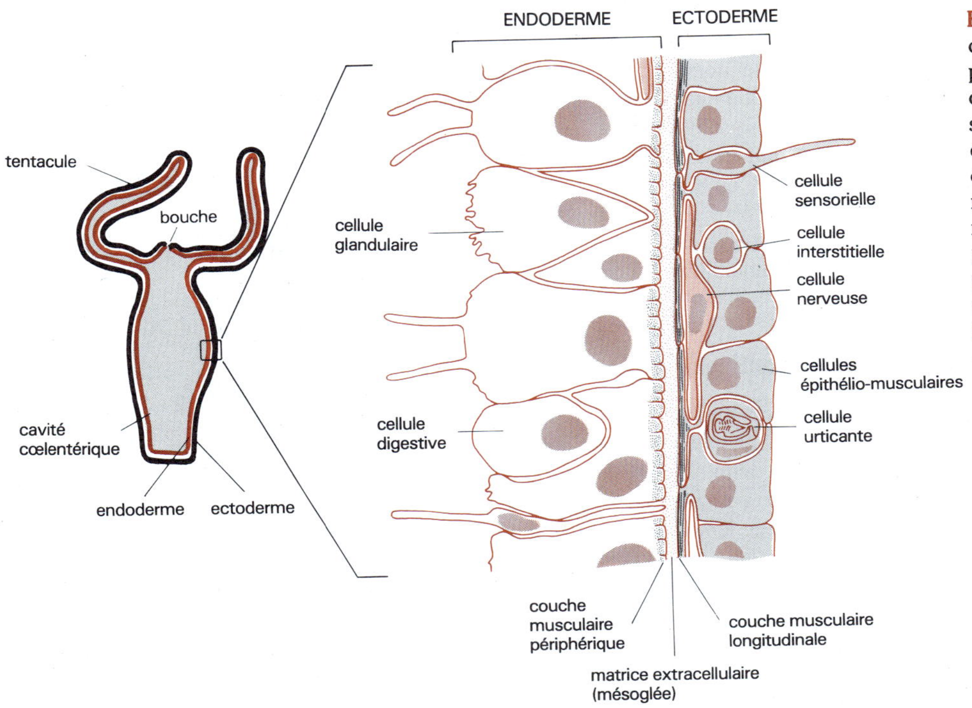

Figure 1-33 La structure d'*Hydra*. La couche cellulaire externe (ectoderme) a des fonctions protectrices et sensorielles, alors que les cellules de la couche interne (endoderme) sont principalement engagées dans la digestion. Les deux feuillets épithéliaux ont également une fonction contractile ou musculaire, permettant à l'animal de se mouvoir. Les mouvements sont coordonnés par des cellules nerveuses qui occupent une position profonde, protégée à l'intérieur de chaque épithélium, formant un réseau interconnecté.

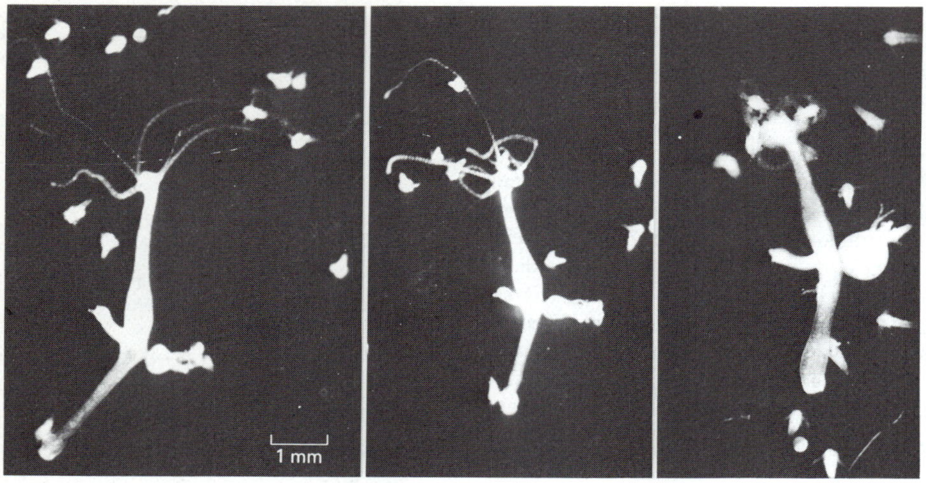

Figure 1-34 *Hydra* peut effectuer toute une gamme d'activités assez complexes. Un organisme isolé est photographié ici en train de saisir de petites puces d'eau avec ses tentacules ; sur la dernière planche, elle « fourre » ses proies à l'intérieur de sa cavité cœlentérique où elles seront digérées. (Avec l'autorisation de Amata Hornbruch.)

des enzymes digestives à l'intérieur de la cavité cœlentérique, alors que d'autres absorbent et digèrent ultérieurement les molécules nutritives libérées par les enzymes. En formant un feuillet épithélial étroitement cohérent qui empêche toutes ces molécules de se perdre à l'extérieur, les cellules endodermiques créent pour elles-mêmes, dans la cavité cœlentérique, un environnement adapté à leurs propres tâches digestives. Pendant ce temps, les cellules ectodermiques, faisant face au dehors, restent spécialisées dans les affrontements avec le monde extérieur. Il y a dans l'ectoderme, par exemple, une capsule de poison avec un dard lové à l'intérieur des cellules qui peut être libéré pour paralyser les petits animaux dont l'*Hydre* se nourrit. La plupart des autres cellules ectodermiques ont des propriétés semblables à celles des muscles, permettant à l'*Hydre* de se déplacer, comme le doit un prédateur.

A l'intérieur de la double couche d'ectoderme et d'endoderme, il existe un autre compartiment, séparé à la fois de la cavité cœlentérique et du monde extérieur. C'est là que les cellules nerveuses se trouvent, occupant les espaces étroits et fermés entre les cellules ectodermiques, sous la surface externe où les *jonctions cellulaires* spécialisées, entre les cellules ectodermiques, forment une barrière imperméable. L'animal peut changer de forme et se déplacer par contraction des cellules ectodermiques de type musculaire, et ce sont les cellules nerveuses qui transmettent des signaux électriques pour contrôler et coordonner ces contractions (Figures 1-33, 1-34 et 1-35). Comme nous le verrons plus loin, les concentrations d'ions inorganiques simples dans le milieu entourant une cellule nerveuse sont essentielles pour son fonctionnement. La plupart des cellules nerveuses — y compris les nôtres — sont conçues pour fonctionner lorsqu'elles baignent dans une solution de composition ionique similaire à celle de l'eau de mer. Ceci reflète probablement les conditions dans lesquelles les premières cellules nerveuses se sont développées. La plupart des cœlentérés vivent encore dans la mer, mais pas tous. *Hydra*, en particulier, vit en eau douce. Il est évident qu'elle n'a pu coloniser ce nouvel habitat que grâce au fait que ses cellules nerveuses sont contenues dans un espace hermétiquement clos et isolé de l'extérieur entre les feuillets de cellules épithéliales qui maintiennent l'environnement interne indispensable au fonctionnement de la cellule nerveuse.

La communication intercellulaire contrôle l'organisation spatiale des organismes multicellulaires [14]

Les cellules d'*Hydra* ne sont pas seulement reliées entre elles mécaniquement et connectées par des jonctions qui isolent l'intérieur du milieu extérieur ; elles communiquent aussi entre elles d'un bout à l'autre de l'organisme. Si l'on coupe une extrémité de l'hydre, les cellules réagissent à l'absence de la partie amputée en ajustant leurs caractères et en se réarrangeant de façon à régénérer un animal complet. De toute évidence, des signaux passent d'une partie de l'organisme à une autre, qui gouverne le développement de son schéma corporel avec des tentacules, une bouche à une extrémité et un pied à l'autre. De plus, ces signaux sont indépendants du système nerveux. Si une hydre au cours de son développement est traitée par une drogue qui empêche la formation des cellules nerveuses, l'animal est incapable de se déplacer, d'attraper des proies ou de se nourrir seul. Toutefois, son système digestif continue à fonctionner normalement, l'hydre peut donc être maintenue en vie par quiconque a la

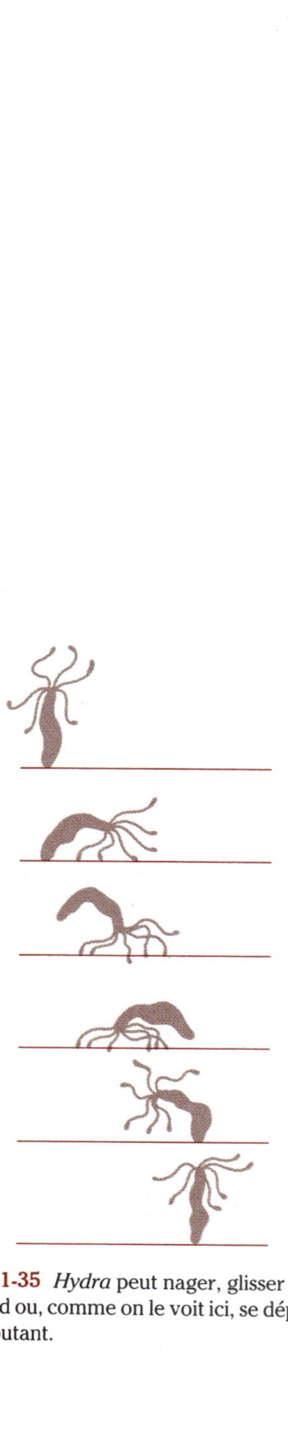

Figure 1-35 *Hydra* peut nager, glisser sur son pied ou, comme on le voit ici, se déplacer en culbutant.

patience de la gaver avec sa proie habituelle. Chez des animaux ainsi nourris de force, le schéma corporel est maintenu et les parties perdues sont régénérées tout comme chez l'animal dont le système nerveux est intact.

A partir de leurs modestes ancêtres ressemblant aux cœlentérés, des animaux supérieurs infiniment plus complexes ont évolué : ils doivent leur complexité à une exploitation plus sophistiquée des mêmes principes fondamentaux de coopération cellulaire que ceux qui sont à la base de la construction d'*Hydra*. Les feuillets épithéliaux de cellules doublent toutes les surfaces externes et internes du corps, créant des compartiments protégés et des environnements internes contrôlés au sein desquels des fonctions spécialisées sont assurées par des cellules différenciées. Les cellules spécialisées interagissent et communiquent entre elles, en lançant des signaux destinés à gouverner le caractère de chaque cellule en fonction de sa place dans l'ensemble de la structure. Pour démontrer la façon dont des organismes de la taille, de la complexité et de la précision d'un être humain ont pu être engendrés, il est nécessaire, toutefois, d'étudier de plus près la séquence des événements présidant au **développement**.

La mémoire cellulaire permet le développement de modèles complexes

Les cellules de pratiquement tout organisme pluricellulaire sont engendrées par la division répétée d'une seule cellule précurseur ; elles constituent un *clone*. Au cours de la poursuite de la prolifération et de la croissance du clone, certaines cellules, comme nous l'avons vu, se différencient des autres, adoptant une structure, une chimie et une fonction différentes en réponse aux signaux de leurs voisines. Il est remarquable que les cellules eucaryotes et leur descendance se maintiennent généralement dans leurs différents états spécialisés même après la disparition des influences qui avaient, à l'origine, dirigé leur différenciation — en d'autres termes, ces cellules possèdent une *mémoire*. Par conséquent, leur caractère définitif n'est pas seulement déterminé par leur environnement final, mais plutôt par la totalité de la séquence d'influences auxquelles elles ont été exposées au cours du développement. Ainsi, au cours de la croissance et de la maturation du corps, des détails de plus en plus fins de l'organisation corporelle adulte se précisent, créant un organisme dont la complexité croît graduellement et dont la forme ultime est l'expression d'une longue histoire du développement dont les cellules se souviennent.

Les programmes de base du développement tendent à être conservés au cours de l'évolution [15]

La structure définitive d'un animal est le reflet de son histoire évolutive qui, comme le développement, présente une succession de progrès allant du simple au complexe. Quel est alors le rapport entre ces deux perspectives, l'évolution, d'une part, et le développement, d'autre part ?

Au cours de l'évolution, de nombreux mécanismes de développement, élaborés par les organismes pluricellulaires les plus simples, ont été conservés comme principes fondamentaux pour la construction de leurs descendants plus complexes. Nous avons déjà mentionné, par exemple, l'organisation des cellules en épithéliums. Il faut noter également que l'on retrouve certains des même types cellulaires spécialisés fondamentaux, tels que les cellules nerveuses, à travers la quasi-totalité du royaume animal, de l'hydre à l'homme. En outre, les stades précoces du développement des animaux dont les formes adultes apparaissent fondamentalement différentes sont étonnamment semblables : il faut un œil expert pour distinguer, par exemple, un jeune embryon de poulet d'un jeune embryon humain (Figure 1-36).

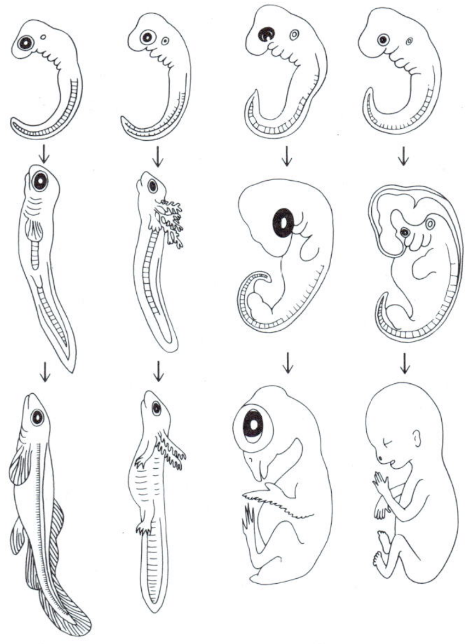

Figure 1-36 Comparaison du développement embryonnaire d'un poisson, d'un amphibien, d'un oiseau et d'un mammifère. Les stades précoces (*en haut*) sont très semblables ; les stades ultérieurs (*en bas*) sont plus différents. Les stades les plus précoces sont dessinés approximativement à l'échelle ; les stades ultérieurs ne le sont pas. (D'après E. Haeckel, Anthropogenie, oder Entwickelungsgeschichte des Menschen. Leipzig : Engelmann, 1874.)

De telles observations ne sont pas difficiles à comprendre. Considérons le processus d'apparition d'un nouveau caractère anatomique — disons un bec plus long — au cours de l'évolution. L'apparition d'une mutation au hasard change la séquence des acides aminés d'une protéine ou le rythme de sa synthèse et, de là, son activité biologique. Cette protéine peut, par chance, avoir un effet sur les cellules responsables de la formation du bec tel qu'elles en fabriquent un plus long. Mais la mutation doit aussi être compatible avec le développement du reste de l'organisme : alors seulement elle sera propagée par la sélection naturelle. Le développement d'un bec plus long serait d'un faible intérêt sélectif si, au cours du processus, la langue était perdue ou si les oreilles ne se développaient pas. Une catastrophe de ce genre est nettement plus probable si la mutation affecte des événements qui ont lieu à un stade précoce du développement que si elle touche ceux qui se produisent à la fin du développement. Les cellules précoces d'un embryon sont comme les cartes inférieures d'un château de cartes

— elles sont les cartes maîtresses du jeu, et les moindres changements dans leurs propriétés risquent de provoquer un désastre. Des étapes fondamentales ont été « gelées » à l'intérieur des processus du développement, exactement de la même façon que le code génétique ou les mécanismes de synthèse protéique se sont retrouvés figés dans l'organisation biochimique fondamentale de la cellule. Par contre, les cellules produites à la fin du développement sont plus libres de changer. C'est probablement pour cette raison que les embryons de différentes espèces se ressemblent si souvent dans leurs stades précoces et semblent parfois, au cours de leur développement, rejouer les étapes de l'évolution.

Les organismes eucaryotes possèdent un mécanisme complexe pour la reproduction

Il doit y avoir, à l'intérieur de l'organisme pluricellulaire, des cellules qui servent de précurseurs à une nouvelle génération. Chez les végétaux et les animaux supérieurs, ces cellules ont un caractère hautement spécialisé et sont appelées *cellules germinales*. La propagation des espèces dépend de ces cellules, et la pression sélective est forte pour ajuster la structure de l'organisme dans son ensemble afin de leur donner la meilleure chance de survie. D'autres cellules peuvent mourir, mais aussi longtemps que les cellules germinales survivront, de nouveaux organismes du même type seront produits. En ce sens, la distinction la plus fondamentale qui peut être établie dans un organisme pluricellulaire est la distinction entre les cellules germinales et les autres, à savoir entre les cellules germinales et les *cellules somatiques*.

Tous les organismes pluricellulaires ne se reproduisent pas au moyen de cellules germinales différenciées spécifiques. De nombreux animaux simples, dont les éponges et les cœlentérés, peuvent se reproduire par gemmation de parties de leur corps, et de nombreux végétaux procèdent de la même façon. Les cellules germinales, toutefois, sont une nécessité pour la **reproduction sexuée**. Ce processus nous est si familier que nous le tenons pour acquis, mais il n'est en aucune façon le moyen le plus évident de se reproduire : il est beaucoup plus compliqué que la reproduction asexuée et nécessite un important détournement de ressources. Deux individus de la même espèce, mais de sexes différents, produisent des cellules germinales de caractères généralement très différents — les *ovules* pour l'un, les *spermatozoïdes* pour l'autre. Un ovule fusionne avec un spermatozoïde pour former un *zygote* — l'unique cellule précurseur du développement d'un nouvel organisme dont les gènes représentent le réassortiment en partie aléatoire des gènes des deux parents. Alors qu'elles peuvent aussi se reproduire par d'autres moyens, presque toutes les espèces eucaryotes, unicellulaires aussi bien que pluricellulaires, sont capables de se reproduire sexuellement. Les cellules eucaryotes ont développé un mécanisme sexuel complexe : nos vies tournent autour. De fortes pressions sélectives ont dû s'effectuer pour favoriser l'évolution de la reproduction sexuée de préférence à des stratégies plus simples basées sur la division cellulaire ordinaire. Bien qu'il soit étonnamment difficile de dire avec certitude quelles étaient ces pressions, il est du moins évident que la reproduction sexuée apporte de nouvelles possibilités de manipulation et de recombinaison des gènes d'une espèce. Elle peut donc avoir joué un rôle crucial en permettant l'évolution de nouveaux gènes selon des combinaisons nouvelles et en engendrant ainsi la variété infinie de formes et de fonctions que nous observons aujourd'hui chez les végétaux et les animaux.

Les cellules des vertébrés présentent plus de 200 modes d'adaptation spéciale

Les variétés d'adaptation observées parmi les cellules d'un animal supérieur sont infiniment plus abondantes que chez n'importe quel procaryote. Chez un vertébré, on peut distinguer clairement plus de 200 **types cellulaires** différents et beaucoup de ces types regroupent probablement, sous un nom unique, un grand nombre de variétés aux différences plus subtiles. la Planche B (pages 24-25) en montre un choix restreint. Dans cette profusion de comportements particuliers, on peut voir déployée dans un seul organisme l'étonnante polyvalence de la cellule eucaryote. Une grande partie de nos connaissances actuelles des propriétés générales des cellules eucaryotes a été établie sur la base de l'étude de tels types spécialisés de cellules car chacun d'eux déploie, avec un profit exceptionnel, des caractéristiques particulières dont toutes les cellules dépendent dans une certaine mesure. Chaque caractéristique et chaque organite du prototype représenté dans la Planche A est développé à un degré inhabituel ou mis en évidence avec une précision particulière dans un type cellulaire ou un autre. Pour prendre un exemple arbitraire, considérons la *jonction neuromusculaire*, où précisément trois types de cellules sont impliqués : une cellule musculaire, une cellule nerveuse et une cellule de Schwann. Chacune a un rôle très différent (Figure 1-37).

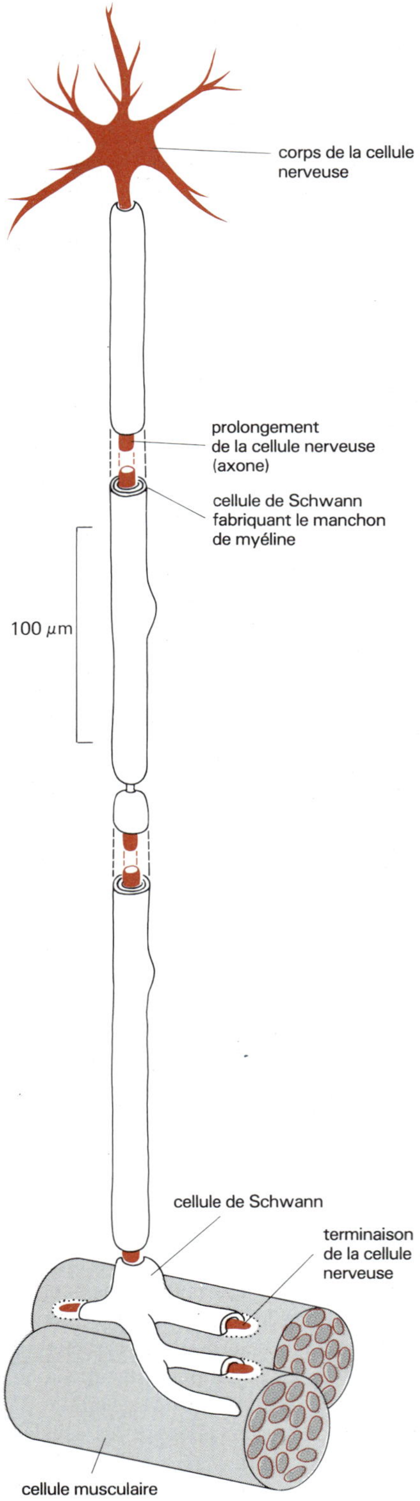

Figure 1-37 Représentation schématique d'une cellule nerveuse avec ses cellules de Schwann associées, en contact avec une cellule musculaire au niveau d'une jonction neuromusculaire.

1. La cellule musculaire a fait de la contraction sa spécialité. Son cytoplasme est rempli de réseaux organisés de filaments protéiques, dont un grand nombre de filaments d'actine. Il y a aussi de nombreuses mitochondries intercalées parmi les filaments protéiques, fournissant l'ATP comme combustible pour l'appareil contractile.

2. La cellule nerveuse stimule la contraction du muscle en transmettant un signal excitateur du cerveau, ou de la moelle épinière, au muscle. La cellule nerveuse est donc extraordinairement allongée : sa partie principale, contenant le noyau, peut se trouver à un mètre ou plus de la jonction avec le muscle. Le cytosquelette est développé en conséquence pour conserver la forme inhabituelle de la cellule et transporter efficacement les matériaux d'un bout à l'autre de la cellule. Toutefois, la spécialisation décisive de la cellule nerveuse est située dans sa membrane plasmique qui contient des protéines qui agissent comme des *pompes* et des *canaux* ioniques, provoquant un mouvement d'ions équivalent à un courant électrique. Toutes les cellules contiennent de tels pompes et canaux dans leurs membranes plasmiques, mais la cellule nerveuse les a exploités de telle façon qu'une impulsion électrique peut se propager en une fraction de seconde d'un bout à l'autre de la cellule en transmettant un signal.

3. Enfin, les cellules de Schwann sont les spécialistes de la production de membrane plasmique en masse, qu'elles enroulent autour de la partie allongée de la cellule nerveuse, superposant une couche de membrane après l'autre comme un bandage, pour former une *gaine myélinique* qui sert d'isolant.

Les cellules du système immunitaire sont spécialisées dans la reconnaissance chimique

Parmi tous les systèmes cellulaires qui se sont développés chez les animaux supérieurs, il en est deux qui se distinguent, représentant à différents égards l'apogée de la complexité et du raffinement : le *système immunitaire* des vertébrés et le *système nerveux*. Chacun d'eux surpasse de loin les performances de n'importe quel mécanisme artificiel — le système immunitaire des vertébrés dans sa capacité de discrimination chimique, le système nerveux dans ses facultés de perception et de contrôle. Chaque système comprend un grand nombre de différents types cellulaires et dépend des interactions complexes qui existent entre eux.

L'environnement protégé et bien alimenté que constitue l'intérieur d'un animal pluricellulaire est aussi tentant pour les organismes étrangers qu'il est agréable aux propres cellules de l'animal. Ces animaux ont donc besoin de se défendre contre les organismes envahisseurs — en particulier, les virus et les bactéries. La tâche première du **système immunitaire** est de détruire tout microorganisme étranger de ce type qui pourrait parvenir à entrer dans le corps.

Comme nous l'avons déjà mentionné, beaucoup de cellules eucaryotes ont la capacité d'engloutir et de digérer des particules de matière provenant de leur environnement. Quand les particules sont relativement grosses, on désigne ce processus sous le terme de *phagocytose*. Il existe, parmi les cellules différenciées des animaux supérieurs, des cellules phagocytaires professionnelles, telles que les *macrophages*, qui se spécialisent dans cette activité et peuvent ingérer et détruire les bactéries et autres cellules étrangères (Figure 1-38). Mais il reste une difficulté : il est bien que la cellule phagocytaire attaque l'envahisseur étranger, mais il serait désastreux qu'elle s'en prenne aussi à ses propres parentes et collègues. Le système immunitaire a donc à faire face au problème de la discrimination entre les propres cellules de l'animal et celles qui lui sont étrangères — c'est-à-dire entre le soi et le non-soi.

Les vertébrés ont développé en conséquence une classe de cellules spécialisées dans cette discrimination, les *lymphocytes*. Ceux-ci ne sont pas eux-mêmes phagocytaires, mais ils collaborent pour fournir aux cellules phagocytaires des signaux qui leur commandent d'attaquer ou de laisser vivre. En particulier, certains lymphocytes (les lymphocytes B), fabriquent des protéines spécifiques, ou *anticorps*, qui se lient sélectivement à des arrangements précis d'atomes situés à la surface des organismes envahisseurs ou sur les molécules toxiques qu'ils produisent. Pour marquer un nouveau type d'envahisseurs de l'estampille « étranger », de nouveaux types d'anticorps doivent être produits ; et comme la variété des envahisseurs possibles est immense et essentiellement imprévisible, les lymphocytes B doivent être capables de faire une variété infinie d'anticorps. D'autre part, le système ne doit pas produire des anticorps qui se lieraient aux propres cellules et molécules de l'animal.

L'immense diversité des anticorps est engendrée par des mécanismes génétiques uniques qui créent des millions de lymphocytes génétiquement différents, chacun étant capable

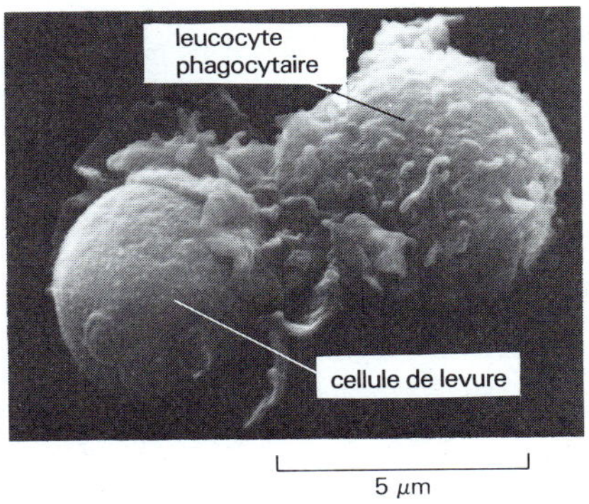

Figure 1-38 Une photographie en microscopie électronique à balayage d'un neutrophile (un type de globule blanc à fonction phagocytaire) phagocytant une cellule de levure. (D'après J. Boyles et D.F. Bainton, *Cell* 24 : 905-914, 1981. © Cell Press.)

de proliférer pour former un clone dont tous les membres produisent le même anticorps caractéristique. De ces nombreux clones potentiels, ceux qui font des anticorps réagissant avec des molécules du soi sont détruits ou réprimés (par des mécanismes encore mal compris), alors que ceux qui font des anticorps contre les molécules étrangères sont sélectionnés pour survivre et se multiplier. Ainsi, la genèse du système immunitaire d'un animal, comme le processus de l'évolution, dépend d'une stratégie de variation au hasard suivie de sélection.

Les cellules nerveuses permettent une rapide adaptation à un monde changeant [17,18]

Par leur système immunitaire, les vertébrés forment une classe à part. Les animaux inférieurs n'ont apparemment pas de lymphocytes pour se défendre contre les microorganismes envahisseurs. On trouve, par contre, un **système nerveux** chez presque tous les animaux pluricellulaires et celui-ci satisfait un besoin encore plus fondamental — celui d'une réponse adaptative rapide aux événements extérieurs.

L'évolution agit au travers de nombreuses générations pour optimiser la structure d'un organisme en fonction de l'environnement dans lequel il vit. Ainsi, dans la plupart des niches écologiques, les changements surviennent de façon beaucoup trop brutale pour que l'adaptation évolutive puisse suivre. L'organisme qui réussira le mieux sera donc celui qui est capable d'un autre type d'adaptation, ne nécessitant pas de mutation génétique et produisant cependant un comportement optimal quand les circonstances changent. Si la succession des modifications de l'environnement est parfaitement prévisible, comme l'alternance du jour et de la nuit ou de l'été et de l'hiver, l'organisme peut être génétiquement programmé pour changer de façon autonome selon l'horaire approprié. Ainsi, le protiste photosynthétique *Gonyaulax* (appartenant au groupe de cellules connues sous le nom de *dinoflagellés*) (Figure 1-39) a un rythme d'activité photosynthétique de 24 heures, qui se poursuit même si la cellule est maintenue pendant des semaines dans des conditions d'éclairement constant. De telles horloges biologiques existent chez de nombreux autres organismes, mais leur mécanisme reste un profond mystère.

Toutefois, la plupart des modifications de l'environnement ne sont pas aussi prévisibles. Les bactéries intestinales, par exemple, sont soumises à des fluctuations irrégulières quant à la nature et la quantité de nourriture qu'elles ont à leur disposition, et la bactérie qui peut adapter son métabolisme à ces changements aura un avantage sur celle qui en est incapable. Ces organismes ont donc développé la capacité de prévoir les concentrations en substances nutritives de leur environnement et de réagir en ajustant les vitesses auxquelles elles synthétisent leurs enzymes métaboliques. Des molécules de contrôle intracellulaire particulières (telles que l'*AMP cyclique*) servent à associer le stimulus environnemental à la réponse appropriée.

Dans un organisme pluricellulaire, le signal qui relie une sensation à une réponse doit généralement traverser les cellules. Ainsi, les réglages métaboliques s'effectuent souvent par l'intermédiaire d'*hormones* qui sont libérées par un groupe de cellules et traversent les tissus via la circulation pour provoquer une réponse dans d'autres groupes de cellules. Mais les hormones mettent du temps à parcourir une longue distance et, ce faisant, diffusent largement. Pour être transmis rapidement, un signal chimique doit être émis près de sa cible, et il peut ainsi avoir également une action localisée avec précision. Mais si ce signal chimique doit être émis au voisinage de sa cible, comment peut-il être utilisé pour associer une sensation à une réaction qui se produira dans une partie éloignée du corps ? La cellule nerveuse très allongée apporte la réponse. A une extrémité, elle est elle-même sensible à un stimulus chimique ou

Figure 1-39 (A) Les mesures du rythme spontané d'émission d'une population du protiste photosynthétique *Gonyaulax polyedra* concordent avec une courbe théorique. La période moyenne du rythme spontané est de 22 heures 58 minutes et chaque cellule de la population est un chronomètre précis à 18 minutes près par jour. (B) Une photographie en microscopie électronique à balayage de *Gonyaulax*. (A, d'après D. Njus, V.D. Gooch et J.W. Hastings, *Cell. Biophys.* 3 : 223-231, 1981 ; B, avec l'aimable autorisation de John Dodge.)

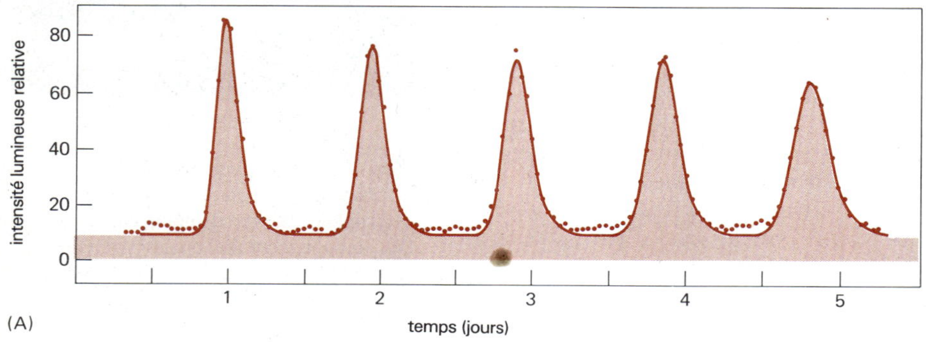

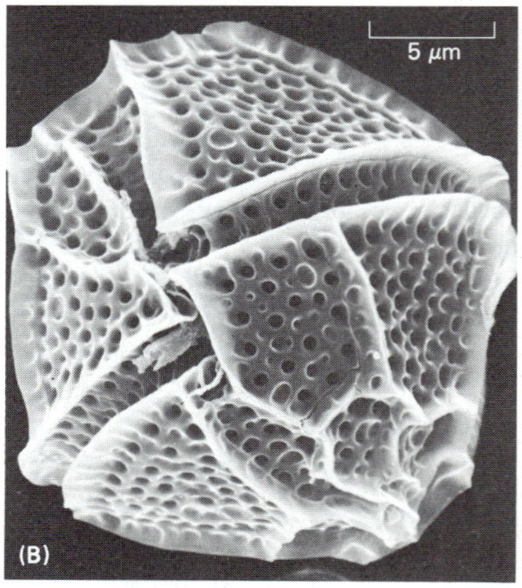

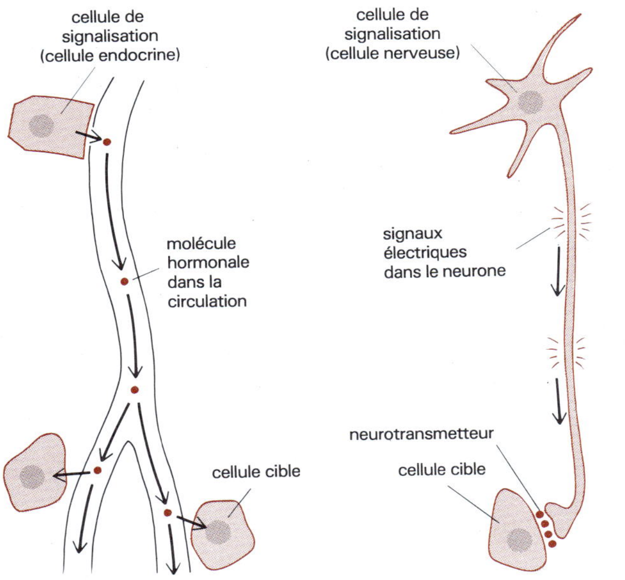

Figure 1-40 Comparaison des signaux hormonaux et nerveux. Les cellules endocrines, quand elles sont stimulées, libèrent des hormones dans la circulation sanguine, et les hormones circulantes induisent une réponse dans toute cellule qui leur est sensible, indépendamment de sa localisation. Une cellule nerveuse, quand elle est stimulée, engendre un potentiel d'action le long de son axone, qui provoque rapidement la libération d'un neurotransmetteur par les terminaisons axonales ; le neurotransmetteur agit seulement sur les cellules présentes dans le voisinage immédiat des terminaisons axonales.

physique, à l'autre extrémité, elle peut à son tour libérer un signal chimique, ou *neurotransmetteur*, qui agit sur d'autres cellules (Figure 1-40). La stimulation à une extrémité déclenche une excitation électrique qui se propage rapidement à l'autre extrémité et qui, une fois arrivée là, provoque la libération du neurotransmetteur. Ce système de signalisation rapide permet aux animaux pluricellulaires de répondre rapidement aux changements du monde qui les entoure. Il leur permet également de coordonner avec précision les activités de parties du corps très éloignées les unes des autres.

Les connexions des cellules nerveuses déterminent les modes de comportement [18]

Une cellule nerveuse isolée d'un être humain n'est guère différente d'une cellule nerveuse isolée d'un vers. La supériorité du système nerveux humain réside dans le nombre gigantesque de ses cellules et, par-dessus tout, dans la façon dont elles sont connectées entre elles pour transmettre, combiner et interpréter les données sensorielles et pour coordonner les circuits complexes d'activité. Pour comprendre la base cellulaire de l'évolution du système nerveux, on doit donc observer les mécanismes par lesquels les cellules nerveuses développent leurs formes extrêmement complexes et construisent leurs réseaux de connexions ordonnés avec précision (Figure 1-41). Le système oculaire de la mouche nous servira de base pour donner une idée de l'ordonnance et de la complexité étonnantes des réseaux que tissent les cellules nerveuses en cours de développement (Figure 1-42). La totalité de cette structure est construite d'après des caractères génétiques, et se développera même en l'absence de lumière. Néanmoins, l'analyse des événements du développement neural montre qu'ils sont finalement basés, dans toutes les espèces, sur des comportements fondamentaux identiques à ceux que l'on peut observer dans presque toutes les cellules eucaryotes : des mécanismes analogues sont utilisés pour la motilité cellulaire, l'adhérence intercellulaire, la transmission chimique, etc. L'évolution d'un système nerveux complexe a dépendu, par-dessus tout, de l'évolution de contrôles complexes pour combiner et orchestrer ces activités cellulaires fondamentales.

Les types de comportement de l'animal dépendent des modes de connexions entre cellules nerveuses. Sans éducation, sans avoir besoin d'expérience, la mouche mâle s'accouple à la femelle, l'araignée tisse sa toile, le nouveau-né qui a faim déforme son visage et pleure. Toutes ces activités sont imposées par l'ADN de l'espèce exerçant son contrôle sur le comportement des cellules isolées au moment où elles bâtissent le système nerveux de l'embryon et jouent leur rôle dans son fonctionnement chez l'adulte.

Mais tout le comportement n'est pas génétiquement déterminé. Les expériences passées d'un animal sont importantes, autant que son ADN. La privation sensorielle pendant le développement d'un mammifère peut modifier la structure microscopique du cerveau, et les animaux matures de presque toutes les espèces, des cœlentérés à l'homme, sont, à un certain degré, capables d'apprentissage. L'apprentissage est, par définition, le résultat de l'expérience

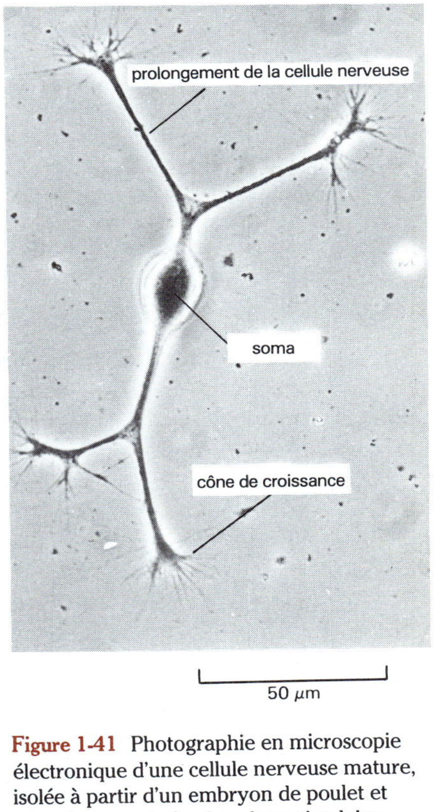

Figure 1-41 Photographie en microscopie électronique d'une cellule nerveuse mature, isolée à partir d'un embryon de poulet et mise dans une boîte de culture tissulaire contenant une solution nutritive. La cellule commence à développer des prolongements, chacun s'étendant au moyen d'une structure mobile appelée cône de croissance. (Avec l'autorisation de Zoltan Gabor.)

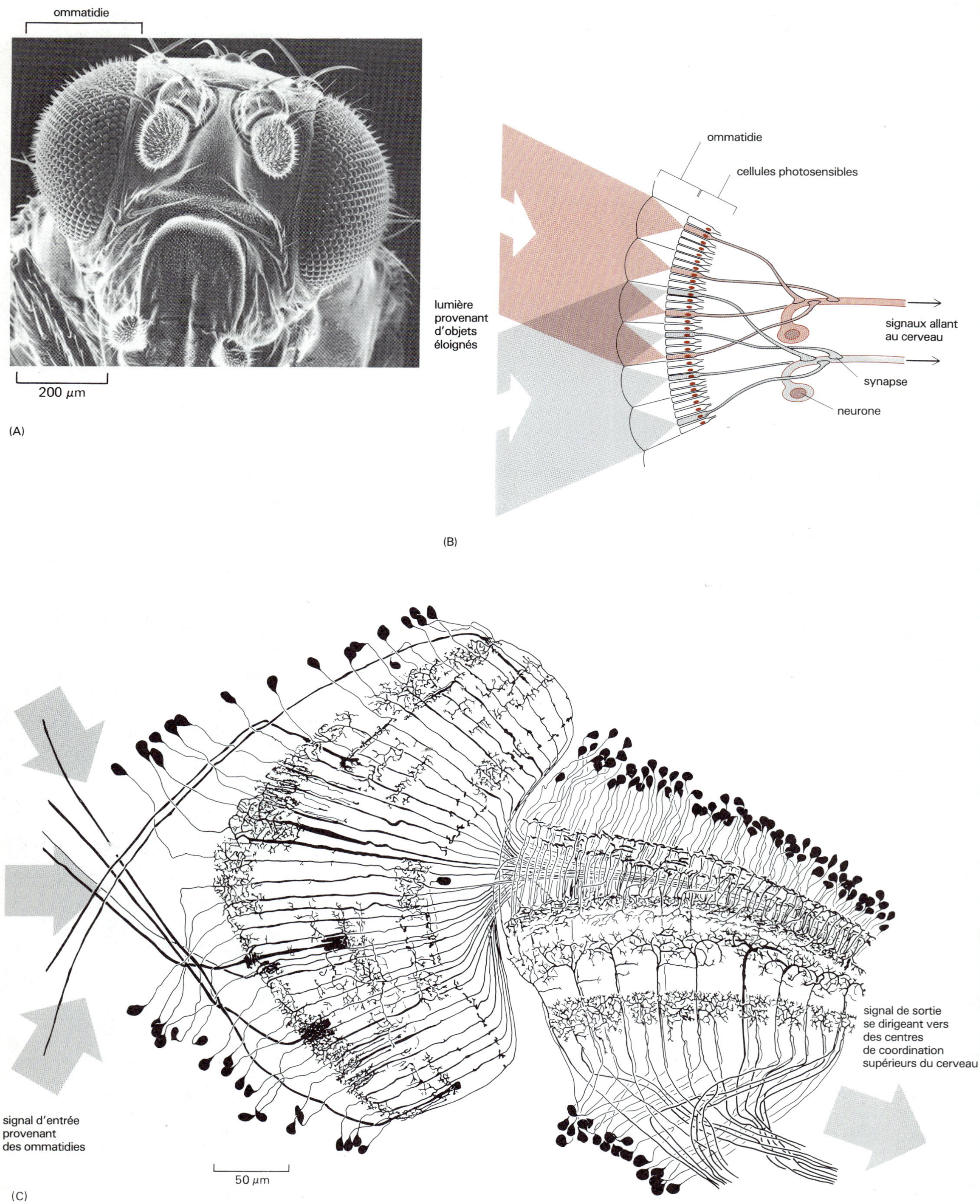
ommatidie
200 μm
(A)
lumière
provenant
d'objets
éloignés
ommatidie
cellules photosensibles
signaux allant
au cerveau
synapse
neurone
(B)
signal d'entrée
provenant
des ommatidies
50 μm
signal de sortie
se dirigeant vers
des centres
de coordination
supérieurs du cerveau
(C)

◄ **Figure 1-42** (A) La tête d'une mouche à fruits (*Drosophila*) vue au microscope électronique à balayage. De chaque côté de la tête, se trouvent deux énormes yeux composés, formés d'un grand nombre d'unités appelées ommatidies. Chaque ommatidie possède une lentille indépendante, qui fait converger la lumière sur un groupe de cellules réceptrices photosensibles à sa base. (B) Diagramme schématique des connexions nerveuses dans la couche la plus externe de l'œil de mouche, vu en section verticale. La lumière pénètre à l'intérieur de chacune des ommatidies de l'œil composé, et est focalisée sur l'une des huit cellules réceptrices photosensibles situées à leur base (seulement cinq d'entre elles sont représentées ici). Du fait de la courbure de l'œil composé, la lumière provenant d'une source ponctuelle éloignée est focalisée sur une cellule réceptrice photosensible différente dans les différentes ommatidies. Toutefois, l'entrelacement des axones courts des cellules photoréceptrices, relie celles qui « regardent » au même endroit au même faisceau d'axones nerveux qui conduit vers le cerveau de l'insecte. Il existe plus d'un millier de tels faisceaux d'axones dans chaque œil de mouche, et chaque faisceau est précisément rattaché, au cours du développement, au bon groupe de cellules photoréceptrices. (C) Réseau de cellules nerveuses dans la portion du cerveau de la mouche qui reçoit et traite les données visuelles transmises à partir des ommatidies, par les cellules nerveuses illustrées en (B). (A, avec l'autorisation de Rudi Turner et d'Anthony Mahowald.) (Redessiné à partir de N. Strausfeld, Atlas of an Insect Brain. New York : Springer, 1976.)

et, par conséquent, de l'activité électrique des cellules nerveuses, et il doit entraîner l'élaboration de modifications durables dans les connexions nerveuses. Le déchiffrage détaillé de ces mécanismes est l'un des principaux travaux de la recherche actuelle en neurobiologie.

Beaucoup des connexions cérébrales qui nous permettent de lire, d'écrire et de parler notre langue natale sont le résultat de l'éducation, et représentent un patrimoine de type non-génétique. L'apprentissage et la communication permettent à l'espèce humaine de s'adapter au travers de nombreuses générations, d'une façon qui n'est possible aux organismes inférieurs que grâce à l'évolution génétique. On peut malgré tout envisager que même ces moyens perfectionnés, dont dépendent toute notre culture et notre société, reposent sur de menus détails du comportement cellulaire — sur les règles selon lesquelles les cellules nerveuses ajustent leurs interconnexions de manière durable en réponse à une activité électrique.

Bien sûr, nous ne pouvons pas plus comprendre l'organisme pluricellulaire en nous bornant à étudier des cellules isolées, que nous ne pouvons comprendre la cellule individuelle en n'étudiant que des molécules biologiques isolées. Mais si nous ne comprenons pas la cellule, nous ne pourrons jamais comprendre tout à fait l'organisme. Et si nous ne comprenons pas les molécules qui la constituent, nous ne pouvons comprendre correctement la cellule. Les molécules seront donc le point de départ de notre étude de la cellule vivante dans le chapitre suivant.

Résumé

L'évolution de grands organismes pluricellulaires fut subordonnée à la capacité des cellules eucaryotes d'exprimer leur information héréditaire selon de nombreux modes différents et de fonctionner de manière concertée comme un organisme unique. Un des premiers développements fut probablement la formation des feuillets épithéliaux, qui séparent l'espace interne de l'animal du monde extérieur. En plus des cellules épithéliales, les types cellulaires différenciés primitifs devaient comprendre les cellules nerveuses, les cellules musculaires et les cellules du tissu conjonctif, que l'on peut toutes trouver chez des animaux actuels très simples.

Dans l'évolution des animaux supérieurs (Figure 1-43), les mêmes stratégies fondamentales de développement ont été utilisées pour produire un nombre croissant de types cellulaires spécialisés et des méthodes de coordination plus sophistiquées. Chez les animaux supérieurs, deux systèmes de cellules représentent, à des égards différents, l'apogée de la complexité dans l'organisation pluricellulaire : l'un est le système immunitaire des vertébrés dont les cellules ont le potentiel de produire des millions d'anticorps protéiques différents ; l'autre est le système nerveux. Chez les animaux inférieurs, le schéma des connexions entre les cellules nerveuses est

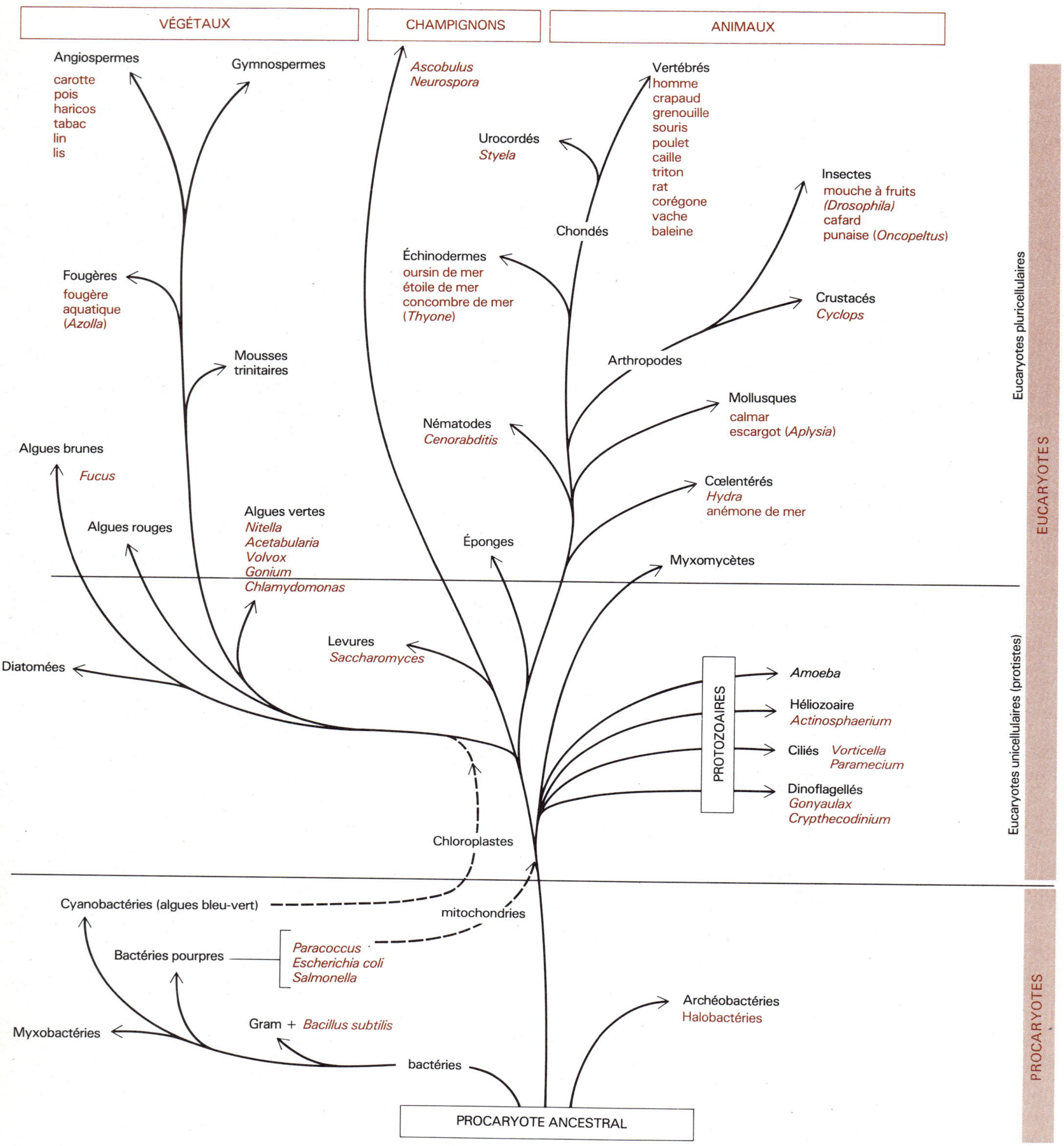

Figure 1-43 Relations phylogéniques entre quelques-uns des organismes cités dans cet ouvrage. Les branches de l'arbre montrent les lignées communes, mais n'indiquent pas, par leur longueur, l'écoulement du temps. (Noter, de la même façon, que l'axe vertical du diagramme montre les principales catégories d'organismes et non le temps.)

en grande partie déterminé génétiquement de façon rigide, et les modes de comportement évoluent par mutation génétique. Chez les animaux supérieurs le fonctionnement et la structure du système nerveux subissent de plus en plus de modifications (apprentissage) ; ceci est la conséquence de la capacité des cellules nerveuses de remanier leurs connexions en réponse à l'activité électrique résultant des influences de l'environnement.

Bibliographie

Ouvrages généraux

Bendall, D.S., ed. Evolution from Molecules to Men. Cambridge, U.K. : Cambridge University Press, 1983.

Curtis, H. Biology, 4th ed. New York : Worth, 1983.

Darnell, J.E. ; Lodish, H.F. ; Baltimre, D. Molecular Cell Biology, Chapter 25. New York : W.H. Freeman, 1986.

Darwin, C. On the Origin of Species, London : Murray, 1859. Reprinted, New York : Penguin, 1984.

Evolution. *Sci. Am.* 239(3), 1978. Une publication complète consacrée au sujet.

Keeton, W.T. ; Gould, J.W. ; Gould C.G. Biological Science, 4th ed. New York : Norton, 1986.

Maynard Smith, J. The Theory of Evolution, 3rd ed. New York : Penguin, 1975.

Watson, J.D. ; Hopkins, N.H. ; Roberts, J.W. ; Steitz, J.A. ; Weiner, A.M. Molecular Biology of the Gene, 4th ed., Chapter 28. Menlo Park, CA : Benjamin-Cummings, 1987.

Wilson, E.B. The Cell in Development and Heredity, 3rd ed. New York : Macmillan, 1925. (Reprinted, New York : Garland, 1987).

Articles cités

1. Ferris, J.P. ; Usher, D.A. Origins of life. In Biochemistry, 2nd ed. (G. Zubay, ed.), pp. 1120-1151. New York : Macmillan, 1988.
   Miller, S.M. ; Orgel, L.E. The Origins of Life on the Earth. Englewood Cliffs, NJ : Prentice-Hall, 1974.
   Schopf, J.W. ; Hayes, J.M. ; Walter, M.R. Evolution of earth's earliest ecosystems : recent progress and unsolved problems. In Earth's Earliest Biosphere : Its Origin and Evolution (J.W. Schopf, ed.), pp. 361-384. Princeton, NJ : Princeton University Press, 1983.
2. Eigen, M. ; Gardiner, W. ; Schuster, P. ; Winkler-Oswatisch, R. The origin of genetic information. *Sci. Am.* 244(4):88-118, 1981.
3. Cech, T.R. RNA as an enzyme, *Sci. Am.* 255(5):64-75, 1986.
4. Alberts, B.M. The function of the hereditary materials : biological catalyses reflect the cell's evolutionary history. *Am. Zool.* 26:781-796, 1986.
   Darnell, J.E. ; Doolittle, W.F. Speculations on the early course of evolution. *Proc. Natl. Acad. Sci. USA* 83:1271-1275, 1986.
   Orgel, L.E. RNA catalysis and the origin of life. *J. Theor. Biol.* 123:127-149, 1986.
5. Rogers, M. ; et al. Construction of the mycoplasma evolutionary tree from 5S rRNA sequence data. *Proc. Natl. Acad. Sci. USA* 82:1160-1164, 1985.
6. Vidal, G. The oldest eukaryotic cells. *Sci. Am.* 250(2):48-57, 1984.
7. Clarke, P.H. Enzymes in bacterial populations. In Biochemical Evolution (H. Gutfreund, ed.), pp. 116-149. Cambridge, U.K. : Cambridge University Press, 1981.
   Doolittle, W.F. Archaebacteria coming of age. *Trends Genet* 1:268-269, 1985.
   Woese, C.R. Bacterial evolution. *Micorbiol. Rev.* 51:221-271, 1987.
8. Wilson, A. The molecular basis of evolution. *Sci. Am.* 253(4):164-173, 1985.
9. Dickerson, R.E. Cytochrome c and the evolution of energy metabolism. *Sci. Am.* 242(3):136-153, 1980.
10. Cavalier-Smith, T. The origin of eukaryotic and archaebacterial cells. *Ann. N.Y. Acad. Sci.* 503:17-54, 1987.
    Margulis, L. Symbiosis in Cell Evolution. New York : W.H. Freeman, 1981.
11. Vossbrinck, C.R. ; Maddox, J.V. ; Friedman, S. ; Debrunner-Vossbrinck, B.A. ; Woese, C.R. Ribosomal RNA sequence suggests microsporidia are extremely ancient eukaryotes. *Nature* 326:411-414, 1987.
    Yang, D. ; Oyaizu, Y. ; Oyaizu, H. ; Olsen, G.J. ; Woese, C.R. Mitochondrial origins. *Proc. Natl. Acad. Sci. USA* 82:4443-4447, 1985.
12. Sleigh, M.A. The Biology of Protozoa. London : Edward Arnold, 1973.
    Sogin, M.L. ; Elwood, H.J. ; Gunderson, J.H. Evolutionary diversity of eukaryotic small-subunit rRNA genes. *Proc. Natl. Acad. Sci. USA* 83:1383-1387, 1976.
13. Buchsbaum, R. Animals Without Backbones, 2nd ed. Chicago : University of Chicago Press, 1976.
    Field, K.G. ; et al. Molecular phylogeny of the animal kingdom. *Science* 239:748-753, 1988.
    Margulis, L. ; Schwartz, K.V. Five Kingdoms : An Illustrated Guide to the Phyla of Life on Earth, 2nd ed. New York : W.H. Freeman, 1987.
    Shapiro, J.A. Bacteria as multicellular organisms. *Sci. Am.* 258(6):82-89, 1988.
    Valentine, J.W. The evolution of multicellular plants and animals. *Sci. Am.* 239(3):140-158, 1978.
14. Bode, P.M. ; Bode, H.R. Patterning in *Hydra*. In Pattern Formation (G.M. Malacinski, S.V. Bryant, eds.), pp. 213-244. New York: Macmillan, 1984.
15. Raff. R.A. ; Kaufman, T.C. Embryos, Genes, and Evolution. New York : Macmillan, 1983.
16. Maynard Smith, J. The Evolution of Sex. Cambridge, U.K. : Cambridge University Press, 1978.
    Michod, R.E. ; Levin, B.R., eds. The Evolution of Sex : An Examination of Current Ideas. Sunderland, M.A. : Sinauer, 1988.
17. Winfree, A.T. The Timing of Biological Clocks. New York : W.H. Freeman, 1987.
18. Bullock, T.H. ; Orkand, R. ; Grinnell, A. Introducion to Nervous Systems. San Francisco : Freeman, 1977.

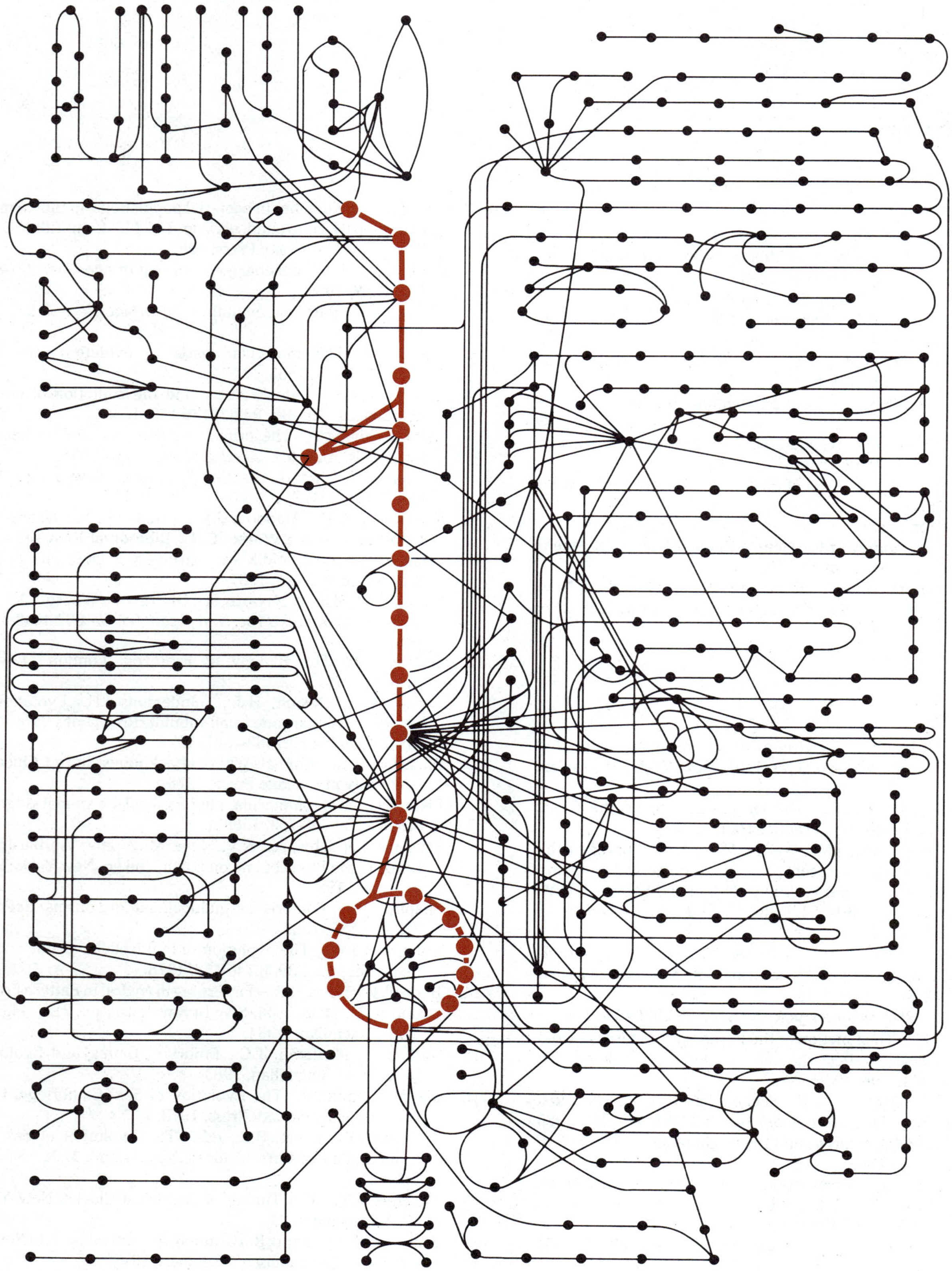

Un enchevêtrement illustrant les réactions chimiques qui effectuent l'interconversion des petites molécules dans les cellules.

Petites molécules, énergie et biosynthèse

2

« Je dois vous annoncer que je suis capable de préparer de l'urée sans avoir besoin d'un rein ou d'un animal, que ce soit un homme ou un chien. » Cette phrase, écrite il y a 150 ans par le jeune chimiste allemand Wöhler, marquait la fin de la croyance en une *force vitale* particulière existant chez les êtres vivants et à l'origine de leurs propriétés et produits caractéristiques. Mais ce qui fut une révélation du temps de Wöhler est aujourd'hui une connaissance commune — les créatures vivantes sont constituées de substances chimiques. Le vitalisme — ou tout ce qui n'entre pas dans les lois de la chimie et de la physique — n'a plus sa place dans notre approche contemporaine de la vie. Ceci ne signifie pas que la biologie n'ait plus de mystère : de nombreux domaines restent ignorés, comme on s'en rendra compte dans les chapitres suivants. Mais nous devons commencer en insistant sur la quantité énorme de nos connaissances actuelles.

Nous sommes maintenant en possession d'informations détaillées sur les molécules essentielles de la cellule — pas seulement sur un petit nombre de molécules, mais sur des milliers d'entre elles. Dans de nombreux cas, nous connaissons leurs structures chimiques précises et la façon dont elles sont synthétisées et dégradées. Nous savons dans les grandes lignes comment l'énergie chimique entraîne les réactions de biosynthèse de la cellule, la façon dont les principes thermodynamiques fonctionnent dans les cellules pour créer un ordre moléculaire et comment la myriade de modifications chimiques qui se produisent constamment à l'intérieur de celles-ci sont contrôlées et coordonnées.

Dans ce chapitre et le suivant, nous survolerons brièvement la chimie de la cellule vivante. Nous traitons ici des réactions qui font intervenir de petites molécules : ces mécanismes au moyen desquels la cellule synthétise ses éléments chimiques fondamentaux et obtient son énergie. Le Chapitre 3 décrit les molécules géantes de la cellule, qui sont des polymères des petites molécules et dont les propriétés rendent compte de la spécificité des processus biologiques et du transfert de l'information biologique.

Les composants chimiques d'une cellule

La biochimie de la cellule est basée sur des composés carbonés [1]

Une cellule vivante est composée d'une série limitée d'éléments ; quatre d'entre eux (C, H, N et O) constituent plus de 99 p. cent de son poids ; cette composition diffère sensiblement de celle de la croûte terrestre et est la marque d'un type de chimie distinct (Figure 2-1). Quelle est donc cette chimie, et comment est-elle apparue ?

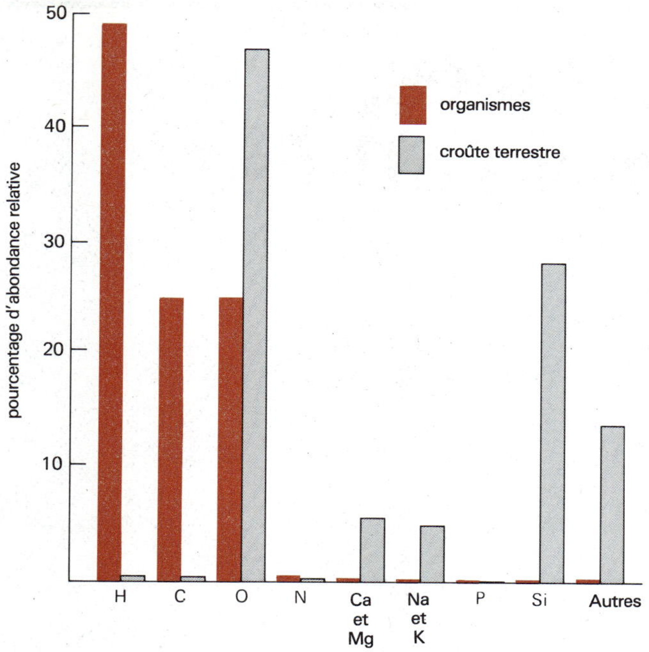

Figure 2-1 L'abondance relative des éléments chimiques de la croûte terrestre (le monde minéral), comparée à celle des tissus mous des organismes vivants. L'abondance relative est exprimée en pourcentage du *nombre* total d'atomes présents. Ainsi, par exemple, près de 50 p. cent des atomes des organismes vivants sont des atomes d'hydrogène.

La substance la plus abondante dans la cellule vivante est l'eau. Elle représente environ 70 p. cent du poids de la cellule et la plupart des réactions intracellulaires ont lieu en milieu aqueux. La vie sur cette planète a commencé dans l'océan et cet environnement primitif a marqué à tout jamais la chimie des êtres vivants. Tous les organismes ont été conçus autour des propriétés uniques de l'eau, comme son caractère polaire, sa capacité de former des liaisons hydrogène, et sa tension de surface élevée. Quelques propriétés importantes de l'eau sont récapitulées sur la Planche 2-1 (pp. 46-47).

L'eau mise à part, la presque totalité des molécules d'une cellule, est formée de composés carbonés qui sont le sujet de la **chimie organique**. Le caractère exceptionnel du carbone parmi tous les éléments de la terre tient à sa capacité de former de grosses molécules ; le silicium vient loin derrière, en deuxième position. L'atome de carbone, du fait de sa petite taille et de ses quatre électrons libres, peut former des liaisons covalentes fortes avec d'autres atomes. Fait capital, il peut se lier à d'autres atomes de carbone pour former des chaînes et des cycles et engendrer ainsi de grosses molécules complexes sans limitation de taille apparente. Les autres atomes abondants de la cellule (H, N, O) sont également petits et capables de former des liaisons covalentes très fortes (Planche 2-2, pp. 48-49).

En principe, les règles simples de la liaison covalente entre le carbone et d'autres éléments autorisent un nombre astronomique de composés. Bien que le nombre des différents composés carbonés dans une cellule soit très grand, il ne représente qu'une minuscule fraction de ce qui est théoriquement possible. Dans certains cas, nous pouvons trouver de bonnes raisons au fait que tel ou tel composé assure une fonction biologique donnée ; mais il semble le plus souvent que le « choix » actuel n'en était qu'un parmi un grand nombre d'alternatives raisonnables, et tient donc de l'accident (Figure 2-2). Une fois établis, certains canevas chimiques et schémas réactionnels ont été préservés, avec des variations, au cours de l'évolution. Apparemment, le développement de nouvelles classes de composés n'était que rarement nécessaire ou utile.

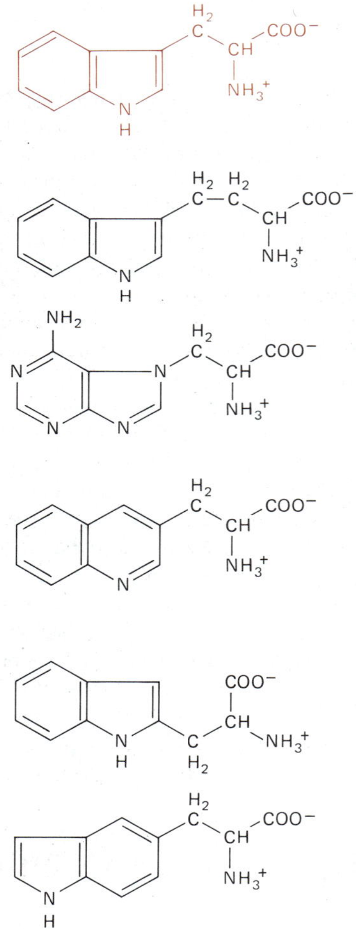

Figure 2-2 Les organismes vivants ne synthétisent qu'un petit nombre des molécules organiques qu'ils pourraient en principe fabriquer. Des six acides aminés représentés, seul le premier (tryptophane) est synthétisé par les cellules.

Les cellules utilisent quatre types fondamentaux de petites molécules [2]

Certaines combinaisons simples d'atomes — telles que les groupements méthyle ($—CH_3$), hydroxyle (—OH), carboxyle (—COOH) et amine ($—NH_2$) — reviennent à maintes reprises dans les molécules biologiques. Chacun de ces groupements possède ses propriétés chimiques et physiques distinctes qui influent sur le comportement de toute molécule qui le porte. Les principaux types de groupements et quelques-unes de leurs caractéristiques sont résumés dans la Planche 2-2 (pp. 48-49).

Les **petites molécules organiques** de la cellule sont des composés carbonés dont le poids moléculaire varie de 100 à 1000 et qui contiennent jusqu'à 30 atomes de carbone. On les trouve généralement libres en solution dans le cytoplasme, où certains d'entre eux forment un groupe d'intermédiaires à partir desquels sont édifiés de grands polymères appelés **macromolécules.**

Tableau 2-1 Composition chimique approximative d'une cellule bactérienne

	Pourcentage du poids cellulaire total	Nombre de types de chaque molécule
Eau	70	1
Ions inorganiques	1	20
Glucides et précurseurs	1	250
Acides aminés et précurseurs	0,4	100
Nucléotides et précurseurs	0,4	100
Lipides et précurseurs	2	50
Autres petites molécules	0,2	~ 300
Macromolécules (protéines, acides nucléiques et polysaccharides)	26	~ 3000

Ce sont aussi des intermédiaires essentiels dans les réactions chimiques qui transforment l'énergie tirée des aliments en des formes utilisables (voir plus loin).

Les petites molécules comptent pour environ un dixième de la matière organique totale dans la cellule, et (approximativement) seul un millier environ de types différents sont présents (Tableau 2-1). La synthèse et la dégradation de toutes les molécules biologiques s'effectuent à partir des mêmes composés simples, par une succession limitée de modifications chimiques et suivant des règles définies. En conséquence, les composés d'une cellule sont chimiquement proches et peuvent être classés en un petit nombre de familles distinctes. Puisque les macromolécules d'une cellule, auxquelles sera consacré le Chapitre 3, sont assemblées à partir des mêmes petites molécules, elles appartiennent aux mêmes familles.

Les cellules ne contiennent, en gros, que quatre familles de petites molécules organiques : les **glucides** simples, les **acides gras**, les **acides aminés** et les **nucléotides**. Chacune de ces familles est composée d'un grand nombre de membres différents qui possèdent des caractéristiques chimiques communes. Bien que certains composés cellulaires n'appartiennent pas à ces catégories, les quatre familles ainsi que les macromolécules qui en sont composées représentent une fraction étonnamment élevée de la masse cellulaire (voir Tableau 2-1).

Les glucides sont les molécules alimentaires de la cellule [3]

Les glucides simples — les **monosaccharides** — sont des composés de formule $(CH_2O)_n$, où n est un nombre entier variant de 3 à 7. Le *glucose*, par exemple, a pour formule $C_6H_{12}O_6$ (Figure 2-3). Ainsi que le montre la Figure 2-3, les glucides peuvent exister sous une forme linéaire ou cyclique. Sous leur forme linéaire, ils possèdent un certain nombre de groupements hydroxyle, et un groupement aldéhyde ([ART]$_H$ C=O) ou cétone ([ART] C=O). Les groupements aldéhyde ou cétone jouent un rôle particulier. Premièrement, ils peuvent réagir avec un groupement hydroxyle dans la même molécule, pour convertir la molécule en une forme cyclique ; dans la forme cyclique, le carbone du groupement aldéhyde ou cétone d'origine peut être identifié comme le seul qui soit lié à deux oxygènes. Deuxièmement, une fois la forme cyclique formée, le carbone peut contracter une liaison supplémentaire avec un des carbones qui portent un groupement hydroxyle sur une *autre* molécule de glucide, créant ainsi un *disaccharide* (Planche 2-3, pp. 50-51). L'addition, par le même moyen, d'autres monosaccharides aboutit à la formation d'**oligosaccharides** d'une longueur croissante (trisaccharides, tétrasaccharides, etc.), jusqu'à de très grosses molécules **polysaccharidiques** composées de milliers d'unités monosaccharidiques (résidus). Étant donné que chaque monosaccharide possède plusieurs groupements hydroxyle libres susceptibles de former une liaison avec un autre monosaccharide (ou avec un autre composé), le nombre de structures polysaccharidiques possibles est gigantesque. Même un simple disaccharide constitué de deux résidus glucose peut exister sous onze formes différentes (Figure 2-4), tandis que trois hexoses différents ($C_6H_{12}O_6$) peuvent se lier entre eux pour former plusieurs milliers de trisaccharides différents. C'est ce qui rend si difficile la détermination de la structure d'un polysaccharide particulier ; avec les méthodes actuelles, la détermination de l'arrangement d'une demi-douzaine de glucides liés (par exemple, ceux d'une glycoprotéine) prend plus de temps que celle de la séquence nucléotidique d'une molécule d'ADN contenant plusieurs milliers de nucléotides.

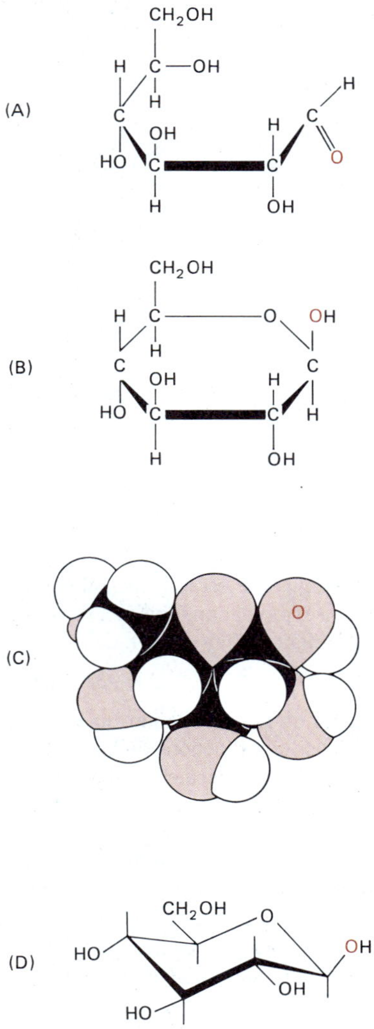

Figure 2-3 La structure du monosaccharide glucose, un hexose ordinaire (A). La forme linéaire de ce glucide, qui est en équilibre avec la forme plus stable cyclique ou fermée, est représentée au-dessous de celle-ci (B). (C) Un modèle en trois dimensions de cette forme cyclique (B-D glucose). La forme en chaise (D) est une autre représentation de la forme cyclique, fréquemment utilisée à la place de la forme cyclique (B), car elle reflète la structure avec plus de précision. Dans les quatre représentations, O coloré représente l'atome d'oxygène du groupement aldéhyde. Pour un aperçu de la structure et de la chimie des glucides, voir la Planche 2-3 (pp. 50-51).

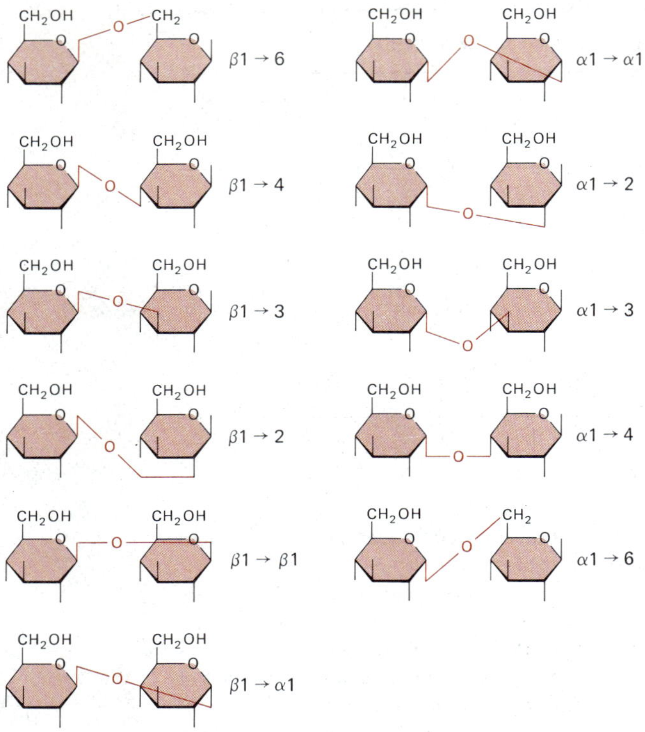

Figure 2-4 Onze disaccharides constitués de deux unités D-glucose. Bien que ceux-ci ne diffèrent que par le type de liaison entre les deux unités glucose, ils sont chimiquement distincts. Les oligosaccharides associés à des protéines et des lipides peuvent avoir au moins six sortes différentes de glucides liés de façon linéaire ou ramifiés par des liaisons comme celles qui sont illustrées ici, et le nombre possible d'oligosaccharides distincts est ainsi extrêmement élevé.

Le glucose est le principal composé alimentaire de nombreuses cellules. Une série de réactions d'oxydation (voir p. 61) transforme cet hexose en divers glucides dérivés plus petits et finalement en CO_2 et H_2O. La réaction globale peut être écrite :

$$C_6H_{12}O_6 + 6\,O_2 \rightarrow 6\,CO_2 + 6\,H_2O + \text{énergie}$$

Au cours de la dégradation du glucose, l'énergie et la « puissance réductrice », toutes deux essentielles aux réactions de biosynthèse, sont récupérées et stockées, principalement sous la forme de deux molécules fondamentales appelées respectivement **ATP** et **NADH** (voir p. 66).

Les polysaccharides simples, composés uniquement de résidus glucose — principalement le *glycogène* dans les cellules animales et l'*amidon* chez les végétaux — servent à stocker l'énergie pour un usage ultérieur. Mais la fonction des glucides n'est pas limitée à la production et au stockage de l'énergie. D'importants matériaux de construction extracellulaires (tels que la cellulose) sont composés de polysaccharides simples, et des séquences non répétitives, plus petites mais plus complexes, de molécules de glucides sont souvent liées de façon covalente à des protéines dans les *glycoprotéines* et à des lipides dans les *glycolipides*.

Les acides gras sont des composants des membranes cellulaires [4]

Une molécule d'acide gras telle que l'*acide palmitique* (Figure 2-5) possède deux régions distinctes : une longue chaîne hydrocarbonée hydrophobe (insoluble dans l'eau) et peu réactive chimiquement, et un groupement acide carboxylique ionisé en solution (COO^-), extrêmement hydrophile (soluble dans l'eau) et formant facilement des esters et des amides. En fait, la quasi-totalité des molécules d'acides gras d'une cellule sont liées de manière covalente à d'autres molécules par leur groupement carboxyle. Les nombreux acides gras différents trouvés dans les cellules se distinguent par des propriétés chimiques telles que la longueur de leurs chaînes hydrocarbonées et le nombre et la position de leurs doubles liaisons carbone-carbone (Planche 2-4, pp. 52-53).

Les acides gras, dont la dégradation peut produire, pour un même poids, plus du double d'énergie utilisable que n'en produit le glucose, constituent une source alimentaire précieuse. Ils sont stockés dans le cytoplasme de nombreuses cellules sous la forme de gouttelettes de molécules de *triglycérides*, formées de trois chaînes d'acides gras chacune liée à une molécule de glycérol (Planche 2-4, pp. 52-53) ; ces molécules sont les graisses animales familières de la

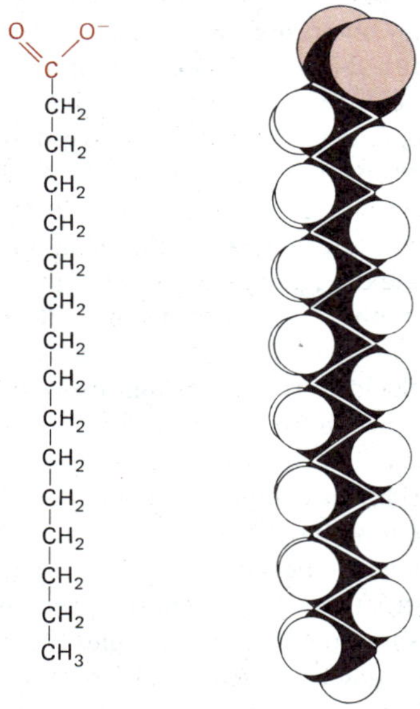

Figure 2-5 Acide palmitique. Le groupement acide carboxylique (en couleur) est montré sous sa forme ionisée. Un modèle en trois dimensions est présenté sur la droite.

vie quotidienne. En cas de besoin, les chaînes d'acide gras sont libérées des triglycérides et dégradées en unités à deux carbones. Ces unités à deux carbones, représentant le groupement acétyle d'une molécule appelée *acétyl CoA*, subissent des dégradations ultérieures au cours des diverses réactions produisant de l'énergie et elles seront décrites plus loin.

Mais la fonction la plus importante des acides gras est la construction des membranes cellulaires. Ces minces feuillets imperméables, qui limitent chaque cellule et entourent leurs organites internes, sont composés en grande partie de **phospholipides***, petites molécules qui ressemblent aux triglycérides par leur constitution en acides gras et en glycérol. Toutefois, dans les phospholipides, le glycérol est lié à deux plutôt qu'à trois chaînes d'acides gras. Le site restant du glycérol est occupé par un groupement phosphate qui est à son tour lié à un autre petit composé hydrophile, comme l'*éthanolamine*, la *choline* ou la *sérine*.

Chaque molécule de phospholipide possède une « queue » hydrophobe — composée de deux chaînes d'acides gras — et un groupement polaire hydrophile où est situé le phosphate. Les molécules de phospholipides sont donc, en fait, des détergents, et cela ressort dans leurs propriétés. Une petite quantité de phospholipides se dispersera à la surface de l'eau pour former une *couche monomoléculaire* de phospholipides ; dans ce film mince, les régions hydrophobes se rassemblent très étroitement, faisant face à l'air, et les groupements polaires sont en contact avec l'eau (Planche 2-4, pp. 52-53). Deux de ces films peuvent s'assembler « queue à queue » pour former un sandwich de phospholipides, ou **double couche lipidique**, qui est la base structurale de toutes les membranes cellulaires.

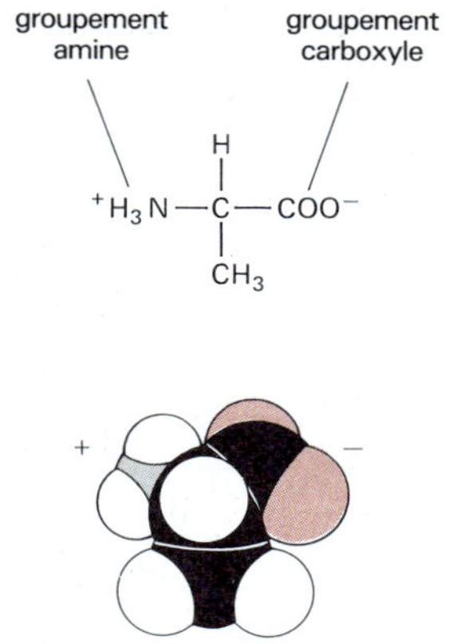

Figure 2-6 L'acide aminé alanine tel qu'il existe sous sa forme ionisée à pH 7. Quand il est incorporé dans une chaîne polypeptidique, les charges des groupements amine et carboxyle de l'acide aminé libre disparaissent. Un modèle en trois dimensions est représenté sous la formule de constitution.

Les acides aminés sont les sous-unités des protéines

Les acides aminés sont chimiquement variés mais ils contiennent tous un groupement acide carboxylique et un groupement amine, tous deux portés par le même atome de carbone (Figure 2-6). Ils servent de sous-unités dans la synthèse des **protéines**, longs polymères linéaires d'acides aminés rattachés les uns aux autres par une *liaison peptidique* entre le groupement carboxyle d'un acide aminé et la fonction amine du suivant (Figure 2-7). Il y a 20 acides aminés courants dans les protéines, chacun possédant une *chaîne latérale* différente liée au carbone (Planche 2-5, pp. 54-55). On retrouve les mêmes 20 acides aminés à maintes reprises dans toutes les protéines, y compris celles des bactéries, des végétaux et des animaux. Alors que le choix de ces 20 acides aminés constitue probablement un exemple d'accident au cours de l'évolution, la multitude de leurs potentialités chimiques est d'une importance capitale. Par exemple, 5 des 20 acides aminés ont des chaînes latérales qui peuvent porter une charge (Figure 2-8), alors que les autres ne sont pas chargés, mais réactifs de façon spécifique (Planche 2-5, pp. 54-55). Comme nous le verrons, les propriétés des chaînes latérales des acides aminés, dans leur ensemble, déterminent les propriétés des protéines qu'ils constituent, et sont à l'origine de toutes les fonctions diverses et sophistiquées des protéines.

Les nucléotides sont les sous-unités de l'ADN et de l'ARN [5]

Dans les nucléotides, l'un des différents composés cycliques azotés (souvent appelés *bases*, du fait de leur capacité de combinaison avec H^+) est relié à un glucide à 5 carbones (soit le *ribose*, soit le *désoxyribose*) qui porte aussi un groupement phosphate. Les cycles azotés des nucléotides ont tous un air de famille. La *cytosine* (C), la *thymine* (T) et l'*uracile* (U) étant des dérivés simples d'un cycle hexagonal pyrimidine sont appelées **pyrimidines** ; la *guanine* (G) et l'*adénine* (A) sont des **purines** qui dérivent de la liaison d'un cycle pentagonal au cycle hexagonal. Chaque nucléotide est nommé en référence à l'unique base qu'il contient (Planche 2-6, pp. 56-57).

Les nucléotides peuvent agir comme des transporteurs d'énergie chimique. L'ester triphosphate de l'adénine, l'**ATP** (Figure 2-9), plus que tout autre, participe au transfert de l'énergie dans des centaines de réactions cellulaires individuelles. Son phosphate terminal est ajouté, grâce à l'énergie fournie par l'oxydation des substances alimentaires, et ce phosphate peut être facilement excisé par hydrolyse pour libérer de l'énergie qui favorise des réactions de biosynthèse énergétiquement défavorables partout dans la cellule. D'autres dérivés nucléotidiques servent de transporteurs au cours du transfert d'une molécule à l'autre de groupements chimiques particuliers, tels que les atomes d'hydrogène ou les résidus glucidiques, et un dérivé cyclique phosphorylé de l'adénine, l'*AMP cyclique*, sert de messager universel à l'intérieur

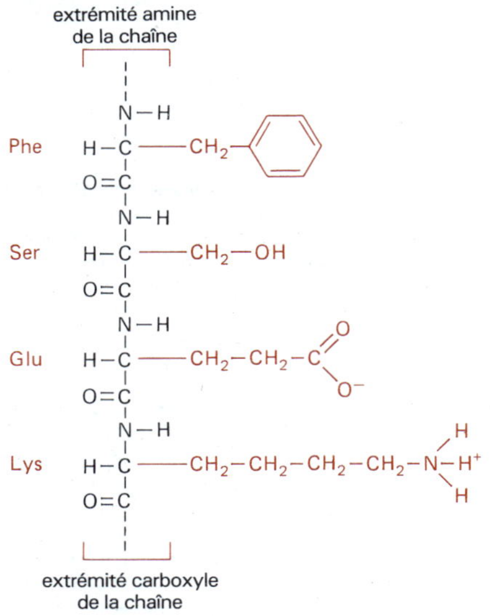

Figure 2-7 Une petite partie d'une molécule protéique. Les quatre acides aminés représentés sont enchaînés par un type de liaison covalente appelée liaison peptidique. On désigne donc parfois une protéine sous le nom de *polypeptide*. Les *chaînes latérales* de l'acide aminé sont représentées ici en couleur.

* **NdT :** actuellement, le terme employé en français est **glycérophosphatides.**

MOLÉCULES HYDROPHILES ET HYDROPHOBES

Du fait de leur nature polaire, les molécules d'eau vont se grouper autour des ions et autres molécules polaires.

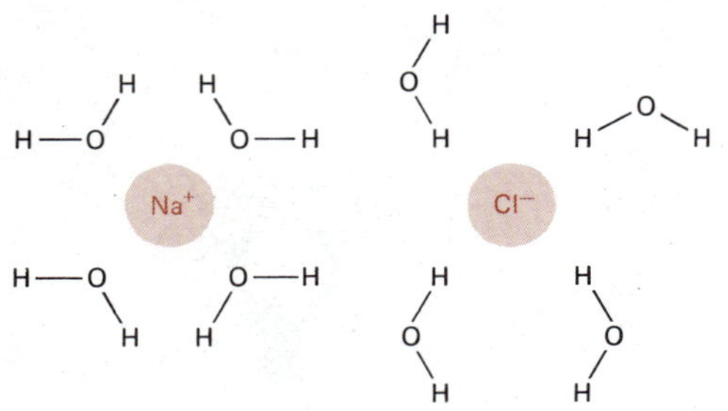

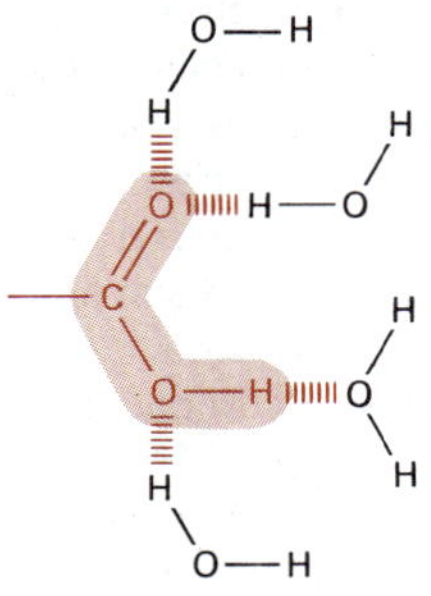

Les substances participant aux liaisons hydrogène de l'eau sont donc hydrophiles et relativement solubles dans l'eau.

Les molécules apolaires interrompent le réseau des liaisons hydrogène de l'eau. Elles sont donc hydrophobes et totalement insolubles dans l'eau.

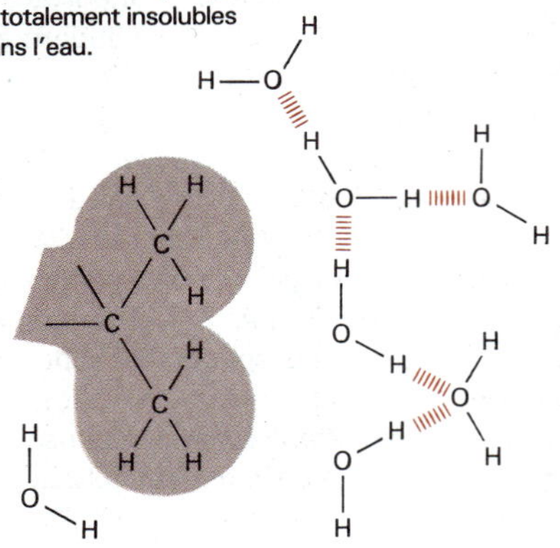

L'EAU

Bien que la charge nette d'une molécule d'eau soit neutre (même nombre d'électrons et de protons), les électrons sont distribués de façon asymétrique, ce qui rend la molécule polaire.

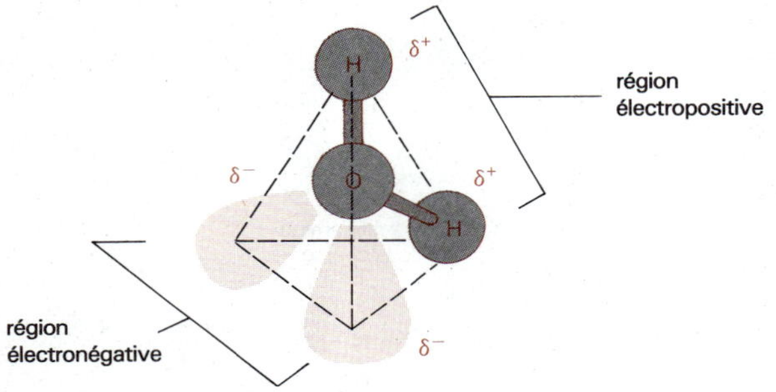

Le noyau de l'atome d'oxygène attire partiellement les électrons des atomes d'hydrogène, laissant à leurs noyaux une charge nette faiblement positive. Près de l'atome d'oxygène se trouvent deux régions faiblement négatives, aux deux autres angles d'un tétraèdre imaginaire.

STRUCTURE DE L'EAU

Les molécules d'eau s'assemblent de manière transitoire en un réseau de liaisons hydrogène. Même à 37 °C, 15 p. cent des molécules d'eau sont liées à quatre autres en un assemblage éphémère connu sous le nom de « groupe vacillant ».

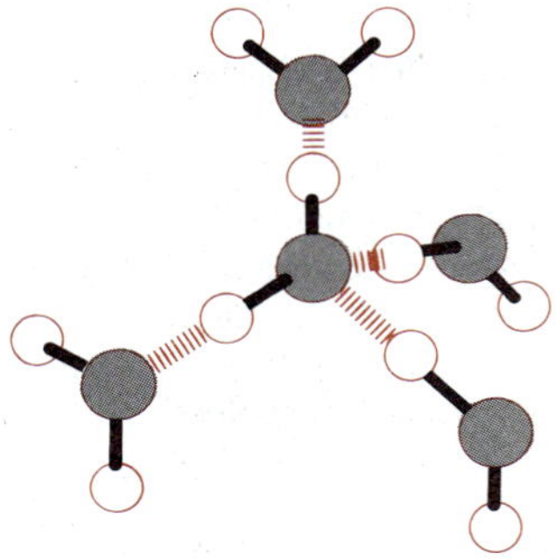

La nature cohésive de l'eau est responsable d'un grand nombre de ses propriétés particulières, comme sa tension superficielle, sa chaleur spécifique et sa chaleur de vaporisation élevées.

LIAISONS HYDROGÈNE

Du fait de leur polarisation, 2 molécules d'H_2O voisines peuvent former une liaison appelée liaison hydrogène. Les liaisons hydrogène sont environ 20 fois plus faibles qu'une liaison covalente.

Les liaisons hydrogène sont plus fortes quand les trois atomes sont alignés.

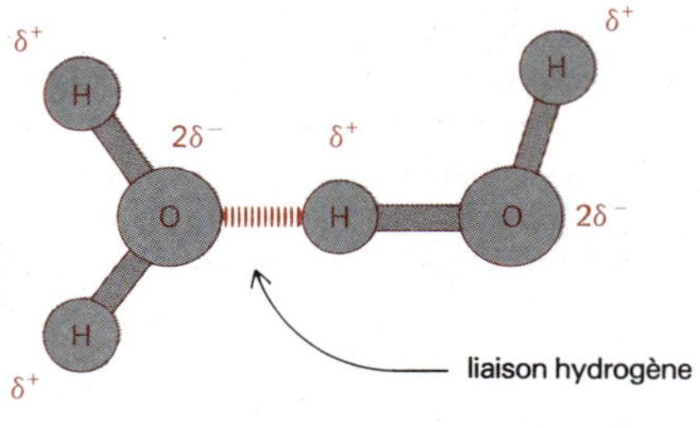

Planche 2-1 Les propriétés chimiques de l'eau et leur influence sur le comportement biologique.

LA RÉPULSION HYDROPHOBE PEUT ASSURER LA COHÉSION DES MOLÉCULES

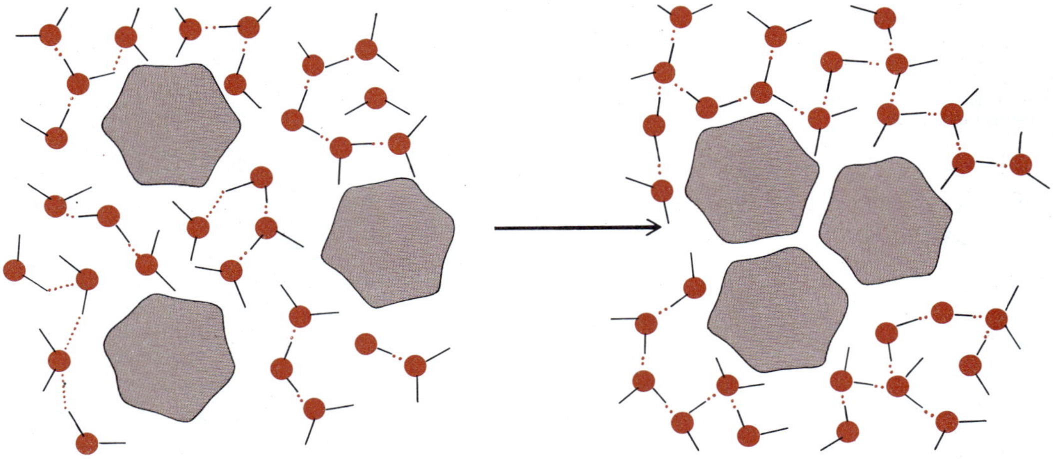

De petites gouttelettes d'huile fusionnent dans l'eau en gouttes d'huile volumineuses car elles provoquent ainsi une moins grande désorganisation de l'important réseau de liaisons hydrogène des molécules d'eau. Pour la même raison, les molécules hydrophobes dans une solution aqueuse auront tendance à former de grands agrégats sous l'influence de l'eau.

ACIDES ET BASES

Un acide est une substance libérant un ion H^+ (proton) en solution.

exemple

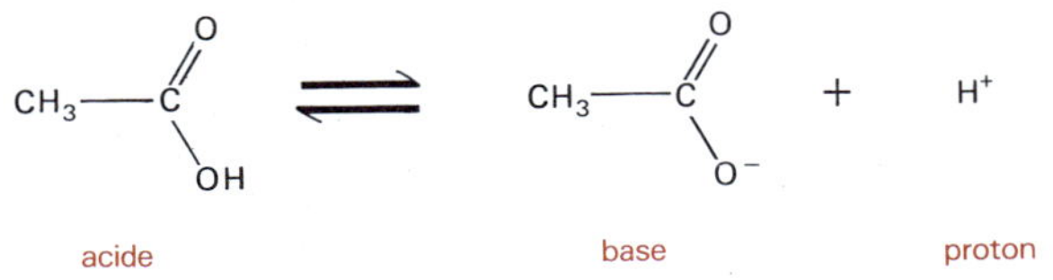

Une base est une substance acceptant un ion H^+ (proton) en solution.

exemple $CH_3{-}NH_2 + H^+ \rightleftharpoons CH_3{-}NH_3^+$

base — proton — acide

L'eau elle-même a une légère tendance à s'ioniser, et elle peut par conséquent agir à la fois comme un acide faible et comme une base faible. Lorsqu'elle agit comme un acide, elle libère un proton pour former un ion hydroxyle. Lorsqu'elle agit comme une base, elle accepte un proton pour former un ion hydronium. La plupart des protons dans les solutions aqueuses existent sous forme d'ions hydronium.

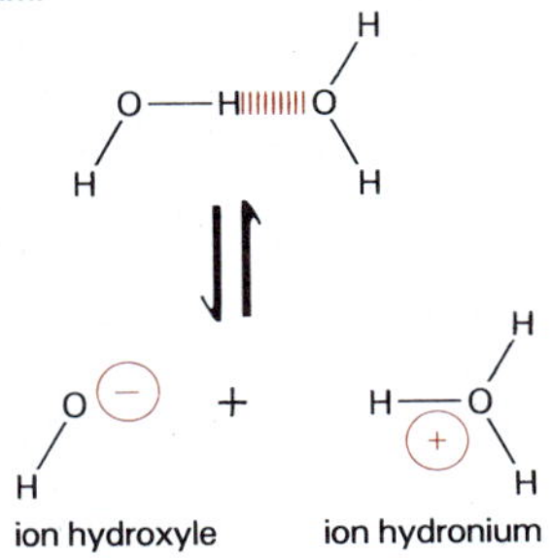

pH

L'acidité d'une solution est définie par sa concentration en ions H^+. Par commodité, nous utilisons l'échelle des pH où

$$pH = -\log_{10} [H^+]$$

Pour l'eau pure

$[H^+] = 10^{-7}$ moles/litre

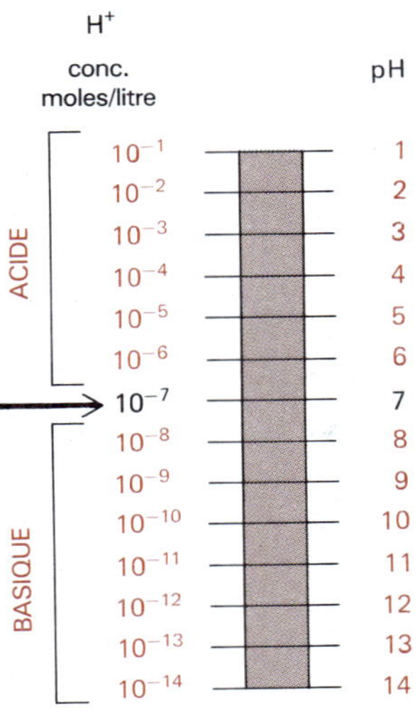

OSMOSE

Si deux solutions aqueuses sont séparées par une membrane qui ne permet que le passage des molécules d'eau, l'eau migrera vers la solution la plus concentrée en molécules de soluté selon un processus appelé osmose.

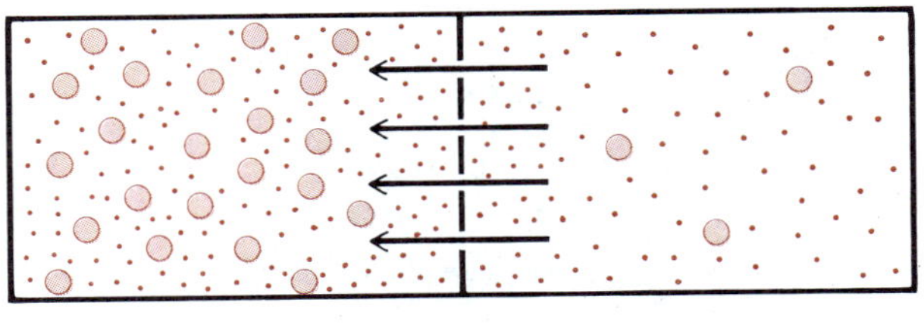

Ce déplacement de l'eau d'une solution hypotonique vers une solution hypertonique peut provoquer une augmentation de la pression hydrostatique dans le compartiment hypertonique. Deux solutions qui ont une concentration en soluté identique et sont donc en équilibre osmotique sont dites isotoniques.

SQUELETTES CARBONÉS

Le rôle exceptionnel du carbone dans la cellule tient à sa capacité à former des liaisons covalentes avec d'autres atomes de carbone. Ainsi, les atomes de carbone peuvent se lier pour former des chaînes.

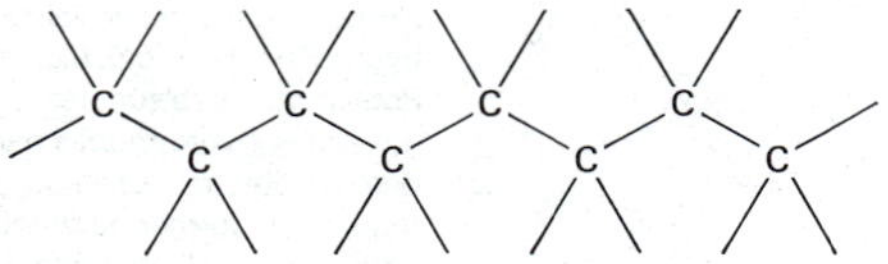

[qui s'écrit aussi ]

ou des arbres ramifiés

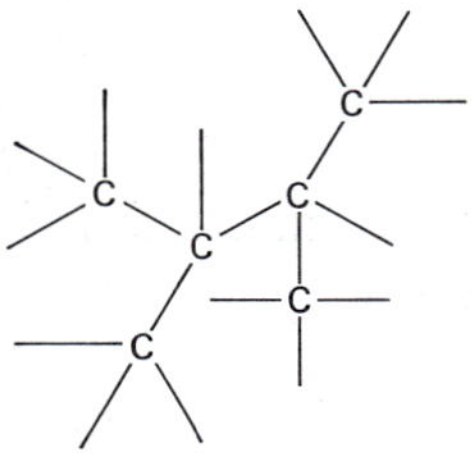

[qui s'écrit aussi 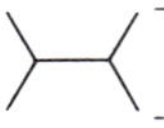]

ou des cycles

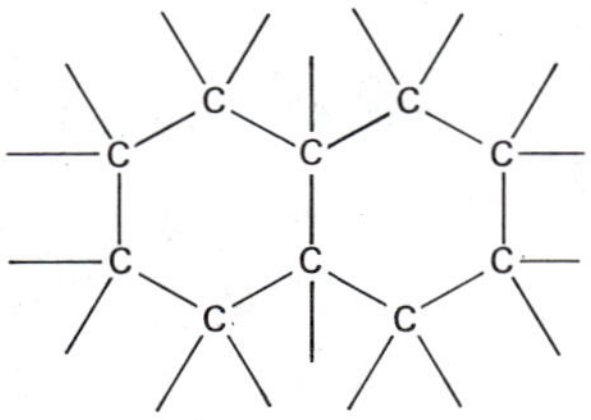

[qui s'écrit aussi 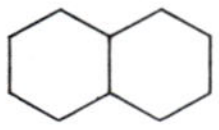]

LIAISONS COVALENTES

Les atomes des molécules biologiques sont généralement liés par des liaisons covalentes (formées par la mise en commun de paires d'électrons). Chaque atome peut former un nombre précis de ces liaisons selon un arrangement spatial défini.

Il existe aussi des liaisons doubles, dont l'arrangement spatial est différent.

HYDROCARBURES

Le carbone et l'hydrogène forment ensemble des composés stables appelés hydrocarbures. Ceux-ci sont apolaires, ne forment pas de liaisons hydrogène et sont généralement insolubles dans l'eau.

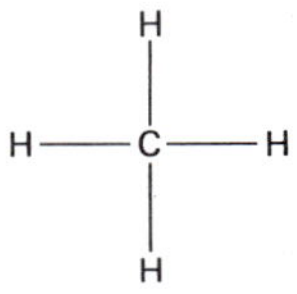

méthane

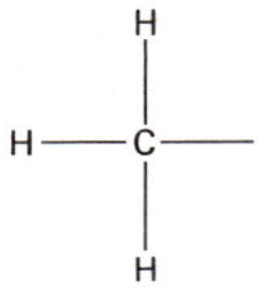

groupement méthyle

Portion d'une chaîne d'acides gras :

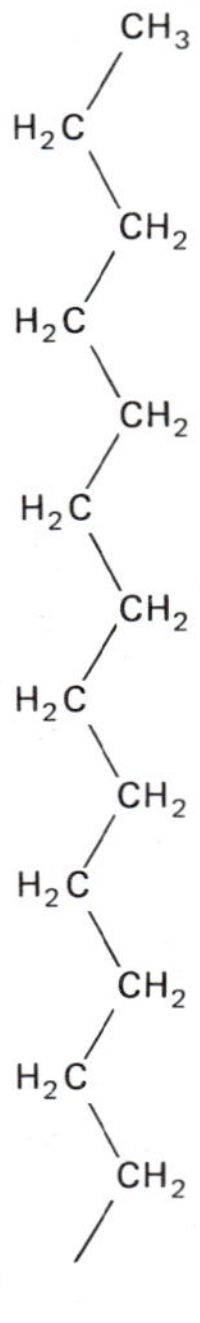

RÉSONANCE ET AROMATICITÉ

La chaîne carbonée peut contenir des doubles liaisons. Si celles-ci sont situées sur des carbones alternés, les électrons de liaison se déplacent à l'intérieur de la molécule, stabilisant la structure par un phénomène appelé résonance.

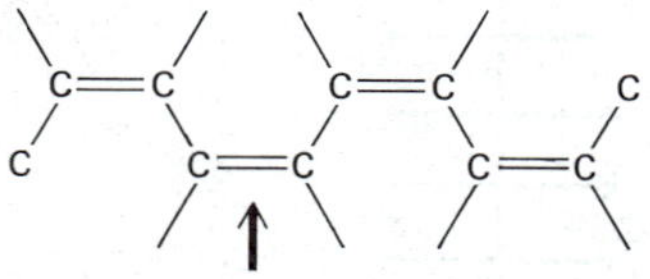

la vérité se trouve quelque part entre ces deux structures

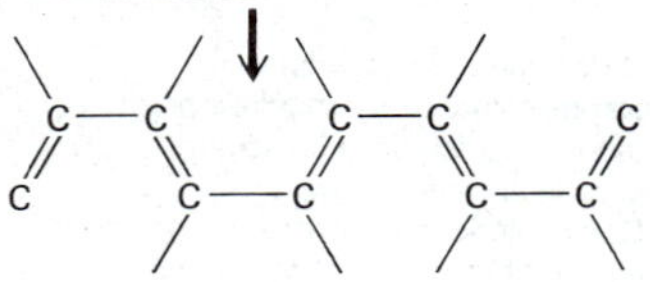

La résonance à l'intérieur d'un composé cyclique engendre un cycle aromatique.

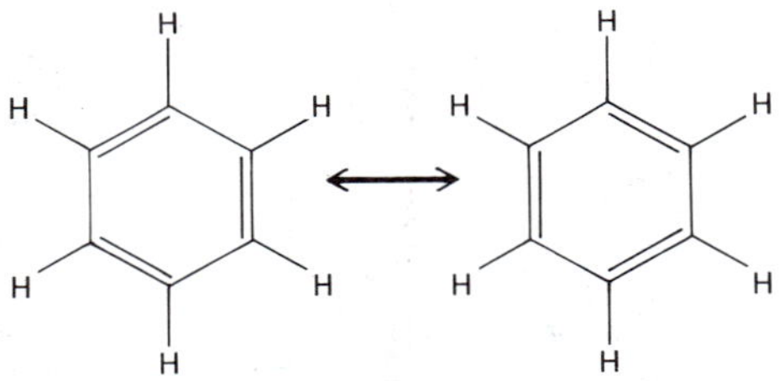

[souvent écrit ]

Planche 2-2 Liaisons et groupements chimiques couramment rencontrés dans les molécules biologiques.

COMPOSÉS C—O

De nombreux composés biologiques contiennent un carbone lié à un oxygène. Par exemple :

alcool

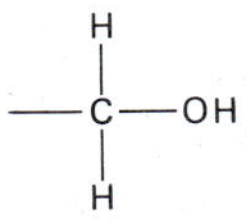

—OH est appelé groupement hydroxyle.

aldéhyde

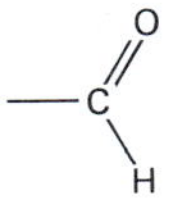

cétone

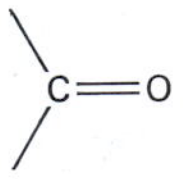

C=O est appelé groupement carbonyle.

acide carboxylique

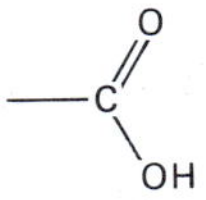

—COOH est appelé groupement carboxyle. Dans l'eau, il perd un ion H^+ pour devenir —COO^-.

esters

Les esters sont formés par la combinaison d'un acide et d'un alcool :

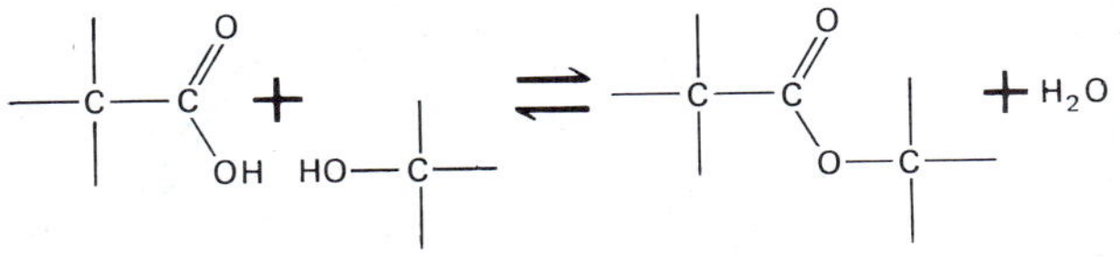

acide alcool ester

COMPOSÉS C—N

Les amines et les amides sont deux exemples importants de composés contenant un carbone lié à un azote.

Dans l'eau, les amines se combinent à un ion H^+ pour se charger positivement.

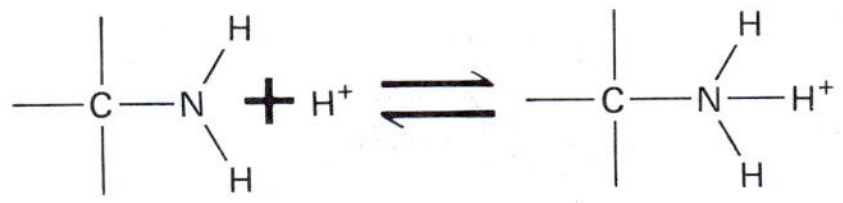

Elles sont donc basiques.

Les amides sont formés par la combinaison d'un acide et d'une amine. Ils sont plus stables que les esters. Contrairement aux amines, ils ne sont pas chargés en solution. La liaison peptidique en est un exemple.

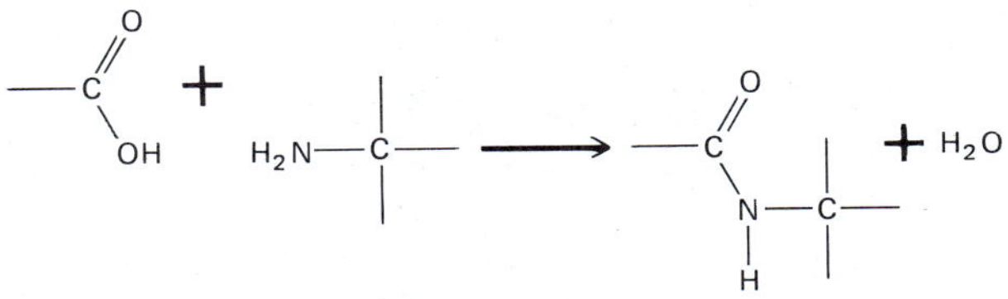

On trouve l'azote également dans plusieurs composés cycliques, y compris dans les composants importants des acides nucléiques : les purines et les pyrimidines.

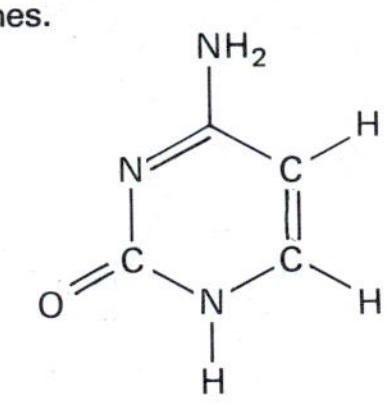

cytosine (une pyrimidine)

PHOSPHATES

Le phosphate inorganique est un ion stable formé à partir de l'acide phosphorique H_3PO_4. On l'écrit souvent Ⓟ ou P_i.

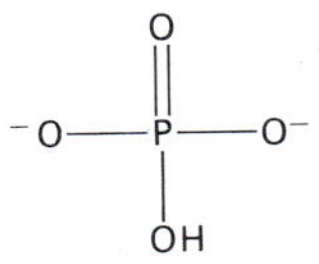

Des esters phosphates peuvent se former entre un phosphate et un groupement hydroxyle libre.

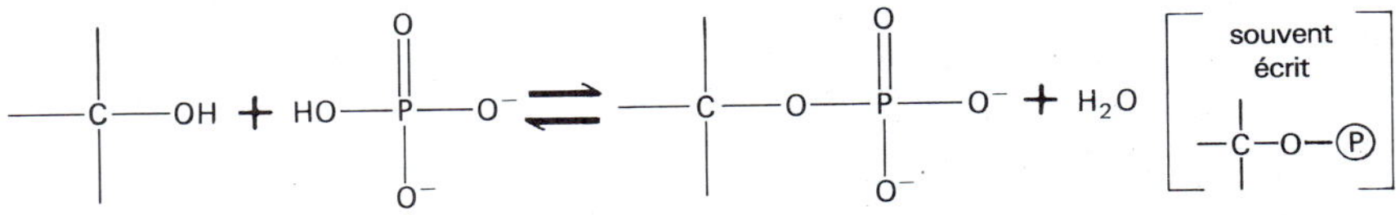

La combinaison d'un phosphate et d'un groupement carboxyle, ou de deux ou plusieurs groupements phosphate, donne un anhydride.

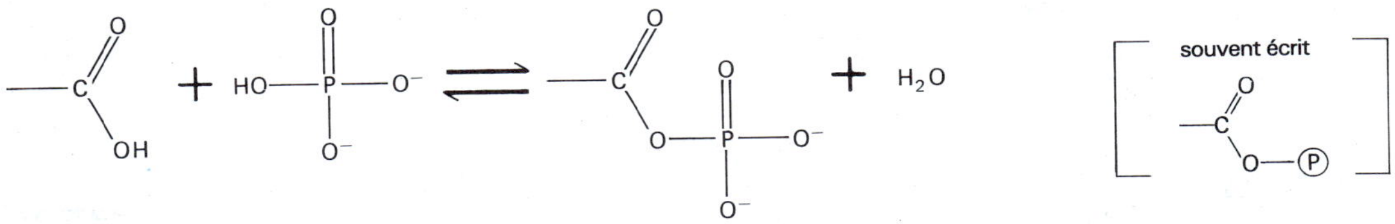

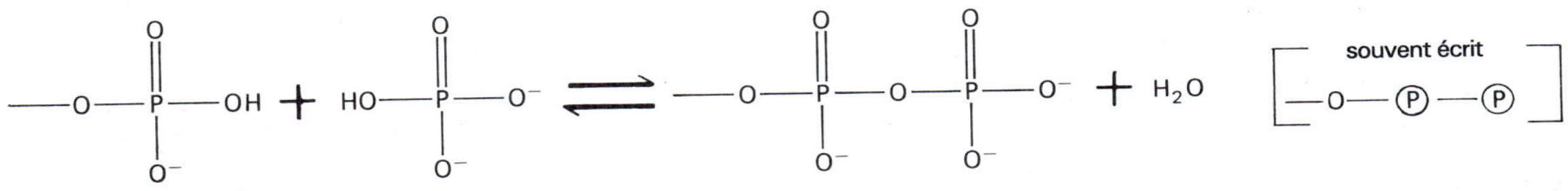

HEXOSES $n=6$

deux hexoses courants

glucose fructose

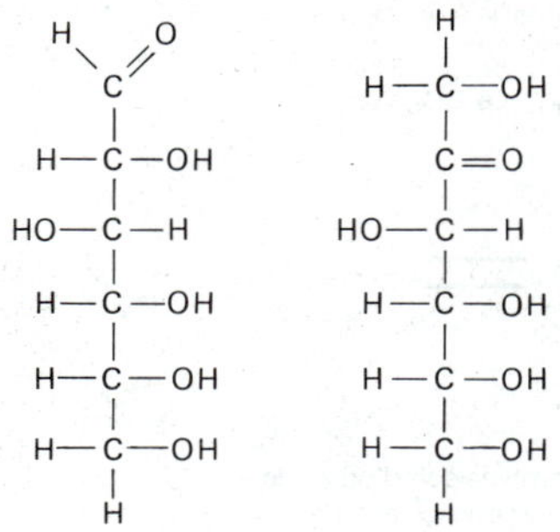

MONOSACCHARIDES

Les monosaccharides sont des **aldéhydes** ou des **cétones**

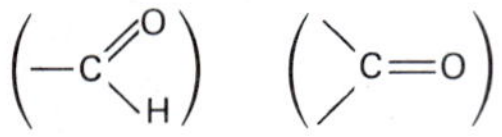

possédant aussi 2 groupements hydroxyle ou plus. Leur formule générale est $(CH_2O)_n$. Les plus simples sont les trioses ($n=3$), comme

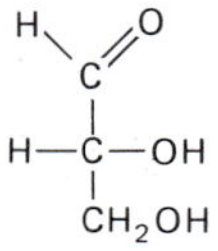

glycéraldéhyde (un aldose)

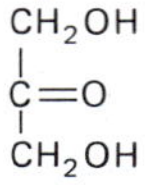

dihydroxyacétone (un cétose)

PENTOSES $n=5$

un pentose courant

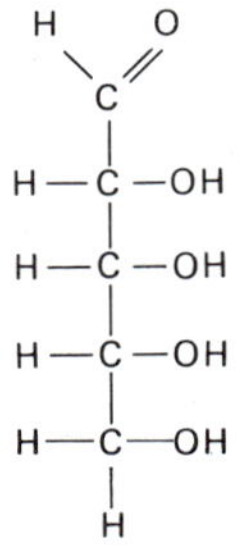

ribose

D-glucose (forme ouverte)

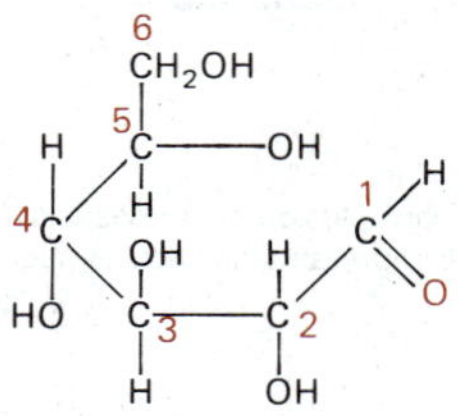

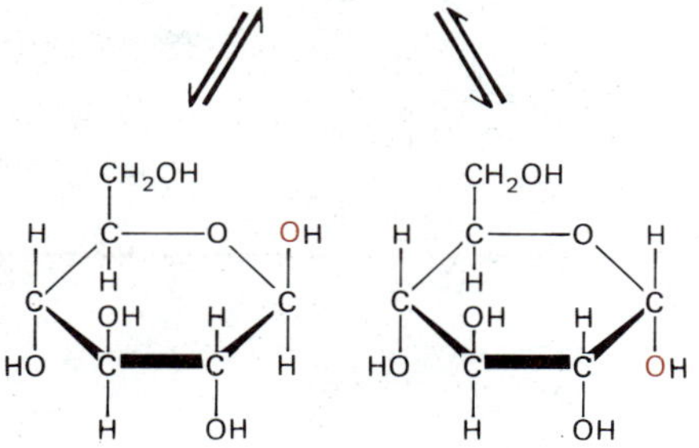

β-D-glucose α-D-glucose

STÉRÉOISOMÈRES

CYCLISATION

Le groupement aldéhyde ou cétone d'un glucide peut réagir avec un groupement hydroxyle.

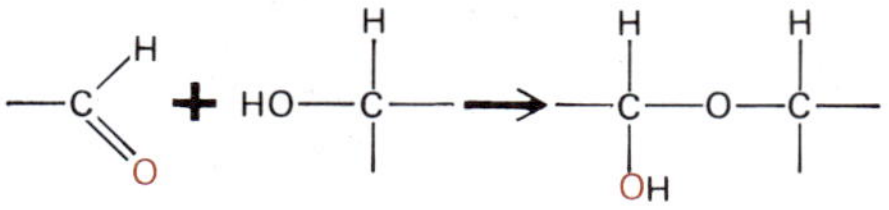

Pour les glucides de rang supérieur ($n>4$), ceci se produit à l'intérieur de la même molécule pour former un cycle à 5 ou 6 atomes.

NUMÉROTATION

Les atomes de carbone sont numérotés à partir de l'extrémité la plus proche de l'aldéhyde ou de la cétone.

D-ribose (forme ouverte)

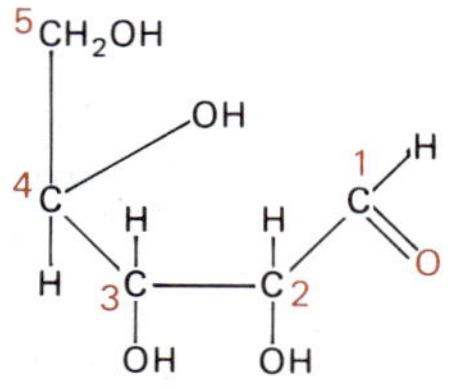

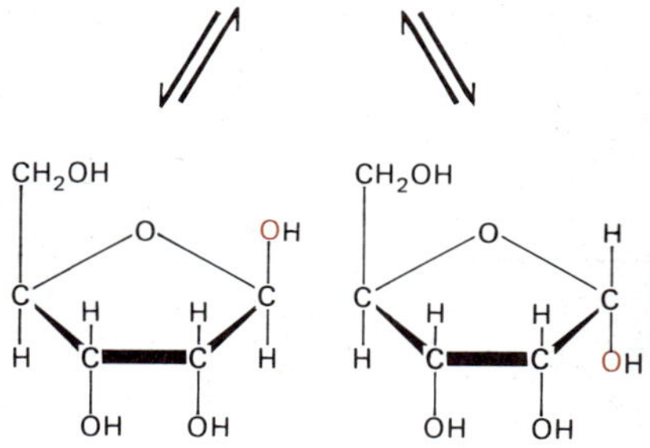

β-D ribose α-D ribose

STÉRÉOISOMÈRES

STÉRÉOISOMÈRES

Les monosaccharides possèdent de nombreux isomères qui ne diffèrent que par l'orientation de leurs groupements hydroxyle — le glucose, le galactose et le mannose, par exemple, sont des isomères.

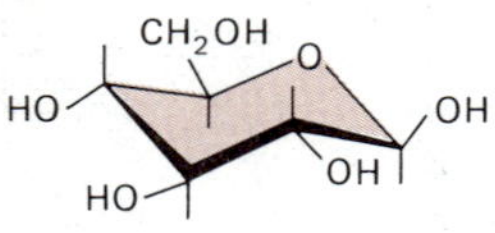

glucose

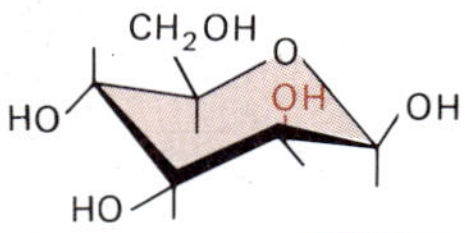

mannose

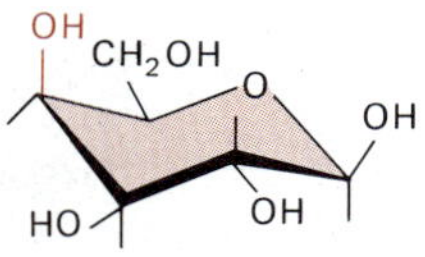

galactose

FORMES D ET L

Deux isomères, qui sont des images l'un de l'autre dans un miroir, ont les mêmes propriétés chimiques : ils ont donc le même nom et sont distingués par le préfixe D ou L.

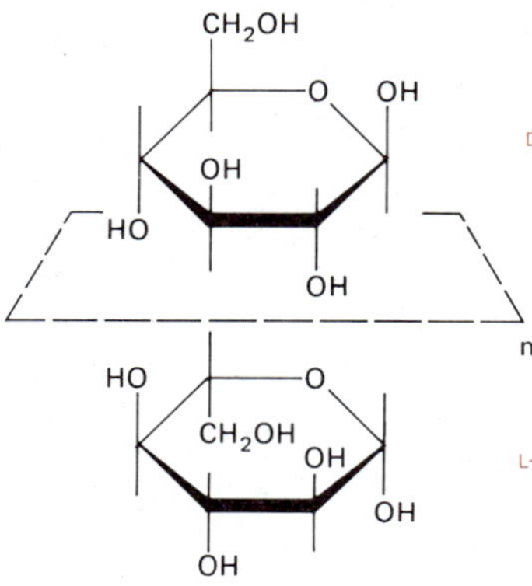

D-glucose

miroir plan

L-glucose

Planche 2-3 Un aperçu de quelques-uns des types de glucides couramment trouvés dans les cellules.

LIAISONS α ET β

Le groupement hydroxyle du carbone portant l'aldéhyde ou la cétone peut changer rapidement d'une position à l'autre. Ces deux positions sont appelées α- et β-.

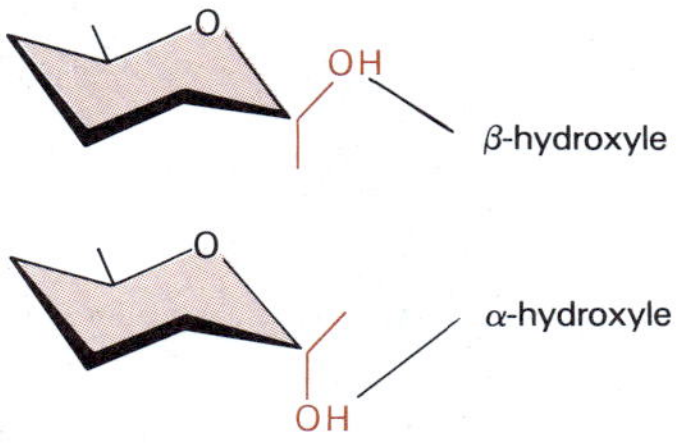

Dès qu'un glucide est lié à un autre, la forme α ou β est gelée.

DÉRIVÉS DES GLUCIDES

Les groupements hydroxyle d'un seul monosaccharide simple peuvent être remplacés par d'autres groupements. Par exemple :

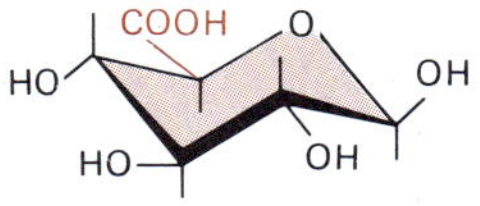

D-acide glucuronique

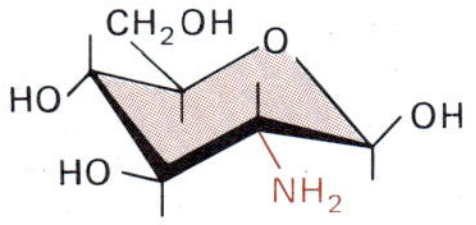

D-glucosamine

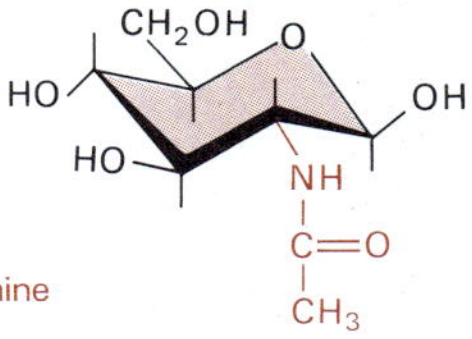

N-acétyl-D-glucosamine

DISACCHARIDES

Le carbone qui porte l'aldéhyde ou la cétone peut réagir avec n'importe quel groupement hydroxyle sur une seconde molécule glucidique pour former une liaison glycosidique. Le maltose (glucose α1,4 glucose), le lactose (galactose β1,4 glucose) et le saccharose (glucose α1,2 fructose) sont trois disaccharides courants.

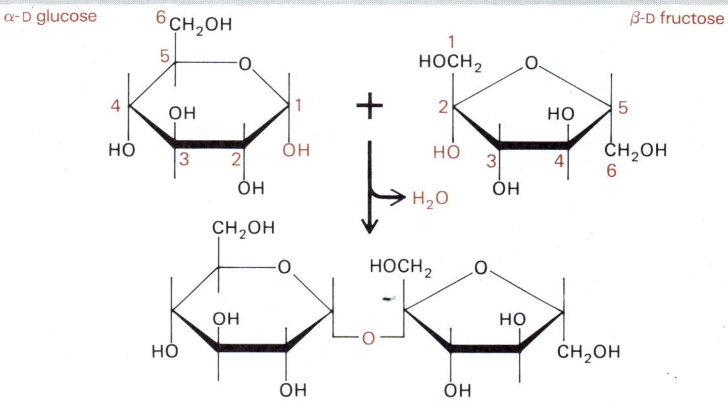

saccharose (glucose α 1, 2 fructose)

OLIGOSACCHARIDES ET POLYSACCHARIDES

De grandes molécules, linéaires et ramifiées, peuvent être édifiées à partir d'unités répétitives simples. Les chaînes courtes sont appelées oligosaccharides, alors que les chaînes longues sont des polysaccharides. Le glycogène, par exemple, est un polysaccharide entièrement constitué d'unités de glucose liées entre elles.

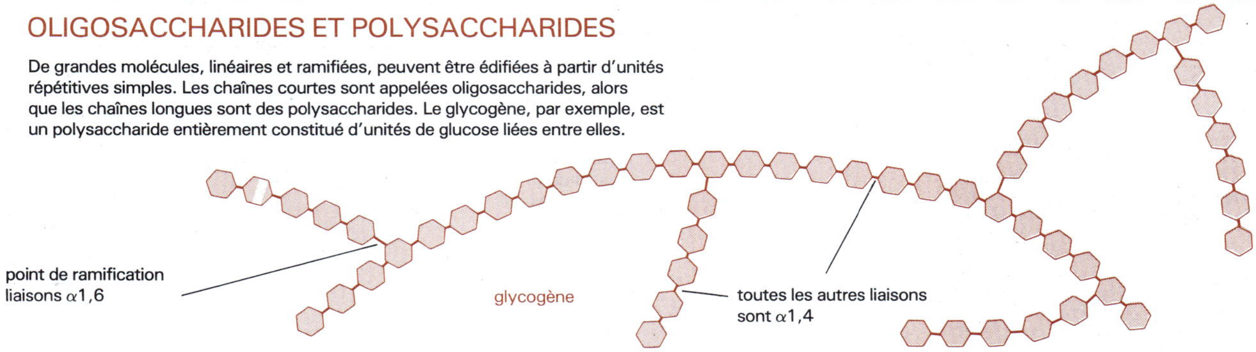

OLIGOSACCHARIDES COMPLEXES

Dans de nombreux cas, une séquence glucidique est non répétitive. De très nombreuses molécules différentes sont possibles. De tels oligosaccharides complexes sont habituellement liés à des protéines ou à des lipides.

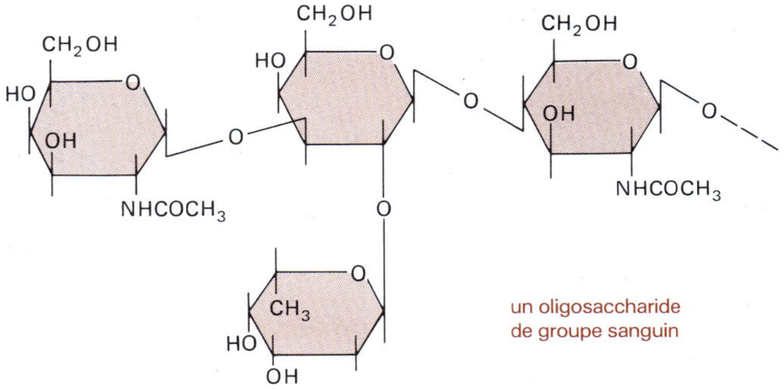

un oligosaccharide de groupe sanguin

ACIDES GRAS COURANTS

Ce sont des acides carboxyliques à longues chaînes hydrocarbonées.

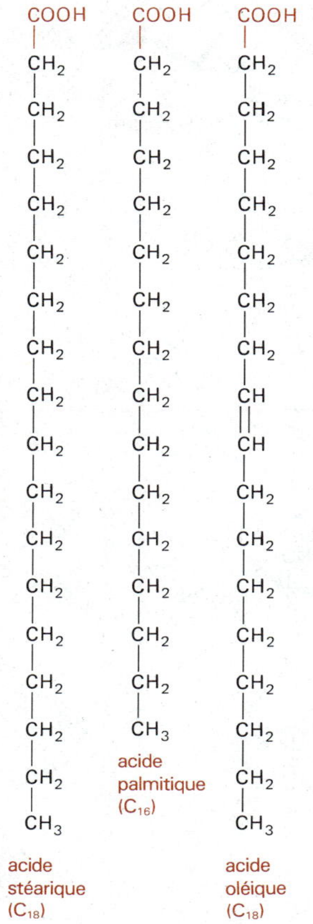

Il existe des centaines de types différents d'acides gras. Certains ont une ou plusieurs doubles liaisons et sont dits insaturés.

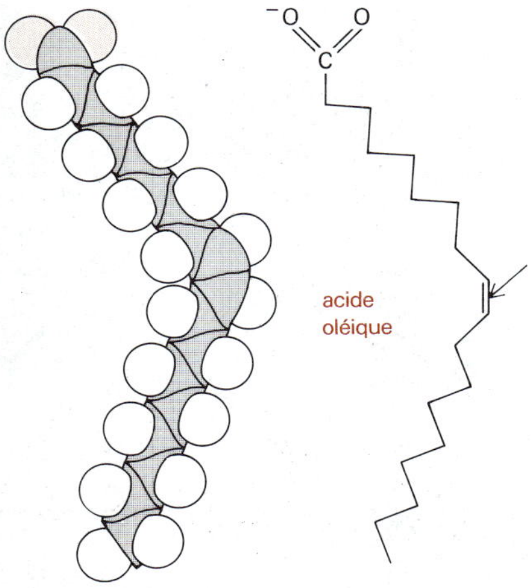

Cette double liaison est rigide et crée un coude dans la chaîne. Le reste de la chaîne est libre de tourner autour des autres liaisons C-C.

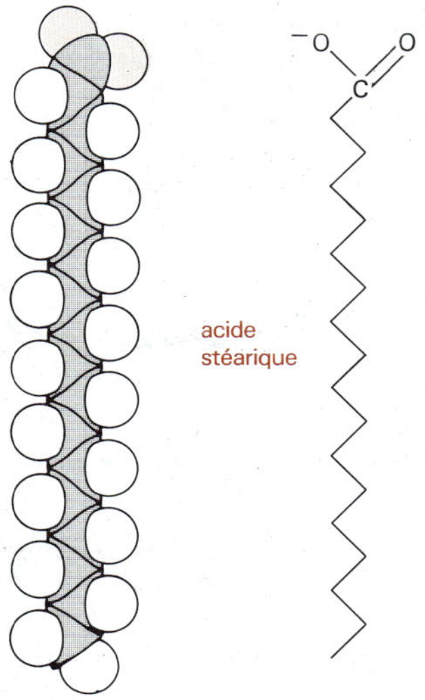

TRIGLYCÉRIDES

Les acides gras sont stockés comme réserve d'énergie (graisse) par liaison avec le glycérol pour former des triglycérides.

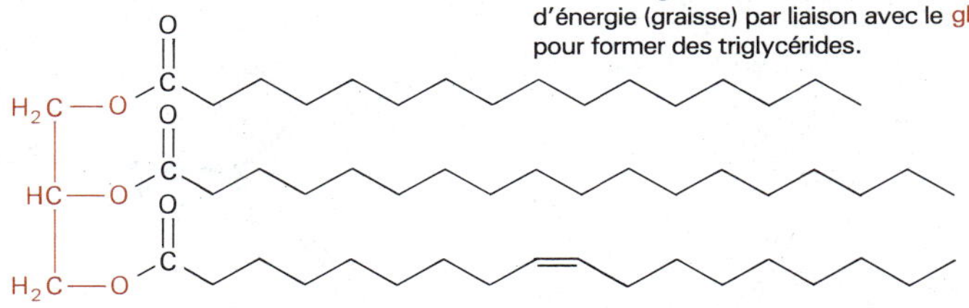

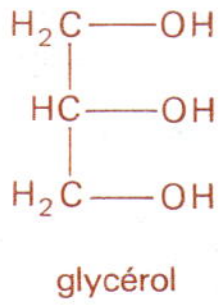

GROUPEMENT CARBOXYLE

S'il est libre, le groupement carboxyle s'ionisera.

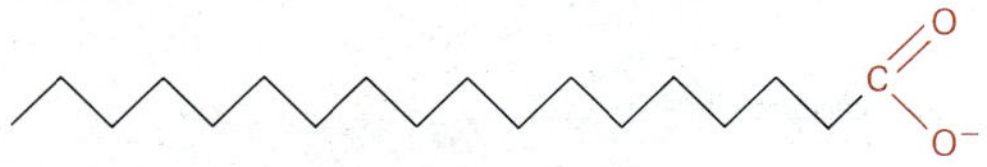

Mais, plus souvent, il est lié à d'autres groupements pour former, soit des esters

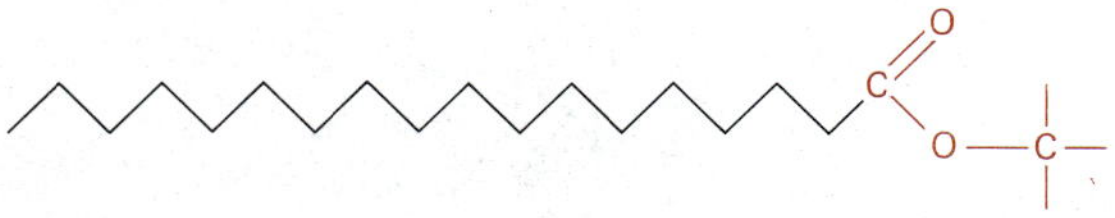

soit des amides

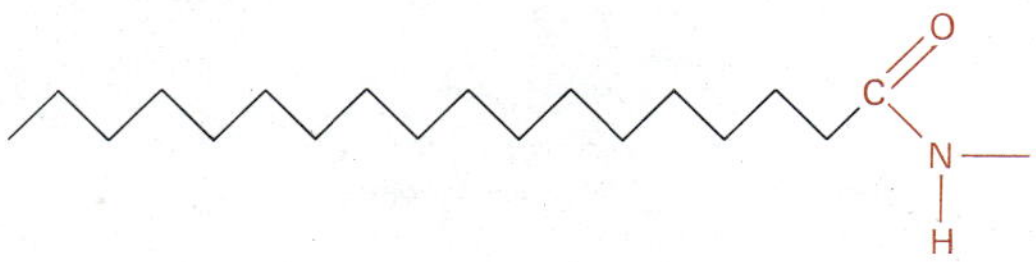

PHOSPHOLIPIDES

Les phospholipides sont les constituants fondamentaux des membranes cellulaires.

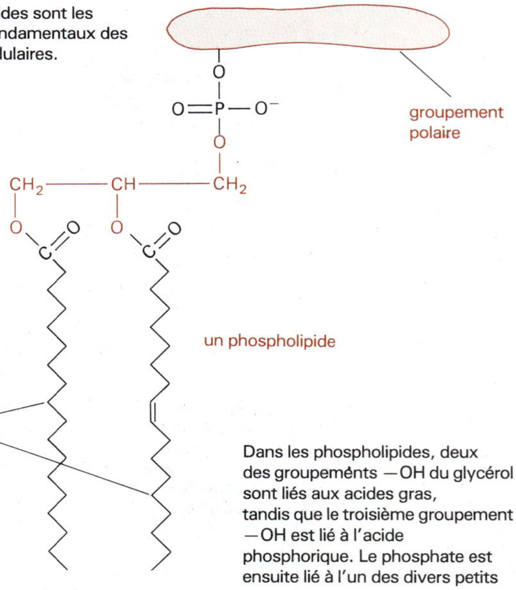

Dans les phospholipides, deux des groupements —OH du glycérol sont liés aux acides gras, tandis que le troisième groupement —OH est lié à l'acide phosphorique. Le phosphate est ensuite lié à l'un des divers petits groupements polaires (alcools).

 Planche 2-4 Un aperçu de quelques-uns des types d'acides gras rencontrés communément dans les cellules et les structures qu'ils forment.

AGRÉGATS LIPIDIQUES

Les acides gras possèdent une « tête » hydrophile et une « queue » hydrophobe.

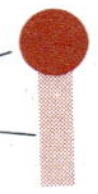

Dans l'eau, ils peuvent former un film superficiel ou s'associer en petites micelles.

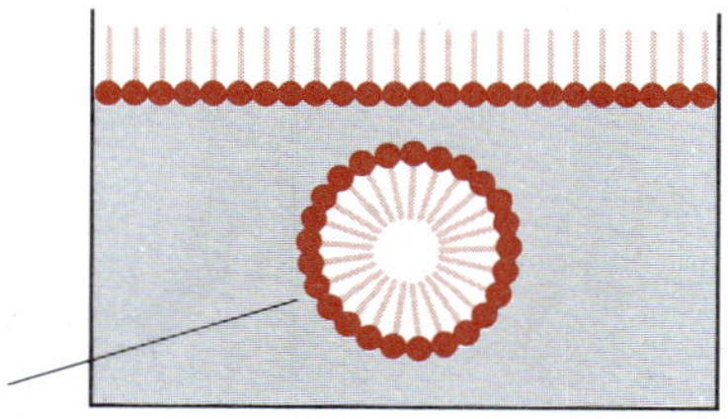

Leurs dérivés peuvent former de grands agrégats maintenus par des forces hydrophobes :

Les triglycérides forment de grosses gouttelettes sphériques de graisse dans le cytoplasme.

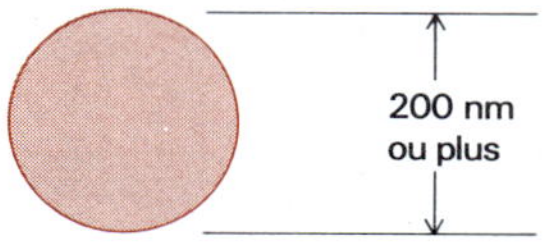

Les phospholipides et les glycolipides forment des doubles couches lipidiques à fermeture automatique qui sont la base de toutes les membranes cellulaires.

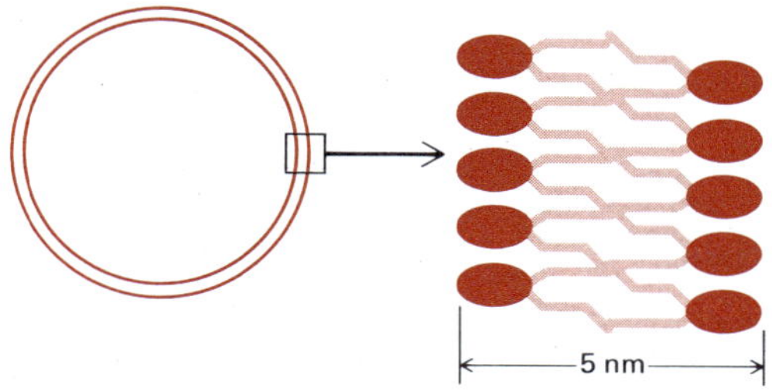

AUTRES LIPIDES

Les lipides sont définis comme les molécules des cellules insolubles dans l'eau et solubles dans les solvants organiques. Les stéroïdes et les polyisoprénoïdes sont deux autres types de lipides courants. Ils sont tous deux constitués d'unités isoprène.

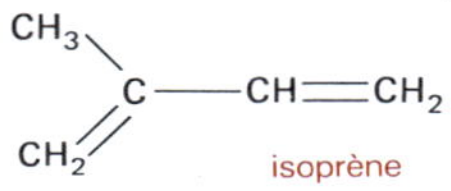

isoprène

STÉROÏDES

Les stéroïdes ont une structure pluricyclique commune.

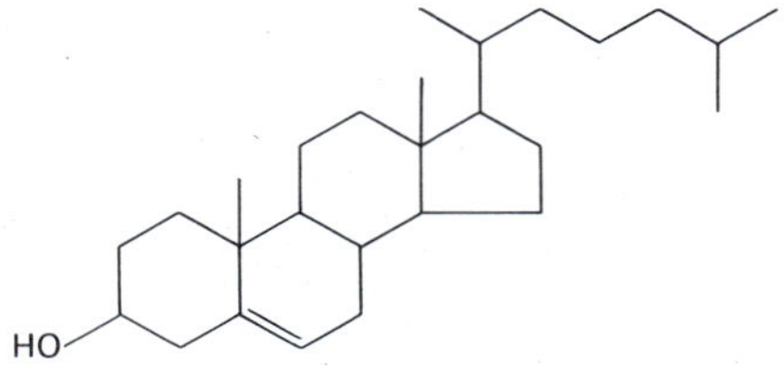

cholestérol — trouvé dans de nombreuses membranes

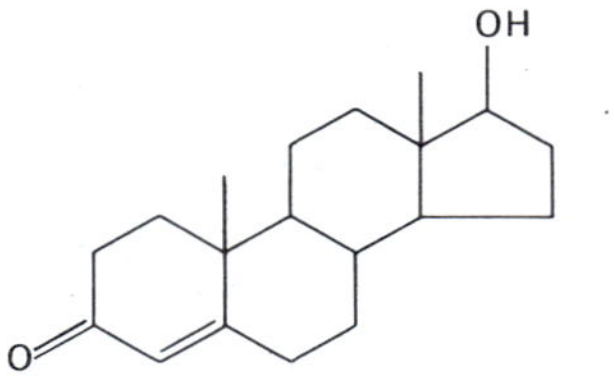

testostérone — hormone stéroïde mâle

GLYCOLIPIDES

Comme les phospholipides, ces composés possèdent une région hydrophobe contenant deux longues chaînes hydrocarbonées et une région polaire qui contient un ou plusieurs résidus glucidiques et non plus un phosphate.

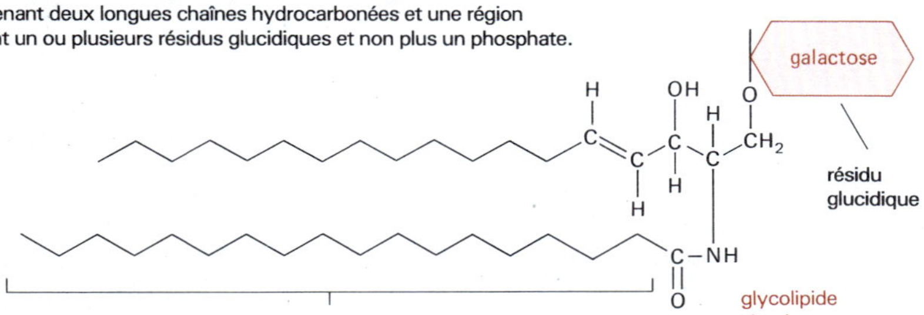

glycolipide simple

POLYISOPRÉNOÏDES

longs polymères linéaires d'isoprène

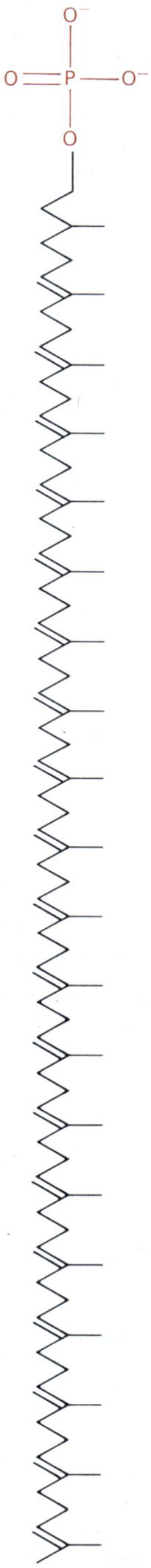

dolichol phosphate — utilisé pour le transport de glucides activés dans la synthèse membranaire des glycoprotéines et de quelques polysaccharides.

L'ACIDE AMINÉ

La formule générale d'un acide aminé est :

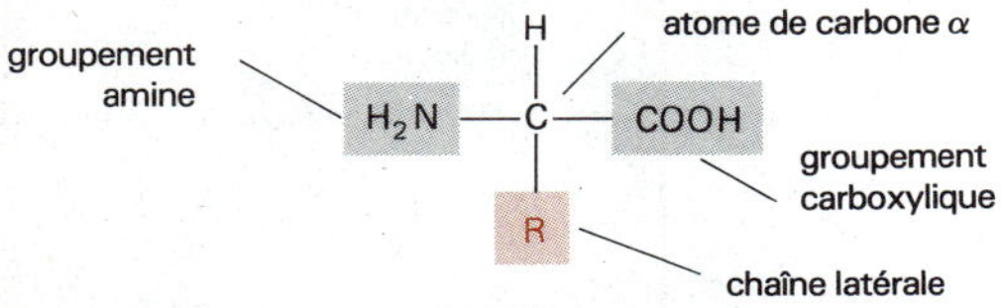

R est généralement l'une des 20 différentes chaînes latérales. A pH 7, les groupements amine et carboxylique sont tous deux ionisés.

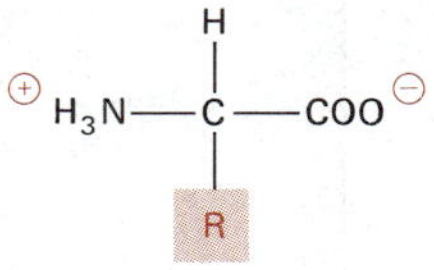

ISOMÈRES OPTIQUES

L'asymétrie du carbone α autorise deux isomères, images dans un miroir (ou stéréoisomères), D et L.

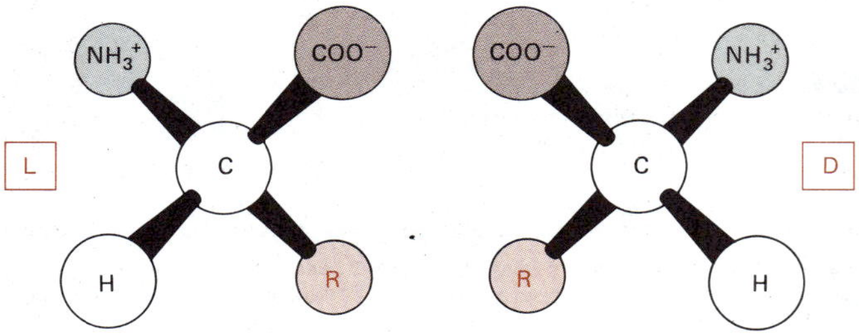

Les protéines sont exclusivement constituées de L-acides aminés.

LIAISONS PEPTIDIQUES

Les acides aminés sont généralement unis par une liaison amide, appelée liaison peptidique.

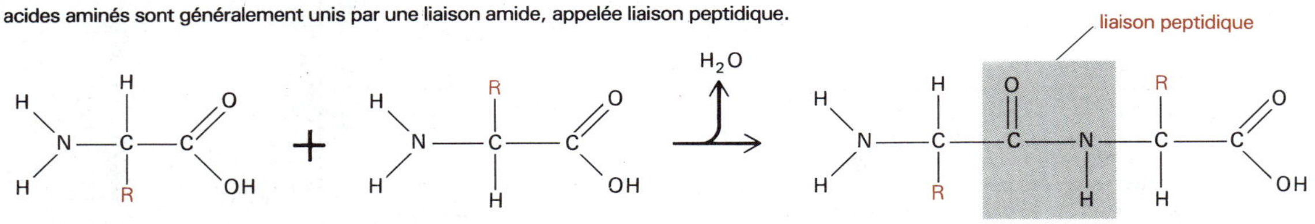

Les protéines sont de longs polymères d'acides aminés associés par des liaisons peptidiques et sont toujours écrites l'extrémité *N*-terminale à gauche. La séquence de ce tripeptide est His Cys Val.

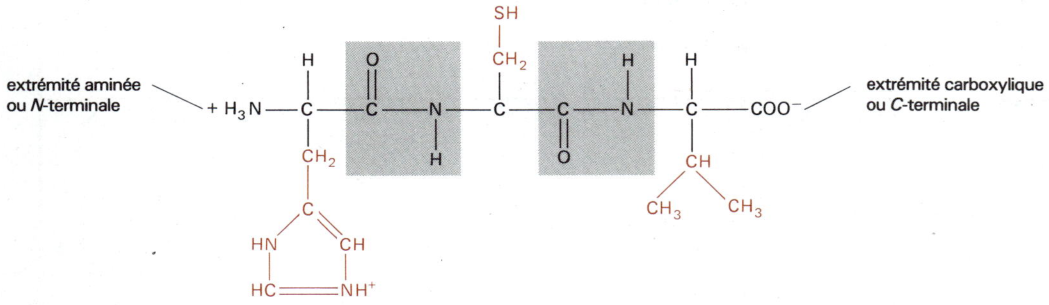

FAMILLES D'ACIDES AMINÉS

Les acides aminés courants sont groupés selon que leurs chaînes latérales sont :

- acides
- basiques
- polaires non chargées
- non polaires

Ces 20 acides aminés sont désignés par des abréviations à 3 ou 1 lettre.

Ainsi : alanine = Ala = A

CHAÎNES LATÉRALES BASIQUES

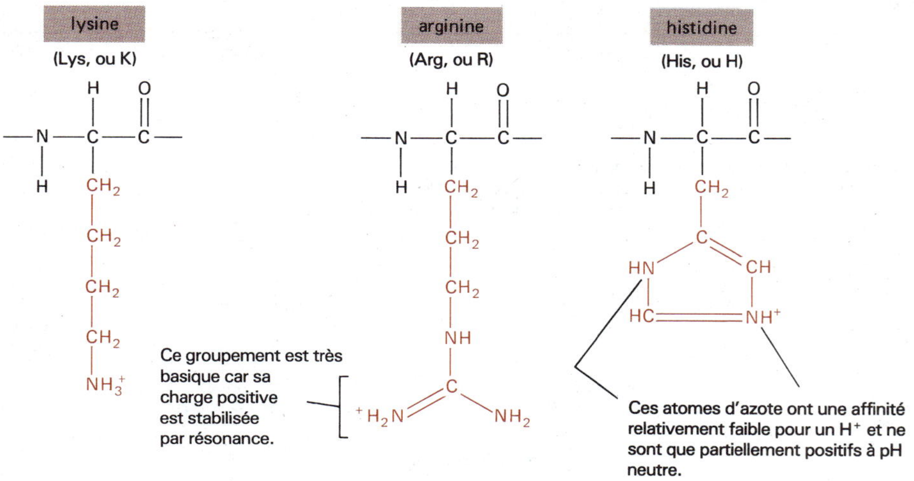

 Planche 2-5 Les 20 acides aminés impliqués dans la synthèse des protéines.

CHAÎNES LATÉRALES ACIDES

acide aspartique

(Asp, ou D)

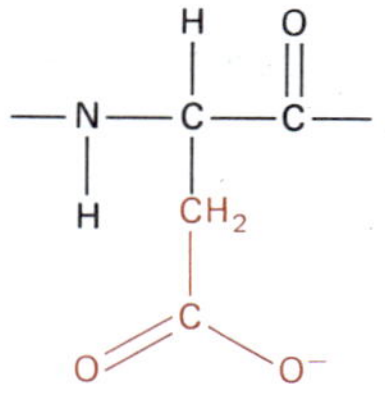

acide glutamique

(Glu, ou E)

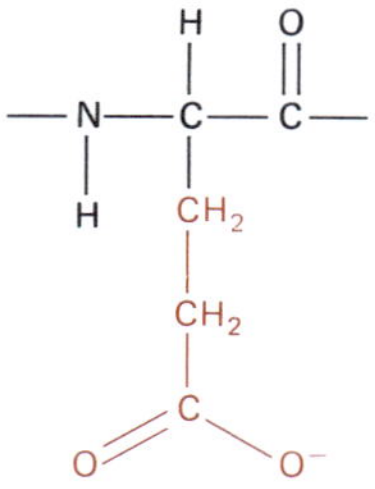

Les acides aminés qui ont des chaînes latérales polaires non chargées sont assez hydrophobes et sont habituellement à l'extérieur des protéines, alors que les chaînes latérales des acides aminés non polaires ont tendance à se regrouper à l'intérieur. Les acides aminés qui ont des chaînes latérales basique et acide sont très polaires et ils sont presque toujours présents à l'extérieur des molécules protéiques.

CHAÎNES LATÉRALES POLAIRES NON CHARGÉES

asparagine

(Asn, ou N)

glutamine

(Gln, ou Q)

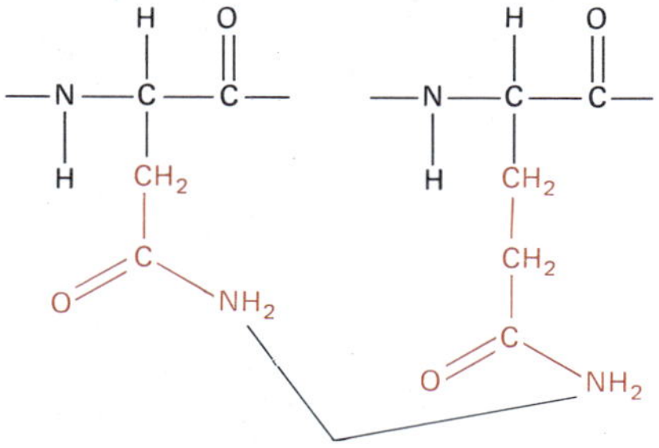

Bien que l'amide N ne soit pas chargée à pH neutre, elle est polaire.

sérine

(Ser, ou S)

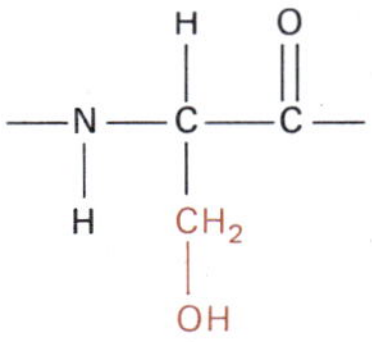

thréonine

(Thr, ou T)

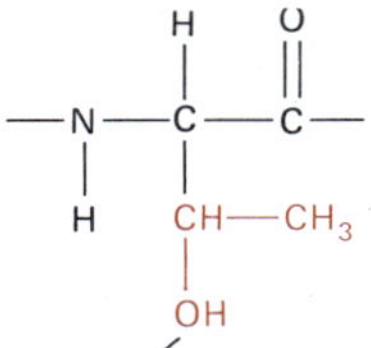

tyrosine

(Tyr, ou Y)

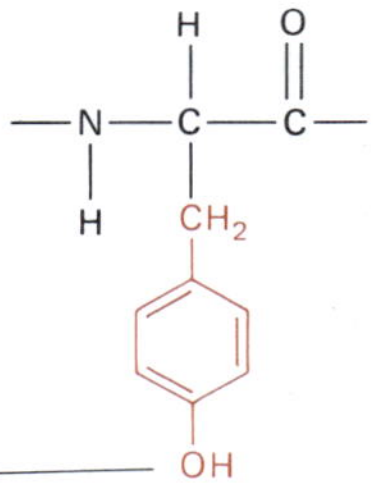

Le groupement —OH est polaire.

CHAÎNES LATÉRALES NON POLAIRES

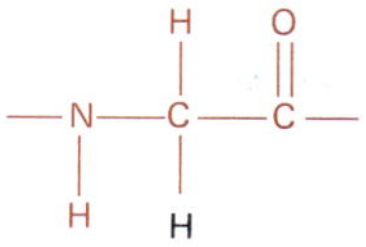

glycine

alanine

(Ala, ou A)

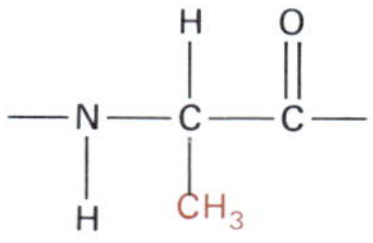

valine

(Val, ou V)

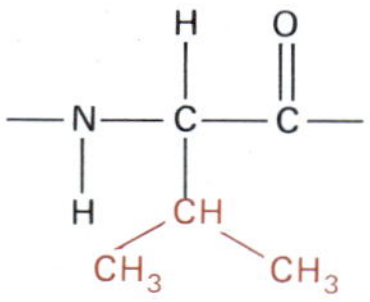

leucine

(Leu, ou L)

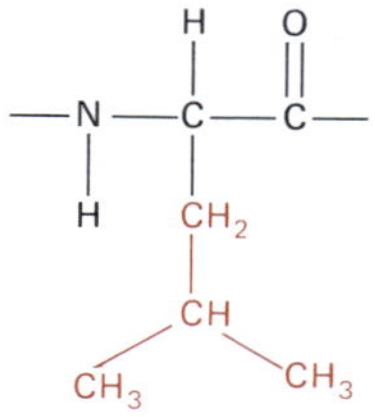

isoleucine

(Ileu, ou I)

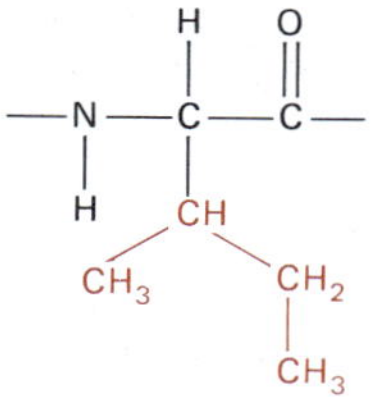

proline

(Pro, ou P)

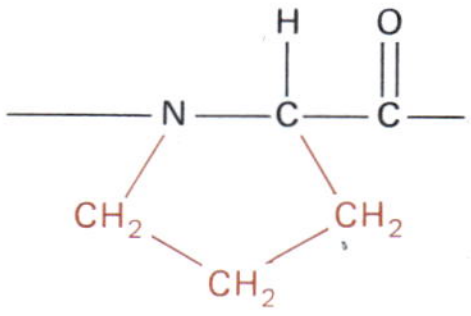

(en fait un imino-acide)

phénylalanine

(Phe, ou F)

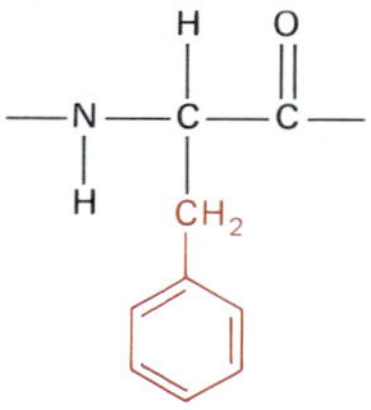

méthionine

(Met, ou M)

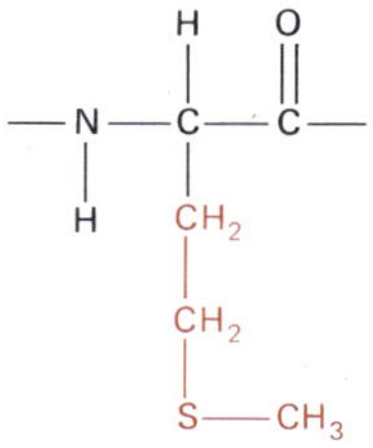

tryptophane

(Trp, ou W)

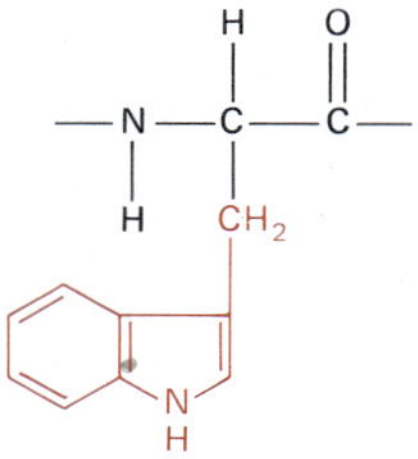

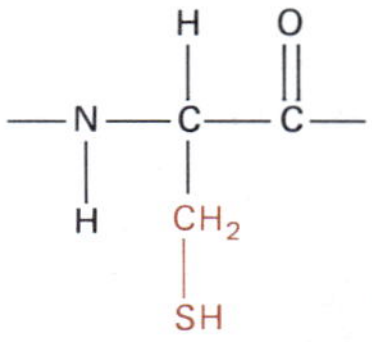

cystéine

(Cys, ou C)

Les cystéines appariées permettent la formation de ponts disulfure dans les protéines.

$$—CH_2—S—S—CH_2—$$

BASES

Les bases sont des composés cycliques azotés, soit puriques, soit pyrimidiques.

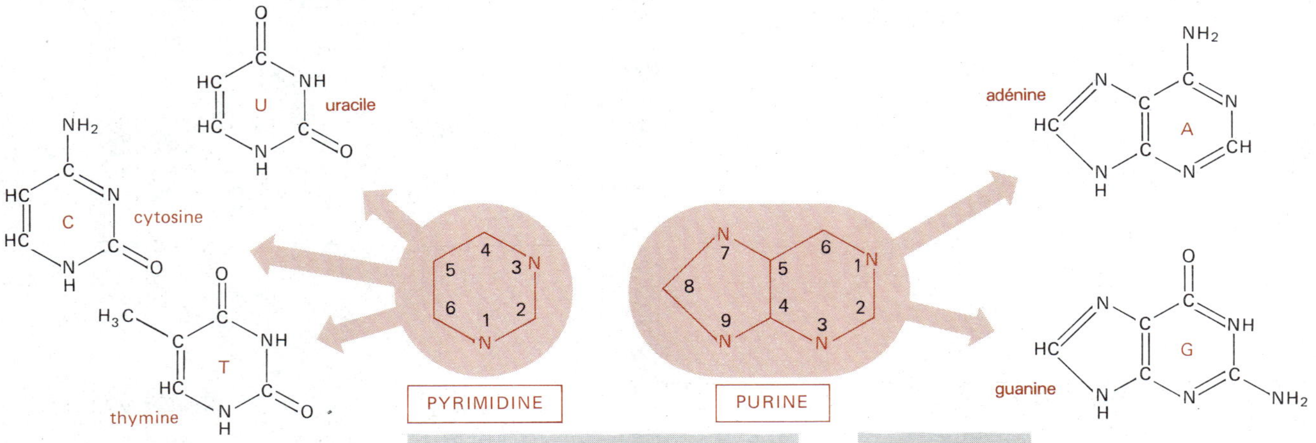

PHOSPHATES

Les phosphates sont normalement liés à l'hydroxyle en C5 du ribose ou du désoxyribose. Les mono-, di- et triphosphates sont courants.

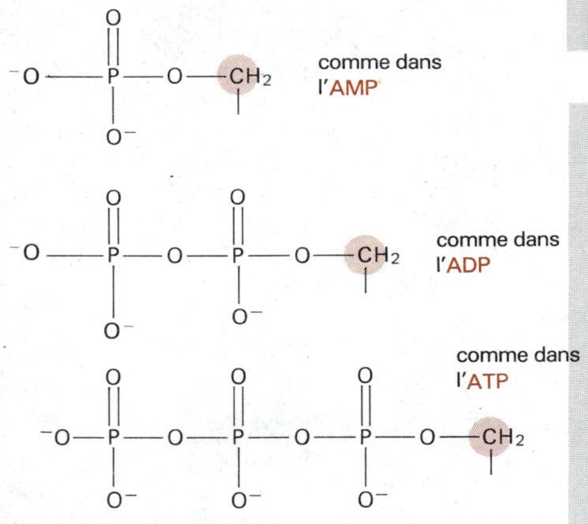

Le phosphate rend le nucléotide négativement chargé.

NUCLÉOTIDES

Un nucléotide consiste en une base azotée, un glucide à 5 carbones et un ou plusieurs groupements phosphates.

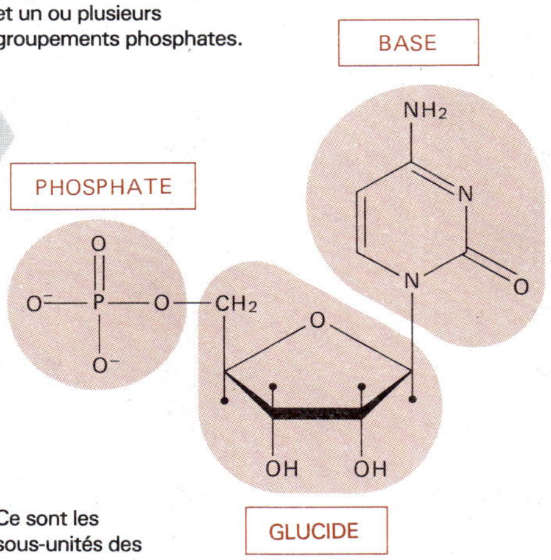

Ce sont les sous-unités des acides nucléiques.

LIAISON BASE-GLUCIDE

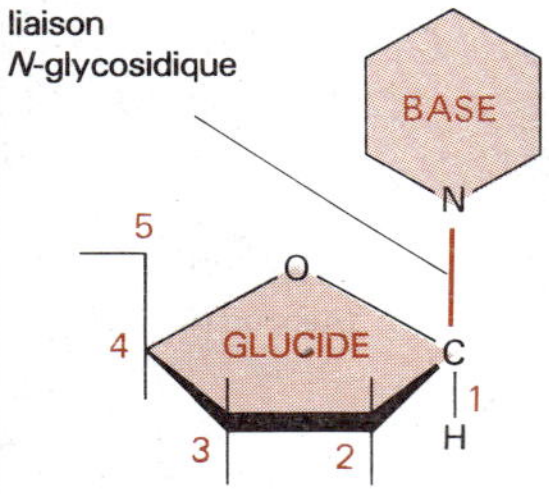

La base est liée au même carbone (C_1) que celui qui sert aux liaisons glucide-glucide.

GLUCIDES

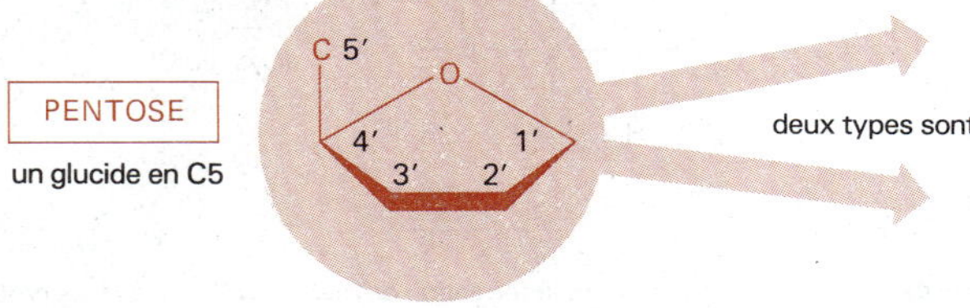

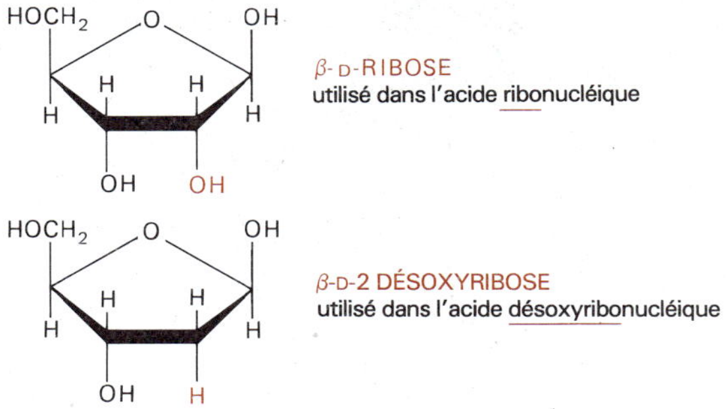

Chaque carbone numéroté sur le glucide d'un nucléotide est suivi par un « prime » ; on parle alors de « carbone-5-prime », etc.

Planche 2-6 Vue d'ensemble des principaux types de nucléotides et de leurs dérivés rencontrés dans les cellules.

NOMENCLATURE

Les noms peuvent prêter à confusion, mais les abréviations sont claires.

BASE + GLUCIDE = NUCLÉOSIDE

BASE + GLUCIDE + PHOSPHATE = NUCLÉOTIDE

BASE	NUCLÉOSIDE	ABBR.
adénine	adénosine	A
guanine	guanosine	G
cytosine	cytidine	C
uracile	uridine	U
thymine	thymidine	T

Les nucléotides sont abrégés par trois lettres capitales comme suit :

AMP = adénosine monophosphate
dAMP = désoxyadénosine monophosphate
UDP = uridine diphosphate
ATP = adénosine triphosphate
etc.

LES ACIDES NUCLÉIQUES

Les nucléotides sont liés par un pont phosphodiester entre les atomes de carbone 3′ et 5′ pour former des acides nucléiques.

La séquence linéaire des nucléotides d'une chaîne d'acide nucléique est généralement abrégée par un code à une lettre, A—G—C—T—T—A—C—A, l'extrémité 5′ de la chaîne étant écrite à gauche.

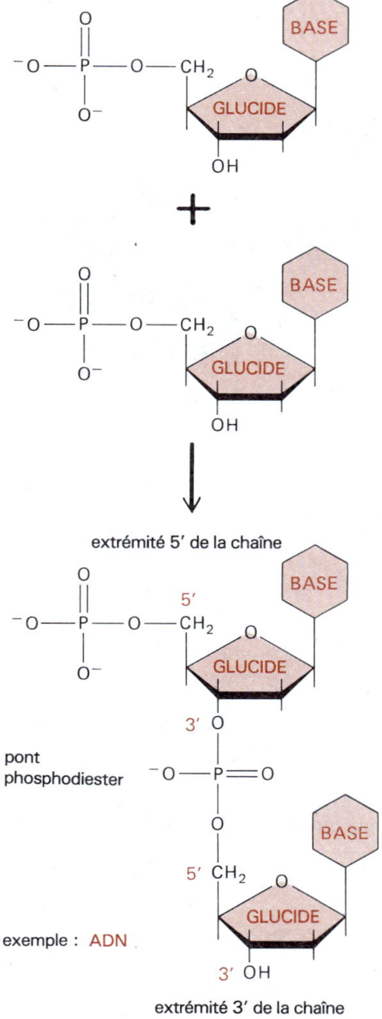

exemple : ADN

LES NUCLÉOTIDES ONT DE NOMBREUSES AUTRES FONCTIONS

1. Ils transportent l'énergie chimique dans leurs liaisons acide-anhydride facilement hydrolysées.

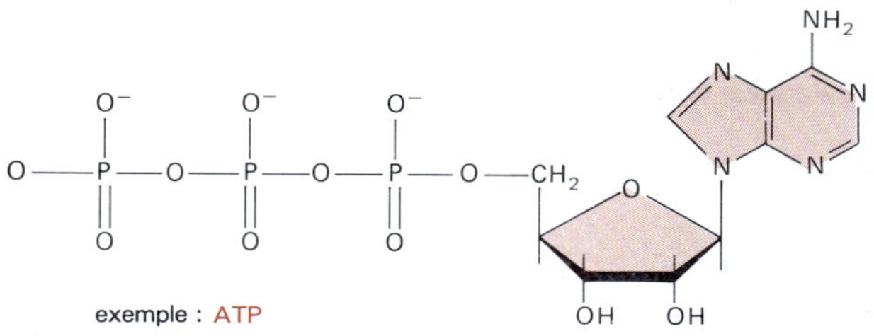

exemple : ATP

2. Ils se lient à d'autres groupements pour former des coenzymes.

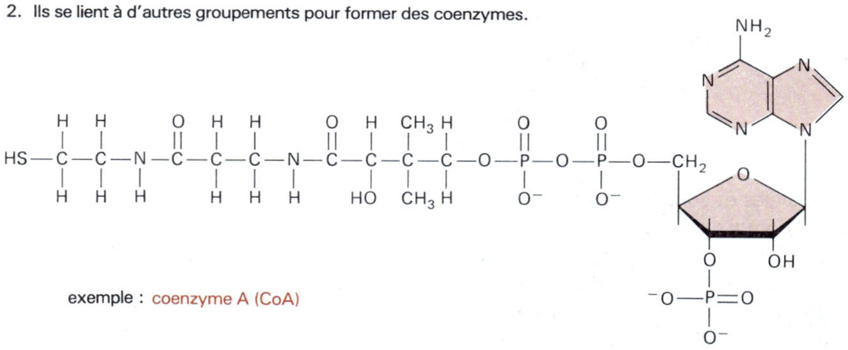

exemple : coenzyme A (CoA)

3. Ils servent de molécules messagères spécifiques dans la cellule.

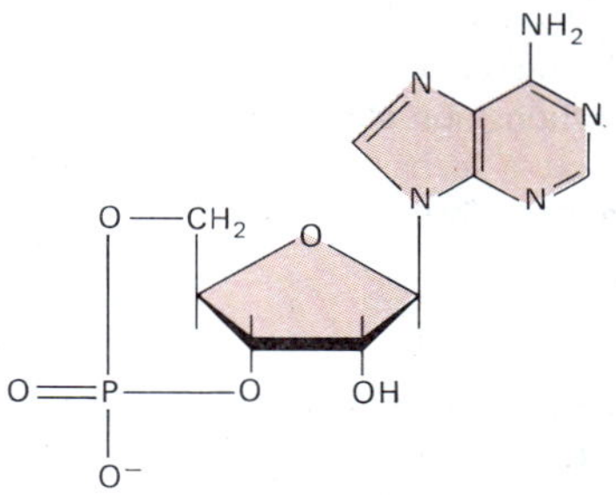

exemple : AMP cyclique

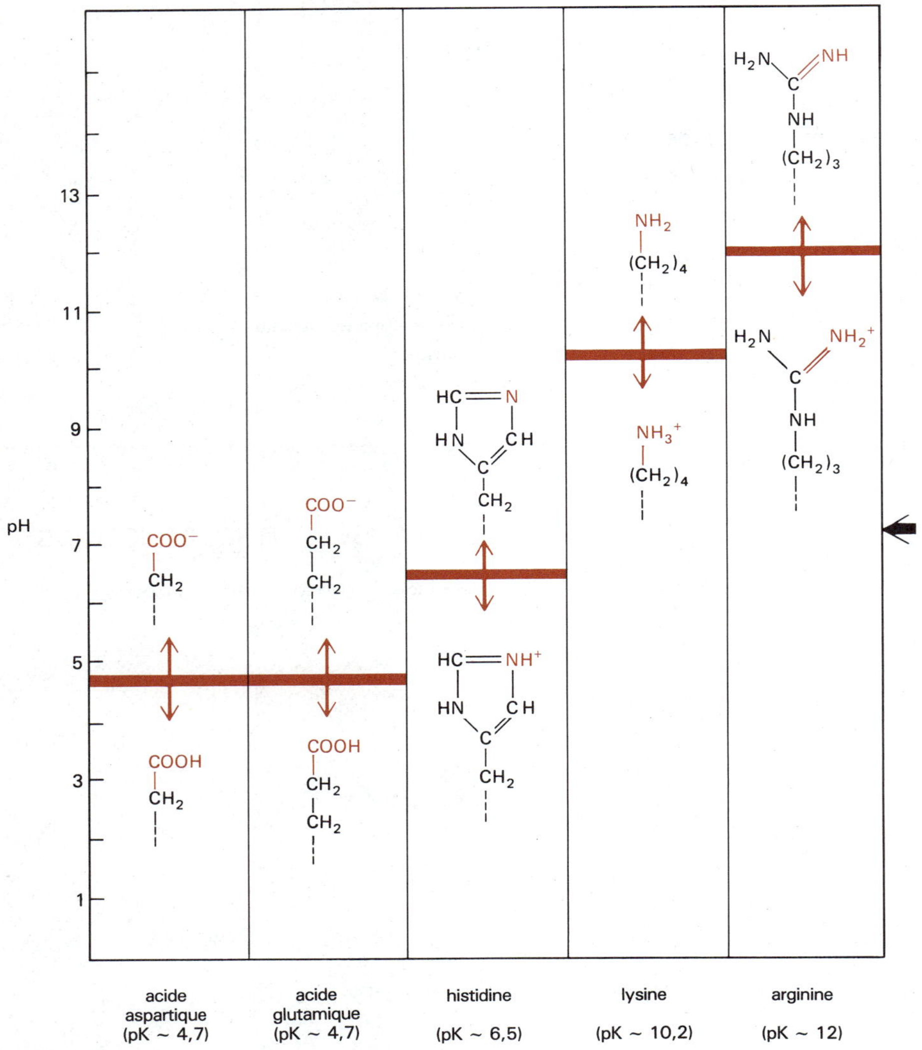

Figure 2-8 La charge des chaînes latérales des acides aminés dépend du pH. Les acides carboxyliques perdent facilement des H^+ en solution aqueuse pour former un ion chargé négativement qui est indiqué par le suffixe « -ate », comme dans aspart*ate* ou glutam*ate*. Une situation comparable existe pour les amines qui, en solution aqueuse, fixent un H^+ pour former un ion chargé positivement (qui n'a pas de nom particulier). Ces réactions sont rapidement réversibles et les quantités des deux formes, chargée et non chargée, dépendent du pH de la solution. A un pH élevé, les acides carboxyliques ont tendance à être chargés et les amines non chargées ; à pH faible, il se passe le contraire, les acides carboxyliques sont non chargés et les amines chargées. Le pH auquel la *moitié* des résidus d'acide carboxylique ou d'amine sont chargés est appelé le pK de cet acide aminé.

Dans la cellule, le pH est proche de 7 et presque tous les acides carboxyliques et les amines sont sous leur forme complètement chargée.

des cellules et contrôle la vitesse d'un grand nombre de réactions intracellulaires différentes.

Comme nous l'avons déjà indiqué au Chapitre 1, l'importance particulière des nucléotides réside dans leur rôle dans la conservation de l'information biologique. Les nucléotides sont les éléments de construction des **acides nucléiques**, longs polymères dont les sous-unités sont liées de manière covalente par la formation d'un ester-phosphate entre le groupement 3'-hydroxyle du résidu glucidique d'un nucléotide et le groupement 5'-phosphate du suivant (Figure 2-10). Il y a deux catégories principales d'acides nucléiques qui diffèrent par le type de glucide dans leur squelette polymérique. Ceux qui sont constitués de *ribose* sont connus sous le nom d'**acides ribonucléiques** ou **ARN**, et contiennent les bases A, U, G et C. Ceux qui sont constitués de *désoxyribose* (dans lequel l'hydroxyle en position 2' du ribose est remplacé par un hydrogène) sont les **acides désoxyribonucléiques** ou **ADN** ; ceux-ci contiennent les bases A, T, G et C. La séquence des bases d'un polymère d'ADN ou d'ARN représente l'information génétique de la cellule vivante. La capacité qu'ont les bases de différentes molécules d'acides nucléiques à se reconnaître par des interactions non covalentes (appelées **appariements des bases**) — G avec C, et A avec T ou U — est à la base de toute l'hérédité et de l'évolution, comme nous l'expliquerons dans le chapitre suivant.

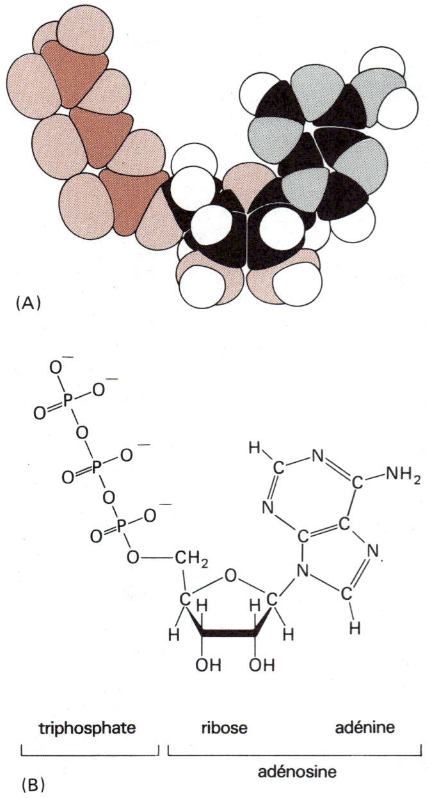

Figure 2-9 Structure chimique de l'adénosine triphosphate (ATP) ; le modèle en trois dimensions (A) et la formule de constitution (B) sont tous deux représentés.

Résumé

Les organismes vivants sont des systèmes chimiques autonomes et auto-reproductibles ; ils sont constitués d'une série distincte mais restreinte de petites molécules à base de carbone, qui sont essentiellement les mêmes pour toutes les espèces vivantes. Les principales catégories sont les glucides, les acides gras, les acides aminés et les nucléotides. Les glucides constituent la principale source d'énergie des cellules et peuvent être incorporés à l'intérieur de polysaccharides pour le stockage de l'énergie. Les acides gras aussi jouent un rôle important dans le stockage de l'énergie, mais leur fonction la plus significative est la constitution des membranes cellulaires. Les polymères d'acides aminés sont les composants des macromolécules remarquablement diverses et polyvalentes que sont les protéines. Les nucléotides jouent un rôle central dans le transfert de l'énergie et sont impliqués dans la transmission de signaux intracellulaires, mais leur rôle principal est de constituer les sous-unités des macromolécules informationnelles, l'ARN et l'ADN.

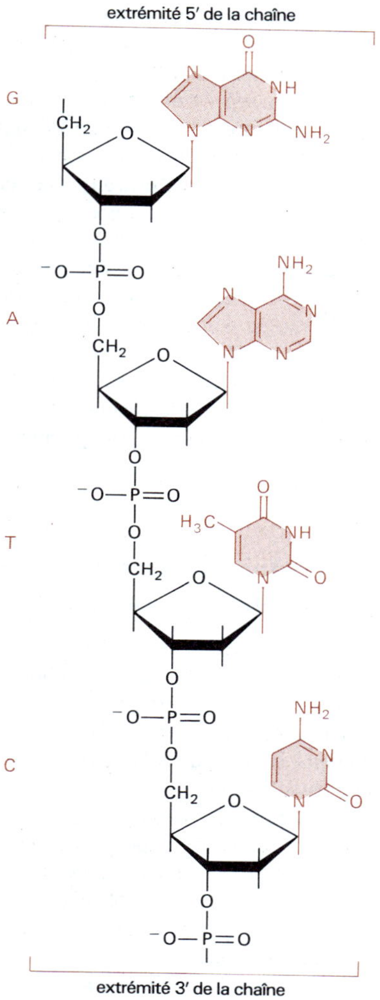

Figure 2-10 Une petite portion d'acide désoxyribonucléique ou ADN. L'ADN et son parent proche, l'ARN, sont les acides nucléiques de la cellule. Cette région de la chaîne d'ADN a la séquence G.A.T.C.

Ordre biologique et énergie [6]

Les cellules doivent obéir aux lois de la physique et de la chimie. Les règles de la mécanique et de la conversion d'une forme d'énergie en une autre s'appliquent aussi bien à la cellule qu'à une machine à vapeur. Il faut admettre, toutefois, que certains caractères inexplicables de la cellule semblent, à première vue, la placer dans une catégorie à part. C'est un fait d'expérience que les choses livrées à elles-mêmes finissent par se désagréger : les bâtiments s'écroulent, les organismes morts pourrissent, etc. Cette tendance générale est exprimée dans le *second principe de la thermodynamique*, qui établit que dans tout système isolé, le degré de désordre ne peut qu'augmenter.

Ce qui laisse perplexe, c'est le très haut degré d'organisation que les organismes vivants maintiennent à tous les niveaux ; et comme ils se nourrissent, se développent et s'accroissent, ils paraissent créer cet ordre à partir de matériaux bruts auxquels ce dernier fait défaut. L'ordre apparaît d'une manière remarquable dans les grandes structures telles que l'aile d'un papillon ou l'œil d'une pieuvre, dans les structures infracellulaires telles qu'un mitochondrie ou un cil, et dans la forme et l'arrangement des molécules qui constituent ces structures. Les atomes constitutifs ont été extraits, en définitive, d'un état relativement désorganisé de l'environnement et assemblés à l'intérieur d'une structure précise. Même une cellule qui ne se divise pas, a un besoin constant de processus créateurs d'ordre pour survivre, puisque toutes ses structures organisées sont soumises à des accidents spontanés et doivent être continuellement réparées. Comment cela est-il possible thermodynamiquement ? Nous verrons que la réponse réside dans le fait que la cellule renvoie constamment de la chaleur dans son environnement, et qu'elle n'est donc pas un système isolé au sens thermodynamique.

L'ordre biologique est rendu possible par la libération d'énergie sous forme de chaleur par les cellules [7]

Certains principes importants de la thermodynamique peuvent être compris très facilement, si l'on considère l'exemple idéalisé constitué par une cellule et son environnement immédiat, contenus dans une boîte hermétique posée sur une mer de matière représentant le reste de l'univers (Figure 2-11). Tout en se développant et subsistant, la cellule crée de l'ordre à l'intérieur de la boîte. Toutefois, comme nous l'avons vu, le second principe de la thermodynamique établit que l'ordre dans l'ensemble du système (c'est-à-dire la boîte plus la mer) doit toujours décroître. L'augmentation de l'ordre à l'intérieur de la boîte doit donc être plus que compensée par une augmentation encore plus grande du *désordre* dans le reste de l'univers. Bien que les molécules, dans notre exemple, ne puissent être échangées entre la boîte et la mer, de la chaleur peut être échangée et il existe une relation quantitative entre la chaleur et l'ordre. La chaleur est l'énergie dans sa forme la plus désordonnée — l'agitation erratique des molécules. Si la cellule cède de la chaleur à la mer, elle augmente l'intensité des mouvements moléculaires dans la mer — accroissant ainsi le degré de hasard, ou de désordre.

La relation quantitative entre chaleur et ordre, reconnue pour la première fois à la fin du 19e siècle, nous permet en principe de calculer la quantité exacte d'énergie que la cellule doit libérer (en kilocalories) pour compenser un certain ordre créé à l'intérieur d'elle-même (comme l'assemblage des protéines à partir d'acides aminés) — de sorte que le processus global augmente le désordre total de l'univers. Ce rapport peut être déduit en considérant les modifications des mouvements moléculaires qui résultent du transfert d'une certaine quantité d'énergie d'un corps chaud à un corps froid. Les détails quantitatifs du rapport ne sont pas ici notre propos, mais il est indispensable de noter que la cellule ne réalisera rien en produisant de la chaleur si les réactions génératrices de chaleur ne sont pas associées aux processus qui engendrent l'ordre moléculaire dans la cellule. On dit de telles réactions qu'elles sont *couplées*, comme nous l'expliquerons ultérieurement. C'est le couplage étroit de la production de chaleur à une augmentation de l'ordre qui distingue le métabolisme de la cellule du gaspillage énergétique représenté par la combustion d'un carburant dans un feu.

La Figure 2-11 illustre de façon très schématique la manière dont ces réactions couplées dégagent de l'énergie calorifique, qui augmente le désordre de l'environnement, compensant ainsi l'augmentation d'ordre qu'elles créent dans la cellule. C'est l'augmentation résultante du désordre dans l'univers qui pousse les réactions couplées vers l'organisation cellulaire.

L'énergie ne peut être créée ni détruite au cours de réactions chimiques. Ainsi, dans notre exemple, la perte de chaleur par la boîte, qui entraîne la production d'ordre biologique à l'intérieur de cette même boîte, nécessite un apport d'énergie si le processus doit se poursuivre. Cette énergie doit être sous une forme autre que la chaleur. Chez les végétaux, l'énergie est initialement tirée du rayonnement électromagnétique du soleil ; chez les animaux, elle provient de l'énergie stockée dans les liaisons covalentes des molécules organiques qu'ils consomment. Cependant, puisque ces aliments organiques sont eux-mêmes produits par des organismes photosynthétiques tels que les plantes vertes, le soleil est en fait la source d'énergie fondamentale pour les deux types d'organismes.

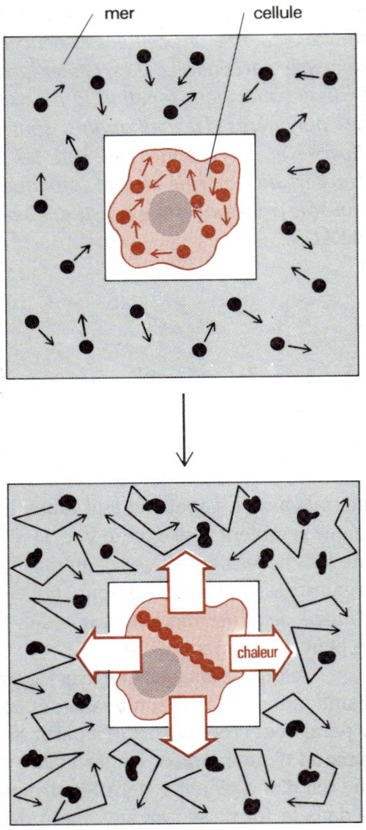

Figure 2-11 Pour faire une analyse thermodynamique simple d'une cellule vivante, il est commode de la considérer, ainsi que son environnement immédiat, enfermée dans une boîte hermétique qui permette l'échange de chaleur mais non celui de molécules avec le reste de l'univers auquel nous avons donné ici le nom de « mer ». Dans le diagramme du haut, les molécules de la cellule et du reste de l'univers sont représentées dans un état de relatif désordre. Dans le diagramme du bas, de la chaleur a été libérée par la cellule par une réaction qui ordonne les molécules qu'elle contient. L'augmentation de l'agitation au hasard y compris les distorsions de liaisons des molécules du reste de l'univers crée un désordre qui fait plus que compenser l'accroissement d'ordre dans la cellule, comme l'exigent les lois de la thermodynamique. De cette façon, la libération de chaleur par une cellule dans son environnement lui permet d'acquérir un degré d'ordre interne supérieur tandis que le désordre de l'univers dans son ensemble augmente.

Les organismes photosynthétiques utilisent la lumière solaire pour synthétiser des composés organiques [8]

L'énergie solaire pénètre dans le monde vivant (la *biosphère*) au moyen de la **photosynthèse** effectuée par des organismes photosynthétiques — les végétaux ou les bactéries. Dans la photosynthèse, l'énergie électromagnétique est convertie en énergie de liaison chimique. En même temps, une partie de l'énergie solaire est convertie en énergie calorifique, et la libération de cette chaleur dans l'environnement augmente le désordre et entraîne ainsi le processus photosynthétique.

Les réactions de la photosynthèse sont décrites en détail au Chapitre 7. En gros, elles se déroulent en deux étapes distinctes. Au cours de la première (les *réactions lumineuses*), la radiation visible excite un électron dans une molécule de pigment qui, en retournant à un état d'énergie inférieur, fournit l'énergie nécessaire à la synthèse des molécules d'ATP et de NADPH. Dans la seconde phase (les *réactions sombres*), l'ATP et le NADPH servent à déclencher une série de réactions de « fixation du carbone » dans lesquelles le CO_2 de l'air est utilisé pour former des molécules de glucides (Figure 2-12).

Le résultat *global* de la photosynthèse, pour la plante verte, peut être résumé par l'équation :

$$\text{énergie} + CO_2 + H_2O \rightarrow \text{glucide} + O_2$$

qui est l'inverse de la décomposition oxydative d'un glucide. Toutefois, cette équation simple ne laisse pas apparaître la nature complexe des réactions sombres qui impliquent de nombreuses étapes réactionnelles liées. De plus, bien que la fixation initiale de CO_2 aboutisse à la formation de glucides, ceux-ci sont bientôt convertis, par des réactions métaboliques ultérieures, en d'autres molécules petites et grosses essentielles à la cellule végétale.

L'énergie chimique passe des végétaux aux animaux

Les animaux et autres organismes non photosynthétiques sont incapables de capter directement l'énergie de la lumière solaire et doivent donc subsister avec de l'énergie « de seconde main », obtenue en mangeant des végétaux ou « de troisième main » obtenue en mangeant d'autres animaux. Les molécules organiques fabriquées par les cellules végétales fournissent à la fois les éléments de construction et le combustible aux organismes qui s'en nourrissent. Tous les types de molécules végétales peuvent faire l'affaire — glucides, protéines, polysaccharides, lipides, et bien d'autres.

Les transactions entre végétaux et animaux ne sont pas toutes à sens unique. Les végétaux, les animaux et les microorganismes coexistent sur cette planète depuis si longtemps que beaucoup d'entre eux sont devenus un élément essentiel de l'environnement des autres. L'oxygène dégagé par la photosynthèse est consommé pour la combustion de molécules par pratiquement tous les organismes, et certaines molécules de CO_2 « fixées » aujourd'hui à l'intérieur de grosses molécules organiques lors de la photosynthèse dans une feuille verte, étaient hier libérées dans l'atmosphère par la respiration de l'animal. Ainsi, l'utilisation du carbone est un processus cyclique qui implique l'ensemble de la biosphère et franchit les frontières séparant les organismes individuels (Figure 2-13). De la même façon, les atomes d'azote, de phosphore et de soufre peuvent, en principe, être retrouvés d'une molécule biologique à l'autre dans une série de cycles similaires.

Les cellules tirent leur énergie de l'oxydation de molécules biologiques [9]

Les atomes de carbone et d'hydrogène d'une cellule ne sont pas dans leur état le plus stable. L'atmosphère terrestre contenant une grande quantité d'oxygène, l'état le plus stable du carbone est sous la forme CO_2 et celui de l'hydrogène sous la forme H_2O. Une cellule est donc capable de tirer l'énergie des molécules glucidiques ou protéiques en permettant à leurs atomes de carbone et d'hydrogène de se lier à l'oxygène pour produire, respectivement, CO_2 et H_2O. Toutefois, la cellule n'effectue pas l'oxydation des molécules en une seule étape, comme cela se produit dans un feu. Il leur faut un grand nombre de réactions qui n'impliquent que rarement l'addition directe d'oxygène. Avant de pouvoir étudier ces réactions et la force qui les entraîne, nous devons examiner ce que signifie le processus de l'oxydation.

L'oxydation, au sens où nous l'avons entendu plus haut, ne signifie pas seulement l'addition d'atomes d'oxygène ; elle s'applique plus généralement à toute réaction dans laquelle des électrons sont transférés d'un atome à un autre. L'**oxydation**, dans ce sens, se rapporte à une perte d'électrons et la **réduction** — le processus inverse de l'oxydation — signifie l'addition d'électrons. Ainsi, Fe^{2+} est oxydé s'il perd un électron pour devenir Fe^{3+}, et un atome de chlore est réduit s'il reçoit un électron pour devenir Cl^-. Les mêmes termes sont utilisés quand il n'y a qu'un déplacement partiel d'électrons entre des atomes liés par une liaison covalente. Quand un atome de carbone, par exemple, est lié de manière covalente à un atome électronégatif comme l'oxygène, le chlore ou le soufre, il abandonne plus que sa part d'électrons — acquérant une charge positive partielle — on dit qu'il est oxydé. Inversement, un atome de carbone dans une liaison C—H possède relativement plus d'électrons et on dit qu'il est réduit (Figure 2-14).

La combustion de matériaux alimentaires dans une cellule transforme les atomes de C et H des molécules organiques (où ils sont dans un état relativement riche en électrons ou état réduit) en CO_2 et H_2O, où ils ont cédé des électrons et sont donc très oxydés. Le déplacement des électrons du carbone et de l'hydrogène à l'oxygène permet à tous ces atomes d'atteindre un état plus stable et il est, en conséquence, énergétiquement favorable.

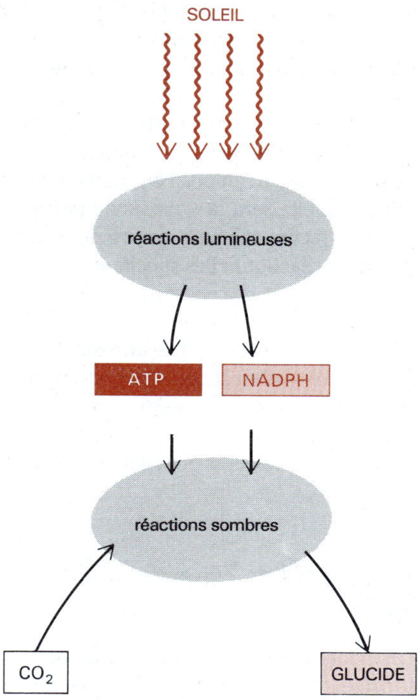

Figure 2-12 Les deux étapes de la photosynthèse dans une plante verte.

La dégradation des molécules organiques a lieu au cours de séquences de réactions catalysées par des enzymes [10]

Bien que la forme du carbone la plus énergétiquement favorable soit CO_2 et que celle de l'hydrogène soit H_2O, un organisme vivant ne s'en va pas en fumée, pour la même raison qui fait que le livre que vous tenez ne s'enflamme pas : leurs molécules se trouvent dans des états

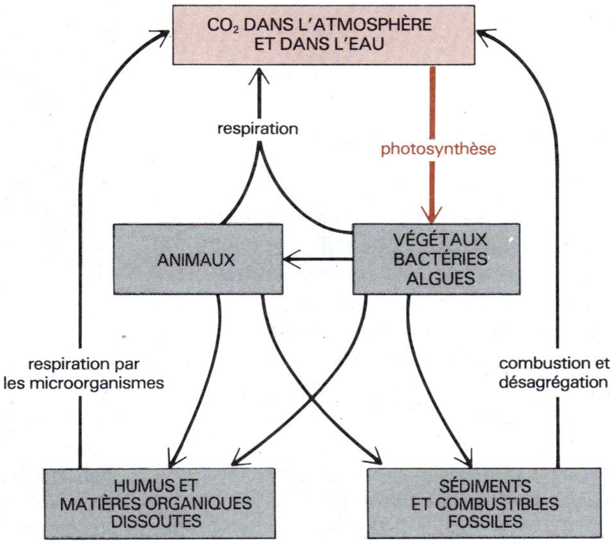

Figure 2-13 Le cycle du carbone. Les atomes de carbone individuels sont incorporés dans des molécules organiques du monde vivant par l'activité photosynthétique des végétaux, des bactéries et des algues marines. Ils sont transmis aux animaux, aux microorganismes et aux matériaux organiques du sol et des océans par des voies cycliques. CO_2 est restitué à l'atmosphère quand les molécules organiques sont oxydées par les cellules ou brûlées par les humains comme combustibles fossiles.

initiaux d'énergie métastable (Figure 2-15) et ont besoin d'une *énergie d'activation* pour pouvoir passer à des configurations plus stables. Dans le cas du livre, l'énergie d'activation peut être fournie par une allumette enflammée. Pour une cellule vivante, la combustion s'accomplit d'une façon moins radicale et destructrice. Des catalyseurs protéiques hautement spécifiques, ou **enzymes**, se combinent avec les molécules biologiques de telle façon qu'ils diminuent l'énergie d'activation des réactions particulières que peuvent subir les molécules liées. En abaissant sélectivement l'énergie d'activation d'une voie ou d'une autre, les enzymes déterminent quelle sera la voie suivie parmi plusieurs voies réactionnelles possibles (Figure 2-16). De cette façon, chacune des nombreuses molécules différentes de la cellule sont dirigées vers des voies réactionnelles spécifiques, déterminant ainsi la chimie de la cellule.

Le succès des organismes vivants est imputable à la capacité qu'a la cellule de synthétiser un grand nombre d'enzymes de types différents. Chaque enzyme a une forme unique qui possède un *site actif*. Ce site actif fixe une série particulière d'autres molécules (appelées *substrats*) de façon à multiplier — d'un facteur qui peut souvent atteindre 10^{14} — la vitesse d'une réaction particulière parmi les nombreuses réactions chimiques que peuvent subir les substrats. Comme les autres catalyseurs, les molécules enzymatiques elles-mêmes ne sont pas modifiées après avoir participé à une réaction, et elles peuvent ainsi agir maintes et maintes fois.

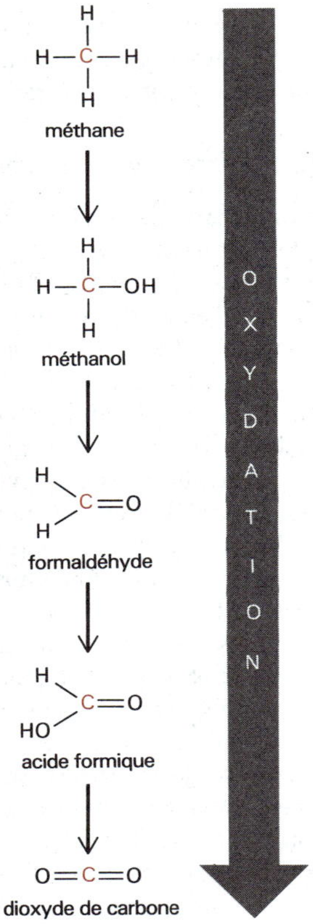

Figure 2-14 L'atome de carbone du méthane peut être transformé en celui du dioxyde de carbone par la perte successive de ses atomes d'hydrogène. A chaque étape, des électrons sont arrachés à l'atome de carbone qui passe à un état énergétiquement plus stable. Ainsi, dans le processus ci-dessus, l'atome de carbone devient progressivement plus oxydé.

Une partie de l'énergie libérée par les réactions d'oxydation est liée à la formation d'ATP [11]

Les cellules tirent une énergie utile de la « combustion » du glucose pour la seule raison qu'elles le brûlent d'une façon très complexe et contrôlée. Au moyen des voies réactionnelles catalysées par les enzymes, les réactions chimiques de synthèse, ou *anaboliques*, qui créent un ordre biologique sont étroitement couplées aux réactions de dégradation, ou *cataboliques*, qui fournissent l'énergie. La différence fondamentale entre une **réaction couplée** et une réaction catabolique non couplée est illustrée par l'analogie mécanique de la Figure 2-17, où une réaction chimique énergétiquement favorable est représentée par des rochers tombant d'une falaise. L'énergie cinétique des rochers serait normalement entièrement perdue sous forme de chaleur engendrée au moment où ils touchent le sol (image A). Mais, si l'on prenait des précautions, une partie de l'énergie cinétique pourrait être utilisée à entraîner une roue à aube qui soulève un seau d'eau (image B). Puisque les rochers ne peuvent atteindre le sol qu'en actionnant la roue à aube, nous disons que la réaction spontanée de la chute des rochers est directement couplée à la réaction non spontanée de levage du seau d'eau. Notons que, dans l'image B, les rochers frappent le sol avec une vitesse moins élevée que dans l'image A puisqu'une partie de l'énergie est maintenant utilisée pour effectuer un travail ; l'énergie perdue sous forme de chaleur sera proportionnellement plus faible.

Dans les cellules, les enzymes jouent le rôle de la roue à aube et couplent la combustion spontanée des matériaux alimentaires à des réactions produisant le nucléoside triphosphate ATP. Tout comme l'énergie stockée dans le seau d'eau soulevé de la Figure 2-17 peut être utilisée à petites doses pour entraîner une grande variété de machines hydrauliques (image C), l'ATP sert de réserve pratique et variée, ou de crédit d'énergie pour produire un grand nombre de réactions chimiques différentes dont la cellule a besoin.

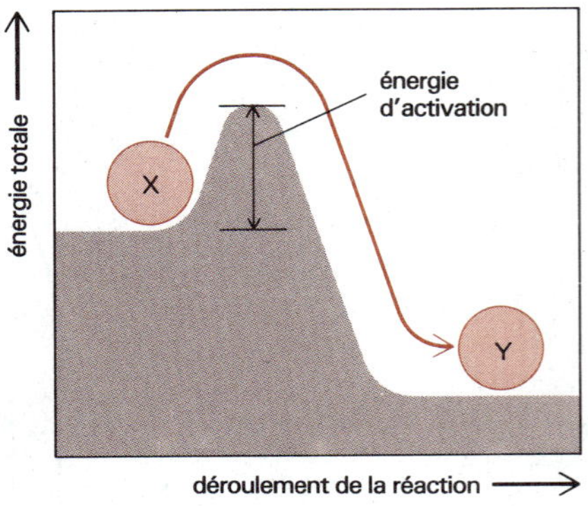

Figure 2-15 Le principe de l'énergie d'activation. Le composé X peut atteindre un niveau d'énergie inférieur, plus favorable, en étant converti en composé Y. Toutefois, cette transition n'aura lieu que si X acquiert une énergie d'activation suffisante de la part de son environnement, pour subir la réaction.

L'hydrolyse de l'ATP est génératrice d'ordre dans les cellules [12]

Comment l'ATP agit-il comme transporteur de l'énergie chimique ? Dans les conditions régnant dans le cytoplasme, la dégradation de l'ATP par hydrolyse pour libérer un phosphate inorganique (P_i) a lieu très facilement et dégage une grande quantité d'énergie utilisable (voir p. 74). Un groupement chimique qui est lié par une telle liaison réactionnelle est aisément transferé à une autre molécule ; pour cette raison, on peut considérer que le phosphate terminal de l'ATP existe dans un état *activé*. La liaison rompue au cours de cette réaction d'hydrolyse est parfois décrite comme une *liaison riche en énergie*. Cependant, le fait important est que l'hydrolyse, en solution aqueuse, donne naissance à deux molécules d'énergie beaucoup plus faible (ADP et P_i) ; la liaison covalente elle-même n'a rien de particulier.

D'autres réactions chimiques peuvent être activées par l'énergie libérée par l'hydrolyse de l'ATP, par l'intermédiaire d'enzymes qui couplent ces réactions à l'hydrolyse de l'ATP. Parmi les centaines de réactions de ce type figurent celles qui sont impliquées dans la synthèse des molécules biologiques, dans le transport actif de molécules à travers les membranes

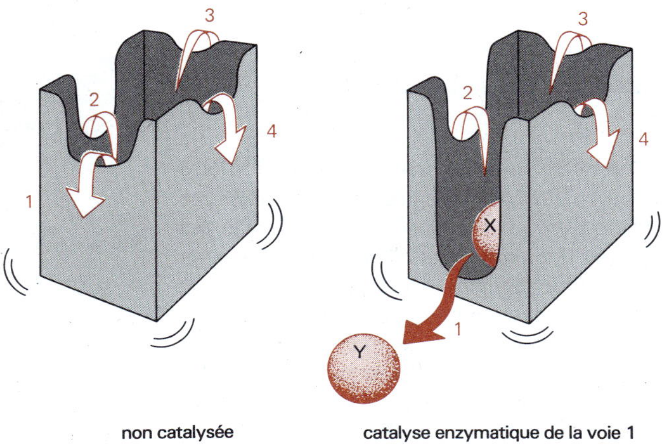

Figure 2-16 Un modèle de « boîte oscillante » qui illustre la façon dont les enzymes dirigent les molécules le long de voies réactionnelles voulues. Dans ce modèle, la bille colorée représente un substrat enzymatique potentiel (composé X) qui rebondit du fait du bombardement continuel de molécules d'eau qui entrent en collision. Les quatre parois de la boîte représentent les barrières d'énergie d'activation pour quatre réactions chimiques différentes énergétiquement favorables. Dans la boîte de gauche, aucune de ces réactions n'a lieu car l'énergie fournie par les collisions n'est pas suffisante pour passer une seule des barrières énergétiques. Dans la boîte de droite, la catalyse enzymatique abaisse l'énergie d'activation de la seule réaction numéro 1. Elle permet ainsi à cette réaction de s'effectuer avec les énergies disponibles entraînant la formation du composé Y à partir du composé X.

cellulaires, et dans la production de force et de mouvement. Ces trois types de processus jouent un rôle vital dans l'établissement de l'ordre biologique. Les macromolécules formées au cours des réactions de biosynthèse portent l'information, catalysent des réactions spécifiques et sont assemblées en structures très ordonnées à l'intérieur des cellules et dans l'espace extracellulaire. Des pompes liées à la membrane maintiennent la composition interne particulière des cellules et permettent le passage de signaux intra- et intercellulaires. Enfin, la production de force et de mouvement rend possible l'organisation du contenu cytoplasmique des cellules et leur permet de se déplacer et de s'assembler en tissus organisés.

Résumé

Les cellules vivantes sont très organisées et doivent créer un ordre interne pour croître et survivre. Ceci n'est thermodynamiquement possible que grâce à un apport continuel d'énergie dont une partie est restituée par les cellules à leur environnement sous forme de chaleur. L'énergie vient, en définitive, du rayonnement électromagnétique du soleil, qui entraîne la formation de molécules organiques chez les organismes photosynthétiques tels que les plantes vertes. Les animaux tirent leur énergie du prélèvement de ces molécules et de leur oxydation par une série de réactions catalysées par des enzymes et couplées à la formation d'ATP. L'ATP est la réserve d'énergie universelle de toutes les cellules, et son hydrolyse est couplée à d'autres réactions, afin d'activer un grand nombre de différents processus énergétiquement défavorables, créateurs d'ordre.

Figure 2-17 Modèle mécanique qui illustre le principe du couplage des réactions chimiques. La réaction spontanée montrée en (A) peut servir d'analogie à l'oxydation directe du glucose en CO_2 et H_2O, qui ne produit que de la chaleur. En (B), la même réaction est couplée à une seconde réaction ; cette seconde réaction peut servir d'analogie à la synthèse d'ATP. La forme d'énergie plus souple d'emploi qui est produite en (B) peut être utilisée pour entraîner d'autres processus cellulaires comme en (C). L'ATP est la forme d'énergie cellulaire la plus polyvalente.

Les aliments et l'origine de l'énergie cellulaire [6,13]

Les molécules alimentaires sont dégradées en trois étapes pour donner de l'ATP

Les protéines, les lipides et les polysaccharides qui constituent la majeure partie de notre alimentation doivent être dégradés en molécules plus petites avant de pouvoir être utilisés par nos cellules. On peut considérer que la dégradation enzymatique, ou catabolisme, de ces molécules s'effectue en trois étapes (Figure 2-18). Nous donnerons tout d'abord un bref aperçu de ces étapes avant d'examiner les deux dernières d'entre elles plus en détail.

Dans l'étape 1, appelée *digestion,* les grosses molécules polymériques sont dégradées en leurs sous-unités monomériques — les protéines en acides aminés, les polysaccharides en glucides et les lipides en acides gras et glycérol. Ces processus se produisent principalement à l'extérieur de la cellule, par l'action d'enzymes secrétées. Dans l'étape 2, les petites molécules résultantes pénètrent dans la cellule et subissent une dégradation plus poussée dans le cytoplasme. La plupart des atomes de carbone et d'hydrogène des glucides sont convertis en *pyruvate,* qui pénètre ensuite dans les mitochondries où il est transformé en groupements acétyle du composé chimiquement réactif, l'*acétyl coenzyme A (acétyl CoA,* Figure 2-19). De

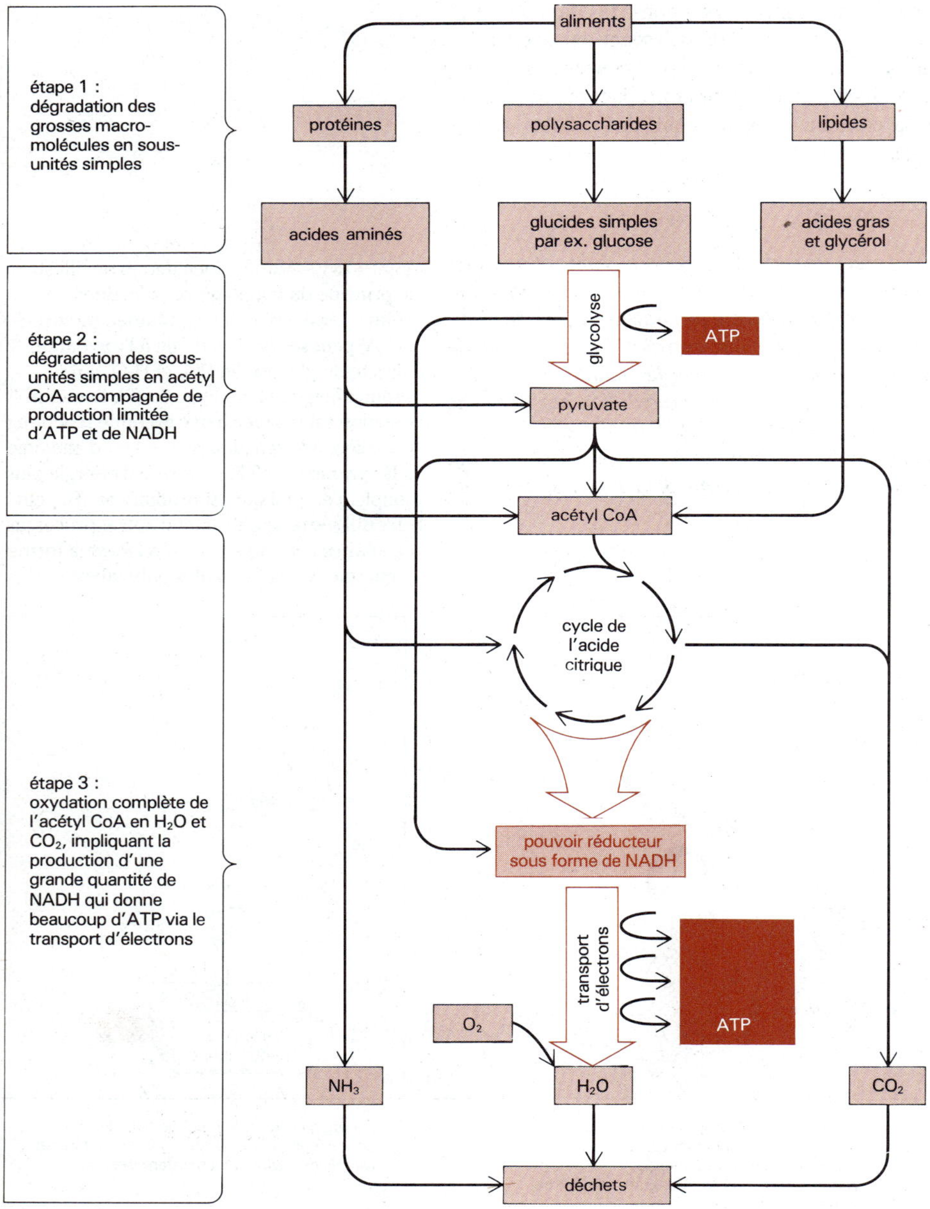

Figure 2-18 Diagramme simplifié des trois étapes du catabolisme conduisant des aliments aux déchets. Cette série de réactions produit de l'ATP qui est ensuite utilisé pour entraîner dans la cellule des réactions de biosynthèse et d'autres processus qui nécessitent de l'énergie.

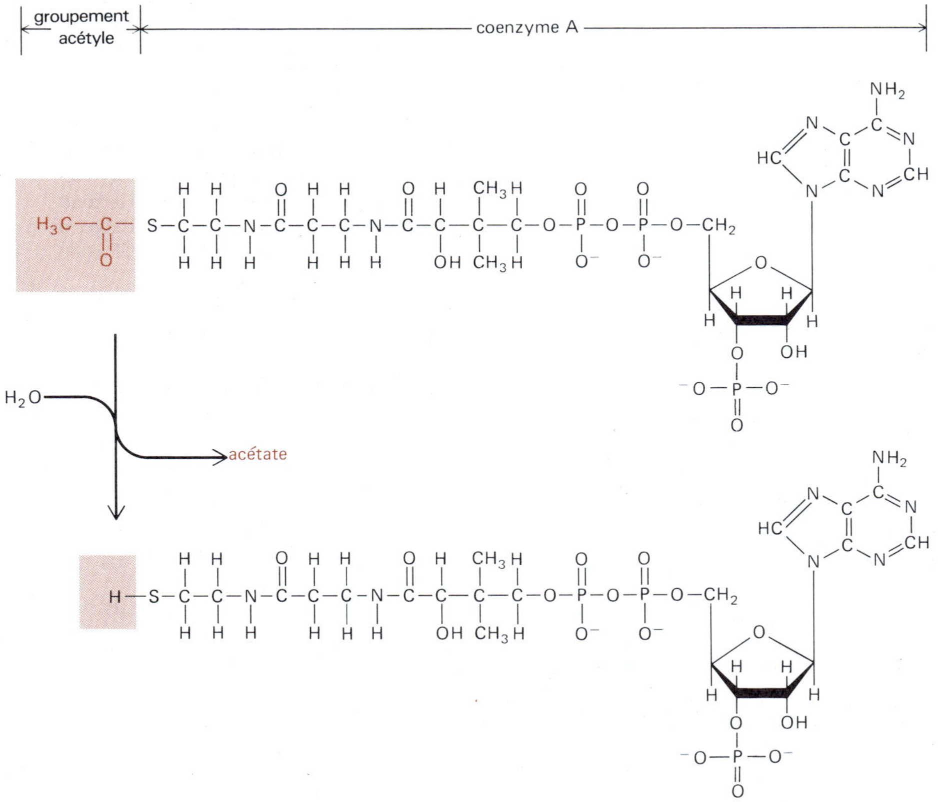

Figure 2-19 Structure de l'intermédiaire métabolique fondamental, l'acétyl coenzyme A (acétyl CoA). Les groupements acétyle produits dans l'étape 2 du catabolisme (voir Figure 2-18) sont liés de manière covalente au coenzyme A (CoA).

grandes quantités d'acétyl CoA sont aussi produites par l'oxydation des acides gras. Dans l'étape 3, le groupement acétyle de l'acétyl CoA est complètement dégradé en CO_2 et en H_2O. C'est aussi au cours de cette dernière étape qu'est produite la majorité de l'ATP.

Par une série de réactions couplées, plus de la moitié de l'énergie qui peut être théoriquement dérivée de la combustion des glucides et des lipides en H_2O et CO_2 est canalisée pour entraîner la réaction énergétiquement défavorable P_i + ADP → ATP. Le reste de l'énergie de combustion étant libéré par la cellule sous forme de chaleur, cette production d'ATP crée un désordre global dans l'univers, en conformité avec le second principe de la thermodynamique.

A travers la production d'ATP, l'énergie qui provient à l'origine de la combustion des glucides et des lipides est redistribuée sous la forme d'une énergie chimique commodément conditionnée et facilement libérée. Il y a, approximativement, 10^9 molécules d'ATP en solution, réparties dans l'espace intracellulaire d'une cellule typique, où leur hydrolyse énergétiquement favorable en ADP et phosphate fournit l'énergie pour une grande variété de réactions couplées qui, autrement, seraient énergétiquement défavorables.

La glycolyse peut produire de l'ATP même en absence d'oxygène

La partie la plus importante de la 2e étape du catabolisme est une séquence de réactions connue sous le nom de **glycolyse**, la lyse (ou scission) du glucose. Dans la glycolyse, une molécule de glucose à 6 atomes de carbone est transformée en 2 molécules de pyruvate, possédant chacune 3 atomes de carbone. Cette conversion requiert une séquence de neuf étapes enzymatiques qui produisent une série d'intermédiaires phosphorylés (Figure 2-20). La séquence peut être logiquement divisée en trois parties : 1) dans les étapes 1 à 4, le glucose est transformé en aldéhyde à 3 carbones, le *glycéraldéhyde 3-phosphate* — conversion qui nécessite un investissement d'énergie sous forme d'ATP pour fournir les 2 phosphates ; 2) dans les étapes 5 et 6, le groupement aldéhyde de chaque molécule de glycéraldéhyde 3-phosphate est oxydé en un acide carboxylique, et l'énergie libérée par cette réaction est couplée à la synthèse d'ATP à partir d'ADP et d'un phosphate inorganique ; 3) dans les étapes 7, 8 et 9, les deux mêmes molécules de phosphate qui ont été ajoutées aux sucres lors de la première séquence de réactions, sont retransférés à l'ADP pour former de l'ATP, régénérant les deux molécules d'ATP investies à l'origine et hydrolysées dans la première séquence de réactions.

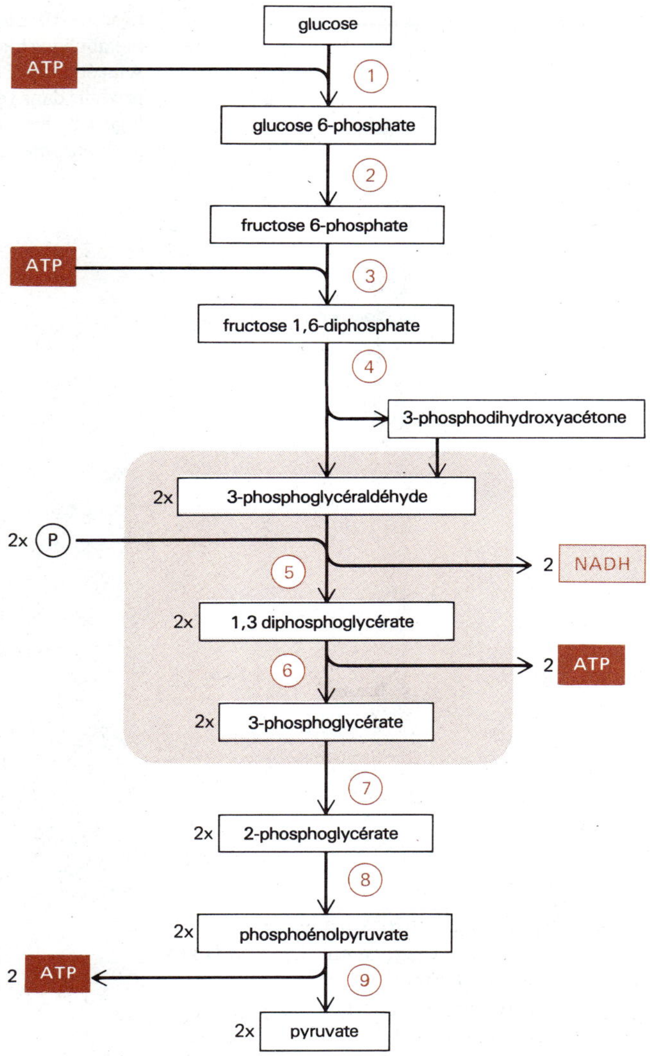

Figure 2-20 Intermédiaires de la glycolyse. Chaque réaction décrite est catalysée par une enzyme différente. Dans la série de réactions qui constituent l'étape 4, un glucide à six carbones est scindé en deux glucides à trois carbones, de sorte que le nombre de molécules à chaque étape ultérieure est doublé. Les réactions 5 et 6 dans la zone colorée sont les réactions responsables de la synthèse nette de molécules d'ATP et de NADH (voir Figure 2-21).

A la fin de la glycolyse, le rendement net en ATP est un solde positif de deux molécules d'ATP (par molécule de glucose), produites au cours des étapes 5 et 6. Ces deux étapes sont au cœur de la glycolyse du fait que ce sont les seules réactions de la séquence au cours desquelles une liaison phosphate riche en énergie est créée à partir d'un phosphate inorganique. Elles fournissent aussi une excellente illustration de la façon dont les réactions dans la cellule peuvent être couplées par des enzymes pour récupérer l'énergie libérée par les oxydations (Figure 2-21). Le résultat global est que le groupement aldéhyde d'un glucide est oxydé en un acide carboxylique et qu'un groupement phosphate inorganique est transféré à une liaison riche en énergie sur l'ATP ; de plus, une molécule de NAD^+ est réduite en NADH (Figure 2-22). Cette élégante série de réactions couplées fut probablement parmi les premières étapes métaboliques à apparaître dans la cellule au cours de l'évolution. En plus de leur rôle essentiel dans la glycolyse, ces réactions sont activées en sens inverse, au cours de la photosynthèse, par les grandes quantités de NADPH et d'ATP produites par les réactions stimulées par la lumière ; elles jouent ainsi un rôle essentiel dans le processus photosynthétique de fixation du carbone en produisant du glycéraldéhyde 3-phosphate (voir p. 370).

Pour la plupart des cellules animales, la glycolyse n'est qu'un prélude à la troisième étape du catabolisme, l'acide pyruvique formé entrant rapidement dans les mitochondries pour être complètement oxydé en CO_2 et H_2O. Toutefois, dans le cas des organismes anaérobies (ceux qui n'utilisent pas l'oxygène moléculaire) et pour les tissus comme le muscle squelettique, qui peuvent fonctionner en anaérobiose, la glycolyse peut devenir la source principale d'ATP cellulaire. Ici, au lieu d'être dégradées dans les mitochondries, les molécules de pyruvate restent dans le cytosol et, selon l'organisme, peuvent être converties en éthanol et CO_2 (comme chez

Figure 2-21 Étapes 5 et 6 de la glycolyse : l'oxydation d'un aldéhyde en acide carboxylique est couplée à la formation d'ATP et de NADH (voir Figure 2-20). Ainsi qu'il est montré, l'étape 5 commence lorsque l'enzyme *glycéraldéhyde 3-phosphate déshydrogénase* forme une liaison covalente avec le carbone portant le groupement aldéhyde sur le glycéraldéhyde 3-phosphate. Ensuite, l'hydrogène (sous la forme d'un ion hydrure, un proton et deux électrons) est ôté du groupement aldéhyde lié à l'enzyme dans le glycéraldéhyde 3-phosphate, et est transféré à l'importante molécule de transfert d'hydrogène, le NAD^+ (voir la Figure 2-22). Cette étape d'oxydation donne naissance à un groupement carbonyle glucidique attaché à l'enzyme par une liaison riche en énergie. Cette liaison est ensuite rompue par un ion phosphate en solution, créant à la place une liaison sucre-phosphate riche en énergie. Dans ces deux dernières réactions, l'enzyme a *couplé* le processus énergétiquement favorable d'oxydation d'un aldéhyde à la formation énergétiquement défavorable d'une liaison phosphate riche en énergie. Enfin, dans l'étape 6 de la glycolyse, le groupement phosphate réactif nouvellement créé est transféré à l'ADP pour former de l'ATP, laissant un groupement acide carboxylique libre sur le glucide oxydé.

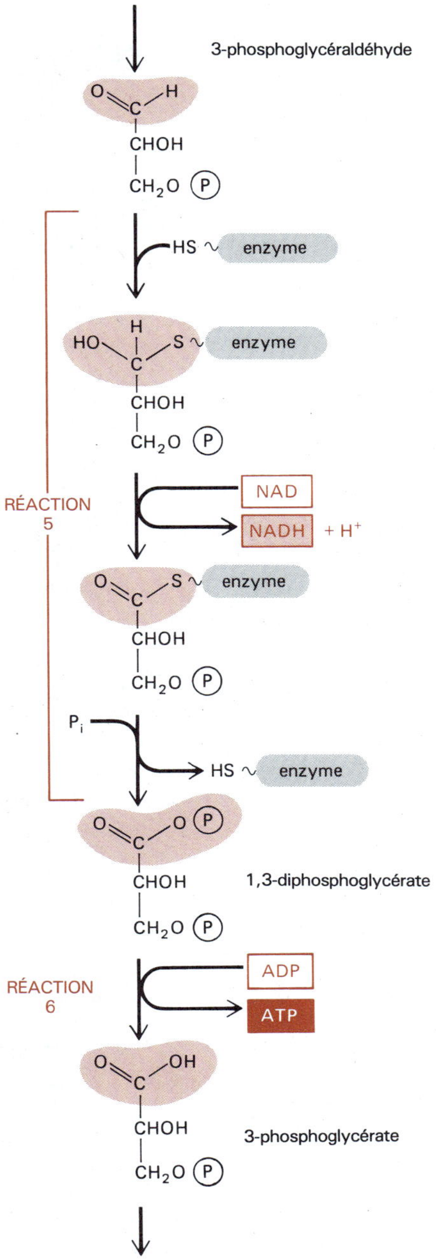

la levure) ou en lactate (comme dans le muscle), qui sont ensuite excrétés. Dans de telles réactions anaérobies productrices d'énergie, appelées **fermentations**, la réaction ultérieure du pyruvate est nécessaire pour utiliser le pouvoir réducteur engendré dans la réaction 5 de la glycolyse, en régénérant ainsi le NAD^+ nécessaire à la continuation de la glycolyse (voir p. 381).

Le catabolisme oxydatif produit une quantité beaucoup plus grande d'énergie utilisable [14]

La formation anaérobie d'ATP à partir du glucose par la réaction de glycolyse est relativement peu rentable. Les produits finaux de la glycolyse anaérobie contiennent cependant une grande quantité d'énergie chimique qui peut être libérée par une oxydation plus poussée. L'évolution du *catabolisme oxydatif* (respiration cellulaire) n'a été rendue possible qu'après l'accumulation d'oxygène dans l'atmosphère terrestre résultant de la photosynthèse effectuée par les cyanobactéries. Auparavant, les processus cataboliques anaérobies dominaient la vie sur terre. L'addition d'une étape nécessitant de l'oxygène au processus catabolique (étape 3 dans la Figure 2-18) a fourni aux cellules une méthode beaucoup plus puissante et efficace pour extraire de l'énergie des molécules alimentaires. Cette troisième étape débute avec le *cycle de l'acide citrique* (également appelé cycle des acides tricarboxyliques, ou cycle de Krebs) et se termine par la *phosphorylation oxydative*, qui ont lieu tous deux dans les bactéries anaérobies et les mitochondries des cellules eucaryotes.

Le métabolisme est dominé par le cycle de l'acide citrique [15]

La fonction principale du **cycle de l'acide citrique** est d'oxyder les groupements acétyle qui entrent dans le cycle sous la forme de molécules d'acétyl CoA. La nature cyclique des réactions est due au fait que le groupement acétyle n'est pas oxydé directement, mais seulement après qu'il se soit lié de manière covalente à une molécule plus grosse, l'*oxaloacétate*, qui est régénéré à la fin d'un cycle. Comme l'illustre la Figure 2-23, le cycle commence avec la réaction entre l'acétyl CoA et l'oxaloacétate pour former la molécule d'acide tricarboxylique appelée *acide citrique* (ou *citrate*). Deux des six carbones du citrate sont ensuite oxydés en CO_2 par une série de réactions aboutissant à la formation d'une autre molécule d'oxaloacétate qui permet le départ d'un nouveau cycle (comme ces deux carbones ajoutés à chaque cycle entrent dans une partie de la molécule de citrate différente de celle oxydée en CO_2, ce n'est qu'après plusieurs cycles qu'ils seraient oxydés à leur tour). Le CO_2 produit dans ces réactions diffuse ensuite hors de la mitochondrie (ou de la bactérie) et quitte la cellule.

L'énergie rendue disponible par l'oxydation des liaisons C—H et C—C du citrate est captée de plusieurs façons différentes au cours du cycle de l'acide citrique. A une étape du cycle (du succinyl CoA au succinate), une liaison phosphate riche en énergie est créée par un mécanisme qui ressemble à celui décrit plus haut pour la glycolyse. (Bien que cette réaction produise du GTP plutôt que de l'ATP, tous les nucléosides triphosphates sont énergétiquement équivalents grâce aux réactions d'échange telles que ADP + GTP ⇄ ATP + GDP). Toute

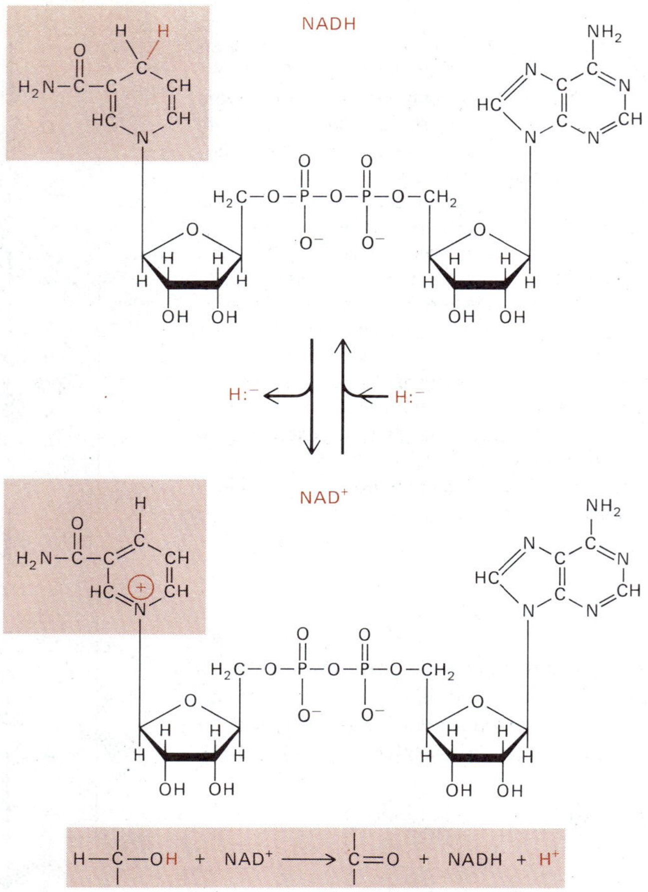

Figure 2-22 Les structures du NADH et du NAD^+, les deux transporteurs d'hydrogène les plus importants dans les réactions cataboliques. NAD est une abréviation pour *nicotinamide adénine dinucléotide*, reflétant le fait que la moitié droite de la molécule, ainsi qu'il est représenté, est une adénosine monophosphate (AMP). La partie de la molécule de NAD^+, appelée cycle nicotinamide (dans l'encart coloré) est capable d'accepter un atome d'hydrogène avec un électron supplémentaire (ion hydrure H^-), pour former le NADH. Sous cette forme réduite, le cycle nicotinamide a une stabilité réduite, n'étant plus stabilisé par résonance. Il en résulte que l'ion hydrure supplémentaire est facilement transféré à d'autres molécules.
Dans l'oxydation biologique d'une molécule substrat telle qu'un alcool (voir la partie inférieure de la figure), deux atomes d'hydrogène sont perdus par le substrat. L'un d'eux est ajouté sous forme d'ion hybride NAD^+ pour donner du NADH, l'autre est libéré en solution sous forme d'un proton H^+ (voir aussi Figure 7-18, p. 351).

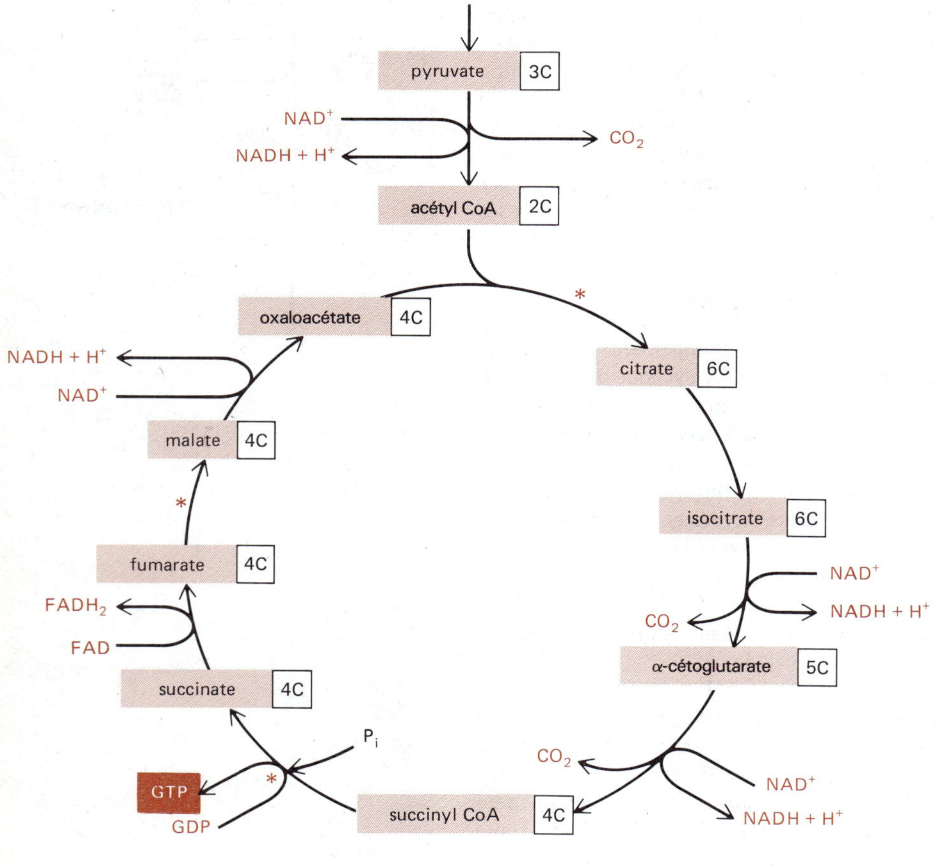

Figure 2-23 Le cycle de l'acide citrique. Dans les mitochondries et les bactéries aérobies, les groupements acétyle produits par le pyruvate sont oxydés plus complètement. Les atomes de carbone des groupements acétyle sont convertis en CO_2, alors que les atomes d'hydrogène sont transférés aux molécules porteuses NAD^+ et FAD. Des atomes d'oxygène et d'hydrogène supplémentaires entrent dans le cycle sous la forme d'eau au niveau des étapes marquées d'un astérisque (*). Pour plus de détails, voir la Figure 7-14, p. 348.

l'énergie d'oxydation restante qui est captée, est canalisée vers la conversion des molécules transporteuses d'hydrogène (ou ion hydrure) en leurs formes réduites ; à chaque tour du cycle, trois molécules de NAD^+ sont converties en NADH et un *flavine adénine dinucléotide* (FAD) est converti en $FADH_2$. L'énergie portée par l'hydrogène activé sur ces molécules transporteuses sera par la suite exploitée au cours des réactions de *phosphorylation oxydative* (qui seront détaillées plus loin), qui requièrent de l'oxygène moléculaire d'origine atmosphérique.

Les atomes d'oxygène supplémentaires nécessaires à la formation de CO_2 à partir des groupements acétyle qui entrent dans le cycle de l'acide citrique sont fournis, non par l'oxygène moléculaire, mais par l'eau. Trois molécules d'eau sont scindées à chaque cycle et leurs atomes d'oxygène sont utilisés pour faire du CO_2. Certains de leurs atomes d'hydrogène entrent dans les molécules de substrats et sont portés à un niveau d'énergie supérieure et retirés (avec les atomes d'hydrogène des groupements acétyle) aux molécules de transport telles que NADH.

Dans les cellules eucaryotes, la mitochondrie est le centre auquel aboutissent tous les processus cataboliques, qu'ils débutent avec des glucides, des lipides, ou des protéines. Car, outre le pyruvate, les acides gras et certains acides aminés passent aussi du cytosol dans les mitochondries, où ils sont convertis en acétyl CoA ou en l'un des autres intermédiaires du cycle de l'acide citrique. La mitochondrie sert aussi de point de départ à certaines réactions de biosynthèse en produisant des intermédiaires carbonés vitaux, tels que l'*oxaloacétate* et l'*α-cétoglutarate*. Ces substances sont retransférées de la mitochondrie au cytosol où elles servent de précurseurs pour la synthèse de molécules essentielles, comme les acides aminés.

Dans la phosphorylation oxydative, le transfert des électrons vers l'oxygène entraîne la formation d'ATP [9, 16]

La **phosphorylation oxydative** est la dernière étape du catabolisme et le point où la majeure partie de l'énergie métabolique est libérée. Dans ce processus, des molécules de NADH et de $FADH_2$ transfèrent les électrons qu'elles ont acquis au cours de l'oxydation des molécules alimentaires à l'oxygène moléculaire, O_2. La réaction qui est, dans sa forme, équivalente à la combustion de l'hydrogène de l'air pour former de l'eau, libère une grande quantité d'énergie chimique. Une partie de cette énergie est utilisée pour fabriquer la majeure partie de l'ATP ; le reste est libéré sous forme de chaleur.

Bien que la chimie générale de l'oxydation de NADH et $FADH_2$ implique un transfert d'hydrogène vers l'oxygène, les atomes complets d'hydrogène ne sont pas directement transférés. Ce sont les *électrons* des atomes d'hydrogène qui sont importants, l'atome d'hydrogène se dissociant facilement en électrons et protons H^+. Les électrons peuvent ensuite être transférés séparément à une molécule qui n'accepte que des électrons, alors que le proton reste en solution aqueuse. Par le même raisonnement, si un électron seul est cédé à une molécule ayant une forte affinité pour l'hydrogène, un atome d'hydrogène sera alors automatiquement reconstitué par l'extraction d'un proton de la solution. Au cours de la phosphorylation oxydative, des électrons de NADH et $FADH_2$ suivent une chaîne de molécules porteuses, mais la présence ou l'absence d'atomes d'hydrogène intacts dépend de la nature du transporteur.

Dans la cellule eucaryote, cette série de transferts d'électrons le long de la **chaîne de transport d'électrons** a lieu sur la membrane interne de la mitochondrie, où sont insérées toutes les molécules de transport. A chaque étape du transfert, les électrons tombent à un état d'énergie inférieur, jusqu'à ce qu'ils soient enfin transférés aux molécules d'oxygène. Les molécules d'oxygène sont celles qui ont le plus d'affinité pour les électrons, et les électrons liés à l'oxygène sont donc dans leur état d'énergie le plus bas. L'énergie libérée par la chute de ces électrons à des niveaux d'énergie inférieurs est exploitée, d'une façon qui n'est pas totalement comprise, pour pomper des protons du compartiment mitochondrial interne vers l'extérieur (Figure 2-24). Un *gradient électrochimique de protons* est ainsi engendré à travers la membrane mitochondriale interne. Ce gradient, à son tour, entraîne un reflux de protons par l'intermédiaire d'un complexe enzymatique particulier présent dans la même membrane, permettant à l'enzyme *(ATP synthétase)* d'additionner un groupement phosphate à l'ADP, et formant ainsi de l'ATP à l'intérieur de la mitochondrie. Finalement, l'ATP nouvellement formé est transféré

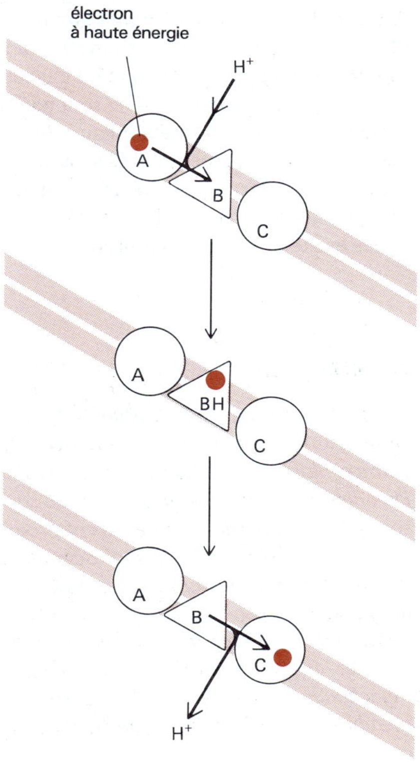

Figure 2-24 La création d'un gradient H^+ à travers une membrane par des réactions de transfert d'électrons. Les transporteurs A, B et C font passer de façon séquentielle un électron d'un état de haute énergie (dérivé par exemple de l'oxydation d'un métabolite) à un niveau d'énergie inférieur. Dans ce diagramme, le transporteur B est disposé à l'intérieur de la membrane de telle façon qu'il prélève H^+ d'un côté et le libère de l'autre au moment du passage de l'électron. Le gradient H^+ résultant représente une forme d'énergie stockée qui est exploitée par d'autres protéines pour entraîner la formation d'ATP (voir aussi Figure 7-35, p. 363).

de la mitochondrie au reste de la cellule, où il commande une grande variété de réactions métaboliques.

La nature de la chaîne de transport d'électrons et le mécanisme de la synthèse d'ATP seront décrits en détail dans le Chapitre 7.

Les acides aminés et les nucléotides font partie du cycle de l'azote

Dans notre discussion jusqu'à présent, nous nous sommes concentrés principalement sur le métabolisme des carbohydrates. Nous n'avons pas encore examiné le métabolisme de l'azote ou du soufre. Ces deux éléments sont des constituants des protéines et des acides nucléiques, qui sont les deux classes de macromolécules les plus importantes dans la cellule et représentent environ les deux tiers de son poids sec. Les atomes d'azote et de soufre passent d'un composé à un autre et entre les organismes et leur environnement, par une série de cycles réversibles.

Bien que l'azote moléculaire soit abondant dans l'atmosphère terrestre, il est chimiquement inerte. Seul un petit nombre d'espèces vivantes est capable de l'incorporer dans des molécules organiques selon un processus appelé **fixation de l'azote**. La fixation de l'azote a lieu dans certains microorganismes et au cours de quelques processus géophysiques, tels qu'une décharge lumineuse. Elle est indispensable à l'ensemble de la biosphère, car sans elle, la vie n'existerait pas sur cette planète. Toutefois, seule une petite fraction des composés azotés des organismes actuels représente les produits directs de la fixation de l'azote. La plus grande partie de l'azote organique est en circuit depuis un certain temps, passant d'un organisme vivant à l'autre. On peut ainsi dire des réactions de fixation de l'azote qu'elles remplissent une fonction d'« appoint » à la réserve totale d'azote.

Les vertébrés reçoivent pratiquement la totalité de leur azote dans leur ration alimentaire de protéines et d'acides nucléiques. Dans le corps, ces macromolécules sont dégradées en leurs constituants, acides aminés et nucléotides, qui sont ensuite repolymérisés en nouvelles protéines et en nouveaux acides nucléiques ou utilisés pour la synthèse d'autres molécules. Environ la moitié des 20 acides aminés trouvés dans les protéines sont des *acides aminés essentiels* (Figure 2-25) pour les vertébrés : ils ne peuvent être synthétisés à partir d'autres composants apportés par l'alimentation. Les autres peuvent être synthétisés de cette façon, en utilisant divers matériaux bruts, y compris les intermédiaires du cycle de l'acide citrique. Les acides aminés essentiels sont fabriqués dans d'autres organismes, généralement grâce à des voies longues et énergétiquement dispendieuses, qui ont été perdues au cours de l'évolution des vertébrés.

Les nucléotides nécessaires pour fabriquer de l'ARN et de l'ADN peuvent être synthétisés suivant des voies biosynthétiques spécialisées : ce ne sont pas des « nucléotides essentiels » qui doivent être fournis par l'alimentation. Tous les atomes d'azote des bases puriques et pyrimidiques (ainsi que certains carbones) sont dérivés d'acides aminés abondants, glutamine, acide aspartique et glycine, alors que les glucides ribose et désoxyribose sont dérivés du glucose.

Les acides aminés qui ne sont pas utilisés dans la biosynthèse peuvent être oxydés pour produire de l'énergie métabolique. La plupart de leurs atomes de carbone et d'hydrogène donnent éventuellement du CO_2 ou de l'H_2O, alors que leurs atomes d'azote font la navette sous diverses formes et apparaissent éventuellement sous forme d'urée, qui est excrétée. Chaque acide aminé est traité différemment, et toute une constellation de réactions enzymatiques existe pour leur catabolisme.

LES ACIDES AMINÉS ESSENTIELS

THRÉONINE
MÉTHIONINE
LYSINE
VALINE
LEUCINE
ISOLEUCINE
HISTIDINE
PHÉNYLALANINE
TRYPTOPHANE

Figure 2-25 Les neuf acides aminés indispensables, qui ne peuvent être synthétisés par les cellules humaines et doivent donc être apportés par l'alimentation.

Résumé

On peut considérer que les cellules animales tirent leur énergie de la nourriture en trois étapes. Dans l'étape 1, les protéines, les polysaccharides et les lipides sont décomposés par des réactions extracellulaires en petites molécules. Au cours de l'étape 2, ces petites molécules sont dégradées à l'intérieur des cellules pour produire de l'acétyl CoA et une quantité limitée d'ATP et de NADH. Ce sont les seules réactions qui peuvent produire de l'énergie en absence d'oxygène. Dans l'étape 3, les molécules d'acétyl CoA sont dégradées dans les mitochondries pour donner du CO_2 et des atomes d'hydrogène qui sont liés à des molécules porteuses comme le NADH. Les électrons des atomes d'hydrogène suivent une chaîne complexe de transporteurs liés à la membrane, pour être finalement transférés à l'oxygène moléculaire pour former de l'eau. Grâce à l'énergie libérée par ces étapes de transfert d'électrons, les ions hydrogène (H^+) sont transportés hors des mitochondries. Le gradient électrochimique de protons qui en résulte à travers la membrane mitochondriale interne est employé pour activer la synthèse de la majorité de l'ATP cellulaire.

La biosynthèse et la création d'ordre [17]

A chaque instant, des milliers de réactions chimiques différentes ont lieu dans une cellule. Les réactions sont toutes imbriquées en chaînes et réseaux dans lesquels le produit de l'une sert de substrat à la suivante. Il est, en principe, possible de passer de n'importe quel composé à un autre. La plupart des réactions chimiques dans les cellules peuvent être sommairement classées en deux groupes, selon qu'elles participent au catabolisme, ou à la biosynthèse. Ayant parlé des réactions cataboliques, nous nous tournons maintenant vers les réactions de biosynthèse. Elles partent des produits intermédiaires de la glycolyse et du cycle de l'acide citrique (et de composés très voisins), et engendrent les molécules plus grosses et plus complexes de la cellule.

La variation d'énergie libre d'une réaction détermine si elle peut avoir lieu [18]

Bien que les enzymes augmentent la vitesse de réactions énergétiquement favorables, elles ne peuvent contraindre des réactions énergétiquement défavorables à se produire. Par analogie avec l'eau, les enzymes sont incapables par elles-mêmes de faire couler l'eau à contre-courant. Mais les cellules doivent faire exactement cela pour croître et se diviser ; elles doivent construire des molécules très organisées et riches en énergie à partir de molécules petites et simples. Nous avons vu que ceci, en général, est réalisé grâce à des enzymes qui couplent des réactions énergétiquement favorables, consommatrices d'énergie d'origine solaire et productrices de chaleur, à des réactions énergétiquement défavorables, qui créent de l'ordre biologique. Examinons plus en détails la manière dont un tel couplage se réalise.

Premièrement, nous devons considérer avec plus d'attention le terme « énergétiquement favorable », que nous avons jusqu'ici utilisé d'une manière imprécise, sans lui donner de définition. Ainsi qu'il est expliqué plus haut, une réaction chimique ne peut se produire spontanément que s'il en résulte une nette augmentation du désordre dans l'univers. Le désordre augmente quand l'énergie est dissipée sous forme de chaleur, et cette augmentation du désordre peut être commodément exprimée en fonction d'une quantité appelée **énergie libre, G.** Celle-ci est définie de telle façon qu'une variation de sa valeur, désignée par ΔG, mesure la quantité de désordre créée dans l'univers, lorsqu'une réaction se produit (Planche 2-7, pp. 72-73). Les réactions « énergétiquement favorables », par définition, sont celles qui libèrent une grande quantité d'énergie libre ou, en d'autres termes, qui ont un ΔG fortement *négatif* et créent un grand désordre. De telles réactions ont une forte tendance à se produire spontanément, bien que leur vitesse dépende d'autres facteurs, tels que la disponibilité d'enzymes spécifiques (voir ci-dessous). Inversement, les réactions qui ont un ΔG *positif,* comme celles dans lesquelles deux acides aminés sont liés l'un à l'autre pour former une liaison peptidique, créent par elles-mêmes de l'ordre dans l'univers, et ne peuvent donc avoir lieu spontanément. De telles réactions énergétiquement défavorables ne peuvent se produire que si elles sont couplées à une seconde réaction qui présente un ΔG suffisamment négatif pour que le ΔG de l'ensemble du processus soit négatif.

On peut prévoir quantitativement le déroulement de la plupart des réactions. La collection d'un vaste ensemble de données thermodynamiques rend possible le calcul des variations d'énergie libre pour la plupart des réactions métaboliques importantes de la cellule. La variation globale d'énergie libre pour une voie métabolique donnée est alors simplement la somme des variations d'énergie dans chacune des étapes qui la compose. Considérons deux réactions :

$$X \rightarrow Y \text{ et } C \rightarrow D$$

pour lesquelles les valeurs de ΔG sont respectivement $+1$ et -13 kcal/mole (rappelons qu'une mole représente 6×10^{23} molécules d'une substance). Si ces deux réactions peuvent être couplées, le ΔG de la réaction couplée sera -12 kcal/mole. Ainsi la réaction défavorable $X \rightarrow Y$, qui ne se produirait pas spontanément, peut être entraînée par la réaction favorable $C \rightarrow D$, démontrant l'existence d'un mécanisme par lequel les deux réactions peuvent être couplées.

Les réactions de biosynthèse sont souvent directement couplées à l'hydrolyse de l'ATP

Considérons une réaction de biosynthèse typique, dans laquelle deux monomères, A et B, doivent être liés par une réaction de *déshydratation* (aussi appelée *condensation*) s'accompagnant d'une libération d'eau :

L'IMPORTANCE DE L'ÉNERGIE LIBRE POUR LES CELLULES

La vie est possible grâce au réseau complexe de réactions d'interactions chimiques qui se produisent dans toutes les cellules. En considérant les voies métaboliques dans lesquelles ce réseau se trouve, on peut supposer que la cellule a eu la capacité de développer une enzyme pour réaliser toute réaction dont elle a besoin. Mais il n'en est pas ainsi. Bien que les enzymes soient des catalyseurs puissants, elles ne peuvent qu'accélérer les réactions qui sont thermodynamiquement possibles ; les autres réactions se poursuivent dans les cellules seulement parce qu'elles sont *couplées* à des réactions très favorables qui les facilitent. Il est essentiel, pour la biologie cellulaire, de savoir si une réaction peut se produire spontanément, ou a plutôt besoin d'être couplée à une autre réaction. La réponse est obtenue en se rapportant à une quantité appelée *énergie libre ;* la variation totale de l'énergie libre au cours d'une série de réactions détermine si elle peut ou non avoir lieu en totalité. Dans cette planche, nous expliquerons certaines des idées fondamentales — tirées d'une branche particulière de la chimie et de la physique appelée *thermodynamique* — qui sont nécessaires pour comprendre ce qu'est l'énergie libre et pourquoi elle est si importante pour les cellules.

L'ÉNERGIE LIBÉRÉE PAR DES MODIFICATIONS DES LIAISONS CHIMIQUES EST CONVERTIE EN CHALEUR

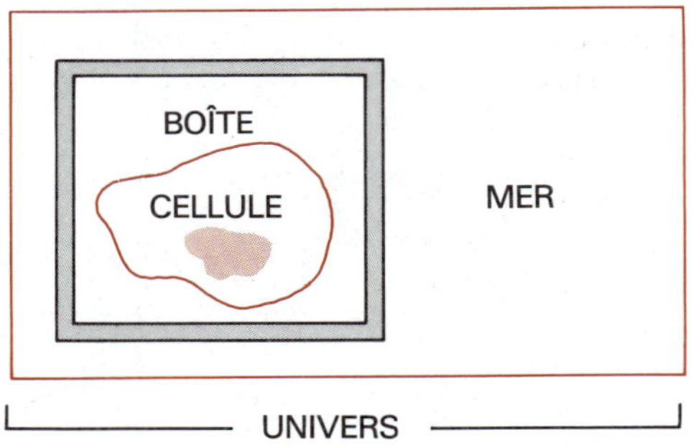

Un système isolé est défini comme une collection de molécules qui n'échangent aucune matière avec le reste de l'univers (par exemple, la « cellule dans une boîte » décrite précédemment dans la figure 2-11 et montrée ci-dessus). Tout système de ce type renfermera des molécules d'énergie totale E. Cette énergie sera distribuée de nombreuses façons : une partie sous forme d'énergie de translation, une autre partie sous forme d'énergies de vibration et de rotation des molécules, mais la plus grande partie sous forme d'énergie de liaison entre les atomes individuels qui composent les molécules. Supposons qu'une réaction se produise dans le système. La première loi de la thermodynamique introduit une contrainte sur le type de réactions qui peuvent avoir lieu dans le système : elle énonce que « dans tout processus, l'énergie totale de l'univers reste constante ». Par exemple, supposons que la réaction A → B se produise dans un système isolé et libère une grande quantité d'énergie de liaison chimique. Cette énergie augmentera initialement l'intensité de l'agitation moléculaire (de translation, de vibration et de rotation) dans le système, ce qui équivaut à augmenter sa température. Cependant, cette agitation croissante sera rapidement transmise à l'extérieur du système par une série de collisions moléculaires qui réchauffent d'abord les parois de la boîte puis le monde extérieur (représenté par la mer dans notre exemple). Finalement, le système reprend sa température initiale, lorsque toute l'énergie de liaison chimique libérée dans la boîte a été convertie en énergie thermique et transmise à l'environnement. En accord avec cette première loi, la variation d'énergie libre dans la boîte ($\Delta E_{\text{boîte}}$, que nous noterons ΔE) doit être égale et opposée à la quantité d'énergie thermique transmise, que nous désignerons par h : c'est-à-dire, $\Delta E = -h$. Ainsi, l'énergie dans la boîte (E) diminue lorsque la chaleur quitte le système.

E peut également varier au cours d'une réaction due au travail qui s'effectue dans le monde extérieur. Par exemple, supposons qu'il y ait une petite augmentation du volume (ΔV) de la boîte au cours d'une réaction. Puisque les parois de la boîte doivent exercer une pression opposée à la pression constante (P) de l'environnement afin de s'étendre, ceci agit sur le monde extérieur et nécessite de l'énergie. Cette énergie utilisée est $P(\Delta V)$, et, en accord avec la première loi, l'énergie dans la boîte (E) doit diminuer de la même quantité. Dans la plupart des réactions, l'énergie de liaison chimique est convertie en travail et en chaleur. L'*enthalpie* (H) est une fonction composée qui englobe ces deux valeurs ($H = E + PV$). Pour être rigoureux, c'est la variation d'enthalpie (ΔH) dans un système isolé et non la variation d'énergie qui est égale à la chaleur transmise au monde extérieur au cours d'une réaction. Les réactions dans lesquelles H décroît libèrent de la chaleur dans l'environnement et sont dites « exothermiques », alors que les réactions dans lesquelles H augmente absorbent de la chaleur à partir de l'environnement et sont dites « endothermiques ». Ainsi, $-h = \Delta H$. Cependant, la variation de volume est négligeable dans la plupart des réactions biologiques, de sorte que l'approximation suivante est correcte :

$$-h = \Delta H \cong \Delta E$$

LA SECONDE LOI DE LA THERMODYNAMIQUE

Considérons un récipient dans lequel 1 000 pièces de monnaie sont posées côté face vers le haut. Si le récipient est vigoureusement agité, soumettant les pièces aux types de mouvements aléatoires que toutes les molécules expérimentent du fait de leurs fréquentes collisions avec d'autres molécules, on se retrouvera avec environ la moitié des pièces côté face vers le bas. La raison de cette réorientation est la suivante : les pièces ne peuvent retrouver leur état initial (le côté face de toutes les pièces tourné vers le haut), que d'une seule façon, alors qu'il y a de nombreuses façons différentes (environ 10^{298}), pour parvenir à un état dans lequel il y ait un mélange égal de côtés face et de côtés pile ; en fait, il existe plus de façons de parvenir à un état 50/50 qu'à tout autre état. Chaque état se rencontre avec une probabilité qui est proportionnelle au nombre de façons dont il peut être atteint. La seconde loi de la thermodynamique énonce que « les systèmes évolueront spontanément des états de plus faible probabilité vers des états de plus forte probabilité ». Puisque les états de plus faible probabilité sont dits plus « ordonnés » que les états de plus forte probabilité, la seconde loi peut être énoncée à nouveau comme suit : « l'univers change constamment afin de devenir plus désordonné ».

L'ENTROPIE, S

La seconde loi (mais non la première) permet de prédire le sens d'une réaction particulière. Mais pour pouvoir l'utiliser dans ce but, il faut une mesure commode de la probabilité ou, ce qui est équivalent, du degré de désordre d'un état. L'entropie (S) est une mesure de ce type. C'est une fonction logarithmique de la probabilité telle que la *variation d'entropie* (ΔS) qui se produit lorsque la réaction A → B convertit une mole de A en une mole de B est :

$$\Delta S = R \ln p_B/p_A$$

où p_A et p_B sont les probabilités des deux états A et B, R est la constante des gaz parfaits (2 cal deg^{-1} mole^{-1}), et ΔS est mesurée en unités d'entropie (eu). Dans notre exemple initial de 1 000 pièces, la probabilité relative d'avoir tous les côtés face (état A) contre la moitié de côtés face et de côtés pile (état B) est égale au rapport du nombre de façons différentes d'obtenir les deux résultats. On peut calculer que $p_A = 1$ et $p_B = 1\ 000\ !\ (500\ !\ \times\ 500\ !) = 10^{298}$. Par conséquent, la variation d'entropie pour la réorientation des pièces quand le récipient qui les contient est vigoureusement agité et quand un mélange égal de côtés face et pile est obtenu, est $R \ln (10^{298})$, soit environ 1 370 eu par mole de tels récipients (6×10^{23} récipients). Nous voyons que, du fait que ΔS définie ci-dessus est positive pour la transition de l'état A vers l'état B ($p_B/p_A > 1$), les réactions avec une importante augmentation de S (c'est-à-dire pour lesquelles $\Delta S > 0$) sont favorisées et se produiront spontanément.

Comme nous le verrons dans le texte, l'énergie thermique provoque l'agitation aléatoire des molécules. Puisque le transfert de chaleur d'un système isolé à son environnement augmente le nombre d'arrangements différents que peuvent adopter les molécules dans le monde extérieur, il augmente leur entropie. On peut montrer que la libération d'une quantité fixée d'énergie thermique a pour effet un désordre plus grand à basse température qu'à température élevée, et que la valeur de ΔS pour l'environnement, comme nous l'avons définie ci-dessus (ΔS_{mer}), est précisément égale à la quantité de chaleur transmise à l'environnement à partir du système (h), divisée par la température absolue (T) :

$$\Delta S_{mer} = h/T$$

L'ÉNERGIE LIBRE DE GIBBS, G

Lorsque l'on a affaire à un système biologique isolé, on aimerait avoir une seule façon de prédire si une réaction donnée se produira spontanément ou non dans le système. Nous avons vu que la question fondamentale est de savoir si la variation d'entropie de l'univers est positive ou négative lorsque cette réaction se produit. Dans notre système idéal, la cellule dans une boîte, la variation d'entropie de l'univers est composée de deux éléments séparés — la variation d'entropie du système isolé dans la boîte et la variation d'entropie de la « mer » environnante — et il faut additionner les deux avant de faire la moindre prédiction. Par exemple, une réaction peut absorber de la chaleur et diminuer ainsi l'entropie de la mer ($\Delta S < 0$) et provoquer en même temps un tel degré de désordre à l'intérieur de la boîte ($\Delta S > 0$) que la somme $\Delta S_{univers} = \Delta S_{mer} + \Delta S_{boîte}$ est positive. Dans ce cas, la réaction se produira spontanément, même si la mer cède de la chaleur à la boîte au cours de la réaction. Un exemple d'une réaction de ce type est la dissolution de chlorure de sodium dans un becher contenant de l'eau (la « boîte »), qui est un processus spontané même si la température de l'eau baisse lorsque le sel se retrouve en solution.

Les chimistes ont trouvé utile de définir un certain nombre de nouvelles « fonctions composées » qui représentent des combinaisons des propriétés physiques d'un système. Les propriétés qui peuvent se combiner comprennent la température (T), la pression (P), le volume (V), l'énergie (E), et l'entropie (S). L'enthalpie (H) est une fonction composée de ce type. Mais, jusqu'à présent, la fonction composée la plus utile pour les biologistes est l'*énergie libre de Gibbs, G.* C'est un système d'estimation qui permet de déduire la variation d'entropie de l'univers résultant d'une réaction chimique dans la boîte, tout en évitant tout examen séparé de la variation d'énergie libre dans la mer. Pour une boîte de volume V à une pression P, la définition de G est :

$$G = H - TS$$

où H est l'enthalpie décrite plus haut ($E + PV$), T est la température absolue, et S, l'entropie. Chacune de ces quantités ne concerne que l'intérieur de la boîte. La variation d'énergie libre au cours d'une réaction dans la boîte (G des produits moins G des matériaux de départ) est désignée par ΔG et, comme nous allons maintenant le démontrer, est une mesure directe de la quantité de désordre créé dans l'univers lorsque la réaction se produit.

A température constante, la variation d'énergie libre (ΔG) au cours de la réaction est égale à $\Delta H - T\Delta S$. En se souvenant que $\Delta H = -h$, la chaleur absorbée à partir de la mer, nous avons :

$$-\Delta G = -\Delta H + T\Delta S$$
$$-\Delta G = h + T\Delta S, \text{ et } -\Delta G/T = h/T + \Delta S$$

Mais h/T est égal à la variation d'entropie de la mer (ΔS_{mer}) et le ΔS de l'équation ci-dessus est $\Delta S_{boîte}$. Par conséquent,

$$-\Delta G/T = \Delta S_{mer} + \Delta S_{boîte} = \Delta S_{univers}$$

Nous concluons qu'une réaction se produira dans le sens dans lequel la variation d'énergie libre (ΔG) sera *négative,* parce que, dans ce cas, il y aura une variation d'entropie positive dans l'univers où la réaction aura lieu. En d'autres termes, la variation d'**énergie libre** est une **mesure directe de la variation d'entropie dans l'univers**.

Pour un ensemble complexe de réactions couplées impliquant de nombreuses molécules différentes, la variation totale d'énergie libre sera obtenue simplement par addition des énergies libres de toutes les différentes espèces moléculaires après la réaction et par comparaison de cette valeur à la somme des énergies libres avant la réaction ; pour des substances courantes, on peut trouver les valeurs des énergies libres nécessaires dans des tables publiées. On peut ainsi prédire le sens d'une réaction et, de cette façon, réfuter facilement n'importe quel mécanisme proposé. Ainsi, par exemple, à partir des valeurs observées de l'amplitude du gradient électrochimique de protons à travers la membrane mitochondriale interne et le ΔG de l'hydrolyse de l'ATP à l'intérieur de la mitochondrie, on peut être certain que l'ATP synthétase requiert le passage de plus d'un proton pour chaque molécule d'ATP qu'elle synthétise (voir p. 358).

La valeur de ΔG pour une réaction est une mesure directe du degré de déplacement de la réaction par rapport à l'équilibre. La grande valeur négative pour l'hydrolyse de l'ATP dans une cellule peut simplement refléter le fait que les cellules maintiennent la réaction d'hydrolyse de l'ATP éloignée de l'équilibre de 10 ordres de grandeur au moins (voir p. 354). Si une réaction atteint l'équilibre, $\Delta G = 0$, et la réaction se produit alors dans les deux sens à des vitesses qui sont précisément égales. Pour l'hydrolyse de l'ATP, l'équilibre est atteint lorsque la grande majorité de l'ATP a été hydrolysé, comme cela se produit dans une cellule morte.

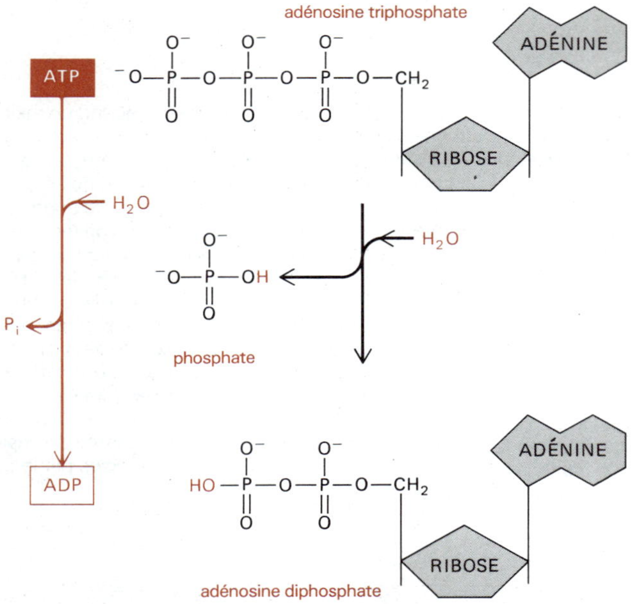

Figure 2-26 L'hydrolyse du phosphate terminal de l'ATP produit entre 11 et 13 kcal/mole d'énergie utilisable, selon les conditions intracellulaires. L'important ΔG négatif de cette réaction résulte d'un certain nombre de facteurs. La libération du groupement phosphate terminal supprime une répulsion défavorable entre des charges négatives adjacentes. De plus, l'ion phosphate inorganique libéré est stabilisé par résonance et par la formation d'une liaison hydrogène favorable avec l'eau.

$$A\text{-}H + B\text{-}OH \rightarrow A\text{-}B + H_2O$$

Presque invariablement, la réaction inverse (appelée *hydrolyse*), où l'eau clive le composé A-B lié de manière covalente, sera la réaction énergétiquement favorable. C'est le cas, par exemple, lors de l'hydrolyse des protéines, des acides nucléiques et des polysaccharides en sous-unités.

La stratégie d'ensemble qui permet à la cellule de fabriquer A-B à partir de A-H et de B-OH implique une succession d'étapes au cours desquelles la synthèse énergétiquement défavorable du composé désiré est couplée à une réaction énergétiquement beaucoup plus favorable (voir Figure 2-17). L'hydrolyse de l'ATP a un ΔG très négatif (Figure 2-26), et c'est la source habituelle d'énergie libre utilisée pour diriger les réactions de biosynthèse dans une cellule. Dans la voie couplée allant de A-H et B-OH à A-B, l'énergie provenant de l'hydrolyse de l'ATP est d'abord utilisée pour convertir B-OH en un composé intermédiaire de plus haute énergie, qui réagit alors directement avec A-H pour donner A-B. Le mécanisme le plus simple implique le transfert d'un phosphate de l'ATP à B-OH, pour fabriquer $B\text{-}OPO_3$ (ou B-O-Ⓟ), cas dans lequel la voie réactionnelle ne comporte que deux étapes :

1. B-OH + ATP → B-O-Ⓟ + ADP
2. A-H + B-O-Ⓟ → A-B + P_i

Une fois l'intermédiaire B-O-Ⓟ formé, de façon seulement transitoire, les réactions globales qui se produisent sont :

$$A\text{-}H + B\text{-}OH \rightarrow A\text{-}B \quad \text{et} \quad ATP \rightarrow ADP + P_i$$

La première réaction, qui est, par elle-même, énergétiquement défavorable, est contrainte à se produire par un couplage direct à la seconde réaction énergétiquement favorable (l'hydrolyse de l'ATP). Un exemple d'une réaction de biosynthèse couplée de ce type, la synthèse de l'acide aminé glutamine, est donné dans la Figure 2-27.

Le ΔG de l'hydrolyse de l'ATP en ADP et en phosphate inorganique (P_i) dépend des concentrations de tous les réactifs, et, dans les conditions cellulaires habituelles, il se situe entre — 11 et — 13 kcal/mole (voir p. 354). En principe, cette réaction d'hydrolyse peut servir à activer une réaction défavorable possédant un ΔG d'environ + 10 kcal/mole, à condition qu'une voie réactionnelle appropriée soit disponible. Cependant, pour certaines réactions biosynthétiques, même un ΔG de — 13 kcal/mole peut ne pas suffire. Dans ces cas, la voie de l'hydrolyse de l'ATP peut être modifiée de sorte qu'elle produise initialement de l'AMP et du pyrophosphate (PP_i) (Figure 2-28). Le pyrophosphate est ensuite lui-même hydrolysé dans une étape ultérieure. Le processus global rend disponible une variation d'énergie libre totale d'environ — 26 kcal/mole.

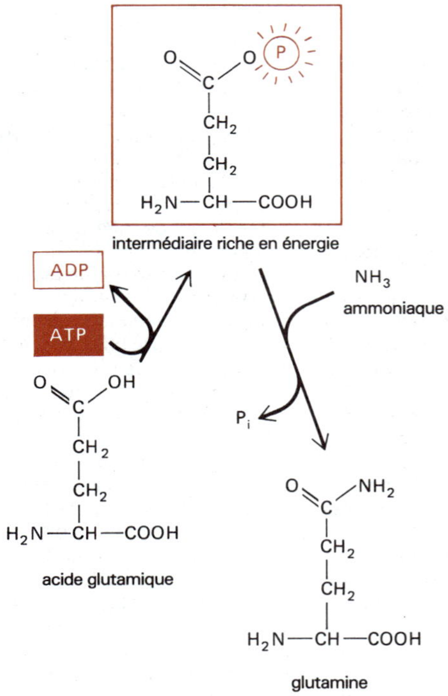

Figure 2-27 Un exemple de réaction biosynthétique du type déshydratation, dirigée par l'hydrolyse de l'ATP. L'acide glutamique est d'abord converti en un intermédiaire phosphorylé riche en énergie (correspondant au composé B-O-Ⓟ décrit dans le texte) qui réagit ensuite avec l'ammoniaque pour former la glutamine. Dans cet exemple, les deux étapes se déroulent à la surface de la même enzyme, la *glutamine synthétase*. Noter que, pour plus de clarté, ces molécules sont représentées sous leurs formes non chargées.

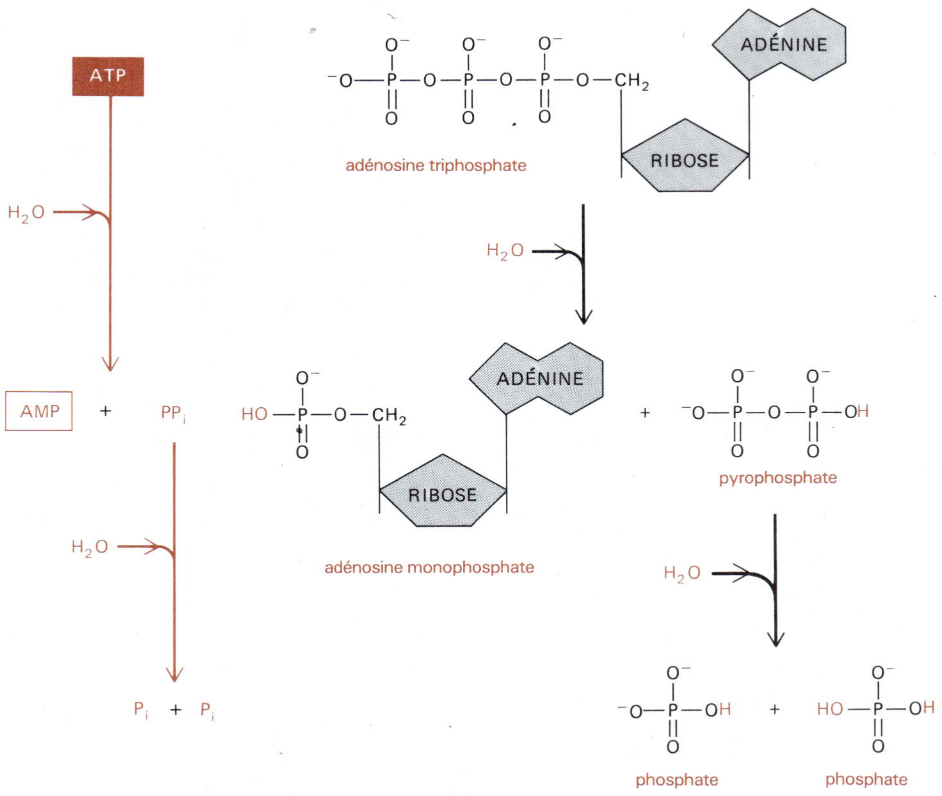

Figure 2-28 Une seconde voie pour l'hydrolyse de l'ATP, dans laquelle un pyrophosphate est d'abord formé avant d'être hydrolysé. Cette voie libère environ deux fois plus d'énergie libre que la réaction de la Figure 2-26. Les atomes H provenant de l'eau sont représentés liés aux groupements phosphate après hydrolyse. Toutefois, au pH cytoplasmique, la plus grande partie d'entre eux se dissocient en ions hydrogène libres H^+.

Comment l'énergie de l'hydrolyse du pyrophosphate est-elle couplée à une réaction de biosynthèse ? Une des manières peut être illustrée par l'étude, une fois encore, de la synthèse du composé A-B à partir de A-H et B-OH. Grâce à une enzyme appropriée, B-OH peut être transformé en un intermédiaire plus riche en énergie, B-O-Ⓟ-Ⓟ en réagissant avec l'ATP. La réaction complète comprend maintenant trois étapes :

1. B-OH + ATP → A-O-Ⓟ-Ⓟ + AMP
2. A-H + B-O-Ⓟ-Ⓟ → A-B + PP_i
3. PP_i + H_2O → 2 P_i

Et les réactions globales sont :

$$\text{A-H} + \text{B-OH} \rightarrow \text{A-B et ATP} + H_2O \rightarrow \text{AMP} + 2\,P_i$$

Puisqu'une enzyme accélère toujours de manière égale les deux sens de la réaction qu'elle catalyse, le composé A-B peut être détruit par recombinaison avec un pyrophosphate (une réversion de l'étape 2). Mais la réaction énergétiquement favorable d'hydrolyse du pyrophosphate (étape 3) stabilise grandement le composé A-B, en maintenant une concentration en pyrophosphate très basse, empêchant essentiellement la réversion de l'étape 2. De cette façon, l'énergie d'hydrolyse du pyrophosphate est utilisée pour activer la réaction directe. Un exemple d'une importante réaction de biosynthèse de ce type, la synthèse d'un polynucléotide, est donné dans la Figure 2-29.

Les coenzymes sont impliqués dans le transfert de groupements chimiques spécifiques

Puisque la liaison du phosphate terminal dans l'ATP est facilement clivée, avec libération d'énergie libre, l'ATP agit comme un donneur de phosphate efficace dans de nombreuses réactions de phosphorylation différentes. Une grande variété d'autres liaisons chimiques labiles agissent aussi de cette façon. Par exemple, des molécules transporteuses spécifiques, contiennent des groupements acétyle ou méthyle associés par des liaisons dont la réactivité fait qu'ils peuvent être transférés efficacement à d'autres molécules (Tableau 2-2). La même molécule transporteuse participe souvent à de nombreuses réactions chimiques différentes dans lesquelles ce groupement est nécessaire.

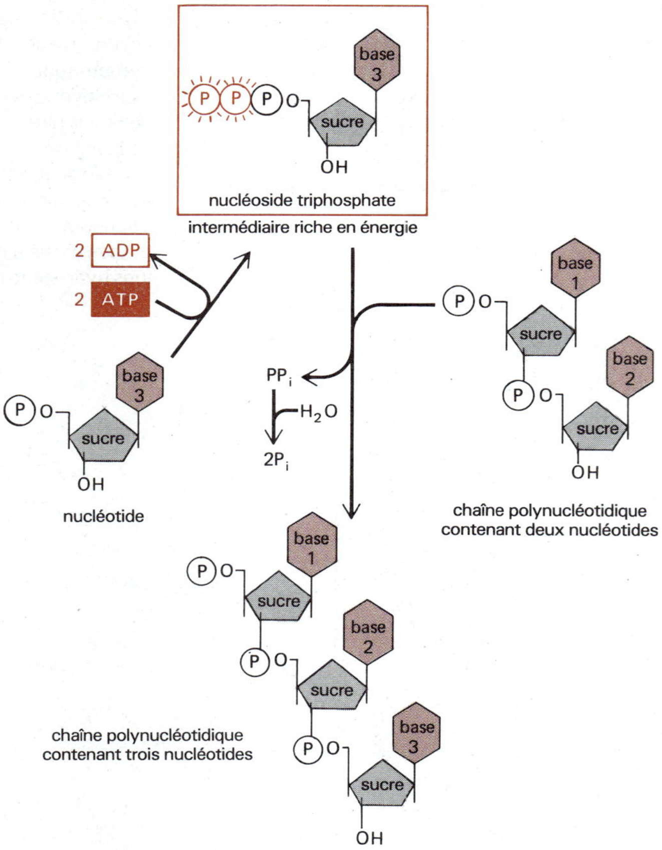

Figure 2-29 La synthèse d'un polynucléotide, l'ARN ou l'ADN, est un processus à étapes multiples, dirigé par l'hydrolyse de l'ATP. Dans la première étape, un nucléoside monophosphate tel que le CMP est activé par le transfert séquentiel des groupements phosphates terminaux de deux molécules d'ATP. L'intermédiaire riche en énergie formé — un nucléoside triphosphate tel que le CTP — est libre en solution, jusqu'à ce qu'il réagisse avec l'extrémité en élongation d'une chaîne d'ARN ou d'ADN, avec libération d'un pyrophosphate. L'hydrolyse de ce dernier en phosphate inorganique est très favorable et aide à entraîner la réaction globale dans le sens de la synthèse du polynucléotide.

L'acétyl coenzyme A (acétyl CoA), qui est produit dans la dégradation du glucose, constitue un exemple de ce type de molécule transporteuse. Il porte un groupement acétyle lié au CoA par un pont thioester réactif (voir Figure 2-19). Ce groupement acétyle est facilement transféré à une autre molécule, telle qu'une molécule d'acide gras en cours d'élongation. Un autre exemple important est la *biotine*, qui transfère un groupement carboxyle dans un grand nombre de réactions de biosynthèse (Figure 2-30). Les molécules telles que l'acétyl CoA, la biotine et l'ATP sont appelées **coenzymes** car elles sont étroitement liées à la surface de diverses enzymes et sont indispensables à leur activité. Beaucoup de coenzymes ne peuvent être synthétisés par les animaux, et doivent être fournis dans le régime alimentaire par des végétaux ou des microorganismes. Les *vitamines* — des facteurs nutritifs essentiels dont les animaux ont besoin en quantités minimes — sont souvent les précurseurs de coenzymes nécessaires.

Tableau 2-2 Quelques coenzymes impliqués dans les réactions de transfert de groupements

Coenzyme	Groupement transféré
ATP	phosphate
NADH, NADPH	hydrogène et électron (ion hybride)
Coenzyme A	acétyle
Biotine	carboxyle
S-Adénosylméthionine	méthyle

Les coenzymes sont des petites molécules associées à des enzymes et sont essentiels à leur activité. Chacun des coenzymes de cette liste est une molécule qui transporte un petit groupement chimique et participe à diverses réactions au cours desquelles ce groupement est transféré à une autre molécule. Certains coenzymes sont liés de manière covalente à leur enzyme ; d'autres sont moins fortement liés. Un coenzyme lié de façon covalente est souvent considéré comme un *groupement prosthétique* de l'enzyme.

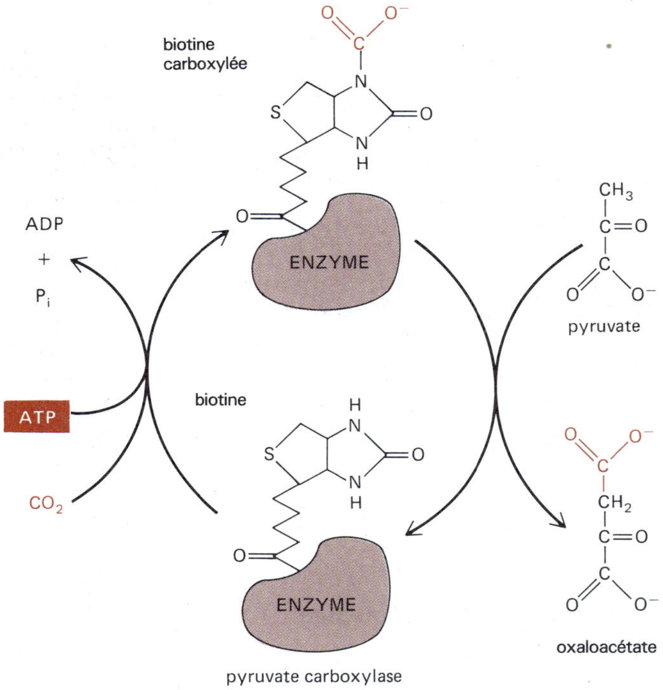

Figure 2-30 Transfert d'un groupement carboxyle par le coenzyme biotine. La biotine est une molécule porteuse du groupement carboxyle (—COO^-). Dans la séquence de réactions ci-contre, la biotine est liée de manière covalente à l'enzyme pyruvate carboxylase. Un groupement carboxyle activé, dérivé d'un ion bicarbonate (HCO_3^-), est couplé à la biotine par une réaction qui nécessite un apport d'énergie fourni par l'hydrolyse d'une molécule d'ATP. Le groupement carboxyle est ensuite transféré au groupement méthyle du pyruvate pour former l'oxaloacétate.

La biosynthèse nécessite un pouvoir réducteur

Nous avons vu que les réactions d'oxydation et de réduction ont lieu continuellement dans les cellules. L'énergie chimique des molécules alimentaires est libérée par des processus oxydatifs qui sont une forme de combustion, alors que la cellule a besoin, pour faire des molécules biologiques, d'effectuer, entre autres choses, une série de réactions de réduction qui nécessitent un apport d'énergie chimique. Utilisant le principe des réactions couplées décrit précédemment, les cellules canalisent directement l'énergie chimique produite par le catabolisme, vers la synthèse de NADH (voir par exemple la Figure 2-21). La liaison riche en énergie qui existe entre l'hydrogène et le cycle nicotinamide du NADH fournit alors l'énergie pour des réactions enzymatiques qui seraient autrement défavorables, et qui transfèrent l'hydrogène (sous forme d'un ion hydrure) à une autre molécule. Le NADH et son proche parent le NADPH, qui est facilement dérivé du premier, sont donc dits porteurs de « pouvoir réducteur ».

Afin de voir comment ce transfert d'hydrogène fonctionne, considérons seulement une étape de biosynthèse : la dernière réaction de la synthèse de la molécule lipidique, le *cholestérol*. Dans cette réaction, deux atomes d'hydrogène sont ajoutés à un stéroïde polycyclique afin de réduire une double liaison carbone-carbone (Figure 2-31). Comme dans la plupart des réactions de biosynthèse, les constituants des deux atomes d'hydrogène requis dans cette réaction sont fournis par le NADPH sous la forme d'un ion hybride et par un proton (H^+) de la solution ($H^- + H^+ = 2H$). Comme dans le NADH, l'ion hybride qui doit être transféré du NADPH fait partie d'un noyau nicotinamide et est facilement perdu car, sans lui, le composé cyclique peut atteindre un état aromatique plus stable (voir Figure 2-22). Ainsi, le NADH et le NADPH retiennent tous deux cet ion hybride par une liaison riche en énergie et, de là, il peut être transféré à une autre molécule quand une enzyme appropriée est disponible pour catalyser le transfert.

La différence entre le NADH et le NADPH est insignifiante en termes chimiques : le NADPH possède un groupement phosphate supplémentaire sur une partie de la molécule éloignée de la région active (Figure 2-32). Ce groupement phosphate n'a aucune incidence sur la réaction elle-même, mais il sert de bras pour attacher le coenzyme NADPH aux enzymes appropriées. En règle générale, le NADH fonctionne avec des enzymes catalysant des réactions cataboliques, alors que le NADPH agit avec des enzymes qui catalysent des réactions de biosynthèse. Ceci signifie que les voies cataboliques et biosynthétiques peuvent être réglées séparément en modifiant respectivement les taux de NADH et NADPH.

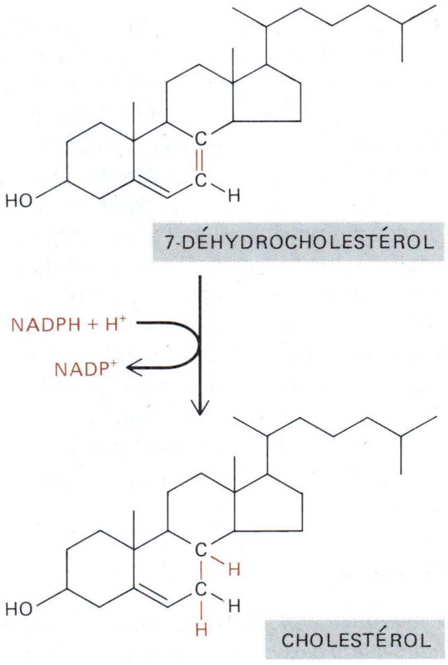

Figure 2-31 L'étape finale de l'une des voies de biosynthèse du cholestérol. La réduction de la liaison C=C s'effectue par le transfert d'un ion hybride de la molécule porteuse NADPH, et d'un proton (H^+) de la solution.

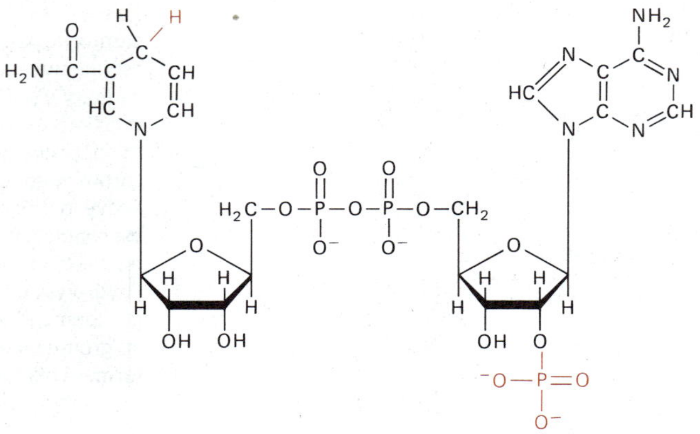

Figure 2-32 Structure du NADPH, qui ne diffère du NADH (voir Figure 2-22) que par la présence d'un groupement phosphate supplémentaire lui permettant d'être sélectivement reconnu par certaines enzymes (en général celles qui sont impliquées dans les biosynthèses).

Les polymères biologiques sont synthétisés suivant une séquence répétitive de réactions élémentaires de déshydratation

Les principales macromolécules synthétisées par les cellules sont les polynucléotides (ADN et ARN), les polysaccharides et les protéines, dont les structures sont extrêmement variées et qui comprennent les plus complexes des molécules connues. Pourtant, elles sont synthétisées à partir d'un nombre relativement faible de petites molécules (appelées *monomères* ou *sous-unités*) selon un répertoire restreint de réactions chimiques.

Une synthèse très simplifiée des mécanismes d'addition de monomères aux protéines, polynucléotides et polysaccharides est présentée dans la Figure 2-33. Bien que les réactions de synthèse de chaque polymère impliquent un type différent de liaison covalente et des enzymes et cofacteurs différents, elles présentent de grandes similitudes. Comme le montre le tramé rose, l'addition de sous-unités se produit dans chaque cas par une réaction de déshydratation qui implique la perte d'une molécule d'eau par les deux réactifs.

Comme dans le cas plus général discuté précédemment (voir p. 74), la formation de ces polymères nécessite un apport d'énergie chimique fournie par la stratégie classique du couplage de la réaction de biosynthèse à l'hydrolyse énergétiquement favorable d'un nucléoside triphosphate. Pour ces trois types de macromolécules, un nucléoside phosphate au moins est clivé pour former du pyrophosphate, qui est ensuite hydrolysé pour fournir à la réaction une force motrice suffisante. Le mécanisme utilisé pour la synthèse des polynucléotides a été représenté précédemment dans la Figure 2-29.

Les intermédiaires activés des réactions de polymérisation peuvent être orientés dans deux voies possibles dont l'une aboutit à une polymérisation d'amont (head polymerization) et l'autre à une polymérisation d'aval (tail polymerization). Dans la *polymérisation d'amont*, la liaison réactive est portée par l'extrémité du polymère en cours d'élongation et doit donc être régénérée à chaque addition d'un monomère. Dans ce cas, chaque monomère porte la liaison réactive qui sera utilisée dans la réaction avec le *prochain* monomère de la série (Figure 2-34). Dans la *polymérisation d'aval*, chaque monomère porte la liaison réactive qui sert, au contraire, à sa propre addition. Les deux types de polymérisation sont utilisés dans la synthèse des molécules biologiques. Par exemple, la synthèse des polynucléotides et de quelques polysaccharides simples se fait selon la polymérisation d'aval, la synthèse des protéines s'effectue selon la polymérisation d'amont.

Résumé

L'hydrolyse de l'ATP est couramment couplée à des réactions énergétiquement défavorables, telles que la biosynthèse de macromolécules, en général par la formation d'intermédiaires réactifs phosphorylés. D'autres molécules transporteuses réactives, appelées coenzymes, transfèrent d'autres groupements chimiques au cours de la biosynthèse : le NADPH, par exemple, transfère de l'hydrogène sous la forme d'un proton et de deux électrons (un ion hybride), alors que l'acétyl CoA transfère des groupements acétyle. Les molécules polymériques comme les protéines et les acides aminés sont assemblées à partir de petites molécules de précurseurs activés par des réactions de déshydratation répétées.

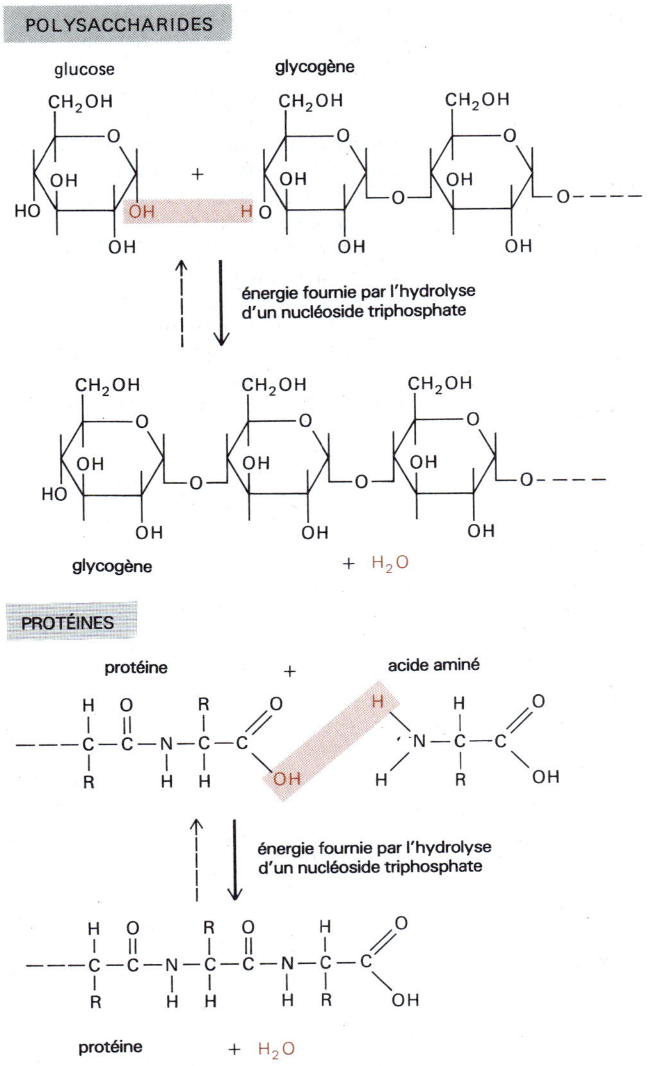

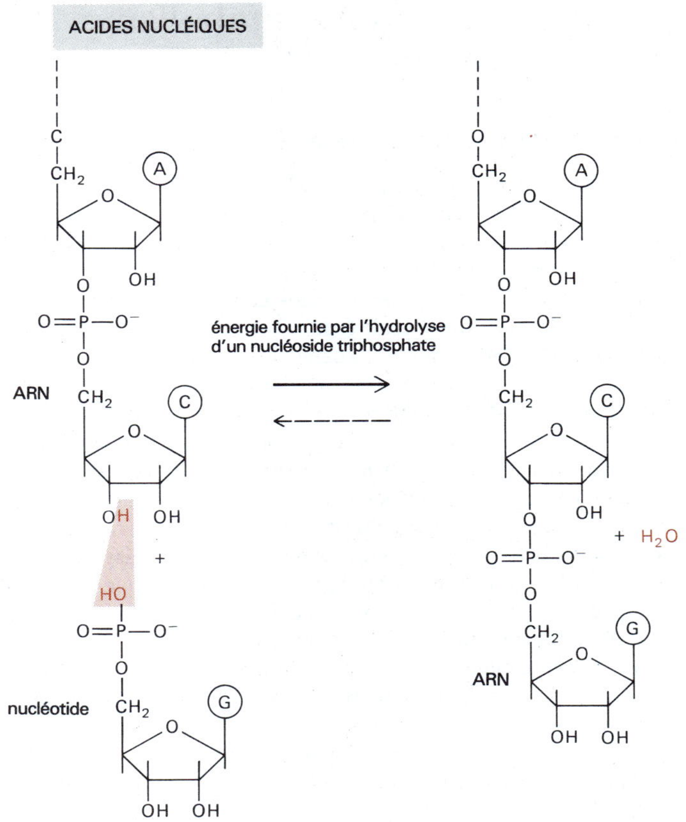

Figure 2-33 Représentation schématique des réactions de polymérisation qui conduisent à la synthèse de trois types de polymères biologiques montrant que la synthèse, dans tous les cas, implique la perte d'eau (déshydratation). La consommation de nucléosides triphosphates riches en énergie nécessaire pour activer chaque monomère avant son addition n'est pas représentée. En revanche, la réaction inverse — la dégradation des trois types de polymères — a lieu par simple addition d'eau (hydrolyse).

Figure 2-34 Comparaison des croissances d'amont et d'aval des polymères.

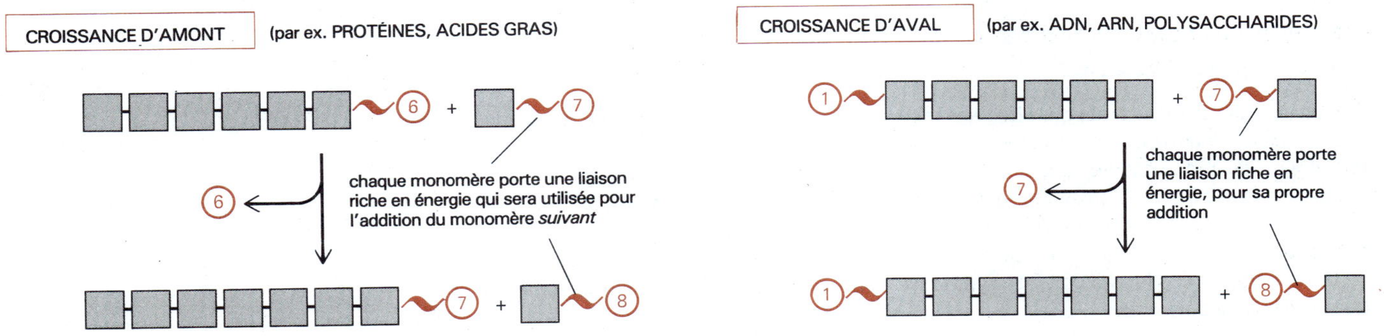

La coordination du catabolisme et de la biosynthèse [19]

Figure 2-35 Quelques-unes des réactions ► chimiques qui se produisent dans une cellule (A). Environ 500 réactions métaboliques courantes sont représentées par un diagramme, chaque espèce chimique étant figurée par un cercle plein. Les réactions centrales de la glycolyse et du cycle de l'acide citrique sont tracés en couleur. Une cellule de mammifère typique synthétise plus de 10 000 protéines différentes, dont la majeure partie sont des enzymes. Dans le segment arbitrairement sélectionné de cet enchevêtrement métabolique (ombrage coloré), le cholestérol est synthétisé à partir de l'acétyl CoA. A droite et sous le schéma, ce segment agrandi et détaillé (B).

Le métabolisme est organisé et soumis à une régulation

Une idée de la façon dont une cellule est conçue, lorsqu'on l'envisage comme une machine chimique, peut être donnée par la Figure 2-35, qui est un diagramme représentant seulement quelques-unes des voies enzymatiques d'une cellule. Toutes ces réactions ont lieu dans une cellule d'un diamètre inférieur à 0,1 mm, et chacune nécessite une enzyme différente qui est elle-même le produit de toute une série de réactions de transfert d'information et de synthèse protéique. Une petite molécule type — l'acide aminé *sérine*, par exemple — peut être modifiée chimiquement par au moins une demi-douzaine d'enzymes, selon diverses modalités : cet acide aminé peut être lié à l'AMP (adénylé) dans la préparation à la synthèse protéique ; ou dégradé en glycine, ou converti en pyruvate en vue de l'oxydation ; il peut être acétylé par l'acétyl CoA ou transféré à un acide gras pour donner la phosphatidylsérine. Toutes ces voies différentes sont en compétition pour la même molécule de sérine et une même compétition a lieu au même instant pour des milliers d'autres petites molécules. On pourrait penser que l'équilibre de tout le système est si subtil que le moindre dérangement mineur, tel un changement temporaire dans le régime alimentaire, pourrait être désastreux.

En fait, la cellule est étrangement stable. Chaque fois qu'elle est perturbée, la cellule réagit de façon à restaurer son état initial. Elle peut s'adapter et continuer à fonctionner pendant une disette ou une maladie. Toutes sortes de mutations peuvent éliminer des voies réactionnelles particulières, et pourtant — si certaines conditions minimales sont remplies —, la cellule survit. Ceci grâce à un réseau élaboré de mécanismes de contrôle qui règlent et coordonnent les vitesses de ses réactions. Certains des niveaux supérieurs de contrôle seront étudiés dans les chapitres suivants. Nous n'envisagerons ici que les mécanismes les plus simples réglant le flux des petites molécules à travers les diverses voies métaboliques d'une cellule.

Les voies métaboliques sont contrôlées par des variations de l'activité enzymatique [20]

Les concentrations des diverses petites molécules d'une cellule sont protégées contre des changements importants par un processus connu sous le nom de **régulation rétroactive** (feed-back regulation). Ce type de mécanisme régulateur règle finement le flux de métabolites à travers une voie particulière en augmentant ou diminuant temporairement l'activité d'enzymes essentielles. Par exemple, la première enzyme d'une séquence de réactions est généralement inhibée par une *action rétroactive négative* du produit final de cette séquence : ainsi, si de grandes quantités de produit final s'accumulent, l'entrée ultérieure des précurseurs dans la voie réactionnelle est automatiquement inhibée (Figure 2-36). Aux embranchements et croisements, fréquents, des voies métaboliques, se trouvent généralement de multiples points de contrôle exercé par différents produits finaux. La complexité de tels processus de contrôle en retour est illustrée par la Figure 2-37, qui donne le schéma de la régulation enzymatique dans une série de voies de synthèse d'acides aminés voisins.

La régulation rétroactive est capable d'agir presque instantanément et est réversible ; de plus, un produit final donné peut activer des enzymes conduisant à d'autres voies métaboliques, aussi bien qu'inhiber les enzymes qui provoquent sa propre synthèse. La base moléculaire de ce type de contrôle dans les cellules est bien comprise, mais comme son interprétation nécessite une certaine connaissance de la structure protéique, elle sera reportée au Chapitre 3 (p. 128).

Les réactions cataboliques peuvent être inversées par un apport d'énergie [21]

Des changements importants qui affectent le métabolisme de la cellule entière, peuvent être obtenus en modulant quelques enzymes. Par exemple, il existe un type particulier de régulation en retour qui rend la cellule capable d'un changement d'aiguillage de la voie de dégradation du glucose vers celle de sa biosynthèse *(la néoglucogenèse)*. La néoglucogenèse est particulièrement indispensable en périodes d'exercice violent, quand le glucose nécessaire à la contraction musculaire est produit à partir de l'acide lactique par les cellules du foie, et aussi en périodes de famine, quand du glucose doit être synthétisé à partir d'acides gras et d'acides aminés, pour que l'organisme puisse survivre.

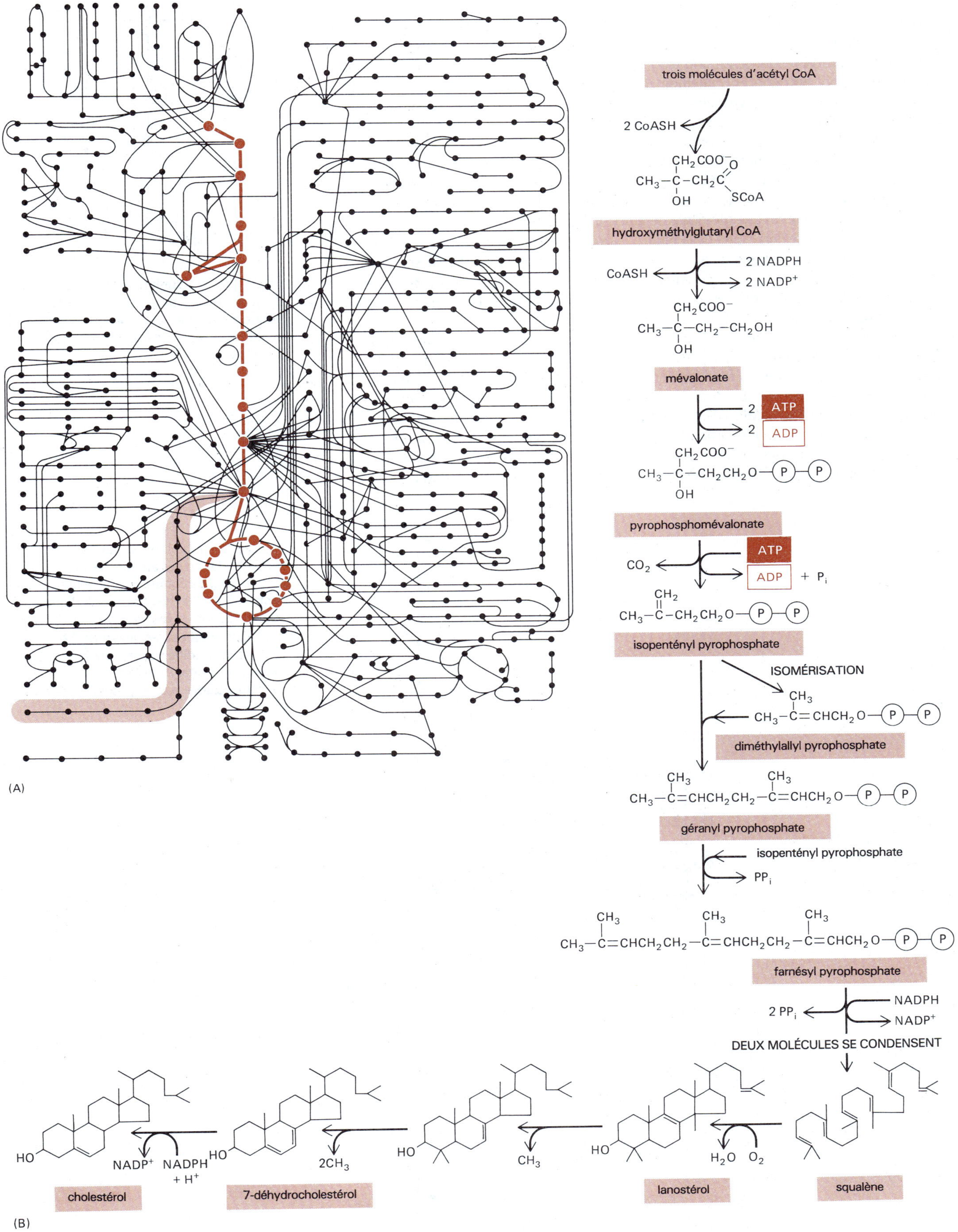

(A)
trois molécules d'acétyl CoA
2 CoASH
hydroxyméthylglutaryl CoA
CoASH
2 NADPH
2 NADP+
mévalonate
2 ATP
2 ADP
pyrophosphomévalonate
CO2
ATP
ADP
+ Pi
isopentényl pyrophosphate
ISOMÉRISATION
diméthylallyl pyrophosphate
géranyl pyrophosphate
isopentényl pyrophosphate
PPi
farnésyl pyrophosphate
2 PPi
NADPH
NADP+
DEUX MOLÉCULES SE CONDENSENT
squalène
H2O
O2
lanostérol
CH3
2CH3
7-déhydrocholestérol
NADP+
NADPH
+ H+
cholestérol
(B)

La dégradation normale du glucose en pyruvate lors de la glycolyse est catalysée par un certain nombre d'enzymes agissant en série. Les réactions catalysées par la plupart de ces enzymes sont facilement réversibles, mais trois étapes réactionnelles (numérotées 1, 3 et 9) sont réellement irréversibles. En fait, c'est la variation d'énergie libre, fortement négative de ces réactions, qui entraîne normalement la dégradation du glucose. Pour que les réactions inverses aient lieu et pour synthétiser du glucose à partir du pyruvate, chacune de ces trois réactions doit être évitée. Ceci est réalisé en substituant trois réactions de dérivation qui sont activées à contre-courant par un apport d'énergie chimique (Figure 2-38). Ainsi, lorsque deux molécules d'ATP sont formées chaque fois qu'une molécule de glucose est dégradée en deux molécules de pyruvate, la réaction inverse de la néoglucogenèse nécessite l'hydrolyse de quatre molécules d'ATP et de deux molécules de GTP. Ceci équivaut, au total, à l'hydrolyse de six molécules d'ATP pour chaque molécule de glucose synthétisée.

Les réactions de dérivation de la Figure 2-38 doivent être étroitement contrôlées de sorte que le glucose ne soit dégradé qu'en cas de besoin en énergie, et synthétisé seulement quand la cellule est rassasiée d'un point de vue nutritionnel. Si les deux réactions, directe et inverse, pouvaient s'effectuer sans contrainte, elles dilapideraient les métabolites dans des cycles inutiles et engendreraient inutilement de la chaleur.

L'élégance des mécanismes de contrôle impliqués peut être illustrée par un seul exemple. L'étape 3 de la glycolyse est l'une des réactions qui doit être évitée durant la formation du glucose. Normalement, cette étape implique l'addition d'un second groupement phosphate de l'ATP au fructose 6-phosphate et elle est catalysée par l'enzyme *phosphofructokinase*. Cette enzyme est activée par l'AMP, l'ADP et les phosphates inorganiques, alors qu'elle est inhibée par l'ATP, le citrate et les acides gras. L'enzyme est donc activée par l'accumulation des produits d'hydrolyse de l'ATP lorsque les réserves en énergie sont faibles, et est inactivée lorsque l'énergie (sous forme d'ATP) ou les réserves alimentaires telles que les acides gras ou le citrate

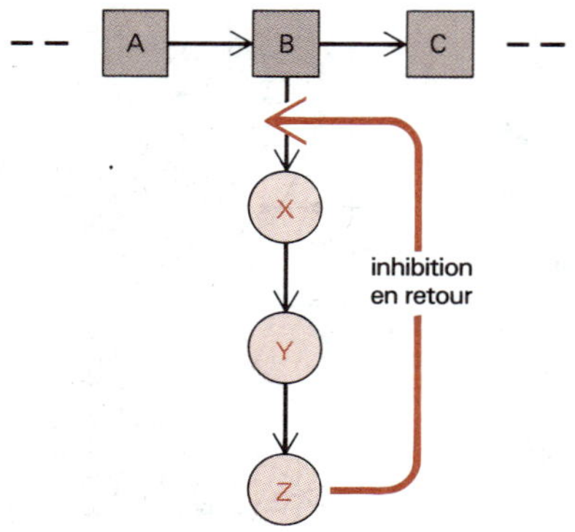

Figure 2-36 Inhibition en retour d'une voie de biosynthèse unique. Le produit final Z inhibe la première enzyme spécifique de sa synthèse et règle ainsi son propre taux dans la cellule.

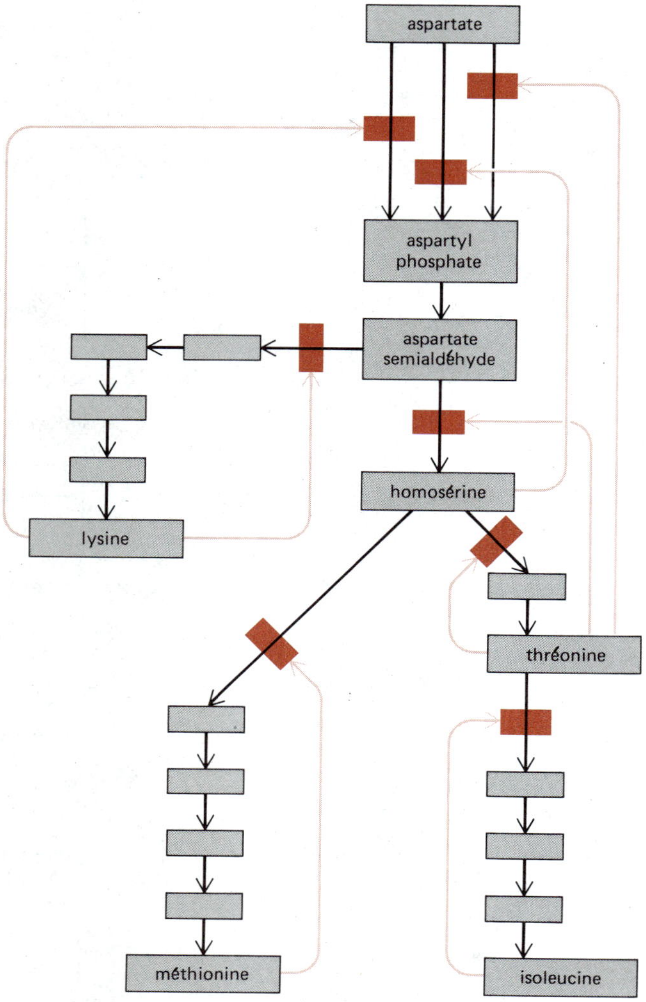

Figure 2-37 Inhibition en retour de la synthèse des acides aminés lysine, méthionine, thréonine et isoleucine chez les bactéries. Les flèches colorées indiquent les points d'action où les produits inhibiteurs rétroactifs inhibent les enzymes. Noter que trois enzymes différentes (appelées *isoenzymes*) catalysent la réaction initiale, chacune inhibée par un produit différent.

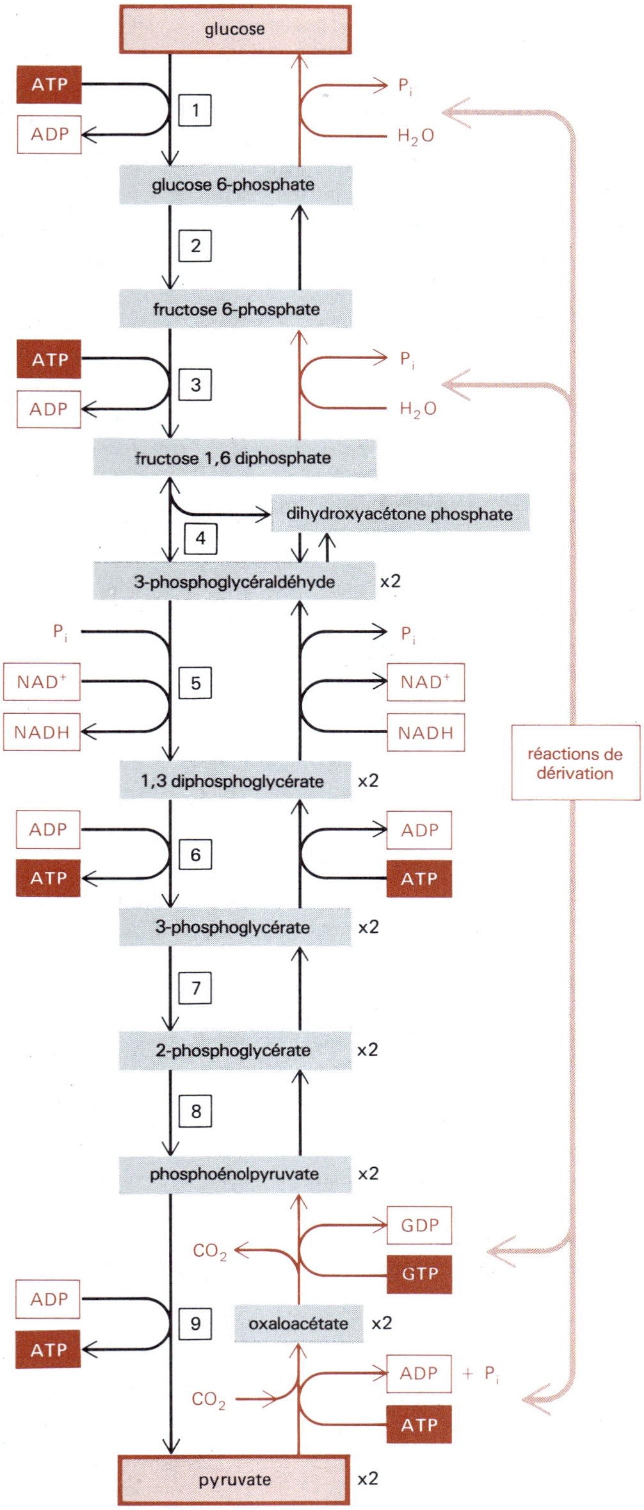

Figure 2-38 Comparaison entre les réactions qui produisent du glucose au cours de la néoglucogenèse et celles qui dégradent le glucose au cours de la glycolyse. Les réactions de dégradation (glycolytiques) sont énergétiquement favorables (la variation d'énergie libre est négative), alors que les réactions de synthèse nécessitent un apport d'énergie. Pour synthétiser le glucose, différentes « enzymes de dérivation » sont nécessaires, qui contournent les réactions 1, 3 et 9 de la glycolyse. Le flux global de réactifs entre le glucose et le pyruvate est déterminé par des mécanismes rétroactifs qui agissent pour contrôler le métabolisme des molécules qui participent à ces trois étapes glycolytiques.

(dérivés des acides aminés) sont abondantes. La *fructose diphosphatase* est l'enzyme qui catalyse la réaction inverse (court-circuit) conduisant à la formation de glucose (l'hydrolyse du fructose 1,6-diphosphate en fructose 6-phosphate conduisant à la formation du glucose) ; l'activité de cette enzyme est contrôlée en sens inverse par les mêmes molécules de contrôle rétroactif, de sorte qu'elle est stimulée lorsque la phosphofructokinase est inhibée.

Il est à noter que la phosphofructokinase est activée par l'ADP, qui est l'un des produits de la réaction qu'elle catalyse (ATP + fructose 6-phosphate → ADP + fructose 1,6-diphosphate), et est inhibée par l'ATP, qui est l'un de ses substrats. En conséquence, cette enzyme peut s'auto-activer, puisqu'elle est soumise à une forme complexe de rétrocontrôle positif. Dans certaines circonstances, un tel contrôle en retour donne naissance à des oscillations impressionnantes dans l'activité de l'enzyme, auxquelles correspondent des fluctuations dans les concentrations des divers intermédiaires de la glycolyse (Figure 2-39). Alors que la portée physiologique de ces oscillations est inconnue, elles illustrent la façon dont un oscillateur biologique peut être créé par un petit nombre d'enzymes. En principe, de telles oscillations pourraient tenir lieu d'horloge interne permettant à la cellule de « mesurer le temps » et, par exemple, de remplir certaines fonctions à intervalles constants.

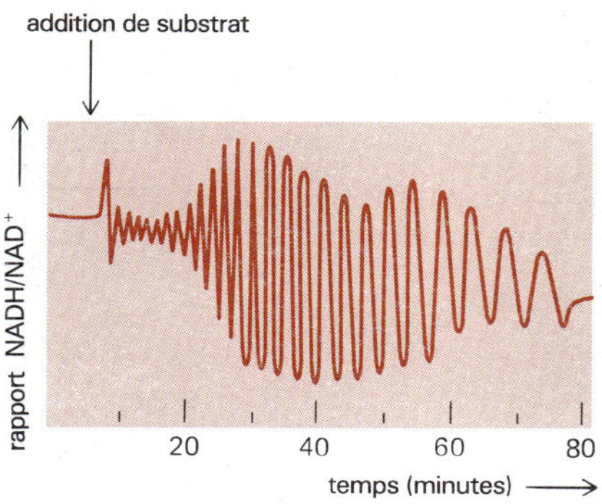

Figure 2-39 L'addition soudaine de glucose à un extrait contenant les enzymes et cofacteurs nécessaires à la glycolyse peut produire d'importantes fluctuations cycliques dans les concentrations des intermédiaires tels que le NADH. Ces oscillations métaboliques sont dues, en partie, au rétrocontrôle positif de l'enzyme glycolytique phosphofructokinase.

Les enzymes peuvent être activées ou réprimées par modification covalente [22]

Les types de contrôle en retour qui viennent d'être décrits permettent une régulation continuelle et automatique de la vitesse des séquences réactionnelles en réponse à des fluctuations seconde par seconde dans le métabolisme. Les cellules ont d'autres artifices pour régler des enzymes, quand des changements d'activité plus durables (des minutes ou des heures) sont nécessaires. Ceux-ci impliquent une modification covalente réversible d'enzymes souvent, mais pas toujours, réalisée par l'addition d'un groupement phosphate à un résidu spécifique sérine, thréonine ou tyrosine de l'enzyme. Le phosphate vient de l'ATP et son transfert est catalysé par des enzymes connues sous le nom de *protéines kinases*.

Nous décrirons dans le chapitre suivant comment la phosphorylation modifie la forme d'une enzyme de telle façon qu'elle augmente ou inhibe son activité. L'élimination ultérieure du groupement phosphate qui inverse l'effet de la phosphorylation, est réalisée par une seconde enzyme, la *phosphoprotéine phosphatase*. La modification covalente des enzymes ajoute une autre dimension au contrôle métabolique, car elle permet la régulation de voies réactionnelles spécifiques au moyen de signaux (comme les hormones) indépendants des intermédiaires métaboliques eux-mêmes.

Les réactions sont compartimentées à la fois dans les cellules et dans les organismes [23]

Toutes les réactions métaboliques d'une cellule n'ont pas lieu à l'intérieur du même compartiment subcellulaire. Du fait que les différentes enzymes se trouvent dans différentes parties de la cellule, le courant des composants chimiques est canalisé, physiquement comme chimiquement.

La forme la plus simple d'une telle ségrégation spatiale se manifeste lorsque deux enzymes qui catalysent des réactions séquentielles forment un complexe enzymatique, et que le produit de la première enzyme ne doit pas diffuser à travers le cytoplasme pour rencontrer la seconde enzyme. La seconde réaction commence dès que la première est achevée. Certains gros agrégats enzymatiques effectuent toute une série de réactions sans perdre contact avec le substrat. La conversion du pyruvate en acétyl CoA, par exemple, procède en trois étapes chimiques, qui ont toutes lieu sur le même gros complexe enzymatique (Figure 2-40), et, dans la synthèse des acides gras, une séquence de réactions encore plus longue est catalysée par un seul assemblage enzymatique. Il n'est pas surprenant que certains des plus gros complexes enzymatiques soient impliqués dans la synthèse de macromolécules comme les protéines et l'ADN.

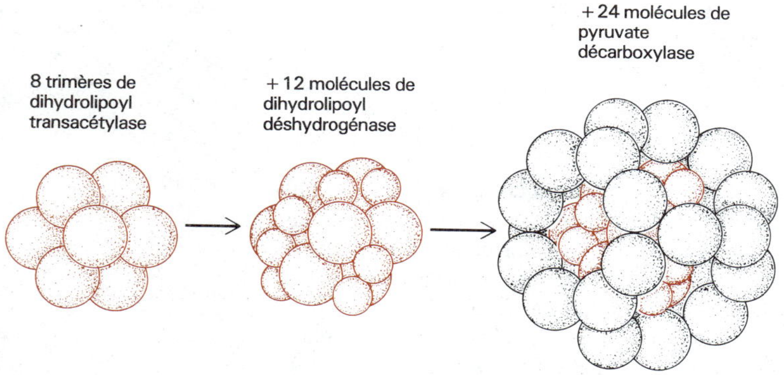

Figure 2-40 Structure de la pyruvate déshydrogénase — un exemple de gros complexe multienzymatique dans lequel les intermédiaires réactionnels sont transmis directement d'une enzyme à l'autre. Le complexe enzymatique catalyse la conversion du pyruvate en acétyl CoA.

Le niveau suivant de ségrégation spatiale dans les cellules met en jeu le confinement d'enzymes fonctionnellement liées à l'intérieur de la même membrane ou du compartiment aqueux constitué par un organite entouré d'une membrane. Le métabolisme oxydatif du glucose en est un bon exemple (Figure 2-41). Après la glycolyse, le pyruvate est activement transféré du cytosol au compartiment interne de la mitochondrie, qui contient tous les enzymes et métabolites impliqués dans le cycle de l'acide citrique. De plus, la membrane mitochondriale interne elle-même contient toutes les enzymes qui catalysent les réactions ultérieures de la phosphorylation oxydative, y compris celles qui interviennent dans le transfert des électrons du NADH à O_2 et dans la synthèse d'ATP. La mitochondrie tout entière peut donc être considérée comme une petite usine de production d'ATP. De la même façon, d'autres organites cellulaires, comme le noyau, l'appareil de Golgi et les lysosomes, peuvent être envisagés comme des compartiments spécialisés où sont enfermées des enzymes fonctionnellement apparentées qui doivent remplir une tâche spécifique. En un sens, la cellule vivante est comparable à une cité, avec de nombreux services spécialisés concentrés dans des quartiers différents, largement interconnectés par un réseau étendu de voies de communication diverses.

L'organisation spatiale des organismes pluricellulaires s'étend au-delà de la cellule individuelle. Les différents tissus du corps possèdent différentes séries d'enzymes et contribuent par des moyens divers à la survie de l'ensemble de l'organisme. En plus des différences dans les produits spécialisés, tels que les hormones ou les anticorps, il existe des différences considérables dans les voies métaboliques « communes » entre les divers types de cellules du même organisme. Bien que pratiquement toutes les cellules contiennent les enzymes de la glycolyse, du cycle de l'acide citrique, de la synthèse et de la dégradation des lipides et du métabolisme des acides aminés, l'amplitude de ces processus est ajustée à des niveaux différents suivant les tissus. Les cellules nerveuses, qui sont sans doute les cellules les plus délicates du corps, ne conservent pratiquement pas de réserves de glycogène ou d'acides gras et se reposent presque entièrement sur un apport en glucose par la circulation sanguine. Les cellules du foie fournissent du glucose aux cellules musculaires en cours de contraction et recyclent l'acide lactique produit par les cellules musculaires, en glucose (Figure 2-42). Tous les types de cellules ont leurs propres caractéristiques métaboliques et coopèrent étroitement, aussi bien en état normal qu'en réponse au stress et à la privation.

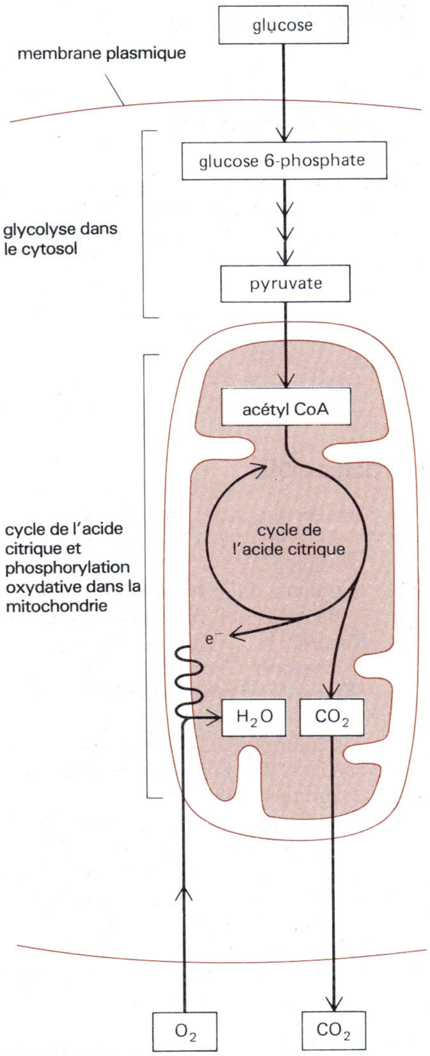

Figure 2-41 Ségrégation des diverses étapes de la dégradation du glucose dans la cellule eucaryote. La glycolyse se déroule dans le cytosol, alors que les réactions du cycle de l'acide citrique et de la phosphorylation oxydative n'ont lieu que dans les mitochondries.

Résumé

Les milliers de réactions chimiques distinctes exécutées simultanément par une cellule sont étroitement coordonnées. Une grande variété de mécanismes de contrôle règlent les activités d'enzymes-clés en réponse aux conditions changeantes à l'intérieur de la cellule. Une forme très courante de régulation est une inhibition rétroactive (feed back) rapidement réversible, exercée sur la première enzyme d'une voie par le produit final de cette même voie. Une forme plus durable de régulation implique la modification chimique d'une enzyme par une autre, souvent par phosphorylation. Des combinaisons de mécanismes régulateurs peuvent produire des changements fondamentaux et durables dans le métabolisme cellulaire. Toutes les réactions cellulaires n'ont pas lieu à l'intérieur du même compartiment intracellulaire et la ségrégation spatiale par des membranes internes permet aux organites de se spécialiser dans leurs tâches biochimiques.

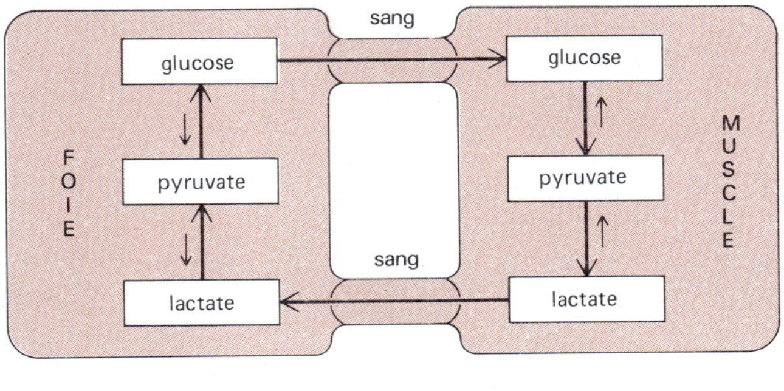

Figure 2-42 Vue schématique de la coopération métabolique entre les cellules du foie et celles du muscle. Le combustible principal des cellules musculaires en contraction active est le glucose dont une grande partie est fournie par les cellules hépatiques. L'acide lactique, le produit final de la dégradation anaérobie du glucose par glycolyse dans le muscle, est reconverti en glucose dans le foie par le processus de gluconéogenèse.

Bibliographie

Ouvrages généraux

Herriott, J. ; Jacobson, G. ; Marmur, J. ; Parsom, W. Papers in Biochemistry. Reading, MA : Addison-Wesley, 1984.

Lehninger, A.L. Principles of Biochemistry. New York : Worth, 1982.

Stryer, L. Biochemistry, 3rd ed. New York : W.H. Freeman, 1988.

Wood, W.B. ; Wilson, J.H. ; Benbow, R.M. ; Hood, L.E. Biochemistry : A Problems Approach, 2nd ed. Menlo Park, CA. : Benjamin-Cummings, 1981.

Articles cités

1. Henderson, L.J. The Fitness of the Environment. Boston : Beacon, 1927 ; reprinted 1958. (Une analyse classique et lisible.)
2. Ingraham, J.L. ; Maaløe, O. ; Neidhardt, F.C. Growth of the Bacterial Cell. Sunderland, MA : Sinauer, 1983.
3. Roehrig, K.L. Carbohydrate Biochemistry and Metabolism. Westport, CT : AUI Publishing, 1984.
   Sharon, N. Carbohydrates. *Sci. Am.* 243(5) : 90-116, 1980.
4 Robertson, R.N. The Lively Membranes. Cambridge, U.K. : Cambridge University Press, 1983.
5. Saenger, W. Principles of Nucleic Acid Structure. New York : Springer, 1984.
6. Hess, B. ; Markus, M. Order and chaos in biochemistry. *Trends Biochem. Sci,* 12 : 45-48, 1987.
   Lehninger, A.L. Bioenergetics : The Molecular Basis of Biological Energy Transformations, 2nd ed. Menlo Park, CA : Benjamin-Cummings, 1971.
   Schrödinger, E. What is Life ? Mind and Matter. Cambridge, U.K. : Cambridge University Press, 1969.
7. Dickerson, R.E. Molecular Thermodynamics. Menlo Park, Ca. : Benjamin, 1969.
   Klotz, I.M. Energy Changes in Biochemical Reactions. New York : Academic Press, 1967.
8. Raven, P.H. ; Evert, R.F. ; Eihhorn, S.E. Biology of Plants, 4th ed. New York ; Worth, 1981.
9. Racker, E. From Pasteur to Mitchell : a hundred years of bioenergetics. *Fed. Proc.* 39 : 210-215, 1980.
10. Fothergill-Gilmore, L.A. The evolution of the glycolytic pathway. *Trends Biochem. Sci* 11 : 47-51, 1986.
    Shulman, R.G. NMR Spectroscopy of living cells. *Sci. Am.* 248(1) : 86-93, 1983.
11. Lipmann, F. Wanderings of a Biochemist. New York : Wiley, 1971.
12. Schlenk, F. The ancestry, birth and adolescence of ATP. *Trends Biochem. Sci.* 12 : 367-368, 1987.
13. McGilvery, R.W. Biochemistry : A Functional Approach, 3rd ed. Philadelphia : Saunders, 1983.
    Racker, E. A New Look at Mechanisms in Bioenergetics. New York : Academic Press, 1976.
14. Kornberg, H.L. Tricarboxylic acid cycles. *Bioessays* 7 : 236-238, 1987.
15. Krebs, H.A. The history of the tricarboxylic acid cycle. *Perspect. Biol. Med.* 14 : 154-170, 1970.
    Krebs, H.A. ; Martin, A. Reminiscences and Reflections. Oxford, U.K. : Clarendon Press ; New York : Oxford University Press, 1981.
16. Pullmann, M.E. et al. Partial resolution of the enzymes catalyzing oxidative phosphorylation. *J. Biol. Chem.* 235 : 3322-3329, 1960.
17. Prigogine I. ; Stengers, I. Order out of Chaos : Man's New Dialogue with Nature. New York : Bantam Books, 1984.
18. Eisenberg, D. ; Crothers, D. Physical Chemistry with Applications to the Life Sciences. Menlo Park, CA : Benjamin-Cummings, 1979.
    Reich, J.G. ; Selkov, E.E. Energy Metabolism of the Cell-A Theoretical Treatise. New York : Academic Press, 1981.
19 Martin, B.R. Metabolic Regulation : A Molecular Approach. Oxford, U.K. ; Blackwell Scientific, 1987.
   Newsholme, E.A. ; Start, C. Regulation in Metabolism. New York : Wiley, 1973.
20. Pardee, A.B. Molecular basis of biological regulation : origins of feedback inhibition and allostery. *Bioessays* 2 : 37-40, 1985.
21. Hess, B. Oscillating reactions. *Trends Biochem. Sci.* 2 : 193-195, 1977.
22. Cohen, P. Control of Enzyme Activity, 2nd ed. London : Chapman and Hall, 1983.
    Koshland, D.E., Jr. Switches, thresholds and ultrasensitivity. *Trends Biochem. Sci.* 12 : 225-229, 1987.
23. Banks, P. ; Bartley, W. ; Birt, M. The Biochemistry of the Tissues, 2nd ed. New York : Wiley, 1976.
    Sies, H. Metabolic Compartmentation. New York : Academic Press, 1982.

Macromolécules : structure, conformation et information

3

Lorsque l'on s'intéresse aux diverses molécules de la cellule, en allant des plus petites d'entre elles aux macromolécules géantes, la transition est plus subtile qu'une simple augmentation de taille. Si les protéines, les acides nucléiques et les polysaccharides sont constitués respectivement d'acides aminés, de nucléotides et d'oses, ces molécules peuvent avoir des propriétés particulières et réellement étonnantes, qui sont très différentes de celles de leurs précurseurs chimiques. Les macromolécules biologiques sont composées de plusieurs milliers — parfois de millions — d'atomes liés les uns aux autres selon des arrangements spatiaux définis avec précision. Chacune de ces macromolécules est le support d'une information spécifique. Une série de messages biologiques est intégrée dans sa structure et ces messages peuvent être « lus » dans la nature de ses interactions avec d'autres molécules, lui permettant de remplir une fonction précise exigée par la cellule.

Dans ce chapitre, nous examinerons les structures des macromolécules, en mettant l'accent sur les protéines et les acides nucléiques et nous expliquerons comment elles se sont adaptées au cours de l'évolution pour remplir des fonctions spécifiques. Nous considérerons les principes selon lesquels ces molécules catalysent des réactions chimiques, construisent des structures multimoléculaires complexes, engendrent le mouvement et — le plus fondamental de tout — stockent et transmettent l'information héréditaire.

Les mécanismes de la reconnaissance moléculaire [1]

Les macromolécules ont généralement des poids moléculaires compris entre 10 000 et 1 million, et leur taille est intermédiaire entre celle des molécules organiques de la cellule, étudiées au Chapitre 2, et celle des grands assemblages macromoléculaires et organites, qui seront étudiés dans les chapitres suivants (Figure 3-1). Une petite molécule, l'eau, constitue 70 p. cent de la masse totale d'une cellule ; presque tout le reste de la masse cellulaire est attribuable aux macromolécules (Tableau 3-1).

Comme nous l'avons décrit au Chapitre 2, une macromolécule est composée de sous-unités de faible poids moléculaire, ajoutées les unes aux autres pour former un long polymère en forme de chaîne (voir Figure 2-33). Habituellement, chaque chaîne n'est constituée que d'une seule famille de sous-unités : les acides aminés sont liés à d'autres acides aminés pour former des protéines ; les nucléotides à d'autres nucléotides pour former les acides nucléiques et les oses à d'autres oses pour former les polysaccharides. L'enchaînement précis des sous-unités étant essentiel à la fonction d'une macromolécule, l'intervention, au cours de sa biosynthèse, de mécanismes qui garantissent la position de la sous-unité correcte en chaque point de la chaîne polymérique est indispensable.

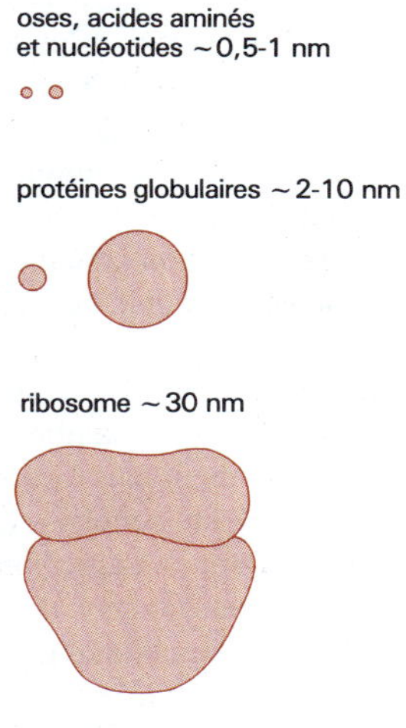

Figure 3-1 La taille des molécules protéiques comparée à celle de certains autres composants cellulaires. Le ribosome est un assemblage macromoléculaire important, composé d'environ 60 molécules de protéines et d'ARN.

Tableau 3-1 Compositions chimiques approximatives d'une bactérie et d'une cellule de mammifère typiques.

Composant	Pourcentage de la masse cellulaire totale	
	E. coli *Bactérie*	*Cellule de mammifère*
H_2O	70	70
Ions inorganiques (Na^+, K^+, Mg^{2+}, Ca^{2+}, Cl^-, etc.)	1	1
Petits métabolites divers	3	3
Protéines	15	18
ARN	6	1,1
ADN	1	0,25
Phospholipides	2	3
Autres lipides	—	2
Polysaccharides	2	2
Volume cellulaire total :	2×10^{-12} cm^3	4×10^{-9} cm^3
Volume cellulaire relatif :	1	2 000

Les protéines, les polysaccharides, l'ADN et l'ARN sont des macromolécules. Les lipides ne sont généralement pas classés comme macromolécules bien qu'ils en partagent certains caractères ; par exemple, la plupart d'entre eux sont synthétisés sous forme de polymères linéaires d'une molécule plus petite (le groupement acétyle de l'acétyl CoA) et s'auto-assemblent en structures plus importantes (membranes). Noter que l'eau et les protéines constituent la majeure partie de la masse cellulaire des mammifères et des bactéries.

Les interactions spécifiques d'une macromolécule dépendent de liaisons faibles non covalentes [2]

Une chaîne macromoléculaire est maintenue par des liaisons *covalentes* suffisamment fortes pour garantir l'intégrité de la séquence des sous-unités dans la macromolécule pendant longtemps. Bien que la séquence des sous-unités détermine l'information portée par une macromolécule, l'utilisation de cette information dépend en grande partie de liaisons beaucoup plus faibles *non covalentes*. Ces liaisons faibles s'établissent entre les différentes parties de la même macromolécule et entre différentes macromolécules. Elles jouent donc un rôle essentiel en fixant à la fois la structure tridimensionnelle des chaînes macromoléculaires et les modes d'interaction de ces structures.

Les liaisons non covalentes rencontrées dans les molécules biologiques sont habituellement de trois types — **liaisons ioniques, liaisons hydrogène** et **forces de van der Waals**. La structure tridimensionnelle de l'eau, qui tend à regrouper les résidus hydrophobes afin de minimiser leur action de rupture sur le réseau des liaisons hydrogène des molécules d'eau est à l'origine d'une autre force de liaison de faible importance (voir Planche 2-1, pp. 46-47). Cette expulsion de la solution aqueuse engendre ce qui est parfois considéré comme une quatrième catégorie de liaison faible non covalente. Ces quatre types de liaisons faibles font l'objet de la Planche 3-1 pages 90 et 91.

En milieu aqueux, chaque liaison non covalente est environ 100 fois plus faible que les liaisons covalentes qui maintiennent la cohésion des molécules biologiques (Tableau 3-2), et seulement légèrement plus forte que l'énergie moyenne des collisions thermiques à 37 °C. Une liaison non covalente simple — contrairement à une liaison covalente simple — est donc trop faible pour résister à l'agitation thermique qui tend à séparer les molécules, et de très nombreuses liaisons non covalentes sont nécessaires pour assurer la cohésion de deux surfaces moléculaires. La formation d'un grand nombre de liaisons non covalentes entre deux surfaces n'est possible que si un grand nombre d'atomes sur ces surfaces s'apparient avec précision (Figure 3-2), ce qui rend compte de la spécificité de la reconnaissance biologique, comme celle qui entre en jeu entre une enzyme et ses substrats.

Les forces faibles non covalentes déterminent la correspondance entre les différentes régions de la même macromolécule, en plus de la manière dont cette macromolécule va interagir avec d'autres molécules. Cependant, ainsi que le montre la Planche 3-1, les atomes se comportent presque comme des sphères solides, possédant un rayon défini (leur « rayon de

Tableau 3-2 Liaisons chimiques covalentes et non covalentes.

Type de liaison	Longueur (nm)	Force (kcal/mole)	
		Dans le vide	*Dans l'eau*
Covalente	0,15	90	90
Ionique	0,25	80	3
Hydrogène	0,30	4	1
Force de van der Waals (par atome)	0,35	0,1	0,1

La force d'une liaison peut être mesurée par l'énergie nécessaire pour la rompre, donnée ici en kilocalories par mole (kcal/mole). (*Une kcal, ou kilocalorie,* est la quantité d'énergie nécessaire pour augmenter d'1 °C la température de 1 000 g d'eau. Une autre unité souvent employée est le kilojoule, égal à 0,24 kcal.) Les forces de chacune des liaisons sont extrêmement variées, selon les atomes impliqués et leur environnement précis, de sorte que les valeurs ci-dessus ne donnent qu'une indication grossière. Noter que l'environnement aqueux dans une cellule affaiblira à la fois les liaisons ioniques et les liaisons hydrogène entre les molécules autres que les molécules d'eau (Planche 3-1, pp. 90-91). La longueur des liaisons est la distance reliant deux atomes centre à centre ; la longueur donnée ici pour une liaison hydrogène est celle qui correspond à la distance comprise entre deux atomes autres que des atomes d'hydrogène.

van der Walls »). Le nombre d'arrangements tri-dimensionnels des atomes (ou **conformations**) qui sont possibles pour chaque chaîne polypeptidique est sérieusement limité par l'interdiction pour deux atomes de se chevaucher. Néanmoins, une chaîne longue et souple comme celle d'une protéine peut encore se replier d'un grand nombre de façons, chaque conformation présentant un arrangement différent d'interactions faibles intracaténaires. En pratique, cependant, la plupart des protéines d'une cellule ne possèdent qu'une seule structure repliée stable. Au cours de l'évolution, la séquence des acides aminés a été sélectionnée de telle sorte qu'une conformation donnée puisse former beaucoup plus d'interactions intracaténaires favorables qu'aucune autre.

L'hélice est le motif structural courant dans les structures biologiques faites de sous-unités répétitives [3]

Les structures biologiques sont formées par la liaison de sous-unités en une longue chaîne répétitive, sous-unités qui présentent de grandes similitudes — comme les acides aminés ou les nucléotides (voir p. 78). Si toutes les sous-unités sont identiques, celles qui sont voisines dans la chaîne ne s'ajusteront que d'une seule manière, de façon à minimiser l'énergie libre de contact entre elles. Chaque sous-unité va se positionner exactement de la même manière par rapport aux sous-unités voisines de sorte que la sous-unité 3 s'ajuste sur la sous-unité 2 de la même manière que la sous-unité 2 s'est ajustée sur la sous-unité 1 et ainsi de suite. Comme il est très rare que les sous-unités s'associent en ligne droite, leur arrangement est le plus souvent une **hélice** — une structure régulière qui ressemble à un escalier en colimaçon (Figure 3-3). Une

Figure 3-2 Mode d'intervention des liaisons faibles dans les processus de reconnaissance entre les macromolécules.

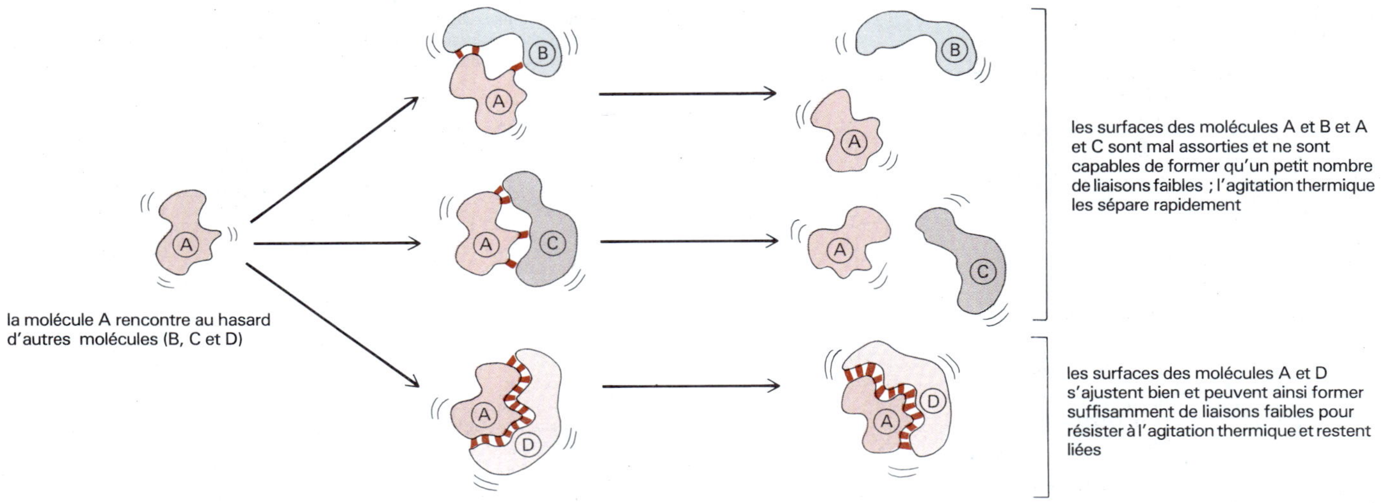

FORCES DE VAN DER WAALS

Lorsqu'ils sont très proches, 2 atomes développent une interaction de liaison faible due à la fluctuation de leurs charges électriques. Cette force est appelée force d'attraction de van der Waals. Cependant, deux atomes se repousseront très fortement s'ils sont trop rapprochés. Cette répulsion de van der Waals joue un rôle essentiel en limitant le nombre des conformations possibles d'une molécule.

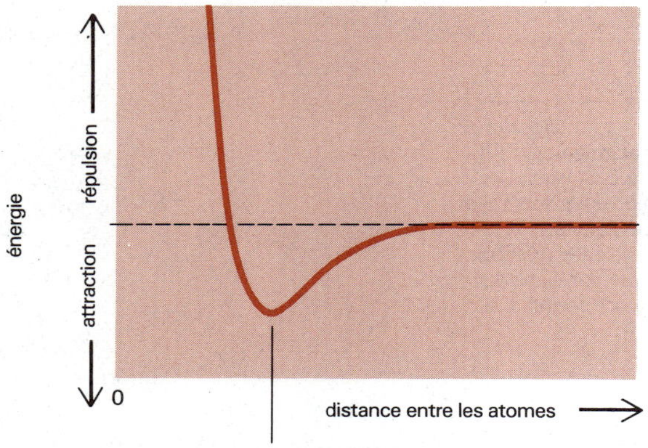

en ce point la force de van der Waals est à l'équilibre

A chaque type d'atome correspond un rayon auquel les forces de van der Waals sont à l'équilibre.

H	C	N	O
1,2 Å (0,12 nm)	2,0 Å (0,2 nm)	1,5 Å (0,15 nm)	1,4 Å (0,14 nm)

Deux atomes seront attirés l'un vers l'autre par les forces de van der Waals jusqu'à ce que la distance qui les sépare soit égale à la somme de leurs rayons de van der Waals. Bien qu'elles soient individuellement très faibles, les forces d'attraction de van der Waals peuvent devenir importantes quand 2 surfaces macromoléculaires s'ajustent très étroitement.

LIAISONS CHIMIQUES FAIBLES

Les molécules organiques peuvent interagir avec d'autres molécules au moyen de forces faibles non covalentes de portée réduite.

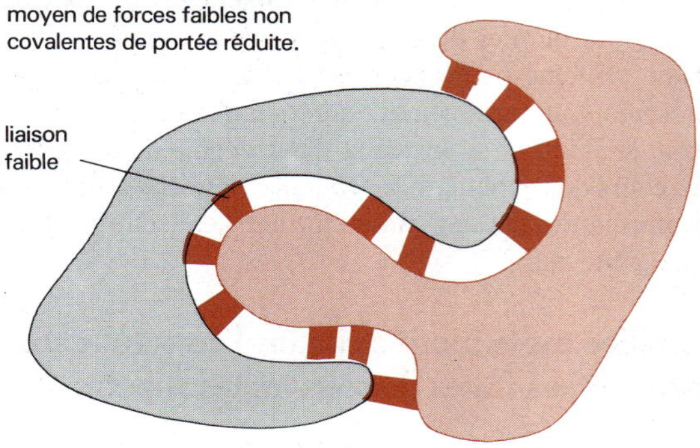

Les liaisons chimiques faibles sont 20 fois moins fortes que les liaisons covalentes. Leur force devient suffisante pour assurer une liaison étroite uniquement lorsqu'un grand nombre d'entre elles se forment simultanément.

LIAISONS HYDROGÈNE

Un atome d'hydrogène est partagé entre deux autres atomes (tous deux électronégatifs, comme O et N) pour former une liaison hydrogène.

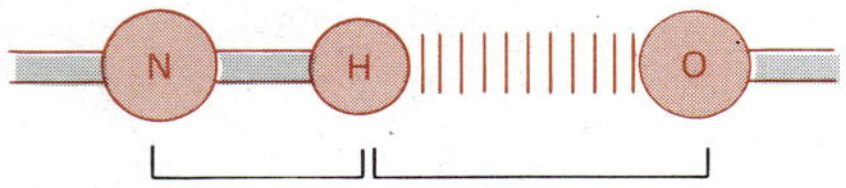

Les liaisons hydrogène sont plus fortes quand les 3 atomes sont sur le même axe :

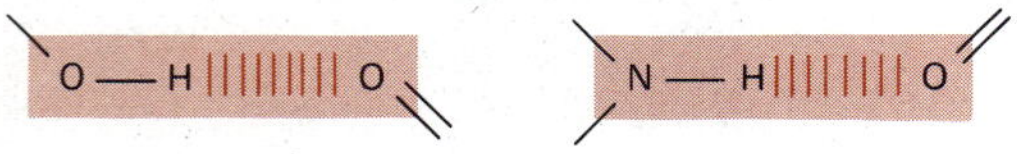

Exemples dans les macromolécules :

Des acides aminés dans des chaînes polypeptidiques reliées par des liaisons hydrogène

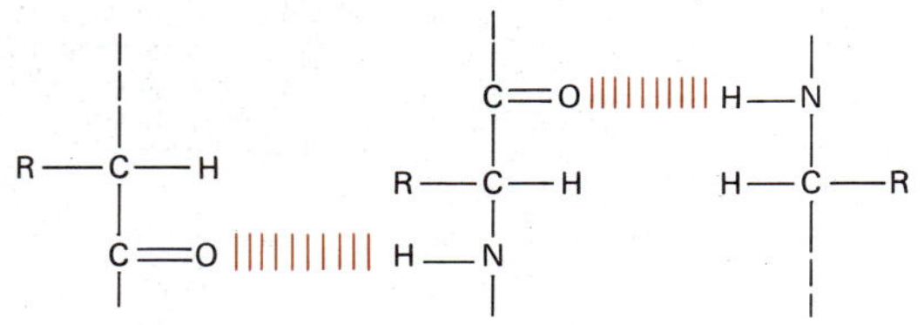

Deux bases, G et C reliées par des liaisons hydrogène dans l'ADN ou l'ARN

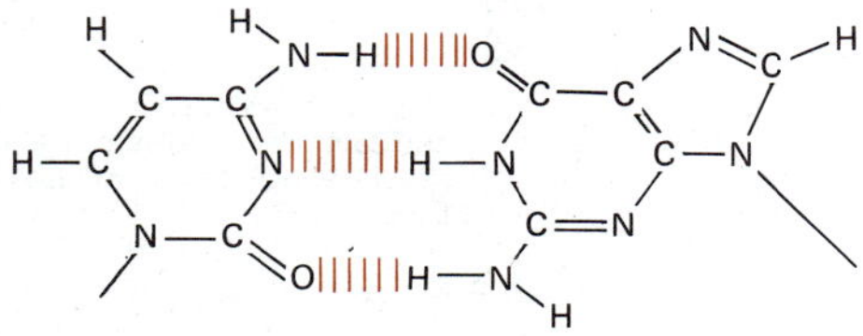

LIAISONS HYDROGÈNE DANS L'EAU

Toutes les molécules qui peuvent former entre elles des liaisons hydrogène peuvent aussi former des liaisons hydrogène avec des molécules d'eau. Du fait de cette compétition avec les molécules d'eau, les liaisons hydrogène formées entre deux molécules dissoutes dans l'eau sont relativement faibles.

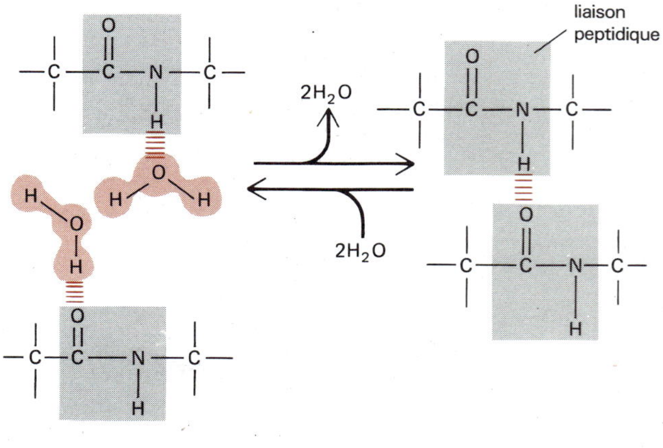

Planche 3-1 Les principaux types de liaisons non covalentes faibles qui maintiennent ensemble les macromolécules.

INTERACTIONS HYDROPHOBES

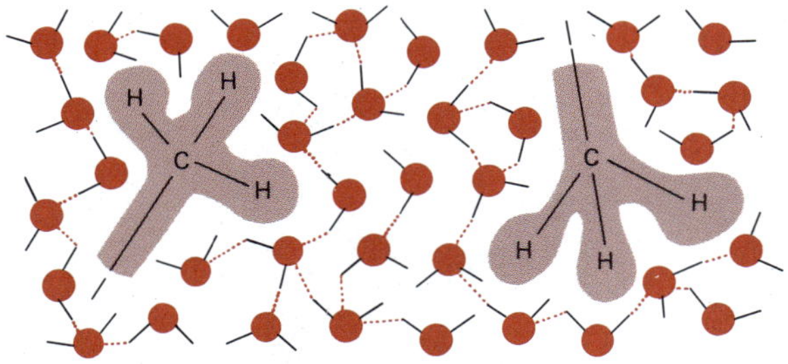

L'eau contraint les résidus hydrophobes à se regrouper afin de minimiser leur action de rupture sur le réseau des liaisons hydrogène de l'eau. On dit parfois de ces groupements hydrophobes qu'ils sont maintenus ensemble par des « liaisons hydrophobes » même si l'attraction est en fait provoquée par une répulsion de l'eau.

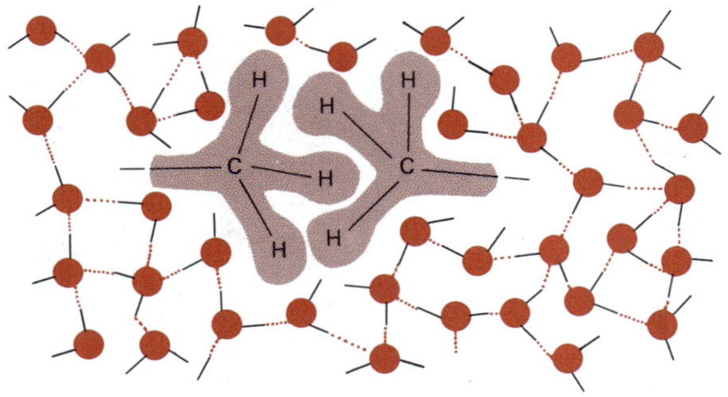

LIAISONS IONIQUES DANS DES SOLUTIONS AQUEUSES

Les groupements chargés sont protégés par leurs interactions avec des molécules d'eau. Les liaisons ioniques sont donc très faibles en solution aqueuse.

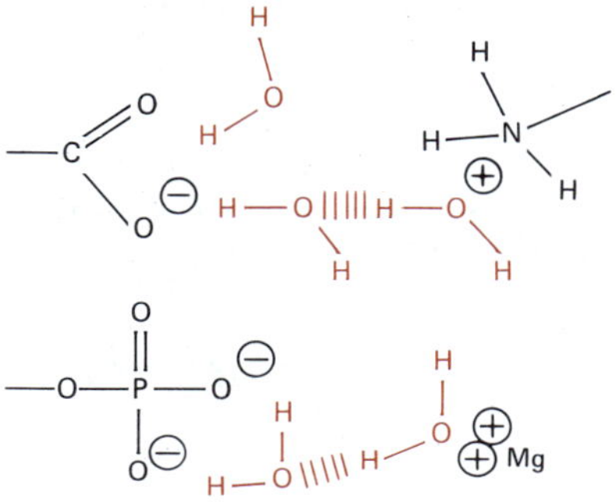

Les liaisons ioniques sont encore affaiblies par la présence de sels dont les atomes forment les ions « contraires » qui s'agglutinent autour des ions de charges opposées.

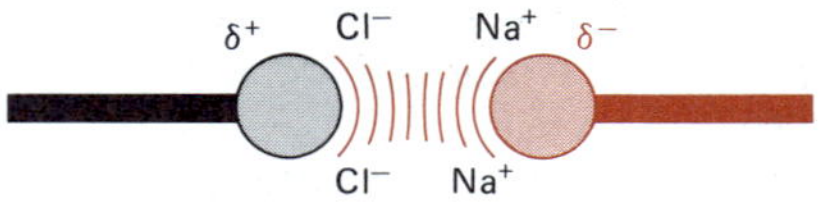

La mesure de l'importance de la déstabilisation d'une interaction par les sels fournit une estimation quantitative du nombre total de liaisons ioniques impliquées.

Bien qu'elles soient affaiblies par l'eau et les sels, les liaisons ioniques sont très importantes dans les systèmes biologiques ; une enzyme qui se lie à un substrat chargé positivement possédera souvent, à l'endroit adéquat, une chaîne latérale d'acides aminés chargée négativement.

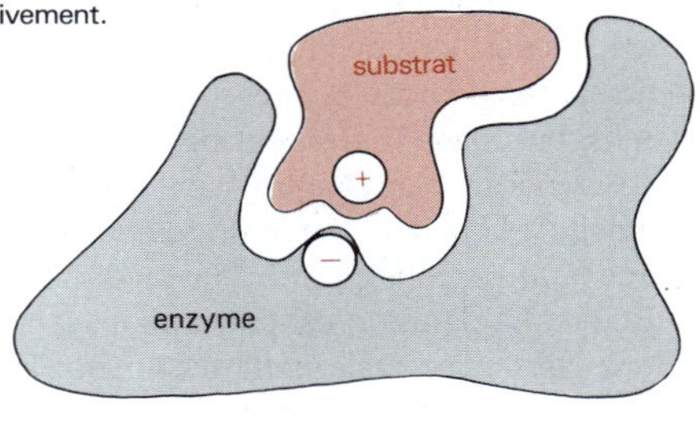

LIAISONS IONIQUES

Les interactions ioniques ont lieu entre des groupements qui sont soit partiellement, soit complètement chargés (liaison ionique).

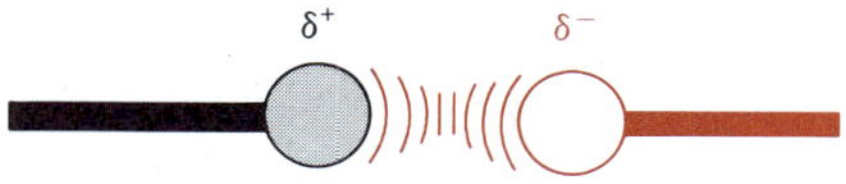

La force d'attraction entre les 2 charges δ^+ et δ^- est

$$\text{force} = \frac{\delta^+\delta^-}{r^2D} \quad \text{(loi de Coulomb)}$$

où D = constante diélectrique (1 pour le vide ; 80 pour l'eau)

r = distance entre les deux charges

En l'absence d'eau, les forces ioniques sont très puissantes. Elles sont responsables de la solidité de minéraux comme le marbre ou l'agate.

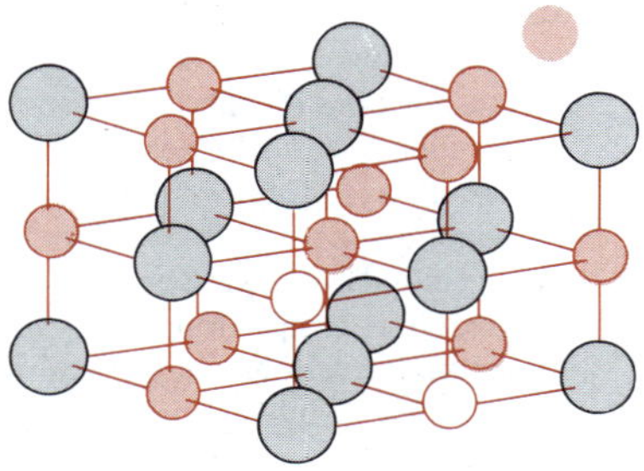

cristal de NaCl

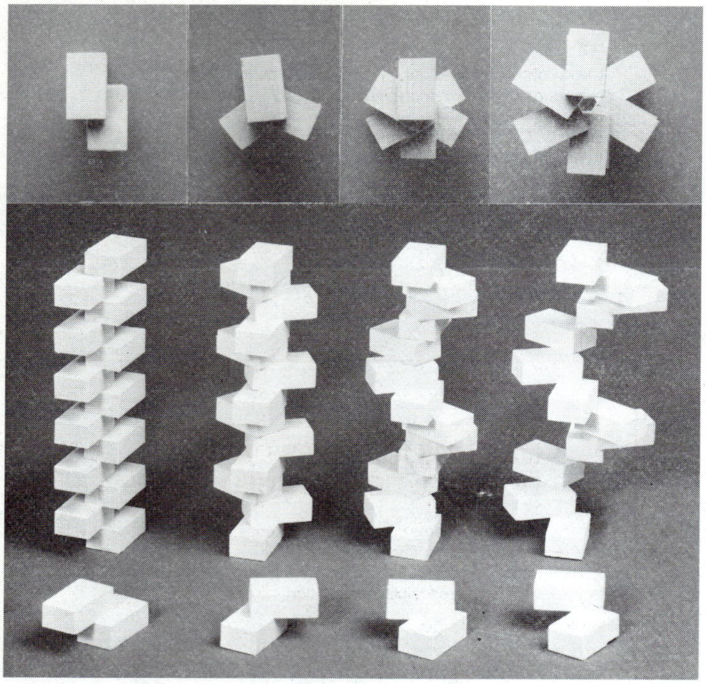

Figure 3-3 Une hélice se formera lorsqu'une série de sous-unités se lieront les unes aux autres d'une façon régulière. L'interaction entre deux sous-unités est représentée au premier plan ; les hélices qui en résultent se trouvent derrière. Ces hélices ont (A) deux, (B) trois, et (C) et (D) six sous-unités par tour. En haut, l'arrangement des sous-unités a été photographié directement du dessus de l'hélice. Noter que l'hélice en (D) a un pas plus large que celle en (C).

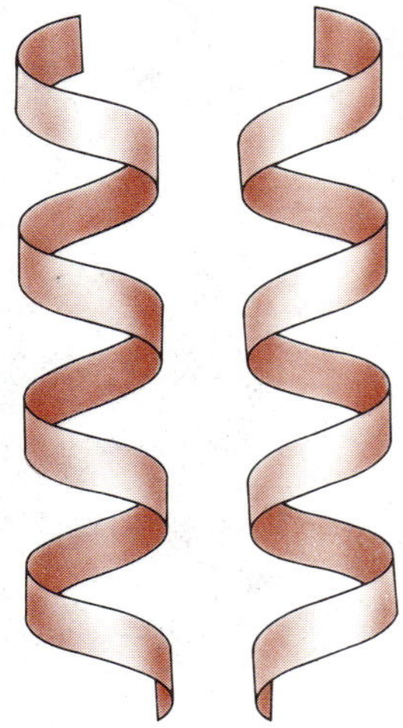

Figure 3-4 Comparaison entre une hélice gauche et une hélice droite. Comme point de repère, il est utile de se souvenir que les vis standards, qui s'enfoncent lorsqu'on les visse dans le sens des aiguilles d'une montre, sont droites. Noter qu'une hélice conserve le même sens lorsqu'elle est renversée.

hélice est dite droite ou gauche suivant son sens d'enroulement (Figure 3-4). Si l'hélice est simplement retournée dans l'espace, son sens n'est pas modifié mais il est inversé lorsqu'elle est observée dans un miroir.

Les hélices sont fréquentes dans les structures biologiques, que les sous-unités soient de petites molécules liées de manière covalente (comme dans l'ADN) ou de grosses molécules protéiques réunies par des forces non covalentes (comme dans les filaments d'actine). Ceci n'est pas surprenant. L'hélice n'est pas une structure exceptionnelle, elle se forme simplement lorsque de nombreuses sous-unités, toutes semblables, sont réunies les unes aux autres, chacune ayant les mêmes relations, strictement répétées avec celle qui la précède.

La diffusion est la première étape de la reconnaissance moléculaire[4]

Avant de pouvoir se lier l'une à l'autre, deux molécules doivent entrer en contact étroit. Ceci se fait grâce à l'agitation thermique qui provoque la « divagation », ou *diffusion*, des molécules à partir de leurs positions de départ. Alors que les molécules d'un liquide rentrent en collision et rebondissent rapidement les unes sur les autres, une molécule individuelle se déplace d'abord dans un sens, puis dans l'autre, en suivant un « itinéraire aléatoire » (Figure 3-5). La distance moyenne parcourue par chaque type de molécule à partir de son point de départ est proportionnelle à la racine carrée du temps : c'est-à-dire que si la molécule met en moyenne une seconde pour parcourir 1 μm, il lui faudra 4 secondes pour faire 2 μm, 100 secondes pour en faire 10, etc. La diffusion est donc, pour les molécules, un moyen efficace de se mouvoir sur de courtes distances, mais inefficace lorsque les distances deviennent importantes.

Des expériences réalisées en injectant dans des cellules des colorants fluorescents et d'autres molécules marquées montrent que la diffusion à travers le cytoplasme est presque aussi rapide que dans l'eau. Une molécule de la taille de l'ATP, par exemple, n'a besoin que

Figure 3-5 Une marche au hasard. Les molécules en solution se déplacent d'une façon aléatoire du fait qu'elles sont continuellement ballotées au cours de collisions avec d'autres molécules. Ce mouvement permet la diffusion des petites molécules d'une région de la cellule à une autre, en un temps étonnamment court ; de telles molécules diffuseront généralement à travers une cellule animale type en moins d'une seconde.

de 0,2 seconde environ pour diffuser sur une distance moyenne de 10 μm — le diamètre d'une petite cellule animale. Toutefois, de grosses macromolécules se déplacent beaucoup plus lentement. Non seulement leur vitesse de diffusion est plus faible en soi, mais leur mouvement est ralenti par de fréquentes collisions avec d'autres macromolécules qui sont tenues en place dans le cytoplasme par des associations moléculaires (Figure 3-6).

L'agitation thermique rassemble et sépare les molécules[5]

Les rencontres entre deux macromolécules ou entre une macromolécule et une petite molécule ont lieu au hasard, par simple diffusion. Une rencontre peut conduire à la formation immédiate d'un complexe et, dans ce cas, la vitesse de formation du complexe est dite *limitée par diffusion*. Ou bien la vitesse de formation du complexe peut être plus faible, nécessitant un ajustement de la structure de l'une ou des deux molécules avant que les surfaces d'interaction puissent s'assembler, de sorte que, le plus souvent, les deux molécules qui se heurtent, rebondiront loin l'une de l'autre sans s'associer. Dans ces deux cas, lorsque deux molécules en interaction sont suffisamment proches, elles forment entre elles de nombreuses liaisons faibles, qui persistent jusqu'à ce que l'agitation thermique aléatoire provoque à nouveau la dissociation des molécules.

En général, plus la liaison entre les molécules du complexe est forte, plus leur vitesse de dissociation est lente. Deux cas extrêmes sont à envisager : ou bien l'énergie totale des liaisons formées est négligeable comparée à celle de l'agitation thermique et les deux molécules se dissocient aussi rapidement qu'elles s'étaient associées, ou bien l'énergie de liaison totale est si élevée que la dissociation a rarement lieu. La valeur exacte de la force de liaison entre deux molécules est un indice utile de la spécificité du processus de reconnaissance.

Pour illustrer la façon dont est mesurée la force de liaison, considérons une réaction dans laquelle une molécule A se lie à une molécule B. La réaction se poursuivra jusqu'à atteindre un *point d'équilibre*, auquel les vitesses de formation et de dissociation sont égales. Les concentrations de A, B et du complexe AB en ce point peuvent être utilisées pour déterminer une **constante d'équilibre (*K*)** de la réaction, comme l'explique la Figure 3-7. Cette constante est parfois appelée **constante d'affinité** et est couramment employée comme mesure de la force de liaison entre deux molécules ; plus la liaison est *forte*, plus la valeur de la constante d'affinité est *élevée*.

La constante d'équilibre d'une réaction dans laquelle deux molécules se lient entre elles est directement reliée à la variation d'énergie libre standard de la liaison (ΔG°) par l'équation détaillée dans le Tableau 3-3. Ce tableau donne également la liste des valeurs de ΔG° correspondant à une gamme de valeurs de K. Dans les systèmes biologiques, les constantes d'affinité pour des interactions simples varient souvent entre 10^3 et 10^{10} litres par mole ; ceci correspond à des énergies de liaison de l'ordre de 4 à 17 kcal/mole, qui pourraient résulter de 4 à 17 liaisons hydrogène.

Les interactions les plus fortes se rencontrent toutes les fois qu'une fonction biologique requière que deux macromolécules restent étroitement associées pendant une longue période — par exemple lorsqu'une protéine régulatrice d'un gène se lie à l'ADN pour inhiber son activité (voir p. 558). Les interactions sont plus faibles quand la fonction dépend d'un changement rapide de la structure d'un complexe — par exemple, quand deux protéines conjuguées changent de partenaires au cours des mouvements d'une machine protéique (voir p. 131).

Figure 3-6 Une photographie en microscopie électronique d'une région du cytoplasme d'une cellule animale, illustrant la forte densité de protéines qu'elle contient. Les macromolécules diffusent assez lentement dans le cytoplasme, car elles interagissent avec de nombreuses autres macromolécules ; les petites molécules diffusent presque aussi rapidement que dans l'eau. La cellule montrée sur cette photographie a été préparée par une méthode spéciale de congélation rapide, qui conserve au maximum les structures cytoplasmiques. (Reproduit de P.C. Bridgman et T.S. Reese, *J. Cell Biol.* 99 : 1655-1668, 1984. Avec l'autorisation de la Rockefeller University Press.)

Les atomes et les molécules sont constamment en mouvement[6]

Les réactions chimiques se produisent dans la cellule à des vitesses extrêmement élevées. Une molécule enzymatique peut catalyser, par exemple, de l'ordre de 1 000 réactions par seconde. D'autres enzymes, comme les catalases, peuvent même catalyser plus de 10^6 réactions par seconde. Chaque réaction nécessitant une rencontre particulière entre une enzyme et une molécule de substrat, de telles vitesses ne sont possibles que grâce à cette rapidité de déplacement des molécules. Les mouvements des molécules peuvent être classés globalement en trois catégories : (1) le mouvement d'une molécule d'un endroit à un autre (mouvement de translation), (2) le mouvement rapide de va-et-vient d'atomes liés de façon covalente (vibrations), et (3) les rotations. Tous ces mouvements sont importants pour amener en contact les surfaces des molécules qui interagissent.

Les vitesses des mouvements moléculaires peuvent être mesurées grâce à diverses techniques spectroscopiques ; celles-ci montrent qu'une grosse protéine globulaire s'agite constamment, tournant autour de son axe environ 1 million de fois par seconde. Les fréquences des rencontres par diffusion dues aux mouvements de translation sont proportionnelles à la concentration de la molécule qui diffuse. Si l'ATP est présent à sa concentration intracellulaire normale d'environ 1 mM, par exemple, chaque site d'une molécule protéique sera bombardé

(1) AB $\xrightarrow{\text{dissociation}}$ A + B

$$\text{vitesse de dissociation} = \begin{pmatrix}\text{constante de vitesse}\\ \text{de dissociation}\end{pmatrix} \times \begin{pmatrix}\text{concentration}\\ \text{de AB}\end{pmatrix}$$

vitesse de dissociation = K_d [A B]

(2) A + B $\xrightarrow{\text{association}}$ AB

$$\text{vitesse d'association} = \begin{pmatrix}\text{constante de vitesse}\\ \text{d'association}\end{pmatrix} \times \begin{pmatrix}\text{concentration}\\ \text{de A}\end{pmatrix} \times \begin{pmatrix}\text{concentration}\\ \text{de B}\end{pmatrix}$$

vitesse d'association = K_a [A] [B]

(3) A L'ÉQUILIBRE :

vitesse d'association = vitesse de dissociation

K_a [A] [B] = K_d [AB]

$$\frac{[AB]}{[A]\,[B]} = \frac{K_a}{K_d} = K = \text{constante d'équilibre}$$

EXEMPLE :

La concentration d'une molécule présente en une seule copie dans une cellule de mammifère type (volume de 2 000 μm^3) est d'environ 10^{-12} M.

Si une cellule de ce type contient 10^4 copies de la molécule protéique A et 10^6 copies de la molécule protéique B,

$$[A] = 10^{-8}\ \text{M et } [B] = 10^{-6}\ \text{M}$$

Supposons que la protéine A se lie à la protéine B avec $K = 10^7\ M^{-1}$. Le rapport de A liée sur A non liée sera [AB]/[A], et puisque

$$\frac{[AB]}{[A]} = K[B] = (10^7\ M^{-1})(10^{-6}\ M) = 10$$

on peut s'attendre à ce qu'une molécule de A soit libre pour 10 molécules de A liées à B à l'intérieur de la cellule.

En refaisant le calcul avec $K = 10^4\ M^{-1}$ on trouve qu'une seule molécule de A environ sur une centaine serait liée à B.

Figure 3-7 Le principe d'équilibre. L'équilibre entre les molécules A et B et le complexe AB est maintenu par un équilibre entre les deux réactions opposées (1) et (2). En (3), on voit que le rapport des constantes de vitesse des réactions d'association et de dissociation est égal à la *constante d'équilibre (K)* de la réaction. Les molécules A et B doivent entrer en collision pour réagir, et la vitesse de synthèse dans la réaction (2) est alors proportionnelle au produit de leurs concentrations. Finalement, le produit [A] × [B] apparaît dans l'expression finale de *K*, où [ ] indique la concentration. Selon la définition traditionnelle, les concentrations des produits apparaîssent au numérateur, et les concentrations des réactifs au dénominateur de l'équation d'une constante d'équilibre. La constante d'équilibre en (3) est donc celle de la réaction *d'association* A + B → AB, alors que l'inverse de cette constante serait la constante d'équilibre pour la réaction de *dissociation* AB → A + B. Cependant, lorsqu'il s'agit de simples interactions de liaison, il est moins confus de se référer à la *constante d'affinité* ou à la *constante d'association* (en litres par mole) ; plus la valeur de la constante d'association (K_a) sera grande, plus la liaison entre A et B sera forte. L'inverse de K_a est la *constante de dissociation* (en moles par litre) ; plus la valeur de la constante de dissociation (K_d) sera petite, plus la liaison entre A et B sera forte.

par quelque 10^6 molécules d'ATP par seconde, les collisions se produisant au hasard. Pour une concentration d'ATP dix fois plus faible, le nombre des collisions sera de 10^5 par seconde, et ainsi de suite.

Une fois que deux molécules se sont heurtées, et que leur orientation relative est correcte, une réaction chimique peut se produire entre elles extrêmement rapidement. Lorsque l'on sait avec quelle rapidité les molécules se meuvent et réagissent, les vitesses de catalyse enzymatique observées ne semblent plus si étonnantes.

Les processus de reconnaissance cellulaire ne peuvent jamais être parfaits[7]

Toutes les molécules possèdent de l'énergie — l'énergie cinétique de leurs mouvements de translation, des vibrations et des rotations, et l'énergie potentielle stockée dans leurs répartitions électroniques. Au moyen de collisions moléculaires, cette énergie est répartie au hasard entre tous les atomes présents, de sorte que la majorité des atomes auront des niveaux d'énergie proches de la moyenne et seule une faible proportion d'entre eux auront une très haute énergie. Bien que les conformations et les états favorisés d'une molécule soient ceux de plus faible énergie (voir p. 71), les états de plus haute énergie sont le résultat de collisions exceptionnellement violentes. Etant donné la température, il est possible de calculer la probabilité pour une molécule ou un atome de se trouver dans un état énergétique particulier (voir Tableau 3-3). La probabilité d'un état énergétique élevé diminue par rapport à celle d'un état de faible énergie au fur et à mesure que l'énergie libre entre les deux augmente. Toutefois, elle n'atteint zéro que lorsque cette différence d'énergie devient infinie.

L'intervention du facteur hasard dans les interactions moléculaires fait que des « réactions secondaires » mineures sont amenées à se produire occasionnellement. Une cellule fait donc continuellement des erreurs. Des réactions énergétiquement défavorables se produiront même de temps en temps. Deux atomes liés par une liaison covalente, par exemple, subiront un jour ou l'autre une collision particulièrement énergétique et se sépareront. De la même façon, la spécificité d'une enzyme pour son substrat ne peut être absolue puisque la reconnaissance du caractère distinctif d'une molécule par rapport à une autre ne peut jamais être parfaite. Les erreurs ne pourraient être totalement évitées que si les différences énergétiques entre les mécanismes que la cellule mettrait au point étaient infinies. Puisque ceci est impossible, les cellules sont contraintes de tolérer un certain taux d'échec et ont plutôt élaboré une variété de réactions de réparation pour corriger les erreurs les plus préjudiciables (voir par exemple p. 217 et p. 223).

Cependant, comme nous le savons, les erreurs sont essentielles à la vie. S'il ne se produisait pas d'erreurs occasionnelles dans la conservation des séquences d'ADN, l'évolution n'aurait pas eu lieu (voir p. 97, plus loin).

Résumé

La séquence de sous-unités d'une macromolécule renferme l'information qui détermine la conformation tridimensionnelle de sa surface. Cette conformation régit à son tour le processus de reconnaissance entre une molécule et une autre, ou entre différentes parties de la même molécule, par le jeu de liaisons faibles non covalentes. Les molécules sont constamment animées d'un mouvement rapide ; elles se reconnaissent entre elles par un mécanisme au cours duquel elles se rencontrent tout d'abord par diffusion libre et se lient ensuite avec une force qui peut être exprimée par une constante d'équilibre. Comme une reconnaissance infaillible nécessite une énergie de liaison infiniment grande, les cellules vivantes font constamment des erreurs ; celles qui sont intolérables sont corrigées par des mécanismes de réparation particuliers.

Les acides nucléiques [8]

Les gènes sont constitués d'ADN [9]

Depuis que l'homme sème des récoltes ou élève des animaux, on sait que chaque graine ou chaque œuf fécondé doit contenir un plan caché, ou projet, pour le développement de l'organisme. Dans les temps modernes, la science de la génétique s'est développée en s'appuyant sur l'existence supposée d'éléments invisibles contenant l'information, appelés **gènes**, qui sont répartis entre chacune des cellules-filles lorsqu'une cellule se divise. Avant de se diviser, cependant, une cellule doit faire une copie de ses gènes afin d'en donner un jeu complet à chacune de ses cellules-filles. Les gènes des spermatozoïdes et des ovules transportent l'information héréditaire d'une génération à la suivante.

L'hérédité des caractéristiques biologiques doit impliquer des motifs atomiques qui suivent les lois de la physique et de la chimie : en d'autres termes, les gènes doivent être formés à partir de molécules. Au début, la nature de ces molécules était difficile à imaginer. Quelle sorte de molécule pouvait être stockée dans une cellule, diriger les activités d'un organisme en développement et être aussi capable d'une réplication fidèle et presque illimitée ?

Dès la fin du 19e siècle, les biologistes avaient admis que les porteurs de l'information héréditaire étaient les *chromosomes*, qui deviennent visibles dans le noyau lorsque la cellule commence à se diviser. Mais la preuve que l'acide désoxyribonucléique (ADN) de ces chromosomes était le constituant des gènes ne fut apportée que beaucoup plus tard, grâce à des études sur les bactéries. En 1944, on démontrait que l'addition d'ADN purifié d'une souche bactérienne à une autre souche légèrement différente conférait à cette dernière des propriétés héréditaires caractéristiques de la première souche. Puisque l'on pensait communément que seules les protéines avaient une complexité conformationnelle suffisante pour porter l'information génétique, cette découverte fut une surprise, et elle ne fut acceptée d'une manière générale qu'au début des années 1950. Aujourd'hui, l'idée que l'ADN porte l'information génétique dans sa longue chaîne de nucléotides est si fondamentale à la pensée biologique qu'il est parfois difficile de réaliser la lacune intellectuelle considérable qu'elle a comblée.

Les molécules d'ADN sont constituées de deux longues chaînes unies par des paires de bases complémentaires [10]

La difficulté des généticiens à admettre que l'ADN était le constituant des gènes est compréhensible au regard de la simplicité de ses propriétés chimiques. Une chaîne d'ADN est un long polymère non ramifié composé de quatre sous-unités différentes seulement. Ce sont les désoxyribonucléotides qui contiennent les bases adénine (A), cytosine (C), guanine (G) et thymine (T). Les nucléotides sont reliés par des ponts phosphodiester qui unissent le carbone 5′ d'un groupe désoxyribose au carbone 3′ du suivant (voir Planche 2-6, pp. 56-57). Les quatre types de bases sont attachés à cette chaîne répétitive désoxyribose-phosphate, un peu comme quatre sortes de perles enfilées sur un collier.

Tableau 3-3 Relation entre les différences d'énergie libre et les constantes d'équilibre.

Constante d'équilibre $\frac{[AB]}{[A]\,[B]} = K$ (l/mole)	Énergie libre de AB moins énergie libre de A + B (kcal/mole)
10^5	−7,1
10^4	−5,7
10^3	−4,3
10^2	−2,8
10	−1,4
1	0
10^{-1}	1,4
10^{-2}	2,8
10^{-3}	4,3
10^{-4}	5,7
10^{-5}	7,1

Si la réaction A + B ⇌ AB est susceptible d'atteindre un état d'équilibre, les quantités relatives de A, B et AB dépendront de leur différence d'énergie libre, ΔG^o. Les valeurs ci-dessus sont données pour 37 °C et sont calculées à partir de l'équation

$$\Delta G^o = -RT \ln \frac{[AB]}{[A][B]}$$

ou

$$\frac{[AB]}{[A][B]} = e^{-\Delta G^o/RT} = e^{-\Delta G^o\ (1{,}623)}$$

où ΔG^o est en kcal/mole et représente la variation d'énergie libre dans des conditions standard (où tous les composants sont présents à une concentration de 1,0 mole par litre). T est la température en kelvins (K). Des principes analogues s'appliquent au cas encore plus simple d'une réaction A ⇆ A*, où une molécule peut passer de l'état A à l'état A* et vice versa, la différence d'énergie libre entre ces deux états étant ΔG^o. Les quantités de molécules dans chacun des deux états à l'équilibre sera le rapport

$$[A^*]/[A] = e^{-\Delta G^o/RT}$$

qui est identique au rapport des probabilités pour une seule molécule de se trouver dans l'un ou l'autre des deux états.

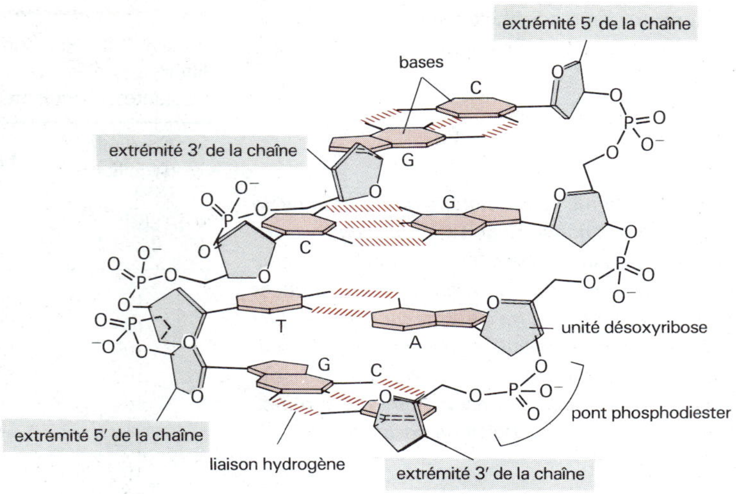

Figure 3-8 Une courte portion d'une double hélice d'ADN. Quatre paires de bases complémentaires sont représentées. Les bases sont colorées, alors que les unités désoxyribose sont grisées. Noter que les deux chaînes d'ADN sont dirigées dans des directions opposées, et que chaque paire de bases est maintenue par deux ou trois liaisons hydrogène (voir également la Planche 3-2, pp. 98-99).

Comment une longue chaîne de nucléotides peut-elle coder les instructions pour un organisme ou même une cellule ? Et comment ces messages peuvent-ils être copiés d'une génération de cellules à la suivante ? Les réponses se trouvent dans la structure de la molécule d'ADN.

Au début des années 1950, des analyses par diffraction des rayons X de spécimens d'ADN étirés sous forme de filaments suggéraient que la molécule d'ADN est un polymère hélicoïdal composé de deux chaînes (ou brins). La structure en hélice de l'ADN n'était pas surprenante, puisque, comme nous l'avons vu, la formation d'une hélice est fréquente si chacune des sous-unités voisines d'un polymère est orientée régulièrement. Mais la découverte de la structure bicaténaire de l'ADN fut décisive. Elle fournit l'indice qui conduisit, en 1953, à la construction d'un modèle qui concordait avec le modèle observé par diffraction des rayons X et élucidait ainsi le puzzle de la structure de l'ADN (Figure 3-8 et Planche 3-2, pp. 98-99).

Une particularité essentielle de ce modèle était que toutes les bases de la molécule d'ADN se trouvaient à l'*intérieur* de la double hélice, les désoxyriboses-phosphates étant à l'extérieur. Ceci exige que les bases sur une chaîne soient extrêmement proches de celles sur l'autre chaîne, et l'ajustement proposé nécessite l'*appariement* spécifique d'une grosse base purine (A ou G, chacune possédant un double cycle) sur une chaîne avec une petite base pyrimidine (T ou C, chacune possédant un cycle unique) sur l'autre chaîne.

Des preuves apportées par des expérimentations biochimiques antérieures associées à des conclusions tirées de la construction de modèles suggérèrent que des **paires de bases complémentaires** (également appelées *paires de bases de Watson-Crick*) se forment entre A et T et entre G et C. Des analyses biochimiques de préparations d'ADN de différentes espèces avaient montré que, bien que la composition nucléotidique de l'ADN varie beaucoup (par exemple, de 13 p. cent à 36 p. cent pour les résidus A dans l'ADN de différents types de bactéries), il existe une règle générale telle que, quantitativement, [G]=[C] et [A]=[T]. La construction de modèles révéla que les nombres de liaisons hydrogène utiles qui pouvaient se former entre G et C ou entre A et T étaient plus grands que pour toutes les autres combinaisons. Le modèle en double hélice de l'ADN expliquait alors joliment la biochimie quantitative.

La structure de l'ADN permet d'expliquer l'hérédité [11]

Un gène porte l'information biologique sous une forme qui doit être copiée et transmise avec précision de chaque cellule à toute sa descendance. La découverte de la structure bicaténaire de l'ADN eut d'importantes implications, car cette structure suggérait immédiatement la façon dont pouvait s'effectuer le transfert de l'information. Puisque chaque chaîne contient une séquence nucléotidique exactement complémentaire de la séquence nucléotidique de la chaîne qui lui est associée, les deux chaînes portent en fait la même information génétique. Si nous désignons les deux chaînes par A et A′, la chaîne A peut servir de modèle ou de *matrice* à la synthèse d'une nouvelle chaîne A′, alors que la chaîne A′ peut servir de la même façon à faire une nouvelle chaîne A. Ainsi, l'information génétique peut être copiée par un mécanisme au cours duquel la chaîne A se sépare de la chaîne A′ et chaque chaîne séparée sert alors de matrice pour la production d'une nouvelle chaîne associée complémentaire.

Comme conséquence directe du mécanisme d'appariement, il devient évident que l'ADN véhicule l'information au moyen de la séquence linéaire de ses nucléotides. Chaque nucléotide — A, C, T ou G — peut être considéré comme une lettre d'un alphabet à quatre lettres qui est utilisé pour transcrire des messages biologiques sous une forme linéaire qui rappelle celle d'une « bande de téléscripteur ». Les différences entre les organismes viennent de ce que leurs molécules d'ADN respectives portent des séquences nucléotidiques différentes et, par conséquent, des messages biologiques différents.

Puisque le nombre de séquences possibles dans une chaîne d'ADN longue de n nucléotides est de 4^n, l'utilisation d'un ADN de faible taille peut déjà engendrer, en principe, une diversité biologique considérable. Une cellule animale contient un mètre d'ADN (3×10^9 nucléotides). Écrit selon un alphabet linéaire de quatre lettres, un gène humain exceptionnellement petit occuperait le quart d'une page de texte (Figure 3-9), alors que l'information génétique contenue dans une cellule humaine remplirait un livre de plus de 500 000 pages.

Bien que le principe de base de la réplication génique soit à la fois élégant et simple, le mécanisme réel qui permet d'effectuer cette copie dans la cellule est compliqué et implique un complexe de protéines qui forment une « machine à répliquer » (voir p. 232). La réaction fondamentale est celle de la Figure 3-10, dans laquelle une enzyme, l'ADN polymérase, catalyse l'addition d'un désoxyribonucléotide à l'extrémité 3′ d'une chaîne d'ADN. Chaque nucléotide ajouté à la chaîne est un *désoxyribonucléoside triphosphate* ; la libération de pyrophosphate à partir de ce nucléotide activé, puis son hydrolyse fournissent l'énergie nécessaire à la réaction de **réplication de l'ADN** et la rendent irréversible (pp. 227-238).

La réplication de l'hélice d'ADN commence avec la séparation locale de ses deux chaînes d'ADN complémentaires. Chaque chaîne sert ensuite de matrice pour la formation d'une nouvelle molécule d'ADN par l'addition séquentielle de désoxyribonucléosides triphosphates. Le nucléotide qui doit être ajouté à chaque étape est sélectionné pour former, avec le nucléotide suivant de la chaîne matricielle parentale, une paire de bases complémentaires et engendrer ainsi une nouvelle chaîne dont la séquence est complémentaire de celle de la chaîne matricielle (Figure 3-10). L'information génétique est dupliquée dans son intégralité de façon à ce que deux doubles hélices complètes d'ADN soient formées, chacune ayant une séquence nucléotidique identique à celle de l'hélice d'ADN parentale qui a servi de matrice. Puisque, à la fin du processus, chaque molécule d'ADN fille est composée d'une des chaînes d'origine et d'une chaîne néosynthétisée, le mécanisme de réplication de l'ADN est dit « semi-conservatif » (Figure 3-11).

Des erreurs dans la réplication de l'ADN provoquent des mutations [12]

Une des caractéristiques les plus impressionnantes de la réplication de l'ADN est sa fidélité. Plusieurs mécanismes de correction sont utilisés pour éliminer des nucléotides incorrectement positionnés ; en conséquence, la séquence nucléotidique d'une molécule d'ADN est copiée avec moins d'une erreur pour 10^9 nucléotides additionnés. Très rarement, cependant, le « mécanisme de réplication » saute ou ajoute quelques bases, ou met un T là où il aurait dû mettre un C, ou un A à la place d'un G. Tout changement de ce type dans une séquence d'ADN constitue une erreur génétique, appelée **mutation**, qui sera copiée dans toutes les générations cellulaires futures, puisque les séquences d'ADN « erronées » sont copiées aussi fidèlement que les séquences « correctes ». La conséquence d'une telle erreur peut être grave, puisque le changement d'un seul nucléotide peut avoir des effets importants sur la cellule, selon l'endroit où s'est produite la mutation.

Les généticiens démontrèrent de façon concluante au début des années 1940 que les gènes déterminent la structure des protéines individuelles. Une mutation dans un gène, due à une modification dans sa séquence d'ADN, peut ainsi conduire à l'inactivation d'une protéine

CCCTGTGGAGCCACACCCTAGGGTTGGCCA
ATCTACTCCCAGGAGCAGGGAGGGCAGGAG
CCAGGGCTGGGCATAAAAGTCAGGGCAGAG
CCATCTATTGCTTACATTTGCTTCTGACAC
AACTGTGTTCACTAGCAACTCAAACAGACA
CCATGGTGCACCTGACTCCTGAGGAGAAGT
CTGCCGTTACTGCCCTGTGGGGCAAGGTGA
ACGTGGATGAAGTTGGTGGTGAGGCCCTGG
GCAGGTTGGTATCAAGGTTACAAGACAGGT
TTAAGGAGACCAATAGAAACTGGGCATGTG
GAGACAGAGAAGACTCTTGGGTTTCTGATA
GGCACTGACTCTCTCTGCCTATTGGTCTAT
TTTCCCACCCTTAGGCTGCTGGTGGTCTAC
CCTTGGACCCAGAGGTTCTTTGAGTCCTTT
GGGGATCTGTCCACTCCTGATGCTGTTATG
GGCAACCCTAAGGTGAAGGCTCATGGCAAG
AAAGTGCTCGGTGCCTTTAGTGATGGCCTG
GCTCACCTGGACAACCTCAAGGGCACCTTT
GCCACACTGAGTGAGCTGCACTGTGACAAG
CTGCACGTGGATCCTGAGAACTTCAGGGTG
AGTCTATGGGACCCTTGATGTTTTCTTTCC
CCTTCTTTTCTATGGTTAAGTTCATGTCAT
AGGAAGGGGAGAAGTAACAGGGTACAGTTT
AGAATGGGAAACAGACGAATGATTGCATCA
GTGTGGAAGTCTCAGGATCGTTTTAGTTTC
TTTTATTTGCTGTTCATAACAATTGTTTTC
TTTTGTTTAATTCTTGCTTTCTTTTTTTTT
CTTCTCCGCAATTTTTACTATTATACTTAA
TGCCTTAACATTGTGTATAACAAAAGGAAA
TATCTCTGAGATACATTAAGTAACTTAAAA
AAAAACTTTACACAGTCTGCCTAGTACATT
ACTATTTGGAATATATGTGTGCTTATTTGC
ATATTCATAATCTCCCTACTTTATTTTCTT
TTATTTTTAATTGATACATAATCATTATAC
ATATTTATGGGTTAAAGTGTAATGTTTTAA
TATGTGTACACATATTGACCAAATCAGGGT
AATTTTGCATTTGTAATTTTAAAAAATGCT
TTCTTCTTTTAATATACTTTTTTGTTTATC
TTATTTCTAATACTTTCCCTAATCTCTTTC
TTTCAGGGCAATAATGATACAATGTATCAT
GCCTCTTTGCACCATTCTAAAGAATAACAG
TGATAATTTCTGGGTTAAGGCAATAGCAAT
ATTTCTGCATATAAATATTTCTGCATATAA
ATTGTAACTGATGTAAGAGGTTTCATATTG
CTAATAGCAGCTACAATCCAGCTACCATTC
TGCTTTTATTTTATGGTTGGGATAAGGCTG
GATTATTCTGAGTCCAAGCTAGGCCCTTTT
GCTAATCATGTTCATACCTCTTATCTTCCT
CCCACAGCTCCTGGGCAACGTGCTGGTCTG
TGTGCTGGCCCATCACTTTGGCAAAGAATT
CACCCCACCAGTGCAGGCTGCCTATCAGAA
AGTGGTGGCTGGTGTGGCTAATGCCCTGGC
CCACAAGTATCACTAAGCTCGCTTTCTTGC
TGTCCAATTTCTATTAAAGGTTCCTTTGTT
CCCTAAGTCCAACTACTAAACTGGGGGATA
TTATGAAGGGCCTTGAGCATCTGGATTCTG
CCTAATAAAAAACATTTATTTTCATTGCAA
TGATGTATTTAAATTATTTCTGAATATTTT
ACTAAAAAGGGAATGTGGGAGGTCAGTGCA
TTTAAAACATAAAGAAATGATGAGCTGTTC
AAACCTTGGGAAAATACACTATATCTTAAA
CTCCATGAAAGAAGGTGAGGCTGCAACCAG
CTAATGCACATTGGCAACAGCCCCTGATGC
CTATGCCTTATTCATCCCTCAGAAAAGGAT
TCTTGTAGAGGCTTGATTTGCAGGTTAAAG
TTTTGCTATGCTGTATTTTACATTACTTAT
TGTTTTAGCTGTCCTCATGAATGTCTTTTC

Figure 3-9 Séquence de l'ADN du gène humain codant pour la β-globuline (une des deux sous-unités de la molécule d'hémoglobine, qui transporte l'oxygène dans le sang de tous les adultes). Seule une des deux chaînes d'ADN est représentée (« la chaîne codante »), puisque l'autre chaîne a une séquence exactement complémentaire. La séquence devrait être lue de gauche à droite, en lignes successives vers le bas de la page, comme s'il s'agissait d'un texte français normal.

ADN et ARN. La structure de l'ARN est représentée dans cette moitié de la planche alors que la structure de l'ADN est représentée dans l'autre moitié. L'ADN et l'ARN sont tous deux des polymères linéaires de nucléotides (voir Planche 2-6). L'ARN diffère de l'ADN de trois façons : (1) le squelette pentose-phosphate contient du ribose à la place du désoxyribose ; (2) il contient l'uracile (U) à la place de la thymine (T) ; et (3) il existe sous forme monocaténaire plutôt que sous la forme d'une double hélice.

SQUELETTE PENTOSE-PHOSPHATE DE L'ARN

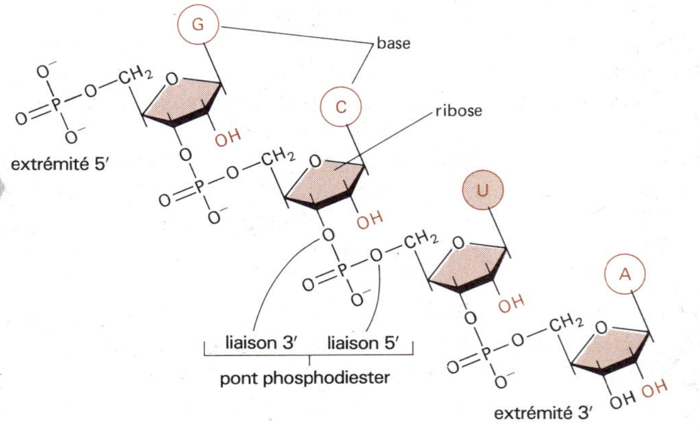

LES QUATRE BASES DE L'ARN

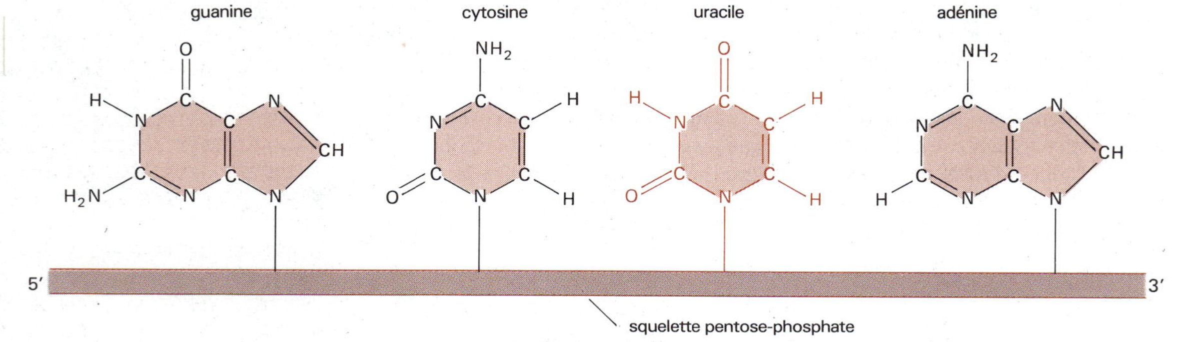

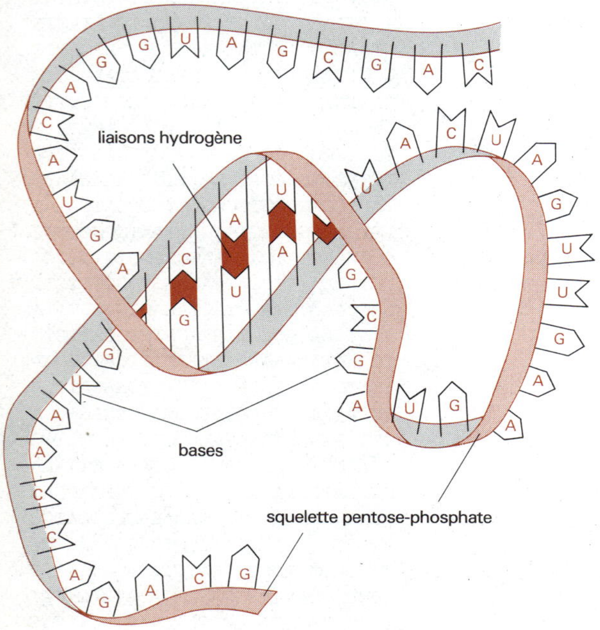

ARN MONOCATÉNAIRE

L'ARN est monocaténaire mais certaines de ses régions sont appariées sur une courte distance par leurs bases complémentaires, selon un processus d'ajustement au hasard. Les régions d'appariement peuvent être observées sur la micrographie électronique comme des ramifications de la chaîne allongée.

PHOTOGRAPHIE EN MICROSCOPIE ÉLECTRONIQUE DE L'ARN

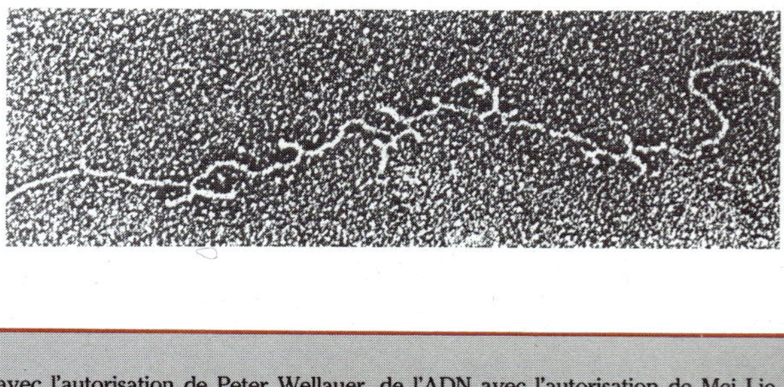

 Planche 3-2 La structure de l'ADN et de l'ARN (micrographie électronique de l'ARN avec l'autorisation de Peter Wellauer, de l'ADN avec l'autorisation de Mei Lie Wong).

SQUELETTE PENTOSE-PHOSPHATE DE L'ADN

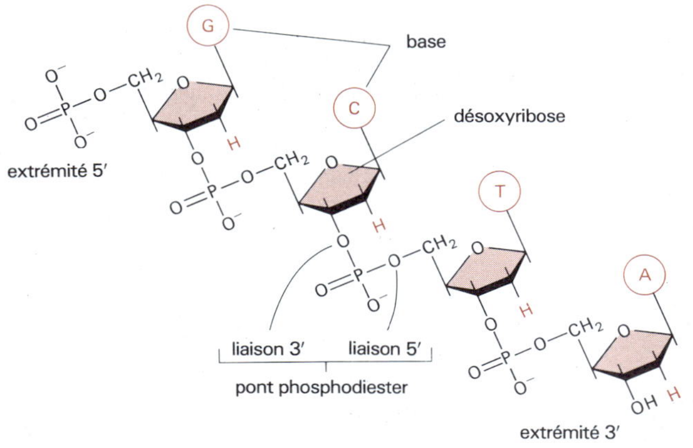

PHOTOGRAPHIE EN MICROSCOPIE ÉLECTRONIQUE DE L'ADN

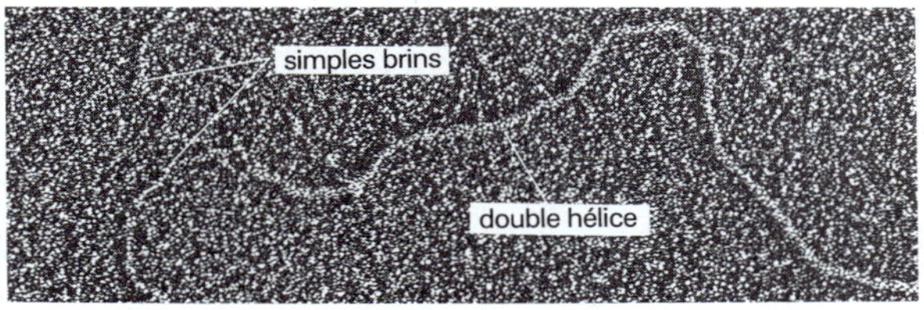

LES QUATRE BASES DE L'ADN ET LEUR APPARIEMENT

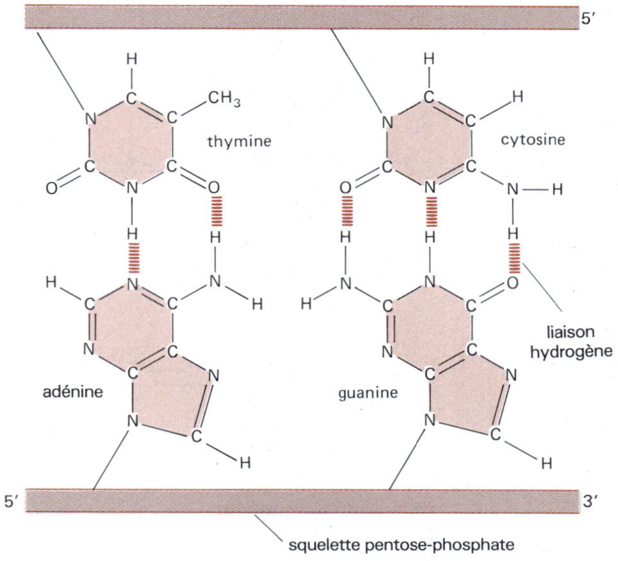

Les liaisons hydrogène spécifiques entre G et C et entre A et T (A et U dans l'ARN) sont responsables des appariements complémentaires.

LA DOUBLE HÉLICE D'ADN

Dans une molécule d'ADN, deux brins antiparallèles, dont les séquences nucléotidiques sont complémentaires, sont appariés dans une double hélice droite contenant environ 10 paires de nucléotides par tour d'hélice. Une représentation schématique (en haut) et un modèle compact (en bas) sont donnés ici.

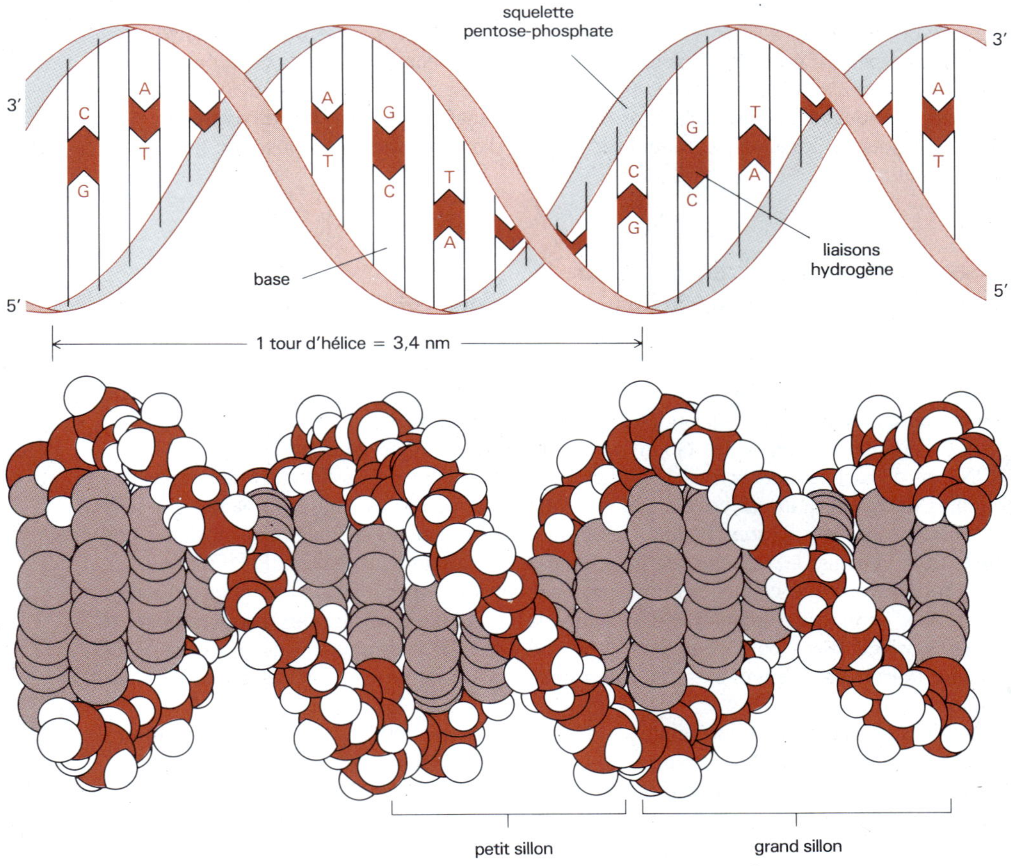

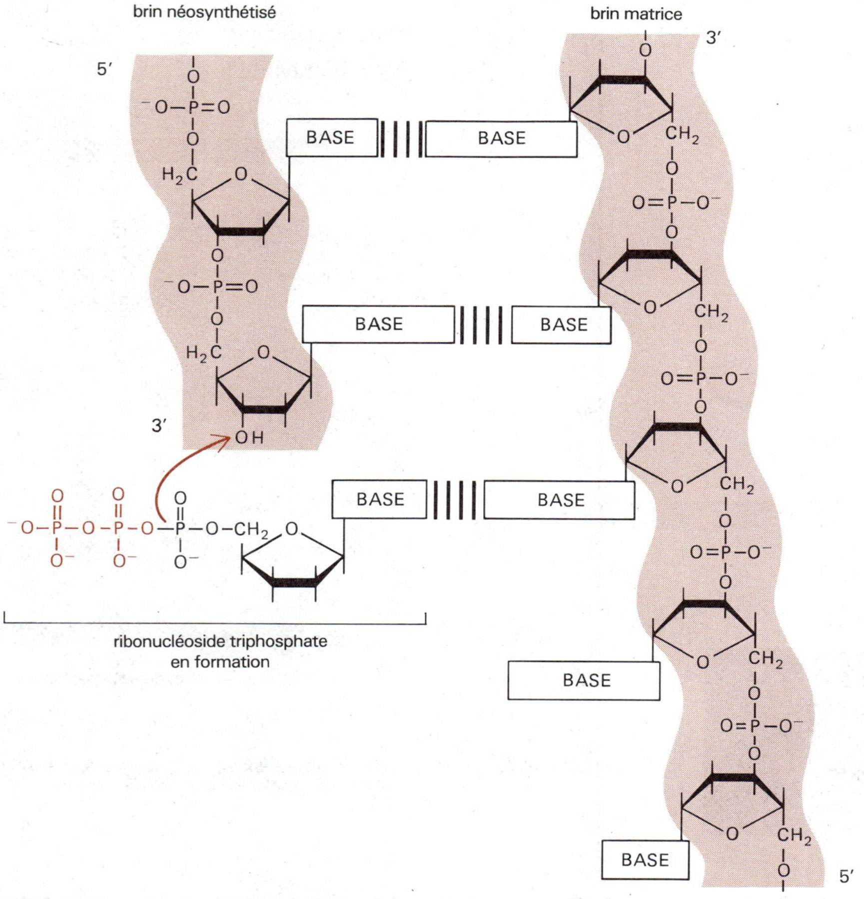

Figure 3-10 L'addition d'un désoxyribonucléotide à l'extrémité 3′ d'une chaîne polynucléotidique est la réaction fondamentale suivant laquelle l'ADN est synthétisé. On voit que l'appariement des bases entre le désoxyribonucléotide entrant et le brin d'ADN préexistant (le brin matrice) guide la formation d'un nouveau brin d'ADN avec une séquence nucléotidique complémentaire.

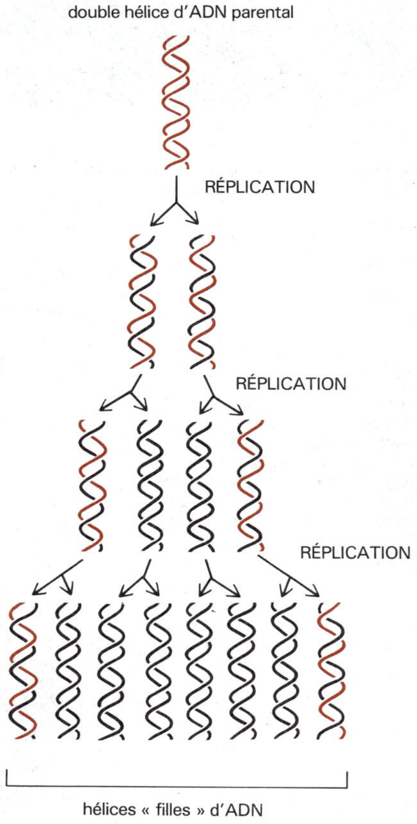

Figure 3-11 La réplication semi-conservative de l'ADN. A chaque cycle de réplication, chacun des deux brins d'ADN est utilisé comme matrice pour la formation d'un brin d'ADN complémentaire. Les brins d'origine conservent donc leur intégrité au travers de nombreuses générations cellulaires.

fondamentale et aboutir à la mort de la cellule, la mutation étant alors perdue. D'un autre côté, une mutation peut se produire dans une région non essentielle, et être sans effet, ce sera une *mutation silencieuse*. Très rarement, une mutation crée un gène avec une fonction utile améliorée ou nouvelle. Dans ce cas, l'organisme portant la mutation aura un avantage et le gène muté pourra, par la suite, remplacer le gène d'origine dans la population, grâce à la sélection naturelle.

La séquence nucléotidique d'un gène détermine la séquence des acides aminés d'une protéine [13]

L'ADN est chimiquement assez inerte. L'information qu'il contient est exprimée indirectement via d'autres molécules : l'ADN dirige la synthèse de molécules spécifiques d'ARN et de protéines, qui déterminent à leur tour les propriétés chimiques et physiques de la cellule.

A l'époque à laquelle les biophysiciens analysaient la structure tridimensionnelle de l'ADN par diffraction des rayons X, les biochimistes étudiaient la structure chimique des protéines de manière intensive. On savait déjà que les protéines sont des chaînes d'acides aminés reliés par des liaisons peptidiques séquentielles, mais c'est seulement au début des années 1950, lorsque la séquence de la petite protéine *insuline* fut déterminée (Figure 3-12), que l'on découvrit que chaque type de protéine consiste en une séquence unique d'acides aminés. Tout comme la résolution de la structure de l'ADN fut essentielle pour la compréhension des bases moléculaires de la génétique et de l'hérédité, la détermination de la séquence de l'insuline fournit un élément-clé à la compréhension de la structure et de la fonction des protéines.

Si l'insuline possédait une séquence définie, génétiquement déterminée, ce devait être vraisemblablement le cas pour toute autre protéine. On pouvait, de plus, raisonnablement supposer que les propriétés d'une protéine devaient dépendre de l'enchaînement précis des acides aminés qui la constituent.

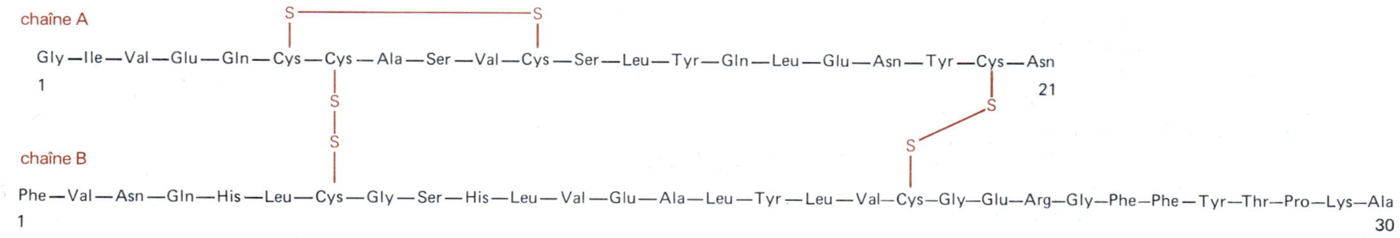

Figure 3-12 La séquence des acides aminés de l'insuline bovine. L'insuline est une très petite protéine qui est constituée de deux chaînes polypeptidiques ayant chacune une séquence d'acides aminés unique, génétiquement déterminée. Les symboles de 3 lettres utilisés pour désigner les acides aminés sont ceux dont la liste figure dans la Planche 2-5, pp. 54-55 ; les liaisons symbolisées par -S-S- sont des ponts disulfure entre des résidus cystéine. La protéine est initialement synthétisée sous la forme d'une longue chaîne polypeptidique simple (codée par un gène unique), qui est clivée ultérieurement pour donner les deux chaînes (voir Figure 3-48).

L'ADN et la protéine sont tous deux composés d'une séquence linéaire de sous-unités, et l'analyse des protéines par des gènes mutants démontra finalement que les deux séquences sont *colinéaires* — c'est-à-dire que les nucléotides de l'ADN sont disposés dans un ordre correspondant à celui des acides aminés dans la protéine qu'ils déterminent. Il devint évident que la séquence d'ADN renferme une spécification codée de la séquence protéique. La question centrale en biologie moléculaire devint alors de savoir comment une cellule traduisait une séquence nucléotidique dans l'ADN en une séquence d'acides aminés dans une protéine.

Des parties de la séquence d'ADN sont copiées en ARN pour la synthèse d'une protéine [14]

La synthèse des protéines implique la copie de régions spécifiques de l'ADN (les *gènes*) en polynucléotides d'un type chimiquement et fonctionnellement différent, connus sous le nom d'acide ribonucléique, ou ARN. L'ARN, comme l'ADN, est composé d'une séquence linéaire de nucléotides, mais il présente deux petites différences chimiques : (1) le squelette pentose-phosphate de l'ARN contient un ribose au lieu d'un désoxyribose, et (2) la thymine (T) est remplacée par l'uracile (U), une base très voisine qui s'apparie également avec A (voir Planche 3-2, p. 98-99).

L'ARN conserve la totalité de l'information contenue dans la séquence d'ADN à partir de laquelle il a été copié, ainsi que les propriétés d'appariement de l'ADN. Les molécules d'ARN sont synthétisées selon un processus appelé **transcription de l'ADN**, qui est semblable à la réplication de l'ADN, par le fait qu'un des deux brins d'ADN sert de matrice sur laquelle les capacités d'appariement des nouveaux nucléotides sont contrôlées. Lorsqu'un bon appariement est obtenu avec l'ADN matrice, un ribonucléotide est incorporé en tant qu'unité liée de façon covalente. De cette façon, la chaîne d'ARN en croissance s'allonge d'un nucléotide à la fois.

La transcription de l'ADN diffère de sa réplication par un certain nombre de points. L'un d'eux est que l'ARN copié ne demeure pas associé à l'ADN. Juste derrière la région où les ribonucléotides ont été additionnés, l'hélice d'ADN originale se reforme et la chaîne d'ARN est libérée. Les molécules d'ARN sont donc monocaténaires. De plus, les molécules d'ARN sont relativement courtes comparées aux molécules d'ADN, puisqu'elles sont copiées à partir d'une région limitée de l'ADN — suffisante pour fabriquer une ou quelques protéines (Figure 3-13). Les transcrits d'ARN qui dirigent la synthèse de molécules protéiques sont appelés molécules d'**ARN messager** (ou **ARNm**), alors que d'autres transcrits d'ARN servent d'*ARN de transfert*

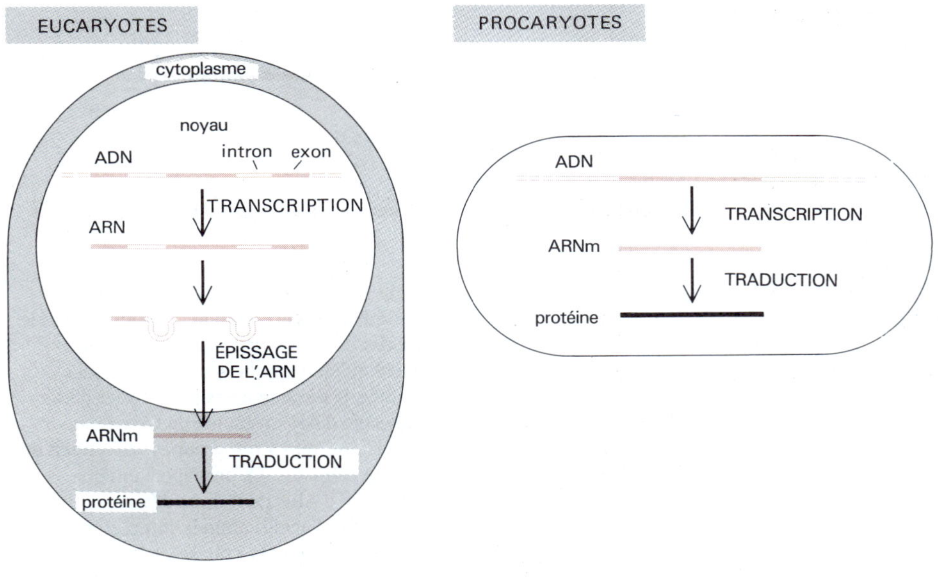

Figure 3-13 Le transfert de l'information de l'ADN à la protéine s'effectue grâce à un ARN intermédiaire, appelé ARN messager (ARNm). Dans les cellules procaryotes, le processus est plus simple que dans les cellules eucaryotes. Chez les eucaryotes, les régions codantes de l'ADN (appelées *exons*, représentées ici en couleur) sont séparées par des régions non codantes (appelées *introns*). Comme indiqué, ces introns doivent être éliminés par une réaction d'épissage de l'ARN enzymatiquement catalysée, pour former l'ARNm.

(ARNt, voir p. 103) ou forment les ARN composant les ribosomes (ARNr, voir p. 104) ou de plus petites particules ribonucléoprotéiques.

La quantité d'ARN fabriquée à partir d'une région particulière de l'ADN est contrôlée par des *protéines régulatrices de gènes* qui se lient à des sites spécifiques de l'ADN proches des séquences codantes d'un gène (voir p. 557). Dans toute cellule, à tout moment, certains gènes sont utilisés pour fabriquer de l'ARN en grandes quantités, alors que d'autres gènes ne sont pas du tout transcrits. Pour un gène actif, des milliers de transcrits peuvent être fabriqués à partir du même segment d'ADN à chaque génération cellulaire. Puisque chaque molécule d'ARNm peut être traduite en plusieurs milliers de copies d'une chaîne polypeptidique, l'information contenue dans une petite région d'ADN peut diriger la synthèse de millions de copies d'une protéine donnée. La protéine *fibroïne*, par exemple, est le composant majeur de la soie. Dans chaque cellule de la glande séricigène, un seul gène de fibroïne fabrique 10^4 copies d'ARNm, dont chacune dirige la synthèse de 10^5 molécules de fibroïne — produisant un total de 10^9 molécules de fibroïne en 4 jours seulement.

Les molécules d'ARN des eucaryotes sont épissées afin d'éliminer les séquences d'introns [15]

Dans les cellules bactériennes, la plupart des protéines sont codées par une fraction unique et ininterrompue de séquence d'ADN qui est copiée sans modification pour produire une molécule d'ARNm. En 1977, les biologistes moléculaires furent stupéfaits de découvrir que la plupart des gènes eucaryotes ont leurs séquences codantes (appelées *exons*) interrompues par des séquences non codantes (appelées *introns*). Pour synthétiser une protéine, toute la longueur du gène, y compris ses introns et ses exons, est transcrite tout d'abord en une très longue molécule d'ARN — le *transcrit primaire*. Avant que cette molécule d'ARN ne quitte le noyau, un complexe d'enzymes de traitement de l'ARN enlève toutes les séquences d'introns, produisant ainsi une molécule d'ARN beaucoup plus courte. Après l'achèvement de cette étape de *traitement de l'ARN*, appelée *épissage de l'ARN*, la molécule d'ARN passe dans le cytoplasme sous la forme d'une molécule d'ARNm qui dirige la synthèse d'une protéine particulière (voir la Figure 3-13).

Ce mode apparemment gaspilleur du transfert de l'information chez les eucaryotes a probablement évolué car il rend la synthèse des protéines beaucoup plus souple. Par exemple, les transcrits primaires de certains gènes peuvent être épissés de diverses façons pour produire différents ARNm, selon le type de cellule ou le stade de développement. Ceci permet la production de différentes protéines à partir du même gène. De plus, puisque la présence de nombreux introns facilite les événements de recombinaison génétique entre exons, ce type d'arrangement génique a vraisemblablement été très important dans l'histoire évolutive précoce des gènes augmentant la vitesse du processus par lequel des organismes développèrent de nouvelles protéines à partir de parties de protéines préexistantes, au lieu de développer des séquences totalement nouvelles (voir p. 602).

Les séquences des nucléotides de l'ARNm sont « lues » par groupes de trois et traduites en acides aminés [16]

La traduction d'une séquence polynucléotidique d'un gène en séquence amino-acide d'une protéine, s'effectue selon un ensemble de règles qui furent déchiffrées au début des années 1960 et qui constituent le **code génétique**. On a démontré que la séquence des nucléotides de la molécule d'ARNm qui sert d'intermédiaire était lue en série par groupes de trois nucléotides. Chaque triplet de nucléotides, appelé **codon**, détermine un acide aminé, et, en principe, chaque séquence d'ARN peut être traduite dans l'une quelconque des trois différentes phases de lecture, selon l'endroit où débute le mécanisme de décodage (Figure 3-14). Dans presque tous les cas, seule une de ces phases de lecture produira une protéine fonctionnelle. Du fait de l'absence de signaux de ponctuation, sauf au début et à la fin du message ARN, le code de lecture est fixé au moment de l'initiation du processus de traduction et est maintenu par la suite.

L'ARN étant un polymère linéaire de quatre nucléotides différents, il y a $4^3 = 64$ codons possibles (n'oublions pas que c'est la *séquence* des nucléotides du triplet qui est importante). On ne trouve couramment que 20 acides aminés différents dans les protéines, de sorte que la plupart des acides aminés sont déterminés par plusieurs codons ; le code est donc *dégénéré*. Le code reproduit dans la Figure 3-15 a été préservé au cours de l'évolution : avec quelques exceptions mineures, il est le même dans des organismes aussi variés que les bactéries, les végétaux et les êtres humains.

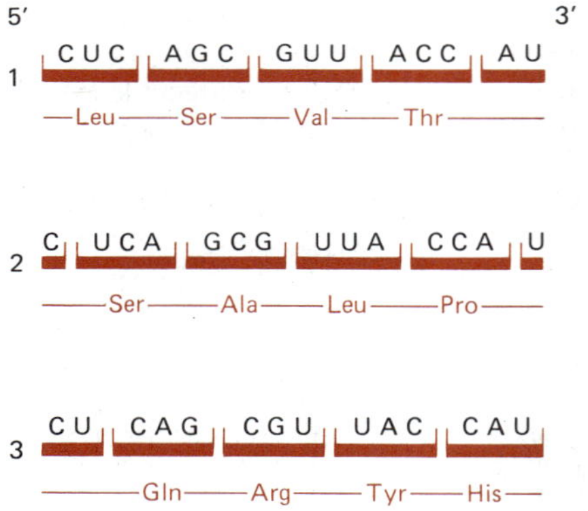

Figure 3-14 Les trois phases de lecture possibles dans la synthèse protéique. Dans le processus de traduction d'une séquence nucléotidique en une séquence d'acides aminés, la séquence des nucléotides d'une molécule d'ARNm est lue de l'extrémité 5′ vers l'extrémité 3′ par groupes séquentiels de trois nucléotides. En principe, la même séquence d'ARN peut donc déterminer trois séquences d'acides aminés complètement différentes, selon la « phase de lecture ».

1re position (extrémité 5′) ↓	2e position U	C	A	G	3e position (extrémité 3′) ↓
U	Phe	Ser	Tyr	Cys	U
	Phe	Ser	Tyr	Cys	C
	Leu	Ser	STOP	STOP	A
	Leu	Ser	STOP	Trp	G
C	Leu	Pro	His	Arg	U
	Leu	Pro	His	Arg	C
	Leu	Pro	Gln	Arg	A
	Leu	Pro	Gln	Arg	G
A	Ile	Thr	Asn	Ser	U
	Ile	Thr	Asn	Ser	C
	Ile	Thr	Lys	Arg	A
	Met	Thr	Lys	Arg	G
G	Val	Ala	Asp	Gly	U
	Val	Ala	Asp	Gly	C
	Val	Ala	Glu	Gly	A
	Val	Ala	Glu	Gly	G

Figure 3-15 Le code génétique. Des groupes de 3 nucléotides (codons) d'une molécule d'ARNm sont traduits en acides aminés au cours de la synthèse protéique suivant les règles ci-contre. Les codons GUG et GAG, par exemple, sont traduits en valine et acide glutamique. Noter que les codons possédant un U ou un C comme second nucléotide tendent à caractériser les acides aminés les plus hydrophobes (comparer avec la Planche 2-5, pp. 54-55).

Les molécules d'ARNt adaptent les acides aminés aux groupes de nucléotides [17]

Les codons d'une molécule d'ARNm ne reconnaissent pas directement les acides aminés qu'ils déterminent comme une enzyme reconnaît un substrat. La **traduction** de l'ARNm en protéine dépend de molécules « adaptatrices », qui reconnaissent à la fois un acide aminé et un groupe de trois nucléotides. Ces adaptateurs sont constitués d'un groupe de petites molécules d'ARN appelées **ARN de transfert** (ou **ARNt**), chacune ayant une longueur d'environ 60 nucléotides.

Une molécule d'ARNt possède une conformation tridimensionnelle dont la cohésion est assurée par des interactions d'appariement non covalentes, semblables à celles qui maintiennent ensemble les deux brins de l'hélice d'ADN. Cependant, dans la molécule d'ARNt monocaténaire, les paires de bases complémentaires se forment entre les résidus nucléotidiques de la *même* chaîne ; ceci provoque le repliement de la molécule d'ARNt d'une manière unique qui joue un rôle important dans sa fonction d'adaptateur. Quatre courts segments de la molécule contiennent une structure en double hélice, produisant une molécule qui ressemble à une « feuille de trèfle » en deux dimensions. Cette feuille de trèfle est à son tour « tassée » en une conformation très repliée en forme de L qui est maintenue par des interactions de liaisons hydrogène plus complexes (Figure 3-16). Deux séries de résidus nucléotidiques non appariés à chaque extrémité

Figure 3-16 ARNt de la phénylalanine de levure. (A) La molécule est dessinée en forme de feuille de trèfle, de façon à montrer l'appariement de bases complémentaires (en gris) des régions hélicoïdales internes de la molécule. (B) La forme réelle de la molécule, basée sur l'analyse par diffraction des rayons X, est représentée schématiquement. Les paires de bases complémentaires sont indiquées par des traits gris. De plus, les nucléotides impliqués dans des interactions inhabituelles entre paires de bases qui maintiennent ensemble différentes parties de la molécule sont colorés, et les paires sont numérotées et reliées par des lignes pointillées colorées qui correspondent aux lignes pointillées de (A). (C) Une des interactions inhabituelles entre paires de bases. Ici, une base s'associe par des liaisons hydrogène avec deux autres bases ; plusieurs « tercets de bases » de ce type facilitent le repliement de cette molécule d'ARNt.

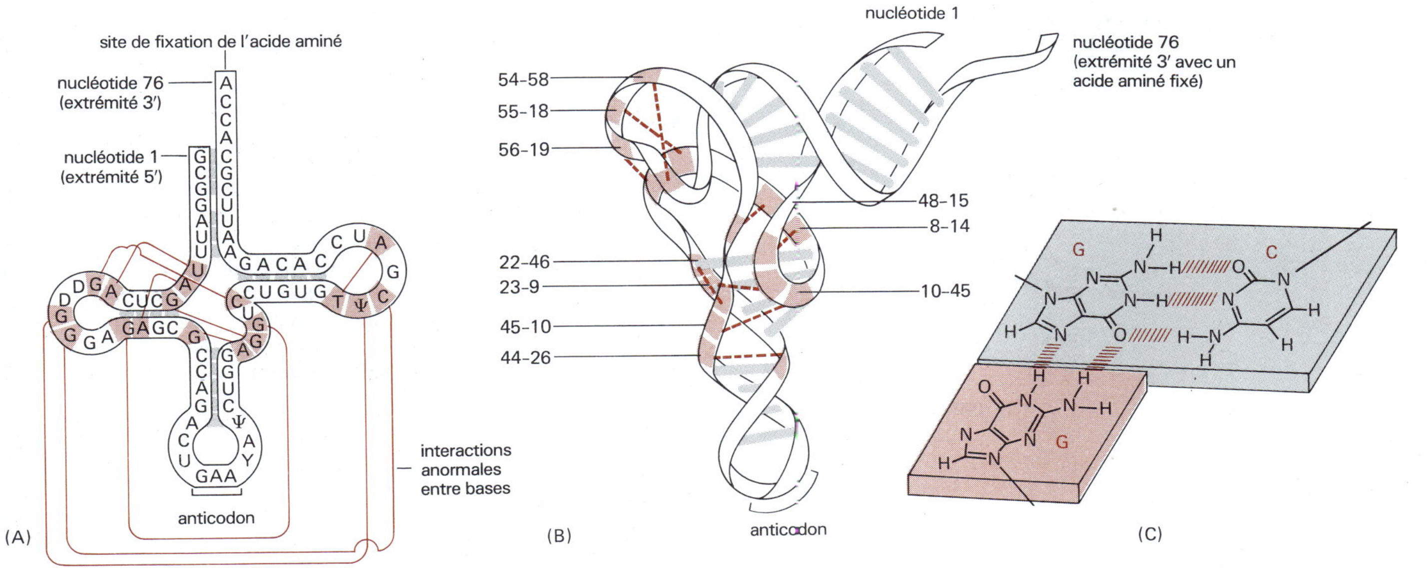

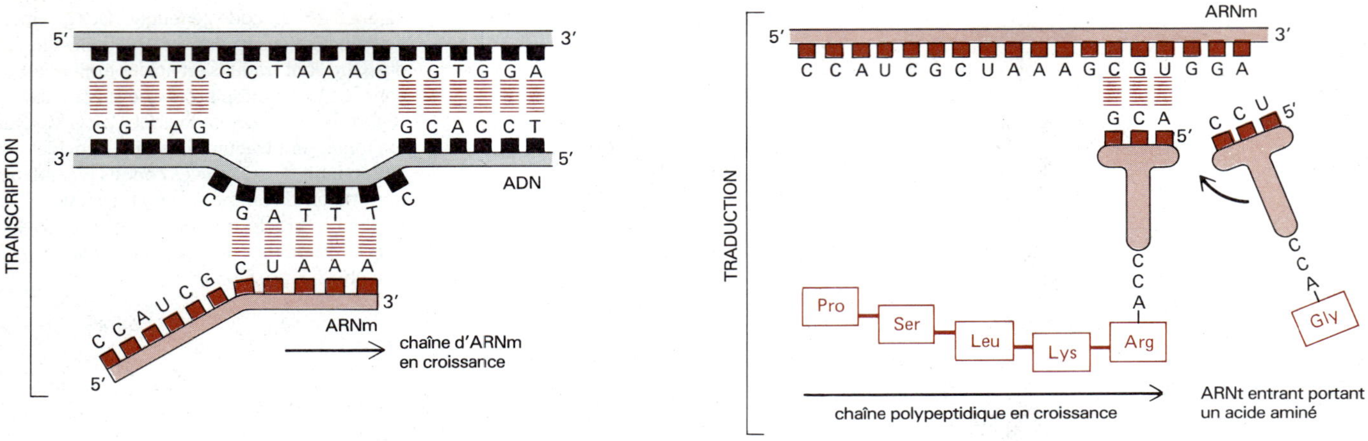

du « L » sont particulièrement importantes pour la fonction de la molécule d'ARNt dans la synthèse protéique : l'une d'elles forme l'*anticodon* qui s'apparie à un triplet complémentaire dans une molécule d'ARNm (le codon), alors que la *séquence CCA* à l'extrémité 3′ de la molécule est liée de façon covalente à un acide aminé spécifique (Figure 3-16 A).

Figure 3-17 Circulation de l'information dans la synthèse protéique. Les nucléotides d'une molécule d'ARNm sont réunis pour former une copie complémentaire d'un segment de l'un des brins (le brin codant) de l'ADN. Ils sont ensuite adaptés, par groupes de trois, à des séries complémentaires de trois nucléotides dans les régions anticodons des molécules d'ARNt. A l'autre extrémité de chaque type de molécule d'ARNt, un acide aminé spécifique est retenu par une liaison de haute énergie et, au moment de l'appariement, cet acide aminé est ajouté à l'extrémité de la chaîne polypeptidique en croissance. La traduction de la séquence nucléotidique de l'ARNm en une séquence d'acides aminés dépend de l'appariement complémentaire des bases entre les codons de l'ARNm et les anticodons correspondants de l'ARNt. La base moléculaire du transfert de l'information lors de la traduction est donc très proche de celle de la réplication et de la transcription de l'ADN. Noter que la synthèse et la traduction de l'ARNm commencent par l'extrémité 5′.

Le message de l'ARN est lu d'un bout à l'autre par un ribosome [18]

Le mécanisme de reconnaissance du codon, qui transfère l'information génétique de l'ARNm à la protéine, repose sur des interactions entre paires de bases semblables à celles qui interviennent au cours du transfert de l'information génétique de l'ADN à l'ADN et de l'ADN à l'ARN (Figure 3-17). Mais le système d'arrangement des molécules d'ARNt sur l'ARNm est compliqué et utilise un **ribosome**, un complexe de plus de 50 protéines différentes associées à plusieurs molécules d'ARN de structure (ARNs). Chaque ribosome est une grosse machine de synthèse protéique, sur laquelle les molécules d'ARNt se placent de façon à lire le message génétique codé dans une molécule d'ARNm. Le ribosome trouve d'abord un site spécifique sur l'ARNm pour placer la phase de lecture et déterminer l'extrémité N-terminale de la protéine. Puis, au fur et à mesure qu'il se déplace le long d'une molécule d'ARNm, le ribosome traduit la séquence nucléotidique en séquence d'acides aminés, codon par codon, en utilisant les molécules d'ARNt pour ajouter les acides aminés à l'extrémité de la chaîne polypeptidique en formation (Figure 3-18). Quand un ribosome arrive au bout du message, il est détaché, ainsi que l'extrémité carboxylée néoformée de la protéine, de l'extrémité 3′ de la molécule d'ARNm et libéré dans le cytoplasme.

Les ribosomes opèrent avec une efficacité remarquable : en 1 seconde, un seul ribosome bactérien ajoute environ 20 acides aminés à une chaîne polypeptidique en voie de formation. La structure du ribosome et le mécanisme de la synthèse protéique sont étudiés dans le Chapitre 5.

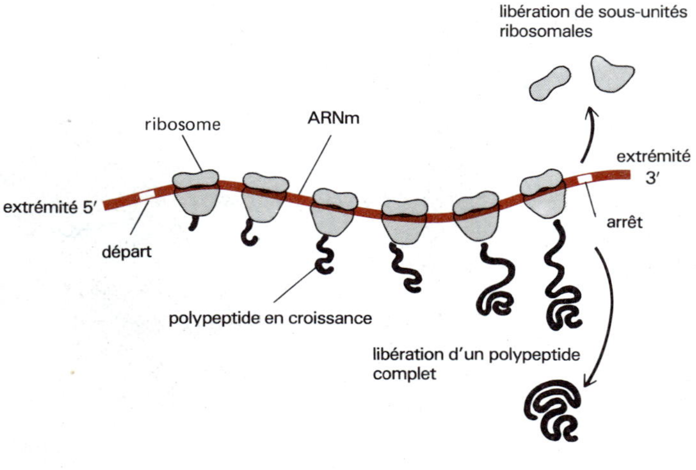

Figure 3-18 Synthèse d'une protéine par des ribosomes liés à une molécule d'ARNm. Les ribosomes se fixent à un site de départ proche de l'extrémité 5′ de la molécule d'ARNm et se déplacent ensuite vers l'extrémité 3′, synthétisant la protéine au fur et à mesure qu'ils avancent. Un certain nombre de ribosomes se déplacent habituellement en même temps le long d'un ARNm unique, chacun synthétisant une chaîne polypeptidique séparée mais identique ; la structure entière est appelée *polyribosome*.

Certaines molécules d'ARN fonctionnent comme catalyseurs [19]

Les molécules d'ARN ont été communément considérées comme des successions de nucléotides aux propriétés chimiques relativement inintéressantes. En 1981, cette opinion fut bouleversée par la découverte d'une molécule d'ARN catalytique, avec le type de réactivité chimique sophistiquée que les biochimistes n'avaient jusqu'alors associé qu'aux protéines. Les molécules d'ARN ribosomales du protozoaire cilié *Tetrahymena* sont initialement synthétisées sous la forme d'un grand précurseur à partir duquel un des ARNr est produit par une réaction d'épissage de l'ARN. La surprise vint de la découverte que cet épissage pouvait se produire *in vitro* en absence de protéine. Il fut ensuite montré que la séquence d'introns elle-même avait une activité catalytique de type enzymatique, qui effectuait la réaction à deux étapes représentée dans la Figure 3-19. La séquence intron, longue de 400 nucléotides, fut alors synthétisée en tube à essais, et il fut montré qu'elle se repliait pour former une surface complexe pouvant fonctionner comme une enzyme dans des réactions avec d'autres molécules d'ARN. Par exemple, elle peut fixer fortement deux substrats spécifiques — une guanine et une chaîne d'ARN — et catalyser leur attachement covalent afin de rompre la chaîne d'ARN en un site spécifique (Figure 3-20).

Dans cette réaction modèle, qui imite la première étape de la Figure 3-19, la même séquence d'intron agit de façon répétitive pour couper de nombreuses chaînes d'ARN. Bien que l'épissage de l'ARN soit le plus couramment réalisé par des moyens qui ne sont pas autocatalytiques (voir p. 533), on découvrit des ARN d'auto-épissage avec des séquences introns apparentées à celle de *Tretrahymena* dans d'autres types cellulaires, y compris les champignons et les bactéries. Ceci suggère que ces séquences d'ARN peuvent être apparues avant que les lignées eucaryotes et procaryotes ne divergent, il y a environ 1,5 milliard d'années.

Plusieurs autres familles d'ARN catalytiques ont récemment été découvertes. La plupart des ARNt, par exemple, sont d'abord synthétisés sous la forme d'un grand précurseur d'ARN, et on a montré qu'une molécule d'ARN jour un rôle catalytique essentiel dans un complexe ARN-protéine qui reconnaît ces précurseurs et les clive en des sites spécifiques. Une séquence d'ARN catalytique joue également un rôle important dans le cycle de vie de nombreux viroïdes

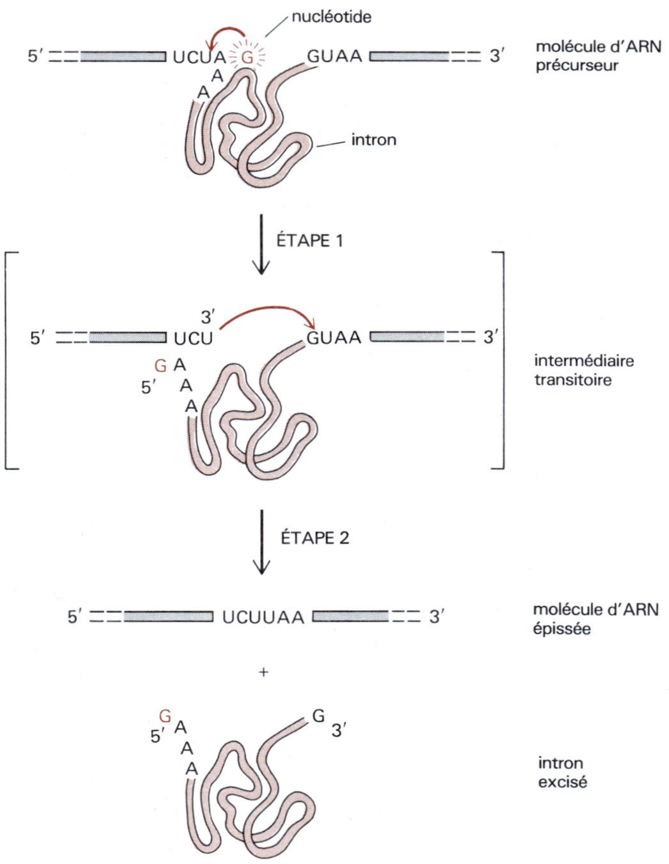

Figure 3-19 Schéma d'une réaction d'auto-épissage, dans laquelle une séquence d'intron catalyse sa propre excision d'une molécule d'ARN ribosomal de *Tetrahymena*. Comme le montre la figure, la réaction est amorcée lorsqu'un nucléotide G est ajouté à une séquence d'intron, clivant la chaîne d'ARN au cours du processus ; l'extrémité 3′ néosynthétisée de la chaîne d'ARN attaque alors l'autre côté de l'intron, pour compléter la réaction.

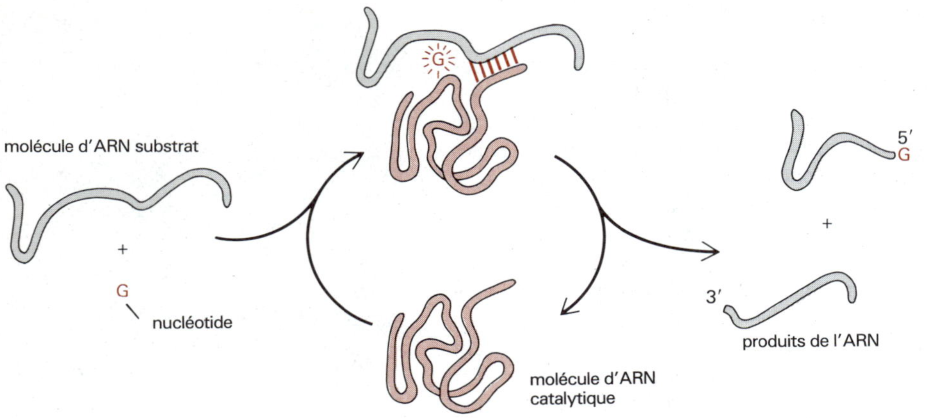

Figure 3-20 Représentation schématique d'une réaction de type enzymatique, catalysée par la séquence d'introns purifiée de *Tetrahymena*. Dans cette réaction, qui correspond à la première étape de la Figure 3-19, une molécule d'ARN substrat spécifique et un nucléotide G se fixent fortement à la surface de la molécule d'ARN catalytique. Le nucléotide est alors lié de façon covalente à la molécule d'ARN substrat, la clivant en un site spécifique. La libération des deux chaînes d'ARN résultantes rend la séquence d'introns disponible pour les cycles ultérieurs de la réaction.

végétaux, et une séquence semblable apparaît dans une molécule d'ARN de grenouille, bien que son rôle dans la grenouille soit inconnu. Le plus remarquable est que les ribosomes sont à présent soupçonnés de fonctionner en grande partie par catalyse à base d'ARN, les protéines ribosomales jouant un rôle de support des ARN ribosomaux qui fabriquent plus de la moitié de la masse du ribosome.

Comment est-il possible pour une molécule d'ARN d'agir comme une enzyme ? L'exemple de l'ARNt indique que les molécules d'ARN peuvent se replier de façons très spécifiques. Un modèle de la structure bidimensionnelle de la partie centrale de la séquence d'introns d'auto-épissage de *Tretrahymena* est donné dans la Figure 3-21. Des interactions entre différentes parties de cette molécule d'ARN (analogues aux rares liaisons hydrogène dans les molécules d'ARNt — voir Figure 3-16) sont responsables de leur repliement supplémentaire pour créer une surface tridimensionnelle complexe avec une activité catalytique. Une juxtaposition inhabituelle d'atomes peut tendre des liaisons covalentes et sélectionner ainsi des atomes dans la chaîne d'ARN repliée d'une réactivité exceptionnelle.

Comme nous l'expliquions dans le Chapitre 1, la découverte de molécules d'ARN catalytiques a profondément modifié nos idées sur la façon dont les premières cellules vivantes sont apparues (voir p. 7).

Résumé

L'information génétique est portée par la séquence linéaire des nucléotides de l'ADN. Chaque molécule d'ADN contient deux chaînes complémentaires de nucléotides appariées par les liaisons hydrogène des paires de bases G-C et A-T. La réplication de l'ADN, qui reproduit l'information génétique, s'effectue par polymérisation d'une nouvelle chaîne complémentaire sur chacune des chaînes parentales.

L'expression de l'information génétique stockée dans l'ADN implique que la séquence linéaire des nucléotides dans l'ADN soit traduite en une séquence colinéaire d'acides aminés

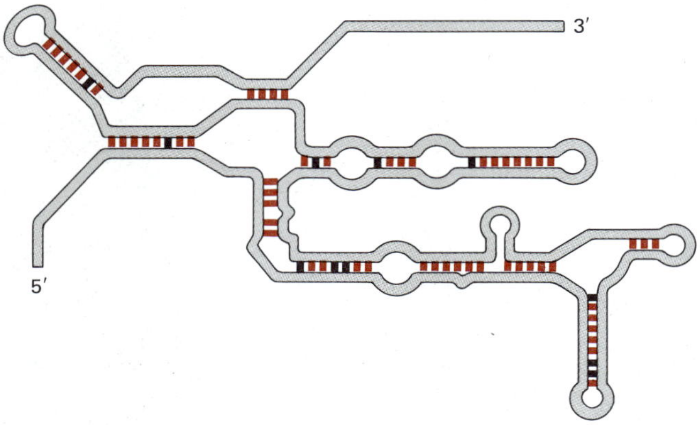

Figure 3-21 Vue bidimensionnelle du noyau catalytique de la séquence d'introns de l'ARN, illustrée dans les Figures 3-19 et 3-20. Les paires de bases complémentaires normales sont en couleur, alors que les interactions faibles entre paires de bases, telles que les paires G-U, sont représentées en noir. Cette molécule est longue d'environ 240 nucléotides ; elle est normalement étroitement repliée dans l'espace, mais sa conformation précise est inconnue. Des ARN d'auto-épissage avec des structures voisines ont été découverts dans les mitochondries de champignons et dans un virus bactérien (bactériophage T4).

dans les protéines. Un segment limité d'ADN est d'abord copié en une chaîne complémentaire d'ARN. Ce transcrit primaire d'ARN est épissé pour supprimer les séquences d'introns, ce qui produit une molécule d'ARNm. Finalement, l'ARNm est traduit en protéine par une série complexe de réactions qui se déroulent sur un ribosome. Les acides aminés utilisés pour la synthèse protéique sont tout d'abord liés à une famille de molécules d'ARNt dont chacune reconnaît, au moyen d'interactions d'appariement de bases complémentaires, des séries particulières de trois nucléotides dans l'ARNm. La séquence des nucléotides dans l'ARNm est ensuite lue d'un bout à l'autre par groupes de trois nucléotides, selon un code génétique universel.

Dans les cellules, d'autres molécules d'ARN fonctionnent comme des catalyseurs de type enzymatique. Ces molécules d'ARN se replient pour créer une surface contenant des nucléotides qui sont devenus exceptionnellement réactifs.

Structure des protéines [20]

Les cellules sont en grande partie constituées de protéines, qui représentent plus de la moitié de leur poids sec (voir Tableau 3-1). Les protéines déterminent la forme et la structure de la cellule et servent aussi d'instruments principaux de reconnaissance moléculaire et de catalyse. Bien que l'ADN stocke l'information nécessaire à la fabrication d'une cellule, il a peu d'influence directe sur les processus cellulaires. Le gène de l'hémoglobine, par exemple, ne peut transporter l'oxygène : c'est une propriété de la protéine déterminée par les gènes. En terminologie informatique, l'ADN et l'ARNm représentent le logiciel ou « software » — instructions qu'une cellule reçoit de ses parents. Les protéines constituent le matériel ou « hardware » — le mécanisme d'exécution du programme stocké dans la mémoire.

L'ADN et l'ARN sont des chaînes de nucléotides qui sont chimiquement très voisines. Au contraire, les protéines sont constituées d'un assortiment de 20 acides aminés très différents, qui possèdent chacun une personnalité chimique différente (voir Planche 2-5, pp. 54-55). Cette diversité rend compte de l'universalité des propriétés chimiques des différentes protéines, et elle explique vraisemblablement pourquoi l'évolution a sélectionné des protéines plutôt que des molécules d'ARN pour catalyser la plupart des réactions cellulaires.

La forme d'une molécule protéique est déterminée par sa séquence d'acides aminés [21]

Dans une longue chaîne polypeptidique, les liaisons, qui autorisent une libre rotation des atomes qu'elles relient, sont nombreuses et donnent au squelette protéique une grande flexibilité. Chaque molécule protéique pourrait donc, en principe, adopter un nombre de formes *(conformations)* presque illimité. Cependant, la plupart des chaînes polypeptidiques ne se replient que selon une conformation particulière. Ceci est dû au fait que les chaînes latérales des acides aminés s'associent entre elles et avec l'eau pour former une variété de liaisons faibles non covalentes (voir Planche 3-1, pp. 90-91). A condition que les chaînes latérales appropriées soient présentes en des positions décisives dans la chaîne, des forces importantes sont développées pour conférer une stabilité exceptionnelle à une conformation particulière.

La plupart des protéines se replient spontanément selon leur conformation adéquate. Par traitement avec certains solvants, une protéine peut être dépliée, ou *dénaturée*, pour donner une chaîne polypeptidique flexible qui a perdu sa conformation originale. Lorsque le solvant dénaturant est éliminé, la protéine se replie habituellement de manière spontanée selon sa conformation d'origine, indiquant que toute l'information nécessaire pour déterminer la forme d'une protéine est contenue dans la séquence d'acides aminés elle-même.

L'un des facteurs les plus importants qui gouverne le repliement d'une protéine est la distribution de ses chaînes latérales polaires et non polaires. Les nombreuses chaînes latérales hydrophobes d'une protéine ont tendance à être repoussées à l'intérieur de la molécule, ce qui leur permet d'éviter le contact avec l'environnement aqueux (exactement comme des gouttelettes d'huile fusionnent après avoir été mécaniquement dispersées dans l'eau). Au contraire, toutes les chaînes latérales polaires ont tendance à se placer près de l'extérieur de la molécule protéique, où elles peuvent interagir avec l'eau et avec d'autres molécules polaires (Figure 3-22). Les liaisons peptidiques étant elles-mêmes des liaisons polaires, elles ont tendance à interagir entre elles et avec les chaînes latérales polaires pour former des liaisons hydrogène (Figure 3-23) ; la quasi-totalité des résidus polaires « enterrés » à l'intérieur de la protéine sont appariés de cette façon. Les liaisons hydrogène jouent donc un rôle majeur dans la cohésion des différentes régions d'une chaîne polypeptidique à l'intérieur d'une molécule protéique

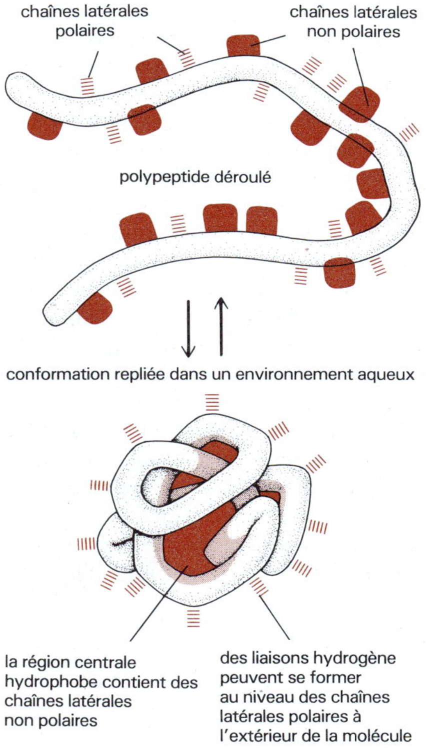

Figure 3-22 Illustration de la manière dont une protéine se replie dans une conformation globulaire. Les chaînes latérales polaires d'acides aminés tendent à se rassembler à l'extérieur de la protéine où elles peuvent interagir avec l'eau ; les chaînes latérales non polaires des acides aminés sont enfouies à l'intérieur pour former un noyau hydrophobe qui est « soustrait » à l'eau.

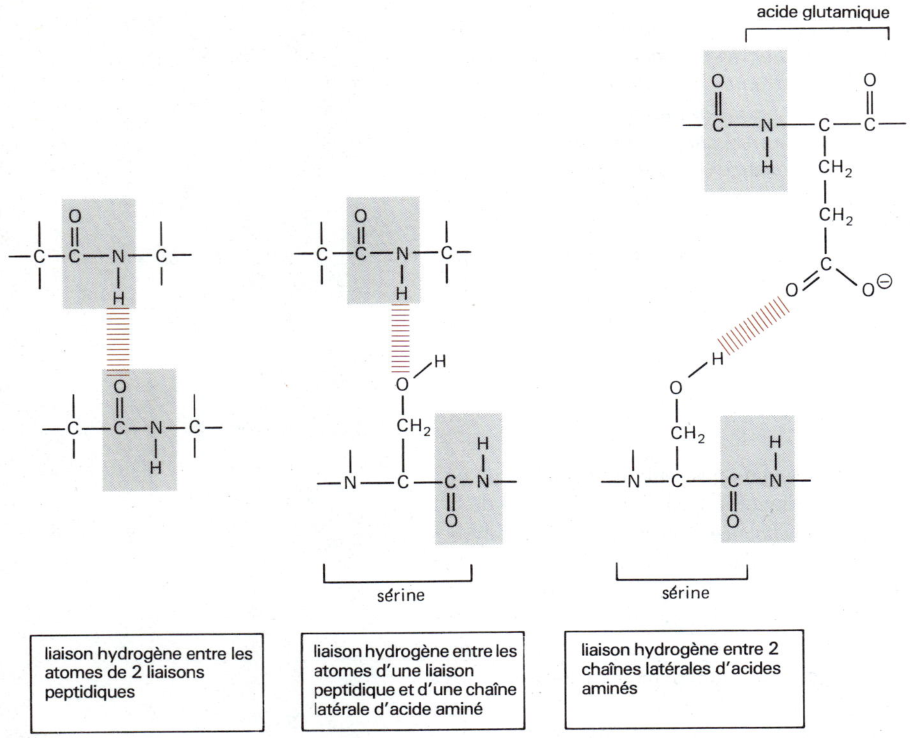

Figure 3-23 Quelques-unes des liaisons hydrogène (indiquées en couleur) qui peuvent se former entre les acides aminés d'une protéine. Les liaisons peptidiques sont ombrées en gris.

repliée, et elles ont une importance cruciale dans un grand nombre des interactions de liaison qui se produisent au niveau des surfaces protéiques.

Les protéines sécrétées ou celles de la surface cellulaire forment souvent des liaisons covalentes intracaténaires supplémentaires. Par exemple, la formation de **liaisons disulfure** (appelées aussi ponts S-S) entre les deux groupements —SH de résidus cystéine voisins dans une chaîne polypeptidique repliée (Figure 3-24) sert souvent à stabiliser la structure tridimensionnelle des protéines extracellulaires. Ces liaisons ne sont pas nécessaires au repliement spécifique des protéines, puisque le repliement se produit normalement en présence d'agents réducteurs qui empêchent la formation des liaisons S-S. En fait, la formation des liaisons S-S dans des molécules protéiques ne se produit que rarement, sinon jamais, dans le cytosol, car la forte concentration cytosolique en agents réducteurs des groupements —SH rompt de telles liaisons (voir p. 445).

Le résultat global de toutes ces interactions individuelles entre acides aminés est que la plupart des molécules protéiques se replient spontanément selon des conformations précisément définies, généralement compactes et globulaires, mais parfois longues et fibreuses. Le noyau interne est composé de chaînes latérales hydrophobes groupées — selon un arrangement serré, presque cristallin — alors que les chaînes latérales plus polaires constituent une surface externe très complexe et irrégulière. La position et la nature chimique des différents atomes de cette surface compliquée rendent chaque protéine unique et lui confèrent sa spécificité de liaison avec d'autres surfaces macromoléculaires ou avec certaines petites molécules (voir ci-dessous). D'un point de vue chimique et structural, les protéines sont les plus élaborées des molécules connues.

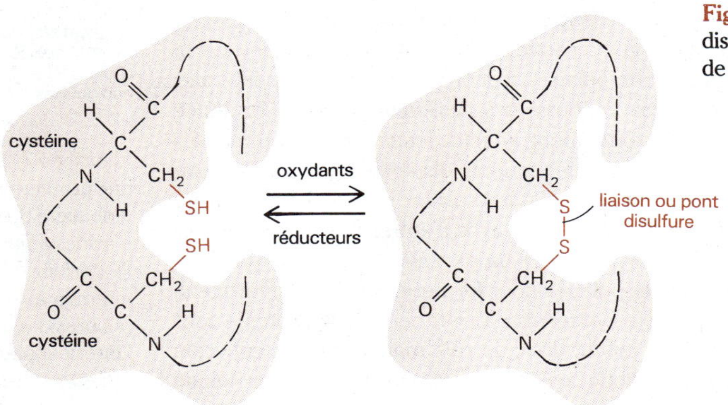

Figure 3-24 La formation d'une liaison disulfure covalente entre les chaînes latérales de résidus cystéine voisins dans une protéine.

Des motifs de repliement communs se retrouvent dans des chaînes protéiques différentes [22]

Bien que toute l'information nécessaire au repliement d'une chaîne protéique soit contenue dans la séquence des acides aminés, nous n'avons pas encore appris à lire cette information de façon à prévoir la structure tridimensionnelle précise d'une protéine dont on connaît la séquence. Par conséquent, la conformation repliée ne peut être déterminée que par une *analyse* minutieuse par *diffraction des rayons X* de la protéine cristallisée. Jusqu'ici, plus de 100 types de protéines ont été complètement analysés par cette technique. Chacune de ces protéines possède une conformation spécifique si compliquée et irrégulière que la description tridimensionnelle détaillée de n'importe laquelle d'entre elles nécessiterait un chapitre.

En comparant les structures tridimensionnelles de différentes molécules protéiques, on retrouve souvent les mêmes modes de repliement dans certaines de leurs régions, bien que la conformation globale de chaque protéine soit unique. Deux d'entre eux sont particulièrement courants parce qu'ils résultent d'interactions régulières par liaisons hydrogène entre les liaisons peptidiques elles-mêmes, plutôt qu'entre les chaînes latérales d'acides aminés particuliers. Ces deux modes de repliement avaient été correctement prédits en 1951 à partir de constructions de modèles basées sur les diagrammes de diffraction des rayons X de la soie et des cheveux. Les deux types de repliement régulier ainsi découverts sont maintenant connus sous les noms de *feuillet* β, adopté par la fibroïne, protéine de la soie ; et d'*hélice* α, que l'on trouve dans l'α-kératine, protéine de la peau et des phanères, comme les cheveux, les ongles et les plumes.

Le noyau de la plupart des protéines globulaires (mais pas de toutes) contient de vastes régions en **feuillets ß**. Dans la Figure 3-25, qui montre une partie d'une molécule d'anticorps, un *feuillet* β *antiparallèle* est formé par le repliement en accordéon d'une chaîne polypeptidique sur elle-même, chaque partie de la chaîne se déplaçant dans la direction opposée à celle de ses voisines immédiates. Ceci donne une structure dont la rigidité est maintenue par des liaisons hydrogène qui connectent les liaisons peptidiques des chaînes voisines, et le feuillet β constitue souvent la charpente sur laquelle est construite une protéine globulaire. Le feuillet β *antiparallèle* et le *feuillet* β *parallèle* très voisin (formé par des régions d'une chaîne polypeptidique qui sont orientées dans la même direction) servent fréquemment d'ossature autour de laquelle sont édifiées des protéines globulaires.

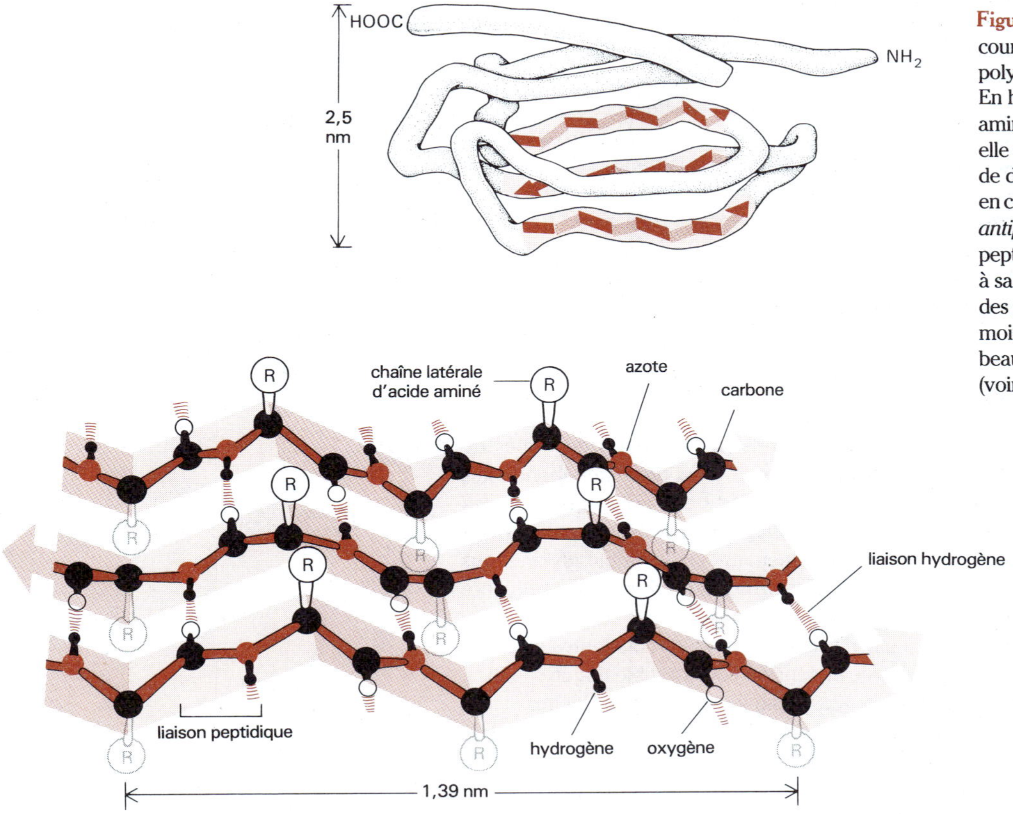

Figure 3-25 Un feuillet β est une structure courante formée par des parties de la chaîne polypeptidique dans les protéines globulaires. En haut, on montre un domaine de 115 acides aminés d'une molécule d'immunoglobuline ; elle consiste en une structure « en sandwich » de deux feuillets β, dont l'un est représenté en couleur. En bas, on voit en détail un feuillet β *antiparallèle* parfait. Noter que chaque liaison peptidique est reliée par des liaisons hydrogène à sa voisine. Les structures en feuillet réelles des protéines globulaires sont habituellement moins régulières que le feuillet β montré ici, et beaucoup de feuillets sont légèrement repliés (voir Figure 3-27).

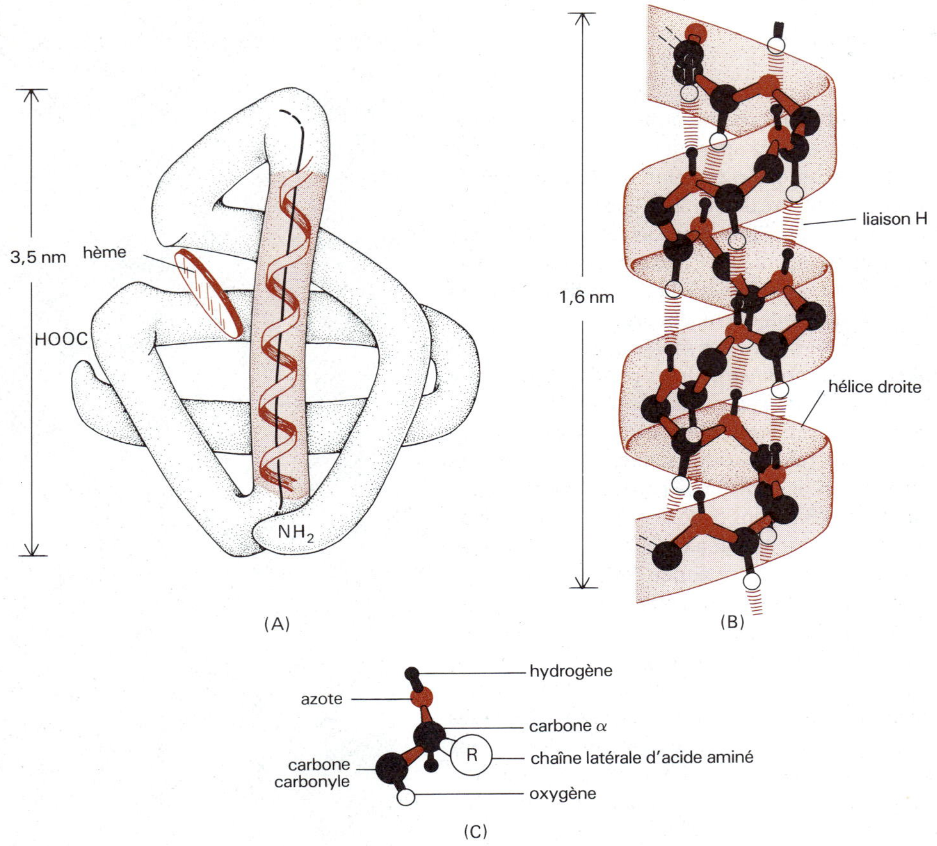

Figure 3-26 Une hélice α est une autre structure courante formée par des parties de la chaîne polypeptidique dans les protéines. (A) La myoglobine, molécule transportant l'oxygène (longue de 153 acides aminés), est représentée ici avec une région de l'hélice α soulignée en couleur. (B) Une hélice α parfaite détaillée. Comme dans le feuillet β, chaque liaison peptidique est reliée à une voisine par des liaisons hydrogène. (C) Les atomes d'un résidu d'acide aminé. Noter qu'en (B), pour plus de clarté, les deux chaînes latérales [qui rayonnent en étoile à l'extérieur le long de l'hélice et sont notées en (C)] et l'atome d'hydrogène ne sont pas représentés sur les chaînes du carbone α de chaque acide aminé (voir aussi la Figure 3-27).

Une **hélice** α est engendrée par la rotation régulière d'une chaîne polypeptidique sur elle-même pour former un cylindre rigide dans lequel chaque liaison peptidique est reliée de manière régulière par liaison hydrogène à d'autres liaisons peptidiques proches dans la chaîne. De nombreuses protéines globulaires contiennent de courts segments de ces hélices α (Figure 3-26) et les régions d'une protéine transmembranaire qui traversent la double couche lipidique sont presque toujours des hélices α, du fait des contraintes imposées par l'environnement lipidique hydrophobe (voir p. 285). En environnement aqueux, une hélice α isolée n'est habituellement pas stable. Cependant, deux hélices α identiques qui ont un arrangement répétitif de chaînes latérales non polaires vont s'enrouler peu à peu l'une autour de l'autre pour former une structure particulièrement stable, qu'on désigne du nom de *« coiled-coil »*, littéralement « super-enroulement » (voir p. 617). De tels « super-enroulements » en forme de bâtonnet sont présents dans beaucoup de protéines fibreuses, telles que les fibres intracellulaires de kératine α qui renforcent la peau et ses appendices. La figure 3-27 donne les représentations en trois dimensions d'une hélice α et d'un feuillet β de protéines réelles avec et sans leurs chaînes latérales.

Les protéines ont des structures extrêmement variées [23]

La diversité de leurs chaînes latérales d'acides aminés confère aux protéines des types de structure d'une remarquable multiplicité. Comparons, par exemple, deux protéines abondantes sécrétées par des cellules du tissu conjonctif — le collagène et l'élastine — présentes toutes les deux dans la matrice extracellulaire. Dans les molécules de **collagène** trois chaînes polypeptidiques séparées, chacune riche en acide aminé proline et contenant l'acide aminé glycine tous les trois résidus, s'enroulent les unes autour des autres pour former une triple hélice régulière (voir p. 809). Ces molécules de collagène sont, à leur tour, empaquetées en fibrilles dans lesquelles des molécules adjacentes sont réunies par des liaisons croisées covalentes entre les résidus de lysine voisins donnant à la fibrille une force de tension considérable (Figure 3-28).

L'**élastine** est à l'extrême opposé. Ses chaînes polypeptidiques relativement lâches et non structurées sont liées par des pontages covalents pour former un réseau élastique en forme de ruban qui permet à des tissus, comme les artères et les poumons, de se déformer et de s'allonger sans dommages (voir p. 815). Comme le montre la Figure 3-29, l'élasticité est due à la capacité

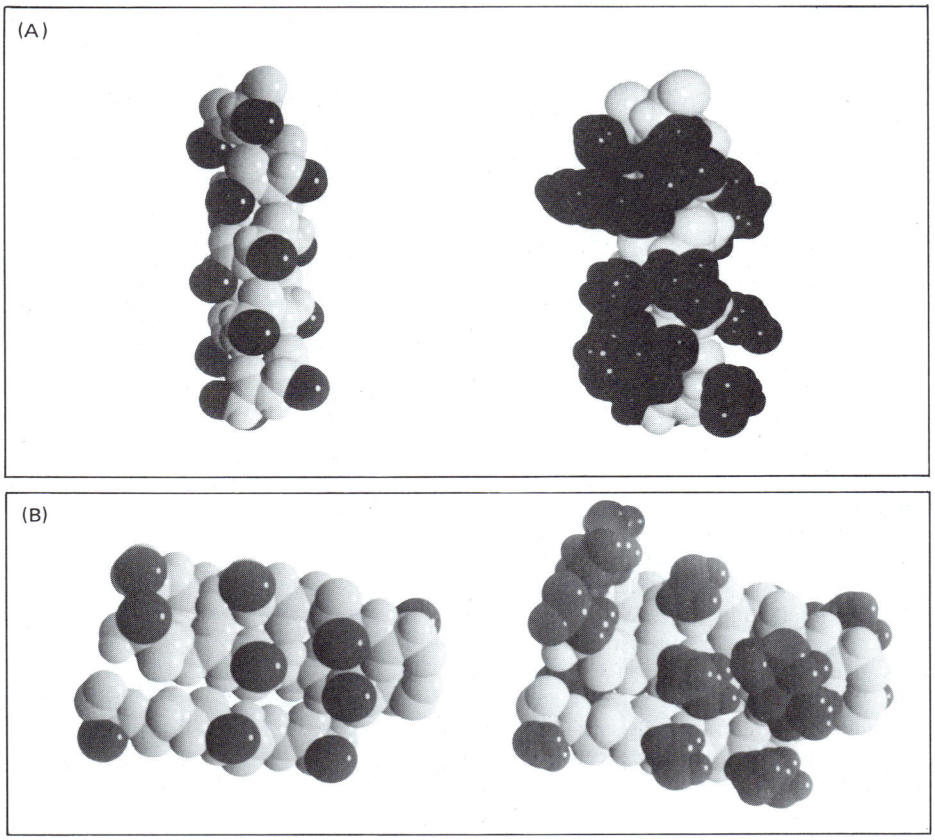

Figure 3-27 Modèles compacts d'une hélice α et d'un feuillet β avec (*à droite*) et sans (*à gauche*) leurs chaînes latérales d'acides aminés. (A) Une hélice α (partie de la structure de la myoglobine). (B) Une région en feuillet β (partie de la structure d'un domaine d'une immunoglobuline). Sur la photographie de gauche, chaque chaîne latérale est représentée par un seul atome coloré (les groupements R des Figures 3-25 et 3-26) ; la chaîne latérale complète est montrée sur la droite. (Avec l'autorisation de Richard J. Feldmann.)

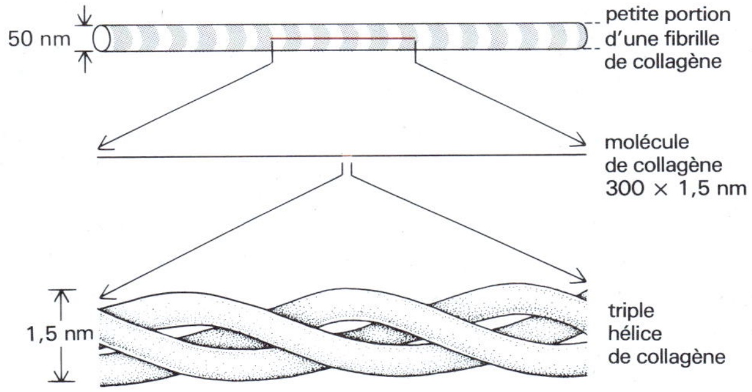

Figure 3-28 Le collagène est une triple hélice formée par trois chaînes protéiques allongées qui s'enroulent les unes autour des autres. De nombreuses molécules de collagène en forme de bâtonnet s'entrecroisent dans l'espace extracellulaire, pour former des fibrilles de collagène inextensibles d'une résistance à l'étirement supérieure à celle de l'acier.

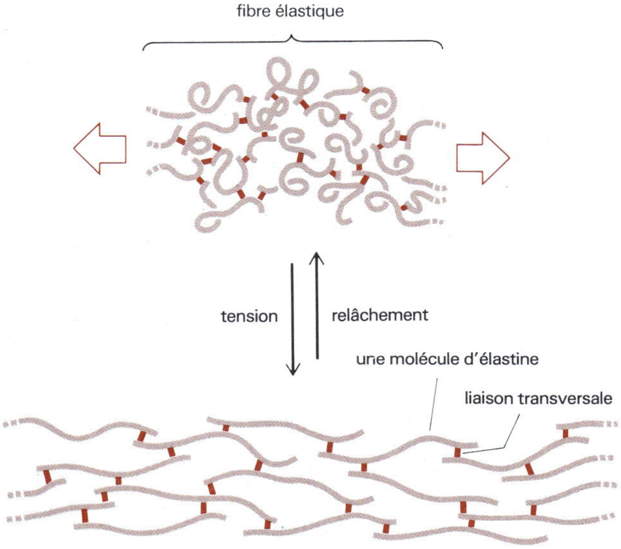

Figure 3-29 Les chaînes polypeptidiques de l'élastine sont entrecroisées pour former des fibres élastiques. Chaque molécule d'élastine se déroule en une conformation plus allongée, lorsque la fibre est étirée. Le contraste frappant entre les propriétés physiques de l'élastine et du collagène est entièrement dû à une grande différence entre leurs séquences d'acides aminés.

qu'ont les molécules protéiques individuelles de se dérouler de manière réversible chaque fois qu'une tension leur est appliquée.

Il est remarquable que la même structure chimique de base — une chaîne d'acides aminés — puisse former tant de structures différentes : un réseau de mailles élastiques comme du caoutchouc (élastine), un câble inextensible possédant la force de tension de l'acier (collagène), ou n'importe laquelle de la grande diversité des surfaces catalytiques des protéines globulaires qui font fonction d'enzymes. La Figure 3-30 illustre et compare la gamme de formes que pourrait adopter, en théorie, une chaîne polypeptidique longue de 300 acides aminés. Comme nous l'avons déjà souligné, la conformation adoptée en réalité dépend de la séquence d'acides aminés.

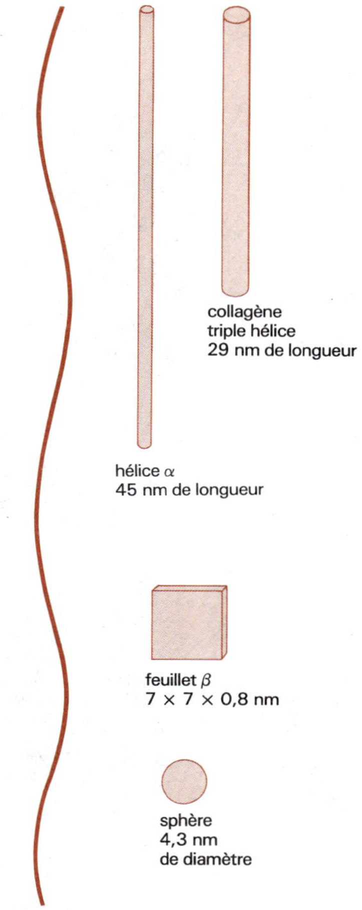

Figure 3-30 Quelques tailles et formes possibles d'une molécule protéique de 300 résidus d'acides aminés. La structure formée est déterminée par la séquence des acides aminés. (Adapté de D. E. Metzler, Biochemistry. New York : Academic Press, 1977.)

Les protéines ont différents niveaux d'organisation structurale[24]

En décrivant la structure d'une protéine, il est utile de distinguer différents niveaux d'organisation. La séquence d'acides aminés est appelée **structure primaire** de la protéine. L'union des régions contiguës d'une chaîne polypeptidique par liaisons hydrogène donne naissance à des hélices α et à des feuillets β, qui forment la **structure secondaire** des protéines. Certaines combinaisons d'hélices α et de feuillets β s'assemblent pour former des unités globulaires repliées de façon compacte, chacune d'elles étant appelée **domaine** protéique. Les domaines sont habituellement constitués à partir d'un segment de chaîne polypeptidique qui contient entre 50 et 350 acides aminés, et ils semblent constituer les unités modulaires à partir desquelles les protéines sont construites (voir ci-dessous). Alors que les petites protéines peuvent ne contenir qu'un domaine unique, de plus grosses protéines contiennent un certain nombre de domaines qui sont habituellement connectés par des segments assez ouverts de chaîne polypeptidique. Finalement, des polypeptides individuels servent souvent de sous-unités pour la formation de molécules plus grandes, parfois appelées *assemblages protéiques* ou *complexes protéiques*, dans lesquels les sous-unités sont liées les unes aux autres par un grand nombre d'interactions faibles non covalentes (voir p. 88) ; dans les protéines extracellulaires, ces interactions sont souvent stabilisées par des ponts disulfure.

La structure tridimensionnelle d'une protéine peut être représentée de diverses façons. Considérons par exemple l'inhibiteur basique de la trypsine pancréatique (BPTI), une protéine exceptionnellement petite, qui contient 58 résidus d'acides aminés repliés en un seul domaine. Le BPTI peut être représenté comme une stéréo-paire qui expose tous ses atomes autres que l'hydrogène (Figure 3-31A), ou comme un modèle tridimensionnel réaliste, où la plupart des détails sont négligés (Figure 3-31B). Une alternative consiste à le représenter plus schématiquement, toutes ses chaînes latérales et les atomes réels étant omis, de telle façon qu'il soit plus facile de suivre le tracé de la chaîne polypeptidique principale (Figures 3-31C, D et E). De tels dessins schématiques sont essentiels pour exploiter la structure de protéines qui sont habituellement beaucoup plus grosses que le BPTI, ceci permettant de suivre le trajet irrégulier de la chaîne polypeptidique à l'intérieur de chaque domaine (Figure 3-32).

La Figure 3-33 montre la façon dont la structure d'une grosse protéine peut être résolue en plusieurs niveaux d'organisation, chaque niveau étant construit à partir du précédent d'une façon hiérarchisée. Ces niveaux de complexité d'organisation croissante peuvent correspondre aux étapes suivant lesquelles une protéine néoformée se replie en sa structure native finale à l'intérieur de la cellule.

Seules quelques-unes des nombreuses chaînes polypeptidiques possibles pourraient être utiles

Les 20 acides aminés qui entrent dans la composition d'une chaîne protéique sont de nature chimique différente et leur position dans la chaîne peut, en principe, être quelconque : il peut donc y avoir $20 \times 20 \times 20 \times 20 = 160\,000$ chaînes polypeptidiques différentes de 4 acides aminés ou 20^n chaînes polypeptidiques longues de n acides aminés. Pour une protéine typique d'environ 300 acides aminés, plus de 10^{390} protéines différentes peuvent être fabriquées.

Nous savons, toutefois, que seule une très petite fraction des protéines possibles adoptera une structure tridimensionnelle stable. On devrait s'attendre à ce que la grande majorité d'entre elles possèdent de nombreuses conformations différentes. De telles protéines avec des propriétés aussi variables ne seraient pas utiles et seraient, par conséquent, éliminées par sélection naturelle au cours de l'évolution. Leurs propriétés de repliement uniques confèrent aux protéines actuelles une structure et des propriétés chimiques étonnamment complexes. Non

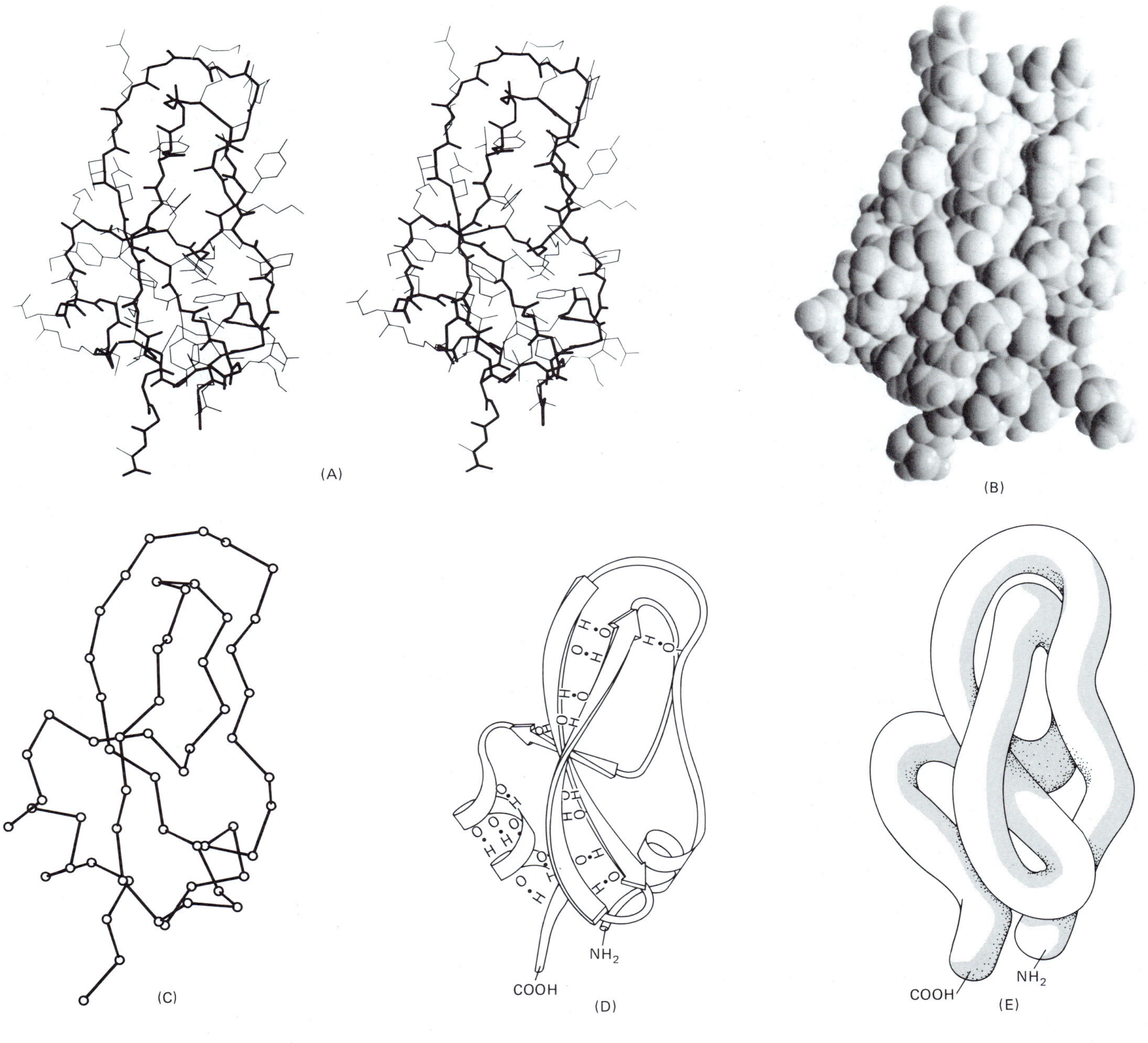

Figure 3-31 Conformation tridimensionnelle d'une petite protéine basique, l'inhibiteur de la trypsine pancréatique (en anglais, basic pancreatic trypsin inhibitor, ou BPTI), montrée sous la forme de cinq représentations couramment utilisées. (A) Une stéréo-paire mettant en évidence les positions de tous les atomes autres que l'hydrogène. La chaîne principale est représentée par des traits gras et les chaînes latérales par des traits fins. (B) Modèle compact montrant les rayons de van der Waals de tous les atomes (voir Planche 3-1, pp. 90-91). (C) Modèle du squelette carboné formé de lignes qui relient les atomes de carbone α, formant l'ossature de la chaîne polypeptidique. (D) « Modèle en ruban » qui représente toutes les zones d'interactions régulières par liaisons hydrogène, sous la forme d'hélices (hélices α) ou de séries de flèches (feuillets β) pointant en direction de l'extrémité carboxylée de la chaîne ; dans cet exemple, on montre les liaisons hydrogène. (E) « Modèle en boudin » qui montre l'allure de la chaîne polypeptidique mais omet tous les détails. Noter la forte densité d'atomes au centre de toutes les protéines globulaires. Ainsi, l'impression de structure ouverte produite par les modèles (C), (D) et (E) est incorrecte. (B et C avec l'autorisation de Richard J. Feldmann ; A et D avec l'autorisation de Jane Richardson.)

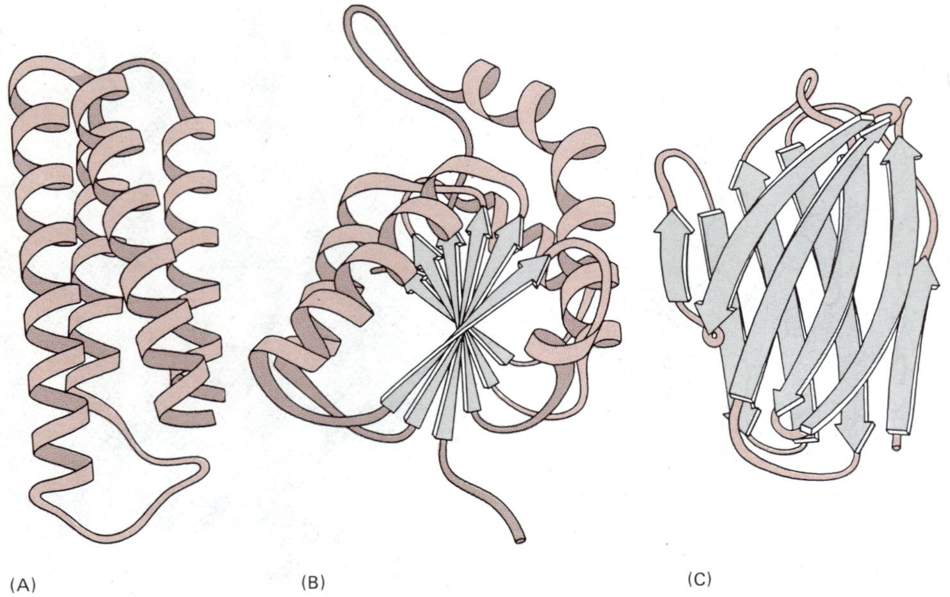

Figure 3-32 Modèles en ruban de la structure tridimensionnelle de quelques domaines protéiques différemment organisés. (A) Le cytochrome b_{562}, une protéine à domaine unique composée presque entièrement d'hélices α. (B) Le domaine de liaison du NAD dans la lacticodéshydrogénase, composé d'un mélange d'hélices α et de feuillets β. (C) Le domaine variable d'une chaîne légère d'immunoglobuline, composée d'une superposition de deux feuillets β. Dans ces exemples, les hélices α et les brins de liaison sont colorés, alors que les brins organisés en feuillets β sont indiqués par des flèches grises. Noter que la chaîne polypeptidique fait généralement des va-et-vient à travers le domaine entier, formant des coudes brusques uniquement à la surface de la protéine. (Dessins avec l'autorisation de Jane Richardson.)

Figure 3-33 La structure tridimensionnelle d'une protéine peut être décrite en fonction de niveaux de repliement différents, chacun étant construit à partir du précédent de façon hiérarchisée. Ces niveaux sont illustrés ici à l'aide de la protéine de régulation positive (en anglais, catabolite activator protein, ou CAP), une protéine bactérienne à deux domaines, régulatrice de gènes. Lorsque le grand domaine se lie à l'AMP cyclique, il provoque un changement conformationnel dans la protéine qui permet au petit domaine de se lier à une séquence d'ADN spécifique (voir p. 560). La séquence des acides aminés elle-même est désignée par *structure primaire*, et, comme indiqué ici, le premier niveau de repliement est la *structure secondaire*. Selon une autre nomenclature, la combinaison des second et troisième niveaux de repliement est appelée *structure tertiaire*, et le quatrième niveau (l'assemblage de sous-unités) *structure quaternaire* d'une protéine. (Adapté à partir d'un dessin de Jane Richardson.)

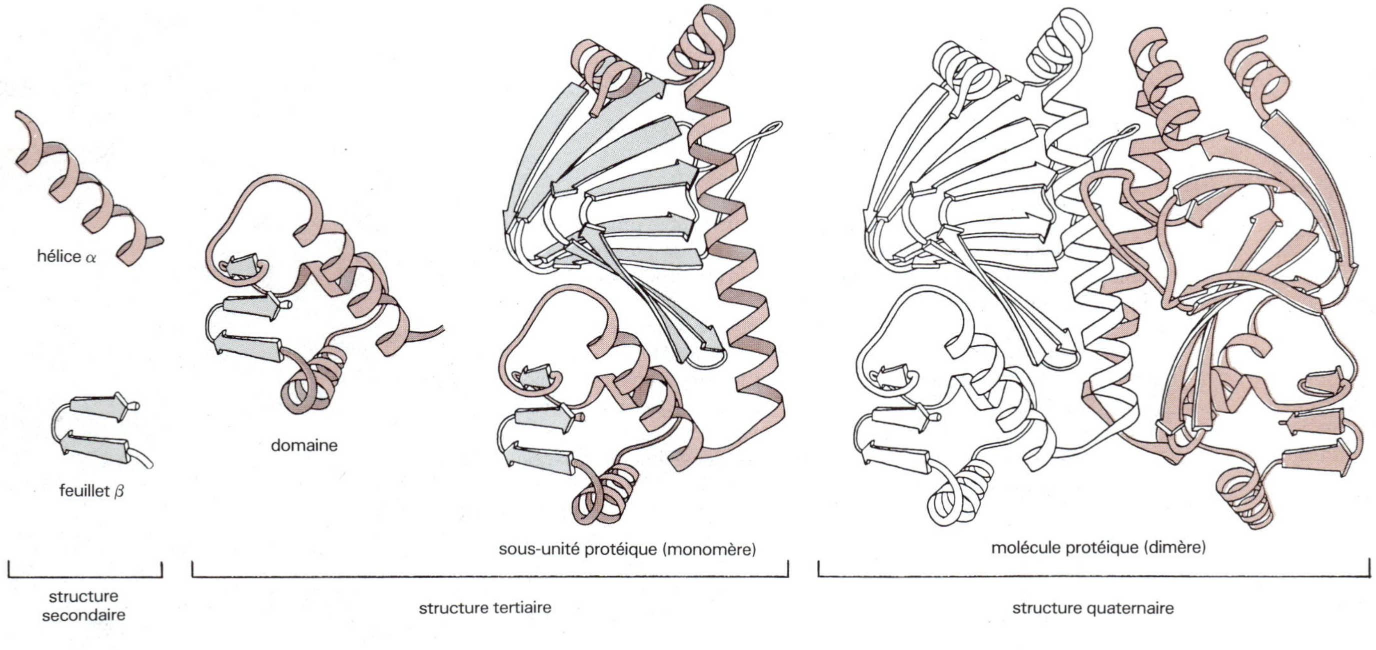

seulement la séquence d'acides aminés est telle qu'une seule structure est extrêmement stable, mais cette conformation possède les propriétés chimiques précises qui permettent à la protéine de remplir une fonction catalytique ou structurale dans la cellule. Les protéines sont construites avec une telle précision que le seul changement de quelques atomes dans un acide aminé peut parfois interrompre la structure et causer une modification catastrophique dans la fonction.

De nouvelles protéines sont souvent le résultat de modifications mineures d'anciennes protéines [25]

Les cellules possèdent des mécanismes génétiques qui permettent aux gènes d'être dupliqués, modifiés et reconstitués au cours de l'évolution (voir p. 599). Par conséquent, une fois qu'une protéine possédant des propriétés de surface utiles s'est développée, sa structure de base peut être incorporée dans de nombreuses autres protéines. Des protéines de fonction différente mais voisine dans des organismes actuels ont souvent des séquences d'acides aminés analogues. On pense que de telles familles de protéines se sont développées à partir d'un gène ancestral unique qui, au cours de l'évolution, a donné par duplication d'autres gènes dans lesquels des mutations se sont peu à peu accumulées pour produire des protéines apparentées avec de nouvelles fonctions.

Considérons les **sérine protéases,** une famille d'enzymes protéolytiques qui comprend les enzymes digestives chymotrypsine, trypsine et élastase, ainsi que certaines des protéases des cascades enzymatiques du complément et de la coagulation sanguine (voir p. 1031). Lorsque l'on compare deux de ces enzymes, on trouve que le degré d'homologie de leurs séquences d'acides aminés est d'environ 40 p. cent (Figure 3-34). La similitude de leur conformation tridimensionnelle telle qu'elle a été démontrée par cristallographie aux rayons X est encore plus frappante : la plupart des tours et des détours de ces chaînes polypeptidiques, longues de quelques centaines d'acides aminés, sont identiques (Figure 3-35).

Les diverses sérine protéases ont néanmoins des fonctions relativement distinctes. Il est probable que certains des changements d'acides aminés, qui sont à l'origine des différences entre ces enzymes, ont été sélectionnés au cours de l'évolution parce qu'ils aboutissaient à des modifications de la spécificité vis-à-vis du substrat et des propriétés régulatrices, qui leur conféraient les différentes propriétés fonctionnelles qu'elles ont aujourd'hui. D'autres changements d'acides aminés sont vraisemblablement « neutres », n'ayant un effet ni bénéfique, ni préjudiciable sur la structure de base et la fonction des enzymes. La mutation étant un processus aléatoire, il y eut, sûrement, beaucoup de changements nuisibles, qui transformèrent suffisamment la structure tridimensionnelle de ces enzymes pour les inactiver. De telles protéines inactives auraient été perdues chaque fois que les organismes individuels qui les fabriquaient étaient suffisamment désavantagés pour être éliminés par sélection naturelle. Il n'est alors absolument par surprenant que les cellules contiennent des séries entières de chaînes polypeptidiques de structures voisines avec un ancêtre commun mais des fonctions différentes.

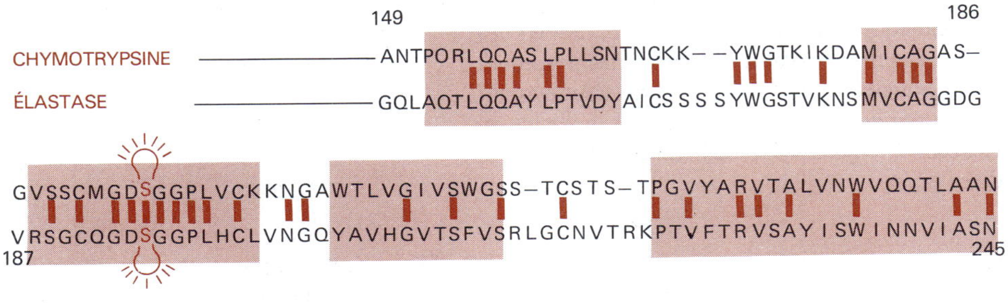

(A)

A = Ala	=	alanine
C = Cys	=	cystéine
D = Asp	=	acide aspartique
E = Glu	=	acide glutamique
F = Phe	=	phénylalanine
G = Gly	=	glycine
H = His	=	histidine
I = Ile	=	isoleucine
K = Lys	=	lysine
L = Leu	=	leucine
M = Met	=	méthionine
N = Asn	=	asparagine
P = Pro	=	proline
Q = Gln	=	glutamine
R = Arg	=	arginine
S = Ser	=	sérine
T = Thr	=	thréonine
V = Val	=	valine
W = Trp	=	tryptophane
Y = Tyr	=	tyrosine

(B)

Figure 3-34 (A) Comparaison des séquences d'acides aminés de deux membres de la famille d'enzymes appelées sérine-protéases. Les parties carboxy-terminales des deux protéines sont montrées (acides aminés 149 à 245). Les acides aminés identiques sont reliés par des traits colorés, et le résidu sérine du site actif en position 195, est fortement souligné. Dans les parties encadrées des chaînes polypeptidiques, chaque acide aminé occupe une position tout à fait équivalente dans les structures tridimensionnelles des deux enzymes (voir Figure 3-35). (B) Codes standard à une et à trois lettres pour les acides aminés. (Adapté de J. Greer, *Proc. Natl. Acad. Sci. USA* 77 : 3393-3397, 1980.)

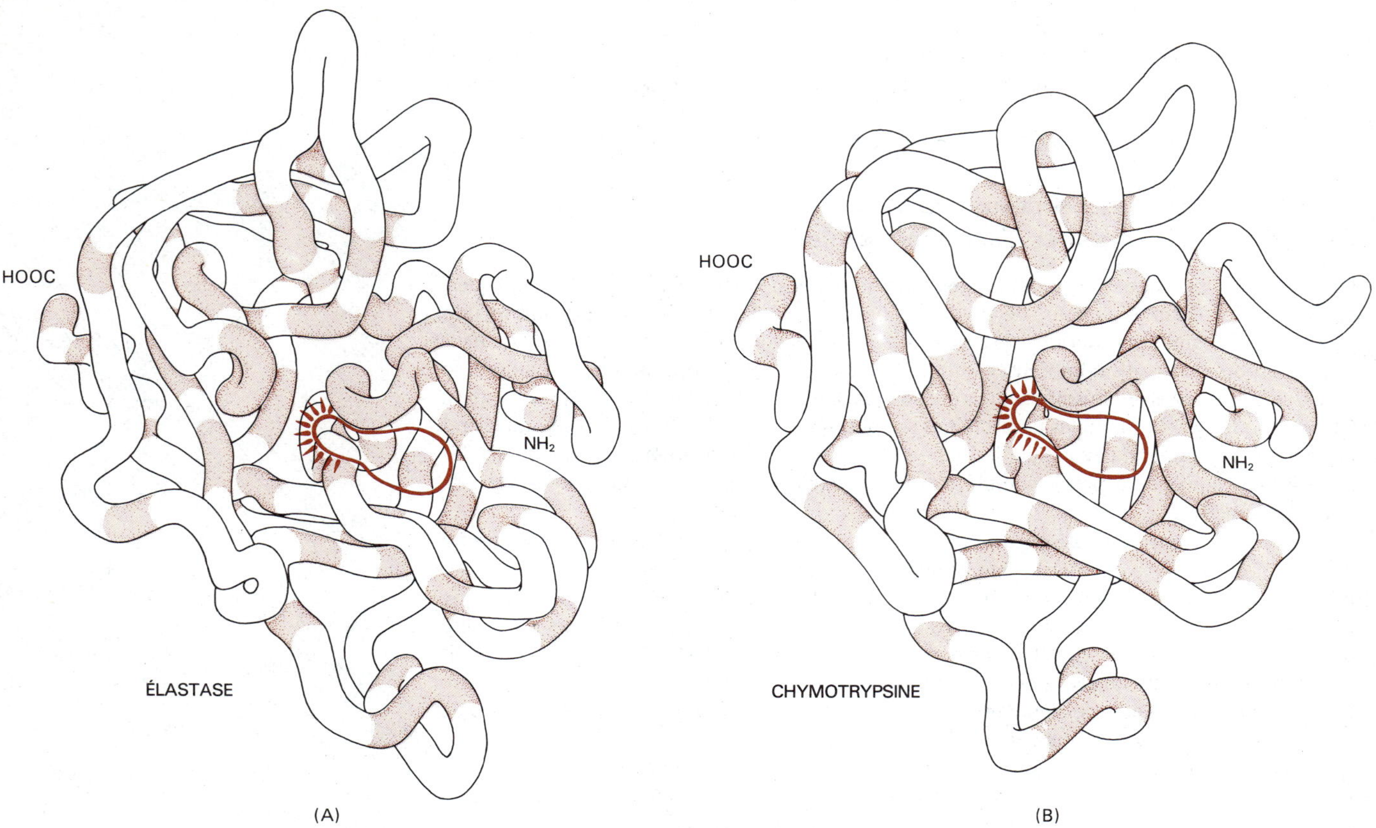

Figure 3-35 Comparaison des conformations de deux protéases restées apparentées au cours de l'évolution, montrées sur la Figure 3-34 : l'élastase (A) et la chymotrypsine (B). Bien que les seuls résidus d'acides aminés correspondants de la chaîne polypeptidique ombrés en couleur soient les mêmes dans les deux protéines, leurs conformations sont très voisines. Le site actif de chaque enzyme, qui est entouré, contient un résidu sérine activé (voir Figure 3-47). La chymotrypsine contient plus de deux extrémités de chaînes car elle est formée par le clivage protéolytique du chymotrypsinogène, un précurseur inactif.

De nouvelles protéines peuvent évoluer par recombinaison de domaines polypeptidiques préexistants [26]

Dès qu'un certain nombre de surfaces protéiques stables est fabriqué dans la cellule, deux ou plusieurs protéines peuvent s'associer, au moyen d'interactions non covalentes, pour donner de nouvelles surfaces qui posséderont des propriétés de fixation différentes. Cette combinaison de protéines globulaires, pour former des agrégats protéiques fonctionnels plus importants, est courante : bien qu'une chaîne polypeptidique type ait un poids moléculaire de 40 000 à 50 000 (environ 300 à 400 acides aminés) et qu'un très petit nombre de chaînes polypeptidiques aient plus de trois fois cette taille, de nombreux complexes protéiques ont des poids moléculaires d'un million ou plus.

Une autre façon, assez voisine, d'obtenir une nouvelle protéine à partir de chaînes existantes consiste à relier les séquences d'ADN correspondantes pour fabriquer un gène qui code une grande chaîne polypeptidique unique (voir p. 602). On pense que des protéines dans lesquelles différentes parties de la chaîne polypeptidique se replient indépendamment en des domaines globulaires séparés ont évolué de cette façon. De nombreuses protéines possèdent de telles structures « multi-domaines » et, comme pouvait le laisser prévoir le processus évolutif exposé plus haut, on trouve souvent un important site de fixation pour une autre molécule au niveau du site de juxtaposition des domaines séparés (Figure 3-36). La Figure 3-37 montre la structure d'une protéine « multi-domaines » de ce type.

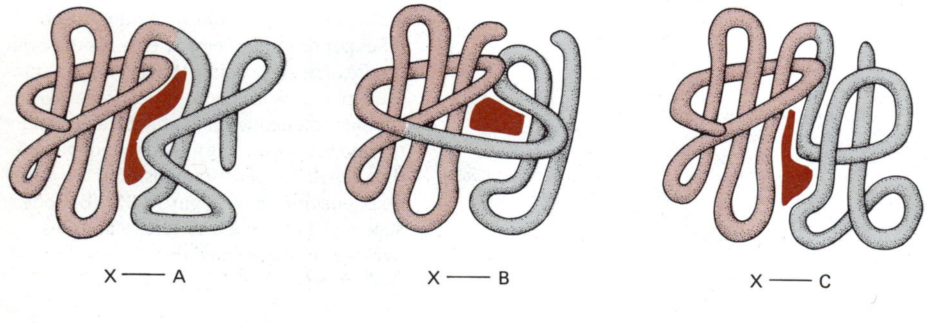

Figure 3-36 Principe général selon lequel la juxtaposition de surfaces protéiques séparées au cours de l'évolution a donné naissance à des protéines qui contiennent de nouveaux sites de fixation pour d'autres molécules (*ligands*, voir p. 122). Comme dans le cas présent, les sites de fixation de ligands se trouvent souvent à l'interface entre deux domaines protéiques.

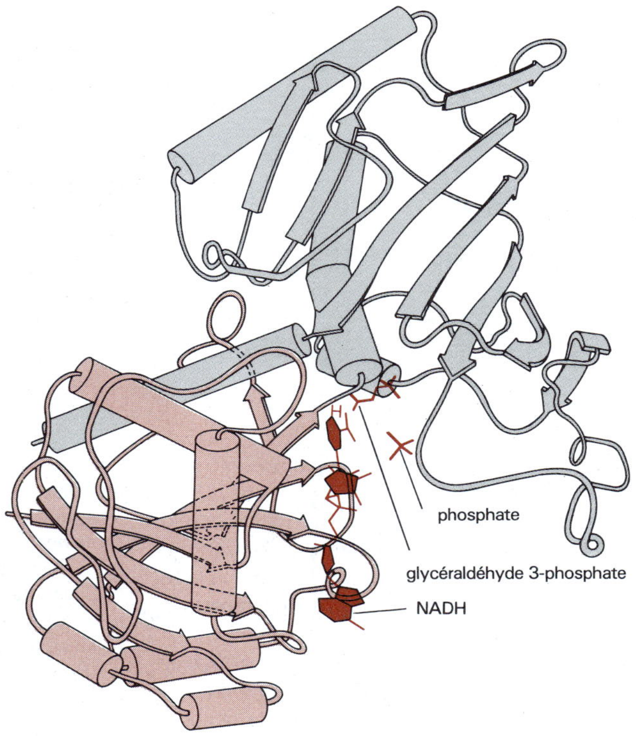

Figure 3-37 Structure d'une enzyme glycolytique, glycéraldéhyde 3-phosphate déshydrogénase. La protéine est composée de deux domaines, chacun ombré différemment, avec des régions d'hélice α représentées par des cylindres, et des régions de feuillets β indiquées par des flèches. Les détails de la réaction catalysée par l'enzyme sont montrés par la Figure 2-21. Noter que les trois substrats liés se trouvent à l'interface entre les deux domaines. (Avec l'autorisation d'Alan J. Wonacott.)

Une autre façon de réutiliser une séquence d'acides aminés est particulièrement répandue parmi de longues protéines fibreuses telles que le collagène (voir Figure 3-28). Dans ces cas-là, une structure est formée à partir de répétitions internes multiples d'une séquence ancestrale d'acides aminés (voir p. 602). Assembler des séquences d'acides aminés en réunissant des séquences d'ADN codantes préexistantes constitue, évidemment, une stratégie beaucoup plus efficace pour une cellule que de dériver de nouvelles séquences protéiques en modifiant l'ADN par des mutations aléatoires.

Les homologies structurales peuvent faciliter l'attribution de fonctions à des protéines nouvellement découvertes[27]

Le développement des techniques de séquençage rapide des molécules d'ADN a permis de déterminer la séquence d'acides aminés de nombreuses protéines à partir des séquences nucléotidiques de leurs gènes (voir p. 186). Un « fichier central sur les protéines » toujours plus important est ainsi disponible et il peut être exploré en routine, à l'aide d'ordinateurs, pour rechercher les homologies séquentielles possibles entre une protéine récemment séquencée et celles étudiées antérieurement. Bien que les séquences n'aient été déterminées, jusqu'ici, que pour un faible pourcentage des protéines des organismes eucaryotes, il est courant de découvrir qu'une protéine récemment séquencée est homologue à quelqu'autre protéine connue sur une partie de sa longueur, indiquant que la plupart des protéines peuvent être issues d'un nombre relativement restreint de types ancestraux. Comme on pouvait s'y attendre, les séquences de beaucoup de grosses protéines révèlent souvent une évolution qui résulte du rassemblement de domaines préexistants selon de nouvelles combinaisons — un processus appelé « brassage génétique » (« domain shuffling ») (Figure 3-38).

La découverte d'homologies de domaines peut aussi être utile d'une autre façon. Il est beaucoup plus difficile de déterminer la structure tridimensionnelle d'une protéine que de déterminer sa séquence en acides aminés. Mais on peut déduire la conformation d'un domaine protéique nouvellement séquencé, s'il est homologue à un domaine d'une protéine dont la conformation a déjà été déterminée par diffraction des rayons X. En supposant que les enroulements et les courbures de la chaîne polypeptidique sont conservés dans les deux protéines malgré des différences dans la séquence d'acides aminés, on peut souvent esquisser la structure d'une protéine nouvelle avec une précision raisonnable.

Ces comparaisons de protéines sont également importantes du fait que des structures voisines impliquent souvent des fonctions voisines. De nombreuses années de recherches peuvent être évitées par la découverte d'une homologie de séquence d'acides aminés avec une

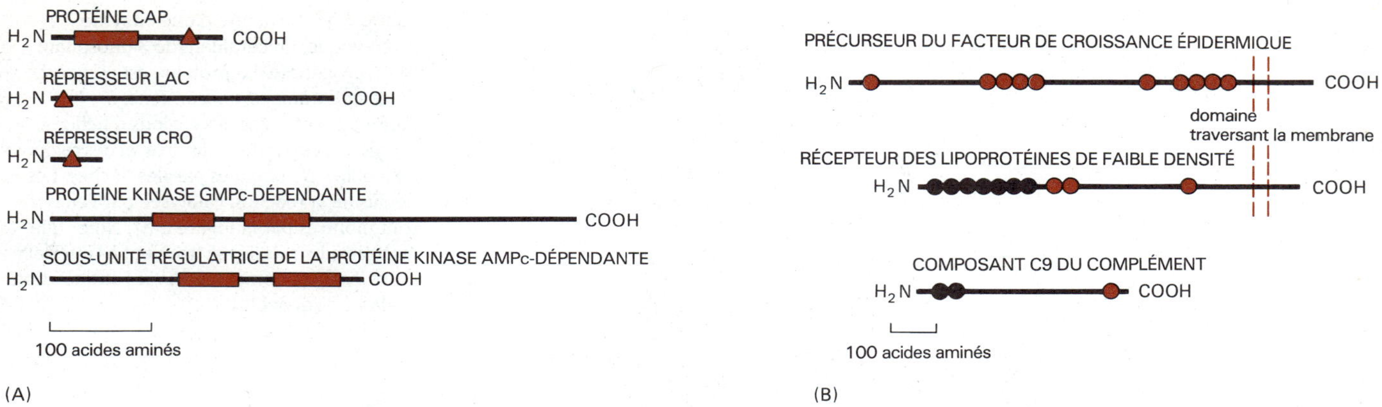

protéine de fonction connue. Par exemple, de telles homologies de séquence montrèrent pour la première fois que certains gènes régulateurs du cycle cellulaire des levures (voir p. 743) et que certains gènes qui provoquent la cancérisation des cellules de mammifères (voir p. 1207) sont des protéines kinases. De la même façon, on découvrit que beaucoup de protéines parmi celles qui contrôlent la formation d'un plan d'organisation chez la mouche du vinaigre *Drosophile* étaient des protéines régulatrices de gènes tandis qu'une autre protéine impliquée dans ce même processus était une sérine protéase (voir p. 937).

Beaucoup de séquences protéiques nouvelles sont ajoutées chaque année au fichier central, chacune augmentant la probabilité de trouver des homologies utiles. La comparaison de séquences protéiques deviendra donc un outil de plus en plus important pour la biologie cellulaire.

Figure 3-38 Démonstration qu'un brassage intensif de fragments de séquence protéique s'est produit au cours de l'évolution des protéines. Les parties d'une protéine représentées par la même forme et la même couleur sont apparentées du point de vue évolutif, mais ne sont pas identiques. (A) La protéine bactérienne de régulation positive (CAP) contient un domaine (triangle coloré) qui se lie à une séquence d'ADN spécifique, et un second domaine qui se lie à l'AMP cyclique (voir Figure 3-33). Le domaine de liaison de l'ADN est apparenté aux domaines de liaison de l'ADN de beaucoup d'autres protéines régulatrices de gènes, y compris les protéines répresseurs lac et cro. De plus, on trouve deux copies du domaine de liaison de l'AMP cyclique dans les protéines kinases des eucaryotes, réglées par la liaison de nucléotides cycliques. (B) Deux domaines d'environ 40 acides aminés chacun sont répétés dans les trois grandes protéines de vertébrés représentées ici. Le récepteur de lipoprotéine de faible densité (LDL), par exemple, est une protéine transmembranaire de 839 résidus d'acides aminés, et est responsable du captage du cholestérol par les cellules (voir p. 328). Il contient un certain nombre de domaines trouvés dans d'autres protéines, y compris sept copies d'un domaine riche en cystéine (boule noire), impliqué dans la liaison du LDL, et trois copies d'un domaine de taille similaire (boule de couleur), dont la fonction est inconnue.

Les sous-unités protéiques peuvent s'auto-assembler pour former des structures de grandes dimensions [28]

Les principes qui permettent l'association de plusieurs domaines protéiques pour former des sites de liaison et ceux qui dirigent dans la cellule l'élaboration de structures de taille beaucoup plus importante, sont les mêmes. Les structures macromoléculaires, comme les complexes enzymatiques, les ribosomes, les filaments protéiques, les virus et les membranes, ne sont pas fabriquées sous forme de molécules géantes uniques, liées de manière covalente ; elles sont, au contraire, assemblées de manière non covalente sous forme d'agrégats de sous-unités macromoléculaires préformées.

L'utilisation de sous-unités pour la construction de structures plus importantes a plusieurs avantages : (1) la construction d'une structure de grandes dimensions à partir d'une ou de plusieurs sous-unités répétitives réduit la quantité d'information génétique nécessaire ; (2) l'association et la dissociation peuvent être toutes deux facilement contrôlées puisque les sous-unités s'associent par de multiples liaisons d'assez faible énergie ; et (3) des erreurs dans la synthèse de la structure peuvent être plus facilement évitées puisque les mécanismes de correction peuvent agir au cours de l'assemblage pour exclure les sous-unités malformées.

Deux sous-unités protéiques du même type peuvent interagir pour former des agrégats géométriquement réguliers [29]

Si une protéine possède un site de fixation complémentaire d'une région de sa propre surface, elle s'assemblera spontanément pour former une plus grande structure. Dans le cas le plus simple, un site de fixation se reconnaît lui-même et forme un *dimère* symétrique. De nombreuses enzymes et autres protéines forment des dimères de ce type, qui tiennent souvent lieu de sous-unités dans la formation d'assemblages plus importants (Figures 3-39 et 3-40).

Si le site de liaison d'une protéine est complémentaire d'une région de sa surface qui ne contient pas le site de liaison lui-même, une chaîne de sous-unités sera formée. Pour certaines orientations des deux sites de fixation, la chaîne s'enroulera rapidement sur elle-même et se

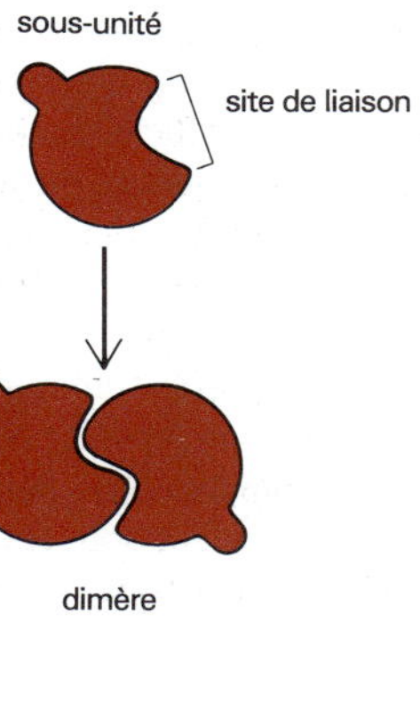

Figure 3-39 La formation d'un dimère à partir d'un seul type de sous-unité protéique. Une protéine avec un site de liaison qui se reconnaît lui-même formera des dimères symétriques.

refermera, en formant un anneau fermé de sous-unités (Figure 3-41). Le plus souvent, il en résultera un polymère de longueur indéterminée et, à condition que chaque sous-unité soit liée à sa voisine d'une façon identique, les sous-unités du polymère seront arrangées en hélice (voir Figure 3-3). Un *filament d'actine*, par exemple, est une structure hélicoïdale formée à partir d'une seule sous-unité protéique globulaire appelée *actine* ; les filaments d'actine sont des composants essentiels dans le cytosol de la plupart des cellules eucaryotes (voir p. 629). Lorsque la force mécanique est particulièrement importante, les assemblages supramoléculaires sont habituellement constitués de sous-unités fibreuses plutôt que globulaires car les sous-unités fibreuses offrent de vastes régions de contact protéine-protéine lorsqu'elles sont enroulées les unes autour des autres en une hélice à multiples brins (Figure 3-42A).

Les sous-unités protéiques peuvent aussi s'assembler en feuillets plats dans lesquels les sous-unités sont disposées en réseaux hexagonaux. Des protéines spécialisées dans le transport membranaire sont parfois arrangées de cette façon dans les doubles couches lipidiques (voir p. 293). Avec une légère modification dans la géométrie des sous-unités qui le composent, un feuillet hexagonal peut se transformer en tube (Figure 3-42B) ; ces tubes cylindriques jouent un rôle dans la formation des enveloppes protéiques de certains virus allongés. (voir Figure 3-45).

La formation de structures fermées, telles qu'anneaux, tubes ou sphères, apporte une stabilité supplémentaire en augmentant le nombre total de liaisons qui peuvent se former entre les sous-unités protéiques. De plus, puisqu'une telle structure est formée par des interactions coopératives mutuellement dépendantes entre les sous-unités, une modification relativement faible affectant individuellement les sous-unités peut la mener à s'associer ou à se dissocier. Ces principes sont illustrés de façon spectaculaire dans les *capsides* protéiques de nombreux virus simples, qui prennent la forme d'une sphère creuse. Ces enveloppes sont souvent constituées de centaines de sous-unités protéiques identiques qui entourent et protègent l'acide nucléique viral (Figure 3-43). La protéine qui constitue de telles capsides doit avoir une structure particulièrement souple puisqu'elle doit établir de nombreux types de contacts et modifier également sa disposition pour laisser sortir l'acide nucléique afin d'amorcer la multiplication virale une fois que le virus est entré dans la cellule.

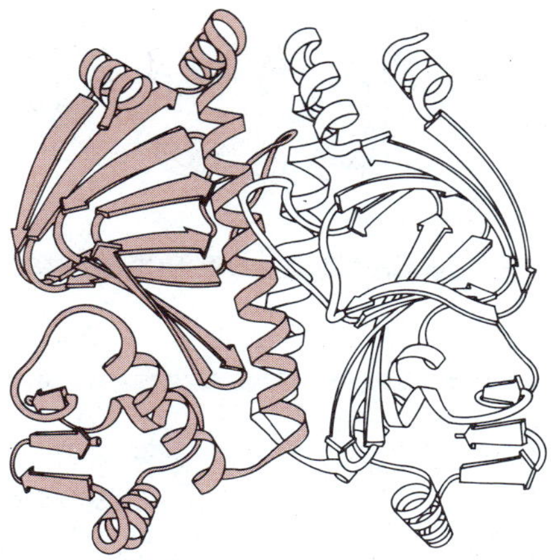

Figure 3-40 Modèle en ruban d'un dimère formé à partir de deux sous-unités protéiques identiques (monomères). La protéine représentée est la protéine bactérienne de régulation positive (CAP), illustrée précédemment dans les Figures 3-33 et 3-38 A. (Avec l'autorisation de Jane Richardson.)

Certaines structures formées par auto-assemblage contiennent des sous-unités protéiques et des acides nucléiques[30]

Certaines structures cellulaires de grandes dimensions telles que les virus et les ribosomes sont construites à partir d'un mélange de sous-unités protéiques et de molécules d'ARN ou d'ADN. L'information nécessaire à l'assemblage d'un grand nombre de ces agrégats complexes doit être contenue dans les sous-unités macromoléculaires elles-mêmes, et dans des conditions convenables, les sous-unités isolées peuvent s'assembler spontanément en tube à essai selon la structure finale. Le virus de la mosaïque du tabac (VMT) fut le premier agrégat macromoléculaire dont on ait démontré la capacité d'auto-assemblage à partir de ses composants. Ce virus a la forme d'un long bâtonnet dans lequel les protéines sont disposées en cylindre, autour d'un « noyau » d'ARN hélicoïdal (Figures 3-44 et 3-45). Si l'ARN et les sous-unités protéiques une fois dissociés sont mélangés en solution, ils se recombinent pour former des particules virales

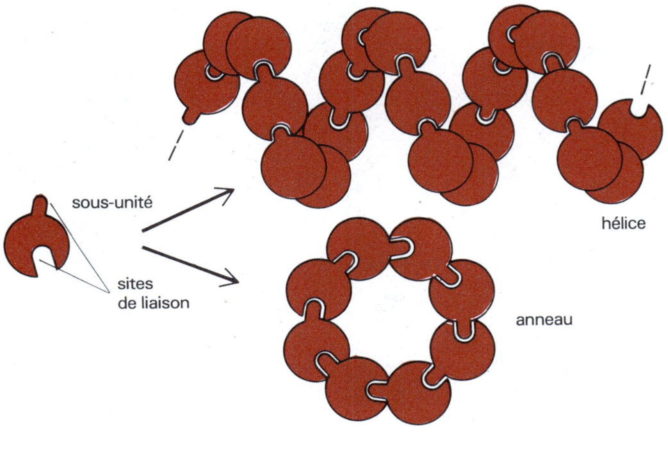

Figure 3-41 Des anneaux ou des hélices peuvent se former si un seul type de sous-unité protéique interagit avec lui-même de façon répétitive, aini que le montre la figure. La formation d'une hélice a été illustrée dans la Figure 3-3 ; un anneau se forme à la place d'une hélice si les sous-unités s'entre-choquent, stoppant toute croissance ultérieure de la chaîne.

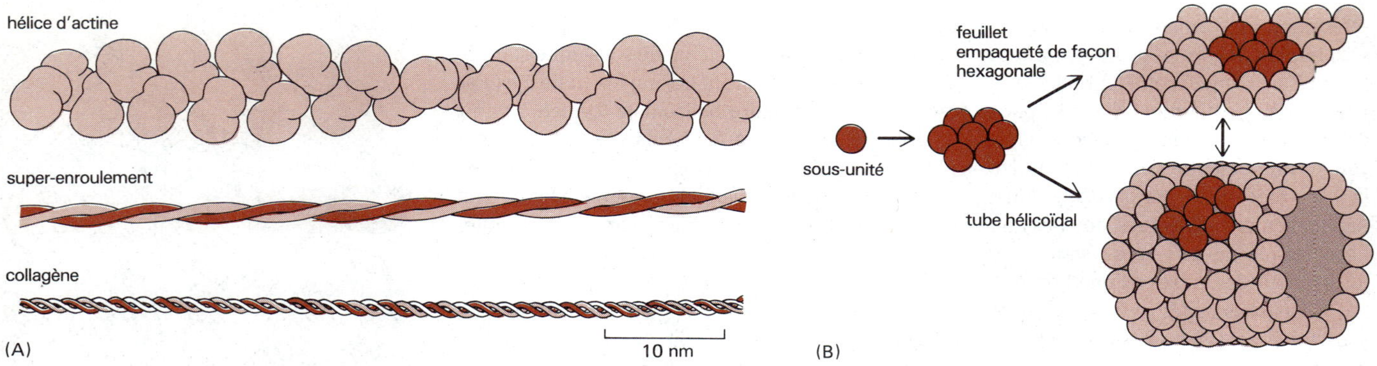

Figure 3-42 Quelques structures formées par l'auto-assemblage de sous-unités protéiques. (A) Trois types communs d'assemblages protéiques hélicoïdaux. Dans un filament d'actine, il y a environ deux sous-unités protéiques globulaires par tour, tandis que beaucoup d'autres protéines du cytosquelette contiennent des régions en forme de bâtonnet dans lesquelles deux hélices sont appariées dans une configuration *super-enroulée* (coiled-coil conformation). Dans une *hélice de collagène*, trois chaînes protéiques allongées s'entrelacent sur une longue distance pour donner une structure en bâtonnet très solide. (B) Des sous-unités protéiques globulaires assemblées en réseau hexagonal peuvent former un feuillet plat ou un tube.

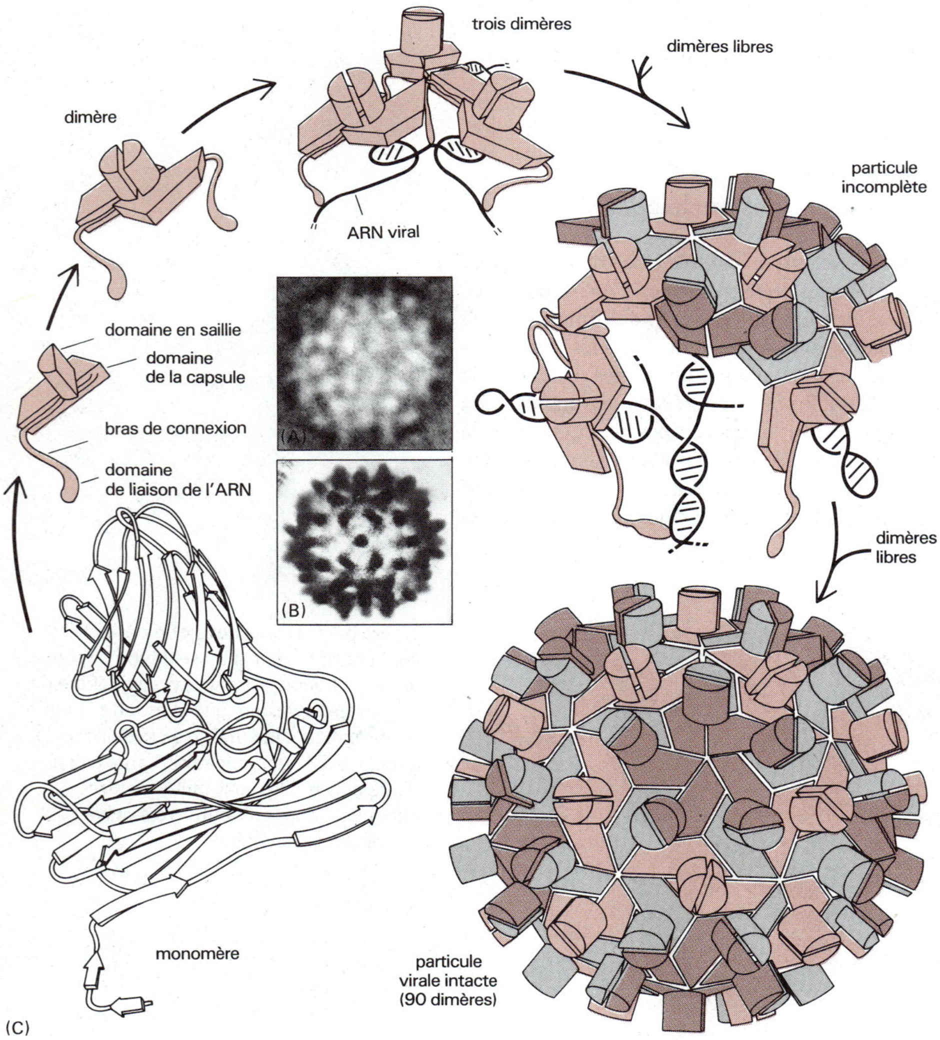

Figure 3-43 La structure d'un virus sphérique. Dans de nombreux virus, des sous-unités protéiques identiques se rassemblent pour créer une capsule sphérique qui renferme le génome viral, composé soit d'ARN, soit d'ADN (voir p. 250). Pour des raisons géométriques, un maximum de 60 sous-unités identiques peuvent s'assembler de façon parfaitement symétrique. Toutefois, si de minimes irrégularités sont autorisées, un plus grand nombre de sous-unités peuvent être utilisées pour une plus grande capside. Le virus en buisson qui retarde la croissance de la tomate (« tomato bushy stunt virus » ou TBSV) par exemple est un virus sphérique d'environ 33 nm de diamètre et on peut constater, sur la micrographie électronique (A) ou la photographie de sa reconstitution tridimensionnelle (B), qu'il contient plus de 60 sous-unités. En (C), on peut voir son mode d'assemblage supposé et sa structure tridimensionnelle, déterminé par diffraction des rayons X. La particule virale est formée de 180 copies identiques d'une protéine de capside de 386 acides aminés, et d'un ARN de 4 500 nucléotides. Pour former une aussi grande capside, la protéine doit être capable de s'adapter à trois environnements sensiblement différents, chacun d'eux étant coloré différemment dans la particule représentée ici. (Dessins reproduits avec l'autorisation de Steve Harrison ; photographies avec l'autorisation de John Finch.)

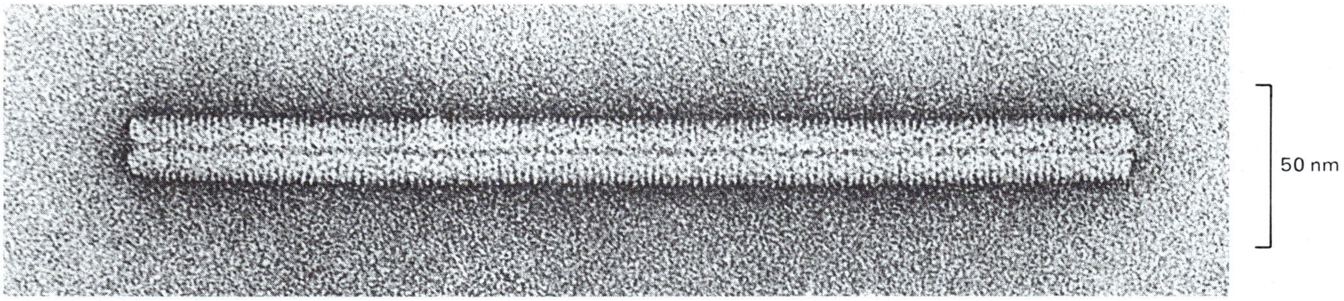

Figure 3-44 Micrographie électronique du virus de la mosaïque du tabac (VMT). Ce virus est constitué d'une longue molécule d'ARN unique enfermée dans une enveloppe protéique cylindrique composée d'un réseau hélicoïdal serré de sous-unités protéiques identiques. Des particules virales infectieuses peuvent s'auto-assembler en tube à essai à partir d'ARN purifié et de molécules protéiques. (Avec l'autorisation de Robley Williams.)

pleinement actives. Le processus d'assemblage est étonnamment complexe et comprend la formation d'anneaux protéiques doubles, comme intermédiaires qui s'ajoutent à l'enveloppe du virus en croissance.

Un autre agrégat macromoléculaire complexe capable de s'assembler à partir de ses parties constituantes est le ribosome bactérien. Ces ribosomes sont composés d'environ 55 molécules protéiques différentes et de 3 molécules d'ARNr différentes (voir p. 210). Si les parties constituantes sont incubées dans des conditions adéquates en tube à essai, elles reforment spontanément la structure originale. Fait capital, ces ribosomes reconstitués sont capables d'effectuer la synthèse protéique. Comme l'on pouvait s'y attendre, le réassemblage des ribosomes suit une voie définie : certaines protéines se fixent d'abord à l'ARN, ce complexe est ensuite reconnu par d'autres protéines, et ainsi de suite jusqu'à ce que la structure soit complète.

On ne connaît toujours pas exactement le mode de régulation de processus d'auto-assemblage plus élaborés. Par exemple, de nombreuses structures cellulaires semblent avoir une longueur bien déterminée, beaucoup plus grande que celle des molécules qui les constituent. Dans la plupart des cas, les modalités d'une telle détermination sont mystérieuses. Trois mécanismes possibles sont représentés dans la Figure 3-46. Dans le cas le plus simple, une longue protéine centrale ou une autre macromolécule fournit un échafaudage qui délimite l'étendue de l'assemblage final. C'est le mécanisme qui détermine la longueur de la particule VMT, dans laquelle la chaîne d'ARN fournit la partie centrale. De façon analogue, on a montré qu'une protéine centrale fixe la longueur des longues queues de certains virus bactériens (Figure 3-47).

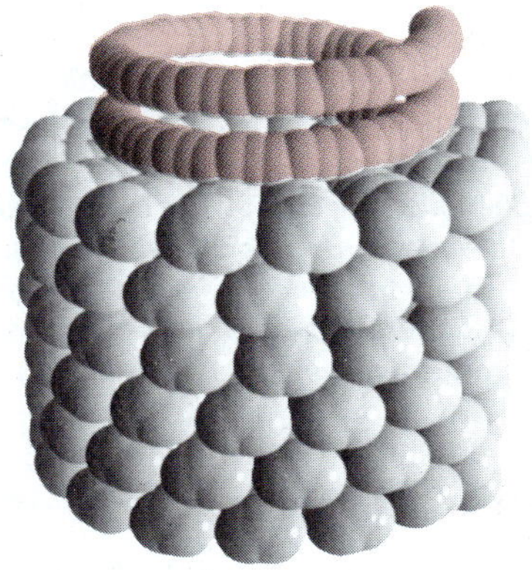

Figure 3-45 Modèle montrant une partie de la structure du virus de la mosaïque du tabac. Une molécule d'ARN monocaténaire de 6 000 nucléotides est empaquetée dans une enveloppe hélicoïdale construite à partir de 2 130 copies d'une protéine d'enveloppe longue elle-même de 158 résidus d'acides aminés.

Toutes les structures biologiques ne se forment pas par auto-assemblage[31]

Certaines structures cellulaires associées par des liaisons covalentes ne sont pas capables de s'auto-assembler. Une mitochondrie, un cil, ou une myofibrille, par exemple, ne peuvent se former spontanément à partir d'une solution des macromolécules qui les constituent, car une partie de l'information nécessaire à leur assemblage est fournie par des enzymes spéciales et d'autres protéines cellulaires qui remplissent la fonction de bâtis ou de matrices mais qui n'apparaissent pas dans la structure finale. Des petites structures peuvent manquer aussi de quelques-uns des ingrédients nécessaires à leur propre assemblage. Au cours de la formation de certains virus bactériens, par exemple, la structure de la tête, composée d'une seule sous-

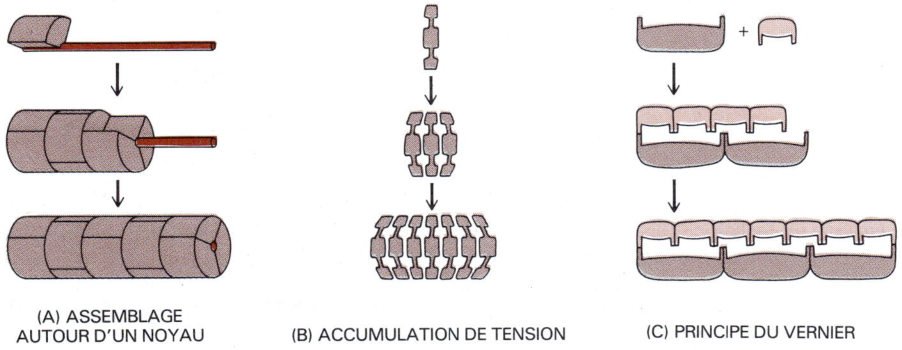

Figure 3-46 Trois manières possibles d'ajuster un grand assemblage protéique à une longueur déterminée. (A) Co-assemblage le long d'un noyau protéique allongé ou d'une macromolécule d'un autre type qui agit comme norme de dimension ;
(B) Terminaison de l'assemblage provoquée par la tension qui s'accumule dans la structure polymérique, lorsque des sous-unités supplémentaires sont ajoutées, si bien qu'à partir d'une certaine longueur, l'énergie requise pour ajuster une autre sous-unité à la chaîne devient excessivement grande ;
(C) Un assemblage de type vernier, dans lequel deux groupes de molécules en forme de bâtonnet de longueurs différentes forment un complexe en quinconce qui s'allonge jusqu'à ce que leurs extrémités s'adaptent exactement.

unité protéique, est assemblée sur un échafaudage temporaire constitué par une seconde protéine. La seconde protéine est absente de la particule virale finale, et la structure de la tête une fois dissociée ne peut donc pas se réassocier spontanément. On connaît d'autres exemples, dans lesquels le clivage protéolytique est une étape essentielle et irréversible du processus d'assemblage. C'est le cas pour les enveloppes de certains virus bactériens et même pour quelques agrégats protéiques simples, comme une protéine de structure, le collagène et une hormone, l'insuline (Figure 3-48). D'après ces exemples relativement simples, il semble très vraisemblable que l'assemblage d'une structure aussi complexe qu'une mitochondrie ou un cil nécessitera un agencement à la fois temporel et spatial communiqué par d'autres composants cellulaires, ainsi que des étapes irréversibles catalysées par des enzymes de dégradation.

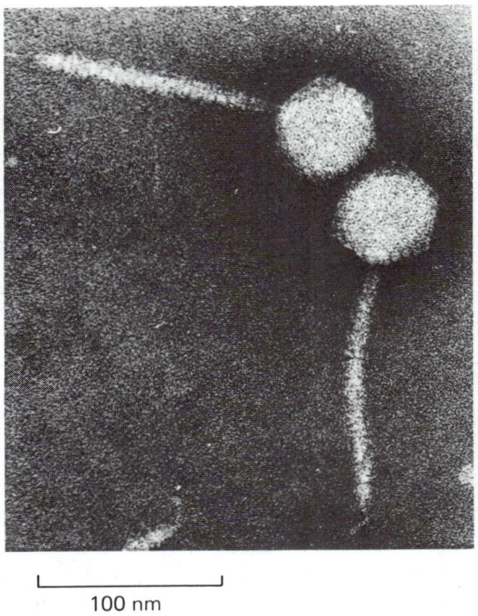

Figure 3-47 Micrographie électronique du bactériophage lambda. L'extrémité de la queue du virus s'attache à une protéine spécifique de la surface d'une cellule bactérienne, après quoi l'ADN étroitement empaqueté dans la tête est injecté au travers de la queue à l'intérieur de la cellule. La queue a une longueur précise, qui est déterminée par le mécanisme décrit dans la Figure 3-46A.

Résumé

La conformation tridimensionnelle d'une molécule protéique est déterminée par sa séquence d'acides aminés. La structure repliée est stabilisée par des interactions non covalentes entre différentes parties de la chaîne polypeptidique. Les acides aminés à chaînes latérales hydrophobes ont tendance à se regrouper à l'intérieur de la molécule, et des interactions locales par liaisons hydrogène entre des liaisons peptidiques voisines donnent naissance à des hélices α et à des feuillets β. Des régions globulaires, appelées domaines, sont les unités modulaires à partir desquelles de nombreuses protéines sont construites ; de petites protéines ne contiennent de façon typique qu'un seul domaine, alors que de grosses protéines contiennent plusieurs domaines associés par de courts segments de chaîne polypeptidique. Au fur et à mesure que les protéines évoluèrent, les domaines furent modifiés et combinés avec d'autres pour construire de nouvelles protéines.

Les protéines sont assemblées en structures plus importantes par les mêmes forces non covalentes qui déterminent leur repliement. Des protéines qui possèdent à leur surface des sites de fixation complémentaires peuvent s'assembler en dimères, en anneaux fermés, en coques sphériques ou en polymères hélicoïdaux. Bien que des mélanges de protéines et d'acides nucléiques puissent s'assembler spontanément en structures complexes dans un tube à essai, de nombreux processus d'assemblage comportent des étapes irréversibles de sorte que toutes les structures de la cellule ne sont pas capables de se réassembler spontanément si elles sont dissociées en leurs parties constituantes.

Fonction des protéines [32]

Les propriétés chimiques d'une molécule protéique dépendent presque entièrement des résidus exposés à sa surface, qui sont capables de former des liaisons faibles non covalentes avec d'autres molécules (voir p. 88). Lorsqu'une molécule protéique se lie à une autre, la seconde molécule est communément appelée **ligand**. Puisqu'une interaction efficace entre une molécule protéique et un ligand nécessite la formation simultanée de nombreuses liaisons faibles entre ces deux molécules, les seuls ligands capables de se fixer étroitement à une protéine sont donc ceux qui s'ajustent à sa surface avec précision.

La région d'une protéine qui s'associe à un ligand, ou **site de fixation**, se compose habituellement d'une cavité formée par un arrangement particulier d'acides aminés à la surface de la protéine. Ces acides aminés appartiennent souvent à des régions très éloignées de la chaîne polypeptidique (Figure 3-49) et ils ne représentent qu'une fraction mineure de la totalité des acides aminés présents. Le reste de la molécule protéique est nécessaire pour maintenir la chaîne polypeptidique dans la bonne position et pour fournir des sites de liaison supplémentaires à des fins de régulation ; l'intérieur de la protéine n'est souvent important que dans la mesure où il donne à la surface de la molécule la forme et la rigidité voulues.

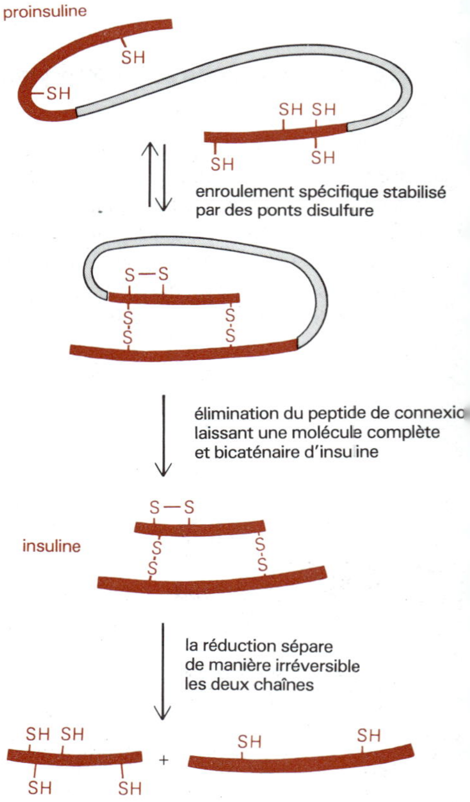

Figure 3-48 L'insuline, une hormone polypeptidique, ne peut se reformer spontanément si ses ponts disulfure sont rompus. Elle est synthétisée sous la forme d'une plus grosse protéine (*proinsuline*) qui est scindée par une enzyme protéolytique après le repliement de la chaîne protéique en une conformation spécifique. L'excision d'une partie de la chaîne polypeptidique de la proinsuline provoque la perte irréversible de l'information nécessaire à la protéine pour se replier spontanément en sa conformation normale.

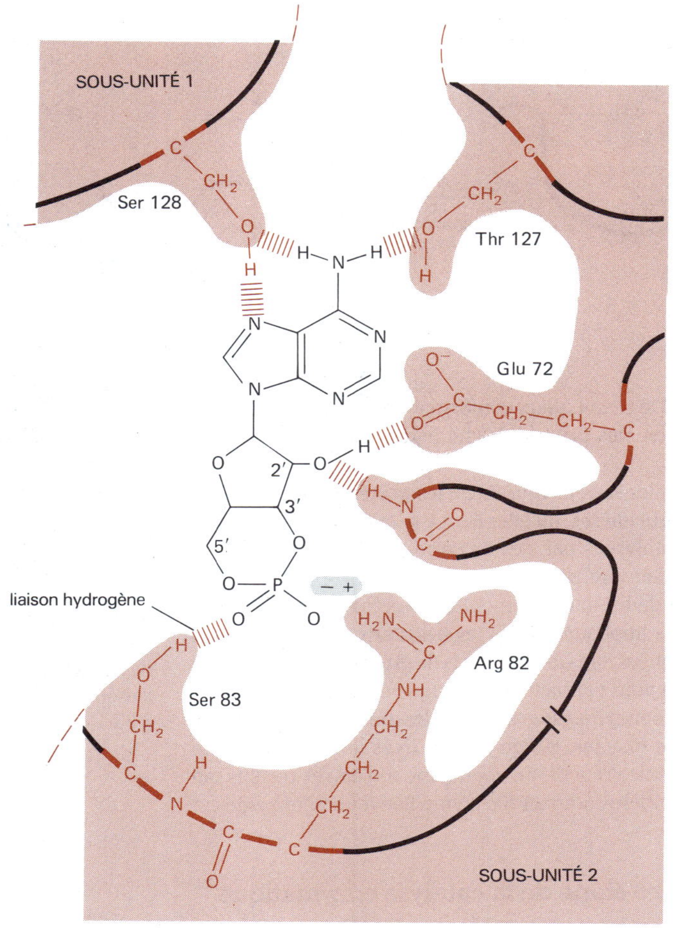

Figure 3-49 Les liaisons hydrogène entre la protéine de régulation positive (CAP) et son ligand, l'AMP cyclique, telles qu'elles ont été déterminées par l'analyse cristallographique du complexe aux rayons X. Les deux sous-unités identiques du dimère coopèrent pour former le site de liaison comme le montre la figure (voir aussi la Figure 3-40). (Avec l'autorisation de Tom Steitz.)

La conformation d'une protéine détermine sa chimie [19, 33]

Des résidus voisins à la surface d'une protéine interagissent souvent d'une façon qui modifie la réactivité chimique de chaînes latérales d'acides aminés privilégiées. Ces interactions sont de plusieurs types.

Premièrement, les parties voisines de la chaîne polypeptidique peuvent interagir d'une façon qui limite l'accès des molécules d'eau à d'autres régions de la surface protéique. Les molécules d'eau, qui ont tendance à former des liaisons hydrogène, entreront en compétition avec les ligands pour des chaînes latérales sélectionnées à la surface de la protéine. La solidité des liaisons hydrogène (et des liaisons ioniques) entre les protéines et leurs ligands sera ainsi beaucoup augmentée par l'exclusion des molécules d'eau. A première vue, il est difficile d'imaginer un mécanisme qui pourrait exclure d'une surface protéique une molécule aussi petite que l'eau sans affecter l'accès du ligand lui-même. Toutefois, du fait de leur forte tendance à former des liaisons hydrogène, les molécules d'eau se trouvent dans un vaste réseau de liaisons hydrogène (voir Planche 2-1, pp. 46-47) et il est souvent énergétiquement défavorable, pour des molécules isolées, de se libérer de ce réseau pour s'insérer dans une fissure à la surface de la protéine.

Deuxièmement, le regroupement de chaînes latérales d'acides aminés polaires voisines peut modifier leur réactivité. Par exemple, si un certain nombre de chaînes latérales chargées négativement sont contraintes de s'assembler malgré leur force de répulsion mutuelle selon la façon dont la protéine se replie, l'affinité du site pour un ion chargé est fortement augmentée. Des chaînes latérales d'acides aminés peuvent également interagir au moyen de liaisons hydrogène, qui peuvent également activer des groupements latéraux normalement non réactifs (comme le groupement —CH_2OH de la sérine montré dans la Figure 3-50), de sorte qu'ils sont capables de prendre part à des réactions qui créent ou rompent des liaisons covalentes déterminées.

La surface de chaque molécule protéique possède ainsi une réactivité chimique unique qui ne dépend pas seulement de la nature des chaînes latérales exposées, mais aussi de leur

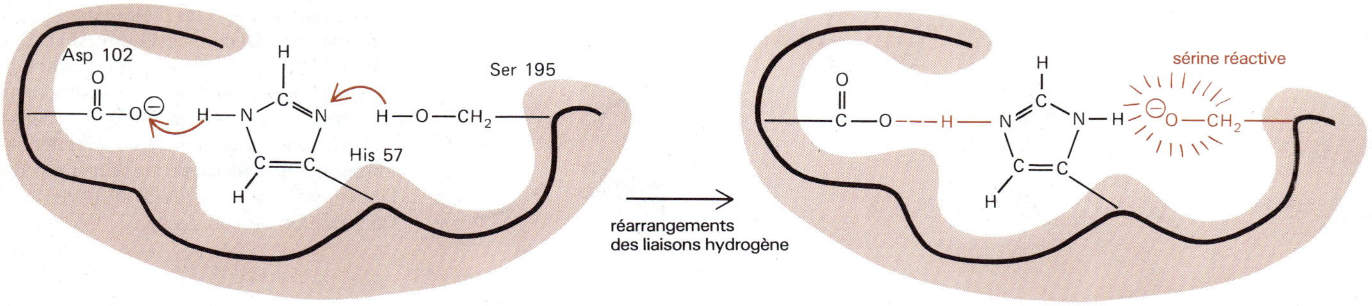

Figure 3-50 Un acide aminé exceptionnellement réactif au niveau du site actif d'une enzyme. L'exemple montré ici est le « système de transmission de charge » que l'on trouve dans la chymotrypsine, l'élastase et d'autres sérines protéases (voir Figure 3-35). La chaîne latérale de l'acide aspartique conduit l'histidine à ôter le proton de la sérine 195 ; ceci active la sérine qui forme une liaison covalente avec le substrat de l'enzyme, conduisant à l'hydrolyse d'une liaison peptidique comme l'illustre la Figure 3-53.

orientation exacte l'une par rapport à l'autre. De ce fait, deux conformations à peine différentes de la même molécule protéique peuvent avoir des propriétés chimiques radicalement différentes.

Quand les réactivités des chaînes latérales sont insuffisantes, les protéines font souvent appel à des molécules non polypeptidiques particulières, qu'elles lient à leur surface. Ces ligands servent de **coenzymes** dans des réactions catalysées par des enzymes et ils peuvent être si étroitement liés à la protéine qu'ils sont en fait une partie de la protéine elle-même. Citons comme exemples, les *hèmes* qui contiennent du fer dans l'hémoglobine et les cytochromes, le *pyrophosphate de thiamine* dans les enzymes impliquées dans les transferts de groupements aldéhyde, et la *biotine* dans les enzymes impliquées dans les transferts de groupement carboxyle (voir p. 76). Chaque coenzyme est sélectionné pour la réactivité chimique unique qu'il acquiert lorsqu'il est lié à la surface d'une protéine. Les coenzymes sont souvent des molécules organiques très complexes, et leurs propriétés chimiques exactes, lorsqu'ils sont fixés aux protéines, ne sont pas toujours comprises. A côté de son centre réactif, un coenzyme a d'autres résidus qui le lient à sa protéine-hôte (Figure 3-51). Un modèle compact d'enzyme liée à un coenzyme est montré dans la Figure 3-52A.

La fixation du substrat est la première étape de la catalyse enzymatique[34]

L'une des fonctions essentielles des protéines est la catalyse enzymatique de réactions chimiques spécifiques. Le ligand, dans ce cas, est la molécule de substrat, et la fixation du substrat à l'enzyme est un prélude essentiel à la réaction chimique (Figure 3-52 B). Des vitesses de réaction extrêmement élevées sont atteintes grâce aux enzymes — bien plus élevées qu'avec n'importe quel catalyseur de synthèse. Cette efficacité peut être attribuée à plusieurs facteurs. L'enzyme sert, d'abord, à augmenter la concentration locale des molécules de substrat au niveau du site catalytique et à maintenir les atomes appropriés dans l'orientation correcte pour la réaction qui va suivre. Plus importante, cependant, est la contribution directe d'une partie de l'énergie de liaison à la catalyse. Les molécules de substrat passent par une série de formes intermédiaires qui possèdent une géométrie et une distribution électronique modifiées avant de former les produits finaux de la réaction, et les énergies libres de ces formes intermédiaires, en particulier de celles qui sont dans les *états de transition* les plus instables, sont les déterminants principaux de la vitesse de réaction. Les enzymes ont en général une beaucoup plus grande affinité pour les états de transition instables des substrats que pour leurs formes stables et cette interaction de liaison diminue les énergies des états de transition, accélérant ainsi fortement une réaction particulière.

Certaines enzymes interagissent de façon covalente avec un de leurs substrats de sorte que le substrat est fixé à un acide aminé ou à une molécule de coenzyme. De telles réactions enzymatiques se déroulent souvent par étapes au cours desquelles un substrat donné pénètre dans le site de fixation, où il est lié de manière covalente avant de réagir avec un second substrat à la surface de l'enzyme (Figure 3-53).

Le mode d'action des enzymes impose une limite à la quantité de substrat qu'une seule enzyme peut transformer en un temps donné. Si la concentration de substrat augmente, la vitesse de formation du produit augmente aussi jusqu'à une valeur maximale (Figure 3-54). En ce point, la molécule d'enzyme est saturée par le substrat et la vitesse de réaction (notée Vmax) dépend seulement de la rapidité à laquelle la molécule de substrat peut être transformée. Cette vitesse, divisée par la concentration de l'enzyme, est appelée **vitesse de renouvellement** (ou **turn-over number**) ; elle est, pour beaucoup d'enzymes, de l'ordre de 1 000 molécules de substrat par seconde, mais peut atteindre 10^6 molécules de substrat par seconde ou plus dans les cas extrêmes.

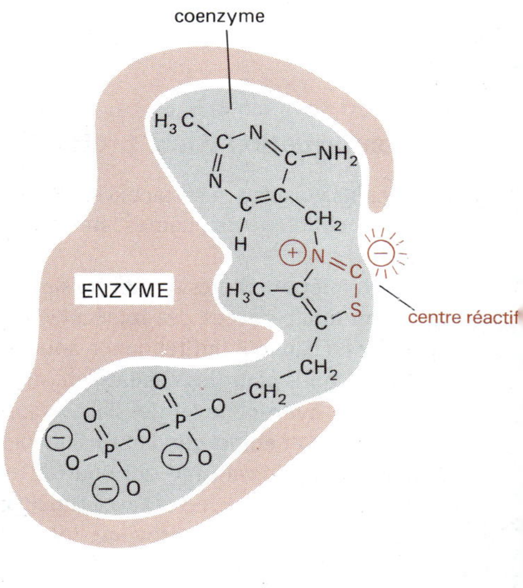

Figure 3-51 Les coenzymes, comme le pyrophosphate de thiamine (TPP) représenté ici, sont de petites molécules qui se fixent à la surface d'une enzyme et la rendent capable de catalyser des réactions spécifiques. La réactivité du TPP dépend de son atome de carbone « acide », qui échange volontiers son atome d'hydrogène contre un atome de carbone d'une molécule de substrat. D'autres régions de la molécule de TPP servent probablement de « poignées » par lesquelles l'enzyme maintient le coenzyme dans la bonne position.

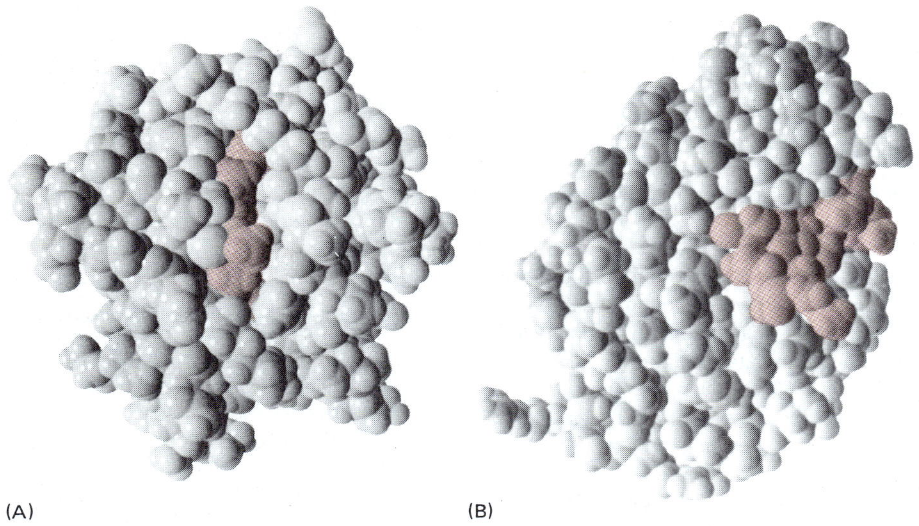

Figure 3-52 Modèles compacts obtenus par ordinateur (A) du cytochrome C avec son coenzyme, l'hème qui lui est lié, et (B) du lysozyme du blanc d'œuf lié à un substrat oligosaccharidique. Dans les deux cas, le ligand fixé est représenté en couleur. (Avec l'autorisation de Richard J. Feldmann.)

L'autre paramètre cinétique fréquemment employé pour caractériser une enzyme est son $\boldsymbol{K_M}$, qui est la concentration de substrat à laquelle la vitesse de la réaction est la moitié de la vitesse maximale (voir Figure 3-54). Une *faible* valeur de K_M signifie que l'enzyme atteint sa vitesse de catalyse maximale pour une *faible concentration* de substrat et signifie généralement que l'enzyme se lie très étroitement à son substrat.

Les enzymes accélèrent les réactions chimiques, mais ne peuvent les rendre énergétiquement plus favorables

Quel que soit son degré de raffinement, une enzyme ne peut rendre la réaction chimique qu'elle catalyse ni plus ni moins énergétiquement favorable. Elle ne peut modifier la différence d'énergie libre entre les substrats initiaux et les produits finaux de la réaction. Comme les interactions de liaison simples déjà étudiées (voir p. 93), toute réaction chimique possède un *point d'équilibre*, pour lequel les flux réactionnels directs et inverses sont égaux, et où aucun autre changement global n'a lieu (voir Figure 3-7). Si une enzyme multiplie la vitesse de la

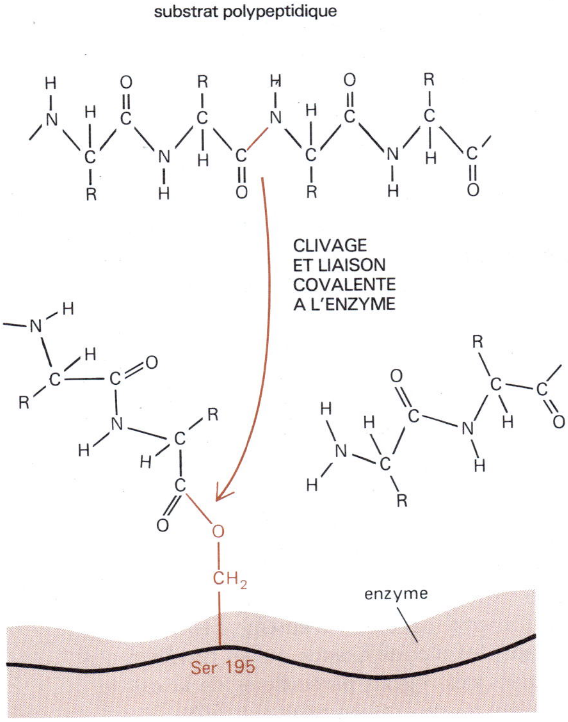

Figure 3-53 Certaines enzymes forment des liaisons covalentes transitoires avec leurs substrats. Dans l'exemple montré ici, un groupement carboxyle d'une chaîne polypeptidique forme une liaison covalente avec un résidu sérine activé d'une protéase qui coupe la chaîne polypeptidique. Quand la partie libre de la chaîne polypeptidique s'est éloignée par diffusion, une seconde étape a lieu (non représentée) dans laquelle une molécule d'eau hydrolyse la liaison covalente néoformée, dégageant ainsi la partie du polypeptide fixée à la surface de l'enzyme et libérant la sérine en position 195 pour un autre cycle de réactions (voir aussi la Figure 3-50).

réaction directe, A + B → AB, par un facteur de 10^8, elle doit augmenter la vitesse de la réaction AB → A + B du même facteur 10^8. Le *rapport* entre la vitesse de la réaction directe et la vitesse de la réaction inverse ne dépend que des concentrations de A, B et AB. Le point d'équilibre reste exactement le même, que la réaction soit ou non catalysée par une enzyme.

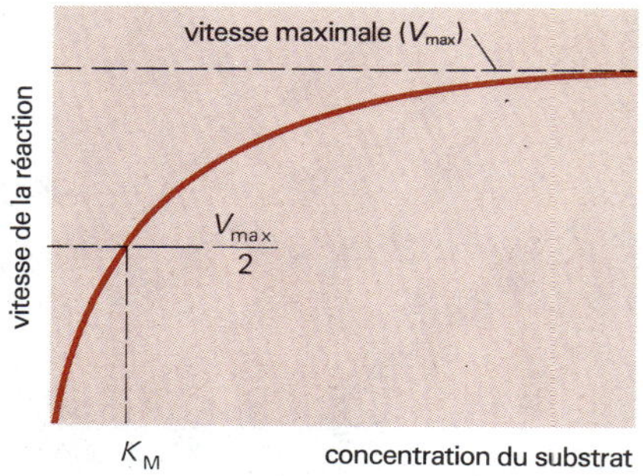

Figure 3-54 La vitesse d'une réaction enzymatique (V) augmente quand la concentration de substrat s'élève, jusqu'à ce qu'elle atteigne une valeur maximale (V_{max}). A ce stade, tous les sites de fixation du substrat sur les molécules d'enzyme sont occupés et la vitesse de la réaction est limitée par la vitesse du processus catalytique à la surface de l'enzyme. Pour la plupart des enzymes, la concentration de substrat à laquelle la vitesse de réaction est la moitié de la vitesse maximale (K_M) est une mesure de la solidité de liaison du substrat, une valeur élevée de K_M correspondant à une liaison faible et vice versa.

De nombreuses enzymes favorisent un des deux sens d'une réaction en la couplant à l'hydrolyse de l'ATP [35]

La cellule vivante constitue un système chimique qui est loin de l'équilibre. Le produit de chaque enzyme sert généralement de substrat à une autre enzyme de la voie métabolique et est rapidement consommé. Mais, ce qui est plus important, beaucoup de réactions n'ont lieu dans une direction qu'une fois couplées, au moyen de voies catalysées par des enzymes déjà décrites dans le Chapitre 2, à l'hydrolyse de l'ATP en ADP et phosphate inorganique (voir p. 74). Pour que cette stratégie soit efficace, la réserve (ou « pool ») d'ATP est elle-même maintenue à un niveau éloigné de son point d'équilibre, avec une proportion d'ATP très supérieure à celle de ses produits d'hydrolyse (voir Chapitre 7, p. 354). Cette réserve d'ATP sert aussi d'« accumulateur » qui canalise l'énergie et les atomes qui traversent continuellement la cellule le long de voies déterminées par les enzymes présentes. Pour un système vivant, l'approche de l'équilibre chimique signifie le dépérissement et la mort.

Les complexes multi-enzymatiques aident à accélérer la vitesse du métabolisme cellulaire [36]

L'efficacité des enzymes dans l'accélération des réactions chimiques est essentielle pour le maintien de la vie. En effet, les cellules sont engagées dans une course contre les processus inévitables de dégradation qui les conduisent vers l'équilibre chimique. Si les vitesses des réactions souhaitées n'étaient pas supérieures aux vitesses antagonistes, une cellule ne tarderait pas à mourir. La mesure de la vitesse d'utilisation de l'ATP donne une idée de la vitesse de progression du métabolisme cellulaire. Une cellule de mammifère typique renouvelle (c'est-à-dire dégrade et remplace totalement) la totalité de sa réserve d'ATP toutes les une ou deux minutes. Pour chaque cellule, ce renouvellement correspond à l'utilisation d'environ 10^7 molécules d'ATP par seconde (ou, pour un corps humain, environ un gramme d'ATP par minute).

La grande rapidité des réactions cellulaires est due à l'efficacité des catalyseurs enzymatiques. De nombreuses enzymes importantes sont devenues si efficaces qu'il n'y a pas de possibilité de perfectionnement utile supplémentaire : le facteur limitant la vitesse de la réaction n'est plus la vitesse intrinsèque de l'action de l'enzyme, mais la fréquence à laquelle l'enzyme entre en collision avec son substrat. On dit qu'une telle réaction est *limitée par diffusion* (voir pp. 92-94).

Si une réaction est limitée par diffusion, sa vitesse dépendra à la fois de la concentration de l'enzyme et de celle de son substrat. Pour qu'une séquence de réactions ait lieu très rapidement, chaque intermédiaire métabolique et chaque enzyme doivent donc être présents à une concentration élevée. Étant donné le nombre considérable de réactions différentes que la cellule effectue, les concentrations que les réactifs peuvent atteindre sont limitées. En fait, la plupart des métabolites sont présents à des concentrations micromolaires (10^{-6} M), et la plupart des concentrations enzymatiques sont très inférieures. Comment est-il donc possible, dans ces conditions, de maintenir des vitesses métaboliques très élevées ?

La réponse se trouve dans l'organisation spatiale des constituants cellulaires. Les vitesses réactionnelles peuvent être augmentées sans accroître les concentrations en substrat si les diverses enzymes impliquées dans une séquence réactionnelle sont rassemblées pour former un grand assemblage protéique appelé **complexe multienzymatique**. De cette façon, le produit de l'enzyme A est directement transmis à l'enzyme B, et ainsi de suite jusqu'au produit final, et les vitesses de diffusion n'ont pas besoin d'être limitées même lorsque la concentration d'un substrat dans l'ensemble de la cellule est très faible. De tels complexes enzymatiques sont très fréquents (la structure de l'un d'eux, la pyruvate déshydrogénase, est illustrée dans la Figure 2-40) et ils sont impliqués dans de nombreux autres aspects du métabolisme, y compris les processus génétiques centraux de la synthèse de l'ADN, de l'ARN et des protéines. En fait, il se pourrait que, dans les cellules eucaryotes, quelques enzymes diffusent librement en solution ; au lieu de cela, la plupart pourrait avoir développé des sites de fixation qui les concentrent, avec d'autres protéines de fonction analogue, dans des régions particulières de la cellule, augmentant ainsi la vitesse et l'efficacité des réactions qu'elles catalysent (voir p. 668).

Les cellules ont un autre moyen d'accroître la vitesse des réactions métaboliques, qui dépend des membranes intracellulaires.

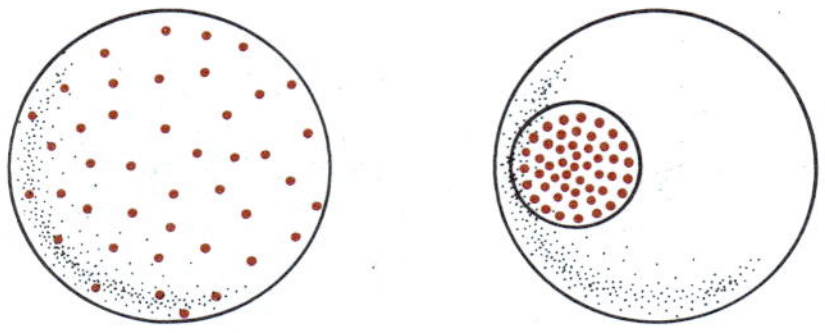

Figure 3-55 Une forte augmentation de la concentration de molécules qui interagissent peut être obtenue en les confinant dans un même compartiment limité par une membrane dans la cellule eucaryote.

Les membranes intracellulaires augmentent la vitesse des réactions limitées par diffusion [37]

Dans les cellules eucaryotes, le vaste réseau des membranes intracellulaires intervient au moins de deux façons différentes pour augmenter les vitesses des réactions qui, sinon, seraient limitées par la vitesse de diffusion. Premièrement, les membranes peuvent isoler certains substrats et les enzymes correspondantes à l'intérieur d'un même compartiment lié à une membrane, comme le réticulum endoplasmique ou le noyau cellulaire. Si, par exemple, le compartiment occupe un total de 10 p. cent du volume de la cellule, la concentration des réactifs dans le compartiment peut être 10 fois plus élevée que dans une cellule analogue dépourvue de compartimentalisation (Figure 3-55).

Un autre moyen pour les membranes, d'augmenter la vitesse d'une réaction, consiste à limiter la diffusion des réactifs aux deux dimensions de la membrane elle-même. Les enzymes et leurs substrats confinés à deux dimensions se rencontreront beaucoup plus fréquemment que s'ils diffusaient dans trois dimensions, même si la vitesse de diffusion des molécules dans une membrane est environ 100 fois plus faible que dans une solution aqueuse (Figure 3-56). Il semble certain que ce processus fonctionne pour les enzymes et les substrats impliqués dans la synthèse de molécules lipidiques, au cours de laquelle les substrats se dissolvent directement dans la double couche lipidique ; il intervient probablement aussi pour accélérer beaucoup d'autres réactions catalysées par des enzymes liées à la membrane.

On a constaté qu'un mécanisme semblable de « diffusion pour capturer » augmentait la vitesse à laquelle certaines protéines régulatrices de gènes trouvent les séquences d'ADN spécifiques auxquelles elles se lient sur les chromosomes. Ces protéines ont une faible affinité pour n'importe quelle région de l'ADN. Chaque fois qu'elles entrent en contact avec un chromosome, elles « se lient et glissent », explorant ainsi de grandes longueurs d'ADN à la recherche de leurs sites de fixation spécifiques.

Les molécules protéiques peuvent changer de forme de manière réversible [38]

La sélection naturelle a généralement favorisé l'évolution de polypeptides qui adoptent des conformations spécifiques stables. Cependant, beaucoup de molécules protéiques — peut-être la majorité — disposent de deux ou de plusieurs conformations légèrement différentes et en passant de l'une à l'autre de manière réversible, elles peuvent modifier leurs fonctions. Il peut s'établir, par exemple, à l'intérieur d'une telle **protéine allostérique** plusieurs groupes possibles de liaisons hydrogène d'énergie à peu près égale, qui s'accompagne d'une modification des relations spatiales entre deux domaines de la chaîne polypeptidique. Les conformations stabilisées possibles seront généralement séparées l'une de l'autre par des états intermédiaires instables, de telle façon que la molécule oscillera (« flip-flop ») entre les conformations stabilisées.

Chacune des différentes conformations d'une protéine allostérique possède une surface légèrement différente et par conséquent une capacité différente d'interaction avec d'autres

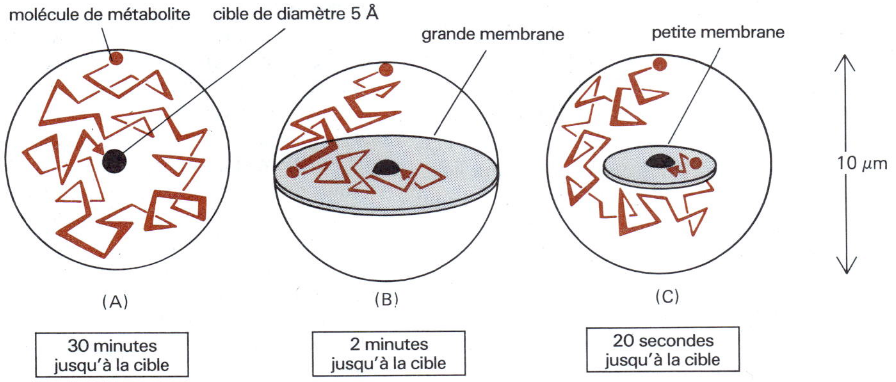

Figure 3-56 Les vitesses de réactions peuvent augmenter lorsque les membranes transforment une diffusion en trois dimensions en une diffusion en deux dimensions. On montre ici les résultats d'une série de calculs théoriques. (A) Une molécule moyenne qui diffuse en trois dimensions trouvera une « cible » unique à l'intérieur d'une sphère de 10 μm en 30 minutes. (B) Le temps de diffusion est fortement réduit si la cible est ancrée dans une membrane. Il faut ici environ 1 seconde dans une molécule moyenne pour entrer en contact avec une membrane interne de grande taille, suivie d'un temps moyen de diffusion dans la membrane de 2 minutes pour trouver la cible. (C) Avec une membrane interne de surface 10 fois plus faible, une molécule moyenne mettra 10 secondes à trouver la membrane mais atteindra la cible par diffusion dans la membrane environ 10 fois plus vite que dans (B). Ainsi, l'efficacité du processus de collision est presque 100 fois plus grande en (C) qu'en (A).

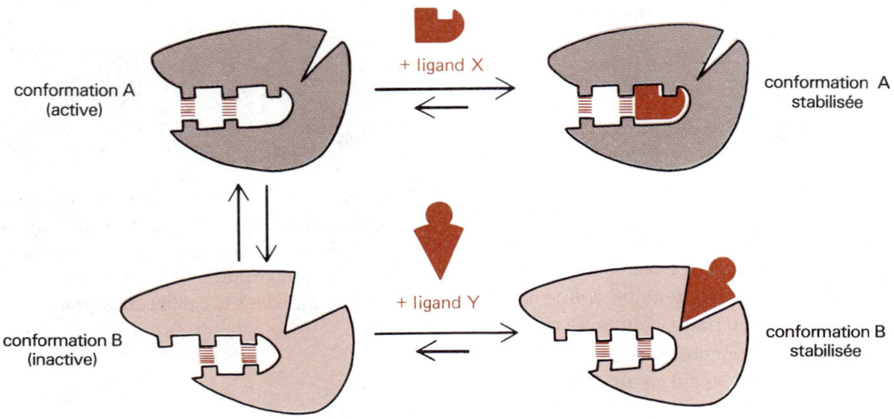

Figure 3-57 Chaque conformation d'une protéine allostérique sera stabilisée par la liaison d'un ligand qu'elle fixe préférentiellement. La fixation étroite d'un ligand à une et une seule des conformations d'une protéine allostérique déplacera la protéine vers la conformation qui fixe le mieux le ligand. Donc, une forte concentration du ligand X activera la protéine représentée, alors qu'une forte concentration du ligand Y l'inactivera.

molécules. Souvent, seule l'une des deux conformations possède une forte affinité pour un ligand particulier ; dans ce cas, la présence ou l'absence du ligand détermine la conformation adoptée par la protéine (Figure 3-57). Quand il y a deux ligands distincts, chacun spécifique d'une surface différente de la même protéine, la concentration d'un des ligands modifie généralement l'affinité de la protéine pour l'autre. De telles modifications allostériques jouent un rôle fondamental dans la régulation d'un grand nombre de processus biologiques.

Les protéines allostériques contribuent à la régulation du métabolisme [39]

Les protéines allostériques sont essentielles à la **régulation rétroactive (feed-back regulation)** qui contrôle le flux à travers une voie métabolique (voir p. 80). Les enzymes qui agissent par exemple dès les premières étapes de la voie métabolique sont presque toujours des protéines allostériques qui peuvent exister sous deux conformations différentes. L'une est une forme active qui fixe le substrat sur son **site actif** et catalyse sa conversion en un produit qui sera le substrat de l'étape suivante. L'autre est une forme inactive qui fixe étroitement le produit final de cette même voie à un endroit différent sur la surface protéique (le **site régulateur**). En s'accumulant, le produit final se lie à l'enzyme et provoque sa conversion en sa forme inactive (régulation rétroactive négative), qui est stabilisée car le produit ne peut se fixer à l'enzyme que lorsqu'il est sous cette forme. Dans d'autres cas, une enzyme impliquée dans une voie métabolique est *activée* par une transition allostérique provoquée par la fixation d'un ligand qui s'accumule lorsque la cellule est déficiente en un produit de cette voie métabolique. Dans ce cas, le ligand se fixe préférentiellement à la forme active de l'enzyme (régulation rétroactive positive), et cette fixation est nécessaire pour faire basculer l'enzyme de sa forme inactive en sa forme active (voir Figure 3-57). Grâce aux régulations rétroactives négatives et positives, une cellule ne synthétise un produit donné qu'en cas de besoin, et maintient de cette façon chaque métabolite à une concentration relativement constante.

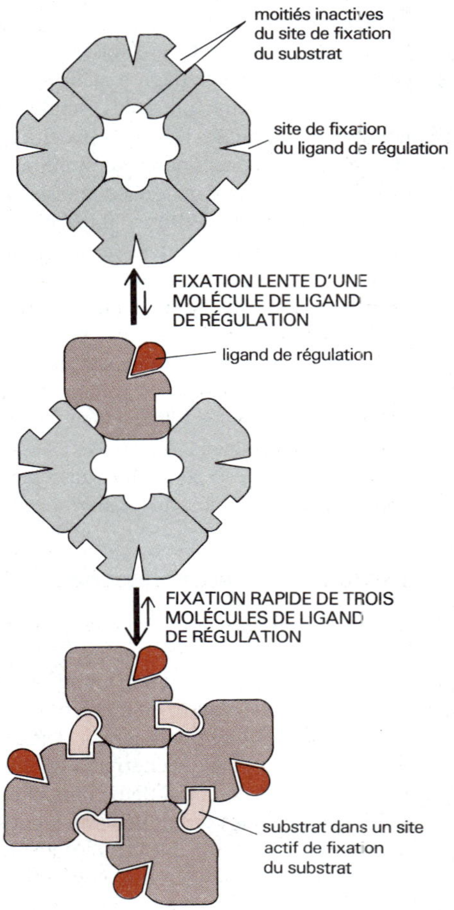

Figure 3-58 Représentation schématique de l'influence de la conformation d'une sous-unité sur celle de ses voisines dans une protéine symétrique composée de sous-unités allostériques identiques. La fixation d'une seule molécule de ligand régulatrice à une sous-unité de l'enzyme modifie la conformation de cette sous-unité, comme dans la Figure 3-57. Puisque ce changement conformationnel facilite celui des sous-unités voisines vers la conformation permettant une fixation forte, la fixation de la première molécule de ligand augmente l'affinité avec laquelle les autres sous-unités se fixent au même ligand. L'enzyme sera alors activée par une augmentation relativement faible de la concentration du ligand régulateur (voir Figure 3-59).

Les protéines allostériques sont essentielles à la signalisation cellulaire [40]

Comme nous l'avons noté, les protéines allostériques comme celles qui sont impliquées dans la régulation rétroactive possèdent au moins deux sites de liaison, l'un pour le substrat de l'enzyme et un ou plusieurs pour les ligands régulateurs. Ces sites occupent des régions différentes de la surface protéique et les ligands qu'ils reconnaissent peuvent être totalement différents. Comme la fixation d'un ligand à un site donné peut affecter un autre site en changeant la conformation de la protéine, n'importe quel processus métabolique peut exercer une action régulatrice sur n'importe quel autre dans la cellule sans se soucier de sa nature chimique. Par exemple, la production et la dégradation du glycogène dans les cellules musculaires sont liées à la concentration en Ca^{2+} par l'intermédiaire d'enzymes allostériques dont les activités sont modifiées par des variations de la concentration en Ca^{2+} dans le cytosol (voir p. 712).

Les protéines allostériques jouent un rôle médiateur dans des réponses particulièrement sensibles aux signaux lorsqu'elles ont, comme c'est souvent le cas, le comportement coopératif de sous-unités identiques dans un complexe symétrique. Dans ces protéines, les changements de conformation d'une sous-unité donnée provoqués par la fixation d'un ligand, peuvent aider les sous-unités voisines à se fixer au même ligand (Figure 3-58) ; il en résulte qu'un changement relativement limité de la concentration du ligand dans le milieu environnant provoque la conversion de l'ensemble des molécules de la conformation active à la conformation inactive, ou vice versa. Si le ligand se fixe préférentiellement à la forme active de chaque sous-unité de l'enzyme, ce comportement se traduira par une augmentation rapide de l'activité de l'enzyme quand la concentration du ligand augmente (Figure 3-59). La Figure 3-60 montre la structure d'une enzyme allostérique bien étudiée, l'aspartate transcarbamoylase.

Les protéines peuvent être « poussées » ou « tirées » vers des formes différentes [40, 41]

Dans les cellules, tous les mouvements contrôlés dépendent de forces engendrées par des protéines. Mais comment une molécule protéique peut-elle être amenée à se déplacer de façon contrôlée ? Avant de répondre à cette question, il convient d'examiner certains des mécanismes qui permettent à la cellule de régler la conformation des protéines allostériques. Considérons une protéine allostérique qui peut adopter deux conformations possibles — une forme C de faible énergie (inactive) et une forme C* d'énergie élevée (active) — ; la différence d'énergie entre ces deux formes est d'environ 4,3 kilocalories par mole (ce qui correspond à l'énergie fournie par la formation d'environ 4 liaisons hydrogène à la surface d'une protéine). Étant donnée cette différence d'énergie, la forme C sera favorisée à 1 000 contre 1 (voir Tableau 3-3, p. 95) et la protéine sera presque toujours dans sa forme inactive. Toutefois, il existe deux moyens de contraindre la protéine à adopter la forme active.

Ou bien la molécule peut être « tirée » vers la forme active C* par fixation à un ligand de faible poids moléculaire. A condition que le ligand ne se lie qu'à C*, le niveau d'énergie de cette conformation sera abaissé, sans affecter celui de C. Comme le ligand ne se fixe à la protéine que faiblement (l'effort fourni pour ajuster la forme de la protéine à ce ligand ayant utilisé la plus grande partie de son énergie), il peut se dissocier facilement, et ce changement de conformation de la protéine est donc parfaitement réversible.

Ou bien, un apport d'énergie chimique peut être utilisé pour « pousser » la forme C vers la forme C* d'une manière beaucoup moins réversible. Un mécanisme courant implique le transfert d'un groupement phosphate de l'ATP à un résidu sérine, thréonine, lysine ou tyrosine de la protéine pour former une liaison covalente. Supposons que cette réaction de phosphorylation, dirigée par l'hydrolyse très favorable de l'ATP en ADP, crée une répulsion de charge défavorable à la conformation C. Si cette répulsion est réduite dans la forme active C*, le passage de C à C* sera grandement favorisé par la phosphorylation (Figure 3-61). La phosphorylation contrôlée des protéines est un phénomène courant qui active ou inhibe la fonction de protéines spécifiques dans les cellules eucaryotes (voir p. 417) ; en fait, environ un dixième de toutes les protéines fabriquées dans une cellule de mammifère contient un phosphate lié de manière covalente.

On observe quelquefois que l'ATP peut être synthétisé *in vitro* par addition d'ADP à une protéine phosphorylée. Cette synthèse démontre directement qu'une grande quantité de l'énergie libérée par l'hydrolyse de l'ATP a été stockée en bloquant la conformation d'une protéine durant l'étape initiale de phosphorylation. Mais comment de telles modifications de la conformation protéique, induites par l'énergie stockée, peuvent-elles produire un mouvement et effectuer ainsi un travail utile dans la cellule ?

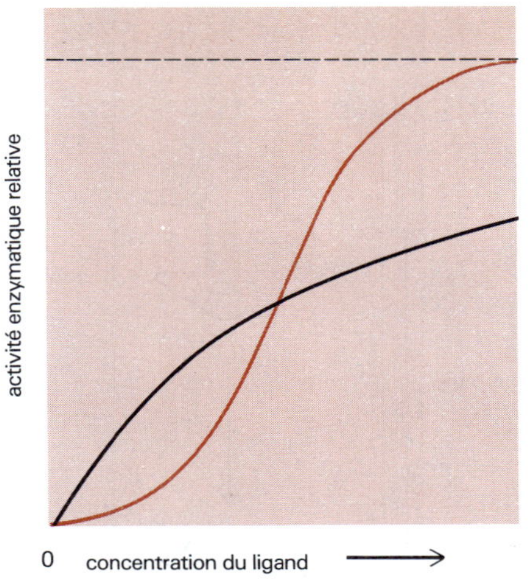

Figure 3-59 On s'attendrait à ce que l'activité de l'enzyme allostérique à sous-unités multiples, illustrée dans la Figure 3-58, augmente de façon abrupte avec la concentration du ligand (en couleur), du fait de la liaison « coopérative » des molécules de ligand. Par contre, l'activation d'une enzyme allostérique contenant une seule sous-unité devrait suivre la cinétique simple représentée en noir. La ligne pointillée indique le niveau maximum d'activité atteint pour de très fortes concentrations de ligand, qui est supposé être le même dans les deux cas.

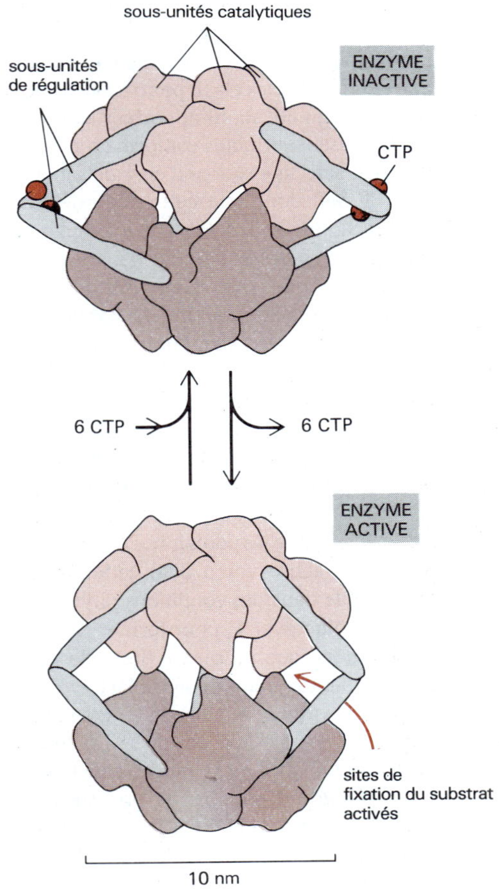

Figure 3-60 L'enzyme *aspartate transcarbamoylase* est inactivée en réponse à la fixation de la cytosine triphosphate (CTP). Le complexe enzymatique contient six sous-unités catalytiques et six sous-unités régulatrices, et la structure de ses formes inactives et actives a été déterminée par diffraction des rayons X. Chacune des sous-unités régulatrices peut fixer une molécule de CTP, l'un des produits finaux de la voie métabolique qui débute lorsque cette enzyme catalyse la formation de carbamoyle aspartate à partir de carbomoyle phosphate et d'acide aspartique. Grâce à cette régulation par rétrocontrôle négatif, l'enzyme ne produira pas plus de CTP que la cellule n'en a besoin. (D'après K.L. Krause, K.W. Volz, and W.N. Lipscomb, *Proc. Natl. Acad. Sci. USA* 82 : 1643-1647, 1985.)

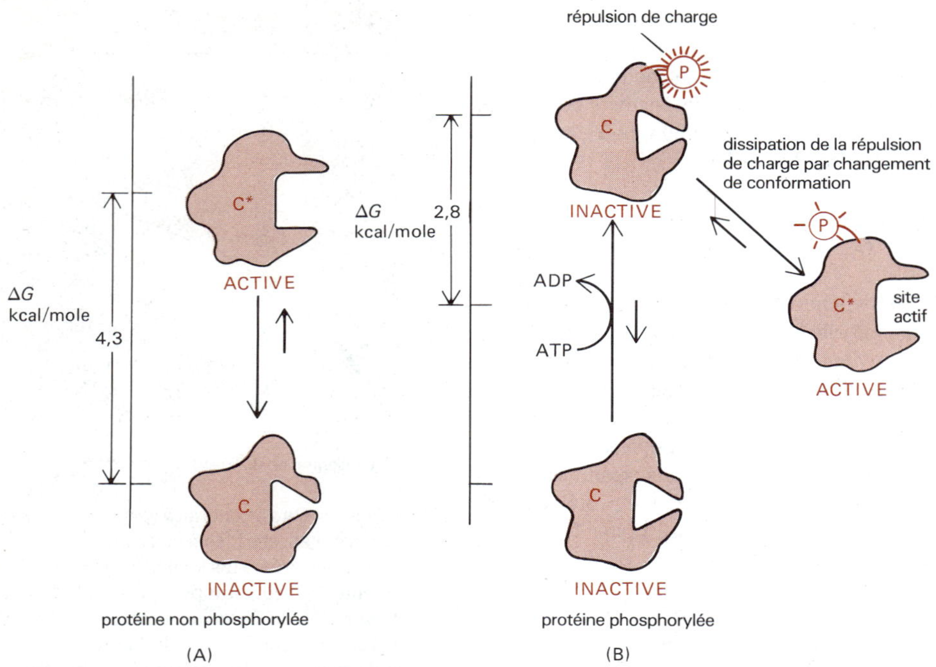

Figure 3-61 La phosphorylation par l'ATP peut activer une protéine allostérique. Dans cet exemple, la forme inactive de la protéine non phosphorylée (A) est favorisée à 1 000 contre 1 du fait d'une différence d'énergie libre de 4,3 kcal/mole (voir Tableau 3-3). Lorsqu'elle est phosphorylée, la forme active de la protéine (B) est favorisée à 100 contre 1 (2,8 kcal/mole) car la phosphorylation produit une répulsion de charge défavorable, dont une partie est dissipée par un déplacement vers la forme active C*. De cette façon, la phosphorylation « pousse » l'enzyme vers la forme active. Dans une autre alternative, la phosphorylation pourrait créer une attraction de charges qui rassemblerait deux parties séparées d'une protéine allostérique.

Des changements de conformation protéique induits par l'énergie stockée peuvent effectuer un travail utile [42]

Supposons qu'une protéine doive « marcher » le long d'un fil étroit, comme un filament d'actine ou une molécule d'ADN. La Figure 3-62 illustre schématiquement la façon dont une protéine allostérique pourrait effectuer ce déplacement en adoptant différentes conformations. Si aucune méthode ne participe à ces changements de conformation, les variations de formes seront parfaitement réversibles et la protéine fera la navette au hasard le long du fil.

Les lois de la thermodynamique exigent que ce mouvement directionnel de la protéine, producteur de travail, s'accompagne d'une forte diminution de l'énergie libre provenant d'une autre source (sans cela, il pourrait se transformer en mouvement perpétuel). Ainsi, quelles que soient les modifications apportées au modèle de la Figure 3-62, telles que l'addition de ligands qui favorisent certaines conformations, la molécule de protéine que nous montrons ne peut se déplacer sans une source d'énergie supplémentaire.

Il faut donc que cette série de changements de conformation protéique soit rendue unidirectionnelle. Il suffit, par exemple, qu'une des étapes devienne irréversible pour que la totalité du cycle se déroule dans une seule direction. Un des moyens d'y parvenir est le mécanisme que nous venons d'étudier dans lequel les changements allostériques dans une molécule protéique sont induits par une série de réactions de phosphorylation-déphosphorylation. Toutefois, les changements allostériques des protéines peuvent aussi être induits par l'hydrolyse de l'ATP sans nécessiter une phosphorylation de la protéine. Par exemple, dans le schéma de déplacement périodique modifié donné dans la Figure 3-63, la fixation d'ATP « tire » la protéine de la conformation 1 vers la conformation 2 ; l'ATP lié est ensuite hydrolysé en ADP et phosphate inorganique (P_i) liés, activant le passage de la conformation 2 à la conformation 3 ; enfin, la protéine reprend la conformation 1 lorsque l'ADP et le P_i liés sont libérés.

Puisque les transitions $1 \rightarrow 2 \rightarrow 3 \rightarrow 1$ sont induites par l'énergie libérée par l'hydrolyse de l'ATP, et puisque les pools intracellulaires de l'ATP et de ses produits d'hydrolyse sont maintenus loin de l'équilibre (voir p. 354), cette suite de changements conformationnels sera effectivement irréversible dans des conditions physiologiques (c'est-à-dire que la probabilité pour que l'ADP se recombine avec P_i pour former de l'ATP par la séquence $1 \rightarrow 3 \rightarrow 2 \rightarrow 1$ est très faible). Ceci signifie donc que la totalité du cycle ne se déroulera que dans une direction, entraînant le déplacement continu de la molécule protéique vers la droite dans cet exemple schématique. La *myosine* (qui se déplace le long de filaments d'actine), la *dyneine* (qui se déplace le long de microtubules), et l'*hélicase* de l'ADN (qui se déplace le long de l'ADN), sont des exemples de protéines qui utilisent ce mécanisme pour engendrer un mouvement directionnel.

Un grand nombre de protéines utilisent des mécanismes semblables pour créer un mouvement cohérent. Elles peuvent toutes subir des modifications de forme cycliques qui sont couplées à l'hydrolyse de l'ATP ; certaines sont phosphorylées de manière transitoire au cours du processus, tandis que d'autres ne le sont pas.

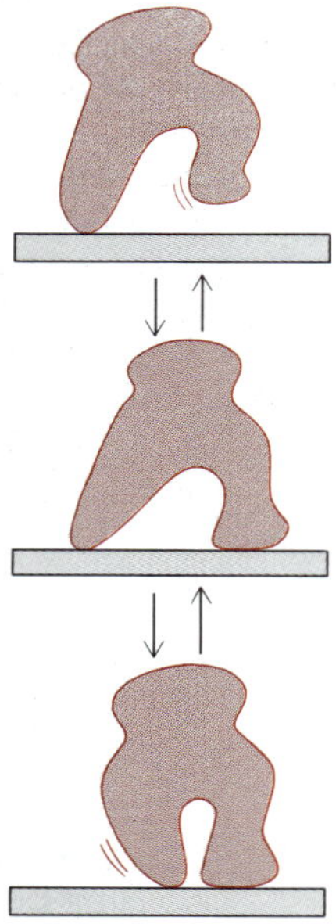

Figure 3-62 Schéma de la « marche » d'une protéine allostérique. Bien que ses trois conformations différentes lui permettent de faire la navette au hasard tout en restant liée à un filament, la protéine ne peut pas se déplacer de manière uniforme dans une seule direction.

Les protéines membranaires qui subissent des transitions allostériques induites par l'ATP, peuvent agir comme des pompes [43]

En dehors de la production de force mécanique, les protéines allostériques sont capables d'utiliser l'énergie d'hydrolyse de l'ATP pour produire d'autres formes de travail, comme le pompage d'ions particuliers vers l'intérieur ou l'extérieur de la cellule. Par exemple, une protéine allostérique, la **Na^+-K^+ ATPase**, que l'on trouve dans la membrane plasmique de toutes les cellules animales, pompe 3 Na^+ hors de la cellule et 2 K^+ dans la cellule pendant chaque cycle de changement conformationnel dirigé par la phosphorylation induite par l'ATP (voir p. 305). Cette pompe contrôlée par l'ATP est d'une importance fondamentale ; elle consomme plus de 30 p. cent des besoins totaux en énergie de la plupart des cellules. Ce pompage frénétique de Na^+ et de K^+ crée un milieu cellulaire interne avec une concentration en Na^+ faible et une concentration en K^+ élevée par rapport au milieu extérieur, et engendre ainsi à travers la membrane plasmique, deux gradients ioniques opposés. Comme nous allons le voir maintenant, l'énergie stockée dans ces gradients ioniques et dans d'autres est, à son tour, exploitée pour induire des changements de conformation dans un grand nombre d'autres protéines allostériques membranaires, leur permettant de produire un travail utile pour la cellule.

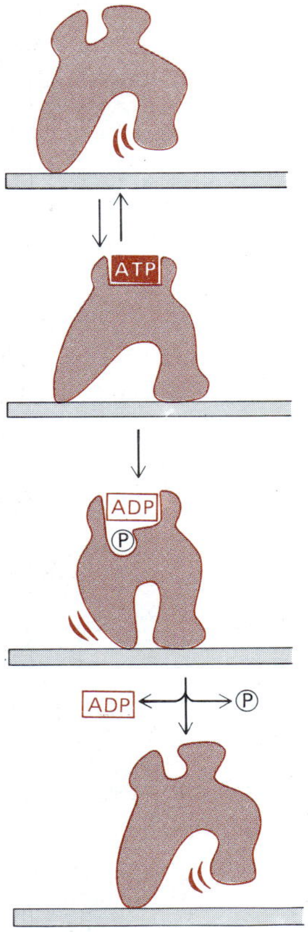

Figure 3-63 Une protéine allostérique « en déplacement » dans laquelle une transition ordonnée entre trois conformations est activée par l'hydrolyse d'une molécule d'ATP liée. Une de ces transitions étant couplée à l'hydrolyse de l'ATP, le cycle est irréversible. Par cycles répétés, la protéine se déplace logiquement vers la droite le long du filament.

Les protéines allostériques liées à la membrane peuvent récupérer l'énergie stockée dans les gradients ioniques pour produire un travail utile [43, 44]

Bien qu'ils soient d'une importance décisive, l'ATP et les autres nucléosides triphosphates ne constituent pas les seules sources d'énergie facilement disponible que les protéines peuvent utiliser pour produire un travail utile. Les gradients ioniques qui s'établissent à travers diverses membranes cellulaires peuvent stocker et libérer l'énergie d'une façon analogue aux différences de pression d'eau d'un côté et de l'autre d'une digue. Le fort gradient Na^+ à travers la membrane plasmique qui est engendré par la pompe Na^+-K^+ ATPase, par exemple, est utilisé pour entraîner beaucoup d'autres pompes protéiques membranaires qui transportent du glucose ou des acides aminés vers l'intérieur de la cellule (voir p. 309.)

Les pompes allostériques membranaires, qui sont induites par l'hydrolyse de l'ATP, peuvent aussi fonctionner à l'envers et employer l'énergie du gradient ionique pour synthétiser de l'ATP. En fait, nous verrons au Chapitre 7 que l'énergie disponible dans le gradient H^+ (protonique) qui existe à travers la membrane mitochondriale interne est utilisée dans le monde animal, selon un mécanisme semblable pour synthétiser la majeure partie de l'ATP requis par les cellules animales.

Les machines protéiques jouent des rôles essentiels dans de nombreux processus biologiques [45]

Des processus cellulaires complexes tels que la réplication de l'ADN ou la synthèse protéique sont effectués par l'intermédiaire de complexes multienzymatiques qui fonctionnent comme des « machines protéiques » perfectionnées. Par exemple, les nombreux éléments protéiques de l'appareil de réplication de l'ADN se meuvent les uns par rapport aux autres sans se désassembler, ce qui permet au complexe entier de voyager rapidement le long de l'ADN, à la manière d'une fermeture éclair (voir p. 232).

Dans de telles machines protéiques, l'hydrolyse de molécules de nucléosides triphosphates qui leur sont liées entraîne des changements conformationnels ordonnés dans les unités protéiques, permettant à des groupes de ces protéines de se déplacer de façon coordonnée. De cette façon, les enzymes appropriées sont transférées directement aux positions dans lesquelles elles sont nécessaires pour mener à bien chaque réaction d'une série, au lieu d'attendre la collision aléatoire de chaque composant séparé, qui serait nécessaire autrement. Une simple analogie mécanique qui explicite le sens de telles solutions de « haute technologie » aux besoins de la cellule est illustrée sur la Figure 3-64. Il semble vraisemblable que la plupart des processus essentiels qui se produisent dans les cellules sont assurés par de telles machines protéiques complexes et très perfectionnées.

Résumé

La fonction biologique d'une protéine dépend des propriétés chimiques détaillées de sa surface. Des sites de fixation sont créés, sous la forme de cavités superficielles dans lesquelles des chaînes latérales d'acides aminés avec des positions précises sont mises en contact par le repliement de

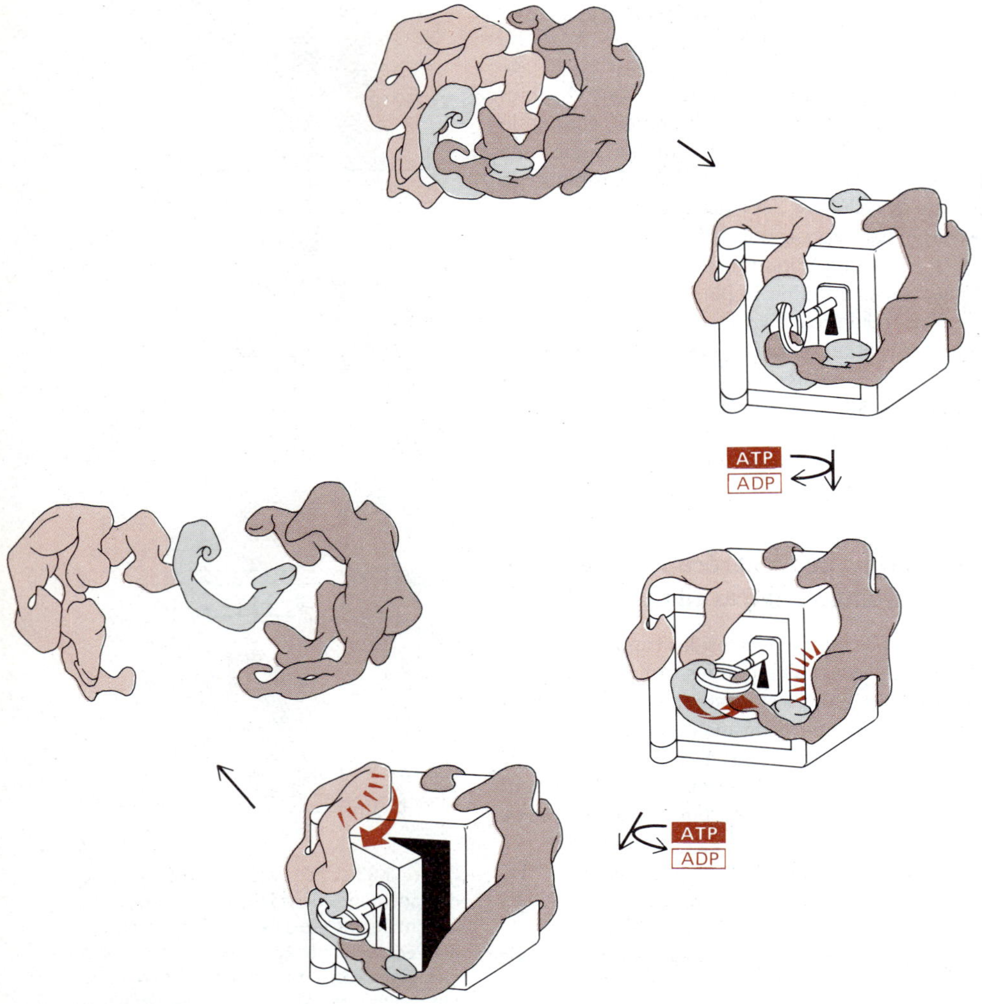

Figure 3-64 Une « machinerie protéique ». Les complexes protéiques contiennent souvent une ou plusieurs sous-unités qui peuvent se déplacer d'une façon ordonnée, grâce à une modification énergétiquement favorable qui se produit dans une molécule de substrat liée à l'enzyme (voir Figure 3-63). Les mouvements protéiques de ce type sont particulièrement utiles à la cellule, s'ils se produisent dans un important complexe protéique dont les activités de plusieurs sous-unités peuvent être coordonnées, comme l'illustre cette figure.

la protéine. En se fixant particulièrement étroitement à des intermédiaires instables d'une réaction, les enzymes catalysent les modifications chimiques des molécules de substrat liées, employant souvent de petites molécules de coenzyme étroitement liées pour élargir leur polyvalence chimique. Les vitesses des réactions enzymatiques sont souvent limitées par diffusion et sont augmentées quand l'enzyme et son substrat sont tous deux limités au même petit compartiment de la cellule.

La conformation des protéines allostériques est modifiée de manière réversible par la fixation de ligands à leur surface. Les modifications provoquées par un ligand influent souvent sur la fixation d'un second ligand, fournissant ainsi un mécanisme régulateur pour les divers processus cellulaires. De tels changements dans la forme des protéines peuvent être induits de façon unidirectionnelle par une dépense d'énergie chimique. Par exemple, les protéines peuvent produire un travail utile — comme la création d'une force mécanique ou le pompage d'ions à travers une membrane — en couplant des modifications allostériques à l'hydrolyse de l'ATP. Des « machines protéiques » très efficaces peuvent être formées en associant des protéines qui se déplacent de façon cohérente dans des complexes multienzymatiques ; les complexes protéiques de ce type paraissent réaliser beaucoup de réactions biologiques essentielles.

Bibliographie

Ouvrages généraux

Judson, H.F. The Eighth Day of Creation : Makers of the Revolution in Biology. New York : Simon & Schuster, 1979.

Lehninger, A.L. Principles of Biochemistry. New York : Worth, 1982.

Schulz, G.E. ; Schirmer, R.H. Principles of Protein Structure. New York : Springer, 1979.

Stryer, L. Biochemistry, 3rd ed. New York : W.H. Freeman, 1988.

Watson, J.D. et al. Molecular Biology of the Gene, 4th ed. Menlo Park, Ca. : Benjamin-Cummings, 1987.

Articles cités

1. Cantor, C.R. ; Schimmel, P.R. Biophysical Chemistry, Part 1 and Part III. New York : W.H. Freeman, 1980.
   Lisemberg D. ; Crothers, D. Physical Chemistry with Applications to the life Sciences. Menlo Park, CA : Benjamin-Cummings, 1979.
   Pauling L. The Nature of the Chemical Bond, 3rd ed. Ithaca, N.Y. : Cornell University Press, 1960.
   Burley, S.K. ; Petsko, G.A. Weakly polar interactions in proteins. *Adv. Prot. Chem,* 39:125-189, 1988.
2. Fersht, A.R. The hydrogen bond in molecular recognition. *Trends Biochem. Sci.* 12:301-304, 1987.
3 Cohen, C. ; Parry, D.A.D. ; ga Helical coiled coils. *Trends Biochem. Sci.* 11:245-248, 1986.
   Dickerson, R.E. The DNA helix and how it is read. *Sci. Am.* 249 (6):94-111, 1983.
4. Berg, H.C. Random Walks in Biology. Princeton, NJ : Princeton University Press, 1983.
   Einstein, A. Investigations on the Theory of Brownian Movement. New York : Dover, 1956.
5. Lavenda, B.H. Brownian motion. *Sci. Am.* 252 (2):70-85, 1985.
6. Karplus, M. ; McCammon, J.A. The dynamics of proteins. *Sci. Am.* 254(4):42-51, 1986.
   McCammon, J.A. ; Harvey, S.C. Dynamics of Proteins and Nucleic Acids. Cambridge, U.K. : Cambridge University Press, 1987.
7. Kirwood, T.B. ; Rosenberger, R.F. ; Galas, D.J., eds. Accuracy in Molecular Processes: Its Control and Relevance to Living Systems. London : Chapman and Hall, 1986.
   Kurland, C.G. ; Ehrenberg, M. Growth-optimized accuracy of gene expression. *Annu. Rev. Biophys. Biophys. Chem.* 16:291-317, 1987.
8. Rosenfield, I. ; Ziff, E. ; Van Loon, B. DNA for Beginners. London : Writers and Readers Publishing Cooperative, New York : Distributed in the USA by W.W. Norton, 1983.
   Saenger, W. Principles of Nucleic Acid Structure. Berlin : Springer, 1984.
9. Olby, R. The Path to the Double Helix. Seattle : University of Washington Press. 1974.
   Stent, G.S. Molecular Genetics : An Introductory Narrative. San Francisco : Freeman, 1971.
10. Watson, J.D. ; Crick, F.H.C. Molecular structure of nucleic acids. A structure of deoxyribose nucleic acid. *Nature* 171:737-738, 1953.
11. Felsenfeld, G. DNA. *Sci. Am.* 253(4):58-66, 1985.
   Meselson, M. ; Stahl, F.W. The replication of DNA in *E. coli. Proc. Natl. Acad. Sci. USA* 44:671-682, 1958
   Watson, J.D. ; Crick, F.H.C. Genetic implications of the structure of deoxyribonucleic acid. *Nature* 171:964-967, 1953.
12. Drake, J.W. The Molecular Basis of Mutation. San Francisco : Holden-Dray, 1970.
   Drake, J.W. ; Glickman, B.W. ; Ripley, L.S. Updating the theory of mutation. *Am. Scientist* 71:621-630, 1983
   Wilson, A.C. Molecular basis of evolution. *Sci. Am.* 253(4):164-173, 1985.
13. Sanger, F. Sequences, sequences, and sequences. *Annu. Rev. Biochem.* 57:1-28, 1988.
   Thompson, E.O.P. The insulin molecule. *Sci. Am.* 192(5):36-41, 1955.
   Yanofsky, C. Gene structure and protein structure. *Sci. Am.* 216(5):80-94, 1967.
14. Brenner, S. ; Jacob, F. ; Meselson, M. An unstable intermediate carrying information from genes to ribosomes for protein synthesis. *Nature* 190:576-581, 1961.
   Darnell, J.E., Jr. RNA, *Sci. Am.* 253(4):68-78, 1985.
15. Chambon, P. Split genes. *Sci. Am.* 244(5):60-71, 1981.
   Steintz, J.A. Snurps, *Sci. Am.* 258(6):58-63, 1988.
   Witkowski, J.A. The discovery of "split" genes : a scientific revolution. *Trends Biochem. Sci.* 13:110-113, 1988.
16. Crick, F.H.C. The genetic code : III. *Sci. Am.* 215(4):55-62, 1966. The Genetic Code. *Cold Spring Harbor Symp. Quant. Biol.* 31, 1965.
17. Rich, A. ; Kim, S.H. The three-dimensional structure of transfer RNA. *Sci. Am.* 238(1):52-62, 1978.
18. Lake, J.A. The ribosome. *Sci. Am.* 245(2):84-97, 1981.
   Watson, J.D. Involvement of RNA in the synthesis of proteins *Science,* 140:17-26, 1963.
   Zamecnik, P. The machinery of protein synthesis. *Trends Biochem. Sci.* 9:464-466, 1984.
19. Altman, S. ; Baer, M. ; Guerrier-Takada, C. ; Viogue, A. Enzymatic cleavage of RNA by RNA. *Trends Biochem. Sci.* 11:515-518, 1986.
   Cech, T. RNA as an enzyme. *Sci. Am.* 255(5):64-75, 1986.
20. Cantor, C.R. ; Schimmel, P.R. Biophysical Chemistry. Part I : The Conformation of Biological Macromolecules, Chapters 2 and 5. New York : W.H. Freeman, 1980.
   Creighton, T.E. Proteins : Structure and Molecular Properties. New York : W.H. Freeman, 1984.
   Dickerson, R.E. ; Geis, I. The Structure and Action of Proteins. New York : Harper & Row, 1969.
   Schulz, G.E. ; Schirmer, R.H. Principles of Protein Structure. Chapters 1 through 5. New York : Springer, 1979.
21. Anfinsen, C.B. Principles that govern the folding of protein chains. *Science* 181:223-230, 1973.
   Baldwin, R.L. Seeding protein folding *Trends Biochem. Sci.* 11:6-9, 1986.
   Creighton, T.E. Disulphide bonds and protein stability. *Bioessays* 8:57-63, 1988.
   Rupley, J.A. ; Gratton, E. ; Careri, G. Water and globular proteins. *Trends Biochem. Sci.* 8:18-22, 1983.
   Tanford, C. The Hydrophobic Effect : Formation of Micelles and Biological Membranes, 2nd ed. New York : Wiley, 1980.
22. Doolittle, R.F. Proteins. *Sci. Am.* 253(4):88-99, 1985.
   Milner-White, E.J. ; Poet, R. Loops, bulges, turns and hairpins in proteins. *Trends Biochem Sci.* 12:189-192, 1987.
   Pauling, L. ; Corey, R.B. Configurations of polypeptide chains with favored orientations around single bonds : two new pleated sheets. *Proc. Natl. Acad. Sci. USA* 37:729-740, 1951.
   Pauling, L. ; Corey, R.B. ; Branson, H.R. The structure of proteins : two hydrogen-bonded helical configurations of the polypeptide chain. *Proc. Natl. Acad. Sci. USA* 27:205-211, 1951.
   Richardson, J.S. The anatomy and taxonomy of protein structure. *Adv. Protein Chem.* 34:167-339, 1981.
23. Scott, J.E. Molecules for strength and shape. *Trends Biochem. Sci.* 12:318-321, 1987.
24. Hardie, D.G. ; Coggins, J.R. Multidomain Proteins—Structure and Evolution. Amsterdam : Elsevier, 1986.
25. Doolittle, R.F. The genealogy of some recently evolved vertebrate proteins. *Trends Biochem. Sci.* 10:233-237, 1985.
   Doolittle, R.F. Protein evolution. In The Proteins, 3rd ed. (H. Neurath, R.L. Hill, eds.) Vol. 4, pp.1-118. New York : Academic Press, 1979.
   Neurath, H. Proteolytic enzymes, past and present. *Fed. Proc.* 44:2907-2913, 1985.
26. Biesecker, G. ; et al. Sequence and structure of D-glyceraldehyde 3-phosphate dehydrogenase from *Bacillus stear-othermophilus. Nature* 266:328-333. 1977.
   Blake, C. Exons and the evolution of proteins. *Trends Biochem. Sci.* 8:11-13, 1983.
   Gilbert, W. Genes-in-pieces revisited. *Science* 228:823-824, 1985.
   McCarthy, A.D.; Hardie, D.G. Fatty acid synthase : an example of protein evolution by gene fusion. *Trends Biochem. Sci.* 9:60-63, 1984.

Rossmann, M.G. ; Argos, P. Protein folding. *Annu. Rev. Biochem.* 50:497-532, 1981.

27. Gehring, W.J. On the homeobox and its significance. *Bioessays* 5:3-4, 1986.

Hunter, T. The proteins of oncogenes. *Sci. Am.* 251(2):70-79, 1984.

Südhof, T.C.; et al. Cassette of eight exons shared by genes for LDL receptor and EGF precursor. *Science* 228:893-895, 1985.

Weber. I.T. ; Takio, K. ; Titani, K. ; Steitz, T.A. The cAMP-binding domains of the regulatory subunit of cAMP-dependent protein kinase and the catabolite gene activator protein are homologous. *Proc. Natl. Acad. Sci. USA* 79:7679-7683, 1982.

28. Bajaj, M. ; Blundell, T. Evolution and the tertiary structure of proteins. *Annu. Rev. Biophys. Bioeng.* 13:453-492, 1984.

Klug, A. From macromolecules to biological assemblies. *Biosci. Rep.* 3:395-430, 1983.

Metzler, D.E. Biochemistry. New York : Academic Press, 1977. (Le Chapitre 4 décrit la façon dont les macromolécules s'assemblent pour former des agrégats importants.)

29. Caspar, D.L.D. ; Klug, A. Physical principles in the construction of regular viruses. *Cold Spring Harbor Symp. Quant. Biol.* 27:1-24, 1962.

Harrison, S.C. Virus structure : high resolution perspectives. *Adv. Virus Res.* 28:175-240, 1983.

30. Fraenkel-Conrat, H. ; Williams, R.C. Reconstitution of active tobacco mosaic virus from its inactive protein and nucleic acid components. *Proc. Natl. Acad. Sci. USA* 41:690-698, 1955.

Harrison, S.C. Multiple modes of subunit association in the structures of simple spherical viruses. *Trends Biochem. Sci.* 9:345-351, 1984.

Hendrix, R.W. Tail length determination in double-stranded DNA bacteriophages. *Curr. Top. Microbiol. Immunol.* 136:21-29, 1988.

Hogle, J.M. ; Chow, M. ; Filman, D.J. The structure of polio virus. *Sci. Am.* 256(3):42-49, 1987.

Namba, K. ; Caspar, D.L.D. ; Stubbs, G.J. Computer graphics representation of levels of organization in tobacco mosaic virus structure. *Science* 227:773-776, 1985.

Nomura, M. Assembly of bacterial ribosomes. *Science* 179:864-873, 1973.

31. Mathews, C.K. ; Kutter, E.M. ; Mosig, G. ; Berget, P.B. Bacteriophage T4, chapters 1 and 4. Washington, DC: American Society of Microbiologists, 1983.

Steiner, D.F. ; Kemmler, W. ; Tager, H.S. ; Peterson, J.D. Proteolytic processing in the biosynthesis of insulin and other proteins. *Fed. Proc.* 33:2105-2115, 1974.

32. Ferhst, A. Enzyme Structure and Mechanism, 2nd ed. New York : W.H. Freeman, 1985.

33. Chothia, C. Principles that determine the structure of proteins. *Annu. Rev. Biochem.* 53:537-572, 1984.

34. Fersht, A.R. ; Leatherbarrow, R.J. ; Wells, T.N.C. Binding energy and catalysis. *Trends Biochem. Sci.* 11:321-325, 1986.

Lerner, R.A. ; Tramontano, A. Catalytic antibodies, *Sci. Am.* 258(3):58-70, 1988.

Wolfenden, R. Analog approaches to the structure of the transition state in enzyme reactions. *Accounts Chem. Res.* 5:10-18, 1972.

35. Wood, W.B. ; Wilson, J.H. ; Bendow, R.M. ; Hood, L.E. Biochemistry, A Problems Approach 2nd ed. Menlo Park, CA : Benjamin-Cummings, 1981. (Chapitres 9 et 15 et problèmes associés.)

36. Barnes, S.J. ; Weitzman, P.D.J. Organization of citric acid cycle enzymes into a multienzyme cluster. *FEBS Lett.* 201:267-270, 1986.

Reed, L.J. ; Cox, D.J. Multienzyme complexes. In The enzymes, 3rd ed., (P.D. Boyer, ed.), Vol. 1, pp. 213-240. New York : Academic Press, 1970.

37. Adam, G. ; Delbruck, M. Reduction of dimensionality in biological diffusion processes. In Structural Chemistry and Molecular Biology (A. Rich, N. Davidson, eds.), pp. 198-215. San Francisco : Freeman, 1968.

Berg, O.G. ; von Hippel, P.H. Diffusion-controlled macromolecular interactions. *Annu. Rev. Biophys. Biophys. Biochem.* 14:131-160, 1985.

38. Cantor, C.R. ; Schimmel, P.R. Biophysical Chemistry. Part III : The Behavior of Biological Macromolecules, Chapters 15 and 17. New York : W.H. Freeman, 1980.

Dickerson, R.E.; Geis, I. Hemoglobin : Structure, Function, Evolution and Pathology. Menlo Park, CA : Benjamin-Cummings, 1983.

Edelstein, S.J. Introductory Biochemistry. San Francisco: Holden-Day, 1973. (Chapitre 10 sur les agrégats protéiques et les interactions allostériques.)

Monod, J. ; Changeux, J.P. ; Jacob, F. Allosteric proteins and cellular control systems. *J. Mol. Biol.* 6:306-329, 1963.

39. Koshland, D.E., Jr. Control of enzyme activity and metabolic pathways. *Trends Biochem. Sci.* 9:155-159, 1984.

Newsholme, E.A. ; Start, C. Regulation in Metabolism. New York : Wiley, 1973.

40. Koch, K-W. ; Stryer, L. Highly cooperative feedback control of retinal rod guanylate cyclase by calcium ions. *Nature* 334:64-65, 1988

Nishizuka, Y. Protein kinases in signal transduction. *Trends Biochem. Sci.* 9:163-166, 1984.

41. Kantrowitz, E.R. ; Lipscomb, W.N. *Escherichia coli* aspartate transcarbamoylase : the relation between structure and function. *Science* 241:669-674, 1988.

Schachman, H.K. From allostery to mutagenens : 20 years with aspartate transcarbamoylase. *Biochem. Soc. Trans.* 15:772-775, 1987.

Sprang, S.; Goldsmith, E.; Fletterick, R. Structure of the nucleotide activation switch in glycogen phosphorylase a. *Science* 237:1012-1019, 1987.

42. Hill, T.L. Biochemical cycles and free energy transduction. *Trends Biochem. Sci.* 2:204-207, 1977.

Hill, T.L. A proposed common allosteric mechanism for active transport, muscle contraction, and ribosomal translocation. *Proc. Natl. Acad. Sci USA* 64:267-274, 1969.

Johnson, K.A. Pathway of the microtubule-dynein ATPase and the structure of dynein : a comparison with actomyosin. *Annu. Rev. Biophys. Biophys. Chem.* 14:161-188. 1985.

43. Hokin, L.E. The molecular machine for driving the coupled transports of Na^+ and K^+ is an ($Na^+ + K^+$)- activated ATPase *Trends Biochem. Sci.* 1:233-237, 1976.

Tanford, C. Mechanism of free energy coupling in active transport. *Annu. Rev. Biochem.* 53:379-409, 1983.

Kyte, J. Molecular considerations relevant to the mechanism of active transport. *Nature* 292:201-204, 1981.

44. Nicholls, D.G. Bioenergetics : An Introduction to the Chemiosmotic Theory. New York : Academic Press, 1982.

45. Alberts, B.M. Protein machines mediate the basic genetic processes. *Trends Genet.* 1:26-30, 1985.

Les méthodes d'étude des cellules

4

Les cellules sont petites et complexes. Il est difficile de voir leur structure, difficile de découvrir leur composition moléculaire, et plus difficile encore de comprendre le fonctionnement de leurs divers constituants. Ce que nous pouvons apprendre des cellules dépend des outils dont nous disposons, et des découvertes capitales ont souvent résulté de l'introduction de nouvelles techniques. Pour comprendre la biologie de la cellule contemporaine, il est donc nécessaire de se familiariser avec ces méthodes.

Dans ce chapitre, nous passerons brièvement en revue quelques-unes des principales méthodes utilisées pour l'étude des cellules. Nous commencerons par les techniques d'examen de la cellule dans son ensemble, puis nous poursuivrons par les techniques d'analyse de ses macromolécules constitutives. La microscopie sera notre point de départ car la biologie cellulaire commença avec la microscopie photonique, et celle-ci demeure un outil essentiel avec des systèmes d'imagerie plus récents utilisant des faisceaux d'électrons et d'autres formes de radiations. De l'observation passive, nous passerons à une intervention active : nous étudierons la façon dont des cellules de différents types peuvent être isolées à partir des tissus et cultivées à l'extérieur du corps, comment on peut les faire éclater et isoler leurs organites et leurs macromolécules constitutives sous une forme purifiée. Enfin, nous discuterons de la façon dont la technologie de l'ADN recombinant a révolutionné l'étude des cellules, en permettant d'isoler, de déterminer leur séquence de gènes, de les manipuler et d'établir ainsi la façon dont ils fonctionnent à l'intérieur de la cellule.

Microscopie [1]

Une cellule animale type, mesurant de 10 à 20 μm de diamètre, est environ cinq fois plus petite que la plus petite particule visible. Il fallut donc attendre de disposer de bons microscopes photoniques, au début du dix-neuvième siècle, pour découvrir que les tissus végétaux et animaux étaient des agrégats de cellules isolées. Cette découverte, à l'origine de la **doctrine cellulaire** proposée par Schleiden et Schwann en 1838, marque la naissance officielle de la biologie cellulaire.

Les cellules animales ne sont pas seulement minuscules, elles sont aussi incolores et translucides ; la découverte de leurs principales caractéristiques fut donc tributaire du développement, à la fin du dix-neuvième siècle, d'un assortiment de colorants qui assuraient un contraste suffisant pour les rendre visibles. De plus, l'introduction du microscope électronique, beaucoup plus puissant, au début des années 1940, nécessita le développement de nouvelles techniques de conservation et de coloration des cellules avant que toute la complexité de leurs

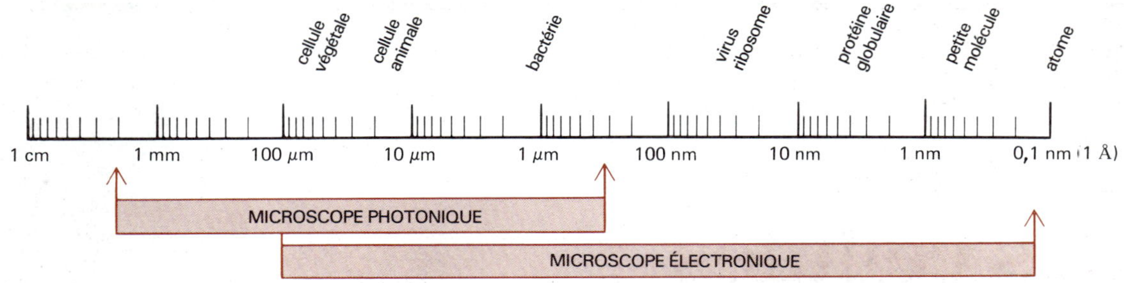

structures fines internes ne commence à apparaître. Jusqu'à ce jour, la microscopie dépend autant des techniques de préparation des échantillons que des performances du microscope lui-même. Dans les paragraphes qui suivent, nous discuterons donc à la fois des instruments et de la préparation des échantillons, en commençant par la microscopie photonique.

La Figure 4-1 montre quelle finesse du détail peut être atteinte avec des microscopes photoniques modernes, par comparaison avec les microscopes électroniques. Quelques-unes des étapes du développement de la microscopie photonique sont rassemblées dans le Tableau 4-1.

Figure 4-1 Les tailles des cellules et de leurs constituants figurées sur une échelle logarithmique, en même temps que le champ d'utilisation des microscopes photonique et électronique. On emploie couramment en microscopie les unités de longueurs suivantes :

μm (micromètre) = 10^{-6} m
nm (nanomètre) = 10^{-9} m
Å (unité Angström) = 10^{-10} m

Tableau 4-1 Quelques découvertes importantes dans l'histoire de la microscopie photonique

1611	**Kepler** proposait un moyen pour fabriquer un microscope composé.
1655	**Hooke** utilisait un microscope composé pour décrire de petits pores dans des sections de liège, qu'il appelait « cellules ».
1674	**Leeuwenhoek** rendait compte de sa découverte des protozoaires. Il observait des bactéries pour la première fois 9 ans plus tard.
1833	**Brown** publiait ses observations microscopiques d'orchidées, décrivant clairement le noyau cellulaire.
1838	**Schleiden et Schwann** proposaient la théorie cellulaire, selon laquelle la cellule est l'unité structurelle et fonctionnelle des végétaux et des animaux.
1857	**Kolliker** décrivait les mitochondries dans les cellules musculaires.
1876	**Abbé** analysait les effets de la diffraction sur la formation de l'image au microscope et montrait comment perfectionner la conception du microscope.
1879	**Flemming** décrivait très clairement le comportement du chromosome au cours de la mitose dans les cellules animales.
1881	**Retzius** décrivait de nombreux tissus animaux avec une précision qui n'a été surpassée par aucun autre spécialiste de la microscopie photonique. Au cours des deux décades suivantes, lui, **Cajal** et d'autres histologistes développaient des méthodes de coloration et posaient les bases de l'anatomie microscopique.
1882	**Koch** employait l'aniline pour colorer des micro-organismes et identifiait les bactéries responsables de la tuberculose et du choléra. Au cours des deux décades suivantes, d'autres bactériologistes, comme **Klebs** et **Pasteur**, identifiaient les agents pathogènes de nombreuses autres maladies en examinant au microscope des préparations colorées.
1886	**Zeiss** fabriquait une série de lentilles, d'après le plan d'**Abbé**, qui permettaient aux microscopistes de résoudre des structures jusqu'aux limites théoriques de la lumière visible.
1898	**Golgi** observait et décrivait pour la première fois l'appareil de Golgi en colorant les cellules avec du nitrate d'argent.
1924	**Lacassagne** et ses collaborateurs mettaient au point la première méthode d'autoradiographie pour localiser le polonium radioactif dans des échantillons biologiques.
1930	**Lebedeff** dessinait et construisait le premier microscope interférentiel. En 1932, **Zernicke** inventait le microscope à constraste de phase. Ces deux développements rendaient possible, pour la première fois, l'observation détaillée de cellules vivantes non colorées.
1941	**Coons** utilisait des anticorps couplés à des fluorochromes pour la détection d'antigènes cellulaires.
1952	**Nomarski** concevait et faisait breveter le système de contraste d'interférence différentielle pour le microscope photonique qui porte encore son nom.
1981	**Allen** et **Inoué** perfectionnent la microscopie photonique de contraste mise en valeur par la vidéo.

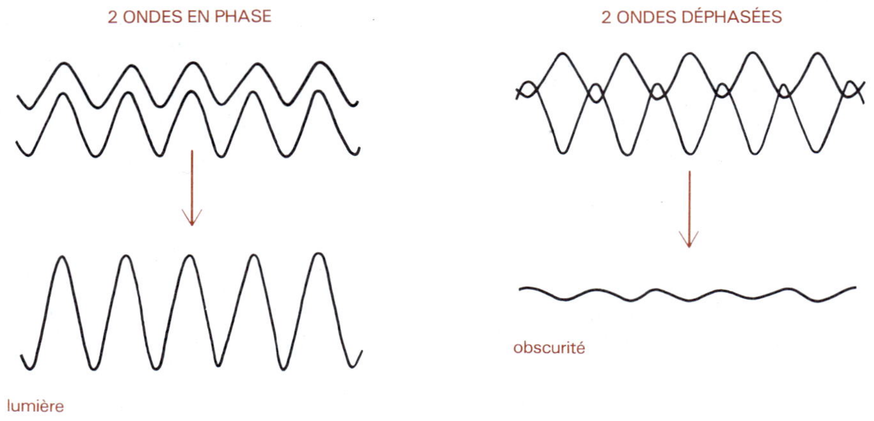

Figure 4-2 Interférence entre des ondes lumineuses. Quand deux ondes lumineuses sont *en phase* l'amplitude de leur résultante est supérieure et la brillance est accrue. Deux ondes *déphasées* s'annulent partiellement et engendrent une onde dont l'amplitude, et donc la brillance, est diminuée.

Un microscope photonique peut distinguer des détails distants de 0,2 μm [2]

En général, une radiation possédant une longueur d'onde donnée ne peut être employée pour examiner des détails structuraux beaucoup plus petits que sa propre longueur d'onde : ce principe impose donc une limite fondamentale au pouvoir séparateur de tous les microscopes. La limite extrême de résolution d'un microscope photonique est donc fixée par la longueur d'onde de la lumière visible, qui varie de 0,4 μm à 0,7 μm, pour le violet. Concrètement, une bactérie ou une mitochondrie, qui mesurent environ 500 nm (0,5 μm) de largeur, sont, en général, les plus petits objets clairement observables au microscope photonique ; des détails plus fins sont masqués par des effets dus à la nature ondulatoire de la lumière. Pour comprendre pourquoi ceci se produit, il faut suivre le devenir d'un faisceau d'ondes lumineuses lorsqu'il traverse les lentilles d'un microscope.

A cause de sa nature ondulatoire, la lumière ne suit pas exactement les parcours lumineux idéalement rectilignes prédits par les optiques géométriques. Les ondes lumineuses traversent un système optique par une variété de trajets légèrement différents, de telle sorte qu'elles interfèrent et provoquent des effets *de diffraction optique.* Si deux trains d'ondes qui atteignent le même point par des chemins différents sont précisément en phase, maxima et minima en concordance, il se renforceront de façon à augmenter la brillance. Par contre, si les trains d'ondes ne sont pas en phase, ils interféreront de façon à s'annuler (Figure 4-2). L'interaction de la lumière avec un objet changera les rapports de phase des ondes lumineuses de façon à produire des effets d'interférence de ce type. Par exemple, la projection d'une arête droite éclairée par une lumière de longueur d'onde uniforme apparaît à fort grossissement sous la forme d'une série de lignes parallèles, alors que celle d'une tache circulaire apparaît comme une série de cercles concentriques (Figure 4-3). Pour la même raison, un point unique apparaît, à travers un microscope, comme un disque flou, et deux objets ponctuels très proches donnent des images qui se chevauchent et fusionnent en une seule. Aucun perfectionnement apporté aux lentilles, si considérable soit-il, ne peut surmonter cette limitation imposée par la nature ondulatoire de la lumière. Deux objets ne pourront être encore distingués l'un de l'autre que s'ils sont séparés par une distance inférieure minimale appelée **limite de résolution** qui dépend à la fois de la longueur d'onde de la lumière et de l'ouverture numérique du système de lentilles utilisé (Figure 4-4). Dans les meilleures conditions, avec une lumière violette (longueur d'onde, $\lambda = 0{,}4$ μm) et une ouverture numérique de 1,4, on peut théoriquement obtenir une limite de résolution n'excédant pas 0,2 μm avec un microscope photonique. Ce pouvoir séparateur maximal était atteint par les fabricants de microscopes à la fin du dix-neuvième siècle et n'est que rarement égalé par les microscopes industriels contemporains. Bien qu'il soit possible d'*agrandir* une image autant que l'on veut — en la projetant, par exemple, sur un écran — il reste impossible de distinguer deux objets séparés par moins de 0,2 μm en microscopie photonique : l'image des deux objets sera unique.

La nature ondulatoire de la lumière ne constitue pas toujours une barrière à l'étude des cellules : au contraire, nous verrons plus tard comment l'interférence et la diffraction peuvent être exploitées pour étudier des cellules vivantes non colorées. Mais tout d'abord, nous devons examiner comment réaliser des préparations permanentes de cellules pour les observer au microscope, et comment utiliser des colorants chimiques pour améliorer la visibilité des structures cellulaires dans de telles préparations.

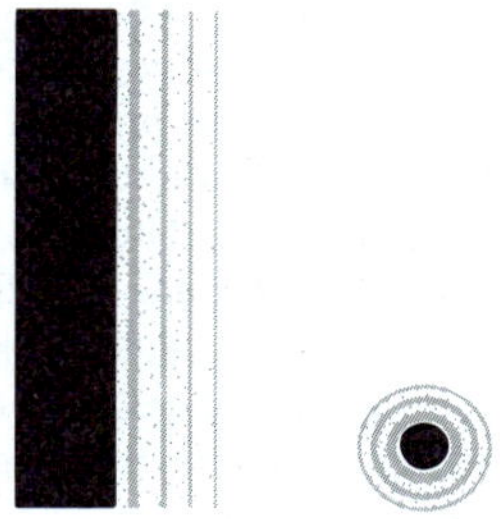

Figure 4-3 Les effets d'interférence observés à fort grossissement quand la lumière rencontre les contours d'un objet solide placé entre la source lumineuse et l'observateur.

(A) LENTILLES

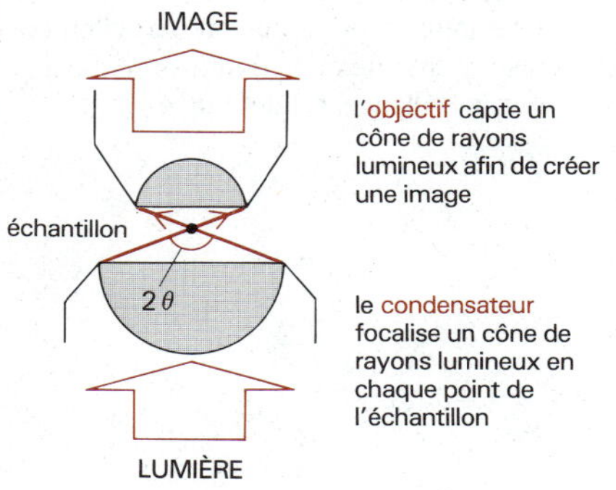

(B) RÉSOLUTION : le pouvoir de résolution du microscope dépend de l'ouverture du cône d'éclairement et par conséquent du condensateur et de l'objectif. Il est calculé grâce à la formule

$$\text{résolution} = \frac{0{,}61\ \lambda}{n \sin \theta}$$

où :

θ = moitié de l'ouverture angulaire du cône de rayons captés par l'objectif à partir d'un point de l'échantillon (puisque l'ouverture maximale est de 180°, sin θ a une valeur maximale de 1)

n = indice de réfraction du milieu (habituellement l'air ou l'huile) séparant l'échantillon de l'objectif et du condensateur

λ = longueur d'onde de la lumière utilisée (pour la lumière blanche, 0,53 μm est généralement utilisé)

(C) OUVERTURE NUMÉRIQUE : dans l'équation ci-dessus, $n \sin \theta$ est appelé ouverture numérique de la lentille (ON) et est une fonction de la capacité de condensation de la lumière. Sa valeur ne peut pas dépasser 1 pour des lentilles sèches mais peut atteindre 1,4 pour les lentilles à immersion. Plus l'ouverture numérique est importante plus la résolution est grande et l'image brillante (la brillance est importante en microscopie à fluorescence). Cependant, cet avantage est obtenu aux dépens de distances de travail très courtes et d'une très petite profondeur de champ.

Figure 4-4 Le trajet des rayons lumineux qui traversent un échantillon transparent dans un microscope, illustrant la notion d'ouverture numérique et sa relation avec la limite de résolution.

Les tissus sont habituellement fixés et coupés pour la microscopie [2]

Afin de réaliser une préparation qui puisse être colorée et observée à loisir au microscope, il faut tout d'abord traiter les cellules avec un fixateur pour les immobiliser, les tuer et les conserver. En termes chimiques la **fixation** rend les cellules perméables aux colorants et provoque la réticulation de leurs macromolécules, de sorte qu'elles sont stabilisées et figées en position. Certaines des premières techniques de fixation nécessitaient l'immersion dans des acides ou des solvants organiques comme l'alcool. Les procédés actuels comprennent habituellement le traitement par des aldéhydes réactifs, en particulier le formaldéhyde et le glutaraldéhyde, qui forment des liaisons covalentes avec les groupements aminés libres des protéines et relient ainsi des molécules adjacentes.

La plupart des échantillons tissulaires sont trop épais pour que leurs cellules puissent être examinées directement avec une grande résolution. Après fixation, les tissus sont donc habituellement découpés en tranches très fines (**coupes**), grâce à un *microtome*, un appareil muni d'une lame métallique tranchante, qui fonctionne un peu comme une machine à couper la viande (Figure 4-5). Les coupes (épaisses de 1 à 10 μm) sont ensuite étalées à la surface d'une lame de microscope en verre.

Les tissus sont généralement mous et fragiles, même après fixation, et il est donc nécessaire de les **inclure** dans un milieu de support avant de les couper. Les milieux d'inclusion habituels sont des cires ou des résines. Sous forme liquide, ces milieux vont imprégner et entourer le tissu fixé ; ils peuvent être ensuite durcis (par refroidissement ou polymérisation) en un bloc solide facilement débité par le microtome.

Le risque que le traitement utilisé pour la fixation et l'inclusion altère la structure de la cellule ou de ses molécules constitutives de façon indésirable est sérieux. Une autre méthode de préparation, la congélation rapide, permet, dans une certaine mesure, d'éviter la fixation et l'inclusion. Le tissu congelé peut être directement découpé avec un cryostat — un microtome spécial qui est maintenu dans une enceinte réfrigérée. Bien que les **coupes à congélation** obtenues de cette façon évitent certains artéfacts, elles présentent d'autres inconvénients ; les structures natives de molécules individuelles telles que les protéines sont bien conservées, mais la structure de la cellule est souvent désorganisée par des cristaux de glace.

Une fois les coupes réalisées, quelle que soit la méthode, leur coloration est habituellement l'étape suivante.

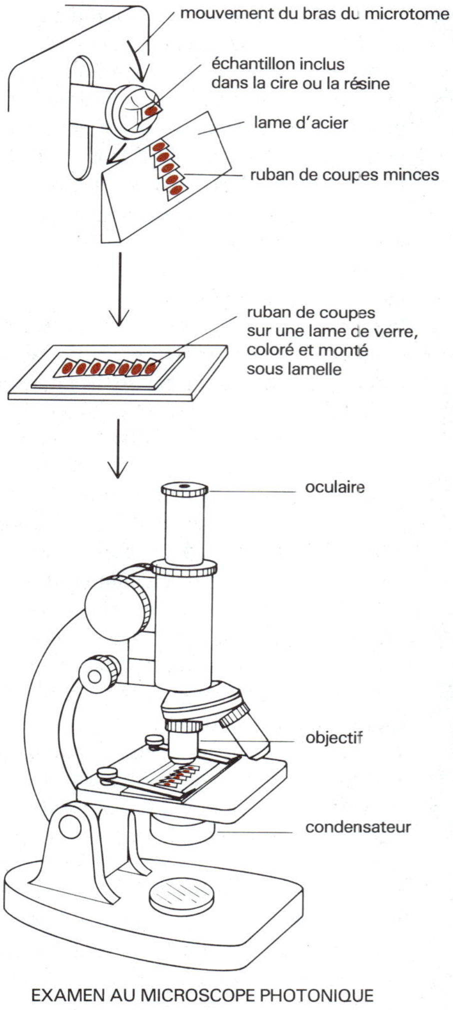

Figure 4-5 Représentation de la façon dont un tissu inclus est coupé au microtome pour être observé au microscope photonique.

Différents composants de la cellule peuvent être colorés sélectivement [3]

La plupart des cellules (dont le poids est constitué de 70 p. cent d'eau) contiennent peu d'éléments susceptibles de faire obstacle au passage des rayons lumineux. La grande majorité des cellules dans leur état naturel, même fixées et colorées, sont ainsi presque invisibles au microscope photonique ordinaire. Une façon de les rendre visibles consiste à les traiter par des colorants.

Au début du dix-neuvième siècle, la demande en colorants pour la teinture des textiles fut à l'origine d'une période féconde pour la chimie organique. On découvrait que certaines teintures coloraient les tissus biologiques, et qu'elles montraient souvent, de manière inespérée, une préférence pour des régions particulières de la cellule — le noyau ou la mitochondrie par exemple — ce qui rendait ces structures internes clairement visibles. On dispose aujourd'hui d'un grand choix de colorants, qui portent des noms aussi pittoresques que *vert Malachite, noir Soudan* et *bleu de Coomassie,* dont chacun possède une affinité spécifique pour des composants infracellulaires particuliers. L'*hématoxyline*, par exemple, est un colorant qui possède une affinité pour les molécules chargées négativement et qui met donc en évidence la répartition de l'ADN et de l'ARN dans les cellules. Toutefois, la base chimique de la spécificité de nombreux colorants reste inconnue.

Une meilleure compréhension de la chimie de la cellule a conduit à des procédés de coloration plus rationnels et sélectifs, et, en particulier, à des méthodes qui révèlent des protéines spécifiques ou d'autres macromolécules dans les cellules. Il se pose ici un problème de sensibilité. Puisque le nombre de copies de la plupart des macromolécules présentes dans une cellule donnée est relativement faible, une ou deux molécules de colorant fixées à chaque macromolécule seront souvent invisibles. Augmenter le nombre de molécules de colorant associées à chaque macromolécule est une façon de résoudre ce problème. Certaines enzymes peuvent ainsi être localisées dans les cellules grâce à leur activité catalytique : en présence des molécules de substrat appropriées, chaque molécule d'enzyme engendre de nombreuses molécules d'un produit de réaction visible et localisé. L'utilisation de la fluorescence est une autre façon d'aborder ce problème de sensibilité. Dans ce cas, au lieu d'essayer de détecter des molécules de colorant par la faible diminution qu'elles provoquent dans la quantité de lumière transmise à travers un échantillon, on détecte des colorants spéciaux sur un fond noir, au moyen de la lumière qu'ils émettent, eux et eux seuls, lorsqu'ils sont convenablement excités, comme nous allons l'expliquer maintenant.

Des molécules spécifiques peuvent être localisées dans les cellules par la microscopie à fluorescence [4]

Les molécules fluorescentes absorbent la lumière à une longueur d'onde donnée et l'émettent à une longueur d'onde plus élevée. Si un tel composé est éclairé à sa longueur d'onde d'absorption, puis observé à travers un filtre qui ne laisse passer que la lumière de la longueur d'onde d'émission, il apparaît luminescent sur un fond sombre. L'intensité et la couleur de la lumière sont des propriétés caractéristiques de la molécule fluorescente utilisée.

Les colorants fluorescents utilisés pour colorer les cellules sont détectés à l'aide d'un **microscope à fluorescence.** Ce microscope est semblable à un microscope photonique ordinaire, excepté le fait que la lumière incidente, provenant d'une source très puissante, passe à travers deux jeux de filtres — le premier pour intercepter la lumière avant qu'elle n'atteigne l'échantillon, et le second pour filtrer la lumière réémise par l'échantillon. Le premier filtre est sélectionné pour ne laisser passer que les longueurs d'onde qui excitent le colorant fluorescent particulier, tandis que le second filtre les arrête et ne laisse passer que les longueurs d'onde émises lorsque le colorant fluoresce (Figure 4-6).

La microscopie à fluorescence est le plus souvent utilisée pour détecter des protéines spécifiques ou d'autres molécules que l'on a rendues fluorescentes par couplage covalent à un colorant fluorescent. Par exemple, les colorants fluorescents peuvent être couplés à des molécules d'anticorps, qui servent alors de réactifs de coloration hautement spécifiques et polyvalents, en se liant sélectivement à d'autres macromolécules à la surface d'une cellule vivante où à l'intérieur d'une cellule fixée (voir p. 177). Deux colorants fluorescents couramment utilisés dans ce cas sont la *fluorescéine,* qui émet une fluorescence intense jaune-vert lorsqu'elle est excitée avec une lumière bleue, et la *rhodamine,* qui émet une fluorescence rouge sombre, lorsqu'elle est excitée avec une lumière vert-jaune (Figure 4-7). En couplant une molécule à la fluorescéïne et une autre à la rhodamine, il est possible de suivre les répartitions de molécules différentes dans la même cellule ; les deux molécules sont détectées séparément au microscope par un mouvement de va-et-vient entre les deux jeux de filtres, chacun étant spécifique d'un colorant (Figure 4-8).

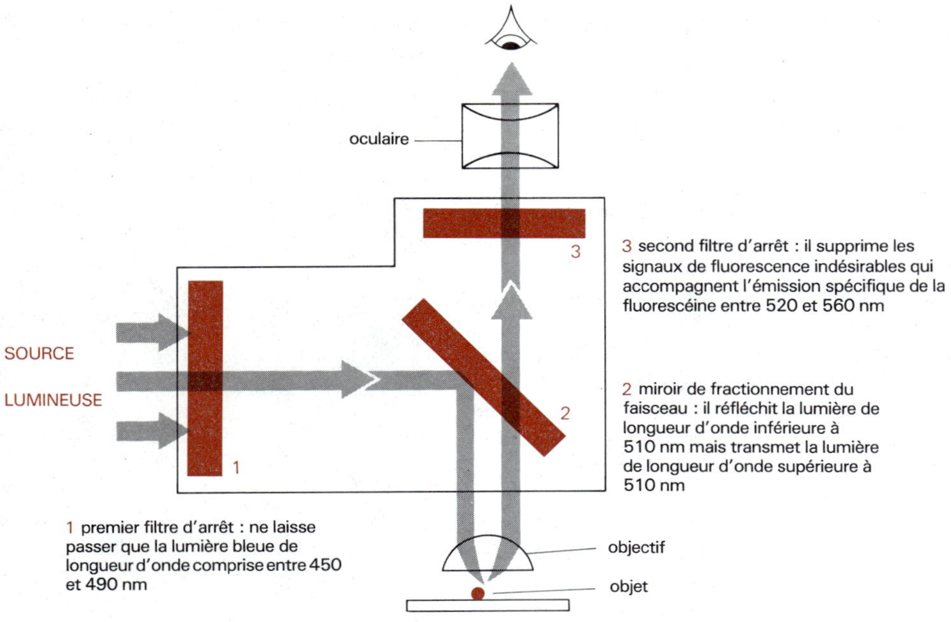

Figure 4-6 Le système optique d'un microscope à fluorescence moderne. Un ensemble de filtres est composé de deux filtres d'arrêt et d'un miroir dichroïde (fractionnant le faisceau). Dans cet exemple, on montre l'ensemble des filtres pour la détection de la fluorescence de la fluorescéine. Les lentilles de l'objectif à grande ouverture numérique sont particulièrement importantes dans ce type de microscopie, puisque, pour un grossissement donné, la brillance de l'image fluorescente est proportionnelle au quart de l'ouverture numérique (voir aussi la Figure 4-4).

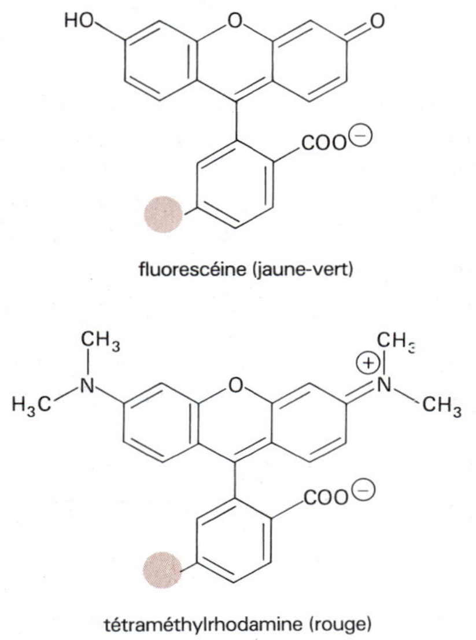

Figure 4-7 Les structures de la fluorescéine et de la rhodamine, deux colorants qui sont couramment utilisés en microscopie en fluorescence. La fluorescéine émet une lumière jaune-vert lorsqu'elle est activée par une lumière de longueur d'onde appropriée, alors que la rhodamine émet une lumière rouge. La région de chaque molécule représentée en couleur indique l'emplacement d'un groupement chimiquement réactif ; c'est, d'ordinaire, à cet emplacement que se forme une liaison covalente entre le colorant et une protéine (ou une autre molécule). Des versions commercialement disponibles de ces colorants, possèdent différents types de groupements réactifs, qui leur permettent de prendre pour cible soit un groupement —SH, soit un groupement — NH_2 sur une protéine.

Figure 4-8 Micrographies en fluorescence d'une région de la surface d'un embryon de *Drosophile*, dans laquelle les microtubules ont été marqués par un anticorps couplé à la fluorescéine *(planche de gauche)*, et les filaments d'actine par un anticorps couplé à la rhodamine *(planche du milieu)*. De plus, les chromosomes ont été marqués avec un troisième colorant qui fluoresce seulement lorsqu'il est lié à l'ADN *(planche de droite)*. A ce stade, tous les noyaux de l'embryon partagent un cytoplasme commun, et ils sont au stade métaphasique de la mitose. Les trois micrographies représentent la même région d'un embryon fixé, et ont été prises en microscopie à fluorescence avec trois séries de filtres différentes (voir aussi la Figure 4-6). (Avec l'autorisation de Tim Karr.)

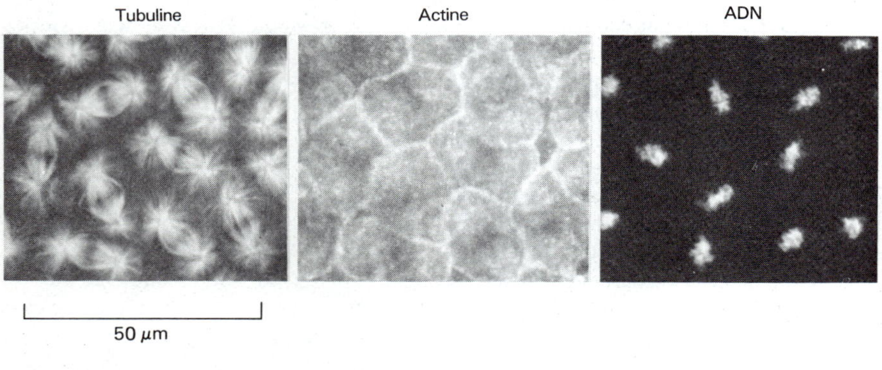

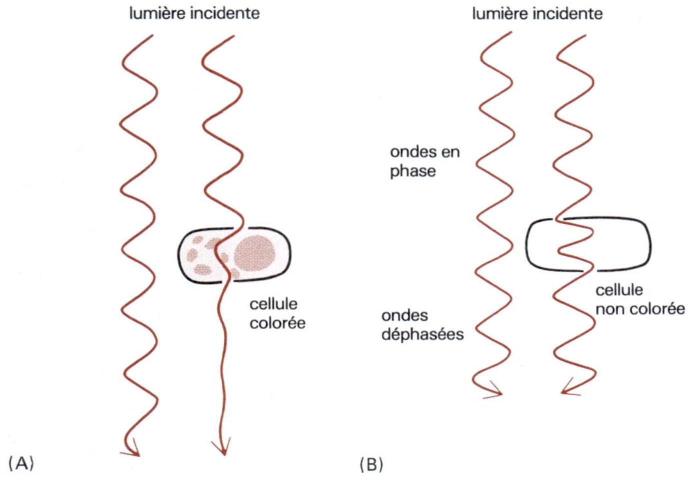

Figure 4-9 Deux façons d'augmenter le contraste en microscopie photonique. Les régions colorées de la cellule en (A) réduisent l'amplitude d'ondes lumineuses de longueurs d'ondes particulières qui les traversent. On obtient ainsi une image colorée de la cellule, visible de la façon courante. La lumière qui traverse la cellule vivante non colorée (B) ne subit pas de variation d'amplitude importante et il est impossible d'observer les détails structuraux même si l'image est très agrandie. Cependant, la phase de la lumière est modifiée par son passage à travers la cellule, et on peut rendre visibles de petites différences de phase en exploitant les effets d'interférence au moyen d'un microscope électronique à contraste de phase ou à contraste d'interférence différentielle.

De nouvelles méthodes importantes, dont nous discuterons plus tard, permettent l'utilisation de la microscopie à fluorescence pour contrôler des variations dans la concentration et la localisation de molécules spécifiques à l'intérieur des cellules *vivantes* (voir p. 142 et p. 156).

Les cellules vivantes peuvent être observées avec précision au microscope à contraste de phase ou au microscope à contraste d'interférence différentielle [2]

La possibilité de perte ou d'altération de certains composants cellulaires durant la préparation des échantillons n'a jamais cessé de préoccuper les microscopistes. La seule façon certaine d'éviter ce risque est d'examiner les cellules lorsqu'elles sont vivantes, sans fixation ou congélation. Ceci nécessite des microscopes possédant des systèmes optiques spéciaux.

Lorsque la lumière passe à travers une cellule vivante, la phase de l'onde lumineuse est changée selon l'indice de réfraction de la cellule : la lumière traversant une partie relativement épaisse ou dense de la cellule, comme le noyau, est retardée et elle changera donc de phase par rapport à la lumière ayant traversé une région voisine plus mince du cytoplasme. Le **microscope à contraste de phase** et le **microscope à contraste d'interférence différentielle** exploitent tous les deux les effets d'interférence produits par la recombinaison de ces deux séries d'ondes, créant alors une image de la structure de la cellule (Figure 4-9). Ces deux types de microscopie photonique sont largement utilisés pour observer les cellules vivantes.

Une façon plus simple de voir certains détails d'une cellule vivante consiste à utiliser la lumière dispersée par les divers composants cellulaires. Dans le **microscope à fond noir**, les rayons lumineux arrivent latéralement, de sorte que seule la lumière dispersée puisse pénétrer dans les lentilles du microscope. La cellule apparaît donc comme un objet lumineux sur un fond sombre. On montre en Figure 4-10 des images de la même cellule obtenues avec quatre types de microscopie photonique.

Figure 4-10 Un fibroblaste en culture tissulaire vu avec quatre types différents de microscopie photonique. L'image (A) a été obtenue par la transmission directe de la lumière à travers la cellule, une technique connue sous le nom de *microscopie sur fond clair*. Les autres images ont été obtenues à l'aide de techniques examinées dans le texte : (B) microscopie à contraste de phase, (C) microscopie de Nomarski à contraste d'interférence différentielle, et (D) microscopie à fond noir. La plupart des microscopes modernes permettent d'obtenir chacun de ces quatre types d'images par simple échange de leurs composants optiques.

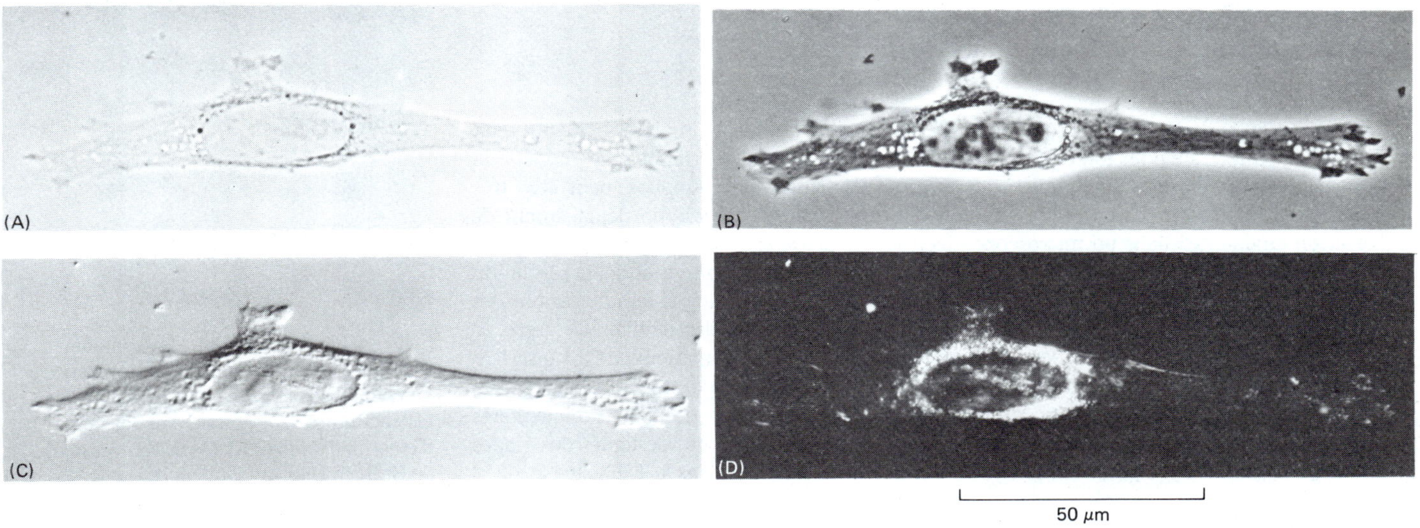

L'un des grands avantages du contraste de phase, de l'interférence, et du fond noir est qu'ils permettent d'observer les mouvements impliqués dans des processus comme la mitose et la migration cellulaire. Comme de nombreux mouvements cellulaires sont trop lents pour être observés en temps réel, il est souvent utile d'effectuer par intervalles des suites de photographies (*microcinématographie*) ou d'enregistrements vidéo. La méthode consiste à enregistrer des prises de vues successives séparées par un court intervalle de temps de telle sorte que, lorsque le film ou la cassette vidéo sont projetés ou passés à vitesse normale, les événements paraissent très accélérés.

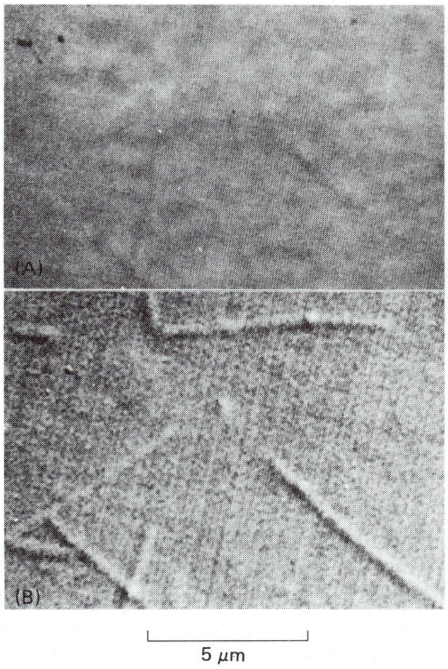

Figure 4-11 Des images de microtubules non colorés visualisés par microscopie à contraste d'interférence différentielle suivie d'un traitement d'images électroniques. (A) montre les images originales non traitées ; (B) montre le résultat final d'un traitement électronique qui augmente beaucoup le contraste et réduit le bruit. Bien que les microtubules n'aient qu'un diamètre de 0,025 μm, ils apparaissent sous la forme de filaments beaucoup plus larges à cause des effets de diffraction. (Avec l'autorisation de Bruce Schnapp.)

Les images peuvent être agrandies et analysées par des techniques électroniques [5]

Au cours des dernières années, les caméras vidéo et la technologie associée du **traitement d'images** ont eu une importante répercussion sur la microscopie photonique. Elles ont non seulement permis de triompher de certaines limitations pratiques des microscopes — dues aux imperfections du système optique — mais ont aussi « tourné » deux limitations fondamentales de l'œil humain. Ces limitations tiennent à ce que (1) l'œil ne peut voir en lumière extrêmement faible et (2) il ne peut percevoir des différences d'intensité lumineuse faibles sur un fond brillant. Le premier de ces problèmes peut être résolu par l'addition de caméras vidéo très sensibles à la lumière (du type de celles utilisées pour la surveillance nocturne) à un microscope. Il est alors possible d'observer des cellules sur de longues périodes à de très faibles niveaux d'éclairage, évitant ainsi les effets nocifs d'une lumière (et d'une chaleur) intense prolongée. De tels *systèmes de renforcement d'images* sont particulièrement importants pour examiner des molécules fluorescentes dans les cellules vivantes.

Puisque les images produites par des caméras vidéo sont digitales et rapidement stockées sous forme électronique, elles peuvent être introduites dans un ordinateur et traitées de plusieurs façons, pour en tirer l'information cachée. Il est possible, grâce à un tel traitement d'images, de compenser divers défauts optiques des microscopes, de façon à atteindre la limite théorique de résolution. De plus, en utilisant des systèmes vidéo reliés à des appareils de traitement d'images, il est possible d'accentuer considérablement les contrastes, de façon telle que les limitations de l'œil dans la détection de petites différences sont surmontées. Bien que ces traitements augmentent aussi le « bruit » de fond visuel aléatoire, celui-ci peut être supprimé en soustrayant électroniquement l'image d'une zone vide du champ. De petits objets transparents qu'il était impossible, auparavant, de distinguer du fond deviennent alors visibles.

Grâce au fort contraste que l'on peut atteindre avec un microscope d'interférence assisté d'un ordinateur, il est possible de voir des objets même très petits comme des microtubules isolés (Figure 4-11), qui ont un diamètre inférieur au dixième de la longueur d'onde de la lumière (0,025 μm). Les microtubules isolés peuvent aussi être observés en microscopie à fluorescence, s'ils sont marqués par fluorescence (voir Figure 4-56). Dans les deux cas, cependant, les effets de diffraction inévitables brouillent fortement l'image, si bien que les microtubules paraissent avoir au moins une largeur de 0,2 μm, interdisant de distinguer un microtubule isolé d'un faisceau de plusieurs microtubules. Une telle distinction nécessite l'utilisation de microscopes électroniques, qui ont repoussé la limite de résolution bien au-delà de la longueur d'onde de la lumière visible.

Figure 4-12 Micrographie électronique d'une fine feuille d'or montrant les atomes individuels sous forme de taches claires. La distance entre deux atomes d'or adjacents est d'environ 0,2 nm (2 Å). (Avec l'autorisation de Graham Hills.)

Le microscope électronique permet de distinguer la structure fine de la cellule [6]

La relation entre la limite de résolution et la longueur d'onde de la lumière incidente (voir Figure 4-4) reste vraie pour toute forme de radiation, qu'il s'agisse d'un faisceau de lumière ou d'un faisceau d'électrons ; mais avec des électrons, la limite de résolution peut être très diminuée. La longueur d'onde d'un électron diminue quand la vitesse de déplacement de l'électron augmente : dans un microscope électronique possédant une tension d'accélération de 100 000 volts, la longueur d'onde d'un électron est de 0,004 nm et, en théorie, la résolution d'un tel microscope devrait être d'environ 0,002 nm. Toutefois, du fait que les aberrations des lentilles électroniques sont considérablement supérieures à celles des lentilles de verre, le pouvoir séparateur de la plupart des microscopes électroniques est, au mieux, de 0,1 nm (1 Å) (Figure 4-12). De plus, des problèmes de préparation des échantillons, de contraste, et de dégâts causés par l'irradiation limitent à 2 nm (20 Å) la résolution pour des objets biologiques — environ 100 fois mieux que la résolution du microscope photonique. Certaines des étapes du développement de la microscopie électronique sont rassemblées dans le Tableau 4-2.

Tableau 4-2 Les événements principaux dans le développement du microscope électronique et son application à la biologie cellulaire

1897	**J. J. Thomson** annonçait l'existence de particules chargées négativement, appelées plus tard *électrons.*
1924	**de Broglie** suggérait qu'un électron en mouvement avait des propriétés ondulatoires.
1926	**Busch** prouvait qu'il était possible de faire converger un faisceau d'électrons avec une lentille cylindrique, et posait ainsi les fondations de l'optique électronique.
1931	**Ruska** et ses collègues construisaient le premier microscope électronique.
1935	**Knoll** démontrait la possibilité de réaliser le microscope électronique à balayage ; trois ans plus tard, **Von Ardenne** construisait un appareil prototype.
1939	**Siemens** fabriquait le premier microscope électronique à transmission distribué dans le commerce.
1944	**Williams et Wyckoff** présentaient la technique d'ombrage métallique.
1945	**Porter, Claude** et **Fullam** utilisaient le microscope électronique pour examiner des cellules en culture tissulaire après fixation et coloration avec OsO_4.
1948	**Pease et Baker** préparaient des coupes fines fiables (épaisses de 0,1 à 0,2 μm) de matériel biologique.
1952	**Palade, Porter** et **Sjöstrand** mettaient au point des méthodes de fixation et de découpage en coupes fines permettant, pour la première fois, l'observation de nombreuses structures intracellulaires. Dans l'une des premières applications de ces techniques, **H. E. Huxley** montrait que le muscle squelettique contient des réseaux chevauchants de filaments protéiques, et étayait ainsi l'hypothèse du « filament coulissant » dans la contraction musculaire.
1953	**Porter et Blum** mettaient au point le premier ultramicrotome à être largement accepté, en y incorporant de nombreuses caractéristiques introduites auparavant par **Claude** et **Sjöstrand.**
1956	**Glauert** et ses associés démontraient que la résine époxy *Araldite* était un agent d'inclusion très efficace dans la microscopie électronique. **Luft** présentait une autre résine d'inclusion, *l'Epon,* 5 ans plus tard.
1957	**Robertson** décrivait la structure trilaminaire de la membrane cellulaire, observée pour la première fois au microscope électronique.
1957	Les techniques de cryofracture, initialement mises au point par **Steere**, étaient perfectionnées par **Moor et Mühlethaler**. Plus tard (1966), **Branton** démontrait que la cryofracture permet la visualisation de l'intérieur de la membrane.
1959	**Singer** utilise les anticorps couplés à la ferritine pour localiser des molécules cellulaires en microscopie électronique.
1959	**Brenner et Horne** développaient la technique de coloration négative, inventée 4 ans auparavant par **Hall**, pour en faire une technique généralement employée pour la visualisation des virus, bactéries et filaments protéiques.
1963	**Sabatini, Bensch et Barrnett** introduisaient le glutaraldéhyde (habituellement suivi par OsO_4) comme fixateur pour la microscopie électronique.
1965	**Cambridge Instruments** fabriquait le premier microscope électronique à balayage commercial.
1968	**de Rosier et Klug** décrivaient des techniques de reconstruction de structures tridimensionnelles à partir de micrographies électroniques.
1975	**Henderson et Unwin** déterminent la première structure d'une protéine membranaire par reconstruction à l'aide d'un ordinateur à partir de micrographies électroniques d'échantillons non marqués.
1979	**Heuser, Reese** et leurs collègues mettaient au point une technique de décapage poussé, possédant un pouvoir de résolution très élevé, basée sur une congélation très rapide.

Dans sa conception globale, le **microscope électronique à transmission (MET)** est semblable à un microscope photonique — bien qu'il soit plus grand et inversé (Figure 4-13). La source lumineuse est un filament ou cathode qui émet des électrons au sommet d'une colonne cylindrique haute d'environ deux mètres. Puisque les électrons sont dispersés par collisions avec les molécules d'air, il faut tout d'abord créer le vide à l'intérieur de la colonne en pompant l'air. Les électrons sont ensuite accélérés à partir du filament par une anode toute proche et transmis à travers un orifice minuscule pour former un faisceau électronique qui descend le long de la colonne. Des bobines magnétiques échelonnées le long de la colonne font converger le faisceau électronique, exactement de la même façon que des lentilles focalisent la lumière dans un microscope photonique. On place l'échantillon dans le vide à travers un sas dans la trajectoire du faisceau convergent d'électrons. Certains des électrons traversant l'échantillon

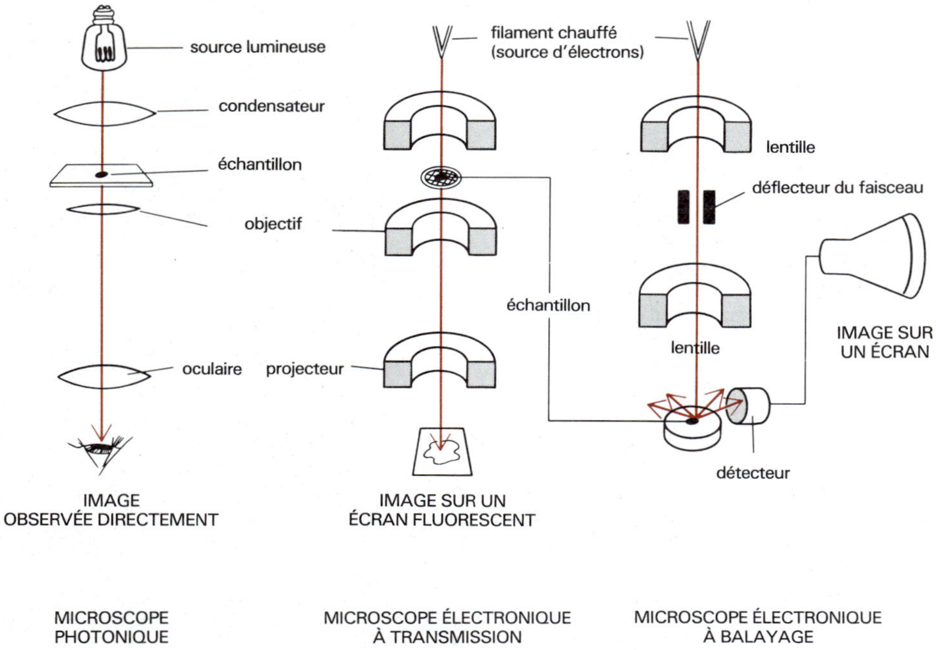

Figure 4-13 Principales caractéristiques d'un microscope photonique, d'un microscope électronique à transmission et d'un microscope électronique à balayage, représentés de façon à souligner les similitudes de la conception globale. Dans les deux types de microscopes électroniques, l'échantillon doit être placé sous vide.

sont déviés, selon la densité locale du matériel ; les autres sont focalisés pour former une image — d'une manière analogue à celle dont une image est formée dans un microscope photonique — soit sur une plaque photographique, soit sur un écran phosphorescent. Les électrons déviés ne figurant pas sur l'image, les régions denses de l'échantillon se distinguent nettement comme des zones de flux électronique réduit.

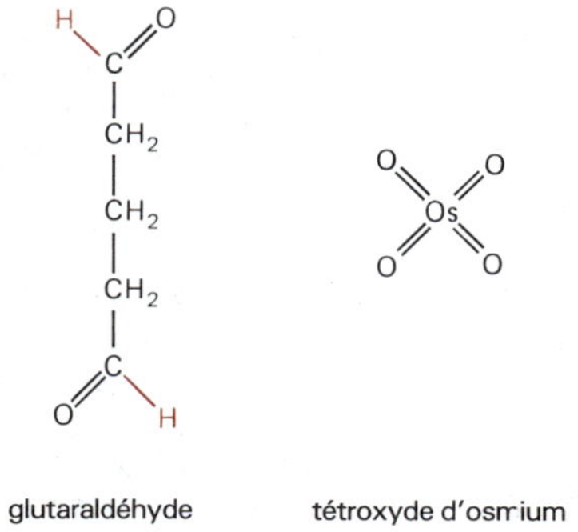

Figure 4-14 Le glutaraldéhyde et le tétroxyde d'osmium sont des fixateurs courants employés en microscopie électronique. Les deux groupes aldéhydes réactifs du glutaraldéhyde lui permettent d'effectuer la réticulation de divers types de molécules en formant entre elles des liaisons covalentes. Le tétroxyde d'osmium est réduit par de nombreux composés organiques avec lesquels il forme des complexes réticulés. Il est spécialement utile pour fixer les membranes cellulaires, car il réagit avec les doubles liaisons C=C présentes dans de nombreux acides gras.

Les échantillons biologiques nécessitent une préparation particulière pour la microscopie électronique[7]

Au tout début de son application aux matériaux biologiques, le microscope électronique révéla un grand nombre de structures cellulaires que l'on n'avait pas imaginées auparavant. Mais, avant ces découvertes, les microscopistes ont dû mettre au point de nouvelles techniques de fixation, de coupe et de coloration des tissus.

Puisque tout échantillon est exposé à un vide très poussé dans le microscope électronique, il n'est pas possible de l'observer dans un état vivant et hydraté. Les tissus sont habituellement conservés par fixation — d'abord avec le *glutaraldéhyde,* qui établit des pontages covalents entre les molécules protéiques voisines, puis avec du *tétroxyde d'osmium,* qui se fixe sur les doubles couches lipidiques aussi bien que sur les protéines, et les stabilise (Figure 4-14). Les électrons ayant un pouvoir de pénétration très limité, les tissus fixés doivent être normalement coupés en sections très fines (50 à 100 nm d'épaisseur — environ 1/200 de l'épaisseur d'une seule cellule), avant d'être observés. Ceci est obtenu en déshydratant l'échantillon et en l'infiltrant avec une résine monomérique qui polymérise pour former un bloc de plastique solide ; le bloc est ensuite coupé à l'aide d'un fin couteau de verre ou de diamant sur un microtome spécial. Ces *coupes fines* débarrassées de l'eau et autres solvants volatiles sont placées sur une petite grille métallique circulaire, pour être observées au microscope (Figure 4-15).

Le contraste du microscope électronique dépend du nombre atomique des atomes de l'échantillon : plus le nombre atomique est élevé, plus les électrons sont dispersés et plus fort est le contraste. Les molécules biologiques sont composées d'atomes de nombre atomique très faible (principalement le carbone, l'oxygène, l'azote et l'hydrogène). Pour les rendre visibles, elles sont habituellement saturées (avant ou après les coupes) par des sels de métaux lourds tels que l'osmium, l'uranium ou le plomb. Les différents constituants cellulaires sont révélés avec des degrés de contraste différents selon leur degré d'imprégnation ou de « coloration » par ces sels. Les lipides, par exemple, ont tendance à se colorer en sombre, révélant la localisation des membranes cellulaires (Figure 4-16).

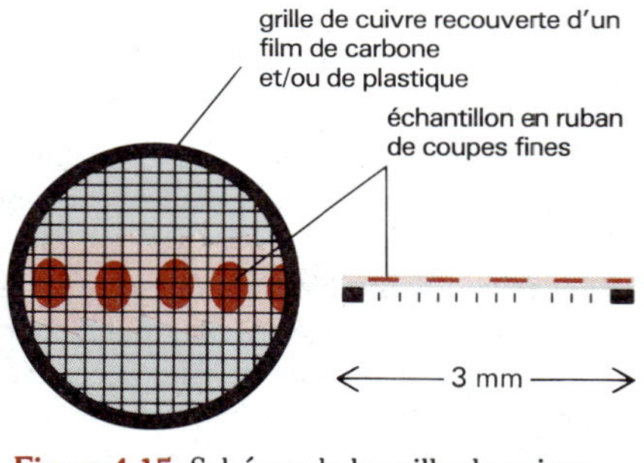

Figure 4-15 Schéma de la grille de cuivre sur laquelle sont posées les coupes minces d'un échantillon pour la microscopie électronique à transmission.

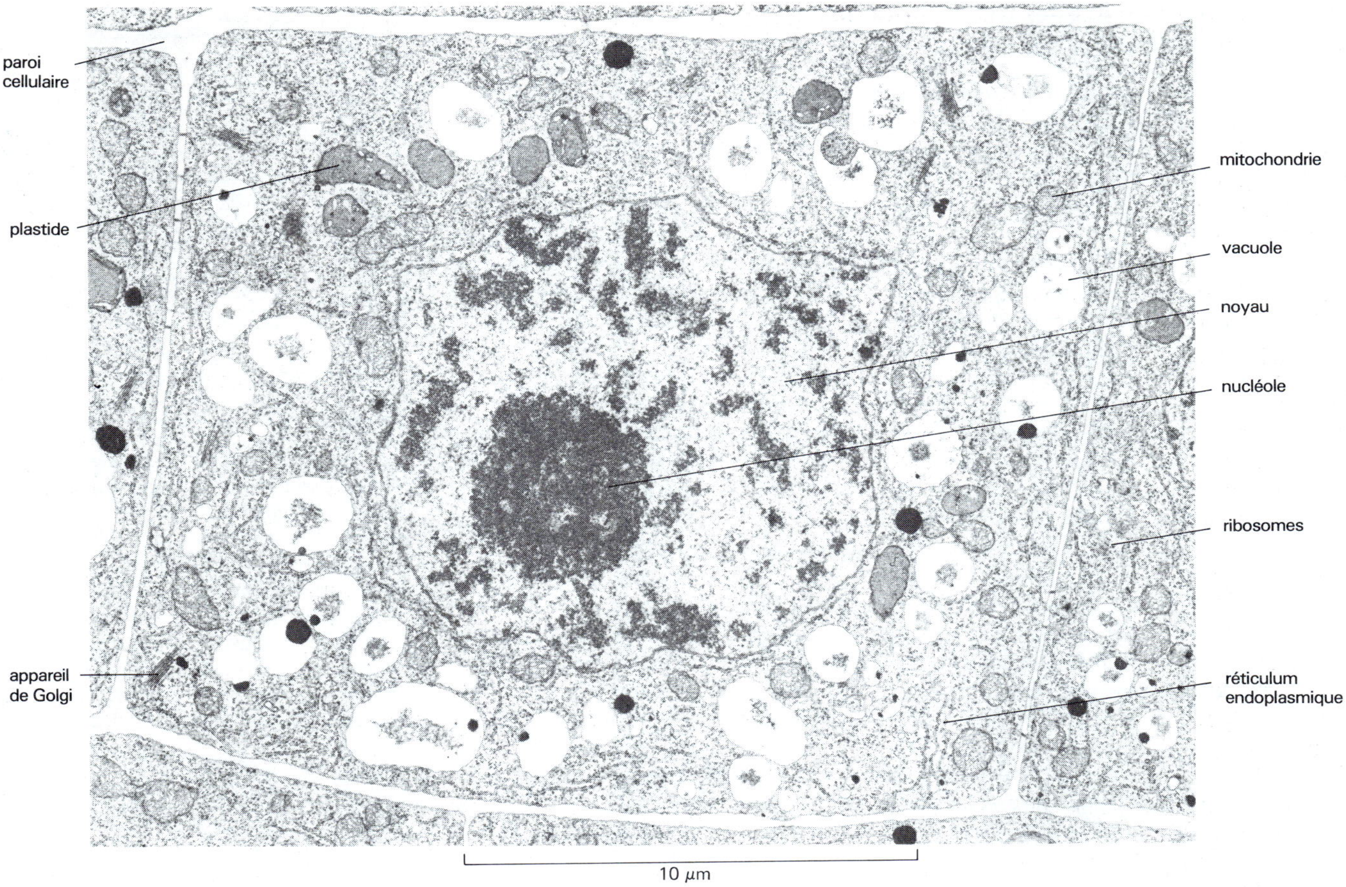

Dans certains cas, des macromolécules spécifiques peuvent être localisées dans des coupes fines par des techniques dérivées de la microscopie photonique. Certaines enzymes présentes dans les cellules peuvent être localisées par incubation avec un substrat dont la réaction conduit au dépôt local d'un précipité dense aux électrons (Figure 4-17). Une autre technique décrite p. 177 consiste à coupler des anticorps à un révélateur enzymatique (habituellement la peroxydase) ou à un marqueur dense aux électrons (habituellement de minuscules sphères d'or métallique, appelées *particules d'or colloïdal*) et à utiliser ensuite ces complexes pour localiser les macromolécules que les anticorps reconnaissent.

Figure 4-16 Coupe fine d'une cellule d'une pointe de racine d'herbe, colorée avec de l'osmium et d'autres ions métalliques lourds. La paroi cellulaire, le noyau, les vacuoles, les mitochondries, le réticulum endoplasmique, l'appareil de Golgi et les ribosomes sont facilement observables. (Avec l'autorisation de Brian Gunning.)

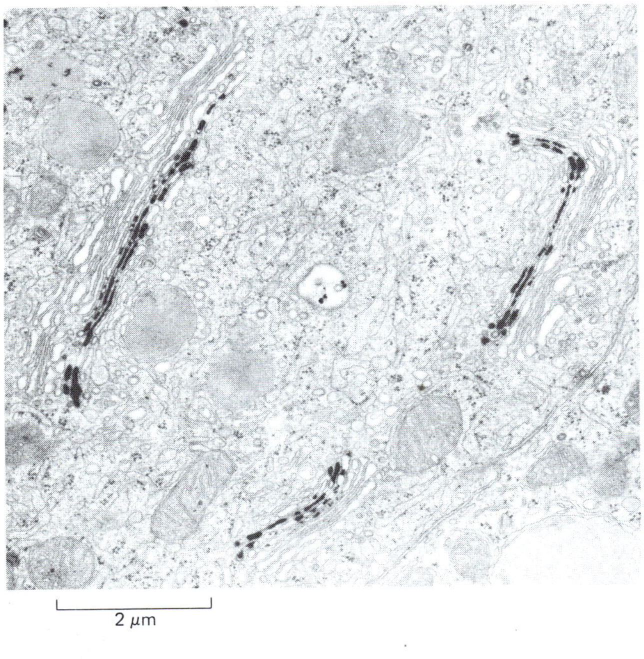

Figure 4-17 Photographie d'une cellule en microscopie électronique, montrant la localisation d'une enzyme particulière (thiamine pyrophosphatase) dans l'appareil de Golgi. Une coupe fine de la cellule a été incubée avec un substrat qui a formé un précipité dense aux électrons au cours de la réaction avec l'enzyme. (Avec l'autorisation de Daniel S. Friend.)

On peut obtenir des images tridimensionnelles en microscopie électronique [8]

Les coupes fines sont, en fait, des tranches bidimensionnelles de tissu et sont incapables de rendre compte de l'arrangement tridimensionnel des constituants cellulaires. Bien que la troisième dimension puisse, en principe, être reconstruite à partir de centaines de coupes en séries (Figure 4-18), c'est une méthode lente et fastidieuse.

Heureusement, il existe des moyens plus directs pour obtenir une image tridimensionnelle. L'un d'eux consiste à examiner un échantillon au **microscope électronique à balayage (MEB)** qui est habituellement un dispositif plus petit et plus simple qu'un microscope électronique à transmission. Alors que le microscope électronique à transmission utilise les électrons qui traversent l'échantillon pour former une image, le microscope électronique à balayage utilise les électrons qui sont diffusés ou émis par la surface de l'échantillon. L'échantillon étudié est fixé, déshydraté, et recouvert d'une fine couche de métal lourd. L'échantillon est ensuite balayé par un faisceau très étroit d'électrons. La quantité d'électrons diffusés ou émis lorsque ce premier faisceau bombarde successivement chaque point de la surface métallique est mesurée et utilisée pour contrôler l'intensité d'un second faisceau, qui se déplace de façon synchrone avec le premier, et forme une image sur un écran de télévision. On reconstitue ainsi une image fortement agrandie de la surface dans son ensemble.

La profondeur de champ obtenue par la technique de MEB est considérable ; de plus, puisque la quantité d'électrons diffusés dépend de l'angle relatif du faisceau avec la surface, l'image est constituée de zones brillantes et sombres qui lui donnent un aspect tridimensionnel (Figure 4-19). Cependant, seules les caractéristiques de surface peuvent être examinées, et dans la plupart des types de MEB, la résolution que l'on peut atteindre n'est pas très grande (environ 10 nm, avec un grossissement effectif qui peut atteindre 20 000) ; la technique est donc habituellement utilisée pour étudier des cellules intactes et des tissus, plutôt que des organites subcellulaires.

Dans une certaine mesure, une image tridimensionnelle de l'intérieur d'une cellule peut être obtenue à partir de coupes fines colorées de façon classique en exposant l'échantillon au faisceau d'électrons d'un microscope électronique à transmission et en le photographiant sous deux angles différents. En examinant la paire de micrographies résultante à travers des lentilles

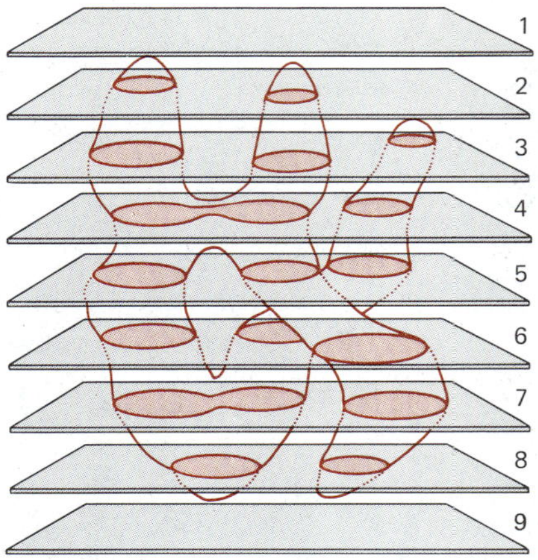

Figure 4-18 Des coupes fines isolées donnent parfois des impressions trompeuses. Dans cet exemple, la plupart des coupes effectuées à travers une cellule contenant une mitochondrie ramifiée semblent renfermer 2 ou 3 mitochondries séparées. De plus, les coupes 4 et 7 peuvent être interprétées comme les images d'une mitochondrie en train de se diviser. La forme tridimensionnelle exacte peut toutefois être reconstruite à partir de coupes en séries.

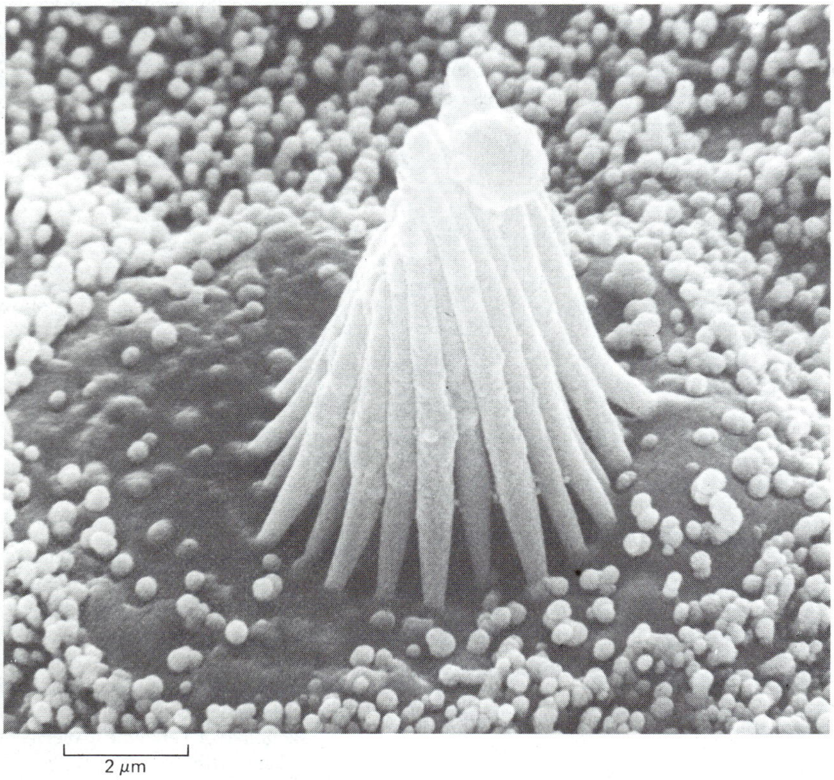

Figure 4-19 Photographie prise au microscope électronique à balayage de l'arrangement en tuyaux d'orgue des cils stéréoscopiques qui émergent de la surface de cellules à bordures en brosse de l'oreille interne. (Avec l'autorisation de R. Jacobs et A. J. Hudspeth.)

stéréo, une image tridimensionnelle apparaît. L'épaisseur des échantillons qui peuvent être étudiés de cette manière dépend du pouvoir de pénétration des électrons et donc de leur énergie. C'est pour cette raison qu'ont été construits des **microscopes électroniques à haute tension**, qui accélèrent le faisceau d'électrons avec 1 000 000 plutôt que 100 000 volts. Ces appareils gigantesques permettent d'examiner des coupes d'une épaisseur de quelques micromètres avec un microscope électronique classique.

Les ombrages métalliques permettent l'examen des caractéristiques de surface par microscopie électronique à transmission avec une grande résolution [9]

Le microscope électronique à transmission peut être utilisé pour étudier la surface d'un échantillon à très fort grossissement, qui permet de voir des macromolécules isolées. Comme en microscopie électronique à balayage, une fine couche d'un métal lourd tel que le platine est vaporisée sur l'échantillon déshydraté. Le métal est vaporisé de biais, de sorte que la couche déposée soit plus mince en certains endroits qu'en d'autres — processus appelé **ombrage**, car un effet d'ombre est créé, qui donne à l'image un aspect tridimensionnel.

Certains échantillons ombrés de cette façon sont suffisamment minces ou suffisamment petits pour que le faisceau d'électrons les traversent directement ; c'est le cas de molécules isolées, de virus et de parois cellulaires (Figure 4-20). Mais, pour des échantillons plus épais, le matériel organique de la cellule doit être éliminé par dissolution après ombrage de sorte que seule subsiste la mince *réplique* métallique de la surface de l'échantillon. La réplique est consolidée par un film de carbone et peut ainsi être placée sur une grille et examinée, de la manière habituelle, avec le microscope électronique à transmission (Figure 4-21).

La microscopie électronique par cryofracture et cryodécapage fournit des images exceptionnelles de l'intérieur des cellules [10]

Deux méthodes employant des répliques ont été particulièrement utiles en biologie cellulaire. L'une d'elles, la **microscopie électronique par cryofracture**, constitue un moyen de visualiser l'intérieur des membranes cellulaires. Les cellules sont congelées à la température de l'azote liquide (— 196 °C) en présence d'un cryoprotecteur (antigel) qui empêche la déformation due à la formation de cristaux de glace ; le bloc congelé est ensuite fracturé avec la lame d'un couteau. Le plan de fracture passe souvent par la moitié hydrophobe des doubles couches lipidiques, mettant ainsi à nu l'intérieur des membranes cellulaires. Après ombrage au platine des surfaces de fractures obtenues, le matériel organique est dissous puis les répliques sont prélevées et observées au microscope électronique (comme dans la Figure 4-21). Ces répliques sont parsemées de petites particules, appelées *particules intramembranaires*, qui représentent des grosses protéines membranaires. La technique fournit une façon commode et « théâtrale » de visualiser la distribution de telles protéines dans le plan d'une membrane (Figure 4-22).

Une autre technique importante et voisine est la microscopie électronique par **cryodécapage**, qui peut être utilisée pour examiner l'extérieur comme l'intérieur des cellules. Dans cette technique, les cellules sont aussi congelées à très basse température, et le bloc congelé est fracturé avec la lame d'un couteau. Mais cette fois, le niveau de glace est abaissé autour des cellules (et dans une moindre mesure, à l'intérieur des cellules), par la sublimation de la glace dans le vide lorsqu'on augmente la température (un procédé appelé *lyophilisation*) (Figure 4-23). Les parties de la cellule mises à nu par le procédé de cryodécapage sont ensuite ombrées par évaporation de platine pour donner une réplique, comme précédemment.

Les cryoprotecteurs ne peuvent être employés dans le cryodécapage puisqu'ils ne sont pas volatiles et restent dans l'échantillon au moment de la sublimation. Pour obtenir, par cette technique, un pouvoir de résolution suffisant, on doit donc empêcher la formation de cristaux de glace en congelant très rapidement l'échantillon (avec une vitesse de refroidissement supérieure à 20 °C par milliseconde). Pour réaliser une telle *congélation rapide*, on peut utiliser un dispositif particulier qui plaque l'échantillon contre un bloc de cuivre refroidi à — 269 °C par l'hélium liquide. On obtient des résultats particulièrement impressionnants si les échantillons rapidement congelés sont soumis à un *décapage profond* par une sublimation poussée. Cette technique met à nu les structures de l'intérieur de la cellule, révélant leur organisation tridimensionnelle avec une exceptionnelle clarté (Figure 4-24).

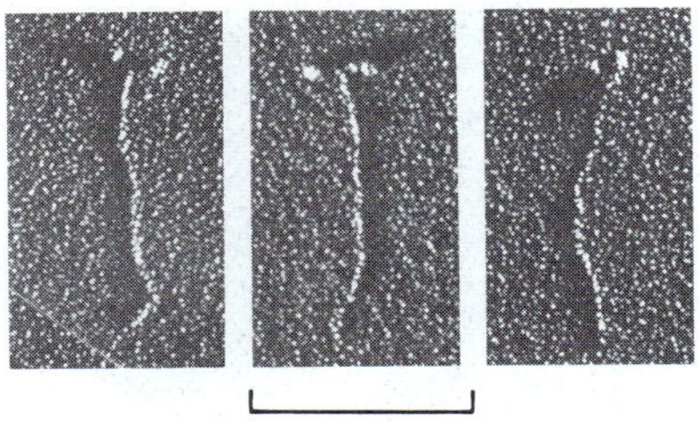

Figure 4-20 Micrographies électroniques de molécules isolées de myosine, qui ont été ombrées au platine. La myosine est un composant majeur de l'appareil contractile du muscle. Comme le montrent ces micrographies, elle est composée de deux têtes globulaires associées à une queue commune en forme de bâtonnet. (Avec l'autorisation d'Arthur Elliot.)

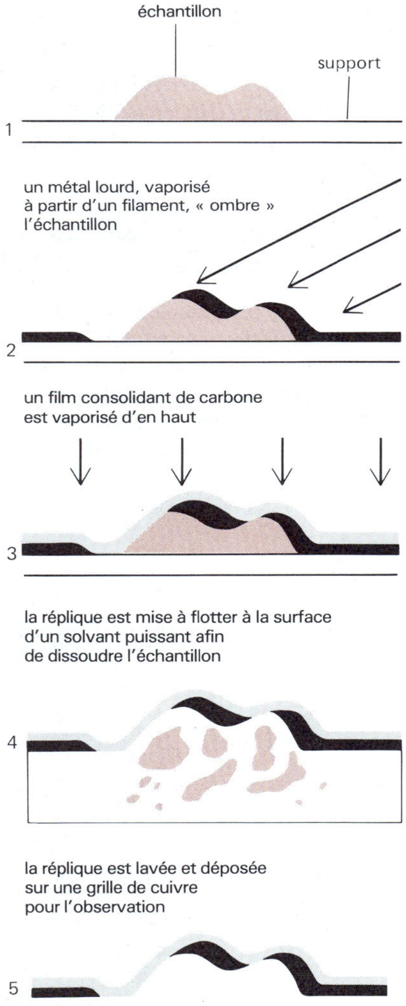

Figure 4-21 Préparation d'une réplique de la surface d'un échantillon. Noter que l'épaisseur du métal reflète les contours superficiels de l'échantillon d'origine.

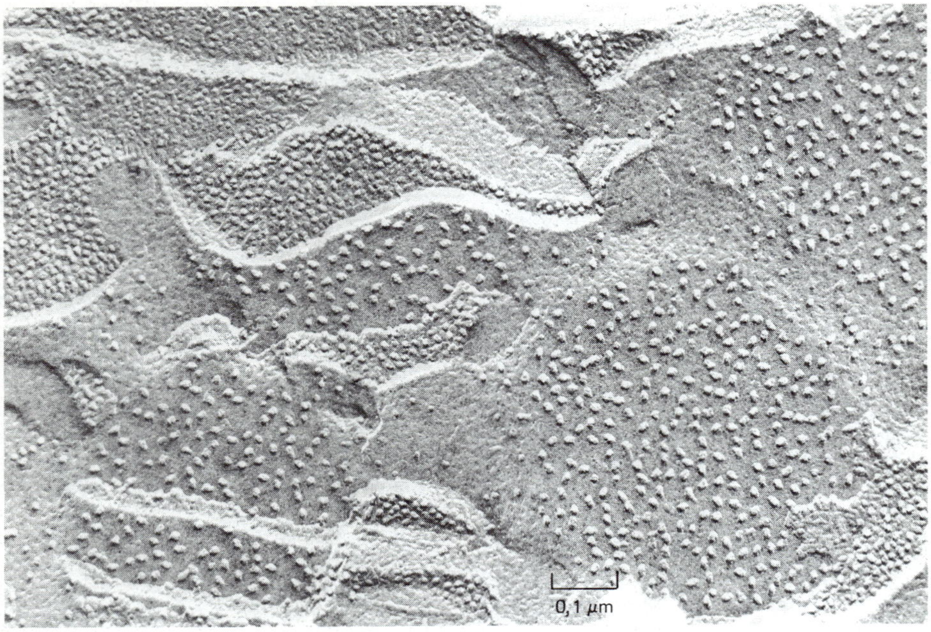

Figure 4-22 Micrographie électronique obtenue par cryofracture des membranes des thylacoïdes du chloroplaste d'une cellule végétale. Les membranes des thylacoïdes, responsables de la photosynthèse, sont empilées en couches multiples (voir p. 367). Le plan de fracture s'est déplacé de couche en couche, en passant par le milieu de chaque double couche lipidique, et mettant à jour les protéines transmembranaires qui ont une masse suffisante à l'intérieur de la double couche pour projeter une ombre et ressortir sous forme de particules intramembranaires dans cette réplique de platine. Les particules les plus grosses observées dans la membrane constituent le photosystème II complet — un complexe de protéines multiples. (Avec l'autorisation de L.A. Staehelin.)

Puisque l'on observe plutôt, sous vide, une réplique ombrée par un métal que l'échantillon lui-même, les microscopies électroniques par cryofracture et par cryodécapage peuvent être utilisées pour étudier des cellules congelées non fixées, évitant ainsi le risque d'artéfacts dus à la fixation.

La microscopie par coloration négative permet l'observation des macromolécules à haute résolution [11]

Bien que les macromolécules isolées, telles que l'ADN ou de grosses protéines, puissent être visualisées facilement en microscopie électronique si elles sont ombrées par un métal lourd pour créer un contraste (voir Figure 4-20), on peut les voir de façon plus détaillée en utilisant la **coloration négative.** Dans ce cas, les molécules déposées sur un mince film de carbone (qui est presque transparent aux électrons) sont lavées avec une solution concentrée d'un sel de métal lourd comme l'acétate d'uranyle. Une fois l'échantillon séché, un film très mince de sel de métal recouvre tout le support de carbone, excepté là où se trouve la macromolécule adsorbée. Les macromolécules étant beaucoup plus perméables aux électrons que la coloration

Figure 4-23 La microscopie électronique par cryofracture commence lorsque l'échantillon congelé est fracturé avec un couteau (A). Le niveau de glace est ensuite abaissé par la sublimation de la glace dans le vide, mettant à nu les structures cellulaires proches du plan de fracture (B). Après ces étapes, une réplique de la surface encore congelée est préparée (de la façon décrite dans la Figure 4-21) et examinée au microscope électronique à transmission.

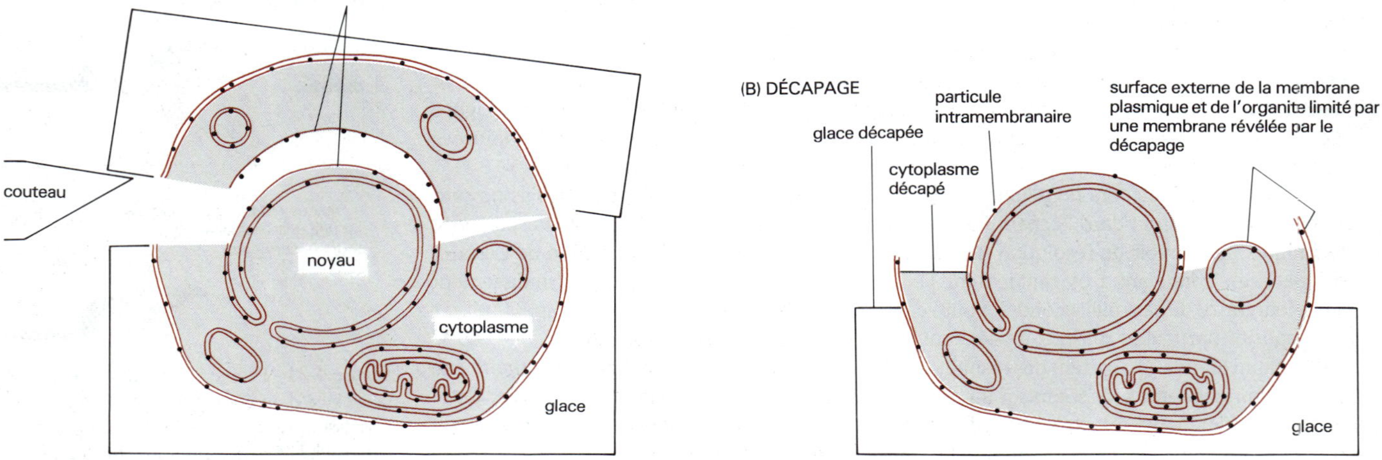

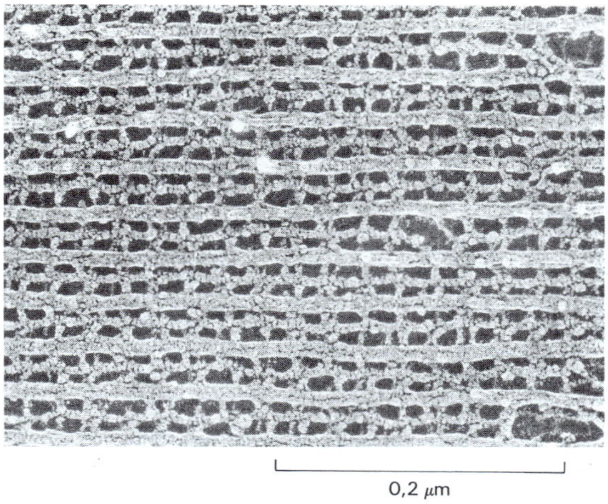

Figure 4-24 Réseau régulier de filaments protéiques dans un muscle d'insecte. Afin d'obtenir cette image, les cellules musculaires, après une congélation rapide dans l'hélium liquide, ont été fracturées à travers leur cytoplasme et soumises à un décapage poussé. Une réplique métallique a ensuite été préparée et examinée à fort grossissement. (Avec l'autorisation de Roger Cooke et John Heuser.)

métallique environnante, on obtient une image inverse ou négative de la molécule. La coloration négative est particulièrement utile pour voir des agrégats macromoléculaires de grande dimension comme les virus ou les ribosomes, et pour observer l'agencement des sous-unités dans les filaments protéiques (Figure 4-25).

Les colorations négatives et les ombrages peuvent tous les deux donner des images fortement contrastées de la surface de complexes macromoléculaires de petite taille ; mais le pouvoir de résolution de ces deux méthodes est limité par la taille des particules métalliques dans la partie ombrée par le colorant, qui ne soulignent que grossièrement le contour d'une molécule ou d'un complexe macromoléculaire. Une nouvelle technique a apporté les moyens de visualiser directement et avec une haute résolution jusqu'aux caractéristiques internes de structures tridimentionnelles telles que les virus. Dans cette technique, appelée **microscopie cryoélectronique,** une couche très fine (environ 100 nm) d'un échantillon hydraté rapidement congelé, est disposée sur une grille de microscope. Un porte-échantillon spécial est nécessaire pour garder cet échantillon hydraté à — 160 °C dans le vide du microscope, où il peut être observé directement sans fixation, coloration, ou évaporation. L'homogénéité de la couche d'eau vitrifiée et l'utilisation du contraste de phase permettent d'obtenir des images étonnamment nettes de ces échantillons non colorés (Figure 4-26).

Quelle que soit la méthode utilisée, une molécule de protéine unique ne donne qu'une image faible et mal définie en microscopie électronique. Il est vain de faire des efforts pour obtenir une meilleure information en prolongeant le temps d'observation ou en augmentant l'intensité des faisceaux incidents, car ils endommagent et disloquent l'objet à examiner. Pour mettre en évidence les détails de la structure moléculaire, il est donc nécessaire de combiner les informations obtenues à partir d'un grand nombre de molécules, de façon à faire la moyenne des erreurs aléatoires dans les images individuelles. Ceci est possible pour les virus ou les filaments protéiques, dont les sous-unités sont disposées en rangées répétitives et régulières (voir p. 118) ; c'est aussi possible pour toute substance qui peut être modifiée pour former un réseau cristallin à deux dimensions, dans lequel un grand nombre de molécules sont maintenues selon une même orientation et dans des positions régulièrement espacées. Avec une micrographie électronique donnée de n'importe quel type de réseau, on peut utiliser des techniques de traitement d'images pour concevoir l'image moyenne d'une molécule individuelle, révélant des détails cachés par le « bruit » aléatoire de la photographie d'origine.

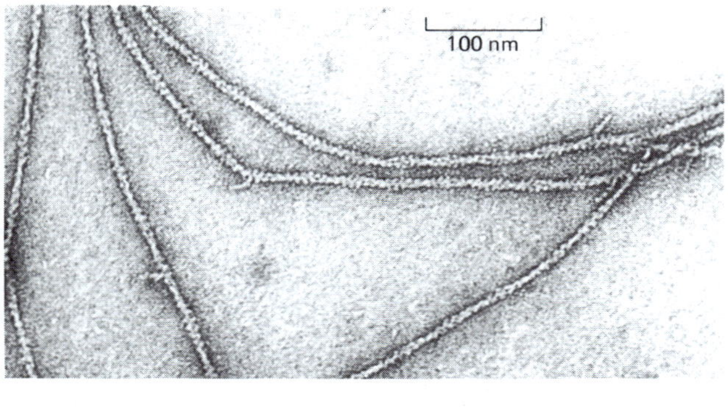

Figure 4-25 Micrographie électronique de filaments d'actine en coloration négative. Chaque filament mesure environ 8 nm de diamètre, et un examen attentif révèle qu'il est composé d'une chaîne hélicoïdale de molécules d'actine globulaires. (Avec l'autorisation de Roger Craig.)

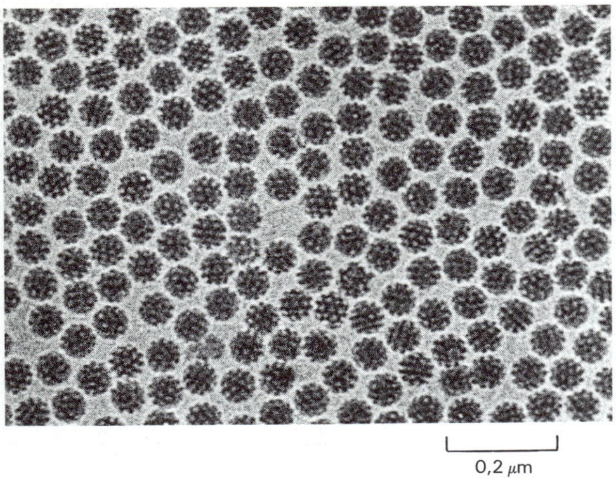

Figure 4-26 Virus de la forêt de Semliki dans une fine couche d'eau vitrifiée non colorée, observé par microscopie cryoélectronique à — 160 °C. Une série de telles micrographies sont prises à différents degrés connus de sous-focalisation, pour utiliser le contraste de phase. Ces images peuvent alors être combinées par des méthodes de traitement d'images pour construire une image tridimensionnelle à haute résolution. (Avec l'autorisation de Jacques Dubochet ; voir aussi S. D. Fuller, *Cell* 48 : 923-934, 1987.)

De telles reconstructions d'images ont permis d'obtenir la structure interne d'un virus encapsidé, avec une résolution de 3,5 nm, et ont donné la forme d'une molécule protéique isolée avec une résolution un peu inférieure à 0,5 nm (5 Å). Cependant, même sous ses formes les plus sophistiquées, la microscopie électronique ne parvient pas à fournir une description complète d'une structure moléculaire, car la distance qui sépare les atomes d'une molécule n'est que de 0,1 à 0,2 nm. Pour déterminer la structure moléculaire à l'échelle atomique, on a recours à une autre technique, qui fait appel aux rayons X plutôt qu'aux électrons.

La structure d'un objet dans un réseau cristallin peut être déduite à partir des figures de diffraction qu'il engendre [12]

Tout comme la lumière, les rayons X sont une forme de radiation électromagnétique, mais grâce à leur longueur d'onde beaucoup plus courte, ils permettent la résolution de détails beaucoup plus fins. Cependant, contrairement à la lumière visible, ou aux faisceaux d'électrons, les rayons X ne peuvent être focalisés après leur passage au travers d'un échantillon pour former une image de type habituel. Au lieu de cela, la structure du spécimen est déduite par la technique de **diffraction des rayons X.**

Considérons d'abord un objet isolé (tel qu'une molécule) placé dans un faisceau de radiation quelconque dont la longueur d'onde est petite comparée aux dimensions de l'objet. L'objet diffusera une partie de la radiation. On peut considérer que la radiation diffusée est constituée d'une famille d'ondes superposées, chacune émanant d'une partie différente de l'objet. En s'additionnant, les ondes subissent un phénomène d'interférence qui engendre une répartition d'intensité appelée **figure ou diagramme de diffraction.** La figure de diffraction peut être enregistrée sur une plaque photographique placée à une certaine distance de l'objet et peut être caractérisée par l'intensité des rayons diffractés envoyés par l'objet dans différentes directions (Figure 4-27). La structure de l'objet détermine l'allure de la figure de diffraction. Inversement, il est possible, en théorie, de calculer la structure de l'objet à partir d'une description complète de la figure de diffraction qu'il a engendrée. En pratique, la figure de

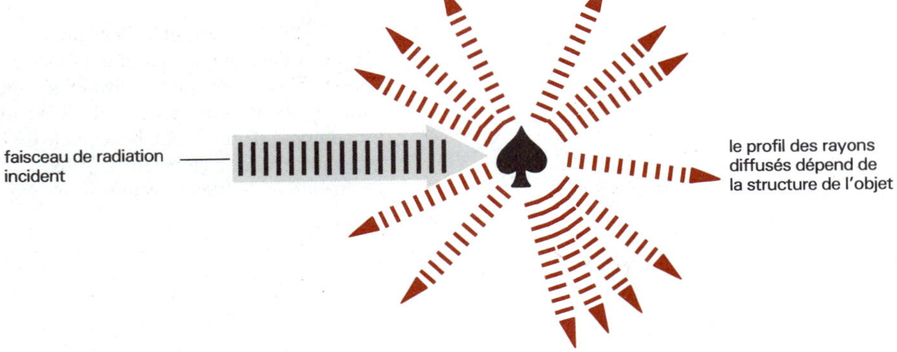

Figure 4-27 La diffusion d'une radiation par un objet unique, de dimensions comparables à la longueur d'onde de la radiation. La radiation qui tombe sur l'objet est diffusée avec des intensités différentes dans différentes directions. L'intensité du faisceau diffusé dans une direction donnée dépend de la façon dont la radiation diffusée par une région de l'objet interfère avec celle diffusée par une autre région. Dans le diagramme, l'intensité résultante de la diffusion dans les différentes directions possibles est indiquée par le nombre de flèches colorées émanant de l'objet.

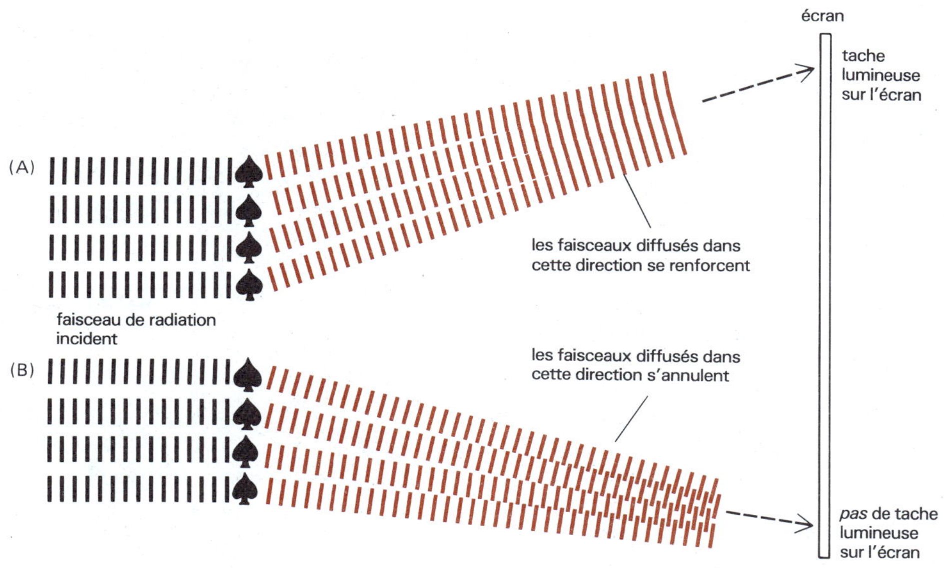

Figure 4-28 Diffusion d'une radiation par un cristal. Quand de nombreux objets identiques sont arrangés en réseau cristallin, la radiation diffusée par chaque objet interfère avec celle qui est diffusée par les autres. Les faisceaux diffusés ne se renforcent que dans certaines directions (dépendant de l'espacement des objets dans le réseau), produisant des taches lumineuses dans le diagramme de diffraction du réseau. L'intensité de chaque tache lumineuse varie selon l'intensité avec laquelle chaque objet du réseau diffuserait la radiation dans cette direction, s'il était examiné isolément (voir Figure 4-27).

diffraction produite par une seule molécule serait bien trop indistincte et trop aléatoire pour un tel calcul.

Supposons maintenant qu'un grand nombre d'objets identiques soient arrangés en un réseau cristallin et éclairés à nouveau par un faisceau de radiations (Figure 4-28). La quantité totale de rayonnement dispersé est alors beaucoup plus grande. Cependant, le rayonnement diffusé par chaque objet interférera avec celui que diffusent les autres objets. Les faisceaux diffractés se renforceront uniquement dans certaines directions, suivant l'espacement des objets dans le réseau, pour produire une tache lumineuse dans le diagramme de diffraction. Le diagramme de diffraction complet du réseau consistera en un grand nombre de taches lumineuses séparées, de différentes intensités (Figure 4-29).

Les intensités relatives des différentes taches du diagramme de diffraction dépendent des propriétés de diffusion de chaque objet du réseau. En fait, l'intensité d'une tache donnée est proportionnelle à l'intensité moyenne de la radiation qui serait déviée dans la même direction par un objet représentatif isolé. Ainsi, alors que les *positions* des taches dans le diagramme de diffraction dépendent de l'arrangement des objets au sein du réseau, leurs *intensités* renseignent sur la structure interne d'un objet représentatif unique. De plus, ces informations sont précises et nombreuses car elles sont obtenues par la combinaison des contributions d'un très grand nombre de sources équivalentes. En fait, nous verrons qu'il est souvent possible de calculer, à partir d'une description complète du diagramme de diffraction du réseau cristallin, la structure des objets qui le composent.

La diffraction des rayons X révèle l'arrangement tridimensionnel des atomes dans une molécule [13]

S'il faut utiliser les figures de diffraction pour analyser la structure moléculaire, la radiation diffractée doit avoir une longueur d'onde inférieure à la distance qui sépare les atomes dans une molécule. Puisque les rayons X peuvent avoir des longueurs d'onde d'environ 0,1 nm (qui est le diamètre d'un atome d'hydrogène), ils sont idéalement adaptés à l'étude de l'arrangement des atomes individuels dans les molécules — une étude irréalisable avec un microscope électronique quel que soit son pouvoir séparateur. Un avantage supplémentaire des rayons X est un pouvoir de pénétration beaucoup plus grand que celui des électrons, permettant ainsi l'utilisation d'échantillons beaucoup plus épais. Enfin, puisque le vide n'est pas nécessaire, on peut examiner des échantillons hydratés et épais et éviter ainsi les altérations dues aux méthodes préparatives nécessaires à la plupart des formes de microscopie électronique.

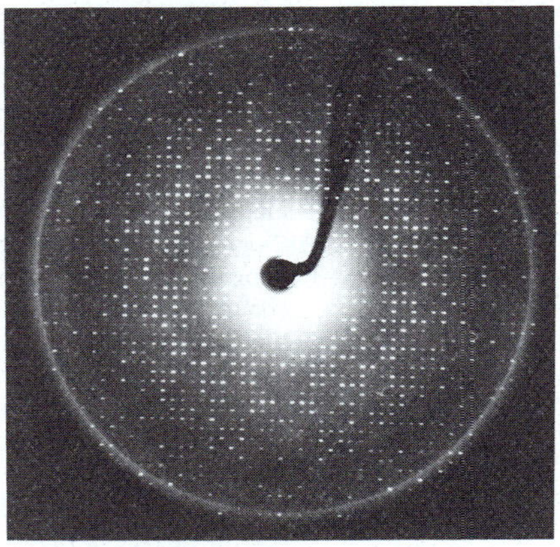

Figure 4-29 Une partie du diagramme de diffraction des rayons X obtenu à partir d'une protéine cristallisée. Ce cristal particulier a été employé pour aider à la détermination de la structure atomique d'une enzyme protéolytique, la trypsine. (Avec l'autorisation de Robert Stroud.)

Pour des études très fines, des cristaux de grande taille, très ordonnés, sont nécessaires (Figure 4-30). Les rayons X qui traversent le cristal sont surtout diffusés par les électrons de ses atomes constitutifs. Les rayons X sont plus diffusés par les atomes qui possèdent de nombreux électrons que par les atomes plus légers, de sorte que les atomes de C, N, O et P sont plus facilement détectés que les atomes d'H. Pour la même raison, les atomes très lourds produisent un signal intense de rayons diffractés. Déduire la structure tridimensionnelle d'une grosse protéine à partir du diagramme de diffraction de son cristal est un travail compliqué et il a fallu attendre 1960 pour y parvenir (Tableau 4-3). Il faut souvent mesurer les positions et les intensités de centaines de milliers de taches, ainsi que les phases des ondes à chaque tache (ce qui nécessite la comparaison du diagramme de diffraction des cristaux en présence et en absence d'atomes lourds liés à des sites spécifiques sur la molécule).

Ces dernières années, l'analyse par diffraction des rayons X est devenue de plus en plus automatisée. Les rayons X diffractés sont mesurés électroniquement par des détecteurs sophistiqués qui accélèrent considérablement la collection des données, et des ordinateurs performants effectuent le nombre gigantesque de calculs requis. Actuellement, l'étape la plus lente est l'obtention de cristaux appropriés de la macromolécule à laquelle on s'intéresse ; ceci nécessite de grandes quantités de la macromolécule pure et implique souvent des années de tâtonnements pour déterminer les conditions de cristallisation correctes.

En dépit des difficultés, la diffraction des rayons X est une technique largement employée car elle constitue le seul moyen de déterminer l'arrangement précis des atomes dans la plupart des molécules. Avec d'assez bons cristaux, la structure d'une protéine peut être calculée avec une résolution de 0,3 nm, ce qui met en évidence le tracé principal de la chaîne polypeptidique, mais ne laisse voir que peu d'autres détails. Avec des cristaux de très bonne qualité (et un travail acharné) on peut obtenir une résolution de 0,15 nm qui révèle la position de la quasi-totalité des atomes de la protéine, autres que ceux de l'hydrogène. Les structures de plus de 100 protéines et de plusieurs petites molécules d'ARN et d'ADN on déjà été déterminées de cette façon.

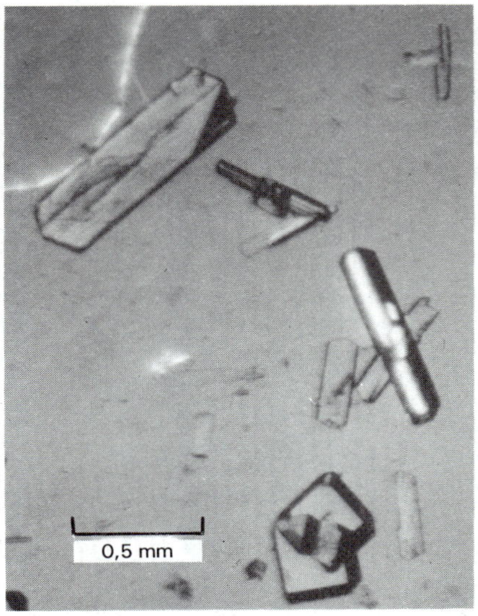

Figure 4-30 Cristaux d'une enzyme, la glycogène phosphorylase, vus au microscope photonique. (Avec l'autorisation de Robert Fletterick.)

Tableau 4-3 Les événements marquants dans le développement de la cristallographie aux rayons X et son application aux molécules biologiques

1864	**Hoppe-Seyler** cristallisait, et dénommait la protéine hémoglobine.
1895	**Röntgen** observait qu'une nouvelle forme de radiation pénétrante, qu'il appelait rayons X, était produite par le choc de rayons cathodiques (électrons) contre une cible métallique.
1912	**Von Laue** obtenait les premiers profils de diffraction des rayons X en faisant passer des rayons X à travers un cristal de sulfure de zinc.
	W. L. Bragg proposait une relation simple entre une figure de diffraction des rayons X et l'arrangement des atomes dans le cristal qui la produit.
1926	**Summer** obtenait des cristaux de l'enzyme uréase à partir d'extraits de fèves des marais et démontrait que les protéines possèdent une activité catalytique.
1931	**Pauling** publiait ses premiers articles sur « la Nature de la Liaison Chimique » exposant en détail les règles de la liaison covalente.
1934	**Bernal et Crowfoot** présentaient les premiers diagrammes de diffraction des rayons X d'une protéine obtenus à partir de cristaux de l'enzyme pepsine.
1935	**Patterson** mettait au point une méthode d'analyse pour la détermination de distances interatomiques à partir de données fournies par les rayons X.
1941	**Astbury** obtenait le premier diagramme de diffraction des rayons X de l'ADN.
1951	**Pauling et Corey** proposaient la structure d'une conformation hélicoïdale pour une chaîne de L-acides aminés — l'hélice α — et la structure du feuillet β, qui furent toutes deux trouvées plus tard dans de nombreuses protéines.
1953	**Watson et Crick** proposaient le modèle en double hélice de l'ADN, basé sur les figures de diffraction des rayons X obtenues par **Franklin et Wilkins.**
1954	**Perutz** et ses collègues développaient des méthodes utilisant des atomes lourds pour résoudre le problème de phase dans la cristallographie des protéines.
1960	**Kendrew** décrivait la première structure détaillée d'une protéine (myoglobine de sperme de baleine) avec une résolution de 0,2 nm et **Perutz** proposait une structure de résolution inférieure pour l'hémoglobine, protéine de plus grosse taille.
1966	**Phillips** décrivait la structure du lysozyme, la première enzyme à être analysée en détail.
1976	**Kim, Rich** et **Klug** et leurs collègues ont décrit en détail la structure tridimensionnelle de l'ARNt déterminée par diffraction des rayons X.
1977-1978	**Holmes** et **Klug** déterminaient la structure du virus de la mosaïque du tabac (VMT), et **Harrison** et **Rossman** déterminaient la structure de deux petits virus sphériques.

Résumé

De nombreuses techniques de microscopie photonique sont disponibles pour observer les cellules. Les cellules colorées et fixées peuvent être étudiées avec les optiques conventionnelles, tandis que les anticorps marqués peuvent être utilisés pour localiser des molécules spécifiques dans les cellules, par microscopie à fluorescence. Les cellules dans leur état naturel vivant peuvent être observées en utilisant des optiques à contraste de phase, à interférence ou à fond noir. Cette étude en microscopie photonique est facilitée par des techniques électroniques de traitement d'images, qui augmentent considérablement la sensibilité et le pouvoir séparateur.

La détermination de la structure détaillée des membranes et des organites à l'intérieur des cellules nécessite la plus haute résolution qui puisse être atteinte en microscopie électronique à transmission. Les formes de macromolécules isolées qui ont été ombrées avec un métal lourd ou dont les contours ont été soulignés par coloration négative peuvent aussi être facilement visualisées par microscopie électronique. Mais la localisation précise de chaque atome dans une molécule ne peut être déterminée que si la molécule s'assemble en cristaux de grande taille, permettant, dans ce cas, de déduire sa structure complète en trois dimensions par diffraction des rayons X.

Étude des conditions chimiques régnant à l'intérieur des cellules vivantes

Les méthodes classiques de microscopie donnent une bonne idée de l'architecture cellulaire, mais peu d'informations sur la chimie cellulaire. Nous avons vu que les anticorps peuvent être utilisés pour localiser des macromolécules spécifiques dans les cellules, mais il est également important de pouvoir examiner la distribution et la concentration des petites molécules. Les concentrations de métabolites fondamentaux, tels que l'ATP ou le glucose, et des ions inorganiques doivent être soumises à une régulation précise et rapide pour que la vie puisse être maintenue, et elles peuvent être très différentes selon les régions des cellules et des tissus. De plus, de petites molécules comme l'AMP cyclique, les ions CA^{2+} et les ions H^+ agissent comme « messagers » intracellulaires, et il est important de pouvoir contrôler les variations de leurs concentrations, en réponse aux signaux extracellulaires. Dans ce paragraphe, nous discuterons de quelques méthodes adaptées de la chimie traditionnelle, qui permettent de déterminer les conditions chimiques intracellulaires, lorsque la cellule est vivante.

La résonance magnétique nucléaire (RMN) peut être utilisée pour analyser les propriétés chimiques de populations de cellules vivantes [14]

Les noyaux de nombreux atomes ont un moment magnétique : c'est-à-dire qu'ils ont des pôles magnétiques, comme de minuscules barreaux aimantés. Leurs propriétés magnétiques étant influencées par les atomes environnants, ces noyaux peuvent servir à révéler la nature chimique de leur environnement, grâce à une méthode appelée spectroscopie de **résonance magnétique nucléaire (RMN)**, qui est inoffensive pour les cellules vivantes. Quand on place dans un puissant champ magnétique les noyaux atomiques qui ont un moment magnétique, ils adoptent une orientation parmi le nombre limité d'orientations permises. Chaque orientation aura une énergie qui dépendra de la force du champ et de l'environnement chimique. Si une série d'atomes présents dans des environnements chimiques identiques sont irradiés par des ondes radio, l'énergie de ces ondes sera absorbée à une fréquence définie de façon précise, qui correspond à la différence d'énergie entre deux orientations nucléaires de cette sorte. Ceci est appelé *fréquence de résonance*. Un échantillon tissulaire, composé d'atomes dans un assortiment de molécules et d'environnements différents, absorbera l'énergie à diverses fréquences de résonance différentes. Le graphe de l'absorbance par rapport à la fréquence de résonance pour un échantillon donné, constitue son spectre RMN. Ce spectre reflète la structure et les quantités relatives de chacune des différentes molécules présentes qui contiennent un noyau magnétique.

Dans les laboratoires de chimie, la RMN est une technique analytique de routine pour déterminer la structure moléculaire de petites molécules en solution. Des perfectionnements de l'instrumentation ont permis d'appliquer les méthodes de RMN à des problèmes d'intérêt biologique. Par exemple, le signal RMN de protons (noyau hydrogène) est largement utilisé pour étudier les protéines, les acides nucléiques et d'autres macromolécules en solution : les

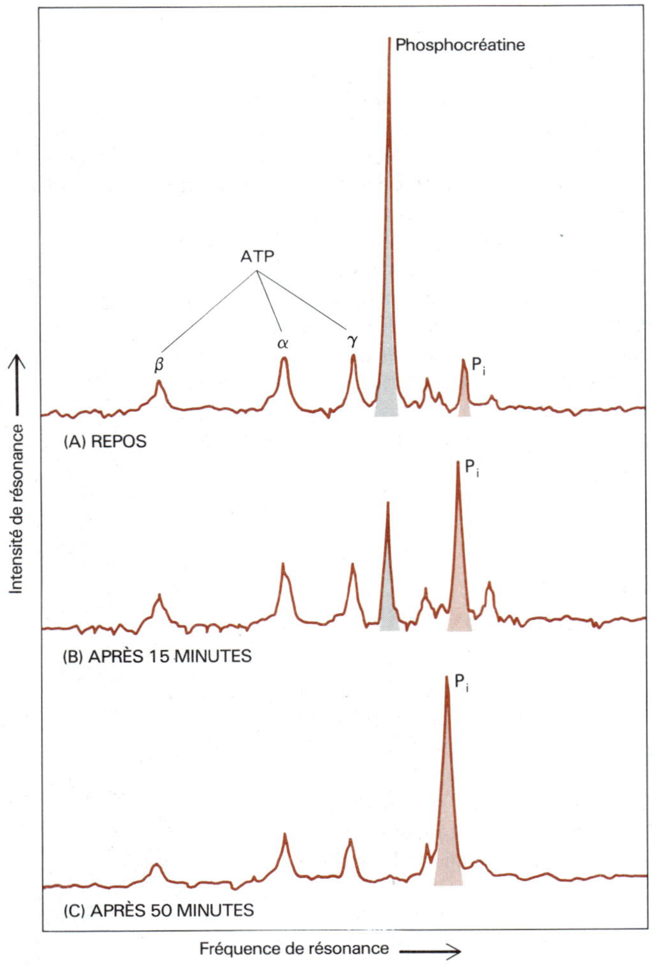

Figure 4-31 Un spectre RMN du ^{31}P enregistré à partir d'un muscle de grenouille (A) au repos, (B) après 15 minutes d'activité stimulée en anaérobiose, et (C) après 50 minutes d'une telle activité. Les cinq pics marqués du spectre représentent les signaux dus aux noyaux ^{31}P dans différents environnements atomiques : un pic correspond à la phosphocréatine, alors que α, β et γ sont les trois groupements phosphate de l'ATP, et P_i est le phosphate inorganique. La phosphocréatine est en forte concentration dans le muscle au repos (A) ; elle sert de stock intermédiaire d'énergie libre dans le muscle squelettique car son phosphate est facilement transféré à l'ADP pour réapprovisionner l'ATP hydrolysé lors de la contraction musculaire (voir p. 618). Ainsi, dans le muscle fatigué, le stock de phosphocréatine a été épuisé alors que la concentration en phosphate inorganique (dérivé de l'ATP) a augmenté de façon correspondante. Le pic P_i se décale également légèrement vers la gauche, reflétant une baisse du pH intracellulaire due à l'accumulation d'acide lactique, un produit de dérivation du métabolisme anaérobie. En comparant la position du pic P_i avec celle d'un standard connu, on peut déduire que le pH est passé de 7,5 en (A) à 6,4 en (C). (D'après M. J. Dawson, D.G. Gadian et D.R. Wilkie, *Nature* 274 : 861-866, 1978. Copyright © 1978. MacMillan Magazines limited.)

interactions entre les parties d'une macromolécule affectent le spectre RMN, qui contient de ce fait des informations détaillées sur la structure et les mouvements moléculaires. La RMN, contrairement à la diffraction des rayons X, ne nécessite pas d'échantillon cristallisé. Cependant, comme les molécules en solution doivent s'agiter très rapidement, si l'on veut qu'elles donnent un spectre RMN instructif, il ne faut pas que la taille des macromolécules que l'on peut effectivement analyser dépasse une limite supérieure d'environ 20 000 daltons.

Seul un nombre limité d'atomes ont des isotopes qui donneront un signal RMN convenable. Les isotopes abondants ^{1}H, ^{23}Na, ^{31}P et ^{39}K, et les isotopes rares ^{13}C et ^{15}N sont tous utiles pour détecter les molécules en solution à l'intérieur des cellules vivantes. La RMN du ^{31}P est fréquemment utilisée du fait du rôle métabolique central des composés phosphorylés. Cet isotope est présent naturellement dans les composés phosphorylés des cellules, et son signal peut donc être utilisé pour suivre des variations de concentrations intracellulaires de molécules telles que l'ATP et le phosphate inorganique au cours de la contraction musculaire. Les signaux RMN provenant du ^{31}P peuvent aussi être utilisés pour mesurer le pH intracellulaire avec précision, puisque la fréquence de résonance du phosphate inorganique dépend de son état d'ionisation, et par conséquent du pH de la solution (Figure 4-31).

Normalement les isotopes rares ^{13}C et ^{15}N ne sont pas présents dans les cellules en quantités appréciables. Cependant, ils peuvent être introduits dans des molécules spécifiques d'intérêt biologique, dont les transformations chimiques peuvent alors être suivies par RMN. Par exemple, si l'on donne du glucose ^{13}C aux cellules, les vitesses de beaucoup des réactions que subit le glucose peuvent être déterminées en fonction du temps, par la mesure du spectre RMN d'un échantillon de cellules vivantes. En utilisant d'autres composés marqués au ^{13}C et au ^{15}N, on peut, en principe, surveiller le flux des atomes de carbone et d'azote le long de n'importe quelle voie métabolique.

La RMN est une technique dont la principale limitation est une assez faible sensibilité. Par exemple, si une substance doit être détectée par RMN au ^{31}P dans 1 g de tissu vivant avec les techniques courantes, elle doit être présente à une concentration supérieure à environ 0,2 mM. De nombreux métabolites se rencontrent à des concentrations inférieures à cette limite. De plus, puisque l'obtention d'un spectre RMN nécessite généralement plusieurs minutes, des variations rapides des caractéristiques chimiques de la cellule peuvent être difficiles à suivre. D'un autre côté, la RMN a la grande qualité de n'être nullement envahissante et d'être inoffensive pour les cellules vivantes. C'est cela qui la rend si prometteuse en tant qu'outil analytique pour la biologie cellulaire.

Les concentrations ioniques peuvent être mesurées avec des électrodes intracellulaires [15]

Il faut utiliser des méthodes plus sensibles que la RMN pour étudier les cellules individuellement. L'une d'elles est basée sur une technique développée par les électrophysiologistes, pour étudier les potentiels et les flux de courant à travers la membrane plasmique. Dans ce but, des *microélectrodes* intracellulaires sont fabriquées à partir de tubes de verre fins, qui sont étirés jusqu'à ce que leur extrémité atteigne une fraction de micromètre ; elles sont remplies avec une solution conductrice (habituellement un sel simple, comme le KCl, dans de l'eau). La pointe de la microélectrode peut être introduite dans le cytoplasme à travers la membrane plasmique, qui se referme sur l'axe de la microélectrode en adhérant étroitement au verre, de sorte que la cellule n'est pratiquement pas perturbée.

Les microélectrodes sont utiles pour étudier l'intérieur des cellules de deux façons : elles peuvent être transformées en sondes pour la mesure des concentrations intracellulaires d'ions inorganiques courants, tels que les ions H^+, Na^+, K^+, Cl^+, Ca^{2+} et Mg^{2+} ; elles peuvent aussi servir de micropipettes pour injecter des molécules dans les cellules. Le principe de mesure des concentrations ioniques avec une microélectrode est le même que celui du pHmètre. La tendance des ions à diffuser suivant leur gradient de concentration peut être compensée par un champ électrique opposé : plus leur gradient de concentration est fort, plus le champ électrique nécessaire est élevé. L'importance du champ électrique nécessaire au maintien du gradient de concentration comme condition pour un équilibre stable donne donc une mesure du gradient de concentration ionique. Pour déterminer la concentration d'un ion particulier, on doit prendre un matériau qui ne soit perméable qu'à cet ion, lui donner une forme de feuillet ou de barrière, et le placer entre la solution à tester et une solution qui contient une concentration connue de l'ion. La différence de potentiel électrique à travers la barrière perméable sélective, lorsqu'aucun courant ne passe, donnera alors une mesure directe du rapport des concentrations de l'ion spécifique des deux côtés de la barrière. (La théorie est discutée pages 314-316, à propos du transport ionique à travers la membrane plasmique.) En pratique, l'extrémité d'une microélectrode est remplie avec un composé organique approprié, qui sert de barrière sélectivement perméable à l'ion choisi. La Figure 4-32 montre comment la microélectrode et une microélectrode de référence sont ensuite insérées à l'intérieur d'une cellule.

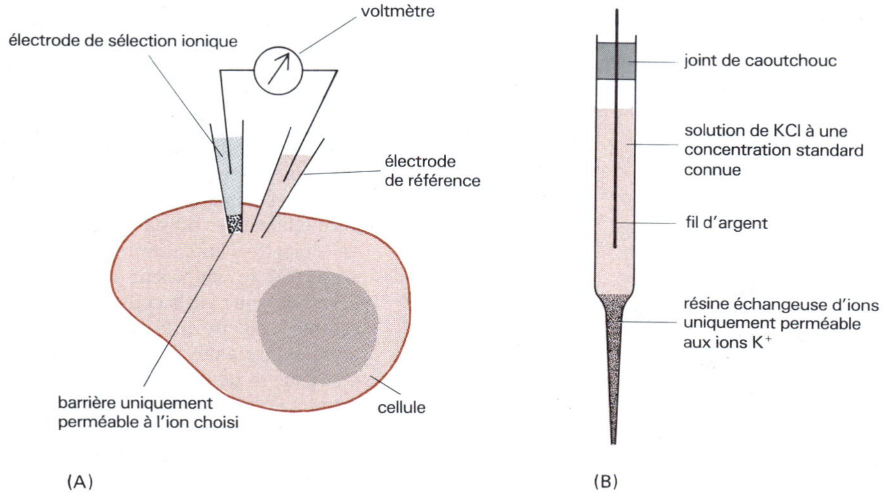

Figure 4-32 Une microélectrode sélective pour un ion donné peut être utilisée pour mesurer la concentration intracellulaire d'un ion spécifique. (A) montre le système expérimental. (B) illustre la construction d'une microélectrode sélectivement perméable aux ions K^+. En général, la pointe d'une microélectrode intracellulaire sensible à un ion donné est construite à partir d'un verre spécial ou bien remplie avec un composé organique spécial qui la rend seulement perméable à l'ion choisi. Le reste du tube est rempli avec une solution aqueuse de l'ion à une concentration connue et un conducteur métallique connecté à une borne d'un voltmètre plonge dans cette solution. L'autre borne du voltmètre est connectée de la même façon à une microélectrode de référence en verre qui est ouverte à une extrémité et contient une solution conductrice simple. Les deux microélectrodes sont plantées dans la membrane plasmique de la cellule à étudier. La tension mesurée par le voltmètre, qui est égale à la différence de potentiel de part et d'autre de la barrière sélectivement perméable, révèle la concentration de l'ion dans la cellule (voir le texte). Il est généralement assez facile d'implanter des microélectrodes dans des cellules de grande taille ; les cellules d'un diamètre inférieur à 10 μm environ sont difficiles à étudier de cette façon.

Plus récemment, la technique des microélectrodes a été adaptée à l'étude du transport ionique à travers des canaux protéiques spécialisés (appelés canaux ioniques), contenus dans une petite « pièce » (patch) de membrane plasmique. Dans ce cas, une microélectrode de verre avec une extrémité un peu plus large est appuyée délicatement contre la membrane plasmique, au lieu de la transpercer (Figure 4-33). Il est alors possible d'étudier le comportement électrique de la petite « pièce » membranaire recouvrant la pointe de l'électrode, qu'elle soit solidaire ou séparée de la cellule (Figure 4-34). Cette technique, appelée « enregistrement local » ou « patch recording », a révolutionné l'étude des canaux ioniques. C'est la seule technique de biologie cellulaire qui permette d'étudier la fonction d'une molécule protéique isolée en temps réel, comme nous en discuterons dans le Chapitre 6.

On peut mesurer des concentrations ioniques intracellulaires à variation rapide grâce à des indicateurs émetteurs de lumière [16]

Les électrodes sensibles aux ions ne décèlent les concentrations ioniques qu'en un point d'une cellule, et, pour un ion présent à très faible concentration comme Ca^{2+}, leurs réponses sont lentes et assez aléatoires. Des variations passagères de la concentration intracellulaire de Ca^{2+} sont très importantes dans la réponse des cellules aux signaux extracellulaires, et de telles variations peuvent être analysées à l'aide d'indicateurs intracellulaires, dont l'émission de lumière traduit la concentration locale de l'ion. Certains de ces indicateurs sont luminescents (émission spontanée de lumière), alors que d'autres sont fluorescents (émission de lumière après exposition à la lumière). Ainsi, l'*æquorine* est une protéine luminescente isolée à partir de certaines méduses ; elle émet de la lumière en présence de Ca^{2+}, et répond aux variations de concentration en Ca^{2+} de 0,5 à 10 μM. Si elle est injectée dans un œuf, par exemple, l'æquorine émet un éclair de lumière en réponse à une soudaine décharge localisée de Ca^{2+} libre dans le cytoplasme, qui se produit lorsque l'œuf est fécondé (Figure 4-35).

On a récemment synthétisé des indicateurs de Ca^{2+} fluorescents qui se fixent étroitement aux ions Ca^{2+} et la longueur d'onde d'excitation de leur forme libre est légèrement supérieure à

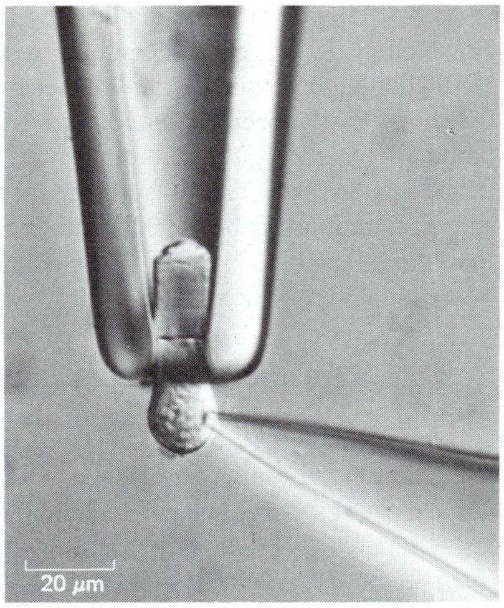

Figure 4-33 Micropipettes utilisées pour l'enregistrement local (patch recording). Une cellule en bâtonnet d'un œil de salamandre est maintenue à l'extrémité d'une pipette par aspiration tandis qu'une pipette de verre à pointe fine, appuyée contre la cellule de façon à ce que la zone de contact entre le verre et la membrane plasmique soit étanche, sert de microélectrode. (D'après T.D. Lamb, H.R. Matthews et V. Torre, *J. Physiol.* 37 : 315-349, 1986.)

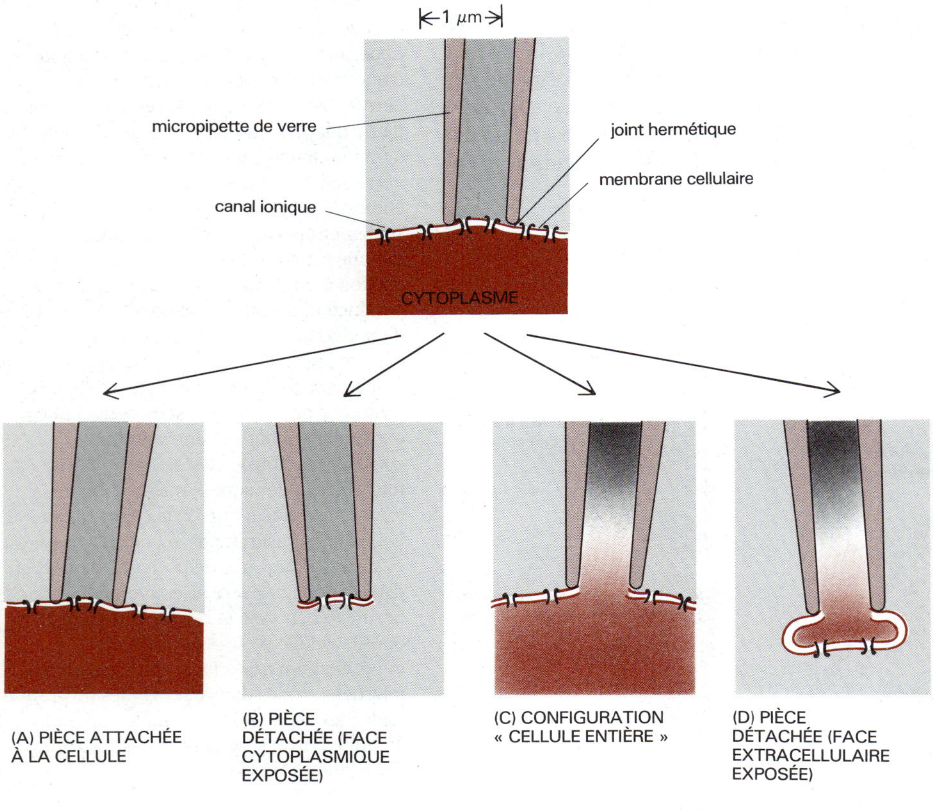

Figure 4-34 Les quatre configurations standard utilisées pour l'enregistrement local. L'extrémité de la pipette d'enregistrement en verre est tout d'abord appuyée contre la membrane cellulaire, de façon qu'un joint étanche se forme (*en haut*). Il est alors possible d'enregistrer le courant qui entre dans la pipette à travers la « pièce » de membrane, la pièce étant encore attachée au reste de la cellule (A) ou séparée de la cellule, mettant à nu la surface cytoplasmique de la membrane plasmique (B). D'autre part, la pièce peut être déchirée par une aspiration modérée, de façon que l'intérieur de l'électrode communique directement avec l'intérieur de la cellule (C) ; dans cette dernière configuration « cellule intacte », on peut enregistrer le comportement électrique de la cellule de la même façon qu'avec une électrode intracellulaire, avec, pour option supplémentaire, la possibilité de modifier les propriétés chimiques internes de la cellule en permettant à des substances de diffuser hors de la pipette d'enregistrement relativement large, dans le cytoplasme. La configuration (D) est obtenue via la configuration (C) en retirant la pipette de la cellule, de sorte qu'un fragment de la membrane plasmique adjacente se rabat sur la pointe, pour former un joint étanche. En (D), la surface exposée est plutôt la surface extérieure que la surface cytoplasmique de la membrane [comparer avec (B)].

Figure 4-35 L'æquorine, protéine luminescente, émet de la lumière en présence de Ca^{2+} libre. Ici, on a injecté dans un œuf de poisson medaka de l'æquorine qui a diffusé à travers le cytosol, et l'œuf a ensuite été fécondé par un spermatozoïde et examiné à l'aide d'un amplificateur d'image. Les photographies (*sur la droite*) furent prises toutes les 10 secondes en regardant le site de pénétration du spermatozoïde, et montrant une vague de libération de Ca^{2+} libre dans le cytosol à partir des réserves internes situées juste au-dessous de la membrane plasmique. Cette vague balaye l'œuf à partir du site de pénétration du spermatozoïde, comme le montrent les diagrammes de gauche. (Photographies de J.C. Gilkey, L.F. Jaffe, E.B. Ridgway et G.T. Reynolds, *J. Cell Biol.* 76 : 448-466, 1978. Reproduit avec l'autorisation de la Rockfeller University Press.)

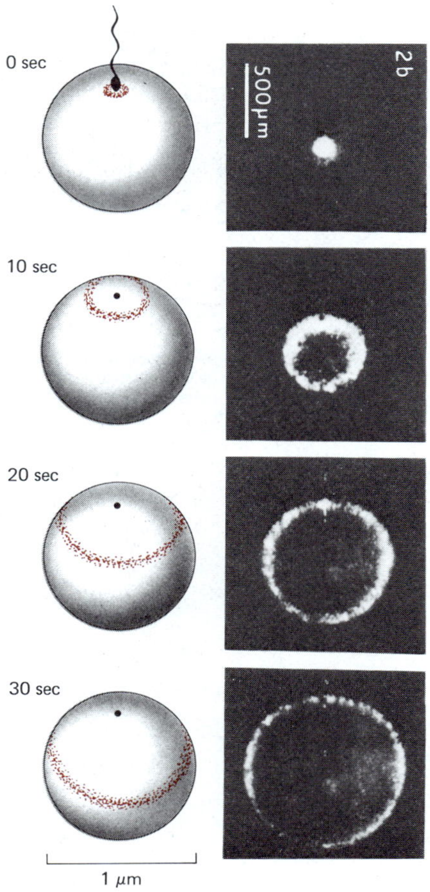

celle de leur forme associée aux ions Ca^{2+}. En mesurant le rapport des intensités de fluorescence à deux longueurs d'ondes d'excitation, le rapport des concentrations de l'indicateur lié aux ions Ca^{2+} et de l'indicateur libre peut être déterminé ; celui-ci fournit une mesure précise de la concentration en Ca^{2+} libres. Deux indicateurs courants de ce type, appelés *quin-2* et *fura-2*, sont utiles pour suivre de seconde en seconde les variations des concentrations des ions Ca^{2+} intracellulaires dans les différentes parties d'une cellule observée en microscopie à fluorescence. Des indicateurs fluorescents analogues sont disponibles pour mesurer le pH intracellulaire. Certains de ces indicateurs peuvent pénétrer dans les cellules par diffusion, et n'ont donc pas besoin d'être injectés ; ceci permet de suivre simultanément un grand nombre de cellules individuelles en microscopie à fluorescence. En fabriquant des types nouveaux d'indicateurs et en les utilisant en association avec des méthodes modernes de traitement d'images, il devrait être possiblede développer de la même manière des méthodes rapides et précises d'analyse des variations de concentrations de nombreuses petites molécules différentes dans les cellules.

Il existe plusieurs façons d'introduire dans les cellules des molécules auxquelles les membranes sont imperméables [17]

Il est souvent utile de pouvoir introduire dans une cellule des molécules auxquelles les membranes sont imperméables, que ce soit des indicateurs émettant de la lumière (comme l'æquorine), des protéines cellulaires normales couplées à un marqueur fluorescent, ou des molécules qui influent sur le comportement cellulaire. Une méthode consiste à injecter les molécules dans la cellule, au moyen d'une micropipette de verre. Dans une technique particulièrement utile, une protéine purifiée est couplée à un colorant fluorescent, puis injectée dans une cellule ; ceci permet de suivre le devenir de cette protéine particulière en microscopie à fluorescence, lorsque la cellule croît et se divise (Figure 4-36).

La microinjection, bien que largement utilisée, exige que chaque cellule soit injectée individuellement ; il n'est donc pas possible d'étudier plus de quelques centaines de cellules à la fois. D'autres méthodes permettent de perméabiliser simultanément d'importantes populations cellulaires. On peut, par exemple, partiellement altérer la structure de la membrane plasmique,

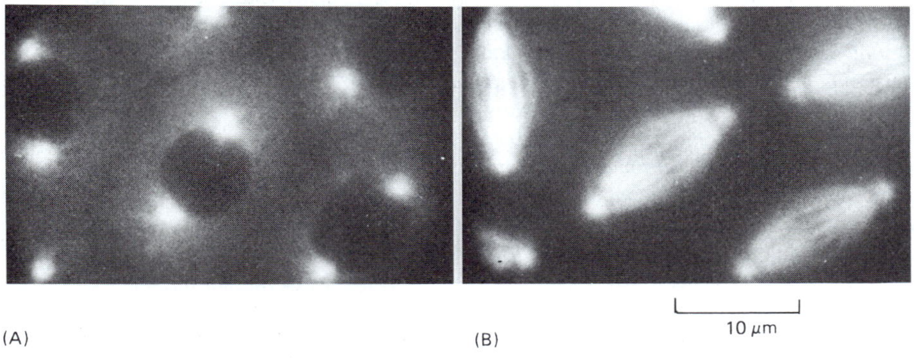

Figure 4-36 Photographies en microscopie à fluorescence d'une partie d'un embryon précoce de *Drosophile*, dans lequel on a injecté de la tubuline, la sous-unité protéique des microtubules, marquée à la rhodamine. Les microtubules sont marqués dans tout l'embryon car tous les noyaux partagent un cytoplasme commun à ce stade précoce du développement. (A) On observe les microtubules de l'embryon vivant former un « îlot » cytoplasmique qui entoure chaque noyau interphasique ; les deux taches brillantes des deux côtés de chaque noyau représentent le centrosome dupliqué, qui formera plus tard les deux pôles du fuseau mitotique. (B) Le même embryon observé quelques minutes plus tard, lorsque tous les noyaux sont entrés en mitose de façon synchrone. Les microtubules se sont maintenant réorganisés pour former des fuseaux mitotiques. (Avec l'autorisation de Douglas Kellogg.)

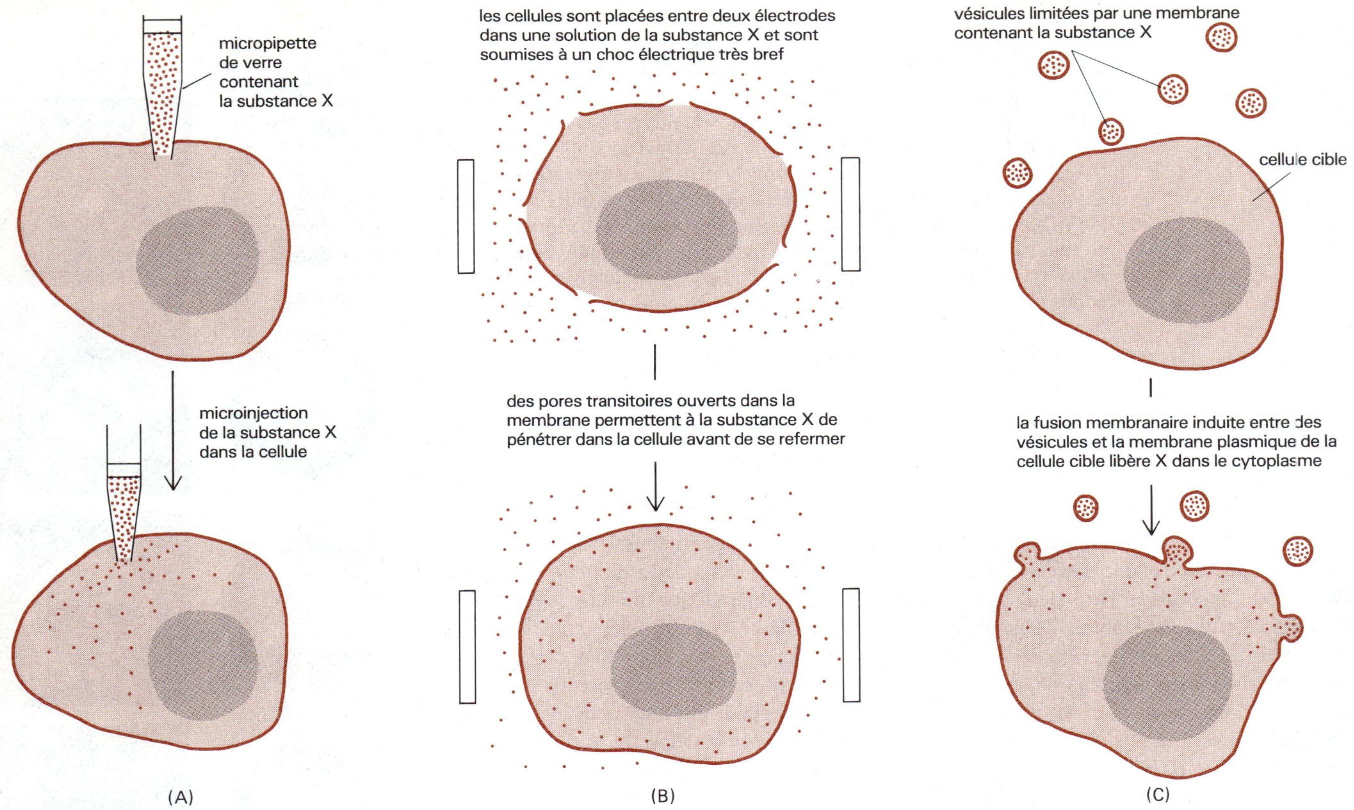

Figure 4-37 Trois méthodes utilisées couramment pour introduire une substance imperméabilisante, comme une protéine, à l'intérieur d'une cellule. En (A), la substance est injectée à l'aide d'une micropipette, soit en appliquant une pression, soit, si la substance est chargée électriquement, en appliquant une tension qui provoque le passage de la substance dans la cellule comme un courant ionique (une technique appelée *ionophorèse*). En (B), la membrane cellulaire est rendue perméable à la substance par rupture de la structure membranaire par un choc électrique bref mais intense (par exemple, 2 000 volts par centimètre pendant 200 microsecondes) ; les pores ainsi créés dans la membrane peuvent rester ouverts pendant une heure au moins (selon le type cellulaire et les conditions). En (C), la fusion membranaire est utilisée. Des vésicules limitées par une membrane peuvent être chargées avec une substance voulue en mélangeant une solution concentrée de la substance avec une suspension de phospholipides et en agitant la suspension par ultrasonication, pour fabriquer des *liposomes* (voir p. 278). Par ailleurs, on peut transformer les globules rouges en vésicules chargées limitées par une membrane, en les faisant éclater pour chasser leurs contenus naturels et en laissant ensuite leurs membranes plasmiques se refermer une fois plongées dans une solution du composé voulu. Il est possible de fusionner des liposomes ou ces « fantômes de globules rouges » avec les cellules cibles en les mettant en présence de certaines protéines virales qui induisent la fusion (produites par des virus, pour les aider à pénétrer dans les cellules).

de façon à la rendre plus perméable, en utilisant un choc électrique interne ou une substance chimique, comme un détergent à faible concentration. La technique électrique a l'avantage de créer de larges pores dans la membrane plasmique, sans endommager les membranes intracellulaires. Les pores restent ouverts pendant des minutes ou des heures, suivant le type de cellule et l'intensité du choc électrique ; des macromolécules même peuvent aussi rapidement pénétrer dans le cytosol (et en ressortir), par ces pores. Avec un traitement limité, une majorité des cellules réparent leur membrane plasmique et survivent. Une troisième méthode d'introduction de molécules dans les cellules est de provoquer la fusion de vésicules membranaires contenant ces molécules avec la membrane plasmique de la cellule. Ces trois méthodes sont largement utilisées en biologie cellulaire, et sont illustrées par la Figure 4-37.

Résumé

Les mesures de la concentration et de la répartition d'ions inorganiques et d'autres petites molécules dans les cellules doivent généralement être réalisées sur des cellules vivantes intactes. La résonance magnétique nucléaire fournit une technique de mesure des concentrations relatives de nombreuses petites molécules, mais elle nécessite un échantillon de grande taille. On peut utiliser des indicateurs fluorescents pour mesurer la concentration d'un ion spécifique dans des cellules individuelles, voire même dans différentes parties d'une cellule. Les microélectrodes de verre, outre le fait qu'elles sont indispensables à l'étude des potentiels électriques et des courants ioniques à travers la membrane plasmique, fournissent une autre façon de mesurer les concentrations d'ions intracellulaires spécifiques ; elles peuvent également être utilisées comme micropipettes, pour injecter dans des cellules vivantes des molécules auxquelles les membranes plasmiques sont imperméables. Ces molécules peuvent être également introduites dans le cytosol, en perméabilisant la membrane plasmique de façon transitoire ou en permettant à la cellule de fusionner avec des vésicules membranaires qui les renferment.

Séparation et culture cellulaires [18]

Bien que la structure des organites et des molécules de grande taille de la cellule puisse être observée grâce à la microscopie et que des molécules particulières puissent être localisées par coloration, une analyse biochimique détaillée est nécessaire pour comprendre la cellule à l'échelle moléculaire. Malheureusement, les procédés biochimiques demandent de grandes quantités de cellules, et commencent par les faire éclater. Si l'échantillon est un fragment de tissu, des débris de toutes ses cellules seront mélangés, créant la confusion si les cellules sont de plusieurs types, ce qui est presque toujours le cas. Afin de sauver le plus d'informations possible sur chaque type de cellule, les biologistes cellulaires ont mis au point des techniques de dissociation des cellules à partir des tissus, et de séparation des différents types cellulaires. La population de cellules ainsi obtenue est assez homogène et peut ensuite être analysée, soit directement soit après prolifération en culture.

Les cellules peuvent être isolées d'un tissu et séparées en différents types [19]

La première étape pour isoler des cellules d'un type uniforme à partir d'un tissu qui contient un mélange de types cellulaires consiste à réduire le tissu en une suspension monocellulaire. Ceci est obtenu par rupture de la matrice extracellulaire et des jonctions intercellulaires qui assurent la cohésion des cellules. Les meilleurs rendements en cellules dissociées viables sont généralement obtenus à partir des tissus fœtaux ou néonataux en les traitant avec des enzymes protéolytiques (comme la trypsine et la collagénase) et des agents qui fixent, ou *chélatent* le Ca^{2+} (comme l'acide éthylène diaminetétracétique, ou EDTA), dont dépend l'agglutination cellulaire. Le tissu peut ensuite être dissocié en cellules isolées par séparation mécanique ménagée.

Il existe plusieurs approches pour séparer les différents types de cellules d'un mélange cellulaire en suspension. L'une consiste à exploiter les différences de propriétés physiques des cellules. Par exemple, les cellules volumineuses peuvent être séparées des petites et les cellules denses des cellules légères par centrifugation ; ces techniques seront décrites quand nous examinerons la séparation des organites et des macromolécules, pour laquelle elles ont été développées à l'origine. Une autre approche est basée sur le fait que certaines cellules adhèrent fortement au verre ou au plastique et peuvent donc être séparées des cellules qui adhèrent moins fortement.

Un perfectionnement important de cette dernière technique repose sur les propriétés de liaison spécifique des anticorps. Des anticorps se fixant spécifiquement à la surface d'un seul type cellulaire dans un tissu peuvent être couplés à diverses matrices — comme le collagène, des billes de polysaccharide ou de plastique — pour former une « surface d'affinité » à laquelle seules les cellules reconnues par les anticorps adhéreront. Les cellules liées sont ensuite récupérées par agitation modérée ou, dans le cas d'une matrice digestible (comme le collagène), par la dégradation de la matrice avec une enzyme (comme la collagénase).

La technique de séparation cellulaire la plus élaborée implique le marquage de cellules spécifiques avec des anticorps couplés à un colorant fluorescent puis la séparation des cellules marquées des non marquées dans un **trieur de cellules marquées par fluorescence** (en anglais, fluorescence-activated cell sorter). Dans cet appareil, on évalue la fluorescence des cellules individuelles, qui circulent sur une seule file dans un léger courant, en leur faisant traverser un faisceau laser. Une canule vibratrice provoque, un peu plus loin en aval, la formation de minuscules gouttelettes dont la plupart ne contiennent qu'une cellule ou aucune. Les gouttelettes contenant une cellule unique reçoivent automatiquement une charge positive ou négative au moment de leur formation, selon qu'elles contiennent ou non une cellule fluorescente ; elles sont ensuite déviées par un fort courant électrique dans le récipient approprié. Il se forme parfois des grappes de cellules, détectées par leur plus grande dispersion de la lumière, qui restent sans charge et sont rejetées dans un récipient à déchets (Figure 4-38). Les appareils de ce type peuvent sélectionner une cellule parmi 1 000 et trient environ 5 000 cellules à la seconde.

Lorsqu'une population cellulaire uniforme a été obtenue par l'une quelconque des méthodes précédentes, elle peut être utilisée directement pour des analyses biochimiques. D'un autre côté, elle fournit un matériau de départ convenable pour la culture cellulaire, permettant l'étude du comportement complexe des cellules dans les conditions strictement définies d'une boîte de culture.

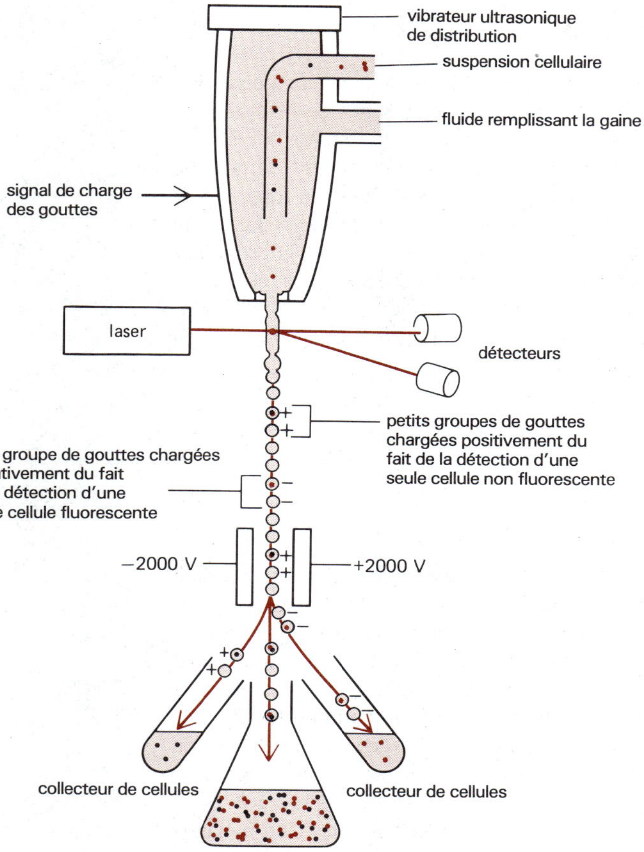

Figure 4-38 Un trieur de cellules ou cytofluorimètre. La fluorescence de la cellule est contrôlée quand elle traverse le faisceau laser. Les gouttelettes contenant des cellules uniques reçoivent une charge négative ou positive, selon que la cellule est fluorescente ou pas. Les gouttelettes sont ensuite déviées par un courant électrique dans des tubes collecteurs en fonction de leur charge. Noter que la concentration cellulaire doit être ajustée pour que la majorité des gouttelettes ne contiennent pas de cellules ; la plupart d'entre elles s'écoulent dans un récipient « poubelle » en même temps que les grappes de cellules.

On peut faire pousser des cellules dans une boîte de culture [20]

Dans les conditions appropriées, la plupart des espèces de cellules végétales et animales vivront, se multiplieront, et exprimeront même des propriétés différenciées dans une boîte de culture tissulaire. Les cellules peuvent être observées au microscope, ou analysées par des techniques biochimiques, et les effets de l'addition ou de la suppression de molécules spécifiques comme les hormones ou les facteurs de croissance peuvent être étudiés. De plus, on peut étudier les interactions entre un type cellulaire et un autre dans une culture mixte. On dit parfois des expériences effectuées sur des cellules en culture qu'elles sont réalisées *in vitro* (littéralement « dans le verre ») ; par opposition, on dit que celles réalisées sur des organismes intacts sont des expériences *in vivo*. Ces deux termes sont utilisés dans un sens très différent par la plupart des biochimistes et des biologistes cellulaires — pour lesquels *in vitro* se rapporte aux réactions biochimiques qui ont lieu en dehors des cellules vivantes, alors que *in vivo* se rapporte à toute réaction qui a lieu à l'intérieur d'une cellule vivante.

La culture tissulaire commença en 1907 avec une expérience destinée à trancher une controverse en neurobiologie. L'hypothèse à vérifier, connue sous le nom de *doctrine neuronale*, soutenait que chaque fibre nerveuse était une excroissance d'une cellule nerveuse unique et non le produit de la fusion de nombreuses cellules. Afin de tester cette affirmation, de petits fragments de moelle épinière étaient placés sur du liquide tissulaire coagulé dans une chambre chaude et humide et observés à intervalles réguliers au microscope. Après environ une journée, on pouvait observer de longs et minces prolongements émis par chaque cellule nerveuse individuelle dans le coagulum. La justesse de la doctrine neuronale était ainsi prouvée, et les graines de la révolution de la culture cellulaire étaient semées.

Les premières expériences de 1907 impliquaient la culture de petits fragments tissulaires, ou **explants**. De nos jours, les cultures sont plus généralement effectuées à partir de suspensions de cellules dissociées des tissus comme cela est décrit plus haut. Contrairement aux bactéries, la plupart des cellules des tissus ne sont pas adaptées à une croissance en suspension et ont besoin d'une surface solide sur laquelle croître et se diviser. Ce support mécanique était à l'origine fourni par le caillot de liquide tissulaire, mais à présent, c'est habituellement la surface d'une boîte de culture tissulaire en plastique (Figure 4-39). Toutefois, les exigences des cellules sont variables et certaines ne pousseront ou ne se différencieront pas à moins que le fond de la boîte de culture ne soit recouvert de composants spécifiques de la matrice extracellulaire, comme le collagène.

Les cultures préparées directement à partir des tissus d'un organisme, que ce soit avec ou sans une étape initiale de fractionnement cellulaire, sont appelées **cultures primaires**. Dans la majorité des cas, les cellules des cultures primaires peuvent être prélevées de la boîte de culture et utilisées pour former un grand nombre de **cultures secondaires** ; elles peuvent être repiquées de cette façon pendant des semaines ou des mois. Ces cellules manifestent souvent beaucoup des propriétés différenciées propres à leur origine : les fibroblastes continuent à sécréter du collagène ; les cellules dérivées du muscle squelettique embryonnaire fusionnent pour former des fibres musculaires géantes, qui se contractent spontanément dans le milieu de culture ; les cellules nerveuses émettent des axones électriquement excitables et établissent des synapses avec d'autres cellules nerveuses ; et les cellules épithéliales forment des feuillets de grandes dimensions possédant beaucoup des propriétés d'un épithélium intact. Ces phénomènes se produisant en culture, peuvent être étudiés par des procédés inutilisables sur des tissus intacts.

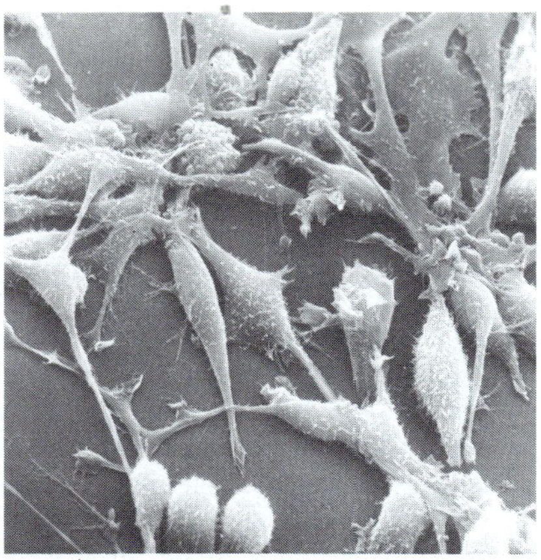

Figure 4-39 Photographie en microscopie à balayage de fibroblastes de rat poussant en culture. (Avec l'autorisation de Guenter Albrecht-Buehler.)

Des milieux chimiquement définis permettent l'identification de facteurs de croissance spécifiques [21]

Jusqu'au début des années 1970, la culture cellulaire tenait plutôt de la science et de la sorcellerie mélangées. Bien que les caillots de liquide tissulaire aient été remplacés par des boîtes de milieux liquides contenant un mélange bien défini de sels, d'acides aminés et de vitamines, la plupart des milieux contenaient encore une certaine proportion de matériel biologique mal défini, comme du sérum de cheval ou du sérum de veau fœtal ou un extrait brut fait à partir d'embryons de poulet. De tels milieux sont encore utilisés aujourd'hui pour la plupart des cultures cellulaires de routine (Tableau 4-4), mais ils sont impropres à la détermination des facteurs spécifiques indispensables à la croissance et à la différenciation d'un type de cellules particulier.

Cette difficulté a conduit à la mise au point de divers milieux de composition chimique définie pour soutenir la croissance de différents types de cellules. Dans ces milieux, chaque composant est une molécule connue. En plus des petites molécules, ces milieux contiennent habituellement un ou plusieurs des différents **facteurs de croissance** protéiques dont la majorité des cellules ont besoin pour survivre et proliférer en culture : par exemple, certaines cellules nerveuses ont besoin de quantités à l'état de traces de *facteur de croissance nerveux (NGF = nerve growth factor)* pour se différencier et survivre en culture, aussi bien que dans l'animal

Tableau 4-4 Composition type d'un milieu de culture de cellules de mammifères

Acides Aminés	Vitamines	Sels	Divers
Arginine	Biotine	NaCl	Glucose
Cystine	Choline	KCl	Pénicilline
Glutamine	Folate	NaH_2PO_4	Streptomycine
Histidine	Nicotinamide	$NaHCO_3$	Rouge de phénol
Isoleucine	Pantothénate	$CaCl_2$	Sérum total
Leucine	Pyridoxal	$MgCl_2$	
Lysine	Thiamine		
Méthionine	Riboflavine		
Phénylalanine			
Thréonine			
Tryptophane			
Tyrosine			
Valine			

Le glucose est utilisé à une concentration de 5 à 10 mM. Les acides aminés sont tous de forme L et, à une ou deux exceptions près, sont employés à des concentrations de 0,1 ou 0,2 mM ; les vitamines sont utilisées à des concentrations cent fois moindres, à savoir environ 1 μM. Le sérum, qui est généralement de cheval ou de veau, est ajouté jusqu'à représenter 10 p. cent du volume total. La pénicilline et la streptomycine sont des antibiotiques ajoutés pour arrêter la croissance des bactéries. Le rouge de phénol est un indicateur de pH dont la couleur est contrôlée pour assurer un pH d'environ 7,4.

Les cultures sont habituellement effectuées dans un récipient de plastique ou de verre possédant une surface convenablement préparée permettant l'attachement des cellules. Les récipients sont conservés dans un incubateur à 37 °C dans une atmosphère contenant 5 p. cent de CO_2 et 95 p. cent d'air.

intact. De nombreux autres facteurs de ce type jouant un rôle vital dans le développement et/ou la prolifération de types cellulaires spécifiques ont aussi été découverts et la recherche de nouveaux facteurs est devenue beaucoup plus aisée depuis que l'on dispose de milieux de composition chimique définie.

Les lignées cellulaires eucaryotes constituent une source de cellules homogènes très utilisée [18]

La plupart des cellules des vertébrés meurent après un nombre fini de divisions en culture : par exemple, les cellules de peau humaine se maintiennent habituellement plusieurs mois en culture, ne se divisant que 50 à 100 fois avant de mourir. Cette durée de vie limitée pourrait refléter la durée de vie limitée de l'animal dont elles sont dérivées. Toutefois, des variants cellulaires effectivement immortels apparaissent parfois en culture. Ces cellules peuvent être propagées à l'infini pour donner une **lignée cellulaire** (Tableau 4-5). Elles poussent habituellement mieux quand elles sont attachées à des surfaces solides et possèdent la caractéristique de cesser de croître une fois qu'elles ont formé une couche continue, ou *confluente*, à la surface de la boîte de culture.

Ces lignées cellulaires dérivées de cellules cancéreuses et celles qui le sont de cellules normales diffèrent à plus d'un titre : par exemple, les lignées cellulaires cancéreuses poussent souvent sans adhérer à une surface et elles prolifèrent jusqu'à une très forte densité dans une boîte de culture. Des propriétés similaires peuvent être induites expérimentalement chez des cellules normales par *transformation* avec un virus ou une substance chimique tumorigène. Les **lignées cellulaires transformées par cancérisation** qui en résultent sont capables de provoquer des tumeurs quand elles sont injectées à un animal. Les lignées cellulaires des deux types, transformé et non transformé, qui constituent des sources de très grands nombres de cellules du même type, sont extrêmement utiles dans la recherche cellulaire car elles peuvent en particulier être stockées à —70 °C pendant une période illimitée et sont encore viables après décongélation. Cependant, il est important de préciser que les cellules des deux types de lignées cellulaires diffèrent presque toujours de façon importante de leurs ancêtres normaux présents dans les tissus dont elles proviennent.

L'uniformité génétique d'une lignée cellulaire peut être améliorée par le **clonage** des cellules, qui consiste à isoler une cellule unique et à la laisser proliférer pour former une importante colonie. Un *clone* est tout amas cellulaire de ce type dérivé d'une cellule primitive unique. L'une des applications les plus importantes du clonage cellulaire a été l'isolement de lignées cellulaires mutantes possédant des défauts dans des gènes spécifiques. L'étude de cellules déficientes en une protéine spécifique apprend souvent beaucoup sur la fonction de cette protéine dans les cellules normales.

Tableau 4-5 Quelques lignées cellulaires couramment utilisées

Lignée Cellulaire	Type Cellulaire et Origine
3T3	fibroblaste (souris)
BHK 21	fibroblaste (hamster Syrien)
HeLa	cellule épithéliale (humain)
PtK 1	cellule épithéliale (rat, kangourou)
L 6	myoblaste (rat)
PC 12	cellule chromaffine (rat)
SP 2	cellule plasmique (souris)

Un grand nombre de ces lignées cellulaires ont été extraites de tumeurs. Elles sont toutes capables de réplication illimitée en culture de tissu et expriment au moins certaines des propriétés différenciées de leur cellule d'origine. Les cellules BHK 21, les cellules HeLa et les cellules SP 2 sont capables de pousser en suspension ; les autres lignées cellulaires ont besoin d'un support de culture solide pour se multiplier.

Les cellules peuvent être fusionnées pour former des cellules hybrides [22]

Il est possible de fusionner une cellule avec une autre pour former une cellule possédant deux noyaux séparés appelée **hétérocaryon**. La fusion est en général réalisée en traitant une suspension de cellules avec certains virus inactivés ou du polyéthylène glycol, qui modifient les membranes plasmiques de sorte qu'elles ont tendance à fusionner entre elles. Les hétérocaryons constituent un moyen de mélanger les composants de deux cellules séparées afin d'étudier leurs interactions. Par exemple, le noyau inerte d'une hématie de poulet est réactivé de façon à fabriquer de l'ARN et finalement repliquer son ADN quand il est exposé par fusion au cytoplasme d'une cellule de culture tissulaire en croissance. La première preuve directe de la capacité des protéines membranaires à se déplacer dans le plan de la membrane plasmique fut apportée par une expérience dans laquelle des cellules de souris et des cellules humaines étaient fusionnées : alors que les protéines de la surface des cellules de souris et des cellules humaines étaient initialement confinées à leurs propres moitiés de la membrane plasmique de l'hétérocaryon, elles diffusaient rapidement et se mélangeaient sur toute la surface de la cellule.

Un hétérocaryon finira par effectuer la mitose et produira une **cellule hybride** dans laquelle les deux enveloppes nucléaires séparées se sont morcelées, permettant le rassemblement de tous les chromosomes dans un noyau unique et volumineux (Figure 4-40). Bien que de telles cellules hybrides puissent être clonées pour produire des lignées de cellules hybrides, les cellules initiales ont tendance à être instables et à perdre des chromosomes. Pour des raisons inconnues, les cellules hybrides homme-souris perdent principalement des chromosomes humains. Ces chromosomes sont perdus au hasard, donnant naissance à une variété de lignées cellulaires hybrides homme-souris dont chacune ne contient qu'un seul ou quelques chromosomes humains. Ce phénomène a été utilisé avec profit pour établir la carte des gènes

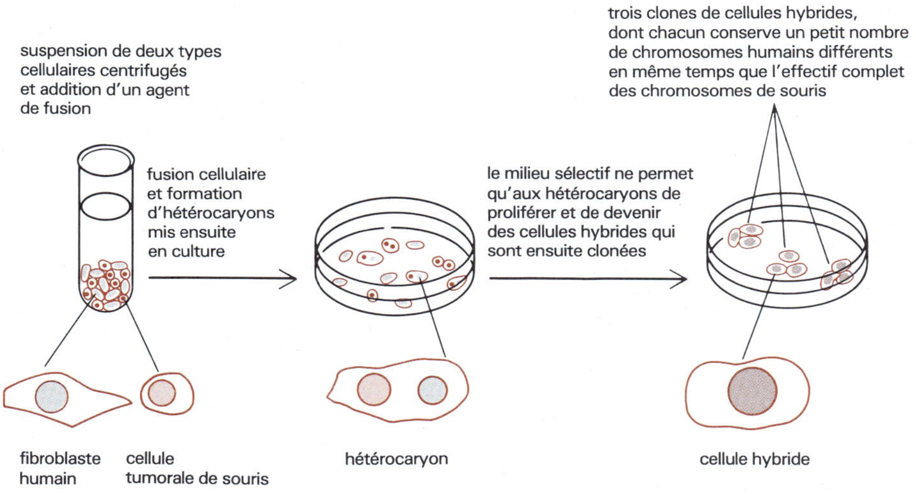

Figure 4-40 Technique de fusion de cellules humaines et de cellules de souris pour produire des hétérocaryons (chacun possédant un ou plusieurs noyaux), qui aboutissent finalement à des cellules hybrides (chacune possédant un noyau fusionné). Du fait que la plupart des chromosomes humains sont rapidement perdus de façon aléatoire, laissant des clones qui n'en conservent qu'un ou quelques-uns, ces cellules hybrides particulières sont utiles pour établir la carte des gènes humains sur des chromosomes humains spécifiques. Les cellules hybrides obtenues en fusionnant d'autres types de cellules conservent souvent la plupart de leurs chromosomes.

dans le génome humain. Par exemple, seules les cellules hybrides contenant le chromosome 11 humain synthétisent l'insuline humaine, indiquant ainsi que le gène codant pour l'insuline est localisé sur le chromosome 11.

Le Tableau 4-6 expose quelques étapes importantes dans le développement de la culture tissulaire.

Résumé

Les cellules isolées à partir de tissus fœtaux et néonataux servent de matériau de départ habituel dans la purification de types cellulaires individuels, qui peuvent être analysés biochimiquement ou utilisés pour établir des cultures cellulaires. Un grand nombre de cellules animales et végétales survivent et prolifèrent dans une boîte de culture, si on leur fournit un milieu nutritif convenable ; différents types cellulaires requièrent des substances nutritives différentes comprenant un ou plusieurs facteurs de croissance protéiques spécifiques. Bien que la plupart des cellules animales meurent après un nombre fini de divisions, quelques rares variants cellulaires « immortels » apparaissent spontanément en culture, et peuvent être entretenus indéfiniment sous forme de lignées cellulaires. Il est possible, grâce à des clones dérivés d'une cellule primitive unique, d'isoler des populations de cellules mutantes déficientes en une seule protéine. Deux types de cellules différents peuvent être fusionnés pour donner des hétérocaryons (cellules à deux noyaux), qui finissent par former des cellules hybrides (avec un noyau fusionné). De telles cellules sont utiles pour l'étude des interactions entre les composants de deux cellules différentes et fournissent une méthode commode pour attribuer des gènes à des chromosomes spécifiques.

Le fractionnement des composants cellulaires [23]

Bien qu'il faille désorganiser la fragile anatomie de la cellule pour une analyse biochimique, des techniques de séparation douces qui conservent la fonction des divers composants cellulaires ont été imaginées. De même qu'un tissu peut être séparé en ses types cellulaires constitutifs vivants, la cellule peut être séparée en ses organites et macromolécules fonctionnels. Dans ce paragraphe, nous nous intéresserons aux méthodes qui permettent de purifier les organites et les protéines. Des méthodes voisines de localisation et de marquage des molécules par des radioisotopes et des anticorps, ainsi que les techniques efficaces dont nous disposons pour analyser l'ADN et la fonction des gènes sont discutées dans des paragraphes ultérieurs.

Les organites et les macromolécules peuvent être séparés par ultracentrifugation [24]

Il existe divers moyens pour faire éclater les cellules : elles peuvent être soumises à un choc osmotique où à des vibrations ultrasoniques, ou forcées de passer à travers un petit orifice ou broyées. Ces procédés brisent une grande partie des membranes de la cellule (y compris la membrane plasmique et les membranes du réticulum endoplasmique et de l'appareil de Golgi) en fragments qui se referment immédiatement pour former de petites vésicules fermées.

Tableau 4-6 Quelques points de repère dans le développement de la culture tissulaire

1885	**Roux** montrait que des cellules embryonnaires de poulet pouvaient être maintenues en vie dans une solution saline hors du corps de l'animal.
1907	**Harrison** cultivait de la moelle épinière d'amphibien dans un caillot de lymphe, et apportait ainsi la preuve que les axones sont produits sous la forme d'extensions de cellules nerveuses isolées.
1910	**Rous** induisait une tumeur en utilisant un extrait filtré de cellules tumorales de poulet dont on démontrait plus tard qu'il contenait un virus à ARN (virus du sarcome de Rous).
1913	**Carrel** montrait que les cellules pouvaient pousser en culture durant de longues périodes à condition d'être régulièrement nourries dans des conditions aseptiques.
1948	**Earle** et ses collègues isolaient des cellules individuelles de la lignée cellulaire L et montraient qu'elles formaient des clones de cellules en culture de tissu.
1952	**Gey** et ses collègues créaient une lignée continue de cellules extraites d'un carcinome cervical humain, qui devint plus tard la célèbre lignée *HeLa.*
1954	**Levi-Montalcini** et ses associés montraient que le facteur de croissance nerveux (NGF) stimulait la croissance d'axones en culture tissulaire.
1955	**Eagle** menait les premières recherches systématiques sur les exigences nutritives essentielles des cellules en culture et découvrait que les cellules animales pouvaient se multiplier dans un mélange défini de petites molécules complété avec une petite quantité de protéines sériques.
1956	**Puck** et ses associés sélectionnaient des mutants possédant des besoins de croissance modifiés à partir de cultures de cellules HeLa.
1958	**Temin et Rubin** mettaient au point un test quantitatif de l'infection de cellules de poulet en culture par le *virus du sarcome de Rous* purifié. Dans la décade suivante, les caractéristiques de ce type et d'autres types de transformation virale étaient établis par **Stoker, Dulbecco, Green** et d'autres virologistes.
1961	**Hayflick et Moorhead** montraient que les fibroblastes humains meurent après un nombre fini de divisions en culture.
1964	**Littlefield** introduisait le milieu HAT pour la croissance sélective d'hybrides de cellules somatiques qui, associé à la technique de fusion cellulaire, permettait d'accéder à la génétique des cellules somatiques.
	Kato et Takeuchi obtenaient une carotte complète à partir d'une seule cellule de racine de carotte en culture de tissu.
1965	**Ham** introduisait un milieu défini, sans sérum, capable de maintenir la croissance clonale de certaines cellules de mammifères.
	Harris et Watkins produisaient les premiers hétérocaryons de cellules de mammifères par fusion de cellules humaines et de souris induite par des virus.
1968	**Augusti-Tocco et Sato** adaptaient une tumeur de cellules nerveuses de souris (neuroblastome) en culture de tissu et isolaient des clones électriquement excitables et émettant des prolongements nerveux. Environ à cette même époque, un grand nombre d'autres lignées cellulaires différenciées étaient isolées, dont les lignées des cellules du muscle squelettique et du foie.
1975	**Köhler et Milstein** produisaient les premières lignées cellulaires d'hybridomes sécrétant des anticorps monoclonaux.
1976	**Sato** et ses associés publiaient le premier d'une série d'articles montrant que des lignées cellulaires différentes nécessitent des mélanges différents d'hormones et de facteurs de croissance pour pousser dans un milieu sans sérum.

Cependant, s'ils sont mis en pratique avec prudence, les procédés de rupture laissent en grande partie intacts des organites comme les noyaux, les mitochondries, l'appareil de Golgi, les lysosomes et les peroxysomes. La suspension cellulaire est ainsi réduite à une épaisse suspension de particules (homogénat) contenant toute une variété de particules limitées par une membrane qui ont chacune une taille, une charge et une densité différentes. A condition de choisir soigneusement le milieu d'homogénéisation par tâtonnements pour chaque organite, les diverses particules — y compris les vésicules provenant du réticulum endoplasmique, appelées microsomes — conservent la plupart de leurs propriétés biochimiques d'origine.

Les divers composants de l'homogénat doivent être ensuite séparés. Ceci ne devint possible qu'après le développement commercial, au début des années 1940, d'un appareil connu sous le nom d'**ultracentrifugeuse préparative**, dans lequel des extraits de cellules éclatées sont centrifugés à des vitesses élevées (Figure 4-41). Ce traitement sépare les composants cellulaires selon leur taille : en général, les unités les plus grosses subissent la plus grande force centrifuge, et migrent le plus rapidement. A une vitesse relativement basse, les composants de grosse taille, comme les noyaux et les cellules intactes sédimentent rapidement et forment un culot au fond du tube de centrifugation ; à une vitesse légèrement supérieure, un culot de mitochondries se dépose ; et pour des vitesses encore plus élevées et des temps de centrifugation

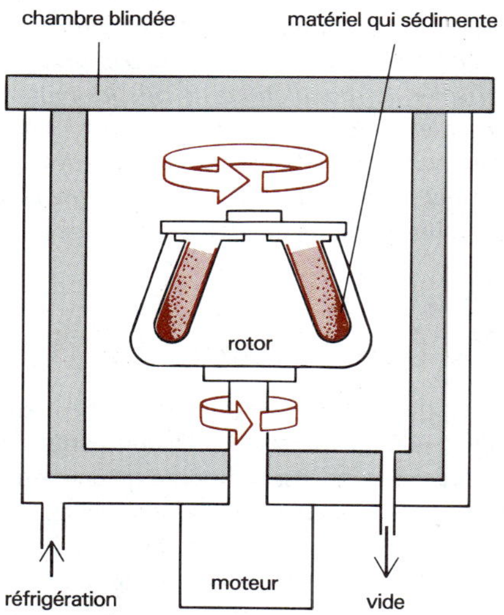

Figure 4-41 Une ultracentrifugeuse préparative. L'échantillon est contenu dans des tubes qui sont placés dans des cavités cylindriques disposées en cercle dans un rotor métallique. La rotation rapide du rotor engendre des forces centrifuges considérables qui provoquent la sédimentation des particules de l'échantillon. Le vide réduit la friction ; il évite ainsi l'échauffement du rotor et permet au système réfrigérant de maintenir l'échantillon à 4 °C.

supérieurs, les petites vésicules fermées, puis les ribosomes, peuvent êtres collectés (Figure 4-42). Toutes ces fractions sont impures, mais en remettant le culot en suspension et en répétant la centrifugation plusieurs fois on élimine un grand nombre des éléments contaminants.

La centrifugation est la première étape dans la plupart des fractionnements, mais elle ne sépare que des composants de tailles très différentes. On peut obtenir une séparation plus fine en déposant une mince couche d'extrait au-dessus d'une solution saline diluée qui remplit un tube à centrifuger. Au cours de la centrifugation, les divers composants du mélange sédimentent à des vitesses différentes, formant une série de bandes distinctes dans la solution saline (Figure 4-43). Pour que le procédé soit réellement efficace, on doit éviter le mélange par convection, qui se produit normalement chaque fois qu'une solution plus dense (par exemple, une solution contenant des organites) se trouve au-dessus d'une solution plus légère (la solution saline). Ceci est obtenu en remplissant le tube à centrifuger, avec un gradient de saccharose, préparé avec un système mélangeur spécial ; le *gradient de densité* résultant dont la couche la plus dense est au fond du tube et maintient chaque région de la solution saline plus dense que toute solution qui se trouve au-dessus d'elle, évitant ainsi une distortion de la séparation par mélange par convection.

Une fois centrifugés sur de tels gradients de saccharose dilués, les différents composants cellulaires se séparent en bandes distinctes, qui peuvent être collectées individuellement (voir Figure 4-43). La vitesse à laquelle chaque composant sédimente dépend tout d'abord de sa taille et de sa forme, et est normalement exprimée par son *coefficient de sédimentation* ou *s* (voir Tableau 4-7). Les ultracentrifugeuses actuelles ont des vitesses supérieures à 80 000 rpm, et engendrent des forces qui peuvent atteindre 500 000 fois la gravité. Avec ces forces considérables, même des petites macromolécules, comme les molécules d'ARNt et les enzymes simples, se séparent selon leur taille. Les mesures des coefficients de sédimentation de complexes macromoléculaires sont couramment utilisées pour aider à déterminer la masse globale du complexe et, par conséquent, le nombre de sous-unités de chaque type qu'il contient.

L'ultracentrifugeuse est également employée pour séparer les composants cellulaires selon leur *densité de flottaison* qui est indépendante de leur taille et de leur forme. Dans ce cas, l'échantillon est habituellement sédimenté dans un gradient de densité contenant une très forte concentration de saccharose ou de chlorure de césium. La Figure 4-43 montre comment chaque composant cellulaire commence à sédimenter dans le gradient ; mais il finit par atteindre une position où la densité de la solution est égale à sa propre densité. En ce point, le composant flotte et ne peut se déplacer plus loin. Une série de bandes distinctes est ainsi formée dans le tube de centrifugation, les bandes les plus proches du fond du tube renfermant les composants de densité de flottaison la plus forte. Cette méthode peut être si sensible qu'elle est capable de séparer des macromolécules ayant incorporé des isotopes lourds, comme ^{13}C ou ^{15}N, des mêmes macromolécules non marquées. En fait, la technique du gradient en chlorure de césium fut mise au point en 1957 pour séparer les deux types d'ADN, marqué et non marqué, produits après l'exposition d'une population bactérienne en croissance à des précurseurs nucléotidiques contenant du ^{15}N ; cette expérience classique apportait la preuve directe du caractère semi-conservatif de la réplication de l'ADN (voir p. 97).

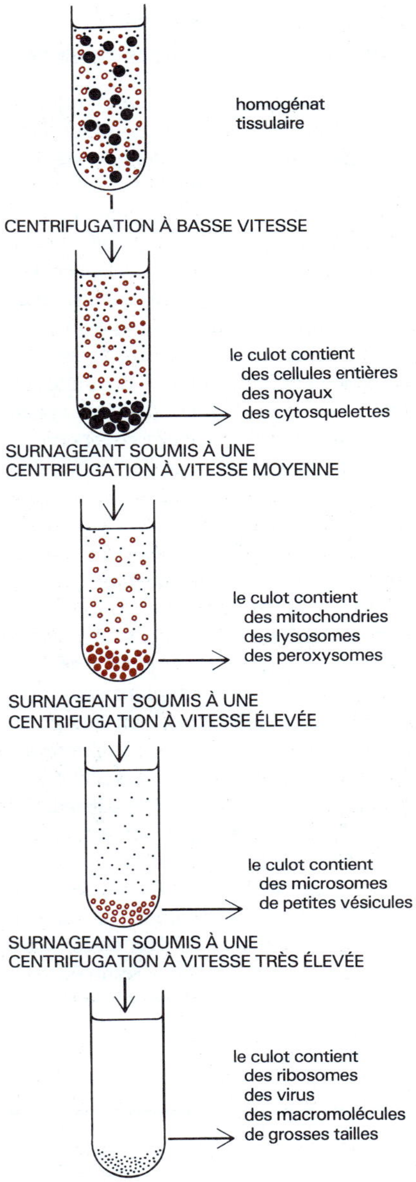

Figure 4-42 Des extraits cellulaires seront fractionnés en leurs composants par centrifugations répétées à des vitesses progressivement augmentées. En général, plus le composant infracellulaire est petit, plus la force centrifuge nécessaire pour le sédimenter est élevée. Les valeurs typiques pour les différentes étapes de centrifugation mentionnées dans la figure sont :

basse vitesse :	1 000 fois la gravité pendant 10 minutes
vitesse moyenne :	20 000 fois la gravité pendant 20 minutes
vitesse élevée :	80 000 fois la gravité pendant 1 heure
vitesse très élevée :	150 000 fois la gravité pendant 3 heures

Tableau 4-7 Quelques coefficients de sédimentation caractéristiques

Particule ou molécule	Coefficient de sédimentation
Lysosome	9400 S
Virus de la Mosaïque du tabac	198 S
Ribosome	80 S
Molécule d'ARN ribosomal	28 S
Molécule d'ARNt	4 S
Molécule d'hémoglobine	4,5 S

Les coefficients de sédimentation *(s)*, en secondes, sont donnés par l'équation $\frac{dx/dt}{\omega^2 x}$, où x est la distance à partir de l'axe de rotation en centimètres, $\frac{dx}{dt}$ la vitesse de sédimentation en centimètres par seconde, et ω la vitesse angulaire du rotor en radians par seconde. Ces coefficients étant des nombres extrêmement petits, ils sont normalement exprimés en unités Svedberg (S), où $1S = 1 \times 10^{-13}$ sec.

Les détails moléculaires de processus cellulaires complexes peuvent être déchiffrés dans des systèmes acellulaires [25]

L'étude des organites et d'autres composants infracellulaires de grande dimension par ultracentrifugation a joué un rôle important dans la détermination des *fonctions* des différents composants de la cellule. Par exemple, des expériences sur des mitochondries et des chloroplastes purifiés par centrifugation démontrèrent la fonction centrale de ces organites dans les interconversions d'énergie. De la même façon, des vésicules refermées formées à partir de fragments de reticulum endoplasmique rugueux et lisse (microsomes), ont été séparées les unes des autres et analysées en tant que modèles fonctionnels de ces compartiments dans la cellule intacte.

L'étude des organites isolés n'est qu'un début. Afin d'établir les mécanismes moléculaires détaillés impliqués dans *tout* processus biologique, les composants doivent d'abord être isolés, de façon à ce que le processus puisse être étudié en l'absence de toutes les réactions parallèles complexes qui se produisent dans une cellule. Des extraits cellulaires fractionnés qui conservent une fonction biologique (appelés **systèmes acellulaires**) sont donc largement employés en biologie cellulaire. Un des premiers triomphes de cette approche fut l'élucidation du mécanisme de la synthèse protéique. Le matériel de base était un extrait brut capable de traduire des molécules d'ARN en protéines. Le fractionnement de cet extrait, étape par étape, produisit tour à tour les ribosomes, l'ARNt, et les différentes enzymes qui, ensemble, constituent le mécanisme de synthèse des protéines. Une fois obtenus, les composants purs isolés pouvaient être séparément ajoutés ou soustraits, et leur rôle exact dans le processus pouvait être défini. Le même « système de traduction *in vitro* » fut utilisé plus tard pour déchiffrer le code génétique en prenant des polyribonucléotides synthétiques de séquence connue comme « ARN messager » (ARNm) à traduire. De nos jours, les systèmes de traduction *in vitro* sont utilisés pour déterminer comment les protéines néoformées sont distribuées dans les différents compartiments intracellulaires (voir p. 439), aussi bien que pour identifier les protéines codées par des préparations purifiées d'ARNm — une étape importante des techniques de clonage des gènes (voir p. 265). Quelques étapes importantes du développement des méthodes de préparation d'extraits cellulaires fractionnés sont décrites dans le Tableau 4-8.

Beaucoup de nos connaissances sur la biologie moléculaire de la cellule résultent de l'utilisation de systèmes acellulaires. A titre d'exemples parmi beaucoup d'autres, ils ont été utilisés pour analyser les détails moléculaires de la réplication et de la transcription de l'ADN, de l'épissage de l'ARN, de la contraction musculaire, et du transport de particules le long des microtubules. L'analyse d'un système acellulaire implique finalement la séparation complète de tous ses composants macromoléculaires individuels, et en particulier de toutes ses protéines. Nous allons maintenant examiner la façon dont cela est réalisé.

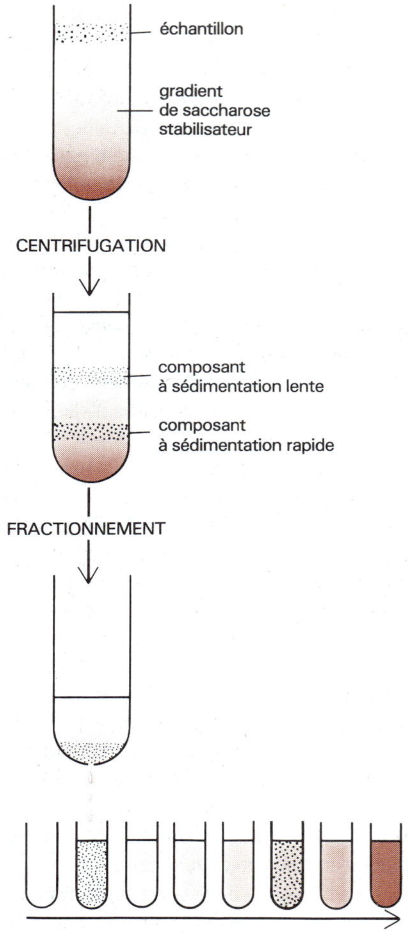

Figure 4-43 Quand ils sont déposés à la surface d'une solution diluée de saccharose, les composants infracellulaires sédimentent à des vitesses différentes selon leur taille. Afin de stabiliser les bandes de sédimentation et d'éviter leur mélange par convection provoquée par de faibles variations de la température ou de la concentration du soluté, le tube contient un gradient continu de saccharose dont la concentration augmente vers le fond du tube (généralement de 5 p. cent à 20 p. cent de saccharose). Ensuite, les différents composants peuvent être collectés individuellement, la méthode la plus simple consistant à percer le plastique du tube de centrifugation et à recueillir les gouttes à partir de l'extrémité inférieure, comme l'illustre la figure.

Tableau 4-8 Les étapes importantes dans le développement de l'ultracentrifugation et de la préparation d'extraits acellulaires

1897	**Buchner** montrait que des extraits acellulaires de levure permettent la fermentation des glucides pour former du dioxyde de carbone et de l'éthanol, et posait ainsi les fondements de l'enzymologie.
1926	**Svedberg** mettait au point la première centrifugeuse analytique et l'employait pour estimer le poids moléculaire de l'hémoglobine à 68 000.
1935	**Pickels et Beams** apportaient plusieurs améliorations à la conception de l'ultracentrifugeuse qui conduisirent à son emploi comme instrument de préparation.
1938	**Behrens** employait la centrifugation différentielle pour séparer les noyaux et le cytoplasme de cellules hépatiques, une technique qui sera développée plus avant pour le fractionnement d'organites cellulaires par **Claude, Brachet, Hogeboom** et d'autres, dans les années 1940 et au début des années 1950.
1949	**Szent-Györgyi** montrait que des myofibrilles isolées de cellules du muscle squelettique se contractaient si on ajoutait de l'ATP. En 1955, un système acellulaire analogue était développé pour le battement des cils par **Hofmann-Berling.**
1951	**Brakke** employait la centrifugation en gradient de densité dans des solutions de saccharose pour purifier un virus de végétal.
1953	**de Duve** isolait des lysosomes, et plus tard des peroxysomes, par centrifugation.
1954	**Zamecnik** et ses collègues mettaient au point le premier système acellulaire capable d'effectuer la synthèse protéique. Suivit une décade d'intense activité de recherche, au cours de laquelle le code génétique était élucidé.
1957	**Meselson, Stahl et Vinograd** mettaient au point la centrifugation en gradient de densité dans des solutions de chlorure de césium pour la séparation des acides nucléiques.

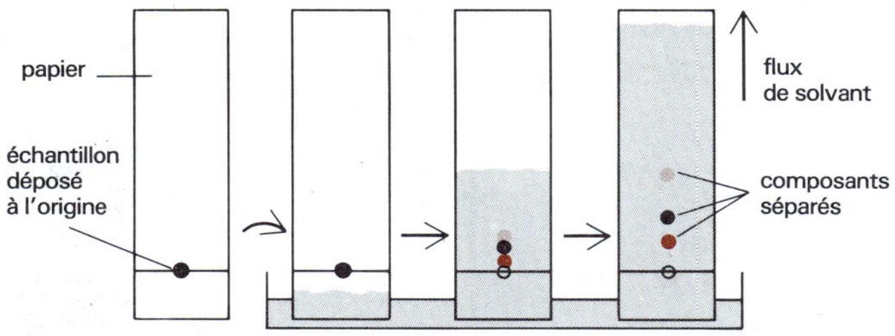

Figure 4-44 La séparation de petites molécules par chromatographie sur papier. Lorsque l'échantillon a été déposé à une extrémité du papier (l'« origine ») et séché, on fait remonter par capillarité à travers le papier une solution contenant un mélange de deux solvants. Les différents composants de l'échantillon migrent à des vitesses différentes dans le papier selon leur solubilité relative dans le solvant qui est adsorbé de façon préférentielle par le papier. La mise au point de cette technique révolutionna les analyses biochimiques au cours des années 1940.

Les protéines peuvent être séparées par chromatographie [26]

La **chromatographie**, une technique développée à l'origine pour séparer des petites molécules, comme les oses et les acides aminés, est l'une des méthodes les plus généralement employées pour le fractionnement des protéines. Un type plus courant de chromatographie, encore largement employé pour séparer les petites molécules, est la **chromatographie de partage**. Typiquement, une goutte de l'échantillon est déposée sur une feuille d'un papier absorbant (dans la *chromatographie sur papier*) ou sur une plaque de plastique ou de verre recouverte d'une mince couche d'un matériel absorbant inerte comme la cellulose ou un gel de silice (*chromatographie en couche mince*). On laisse ensuite un mélange de solvants, composé par exemple d'eau et d'un alcool, imprégner la feuille à partir d'un bord. En migrant à travers la feuille, le liquide sépare les molécules de l'échantillon selon leur solubilité relative dans les deux solvants. Les solvants sont choisis de telle façon que l'un d'eux soit adsorbé plus fortement que l'autre par le matériel absorbant et forme une couche de solvant immobile à la surface de la feuille. Dans chaque région de la feuille, les molécules s'équilibrent entre le solvant immobile et le solvant en migration : celles qui sont les plus solubles dans le solvant fortement adsorbé passent plus de temps dans la couche immobile et sont retardées par rapport à celles qui sont les plus solubles dans l'autre solvant et qui migrent plus rapidement. Plusieurs heures après, la feuille est séchée et colorée afin de repérer l'emplacement des différentes molécules (Figure 4-44).

Le fractionnement des protéines se fait le plus souvent par *chromatographie sur colonne* dans laquelle on fait passer un mélange de protéines en solution à travers une colonne contenant une matrice poreuse. Les différentes protéines sont retardées à des degrés différents par leur interaction avec la matrice et elles peuvent être collectées séparément, dans leur état natif fonctionnel, au fur et à mesure qu'elles s'écoulent au bas de la colonne (Figure 4-45). Suivant le choix de la matrice, les protéines peuvent être séparées selon leur charge (chromatographie

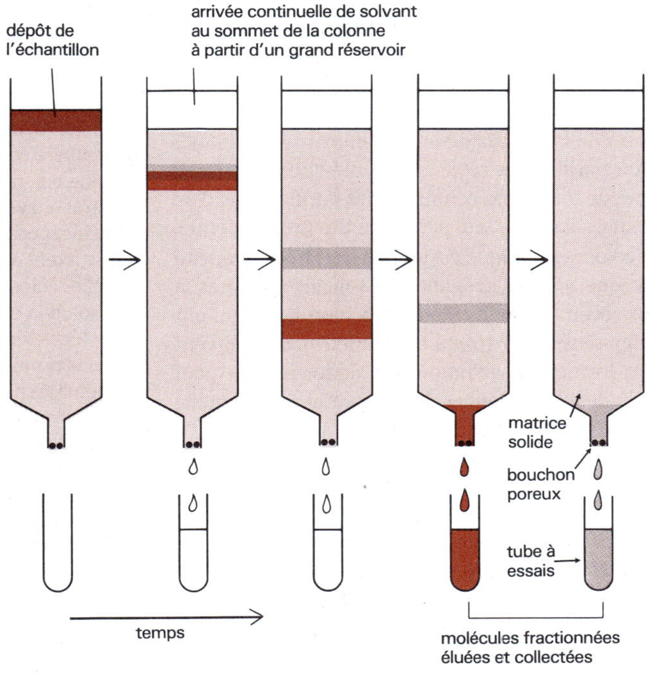

Figure 4-45 La séparation des molécules par chromatographie sur colonne. L'échantillon est déposé au sommet d'une colonne cylindrique de verre ou de plastique contenant une matrice solide perméable, comme la cellulose immergée dans un solvant. Une grande quantité de solvant est ensuite pompée lentement à travers la colonne et est collectée dans des tubes séparés au fur et à mesure de sa sortie à l'extrémité inférieure de la colonne. Les divers composants de l'échantillon se déplacent à des vitesses différentes à travers la colonne et sont ainsi fractionnés dans des tubes différents.

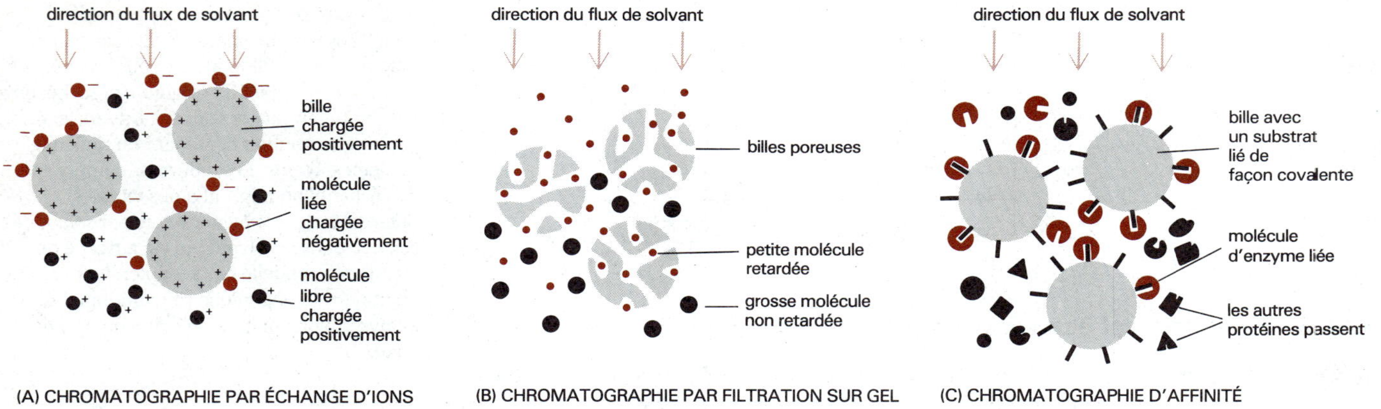

Figure 4-46 Trois types de matrices utilisées en chromatographie. Dans la chromatographie par échange d'ions (A), la matrice insoluble porte des charges ioniques qui retardent les molécules de charge opposée. Les matrices habituellement employées pour séparer des protéines sont le diéthylaminoéthylcellulose (DEAE cellulose), qui est chargé positivement, et la carboxyméthylcellulose (CM-cellulose) et la phosphocellulose, qui sont chargées négativement. La force de l'association entre les molécules dissoutes et la matrice échangeuse d'ions dépend à la fois de la force ionique et du pH de la solution d'élution, que l'on peut faire varier de façon systématique (comme dans la Figure 4-47) afin d'obtenir une séparation efficace. Dans la chromatographie par filtration sur gel (B), la matrice est inerte mais poreuse. De cette façon, les molécules suffisamment petites pour pénétrer à l'intérieur de la matrice sont retenues et migrent plus lentement dans la colonne. On dispose dans le commerce de billes de polysaccharide réticulé (dextrane ou agarose) avec un grand choix de tailles de pores, ce qui permet de les employer pour le fractionnement de molécules de masses moléculaires variables, allant de moins de 500 à plus de 5×10^6. La chromatographie d'affinité (C) utilise une matrice insoluble liée de manière covalente à un ligand spécifique, comme une molécule d'anticorps ou un substrat enzymatique, qui se fixera sur une protéine spécifique. Les molécules d'enzymes qui se fixent à des substrats immobilisés sur de telles colonnes peuvent être éluées avec une solution concentrée de la forme libre de la molécule de substrat, alors que les molécules qui se fixent à des anticorps immobilisés peuvent être éluées par dissociation du complexe anticorps-antigène à l'aide de solutions salines concentrées ou de solutions de fort ou de faible pH. Des degrés de purification très importants sont souvent atteints après un seul passage à travers une colonne d'affinité.

par échange d'ions), leur hydrophobicité (chromatographie par hydrophobicité), leur taille (chromatographie par filtration sur gel), ou leur capacité à se fixer à des groupements chimiques particuliers (chromatographie d'affinité).

A cet usage, de nombreux types différents de matrices sont disponibles dans le commerce (Figure 4-46). Les *colonnes échangeuses d'ions* sont remplies de petites billes portant une charge soit positive, soit négative ; les protéines sont donc séparées en fonction de l'arrangement de leurs charges sur leur surface. Les colonnes *hydrophobes* contiennent des billes dont les chaînes latérales hydrophobes font saillie, de sorte que les protéines possédant des régions hydrophobes exposées sont retardées. Les *colonnes de filtration sur gel* qui séparent les protéines sur la base de leur taille, sont remplies de minuscules billes poreuses : les molécules suffisamment petites pour pénétrer dans les pores traînent à l'intérieur des billes successives au cours de leur déplacement, alors que les molécules plus volumineuses restent dans la solution circulant entre les billes et migrent donc plus rapidement, sortant les premières de la colonne. La chromatographie par filtration sur gel ne constitue pas seulement un moyen de séparer les molécules, c'est aussi une façon commode de déterminer leur taille.

Ces types de chromatographie sur colonne ne donnent pas de fractions hautement purifiées, si l'on part d'un mélange complexe de protéines ; un simple passage à travers la colonne augmente généralement la proportion d'une protéine donnée dans le mélange d'un facteur ne dépassant pas 20. La plupart des protéines représentant moins de 1/1000e des protéines cellulaires totales, il est habituellement nécessaire d'utiliser successivement plusieurs types de colonnes pour les purifier suffisamment (Figure 4-47). Un procédé plus efficace, connu sous le nom de **chromatographie d'affinité**, exploite les interactions de liaison biologiquement importantes qui existent à la surface des protéines. Par exemple, si un substrat enzymatique est couplé de façon covalente à une matrice inerte, comme une bille de polysaccharide, l'enzyme sera souvent retenue spécifiquement par la matrice, et peut ensuite être éluée (extraite par lavage) sous une forme presque pure. Des oligonucléotides courts d'ADN de séquence spécifiquement établie (voir p. 191) peuvent aussi être immobilisés de cette façon, et utilisés pour purifier des protéines liées à l'ADN qui reconnaissent normalement cette séquence de nucléotides sur les chromosomes (voir p. 489). D'une façon analogue, des anticorps spécifiques peuvent être couplés à une matrice, de façon à purifier des molécules protéiques reconnues par les anticorps. Du fait de la grande spécificité de toutes ces colonnes, des purifications d'un facteur 1 000 à 10 000 peuvent parfois être atteintes après un seul passage à travers la colonne.

La résolution de la chromatographie sur colonne classique est limitée par l'hétérogénéité des matrices (telles que la cellulose), qui provoque un flux irrégulier de solvant à travers la colonne. Des résines de chromatographie plus récentes (habituellement à base de silice) ont été mises au point sous la forme de sphères minuscules (3 à 10 μm de diamètre), qui peuvent être tassées grâce à un dispositif spécial pour former un volume mort uniforme. On peut atteindre un pouvoir de résolution très élevé avec de telles **colonnes de chromatographie liquide à haute performance** (high-performance liquid chromatography, ou **HPLC**).

Du fait qu'elles contiennent des particules aussi fortement compressées, les colonnes HPLC ont des vitesses d'écoulement négligeables à moins de leur appliquer de fortes pressions. Pour cette raison, ces colonnes sont classiquement coulées dans des cylindres d'acier et nécessitent un système élaboré de pompes et de valves afin que le solvant les traverse à une pression suffisante pour que les vitesses d'écoulement aient la rapidité désirée, environ un volume de colonne par minute. Dans la chromatographie sur colonne classique, les vitesses d'écoulement doivent rester faibles (souvent un volume de colonne par heure environ) pour donner aux solutés en cours de fractionnement le temps de s'équilibrer avec l'intérieur des

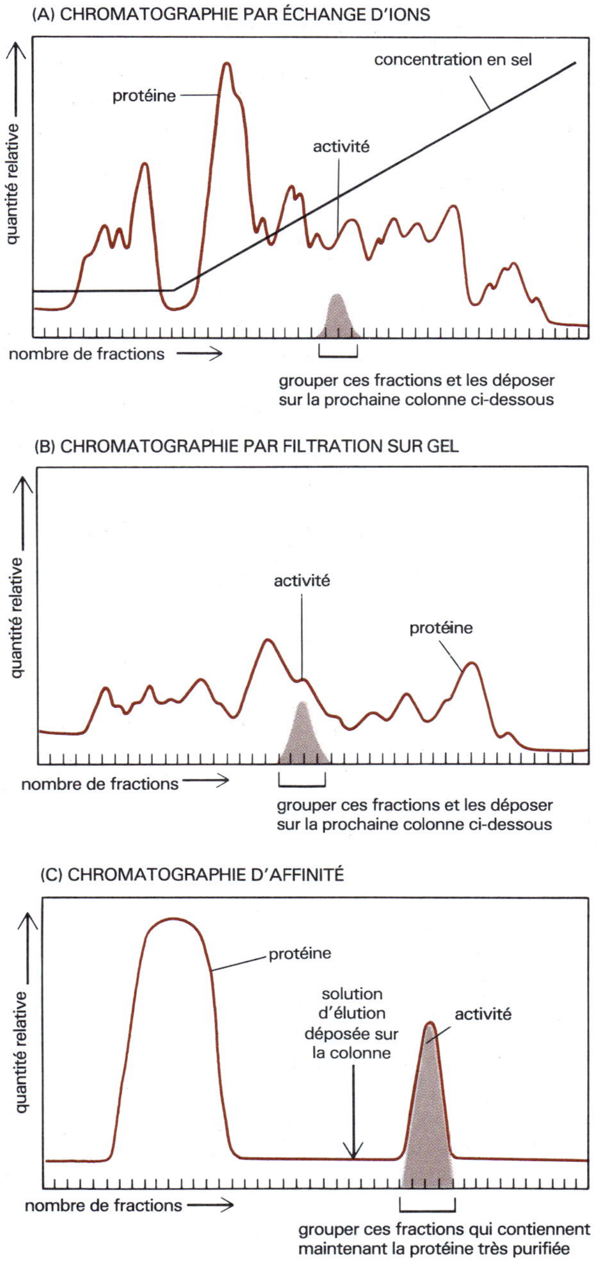

Figure 4-47 Résultats types obtenus par l'utilisation successive de trois étapes de chromatographies différentes pour la purification d'une protéine. Dans cet exemple, on a d'abord fractionné un extrait brut de cellules en le faisant passer à travers une résine échangeuse d'ions remplissant une colonne (A). La colonne est lavée et les protéines liées sont ensuite éluées par le passage au sommet de la colonne d'une solution saline de concentration graduellement croissante. Les protéines qui possèdent l'affinité la plus faible pour la résine échangeuse d'ions traversent directement la colonne et sont collectées dans les premières fractions de lavage éluées à partir du bas de la colonne. Les protéines restantes sont successivement éluées selon leur affinité pour la résine — le déplacement des protéines les plus fortement liées à la résine nécessitant la plus forte concentration de sel. La protéine intéressante est éluée dans un pic étroit et détectée par son activité enzymatique. Les fractions actives sont groupées et déposées ensuite sur une deuxième colonne de filtration sur gel (B). La position du pic d'élution de la protéine encore impure est à nouveau déterminée par son activité enzymatique, et les fractions actives sont groupées et purifiées jusqu'à homogénéité sur une colonne d'affinité (C) contenant un substrat immobilisé de l'enzyme.

grosses particules de la matrice. En HPLC, les solutés s'équilibrent très rapidement avec l'intérieur des sphères minuscules, de sorte que les solutés d'affinités différentes pour la matrice sont séparés efficacement les uns des autres, même à des vitesses d'écoulement importantes. Ceci permet d'effectuer la plupart des fractionnements en quelques minutes, tandis qu'il faut des heures pour obtenir une séparation moins poussée par chromatographie classique. L'HPLC est donc devenue une méthode de choix pour séparer de nombreuses protéines et petites molécules.

La taille et la composition en sous-unités d'une protéine peuvent être déterminées par électrophorèse sur gel de polyacrylamide-SDS [27]

Les protéines ont habituellement une charge nette positive ou négative, qui reflète le mélange d'acides aminés dont elles sont formées. Si l'on applique un champ électrique à une solution contenant une molécule protéique, celle-ci migrera à une vitesse qui dépend de sa charge nette, de sa taille et de sa forme. Cette technique, connue sous le nom d'**électrophorèse**, était employée à l'origine pour séparer des mélanges de protéines, soit en solution aqueuse, soit dans des solutions retenues dans une matrice poreuse solide comme l'amidon.

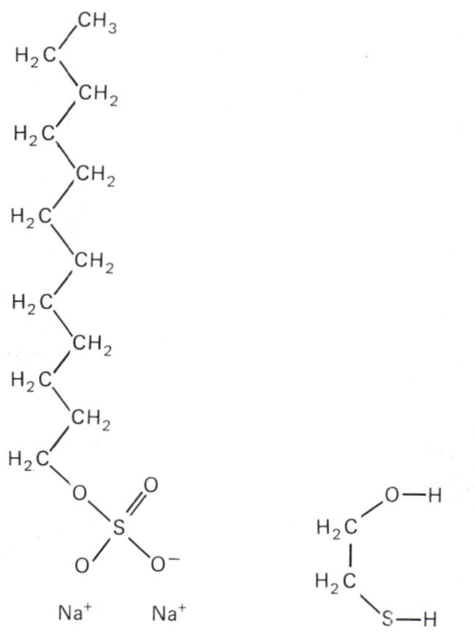

Figure 4-48 Le sodium dodécyl sulfate (SDS), un détergent, ici sous sa forme ionisée et le β-mercaptoéthanol, un agent réducteur, sont deux substances chimiques utilisées pour solubiliser les protéines pour l'électrophorèse sur gel de polyacrylamide–SDS.

Au milieu des années 1960, une version modifiée de cette méthode — appelée **électrophorèse sur gel de polyacrylamide-SDS** (ou **SDS-PAGE**, de l'anglais *SDS polyacrylamide-gel electrophoresis*) — était mise au point ; elle a révolutionné l'analyse de routine des protéines. Elle utilise un gel de polyacrylamide fortement réticulé comme matrice inerte à travers laquelle les protéines migrent. Le gel est habituellement préparé extemporanément par polymérisation de monomères. La taille des pores du gel peut être ajustée de façon à ce qu'elle soit assez petite pour retarder la migration des molécules protéiques voulues. Les protéines elles-mêmes ne sont pas en simple solution aqueuse, mais dans une solution contenant un détergent puissant, chargé négativement, le **sodium dodécyl sulfate** ou **SDS** (Figure 4-48). Du fait que le détergent se lie aux régions hydrophobes de la molécule protéique, provoquant leur déroulement en chaînes polypeptidiques allongées, les molécules protéiques individuelles sont libérées de leurs associations avec d'autres molécules protéiques ou lipidiques et rendues aisément solubles dans la solution de détergent. De plus, un agent réducteur comme le *mercaptoéthanol* (Figure 4-48) est généralement ajouté afin de rompre tous les ponts S-S des protéines, de sorte que tous les polypeptides qui constituent les molécules formées de nombreuses sous-unités puissent être analysés séparément.

Que se passe-t-il quand un mélange de protéines solubilisées par le SDS est soumis à une électrophorèse à travers un bloc de gel de polyacrylamide ? Chaque protéine fixe un grand nombre de molécules de détergent chargées négativement, qui masquent la charge intrinsèque de la protéine, et occasionne sa migration vers l'électrode positive lorsqu'on applique une tension. Les protéines de même taille tendent à se comporter de façon identique, parce que (1) leur structure native est complètement dépliée par le SDS, de sorte que leurs formes sont les mêmes, et (2) elles fixent la même quantité de SDS et ont donc la même quantité de charges négatives. Les protéines de plus grande taille, avec un plus grand nombre de charges, seront soumises à de plus grandes forces électriques, et aussi à une plus forte accélération. En solution libre, les deux effets s'annuleraient, mais dans les mailles du gel de polyacrylamide, qui agit comme un tamis moléculaire, les protéines de grande taille sont beaucoup plus retardées que les petites. En conséquence, un mélange complexe de protéines est fractionné en une série de bandes protéiques discrètes, disposées par ordre de poids moléculaire. Les protéines majeures sont facilement détectées en teintant le gel avec un colorant comme le bleu de Coomassie, et même les protéines mineures sont visibles sur des gels traités avec un colorant argentifère (où des quantités aussi faibles que 10 ng de protéine peuvent être détectées dans une bande). On peut identifier une protéine spécifique sur de tels gels, par exposition de toutes les protéines à un anticorps spécifique couplé à un isotope radioactif, à une enzyme ou à un colorant fluorescent ; ceci est souvent réalisé après transfert de toutes les protéines séparées présentes sur le gel (par « *blotting* » ou transfert) sur une feuille de nitrocellulose. Cette méthode sera décrite plus tard pour les acides nucléiques (voir p. 190).

L'électrophorèse sur gel de polyacrylamide–SDS est une technique plus efficace que toute autre méthode antérieure d'analyse des protéines, principalement parce qu'elle peut être utilisée pour séparer touts les types de protéines, y compris celles qui sont insolubles dans l'eau. Les protéines membranaires, les composants protéiques du cytosquelette et les protéines faisant partie d'agrégats macromoléculaires de grandes dimensions peuvent toutes être isolées. Puisque la méthode sépare les polypeptides en fonction de leur taille, elle renseigne également sur la masse moléculaire et la composition en sous-unités de n'importe quel complexe protéique (Figure 4-49). La Figure 4-50 représente une photographie d'un gel utilisé pour analyser chacune des étapes successives de la purification d'une protéine.

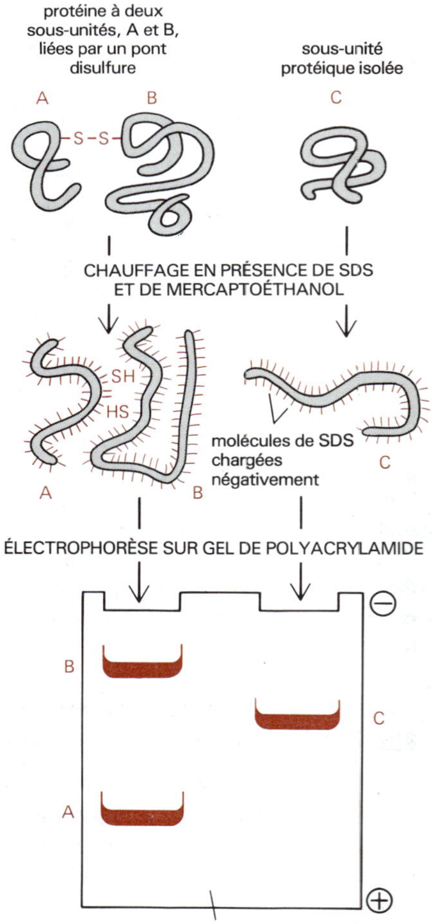

Figure 4-49 Électrophorèse sur gel de polyacrylamide-SDS. Les chaînes polypeptidiques individuelles forment un complexe avec les molécules chargées négativement du sodium dodécyl sulfate (SDS) et migrent donc sous forme de complexe SDS-protéine chargé négativement à travers un gel poreux de polyacrylamide. Puisque, dans ces conditions, la vitesse de migration augmente quand la taille du polypeptide diminue, cette technique peut être employée pour déterminer la masse moléculaire approximative d'une chaîne polypeptidique, tout aussi bien que la composition en sous-unités d'une protéine.

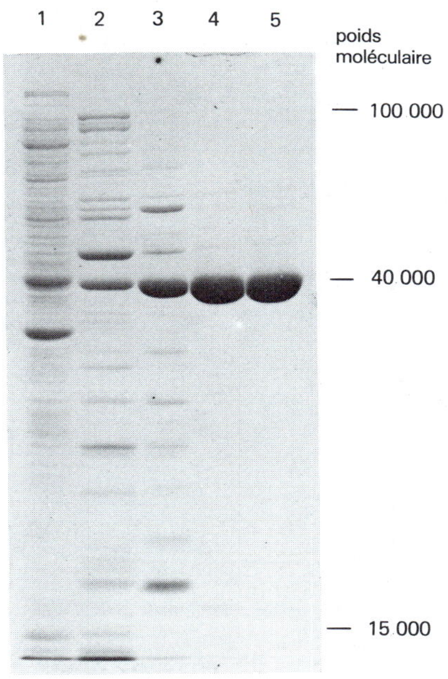

Figure 4-50 Analyse d'échantillons protéiques par électrophorèse sur gel de polycrylamide-SDS. La photographie montre un gel qui a été utilisé pour détecter les protéines présentes à des stades successifs de la purification d'une enzyme. La piste le plus à gauche (piste 1) contient le mélange complexe de protéines dans l'extrait cellulaire de départ, et chaque piste successive analyse les protéines obtenues après un fractionnement par chromatographie de l'échantillon protéique analysé dans la piste précédente (voir Figure 4-47). La même quantité totale de protéine (10μg) a été déposée sur le gel au sommet de chaque piste. Des protéines individuelles apparaissent normalement sous la forme de bandes colorées nettes ; cependant, une bande s'élargit lorsqu'elle contient une grande quantité de protéine. (Avec l'autorisation de Tim Formosa.)

Plus de 1 000 protéines peuvent être séparées sur un seul gel par électrophorèse bidimensionnelle sur gel de polyacrylamide [28]

Les bandes ou les pics protéiques très proches ont tendance à se chevaucher, de sorte que les méthodes de séparation unidimensionnelle, comme l'électrophorèse sur gel de polyacrylamide-SDS ou la chromatographie, ne peuvent résoudre qu'un nombre relativement faible de protéines (généralement moins de 50). Au contraire, l'**électrophorèse bidimensionnelle sur gel**, qui combine deux modes de séparation différents, peut être utilisée pour séparer plus de 1 000 protéines différentes sous la forme d'une carte protéique bidimensionnelle.

Au cours de la première étape, les protéines sont séparées sur la base de leur charge. L'échantillon est dissous dans un petit volume d'une solution contenant un détergent non ionique (non chargé), du mercaptoéthanol et un agent dénaturant, l'urée. Cette solution solubilise, dénature et dissocie toutes les chaînes polypeptidiques sans modifier leur charge intrinsèque. Les chaînes polypeptidiques sont ensuite fractionnées par un procédé appelé **focalisation isoélectrique**, qui repose sur le fait que la charge nette d'une protéine varie avec le pH de la solution environnante. Pour toute protéine, il existe un pH caractéristique, son *point isoélectrique* auquel la protéine possède une charge nette nulle et ne migrera donc pas dans un champ électrique. Dans la focalisation isoélectrique, l'électrophorèse des protéines se fait dans un tube étroit de gel de polyacrylamide où un gradient de pH est établi avec des mélanges de tampons spéciaux. Chaque protéine migre vers la position du gradient correspondant à son point isoélectrique et s'y immobilise (Figure 4-51). C'est la première dimension de l'électrophorèse bidimensionnelle sur gel.

Dans la seconde étape, le gel étroit contenant les protéines séparées est à nouveau soumis à une électrophorèse, mais dans une direction perpendiculaire à celle utilisée lors de la première étape. Cette fois, du SDS est ajouté, et les protéines sont séparées selon leur taille comme dans un SDS — PAGE unidimensionnel : le gel étroit d'origine est plongé dans le SDS, puis placé au bord d'un bloc de gel de polyacrylamide — SDS, à travers lequel chaque chaîne polypeptidique migre pour former une tache séparée. C'est la seconde dimension de l'électrophorèse bidimensionnelle sur gel. Les seules protéines non résolues seront celles qui possèdent à la fois une taille et un point isoélectrique identiques, une situation relativement rare. Chaque chaîne polypeptidique peut être détectée même à l'état de trace par divers

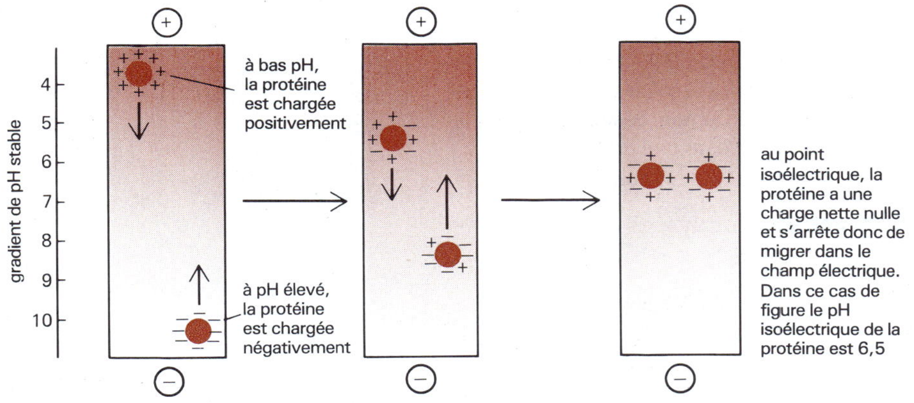

Figure 4-51 La séparation des molécules protéiques par focalisation isoélectrique. A bas pH (forte concentration en H^+), les groupements acides des protéines ont tendance à être non chargés (—COOH), et leurs groupements aminés complètement chargés (par exemple, $—NH_3^+$) donnant à la plupart des protéines une charge nette positive. A pH élevé, les groupements acides sont chargés négativement ($—COO^-$) et les groupements aminés ont tendance à être non chargés (par exemple, $—NH_2$), donnant à la majorité des protéines une charge nette négative (voir Figure 2-8, p. 58). A son pH *isoélectrique*, une protéine a une charge nette nulle, puisque ses charges positives et négatives s'équilibrent. Ainsi, quand un tube contenant un gradient de pH déterminé est soumis à un fort courant électrique, chaque espèce de protéine présente migrera jusqu'à former une bande nette à son pH isoélectrique, comme on le voit ici.

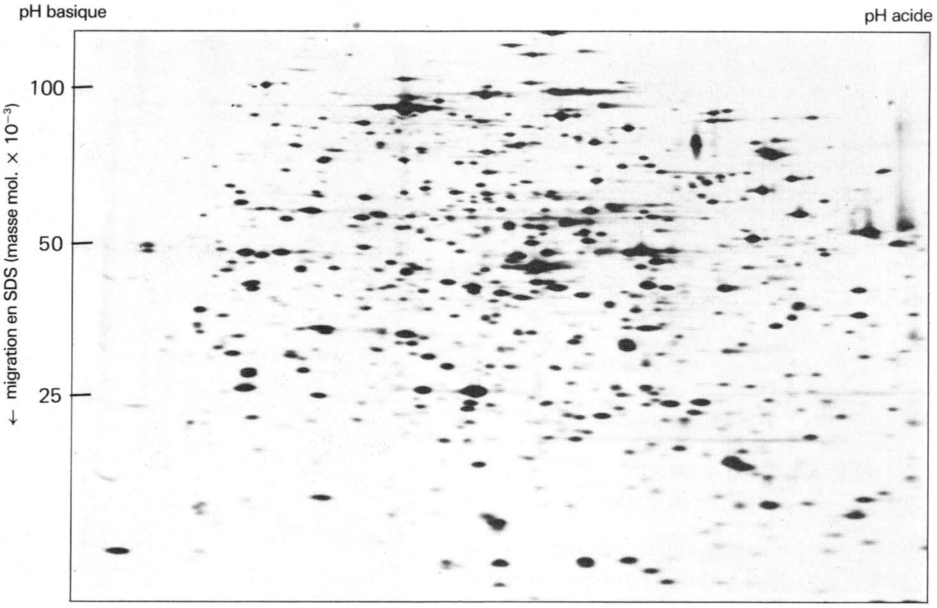

Figure 4-52 Le fractionnement de toutes les protéines présentes dans une cellule bactérienne d'*E. coli* par électrophorèse bidimensionnelle sur gel de polyacrylamide. Chaque tache correspond à une chaîne polypeptidique différente. Les protéines ont d'abord été séparées sur la base de leurs points isoélectriques par une focalisation isoélectrique de la gauche vers la droite. Ces protéines ont ensuite été fractionnées en fonction de leurs masses moléculaires polypeptidiques par électrophorèse de haut en bas en présence de SDS. Noter que les différentes protéines sont présentes en des quantités très différentes. (Avec l'autorisation de Patrick O'Farrell.)

procédés de coloration ou par autoradiographie si l'échantillon protéique a été marqué, au départ, avec un radioisotope (voir p. 176). Plus de 2 000 chaînes polypeptidiques peuvent être séparées sur un seul gel bidimensionnel — ce qui est à peu près le nombre de protéines différentes d'une bactérie (Figure 4-52). Le pouvoir de résolution est si grand que deux protéines ne différant que par un seul acide aminé chargé, peuvent être distinguées.

Quelques événements qui ont fait date dans le développement de la chromatographie et de l'électrophorèse sont retracés dans le Tableau 4-9.

Le clivage sélectif d'une protéine engendre une série caractéristique de fragments peptidiques [29]

Alors que la masse moléculaire et le point isoélectrique sont des éléments qui permettent de caractériser une protéine, celle-ci ne peut être finalement identifiée de façon certaine que par la détermination de sa séquence en acides aminés. La première étape de ce processus, qui implique le clivage de la protéine en fragments plus petits peut elle-même apporter des informations utiles sur une protéine. On dispose d'enzymes protéolytiques et réactifs chimiques qui coupent les protéines entre les résidus d'acides aminés spécifiques (Tableau 4-10). La *trypsine*, par exemple, est une enzyme qui coupe du côté carboxyle des résidus de lysine ou d'arginine, alors que le *bromure de cyanogène* est une substance chimique qui scinde les liaisons peptidiques au voisinage des résidus méthionine. Comme ces enzymes et ces substances chimiques agissent au niveau d'un nombre relativement restreint de sites dans une protéine, ils auront tendance à produire des peptides assez longs. Si l'on sépare ensuite ce mélange de peptides par chromatographie ou électrophorèse, le profil obtenu, ou **carte peptidique**, est significatif de la protéine dont proviennent les peptides et est parfois désigné par le terme d'« empreinte digitale » de la protéine (Figure 4-53).

La technique de prise d'« empreintes digitales » des protéines fut mise au point en 1956 pour comparer l'hémoglobine normale à la forme mutante de la protéine trouvée chez des patients souffrant d'*anémie falciforme*. On ne trouva de différence qu'au niveau d'un seul peptide, ce qui permit de conclure au changement d'un seul acide aminé, démontrant, pour la première fois, qu'une mutation peut changer un seul acide aminé dans une protéine.

De courtes séquence d'acides aminés peuvent être analysées par des appareils automatiques [30]

Une fois qu'une protéine a été coupée en peptides plus courts, l'étape suivante de l'analyse consiste logiquement à déterminer la séquence des acides aminés de chaque fragment polypeptidique isolé. Cette détermination de séquence est réalisée grâce à une suite réitérée de réactions chimiques, imaginées pour la première fois en 1967. Le peptide est d'abord exposé à une

Tableau 4-9 Les événements marquants dans le développement de la chromatographie et de l'électrophorèse et leur application aux molécules biologiques

1833	**Faraday** décrivait les lois fondamentales concernant le passage de l'électricité à travers des solutions ioniques.
1850	**Runge** séparait des substances inorganiques par leur adsorption différentielle sur papier, un procédé précurseur des séparations chromatographiques ultérieures.
1906	**Tswett** inventait la chromatographie sur colonne, en faisant passer des extraits d'huile minérale de feuilles végétales à travers des colonnes de craie pulvérisée.
1933	**Tiselius** introduisait l'électrophorèse pour la séparation des protéines en solution.
1942	**Martin et Synge** mettaient au point la chromatographie de partage, qui conduisait, deux ans plus tard, à la chromatographie sur papier.
1946	**Stein et Moore** déterminaient pour la première fois la composition en acides aminés d'une protéine, en utilisant à l'origine une chromatographie sur colonne d'amidon et développant par la suite la chromatographie sur résines échangeuses d'ions.
1955	**Smithies** utilisait des gels d'amidon pour séparer des protéines sériques par électrophorèse. **Sanger** complétait l'analyse de la séquence des acides aminés de l'insuline bovine, la première protéine à être déchiffrée.
1956	**Ingram** présentait les premières « empreintes » protéiques et montrait que la différence entre l'hémoglobine falciforme et l'hémoglobine normale est due au changement d'un seul acide aminé.
1959	**Raymond** introduisait les gels de polyacrylamide, qui sont supérieurs aux gels d'amidon pour la séparation des protéines par électrophorèse ; des systèmes de tampons améliorés permettant des séparations à haute résolution étaient mis au point dans les quelques années suivantes par **Ornstein** et **Davis.**
1966	**Maizel** introduisait l'emploi du sodium dodécyl sulfate (SDS) pour perfectionner l'électrophorèse des protéines sur gel de polyacrylamide.
1975	**O'Farrell** inventait un système de gel bidimensionnel pour analyser des mélanges de protéines, dans lequel une électrophorèse sur gel de polyacrylamide-SDS est combinée à une séparation selon le point isoélectrique.
1984	**Schwartz et Cantor** développaient l'électrophorèse sur gel en champs pulsé pour la séparation des très grosses molécules d'ADN.

substance chimique qui ne réagit qu'avec la fonction amine libre à l'extrémité amino-terminale du peptide. Cette substance chimique est ensuite activée par exposition à un acide faible de sorte qu'elle rompt spécifiquement la liaison peptidique reliant l'acide aminé amino-terminal à la chaîne peptidique : l'acide aminé libéré est ensuite identifié par chromatographie. Le peptide restant, qui est plus court d'un acide aminé, est ensuite soumis à la même séquence de réactions, et ainsi de suite jusqu'à ce que tous les acides aminés du peptide aient été déterminés.

La nature réitérative de ces réactions se prête à l'automatisation, et on dispose dans le commerce, d'appareils, appelés **séquenceurs d'acides aminés**, qui effectuent la détermination automatique de la séquence en acides aminés de fragments peptidiques. L'étape finale consiste à ordonner les séquences des divers fragments peptidiques selon leur enchaînement dans la

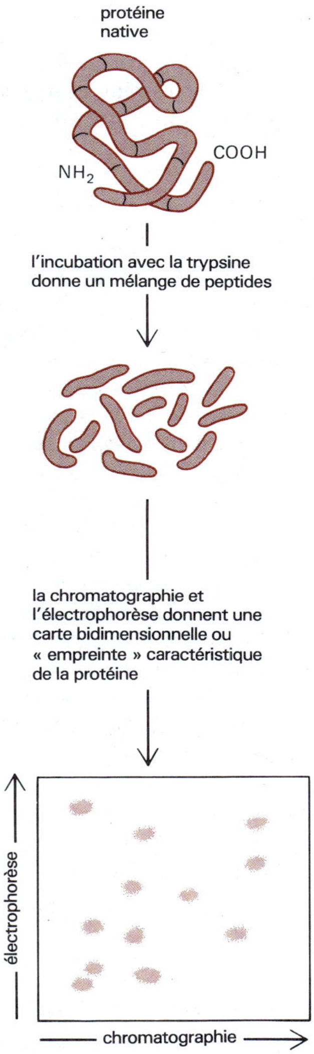

Figure 4-53 Production de la carte peptidique ou « empreinte » d'une protéine. Dans ce cas, la protéine est digérée par la trypsine pour donner un mélange de nombreux petits fragments polypeptidiques qui est ensuite fractionné en deux dimensions par électrophorèse et chromatographie de partage. La disposition des taches obtenues permet d'identifier la protéine analysée.

Tableau 4-10 Quelques réactifs couramment employés pour rompre des liaisons peptidiques dans les protéines

	Acide aminé 1	Acide aminé 2
Enzyme		
Trypsine	Lys ou Arg	indifférent
Chymotrypsine	Phe, Trp ou Tyr	indifférent
Protéase V8	Glu	indifférent
Substance chimique		
Bromure de cyanogène	Met	indifférent
2-Nitro-5-thiocyanobenzoate	indifférent	Cys

La spécificité pour les acides aminés situés de chaque côté de la liaison rompue est indiquée. Le groupement carboxyle de l'acide aminé 1 est libéré par la coupure ; cet acide aminé est à gauche de la liaison peptidique telle qu'elle est normalement écrite (voir Planche 2-5, pp. 54-55).

chaîne polypeptidique intacte. Ceci est réalisé de façon traditionnelle en comparant les séquences de différents groupes de fragments peptidiques chevauchants obtenus en hydrolysant la même protéine avec différentes enzymes protéolytiques.

Des perfectionnements apportés à la technologie d'analyse des séquences protéiques ont considérablement augmenté sa vitesse et sa sensibilité, permettant l'analyse d'échantillons en quelques minutes ; la séquence de plusieurs douzaines d'acides aminés de l'extrémité amino-terminale d'un peptide peut être obtenue en une nuit à partir de quelques microgrammes de protéine — la quantité fournie par une seule bande d'un gel de polyacrylamide — SDS. Ceci a été capital pour la caractérisation de nombreuses protéines cellulaires mineures, comme les récepteurs des hormones stéroïdiennes et polypeptidiques. Connaître la séquence de 20 acides aminés d'une protéine est souvent suffisant pour permettre la fabrication d'une sonde d'ADN et réaliser le clonage de son gène (voir p. 262). Une fois le gène isolé, le reste de la séquence des acides aminés de la protéine peut être déduit de la séquence d'ADN en se référant au code génétique. Ceci est un grand avantage, car, même avec l'automatisation, la détermination directe de la totalité de la séquence des acides aminés d'une protéine est une entreprise considérable. Une protéine de 100 résidus peut souvent être séquencée en un mois de dur labeur, mais la difficulté augmente énormément avec la longueur de la chaîne polypeptidique, et les particularités chimiques des fragments peptidiques individuels empêchent le processus d'être routinier. Puisque l'analyse des séquences de l'ADN peut être réalisée aussi vite et simplement (voir plus loin), les séquences de la plupart des protéines sont maintenant déterminées en grande partie à partir des séquences nucléotidiques de leur gènes.

Résumé

Des populations de cellules après éclatement peuvent être analysées biochimiquement en fractionnant leur contenu par ultracentrifugation. Des fractionnements supplémentaires permettent de développer des systèmes acellulaires fonctionnels ; de tels systèmes sont nécessaires pour déterminer les détails moléculaires de processus cellulaires complexes. La synthèse protéique, la réplication de l'ADN, l'épissage de l'ARN, et divers types de transport intracellulaire sont, par exemple, couramment étudiés de cette façon.

Les protéines majeures dans des extraits cellulaires solubles peuvent être purifiées par chromatographie sur colonne ; suivant le type de matrice de la colonne, des protéines biologiquement actives peuvent être séparées selon leur poids moléculaire, leur hydrophobicité, leurs caractéristiques de charge, ou leur affinité pour d'autres molécules. Dans une purification type, l'échantillon est passé successivement à travers plusieurs colonnes différentes — les fractions enrichies obtenues à partir d'une colonne étant déposées sur la suivante. Une fois la protéine purifiée jusqu'à l'homogénéité, ses activités biologiques peuvent être examinées en détail. De plus, une petite partie de la séquence d'acides aminés d'une protéine peut être déterminée et son gène cloné ; la séquence d'acides aminés restante est alors déduite à partir de la séquence nucléotidique du gène.

La masse moléculaire et la composition en sous-unités de quantités même très faibles de protéine peuvent être déterminées par électrophorèse sur gel de polyacrylamide–SDS. Dans l'électrophorèse bidimensionnelle sur gel, les protéines sont résolues sous forme de taches séparées par focalisation isoélectrique selon une dimension, suivie par une électrophorèse sur gel de polyacrylamide–SDS selon une seconde dimension. Ces séparations électrophorétiques peuvent même être appliquées à des protéines normalement insolubles dans l'eau.

Le marquage des molécules cellulaires par des isotopes radioactifs et des anticorps

Presque toutes les propriétés d'une molécule — physiques, chimiques ou biologiques — peuvent, en principe, servir à la détecter. Dans les études biologiques des cellules, les molécules sont souvent détectées soit par leurs propriétés optiques — dans leur état natif ou après coloration —, soit par leur activité biochimique. Nous examinerons dans ce chapitre deux méthodes de détection qui ont été particulièrement utiles : celles qui nécessitent des *radioisotopes* et celles qui emploient des *anticorps*. Chacune de ces méthodes est capable de détecter des molécules spécifiques dans un mélange complexe avec une grande sensibilité : dans des conditions optimales, elles sont capables de détecter moins de 1 000 molécules dans un échantillon.

Les atomes radioactifs peuvent être détectés avec une grande sensibilité [31]

La plupart des éléments naturels consistent en un mélange d'*isotopes*, qui diffèrent légèrement par la masse de leurs noyaux atomiques mais qui, ayant le même nombre d'électrons, possèdent les mêmes propriétés chimiques. Les noyaux des isotopes radioactifs, ou **radioisotopes**, sont instables et subissent des désintégrations aléatoires qui produisent des atomes différents. Au cours de ces désintégrations, des particules énergétiques subatomiques, comme les électrons, ou des radiations, comme les rayons γ, sont émises.

Bien que les radioisotopes naturels soient rares (du fait de leur instabilité), des atomes radioactifs peuvent être produits en grandes quantités dans des réacteurs nucléaires où d'autres atomes sont bombardés par des particules de haute énergie. Un grand nombre des éléments biologiques importants sont facilement utilisables sous la forme de radioisotopes marqués (Tableau 4-11). La radiation qu'ils émettent peut être détectée par un *compteur Geiger* grâce à l'ionisation qu'ils produisent dans un gaz. Elle peut aussi être mesurée dans un *compteur à scintillation* grâce aux petits éclairs lumineux qu'ils provoquent dans un liquide scintillant. Ces méthodes permettent de mesurer la quantité d'un isotope particulier présent dans un échantillon biologique. Il est aussi possible de localiser l'isotope en utilisant l'*autoradiographie* pour détecter son action sur les grains d'halogénure d'argent d'une émulsion photographique (voir p. 176). Toutes ces méthodes de détection peuvent être d'une extrême sensibilité ; dans des circonstances favorables, pratiquement toute désintégration — et donc tout atome radioactif qui se désintègre — peut être détectée de cette façon.

Tableau 4-11 Quelques radioisotopes d'un usage courant dans la recherche en biologie

Isotope	Demi-vie
^{32}P	14 jours
^{131}I	8,1 jours
^{35}S	87 jours
^{14}C	5 570 années
^{45}Ca	164 jours
^{3}H	12,3 années

Les isotopes sont classés par ordre décroissant d'énergie du rayonnement β (électrons) qu'ils émettent. ^{131}I émet aussi un rayonnement γ. La *demi-vie* est le temps nécessaire à la désintégration de 50 p. cent des atomes d'un isotope.

Les radioisotopes sont employés pour suivre les molécules dans les cellules et les organismes [32]

L'une des premières applications de la radioactivité à la biologie fut de suivre la destinée chimique du carbone durant la photosynthèse. L'expérience consistait à maintenir des algues vertes unicellulaires dans une atmosphère contenant du CO_2 marqué par radioactivité ($^{14}CO_2$), à prélever leurs éléments solubles après des temps d'exposition variables à la lumière solaire et à les séparer par chromatographie sur papier. On détectait ensuite les petites molécules contenant du ^{14}C dérivé du CO_2 en plaçant un film photographique sur le chromatogramme une fois séché. C'est de cette façon que la plupart des principaux composants de la voie de photosynthèse allant du CO_2 au glucide ont été identifiés.

Les molécules radioactives peuvent être utilisées pour suivre le cours de la quasi-totalité des processus cellulaires. L'expérience type consiste à fournir aux cellules un précurseur sous sa forme radioactive, de sorte que les molécules radioactives se mêlent aux molécules préexistantes non marquées : les molécules des deux types ne différant que par leurs masses atomiques, elles sont traitées de la même façon par la cellule. Les modifications dans la localisation ou la forme chimique des molécules radioactives peuvent être suivies comme une fonction du temps. Le pouvoir de résolution de ces expériences est souvent augmenté par l'utilisation du protocole de marquage court ou « **pulse-chase** », dans lequel le matériel radioactif n'est ajouté que pendant une très brève période (« *pulse* ») puis éliminé par lavage et remplacé par des molécules non radioactives « *chase* ». Les échantillons sont prélevés à différents intervalles réguliers, et la nature chimique ou la localisation de la radioactivité déterminée pour chaque échantillon (Figure 4-54).

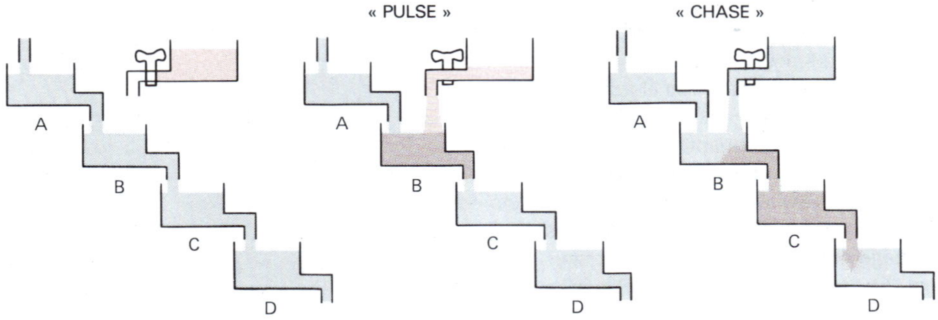

Figure 4-54 La logique d'une expérience typique de « pulse-chase » utilisant des radioisotopes. Les chambres appelées A, B, C et D représentent différents compartiments de la cellule (détectés par autoradiographie ou par des expériences de fractionnement cellulaire) ou différents composés chimiques (détectés par chromatographie ou d'autres méthodes chimiques).

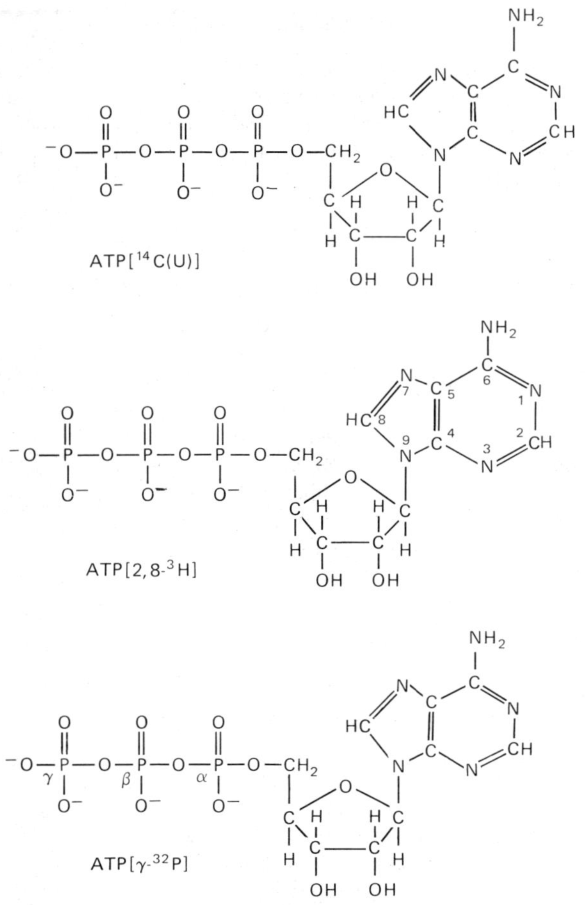

Figure 4-55 Trois formes radioactives de l'ATP disponibles dans le commerce, dont les atomes radioactifs sont montrés en couleur. La nomenclature employée pour identifier la position et le type d'atomes radioactifs est aussi indiquée.

Le marquage radioactif est exceptionnellement valable pour distinguer entre des molécules qui sont identiques chimiquement, mais qui ont des passés différents — par exemple, celles qui diffèrent par l'époque de leur synthèse. L'emploi de traceurs radioactifs, en fait, a montré que presque toutes les molécules d'une cellule vivante sont continuellement dégradées et remplacées, même lorsque la cellule ne pousse pas, et se trouve apparemment dans un état stable. De tels processus de « renouvellement » (« turn-over »), qui se produisent parfois très lentement, seraient pratiquement impossibles à détecter sans radioisotopes.

Aujourd'hui, presque toutes les petites molécules courantes sont disponibles sous une forme radioactive dans le commerce, et pratiquement toute molécule biologique, quel que soit son degré de complexité, peut être marquée par radioactivité. On fabrique souvent des composés dont les atomes radioactifs sont incorporés à des positions particulières dans leur structure, ce qui permet de suivre les destinées distinctes des différentes parties de la même molécule au cours des réactions biologiques (Figure 4-55).

En biologie cellulaire, la radioactivité trouve une de ses plus importantes applications dans la localisation de composés radioactifs dans des coupes de cellules entières ou de tissus par **autoradiographie**. Dans cette méthode, les cellules vivantes sont brièvement exposées à un « pulse » d'un composé radioactif spécifique et incubées pendant une période variable avant d'être fixées et traitées pour l'observation en microscopie photonique ou électronique. Chaque préparation est ensuite recouverte d'une mince couche d'émulsion photographique. Après avoir séjourné dans l'obscurité un certain nombre de jours — temps pendant lequel le radioisotope se désintègre — l'émulsion est développée. La répartition de la radioactivité dans chaque cellule peut être déterminée par la position des grains d'argent révélés. Par exemple, l'incubation des cellules avec un précurseur radioactif de l'ADN *(thymidine ^{3}H)* montre que l'ADN est fabriqué dans le noyau et y reste. Au contraire, le marquage des cellules avec un précurseur de l'ARN *(uridine ^{3}H)* révèle que l'ARN est initialement synthétisé dans le noyau et pénètre ensuite rapidement dans le cytoplasme.

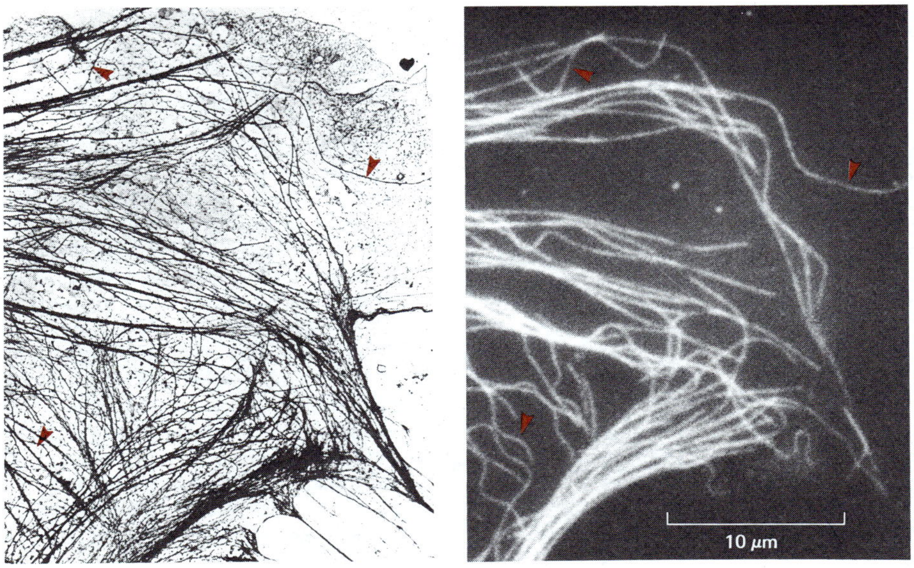

Figure 4-56 (A) Une micrographie électronique de la périphérie d'une cellule épithéliale en culture montrant la distribution des microtubules et d'autres filaments. (B) La même région colorée par un anticorps fluorescent dirigé contre la tubuline, sous-unité protéique des microtubules, selon la technique d'immunocytochimie indirecte (voir Figure 4-58). Les flèches indiquent les microtubules individuels, aisément reconnaissables dans les deux figures. (D'après M. Osborn, R. Webster et K. Weber, *J. Cell Biol.* 77 : R27-R34, 1978. Reproduit avec l'autorisation de la Rockefeller University Press.)

Les anticorps peuvent servir à détecter et isoler des molécules spécifiques [33]

Les anticorps sont des protéines produites par les vertébrés pour se défendre contre l'infection (voir Chapitre 18). Leur caractère unique parmi les protéines est dû à leur fabrication sous des millions de formes différentes, possédant chacune un site de liaison différent reconnaissant spécifiquement la molécule (appelée *antigène*) qui a induit sa production. La spécificité antigénique précise des anticorps en fait des outils puissants à la disposition du biologiste cellulaire. Marqués avec des fluorochromes, ils sont d'une valeur inestimable pour la localisation de molécules spécifiques dans les cellules par microscopie en fluorescence (Figure 4-56) ; couplés à des molécules denses aux électrons, comme des sphères d'or colloïdal, ils sont employés pour localiser des antigènes en microscopie électronique à haute résolution (Figure 4-57). En tant qu'outils biochimiques, ils servent à localiser et à quantifier des molécules dans des extraits cellulaires et à identifier des protéines spécifiques après qu'elles ont été fractionnées par électrophorèse sur gels de polyacrylamide. De plus, les anticorps peuvent être couplés à une matrice inerte pour former une colonne d'affinité qui est ensuite utilisée soit pour purifier une macromolécule spécifique à partir d'un extrait cellulaire brut, soit, si la molécule est localisée sur la surface cellulaire, pour isoler des types spécifiques de cellules vivantes d'une population hétérogène.

La sensibilité des anticorps en tant que sondes pour détecter les molécules spécifiques dans les cellules et les tissus est fréquemment augmentée par une méthode d'amplification du signal. Par exemple, bien qu'un marqueur moléculaire comme un fluorochrome puisse être lié directement à un anticorps utilisé pour la reconnaissance spécifique (*l'anticorps primaire*), on obtient un signal plus fort en utilisant d'abord un anticorps primaire non marqué, puis en le détectant à l'aide d'un groupe d'*anticorps secondaires* marqués, qui s'y fixent (Figure 4-58 A).

Un autre système d'amplification exploite l'affinité de liaison exceptionnellement forte de la *biotine* (une petite vitamine soluble dans l'eau) pour la *streptavidine* (une protéine bactérienne). Si l'anticorps primaire a été lié de façon covalente à la biotine, la streptavidine peut être marquée directement avec un marqueur et utilisée en tant qu'anticorps secondaire. La streptavidine peut également être utilisée pour fixer une seule molécule d'anticorps couplée à la biotine à tout un réseau de marqueurs couplés à la biotine (Figure 4-58 B). Des réseaux semblables peuvent être formés par extension du procédé de la Figure 4-58 A, avec une troisième couche d'anticorps.

Les méthodes d'amplification les plus sensibles utilisent une enzyme comme marqueur. Par exemple, la phosphatase alcaline produit du phosphate inorganique, et le couplage de l'enzyme à un anticorps secondaire permet d'employer un test chimique sensible pour révéler la présence d'un complexe anticorps-antigène. Puisque chaque molécule d'enzyme agit de façon catalytique pour engendrer plusieurs milliers de molécules du produit, un tel *test immunoenzymatique (ELIZA)* permet de détecter des quantités infinitésimales d'antigène. Ces dosages sont fréquemment utilisés en médecine comme méthode sensible de détection de différents types d'infection.

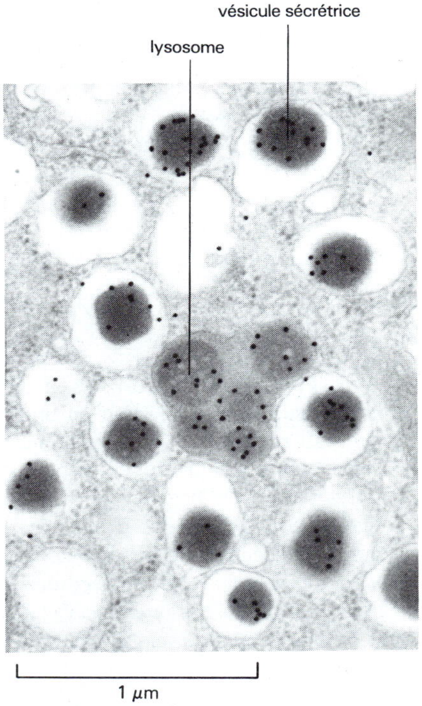

Figure 4-57 Localisation immunocytochimique de molécules protéiques spécifiques sur des micrographies électroniques par marquage avec des anticorps couplés à des particules d'or colloïdal. On montre une coupe mince d'une cellule sécrétrice d'insuline, dans laquelle les molécules d'insuline ont été marquées par des anticorps anti-insuline liés à de minuscules sphères d'or (chacune visible sous la forme d'un point noir). La majorité de l'insuline est stockée dans les parties centrales denses des vésicules ; de plus, certaines parties centrales ont été dégradées dans des lysosomes. (D'après L. Orci, *Diabetologia* 28 : 528-546, 1985.)

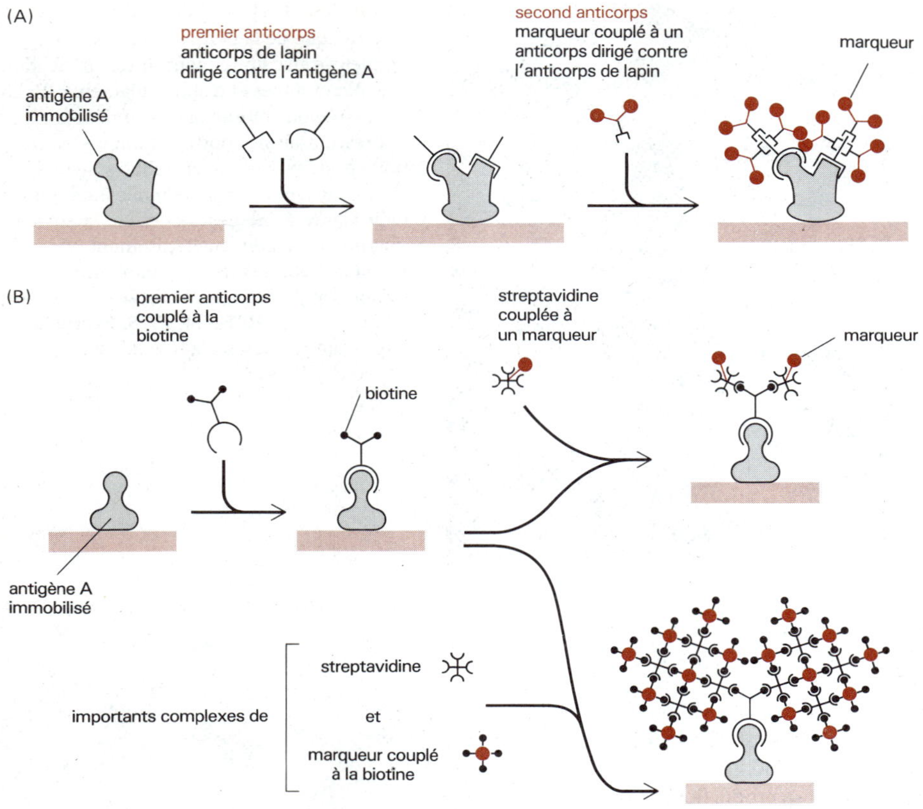

Figure 4-58 Mode d'utilisation des anticorps pour localiser une molécule particulière avec une grande sensibilité. (A) La méthode illustrée ici (connue sous le nom d'*immunocytochimie indirecte*) a une sensibilité accrue du fait que l'anticorps primaire (défini comme étant la molécule d'anticorps qui se fixe à une molécule reconnue d'antigène) est lui-même reconnu par de nombreuses molécules d'un second type d'anticorps. Cet anticorps secondaire est couplé de façon covalente à un marqueur qui le rend facilement détectable. Les marqueurs communément utilisés sont la fluorescéine ou la rhodamine (pour la microscopie en fluorescence), l'enzyme peroxydase de raifort (pour la microscopie photonique sur fond clair, comme pour la microscopie électronique), la ferritine, une protéine contenant du fer, ou des sphères d'or colloïdal (pour la microscopie électronique), et l'enzyme phosphatase alcaline (pour la détection biochimique). (B) Des modifications de la méthode présentée en (A) qui remplacent l'anticorps secondaire par l'exploitation de l'interaction de haute affinité entre la streptavidine et la biotine. Puisque chaque molécule de streptavidine peut fixer quatre molécules de biotine, elle peut former un important réseau tridimensionnel avec de nombreuses molécules biotinylées. En bas, on montre une « technique en sandwich » particulièrement sensible, qui utilise de tels réseaux pour produire de très forts marquages de chaque molécule d'anticorps primaire.

Ces anticorps sont fabriqués en injectant à plusieurs reprises un échantillon de l'antigène à un animal, comme un lapin ou une chèvre, et en recueillant ensuite le sérum riche en anticorps. Cet *antisérum* contient un mélange hétérogène d'anticorps, chacun produit par une cellule sécrétrice d'anticorps différente (un lymphocyte B). Les différents anticorps reconnaissent diverses parties de la molécule d'antigène, aussi bien que les impuretés de la préparation antigénique. La spécificité d'un antisérum pour un antigène particulier peut parfois être augmentée en éliminant les molécules d'anticorps indésirables qui se lient à d'autres molécules ; on peut, par exemple, faire passer un antisérum produit contre la protéine X sur une colonne d'affinité constituée des antigènes Y et Z pour se débarrasser de tous les anticorps contaminants anti-Y et anti-Z. Malgré cela, l'hétérogénéité de ces antisérums a limité leur utilité.

Les lignées cellulaires d'hybridomes constituent une source permanente d'anticorps monoclonaux [34]

En 1976, le problème de l'hétérogénéité de l'antisérum était surmonté grâce au développement d'une nouvelle technique qui révolutionnait l'emploi des anticorps comme outils dans la biologie cellulaire. La technique implique la multiplication d'un clone issu d'un seul lymphocyte B sécrétant des anticorps, ce qui permet d'obtenir de grandes quantités d'une préparation homogène d'anticorps. Mais les lymphocytes B ont normalement une durée de vie limitée en culture. Pour surmonter cette limitation, les lymphocytes B producteurs d'anticorps d'une souris immunisée sont fusionnés avec des cellules extraites d'une tumeur de lymphocytes B « immortels ». On sélectionne à partir du mélange hétérogène de cellules hybrides celles qui possèdent à la fois les capacités de faire un anticorps particulier et de se multiplier indéfiniment en culture cellulaire. Ces **hybridomes** sont multipliés sous forme de clones individuels, dont chacun constitue une source permanente et stable d'un seul type d'**anticorps monoclonal** (Figure 4-59).

Du fait qu'ils sont le produit d'un seul lymphocyte B, les anticorps monoclonaux forment une population de molécules d'anticorps identiques, possédant chacune un site de fixation antigénique identique. Ce site reconnaîtra, par exemple, une conformation particulière d'une

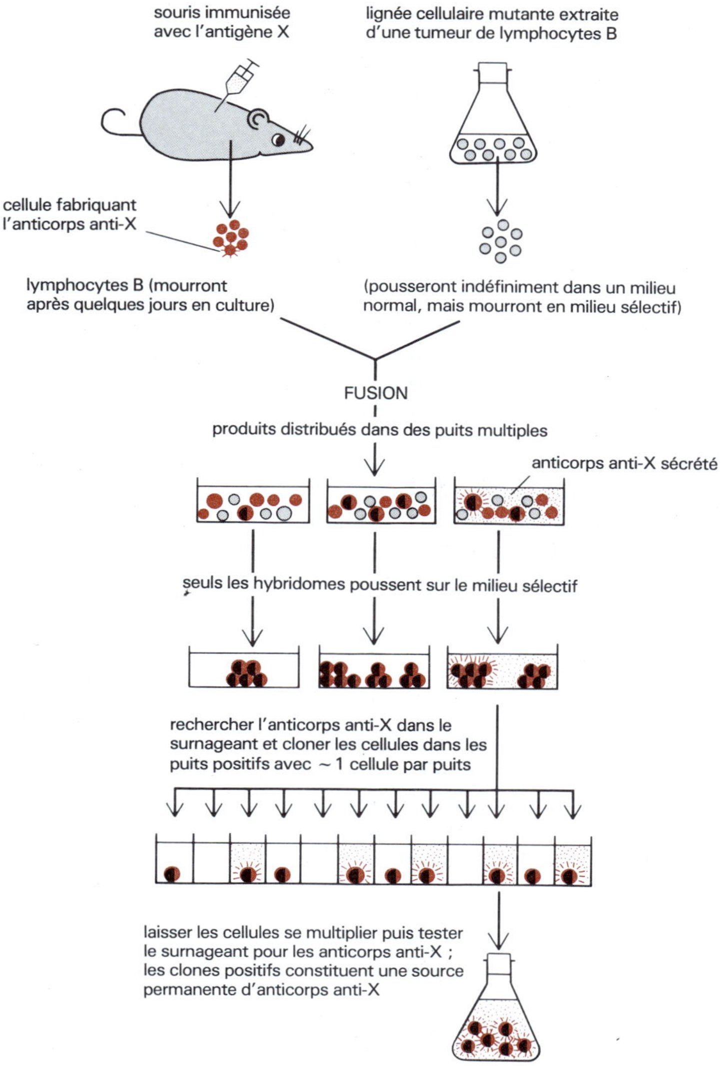

Figure 4-59 Préparation des cellules hybrides, ou hybridomes, sécrétant des anticorps monoclonaux homogènes dirigés contre un antigène particulier (X). Le milieu de croissance sélectif utilisé contient un inhibiteur (aminoptérine) qui bloque les voies métaboliques normales de synthèse des nucléotides. Les cellules doivent donc utiliser une voie de dérivation afin de synthétiser leurs acides nucléiques, et cette voie est défectueuse dans la lignée cellulaire mutante avec laquelle sont fusionnés les lymphocytes B normaux. Aucun des types cellulaires utilisés pour la fusion initiale n'étant capable de croître par lui-même, seules les cellules hybrides survivent.

séquence définie de 5 ou 6 chaînes latérales d'acides aminés sur une protéine. Par leur seule spécificité uniforme, les anticorps monoclonaux sont beaucoup plus utiles dans la majorité des cas que les antisérums classiques, qui contiennent habituellement un mélange d'anticorps qui reconnaissent une variété de sites antigéniques différents sur une macromolécule, même de petite taille.

Mais le plus grand avantage de la technique des hybridomes réside dans le fait que des anticorps monoclonaux peuvent être fabriqués contre des molécules non purifiées qui ne constituent qu'un composant mineur d'un mélange complexe. Dans un antisérum ordinaire fabriqué contre un tel mélange, le nombre des molécules d'anticorps qui reconnaissent le composant mineur serait trop faible pour être utile. Mais si les lymphocytes B qui produisent tous ces anticorps sont transformés en hybridomes, et si un clone de l'hybridome désiré est sélectionné à partir d'un grand mélange de clones, il peut être multiplié indéfiniment pour produire l'anticorps désiré en grandes quantités. On peut donc, en principe, fabriquer un anticorps monoclonal dirigé contre n'importe quelle protéine d'un échantillon biologique ; une fois l'anticorps fabriqué, il peut être utilisé en tant que sonde spécifique — autant pour suivre et localiser la protéine qui induit sa formation que pour la purifier dans le but d'étudier sa structure et sa fonction. Puisque moins de 5 p. cent des quelque 10 000 protéines présentes dans une cellule typique de mammifère ont été isolées jusqu'à présent, de nombreux anticorps monoclonaux fabriqués contre des mélanges protéiques non purifiés dans des extraits cellulaires fractionnés reconnaissent de nouvelles protéines. En utilisant la technologie des anticorps monoclonaux et du clonage des gènes (voir plus loin), la difficulté n'est plus d'identifier et de caractériser des protéines et des gènes nouveaux ; le problème est de déterminer leur fonction.

Des anticorps et d'autres macromolécules peuvent être injectés dans des cellules vivantes [35]

Les molécules d'anticorps peuvent être utilisées pour déterminer la fonction des molécules auxquelles elles sont fixées. Les anticorps dirigés contre le facteur de croissance nerveux, par exemple, lorsqu'ils sont injectés à un souriceau nouveau-né, empêchent le développement de certaines catégories de cellules nerveuses, qui dépendent du facteur de croissance pour survivre. De la même façon, des anticorps qui réagissent avec des molécules présentes à la surface d'un type de cellules particulier peuvent être utilisés pour les tuer ; en éliminant spécifiquement un type cellulaire donné d'une population mixte, on peut établir l'importance de ce type cellulaire pour différentes fonctions biologiques.

Les protéines situées à l'intérieur des cellules vivantes ne peuvent être atteintes par des anticorps ajoutés par voie externe parce que la membrane plasmique est imperméable aux grosses molécules. Toutefois, la membrane plasmique étant à auto-fermeture, il est possible d'introduire des anticorps et autres macromolécules à l'intérieur du cytoplasme de cellules eucaryotes par d'autres moyens — le plus communément, en les injectant avec une fine aiguille de verre (voir p. 157). Par exemple, des anticorps anti-myosine injectés dans un œuf d'oursin empêchent l'ovule de se diviser en deux, alors même que la division nucléaire a lieu normalement. Cette observation apporte la preuve que la myosine joue un rôle crucial dans le processus contractile qui divise le cytoplasme pendant la mitose mais suggère qu'elle n'est pas indispensable à la division du noyau. La haute spécificité des anticorps monoclonaux et la facilité avec laquelle on peut les produire sous forme concentrée les rendent particulièrement adaptés à ce type d'application.

Résumé

Toute molécule de la cellule peut être « marquée » par l'incorporation d'un ou plusieurs atomes radioactifs. Les noyaux instables de ces atomes se désintègrent, émettant une radiation qui permet de localiser cette molécule, et de suivre ses mouvements et son métabolisme dans la cellule. L'analyse des voies métaboliques par des méthodes de marquage bref (pulse-chase) et la localisation des molécules individuelles dans une cellule par autoradiographie figurent parmi les nombreuses applications des radioisotopes à la biologie moléculaire.

Les anticorps sont aussi des outils universels et sensibles de détection et de localisation de molécules biologiques. Les vertébrés fabriquent des millions de molécules d'anticorps différentes, chacune possédant un site de fixation qui reconnaît une région spécifique d'une macromolécule. La technique des hybridomes permet d'obtenir des anticorps monoclonaux à spécificité unique en quantités pratiquement illimitées. En principe, des anticorps monoclonaux peuvent être fabriqués contre toute macromolécule cellulaire et utilisés pour localiser et purifier la molécule et, dans quelques cas, pour analyser sa fonction.

La technologie de l'ADN recombinant [36]

Le défi principal de la biologie cellulaire contemporaine est de comprendre le fonctionnement de la cellule à l'échelle moléculaire. Nous avons parlé d'un certain nombre de techniques performantes pour purifier, analyser et suivre les protéines d'une cellule. Dans cette dernière partie, nous discuterons de la façon dont on examine la structure et la fonction de l'ADN cellulaire. Traditionnellement, la seule façon d'étudier le contenu informationnel de l'ADN était la génétique, qui permet de déduire les fonctions géniques à partir des phénotypes d'organismes mutants et de leur descendance. Cette approche continue à fournir des informations essentielles, mais elle a été complétée ces dernières années par une série de techniques, désignées globalement sous le nom de « technologie de l'ADN recombinant ». Ces techniques facilitent considérablement les études génétiques en permettant aussi bien le contrôle direct que l'analyse chimique détaillée du matériel génétique. De plus, en rendant disponible en grande quantité jusqu'aux protéines cellulaires mineures, ces mêmes méthodes ont révolutionné les études biochimiques de la structure et de la fonction des protéines.

La technologie de l'ADN recombinant a révolutionné la biologie cellulaire [37]

Jusqu'au début des années 1970, l'ADN était le composé cellulaire le plus difficile à analyser. D'une longueur démesurée et chimiquement monotone, la séquence nucléotidique du matériel héréditaire ne pouvait être approchée que par des moyens indirects — comme la détermination de la séquence des protéines ou de l'ARN, ou l'analyse génétique. Aujourd'hui, la situation a complètement changé. De macromolécule la plus difficile à analyser, l'ADN est devenu la plus facile. Il est maintenant possible d'exciser des régions spécifiques de l'ADN, de les obtenir en quantités pratiquement illimitées, et de déterminer la séquence de leurs nucléotides à la vitesse de plusieurs centaines de nucléotides par jour. Par des variantes des mêmes techniques, un gène isolé peut être modifié (manipulé) à volonté, et retransféré dans des cellules en culture ou (avec un peu plus de difficulté) dans la lignée germinale des animaux, où le gène modifié est incorporé comme une partie fonctionnelle permanente du génome.

Ces progrès technologiques ont eu des conséquences capitales sur la biologie cellulaire, en permettant l'étude des cellules et de leurs macromolécules par des moyens inimaginables auparavant. Par exemple, ils ont fourni le moyen de déterminer les fonctions de nombreuses protéines nouvellement découvertes ainsi que leurs domaines individuels, et de démêler les mécanismes complexes qui règlent l'expression des gènes eucaryotes. Ils ont aussi mis à notre disposition de grandes quantités des protéines rares qui règlent la prolifération et le développement cellulaires. Dans les laboratoires commerciaux, des techniques semblables sont très prometteuses pour la production économique à grande échelle d'hormones protéiques et de vaccins qui n'étaient disponibles auparavant qu'au prix de grands efforts et à grands frais.

La **technologie de l'ADN recombinant** regroupe un amalgame de techniques dont certaines sont nouvelles et d'autres empruntées à des domaines différents comme la génétique microbienne (Tableau 4-12). Les plus importantes sont (1) le clivage spécifique de l'ADN par des *nucléases de restriction* qui facilitent grandement l'isolement et la manipulation des gènes isolés ; (2) la *détermination* rapide de la *séquence nucléotidique (sequencing)* d'un fragment d'ADN purifié qui permet d'établir les limites précises d'un gène et de la séquence d'acides aminés qu'il code ; (3) l'*hybridation des acides nucléiques*, qui permet d'identifier les séquences spécifiques d'ADN ou d'ARN selon leur capacité à se lier à une séquence d'acide nucléique complémentaire avec une grande précision et une grande sensibilité ; (4) le *clonage de l'ADN*, par lequel un fragment d'ADN spécifique est intégré dans un élément génétique qui s'auto-réplique (plasmide ou virus) et qui réside dans une bactérie de telle façon qu'une seule molécule d'ADN peut être reproduite pour engendrer plusieurs milliards de copies identiques ; et (5) le *génie génétique*, par lequel les séquences d'ADN sont remaniées pour fabriquer des versions modifiées de gènes qui sont réinsérés dans les cellules ou les organismes.

Dans les paragraphes suivants, nous expliquerons comment la technologie de l'ADN recombinant a engendré de nouvelles approches expérimentales qui ont révolutionné la biologie cellulaire. Cependant, il est nécessaire de comprendre les mécanismes naturels selon lesquels les cellules se répliquent et décodent l'ADN pour estimer le clonage de l'ADN et le

Tableau 4-12 Les étapes principales du développement de la technologie de l'ADN recombinant

1869	**Miescher** isolait l'ADN pour la première fois.
1944	**Avery** apportait la preuve que l'ADN plutôt que les protéines, porte l'information génétique au cours de la transformation bactérienne.
1953	**Watson et Crick** proposaient un modèle en double hélice pour la structure de l'ADN, basé sur des résultats obtenus par **Franklin et Wilkins** avec les rayons X.
1957	**Kornberg** découvrait l'ADN polymérase, l'enzyme aujourd'hui utilisée pour produire des sondes d'ADN hautement radioactif.
1961	**Marmur et Doty** découvraient la renaturation de l'ADN, établissant ainsi la spécificité et la faisabilité des réactions d'hybridation d'acides nucléiques.
1962	**Arber** a mis en évidence pour la première fois l'existence des enzymes de restriction de l'ADN ; cela aboutit par la suite à leur purification et à leur utilisation dans la caractérisation des séquences d'ADN par **Nathans et H. Smith.**
1966	**Nirenberg, Ochoa et Khorana** élucidaient le code génétique.
1967	**Gellert** découvrait l'ADN ligase, l'enzyme utilisée pour relier des fragments d'ADN.
1972-1973	Les techniques de clonage de l'ADN étaient mises au point par les laboratoires de **Boyer, Cohen, Berg** et leurs collègues à la Stanford University et à l'University of California à San Francisco.
1975-1977	**Sanger et Barrell,** et **Maxam et Gilbert** développaient des méthodes rapides pour déterminer la séquence de l'ADN.
1981-1982	**Palmiter et Brinster** produisaient des souris transgéniques ; **Spradling et Rubin** produisaient des drosophiles transgéniques.

génie génétique à leur juste valeur. Nous reverrons donc au Chapitre 5 l'essentiel de notre discussion sur les détails du clonage des gènes et du génie génétique ; ils y seront expliqués après une introduction aux mécanismes génétiques fondamentaux.

Les nucléases de restriction hydrolysent les molécules d'ADN au niveau de séquences nucléotidiques spécifiques [38]

Un grand nombre de bactéries fabriquent des enzymes appelées **nucléases de restriction** qui les protègent en dégradant toutes les molécules d'ADN transportées dans les cellules par les virus. Chaque enzyme reconnaît une séquence spécifique de quatre à huit nucléotides dans l'ADN. Là où ces séquences se présentent dans le génome de la bactérie elle-même, elles sont « protégées » par méthylation au niveau d'un résidu A ou C ; là où elles se trouvent dans l'ADN étranger, elles ne sont généralement pas méthylées et sont donc coupées par la nucléase de restriction (Figure 4-60). De nombreuses nucléases de restriction ont été purifiées à partir de différentes espèces de bactéries ; plus de 100, dont la plupart reconnaissent des séquences nucléotidiques différentes, sont maintenant disponibles dans le commerce.

Une nucléase de restriction particulière coupera n'importe quelle molécule d'ADN double hélice extraite d'une cellule en une série de fragments connus sous le nom de **fragments de restriction**. En comparant les tailles des fragments de restriction produits à partir d'une région génétique particulière après traitement avec un mélange de différentes nucléases de restriction, une **carte de restriction** de cette région peut être établie, montrant la localisation de chaque site de coupure (de restriction) par rapport à ses voisins (Figure 4-61). Puisque chaque nucléase de restriction reconnaît une courte séquence d'ADN différente, une carte de restriction reflète l'arrangement des séquences nucléotidiques spécifiques de la région. Ceci signifie que différentes régions de l'ADN peuvent être comparées (en comparant leurs cartes de restriction) sans avoir à déterminer leurs séquences nucléotidiques. Par exemple, en comparant les cartes de restriction représentées sur la Figure 4-62, nous savons que les régions chromosomiques qui codent les chaînes d'hémoglobine chez l'homme, l'orang-outan, et le chimpanzé, n'ont pratiquement pas varié pendant 5 à 10 millions d'années depuis que ces espèces ont divergé pour la première fois. Les cartes de restriction sont également importantes dans le clonage de l'ADN et le génie génétique, car elles permettent de localiser un gène intéressant sur un fragment de restriction particulier, comme nous le verrons plus tard.

Toute séquence d'ADN peut être produite en grandes quantités par clonage de l'ADN [39]

De nombreuses nucléases de restriction produisent des coupures en zigzag, qui laissent de courtes extrémités monocaténaires aux deux extrémités de chaque fragment. Celles-ci sont connues sous le nom d'*extrémités cohésives* car elles peuvent former des paires de bases complémentaires avec n'importe quelle autre extrémité produite par la même enzyme (Figure 4-63). Les extrémités cohésives engendrées par les enzymes de restriction permettent à deux fragments d'ADN quels qu'ils soient d'être facilement reliés, à condition que ces fragments aient été produits par la même nucléase de restriction (ou avec une autre nucléase qui engendre les mêmes extrémités cohésives). De cette façon, un fragment d'ADN de n'importe quelle source peut être inséré dans le génome d'ADN purifié d'un élément génétique qui

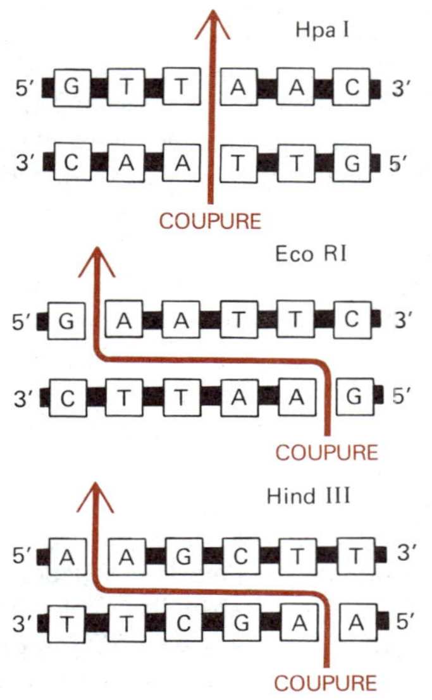

Figure 4-60 Les séquences nucléotidiques de l'ADN reconnues par trois nucléases de restriction couramment employées. Ces séquences sont souvent, comme dans ces exemples, longues de 6 paires de bases et « palindromiques » — c'est-à-dire que les séquences nucléotidiques des deux brins sont les mêmes dans la courte région de l'hélice qui est reconnue. Les deux brins d'ADN sont coupés au niveau, ou près, de la séquence de reconnaissance, souvent selon un plan de coupure en zig-zag qui crée une extrémité cohésive — comme pour Eco RI et Hind III. Les nucléases de restriction sont extraites de diverses espèces de bactéries : Hpa I vient de *Hemophilus parainfluenzae* ; Eco RI d'*Escherichia coli* ; et Hind III d'*Hemophilus influenzae*.

Figure 4-61 Un exemple simple illustrant la façon dont les sites de coupure par différentes nucléases de restriction (connus sous le nom de *sites de restriction*) sont placés les uns par rapport aux autres sur des molécules d'ADN, pour former une *carte de restriction*. (Kb est l'abréviation de kilobases qui désigne soit 1 000 nucléotides soit 1 000 paires de nucléotides.)

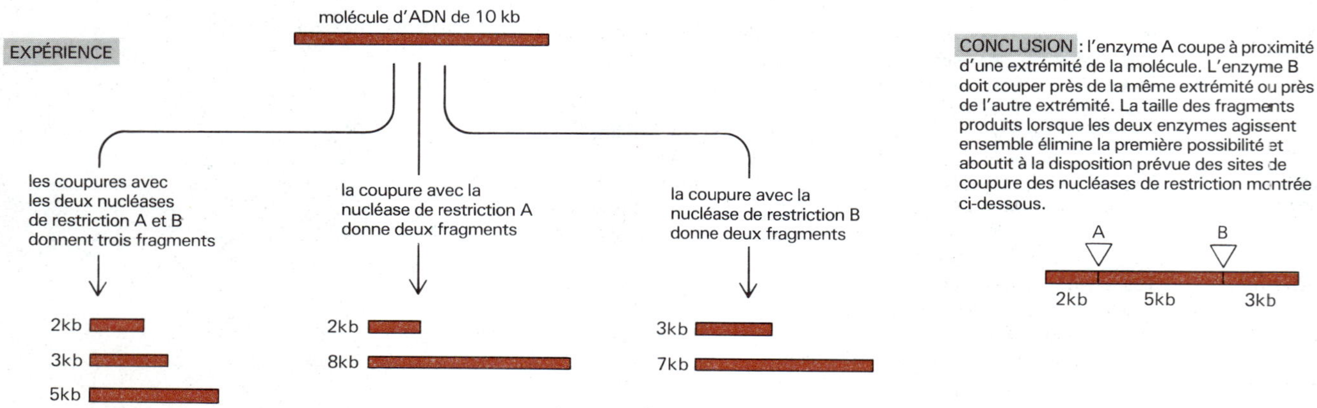

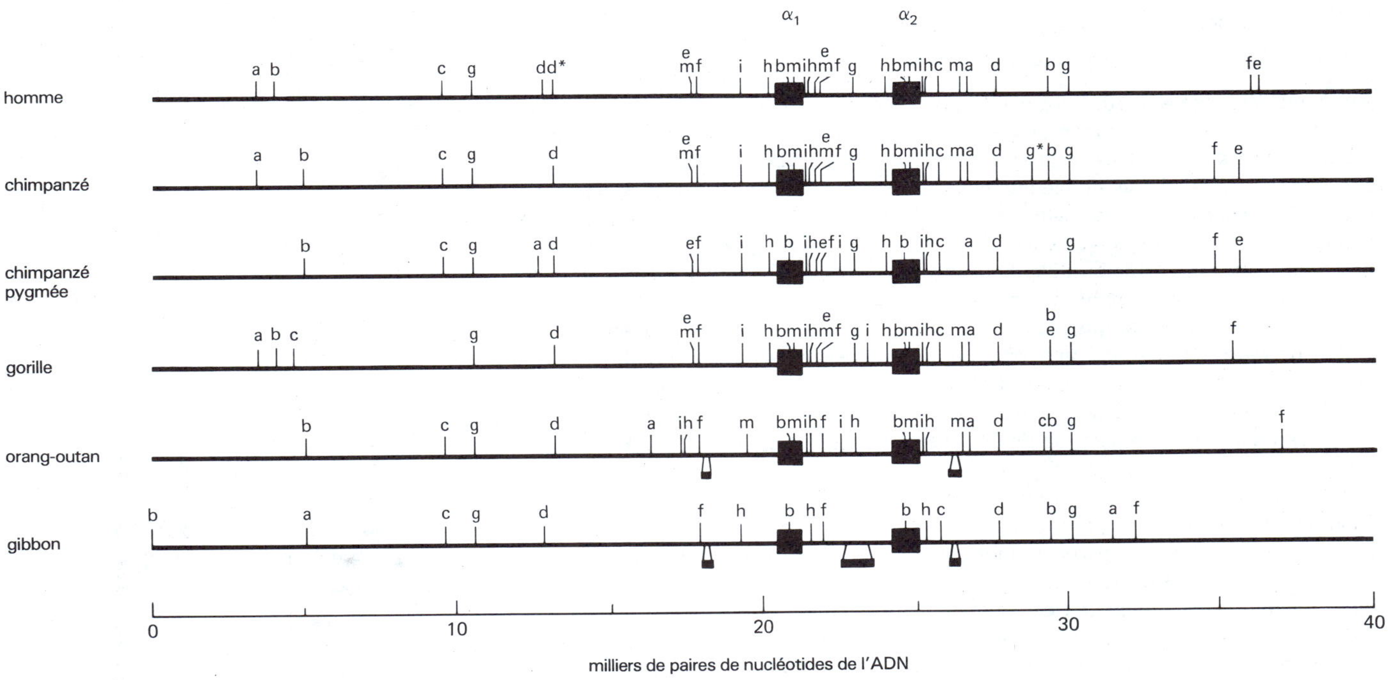

s'autoréplique et qui est généralement un plasmide ou un virus bactérien (voir p. 259). Un clone de bactéries, qui renferme le plasmide ou le virus résultant, peut alors servir de fabrique pour la production de quantités illimitées du fragment d'ADN — un procédé appelé **clonage de l'ADN.** Le fragment d'ADN initial peut être directement dérivé de l'ADN génomique ; il peut aussi être fabriqué à partir de l'*ADNc,* qui a été fabriqué par copie de l'ARN messager. Ces techniques seront décrites en détails dans le Chapitre 5 et ne seront que brièvement exposées ici.

La première étape pour l'obtention de **clones d'ADN génomique** nécessite généralement la purification de l'ADN à partir du génome cellulaire entier, et son clivage par une nucléase de restriction. On obtient ainsi un nombre considérable de fragments d'ADN différents : par exemple, de 10^5 à 10^7 fragments sont engendrés à partir d'un génome de mammifère. Le processus de clonage produira donc des millions de colonies cellulaires (*clones*), dont la plupart porteront un fragment d'ADN *différent.* La détection du clone qui contient le fragment d'ADN auquel on s'intéresse parmi un million de clones, est l'étape la plus difficile du clonage génomique (voir p. 262).

Pour obtenir des **clones d'ADNc**, on commence par purifier l'ARNm (ou une sous-fraction de l'ARNm), à partir des cellules. Cet ARNm est ensuite utilisé comme matrice pour la *transcriptase reverse,* une enzyme produite par certains virus qui synthétisent l'ADN en copiant une séquence d'ARN (l'inverse du processus habituel de transcription, dans lequel l'ARN est copié à partir d'une séquence d'ADN). L'enzyme synthétise une copie d'ADN complémentaire (symbolisé par « ADNc ») de chaque molécule d'ARNm présente. Ces molécules d'ADNc monocaténaires sont ensuite converties en molécules d'ADN bicaténaires (voir p. 260), qui sont ensuite clonées suivant des méthodes semblables à celles qui servent à cloner des fragments d'ADN génomiques.

Il existe d'importantes différences entre les clones génomiques et les clones d'ADNc, comme nous le verrons dans le Chapitre 5 (p. 260). En particulier, du fait de la transformation considérable que subit l'ARN chez les eucaryotes supérieurs (voir p. 531), seuls les clones d'ADNc contiennent vraisemblablement une forme ininterrompue des séquences nucléotidiques qui codent pour les protéines.

Figure 4-62 Cartes de restriction d'ADN d'humain et de divers primates dans un groupe de gènes codant l'hémoglobine. Les deux carrés dans chaque carte indiquent les positions de l'ADN correspondant aux gènes de l'α-globine. Chaque lettre représente un site de coupure par une nucléase de restriction différente. Comme dans la Figure 4-61, la localisation de chaque coupure a été déterminée en comparant les tailles des fragments d'ADN produits par traitement des ADN avec les différentes nucléases de restriction, individuellement et en association. (Avec l'autorisation d'Elizabeth Zimmer et Alan Wilson.)

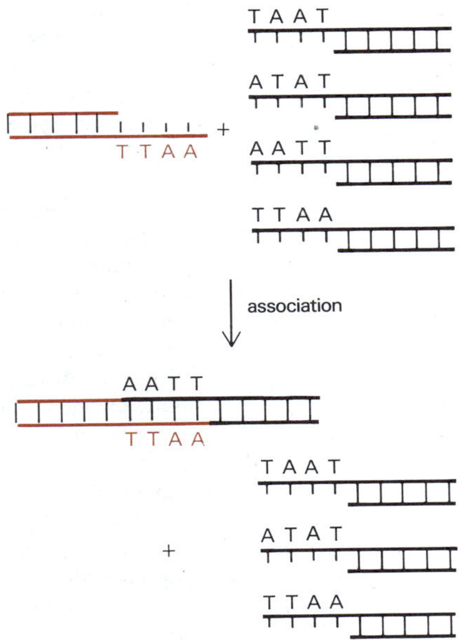

Figure 4-63 De nombreux types de nucléases de restriction produisent des fragments d'ADN avec des extrémités cohésives. Les fragments d'ADN avec les mêmes extrémités cohésives peuvent se relier par l'appariement des bases complémentaires entre leurs extrémités cohésives comme illustré. Les deux fragments d'ADN liés dans cet exemple sont tous deux produits par la nucléase de restriction Eco RI (voir Figure 4-60).

L'électrophorèse sur gel sépare rapidement les molécules d'ADN de tailles différentes [40]

Au début des années 1970, il fut établi que la longueur et la pureté des molécules d'ADN pouvaient être déterminées avec précision par les mêmes types de méthodes d'électrophorèse sur gel qui se sont révélées si utiles dans l'analyse des chaînes protéiques (voir p. 170). Le procédé est en réalité plus simple que pour les protéines ; chaque nucléotide d'une molécule d'acide nucléique portant déjà une charge négative unique, il n'est pas besoin d'utiliser le détergent SDS chargé négativement et qui est nécessaire à la migration uniforme des molécules protéiques vers l'électrode positive. Pour des fragments d'ADN de longueur inférieure à 500 nucléotides, des gels de polyacrylamide spécialement étudiés permettent de séparer deux molécules qui ne diffèrent que d'un seul nucléotide (Figure 4-64 A). Cependant, les pores des gels de polyacrylamide sont trop étroits pour permettre le passage de molécules d'ADN de plus grande taille ; pour les séparer selon leur taille, on utilise des gels beaucoup plus poreux formés par des solutions diluées d'agarose (un polysaccharide isolé à partir d'algues) (Figure 4-64 B). Ces deux méthodes de séparation de l'ADN sont largement utilisées à des fins analytiques et préparatives.

Une variante récente de l'électrophorèse sur gel d'agarose, appelée « électrophorèse en champ pulsé » permet de séparer des molécules d'ADN gigantesques. L'électrophorèse sur gel classique ne réussit pas à séparer ces molécules, car le champ électrique continu les étale selon des configurations tortueuses dont la queue migre la première dans le gel, à une vitesse indépendante de leur longueur. De fréquentes modifications de la direction du champ électrique contraignent les molécules à se réorienter pour migrer — un procédé qui prend plus de temps pour les molécules de plus grande taille. Puisque des chromosomes entiers de bactérie ou de levure apparaissent sous forme de bandes séparées sur de tels gels d'électrophorèse en champ pulsé (Figure 4-64 C), les réarrangements chromosomiques peuvent être directement détectés. De plus, des gènes peuvent être localisés sur des chromosomes de levure spécifiques en utilisant l'hybridation de molécules d'ADN clonées à partir du gène afin de repérer sur le gel des séquences d'ADN complémentaires (voir p. 190).

Les bandes d'ADN sur gels de polyacrylamide ou d'agarose seront évidemment invisibles si l'ADN n'est pas marqué ou coloré d'une manière ou d'une autre. Une méthode sensible de coloration de l'ADN consiste à plonger le gel après électrophorèse dans le *bromure d'éthidium*, qui fluoresce en lumière ultra-violette lorsqu'il est lié à l'ADN (voir Figures 4-64 B et C). Une

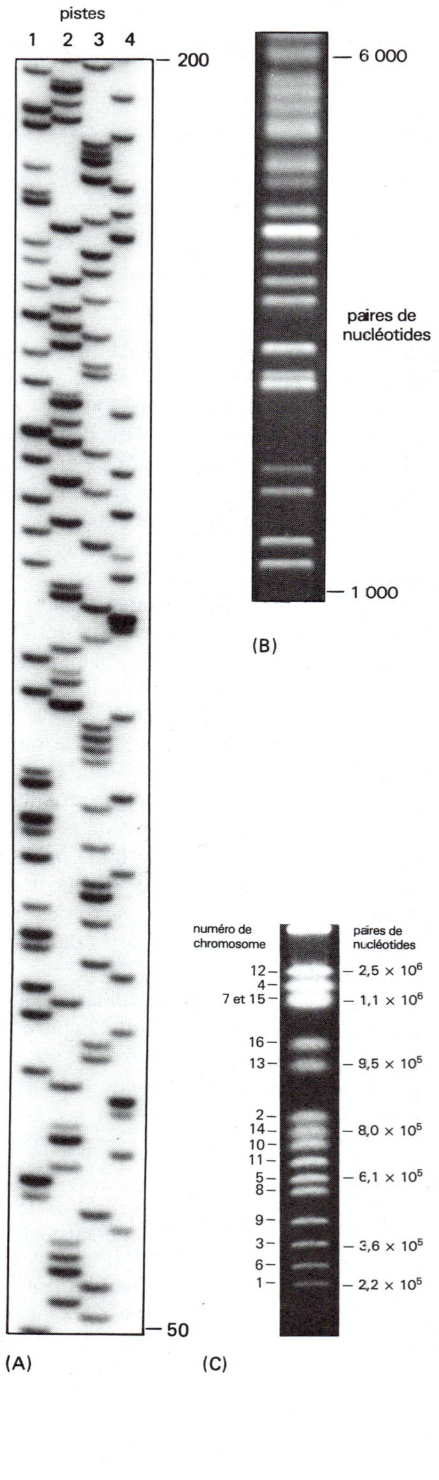

Figure 4-64 L'electrophorèse sur gel est une technique performante pour séparer des molécules d'ADN selon leur taille. Dans les trois exemples montrés ici, l'électrophorèse s'effectue de haut en bas, de sorte que les molécules d'ADN les plus grosses sont près du sommet du gel. En (A), un gel de polyacrylamide avec de petits pores est utilisé pour fractionner des ADN monocaténaires dans une gamme de tailles de 10 à 500 nucléotides ; les molécules d'ADN dans cette gamme de tailles qui ne diffèrent que par un seul nucléotide peuvent être séparées les unes des autres. Dans cet exemple, les pistes 1 à 4 représentent les produits de quatre réactions séparées de mise en séquence de l'ADN, dans lesquelles les didésoxyribonucléotides de terminaison de chaîne, G, A, T, et C ont été respectivement inclus (voir Figure 4-68) ; puisque les molécules d'ADN utilisées dans ces réactions sont radiomarquées, leurs positions peuvent être déterminées par autoradiographie, comme on le voit ici. En (B), un gel d'agarose avec des pores de taille moyenne est utilisé pour séparer des molécules d'ADN bicaténaires dans une gamme de tailles de 300 à 10 000 paires de bases. Ces molécules d'ADN sont des fragments de restriction obtenus à partir du génome d'un virus bactérien, et ils ont été localisés par leur fluorescence une fois colorés avec du bromure d'éthidium. En (C), la technique d'électrophorèse sur gel d'agarose en champ pulsé a été utilisée pour séparer 16 chromosomes différents de levure (*Saccharomyces cerevisiae*) dont la taille varie de 220 000 à 2 500 000 paires de nucléotides d'ADN. Il est possible de séparer sur ces gels des molécules d'ADN dont la taille atteint 10^7 paires de nucléotides. (A, avec l'autorisation de Leander Lauffer et Peter Walter ; B, avec l'autorisation de Ken Kreuzer ; C, D. Vollrath et R.W. Davis, *Nucleic Acids Res.* 15 : 7876, 1987.)

méthode de détection encore plus sensible implique l'incorporation d'un radioisotope dans les molécules d'ADN avant électrophorèse ; le ^{32}P est habituellement utilisé puisqu'il peut être incorporé dans les phosphates de l'ADN et émettre des particules β très énergétiques facilement détectées par autoradiographie (voir Figure 4-64 A).

Des molécules d'ADN purifiées peuvent être marquées par des radioisotopes *in vitro* [41]

Deux méthodes sont largement utilisées pour marquer des molécules d'ADN isolées par radioactivité. La première emploie une enzyme d'*E. coli*, l'*ADN polymérase 1*, pour insérer un grand nombre de nucléotides radioactifs (habituellement marqués au ^{32}P) dans chaque molécule d'ADN (Figure 4-65 A), réalisant de cette façon des « sondes d'ADN » très radioactives pour des réactions d'hybridation des acides nucléiques (voir plus loin). La seconde méthode utilise l'enzyme bactériophagique *polynucléotide kinase* pour transférer un seul phosphate marqué au ^{32}P de l'ATP à l'extrémité 5′ de chaque chaîne d'ADN (Figure 4-65 B). Puisqu'un seul atome ^{32}P est incorporé par la kinase dans chaque brin d'ADN, les molécules d'ADN ne sont habituellement pas assez radioactives pour être utilisées comme sondes d'ADN ; mais comme elles ne sont marquées qu'à une extrémité, elles sont inestimables pour la détermination des séquences d'ADN et de l'empreinte de l'ADN, comme nous allons le voir maintenant.

Les séquences de fragments d'ADN isolés peuvent être rapidement déterminées [42]

Des méthodes furent mises au point à la fin des années 1970, pour permettre la détermination simple et rapide de la séquence nucléotidique de tout fragment d'ADN purifié. Il en résulte que des séquences complètes d'ADN de plusieurs centaines de gènes de mammifères ont été déterminées complètement y compris celles qui codent pour l'insuline, l'hémoglobine, l'interféron, et le cytochrome c. Le volume des informations obtenues sur les séquences d'ADN est déjà si grand (plusieurs millions de nucléotides) qu'il faut employer des ordinateurs pour les stocker et les analyser. Plusieurs fragments continus d'une séquence d'ADN qui contiennent

Figure 4-65 Deux procédés enzymatiques sont utilisés pour fabriquer des molécules d'ADN radioactives. (A) L'ADN polymérase I marque tous les nucléotides d'une molécule d'ADN et peut ainsi donner des sondes d'ADN fortement radioactives. (B) La polynucléotide kinase ne marque que les extrémités 5′ des chaînes d'ADN ; par conséquent, lorsque le marquage est suivi d'une coupure par une nucléase de restriction comme le montre la figure, il est possible d'obtenir facilement des molécules d'ADN contenant une seule chaîne marquée à l'extrémité 5′.

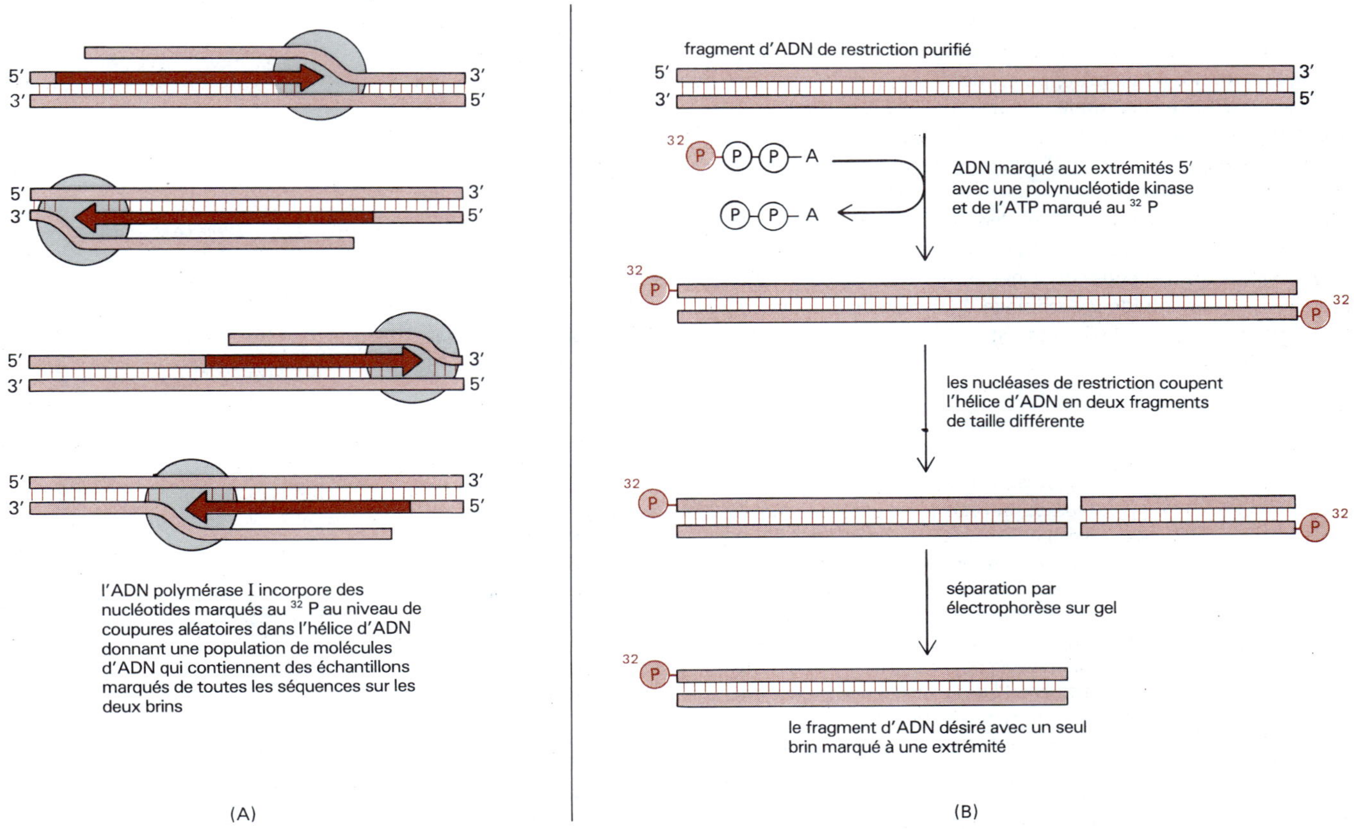

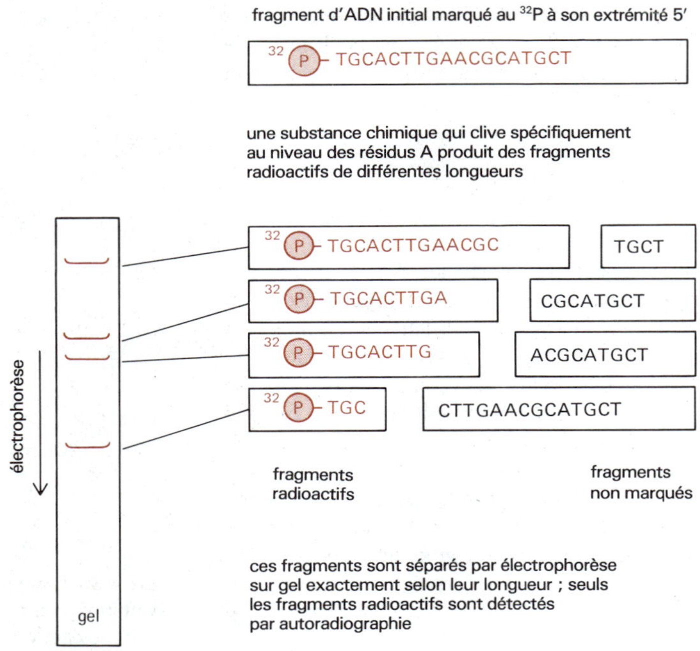

Figure 4-66 La formation d'une famille de fragments d'ADN par coupure aléatoire d'une chaîne d'ADN au niveau d'un type particulier de nucléotides (dans ce cas, un résidu A). La chaîne d'ADN à analyser est obtenue par dénaturation d'une molécule d'ADN bicaténaire produite selon la méthode décrite Figure 4-65 B. La chaîne est ensuite coupée par un traitement chimique ménagé qui élimine de la chaîne un nucléotide tout en laissant intact la majorité des nucléotides du type de celui qui est éliminé. Du fait que seuls les fragments gauches possèdent un groupement phosphate à leur extrémité 5′, ce sont les seuls à être détectés par autoradiographie du gel. Ce procédé permet d'appliquer la méthode chimique de détermination de la séquence d'ADN décrite dans la Figure 4-67.

plus de 10^5 paires de bases ont été déterminés ; parmi ceux-ci, il y a le génome entier du virus d'Epstein-Barr (qui infecte l'homme et provoque la mononucléose infectieuse) et tout le génome chloroplastique d'un végétal (voir p. 391). Deux méthodes différentes de **détermination des séquences d'ADN** sont maintenant utilisées de façon universelle ; le principe sur lequel repose l'une des deux méthodes est illustré dans les Figures 4-66 et 4-67, et l'autre méthode est expliquée dans la Figure 4-68.

Ces méthodes de détermination des séquences d'ADN sont si rapides et fiables que, comme nous l'avons déjà noté, la façon la plus aisée et la plus précise de déterminer la séquence d'acides aminés d'une protéine est de déterminer la séquence nucléotidique de son gène : un clone d'ADNc est fabriqué à partir de l'ARNm approprié, sa séquence nucléotidique est déterminée, et le code génétique est alors utilisé comme un dictionnaire pour reconvertir cette séquence en une séquence d'acides aminés. Bien qu'il y ait, en principe, six phases de lecture possibles pour traduire une séquence d'ADN en protéine (trois sur chaque brin), la seule qui soit correcte se reconnaît généralement par l'absence de nombreux *codons stop* (voir p. 209). Habituellement, on détermine une quantité limitée de séquences d'acides aminés à partir de la protéine purifiée pour confirmer la séquence déterminée à partir de l'ADN (voir p. 172).

Une variante de la technique de détermination des séquences d'ADN représentée dans les Figures 4-66 et 4-67 peut être utilisée pour déterminer les séquences nucléotidiques reconnues par des protéines de liaison de l'ADN. Certaines de ces protéines jouent un rôle

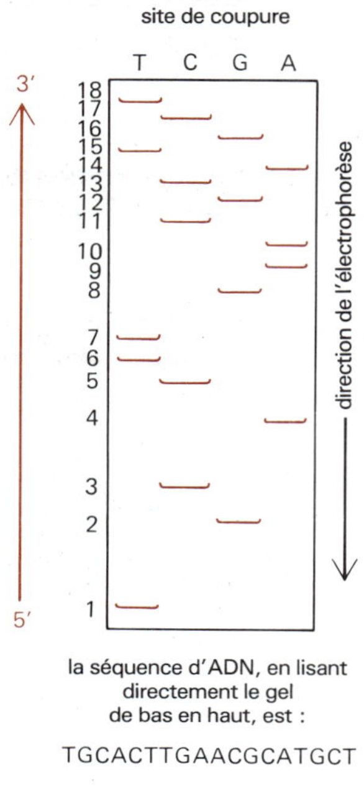

Figure 4-67 Une méthode de détermination de la séquence de l'ADN. Le type de procédé décrit dans la Figure 4-66 est effectué simultanément sur 4 échantillons séparés du même ADN en utilisant des substances chimiques qui coupent spécifiquement l'ADN, au niveau d'un T pour le premier échantillon, d'un C pour le second, d'un G pour le troisième et d'un A pour le quatrième. Les fragments obtenus sont séparés en bandes parallèles d'un gel comme celui qui est représenté dans la Figure 4-64A, donnant un diagramme de bandes d'ADN radioactives à partir duquel la séquence d'ADN est lue. Le nucléotide le plus proche de l'extrémité 5′ de la séquence est déterminé en regardant à travers le gel au niveau 1 (en bas du gel) et en voyant dans quelle ligne une bande apparaît (T). La même opération est répétée pour le niveau 2, puis le niveau 3 et ainsi de suite jusqu'à obtenir la séquence. Dans le cas présent, la méthode a été idéalisée ; les traitements chimiques actuels sont moins spécifiques que nous l'avons montré.

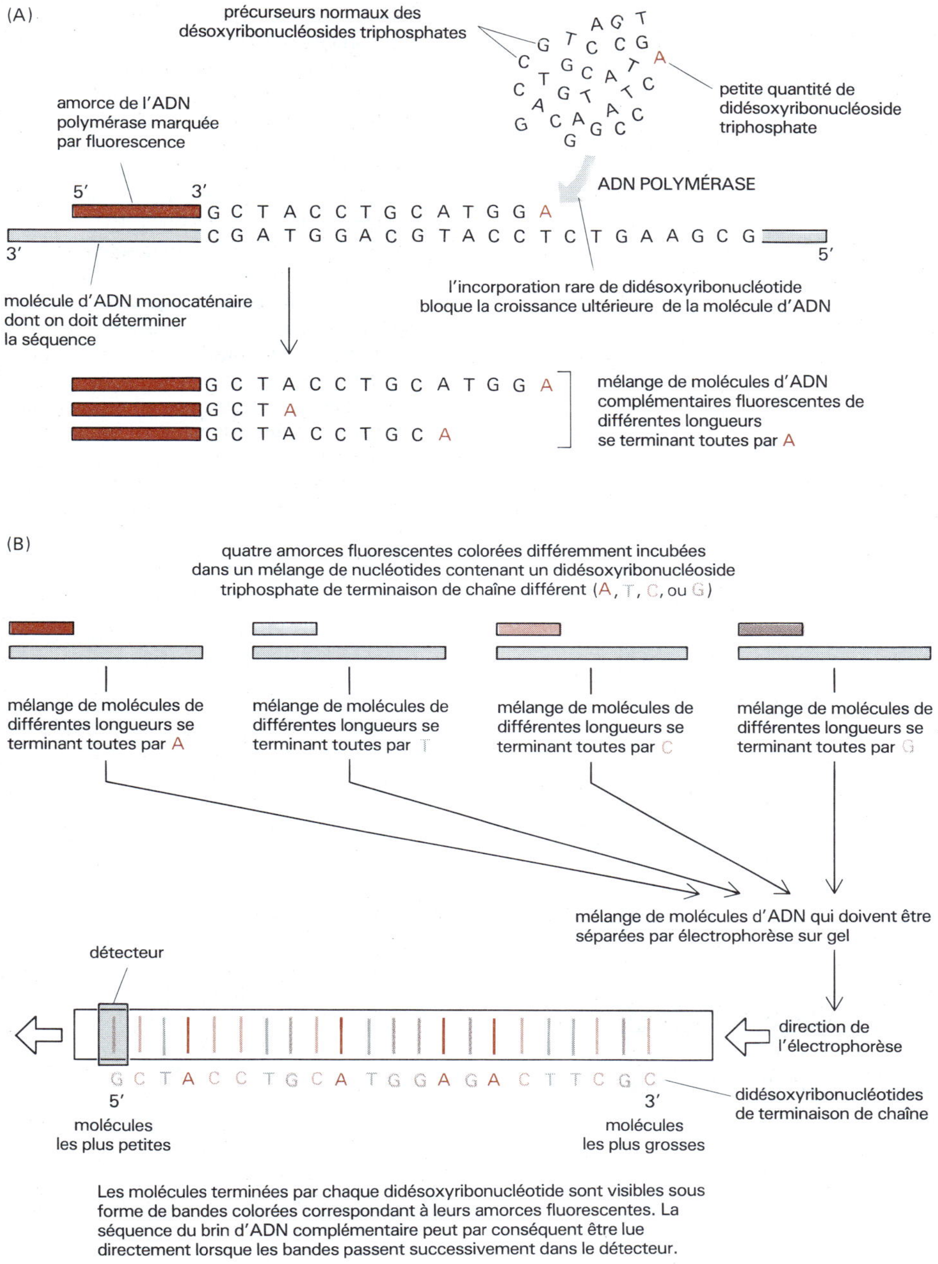

Figure 4-68 Une méthode de détermination de la séquence des acides nucléiques, basée sur l'incorporation enzymatique de nucléotides de terminaison de chaîne. La clé de cette méthode est l'utilisation de didésoxyribonucléosides triphosphates dans lesquels le groupement 3′ —OH du désoxyribose, présent dans les nucléotides normaux, est manquant ; lorsqu'un tel nucléotide modifié est incorporé dans une chaîne d'ADN, il bloque l'addition du nucléotide suivant (voir p. 224). (A) La synthèse *in vitro* de molécules d'ADN amorcée en présence d'une faible proportion d'un de ces nucléotides engendre le type de fragments d'ADN en échelle montrés précédemment dans la Figure 4-66. Si l'on utilise de l'ADN radioactif pour produire de telles échelles, et si l'on analyse quatre réactions de synthèse différentes — chacune avec un nucléotide de terminaison de chaîne différent — par électrophorèse sur quatre pistes parallèles d'un gel, il est possible de trouver une séquence d'ADN comme dans la Figure 4-67 (voir Figure 4-64 A). Une version automatisée plus récente du procédé est cependant représentée ici : les quatre groupes de fragments marqués différemment sont analysés par leur fluorescence lorsqu'ils migrent le long d'une seule piste d'un gel (B).

essentiel dans la détermination des gènes actifs dans une cellule particulière, en se liant à des séquences d'ADN régulatrices, qui sont habituellement localisées à l'extérieur des régions codantes dans un gène. Pour comprendre le fonctionnement de telles protéines, il est important d'identifier les séquences spécifiques auxquelles elles se lient. La méthode standard utilisée dans ce but est appelée **empreinte de l'ADN (DNA footprinting)**. Un fragment d'ADN pur est tout d'abord marqué à une extrémité avec du ^{32}P, puis clivé avec une nucléase ou un composé chimique qui fait des coupes aléatoires dans les ponts phosphodiesters de la double hélice d'ADN. Les sous-fragments résultant du brin marqué sont séparés sur un gel et détectés par autoradiographie de façon à pouvoir comparer la disposition des bandes d'ADN obtenues à partir d'un fragment d'ADN coupé en présence ou en l'absence d'une protéine de liaison. Lorsque la protéine est présente, elle masque les nucléotides au niveau de son site de liaison et protège leurs ponts phosphodiesters du clivage. Il en résulte que les fragments marqués qui contiennent le site de liaison manqueront, laissant un vide ou « empreinte » (footprint) dans le gel (Figure 4-69 A). L'empreinte d'une protéine qui active la transcription d'un gène eucaryote est montrée dans la Figure 4-69 B.

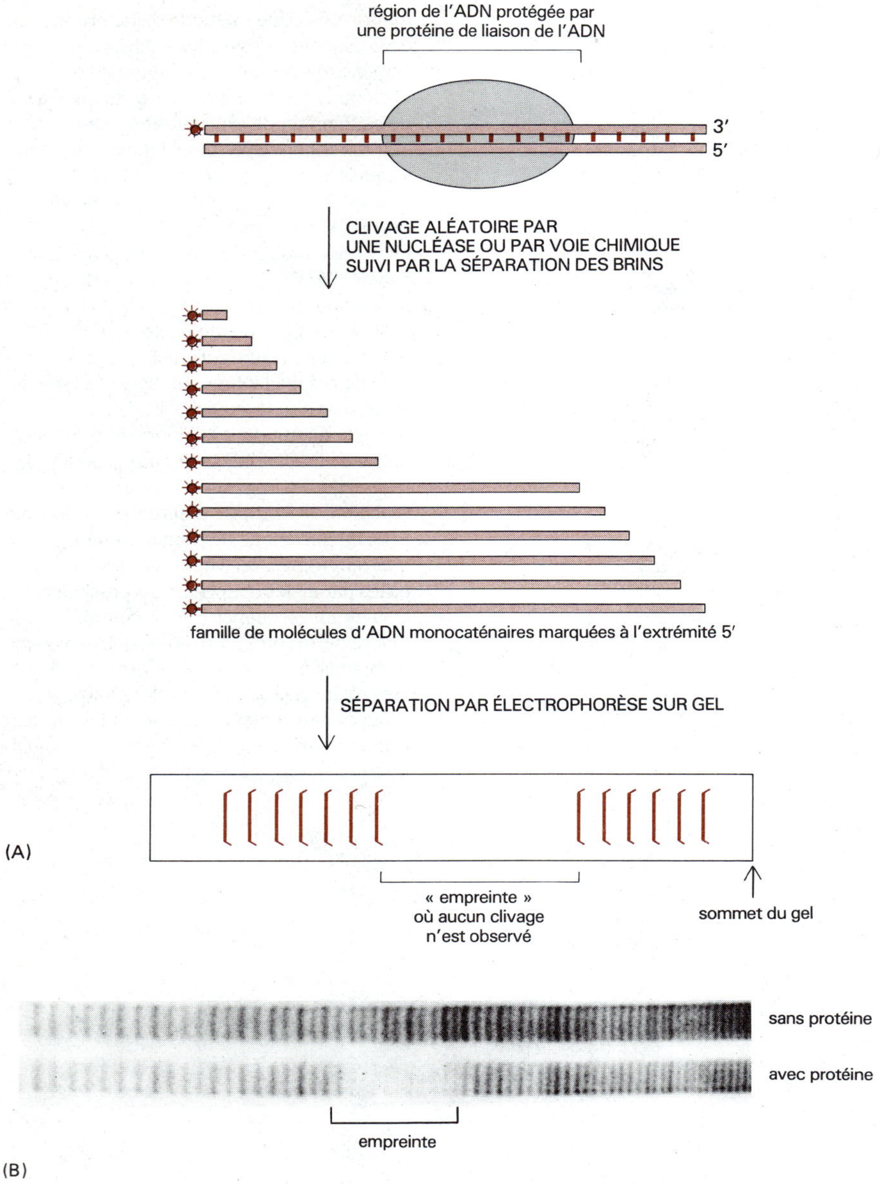

Figure 4-69 La technique de prise d'empreinte de l'ADN. (A) Une protéine se lie étroitement à une séquence d'ADN spécifique longue de huit nucléotides, protégeant ainsi ces huit nucléotides de l'agent de clivage. Si la même réaction est réalisée sans la protéine de liaison de l'ADN, une distribution complète des bandes serait visible sur le gel (non montré). (B) Une empreinte réelle utilisée pour déterminer le site de liaison d'une protéine humaine qui stimule la transcription de gènes eucaryotes spécifiques. Ces résultats localisent le site de fixation à 60 nucléotides environ en amont du site d'initiation de la synthèse de l'ARN. L'agent de clivage était une petite molécule organique contenant du fer qui coupe normalement au niveau de chaque pont phosphodiester avec une fréquence pratiquement identique. (B, avec l'autorisation de Michele Sawadogo et Robert Roeder.)

Les réactions d'hybridation d'acides nucléiques constituent un moyen sensible pour détecter des séquences nucléotidiques spécifiques [43]

Quand une solution aqueuse d'ADN est chauffée à 100 °C ou exposée à un pH élevé (pH $\geqslant$ 13), les paires de bases complémentaires qui maintiennent normalement les deux chaînes de la double hélice ensemble sont séparées et la double hélice se dissocie rapidement en deux chaînes. On a pensé pendant de longues années que ce processus, appelé *dénaturation de l'ADN*, était irréversible. Toutefois, on découvrait en 1961 que des chaînes isolées complémentaires d'ADN reformaient facilement des doubles hélices (un processus appelé **renaturation** ou **hybridation** de l'ADN) si elles étaient conservées pendant une longue période à 65 °C. Des réactions d'hybridation comparables se produiront entre les deux chaînes de tout acide nucléique monocaténaire (ADN : ADN, ARN : ARN, ou ARN : ADN) à condition qu'elles aient une séquence nucléotidique complémentaire.

La vitesse de formation de la double hélice au cours de réactions d'hybridation est limitée par la vitesse à laquelle deux chaînes d'acides nucléiques complémentaires se rencontrent, ce qui dépend de leur concentration dans la solution. Les vitesses d'hybridation peuvent donc être utilisées pour déterminer la concentration de toute séquence voulue d'ADN ou d'ARN dans un mélange d'autres séquences. Ce dosage nécessite un fragment d'ADN monocaténaire

Figure 4-70 La détermination du nombre de copies d'un gène spécifique dans un échantillon d'ADN au moyen de l'hybridation de l'ADN. Le fragment d'ADN monocaténaire employé dans des expériences de ce type est souvent désigné sous le terme de *sonde ADN* : l'ADN chromosomique n'est pas marqué ici par radioactivité.

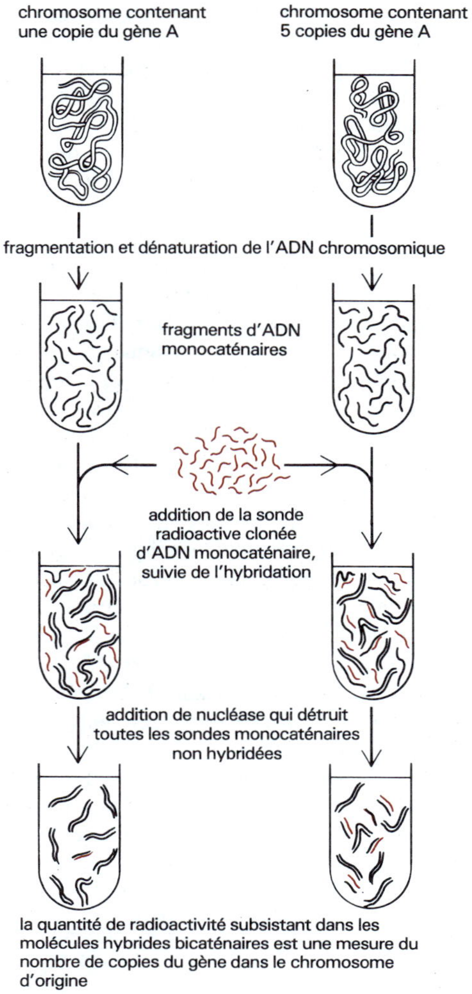

pur, dont la séquence est complémentaire de celle de l'acide nucléique (ADN ou ARN) que l'on souhaite détecter ; l'ADN peut être obtenu par clonage, ou, si la séquence est courte, il peut être synthétisé chimiquement. Dans les deux cas, le fragment d'ADN est fortement marqué avec du ^{32}P (voir Figure 4-65) de sorte que son incorporation dans les molécules bicaténaires puisse être suivie au cours de la réaction d'hybridation. Une molécule d'ADN monocaténaire utilisée de cette façon comme indicateur est une **sonde d'ADN** ; elle peut avoir une longueur quelconque comprise entre 15 et plusieurs milliers de nucléotides.

Les réactions d'hybridation utilisant des sondes d'ADN sont si sensibles et sélectives qu'elles permettent de localiser des séquences complémentaires présentes à une concentration aussi faible qu'une molécule par cellule (Figure 4-70). Il est ainsi possible de déterminer combien de copies d'une séquence d'ADN particulière (contenue dans la sonde) sont présentes dans le génome d'une cellule. La même technique peut être utilisée pour rechercher les gènes apparentés mais non identiques ; par exemple, une fois qu'un gène intéressant a été cloné à partir de la souris ou du poulet, une partie de sa séquence peut être utilisée comme sonde pour trouver le gène correspondant chez l'homme.

Les sondes d'ADN peuvent aussi être utilisées dans des réactions d'hybridation avec l'ARN plutôt que l'ADN afin de déterminer si une cellule exprime un gène donné. Dans ce cas, une sonde d'ADN contenant une partie de la séquence génique est hybridée avec de l'ARN purifié à partir de la cellule en question, pour voir si l'ARN contient des molécules qui s'apparient à la sonde d'ADN, et, si c'est le cas, en quelle quantité. Dans des techniques un peu plus élaborées, la sonde d'ADN est traitée par des nucléases spécifiques, l'hybridation une fois achevée, afin d'identifier les régions exactes de la sonde d'ADN qui se sont appariées avec les molécules d'ADN cellulaire. On peut alors déterminer les sites d'initiation et de terminaison de la transcription de l'ARN (Figure 4-71) ; de la même façon, on peut identifier les limites précises des régions qui sont excisées des transcrits d'ARN par l'*épissage de l'ARN* (les séquences d'introns — voir p. 533).

Des nombres importants de gènes sont exprimés et réprimés selon des schémas élaborés au cours du développement embryonnaire. L'hybridation de sondes d'ADN aux ARN cellulaires permet d'établir si un gène particulier s'exprime ou non ; de plus, lorsque l'expression d'un gène change, on peut déterminer si la modification est due aux contrôles qui agissent sur la transcription de l'ADN, le traitement de l'ARN du gène, ou la traduction de ses molécules d'ARNm matures en protéine. Les méthodes d'hybridation sont si largement utilisées en biologie cellulaire aujourd'hui, qu'il est difficile d'imaginer ce que serait, sans elles, l'étude de la structure et de l'expression des gènes.

Les techniques de « Northern et Southern Blotting » facilitent l'hybridation avec des molécules d'acide nucléique séparées par électrophorèse [44]

Les sondes d'ADN sont souvent utilisées en association avec l'électrophorèse sur gel pour détecter les molécules d'acide nucléique qui contiennent des séquences complémentaires de tout ou partie de la sonde. L'électrophorèse fractionne les nombreuses molécules d'ARN ou

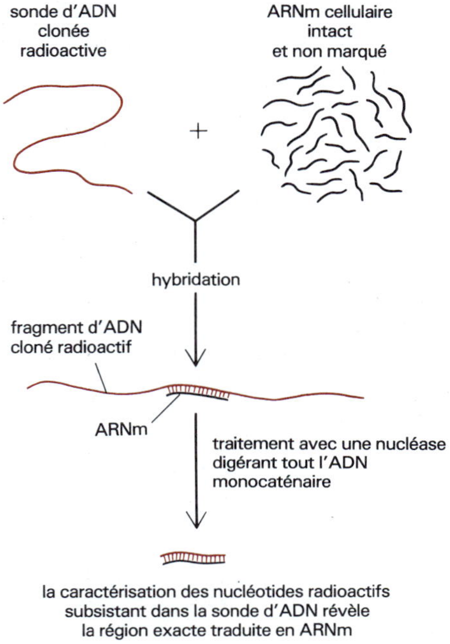

Figure 4-71 L'emploi de l'hybridation des acides nucléiques pour déterminer quelle région d'un fragment d'ADN cloné est transcrite en ARNm. La méthode montrée ici nécessite une nucléase qui coupe la chaîne d'ADN seulement là où elle n'est pas appariée à une chaîne d'ARN complémentaire. Il est possible de déterminer, de cette façon, les positions de l'origine et de l'extrémité d'une molécule d'ARN ; ce type de procédé est également utilisé pour situer les séquences intermédiaires (introns) dans les gènes eucaryotes.

d'ADN différentes d'un mélange brut selon leur taille avant que la réaction d'hybridation ne soit effectuée ; si les molécules qui se retrouvent marquées n'ont qu'un petit nombre de tailles, on peut être certain que l'hybridation était effectivement spécifique. De plus, les renseignements obtenus sur la taille peuvent être intéressants en eux-mêmes. Le détail sera illustré par un exemple.

Supposons que l'on souhaite déterminer, chez des souris mutantes, la nature du défaut responsable de la production de quantités anormalement faibles d'*albumine*, une protéine que les cellules hépatiques sécrètent normalement dans le sang en grandes quantités. On commence par prélever des échantillons identiques de tissu hépatique chez des souris déficientes et normales (les dernières servant de contrôle), et on lyse les cellules au moyen d'un détergent puissant pour inactiver les nucléases cellulaires qui, autrement, pourraient dégrader les acides nucléiques. Ensuite, on sépare l'ARN et l'ADN de tous les autres composants cellulaires : les protéines présentes sont complètement dénaturées et éliminées par des extractions répétées avec du phénol — un solvant organique puissant qui est partiellement miscible à l'eau ; les acides nucléiques, qui restent dans la phase aqueuse sont ensuite précipités par de l'alcool, afin de les séparer des petites molécules de la cellule. On sépare ensuite l'ADN et l'ARN grâce à leurs solubilités différentes dans les alcools et on dégrade tout acide nucléique contaminant du type non désiré avec des enzymes très spécifiques — la RNAse ou la DNAse.

Pour analyser les ARN codant l'albumine avec une sonde d'ADN adaptée à ce type d'ARN, on utilise une technique appelée **« Northern blotting »**. En premier lieu, les molécules d'ARN intactes isolées à partir de cellules hépatiques déficientes et témoins sont fractionnées en une série de bandes par électrophorèse sur gel. Ensuite, pour rendre les molécules d'ARN accessibles aux sondes d'ADN, une réplique du gel est effectuée par transfert (« effet buvard » ou « blotting ») des molécules d'ARN fractionnées sur une feuille de nitrocellulose ou de nylon. Les molécules d'ARN qui s'hybrident à la sonde radioactive (parce qu'elles contiennent une partie de la séquence génique de l'albumine normale) sont ensuite localisées par incubation de la feuille avec une solution contenant la sonde, et la sonde hybridée est révélée par autoradiographie (Figure 4-72). Puisque les petites molécules d'acide nucléique migrent plus rapidement que les grandes dans le gel, la taille de chaque bande d'ARN qui se lie à la sonde peut être déterminée en se rapportant aux vitesses de migration de molécules d'ARN de taille

Figure 4-72 Analyses par *Northern* et *Southern blotting*. Après fractionnement du mélange indiqué de molécules d'ARN et d'ADN par électrophorèse sur gel d'agarose, les nombreuses molécules d'ARN et d'ADN différentes qui sont présentes, sont transférées sur une feuille de nitrocellulose ou de nylon par « effet buvard » (*blotting*). La feuille de papier est ensuite exposée à une sonde d'ADN radioactive pendant une durée prolongée dans des conditions d'hybridation. La feuille est ensuite entièrement lavée, de sorte que seules les molécules d'ARN ou d'ADN immobilisées qui s'hybrident à la sonde sont marquées par radioactivité et apparaissent sous forme de bandes sur les autoradiographies de la feuille de papier.

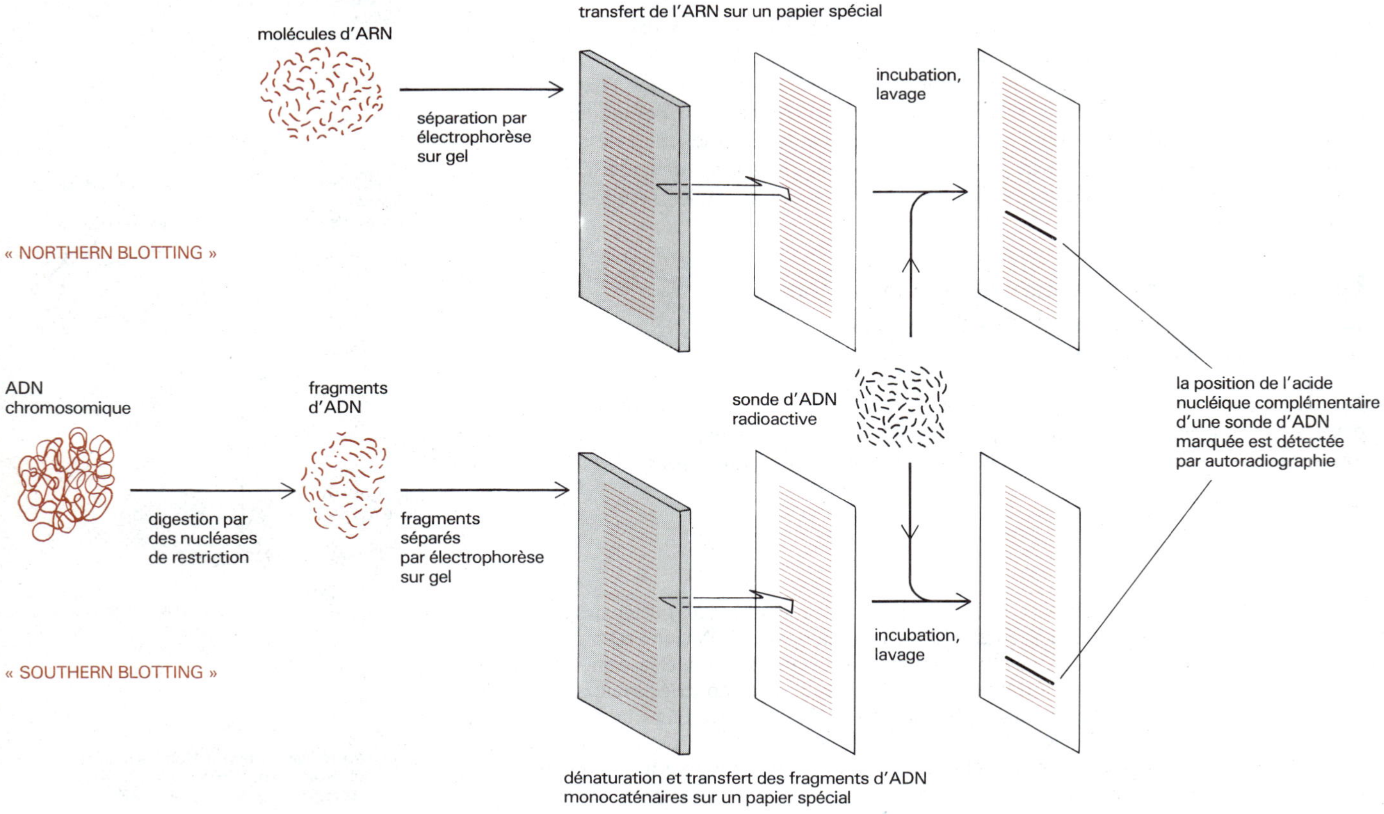

connue (*les ARN standard*). On pouvait trouver de cette façon que les quantités et la taille de l'ARN de l'albumine fabriqué par les cellules hépatiques des souris déficientes étaient normales ; par contre, l'ARN normal de l'albumine pouvait être détecté en quantités très réduites. Ou encore, l'ARN mutant de l'albumine pouvait être anormalement court et migrer, par conséquent, à une vitesse anormalement élevée à travers le gel ; dans ce cas, la tache de gel pourrait être retestée en utilisant des sondes d'ADN plus sélectives pour découvrir la région manquante de l'ARN normal.

Pour caractériser la structure du gène de l'albumine chez les souris anormales, on utilise une méthode analogue, appelée **transfert capillaire selon Southern** ou **Southern blotting** qui analyse l'ADN plutôt que l'ARN. L'ADN isolé est d'abord coupé avec des nucléases de restriction en fragments facilement séparables. Les fragments sont ensuite séparés selon leur taille par électrophorèse sur gel, et ceux qui sont complémentaires de la sonde d'ADN de l'albumine sont identifiés par transfert ou « blotting » et hybridation, comme nous venons de le décrire pour l'ARN (voir Figure 4-72). En répétant cette technique avec différentes nucléases de restriction, une *carte de restriction* détaillée peut être établie pour le génome dans la région du gène de l'albumine (voir p. 182). A partir de cette carte, on pourra déterminer si le gène de l'albumine a subi des réarrangements chez les animaux anormaux — par exemple, par la délétion ou l'insertion d'une courte séquence d'ADN.

Les molécules d'ADN synthétiques facilitent le diagnostic prénatal des maladies génétiques [45]

Tandis que les microbiologistes développaient les techniques de clonage de l'ADN, les chimistes organiciens amélioraient simultanément les méthodes de synthèse de courtes chaînes d'ADN. Aujourd'hui, de tels *oligonucléotides d'ADN* sont produits en routine par des appareils qui peuvent synthétiser automatiquement n'importe quelle séquence jusqu'à une longueur de 80 nucléotides du jour au lendemain. Cette capacité de produire des molécules d'ADN de séquence voulue permet de remodeler des gènes à volonté, un aspect important du génie génétique, comme nous le verrons dans le Chapitre 5 (p. 266).

Le diagnostic prénatal des maladies génétiques est une autre utilisation importante des oligonucléotides d'ADN. Des anomalies d'un seul gène sont responsables de plus de 500 maladies génétiques humaines. Dans la plupart de ces maladies, la mutation est récessive : c'est-à-dire qu'elle n'est nuisible que si un individu hérite une copie anormale du gène de chacun des deux parents. Le rôle de la médecine moderne est d'identifier les fœtus qui portent deux mauvaises copies du gène altéré longtemps avant la naissance, pour que la mère, si elle le désire, puisse avoir recours à une interruption de grossesse. Par exemple, dans l'anémie falciforme, la modification nucléotidique exacte dans le gène mutant a été identifiée (la séquence GAG est changée en GTG dans le brin d'ADN codant pour la chaîne β de l'hémoglobine). Pour le diagnostic prénatal, deux oligonucléotides d'ADN sont synthétisés — l'un d'eux correspond à la séquence génique normale dans la région de la mutation et l'autre correspond à la séquence mutée. En conservant ces séquences courtes (environ 20 nucléotides) et en sélectionnant une température d'hybridation à laquelle seule l'hélice parfaitement appariée est stable, elles peuvent être utilisées comme sondes radioactives pour différencier les deux formes du gène. Pour établir un diagnostic, il faut isoler l'ADN à partir de cellules fœtales prélevées par amniosynthèse, puis utiliser des sondes oligonucléotidiques pour effectuer un « Southern blot » (voir Figure 4-72). Un fœtus anormal peut facilement être identifié puisque son ADN s'hybridera *seulement* avec l'oligonucléotide qui est complémentaire de la séquence d'ADN mutante. Pour de nombreuses anomalies génétiques, la modification exacte de séquence nucléotidique est inconnue. Pour un nombre croissant de ces anomalies, le diagnostic prénatal est toujours possible en utilisant le « Southern blot » pour rechercher des variations spécifiques dans le génome humain (appelées « polymorphismes des fragments de restriction », « restriction fragment length polymorphisms ») qui sont connues pour être étroitement liées au gène anormal.

L'hybridation à faible stringence permet d'identifier des gènes d'une parenté éloignée [46]

De nombreux gènes apparaissent au cours de l'évolution par la duplication et la divergence de gènes anciens et par la réutilisation de parties des anciens gènes dans de nouvelles combinaisons (voir p. 599). Pour cette raison, la plupart des gènes ont une famille de gènes étroitement apparentés quelque part dans le génome, et certains d'entre eux ont vraisemblablement une fonction voisine. Des méthodes laborieuses sont habituellement nécessaires pour

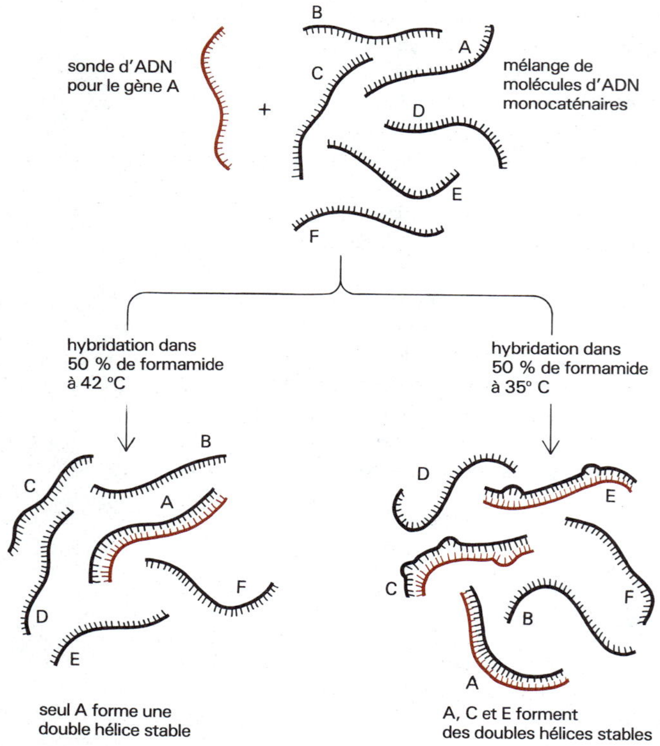

Figure 4-73 Comparaison de conditions d'hybridations à forte et à faible stringences. Dans la réaction de gauche (conditions de forte stringence), la solution est gardée à quelques degrés seulement au-dessous de la température de dénaturation d'une hélice idéale d'ADN, de telle façon que les hélices imparfaites qui peuvent se former dans des conditions de faible stringence sont instables (réaction de droite). Seules les conditions d'hybridation de droite peuvent être utilisées pour trouver des gènes qui ne sont pas identiques mais voisins du gène A.

isoler un clone d'ADN correspondant au premier membre d'une telle *famille de gènes* (voir p. 262). Cependant, il est possible d'isoler assez facilement des gènes supplémentaires qui fabriquent des protéines de fonctions voisines en utilisant des séquences du premier gène comme sondes d'ADN. Puisque les nouveaux gènes n'ont vraisemblablement pas des séquences *identiques*, les hybridations avec la sonde d'ADN sont habituellement effectuées dans des conditions de « faible stringence » — définies comme des conditions qui permettent à un appariement même imparfait avec la séquence de la sonde de former une double hélice stable (Figure 4-73).

Bien que l'utilisation d'une faible stringence pour l'hybridation entraîne le risque d'obtenir un signal erroné avec une région qui présente une faible homologie de séquence dans une séquence d'ADN non apparentée, de telles hybridations représentent une des utilisations les plus puissantes de la technologie de l'ADN recombinant. Cette approche a conduit, par exemple, à l'isolement de toute une famille de protéines de liaison de l'ADN qui agissent comme régulateurs directeurs de l'expression génique lors du développement embryonnaire de *Drosophile* (voir p. 937). Elle a également permis d'isoler des membres de cette même famille de gènes à partir d'une variété d'autres organismes, y compris l'organisme humain.

Les techniques d'hybridation *in situ* localisent des séquences d'acides nucléiques spécifiques dans les chromosomes et les cellules [47]

Les acides nucléiques, au même titre que les autres macromolécules, occupent des positions précises dans les cellules et les tissus, et beaucoup d'informations potentielles sont perdues lorsque ces molécules sont extraites par homogénéisation. Pour cette raison, des techniques dans lesquelles les sondes d'acides nucléiques sont utilisées de la même façon que des anticorps marqués ont été mises au point pour localiser les séquences d'acides nucléiques spécifiques *in situ*, un procédé appelé **hybridation in situ**. Ceci peut maintenant être réalisé autant pour l'ADN dans les chromosomes que pour l'ARN dans les cellules. Il est possible d'hybrider des sondes d'acides nucléiques fortement radioactives à des chromosomes qui ont été brièvement exposés à un pH très élevé pour rompre leurs paires de bases d'ADN. Les régions chromosomiques qui se lient à la sonde radioactive lors de l'étape d'hybridation sont visualisées par autoradiographie. La résolution spatiale de cette technique peut être améliorée en marquant les sondes d'ADN chimiquement plutôt que par radioactivité. Le plus souvent, les sondes sont synthétisées avec des nucléotides qui contiennent une chaîne latérale biotinylée (voir p. 177) et les sondes hybridées sont révélées par coloration avec un réseau formé à partir de streptavidine couplée à un type quelconque de marqueur (Figure 4-74).

Ces techniques d'hybridation *in situ* ont également été développées pour révéler la distribution de molécules d'ARN spécifiques dans les cellules à l'intérieur des tissus. Dans ce cas, les tissus ne sont pas exposés à un pH élevé, l'ADN chromosomique demeure donc bicaténaire et ne peut se lier à la sonde. Au lieu de cela, le tissu est fixé de façon ménagée de sorte que son ARN reste sous une forme exposée qui s'hybridera lors de l'incubation du tissu avec une sonde d'ADN complémentaire. On a ainsi observé, au cours du développement de l'embryon de *Drosophile*, des exemples étonnants de l'expression différentielle des gènes (Figure 4-75) ; ces exemples ont contribué à une meilleure connaissance des mécanismes qui distinguent les cellules selon leurs situations au cours du développement (voir p. 927).

Les techniques d'ADN recombinant permettent aussi l'étude des protéines mineures d'une cellule [48]

Jusque dans un passé récent, on ne pouvait facilement étudier que les protéines relativement abondantes dans la cellule. En partant de quelques centaines de grammes de cellules, une protéine majeure — représentant 1 p. cent ou plus des protéines cellulaires totales — peut être purifiée, par chromatographies successives, jusqu'à donner peut-être 0,1 g (100 mg) de protéine pure. Cette quantité de protéine est suffisante pour une détermination classique de séquence des acides aminés, pour une analyse détaillée de son activité biologique (si elle est connue) et pour la production d'anticorps, qui peuvent ensuite servir à localiser la protéine dans la cellule. En outre, si l'on peut fabriquer des cristaux convenables (un travail habituellement difficile), la structure tridimensionnelle de la protéine peut être analysée en cristallographie par diffraction des rayons X. C'est de cette façon qu'ont été analysées la structure et la fonction de nombreuses protéines abondantes, dont l'hémoglobine, la trypsine, l'immunoglobuline et le lysozyme.

Mais l'immense majorité des milliers de protéines différentes d'une cellule eucaryote, dont un grand nombre ont des fonctions d'une importance décisive, ne sont présentes qu'en très petites quantités. Pour la plupart d'entre elles, il est extrêmement difficile, sinon impossible, d'obtenir plus de quelques microgrammes de matériel pur. Une des contributions les plus importantes du clonage de l'ADN et du génie génétique à la biologie cellulaire est d'avoir permis de fabriquer n'importe quelle protéine de la cellule, y compris les protéines mineures, en grandes quantités. Ceci est réalisé en clonant tout d'abord le gène de la protéine à laquelle on s'intéresse, puis en l'insérant dans un plasmide particulier, appelé *vecteur d'expression*. Ce vecteur est manipulé de telle façon que, lors de son introduction dans un type approprié de bactérie, de levure, ou de cellule de mammifère, le gène inséré dirige la synthèse de très grandes quantités de la protéine intéressante (voir p. 265). En principe, il est donc possible d'accéder à toutes les protéines pour les types d'études structurales et fonctionnelles détaillées qui n'étaient possibles, auparavant, que pour un très petit nombre d'entre elles.

La meilleure connaissance de la fonction d'un gène est apportée par les organismes mutants [49]

Supposons que l'on ait cloné un gène qui code pour une protéine nouvellement découverte. Comment peut-on découvrir ce que fait la protéine dans la cellule ? C'est devenu un problème courant en biologie cellulaire et c'est un problème étonnamment difficile à résoudre, puisque ni la structure tridimensionnelle de la protéine, ni la séquence nucléotidique complète de son gène ne suffisent habituellement pour en déduire sa fonction. De plus, de nombreuses protéines — comme celles qui jouent un rôle structural dans la cellule ou qui font normalement une

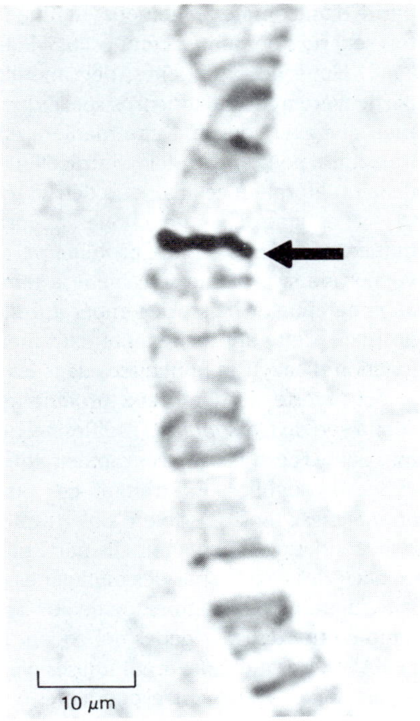

Figure 4-74 Localisation d'un gène de la *Drosophile* par hybridation *in situ* d'une sonde d'ADN clonée biotinylée avec des chromosomes polyténiques de *Drosophile*. L'ADN de ce chromosome d'une taille inhabituelle (voir p. 508) a été partiellement dénaturé pour permettre son hybridation avec la sonde. Après hybridation et lavage, l'emplacement de la sonde liée est repéré par traitement du chromosome avec un réseau formé par conjugaison de la peroxydase de raifort et de la streptavidine (voir Figure 4-58B). La peroxydase est mise en évidence par le produit noir insoluble déposé lorsque les chromosomes traités sont incubés avec du peroxyde d'hydrogène et une molécule réactive de colorant. (Avec l'autorisation de Todd Laverty et Gerald Rubin.)

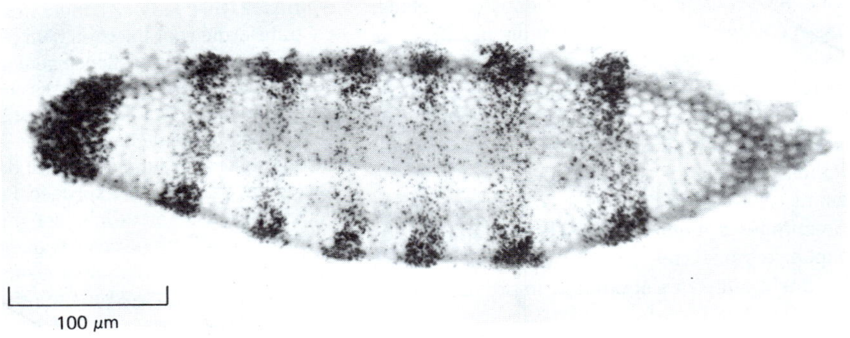

Figure 4-75 Autoradiographie d'une coupe d'un très jeune embryon de *Drosophile* qui a subi une hybridation *in situ* avec une sonde d'ADN radioactive complémentaire d'un gène impliqué dans le développement des segments. La sonde a été hybridée à l'ARN dans l'embryon, et la distribution des grains d'argent noircis montre que l'ARN fabriqué par le gène (appelé *ftz*) est localisé dans des bandes alternées qui correspondent à trois ou quatre grandes cellules dans la largeur de l'embryon. A ce stade du développement (blastoderme cellulaire), l'embryon contient environ 6 000 cellules. (D'après E. Hafen, A. Kuriowa et W.J. Gehring, *Cell* 37 : 833-841, 1984.)

partie d'un complexe multienzymatique important — n'auront aucune activité détectable une fois séparées des autres composants de l'unité fonctionnelle.

L'une des approches, déjà mentionnée (voir p. 180), consiste à inactiver la protéine particulière avec un anticorps spécifique et à observer la façon dont les cellules sont affectées. Bien que ceci constitue une manière efficace de tester la fonction d'une protéine, l'effet est transitoire pour une protéine intracellulaire, car l'anticorps injecté est finalement dilué au cours de la prolifération cellulaire ou détruit par dégradation intracellulaire.

Les approches génétiques apportent une solution plus efficace à ce problème. Des mutants déficients en une protéine particulière ou, ce qui est plus utile, qui synthétisent une version de la protéine sensible à la température (une forme qui est inactivée par une petite augmentation ou baisse de température), peuvent rapidement révéler la fonction de la molécule normale. Cette approche a été extrêmement utile, par exemple, pour la démonstration de la fonction d'enzymes impliquées dans les principales voies métaboliques des bactéries, et pour la découverte de nombreux produits géniques responsables du développement normal de l'embryon de *Drosophile*. Traditionnellement, elle a été principalement appliquée aux organismes qui se reproduisent très rapidement — tels que les bactéries, les levures, les vers nématodes et les drosophiles. En traitant ces organismes avec des agents qui modifient leur ADN (*mutagènes*), il est possible d'isoler rapidement un très grand nombre de mutants puis de les sélectionner pour une anomalie particulière. Par exemple, en cherchant parmi des populations de bactéries traitées par des mutagènes, des cellules qui cessent de fabriquer de l'ADN lorsque la température est augmentée de 30 °C à 42 °C, on a isolé de nombreux mutants sensibles à la température dans les gènes qui codent les protéines bactériennes nécessaires à la réplication de l'ADN. Ces mutants furent utilisés plus tard pour identifier et caractériser les protéines de la réplication de l'ADN correspondantes (voir p. 238).

Les êtres humains ne se reproduisent pas rapidement et ne sont jamais traités intentionnellement avec des mutagènes. De plus, tout être humain présentant une grave anomalie dans un processus essentiel, comme la réplication de l'ADN, mourrait longtemps avant la naissance. Cependant, de nombreuses mutations compatibles avec la vie — par exemple, des anomalies spécifiques d'un type tissulaire dans des lysosomes ou des récepteurs cellulaires de surface — sont apparues spontanément dans la population humaine. L'analyse des phénotypes des individus ainsi que des études de leurs cellules en culture, ont fourni de nombreux renseignements exceptionnels sur des fonctions cellulaires importantes (voir, par exemple, p. 329 et p. 464). Bien que de tels mutants soient extrêmement rares, ils sont identifiés avec beaucoup d'efficacité grâce à une propriété humaine unique : les individus mutants attirent l'attention en demandant des soins médicaux spéciaux.

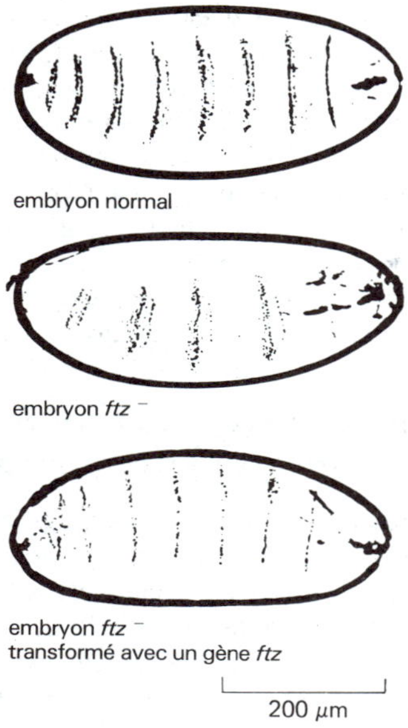

Figure 4-76 Comparaison d'une larve normale de *Drosophile* et de deux larves mutantes qui contiennent des gènes *ftz* anormaux. Une des larves mutantes (ftz^-) a été transformée par injection d'un clone d'ADN contenant la séquence génique *ftz* normale dans l'œuf de l'un de ses ancêtres. Cette séquence d'ADN ajoutée s'est intégrée de façon permanente dans l'un des chromosomes de la mouche et est donc fidèlement transmise et exprimée. Le gène ftz^- est nécessaire au développement normal, et l'addition de ce gène au génome restaure les segments larvaires qui manquent dans l'organisme ftz^-. (Avec l'autorisation de Walter Gehring.)

Des cellules et des organismes contenant des gènes modifiés peuvent être fabriqués à la demande [50]

Bien qu'il n'y ait souvent aucune difficulté à obtenir des mutants déficients en un processus particulier, comme la réplication de l'ADN ou le développement de l'œil, remonter de l'anomalie à la protéine particulière qui est modifiée peut prendre plusieurs années. Récemment, la technologie de l'ADN recombinant a permis un type différent d'approche génétique, dans laquelle on part d'une protéine et on crée une cellule ou un organisme mutant dans lequel cette protéine (ou son expression) est anormale. Puisque cette nouvelle approche inverse la direction traditionnelle de l'analyse génétique, du gène vers la protéine, on lui donne couramment le nom de *génétique inverse*.

La **génétique inverse** commence avec une protéine dont les propriétés sont intéressantes et qui a été isolée à partir d'une cellule. Par des méthodes qui seront décrites dans le Chapitre 5 (p. 258), le gène codant la protéine est cloné et sa séquence nucléotidique est déterminée ; cette séquence est ensuite modifiée par des moyens biochimiques afin de créer un gène mutant qui code une version modifiée de la protéine. Le gène mutant est transféré dans une cellule, où il peut s'intégrer dans un chromosome par recombinaison génétique (voir p. 239) pour devenir un élément permanent du génome de la cellule. Si le gène est exprimé, la cellule et toute sa descendance synthétiseront alors une protéine modifiée. Si la cellule d'origine utilisée pour le transfert du gène est un œuf fécondé, on peut obtenir des organismes multicellulaires complets qui contiennent le gène mutant, et certains de ces **organismes transgéniques** transmettront le gène à leur progéniture en tant qu'élément permanent de leur lignée germinale. De telles *transformations génétiques* sont maintenant réalisées en routine avec des organismes aussi complexes que des drosophiles et des mammifères (Figure 4-76). Techniquement, les êtres humains eux-mêmes pourraient maintenant être transformés de cette façon, bien que de telles expérimentations ne soient pas réalisées par crainte des anomalies imprévisibles qui pourraient se produire dans de tels individus.

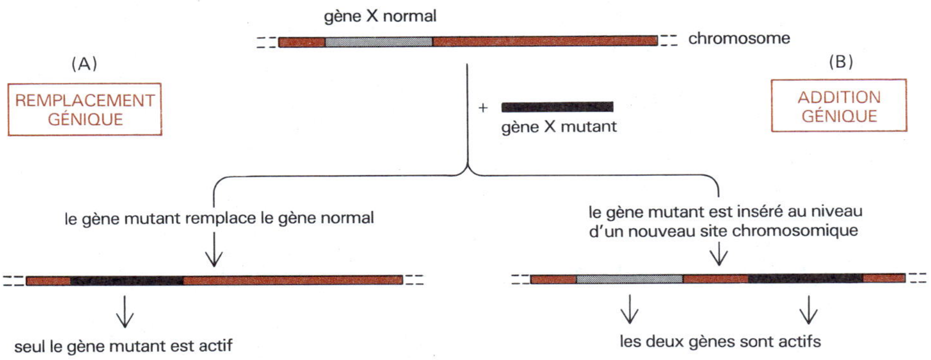

Figure 4-77 Un gène dont la séquence nucléotidique a été modifiée peut être réinséré dans les chromosomes d'un organisme. Chez les bactéries et les levures, il est possible de sélectionner des mutants qui ont subi un *remplacement* génique, dans lequel un événement de recombinaison génétique insère le gène mutant à la place du gène normal ; dans ce cas-là seulement, le gène mutant reste dans la cellule. Chez les eucaryotes supérieurs, l'*addition* d'un gène se produit généralement à la place du remplacement d'un gène. La cellule ou l'organisme transformé contient alors le gène muté en plus du gène normal. On s'attend à ce que les remplacements géniques soient rares dans les organismes qui contiennent de grandes quantités d'ADN, puisque le gène mutant doit s'apparier avec le gène normal et le remplacer par recombinaison génétique, malgré un excédent gigantesque d'autres séquences d'ADN.

Des gènes manipulés codant un ARN antisens peuvent créer des mutations dominantes spécifiques [51]

Dans les cellules de bactéries et de levures qui sont généralement haploïdes, un gène mutant introduit artificiellement se recombinera avec le gène normal assez souvent pour permettre de sélectionner des cellules dans lesquelles le gène mutant a remplacé la copie unique du gène normal (Figure 4-77 A). De cette façon, on peut fabriquer à la demande des cellules qui ne produisent une protéine spécifique que sous sa forme mutante. La fonction de la protéine normale peut être habituellement déterminée à partir du phénotype de telles cellules. Chez les eucaryotes supérieurs, comme les mammifères ou les drosophiles, il n'y a encore aucune méthode disponible pour remplacer un gène normal par l'insertion d'un gène mutant cloné avec une fiabilité suffisante. Généralement, les transformations génétiques dans ces organismes conduisent plutôt à l'insertion du gène cloné à une place aléatoire dans le génome, de sorte que la cellule (ou l'organisme) se retrouve avec le gène muté en plus de ses copies de gènes normaux (Figure 4-77 B).

Il serait extrêmement utile de pouvoir créer des mutations spécifiques *dominantes* dans les cellules des eucaryotes supérieurs par insertion artificielle d'un gène mutant qui supprimerait l'activité de ses analogues normaux dans la cellule. Une approche ingénieuse et prometteuse exploite la spécificité des réactions d'hybridation entre deux chaînes d'acides nucléiques complémentaires pour atteindre ce but. Normalement, un seul des deux brins d'ADN d'une région donnée de la double hélice est transcrit en ARN, et c'est toujours le même brin pour un gène donné. Si un gène cloné est manipulé de telle façon que seul le brin d'ADN opposé soit transcrit, le résultat sera un **ARN antisens** présentant une séquence complémentaire des transcrits normaux. L'ARN antisens, lorsqu'il est synthétisé en quantités suffisantes, s'hybridera souvent avec l'ARN « sens » fabriqué par les gènes normaux, et inhibera ainsi la synthèse de la protéine correspondante (Figure 4-78).

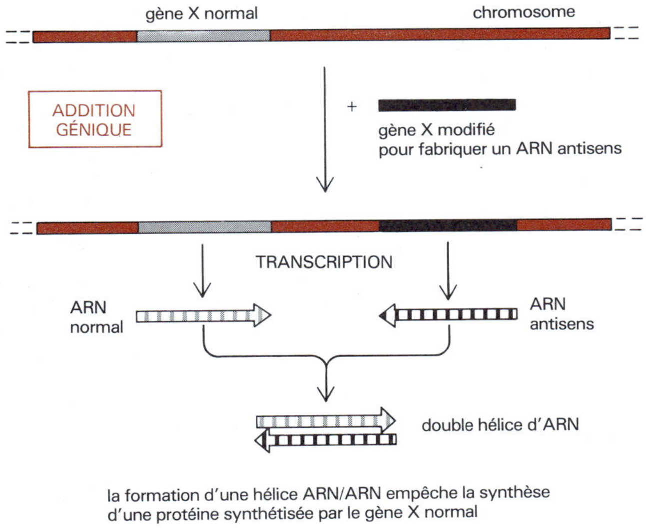

Figure 4-78 La stratégie de l'ARN antisens pour créer des mutations dominantes. Comme le montre la figure, des gènes mutants qui ont été manipulés pour produire de l'ARN dont la séquence est complémentaire de celle de l'ARN fabriqué par le gène normal peuvent entraîner la formation d'ARN bicaténaire à l'intérieur des cellules. Si un important excédent d'ARN antisens est produit, il peut s'hybrider avec — et donc inactiver — la majorité de l'ARN normal produit par le gène X. Dans le futur, il sera peut-être possible d'inactiver n'importe quel gène de cette façon. Actuellement, la technique semble « marcher » pour certains gènes mais pas pour d'autres.

Si une protéine est nécessaire à la survie de la cellule (ou de l'organisme), les mutants dominants qui viennent d'être décrits mourront, et l'analyse de la fonction de la protéine deviendra impossible. Afin d'éviter ce problème, on peut manipuler un gène de façon à ce qu'il ne produise de l'ARN antisens que sur commande — par exemple en réponse à une augmentation de température ou à la présence d'une molécule signal spécifique. Les cellules ou les organismes qui contiennent un tel gène antisens *inductible* peuvent être privés de la protéine spécifique à un moment particulier et le résultat de cette suppression peut alors être suivi. Bien qu'il reste encore à résoudre quelques problèmes techniques, il est vraisemblable que cette technique de production de mutations dominantes pour inactiver des gènes sera largement utilisée dans le futur pour déterminer les fonctions des protéines dans les organismes supérieurs.

Résumé

La technologie de l'ADN recombinant a révolutionné l'étude de la cellule. N'importe quelle région de l'ADN cellulaire peut maintenant être excisée avec des nucléases de restriction et insérée dans un élément génétique qui s'autoréplique (un plasmide ou un virus) pour produire un « clone d'ADN génomique ». Une autre possibilité consiste à utiliser une copie d'ADN de n'importe quelle molécule d'ARNm pour produire un « clone d'ADNc » On peut alors obtenir des quantités illimitées d'une molécule d'ADN hautement purifiée et déterminer sa séquence nucléotidique à une vitesse qui atteint des centaines de nucléotides par jour, révélant la séquence en acides aminés de la protéine pour laquelle elle code. Les techniques du génie génétique peuvent alors être utilisées pour créer un gène mutant et l'insérer dans le chromosome d'une cellule, de façon à ce qu'il devienne une partie permanente du génome. Si la cellule utilisée pour ce transfert génique est un œuf fécondé, on peut alors créer des organismes transgéniques qui expriment le gène mutant et le transmettent à leur descendance. Le pouvoir qu'une telle technologie donne à l'expérimentateur pour modifier les cellules de façons très spécifiques — permettant de déceler l'effet, sur la cellule, d'un changement dans une seule protéine qui a été mutée intentionnellement par des techniques de « génétique inverse » — est d'une importance capitale en biologie cellulaire.

Les conséquences de la technologie de l'ADN recombinant sont d'une portée considérable d'autres façons également. Les bactéries, les levures ou les cellules de mammifères peuvent être modifiées par génie génétique pour synthétiser en grandes quantités n'importe quelle protéine voulue permettant l'analyse détaillée de la structure et de la fonction de la protéine, ou son emploi à des fins médicales sous forme de vaccin ou de médicament. De plus, des sondes d'ADN hautement spécifiques qui sont facilement obtenues par le biais de réactions d'hybridation des acides nucléiques permettent de déterminer le mode spatial de l'expression génique dans un tissu, la localisation de gènes sur les chromosomes, et la découverte de gènes aux fonctions apparentées dans une famille de gènes.

Bibliographie

Ouvrages généraux

Cantor C.R. ; Schimmel, P.R. Biophysical Chemistry, 3 vols. New York : W.H. Freeman, 1980. (Un exposé compréhensible des principes physiques qui sous-tendent de nombreuses techniques biochimiques et biophysiques).

Freifelder, D. Physical Biochemistry, 2nd ed. New York : W.H. Freeman, 1982.

Van Holde, K.E. Physical Biochemistry, 2nd ed. Englewood, NJ : Prentice-Hall, 1985.

Articles cités

1. Bradbury, S. An introduction to the Optical Microscope. Oxford, U.K. : Oxford University Press, 1984.
   Fawcett, D.W. A Textbook of Histology, 11th ed. Philadelphia : Saunders, 1986.
2. Spencer, M. Fundamentals of Light Microscopy. Cambridge, U.K. : Cambridge University Press, 1982.
3. Boon, M.E. ; Drijver, J.S. Routine Cytological Staining Methods. London : Macmillan, 1986.
4. Ploem, J.S. ; Tanke, H.J. Introduction to Fluorescence Microscopy. Royal Microscopical Society Microscopy Handbook No. 10. Oxford, U.K. : Oxford Scientific Publications, 1987.
   Willingham, M.C. ; Pastan, I. An Atlas of Immunofluorescence in Cultured Cells. Orlando, FL : Academic, 1985.
5. Allen, R.D. New observations on cell architecture and dynamics by video-enhanced contrast optical microscopy. *Annu. Rev. Biophys. Biophys Chem.* 14 : 265-290, 1985.
   Inoué, S. Video Microscopy. New York : Plenum Press, 1986.
6. Pease, D.C. ; Porter, K.R. Electron Microscopy and ultramicrotomy. *J. Cell Biol.* 91:287s-292s, 1981.
7. Wischnitzer, S. Introduction to Electron Microscopy. 3rd ed. Elmsford, NY : Pergammon, 1981.
8. Everhart, T.E. ; Hayes, T.L. The scanning electron microscope. *Sci. Am.* 226(1):54-69, 1972.
   Hayat, M.A. Introduction to Biological Scanning Electron Microscopy. Baltimore : University Park Press, 1978.
   Kessel, R.G. ; Kardon, R.H. Tissues and Organs. New York : W.H. Freeman, 1979. (Un atlas des tissus des vertébrés observés en microscopie électronique à balayage.)
9. Sommerville, J. ; Scheer, U., eds. Electron Microscopy in Molecular Biology : A Practical Approach. Washington, D.C. : IRL Press, 1987.
10. Heuser, J. Quick-freeze, deep-etch preparation of samples for 3-D electron microscopy. *Trends Biochem. Sci.* 6:64-68, 1981.

Pinto da Silva, P. ; Branton, D. Membrane splitting in freeze-etching. *J. Cell Biol.* 45:598-605, 1970.

11. Chiu, W. Electron microscopy of frozen, hydrated specimens. *Annu. Rev. Biophys. Biophys. Chem.* 15:237-257, 1986.

Unwin, P.N.T. ; Henderson, R. Molecular structure determination by electron microscopy of unstained crystalline specimens. *J. Mol. Biol.* 94:425-440, 1975.

12. Glusker, J.P. ; Trueblood, K.N. Crystal Structure Analysis : A Primer. Oxford, U.K. : Oxford University Press, 1985.

13. Alzari, P.M. ; Lascombe, M.B. ; Poljak, R.J. Three-dimensional structure of antibodies. *Annu. Rev. Immunol.* 6:555-580, 1988.

Kendrew, J.C. The three-dimensional structure of a protein molecule. *Sci. Am.* 205(6):96-111, 1961.

Perutz, M.F. The hemoglobin molecule. *Sci. Am.* 211(5):64-76, 1964.

14. Cooke, R.M. ; Cambell, I.D. Protein structure determination by NMR. *Bioessays* 8:52-56, 1988.

Schulman, R.G. NMR spectroscopy of living cells. *Sci. Am.* 248(1):86-93, 1983.

Wüthrich, K. ; Wagner, G. Internal dynamics of proteins. *Trends Biochem. Sci.* 9:152-154, 1984.

15. Ammann, D. Ion Selective Microelectrodes : Principles, Design and Application. Berlin : Springer-Verlag, 1986.

Auerbach, A. ; Sachs, F. Patch clamp studies of single ionic channels. *Annu. Rev. Biophys. Bioeng.* 13:269-302, 1984.

16. Grynkiewicz, G. ; Poenie, M. ; Tsien, R.Y. A new generation of Ca^{2+} indicators with greatly improved fluorescence properties. *J. Biol. Chem.* 260:3440-3450, 1985.

Tsien, R.Y. ; Poenie, M. Fluorescence ratio imaging : a new window into intracellular ionic signalling. *Trends Biochem. Sci.* 11:450, 1986.

17. Celis, J.E. ; Graessmann, A. ; Logter, A., eds. Microinjection and Organelle Transplantation Techniques. London : Academic Press, 1986.

Gomperts, B.D. ; Fernandez, J.M. Techniques for membrane permeabilization. *Trends Biochem. Sci.* 10 : 414-417, 1985.

Ostro, Marc J. Liposomes. *Sci. Am.* 256(1) : 102-111, 1987.

Ureta, T. ; Radojkovic, J. Microinjected frog oocytes. *Bioessays* 2:221-225, 1985.

18. Freshney, R.I. Culture of Animal Cells : A Manual of Basic Technique. New York : Liss, 1987.

19. Herzenberg, L.A. ; Sweet, R.G. ; Herzenberg, L.A. Fluorescence-activated cell sorting. *Sci. Am.*234(3):108-116, 1976.

Kamarck, M.E. Fluorescence-activated cell sorting of hybrid and transfected cells. *Methods Enzymol.* 151:150-165, 1987.

Nolan, G.P. ; Fiering, S. ; Nicolas, J.F. ; Herzenberg, L.A. Fluorescence-activated cell analysis and sorting of viable mammalian cells based on beta-D-galactosidase activity after transduction of *E. coli lac Z. Proc. Nat. Acad. Sci. USA.* 85:2603-2607, 1988.

20. Harrison, R.G. The outgrowth of the nerve fiber as a mode of protoplasmic movement. *J. Exp. Zool.* 9:787-848, 1910. (Possibly the first use of tissue culture.)

21. Ham, R.G. Clonal growth of mammalian cells in a chemically defined, synthetic medium. *PNAS* 53:288-293, 1965.

Loo, D.T. ; Fuquay, J.I. ; Rawson, C.L. ; Barnes, D.W. Extended culture of mouse embryo cells without senescence : inhibition by serum. *Science* 236:200-202, 1987.

Sirabasku, D.A. ; Pardee, A.B. ; Sato, G.H., eds. Growth of Cells in Hormonally Defined Media. Cold Spring Harbor, NY : Cold Spring Harbor Laboratory, 1982.

22. Ruddle, F.H. ; Creagan, R.P. Parasexual approaches to the genetics of man. *Annu. Rev. Genet.* 9:407-486, 1975.

23. Colowick, S.P. ; Kaplin, N.O., eds. Methods in Enzymology, Vols. 1-.... San Diego, CA : Academic Press, 1955-1988. (Une série en plusieurs volumes contenant des articles généraux et spécifiques sur de nombreuses techniques.)

Cooper, T.G. The tools of Biochemistry. New York : Wiley, 1977.

Scopes, R.K. Protein Purification Principles and Practice, 2nd ed. New York : Springer-Verlag, 1987.

24. Claude, A. The coming of age of the cell. *Science* 189:433-435, 1975.

deDuve, C. Beaufay, H. A short history of tissue fractionation. *J. Cell Biol.* 91:293s-299s, 1981.

Meselson, M. ; Stahl, F.W. The replication of DNA in *Escherichia coli. Proc. Natl. Acad. Sci. USA* 47:671-682, 1958. (La centrifugation en gradient de densité fut employée pour démontrer le caractère semi-conservatif de la réplication de l'ADN.)

Palade, G. Intracellular aspects of the process of protein synthesis *Science* 189:347-358, 1975.

Sheeler, P. Centrifugation in Biology and Medical Science. New York : Wiley, 1981.

25. Morré, D.J. ; Howell, K.E. ; Cook, G.M.W. ; Evans, W.H., eds. - Cell Free Analysis of Membrane Traffic. New York : Liss, 1986.

Nirenberg, N.W. ; Matthaei, J.H. The dependence of cell free protein synthesis in *E. coli* on naturally occurring or synethetic polyribonucleotides. *Proc. Natl. Acad. Sci. USA* 47:1588-1602, 1961.

Racker, E. A New look at Mechanisms in Bioenergetics. New York : Academic Press, 1976. (Les systèmes acellulaires dans l'étude du métabolisme énergétique).

Zamecnik, P.C. An historical account of protein synthesis with current overtones—a personalized view. *Cold Spring Harbor Symp. Quant. Biol.* 34:1-16,1969.

26. Dean, P.D.G. ; Johnson, W.S. ; Middle, F.A. Affinity Chromatography : A Practical Approach. Arlington, VA : IRL Press, 1985.

Gilbert, M.T. High Performance Liquid Chromatography. Littleton, MA. : John Wright-PSG, 1987.

27. Andrews, A.T. Electrophoresis, 2nd ed. Oxford, U.K. : Clarendon Press, 1986.

Laemmli, U.K. Cleavage of the structural proteins during the assembly of the head of bacteriophage T4. *Nature* 227:680-685, 1970.

28. Celis, J.E. ; Bravo, R., eds. Two-Dimensional Gel Electrophoresis of Proteins. New York : Academic Press, 1983.

O'Farrell, P.H. High-resolution two-dimensional electrophoresis of proteins. *J. Biol. Chem.* 250:4007-4021, 1975.

29. Cleveland, D.W. ; Fisher, S.G. ; Kirschner, M.W. ; Laemmli, U.K. Peptide mapping by limited proteolysis in sodium dodecyl sulfate and analysis by gel electrophoresis. *J. Biol. Chem.* 252:1102-1106, 1977.

Ingram, V.M. A specific chemical difference between the globins of normal human and sickle-cell anemia hemoglobin. *Nature* 178:792-794, 1956.

30. Edman, P. ; Begg, G. A protein sequenator. *Eur. J. Biochem.* 1:80-91, 1967. (Première détermination automatisée de séquences.)

Hewick, R.M. ; Hunkapiller, M.W. ; Hood, L.E. ; Dreyer, W.J. A gas-liquid-solid phase peptide and protein sequenator. *J. Biol. Chem.* 256:7990-7997, 1981.

Sanger, F. The arrangement of amino acids in proteins. *Adv. Protein Chem.* 7:1-67, 1952.

Walsch, K.A. ; Ericsson, L.H. ; Parmelee, D.C. ; Titani, K. Advances in protein sequencing. *Annu. Rev. Biochem.* 50:261-284, 1981.

31. Chase, G.D. ; Rabinowitz, J.L. Principles of Radio Isotope Methodology, 2nd ed. Minneapolis : Burgess, 1962.

Dyson, N.A. An introduction to Nuclear Physics with Applications in Medicine and Biology. Chichester, U.K. : Horwood, 1981.

32. Calvin, M. The path of carbon in photosynthesis. *Science*

135:879-889, 1962. (Une des premières utilisations des radio-isotopes en biologie.)

Rogers, A.W. Techniques of Autoradiography, 3rd ed. New York : Elsevier/ North Holland, 1979.

33. Anderton, B.H. ; Thorpe, R.C. New methods of analyzing for antigens and glycoproteins in complex mixtures. *Immunol. Today* 2:122-127, 1980.

Coons, A.H. Histochemistry with labeled antibody. *Int. Rev. Cytol.* 5:1-23, 1956.

34. Milstein, C. Monoclonal antibodies : *Sci. Am.* 243(4):66-74, 1980.

Yelton, D.E. ; Scharff, M.D. Monoclonal antibodies : a powerful new tool in biology and medicine. *Annu. Rev. Biochem.* 50:657-680, 1981.

35. Mabuchi, I. ; Okuno, M. The effect of myosin antibody on the division of starfish blastomeres. *J. Cell Biol.* 74:251-263, 1977.

Mulcahy, L.S. ; Smith, M.R. ; Stacey, D.W. Requirement for ras proto-oncogene function during serum stimulated growth of NIH 3T3 cells. *Nature* 313:241-243, 1985.

36. Drlica, K. Understanding DNA and Gene Cloning. New York : Wiley, 1984.

Sambrook, J. ; Fritsch, E.F. ; Maniatis, T. Molecular Cloning : A Laboratory Manual, 2nd ed. Cold Spring Harbor, NY : Cold Spring Harbor Laboratory, 1989.

Watson, J.D. ; Tooze, J. The DNA Story : A Documentary History of Gene Cloning. New York : W.H. Freeman, 1981.

Watson, J.D. ; Tooze, J. ; Kurtz, D.T. Recombinant DNA : A Short Course. New York : W.H. Freeman, 1983.

37. Garoff, H. Using recombinant DNA techniques to study protein targeting in the eucaryotic cell. *Annu. Rev. Cell Biol.* 1:403-445, 1985.

Jackson, Ian J. The real reverse genetics : targeted mutagenesis in the mouse. *Trends Genet.* 3:119, 1987.

Kelly, J.H. ; Darlington, G.J. Hybrid genes : molecular approaches to tissue-specific gene regulation. *Annu. Rev. Genet.* 19:273-296, 1985.

38. Nathans, D. ; Smith, H.O. Restriction endonucleases in the analysis and restructuring of DNA molecules. *Annu. Rev. Biochem.* 44:273-293, 1975.

Smith, H.O. Nucleotide sequence specificity of restriction endonucleases. *Sciences* 205:455-462, 1979.

39. Cohen, S.N. The manipulation of genes. *Sci. Am.* 233(1):24-33, 1975.

Maniatis, T. ; et al. The isolation of structural genes from libraries of eucaryotic DNA. *Cell* 15:687-701, 1978.

Novick, R.P. Plasmids. *Sci. Am.* 243(6):102-127, 1980.

40. Cantor, C.R. ; Smith, C.L. ; Mathew, M.K. Pulsed-field gel electrophoresis of very large DNA molecules. *Annu. Rev. Biophys. Biophys. Chem.* 17:287-304, 1988.

Maxam, A.M. ; Gilbert, W. A new method of sequencing DNA. *Proc. Natl. Acad. Sci. USA* 74:560-564, 1977.

Southern, E.M. Gel electrophoresis of restriction fragments. *Methods Enzymol.* 68:152-176, 1979.

41. Rigby, P.W. ; Dieckmann, M. ; Rhodes, C. ; Berg, P. Labeling deoxyribonucleic acid to high specific acitivity *in vitro* by nick translation with DNA polymerase I. *J. Mol. Biol.* 113:237-251, 1977.

42. Galas, D.J. ; Schmitz, A. DNAse footprinting : a simple method for the detection of protein-DNA binding specificity. *Nucleic Acids Res.* 5:3157-3170, 1978.

Gilbert, W. DNA sequencing and gene structure. *Science* 214:1305-1312, 1981.

Prober, J.M. ; et al. A system for rapid DNA sequencing with fluorescent chain terminating dideoxynucleotides. *Science* 238:336-341, 1987.

Sanger, F. Determinating of nucleotide sequences in DNA. *Science* 214:1205-1210, 1981.

Tullius, T.D. Chemical "snapshots" of DNA : using the hydroxyl radical to study the structure of DNA and DNA protein complexes. *Trends Biochem. Sci.* 12:297-300, 1987.

43. Berk, A.J. ; Sharp, P.A. Sizing and mapping of early adenovirus mRNAS by gel electrophoresis of S1 endonuclease digested hybrids. *Cell* 12:721-732, 1977.

Hood, L.E. ; Wilson, J.H. ; Wood, W.B. Molecular Biology of Eucaryotic Cells : A Problems Approach, pp. 56-61, 192-210. Menlo Park, CA : Benjamin-Cummings, 1975.

Wetmer, J.G. Hybridization and renaturation kinetics of nucleic acids. *Annu. Rev. Biophys. Bioeng.* 5:337-361, 1976.

44. Alwine, J.C. ; Kemp, D.J. ; Stark, G.R. A method for detection of specific RNAs in agarose gels by transfer to diazobenzyloxymethyl-paper and hybridization with DNA probes. *Proc. Natl. Acad. Sci. USA* 74:5350-5354, 1977.

Southern, E.M. Detection of specific sequences among DNA fragments separated by gel electrophoresis. *J. Mol. Biol.* 98:503-517, 1975.

45. Itakura, K. ; Rossi, J.J., Wallace, R.B. Synthesis and use of synthetic oligonucleotides. *Annu. Rev. Biochem.* 53:323-356, 1984.

Ruddle, F.H. A new era in mammalian gene mapping : somatic cell genetics and recombinant DNA methodologies *Nature* 294:115-119, 1981.

White, R. ; Lalovel, J.M. Chromosome mapping with DNA markers. *Sci. Am.* 258(2):40-48, 1988.

46. McGinnis, W. ; Garber, R.L. ; Wirz, J. ; Kuroiwa, A. ; Ghering, W.J. A homologous protein-coding sequence in *Drosophila* homeotic genes and its conservation in other metazoans. *Cell* 37:403-408, 1984.

47. Gerhard, D.S. ; Kawasaki, E.S. ; Bancroft, F.C. ; Szabo, P. Localization of a unique gene by direct hybridization. *Proc. Natl. Acad. Sci. USA* 78:3755-3759, 1981.

Huten, E. ; Kuroiwa, A. ; Gehring, W.J. Spatial distribution of transcripts from the segmentation gene *fushi tarazu* during *Drosophila* embryonic development. *Cell* 37:833-841, 1984.

Pardue, M.L. ; Gall, J.G. Molecular hybridization of radioactive DNA to the DNA of cytological preparations. *Proc. Natl. Acad. Sci. USA* 64:600-604, 1969.

48. Abelson, J. ; Butz, E., eds. Recombinant DNA. *Science* 209:1317-1438, 1980.

Gilbert, W. ; Villa-Komaroff, L. Useful proteins from recombinant bacteria. *Sci. Am.* 242(4):74-94, 1980.

49. Lederberg, J. ; Lederberg, E.M. Replica plating and indirect selection of bacterial mutants. *J. Bacteriol.* 63:399-406, 1952.

Nüsslein-Volhard, C. ; Wieschaus, E. Mutations affecting segment number and polarity in *Drosophila. Nature* 287:795-801, 1980.

50. Palmiter, R.D. ; Brinster, R.L. Germ line transformation of mice. *Annu. Rev. Genet.* 20:465-499, 1986.

Pellicer, A. ; et al. Altering genotype and phenotype by DNA-mediated gene transfer. *Science* 209:1414-1422, 1980.

Rubin, G.M. ; Spradling, A.C. Genetic transformation of *Drosophila* with transposable element vectors. *Science* 218:348-353, 1982.

Shortle, D. ; Nathans, D. Local mutagenesis ; a method for generating viral mutants with base substitutions in preselected regions of the viral genome. *Proc. Natl. Acad. Sci. USA* 75:2170-2174, 1978.

Struhl, K. The new yeast genetics. *Nature* 305:391-397, 1983.

51. Melton, D.A. ; Rebagliati, M.R. Antisense RNA injections in fertilized eggs as a test for the function of localized mRNAs. *J. Embryol. Exp. Morphol.* 97:211-221, 1986.

Rosenberg, V.B. ; Preiss, A. ; Seifert, E. ; Jäckle, H. ; Knipple, D.C. Production of phenocopies by Krüppel anti-sense RNA injection into *Drosophila* embryos. *Nature* 313:703-706, 1985.

Weintraub, H. ; Izant, J.G. ; Harland, R.M. Anti-sense RNA as a molecular tool for genetic analysis. *Trends Genet.* 1:22-25, 1985.

L'organisation moléculaire des cellules

II

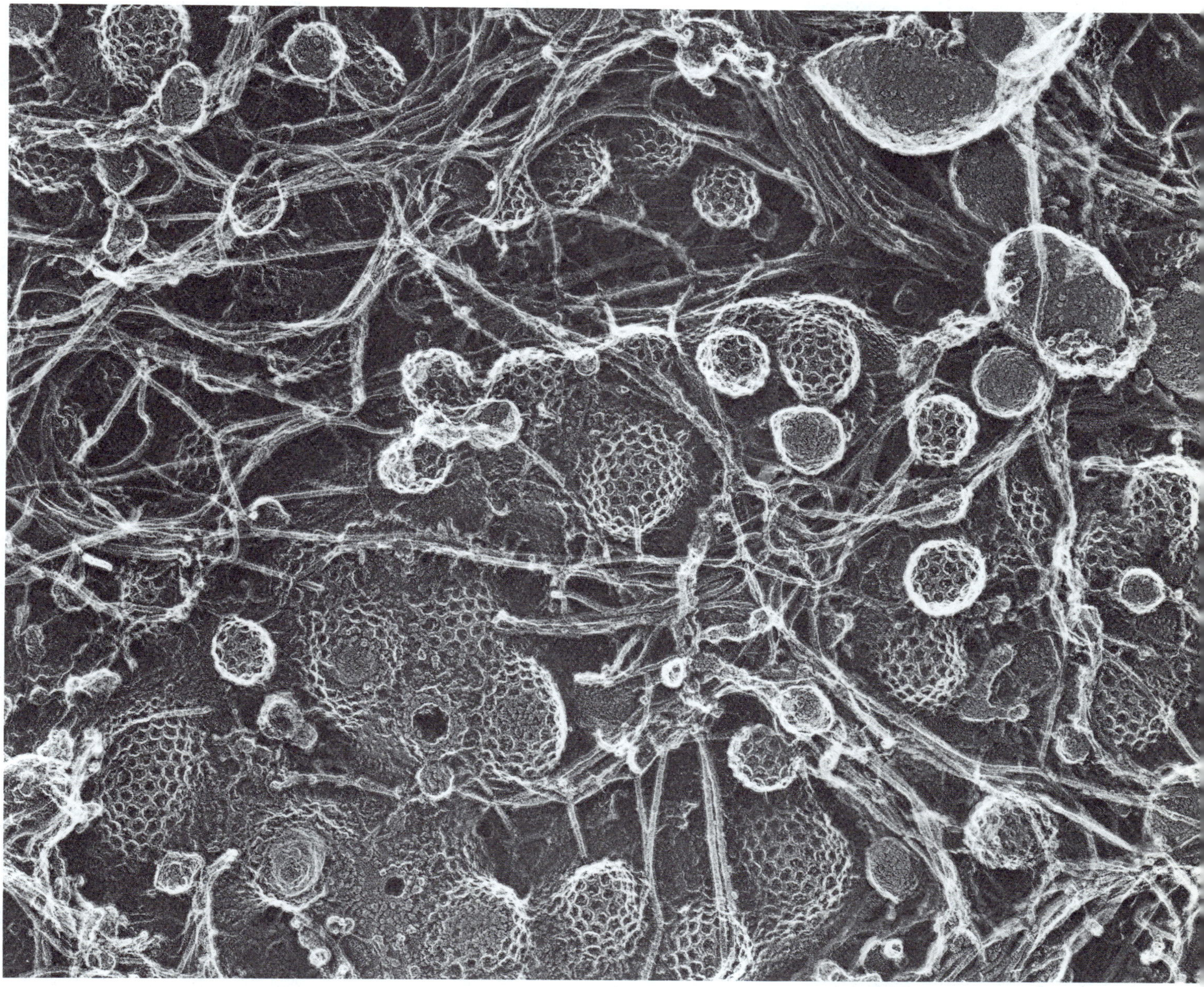

Micrographie électronique de puits et vésicules recouverts sur la face interne de la membrane plasmique d'une cellule hépatique de souris. De nombreux filaments de kératine sont également visibles. (D'après N. Hirokawa et J. Heuser, *Cell* 30:395-406, 1982.)

La synthèse des protéines et de l'ARN

Micrographie électronique d'ADN s'étalant hors d'un chromosome humain disloqué. On ne voit qu'environ la moitié du contenu en ADN d'un chromosome. (Avec l'autorisation de James Paulson et Ulrich Leammli.)

5

Les mécanismes génétiques fondamentaux

C'est l'information génétique qui confère aux cellules la capacité de maintenir un haut degré d'organisation dans un univers désordonné. La *synthèse de l'ARN et des protéines,* la *réparation de l'ADN,* la *réplication de l'ADN* et la *recombinaison génétique* sont les quatre processus génétiques élémentaires par lesquels cette information est exprimée, maintenue, répliquée et parfois améliorée. Ces processus qui produisent et maintiennent les protéines et les acides nucléiques d'une cellule sont tous unidimensionnels : l'information contenue dans une séquence linéaire de nucléotides est employée pour produire ou modifier soit une chaîne de nucléotides (molécule d'ADN ou d'ARN), soit une chaîne linéaire d'acides aminés (molécule protéique). Les événements génétiques sont donc conceptuellement simples si on les compare aux autres processus cellulaires qui font intervenir l'expression de l'information contenue dans les formes tridimensionnelles des molécules protéiques. C'est la raison pour laquelle nous comprenons peut-être mieux les mécanismes génétiques que la plupart des autres événements cellulaires.

Dans ce chapitre, nous examinerons le mécanisme moléculaire qui répare, réplique et modifie l'ADN de la cellule. Nous verrons que le mécanisme dépend d'enzymes qui coupent, copient, et recombinent des séquences nucléotidiques. Nous examinerons ensuite comment ces enzymes peuvent être parasitées par des virus et des plasmides, qui non seulement dirigent leur propre réplication, mais peuvent aussi modifier le génome cellulaire par des événements de recombinaison génétique. En dernier lieu, nous discuterons de la façon dont les mécanismes génétiques fondamentaux peuvent être expérimentalement exploités pour isoler des gènes et leurs produits et les fabriquer sur commande en quantités pratiquement illimitées.

Néanmoins, nous reviendrons en premier lieu sur un sujet que nous avons brièvement abordé au Chapitre 3 : les mécanismes de synthèse de l'ARN et des protéines.

La synthèse des protéines et de l'ARN

Les protéines constituent plus de la moitié de la masse sèche totale de la cellule et leur synthèse est capitale pour l'entretien, la croissance et le développement de la cellule. La synthèse protéique dépend de la collaboration de plusieurs classes de molécules d'ARN et nécessite une série d'étapes préalables. Tout d'abord, une molécule d'*ARN messager (ARNm)* doit être copiée à partir de l'ADN qui code la protéine à synthétiser. Pendant ce temps, dans le cytoplasme, chacun des 20 acides aminés, qui constitueront la protéine, doit se lier à sa molécule spécifique d'*ARN de transfert (ARNt),* et les sous-unités ribosomales sur lesquelles la nouvelle protéine sera fabriquée doivent être préchargées avec des facteurs protéiques auxiliaires. La synthèse protéique commence lorsque tous ces composants sont réunis dans le cytoplasme pour former ribosome, la séquence nucléotidique de la molécule d'ARNm est traduite en une séquence correspondante d'acides aminés pour créer une chaîne protéique particulière. Nous commencerons par étudier la façon dont les nombreuses molécules d'ARN différentes d'une cellule sont fabriquées.

L'ARN polymérase copie l'ADN en ARN : le processus de la transcription de l'ADN[1]

L'ARN est synthétisé à partir d'une matrice d'ADN selon un processus dit de **transcription de l'ADN.** La transcription engendre les ARNm qui portent l'information pour la synthèse des protéines, ainsi que les molécules d'ARN de transfert et d'ARN ribosomal et d'autres molécules d'ARN qui ont des fonctions structurales et catalytiques. Ces molécules d'ARN sont synthétisées par des enzymes, les **ARN polymérases**, qui copient une séquence d'ADN en ARN. Chez les eucaryotes, différentes molécules d'ARN polymérase synthétisent différents types d'ARN, mais l'essentiel de nos connaissances sur les ARN polymérases sont le résultat d'études sur les bactéries, dans lesquelles une seule espèce d'enzyme règle toute la synthèse de l'ARN.

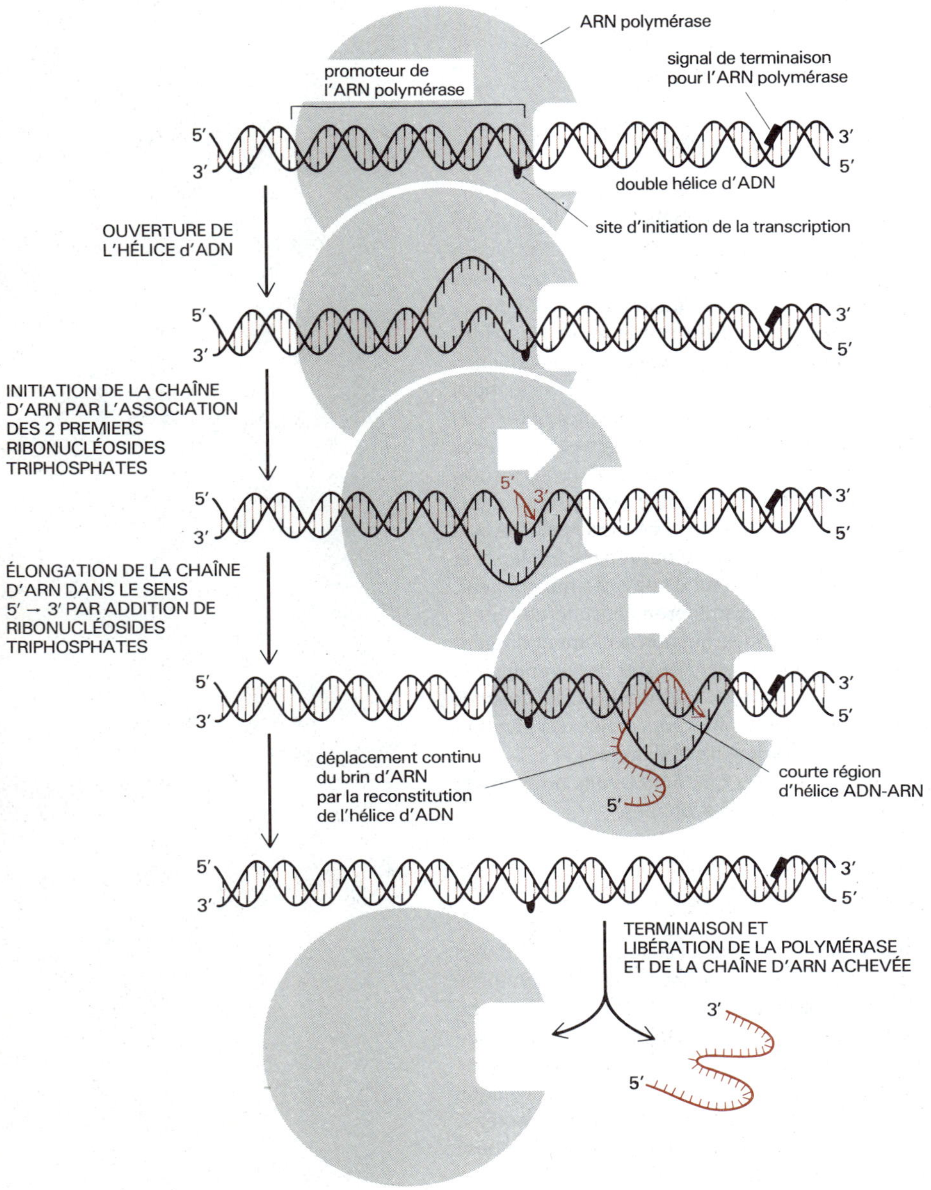

Figure 5-1 Synthèse d'une molécule d'ARN par l'ARN polymérase. L'enzyme commence sa synthèse à un signal particulier de départ sur l'ADN, appelé promoteur et termine sa synthèse à un signal de terminaison particulier au niveau duquel la polymérase et sa chaîne d'ARN achevée sont toutes deux libérées. Au cours de l'élongation de la chaîne d'ARN, les vitesses moyennes de polymérisation sont de trente nucléotides par seconde environ à 37 °C.
Ainsi une chaîne d'ARN de 5 000 nucléotides est synthétisée en trois minutes environ.

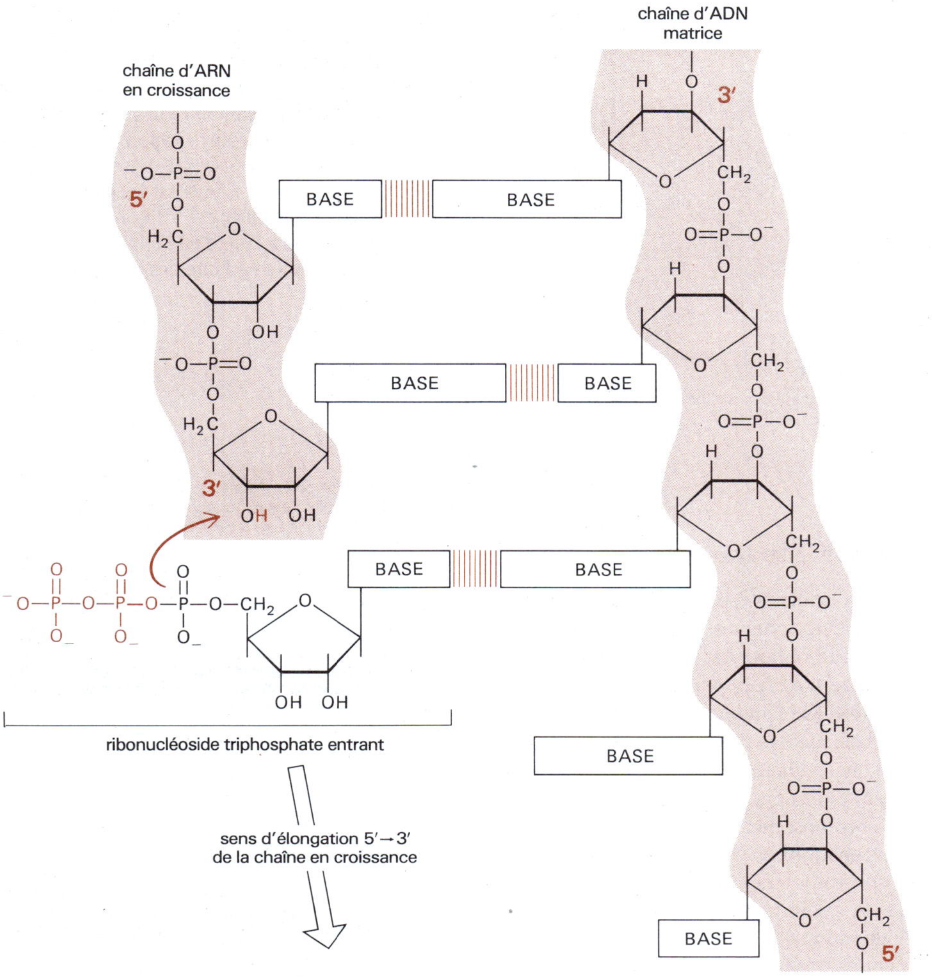

Figure 5-2 Réaction d'élongation de chaîne catalysée par une ARN polymérase. A chaque étape un nouveau ribonucléoside triphosphate est choisi en fonction de sa capacité à s'apparier avec la chaîne d'ADN matrice exposée ; un ribonucléoside monophosphate est ensuite ajouté à l'extrémité 3′ -OH en cours d'élongation de la chaîne d'ARN (*flèche colorée*) et un pyrophosphate est libéré (*atomes colorés*). La nouvelle chaîne d'ARN s'allonge ainsi, nucléotide après nucléotide, dans le sens 5′ → 3′ et elle possède une séquence complémentaire de la chaîne d'ADN matrice. La réaction est facilitée à la fois par la variation favorable d'énergie libre qui accompagne la libération du pyrophosphate et par l'hydrolyse ultérieure du pyrophosphate en phosphate inorganique (voir p. 74).

L'ARN polymérase bactérienne est une enzyme de grande taille à sous-unités multiples, associée à plusieurs sous-unités protéiques supplémentaires qui se lient au complexe polymérase ADN et s'en dissocient à différentes étapes de la transcription (voir p. 524). Des molécules libres d'ARN polymérase rencontrent le chromosome de façon aléatoire, n'adhérant que faiblement à la plupart des séquences d'ADN. Cependant, la polymérase se lie très étroitement lorsqu'elle rencontre une séquence spécifique d'ADN, appelée **promoteur**, qui contient le *site d'initiation* de la synthèse de l'ARN et signale où la synthèse de l'ARN devrait commencer. Les réactions qui s'ensuivent sont décrites dans la Figure 5-1. Après s'être lié au promoteur, l'ARN polymérase ouvre une région de la double hélice afin d'exposer les nucléotides d'une courte section d'ADN sur chaque brin. Un des deux brins d'ADN exposé sert de matrice pour l'appariement des bases complémentaires avec des monomères de ribonucléosides triphosphates entrants, dont deux sont reliés par la polymérase pour débuter une chaîne d'ARN. La molécule d'ARN polymérase se déplace alors pas à pas le long de l'ADN, déroulant l'hélice d'ADN pour exposer une nouvelle région de la matrice pour l'appariement complémentaire. De cette façon, la chaîne d'ARN en croissance s'allonge d'un nucléotide à la fois dans le sens 5′ → 3′ (Figure 5-2). Le processus d'élongation de chaîne continue jusqu'à ce que l'enzyme rencontre une seconde séquence particulière dans l'ADN, le **signal de terminaison**, au niveau duquel la polymérase libère la matrice d'ADN et la chaîne d'ARN néosynthétisée (voir aussi la Figure 5-6B).

Au fur et à mesure que l'enzyme se déplace, une double hélice ARN-ADN est formée au niveau du site actif de l'enzyme. Cette hélice est très courte car l'hélice ADN-ADN se « rebobine » immédiatement à l'arrière de la polymérase, remplaçant l'ARN qui vient d'être fabriqué (Figure 5-3). Il en résulte que chaque chaîne d'ARN achevée est libérée de la matrice d'ADN sous forme d'une molécule libre d'ARN monocaténaire, longue de 70 à 10 000 nucléotides.

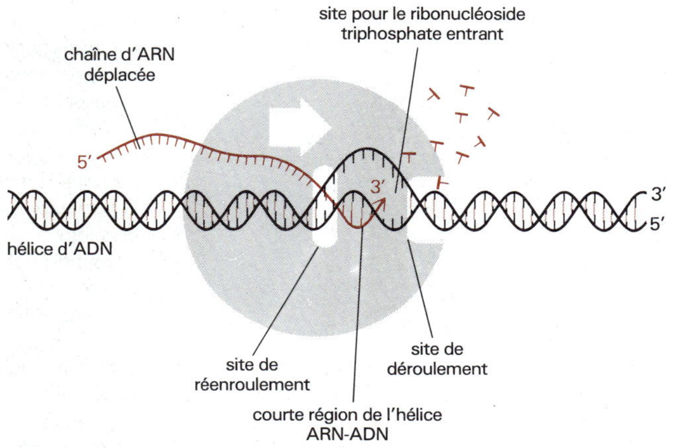

Figure 5-3 Une ARN polymérase mobile déroule continuellement l'hélice d'ADN en aval du site de polymérisation, tandis qu'elle réenroule les deux chaînes d'ADN en amont de ce site, déplaçant ainsi la chaîne d'ARN néoformée. Une courte région d'hélice ARN-ADN (environ 17 paires de bases pour l'enzyme bactérienne) n'est ainsi formée que de façon transitoire, et l'ARN final produit est libéré sous la forme d'une copie monocaténaire de l'une des deux chaînes d'ADN.

Le promoteur définit le brin d'ADN qui doit être transcrit [2]

En principe, toute région de la double hélice d'ADN pourrait être copiée en deux molécules d'ARNm différentes correspondant à chacune des deux chaînes d'ADN. En fait, une seule chaîne d'ADN est utilisée comme matrice dans chaque région, et l'ARN fabriqué a donc une séquence nucléotidique identique à celle de la chaîne d'ADN opposée, et non matricielle. La chaîne à copier est déterminée par le promoteur ; c'est une séquence d'ADN orientée qui dirige l'ARN polymérase dans une direction ou l'autre. Les chaînes d'ARN n'étant synthétisées que dans la direction 5′ → 3′, le promoteur détermine quelle chaîne d'ADN est copiée (Figure 5-4). La chaîne d'ADN qui est copiée en ARN est souvent différente pour des gènes voisins, comme l'illustre la Figure 5-5 pour une petite région d'un chromosome.

Des études d'empreintes d'ADN (p.187) montrent que l'ARN polymérase d'*E. coli* recouvre une grande région de l'ADN lorsqu'elle se lie à un promoteur ; la longueur de l'« empreinte » de la polymérase est d'environ 60 paires de bases, s'étendant de 40 nucléotides environ en « amont », à 20 nucléotides en « aval » du site d'initiation de la transcription. Une comparaison des séquences d'ADN de nombreux promoteurs puissants révèle que la polymérase reconnaît essentiellement deux séquences d'ADN très conservées, longues de six nucléotides chacune, qui sont situées en amont du site d'initiation et séparées l'une de l'autre par environ 17 nucléotides d'ADN non reconnu (Figure 5-6A). Des séquences conservées présentes dans tous les exemples d'un type particulier de région régulatrice dans l'ADN, comme les promoteurs, sont appelées **séquences consensus.** Par exemple, lorsque de grands nombres de promoteurs d'*E. coli* sont comparés, les deux séquences consensus hexanucléotidiques sont $T_{82}G_{78}A_{65}C_{54}A_{95}$ et $T_{80}A_{95}T_{45}A_{60}A_{50}T_{96}$ (le nombre représentant le pourcentage de cas où le nucléotide est présent à cette position dans la séquence ; 100 signifie que le nucléotide est toujours présent, alors que 25 signifie qu'il est présent dans un promoteur sur quatre — la fréquence due au hasard). En général, les promoteurs puissants ont des séquences qui sont étroitement assorties aux deux séquences consensus des promoteurs, tandis que les promoteurs faibles (ceux qui s'associent à des gènes qui produisent assez peu d'ARNm) s'associent moins bien à ces séquences.

Les cellules eucaryotes contiennent trois ARN polymérases différentes. L'une d'elles fabrique tous les ARN qui codent des protéines (c'est-à-dire les ARNm) ; les deux autres fabriquent des molécules d'ARN dont les rôles sont structuraux et catalytiques (tels que les ARN ribosomaux et les ARN de transfert). Ces trois enzymes de grande taille sont composées

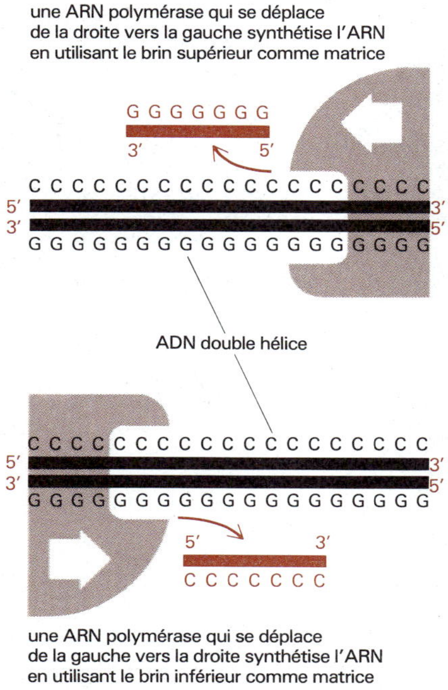

Figure 5-4 Comme la chaîne d'ADN servant de matrice doit être suivie de son extrémité 3′ à son extrémité 5′ (voir Figure 5-2) la direction de mouvement de l'ARN polymérase détermine laquelle des deux chaînes d'ADN servira de matrice pour la synthèse de l'ARN, comme le montre le diagramme. La direction du mouvement de la polymérase est, à son tour, déterminée par l'orientation de la séquence du promoteur au niveau duquel débute l'ARN polymérase.

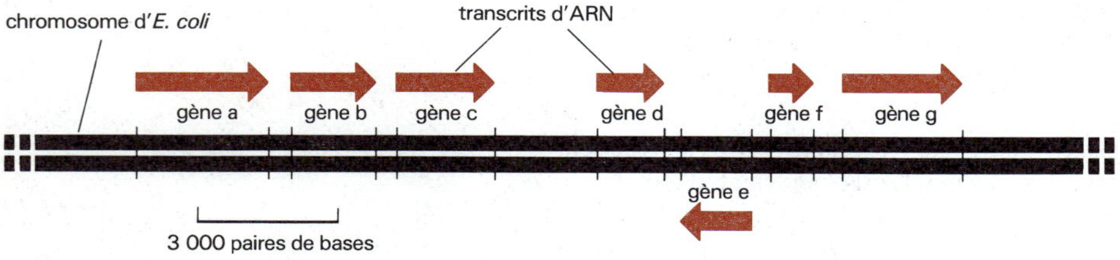

Figure 5-5 Un court segment d'un chromosome bactérien typique, illustrant le modèle de transcription de l'ADN impliqué dans l'expression de plusieurs gènes voisins.

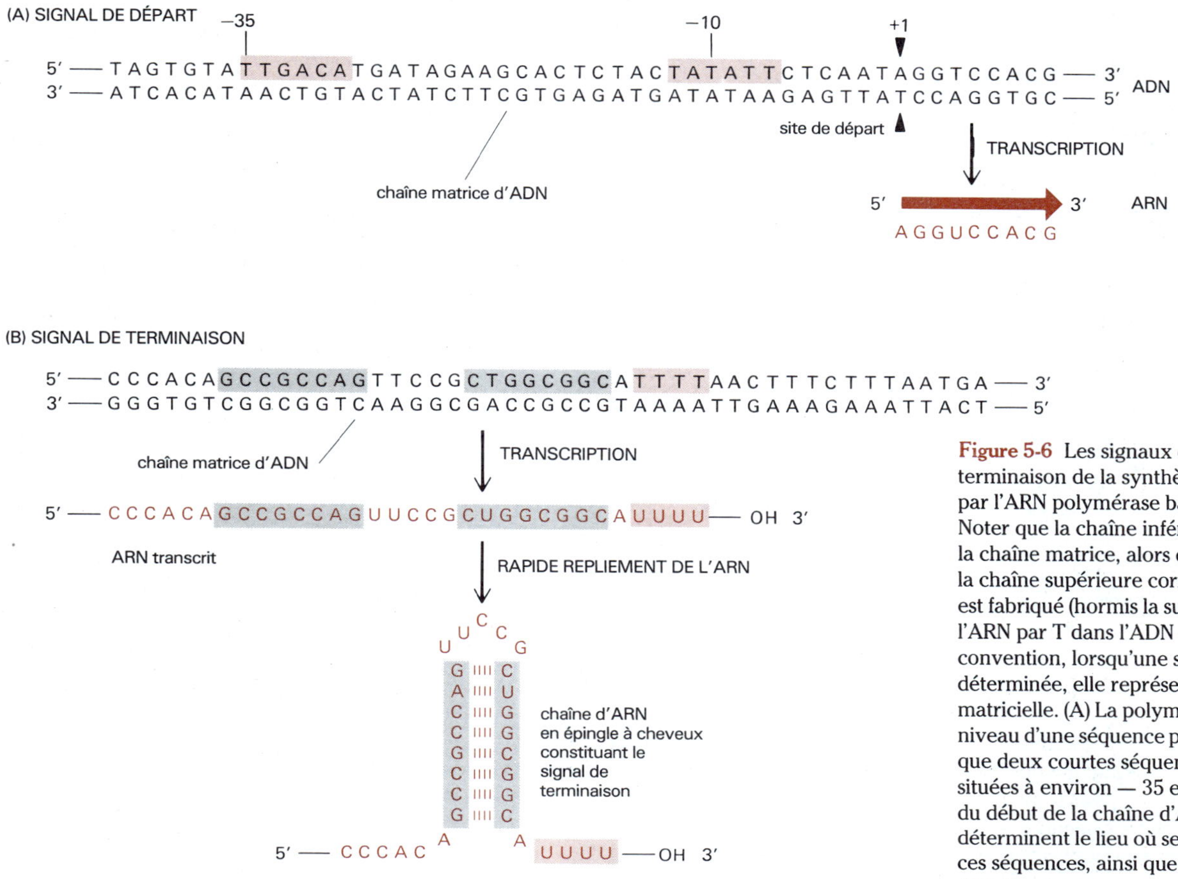

Figure 5-6 Les signaux d'initiation et de terminaison de la synthèse d'ARN reconnus par l'ARN polymérase bactérienne d'*E. Coli*. Noter que la chaîne inférieure de l'ADN est la chaîne matrice, alors que la séquence de la chaîne supérieure correspond à l'ARN qui est fabriqué (hormis la substitution de U dans l'ARN par T dans l'ADN — voir p. 98). Par convention, lorsqu'une séquence d'ADN est déterminée, elle représente la chaîne non matricielle. (A) La polymérase commence au niveau d'une séquence promoteur. On pense que deux courtes séquences (*en couleur*) situées à environ — 35 et — 10 nucléotides du début de la chaîne d'ARN (*couleur*) déterminent le lieu où se fixe la polymérase ; ces séquences, ainsi que le site de départ, définissent un promoteur. Des modifications importantes dans l'une de ces deux séquences consensus éliminent l'activité du promoteur, alors qu'elle n'est pas perturbée par des modifications se produisant ailleurs. (B) La polymérase s'arrête quand elle synthétise une série de résidus U sur la matrice à condition qu'elle vienne de synthétiser une séquence nucléotidique auto-complémentaire d'ARN (*en gris*). Cette combinaison de séquences d'ADN constitue alors un signal de terminaison. La séquence nucléotidique exacte d'une région auto-complémentaire peut varier ; c'est l'hélice en épingle à cheveux qui se forme rapidement dans cette région de la chaîne d'ARN néosynthétisée qui est cruciale pour l'arrêt de la transcription.

de nombreuses sous-unités et ressemblent à l'enzyme bactérienne, mais les promoteurs que chacune d'elles reconnaît sont plus complexes et ne sont pas aussi bien caractérisés (voir p. 526). La raison pour laquelle les ARN polymérases bactériennes et eucaryotes sont des molécules aussi compliquées, avec de nombreuses sous-unités et une masse totale de plus de 500 000 daltons, reste obscure, alors que certains virus bactériens codent des ARN polymérases monocaténaires dont la masse est cinq fois plus faible et qui catalysent la synthèse de l'ARN au moins aussi bien que l'enzyme de la cellule hôte. Il est vraisemblable que la composition des ARN polymérases cellulaires en sous-unités multiples est importante pour des questions de régulation de la synthèse de l'ARN cellulaire qui n'ont pas encore été bien définies.

De nombreux détails sont omis dans cette description rapide de la transcription de l'ADN ; habituellement, d'autres étapes complexes doivent se dérouler avant qu'une molécule d'ARNm ne soit produite. Par exemple, des *protéines régulatrices de l'expression génique* aident à déterminer quelles régions de l'ADN sont transcrites par l'ARN polymérase ; elles jouent un rôle essentiel dans le choix des protéines qui sont synthétisées par une cellule. De plus, bien que des molécules d'ARNm soient directement issues de la transcription de l'ADN chez les procaryotes, la majorité des transcrits dans les cellules eucaryotes sont profondément modifiés — par un mécanisme appelé *épissage de l'ARN* — avant de quitter le noyau de la cellule et de pénétrer dans le cytoplasme sous forme de molécules d'ARNm (voir p. 531). Ces aspects de la production des ARNm seront discutés dans les Chapitres 9 et 10, lorsque nous étudierons le noyau cellulaire et le contrôle de l'expression génique. Pour le moment, admettons que des molécules d'ARNm fonctionnelles ont été produites et continuons à examiner comment elles dirigent la synthèse protéique.

Des molécules d'ARN de transfert agissent comme « adaptateurs » pour traduire des séquences nucléotidiques en séquences protéiques [3]

Toutes les cellules contiennent un ensemble d'**ARN de transfert (ARNt)**, qui sont de petites molécules d'ARN (dont la majorité ont une longueur comprise entre 70 et 90 nucléotides). Les ARNt, en se liant par une extrémité à un codon spécifique dans l'ARNm et par leur autre

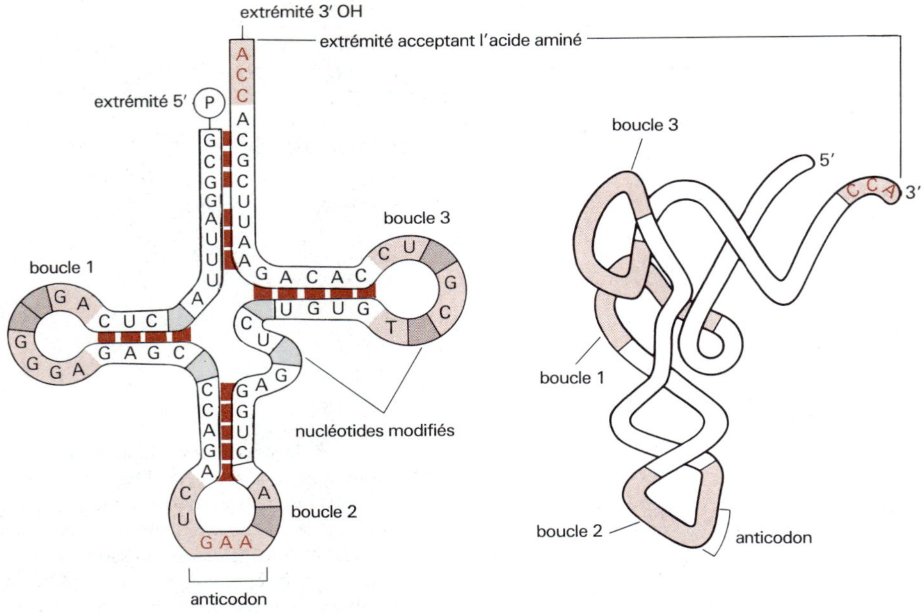

Figure 5-7 Structure d'une molécule d'ARNt typique. Les régions appariées de la molécule sont montrées schématiquement à gauche sur une structure en « feuille de trèfle », et une esquisse de la conformation tridimentionnelle déterminée par diffraction des rayons X est présentée à droite. Noter que la molécule est en forme de L, une des extrémités étant conçue pour accepter l'acide aminé alors que l'autre contient les trois nucléotides de l'anti-codon. L'acide aminé est attaché au résidu A d'une séquence CCA à l'extrémité 3′ de la molécule (voir Figure 5-11).

extrémité à l'acide aminé déterminé par ce codon, permettent aux acides aminés de s'aligner selon la séquence nucléotidique de l'ARNm. Chaque ARNt est conçu pour ne porter qu'un des 20 acides aminés utilisés pour la synthèse protéique ; un ARNt qui porte la glycine est nommé $ARNt^{Gly}$ et ainsi de suite. Chacun des 20 acides aminés a au moins un type d'ARNt qui lui est attribué, et la plupart en ont plusieurs. Avant qu'un acide aminé ne soit inséré dans une chaîne protéique, il est fixé par son extrémité carboxylée à l'extrémité 3′ d'une molécule d'ARNt appropriée. Cet attachement sert à deux fins. Premièrement, et c'est le plus important, il fixe de façon covalente l'acide aminé à un ARNt contenant l'**anticodon** correct — le triplet nucléotidique complémentaire du *codon* de trois nucléotides qui détermine cet acide aminé sur une molécule d'ARNm. Les appariements codon-anticodon permettent l'insertion de chaque acide aminé dans une chaîne protéique en croissance, selon les exigences de la séquence nucléotidique de l'ARNm, ce qui permet d'utiliser le code génétique pour traduire des séquences nucléotidiques en séquences protéiques. C'est la fonction essentielle de la molécule d'ARNt en tant qu'« adaptateur » : une extrémité liée à un acide aminé et l'autre appariée à un codon, l'ARNt convertit des séquences de nucléotides en séquences d'acides aminés.

La seconde fonction de l'attachement de l'acide aminé est d'activer cet acide aminé en créant une liaison riche en énergie à son extrémité carboxylée, de telle sorte qu'il puisse réagir avec le groupement aminé de l'acide aminé suivant dans la séquence pour former une *liaison peptidique.* Ce processus d'activation est indispensable à la synthèse protéique, puisque des acides aminés non activés ne peuvent être directement ajoutés à une chaîne polypeptidique en croissance (par opposition, le processus inverse, dans lequel une liaison peptidique est hydrolysée par addition d'eau, peut se produire spontanément).

La fonction d'une molécule d'ARNt dépend de sa structure tridimentionnelle repliée avec précision. Quelques ARNt ont été cristallisés et leurs structures complètes déterminées par des analyses par diffraction des rayons X. Des appariements de bases complémentaires et des interactions inhabituelles entre bases sont tous les deux nécessaires au repliement d'une molécule d'ARNt (voir Figure 3-16, p.103). Les séquences nucléotidiques des molécules d'ARNt de nombreux organismes différents révèlent que les ARNt peuvent constituer les boucles et les tiges d'une structure en « feuille de trèfle », et l'on pense que tous se replient encore plus pour adopter la conformation en forme de « L » découverte par des analyses cristallographiques (Figure 5-7). Dans la structure native, l'acide aminé est attaché à une extrémité du « L », alors que l'anticodon est fixé à l'autre extrémité (Figure 5-8).

Les nucléotides d'une chaîne d'acides nucléiques achevée (comme les acides aminés dans des protéines, p. 416) peuvent être modifiés de façon covalente afin de moduler l'activité biologique de la molécule d'acide nucléique. De telles modifications post-traductionnelles sont particulièrement courantes dans les molécules d'ARNt, qui contiennent de nombreux nucléotides modifiés différents (Figure 5-9). Certains des nucléotides modifiés affectent la conformation

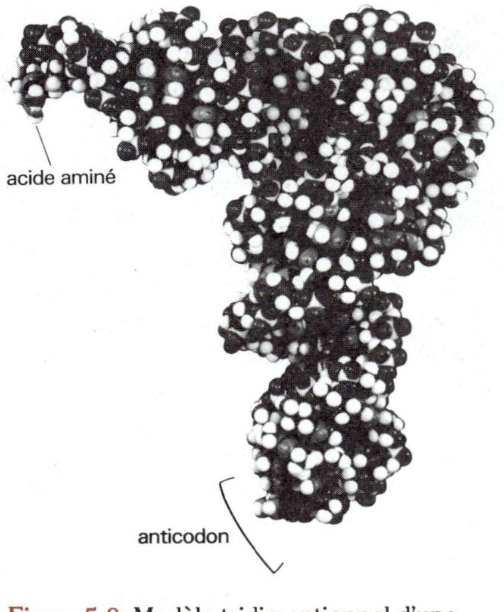

Figure 5-8 Modèle tridimentionnel d'une molécule d'ARNt avec son acide aminé lié. Il existe un grand nombre de molécules d'ARNt différentes, une au moins par acide aminé. Bien que leurs séquences nucléotidiques diffèrent, elles sont toutes repliées de la même façon. La molécule d'ARNt représentée lie la phénylalanine et est par conséquent notée $ARNt^{Phe}$. (Avec l'autorisation de Sung-Hou Kim.)

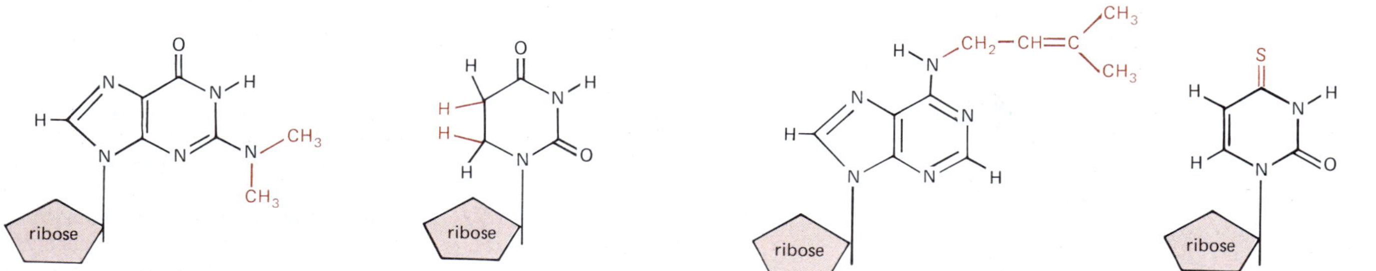

Figure 5-9 Quelques-uns des nucléotides rares rencontrés dans les molécules d'ARNt. Ces nucléotides produits par la transformation covalente d'un nucléotide normal après son incorporation dans une chaîne polynucléotidique. Dans la plupart des molécules d'ARNt environ 10 p. cent des nucléotides sont modifiés (voir Figure 5-7).

et l'appariement des bases de l'anticodon et facilitent ainsi la reconnaissance par la molécule d'ARNt du codon correspondant de l'ARNm.

Des enzymes spécifiques couplent chaque acide aminé à sa molécule d'ARNt correspondante [4]

Seule la molécule d'ARNt, et non l'acide aminé qui lui est attaché, détermine le lieu d'addition de l'acide aminé au cours de la synthèse protéique. Ceci fut établi par une expérience ingénieuse dans laquelle un acide aminé (cystéine) lié à son ARNt spécifique fut chimiquement transformé en un autre acide aminé (alanine). Lorsque de telles molécules d'ARNt « hybrides » étaient utilisées pour la synthèse protéique dans un système acellulaire, l'acide aminé modifié était inséré en tout point de la chaîne protéique où cet ARNt était utilisé. Ainsi, le succès du décodage dépend de façon critique de la précision du mécanisme qui lie normalement chaque acide aminé activé aux molécules d'ARNt qui lui correspondent.

Comment une molécule d'ARNt se lie-t-elle de façon covalente à l'acide aminé (parmi les 20 acides aminés), qui est son partenaire approprié ? Le mécanisme dépend d'enzymes appelées **aminoacyl-ARNt synthétases,** qui couplent chaque acide aminé à l'ensemble de molécules d'ARNt qui lui correspondent. Il y a une synthétase différente par acide aminé (20 synthétases en tout) : l'une d'elles attache la glycine à toute les molécules d'$ARNt^{Gly}$, une autre l'alanine à toutes les molécules d'$ARNt^{Ala}$, et ainsi de suite. La réaction de couplage qui engendre une molécule d'**aminoacyl-ARNt** est catalysée en deux étapes, comme l'illustre la Figure 5-10. La Figure 5-11 montre la structure détaillée de la liaison acide aminé-ARN.

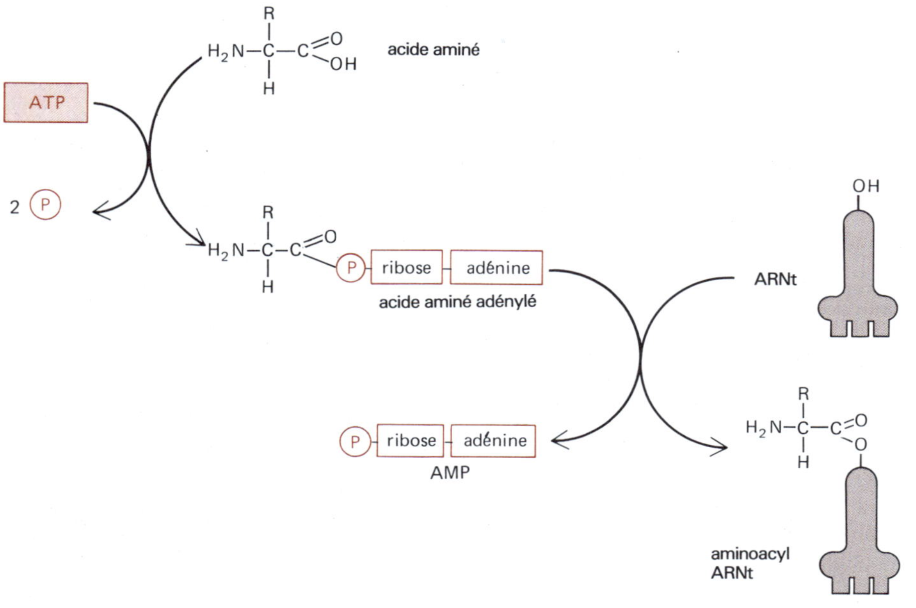

Figure 5-10 Mécanisme en deux étapes par lequel un acide aminé est activé par une enzyme aminoacyl-ARNt synthétase pour la synthèse protéique. Comme indiqué, l'énergie produite par hydrolyse de l'ATP est utilisée pour attacher chaque acide aminé à la molécule d'ARNt par une liaison riche en énergie. L'acide aminé est d'abord activé par la liaison directe de son groupement carboxyle à une molécule d'AMP formant un *acide aminé adénylé* : la liaison de l'AMP, une réaction normalement défavorisée, est permise par l'hydrolyse de la molécule d'ATP qui fournit l'AMP. Sans quitter la synthétase, le groupement carboxyle de l'acide aminé lié à l'AMP est ensuite transféré sur le groupement hydroxyle d'une ribose à l'extrémité 3′ de la molécule d'ARNt. Ce transfert lie l'acide aminé à l'ARNt par une liaison ester activée et forme la molécule d'aminoacyl-ARNt. La synthèse n'est pas montrée sur ces diagrammes.

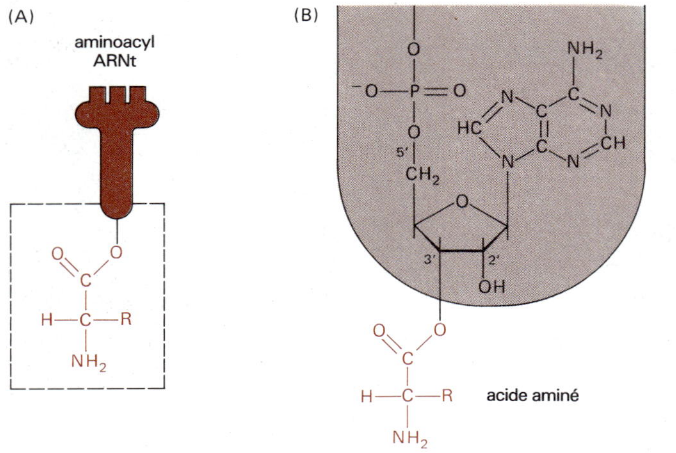

Figure 5-11 Structure de la liaison amino-acyl-ARNt. L'extrémité carboxylée de l'acide aminé forme une liaison ester avec le ribose. Puisque l'hydrolyse de cette liaison ester est associée à une importante variation favorable d'énergie libre, un acide aminé retenu de cette façon est dit *activé*. (A) Schéma de la structure. (B) Structure réelle correspondant à la partie encadrée en (A). Comme dans la Figure 5-10, le « groupement R » sur l'acide aminé représente l'une des 20 chaînes latérales (voir pp. 54-55).

Bien que les molécules d'ARNt servent d'« adaptateurs » finaux dans la conversion des séquences nucléotidiques en séquences d'acides aminés, les aminoacyl-ARNt synthétases sont des adaptateurs d'égale importance pour le processus de décodage. Ainsi, le code génétique est traduit par deux ensembles d'adaptateurs qui agissent en séquence, chacun adaptant une surface moléculaire à une autre avec une grande spécificité ; c'est leur action combinée qui associe chaque séquence de trois nucléotides dans la molécule d'ARNm — chaque codon — avec son acide aminé particulier (Figure 5-12).

5-6 Les acides aminés sont ajoutés à l'extrémité C-terminale d'une chaîne polypeptidique en croissance

La réaction fondamentale de la synthèse protéique est la formation d'une liaison peptidique entre le groupement carboxyle situé à l'extrémité de la chaîne polypeptidique en croissance et un groupement aminé libre sur un acide aminé. Une chaîne protéique est par conséquent synthétisée pas à pas, de son extrémité N-terminale vers son extrémité C-terminale. Tout au long de ce processus, l'extrémité carboxylée en croissance de la chaîne polypeptidique reste activée par sa liaison covalente à une molécule d'ARNt (une molécule *peptidyl-ARNt*). La liaison covalente, riche en énergie, est détruite à chaque cycle mais est immédiatement remplacée par la même liaison à l'acide aminé le plus récemment ajouté (Figure 5-13). Ainsi, chaque acide aminé apporte avec lui l'énergie d'activation nécessaire à l'addition de l'acide aminé *suivant* plutôt qu'à sa propre addition — un exemple de la « croissance d'amont » décrite au Chapitre 2 (Figure 2-34, p. 79).

Figure 5-12 Façon dont est traduit le code génétique au moyen de deux « adaptateurs » liés : l'enzyme aminoacyl-ARNt synthétase, qui couple un acide aminé particulier à l'ARNt qui lui correspond, et la molécule d'ARNt qui se lie ensuite à la séquence nucléotidique appropriée sur l'ARNm.

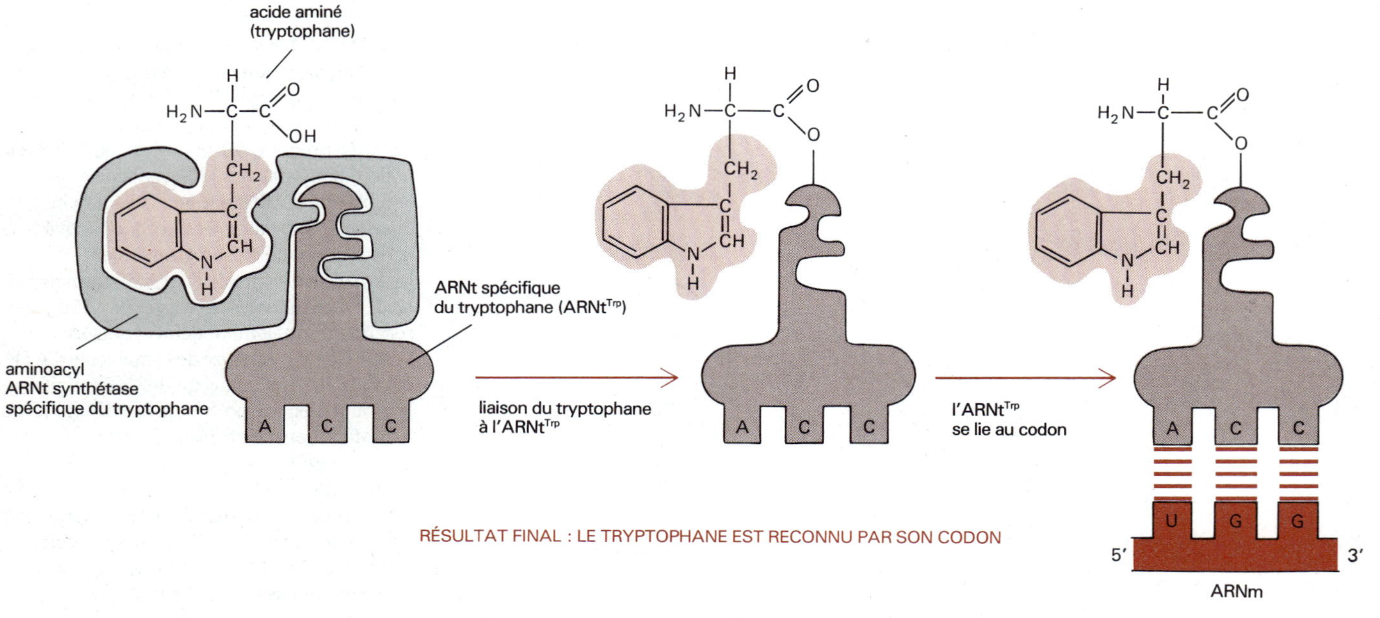

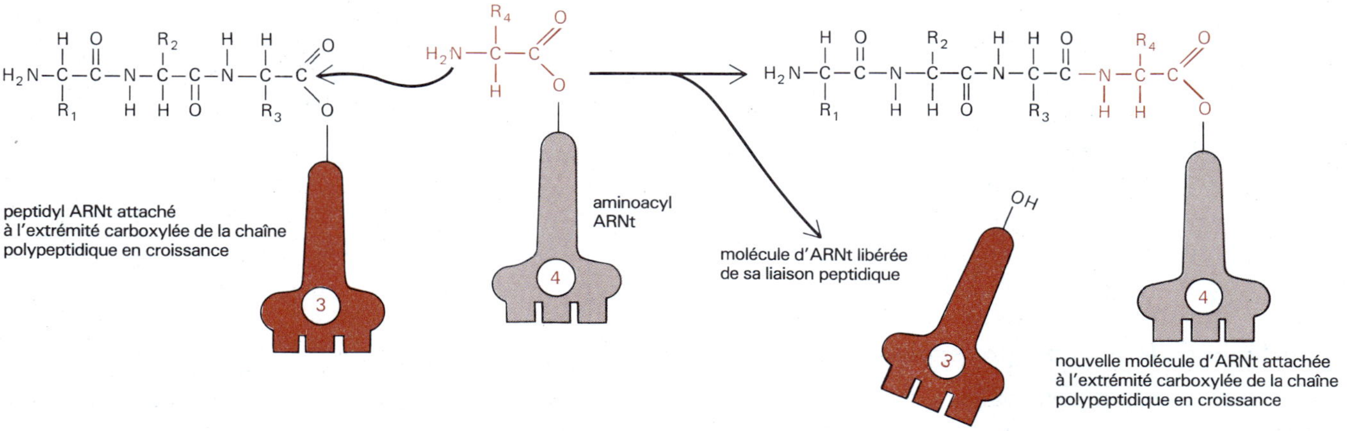

Figure 5-13 Une chaîne polypeptidique s'allonge pas à pas par adjonction séquentielle d'acides aminés à son extrémité C-terminale. La formation de chaque liaison peptidique est énergiquement favorisée parce que la terminaison carboxylée en cours de croissance a été activée par la liaison covalente d'une molécule d'ARNt. La liaison peptidyl-ARNt qui active l'extrémité en croissance est régénérée à chaque cycle par l'addition d'une nouvelle molécule d'ARNt.

5-3 Le code génétique est dégénéré[5]

Au cours de la synthèse protéique, l'appareil de traduction se déplace dans le sens 5′ → 3′ le long d'une molécule d'ARNm, et la séquence d'ARNm est lue par groupes de trois nucléotides à la fois. Comme nous l'avons vu, chaque acide aminé est caractérisé par le triplet de nucléotides (**codon**) qui, dans la molécule d'ARNm, s'apparie à une séquence de trois nucléotides complémentaires à l'extrémité de l'anticodon d'un ARNt particulier. Puisqu'un seul type de molécule d'ARNt parmi tous ceux qui sont présents dans une cellule peut s'apparier à chaque codon, le codon détermine le résidu d'acide aminé spécifique qui doit être ajouté à l'extrémité de la chaîne polypeptidique en croissance (Figure 5-14).

Puisque l'ARN est construit à partir de quatre types de nucléotides, il y a 64 séquences possibles composées de trois nucléotides (4 × 4 × 4), et l'on trouve la majorité d'entre elles quelque part dans la majorité des molécules d'ARNm. Trois de ces 64 séquences ne codent pas pour des acides aminés, mais déterminent plutôt la terminaison d'une chaîne polypeptidique ; on les nomme *codons de terminaison* ou *codons stop*. Cela laisse 61 codons pour ne caractériser que 20 acides aminés différents. Pour cette raison, la plupart des acides aminés sont représentés par plus d'un codon (Figure 5-15), et l'on dit que le code génétique est *dégénéré*. Deux acides aminés, la méthionine et le tryptophane, ont un seul codon chacun, et ce sont les acides aminés les moins abondants dans les protéines.

La dégénérescence du code génétique signifie soit qu'il y a plus d'un ARNt pour chaque acide aminé, soit qu'une seule molécule d'ARNt peut s'apparier à plus d'un codon. En fait, les deux situations se produisent. Pour quelques acides aminés, il y a plus d'une molécule d'ARNt, et quelques molécules d'ARNt sont construites de telle sorte qu'elles ne nécessitent un appariement précis qu'aux deux premières positions du codon et peuvent tolérer une erreur d'appariement (ou « flottement ») au niveau de la troisième. Cet *appariement « flottant »* explique pourquoi un si grand nombre de codons parmi ceux qui représentent un acide aminé donné ne diffèrent que par leur troisième nucléotide (voir Figure 5-15). Les appariements flottants standard permettent d'ajuster les 20 acides aminés aux 61 codons avec seulement 31 molécules d'ARNt différentes ; grâce à un « flottement » plus important, la synthèse protéique peut s'effectuer dans les mitochondries animales, avec 22 ARNt seulement (voir p. 392).

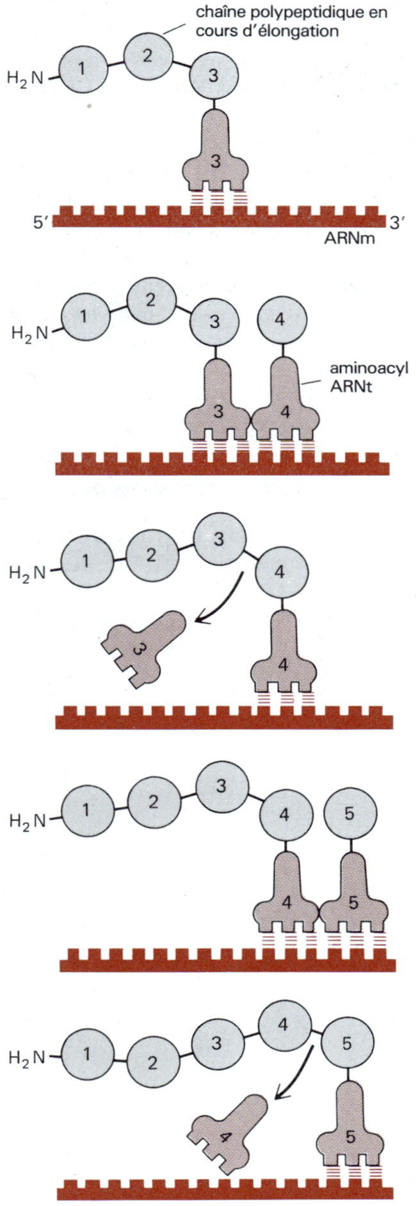

Figure 5-14 Chaque acide aminé ajouté à l'extrémité en croissance d'une chaîne polypeptidique est sélectionné par un appariement de bases complémentaires entre l'anti-codon de la molécule d'ARNt qui lui est associée et le codon suivant sur la chaîne d'ARNm.

Ala	Arg	Asp	Asn	Cys	Glu	Gln	Gly	His	Ile	Leu	Lys	Met	Phe	Pro	Ser	Thr	Trp	Tyr	Val	stop
GCA GCC GCG GCU	AGA AGG CGA CGC CGG CGU	GAC GAU	AAC AAU	UGC UGU	GAA GAG	CAA CAG	GGA GGC GGG GGU	CAC CAU	AUA AUC AUU	UUA UUG CUA CUC CUG CUU	AAA AAG	AUG	UUC UUU	CCA CCC CCG CCU	AGC AGU UCA UCC UCG UCU	ACA ACC ACG ACU	UGG	UAC UAU	GUA GUC GUG GUU	UAA UAG UGA
A	R	D	N	C	E	Q	G	H	I	L	K	M	F	P	S	T	W	Y	V	

Figure 5-15 Le code génétique. L'abréviation standard à une lettre pour chaque acide aminé est présentée sous l'abréviation à trois lettres. Les codons sont écrits avec le nucléotide 5'-terminal sur la gauche. Noter que la plupart des acides aminés sont représentés par plus d'un codon et que la variation du troisième nucléotide est fréquente (voir aussi Figure 3-15, p. 103).

Les étapes de la synthèse protéique sont catalysées sur le ribosome[6]

Les réactions de synthèse protéique que nous venons de décrire sont guidées par un mécanisme catalytique complexe. Par exemple, l'extrémité en croissance de la chaîne polypeptidique doit être maintenue en registre avec la molécule d'ARNm pour garantir que chaque codon successif dans l'ARNm s'associe exactement avec l'anticodon d'une molécule d'ARNt et ne se décale pas d'un nucléotide, modifiant ainsi la phase de lecture (voir p. 102). L'ensemble des événements de la synthèse protéique est catalysé par les **ribosomes,** qui sont des complexes de grande taille composés de molécules d'ARN et de molécules protéiques. Les ribosomes eucaryote et procaryote sont presque identiques dans leur structure et leur fonction. Chacun est composé d'une grande et d'une petite sous-unités qui s'assemblent pour former un complexe de plusieurs millions de daltons (Figure 5-16). La petite sous-unité se lie à l'ARNm et aux ARNt, tandis que la grande sous-unité catalyse la formation de liaison peptidique.

Plus de la moitié de la masse d'un ribosome est constituée par l'ARN, et il est de plus en plus évident que les molécules d'**ARN ribosomal (ARNr)** jouent un rôle essentiel dans ses activités catalytiques. Bien que la taille de la molécule d'ARNr dans la petite sous-unité ribosomale varie selon l'organisme, sa structure enroulée complexe est très conservée (Figure 5-17) ; il y a également d'étroites homologies entre les ARNr des grandes sous-unités ribosomales dans différents organismes. Les ribosomes contiennent un grand nombre de protéines (Figure 5-18), mais les séquences de beaucoup d'entre elles ont été assez peu conservées au cours de l'évolution, et un nombre surprenant ne semble pas être essentiel pour la fonction ribosomale. Il a donc été suggéré que les protéines ribosomales augmentent essentiellement la fonction des ARNr et que l'ARN, plutôt que les molécules protéiques, catalyse un grand nombre des réactions sur les ribosomes (voir p. 219).

Un ribosome progresse pas à pas le long de la chaîne d'ARNm[6,7]

Un ribosome comporte trois sites de liaison pour les molécules d'ARN, un site pour l'ARNm et deux sites pour les ARNt. Un site, appelé **site de liaison du peptidyl-ARNt**, ou **site P**, fixe la molécule d'ARNt qui est liée à l'extrémité en croissance de la chaîne polypeptidique. Un autre site, appelé le **site de liaison de l'aminoacyl-ARNt,** ou **site A,** fixe la molécule d'ARNt entrante

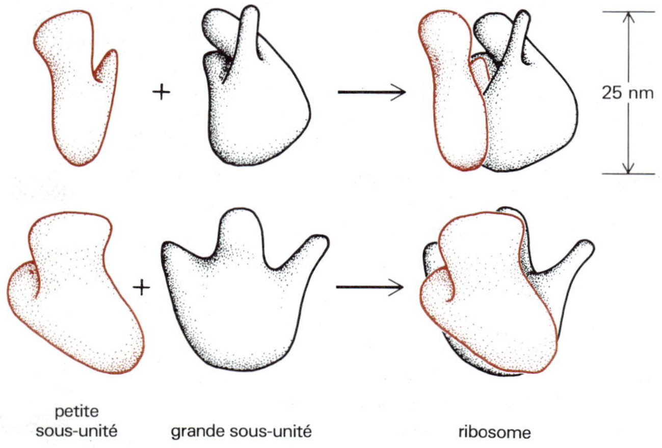

Figure 5-16 Un modèle tridimensionnel du ribosome bactérien observé sous deux angles différents. Les positions d'un certain nombre de protéines ribosomales dans cette structure ont été déterminées par microscopie électronique pour visualiser les positions auxquelles se lient des anticorps spécifiques, ainsi que par mesure de la diffusion des neutrons de ribosomes contenant une ou plusieurs protéines marquées au deutérium. (D'après J.A. Lake, *Ann. Rev. Biochem.* 54 : 507-530, 1985.)

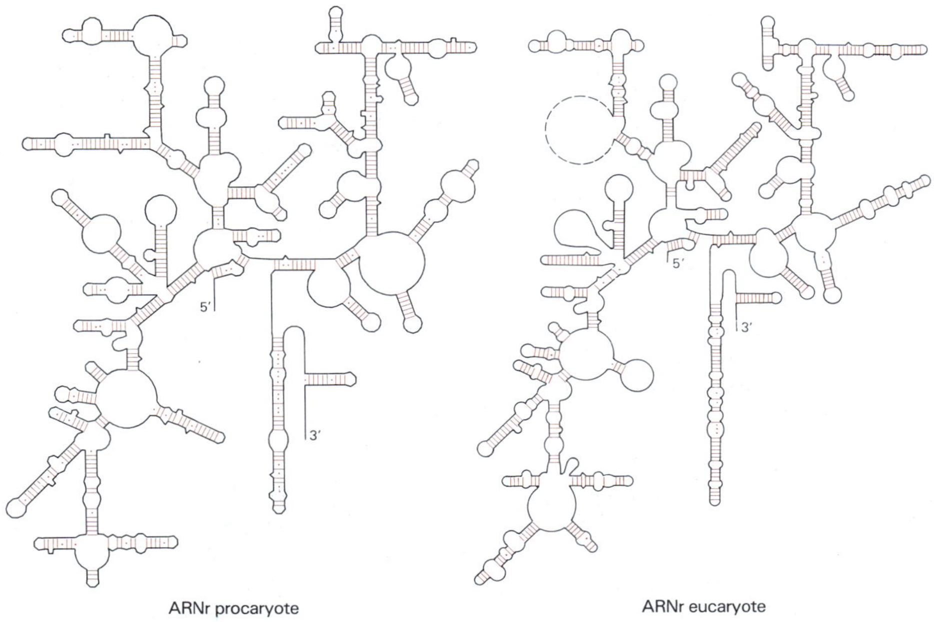

Figure 5-17 Le réseau complexe de boucles et de tiges appariées dans une structure repliée de l'ARNr 16S d'*E. coli (à gauche)* et de l'ARNr 18S de levure (*S. cerevisae*) (*à droite*). Les caractéristiques structurales majeures sont communes à tous les ARNr de type 16S, y compris l'ARN des archaebactéries. Les pointillés indiquent les interactions faibles supposées entre des bases, comme les paires de bases G-U. (D'après R.R. Gutell, B. Weiser, C.R. Woese, et H.F. Noller, *Prog. Nucleic Acid Res. Mol. Biol.* 32 :155-216, 1985.)

Figure 5-18 Comparaison des structures des ribosomes procaryote et eucaryote. Les composants ribosomaux sont généralement désignés par leur « S », qui représente leur vitesse de sédimentation par ultracentrifugation (voir p. 165). Noter qu'en dépit des différences de nombre et de taille de leur ARNr et de leurs composants protéiques, les deux ribosomes ont presque la même structure et fonctionnent de façon très semblable. Par exemple, bien que les ARNr 18S et 28S du ribosome eucaryote contiennent de nombreux nucléotides supplémentaires qui ne sont pas présents chez leurs analogues bactériens, ces nucléotides existent sous la forme d'insertions multiples qui laissent la structure de base de chaque ARNr en grande partie inchangée (voir Figure 5-17).

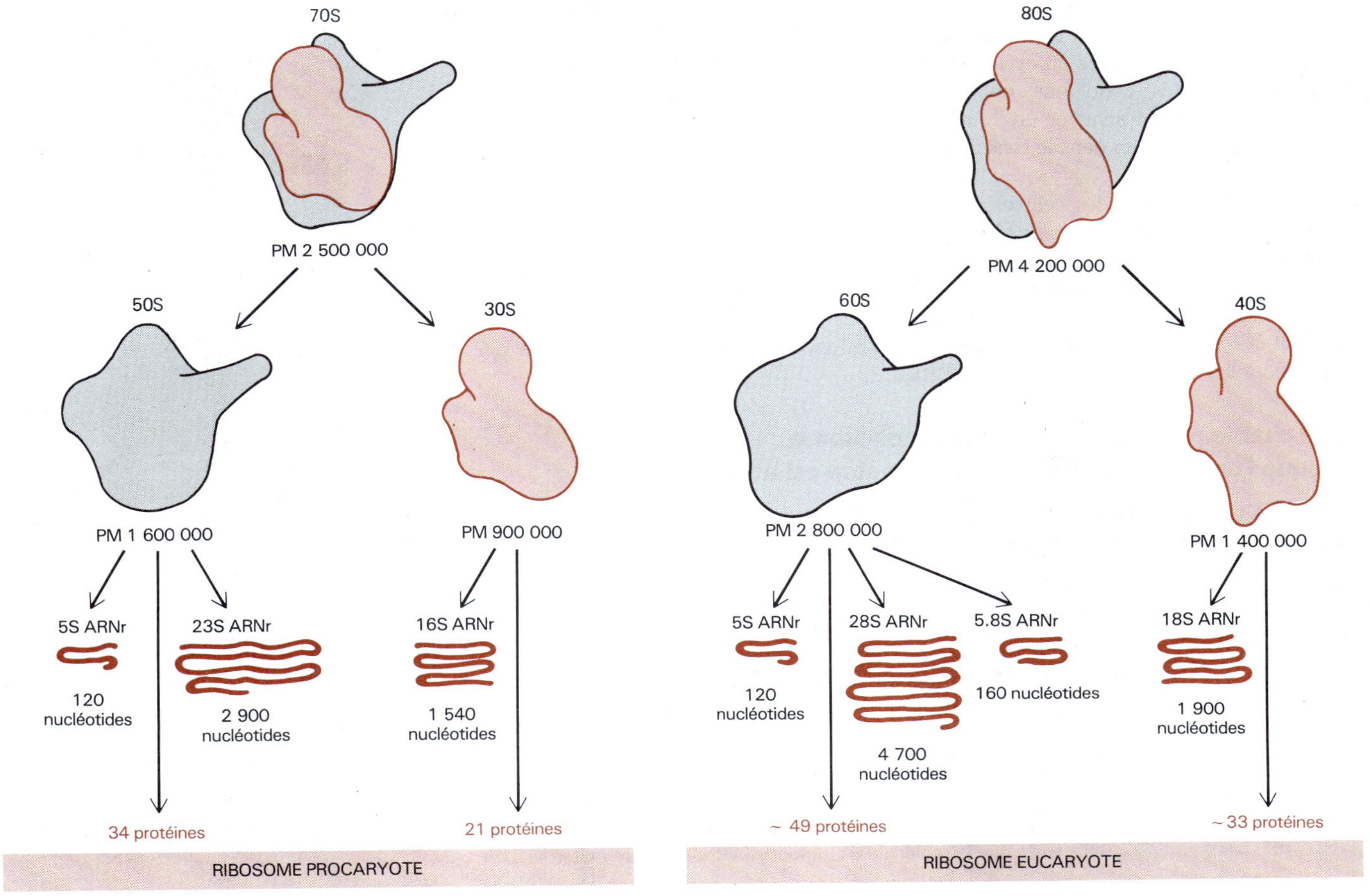

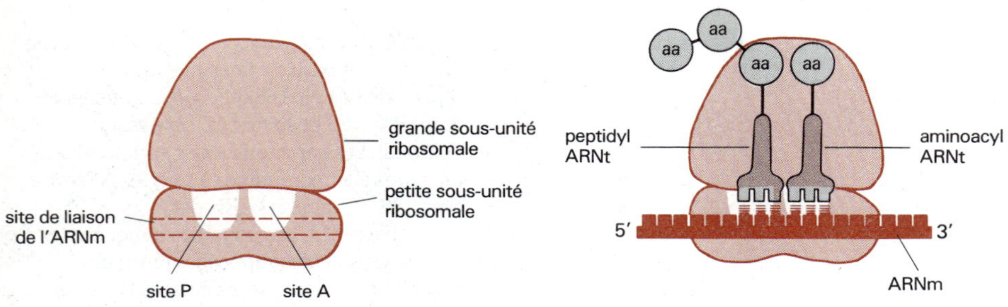

Figure 5-19 Les trois principaux sites de liaison sur un ribosome. Un ribosome vide est montré à gauche et un ribosome chargé à droite. La représentation du ribosome dans cette figure et dans les trois suivantes est très schématique ; pour une vue plus précise, voir les Figures 5-16 et 5-23.

chargée d'un acide aminé. Une molécule d'ARNt n'est solidement fixée à l'un ou à l'autre de ces sites, que si son anticodon s'apparie avec un codon complémentaire sur la molécule d'ARNm qui est liée au ribosome. Les sites A et P sont si proches l'un de l'autre que les deux molécules d'ARNt sont contraintes de s'apparier à des codons adjacents de la molécule d'ARNm (Figure 5-19).

On peut considérer que le mécanisme d'élongation de la chaîne polypeptidique sur un ribosome est un cycle de trois étapes distinctes (Figure 5-16). Au cours de la première étape, une molécule d'aminoacyl-ARNt se lie à un site A libre du ribosome (adjacent à un site P occupé) en s'appariant aux trois nucléotides de l'ARNm exposés au site A. Au cours de la deuxième étape, l'extrémité carboxylée de la chaîne polypeptidique est séparée de la molécule d'ARNt du site P et ajoutée par une liaison peptidique à l'acide aminé fixé à la molécule d'ARNt du site A. Cette réaction est catalysée par la **peptidyl transférase**. Son activité, de type enzymatique, requiert l'intégrité du ribosome, et une région spécifique de la molécule d'ARNm majeure de la grande sous-unité est supposée en être le médiateur. Au cours de la troisième étape, le nouveau peptidyl-ARNt est « transloqué » du site A au site P pendant que le ribosome avance exactement de trois nucléotides le long de la chaîne d'ARNm. Cette étape requiert de l'énergie et est activée par une série de changements de conformation induits dans l'un des composants ribosomaux par l'hydrolyse d'une molécule de GTP (voir page 130).

Durant le processus de transfert (« translocation ») de la troisième étape, la molécule d'ARNt libre, engendrée au site P pendant l'étape 2, est libérée du ribosome et retourne dans le « pool » des ARNt cytoplasmiques. Par conséquent, dès l'achèvement de l'étape 3, le site A inoccupé est libre d'accepter une nouvelle molécule d'ARNt liée à l'acide aminé suivant et le cycle recommence. Comme un cycle s'effectue chez la bactérie en un vingtième de seconde environ, dans des conditions optimales, la synthèse complète d'une molécule de 400 acides aminés est achevée en 20 secondes environ. Les ribosomes se déploient le long d'une molécule d'ARNm dans le sens 5′ → 3′ qui est aussi le sens de la synthèse d'ARN (voir Figure 5-2).

Dans la majorité des cellules, la synthèse protéique consomme plus d'énergie que n'importe quel autre processus de biosynthèse. Quatre liaisons phosphates riches en énergie, au moins, sont scindées pour réaliser une nouvelle liaison peptidique. Deux d'entre elles sont nécessaires pour charger chaque molécule d'ARNt avec un acide aminé (voir Figure 5-10), et deux autres commandent les étapes du cycle des réactions qui se produisent sur le ribosome pendant la synthèse elle-même : une pour la liaison aminoacyl-ARNt à l'étape 1 (voir p. 217) et une pour la translocation ribosomale à l'étape 3.

5-5 5-8 Une chaîne protéique se détache du ribosome lorsque l'un des trois différents codons stop est atteint [6,8]

Trois des 64 codons possibles (UAA, UAG, et UGA) dans une molécule d'ARNm sont des **codons stop**, qui terminent le processus de traduction. Des protéines cytoplasmiques, appelées *facteurs*

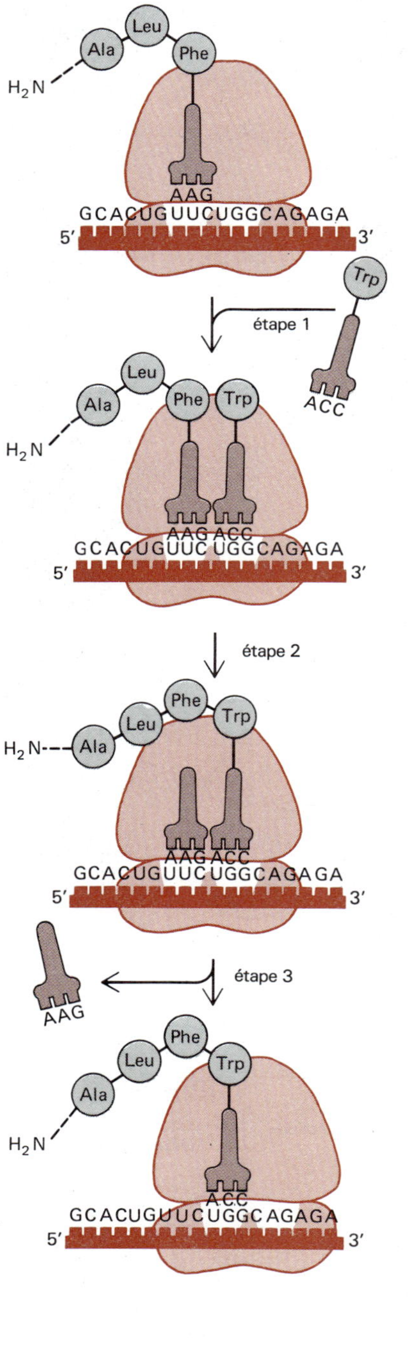

Figure 5-20 La phase d'élongation de la synthèse protéique sur un ribosome. Le cycle en trois étapes est continuellement recommencé pendant la synthèse d'une chaîne protéique. Dans l'étape 1 une molécule d'aminoacyl-ARNt se lie au site A du ribosome ; une nouvelle liaison peptidique est formée dans l'étape 2 ; et dans l'étape 3, le ribosome se déplace sur une distance de trois nucléotides le long de la chaîne d'ARNm expulsant une ancienne molécule d'ARNt et « replaçant » le ribosome de telle sorte que la molécule d'aminoacyl-ARNt suivante puisse se fixer.

de libération, se lient directement à tout codon stop qui atteint le site A sur le ribosome. Cette liaison modifie l'activité de la peptidyl transférase, l'amenant à catalyser l'addition au peptidyl-ARNt d'une molécule d'eau à la place d'un acide aminé. Cette réaction libère l'extrémité carboxylée de la chaîne polypeptidique en croissance de sa liaison à une molécule d'ARNt. Comme cette liaison est la seule qui retienne normalement le polypeptide en croissance au ribosome, la chaîne protéique complète est immédiatement libérée dans le cytoplasme (Figure 5-21). Le ribosome libère alors l'ARNm et se dissocie en ses deux sous-unités séparées, qui peuvent s'assembler sur une autre molécule d'ARNm pour commencer un nouveau cycle de synthèse protéique par le processus qui est décrit maintenant.

5-4 Le processus d'initiation ajuste la phase de lecture pour la synthèse protéique [6,9]

Une séquence d'ARN peut, en principe, être décodée dans l'une des trois **phases de lecture** différentes, chacune d'elles caractérisant une chaîne polypeptidique complètement différente (voir Figure 3-14, p. 102). La phase qui, parmi les trois, est réellement lue, est déterminée par la façon dont un ribosome s'ajuste sur une molécule d'ARNm. Lors de la phase *d'intiation* de la synthèse protéique, les deux sous-unités du ribosome sont assemblées à l'endroit exact de l'ARNm où la chaîne polypeptidique doit commencer.

Le processus d'initiation est compliqué, comprenant un certain nombre d'étapes catalysées par des protéines appelées **facteurs d'initiation (IF)**, dont beaucoup sont elles-mêmes composées de plusieurs chaînes polypeptidiques. Du fait de la complexité du processus, de nombreux détails de l'initiation sont encore incertains. Il est clair, cependant, que chaque ribosome est assemblé sur une chaîne d'ARNm en deux étapes ; la grande sous-unité se fixera seulement lorsque la petite sous-unité ribosomale chargée avec des facteurs d'initiation aura trouvé le codon de départ.

Avant qu'un ribosome puisse commencer une nouvelle chaîne protéique, il doit fixer une molécule d'aminoacyl-ARNt en son site P, là où, normalement, seules des molécules de peptidyl-ARNt sont fixées (Figure 5-22). Une molécule d'ARNt particulière est nécessaire à cet effet. Cet **ARNt initiateur** fournit l'acide aminé qui commence une chaîne protéique, et il porte toujours une méthionine (une amino-formyl méthionine chez les bactéries). Chez les eucaryotes, la molécule d'ARNt initiateur est chargée sur la petite sous-unité ribosomale avant que l'ARNm ne soit fixé. Un important facteur d'initiation appelé *facteur d'initiation eucaryote 2 (eIF-2)* est une protéine qui se fixe étroitement à l'ARNt initiateur et est nécessaire pour positionner l'ARNt sur la petite sous-unité. Dans certaines cellules, le taux global de synthèse protéique est contrôlé par ce facteur (voir plus loin).

Comme nous le décrirons dans le prochain paragraphe, la petite sous-unité ribosomale aide la molécule d'ARNt initiateur qui lui est associée à trouver un codon AUG particulier (le codon de départ) sur une molécule d'ARNm. Une fois que cela s'est produit, tous les facteurs d'initiation associés jusque-là à la petite sous-unité ribosomale sont libérés et laissent la place pour la liaison d'une grande sous-unité ribosomale à la petite. Puisque la molécule d'ARNt initiateur est liée au site P du ribosome, la synthèse d'une chaîne protéique peut commencer directement par la liaison d'une seconde molécule d'aminoacyl-ARNt au site A du ribosome (Figure 5-22). Ainsi, un ribosome fonctionnel complet est assemblé avec une molécule d'ARNt qui lui est fixée (Figure 5-23). Les étapes ultérieures de la phase d'élongation de la synthèse protéique s'enchaînent alors comme nous l'avons décrit précédemment (voir l'étape 2 de la Figure 5-20). Puisqu'une molécule d'ARNt initiateur a commencé chaque chaîne polypeptidique, toutes les protéines néosynthétisées ont une méthionine (ou le dérivé amino-formyle de la méthionine chez les bactéries) comme résidu amino-terminal. Cette méthionine est souvent éliminée peu de temps après son incorporation par une protéolyse limitée de un ou de quelques résidus amino-terminaux ; ce processus d'élagage est important car l'acide aminé laissé à cette extrémité détermine la durée de vie de la protéine dans la cellule (voir p. 419).

Le site d'intiation correct sur la molécule d'ARNm doit évidemment être sélectionné par la petite sous-unité agissant de concert avec des facteurs d'initiation mais en l'absence de la grande sous-unité, ce qui est probablement la raison pour laquelle tous les ribosomes sont formés de deux sous-unités séparées. Nous allons maintenant étudier la façon dont cette sélection s'effectue.

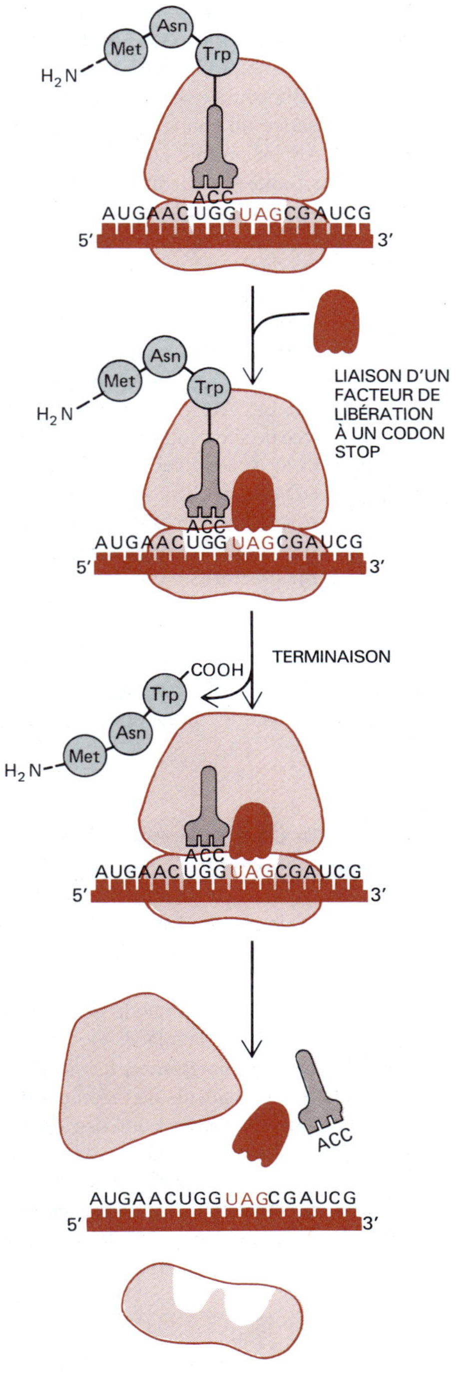

Figure 5-21 La phase finale de la synthèse protéique. La liaison d'un facteur de libération à un codon de terminaison arrête la traduction. Le polypeptide achevé est libéré, et le ribosome se dissocie en ses deux sous-unités.

5-45 Chez les eucaryotes, seule une espèce de chaîne polypeptidique est habituellement synthétisée à partir de chaque molécule d'ARNm [10]

Une molécule d'ARN messager contiendra de façon typique de nombreuses séquences AUG différentes, chacune d'entre elles pouvant coder la méthionine. Chez les eucaryotes, cependant, une seule de ces séquences AUG sera normalement reconnue par l'ARNt initiateur et servira par conséquent de **codon de départ.** Comment ce codon de départ est-il remarqué par le ribosome ?

Le mécanisme de sélection d'un codon de départ est différent chez les eucaryotes et les procaryotes. Les ARNm des eucaryotes (à l'exception de ceux qui sont synthétisés dans les mitochondries et dans les chloroplastes) sont modifiés dans le noyau aussitôt après leur transcription (voir p. 531). Deux modifications générales sont l'addition d'une structure unique en « chapeau » (cap) * composée d'un résidu 7-méthylguanosine lié à un triphosphate à l'extrémité 5′ (Figure 5-24), et l'addition d'une queue d'environ 200 résidus adényliques (« poly A ») à l'extrémité 3′. Le rôle, s'il en existe un, que joue le poly A dans le processus de traduction est incertain. Mais le chapeau 5′ est essentiel pour une synthèse protéique efficace. Des expériences réalisées avec des extraits de cellules eucaryotes ont montré que la petite sous-unité ribosomale se fixe tout d'abord à l'extrémité 5′ d'une chaîne d'ARNm, aidée par la reconnaissance du chapeau 5′ (Figure 5-22). Cette sous-unité se déplace ensuite le long de la chaîne d'ARNm portant son ARNt initiateur, à la recherche d'un codon de départ AUG. Les conditions requises pour un codon de départ ne sont apparemment pas très strictes, puisque seuls quelques nucléotides supplémentaires en dehors du codon AUG lui-même semblent être importants. Dans la majorité des ARN, seul le premier AUG convenable sera utilisé ; une fois qu'un codon de départ proche de l'extrémité 5′ a été sélectionné, aucun des nombreux autres codons AUG situés plus loin dans la chaîne ne peut servir de site d'initiation. En conséquence, une seule espèce de chaîne polypeptidique est habituellement synthétisée à partir de chaque molécule d'ARNm (pour les exceptions, voir p. 594).

Sous tous ces aspects, les ARNm procaryotes sont assez différents des ARNm eucaryotes (Figure 5-25). Les ARNm bactériens n'ont pas de chapeau 5′. Au lieu de cela, ils contiennent une séquence de site d'initiation plus complexe, d'une longueur qui peut atteindre 6 nucléotides, et qui peut se rencontrer en de nombreux points sur une même molécule d'ARNm. Ces séquences d'initiation sont localisées quatre à sept nucléotides en amont d'une séquence AUG et elles forment des paires de bases avec une région spécifique de l'ARNr dans un ribosome pour signaler l'initiation de la synthèse protéique au niveau de ce codon de départ adjacent. Les ribosomes bactériens, contrairement aux ribosomes eucaryotes, peuvent se lier directement au milieu d'une molécule d'ARNm pour reconnaître un codon de départ et initier une chaîne polypeptidique. En conséquence, les ARNm bactériens sont généralement *polycistroniques,* ce qui signifie qu'ils codent de nombreuses protéines traduites séparément à partir de la même molécule d'ARNm. Par opposition, les ARNm eucaryotes sont *monocistroniques,* une seule espèce de chaîne polypeptidique étant traduite par molécule de messager (voir Figure 5-25).

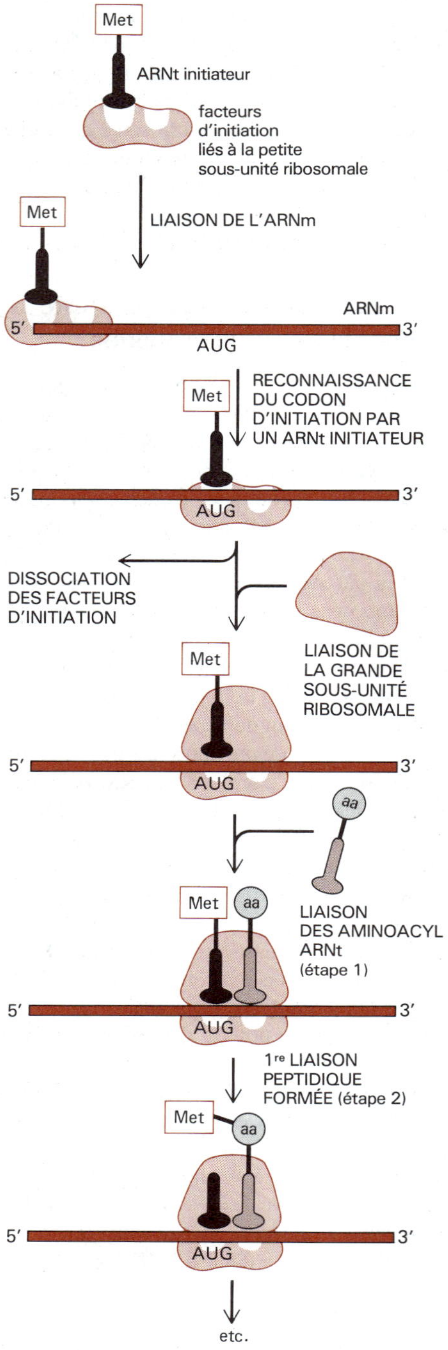

Figure 5-22 La phase d'initiation de la synthèse protéique. Les événements sont illustrés tels qu'ils se produisent chez les eucaryotes mais un processus tout à fait semblable se produit chez les bactéries. Les étapes 1 et 2 se réfèrent aux étapes de la réaction d'élongation montrée dans la Figure 5-20.

La liaison de nombreux ribosomes à une seule molécule d'ARNm engendre des polyribosomes [11]

La synthèse complète d'une protéine nécessite 20 à 60 secondes en moyenne. Mais, même durant cette très courte période, de nombreuses initiations ont habituellement lieu sur chaque molécule d'ARNm en cours de traduction. Un nouveau ribosome se place à l'extrémité 5′ de la molécule d'ARNm dès que le ribosome précédent a traduit une séquence suffisante d'acides aminés pour laisser la place. De telles molécules d'ARNm sont ainsi présentes dans les **polyribosomes,** ou **polysomes,** formées par plusieurs ribosomes distants de 80 nucléotides le long d'une seule molécule de messager (Figures 5-26 et 5-27).

Les polyribosomes sont des éléments cellulaires courants. Ils peuvent être isolés et séparés des ribosomes uniques dans le cytosol par ultracentrifugation après lyse cellulaire (Figure 5-28). L'ARNm purifié à partir de ces polyribosomes peut être utilisé pour déterminer si la protéine codée par une séquence d'ADN particulière est activement synthétisée dans les cellules utilisées pour préparer les polyribosomes. Ces molécules d'ARNm peuvent également servir de matériel de départ pour la préparation de banques d'ADNc spécialisées (voir p. 261).

* On rencontre aussi le terme de « coiffe ».

10-25 ## Le taux global de synthèse protéique chez les eucaryotes est contrôlé par des facteurs d'initiation [12]

Comme nous le verrons dans le Chapitre 13, les cellules d'un organisme pluricellulaire ne se multiplient que si elles sont dans un environnement où elles sont stimulées par des facteurs de croissance spécifiques. Bien que les mécanismes d'action des facteurs de croissance ne soient pas entièrement compris, un de leurs effets majeurs doit être d'accroître le taux global de la synthèse protéique (p. 746). Qu'est-ce qui détermine ce taux ? Des études directes dans les tissus sont difficiles ; mais lorsque des cellules eucaryotes en culture sont privées de nutriments, il y a une baisse marquée du taux d'*initiation* de la chaîne polypeptidique dont on peut montrer qu'elle résulte de l'inactivation du facteur d'initiation eIF-2 de la synthèse protéique. Dans un type de cellule au moins (les globules rouges immatures), l'activité de eIF-2 est réduite de manière contrôlée par la phosphorylation de l'une de ses trois sous-unités protéiques. Cette découverte suggère que le taux de synthèse protéique eucaryote peut être contrôlé par des protéines kinases spécifiques qui, lorsqu'elles sont activées, réduisent la fréquence des événements d'initiation. L'action des facteurs de croissance peut se faire en partie par l'intermédiaire de molécules régulatrices intracellulaires qui inhibent ou neutralisent l'effet de telles protéines kinases.

Les facteurs d'initiation nécessaires à la synthèse protéique sont beaucoup plus nombreux et complexes chez les eucaryotes que chez les procaryotes, même s'ils accomplissent les mêmes fonctions élémentaires. Plusieurs des composants supplémentaires pourraient être des protéines de régulation qui répondent à différents facteurs de croissance et aident à contrôler la croissance cellulaire et la prolifération des organismes pluricellulaires. De tels contrôles ne sont pas nécessaires chez les bactéries, qui poussent généralement aussi vite que les nutriments de leur environnement l'autorisent.

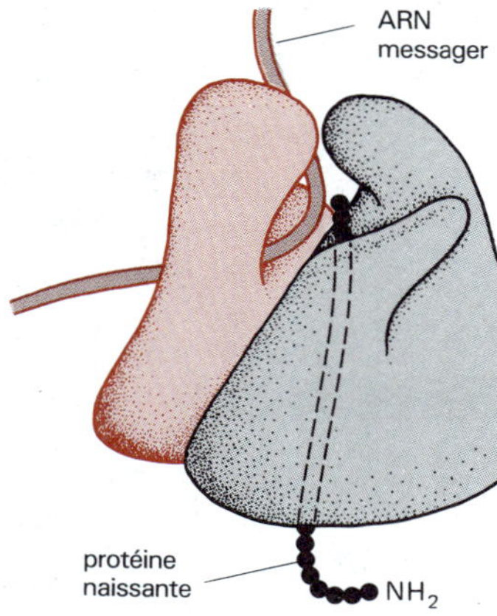

Figure 5-23 Modèle tridimensionnel d'un ribosome bactérien fonctionnel. La petite sous-unité (*en couleur*) et la grande sous-unité (*en noir*) forment un complexe à travers lequel passe l'ARN messager. Bien que les trajets exacts de l'ARNm et de la chaîne protéique naissante soient inconnus, l'addition d'acides aminés se produit dans la région commune représentée. (Adapté d'après J.A. Lake, *Ann. Rev. Biochem.* 54 :507-530, 1985.)

5-9 ## La fidélité de la synthèse protéique est améliorée par deux processus distincts de correction sur épreuves [13]

Le taux d'erreur dans la synthèse protéique peut être estimé en surveillant la fréquence d'incorporation d'un acide aminé dans une protéine qui est normalement dépourvue de cet acide aminé. On observe des taux d'erreur d'environ 1 acide aminé mal incorporé pour 10^4 acides aminés polymérisés, ce qui signifie qu'une seule molécule protéique de taille moyenne (400 acides aminés) sur 25 environ contiendrait une erreur. La fidélité du processus de décodage dépend de la précision des deux mécanismes d'adaptation décrits précédemment : la liaison de chaque acide aminé à sa molécule d'ARNt correspondante et l'appariement des codons de l'ARNm aux anticodons de l'ARNt (voir Figure 5-12). Il n'est pas surprenant que les cellules aient développé des mécanismes de « correction sur épreuves » pour réduire le nombre d'erreurs dans ces deux étapes cruciales de la synthèse protéique.

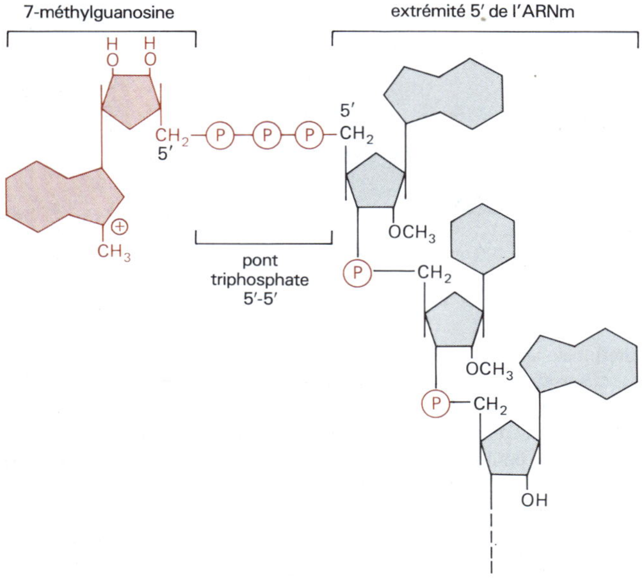

Figure 5-24 Structure du chapeau à l'extrémité 5' des molécules d'ARNm eucaryotes. Noter la liaison inhabituelle 5' - 5' à la 7-méthylguanosine chargée positivement et la méthylation du groupement 2'-hydroxyle sur le premier ribose dans l'ARN (le second ribose n'est pas toujours méthylé).

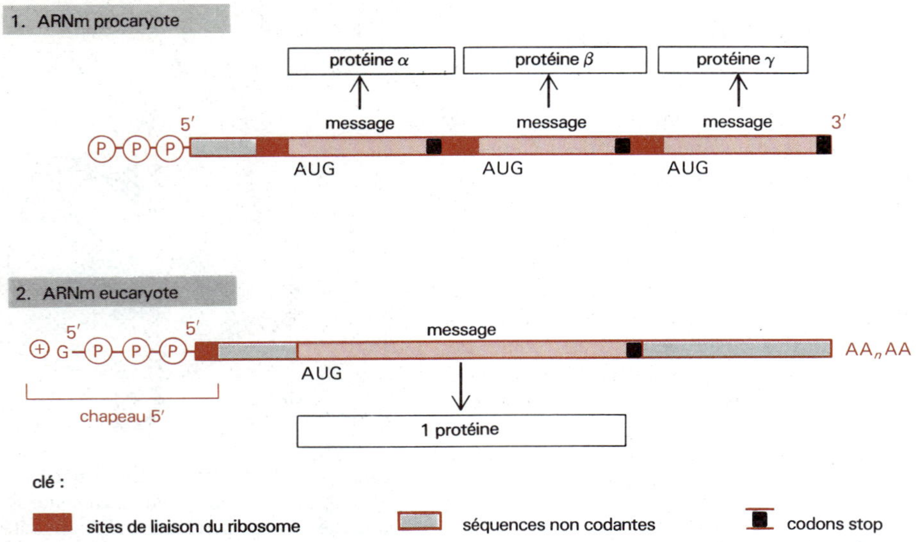

Figure 5-25 Comparaison des structures des molécules d'ARNm procaryote et eucaryote. Bien que les deux ARNm soient synthétisés avec un groupement triphosphate à leur extrémité 5′, la molécule d'ARNm eucaryote acquiert immédiatement un chapeau 5′. Chez les eucaryotes, la petite sous-unité ribosomale reconnaît spécifiquement l'extrémité 5′ de l'ARNm grâce à ce chapeau 5′. Toute synthèse commence donc au niveau d'un codon de départ proche de l'extrémité 5′ (voir Figure 5-22). Chez les procaryotes, au contraire, l'extrémité 5′ n'a pas de signification particulière, et il peut y avoir de nombreux sites de fixation des ribosomes tout le long d'une chaîne d'ARNm, la synthèse d'une protéine différente s'effectuant en chacun d'eux.

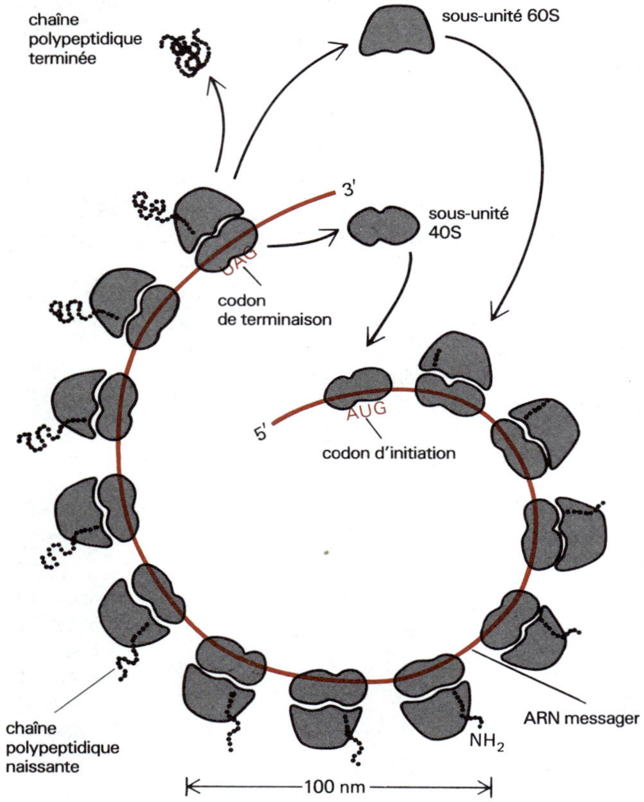

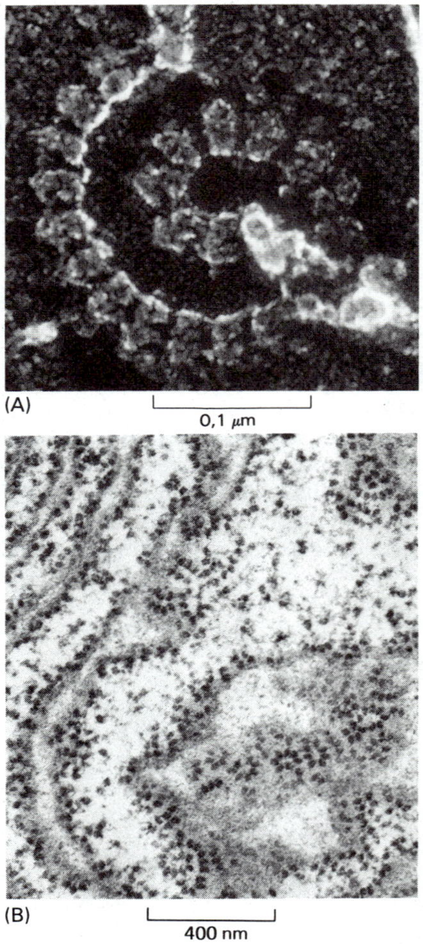

Figure 5-26 Représentation schématique d'un polyribosome montrant qu'un groupe de ribosomes traduit simultanément la même molécule d'ARNm. Pour chaque chaîne polypeptidique synthétisée à partir d'une molécule d'ARNm dans une cellule eucaryote, la synthèse protéique commence avec la fixation d'une petite sous-unité ribosomale au seul site approprié sur la molécule d'ARNm et s'effectue de l'extrémité 5′ vers l'extrémité 3′ de la chaîne d'ARNm. Lorsqu'une chaîne polypeptidique est terminée, le deux sous-unités ribosomales se dissocient de l'ARNm.

Figure 5-27 Micrographie électronique de polyribosomes typiques en action, pendant la synthèse protéique dans une cellule eucaryote. (A) Décapage profond (B) section fine. Le cytoplasme cellulaire est généralement rempli de tels polyribosomes, certains étant libres dans le cytosol et d'autres liés à la membrane. (A, avec l'autorisation de John Heuser ; B, avec l'autorisation de George Palade.)

Deux mécanismes fondamentalement différents sont utilisés pour réduire les erreurs dans les deux étapes, chacun étant représentatif de stratégies utilisées dans d'autres processus cellulaires. Les deux mécanismes impliquent une consommation d'énergie libre, puisque, comme nous l'avons expliqué dans le Chapitre 2 (p. 59), toute augmentation d'ordre dans la cellule se paye. Un mécanisme relativement simple est utilisé pour améliorer la précision de l'attachement des acides aminés aux ARNt. De nombreuses aminoacyl-ARNt synthétases ont deux sites actifs séparés, l'un d'eux effectue la réaction de chargement décrite précédemment (Figure 5-10), et l'autre reconnaît tout acide aminé incorrect lié à sa molécule d'ARNt et l'élimine par hydrolyse. Le processus de correction est coûteux, car, pour être efficace, il doit aussi éliminer une fraction appréciable d'acides aminés correctement attachés. Le même type de processus coûteux de correction sur épreuves en deux étapes est utilisé dans la réplication de l'ADN (voir p. 229).

Un mécanisme plus subtil de « correction dynamique sur épreuves » est utilisé pour améliorer la fidélité de l'appariement codon-anticodon. Jusqu'ici, nos avons donné une description simplifiée de cet appariement. En réalité, lorsque les molécules d'ARNt ont acquis un acide aminé, elles forment un complexe avec une molécule protéique appelée *facteur d'élongation (EF),* qui se lie étroitement à l'extrémité aminée des ARNt et à une molécule de GTP. C'est ce complexe, et non l'ARNt libre, qui s'apparie avec le codon approprié dans une molécule d'ARNm. Le facteur d'élongation fixé permet à l'appariement correct codon-anticodon de se produire, mais empêche l'incorporation de l'acide aminé dans la chaîne polypeptidique en croissance. Cependant, la reconnaissance initiale du codon déclenche l'hydrolyse, par le facteur d'élongation, du GTP qui lui est fixé (en GDP et en phosphate inorganique) : après quoi, le facteur peut se séparer du ribosome sans son ARNt, permettant à la synthèse protéique de se poursuivre. Comme l'illustre la Figure 5-29, le facteur d'élongation introduit ainsi un court délai entre l'appariement codon-anticodon et l'élongation de la chaîne polypeptidique, ce qui donne à la molécule d'ARNt fixée l'opportunité de quitter le ribosome. Une molécule d'ARNt incorrecte forme un plus petit nombre de liaisons hydrogène codon-anticodon qu'une molécule correcte ; elle se lie donc plus faiblement au ribosome et se dissociera plus facilement durant cette période. Puisque le délai introduit par le facteur d'élongation entraîne les molécules d'ARNt les plus incorrectement fixées à quitter le ribosome sans avoir été utilisées pour la synthèse protéique, ce facteur augmente le rapport des acides aminés correctement et incorrectement incorporés dans la protéine.

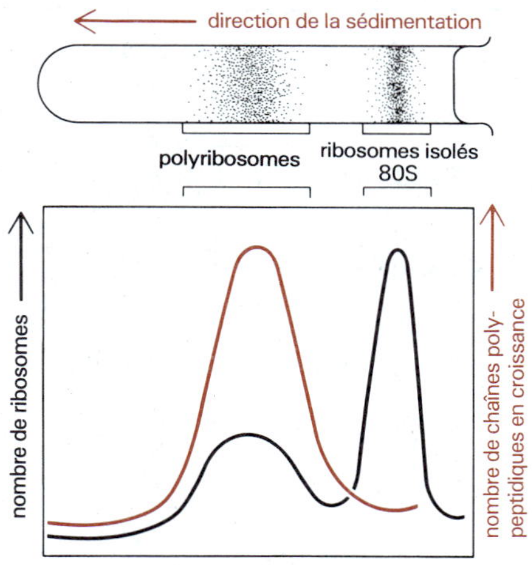

Figure 5-28 Façon dont les polyribosomes sont séparés des ribosomes isolés (et de leurs sous-unités) par centrifugation. Cette méthode est basée sur le fait que les gros agrégats moléculaires se déplacent plus rapidement que les petits dans un champ gravitationnel intense. La sédimentation est généralement réalisée dans un gradient de saccharose pour stabiliser la solution contre le mélange par convection (voir p. 164).

Figure 5-29 Une représentation plus détaillée de l'étape 1 de la phase d'élongation de la synthèse protéique illustre la façon dont l'ARNt correct est sélectionné sur le ribosome. Dans l'événement initial de liaison, une molécule d'aminoacyl-ARNt liée au facteur d'élongation s'apparie de façon transitoire avec le codon au niveau du site A. Cet appariement déclenche l'hydrolyse du GTP par le facteur d'élongation, permettant au facteur de se dissocier de la molécule d'aminoacyl-ARNt, qui peut alors s'emboîter correctement dans le site A et participer à l'élongation de la chaîne (voir Figure 5-20). En général, seuls les ARNt qui ont l'anticodon correct peuvent rester appariés à l'ARNm assez longtemps pour être ajoutés à la chaîne polypeptidique en croissance. Le facteur d'élongation, qui est une protéine abondante, est désigné par EF-Tu chez les procaryotes et par EF-1 chez les eucaryotes.

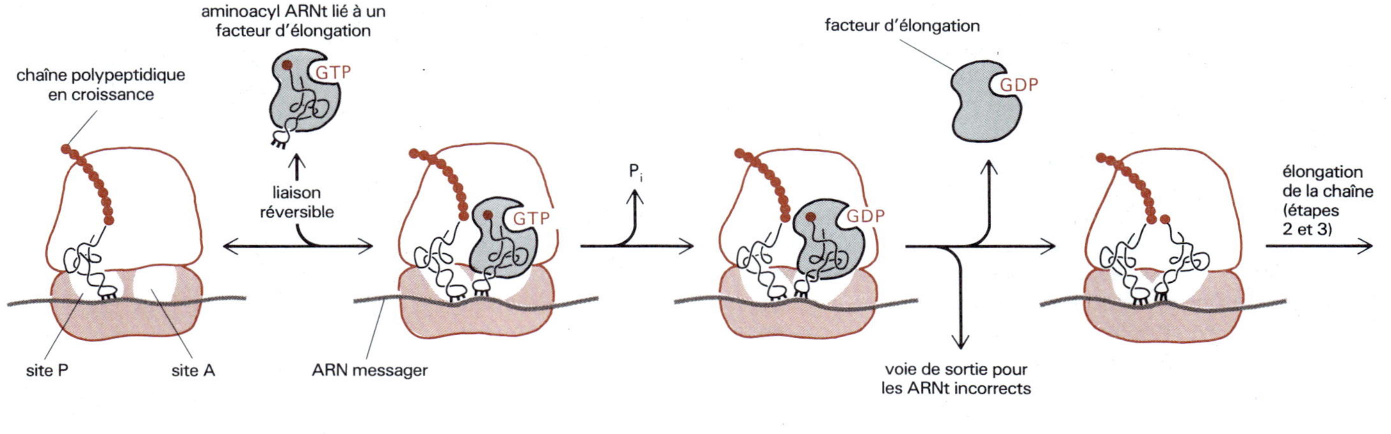

Tableau 5-1 Inhibiteurs de la synthèse des protéines ou des ARN

Inhibiteurs	Effets spécifiques
*Actifs seulement chez les procaryotes**	
Tétracycline	bloque la liaison des aminoacyl-ARNt au site A des ribosomes.
Streptomycine	empêche la transition entre le complexe d'initiation et le ribosome de la chaîne en cours d'élongation et entraîne un mauvais codage.
Chloramphénicol	bloque la réaction de la peptidyl transférase sur les ribosomes (étape 2, Figure 5-20).
Erythromycine	bloque la réaction de translocation sur les ribosomes (étape 3, Figure 5-20).
Rifamycine	bloque l'initiation des chaînes d'ARN en se liant à l'ARN polymérase (inhibe la synthèse de l'ARN).
Actifs chez les procaryotes et les eucaryotes	
Puromycine	entraîne une libération prématurée de la chaîne polypeptidique naissante en se liant à l'extrémité de la chaîne en croissance.
Actinomycine D	se lie à l'ADN et bloque le mouvement de l'ARN polymérase (inhibe la synthèse de l'ARN).
Actifs seulement chez les eucaryotes	
Cycloheximide	bloque la réaction de la translocation sur les ribosomes (étape 3, Figure 5-20).
Anisomycine	bloque le réaction de la peptidyl transférase sur les ribosomes (étape 2, figure 5-20)
α-Amanitine	bloque la synthèse des ARNm en se liant préférentiellement à l'ARN polymérase II.

* Les ribosomes des mitochondries eucaryotes (et des chloroplastes) ont souvent une sensibilité aux inhibiteurs voisine de celle des procaryotes.

5-10 De nombreux inhibiteurs de la synthèse protéique des procaryotes sont utilisés comme antibiotiques [14]

Beaucoup des antibiotiques les plus efficaces utilisés par la médecine moderne agissent par inhibition de la synthèse protéique bactérienne. Un certain nombre de ces médicaments exploitent les différences structurelles et fonctionnelles entre les ribosomes procaryotes et eucaryotes de façon à toucher préférentiellement les ribosomes procaryotes. Cette sélectivité permet l'emploi chez l'homme de certains de ces produits à des concentrations relativement élevées, sans qu'il en résulte de toxicité exagérée. Puisque différents antibiotiques se lient à différentes régions des ribosomes bactériens, ils inhibent souvent des étapes différentes du processus de synthèse. Quelques-uns des produits les plus courants de ce groupe, ainsi que leurs effets spécifiques, sont donnés dans le Tableau 5-1. Plusieurs autres inhibiteurs de la synthèse protéique couramment utilisés, dont certains agissent sur les cellules eucaryotes, figurent également dans ce tableau ; ces derniers, bien sûr, ne peuvent être utilisés comme antibiotiques.

Puisqu'ils bloquent des étapes spécifiques des processus qui conduisent de l'ADN à la protéine, un grand nombre des composés du Tableau 5-1 sont utiles pour déchiffrer les mécanismes cellulaires. Parmi les médicaments les plus communément utilisés dans de telles études expérimentales, il y a le *chloramphénicol,* la *cycloheximide,* et la *puromycine,* chacun inhibant spécifiquement la synthèse protéique. Dans une cellule eucaryote, par exemple, le chloramphénicol n'inhibe la synthèse protéique que sur les ribosomes présents dans les mitochondries (et dans les chloroplastes des végétaux), reflétant probablement leurs origines procaryotes (voir p. 398). La cycloheximide, par contre, ne touche que les ribosomes cytosoliques. La différence de sensibilité de la synthèse protéique à ces deux médicaments fournit un moyen efficace de déterminer dans quel compartiment cellulaire une protéine particulière est traduite. La puromycine est particulièrement intéressante car c'est un analogue structurel de la molécule d'ARNt liée à un acide aminé ; le ribosome la prend pour un acide aminé authentique et l'incorpore de façon covalente au niveau de l'extrémité carboxylée de la chaîne polypeptidique en croissance, provoquant ainsi, de façon prématurée, la terminaison et la libération de ce polypeptide. Comme on peut s'y attendre, la puromycine inhibe tous les types de synthèse protéique.

Comment a évolué la synthèse protéique ? [15]

Les processus moléculaires qui sont à l'origine de la synthèse protéique sont inexplicablement complexes. Bien que nous puissions décrire un grand nombre d'entre eux, ils ne permettent pas de concevoir la façon dont se font la transcription, la réparation et la réplication de l'ADN. Comme nous l'avons vu, la synthèse protéique dans les organismes actuels est centrée sur une machine ribonucléoprotéique de très grande taille, le ribosome, qui est composé de protéines disposées autour d'un noyau de molécules d'ARNt. Pourquoi les molécules d'ARNr devraient-elles exister, et comment en vinrent-elles à jouer un tel rôle dominant dans la structure et la fonction du ribosome ? La réponse nous aiderait indubitablement à comprendre la synthèse protéique.

Avant la découverte de l'ARNm au début des années 1960, on soupçonnait que la grande quantité d'ARN dans les ribosomes avait une fonction de « messager », transportant l'information génétique de l'ADN aux protéines. Maintenant, nous savons, cependant, que tous les ribosomes d'une cellule contiennent un ensemble identique de molécules d'ARNr qui n'ont pas ce rôle informationnel. On a montré, dans les ribosomes bactériens, que de petites régions de l'ARNr ont des fonctions catalytiques dans la synthèse protéique ; par exemple, l'ARNr de la petite sous-unité des procaryotes forme une courte hélice appariée avec la séquence du site d'initiation sur les molécules d'ARNm, qui permet de positionner le codon de départ voisin AUG au niveau du site P. Des interactions de paires de bases semblables peuvent se former entre des molécules d'ARNt et d'ARNr, bien qu'elles n'aient pas encore été démontrées de façon concluante.

La synthèse protéique s'appuie aussi fortement sur un grand nombre de protéines différentes qui sont liées à l'ARNr dans un ribosome. Devant la complexité d'un processus comprenant autant de composants conjugués différents, de nombreux biologistes ont désespéré de ne jamais comprendre la voie d'évolution de la synthèse protéique. Cependant, la découverte récente de molécules d'ARN qui agissent comme enzymes (p. 105) a fourni une nouvelle manière de considérer cette voie. Comme nous l'avons vu au Chapitre 1, les premières réactions biologiques utilisaient probablement des molécules d'ARN plutôt que des molécules protéiques comme catalyseurs (voir pp. 4-9). Dans les premières cellules, des molécules d'ARNt peuvent avoir formé d'elles-mêmes des surfaces catalytiques qui leur permettaient de se lier et d'activer des acides aminés spécifiques sans avoir besoin d'enzymes aminoacyl-ARNt synthétases. De la même façon, des molécules d'ARNr ont pu elles-mêmes tenir lieu de « ribosome » complet, se repliant de façons complexes pour engendrer un ensemble compliqué de surfaces qui guidaient à la fois les appariements des ARNt avec des codons de l'ARNm et catalysaient la polymérisation des acides aminés liés à l'ARNt (voir la Figure 1-7, p. 7). Au cours de l'évolution, des protéines isolées ont pu s'ajouter à ce mécanisme, chacune rendant le processus un peu plus précis et efficace. La grande quantité d'ARN dans les ribosomes actuels peut donc être une réminiscence d'une étape très précoce de l'évolution, avant que des protéines ne soient apparues pour dominer la synthèse protéique.

Résumé

Avant que la synthèse d'une protéine particulière puisse débuter, la molécule d'ARNm correspondante doit être produite par la transcription de l'ADN. Ensuite, une petite sous-unité ribosomale se lie à la molécule d'ARNm au niveau du codon de départ qui est reconnu par une molécule unique d'ARNt initiateur. Une grande sous-unité ribosomale se lie pour compléter le ribosome et initier la phase d'élongation de la synthèse protéique. Durant cette phase, des aminoacyl-ARNt, portant chacun un acide aminé spécifique, se lient séquentiellement au codon approprié dans l'ARNm par l'appariement de bases complémentaires avec l'anticodon de l'ARNt. Chaque acide aminé est ajouté à l'extrémité C-terminale du polypeptide en croissance au cours d'un cycle qui comporte trois étapes successives : fixation d'un aminoacyl-ARNt suivi de la formation d'une liaison peptidique puis de la translocation ribosomale. Le ribosome progresse de codon en codon dans le sens 5′ → 3′ le long de la molécule d'ARNm jusqu'à ce que l'un des trois codons stop soit atteint. Un facteur de libération se lie alors au codon stop, achevant la traduction et séparant du ribosome le polypeptide achevé.

Les ribosomes eucaryotes et procaryotes ont une grande homologie, en dépit de différences importantes dans le nombre et la taille de leurs ARNr et composants protéiques. Le rôle prédominant de l'ARNr dans la structure et la fonction du ribosome peut refléter l'ancienne origine de la synthèse protéique, qui a évolué, pense-t-on, dans un environnement dominé par la catalyse par l'intermédaire de l'ARN.

Les mécanismes de réparation de l'ADN [16]

La survie à long terme d'une espèce peut être augmentée par des modifications de son patrimoine génétique, mais sa survie à court terme exige le maintien fidèle de la mémoire génétique. La conservation du matériel génétique demande non seulement un mécanisme extrêmement précis de copie des séquences de l'ADN avant qu'une cellule ne se divise, mais aussi un mécanisme de réparation des nombreuses lésions accidentelles qui se produisent continuellement dans son ADN. La plupart de ces modifications spontanées dans l'ADN sont transitoires car elles sont immédiatement effacées par un processus de correction appelé *réparation de l'ADN.* Exceptionnellement, un des processus de conservation de l'ADN de la cellule fait défaut et permet une modification permanente dans l'ADN. Un tel changement est appelé **mutation** et il peut détruire un organisme s'il se produit en une position vitale dans la séquence d'ADN.

Avant d'examiner les mécanismes de réparation de l'ADN, nous discuterons brièvement de la conservation des séquences d'ADN d'une génération à la suivante.

Les séquences de l'ADN sont conservées avec une très grande fidélité [17]

Le taux auquel des modifications stables se produisent dans les séquences d'ADN (le *taux de mutation*) ne peut être estimé que de manière indirecte. L'une des méthodes consiste à comparer la séquence d'acides aminés d'une même protéine dans plusieurs espèces différentes : la fraction des acides aminés qui sont différents peut alors être comparée au nombre estimé d'années écoulées depuis que chaque couple d'une espèce a divergé d'un ancêtre commun, ce temps étant déterminé à partir d'archives fossiles. De cette façon, on peut calculer le nombre moyen d'années qui se sont écoulées avant qu'une modification héréditaire devienne stable dans l'un des acides aminés de la protéine. Puisqu'un tel changement reflétera en général la modification d'un seul nucléotide dans la séquence d'ADN du gène codant pour cette protéine, cette valeur peut être utilisée pour estimer le nombre moyen d'années nécessaire à la genèse d'une seule mutation stable dans le gène.

De tels calculs sous-estimeront toujours considérablement le taux réel de mutation, car la majorité des mutations modifieront la fonction de la protéine et disparaîtront de la population sous la pression de la sélection naturelle. Il existe cependant une famille de protéines dont la séquence ne semble pas en souffrir, et les gènes qui les codent peuvent ainsi accumuler des mutations sans que la sélection ne les atteigne. Ces protéines sont les **fibrinopeptides** — des fragments de 20 résidus qui sont enlevés de la protéine *fibrinogène* lorsqu'elle est activée pour former la *fibrine* au cours de la coagulation sanguine. Puisque la fonction des fibrinopeptides ne dépend pas apparemment de leur séquence d'acides aminés, ils peuvent tolérer presque tout changement d'acide aminé. L'analyse des séquences des fibrinopeptides montre qu'une protéine de taille moyenne longue de 400 acides aminés serait modifiée de façon aléatoire par un changement d'acide aminé environ une fois tous les 200 000 ans. Plus récemment, la technologie de détermination de séquences d'ADN (voir p. 185) a permis de comparer des séquences nucléotidiques correspondantes dans des régions du génome qui ne codent pas de protéine. Des comparaisons de telles séquences dans plusieurs espèces différentes de mammifères fournissent des estimations du taux de mutation au cours de l'évolution qui sont en excellent accord avec celles obtenues d'après les études sur les fibrinopeptides.

Les taux de mutations observés dans des cellules en prolifération sont compatibles avec les estimations évolutives [18]

Le taux de mutation peut être estimé plus directement en observant le taux des modifications génétiques spontanées qui se produisent dans une importante population cellulaire sur une période relativement courte. Ceci peut être réalisé soit en estimant la fréquence avec laquelle de nouveaux mutants apparaissent dans des populations animales très importantes (par exemple, des colonies de drosophiles ou de souris) ; soit en cherchant des modifications de protéines spécifiques dans des cellules en culture. Bien qu'approximatifs, les chiffres obtenus dans les deux cas sont compatibles avec une fréquence d'erreurs qui correspond au changement d'une paire de bases sur environ 10^9 paires de bases pour chaque génération cellulaire. Par conséquent, un seul gène qui code une protéine de taille moyenne (contenant environ 10^3 paires de bases codantes) subirait une mutation toutes les 10^6 générations cellulaires. Ce nombre est à peu près en accord avec l'estimation évolutive donnée plus haut, dans laquelle une mutation se produit dans un gène moyen de la lignée germinale tous les 200 000 ans.

5-16 La plupart des mutations dans les protéines sont nuisibles et sont éliminées par la sélection naturelle [17]

Quand on trace la graphe du nombre de différences d'acides aminés dans une protéine particulière pour plusieurs couples d'organismes en fonction du temps à partir duquel ces organismes ont divergé, on obtient approximativement une droite. Ceci signifie que plus le temps écoulé depuis la divergence est long, plus les différences sont nombreuses. Par convention, la pente de cette droite peut être exprimée en termes d'« unités de période évolutive » pour la protéine considérée (temps moyen pour que se produise une modification d'un acide aminé dans une séquence de 100 résidus d'acides aminés. Lorsque ceci est réalisé pour différentes protéines, chacune montre un taux d'évolution différent mais caractéristique (Figure 5-30). Puisque l'on pense que toutes les paires de bases de l'ADN sont à peu près soumises au même taux de mutation aléatoire, ces différents taux doivent refléter des différences dans la probabilité pour qu'un organisme porteur d'une mutation aléatoire dans une protéine donnée survive et se propage. Des modifications dans la séquence d'acides aminés sont évidemment beaucoup plus nuisibles pour certaines protéines que pour d'autres. D'après le Tableau 5-2, nous pouvons estimer qu'environ 6 modifications aléatoires d'acides aminés sur 7 sont nuisibles dans l'hémoglobine, qu'environ 29 sur 30 modifications d'acides aminés sont préjudiciables dans le cytochrome c, et que pratiquement tout changement d'acide aminé est nuisible dans l'histone H4. On peut supposer que des individus qui portent de telles mutations nuisibles sont éliminés de la population par sélection naturelle.

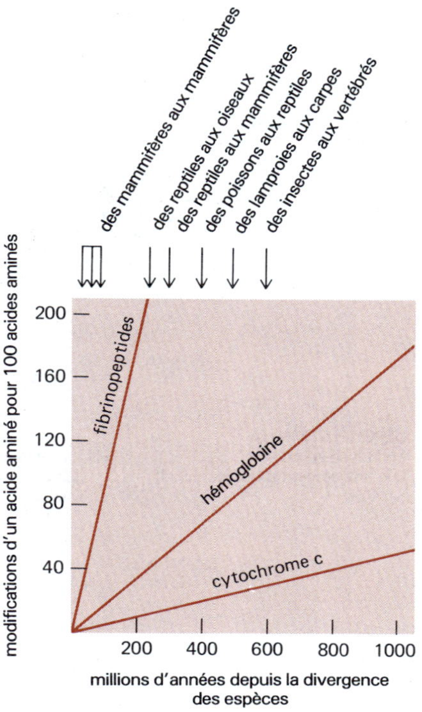

Figure 5-30 Comparaison des taux de changement des acides aminés trouvés dans l'hémoglobine et dans le cytochrome c avec celui trouvé pour les fibrinopeptides. Au cours de l'évolution, l'hémoglobine et le cytochrome c ont changé beaucoup plus lentement que les fibrinopeptides. Il est important dans la détermination des taux de changement par année (comme dans le Tableau 5-2), de réaliser que deux organismes qui ont divergé à partir d'un ancêtre commun il y a 100 millions d'années, sont séparés par 200 millions d'années de temps évolutif.

De faibles taux de mutation sont nécessaires à la vie telle que nous la connaissons [19]

Puisque la plupart des mutations sont nuisibles, aucune espèce ne peut se permettre de les laisser s'accumuler à un taux élevé dans ses cellules germinales. Nous discuterons plus tard (p. 485) les raisons pour lesquelles on pense que la fréquence de mutation observée, aussi faible soit-elle, limite néanmoins le nombre de protéines essentielles que tout organisme peut coder dans sa lignée germinale à environ 60 000. Par une extension des mêmes arguments, une fréquence de mutation dix fois plus élevée limiterait un organisme à environ 6 000 protéines essentielles. Dans ce cas, l'évolution se serait probablement arrêtée à un organisme considérablement moins complexe que *Drosophile*.

Tandis que les cellules germinales doivent être protégées contre des taux de mutation élevés afin de maintenir l'espèce, les autres cellules d'un organisme pluricellulaire (ses cellules *somatiques*) doivent être protégées contre des variations génétiques pour sauvegarder l'individu. Des modifications nucléotidiques dans des cellules somatiques peuvent faciliter un processus de sélection naturelle qui conduit à la survie des cellules les plus aptes aux dépens du reste de l'organisme. Dans le cas extrême, il en résulte une prolifération cellulaire incontrôlée, connue sous le nom de cancer, et qui provoque environ 20 p. cent des décès dans l'hémisphère occidental. Il y a de bonnes raisons de penser que ces décès sont largement dus à l'accumulation de mutations dans les séquences d'ADN des cellules somatiques (voir Chapitre 21, p. 1190). Une augmentation de la fréquence de mutation d'un facteur dix provoquerait probablement une augmentation désastreuse de la fréquence du cancer en accélérant le taux d'apparition de

Tableau 5-2 Taux de changement des séquences d'acides aminés observés dans plusieurs protéines au cours de l'évolution

Protéines	Unité de temps évolutif (en millions d'années)
Fibrinopeptide	0,7
Hémoglobine	5
Cytochrome c	21
Histone H4	500

L'« unité de temps » est définie comme la moyenne du temps requis pour qu'apparaisse un changement d'acide aminé acceptable, dans la protéine étudiée, tous les 100 acides aminés que cette protéine contient.

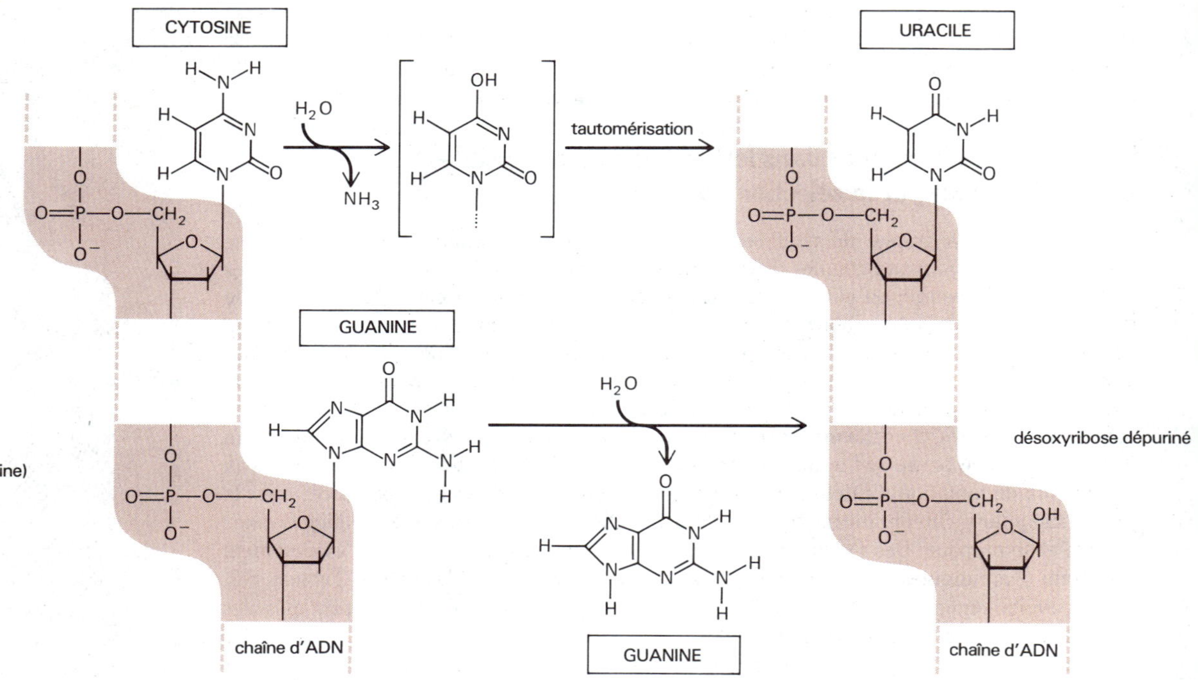

Figure 5-31 Deux réactions chimiques spontanées connues pour provoquer de sérieux dommages dans l'ADN des cellules sont la désamination et la dépurination. Un exemple spécifique est représenté pour chaque type de réaction.

variants des cellules somatiques. Ainsi, pour la perpétuation d'une espèce possédant 60 000 protéines (stabilité des cellules germinales), comme pour la prévention du cancer résultant de mutations dans les cellules somatiques (stabilité des cellules somatiques), les eucaryotes dépendent de la remarquable fidélité avec laquelle les séquences d'ADN sont conservées.

De faibles taux de mutation signifient que des organismes voisins doivent être composés essentiellement des mêmes protéines [17]

Les êtres humains, en tant qu'espèce distincte des grands singes, n'existent que depuis quelques millions d'années. Chaque gène n'a donc pas eu la possibilité d'accumuler un grand nombre de modifications nucléotidiques depuis notre « naissance », et la plupart d'entre elles ont été éliminées par la sélection naturelle. Une comparaison entre les êtres humains et les singes montre, par exemple, que la différence entre leurs molécules de cytochrome c n'est que de 1 p. cent et que leurs hémoglobines n'ont environ que 4 p. cent de résidus d'acides aminés différents. Il est clair qu'une grande partie de notre héritage génétique doit avoir été formée bien avant l'apparition de l'*Homo sapiens*, durant l'évolution des mammifères (débutant il y a environ 3×10^8 années) et même plus tôt. Puisque les protéines de mammifères aussi différents que l'homme et la baleine sont très semblables, les transformations qui ont produit des différences morphologiques aussi frappantes au cours de l'évolution doivent impliquer relativement peu de modifications dans les molécules dont nous sommes constitués. Il est plus vraisemblable que les différences dans le schéma temporel et spatial de l'expression génique au cours du développement embryonnaire sont largement responsables de ces différences morphologiques. Dans le Chapitre 10, nous discuterons de la façon dont peuvent apparaître des modifications de ce type dans l'expression génique (p. 606).

5-13 5-17 Si elles n'étaient pas corrigées, les lésions spontanées de l'ADN modifieraient rapidement les séquences d'ADN [20]

Le physicien Erwin Schroedinger fit remarquer en 1945 que, quelle que soit sa nature chimique (à cette époque inconnue), un gène devait être extrêmement petit et composé de peu d'atomes. Sinon le très grand nombre de gènes nécessaires à la genèse d'un organisme ne tiendrait pas dans le noyau cellulaire. D'autre part, à cause de sa petitesse, on pouvait s'attendre à ce qu'un gène subisse des transformations significatives dues à des réactions spontanées induites par des collisions thermiques aléatoires avec des molécules de solvant. Ceci constituait un sérieux dilemme puisque les données génétiques laissent supposer que les gènes sont composés d'une substance remarquablement stable dans laquelle des changements spontanés (mutations) ne se produisent que très rarement.

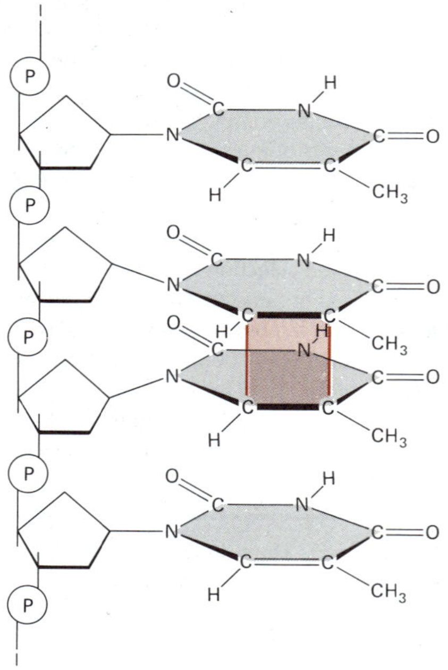

Figure 5-32 La structure du dimère de thymine, un type de lésion introduit dans l'ADN lorsque les cellules sont exposées au rayonnement ultraviolet (comme celui du soleil). Un dimère semblable se formera entre deux bases pyrimidines voisines quelles qu'elles soient (résidus C ou T) dans l'ADN.

Ce dilemme est réel. L'ADN subit en effet des modifications majeures du fait des fluctuations thermiques. Nous savons maintenant, par exemple, qu'environ 5 000 bases puriques (adénine et guanine) sont détachées chaque jour de l'ADN de chaque cellule humaine à cause de la rupture thermique de leurs liaisons *N*-glycosyl-désoxyribose (*dépurination*). De la même façon, on estime que la désamination spontanée de la cytosine en uracile dans l'ADN se produit à un taux de 100 bases modifiées par génome et par jour (Figure 5-31). Les bases de l'ADN peuvent aussi être modifiées par des métabolites réactifs qui peuvent changer leur capacité d'appariement, et par le rayonnement ultraviolet du soleil, qui facilite la liaison covalente de deux bases pyrimidiques adjacentes dans l'ADN (formant, par exemple, les *dimères de thymidine* montrés sur la Figure 5-32). Ce ne sont que quelques-uns des nombreux changements qui peuvent se produire dans notre ADN. On s'attend à ce que la majorité d'entre eux conduisent soit à la délétion d'une ou de plusieurs paires de bases dans la chaîne d'ADN fille après la réplication de l'ADN, soit à la substitution d'une paire de bases (par exemple, chaque désamination d'un C → U transformera finalement une paire de bases C-G en une paire de bases T-A, puisqu'un U est très semblable à un T et forme une paire de bases complémentaires avec un A ; voir p. 56). Comme nous l'avons vu, un taux élevé de telles modifications aléatoires aurait des conséquences désastreuses pour les organismes vivants.

5-14 La stabilité des gènes dépend de la réparation de l'ADN [21]

En dépit des milliers de modifications aléatoires que l'énergie thermique provoque chaque jour dans l'ADN d'une cellule humaine, quelques modifications stables (mutations) tout au plus s'accumulent annuellement dans la séquence d'ADN d'une cellule normale. Nous savons maintenant que moins d'une modification de base accidentelle sur un millier dans l'ADN provoque une mutation ; le reste est éliminé avec une efficacité remarquable par le processus de **réparation de l'ADN**. Les mécanismes de réparation sont divers, mais presque tous sont basés sur l'existence de deux copies de l'information génétique, une sur chaque chaîne de la double hélice d'ADN. En conséquence, si la séquence est accidentellement modifiée dans une chaîne, l'information n'est pas irrémédiablement perdue car une seconde copie reste dans la séquence nucléotidique de l'autre chaîne. Le mécanisme de base de la réparation de l'ADN est illustré schématiquement sur la Figure 5-33 ; il implique trois étapes :

1. La partie modifiée d'une chaîne d'ADN endommagée est reconnue et éliminée par des enzymes spéciales appelées *nucléases de réparation de l'ADN*, qui hydrolysent les liaisons phosphodiesters qui unissent les nucléotides endommagés au reste de la molécule d'ADN, laissant une brèche dans l'hélice d'ADN dans cette région.
2. Une autre enzyme, l'**ADN polymérase**, se fixe à l'extrémité 3′ -OH de la chaîne d'ADN coupée et comble la brèche nucléotide après nucléotide en copiant l'information stockée dans la « bonne » chaîne (la *matrice*).
3. La cassure ou « coupure » laissée dans la chaîne endommagée lorsque l'ADN polymérase a comblé la brèche est soudée par un troisième type d'enzyme, l'**ADN ligase**, qui complète le processus de reconstitution.

L'ADN polymérase et l'ADN ligase jouent toutes les deux des rôles généraux importants dans le métabolisme de l'ADN ; toutes les deux, par exemple, agissent dans la réplication de l'ADN ainsi que dans la réparation de l'ADN. Les réactions catalysées par ces deux enzymes sont illustrées respectivement par les Figures 5-34 et 5-35.

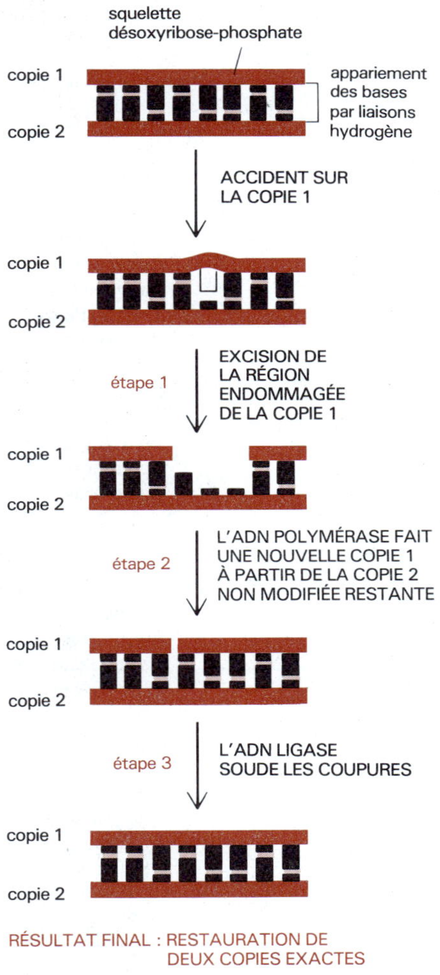

Figure 5-33 Les trois étapes de la réparation de l'ADN. Dans l'étape 1, la lésion est excisée ; dans les étapes 2 et 3, la séquence d'ADN d'origine est restaurée. L'ADN polymérase comble la brèche créée par les événements d'excision (étape 2), et l'ADN ligase soude la coupure laissée dans le brin réparé (étape 3). La soudure d'une coupure consiste à reformer une liaison phosphodiester coupée (voir Figure 5-35, ci-dessous).

5-18 5-19 Différents types de lésions de l'ADN sont reconnus par différentes enzymes [22]

Les détails de l'étape d'excision dans la réparation de l'ADN dépendent du type de lésion. La dépurination, par exemple, est de loin la lésion qui se produit le plus fréquemment dans l'ADN, laissant un désoxyribose avec une base manquante (voir Figure 5-31). Cet ose est rapidement reconnu par l'enzyme **endonucléase AP**, qui coupe le squelette phosphodiester de l'ADN au niveau du site modifié. Après l'excision enzymatique d'un résidu ose-phosphate, une séquence d'ADN en bon état est restaurée par le mécanisme précédemment décrit (voir Figure 5-33).

Un mécanisme de réparation voisin met en œuvre une batterie de différentes enzymes appelées **ADN glycosylases** ; chacune reconnaît un seul type de base modifiée dans l'ADN et catalyse son élimination par hydrolyse. Il existe au moins six enzymes de ce type, y compris celles qui éliminent les bases C ou A désaminées, différents types de bases alkylées, des bases avec des cycles ouverts, et des bases dans lesquelles une double liaison carbone-carbone a été accidentellement convertie en une seule liaison carbone-carbone. A titre d'exemple du

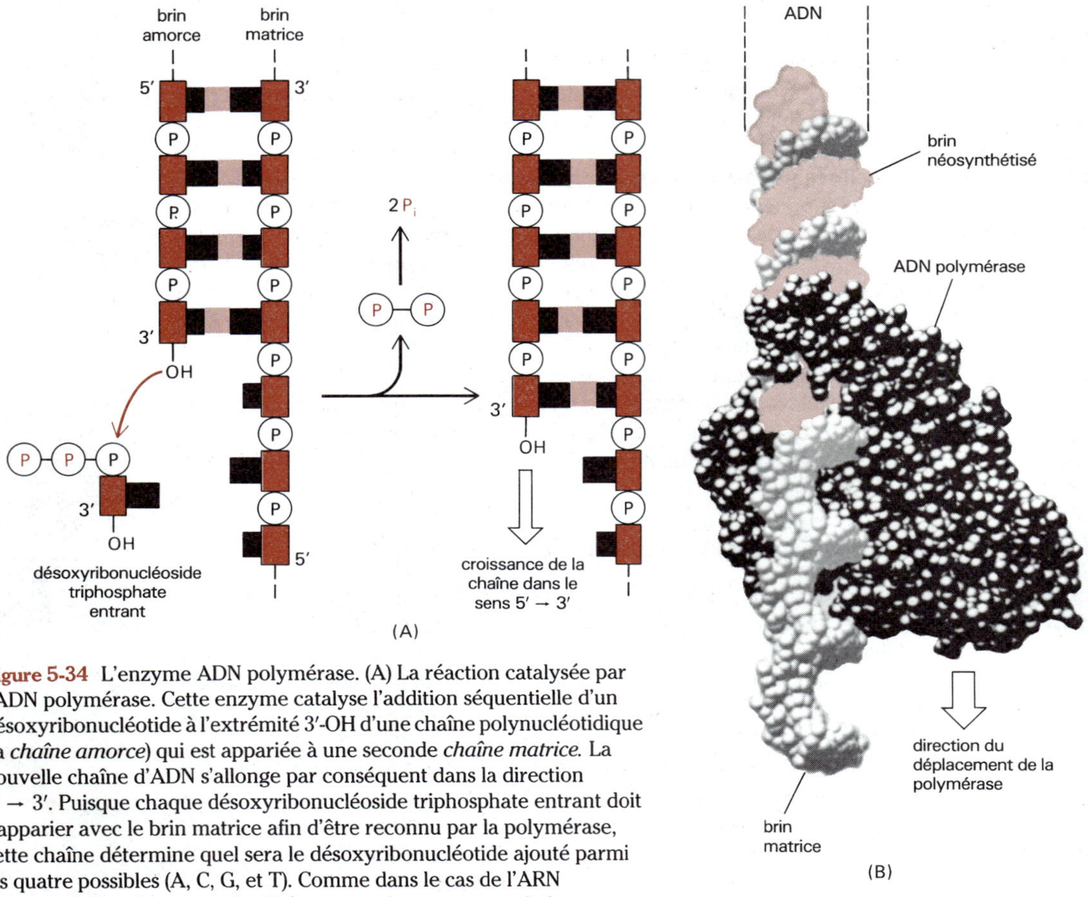

Figure 5-34 L'enzyme ADN polymérase. (A) La réaction catalysée par l'ADN polymérase. Cette enzyme catalyse l'addition séquentielle d'un désoxyribonucléotide à l'extrémité 3′-OH d'une chaîne polynucléotidique (la *chaîne amorce*) qui est appariée à une seconde *chaîne matrice*. La nouvelle chaîne d'ADN s'allonge par conséquent dans la direction 5′ → 3′. Puisque chaque désoxyribonucléoside triphosphate entrant doit s'apparier avec le brin matrice afin d'être reconnu par la polymérase, cette chaîne détermine quel sera le désoxyribonucléotide ajouté parmi les quatre possibles (A, C, G, et T). Comme dans le cas de l'ARN polymérase, la réaction est facilitée par une importante variation favorable d'énergie libre (voir Figure 5-2). (B) La structure d'une ADN polymérase d'*E. coli* déterminée par cristallographie aux rayons X. La polymérase est représentée telle qu'elle devrait apparaître au cours de la synthèse d'ADN. (Avec l'autorisation de Tom Steitz.)

Figure 5-35 L'enzyme ADN ligase soude une liaison phospodiester rompue. Comme on le montre, l'ADN ligase utilise une molécule d'ATP pour activer l'extrémité 5′ au niveau de la coupure (étape 1) avant de former la nouvelle liaison (étape 2). De cette façon, la réaction de coupure et de soudure énergétiquement défavorable se produit grâce à son couplage au processus énergétiquement favorable d'hydrolyse de l'ATP (voir p. 74). Dans le *syndrome de Bloom,* une maladie humaine héréditaire, les individus sont partiellement dépourvus d'ADN ligase et sont par conséquent dépourvus de système de réparation de l'ADN ; la fréquence des cancers est aussi dramatiquement augmentée chez ces malades.

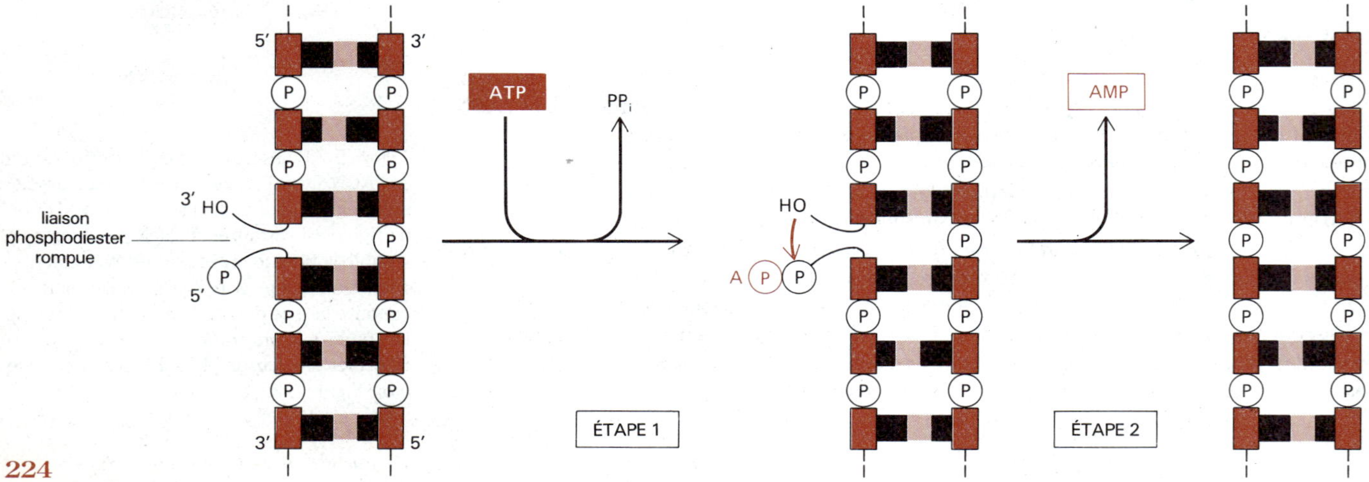

mécanisme général qui opère dans tous les cas, l'élimination d'un C désaminé est illustrée Figure 5-36. Dans un premier temps, l'enzyme uracile ADN glycosylase enlève la base défectueuse (uracile), produisant un désoxyribose dont une base est manquante. Puisque cet ose est le même substrat reconnu par l'endonucléase AP, les étapes ultérieures du processus de réparation se poursuivront de la même façon que pour des sites dépurinés. Le résultat global est que le U créé par désamination accidentelle est remplacé par le C initialement présent. L'importance de l'élimination de bases de l'ADN accidentellement désaminées a été directement démontrée. Chez des bactéries mutantes dépourvues de l'enzyme uracile ADN glycosylase, le taux spontané normalement faible de transformation d'une paire de bases C-G en T-A est augmenté d'un facteur voisin de vingt.

Les cellules ont un mécanisme particulier de **réparation de « lésions volumineuses »** (« bulky lesion » repair) capable d'éliminer presque n'importe quel type de liaison de l'ADN responsable d'un changement important dans la double hélice. Parmi ces très longues lésions, on peut citer celles provoquées par la réaction covalente entre les bases de l'ADN et de longs hydrocarbures (comme le benzopyrène qui est carcinogène), ainsi que divers dimères pyrimidiques (T-T, T-C et C-C) dus à la lumière solaire (voir Figure 5-32). Dans ces cas-là, un important complexe multienzymatique parcourt l'ADN afin de trouver une distorsion dans la double hélice plutôt qu'un changement de base particulier. Lorsqu'une lésion de très grande taille est découverte, le squelette phosphodiester du brin anormal est clivé des deux côtés de la distorsion et la lésion entière est excisée. La petite brèche produite dans l'hélice d'ADN est alors réparée de la manière habituelle.

L'importance de ces processus de réparation se traduit par le massif investissement des cellules en enzymes de réparation de l'ADN. Une analyse génétique complète d'une levure suggère que ces cellules contiennent plus de 50 gènes différents codant pour des fonctions de réparation de l'ADN. Il est vraisemblable que les mécanismes de réparation de l'ADN sont au moins aussi complexes chez l'homme. Une analyse génétique de patients atteints de la maladie génétique *xeroderma pigmentosum* (maladie de Kaposi), par exemple, sont dépourvus d'un processus de réparation de lésions géantes qui nécessite au moins sept produits géniques différents. De tels individus développent de graves lésions dermiques, englobant le cancer de la peau, dues à l'accumulation de dimères pyrimidiques dans les cellules qui sont exposées à la lumière solaire.

5-15 Les cellules peuvent produire des enzymes de réparation de l'ADN en réponse à une lésion de l'ADN [23]

Les cellules ont développé un certain nombre de mécanismes qui les aident à survivre dans un monde périlleux. Souvent, une agression extrême de l'environnement active une batterie de gènes dont les produits protègent la cellule de ses effets. Un mécanisme de ce type, partagé par toutes les cellules, est la *réponse au choc thermique*, qui est provoquée par l'exposition de cellules à des températures exceptionnellement élevées ; certaines de ces « protéines de choc thermique » induites aident à stabiliser et à réparer des protéines cellulaires partiellement dénaturées (voir p. 420).

De nombreuses cellules ont également des mécanismes qui leur permettent de synthétiser des enzymes de réparation de l'ADN en réponse d'urgence à une grave lésion de l'ADN. L'exemple le mieux étudié est la **réponse SOS** chez *E. coli*. Chez cette bactérie, tout blocage de la réplication de l'ADN provoqué par une lésion dans l'ADN produit un signal (qui est, pense-t-on, un excès d'ADN monocaténaire), qui induit une augmentation de la transcription de plus de 15 gènes différents, dont beaucoup codent des protéines qui jouent un rôle dans la réparation de l'ADN. Le signal active d'abord la protéine recA d'*E. coli* (voir p. 242) qui détruit ensuite une protéine régulatrice de gène dont l'action est négative (un *répresseur*) et qui, en temps normal, réprime la transcription de l'ensemble des gènes de la réponse SOS. Des études chez des bactéries mutantes, déficientes pour différents éléments de la réponse, indiquent que les protéines néosynthétisées ont deux effets. Premièrement, comme on pouvait s'y attendre, l'induction de nouvelles enzymes de réparation de l'ADN augmente la survie cellulaire : lorsque les mutants sont traités par un agent nuisible pour l'ADN tel qu'un rayonnement ultra-violet, il en meurt un pourcentage inhabituellement élevé. Deuxièmement, en augmentant fortement le nombre d'erreurs commises lors de la copie des séquences d'ADN, plusieurs des protéines induites de façon transitoire augmentent le taux de mutation et, par conséquent, la variabilité génétique dans la population bactérienne. Cette partie de la réponse a peu d'effet sur la survie à court terme ; mais elle est vraisemblablement utile car elle augmente la probabilité d'apparition d'une cellule mutante mieux adaptée.

Le système activé de réparation de l'ADN dans la réponse SOS n'est pas le seul système inductible connu de réparation de l'ADN. Les bactéries en ont un autre qui est spécifiquement

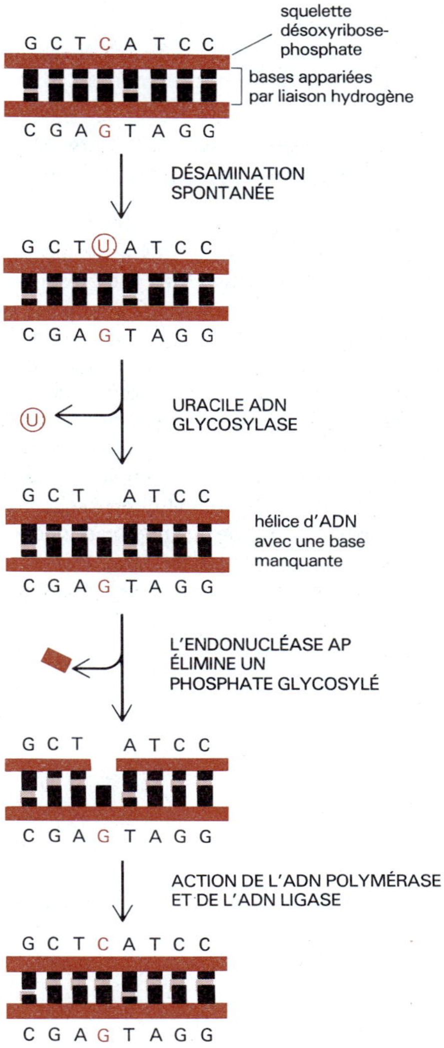

Figure 5-36 La voie de réparation de l'ADN qui implique l'enzyme uracile ADN glycosylase et qui conduit à la restauration d'une cytosine accidentellement désaminée dans l'ADN. Après l'action d'une ADN glycosylase, le phosphate glycosylé ayant une paire manquante est excisé par l'endonucléase AP, la même enzyme qui initie la réparation des sites dépurinés. Les étapes suivantes se déroulent comme dans la Figure 5-33. L'endonucléase AP tire son nom du fait qu'elle reconnaît n'importe quel site contenant un désoxyribose avec une base manquante dans l'hélice d'ADN ; de tels sites peuvent apparaître soit par perte d'une purine (sites apuriniques), soit par perte d'une pyrimidine (sites apyrimidiques).

activé par la présence de nucléotides méthylés dans l'ADN, et il existe au moins un système inductible de réparation de l'ADN dans les levures. Il a été rapporté que certaines cellules des eucaryotes supérieurs s'adaptaient aux lésions de l'ADN de façon analogue.

La structure et la nature chimique de la double hélice d'ADN facilitent sa réparation

La double hélice d'ADN semble être conçue de façon optimale pour la réparation. Ainsi, il est presque certain que l'ARN a évolué avant l'ADN (voir p. 10), et on pourrait se demander pourquoi le U dans l'ARN a été remplacé par un T dans l'ADN. On peut prétendre que le mécanisme d'excision des C désaminés que nous avons décrit (Figure 5-36) ne fonctionnerait pas si un U remplaçait un T (qui est un 5-méthyl U) comme quatrième nucléotide dans l'ADN. Comme nous l'avons vu, la désamination spontanée d'un C produit un U, et une enzyme de réparation qui reconnaît et excise de tels accidents pourrait être déroutée par les U normaux dans une molécule d'ADN contenant des U.

Des considérations analogues s'appliquent au choix de G plutôt que de l'hypoxanthine, qui est la base purique la plus simple capable de s'apparier spécifiquement avec C. L'hypoxanthine, cependant, est le produit direct de la désamination de A (Figure 5-37). L'addition d'un second groupement aminé à l'hypoxanthine produit un G qui ne peut être converti en A par désamination spontanée. Ainsi, tout événement de désamination de l'ADN produit une base dénaturée qui peut être alors directement reconnue et excisée par une ADN glycosylase spécifique (Figure 5-37).

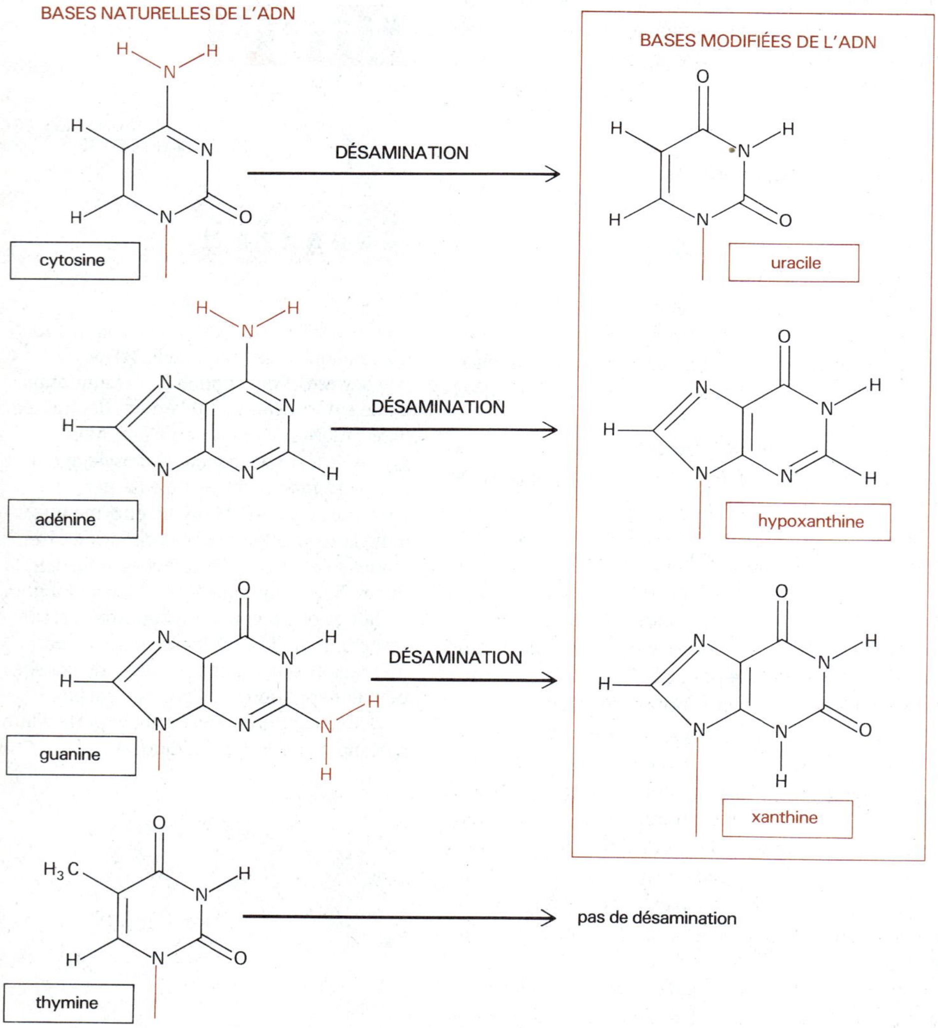

Figure 5-37 Schéma montrant que tous les produits de la désamination spontanée des bases de l'ADN sont reconnus comme anormaux quand ils se présentent dans l'ADN.

Puisque la nature chimique des bases nous garantit que la désamination sera détectée, une réparation précise — et la réponse fondamentale au dilemme de Schroedinger — dépend de l'existence de copies séparées de l'information génétique dans les deux chaînes de la double hélice. C'est seulement dans le cas extrêmement improbable où les deux copies sont endommagées simultanément au niveau de la même paire de bases que la cellule reste dépourvue d'une bonne copie qui serve de matrice pour la réparation de l'ADN. Même dans ce cas, des mécanismes parfois capables de réparer la lésion se sont développés ; ils font intervenir des événements de recombinaison génétique qui ne sont pas encore très bien compris et nécessitent la présence d'une seconde hélice d'ADN de même séquence dans la cellule.

L'information génétique n'est stockée dans des molécules d'ADN monocaténaire ou d'ARN que dans quelques très petits virus, qui ont des génomes de quelques milliers de nucléotides (voir p. 250). Les types de processus de réparation que nous avons décrits ne peuvent pas fonctionner sur de tels acides nucléiques, et le taux de modification nucléotidique est très élevé dans ces virus. Il semble que seuls les organismes avec de très petits génomes soient en mesure de coder leur information génétique dans une structure différente de la double hélice.

Résumé

La fidélité avec laquelle les séquences d'ADN sont conservées chez les eucaryotes supérieurs peut être estimée à partir des taux auxquels se sont produites des modifications dans les séquences de protéines non essentielles et d'ADN au cours de l'évolution. Cette fidélité est si grande qu'une cellule de la lignée germinale d'un mammifère, qui contient un génome de 3×10^9 paires de bases, ne subit en moyenne que 15 changements de paires de bases environ par an. Cependant d'inévitables processus chimiques endommagent quotidiennement des milliers de nucléotides de l'ADN dans une cellule typique de mammifère. L'information génétique ne peut être stockée de façon stable dans les séquences d'ADN que grâce à une grande variété d'enzymes de réparation de l'ADN qui passent continuellement l'ADN en revue et remplacent les nucléotides endommagés.

Le processus de réparation de l'ADN dépend de la présence d'une copie indépendante de l'information génétique sur chaque chaîne de la double hélice d'ADN. Une lésion accidentelle sur une seule chaîne peut donc être excisée par une enzyme de réparation et une chaîne correcte peut être resynthétisée à partir de l'information contenue dans la chaîne intacte.

Les mécanismes de réplication de l'ADN [24]

En plus de la conservation de l'intégrité des séquences d'ADN par les mécanismes de réparation, tous les organismes vivants doivent répliquer leur ADN avec précision avant chaque division cellulaire. La *réplication de l'ADN* implique des vitesses de polymérisation d'environ 500 nucléotides par seconde chez les bactéries et 50 nucléotides par seconde chez les mammifères. En clair, les enzymes de réplication doivent être à la fois précises et rapides. La vitesse et la précision sont atteintes au moyen d'un complexe multienzymatique de plusieurs protéines différentes qui gouverne le processus et constitue une « machie à répliquer » raffinée.

La réplication de l'ADN aussi bien que sa réparation reposent sur l'appariement des bases [25]

L'utilisation de l'ADN comme matrice est un processus dans lequel la séquence nucléotidique (ou des segments d'ADN sélectionnés) est copiée par appariement de bases complémentaires (A avec T ou U et G avec C) en une séquence complémentaire d'acide nucléique (ADN ou ARN). Le processus entraîne la reconnaissance de chaque nucléotide de l'ADN par un nucléotide complémentaire non polymérisé et nécessite que les deux chaînes de l'hélice d'ADN soient séparées, au moins provisoirement, de façon à ce que les groupes donneur et accepteur de liaison hydrogène sur chaque base deviennent exposés pour l'appariement. De ce fait, les nucléotides isolés entrants qui conviennent sont alignés pour leur polymérisation par catalyse enzymatique en une nouvelle chaîne d'acide nucléique. En 1956, la première de ces enzymes de polymérisation nucléotidique fut découverte et dénommée **ADN polymérase**. On montra que les substrats de cette enzyme étaient des désoxyribonucléosides triphosphates polymérisés sur une matrice d'ADN monocaténaire. Le mécanisme progressif de cette polymérisation est celui qui a déjà été représenté dans la Figure 5-34 à propos de la réparation de l'ADN. Cette découverte conduisit plus tard à l'isolement de l'*ARN polymérase* dont on montra, par déduction, qu'elle utilisait les ribonucléosides triphosphates comme substrats.

Au cours de la réplication de l'ADN, chaque ancienne chaîne d'ADN sert de matrice pour la fabrication d'une chaîne entièrement nouvelle. On dit par conséquent que la séquence d'ADN extrêmement longue est répliquée de façon « semi-conservatrice » par l'ADN polymérase. Chacune des deux cellules filles d'une cellule qui se divise hérite d'une nouvelle double hélice d'ADN contenant une ancienne et une nouvelle chaîne (voir Figure 3-11, p. 100).

5-23 La fourche de réplication de l'ADN est asymétrique [26]

Des analyses par autoradiographie effectuées au début des années 1960 sur des chromosomes entiers en cours de réplication et soumis à un marquage court par le précurseur radioactif de l'ADN, l'^{3}H-thymidine, montrèrent qu'une zone de réplication localisée se déplace le long de l'hélice d'ADN parentale. Du fait de sa structure en forme de Y, cette région active est appelée **fourche de réplication de l'ADN**. A chaque fourche de réplication, l'ADN des deux nouvelles hélices filles est synthétisé par un complexe multienzymatique qui contient l'ADN polymérase.

Dans les années 1960, le mécanisme de réplication de l'ADN le plus simple apparaissait comme étant une croissance continue des deux nouvelles chaînes, nucléotide après nucléotide, au niveau de la fourche de réplication, celle-ci se propageant d'une extrémité à l'autre de la molécule d'ADN. Mais, à cause de l'orientation antiparallèle des deux brins de l'hélice d'ADN (voir p. 100), ce mécanisme nécessiterait que l'une des deux nouvelles chaînes soit synthétisée dans le sens 5′ → 3′ et l'autre dans le sens 3′ → 5′. Une telle fourche de réplication exigerait deux ADN polymérases différentes. L'une d'elles effectuerait la polymérisation dans le sens 5′ → 3′, chaque monomère de désoxyribonucléoside triphosphate portant l'énergie d'activation nécessaire à sa propre addition. L'autre, se progageant dans le sens 3′ → 5′, aurait à opérer selon un processus de « croissance d'amont » dans lequel l'extrémité de la chaîne d'ADN en croissance porterait l'activation triphosphasique requise pour l'addition du nucléotide suivant. Bien que la polymérisation par « croissance d'amont » se produise ailleurs en biochimie (voir Figure 2-34, p. 79), elle n'a pas lieu dans la synthèse de l'ADN : aucune ADN polymérase fonctionnant dans le sens 5′ → 3′ n'a jamais été trouvée (Figure 5-38).

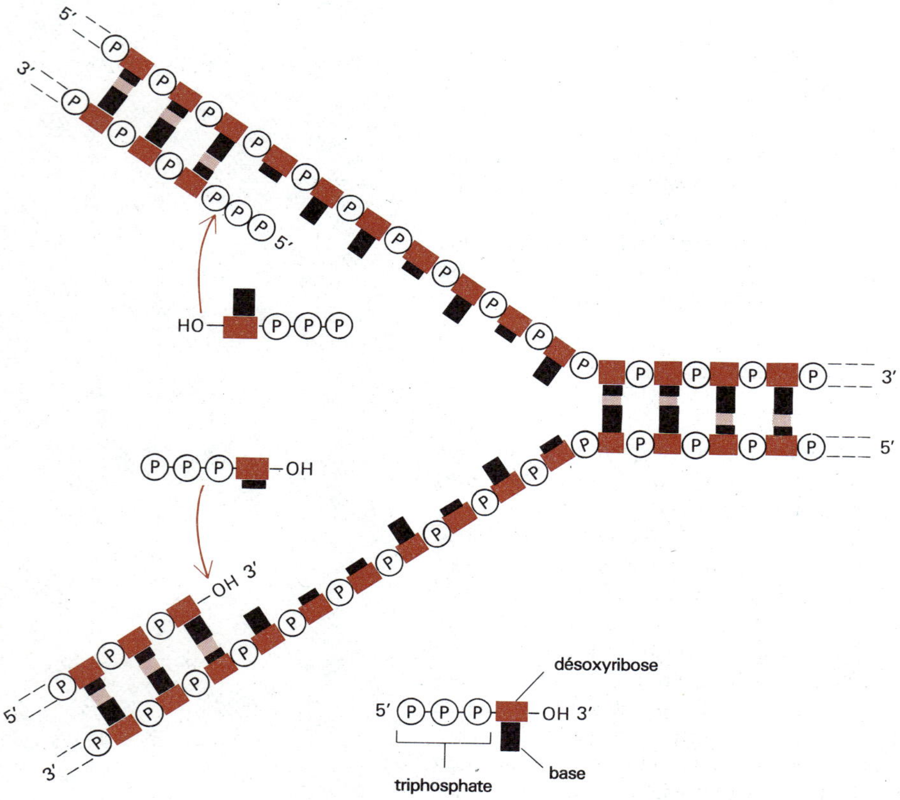

Figure 5-38 Bien qu'il puisse apparaître comme le mécanisme le plus simple de la réplication de l'ADN, le mécanisme illustré ici n'est pas celui qu'utilisent les cellules. Noter que dans ce schéma, les deux chaînes filles d'ADN s'allongeraient de façon continue, ce qui nécessiterait à la fois la polymérisation nucléotidique dans le sens 5′→ 3′ et 3′→ 5′, comme cela est indiqué. Aucune enzyme catalysant la polymérisation nucléotidique dans le sens 3′ → 5′ n'a jamais été trouvée.

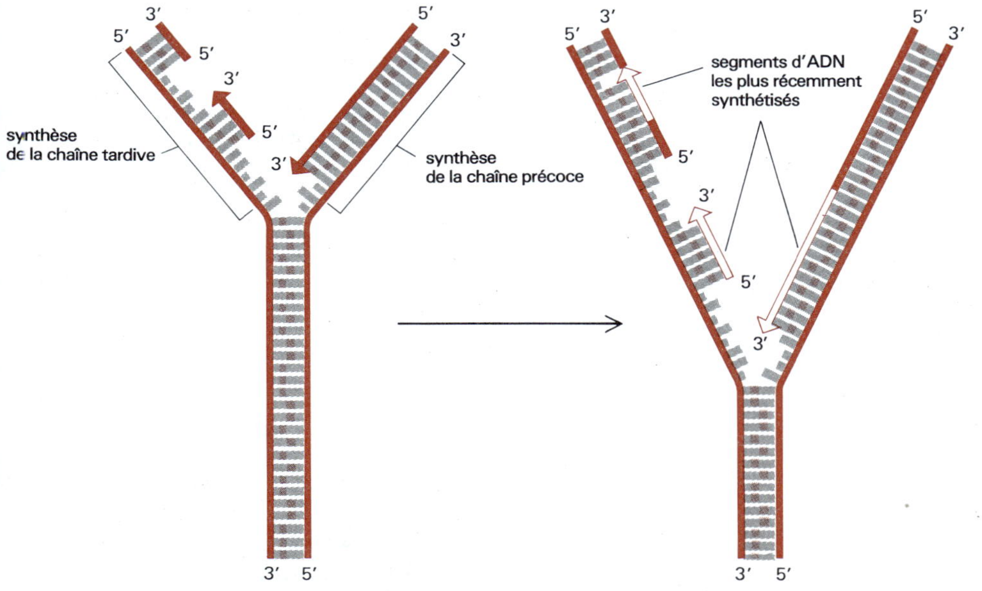

Figure 5-39 La structure d'une fourche de réplication d'ADN. Puisque les deux chaînes filles d'ADN sont synthétisées dans le sens 5′ → 3′, l'ADN synthétisé sur la chaîne tardive doit être initialement fabriqué comme une série de courtes molécules d'ADN, nommées *fragments d'Okazaki.*

Comment, dans ce cas, la synthèse d'ADN dans le sens 5′ → 3′ se produit-elle ? La réponse à cette question fut d'abord suggérée à la fin des années 1960 par des expériences dans lesquelles de l'^{3}H-thymidine très radioactive était ajoutée à des bactéries en cours de division pendant quelques secondes, de façon à ce que seul l'ADN répliqué le plus récemment, juste en amont de la fourche de réplication, soit marqué. Cette méthode de marquage sélectif révèle l'existence temporaire de fragments d'ADN de 1 000 à 2 000 nucléotides, connus maintenant sous le nom de *fragments d'Okasaki*, au niveau de la fourche de réplication bactérienne. (De tels intermédiaires de réplication furent découverts plus tard chez les eucaryotes, où ils ne mesurent que 100 à 200 nucléotides). On montra que les fragments d'Okasaki n'étaient synthétisés que dans le sens 5′ → 3′ de la chaîne, et qu'ils étaient réunis après leur synthèse en de longues chaînes d'ADN par l'*ADN ligase*, l'enzyme qui soude également les coupures au cours de la réparation de l'ADN (voir Figure 5-35).

La structure d'une fourche de réplication est asymétrique comme le montre la Figure 5-39. La chaîne d'ADN fille qui est synthétisée de façon continue est connue sous le nom de **chaîne précoce,** et sa synthèse précède légèrement celle de la chaîne fille synthétisée de façon discontinue, et que l'on nomme **chaîne tardive**. La synthèse de la chaîne tardive est différée, car elle doit attendre que la chaîne précoce expose le brin matrice sur lequel chaque fragment d'Okazaki est synthétisé. La synthèse du brin tardif par un mécanisme discontinu de « piqûre en points arrière » signifie que seul l'ADN polymérase de type 5′ → 3′ est nécessaire pour la réplication de l'ADN.

5-24 La grande fidélité de réplication de l'ADN exige un mécanisme de « correction sur épreuves » [27]

La fidélité de copie au cours de la réplication de l'ADN est telle qu'une seule erreur environ est commise pour 10^9 copies de paires de bases, comme l'exige la conservation du génome d'un mammifère composé de 3×10^9 paires de bases d'ADN (p. 485). Cette fidélité est beaucoup plus grande que celle attendue, étant donné que les paires de bases complémentaires courantes ne sont pas les seules possibles. De rares formes tautomériques des quatre bases de l'ADN se rencontrent de façon transitoire dans l'ADN normal dans un rapport de une sur 10^4 ou 10^5. Ces formes s'apparient mal ; par exemple, la forme tautomérique peu fréquente de C s'apparie avec un A au lieu d'un G et provoque ainsi une mutation (Figure 5-40). La grande fidélité de la réplication de l'ADN dépend de mécanismes de « correction sur épreuves » qui éliminent des erreurs survenues de cette façon.

Un important processus de « correction sur épreuves » dépend des propriétés particulières de l'ADN polymérase. Contrairement aux ARN polymérases, les ADN polymérases ne commencent pas une nouvelle chaîne polynucléotidique en reliant deux nucléosides triphosphates. Elles ont absolument besoin de l'extrémité 3′-OH d'un *brin amorce* apparié

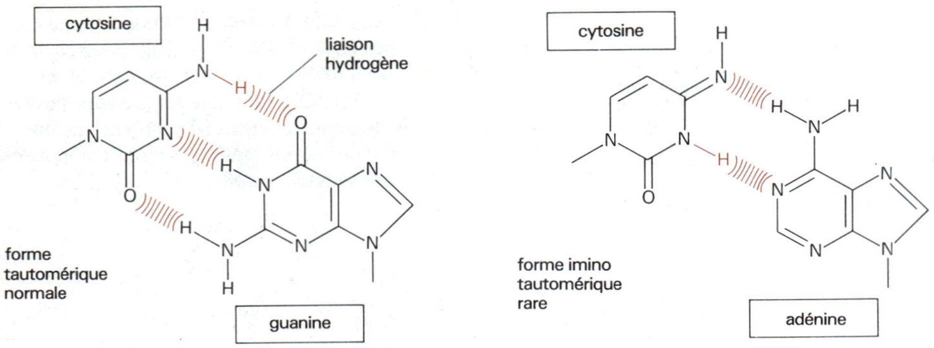

Figure 5-40 Un exemple d'une paire de bases incorrecte qui peut se former de façon transitoire lors de la réplication de l'ADN. Lorsque la cytosine est sous une forme tautomérique non favorable, elle peut former avec l'adénosine des liaisons hydrogène efficaces.

auquel ajouter les nucléotides suivants (voir Figure 5-34). De plus, les molécules d'ADN qui ont un nucléotide incorrect (non apparié) à l'extrémité 3'-OH de l'amorce ne sont pas efficaces en tant que matrice. Des molécules d'ADN polymérase bactérienne sont capables de traiter de tels ADN erronés au moyen d'une sous-unité ou d'un domaine catalytique distinct, qui détache tout résidu non apparié de l'extrémité de l'amorce. L'élimination par cette activité *exonucléasique 3' → 5'* continue jusqu'à ce qu'un nombre suffisant de nucléotides ait été enlevé de l'extrémité 3' pour régénérer une terminaison appariée qui peut amorcer la synthèse de l'ADN. De cette façon, l'ADN polymérase fonctionne comme une enzyme « autocorrective », supprimant ses propres erreurs de polymérisation lors de son déplacement le long le l'ADN. La Figure 5-41 illustre la façon dont ce processus de correction sur épreuves serait supposé éliminer les rares paires de bases C-A tautomériques décrites précédemment (Figure 5-40).

Une terminaison parfaitement appariée est essentielle pour les propriétés autocorrectrices de l'ADN polymérase. Une telle enzyme ne peut démarrer une synthèse en l'absence d'amorce sans perdre son pouvoir discriminatoire entre des extrémités 3'-OH en croissance, appariées ou non appariées. En revanche, les ARN polymérases impliquées dans la transcription des gènes (p. 202) n'ont pas besoin d'être autocorrectrices. Les erreurs dans la transcription de l'ARN ne sont pas transmises à la génération suivante, et une molécule anormale occasionnelle n'a pas de signification. Les ARN polymérases sont capables de débuter de nouvelles chaînes polynucléotidiques sans amorce et ceci avec une fréquence d'erreurs de 1 pour 10^4, à la fois dans la synthèse de l'ARN et dans le processus indépendant de traduction des séquences d'ARNm en séquences protéiques.

5-22 La réplication de l'ADN dans la direction 5' → 3' permet la correction efficace des erreurs

Le besoin d'exactitude explique probablement pourquoi la réplication de l'ADN ne se produit que dans la direction 5'→ 3'. S'il existait une ADN polymérase qui ajoute des désoxyribonucléosides triphosphates de manière à permettre la croissance des chaînes dans le sens 3' → 5' (ce serait l'extrémité 5' de la chaîne en croissance et non le mononucléotide entrant qui porterait le triphosphate actif). Dans ce cas, les erreurs au cours de la polymérisation ne pourraient pas être simplement hydrolysées, puisque l'extrémité 5' de la chaîne ainsi mise à nue entraînerait immédiatement l'arrêt de la synthèse de l'ADN. Il est donc plus aisé de corriger une base incorrecte qui vient d'être ajoutée à l'extrémité 3' qu'une base qui vient d'être ajoutée à l'extrémité 5' d'une chaîne d'ADN. Bien que le type de réplication de l'ADN montré Figure 5-39

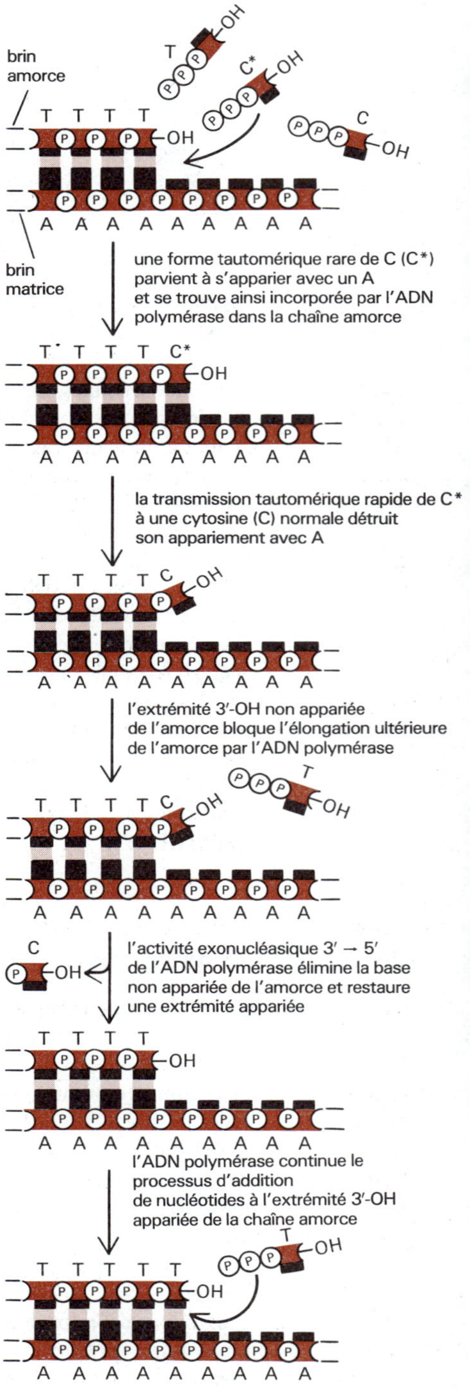

Figure 5-41 Illustration du processus de correction sur épreuves qui enlève les erreurs pendant la synthèse de l'ADN chez les bactéries. On pense qu'un tel mécanisme de correction sur épreuves fonctionne également dans les cellules eucaryotes, bien que cela n'ait pas été démontré de façon concluante.

semble à première vue beaucoup plus complexe que le mécanisme incorrect décrit dans la Figure 5-38, il est beaucoup plus fiable car il ne nécessite que la synthèse d'ADN dans le sens 5′ → 3′.

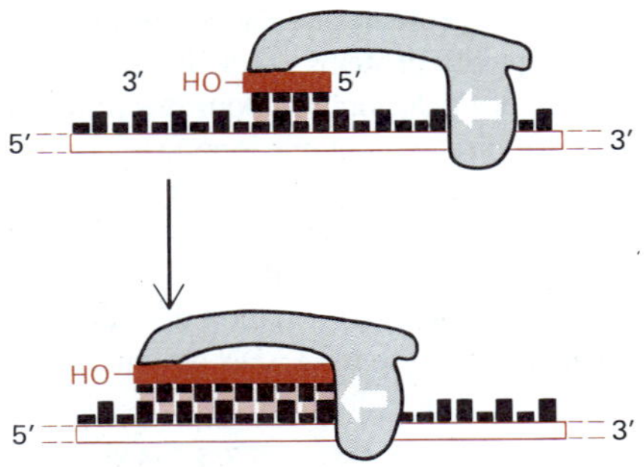

Figure 5-42 Schéma de la réaction catalysée par l'ARN primase, l'enzyme qui synthétise les courtes amorces d'ARN faites sur la chaîne tardive. Contrairement à l'ADN polymérase cette enzyme peut débuter une nouvelle chaîne polynucléotidique en associant deux nucléosides triphosphates. L'ARN primase s'arrête après qu'un court polynucléotide a été synthétisé et rend l'extrémité 3′ de cette amorce accessible à l'ADN polymérase.

5-25 Une enzyme particulière de polymérisation des nucléotides synthétise de courtes molécules amorces sur la chaîne tardive [28]

La chaîne précoce n'a besoin d'une amorce particulière qu'au niveau du site de réplication ; dès qu'une fourche de réplication est établie, l'ADN polymérase rencontre continuellement une extrémité de chaîne appariée sur laquelle synthétiser sa nouvelle chaîne. Mais, sur la branche tardive de la fourche, l'ADN polymérase n'a besoin que de 4 secondes pour achever chaque court fragment d'ADN, après quoi elle doit commencer la synthèse d'un fragment totalement nouveau en un site plus éloigné sur la chaîne matrice (Figure 5-39). Un mécanisme spécial est nécessaire pour produire les chaînes amorces appariées dont cette molécule d'ADN polymérase a besoin. Le mécanisme met en jeu une enzyme appelée *ARN primase,* qui utilise les ribonucléosides triphosphates pour synthétiser de courtes **amorces d'ARN** (Figure 5-42). Ces amorces sont longues d'environ 10 nucléotides chez les eucaryotes et sont produites à intervalles réguliers sur la chaîne tardive, où elles sont prolongées par l'ADN polymérase pour initier chaque fragment d'Okazaki. La synthèse de chaque fragment d'Okazaki se termine lorsque cette ADN polymérase rencontre l'amorce d'ARN attachée à l'extrémité 5′ du fragment précédent. Pour construire une chaîne d'ADN continue à partir de tant de fragments copiés sur la chaîne tardive, un mécanisme spécial de réparation de l'ADN entre en action. Il efface rapidement l'ancienne amorce d'ARN et la remplace par l'ADN. L'ADN ligase joint ensuite l'extrémité 3′ du nouveau fragment d'ADN à l'extrémité 5′ du précédent et complète le processus (Figure 5-43).

Pourquoi une amorce d'ARN effaçable serait-elle préférée à une amorce d'ADN qui ne l'est pas ? L'argument selon lequel une polymérase autocorrective ne peut pas initier des chaînes de *novo* implique réciproquement qu'une enzyme qui initie une chaîne de *novo* ne peut pas s'autocorriger efficacement. Ainsi, toute enzyme qui amorce la synthèse des fragments d'Okazaki fera automatiquement une copie assez peu précise (au moins une erreur pour 10^5 copies). Même si la proportion de cette copie retenue dans le produit final ne représente pas plus de 5 p. cent du génome total (par exemple 10 nucléotides par fragment de 200 nucléotides), l'accroissement résultant du taux global de mutations serait énorme. Il semble donc raisonnable de suggérer que le choix au cours de l'évolution, d'une amorce d'ARN plutôt que d'ADN comporte un avantage considérable, puisque les ribonucléotides de l'amorce désignent automatiquement ces séquences comme une « mauvaise copie » qu'il faut exciser.

5-26 5-33 Des protéines particulières facilitent l'ouverture de la double hélice d'ADN devant la fourche de réplication [29]

La double hélice d'ADN doit être ouverte en aval de la fourche de réplication de façon à ce que les désoxyribonucléosides triphosphates puissent s'apparier avec la chaîne matrice parentale. Cependant, la double hélice d'ADN est très stable dans les conditions normales ; les paires de bases sont si solidement soudées qu'il faut des températures voisines de celle de l'eau bouillante (90 °C), pour séparer les deux chaînes dans un tube à essai. Pour cette raison, la plupart des ADN polymérases ne peuvent copier l'ADN qu'après séparation de la chaîne matrice de sa chaîne complémentaire. Il faut des protéines supplémentaires pour faciliter l'ouverture de la double hélice et présenter ainsi la chaîne matrice appropriée à l'ADN polymérase afin qu'elle la copie. Deux types de protéines de réplication contribuent à ce processus.

Les **ADN hélicases** furent tout d'abord isolées comme étant des protéines qui hydrolysent l'ATP lorsqu'elles sont liées à de simples chaînes d'ADN. Comme cela a été décrit dans le Chapitre 3, l'hydrolyse de l'ATP peut changer la forme d'une molécule protéique d'une façon cyclique qui permet à la protéine d'effectuer un travail mécanique (p. 130). Les ADN hélicases utilisent ce principe pour se déplacer rapidement le long d'une simple chaîne d'ADN ; lorsqu'elles rencontrent une région en double hélice, elles continuent à se déplacer le long de leur chaîne, déroulant ainsi l'hélice (Figure 5-44). Le déroulement de l'hélice d'ADN matrice au niveau d'une fourche de réplication pourrait en principe être catalysé par deux ADN hélicases agissant de concert, l'une se déplaçant le long de la chaîne précoce, et l'autre le long de la chaîne tardive. Ces deux hélicases devraient se déplacer dans des directions opposées le long d'un ADN monocaténaire et devraient donc être des enzymes différentes. Les deux types d'ADN hélicases existent bien, mais des études sur des bactéries montrent que l'ADN hélicase de la chaîne tardive joue le rôle prédominant, pour des raisons qui seront bientôt connues.

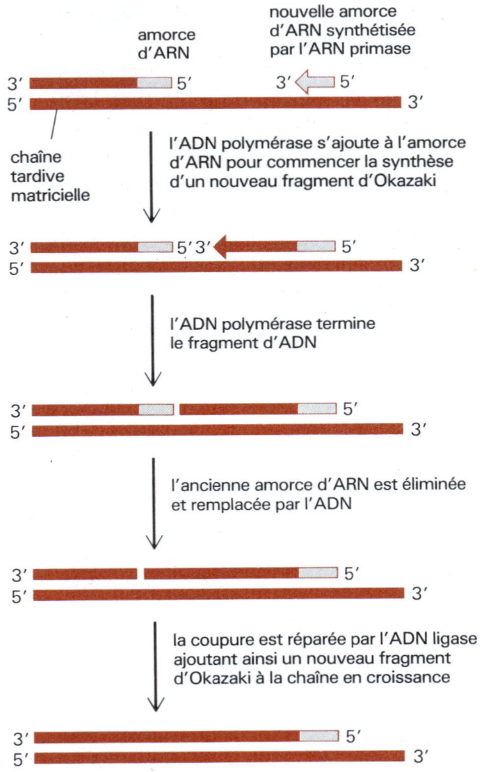

Figure 5-43 Les étapes franchies dans la synthèse de chaque fragment d'ADN sur la chaîne tardive. Chez les eucaryotes les amorces d'ARN sur le brin tardif sont produites tous les 200 nucléotides et chaque amorce est longue de 10 nucléotides environ.

Des **protéines de déstabilisation de l'hélice** — également appelées « single-strand DNA-binding (SSB) proteins » — se lient à des chaînes d'ADN exposées sans recouvrir les bases, qui restent donc disponibles pour des processus de matriçage. Ces protéines ne sont pas capables d'ouvrir directement une longue hélice d'ADN, mais elles aident d'autres processus d'ouverture de l'hélice en stabilisant la conformation monocaténaire non enroulée ; par exemple, elles peuvent aider l'ADN hélicase à exposer les chaînes au niveau de la fourche de réplication. Sur la chaîne matricielle tardive, leur liaison coopérative gaine les régions d'ADN monocaténaire, empêchant ainsi la formation des courtes hélices en épingle à cheveux qui, sans cela, entraveraient la synthèse par l'ADN polymérase (Figure 5-45).

Les protéines présentes au niveau d'une fourche de réplication coopèrent pour constituer une machine de réplication [30]

Bien que nous ayons discuté de la réplication de l'ADN comme si elle était effectuée par un mélange de protéines de réplication qui agissent indépendamment, la plupart des protéines sont en réalité regroupées en un grand complexe multienzymatique qui se déplace rapidement le long de l'ADN. Ce complexe peut être comparé à une minuscule machine à coudre composée d'éléments protéiques et actionnée par l'hydrolyse de nucléosides triphosphates. Bien que le complexe de réplication n'ait été bien caractérisé jusqu'ici que chez la bactérie *E. coli* et plusieurs de ses virus, on pense qu'un complexe très voisin fonctionne chez les eucaryotes (voir p. 517).

Les fonctions des sous-unités de la « machine de réplication » sont résumées dans le schéma bidimensionnel de la fourche de réplication complète donné Figure 5-46. Deux molécules d'ADN polymérases identiques agissent au voisinage de la fourche, l'une d'elles sur la chaîne précoce et l'autre sur la chaîne tardive. L'hélice d'ADN est ouverte par la molécule d'ADN polymérase sur la chaîne précoce, agissant de concert avec une ADN hélicase qui se déplace le long de la chaîne tardive ; des protéines de déstabilisation de l'hélice liées de façon coopérative facilitent ce processus. Tandis que, sur la chaîne précoce, la molécule d'ADN polymérase peut agir en continu, la molécule d'ADN polymérase sur la chaîne tardive doit recommencer à intervalles réguliers, en utilisant une courte amorce d'ARN copiée par une ARN primase.

L'efficacité de la réplication est considérablement augmentée par l'étroite association de tous ces composants protéiques. La primase est directement liée à l'ADN hélicase pour former, sur la chaîne tardive, un **primosome** qui se déplace avec la fourche, synthétisant des amorces d'ARN au fur et à mesure qu'il progresse. De la même façon, l'ADN polymérase qui synthétise l'ADN sur la chaîne tardive se déplace de concert avec le reste des protéines, synthétisant une succession de nouveaux fragments d'Okazaki ; on pense que, pour s'adapter à cet arrangement, son brin d'ADN matriciel se replie comme le montre la Figure 5-47. Les protéines de réplication sont ainsi associées en une seule grande unité (masse totale supérieure à 10^6 daltons) qui se déplace rapidement le long de l'ADN, permettant la synthèse de l'ADN sur les deux branches de la fourche d'une façon coordonnée et efficace.

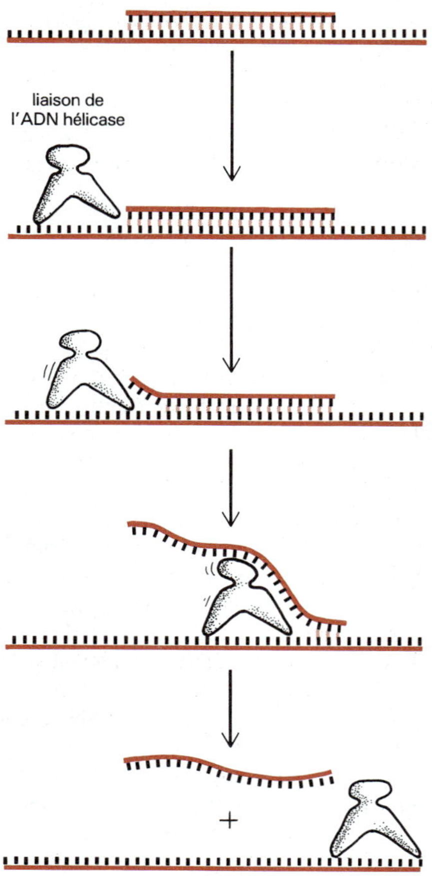

Figure 5-44 Réaction utilisée pour analyser les enzymes ADN hélicases. Un court fragment d'ADN est associé à une longue simple chaîne d'ADN pour former une région d'ADN double hélice. Cette hélice disparaît lorsqu'une hélicase se déplace le long de la simple chaîne d'ADN, libérant le court fragment d'ADN par une réaction qui nécessite à la fois la présence de l'hélicase et d'ATP. L'énergie nécessaire au mouvement de l'hélicase est fournie par l'hydrolyse de son ATP (voir Figure 3-63, p.131).

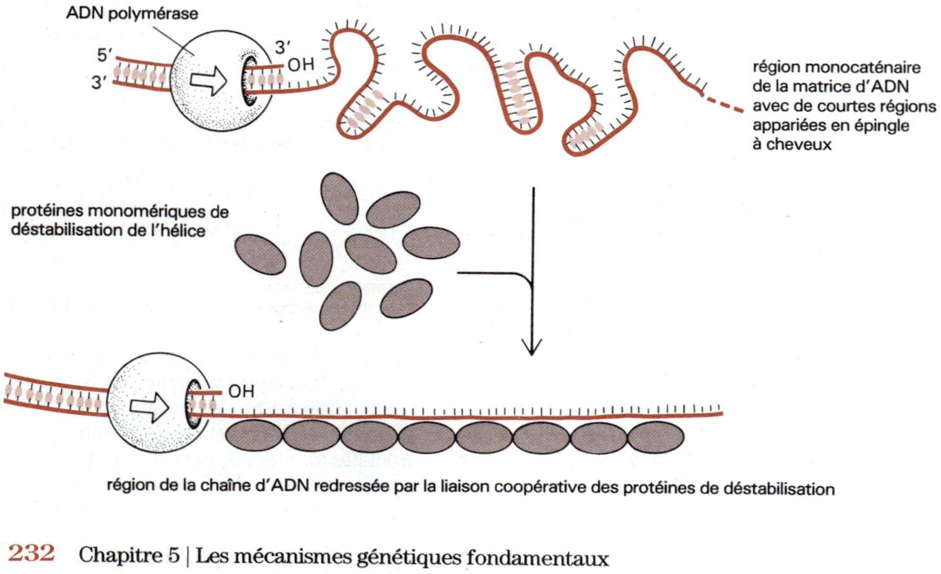

Figure 5-45 L'effet des protéines de déstabilisation de l'hélice sur la structure d'un ADN monocaténaire. Puisque chaque molécule protéique se lie de préférence à côté d'une molécule précédemment liée (*liaisons coopératives*, voir p. 492), de longues rangées de cette protéine se formeront sur une simple chaîne d'ADN. Cette liaison coopérative redresse les chaînes d'ADN matrices et facilite le processus de polymérisation de l'ADN. Les hélices en « épingles à cheveux » représentées sur l'ADN monocaténaire dénudé résultent d'un ajustement aléatoire de courtes régions d'une séquence nucléotidique complémentaire ; elles sont semblables aux courtes hélices que se forment dans toutes les molécules d'ARN (voir p. 98).

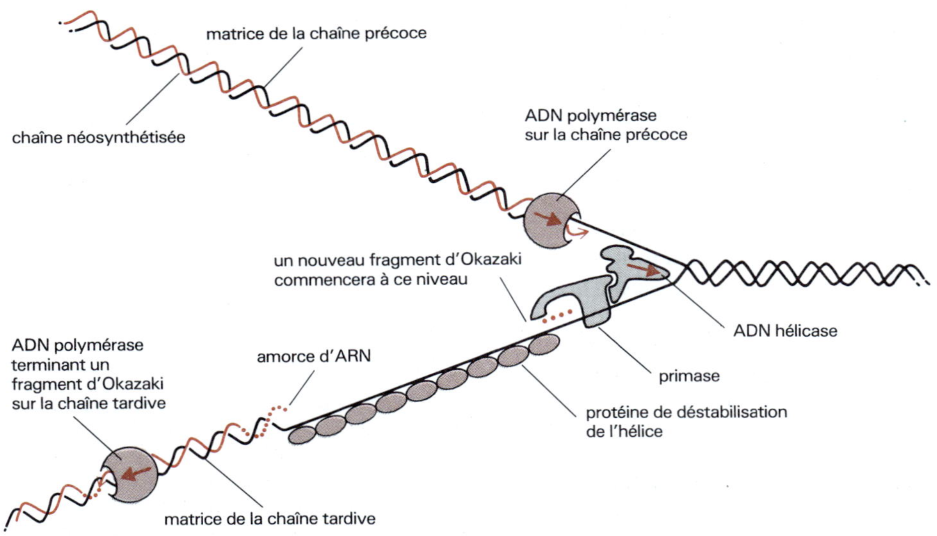

Figure 5-46 Résumé des principaux types de protéines qui agissent au niveau de la fourche de réplication de l'ADN, montrant leurs localisations par rapport à l'ADN. Le complexe d'ADN primase et d'ADN hélicase sur la chaîne tardive est appelé *primosome*.

Cette machine de réplication de l'ADN laisse derrière elle, sur la chaîne tardive, un ensemble de fragments d'Okazaki libres, qui portent toujours l'ARN qui a amorcé leur synthèse à leurs extrémités 5'. Cet ARN doit être éliminé et les fragments réunis par un ensemble distinct d'enzymes de réparation de l'ADN qui opèrent en arrière de la fourche de réplication (voir Figure 5-43).

Un système de correction sur épreuves des mésappariements élimine les erreurs de réplication dans les cellules bactériennes [31]

Des bactéries comme *E. coli* sont capables de se diviser toutes les 30 minutes, de sorte qu'il est relativement facile d'étudier des populations importantes afin de trouver les rares mutants dont un processus particulier est modifié. Une classe intéressante de mutants contient des gènes dits « mutateurs », qui augmentent fortement le taux de mutation spontané. Il n'est pas surprenant qu'un gène mutateur code une forme anormale de l'exonucléase 3′ → 5′ de correction sur épreuves qui est une sous-unité de l'ADN polymérase (voir p. 230). Lorsque cette protéine est

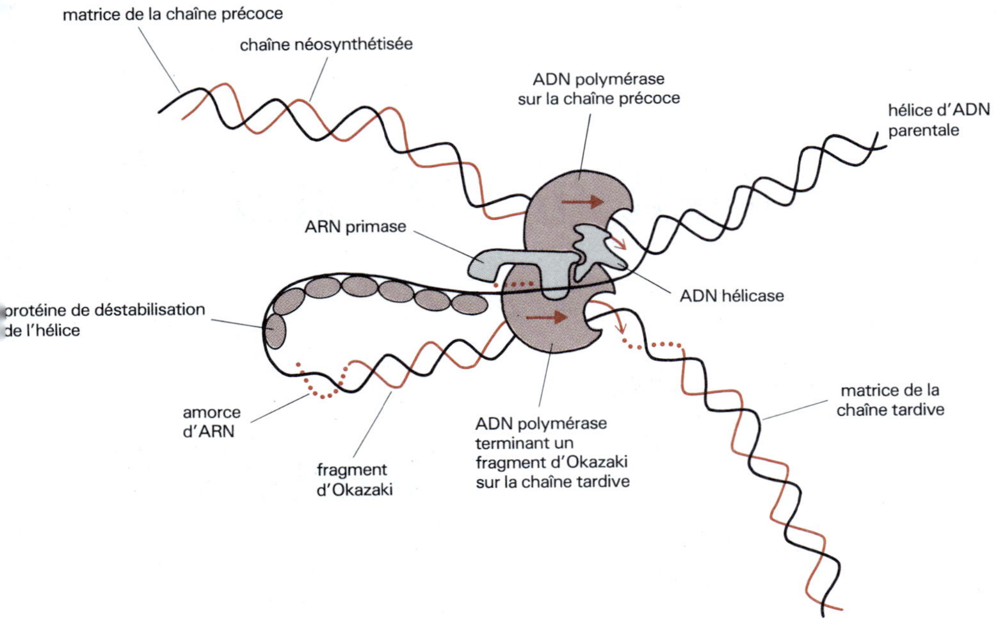

Figure 5-47 Représentation courante de la façon dont les protéines de réplication sont disposées au niveau d'une fourche de réplication lorsque celle-ci se déplace. La structure bidimensionnelle de la Figure 5-46 a été modifiée par repliement de l'ADN sur la chaîne précoce pour former un complexe entre la molécule d'ADN polymérase de la chaîne précoce et la molécule d'ADN polymérase de la chaîne tardive. Ce processus de repliement rapproche également l'extrémité 3′ de chaque fragment d'Okazaki achevé du site d'initiation du fragment d'Okazaki suivant (comparer avec la Figure 5-46). Puisque la molécule d'ADN polymérase de la chaîne tardive est accrochée au reste des protéines de réplication, elle peut être continuellement réutilisée au niveau de la même fourche ; elle est donc prête à laisser partir son fragment d'ADN achevé et à se déplacer vers la nouvelle amorce d'ARN voisine comme le nécessite l'initiation de la synthèse du fragment suivant. Noter que, dans ce diagramme, une hélice d'ADN fille s'allonge vers le bas à droite et l'autre vers le haut à gauche.

anormale, l'ADN polymérase ne corrige plus les épreuves avec efficacité et de nombreuses erreurs de réplication qui, autrement, auraient été éliminées, s'accumulent dans l'ADN.

L'étude de mutants d'*E. coli* contenant des gènes mutateurs a révélé un autre système de correction sur épreuves qui supprime normalement des erreurs de réplication omises par l'exonucléase de correction sur épreuves. Ce système de **correction sur épreuves** des mésappariements (« **mismatch proofreading** system » ou « *mismatch repair* system ») diffère des systèmes de réparation de l'ADN décrits précédemment : il ne dépend pas de la présence dans l'ADN, de nucléotides anormaux qui peuvent être reconnus et excisés. Au lieu de cela, il détecte la protubérance à l'extérieur de l'hélice qui résulte du mésappariement entre des bases normales mais non complémentaires. Si ce système de correction reconnaissait uniquement un mauvais appariement dans un ADN néorépliqué et excisait de façon aléatoire un des deux nucléotides mal appariés, il commettrait, exactement une fois sur deux, la faute de « corriger » le brin matriciel d'origine et ne changerait pas le taux d'erreur moyen. Afin d'être efficace pour la correction sur épreuves, le système de correction des mésappariements doit être capable de repérer et d'éliminer spécifiquement le nucléotide mal apparié (l'erreur de réplication) sur le nouveau brin.

Le système de reconnaissance utilisé par le système de correction des mésappariements chez *E. coli* dépend de la méthylation de résidus A choisis dans l'ADN. Des groupements méthyle sont ajoutés à tous les résidus A dans la séquence GATC, mais un certain temps après l'incorporation du A dans une chaîne d'ADN néosynthétisée. Puisque seules les nouvelles chaînes situées juste en amont d'une fourche de réplication renfermeront des séquences GATC qui n'ont pas encore été méthylées, on peut distinguer ces nouvelles chaînes d'ADN des anciennes. La correction sur épreuves des mésappariements est réalisée par un important complexe multienzymatique qui explore chacun des deux brins de la double hélice. Dans ce complexe, la fonction d'excision reconnaît spécifiquement toute base mal appariée, mais elle reste « en sommeil » à moins qu'elle ne rencontre aussi un GATC non méthylé sur la même chaîne. Ainsi, seuls les complexes qui explorent le nouveau brin seront activés, et les erreurs de réplication seront éliminées sélectivement (Figure 5-48).

Aucun des deux processus de correction sur épreuves de l'ADN trouvés chez les bactéries n'ont été décrits de façon concluante dans les cellules des eucaryotes supérieurs. Néanmoins, la fidélité globale de la réplication de l'ADN est à peu près la même chez les mammifères et chez *E. coli*, et il semble donc vraisemblable que les deux types de correction sur épreuves fonctionnent. Puisqu'il n'y a pas de résidus A méthylés dans l'ADN des mammifères, son système de correction des mésappariements doit compter sur un autre marqueur pour reconnaître la chaîne d'ADN néosynthétisée.

Figure 5-48 Schéma d'une expérience réalisée avec le système de correction sur épreuves des mésappariements qui corrige les erreurs de réplication de l'ADN chez les bactéries. Un complexe protéique particulier remplace un appariement incorrect sur la chaîne d'ADN néosynthétisée en amont de la fourche de réplication ; ce complexe de réparation reconnaît spécifiquement la nouvelle chaîne par repérage des séquences GATC non méthylées. Dans l'expérience présente, trois molécules d'ADN différentes étaient préparées, chacune contenant la même paire de bases incorrecte — mais avec les deux chaînes (A), aucune chaîne (B), ou seulement une chaîne (C) méthylées. Lorsque ces molécules d'ADN sont traitées par un extrait cellulaire contenant le complexe de correction des mésappariements, on obtient les résultats ci-dessous. La molécule d'ADN en (C) mime la situation juste en amont de la fourche de réplication dans laquelle la chaîne inférieure représente la nouvelle chaîne qui n'est pas encore méthylée.

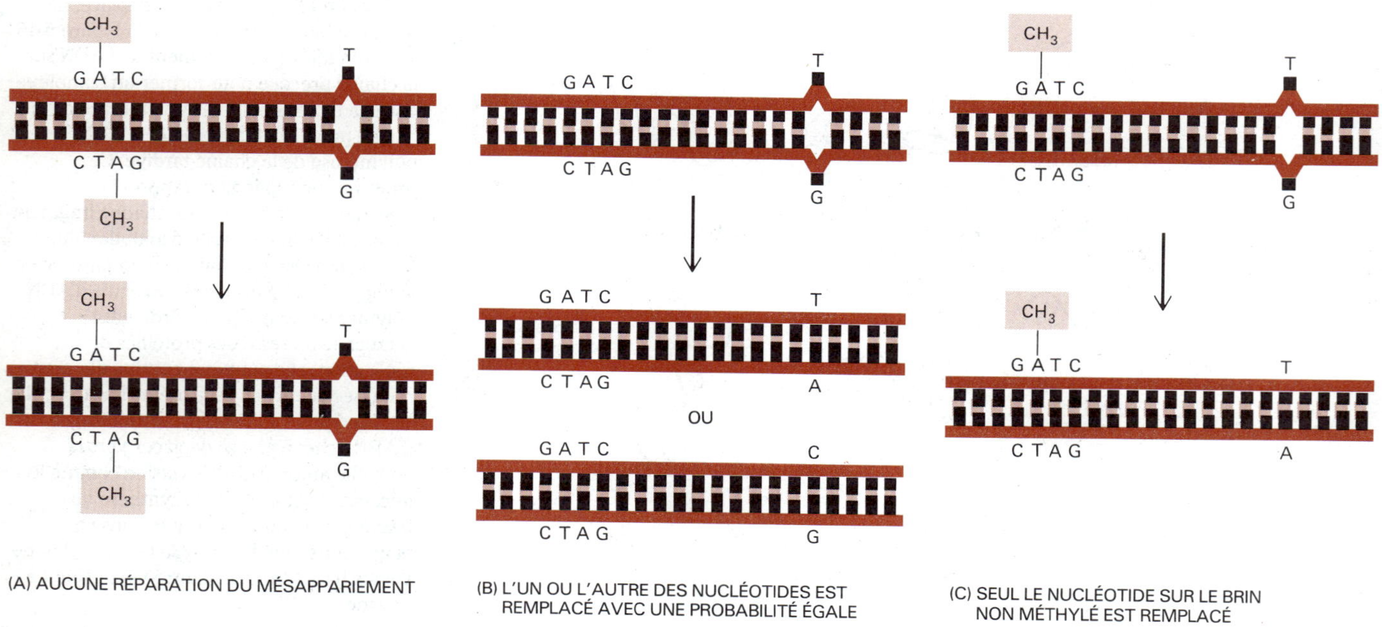

Figure 5-49 Un résumé des processus impliqués dans l'initiation des fourches de réplication au niveau des origines de réplication (voir aussi Figure 5-50).

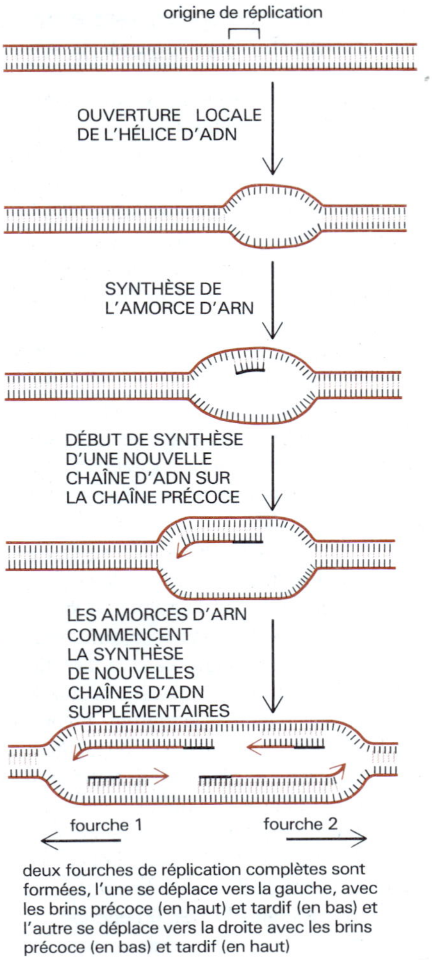

5-27 Les fourches de réplication sont amorcées aux origines de réplication [32]

Chez les bactéries comme chez les mammifères, l'origine des fourches de réplication se situe au niveau d'une structure appelée *« œil de réplication »*, une région où les deux chaînes de l'hélice d'ADN parentale se sont séparées l'une de l'autre pour servir de matrice à la synthèse d'ADN (Figure 5-49). Pour les bactéries ainsi que pour plusieurs virus qui se multiplient dans les cellules eucaryotes, on a montré que les yeux de réplication se forment au niveau de séquences particulières d'ADN appelées **origines de réplication** qui peuvent atteindre 300 nucléotides de long. On pense que des origines de réplication analogues existent dans les chromosomes eucaryotes, bien que cela n'ait pas encore été totalement démontré (voir p. 516).

Pour plusieurs origines de réplication bien définies, il a été possible de reproduire *in vitro* la réaction d'initiation de la fourche. Les études *in vitro* révèlent que l'initiation de la fourche chez les bactéries et les virus bactériens commence comme la Figure 5-50 le montre. Des copies multiples d'une *protéine initiatrice* se fixent à des sites spécifiques au niveau de l'origine de réplication pour former un important complexe protéique. Ce complexe se fixe alors à l'ADN hélicase avec l'ARN primase qui lui est liée (le primosome) et la place sur un ADN monocaténaire exposé dans une région adjacente de l'hélice. Une fois lié à l'ADN, le primosome s'éloigne de l'origine et fabrique une amorce d'ARN qui commence la première chaîne d'ADN. Ceci conduit rapidement à l'assemblage des protéines restantes pour créer deux complexes protéiques de réplication qui s'éloignent de l'origine dans des directions opposées (voir Figure 5-49) ; ceux-ci continuent à synthétiser de l'ADN jusqu'à ce que toute la matrice d'ADN en aval de chaque fourche soit répliquée.

Nous discuterons des informations dont nous disposons sur l'initiation de la fourche de réplication dans les chromosomes eucaryotes au Chapitre 9, lorsque nous décrirons le noyau cellulaire.

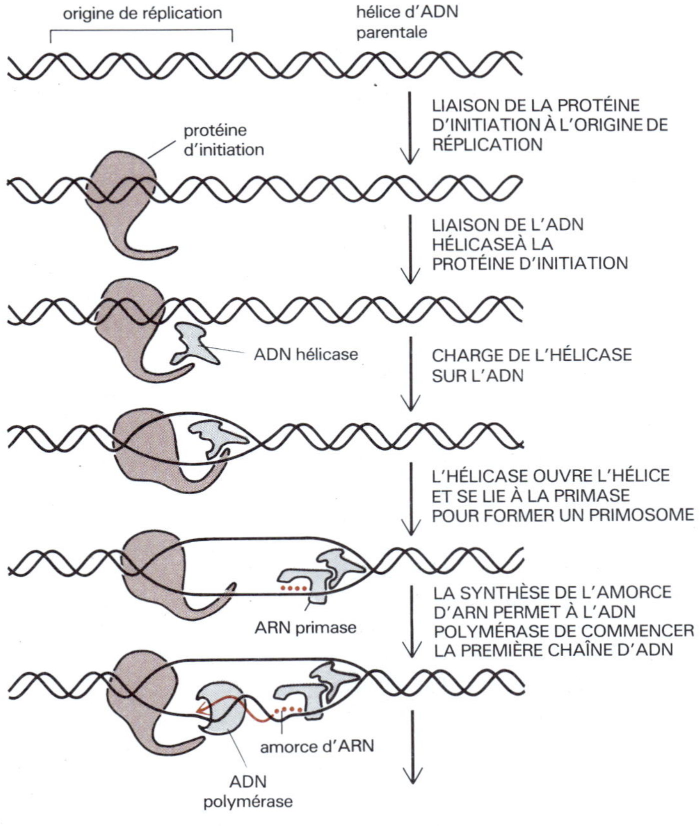

Figure 5-50 Un résumé simplifié des étapes initiales conduisant à la formation des fourches de réplication au niveau des origines de réplication d'*E. coli* et du bactériophage lambda. La découverte du mécanisme indiqué a nécessité des études *in vitro*, avec un mélange de protéines très purifiées. Les étapes ultérieures aboutissent à l'initiation de trois chaînes d'ADN supplémentaires (Figure 5-49) par un mécanisme qui n'est pas encore clair. Pour la réplication de l'ADN chez *E. coli*, la protéine d'initiation est la protéine dnaA, et le primosome est composé des protéines dnaB (hélicase d'ADN) et dnaG (ARN primase).

Des ADN topoisomérases empêchent l'ADN de s'emmêler au cours de la réplication [33]

Lorsque nous dessinons l'hélice d'ADN (incorrectement) comme une « échelle » plate, nous ignorons le « problème de l'enroulement » qui survient au cours de la réplication de l'ADN. Un tour complet de la double hélice parentale autour de l'axe correspond à 10 paires de bases répliquées au niveau de la fourche. Par conséquent, pour qu'une fourche de réplication progresse, le chromosome entier situé en avant de la fourche devrait normalement tourner rapidement (Figure 5-51), ce qui nécessiterait de grandes quantités d'énergie dans le cas des longs chromosomes. Une autre stratégie est utilisée lors de la réplication de l'ADN : un « émerillon » est formé dans l'hélice d'ADN par des protéines connues sous le nom d'**ADN topoisomérases**.

Une ADN topoisomérase peut être considérée comme une « nucléase réversible » qui se joint de façon covalente à un phosphate de l'ADN, rompant ainsi une liaison phosphodiester dans la chaîne d'ADN. Puisque la liaison covalente qui unit une topoisomérase à un phosphate de l'ADN retient l'énergie de la liaison phosphodiester rompue, la réaction de coupure est réversible ; la soudure est rapide et ne nécessite pas un apport supplémentaire d'énergie. A cet égard, le mécanisme de soudure est différent de celui de l'ADN ligase discuté précédemment (voir Figure 5-35).

Un type de topoisomérase (la *topoisomérase I*) provoque une coupure monocaténaire (ou *cassure*), qui permet aux deux parties de l'hélice d'ADN de part et d'autre de la coupure de pivoter librement l'une par rapport à l'autre, en utilisant la liaison phosphodiester dans le brin en face de la cassure comme émerillon (Figure 5-52). Toute tension dans l'hélice d'ADN orientera cette rotation dans la direction qui réduit la tension. Il en résulte que la réplication de l'ADN peut s'effectuer avec la rotation d'une petite partie de l'hélice seulement — la partie située juste en aval de la fourche. Le problème analogue qui se pose au cours de la transcription de l'ADN est résolu de la même façon.

Un second type d'ADN topoisomérase (la *topoisomérase II*) se lie de manière covalente aux deux chaînes de l'hélice d'ADN au même moment, provoquant une *coupure bicaténaire* transitoire dans l'hélice. Ces enzymes sont activées par des sites sur des chromosomes au niveau desquels deux doubles hélices s'entrelacent. Lorsque la topoisomérase se fixe au niveau d'un tel site, (1) elle coupe une des deux doubles hélices de façon réversible afin de créer une « ouverture » dans l'ADN, (2) elle entraîne la seconde double hélice voisine à passer par cette ouverture, et (3) elle referme cette ouverture puis se dissocie de l'ADN. Les ADN topoisomérases de type II peuvent, de cette façon, séparer efficacement deux ADN circulaires entrelacés (Figure 5-53). La même réaction prévient les graves problèmes d'enchevêtrement de l'ADN qui, autrement, surgiraient au cours de la réplication de l'ADN. Par exemple, lorsque l'on porte à 37° C des mutants thermosensibles de levure qui fabriquent une version de la topoisomérase II inactive à cette température, leurs chromosomes restent entrelacés au moment de la mitose et sont incapables de se séparer. L'utilité de la topoisomérase II pour démêler les chromosomes peut facilement être appréciée par quiconque s'est débattu pour démêler un fil de pêche sans l'aide de ciseaux.

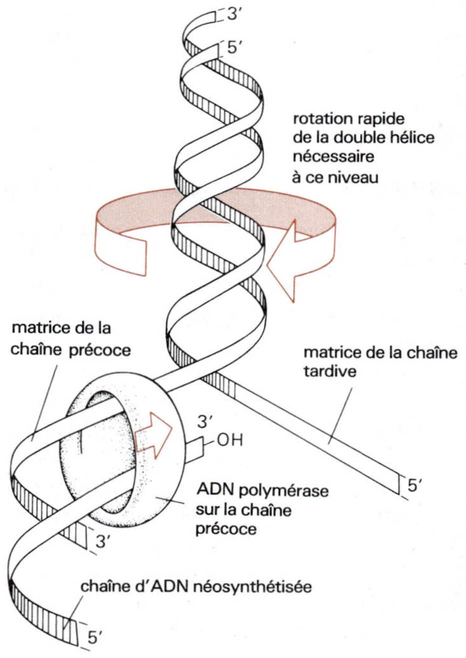

Figure 5-51 Le « problème d'enroulement » qui se rencontre pendant la réplication de l'ADN. Pour une fourche de réplication qui se déplace à raison de 500 nucléotides par seconde, l'hélice d'ADN parentale en avant de la fourche doit tourner de 50 révolutions par seconde.

5-28 La réplication de l'ADN est fondamentalement similaire chez les eucaryotes et les procaryotes [34]

La plupart de nos connaissances sur la réplication de l'ADN sont le résultat d'études de systèmes multienzymatiques purifiés de bactéries et de bactériophages capables de répliquer l'ADN *in vitro*. Le développement de ces systèmes dans les années 1970 fut grandement facilité par l'utilisation de mutants dans divers gènes de réplication qui pouvaient être exploités pour identifier et purifier les protéines de réplication correspondantes (Figure 5-54).

La difficulté à obtenir des mutants déficients au niveau de la réplication est responsable, pour une grande part, du peu d'informations dont nous disposons sur l'enzymologie détaillée de la réplication de l'ADN chez les eucaryotes. Néanmoins, les mécanismes de base de la réplication de l'ADN, y compris la géométrie de la fourche de réplication et l'utilisation d'une amorce d'ARN semblent être identiques chez les procaryotes et les eucaryotes. La différence majeure réside dans le fait que l'ADN eucaryote est répliqué non comme un ADN dénudé, mais sous la forme de *chromatine* dans laquelle l'ADN et associé à des protéines étroitement liées appelées *histones*. Comme nous le décrirons dans le Chapitre 9, les histones forment des structures discoïdes autour desquelles l'ADN eucaryote est enroulé, créant ainsi une unité structurelle répétitive appelée *nucléosome*. Les nucléosomes sont situés le long de l'ADN toutes les 200 paires de bases environ, ce qui peut expliquer le fait que les nouveaux fragments

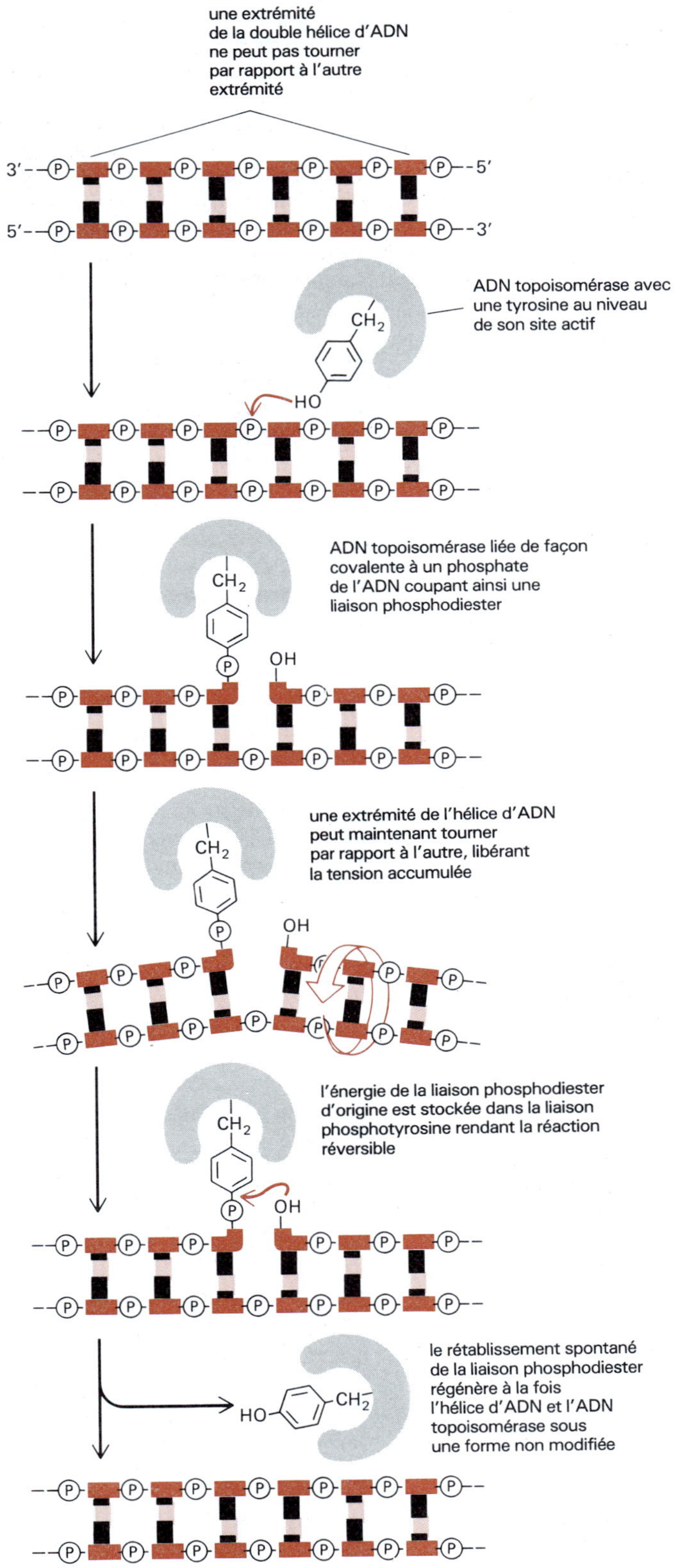

Figure 5-52 La réaction de coupure réversible catalysée par une ADN topoisomérase. Ces enzymes forment une liaison covalente transitoire avec l'ADN.

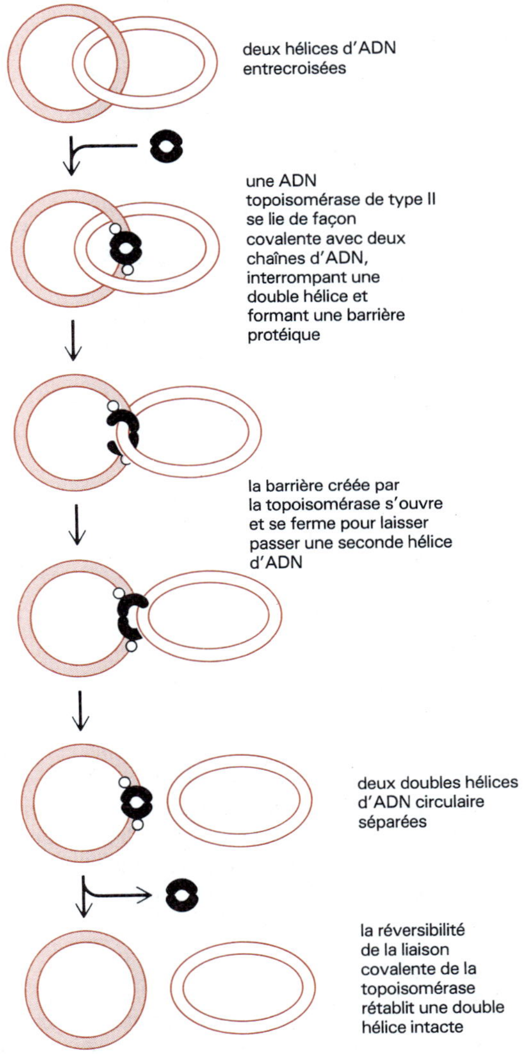

Figure 5-53 Un exemple du type de réaction de passage d'une hélice d'ADN catalysée par une ADN topoisomérase de type II. Contrairement aux topoisomérases de type I, ces enzymes nécessitent l'hydrolyse d'ATP pour leur fonction, et certaines d'entre elles peuvent introduire une tension superhélicoïdale dans l'ADN (voir p. 581). Les topoisomérases de type II sont présentes chez les procaryotes et les eucaryotes et elles fonctionnent probablement dans un grand nombre de réactions impliquant l'ADN.

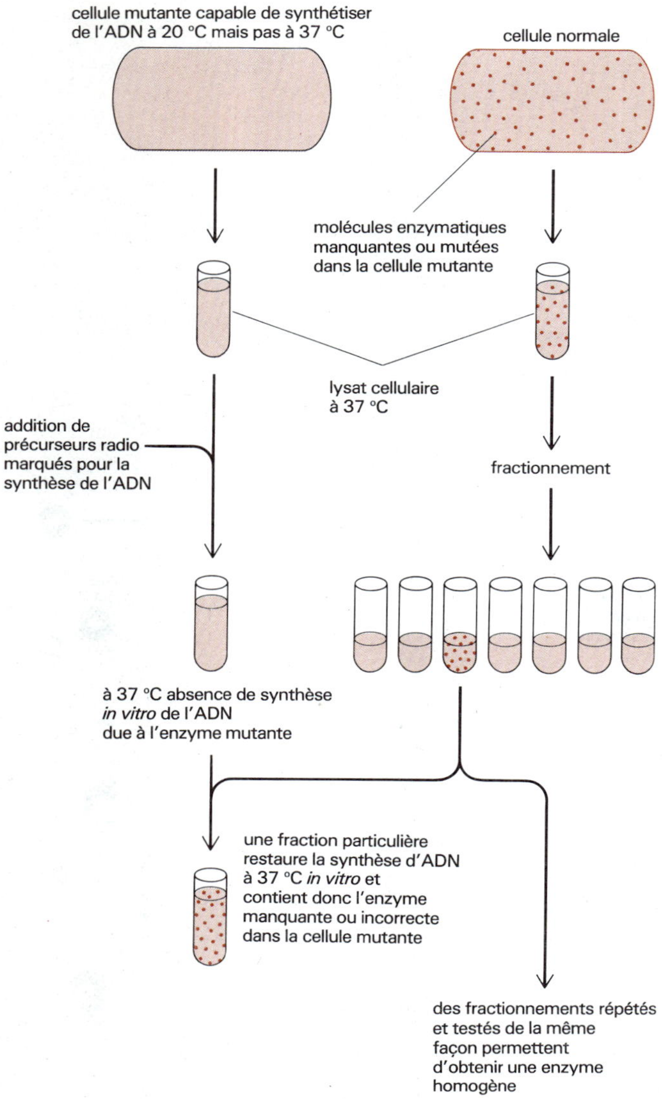

Figure 5-54 La disponibilité en mutants bactériens et bactériophagiques défectueux au niveau de la réplication de l'ADN permet de détecter et de purifier des protéines de fonctions inconnues mais essentielles pour la réplication de l'ADN des procaryotes. Les mutants thermo-sensibles utilisés ici sont des « mutants conditionnels » ; habituellement, la protéine mutante fonctionne normalement à basse température mais pas à température élevée. Des mutants non conditionnels défectueux au niveau de la réplication de l'ADN ne pourraient pas synthétiser l'ADN à n'importe quelle température et, par conséquent, ne pourraient pas survivre. Des « essais de complémentation *in vitro* » semblables ont permis de purifier les protéines qui catalysent beaucoup d'autres processus biologiques.

d'Okazaki sont synthétisés sur la chaîne tardive tous les 100 à 200 nucléotides chez les eucaryotes, plutôt que tous les 1 000 à 2 000 nucléotides chez les bactéries. Les nucléosomes peuvent également agir comme des barrières qui interfèrent avec le mouvement des molécules d'ADN polymérases, ce qui pourrait expliquer pourquoi les fourches de réplication eucaryotes se déplacent dix fois moins vite que les fourches bactériennes.

Résumé

Une ADN polymérase autocorrective, en partie responsable de la fidélité remarquable de la réplication de l'ADN, catalyse la polymérisation nucléotidique sur les deux chaînes de l'hélice d'ADN dans le sens 5′ → 3′. Puisque les deux chaînes d'une hélice d'ADN sont antiparallèles, cette synthèse d'ADN dans le sens 5′ → 3′ ne peut se dérouler en continu que sur l'une des chaînes (la chaîne précoce). Sur la chaîne tardive, de courts fragments d'ADN sont formés selon un processus de « points arrière ». Étant donné que l'ADN polymérase autocorrective ne peut pas commencer une nouvelle chaîne, ces fragments d'ADN sur la chaîne tardive sont amorcés par de courtes molécules d'ARN amorce qui sont ensuite effacées et remplacées par de l'ADN.

La réplication de l'ADN nécessite le concours de nombreuses protéines : 1) l'ADN polymérase et les ARN primases qui catalysent la polymérisation des nucléosides triphosphates ; 2) des ADN hélicases et des protéines de déstabilisation de l'hélice qui facilitent l'ouverture de l'hélice d'ADN afin qu'elle soit copiée ; 3) l'ADN ligase et une enzyme qui dégrade les amorces d'ARN pour souder entre eux les fragments synthétisés de façon discontinue sur la chaîne tardive ; 4) les ADN topoisomérases qui aident à résoudre les problèmes d'enroulement de l'hélice, et

5) des protéines d'initiation qui se lient à des séquences spécifiques de l'ADN au niveau d'une origine de réplication et amorcent la formation d'une fourche de réplication en ce site. Un complexe d'ADN hélicase et d'ADN primase (un primosome) est chargé sur la matrice ADN au niveau d'une fourche de réplication ; d'autres protéines sont alors ajoutées pour constituer la « machine de réplication » multienzymatique qui catalyse la synthèse de l'ADN.

Les mécanismes de la recombinaison génétique [35]

Dans les deux paragraphes précédents, nous avons étudié les mécanismes qui permettent la conservation des séquences d'ADN dans les cellules, de génération en génération, avec très peu de modifications. Bien qu'une telle stabilité génétique soit cruciale pour la survie à court terme, la survie des organismes à plus long terme peut dépendre d'une variation génétique par laquelle ils peuvent s'adapter à un environnement changeant. Ainsi, une propriété importante de l'ADN des cellules est sa capacité à subir des réarrangements qui peuvent diversifier la combinaison particulière des gènes présents dans n'importe quel génome individuel, ainsi que le rythme et le niveau d'expression de ces gènes. Ces réarrangements de l'ADN sont provoqués par la **recombinaison génétique.** On distingue en général deux grandes classes de recombinaison génétique : la recombinaison générale et la recombinaison spécifique de site.

Dans la *recombinaison générale*, l'échange génétique a lieu entre des séquences d'ADN homologues, habituellement localisées sur deux copies du même chromosome. Un des exemples les plus importants est l'échange de segments de chromosomes homologues au cours de la *méiose*. Cet « enjambement » (« crossing over ») se produit entre des chromosomes étroitement reliés très tôt au cours du développement des ovules et du sperme (voir p. 848), et permet l'essai de différentes versions (*allèles*) du même gène dans de nouvelles combinaisons avec d'autres gènes, augmentant, pour quelques membres au moins, d'une population qui s'accouple, la chance de survie dans un environnement changeant (p. 847). Bien que la méiose soit limitée aux eucaryotes, l'avantage de ce type de mélange de gènes est si grand que la conjugaison et le réassortiment des gènes par recombinaison générale sont aussi répandus chez les bactéries.

L'homologie de l'ADN n'est pas exigée dans la *recombinaison spécifique de site*. L'échange se produit plutôt au niveau de courtes séquences nucléotidiques spécifiques (sur une seule ou sur les deux molécules d'ADN impliquées) qui sont reconnues par une enzyme de recombinaison spécifique de site. La recombinaison spécifique de site modifie donc les positions relatives des séquences nucléotidiques dans les génomes. Dans certains cas, ces modifications sont programmées et organisées comme elles le sont quand un virus bactérien intégré est amené à quitter le chromosome d'une bactérie soumise à une agression (p. 253) ; dans d'autres cas, elles sont aléatoires, comme l'insertion de la séquence d'ADN d'un élément transposable en un site sélectionné au hasard dans un chromosome (p. 605).

Comme pour la réplication de l'ADN, la plupart de nos connaissances sur la biochimie de la recombinaison génétique provient d'études d'organismes simples, et particulièrement, d'*E. coli* et de ses virus.

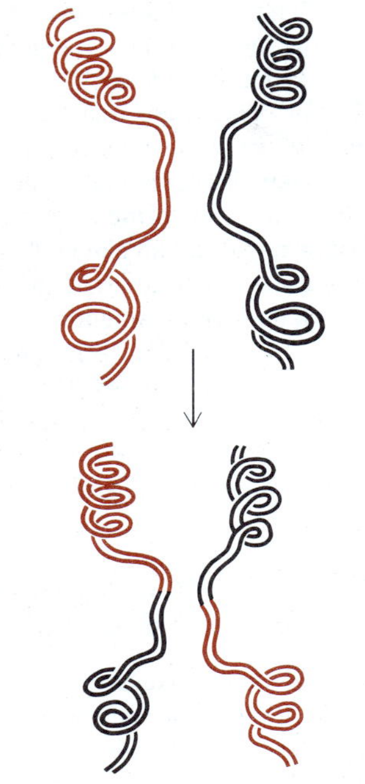

Figure 5-55 Dans la recombinaison générale, la coupure et la réunion de deux doubles hélices d'ADN homologues créent deux molécules d'ADN croisées (« crossed-over »).

5-31 La recombinaison générale est gouvernée par des interactions d'appariement entre les chaînes complémentaires de deux molécules d'ADN homologues [36]

La **recombinaison générale** nécessite des étapes intermédiaires d'échange de chaînes d'ADN, dont la compréhension demande un certain effort. Bien que le trajet exact suivi soit probablement différent suivant les organismes, des analyses génétiques détaillées de virus, de bactéries en cours de reproduction, et de champignons, suggèrent que le résultat principal de la recombinaison générale est toujours le même : (1) Deux molécules d'ADN homologues subissent un enjambement (« cross over »), ce qui signifie que leurs doubles hélices sont rompues et que les deux extrémités coupées se soudent à leurs partenaires opposés pour reformer deux doubles hélices intactes, chacune étant composée de parties des deux molécules d'ADN initiales (Figure 5-55). (2) Le site d'échange (c'est-à-dire le lieu où une double hélice colorée et une double hélice noire se joignent dans la Figure 5-55) peut se placer n'importe où dans les séquences nucléotidiques homologues des deux molécules d'ADN impliquées. (3) Au niveau du site d'échange, une chaîne d'une molécule d'ADN se retrouve appariée à la chaîne de la seconde molécule d'ADN et crée une *jonction décalée* (« staggered joint ») (habituellement appelée *jonction hétéroduplex*) entre les deux doubles hélices différentes (Figure 5-56). La région décalée peut s'étendre sur plusieurs milliers de paires de bases ; nous expliquerons ultérieurement comment elle se forme. (4) Aucune séquence nucléotidique n'est modifiée au

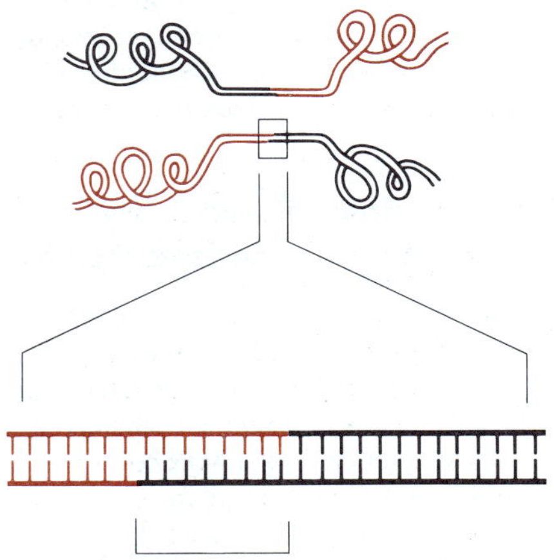

Figure 5-56 Une jonction décalée réunit deux molécules d'ADN à l'emplacement d'un enjambement (crossing-over). Une telle jonction est souvent longue de plusieurs milliers de nucléotides.

niveau du site d'échange ; les événements de cassure et de réunion se déroulent de façon si précise qu'il n'y a pas un seul nucléotide perdu, gagné, ou modifié.

Le déroulement de la recombinaison générale est conçu pour assurer que seules deux régions de la double hélice d'ADN qui présentent une grande homologie de séquences subissent une réaction d'échange. Une telle homologie est nécessaire à la formation d'une jonction hétéroduplex car celle-ci exige une longue région d'appariement complémentaire entre une chaîne de l'une des deux doubles hélices initiales et une chaîne de l'autre. Mais comment cette jonction décalée se forme-t-elle et comment les deux régions homologues de l'ADN se reconnaissent-elles au niveau de l'enjambement ? Comme nous le verrons, la reconnaissance s'effectue grâce à une interaction d'appariement de bases. La formation de paires de bases entre les chaînes complémentaires des deux molécules d'ADN dirige ensuite le processus de recombinaison générale, ne lui permettant de se produire qu'entre de longues régions de séquences d'ADN appariées. En dépit de cette nécessité d'appariement, la recombinaison générale remanie souvent les séquences d'ADN ; la jonction décalée peut renfermer un petit nombre de paires de bases incorrectes, et, plus important, les deux ADN qui subissent l'enjambement ne sont généralement pas exactement les mêmes des deux côtés de la jonction.

5-32 La recombinaison générale peut être initiée au niveau d'une coupure dans une chaîne d'une double hélice d'ADN [36]

Chacune des deux chaînes d'une molécule d'ADN est enroulée autour de l'autre de façon hélicoïdale. Il en résulte qu'aucune interaction d'appariement de grande étendue ne peut se produire entre deux doubles hélices d'ADN homologues à moins qu'une coupure ne soit d'abord effectuée dans une chaîne de l'une d'entre elles, libérant cette chaîne pour les processus de déroulement et d'enroulement nécessaires à la formation d'hétéroduplex avec une autre molécule d'ADN. Pour la même raison, tout *échange* de chaînes entre deux doubles hélices d'ADN exige au moins deux coupures, dans une des chaînes de chaque double hélice qui interagit. Enfin, pour réaliser la jonction décalée illustrée Figure 5-56, chacune des quatre chaînes présentes doit être coupée de telle façon qu'elle puisse s'apparier à une partenaire différente. Dans la recombinaison générale, ces événements de coupure et de réunion sont coordonnés pour se produire seulement lorsque deux hélices d'ADN partagent une longue séquence d'ADN homologue.

D'après un certain nombre de preuves, une simple coupure sur une seule des chaînes d'une molécule d'ADN suffit à initier la recombinaison générale. Par exemple, des agents chimiques ou des types de radiations qui produisent des coupures monocaténaires déclencheront un processus de recombinaison génétique. De plus, on a montré que l'une des protéines particulières nécessaires à la recombinaison chez *E. coli* — la *protéine recBCD* — provoque des coupures monocaténaires dans les molécules d'ADN. La protéine recBCD est également une ATPase ADN-dépendante qui agit comme une ADN hélicase, se déplaçant le long d'une hélice d'ADN dont les chaînes sont momentanément exposées. En combinant ses activités nucléase et hélicase, la protéine recBCD créera une « boucle » monocaténaire sur la double hélice d'ADN (Figure 5-57). La Figure 5-58 montre comment une telle structure pourrait initier une interaction d'appariement entre deux régions complémentaires d'une double hélice d'ADN.

5-33 Les réactions d'hybridation de l'ADN fournissent un modèle simple pour l'étape d'appariement de bases dans la recombinaison génétique [29,37]

Dans sa forme la plus simple, l'interaction d'appariement, qui est primordiale pour la recombinaison générale, peut être reproduite *in vitro* en laissant une double hélice d'ADN se reformer à partir de ses simples chaînes séparées. Une telle **renaturation de l'ADN** ou **hybridation** se produit lorsqu'une rare collision, fortuite, juxtapose les séquences nucléotidiques complémentaires de deux simples chaînes d'ADN qui correspondent, leur permettant de former une courte région en double hélice. Cette étape assez lente de *nucléation de l'hélice* est suivie d'une étape très rapide en « fermeture Eclair », lorsque la double hélice s'allonge pour augmenter au maximum le nombre des interactions d'appariement de bases (Figure 5-59).

Ce mode de formation d'une nouvelle double hélice nécessite que les chaînes en cours de réappariement soient dans une conformation ouverte et allongée. Les réactions d'hybridation *in vitro* sont, pour cette raison, réalisées à température élevée ou en présence d'un solvant organique tel que le formamide ; ces conditions font disparaître les courtes hélices en épingle à cheveux formées lorsque des interactions d'appariement se produisent dans une seule chaîne qui se replie sur elle-même. Les cellules bactériennes ne pourraient pas survivre dans des conditions aussi rudes, et elles utilisent, à la place, une protéine de déstabilisation de l'hélice,

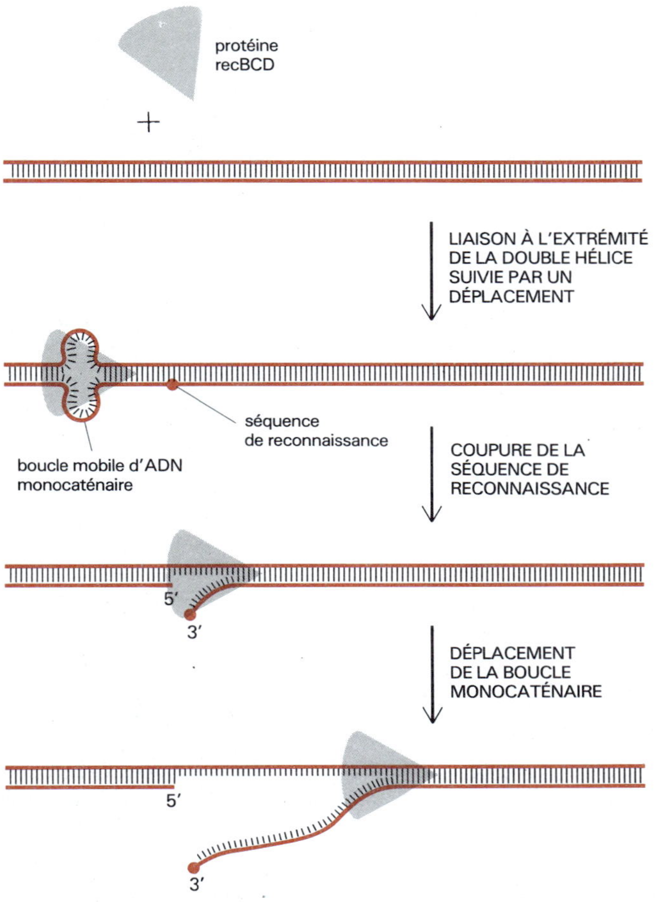

Figure 5-57 Une réaction catalysée par la protéine recBCD, une enzyme nécessaire pour la recombinaison génétique générale chez *E. coli.* La protéine pénètre dans l'ADN à partir d'une extrémité d'une double hélice et utilise ensuite l'énergie dérivée de l'hydrolyse de molécules d'ATP liées pour se propulser dans une direction le long de l'ADN à une vitesse d'environ 300 nucléotides par seconde. Un site de reconnaissance particulier (une séquence d'ADN de huit nucléotides dispersée sur toute la longueur du chromosome d'*E. coli*) est coupée dans la boucle itinérante de l'ADN créée par la protéine recBCD, et une « boucle monocaténaire » est ensuite éjectée de l'hélice, comme le montre la figure. Cette « boucle » peut initier la recombinaison génétique en s'appariant avec une hélice homologue (voir Figure 5-58).

la *protéine SSB*, pour ouvrir leurs hélices. Cette protéine est essentielle à la réplication de l'ADN ainsi qu'à la recombinaison générale chez *E. coli* (voir p. 232) ; elle se lie solidement et de façon coopérative au squelette ose-phosphate de toutes les régions monocaténaires de l'ADN, qu'elle maintient en une conformation allongée avec leurs bases exposées (voir Figure 5-45). Dans cette conformation allongée, une chaîne d'ADN peut s'apparier avec une molécule de nucléoside triphosphate (dans la réplication de l'ADN), ou avec une séquence complémentaire d'une autre chaîne d'ADN (dans la recombinaison génétique). Lorsque des réactions d'hybridation sont réalisées *in vitro* dans des conditions qui reproduisent celles qui règnent à l'intérieur d'une cellule, la protéine SSB accélère le taux de nucléation de l'hélice d'ADN et, par conséquent, le taux global d'appariement des chaînes, d'un facteur supérieur à 1 000.

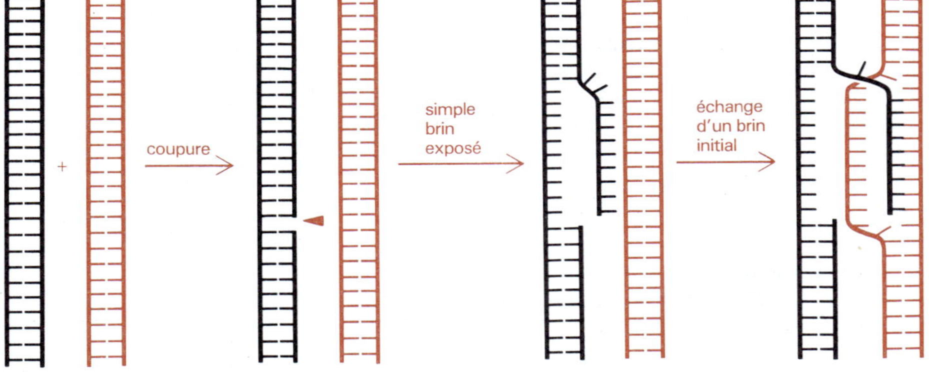

Figure 5-58 L'échange d'un brin initial entre deux doubles hélices d'ADN homologues qui subissent une recombinaison générale. Une coupure dans une seule chaîne d'ADN libère cette chaîne qui peut alors empiéter sur la seconde hélice pour former une courte région d'appariement. Seules deux molécules d'ADN qui ont une séquence nucléotidique complémentaire peuvent s'apparier de cette façon et initier ainsi un événement de recombinaison générale. On connaît des enzymes qui peuvent catalyser toutes les étapes représentées ici (voir Figures 5-57 et 5-60).

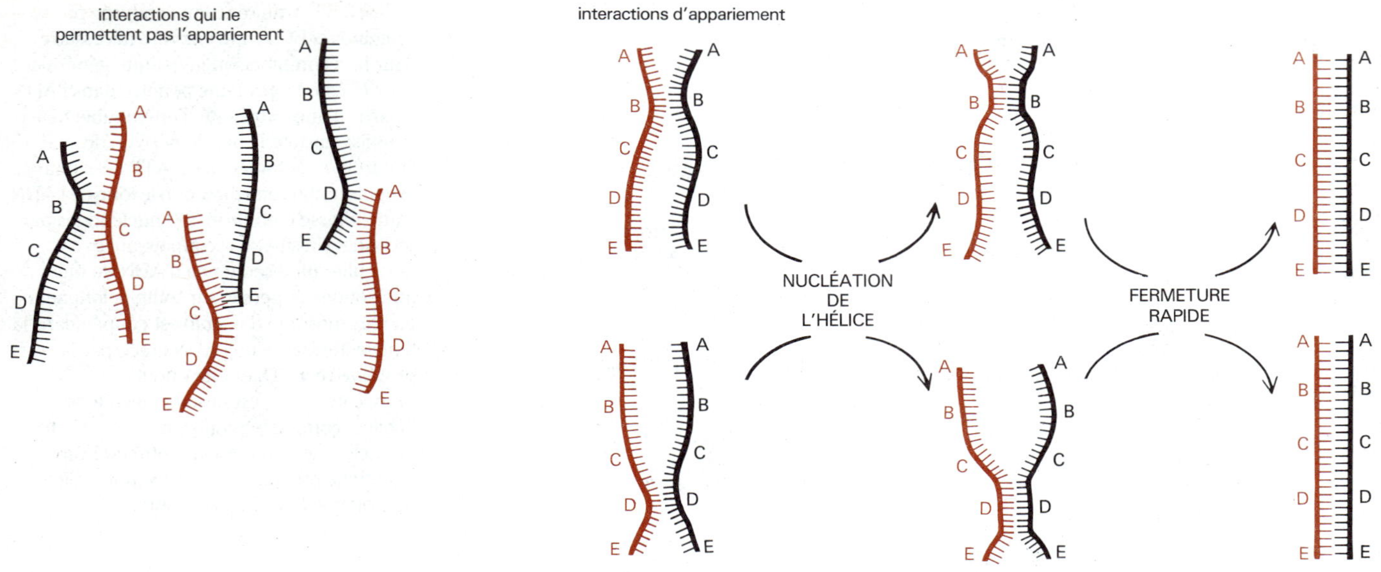

Figure 5-59 Au cours des réactions d'hybridation *in vitro* les doubles hélices d'ADN sont reformées à partir de leurs chaînes séparées. Cette réassociation dépend de la rencontre aléatoire de deux chaînes d'ADN complémentaires (voir p. 188). La plupart de ces rencontres ne sont pas productives, comme on le voit à gauche, mais quelques-unes conduisent à la formation d'une courte région où des paires de bases complémentaires se sont formées (nucléation de l'hélice). Une fermeture rapide de type « fermeture Eclair » complète ensuite chaque hélice. Par ce processus de tâtonnements, une chaîne d'ADN peut trouver son partenaire complémentaire parmi des millions de chaînes d'ADN qui ne lui conviennent pas. La reconnaissance par tâtonnements d'une séquence d'ADN complémentaire semble être à l'origine de tous les événements de recombinaison générale.

5-34 La protéine recA permet aux simples chaînes d'ADN de s'apparier avec une région homologue de la double hélice chez *E. coli*[38]

La recombinaison génétique générale est plus complexe que les simples réactions d'hybridation que nous venons de décrire. Au cours de la recombinaison générale, une simple chaîne d'ADN dérivée d'une autre hélice doit empiéter sur une double hélice d'ADN (voir Figure 5-58). Chez *E. coli*, la **protéine recA** intervient dans ce processus ; elle est produite par le gène *recA* qui fut identifié en 1965 comme étant essentiel pour l'appariement des chromosomes. Longuement recherché par les biochimistes, ce produit insaisissable du gène fut finalement purifié jusqu'à homogénéité en 1976, et l'on montra qu'il s'agissait d'une protéine de 38 000 daltons. Tout comme une protéine de déstabilisation de l'hélice, elle se lie solidement et sous forme de grappes coopératives à l'ADN monocaténaire, mais elle a aussi plusieurs propriétés distinctes. Par exemple, elle possède plus d'un site de fixation de l'ADN, et elle peut donc maintenir ensemble une simple chaîne et une double hélice. Ces sites permettent à la protéine recA de catalyser une réaction à étapes multiples (appelée **synapse**) entre une double hélice d'ADN et une région homologue de l'ADN monocaténaire, comme le montre la Figure 5-60. L'étape critique dans une synapse se produit lorsqu'une région d'homologie est identifiée par un appariement de bases initial entre des séquences nucléotidiques complémentaires (étape 2 de la Figure 5-60). Cette interaction est la première étape du processus d'appariement (voir Figure 5-58) et initie donc l'échange des chaînes entre deux doubles hélices d'ADN recombinantes. Des études *in vitro* suggèrent que la protéine SSB d'*E. coli* coopère avec la protéine recA pour faciliter ces réactions d'appariement et la recombinaison génétique est très réduite chez les bactéries auxquelles il manque l'une des deux protéines.

Une fois que la synapse s'est produite, la courte région hétéroduplex au niveau de laquelle les chaînes des deux molécules d'ADN différentes ont commencé à s'apparier est allongée au moyen de la *migration de jonction dirigée par des protéines* qui est également catalysée par la protéine recA. La **migration de jonction** (Branch migration) peut avoir lieu en tous les points au niveau desquels deux simples chaînes d'ADN de même séquence tentent de s'apparier avec la même chaîne complémentaire ; une région non appariée de l'une des deux simples chaînes décalera une région appariée de l'autre simple chaîne, déplaçant le point de branchement sans modifier le nombre total de paires de bases de l'ADN. La migration de jonction spontanée s'effectue de la même façon dans les deux directions et il est donc peu probable qu'elle achève la recombinaison avec efficacité (Figure 5-61A). Puisque la protéine recA catalyse une migration de jonction unidirectionnelle, elle engendre facilement une région hétéroduplex longue de milliers de paires de bases (Figure 5-61B).

La catalyse de la migration de jonction dépend d'une propriété supplémentaire de la protéine recA. Non seulement la protéine recA possède un site complexe de fixation de l'ADN, mais elle est aussi (comme la protéine recBCD), une ATPase ADN-dépendante avec un site supplémentaire pour lier et hydrolyser l'ATP. La protéine s'associe beaucoup plus étroitement

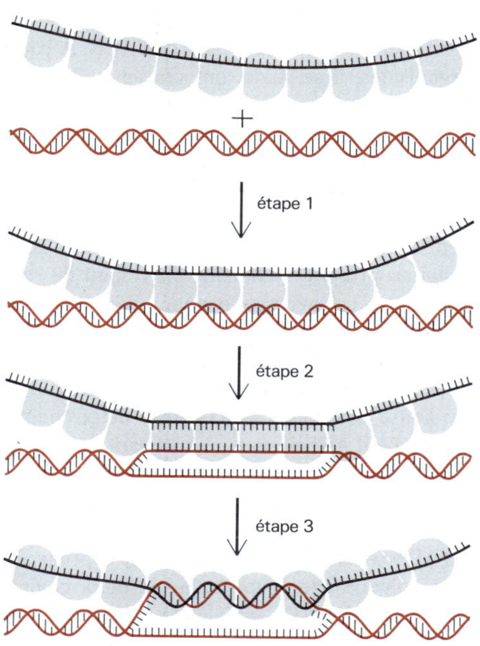

Figure 5-60 Des expériences réalisées *in vitro* montrent qu'il se forme plusieurs types de complexes entre une simple chaîne d'ADN recouverte par une protéine recA et une double hélice d'ADN. Tout d'abord, un complexe non apparié est formé (étape 1) ; il est converti en un complexe apparié mais non enroulé dès qu'une région de séquence homologue est trouvée (étape 2). Ce complexe est instable car il fait intervenir une forme rare de l'ADN dans laquelle les deux chaînes complémentaires ne sont ni enroulées de façon hélicoïdale, ni enroulées en segments alternés d'hélice droite (normale) et gauche. L'étape 3 stabilise l'échange des chaînes. Elle nécessite une coupure transitoire (non montrée) dans l'une des deux chaînes formant l'hélice, suivie par l'enroulement hélicoïdal d'une chaîne autour de l'autre.

avec l'ADN lorsqu'elle est liée à l'ATP plutôt qu'à l'ADP. De plus, de nouvelles molécules recA ayant un ATP lié sont ajoutées de préférence à l'une des extrémités du filament de la protéine recA et l'ATP est ensuite hydrolysé en ADP. Il est possible, par conséquent, que les filaments de protéine recA qui se forment sur l'ADN partagent nombre des propriétés d'assemblage dynamique que possèdent les filaments du cytosquelette formés d'actine ou de tubuline (p. 639) ; par exemple, la capacité qu'a la protéine de « besogner » dans une seule direction le long d'un brin d'ADN pourrait commander la migration de jonction montrée Figure 5-61B.

5-35 La recombinaison génétique générale comporte habituellement un échange de brins croisés [39]

L'échange d'une simple chaîne entre deux doubles hélices est supposé être l'étape lente et difficile d'un événement de recombinaison générale (voir Figure 5-58, ci-dessus). Après cet échange initial, l'extension de la région d'appariement et l'établissement d'échanges supplémentaires de chaînes entre les deux hélices étroitement apposées devraient se produire rapidement.

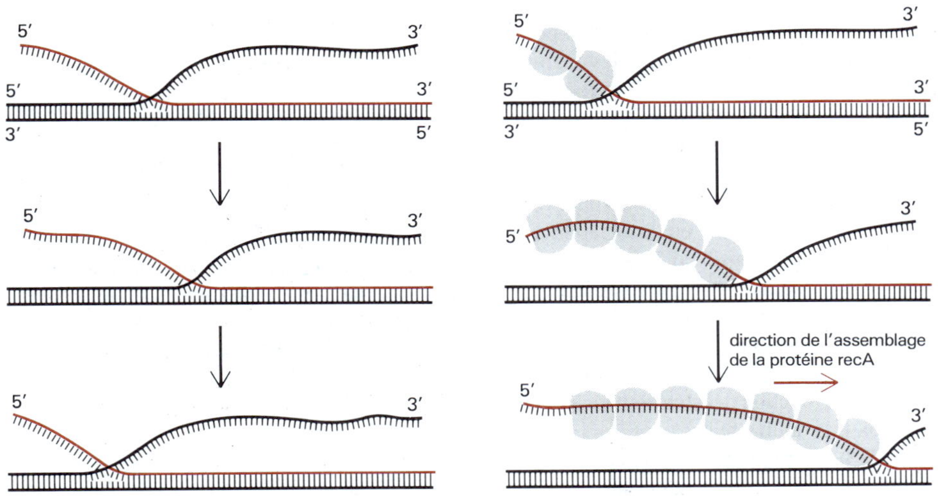

Figure 5-61 Deux types de migration de jonction de l'ADN observés au cours d'expériences *in vitro*. La migration de jonction spontanée est un type de processus d'aller et retour aléatoire, et il progresse donc très lentement sur de longues distances. Par opposition, la migration de jonction dirigée par la protéine recA s'effectue à une vitesse uniforme dans une seule direction ; elle peut être guidée par l'assemblage polarisé d'un filament de protéine recA sur une simple chaîne d'ADN, qui se produit dans le sens indiqué.

Durant cette période, une quantité limitée d'excision de nucléotides et de resynthèse locale d'ADN a souvent lieu, rappelant certains des événements de la réparation de l'ADN. A cause du grand nombre de possibilités, différents organismes, à ce stade, ont vraisemblablement suivi des voies différentes. Dans la plupart des cas, cependant, une structure intermédiaire importante, dite structure d'**échange de brins croisés**, sera formée par les deux hélices d'ADN impliquées. L'une des voies les plus simples suivie lors de la formation de cette structure est montrée Figure 5-62.

Dans l'échange de brins croisés (également appelée *jonction de Holliday*), deux hélices d'ADN homologues qui s'appariaient initialement, sont maintenant accrochées l'une à l'autre par l'échange réciproque de deux des quatre chaînes présentes, chacune provenant de l'une des deux hélices. Aucune rupture de l'appariement n'est nécessaire pour maintenir cette structure qui possède deux propriétés importantes : (1) Le point d'échange entre les deux doubles hélices d'ADN homologues (là où les deux chaînes se croisent sur la Figure 5-62) peut rapidement migrer d'avant en arrière le long des hélices grâce à une double migration de jonction. (2) L'échange de brins croisés donne lieu à des paires de chaînes : deux chaînes croisées et deux non croisées. De plus, la structure peut *s'isomériser* en subissant la série de rotations décrites dans la Figure 5-63. Cette isomérisation modifie les positions des deux paires de chaînes de sorte que les deux chaînes qui, à l'origine, ne se croisent pas, se croisent et vice versa.

Dans le but de reconstituer deux hélices d'ADN séparées, et d'achever ainsi le processus d'appariement, les deux chaînes qui se croisent doivent être coupées. Si ces deux chaînes croisées sont coupées *avant* isomérisation, les deux hélices d'ADN initiales se sépareront l'une de l'autre pratiquement intactes avec seulement l'échange d'un court fragment d'ADN simple chaîne (Figure 5-63). Cependant, si les deux brins croisés sont coupés *après* isomérisation, un segment de chaque hélice initiale se trouve lié par une jonction décalée à un segment de l'autre hélice d'ADN ; en d'autres termes les deux hélices d'ADN sont croisées (Figure 5-63).

On pense que l'isomérisation par échange de brins croisés est nécessaire avant que deux chromosomes puissent subir un enjambement. La Figure 5-64 illustre ce processus avec plus de réalisme, tel qu'il pourrait se produire entre deux chromatides sœurs de cellules mitotiques, ou entre deux chromatides homologues non sœurs de cellules méiotiques (voir p. 847). L'isomérisation devrait se produire spontanément à une certaine vitesse, mais elle peut également être activée enzymatiquement ou, en d'autres termes, réglée par les cellules. Un certain type de contrôle s'effectue probablement durant la méiose, lorsque les deux doubles hélices d'ADN qui s'apparient sont contraintes de former une structure élaborée appelée *complexe synaptonémal* (voir p. 848).

La conversion génique résulte de la combinaison d'une synthèse limitée d'ADN et d'une recombinaison générale [40]

Une loi fondamentale de la génétique est l'égalité de la contribution génétique de chacun des parents à sa descendance, un jeu complet de gènes étant hérité du père et l'autre de la mère. Ainsi, lorsqu'une cellule diploïde subit la méiose pour donner quatre cellules haploïdes (voir p. 845), exactement la moitié des gènes de ces cellules devrait être maternelle (les gènes que la cellule diploïde hérite de sa mère) et l'autre moitié paternelle (les gènes que la cellule diploïde hérite de son père). Chez un animal complexe, comme l'être humain, il n'est pas possible de vérifier directement cette prédiction. Mais dans d'autres organismes, comme les champignons, où il est possible de recueillir et d'analyser les quatre cellules filles produites par méiose à partir d'une cellule unique, on trouve de nombreux cas dans lesquels les règles génétiques standard ont apparemment été violées. Par exemple, la méiose donne parfois trois copies de la version maternelle (allèle) d'un gène et une seule copie de l'allèle paternel, révélant que l'une des deux copies de l'allèle paternel a été changée en une copie de l'allèle maternel. Ce phénomène est connu sous le nom de **conversion génique**. Il se produit souvent en association avec des événements de recombinaison génétique générale, et on pense qu'il est important dans l'évolution de certains gènes (voir p. 600). On croit que la conversion génique est une conséquence directe des mécanismes de recombinaison générale et de réparation de l'ADN.

Au cours de la méiose, il se forme des jonctions décalées au niveau des sites d'enjambement entre les chromosomes maternels et paternels homologues. Si les séquences d'ADN maternelles et paternelles sont légèrement différentes, la jonction décalée peut inclure certaines paires de bases incorrectes. L'erreur qui en résulte dans la double hélice peut alors être corrigée par le mécanisme de réparation de l'ADN (voir p. 223), qui peut effacer les nucléotides du brin paternel et les remplacer par des nucléotides qui s'ajustent au brin maternel, ou vice versa. La conséquence de cette correction de mésappariements sera une conversion génique. La conversion génique peut aussi se produire par un certain nombre d'autres mécanismes, mais

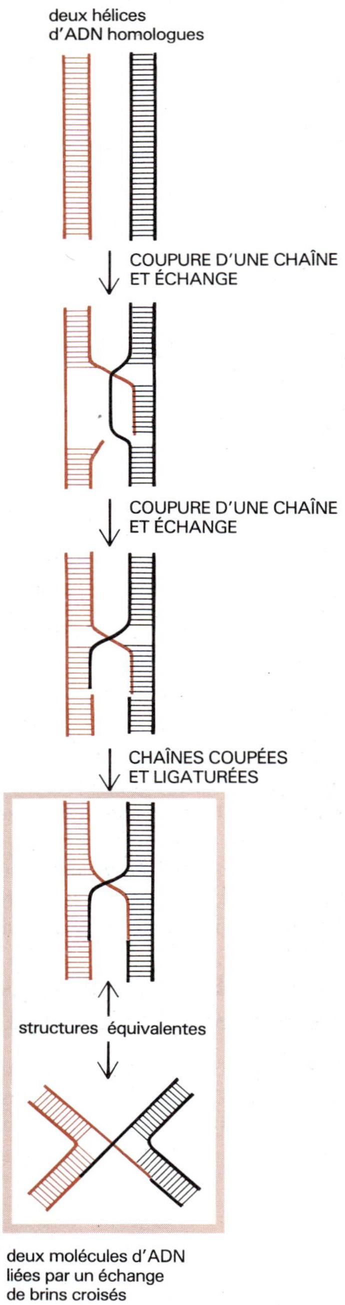

Figure 5-62 La formation d'un échange de brins croisés. Il existe de nombreux mécanismes qui peuvent conduire de la structure formée sur la Figure 5-58 (un échange de simple brin) à l'échange de brins croisés, mais un seul est représenté. Des deux représentations de l'échange de brins croisés, celle du haut donne l'image la plus précise de sa structure, et celle du bas fournit le point de départ le plus clair pour expliquer la réaction d'isomérisation, comme l'illustre la Figure 5-63.

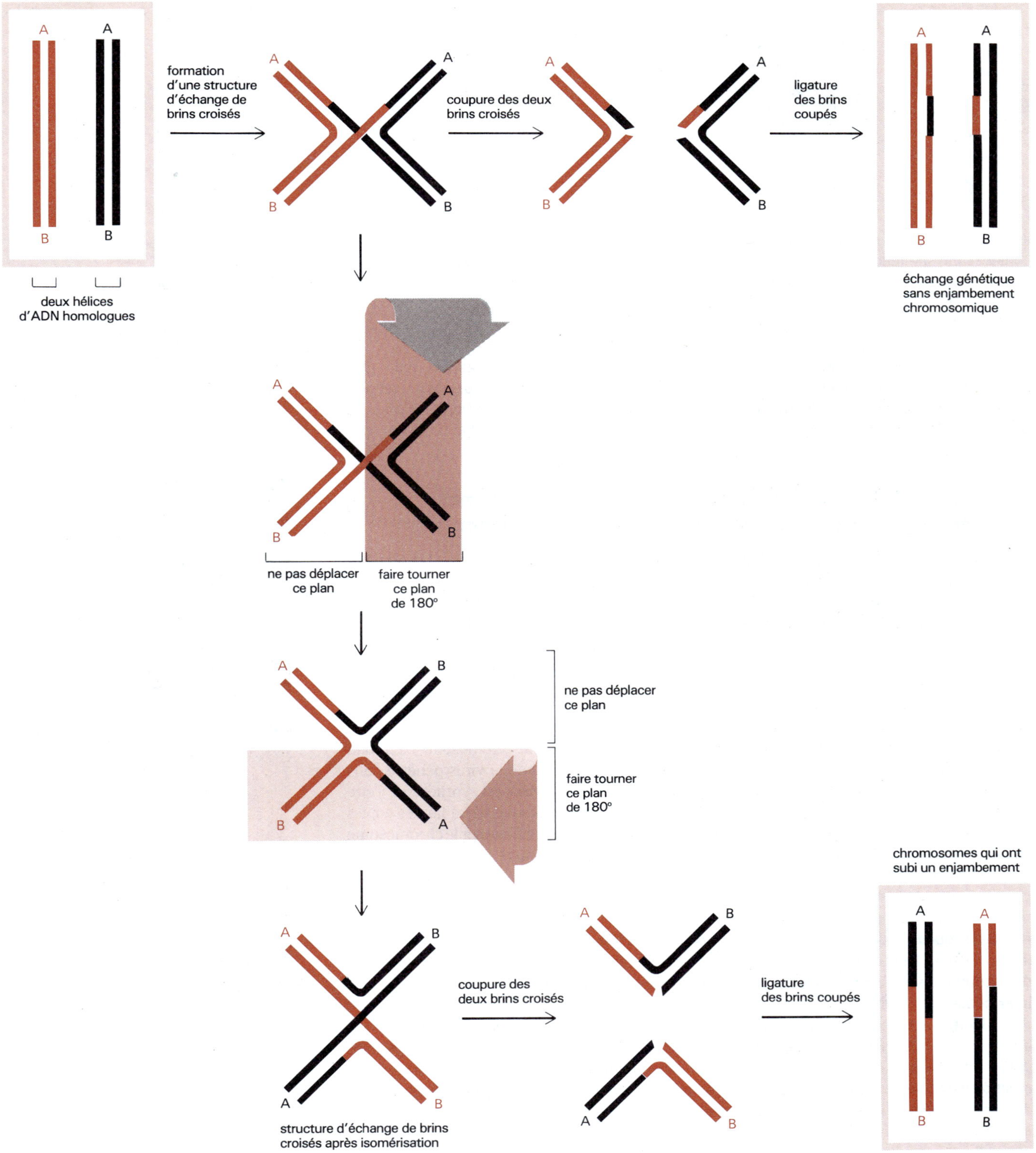

Figure 5-63 Isomérisation au cours d'un échange de brins croisés. Sans isomérisation, la séparation des deux brins croisés s'achève par un échange sans enjambement (en haut). Avec isomérisation, la séparation des deux brins croisés conduit à la formation de deux molécules d'ADN ayant subi un enjambement (en bas). On pense, par conséquent, que l'isomérisation est nécessaire pour la cassure et la réunion de deux doubles hélices d'ADN homologues qui résultent de la recombinaison génétique générale.

Figure 5-64 Un événement de recombinaison génétique générale entre deux chromosomes homologues qui conduit à l'enjambement. L'isomérisation de l'échange de brins croisés se produit comme le décrit la Figure 5-63.

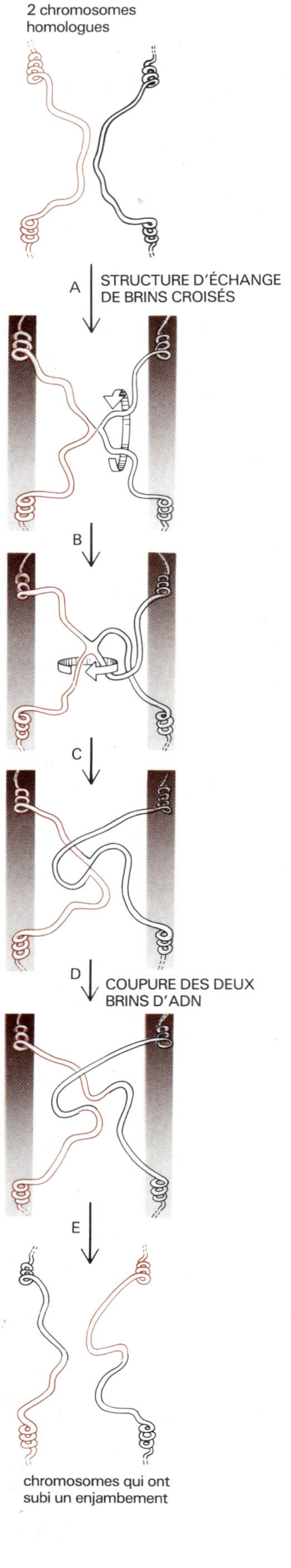

ils exigent tous un certain type d'événement de recombinaison générale qui assemble deux copies d'une séquence d'ADN étroitement apparentées. Puisqu'il y a génération d'une copie supplémentaire de l'une des deux séquences d'ADN , une quantité limitée de synthèse d'ADN doit aussi être impliquée. Des études génétiques montrent que la conversion génique ne touche en général que de petits segments d'ADN, et, dans de nombreux cas, seule une partie d'un gène est modifiée.

La conversion génique peut aussi se produire dans les cellules mitotiques, mais plus rarement. Comme dans les cellules méiotiques, certaines conversions géniques dans les cellules mitotiques résultent probablement d'un processus de correction de mésappariements opérant sur l'ADN hétéroduplex. La Figure 5-65 montre un autre mécanisme probable dans les deux types de cellules.

5-36 Les enzymes de la recombinaison spécifique de site introduisent ou éliminent des séquences données d'ADN dans les génomes [41]

La **recombinaison spécifique de site**, contrairement à la recombinaison générale, est guidée par une enzyme de recombinaison qui reconnaît des séquences nucléotidiques spécifiques présentes sur une ou sur les deux molécules d'ADN en cours de recombinaison. L'appariement entre les molécules d'ADN qui se recombinent n'est pas nécessaire ; et, même quand il a lieu, la longueur de la jonction décalée ainsi formée ne dépasse pas quelques paires de bases. Ce type de recombinaison permet à divers types de séquences mobiles d'ADN de se déplacer à l'intérieur et entre les chromosomes.

La recombinaison spécifique de site fut tout d'abord découverte comme étant le moyen, pour un virus bactérien, le bactériophage *lambda*, d'intégrer son génome dans le chromosome d'*E. coli* et de l'en sortir. Lorsqu'il est intégré, le virus est caché dans le chromosome bactérien et répliqué en tant que partie de l'ADN de l'hôte (voir p. 253). Lorsque le virus pénètre dans une cellule, une enzyme appelée *lambda intégrase* et codée par le virus est synthétisée. Cette enzyme catalyse un processus de recombinaison qui commence lorsque de multiples copies de la protéine intégrase se lient étroitement à une séquence d'ADN spécifique sur le chromosome circulaire du bactériophage. Le complexe protéine-ADN qui en résulte peut alors se lier à une séquence d'ADN spécifique différente sur le chromosome bactérien, rapprochant les chromosomes de la bactérie et du bactériophage (Figure 5-66). L'intégrase catalyse ensuite les réactions nécessaires de coupure et de soudure de l'ADN, utilisant une courte région d'homologie de séquence pour former une minuscule jonction décalée au point de soudure (Figure 5-67A). L'intégrase a une activité ADN topo-isomérase (p. 236), mais les diverses étapes de recombinaison se produisent si rapidement qu'il est très difficile de détecter les formes intermédiaires d'ADN.

Le même type de mécanisme de recombinaison spécifique de site peut aussi être réalisé à *l'envers* par le bactériophage lambda, lui permettant ainsi de sortir de son site d'intégration sur le chromosome d'*E. coli* pour se multiplier rapidement dans la cellule bactérienne. Cette réaction d'excision est catalysée par un complexe formé de l'intégrase et d'une seconde protéine du bactériophage que le virus synthétise seulement lorsque sa cellule hôte est soumise à une agression (voir Figure 9-20, p. 495).

Tout comme l'intégrase lambda, de nombreuses autres enzymes qui catalysent la recombinaison spécifique de site nécessitent la réunion d'une courte région de séquence d'ADN identique sur les deux régions de l'hélice d'ADN. Ce besoin rend chaque enzyme de cette classe assez exigeante quant aux séquences d'ADN qu'elle recombine.

Une seconde classe d'enzymes de recombinaison spécifique de site est moins exigeante. Comme l'intégrase lambda, chacune de ces enzymes reconnaît une séquence d'ADN spécifique dans un élément génétique mobile particulier dont elle catalyse la recombinaison. Cependant, contrairement à l'enzyme de lambda, ces enzymes n'ont pas besoin d'une séquence d'ADN « cible » spécifique et elles ne forment pas de jonction décalée. Au lieu de cela, elles introduisent

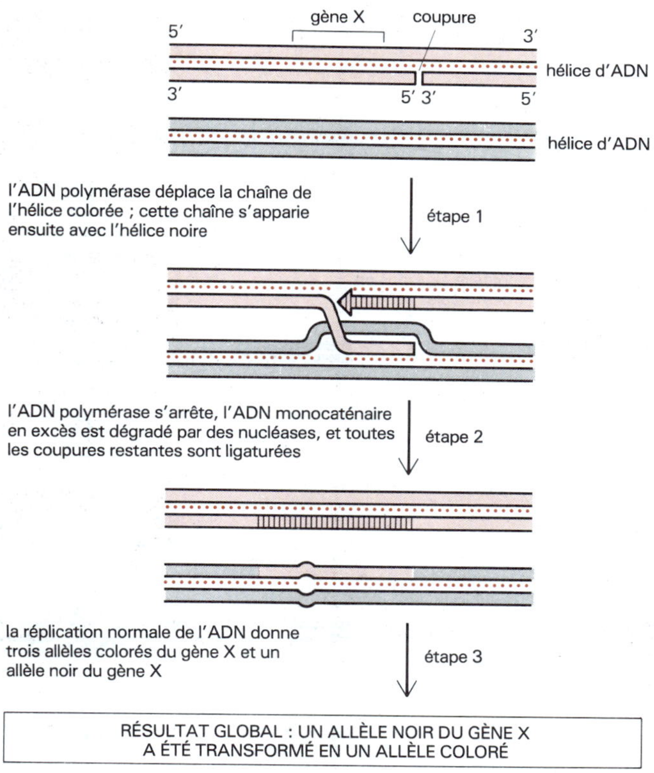

Figure 5-65 Un mécanisme proposé de recombinaison générale qui provoque la conversion génique. Dans l'étape 1, l'ADN polymérase commence la synthèse d'une copie supplémentaire d'une chaîne de l'hélice colorée, déplaçant la copie originale sous la forme d'une simple chaîne. Cette simple chaîne est alors appariée avec la région homologue de l'hélice noire comme l'indique la Figure 5-60. Dans l'étape 2, la courte région de la chaîne non appariée noire produite au cours de l'étape 1 est dégradée, achevant le transfert des séquences nucléotidiques. Le résultat est normalement visible dans le cycle cellulaire suivant : après réplication de l'ADN, les deux brins non homologues sont séparés (étape 3).

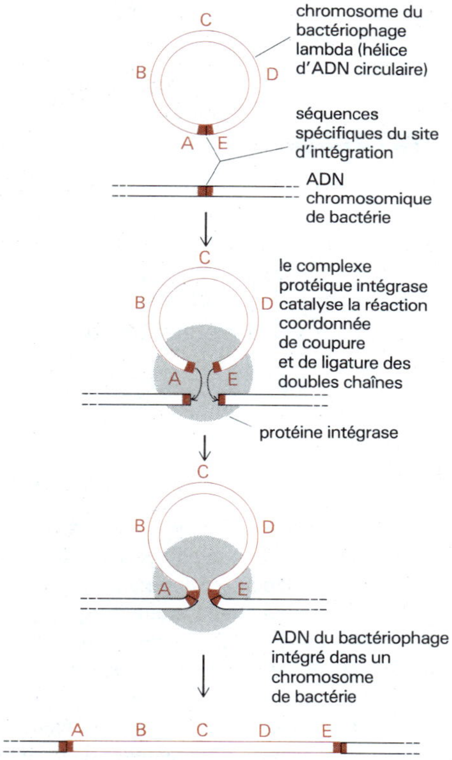

Figure 5-66 Le phénomène de recombinaison spécifique de site qui insère l'ADN du bactériophage lambda dans le chromosome de l'hôte *E. coli.* Les sites spécifiques reconnus par l'intégrase de lambda (*en gris*) sont les séquences d'ADN représentées sous forme de carrés colorés (voir aussi la Figure 5-74, p. 253 et la Figure 9-19, p. 495).

une coupure décalée dans la molécule d'ADN cible ; cette coupure engendre des extrémités d'ADN saillantes dans la cible, extrémités qui sont ensuite soudées de façon covalente à la séquence d'ADN spécifique de l'élément génétique mobile (Figure 5-67B). De cette façon, tout l'élément est inséré dans le site de coupure de la molécule d'ADN cible. Les deux courtes lacunes simple brin laissées dans la molécule d'ADN recombinante, une à chaque extrémité de l'élément mobile, sont comblées par l'ADN polymérase pour achever le processus de recombinaison. Comme l'illustre la Figure 5-67B, ceci crée une courte duplication de la séquence d'ADN cible voisine ; de telles duplications d'encadrement sont la « marque de fabrique » de ce type d'événement de recombinaison spécifique de site.

Une enzyme du type non exigeant a été purifiée sous sa forme active à partir du bactériophage Mu. Comme une ADN topoisomérase, elle effectue toutes ses réactions de coupure et de réunion sans nécessiter de source d'énergie (telle que l'ATP). Bien que cette enzyme appartienne à un virus bactérien, on suppose que des enzymes analogues sont présentes dans des organismes aussi divers que des bactéries, des drosophiles, et des êtres humains — toutes ces cellules contiennent des éléments génétiques mobiles similaires, dont nous parlerons bientôt.

Résumé

Les mécanismes de recombinaison génétique permettent le déplacement de longs segments de la double hélice d'ADN d'un chromosome à un autre. Les systèmes de réactions qui sont impliqués ne provoquent qu'une dissociation minime des deux hélices d'ADN lorsqu'elles sont coupées et resoudées et deux chromosomes intacts sont ainsi reconstitués. Il existe deux grandes classes d'événement de recombinaison. Dans la recombinaison générale, les réactions initiales reposent sur des interactions considérables d'appariement de bases entre les chaînes des deux doubles hélices d'ADN qui se recombinent. Il en résulte que la recombinaison générale ne se produit qu'entre deux molécules d'ADN homologues, et, bien qu'elle entraîne le va-et-vient de segments d'ADN entre chromosomes, elle ne modifie pas normalement l'arrangement des gènes sur un chromosome. En revanche, dans la recombinaison spécifique de site, les réactions d'appariement dépendent de la reconnaissance, par l'intermédiaire d'une protéine, des deux séquences d'ADN qui vont se recombiner, et une grande homologie de séquence n'est pas nécessaire. Il en résulte que cette classe d'événement de recombinaison modifie les positions relatives des séquences nucléotidiques dans les chromosomes.

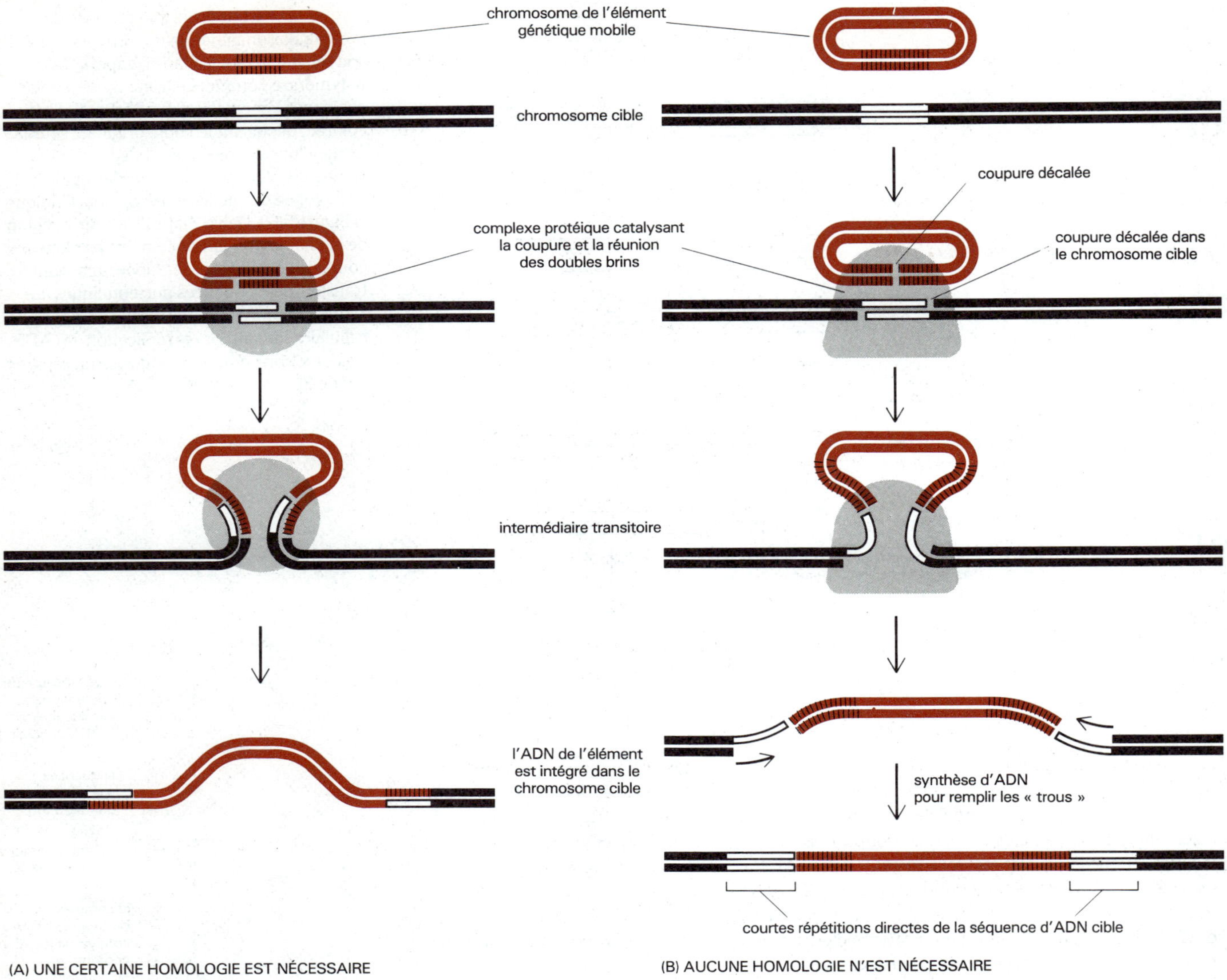

Figure 5-67 Comparaison des mécanismes utilisés par deux classes différentes d'enzymes de recombinaison spécifique de site. Dans chaque cas, une enzyme spécifique (*en gris*) se lie à la séquence d'ADN qui présente une homologie croisée sur l'élément génétique mobile et maintient cette séquence proche d'un site sur le chromosome cible. En (A), l'enzyme réalise une coupure décalée sur chacun des côtés d'une très courte séquence d'ADN homologue sur les deux chromosomes (12 nucléotides dans le cas de l'intégrase de lambda) et intervertit ensuite les chaînes partenaires de façon à former une jonction décalée. En (B), l'enzyme effectue une coupure décalée dans le chromosome cible et joint directement les extrémités protubérantes aux extrémités pareillement coupées de l'élément mobile d'ADN. Ce type d'enzyme laisse de courtes répétitions de la séquence d'ADN cible (3 à 12 nucléotides de longueur, selon l'enzyme) sur chacun des côtés de l'ADN intégré.

Virus, plasmides et éléments génétiques transposables [42]

Dans notre description des mécanismes génétiques fondamentaux, nous nous sommes jusqu'ici concentrés sur leur avantage sélectif pour la cellule. Nous avons vu que la survie à court terme de la cellule dépend entièrement de la conservation de l'information génétique par la réparation de l'ADN, alors que la multiplication de la cellule requiert la réplication rapide et précise de l'ADN. Sur une échelle de temps plus longue, l'apparition de variants génétiques, dont dépend l'évolution des espèces, est grandement facilitée par le réassortiment des gènes et le réarrangement occasionnel des séquences d'ADN par recombinaison génétique. Nous allons maintenant examiner un groupe d'éléments génétiques qui agissent comme parasites, détournant les mécanismes génétiques de la cellule à leur profit.

Dans certaines circonstances, des séquences d'ADN peuvent se répliquer indépendamment du reste du génome. De telles séquences présentent des degrés d'indépendance très différents vis-à-vis de leurs cellules hôtes. Parmi celles-ci, les chromosomes viraux sont les plus indépendants car ils possèdent une enveloppe protéique qui leur permet de se déplacer librement d'une cellule à l'autre. Les virus sont, à divers degrés, très voisins de séquences d'ADN plus dépendantes de la cellule hôte, connues sous le nom de plasmides et d'éléments transposables, qui sont dénuées d'enveloppe et donc condamnées à se répliquer avec une seule cellule et sa progéniture. Certaines séquences d'ADN, encore plus primitives, sont supposées mobiles car elles sont répétées de nombreuses fois dans un chromosome d'une cellule — mais elles se déplacent ou se multiplient si rarement qu'il n'est pas évident qu'elles puissent être considérées comme éléments génétiques indépendants.

Tous ces éléments génétiques quasi indépendants doivent lourdement exploiter le métabolisme de la cellule hôte afin de se multiplier, et ils ont par conséquent servi d'outils importants pour l'étude du mécanisme d'une cellule normale. Nous commencerons notre discussion par les virus, qui sont les éléments génétiques mobiles les mieux compris. Nous décrirons ensuite les propriétés des plasmides et des éléments transposables, dont certains présentent une remarquable ressemblance avec les virus et pourraient, en fait, avoir été leurs ancêtres.

5-39 Les virus sont des éléments génétiques mobiles [43]

Les virus furent décrits, dans un premier temps, comme des agents pathogènes qui ne peuvent se multiplier que dans les cellules, et qui, grâce à leur petite taille, passent au travers de filtres ultrafins qui retiennent même les plus petites bactéries. Avant l'arrivée du microscope électronique, leur nature était inconnue, bien que l'on ait soupçonné qu'ils puissent être de simples gènes ayant acquis d'une manière ou d'une autre la capacité de se déplacer d'une cellule à l'autre. L'utilisation des ultracentrifugeuses permit, dans les années 1930, de séparer les virus des constituants de la cellule hôte, et, au début des années 1940, l'idée générale que tous les virus contiennent des acides nucléiques émergea. L'idée que les virus et les gènes remplissent des fonctions semblables fut confirmée par des études sur les virus bactériens *(bactériophages)*. En 1952 on montra, pour le bactériophage T4, que seul l'ADN du phage et non ses protéines, pénétrait dans la cellule hôte bactérienne et initiait les événements de réplication qui conduisent à la production de plusieurs centaines de descendants viraux dans chaque cellule infectée.

Ces observations conduisirent à considérer les virus comme des éléments génétiques entourés d'une enveloppe protectrice qui leur permet de se déplacer d'une cellule à l'autre. La multiplication des virus *per se* est souvent léthale pour les cellules dans lesquelles elle se produit ; dans de nombreux cas, la cellule infectée s'éventre *(se lyse)* et permet ainsi aux virus produits d'accéder aux cellules voisines. Plusieurs des manifestations cliniques de l'infection virale reflètent cet effet cytolytique des virus. Par exemple, l'herpès labial formé par le virus de l'herpès simplex et les lésions provoquées par la variole reflètent tous les deux la mort des cellules épithéliales dans une région de la peau.

Le type d'acide nucléique que contient un virus, la structure de son enveloppe, son mode de pénétration dans la cellule hôte, et son mécanisme de réplication une fois à l'intérieur, varient considérablement d'un type de virus à l'autre. Quelques-unes des différences structurelles qui existent parmi les virus sont illustrées par les micrographies électroniques de la Figure 5-68.

L'enveloppe externe d'un virus peut être une capside protéique ou une enveloppe membranaire [44]

On pensait initialement que l'enveloppe externe d'un virus pouvait être constituée d'un seul type de molécule protéique. On croyait que les infections virales commençaient par la dissociation du chromosome viral de son enveloppe protéique à l'intérieur de la cellule hôte, suivie de la réplication du chromosome pour former de nombreuses copies identiques, et de

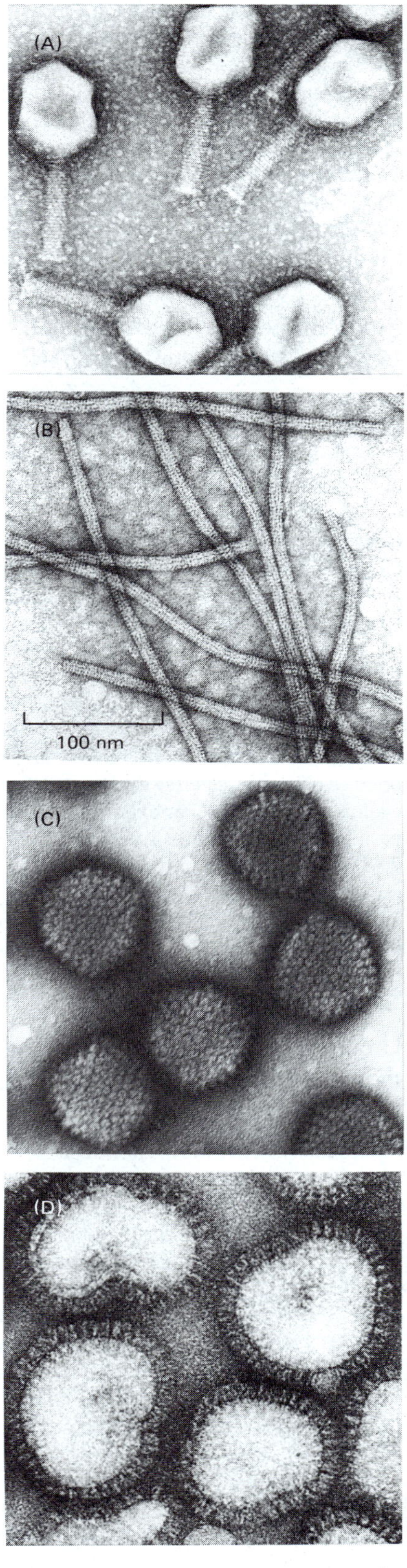

Figure 5-68 Micrographie électroniques (agrandissement identique ; échelle indiquée en B) de particules virales en coloration négative. (A) Le *bactériophage T4*, un grand virus à ADN qui infecte *E. coli*. L'ADN stocké dans la tête du bactériophage est injecté dans la bactérie à travers la queue cylindrique. (Aimablement transmis par James Paulson.) (B) Virus X *de la pomme de terre*, virus filamenteux des plantes qui contient un génome à ARN. (Aimablement transmis par Graham Hills.) (C) *Adenovirus*, virus à ADN qui peut infecter les cellules humaines. La capside protéique forme la surface extérieure du virus. (Aimablement transmis par Mei Lie Wong.) (D) *Influenza virus*, un virus animal à ARN de grande taille dont la capside protéique est elle-même entourée d'une enveloppe formée d'une double couche lipidique et contenant des spicules proéminentes de glycoprotéine virale. (Aimablement transmis par R.C. Williams et H.W. Fisher.)

la synthèse de nouvelles copies de la protéine spécifique de l'enveloppe virale à partir des molécules d'ARN messager codées par le virus. La formation des particules virales filles se produirait alors par assemblage spontané de ces molécules protéiques de l'enveloppe autour des chromosomes viraux nouvellement produits (Figure 5-69).

On sait maintenant que ces idées simplifiaient énormément la diversité des cycles vitaux des virus. Par exemple, la coque protéique qui entoure l'acide nucléique de la plupart des virus (la **capside**) contient plus d'un type de chaînes polypeptidiques souvent organisées en plusieurs couches. De plus, chez de nombreux virus, la capside protéique est encore entourée par une membrane formée d'une double couche lipidique qui contient des protéines. Beaucoup de ces *virus à enveloppe* acquièrent leur enveloppe par le processus de bourgeonnement de la membrane plasmique (Figure 5-70). Ce processus de bourgeonnement permet aux particules virales de quitter la cellule sans rompre la membrane plasmique et donc sans tuer la cellule. Tandis que les composants lipidiques sont identiques à ceux qui se trouvent dans la membrane de la cellule hôte, les protéines de la double couche lipidique sont spécifiques du virus. L'assemblage des enveloppes virales au niveau de la membrane plasmique est discuté au Chapitre 8 (p. 449) et l'assemblage des capsides virales est illustré dans la Figure 3-43 (p. 120).

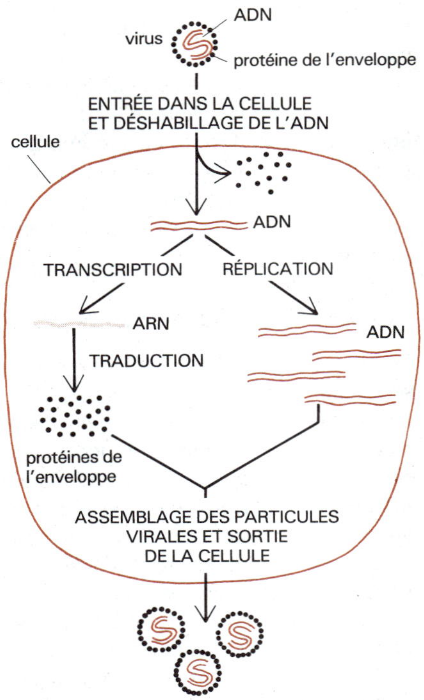

Figure 5-69 Le plus simple de tous les cycles viraux. L'hypothétique virus représenté consiste en une petite molécule d'ADN bicaténaire qui ne code qu'une protéine unique de la capside. Aucun virus connu n'est aussi simple que celui-ci.

5-45 Les génomes viraux existent sous de nombreuses formes et peuvent être constitués d'ARN ou d'ADN [45]

Lorsque la double hélice d'ADN fut découverte, il semblait logique de penser que l'information génétique ne devait être stockée que sous cette forme, puisque, comme nous l'avons vu, elle présente des avantages évidents pour la stabilité et la réparation de l'ADN. Si une chaîne polynucléotidique est accidentellement endommagée, sa chaîne complémentaire permet de corriger facilement la lésion. Ce souci de réparation n'inquiète cependant pas les petits chromosomes viraux qui contiennent seulement plusieurs milliers de nucléotides — la probabilité qu'ils soient endommagés accidentellement est très faible comparée au risque que court le génome d'une cellule qui contient des millions de nucléotides.

L'information génétique d'un virus peut donc être véhiculée sous un grand nombre de formes inhabituelles, y compris par l'ARN au lieu de l'ADN. Un chromosome viral peut être une chaîne d'ARN monocaténaire (virus de la mosaïque du tabac), une hélice d'ARN bicaténaire (réovirus), une chaîne circulaire d'ADN monocaténaire (M13 et bactériophages ΦX 174), ou une chaîne linéaire d'ADN monocaténaire (parvovirus). De plus, bien que les premiers chromosomes viraux bien étudiés étaient de simples doubles hélices linéaires d'ADN, des doubles hélices circulaires d'ADN et des doubles hélices linéaires d'ADN plus complexes sont également coulantes. Par exemple, plusieurs virus ont des molécules protéiques liées de façon covalente aux extrémités 5′ de leurs chaînes d'ADN, et les chaînes opposées des doubles hélices d'ADN des très grands poxvirus sont, à chaque extrémité, liées de façon covalente par des liaisons phosphodiesters (Figure 5-71). Chaque type de génome nécessite des astuces enzymatiques particulières pour sa réplication, et doit ainsi coder non seulement la protéine de l'enveloppe virale mais aussi une ou plusieurs des enzymes nécessaires à la réplication de l'acide nucléique viral.

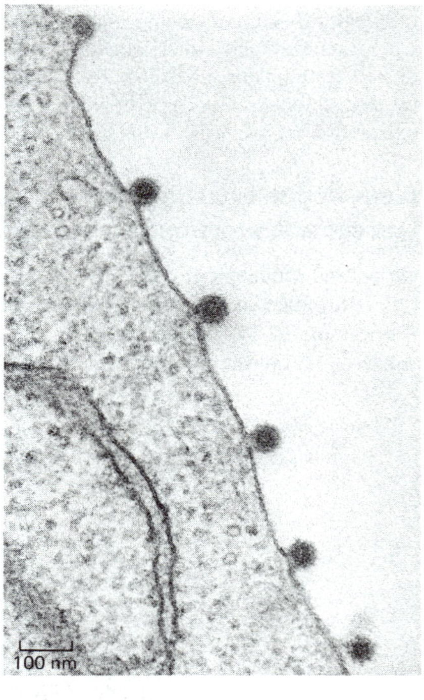

Figure 5-70 Micrographie électronique d'une coupe fine de cellule animale sur laquelle bourgeonnent plusieurs copies d'un virus à enveloppe (virus de la forêt de Semliki). Ce virus contient un génome constitué d'ARN monocaténaire. (Avec l'autorisation de M. Olsan et G. Griffiths.)

5-40 Un chromosome viral code les enzymes impliquées dans la réplication de son acide nucléique [46]

La quantité d'informations qu'un virus introduit dans une cellule pour assurer sa propre réplication sélective varie énormément. Par exemple, l'ADN de l'assez gros bactériophage T4 code au moins 30 enzymes différentes qui assurent la réplication rapide du chromosome T4 de préférence à l'ADN de sa cellule hôte *E. coli* (Figure 5-72). Certaines de ces protéines sont les médiatrices de cycles continus de réplication de l'ADN de T4, dans lequel la 5-hydroxyméthylcytosine est incorporée à la place de la cytosine. La composition en bases, inhabituelle, de l'ADN de T4 permet de le distinguer de l'ADN de l'hôte, et le protège sélectivement des nucléases également codées par le génome de T4 qui ne dégradent ainsi que l'ADN d'*E. coli.* D'autres protéines encore, modifient les molécules d'ARN polymérase de la cellule hôte de façon à ce qu'elles transcrivent différentes séries de gènes du bactériophage à différents stades de l'infection, en accord avec les besoins du phage.

Des virus à ADN plus petits, comme le virus simien SV 40 et le très petit bactériophage ΦX 174 sont porteurs de beaucoup moins d'information génétique. Ils comptent plus sur les enzymes de la cellule hôte pour réaliser leurs synthèses de protéines et d'ADN, parasitant les protéines de réplication de l'ADN de la cellule hôte, y compris l'ADN polymérase. Cependant, même les plus petits virus à ADN codent des protéines qui initient sélectivement la synthèse

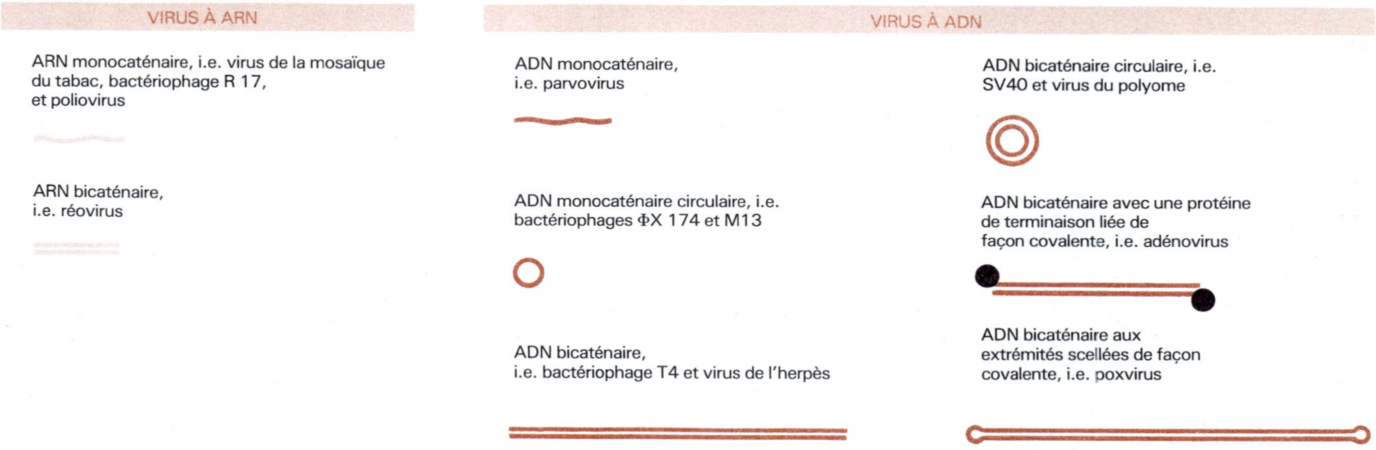

Figure 5-71 Illustration schématique (non à l'échelle) de plusieurs types de génomes viraux. Les virus les plus petits ne contiennent que quelques gènes et peuvent avoir un génome constitué d'ARN ou d'ADN. Les extrémités particulières de certaines de ces molécules d'ADN (de même que les formes circulaires) surmontent la difficulté de la réplication des quelques derniers nucléotides à l'extrémité de la chaîne d'ADN (voir p. 519).

de leur propre ADN, reconnaissant une séquence nucléotidique particulière dans le virus qui sert d'origine de réplication. Ceci est essentiel, car un virus doit passer outre les signaux de contrôle cellulaires qui, autrement, provoqueraient la réplication de l'ADN viral à l'allure de celle de l'ADN de la cellule hôte, doublant seulement une fois par cycle cellulaire. Nous ne comprenons pas encore comment les cellules eucaryotes règlent leur propre synthèse d'ADN (voir p. 732), et les mécanismes utilisés par les virus pour échapper à cette régulation — qui sont beaucoup plus aisés à étudier — devraient fournir un aperçu sur les mécanismes de régulation de l'hôte.

Les virus à ARN ont des exigences très particulières pour la réplication puisque, pour reproduire leurs génomes, ils doivent copier des molécules d'ARN, ce qui signifie polymériser des nucléosides triphosphates sur une matrice d'ARN. Les cellules n'ont normalement pas d'enzymes pour effectuer cette réaction, de sorte que même les plus petits virus à ARN doivent coder leurs propres polymérases ARN-dépendantes afin de se répliquer.

Nous allons maintenant examiner plus en détail les mécanismes de réplication des différents types de virus.

5-42 Les virus à ARN et les virus à ADN se répliquent tous les deux par formation de chaînes complémentaires [47]

La réplication des génomes des virus à ARN, comme la réplication de l'ADN, a lieu par formation de chaînes complémentaires. Pour la plupart des virus à ARN, ce processus est catalysé par des ARN polymérases ARN-dépendantes spécifiques (*réplicases*). Ces enzymes sont codées par l'ARN chromosomique viral et sont souvent incorporées dans les particules virales filles, de façon à ce qu'elles commencent immédiatement à répliquer l'ARN viral dès l'entrée du virus dans une cellule. Les réplicases sont toujours empaquetées dans la capside des *virus à ARN à chaîne négative*, comme le virus de la grippe ou de la stomatite vésiculaire. Les virus à chaîne négative sont ainsi nommés car la chaîne infectieuse ne code aucune protéine ; seule sa chaîne complémentaire porte les séquences codantes. Ainsi, la chaîne infectieuse reste impuissante sans une réplicase préformée. Par contraste, l'ARN viral des *virus à ARN à chaîne positive*, tels que le poliovirus, peut servir d'ARNm et le génome isolé est donc lui-même infectieux.

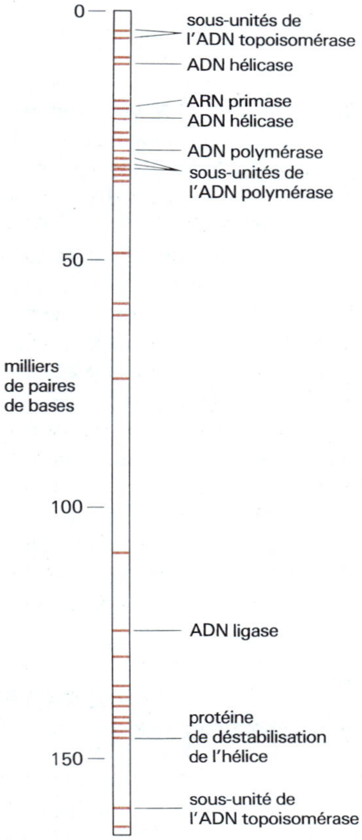

Figure 5-72 Le chromosome du bactériophage T4 montrant les positions de plus de trente gènes impliqués dans la réplication de l'ADN de T4. Le génome du bactériophage T4 est composé de plus de 160 000 paires de bases et code plus de 200 protéines différentes y compris celles qui participent à la réplication de l'ADN (dont certaines sont marquées). Parmi les autres protéines, beaucoup sont impliquées dans l'assemblage de la tête et de la queue du bactériophage (voir Figure 5-68 A).

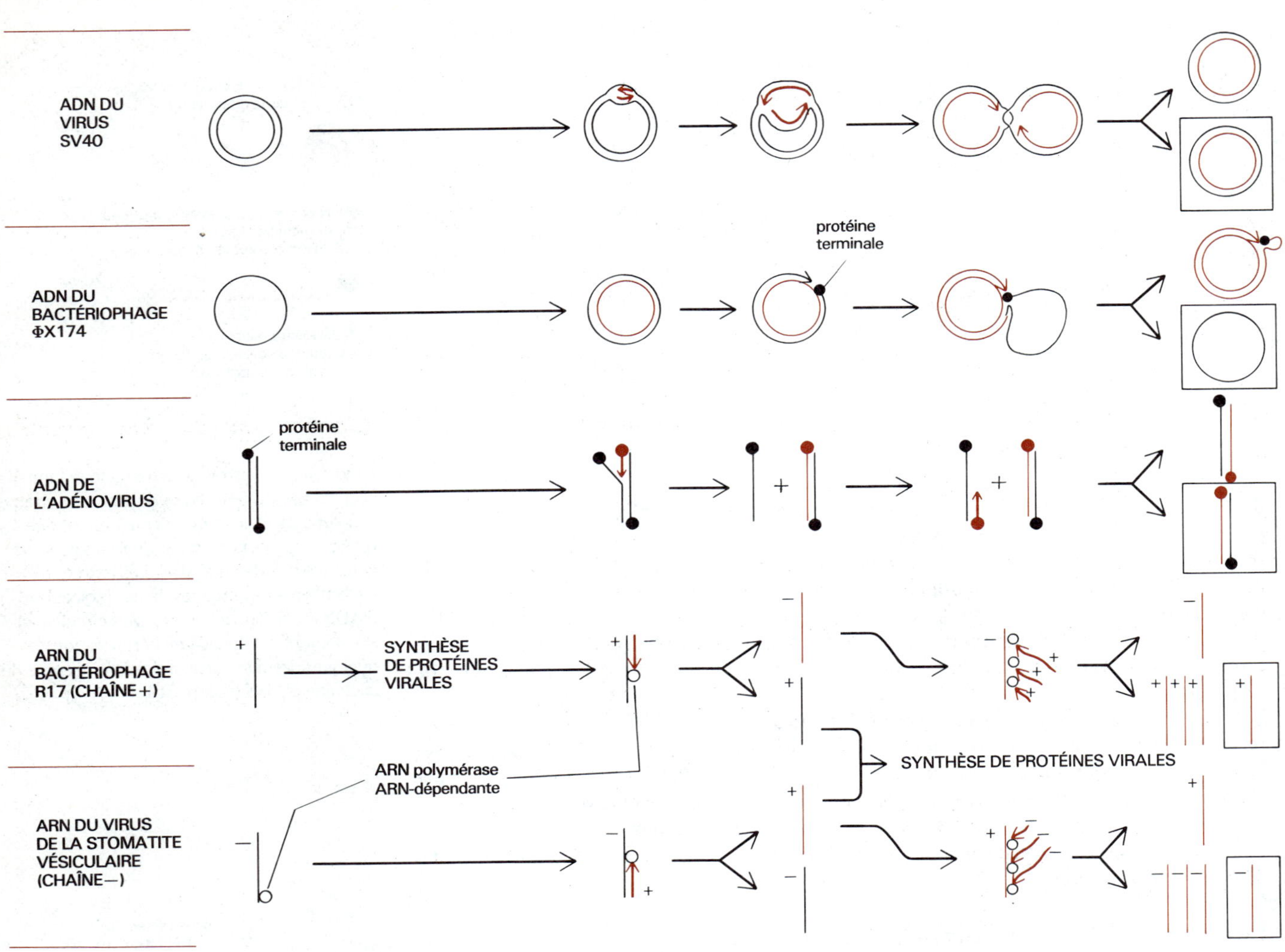

Figure 5-73 Quelques-unes des diverses stratégies employées par différents virus pour la réplication de leur génome. Lorsque c'est indiqué, des *protéines terminales* sont attachées de façon covalente aux extrémités des chaîne d'ADN ; ces protéines jouent un rôle important dans les processus de la réplication. Une différence majeure entre les cycles des virus à ARN à chaîne positive et ceux à chaîne négative est que ces derniers doivent synthétiser une chaîne d'ARN positive avant de produire des protéines virales. Un virus à chaîne négative doit, par conséquent, porter dans sa capside une ou plusieurs molécules de polymérase virale ARN-dépendante (réplicase). L'ARN ou l'ADN produit, qui est identique au génome viral infectieux sur la gauche, est encadré.

La synthèse d'ARN viral commence toujours à l'extrémité 3′ de la matrice d'ARN (l'extrémité 5′ de la nouvelle molécule d'ARN viral) et progresse jusqu'à ce que l'extrémité 5′ de la matrice soit atteinte. Il n'y a pas de mécanisme de correction des erreurs pour la synthèse des ARN viraux, et les taux d'erreurs sont semblables à ceux de la transcription de l'ADN (environ une erreur pour 10^4 nucléotides synthétisés). Ce n'est pas une déficience grave tant que l'ARN chromosomique est assez court ; pour cette raison, les génomes de tous les virus à ARN sont petits comparés à ceux des grands virus à ADN.

Tous les virus à ADN commencent leur réplication au niveau d'une origine de réplication, qui fixe des protéines d'initiation particulières qui attirent les enzymes de réplication de la cellule hôte (voir p. 235). Il existe cependant beaucoup de voies de réplication différentes. La complexité de ces divers systèmes de réplication reflète, en partie, le problème de la réplication des extrémités d'une molécule simple d'ADN linéaire, fournissant une ADN polymérase qui ne peut commencer la synthèse sans amorce (p. 229). Les virus à ADN ont résolu ce problème de diverses façons : certains ont des génomes d'ADN circulaires et donc aucune extrémité ; d'autres ont des génomes d'ADN linéaires qui répètent leurs séquences terminales ou qui se terminent en boucles ; d'autres encore possèdent des protéines de terminaison particulières qui servent à amorcer directement l'ADN polymérase.

La Figure 5-73 résume quelques-unes des façons par lesquelles les virus répliquent leurs génomes.

5-43 Les chromosomes viraux peuvent s'intégrer dans les chromosomes de l'hôte [48]

Le résultat final de l'entrée d'un chromosome viral dans une cellule n'est pas toujours sa multiplication immédiate pour produire de grands nombres de nouvelles particules virales. De nombreux virus entrent dans un état *latent*, dans lequel leurs génomes sont présents mais inactifs dans la cellule, et aucune descendance n'est produite. La latence virale fut découverte lorsque l'on observa que l'exposition à la lumière ultraviolette induisait la production de bactériophages par des bactéries apparemment non infectées. Des expériences ultérieures montrèrent que ces *bactéries lysogènes* portaient, dans leurs chromosomes, un chromosome viral dormant mais complet. On appelle ces chromosomes viraux intégrés, des **provirus**.

Les bactériophages qui peuvent intégrer leur ADN dans les chromosomes bactériens sont connus sous le nom de *bactériophages lysogènes*. L'exemple le mieux connu est le bactériophage lambda dont la protéine intégrase a déjà fait l'objet d'une discussion. Lorsque lambda infecte une cellule hôte *E. coli* appropriée, il se multiplie normalement pour produire plusieurs centaines de particules filles qui sont libérées quand la cellule bactérienne se lyse : c'est l'*infection lytique*. Plus rarement, les extrémités libres des molécules linéaires d'ADN infectieux se soudent pour former une boucle d'ADN qui s'intègre dans le chromosome circulaire de l'hôte *E. coli* par un événement de recombinaison spécifique de site (voir p. 246). La bactérie lysogène résultante, portant le chromosome lambda proviral, se multiplie normalement jusqu'à ce qu'elle subisse une agression de l'environnement comme, par exemple, une exposition à la lumière ultraviolette ou une radiation ionisante. L'affaiblissement cellulaire qui en résulte induit le provirus intégré à quitter le chromosome de l'hôte et à commencer un cycle normal de réplication virale. De cette façon, le provirus intégré ne meurt pas avec la cellule hôte endommagée, mais a une chance de s'échapper vers une cellule de *E. coli* voisine normale (Figure 5-74).

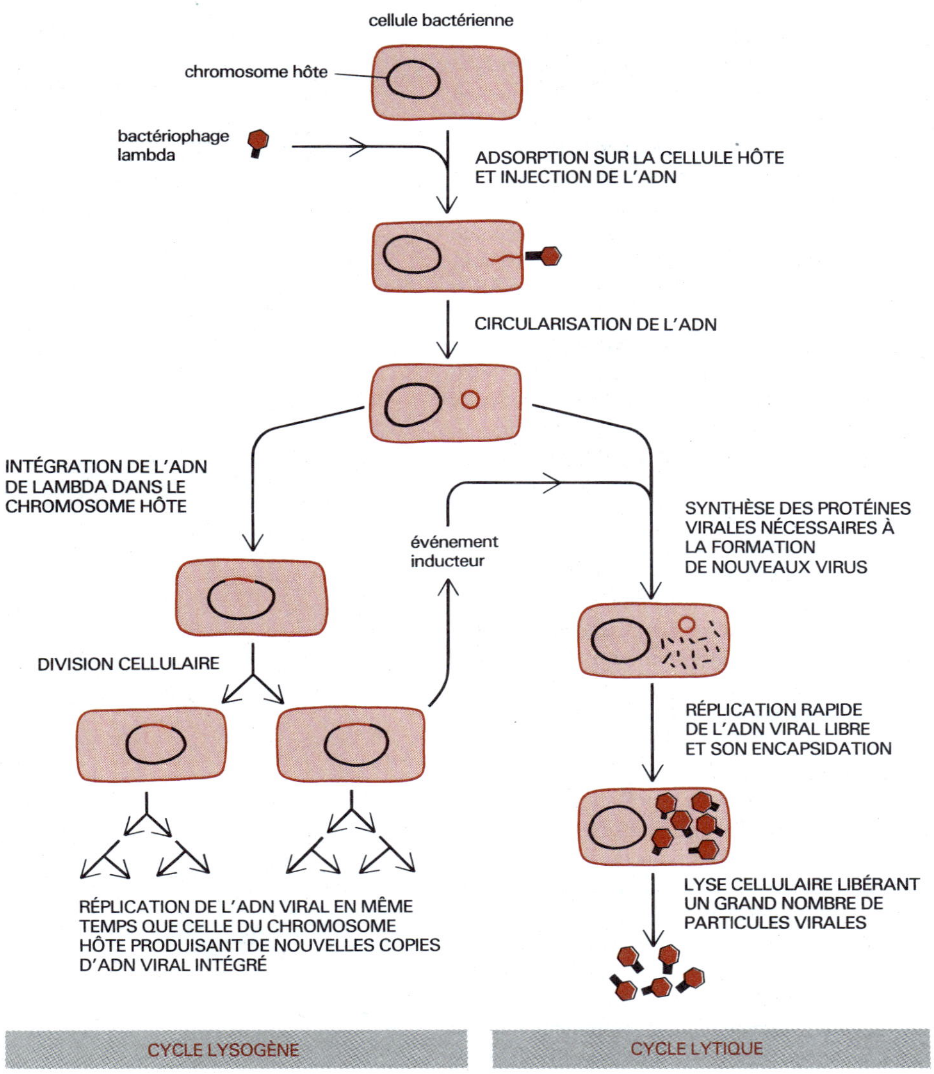

Figure 5-74 Cycle du bactériophage lambda. Le génome de lambda contient environ 50 000 paires de bases qui codent pour une cinquantaine de protéines. Son ADN bicaténaire peut exister sous forme linéaire ou sous forme circulaire. Comme indiqué, le bactériophage peut emprunter un cycle lytique ou lysogène dans la bactérie *E. coli*. Lorsque le bactériophage se multiplie sous forme lysogène, un accident au niveau cellulaire provoque l'excision de l'ADN intégré (provirus) hors du chromosome de l'hôte et le passage à une croissance lytique. L'intégration et l'excision de l'ADN viral sont des événements de recombinaison génétique spécifique de site, catalysés par la protéine *intégrase* de lambda (voir p. 495).

La synthèse continue de protéines virales peut rendre une cellule cancéreuse [49]

Les cellules animales, comme les bactéries, peuvent offrir aux virus une alternative à la croissance lytique. Les cellules *permissives* permettent aux virus à ADN de se multiplier selon un cycle lytique et de tuer la cellule. Les cellules *non permissives* peuvent permettre aux virus à ADN de pénétrer dans la cellule mais non de se répliquer de façon lytique ; dans un faible pourcentage de telles cellules, le chromosome viral s'intègre dans le génome de la cellule hôte, où il est répliqué avec les chromosomes de l'hôte, ou bien forme un plasmide — une molécule d'ADN circulaire — qui se réplique de façon contrôlée sans tuer la cellule. Ceci aboutit parfois à une modification génétique des cellules non permissives, les amenant à proliférer de façon incontrôlée et les transformant ainsi en leurs équivalents cancéreux. Dans ce cas, le virus à ADN est appelé *virus oncogène à ADN*, et le processus porte le nom de *transformation néoplasique* à médiation virale. Les virus oncogènes à ADN les plus étudiés sont deux papovavirus, SV 40 et le virus du polyome. On a établi que leur capacité de transformation était due à plusieurs protéines virales qui coopèrent pour faire passer les cellules quiescentes de la phase Go à la phase S (voir p. 517). Dans les cellules permissives, le passage à la phase S fournit aux virus toutes les enzymes de réplication de la cellule hôte nécessaires à la synthèse de l'ADN viral ; la synthèse de ces protéines virales par un provirus dans une cellule non permissive l'emporte sur certains des mécanismes de contrôle de la croissance normale dans la cellule et dans toute sa descendance.

Les virus oncogènes à ARN sont des rétrovirus [50]

Pour un groupe de virus à ARN, les *virus oncogènes à ARN*, l'infection d'une cellule permissive conduit souvent simultanément à une libération non léthale de produits viraux à la surface cellulaire par bourgeonnement, et à une modification génétique définitive de la cellule infectée qui la rend cancéreuse. On ne voyait pas clairement comment l'infection par un virus à ARN pouvait conduire à une modification génétique définitive, jusqu'à la découverte de l'enzyme *transcriptase reverse,* qui transcrit les chaînes d'ARN infectieuses de ces virus en des molécules d'ADN complémentaires qui s'intègrent dans le génome de la cellule hôte. Les virus oncogènes à ARN — parmi lesquels on trouve le premier virus oncogène bien étudié, le virus du sarcome de Rous —, sont les membres d'une grande classe de virus appelés **rétrovirus.** Ces virus sont ainsi nommés car ils inversent le processus normal au cours duquel l'ADN est transcrit en ARN, dans le cadre de leur cycle de vie normale.

Le cycle de vie d'un rétrovirus est résumé sur la Figure 5-75. La **transcriptase reverse** est une ADN polymérase inhabituelle qui utilise l'ARN ou l'ADN comme matrice ; elle est codée par l'ARN du rétrovirus et est empaquetée à l'intérieur de la capside virale. Lorsque l'ARN monocaténaire du rétrovirus pénètre dans une cellule, la transcriptase reverse fabrique tout d'abord une copie ADN de la chaîne d'ARN pour former une hélice hybride ADN-ARN, qui est alors utilisée par la même enzyme pour fabriquer une double hélice avec deux chaînes d'ADN. Cette copie ADN de l'ARN génomique se circularise et s'intègre alors dans un chromosome de la cellule hôte. L'intégration est facilitée par une enzyme de recombinaison spécifique de site codée par le virus, qui reconnaît une séquence d'ADN viral particulière et aide à catalyser l'insertion de l'ADN viral dans pratiquement tous les sites d'un chromosome de la cellule hôte (voir Figure 5-67B). L'étape suivante du processus d'infection est la transcription de l'ADN viral intégré par l'ARN polymérase de la cellule hôte, engendrant un grand nombre de molécules d'ARN viral identiques au génome infectieux d'origine. Enfin, ces molécules d'ARN sont traduites afin de produire les protéines de la capside, de l'enveloppe, et la transcriptase reverse qui sont assemblées avec un ARN dans de nouvelles particules virales enveloppées qui bourgeonnent à la surface de la membrane plasmique (voir Figure 5-75).

Les virus oncogènes à ARN et à ADN transforment les cellules, car la présence permanente de l'ADN viral dans la cellule provoque la synthèse de nouvelles protéines qui modifient le contrôle de la prolifération de la cellule hôte. Les gènes qui codent pour de telles protéines sont appelés **oncogènes**. Contrairement aux virus oncogènes à ADN, dont les oncogènes codent typiquement pour des protéines virales normales essentielles à la multiplication virale, les oncogènes portés par les virus oncogènes à ARN sont des versions modifiées des gènes normaux de la cellule hôte qui ne sont pas nécessaires à la réplication virale. Puisqu'une quantité limitée d'ARN seulement peut être empaquetée dans la capside d'un rétrovirus, les séquences oncogènes acquises remplacent souvent une partie essentielle du génome du rétrovirus, rendant le virus défectif. Nous verrons plus loin comment les oncogènes viraux ont fourni des indices

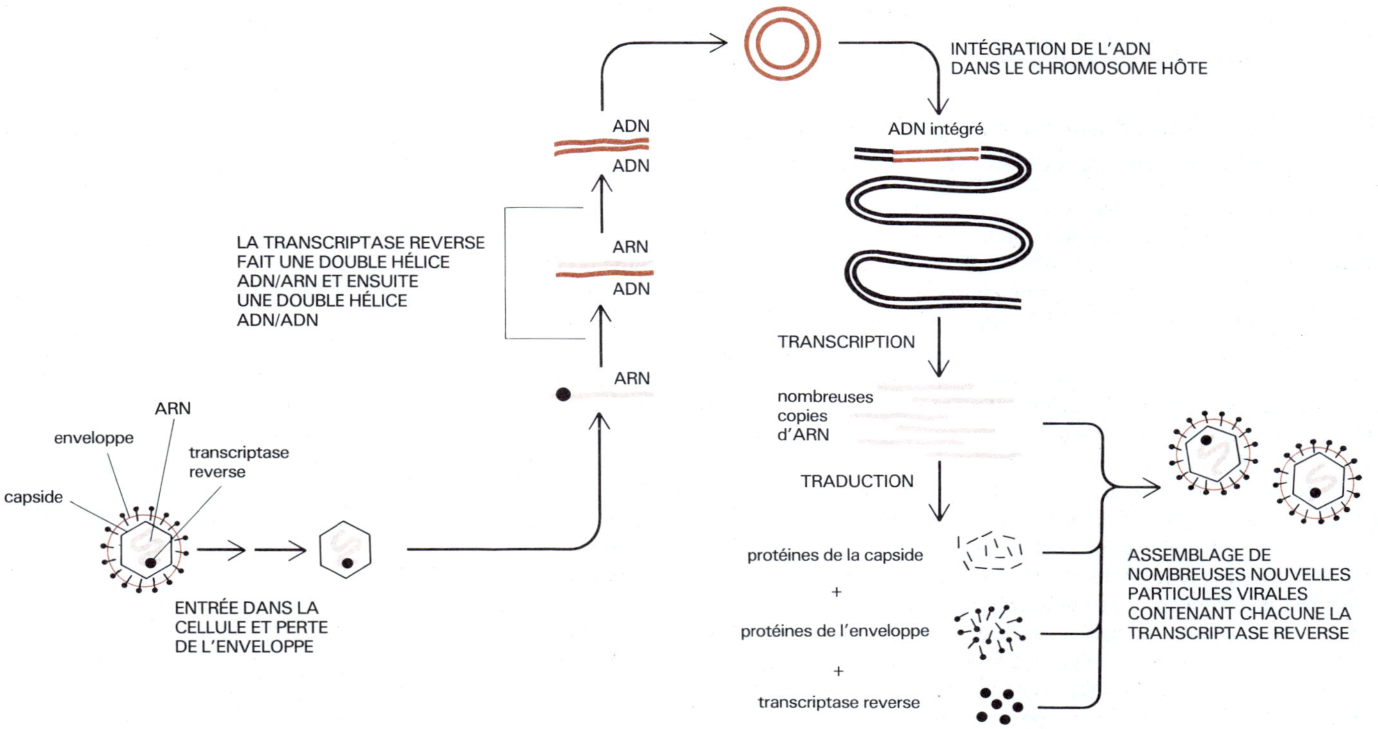

Figure 5-75 Cycle d'un rétrovirus. Le génome du rétrovirus est composé d'une molécule d'ADN d'environ 8 500 nucléotides ; deux molécules de ce type sont empaquetées dans chaque particule virale. La *transcriptase reverse* est une ADN polymérase qui copie d'abord une première chaîne d'ADN à partir d'une molécule d'ARN virale puis une seconde chaîne d'ADN, engendrant un ADN bicaténaire qui est une copie de l'ARN génomique. L'intégration de cette double hélice d'ADN dans le chromosome de l'hôte, catalysée par une protéine virale, est nécessaire à la synthèse de nouvelles molécules d'ARN viral par l'ARN polymérase de la cellule hôte.

importants sur les causes et la nature du cancer, ainsi que sur les mécanismes normaux qui contrôlent la croissance et la division cellulaires chez les animaux pluricellulaires (voir p. 754 et p. 1205).

Certains éléments transposables sont de proches parents des rétrovirus [51]

Puisque de nombreux virus peuvent s'insérer dans leurs chromosomes hôtes et en sortir, il est probable que tout génome de grande taille contient un certain nombre de provirus différents. Il est également probable que ces génomes hébergent un assortiment de séquences d'ADN mobiles qui ne forment pas de particules virales et ne peuvent quitter la cellule. De tels **éléments transposables** ont une longueur allant de quelques centaines à des dizaines de milliers de paires de bases, et il en existe habituellement de multiples copies par cellule. On peut considérer ces éléments comme de minuscules parasites dissimulés dans les chromosomes. Chaque élément transposable est parfois activé pour se déplacer vers un autre site de l'ADN dans la même cellule par un processus appelé *transposition*, catalysé par sa propre enzyme de recombinaison spécifique de site. Ces enzymes, désignées sous le nom de *transposases*, sont souvent codées par l'ADN de l'élément lui-même. Puisque la plupart des éléments transposables ne se déplacent que très rarement (une fois toutes les 10^5 générations cellulaires pour beaucoup d'éléments chez les bactéries), il est souvent difficile de les distinguer des parties non mobiles du chromosome. On ne connaît pas ce qui déclenche brusquement leur déplacement.

Une variété de mécanismes peut donner lieu à la transposition. Une importante famille d'éléments transposables utilise un mécanisme que l'on ne peut distinguer d'une partie du cycle de vie d'un rétrovirus. Ces éléments, appelés *rétrotransposons*, sont présents dans des organismes aussi divers que les levures, les drosophiles et les mammifères. Un des rétrotransposons les mieux compris est l'élément Ty1 de levure. La première étape de sa transposition est la transcription de l'élément transposable en entier, donnant une copie d'ARN de l'élément, longue de plus de 5 000 nucléotides. Ce transcrit code une transcriptase reverse qui synthétise une copie circulaire d'ADN bicaténaire de la molécule d'ARN via un intermédiaire hybride ARN-ADN, imitant avec précision les étapes précoces de l'infection par un rétrovirus (voir Figure 5-75). L'analogie continue par l'intégration de la boucle d'ADN en un site sélectionné au hasard sur le chromosome. Comme pour un rétrovirus, l'intégration s'effectue suivant le type de mécanisme spécifique de site montré sur la Figure 5-67B, utilisant probablement une transposase qui est également codée par le long transcrit. Bien que la ressemblance avec un rétrovirus soit frappante, l'élément Ty1, dépourvu d'enveloppe protéique fonctionnelle, est contraint de se déplacer à l'intérieur d'une seule cellule et de sa descendance.

5-44 D'autres éléments transposables se transfèrent eux-mêmes directement d'un site du génome à un autre [52]

Contrairement aux rétrotransposons, de nombreux éléments transposables semblent ne jamais être indépendants du chromosome hôte ; les transposases qui catalysent leur déplacement agissent sur l'ADN de l'élément alors qu'il est encore intégré dans le génome de l'hôte. On pense que la transposase se lie à une courte séquence qui est répétée selon une orientation inverse à chaque extrémité de l'élément, maintenant ainsi ces deux extrémités unies pendant la catalyse de l'événement de recombinaison qui suit (Figure 5-76). Pour certains éléments transposables, le mécanisme de transposition implique seulement la coupure et la réunion de l'ADN, les deux extrémités de l'élément étant insérées au niveau d'une coupure décalée faite ailleurs sur un chromosome (voir Figure 5-67B) ; l'élément transposable se déplace directement d'un site chromosomique à un autre sans réplication d'ADN. Cependant, lorque la coupure sur le chromosome inoccupé se ressoude, la séquence d'ADN est souvent modifiée par rapport à ce qu'elle était avant que l'élément transposable n'arrive.

D'autres éléments transposables se répliquent lorsqu'ils se déplacent. Dans l'exemple le mieux étudié, la recombinaison spécifique de site déclenche une synthèse localisée d'ADN ; une copie de l'élément transposable répliqué est insérée en un nouveau site chromosomique sélectionné au hasard, tandis qu'une autre copie reste à l'ancien site (Figure 5-77). Ce mécanisme est très voisin de celui de l'intégration sans réplication d'une séquence d'ADN au niveau d'une coupure décalée dans un chromosome ; de fait, certains éléments transposables peuvent se déplacer selon l'un ou l'autre de ces mécanismes.

En plus de leur propre déplacement, les éléments transposables déplacent ou réarrangent occasionnellement des séquences d'ADN voisines dans le génome de l'hôte. Par exemple, ils provoquent fréquemment des délétions de séquences nucléotidiques adjacentes ou les transportent à un autre site. La présence d'éléments transposables rend l'arrangement des séquences d'ADN dans les chromosomes beaucoup moins stable que ce que l'on pensait antérieurement, et il est vraisemblable qu'ils furent responsables, au cours de l'évolution, de nombreuses modifications importantes dans les génomes (voir pp. 605-609).

Les éléments transposables ont-ils également une importance, dans l'évolution, en tant qu'ancêtres les plus anciens des virus ? Bien que les précurseurs des rétrovirus furent presque

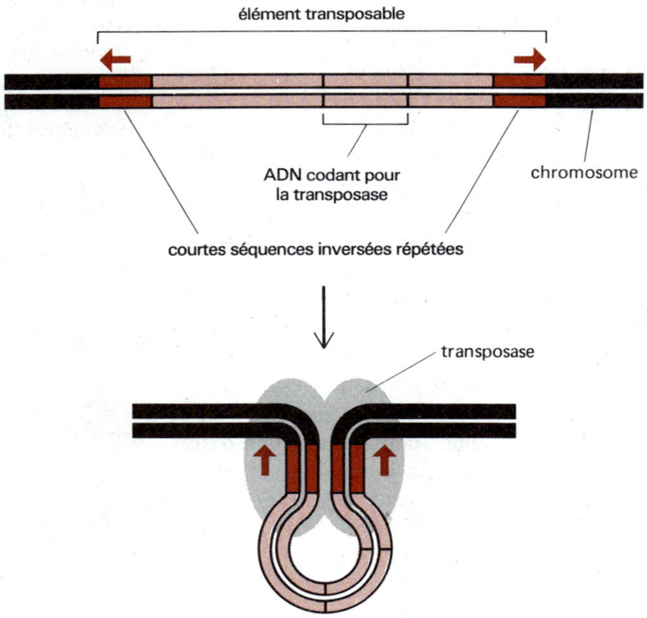

Figure 5-76 La structure d'un élément transposable qui se déplace directement d'un site chromosomique à un autre. Des éléments transposables de ce type peuvent être reconnus par des « séquences d'ADN inversées répétées » au niveau de leurs extrémités. Des expériences montrent que la répétition de ces séquences, qui peuvent ne mesurer que 20 nucléotides, est tout ce qui est nécessaire pour que l'ADN qu'elles encadrent soit transposé par une transposase particulière associée à l'élément. Le complexe protéique qui se forme dans la première étape du mouvement est représenté. Des événements ultérieurs se produisent par des modications du mécanisme de recombinaison illustré dans la Figure 5-67B (voir aussi la Figure 5-77).

certainement des rétrotransposons, tous les éléments transposables actuels sont très dépendants du métabolisme de l'ADN. Mais on pense que les toutes premières cellules ont eu des génomes à ARN plutôt qu'à ADN (voir p. 10), et nous devons donc étudier le métabolisme de l'ARN pour expliquer l'origine des virus.

La plupart des virus ont probablement évolué à partir des plasmides [53]

Même les plus gros virus dépendent largement de leurs cellules hôtes pour la biosynthèse ; par exemple, aucun virus connu ne fabrique ses propres ribosomes ou n'engendre l'ATP dont il a besoin. Il est clair, par conséquent, que les cellules doivent avoir évolué avant les virus. Les précurseurs des premiers virus étaient probablement de courts fragments d'acide nucléique qui avaient acquis la faculté de se multiplier indépendamment des chromosomes de leur cellule hôte. De tels éléments qui se répliquent indépendamment, dénommés **plasmides**, peuvent se répliquer indéfiniment à l'extérieur du chromosome hôte. Les plasmides existent sous les deux formes ADN et ARN (voir p. 259), et, comme les virus, ils contiennent une séquence nucléotidique particulière qui sert d'origine de réplication. Contrairement aux virus, cependant, ils ne peuvent pas fabriquer d'enveloppe protéique et ne peuvent donc pas se déplacer d'une cellule à l'autre. Beaucoup ne peuvent pas non plus s'intégrer dans les chromosomes.

Les premiers plasmides à ARN ressemblaient peut-être aux *viroïdes* que l'on trouve dans certaines cellules végétales. Ces petites boucles d'ARN, longues de 300 à 400 nucléotides seulement, sont entièrement répliquées par des enzymes de la cellule végétale, puisqu'ils ne codent aucune protéine (voir Figure 10-61, p. 598). N'ayant pas d'envelopppe protéique, les viroïdes existent sous la forme de simples molécules d'ARN et passent de plante en plante uniquement lorsque les surfaces des cellules donneuses et réceptrices sont toutes les deux endommagées, de sorte qu'il n'y ait pas de barrière membranaire pour empêcher le virus de passer. On pourrait s'attendre, sous la pression de la sélection naturelle, à ce que de tels éléments qui se répliquent indépendamment acquièrent des séquences nucléotidiques de la cellule hôte qui faciliteraient leur propre multiplication, y compris des séquences qui codent des protéines. Certains plasmides actuels sont en effet assez complexes, codant des protéines et des molécules d'ARN qui règlent leur réplication, ainsi que des protéines qui contrôlent leur répartition dans les cellules filles. Les plus grands plasmides connus sont des boucles d'ADN bicaténaires longues de plus de 100 000 paires de bases.

Le premier virus apparut probablement lorsqu'un plasmide à ARN acquit un gène codant une protéine de la capside. Mais une capside ne peut contenir qu'une quantité limitée d'acide nucléique ; il en résulte que sa taille limite le nombre de gènes qu'un virus peut contenir. Forcés d'utiliser au maximum leur génome limité, quelques petits virus (tel ΦX 174) développèrent des *gènes chevauchants*, dans lesquels une partie de la séquence nucléotidique codant pour une protéine est utilisée (selon une phase de lecture semblable ou différente) pour coder une seconde protéine. D'autres virus développèrent des capsides plus grandes, et purent donc adapter plus de gènes.

Ayant la capacité exceptionnelle de transférer des séquences d'acides nucléiques à travers les barrières d'espèces, les virus ont très probablement joué un rôle important dans l'évolution des organismes qu'ils infectent. Beaucoup se recombinent fréquemment avec le génome de leur cellule hôte et les uns avec les autres, et peuvent de cette façon prélever au hasard de petits fragments des chromosomes de l'hôte et les transporter dans des cellules ou des organismes différents. De plus, des copies intégrées d'ADN viral (provirus) sont devenues des éléments normaux du génome de la plupart des organismes. Comme exemples de tels provirus, on peut citer la famille des bactériophages lambda et les rétrovirus endogènes dont on trouve de nombreuses copies dans les génomes des vertébrés. L'ADN viral intégré peut être modifié au point qu'il ne puisse produire un virus complet mais puisse encore coder des protéines, dont certaines peuvent être utiles à la cellule hôte. Ainsi, les virus, comme la reproduction sexuée, peuvent accélérer l'évolution en facilitant le mélange de groupes de gènes.

Le mécanisme de transfert de séquences d'ADN entre différents génomes cellulaires au moyen d'un virus est appelé *transduction de l'ADN*, et plusieurs virus qui réalisent la transduction de l'ADN avec des fréquences particulièrement élevées sont couramment utilisés par les chercheurs pour déplacer des gènes d'une cellule à l'autre. Les virus et leurs proches parents, les plasmides et les éléments transposables, ont également été importants en biologie cellulaire de beaucoup d'autres façons. Du fait de leur relative simplicité, par exemple, l'étude de leur reproduction a progressé avec une rapidité inhabituelle, et a permis d'élucider de nombreux mécanismes génétiques fondamentaux dans les cellules. De plus, les virus et les plasmides ont été des éléments cruciaux dans le développement des technologies de l'ADN recombinant que nous allons étudier.

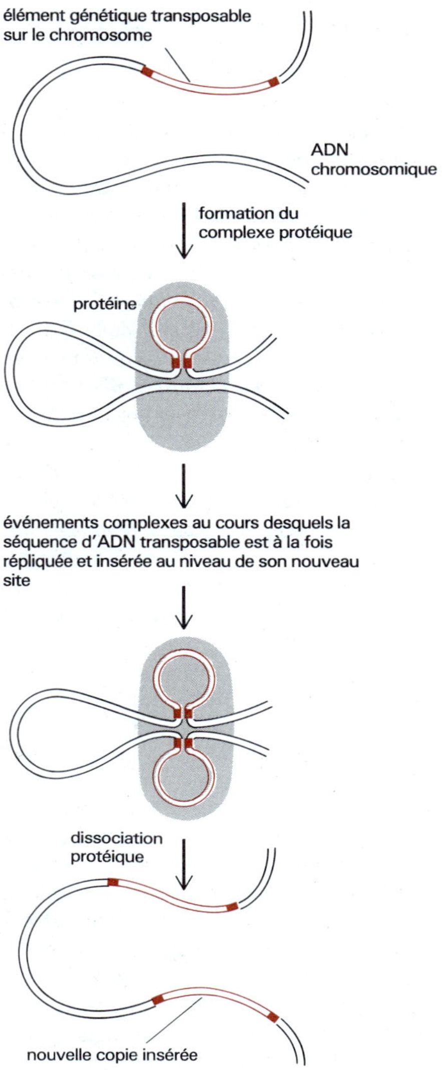

Figure 5-77 Représentation schématique du déplacement d'un type d'élément transposable au sein d'un chromosome. L'élément représenté ici se réplique au cours de la transposition, son déplacement se produisant sans qu'il soit excisé de son site initial. Les deux séquences d'ADN inversées répétées qui encadrent habituellement les deux extrémités des éléments transposables sont représentés par des carrés colorés. Au début de la transposition, la transposase coupe l'une des deux chaînes d'ADN à chaque extrémité de l'élément, et l'élément sert ensuite de matrice pour la synthèse d'ADN qui débute par l'addition de nucléotides aux extrémités 3′ des séquences d'ADN chromosomiques. Des détails supplémentaires sont connus, mais le processus est trop complexe pour être représenté ici.

Résumé

Les virus sont des particules infectieuses qui sont constituées d'une molécule d'ADN ou d'ARN (le génome viral) enfermée dans une capside protéique, qui, chez les virus enveloppés, est entourée d'une membrane composée d'une double couche lipidique. La structure du génome viral ainsi que son mode de réplication varient énormément selon les virus. Un virus ne peut se multiplier qu'au sein d'une cellule hôte dont il détourne les mécanismes génétiques pour sa propre reproduction. L'issue normale d'une infection virale est la lyse de la cellule infectée et la libération des particules virales infectieuses. Dans certains cas, cependant, le chromosome viral s'intègre plutôt dans le chromosome d'une cellule hôte, où il est répliqué en tant que provirus avec le génome de la cellule hôte. On pense que de nombreux virus ont évolué à partir de plasmides qui sont des molécules d'ADN ou d'ARN autoréplicatives qui n'ont pas la capacité de s'envelopper elles-mêmes dans une enveloppe protéique.

Les éléments transposables sont des séquences d'ADN qui diffèrent des virus par leur capacité à ne se multiplier que dans leur cellule hôte et sa descendance ; comme les plasmides, ils ne peuvent pas quitter la cellule. Contrairement aux plasmides, ils ne se répliquent normalement qu'en tant que partie intégrante d'un chromosome. Cependant, certains éléments transposables sont très voisins des rétrovirus et peuvent se déplacer de place en place dans le génome par la transcription inverse d'un ARN intermédiaire. D'autres éléments transposables peuvent se déplacer sans jamais se détacher des chromosomes. Bien que les virus et les éléments transposables puissent être considérés comme des parasites, beaucoup des réarrangements de séquences d'ADN qu'ils provoquent sont importants pour l'évolution des cellules et des organismes.

Le clonage de l'ADN et le génie génétique [54]

L'intérêt que la cellule et les mécanismes fondamentaux de l'hérédité ont provoqué a abouti aux découvertes dont nous avons discuté dans ce chapitre. Ces dernières années cependant, cette connaissance fondamentale a été mise en pratique. Les techniques du *clonage de l'ADN* et du *génie génétique* ont permis d'isoler des gènes spécifiques en quantité, de les reconstruire, puis de les réinsérer dans les cellules et les organismes. Elles font partie des méthodes introduites auparavant dans le Chapitre 4, et connues globalement sous le nom de *technologie de l'ADN recombinant*. La technologie de l'ADN recombinant a révolutionné l'étude des cellules vivantes. Elle a également fourni à la médecine et à l'industrie un moyen efficace de produire en grandes quantités des protéines spécifiques, qui, auparavant, n'étaient disponibles (si elles l'étaient) qu'en quantités extrêmement faibles.

5-48 Des nucléases de restriction facilitent le clonage des gènes [55]

5-49
5-50 Dans les années 1960, l'isolement d'un seul gène à partir d'un long chromosome semblait être un but incroyablement lointain. Un gène, contrairement à une protéine, n'existe pas dans les cellules en tant qu'entité discrète, mais plutôt comme une petite région d'une molécule d'ADN beaucoup plus grande. Bien que les molécules d'ADN d'une cellule puissent être morcelées de façon aléatoire par une force mécanique, un fragment contenant un gène isolé dans un génome de mammifère ne serait encore qu'un parmi le million de fragments d'ADN, et sa taille serait indiscernable de celle des autres gènes. Comment pouvait-on purifier un tel gène ? Puisque toutes les molécules d'ADN sont composées d'un mélange à peu près égal des quatre mêmes nucléotides, elles ne peuvent être séparées, comme le sont les protéines, sur la base de différences de charges et de propriétés de liaison (voir p. 167). De plus, même si l'on pouvait imaginer un protocole de purification, il faudrait beaucoup d'ADN pour produire n'importe quel gène particulier en assez grande quantité pour qu'il soit utilisable pour des expériences ultérieures.

On commença à entrevoir la solution à tous ces problèmes avec la découverte des **nucléases de restriction.** Ces enzymes, qui peuvent être purifiées à partir des bactéries, coupent la double hélice d'ADN au niveau de séquences spécifiques de quatre à huit nucléotides, produisant des fragments d'ADN de tailles strictement définies, les **fragments de restriction** (voir p. 182). Différentes espèces de bactéries synthétisent des nucléases de restriction de spécificités de séquence différentes, et il est assez simple de trouver une nucléase de restriction qui produira un petit fragment d'ADN renfermant un gène particulier. La taille du fragment de restriction peut alors servir de base à la purification partielle du gène à partir d'un mélange.

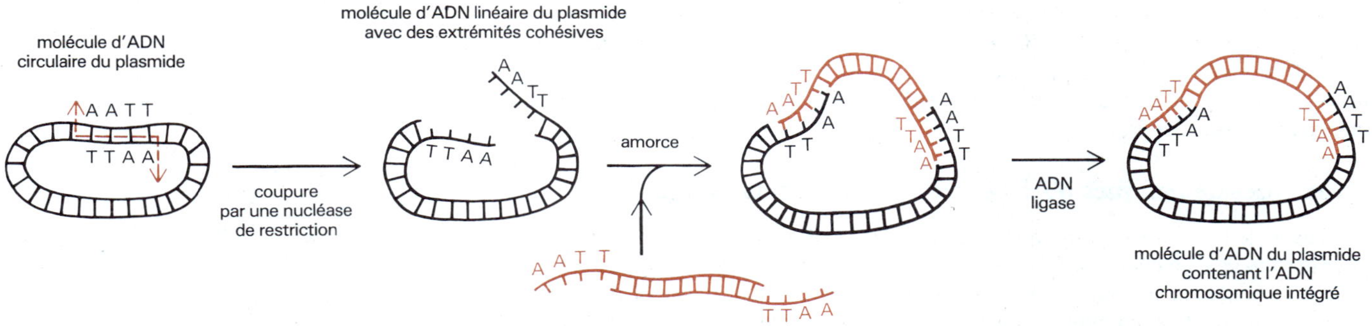

Figure 5-78 Les extrémités cohésives produites par de nombreux types de nucléases de restriction (voir Figure 5-63) permettent de relier deux fragments d'ADN par des appariements de bases complémentaires. Les fragments d'ADN ainsi réunis peuvent être liés de façon covalente au cours d'une réaction très efficace catalysée par l'ADN ligase. Dans cet exemple, une molécule d'ADN recombinant de plasmide contenant une insertion d'ADN chromosomique est formée.

Une autre propriété des nucléases de restriction, commode pour le clonage des gènes, est la capacité, pour beaucoup d'entre elles, de provoquer des coupures en zig-zag qui laissent de courtes extrémités monocaténaires aux deux extrémités du fragment d'ADN. Celles-ci sont connues sous le nom d'*extrémités cohésives* car elles peuvent former des paires de bases complémentaires avec n'importe quelle autre extrémité produite par la même enzyme (voir p. 182). Les extrémités cohésives engendrées par une nucléase de restriction permettent de relier deux fragments d'ADN double hélice provenant de génomes différents par appariement de bases complémentaires (Figure 5-78). Par exemple, un fragment d'ADN contenant un gène humain peut être relié au chromosome d'un virus bactérien en tube à essai, et la nouvelle *molécule d'ADN recombinant* peut ensuite être introduite dans une cellule bactérienne. En partant d'une telle molécule d'ADN viral recombinant qui infecte une seule cellule, le mécanisme de réplication normal du virus peut engendrer plus de 10^{12} molécules d'ADN viral identiques en moins d'un jour, amplifiant ainsi d'un même facteur la quantité du fragment d'ADN humain qui lui est lié. Un virus utilisé de cette façon est connu sous le nom de *vecteur de clonage*.

5-51 Une banque d'ADN peut être fabriquée en utilisant des virus ou des vecteurs plasmidiques [56]

Afin de cloner un gène, on peut commencer par construire une *banque d'ADN* dans un virus ou un vecteur plasmidique. Les principes fondamentaux des méthodes utilisées pour cloner des gènes sont les mêmes pour les deux types de vecteurs de clonage, bien que les détails puissent être différents. Pour simplifier, nous ignorerons les différences et expliquerons dans ce chapitre les méthodes utilisées pour les vecteurs plasmidiques.

Les **vecteurs plasmidiques** utilisés pour le clonage des gènes sont de petites molécules circulaires d'ADN bicaténaires dérivées de plasmides plus grands que l'on trouve à l'état naturel chez les bactéries, les levures et les cellules de mammifères (voir p. 257). Elles ne rendent généralement compte que d'une fraction mineure de l'ADN total de la cellule hôte, mais elles peuvent être facilement séparées, sur la base de leur petite taille, des molécules d'ADN chromosomiques de taille importante qui forment un culot par centrifugation. Pour être utilisés comme vecteurs de clonage, les ADN circulaires de plasmides purifiés sont tout d'abord coupés par une nucléase de restriction afin de créer des molécules d'ADN linéaires. L'ADN cellulaire utilisé pour constituer la banque est coupé avec la même nucléase de restriction, et les fragments de restriction résultants (y compris ceux contenant le gène à cloner) sont alors ajoutés aux plasmides coupés et réassociés pour former des ADN circulaires recombinants. Ces molécules recombinantes contenant des insertions d'ADN étranger sont ensuite scellées de façon covalente par l'ADN ligase décrite précédemment (voir p. 223), pour former des ADN circulaires intacts (voir Figure 5-78).

Dans l'étape suivante de préparation de la banque, les ADN circulaires recombinants sont introduits dans les cellules (habituellement des bactéries ou des levures) qui ont été rendues perméables à l'ADN de façon transitoire ; de telles cellules sont dites *transfectées* par les plasmides. Lorsque ces cellules se divisent et se multiplient, les plasmides recombinants se répliquent également pour produire un très grand nombre de copies d'ADN circulaire qui renferment l'ADN étranger (Figure 5-79). De nombreux plasmides bactériens portent des gènes de résistance à un antibiotique, une propriété qui peut être utilisée pour sélectionner les cellules qui ont été transfectées avec succès : si les bactéries sont cultivées en présence de l'antibiotique, seules les cellules contenant des plasmides survivront. On dit que ces bactéries survivantes contiennent une banque d'ADN. Cependant, seules quelques-unes de ces bactéries intégreront

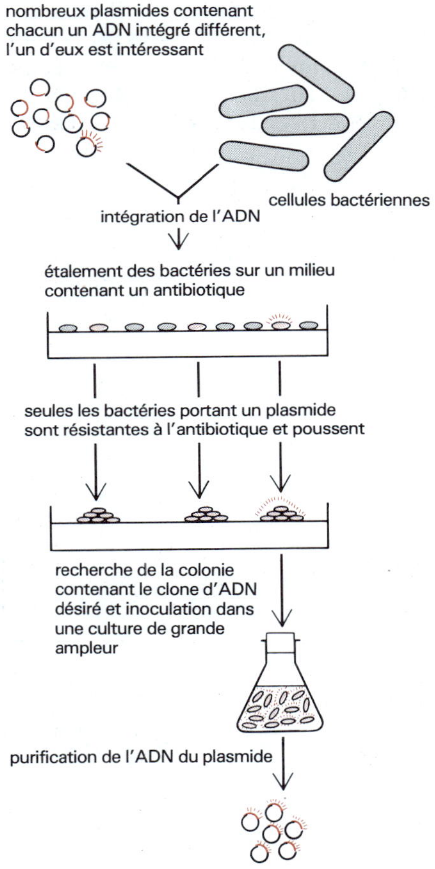

Figure 5-79 Purification et amplification d'une séquence d'ADN spécifique par clonage de l'ADN dans une bactérie.

les plasmides recombinants particuliers qui contiennent le gène que l'on veut isoler. Il faut être capable d'identifier ces cellules afin de récupérer l'ADN intéressant sous forme pure et en quantités suffisantes. Avant de discuter de la façon dont ceci est réalisé, il est nécessaire de décrire une seconde manière, couramment utilisée dans le clonage des gènes, de constituer une banque d'ADN.

Deux types de banques d'ADN servent à différents usages [57]

Le clivage de la totalité du génome d'une cellule avec une nucléase de restriction spécifique pour le clonage d'un gène, comme nous venons de le décrire, est parfois qualifié de « pêche à la ligne ». On obtient ainsi un très grand nombre de fragments d'ADN — de l'ordre d'un million pour un génome de mammifère — qui produit des millions de colonies différentes de cellules transfectées. Chacune de ces colonies sera composée d'un *clone* dérivé d'une cellule ancestrale unique et hébergera par conséquent un plasmide recombinant avec la même séquence intégrée d'ADN génomique. On dit qu'un tel plasmide contient un **clone d'ADN génomique**, et que la collection complète des plasmides constitue une **banque d'ADN génomique**. Mais, puisque l'ADN génomique est fragmenté de façon aléatoire, seuls quelques fragments contiendront des gènes ; beaucoup ne contiendront qu'une partie d'un gène, tandis que la plupart des clones d'ADN génomique obtenus à partir de l'ADN d'une cellule d'eucaryote supérieur ne contiendront que de l'ADN non codant, qui représente la plus grande partie de l'ADN de tels génomes (voir p. 485).

Une autre stratégie possible est de commencer le processus de clonage en sélectionnant les seules séquences d'ADN qui sont transcrites en ARN et qui sont donc supposées correspondre à des gènes. Ceci consiste à extraire l'ARNm (ou une sous-fraction purifiée de l'ARNm) à partir des cellules et à faire ensuite une copie d'**ADN complémentaire (ADNc)** de chaque molécule d'ARNm présente ; cette réaction est catalysée par la *transcriptase reverse* des rétrovirus, qui synthétise une chaîne d'ADN sur une matrice d'ARN (voir p. 254). Les molécules d'ADN monocaténaires synthétisées par la transcriptase reverse sont converties en molécules d'ADN bicaténaires par l'ADN polymérase, et ces molécules sont insérées dans des plasmides et clonées (Figure 5-80). Chaque clone obtenu de cette façon est appelé **clone d'ADNc**, et l'ensemble des clones dérivés d'une préparation d'ARNm constitue une **banque d'ADNc**.

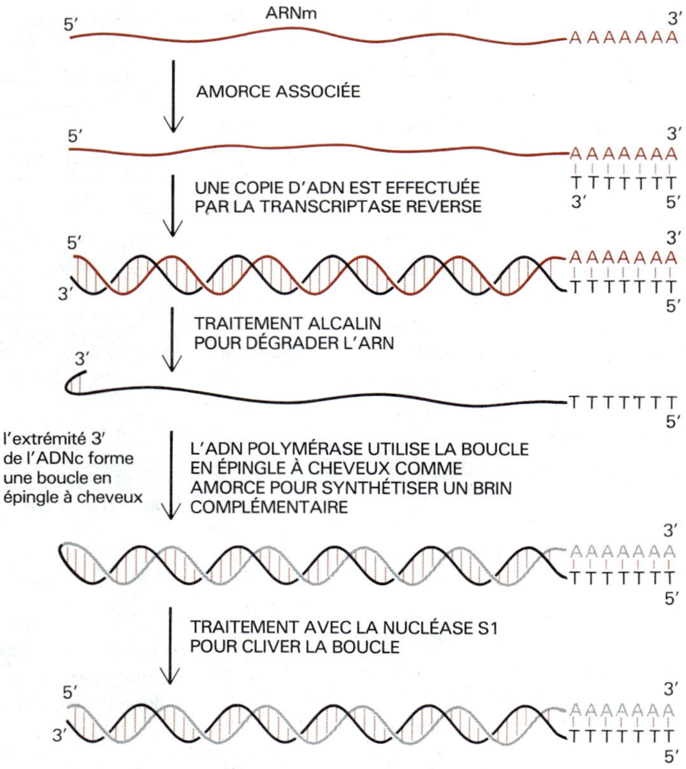

Figure 5-80 Une copie d'ADN (ADNc) d'une molécule d'ARNm est effectuée par la transcriptase reverse (voir p. 254), une enzyme virale qui utilise une chaîne d'ARN comme matrice pour la synthèse d'une chaîne d'ADN complémentaire, formant ainsi une hélice hybride ADN/ARN. Le traitement de l'hybride ADN/ARN avec un alcali dégrade sélectivement la chaîne d'ARN en nucléotides. L'ADNc monocaténaire restant est alors copié en ADNc bicaténaire par l'ADN polymérase. Comme l'indique la figure, la transcriptase reverse et l'ADN polymérase requièrent toutes les deux une amorce pour commencer leur synthèse. Pour la transcriptase reverse, un petit oligonucléotide est utilisé ; dans cet exemple, l'oligo(dT) a été associé au poly A à l'extrémité 3′ de la plupart des ARNm (voir p. 528). Noter que la molécule d'ADN bicaténaire produite ici ne possède pas d'extrémités cohésives ; de telles molécules d'ADN à extrémités « tronquées » peuvent être clonées par un seul ou plusieurs procédés analogues à celui que montre la Figure 5-78, mais moins efficaces. Par exemple, des oligonucléotides synthétiques qui contiennent des sites de coupure par les enzymes de restriction peuvent être liés aux extrémités d'ADN, ou des « queues » d'ADN monocaténaires peuvent être additionnées par voie enzymatique pour faciliter l'insertion d'une molécule d'ADNc dans un vecteur de clonage.

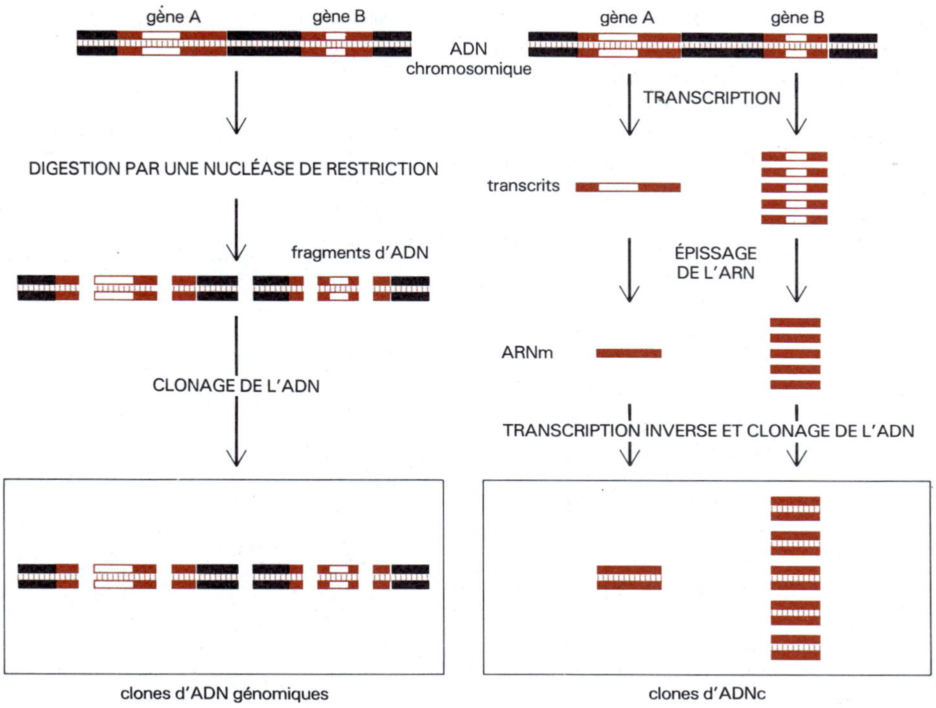

Figure 5-81 Représentation schématique des différences entre les clones d'ADNc et les clones d'ADN génomique. Dans cet exemple, le gène A est rarement transcrit alors que le gène B est fréquemment transcrit. Les deux types de transcrits sont traités par épissage pour éliminer une séquence intron unique au cours de la formation de l'ARNm. La plupart des gènes contiennent de nombreux introns (voir Tableau 9-1, p. 486).

Il y a d'importantes différences entre les clones d'ADN génomique et les clones d'ADNc, comme le montre la Figure 5-81. Les clones génomiques représentent un échantillon aléatoire de toutes le séquences d'ADN d'un organisme, et seront les mêmes, à de très rares exceptions près, quel que soit le type de cellule utilisé pour les préparer. Par contre, les clones d'ADNc ne contiennent que les régions du génome qui ont été transcrites en ARNm et — puisque les cellules de tissus différents synthétisent des assortiments distincts de molécules d'ARNm (voir p. 553) — une banque d'ADNc différente sera obtenue pour chaque type de cellule utilisé pour la préparer.

L'utilisation d'une banque d'ADNc pour le clonage des gènes présente plusieurs avantages. En premier lieu, de nombreuses protéines sont produites en très grandes quantités par des cellules spécialisées, et, dans ce cas, l'ARNm codant la protéine est produit en un tel excès que la banque d'ADNc préparée à partir de ces cellules sera considérablement enrichie en molécules d'ADNc codant la protéine (Figure 5-91). L'abondance de l'ADNc intéressant réduit beaucoup le problème d'identification du clone désiré dans la banque. L'hémoglobine, par exemple, est fabriquée en grandes quantités par des érythrocytes en cours de développement, et, pour cette raison, les gènes de la globine furent parmi les premiers à être clonés.

Un second avantage des clones d'ADNc est qu'ils contiennent la séquence codante ininterrompue d'un gène. Les gènes eucaryotes, comme nous l'avons vu (p. 102), sont habituellement composés de séquences codantes d'ADN, séparées par des séquences non codantes, de sorte que la production d'ARNm à partir de ces gènes impose l'élimination des séquences non codantes (les séquences introns) du transcrit initial et l'épissage des séquences codantes restantes. Ni les cellules bactériennes ni les cellules de levure ne réaliseront ces modifications sur l'ARN produit à partir d'un gène d'une cellule d'eucaryote supérieur. Ainsi, si le but du clonage est de déduire la séquence d'acides aminés de la protéine à partir de l'ADN ou de produire la protéine en grandes quantités en exprimant le gène cloné dans une bactérie ou une levure, il est préférable de commencer par l'ADNc.

Les banques d'ADN génomique et d'ADNc sont des ressources inépuisables qui sont largement réparties parmi les chercheurs, et un nombre croissant de banques de ce type est commercialement disponible.

10-5 Des banques d'ADNc peuvent être préparées à partir de populations choisies de molécules d'ARNm [58]

Lorsque des ADNc sont préparés à partir de cellules qui expriment le gène intéressant à des niveaux extrêmement élevés, la majorité des clones d'ADNc peut contenir la séquence génique, qui peut par conséquent être sélectionnée avec un effort minime. Pour des gènes transcrits avec moins d'abondance, diverses méthodes peuvent être utilisées pour enrichir en ARNm particuliers avant la fabrication de la banque d'ADNc. Par exemple, si un anticorps contre la protéine est disponible, il peut être utilisé pour précipiter sélectivement les polyribosomes isolés (voir p. 214) qui contiennent les chaînes polypeptidiques en croissance appropriées. Puisque ces ribosomes contiendront également les ARNm codant la protéine, le précipité peut être enrichi jusqu'à 1 000 fois pour l'ARNm désiré.

L'**hybridation soustractive** est un autre moyen puissant d'enrichissement en séquences nucléotidiques particulières avant le clonage de l'ADNc. Ce procédé de sélection peut, par exemple, être utilisé si deux types cellulaires voisins sont disponibles à partir de la même espèce d'organisme mais que la ou les protéines intéressantes ne sont produites que par l'un des deux. Ce procédé fut tout d'abord utilisé pour identifier des protéines réceptrices de la surface cellulaire présentes sur les lymphocytes T mais non sur les lymphocytes B (voir p. 1037). Il peut également être utilisé lorsqu'une cellule exprimant la protéine possède un analogue mutant qui ne l'exprime pas. La première étape consiste à synthétiser des molécules d'ADNc en utilisant l'ARNm du type cellulaire qui synthétise la protéine intéressante. Ces ADNc sont ensuite hybridés avec un grand excès de molécules d'ARNm provenant du second type cellulaire. Les rares séquences d'ADNc qui ne parviennent pas à trouver un partenaire ARNm complémentaire, et représentent donc vraisemblablement les séquences d'ARNm présentes seulement dans le premier type de cellule, sont alors purifiées par un procédé biochimique simple qui sépare les acides nucléiques monocaténaires des bicaténaires (Figure 5-82). Sans compter le moyen efficace qu'elles procurent pour le clonage des gènes dont les produits sont connus pour être limités à un type cellulaire différencié particulier, les banques d'ADNc préparées après hybridation soustractive sont utiles pour dégager les différences d'expression génique entre deux types cellulaires voisins, quels qu'ils soient.

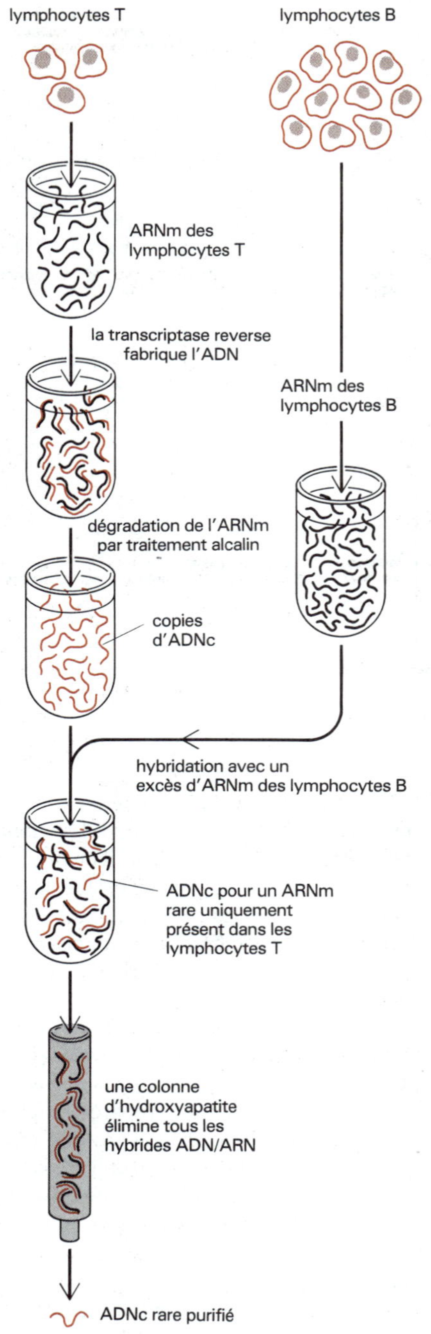

Figure 5-82 L'hybridation soustractive est utilisée dans cet exemple pour purifier les rares clones d'ADNc correspondant aux molécules d'ARNm présentes dans les lymplocytes T mais pas dans les lymphocytes B. Puisque les deux types cellulaires sont très voisins, la plupart des ARNm leur seront communs, et cette technique est donc un moyen puissant d'enrichissement en molécules spécialisées qui différencient les deux cellules.

5-52 L'hybridation avec une sonde radioactive peut être utilisée pour identifier les clones intéressants dans une banque d'ADN [59]

La sélection des rares colonies de la banque qui contiennent le fragment d'ADN intéressant est souvent la partie la plus difficile du clonage des gènes. Ceci est particulièrement vrai dans le cas de banques génomiques, où l'on doit identifier une cellule bactérienne sur un million pour sélectionner le gène de mammifère spécifique. La technique la plus fréquemment utilisée est une forme d'hybridation *in situ* qui se sert de l'extrême spécificité des interactions d'appariement entre deux molécules d'acide nucléique complémentaires (voir p. 192). Des boîtes de culture contenant les colonies bactériennes en croissance sont transférées (« blotted ») avec un morceau de papier filtre, auquel quelques éléments de chaque colonie bactérienne adhèrent. Les colonies adhérentes, appelées *répliques*, sont traitées par une solution aléatoire puis incubées avec une sonde d'ADN radioactive contenant une partie de la séquence du gène recherché (Figure 5-83). Si nécessaire, des millions de clones bactériens peuvent être triés de cette façon pour trouver le clone qui s'hybride avec la sonde.

La façon dont sont fabriquées les sondes d'ADN spécifiques dépendra de l'information disponible sur le gène à cloner. Dans de nombreux cas, la protéine intéressante a été identifiée grâce à des études biochimiques et purifiée en petites quantités. Quelques microgrammes de protéine pure sont suffisants pour déterminer la séquence de ses trente premiers acides aminés. A partir de cette séquence d'acides aminés, il est possible de déduire la séquence nucléotidique correspondante en utilisant le code génétique. Deux séries d'oligonucléotides d'ADN, d'environ 20 nucléotides chacun, sont alors synthétisés par des méthodes chimiques et marqués par radioactivité. Les deux séries d'oligonucléotides sont choisies pour s'apparier à différentes parties de la séquence nucléotidique supposée du gène (Figure 5-84). Des colonies de cellules qui s'hybrident avec les deux séries de sondes d'ADN sont des candidates sérieuses pour contenir le gène voulu et sont sélectionnées pour une caractérisation ultérieure (voir ci-dessous).

La sélection de clones d'ADN chevauchants permet de « marcher » le long du chromosome vers un gène intéressant proche [60]

Un grand nombre des gènes les plus intéressants — ceux, par exemple, qui contrôlent le développement — ne sont connus que d'après l'analyse génétique de mutants dans des organismes tels que la mouche du vinaigre *Drosophile*, et le nématode *C. elegans*. Les produits protéiques de ces gènes sont inconnus et peuvent être présents en très petites quantités dans quelques cellules ou n'être produits qu'à un seul stade du développement. Une étude des liens génétiques entre différentes mutations peut cependant être utilisée pour établir des *cartes chromosomiques*, qui donnent les emplacements relatifs des gènes. Un gène localisé une fois

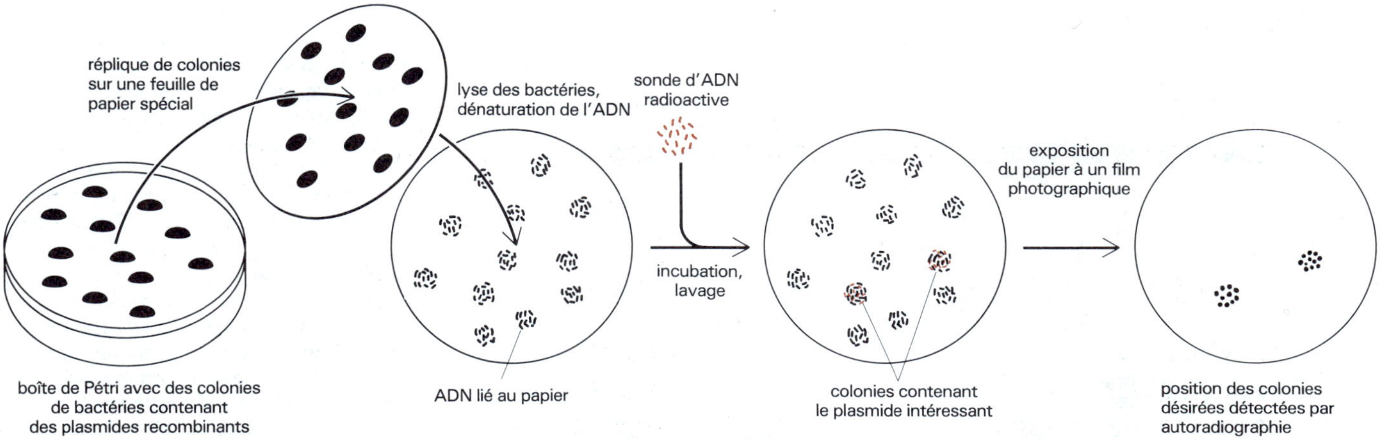

cloné, les clones d'une banque d'ADN génomique correspondant à des gènes voisins peuvent être identifiés par la technique connue sous le nom de **« marche » le long du chromosome** (« **chromosome walking** »). Pour cette méthode, deux banques d'ADN génomique différentes peuvent être utilisées, chacune étant préparée par fragmentation du même ADN par une nucléase de restriction différente. La Figure 5-85 illustre la façon dont un clone de l'une des banques peut être utilisé comme sonde d'ADN pour trouver un clone chevauchant dans l'autre banque. Ce nouveau clone est ensuite utilisé pour préparer une sonde d'ADN qui est utilisée pour trouver un autre clone chevauchant dans la première banque, et ainsi de suite. On peut de cette façon se déplacer le long d'un chromosome, clone après clone, par étapes qui peuvent atteindre 30 000 paires de bases. Mais comment sait-on que l'on est parvenu au gène recherché (identifié à l'origine par une mutation nuisible) ? La manière classique consiste à comparer continuellement la taille des fragments de restriction d'ADN produits à partir de chromosomes mutants et normaux par l'analyse par transfert capillaire selon Southern (voir p. 191), en utilisant chaque nouveau clone comme sonde au fur et à mesure que la « marche » se poursuit. Certains des mutants seront dus à de petites délétions ou insertions de séquences d'ADN dans

Figure 5-83 Une technique efficace couramment utilisée pour trouver une colonie bactérienne portant un clone d'ADN particulier (voir aussi Figure 5-79). Chaque cellule portant un plasmide recombinant se développe en une colonie de cellules identiques, visible sous la forme d'un point blanc sur l'agar. Une réplique de la culture est ensuite réalisée en appuyant un morceau de papier absorbant sur la surface. Cette réplique est traitée à l'alcali (afin de faire éclater les cellules adhérentes et de dénaturer l'ADN du plasmide) puis hybridée avec une sonde d'ADN très radioactive. Les colonies bactériennes qui ont fixé la sonde sont identifiées par autoradiographie.

Figure 5-84 Sélection de régions d'une séquence d'acides aminés connue pour fabriquer des sondes oligonucléotidiques synthétiques. Une seule séquence nucléotidique codera effectivement pour la protéine. Mais la dégénérescence du code génétique signifie que plusieurs séquences nucléotidiques différentes donneront la même séquence d'acides aminés, et il est impossible de dire à l'avance laquelle est correcte. Puisqu'il est préférable d'avoir une fraction de la séquence nucléotidique correcte aussi longue que possible dans le mélange d'oligonucléotides utilisé comme sonde, les régions qui présentent le minimum d'ambiguïté sont choisies, comme on le voit ici. Après synthèse par voie chimique du mélange d'oligonucléotides, l'extrémité 5′ de chaque oligonucléotide est marquée par radioactivité (voir Figure 4-65B).

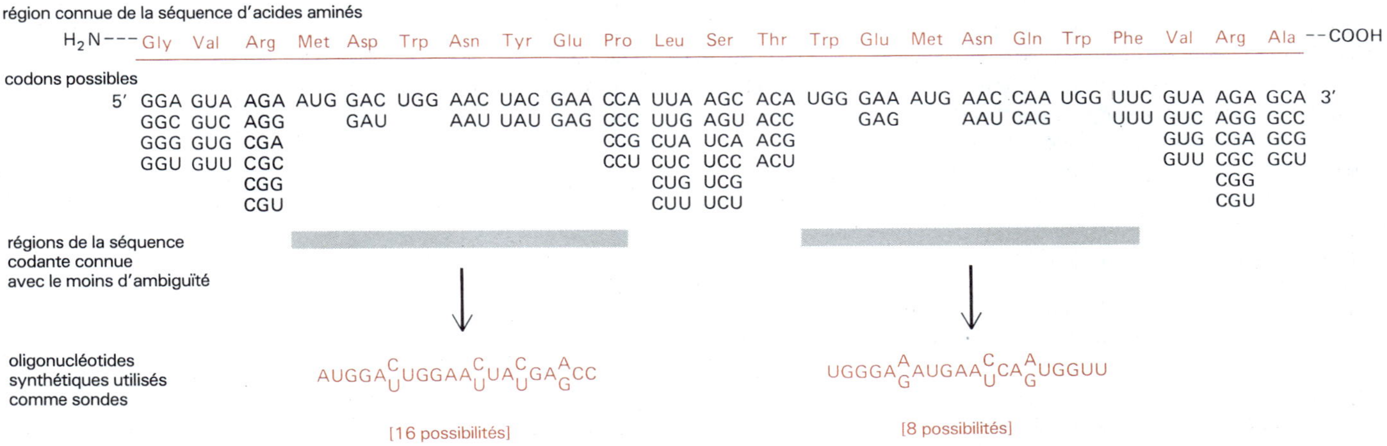

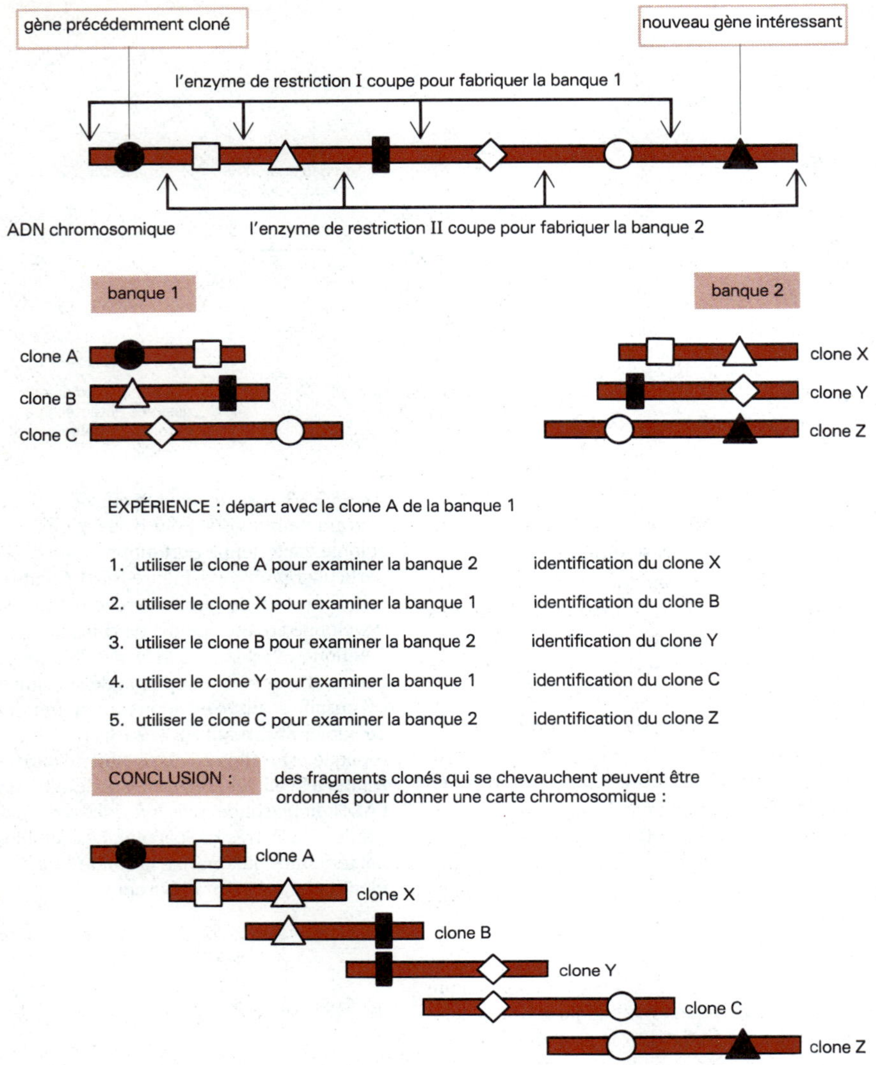

Figure 5-85 L'utilisation de clones d'ADN chevauchants pour trouver un gène nouveau par « marche le long d'un chromosome » (chromosome walking). Pour accélérer la marche, les banques génomiques qui contiennent des molécules d'ADN clonées de très grande taille sont les meilleures. Pour sonder le clone suivant au cours de la marche, on utilise un court fragment d'ADN, marqué au ^{32}P, d'une des extrémités du clone précédemment identifié : si l'on utilise, par exemple, une extrémité « à main droite », la marche continuera vers la droite comme le montre cette figure. En utilisant un petit fragment d'une extrémité comme sonde, on réduit également la probabilité que la sonde contienne une séquence d'ADN répétitive qui s'hybriderait avec de nombreux clones de différentes parties du génome et interromprait ainsi la marche.

le gène en question et celles-ci peuvent être facilement identifiées. Lorsque, par exemple, des mutations nuisibles dans un gène humain typique sont analysées, environ 1 sur 10 se trouve être une délétion facilement détectée par « Southern blot », et les défauts moléculaires précis responsables des maladies génétiques humaines sont de plus en plus identifiés de cette façon.

En utilisant des méthodes voisines, il a été possible de classer (d'établir la carte) un ensemble presque complet de clones génomiques de taille importante sur les chromosomes du nématode *C. elegans*. De tels clones, longs chacun de 30 000 paires de bases environ, sont préparés dans des vecteurs du bactériophage lambda appelés *cosmides*, qui sont spécialement conçus pour n'accepter que de grandes insertions d'ADN. Il faut quelques milliers de clones de cosmides pour couvrir l'intégralité du génome d'une organisme tel que *C. elegans* ou *Drosophila*. Établir de cette façon la carte de la totalité du génome humain nécessiterait le classement de plus de 100 000 clones de cosmides de ce type, ce qui est très long mais techniquement faisable. De plus, des fragments d'ADN humain 10 fois plus grands que des clones de cosmides (300 000 paires de bases) peuvent être clonés en tant que chromosomes artificiels dans les cellules de levure ; en principe, la carte du génome humain pourrait être établie avec 10 000 clones de ce type (voir Figure 9-5, p. 485).

Dans le futur proche, il est certain que des séries ordonnées de clones génomiques seront disponibles à partir de banques d'ADN centralisées pour l'usage de tous les chercheurs. Une banque complète sera disponible pour chaque organisme couramment étudié, chaque insertion d'ADN étant cataloguée selon son chromosome d'origine et numérotée séquentiellement par rapport aux positions de tous les autres fragments d'ADN dérivés du même chromosome. On commencera alors simplement une « marche le long du chromosome » en obtenant, à partir des banques, tous les clones couvrant la région du génome qui contient le gène mutant intéressant. Ces clones seront ensuite utilisés pour fabriquer des sondes d'ADN afin de localiser avec précision le gène modifié. Un grand nombre de gènes mutants responsables des maladies génétiques chez les êtres humains seront en définitive isolés de cette façon.

La traduction *in vitro* facilite l'identification du clone d'ADN correct [61]

En dépit de la puissance des méthodes d'hybridation *in situ* pour trouver des clones d'ADNc ou des clones génomiques spécifiques à partir d'une banque d'ADN, elles identifient habituellement un grand nombre de clones « faussement positifs ». La distinction entre ces clones et les clones positifs authentiques nécessite une habileté supplémentaire. La tâche est plus aisée lorsque le clone désiré code une protéine qui a déjà été caractérisée par d'autres moyens. Dans ce cas, chaque fragment d'ADN cloné candidat est utilisé pour purifier ses molécules d'ARNm complémentaires à partir d'un mélange d'ARNm cellulaires par un processus appelé **sélection d'hybrides**, dans lequel un excès du fragment d'ADN est séparé en simples chaînes et immobilisé sur un filtre qui est ensuite utilisé pour sélectionner des molécules d'ARNm complémentaires par hybridation ARN-ADN (Figure 5-86). On laisse ensuite l'ARNm purifié de cette façon diriger la synthèse protéique dans un système acellulaire en utilisant des acides aminés radioactifs. Finalement, la protéine radioactive produite est caractérisée et comparée au produit protéique attendu du clone désiré. La correspondance dans un tel test est une condition préalable pour conclure qu'un fragment d'ADN cloné code la protéine donnée.

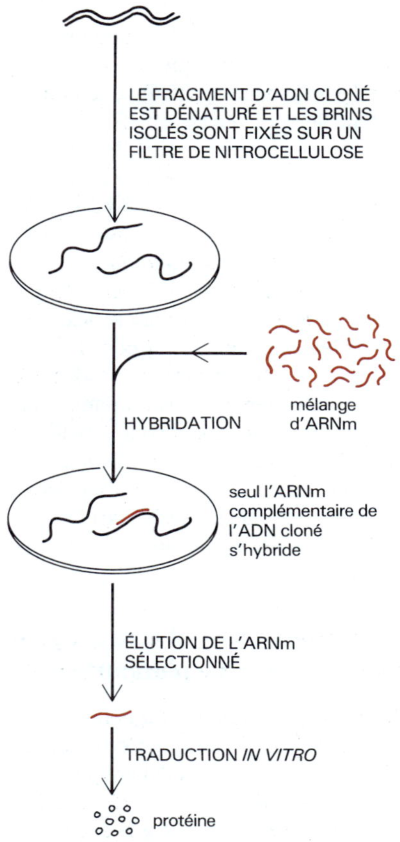

Figure 5-86 La technique de sélection d'hybrides. Les molécules d'ARNm purifiées sont éluées du filtre en le soumettant à des conditions qui séparent les deux chaînes d'une hélice ARN-ADN.

Des vecteurs d'expression permettent d'utiliser des clones d'ADNc pour produire des protéines en excès [62]

Très souvent, il n'existe aucune information biochimique sur la protéine codée par un fragment d'ADN cloné. C'est habituellement le cas lorsque, par exemple, le clone a été identifié par hybridation soustractive ou par marche le long d'un chromosome vers un gène mutant. De plus, dans ces cas-là, l'ARNm de la protéine en question est souvent présent en si faible quantité et dans un groupe si limité de cellules que la sélection d'hybrides de l'ARNm complémentaire n'est pas réalisable. D'autres méthodes doivent être alors utilisées pour caractériser le produit protéique du gène cloné. Une méthode consiste à synthétiser un court fragment protéique (un *oligopeptide)* correspondant à la séquence d'acides aminés déduite du produit protéique de la molécule d'ADNc séquencée, puis à produire des anticorps contre l'oligopeptide. Dans de nombreux cas, les anticorps reconnaîtront la même séquence d'acides aminés lorsqu'elle existe comme partie de la molécule protéique naturelle, et ceci fournira un moyen de détecter, localiser, et purifier la protéine codée par l'ADNc d'origine. En association avec le clonage par hybridation soustractive, cette approche immunologique est un moyen puissant pour identifier des protéines spécifiques d'un type cellulaire et pour étudier le développement, les propriétés et les fonctions de chaque type cellulaire dans un organisme pluricellulaire.

Cependant, la façon la plus directe de caractériser la protéine codée par un clone d'ADNc est de permettre à l'ADNc lui-même de diriger la synthèse protéique dans une cellule hôte. Les plasmides ou les virus utilisés dans ce but sont appelés **vecteurs d'expression**, et ils sont construits de telle sorte que le clone d'ADNc est directement relié à une séquence d'ADN qui agit comme un promoteur puissant de la transcription de l'ADN. Il existe une variété de vecteurs d'expression, chacun étant manipulé pour fonctionner dans le type de cellule dans lequel la protéine doit être fabriquée. Au moyen d'une telle *manipulation génétique,* les cellules bactériennes, les cellules de levures ou de mammifères peuvent être induites à fabriquer de grandes quantités de protéines utiles — comme l'hormone de croissance humaine, l'interféron, et des antigènes viraux pour les vaccins. Les cellules bactériennes qui contiennent des plasmides ou des virus vecteurs « manipulés » de cette façon sont particulièrement adaptées à la production de protéines, et il est courant, pour un gène réagencé, de produire plus de 10 % des protéines cellulaires totales. Comme la production d'une aussi grande quantité d'une seule protéine tue fréquemment la cellule, des promoteurs « inductibles » particuliers on été conçus pour permettre à la transcription d'un gène d'être différée pendant quelques heures avant que les cellules ne soient collectées pour l'isolement de la protéine. Certains vecteurs plasmidiques d'expression, par exemple, contiennent un promoteur du bactériophage lambda qui est gardé silencieux par une protéine de répression du gène sensible à la température ; le promoteur peut être activé au moment désiré par une augmentation de la température de la bactérie à 42° C, température à laquelle de grandes quantités de la protéine intéressante seront fabriquées.

Si une banque d'ADNc est préparée dans un vecteur d'expression, chaque clone produira en général une protéine différente, et il est alors possible d'identifier les clones intéressants par leurs produits protéiques plutôt que par leurs séquences d'acides nucléiques. Ceci est habituellement réalisé en explorant les clones avec des anticorps radiomarqués, ou bien, parfois, en analysant directement l'activité biologique du produit génique. Cette dernière méthode est particulièrement performante pour rechercher des gènes eucaryotes codant pour des facteurs de croissance sécrétés. Par exemple, des clones d'ADNc de cellules qui produisent un facteur de croissance peuvent être préparés dans un vecteur d'expression qui se réplique dans des cellules de mammifères. Un mélange de cellules transfectées contenant un grand nombre de tels clones différents est cultivé dans une petite boîte où n'importe quelle cellule exprimant le gène sécrétera le facteur de croissance dans le milieu de culture. Des échantillons du milieu sont alors testés pour le facteur de croissance par addition du milieu à des cultures de cellules spécifiques qui répondent à ce facteur particulier. Le test est tellement sensible qu'il sera habituellement positif même si une seule cellule sur un millier dans la culture d'origine contient un gène codant pour le facteur de croissance. Des cycles renouvelés d'essais permettent de limiter les recherches à l'unique clone du mélange qui produit le facteur de croissance. Des facteurs de croissance précédemment inconnus ont été identifiés et isolés en quelques mois de cette façon ; isoler des facteurs de croissance par des techniques biochimiques classiques peut nécessiter des purifications fastidieuses de plus d'un million de fois qui prennent des années.

5-53 Des gènes peuvent être réagencés pour produire des protéines de n'importe quelle séquence désirée [63]

La séquence codante d'un gène et ses régions de régulation peuvent être toutes réagencées pour modifier les propriétés fonctionnelles d'un produit protéique, la quantité de protéine fabriquée, ou le type cellulaire particulier dans lequel la protéine est synthétisée.

La séquence codante d'un gène peut être considérablement modifiée — par exemple en en fusionnant une partie à la séquence codante d'un gène différent, afin de produire un gène hybride nouveau, qui code une *protéine de fusion*. De telles protéines sont fréquemment utilisées pour analyser la fonction des différents domaines d'une molécule protéique. Par exemple, la plupart des protéines nucléaires contiennent de courtes séquences spécifiques d'acides aminés qui sont reconnues comme signaux pour leur transport direct vers le noyau cellulaire. En reliant de façon artificielle différentes régions des protéines nucléaires à une protéine cytoplasmique par les techniques de fusion génique, on a identifié les « peptides signaux » responsables du transport vers le noyau (voir p. 424).

Des techniques particulières sont nécessaires pour modifier un gène de façon plus subtile, afin que la protéine qu'il code diffère de l'original par un seul ou quelques acides aminés. La première étape est la synthèse chimique d'une courte molécule d'ADN contenant la partie modifiée de la séquence nucléotidique du gène. Cet oligonucléotide d'ADN synthétique est hybridé avec un plasmide d'ADN monocaténaire qui contient la séquence d'ADN à modifier, dans des conditions qui permettent l'appariement de chaînes d'ADN imparfaitement assorties (Figure 5-87). L'oligonucléotide synthétique servira alors d'amorce pour la synthèse d'ADN par l'ADN polymérase, engendrant ainsi une double hélice d'ADN qui incorpore la séquence modifiée dans le gène. Le gène modifié est ensuite inséré dans un vecteur d'expression de telle sorte que la protéine réagencée puisse être produite en quantités suffisamment importantes pour des études détaillées. En changeant de cette façon les acides aminés sélectionnés dans une protéine, on peut analyser quelles parties de la chaîne polypeptidique sont importantes dans des processus aussi fondamentaux que le repliement d'une protéine, les interactions protéine-ligand, et la catalyse enzymatique.

Pour déterminer quelles parties d'un gène eucaryote sont responsables de la régulation de son expression, il est possible de relier les séquences d'ADN du gène qui pourraient être régulatrices (voir p. 564), à la séquence codante d'un gène qui code un marqueur enzymatique facilement détectable et normalement absent dans les cellules eucaryotes. Un des marqueurs enzymatiques les plus fréquemment utilisés est une protéine bactérienne, la *chloramphénicol acétyltransférase (CAT)*. La molécule d'ADN recombinant que l'on obtient est alors insérée dans une cellule eucaryote afin de vérifier si les séquences étudiées favorisent l'expression du gène CAT. Ceci est plus commodément réalisé en transfectant des cellules en culture et en dosant l'activité de l'enzyme CAT après une nuit d'incubation. De nombreuses cellules transfectées exprimeront le gène transfecté de façon transitoire mais très peu d'entre elles le conserveront définitivement. Il est nécessaire, pour obtenir des *transformants stables*, de sélectionner les rares clones cellulaires qui ont incorporé de façon stable les molécules d'ADN recombinant

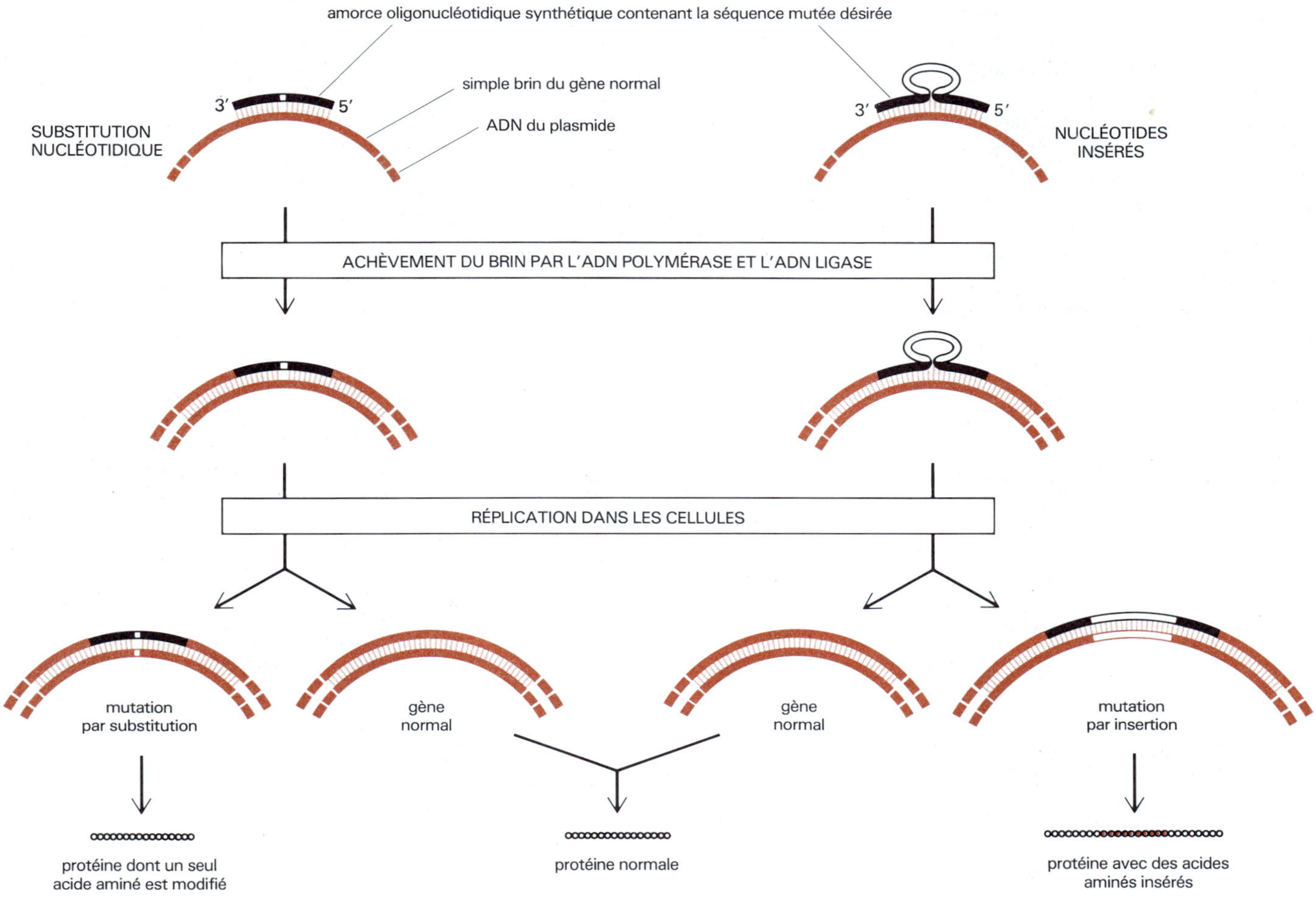

Figure 5-87 L'utilisation d'oligonucléotides synthétiques pour modifier les régions des gènes codant des protéines. Seuls sont représentés deux des nombreux types de modifications qui peuvent être ainsi obtenus par génie génétique. Par exemple, il est possible, avec un oligonucléotide approprié, de réaliser plus d'une substitution d'acide aminé à la fois ou de supprimer un ou plusieurs acides aminés. Comme il est indiqué, une seule des deux chaînes d'ADN du plasmide recombinant original étant modifiée par ce procédé, la moitié seulement des cellules transfectées se retrouveront avec un plasmide contenant le gène mutant désiré. Noter que la majorité de la séquence du plasmide n'est pas illustrée ici.

dans leurs chromosomes. En transfectant différents types cellulaires avec de telles molécules d'ADN recombinant, il a été possible d'identifier des séquences d'ADN régulatrices qui permettent l'expression d'un gène dans un type cellulaire spécifique mais pas dans les autres (voir p. 565).

Des gènes artificiellement modifiés peuvent être insérés de façon stable dans la lignée germinale de souris ou de drosophiles pour donner naissance à des animaux transgéniques [64]

L'essai final de la fonction d'un gène modifié est de le réinsérer dans un organisme et d'observer quel est son effet. Idéalement, on voudrait être capable de remplacer le gène normal par le gène modifié de sorte que la fonction de la protéine mutante puisse être analysée en l'absence de la protéine normale. La levure est le seul organisme dans lequel cela puisse être réalisé avec précision. Des fragments d'ADN transférés dans des cellules de levure en croissance sont réellement intégrés en tant que copies uniques dans les sites chromosomiques homologues par des événements de recombinaison générale (voir p. 239), de telle sorte qu'un gène réagencé puisse être inséré à la place de la copie endogène du gène. Ceci fournit un moyen puissant d'éudier la fonction des gènes de levure (voir p. 195).

Au contraire, lorsque l'ADN est transféré dans des cellules de mammifères, il n'existe actuellement aucun moyen de contrôler comment et où il s'est intégré dans les chromosomes. Des fragments d'ADN linéaires sont rapidement liés bout à bout par des enzymes de la cellule pour former de longs assemblages en tandem, qui s'intègrent habituellement dans un chromosome au niveau d'un site apparemment sélectionné au hasard. Des ovules de mammifères fécondés se comportent à cet égard comme les autres cellules de mammifères : un ovule de souris dans lequel on a injecté 200 copies d'une molécule d'ADN linéaire se développera souvent en une souris contenant un assemblage en tandem de copies du gène injecté, intégré au niveau d'un seul site aléatoire sur l'un de ses chromosomes (Figure 5-88). Si le chromosome modifié est également présent dans les cellules de la lignée germinale (ovules ou sperme), la souris transmettra les gènes nouvellement adoptés à l'ensemble de sa descendance : des animaux qui ont été définitivement modifiés de cette façon sont dits **transgéniques.** Des mammifères transgéniques ne peuvent être utilisés avec l'élégance des cellules de levure pour étudier les effets des gènes modifiés, mais ils procurent des indices importants sur la façon dont les gènes de mammifères sont réglés (voir p. 580), et dont certains gènes modifiés (appelés oncogènes) provoquent le cancer (voir p. 1210)

Il est possible de réaliser des expériences similaires avec *Drosophile* en utilisant une technique par laquelle des copies uniques de n'importe quel gène peuvent être insérées au hasard dans le génome de la mouche. L'astuce dans ce cas est, en premier lieu, d'insérer un fragment d'ADN entre les deux séquences terminales d'un élément transposable particulier de *Drosophile*, appelé *élément P*. Les séquences terminales permettent à l'élément P de s'intégrer

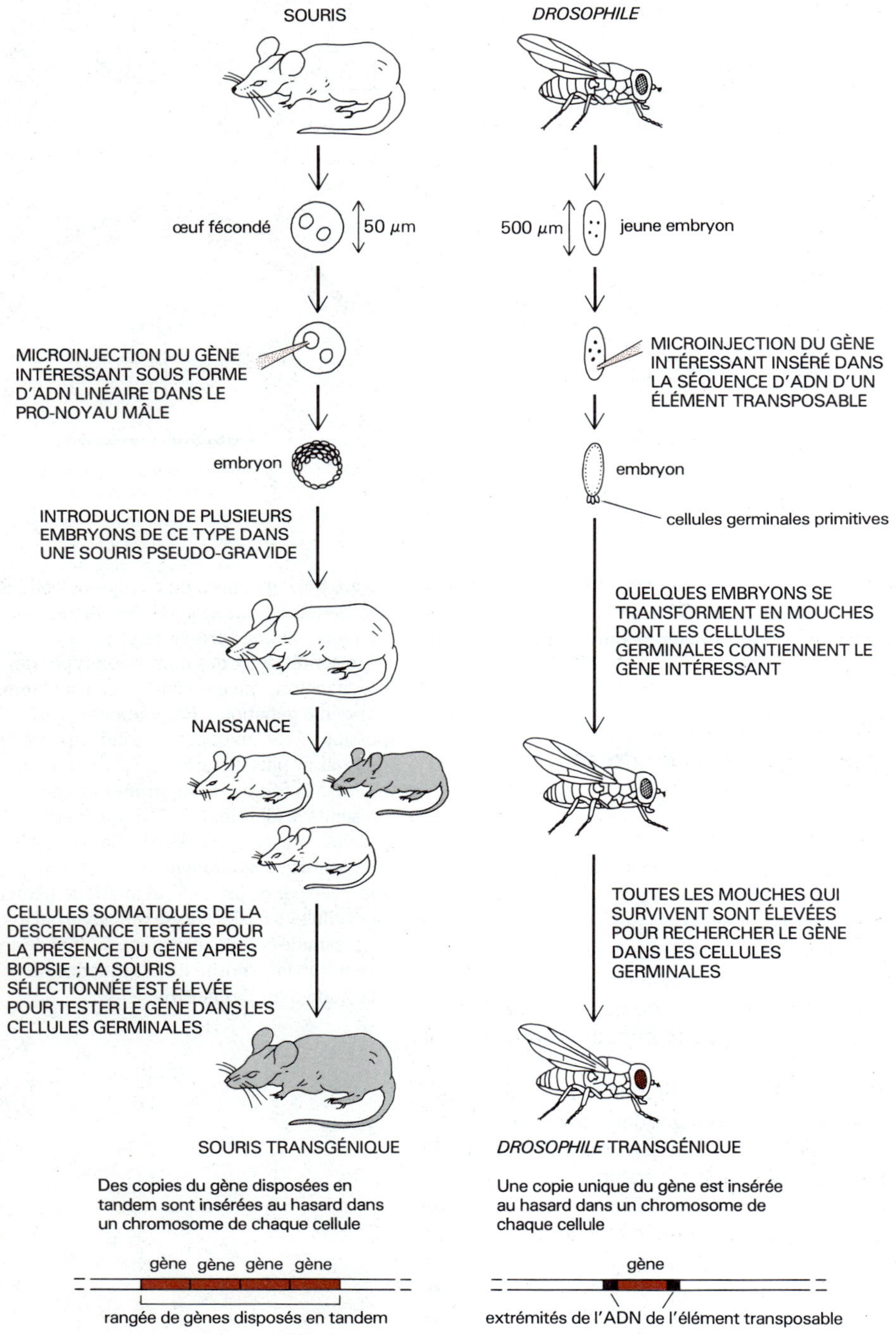

Figure 5-88 Comparaison des techniques standard utilisées pour fabriquer des souris et des mouches transgéniques. Dans ces exemples, le gène injecté dans l'ovule de souris provoque une modification de couleur du pelage tandis que le gène injecté dans l'embryon de mouche provoque un changement de couleur de l'œil. Dans les deux organismes, certains des animaux transgéniques ont des insertions d'ADN au niveau de plus d'un site chromosomique.

dans des chromosomes de *Drosophile* si la transposase de l'élément P est également présente (voir p. 256). Par conséquent, pour fabriquer des mouches à vinaigre transgéniques, le fragment d'ADN modifié de façon appropriée est injecté dans un très jeune embryon de mouche en même temps qu'un plasmide indépendant contenant le gène codant la transposase. Lorsque cela est réalisé, le gène injecté pénètre souvent dans la lignée germinale sous forme d'une copie unique par suite d'un événement de transposition (Figure 5-88).

La substitution génique directe a été réalisée récemment chez la souris d'une manière laborieuse et détournée. Un fragment d'ADN contenant le gène mutant voulu est d'abord transfectée dans une lignée particulière de cellules souches embryonnaires multipotentes qui poussent en culture. Après une période de prolifération cellulaire, les quelques colonies de cellules dans lesquelles il y a eu substitution génique par recombinaison générale sont caractérisées par transfert capillaire selon Southern et les cellules isolées sont ensuite implantées dans un jeune embryon de souris. Dans ce nouvel environnement, les cellules souches embryonnaires prolifèrent souvent pour constituer une part importante de la souris normale (voir p. 897). Les souris dont la lignée germinale a ainsi acquis la substitution génique son accouplées pour donner un mâle et une femelle, tous deux sont hétérozygotes pour la substitution génique (ils ont une copie normale et une copie mutante du gène). Quand ces deux souris sont accouplées, un quart de leur descendance sera homozygote pour le gène modifié. L'étude de ces homozygotes permet d'examiner la fonction d'un gène modifié en l'absence du gène normal correspondant.

La possibilité de préparer des souris et des mouches transgéniques est un nouvel outil performant pour disséquer la fonction des gènes dans un organisme intact.

Il est possible de cloner des segments choisis d'ADN en tube à essai grâce à une réaction de polymérisations en chaîne [65]

La disponibilité d'ADN polymérases purifiées et d'oligonucléotides de synthèse ont permis de cloner rapidement des séquences d'ADN spécifiques sans avoir recours à une cellule vivante. La technique appelée **réaction de polymérisations en chaîne ou « polymerase chain reaction » (PCR)** permet d'amplifier plus de mille fois l'ADN d'une région choisie d'un génome, à condition de déjà connaître au moins une partie de sa séquence nucléotidique. On utilise des parties de la séquence qui encadre la région à amplifier pour fabriquer deux oligonucléotides de synthèse, chacun étant complémentaire de l'une des chaînes de la double hélice d'ADN. Ces oligonucléotides servent d'amorces pour la synthèse d'ADN *in vitro* qui est catalysée par l'ADN polymérase, et ils fixent les extrémités du fragment d'ADN final qui est obtenu (Figure 5-89 A).

Le principe de la technique de PCR est représenté dans la figure 5-89 B. A chaque cycle de la réaction, un bref traitement thermique est nécessaire pour séparer les deux chaînes de la double hélice d'ADN (étape 1). Un refroidissement de l'ADN en présence d'un large excès des deux oligonucléotides permet leur hybridation spécifique avec les séquences d'ADN complémentaires (étape 2). Le mélange préassocié est ensuite incubé en présence de l'ADN polymérase et des quatre désoxyribonucléosides triphosphates de sorte que les régions de l'ADN en aval des amorces soient sélectivement synthétisées (étape 3). Il faut 20 à 30 cycles de cette réaction pour qu'il y ait une réelle amplification de l'ADN. Chaque cycle double la quantité d'ADN synthétisé au cours du cycle précédent. Un seul cycle prend environ 5 minutes, et on peut obtenir en quelques heures le « clonage acellulaire » d'un fragment d'ADN grâce à un système automatisé alors qu'il faut plusieurs jours avec les techniques standard de clonage.

Figure 5-89 La réaction de polymérisations en chaînes pour amplifier des séquences nucléotidiques spécifiques *in vitro*. (A) L'ADN isolé à partir de cellules est chauffé pour séparer ses chaînes complémentaires. Ces chaînes sont ensuite associées à un excès de deux oligonucléotides d'ADN, de 15 à 20 nucléotides chacun, qui ont été chimiquement synthétisés pour s'apparier à des séquences séparées par X nucléotides (où X est généralement compris entre 50 et 2 000). Les deux oligonucléotides servent d'amorce spécifique pour une synthèse d'ADN *in vitro* catalysée par l'ADN polymérase qui copie l'ADN qui est situé entre les séquences correspondant aux deux oligonucléotides. (B) Après de nombreux cycles de réaction, on obtient une grande quantité d'un seul fragment d'ADN long de X nucléotides pourvu que l'échantillon d'ADN de départ contienne la séquence d'ADN prévue lorsque les 2 oligonucléotides furent choisis.

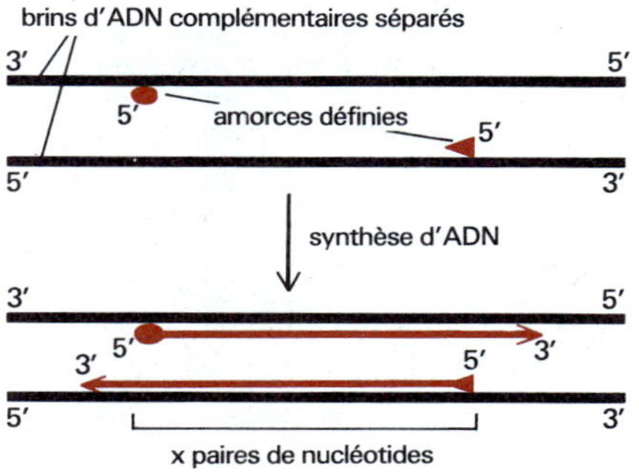

(A)

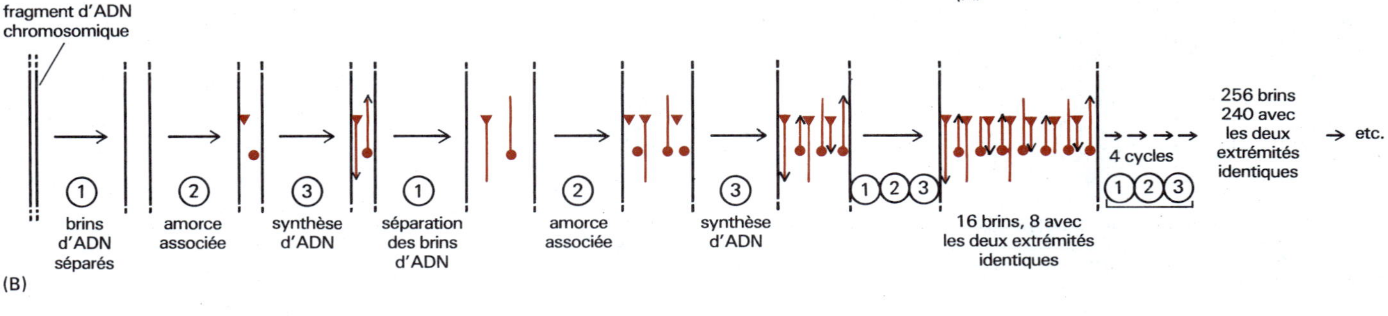

(B)

La méthode de PCR est très sensible : elle peut détecter une molécule unique d'ADN dans un échantillon. Il est possible d'analyser de la même façon des quantités infimes d'ARN en les convertissant en séquences d'ADN avec la transcriptase reverse (voir p. 260). La technique de clonage par PCR remplace rapidement la technique de transfert capillaire pour le diagnostic prénatal des maladies génétiques et pour la détection de faibles niveaux d'infection virale. Elle a aussi beaucoup d'avenir dans la médecine légale car elle permet l'identification certaine de l'origine humaine d'une cellule unique.

10-31 L'approche génétique de la cartographie et de l'analyse des grands génomes est considérablement facilitée par les méthodes de génie génétique [66]

Grâce à des techniques récemment développées, il est possible d'établir des cartes très détaillées de génomes de très grande taille. Il y a deux catégories de cartes : (1) Les *cartes physiques* basées sur la composition en molécules d'ADN de chaque chromosome. Elles englobent les cartes de restriction (voir p. 182) et les banques ordonnées de clones d'ADN génomique (voir p. 264)/ (2) Les *cartes de liaisons géniques* sont basées sur la fréquence de cohéritage de deux ou plusieurs caractères qui servent de marqueurs génétiques, différents chez la mère et chez le père et imputables à un site chromosomique spécifique. De manière traditionnelle, ces marqueurs étaient des gènes dont les effets étaient l'indice de leur expression (c'est le cas des gènes qui sont responsables de maladies génétiques telles que la dystrophie musculaire). Plus récemment, grâce aux méthodes de génie génétique, il a été possible d'utiliser, comme marqueurs génétiques, de courtes séquences d'ADN qui contiennent un site de coupure par une nucléase de restriction et qui sont différentes selon les individus. Une séquence de ce type est d'une grande utilité pour établir des cartes génétiques car elle crée un **polymorphisme de longueur des fragments de restriction, ou RFLP,** qui peut être facilement mis en évidence par « transfert capillaire » (voir p. 191) avec une sonde d'ADN proche (Figure 5-90).

Si deux marqueurs génétiques sont sur des chromosomes différents, leur transmission sera indépendante — c'est-à-dire qu'ils n'auront que 50 chances sur 100 d'être cohérités. C'est la même chose pour les marqueurs qui se trouvent aux deux extrémités d'un chromosome car il existe une forte probabilité qu'ils soient séparés lors de l'important enjambement qui se produit pendant la méiose au cours du développement des ovules et des spermatozoïdes (voir p. 847). Plus les deux marqueurs seront proches sur le même chromosome, plus grande sera leur chance de ne pas être séparés par des enjambements et d'être ainsi cohérités. Par une recherche systématique du cohéritage d'un gène donné (tel qu'un gène associé à une maladie) et d'un grand nombre de RFLP isolés dans des groupes de familles nombreuses, on a pu identifier quelques marqueurs de RFLP qui encadrent le gène. Il est possible de cette façon de localiser les séquences d'ADN au voisinage de ce gène et de trouver éventuellement l'ADN qui correspond au gène lui-même (Figure 5-91). On a ainsi localisé de nombreux gènes responsables

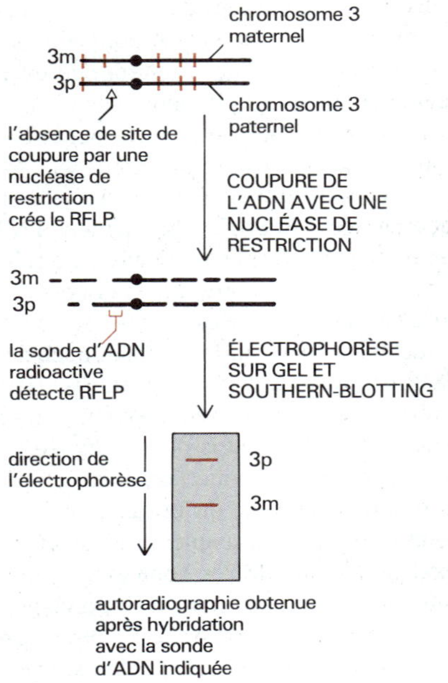

Figure 5-90 Détection d'un polymorphisme de longueur d'un fragment de restriction (RFLP) par transfert capillaire. Pour simplifier, les chromosomes représentés ne contiennent que quelques sites de coupure par des enzymes de restriction alors qu'ils en contiennent en réalité plusieurs milliers. Si la technique PCR (voir p. 269) est utilisée pour amplifier la région d'ADN appropriée avant le traitement par une nucléase de restriction, le même test peut être appliqué sans radio-isotopes et l'étape du transfert capillaire peut être omise.

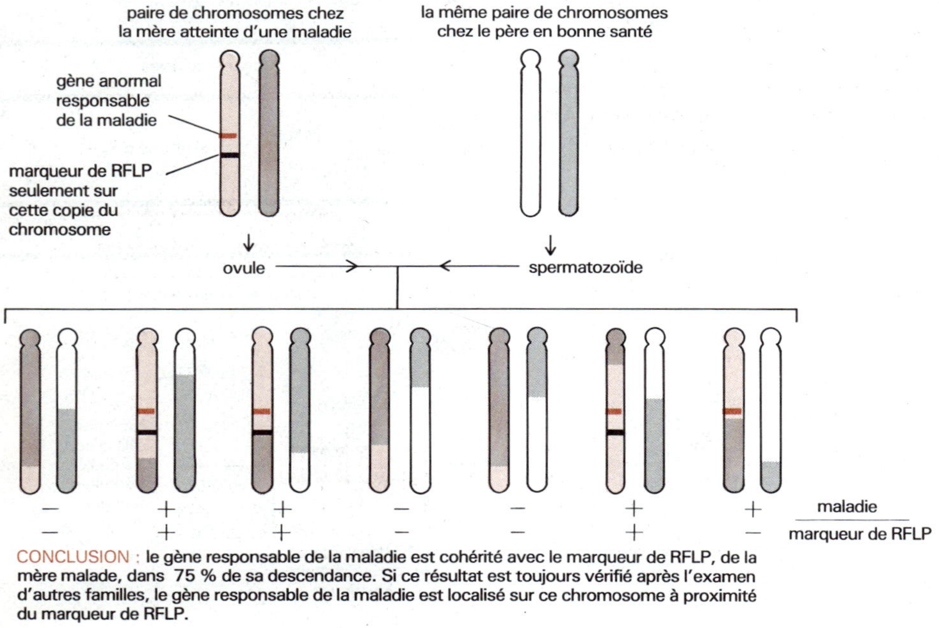

Figure 5-91 L'analyse de liaison génétique détecte la cotransmission d'un gène responsable d'un phénotype humain particulier (ici une maladie génétique) et d'un marqueur RFLP voisin. Des analyses de ce type ont permis de cloner de nombreux gènes humains et d'analyser les produits de ces gènes.

de maladies humaines. Une fois le gène isolé, la protéine qu'il code peut être étudiée en détail (voir p. 193).

Pour faciliter ces études et d'autres aussi, un effort intensif est actuellement consenti pour établir une carte très précise des RFLP du génome humain, avec des milliers de marqueurs de RFLP séparés de 10^6 paires de nucléotides en moyenne (deux marqueurs séparés par cette distance seront en moyenne cohérités par 99 p. cent de la descendance). Il deviendra possible, avec une telle carte, d'utiliser les études de liaisons génétiques pour localiser des gènes qui n'avaient été identifiés que par leur influence sur l'homme, dans un seul ou quelques grands clones d'ADN dans une banque ordonnée d'ADN génomique. L'isolement du gène ne serait alors que l'affaire de quelques mois, dans la majorité des cas.

Etant donné les progrès rapides de la technologie de l'ADN recombinant, il devrait être bientôt possible d'établir la séquence de grandes longueurs d'ADN à peu de frais. Ceci permettra de déterminer la séquence complète des génomes de bactéries, de levures, de nématodes et de la *Drosophile*, ainsi que la plus grande partie des génomes de nombreux végétaux supérieurs et de vertébrés, y compris les êtres humains.

Résumé

Dans le clonage de l'ADN, le fragment d'ADN contenant un gène intéressant est typiquement identifié avec une sonde d'ADN radiomarquée ou, suivant l'expression du gène dans les cellules hôtes, avec un anticorps qui détecte la protéine codée par le gène. On fait ensuite proliférer les cellules qui portent ce fragment d'ADN, et qui vont produire de grandes quantités du gène et/ou du produit du gène. Dans le génie génétique, la séquence nucléotidique d'un tel fragment d'ADN cloné est modifiée, reliée à des séquences d'ADN nouvelles, puis réinsérée dans les cellules. Le clonage de l'ADN et le génie génétique fournissent à eux deux un outil de recherche puissant pour le biologiste cellulaire. En principe, un gène codant une protéine de n'importe quelle séquence d'acides aminés peut être construit et lié à une séquence d'ADN promoteur qui permet le contrôle du niveau et du mécanisme de l'expression du gène de la façon souhaitée. Le nouveau gène peut ensuite être inséré dans des cellules en culture ou dans la lignée germinale d'une souris ou d'une mouche. Chez les animaux transgéniques, on peut étudier l'effet de l'expression du gène sur de nombreux tissus et cellules différents.

Bibliographie

Ouvrages généraux

Judson, H.F. The Eighth Day of Creation : Makers of the Revolution in Biology. New York : Simon & Schuster, 1979. (Une histoire issue d'interviews personnelles.)

Lewin, B. Genes, 3rd ed. New York : Wiley, 1987.

Stent, G.S. Molecular Genetics : An Introductory Narrative. San Francisco : Freeman, 1971. (Descriptions claires des expériences classiques.)

Watson, J.D. ; Hopkins, N.H. ; Roberts, J.W. ; Steitz, J.A. ; Weiner, A.M. Molecular Biology of the Gene, 4th ed. Menlo Park, Ca. : Benjamin-Cummings, 1987.

Articles cités

1. Chamberlin, M. Bacterial DNA-dependent RNA polymerases. In the Enzymes, 3rd ed., Vol. 15B (P. Boyer, ed.), pp. 61-108. New York : Academic Press, 1982.
   McClure, W. Mechanism and control of transcription initiation in prokaryotes. *Annu. Rev. Biochem.* 54:171-204, 1985.
   Yager, T.D.; von Hippel, P.H. Transcript elongation and termination in *E. coli.* In *Escherichia coli* and *Salmonella typhimurium :* Cellular and Molecular Biology (F.C. Niedhardt, ed.), pp. 1241-1275. Washington, DC : American Society for Microbiology, 1987.
2. Hawley, D.K.; McClure, W.R. Compilation and Analysis of *Escherichia coli* promoter DNA sequences. *Nucleic Acids Res.* 11:2237-2255, 1983.
   Siebenlist, U.; Simpson, R.; Gilbert. W. *E. Coli* RNA polymerase interacts homologously with two different promoters. *Cell.* 20:269-281, 1980.
3. Rich, A.; Kim, S.H. The three-dimensional structure of transfer RNA. *Sci. Am.* 238(1):52-62, 1978.
   Schimmel, P.R.; Söll, D.; Abelson, J.N., eds. Transfer RNA : Structure, Properties and Recognition, and Biological Aspects (2 volumes). Cold Spring Harbor, NY : Cold Spring Harbor Laboratory, 1980.
4. Schimmel, P. Amicoacyl tRNA synthetases : general scheme of structure-function relationships in the polypeptides and recognition of transfer RNAs. *Annu. Rev. Biochem.* 56:125-158, 1987.
5. Crick, F.H.C. The Genetic code III. *Sci. Am.* 215(4):55-62, 1966. The Genetic Code. *Cold Spring Harbor Symp. Quant. Biol.,* Vol. 31, 1966. (The original experiments that defined the code.)
6. Moore, P.B. The ribosome returns. *Nature* 331:223-227, 1988
   Noller, H.F. Structure of ribosomal RNA. *Annu. Rev. Biochem.* 53:119-162, 1984.
   Spirin, A.S. Ribosome Structure and Protein Synthesis. Menlo Park, CA : Benjamin-Cummings, 1986.
7. Clark, B. The elongation step of protein biosynthesis. *Trends Biochem. Sci.* 5:207-210, 1980.

Watson, J.D. The involvement of RNA in the synthesis of proteins. *Science* 140:17-26, 1963. (Une description de la façon dont la fonction ribosomale fut initialement découverte.).

8. Caskey, C.T. Peptide chain termination. *Trends Biochem. Sci.* 5:234-237, 1980.

Craingen, W.J.; Caskey, C.T. The function, structure and regulation of *E. Coli* peptide chain release factors. *Biochemie* 69:1031-1041, 1987.

9. Gold, L. Posttranscriptional regulatory mechanisms in *Escherichia coli. Annu. Rev. Biochem.* 57:199-233, 1988.

Hunt, T. The initiation of protein synthesis. *Trends Biochem. Sci.* 5:178-181, 1980.

Pain, V.M. Initiation of protein synthesis in mammalian cells. *Biochem. J.* 235:625-637, 1986.

10. Kozak, M. Comparison of initiation of protein synthesis in procaryotes, eucaryotes, and organelles. *Microbiol. Rev.* 47:1-45, 1983.

Kozak, M. An analysis of 5′ noncoding sequences from 699 vertebrate messenger RNAs. *Nucleic Acids Res.* 15:8125-8147, 1987.

Steinz, J.A. Genetic signals and nucleotide sequences in messenger RNA. In Biological Regulation and Development (R. Goldberger, ed.), Vol. 1, pp. 349-399. New York : Plenum, 1979.

11. Rich, A. Polyribosomes. *Sci. Am.* 209(6):44-53, 1963.

12. Hunt, T. Phosphorylation and the control of protein synthesis. *Philos. Trans. R. Soc. Lond. (Biol.)* 302:127-134, 1983.

Jagus, R.; Anderson, W.F.; Safer, B. The regulation of initiation of mammalian protein synthesis. *Prog. Nucleic Acid Res. Mol. Biol.* 25:127-185, 1981.

13. Kirkwood, T.B.; Rosenberg, R.F.; Galas, D.J., eds. Accuracy in Molecular Processes : Its Control and Relevance to Living Systems. London : Chapman & Hall, 1986. (Chapters 4, 5, 6 and 11).

Thompson, R.C. EFTu provides and internal kinetic standard for translational accuracy. *Trends Biochem. Sci.* 13:91-93, 1988.

14 Jiménez, A. Inhibitors of translation. *Trends. Biochem. Sci.* 1:28-30, 1976.

15. Alberts, B.M. The function of the hereditary materials : biological catalyses reflect the cell's evolutionary history. *Am. Zool.* 26:781-796, 1986.

Orgel, L.E. RNA catalysis and the origin of life. *J. Theor. Biol.* 123:127-149, 1983.

Weiner, A.M.; Maizels, N. tRNA-like structures tag the 3′ ends of genomic RNA molecules for replication : implications for the origin of protein synthesis. *Proc. Natl. Acad. Sci. USA* 84:7383-7387, 1987.

16. Friedberg, E.C. DNA Repair. San Francisco : Freeman, 1985.

Lindahl, T. DNA repair enzymes. *Annu. Rev. Biochem.* 51:61-88, 1982.

17. Dickerson, R.; Geis, I. The Structure and Action of Proteins, pp. 59-66. New York : Harper & Row, 1969.

Wilson, A.C.; Carlson, S.S.; White, T.J. Biochemical evolution. *Annu. Rev. Biochem.* 46:573-639, 1977.

Wilson, A.C.; Ochman, H.; Prager, E.M. Molecular time scale for evolution. *Trends Genet.* 3:241-247, 1987.

18. Drake, J.W. Comparative rates of spontaneous mutations. *Nature*, 221:1132, 1969.

19. Cairns, J. Cancer : Science ans Society. San Franscisco : Freeman, 1978. (Le chapitre 7 traite du rôle de la mutation dans le développement du cancer.)

Ohta, T.; Kimura, M. Functional organization of genetic material as a product of molecular evolution. *Nature* 233:118-119, 1971. (Le taux de mutation limite le nombre maximum des gènes dans un organisme.)

20. Schrödinger, E. What is Life ? Cambridge, UK : Cambridge University Press, 1945.

21. Kornberg, A. DNA Replication. San Francisco : Freeman, 1980. (Le chapitre 4 décrit l'ADN polymérase, le chapitre 8, l'ADN ligase et le chapitre 16 traite de l'enzymologie générale de la réparation de l'ADN.)

22. Cleaver, J.E.; Karentz. D. DNA repair in man : regulation by a multigene family and association with human disease. *Bioessays* 6:122-127, 1987.

Coulondre, C.; Miller J.H.; Farabaugh, P.J.; Gilbert, W. Molecular basis of base substitution hotspots in *E. Coli. Nature* 274:775-780, 1978.

Lindahl, T. New class of enzymes acting on damaged DNA. *Nature* 259:64-66, 1976.

Sancar, A.Z.; Sancar, G.B. DNA repair enzymes. *Annu. Rev. Biochem.* 57:29-67, 1988.

23. Lindahl, T.; Sedgwick, B.; Sekiguchi, M.; Nakabeppu, Y. Regulation an expression of the adaptive response to alkylating agents. *Annu. Rev. Biochem.* 57:133-157, 1988.

Ossana, N.; Peterson, K.R.; Mount, D.W. Genetics of DNA repair in bacteria. *Trends Genet.* 2:55-58, 1986.

Walker, G.C. Inducible DNA repair systems. *Annu. Rev. Biochem.* 54:425-457, 1985.

24. Alberts, B.M. Prokaryotic DNA replication mechanisms. *Philos. Trans. R. Soc. Lond. (Biol.)* 317:395-420, 1987.

Kornberg, A. DNA Replication. San Francisco : Freeman, 1980.

McMacken, R.; Silver, L.; Georgopoulos, C. DNA replication. In *Escherichia coli* and *Salmonella typhimurium :* Cellular and Molecular Biology (F.C. Neidhardt, ed.), pp. 564-612. Washington, DC : American Society for Microbiology, 1987.

25. Joyce, C.M.; Steitz, T.A. DNA polymerase 1 : from crystal structure to function via genetics. *Trends Biochem. Sci.* 12:288-292, 1987.

Kornberg, A. Biologic synthesis of deoxyribonucleic acid. *Science* 131:1503-1508, 1960. (Nobel prize address.)

Meselson, M.; Stahl, F.W. The replication of DNA in *E. coli. Proc. Natl. Acad. Sci. USA* 44:671-682, 1958.

26. Cairns, J. The bacterial chromosome and its manner of replication as seen by autoradiography. *J. Mol. Biol.* 6:208-213, 1963.

Inman, R.B.; Schnös, M. Structure of branch points in replicating DNA : presence of single-stranded connections in lambda DNA branch parts. *J. Mol. Biol.* 56:319-325, 1971. (La microscopie électronique montre que la fourche de réplication est asymétrique.)

Ogawa, T.; Okazaki, T. Discontinuous DNA replication. *Annu. Rev. Biochem.* 49:421-457, 1980.

27. Brutlag, D.; Kornberg, A. Enzymatic synthesis of deoxyribonucleic acid : a proofreading function for the 3′ to 5′ exonuclease activity in DNA polymerases. *J. Biol. Chem.* 247:241-248, 1972.

Fersht, A.R. Enzymatic editing mechanisms in protein synthesis and DNA replication. *Trends Biochem. Sci.* 5:262-265, 1980.

Topal, M.; Fresco, J.R. Complementary base pairing and the origin of substitution mutations. *Nature* 263:285-289, 1976.

28. Rowen, L.; Kornberg, A. Primase, the *dnaG* protein of *Escherichia coli* : an enzyme which starts DNA chains. *J. Biol. Chem.* 253:758-764, 1978.

29. Abdel-Monem, M.; Hoffman-Berling, H. DNA unwinding enzymes. *Trends Biochem. Sci.* 5:128-130, 1980.

Alberts, B.M.; Frey, L. T4 bacteriophage gene 32 : a structural protein in the replication and recombination of DNA. *Nature* 227:1313-1318, 1970.

Lohman, T.M.; Bujalowski, W.; Overman, L.B. *E. Coli* single strand binding protein : a new look at helix-destabilizing proteins. *Trends. Biochem. Sci.* 13:250-254, 1988.

30. Alberts, B.M. Protein machines mediate the basic genetic processes. *Trends Genet.* 1:26-30, 1985.

Kornberg, A. DNA replication, *J. Biol. Chem.* 263:1-4, 1988.
LeBowitz, J.; McMacken, R. The *E. coli* dnaB replication protein is a DNA helicase. *J. Biol. Chem.* 261:4738-4748, 1986.

31. Modrich, P. DNA mismatch correction. *Annu. Rev. Biochem.* 56:435-466, 1987.
Radman, M.; Wagner, R. The high fidelity of DNA duplication *Sci. Am.* 259(2):40-47, 1988.

32. Bramhill, D.; Kornberg, A. Duplex opening by dnaA protein at novel sequences in initiation of replication at the origin of the *E. coli* chromosome. *Cell* 52:743-755, 1988.
Dodson, M.; et al. Specialized nucleoprotein structures at the origin of replication of bacteriophage lambda : localized unwinding of duplex DNA by a six-protein reaction. *Proc. Natl. Acad. Sci. USA* 83:7638-7642, 1986.
Zyskind, J.W.; Smith, D.W. The bacterial origin of replication, ori C. *Cell* 46:489-490, 1986.

33. DiNardo, S.; Voelkel, K.; Sternglanz, R. DNA topoisomerase II mutant of *Saccharomyces cerevisiae :* topoisomerase II is required for segregation of daughter molecules at the termination of DNA replication. *Proc. Natl. Acad. Sci. USA* 81:2616-2620, 1984.
Wang, J.C. DNA topoisomerases. *Sci. Am.* 247(1):94-109, 1982.
Wang, J.C. DNA topoisomerases. *Annu. Rev. Biochem.* 54:665-698, 1985.

34. Campbell, J.L. Eucaryotic DNA replication. *Annu. Rev. Biochem.* 55:733-771, 1986.

35. Low, K.B., ed. The Recombination of Genetic Material. San Diego : Academic Press, 1988.
Stahl, F.W. Genetic recombination. *Sci. Am.* 256(2):90-101, 1987.
Whitehouse, H.L.K. Genetic Recombination : Understanding the Mechanisms. New York : Wiley, 1982.

36. Dressler, D.; Potter, H. Molecular mechanisms of genetic recombination. *Annu. Rev. Biochem.* 51:727-762, 1982.
Smith, G.R. Mechanism and control of homologous recombination in *Escherichia coli. Annu. Rev. Genet.* 21:179-201, 1987.

37. Wetmur, J.G.; Davidson, N. Kinetics of renaturation of DNA. *J. Mol. Biol.* 31:349-370, 1968.

38. Cox, M.M.; Lehman, I.R. Enzymes of general recombination. *Annu. Rev. Biochem.* 56:229-262, 1987.
Kowalczykowski, S.C. Mechanistic aspects of the DNA strand exchange activity of *E. coli* recA protein. *Trends Biochem. Sci.* 12:141-145, 1987.
Radding, C.M. Recombination activities of *E.coli* recA protein. *Cell.* 25:3-4, 1981.

39. Holliday, R. A mechanism for gene conversion in fungi. *Genet. Res.* 5:282-304, 1964.
Meselson, M.S.; Radding, C.M. A, general model for genetic recombination. *Proc. Natl. Acad. Sci. USA* 72:358-361, 1975.
Sigal, N.; Alberts, B. Genetic recombination : the nature of a crossed-strand exchange between two homologous DNA molecules. *J. Mol. Biol.* 71:789-793, 1972.

40 Fincham, J.R.S.; Day, P.R.; Radford, A. Fungal Genetics, 4 th ed. Berkeley: University of California Press, 1979.
Kourilsky, P. Molecular mechanisms of gene conversion in higher cells. *Trends Genet.* 2:60-62, 1986.

41. Campbell, A. Some general questions about movable elements and their implications. *Cold Spring Harbor Symp. Quant. Biol.* 45:1-9, 1980.
Craig, N. The mechanism of conservation site-specific recombination. *Annu. Rev. Genet.* 22:77-105, 1988.
Grindley, N.D.; Reed, R.R. Transpositional recombination in prokaryotes. *Annu. Rev. Biochem.* 54:863-896, 1985.
Mizuuchi, K.; Craigie, R. Mechanism of bacteriophage mu transposition. *Annu. Rev. Genet.* 20:385-429, 1986.

42. Joklik, W.K., ed. Virology, 2nd ed. Norwalk, CT: Appleton & Lange, 1985.
Shapiro, J.A., ed. Mobile Genetic Elements. New York: Academic Press. 1983.
Watson, J.D.; Hopkins, N.H.; Roberts, J.W.; Steitz, J.A.; Weiner, A.M. Molecular Biology of the Gene,4th ed. Menlo Park, CA: Benjamin-Cummings, 1987. (Le chapitre 24 présente un point de vue moderne sur les virus eucaryotes.)

43. Hershey, A.D.; Chase, M. Independent functions of viral protein and nucleic acid in growth of bacteriophage. *J. Gen. Physiol.* 36:39-56, 1952.
Luria, S.E.; Darnell, J.E.; Baltimore, D; Campbell, A. General Virology,3rd ed. New York: Wiley, 1978. (Le chapitre d'introduction est un survol historique du développement de la virologie.)

44. Simons, K.; Garoff, H.; Helenius, A. How an animal virus gets in and out of its host cell. *Sci. Am.* 246(2):58-66, 1982.

45. Gierer, A.; Schramm, G. Infectivity of ribonucleic acid from tobacco mosaic virus. *Nature* 177:702-703, 1956.

46. Cohen, S.S. Virus-Induced Enzymes. New York : Columbia Universty Press, 1968.

47. Kornberg, A. DNA Replication. San Francisco : Freeman,1980. (Les chapitres 14 et 15 donnent les plus récentes descriptions richement illustrées des différents modes de réplication de l'ADN du phage et des virus animaux.)

48. Campbell, A.M. Bacteriphage lambda as a model system. *Bioessays* 5:277-280, 1986.
Daniels, D.; Sanger, F.; Coulson, A.R. Features of bacteriophage lambda : analysis of the complete nucleotide sequence. *Cold Spring Harbor Symp. Quant. Biol.* 47:1009-1024, 1982.
Lwoff, A. Lysogeny. *Bacteriol. Rev.* 17:269-337, 1952.

49. Watson, J.D.; Hopkins, N.H.; Roberts, J.W.; Steitz, J.A.; Weiner, A.M. Molecular Biology of the Gene, 4th ed. Menlo Park, CA: Benjamin-Cummings, 1987. (Le chapitre 26 décrit les virus qui peuvent entraîner la formation de tumeurs.)

50. Baltimore, D. Viral RNA-dependent DNA polymerase. *Nature* 226:1209-1211, 1970.
Gallo, R.C. The AIDS virus. *Sci. Am.* 256(1):46-56, 1987.
Temin, H.M.; Mizutani S. RNA-dependent DNA polymerase in virions of Rous sarcoma virus. *Nature* 226:1211-1213, 1970.
Varmus, H. Retroviruses. *Science* 240:1427-1435, 1988.

51. Boeke, J.D.; Garfinkel, D.J.; Styles, C.A.; Fink, G.R. Ty elements transpose through an RNA intermediate. *Cell.* 40:491-500, 1985.
Fink, G.R.; Boeke, J.D.; Garfinkel, D.J. The mechanisms and consequences of retrotransposition. *Trends Genet.* 2:118-123, 1986.

52. Cohen, S.N.; Shapiro, J.A. Transposable genetic elements. *Sci. Am.* 242(2):40-49, 1980.
Mizuuchi, K. Mechanism of transposition of bacteriophage Mu: polarity of the strand transfer reaction at the initiation of transposition. *Cell* 39:395-404, 1984.

53. Novick, R.P. Plasmids. *Sci. Am.* 243(6):102-127, 1980.
Reisner, D.; Gross, H.J. Viroids. *Annu. Rev. Biochem.* 54:531-564, 1985.
Rossmann, M.G. The evolution of RNA viruses. *Bioessays* 7:99-103, 1987.

54. Drlica, K. Understanding DNA and Gene Cloning. New York : Wiley, 1984.
Sambrook, J.; Fritsch, E.F.; Maniatis, T. Molecular Cloning : A. Laboratory Manual, 2nd ed. Cold Spring Harbor, NY: Cold Spring Harbor Laboratory,1989.
Watson, J.D.; Tooze, J.; Kurtz, D.T. Recombinant DNA: A Short Course. New York : W.H. Freeman, 1983.

55. Smith, H.O. Nucleotide sequence specificity of restriction endonucleases. *Science* 205:455-462, 1979.

56. Cohen, S.; Chang. A.; Boyer, H.; Helling, R. Construction of biologically functional bacterial plasmids *in vitro. Proc. Natl. Acad. Sci. USA* 70:3240-3244, 1973.

57. Maniatis, T.; et al. The isolation of structural genes from libraries of eucaryotic DNA. *Cell.* 15:687-701, 1978.
Maniatis, T.; Kee, S.G.; Efstratiadis, A.: Kafatos, F.C. Ampification and characterization of a β-globin gene synthesized *in vitro. Cell* 8:163-182, 1976.
58. Hedrick, S.M.; Cohen, D.I.; Nielsen, E.A.; Davis, M.M. Isolation of cDNA clones encoding T cell-specific membrane-associated proteins. *Nature* 308:149-153, 1984.
59. Grunstein, M.; Hogness, D.S. Colony hybridization : a method for the isolation of cloned DNAs that contain a specific gene. *Proc. Natl.Acad. Sci. USA* 72:3961-3965, 1975.
Suggs, S.V.; Wallace, R.B.; Hirose, T.; Kawashima, E.H.; Itakura, K. Use of synthetic oligonucleotides as hybridization probes : isolation of cloned cDNA sequences for human β_2-microglobulin. *Proc. Natl. Acad. Sci. USA* 78:6613-6617, 1981.
60. Coulson, A.; Sulston, J.; Brenner, S.; Karn, J. Toward a physical map of the genome of the nematode *Caenorhabditis elegans. Proc. Natl. Acad. Sci. USA* 83:7821-7825, 1986.
Proustka, A.; Lehrach, H. Jumping libraries and linking libraries : the next generation of molecular tools in mammalian genetics. *Trends Genet.* 2:174-179, 1986.
61. Pelham, H.R.B.; Jackson, R.J. An efficient mRNA-dependent translation system from reticulocyte lysates. *Eur. J. Biochem.* 67:247-256, 1976.
62. Geysen, H.M.; et al. Chemistry of antibody binding to a protein. *Science* 235:1184-1190, 1987.
Gilbert, W.; Villa-Komaroff, L. Useful proteins from recombinant bacteria. *Sci. Am.* 242(4):74-94, 1980.
Yokata, T.; et al. Use of a cDNA expression vector for isolation of mouse interleukin 2 cDNA clones : expression of T-cell growth-factor activity after transfection of monkey cells. *Proc. Natl. Acad. Sci. USA* 82:68-72, 1985.
Young, R.A.; Davis, R.W. Efficient isolation of genes by using antibody probes. *Proc. Natl. Acad. Sci. USA* 80:1194-1198, 1980.
63. Smith, M. *In vitro* mutagenesis. *Annu. Rev. Genet.* 19:423-462, 1985.
64. Hinnen, A.; Hicks, J.B.; Fink, G.R. Transformation of yeast. *Proc. Natl. Acad. Sci. USA* 75:1929-1933, 1978.
Palmiter, R.D.; Brinster, R.L. Germ line transformation of mice. *Annu. Rev. Genet.* 20:465-499, 1986.
Spradling, A.C.; Rubin, G.M. Transposition of cloned P. elements into *Drosophila* germ line chromosomes. Science 218:341-347, 1982.
Thomas, K.R.; Capecchi, M.R. Site-directed mutagenesis by gene targeting in mouse embryo-derived stem cells. Cell 51:503-512, 1987.
65. Marx, J.L. Multiplying genes by leaps and bounds. *Science* 240:1408-1410, 1988.
Saiki, R.K.; et al. Primer-directed enzymatic amplification of DNA with a thermostable DNA polymerase. *Science* 239:487-491, 1988.
66. Botstein, D.; White, R.L.; Skolnick, M.; Davis, R.W. Construction of a genetic linkage map in man using restriction fragment length polymorphisms. *Am. J. Hum. Genet.* 32:314-331, 1980.
Mapping and Sequencing the Human Genome. Washington. DC. : National Academy Press, 1988.
White, R.; Lalouel, J.-M. Chromosome mapping with DNA markers. *Sci. Am.* 258(2):40-49, 1988.

La membrane plasmique

6

La **membrane plasmique,** qui entoure toutes les cellules, délimite l'ampleur de la cellule et maintient les différences indispensables entre son contenu et l'environnement. Cette membrane est un filtre très sélectif et un dispositif pour le transport actif ; elle contrôle l'entrée des substances nutritives et la sortie des déchets, et elle engendre des différences de concentrations ioniques entre l'intérieur et l'extérieur de la cellule. La membrane plasmique est également un capteur de signaux externes, permettant à la cellule de se modifier en réponse aux indications de l'environnement.

Toutes les membranes biologiques, y compris la membrane plasmique et les membranes internes des cellules eucaryotes, ont une structure globale commune : ce sont des assemblages de molécules protéiques et lipidiques maintenues ensemble, principalement, par des interactions non covalentes. Comme le montre la Figure 6-1, les molécules lipidiques sont organisées en double couche continue d'environ 5 nm d'épaisseur. Cette *double couche lipidique* constitue la structure de base de la membrane et sert de barrière relativement imperméable au passage de la plupart des molécules hydrosolubles. Les molécules protéiques sont « dissoutes » dans la double couche lipidique et interviennent dans la majorité des autres fonctions de la membrane : certaines protéines membranaires, par exemple, servent à transporter des molécules spécifiques vers l'intérieur ou vers l'extérieur des cellules ; alors que d'autres sont des enzymes qui catalysent des réactions associées à la membrane. D'autres types de protéines membranaires

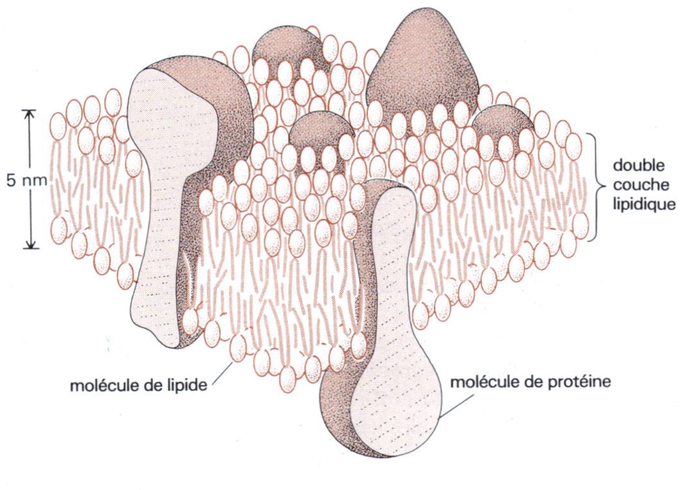

Figure 6-1 Vue tridimensionnelle d'une petite partie d'une membrane cellulaire.

servent de liens structuraux qui relient la membrane plasmique au cytosquelette et/ou à la matrice extracellulaire ou une cellule adjacente. D'autres encore servent de récepteurs pour la réception et la conversion des signaux chimiques qui proviennent de l'environnement de la cellule, etc. Comme on pouvait s'y attendre, les membranes sont des structures asymétriques : les différences dans les compositions lipidique et protéique des faces externe et interne sont telles qu'elles reflètent les différentes fonctions remplies au niveau des deux surfaces de la membrane.

Bien que les composants lipidiques et protéiques spécifiques soient extrêmement variables d'un type de membrane à l'autre, la plupart des concepts structuraux et fonctionnels de base étudiés dans ce chapitre sont applicables aussi bien aux diverses membranes intracellulaires qu'aux membranes plasmiques. Nous allons considérer, en premier lieu, la structure et l'organisation des principaux constituants de toutes les membranes biologiques — les lipides, les protéines et les glucides. Nous étudierons les mécanismes employés par les cellules pour transporter de petites molécules à travers leurs membranes plasmiques ainsi que ceux, très différents, qu'elles utilisent pour importer et exporter des macromolécules et des particules plus volumineuses. Certaines autres fonctions de la membrane plasmique seront étudiées dans les chapitres suivants : son rôle dans l'adhérence cellulaire, par exemple, sera discuté dans le Chapitre 14, et son rôle dans la transmission cellulaire dans le Chapitre 12.

La double couche lipidique [1]

Le premier indice de l'organisation des membranes biologiques en couche bimoléculaire fut apporté par une expérience élégante dans sa simplicité réalisée en 1925. Les lipides de membranes d'hématies étaient extraits à l'acétone et déposés à la surface d'une cuve d'eau. La surface qu'ils occupaient fut ensuite réduite au moyen d'une barrière mobile, jusqu'à ce qu'un film monomoléculaire continu (une monocouche) soit formé. Cette monocouche couvrait une surface finale environ deux fois supérieure à celle des hématies d'origine. Puisque la seule membrane dans une hématie est la membrane plasmique, les expérimentateurs en conclurent que les molécules lipidiques de cette membrane devaient être disposées en une *double couche* continue — une conclusion qui a profondément influencé la biologie cellulaire.

Depuis lors, on a solidement établi, par des méthodes plus sophistiquées, que la **double couche** est la base de la structure des membranes cellulaires. Par exemple, des études par diffraction des rayons X ont démontré l'existence de doubles couches lipidiques dans l'empilement très ordonné de membrane cellulaire qui forme la gaine de myéline protectrice entourant les prolongements des cellules nerveuses (voir p. 1073). La microscopie électronique par cryofracture apporte la preuve que toutes les membranes biologiques contiennent une double couche lipidique : toutes les membranes cellulaires peuvent être scindées par le milieu, entre les deux monocouches lipidiques, par congélation (voir p. 291). La structure en double couche est due aux propriétés particulières des molécules lipidiques, qui provoquent leur assemblage spontané en doubles couches même dans de pures conditions artificielles.

6-4 Les lipides membranaires sont des molécules amphiphiles qui forment spontanément des doubles couches [2]

Les molécules lipidiques sont insolubles dans l'eau mais sont facilement solubles dans les solvants organiques. Elles constituent environ 50 p. cent de la masse de la plupart des membranes des cellules animales, pratiquement tout le reste étant protéique. Il y a approximativement 5×10^6 molécules lipidiques dans une section de double couche lipidique de 1 μm $\times$ 1 μm, soit environ 10^9 molécules de lipides dans la membrane plasmique d'une petite cellule animale. Les trois principaux types de lipides dans les membranes cellulaires sont les *phospholipides* (les plus abondants), le *cholestérol* et les *glycolipides*. Tous trois sont *amphiphiles* — c'est-à-dire qu'ils possèdent une extrémité hydrophile (« aimant l'eau » ou polaire) et une extrémité hydrophobe (« craignant l'eau » ou apolaire). Par exemple, la molécule de **phospholipide** type illustrée par la Figure 6-2 possède une *tête polaire* et deux *queues hydrocarbonées hydrophobes*. Les queues sont de longueur variable (elles contiennent normalement de 14 à 24 atomes de carbone) et l'une d'elles contient habituellement une ou plusieurs doubles liaisons *cis* (elle est *insaturée*), contrairement à l'autre qui n'en contient pas (elle est *saturée*). Comme l'indique la

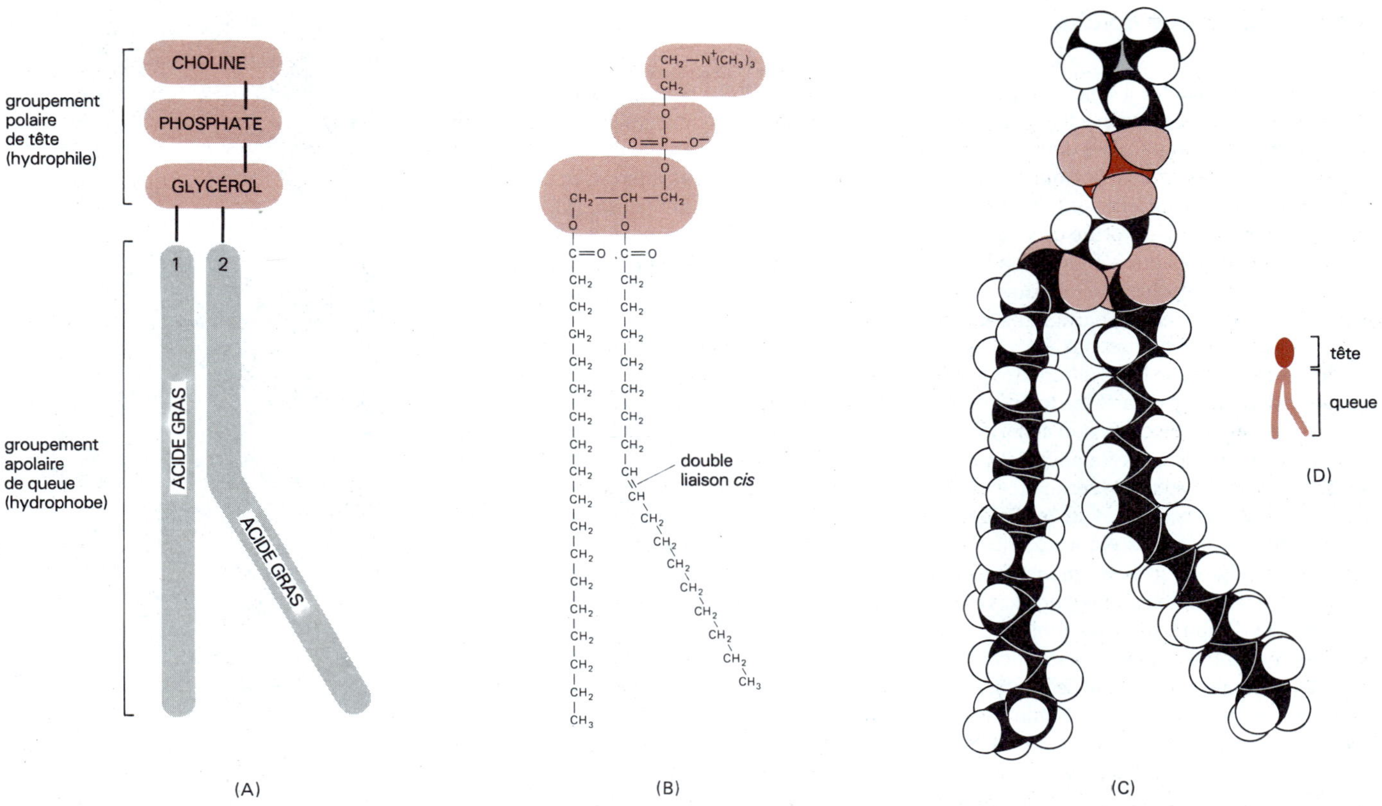

Figure 6-2 La représentation schématique (A), la formule (B), le modèle compact (C) et la représentation symbolique (D) des différentes parties de la molécule de phosphatidylcholine. Afin de distinguer la chaîne d'acide gras insaturée de la chaîne saturée, dans ce schéma (et dans les suivants), la chaîne d'acide gras insaturée est dessinée avec un angle marqué plutôt qu'avec un petit coude. En réalité, seule la double liaison est rigide dans l'acide gras insaturé. La rotation de toutes les liaisons isolées carbone-carbone du reste de la chaîne étant libre, les chaînes d'acides gras auront toutes tendance à se disposer en rangées parallèles dans chaque monocouche phospholipidique.

Figure 6-2, chaque double liaison crée un petit coude dans la queue. Ces différences dans la longueur et la saturation de la queue sont importantes car elles ont une influence sur la capacité des molécules de phospholipides à se serrer les unes contre les autres et, par conséquent, sur la fluidité de la membrane (voir ci-dessous).

C'est la nature amphiphile des molécules lipidiques qui provoque la formation spontanée de doubles couches en solution aqueuse. Lorsque des molécules amphiphiles sont dans un environnement aqueux, elles ont tendance à s'agréger de façon à enfouir leurs queues hydrophobes et à laisser leurs têtes hydrophiles exposées à l'eau. Elles peuvent le réaliser selon deux modalités : elles peuvent soit former des *micelles* sphériques dans lesquelles les queues sont tournées vers l'intérieur, soit des feuillets bimoléculaires, ou *doubles couches*, dans lesquels les queues hydrophobes sont prises en sandwich entre les groupes de têtes hydrophiles. Ces deux possibilités sont illustrées dans la Figure 6-3.

La plupart des phospholipides et des glycolipides forment spontanément des doubles couches en milieux aqueux. La formation de la partie lipidique des membranes biologiques est donc un processus d'auto-assemblage. De plus, ces doubles couches lipidiques ont tendance à se refermer sur elles-mêmes pour former des compartiments clos, éliminant ainsi les bords libres où les queues hydrophobes seraient en contact avec l'eau. Pour la même raison, les compartiments formés par ces doubles couches lipidiques ont tendance à se refermer quand ils sont désagrégés. En plus de ses propriétés d'auto-assemblage et d'auto-fermeture, une double couche lipidique possède d'autres caractéristiques qui font d'elle une structure idéale pour les membranes cellulaires. L'une des plus importantes est sa fluidité, qui, comme nous le verrons, joue un rôle fondamental dans un grand nombre de ses fonctions.

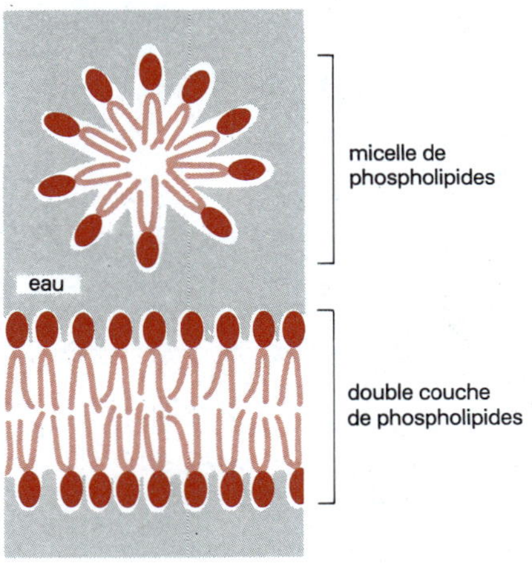

Figure 6-3 Une micelle de phospholipides et une double couche phospholipidique vues en coupe transversale. Les molécules de phospholipides forment spontanément de telles structures dans l'eau.

6-6 6-7 La double couche lipidique est un fluide bidimensionnel [3]

De façon surprenante, il fallut attendre le début des années 1970 pour que les chercheurs découvrent pour la première fois que des molécules lipidiques individuelles sont capables de diffuser librement au sein des doubles couches lipidiques. Ce sont des études effectuées sur des couches lipidiques artificielles qui en donnèrent la première démonstration. Deux types de doubles couches artificielles ont été très utiles dans les études expérimentales : (1) les doubles couches fabriquées sous forme de vésicules sphériques, appelées **liposomes**, dont les diamètres varient d'environ 25 nm à 1 μm selon leur mode de production (Figure 6-4), et (2) les doubles couches planes, appelées **membranes noires**, formées à travers un orifice pratiqué dans une cloison séparant deux compartiments aqueux (Figure 6-5).

Diverses techniques ont été employées pour mesurer le mouvement des molécules lipidiques isolées et de leurs différentes parties. On peut construire, par exemple, une molécule lipidique dont la tête polaire porte un « marqueur de spin », comme un groupement nitroxyle ; celui-ci contient un électron non apparié dont le spin crée un signal paramagnétique détectable par la spectroscopie de résonance de spin électronique (RSE) (les principes de cette technique sont semblables à ceux de la résonance magnétique nucléaire). Les mouvements et l'orientation, dans une double couche, d'un tel lipide porteur d'un marqueur de spin peuvent ainsi être facilement mesurés. Ces études montrent que les molécules lipidiques des doubles couches artificielles migrent très rarement d'une monocouche à l'autre ; ce mécanisme de bascule appelé « flip-flop » a lieu moins d'une fois par mois pour une molécule lipidique isolée quelconque (Figure 6-6). D'autre part, les molécules lipidiques changent facilement de place avec leurs voisines, à *l'intérieur* d'une monocouche ($\sim 10^7$ fois par seconde). Ceci donne naissance à une diffusion latérale rapide dont le coefficient de diffusion (D) d'environ 10^{-8} cm^2 sec^{-1} signifie qu'il faut environ 1 seconde à une molécule lipidique moyenne pour diffuser sur toute la longueur d'une cellule bactérienne de grandes dimensions ($\sim 2\ \mu$m). Ces études ont aussi montré que les molécules lipidiques individuelles sont animées d'un mouvement de rotation très rapide autour de leurs axes et que leurs chaînes hydrocarbonées sont flexibles, le plus grand degré de flexion étant atteint près du centre de la double couche et le plus faible au voisinage du groupement polaire (voir Figure 6-6).

Des études comparables ont été effectuées avec des molécules lipidiques marquées dans des membranes biologiques isolées et dans des cellules entières relativement simples comme les mycoplasmes, les bactéries et des hématies anucléées. Les résultats sont généralement les mêmes que pour les doubles couches artificielles et ils démontrent que le composant lipidique d'une membrane biologique est un liquide bidimensionnel dans lequel les molécules constitutives sont libres de se déplacer latéralement. Comme dans les doubles couches artificielles les molécules lipidiques individuelles restent normalement limitées à leur propre monocouche. Il y a une exception, cependant, dans les membranes où les lipides sont activement synthétisés, telles que le réticulum endoplasmique ; il doit se produire un rapide mouvement de bascule de lipides spécifiques à travers la bicouche, et des enzymes liées à la membrane, les *protéines d'échange des phospholipides* (voir p. 449), sont présentes pour le catalyser.

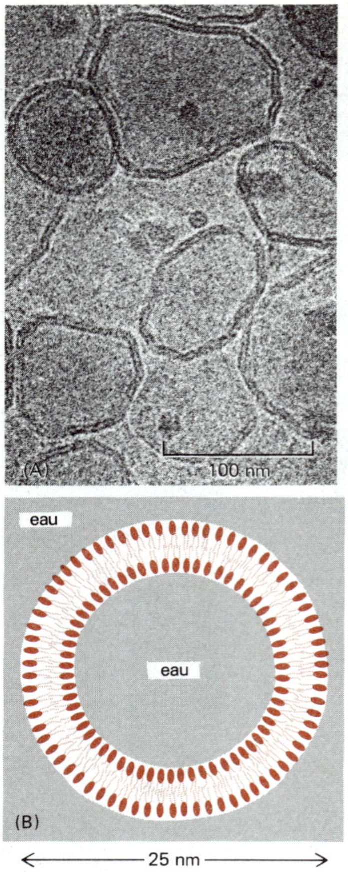

Figure 6-4 (A) Micrographie électronique de vésicules phospholipidiques (liposomes) non fixées et non colorées dans l'eau. Noter que la structure en double couche des vésicules est facilement visible. (B) Schéma d'un petit liposome sphérique observé en coupe transversale. Les liposomes sont couramment employés comme modèles de membranes au cours d'études expérimentales. (A, avec l'autorisation de Jean Lepault.)

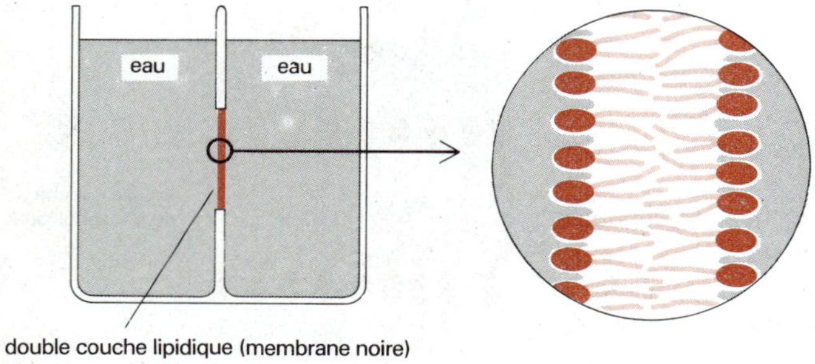

Figure 6-5 Vue en coupe transversale d'une double couche lipidique artificielle, appelée membrane noire, formée à travers un petit orifice percé dans une cloison séparant deux compartiments aqueux. Les membranes noires sont employées pour mesurer les propriétés de perméabilité des membranes artificielles.

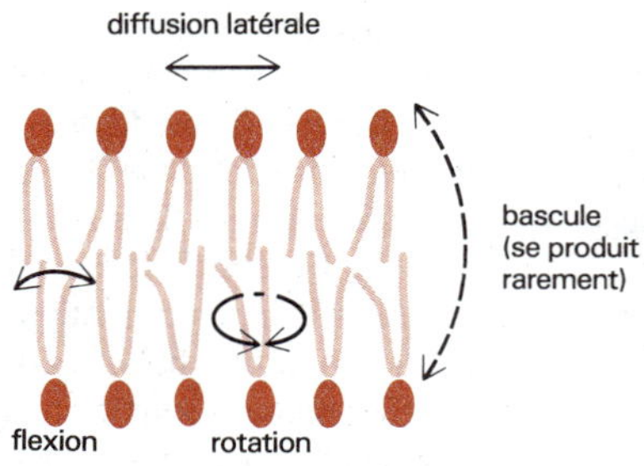

Figure 6-6 Les types de mouvement possibles pour les molécules de phospholipides dans une double couche lipidique.

La fluidité d'une double couche lipidique dépend de sa composition [4]

Une double couche lipidique artificielle composée d'un seul type de phospholipide passe d'un état liquide à un état cristallin rigide (ou gel) à partir d'un point de congélation précis et caractéristique. Ce changement d'état est appelé *transition de phase* et la température à laquelle il survient est d'autant plus basse (c'est-à-dire que la membrane devient plus difficile à congeler) que les chaînes hydrocarbonées sont courtes ou possèdent des doubles liaisons. Une longueur de chaîne plus courte réduit la tendance des queues hydrocarbonées à interagir entre elles et les doubles liaisons *cis* provoquent la formation de coudes dans les chaînes hydrocarbonées, qui rendent leur assemblage plus difficile (Figure 6-7).

Dans les doubles couches lipidiques artificielles contenant un mélange de phospholipides qui possèdent des degrés de saturation divers (et donc des points de transition de phase différents), des *séparations de phase* peuvent se produire : des molécules de phospholipides isolées appartenant à un même groupe s'agrègent spontanément à l'intérieur de la double couche pour former des amas figés quand leurs points de congélation sont atteints. Dans les membranes biologiques, des chaînes d'acides gras, saturées et insaturées, sont en général liées dans la même molécule lipidique (c'est-à-dire qu'une chaîne est insaturée alors que l'autre ne l'est pas), de sorte que ce type de séparation de phases ne peut se produire.

Un autre déterminant de la fluidité de la membrane est le **cholestérol**. Les membranes plasmiques des eucaryotes contiennent des quantités relativement importantes de cholestérol, jusqu'à une molécule pour chaque molécule de phospholipide. Les molécules de cholestérol s'orientent dans la double couche lipidique avec leurs groupements hydroxyle à proximité des groupements polaires des molécules de phospholipides ; leurs noyaux stéroïdes en forme « d'assiette » interagissent avec — et immobilisent en partie — les régions des chaînes hydrocarbonées les plus proches des groupements polaires de tête, laissant le reste de la chaîne flexible (Figure 6-8). Bien que le cholestérol tende de cette façon à rendre les doubles couches lipidiques moins fluides, il empêche également, aux fortes concentrations présentes dans la plupart des membranes plasmiques eucaryotes, le rapprochement et la cristallisation des chaînes hydrocarbonées. De cette façon, le cholestérol inhibe les transitions de phase possibles.

Outre son influence sur leur fluidité, le cholestérol diminue la perméabilité des doubles couches lipidiques aux petites molécules hydrosolubles, et est supposé augmenter à la fois la flexibilité et la stabilité mécanique de la double couche. Des changements de forme de la membrane, qui nécessiteraient une compression ou une extension des deux côtés de la double couche lipidique à des degrés très différents, sont facilités car le cholestérol, contrairement aux phospholipides, peut se répartir facilement (bascule ou flip-flop) entre les deux monocouches en réponse à de telles forces. Le mouvement de bascule des molécules de cholestérol se produit avec une barrière de faible énergie, et est, par conséquent, rapide, puisque son petit groupe polaire de tête (un groupement hydroxyle) peut assez facilement traverser le centre de la double couche.

L'importance du cholestérol dans le maintien de la stabilité mécanique des membranes est suggérée par le comportement des lignées cellulaires incapables de synthétiser le cholestérol. Ces cellules se lysent rapidement à moins que du cholestérol ne soit ajouté au milieu de culture.

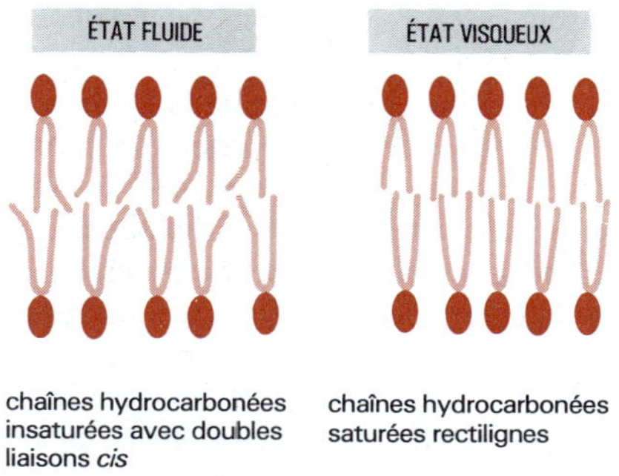

Figure 6-7 Les doubles liaisons des chaînes hydrocarbonées insaturées augmentent la fluidité de la double couche phospholipidique en rendant plus difficile l'empilement des chaînes.

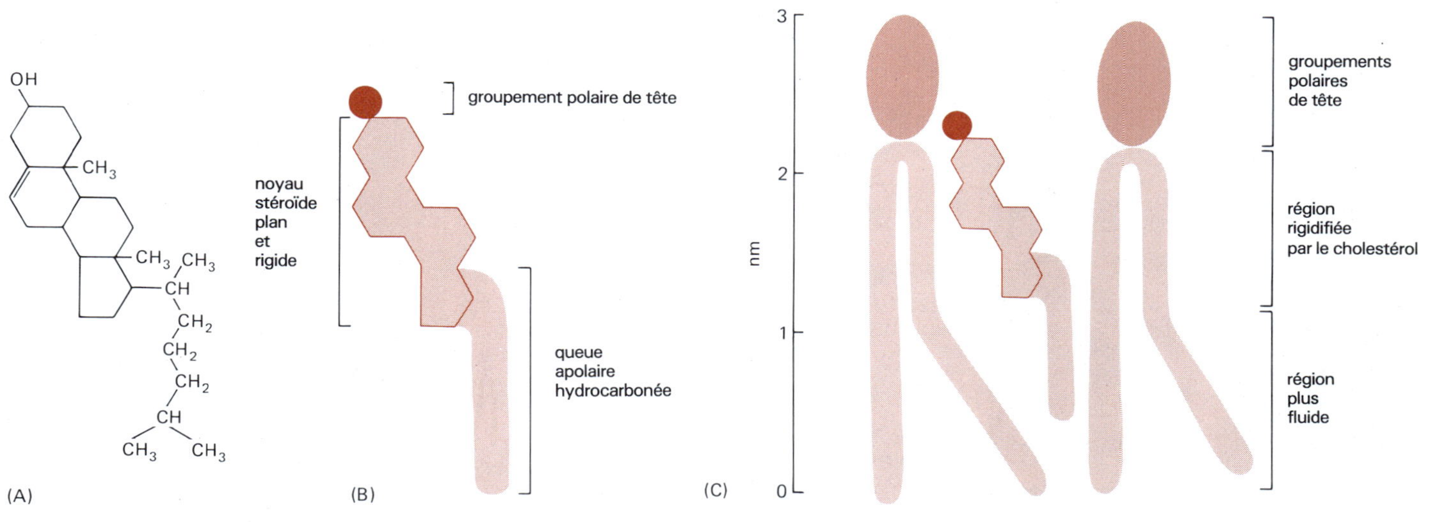

Figure 6-8 Le cholestérol, figuré par une formule (A) et un dessin schématique (B), et représenté au cours de son interaction avec deux molécules de phospholipides dans une monocouche (C).

Le cholestérol ajouté est incorporé dans la membrane plasmique, permettant ainsi aux cellules de survivre.

La fluidité précise de la membrane plasmique doit être importante d'un point de vue biologique, car les bactéries, les levures et d'autres organismes hétérothermes, dont les températures fluctuent avec celle de leur environnement, modifient la composition en acides gras de leur membrane plasmique de façon à maintenir une fluidité relativement constante. Si, par exemple, la température chute, des acides gras ayant plus de doubles liaisons *cis* sont synthétisés, de sorte que la diminution de la fluidité de la double couche, qui résulterait autrement de la chute de température, est évitée. On peut montrer que certains processus de transport membranaire et certaines activités enzymatiques cessent lorsque la viscosité de la double couche augmente au-delà d'un certain seuil.

La double couche lipidique sert de solvant pour les protéines membranaires[5]

Le Tableau 6-1 compare les compositions lipidiques de plusieurs membranes biologiques différentes. Noter que les membranes plasmiques bactériennes sont souvent composées d'un type majeur de phospholipides et ne contiennent pas de cholestérol ; en absence de cholestérol, la stabilité mécanique est assurée par la paroi cellulaire (voir Figure 6-54, p. 312). Les membranes plasmiques de la plupart des cellules eucaryotes ne contiennent pas seulement de grandes quantités de cholestérol, mais aussi une grande variété de phospholipides. Par exemple, la membrane plasmique de l'érythrocyte humain contient quatre phospholipides principaux — la *phosphatidylcholine*, la *sphingomyéline*, la *phosphatidylsérine* et la *phosphatidyléthanolamine*. La Figure 6-9 montre les structures de ces molécules ; noter que seule la phosphatidylsérine porte une charge nette négative ; les trois autres sont électriquement neutres à pH physiologique, puisqu'elles portent une charge positive et une charge négative. Ces phospholipides constituent, à eux quatre, plus de la moitié de la masse de lipide dans la plupart des membranes (voir Tableau 6-1). D'autres phospholipides, tels que les *phosphatidylinositols* (voir p. 702), sont importants d'un point de vue fonctionnel, mais présents en assez faibles quantités. Le rôle fondamental des phosphatidylinositols dans la transmission cellulaire est discuté au cours du Chapitre 12.

On peut se demander pourquoi la membrane plasmique eucaryote contient une telle variété de phospholipides, dont les groupements polaires diffèrent par la taille, la forme et la charge. Dans la recherche d'une réponse, il peut être utile de se représenter les lipides comme constituant un solvant bidimensionnel pour les protéines membranaires, de même que l'eau constitue un solvant tridimensionnel pour les protéines en solution aqueuse. Il est possible que certaines protéines membranaires ne puissent fonctionner qu'en présence de groupements polaires phospholipidiques spécifiques, tout comme l'activité de nombreuses enzymes en

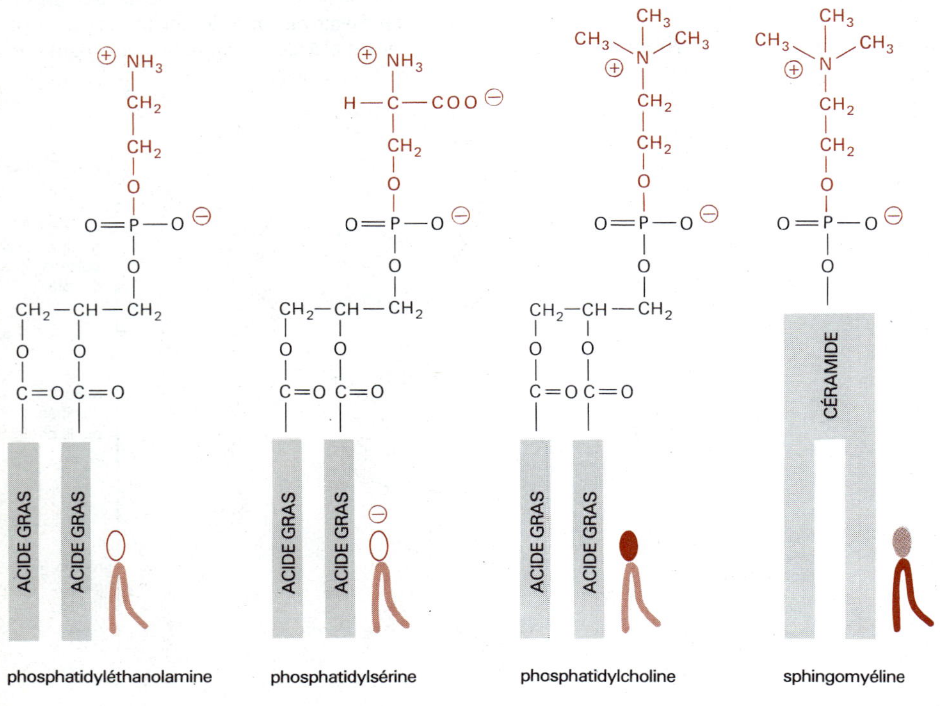

Figure 6-9 Les formules et symboles des quatre phospholipides majeurs des membranes plasmiques des mammifères. Noter que les différents groupements polaires sont représentés par des symboles différents dans cette figure et la prochaine. Toutes les molécules lipidiques représentées dérivent du glycérol, excepté la sphingomyéline qui dérive de la sérine. La structure et la synthèse du céramide sont données dans la Figure 6-11.

Tableau 6-1 Compositions lipidiques approximatives de différentes membranes cellulaires

Lipides	Membrane plasmique hépatique	Membrane plasmique des érythrocytes	Myéline	Mitochondrie (membranes interne et externe)	Réticulum endoplasmique	*E. coli*
	Pourcentage des lipides totaux en poids					
Cholestérol	17	23	22	3	6	0
Phosphatidyl-éthanolamine	7	18	15	35	17	70
Phosphatidylsérine	4	7	9	2	5	traces
Phosphatidyl-choline	24	17	10	39	40	0
Sphingomyéline	19	18	8	0	5	0
Glycolipides	7	3	28	traces	traces	0
Autres	22	13	8	21	27	30

solution aqueuse nécessite la présence d'un ion particulier. Le fait d'avoir trouvé que certaines protéines membranaires lorsqu'elles sont insérées dans une double couche lipidique artificielle ne fonctionneront de façon optimale que si la double couche contient certains phospholipides spécifiques, est en accord avec ce modèle.

6-5 6-6 La double couche lipidique est asymétrique [6]

Les compositions lipidiques des deux moitiés de la double couche lipidique des membranes qui ont été analysées sont étonnamment différentes. Dans la membrane de l'hématie humaine, par exemple, presque toutes les molécules lipidiques qui se terminent par une choline $—(CH_3)_3N^+CH_2CH_2OH$ — (c'est-à-dire la phosphatidylcholine et la sphingomyéline) se trouvent dans la moitié externe de la double couche lipidique, alors que la plupart des molécules de phospholipides qui contiennent un groupement aminé primaire terminal (phosphatidyléthanolamine et phosphatidylsérine) sont dans la moitié interne (Figure 6-10). Les acides gras terminaux de la phosphatidylcholine et de la sphingomyéline sont plus saturés que ceux de la phosphatidyléthanolamine et de la phosphatidylsérine ; par conséquent, l'asymétrie de la distribution des groupements de tête est accompagnée d'une asymétrie dans la distribution des queues hydrocarbonées qui peut rendre la monocouche interne légèrement plus fluide que la monocouche externe. De plus, puisque la phosphatidylsérine chargée négativement est localisée dans la monocouche interne, il existe une différence de charge significative entre les deux monocouches.

La plupart des membranes d'une cellule eucaryote, y compris la membrane plasmique, sont synthétisées dans le réticulum endoplasmique (RE), et c'est là que l'asymétrie phospholipidique est engendrée par les protéines d'échange des phospholipides dans le RE, qui déplacent des molécules de phospholipides particulières d'une monocouche à l'autre (voir p. 449). Bien que la fonction de l'asymétrie lipidique soit presque inconnue, il existe des enzymes liées à la membrane qui s'en servent : par exemple, lorsque la *protéine kinase C* est activée, elle est liée à la face cytoplasmique de la membrane plasmique, là où est concentrée la phosphatidylsérine,

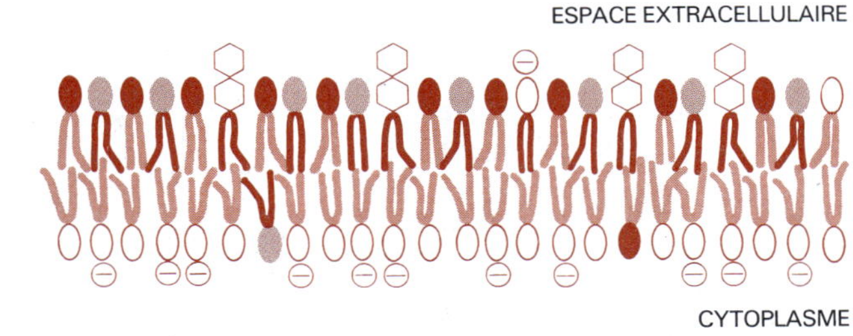

Figure 6-10 La distribution asymétrique des phospholipides et des glycolipides (voir page suivante) dans la double couche lipidique des hématies humaines. Les symboles employés pour les phospholipides sont ceux indiqués dans la Figure 6-9. Les glycolipides sont dessinés avec des groupements polaires hexagonaux. On pense que le cholestérol (non figuré) est distribué à peu près également dans les deux monocouches.

et elle a besoin de ce phospholipide chargé négativement pour agir (voir p. 704). Nous discuterons dans le Chapitre 12 de l'importance des phosphatidylinositols spécifiques concentrés dans le feuillet cytoplasmique de la double couche lipidique de la membrane plasmique, là où ils peuvent être utilisés pour engendrer des médiateurs intracellulaires en réponse à des signaux extracellulaires (voir p. 702).

Les glycolipides se trouvent à la surface de toutes les membranes plasmiques, mais leur fonction est inconnue [7]

Les molécules lipidiques qui présentent l'asymétrie la plus frappante et la plus stable dans leur distribution au sein des membranes plasmiques des cellules animales sont les molécules lipidiques contenant des oligosaccharides, les **glycolipides**. On ne trouve ces molécules compliquées que dans la moitié externe de la double couche, et leurs résidus glucidiques sont exposés à la surface de la cellule (voir Figure 6-10), suggérant qu'ils jouent un rôle dans les interactions de la cellule avec son environnement. La distribution asymétrique des glycolipides dans la double couche découle de l'addition de résidus glucidiques aux molécules lipidiques dans la lumière de l'appareil de Golgi, qui est topologiquement équivalente à l'extérieur de la cellule (voir p. 408).

Les glycolipides existent probablement dans toutes les membranes plasmiques des cellules animales où ils représentent généralement 5 p. cent des molécules lipidiques de la monocouche externe. Ils varient remarquablement d'une espèce à l'autre et même entre les tissus d'une même espèce. Dans les bactéries et les végétaux, presque tous les glycolipides sont dérivés de lipides à base de glycérol, comme l'est la phosphatidylcholine, un phospholipide courant. Dans les cellules animales, cependant, ils sont presque toujours produits à partir de *céramide*, comme l'est la sphingomyéline (voir Figure 6-9). Ces *glycosphingolipides* ont une structure générale proche de celle des lipides à base de glycérol, avec un groupement polaire de tête et deux chaînes d'acides gras hydrophobes. Cependant, une des deux chaînes d'acides gras est initialement couplée à la sérine pour former la *sphingosine*, un alcool aminé, auquel est ensuite attachée une seconde chaîne d'acide gras pour former la céramide (Figure 6-11).

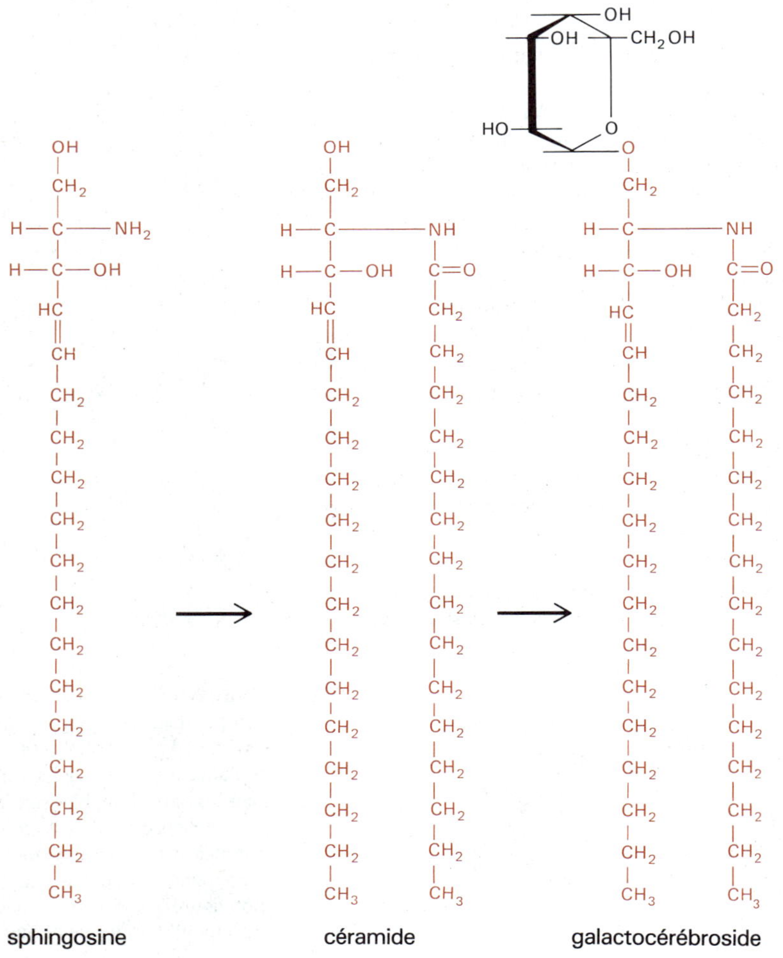

Figure 6-11 Les étapes finales de la synthèse d'un glycosphingolipide simple, le galactocérébroside. La sphingosine est formée par condensation de la sérine avec un acide gras ; un second acide gras est ensuite ajouté pour former la céramide, comme le montre cette figure. La céramide est fabriquée dans le réticulum endoplasmique, et le glucide est ajouté dans l'appareil de Golgi (voir p. 449). La céramide est également utilisée pour former le phospolipide principal, la sphingomyéline (voir Figure 6-9).

On distingue les glycolipides les uns des autres par leur groupement polaire de tête, qui est constitué d'un ou de plusieurs résidus glucidiques. Parmi les glycolipides les plus largement répandus dans les membranes plasmiques des cellules eucaryotes aussi bien que procaryotes, figurent les **glycolipides neutres**, dont les groupements polaires de tête sont constitués de 1 à plus de 15 glucides neutres (non chargés), selon l'organisme et le type cellulaire. Un exemple est le *galactocérébroside*, l'un des glycolipides les plus simples, dont le groupement polaire de tête n'est constitué que de galactose (voir Figure 6-11). C'est le principal glycolipide de la *myéline*, qui est composé d'un grand nombre de couches concentriques de membrane plasmique enroulées autour d'une fibre nerveuse (un axone) par une cellule de myélinisation spécialisée (voir p. 1073). On peut distinguer les cellules myélinisées par la grande quantité de galactocérébroside présente dans leur membrane plasmique, où il constitue presque 40 p. cent de la monocouche externe. La galactocérébroside est très rare dans les membranes de la plupart des autres cellules, et on pense qu'il joue un rôle important dans l'interaction spécifique entre la cellule myélinisée et l'axone.

Les plus complexes des glycolipides, les **gangliosides**, contiennent un ou plusieurs résidus d'acide sialique (également connu sous le nom d'acide N-acétylneuraminique ou NANA) qui leur confèrent une charge nette négative (Figure 6-12). Les gangliosides sont surtout abondants dans la membrane plasmique des neurones, où ils représentent 5 à 10 p. cent de la masse des lipides totaux, bien qu'ils se trouvent également en quantités beaucoup plus faibles dans la plupart des types cellulaires. Jusqu'ici, plus de 30 gangliosides différents ont été identifiés. Quelques exemples courants sont donnés dans la Figure 6-13, où la nomenclature utilisée pour les décrire est également indiquée.

On ne possède que de vagues indications sur la nature probable des fonctions des glycolipides. Le ganglioside G_{M1} (voir Figure 6-13), par exemple, joue le rôle de récepteur, à la surface de la cellule, pour la toxine bactérienne qui provoque la diarrhée débilitante du choléra ; la toxine cholérique se fixe sur, et ne pénètre que dans, les cellules qui possèdent G_{M1} à leur surface, y compris les cellules épithéliales intestinales. L'entrée de la toxine cholérique dans la cellule conduit à une augmentation prolongée de la concentration d'AMP cyclique intracellulaire, qui provoque à son tour d'importants flux de Na^+ et d'eau dans l'intestin (voir p. 697). Bien que la fixation des toxines bactériennes ne puisse être la fonction *normale* des gangliosides, de telles observations suggèrent que ces glycolipides peuvent également servir de récepteurs pour la transmission normale entre cellules.

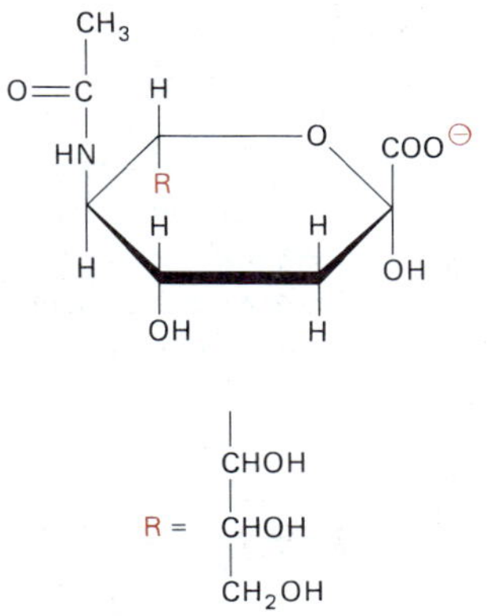

Figure 6-12 Structure de l'acide sialique (acide N-acétylneuraminique ou NANA). Comme on le montre, cet acide existe sous sa forme ionisée (—COO⁻) dans les cellules.

Résumé

Les membranes biologiques sont formées d'une double couche continue de molécules lipidiques dans laquelle diverses protéines membranaires sont encastrées. Cette double couche lipidique est fluide, et contient des molécules lipidiques individuelles capables de diffuser rapidement au sein de leur propre monocouche. Cependant, la plupart des types de molécules lipidiques basculent très rarement de façon spontanée d'une monocouche à l'autre. Les molécules

Figure 6-13 Quelques gangliosides représentatifs avec leurs nomenclatures standard. Dans G_{M1}, G_{M2}, G_{M3}, G_{D1} et G_{T1}, les lettres M, D et T indiquent le nombre de résidus d'acide sialique (mono, di et tri, respectivement), alors que le numéro qui suit est obtenu en soustrayant de 5 le nombre de résidus glucidiques non chargés. NANA = acide N-acétylneuraminique (sialique) ; Gal = galactose ; Glc = glucose ; GalNAc = N-acétylgalactosamine. Gal, Glc et GalNAc sont tous non chargés, alors que NANA porte une charge négative (voir Figure 6-12).

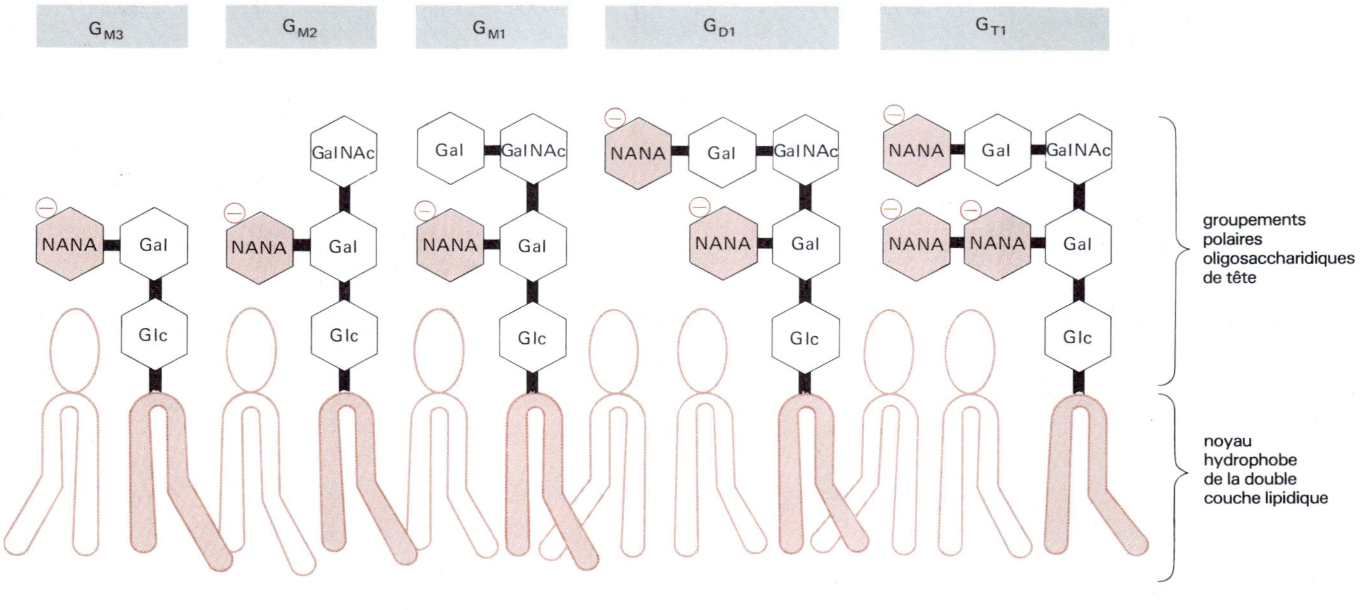

lipidiques membranaires sont amphiphiles et s'assemblent spontanément en doubles couches lorsqu'elles sont placées dans l'eau ; ces doubles couches forment des compartiments clos qui se referment s'ils sont désagrégés. Il existe trois classes principales de molécules lipidiques dans la double couche de la membrane plasmique — les phospholipides, le cholestérol et les glycolipides — et les compositions lipidiques des monocouches interne et externe sont différentes. On trouve des compositions lipidiques différentes dans les membranes plasmiques de cellules de types différents, ainsi que dans les diverses membranes internes d'une même cellule eucaryote. La signification fonctionnelle des différentes compositions lipidiques des différentes membranes est en grande partie inconnue.

Les protéines membranaires

Bien que la structure de base des membranes biologiques soit déterminée par la double couche lipidique, la plupart des fonctions spécifiques sont associées par les protéines. En conséquence, les quantités et les types de protéines dans une membrane sont extrêmement variables : dans la membrane myélinisée, qui sert principalement à isoler les axones des cellules nerveuses, les protéines constituent moins de 25 p. cent de la masse membranaire, alors que les membranes impliquées dans la transduction d'énergie (comme les membranes internes des mitochondries et des chloroplastes) sont constituées à 75 p. cent de protéines ; la membrane plasmique habituelle se situe entre ces deux cas extrêmes, avec environ 50 p. cent de sa masse composée de protéines. Comme la taille des molécules lipidiques est petite comparée à celle des molécules protéiques, il y a toujours beaucoup plus de molécules lipidiques que de molécules protéiques dans les membranes — environ 50 molécules lipidiques pour une molécule protéique dans une membrane dont 50 p. cent de la masse sont protéiques.

6-10 6-11 La chaîne polypeptidique de nombreuses protéines membranaires traverse la double couche lipidique une ou plusieurs fois [8]

De nombreuses protéines membranaires se prolongent à travers la double couche lipidique (exemples 1 et 2 dans la Figure 6-14). Comme leurs voisines lipidiques, ces protéines, dites **protéines transmembranaires**, sont amphiphiles : elles possèdent des régions hydrophobes qui traversent la membrane, et interagissent avec les queues hydrophobes des molécules lipidiques à l'intérieur de la double couche et des régions hydrophiles qui sont exposées à l'eau des deux côtés de la membrane. Le caractère hydrophobe de certaines de ces protéines membranaires est accru par la liaison covalente d'une chaîne d'acides gras qui est insérée dans le feuillet cytoplasmique de la double couche (voir l'exemple 1 de la Figure 6-14). Certaines protéines membranaires intracellulaires ne sont associées à la double couche qu'au moyen d'une telle chaîne d'acides gras (voir l'exemple 3 de la Figure 6-14 et p. 417), alors que certaines protéines de la surface cellulaire ne sont fixées à la double couche que par une liaison covalente (via un oligosaccharide spécifique) au phosphatidylinositol, un phospholipide mineur, dans la monocouche lipidique externe de la membrane plasmique (voir l'exemple 4 de la Figure 6-14 et p. 448).

Figure 6-14 Représentation schématique des cinq modes d'association possibles des protéines membranaires avec la double couche lipidique. Les protéines transmembranaires traversent la double couche sous la forme d'une simple hélice α (1) ou sous la forme d'hélices α multiples (2) ; certaines des protéines à « traversée unique » et à « traversées multiples » ont une chaîne d'acide gras liée de façon covalente et insérée dans la monocouche cytoplasmique (1). D'autres protéines membranaires sont uniquement fixées à la double couche par un lipide lié de façon covalente — que ce soit une chaîne d'acide gras dans la monocouche cytoplasmique (3), ou, moins souvent, par l'intermédiaire d'un oligosaccharide, un phospholipide mineur, le phosphatidylinositol, dans la monocouche non cytoplasmique (4). Enfin, beaucoup de protéines ne sont liées à la membrane que par des interactions non covalentes avec d'autres protéines membranaires (5). Nous discuterons en détail dans le Chapitre 8 de ces différents modes d'association des protéines membranaires avec la double couche lipidique.

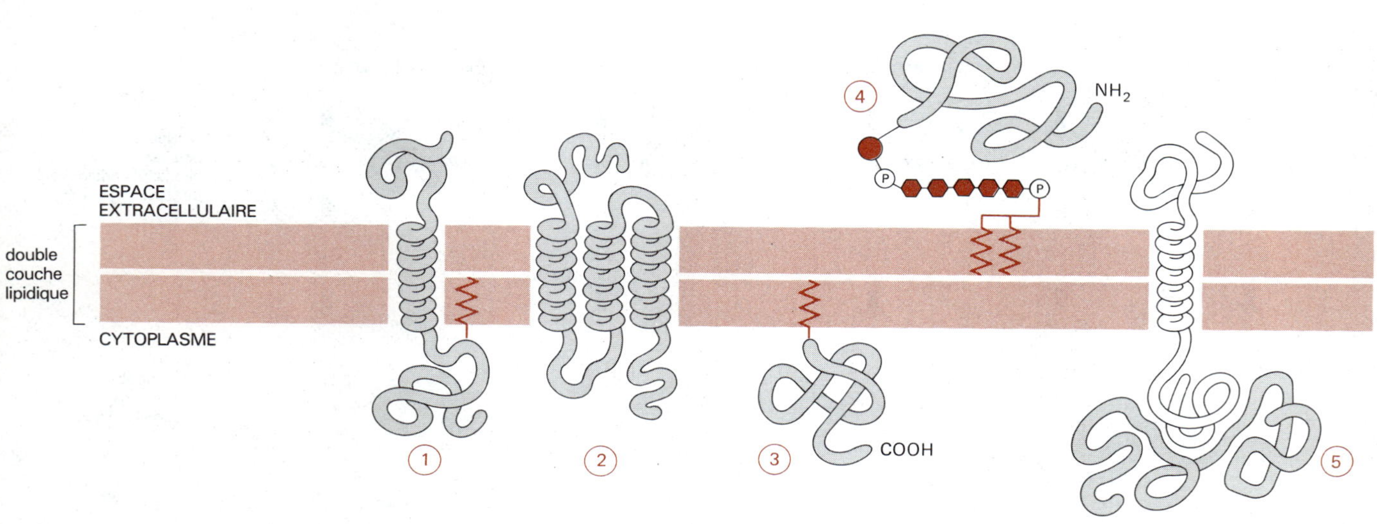

Figure 6-15 Un segment d'une chaîne polypeptidique transmembranaire traversant la double couche lipidique sous forme d'une hélice α, comme l'ont déterminé des analyses par diffraction des rayons X de cristaux d'une protéine membranaire. Seul le squelette α-carboné de la chaîne polypeptidique est représenté, et les acides aminés hydrophobes sont indiqués en couleur. Les chaînes latérales non polaires de résidus d'acides aminés en saillie (non figuré) interagissent avec les chaînes d'acide gras hydrophobes à l'intérieur de la double couche lipidique, alors que les liaisons peptidiques polaires se protègent de l'environnement hydrophobe de la double couche en formant des liaisons hydrogène les unes avec les autres (non figuré). Le segment polypeptidique représenté est une partie du centre de réaction photosynthétique bactérien illustré dans la Figure 6-32, p. 294. (Basé sur des données de J. Deisenhofer et *al., Nature* 318 : 618-624, 1985, et H. Michel et *al., EMBO J.* 5 : 1149-1158, 1986.)

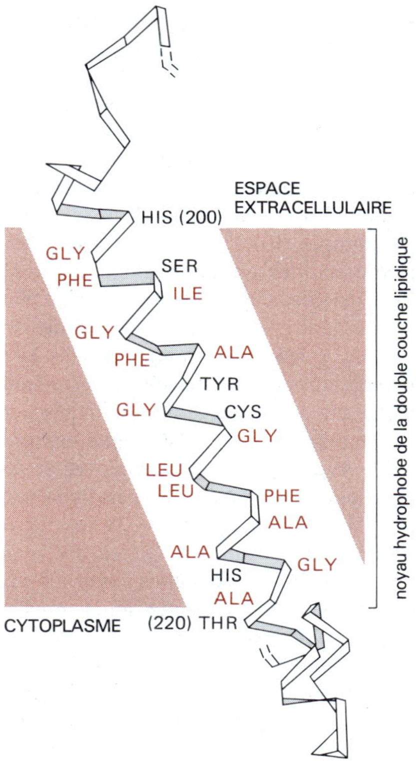

D'autres protéines associées aux membranes ne s'étendent pas jusqu'à la partie hydrophobe de la double couche lipidique, mais sont liées à l'une ou l'autre face de la membrane par des interactions non covalentes avec d'autres protéines membranaires (voir l'exemple 5 de la Figure 6-14). Beaucoup d'entre elles peuvent être détachées de la membrane par des traitements assez modérés, comme les extractions par des solutions de très forte ou très faible force ionique ou de pH extrême, qui interfèrent avec les interactions entre protéines mais laissent la double couche lipidique intacte ; on se réfère à ces protéines en tant que **protéines membranaires périphériques**. Par opposition, les protéines transmembranaires, les protéines liées au phosphatidylinositol, certaines protéines maintenues dans la double couche par une chaîne d'acides gras, ainsi que quelques autres protéines solidement ancrées, ne peuvent être libérées que par dislocation de la double couche avec des détergents ou des solvants organiques ; elles sont appelées **protéines membranaires intrinsèques.**

Dans les protéines transmembranaires, les parties de la chaîne polypeptidique enfouies dans l'environnement hydrophobe de la double couche lipidique sont essentiellement composées de résidus d'acides aminés avec des chaînes latérales non polaires. Mais les liaisons peptidiques elles-mêmes sont polaires, et puisque l'eau est exclue, toutes les liaisons peptidiques dans la double couche ont tendance à former entre elles des liaisons hydrogène (voir Figure 3-26, p. 110). La formation de liaisons hydrogène entre les liaisons peptidiques est portée à son maximum par la formation d'une hélice α régulière par la chaîne polypeptidique, lorsqu'elle traverse la double couche, et c'est ainsi que la plupart des chaînes polypeptidiques traversent la membrane (Figure 6-15). Dans les cas où de multiples brins de la chaîne polypeptidique traversent la double couche, des liaisons peptidiques pourraient, en principe, satisfaire leurs besoins en liaisons hydrogène si les brins étaient arrangés en feuillets β (voir p. 109). Cependant, dans de telles protéines membranaires traversant plusieurs fois la membrane, la chaîne polypeptidique traverse habituellement la double couche sous forme d'une série d'hélices α plutôt que sous forme de feuillet β (voir l'exemple 5 de la Figure 6-14). La forte tendance à maximiser les liaisons hydrogène en absence d'eau signifie également qu'une chaîne polypeptidique qui pénètre dans la double couche a des chances de la traverser entièrement avant de changer de direction, puisque la courbure des chaînes nécessite une perte des interactions de liaison hydrogène habituelles. C'est pour cette raison, probablement, qu'il n'y a pas encore d'exemple d'une protéine membranaire dont la chaîne polypeptidique ne traverse que partiellement la double couche lipidique.

Une protéine transmembranaire possède toujours une orientation unique dans la membrane. Ceci reflète la manière asymétrique dont elle est synthétisée et insérée dans la double couche lipidique dans le réticulum endoplasmique (voir p. 441), et les différentes fonctions de ses domaines cytoplasmique et extracellulaire. La grande majorité des protéines transmembranaires sont glycosylées. Comme dans le cas des glycolipides, les chaînes oligosaccharidiques sont toujours présentes sur la face extracellulaire de la membrane, puisque les résidus glucidiques sont additionnés dans la lumière du réticulum endoplasmique et de l'appareil de Golgi (voir p. 454). Une asymétrie supplémentaire implique les groupements sulfhydryles (SH) des protéines, qui restent sous la forme réduite en tant que cystéines dans les domaines cytoplasmiques, mais participent souvent à la formation de ponts disulfures inter- ou intracaténaires (S-S) dans les domaines extracellulaires (Figure 6-16).

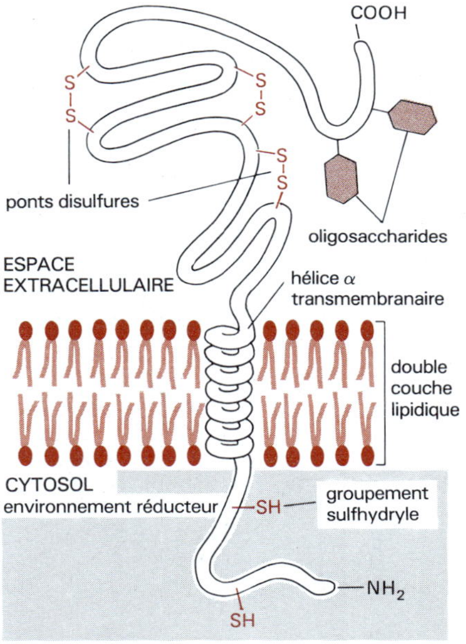

Figure 6-16 Une glycoprotéine transmembranaire à « traversée unique » typique. Noter que la chaîne polypeptidique traverse la double couche lipidique sous la forme d'une hélice α à pas droit et que les chaînes oligosaccharidiques et les liaisons S-S sont toutes à l'extérieur. L'environnement réducteur du cytosol empêche la formation de ponts disulfures entre les groupements sulfhydryles situés sur le domaine cytoplasmique de la protéine (voir p. 445).

Les protéines membranaires peuvent être solubilisées et purifiées par des détergents [9]

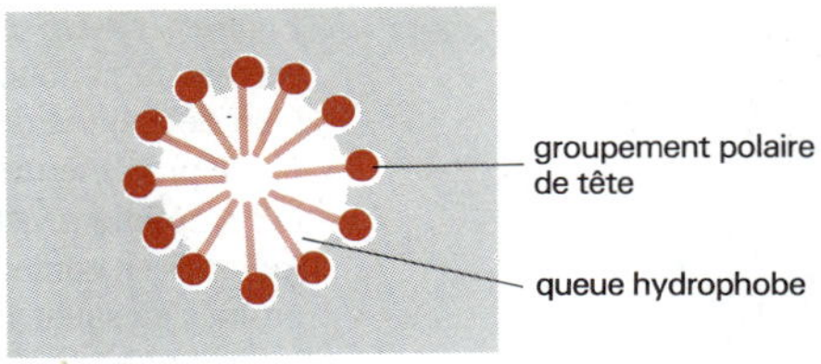

Figure 6-17 Une micelle de détergent dans l'eau montrée en coupe transversale. Les molécules de détergent, qui possèdent à la fois des extrémités polaire et non polaire, sont amphiphiles.

En général, les protéines transmembranaires (et quelques autres protéines membranaires solidement liées) ne peuvent être solubilisées qu'avec des agents qui rompent les associations hydrophobes et détruisent la double couche. Parmi ceux-ci, les plus utiles au biochimiste qui étudie les membranes sont les **détergents**, petites molécules amphiphiles qui ont tendance à former des micelles dans l'eau (Figure 6-17). Quand des détergents sont mélangés à des membranes, leurs extrémités hydrophobes se lient aux régions hydrophobes situées sur l'extérieur des protéines membranaires, déplaçant ainsi les molécules de lipides. L'autre extrémité de la molécule de détergent étant polaire, cette fixation tend à amener les protéines membranaires en solution sous forme de complexes détergent-protéine (bien que certaines molécules lipidiques fortement liées le restent) (Figure 6-18). Les extrémités polaires des détergents peuvent être soit chargées (ioniques), comme dans le cas du *sodium dodécyl sulfate (SDS)*, soit non chargées (non ioniques), comme dans le cas de détergents de type *Triton*. Les structures de ces deux détergents couramment employés sont représentées Figure 6-19.

Avec des détergents ioniques puissants comme le SDS, il est possible de solubiliser les protéines membranaires les plus hydrophobes. Ceci permet de les analyser par *électrophorèse sur gel de polyacrylamide-SDS* (voir p. 169), une technique qui a révolutionné l'étude des protéines membranaires. De tels détergents déroulent (dénaturent) les protéines en se liant à leurs « noyaux hydrophobes » internes (voir Figure 3-22, p. 107), les rendant ainsi inactives et inutilisables pour des études fonctionnelles. Néanmoins, les protéines peuvent être facilement purifiées sous leur forme dénaturée par le SDS, et, dans certains cas, la protéine purifiée peut être renaturée et retrouver son activité fonctionnelle, par élimination du détergent.

Des protéines membranaires moins hydrophobes peuvent être solubilisées par une faible concentration d'un détergent doux, ce qui permet de purifier la protéine solubilisée dans une forme active, sinon tout à fait normale. Si le détergent est ensuite éliminé en absence de phospholipides, les molécules de protéines membranaires s'agrègent habituellement et

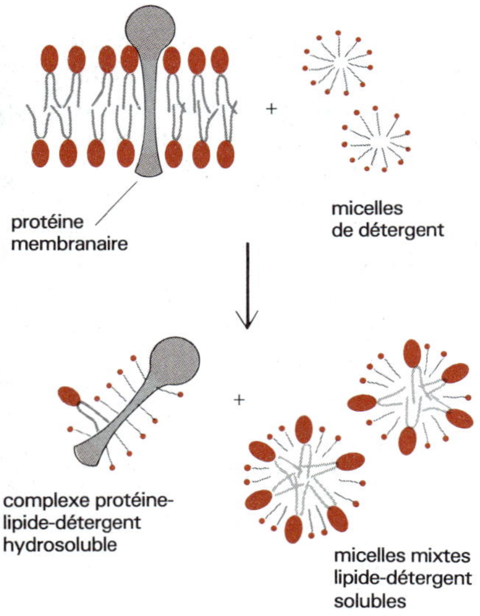

Figure 6-18 Solubilisation des protéines membranaires par un détergent. Le détergent désagrège la double couche lipidique et provoque la formation d'un complexe protéine-lipide-détergent avec les protéines en solution. Les phospholipides membranaires sont aussi solubilisés par le détergent.

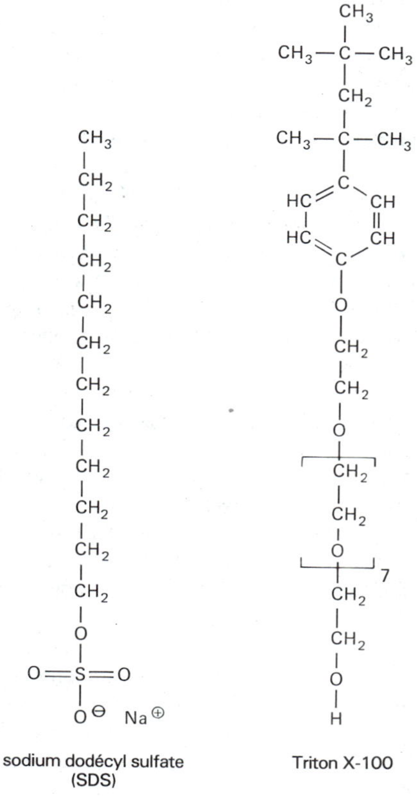

Figure 6-19 Structure de deux détergents couramment employés : le sodium dodécyl sulfate (SDS), un détergent anionique, et le Triton X-100, un détergent non ionique. Noter que la partie entre crochets du Triton X-100 est répétée sept fois.

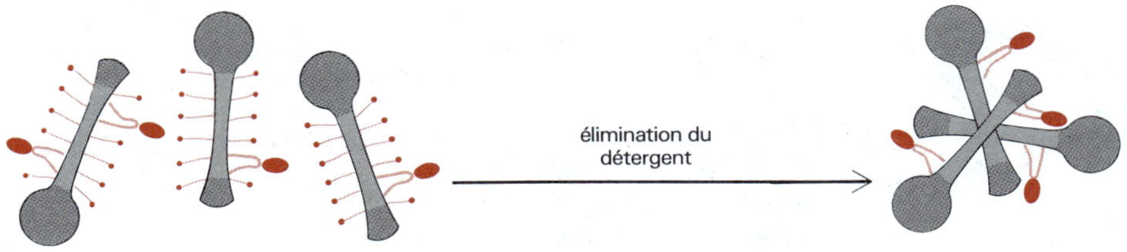

Figure 6-20 Quand le détergent est éliminé des protéines membranaires qu'il a solubilisées, les molécules protéiques relativement dénudées (ne possédant qu'un petit nombre de molécules lipidiques attachées) ont tendance à cacher leurs régions hydrophobes en se regroupant pour former des agrégats volumineux qui précipitent en solution.

précipitent en solution (Figure 6-20). Cependant, si la protéine purifiée est mélangée à des phospholipides avant l'élimination du détergent, la protéine active s'insérera habituellement dans la double couche lipidique formée par les phospholipides (Figure 6-21). De cette façon, des systèmes protéiques membranaires fonctionnellement actifs peuvent être reconstitués à partir de composants purifiés, fournissant un moyen performant pour analyser leurs activités. Par exemple, si l'on peut montrer qu'une protéine purifiée pompe des ions à travers une double couche lipidique synthétique en absence d'autres protéines, cette protéine est alors, de façon certaine, une pompe ionique ; de plus, en contrôlant l'accès de la protéine à l'ATP et aux ions, son mécanisme d'action détaillé peut être disséqué (voir p. 304).

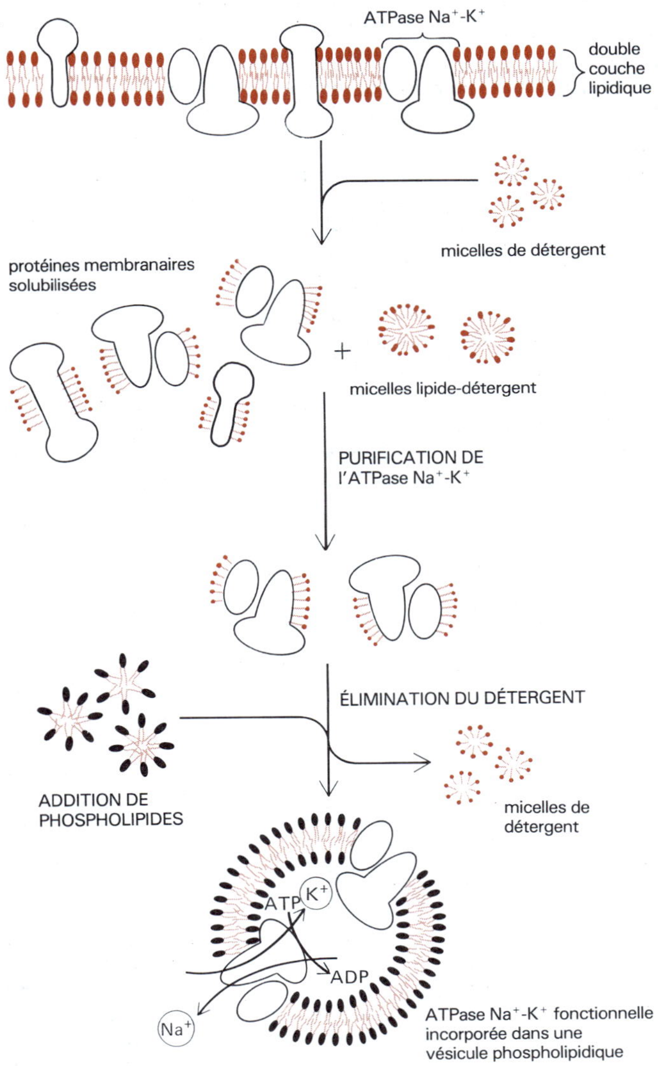

Figure 6-21 Solubilisation, purification et reconstitution de molécules d'ATPase Na^+-K^+ fonctionnelles dans des vésicules de phospholipides. L'ATPase Na^+-K^+ est une pompe ionique présente dans la membrane plasmique de la plupart des cellules animales. Elle utilise l'énergie de l'hydrolyse de l'ATP pour pomper des ions Na^+ vers l'extérieur et des ions K^+ vers l'intérieur de la cellule. La reconstitution est effectuée en présence de fortes concentrations de Na^+ et d'ATP, de sorte que ces molécules se retrouvent en concentration suffisamment élevée à l'intérieur des vésicules pour permettre à l'ATPase de fonctionner comme une pompe. Le détergent est généralement éliminé par dialyse prolongée ou par une des diverses formes de chromatographie.

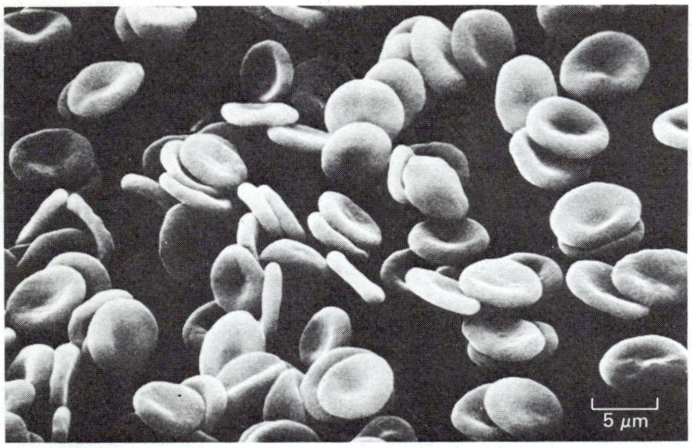

Figure 6-22 Photographie par microscopie électronique à balayage de globules rouges humains. Les cellules ont une forme biconcave et ne possèdent pas de noyaux. (Avec l'autorisation de Bernadette Chailley.)

6-12 Le côté cytoplasmique des protéines membranaires peut être étudié dans des stromas d'hématies [10]

La membrane plasmique des globules rouges humains (ou hématies) est mieux connue (Figure 6-22) que n'importe quelle autre membrane eucaryote. Ceci pour de nombreuses raisons : 1) les globules rouges sont disponibles en grande quantité (à partir des banques du sang, par exemple) et relativement peu contaminés par d'autres types cellulaires. 2) Puisque ces cellules n'ont ni noyau, ni organite interne, la membrane plasmique est leur seule membrane et elle peut donc être isolée sans être contaminée par des membranes internes, évitant ainsi un sérieux problème rencontré dans les préparations de membrane plasmique d'autres types cellulaires, dans lesquels la membrane plasmique constitue typiquement moins de 5 p. cent de la totalité des membranes (voir Tableau 8-2, p. 408). 3) Il est facile de préparer des membranes d'hématies vides, ou stromas (« fantômes »), en plaçant les cellules dans une solution saline hypotonique. La solution possédant une concentration saline inférieure à celle de l'intérieur des cellules, l'eau entre dans les hématies, les fait gonfler, éclater (lyser) et libérer leur hémoglobine (la protéine majeure non membranaire). 4) On peut étudier les fantômes de membranes alors qu'ils sont encore ouverts (dans ce cas, n'importe quel réactif peut interagir avec des molécules situées sur les deux faces de la membrane), ou les laisser se refermer de sorte que les réactifs hydrosolubles ne puissent atteindre la face interne. De plus, comme il est également possible de fabriquer des vésicules retournées à partir des stromas (Figure 6-23), les faces externe et interne (cytoplasmique) de la membrane peuvent être étudiées séparément. C'est l'emploi des stromas fermés et non fermés qui a, pour la première fois, permis de démontrer que certaines protéines membranaires traversent complètement la double couche lipidique (voir ci-dessous), et que les compositions lipidiques des deux moitiés de la double couche sont différentes. Comme la plupart des principes de base démontrés initialement dans les membranes des hématies, ces découvertes ont été étendues depuis aux membranes des cellules nucléées.

La « polarité » d'une protéine membranaire peut être déterminée de plusieurs façons. L'une consiste à utiliser un réactif covalent marqué (un réactif portant un marqueur radioactif ou fluorescent par exemple) qui est soluble dans l'eau et ne peut donc pas pénétrer dans la double couche lipidique ; il s'attache de façon covalente à des groupements spécifiques sur la

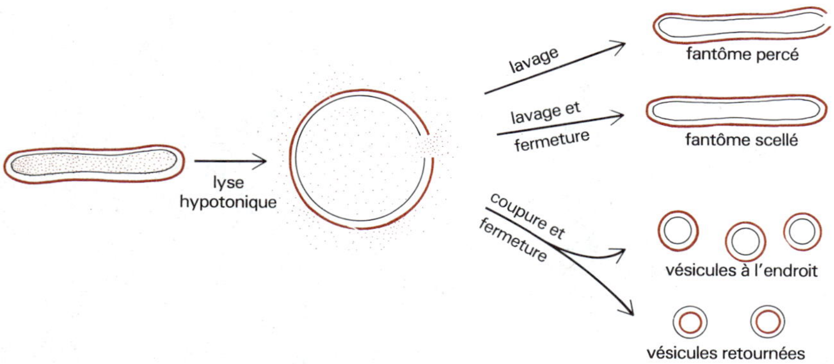

Figure 6-23 La préparation de fantômes d'hématies (stromas) scellés et non scellés et de vésicules normales (à l'endroit) et retournées (à l'envers). Comme le montre la figure, il semble que l'hématie ne s'ouvre qu'en un seul site, donnant naissance à des fantômes perforés en un seul point. Les vésicules plus petites sont formées par rupture mécanique des fantômes ; l'orientation de la membrane dans ces vésicules peut être normale ou inversée selon les conditions ioniques appliquées pendant le processus de rupture.

seule face exposée de la membrane. Les membranes son ensuite solubilisées, les protéines séparées par électrophorèse sur gel de polyacrylamide-SDS, et les protéines marquées sont détectées, soit grâce à leur radioactivité (par autoradiographie du gel), soit grâce à leur fluorescence (en exposant le gel à la lumière ultraviolette). Ce type de *marquage vectoriel* permet de déterminer la façon dont une protéine particulière, détectée sous la forme d'une bande sur un gel, est orientée dans la membrane : si elle est marquée à la fois du côté externe (quand des cellules intactes ou des fantômes fermés sont marqués) et du côté interne (cytoplasmique) (lorsque des vésicules retournées et fermées sont marquées), alors ce doit être une protéine transmembranaire. Une autre approche consiste à exposer les surfaces externe ou interne à des enzymes protéolytiques qui ne traversent pas la membrane : si une protéine est partiellement digérée depuis les deux surfaces, ce doit être une protéine transmembranaire. De plus, des anticorps marqués peuvent être utilisés pour déterminer si une partie spécifique d'une protéine transmembranaire est exposée sur une face de la membrane ou sur l'autre.

L'étude des protéines de la membrane plasmique de l'hématie humaine par électrophorèse sur gel de polyacrylamide-SDS permet de détecter approximativement 15 bandes protéiques principales, dont les poids moléculaires varient de 15 000 à 250 000. Trois de ces protéines — la *spectrine*, la *glycophorine* et la *bande 3* — représentent plus de 60 p. cent (en poids) de la totalité des protéines membranaires (Figure 6-24). Chacune de ces trois protéines est disposée selon un arrangement différent dans la membrane. Nous les prendrons donc comme exemples pour illustrer les trois principaux modes connus d'association des protéines avec les membranes.

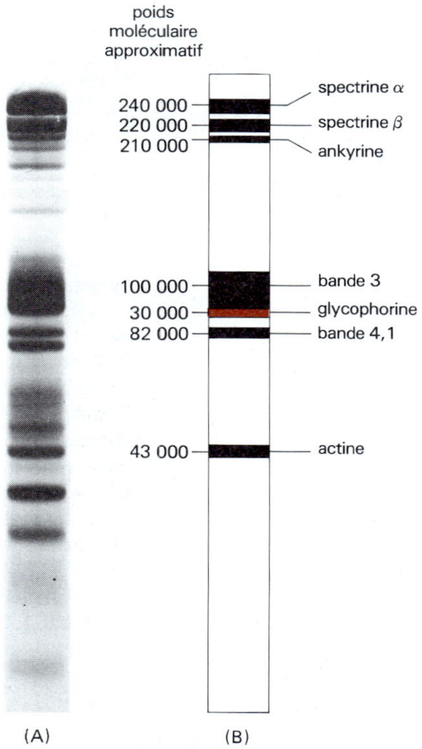

Figure 6-24 Distribution obtenue par électrophorèse sur gel de polyacrylamide-SDS des protéines de la membrane d'hématies humaines colorées au bleu de Coomassie (A). Les positions dans le gel de quelques-unes des protéines principales sont indiquées dans le schéma (B) ; la glycophorine est figurée en couleur pour la distinguer de la bande 3. Les autres bandes du gel ne sont pas figurées sur le schéma. La grande quantité de glucides dans les molécules de glycophorine ralentit leur migration, de sorte qu'elles se déplacent presque aussi lentement que les molécules, beaucoup plus volumineuses, de la bande 3. (A, avec l'autorisation de Ted Steck.)

6-14 La spectrine est une protéine du cytosquelette associée de façon non covalente à la face cytoplasmique de la membrane de l'hématie [11]

La plupart des molécules protéiques associées à la membrane de l'hématie humaine sont des protéines membranaires périphériques associées à la face cytoplasmique de la double couche lipidique. La plus abondante de ces protéines est la **spectrine**, une protéine fibreuse longue, fine et flexible, d'environ 100 nm de longueur, qui constitue environ 25 p. cent de la masse des protéines associées à la membrane (environ $2,5 \times 10^5$ copies par cellule). C'est le principal composant du réseau protéique (le *cytosquelette*) qui est situé sous la membrane de l'hématie et qui maintient l'intégrité structurelle et la forme biconcave de cette membrane (voir Figure 6-22) ; si le cytosquelette est extrait de fantômes de membranes d'hématies dans des solutions de faible force ionique, la membrane se fragmente en petites vésicules.

La spectrine est composée de deux chaînes polypeptidiques très longues, la spectrine α (environ 240 000 daltons) et la spectrine β (environ 220 000 daltons). On pense que chaque chaîne est composée de nombreux segments α-hélicoïdaux enroulés les uns autour des autres par groupes de trois et reliés par des régions non hélicoïdales (Figure 6-25). Les hétérodimères de spectrine s'associent bout à bout pour former des tétramères longs de 200 nm. Les extrémités de cinq ou six tétramères sont associées par liaison à de courts filaments d'actine et à une autre protéine (la *bande 4,1*) en un « complexe de jonction » formant un réseau héliforme indéformable qui sert de base à toute la surface cytoplasmique de la membrane (Figure 6-26). C'est ce cytosquelette à base de spectrine qui permet aux hématies de résister à la contrainte exercée sur sa membrane lorsqu'on la fait passer à travers des capillaires étroits. Des souris et des hommes anémiques ayant une anomalie génétique de la spectrine ont des hématies sphériques (au lieu d'être biconcaves) et anormalement fragiles ; la sévérité de l'anémie augmente avec le degré de déficience en spectrine.

La protéine en grande partie responsable de l'association de la spectrine du cytosquelette à la membrane plasmique de l'hématie fut identifiée par fixation de spectrine marquée aux membranes d'hématies débarrassées de la spectrine et de diverses autres protéines périphériques. Ces expériences montrèrent que la refixation de la spectrine dépend d'une protéine de liaison intracellulaire de grande taille appelée **ankyrine**, qui se fixe à la fois à la spectrine β et au domaine cytoplasmique de la bande 3 transmembranaire (voir Figure 6-26). En connectant la bande 3 à la spectrine, l'ankyrine relie le réseau de spectrine à la membrane ; elle réduit aussi fortement la vitesse de diffusion des molécules de bande 3 dans la double couche lipidique. Le cytosquelette à base de spectrine peut aussi être associé à la membrane par un second mécanisme : on a montré que la protéine du cytosquelette, la bande 4,1 — qui se fixe à la spectrine et à l'actine —, se lie au domaine cytoplasmique de la glycophorine, l'autre protéine transmembranaire majeure des hématies.

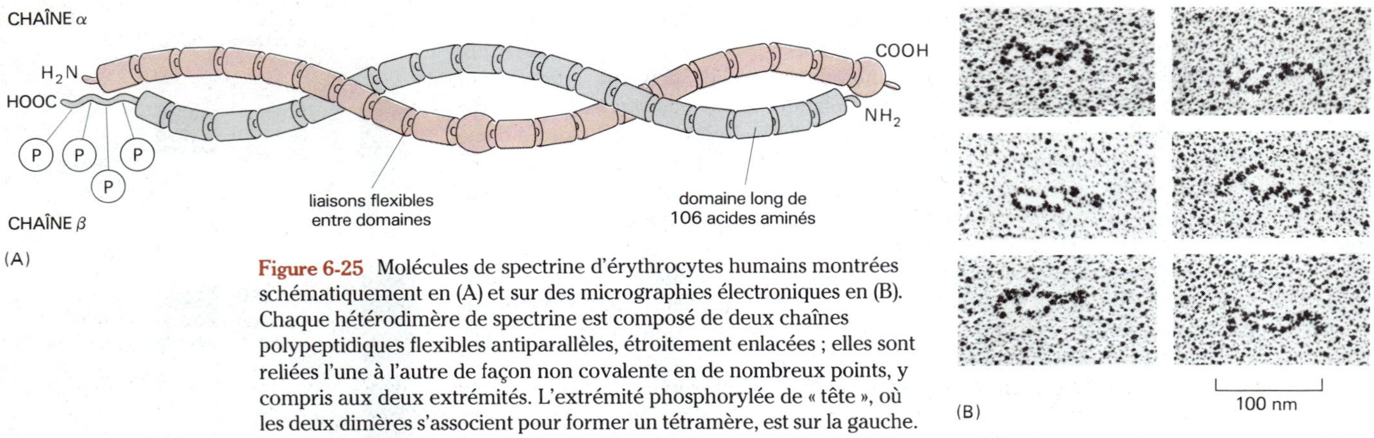

Figure 6-25 Molécules de spectrine d'érythrocytes humains montrées schématiquement en (A) et sur des micrographies électroniques en (B). Chaque hétérodimère de spectrine est composé de deux chaînes polypeptidiques flexibles antiparallèles, étroitement enlacées ; elles sont reliées l'une à l'autre de façon non covalente en de nombreux points, y compris aux deux extrémités. L'extrémité phosphorylée de « tête », où les deux dimères s'associent pour former un tétramère, est sur la gauche. Les chaînes α et β sont toutes les deux composées en grande partie de domaines répétitifs longs de 106 acides aminés. On a suggéré que chaque domaine est organisé en groupes de trois hélices α (non figuré) qui sont reliés par des régions non hélicoïdales. En (B), les molécules de spectrine ont été ombrées au platine. (A, d'après D.W. Speicher et V.T. Marchesi, *Nature* 311 : 177-180, 1984 ; B, avec l'autorisation de D.M. Shotton, avec la permission de D.M. Shotton, B.E. Burke et D. Branton, *J. Mol. Biol.* 131 : 303-320, 1979, © Academic Press Inc. [London] Ltd.)

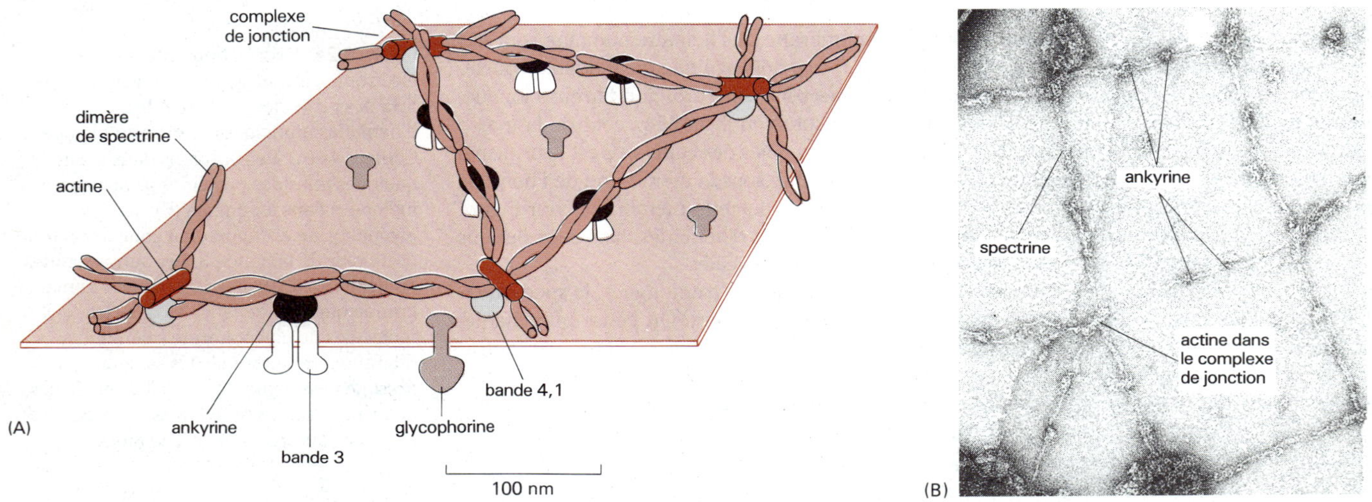

Figure 6-26 Dessin schématique (A) et micrographie électronique (B) du cytosquelette à base de spectrine au niveau de la face cytoplasmique de la membrane d'hématie humaine. La disposition représentée en (A) a été principalement déduite d'études sur les interactions de protéines purifiées *in vitro*. Les dimères de spectrine s'associent « tête à tête » pour former des tétramères qui sont reliés en réseau par des complexes de jonction composés de courts filaments d'actine (contenant environ 15 monomères d'actine) et de bande 4,1 (et deux ou trois autres protéines qui ne sont pas figurées). Ce cytosquelette est relié à la membrane par la liaison indirecte de tétramères de spectrine aux protéines de la bande 3 par l'intermédiaire de molécules d'ankyrine et peut être également relié par la liaison de protéines de la bande 4,1 à la glycophorine (non figuré). La micrographie électronique en (B) montre le cytosquelette au niveau de la face cytoplasmique d'une membrane d'hématie aprèx fixation et coloration négative. Le réseau de spectrine a été délibérément étiré pour permettre d'observer les détails de sa structure ; dans la cellule normale, le réseau représenté n'occuperait qu'un dixième de cette surface environ. (Avec l'autorisation de T. Byers et D. Branton, *Proc. Natl. Acad. Sci. USA* 82 : 6153-6157, 1985.)

Un réseau de cytosquelette analogue mais plus élaboré et compliqué existe sous la membrane plasmique des cellules nucléées. Ce réseau, qui constitue la région corticale (ou *cortex*) du cytoplasme, est riche en filaments d'actine qui, pense-t-on, sont associés à la membrane plasmique de nombreuses façons (voir p. 632). Les protéines dont la structure est homologue de celle de la spectrine, de l'ankyrine et de la bande 4,1 sont présentes dans le cortex, mais leur organisation et leurs fonctions sont encore mal comprises (voir p. 641).

La glycophorine traverse la double couche lipidique des hématies sous la forme d'une hélice α unique [12]

La **glycophorine** est l'une des deux protéines principales exposées à la surface externe de l'hématie humaine et elle fut la première protéine membranaire dont la séquence en acides aminés fut déterminée. C'est une petite protéine transmembranaire (131 acides aminés) dont la plus grande partie de la masse est située sur la face externe de la membrane, où se trouve son extrémité hydrophile amino-terminale. Cette partie de la protéine porte la totalité des glucides (environ 100 résidus glucidiques sur 16 chaînes latérales oligosaccharidiques séparées) et représente 60 p. cent de la masse de la molécule. En fait, la grande majorité des glucides de surface de l'hématie (comprenant plus de 90 p. cent d'acide sialique, soit la majorité des charges négatives de la surface cellulaire) est portée par des molécules de glycophorine. L'extrémité carboxy-terminale hydrophile de la glycophorine est exposée au cytosol, alors qu'un segment hydrophobe en hélice α long d'environ 23 acides aminés traverse la double couche lipidique.

Bien qu'il y ait plus de 6×10^5 molécules de glycophorine par cellule, leur fonction reste inconnue. En effet, des individus dont les hématies sont dépourvues d'une grande partie de ces molécules semblent être en parfaite santé. Bien que la glycophorine elle-même ne soit présente que dans les globules rouges, sa structure est représentative d'une classe commune de glycoprotéines transmembranaires qui traversent la double couche lipidique sous forme d'une hélice α unique — que l'on appelle les *protéines membranaires « à traversée unique »* (ou *« single-pass proteins »*) (voir l'exemple 1 des Figure 6-14 et 6-16). Par exemple, un certain nombre de récepteurs de surface cellulaire (voir p. 706) appartiennent à cette classe.

6-13 La bande 3 de la membrane des hématies humaines est une protéine de transport d'anions [13]

A la différence de la glycophorine, on sait que la **bande 3** joue un rôle important dans la fonction cellulaire. Son nom dérive de sa position par rapport aux autres protéines membranaires après électrophorèse sur gel de polyacrylamide-SDS (voir Figure 6-24). Comme la glycophorine, la bande 3 est une protéine transmembranaire, mais c'est une *protéine membranaire à « traversées multiples »* (ou *« multipass protein »*) qui traverse la membrane sous une forme très repliée : la chaîne polypeptidique (environ 930 acides aminés de long) s'étend au moins 10 fois à travers la double couche. Chaque hématie contient environ 10^6 chaînes polypeptidiques de bande 3 qui semblent former des dimères et peut-être des tétramères dans la membrane.

La fonction principale des hématies est de transporter O_2 des poumons aux tissus et CO_2 des tissus aux poumons. La bande 3 intervient dans cet échange. Les hématies se débarrassent du CO_2 qu'elles accumulent dans les tissus en échangeant HCO_3^- contre Cl^- quand elles traversent les poumons. Cet échange s'effectue grâce à une protéine de transport d'anions et peut être bloqué par des inhibiteurs spécifiques qui se fixent à la protéine de transport. En modifiant les inhibiteurs de façon à marquer par radioactivité la protéine à laquelle ils se fixent, on a identifié la protéine du canal anionique comme étant la bande 3. Plus récemment, le canal anionique a été reconstitué *in vitro* en utilisant la bande 3 purifiée, incorporée dans des vésicules phospholipidiques. On a trouvé un transporteur d'anions très voisin dans de nombreuses cellules nucléées, où il aide à contrôler le pH intracellulaire (voir p. 309).

Les molécules de bande 3 peuvent être vues comme des *particules intramembranaires* distinctes par la technique de **microscopie électronique par cryofracture,** dans laquelle les cellules sont congelées dans l'azote liquide et le bloc de glace obtenu est fracturé avec un couteau (voir p. 147). Le plan de fracture a tendance à passer par le plan médian hydrophobe des doubles couches lipidiques des membranes, les séparant en leurs deux monocouches. Les *surfaces de fracture* mises à nu sont ensuite ombrées au platine, et la réplique de platine obtenue est examinée au microscope électronique. Comme l'illustre la Figure 6-27, deux surfaces de fracture différentes sont mises à nu et répliquées par cette technique — la face représentant l'intérieur hydrophobe de la moitié cytoplasmique (ou protoplasmique) de la

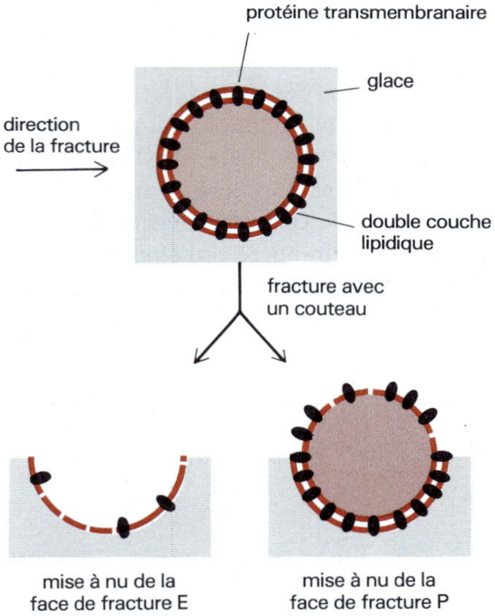

Figure 6-27 Manière dont la microscopie électronique par cryofracture permet d'obtenir des images de l'intérieur hydrophobe de la moitié cytoplasmique (ou protoplasmique) de la double couche (appelée face P) et de la moitié externe de la double couche (appelée face E). Après le processus de fracture figuré ici, les faces exposées de la fracture sont ombrées au platine et au carbone, le matériel organique est éliminé par digestion, et la réplique de platine obtenue est examinée au microscope électronique (voir aussi la Figure 4-23, p. 148).

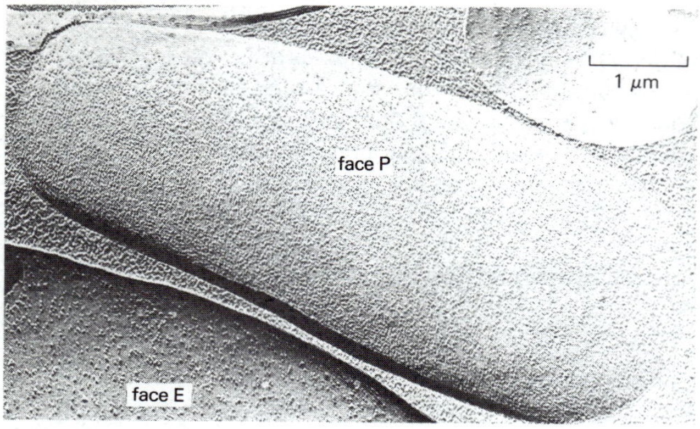

Figure 6-28 Photographie en microscopie électronique de globules rouges humains préparés selon la méthode de cryofracture. Noter que la densité des particules intramembranaires est plus élevée sur la face protoplasmique (P) que sur la face externe (E). (Avec l'autorisation de L. Engstrom et D. Branton.)

double couche (appelée **face P**) et la face représentant l'intérieur hydrophobe de la moitié externe de la double couche (appelée **face E**). Lorsqu'on les examine de cette façon, les membranes des hématies humaines sont parsemées de particules intramembranaires qui sont de taille relativement homogène (7,5 nm de diamètre), distribuées au hasard, et plus concentrées sur la face P que sur la face E (Figure 6-28). On pense qu'il s'agit principalement de molécules de bande 3 : lorsque des doubles couches lipidiques artificielles sont reconstituées avec des molécules de bande 3 purifiées, on observe des particules intramembranaires typiques de 7,5 nm après fracture des doubles couches. La Figure 6-29 illustre la raison pour laquelle des molécules de bande 3 sont visibles en microscopie électronique de membranes d'hématies préparés par cryofracture, mais que les molécules de glycophorine ne le sont probablement pas.

D'une manière générale, il n'est pas difficile d'imaginer comment une protéine transmembranaire comme la bande 3, dont la plus grande partie de la masse est concentrée dans la double couche lipidique, pourrait servir d'intermédiaire dans le transport passif de molécules polaires à travers la double couche apolaire. La bande 3 (ou son dimère ou son tétramère) pourrait fournir un canal transmembranaire hydrophile le long duquel les ions Cl^- et HCO_3^- seraient transportés sans avoir de contact avec l'intérieur hydrophobe de la double couche lipidique (voir Figure 6-43A, p. 302). Il est difficile de concevoir la façon dont une molécule comme la glycophorine, qui traverse la double couche sous la forme d'une hélice α unique, pourrait, par elle-même, être l'intermédiaire dans ce type de transport.

Pour comprendre le mode d'action des protéines de transport membranaire, il est nécessaire de connaître avec précision leur structure tridimensionnelle au sein de la double couche. La première protéine de transport de la membrane plasmique pour laquelle de tels détails furent connus est la *bactériorhodopsine*, une protéine qui sert de pompe protonique (H^+) photoactivée chez certaines bactéries. La structure de la bactériorhodopsine est semblable

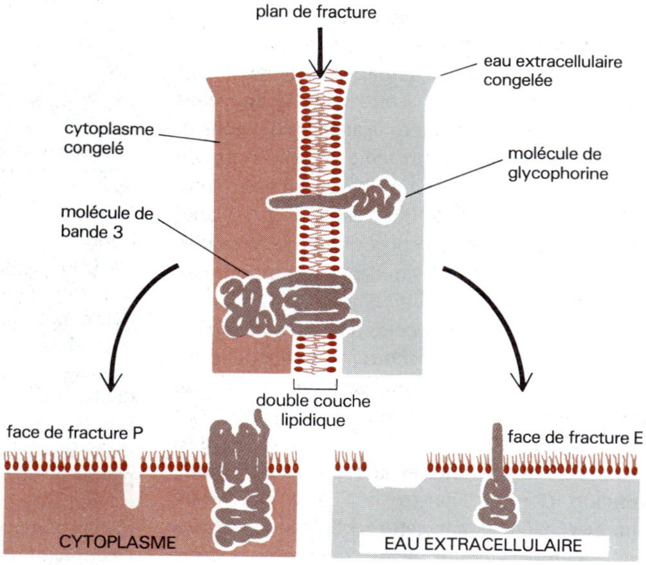

Figure 6-29 Destinées possibles des molécules de bande 3 et de glycophorine dans la membrane d'une hématie humaine au cours de la cryofracture. Lorsque la double couche lipidique est fracturée, la moitié interne ou externe de chaque protéine transmembranaire est repoussée vers l'extérieur de la monocouche congelée à laquelle elle est associée ; la protéine tend à rester avec la monocouche qui contient le gros des protéines. Pour cette raison, les molécules de bande 3 restent habituellement avec la face de la fracture interne (P) ; elles ont une masse suffisante au-dessus du plan de fracture pour être facilement visualisées sous forme de particules intramembranaires. Les molécules de glycophorine restent habituellement avec la face de fracture externe (E), mais on pense que leurs extrémités cytoplasmiques ont des masses insuffisantes pour être observées.

à celle de diverses autres protéines membranaires (voir p. 705), et elle mérite que nous fassions ici une brève digression.

Figure 6-30 Représentation schématique de la bactérie *Halobacterium halobium*, montrant les plaques de membrane pourpre qui contiennent les molécules de bactériorhodopsine. Ces bactéries, qui vivent dans des mares d'eau salée où elles sont exposées à une grande quantité de lumière solaire, ont développé une variété de protéines activées par la lumière, y compris la bactériorhodopsine — une pompe à proton activée par la lumière et située dans leur membrane plasmique.

La bactériorhodopsine est une pompe protonique qui traverse la double couche sous la forme de sept hélices α [14]

La « membrane pourpre » de la bactérie *Halobacterium halobium* est une région spécialisée dans la membrane plasmique (Figure 6-30) qui contient une seule espèce de molécule protéique, **la bactériorhodopsine**. Chaque molécule de bactériorhodopsine contient un groupement prosthétique unique servant de photorécepteur, ou chromophore (appelé *rétinal*), qui est voisin de la vitamine A et identique au chromophore de la rhodopsine des cellules en bâtonnets de la rétine des vertébrés (voir p. 1106). Le rétinal est lié de façon covalente à la chaîne latérale d'une lysine de la protéine ; quand il est activé par un photon lumineux, le chromophore excité provoque un changement conformationnel de la protéine qui a pour conséquence le transfert d'un ou de deux H^+ de l'intérieur vers l'extérieur de la cellule. Ce transfert établit un gradient protonique et un gradient de tension à travers la membrane plasmique, qui, à son tour, entraîne la production d'ATP par une seconde protéine dans la membrane plasmique de la cellule.

Puisque les nombreuses molécules de bactériorhodopsine dans la membrane cellulaire forment un réseau cristallin plan (comme un cristal bidimensionnel), il a été possible de déterminer la structure tridimensionnelle de la bactériorhodopsine et son orientation dans la membrane jusqu'à une résolution de 0,7 nm en combinant les techniques de microscopie électronique en faible intensité et d'analyse de diffraction électronique en faible incidence. Ce dernier procédé est analogue à l'analyse de la diffraction des rayons X dans l'étude des cristaux tridimensionnels de protéines solubles, bien qu'on obtienne moins de détails structuraux. Comme l'illustre la Figure 6-31, ces études ont montré que chaque molécule de bactériorhodopsine est repliée en sept hélices α étroitement serrées (chacune contenant environ 25 acides aminés), qui traversent la double couche lipidique à peu près à angle droit. Il semble vraisemblable que les protons soient transmis par le chromophore le long d'un système relais établi par les chaînes latérales des hélices α ; cependant, les détails moléculaires en sont inconnus.

La bactériorhodopsine est un membre d'une famille de protéines membranaires qui ont des structures semblables mais des fonctions différentes. Par exemple, la *rhodopsine*, la protéine photoréceptrice des cellules en bâtonnets de la rétine des vertébrés, et un certain nombre de récepteurs protéiques de la surface cellulaire qui fixent des hormones spécifiques, sont également repliés en sept hélices α transmembranaires (voir p. 705). Ces protéines agissent comme transducteurs de signaux plutôt que comme transporteurs ; chacune répond à un signal extracellulaire en activant une autre protéine de la membrane plasmique, qui engendre un signal chimique dans le cytosol (voir p. 685).

Pour comprendre la fonction de la bactériorhodopsine au niveau des détails moléculaires, il sera nécessaire de localiser avec précision chacun de ses atomes, ce qui nécessitera des études par diffraction des rayons X de cristaux de la protéine. Du fait de leur nature amphiphile, il est extrêmement difficile de cristalliser les protéines membranaires, et c'est seulement en 1985 que la première de ces protéines — un centre de réaction photosynthétique bactérien — fut étudiée avec succès par des techniques de diffraction des rayons X. Les résultats de ces études sont d'une importance générale pour la biologie des membranes, car elles ont montré pour la première fois comment de multiples polypeptides peuvent s'associer dans une membrane pour former une machine protéique complexe.

Quatre chaînes polypeptidiques différentes d'un complexe lié à la membrane forment un centre de réaction photosynthétique bactérien [15]

Dans le Chapitre 3, nous avons discuté de la façon dont s'associent différents polypeptides pour former d'importants complexes multienzymatiques qui peuvent synthétiser des réactions complexes avec une grande efficacité car leurs sous-unités coopèrent (voir p. 126). Des complexes protéiques semblables sont présents dans les membranes, et le **centre de réaction photosynthétique** bactérien fut le premier à être compris dans les détails. Ce complexe protéique est situé dans la membrane plasmique de la bactérie photosynthétique pourpre *Rhodopseudomonas viridis* ; il y utilise l'énergie lumineuse captée pour créer un électron de

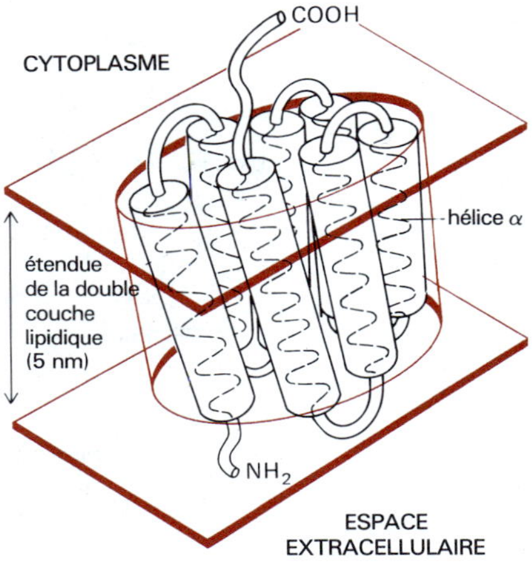

Figure 6-31 Structure d'une molécule de bactériorhodopsine et de ses relations avec la double couche lipidique. La chaîne polypeptidique traverse la double couche sous forme de sept hélices α. (D'après des données de R. Henderson et P.N.T. Unwin, *Nature* 257 : 28-32, 1975.)

haute énergie qui est transporté à travers la membrane en moins d'une nanoseconde. L'électron est ensuite transmis à d'autres transporteurs d'électrons dans la membrane, qui utilise une partie de l'énergie libérée par le processus de transport d'électrons pour synthétiser de l'ATP dans le cytosol. Le centre réactionnel est un tétramère composé de quatre polypeptides différents : L, M, H et un cytochrome. Il a été solubilisé dans un détergent, cristallisé sous forme d'un complexe protéine-détergent, et analysé par diffraction des rayons X pour obtenir sa structure tridimensionnelle complète.

Le complexe protéique contient quatre molécules de chlorophylle et huit molécules d'autres coenzymes qui transportent des électrons. La détermination de la localisation précise de chacun de ces coenzymes fut un progrès très important dans notre compréhension de la photosynthèse, comme nous en discuterons dans le Chapitre 7 (voir p. 375). Également importante et plus en rapport avec notre présente discussion fut la détermination de l'organisation précise des quatre sous-unités protéiques dans le complexe protéique transmembranaire. Les sous-unités L et M sont homologues, chacune contenant cinq hélices α qui traversent la double couche lipidique de la membrane plasmique (Figure 6-32). Ces deux sous-unités forment un hétérodimère qui est le noyau du centre réactionnel, ses 10 hélices α entourant les transporteurs d'électrons. La sous-unité H est une seule hélice α transmembranaire, alors que le reste de la chaîne polypeptidique est replié en un domaine globulaire qui fait saillie sur la face cytoplasmique de la membrane où il se lie à l'hétérodimère L-M. Le cytochrome est une protéine membranaire périphérique qui est liée à l'hétérodimère L-M sur la face non cytoplasmique de la membrane (voir Figure 6-32).

Les deux sous-unités « supplémentaires » augmentent considérablement l'efficacité de la réaction de photosynthèse catalysée par l'hétérodimère L-M : le cytochrome maintient l'alimentation de l'hétérodimère en électrons, alors que la sous-unité H est supposée coupler le centre réactionnel à un réseau de protéines photoréceptrices à l'intérieur de la cellule. L'hétérodimère L-M a été très conservé au cours de l'évolution, et on pense qu'un couple de protéines très voisines forme le noyau de l'un des centres de réaction photosynthétique dans les plantes vertes (voir p. 377).

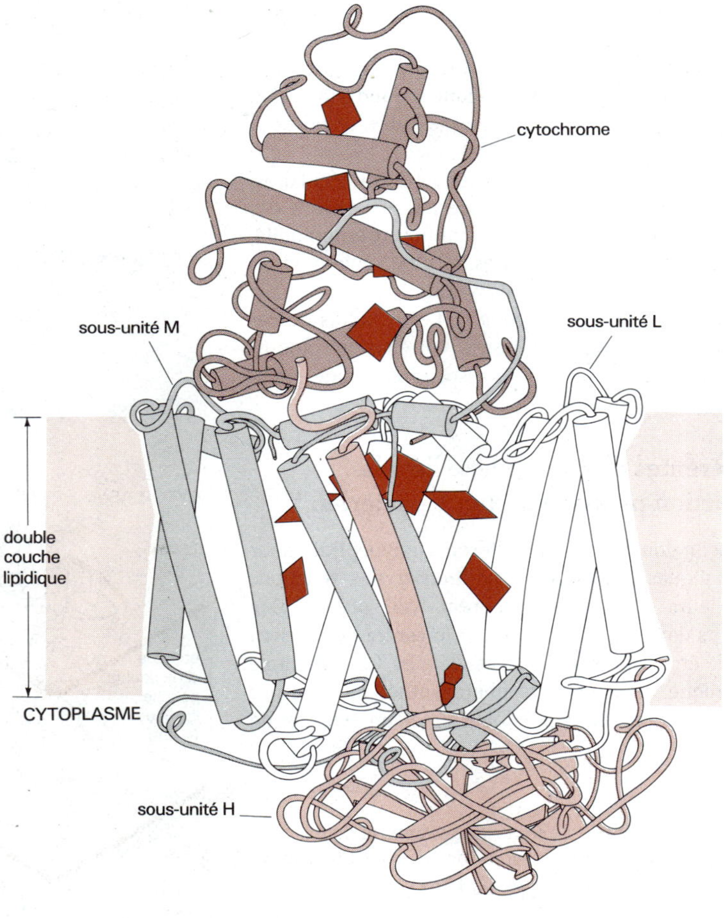

Figure 6-32 Structure du centre de réaction photosynthétique de la bactérie *Rhodopseudomonas viridis*, déterminée par diffraction des rayons X des cristaux de ce complexe protéique transmembranaire. Le complexe protéique est composé de quatre sous-unités, L, M, H et un cytochrome : les sous-unités L et M forment le noyau du centre réactionnel, et chacune d'elles contient cinq hélices α qui traversent la double couche lipidique. Les localisations des coenzymes transporteurs d'électrons sont uniformément colorées. (D'après un schéma de J. Richardson, basé sur des données de J. Deisenhofer, O. Epp, K. Miki, R. Huber et H. Michel, *Nature* 318 : 618-624, 1985.)

6-15 De nombreuses protéines membranaires diffusent dans le plan de la membrane [16]

Comme les lipides membranaires, les protéines membranaires ne basculent pas *(flip-flop)* à travers la double couche, et elles tournent autour d'un axe perpendiculaire au plan de la double couche *(diffusion par rotation)*. De plus, de nombreuses protéines membranaires sont capables de se déplacer latéralement à l'intérieur de la membrane *(diffusion latérale)*. La première preuve directe de la mobilité de certaines protéines de la membrane plasmique dans le plan de la membrane fut apportée, en 1970, par des expériences utilisant des cellules hybrides (*hétérocaryons,* voir p. 162) qui étaient produites artificiellement en fusionnant des cellules de souris et des cellules humaines. Deux anticorps marqués différemment étaient utilisés pour distinguer les protéines de membrane plasmique murines et humaines sélectionnées. Bien que les protéines murines et humaines étaient initialement limitées à leurs propres moitiés dans l'hétérocaryon néoformé, les deux ensembles de protéines avaient diffusé et s'étaient mélangés sur toute la surface de la cellule en l'espace d'une demi-heure (Figure 6-33). La découverte d'un phénomène de *regroupement* ou « *patching* » apporte rapidement les preuves supplémentaires de la mobilité des protéines membranaires (voir p. 333) : lorsque des anticorps se fixent à des protéines spécifiques à la surface des cellules, les protéines ont tendance à s'agréger en amas de grande taille, indiquant qu'elles sont capables de se déplacer latéralement dans la double couche lipidique.

Les vitesses de diffusion latérale des protéines membranaires peuvent être quantifiées grâce à la technique de *récupération de la fluorescence après photodécoloration* [« fluorescence recovery after photobleaching *(FRAP)* »]. Cette méthode fut utilisée initialement pour étudier

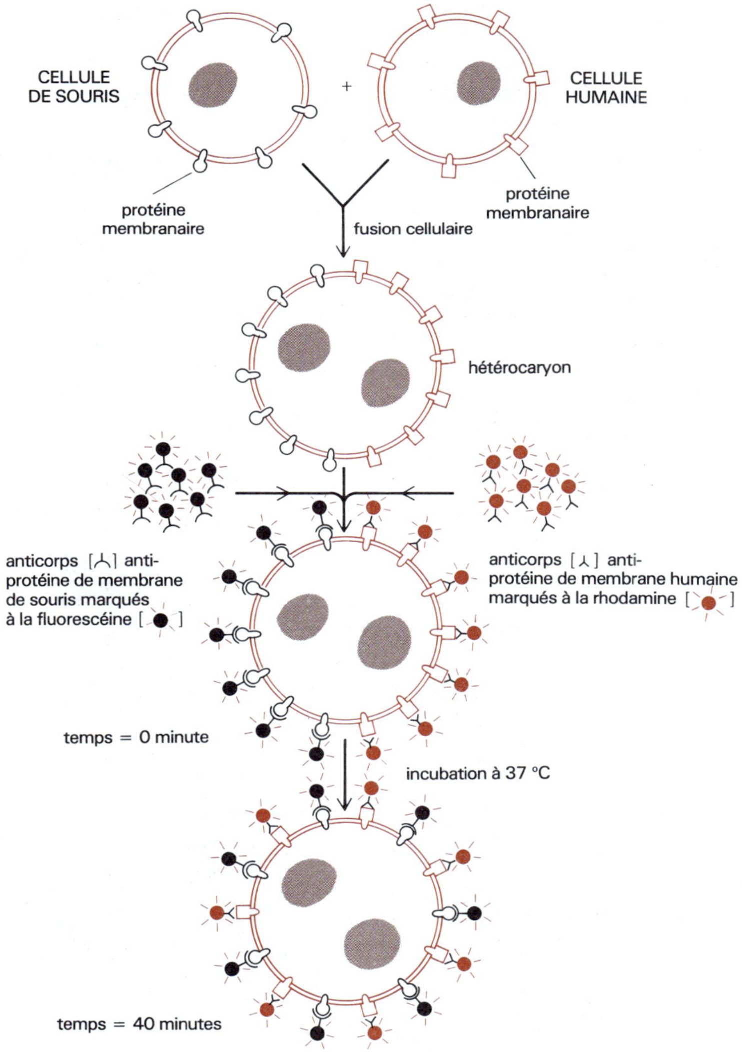

Figure 6-33 L'expérience démontrant le mélange des protéines de la membrane plasmique sur des cellules hybrides homme-souris. Les protéines de souris et les protéines humaines sont initialement restreintes à leurs propres moitiés de la membrane plasmique de l'hétérocaryon néoformé, mais elles se mélangent avec le temps. Les deux anticorps utilisés pour visualiser les protéines peuvent être différenciés en microscopie à fluorescence car la fluorescéine est verte alors que la rhodamine est rouge. (Basé sur des observations de L.D. Frye et M. Edidin, *J. Cell Sci.* 7 : 319-335, 1970 avec l'autorisation de la Compagnie des biologistes.)

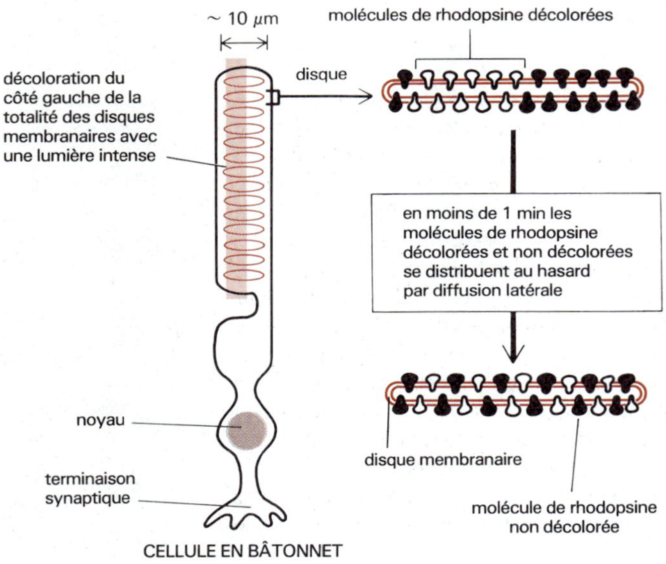

Figure 6-34 Mesure de la vitesse de diffusion latérale des molécules de rhodopsine dans les disques membranaires d'une cellule photoréceptrice (bâtonnet de la rétine) par la technique de FRAP. Une fois les chromophores rétiniens dans les molécules de rhodopsine décolorés sur un côté de la cellule, la vitesse à laquelle les molécules de rhodopsine décolorées et non décolorées se mélangent par diffusion est mesurée. (Basé sur des observations de M. Poo et R.A. Cone, *Nature* 247 : 438-441, 1974.)

diffusion de molécules individuelles de rhodopsine dans les membranes en forme de disques des cellules en bâtonnets des vertébrés. Comme nous l'avons vu, la rhodopsine présente une structure semblable à celle de la bactériorhodopsine, et elle contient le même chromophore (rétinal). La diffusion des molécules de rhodopsine peut être mesurée par décoloration du chromosome dans les molécules de rhodopsine sur l'une des faces d'une cellule photoréceptrice avec un faisceau très focalisé de lumière intense, et par mesure du temps que prennent les molécules de rhodopsine décolorées et non décolorées pour se mélanger par diffusion (Figure 6-34). La vitesse de diffusion, mesurée en tant que *coefficient de diffusion (D),* est d'environ 5×10^{-9} cm^2/s ; ce n'est que la moitié de la valeur du coefficient de diffusion d'une molécule de phospholipide dans une membrane (voir p. 278), et c'est le coefficient de diffusion le plus élevé de toutes les protéines membranaires connues.

La même technique peut être utilisée pour étudier les protéines membranaires qui ne contiennent pas de chromophores en les couplant tout d'abord à des ligands fluorescents. La plupart du temps, ce sont des anticorps monovalents fluorescents (fragments d'anticorps qui n'ont qu'un site de fixation antigénique et ne peuvent donc par former de liaisons croisées avec des molécules voisines — voir p. 1013). Les ligands fortement liés sont ensuite décolorés sur une petite surface par un faisceau laser, et on mesure le temps que prennent les protéines membranaires adjacentes portant des molécules d'anticorps fluorescents non décolorées pour diffuser dans la zone décolorée (dont la fluorescence est éteinte) (Figure 6-35). Les vitesses de diffusion de diverses glycoprotéines de la membrane plasmique mesurées de cette façon sont habituellement au moins 5 à 50 fois inférieures à celles des molécules de rhodopsine. Ces vitesses de diffusion relativement lentes ne sont pas une propriété intrinsèque des molécules glycoprotéiques isolées elles-mêmes, puisque les mêmes glycoprotéines diffusent beaucoup plus rapidement lorsqu'elles sont insérées dans des doubles couches lipidiques artificielles. On ne connaît pas avec précision la raison des faibles vitesses de diffusion mesurées par la technique de FRAP pour les glycoprotéines dans les membranes plasmiques. Une interprétation possible serait que les chaînes oligosaccharidiques volumineuses situées sur les domaines extracellulaires de telles molécules interagissent avec celles situées sur d'autres glycoprotéines dans la membrane pour ralentir la diffusion : dans quelques cas au moins, l'élimination des glucides augmente considérablement la vitesse de diffusion de la protéine.

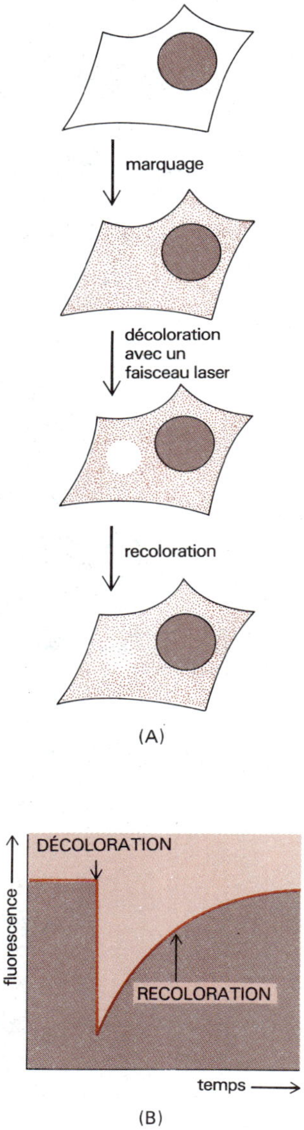

Figure 6-35 Mesure de la vitesse de diffusion latérale d'une glycoprotéine de la membrane plasmique par la technique de FRAP. (A) Une glycoprotéine spécifique est marquée à la surface cellulaire par un anticorps fluorescent monovalent qui ne se fixe qu'à cette protéine. Une fois les anticorps décolorés dans une petite zone par un faisceau laser, l'intensité de fluorescence se rétablit au fur et à mesure que les molécules décolorées quittent la zone irradiée et que les molécules non décolorées diffusent dans la zone irradiée. (B) Le graphique montre la vitesse de rétablissement : plus le coefficient de diffusion de la glycoprotéine membranaire est grand, plus le rétablissement est rapide.

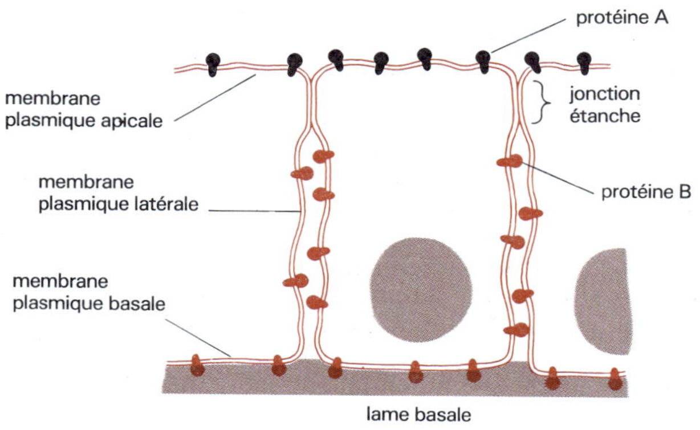

Figure 6-36 Schéma d'une cellule épithéliale montrant comment une protéine de la membrane plasmique est limitée à un domaine particulier de la membrane. Les protéines A (dans la membrane apicale) et B (dans les membranes basale et latérale) peuvent diffuser latéralement dans leurs propres domaines, mais il est probable que la jonction particulière, appelée *jonction étanche*, les empêche de pénétrer dans l'autre domaine. Les molécules lipidiques de la monocouche externe (non cytoplasmique) de la membrane plasmique sont également incapables de diffuser entre les deux domaines, alors que celles de la monocouche interne (cytoplasmique) en sont capables.

Les cellules ont les moyens de limiter les protéines et les lipides à des domaines spécifiques à l'intérieur d'une membrane [17]

La reconnaissance de la nature bidimensionnelle fluide des membranes biologiques fut un progrès fondamental dans la compréhension de la structure et de la fonction de la membrane, mais il est évidemment simple de représenter la membrane comme une mer de lipides où toutes les protéines flottent librement. De nombreuses cellules ont des moyens de limiter les protéines membranaires à des domaines spécifiques dans une double couche lipidique continue. Par exemple, dans les cellules épithéliales, comme celles qui tapissent l'intestin ou les tubules rénaux, certaines enzymes de la membrane plasmique et certaines protéines de transport sont limitées à la surface apicale des cellules, alors que d'autres sont limitées aux surfaces basale et latérale (Figure 6-36). Comme nous en discuterons plus tard, cette distribution asymétrique des protéines membranaires est souvent essentielle à la fonction de l'épithélium (voir p. 310). Les compositions lipidiques de ces deux domaines membranaires sont également différentes, démontrant que les cellules épithéliales peuvent empêcher la diffusion des molécules lipidiques et protéiques entre les domaines, bien que des expériences avec des lipides marqués suggèrent que seules les molécules lipidiques de la monocouche externe de la membrane sont limitées de cette façon. On pense que la séparation des molécules protéiques ainsi que des molécules lipidiques est maintenue, au moins en partie, par les barrières établies par un type particulier de jonction intercellulaire (appelée *jonction étanche*, voir p. 793). Comme nous le verrons plus loin, les protéines membranaires qui composent les jonctions intercellulaires ne diffusent pas latéralement dans les membranes qui sont en contact (voir Figure 6-38D).

Une cellule peut également créer des domaines membranaires sans utiliser de jonctions intercellulaires. Par exemple, le spermatozoïde de mammifère est une cellule unique qui est composée de deux parties structurellement et fonctionnellement distinctes — une tête et une queue (voir p. 864) — recouvertes par une membrane plasmique continue. Lorsqu'un spermatozoïde est examiné par microscopie en immunofluorescence, en utilisant divers anticorps qui réagissent avec les antigènes de surface de la cellule, on découvre que la membrane plasmique est constituée d'au moins trois domaines différents (Figure 6-37). Dans certains cas au moins, les antigènes sont capables de diffuser dans les limites de leur propre domaine ; on ne connaît pas la façon dont ils sont confinés.

Dans les deux exemples que nous venons d'examiner, la diffusion des molécules protéiques et lipidiques est limitée à des domaines particuliers à l'intérieur d'une membrane

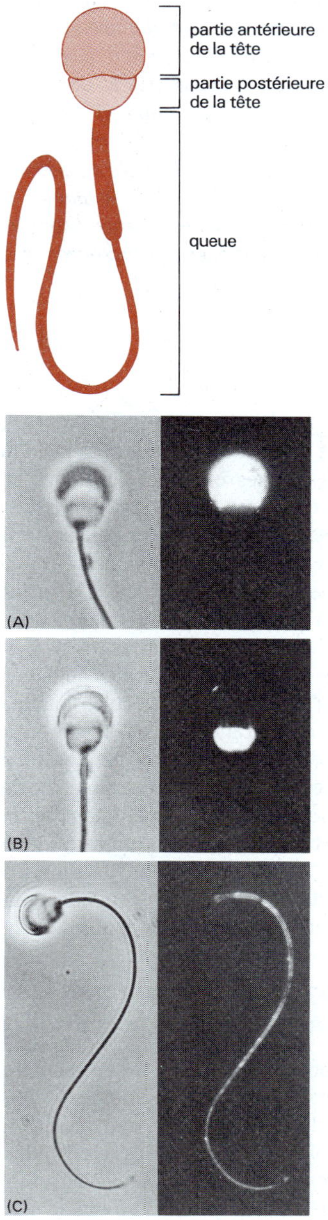

Figure 6-37 Trois domaines de la membrane plasmique du spermatozoïde de cobaye mis en évidence avec des anticorps monoclonaux (voir p. 178). Un spermatozoïde de cobaye est représenté schématiquement dans le dessin supérieur, alors que chacune des trois paires de micrographies montrées en (A), (B) et (C) représente un marquage de la surface cellulaire par immunofluorescence avec un anticorps monoclonal différent à côté d'une micrographie en contraste de phase de la même cellule. L'anticorps représenté en (A) ne marque que la tête antérieure, celui représenté en (B) ne marque que la tête postérieure, alors que celui représenté en (C) ne marque que la queue. (A et B, d'après D.G. Myles, P. Primakoff et A.R. Bellvé, *Cell* 23 : 434-439, 1981, avec la permission copyright de Cell Press. C, d'après P. Primakoff et D.G. Myles, *Dev. Biol.* 98 : 417-428, 1983.)

plasmique continue. Les cellules ont également des façons plus énergiques d'immobiliser certaines protéines membranaires. L'une d'elles est illustrée par la membrane pourpre de *Halobacterium*, où les molécules de bactériorhodopsine s'assemblent en cristaux bidimensionnels de grande taille dans lesquels les molécules protéiques individuelles sont relativement immobilisées par leurs interactions réciproques ; des agrégats volumineux de ce type diffusent très lentement. Une façon plus courante de restreindre la mobilité latérale des protéines membranaires spécifiques est de les attacher à des assemblages macromoléculaires à l'intérieur ou à l'extérieur de la cellule. Nous avons vu que certaines protéines membranaires des hématies sont ancrées dans le cytosquelette ; dans d'autres types cellulaires, les protéines de la membrane plasmique peuvent s'ancrer au cytosquelette ou à la matrice extracellulaire ou aux deux. Les quatre façons connues d'immobiliser des protéines membranaires spécifiques sont résumées dans la Figure 6-38.

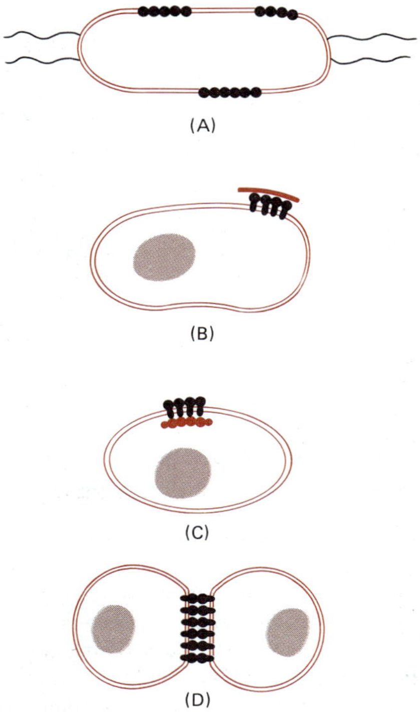

Figure 6-38 Quatre moyens de restreindre la mobilité latérale de protéines spécifiques de la membrane plasmique. Les protéines peuvent s'assembler en agrégats volumineux (comme la bactériorhodopsine dans la membrane pourpre de *Halobacterium*) (A), elles peuvent être fixées par des interactions avec des assemblages de macromolécules à l'extérieur (B) ou à l'intérieur (C) de la cellule, ou elles peuvent interagir avec des protéines à la surface d'une autre cellule (D).

Résumé

Alors que la double couche lipidique détermine la structure fondamentale des membranes biologiques, les protéines sont responsables de la plupart des fonctions membranaires, servant de récepteurs spécifiques, d'enzymes, de protéines de transport, etc. La majorité des protéines membranaires traversent la double couche lipidique : dans certaines de ces protéines transmembranaires, la chaîne polypeptidique traverse la double couche sous la forme d'une seule hélice α (single-pass protein) ; dans d'autres, la chaîne polypeptidique traverse la double couche plusieurs fois sous la forme d'une série d'hélices α (multipass protein). D'autres protéines associées à la membrane ne traversent pas la double couche mais sont fixées à l'une ou l'autre face de la membrane. Beaucoup d'entre elles sont liées par des interactions non covalentes aux protéines transmembranaires, mais d'autres sont fixées de façon covalente aux molécules lipidiques. Comme les molécules lipidiques dans la double couche, de nombreuses protéines membranaires sont capables de diffuser dans le plan de la membrane. Par ailleurs, les cellules ont des moyens d'immobiliser les protéines membranaires spécifiques et de limiter à la fois les molécules protéiques et lipidiques des membranes à des domaines particuliers dans une double couche lipidique continue.

Les glucides membranaires

Toutes les cellules eucaryotes possèdent des glucides au niveau de leurs surfaces, à la fois sous forme de chaînes oligosaccharidiques et polysaccharidiques liées de façon covalente aux protéines membranaires et sous forme de chaînes oligosaccharidiques liées de façon covalente aux lipides (glycolipides). Les glucides totaux des membranes plasmiques constituent entre 2 et 10 p. cent du poids total de la membrane. La plupart des molécules protéiques de la membrane plasmique exposées à la surface de la cellule portent des résidus glucidiques, alors que moins d'une molécule lipidique sur 10 dans la monocouche lipidique externe de la plupart des membranes plasmiques contient des glucides (voir p. 282). Bien que le fait qu'il y ait cinquante fois plus de molécules lipidiques que de molécules protéiques dans les membranes signifie qu'il y a plus de molécules lipidiques que de molécules protéiques portant des glucides dans une membrane typique, il y a au total plus de glucides liés aux protéines : une seule glycoprotéine, telle que la glycophorine, peut avoir de nombreuses chaînes latérales oligosaccharidiques, alors que chaque molécule de glycolipide en a une seule. De plus, de nombreuses membranes plasmiques contiennent des molécules de *protéoglycanne* transmembranaires. Les protéoglycannes, qui sont composés de longues chaînes polysaccharidiques liées à un noyau protéique, sont principalement présents à l'extérieur de la cellule, en tant que partie de la matrice extracellulaire (voir p. 806) ; cependant, dans le cas des protéoglycannes transmembranaires, le noyau protéique traverse la double couche lipidique.

6-18 Les glucides des membranes biologiques sont principalement limités à la surface non cytosolique [18]

Comme nous l'avons vu, les membranes biologiques présentent une asymétrie frappante : les lipides des monocouches lipidiques externe et interne sont différents, comme le sont les polypeptides exposés sur les deux faces. La distribution des glucides est également asymétrique, car les chaînes glucidiques des glycolipides, glycoprotéines, et protéoglycannes des membranes plasmiques et internes sont exclusivement localisées sur la face non cytosolique : dans les membranes plasmiques, les résidus glucidiques sont exposés à l'extérieur de la cellule, alors

Tableau 6-2 Lectines végétales couramment utilisées et disponibles dans le commerce ainsi que les résidus glucidiques spécifiques qu'elles reconnaissent

Lectines	**Spécificité glucidique**
Concavaline A (des haricots Jaquier)	α-D-glucoce et α-D-mannose
Lectine de soja	α-galactose et N-acétyl-D-galactosamine
Lectine de germe de blé	N-acétylglycosamine
Lectine de graine de lotus	fucose

que dans les membranes internes, elles sont tournées vers l'intérieur face à la lumière du compartiment limité par la membrane (voir p. 454).

Il existe deux modes de liaison distincts des oligosaccharides aux glycoprotéines membranaires : ce peut être une liaison *N-glycosylée* avec un résidu asparagine dans la chaîne polypeptidique ou une liaison *O-glycosylée* avec un résidu sérine ou thréonine (voir p. 446). Les oligosaccharides N-glycosylés contiennent habituellement 12 oses environ et sont construits autour d'un noyau commun de résidus mannose (voir p. 452), alors que les oligosaccharides O-glycosylés ont tendance à être plus courts (environ 4 oses de long).

Une manière commode de démontrer la présence de glucides à la surface cellulaire est d'utiliser des protéines de liaison des glucides, nommées **lectines**. Ce sont des protéines ayant des sites de liaison qui reconnaissent une séquence spécifique de résidus glucidiques. A l'origine, elles furent isolées à partir de végétaux où on les trouve en quantités importantes dans de nombreuses graines ; certains sont très toxiques et servent à dissuader les animaux de les manger. Plus récemment, la présence de lectines a été démontrée dans de nombreux organismes, y compris les mammifères ; certains d'entre elles se trouvent sur la surface des cellules et on pense qu'elles sont impliquées dans la reconnaissance entre cellules (pour des exemples, voir Figure 15-42, p. 870). Puisque les lectines se lient à des glycoprotéines, des protéoglycannes et des glycolipides présents à la surface des cellules, elles sont largement utilisées en biologie cellulaire comme outils biochimiques afin de localiser et d'isoler des molécules de membrane plasmique qui contiennent des glucides. Certaines lectines de végétaux couramment utilisées ainsi que leurs spécificités glucidiques sont répertoriées dans le Tableau 6-2.

Le terme *enveloppe cellulaire* ou *glycocalyx* est souvent utilisé pour décrire la zone périphérique riche en glucides située à la surface externe de la plupart des cellules eucaryotes. Cette zone peut être mise en évidence par une collection de colorants, comme le rouge de ruthénium (Figure 6-39), ainsi que par des lectines marquées. Bien que les glucides soient principalement attachés aux molécules intrinsèques de la membrane plasmique, le glycocalyx peut également contenir à la fois des glycoprotéines et des protéoglycannes qui ont été sécrétés puis adsorbés à la surface de la cellule (Figure 6-40.) Certaines de ces macromolécules adsorbées sont des composants de la matrice extracellulaire, de sorte que la question de savoir où se termine la membrane plasmique et où commence la matrice extracellulaire est réellement une question de sémantique.

Bien que la forte concentration en glucides de surface doive avoir une grande influence sur de nombreuses fonctions de la membrane plasmique, la nature de cette influence n'est pas encore bien comprise. La complexité de certains des oligosaccharides, ainsi que leur position

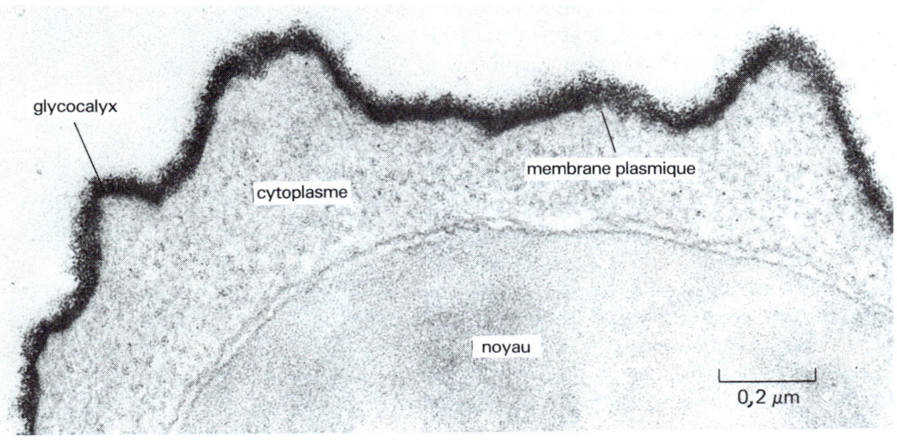

Figure 6-39 Micrographie électronique de la surface d'un lymphocyte coloré au rouge de ruthénium afin de mettre en évidence l'enveloppe cellulaire (glycocalyx). (Avec l'autorisation de A. M. Glauert et G. M. W. Cook.)

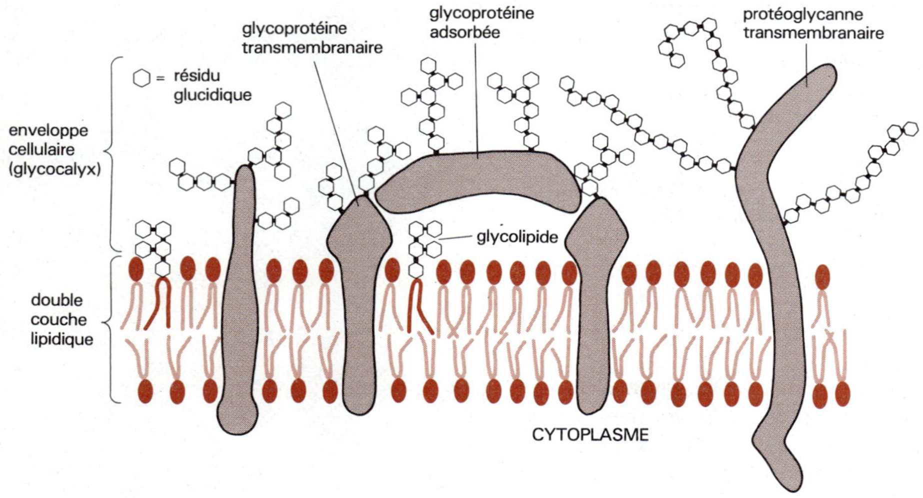

Figure 6-40 Schéma de l'enveloppe cellulaire (glycocalyx), constituée des chaînes latérales oligosaccharidiques de glycolipides et de glycoprotéines membranaires intrinsèques, et de chaînes polysaccharidiques sur des protéoglycannes transmembranaires. De plus, des glycoprotéines et des protéoglycannes adsorbés (non figurés) contribuent au glycocalyx dans certaines cellules. Noter que tous les glucides sont situés à l'extérieur de la membrane. Quelques glycoprotéines et protéoglycannes intrinsèques sont liés de façon covalente au phosphatidyl inositol dans les monocouches externes de la membrane plasmique par l'intermédiaire d'un oligosaccharide spécifique (non représenté, mais voir la Figure 6-14 (4) page 284).

exposée à la surface cellulaire, suggèrent qu'ils pourraient jouer un rôle important dans les processus de reconnaissance entre cellules et entre matrice et cellule. Bien qu'il existe des preuves indirectes mais solides de cela dans quelques cas (voir pp. 869 et 875), cette fonction des glucides de surface cellulaire a, le plus souvent, été difficile à démontrer sans ambiguïté.

Résumé

Dans la membrane plasmique de toutes les cellules eucaryotes, la plupart des protéines exposées à la surface cellulaire et certaines des molécules lipidiques de la monocouche lipidique externe ont des chaînes oligosaccharidiques qui leur sont attachées de façon covalente. Certaines membranes plasmiques contiennent également des molécules de protéoglycannes transmembranaires dans lesquelles plusieurs chaînes polysaccharidiques sont liées de façon covalente à un noyau protéique transmembranaire. Bien que la fonction des glucides de surface cellulaire reste incertaine, il semble vraisemblable que certains d'entre eux, au moins, jouent un rôle dans les processus de reconnaissance entre cellules et entre cellule et matrice.

Transport membranaire des petites molécules [19]

Le caractère hydrophobe de la partie interne de la double couche lipidique en fait une barrière extrêmement imperméable à la plupart des molécules polaires et empêche ainsi la plus grande partie des composants hydrosolubles de la cellule de s'échapper. Mais c'est précisément pour cette raison que les cellules ont dû développer des systèmes particuliers pour transporter des molécules hydrosolubles à travers leurs membranes. Les cellules doivent ingérer des substances nutritives essentielles et excréter les déchets métaboliques. Elles doivent aussi régler les concentrations ioniques intracellulaires, ce qui implique le transport d'ions spécifiques vers l'intérieur ou l'extérieur de la cellule. Le transport de petites molécules hydrosolubles à travers la double couche lipidique s'effectue grâce à des protéines transmembranaires spécialisées, dont chacune est responsable du transfert d'une molécule ou d'un groupe spécifique de molécules étroitement apparentées. Les cellules ont également mis au point des méthodes pour transporter des macromolécules, comme les protéines, et même des particules volumineuses, à travers leurs membranes plasmiques, mais les mécanismes impliqués sont très différents de ceux qui sont employés pour le transfert de petites molécules et seront examinés dans un paragraphe ultérieur (voir p. 323).

Dans le présent paragraphe, nous verrons que la perméabilité sélective combinée au transport actif à travers la membrane plasmique est à l'origine de différences importantes entre la composition ionique du cytosol et celle du liquide extracellulaire (Tableau 6-3). Ceci permet aux membranes cellulaires de stocker de l'énergie potentielle sous forme de gradients ioniques. Ces gradients ioniques transmembranaires sont utilisés pour commander divers processus de transport, pour transmettre des signaux électriques, et (dans les mitochondries, les chloroplastes et les bactéries) pour fabriquer de l'ATP. Avant d'aborder l'étude des protéines de transport membranaires et celle des gradients ioniques engendrés par certaines d'entre elles, il est important d'avoir quelques notions des propriétés de perméabilité de doubles couches lipidiques artificielles ne contenant pas de protéines.

Tableau 6-3 Comparaison des concentrations ioniques à l'intérieur et à l'extérieur d'une cellule de mammifère typique

Composant	Concentration intracellulaire (mM)	Concentration extracellulaire (mM)
Cations		
Na^+	5-15	145
K^+	140	5
Mg^{2+}	0,5	1-2
Ca^{2+}	10^{-4}	1-2
H^+	8×10^{-5} ($10^{-7,1}$ M ou pH 7,1)	4×10^{-5} ($10^{-7,4}$ M ou pH 7,4)
Anions*		
Cl^-	5-15	110

* La cellule devant contenir autant de charges + que de charges — (c'est-à-dire être électriquement neutre), l'important déficit en anions intracellulaires reflète le fait que la plupart des constituants cellulaires sont chargés négativement (HCO_3^-, PO_4^{3-}, protéines, acides nucléiques, métabolites portant des groupements phosphate et carboxyle, etc.). Les concentrations en Ca^{2+} et Mg^{2+} sont données pour les ions libres. Il y a au total environ 20 mM Mg^{2+} et 1-2 mM Ca^{2+} dans les cellules, mais ils sont principalement liés aux protéines et autres substances et, dans le cas du Ca^{2+}, stockés dans divers organites.

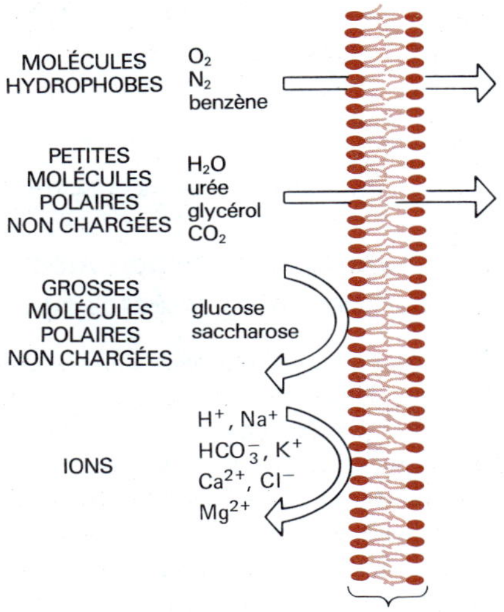

Figure 6-41 La perméabilité relative d'une double couche lipidique artificielle pour différentes catégories de molécules. Plus les molécules sont petites, et, ce qui est important, plus les points hydrogène qu'elles forment avec l'eau sont peu nombreux, plus la molécules diffuse à travers la double couche.

Les doubles couches lipidiques qui ne contiennent pas de protéines sont imperméables aux ions mais tout à fait perméables à l'eau [20]

Si on lui en laisse le temps, pratiquement toute molécule diffusera à travers une double couche lipidique artificielle ne contenant pas de protéines dans le sens de son gradient de concentration. Toutefois, la vitesse de diffusion d'une molécule à travers ce type de double couche lipidique varie considérablement, en fonction de la taille de la molécule et de sa solubilité relative dans l'huile. En général, plus la molécule est petite et plus elle est soluble dans l'huile (c'est-à-dire plus elle est hydrophobe ou non polaire), plus elle diffusera rapidement à travers une double couche. Les *petites molécules non polaires* comme l'O_2 (32 daltons) se dissolvent facilement dans les doubles couches lipidiques et diffusent donc rapidement au travers. Les *molécules polaires non chargées* diffusent également rapidement à travers une double couche si elles sont assez petites. Par exemple, CO_2 (44 daltons), l'éthanol (46 daltons) et l'urée (60 daltons) traversent rapidement ; le glycérol (92 daltons) moins rapidement, et le glucose (180 daltons) très difficilement (Figure 6-41). Il est important de constater que l'eau (18 daltons) diffuse très rapidement à travers les doubles couches lipidiques, bien que les molécules d'eau soient relativement insolubles dans l'huile. Ceci est principalement dû au fait que les molécules d'eau ont un très petit volume et ne sont pas chargées.

Au contraire, les doubles couches lipidiques sont extrêmement imperméables à toutes les molécules *chargées* (ions), quelle que soit leur taille : la charge et le degré d'hydratation élevé de ces molécules les empêchent de pénétrer dans la phase hydrocarbonée de la double couche. Il en résulte que les doubles couches artificielles sont 10^9 fois plus perméables à l'eau qu'à des ions aussi petits que Na^+ ou K^+ (Figure 6-42).

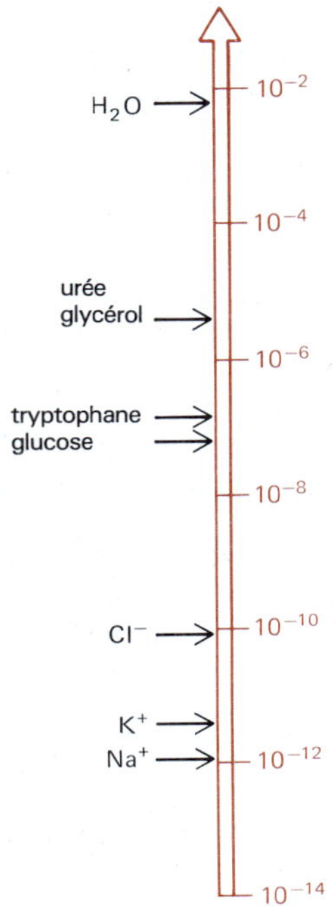

Figure 6-42 Coefficients de perméabilité (cm/sec) pour le passage de diverses molécules à travers des doubles couches lipidiques artificielles. La vitesse du flux d'un soluté à travers la double couche est directement proportionnelle à sa différence de concentration de part et d'autre de la membrane. En multipliant cette différence de concentration (en mol/cm³) par le coefficient de perméabilité (cm/sec), on obtient le flux de soluté en moles par seconde par centimètre carré de membrane. Par exemple, une différence de concentration du tryptophane de 10^{-4} mol/cm³ ($10^{-4}/10^{-3}$ L = 0,1 M) provoquerait un flux de 10^{-4} mol/cm³ $\times$ 10^{-7} cm/sec = 10^{-11} mol/sec à travers 1 cm² de membrane, ou 6×10^4 molécules/sec à travers 1 μm² de membrane.

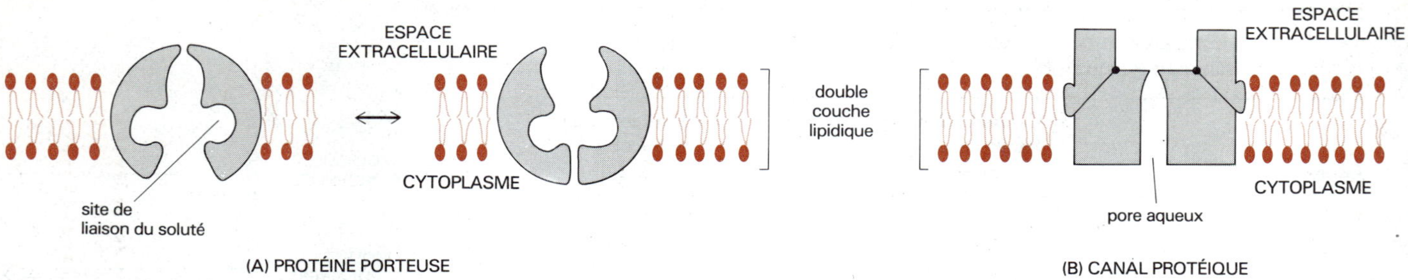

Figure 6-43 Une représentation schématique des deux classes de protéines de transport membranaire. Une *protéine porteuse* adopte alternativement deux conformations, de sorte que le site de liaison du soluté est successivement accessible d'un côté de la double couche puis de l'autre. Au contraire, un *canal protéique* forme un pore rempli d'eau dans la double couche à travers lequel des ions spécifiques peuvent diffuser.

6-19 Les protéines de transport membranaires peuvent agir comme protéines porteuses ou comme canaux [19]

Comme les doubles couches lipidiques artificielles, les membranes cellulaires permettent à l'eau et aux molécules non polaires de pénétrer par simple diffusion. Cependant, les membranes cellulaires sont également perméables à diverses molécules polaires, comme les ions, les oses, les acides aminés, les nucléotides, et de nombreux métabolites cellulaires, qui ne passent que très lentement à travers les doubles couches lipidiques artificielles. Des protéines membranaires particulières sont responsables du transport de ces solutés à travers les membranes cellulaires. Ces protéines, appelées **protéines de transport membranaires**, existent sous de nombreuses formes et dans tous les types de membranes biologiques. Chaque protéine est destinée au transport d'une classe particulière de molécules (comme les ions, les oses ou les acides aminés) et souvent d'une seule espèce moléculaire de cette classe. La spécificité des protéines de transport fut initialement suggérée par des études montrant que des mutations géniques uniques supprimaient chez les bactéries la capacité de transporter des oses particuliers à travers leur membrane plasmique. On connaît à l'heure actuelle des mutations analogues chez des humains qui souffrent de diverses maladies héréditaires affectant le transport d'un soluté spécifique dans le rein ou l'intestin ou les deux. Par exemple, des individus atteints de cysténurie, une maladie héréditaire, sont incapables de transporter certains acides aminés (y compris la cystine, le dimère de la cystéine lié par un pont disulfure) de l'urine ou de l'intestin dans le sang ; l'accumulation résultante de cystine dans l'urine conduit à la formation de calculs de cystine dans les reins.

On a trouvé que toutes les protéines de transport membranaires, qui ont été étudiées de façon assez détaillée pour établir leur orientation dans la membrane, sont des protéines transmembranaires à traversées multiples, c'est-à-dire que leur chaîne polypeptidique traverse plusieurs fois la double couche lipidique. En formant une voie protéique continue à travers la membrane, ces protéines permettent aux solutés spécifiques qu'elles transportent de passer à travers la membrane sans venir en contact direct avec l'intérieur hydrophobe de la double couche lipidique.

Il existe deux classes principales de protéines de transport membranaires : les protéines porteuses et les canaux protéiques. Les **protéines porteuses** (également appelées *porteurs* ou *transporteurs*) se lient au soluté spécifique qui doit être transporté et subissent un changement de conformation pour faire passer le soluté d'un côté à l'autre de la membrane. Les **canaux protéiques**, au contraire, forment des pores remplis d'eau qui traversent la double couche lipidique ; lorsque ces pores sont ouverts, ils permettent à des solutés spécifiques (habituellement des ions inorganiques de taille et de charge appropriées) de les traverser et de traverser ainsi la membrane (Figure 6-43).

Le transport actif se fait par l'intermédiaire de protéines porteuses couplées à une source d'énergie [21]

Tous les canaux protéiques et de nombreuses protéines porteuses ne permettent aux solutés de traverser la membrane que par un processus appelé **transport passif** (ou **diffusion facilitée**). Si la molécule transportée n'est pas chargée, seule la différence de concentration des deux côtés de la membrane (son *gradient de concentration*) détermine la direction du transport passif. Cependant, si le soluté porte une charge nette, son transport sera influencé à la fois par son gradient de concentration et par la différence de potentiel électrique à travers la membrane (le *potentiel de membrane*). Le gradient de concentration et le gradient électrique constituent ensemble le **gradient électrochimique**. En fait, il existe une différence de potentiel électrique (gradient de tension), de part et d'autre de toutes les membranes plasmiques, l'intérieur étant négatif par rapport à l'extérieur (voir p. 314). Ce potentiel facilite l'entrée dans les cellules des ions chargés positivement, mais s'oppose à celle des ions chargés négativement.

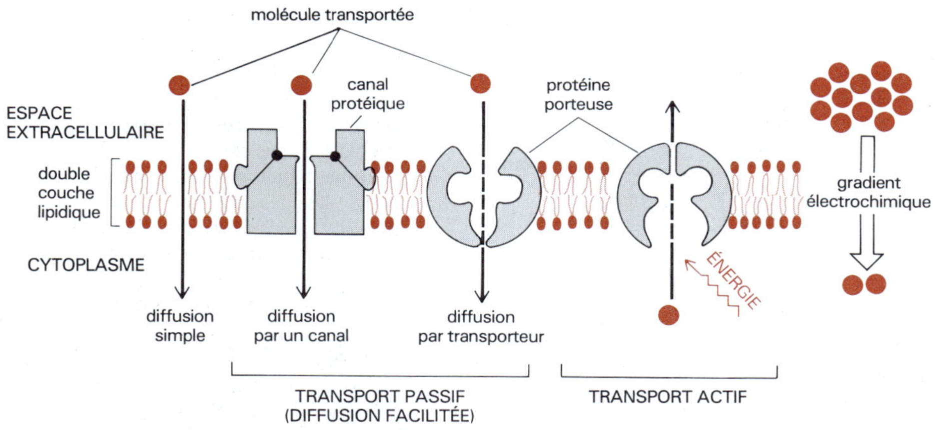

Figure 6-44 Représentation schématique du *transport passif* dans le sens d'un gradient électrochimique et du *transport actif* contre un gradient électrochimique. Alors que la diffusion simple et le transport passif par les protéines de transport membranaires (diffusion facilitée) ont lieu spontanément, le transport actif nécessite un apport d'énergie métabolique. Seules les molécules non polaires et les petites molécules polaires non chargées peuvent traverser la double couche lipidique directement par simple diffusion ; le transfert des autres molécules polaires ne s'effectue à des vitesses significatives que par l'intermédiaire de protéines porteuses ou de canaux protéiques spécifiques.

Les cellules ont également besoin de protéines de transport qui fonctionnent comme des pompes qui entraînent activement certains solutés à traverser la membrane contre leurs gradients électrochimiques (contre-courant) ; ce processus, appelé **transport actif**, se fait toujours par l'intermédiaire de protéines porteuses. Dans le transport actif, l'activité de pompage de la protéine porteuse est orientée car elle est étroitement couplée à une source d'énergie métabolique telle que l'hydrolyse de l'ATP ou un gradient ionique, comme nous en discuterons plus tard. Le transport par des protéines porteuses peut donc être actif ou passif, alors que le transport par des canaux protéiques est toujours passif (Figure 6-44).

6-20 Les protéines porteuses se comportent comme des enzymes liées à la membrane [19]

Une protéine porteuse se fixe et transfère de manière spécifique une molécule de soluté à travers la double couche lipidique selon un processus qui ressemble à une réaction enzyme-substrat, et les porteurs impliqués se comportent comme des enzymes spécialisées liées à la membrane. Chaque type de protéine porteuse possède un site de fixation spécifique pour son soluté (substrat). Quand le porteur est saturé (c'est-à-dire lorsque tous ses sites de fixation sont occupés), la vitesse de transport est maximale. Cette vitesse, désignée par V_{max}, est caractéristique du porteur spécifique. De plus, chaque protéine porteuse possède une constante caractéristique de liaison pour son soluté, K_M, égale à la concentration de soluté pour laquelle la vitesse de transport est la moitié de sa valeur maximale (Figure 6-45). Comme avec les enzymes, la fixation du soluté peut être bloquée de façon spécifique par des inhibiteurs compétitifs (qui entrent en compétition pour le même site de fixation et peuvent ou non être transportés par le porteur) ou par des inhibiteurs non compétitifs (qui se fixent ailleurs et modifient spécifiquement la structure du porteur). L'analogie avec une réaction enzyme-substrat est cependant limitée, puisque le soluté transporté n'est pas modifié, en général, de façon covalente par la protéine porteuse.

Certaines protéines porteuses ne font que véhiculer un soluté unique d'un côté de la membrane à l'autre ; elles sont appelées **uniport**. D'autres fonctionnent comme des systèmes de **co-transport**, dans lesquels le transfert d'un soluté dépend du transfert simultané ou consécutif d'un second soluté, que ce soit dans la même direction (**symport**) ou dans la direction opposée (**antiport**) (Figure 6-46). La plupart des cellules animales, par exemple, doivent prélever du

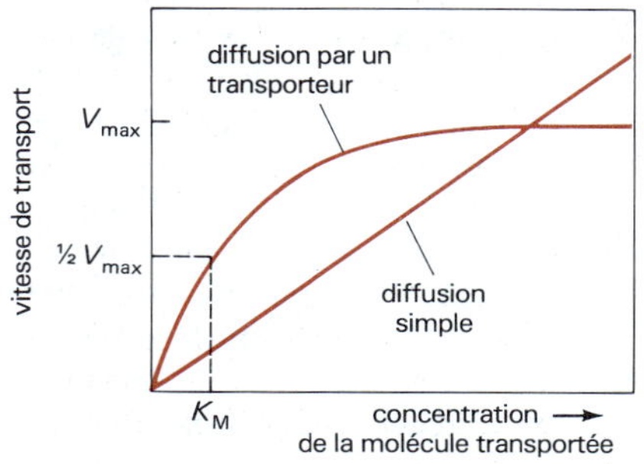

Figure 6-45 La cinétique d'une diffusion simple comparée à celle d'une diffusion facilitée par un transporteur. Alors que la vitesse de la première est toujours proportionnelle à la concentration du soluté, la vitesse de la seconde atteint un maximum (V_{max}) lorsque la protéine porteuse est saturée. La concentration pour laquelle la vitesse du transport est la moitié de sa valeur maximale est voisine de la constante d'affinité (K_M) du transporteur pour le soluté, et est analogue au K_M d'une enzyme pour son substrat (voir p. 94).

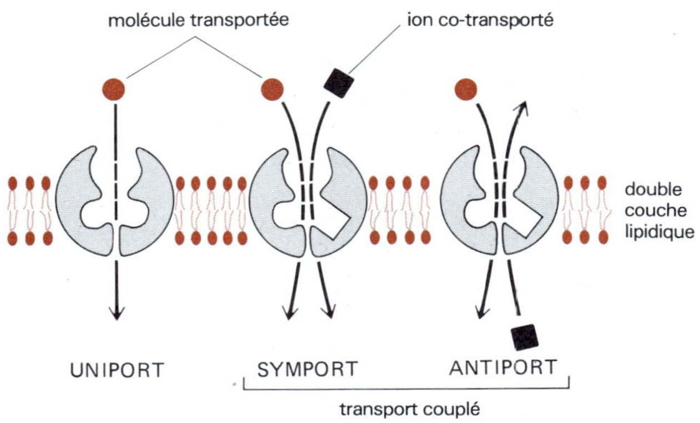

Figure 6-46 Représentation schématique des protéines porteuses fonctionnant comme des systèmes uniport, symport et antiport.

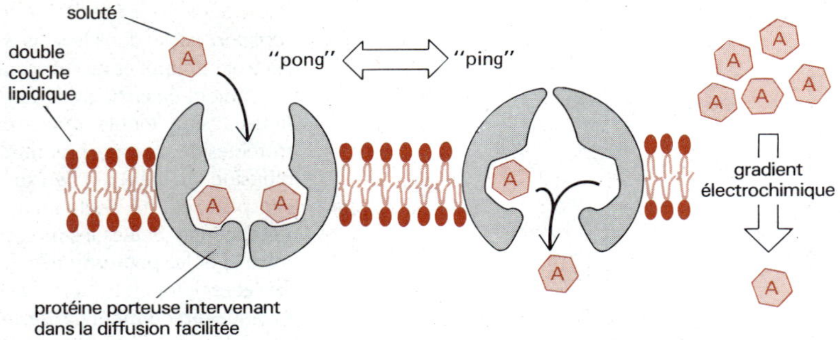

Figure 6-47 Modèle hypothétique montrant la façon dont un changement de conformation d'une protéine porteuse pourrait intervenir dans la diffusion facilitée d'un soluté A. La protéine porteuse figurée peut exister dans deux états conformationnels différents : dans l'état « pong », les sites de liaison pour le soluté A sont exposés à l'extérieur de la double couche : dans l'état « ping », les mêmes sites sont exposés sur l'autre côté de la double couche. Il est suggéré que la transition entre les deux états se produit au hasard et est complètement réversible. Par conséquent, si la concentration en A est plus élevée à l'extérieur de la double couche, une plus grande quantité de A se fixera à la protéine porteuse dans sa conformation pong et il y aura un transport net de A dans le sens de son gradient électrochimique.

glucose dans le fluide extracellulaire, où la concentration glucidique est forte, par transport *passif* par des porteurs de glucose à faible affinité qui fonctionnent comme uniports. Au contraire, les cellules intestinales et rénales doivent prélever du glucose dans la lumière de l'intestin et des tubules du rein, respectivement, où la concentration glucidique est faible. Ces cellules transportent activement du glucose par un symport de Na^+, dont la concentration extracellulaire est trop élevée (voir p. 304). Comme nous en avons précédemment discuté, le transporteur d'anions (la bande 3) des hématies humaines fonctionne comme un antiport pour échanger Cl^- contre HCO_3^- (voir p. 291).

Bien que les détails moléculaires soient inconnus, il est probable que les protéines porteuses transfèrent le soluté à travers la double couche en subissant un changement de conformation réversible qui expose alternativement le site de liaison du soluté sur une face de la membrane, puis sur l'autre face. Un modèle schématique de la façon dont pourrait fonctionner une telle protéine porteuse est donné par la Figure 6-47. Puisque l'on sait maintenant que les transporteurs sont des protéines transmembranaires qui traversent plusieurs fois la membrane plasmique, il est très improbable qu'elles basculent dans la membrane ou fassent la navette à travers la double couche lipidique ainsi qu'on le pensait auparavant.

Comme nous en discuterons plus tard, seule une assez petite modification du modèle de la Figure 6-47 est nécessaire pour relier la protéine porteuse à une source d'énergie, comme l'hydrolyse de l'ATP (voir Figure 6-49, ci-dessous) ou à un gradient ionique (voir Figure 6-51, ci-dessous) pour pomper un soluté contre son gradient électrochimique (à contre-courant). Un exemple important de protéine porteuse qui utilise l'énergie de l'hydrolyse de l'ATP pour pomper des ions est la *pompe Na^+-K^+*, qui joue un rôle essentiel dans la production et le maintien des gradients de Na^+ et de K^+ à travers les membranes plasmiques des cellules animales.

6-23 La pompe Na^+-K^+ de la membrane plasmique est une ATPase [22]

La concentration en K^+ est typiquement 10 à 20 fois plus élevée à l'intérieur des cellules qu'à l'extérieur, alors que la situation est inversée pour Na^+ (voir Tableau 6-3, p. 301). Ces différences de concentration sont maintenues par une **pompe Na^+-K^+** que l'on trouve dans la membrane plasmique de pratiquement toutes les cellules animales. La pompe fonctionne comme un antiport, pompant activement Na^+ vers l'extérieur de la cellule et K^+ vers l'intérieur, contre leurs gradients électrochimiques. Les gradients Na^+ et K^+ maintenus par la pompe Na^+-K^+ sont responsables du potentiel de membrane de la cellule, du contrôle du volume cellulaire et de la commande de transport actif des oses et des acides aminés (voir plus bas). Presque un tiers des besoins énergétiques d'une cellule animale typique est consommé pour alimenter cette pompe ; dans les cellules nerveuses électriquement actives, qui gagnent de petites quantités de Na^+ et perdent de petites quantités de K^+ à plusieurs reprises lors de la propagation des potentiels d'action (voir plus bas), cette valeur approche les deux tiers des besoins énergétiques d'une cellule.

Un pas fondamental dans la compréhension de la pompe Na^+-K^+ fut franchi, en 1957, lorsque l'on découvrit que l'activité optimale d'une enzyme qui hydrolyse l'ATP en ADP et phosphate nécessite la présence de Na^+ et K^+. L'observation de l'action inhibitrice sur l'ATPase d'un inhibiteur connu de la pompe, l'*ouabaïne*, fournit un indice important sur la relation entre cette **ATPase Na^+-K^+** et la pompe Na^+-K^+. Mais ce sont des études sur des fantômes d'hématies reconstitués qui apportèrent la preuve décisive que l'énergie servant à entraîner la pompe était fournie d'une façon ou d'une autre par l'hydrolyse de l'ATP (voir p. 288). Au cours de ces études,

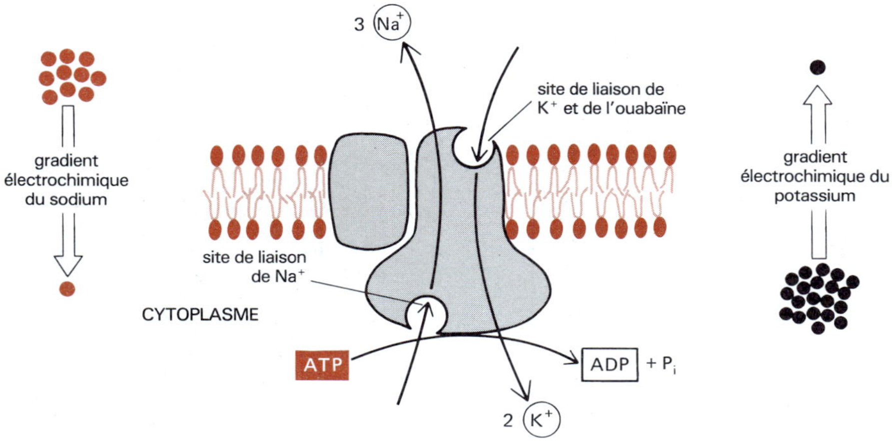

Figure 6-48 L'ATPase Na^+-K^+ pompe activement des ions Na^+ vers l'extérieur et des ions K^+ vers l'intérieur d'une cellule contre leurs gradients électrochimiques. Pour chaque molécule d'ATP hydrolysée à l'intérieur de la cellule, trois ions Na^+ sont pompés vers l'extérieur et deux ions K^+ vers l'intérieur. L'inhibiteur spécifique de la pompe, l'ouabaïne, et K^+ sont en compétition pour le même site situé sur la face externe de l'ATPase.

les concentrations d'ions, d'ATP et de drogues de chaque côté de la membrane purent être modifiées et les effets de ces variations sur le transport ionique et l'hydrolyse de l'ATP furent observés. On trouva que (1) le transport de Na^+ et de K^+ est étroitement couplé à l'hydrolyse de l'ATP, de sorte que l'un ne peut avoir lieu sans l'autre ; (2) le transport ionique et l'hydrolyse de l'ATP ne peuvent avoir lieu que si les ions Na^+ et l'ATP sont présents à l'intérieur des fantômes, et les ions K^+ à l'extérieur ; (3) l'ouabaïne n'est inhibitrice que lorsqu'elle se trouve à l'extérieur des fantômes où elle entre en compétition pour le site de liaison de K^+ ; et (4) pour chaque molécule d'ATP hydrolysée (chaque molécule d'ATPase peut hydrolyser 100 molécules d'ATP par seconde), trois ions Na^+ sont excrétés et deux ions K^+ sont accumulés (Figure 6-48).

Bien que ces expériences démontrent de façon irréfutable que l'ATP fournit l'énergie nécessaire au pompage des ions Na^+ et K^+ à travers la membrane plasmique, elles n'expliquent pas la manière dont l'hydrolyse de l'ATP est couplée au transport ionique. Une explication partielle fut fournie par la découverte que le groupement phosphate terminal de l'ATP est transféré à un résidu d'acide aspartique de l'ATPase en présence de Na^+. Ce groupement phosphate est ensuite hydrolysé en présence de K^+, et c'est cette dernière étape qui est inhibée par l'ouabaïne. La phosphorylation Na^+-dépendante change vraisemblablement la conformation de l'ATPase, provoquant, d'une façon ou d'une autre, le transport des ions Na^+ hors de la cellule, alors que la déphosphorylation K^+-dépendante, qui se produit par la suite, conduit au transport des ions K^+ vers l'intérieur de la cellule du fait d'un retour de l'ATPase à sa conformation originale (Figure 6-49).

La pompe Na^+-K^+ dans les fantômes d'hématies peut être inversée pour produire de l'ATP. Quand les gradients Na^+ et K^+ sont expérimentalement augmentés à un point tel que l'énergie stockée dans leurs gradients électrochimiques est plus grande que l'énergie chimique de l'hydrolyse de l'ATP, ces ions se déplacent dans le sens de leurs gradients électrochimiques et il y a synthèse d'ATP à partir d'ADP et de phosphate par l'ATPase Na^+-K^+. Ceci suggère que la forme phosphorylée de l'ATPase (étape 2, Figure 6-49) est une conformation extrêmement contrainte qui peut se relâcher soit en donnant son phosphate à l'ADP (étape 2 à étape 1), soit en changeant sa conformation (étape 2 à étape 3). La grande quantité d'énergie libre stockée dans la protéine phosphorylée peut par conséquent être utilisée soit pour pomper des ions Na^+ à l'extérieur du fantôme, soit (quand les gradients de Na^+ et de K^+ sont extrêmes) pour synthétiser de l'ATP (voir p. 129).

L'ATPase Na^+-K^+ a été purifiée et on a constaté qu'elle était constituée d'une grande sous-unité catalytique transmembranaire (longue d'environ 1 000 résidus d'acides aminés) qui traverse plusieurs fois la double couche et d'une glycoprotéine associée plus petite.

La première possède des sites de liaison pour les ions Na^+ et l'ATP sur sa face cytoplasmique, et pour K^+ et l'ouabaïne sur sa face externe ; elle est phosphorylée et déphosphorylée de manière réversible. La fonction de la glycoprotéine est inconnue. Une pompe Na^+-K^+ fonctionnelle peut être reconstituée à partir du complexe purifié. L'ATPase est solubilisée dans un détergent, purifiée et mélangée aux phospholipides appropriés ; quand le détergent est éliminé, il se forme des vésicules membranaires qui pompent Na^+ et K^+ dans des directions opposées en présence d'ATP (voir Figure 6-21, p. 287).

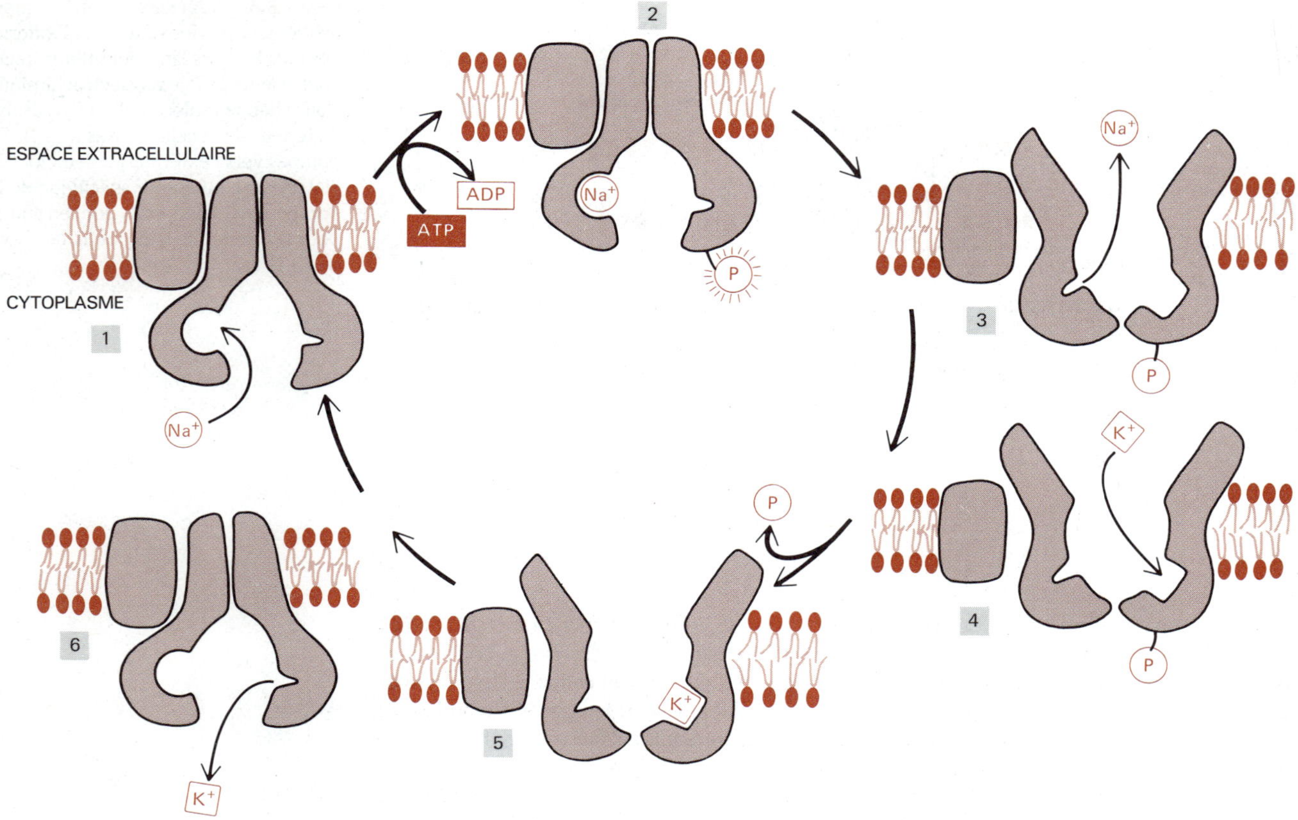

L'ATPase Na^+-K^+ maintient le potentiel de membrane et aide à contrôler le volume cellulaire [23]

Figure 6-49 Un modèle schématique de l'ATPase Na^+-K^+. La fixation de Na^+ (1) et la phosphorylation consécutive par l'ATP (2) de la face cytoplasmique de l'ATPase induisent un changement conformationnel de la protéine qui transfère Na^+ à travers la membrane et le libère à l'extérieur (3). La fixation de K^+ sur la face externe (4) et la déphosphorylation consécutive (5) provoquent ensuite le retour de la protéine à sa conformation d'origine, qui transfère K^+ à travers la membrane et le libère dans le cytoplasme (6). Ces changements de conformation sont analogues aux transitions ping⇌pong montrées dans la Figure 6-47, excepté le fait qu'ici la phosphorylation Na^+-dépendante et la déphosphorylation K^+-dépendante de la protéine sont responsables de la façon ordonnée dont se produisent les transitions conformationnelles, permettant à la protéine de faire un travail utile. Bien que, pour simplifier, un seul site de liaison pour les ions Na^+ et un seul site de liaison pour les ions K^+ soient figurés, on pense qu'il y a trois sites de liaison pour les ions Na^+ et deux pour les ions K^+ dans la pompe réelle.

Puisque l'ATPase Na^+-K^+ pompe trois ions chargés positivement vers l'extérieur de la cellule pour chaque paire de K^+ pompée vers l'intérieur, elle est « électrogénique » ; c'est-à-dire qu'elle engendre un potentiel électrique à travers la membrane plasmique, dont l'intérieur est négatif par rapport à l'extérieur. Cependant, l'effet électrogénique de l'ATPase Na^+-K^+, par lui-même, ne contribue que pour 10 p. cent environ au potentiel de membrane. Comme nous le verrons, les 90 p. cent restants ne dépendent qu'indirectement de la pompe ; une force électrique, résultant des concentrations inégales d'ions K^+ de part et d'autre de la membrane en est la cause directe. Ces concentrations d'ions K^+ dependent à leur tour du besoin en ions K^+ à l'intérieur de la cellule pour équilibrer l'importante charge négative portée par les « *anions prisonniers* » de la cellule — les nombreuses molécules organiques chargées négativement qui sont enfermées à l'intérieur de la cellule, incapables de traverser la membrane plasmique.

L'ATPase Na^+-K^+ sert également à régler le volume cellulaire en contrôlant les concentrations de solutés à l'intérieur de la cellule, réglant ainsi les forces osmotiques qui tendraient à faire gonfler ou rétrécir une cellule (Figure 6-50). Comme cela est expliqué par la Planche 6-1 (voir p. 308), la forte concentration de solutés à l'intérieur d'une cellule provoque un fort gradient osmotique qui a tendance à « pousser » l'eau vers l'intérieur. Pour les cellules animales, cet effet est contrebalancé par la présence d'une concentration d'ions organiques en excès dans le fluide extracellulaire — principalement Na^+ et Cl^-. La pompe Na^+-K^+ maintient l'équilibre osmotique en pompant, hors de la cellule, les ions Na^+ qui s'infiltrent dans le sens décroissant de son important gradient électrochimique ; les ions Cl^- sont maintenus à l'extérieur par le potentiel de membrane, comme nous l'expliquerons plus loin (voir p. 314).

L'importance de l'ATPase Na^+-K^+ dans le contrôle du volume cellulaire est illustrée par le fait que de nombreuses cellules animales gonflent et peuvent quelquefois éclater si elles sont traitées avec l'ouabaïne, qui inhibe l'ATPase Na^+-K^+. Une cellule dispose, bien sûr, d'autres moyens pour résoudre ses problèmes osmotiques. Les cellules végétales et de nombreuses bactéries sont protégées de l'éclatement par les parois cellulaires semi-rigides qui entourent leurs membranes plasmiques. Chez les amibes, l'eau en excès qui s'infiltre par osmose est

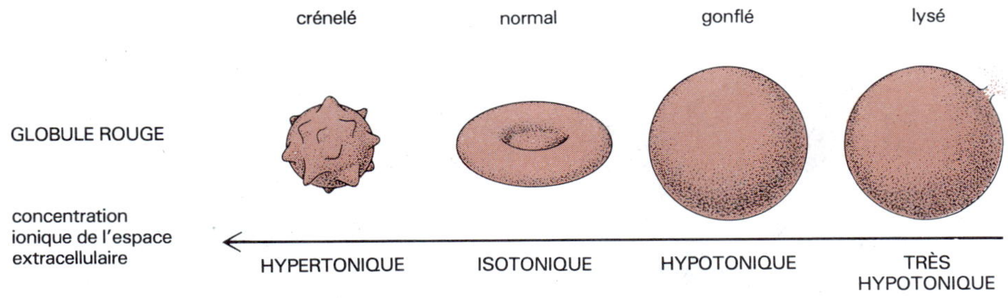

Figure 6-50 Réponse d'un globule rouge humain aux changements de concentration ionique (également appelé *tonicité*) dans le liquide extracellulaire. La membrane plasmique étant tout à fait perméable à l'eau, l'eau pénétrera ou sortira des cellules dans le sens de son gradient de concentration, un processus appelé *osmose*. Si les cellules sont placées dans une *solution hypotonique* (c'est-à-dire une solution dont la concentration en soluté est faible), il y aura un influx net d'eau dans les cellules, qui gonfleront et éclateront (lyse). Réciproquement, si les cellules sont placées dans une *solution hypertonique*, elles se rétracteront (voir aussi la Planche 2-1, p. 47).

recueillie dans des vacuoles contractiles, qui déversent périodiquement leur contenu dans le milieu extérieur (voir Planche 6-1, p. 308). Mais pour la plupart des cellules des animaux pluricellulaires, l'ATPase Na^+-K^+ est fondamentale.

Certaines pompes Ca^{2+} sont aussi des ATPases liées à la membrane [24]

Les cellules eucaryotes maintiennent des concentrations très faibles de Ca^{2+} libre dans leur cytosol ($\leqslant 10^{-7}$M) face à des concentrations extracellulaires de Ca^{2+} beaucoup plus élevées ($\sim 10^{-3}$M). Même un faible flux de Ca^{2+} augmente de façon significative la concentration de Ca^{2+} libre dans le cytosol, et le flux de Ca^{2+}, qui s'établit dans le sens de son fort gradient de concentration, en réponse à des signaux extracellulaires, constitue un des moyens de transmettre rapidement ces signaux à travers la membrane plasmique (voir p. 701). Le gradient de Ca^{2+} est en partie maintenu par des pompes Ca^{2+} situées dans la membrane plasmique qui transportent activement des ions Ca^{2+} à l'extérieur de la cellule. L'une de ces pompes est une ATPase, tandis que l'autre est un antiport activé par le gradient électrochimique de Na^+ (voir ci-dessous).

La pompe Ca^{2+} la mieux connue est une ATPase liée à la membrane du *réticulum sarcoplasmique* des cellules musculaires. Le réticulum sarcoplasmique forme un réseau de sacs tubulaires dans le cytoplasme des cellules musculaires et sert de réservoir intracellulaire de Ca^{2+}. (Lorsqu'un potentiel d'action dépolarise la membrane de la cellule musculaire, Ca^{2+} est libéré du réticulum sarcoplasmique dans le cytosol, stimulant la contraction musculaire — voir p. 624.) La pompe Ca^{2+} est responsable du pompage des ions Ca^{2+} du cytosol dans le réticulum sarcoplasmique. Comme la pompe Na^+-K^+, c'est une ATPase qui est phosphorylée et déphosphorylée au cours de son cycle de pompage, et elle pompe deux ions Ca^{2+} vers l'intérieur du réticulum sarcoplasmique pour chaque molécule d'ATP hydrolysée. Puisque l'ATPase Ca^{2+} représente environ 90 p. cent des protéines membranaires du réticulum sarcoplasmique, il a été relativement facile de la purifier. C'est une longue chaîne polypeptidique transmembranaire unique à traversées multiples (contenant environ 1 000 résidus d'acides aminés) ; lorsqu'elle est incorporée dans des vésicules de phospholipides (comme cela a été décrit plus haut pour l'ATPase Na^+-K^+), elle pompe des ions Ca^{2+} en hydrolysant l'ATP. Des expériences de clonage de l'ADN et de détermination de séquence indiquent que l'ATPase Ca^{2+} a une séquence en acides aminés homologue à celle de la grande sous-unité catalytique de l'ATPase Na^+ - K^+, révélant que ces deux pompes ioniques sont apparentées.

Dans les cellules non musculaires, un organite équivalent au réticulum sarcoplasmique contient vraisemblablement une ATPase Ca^{2+} qui lui permet de prélever des ions Ca^{2+}dans le cytosol ; les ions Ca^{2+} ainsi retenus sont à nouveau libérés dans le cytosol en réponse à des signaux extracellulaires spécifiques, comme nous en discuterons dans le Chapitre 12 (voir p. 701).

Les enzymes liées à la membrane qui synthétisent de l'ATP sont des ATPases de transport fonctionnant à l'envers [25]

La membrane plasmique des bactéries, la membrane interne des mitochondries et la membrane des thylacoïdes dans les chloroplastes contiennent toutes une enzyme comparable aux deux ATPases de transport étudiées ci-dessus, excepté le fait qu'elles fonctionnent normalement à l'envers. Ce n'est pas l'hydrolyse de l'ATP qui dirige le transport ionique (comme c'est le cas pour les ATPases Na^+-K^+ et Ca^{2+}), ce sont des gradients H^+ à travers ces membranes qui entraînent la synthèse d'ATP à partir d'ADP et de phosphate. Les gradients H^+ sont engendrés durant les étapes de transport électronique de la phosphorylation oxydative (chez les bactéries anaérobies et les mitochondries) ou de la photosynthèse (dans les chloroplastes) ou par la

SOURCES D'OSMOLARITÉ INTRACELLULAIRE

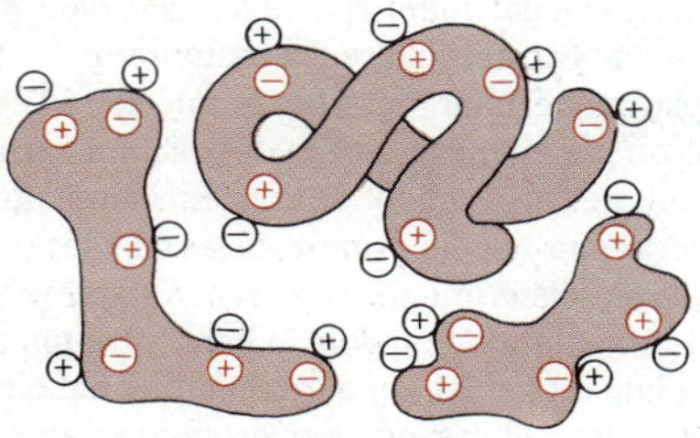

Les macromolécules elles-mêmes contribuent très peu à l'osmolarité interne de la cellule puisque, en dépit de leurs tailles importantes, chacune d'elles ne représente qu'une seule molécule et il y en a assez peu comparé au nombre des petites molécules dans la cellule. Cependant, la majorité des macromolécules biologiques sont fortement chargées, et elles attirent de nombreux ions inorganiques de charge opposée. Du fait de leur grand nombre, la contribution de ces ions de charge opposée à l'osmolarité intracellulaire est essentielle.

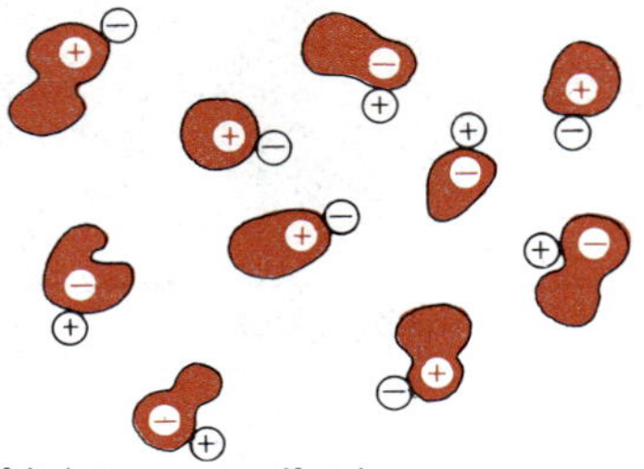

Du fait du transport actif et des processus métaboliques, la cellule renferme une forte concentration de petites molécules organiques, comme les oses, les acides aminés et les nucléotides, auxquels sa membrane plasmique est imperméable. Puisque la majorité de ces métabolites sont chargés, ils attirent également des ions de charge opposée. La contribution des métabolites et de leurs ions de charge opposée à l'osmolarité intracellulaire est encore plus importante.

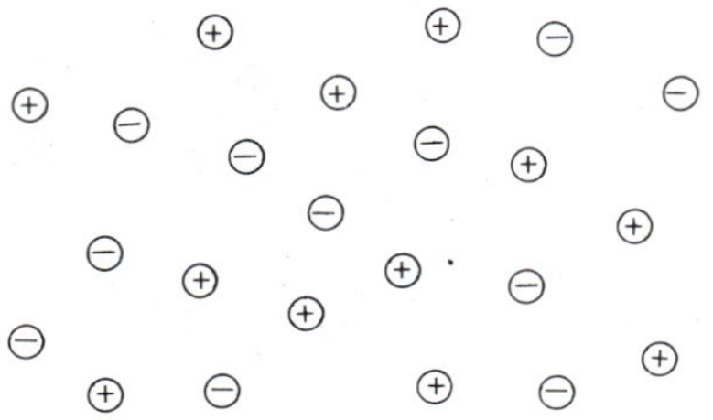

En général, l'osmolarité du fluide extracellulaire est essentiellement due aux petits ions inorganiques. Ceux-ci s'introduisent lentement dans la cellule à travers la membrane plasmique. S'ils n'étaient pas pompés à l'extérieur, et s'il n'y avait pas d'autres molécules à l'intérieur de la cellule pour interagir avec eux de façon à influer sur leur distribution, ils atteindraient finalement l'équilibre, avec les mêmes concentrations à l'intérieur et à l'extérieur de la cellule. Cependant, l'attraction de ces ions par des macromolécules chargées et des métabolites dans la cellule donne lieu à l'effet Donnan ; cet effet rend la concentration totale des ions inorganiques (et ainsi donc, leur contribution à l'osmolarité) plus élevée à l'intérieur qu'à l'extérieur de la cellule à l'équilibre.

LE PROBLÈME

Du fait des facteurs énumérés ci-dessus, une cellule qui ne fait rien pour contrôler son osmolarité aura une concentration totale de soluté plus élevée à l'intérieur qu'à l'extérieur. L'eau sera par conséquent plus concentrée à l'extérieur de la cellule qu'à l'intérieur. Cette différence de concentration en eau de part et d'autre de la membrane plasmique entraînera un influx d'eau continuel par osmose à l'intérieur de la cellule, provoquant sa désagrégation.

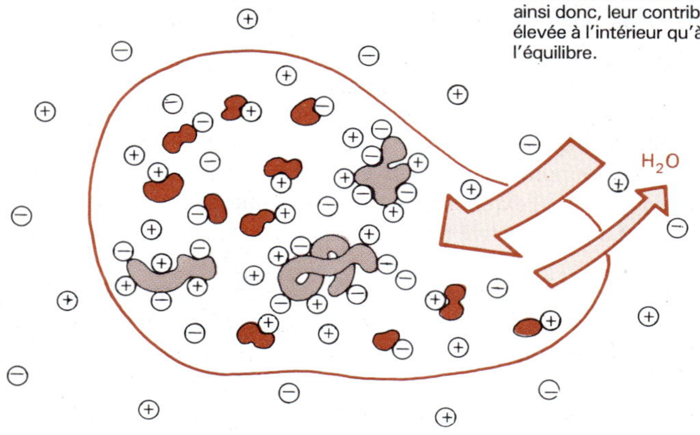

LA SOLUTION

Les cellules animales et les bactéries contrôlent leur osmolarité intracellulaire par un pompage actif d'ions inorganiques tels que Na^+ vers l'extérieur de sorte que leur cytoplasme renferme une concentration totale d'ions inorganiques plus faible que le fluide extracellulaire, compensant ainsi leur excès de solutés organiques.

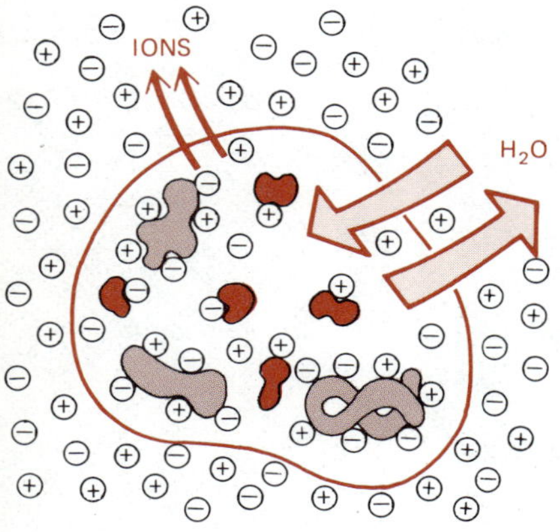

Les cellules végétales sont protégées contre le gonflement par leurs parois rigides et peuvent donc supporter une différence osmotique de part et d'autre de leurs membranes plasmiques : une pression de turgescence interne s'établit et, à l'équilibre, cette pression expulse autant d'eau qu'il en rentre.

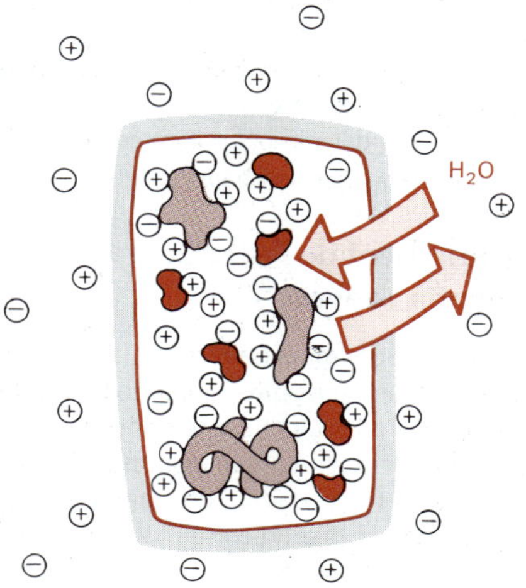

De nombreux protozoaires évitent le gonflement par l'eau, en dépit de la différence osmotique qui existe de part et d'autre de la membrane plasmique, en expulsant périodiquement de l'eau de vacuoles contractiles particulières.

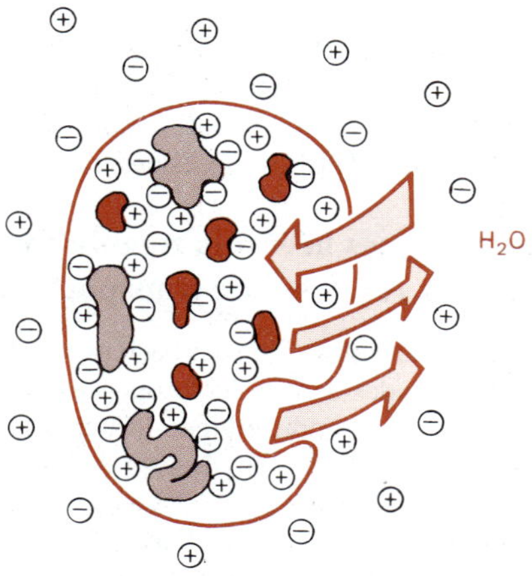

pompe H^+ photoactivée (bactériorhodopsine) chez *Halobacterium*. L'enzyme qui synthétise normalement l'ATP, appelée *ATP synthétase*, peut fonctionner dans les deux sens, selon les conditions : elle peut hydrolyser l'ATP et pomper H^+ à travers la membrane, ou elle peut synthétiser de l'ATP, quand H^+ est transporté par l'enzyme dans la direction opposée. L'ATP synthétase est responsable de la production de presque tout l'ATP dans la plupart des cellules, et ce sera étudié en détail dans le Chapitre 7 (voir p. 356).

Le transport actif peut être couplé à des gradients ioniques [26]

De nombreux systèmes de transport actif sont commandés par l'énergie stockée dans des gradients ioniques plutôt que par l'hydrolyse de l'ATP. Ils fonctionnent tous comme des systèmes de cotransport — certains comme des symports, d'autres comme des antiports. Dans les cellules animales, l'ion cotransporté est habituellement l'ion Na^+ dont le gradient électrochimique fournit la force motrice pour le transport actif d'une seconde molécule. Le Na^+ qui pénètre dans la cellule avec le soluté est pompé vers l'extérieur par l'ATPase Na^+-K^+, qui, en maintenant le gradient de Na^+, est indirectement responsable du transport. Par exemple, les cellules épithéliales intestinales et rénales contiennent divers systèmes symports qui sont commandés par le gradient de Na^+ à travers la membrane plasmique, chaque système étant spécifique pour l'importation d'un petit groupe d'oses ou d'acides aminés voisins dans la cellule. Dans ces systèmes, le soluté et le Na^+ se lient à des sites différents sur une protéine porteuse ; puisque le Na^+ a tendance à rentrer dans la cellule dans le sens de son gradient électrochimique, l'ose ou l'acide aminé est, en un sens, « entraîné » avec lui dans la cellule. Plus le gradient de Na^+ est fort, plus la vitesse d'entrée du soluté est élevée ; inversement, le transport du soluté cesse si la concentration en Na^+ dans le fluide extracellulaire est sensiblement diminuée. La Figure 6-51 montre un modèle hypothétique (et très simplifié) du fonctionnement possible d'un tel système symport.

Dans les bactéries et les végétaux, la plupart des systèmes de transport actif commandés par des gradients ioniques dépendent des gradients de H^+ plutôt que des gradients de Na^+. Par exemple, le transport actif de nombreux oses et acides aminés dans les cellules bactériennes est couplé au gradient de H^+ établi à travers la membrane plasmique. La *protéine de transport du lactose* (perméase) est l'exemple le plus étudié. C'est un polypeptide transmembranaire unique (composé d'environ 400 résidus d'acides aminés) et on pense qu'il traverse, au moins neuf fois, la double couche lipidique. Il fonctionne comme un symport de H^+ : un proton est cotransféré pour chaque molécule de lactose transportée à l'intérieur de la cellule.

Les gradients ioniques peuvent également être utilisés pour commander des systèmes antiports. Deux exemples importants sont les antiports qui fonctionnent ensemble pour régler le pH intracellulaire dans de nombreuses cellules animales.

Des antiports situés dans la membrane plasmique règlent le pH intracellulaire [27]

Presque toutes les cellules des vertébrés ont un antiport dépendant de Na^+, appelé **échangeur Na^+-H^+**, dans leur membrane plasmique, qui joue un rôle fondamental en maintenant le pH intracellulaire (pH_i habituellement aux alentours de 7,1 ou 7,2). Ce transporteur couple la sortie d'ions H^+ à l'entrée d'ions Na^+, et il élimine ainsi l'excès d'ions H^+ qui résulte de réactions d'acidification dans la cellule. L'échangeur Na^+-H^+ est réglé par le pH_i ; lorsque le pH_i dépasse 7,7 dans les cellules musculaires de poulet, par exemple, l'échangeur est inactif ; lorsque le pH_i diminue, l'activité de l'échangeur augmente, atteignant la moitié de son activité maximale aux alentours de pH 7,4. Cette régulation se fait par l'intermédiaire de la fixation de H^+ à un site de régulation sur la surface cytoplasmique de l'échangeur. L'importance de l'échangeur Na^+-H^+ dans le contrôle du pH_i est démontrée par le devenir de fibroblastes mutants qui n'ont pas d'échangeur : ils meurent rapidement lorsqu'ils sont exposés à une forte charge acide qui a peu d'effet sur la survie des fibroblastes normaux.

Un **échangeur Cl^--HCO_3^-**, analogue à la protéine bande 3 dans la membrane des hématies (voir p. 291), est aussi supposé jouer un rôle important dans la régulation du pH_i dans de nombreuses cellules nucléées. L'échangeur Cl^--HCO_3^-, comme l'échangeur Na^+-H^+, est réglé par le pH_i mais dans la direction opposée. Son activité augmente avec le pH_i, augmentant la vitesse à laquelle les ions HCO_3^- sont expulsés de la cellule pour être remplacés par les ions Cl^- et diminuant ainsi le pH_i chaque fois que le cytosol devient trop alcalin.

Il existe des preuves que l'échangeur Na^+-H^+ joue un rôle dans la transduction des signaux extracellulaires en signaux intracellulaires, ainsi que dans la régulation du pH_i. Par exemple, la plupart des facteurs de croissance protéique activent ce système antiport au cours

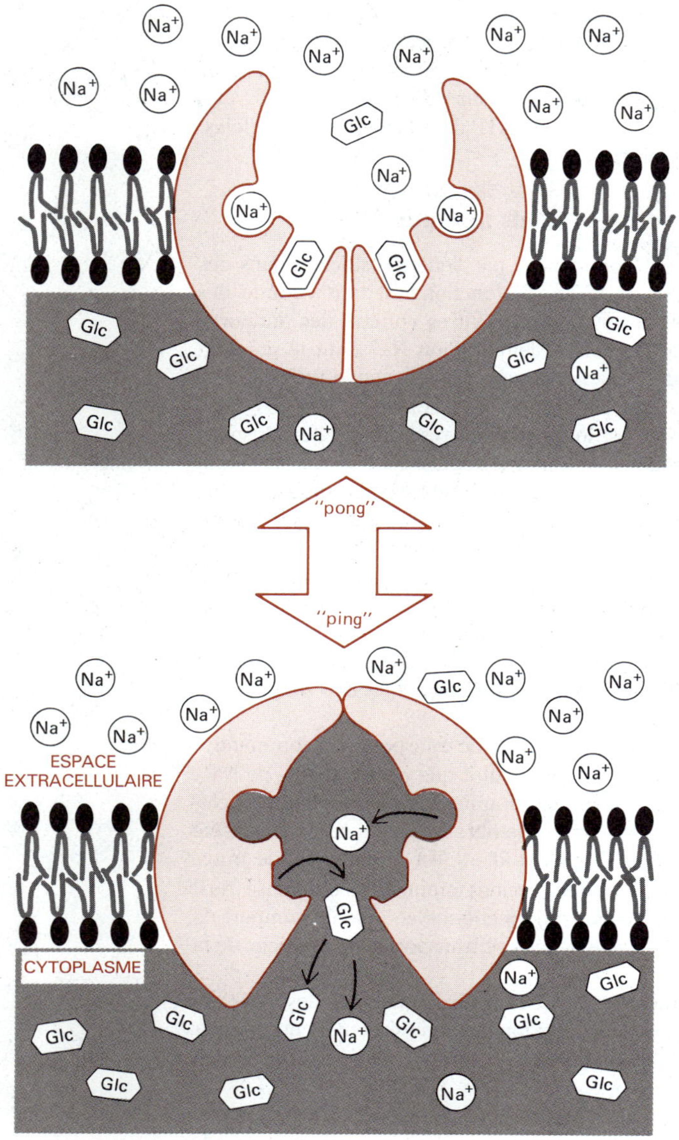

Figure 6-51 Comment une pompe à glucose pourrait, en principe, être commandée par un gradient de Na^+. La pompe oscille au hasard entre deux états, « pong » et « ping », comme dans la Figure 6-47. Bien que les ions Na^+ se fixent aussi bien à la protéine dans chacun des deux états, leur fixation induit une transition allostérique dans la protéine, qui augmente considérablement son affinité pour le glucose. La concentration en Na^+ étant plus importante dans l'espace extracellulaire que dans le cytosol, le glucose se fixera beaucoup plus vraisemblablement à la pompe dans l'état « pong » ; par conséquent, les ions Na^+ et le glucose pénètrent tous deux dans la cellule (par l'intermédiaire d'une transition pong → ping) beaucoup plus souvent qu'ils n'en sortent (par l'intermédiaire d'une transition ping → pong). Le système transporte donc du glucose et des ions Na^+ dans la cellule. En créant et en maintenant le gradient Na^+, l'ATPase Na^+-K^+ fournit indirectement l'énergie pour un tel système symport. Pour cette raison on dit que les porteurs ion-dépendant sont médiateurs du *transport actif secondaire* tandis que les ATPase de transport sont médiateurs du *transport actif primaire*.

de la stimulation de la prolifération cellulaire, élevant le pH_i de 7,1 ou 7,2 à environ 7,3. Dans certains cas au moins, ils le font indirectement grâce à l'activation d'une protéine kinase spécifique (protéine kinase C — voir p. 704), qui semble phosphoryler l'échangeur, augmentant par conséquent l'affinité de son site de fixation régulateur pour H^+ de sorte qu'il reste actif à un pH plus élevé. Des cellules mutantes qui n'ont pas d'échangeur Na^+-H^+, ainsi que les cellules traitées avec l'*amiloride*, une drogue qui inhibe l'échangeur, ne peuvent répondre à ces facteurs de croissance. Ces découvertes suggèrent que l'activation de l'échangeur et l'augmentation du pH_i qui en résulte jouent un rôle important dans l'initiation de la prolifération cellulaire. De façon analogue, une fois les ovules d'oursin fécondés, une augmentation du pH_i provoquée par l'activation de l'échangeur Na^+-H^+ active la synthèse protéique ainsi que la synthèse d'ADN dans l'ovule (voir p. 874) ; on ne connaît pas les protéines intracellulaires qui répondent à l'augmentation du pH_i pour provoquer ces activations.

Une distribution asymétrique des protéines de transport dans les cellules épithéliales sert de base au transport transcellulaire des solutés [28]

Dans certaines cellules épithéliales, comme celles qui sont impliquées dans l'absorption d'aliments en provenance de l'intestin, les protéines porteuses sont distribuées de façon asymétrique dans la membrane plasmique et contribuent ainsi au **transport transcellulaire** de solutés

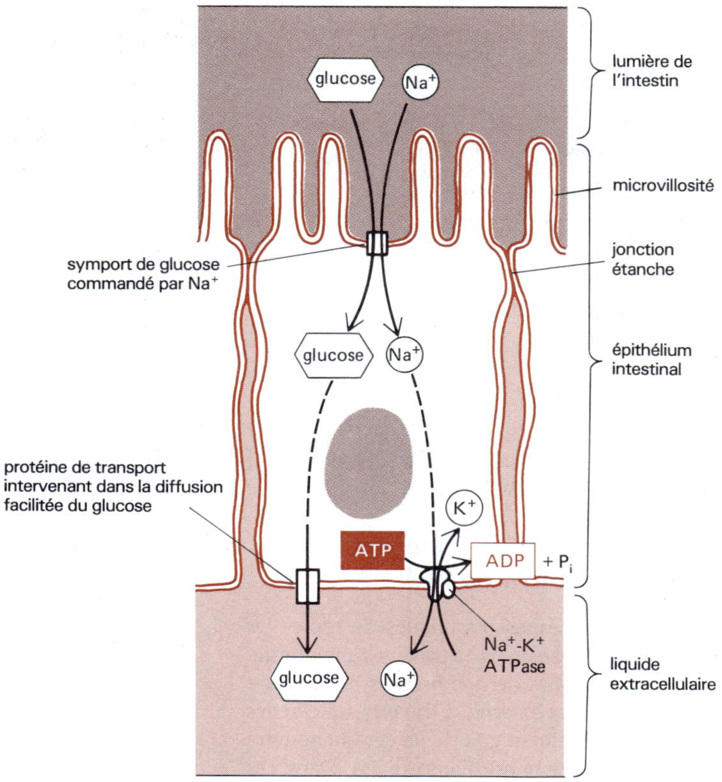

Figure 6-52 La distribution asymétrique des protéines de transport dans la membrane plasmique d'une cellule épithéliale intestinale aboutit au transport transcellulaire de glucose à partir de la lumière de l'intestin vers le liquide extracellulaire (d'où il passe dans le sang). Le glucose est pompé vers l'intérieur de la cellule à travers le domaine apical de la membrane par un symport du glucose fonctionnant avec Na^+, et le glucose sort de la cellule (dans le sens de son gradient de concentration) par diffusion facilitée qui se fait par l'intermédiaire d'une autre protéine de transport du glucose située dans le domaine basolatéral. Le gradient de Na^+ commandé par le symport du glucose est entretenu par l'ATPase Na^+-K^+ située dans le domaine basolatéral de la membrane plasmique, qui maintient la concentration interne de Na^+ à un niveau bas. Des cellules adjacentes sont connectées par des jonctions imperméables (appelées *jonctions étanches*, voir p. 793), qui ont une double fonction dans le processus de transport représenté. Ces jonctions empêchent les solutés de traverser l'épithélium qui sépare les cellules, permettant le maintien d'un gradient de concentration de glucose à travers le feuillet cellulaire. On pense que les jonctions étanches servent également de barrières de diffusion dans la membrane plasmique, confinant les diverses protéines de transport à leurs domaines membranaires respectifs (voir Figure 6-36, p. 297).

absorbés. Comme le montre la Figure 6-52, des symports liés à Na^+, localisés dans le domaine apical (absorbant) de la membrane plasmique de la cellule épithéliale, transportent activement les aliments à l'intérieur de la cellule, alors que les protéines de transport Na^+-indépendantes du domaine basolatéral de la membrane plasmique de la cellule permettent aux aliments de quitter la cellule dans le sens de leurs gradients de concentration. Le gradient de Na^+ à travers la membrane plasmique de ces cellules est maintenu par une ATPase Na^+-K^+ située dans le domaine basolatéral. On pense que des mécanismes voisins sont utilisés par les cellules épithéliales rénales et intestinales pour pomper l'eau d'un espace extracellulaire à un autre.

Dans un grand nombre de ces cellules épithéliales, la surface de la membrane est considérablement augmentée par la formation de milliers de **microvillosités** qui s'allongent comme de fines projections en forme de doigts à partir de la surface apicale (voir Figure 6-52). De telles microvillosités peuvent multiplier la surface totale d'absorption d'une cellule jusqu'à 25 fois, augmentant ainsi considérablement ses capacités de transport. Puisque la surface apicale des cellules épithéliales intestinales est également un site où sont localisées des enzymes hydrolytiques immobilisées, impliquées dans les étapes finales de la digestion des aliments, la digestion ainsi que l'absorption sont considérablement accrues par l'augmentation de surface qu'offrent les microvillosités dans cet épithélium.

Le transport actif chez les bactéries peut se faire par « translocation de groupe » [29]

Jusqu'ici, nous avons vu que le transport actif pouvait être dirigé par la lumière (comme pour la bactériorhodopsine), par l'hydrolyse de l'ATP ou par des gradients ioniques. Une quatrième stratégie, qui existe chez de nombreuses bactéries, consiste à « prendre au piège » une molécule qui a pénétré passivement dans la cellule, en la modifiant de telle façon qu'elle ne puisse s'échapper par le même canal. A l'intérieur de certaines bactéries, par exemple, les oses sont phosphorylés au cours de leur transfert à travers la membrane plasmique. Du fait qu'ils sont ionisés et ne peuvent fuir vers l'extérieur, les oses-phosphates obtenus s'accumulent dans la cellule. De plus, les oses qui pénètrent dans la cellule sont immédiatement phosphorylés, de sorte que la concentration en oses non phosphorylés à l'intérieur de la cellule est maintenue à un niveau très bas et que les oses extérieurs peuvent continuer à pénétrer dans le sens de leurs gradients de concentration. Un groupement phosphate étant transféré au soluté au cours de son transport, ce type de transport actif est appelé **translocation de groupe.** Dans l'exemple le

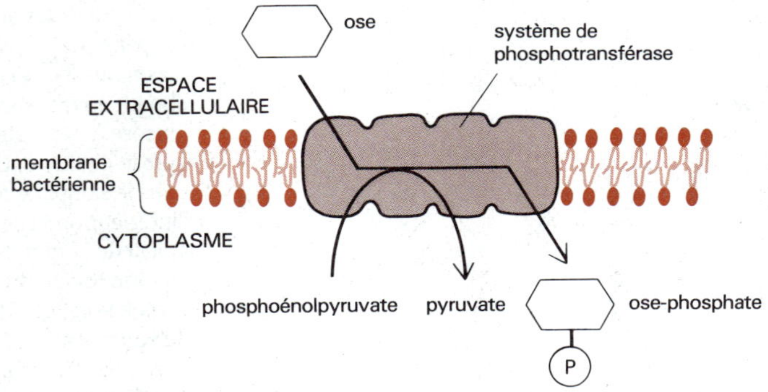

Figure 6-53 Transport actif des oses dans les bactéries par translocation de groupe. Un « système de phosphotransférase » particulier, composé de protéines situées dans la membrane bactérienne, phosphoryle l'ose au cours de son transport à travers la membrane. Le donneur de phosphate est le phosphoénolpyruvate au lieu de l'ATP.

mieux étudié, le mécanisme de phosphorylation est complexe et bien réglé, impliquant au moins quatre protéines membranaires différentes et la phosphoénolpyruvate (plutôt que l'ATP) comme donneur de groupements phosphate riches en énergie (Figure 6-53).

Les bactéries à doubles membranes ont des systèmes de transport qui dépendent de protéines de liaison du substrat hydrosolubles [30]

Comme nous l'avons mentionné précédemment, les membranes plasmiques de toutes les bactéries contiennent des protéines porteuses qui utilisent le gradient H^+ à travers la membrane pour pomper divers aliments vers l'intérieur de la cellule. Mais de nombreuses bactéries, y compris *E. coli*, sont également entourées par une *membrane externe*, à travers laquelle des solutés, qui peuvent atteindre 600 daltons, diffusent assez librement grâce à un certain nombre de protéines formant des canaux (globalement nommées *porines*) (Figure 6-54). Dans ces bactéries, certains oses, acides aminés et petits peptides sont transportés à travers la *membrane interne (plasmique)* via un système de transport à deux composants qui utilise des protéines hydrosolubles localisées dans l'*espace périplasmique* entre les deux membranes. Ces **protéines périplasmiques de liaison du substrat** se fixent à la molécule spécifique à transporter et subissent alors un changement de conformation qui leur permet de se fixer au second composant du système de transport, qui est une protéine porteuse transmembranaire localisée sur la membrane interne (Figure 6-55). On pense que ces protéines de liaison du substrat transmettent le soluté lié à une protéine de transport, qui utilise alors l'énergie de l'hydrolyse de l'ATP pour transférer le soluté à travers la membrane interne dans la cellule. Les mêmes protéines périplasmiques de liaison du substrat servent de récepteurs dans la *chimiotaxie*, une réponse d'adaptation qui permet aux bactéries de migrer dans la direction d'une concentration croissante d'un aliment spécifique (voir p. 720).

Maintenant, nous allons laisser les protéines porteuses et traiter les canaux protéiques.

Les canaux protéiques forment des pores aqueux dans la membrane plasmique [31]

Contrairement aux protéines porteuses, les **canaux protéiques** forment des pores transmembranaires remplis d'eau. Mais, alors que les protéines formant des canaux qui sont situés dans les membranes externes des bactéries (ainsi que des mitochondries et des chloroplastes) possèdent de larges pores assez peu sélectifs, les canaux protéiques des membranes plasmiques des

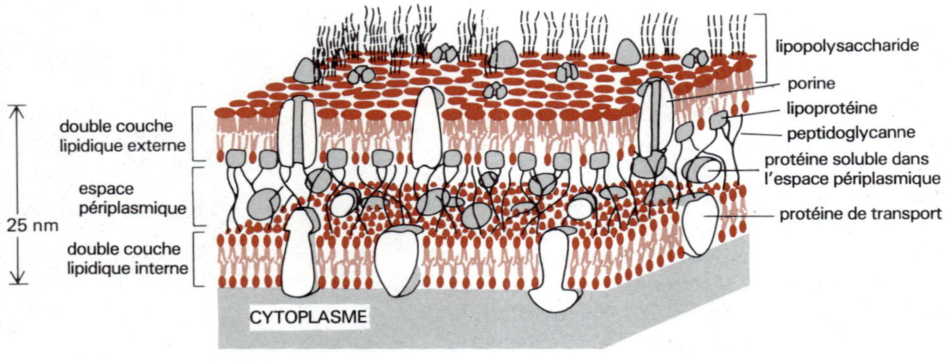

Figure 6-54 Représentation schématique d'une petite partie de la double membrane d'une bactérie *E. coli*. La membrane interne est la membrane plasmique de la cellule. Entre les doubles couches lipidiques membranaires interne et externe, il existe un peptidoglycanne rigide et très poreux, composé de protéine et de polysaccharide et qui constitue la paroi cellulaire de la bactérie ; il est relié aux molécules lipoprotéiques de la membrane externe et remplit *l'espace périplasmique*. Cet espace contient également un certain nombre de molécules protéiques solubles. Les filaments noirs au sommet représentent les chaînes polysaccharidiques des molécules de lipopolysaccharides particulières qui forment la monocouche externe de la membrane externe ; pour plus de clarté, seules quelques-unes de ces chaînes sont figurées. Les bactéries qui ont une double membrane sont appelées *Gram négatives* parce qu'elles ne retiennent pas le colorant bleu foncé utilisé dans la technique de coloration Gram. Les bactéries qui ont une seule membrane (mais des parois cellulaires plus fines), comme les staphylocoques et les streptocoques, retiennent le colorant bleu et sont dites, par conséquent, *Gram positives* ; leur membrane unique est analogue à la membrane interne (plasmique) des bactéries Gram négatives.

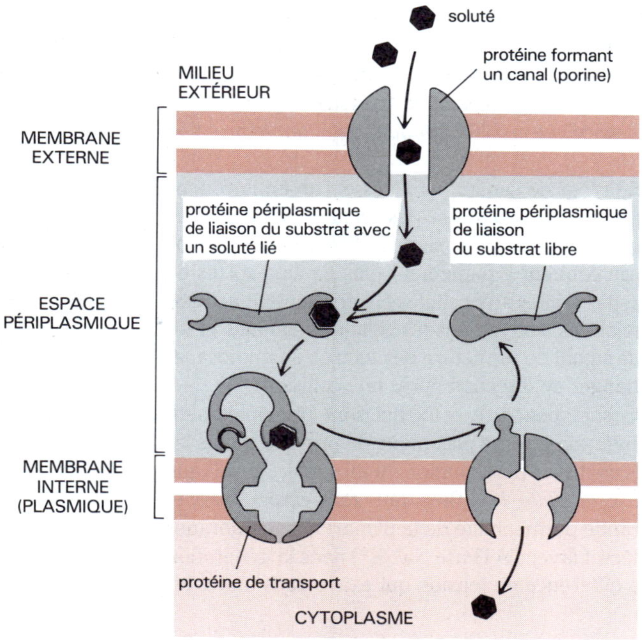

Figure 6-55 Le système de transport qui dépend de *protéines périplasmiques de liaison du substrat* dans des bactéries à double membrane. Le soluté diffuse à travers des protéines formant des canaux (appelées *porines*) dans la membrane externe, et se fixe à une protéine périplasmique de liaison du substrat. Il en résulte que la protéine de liaison du substrat subit un changement de conformation qui lui permet de se lier à une protéine porteuse dans la membrane plasmique, qui prélève ensuite le soluté et le transfère activement à travers la double couche au cours d'une réaction couplée à l'hydrolyse de l'ATP. Le peptidoglycanne est omis pour simplifier ; sa structure poreuse permet aux protéines de liaison du substrat et aux solutés hydrosolubles de le traverser par simple diffusion.

cellules animales et végétales présentent de petits pores très sélectifs. Presque toutes ces dernières protéines sont spécifiquement responsables du transport des ions, d'où leur nom de **canaux ioniques.** Plus de 10^6 ions peuvent traverser un tel canal chaque seconde, ce qui est une vitesse plus de 100 fois supérieure à celle du transport qui se fait par l'intermédiaire de n'importe quelle protéine porteuse connue. Par ailleurs, les canaux ioniques ne peuvent être couplés à une source d'énergie, de sorte que le transport dont ils sont les intermédiaires est toujours passif, permettant à des ions spécifiques, principalement Na^+, K^+, Ca^{2+} ou Cl^-, de diffuser dans le sens de leurs gradients électrochimiques à travers la double couche lipidique.

Les canaux protéiques des membranes plasmiques présentent une *sélectivité aux ions*, permettant à certains ions de passer mais pas à d'autres. Ceci suggère que leurs pores doivent être assez étroits en certains points pour amener les ions qui traversent en contact étroit avec les parois du canal, de sorte que seuls les ions de taille et de charge appropriées puissent passer. On pense que les ions qui traversent doivent se débarrasser de la plupart ou de toutes leurs molécules d'eau associées pour traverser la partie la plus étroite du canal. Ceci limite leur vitesse maximale de passage et agit en même temps comme un filtre sélectif, ne laissant passer que certains ions. Ainsi, lorsque les concentrations ioniques augmentent, le flux des ions à travers un canal augmente proportionnellement mais atteint ensuite un plateau (sature) à une certaine vitesse maximale.

Une autre différence entre les simples pores et les canaux ioniques est qu'ils ne sont pas continuellement ouverts. Au lieu de cela, ils ont des « portes » qui s'ouvrent brièvement puis se referment, comme le montre schématiquement la Figure 6-56. Dans la plupart des cas, les portes s'ouvrent en réponse à une perturbation spécifique de la membrane. Les principaux types de perturbations connues pour provoquer l'ouverture des canaux ioniques sont une modification de la tension à travers la membrane *(canaux réglés par la tension)*, une stimulation

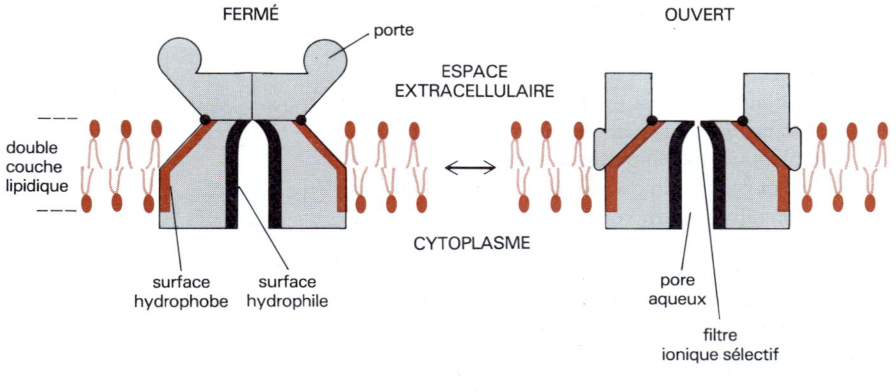

Figure 6-56 Représentation schématique d'un canal ionique à ouverture « contrôlée » dans ses configurations fermée et ouverte. Une protéine transmembranaire, observée en coupe transversale, forme un pore aqueux à travers la double couche lipidique seulement lorsque la « porte » est ouverte. Des chaînes latérales hydrophiles d'acides aminés sont supposées tapisser la paroi du pore ; des chaînes latérales hydrophobes interagissent avec la double couche lipidique. Le pore se resserre et atteint des dimensions atomiques dans une seule région (le « filtre ionique sélectif »), où la sélectivité ionique du canal est fixée. Une ouverture momentanée de la « porte » est provoquée par une perturbation spécifique de la membrane, qui est différente selon les canaux, comme nous en discutons dans le texte. La localisation de la porte et du filtre ionique sélectif, figurés ici sur la face externe de la membrane, est inconnue pour la plupart des canaux.

mécanique (*canaux réglés mécaniquement* — voir p. 1103) ou la fixation d'une molécule signal *(canaux réglés par un ligand)*. Le ligand signal peut être un médiateur extracellulaire, appelé *neurotransmetteur (canaux réglés par un transmetteur)*, ou un médiateur intracellulaire, comme un ion (*canaux réglés par les ions* — voir p. 1189), un nucléotide (*canaux réglés par un nucléotide* — voir p. 713), ou une protéine régulatrice liée au GTP (*canaux réglés par la protéine G* — voir p. 706).

Jusqu'à présent, il a été décrit environ 50 types de canaux ioniques et l'on en découvre encore d'autres. Ils sont responsables de l'excitabilité électrique des cellules nerveuses et musculaires, et sont les médiateurs de la majorité des formes de signalisation électrique dans le système nerveux. Une seule cellule nerveuse contient typiquement plus de cinq sortes de canaux ioniques. Toutefois, ces canaux ne sont pas limités aux cellules électriquement actives. Ils existent dans toutes les cellules animales et on les trouve dans les cellules végétales et les microorganismes : ils propagent par exemple le signal de fermeture des feuilles du mimosa, et permettent à la paramécie mononucléée de changer de direction après une collision.

Les canaux ioniques les plus communs sont peut-être ceux qui sont principalement perméables aux ions K^+ et que l'on trouve dans la membrane plasmique de presque toutes les cellules animales. Puisqu'ils ne semblent pas nécessiter de perturbation membranaire spécifique pour s'ouvrir, ils sont parfois appelés *canaux de fuite K^+*. Bien que mal caractérisés et hétérogènes, leur présence explique la plus grande perméabilité de la plupart des membranes plasmiques aux ions K^+, et ils jouent un rôle décisif (avec l'ATPase Na^+-K^+) dans la génération et le maintien du *potentiel de membrane* — la différence de tension qui existe dans toutes les membranes plasmiques.

6-24 6-26 Le potentiel de membrane dépend des canaux de fuite K^+ et de l'effet Donnan [32]

Le **potentiel de membrane** dépend de la distribution des ions de part et d'autre de la membrane. Comme nous l'avons déjà expliqué, l'ATPase Na^+-K^+ aide au maintien de l'équilibre osmotique à travers la membrane plasmique en conservant une faible concentration intracellulaire d'ions Na^+. La concentration en ions Na^+ étant très faible à l'intérieur de la cellule, il faut qu'il y ait une abondance d'autres cations pour équilibrer la charge portée par les ions prisonniers de la cellule — les molécules organiques chargées négativement qui sont enfermées à l'intérieur de la cellule. Ce rôle régulateur est essentiellement rempli par les ions K^+ car les **canaux de fuite K^+** offrent un passage libre aux ions K^+ pour traverser la membrane, permettant leur attraction par les anions prisonniers de charge opposée (même en absence de tout pompage par l'ATPase Na^+-K^+). Un équilibre est ainsi atteint dans lequel la force électrique, qui attire les ions K^+ dans la cellule, neutralise la tendance qu'ont les ions K^+ à s'en échapper suivant leur gradient de concentration. Le potentiel de membrane est la manifestation de cette force électrique, et son amplitude peut être calculée d'après l'ampleur du gradient de concentration K^+ nécessaire pour équilibrer la force électrique. Ceci peut être clarifié grâce au raisonnement qui suit.

Supposons qu'il n'y a initialement aucun gradient de tension à travers la membrane (le potentiel de membrane est nul), mais que la concentration de K^+ est beaucoup plus élevée à l'intérieur qu'à l'extérieur de la cellule, alors que la distribution de Na^+ est inversée. Il y a des ions négatifs à l'intérieur et à l'extérieur pour maintenir l'équilibre des charges. Si les canaux de fuite K^+ sont totalement imperméables à tous les autres ions, Na^+ ne pourra pas pénétrer dans la cellule suivant son gradient de concentration, tandis que K^+ pourra en sortir. Initialement la « force motrice » de K^+ sera uniquement son gradient de concentration. Mais les ions K^+ quittant la cellule emporteront une charge positive, laissant une charge nette négative dans la cellule ; de cette redistribution de charges résultera un champ électrique, ou potentiel de membrane, qui tendra à refouler K^+ à l'intérieur de la cellule. Le flux net de K^+ sera nul lorsque le potentiel de membrane aura atteint une valeur à laquelle la force motrice électrique de K^+ équilibrera exactement l'effet de son gradient de concentration — c'est-à-dire lorsque le gradient électrochimique pour K^+ sera nul. Cette condition d'équilibre, pour laquelle il n'y a aucun flux net de courant électrique à travers la membrane, définit le **potentiel de repos de la membrane** pour notre cellule idéale. Une équation simple, mais très importante, l'**équation de Nernst**, établit quantitativement la condition d'équilibre, et permet de calculer le potentiel de repos de la membrane si le rapport des concentrations ioniques interne et externe est connu (Planche 6-2).

Le nombre d'ions qui doivent traverser la membrane pour établir le potentiel de membrane est infime. On peut donc considérer que le potentiel de membrane résulte de mouvements de charges qui n'ont pratiquement aucun effet sur les concentrations ioniques, et qui n'entraînent qu'une très légère différence entre le nombre des charges positives et celui

-24 -25 -26

L'ÉQUATION DE NERNST ET LE FLUX IONIQUE

Le flux de tout ion à travers un canal protéique membranaire est couplé au gradient électrochimique pour cet ion. Ce gradient est la résultante de deux effets : le gradient de potentiel et le gradient de concentration de l'ion à travers la membrane. Lorsque ces deux effets s'équilibrent, le gradient électrochimique pour l'ion est nul et le courant *net* de l'ion à travers le canal est nul. Le gradient de potentiel (potentiel de membrane) auquel cet équilibre est atteint est appelé **potentiel d'équilibre** pour l'ion. Il peut être calculé à partir de l'équation qui sera détaillée plus bas : l'**équation de Nernst**.

L'équation de Nernst est la suivante :

$$V = \frac{RT}{zF} \ln \frac{C_o}{C_i}$$

où

V = potentiel d'équilibre en millivolts (potentiel interne moins potentiel externe)

C_o et C_i = concentrations externe et interne de l'ion, respectivement

R = constante des gaz parfaits (2 cal mol^{-1} $°K^{-1}$)

T = température absolue (°K)

F = constante de Faraday (2,3 x 10^4 cal V^{-1} mol^{-1})

z = valence (charge) de l'ion

L'équation de Nernst est déduite comme suit :

Une molécule en solution (un soluté) se déplace toujours d'une région de forte concentration vers une région de faible concentration, uniquement par la pression du nombre. En conséquence, le déplacement dans le sens du gradient de concentration est accompagné par une variation d'énergie libre favorable ($\Delta G < 0$), alors que le déplacement à contre-courant est accompagné d'une variation d'énergie libre défavorable ($\Delta G > 0$). (La notion d'énergie libre est introduite et discutée dans la Planche 2-7, pp. 72-73.) La variation d'énergie libre par mole de soluté qui traverse la membrane plasmique (ΔG_{conc}) est égale à $-RT \ln C_o/C_i$. Si le soluté est un ion, l'introduire dans la cellule en lui faisant traverser la membrane dont l'intérieur est à une tension V par rapport à l'extérieur provoquera une variation d'énergie libre supplémentaire (par mole de soluté déplacé) de $\Delta G_{tens} = zFV$. Lorsque les gradients de concentration et de tension s'équilibrent, $\Delta G_{conc} + \Delta G_{tens} = 0$ et la distribution de l'ion est à l'équilibre de part et d'autre de la membrane. Donc,

$$zFv - RT \ln \frac{C_o}{C_i} = 0$$

et par conséquent,

$$V = \frac{RT}{zF} \ln \frac{C_o}{C_i} = 2{,}3 \frac{RT}{zF} \log_{10} \frac{C_o}{C_i}$$

Pour un ion univalent,

$$2{,}3 \frac{RT}{F} = 58 \text{ mV à } 20\ °C \text{ et } 61{,}5 \text{ mV à } 37\ °C$$

Par conséquent, lorsque le potentiel de membrane a une valeur de 61,5 $\log_{10}$ ($[K^+]_o/[K^+]_i$) millivolts (− 89 mV lorsque $[K^+]_o = 5$ mM et $[K^+]_i = 140$ mM), qui est le potentiel d'équilibre de K^+ (V_K), le flux net d'ions K^+ à travers la membrane est nul. De la même façon, lorsqu'un potentiel de membrane a une valeur de 61,5 $\log_{10}$ ($[Na^+]_o/[Na^+]_i$), le potentiel d'équilibre de Na^+ (V_{Na}), le flux net d'ions Na^+ est nul. Pour une cellule type, V_K se situe entre − 70 mV et − 100 mV et V_{Na} entre + 50 mV et + 65 mV.

Pour tout potentiel de membrane particulier V_M, la force nette qui tend à refouler un type particulier d'ions hors de la cellule est proportionnelle à la différence entre V_M et le potentiel d'équilibre pour l'ion : ainsi, pour les ions K^+, c'est $V_M - V_K$, et pour les ions Na^+, c'est $V_M - V_{Na}$. Le courant effectif de chaque type d'ion dépend non seulement de cette force motrice mais aussi de la facilité avec laquelle cet ion traverse ses canaux membranaires, qui est une fonction de la *conductance* des canaux. Si les conductances des ensembles de canaux pour les ions K^+ et Na^+ sont respectivement g_K et g_{Na}, les courants K^+ et Na^+ sont respectivement, d'après la loi d'Ohm, $g_K(V_M - V_K)$ et $g_{Na}(V_M - V_{Na})$. (La **conductance** est l'inverse de la résistance, et son unité de mesure est l'inverse de l'ohm, ou siemens, S. La plupart des canaux ioniques isolés ont des conductances de l'ordre de 1 à 150 x 10^{-12} S, ou 1 à 150 pS.) Au potentiel membranaire de repos de la plupart des cellules, l'essentiel des canaux ouverts sont les canaux de fuite K^+ et, par conséquent, g_K sera l'élément dominant dans la conductance totale de la membrane. Sous l'action d'un potentiel d'action dans des cellules nerveuses ou musculaires, un grand nombre de canaux Na^+ réglés par la tension s'ouvrent brièvement, et g_{Na} devient, pour un moment, l'élément dominant de la conductance membranaire totale.

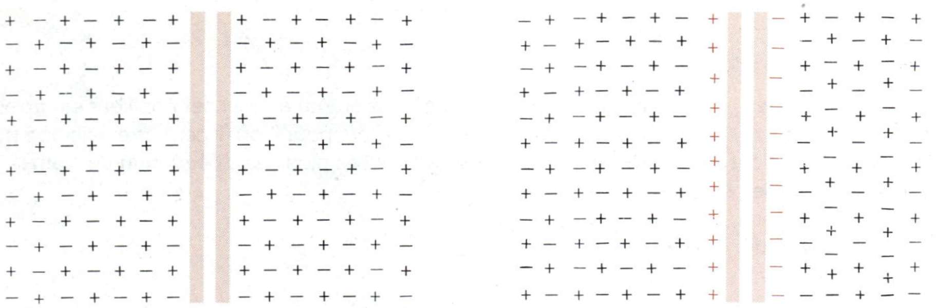

équilibre de charges de chaque côté de la membrane ; le potentiel membranaire = 0

quelques-uns des ions positifs (couleur) traversent la membrane de droite à gauche, laissant leurs équivalents négatifs derrière (couleur) ; ceci crée un potentiel de membrane différent de zéro

Figure 6-57 Un faible courant ionique transporte une charge suffisante pour provoquer une importante variation du potentiel de membrane. Les ions responsables du potentiel de membrane se trouvent dans une couche superficielle proche de la membrane, et y sont maintenus par leur attraction électrique pour leurs contretypes (ions de charge opposée) situés de l'autre côté de la membrane. Pour une cellule typique, le transport d'un côté de la membrane à l'autre, d'une charge de 1 microcoulomb (6×10^{12} ions monovalents) par centimètre carré de membrane, entraîne une variation du potentiel de membrane d'environ 1 V. Ceci signifie, par exemple, que dans une cellule sphérique de 10 μm de diamètre, la quantité d'ions K^+ qui doivent sortir pour modifier le potentiel de membrane de 100 mV n'est environ que le 1/100 000 de la quantité totale d'ions K^+ dans le cytosol.

des charges négatives des deux côtés de la membrane (Figure 6-57). De plus, ces mouvements de charges sont généralement rapides, ne prenant que quelques millisecondes tout au plus.

L'étude de ce qui se passe si l'ATPase Na^+-K^+ est inactivée éclaircit la question. Tout d'abord, il y a une légère chute immédiate du potentiel de membrane. Ceci est dû au caractère électrogénique de la pompe qui, lorsqu'elle est activée, apporte une petite contribution directe au potentiel de membrane en faisant circuler un courant vers l'extérieur de la cellule (voir p. 306). Le composant principal du potentiel de repos, qui est engendré par le mécanisme d'équilibre des ions K^+ indiqué plus haut, n'est cependant pas supprimé par la mise hors circuit de la pompe. Ceci dure aussi longtemps que la concentration en ions Na^+ reste faible — typiquement pendant de nombreuses minutes. Cependant, la membrane plasmique n'est pas complètement imperméable aux ions Na^+ qui s'infiltrent donc lentement à l'intérieur de la cellule suivant leur important gradient électrochimique. Cet influx d'ions Na^+ entraîne une diminution du potentiel de membrane, permettant une sortie plus importante d'ions K^+. Simultanément, l'équilibre osmotique est bouleversé (voir p. 306) ; mais, si la cellule n'éclate pas, elle atteint finalement un nouvel état de repos, dans lequel Na^+, K^+ et Cl^- sont tous à l'équilibre de part et d'autre de la membrane. Dans cet état, le potentiel de membrane est beaucoup moins important que dans une cellule normale avec une pompe Na^+-K^+ active, mais il n'est pas nul. Les anions prisonniers sont encore enfermés à l'intérieur de la cellule, ils attirent encore des cations diffusibles et il est encore impossible à ces derniers de quitter la cellule à cause d'un potentiel de membrane qui compense leur tendance à s'échapper suivant leur gradient de concentration. Dans ces circonstances, cependant, le principal cation responsable de l'équilibre est Na^+ plutôt que K^+. Le développement d'un tel potentiel, par lequel les ions prisonniers retiennent un nuage d'ions diffusibles de charge opposée dans leur voisinage, s'appelle l'*effet Donnan*, et est la principale origine du potentiel membranaire de repos.

La différence de potentiel à travers la membrane plasmique d'une cellule au repos varie entre – 20 mV et – 200 mV, selon l'organisme et le type cellulaire. Bien que le gradient K^+ ait toujours une grande influence sur ce potentiel, les gradients des autres ions auront également un effet significatif : plus une membrane est perméable à un ion donné, plus la tendance du potentiel de membrane à revenir à la valeur d'équilibre pour cet ion sera forte. Il en résulte que le moindre changement de perméabilité d'une membrane aux ions provoquera une variation du potentiel de membrane. C'est le principe clé qui relie l'excitabilité électrique des cellules aux activités des canaux ioniques.

6-25 Les canaux ioniques réglés par la tension sont responsables de l'excitabilité électrique des cellules nerveuses et musculaires [33]

La membrane plasmique des cellules électriquement excitables (principalement les cellules nerveuses et musculaires) contient des **canaux ioniques réglés** (ou **à ouverture contrôlée**) **par la tension**, qui sont responsables de la production des **potentiels d'action** — excitations électriques rapides, transitoires et auto-propagatrices de la membrane. Un potentiel d'action est déclenché par une *dépolarisation* de la membrane — c'est-à-dire par un saut du potentiel de membrane à

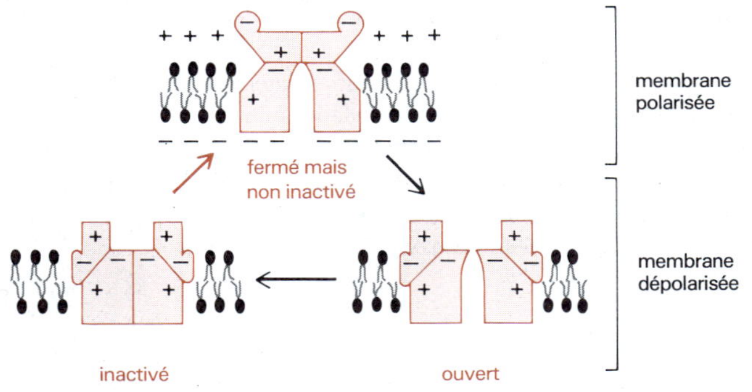

Figure 6-58 Le canal Na^+ réglé par la tension peut au moins adopter trois configurations (états). Des forces internes, représentées ici par des attractions entre charges sur différentes régions du canal, stabilisent chaque état contre de petites perturbations, mais une collision suffisamment violente avec d'autres molécules peut faire basculer le canal de l'un de ces états à un autre. L'état d'énergie minimale dépend du potentiel de membrane car les différentes configurations ont des distributions de charge différentes. Quand la membrane est au repos (fortement polarisée), la configuration *fermée mais non inactivée* a l'énergie libre la plus faible et est par conséquent la plus stable ; lorsque la membrane est dépolarisée, l'énergie de la configuration *ouverte* est plus faible et le canal est donc ouvert. Mais l'énergie libre de la configuration *inactive* est plus faible encore et ainsi, après une période de durée variable passée dans l'état ouvert, le canal devient inactivé. Ainsi, la configuration ouverte correspond à un état métastable qui ne peut exister que de façon transitoire. La flèche rouge indique la séquence qui suit une brusque dépolarisation alors que les flèches noires indiquent le retour à la configuration initiale lorsque le niveau d'énergie minimale est atteint après la repolarisation de la membrane.

une valeur moins négative. Un stimulus qui provoque une dépolarisation partielle momentanée entraîne sur le champ l'ouverture de **canaux Na^+ réglés par la tension**, permettant ainsi à une petite quantité d'ions Na^+ de pénétrer dans la cellule. L'influx de charges positives dépolarise davantage la membrane, entraînant l'ouverture d'un plus grand nombre de canaux Na^+ qui admettent plus d'ions Na^+, provoquant une dépolarisation encore plus importante. Ce processus continue par auto-amplification jusqu'à ce que le potentiel de membrane de la région concernée soit passé de – 70 mV — potentiel de repos — à + 50 mV — potentiel d'équilibre des ions Na^+ (voir Planche 6-2, p. 315). A ce stade la force motrice électrochimique nette pour le flux d'ions Na^+ est nulle, la cellule atteindrait un nouvel état de repos dans lequel tous ses canaux Na^+ seraient ouverts en permanence si cette configuration était stable.

La cellule est sauvée d'un tel « spasme » électrique permanent par une inactivation automatique des canaux Na^+ qui se referment alors rapidement même si la membrane est encore dépolarisée. Dans cet état *inactivé*, le canal ne peut se réouvrir que quelques millisecondes après le retour du potentiel de membrane à sa valeur négative initiale. Une représentation schématique des trois configurations différentes du canal Na^+ réglé par la tension — fermé mais non activé, ouvert et inactivé — est donnée dans la Figure 6-58. La Figure 6-59 montre la façon dont ils contribuent à l'augmentation et à la diminution du potentiel d'action.

La description du potentiel d'action qui vient d'être donnée ne concerne qu'une petite région de la membrane plasmique. Cependant, la dépolarisation auto-amplifiée de cette région est suffisante pour dépolariser des régions voisines de la membrane, qui suivent alors le même cycle. De cette façon, le potentiel d'action se propage à partir du site initial de dépolarisation

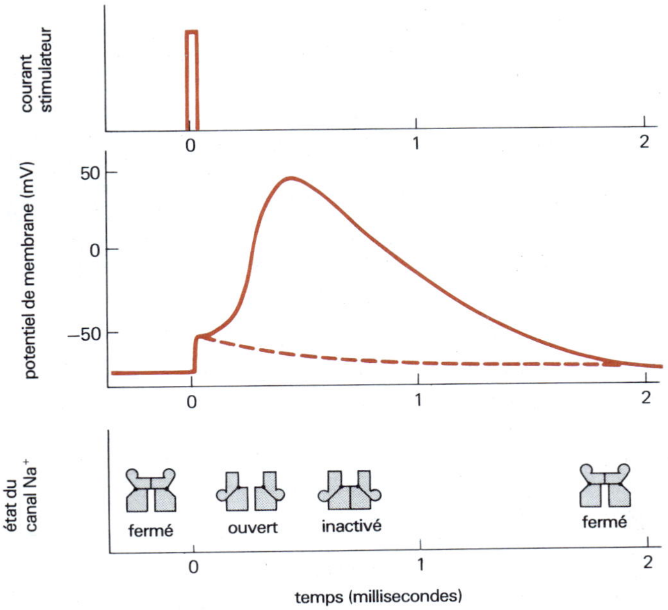

Figure 6-59 Le déclenchement d'un potentiel d'action par une brève impulsion de courant (figuré dans le graphique supérieur) qui dépolarise partiellement la membrane (graphique du milieu). Dans la représentation graphique du potentiel de membrane, la courbe en trait plein montre l'évolution d'un potentiel d'action provoqué par l'ouverture puis par l'inactivation consécutive des canaux Na^+ réglés par la tension. Le retour du potentiel de membrane à sa valeur de repos (— 70 mV) est automatique dès que les canaux Na^+ se ferment à cause de la sortie continue d'ions K^+ (voir p. 314). La membrane ne peut déclencher un second potentiel d'action tant que les canaux Na^+, dont l'état est représenté dans le troisième graphique, ne sont pas revenus à une configuration fermée mais non inactivée (voir Figure 6-58) ; jusque-là, la membrane est réfractaire à la stimulation. La courbe en pointillés montre comment le potentiel de membrane serait revenu à sa valeur de repos après le premier stimulus dépolarisant s'il n'y avait pas eu de canaux ioniques réglés par la tension dans la membrane.

dans la membrane plasmique entière. Une étude plus détaillée des propriétés et des fonctions des potentiels d'action est donnée dans le Chapitre 19 (voir pp. 1065-1074).

Les membranes des cellules nerveuses et musculaires contiennent plusieurs milliers de canaux Na^+ dont l'ouverture est réglée par la tension, et le courant qui traverse la membrane est la somme des courants qui traversent l'ensemble des canaux. Ce courant total peut être enregistré avec une microélectrode (voir Chapitre 19, p. 1071). Cependant, il est aussi possible d'enregistrer le courant qui traverse des canaux individuels par une méthode d'*enregistrement local* ou *« patch-clamp recording »* qui fournit un tableau plus détaillé des propriétés de ces canaux.

6-27 L'enregistrement local montre que les canaux Na^+ individuels s'ouvrent selon une loi du tout ou rien [34]

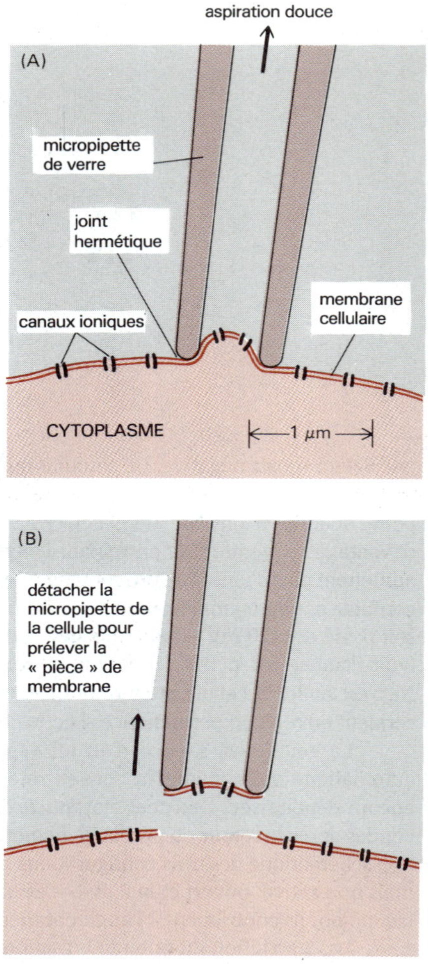

Figure 6-60 L'enregistrement local ou « patch-clamp recording ». Le joint entre la micropipette et la membrane étant extrêmement étanche, le courant ne peut entrer ou sortir de la micropipette qu'en passant par les canaux contenus dans la « pièce » ou « patch » de membrane qui couvre son extrémité. On peut enregistrer le courant à travers ces canaux soit lorsque la pièce est encore attachée au reste de la cellule, comme en (A), soit lorsqu'elle est détachée, comme en (B). L'avantage de la pièce détachée est qu'il est facile de modifier la composition de la solution de part et d'autre de la membrane et d'observer l'effet produit par divers solutés sur le comportement du canal (voir aussi les Figures 4-33 et 4-34, p. 156).

L'**enregistrement local** ou **« patch-clamp recording »** a révolutionné l'étude des canaux ioniques. Cette technique permet d'étudier le courant qui traverse une seule molécule d'un canal protéique dans une petite « pièce » de membrane obturant la pointe d'une micropipette (Figure 6-60). Ceci permet de l'enregistrer à partir des canaux ioniques de nombreux types cellulaires, y compris ceux qui ne sont pas électriquement excitables. Beaucoup de cellules, comme les levures, sont trop petites pour être étudiées par la méthode électrophysiologique traditionnelle qui consiste à y insérer une électrode.

L'enregistrement local montre que chaque canal Na^+ s'ouvre selon une loi du tout au rien : lorsqu'il est ouvert, le canal a toujours la même conductance (Figure 6-61). Ses temps d'ouverture et de fermeture sont aléatoires. Par conséquent, le courant résultant qui traverse la membrane d'une cellule entière, par l'intermédiaire d'une importante population de canaux Na^+, n'indique pas le *degré* auquel un canal isolé est ouvert, mais plutôt la *probabilité* moyenne qu'il s'ouvrira (voir Figure 6-61).

Le phénomène de réglage par la tension peut être interprété en fonction de principes physiques simles. La différence de potentiel entre l'intérieur de la cellule nerveuse ou musculaire au repos et le milieu extérieur est de – 50 à – 100 mV. Cette différence peut paraître faible mais, puisque l'épaisseur d'une membrane plasmique n'est que de 5 nm, le gradient de tension résultant est de l'ordre de 100 000 V/cm. Les protéines membranaires sont ainsi soumises à un champ électrique très fort. Comme les autres, elles ont un certain nombre de groupements chargés à leur périphérie et des liaisons polarisées entre leurs différents atomes. Le champ électrique exerce par conséquent des contraintes sur la structure moléculaire. Pour de nombreuses protéines membranaires, les variations de champ électrique dans la membrane n'ont probablement pas d'effet. Mais les canaux ioniques dont l'ouverture est réglée par la tension ont développé une sensibilité au champ électrique, finement équilibrée : ils peuvent adopter en alternance un certain nombre de configurations dont la stabilité dépend de la force du champ. Chaque conformation est stable par rapport à de petites perturbations, mais elle peut « basculer » dans une autre configuration sous l'action d'un choc suffisamment violent provoqué par l'agitation thermique dans son environnement (voir Figure 6-58).

La fonction d'un canal Na^+ réglé par la tension est bloquée spécifiquement par deux poisons paralysants, la *tétrodotoxine* (*TTX*), extraite de l'orbe épineux, et la *saxitoxine*, fabriquée par certains dinoflagellés marins. Du fait de leur forte affinité et de leur grande spécificité, ces toxines ont été d'une grande utilité pour des études pharmacologiques, pour compter le nombre de canaux Na^+ dans une membrane et pour les purifier. Dans la membrane plasmique du muscle squelettique, par exemple, on peut montrer qu'il n'y a que quelques centaines de canaux Na^+ par micromètre carré, ce qui correspond environ à un canal pour 10 000 molécules de phospholipides. En dépit de cette faible densité, les membranes sont électriquement excitables car la conductance de chaque canal est très grande, permettant le passage de plus de 8 000 ions par milliseconde.

La séquence d'ADN codant un canal Na^+ réglé par la tension (chez les anguilles) fut déterminée en 1984. On trouva qu'elle codait une très longue chaîne polypeptidique unique (environ 1 800 résidus d'acides aminés) composée de quatre domaines transmembranaires homologues (chacun étant supposé contenir six hélice α transmembranaires qui semblent être regroupées pour former les parois d'un pore aqueux. Plus récemment, la séquence d'ADN codant le canal Ca^{2+} réglé par la tension a été déterminée : elle code un grand polypeptide avec une structure très voisine de celle du canal Na^+, suggérant que les canaux ioniques dont l'ouverture est réglée par la tension appartiennent à une famille de protéines apparentées d'un point de vue évolutif et structural. Dans chacun de ces canaux, un des segments transmembranaires putatifs contient des résidus d'acides aminés chargés positivement et régulièrement espacés qui, réunis,

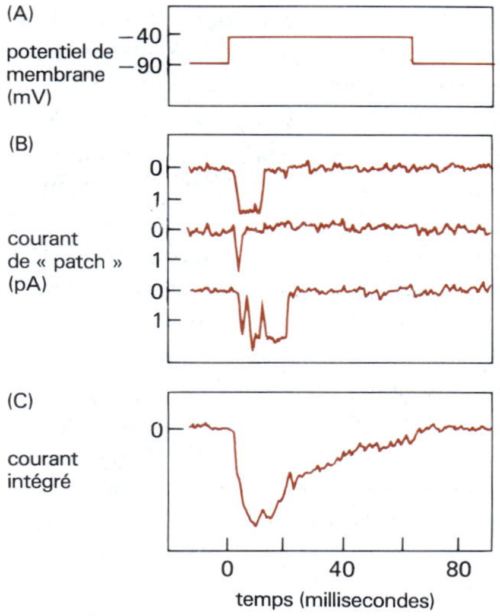

Figure 6-61 Enregistrements du courant à travers un seul canal Na^+ réglé par la tension dans une pièce membranaire minuscule prélevée d'une cellule embryonnaire de muscle de rat (voir Figure 6-60). La membrane a été dépolarisée par une brusque variation de potentiel, comme le montre le tracé (A). Les trois enregistrements de courant montrés en (B) sont ceux de trois expériences sur la même pièce de membrane. Chaque saut de courant important en (B) représente l'ouverture et la fermeture d'un seul canal. La comparaison de ces trois enregistrements montre que la vitesse à laquelle le courant traverse un canal ouvert est pratiquement constante tandis que les durées d'ouverture et de fermeture du canal varient énormément. Les petites fluctuations dans l'enregistrement du courant proviennent essentiellement du bruit de fond de l'appareil d'enregistrement. La somme des courants mesurés sur 144 répétitions de la même expérience est figurée en (C). Ce courant global est équivalent au courant Na^+ habituel dont on observerait le flux au travers d'une région assez importante contenant 144 canaux. La comparaison de (B) et (C) révèle que l'évolution dans le temps du courant global rend compte de la probabilité pour que n'importe quel canal individuel soit dans un état ouvert ; cette probabilité diminue avec le temps pendant que les canaux dans la membrane dépolarisée adoptent leur configuration inactive. Les cinétiques d'ouverture et d'inactivation des canaux sont beaucoup plus lentes pour cette cellule musculaire embryonnaire que pour une cellule nerveuse typique. (Basé sur des données de J. Patlak et R. Horn, *J. Gen. Physiol.* 79 : 333-351, 1982, avec l'autorisation (copyright) de la Rockefeller University Press.)

sont supposés fonctionner comme un récepteur de tension, assurant l'ouverture du canal lorsque la membrane est suffisamment dépolarisée (voir Figure 6-58).

On dispose de plus d'informations sur la structure d'une autre classe de canaux ioniques, qui s'ouvrent en réponse à la liaison d'un neurotransmetteur spécifique plutôt qu'en réponse à une variation du potentiel de membrane. Ces *canaux ioniques dont l'ouverture est réglée par des transmetteurs* appartiennent également à une famille de protéines étroitement apparentées ; cependant, contrairement aux canaux Na^+ et Ca^{2+} réglés par la tension qui sont construits à partir d'un long polypeptide unique, tous les canaux ioniques réglés par des transmetteurs, étudiés jusqu'à présent, sont construits à partir de multiples sous-unités homologues.

Le récepteur de l'acétylcholine est un canal cationique dont l'ouverture est réglée par un transmetteur [35]

Les **canaux ioniques dont l'ouverture est réglée par un transmetteur** sont spécialisés dans la conversion des signaux chimiques extracellulaires en signaux électriques et sont localisés entre les cellules nerveuses et leurs cellules cibles au niveau de jonctions spécialisées appelées *synapses chimiques*. Les canaux sont concentrés dans la membrane plasmique de la cellule cible dans la région de la synapse. Ils s'ouvrent de façon transitoire en réponse à la liaison d'un *neurotransmetteur* libéré par la terminaison nerveuse, produisant ainsi un changement de perméabilité dans la membrane postsynaptique de la cellule cible (Figure 6-62). Contrairement aux canaux réglés par la tension qui sont responsables des potentiels d'actions, les canaux réglés par un transmetteur sont assez insensibles au potentiel de membrane et ne peuvent donc pas provoquer, à eux-seuls, une excitation auto-amplificatrice. Au lieu de cela, ils engendrent des variations de perméabilité et, de là, des variations de potentiel de membrane, dont l'ampleur est réglée par la quantité de neurotransmetteurs libérés au niveau de la synapse et le temps qu'ils y restent. Seule la présence simultanée de canaux réglés par la tension dans la même membrane de cellule cible peut déclencher un potentiel d'action.

En plus d'une sélectivité ionique caractéristique, chaque canal, dont l'ouverture est réglée par un transmetteur, possède un site de liaison très sélectif pour son neurotransmetteur spécifique. Le **récepteur de l'acétylcholine** des cellules du muscle squelettique est le mieux connu des canaux réglés par un transmetteur. Ce canal est ouvert de façon transitoire par l'*acétylcholine*, le neurotransmetteur libéré par les terminaisons nerveuses au niveau d'une *jonction neuromusculaire* (voir p. 1075). Le récepteur de l'acétylcholine tient une place particulière dans l'histoire des canaux ioniques. Tout d'abord, il fut le premier canal ionique à être purifié, le premier dont la séquence d'acides aminés complète fut déterminée, le premier à être fonctionnellement reconstitué dans des doubles couches lipidiques artificielles, et le premier pour lequel l'enregistrement du signal électrique d'un canal ouvert isolé fut effectué. Son gène fut également le premier gène de canal protéique à être isolé, cloné et dont la séquence fut

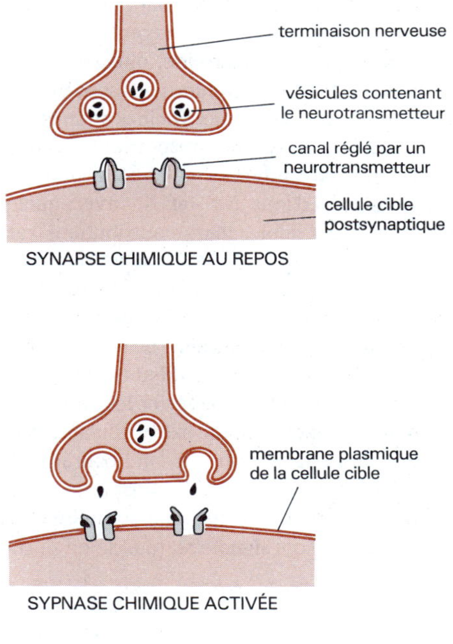

Figure 6-62 Une synapse chimique. Lorsqu'un potentiel d'action atteint la terminaison nerveuse, il stimule la libération, par cette terminaison, de son neurotransmetteur ; le neurotransmetteur est contenu dans des vésicules sécrétrices et libéré vers l'extérieur de la cellule quand les vésicules fusionnent avec la membrane plasmique de la terminaison nerveuse. Le neurotransmetteur libéré se fixe et ouvre les canaux ioniques réglés par un transmetteur concentrés dans la membrane plasmique de la cellule cible au niveau de la synapse. Les flux ioniques résultants modifient le potentiel de membrane de la cellule cible, transmettant un signal à partir du nerf excité.

déterminée. Il y a au moins deux raisons à une purification et une caractérisation aussi rapide : premièrement, il existe une source d'une richesse inhabituelle pour ce récepteur dans les organes électriques des poissons électriques : ces organes sont des muscles modifiés conçus pour transmettre une forte décharge électrique aux proies. Deuxièmement, des neurotoxines (comme l'*α-bungarotoxine*) du venin de certains serpents se fixe avec une très haute affinité ($K_d = 10^{-9}$ M) et une très grande spécificité au récepteur et peuvent être par conséquent utilisés pour le purifier par chromatographie d'affinité (voir p. 168). Des α-bungarotoxines fluorescentes ou radiomarquées peuvent également être utilisées pour localiser et compter les récepteurs de l'acétylcholine ; de cette façon, on a montré que les récepteurs sont concentrés dans la membrane plasmique des cellules musculaires au niveau d'une jonction neuromusculaire (environ 20 000 récepteurs/μm^2), et il y a relativement peu de récepteurs ailleurs dans la même membrane.

Le récepteur de l'acétylcholine est une glycoprotéine composée de cinq polypeptides transmembranaires, deux d'un même type et trois autres, codés par quatre gènes différents. L'homologie des quatre gènes est frappante, impliquant qu'ils ont évolué à partir d'un gène ancestral unique. Les deux polypeptides identiques du pentamère ont chacun des sites de liaison pour l'acétylcholine. Lorsque deux molécules d'acétylcholine se fixent au complexe pentamérique, elles induisent un changement de conformation qui ouvre le canal. Le canal reste ouvert environ 1 milliseconde, puis se ferme ; on pense que, comme les canaux Na^+ réglés par la tension, la forme ouverte du canal a un temps de vie court et bascule rapidement à un état fermé de plus basse énergie libre (Figure 6-63). Les molécules d'acétylcholine se dissocient ensuite du récepteur et sont hydrolysées par une enzyme spécifique (acétylcholinestérase) localisée dans la jonction neuromusculaire. Une fois libéré de son neurotransmetteur, le récepteur de l'acétylcholine revient à son état de repos initial.

La forme générale du récepteur de l'acétylcholine et l'arrangement probable de ses sous-unités ont été déterminés par microscopie électronique et diffraction des rayons X à petit angle. Bien que la façon dont se combinent les sous-unités pour former un canal transmembranaire hydrophile soit incertaine, plusieurs modèles ont été proposés, principalement basés sur les séquences d'acides aminés des sous-unités. Un de ces modèles est représenté par la Figure 6-64. Des groupes de résidus d'acides aminés chargés négativement qui sont situés à l'embouchure du canal sont sans doute responsables de l'exclusion des ions négatifs tandis que tout ion positif de diamètre inférieur à 0,65 nm peut traverser. La circulation normale est principalement composée d'ions Na^+ et K^+ avec quelques ions Ca^{2+}. Puisque la sélectivité vis-à-vis des cations est faible, leurs contributions relatives au courant qui traverse le canal dépendent principalement de leurs concentrations et des forces motrices électrochimiques. Lorsque la membrane de la cellule musculaire est à son potentiel de repos, la force motrice nette pour tous les ions K^+ est voisine de zéro, puisque le gradient de tension équilibre à peu près le gradient de concentration de K^+ à travers la membrane (voir Planche 6-2, p. 315). Par contre, pour les ions Na^+, le gradient de tension et le gradient de concentration agissent dans la même direction pour faire pénétrer les ions dans la cellule. (C'est également le cas pour les ions Ca^{2+}, mais la concentration extracellulaire de Ca^{2+} est si faible par rapport à celle de Na^+ que la contribution des ions Ca^{2+} au courant total est modeste.) L'ouverture des canaux récepteurs de l'acétylcholine aboutit ainsi à un important influx d'ions Na^+ (vitesse maximale d'environ 30 000 ions par canal et par milliseconde). Cet influx provoque une dépolarisation de la membrane qui signale au muscle de se contracter, comme cela est décrit plus loin.

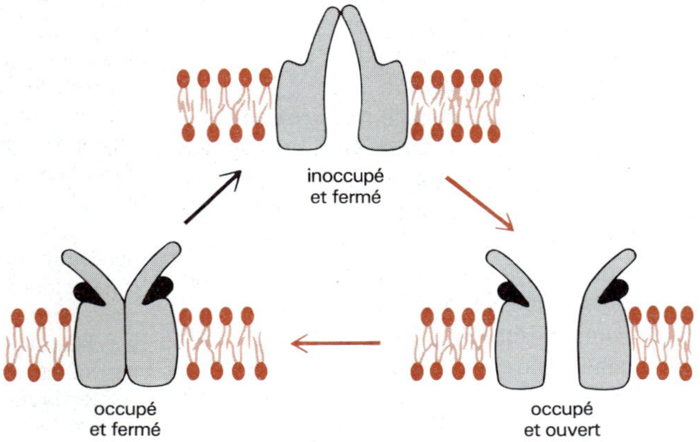

Figure 6-63 Trois conformations du récepteur de l'acétylcholine. La fixation de deux molécules d'acétylcholine ouvre ce canal ionique réglé par un transmetteur. Mais, même avec une acétylcholine fixée, on pense que le récepteur ne reste que brièvement dans une configuration ouverte et que le canal se referme rapidement. L'acétylcholine se dissocie ensuite du récepteur, ce qui permet au récepteur de reprendre sa configuration initiale.

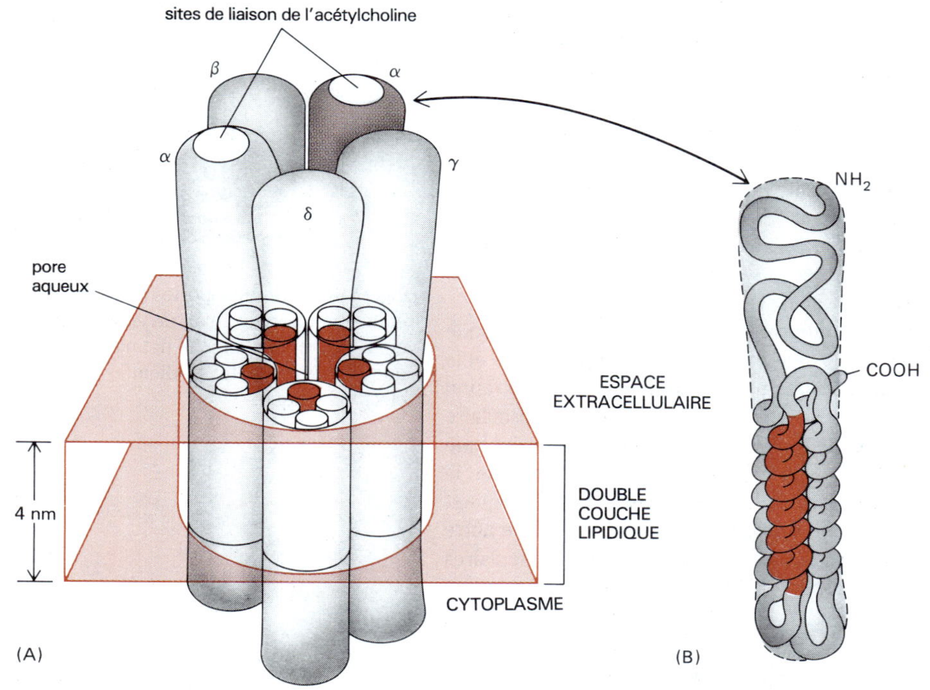

Figure 6-64 Un modèle de la façon dont cinq sous-unités homologues (α, α, β, γ, δ) du récepteur de l'acétylcholine peuvent se combiner pour former un pore aqueux transmembranaire (A). Noter que les deux sous-unités α contiennent un site de fixation de l'acétylcholine et que la plus grande partie de la masse du récepteur est localisée dans l'espace extracellulaire. Chaque sous-unité contient environ 500 résidus d'acides aminés, et la masse totale du récepteur est d'environ 300 000 daltons. Comme le montre (B), la chaîne polypeptidique de chaque sous-unité, dans ce modèle, est supposée traverser la double couche sous forme de quatre hélices α. On pense qu'une hélice α (figurée en couleur), contenant plus de résidus d'acides aminés polaires que les autres hélices, forme les parois du pore aqueux lorsque les cinq sous-unités sont réunies (A).

Les séquences d'ADN qui codent les sous-unités de plusieurs autres canaux ioniques réglés par un neurotransmetteur ont été déterminées. Les séquences d'acides aminés qui en sont déduites sont homologues les unes des autres et de celle des sous-unités du récepteur de l'acétylcholine, suggérant que ces canaux ioniques sont apparentés d'un point de vue évolutif.

La transmission neuromusculaire nécessite l'activation séquentielle d'au moins quatre séries différentes de canaux ioniques à ouverture contrôlée [36]

L'importance des canaux ioniques à ouverture contrôlée pour les cellules électriquement excitables peut être illustrée en suivant le processus par lequel un influx nerveux stimule la contraction d'une cellule musculaire. Cette réponse apparemment simple nécessite l'activation séquentielle d'au moins quatre séries différentes de canaux ioniques contrôlés — tout ceci en moins d'une seconde (Figure 6-65).

1. Le processus est amorcé lorsqu'un influx nerveux atteint la terminaison nerveuse et dépolarise sa membrane plasmique. La dépolarisation provoque l'ouverture momentanée des canaux Ca^{2+} réglés par la tension située dans cette membrane. La concentration de Ca^{2+} à l'extérieur des cellules étant plus de 1 000 fois supérieure à la concentration de Ca^{2+} libre à l'intérieur, les ions Ca^{2+} affluent dans la terminaison nerveuse. L'augmentation de la

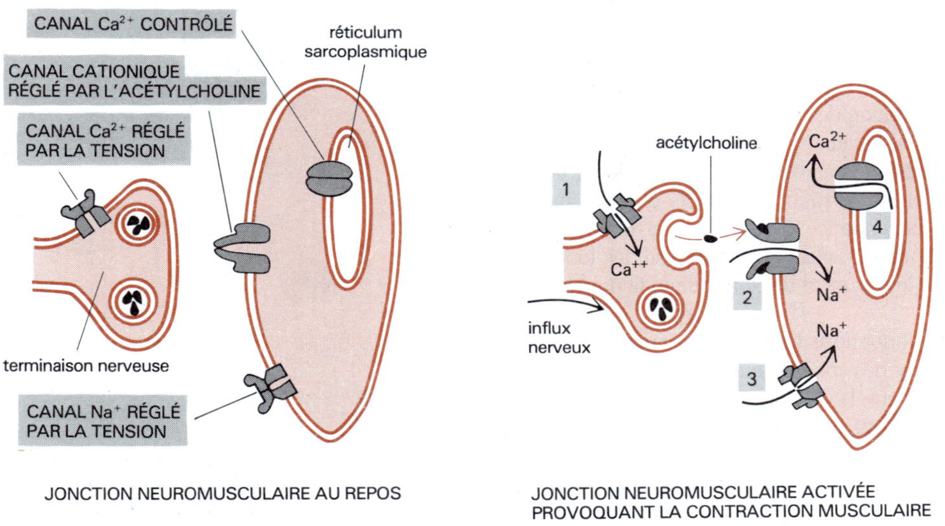

Figure 6-65 Représentation schématique d'une jonction neuromusculaire montrant certains des canaux contrôlés impliqués dans la stimulation de la contraction musculaire par un influx nerveux. Les différents canaux contrôlés sont numérotés dans l'ordre de leur ouverture comme cela est décrit dans le texte. Le mécanisme de contrôle de l'ouverture du canal Ca^{2+} dans le réticulum sarcoplasmique est inconnu.

concentration en Ca^{2+} dans le cytosol de la terminaison nerveuse stimule une libération localisée d'acétylcholine dans la fente synaptique.

2. L'acétylcholine libérée se fixe aux récepteurs de l'acétylcholine situés dans la membrane plasmique postsynaptique de la cellule musculaire, ouvrant de façon transitoire les canaux cationiques qui leur sont associés. L'influx résultant de Na^+ provoque une dépolarisation localisée de la membrane.
3. La dépolarisation de la membrane plasmique de la cellule musculaire ouvre des canaux Na^+ réglés par la tension dans cette membrane, permettant l'entrée d'une plus grande quantité d'ions Na^+, ce qui dépolarise davantage la membrane. Ceci entraîne l'ouverture d'un nombre supplémentaire de canaux Na^+ réglés par la tension et provoque une dépolarisation qui se propage (un potentiel d'action) et met en cause la totalité de la membrane plasmique.
4. La dépolarisation généralisée de la membrane plasmique de la cellule musculaire provoque l'ouverture momentanée des canaux ioniques situés dans le réticulum sarcoplasmique et la libération de Ca^{2+} dans le cytosol. C'est l'augmentation soudaine de la concentration intracellulaire de Ca^{2+} qui provoque la contraction des myofibrilles dans la cellule musculaire (voir p. 621). On ne sait pas comment la variation de tension dans la membrane plasmique musculaire avertit le réticulum sarcoplasmique. Une première possibilité est que le potentiel d'action se propage jusqu'à la membrane du réticulum sarcoplasmique, provoquant l'ouverture des canaux Ca^{2+} dépendant de la tension située dans la membrane. Une autre possibilité est que la dépolarisation de la membrane plasmique des cellules musculaires active la voie de signalisation cellulaire par le phosphatidylinositol, dont nous discuterons dans le Chapitre 12 (voir p. 702).

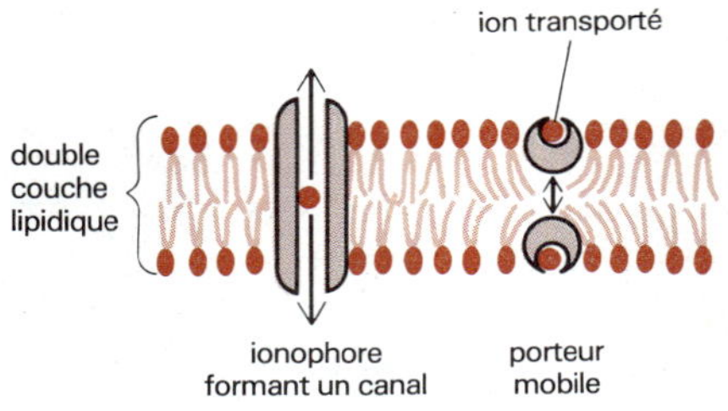

Figure 6-66 Un transporteur ionique mobile et un ionophore formant un canal. Dans les deux cas, un flux ionique net ne se produit que dans le sens d'un gradient électrochimique.

Les ionophores augmentent la perméabilité ionique des membranes [37]

Les ionophores sont de petites molécules hydrophobes qui se dissolvent dans les doubles couches lipidiques et augmentent la perméabilité ionique de la double couche. La plupart sont synthétisés par des micro-organismes (vraisemblablement comme armes biologiques pour affaiblir leurs concurrents), et certains ont été utilisés comme antibiotiques. Ils ont été largement employés par les biologistes pour augmenter la perméabilité membranaire à des ions spécifiques dans l'étude de doubles couches synthétiques, de cellules et d'organites cellulaires. Il existe deux classes d'ionophores — les **transporteurs ioniques mobiles** et les ionophores **formant un canal (channel formers)** (Figure 6-66). Les deux types agissent en protégeant la charge de l'ion transporté, de sorte qu'il puisse pénétrer dans le milieu interne hydrophobe de la double couche lipidique. N'étant pas couplés à des sources d'énergie, ils n'autorisent le mouvement net des ions que dans le sens de leurs gradients électrochimiques.

La *valinomycine* est un exemple de transporteur ionique mobile. C'est un polymère de forme annulaire, qui augmente la perméabilité d'une membrane aux ions K^+. La périphérie de l'anneau est hydrophobe (constituée de chaînes latérales de valine) et entre en contact avec le noyau hydrocarboné de la double couche lipidique ; sa région centrale est polaire et un seul ion K^+ peut s'y loger avec précision (Figure 6-67). La valinomycine transporte K^+ dans le sens de son gradient électrochimique en prélevant K^+ d'un côté de la membrane, en diffusant à travers la double couche, et en libérant K^+ de l'autre côté.

L'ionophore *A23187* est un autre exemple de transporteur ionique mobile, mais il transporte des cations divalents comme Ca^{2+} et Mg^{2+}. Cet ionophore sert normalement de navette échangeuse d'ions et transporte deux H^+ hors de la cellule pour chaque cation divalent qu'il y introduit. Lorsque les cellules sont exposées au A23187, Ca^{2+} pénètre rapidement dans le cytosol dans le sens décroissant d'un fort gradient électrochimique. En conséquence, cet ionophore est largement utilisé en biologie cellulaire pour augmenter la concentration de Ca^{2+} libre dans le cytosol, imitant ainsi certains mécanismes de transmission cellulaire de signaux (voir p. 704).

Si la température de la membrane est abaissée en dessous de son point de congélation, les transporteurs mobiles ne peuvent plus diffuser à travers la double couche lipidique et le transport ionique cesse. Cette situation de dépendance à l'égard de la température sert à identifier un ionophore comme transporteur mobile puisque, à l'opposé, les ionophores qui forment des canaux continuent normalement le transport des ions quand la double couche est congelée.

La *gramicidine A* est un exemple de ionophore formant un canal. C'est un peptide linéaire de 15 acides aminés, qui possèdent tous des chaînes latérales hydrophobes. On pense que deux de ces molécules se rassemblent dans la double couche pour former un canal transmembranaire qui permet l'écoulement sélectif de cations monovalents dans le sens de leurs gradients électrochimiques (H^+ le plus facilement, K^+ un peu moins facilement et Na^+ encore moins facilement). Ces dimères sont instables et se forment et se dissocient constamment, de sorte que le temps d'ouverture moyen pour un canal est d'environ 1 seconde. Avec un

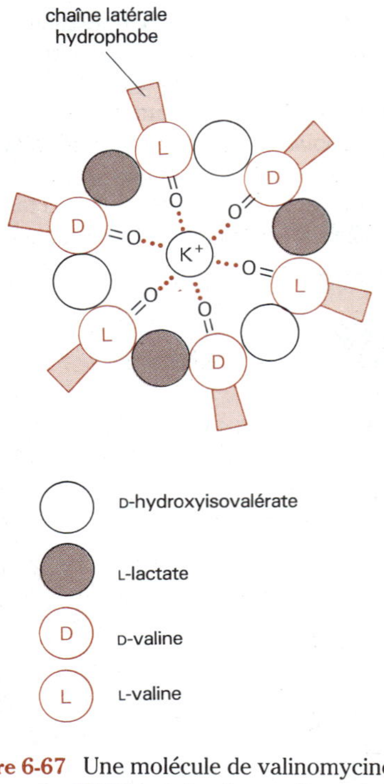

Figure 6-67 Une molécule de valinomycine avec un ion K^+ lié par six atomes d'oxygène au centre de la structure annulaire.

gradient électrochimique élevé, la gramicidine A peut transporter environ 20 000 cations par canal ouvert en une milliseconde, ce qui est 1 000 fois plus que ce que peut transporter une seule molécule porteuse mobile dans le même temps. La gramicidine est un antibiotique synthétisé par certaines bactéries pour tuer d'autres microorganismes ; elle les tue en diminuant les gradients H^+, Na^+ et K^+ qui sont essentiels à la survie cellulaire.

Résumé

Les doubles couches lipidiques sont très imperméables à la plupart des molécules polaires. Afin de transporter de petites molécules hydrosolubles vers l'intérieur ou vers l'extérieur des cellules, les membranes plasmiques contiennent différentes protéines de transport, dont chacune est responsable du transfert d'un soluté particulier à travers la membrane. Il existe deux classes de protéines de transport membranaire — les porteurs et les canaux ; toutes deux forment des voies protéiques continues à travers la double couche lipidique.

Les protéines porteuses fixent des solutés spécifiques et les transfèrent à travers la double couche en subissant un changement de conformation qui expose le site de fixation des solutés de manière séquentielle sur une face puis sur l'autre face de la membrane. Certaines protéines porteuses ne transportent les solutés que dans le sens du courant, alors que d'autres passent par une série de changements de conformation du fait de l'hydrolyse de l'ATP ou de la fixation d'ions, et sont alors capables d'agir comme des pompes pour transporter le soluté lié contre son gradient électrochimique.

Les canaux protéiques forment des pores aqueux à travers la double couche et permettent à des ions inorganiques de taille et de charge appropriées de traverser la membrane dans le sens de leurs gradients électrochimiques à des vitesses qui sont au moins 100 fois supérieures à celle d'un transfert par n'importe quel transporteur connu. Les canaux ioniques sont « contrôlés » et s'ouvrent habituellement de façon transitoire en réponse à une perturbation spécifique de la membrane, telle que la liaison d'un neurotransmetteur (canaux dont l'ouverture est réglée par un neurotransmetteur) ou une variation du potentiel de membrane (canaux dont l'ouverture est réglée par la tension).

Le transport membranaire des macromolécules et des particules : exocytose et endocytose

Les protéines de transport qui servent d'intermédiaires au passage de petites molécules polaires à travers la membrane plasmique ne peuvent pas transporter de macromolécules comme les protéines, les polynucléotides ou les polysaccharides. Pourtant, la plupart des cellules sont capables d'ingérer et de sécréter des macromolécules, et certaines cellules spécialisées parviennent même à ingérer des particules de grande taille. Les mécanismes qui en sont responsables sont très différents de ceux qui interviennent dans le transport de petits solutés et d'ions, et ils impliquent la formation puis la fusion de vésicules entourées d'une membrane. Par exemple, afin de sécréter de l'insuline à travers leurs membranes plasmiques, les cellules productrices d'insuline enferment des molécules d'insuline dans des *vésicules de sécrétion* spécialisées ; en réponse à des signaux extracellulaires, ces vésicules fusionnent avec la membrane plasmique et s'ouvrent vers l'espace extracellulaire, libérant ainsi l'insuline à l'extérieur. Ce processus de fusion est appelé **exocytose**. Les cellules ingèrent des macromolécules et des particules par un mécanisme analogue, mais la séquence des événements est inversée. La substance à ingérer est progressivement entourée par une petite partie de la membrane plasmique, qui s'invagine d'abord puis se referme par pincement pour former une vésicule intracellulaire contenant le matériel ingéré. Ce processus est appelé **endocytose**. L'exocytose et l'endocytose sont comparées dans la Figure 6-68. Les deux phénomènes impliquent la fusion de régions de la double couche lipidique qui sont initialement séparées et se produisent en deux étapes au moins : en premier lieu, les doubles couches viennent se juxtaposer étroitement *(adhérence des doubles couches)* puis elles fusionnent *(réunion des doubles couches)*. On pense que les deux étapes se font par l'intermédiaire de protéines spécialisées comme nous le verrons plus loin (voir p. 336).

Une caractéristique importante de l'exocytose et de l'endocytose est que les macromolécules sécrétées ou ingérées sont isolées à l'intérieur de vésicules et ne se mélangent pas à d'autres macromolécules ou organites du cytoplasme. Les vésicules sont conçues pour ne fusionner qu'avec des membranes spécifiques, assurant le transfert direct de macromolécules entre l'extérieur et l'intérieur de la cellule. Un processus très voisin intervient dans le transfert de macromolécules néosynthétisées depuis le réticulum endoplasmique vers l'appareil de Golgi

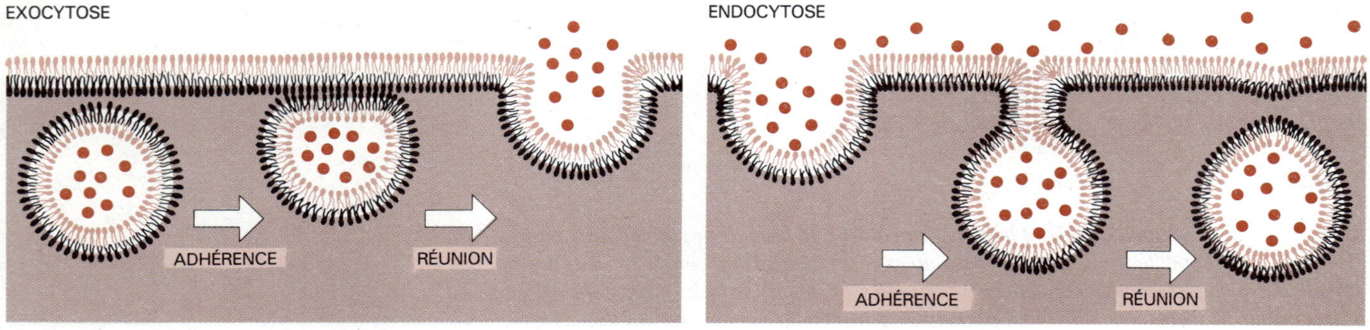

puis vers d'autres compartiments de la cellule (voir Chapitre 8). Bien que la formation rapide et intensive des vésicules et leur fusion soient manifestement une caractéristique fondamentale de toutes les cellules eucaryotes, il reste beaucoup à apprendre sur les mécanismes moléculaires impliqués dans la conduite et la direction de cette circulation le long de voies spécifiques.

Figure 6-68 Adhérence et réunion de la double couche dans l'exocytose et l'endocytose. L'espace extracellulaire (en haut) est séparé du cytoplasme (en bas) par la membrane plasmique. Noter qu'à cause de cette étape d'adhérence de la double couche, l'endocytose et l'exocytose ne sont pas simplement inverses l'une de l'autre ; dans l'exocytose, les deux monocouches de la membrane plasmique situées du côté cytoplasmique adhèrent initialement, alors que dans l'endocytose ce sont les deux monocouches non cytoplasmiques qui adhèrent initialement. Dans les deux cas, le caractère asymétrique des membranes est conservé et la monocouche du côté cytoplasmique reste en contact avec le cytosol.

Il existe deux voies d'exocytose, l'une constitutive et l'autre provoquée [38]

Dans toutes les cellules eucaryotes, des vésicules de transport acheminent continuellement de nouveaux composants de la membrane plasmique, de l'appareil de Golgi à la membrane plasmique, par le processus d'exocytose. De plus, les cellules sécrètent divers types de molécules par exocytose ; certaines de ces molécules peuvent adhérer à la surface cellulaire et devenir une partie intégrante de l'enveloppe cellulaire, d'autres sont incorporées dans la matrice extracellulaire, alors que d'autres encore diffusent dans le liquide interstitiel et/ou dans le sang pour nourrir d'autres cellules ou leur transmettre des signaux.

Comme cela sera décrit dans le Chapitre 8, les protéines destinées à la sécrétion sont synthétisées sur les ribosomes liés au réticulum endoplasmique rugueux (RE rugueux). Elles passent dans la lumière du RE et sont transportées jusqu'à l'appareil de Golgi par des *vésicules de transport* dérivées du RE. Dans l'appareil de Golgi, les protéines sont modifiées, concentrées, triées et finalement enfermées à l'intérieur de vésicules qui se détachent par pincement dans le cytosol et fusionnent ultérieurement avec la membrane plasmique (voir plus bas). Au contraire, les petites molécules qui doivent être sécrétées, comme l'histamine, sont transportées activement du cytosol à l'intérieur de vésicules préformées, où elles sont associées à des macromolécules spécifiques (des protéoglycannes dans le cas de l'histamine) de sorte qu'elles peuvent être stockées à forte concentration sans engendrer de gradient osmotique excessif.

Certaines protéines sont sécrétées de façon continue par les cellules qui les fabriquent ; elles sont enfermées à l'intérieur de vésicules de transport dans l'appareil de Golgi puis rapidement acheminées vers la membrane plasmique. On dit que de telles molécules suivent la *voie constitutive de sécrétion*. Dans d'autres cellules, des protéines sélectionnées et/ou de petites molécules sont stockées dans des **vésicules de sécrétion** particulières qui ne fusionnent avec la membrane plasmique que lors d'une stimulation de la cellule par un signal extracellulaire ; on dit qu'elles suivent la *voie provoquée de sécrétion* (Figure 6-69). La voie constitutive

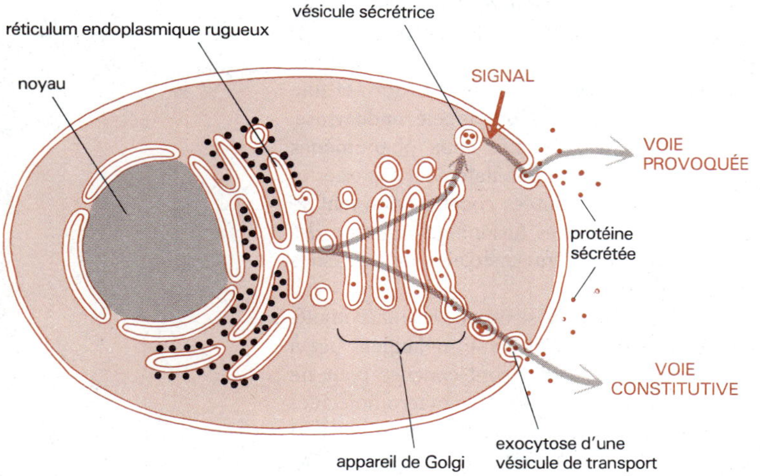

Figure 6-69 Deux voies qui peuvent être suivies par des protéines sécrétées. Certaines protéines sécrétées sont enfermées dans des vésicules de transport et sécrétées continuellement (la *voie constitutive*), alors que d'autres sont stockées dans des vésicules sécrétrices particulières, et libérées seulement lorsque la cellule est induite par un signal extracellulaire (la *voie provoquée*). La voie constitutive fonctionne dans toutes les cellules eucaryotes, mais la voie provoquée n'opère que dans les cellules spécialisées dans la sécrétion (cellules sécrétrices).

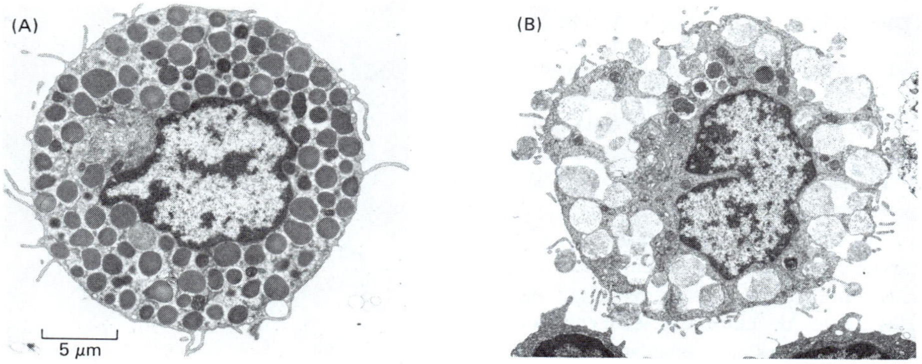

Figure 6-70 Photographies en microscopie électronique montrant l'exocytose dans les mastocytes de rat. La cellule en (A) n'a pas été stimulée. La sécrétion de l'histamine stockée par la cellule en (B) a été activée par un ligand extracellulaire soluble. Les vésicules contenant l'histamine sont sombres ; celles qui ont libéré leur histamine sont claires. Le matériel subsistant dans les vésicules vides consiste en un réseau de protéoglycannes auquel l'histamine stockée est normalement liée.

Une fois qu'une vésicule sécrétrice a fusionné avec la membrane plasmique, la membrane de la vésicule sécrétrice sert souvent de cible avec laquelle fusionne un nombre limité d'autres vésicules. De cette façon, de nombreuses vésicules de mastocytes s'ouvrent indirectement vers l'espace extracellulaire, par fusion avec d'autres vésicules ouvertes. Il en résulte que la cellule en (B) contient plusieurs cavités de grandes dimensions tapissées par les membranes fusionnées de nombreuses vésicules utilisées, qui sont maintenant en continuité avec la membrane plasmique. Cette continuité, toutefois, n'apparaît pas toujours dans un plan de coupe à travers la cellule. (D'après D. Lawson, C. Fewtrell, B. Gomperts et M. Raff, *J. Exp. Med.* 142 : 391-402, 1975. Avec l'autorisation (copyright) de la Rockefeller University Press.)

fonctionne dans toutes les cellules, alors que la voie provoquée existe essentiellement dans les cellules spécialisées dans la sécrétion rapide et sur commande de leurs produits — des produits comme les hormones, les neurotransmetteurs ou des enzymes digestives. Dans ces *cellules sécrétrices* spécialisées, le signal de sécrétion est souvent un messager chimique, comme une hormone, qui se fixe aux récepteurs de la surface cellulaire. L'activation des récepteurs qui en résulte engendre un ou plusieurs signaux intracellulaires, et implique souvent une augmentation transitoire de la concentration en Ca^{2+} libre dans le cytosol (voir p. 701). Par un mécanisme inconnu, ces signaux amorcent le processus d'exocytose, provoquant la fusion des vésicules de sécrétion avec la membrane plasmique, et ainsi la libération de leur contenu dans l'espace extracellulaire.

Lors de l'exocytose, la membrane de la vésicule est incorporée à la membrane plasmique (voir Figure 6-68). Dans le cas de la voie provoquée tout au moins, les différents composants protéiques et lipidiques de la membrane de la vésicule sécrétrice sont ensuite spécifiquement restitués par endocytose et réincorporés dans de nouvelles vésicules sécrétrices. La quantité de membrane de vésicules sécrétrices qui est temporairement ajoutée à la membrane plasmique peut être considérable : dans une cellule acineuse pancréatique sécrétant des enzymes digestives, environ 900 μm^2 de membrane de vésicules sont insérés dans la membrane plasmique apicale (dont la surface n'est que de 30 μm^2) quand la cellule reçoit un stimulus de sécrétion.

L'exocytose provoquée est une réponse locale de la membrane plasmique et de son cytoplasme sous-jacent [39]

Les **mastocytes** sécrètent l'histamine (voir Tableau 12-1, p. 685) lorsqu'ils sont stimulés par des ligands spécifiques qui se fixent à des récepteurs de leur surface. C'est l'histamine sécrétée par les mastocytes qui est responsable de nombreux symptômes désagréables, comme les démangeaisons ou les éternuements, accompagnant les réactions allergiques. Lorsque des mastocytes sont incubés dans un milieu contenant un stimulant soluble, l'exocytose a lieu sur toute la surface de la cellule (Figure 6-70). Toutefois, si le ligand stimulateur est fixé artificiellement à une bille solide afin qu'il ne puisse interagir qu'avec une région localisée de la surface du mastocyte, l'exocytose est limitée à la région où la cellule est en contact avec la bille (Figure 6-71). Manifestement, le mastocyte ne répond pas en bloc à la stimulation ; l'activation des récepteurs, les signaux intracellulaires qui en résultent et l'exocytose ultérieure doivent tous être localisés dans la région particulière de la cellule qui a été excitée. Ceci démontre une importante propriété des membranes plasmiques : des segments isolés peuvent fonctionner indépendamment du reste de la membrane. Comme nous le verrons, cette propriété est aussi importante dans l'endocytose que dans l'exocytose.

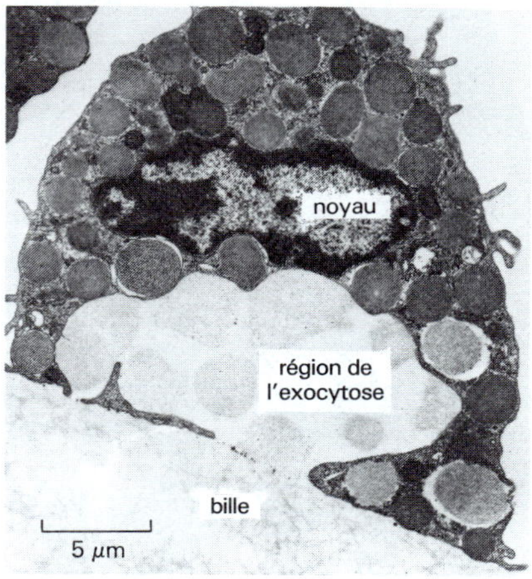

Figure 6-71 Micrographie électronique d'un mastocyte qui a été activé par un stimulant couplé à une bille solide, de façon à sécréter de l'histamine. L'exocytose n'a lieu que dans la région de la cellule en contact avec la bille. (D'après D. Lawson, C. Fewtrell et M. Raff, *J. Cell Biol.* 79 : 394-400, 1978. Avec l'autorisation (copyright) de la Rockefeller University Press.)

Il existe deux types d'endocytose : la pinocytose et la phagocytose [40]

On distingue deux principaux types d'endocytoses en fonction de la taille des vésicules d'endocytose formées : la **pinocytose** (« la boisson de la cellule »), qui implique l'ingestion de fluide et de soluté par l'intermédiaire de petites vésicules (< 150 nm de diamètre) ; et la **phagocytose** (« l'alimentation de la cellule ») qui implique l'ingestion de particules de grandes dimensions, telles que des microorganismes ou des débris cellulaires, par l'intermédiaire de vésicules de grande taille appelées *phagosomes* ou *vacuoles*, généralement de diamètre > 250 nm). Comme nous le verrons, les deux types d'endocytose se font par l'intermédiaire de mécanismes différents. Alors que la plupart des cellules eucaryotes ingèrent continuellement des liquides et des solutés par pinocytose, les particules volumineuses sont principalement ingérées par des cellules phagocytaires spécialisées. Pour cette raison, les termes de pinocytose et d'endocytose ont tendance à être employés indifféremment pour des cellules non phagocytaires. Un grand nombre de particules et de molécules ingérées par les cellules par phagocytose ou pinocytose finissent dans les *lysosomes*. Les particules volumineuses sont absorbées dans des phagosomes, qui fusionnent vraisemblablement avec des lysosomes pour former des *phagolysosomes*. Les fluides et les macromolécules ingérés par pinocytose sont initialement transférés dans des organites intermédiaires entourés d'une membrane appelés *endosomes*, à partir desquels ils sont finalement transportés vers des lysosomes à moins qu'ils ne soient spécifiquement restitués. Puisque les lysosomes contiennent une grande variété d'enzymes de dégradation (hydrolytiques) (voir p. 459), la plus grande partie des matériaux qui proviennent des phagosomes et des endosomes et qui finissent dans des lysosomes sont rapidement dégradés ; les produits de dégradation de petites dimensions, comme les acides aminés, les oses et les nucléotides, sont transportés à travers la membrane lysosomale jusqu'au cytosol, où ils peuvent être utilisés par la cellule. Certains des constituants membranaires des vésicules d'endocytose d'origine sont récupérés à partir des phagolysosomes et des endosomes et restitués à la membrane plasmique par exocytose.

Les vésicules de pinocytose se forment à partir de puits recouverts dans la membrane plasmique [41]

Pratiquement toutes les cellules eucaryotes ingèrent de façon continue des morceaux de leur membrane plasmique sous la forme de petites vésicules d'endocytose (de pinocytose) qui sont restituées par la suite à la surface cellulaire. Ce cycle d'endocytose commence au niveau de régions spécialisées de la membrane plasmique appelées **puits recouverts**. Sur des micrographies électroniques classiques, ces régions apparaissent en coupe transversale sous forme de dépressions de la membrane plasmique recouvertes de structures hérissées sur leur surface cytoplasmique, et, dans différentes cellules en culture, elles occupent environ 2 p. cent de la surface totale de la membrane plasmique. La durée de vie des puits recouverts est courte : dans la minute qui suit leur formation, ils s'invaginent dans la cellule et se détachent par pincement pour former des **vésicules recouvertes** (Figure 6-72). On a estimé que 2 500 vésicules recouvertes environ quittent la membrane plasmique d'un fibroblaste en culture toutes les minutes. Les vésicules recouvertes sont encore plus éphémères que les puits recouverts. Dans les secondes qui suivent leur formation, elles perdent leur enveloppe et sont alors capables de fusionner avec des endosomes. A moins d'être extrait des endosomes, le contenu de ces vésicules d'endocytose finit dans des lysosomes.

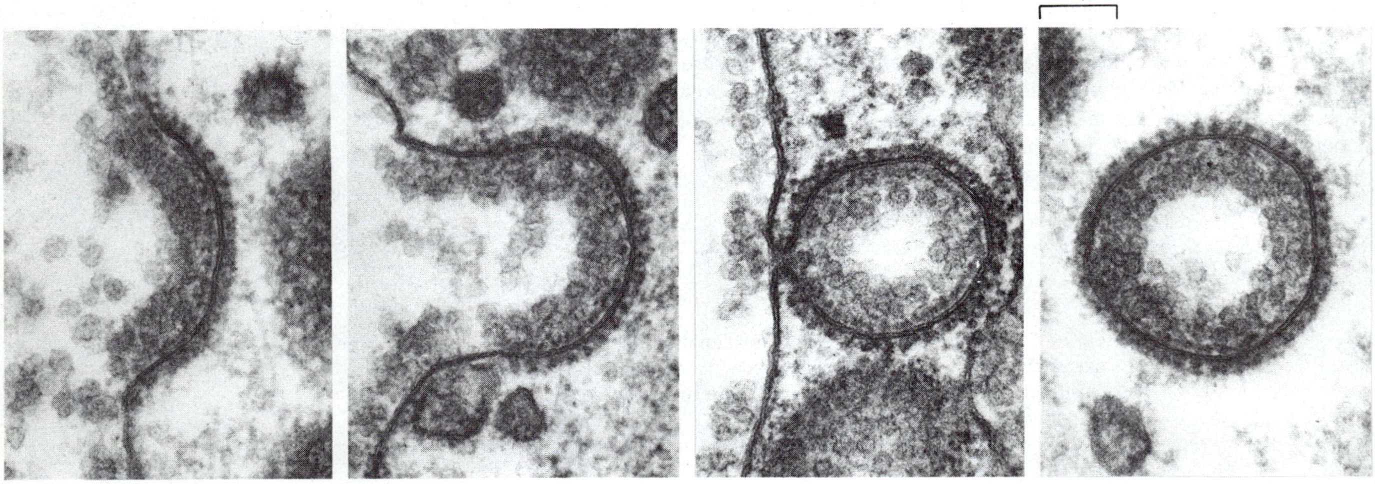

Figure 6-72 Micrographies électroniques illustrant la séquence probable des événements survenant au cours de la formation d'une vésicule recouverte à partir d'un puits recouvert. Les puits et les vésicules recouverts montrés ici sont impliqués dans l'ingestion de particules lipoprotéiques à l'intérieur d'un ovocyte de poule volumineux pour former le vitellus. Leurs dimensions sont plus importantes que celles observées dans les cellules de taille normale. (Avec l'autorisation de M. M. Perry et A. B. Gilbert, tiré de *J. Cell Sci.* 39 : 257-272, 1979. Avec l'autorisation de la Compagnie des Biologistes.)

6-30 Les puits recouverts contiennent de la clathrine [42]

Sur des micrographies électroniques de cellules étudiées par la technique de cryodécapage rapide, l'enveloppe des puits et des vésicules recouverts apparaît sous la forme d'un réseau de polygones (Figure 6-73). Mais de quoi l'enveloppe est-elle faite et quelle est sa fonction ? Lorsque des vésicules recouvertes formées à partir de puits recouverts sont isolées, on constate que leurs membranes contiennent plusieurs protéines majeures. La mieux caractérisée est la **clathrine**, un complexe protéique qui a été très conservé au cours de l'évolution. Elle est constituée de trois longues chaînes polypeptidiques et de trois chaînes polypeptidiques de plus petite taille qui forment une structure à trois pieds *(un triskélion).* Les triskélions sont assemblés en un réseau, en forme de corbeille, composé d'hexagones et de pentagones, à la surface cytoplasmique des membranes, formant ainsi une enveloppe polyédrique caractéristique à la surface des puits et vésicules recouverts (Figure 6-74). Dans des conditions convenables, des triskélions isolés s'assembleront spontanément en corbeilles polyédriques caractéristiques (même en absence de vésicules membranaires). D'autres protéines sont plus intimement associées à la membrane de la vésicule recouverte et sont nécessaires à la fixation de l'enveloppe de clathrine sur la vésicule et à la capture de divers récepteurs de la membrane plasmique (voir plus loin).

On pense que l'invagination d'un puits recouvert est couplée à des forces engendrées par l'assemblage de clathrine et d'autres protéines d'enveloppe à la surface cytoplasmique de la membrane plasmique. Une fois qu'une vésicule recouverte est formée, la clathrine et les protéines associées se dissocient de la membrane vésiculaire et retournent à la membrane plasmique pour former un nouveau puits recouvert. Ni la façon dont s'amorce la formation d'un puits recouvert, ni celle dont il est épincé pour former une vésicule recouverte, ni celle, enfin, dont l'enveloppe est ensuite libérée ne sont encore connues. Une *ATPase de « déshabillage »* dépendante de la clathrine, qui est supposée participer à l'élimination de l'enveloppe de la vésicule, a été purifiée à partir du cytosol (voir p. 463) ; mais un mécanisme de contrôle supplémentaire est nécessaire pour empêcher l'élimination de l'enveloppe de clathrine d'un puits avant qu'il n'ait eu le temps de former une vésicule, particulièrement lorsque l'enveloppe sur le puits persiste plus longtemps que l'enveloppe sur la vésicule.

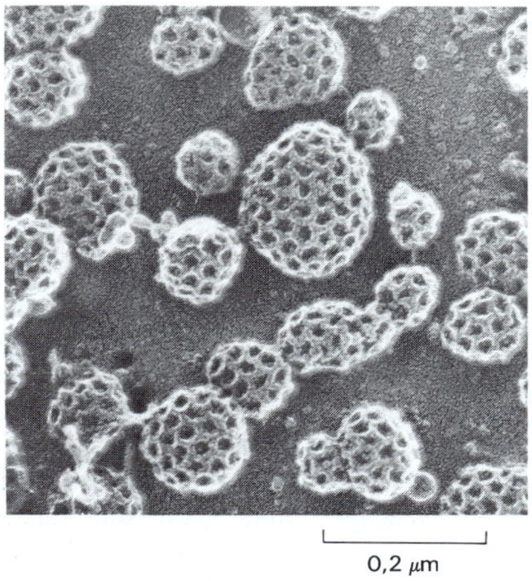

Figure 6-73 Micrographie électronique de nombreux puits et vésicules recouverts situés au niveau de la surface interne de la membrane plasmique de fibroblastes en culture. Les cellules ont été congelées rapidement dans l'hélium liquide, fracturées et soumises à un décapage poussé afin de mettre à nu la surface cytoplasmique de la membrane plasmique. (Reproduit à partir de J. Heuser. *J. Cell Biol.* 84 : 560-583, 1980. Avec l'autorisation (copyright) de la Rockefeller University Press.)

Il existe au moins deux types de vésicules recouvertes [43]

Dans la plupart des cellules, les puits et les vésicules recouverts de clathrine constituent la voie principale de captage par pinocytose de liquide extracellulaire et de ligands liés à la membrane (voir p. 333). L'existence des voies de pinocytose impliquant d'autres types de vésicules est

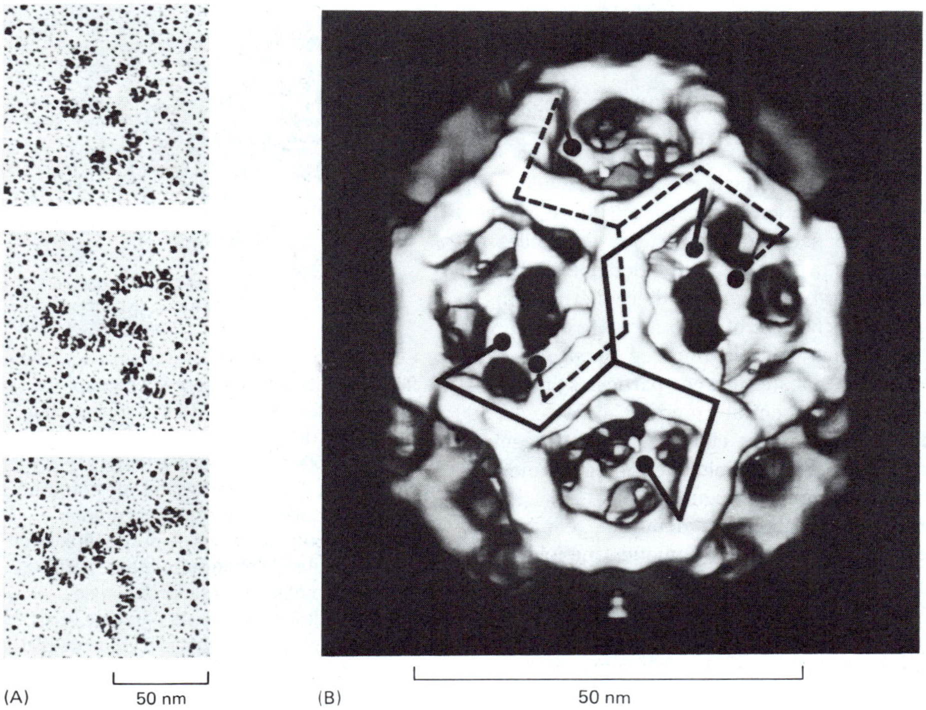

Figure 6-74 La structure d'une enveloppe de clathrine. (A) Micrographies électroniques de « triskélions » de clathrine ombrés au platine. Bien que cette caractéristique ne puisse être observée dans ces micrographies, chaque triskélion est composé de 3 chaînes lourdes et de 3 chaînes légères de clathrine. (B) Une reconstruction tridimensionnelle d'une enveloppe de clathrine composée de 36 triskélions organisés en un réseau composé de 12 pentagones et 8 hexagones. Les contours des deux triskélions sont soulignés sur la photographie. Noter que chaque membre d'un triskélion longe les deux bords polygonaux voisins puis tourne vers l'intérieur de sorte que son domaine amino-teminal (boule noire) forme un squelette interne. L'arrangement imbriqué des bras flexibles du triskélion assure à la fois la résistance mécanique et la flexibilité. D'autres enveloppes de clathrine de tailles et de formes différentes sont construites de façon analogue à partir de 12 pentagones et d'un nombre variable d'hexagones. (A, de E. Ungewickell et D. Branton, *Nature* 289 : 420-422, 1981, © 1981 Macmillan Journals Ltd. ; B, de G.P.A. Vigers, R.A. Crowther et B.M.F. Pearse, *EMBO J.* 5 : 2079-2085, 1986.)

également possible, mais leur importance relative est très peu connue. On pense que certaines cellules endothéliales qui tapissent les petits vaisseaux sanguins transfèrent des produits du sang au liquide extracellulaire environnant au moyen de vésicules d'endocytose qui ne sont pas recouvertes de clathrine ; ces vésicules font la navette d'une surface de la cellule à l'autre selon un processus appelé *transcytose*. Cependant, dans la plupart des autres types cellulaires où elle se produit, la transcytose se fait par l'intermédiaire de puits et de vésicules recouverts de clathrine (voir p. 332).

Toutes les vésicules recouvertes d'une cellule ne dérivent pas de la membrane plasmique. Comme nous en discuterons dans le Chapitre 8, on pense que beaucoup sont formée de façon continue à partir du réticulum endoplasmique et de l'appareil de Golgi et sont les intermédiaires d'une importante circulation de vésicules entre ces derniers et d'autres organites. Il existe au moins deux types de vésicules recouvertes : (1) les vésicules *recouvertes de clathrine*, qui sont impliquées dans l'endocytose et dans le transport vésiculaire du réseau *trans* de l'appareil de Golgi vers les endolysosomes et les vésicules sécrétrices (voir p. 465) ; et (2) les vésicules *non recouvertes de clathrine*, qui sont impliquées dans le transport vésiculaire du réticulum endoplasmique vers l'appareil de Golgi, d'une saccule de Golgi vers une autre, et de l'appareil de Golgi vers la membrane plasmique (voir p. 472) ; les molécules qui forment l'enveloppe de ces vésicules ne sont toujours pas caractérisées. Les puits et les vésicules recouverts de clathrine sont vraisemblablement plus sophistiqués que ceux qui ne sont pas recouverts de clathrine, puisqu'ils sont capables de sélectionner des macromolécules spécifiques pour le transport, alors que les vésicules non recouvertes de clathrine ne le sont pas (voir p. 472).

6-35 L'endocytose, par l'intermédiaire de récepteurs, sert de système de concentration pour l'incorporation de macromolécules extracellulaires spécifiques

Dans la plupart des cellules animales, les puits et vésicules recouverts de clathrine constituent une voie permettant de prélever des molécules spécifiques à partir du liquide extracellulaire, un processus appelé **endocytose par l'intermédiaire de récepteurs**. Les macromolécules se fixent à des récepteurs complémentaires de la surface cellulaire, s'accumulent dans les puits recouverts et pénètrent dans la cellule sous forme de complexes récepteur-macromolécule dans des vésicules d'endocytose. Du liquide extracellulaire étant piégé dans les puits recouverts lorsqu'ils s'invaginent pour former des vésicules recouvertes, les substances dissoutes dans le liquide extracellulaire sont également incorporées, mais à une vitesse beaucoup plus faible — un processus appelé **endocytose en phase liquide**. L'endocytose par l'intermédiaire de récepteurs est un mécanisme de concentration sélectif qui augmente plus de 1 000 fois l'efficacité de l'incorporation de ligands particuliers, de sorte que même des composants mineurs du liquide extracellulaire peuvent être spécifiquement ingérés en grandes quantités, sans qu'un important volume de liquide extracellulaire soit également incorporé.

6-33 6-34 Les cellules importent du cholestérol en absorbant des lipoprotéines de faible densité (LDL) par endocytose par l'intermédiaire de récepteurs [44]

Un processus important dont on sait qu'il s'effectue par endocytose par l'intermédiaire de récepteurs dans de nombreuses cellules animales est l'absorption de cholestérol. Le prélèvement de cholestérol fournit à ces cellules la plus grande partie du cholestérol dont elles ont besoin pour synthétiser de nouvelles membranes. Si le prélèvement est bloqué, le cholestérol s'accumule dans le sang et peut contribuer à la formation de plaques d'athérosclérose dans les parois des vaisseaux sanguins. La plus grande partie du cholestérol est transportée dans le sang liée à une protéine sous forme de complexes connus sous le nom de **lipoprotéines de faibles densité** ou **LDL** (« low-density lipoproteins »). Chacune des ces particules sphériques volumineuses (22 nm de diamètre) contient un noyau central composé d'environ 1 500 molécules de cholestérol estérifiées en acides gras à longues chaînes ; la partie centrale constituée d'ester de cholestérol est entourée d'une monocouche lipidique contenant une seule molécule protéique de taille importante qui organise la particule (Figure 6-75).

Lorsqu'une cellule a besoin de cholestérol pour la synthèse de membrane, elle fabrique des récepteurs protéiques de LDL et les insère dans sa membrane plasmique. Une fois dans la membrane plasmique, les récepteurs de LDL diffusent jusqu'à ce qu'ils s'associent à des puits recouverts en cours de formation (Figure 6-76A). Puisque les puits recouverts sont constamment épincés pour former des vésicules recouvertes, toutes les particules de LDL liées à leurs récepteurs dans les puits recouverts sont rapidement incorporées. Après avoir perdu leurs enveloppes de clathrine, les vésicules d'endocytose transmettent leurs contenus aux endosomes.

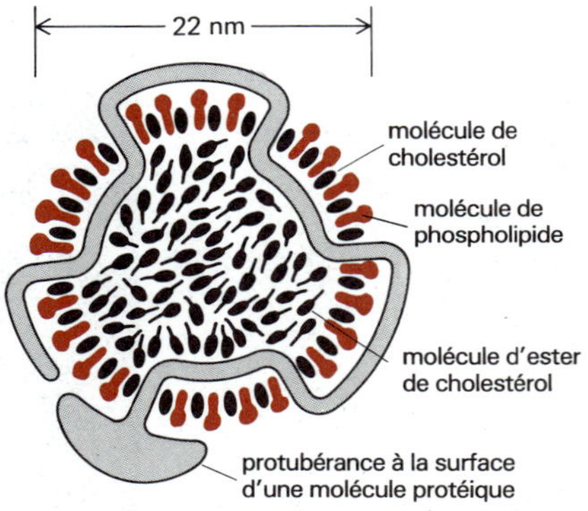

Figure 6-75 Une particule lipoprotéique de faible densité (LDL) observée en coupe transversale. Chaque particule sphérique a une masse de 3×10^6 daltons. Elle contient environ 1 500 molécules d'ester de cholestérol dans sa partie centrale entourée par une monocouche lipidique composée d'environ 800 molécules de pospholipides et 500 molécules de cholestérol non estérifiées. Une seule molécule d'une protéine de 500 000 daltons organise la particule et est responsable de la fixation spécifique de LDL aux récepteurs protéiques de la surface cellulaire.

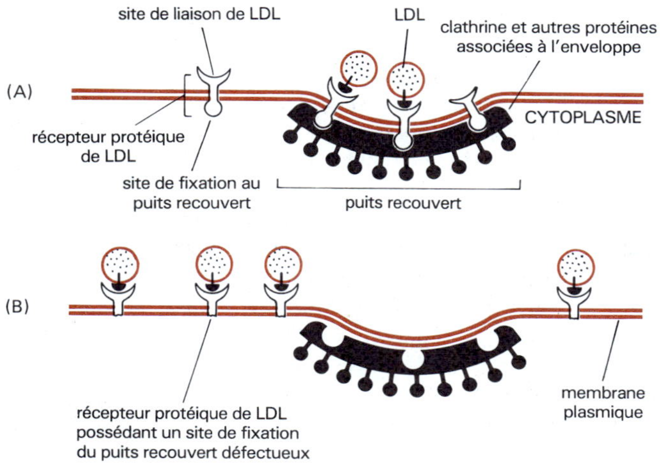

Figure 6-76 Récepteurs protéiques de LDL se liant à un puits recouvert dans la membrane plasmique d'une cellule normale (A). Le récepteur humain de LDL est une glycoprotéine transmembranaire à « traversée unique » composée d'environ 840 résidus d'acides aminés, dont 50 seulement sont sur le côté cytoplasmique de la membrane. (B) Une cellule mutante dans laquelle les récepteurs protéiques de LDL sont anormaux et ne possèdent pas le site situé dans le domaine cytoplasmique qui leur permet de se fixer aux puits recouverts. Ces cellules fixent la LDL mais ne peuvent l'ingérer. Dans la plupart des populations humaines, un individu sur 500 hérite un gène de récepteur de LDL défectueux et, en conséquence, meurt souvent prématurément d'une attaque cardiaque.

Dans les endosomes, les particules de LDL et leurs récepteurs se séparent : les récepteurs sont renvoyés vers la membrane plasmique, alors que les LDL finissent dans les lysosomes (Figure 6-77). Dans les lysosomes, les esters de cholestérol dans les particules de LDL sont hydrolysés en cholestérol libre, qui est mis ainsi à la disposition de la cellule pour une nouvelle synthèse membranaire. Si une trop grande quantité de cholestérol libre s'accumule dans une cellule, cela provoque à la fois l'arrêt de la synthèse de cholestérol propre à la cellule et celui de la synthèse des récepteurs protéiques de LDL, de sorte qu'il y a moins de cholestérol synthétisé et que la cellule en absorbe moins.

Cette voie réglée pour l'absorption du cholestérol est interrompue chez certains individus qui ont hérité de gènes défectueux dans la synthèse de récepteurs protéiques pour les LDL et dont les cellules ne peuvent donc pas prélever les LDL du sang. Les taux élevés de cholestérol sanguin qui en résultent prédisposent ces individus à une athérosclérose précoce, et la plupart meurent prématurément d'attaques cardiaques résultant d'une maladie coronarienne. Cette anomalie peut être attribuée au récepteur des LDL, qui peut être absent ou défectueux — soit au niveau de son site de liaison extracellulaire de LDL, soit au niveau de son site intracellulaire de fixation sur les puits recouverts (voir Figure 6-76B). Dans ce dernier cas, les récepteurs protéiques fixant les LDL sont présents en nombre normal, mais ils ne sont pas situés dans les régions encapsulées de la membrane plasmique ; bien que la LDL se fixe à la surface de ces cellules mutantes, elle n'est pas incorporée, ce qui démontre directement l'importance des puits recouverts dans l'endocytose du cholestérol par l'intermédiaire de récepteurs.

On a observé que plus de 25 récepteurs différents participent à l'endocytose de différents types de molécules, et tous utilisent apparemment la même voie des puits recouverts ; beaucoup

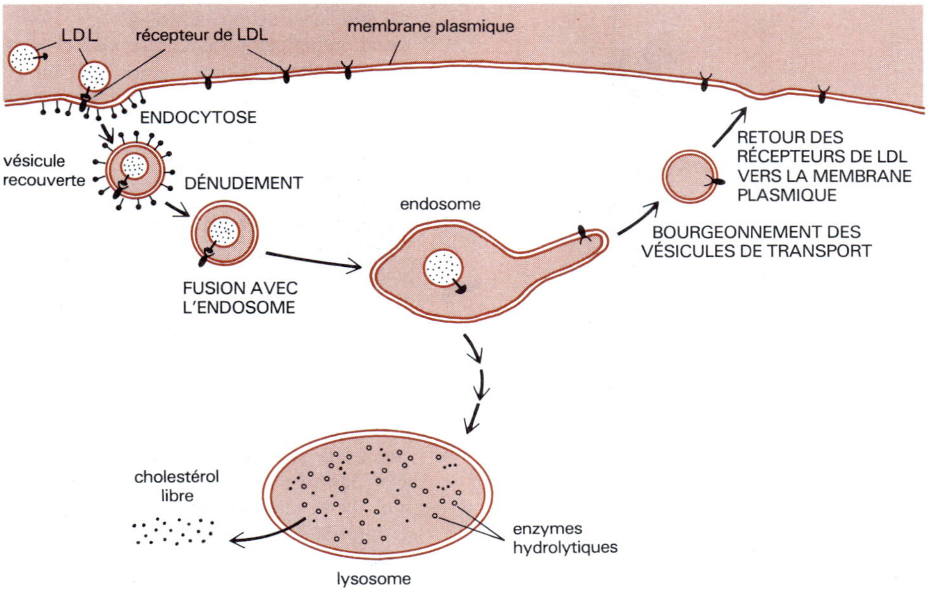

Figure 6-77 Endocytose de LDL par l'intermédiaire de récepteurs. Noter que la LDL se dissocie de ses récepteurs dans l'environnement acide de l'endosome. Bien que le mécanisme de transport soit incertain (voir p. 331), la LDL finit dans des lysosomes, où elle est dégradée pour libérer du cholestérol libre. Les récepteurs protéiques de LDL retournent vers la membrane plasmique par l'intermédiaire de vésicules de transport qui bourgeonnent à partir de la région tubulaire de l'endosome, comme on le montre ici. Pour simplifier, on a figuré un seul récepteur de LDL pénétrant dans la cellule et retournant vers la membrane plasmique. Qu'il soit occupé ou non, un récepteur de LDL accomplit typiquement un cycle à l'intérieur et hors de la cellule toutes les 10 minutes, faisant au total des centaines de cycles au cours de sa durée de vie de 20 heures.

de ces récepteurs pénètrent dans les puits recouverts, qu'ils se soient fixés à leurs ligands spécifiques ou non. Cependant, toutes les protéines de la membrane plasmique ne s'accumulent pas dans des puits recouverts, indiquant que les puits fonctionnent comme des filtres moléculaires qui assemblent certaines protéines de la membrane plasmique (récepteurs) et en excluent d'autres. Des études en microscopie électronique de cellules en culture mises en présence de différents ligands (marqués pour les rendre visibles en microscopie électronique) ont démontré que de nombreux types de récepteurs se regroupent dans le même puits recouvert. La membrane plasmique d'un puits recouvert peut probablement s'adapter à un assortiment d'environ 1 000 récepteurs, et tous les complexes récepteur-ligand qui utilisent la voie d'endocytose par puits recouverts de clathrine sont apparemment transmis au même compartiment endosomal. Les destinées des molécules endocytées, cependant, varient selon le récepteur.

Le contenu des endosomes aboutit dans les lysosomes à moins qu'il ne soit spécifiquement récupéré [45]

Après une brève exposition des cellules à un ligand marqué, le **compartiment endosomal** peut être identifié par microscope électronique en tant qu'entité distincte. Le ligand incorporé révèle le compartiment endosomal sous la forme d'un ensemble complexe de tubes et de vésicules hétérogènes entourés de membrane, s'étendant de la périphérie de la cellule à la région périnucléaire, où il est souvent proche mais séparé de l'appareil de Golgi (Figure 6-78). Dans de telles expériences de marquage, on peut facilement distinguer deux groupes d'endosomes : les macromolécules endocytées apparaissent en une minute environ dans les *endosomes périphériques* situés juste en dessous de la membrane plasmique et après 5 à 15 minutes dans les *endosomes périnucléaires (internes)*. L'intérieur du compartiment endosomal est acide (pH 5-6) du fait de la présence, dans la membrane endosomale, de pompes H^+, couplées à l'ATP, qui pompent des ions H^+ vers la lumière du compartiment endosomal du cytosol, et les endosomes internes sont, en général, plus acides que les endosomes périphériques. Comme nous le verrons, l'environnement acide joue un rôle essentiel dans la fonction de ces organites. On pense qu'une *ATPase H^+ vacuolaire* analogue ou identique acidifie tous les organites d'endocytose et d'exocytose, y compris les phagosomes, les lysosomes, des compartiments sélectionnés de l'appareil de Golgi et de nombreuses vésicules de transport et de sécrétion.

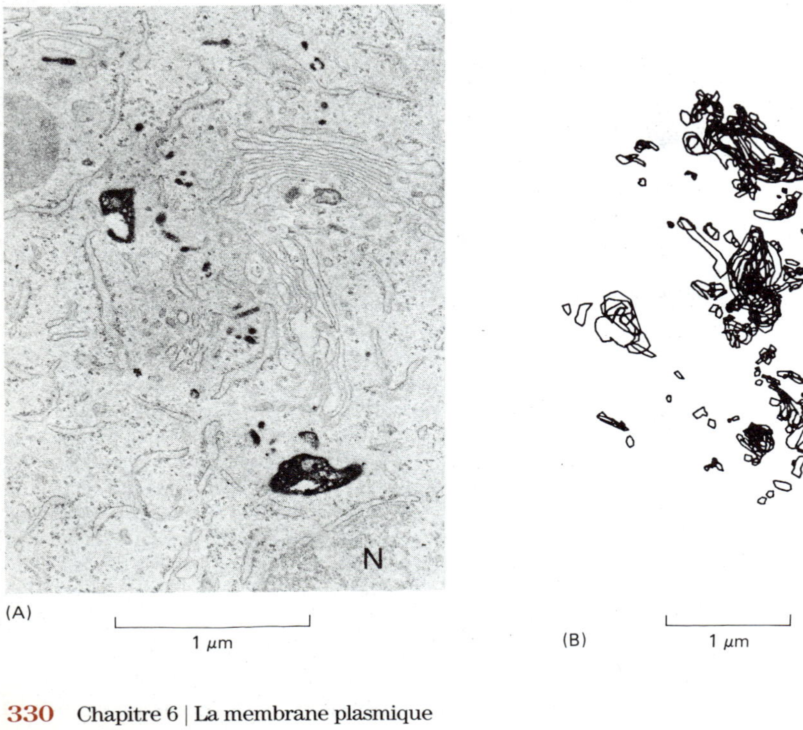

Figure 6-78 Micrographie (A) et schéma d'une reconstruction en série (B) d'endosomes périnucléaires dans des cellules de rein de hamster nouveau-né (BHK) en culture. Les cellules furent incubées dans une solution contenant l'enzyme peroxydase pendant 15 minutes à 37 °C, ce qui était assez long pour que la peroxydase soit absorbée par endocytose en phase liquide et transmise aux endosomes (et aux endolysosomes — voir le texte), mais pas assez long pour qu'elle soit transmise aux lysosomes. Après avoir fixé et exposé les cellules à un substrat de la peroxydase (diaminobenzidine), le produit de la réaction enzymatique est rendu dense aux électrons par fixation avec du tétroxyde d'osmium. En (A), on montre une micrographie électronique classique d'une coupe fine. La reconstruction montrée en (B) a été dessinée à partir de 18 coupes fines en série. Le noyau est indiqué par N en (A). (D'après M. Marsh, G. Griffiths, G. Dean, I. Mellman et A. Helenius, *Proc. Natl. Acad. Sci. USA* 83 : 2899-2903, 1986.)

La plus grande partie du contenu des endosomes périnucléaires aboutit dans les lysosomes. Cependant, beaucoup de molécules sont spécifiquement recyclées à partir des endosomes périphériques (et probablement périnucléaires) vers la membrane plasmique, par l'intermédiaire de vésicules de transport spécifiques qui bourgeonnent à partir de ces endosomes. Il en résulte que seules les molécules endocytées qui ne sont pas spécifiquement récupérées à partir des endosomes sont dégradées.

On sait maintenant que la voie menant des endosomes aux lysosomes est plus compliquée qu'on le croyait à l'origine. Les enzymes hydrolytiques destinées aux lysosomes sont initialement transmises de l'appareil de Golgi (par l'intermédiaire de vésicules de transport) à un compartiment prélysosomal particulier localisé près des endosomes périnucléaires, mais diffèrent de ces derniers. Bien que cet organite lié à la membrane puisse être considéré comme l'étape finale de la maturation d'un endosome, c'est là que commence le processus de dégradation hydrolytique qui sera achevé dans les lysosomes. Nous désignerons donc cet organite par le terme d'**endolysosome** (Figure 6-79).

La façon dont les molécules endocytées se déplacent d'un compartiment endosomal à un autre pour finir dans les lysosomes est mal connue. D'un premier point de vue, les endosomes périphériques se déplaceraient lentement vers l'intérieur pour devenir des endosomes périnucléaires qui, par suite de la fusion des vésicules de transport provenant de l'appareil de Golgi, du recyclage membranaire continu et de l'augmentation de l'acidification, seraient convertis en endolysosomes puis en lysosomes. D'un point de vue opposé, chacun des compartiments endosomal et lysosomal pourrait être une structure permanente, comme une saccule dans un empilement de Golgi (voir p. 457), une circulation s'établissant entre les deux par l'intermédiaire de vésicules de transport, circulation comparable à celle qui se produit entre des saccules de Golgi adjacentes (voir p. 473). Nous reviendrons sur la formation des lysosomes dans le Chapitre 8 (voir p. 460).

Les complexes ligand-récepteur sont triés dans l'environnement acide des endosomes [46]

Le compartiment endosomal remplit le rôle de gare de triage principale dans la voie d'endocytose, comme l'appareil de Golgi (principalement le réseau *trans* du Golgi) remplit cette fonction dans la voie de biosynthèse (voir p. 457). L'environnement acide de l'endosome joue un rôle essentiel dans le processus de tri, en modifiant de nombreux complexes récepteur-ligand d'une façon qui affecte leur sort. Lorsque le pH baisse, ces récepteurs modifient leur conformation et se dissocient de leur ligand. Les ligands qui se dissocient de leurs récepteurs dans l'endosome sont habituellement voués à la destruction dans les lysosomes avec les autres composants de l'endosome qui ne sont pas liés à la membrane ; d'autres ligands restent fixés à leurs récepteurs et partagent donc leur sort. Les chemins suivis par des récepteurs spécifiques diffèrent selon la fonction du récepteur. Ainsi, les récepteurs peuvent suivre au moins une des trois voies qui partent du compartiment endosomal : (1) ils peuvent retourner vers le domaine de la membrane plasmique dont ils sont issus, ce qui est la voie la plus commune ; (2) ils peuvent se déplacer vers les lysosomes ; ou (3) ils peuvent retourner vers un domaine différent de la membrane plasmique, étant alors les intermédiaires du processus de *transcytose* (Figure 6-80).

Le récepteur de LDL décrit à la page 328 suit la première voie. Le récepteur se dissocie de son ligand LDL dans l'endosome et est recyclé vers la membrane plasmique pour être réutilisé, alors que la LDL libérée est transportée vers les lysosomes (voir Figure 6-77). Un recyclage analogue mais plus complexe se produit après l'endocytose de la **transferrine**, une protéine qui transporte le fer dans le sang. Les récepteurs de surface pour la transferrine transmettent la transferrine et son fer lié aux endosomes périphériques par endocytose par l'intermédiaire de récepteurs. Le faible pH dans l'endosome induit la libération du fer lié à la transferrine mais la transferrine sans fer (appelée apotransferrine) reste elle-même liée à son recepteur et est recyclée vers la membrane plasmique sous forme d'un complexe récepteur-apotransferrine. Lorsqu'elle se retrouve au pH neutre du fluide extracellulaire, l'apotransferrine se dissocie du récepteur et est alors libre de reprélever du fer et de recommencer le cycle. Ainsi, la transferrine fait le va-et-vient entre le fluide extracellulaire et le compartiment endosomal, évitant les lysosomes et transmettant le fer dont les cellules ont besoin pour leur croissance.

La seconde voie que peuvent suivre les récepteurs endocytés à partir des endosomes est empruntée par le récepteur qui fixe le *facteur de croissance épidermique (EGF* ou *Epidermal Growth Factor)*, une petite protéine qui stimule la division des cellules épidermiques et celle de divers autres types cellulaires. Ces récepteurs sont inhabituels car ils ne s'accumulent dans des puits recouverts qu'une fois liés à l'EGF, suggérant qu'un changement de conformation

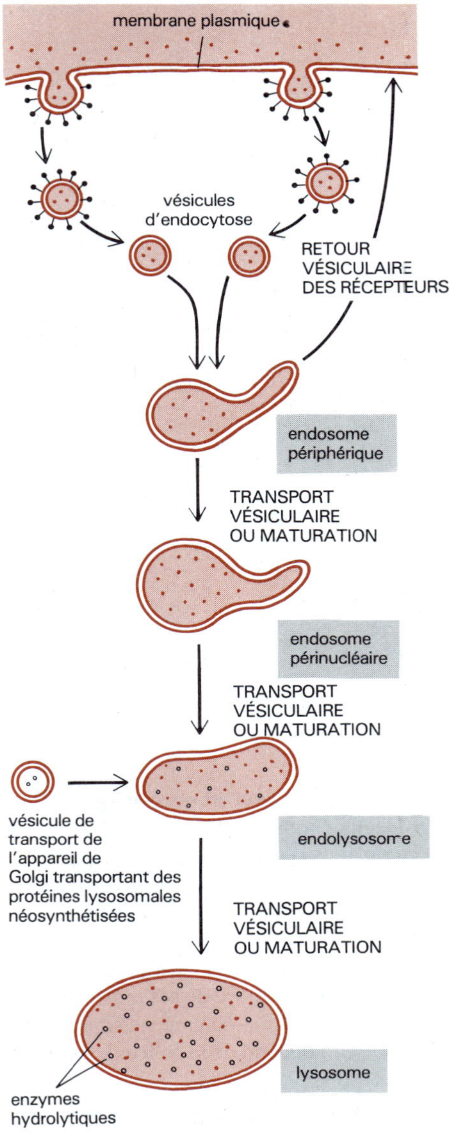

Figure 6-79 Les molécules endocytées par l'intermédiaire de puits recouverts sont transmises à des endosomes périphériques, puis se déplacent séquentiellement vers les endosomes périnucléaires, les endolysosomes et les lysosomes, à moins qu'elles ne soient spécifiquement récupérées à partir des endosomes et des endolysosomes. Des enzymes hydrolytiques destinées aux lysosomes sont transmises initialement de l'appareil de Golgi aux endolysosomes. La façon dont les molécules endocytées, qui ne sont pas récupérées, se déplacent d'un compartiment à l'autre pour finir dans les lysosomes où elles sont dégradées, est mal connue.

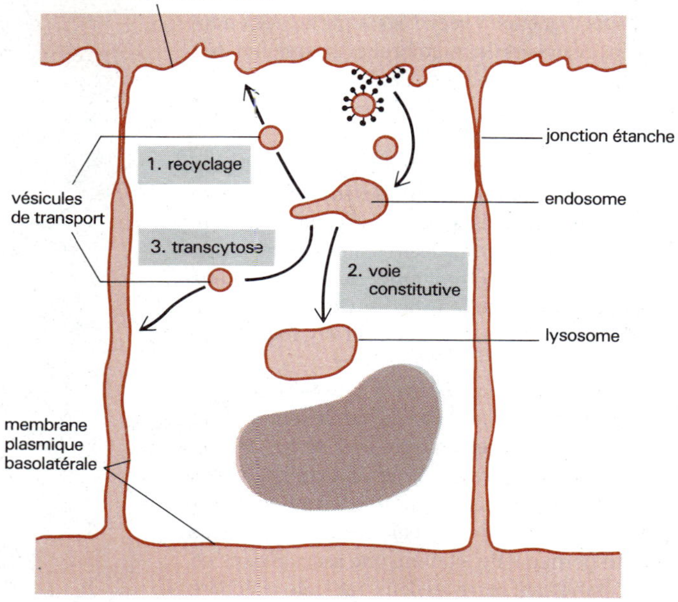

Figure 6-80 Les trois voies à partir du compartiment endosomal dans une cellule épithéliale. La plupart des molécules qui ne sont pas spécifiquement récupérées à partir des endosomes suivent la voie constitutive du compartiment endosomal aux lysosomes. Les molécules récupérées retournent soit vers le domaine de la membrane plasmique dont elles proviennent (recyclage), soit vers un domaine différent de la membrane plasmique (transcytose).

induit par le ligand est nécessaire pour leur fixation aux puits. De plus, l'EGF se dissocie de son récepteur à un pH plus bas que le pH nécessaire pour la dissociation de beaucoup d'autres complexes récepteur-ligand. C'est pour cette raison, peut-être, que de nombreux récepteurs de l'EGF incorporés se retrouvent dans les lysosomes, où ils sont dégradés en même temps que l'EGF ingéré. La fixation de l'EGF conduit par conséquent à une baisse de la concentration des récepteurs de l'EGF à la surface de la cellule — un processus appelé *régulation négative des récepteurs*. Il en résulte que la concentration du ligand informatif dans le liquide extracellulaire règle le nombre de ses molécules de récepteur complémentaires à la surface de la cellule cible (voir p. 718) — un mécanisme assez différent de la régulation des récepteurs de LDL, dont le nombre dépend de la concentration intracellulaire de cholestérol (voir p. 329).

Des macromolécules peuvent être transférées à travers les feuillets de cellules épithéliales par transcytose [47]

Certains récepteurs à la surface des cellules épithéliales polarisées transfèrent des macromolécules spécifiques d'un espace extracellulaire à un autre par un processus appelé **transcytose**. Ces récepteurs suivent la troisième voie à partir des endosomes. Un rat nouveau-né, par exemple, obtient ses anticorps du lait de sa mère (qui aident à le protéger contre l'infection) en les transportant à travers l'épithélium de son intestin. La lumière de l'intestin est assez acide, et, à ce pH, les anticorps du lait se fixent à des récepteurs spécifiques à la surface apicale (absorbante) des cellules épithéliales intestinales et sont incorporés par l'intermédiaire de puits recouverts. Les complexes récepteur-anticorps restent intacts dans les endosomes et sont récupérés dans des vésicules de transport qui fusionnent avec le domaine basolatéral de la membrane plasmique. Une fois exposés au pH neutre du liquide extracellulaire, les anticorps se dissocient de leurs récepteurs et pénètrent finalement dans le sang du nouveau-né. Chez la mère, la sécrétion de ces anticorps dans le lait se produit également par transcytose, mais dans l'autre sens, du sang vers le lait (voir Figure 18-20, p. 1016).

La diversité des voies suivies par différents récepteurs à partir des endosomes implique que de nombreux récepteurs n'aient pas seulement un site de fixation pour leur ligand et un site de fixation pour les puits recouverts, mais contiennent également des signaux de tri qui les dirigent vers le type approprié de vésicule de transport qui quitte l'endosome et, par conséquent, vers la membrane cible appropriée dans la cellule. La nature de ces signaux est inconnue. Comme l'on connaît beaucoup mieux le processus analogue suivant lequel le réseau *trans* de Golgi trie différentes protéines dans différentes vésicules de transport, nous reporterons une discussion plus approfondie sur le tri intracellulaire au Chapitre 8 (voir p. 460).

6-31 6-32 Les puits et les vésicules recouverts constituent la voie principale pour l'endocytose en phase liquide dans de nombreuses cellules [48]

Les vitesses auxquelles les cellules incorporent leur membrane plasmique par endocytose peuvent être quantifiées par l'introduction d'un traceur radioactif dans le liquide extracellulaire pendant un temps court, puis la mesure de sa vitesse d'absorption dans des vésicules d'endocytose. Deux types de traceurs peuvent être utilisés : ceux qui restent dissous dans le liquide extracellulaire et sont absorbés par *endocytose en phase liquide* (voir Figure 6-78) et ceux qui se fixent aux récepteurs de la surface cellulaire et sont absorbés par *endocytose par l'intermédiaire de récepteurs*. Les vitesses d'incorporation de la membrane plasmique estimées en utilisant l'un ou l'autre type de traceur sont habituellement comparables. On pense par conséquent que la voie des puits et vésicules recouverts n'est pas seulement responsable de l'endocytose par l'intermédiaire de récepteurs mais est également la voie principale pour l'endocytose en phase liquide dans la plupart des cellules.

La vitesse d'incorporation de membrane plasmique varie selon les types cellulaires, mais elle est habituellement d'une étonnante rapidité. Un macrophage, par exemple, ingère 25 p. cent de son propre volume de liquide par heure. Ceci signifie qu'il doit ingérer 3 p. cent de sa membrane plasmique par minute, ou 100 p. cent en une demi-heure environ. L'endocytose des fibroblastes s'effectue à des vitesses plus faibles, alors que certaines amibes ingèrent leur membrane plasmique plus rapidement. Puisque la surface et le volume d'une cellule restent inchangés durant ce processus, il est clair qu'il y a autant de membrane ajoutée à la surface de la cellule par exocytose qu'il y a de membrane éliminée par endocytose.

6-8 Le cycle d'endocytose joue peut-être un rôle dans la locomotion cellulaire et dans le phénomène de « capping » [49]

Les puits recouverts sont distribués plus ou moins au hasard sur la plupart des cellules et l'incorporation de membrane plasmique (récepteurs protéiques spécifiques et lipides) se produit ainsi sur toute la surface cellulaire. Dans les cellules non polarisées, la membrane incorporée est probablement renvoyée de façon aléatoire sur toute la surface de la cellule. Cependant, dans les cellules polarisées, comme des fibroblastes rampant sur un substratum, le centrosome et l'appareil de Golgi qui lui est associé sont orientés vers l'avant de la cellule, et la membrane incorporée est renvoyée préférentiellement vers le bord avant de la cellule. Cette asymétrie spatiale dans le cycle d'endocytose-exocytose peut aider la cellule mobile à étendre son bord avant, lors du processus de locomotion (voir p. 672). De plus, les sites d'endocytose et d'exocytose ne coïncidant pas dans de telles cellules, il y aura un flux net de lipides et de récepteurs le long de la membrane plasmique de l'extrémité antérieure vers l'extrémité postérieure de la cellule (Figure 6-81). Ce *flux membranaire* peut expliquer pourquoi l'on observe des objets, tels que des particules de carbone fixés à la surface supérieure d'un fibroblaste en culture, migrer de l'avant vers l'arrière de la cellule, tandis qu'elle avance en rampant.

Lorsque des ligands polyvalents comme des anticorps ou des lectines se fixent à des protéines spécifiques de la membrane plasmique exposées à la surface des cellules, ils ont tendance à s'agréger en amas — un processus appelé **regroupement** ou **patching**. Lorsque de tels amas se sont formés à la surface d'une cellule capable de locomotion, comme un globule blanc, ils se rassemblent rapidement à un pôle de la cellule pour former une « calotte » (ou « cap ») (Figure 6-82). Ce processus de **« capping » (redistribution polaire)** se déroule en quelques minutes, nécessite de l'ATP et, dans les globules blancs, aboutit à la formation d'une calotte à l'extrémité postérieure de la cellule. Bien que la locomotion de la cellule ne soit pas nécessaire pour le « capping », seules les cellules capables de ramper sur une surface peuvent former des calottes, suggérant que le mécanisme impliqué est voisin des mécanismes utilisés dans la locomotion cellulaire. Une première hypothèse est que le flux membranaire résultant du cycle d'endocytose décrit plus haut entraîne de grands fragments agrégés de protéine vers l'arrière de la cellule, alors que les protéines qui ne sont pas agrégées diffusent assez rapidement pour conserver une distribution presque aléatoire en dépit du flux. L'autre hypothèse suggère que

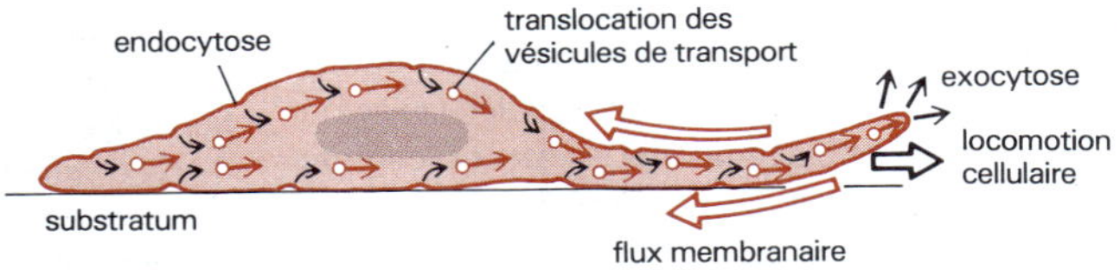

Figure 6-81 Le flux de membrane tel qu'il est supposé se produire dans la membrane plasmique des cellules mobiles du fait de l'asymétrie du cycle d'endocytose dans ces cellules. On montre un fibroblaste en coupe transversale qui se déplace de la gauche vers la droite. L'endocytose de la double couche lipidique contenant des récepteurs se produit au moyen de puits recouverts, qui sont distribués au hasard sur la surface cellulaire. La membrane endocytée est récupérée à partir du compartiment endosomal (non figuré) sous la forme de vésicules, et réinsérée par exocytose préférentiellement au niveau du bord avant de la cellule. Le modèle de l'endocytose distribuée au hasard et de l'exocytose dirigée au cours du recyclage des vésicules provoquerait un flux net rétrograde des composants membranaires endocytés le long de la membrane plasmique, comme l'indiquent les grandes flèches colorées. (D'après M.S. Bretscher, *Science* 224 : 681-686, 1984. Copyright 1984 par AAAS.)

Figure 6-82 Le regroupement (« patching ») induit par un anticorps et le « capping » d'une protéine de surface cellulaire sur un globule blanc. Les anticorps complexent les molécules protéiques auxquelles ils se fixent, provoquant leur regroupement en amas, qui sont rapidement entraînés vers le pôle antérieur de la cellule pour former une calotte (« cap »). Noter que le pôle postérieur de la cellule est déterminé par la position du centrosome et que les protéines complexées recouvrent l'extrémité opposée, même lorsque la cellule est en suspension et ne migre pas.

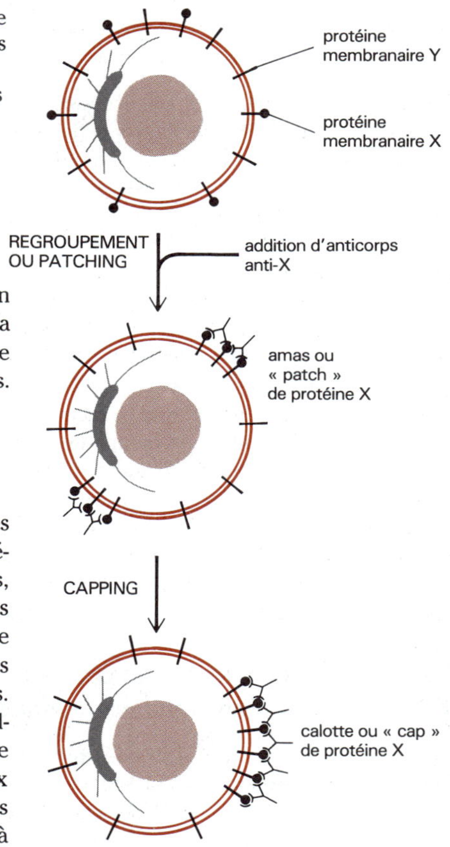

les protéines membranaires regroupées interagissent directement ou indirectement avec un système contractile des filaments d'actine intracellulaires (localisé dans le cortex, juste sous la membrane plasmique) qui tire les fragments vers l'extrémité postérieure de la cellule. Il n'existe pas encore d'expériences décisives qui permettent d'exclure l'une ou l'autre de ces hypothèses.

Des cellules phagocytaires spécialisées ingèrent des particules qui se fixent à des récepteurs spécifiques de leur surface [50]

La **phagocytose** est une forme particulière d'endocytose par laquelle des particules de grandes dimensions, comme des microorganismes et des débris cellulaires, sont ingérées par l'intermédiaire de vésicules d'endocytose de grande taille appelées *phagosomes*. Chez les protozoaires, la phagocytose est une forme d'alimentation : des particules volumineuses sont ingérées dans des phagosomes, finissent dans les lysosomes, et les produits des processus ultérieurs de digestion passent dans le cytosol afin d'être utilisés comme aliments. La plupart des cellules des organismes pluricellulaires sont incapables d'ingérer efficacement des particules volumineuses. Dans l'intestin, des particules alimentaires volumineuses sont dégradées dans le milieu extracellulaire avant d'être importées dans les cellules ; et dans l'ensemble du corps, la phagocytose est une tâche laissée à des phagocytes « professionnels ». Chez les mammifères, il existe deux classes de globules blancs qui servent de phagocytes : les **macrophages** (que l'on trouve dans tous les tissus et dans le sang) et les **neutrophiles**. Ces deux types de cellules se développent à partir d'une cellule précurseur commune (voir p. 981), et nous défendent contre l'infection en ingérant les microorganismes envahisseurs. Les macrophages jouent également un rôle important en nous débarrassant des cellules sénescentes ou endommagées et des débris cellulaires. D'un point de vue quantitatif, cette dernière fonction est beaucoup plus importante : dans chacun de nous, les macrophages phagocytent plus de 10^{11} hématies sénescents chaque jour.

Les vésicules d'endocytose qui se forment à partir des puits recouverts sont relativement petites (~ 150 nm de diamètre). Les **phagosomes**, au contraire, ont des diamètres qui sont déterminés par la taille de la particule à ingérer et ils peuvent être presque de la même taille que la cellule phagocytaire elle-même (Figure 6-83). Les phagosomes fusionnent avec les lysosomes pour former de grands *phagolysosomes*, où le matériel ingéré est dégradé ; les substances indigestes restent dans les phagolysosomes, où elles forment des *corps résiduels*. Comme pour les endosomes, certains composants de membrane plasmique incorporés sont récupérés à partir des phagosomes par des vésicules de transport et renvoyés vers la membrane plasmique. Dans certains macrophages, des peptides dérivés de protéines endocytées dégradées sont renvoyés vers la surface cellulaire sous la forme d'un complexe avec des glycoprotéines recyclées du complexe majeur d'histocompatibilité (voir p. 1046). Ces macrophages étant sondés par les lymphocytes T du système immunitaire, ils se comportent commes des cellules présentant l'antigène : quand les peptides proviennent d'un envahisseur étranger, ils activent les lymphocytes T pour provoquer une réponse immunitaire contre la protéine étrangère (voir Chapitre 18, p. 1046).

Pour être phagocytées, les particules doivent d'abord se fixer à la surface du phagocyte. Toutefois, toutes les particules qui se fixent ne sont pas ingérées. Les phagocytes possèdent une collection de récepteurs de surface spécialisés qui sont fonctionnellement liés au système phagocytaire de la cellule. Contrairement à la pinocytose, qui est un processus constitutif qui se produit de façon continue, la phagocytose est un processus induit au cours duquel les récepteurs activés transmettent des signaux à l'intérieur de la cellule pour initier la réponse. Les inducteurs les mieux caractérisés sont les anticorps (voir p. 1015), qui nous protègent contre des microorganismes infectieux en se fixant à la surface des microorganismes pour former une enveloppe dans laquelle la région terminale de chaque molécule d'anticorps (appelée la région Fc — voir p. 1013) est exposée sur l'extérieur. Cette enveloppe d'anticorps est alors reconnue par des *récepteurs Fc* spécifiques à la surface des macrophages et des neutrophiles. La fixation de particules recouvertes d'anticorps à ces récepteurs provoque l'émission par la cellule

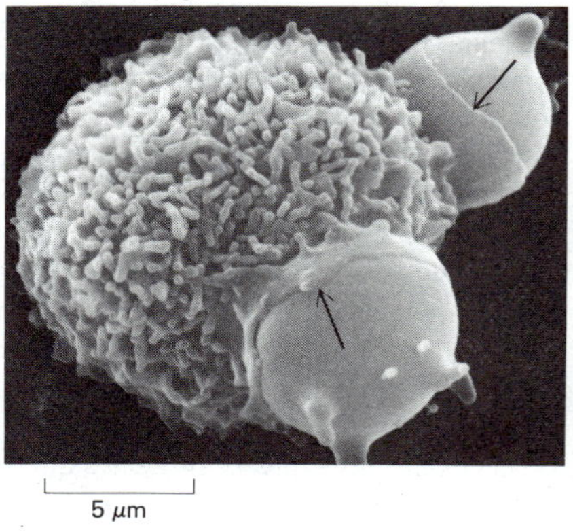

Figure 6-83 Photographie par microscopie électronique à balayage d'un macrophage murin phagocytant deux hématies modifiées chimiquement. Les flèches désignent les bords des fins prolongements (pseudopodes) du macrophage qui s'allongent pour engloutir les hématies. (Avec l'autorisation de Jean-Paul Revel.)

phagocytaire de pseudopodes qui engloutissent la particule et fusionnent à leurs extrémités pour former un phagosome (Figure 6-84).

On connaît deux autres classes de récepteurs qui favorisent la phagocytose : ceux qui reconnaissent les composants du complément (voir p. 1034), et ceux qui reconnaissent des oligosaccharides à la surface de certains micro-organismes. De plus, les macrophages sont capables de reconnaître et d'ingérer des cellules sénescentes ou endommagées, mais les récepteurs impliqués sont inconnus.

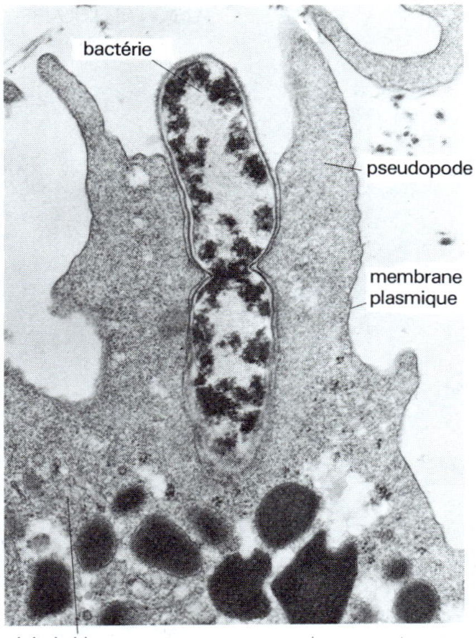

Figure 6-84 Micrographie au microscope électronique d'un neutrophile phagocytant une bactérie en cours de division. (Avec l'autorisation de Dorothy F. Bainton.)

La phagocytose est une réponse locale qui se produit selon un mécanisme dans lequel la membrane fonctionne comme une « fermeture Eclair » [51]

Il est possible de traiter les globules rouges afin qu'ils se fixent à la surface des macrophages sans être phagocytés. Si l'on permet ensuite aux macrophages qui se sont liés à de tels globules rouges de phagocyter des bactéries recouvertes d'anticorps, seules les bactéries sont ingérées ; même les globules rouges fixés immédiatement à côté d'un site de phagocytose active ne sont pas ingérés. Ceci indique que la phagocytose, comme l'exocytose déclenchée dans les mastocytes (voir p. 325), est une réponse locale d'une région de la membrane plasmique et de sa structure cytoplasmique sous-jacente.

Si un macrophage est exposé à des cellules cibles qui ont été uniformément recouvertes par un anticorps, il ingère les cellules recouvertes. Cependant, si les molécules d'anticorps ont été groupées à un pôle de la cellule cible par « capping » (voir p. 333), la membrane plasmique du macrophage recouvre la surface de la cellule cible uniquement dans la région de la calotte et la cellule n'est pas ingérée (Figure 6-85). Il est donc évident que l'interaction initiale des cellules cibles recouvertes d'anticorps avec les récepteurs Fc à la surface du macrophage est insuffisante pour déclencher l'ingestion. Elle amorce plutôt un processus de propagation de la juxtaposition des membranes, qui nécessite le contact continu des récepteurs avec l'anticorps si la cellule cible est destinée à être entièrement enveloppée par un phagosome. Ceci suggère que la phagocytose se fait par un mécanisme continu, où la membrane fonctionne comme une *fermeture Eclair*.

Ni le mécanisme par lequel la fixation d'un anticorps au récepteur Fc amorce les mouvements d'ingestion, ni la nature de la force qui entraîne le déploiement des pseudopodes ne sont connus. Cependant, l'actine et diverses protéines liées à l'actine s'accumulent dans les pseudopodes, et la cytochalasine (une drogue qui empêche la polymérisation de l'actine) inhibe la phagocytose, suggérant que le mécanisme d'extension des pseudopodes serait dépendant de l'actine. La clathrine est parfois présente sur la face cytoplasmique des phagosomes formés dans des macrophages qui ingèrent des particules recouvertes d'anticorps, suggérant le rôle éventuel de la clathrine dans la phagocytose aussi bien que dans la pinocytose. Il existe, néanmoins, une nette différence entre les mécanismes qui interviennent dans ces deux formes d'endocytose puisque la cytochalasine n'inhibe pas la pinocytose.

Comment les pseudopodes qui enserrent une particule fusionnent-ils pour former un phagosome ? Cette question nous ramène au problème fondamental que nous avions brièvement abordé au début de cet exposé sur l'exocytose et l'endocytose.

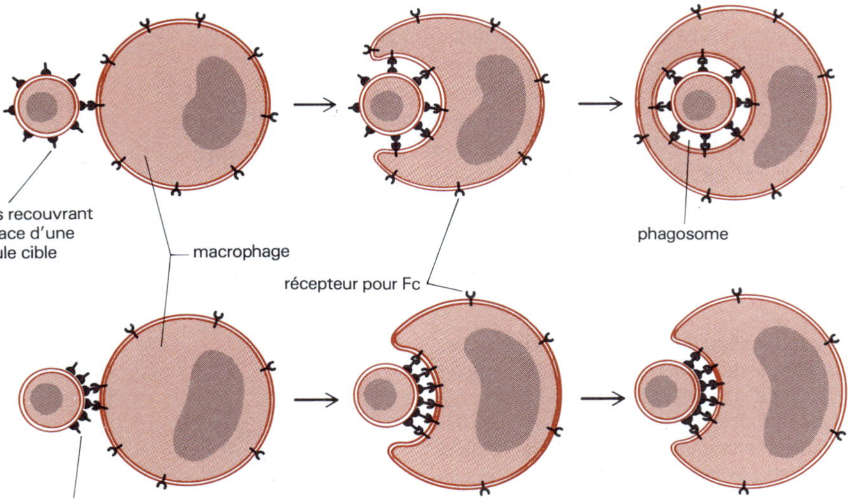

Figure 6-85 Représentation schématique d'une expérience suggérant que la phagocytose se fait par un mécanisme au cours duquel la membrane fonctionne comme une « fermeture Eclair ». (Basé sur des observations de F.M. Griffin Jr, J.A. Griffin et S.C. Silverstein, *J. Exp. Med.* 144 : 788-809, 1976.)

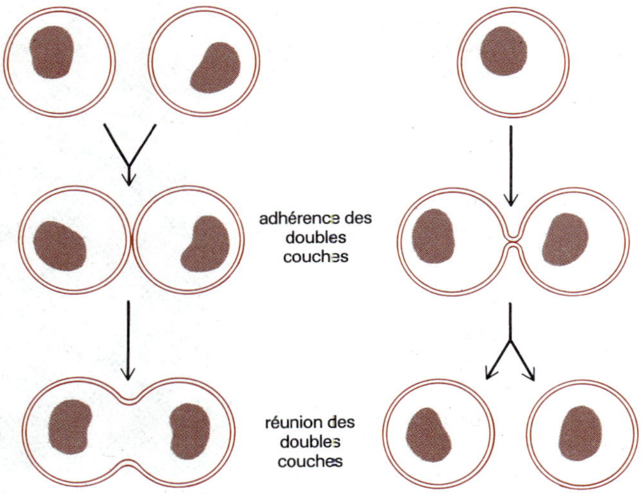

Figure 6-86 Fusion membranaire (se composant de l'adhérence et de la réunion de la double couche) dans le processus de division et de fusion cellulaires. Les fusions cellulaires naturelles se produisent entre un spermatozoïde et un ovule au cours de la fécondation et entre des myoblastes au cours de la formation de cellules du muscle squelettique multinucléées.

La fusion des membranes au cours de l'exocytose et l'endocytose est probablement catalysée par des protéines de fusion [52]

L'*adhérence* et la *réunion des doubles couches*, qui constituent la fusion membranaire, sont des phénomènes fondamentaux de la membrane cellulaire qui ne se produisent pas seulement au cours de l'exocytose et de l'endocytose, mais aussi au cours de la division et de la fusion cellulaires (Figure 6-86) ; ils se produisent également de façon continue dans les cellules lorsque des vésicules de transport bourgeonnent et fusionnent avec divers organites. Le mécanisme de fusion membranaire n'est compris dans aucun des cas, mais on peut glaner quelques indices d'après la façon dont les virus à enveloppe fusionnent avec les cellules qu'ils infectent.

Les membranes cellulaires ne fusionnent pas spontanément. Pour que la fusion s'effectue, l'eau doit être éliminée afin de permettre aux doubles couches lipidiques qui interagissent de s'approcher à 1,5 nm l'une de l'autre ; un processus qui est énergétiquement très défavorable. Il semble vraisemblable, pour cette raison, que toutes les fusions membranaires dans les cellules sont catalysées par des *protéines de fusion* spécialisées. Jusqu'ici aucune protéine cellulaire de ce type n'a été directement identifiée, mais on sait que les protéines de fusion virales jouent un rôle essentiel en permettant l'entrée des virus à enveloppe (qui ont une enveloppe membranaire à base de double couche lipidique) dans les cellules qu'ils infectent (voir p. 469). Des virus comme le virus de la grippe, par exemple, pénètrent dans la cellule par endocytose par l'intermédiaire de récepteurs et sont transmis aux endosomes. Le bas pH existant dans les endosomes active une protéine de fusion (un fusogène) dans l'enveloppe virale qui catalyse la fusion des membranes virale et endosomale, permettant ainsi à l'acide nucléique viral de s'échapper vers le cytosol (Figure 6-87).

Les gènes codant plusieurs protéines de fusion virales ont été clonés et utilisés pour transfecter des cellules eucaryotes en culture. Ces cellules transfectées expriment les protéines virales à leur surface et, lorsqu'elles sont brièvement exposées à un bas pH, fusionnent pour former des cellules multinucléées géantes. Dans le cas le mieux étudié, celui du virus de la grippe, la structure tridimensionnelle de la protéine de fusion a été déterminée par diffraction des rayons X (voir p. 446). On a montré que le bas pH induit un important changement de conformation dans la protéine de fusion, exposant une région hydrophobe précédemment enfouie à la surface de la protéine qui peut interagir avec la double couche lipidique d'une membrane cible. On pense qu'un groupe de régions hydrophobes de ce type sur des molécules

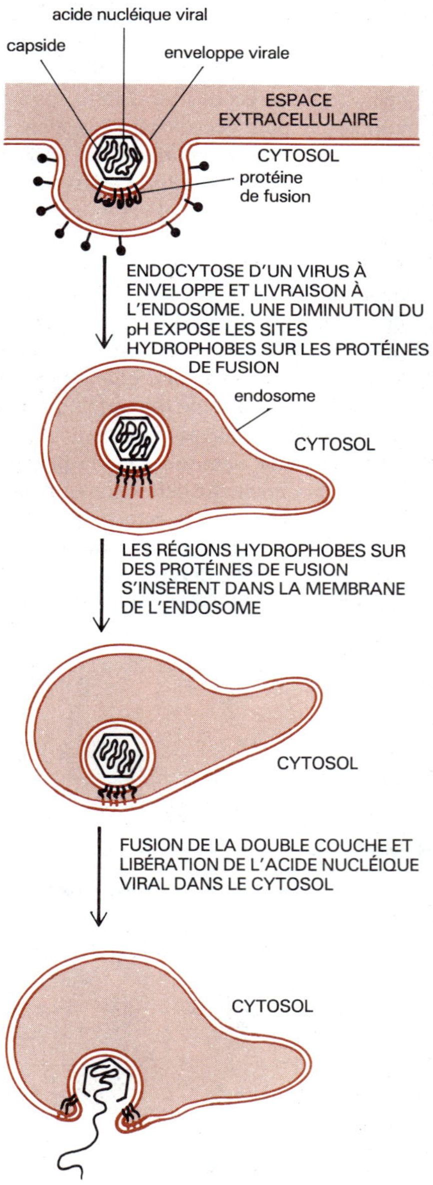

Figure 6-87 Représentation schématique de la manière dont des protéines de fusion à la surface de nombreux virus à enveloppe sont supposées catalyser la fusion des membranes virale et endosomale. Ces virus pénètrent dans la cellule cible par endocytose par l'intermédiaire de récepteurs et sont transmis aux endosomes ; le faible pH dans l'endosome active la catalyse, par la protéine de fusion, de la fusion membranaire qui permet à la capside virale de s'échapper dans le cytosol, où l'acide nucléique viral peut se répliquer.

de protéines de fusion peu espacées conduit à la juxtaposition des deux doubles couches lipidiques et les déstabilise de sorte qu'elles fusionnent (voir Figure 6-87).

Résumé

La plupart des cellules sécrètent et ingèrent des macromolécules par exocytose et endocytose, respectivement. Dans l'exocytose, le contenu des vésicules de transport ou des vésicules de sécrétion est libéré dans l'espace extracellulaire quand les vésicules fusionnent avec la membrane plasmique. Dans l'endocytose, la séquence est inversée : des régions locales de la membrane plasmique s'invaginent et se resserrent pour former des vésicules d'endocytose ; beaucoup des particules et molécules endocytées aboutissent dans les lysosomes, où elles sont dégradées. L'exocytose et l'endocytose se produisent toutes les deux de façon constitutive, et sous la forme de réponse amorcée par des signaux extracellulaires.

La majorité des cellules animales ingèrent continuellement des morceaux de leur membrane plasmique et les restituent ensuite à la surface cellulaire selon un cycle intensif d'endocytose-exocytose qui s'effectue principalement par l'intermédiaire de puits et de vésicules recouverts de clathrine. De nombreux récepteurs de surface cellulaire qui fixent des macromolécules extracellulaires spécifiques se retrouvent dans les puits recouverts de clathrine, et sont donc incorporés dans des vésicules recouvertes — un processus appelé endocytose par l'intermédiaire de récepteurs. Les vésicules recouvertes d'endocytose perdent rapidement leurs enveloppes de clathrine et fusionnent avec des endosomes, dans lesquels les récepteurs et les ligands sont triés. La plupart des ligands se dissocient de leurs récepteurs dans l'environnement acide de l'endosome et finissent, en fin de compte, dans les lysosomes, alors que la plupart des récepteurs sont recyclés par l'intermédiaire de vésicules de transport vers la surface cellulaire pour être réutilisés. D'autres complexes récepteur-ligand suivent d'autres voies à partir du compartiment endosomal. Dans certains cas, le récepteur et le ligand finissent tous deux par être dégradés dans les lysosomes. Dans d'autres cas, ils sont transportés à travers la cellule et le ligand est libéré par exocytose en une région de la surface de la cellule différente de celle dont il était originaire — un processus appelé transcytose.

Bibliographie

Ouvrages généraux

Bretscher, M.S. The molecules of the cell membrane. *Sci. Am.* 253 (4):100-109, 1985.

Datta, D.B. A Comprehensive Introduction to Membrane Biochemistry. Madison : Floral, 1987.

Finean, J.B.R. ; Coleman, R. ; Michell, R.H. Membranes and Their Cellular Functions, 3rd ed. Oxford : Blackwell, 1984.

Singer, S.J. ; Nicolson, G.L. The fluid mosaic model of the structure of cell membranes. *Science* 175:720-731, 1972.

Yeagle, P. The Membranes of Cells. Orlando : Academic, 1987.

Articles cités

1. Branton, D. Fracture faces of frozen membranes. *Proc. Natl. Acad. Sci. USA* 55:1048-1056, 1966.

   Ceve, G. ; Marsch, D. Phospholipid Bilayers : Physical Principles and Models. New York : Wiley, 1987.

   Gorter, E. ; Grendel, F. On bimolecular layers of lipoids on the chromocytes of the blood. *J. Exp. Med.* 41:439-443, 1925.

2. Hawthorne, J.N. ; Ansell, G.B. Phospholipids. New Comprehensive Biochemistry, Vol. 4. Amsterdam: Elsevier, 1982.

   Storch, J. ; Kleinfeld, A.M. The lipid structure of biological membranes. *Trends Biochem. Sci.* 10:418-421, 1982.

3. Bangham, A.D. Models of cell membranes. In Cell Membranes : Biochemistry, Cell Biology and Pathology (G. Weissmann, R. Claiborne, eds.), pp. 24-34. New York : Hospital Practice, 1975.

   Edidin, M. Rotational and lateral diffusion of membrane proteins and lipids : phenomena and function. *Curr. Top. Memb. Transp.* 29:91-127, 1987.

   Kornberg, R.D. ; McConnell, H.M. Lateral diffusion of phospholipids in a vesicle membrane. *Proc. Natl. Acad. Sci. USA* 68:2564-2568, 1971.

4. Chapman, D. Lipid dynamics in cell membranes. In Cell Membranes : Biochemistry, Cell Biology and Pathology (G. Weissmann, R. Claiborne, eds.), pp. 13-22. New York : Hospital Practice, 1975.

   Chapman, D. ; Benga, G. Biomembrane fluidity—studies of model and natural membranes. In Biological Membranes (D. Chapman, ed.), Vol. 5, pp.1-56. London : Academic, 1984.

   Kates, M. ; Manson, L.A., eds. Membrane Fluidity. Biomembranes, Vol. 12. New York : Plenum, 1984.

   Kimelberg, H.K. The influence of membrane fluidity on the activity of membrane-bound enzymes. In Dynamic Aspects of Cell Surface Organization. Cell Surface Reviews (G. Poste, G.L. Nicolson, eds.), Vol. 3, pp. 205-293. Amsterdam : Elsevier, 1977.

5. Carruthers, A. ; Melchior, D.L. How bilayer lipids affect membrane protein activity. *Trends Biochem. Sci.* 11:331-335, 1986.

   de Kruiff, B. ; et al. Lipid polymorphism and membrane function. In The Enzymes of Biological Membranes, Vol 1, Membrane Structure and Dynamics, 2nd ed. (A.N. Martonosi, ed.), pp. 131-204. New York : Plenum, 1985.

   Kleinfeld, A. Current views of membrane structure. Curr. Top. Memb. Transp. 29:1-27, 1987.

6. Bretscher, M. Membrane structure : some general principles. *Science* 181:622-629, 1973.

   Rothman, J. ; Lenard, J. Membrane asymmetry. *Science* 195:743-753, 1977.

7. Hakomori, S. Glycosphingolipids. *Sci. Am.* 254(5):44-53, 1986.
Weigandt, H. The gangliosides. *Adv. Neurochem.* 4:149-223, 1982.
8. Eisenberg, D. Three-dimensional structure of membrane and surface proteins. *Annu. Rev. Biochem.* 53:595-623, 1984.
Engelman, D.M. ; Steitz, T.A. ; Goldman, A. Identifying nonpolar transbilayer helices in aminco acid sequences of membrane proteins. *Annu. Rev. Biophys. Biophys. Chem.* 15:321-353, 1986.
Henderson, R. The structure of bacteriorhodopsin and its relevance to other membrane proteins. In Membrane Transduction Mechanisms (R.A. Cone, J.E. Dowling, eds.), pp. 3-15. New York : Raven, 1979.
Sefton, B.M. ; Buss. J.E. The covalent modification of eukaryotic proteins with lipid. *J. Cell. Biol.* 104:1449-1453, 1987.
Unwin, N. ; Henderson, R. The structure of proteins in biological membranes. *Sci. Am.* 250 (2):78-94, 1984.
9 Helenius, A. ; Simons, K. Solubilization of membranes by detergents. *Biochim. Biophys. Acta* 415:29-79, 1975.
Montal, M. Functional reconstitution of membrane proteins in planar lipid bilayer membranes. In Techniques of the Analysis of Membrane Proteins (C.I. Ragan, R.J. Cherry, eds.), pp. 97-128. London : Chapman & Hall, 1986.
Racker, E. Reconstitution of Transporters, Receptors and Pathological States. Orlando : Academic, 1985.
10. Bretscher, M. Membrane structure : some general principles. *Science* 181:622-629, 1973.
Steck, T.L. The organization of proteins in the human red blood cell membrane. *J. Cell Biol.* 62:1-19, 1974.
11. Bennet, V. The membrane skeleton of human erythrocytes and its implications for more complex cells. *Annu. Rev. Biochem.* 54:273-304, 1985.
Branton, D. ; Cohen, C.M. ; Tyler, J. Interaction of cytoskeletal proteins on the human erythrocyte membrane. *Cell.* 24:24-32, 1981.
Byers, T.J. ; Branton, D. Visualization of the protein associations in the erythrocyte membrane skeleton. *Proc. Natl. Acad. Sci. USA* 82:6153-6157, 1985.
Marchesi, V.T. Stabilizing infrastructure of cell membranes. *Annu. Rev. Cell. Bio.* 1:531-561, 1985.
Shen, B.W. ; Josephs, R. ; Steck, T.L. Ultrastructure of the intact skeleton of the human erythrocyte membrane. *J. Cell. Biol.* 102:997-1006, 1986.
12. Marchesi, V.T. ; Furthmayr, H. ; Tomita, M. The red cell membrane. *Annu. Rev. Biochem.* 45:667-698, 1976.
13. Jay, D. ; Cantley, L. Structural aspects of the red cell anion exchange protein. *Annu. Rev. Biochem.* 55:511-538, 1986.
Kopito, R.R. ; Lodish, H.F. Primary structure and transmembrane orientation of the murine anion exchange protein. *Nature* 316:234-238,1985.
14. Henderson, R. ; Unwin, P.N.T. Three-dimensional model of purple membrane obtained by electron microscopy. *Nature* 257:28-32, 1975.
Stoeckenius, W. ; Bogomolni, R.A. Bacteriorhodopsin and related pigments of Halobacteria. *Annu. Rev. Biochem.* 51:587-616, 1982.
15. Deisenhofer, J. ; Epp, O. ; Miki, K. ; Huber, R. ; Michel, H. The structure of protein subunits in the photosynthetic reaction centre of *Rhodopseudomonas viridis* at 3Å resolution. *Nature* 318:618-624, 1985.
16. de Petris, S. ; Raff, M.C. Normal distribution, patching and capping of lymphocyte surface immunoglobulin studied by electron microscopy. *Nature New Biol* 241:257-259, 1973.
Edidin, M. Rotational and lateral diffusion of membrane proteins and lipids : phenomena and function. *Curr. Top. Memb. Transp.* 29: 91-127, 1987.
Frye, L.D. ; Edidin, M. The rapid intermixing of cell surface antigens after formation of mouse-human heterokaryons. *J. Cell Sci.* 7: 319-335, 1970.
McCloskey, M. ; Poo, M-M. Protein diffusion in cell membranes : some biological implications. *Int. Rev. Cytol.* 87:19-81, 1984.
Poo, M. ; Cone, R.A. Lateral diffusion of rhodopsin in the photoreceptor membrane. *Nature* 247:438-441, 1974.
Wier, M. ; Edidin, M. Constraint of the translational diffusion of a membrane glycoprotein by its external domains. *Science* 242:412-414, 1988.
17. Gumbiner, B. ; Louvard, D. Localized barriers in the plasma membrane : a common way to form domains. *Trends Biochem. Sci.* 10:435-438, 1985.
Myles, D.G. ; Primakoff, P. Sperm surface domains. In Hybridoma Technology in the Biosciences and Medicines (T.A. Springer, ed.), pp. 239-250. New York : Plenum, 1985.
Simons, K. ; Fuller, S.D. Cell Surface Polarity in Epithelia. *Annu. Rev. Cell Biol.* 1:243-288, 1985.
18. Hirano, H. ; Parkhouse, B. ; Nicolson, G.L. ; Lennox, E.S. ; Singer, S.J. Distribution of saccharide residues on membrane fragments from a myeloma-cell homogenate : its implications for membrane biogenesis. *Proc. Natl. Acad. Sci. USA* 69:2945-2949, 1972.
Kornfeld, R. ; Kornfeld, S. Structure of glycoproteins and their oligosaccharide units. In The Biochemistry of Glycoproteins and Proteoglycans (W.J. Lennarz, ed.), pp. 1-84. New York : Plenum, 1980.
Lis, H. ; Sharon, N. Lectins as molecules and tools. *Annu. Rev. Biochem.* 55:35-67, 1986.
Olden, K. ; Bernard, B.A. ; Humphries, M.J. ; Yeo, K.T. ; White, S.L. ; Newton, S.A. ; Bauer, H.C. ; Parent, J.B. Function of glycoprotein glycans. *Trends Biochem. Sci.* 10:78-82, 1985.
19. Hille, B. Ionic Channels of Excitable Membranes. Sunderland, M.A. : Sinauer, 1984.
Martonosi, A.N., ed. The Enzymes of Biological Membranes, Vol. 3, Membrane Transport, 2nd ed. New York : Plenum, 1985.
West, I.C. The Biochemistry of Membrane Transport. London : Chapman & Hall, 1983.
Stein, W.D. Transport and Diffusion Across Cell Membranes Orlando : Academic, 1986.
20. Andersen, O.S. Permeability properties of unmodified lipid bilayer membranes. In Membrane Transport in Biology, Vol. 1 (G. Giebisch, D.C. Tosteson, H.H. Ussing, eds.), pp. 369-446. New York : Springer-Verlag, 1978.
Finkelstein, A. Water movement through membrane channels. *Curr. Top. Memb. Trans.* 21:295-308, 1984.
Walter, A. ; Gutknecht, J. Permeability of small nonelectrolytes through lipid bilayer membranes. *J. Membr. Biol.* 90:207-217, 1986.
21. Hobbs, A.S. ; Albers, R.W. The structure of proteins involved in active membrane transport. *Annu. Rev. Biophys. Bioeng.* 9:259-291, 1980.
Kyte, J. Molecular considerations relevant to the mechanism of active transport. *Nature* 292:201-204, 1981.
Stein, W.D. Ed. Ion pumps : Structure, function and regulation. New York : Alan Liss, 1988.
Tanford, C. Mechanism of free energy coupling in active transport. *Annu. Rev. Biochem.* 52:379-409, 1983.
Wilson, D.B. Cellular transport mechanisms. *Annu. Rev. Biochem.* 47:933-965, 1978.
22. Cantley, L.C. Structure and mechanisms of the (Na, K) ATPase. *Curr. Topics Bioenerget.* 11:201-237, 1981.
Glynn, I.M. ; Ellory, C., eds. The Sodium Pump. Cambridge, U.K. : The Company of Biologists, 1985.
Shull, G.E. ; Schwartz, A. ; Lingrel, J.B. Amino acid sequence of the catalyptic subunit of the (Na^+-K^+) ATPase deduced from a complementary DNA. *Nature* 316:691-695, 1985.
23. Sweadner, K.J. ; Goldin, S.M. Active transport of sodium and

potassium ions : mechanisms, function and regulation. *N. Engl. J. Med.* 302: 777-783, 1980.

Glynn, I.M. The Na^+-K^+ transporting adenosine triphosphatase. In The Enzymes of Biological Membranes, 2nd ed. (A. Martonosi, ed.) Vol. 3, pp. 34-114. New York : Plenum, 1985.

24. Hasselbach, W. ; Oetliker, H. Energetics and electrogenicity of the sarcoplasmic reticulum calcium pump. *Annu. Rev. Physiol.* 45:325-339, 1983.

MacLennan, D.H. ; Brandl, C.J. ; Korczad, B. ; Green, N.M. Amino acid sequence of a Ca^{2+}, Mg^{2+}-dependent ATPase from rabbit muscle sarcoplasmic reticulum, deduced from its complementary DNA sequence. *Nature* 316:696-700, 1985.

Schatzman, H.J. The red cell calcium pump. *Annu. Rev. Physiol.* 45:303-312, 1983.

25. Hinckle, P.C. ; MacCarty, R.E. How cells make ATP. *Sci. Am.* 238 (3):104-123, 1978.

Nicholls, D.G. An introduction to the Chemiosmotic Theory, 2nd ed. New York: Academic, 1987.

26. Scott, D.M. Sodium cotransport systems : cellular, molecular and regulatory aspects. *Bioessays* 7:71-78, 1987.

Wright, J.K. ; Seckler, R. ; Overath, P. Molecular aspects of sugar : ion transport. *Annu. Rev. Biochem.* 55:225-248, 1986.

27. Grinstein, S. ; Rothstein, A. Mechanisms of regulation of the Na^+/H^+ exchanger. *J. Membrane Biol.* 90:1-12, 1986.

Olsnes, S. ; Tønnessen, T.I. ; Sandvig, K. pH-regulated anion antiport in nucleated mammalian cells. *J. Cell Biol.* 102:967-971, 1986.

Pouysségur, J. ; Franchi, A. ; Kohno, M. ; L'Allemain, G. ; Paris, S. Na^+-H^+ exchange and growth control in fibroblasts : a genetic approach. *Curr. Top. Memb. Transp.* 26:201-220, 1986.

Rozengunt, E. ; Mendoza, S. Early stimulation of Na^+-H^+ antiport, Na^+-K^+ pump activity, and Ca^{2+} fluxes in fibroblast mitogenesis. *Curr. Top. Memb. Transp.* 27:163-191, 1986.

28. Almers, W. ; Stirling, C. Distribution of transport proteins over animal cell membranes. *J. Membrane Biol.* 77: 169-186, 1984.

Semenza, G. Anchoring and biosynthesis of stalked brush border membrane proteins : Glycosidases and peptidases of Enterocytes and renal tubuli. *Annu. Rev. Cell Biol.* 2:255-313, 1986.

29. Postma, P.W. ; Lengeler, J.W. Phosphoenolpyruvate : carbohydrate phosphotransferase system of bacteria. *Microbiol. Rev.* 49:232-269, 1985.

30. Ames, G.F.L. Bacterial periplasmic transport systems : structure, mechanism and evolution. *Annu. Rev. Biochem.* 55:397-425, 1986.

31. Hille, B. Ionic Channels of Excitable Membranes, Sunderland, MA : Sinauer, 1984.

32. Baker, P.F. ; Hodgkin, A.L. ; Shaw, T.L. The effects of changes in internal ionic concentration on the electrical properties of perfused giant axons. *J. Physiol.* 164:355-374, 1962.

Hodgkin, A.L. ; Keynes, R.D. Active transport of cations in giant axons from *Sepia* and *Loligo*. *J. Physiol.* 128:26-60, 1955.

Kuffer, S.W. ; Nicholls, J.G. ; Martin, A.R. From Neuron to Brain, pp. 111-125. Sunderland, MA : Sinauer, 1984.

33. Hodgkin, A.L. ; Huxley, A.F. A quantitative description of membrane current and its application to conduction and excitation in nerve. *J. Physiol.* 117:500-544, 1952.

Kuffer, S.W. ; Nicholls, J.G. ; Martin, A.R. From Neuron to Brain, pp. 125-152. Sunderland, MA : Sinauer, 1984.

34. Catterall, W.A. Molecular properties of voltage-sensitive sodium channels. *Annu. Rev. Biochem.* 55:953-985, 1986.

Noda, M. ; et al. Primary structure of *Electrophorus electricus* sodium channel deduced from cDNA sequence. *Nature* 312:121-127, 1984.

Sigworth, F.J. ; Neher, E. Single Na^+ channel currents observed in cultured rat muscle cells. *Nature* 287:447-449, 1980.

Stevens, C.F. Biophysical studies of ion channels. *Science* 225:1346-1350, 1984.

Tanabe, T. ; et al. Primary structure of the receptor for calcium channel blockers from skeletal muscle. *Nature* 328:313-318, 1987.

35. Grenningloh, G. ; et al. The strychnine-binding subunit of the glycine receptor shows homology with nicotinic acetylcholine receptors. *Nature* 328:215-220, 1987.

Guy, H.R. ; Hucho, F. The ion channel of the nicotinic acetylcholine receptor. *Trends Neurosci.* 10:318-321, 1987.

Hille, B. Ionic Channels of Excitable Membranes, pp. 117-138 and 335-360. Sunderland, MA : Sinauer, 1984.

Noda, M. ; et al. Structural homology of *Torpedo californica* acetylcholine receptor subunits. *Nature* 302:528-532, 1983.

Schofield, P.R. ; et al. Sequence and functional expression of the $GABA_A$ receptor shows a ligand-gated receptor super family. *Nature* 328:221-227, 1987.

36. Stevens, C.F. The neuron. *Sci. Am.* 241 (3):54-65, 1979.

37. Gomperts, B.D. The Plasma Membrane : Models for Its Structure and Function, pp. 109-212. New York : Academic Press, 1976.

Pressman, B.C. Biological applications of ionophores, *Annu. Rev. Biochem.* 45:501-530, 1976.

38. Burgess, T.L. ; Kelly, R.B. Constitutive and regulated secretion of proteins. *Annu. Rev. Cell Biol.* 3:243-294, 1987.

39. Lawson, D. ; Fewtrell, C. ; Raff, M. Localized mast cell degranulation induced by concanavalin A-sepharose beads : implication for the Ca^{2+} hypothesis of stimulus-secretion coupling. *J. Cell Biol.* 79:394-400, 1978.

40. Steinman, R.M. ; Mellman, I.S. ; Muller, W.A. ; Cohn, Z. Endocytosis and recycling of plasma membrane. *J. Cell Biol.* 96:1-27, 1983.

41. Goldstein, J.L. ; Anderson, R.G.W. ; Brown, M.S. Coated pits, coated vesicles, and receptor-mediated endocytosis. *Nature* 279:679-685, 1979.

Roth, T.F. ; Porter, K.R. Yolk protein uptake in the oocyte of the mosquito, *Aedes aegypti. L J. Cell Biol.* 20:313-332, 1964.

42. Pearse, B.M.F. ; Bretscher, M.S. Membrane recycling by coated vesicles. *Annu. Rev. Biochem.* 50:85-101, 1981.

Pearse, B.M.F. ; Crowther, R.A. Structure and assembly of coated vesicles. *Ann. Rev. Biophys. Chem.* 16:49-68, 1987.

Schmid, S.L. ; Rothman, J.E. Enzymatic dissociation of clathrin in a two-stage process. *J. Biol. Chem.* 260:10044-10049, 1985.

43. Orci, L. ; Glick, B.S. ; Rothman, J.E. A new type of coated vesicular carrier that appears not to contain clathrin : its possible role in protein transport within the Golgi stack. *Cell* 46:171-184, 1986.

Simionescu, N. ; Simionescu, M. ; Palade, G.E. Permeability of muscle capillaries to small heme-peptides : evidence for the existence of patent transendothelial channels. *J. Cell Biol.* 64:586-607, 1975.

44. Brown, M.S. ; Goldstein, J.L. How LDL receptors influence cholesterol and atherosclerosis. *Sci. Am.* 251 (5):58-66, 1984.

Brown, M.S. ; Goldstein, J.L. A receptor-mediated pathway for cholesterol homeostasis. *Science* 232:34-48, 1986.

45. Brown, W.J. ; Goodhouse, J. ; Farquhar, M.G. Mannose-6-phosphate receptors for lysosomal enzymes cycle between the Golgi complex and endosomes. *J. Cell Biol.* 103:1235-1247, 1986.

Griffiths, G ; Hoflack, B. ; Simons, K. ; Mellman, I. ; Kornfeld, S. The mannose-6-phosphate receptor and the biogenesis of lysosomes. *Cell* 52:329-341, 1988.

Helenius, A. ; Mellman, I. ; Wall, D. ; Hubbard, A. Endosomes. *Trends Biochem. Sci.* 8:245-250, 1983.

Mellman, I. ; Howe, C. ; Helenius, A. The control of membrane traffic on the endocytic pathway. *Curr. Top. Memb. Transp.*

29:255-288, 1987.

46. Carpenter, G. Receptors for epidermal growth factor and other polypeptide mitogens. *Annu. Rev. Biochem.* 56:881-914, 1987.

Dautry-Varsat, A. ; Ciechanover, A. ; Lodish, H.F. pH and the recycling of transferrin during receptor-mediated endocytosis. *Proc. Natl. Acad. Sci. USA* 80:2258-2262, 1983.

Goldstein, J.L. ; Brown, M.S. ; Anderson, R.G.W. ; Russel, D.W. ; Schneider, W.J. Receptor-mediated endocytosis. *Annu. Rev. Cell Biol.* 1:1-39, 1985.

Mellman, I. ; Fuchs, R. ; Helenius, A. Acidification of the endocytic and exocytic pathways. *Annu. Rev. Biochem.* 55:663-700, 1986.

47. Mostov, K.E. ; Simister, N.E. Transcytosis. *Cell* 43:389-390, 1985.

Rodewald, R. ; Abrahamson, D.R. Receptor-mediated transport of IgG across the intestinal epithelium of the neonatal rat. In Membrane Recycling (Ciba Foundation Symposium 92), pp. 209-232. London : Pitman, 1982.

48. Helenius, A. ; Marsch, M. Endocytosis of enveloped animal viruses. In Membrane Recycling (Ciba Foundation Symposium 92), pp. 59-76. London, Pitman, 1982.

Thilo, L. Quantification of endocytosis-derived membrane traffic. *Biochim. Biophys. Acta* 822:243-266, 1985.

49. Abercrombie, M. ; Heaysman, J.E.M. ; Pegrum, S.M. The locomotion of fibroblasts in culture. III. Movements of particles on the dorsal surface of the leading lamella. *Exp. Cell Res.* 62:389-398, 1970.

Bretscher, M.S. Endocytosis : relation to capping and cell locomotion. *Science* 224:681-686, 1984.

Taylor, R.B. ; Duffus, W.P.H. ; Raff, M.C. ; de Petris, S. Redistribution and pinocytosis of lymphocyte surface immuno-globulin molecules induced by anti-immunoglobulin antibody. *Nature New Biol.* 233:225-229, 1971.

50. Wright, S.D. ; Silverstein, S.C. Overview : the function of receptors in phagocytosis. In Handbook of Experimental Immunology, 4th ed. (D.M. Weir, L. Herzenberg, eds.), pp. 41-1-41-14. Oxford, U.K. : Blackwell, 1983.

51. Aggeler, J. ; Werb, Z. Initial events during phagocytosis by macrophages viewed from outside and inside the cell : Membrane-particle interactions and clathrin. *J. Cell Biol.* 94:613-623, 1982.

Griffin, F.M. ; Jr. ; Griffin, J.A. ; Silverstein, S.C. Studies on the mechanism of phagocytosis. II. The interaction of macrophages with anti-immunoglobulin IgG-coated bone marrow-derived lymphocytes. *J. Exp. Med.* 144:788-809, 1976.

Griffin, F.M., Jr ; Silverstein, S.C. Segmental response of the macrophage plasma membrane to a phagocytic stimulus. *J. Exp. Med.* 139:323-336, 1974.

52. Blumenthal, R. Membrane Fusion. *Curr. Top. Memb. Transp.* 29:203-254, 1987.

Gething, M.J. ; Doms, R. ; York, D. ; White, J. Studies on the mechanism of membrane fusion : site-specific mutagenesis of the hemagglutinin of influenza virus. *J. Cell Biol.* 102:11-23, 1986.

White, J. ; Kielian, M. ; Helenius, A. Membrane fusion proteins of enveloped animal viruses. *Quart. Rev. Biophys.* 16:151-195, 1983.

Wiley, D.C. ; Skehel, J.J. The structure and function of the hemagglutinin membrane glycoprotein of influenza virus. *Annu. Rev. Biochem* 56: 365-394, 1987.

Conversion de l'énergie : mitochondries et chloroplastes

7

Les **mitochondries**, qui sont présentes dans toutes les cellules eucaryotes, et les **plastes** (plus particulièrement les **chloroplastes**), qui n'existent que chez les végétaux, convertissent l'énergie en formes utilisables pour activer des réactions cellulaires. La fonction spécialisée des mitochondries et des chloroplastes se reflète dans une particularité morphologique qui les distingue d'une manière saisissante — la grande quantité de membrane interne qu'ils contiennent. Cette membrane joue deux rôles décisifs dans la fonction de ces *organites de conversion énergétique*. Premièrement, elle constitue le support des mécanismes de transport d'électrons utilisés pour convertir l'énergie des réactions d'oxydation (voir p. 61) en des formes plus utilisables — l'ATP en particulier. Deuxièmement, elle entoure un vaste compartiment interne contenant des enzymes qui catalysent d'autres réactions cellulaires.

Sans mitochondries, une cellule animale dépendrait de la glycolyse anaérobie pour fabriquer tout son ATP. Mais lorsque le glucose est converti en pyruvate par la glycolyse (p. 65), seule une petite fraction de l'énergie libre totale disponible, par oxydation du glucide, est libérée. Le métabolisme des glucides (et des acides gras) est achevé dans les mitochondries : le pyruvate (et les acides gras) sont oxydés par l'oxygène moléculaire (O_2) en CO_2 et H_2O. La récupération de l'énergie libérée par cette oxydation est si efficace que 36 molécules d'ATP environ sont produites pour chaque molécule de glucose oxydée. Par contre, la glycolyse seule n'en produit que 2. Les chloroplastes sont également des machines productrices d'ATP très efficaces, bien que leur source d'énergie finale soit la lumière solaire plutôt que les glucides ou les acides gras. En dépit de cette différence fondamentale, les mitochondries et les chloroplastes sont organisés de façon similaire, et ils synthétisent de l'ATP de la même manière. Cette conclusion remarquable fut obtenue grâce aux études laborieuses qui ont été effectuées au cours des 25 dernières années et qui ont établi la voie principale de captage de l'énergie.

La voie que suivent les mitochondries, les chloroplastes, et même les bactéries pour capter l'énergie à des fins biologiques est la même, et fonctionne selon un processus connu sous le nom de *couplage chimiosmotique*. Elle démarre lorsque des donneurs riches en électrons transmettent leurs électrons à « haute énergie » le long d'une chaîne de transporteurs d'électrons enchâssés dans une membrane imperméable aux ions. Au cours du transport le long de cette **chaîne de transport d'électrons**, les électrons qui ont été excités par la lumière solaire ou qui proviennent de l'oxydation d'aliments riches en électrons, chutent à des niveaux énergétiques de plus en plus bas. Une partie de l'énergie libérée est récupérée pour pomper des protons d'un côté de la membrane à l'autre, et ceci engendre un *gradient électrochimique de protons* à travers la membrane. L'énergie mise en réserve dans ce gradient est alors utilisée pour activer des réactions catalysées par des enzymes enchâssées dans la membrane (Figure 7-1). Dans les mitochondries et les chloroplastes, l'énergie est en grande partie utilisée pour la conversion de

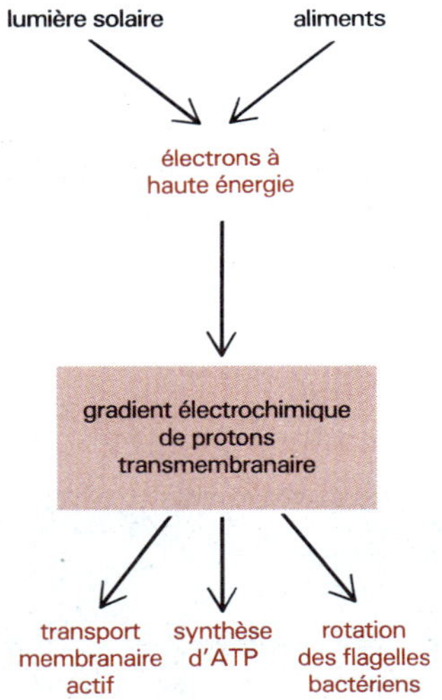

Figure 7-1 Le couplage chimiosmotique est utilisé par toutes les cellules pour capter l'énergie. L'énergie provenant de la lumière solaire ou de l'oxydation de produits alimentaires est d'abord employée pour créer un gradient électrochimique de protons à travers une membrane. Ce gradient sert de réserve d'énergie universelle et est utilisé pour activer un certain nombre de réactions dans les mitochondries, les chloroplastes, et les bactéries.

l'ADP et de Pi en ATP, bien qu'une fraction soit utilisée pour le transport des métabolites spécifiques dans et hors des organites. Dans les bactéries, au contraire, le gradient électrochimique lui-même est une réserve d'énergie directement utilisable aussi importante que l'ATP qu'il engendre ; il active non seulement de nombreux mécanismes de transport, mais également la rotation rapide du flagelle bactérien, qui permet à la bactérie de se mouvoir (p. 720).

Il est généralement admis que les organites qui convertissent l'énergie des eucaryotes proviennent de procaryotes qui ont été incorporés dans des cellules eucaryotes primitives et qui ont développé une relation symbiotique avec ces dernières, il y a environ $1{,}5 \times 10^9$ années. Ceci expliquerait pourquoi les mitochondries et les chloroplastes contiennent leur propre ADN, qui code pour certaines de leurs protéines. Depuis lors, cependant, ces organites ont perdu une grande partie de leurs propres génomes, et sont devenus largement dépendants des protéines qui sont codées par les gènes nucléaires, synthétisées dans le cytosol, puis importées dans l'organite. Réciproquement, les cellules hôtes sont devenues dépendantes de ces organites pour la majorité de l'ATP dont elles ont besoin pour s'acquitter des biosynthèses et du pompage des ions et des solutés, tout comme pour se mouvoir — ainsi que pour catalyser des réactions biosynthétiques sélectionnées qui se produisent à l'intérieur de chaque organite.

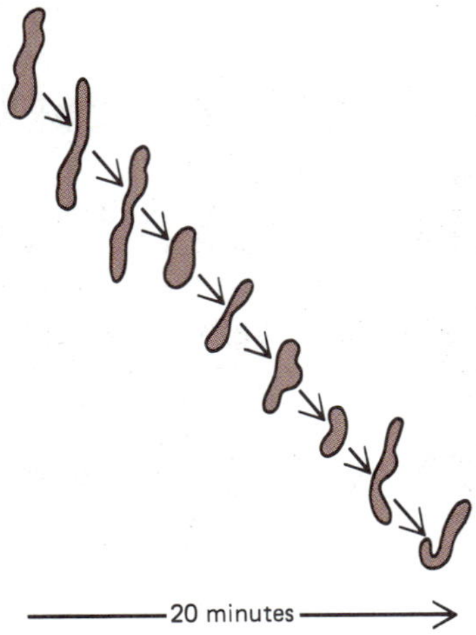

Figure 7-2 Des changements rapides de forme sont visibles lorsqu'une mitochondrie est observée dans une cellule vivante.

La mitochondrie [1]

Les mitochondries occupent une part importante du cytoplasme dans pratiquement toutes les cellules eucaryotes. Bien qu'elles soient assez grosses pour être visibles au microscope photonique, et qu'elles aient été identifiées dès le dix-neuvième siècle, la compréhension de leur fonction n'a réellement progressé qu'à partir du développement, en 1948, de méthodes d'isolement de mitochondries intactes. Pour des raisons techniques, la plupart des études biochimiques ont été effectuées avec des mitochondries purifiées à partir du foie ; chaque cellule hépatique contient 1 000 à 2 000 mitochondries, qui, au total, occupent à-peu-près un cinquième du volume cellulaire.

Les mitochondries sont habituellement décrites comme des cylindres rigides et allongés, de 0,5 à 1 μm de diamètre, ressemblant à des bactéries. La microcinématographie de cellules vivantes montre cependant que les mitochondries sont des organites extrêmement mobiles et malléables qui changent constamment de forme (Figure 7-2) et qui fusionnent même les uns avec les autres puis se séparent à nouveau. Lors de leurs déplacements dans le cytoplasme, les mitochondries apparaissent souvent associées aux microtubules (Figure 7-3), ce qui peut déterminer leur orientation et leur distribution particulière dans différents types de cellules. Les mitochondries de certaines cellules forment ainsi de longs filaments ou chaînes mobiles, alors que dans d'autres types cellulaires, elles restent immobilisées dans une position où elles fournissent directement de l'ATP à un site de consommation d'ATP inhabituellement élevée — par exemple, elles sont entassées entre des myofibrilles adjacentes dans une cellule du muscle cardiaque, ou étroitement enroulées autour du flagelle dans un spermatozoïde (Figure 7-4).

Figure 7-3 (A) Photographie en microscopie photonique de chaînes de mitochondries allongées dans une cellule vivante de mammifère en culture. La cellule a été colorée par un colorant fluorescent vital (la rhodamine 123) qui marque spécifiquement les mitochondries. (B) Micrographie en immunofluorescence de la même cellule colorée (après fixation) avec des anticorps fluorescents qui se fixent aux microtubules. Noter que les mitochondries tendent à s'aligner le long des microtubules. La barre représente 10 μm. (Avec l'autorisation de Lan Bo Chen.)

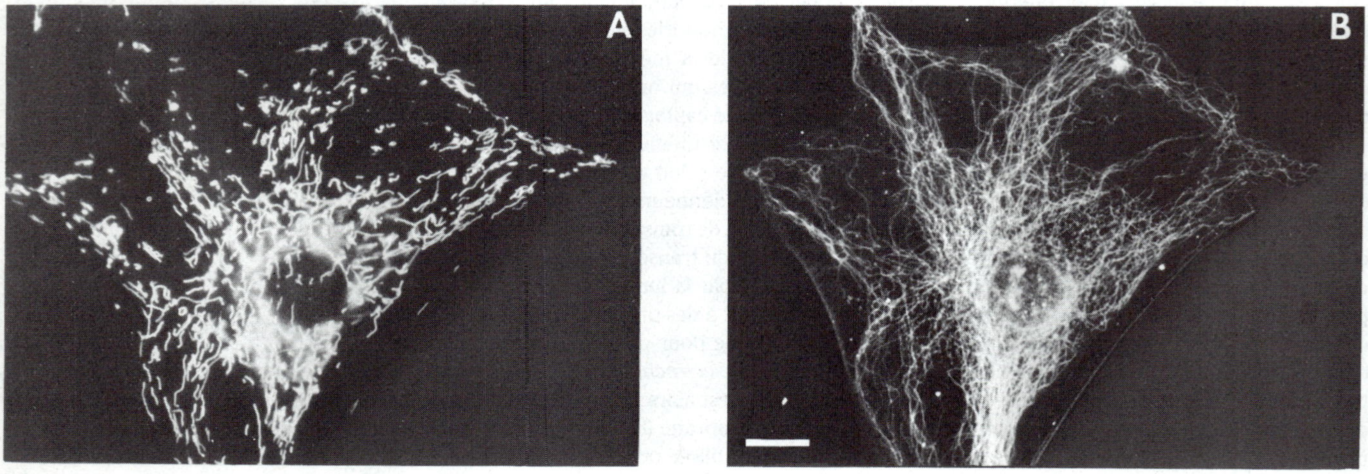

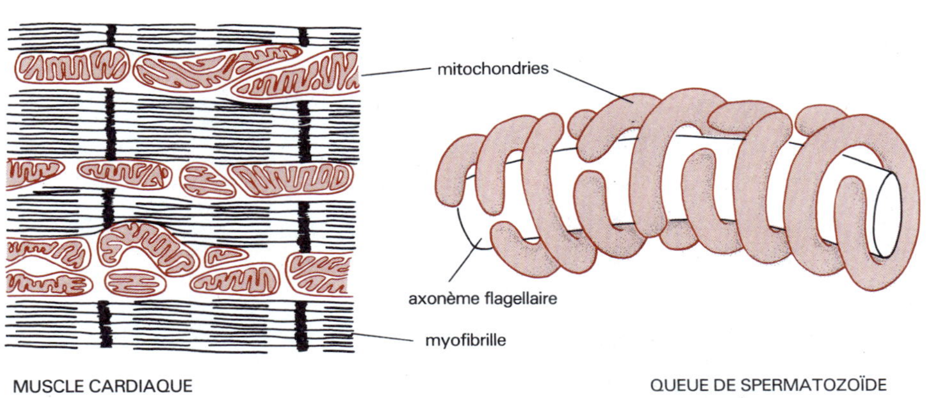

Figure 7-4 Localisation des mitochondries à proximité de sites de forte consommation d'ATP dans le muscle cardiaque et dans une queue de spermatozoïde. Pendant le développement du flagelle de la queue du spermatozoïde, des microtubules s'enroulent de façon hélicoïdale autour de l'axonème et semblent aider les mitochondries à se localiser dans la queue ; ces microtubules disparaissent ensuite.

La mitochondrie contient une membrane externe et une membrane interne qui définissent deux compartiments internes [2]

Chaque mitochondrie est limitée par deux membranes hautement spécialisées qui jouent un rôle crucial dans ses activités. Toutes deux définissent deux compartiments mitochondriaux séparés : l'**espace matriciel** interne et un **espace intermembranaire** plus étroit. Si des mitochondries purifiées sont rompues avec précaution puis fractionnées en leurs composants séparés (Figure 7-5), la composition biochimique de chacune des deux membranes et des espaces qu'elles délimitent peut être déterminée. Comme l'illustre la Figure 7-6, chaque compartiment contient un ensemble unique de protéines.

La **membrane externe** contient de nombreuses copies d'une protéine de transport nommée *porine*, qui forme de grands canaux aqueux à travers la double couche lipidique. Cette membrane ressemble ainsi à un tamis perméable à toutes les molécules de 10 000 daltons ou moins, y compris de petites protéines. De telles molécules peuvent pénétrer dans l'espace intermembranaire, mais la plupart d'entre elles ne peuvent franchir la membrane interne imperméable. Ainsi, alors que l'espace intermembranaire est chimiquement équivalent au cytosol vis-à-vis des petites molécules qu'il contient, l'espace matriciel contient un ensemble très sélectionné de petites molécules.

Comme nous l'expliquerons en détail ultérieurement, la principale zone active de la mitochondrie est l'espace matriciel et la **membrane interne** qui l'entoure. La membrane interne est très spécialisée. Elle contient une proportion élevée d'un phospholipide « double », la *cardiolipine*, qui, pense-t-on, aide à rendre la membrane particulièrement imperméable aux ions. Elle contient également un assortiment de protéines de transport qui la rendent sélectivement perméables à de petites molécules qui sont métabolisées ou requises par de nombreuses enzymes mitochondriales concentrées dans l'espace matriciel. Les enzymes matricielles englobent celles qui métabolisent le pyruvate et les acides gras pour produire de l'acétyl CoA, et celles qui oxydent l'acétyl CoA dans le cycle de l'acide citrique. Les principaux produits finaux de cette oxydation sont le CO_2, qui est évacué hors de la cellule, et le NADH, qui est la principale source des électrons transportés le long de la **chaîne respiratoire** — nom donné à la chaîne de transport d'électrons dans les mitochondries. Les enzymes de la chaîne respiratoire sont enchâssées dans la membrane mitochondriale interne, et elles sont indispensables à la *phosphorylation oxydative* qui engendre la majorité de l'ATP de la cellule animale.

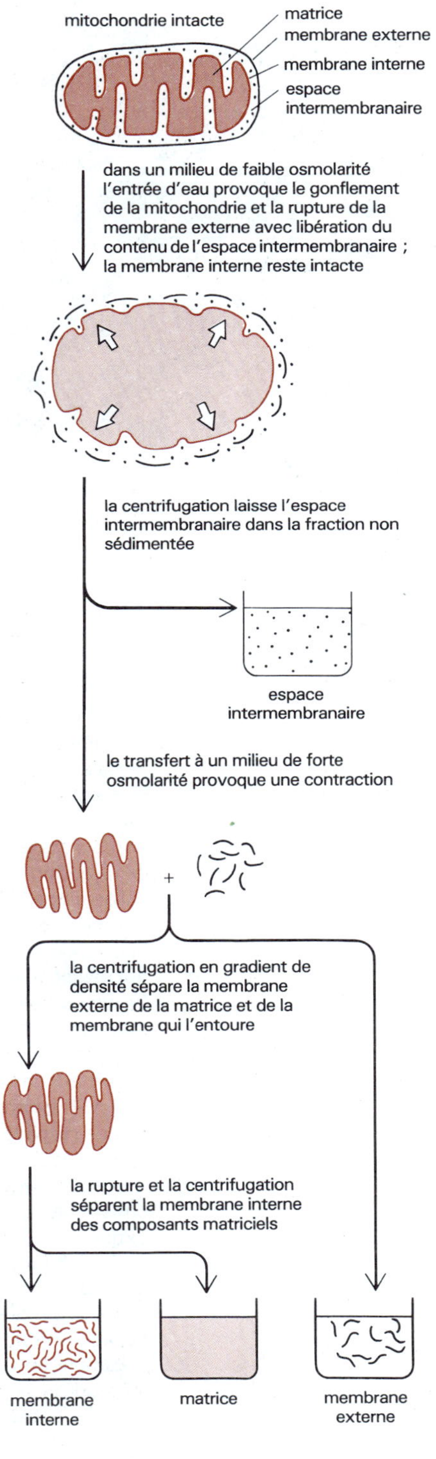

Figure 7-5 Des techniques pour fractionner des mitochondries purifiées en composants séparés ont permis l'étude des différentes protéines dans chaque compartiment mitochondrial. La méthode montrée ici, qui permet le traitement d'un grand nombre de mitochondries en même temps, tire avantage du fait que dans des milieux de faible force ionique l'eau afflue dans les mitochondries et distend largement l'espace matriciel. Alors que les crêtes de la membrane interne lui permettent de se déplisser pour compenser la dilatation, la membrane externe — qui n'a aucun repli pour compenser — se rompt, libérant une structure composée seulement de la membrane interne et de la matrice.

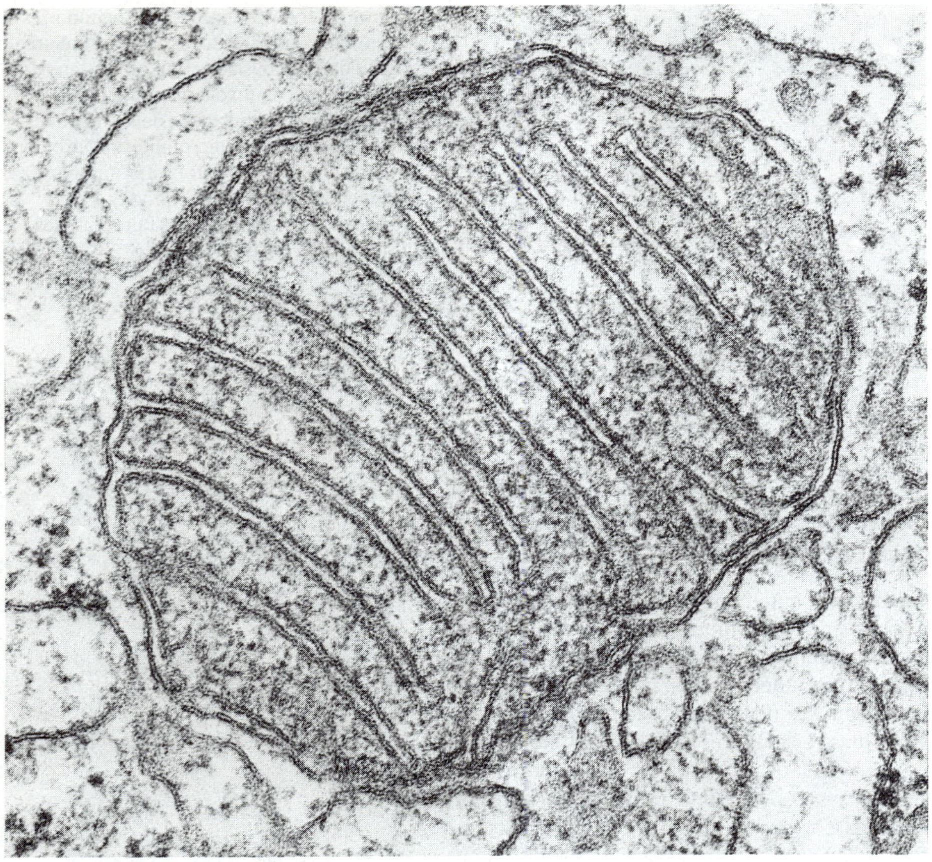

100 nm

Figure 7-6 Organisation générale d'une mitochondrie. On estime que dans le foie 67 p. cent des protéines totales mitochondriales sont localisées dans la matrice, 21 p. cent dans la membrane interne, 6 p. cent dans la membrane externe, et 6 p. cent dans l'espace intermembranaire. Comme indiqué ci-dessous, chacune de ces quatre régions différentes contient une classe particulière de protéines qui servent de médiateurs pour des fonctions différentes. (Micrographie avec l'autorisation de Daniel S. Friend.)

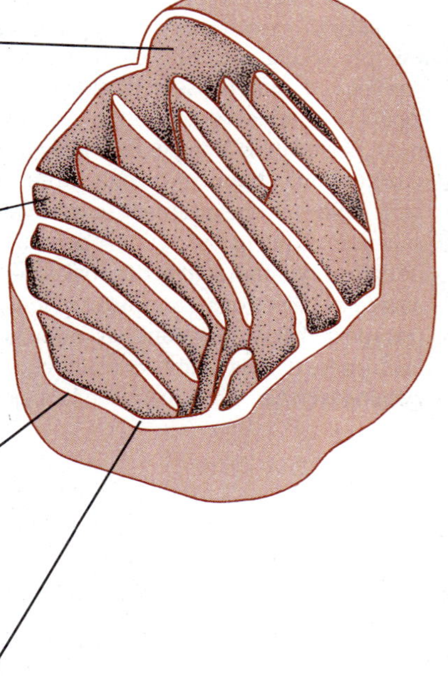

Matrice. La matrice contient un mélange très concentré de centaines d'enzymes, y compris celles nécessaires à l'oxydation du pyruvate et des acides gras et au cycle de l'acide citrique. Elle renferme également plusieurs copies identiques de l'ADN génomique mitochondrial, des ribosomes mitochondriaux particuliers, des ARNt, et diverses enzymes nécessaires à l'expression des gènes mitochondriaux.

Membrane interne. La membrane interne est repliée en de nombreuses crêtes, qui augmentent beaucoup sa surface totale. Elle contient des protéines qui ont trois types de fonction : 1) celles qui réalisent les réactions d'oxydation dans la chaîne respiratoire, 2) un complexe enzymatique appelé *ATP synthétase* qui fabrique l'ATP dans la matrice, et 3) des protéines de transport spécifiques qui règlent le passage des métabolites vers l'intérieur et vers l'extérieur de la matrice. Puisqu'un gradient électrochimique, moteur de l'ATP synthétase, est établi à travers cette membrane par la chaîne respiratoire, il est important que la membrane soit imperméable à la plupart des petits ions.

Membrane externe. Du fait qu'elle contient une protéine constituant un important canal (appelée porine), la membrane externe est perméable à toutes les molécules inférieures ou égales à 10 000 daltons. Les autres protéines de cette membrane englobent des enzymes impliquées dans la synthèse mitochondriale des lipides, et des enzymes qui convertissent des substrats lipidiques en formes qui sont métabolisées, par la suite, dans la matrice.

Espace intermembranaire. Cet espace contient plusieurs enzymes qui utilisent l'ATP, exporté de la matrice, pour phosphoryler d'autres nucléotides.

La membrane interne est plissée en crêtes [3]

La membrane interne est généralement très « convolutée », formant une série de replis, connus sous le nom de **crêtes**, dans l'espace matriciel. Ces replis augmentent beaucoup la surface de la membrane interne, de sorte que, dans une mitochondrie de cellule hépatique, par exemple, elle représente environ le tiers de la membrane totale de la cellule (voir Tableau 8-2, p. 408). Le nombre de crêtes est trois fois plus grand dans la mitochondrie d'une cellule du muscle cardiaque que dans la mitochondrie d'une cellule hépatique, probablement à cause de la plus grande demande des cellules cardiaques en ATP. Les crêtes mitochondriales montrent également des différences morphologiques frappantes dans différents types cellulaires, bien que la signification de ces différences soit inconnue (Figure 7-7).

En plus des différences morphologiques, il existe des différences importantes dans les enzymes mitochondriales de différents types cellulaires. Cependant, dans ce chapitre, nous laisserons de côté ces différences et nous nous concentrerons au contraire sur les enzymes et les propriétés communes à toutes les mitochondries.

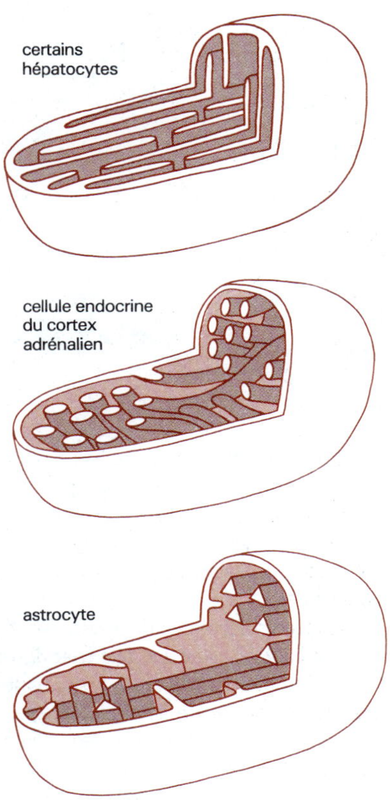

Figure 7-7 Quelques-unes des différentes morphologies des crêtes mitochondriales trouvées dans diverses cellules de rat. Les effets de ces différences sur la fonction mitochondriale sont inconnus.

7-3 L'oxydation mitochondriale démarre quand de grandes quantités d'acétyl CoA sont produites dans l'espace matriciel à partir des acides gras et du pyruvate [4]

Le métabolisme oxydatif dans la mitochondrie est principalement tributaire des acides gras et du pyruvate produits par la glycolyse dans le cytosol. Ces composés sont sélectivement transportés du cytosol vers la matrice mitochondriale où ils sont scindés pour former le groupement acétyle à deux carbones de l'acétyl CoA (acétyl CoA, Figure 7-8) ; le groupement acétyle alimente ensuite le cycle de l'acide citrique pour y subir une dégradation ultérieure, et l'opération se termine par le passage des électrons à haute énergie, dérivés de l'acétyle, dans la chaîne respiratoire.

Afin d'assurer un apport continu de combustible nécessaire au métabolisme oxydatif, les cellules animales stockent les acides gras sous la forme de graisses et le glycogène sous la forme de glucose, qui peut être dégradé pour produire du pyruvate. Quantitativement, les graisses sont beaucoup plus importantes que le glycogène, en partie parce que leur oxydation libère six fois plus d'énergie que l'oxydation d'une masse égale de glycogène sous sa forme hydratée. Un homme adulte moyen a une réserve de glycogène suffisante pour un jour d'activités normales seulement, mais assez de graisses pour survivre près d'un mois. Si notre principal réservoir énergétique était constitué de glycogène au lieu de graisses, notre poids corporel devrait être augmenté d'environ 27 kilogrammes.

La majorité de notre graisse est stockée dans le tissu adipeux, d'où elle est libérée, dans le courant sanguin, pour l'usage d'autres cellules quand cela est nécessaire. Ce besoin se manifeste après une période de jeûne : même un jeûne nocturne normal conduit à la mobilisation des graisses, si bien que le matin, la majorité de l'acétyl CoA qui entre dans le cycle de l'acide

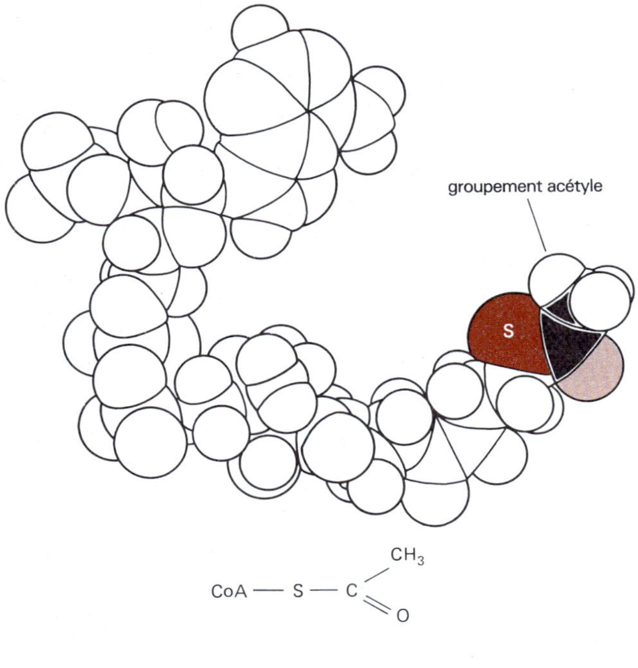

Figure 7-8 L'intermédiaire principal produit au cours de la dégradation des produits alimentaires dans la mitochondrie est l'acétyl coenzyme A (acétyl CoA). On montre ici une représentation spatiale au-dessus d'une abréviation courante (voir aussi la Figure 2-19, p. 65). L'atome marqué S est un atome de soufre, qui forme une liaison thioester avec l'acétate. Puisqu'il s'agit d'une liaison riche en énergie, le groupement acétate peut être facilement transféré à d'autres molécules, telles que l'oxaloacétate (voir Figure 7-14).

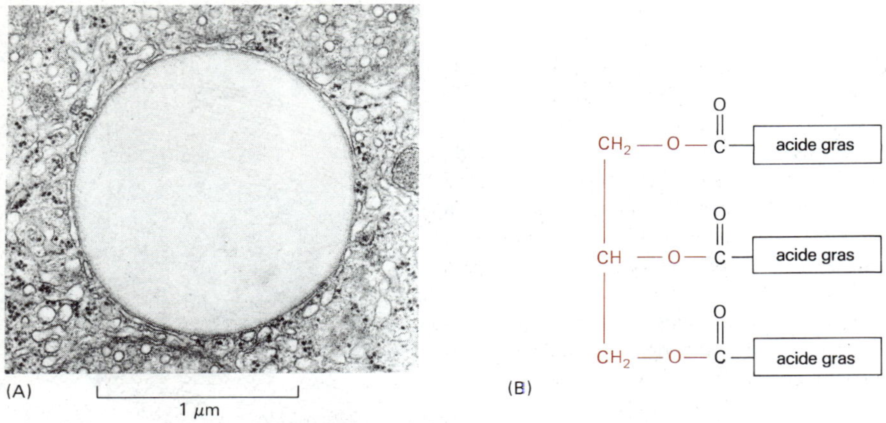

Figure 7-9 (A) Micrographie électronique d'une gouttelette lipidique dans le cytoplasme ; cette gouttelette contient des triacylglycérols, la forme principale des graisses stockées. (B) Structure du triacylglycérol, sa partie glycérol étant colorée. (A, avec l'autorisation de Daniel S. Friend.)

citrique provient des acides gras plutôt que du glucose. A l'inverse, après un repas, la plus grande partie de l'acétyl CoA qui entre dans le cycle de l'acide citrique provient du glucose d'origine alimentaire, et tout glucose en excès est utilisé pour réapprovisionner les réserves épuisées de glycogène et pour synthétiser des graisses. (Noter que, si les glucides sont facilement convertis en graisses dans les cellules animales, les acides gras ne peuvent pas être convertis en glucides.)

Une molécule lipidique est constituée de trois molécules d'acides gras reliées au glycérol par des liaisons ester. De tels **triacylglycérols** (*triglycérides*) n'ont aucune charge et sont virtuellement insolubles dans l'eau, fusionnant en gouttelettes dans le cytosol (Figure 7-9). Une seule et très grosse gouttelette lipidique occupe presque tout le volume cellulaire des *adipocytes* (cellules graisseuses), qui sont de grandes cellules spécialisées dans le stockage des graisses dans le tissu adipeux. Des gouttelettes lipidiques beaucoup plus petites sont communément rencontrées dans les cellules, telles que les cellules du muscle cardiaque, qui utilisent la dégradation des acides gras pour leur approvisionnement énergétique ; ces gouttelettes sont souvent étroitement associées aux mitochondries (Figure 7-10). Dans toutes les cellules, ces enzymes localisées dans les membranes interne et externe de la mitochondrie interviennent dans le transport des acides gras, dérivés de molécules lipidiques, vers la matrice mitochondriale. Dans la matrice, chaque molécule d'acide gras (comme l'*acyl CoA* à longue chaîne) est complètement dégradée suivant un cycle de réactions qui élague deux à deux les carbones de son extrémité carboxylée, et produit une molécule d'acétyl CoA à chaque tour de cycle (Figure 7-11). L'acétyl CoA produit est introduit dans le cycle de l'acide citrique pour être oxydé plus avant.

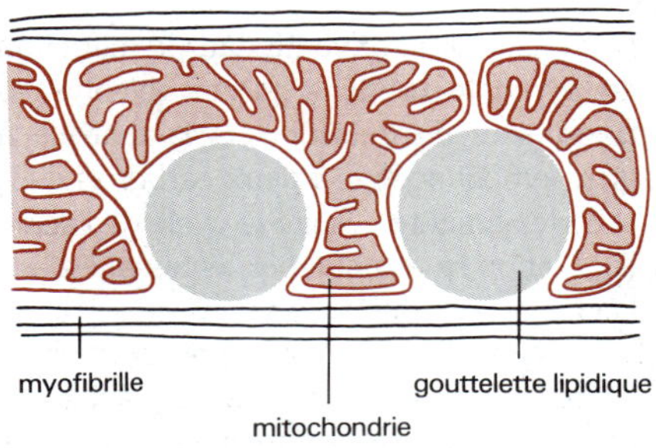

Figure 7-10 Les gouttelettes lipidiques dans une cellule du muscle cardiaque sont entourées par des mitochondries qui oxydent les acides gras dérivés des triacylglycérols.

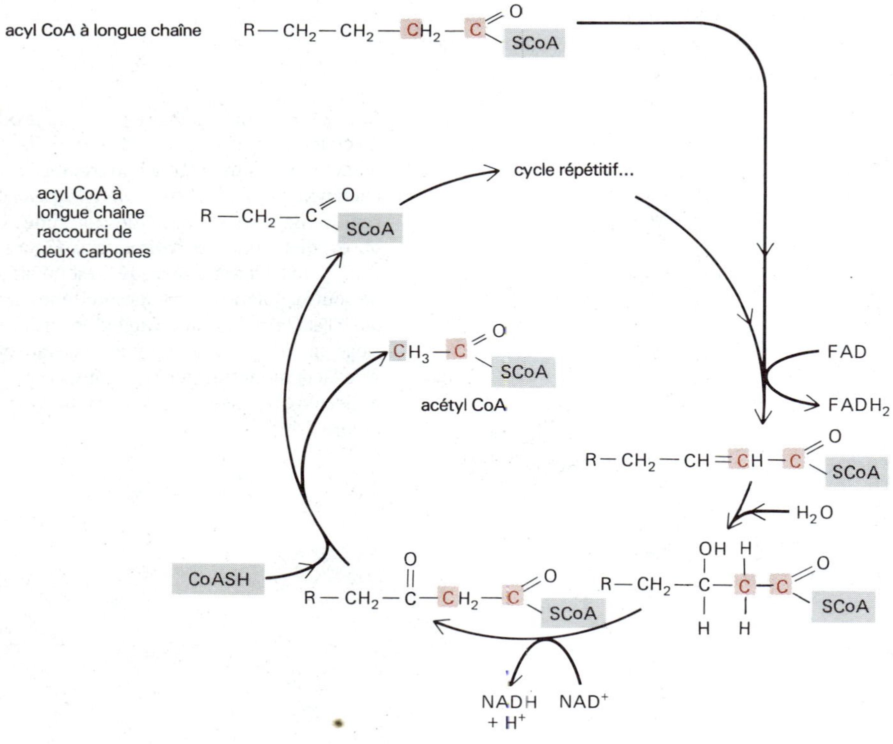

Figure 7-11 Le cycle d'oxydation des acides gras, qui est catalysé par une série de quatre enzymes dans la matrice mitochondriale. Chaque tour de cycle raccourcit la chaîne d'acides gras de deux carbones (colorés), comme il est indiqué, et produit une molécule d'acétyl CoA et une molécule de NADH et de $FADH_2$. NADH est aisément soluble dans la matrice. Au contraire, $FADH_2$ reste étroitement lié à l'enzyme *acyl CoA déshydrogénase* ; ses deux électrons seront rapidement transférés au pool d'ubiquinone situé dans la membrane mitochondriale interne (voir p. 360), regénérant FAD. La voie d'oxydation des acides gras en quatre étapes montrée ici est chimiquement identique à celle utilisée pour rompre de nombreuses autres liaisons carbone-carbone (voir Figure 7-14, par exemple).

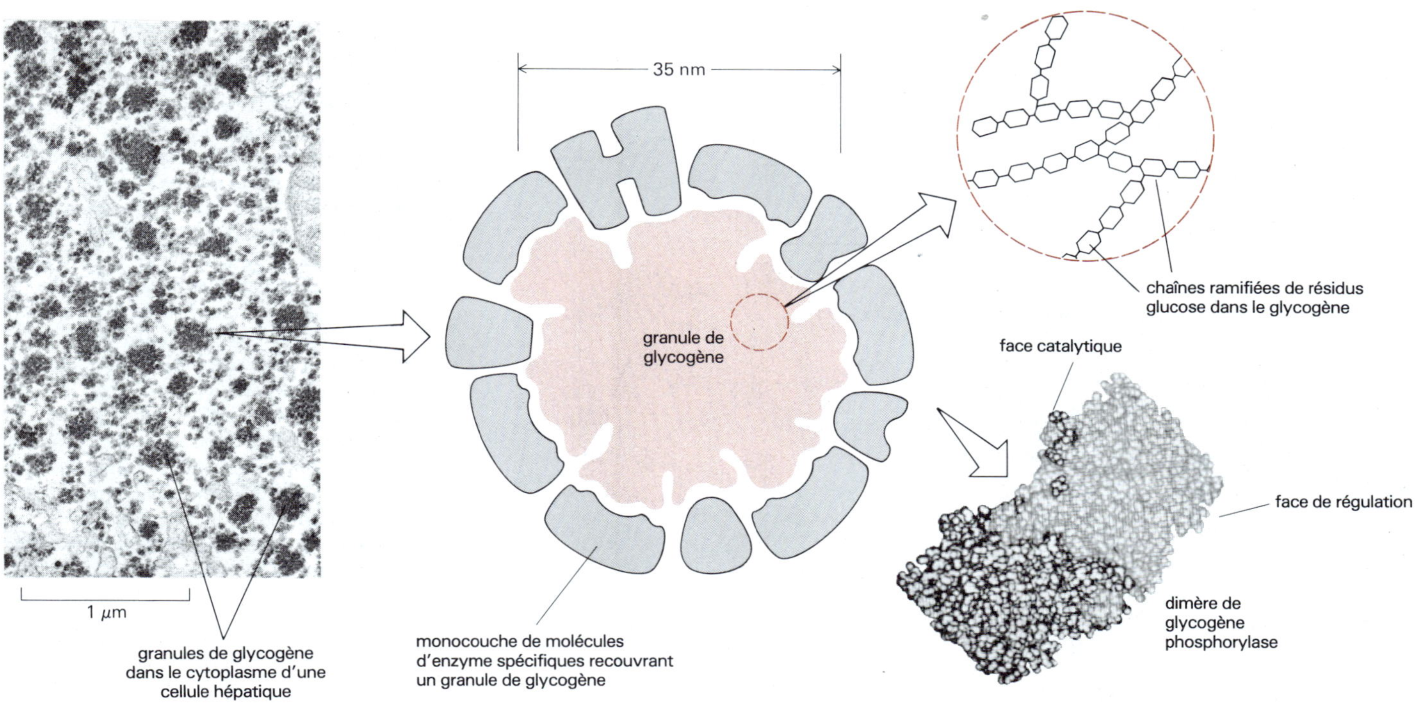

Figure 7-12 Micrographie électronique et représentation schématique d'un granule de glycogène, la forme de stockage principale des glucides dans les cellules de vertébrés. Le glycogène est un polymère de glucose, et chaque granule de glycogène est une molécule unique très ramifiée. La synthèse et la dégradation du glycogène sont catalysées par des enzymes liées à la surface du granule, y compris l'enzyme de synthèse, la *glycogène synthétase*, et l'enzyme de dégradation, la *glycogène phosphorylase.* (Avec l'autorisation de Robert Fletterick et Daniel S. Friend.)

Le **glycogène** est un long polymère de glucose ramifié qui est contenu dans des granules dans le cytoplasme cellulaire (Figure 7-12) ; sa synthèse et sa dégradation sont très largement régulées selon les besoins (voir p. 709). Lorsque le besoin se fait sentir, le glycogène est dégradé pour libérer du glucose 1-phosphate. Les réactions de la glycolyse convertissent la molécule de glucose à six carbones (et les glucides voisins) en deux molécules de pyruvate à trois carbones (voir p. 66), qui retiennent encore la plus grande partie de l'énergie qui peut être tirée de l'oxydation complète des glucides. Cette énergie n'est captée qu'après le transport du pyruvate, du cytosol dans la matrice mitochondriale, où il rencontre un complexe multienzymatique plus volumineux qu'un ribosome, la *pyruvate déshydrogénase*. Ce complexe — qui contient de multiples copies de trois enzymes, cinq coenzymes, et deux protéines de régulation — convertit rapidement le pyruvate en acétyl CoA, libérant du CO_2 comme produit accessoire (Figure 7-13). Cet acétyl CoA rejoint l'acétyl CoA produit à partir des acides gras pour alimenter le cycle de l'acide citrique.

7-4 Le cycle de l'acide citrique oxyde le groupement acétyle de l'acétyl CoA et produit du NADH et du $FADH_2$ pour la chaîne respiratoire [5]

Au dix-neuvième siècle, des biologistes observèrent qu'en absence d'air (conditions anaérobies), les cellules produisaient de l'acide lactique (ou de l'éthanol), alors qu'en présence d'air, elles utilisaient O_2 pour produire CO_2 et H_2O. Les efforts réalisés pour définir les voies du métabolisme aérobie convergèrent en fin de compte sur l'oxydation du pyruvate, et conduisirent, en 1937, à la découverte du **cycle de l'acide citrique**, également connu sous les noms de *cycle des acides tricarboxyliques* ou *cycle de Krebs*. Le cycle de l'acide citrique entre environ pour les deux tiers dans l'oxydation totale des composés carbonés dans la plupart des cellules, et ses principaux produits finaux sont CO_2 et NADH. Le CO_2 est libéré comme déchet, alors que les molécules

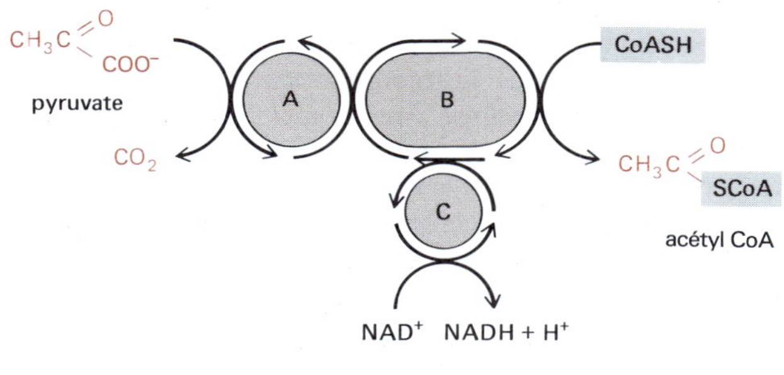

Figure 7-13 Les réactions catalysées par le complexe pyruvate déshydrogénase, qui transforme le pyruvate en acétyl CoA dans la matrice mitochondriale ; le NADH est également produit au cours de cette réaction. A, B et C sont les trois enzymes *pyruvate déshydrogénase, dihydrolipoyl transacétylase*, et *dihydrolipoyl déshydrogénase*, dont les activités sont couplées, comme le montre la figure. La structure de ce complexe est représentée dans la Figure 2-40, page 84 ; le complexe contient également une protéine kinase et une protéine phosphatase, qui règlent l'activité de la pyruvate déshydrogénase, l'inactivant lorsque les niveaux d'ATP sont élevés.

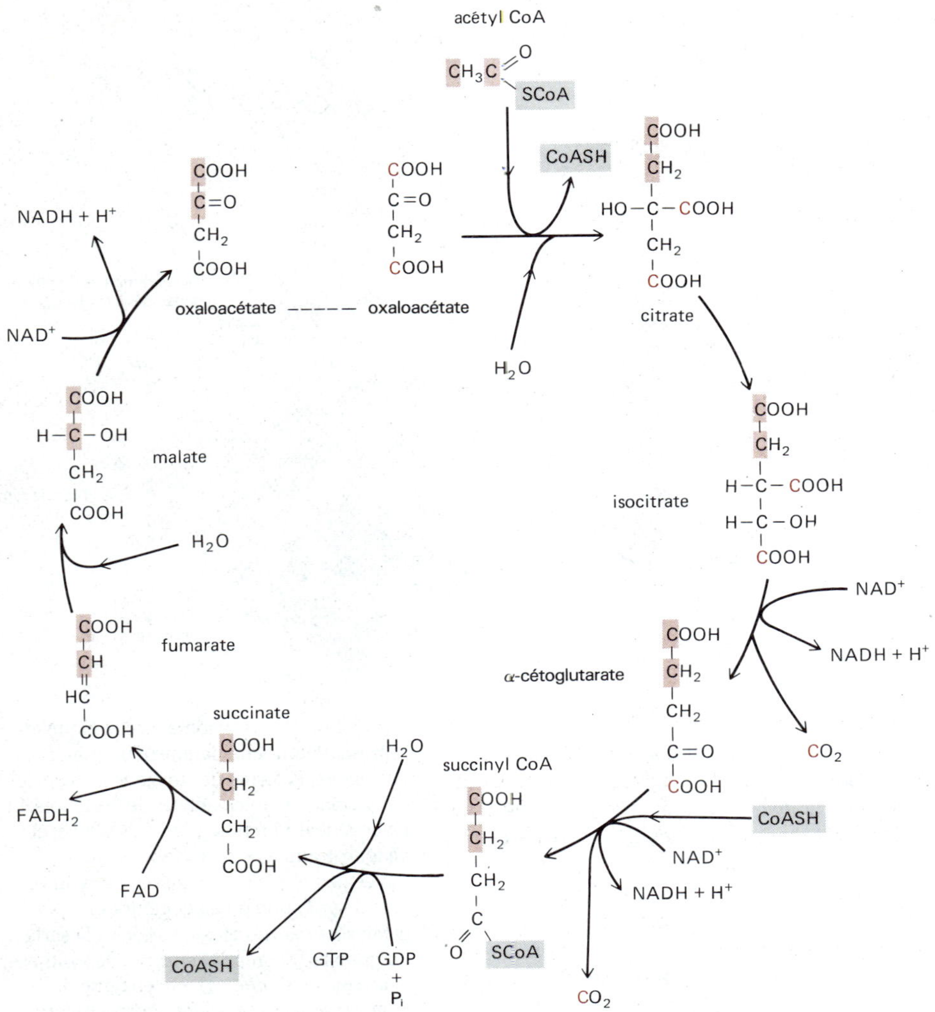

Figure 7-14 Le cycle de l'acide citrique. Les intermédiaires sont montrés sous leur forme d'acides libres, bien que les groupements carboxyles soient en fait ionisés. Chacune des étapes indiquées est catalysée par une enzyme différente, localisée dans la matrice mitochondriale. Les deux carbones provenant de l'acétyl CoA qui entrent dans ce cycle-ci (ombrés en couleur) seront transformés en CO_2 lors des cycles ultérieurs. Un C coloré souligne les deux atomes de carbone qui sont transformés en CO_2 dans ce cycle. Trois molécules de NADH sont formées. La molécule de GTP produite peut être transformée en ATP par la réaction d'échange GTP + ADP → GDP + ATP. La molécule de $FADH_2$ formée reste liée à la protéine comme élément du complexe succinate déshydrogénase dans la membrane mitochondriale interne ; ce complexe transmet les électrons acquis par le $FADH_2$ directement à l'ubiquinone.

de NADH transmettent leurs électrons à haute énergie à la chaîne respiratoire ; à la fin de la chaîne, ces électrons sont utilisés pour réduire O_2 en H_2O.

Le cycle de l'acide citrique commence lorsque l'acétyl CoA formé à partir des acides gras ou de pyruvate réagit avec l'*oxaloacétate*, composé à quatre carbones, pour produire l'*acide citrique* à six carbones, qui donne son nom au cycle. Ensuite, après une séquence de sept réactions, catalysées par des enzymes, deux atomes de carbone sont retirés sous forme de CO_2, et l'oxaloacétate est régénéré. Chaque cycle produit deux molécules de CO_2 à partir de deux atomes de carbone qui sont entrés dans les cyles *précédents* (Figure 7-14). Mais le résultat net, dans la mesure où le groupement acétyle de l'acétyl CoA est concerné, est

$$CH_3COOH \text{ (sous forme d'acétyl CoA)} + 2H_2O + 3NAD^+ + \text{FAD lié à la protéine} \rightarrow 2CO_2 + 3H^+ + 3\,NADH + FADH_2 \text{ lié à la protéine}$$

Cette réaction produit également une molécule d'ATP (par l'intermédiaire du GTP) au cours d'une *réaction de phosphorylation au niveau du substrat* du type de celle qui se produit au cours de la glycolyse (voir p. 66).

La contribution la plus importante du cycle de l'acide citrique au métabolisme est l'extraction des électrons à haute énergie au cours de l'oxydation de deux atomes de carbone de l'acétyle en CO_2 (voir p. 69). Ces électrons, qui sont maintenus de façon transitoire par NADH et $FADH_2$, sont rapidement transférés à la chaîne respiratoire dans la membrane mitochondriale interne. Le $FADH_2$, qui représente une partie du complexe succinate déshydrogénase dans la membrane interne transmet directement ses électrons à la chaîne respiratoire. Le NADH, au contraire, forme un pool soluble d'équivalents réducteurs dans la matrice mitochondriale et transmet ses électrons après une collision aléatoire avec une déshydrogénase liée à la membrane. Nous allons maintenant examiner la façon dont l'énergie stockée dans ces électrons est utilisée pour synthétiser l'ATP.

Un processus chimiosmotique convertit l'énergie d'oxydation en ATP dans la membrane mitochondriale [6]

Bien que le cycle de l'acide citrique constitue une partie du métabolisme aérobie, aucune des réactions conduisant à la production de NADH et de $FADH_2$ n'utilise directement l'oxygène moléculaire ; seules le font les réactions cataboliques finales qui se produisent sur la membrane mitochondriale interne. Presque toute l'énergie disponible provenant de la combustion des glucides, des graisses et d'autres matières alimentaires, au cours des stades précoces de l'oxydation, est initialement mise de côté sous forme d'électrons à haute énergie portés par le NADH et le $FADH_2$. Puis, ces électrons, qui ont été extraits des substrats par NAD^+ et FAD sont combinés à l'oxygène moléculaire par l'entremise de la chaîne respiratoire. Puisque la grande quantité d'énergie libérée est récupérée par les enzymes de la membrane interne pour permettre la conversion de ADP + P_i en ATP, le terme de **phosphorylation oxydative** est employé pour décrire ces dernières réactions (Figure 7-15).

Comme nous l'avons déjà mentionné, la génération d'ATP par la phosphorylation oxydative, via la chaîne respiratoire, dépend d'un processus chimiosmotique. Lorsqu'il fut d'abord proposé en 1961, ce mécanisme résolvait un problème de biologie moléculaire depuis longtemps en suspens. Néanmoins, l'idée était si originale qu'il s'écoula quelques années avant que soient accumulées assez de preuves pour la faire accepter de façon générale. On avait cru à l'origine que l'énergie nécessaire à la synthèse d'ATP via la chaîne respiratoire était fournie par un mécanisme identique à celui qui agit lors des phosphorylations au niveau du substrat : on pensait, en effet, que l'énergie d'oxydation établissait une liaison riche en énergie entre un groupement phosphate et un composé intermédiaire indéterminé, et que la conversion de l'ADP en ATP était favorisée par l'énergie libérée par la rupture de cette liaison (p. 66). Cependant, malgré des efforts considérables, les intermédiaires supposés ne pouvaient être détectés.

Selon l'*hypothèse chimiosmotique*, les intermédiaires chimiques riches en énergie sont remplacés par une association entre des processus chimiques (« chimi ») et des processus de transport (« osmotiques » — du grec *osmos*, pousser) : d'où **couplage chimiosmotique** (Tableau 7-1). Pendant que les électrons à haute énergie, issus des hydrogènes du NADH et $FADH_2$, dévalent la chaîne respiratoire dans la membrane mitochondriale interne, l'énergie libérée au cours de leur passage d'un transporteur au suivant est utilisée pour pomper des protons à travers la membrane interne depuis la matrice mitochondriale vers l'espace intermembranaire. Ceci crée un *gradient électrochimique de protons* à travers la membrane mitochondriale interne, et le reflux des protons, dans le sens de ce gradient, est utilisé pour activer une enzyme membranaire, l'*ATP synthétase*, qui catalyse la conversion ADP + P_i en ATP, et complète le processus de la phosphorylation oxydative (Figure 7-16).

Dans le reste de ce paragraphe, nous décrirons brièvement le type de réactions qui rend la phosphorylation oxydative possible ; les détails seront discutés plus tard (voir pp. 356-365).

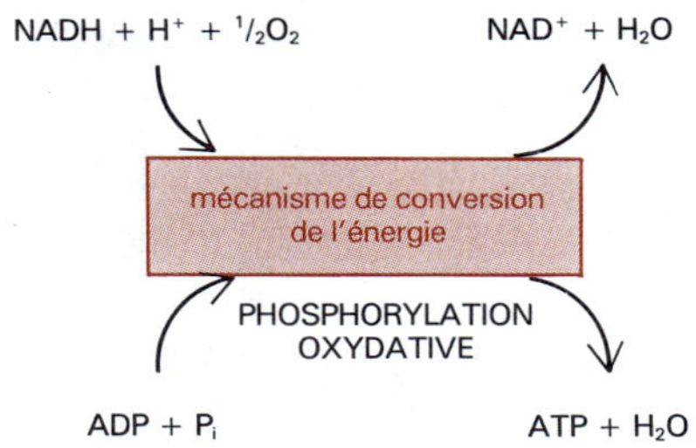

Figure 7-15 La principale conversion d'énergie nette catalysée par la mitochondrie. Dans ce processus de *phosphorylation oxydative*, la membrane mitochondriale interne sert de machine de conversion énergétique, transformant une partie de l'énergie du NADH (et du $FADH_2$) en énergie de liaison phosphate dans l'ATP.

Tableau 7-1 Le couplage chimiosmotique

L'hypothèse chimiosmotique, proposée au début des années 1960, repose sur quatre postulats indépendants. En termes de fonction mitochondriale, ces postulats sont les suivants :

1. La chaîne respiratoire mitochondriale localisée dans la membrane interne sert à la translocation des protons et elle pompe H^+ hors de l'espace matriciel quand les électrons sont transportés le long de la chaîne.
2. Le complexe ATP synthétase mitochondrial transfère également des protons à travers la membrane interne : puisqu'il est réversible, il peut utiliser l'énergie de l'hydrolyse de l'ATP pour pomper H^+ à travers la membrane, mais si un gradient électrochimique de protons suffisamment important est présent, les protons affluent dans la direction inverse à travers le complexe et permettent la synthèse d'ATP.
3. La membrane mitochondriale interne est imperméable à H^+, OH^- et de façon générale aux anions et aux cations.
4. La membrane mitochondriale interne est équipée d'un ensemble de protéines de transport qui favorisent l'entrée et la sortie des métabolites indispensables et d'ions inorganiques sélectionnés.

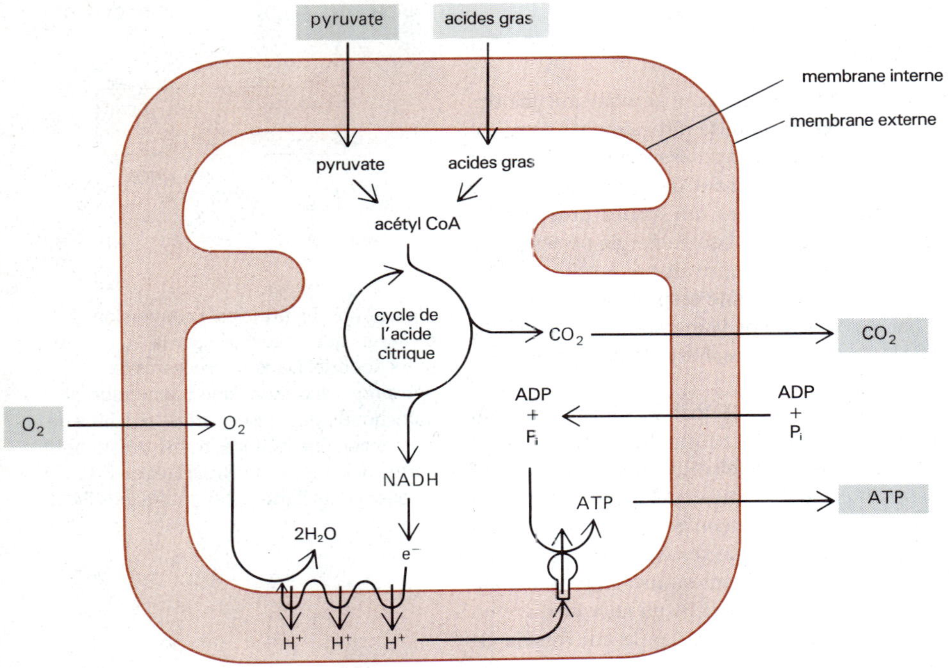

Figure 7-16 Un résumé du flux des principaux réactants à l'intérieur et à l'extérieur de la mitochondrie. Le pyruvate et les acides gras pénètrent dans les mitochondries et sont métabolisés par le cycle de l'acide citrique, qui produit NADH. Dans le processus de phosphorylation oxydative, des électrons à haute énergie provenant du NADH sont ensuite transmis à l'oxygène par la chaîne respiratoire située dans la membrane interne, produisant de l'ATP par un mécanisme chimiosmotique. Le NADH produit par glycolyse dans le cytosol transmet également des électrons à la chaîne respiratoire (non représenté). Puisque le NADH ne peut pas traverser la membrane mitochondriale interne, le transfert d'électrons depuis le NADH cytosolique doit être réalisé indirectement, par l'un des divers systèmes de « navette » qui transportent un autre composé réduit dans la mitochondrie ; après avoir été oxydé, ce composé est renvoyé dans le cytosol, où il est à nouveau réduit par NADH.

Les électrons sont transférés du NADH à l'oxygène par l'intermédiaire de trois grands complexes enzymatiques respiratoires [7]

Bien que le mécanisme de récupération de l'énergie par la chaîne respiratoire diffère de celui des autres réactions cataboliques, le principe est le même. La réaction $H_2 + {}^1/_2O_2 \rightarrow H_2O$ est conçue pour évoluer en de nombreuses petites étapes, de telle sorte que la majorité de l'énergie libérée peut être convertie sous forme de réserve au lieu d'être dissipée dans l'environnement sous forme de chaleur. Comme dans la formation de l'ATP et du NADH au cours de la glycolyse ou du cycle de l'acide citrique, ceci nécessite l'utilisation d'une voie indirecte pour la réaction. La chaîne respiratoire est unique par le fait que les atomes d'hydrogène sont d'abord séparés en protons et en électrons. Les électrons traversent une série de transporteurs d'électrons dans la membrane mitochondriale interne. Lorsque les électrons atteignent l'extrémité de cette chaîne de transport d'électrons, les protons sont restitués pour neutraliser les charges négatives, créées par l'addition finale des électrons à la molécule d'oxygène (Figure 7-17).

Nous décrirons les processus d'oxydation en partant du NADH, le collecteur principal d'électrons réactifs provenant de l'oxydation de molécules alimentaires. Chaque atome d'hydrogène (que nous noterons $H^\bullet$) est composé d'un électron (e^-) et d'un proton (H^+). Le mécanisme d'acquisition des électrons par le NADH a été discuté auparavant (p. 68) et est montré en détail dans la Figure 7-18. Comme cet exemple le montre clairement, chaque molécule de NADH transporte un *ion hydrure* (un atome d'hydrogène plus un électron supplémentaire, $H:^-$) plutôt qu'un seul atome d'hydrogène. Cependant, puisque les protons sont aisément accessibles en solutions aqueuses, le transport de l'ion hydrure sur le NADH est équivalent au transport de deux atomes d'hydrogène, ou d'une molécule d'hydrogène ($H:^- + H^+ \rightarrow H_2$).

Le transport d'électrons commence quand un ion hydrure est enlevé du NADH pour régénérer NAD^+ et est converti en un proton et deux électrons ($H:^- \rightarrow H^+ + 2e^-$). Les deux électrons sont transmis au premier des nombreux transporteurs d'électrons différents de la chaîne respiratoire (15 ou plus). Les électrons commencent avec une très haute énergie et la perdent progressivement pendant leur passage le long de la chaîne. Pour la majorité, les électrons passent d'un atome de métal à un autre, chaque atome de métal étant fortement lié à une molécule protéique qui modifie l'affinité des électrons pour l'atome de métal. Nous discuterons plus tard en détail des divers types de transporteurs d'électrons dans la chaîne respiratoire (p. 359). Le point essentiel est le regroupement des nombreuses protéines impliquées en trois grands *complexes enzymatiques respiratoires*, chacun contenant des protéines transmembranaires qui maintiennent fermement le complexe dans la membrane mitochondriale interne (voir p. 360). Chaque complexe dans la chaîne a une plus grande affinité pour les électrons que son prédécesseur, et les électrons passent en cascade d'un complexe à l'autre jusqu'à ce qu'ils soient finalement transférés à l'oxygène, qui a l'affinité la plus grande pour les électrons.

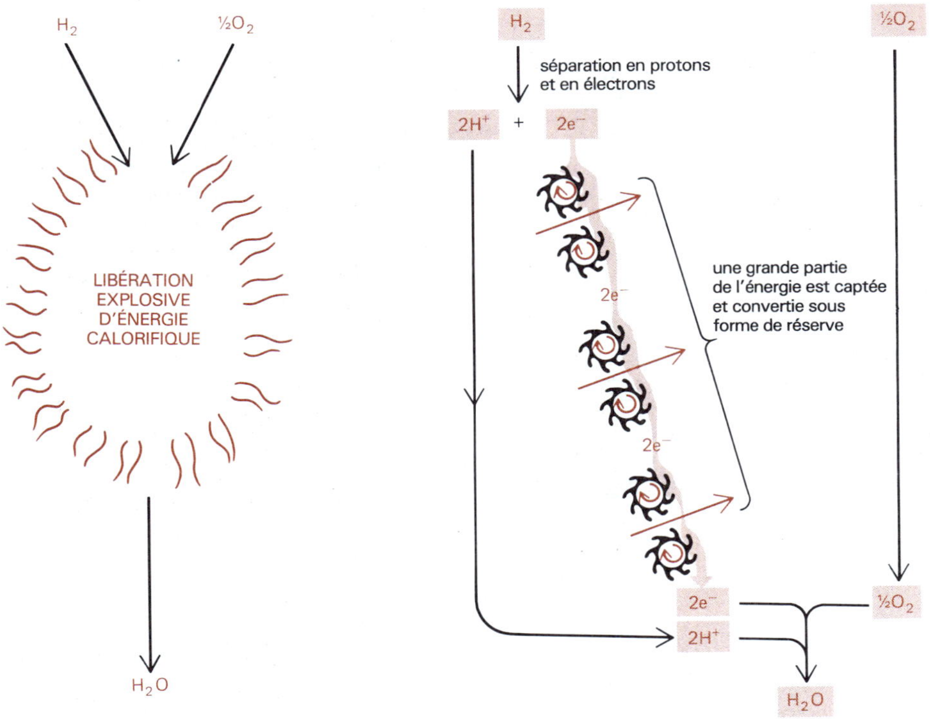

Figure 7-17 Illustration schématique de la manière dont une grande partie de l'énergie, qui serait libérée sous forme de chaleur si l'hydrogène était brûlé *(partie gauche)*, est au contraire canalisée et stockée sous une forme utile à la cellule par l'intermédiaire de la chaîne de transport des électrons, localisée dans la membrane mitochondriale interne *(partie droite)*. Le reste de l'énergie d'oxydation est libéré sous forme de chaleur par la mitochondrie. En réalité, les protons et les électrons représentés sont prélevés des atomes d'hydrogène qui sont liés de façon covalente aux molécules de NADH ou de $FADH_2$ (voir Figure 7-18).

L'énergie libérée par le passage des électrons dans la chaîne respiratoire est stockée sous la forme d'un gradient électrochimique de protons à travers la membrane interne [8]

L'étroite association des transporteurs d'électrons avec des molécules protéiques rend la phosphorylation oxydative possible. Les protéines guident les électrons le long de la chaîne respiratoire de sorte que les électrons se déplacent séquentiellement d'un complexe enzymatique à un autre — sans courts-circuits. Ce qu'il y a de plus important est le couplage du transfert des électrons à des modifications allostériques de molécules protéiques particulières, de sorte que le flux d'électrons énergétiquement favorable pompe des protons (H^+) à travers la membrane interne, de l'espace matriciel à l'espace intermembranaire, et de là vers l'extérieur de la mitochondrie. Ce mouvement de protons a deux conséquences majeures.

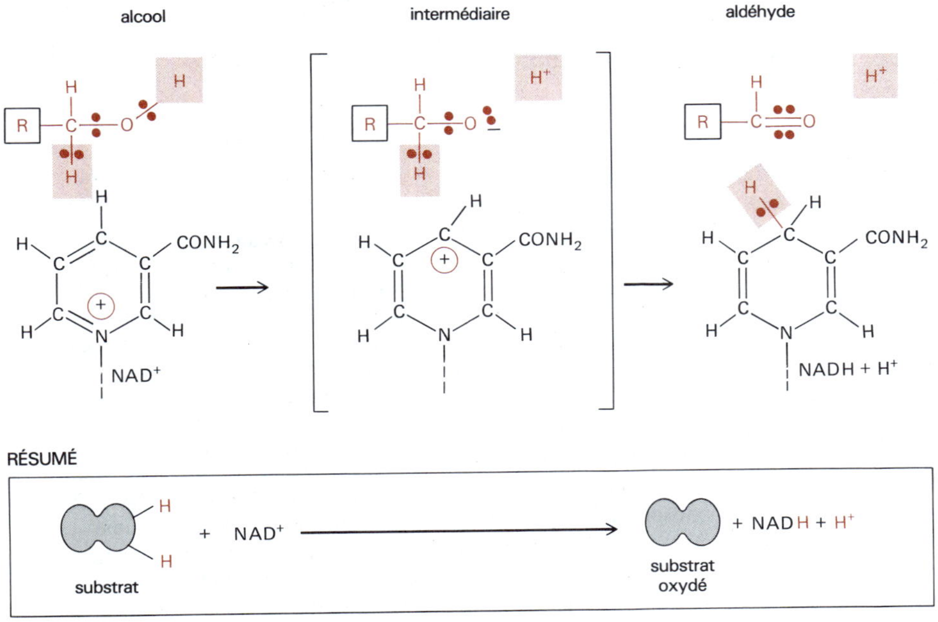

Figure 7-18 Il est vraisemblable que l'oxydation d'un alcool en aldéhyde se produise selon le schéma ci-contre. L'alcool perd les composants de ses deux atomes d'hydrogène : un ion hydrure est transféré au NAD^+ et un proton s'échappe dans la solution aqueuse. Seule le cycle nicotinamide des molécules de NAD^+ et de NADH est représenté ici (voir Figure 2-22). Les étapes représentées ici se produisent sur une surface protéique et sont catalysées par des groupements chimiques spécifiques de l'*alcool déshydrogénase* (non représenté). (Adapté avec l'autorisation de P.F. Cook, N.J. Oppenheimer, et W.W. Cleland, *Biochemistry* 20:1817-1825, 1981, Copyright 1981 American Chemical Society.)

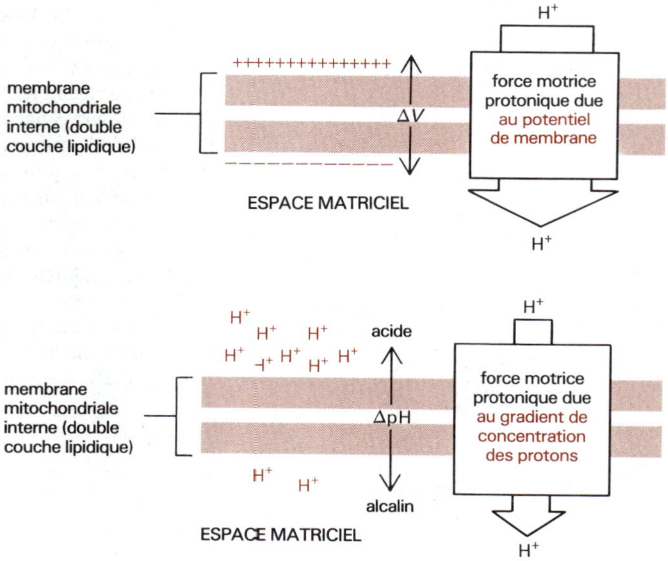

Figure 7-19 Les deux composantes du gradient électrochimique de protons. La force motrice protonique totale à travers la membrane mitochondriale interne est la résultante d'une force importante due au potentiel de membrane (traditionnellement désigné par $\Delta\Psi$ par les experts, mais désigné par ΔV dans le texte) et d'une force moins importante due au gradient de concentration de protons (Δ pH). Les deux forces agissent pour faire pénétrer les protons dans l'espace matriciel.

(1) Il crée un gradient de pH à travers la membrane interne de la mitochondrie, le pH étant plus élevé dans la matrice que dans le cytosol, où le pH est généralement voisin de 7. (Puisque les petites molécules s'équilibrent sans contrainte à travers la membrane externe de la mitochondrie, le pH de l'espace intermembranaire est le même que dans le cytosol).
(2) Il engendre un gradient de tension (potentiel de membrane) à travers la membrane interne de la mitochondrie, l'intérieur devient négatif et l'extérieur positif (ceci résulte d'un flux sortant net d'ions positifs).

Le gradient de pH (ΔpH) ramène les H^+ dans la matrice et en expulse les OH^-, et accentue ainsi l'effet du potentiel de membrane (ΔV), qui fonctionne en attirant tout ion positif dans la matrice et en expulsant tout ion négatif. La résultante de ces deux forces constitue un **gradient électrochimique de protons** (Figure 7-19).

Le gradient électrochimique de protons exerce une **force motrice protonique**, qui peut être mesurée en millivolts (mV). Puisqu'un ΔpH de 1 unité pH a un effet équivalent à un potentiel de membrane d'environ 60 mV, la force motrice protonique totale est égale à $\Delta V - 60\,(\Delta pH)$. Dans une cellule typique, la force motrice protonique à travers la membrane interne d'une mitochondrie qui respire, est d'environ 220 mV et est constituée d'un potentiel de membrane d'environ 160 mV et d'un gradient de pH d'environ — 1 unité pH.

7-6 L'énergie emmagasinée dans le gradient électrochimique de protons est utilisée pour produire de l'ATP et pour transporter des métabolites et des ions inorganiques dans l'espace matriciel [9]

La membrane interne de la mitochondrie contient une proportion pondérale inhabituellement élevée de protéines (environ 70 p. cent de protéines et 30 p. cent de phospholipides). Beaucoup de ces protéines appartiennent à la chaîne de transport des électrons, qui établit le gradient électrochimique de protons à travers la membrane. Un autre composant majeur est l'*ATP synthétase*, l'enzyme qui catalyse la synthèse d'ATP. C'est un gros complexe protéique à travers lequel les protons refluent dans la matrice dans le sens décroissant de leur gradient électrochimique. A la manière d'une turbine, l'ATP synthétase convertit une forme d'énergie en une autre, synthétise de l'ATP à partir d'ADP et de P_i dans la matrice mitochondriale, suivant une réaction couplée à l'entrée des protons (Figure 7-20).

La synthèse d'ATP n'est pas le seul processus à être favorisé par le gradient électrochimique de protons. Les enzymes de la matrice mitochondriale, où sont localisés le cycle de l'acide citrique et d'autres réactions métaboliques, doivent être alimentées en concentrations élevées de substrats, et l'ATP synthétase doit l'être en ADP et en phosphate. Ces nombreux substrats chargés doivent être transportés à travers la membrane interne. Ceci est réalisé par une variété de protéines de transport membranaires (voir p. 303), dont beaucoup transportent activement des molécules spécifiques contre leurs gradients électrochimiques, un processus

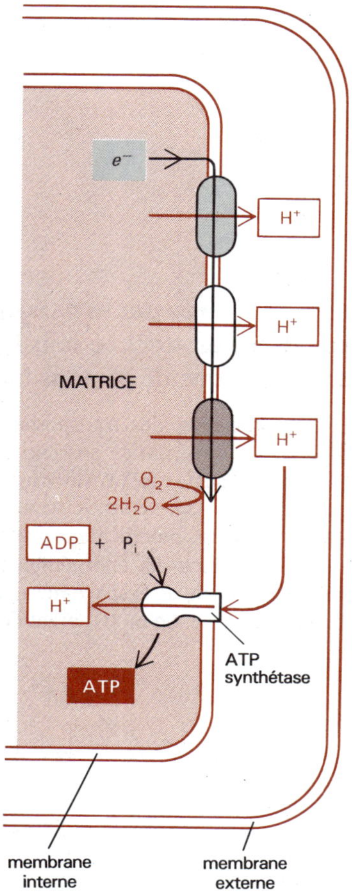

Figure 7-20 Mécanisme général de la phosphorylation oxydative. Lorsqu'un électron à haute énergie est véhiculé le long de la chaîne de transport des électrons, une partie de l'énergie libérée est utilisée pour activer trois complexes enzymatiques respiratoires qui pompent des protons hors de l'espace matriciel. Ces protons créent un gradient électrochimique de protons à travers la membrane interne. Ce gradient permet le retour des protons via l'ATP synthétase, un complexe protéique transmembranaire qui utilise l'énergie du flux protonique pour synthétiser dans la matrice l'ATP à partir d'ADP et de P_i.

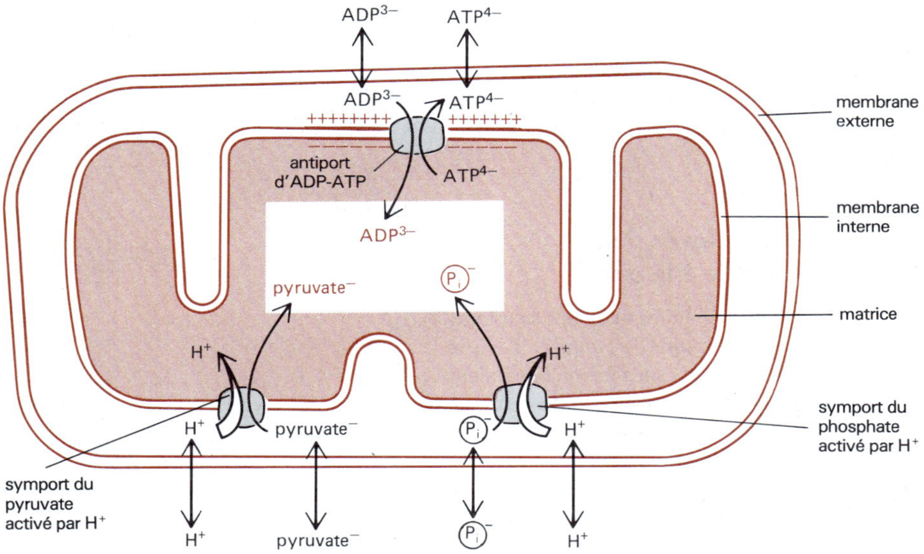

Figure 7-21 Certains des mécanismes de transport actif fonctionnant grâce au gradient électrochimique de protons établi à travers la membrane interne de la mitochondrie. La charge de chacune des molécules transportées est indiquée d'après le potentiel de membrane, qui est négatif à l'intérieur. La membrane externe est totalement perméable à tous ces composés. Pour une discussion des mécanismes de transport symport et antiport, voir Chapitre 6.

qui nécessite un apport d'énergie. Pour la majorité des métabolites, l'énergie provient du *co-transport* d'une autre molécule dans le sens décroissant de son gradient électrochimique (voir p. 309). Le transport d'ADP dans l'espace matriciel, par exemple, se fait par l'intermédiaire d'un système antiport ADP-ATP : pour chaque molécule d'ADP qui entre, une molécule d'ATP sort dans le sens décroissant de son gradient électrochimique. Le transport de phosphate dans l'espace matriciel se fait par l'intermédiaire d'un système de symport qui couple le mouvement entrant du phosphate au flux entrant de protons dans le sens décroissant de leurs gradients électrochimiques, de sorte que le phosphate est entraîné avec eux. Le pyruvate est transporté dans la matrice de la même façon (Figure 7-21). Le gradient électrochimique de protons est également employé pour importer des ions Ca^{2+}, qui, pense-t-on, sont importants dans la régulation de l'activité d'enzymes mitochondriales sélectionnées ; l'importation de Ca^{2+} dans les mitochondries peut également être importante pour transporter du Ca^{2+} hors du cytosol lorsque les taux de Ca^{2+} cytosoliques deviennent dangereusement élevés (voir p. 701).

Plus l'énergie du gradient électrochimique de protons est utilisée pour le transport des molécules et des ions dans la mitochondrie, moins il en reste pour activer l'ATP synthétase. Par exemple, si des mitochondries isolées sont incubées en présence d'une forte concentration de Ca^{2+}, elles cessent complètement leur production d'ATP ; toute l'énergie de leur gradient électrochimique est détournée pour pomper des ions Ca^{2+} dans la matrice. De la même façon, dans certaines cellules spécialisées, le gradient électrochimique est court-circuité, de sorte que leurs mitochondries produisent de la chaleur à la place d'ATP (voir p. 365). L'énergie emmagasinée dans le gradient électrochimique peut probablement être réglée par les cellules de sorte qu'elle soit dirigée vers les activités qui leur sont les plus utiles à un instant donné.

7-8 7-38 La conversion rapide de l'ADP en ATP dans les mitochondries maintient un rapport ATP/ADP très élevé dans les cellules [10]

A cause de l'antiport, localisé dans la membrane interne, qui pompe de l'ADP dans l'espace matriciel en échange d'ATP (voir Figure 7-21), les molécules d'ADP produites par l'hydrolyse de l'ATP dans le cytosol pénètrent rapidement dans les mitochondries pour être rechargées, pendant que les molécules d'ATP formées dans l'espace matriciel par phosphorylation oxydative sont rapidement pompées dans le cytosol, où elles sont nécessaires. Une molécule d'ATP typique dans le corps humain va et vient entre l'intérieur et l'extérieur d'une mitochondrie pour se recharger (sous forme d'ADP) des milliers de fois par jour, maintenant la concentration en ATP dans une cellule environ 10 fois supérieure à celle de l'ADP.

Comme nous en avons discuté dans le Chapitre 2, des enzymes de biosynthèse guident leurs substrats le long de voies réactionnelles spécifiques, et permettent souvent des réactions énergétiquement défavorables en les couplant à l'hydrolyse énergétiquement favorable de l'ATP (voir Figure 2-27, p. 74). Le pool d'ATP largement saturé est de ce fait utilisé pour favoriser des processus cellulaires, de la même façon qu'une batterie peut être utilisée pour alimenter des appareils électriques : si l'activité de la mitochondrie est stoppée, la quantité d'ATP décroît et la batterie de la cellule se décharge, de sorte que, finalement, des réactions énergétiquement défavorables ne peuvent plus êtres activées par l'hydrolyse de l'ATP.

Il pourrait sembler que cet état ne soit atteint que pour une concentration d'ATP nulle mais, en fait, il est atteint beaucoup plus tôt que cela pour une concentration d'ATP qui dépend des concentrations cellulaires d'ADP et de P_i. Pour en expliquer la raison, nous devons faire appel à certains principes élémentaires de thermodynamique.

7-5 La différence entre $\Delta G°$ et ΔG : une valeur négative élevée de ΔG est nécessaire pour que l'hydrolyse de l'ATP soit utile à la cellule [11]

Selon le second principe de la thermodynamique, les réactions chimiques évoluent spontanément dans la direction qui correspond à une augmentation du désordre de l'*univers*. Dans le Chapitre 2, nous avons noté que les réactions qui libèrent de l'énergie sous forme de chaleur dans leur environnement (telle que l'hydrolyse de l'ATP) tendent à accroître le désordre de l'univers en augmentant les mouvements moléculaires aléatoires. Les réactions affecteront également le degré de désordre en modifiant les concentrations des molécules de réactant et de produit. La variation nette du désordre dans l'univers, due à une réaction, est proportionnelle à la **variation d'énergie libre, ΔG,** associée à la réaction : les réactions qui entraînent une *diminution* importante d'énergie libre (ΔG devient très négatif) créent le plus grand désordre dans l'univers et évoluent le plus aisément (voir Planche 2-7, pp. 72-73).

Quand l'ATP est hydrolysé en ADP et P_i dans des conditions intracellulaires habituelles, la variation d'énergie libre est d'environ – 11 à – 13 kcal/mole. Pour obtenir ce ΔG extrêmement favorable, il faut que la concentration d'ATP dans la cellule soit maintenue très élevée par rapport à celles de l'ADP et de P_i. Dans les « conditions standard » où ATP, ADP et P_i sont tous présents à la même concentration de 1 mole par litre, le ΔG de l'hydrolyse de l'ATP — appelé **variation d'énergie libre standard** ou **$\Delta G°$** de la réaction — est seulement de – 7,3 kcal/mole. Pour des concentrations d'ATP encore plus basses, par rapport à l'ADP et à P_i, ΔG sera égal à zéro. A ce niveau, la vitesse à laquelle ADP et P_i se condenseront en ATP deviendra égale à celle à laquelle l'ATP est hydrolysé en ADP et P_i. En d'autres termes, quand $\Delta G = 0$, la réaction est à *l'équilibre* (Figure 7-22).

A une température fixe, la valeur de $\Delta G°$ est une constante qui dépend uniquement de la *nature* des réactants. La valeur de ΔG, au contraire, est une variable qui dépend des *concentrations* des réactants, et sa valeur indique l'état d'avancement d'une réaction par rapport à l'équilibre. Par conséquent, c'est ΔG et non $\Delta G°$ qui détermine si une réaction peut être utilisée pour en entraîner une autre. Grâce à la conversion efficace d'ADP en ATP dans les mitochondries, la concentration d'ATP est maintenue élevée par rapport à celles de l'ADP et du P_i ; la réaction d'hydrolyse de l'ATP dans la cellule reste ainsi très éloignée de l'équilibre, et la valeur correspondante de ΔG est fortement négative. Sans ce déséquilibre, l'hydrolyse de l'ATP ne pourrait pas être utilisée pour orienter les réactions cellulaires, et de nombreuses réactions biosynthétiques se dérouleraient à « contre-courant ».

7-6 7-7 La respiration cellulaire est remarquablement efficace

Grâce à la phosphorylation oxydative, chaque paire d'électrons du NADH fournit l'énergie nécessaire à la formation de 3 molécules environ d'ATP. La paire d'électrons du $FADH_2$, partant d'un niveau d'énergie plus bas, ne produit que 2 molécules environ d'ATP. En tout, 12 molécules d'ATP environ peuvent être formées pour chaque molécule d'acétyl CoA qui entre dans le cycle de l'acide citrique, ce qui signifie que 24 molécules d'ATP sont produites à partir de 1 molécule de glucose, et que 96 molécules d'ATP le sont à partir de 1 molécule de palmitate, acide gras à 16 carbones. Si on y inclut les réactions productrices d'énergie mises en jeu avant la formation de l'acétyl CoA, on obtient un rendement net d'environ 36 ATP pour l'oxydation complète d'une molécule de glucose, et d'environ 129 ATP pour celle d'une molécule de palmitate. Ces chiffres sont des valeurs maximales approximatives. La quantité réelle d'ATP produite dans la mitochondrie dépend, en effet, de la fraction de l'énergie contenue dans le gradient électrochimique qui est utilisé pour des fonctions autres que la synthèse d'ATP.

1.

$$\text{ATP} \xrightarrow{\text{hydrolyse}} \text{ADP} + \text{(P}_i\text{)}$$

$$\text{vitesse d'hydrolyse} = \begin{pmatrix}\text{constante de vitesse}\\ \text{d'hydrolyse}\end{pmatrix} \times \begin{pmatrix}\text{concentration}\\ \text{en ATP}\end{pmatrix}$$

2.

$$\text{ADP} + \text{(P}_i\text{)} \xrightarrow{\text{synthèse}} \text{ATP}$$

$$\text{vitesse de synthèse} = \begin{pmatrix}\text{constante}\\ \text{de vitesse de}\\ \text{la synthèse}\end{pmatrix} \times \begin{pmatrix}\text{conc. en}\\ \text{phosphate}\end{pmatrix} \times \begin{pmatrix}\text{conc. en}\\ \text{ADP}\end{pmatrix}$$

3. À L'ÉQUILIBRE : vitesse de synthèse = vitesse d'hydrolyse

$$\begin{pmatrix}\text{constante}\\ \text{de vitesse}\\ \text{de synthèse}\end{pmatrix} \times \begin{pmatrix}\text{conc. en}\\ \text{phosphate}\end{pmatrix} \times \begin{pmatrix}\text{conc. en}\\ \text{ADP}\end{pmatrix} = \begin{pmatrix}\text{constante}\\ \text{de vitesse}\\ \text{d'hydrolyse}\end{pmatrix} \times \begin{pmatrix}\text{conc. en}\\ \text{ATP}\end{pmatrix}$$

$$\frac{\begin{pmatrix}\text{conc. en}\\ \text{ADP}\end{pmatrix} \times \begin{pmatrix}\text{conc. en}\\ \text{phosphate}\end{pmatrix}}{\text{(conc. en ATP)}} = \frac{\begin{pmatrix}\text{constante de vitesse}\\ \text{d'hydrolyse}\end{pmatrix}}{\begin{pmatrix}\text{constante de vitesse}\\ \text{de synthèse}\end{pmatrix}} = \text{constante d'équilibre } K$$

$$\frac{[\text{ADP}]\,[\text{(P}_i\text{)}]}{[\text{ATP}]} = K$$

4.

Pour la réaction

$$\text{ATP} \longrightarrow \text{ADP} + \text{(P}_i\text{)}$$

l'équation suivante s'applique :

$$\Delta G = \Delta G^\circ + RT \ln \frac{[\text{ADP}]\,[\text{(P}_i\text{)}]}{[\text{ATP}]}$$

où ΔG et ΔG° sont en kilocalories par mole, R est la constante des gaz parfaits (2×10^{-3} kcal mole^{-1} $°\text{K}^{-1}$), T est la température absolue (°K), et toutes les concentrations sont en moles par litre.

Quand les concentrations de tous les réactants sont égales à 1 M, $\Delta G = \Delta G^\circ$ (puisque $RT \ln 1 = 0$). ΔG° est alors une constante définie comme étant la variation standard d'énergie libre de la réaction

A l'équilibre, la réaction n'a aucun effet net sur le désordre de l'univers, de sorte que $\Delta G = 0$. Donc à l'équilibre

$$-RT \ln \frac{[\text{ADP}]\,[\text{(P}_i\text{)}]}{[\text{ATP}]} = \Delta G^\circ$$

Mais les concentrations des réactants à l'équilibre doivent satisfaire l'équation d'équilibre :

$$\frac{[\text{ADP}]\,[\text{(P}_i\text{)}]}{[\text{ATP}]} = K$$

Donc à l'équilibre

$$\Delta G^\circ = -RT \ln K$$

Nous voyons donc que, alors que ΔG° indique le point d'équilibre de la réaction, ΔG révèle l'*état d'avancement* de la réaction par rapport à l'équilibre

Figure 7-22 Relation fondamentale entre les variations d'énergie libre et l'équilibre, illustrée à partir de la réaction d'hydrolyse de l'ATP. La constante d'équilibre montrée, *K*, est exprimée ici en moles par litre. (Voir Planche 2-7, pp. 72-73 pour une étude de l'énergie libre, et la Figure 3-7, p. 94 pour une définition de la constante d'équilibre.)

Quand on compare les variations d'énergie libre de la combustion des graisses et des glucides directement en CO_2 et H_2O, avec la quantité totale d'énergie produite et stockée dans les liaisons phosphate de l'ATP au cours des oxydations biologiques correspondantes, on constate que le rendement de la réaction de conversion de l'énergie d'oxydation en énergie de liaison de l'ATP est souvent supérieure à 50 p. cent. Ceci est considérablement plus efficace que la plupart des systèmes de conversion d'énergie non biologiques. Si les cellules fonctionnaient avec le rendement d'un moteur électrique ou d'un moteur à essence (10 à 20 p. cent), un organisme devrait manger voracement pour survivre. De plus, puisque toute l'énergie gaspillée est libérée sous forme de chaleur, les gros organismes auraient besoin de se doter de mécanismes beaucoup plus efficaces pour transférer la chaleur produite à leur environnement.

Les étudiants se demandent parfois pourquoi les interconversions chimiques dans les cellules empruntent des voies aussi complexes. L'oxydation des glucides en CO_2 et H_2O pouvait certainement s'effectuer plus directement, en éliminant le cycle de l'acide citrique et de nombreuses étapes de la chaîne respiratoire. Ceci aurait rendu la respiration plus facile à étudier mais aurait été un désastre pour la cellule. L'oxydation produit des quantités considérables d'énergie libre, qui ne peut être utilisée avec efficacité qu'en petites quantités. Les voies d'oxydation complexes impliquent de nombreux intermédiaires, chacun ne différant que légèrement de son prédécesseur. Il en résulte que l'énergie libérée est morcelée en petites quantités qui peuvent être converties efficacement en liaisons riches en énergie dans des molécules aussi utiles que l'ATP et le NADH grâce à des réactions couplées (voir Figure 2-17, p. 63).

Résumé

La mitochondrie effectue la plupart des oxydations cellulaires et produit l'ensemble de l'ATP des cellules animales. L'espace matriciel mitochondrial contient une grande variété d'enzymes, y compris celles qui oxydent le pyruvate et les acides gras en acétyl CoA et celles qui oxydent cet acétyl CoA en CO_2 au cours du cycle de l'acide citrique. De grandes quantités de NADH (et de $FADH_2$) sont produites par ces réactions d'oxydation. L'énergie résultant de la combinaison de l'oxygène avec les électrons réactifs transportés par NADH et $FADH_2$ est captée par une *chaîne de transport d'électrons enchâssée dans la membrane interne de la mitochondrie et appelée chaîne respiratoire. La chaîne respiratoire pompe les protons hors de la matrice pour créer un gradient électrochimique de protons transmembranaire, qui comprend la contribution d'un potentiel de membrane et d'une différence de pH. Le gradient transmembranaire est lui-même utilisé pour synthétiser l'ATP et pour activer le transport actif de certains métabolites à travers la membrane mitochondriale interne. La combinaison de ces réactions est responsable d'un échange efficace ATP-ADP entre la mitochondrie et le cytosol qui maintient le pool d'ATP de la cellule à saturation.*

La chaîne respiratoire et l'ATP synthétase [12]

Après avoir considéré en termes généraux comment fonctionnent les mitochondries, examinons maintenant plus en détail la chaîne respiratoire — la chaîne du transport des électrons qui est si cruciale pour tout le métabolisme oxydatif. La plupart des éléments de la chaîne sont aussi des composants intrinsèques de la membrane mitochondriale interne et ils fournissent certains des exemples les plus évidents des interactions complexes qui peuvent se produire entre les protéines individuelles dans une membrane biologique.

Des particules retournées fonctionnelles peuvent être isolées des mitochondries [13]

La chaîne respiratoire est relativement inaccessible aux manipulations expérimentales dans les mitochondries intactes. Par rupture des mitochondries aux ultrasons, il est cependant possible d'isoler des *particules submitochondriales* fonctionnelles, constituées de crêtes dissociées qui se sont recollées en petites vésicules closes d'environ 100 nm de diamètre (Figure 7-23). Les micrographies électroniques en coloration négative de particules submitochondriales révèlent que leur surface externe est parsemée de sphères liées à la membrane par des tiges (Figure 7-24). Dans les mitochondries intactes, ces structures en forme de sucette sont localisées sur la face *interne* (matrice) de la membrane interne. Ainsi, les particules submitochondriales sont des vésicules retournées issues de la membrane interne, dont la surface, précédemment en contact avec la matrice, est maintenant exposée au milieu environnant. Il en résulte qu'elles sont facilement accessibles aux métabolites qui ne passent pas la barrière membranaire et qui seraient normalement présents dans l'espace matriciel. Quand du NADH, de l'ADP et du phosphate inorganique sont ajoutés, ces particules transportent les électrons du NADH à O_2 et couplent cette oxydation à la synthèse d'ATP. Ce système acellulaire procure un moyen de purifier sous une forme fonctionnelle les nombreuses protéines responsables de la phosphorylation oxydative.

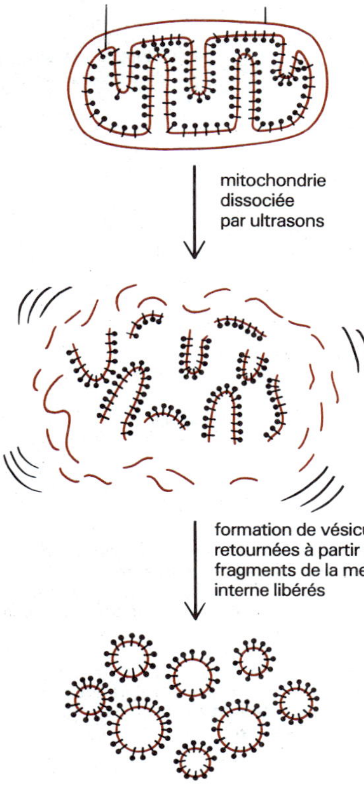

Figure 7-23 Aperçu du procédé utilisé pour préparer les particules submitochondriales à partir de mitochondries purifiées. Les particules sont des morceaux de crêtes qui forment des vésicules closes.

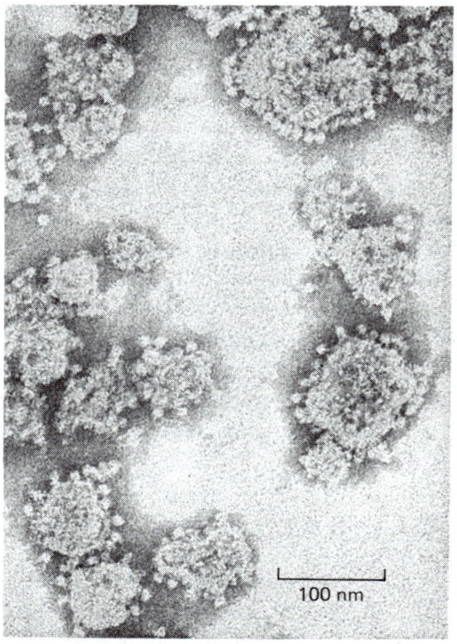

Figure 7-24 Micrographie électronique des particules submitochondriales. (Avec l'autorisation d'Efraim Racker.)

7-11 L'ATP synthétase peut être purifiée et réincluse dans les membranes [14]

Les premières expériences montrant que les différentes protéines membranaires, qui catalysent la phosphorylation oxydative, peuvent être séparées sans détruire leur activité furent réalisées en 1960. Les minuscules sphères protéiques qui parsèment la surface des particules submitochondriales furent décrochées des particules et purifiées sous forme soluble. Les particules dégarnies pouvaient encore oxyder le NADH en présence d'oxygène, mais ne pouvaient plus synthétiser l'ATP. D'autre part, les sphères purifiées agissaient d'elles-mêmes comme des ATPases, hydrolysant l'ATP en ADP et P_i. Quand ces sphères purifiées (désignées sous le nom de *F_1 ATPases*) furent rajoutées aux particules submitochondriales dénudées, les particules reconstituées synthétisèrent à nouveau l'ATP à partir d'ADP et de P_i.

Un travail ultérieur montra que la F_1 ATPase est une partie d'un complexe transmembranaire plus large (environ 500 000 daltons) contenant neuf chaînes polypeptidiques différentes qui est maintenant connu sous le nom d'**ATP synthétase** (également appelée *F_0F_1 ATPase*). L'ATP synthétase comprend environ 15 p. cent des protéines totales de la membrane interne et des complexes enzymatiques très similaires sont présents dans les membranes des chloroplastes et des bactéries. Ce complexe protéique contient un transporteur d'électrons transmembranaire et il synthétise l'ATP quand les protons le traversent dans le sens décroissant de leur gradient électrochimique.

Une des démonstrations les plus convaincantes de la fonction de l'ATP synthétase fut donnée par une expérience effectuée en 1974, date à laquelle s'étaient développées des méthodes de transfert des protéines intrinsèques, obtenues par solubilisation de la membrane

Figure 7-25 Diagramme d'une expérience importante démontrant que l'ATP synthétase peut fonctionner grâce à un simple flux de protons. En combinant une pompe à protons bactérienne activée par la lumière (bactériorhodopsine), une ATP synthétase purifiée du cœur de bœuf et des phospholipides, on a pu produire des vésicules qui synthétisent de l'ATP après stimulation lumineuse.

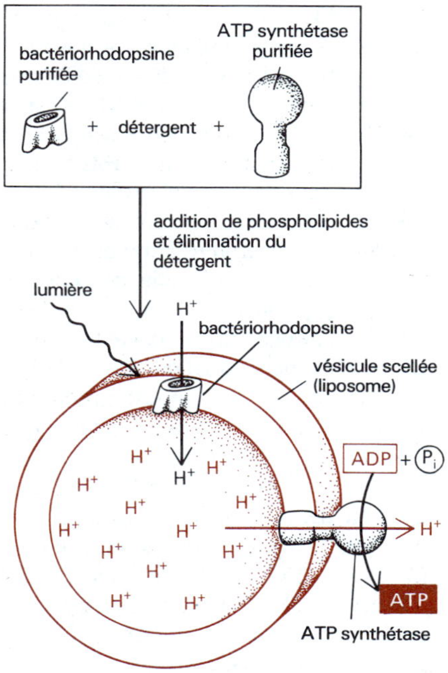

par des détergents, dans des vésicules lipidiques (liposomes) formées de phospholipides purifiés (voir p. 278). Grâce à ces méthodes, il devenait alors possible de former une membrane hybride qui contenait à la fois une ATP synthétase mitochondriale purifiée et la bactériorhodopsine — une pompe à protons bactérienne activée par la lumière (p. 293). Quand ces vésicules étaient exposées à la lumière, les protons, pompés dans la lumière de la vésicule par la bactériorhodopsine, ressortaient par l'ATP synthétase, entraînant une synthèse d'ATP dans le milieu extérieur (Figure 7-25). Dans la mesure où une interaction directe entre une pompe à protons bactérienne et une ATP synthétase de mammifère semble hautement improbable, cette expérience suggère fortement que la translocation des protons couplée au transport d'électrons et la synthèse de l'ATP sont des événements séparés dans les mitochondries.

L'ATP synthétase peut fonctionner dans le sens inverse pour hydrolyser l'ATP et pomper H^+ [15]

L'ATP synthétase est un complexe enzymatique réversible ; elle peut soit utiliser l'énergie d'hydrolyse de l'ATP pour pomper les protons à travers la membrane mitochondriale interne, soit capter le flux de protons descendant un gradient électrochimique de protons pour faire de l'ATP (Figure 7-26). Elle peut, de ce fait, fonctionner comme un *dispositif de couplage réversible* transformant l'énergie du gradient électrochimique de protons en énergie de liaisons chimiques et vice versa. Sa direction d'action dépend de l'équilibre entre la pente du gradient électrochimique de protons et le ΔG local pour l'hydrolyse de l'ATP.

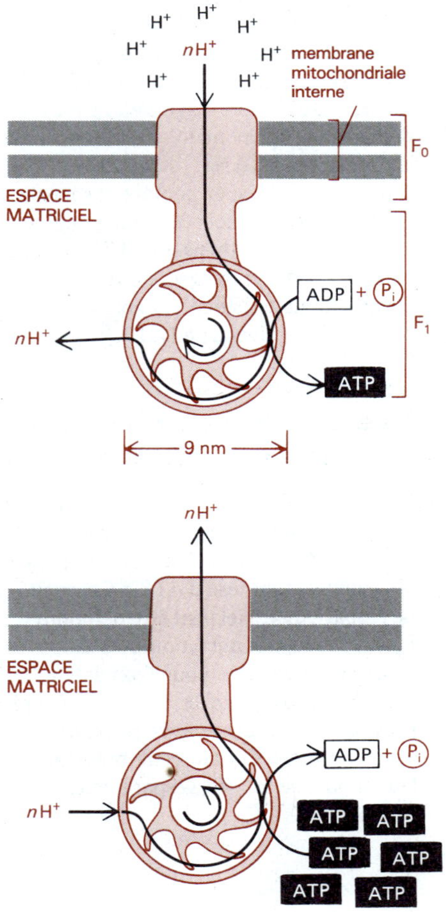

Figure 7-26 L'ATP synthétase est un système de couplage réversible qui convertit l'énergie du gradient électrochimique de protons en énergie de liaisons chimiques et réciproquement. Composée d'au moins neuf chaînes polypeptidiques différentes, elle est également connue sous le nom de F_1F_0ATPase. Cinq de ses chaînes polypeptidiques constituent la tête sphérique du complexe, qui est appelée F_1ATPase. L'ATP synthétase peut synthétiser l'ATP en captant la force motrice protonique *(en haut)*, ou pomper des protons contre leur gradient électrochimique en hydrolysant l'ATP *(en bas)*. Comme nous l'expliquons dans le texte, la direction de l'opération à tout moment dépend de la variation nette d'énergie libre des deux mécanismes couplés suivants : le transfert des protons à travers la membrane et la synthèse d'ATP à partir d'ADP et de P_i.

Nous avons précédemment montré comment la variation d'énergie libre (ΔG) pour l'hydrolyse de l'ATP dépend des concentrations des trois réactants ATP, ADP et P_i (Figure 9-24) ; le ΔG de la synthèse de l'ATP a la même valeur mais est de signe opposé. Le ΔG du transfert des protons à travers la membrane est la somme 1) du ΔG nécessaire pour qu'une mole de n'importe quel ion franchisse une différence de potentiel de membrane ΔV et 2) du ΔG nécessaire pour déplacer une mole d'une molécule entre deux compartiments où sa concentration diffère. L'équation de la force motrice protonique, p. 496, combine ces deux mêmes composants, en remplaçant la différence de concentration par un incrément équivalent à un potentiel de membrane afin de produire un « potentiel électrochimique » protonique. Ainsi, le ΔG pour le transfert des protons et la force motrice protonique mesurent le même potentiel, l'un en kilocalories et l'autre en millivolts. Le facteur de conversion entre eux est le Faraday. Ainsi :

$$\Delta G_{H^+} = -0{,}023 \text{ (force motrice protonique)}$$

où ΔG_{H^+} est en kilocalories par mole (kcal/mole) et la force motrice protonique en millivolts (mV). Pour un gradient électrochimique de protons égal à 220 mV, $\Delta G_{H^+} = -5{,}06$ kcal/mole.

L'ATP synthétase tire son nom du fait qu'elle est normalement activée par l'important gradient électrochimique de protons entretenu par la chaîne respiratoire (voir Figure 7-20), pour synthétiser la majorité de l'ATP cellulaire. Le nombre exact de protons nécessaires pour fabriquer chaque molécule d'ATP n'est pas connu avec certitude. Cependant, pour faciliter les calculs décrits plus bas, nous supposerons qu'une molécule d'ATP est synthétisée par l'ATP synthétase à chaque fois que trois protons la traversent.

Le sens dans lequel évolue l'ATP synthétase (synthèse de l'ATP ou hydrolyse de l'ATP) dépend à tout instant de l'équilibre exact entre la variation favorable de l'énergie libre pour l'entrée de trois protons à travers la membrane vers l'espace matriciel (ΔG_{3H^+} inférieur à zéro) et la variation défavorable de l'énergie libre pour la synthèse de l'ATP dans la matrice ($\Delta G_{\text{synthèsed'ATP}}$ supérieure à zéro). Comme nous en avons déjà discuté, la valeur de $\Delta G_{\text{synthèse d'ATP}}$ dépend des concentrations exactes des trois réactants ATP, ADP et P_i dans l'espace matriciel mitochondrial (Figure 7-22). La valeur de ΔG_{3H^+}, d'autre part, sera proportionnelle à la valeur de la force motrice protonique à travers la membrane mitochondriale interne. L'exemple suivant aidera à expliquer comment l'équilibre entre ces deux variations d'énergie libre affecte l'ATP synthétase.

Comme l'explique la légende de la Figure 7-26, un seul proton qui entre dans la matrice en descendant un gradient électrochimique de 220 mV libère une énergie libre de 5,06 kcal/mole, alors que le mouvement de trois protons libère trois fois cette énergie libre (ΔG_{3H^+} = – 15,2 kcal/mole). Donc, si la force motrice protonique reste constante et égale à 220 mV, l'ATP synthétase synthétisera l'ATP jusqu'à ce que le rapport ATP sur ADP + P_i ait atteint une valeur telle que $\Delta G_{\text{synthèse d'ATP}}$ soit juste égal à + 15,2 kcal/mole (dans le cas présent, $\Delta G_{\text{synthèse d'ATP}} + \Delta G_{3H^+} = 0$). A ce stade, il n'y aura plus de synthèse ni d'hydrolyse nette d'ATP par l'ATP synthétase.

Supposons qu'une grande quantité d'ATP soit subitement hydrolysée par des réactions consommatrices d'énergie dans le cytosol — entraînant une chute du rapport ATP/ADP dans la matrice. Alors la valeur de $\Delta G_{\text{synthèse d'ATP}}$ diminuera (voir Figure 7-22), et l'ATP synthétase recommencera à synthétiser l'ATP pour restaurer le rapport ATP/ADP initial. D'autre part, si la force motrice protonique chute subitement et se maintient alors à une valeur constante de 200 mV, ΔG_{3H^+} deviendra – 13,8 kcal/mole. Alors l'ATP synthétase commencera à hydrolyser une partie de l'ATP matriciel — jusqu'à ce qu'un nouvel équilibre entre ATP et ADP + P_i soit atteint (où $\Delta G_{\text{synthèse d'ATP}}$ = + 13,8 kcal/mole) — et ainsi de suite.

Dans de nombreuses bactéries, l'ATP synthétase est couramment inversée lors de la transition entre le métabolisme aérobie et anaérobie, comme nous le verrons plus tard. La réversibilité de l'ATP synthétase est une propriété partagée par d'autres protéines membranaires qui couplent un mouvement d'ions à la synthèse ou à l'hydrolyse de l'ATP. Par exemple, les deux pompes à Na^+ - K^+ et à Ca^{2+}, décrites dans le Chapitre 6, hydrolysent l'ATP et utilisent l'énergie libérée pour pomper ces ions à travers une membrane (p. 305). Si l'une ou l'autre de ces pompes est exposée à un gradient anormalement fort des ions qu'elle transporte, elle s'inversera et synthétisera l'ATP à partir de l'ADP et de P_i au lieu de l'hydrolyser. Ainsi, comme l'ATP synthétase, de telles pompes sont capables de convertir directement l'énergie électrochimique, stockée dans un gradient transmembranaire d'ions, en énergie de liaison phosphate au niveau de l'ATP.

La chaîne respiratoire pompe H^+ à travers la membrane mitochondriale interne [16]

L'ATP synthétase ne transporte pas normalement H^+ hors de l'espace matriciel à travers la membrane mitochondriale interne. Au lieu de cela, c'est la chaîne respiratoire enchâssée dans cette membrane qui le réalise normalement, créant ainsi le gradient électrochimique de protons qui active la synthèse d'ATP. La capacité de la chaîne respiratoire à transférer les protons hors de l'espace matriciel peut être démontrée expérimentalement dans des conditions particulières. Par exemple, des mitochondries isolées sont mises en suspension dans un milieu contenant un substrat convenable pour l'oxydation, et le flux de H^+ à travers l'ATP synthétase peut être bloqué. En absence d'air, l'injection d'une petite quantité d'oxygène dans une telle préparation provoque une brève activité respiratoire qui dure une à deux secondes avant que tout l'oxygène soit consommé. Durant cette brève activité, une acidification soudaine du milieu, résultant de l'expulsion de H^+ de l'espace matriciel, peut être mesurée avec une électrode de pH très sensible.

Une expérience identique peut être réalisée avec une suspension de particules submitochondriales. Dans ce cas, le milieu devient plus basique quant l'oxygène est injecté, puisque les protons sont pompés *vers l'intérieur* de chaque vésicule à cause de son orientation inversée.

7-12 De nombreux transporteurs d'électrons ont été identifiés par des méthodes spectroscopiques [17]

Un grand nombre des transporteurs d'électrons de la chaîne respiratoire absorbent la lumière visible et changent de couleur lorsqu'ils sont oxydés ou réduits. En général, le spectre d'absorption et la réactivité de chacun d'eux sont suffisamment différents pour qu'il soit possible de suivre leur comportement par spectroscopie, même dans des mélanges bruts. Il fut donc possible de purifier ces composants bien avant de connaître leurs fonctions exactes. Ainsi, les *cytochromes* furent découverts en 1925 en tant que composés subissant une oxydo-réduction rapide dans des organismes vivants aussi différents que des bactéries, des levures, et des insectes. L'étude par spectroscopie de cellules et de tissus permit d'identifier trois types de cytochromes grâce à leurs spectres d'absorption caractéristiques que l'on appela cytochromes a, b et c. Cette nomenclature a survécu bien que l'on sache maintenant que les cellules contiennent plusieurs cytochromes de chaque type, et que la classification en types ne soit pas fonctionnellement importante.

Les **cytochromes** constituent une famille de protéines colorées qui sont apparentées par la présence d'un *groupement prosthétique* ou *hème*, dont l'atome de fer passe de l'état ferrique (Fe III) à l'état ferreux (Fe II) chaque fois qu'il accepte un électron. L'hème est composé d'un cycle *porphyrique* et d'un atome de fer qui lui est étroitement lié par l'intermédiaire de quatre atomes d'azote aux coins d'un carré (Figure 7-27). Un cycle porphyrique voisin est responsable de la couleur rouge du sang et de la couleur verte des feuilles, puisqu'il est lié au fer dans l'hémoglobine (voir p. 601) et au magnésium dans la chlorophylle (voir p. 373). La protéine la mieux connue parmi les nombreuses protéines de la chaîne respiratoire est le *cytochrome c*, dont la structure tridimensionnelle a été déterminée par cristallographie (Figure 7-28).

Les *protéines fer-soufre* sont une deuxième grande famille de transporteurs d'électrons. Dans ces protéines, deux ou quatre atomes de fer sont liés à un nombre égal d'atomes de soufre et à des chaînes latérales de cystéine, formant un **centre fer-soufre** sur la protéine (Figure 7-29). Il y a plus de centres fer-soufre que de cytochromes dans la chaîne respiratoire, mais ils

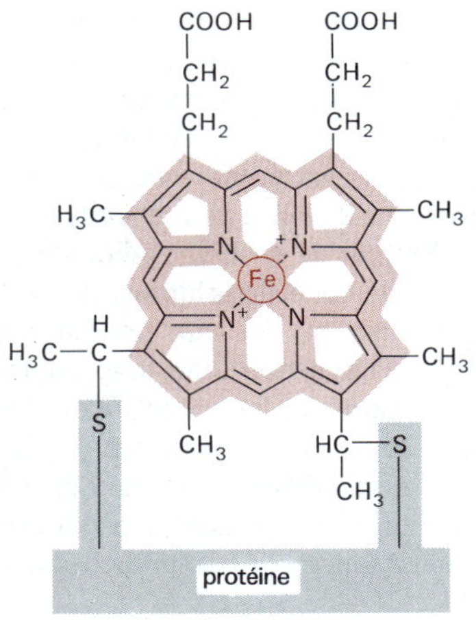

Figure 7-27 Structure du groupement prosthétique lié de façon covalente au cytochrome c. Quatre des six positions de coordination sur le fer sont occupées par le cycle porphyrique. Les cinquième et sixième positions de coordination sont perpendiculaires au plan du cycle. Dans presque tous les cytochromes, ces deux positions sont occupées par des chaînes latérales d'acides aminés, de sorte qu'aucun autre ligand ne puisse s'y fixer. Le cytochrome a_3 fait exception ; comme pour l'hémoglobine et la myoglobine, la sixième position de coordination dans ce composant de la cytochrome oxydase est libre, de sorte qu'il peut fixer l'oxygène.
Il existe cinq cytochromes différents dans la chaîne respiratoire. Puisque les hèmes de différents cytochromes ont des structures légèrement différentes, et sont associés à leurs protéines respectives de différentes façons, chacun de ces cytochromes a une affinité différente pour un électron.

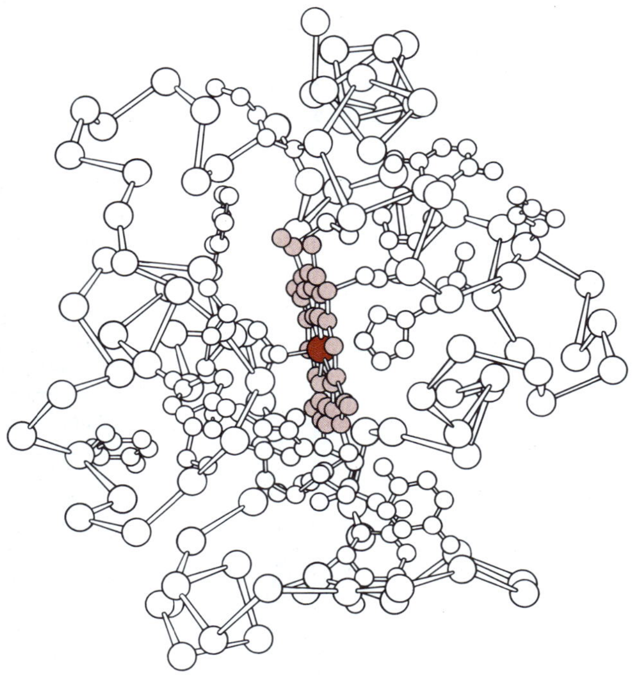

Figure 7-28 La structure tridimensionnelle du cytochrome *c*, un transporteur d'électrons de la chaîne de transport des électrons. Cette petite protéine contient tout au plus 100 acides aminés et sa liaison à la membrane, par des interactions ioniques, est faible (voir Figure 7-35). L'atome de fer *(couleur sombre)* de l'hème lié *(couleur claire)* ne peut transporter qu'un seul électron (voir aussi la Figure 3-52 A).

ne peuvent être détectés que par spectroscopie par résonance de spin électronique ou RSE (« electron spin resonance spectroscopy » ou « ESR »), et ils sont moins bien caractérisés.

Le plus simple des transporteurs d'électrons est une petite molécule hydrophobe dissoute dans la double couche lipidique, connue sous le nom d'*ubiquinone*, ou *coenzyme Q*. Une **quinone (Q)** peut prendre ou donner un ou deux électrons, et elle prend provisoirement un proton dans le milieu pour chaque électron qu'elle transporte (Figure 7-30).

En plus de six hèmes différents liés aux cytochromes, de plus de six centres fer-soufre et de l'ubiquinone, deux atomes de cuivre et une flavine qui servent de transporteurs d'électrons sont étroitement liés aux protéines de la chaîne respiratoire dans la voie conduisant du NADH à l'oxygène. Cette voie implique au total environ 40 protéines différentes. L'ordre des transporteurs individuels d'électrons dans la chaîne a été déterminé par des mesures spectroscopiques sophistiquées (Figure 7-31), et beaucoup des protéines furent initialement isolées et caractérisées en tant que polypeptides isolés. Il a fallu, cependant, attendre la conception d'une organisation des protéines en trois grands complexes enzymatiques, pour parvenir à une réelle compréhension de la chaîne respiratoire.

7-13 La chaîne respiratoire contient trois gros complexes enzymatiques enchâssés dans la membrane interne [18]

Les protéines membranaires sont difficiles à purifier sous la forme de complexes intacts, car elles sont insolubles dans la plupart des solutions aqueuses et les agents de solubilisation utilisés, comme les détergents ou l'urée, peuvent détruire les interactions normales entre protéines (voir p. 286). Au début des années 1960, on trouva cependant que des détergents ioniques relativement doux, tels que le désoxycholate (Figure 7-32), permettaient une solubilisation préférentielle des composants de la membrane mitochondriale interne sous leur forme native. Ceci permit d'identifier et de purifier les trois principaux **complexes enzymatiques respiratoires** liés à la membrane dans la voie qui conduit du NADH à l'oxygène (Figure 7-33).

1. Le **complexe NADH déshydrogénase** est le plus gros des complexes enzymatiques respiratoires, avec une masse d'environ 800 000 daltons et plus de 22 chaînes polypeptidiques. Il accepte les électrons du NADH et les transmet, par l'intermédiaire d'une flavine et d'au moins cinq centres fer-soufre, à l'ubiquinone, une petite molécule liposoluble (voir Figure 7-30) qui transfère ses électrons au second complexe enzymatique respiratoire, le *complexe b-c*$_1$.
2. Le **complexe b-c**$_1$ contient au moins 8 chaînes polypeptidiques différentes et sa forme active, pense-t-on, est un dimère d'environ 500 000 daltons. Chaque monomère contient trois hèmes liés aux cytochromes, et une protéine fer-soufre. Le complexe accepte des électrons de l'ubiquinone, et les transmet au cytochrome c, une petite protéine à la périphérie de la membrane (voir Figure 7-28) qui transporte son électron jusqu'au *complexe cytochrome oxydase*.
3. Le **complexe cytochrome oxydase** (cytochrome aa$_3$) est le mieux caractérisé des trois complexes. Il est constitué d'au moins 8 chaînes polypeptidiques différentes, et est isolé sous la forme d'un dimère d'environ 300 000 daltons ; chaque monomère contient deux cytochromes et deux atomes de cuivre. Le complexe accepte des électrons du cytochrome c et les transmet à l'oxygène.

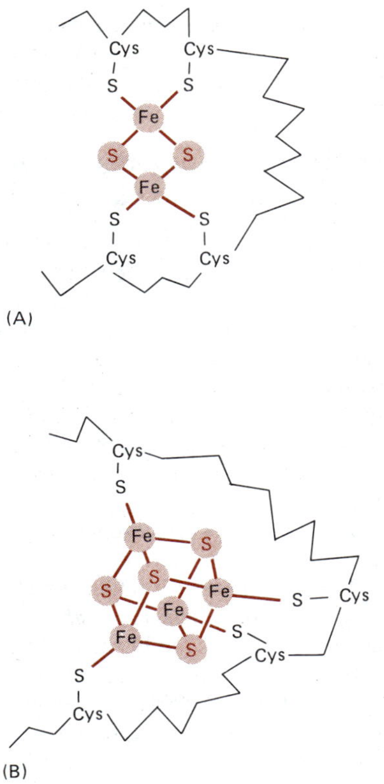

Figure 7-29 Structures de deux types de centre fer-soufre. (A) Un centre du type 2Fe2S. (B) Un centre du type 4Fe4S. Bien qu'ils contiennent de multiples atomes de fer, chaque centre fer-soufre ne peut transporter qu'un seul électron à la fois. Il y a plus de six centres fer-soufre différents dans la chaîne respiratoire.

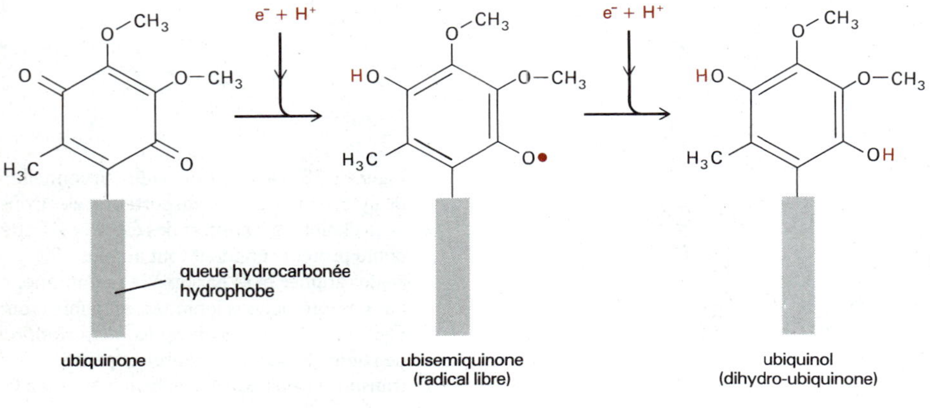

Figure 7-30 Les quinones sont des transporteurs importants dans les chaînes de transport des électrons. Une quinone prélève un proton de l'environnement aqueux pour chaque électron qu'elle accepte, et elle peut transporter un ou deux électrons. Quant elle cède ses électrons au transporteur suivant dans la chaîne, ces protons sont libérés. Dans les mitochondries de mammifères, la quinone est une ubiquinone (coenzyme Q) représentée ici ; la longue queue hydrophobe, qui maintient l'ubiquinone dans la membrane, se compose habituellement de 10 unités isoprènes à cinq carbones. Le transporteur d'électrons correspondant chez les végétaux est la plastoquinone, qui est presque identique. Pour simplifier l'ubiquinone et la plastoquinone seront normalement appelées *quinone* et leur abréviation sera Q.

Figure 7-31 Les méthodes générales utilisées pour déterminer la voie que suivent les électrons le long d'une chaîne de transport d'électrons. L'étendue de l'oxydation des transporteurs d'électons, a, b, c, et d est continuellement contrôlée en suivant leurs spectres respectifs, dont l'état oxydé diffère de l'état réduit. (A) Dans des conditions normales, tous les transporteurs sont dans un état partiellement oxydé. En présence d'un inhibiteur spécifique, les transporteurs situés en aval deviennent plus oxydés et les transporteurs situés en amont plus réduits. (B) En l'absence d'oxygène, tous les transporteurs sont dans leur état complètement réduit. L'addition soudaine d'oxygène convertit chaque transporteur dans sa forme partiellement oxydée avec un délai qui est maximum pour les transporteurs situés le plus en amont.

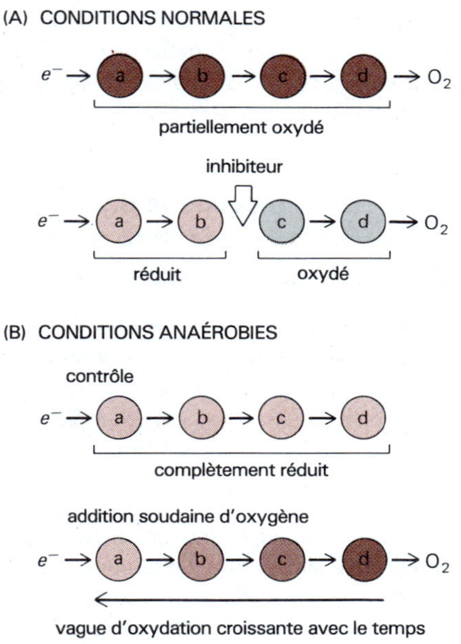

Les cytochromes, les centres fer-soufre, et les atomes de cuivre ne peuvent transporter qu'un électron à la fois. Toutefois, chaque NADH donne deux électrons, et chaque molécule d'O_2 doit recevoir quatre électrons pour former de l'eau. Ces modifications du nombre des électrons s'effectuent en plusieurs points de captage et de dispersion des électrons distribués le long de la chaîne de transport des électrons. Ainsi, par exemple, le complexe cytochrome oxydase accepte, un par un, quatre électrons des molécules de cytochrome c, et les transfère finalement à une seule molécule d'O_2 liée, formant ainsi deux molécules d'eau. Au cours des étapes intermédiaires de ce processus, deux électrons pénètrent dans l'hème du cytochrome *a* et dans un atome de cuivre lié à une protéine, Cu_a, avant d'être transmis au site de fixation de l'oxygène, qui fait intervenir à son tour, un autre atome de cuivre et l'hème du cytochrome a_3. On ne sait pas exactement comment chaque molécule d'oxygène lié réagit avec quatre électrons et quatre protons pour produire deux molécules d'eau.

On estime que la réaction catalysée par la cytochrome oxydase représente 90 p. cent de la consommation totale d'oxygène dans la plupart des cellules. Les cyanures et les azotures, qui ont la capacité de se fixer étroitement à ce complexe, sont toxiques car ils bloquent ainsi tout transport électronique.

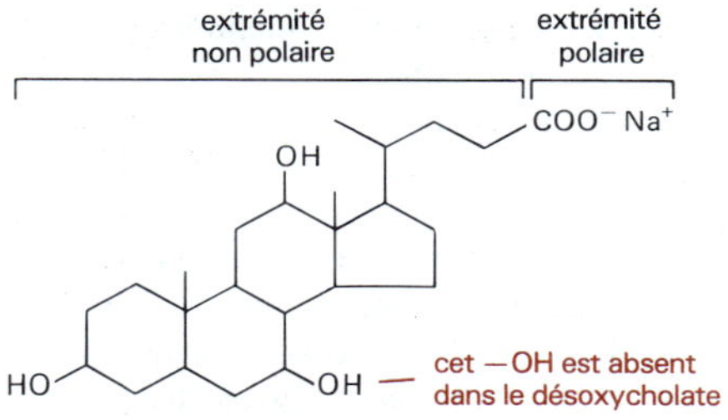

Figure 7-32 Structure du cholate et du désoxycholate, détergents anioniques relativement doux. Bien qu'ils soient tous les deux assez puissants pour solubiliser les protéines membranaires, ils peuvent être souvent utilisés sans dommage pour les activités enzymatiques.

Les transferts d'électrons sont assurés par des collisions aléatoires entre des donneurs diffusibles et des accepteurs dans la membrane mitochondriale interne [19]

Les deux composants qui transportent les électrons entre les trois complexes enzymatiques principaux de la chaîne respiratoire — l'*ubiquinone* et le *cytochrome c* — diffusent rapidement dans le plan de la membrane. Les collisions entre ces transporteurs mobiles et les complexes enzymatiques peuvent être responsables des vitesses de transfert des électrons que l'on observe (chaque complexe donne et reçoit un électron environ toutes les 5 à 20 millisecondes). Ainsi, il n'est pas utile de postuler l'existence d'une chaîne structuralement ordonnée de protéines de transfert d'électrons dans la double couche lipidique ; en effet, les trois complexes enzymatiques semblent exister en tant qu'entités indépendantes dans le plan de la membrane interne, et le transfert ordonné des électrons est entièrement dû à la spécificité des interactions fonctionnelles entre les composants de la chaîne.

Cette idée est confortée par le fait que les divers composants de la chaîne respiratoire sont présents en quantités assez différentes. Pour chaque molécule du complexe NADH

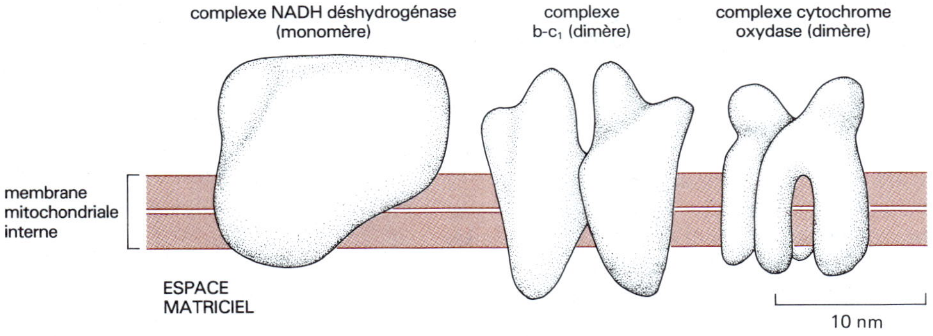

Figure 7-33 Les tailles et formes relatives des trois complexes enzymatiques respiratoires. Ces structures tridimensionnelles à faible résolution furent obtenues à partir d'images de cristaux bidimentionnels (feuillets cristallins) observés en microscopie électronique sous différents angles.

déshydrogénase dans les mitochondries du cœur, par exemple, on estime qu'il y a 3 molécules de complexe b-c_1, 7 molécules de complexe cytochrome oxydase, 9 molécules de cytochrome c, et 50 molécules d'ubiquinone ; on trouve des proportions très différentes dans certaines autres cellules.

7-14 Une chute importante dans le potentiel redox à travers chacun des trois complexes enzymatiques respiratoires fournit l'énergie pour le pompage des protons [12-20]

Des paires de composés tels que H_2O et $^1/_2O_2$, ou NADH et NAD^+, sont appelées **paires redox conjuguées**, puisqu'un des composés est converti en l'autre après addition d'un ou de plusieurs électrons plus un ou plusieurs protons — les protons étant facilement disponibles dans toute solution aqueuse. Ainsi, par exemple :

$$^1/_2O_2 + 2\,e^- + 2\,H^+ \rightarrow H_2O$$

Il est bien connu qu'un mélange 50/50 des deux membres d'une paire *acide-base conjuguée* agit comme un tampon, maintenant une « pression H^+ » définie, ou pH, qui est une mesure de la constante de dissociation de l'acide. Exactement de la même façon, un mélange 50/50 des deux membres d'une paire redox conjuguée maintient une « pression électronique » définie, ou **potentiel redox** (oxydation-réduction), $\boldsymbol{E}$, qui est une mesure de l'affinité du transporteur d'électrons pour ceux-ci.

En plaçant des électrodes au contact de solutions qui contiennent des paires redox conjuguées appropriées, on peut mesurer le potentiel redox de chacun des divers transporteurs d'électrons qui participent aux réactions biologiques d'oxydo-réduction. Les paires de composés qui ont les potentiels redox les plus négatifs ont l'affinité la plus faible pour les électrons, et contiennent, par conséquent, les transporteurs qui ont le plus tendance à donner les électrons et le moins tendance à les accepter. Ainsi, un mélange 50/50 de NADH et de NAD^+ a un potentiel redox de – 320 mV indiquant que le NADH a une forte tendance à donner des électrons ; un mélange 50/50 de H_2O et $^1/_2O_2$ a un potentiel redox de + 820 mV, indiquant que O_2 a une forte tendance à les accepter.

Il est possible de déterminer les potentiels redox pour tous les transporteurs d'électrons de la chaîne respiratoire qui peuvent être différenciés par leurs spectres. Par exemple, on peut ajouter de petites molécules qui court-circuitent la chaîne respiratoire en donnant et en acceptant facilement des électrons. La détermination du rapport entre les formes oxydée et réduite de chaque transporteur se fait par analyse spectrale au cours des modifications que subit le potentiel redox de la solution provoquant le court-circuit. Comme on s'y attendait, les potentiels redox augmentent lorsque l'on se déplace le long de la chaîne de transporteurs d'électrons. La plupart des cytochromes ont des potentiels redox plus élevés que les centres fer-soufre. Ainsi, les cytochromes servent généralement de transporteurs d'électrons près de l'extrémité O_2, alors que les protéines fer-soufre servent de transporteurs près de l'extrémité NADH de la chaîne respiratoire.

Une représentation schématique des potentiels redox mesurés le long de la chaîne respiratoire est donnée dans la Figure 7-34. Les potentiels chutent en trois grandes étapes, une au niveau de chaque complexe enzymatique principal. La variation de potentiel redox entre deux transporteurs d'électrons quelconques est directement proportionnelle à l'énergie libre libérée par un transfert d'électrons entre eux (Figure 7-34). Chaque complexe se comporte comme un dispositif de conversion énergétique et capte cette variation d'énergie libre en pompant des protons à travers la membrane pour créer un gradient électrochimique à chaque fois que les électrons le traversent. Cette conversion peut être démontrée en incorporant séparément chaque complexe purifié dans des liposomes (voir Figure 7-25). Quand chacun des trois complexes isolés est mis en présence d'un donneur et d'un accepteur d'électrons appropriés, de telle sorte que les électrons puissent le traverser, des protons sont transférés à travers la membrane du liposome.

Le mécanisme de conversion énergétique, qui est la base de la phosphorylation oxydative, exige que chaque complexe protéique soit inséré dans la double couche lipidique membranaire avec une orientation fixe, de façon à ce que tous les protons soient pompés dans la même direction hors de l'espace matriciel (Figure 9-33). Une telle *organisation vectorielle* des protéines membranaires a été démontrée en utilisant des sondes, ne traversant pas les membranes, pour marquer chaque complexe d'un côté de la membrane (voir p. 288). Une orientation unique dans la double couche est une caractéristique commune à toutes les protéines membranaires, et est essentielle à leur fonction.

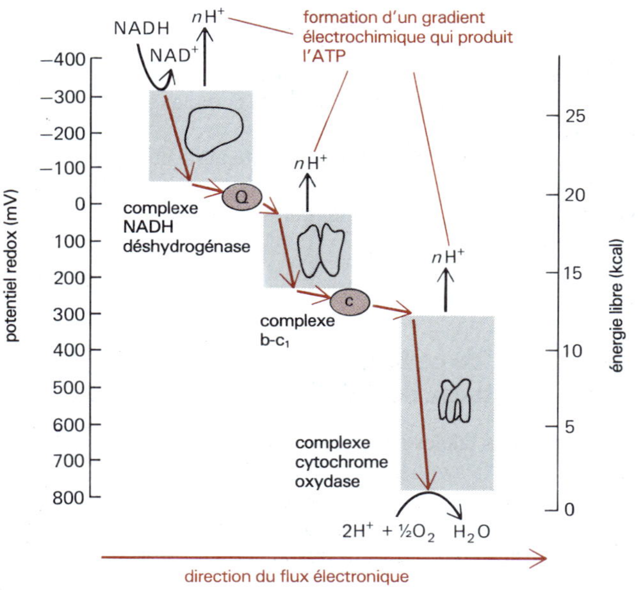

Figure 7-34 Le potentiel redox (noté E'_0 ou Eh) augmente lorsque les électrons dévalent la chaîne respiratoire jusqu'à l'oxygène. La variation d'énergie libre standard, $\Delta G°$, pour le transfert de chacun des deux électrons donnés par une molécule de NADH, peut être obtenue sur l'ordonnée de droite ($\Delta G = -n\ (0{,}023)\ \Delta E'_0$ où n est le nombre d'électrons transférés pendant une variation de potentiel redox de $\Delta E'_0$ mV). Les électrons circulent à travers un complexe enzymatique par transmission séquentielle aux quatre transporteurs d'électrons (au moins) de chaque complexe. Comme indiqué, une partie de la variation d'énergie libre favorable est captée par chaque complexe enzymatique pour pomper des protons à travers la membrane mitochondriale interne. Le nombre de protons pompés par seconde *(n)* n'est pas connu avec certitude.
Les deux électrons transportés à partir du $FADH_2$, engendré par l'oxydation des acides gras (voir Figure 7-11) et par le cycle de l'acide citrique (voir Figure 7-14), produisent moins d'énergie utile que les deux électrons provenant du NADH. Puisque le potentiel redox de $FADH_2$ est de l'ordre de 0 mV, ses électrons sont transmis à l'ubiquinone selon un processus qui n'est pas conservateur d'énergie (non représenté). Le transport des électrons du $FADH_2$ à l'oxygène provoque par conséquent un pompage de protons au niveau de deux sites au lieu de trois.

Les mécanismes du pompage respiratoire des protons ne sont pas bien compris [21]

Au cours de la phosphorylation oxydative, un maximum d'environ trois molécules d'ATP peuvent être synthétisées pour chaque molécule de NADH oxydée (c'est-à-dire, pour chaque *paire* d'électrons qui traverse les trois complexes enzymatiques dans la chaîne respiratoire). Si nous supposons que trois protons refluent à travers l'ATP synthétase pour chaque molécule d'ATP qu'elle synthétise (voir p. 358), 1,5 proton environ serait pompé par un complexe enzymatique normal pour chaque électron qu'il transporte (certains complexes enzymatiques pompent un seul proton par électron, alors que d'autres en pompent deux).

Le mécanisme moléculaire par lequel le transport des électrons est couplé au pompage des ions H^+ est vraisemblablement différent pour les différents complexes enzymatiques respiratoires. Des changements allostériques dans les conformations des protéines associées au transport d'électrons peuvent en principe pomper des protons, tout comme les protons sont pompés lorsque l'ATP est hydrolysé par l'ATP synthétase fonctionnant en sens inverse (voir p. 357). De plus, comme nous l'avons mentionné précédemment, une quinone prélève un proton dans le milieu aqueux avec chaque électron qu'elle transporte et le libère lorsqu'elle libère l'électron (voir Figure 7-30). L'ubiquinone étant libre de se déplacer dans la double

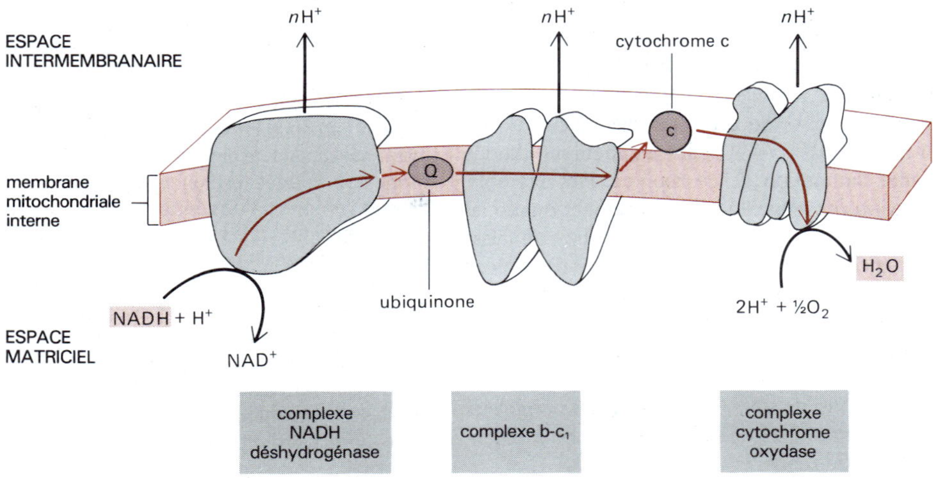

Figure 7-35 Le flux électronique à travers les trois principaux complexes enzymatiques respiratoires au cours du transfert de deux électrons du NADH à l'oxygène. L'ubiquinone et le cytochrome *c* servent de transporteurs entre les complexes.

couche lipidique peut accepter des électrons près de la surface interne de la membrane et les donner au complexe b-c_1 près de la surface externe, transférant ainsi un H^+ à travers la double couche pour chaque électron qu'elle transporte. La stoéchiométrie du pompage de deux protons par électron dans le complexe b-c_1, par recyclage de l'ubiquinone à travers le complexe d'une façon ordonnée, peut être expliquée par des modèles plus élaborés.

Au contraire, il n'y a, semble-t-il, aucun transporteur d'électrons qui transporte aussi un proton pour le complexe cytochrome oxydase, et il semble que le transport d'électrons induise un changement allostérique ordonné dans la conformation de la protéine, qui entraîne une partie du complexe protéique à pomper lui-même des protons.

7-15 Les ionophores H^+ dissipent le gradient H^+ et, de ce fait, découplent le transport des électrons de la synthèse de l'ATP [22]

Depuis les années 1940, on a reconnu que plusieurs acides faibles lipophiles agissent comme *agents découplants*, découplant le transport d'électrons de la synthèse de l'ATP. L'addition de ces composés organiques de faibles poids moléculaires à des cellules, arrête la synthèse d'ATP par les mitochondries, sans bloquer leur consommation d'oxygène. En présence d'un agent découplant, le transport des électrons continue à une vitesse élevée, mais aucun gradient H^+ n'est formé. L'explication de cet effet est à la fois simple et élégante : les agents découplants agissent comme des transporteurs de H^+ (protonophores) et fournissent une voie qui se substitue à l'ATP synthétase pour le flux des H^+ à travers la membrane mitochondriale interne. Le résultat de ce « court-circuit » est que la force motrice protonique est complètement annulée, et l'ATP ne peut plus être synthétisé. Le mécanisme impliqué est illustré dans la Figure 7-36 pour le 2,4-dinitrophénol, un découplant abondamment utilisé.

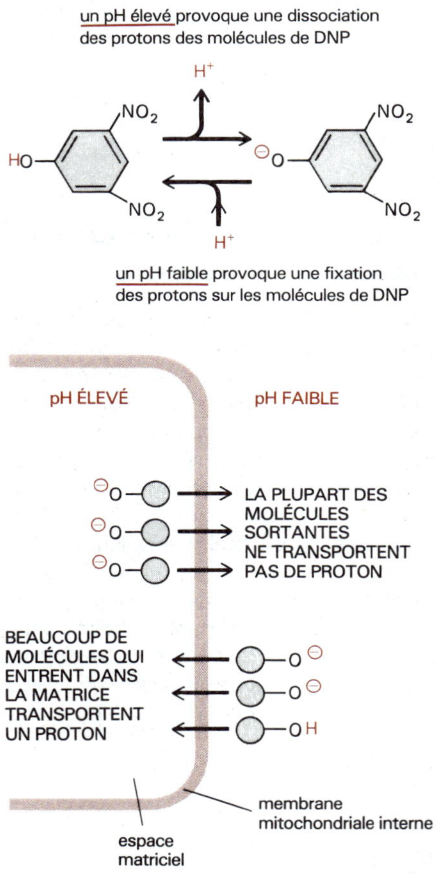

Figure 7-36 Transfert de protons à travers la membrane mitochondriale interne par un agent découplant, le dinitrophénol (DNP). La forme non chargée (protonée) du DNP peut diffuser librement à travers la double couche lipidique, et la circulation de la forme chargée à travers la membrane est vraisemblablement facilitée par une protéine de transport d'anions (non représentée). A cause du gradient électrochimique de protons, les molécules de dinitrophénol feront pénétrer plus de protons à l'intérieur qu'elles n'en feront sortir, jusqu'à ce que la force motrice protonique ait complètement disparu.

7-16 Le contrôle respiratoire freine normalement le flux des électrons à travers la chaîne [23]

Lorsqu'un découplant tel que le dinitrophénol est ajouté aux cellules, les mitochondries augmentent leur consommation d'oxygène, en grande partie à cause d'un accroissement de la vitesse de transport des électrons. Cet accroissement reflète l'existence d'un **contrôle respiratoire**. On pense que le contrôle agit par l'intermédiaire d'une influence inhibitrice directe du gradient électrochimique de protons sur la vitesse de transport des électrons. Quand le gradient électrochimique s'effondre par l'action d'un agent découplant, le transport des électrons est libre d'évoluer sans contrôle, à la vitesse maximale. Au fur et à mesure que le gradient augmente, le transport des électrons devient plus difficile et le processus se ralentit. De plus, si un gradient électrochimique anormalement important est établi de façon expérimentale à travers la membrane interne, le transport normal des électrons s'arrête complètement et un *flux d'électrons inverse* peut être détecté dans certaines parties de la chaîne respiratoire. Cette observation suggère que le contrôle respiratoire reflète un simple équilibre entre la variation d'énergie libre du pompage de protons lié au transport d'électrons, et la variation d'énergie libre du transport des électrons : en d'autres termes, l'amplitude du gradient électrochimique de protons affecte à la fois la vitesse et la direction du transport des électrons de la même façon qu'il détermine le mode d'action de l'ATP synthétase (voir p. 358).

Le contrôle respiratoire n'est qu'une partie d'un système élaboré de régulations concertées, exercées par des rétro-contrôles qui coordonnent les vitesses de la glycolyse, de la dégradation des acides gras, du cycle de l'acide citrique, et du transport des électrons. Les vitesses de tous ces processus sont ajustées au rapport ATP/ADP ; elles augmentent chaque fois qu'une utilisation accrue d'ATP entraîne une diminution de ce rapport. Par exemple, l'ATP synthétase de la membrane mitochondriale interne travaille plus rapidement quand les concentrations de ses substrats ADP et P_i augmentent. Quand elle accélère, l'enzyme laisse entrer plus de protons dans la matrice et dissipe ainsi le gradient électrochimique de protons plus rapidement. Le gradient, en chutant, accroît, à son tour, la vitesse de transport des électrons.

Des contrôles similaires, incluant la rétro-inhibition de plusieurs enzymes clés par l'ATP (voir par exemple Figure 7-13), ajustent les vitesses de production de NADH sur la vitesse d'utilisation de ce NADH par la chaîne respiratoire, et ainsi de suite. Il résulte de ces nombreux mécanismes de contrôle que le corps oxyde les graisses et les glucides 5 à 10 fois plus rapidement pendant un exercice intense que pendant une période de repos.

Des découplants naturels convertissent les mitochondries de la graisse brune en machines génératrices de chaleur [24]

Dans certaines cellules adipeuses spécialisées, la respiration mitochondriale est normalement découplée de la synthèse de l'ATP. Dans ces cellules, connues sous le nom de cellules adipeuses brunes, l'énergie d'oxydation est essentiellement dissipée sous forme de chaleur au lieu d'être convertie en ATP. Les membranes internes des grosses mitochondries présentes dans ces cellules contiennent une protéine de transport particulière qui permet aux protons de descendre leur gradient électrochimique sans activer l'ATP synthétase. De ce fait, les cellules oxydent leurs réserves de graisse à grande vitesse, et produisent plus de chaleur que d'ATP. Les tissus contenant la graisse brune servent alors de « blocs chauffants » qui réaniment les animaux en hibernation et protègent du froid les zones sensibles chez les nouveau-nés humains.

7-17 Toutes les bactéries utilisent des mécanismes chimiosmotiques pour capter l'énergie [25]

Les bactéries utilisent des sources d'énergie extrêmement diverses. Certaines, comme les cellules animales, synthétisent l'ATP à partir des glucides qu'elles oxydent en CO_2 et H_2O grâce à la glycolyse et au cycle de l'acide citrique ; elles possèdent une chaîne respiratoire au niveau de leur membrane plasmique, semblable à celle présente dans la membrane interne des mitochondries. D'autres sont des anaérobies strictes, et tirent leur énergie de la seule glycolyse (fermentation) ou d'une chaîne de transport d'électrons qui utilise une molécule autre que l'oxygène comme accepteur final d'électrons. A titre d'exemples, cet autre accepteur d'électrons peut être un composé azoté (nitrate ou nitrite), un composé sulfuré (sulfate ou sulfite), ou un composé carboné (fumarate ou carbonate). Les électrons sont transférés jusqu'à ces accepteurs par une série de transporteurs d'électrons localisés dans la membrane plasmique, qui sont comparables à ceux présents dans les chaînes respiratoires mitochondriales.

En dépit de cette diversité, la membrane plasmique de la grande majorité des bactéries contient une ATP synthétase qui est très semblable à celle trouvée dans les mitochondries (et les chloroplastes). Dans les bactéries anaérobies qui n'ont pas de chaîne de transport d'électrons, cette ATP synthétase fonctionne en sens inverse, et utilise l'ATP produit par la glycolyse pour établir une force motrice protonique à travers la membrane plasmique bactérienne. Dans les bactéries aérobies, une chaîne de transport d'électrons établit la force motrice protonique qui entraîne l'ATP synthétase pour la fabrication de l'ATP.

La plupart des bactéries, y compris les anaérobies strictes, maintiennent une force motrice protonique à travers leur membrane plasmique. Le gradient électrochimique protonique est capté pour activer un moteur flagellaire qui permet aux bactéries de « nager » (voir p. 720), et Na^+ est pompé hors de la bactérie par un système antiport Na^+-H^+ couplé aux protons, qui remplace l'ATPase Na^+-K^+ des cellules eucaryotes. Le transport d'entrée à travers la membrane plasmique dans les cellules animales est, en majorité, favorisé par un gradient Na^+ établi par l'ATPase Na^+-K^+ (voir p. 309). A l'inverse, le transport actif des éléments nutritifs dans les bactéries tend à s'effectuer par l'intermédiaire de systèmes de symport activés par les ions H^+, dans lesquels le métabolite choisi est entraîné dans la cellule avec un ou plusieurs protons grâce à une protéine porteuse spécifique. La plupart des acides aminés et de nombreux glucides sont transportés de cette façon (Figure 7-37).

Parmi les divers types de bactéries, certaines ont été capables de s'adapter à des environnements extrêmement hostiles. Certaines, par exemple, vivent dans des environnements très alcalins, et doivent maintenir leur cytoplasme à un pH plus acide que le milieu extérieur pour protéger leurs molécules labiles en milieu alcalin, telles que l'ARN. Pour ces cellules, toute tentative pour créer un gradient électrochimique de proton serait contrarié par un important gradient de concentration de protons dans la mauvaise direction (concentration de H^+ plus élevée à l'intérieur qu'à l'extérieur). Une bactérie marine tolérante aux alcali *Vibrio alginolyticus* a, probablement pour cette raison, substitué Na^+ à H^+ dans tous ses mécanismes chimiomotiques. Sa chaîne respiratoire pompe Na^+ hors de la cellule, ses systèmes de transport sont couplés à un symport d'entrée de Na^+, son moteur flagellaire est activé par un flux entrant de Na^+, et une ATP synthétase couplée à Na^+ semble être responsable de la majorité de sa synthèse d'ATP. L'existence de telles bactéries démontre que le principe de la chimiosmose est plus fondamental que le gradient électrochimique de protons sur lequel il est normalement basé.

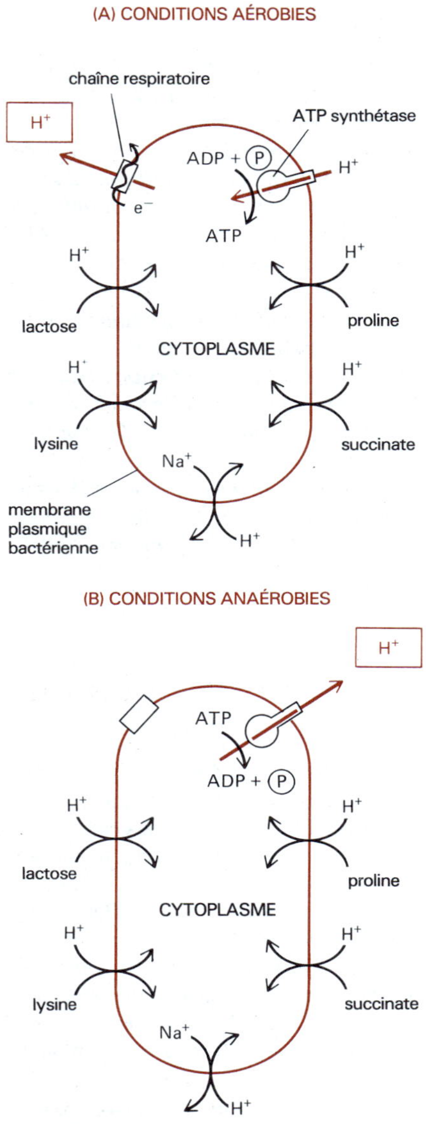

Figure 7-37 Une force motrice protonique créée à travers la membrane plasmique des cellules bactériennes pompe les éléments nutritifs dans la cellule et expulse le sodium. En (A) le gradient électrochimique de protons est créé dans une bactérie aérobie par une chaîne respiratoire et est ensuite utilisée par l'ATP synthétase pour fabriquer l'ATP. Il est également utilisé pour transporter certains éléments nutritifs dans la bactérie. En (B) la même bactérie se développant dans des conditions anaérobies tirera son ATP de la glycolyse. Une partie de cet ATP est hydrolysée par l'ATP synthétase pour établir la force motrice protonique nécessaire aux processus de transport. (Comme cela est décrit dans le texte, d'autres bactéries possèdent des chaînes de transport d'électrons qui pompent les protons vers l'extérieur de la cellule dans des conditions anaérobies, en utilisant une molécule autre que l'oxygène comme accepteur d'électrons final.)

Résumé

La chaîne respiratoire située dans la membrane mitochondriale interne contient trois principaux complexes enzymatiques qui sont impliqués dans le transfert des électrons du NADH à O_2. Chacun de ces complexes peut être purifié, inséré dans des vésicules lipidiques synthétiques, et peut pomper des protons quand des électrons le traversent. Dans la membrane native, les transporteurs mobiles d'électrons, ubiquinone et cytochrome c, complètent la chaîne de transport des électrons en faisant la navette entre les complexes enzymatiques. Le cheminement du flux électronique est le suivant : NADH → complexe NADH déshydrogénase → ubiquinone → complexe b-c_1 → cytochrome c → complexe cytochrome oxydase → oxygène moléculaire (O_2).

Les complexes enzymatiques respiratoires couplent le transport d'électrons énergétiquement favorable au pompage de protons hors de la matrice. Le gradient électrochimique de protons résultant est capté, pour fabriquer de l'ATP, par un autre complexe protéique transmembranaire, l'ATP synthétase, à travers lequel les protons refluent dans la matrice. L'ATP synthétase est un dispositif de couplage réversible qui convertit normalement un reflux de protons en énergie de liaison phosphate au niveau de l'ATP, mais elle peut aussi hydrolyser l'ATP pour pomper des protons dans la direction opposée si le gradient électrochimique de protons est diminué. Sa présence universelle dans les mitochondries, les chloroplastes, et les bactéries, atteste de l'importance capitale des mécanismes chimiosmotiques dans les cellules.

Chloroplastes et photosynthèse [26]

Tous les animaux et la plupart des micro-organismes sont tributaires de la consommation continuelle de grandes quantités de composés organiques provenant de leur environnement. Ces composés fournissent les squelettes carbonés pour les biosynthèses et l'énergie métabolique qui permet tous les processus cellulaires. On pense que les premiers organismes vivants sur la terre primitive avaient accès à une abondance de composés organiques produits par des mécanismes géochimiques (p. 4), mais que la plupart des composés originels furent épuisés voici des milliards d'années. Depuis ce temps, pratiquement tous les matériaux organiques requis par les cellules vivantes ont été produits par des *organismes photosynthétiques*, y compris de nombreux types de bactéries photosynthétiques. Les bactéries photosynthétiques les plus évoluées sont les cyanobactéries qui ont des besoins minimes en éléments nutritifs. Elles utilisent les électrons de l'eau et l'énergie de la lumière solaire pour convertir le CO_2 atmosphérique en composés organiques. De plus, au cours de la décomposition de l'eau [dans la réaction $nH_2O + nCO_2 \xrightarrow{\text{lumière}} (CH_2O)_n + nO_2$], elles libèrent dans l'atmosphère l'oxygène nécessaire à la phosphorylation oxydative. Comme nous l'expliquerons plus tard, ce fut vraisemblablement l'évolution des cyanobactéries à partir de bactéries photosynthétiques plus primitives qui rendit possible le développement d'une forme de vie aérobie.

Chez les végétaux, qui se sont développés plus tard, la photosynthèse est réalisée dans un organite intracellulaire spécialisé — le chloroplaste. Les chloroplastes assurent la photosynthèse pendant les heures d'éclairement. La nuit, lorsque la production par photosynthèse de métabolites riches en énergie cesse, la cellule végétale fait appel à ses mitochondries (qui ressemblent étroitement à celles des cellules animales) pour synthétiser l'ATP.

On suppose, sur la base de preuves biochimiques, que les chloroplastes sont les descendants de bactéries photosynthétiques productrices d'oxygène qui furent incluses, par endocytose, pour vivre en symbiose avec des cellules eucaryotes primitives. En général, on croit également que les mitochondries sont les descendantes de bactéries incluses par endocytose. Les nombreuses différences qui existent entre les chloroplastes et les mitochondries sont dues, pense-t-on, à leurs ancêtres bactériens différents ainsi qu'à la divergence ultérieure au cours de l'évolution. Néanmoins, les mécanismes fondamentaux impliqués dans la synthèse d'ATP par la lumière dans les chloroplastes, et la synthèse d'ATP par la respiration dans les mitochondries, sont très similaires.

Les chloroplastes ressemblent aux mitochondries mais ont un compartiment supplémentaire [27]

Les chloroplastes réalisent leurs interconversions énergétiques par des mécanismes chimiosmotiques, exactement de la même façon que le font les mitochondries et ils sont organisés selon les mêmes principes (Figures 7-38 et 7-39). Ils possèdent une membrane externe très perméable,

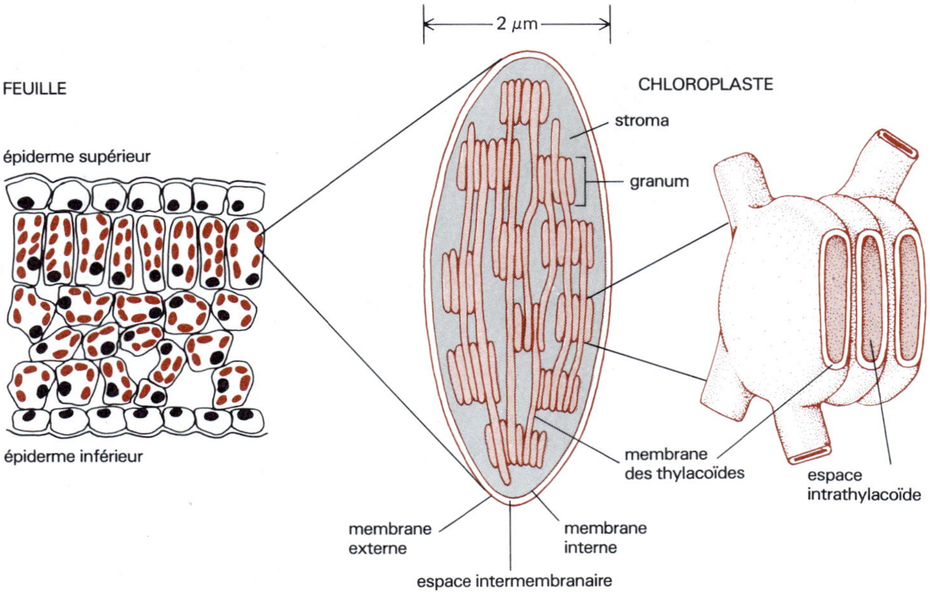

Figure 7-38 Le chloroplaste contient trois membranes distinctes (la membrane externe, la membrane interne et la membrane du thylacoïde) qui délimitent trois compartiments internes séparés — l'espace intermembranaire, le stroma et l'espace intrathylacoïde. La membrane du thylacoïde contient tous les systèmes générateurs d'énergie du chloroplaste. Sur des micrographies électroniques, cette membrane paraît morcelée en unités distinctes qui entourent des vésicules aplaties isolées (voir Figure 7-39), mais qui sont probablement réunies en une seule membrane très repliée dans chaque chloroplaste. Comme il est indiqué, les thylacoïdes individuels sont interconnectés et tendent à s'empiler pour former des agrégats appelés grana.

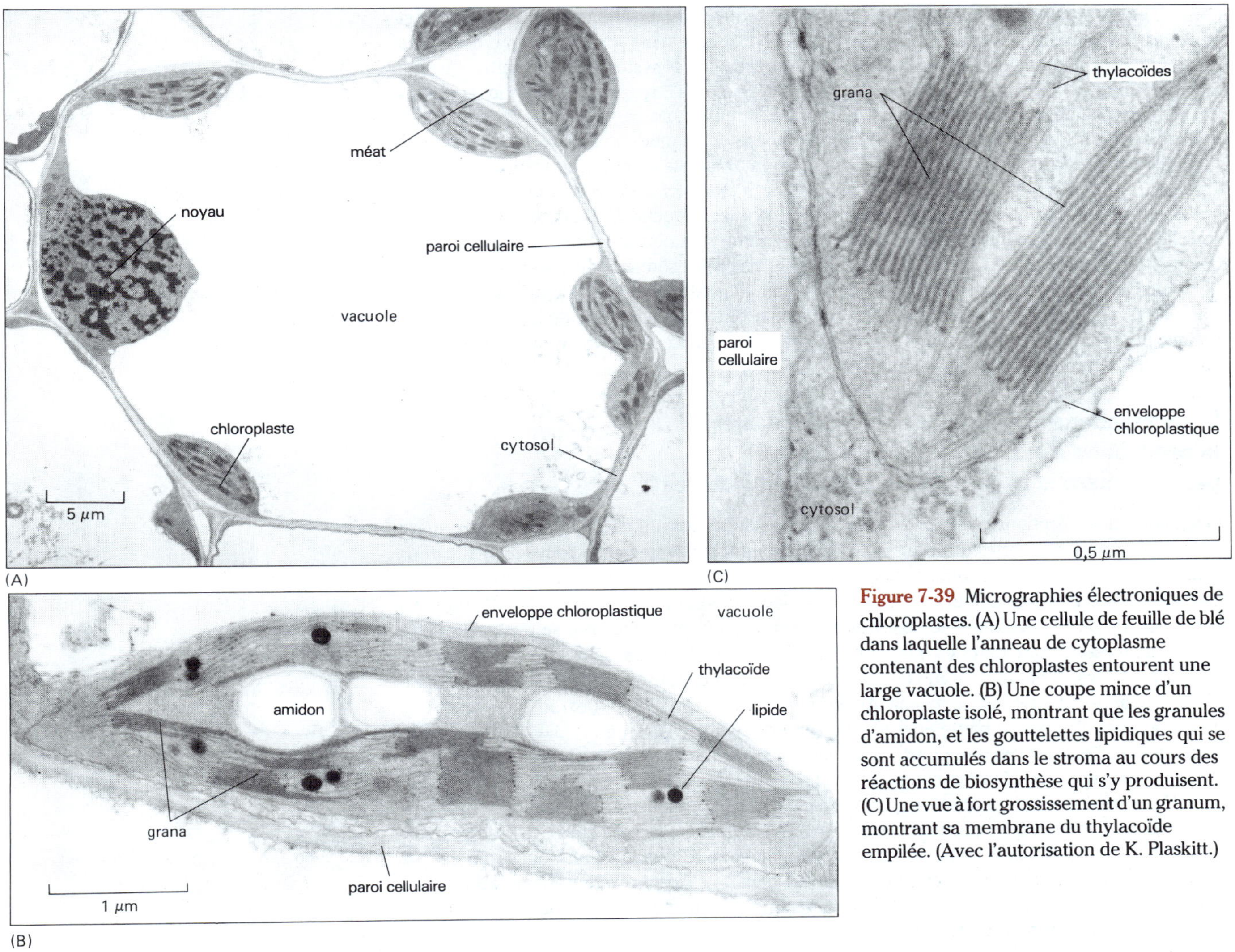

Figure 7-39 Micrographies électroniques de chloroplastes. (A) Une cellule de feuille de blé dans laquelle l'anneau de cytoplasme contenant des chloroplastes entourent une large vacuole. (B) Une coupe mince d'un chloroplaste isolé, montrant que les granules d'amidon, et les gouttelettes lipidiques qui se sont accumulés dans le stroma au cours des réactions de biosynthèse qui s'y produisent. (C) Une vue à fort grossissement d'un granum, montrant sa membrane du thylacoïde empilée. (Avec l'autorisation de K. Plaskitt.)

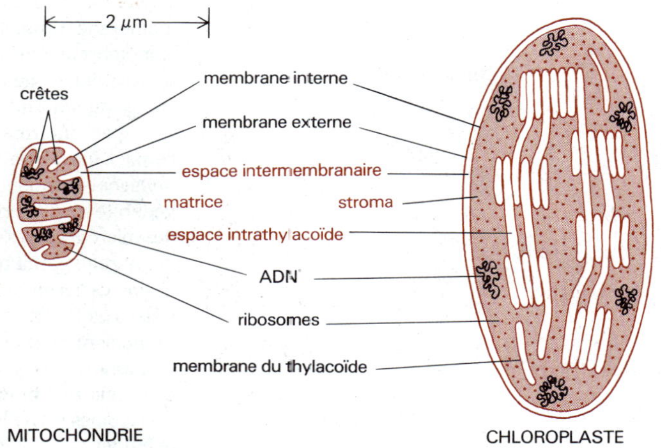

Figure 7-40 Comparaison d'une mitochondrie et d'un chloroplaste. Le chloroplaste est généralement beaucoup plus large et contient une membrane du thylacoïde et un espace intrathylacoïde. La membrane mitochondriale interne est repliée en crêtes.

une membrane interne beaucoup moins perméable, dans laquelle sont enchâssées des protéines de transport particulières, et un espace intermembranaire étroit entre les deux. La membrane interne entoure un vaste espace appelé **stroma**, qui est analogue à la matrice mitochondriale et qui contient diverses enzymes, des ribosomes, de l'ARN et de l'ADN.

Il existe cependant une différence importante entre l'organisation des mitochondries et celle des chloroplastes. La membrane interne du chloroplaste n'est pas plissée en crêtes et ne contient pas de chaîne de transport d'électrons. Au contraire, le système photosynthétique qui absorbe la lumière, la chaîne de transport d'électrons, et une ATP synthétase, sont tous contenus dans une troisième membrane distincte, qui forme un ensemble de sacs discoïdes aplatis, les **thylacoïdes** (voir Figure 7-38). On pense que la lumière de chaque thylacoïde est connectée à la lumière d'autres thylacoïdes ; ils définissent ainsi un troisième compartiment interne, appelé l'*espace intrathylacoïde* qui est séparé du stroma par la *membrane du thylacoïde*.

Les similitudes et différences structurales entre les mitochondries et les chloroplastes sont illustrées dans la Figure 7-40. D'une façon générale, on peut considérer le chloroplaste comme une mitochondrie très élargie dans laquelle les crêtes sont converties en un ensemble de particules submitochondriales intimement liées dans l'espace matriciel. L'extrémité protubérante de l'ATP synthétase du chloroplaste, où est fabriqué l'ATP, déborde de la membrane du thylacoïde dans le stroma, comme elle le fait dans le matrice à partir de la membrane de chaque crête mitochondriale (voir Figure 7-51).

7-21 Deux réactions uniques dans les chloroplastes : la production d'ATP et de NADPH activée par la lumière et la conversion de CO_2 en glucides [26]

Les nombreuses réactions qui se produisent au cours de la biosynthèse peuvent être groupées en deux grandes catégories. (1) Dans les **réactions photosynthétiques de transfert d'électrons** (appelées parfois « réactions lumineuses »), l'énergie provenant de la lumière solaire active un électron de la *chlorophylle*, qui peut alors se déplacer le long d'une chaîne d'oxydation dans la membrane du thylacoïde exactement de la même façon qu'un électron se déplace le long de la chaîne respiratoire dans les mitochondries. Ce processus de transport d'électrons pompe des protons à travers la membrane du thylacoïde et la force motrice protonique qui en résulte active la synthèse d'ATP dans le stroma. Au même moment, les réactions de transfert d'électrons produisent des électrons à haute énergie qui convertissent le $NADP^+$ en NADPH ; au cours de ce processus, l'eau est oxydée pour fournir les électrons au NADPH, et O_2 est libéré. Toutes ces réactions sont limitées au chloroplaste. (2) Dans les **réactions de fixation du carbone** (appelées parfois « réactions obscures »), l'ATP et le NADPH produits par les réactions photosynthétiques de transfert d'électrons servent respectivement de source d'énergie et de pouvoir réducteur, pour favoriser la transformation de CO_2 en glucide. Ces réactions, qui commencent dans le stroma chloroplastique et se poursuivent dans le cytosol, produisent du saccharose dans les feuilles de la plante, d'où il est exporté vers d'autres tissus comme source de molécules organiques et d'énergie pour la croissance.

Ainsi, la formation d'oxygène (qui nécessite directement l'énergie solaire) et la transformation du dioxyde de carbone en glucide (qui n'a besoin qu'indirectement de l'énergie solaire) sont des processus séparés (Figure 7-41). Comme nous le verrons, cependant, des mécanismes rétroactifs élaborés conjuguent les deux afin d'équilibrer la biosynthèse. Par exemple, des modifications des besoins en ATP et en NADPH de la cellule règlent la production de ces molécules dans la membrane du thylacoïde, et plusieurs des enzymes chloroplastiques nécessaires à la fixation du carbone sont inactivées dans l'obscurité et réactivées par les processus de transport d'électrons, stimulés par la lumière.

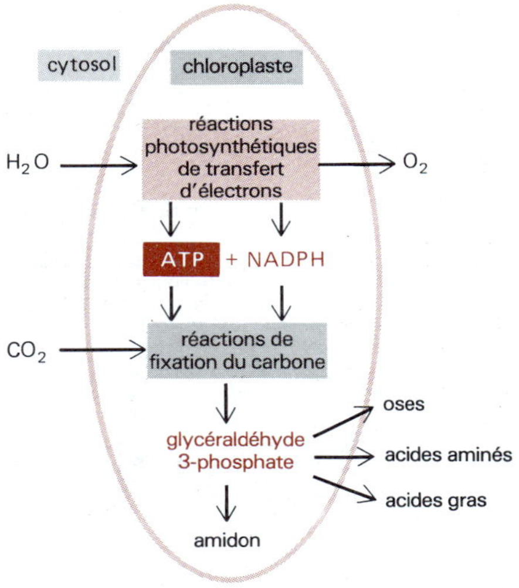

Figure 7-41 La photosynthèse dans un chloroplaste peut être grossièrement séparée en réactions photosynthétiques de transfert d'électrons et en réactions de fixation du carbone. L'eau est oxydée et l'oxygène est libéré dans la première série de réactions, alors que le dioxyde de carbone est assimilé (fixé) pour produire des molécules organiques dans la seconde série de réactions.

La fixation du carbone est catalysée par la ribulose diphosphate carboxylase [28]

Nous avons vu précédemment dans ce chapitre comment les cellules produisent de l'ATP en utilisant la grande quantité d'énergie libre libérée par l'oxydation des glucides en CO_2 et H_2O. Il apparaît donc clairement que la réaction inverse, au cours de laquelle CO_2 et H_2O se combinent pour fabriquer des glucides, doit être une réaction très défavorable. En conséquence, cette synthèse doit être couplée à d'autres réactions très favorables, pour être activée.

La réaction principale dans laquelle un atome de carbone inorganique est converti en carbone organique, est illustrée dans la Figure 7-42 : le CO_2 issu de l'atmosphère réagit avec un composé à cinq carbones, le ribulose 1,5-diphosphate, et l'eau, pour donner deux molécules d'un composé à trois carbones, le 3-phosphoglycérate. Cette réaction de « fixation du carbone », qui fut découverte en 1948, est catalysée dans le stroma chloroplastique par une enzyme volumineuse, la *ribulose diphosphate carboxylase* ($\simeq$ 500 000 daltons). Puisque chaque molécule de l'enzyme travaille de façon paresseuse (transformant environ 3 molécules de substrat par seconde, contre 1 000 molécules pour une enzyme type), de nombreuses copies sont nécessaires. La ribulose diphosphate carboxylase représente souvent plus de 50 p. cent des protéines totales du chloroplaste, ce qui en fait la protéine la plus abondante sur terre.

Trois molécules d'ATP et deux molécules de NADPH sont consommées pour chaque molécule de CO_2 fixé au cours du cycle de fixation du carbone [29]

La réaction de fixation du CO_2 est énergétiquement favorable, mais elle nécessite un apport continu de *ribulose 1,5-diphosphate*, un composé riche en énergie, auquel chaque molécule de CO_2 est ajoutée (voir Figure 7-42). La voie complexe qui conduit à la régénération de ce composé fut établie grâce à l'utilisation des radio-isotopes ; ce fut l'un des premiers grands succès de cette technique. Comme le décrit la Figure 7-43, trois molécules de CO_2 sont fixées par la ribulose diphosphate carboxylase pour produire six molécules de 3-phosphoglycérate (contenant $6 \times 3 = 18$ atomes de carbone : 3 provenant du CO_2 et 15 du ribulose 1,5-diphosphate). Les 18 atomes de carbone subissent ensuite un cycle de réactions qui régénèrent les trois molécules de ribulose 1,5-diphosphate consommées dans l'étape initiale de fixation du carbone (contenant $3 \times 5 = 15$ atomes de carbone). Ce cycle conduit au gain net d'une molécule de *glycéraldéhyde 3-phosphate* (3 atomes de carbone). Dans le **cycle de fixation du carbone** (ou cycle de Calvin-Benson), trois molécules d'ATP et deux molécules de NADPH

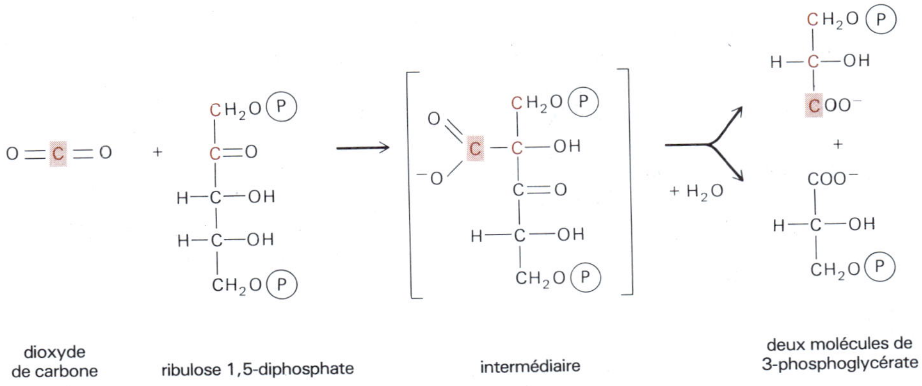

Figure 7-42 La réaction initiale du processus de conversion du dioxyde de carbone en carbone organique. Cette réaction est catalysée dans le stroma du chloroplaste par la *ribulose diphosphate carboxylase*, une enzyme abondante, et elle forme le 3-phosphoglycérate qui est aussi un intermédiaire important dans la glycolyse (voir Figure 2-20, p. 66). Les deux atomes de carbone colorés sont utilisés pour produire du *phosphoglycolate* lorsque l'enzyme ajoute de l'oxygène plutôt que du CO_2 (voir p. 371, ci-dessous).

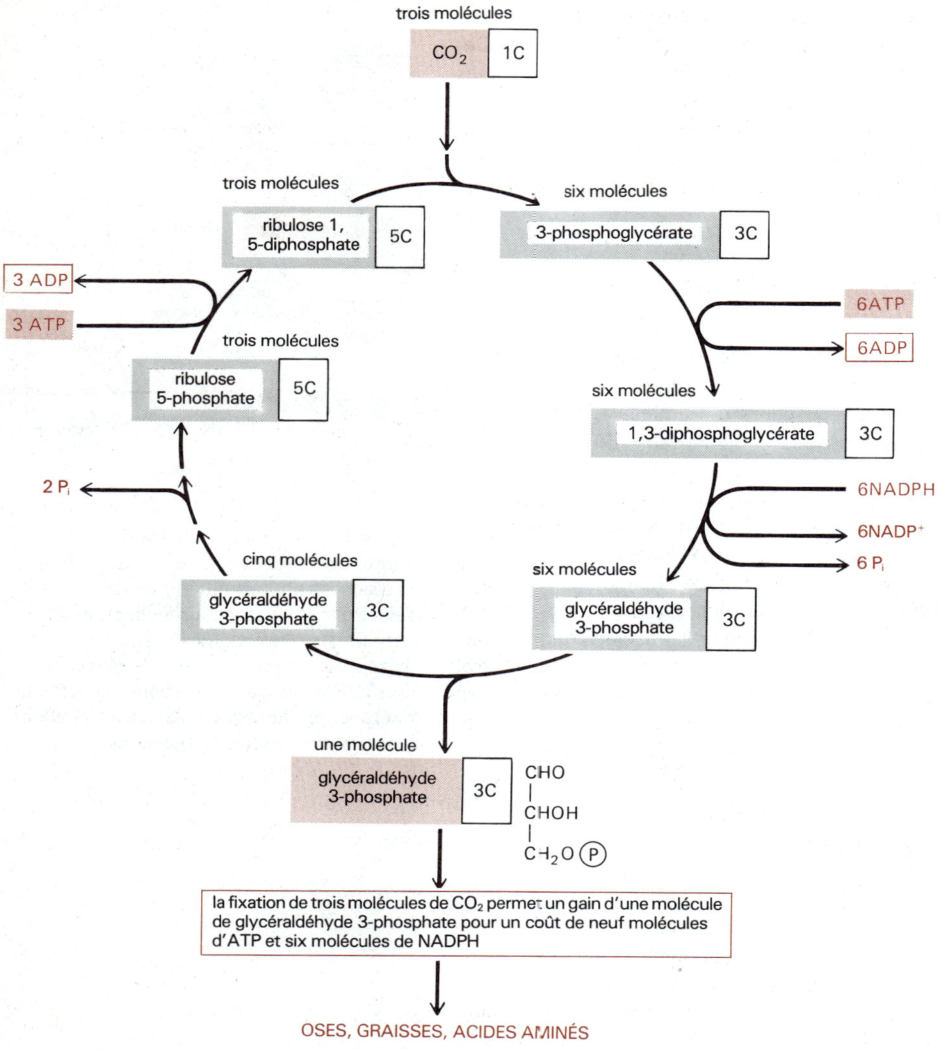

Figure 7-43 Le cycle de fixation du carbone qui forme des molécules organiques à partir de CO_2 et d'H_2O. Il y a de nombreux intermédiaires entre le glycéraldéhyde 3-phosphate et le ribulose 5-phosphate, mais ils ont été omis ici pour plus de clarté. L'entrée de l'eau dans le cycle n'est pas non plus représentée.

sont consommées pour chaque molécule de CO_2 convertie en glucide. L'équation globale est la suivante :

$$3CO_2 + 9ATP + 6NADPH + \text{eau} \rightarrow \text{glycéraldéhyde 3-phosphate} + 8\,P_i + 9ADP + 6NADP^+$$

Ainsi, l'*énergie des liaisons phosphates* (sous forme d'ATP) et le *pouvoir réducteur* (sous forme de NADPH) sont tous deux nécessaires à la formation de molécules organiques à partir de CO_2 et d'H_2O. Nous reviendrons sur ce point important ultérieurement.

Le glycéraldéhyde 3-phosphate produit dans les chloroplastes par le cycle de fixation du carbone est un glucide à trois carbones qui sert d'intermédiaire clé dans la glycolyse (p. 65). Il est exporté vers le cytoplasme, où il est rapidement transformé en fructose 6-phosphate et glucose 1-phosphate par l'inversion de plusieurs réactions de la glycolyse (voir p. 83). Le glucose 1-phosphate est ensuite transformé en nucléotide glycosylé, l'UDP-glucose, et celui-ci se combine au fructose 6-phosphate pour former un saccharose phosphorylé, le précurseur immédiat d'un disaccharide le **saccharose**. Le saccharose est la principale forme de transport des glucides entre les cellules végétales, agissant dans les cellules végétales comme le glucose agit dans les cellules animales : le saccharose est exporté des feuilles, via les faisceaux vasculaires de la même façon que le glucose est transporté dans le sang des animaux (voir Figure 7-45, ci-dessous), pour fournir les glucides nécessaires au reste du végétal.

La majorité du glycéraldéhyde 3-phosphate qui demeure dans le chloroplaste est transformé en *amidon* dans le stroma. Comme le glycogène dans les cellules animales, l'**amidon** est un long polymère de glucose qui sert de réserve glucidique. La formation d'amidon est réglée afin qu'il soit produit et stocké sous forme de grains volumineux dans le stroma des chloroplastes (voir Figure 7-39B) au cours de périodes de capacité photosynthétique excessive. Cette régulation s'effectue dans le stroma par l'intermédiaire de réactions inverses de celles de la glycolyse : elles convertissent le glycéraldéhyde 3-phosphate en glucose 1-phosphate, qui est ensuite utilisé pour former le nucléotide glucidique ADP-glucose, le précurseur immédiat de l'amidon. La nuit, l'amidon est dégradé pour aider à suppléer aux besoins métaboliques du végétal.

7-20 7-22 Chez certains végétaux tropicaux, la fixation du carbone est compartimentée pour faciliter leur croissance aux faibles concentrations de CO_2 [30]

Bien que la ribulose diphosphate carboxylase ajoute préférentiellement CO_2 au ribose 1,5-diphosphate, elle ajoutera plutôt O_2 si la concentration en CO_2 est faible. Ceci est une voie apparemment dépensière, qui produit une molécule de 3-phosphoglycérate et une molécule de phosphoglycolate, un composé à deux carbones, plutôt que deux molécules de 3-phosphoglycérate (voir Figure 7-42). Le phosphoglycolate est transformé en glycolate et fait la navette dans les peroxysomes, qui amorcent le processus de transformation de deux molécules de glycolate en une molécule de 3-phosphoglycérate (trois carbones) plus une molécule de CO_2. Puisque le processus global consomme O_2 et libère CO_2, il est appelé *photorespiration*. Dans de nombreux végétaux, la photorespiration est responsable de la perte sous forme de CO_2 d'un tiers environ du CO_2 fixé. On ne sait pas si la photorespiration a une quelconque fonction dans le végétal, ou si elle n'est qu'un moyen de renvoyer, vers la voie de fixation du carbone, une partie du carbone détourné vers le phosphoglycolate par la réactivité indésirable de l'oxygène avec le ribulose 1,5-diphosphate.

La photorespiration peut devenir dominante pour les végétaux vivant dans des conditions chaudes et sèches, qui les obligent à fermer leurs stomates — les pores par lesquels se font les échanges gazeux, situés dans leurs feuilles — pour éviter une perte excessive d'eau. Ceci provoque la chute brutale des taux de CO_2 dans les feuilles, et favorise la photorespiration. Cependant, une adaptation particulière s'effectue dans les feuilles de nombreux végétaux, comme le maïs ou la canne à sucre, qui vivent dans des environnements chauds et secs. Dans ces végétaux, le cycle de fixation du carbone, représenté dans la Figure 7-43, n'apparaît que dans les chloroplastes des *cellules spécialisées de la gaine vasculaire,* qui contiennent la totalité de la ribulose diphosphate carboxylase du végétal. Ces cellules sont protégées de l'air et sont entourées d'une couche spécialisée de cellules du mésophylle qui « refoulent » CO_2 dans les cellules de la gaine vasculaire, fournissant à la ribulose diphosphate carboxylase une forte concentration de CO_2, ce qui réduit beaucoup la photorespiration.

La « pompe » à CO_2 est un cycle de réactions qui débute par une étape de fixation du CO_2, catalysée dans le cytosol des cellules du mésophylle par une enzyme qui fixe le dioxyde de carbone (sous forme de bicarbonate) avec une forte affinité. Le produit est un composé à quatre carbones qui diffuse dans les cellules de la gaine vasculaire, où il est décomposé pour donner une molécule de CO_2 et une molécule d'un composé à trois carbones. Ce dernier retourne ensuite dans les cellules du mésophylle où, au cours d'une réaction nécessitant l'hydrolyse d'ATP, il est transformé en une forme inactivée qui peut fixer une autre molécule de CO_2 pour relancer le cycle de pompage du CO_2 (Figure 7-44).

Quand du $^{14}CO_2$ radioactif est injecté rapidement dans un végétal qui pompe du CO_2, il est assimilé lors de l'étape de fixation du CO_2 dans les cellules du mésophylle de sorte que le premier composé organique marqué contient quatre carbones. Dans tous les autres végétaux, le 3-phosphoglycérate, composé à trois carbones, est marqué le premier (voir Figure 7-43). Pour cette raison, les végétaux qui pompent du CO_2 sont appelés *végétaux C_4* et tous les autres végétaux sont appelés *végétaux C_3* (Figure 7-45).

Comme pour tout processus de transport vectoriel, le pompage du CO_2 dans les cellules de la gaine vasculaire des végétaux C_4 est coûteux en énergie. Cependant, dans des environnements chauds et secs, ce coût est souvent moindre que la perte d'énergie par photorespiration dans les végétaux C_3 ; c'est pourquoi les végétaux C_4 sont avantagés. De plus, puisque les végétaux C_4 peuvent réaliser la photosynthèse à une concentration en CO_2 plus faible à l'intérieur de la feuille, ils n'ont pas besoin de tant ouvrir leurs stomates, et peuvent par conséquent fixer environ deux fois plus de carbone que les végétaux C_3, par unité d'eau perdue.

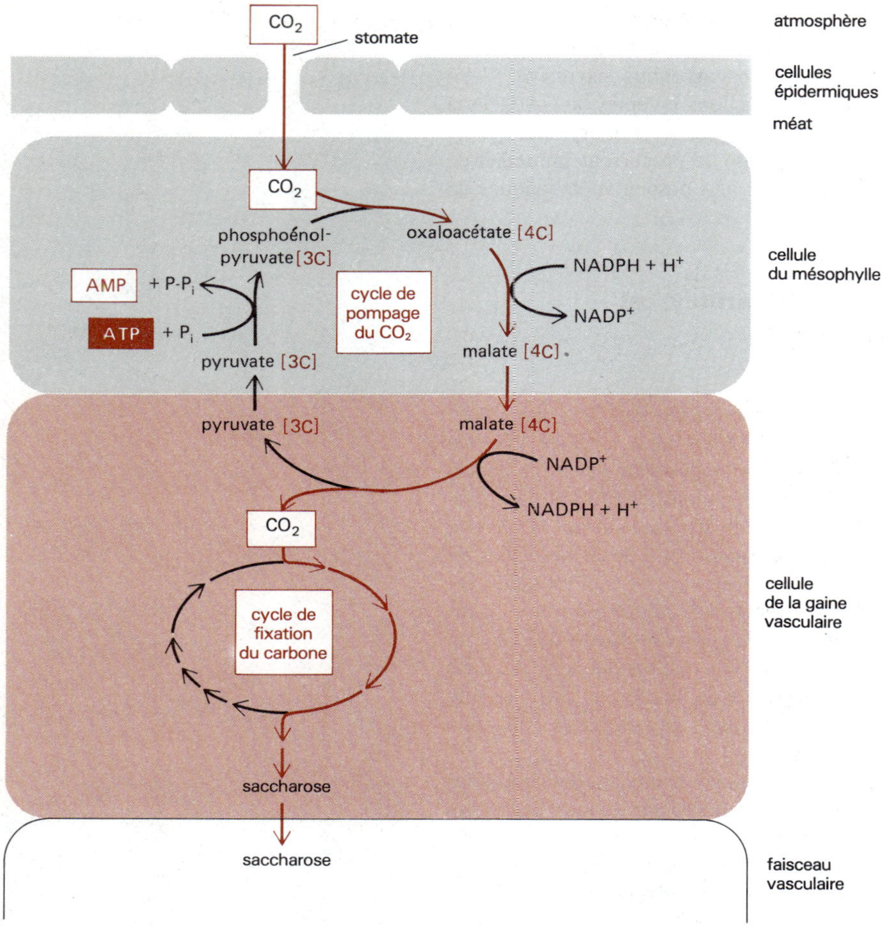

(A)

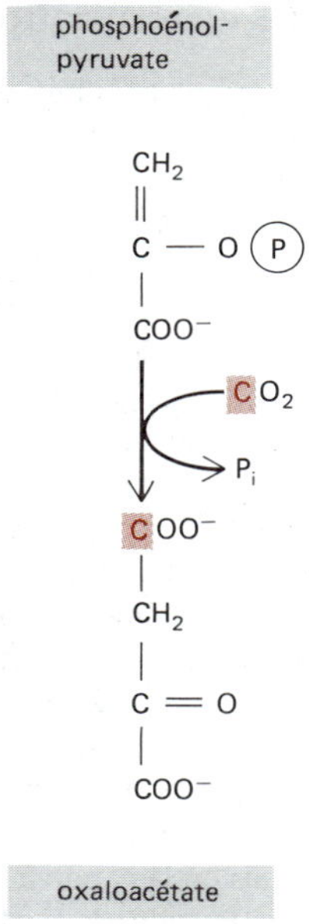

(B)

Figure 7-44 Le cycle de pompage du CO_2 dans un végétal tel que le maïs. (A) La production nette de glucides est limitée aux cellules de la gaine vasculaire, qui contiennent la totalité de la ribulose diphosphate carboxylase. Les cellules du mésophylle démarrent le cycle de pompage du CO_2, qui implique les composés à quatre carbones et à trois carbones indiqués. Des variations de ce cycle de pompage sont utilisées dans d'autres végétaux qui pompent CO_2. (B) La réaction du phosphoénolpyruvate avec CO_2 dans les cellules du mésophylle.

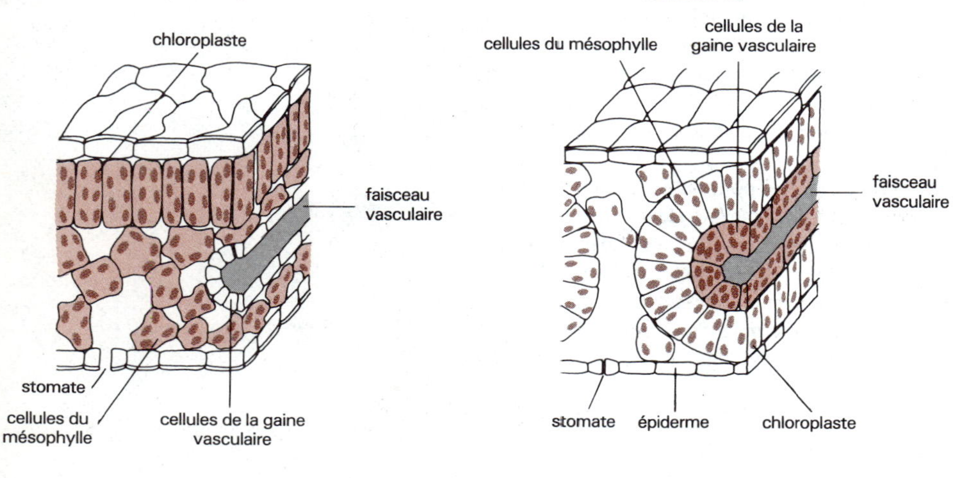

Figure 7-45 Comparaison anatomique des feuilles d'un végétal C_4 et d'un végétal C_3. Les cellules colorées contiennent des chloroplastes normaux qui effectuent le cycle normal de fixation du carbone. Dans les végétaux C_4, les cellules du mésophylle sont spécialisées dans le pompage du CO_2 plutôt que dans la fixation du carbone, et elles créent un rapport CO_2/O_2 élevé dans les cellules de la gaine vasculaire, qui sont les seules cellules de ces végétaux dans lesquelles le cycle de fixation du carbone se produit (voir Figure 7-44). Les faisceaux vasculaires transportent le saccharose fabriqué dans la feuille vers les autres tissus.

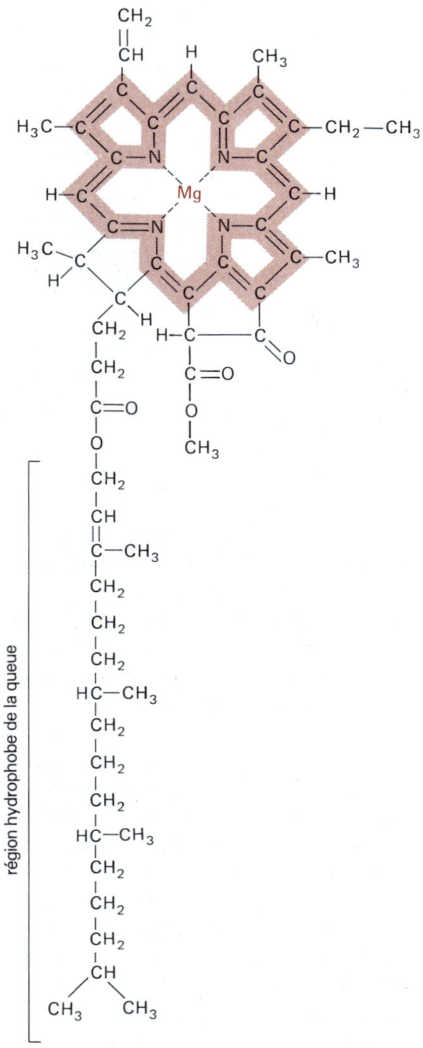

Figure 7-46 La structure de la chlorophylle. Un atome de magnésium est contenu dans un cycle porphyrique qui est voisin du cycle porphyrique qui fixe du fer dans l'hème (comparer avec la Figure 7-27). Les électrons sont déplacés au niveau des liaisons représentées en couleur.

7-23 La photosynthèse dépend de la photochimie des molécules de chlorophylle [31]

Après avoir discuté des réactions de fixation du carbone, il s'agit maintenant de se demander comment les réactions photosynthétiques de transfert d'électrons dans le chloroplaste produisent l'ATP et le NADH nécessaires à l'activation de la production de glucides à partir de CO_2 et H_2O (voir Figure 7-41). L'énergie nécessaire provient de la lumière solaire absorbée par les molécules de **chlorophylle** (Figure 7-46). Le processus de conversion de l'énergie commence lorsqu'une molécule de chlorophylle est excitée par un quantum de lumière (un photon) et qu'un électron est déplacé d'une orbite moléculaire à une autre de plus haute énergie. Une telle molécule excitée est instable et aura tendance à retourner à son état initial non excité selon l'une des trois façons suivantes : (1) en convertissant l'énergie supplémentaire en chaleur (mouvements moléculaires) ou en une combinaison de chaleur et de lumière de plus grande longueur d'onde (fluorescence), comme dans le cas de l'énergie absorbée par une molécule de chlorophylle isolée en solution ; (2) en transférant l'énergie — mais non l'électron — directement à une molécule de chlorophylle voisine selon un mécanisme appelé *transfert d'énergie par résonance,* ou (3) en transférant l'électron de haute énergie à une autre molécule proche (un *accepteur d'électrons*) puis en retournant à son état initial en prélevant un électron de faible énergie à une autre molécule (un *donneur d'électrons,* Figure 7-47). Les deux derniers mécanismes jouent un rôle essentiel dans la photosynthèse.

Un photosystème contient un complexe d'antenne ajouté à un centre réactionnel [32]

Des complexes multiprotéiques appelés **photosystèmes** catalysent la conversion de l'énergie lumineuse, capturée dans des molécules de chlorophylle excitées, en formes utiles. Un photosystème est formé de deux composants étroitement liés : un *centre réactionnel photochimique* et un *complexe d'antenne* (Figure 7-48).

Le **complexe d'antenne** est important pour le captage de la lumière. Dans les chloroplastes, il est constitué d'un amas de plusieurs centaines de molécules de chlorophylle liées par des protéines qui les maintiennent fermement sur la membrane du thylacoïde. Selon les végétaux,

Figure 7-47 Trois façons possibles, pour une molécule de chlorophylle excitée (une molécule contenant un électron à haute énergie), de retourner à son état non excité d'origine. L'énergie lumineuse, absorbée par une molécule de chlorophylle isolée, est complètement libérée sous forme de lumière et de chaleur par le processus 1. Dans la photosynthèse, au contraire, les chlorophylles subissent le processus 2 dans le complexe d'antenne et le processus 3 dans le centre réactionnel, comme cela est décrit dans le texte.

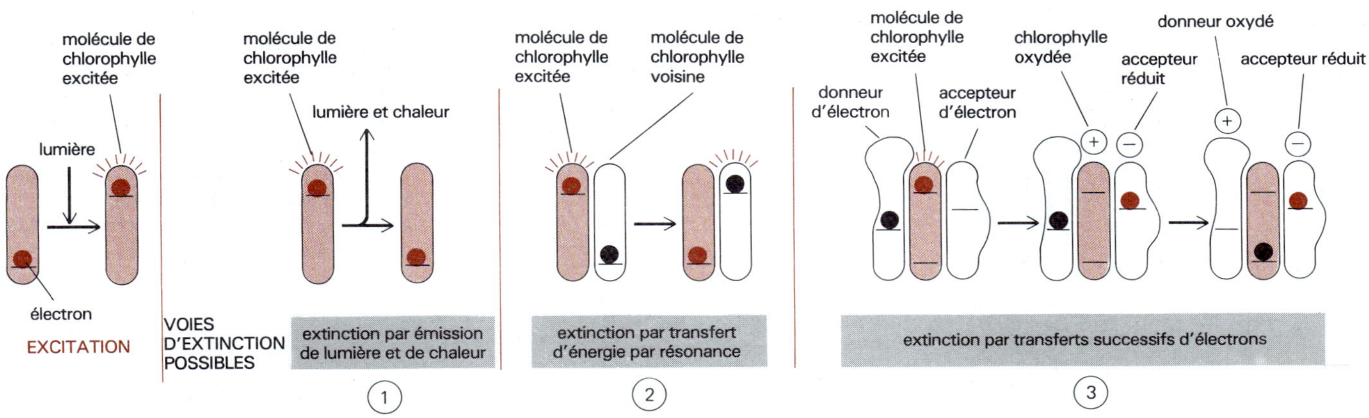

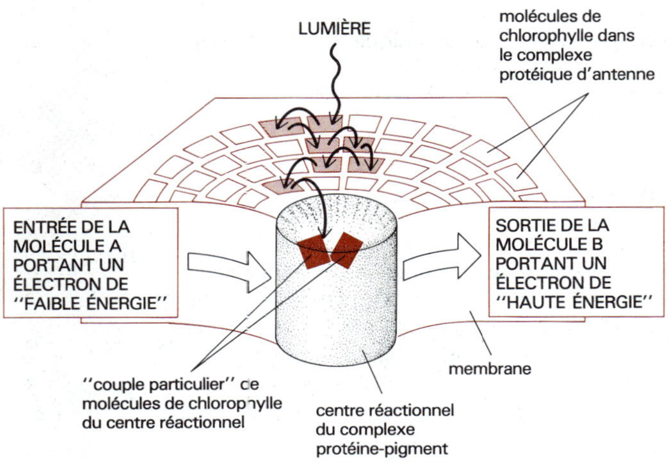

Figure 7-48 Un photosystème est composé d'un centre réactionnel et d'une antenne. Le centre réactionnel est un complexe protéique transmembranaire qui maintient une relation spatiale fixe entre un « couple particulier » de molécules de chlorophylle et un autre transporteur d'électrons (voir Figure 7-49). Il catalyse le processus 3 de la Figure 7-47. Si on le considère comme une enzyme, les substrats d'un centre réactionnel seraient un faible donneur d'électrons (molécule A) et un faible accepteur d'électrons (molécule B), et les produits seraient un accepteur puissant d'électrons (molécule A oxydée) et un donneur puissant d'électrons (molécule B réduite). Le complexe d'antenne contient la majorité des chlorophylles dans la membrane du thylacoïde et il sert d'entonnoir pour le transfert d'énergie d'un électron excité au centre réactionnel. Beaucoup de ces transferts d'énergie se font entre des molécules de chlorophylle identiques, et l'excitation passe au hasard des unes aux autres (processus 2 dans la Figure 7-47). Néanmoins, le temps moyen nécessaire pour qu'un quantum d'excitation rencontre le centre réactionnel et y « tombe » est seulement de 10^{-10} à 10^{-9} secondes, de sorte que très peu de quanta absorbés sont perdus suivant la voie d'extinction aléatoire appelée processus 1 dans la Figure 7-47.

des quantités variables de pigments accessoires, appelés *caroténoïdes,* qui peuvent aider à recueillir la lumière de longueurs d'onde différentes, sont aussi localisées dans chaque complexe. Lorsqu'une molécule de chlorophylle du complexe d'antenne est excitée, l'énergie est rapidement transmise d'une molécule à une autre par un transfert d'énergie par résonance jusqu'à ce qu'elle atteigne un couple particulier de molécules de chlorophylle dans le centre réactionnel photochimique. Chaque complexe d'antenne agit alors comme un « entonnoir », recueillant l'énergie lumineuse et la dirigeant vers un site spécifique où elle peut être utilisée efficacement (voir Figure 7-48).

Le **centre réactionnel photochimique** est un complexe protéine-pigment transmembranaire qui se situe au cœur de la photosynthèse. On pense qu'il a évolué il y a plus de 3 milliards d'années dans une bactérie photosynthétique primitive. Le couple particulier de molécules de chlorophylle présent dans le centre réactionnel agit comme un piège irréversible pour les quanta d'excitation, car son électron excité est immédiatement transmis à une chaîne d'accepteurs d'électrons qui sont voisins et positionnés de façon précise dans le même complexe protéique (Figure 7-49). En éloignant rapidement des chlorophylles l'électron de haute énergie, le centre réactionnel le transfère à un environnement dans lequel il est beaucoup plus stable. L'électron est ainsi convenablement positionné pour des réactions photochimiques ultérieures, qui sont plus longues à accomplir. Comme nous le verrons, le résultat global de ces réactions plus lentes est la conversion d'un électron de « faible énergie » sur un faible donneur d'électrons (comme l'eau) en un électron de « haute énergie » sur un donneur puissant d'électrons (comme une *quinone*).

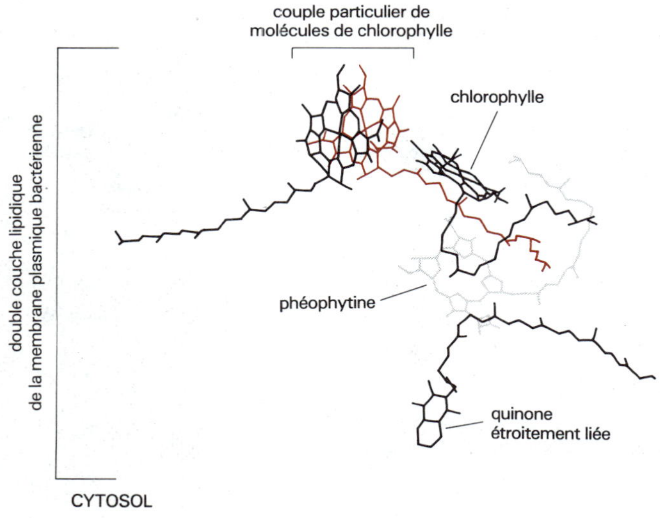

Figure 7-49 La disposition des transporteurs d'électrons dans un centre réactionnel photochimique bactérien, déterminée par cristallographie. Les molécules de pigment représentées sont maintenues à l'intérieur d'une protéine transmembranaire et sont entourées par la double couche lipidique, comme indiqué. Un électron du couple particulier est excité par résonance à partir d'une chlorophylle du complexe d'antenne (processus 2 de la Figure 7-47), et l'électron excité est alors transféré par étapes, du couple particulier à la quinone (voir Figure 7-50).

Dans un centre réactionnel, l'énergie lumineuse capturée par la chlorophylle crée un donneur puissant d'électrons à partir d'un faible donneur d'électrons [33]

Les transferts d'électrons impliqués dans les réactions photochimiques qui viennent d'être décrites ont été analysés de façon approfondie par des méthodes spectroscopiques rapides, particulièrement dans le photosystème de la bactérie pourpre, plus simple que le photosystème des chloroplastes qui lui est apparenté d'un point de vue évolutif. Le centre réactionnel bactérien est un gros complexe protéine-pigment qui peut être solubilisé avec des détergents et purifié sous forme active. En 1985, sa structure tridimensionnelle complète fut déterminée par cristallographie aux rayons X (voir Figure 6-32, p. 294, et Figure 7-49). Cette structure, associée à des données cinétiques, procure la représentation la meilleure que nous ayons des réactions initiales de transfert d'électrons qui sont à la base de la photosynthèse.

La séquence des transferts qui ont lieu dans le centre réactionnel des bactéries pourpres est schématisée dans la Figure 7-50. Un électron excité par l'absorption de lumière est rapidement transmis par les autres pigments représentés dans la Figure 7-49 d'un couple particulier de chlorophylles du centre réactionnel à une quinone accepteur d'électrons étroitement liée, désignée par Q_A. Ce transfert d'électrons, qui se produit en moins de 10^{-9} secondes et qui est pratiquement irréversible, laisse un « trou » chargé positivement avec une très grande affinité pour les électrons de la chlorophylle ; celui-ci est alors capable de capturer un électron d'un cytochrome voisin (normalement un faible donneur d'électrons). L'électron de haute énergie est ensuite transmis de Q_A à une seconde quinone, Q_B, à partir de laquelle il quitte le centre réactionnel et passe à une molécule de quinone mobile (Q) dans la membrane photosynthétique. La quinone mobile devient alors un donneur puissant d'électrons dont le pouvoir réducteur peut être utilisé pour pomper des protons.

Selon le principe essentiel illustré ici, un photosystème, grâce à la lumière, permet un transfert net d'électrons d'un faible donneur d'électrons — c'est-à-dire une molécule avec une forte affinité pour les électrons (dans le cas présent, un cytochrome) — à une molécule telle qu'une quinone, qui est un donneur d'électrons puissant sous sa forme réduite. De cette façon, l'énergie d'excitation qui aurait été normalement restituée sous forme de fluorescence et/ou de chaleur est au contraire venue accroître l'énergie d'un électron et créer un donneur puissant d'électrons là où il n'en n'existait pas auparavant. Dans les chloroplastes des végétaux supérieurs, comme nous le verrons, l'eau remplace le cytochrome comme donneur d'électrons initial, et c'est pourquoi l'oxygène est libéré par photosynthèse chez les végétaux. Mais, avant de reprendre l'examen des mécanismes qu'utilisent finalement les photosystèmes plus complexes des chloroplastes pour activer la production d'ATP et de NADPH, nous examinerons la façon dont ces produits finaux sont engendrés dans la bactérie pourpre par un mécanisme essentiellement comparable, mais d'une façon moins élaborée.

La photosynthèse bactérienne établit un gradient électrochimique de protons à travers la membrane plasmique, qui active la production d'ATP et de NADPH [34]

L'énergie mise en réserve dans les électrons portés par des quinones réduites dans les membranes plasmiques des bactéries pourpres photosynthétiques est utilisée de deux façons différentes pour engendrer de l'ATP et du NADPH, respectivement. L'ATP est produit par un mécanisme de pompage de protons très voisin de celui que nous avons déjà rencontré dans les mitochondries (voir p. 352) : les protons sont pompés à travers la membrane plasmique bactérienne lorsque la quinone transfère ses électrons de haute énergie par l'intermédiaire d'un *complexe b-c* enchâssé dans cette membrane. Le complexe b-c transfère ensuite les

Figure 7-50 Les transferts d'électrons qui se produisent dans le centre réactionnel photochimique d'une bactérie pourpre. Il semble qu'une série identique de réactions se produit dans le photosystème II des végétaux qui lui est apparenté. Le dessin schématique, en haut et à droite, représente les molécules qui transportent des électrons (voir Figure 7-49) plus une quinone échangeable (Q_B) et une quinone aisément mobile dissoute dans la double couche lipidique (Q). Les transporteurs d'électrons, de 1 à 5, sont liés en une position spécifique sur une protéine transmembranaire de 596 acides aminés formée à partir de deux sous-unités distinctes (voir Figure 6-32, p. 294).
A la suite de l'excitation par un photon lumineux, un électron de haute énergie passe d'une molécule de pigment à l'autre, créant une séparation de charges comme le montre la succession des étapes B à D ci-dessous, où la molécule de pigment portant des électrons de haute énergie est représentée en couleur. Une fois libérée dans la double couche, la quinone portant deux électrons prélève deux protons et perd sa charge (Voir Figure 7-30).

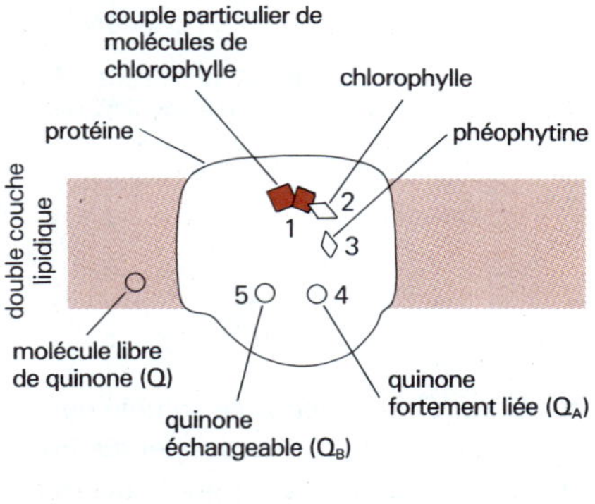

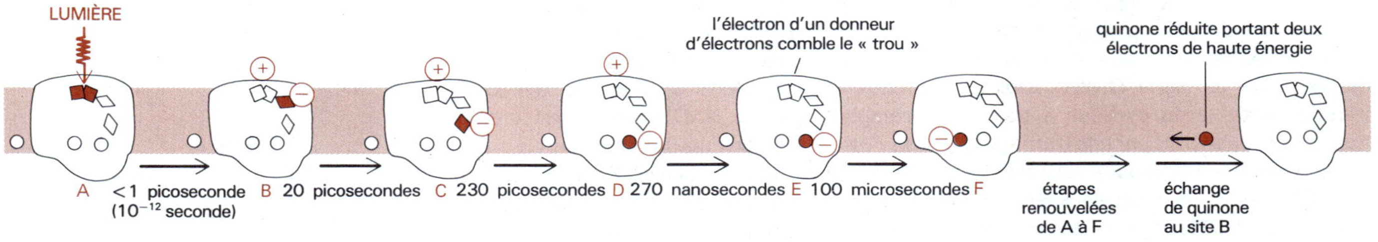

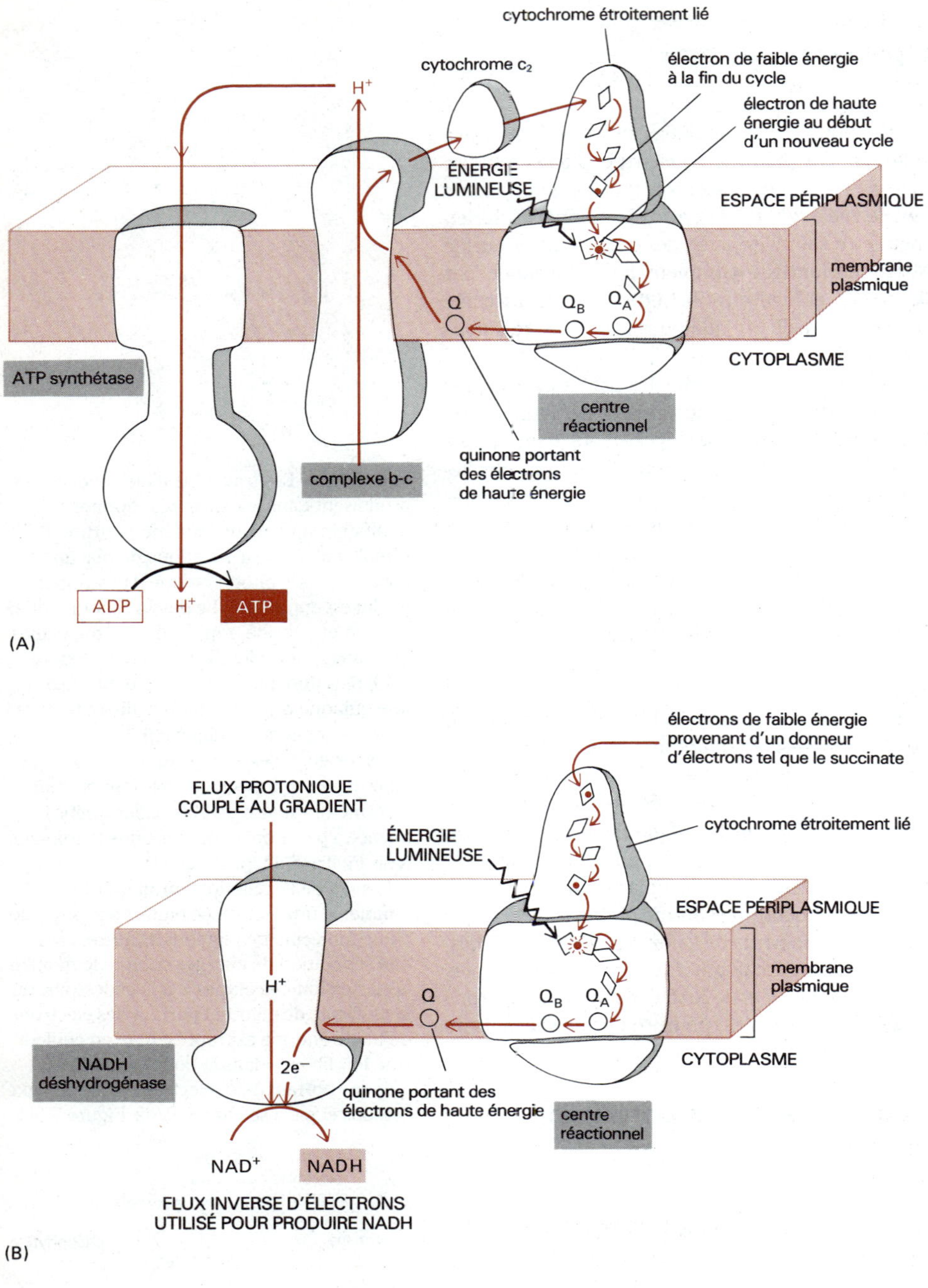

Figure 7-51 Deux réactions photosynthétiques de transfert d'électrons dans les bactéries pourpres. Ces réactions se produisent dans la membrane interne (plasmique) de la bactérie, et le cytochrome c_2 existe sous forme soluble dans l'espace périplasmique situé sous la membrane externe (voire Figure 6-54, p. 312). (A) Un flux cyclique d'électrons produit un gradient électrochimique de protons à travers la membrane plasmique. Ce gradient est utilisé ici pour activer la production d'ATP par une ATP synthétase localisée dans la membrane plasmique bactérienne. (B) Le flux d'électrons inverse produit du NADH par l'intermédiaire d'une NADH déshydrogénase, qui est également activée par l'important gradient électrochimique de protons produit en (A). La réversibilité des réactions liées au gradient électrochimique de protons est discutée page 364.

électrons à un cytochrome soluble qui renvoit les électrons (maintenant de faible énergie) au complexe du centre réactionnel via un cytochrome étroitement lié, complétant un processus cyclique (Figure 7-51A). Le gradient électrochimique de protons créé par ce transport d'électrons cyclique est alors utilisé par une ATP synthétase située dans la membrane plasmique pour produire de l'ATP, exactement comme dans les mitochondries (Figure 7-51A).

Le NADPH est engendré par une seconde réaction de transport d'électrons, dans laquelle des électrons de haute énergie issus de quinones, sont transférés au NAD au lieu d'être transportés de façon cyclique à travers un complexe b-c ; le NADH produit est ensuite transformé en NADPH par une transhydrogénase. Puisque les électrons de haute énergie portés par les quinones sont maintenus à un niveau d'énergie plus faible que celui des électrons dans le NADH (se rappeler que, dans les mitochondries, les électrons sont transférés aux quinones à partir du NADPH et non l'inverse, voir Figure 7-34), la production de NADPH à partir de

NADP requiert une source d'énergie. Dans les bactéries pourpres photosynthétiques, l'énergie est fournie par le gradient électrochimique de protons qui traverse la membrane plasmique et qui reflue les ions H^+ dans la cellule par l'intermédiaire d'un complexe NADH-déshydrogénase, permettant à ce complexe de catalyser le **flux électronique inverse** énergétiquement défavorable de la quinone au NAD (Figure 7-51B).

En résumé, la bactérie pourpre photosynthétique utilise son centre réactionnel pour former une importante réserve de molécules de quinone réduites dans sa membrane plasmique. Certaines de ces quinones sont utilisées pour créer un important gradient électrochimique de protons à travers la membrane plasmique bactérienne. Ce gradient est ensuite employé de deux façons : (1) pour activer la formation d'ATP par une ATP synthétase et (2) pour établir un flux électronique inverse allant des quinones réduites restantes au NAD, procurant ainsi le pouvoir réducteur nécessaire à la synthèse des molécules organiques de la bactérie.

7-24
7-25
7-26
Chez les végétaux et les cyanobactéries, la phosphorylation non cyclique produit du NADPH et de l'ATP [31,35]

La photosynthèse chez les végétaux et les cyanobactéries est plus complexe. Elle produit directement de l'ATP et du NADPH par un processus en deux étapes, la **photophosphorylation non cyclique**. Puisque deux photosystèmes en série sont utilisés pour activer un électron, l'électron peut être transféré de l'eau jusqu'au NADPH. Lorsque les électrons à haute énergie traversent les photosystèmes couplés pour former du NADPH, une partie de leur énergie est résorbée pour la synthèse d'ATP.

Dans le premier des deux photosystèmes — appelé *photosystème II* pour des raisons historiques — les oxygènes de deux molécules d'eau se lient à un groupe d'atomes de manganèse dans une enzyme de décomposition de l'eau mal comprise, et les électrons sont retirés un à un pour combler les trous créés par la lumière dans les molécules de chlorophylle du centre réactionnel. Dès le retrait de quatre électrons (ce qui nécessite quatre quanta de lumière), O_2 est libéré par l'enzyme ; le photosystème II catalyse alors la réaction $2H_2O \rightarrow 4H^+ + 4\,e^- + O_2$.

Le noyau du centre réactionnel dans le photosystème II est l'homologue du centre réactionnel bactérien qui vient d'être décrit, et il produit vraisemblablement des donneurs puissants d'électrons sous la forme de molécules de quinone réduites dans la membrane. Les quinones transmettent leurs électrons à un *complexe* b_6*-f*, qui ressemble étroitement au complexe b-c des bactéries et au complexe b-c_1 situé dans la chaîne respiratoire des mitochondries. Comme dans les mitochondries, le complexe pompe des protons à travers la membrane du thylacoïde vers l'espace intrathylacoïde (dans les chloroplastes) ou hors du cytosol à travers des invaginations de la membrane plasmique (dans les cyanobactéries), et le gradient électrochimique qui en résulte favorise la synthèse d'ATP par une ATP synthétase (Figures 7-52 et 7-53). L'accepteur final des électrons dans cette chaîne de transport d'électrons est le second photosystème du schéma (le *photosystème I*), qui accepte l'électron dans le trou laissé par l'excitation lumineuse de sa molécule de chlorophylle du centre réactionnel. Tandis que les électrons activés par le photosystème II ont une énergie trop faible pour être transmis au $NADP^+$, chaque électron qui quitte le photosystème I a été amené à un niveau d'énergie très élevé par les deux quanta de lumière, qui l'ont séquentiellement activé. Il en résulte que deux de ces électrons peuvent être transmis au centre fer-soufre de la ferredoxine pour activer la réduction de $NADP^+$ en NADPH (Figure 7-53) ; ceci implique également le captage d'un proton du milieu.

Le schéma en zigzag de la photosynthèse montré dans la Figure 7-53 est connu sous le nom de **schéma en Z**. Grâce à ses deux étapes d'activation des électrons, une catalysée par chaque photosystème, un électron est transféré de l'eau, qui retient très fortement ses électrons (potentiel redox = + 820 mV), au NADPH, qui, normalement, retient plutôt faiblement ses électrons (potentiel redox = – 320 mV). Il n'y a pas suffisamment d'énergie dans un seul quantum de lumière visible pour activer un électron sur toute la distance qui sépare le bas du photosystème II du sommet du photosystème I, et qui représente probablement la variation d'énergie suffisante pour transmettre efficacement un électron de l'eau au $NADP^+$. L'utilisation en série de deux photosystèmes séparés signifie également qu'il reste suffisamment d'énergie pour permettre à la chaîne de transport d'électrons, qui relie les deux photosystèmes, de pomper H^+ à travers la membrane du thylacoïde (ou la membrane plasmique des cyanobactéries), ce qui permet à l'ATP synthétase de capter un peu de l'énergie électronique dérivée de la lumière pour produire de l'ATP.

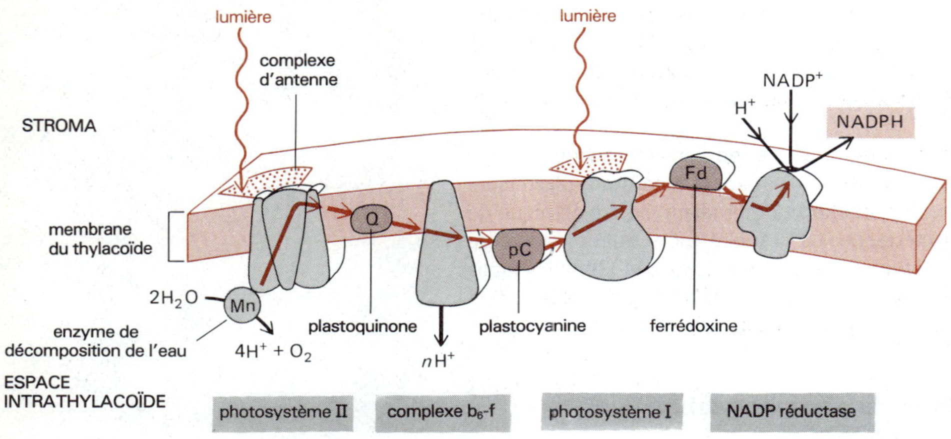

Figure 7-52 Le flux d'électrons au cours de la photosynthèse dans la membrane du thylacoïde. Les transporteurs d'électrons mobiles dans la chaîne sont la plastoquinone (qui ressemble étroitement à l'ubiquinone des mitochondries), la plastocyanine (une petite protéine contenant du cuivre) et la ferrédoxine (une petite protéine contenant un centre fer-soufre). Le *complexe b_6-f* ressemble étroitement au complexe b-c_1 des mitochondries et au complexe b-c des bactéries (voir Figure 7-63) : les trois complexes acceptent des électrons des quinones et pompent des protons. Noter que les H^+ libérés par l'oxydation de l'eau et les H^+ prélevés au cours de la formation de NADPH contribuent également à la formation d'un gradient électrochimique qui active la synthèse d'ATP.

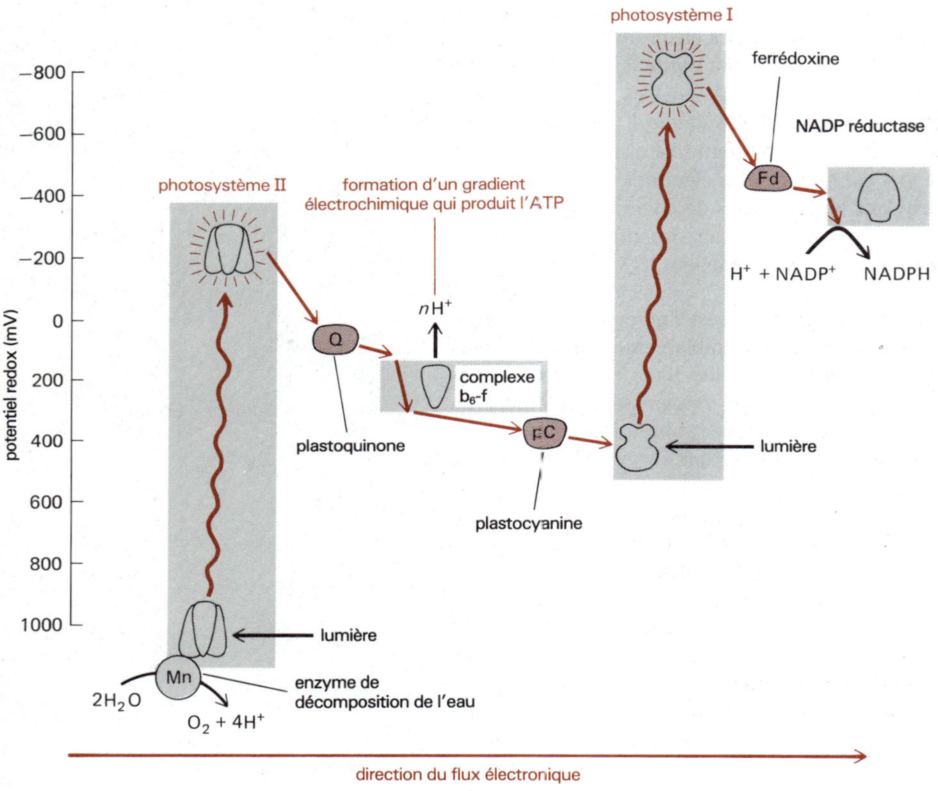

Figure 7-53 Variations des potentiels redox pour le passage des électrons au cours de la production photosynthétique de NADPH et d'ATP chez les végéaux et les cyanobactéries. Le photosystème II ressemble étroitement au centre réactionnel des bactéries pourpres (voir Figure 7-50), auquel il est apparenté. Le photosystème I est différent et il est vraisemblablement apparenté aux photosystèmes d'une classe différente de bactéries, les bactéries vertes ; il transmet les électrons de sa chlorophylle excitée par l'intermédiaire d'une série de centres fer-soufre étroitement liés. Le flux d'électrons net qui traverse les deux photosystèmes liés en série va de l'eau au $NADP^+$, et il produit NADPH. De plus, l'ATP est synthétisé par une ATP synthétase (non représentée) qui capte le gradient électrochimique de protons, produit par la chaîne de transport d'électrons qui relie le photosystème II au photosystème I. Ce *schéma en Z* pour la production d'ATP est appelé *photophosphorylation non cyclique* pour le distinguer du schéma cyclique montré dans la Figure 7-54 (voir aussi la Figure 7-52).

Les chloroplastes peuvent fabriquer de l'ATP par photophosphorylation cyclique sans fabriquer de NADPH [31,36]

Dans le schéma de photophosphorylation non cyclique dont nous venons de discuter, les électrons à haute énergie qui quittent le photosystème II sont récupérés pour produire de l'ATP, alors que ceux qui quittent le photosystème I favorisent la production de NADPH. Un peu plus d'une molécule d'ATP est synthétisée pour chaque paire d'électrons qui passe de H_2O à $NADP^+$ pour produire une molécule de NADPH. Mais il faut considérablement plus d'ATP que de NADPH pour la fixation du carbone (voir Figure 7-43). Pour produire l'ATP supplémentaire, les chloroplastes peuvent faire passer le photosystème I à un mode cyclique dans lequel son énergie est utilisée pour la synthèse d'ATP plutôt que de NADPH. Ce processus, appelé **photophosphorylation cyclique**, implique un flux d'électrons très semblable à celui utilisé par les bactéries photosynthétiques pour fabriquer de l'ATP (voir Figure 7-51A). Ici, des électrons à haute énergie provenant du photosystème I sont renvoyés vers le complexe b_6-f

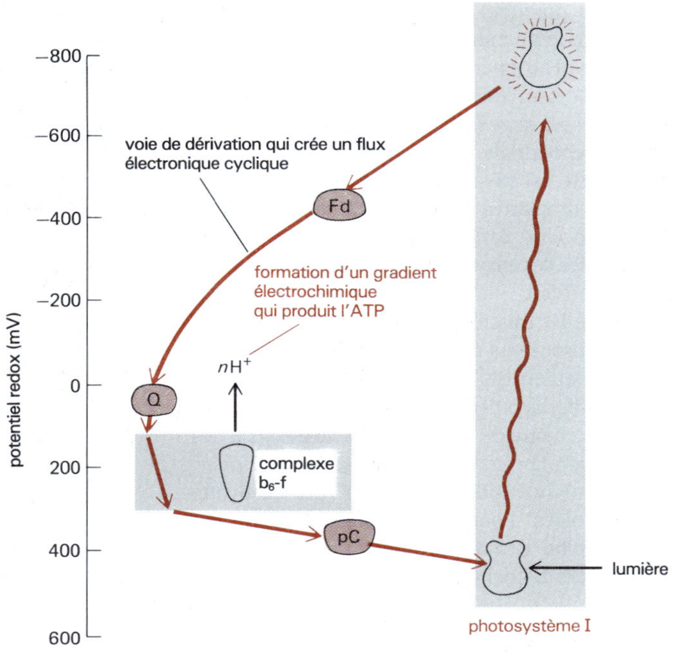

Figure 7-54 Le cheminement du flux électronique au cours de la photophosphorylation cyclique. Ce système permet de fabriquer de l'ATP sans produire de NADPH ou d'O_2. L'apparition d'un flux électronique non cyclique ou cyclique est liée au fait que la ferrédoxine (Fd) donne son électron activé au $NADP^+$, comme dans la Figure 7-53, ou aux composants qui le ramènent au complexe b_6-f. Chaque fois que le NADPH s'accumulera, les concentrations de $NADP^+$ diminueront et tendront à favoriser le schéma cyclique ; d'autres contrôles moins directs assurent également que des proportions appropriées d'ATP et de NADPH soient produites par photosynthèse.

plutôt que transmis au $NADP^+$, de sorte que les protons sont pompés à travers la membrane du thylacoïde et que le gradient électrochimique résultant active la synthèse d'ATP (Figure 7-54).

Pour résumer brièvement, la photophosphorylation non cyclique implique la photoréduction de $NADP^+$ par l'eau, est rendue possible par l'action combinée du photosystème I et du photosystème II, et produit du NADPH, de l'ATP et de l'O_2. La photophosphorylation cyclique, au contraire, implique uniquement le photosystème I et produit de l'ATP sans former de NADPH ou d'O_2. Ainsi, les activités relatives des flux électroniques cyclique et non cyclique déterminent quelle quantité d'énergie lumineuse est convertie en pouvoir réducteur (NADPH) et quelle quantité est transformée en liaisons phosphates riches en énergie (ATP). L'équilibre est réglé selon les besoins en NADPH. Le flux d'électrons est non cyclique ou cyclique selon que la ferredoxine donne son électron réactif au $NADP^+$ ou à des composants qui le ramènent au *complexe b_6-f* (comparer les Figures 7-53 et 7-54). Aux faibles concentrations de $NADP^+$, consécutives à une accumulation de NADPH, le schéma cyclique qui ne produit que l'ATP est favorisé.

L'influence des niveaux de NADPH sur la photophosphorylation cyclique fait partie d'un vaste réseau de régulation qui équilibre les activités des photosystèmes I et II. Par exemple, une activité excessive du photosystème II augmentera le rapport quinones réduites-quinones oxydées dans la membrane du thylacoïde alors qu'un excès d'activité du photosystème I aura l'effet opposé (voir Figure 7-53). Cependant, chaque fois que le rapport quinones réduites-quinones oxydées dépasse un certain seuil, une protéine kinase est activée, et elle phosphoryle la principale protéine pigmentaire réceptrice de lumière dans le complexe d'antenne. Ceci tend à dissocier le complexe d'antenne du photosystème II et peut même provoquer son déplacement dans la membrane du thylacoïde, des régions empilées (le grana), où le photosystème II est concentré, vers des régions non empilées, où le photosystème I est concentré. Une proportion accrue d'énergie lumineuse est ainsi transférée au photosystème I jusqu'à ce que la réserve de quinones revienne à la normale.

7-27 La géométrie de la translocation des protons est identique dans les mitochondries et les chloroplastes [37]

La présence de l'espace intrathylacoïde sépare un chloroplaste en trois au lieu de deux compartiments internes et le rend assez différent d'une mitochondrie. Cependant, la géométrie de translocation des H^+ dans les deux organites est identique. Comme l'illustre la Figure 7-55, les protons, dans les chloroplastes, sont pompés hors du stroma (pH 8) dans l'espace intrathylacoïde (pH d'environ 5), créant un gradient de 3 à 3,5 unités de pH. Ceci représente une force motrice protonique d'environ 200 mV à travers la membrane du thylacoïde (dont la quasi-totalité est due au gradient de pH plutôt qu'au potentiel de membrane) qui active la synthèse de l'ATP par l'ATP synthétase enchâssée dans cette membrane.

Comme le stroma, la matrice mitochondriale a un pH d'environ 8, mais celui-ci est créé par le pompage des protons hors de la mitochondrie vers le cytosol (pH 7 environ) plutôt que vers un espace à l'intérieur de l'organite. Ainsi, le gradient de pH est assez faible et la majeure partie de la force motrice protonique à travers la membrane mitochondriale interne, qui est à peu près la même à travers la membrane du thylacoïde du chloroplaste, est créée par le potentiel de membrane résultant (voir p. 352). Pour les mitochondries et les chloroplastes, cependant, le site catalytique de l'ATP synthétase est à un pH d'environ 8 et est localisé dans un grand compartiment de l'organite (matrice ou stroma) dans lequel sont empaquetées des enzymes solubles. En conséquence, c'est là que tout l'ATP de l'organite est synthétisé (Figure 7-55).

Bien qu'il y ait de nombreuses similitudes entre les mitochondries et les chloroplastes, la structure des chloroplastes facilite l'étude de leurs processus de transport d'électrons et de protons : en cassant les deux membranes interne et externe d'un chloroplaste, des disques thylacoïdes isolés peuvent être obtenus intacts. Ces thylacoïdes ressemblent aux particules submitochondriales car ils ont une membrane dont la chaîne de transport des électrons a des sites d'utilisation du $NADP^+$, de l'ADP, et du phosphate librement accessibles de l'extérieur. Mais les thylacoïdes isolés conservent leur structure native non perturbée et sont beaucoup plus actifs que des particules submitochondriales isolées. Pour cette raison, plusieurs des premières expériences qui démontrèrent le rôle capital des mécanismes chimiosmotiques furent réalisées avec des chloroplastes plutôt qu'avec des mitochondries.

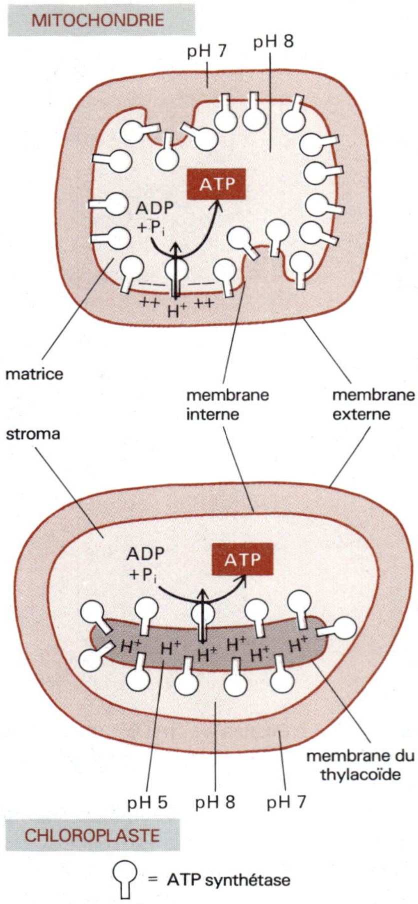

Figure 7-55 Comparaison des flux protoniques et des orientations de l'ATP synthétase dans les mitochondries et les chloroplastes. Les compartiments qui ont un pH identique ont été colorés de façon identique. La force motrice protonique à travers la membrane du thylacoïde est presque entièrement constituée par le gradient de pH ; la grande perméabilité de cette membrane aux ions Mg^{2+} et Cl^- permet au flux de ces ions de dissiper la plus grande partie du potentiel de membrane. Les mitochondries ne pourraient probablement pas supporter que leur matrice soit à pH 10, comme le nécessiterait la production de leur force motrice protonique sans potentiel de membrane.

Comme la membrane mitochondriale interne, la membrane chloroplastique interne contient des protéines de transport qui facilitent l'échange de métabolites avec le cytosol [38]

Bien que les réactions photosynthétiques de transfert d'électrons et de protons de la photosynthèse soient plus facilement étudiées dans les préparations chloroplastiques dans lesquelles les membranes interne et externe ont été cassées ou enlevées, de tels chloroplastes ne peuvent pas réaliser la fixation photosynthétique du CO_2 du fait de l'absence de substances importantes qui sont normalement présentes dans le stroma. Les chloroplastes peuvent aussi être isolés de telle sorte que leur membrane interne reste intacte. Dans de tels chloroplastes, on peut montrer que la membrane interne présente une perméabilité sélective, due à la présence de protéines de transport spécifiques. Plus particulièrement, la majorité du glycéraldéhyde 3-phosphate produit par fixation du CO_2 dans le stroma chloroplastique est transporté hors du chloroplaste par un système antiport efficace qui échange les glucides phosphorylés à trois carbones contre le phosphate inorganique.

Avec le glycéraldéhyde 3-phosphate, le cytosol reçoit normalement une source abondante de glucides, qui est utilisée par la cellule comme point de départ de nombreuses autres biosynthèses — y compris la production de saccharose pour l'exportation. Mais ce n'est pas tout ce que ce composé fournit. Une fois que le glycéraldéhyde 3-phosphate atteint le cytosol, il est facilement converti (grâce à la voie glycolytique) en 3-phosphoglycérate, engendrant une molécule d'ATP et une de NADH. (L'inverse de la même réaction à deux étapes forme du glycéraldéhyde 3-phosphate dans le cycle de fixation du carbone — voir Figure 7-43). En conséquence, l'exportation de glycéraldéhyde 3-phosphate à partir du chloroplaste fournit non seulement la source principale de carbone fixé au reste de la cellule, mais aussi le pouvoir réducteur et l'ATP nécessaire au métabolisme extérieur au chloroplaste.

Les chloroplastes effectuent d'autres biosynthèses [39]

Le chloroplaste effectue de nombreuses biosynthèses en plus de la photosynthèse. Par exemple, tous les acides gras de la cellule et un certain nombre d'acides aminés sont fabriqués par des enzymes localisées dans le stroma du chloroplaste. De la même façon, le pouvoir réducteur des électrons photoactivés favorise la réduction du nitrite (NO_2^-) en ammoniaque (NH_3) dans le chloroplaste ; cet ammoniaque fournit l'azote nécessaire au végétal pour la synthèse d'acides aminés et de nucléotides. L'importance métabolique du chloroplaste pour les végétaux et les algues s'étend donc bien au-delà de son rôle dans la photosynthèse.

Résumé

Les chloroplastes et les bactéries photosynthétiques obtiennent des électrons à haute énergie au moyen de photosystèmes qui capturent les électrons excités lorsque la lumière solaire est absorbée par les molécules de chlorophylle. Les photosystèmes sont composés d'un complexe d'antenne attaché à un centre réactionnel photochimique, qui est un complexe de protéines et de pigments ordonné avec précision dans lequel se produisent la photochimie et la photosynthèse. Jusqu'à présent, le centre réactionnel photochimique le mieux compris est celui de la bactérie photosynthétique pourpre, dont on connaît la structure tridimensionnelle complète. Dans ces bactéries, un seul photosystème produit un gradient électrochimique de protons qui est utilisé pour activer les synthèses d'ATP et de NADPH. Il existe deux photosystèmes dans les chloroplastes et les cyanobactéries. Selon les besoins de la cellule, deux types de flux électronique se produisent dans des proportions différentes : (1) un flux non cyclique, contrôlé par les deux photosystèmes, liés en série, transfère les électrons de l'eau au $NADP^+$ pour produire NADPH, avec production simultanée d'ATP ; et (2) un flux cyclique, contrôlé par un seul photosystème, à travers lequel les électrons circulent en boucle fermée, produisant uniquement de l'ATP. Dans les chloroplastes, tous les processus de transport d'électrons se situent dans la membrane du thylacoïde : pour synthétiser l'ATP, les protons sont pompés dans l'espace intrathylacoïde, et un reflux de protons au moyen d'une ATP synthétase produit ensuite l'ATP dans le stroma.

L'ATP et le NADPH fabriqués au cours de la photosynthèse permettent de nombreuses réactions photosynthétiques dans le stroma du chloroplaste, y compris le cycle si important de fixation du carbone qui donne un glucide à partir du CO_2. Ce glucide est exporté vers le cytosol cellulaire où — sous forme de glycéraldéhyde 3-phosphate — il fournit le carbone inorganique, l'ATP, et le pouvoir réducteur au reste de la cellule.

L'évolution des chaînes de transport d'électrons [40]

Une grande partie de la structure, de la fonction et de l'évolution des cellules et des organismes peut être reliée à leur besoin en énergie. Nous avons vu que les mécanismes fondamentaux pour capter l'énergie à partir de sources aussi disparates que la lumière ou l'oxydation du glucose, sont les mêmes. Apparemment une méthode efficace pour synthétiser de l'ATP est apparue tôt dans l'évolution et a été conservée, à quelques petites modifications près. Comment les éléments individuels cruciaux — ATP synthétase, pompes protoniques alimentées par les potentiels redox, et photosystèmes — sont-ils d'abord apparus ? Les hypothèses sur les événements se produisant sur une échelle de temps propre à l'évolution, sont difficilement vérifiables. Mais des indices abondent, à la fois dans les nombreuses chaînes de transport d'électrons primitives qui survivent dans certaines bactéries existant encore aujourd'hui et dans les preuves géologiques concernant l'environnement de la terre existant voici des milliards d'années.

Les cellules les plus primitives produisaient probablement l'ATP par fermentation [41]

Comme nous l'expliquons dans le Chapitre 1, les premières cellules vivantes ont dû apparaître il y a environ $3,5 \times 10^9$ années, lorsque la terre avait environ 10^9 ans. Puisque l'environnement était dépourvu d'oxygène mais était riche en molécules organiques d'origine géochimique, les voies métaboliques productrices d'ATP les plus primitives ressemblaient vraisemblablement aux formes actuelles de fermentation.

Au cours de la **fermentation**, l'ATP est synthétisé par une phosphorylation liée au substrat (p. 66) ; cette phosphorylation capte l'énergie libérée au cours du processus d'oxydation d'une molécule organique riche en hydrogène telle que le glucose. Sans oxygène disponible comme accepteur d'hydrogène, les hydrogènes perdus par les molécules oxydées doivent être transférés (via NADH ou NADPH) sur une molécule organique différente (ou sur une autre partie de la même molécule) qui deviendra donc plus réduite. A la fin du processus de fermentation, une (ou plusieurs) des molécules organiques produites est excrétée dans le milieu comme résidu métabolique ; d'autres, telles que le pyruvate, sont retenues par la cellule pour la biosynthèse.

Dans les différents organismes, les produits finaux excrétés sont différents, mais ce sont en général des acides organiques (composés carbonés possédant une fonction COOH). Dans les cellules bactériennes, les plus importants de ces produits sont l'acide lactique (qui s'accumule

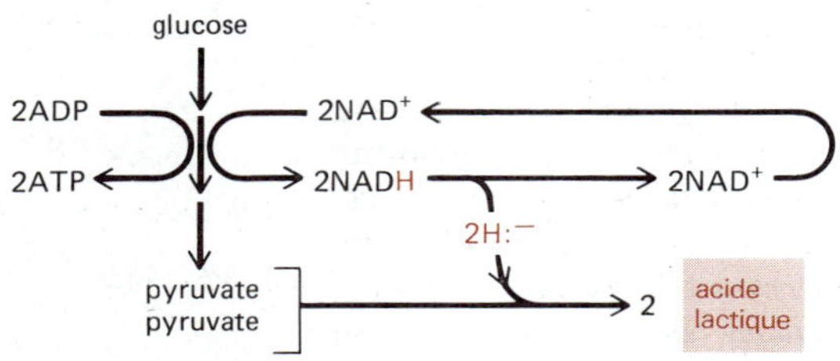

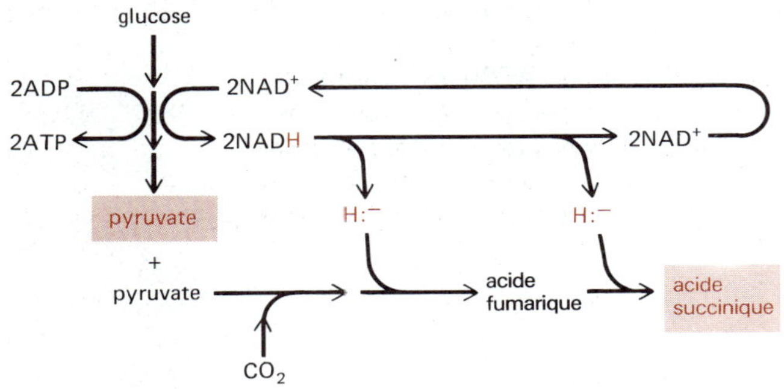

Figure 7-56 Deux types de fermentation, les produits finaux étant signalés par des encadrés colorés. (A) Les deux molécules de NAD^+ utilisées pour chaque molécule de glucose qui subit la glycolyse sont régénérées par le transfert d'ions hydrure du NADH au pyruvate pour produire deux molécules d'acide lactique (l'inverse du type de réaction montré précédemment dans la Figure 7-18). L'acide lactique est excrété. (B) Les deux molécules de NAD^+ utilisées pour chaque molécule de glucose qui subit la glycolyse sont régénérées par des transferts successifs d'ions hydrure de deux molécules de NADH à des composés dérivés du pyruvate qui produisent l'acide succinique. Pour chaque molécule de succinate excrétée, une molécule de pyruvate (encadré coloré) est sauvegardée pour les réactions de biosynthèse à l'intérieur de la cellule. Dans (A) comme dans (B), un acide organique doit être excrété pour reformer NAD^+ et permettre ainsi à la glycolyse de continuer en absence d'oxygène.

également au cours de la glycolyse anaérobie chez les mammifères ; voir p. 67) ainsi que les acides formique, acétique, propionique, butyrique et succinique. La Figure 7-56 montre deux voies différentes de fermentation qui existent chez des bactéries actuelles.

7-28 L'évolution des chaînes de transport d'électrons conservatrices de l'énergie a permis aux bactéries anaérobies d'utiliser des composés organiques non fermentables comme source d'énergie [42]

Les premiers processus de fermentation auraient fourni non seulement l'ATP mais aussi le pouvoir réducteur (NADH ou NADPH) nécessaires aux biosynthèses essentielles, et de nombreuses voies métaboliques fondamentales se seraient vraisemblablement développées alors que la fermentation était le mode unique de production d'énergie. Au cours du temps, cependant, les activités métaboliques de ces organismes procaryotes ont dû modifier l'environnement local, de sorte qu'il furent obligés de développer de nouvelles voies biochimiques. La série des modifications qui suit pourrait être la conséquence éventuelle de l'accumulation des résidus de fermentation :

Stade 1. A cause de l'excrétion continue des acides organiques, le pH de l'environnement s'abaissa et des protéines fonctionnant comme des pompes à protons transmembranaires se développèrent pour pomper H^+ hors de la cellule, afin d'éviter la mort par acidification intracellulaire. Une de ces pompes peut avoir utilisé l'énergie libérée par l'hydrolyse de l'ATP et pourrait être l'ancêtre de l'ATP synthétase actuelle.

Stade 2. En même temps que les acides organiques non fermentables s'accumulaient et favorisaient le développement d'une pompe à protons consommatrice d'ATP, l'approvisionnement en éléments nutritifs fermentables produits par géochimie, qui fournissaient l'énergie pour les pompes et pour tous les autres processus cellulaires, diminuait. Les pressions sélectives qui en résultaient favorisèrent les bactéries qui pouvaient excréter H^+ sans hydrolyser l'ATP, permettant à celui-ci d'être réservé pour d'autres activités cellulaires. De telles pressions pourraient avoir conduit aux premières protéines membranaires capables d'utiliser le transport électronique entre des molécules de différents potentiels redox comme source d'énergie pour transporter H^+ à travers la membrane plasmique. Certaines de ces protéines ont dû trouver leurs donneurs et leurs accepteurs d'électrons parmi les acides organiques non fermentables qui s'étaient accumulés. De nombreuses protéines de transport d'électrons de ce type peuvent, de fait, être trouvées dans les bactéries actuelles : par exemple, certaines bactéries actuelles

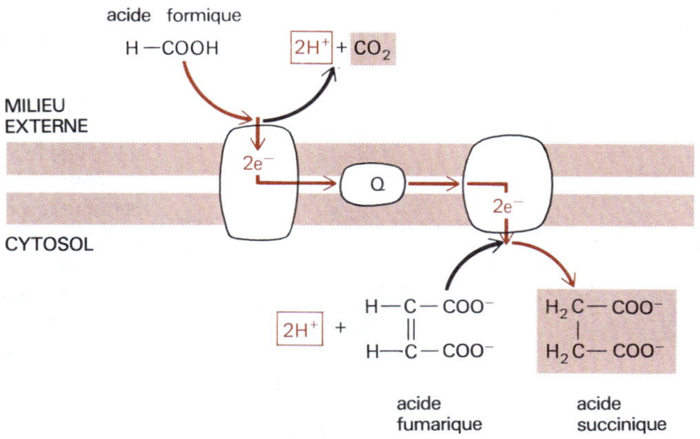

Figure 7-57 L'oxydation de l'acide formique par le fumarate se fait par l'intermédiaire d'une chaîne de transport d'électrons conservatrice d'énergie localisée dans la membrane plasmique de certaines bactéries actuelles qui poussent en anaérobiose, y compris *E. coli*. Comme indiqué, les produits sont le succinate et le CO_2. Noter que les protons sont consommés à l'intérieur de la cellule et engendrés à l'extérieur, ce qui est équivalent au pompage de protons vers l'extérieur de la cellule. Ainsi, ce système de transport d'électrons lié à la membrane peut engendrer un gradient électrochimique de protons à travers la membrane plasmique. Le potentiel redox du couple acide formique-CO_2 est de — 420 mV alors que celui du couple fumarate-succinate est de + 30 mV.

qui poussent dans l'acide formique pompent des protons en utilisant la quantité relativement faible d'énergie redox produite par le transfert des électrons de l'acide formique au fumarate (Figure 7-57). D'autres bactéries ont développé des composants de transport d'électrons analogues, uniquement consacrés à l'oxydation et à la réduction des substrats inorganiques (par exemple, voir Figure 7-59, ci-dessous).

Stade 3. Par la suite, certaines bactéries ont développé des systèmes de transport d'électrons pompant H^+ qui étaient suffisamment efficaces pour capter plus d'énergie redox qu'elles n'en avaient besoin pour le seul maintien de leur pH interne. Un gradient électrochimique protonique important créé par un pompage excessif d'ions H^+ permettait aux protons de retourner dans la cellule par les pompes protoniques à ATP, les entraînant ainsi en sens inverse, de sorte qu'elles fonctionnaient comme des ATP synthétases pour fabriquer de l'ATP. Puisque de telles bactéries nécessitaient un plus faible approvisionnement en éléments nutritifs fermentables, qui devenaient de moins en moins abondants, elles proliférèrent aux dépens de leurs voisines.

Ces trois stades hypothétiques de l'évolution des mécanismes de la phosphorylation oxydative sont résumés dans la Figure 7-58.

En fournissant une source inépuisable de pouvoir réducteur, les bactéries photosynthétiques ont surmonté un obstacle majeur dans l'évolution des cellules [43]

Tandis que l'évolution séquentielle que nous venons de décrire résolvait le problème du maintien de la neutralité du pH cellulaire et de l'abondance des réserves énergétiques, elle laissait sans solution un autre problème aussi sérieux. La diminution des éléments nutritifs organiques fermentables signifiait qu'une source carbonée de remplacement devait être trouvée pour fabriquer les glucides, précurseurs de tant d'autres molécules cellulaires. Le dioxyde de carbone atmosphérique fournissait une source de carbone potentielle abondante. Mais la conversion du dioxyde de carbone en molécule organique, telle qu'un glucide, nécessite que le dioxyde de carbone fixé soit réduit par un puissant donneur d'hydrogène, tel que le NADH ou NADPH, qui peut fournir les électrons à haute énergie nécessaires à la création de chaque unité (CH_2O) à partir du CO_2 (voir Figure 7-43). Assez tôt dans l'évolution cellulaire, de tels agents réducteurs puissants auraient été abondants sous forme de produits de fermentation. Mais, au moment où l'apport de nutriments fermentables diminuait et où une ATP synthétase membranaire commençait à produire une grande partie de l'ATP, la provision importante de NADH et d'autres agents réducteurs aurait également disparu. Il devenait alors impératif pour les cellules de développer une nouvelle voie pour engendrer une source de pouvoir réducteur puissant.

Après consommation de la plupart des molécules fermentables de l'environnement, les principaux donneurs d'électrons encore disponibles étaient les acides organiques produits par le métabolisme anaérobie des glucides, des molécules inorganiques comme le sulfure d'hydrogène (H_2S) produit par voie géochimique, et l'eau. Mais le pouvoir réducteur de toutes ces molécules est beaucoup trop faible pour être utilisé pour la fixation du dioxyde de carbone. L'origine d'un apport précoce de donneurs d'électrons puissants fut vraisemblablement l'utilisation du gradient électrochimique de protons à travers la membrane plasmique pour favoriser un flux électronique inverse ; ceci a nécessité l'évolution de complexes enzymatiques

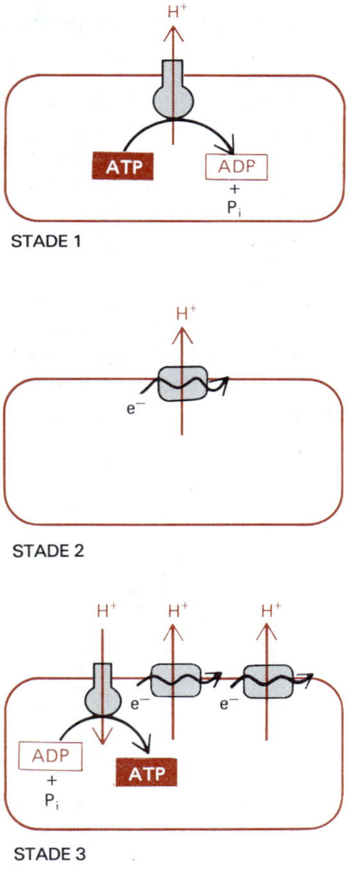

Figure 7-58 Une des séquences possibles pour l'évolution des mécanismes de phosphorylation oxydative (voir le texte).

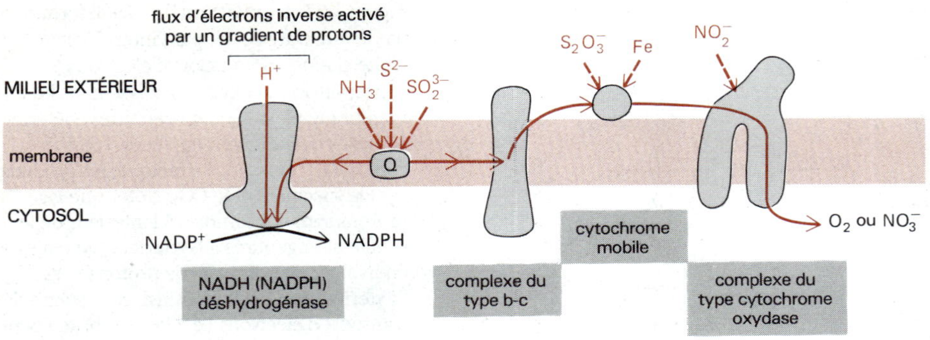

Figure 7-59 Certaines des voies de transport d'électrons dans des bactéries actuelles qui créent tout l'ATP et le pouvoir réducteur dont elles ont besoin pour pousser à partir de l'oxydation de molécules inorganiques — telles que le fer, l'ammoniaque, le nitrate, et des composés soufrés. Comme indiqué, certaines espèces peuvent pousser en anaérobiose en substituant l'oxygène par du nitrate comme accepteur final d'électrons. La plupart utilisent le cycle de fixation du carbone et synthétisent entièrement leurs molécules organiques à partir du dioxyde de carbone. Les flux directs d'électrons provoquent le pompage des protons hors de la cellule, et le gradient protonique qui en résulte active la synthèse d'ATP par l'ATP synthétase (non représentée). De plus, le NADPH nécessaire à la fixation du carbone est produit par le flux d'électrons inverse, comme indiqué (voir aussi la Figure 7-51B).

membranaires ressemblant à la NADH déshydrogénase (Figure 7-59). Mais le saut évolutif décisif du métabolisme énergétique fut le développement de centres réactionnels photochimiques qui pouvaient directement produire des molécules telles que le NADH. On pense que ceci se produisit, pour la première fois, il y a plus de 3×10^9 années chez les ancêtres des sulfobactéries vertes. Les sulfobactéries vertes actuelles utilisent l'énergie lumineuse pour transférer les atomes d'hydrogène (un électron plus un proton) du sulfure d'hydrogène au NADPH, et engendrent ainsi le puissant pouvoir réducteur nécessaire à la fixation du carbone (Figure 7-60). Puisque les électrons retirés à H_2S ont un potentiel redox beaucoup plus négatif que ceux de l'eau (— 230 mV comparé à + 820 mV pour l'eau), un quantum de lumière absorbé par le seul photosystème présent chez ces bactéries est suffisant pour atteindre un potentiel redox suffisamment élevé pour produire NADPH via une chaîne de transport d'électrons photosynthétiques relativement simple.

Les chaînes photosynthétiques complexes de transport d'électrons des cyanobactéries ont probablement produit le premier oxygène atmosphérique [44]

L'étape suivante, apparue avec le développement des cyanobactéries il y a environ 3×10^9 années, correspond sans doute à l'évolution d'organismes capables d'utiliser l'eau comme source d'hydrogène pour la réduction du dioxyde de carbone. Ceci a entraîné l'addition d'un second photosystème, agissant en série avec le premier, pour franchir l'énorme fossé séparant les potentiels redox de H_2O et de NADPH. Les homologies structurelles actuelles entre photosystèmes suggèrent que cette modification implique la coopération d'un photosystème dérivé des bactéries vertes (photosystème I) et d'un photosystème dérivé des bactéries pourpres (photosystème II). Les conséquences biologiques de cette étape de l'évolution ont été d'une très grande portée. Pour la première fois, il existait des organismes dont la demande chimique à leur environnement était réduite au maximum ; ils pouvaient alors se disséminer et se développer selon des voies interdites aux premières bactéries photosynthétiques, qui avaient besoin de H_2S ou d'acides organiques comme source d'électrons. En conséquence, de grandes

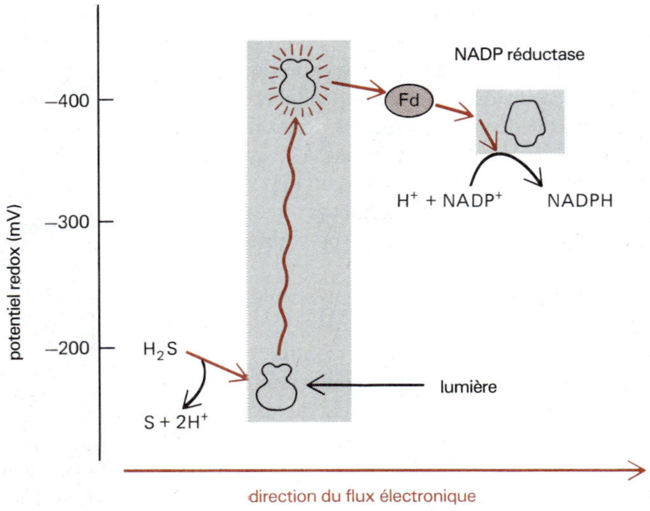

Figure 7-60 Le flux général d'électrons dans une forme relativement primitive de photosynthèse non cyclique observée dans des sulfobactéries vertes actuelles. Le photosystème des bactéries vertes ressemble au photosystème I des végétaux et des cyanobactéries par son utilisation d'une série de centres fer-soufre comme premiers accepteurs d'électrons, qui transmettent par la suite leurs électrons de haute énergie à la ferrédoxine (Fd).

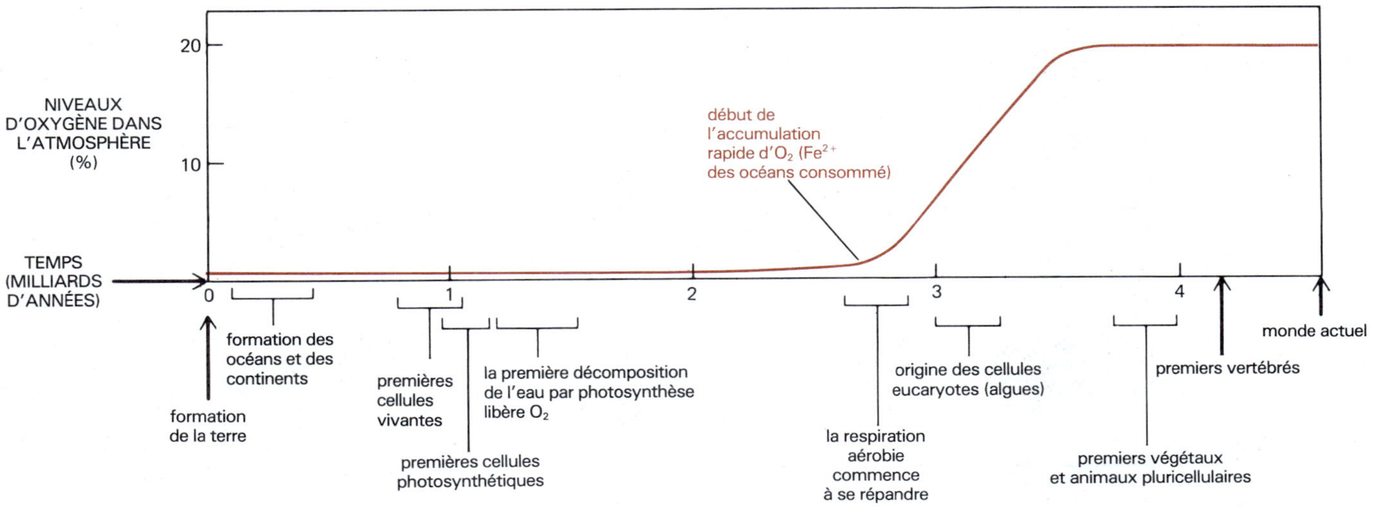

Figure 7-61 Relation entre les variations des niveaux d'oxygène atmosphérique et certaines des étapes principales qui se sont vraisemblablement produites au cours de l'évolution des organismes vivants sur la terre. Comme indiqué, des preuves géologiques suggèrent qu'il y a eu un délai de plus d'un milliard d'années entre l'apparition des cyanobactéries (qui sont, pense-t-on, les premiers organismes à libérer de l'oxygène) et l'époque à laquelle de hauts niveaux d'oxygène commencèrent à s'accumuler dans l'atmosphère. La provision importante d'ions ferreux dissous dans les océans, qui réagissaient avec l'oxygène libéré pour former de volumineux dépôts d'oxydes de fer, est largement responsable de ce délai.

quantités de matériaux organiques réduits, biologiquement synthétisés, s'accumulèrent. De plus, l'oxygène pénétra pour la première fois dans l'atmosphère.

L'oxygène est fortement toxique car les réactions d'oxydation qu'il catalyse peuvent inactiver des enzymes. Par exemple, de nombreuses bactéries anaérobies actuelles meurent rapidement lorsqu'elles sont exposées à l'air. Ainsi, les organismes du monde primitif durent développer des mesures protectrices contre les niveaux croissants d'O_2 dans l'environnement. Des arrivants tardifs dans l'évolution, tels que nous-mêmes, possèdent de nombreux mécanismes de désintoxication qui protègent leurs enzymes contre les effets nocifs de l'oxygène.

L'augmentation de l'oxygène atmosphérique fut très lente au début. Les mers primitives contenaient de grandes quantités de fer ferreux (Fe [II]), et presque tout l'oxygène produit par les premières bactéries photosynthétiques était utilisé pour convertir Fe (II) en Fe (III). Cette conversion provoqua la précipitation de quantités considérables d'oxydes ferriques, et la formation de vastes zones ferreuses débuta il y a environ $2{,}7 \times 10^9$ années, et permit de dater l'apparition des cyanobactéries. Il y a environ 2×10^9 années, la provision de fer ferreux fut épuisée, et le dépôt de précipités ferreux supplémentaires cessa. Les signes géologiques suggèrent que le niveau d'oxygène dans l'atmosphère commença alors à augmenter, atteignant le niveau actuel il y a 0,5 à $1{,}5 \times 10^9$ années (Figure 7-61).

La disponibilité en oxygène permit le développement de bactéries qui comptaient sur le métabolisme aérobie pour fabriquer leur ATP. Ces organismes pouvaient capter la grande quantité d'énergie libérée au cours de la dégradation complète des glucides et d'autres molécules organiques réduites en CO_2 et H_2O. Des composants de complexes de transport d'électrons préexistants furent modifiés pour produire une cytochrome oxydase, de sorte que les électrons provenant de substrats organiques ou inorganiques pouvaient être transportés jusqu'à O_2, considéré comme l'accepteur final d'électrons. De nombreuses bactéries pourpres photosynthétiques actuelles peuvent osciller entre la photosynthèse et la respiration, selon la disponibilité en lumière et en oxygène, par des réorganisations incroyablement minimes de leurs chaînes de transport d'électrons.

Lorsque les matériaux organiques s'accumulèrent sur la terre par suite de la photosynthèse, certaines bactéries photosynthétiques (y compris les précurseurs d'*E. coli*) perdirent leur faculté de survie en présence de la seule énergie lumineuse, et en vinrent à dépendre entièrement de la respiration. Les mitochondries sont apparues pour la première fois, croit-on, il y a quelque $1{,}5 \times 10^9$ années, lorsqu'une telle bactérie dépendante de la respiration devint un endosymbiote dans une cellule eucaryote primitive (voir p. 398). Ultérieurement, les descendantes de cette première cellule eucaryote aérobie absorbèrent par endocytose une bactérie photosynthétique qui devint le précurseur des chloroplastes ; cependant, les chloroplastes actuels sont suffisamment singuliers dans différents types d'algues pour suggérer que les chloroplastes évoluèrent séparément dans ces différentes lignées. Un schéma spéculatif de certaines des voies suivies par l'évolution est présenté dans la Figure 7-62.

L'évolution est toujours conservatrice ; elle garde d'anciens morceaux et construit par-dessus pour créer quelque chose de neuf. Ainsi, des éléments des chaînes de transport d'électrons qui devaient servir à des bactéries anaérobies voici plus de 3 milliards d'années, sont probablement ceux que nous voyons, sous une forme modifiée, dans les mitochondries et les chloroplastes des eucaryotes supérieurs actuels. A titre d'exemple, on peut montrer qu'il

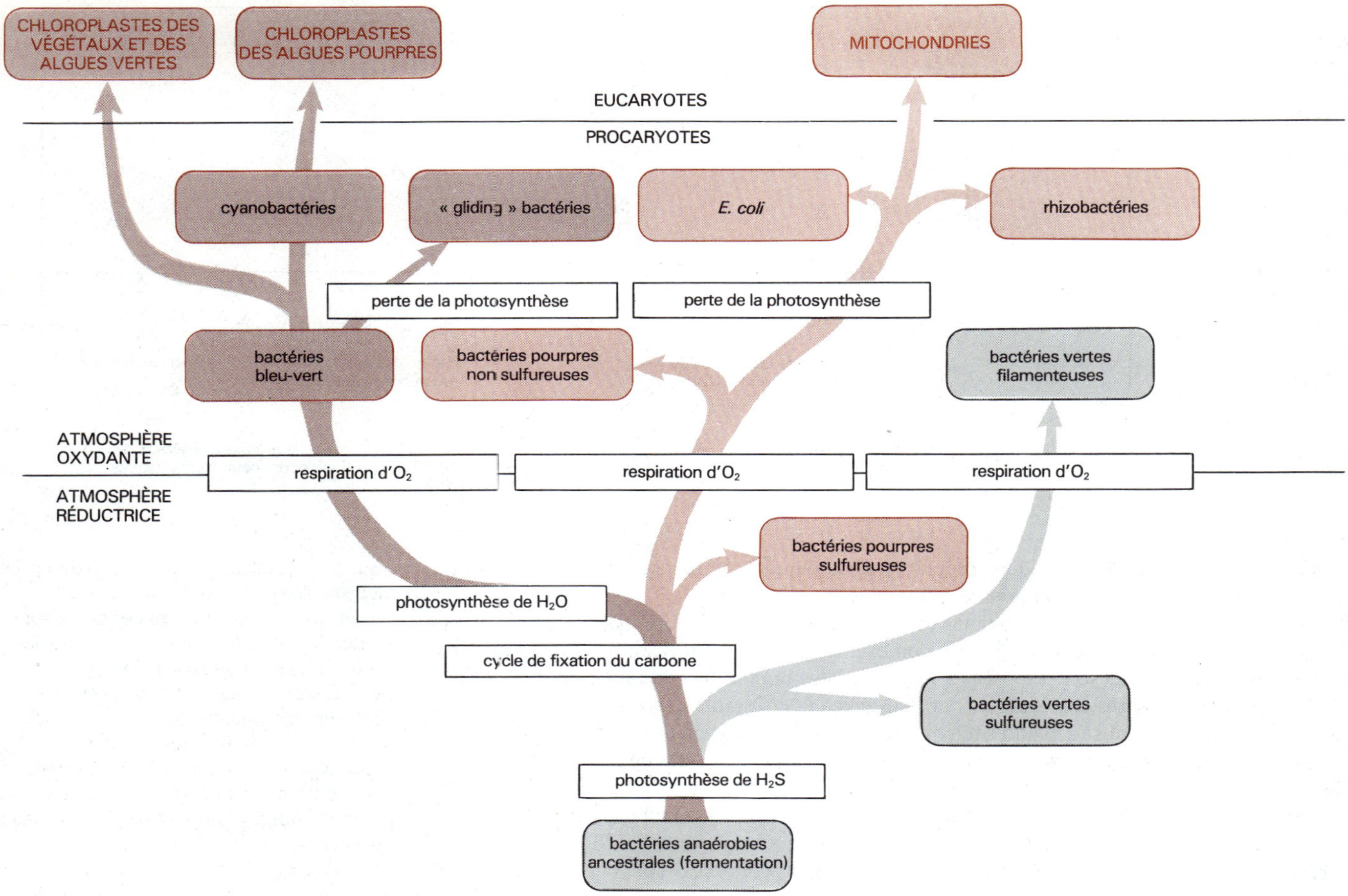

Figure 7-62 Arbre phylogénétique de l'évolution possible des mitochondries et des chloroplastes et de leurs ancêtres bactériens. La respiration en présence d'oxygène commença sans doute à se développer il y a environ 2×10^9 années ; comme indiqué, elle semble avoir évolué indépendamment dans les lignées vertes, pourpres et bleu-vert (cyanobactériennes) des bactéries photosynthétiques. On pense qu'une bactérie pourpre aérobie qui avait perdu sa capacité de photosynthèse donna naissance aux mitochondries, alors que plusieurs bactéries bleu-vert différentes donnèrent naissance aux chloroplastes. Des analyses détaillées de séquences nucléotidiques suggèrent que les mitochondries proviennent de bactéries qui ressemblaient aux rhizobactéries, aux agrobactéries, et aux rickettsies — trois espèces étroitement apparentées connues pour former d'étroites associations avec des cellules eucaryotes actuelles (voir p. 1157 et p. 1159).

existe une homologie structurelle et fonctionnelle étonnante entre des complexes enzymatiques qui pompent les protons dans le segment central de la chaîne respiratoire mitochondriale (le complexe b-c_1) et les segments correspondants des chaînes de transport d'électrons des bactéries et des chloroplastes (Figure 7-63).

Résumé

Les premières cellules, croit-on, ont été des organismes de type bactérien vivant dans un environnement riche en molécules organiques fortement réduites, qui avaient été formées par des processus géochimiques au cours de centaines de millions d'années. Elles tiraient probablement la majorité de leur ATP de la transformation des molécules organiques réduites en un certain nombre d'acides organiques, qui étaient ensuite libérés sous forme de déchets. En acidifiant l'environnement, ces fermentations peuvent avoir conduit à l'évolution des premières pompes à H^+ liées à la membrane, qui pouvaient maintenir un pH neutre à l'intérieur de la cellule. Les propriétés des bactéries actuelles suggèrent qu'une pompe H^+ activée par un transport d'électrons et une pompe H^+ activée par l'ATP furent les premières à apparaître dans cet environnement anaérobie. L'inversion de la pompe activée par l'ATP dut lui permettre de fonctionner en tant qu'ATP synthétase, lorsque les chaînes de transport d'électrons se développèrent. Ainsi, l'énergie libérée par des réactions redox entre des molécules inorganiques, des composés non fermentables accumulés, ou les deux, pouvait être captée pour fabriquer de l'ATP.

Puisque les molécules organiques préformées n'étaient renouvelées que très lentement par des processus géochimiques, la prolifération des bactéries qui les utilisaient comme source de carbone et de pouvoir réducteur ne pouvaient continuer éternellement. La disparition des éléments nutritifs organiques fermentables conduisit vraisemblablement à l'évolution de bactéries capables d'utiliser le dioxyde de carbone pour fabriquer des glucides. En combinant des éléments des chaînes de transport d'électrons qui s'étaient développées plus tôt, l'énergie lumineuse fut récupérée par un photosystème unique dans les bactéries photosynthétiques pour produire le NADPH nécessaire à la fixation du carbone. L'apparition ultérieure des chaînes de

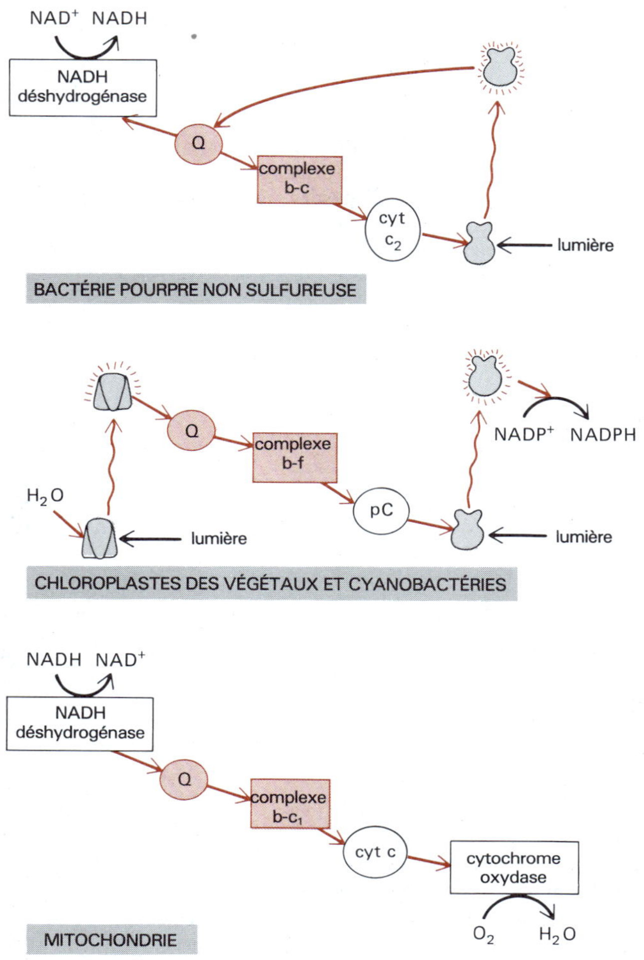

Figure 7-63 Un résumé des trois chaînes de transport d'électrons largement étudiées dans ce chapitre. Les bactéries, les chloroplastes et les mitochondries contiennent tous un complexe enzymatique lié à la membrane qui ressemble étroitement au complexe b-c_1 des mitochondries. Ces complexes acceptent tous des électrons d'un transporteur de type quinone (désigné par Q) et pompent des protons à travers leurs membranes respectives. De plus, dans des systèmes reconstitués *in vitro*, les différents complexes peuvent se substituer l'un à l'autre, et les séquences d'acides aminés de leurs composants protéiques indiquent qu'ils sont apparentés du point de vue de l'évolution.

transport d'électrons photosynthétiques plus complexes des cyanobactéries, permit d'utiliser l'eau comme donneur d'électrons pour la formation de NADPH, plutôt que les donneurs d'électrons beaucoup moins abondants nécessaires aux autres bactéries photosynthétiques. La vie put alors proliférer sur de grandes zones terrestres, et les molécules organiques réduites s'accumulèrent à nouveau. Il y a environ 2 milliards d'années, l'oxygène libéré par photosynthèse dans les cyanobactéries commença à s'accumuler dans l'atmosphère. A partir du moment où les molécules organiques et l'oxygène furent abondants, des chaînes de transport d'électrons s'adaptèrent pour le transport d'électrons du NADPH à l'oxygène, et un métabolisme aérobie efficace se développa dans de nombreuses bactéries. Des mécanismes aérobies absolument identiques fonctionnent dans les mitochondries des eucaryotes, et il semble évident que les mitochondries, comme les chloroplastes, proviennent de bactéries aérobies qui furent endocytées par des cellules eucaryotes primitives.

Les génomes des mitochondries et des chloroplastes [45]

De nouveaux organites cytoplasmiques doivent être engendrés par les cellules pour aller de pair avec la croissance et la division cellulaires. Ils doivent également remplacer les organites qui sont dégradés au cours du processus continu de renouvellement des organites dans les cellules quiescentes. La biosynthèse des organites nécessite la synthèse programmée des protéines et des lipides requis, et la livraison de chaque composant au subcompartiment cellulaire correct. Dans le Chapitre 8, nous étudierons le transfert de protéines et de lipides sélectionnés, synthétisés quelque part dans les mitochondries et les chloroplastes. Ici, nous décrirons les contributions de ces organites à leur propre biogenèse.

La biosynthèse des mitochondries et des chloroplastes implique la contribution de deux systèmes génétiques séparés. Alors que la plupart de leurs protéines sont codées par l'ADN

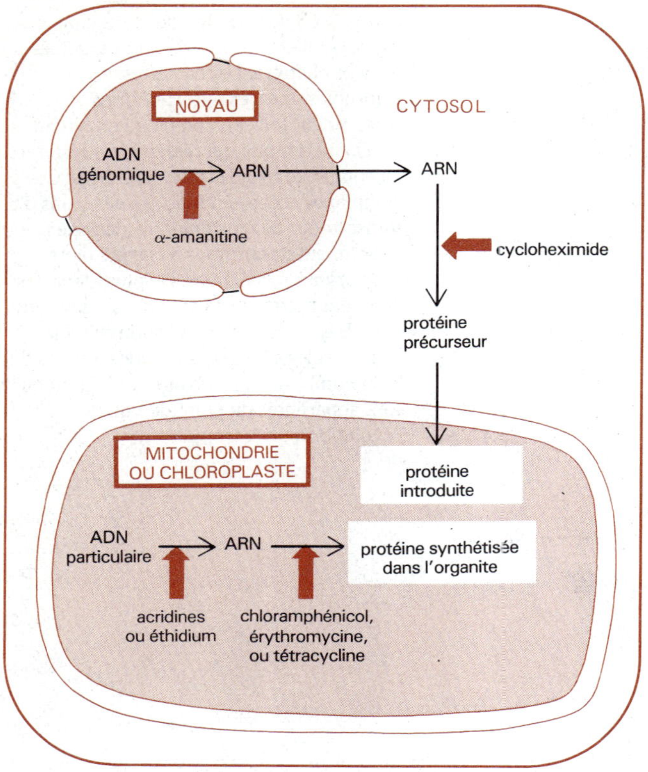

Figure 7-64 Schéma de la biosynthèse des protéines mitochondriales et chloroplastiques. Chaque flèche large indique le site d'action d'un inhibiteur de la synthèse protéique spécifique des organites ou du cytosol.

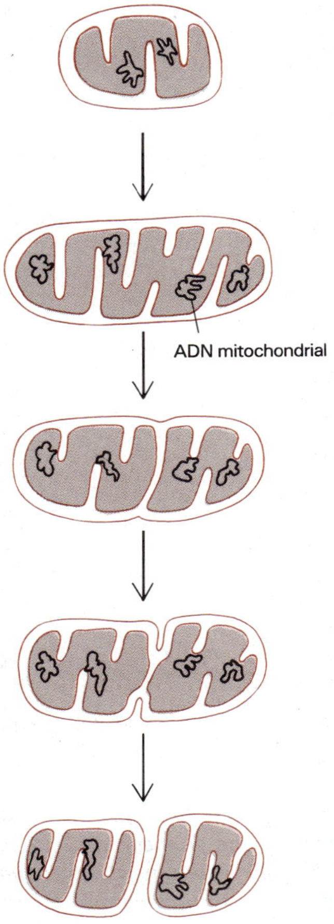

Figure 7-65 Diagramme de la division d'une mitochondrie. La voie montrée ici a été postulée à partir de vues statiques de mitochondries en cours de division, identiques à celles de la Figure 7-66.

nucléaire, synthétisées sur les ribosomes cytosoliques puis importées dans l'organite depuis le cytosol, certaines sont codées par l'ADN de l'organite et synthétisées sur des ribosomes à l'intérieur de ce dernier. La circulation protéique entre le cytosol et ces organites semble être unidirectionnelle, puisque l'on ne connaît aucune protéine qui soit exportée des mitochondries ou des chloroplastes vers le cytosol.

Les contributions des deux systèmes génétiques à la construction des mitochondries et des chloroplastes sont étroitement coordonnées (voir p. 396). Le couplage n'est cependant pas absolu, et des organites isolés dans un tube à essai continuent à fabriquer leur ADN, leur ARN, et leurs protéines pendant de brèves périodes. Ceci a fourni le moyen de déterminer quelles sont les protéines codées dans l'ADN de l'organite ou dans l'ADN nucléaire. Une autre façon de procéder est d'utiliser des inhibiteurs spécifiques sur des cellules intactes. Par exemple, la *cycloheximide* inhibe la synthèse protéique cytosolique, mais n'inhibe pas la synthèse protéique dans l'organite. Inversement, certains antibiotiques — tels que le chloramphénicol, la tétracycline, et l'érythromycine — inhibent la synthèse protéique dans les mitochondries et les chloroplastes, mais ont peu d'effet sur la synthèse protéique cytosolique (Figure 7-64). Ces inhibiteurs sont largement utilisés dans l'étude des fonctions de ces organites.

7-33 La croissance et la division des organites conservent le nombre de mitochondries et de chloroplastes dans une cellule [46]

Les mitochondries et les chloroplastes ne sont jamais fabriqués *de novo* ; ils proviennent toujours de la croissance et de la division de mitochondries et de chloroplastes préexistants. L'observation de cellules vivantes montre que les mitochondries non seulement se divisent, mais fusionnent également les unes avec les autres. En moyenne, cependant, chaque organite doit doubler sa masse puis se diviser par moitié une fois par génération cellulaire. Des études en microscopie électronique suggèrent que chaque division d'organite commence par une invagination de la membrane interne, comme cela se produit au cours de la division cellulaire chez de nombreuses bactéries (Figures 7-65 et 7-66), impliquant qu'il s'agit plus d'un processus contrôlé que d'un cisaillement aléatoire en deux parties.

Dans la plupart des cellules, des organites de conversion d'énergie isolés se divisent pendant toute l'interphase, sans synchronisation avec la division cellulaire ou avec les autres organites. De la même façon, la réplication de l'ADN particulaire n'est pas limitée à la phase S, lorsque l'ADN nucléaire se réplique, mais se produit durant tout le cycle cellulaire. Des molécules

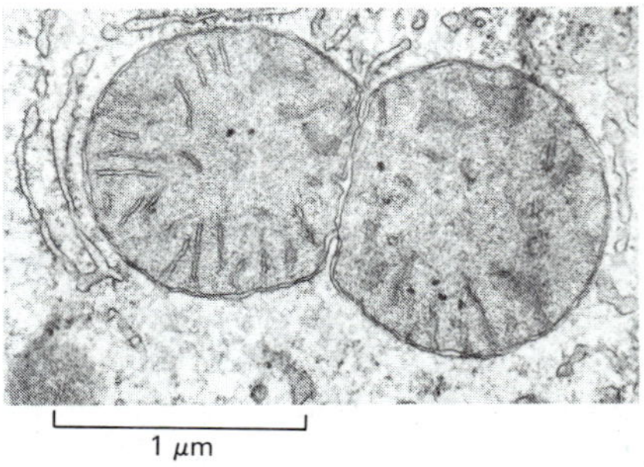

Figure 7-66 Micrographie électronique d'une mitochondrie en cours de division dans une cellule hépatique. (Avec l'autorisation de Daniel S. Friend.)

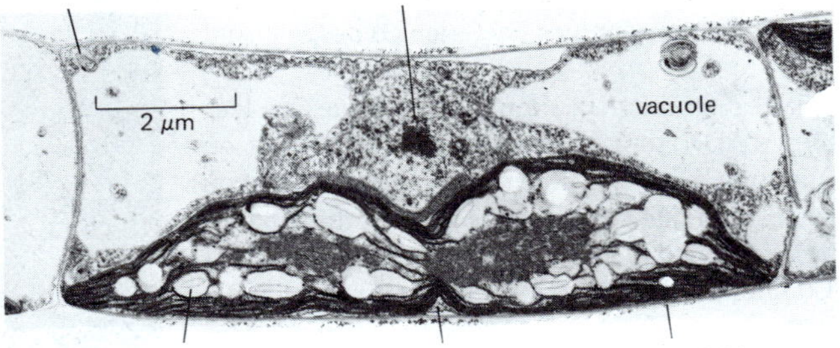

Figure 7-67 La division chloroplastique apparaît tôt au cours de la mitose chez *Klebsormidium*, une algue filamenteuse simple. Cette cellule possède un seul chloroplaste, et son plan de division coïncide avec le plan de division ultérieure de la cellule. (Publié pour la première fois *in* J. D. Pickett-Heaps, *Cytobios* 6:167-183, 1972.)

d'ADN particulaires isolées semblent être sélectionnées pour une réplication aléatoire, de sorte que dans un cycle cellulaire donné, certaines peuvent se répliquer plus d'une fois et d'autres pas du tout. Néanmoins, dans des conditions stables, le processus est réglé pour que le nombre total de molécules d'ADN particulaires double à chaque cycle cellulaire, de sorte que chaque type cellulaire conserve une quantité constante d'ADN particulaire.

Le nombre d'organites par cellule peut être réglé selon les besoins ; par exemple, une augmentation importante des mitochondries (cinq à dix fois) est observée si un muscle squelettique au repos est stimulé de façon répétitive pour se contracter sur une période prolongée. De plus, dans des circonstances particulières, la division de l'organite est contrôlée avec précision par la cellule : ainsi, chez certaines algues qui contiennent un ou seulement quelques chloroplastes, l'organite se divise juste avant la cytodiérèse dans un plan identique au futur plan de division cellulaire (Figure 7-67). Les mécanismes de régulation qui permettraient d'expliquer ces observations ne sont pas compris au niveau moléculaire.

Les génomes des chloroplastes et des mitochondries sont habituellement des molécules d'ADN circulaire [47]

Les molécules d'ADN des organites sont relativement petites et simples, et sont circulaires sauf pour les génomes mitochondriaux de quelques algues et de certains protozoaires. La taille du génome des chloroplastes est identique dans tous les organismes examinés, mais celle du génome mitochondrial est beaucoup plus importante chez les végétaux que chez les animaux (Tableau 7-2). La taille des molécules d'ADN dans de nombreux organites est du même ordre de grandeur que celle des ADN viraux. Chez les mammifères, par exemple, le génome mitochondrial est un ADN circulaire d'environ 16 500 paires de bases (moins de 10^{-5} fois la taille du génome nucléaire). Cette taille est presque la même chez des animaux aussi divers que la *Drosophile* et les oursins (Figure 7-68). Les végétaux contiennent cependant un génome

Tableau 7-2 Taille des génomes des organites *

Type d'ADN	Taille (milliers de paires de nucléotides)
ADN chloroplastique	
Végétaux supérieurs	120-200
Chlamydomonas (algue verte)	180
ADN mitochondrial	
Animaux (y compris les vers plats, les insectes, et les mammifères)	16-19
Végétaux supérieurs	150-2 500
Champignons	
Schizosaccharomyces pombe (levure fissipare)	17
Aspergillus nidulans	32
Neurospora crassa	60
Saccharomyces cerevisiae (levure bourgeonnante)	78
Chlamydomonas (algue verte)	16 (molécule linéaire)
Protozoaire	
Trypanosoma brucei	22
Paramecium	40 (molécule linéaire)

* Ces génomes sont composés de molécules d'ADN circulaires si le contraire n'est pas indiqué.

mitochondrial circulaire qui est 10 à 150 fois plus important, selon le végétal. La taille des plus volumineux d'entre eux est environ la moitié de celle des génomes bactériens types, qui sont également des molécules d'ADN circulaires.

Toutes les mitochondries et les chloroplastes contiennent de multiples copies de leur molécule d'ADN (Tableau 7-3). Ces molécules d'ADN sont habituellement distribuées en plusieurs groupes dans la matrice de la mitochondrie et dans le stroma des chloroplastes, où elles sont, pense-t-on, liées à la membrane interne. Bien que l'on ne sache pas comment l'ADN est condensé, la structure du génome ressemble vraisemblablement à celle des bactéries plutôt qu'à celle de la chromatine des eucaryotes. Comme chez les bactéries, par exemple, il n'y a pas d'histones.

Dans les cellules de mammifère, l'ADN mitochondrial constitue moins de 1 p. cent de l'ADN cellulaire total. Cependant, dans d'autres cellules — telles que celles des feuilles de végétaux supérieurs ou les très grandes cellules des œufs d'amphibiens — une fraction beaucoup plus importante de l'ADN cellulaire peut être présente dans les organites de conversion d'énergie (voir Tableau 7-3), et une fraction plus importante de la synthèse de l'ARN et des sdprotéines s'y trouve localisée.

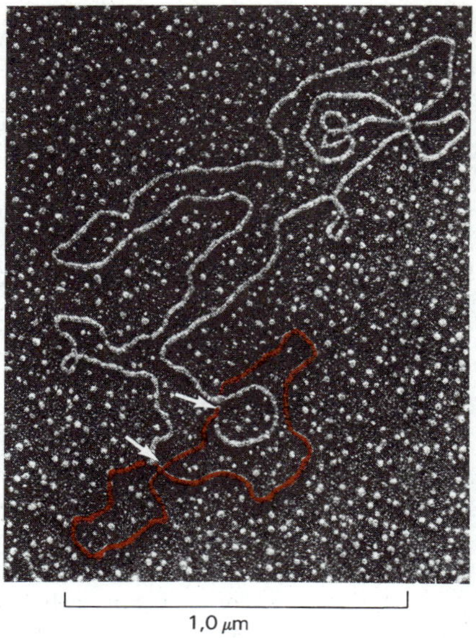

Figure 7-68 Micrographie électronique d'une molécule d'ADN de mitochondrie animale, prise au cours du processus de réplication de l'ADN. L'ADN génomique circulaire s'est uniquement répliqué entre les deux points marqués par les flèches. (Avec l'autorisation de David Clayton.)

Les mitochondries et les chloroplastes contiennent des systèmes génétiques complets [48]

En dépit du petit nombre de protéines codées dans leurs génomes, les organites de conversion d'énergie réalisent leurs propres réplication et transcription de l'ADN, et leur propre synthèse protéique. Ces réactions se produisent dans la matrice des mitochondries et dans le stroma des chloroplastes. Les protéines médiatrices de ces processus génétiques sont spécifiques de l'organite, mais la majorité d'entre elles sont codées dans le génome nucléaire plutôt que dans l'ADN de l'organite (voir p. 400). Ce fait est de loin le plus surprenant, parce que le mécanisme de la synthèse protéique de ces organites ressemble à celui des bactéries plutôt qu'à celui des eucaryotes. La ressemblance est particulièrement étroite dans le cas des chloroplastes :

1. Les ribosomes chloroplastiques sont très voisins des ribosomes d'*E. coli,* à la fois dans leur sensibilité à divers antibiotiques (tels que le chloramphénicol, la streptomycine, et la tétracycline) et dans leur structure. Non seulement les séquences nucléotidiques des ARN ribosomaux des chloroplastes et d'*E. coli* sont étonnamment semblables, mais les ribosomes chloroplastiques sont capables d'utiliser les ARNt bactériens pour la synthèse protéique. A tous égards les ribosomes chloroplastiques diffèrent de ceux présents dans le cytosol de la même cellule végétale.
2. La synthèse protéique dans les chloroplastes démarre avec la N-formylméthionine, comme dans les bactéries, et non avec la méthionine, comme dans le cytosol des cellules eucaryotes.
3. Contrairement à l'ADN nucléaire, l'ADN chloroplastique peut être transcrit par l'ARN polymérase d'*E. coli* pour donner des ARNm chloroplastiques, qui sont efficacement traduits par un système de synthèse protéique d'*E. coli.*

Tableau 7-3 Quantités relatives d'ADN des organites dans quelques cellules et tissus

Organisme	Type cellulaire ou tissulaire	Molécules d'ADN par organite	Organites par cellule	Pourcentage de l'ADN des organites par rapport à l'ADN cellulaire total
ADN mitochondrial				
Rat	foie	5-10	1000	1
Souris	lignée de cellules-L	5-10	100	<1
Levure *	végétatif	2-50	1-50	15
Grenouille	œuf	5-10	10^7	99
ADN chloroplastique				
Chlamydomonas	végétatif	80	1	7
Maïs	feuilles	20-40	20-40	15

* La grande différence dans le nombre et la taille des mitochondries par cellule de levure est due à la fusion et à la fragmentation des mitochondries.

Bien que les systèmes génétiques mitochondriaux soient beaucoup moins proches de ceux des bactéries actuelles que ne le sont les systèmes génétiques des chloroplastes, leurs ribosomes sont aussi sensibles aux antibiotiques antibactériens, et la synthèse protéique dans les mitochondries démarre également avec la N-formylméthionine.

Le génome chloroplastique des végétaux supérieurs contient environ 120 gènes [49]

Les génomes chloroplastiques les mieux étudiés sont ceux des végétaux et des algues vertes, dont les chloroplastes sont très semblables. Ce sont des molécules d'ADN circulaires, et les séquences nucléotidiques complètes des chloroplastes du tabac et de la trinitaire ont été déterminées. Les résultats indiquent que ces deux végétaux supérieurs de parenté éloignée contiennent des gènes chloroplastiques presque identiques. En plus des quatre ARN ribosomaux, ces génomes codent environ 20 protéines ribosomales chloroplastiques, des sous-unités sélectionnées de l'ARN polymérase chloroplastique, plusieurs protéines faisant partie des photosystèmes I et II, des sous-unités de l'ATP synthétase, des parties de complexes enzymatiques de la chaîne de transport des électrons, une des deux sous-unités de la ribulose diphosphate carboxylase, et 30 ARNt (Figure 7-69). De plus, les séquences d'ADN présentes semblent être codées par au moins 40 protéines dont les fonctions sont inconnues. Paradoxalement, toutes les protéines connues codées dans le chloroplaste sont des fractions de complexes protéiques plus volumineux qui contiennent également une ou plusieurs sous-unités codées dans le noyau. Les raisons possibles en seront discutées ultérieurement (voir p. 400).

Les similitudes entre les génomes des chloroplastes et des bactéries sont frappantes. Les séquences de régulation de base, telles que les régions d'initiation et de terminaison de la transcription, sont pratiquement identiques dans les deux cas. Des séquences protéiques codées dans les chloroplastes sont clairement reconnaissables comme étant bactériennes, et plusieurs groupes de gènes aux fonctions apparentées (par exemple, ceux codant des protéines ribosomales) sont organisés de la même façon dans les génomes des chloroplastes, d'*E. coli*, et des cyanobactéries.

Pour suivre l'évolution des bactéries aux chloroplastes, il faudra faire des comparaisons détaillées de séquences nucléotidiques homologues, mais plusieurs conclusions peuvent déjà être tirées : (1) Les chloroplastes des végétaux supérieurs proviennent de bactéries photosynthétiques. (2) Le génome chloroplastique a été conservé pendant au moins plusieurs centaines de millions d'années, le temps de variation estimé pour la trinitaire et le tabac. (3) De nombreux gènes de la bactérie d'origine peuvent être identifiés dans le génome nucléaire, où ils ont été transférés et conservés. Chez les végétaux supérieurs, par exemple, deux tiers des 60 protéines ribosomales chloroplastiques sont codées dans le noyau cellulaire, bien que les gènes aient une ascendance bactérienne évidente, et que les ribosomes chloroplastiques conservent leurs propriétés bactériennes d'origine.

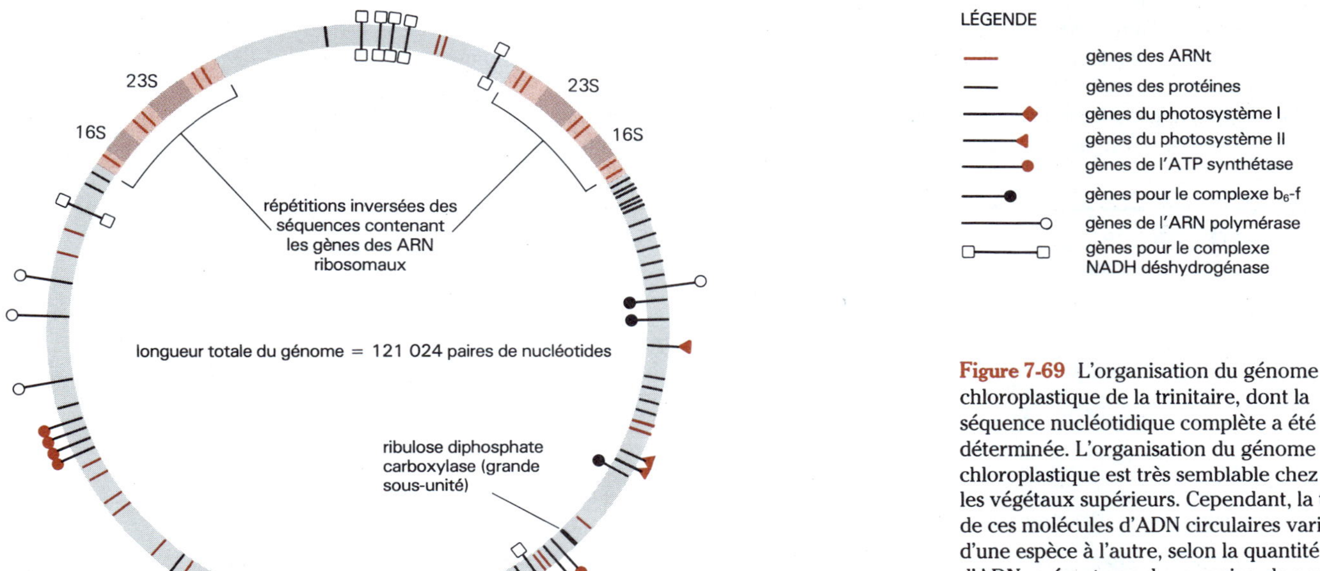

Figure 7-69 L'organisation du génome chloroplastique de la trinitaire, dont la séquence nucléotidique complète a été déterminée. L'organisation du génome chloroplastique est très semblable chez tous les végétaux supérieurs. Cependant, la taille de ces molécules d'ADN circulaires varie d'une espèce à l'autre, selon la quantité d'ADN, présente en deux copies, de part et d'autre des gènes, codant les ARN ribosomaux 16S et 23S.

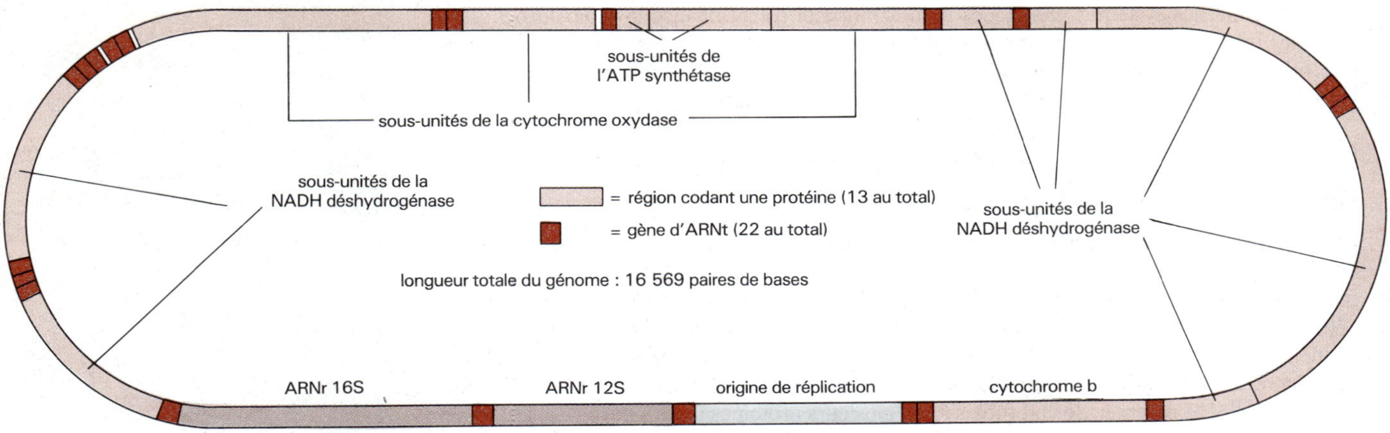

Figure 7-70 L'organisation du génome mitochondrial humain, déterminée d'après sa séquence nucléotidique complète. Le génome contient 2 gènes d'ARNr, 22 gènes d'ARNt, et 13 séquences codant des protéines. Les séquences nucléotidiques complètes des génomes mitochondriaux bovin et murin ont été également déterminées et les génomes contiennent les mêmes gènes et ont la même organisation génique.

7-34 Les génomes mitochondriaux ont plusieurs caractéristiques surprenantes [50]

Le génome chloroplastique ne fut pas le premier génome d'organite dont la séquence fut complètement déterminée. La taille relativement petite du génome mitochondrial humain en fait un matériel particulièrement attractif pour les généticiens moléculaires équipés des techniques de détermination des séquences d'ADN (voir p. 185) et, en 1981, la séquence complète de ses 16 569 nucléotides fut publiée. En comparant cette séquence avec les séquences connues d'ARNt mitochondrial et avec les séquences partielles en acides aminés de protéines codées par l'ADN mitochondrial, il a été possible de localiser tous les gènes mitochondriaux humains sur une molécule d'ADN circulaire (Figure 7-70).

Comparé aux génomes nucléaire, chloroplastique et bactérien, le génome mitochondrial humain présente plusieurs particularités surprenantes : (1) Contrairement aux autres génomes, pratiquement chaque nucléotide fait partie d'une séquence codante, que ce soit pour une protéine ou pour un des ARNr ou des ARNt. Puisque ces séquences codantes sont pratiquement les unes contre les autres, il reste très peu de place pour les séquences d'ADN de régulation. (2) Alors que 31 ARNt, au moins, caractérisent les acides aminés dans le cytosol et 30 dans les chloroplastes, 22 ARNt suffisent pour la synthèse protéique mitochondriale. Les règles normales d'appariement codon-anticodon sont moins rigides dans les mitochondries, de sorte que de nombreuses molécules d'ARNt reconnaissent n'importe lequel des quatre nucléotides en troisième position (flottante) (voir p. 209). Un tel appariement « 2 sur 3 » permet à un seul ARNt de s'apparier avec n'importe lequel des quatre codons et permet la synthèse protéique avec beaucoup moins de molécules d'ARNt. (3) Ce qu'il y a peut-être de plus surprenant est la comparaison des séquences géniques mitochondriales et des séquences en acides aminés des protéines correspondantes, qui indique que le code génétique est altéré de sorte que 4 des 64 codons ont des « significations » différentes de celles qu'ils ont dans d'autres génomes (Tableau 7-4).

Le fait que le code génétique soit presque le même dans tous les organismes procure une preuve solide de l'évolution de toutes les cellules à partir d'un ancêtre commun. Comment,

Tableau 7-4 Quelques différences entre le code génétique « universel » et les codes génétiques mitochondriaux *

		Codes mitochondriaux			
Codons	**Code « universel »**	Mammifères	*Drosophile*	Levures	Végétaux
UGA	STOP	*Trp*	*Trp*	*Trp*	STOP
AUA	Ile	*Met*	*Met*	*Met*	Ile
CUA	Leu	Leu	Leu	*Thr*	Leu
AGA, AGG	Arg	*STOP*	*Ser*	Arg	Arg

* Les caractères en italique et les ombrages colorés indiquent que le code diffère du code « universel ».

dans ce cas, explique-t-on les quelques différences dans le code génétique des mitochondries ? Un indice est fourni par la découverte récente que le code génétique des mitochondries est différent dans différents organismes. Ainsi, UGA, qui est, ailleurs, un codon stop, est lu comme tryptophane dans les mitochondries des mammifères, les champignons, et les protozoaires, mais comme *stop* dans les mitochondries des végétaux. De la même façon, le codon AGG code normalement l'arginine, mais il code *stop* dans les mitochondries des mammifères et il code la sérine chez la *Drosophile* (voir Tableau 7-4). Une telle fluctuation suggère qu'une dérive aléatoire peut se produire dans le code génétique des mitochondries. Il y a lieu de croire que le nombre inhabituellement faible de protéines codées par le génome mitochondrial rend tolérable une modification occasionnelle dans la signification d'un codon peu fréquent, alors qu'un tel changement dans un génome de grande taille, modifierait la fonction de nombreuses protéines et détruirait ainsi la cellule.

Les mitochondries animales contiennent les plus simples systèmes génétiques connus [51]

Des comparaisons de séquences d'ADN de différents organismes révèlent que le taux de substitution nucléotidique au cours de l'évolution a été 10 fois plus important dans les génomes mitochondriaux que dans les génomes nucléaires (voir p. 220), ce qui est vraisemblablement dû à une fidélité réduite de la réplication de l'ADN mitochondrial, de la réparation de l'ADN, ou des deux. Puisque la réplication d'environ 16 500 nucléotides de l'ADN, et leur expression sous forme d'ARN et de protéines dans les mitochondries des cellules animales, suffisent, le taux d'erreurs par nucléotide copié par réplication de l'ADN, conservé par réparation de l'ADN, transcrit par l'ARN polymérase, ou traduit en protéine par les ribosomes mitochondriaux, peut être relativement élevé sans affecter l'organite de manière défavorable. Cela explique, pense-t-on, la relative simplicité des mécanismes qui réalisent ces processus comparés à ceux utilisés dans le même but dans d'autres régions des cellules. Par exemple, bien que cela n'ait pas encore été suffisamment utilisé, on pourrait s'attendre à ce que la présence de 22 ARNt seulement et la taille inhabituellement petite de l'ARNr (moins de deux-tiers de la taille des ARNr d'*E. coli*) réduisent la fidélité de la synthèse protéique dans les mitochondries.

L'évolution assez rapide des gènes mitochondriaux rend les comparaisons de séquences d'ADN mitochondrial particulièrement utiles pour estimer les dates d'événements évolutifs relativement récents, tels que les étapes du développement des primates (voir p. 13).

7-35 Pourquoi les génomes mitochondriaux des végétaux sont-ils si grands ? [52]

Les génomes mitochondriaux sont beaucoup plus grands dans les cellules végétales que dans les cellules animales, et leur contenu en ADN varie de façon frappante, allant environ de 150 000 à 2,5 × 10^6 paires de nucléotides. Cependant, ces génomes semblent ne coder que quelques protéines de plus que les génomes mitochondriaux des animaux. Ce paradoxe concorde avec l'observation que chez les cucurbitacés, une famille de végétaux, la taille des génomes mitochondriaux peut septupler. L'algue verte *Chlamydomonas* possède un génome mitochondrial linéaire de 16 000 paires de nucléotides seulement, la même taille que chez les animaux.

Bien qu'il y ait très peu d'informations sur les séquences des molécules d'ADN mitochondrial des végétaux supérieurs, la presque totalité des 78 000 paires de nucléotides du grand génome mitochondrial de la levure *Saccharomyces cerevisiae* a été déterminée et seul un tiers d'entre elles environ codent des protéines. Cette découverte fait envisager que la majorité de l'ADN supplémentaire des mitochondries de levure, et probablement des mitochondries de végétaux, est un « ADN de remplissage » de peu d'importance pour l'organisme.

Certains gènes d'organites contiennent des introns [53]

Le remaniement des ARN précurseurs joue un rôle important dans les deux systèmes mitochondriaux étudiés le plus en détail — homme et levure. Dans les cellules humaines, les deux chaînes de l'ADN mitochondrial sont transcrites à la même vitesse, à partir d'un seul promoteur situé sur chaque chaîne, produisant deux molécules d'ARN géantes différentes, chacune contenant une copie complète d'une chaîne d'ADN. La transcription est donc complètement symétrique. Les transcrits fabriqués sur une chaîne — appelée *chaîne lourde (chaîne H* pour « *Heavy* ») à cause de sa densité en CsCl — sont considérablement remaniés par coupure nucléasique pour donner deux ARNr, la majorité des ARNt, et environ dix ARN contenant du poly-A. Au contraire, le transcrit de la *chaîne légère (chaîne L* pour *« Light »)* est remanié pour produire seulement huit ARNt et un petit ARN contenant du poly-A ; les 90 p. cent restants de ce transcrit semblent ne contenir aucune information utile (étant complémentaires des séquences codantes synthétisées sur l'autre chaîne) et sont dégradés. Les ARN contenant du poly-A sont les ARNm mitochondriaux : bien qu'ils n'aient pas de chapeau à leur extrémité 5′, ils portent une queue poly-A à leur extrémité 3′. Cette queue est ajoutée après la transcription par une poly-A polymérase mitochondriale.

Contrairement aux gènes mitochondriaux humains, certains gènes mitochondriaux des végétaux et des champignons (y compris les levures) contiennent des *introns*, qui doivent être retirés de l'ARN par épissage (voir p. 102). On a également trouvé des introns dans environ 20 gènes chloroplastiques de végétaux. Un grand nombre d'introns situés dans les gènes d'un organite sont constitués de séquences nucléotidiques voisines capables d'effectuer leur propre épissage des transcrits d'ARN par catalyse par l'intermédiaire de l'ARN (voir p. 538), bien que ces réactions d'auto-épissage soient généralement facilitées par des protéines. La présence d'introns dans les gènes des organites est surprenante d'après la théorie endosymbiotique de l'origine des organites de conversion de l'énergie, puisqu'on ne trouve pas d'introns similaires dans les gènes bactériens dont les ancêtres sont supposés être à l'origine des mitochondries et des chloroplastes des végétaux.

Chez les levures, le même gène mitochondrial peut avoir un intron sur une chaîne et non sur l'autre. De tels « introns optionnels » semblent être capables de s'intégrer dans les génomes ou d'en sortir en tant qu'éléments transposables. D'autre part, on a trouvé des introns d'autres gènes mitochondriaux de levure, en une position correspondante, dans les mitochondries d'*Aspergillus* et de *Neurospora*, impliquant qu'ils furent hérités d'un ancêtre commun de ces trois champignons. Il semble vraisemblable que les introns eux-mêmes soient d'origine ancienne et que, perdus par de nombreuses bactéries, ils aient été conservés préférentiellement dans les génomes d'organites où l'épissage de l'ARN est réglé pour aider à contrôler l'expression génique (voir p. 397 et p. 603).

7-36 Les gènes mitochondriaux peuvent être distingués des gènes nucléaires par leur patrimoine héréditaire non mendélien (cytoplasmique) [54]

La majorité des expériences sur les mécanismes de la biogenèse mitochondriale sont réalisées avec *Saccharomyces carlsbergensis* (levure de bière) et *Saccharomyces cerevisiae* (levure de boulanger). Il y a plusieurs raisons à cela. D'abord, lorsqu'elles sont cultivées sur du glucose, ces levures ont une capacité unique de vivre par la seule glycolyse et peuvent par conséquent survivre sans mitochondries fonctionnelles, nécessaires à la phosphorylation oxydative. Ceci permet de cultiver des cellules portant des mutations dans l'ADN mitochondrial ou nucléaire qui interfèrent fortement avec la biogenèse mitochondriale ; de telles mutations sont léthales dans presque tous les autres organismes. Ensuite, les levures sont des eucaryotes unicellulaires simples, faciles à cultiver et à caractériser biochimiquement. Enfin, ces cellules de levure se reproduisent normalement de façon asexuée par bourgeonnement (mitose asymétrique), mais elles peuvent aussi se reproduire de façon sexuée. Au cours de la reproduction sexuée, deux cellules haploïdes s'unissent et fusionnent pour former un zygote diploïde qui peut croître par mitose ou se diviser par méiose pour produire de nouvelles cellules haploïdes. La possibilité de contrôler expérimentalement l'alternance entre les reproductions asexuée et sexuée (voir p. 739) facilite beaucoup les analyses génétiques. Puisque les mutations dans les gènes mitochondriaux ne sont pas transmises selon les lois de Mendel qui gouvernent l'hérédité des gènes nucléaires, des études génétiques révèlent quels gènes impliqués dans la fonction mitochondriale ont une localisation nucléaire ou mitochondriale.

Un exemple d'**hérédité non mendélienne (cytoplasmique)** des gènes mitochondriaux dans une cellule de levure haploïde est illustré dans la Figure 7-71. Le gène mutant rend la synthèse protéique mitochondriale résistante au chloramphénicol ; ainsi, les cellules de levure qui contiennent le gène mutant peuvent être détectées par leur capacité de pousser en présence de chloramphénicol sur un substrat, tel que le glycérol, qui ne peut être utilisé pour la glycolyse. La glycolyse étant bloquée, l'ATP doit être fourni par les mitochondries fonctionnelles, et, par conséquent, seules les cellules portant des mitochondries résistantes au chloramphénicol pousseront. Lorsqu'une cellule haploïde résistante au chloramphénicol fusionne avec une cellule haploïde du type sauvage sensible au chloramphénicol, le zygote diploïde résultant renfermera un mélange de mitochondries du type mutant et du type sauvage. Mais quand le zygote subit une mitose pour produire une cellule diploïde par bourgeonnement, seul un nombre limité de mitochondries pénètre dans le bourgeon. En continuant la réplication mitotique, un bourgeon recevra occasionnellement des mitochondries qui seront toutes de type mutant ou de type sauvage. Alors, toute la descendance de ce bourgeon aura des

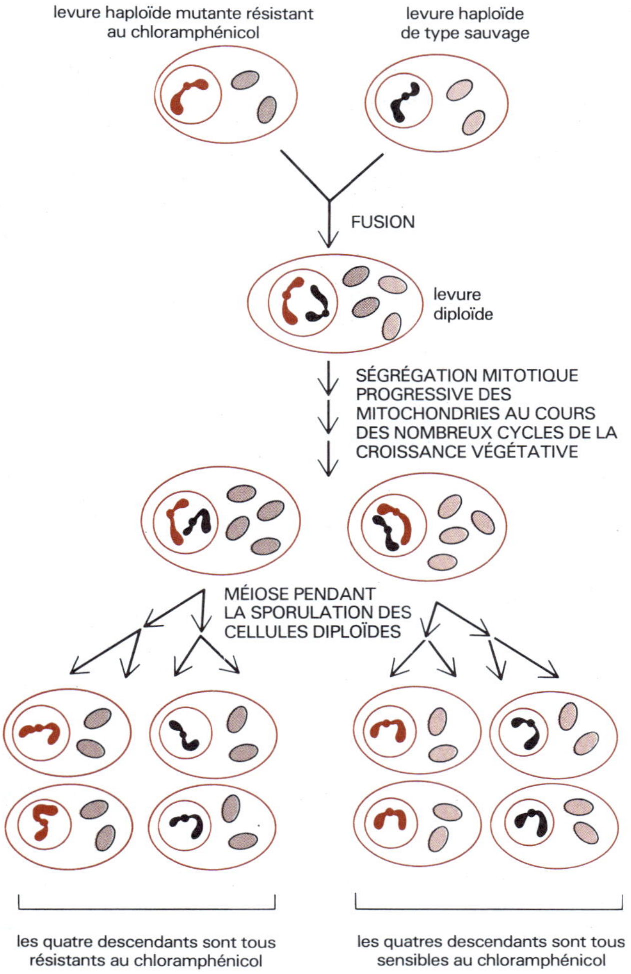

Figure 7-71 La différence dans le mode de transmission héréditaire des gènes mitochondriaux et nucléaires de la levure. Pour chaque gène nucléaire, deux des quatre cellules qui résultent de la méiose héritent du gène d'une des deux cellules haploïdes parentales d'origine et les deux cellules restantes héritent du gène de l'autre *(hérédité mendélienne).* Au contraire, du fait de la ségrégation mitotique progressive des mitochondries au cours de la croissance végétative (voir texte), il est possible que les quatre cellules qui résultent de la méiose n'héritent leurs gènes mitochondriaux que de l'une des deux cellules haploïdes parentales (*hérédité non mendélienne* ou *cytoplasmique*). Dans cet exemple, le gène mitochondrial est un gène qui peut muter pour rendre la synthèse protéique mitochondriale résistante au chloramphénicol, un inhibiteur de la synthèse protéique qui agit spécifiquement sur les organites de conversion de l'énergie et les bactéries (voir p. 218).

mitochondries génétiquement identiques. Ce processus aléatoire, appelé *ségrégation mitotique*, produit finalement une lignée de levures diploïdes contenant un seul type d'ADN mitochondrial. Lorsque de telles cellules diploïdes subissent la méiose pour former quatre cellules filles haploïdes, chacune des quatre cellules reçoit les mêmes gènes mitochondriaux. Ce type d'hérédité est dite *non mendélienne* ou *cytoplasmique*, par opposition à l'hérédité mendélienne des gènes nucléaires (voir Figure 7-71). Quand elle se produit, elle démontre que le gène en question est localisé à l'extérieur des chromosomes nucléaires et probablement, par conséquent, dans les mitochondries de levures.

Les gènes des organites sont transmis par la mère dans de nombreux organismes [55]

Les conséquences de l'hérédité cytoplasmique sont plus profondes pour certains animaux, y compris nous-mêmes, qu'elles ne le sont pour les levures. Chez la levure, quand deux cellules haploïdes s'unissent elles sont de taille égale, et elles apportent des quantités égales d'ADN mitochondrial au zygote. L'hérédité mitochondriale chez la levure est alors *biparentale*, et les deux parents contribuent à part égale à l'ensemble des gènes mitochondriaux (voir Figure 7-7) de la descendance (bien que, comme nous venons de le voir, la descendance *individuelle* ne contienne que des mitochondries d'un seul parent après plusieurs générations de croissance végétative). Chez les animaux supérieurs, au contraire, la cellule de l'œuf apporte toujours plus de cytoplasme au zygote que le spermatozoïde, et chez certains animaux, le spermatozoïde peut ne pas apporter de cytoplasme du tout. On pourrait donc s'attendre à ce que l'hérédité mitochondriale soit *uniparentale* (ou, plus précisément, maternelle) chez les animaux supérieurs. Une telle *hérédité maternelle* a été démontrée chez des animaux de laboratoire, en utilisant deux races qui diffèrent par leur ADN mitochondrial. Lorsque des animaux portant l'ADN mitochondrial de type A sont croisés avec des animaux portant celui de type B, la descendance ne contient que le type maternel d'ADN mitochondrial. De la même façon, en suivant la distribution de séquences d'ADN variables dans des familles nombreuses, on a montré que l'ADN mitochondrial humain est transmis maternellement.

Chez environ deux tiers des végétaux supérieurs, les chloroplastes du parent mâle (contenus dans les grains de pollen) n'entrent pas dans le zygote, de sorte que l'ADN des chloroplastes comme celui des mitochondries est transmis maternellement. Chez les autres végétaux, les chloroplastes du pollen entrent dans le zygote, et l'hérédité chloroplastique est donc biparentale. Chez de tels végétaux, des chloroplastes défectueux sont une cause de *panachure* : un mélange de chloroplastes normaux et défectueux dans un zygote peut se séparer par ségrégation mitotique au cours de la croissance et du développement du végétal, produisant ainsi une alternance de taches vertes et blanches sur les feuilles ; les taches vertes contiennent les chloroplastes normaux, alors que les taches blanches contiennent les chloroplastes défectueux.

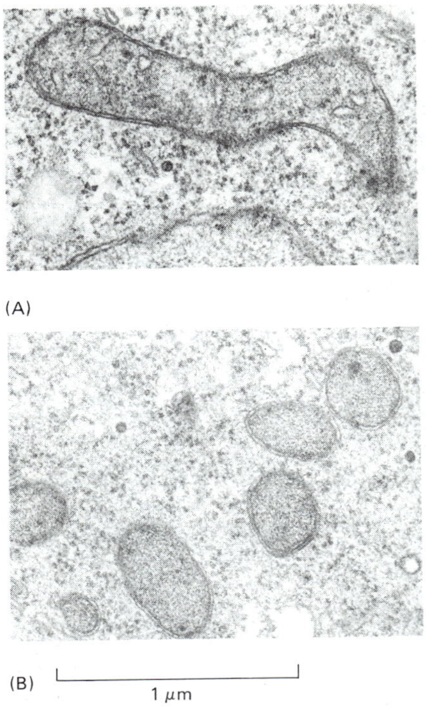

Figure 7-72 Micrographies électroniques de cellules de levure montrant la structure de mitochondries normales (A) et la structure de mitochondries d'un mutant « petite » dans lequel tous les gènes mitochondriaux sont absents (B). Dans le dernier cas, l'organite est entièrement construit à partir des protéines codées dans le noyau. (Avec l'autorisation de Barbara Stevens.)

Les mutants « petites » chez les levures montrent l'écrasante domination du noyau cellulaire dans la biogenèse mitochondriale [56]

L'étude génétique des levures a joué un rôle essentiel dans l'analyse de la biogenèse mitochondriale. L'étude de mutants de levures, qui contiennent d'importantes délétions dans leur ADN mitochondrial de sorte que toute synthèse protéique mitochondriale soit abolie en est un exemple frappant. Il n'est pas surprenant que ces mutants ne puissent fabriquer des mitochondries respiratoires. Une sous-classe rare mais importante de tels mutants est complètement dépourvue d'ADN mitochondrial. Du fait qu'ils forment des colonies inhabituellement petites quand ils sont cultivés dans des milieux pauvres en glucose, tous les mutants portant de telles mitochondries défectueuses sont appelées *mutants « petites » cytoplasmiques.*

Bien que les mutants « petites » ne puissent synthétiser aucune protéine mitochondriale et ne puissent donc fabriquer aucune mitochondrie productrice d'ATP, ils contiennent néanmoins des mitochondries qui sont pourvues d'une membrane externe normale et d'une membrane interne avec des crêtes peu développées (Figure 7-72). Ces mitochondries contiennent pratiquement toutes les protéines mitochondriales qui sont déterminées par des gènes nucléaires et importées du cytosol, y compris les ADN et les ARN polymérases, toutes les enzymes du cycle citrique, et la majorité des protéines de la membrane interne. De tels mutants démontrent de façon remarquable le poids écrasant du noyau dans la biogenèse mitochondriale. Ils montrent également qu'un organite qui se divise par fission peut se répliquer indéfiniment dans le cytoplasme de cellules eucaryotes qui prolifèrent, même en absence totale de son propre génome. De nombreux biologistes croient que les peroxysomes se répliquent normalement de cette façon (voir p. 433).

Pour les chloroplastes, l'équivalent le plus proche des mutants « petites » mitochondriaux des levures sont des mutants d'algues unicellulaires comme *Euglena*. Les cellules dans lesquelles aucune synthèse protéique chloroplastique ne se produit contiennent toujours des chloroplastes et sont parfaitement viables si des substrats oxydables leur sont fournis. Cependant, si le développement des chloroplastes matures est bloqué chez les végétaux, soit parce que ces derniers sont cultivés à l'obscurité (voir p. 1162), soit parce que l'ADN chloroplastique est défectueux ou absent, les végétaux meurent dès que leurs réserves alimentaires sont épuisées.

7-37 Les produits de gènes nucléaires règlent la synthèse des mitochondries et des chloroplastes [57]

Les systèmes génétiques des noyaux et des organites doivent communiquer afin de coordonner leurs contributions à la formation des organites de conversion d'énergie. De façon évidente, le noyau détient le contrôle général puisque les mitochondries et les chloroplastes sont fabriqués en quantités normales, bien qu'avec des fonctions anormales, dans des mutants dont la synthèse protéique particulaire est bloquée. Dans certains de ces organites fonctionnellement défectueux, la synthèse d'ADN et une partie de la synthèse d'ARN peuvent également se poursuivre normalement, montrant que les protéines nécessaires à ces processus sont toutes codées par des gènes nucléaires.

Le noyau doit régler le nombre des mitochondries et des chloroplastes dans une cellule selon ses besoins ; il doit également contrôler la quantité de protéines synthétisées sur les ribosomes des organites pour maintenir un juste équilibre entre les contributions du noyau et des organites. Bien que ces aspects régulateurs soient essentiels pour notre compréhension des cellules eucaryotes, nous savons relativement peu de choses à leur sujet.

La régulation nucléaire de la synthèse protéique mitochondriale a été largement analysée chez des mutants de levures. Chez *Saccharomyces cerevisiae,* on a isolé un nombre important de mutants de gènes nucléaires (ainsi que mitochondriaux — voir p. 394) produisant des mitochondries qui ne respirent pas. Chacun de ces *mutants « petites » nucléaires* présente une insuffisance dans une protéine donnée codée par le noyau, et nécessaire à la fonction mitochondriale. L'effet de chacune de ces mutations nucléaires sur l'expression des gènes mitochondriaux peut être déterminé par marquage des cellules de levure avec des acides aminés radioactifs en présence de cycloheximide, de sorte que seules les protéines codées par l'organite soient fabriquées (voir p. 388). On trouve que la majorité de ces mutations n'ont aucun effet sur la synthèse des protéines dans la mitochondrie comme on s'y attendait d'un gène nucléaire mutant, codant une protéine mitochondriale avec une fonction directe dans la respiration, telle qu'une sous-unité de l'ATP synthétase ou l'une des enzymes du cycle de l'acide citrique. D'autres mutations bloquent la synthèse de toutes les protéines dans la mitochondrie, comme on s'y attendait d'un gène nucléaire mutant, codant une protéine ribosomale mitochondriale ou une des sous-unités de l'ARN polymérase mitochondriale.

C'est une troisième classe de mutants « petites » nucléaires de levures, dans laquelle un ou quelques produits de gènes mitochondriaux est (sont) absent(s) ou modifié(s), qui est la plus dépendante des processus de régulation. Plus de 50 de ces gènes nucléaires ont été découverts, et plusieurs d'entre eux, nécessaires à l'expression d'un seul gène mitochondrial ont été clonés et caractérisés. Certains de ces gènes codent des protéines qui semblent agir directement sur une molécule d'ARNm mitochondrial spécifique pour augmenter la stabilité et l'efficacité avec laquelle elle est utilisée pour la synthèse protéique dans la mitochondrie. D'autres aident à catalyser l'épissage de l'ARN mitochondrial et sont, par conséquent, nécessaires à l'expression des gènes mitochondriaux de levure qui contiennent des introns. On a postulé que ces deux types de gènes nucléaires contribuent à la régulation de la fonction des protéines codées par la mitochondrie, selon les besoins métaboliques de la cellule, bien que la façon dont fonctionne le réseau de régulation soit inconnue.

En dépit de la dominance du noyau, il est prouvé que les interactions entre les systèmes génétiques du noyau et des organites se produisent dans les deux sens. Lorsque la synthèse protéique mitochondriale est bloquée dans des cellules intactes, par exemple, certaines des enzymes importées qui sont impliquées dans la synthèse de l'ADN, de l'ARN et des protéines sont produites en excès comme si la cellule essayait de surmonter le blocage. La nature du signal que les mitochondries envoient au noyau reste à déterminer.

Les organites de conversion d'énergie contiennent des protéines spécifiques de certains tissus [58]

La fonction mitochondriale est également réglée par la cellule de façon plus conventionnelle. Le *cycle de l'urée,* par exemple, est la voie métabolique centrale chez les mammifères pour se débarrasser des produits de dégradation cellulaire qui contiennent de l'azote. Ces produits sont excrétés dans l'urine sous forme d'urée. Des enzymes codées par le noyau dans la matrice mitochondriale exécutent plusieurs étapes du cycle. La synthèse d'urée ne se produit que dans quelques tissus, tels que le foie, et ces enzymes sont synthétisées et importées dans les mitochondries, uniquement dans ces tissus. De plus, les complexes enzymatiques respiratoires situés dans la membrane mitochondriale interne des mammifères contiennent plusieurs sous-unités codées par le noyau et spécifiques de certains tissus, qui sont supposés agir comme régulateurs du transport d'électrons. Ainsi, certains humains atteints d'une maladie musculaire génétique ont une sous-unité défectueuse de la cytochrome oxydase ; puisque la sous-unité est spécifique des cellules du muscle squelettique, les cellules de leur muscle cardiaque fonctionnent normalement, permettant à ces individus de survivre. Comme on pouvait s'y attendre, on trouve également des différences spécifiques de certains tissus parmi les protéines codées par le noyau dans les chloroplastes.

Nous allons maintenant examiner la question générale du mode d'importation des protéines cytosoliques spécifiques dans les mitochondries et les chloroplastes, un sujet dont nous reparlerons plus en détail dans le Chapitre 8.

Les protéines sont importées dans les mitochondries et les chloroplastes grâce à un processus consommateur d'énergie [59]

La majorité des protéines chloroplastiques et mitochondriales est importée du cytosol cellulaire (voir p. 426) ; cette découverte soulève deux questions qui sont liées : comment la cellule dirige-t-elle les protéines vers l'organite approprié, et comment celles-ci entrent-elles dans l'organite ?

La réponse générale fut d'abord fournie par des études sur l'importation de la petite sous-unité (S) de la *ribulose diphosphate carboxylase*, une enzyme abondante dans le stroma chloroplastique. Quand l'ARNm isolé du cytoplasme de l'algue unicellulaire *Chlamydomonas* ou de feuilles de pois est traduit en protéines *in vitro*, une des nombreuses protéines produites est le précurseur de la protéine S, appelé pro-S, qui a environ 50 acides aminés de plus que la protéine S mature. Lorsque la protéine pro-S complète est incubée avec des chloroplastes intacts, elle est incorporée dans l'organite et convertie en protéine S mature par une endopeptidase dans le chloroplaste. La protéine S mature s'associe ensuite avec la grande sous-unité de la ribulose 1,5-diphosphate carboxylase, qui est fabriquée sur les ribosomes chloroplastiques, pour former l'enzyme active dans le stroma du chloroplaste. Comme on s'y attendait pour un processus de ce type, la translocation de la protéine pro-S dans les chloroplastes requiert de l'énergie et, comme nous le verrons dans le Chapitre 8, l'énergie est fournie par hydrolyse de l'ATP (voir p. 430).

L'importation de protéines dans les mitochondries est généralement similaire. Si des mitochondries de levure purifiées sont incubées avec des extraits cellulaires contenant des protéines de levure néosynthétisées sous une forme radioactive, les protéines mitochondriales codées dans le noyau sont spécifiquement incorporées dans les mitochondries d'une manière qui imite fidèlement leur incorporation sélective à l'intérieur de la cellule. Les protéines de la membrane externe, les protéines de la membrane interne, les protéines matricielles et les protéines de l'espace intermembranaire trouvent chacune leur voie vers leurs propres compartiments à l'intérieur de la mitochondrie (voir Figure 8-30, p. 429).

Le transport des protéines à travers les membranes mitochondriales et chloroplastiques semble se produire au niveau de *sites de contact* particuliers (également appelés zones de contact) où les membranes interne et externe se rejoignent (Figure 7-73), et il implique des protéines précurseurs qui contiennent un *peptide signal* particulier. Les protéines transportées doivent être déroulées pour pénétrer dans l'organite au niveau de ces sites (voir p. 428).

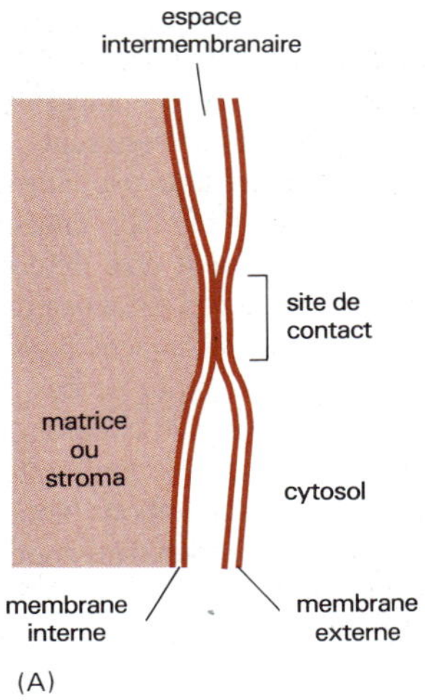

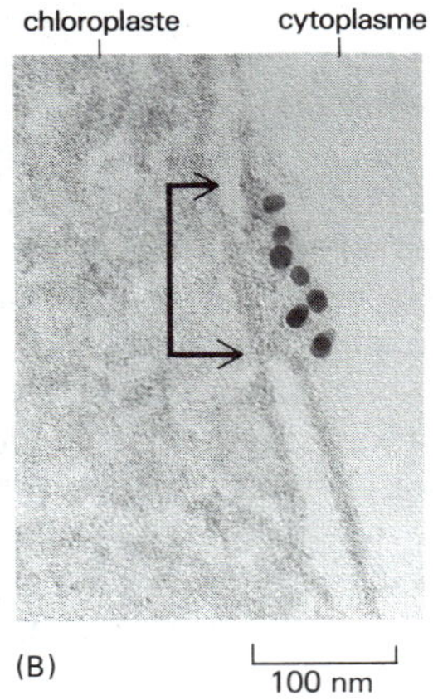

Figure 7-73 Sites de contact. (A) Représentation schématique d'une petite région d'une mitochondrie ou d'un chloroplaste contenant un site de contact membranaire. Ces sites semblent être impliqués dans l'importation sélective de protéines dans ces organites. Des sites de contact (également appelés zones de contact) ont été récemment isolés, et leurs composants protéiques spécifiques ont été identifiés. Les protéines importées par l'intermédiaire de ces sites sont celles qui sont codées par le noyau cellulaire et synthétisées dans le cytosol. (B) Micrographie électronique d'une petite partie d'un chloroplaste de pois, dans lequel un site de contact *(flèche)* a été marqué avec un anticorps couplé à l'or qui permet de localiser, pense-t-on, une protéine membranaire intrinsèque impliquée dans l'importation des protéines (B. de D. Pain, Y.S. Kanwar, et G. Blobel *Nature*, 331 : 232-237, 1988.)

Les mitochondries importent la majorité de leurs lipides ; les chloroplastes synthétisent la majorité d'entre eux [60]

La biosynthèse de nouvelles mitochondries et de nouveaux chloroplastes nécessite des lipides en plus des acides nucléiques et des protéines. Les chloroplastes sont susceptibles de fabriquer les lipides dont ils ont besoin. Dans les feuilles d'épinard, par exemple, toute la synthèse cellulaire des acides gras a lieu dans le chloroplaste, bien que la désaturation des acides gras ait lieu ailleurs. Les principaux glycolipides du chloroplaste sont aussi synthétisés localement.

Les mitochondries, par contre, importent la majorité de leurs lipides. Dans les cellules animales, la phosphatidylcholine et la phosphatidylsérine, deux phospholipides, sont synthétisées dans le réticulum endoplasmique puis transférées à la membrane externe des mitochondries. Bien que les preuves manquent, les réactions de transfert se font vraisemblablement par l'intermédiaire de protéines d'échange phospholipidique (voir p. 450) ; les lipides importés pénètrent ensuite dans la membrane interne, vraisemblablement au niveau des sites de contact. En dehors de la décarboxylation de la phosphatidylsérine importée, en phosphatidyléthanolamine, la principale réaction de biosynthèse des lipides catalysée dans les mitochondries elles-mêmes est la conversion de lipides importés, en cardiolipine (diphosphatidylglycérol). La cardiolipine est un phospholipide « double » qui contient quatre extrémités composées d'acides gras ; on la trouve principalement dans la membrane mitochondriale interne, où elle constitue environ 20 p. cent des lipides totaux.

7-38 Les mitochondries et les chloroplastes ont probablement évolué à partir de bactéries endosymbiotiques [61]

Comme ce fut discuté dans le Chapitre 1, le caractère procaryote des systèmes génétiques d'organites, particulièrement frappant dans les chloroplastes, suggère que les mitochondries et les chloroplastes ont évolué à partir de bactéries qui furent endocytées à un moment donné. Selon l'**hypothèse endosymbiotique**, les cellules eucaryotes ont démarré sous forme d'organismes anaérobies sans mitochondries ou sans chloroplastes, puis ont établi une relation endosymbiotique stable avec une bactérie, dont elles ont détourné le système de phosphorylation oxydative pour leur propre besoin (Figure 7-74). L'événement d'endocytose qui conduisit au développement des mitochondries doit vraisemblablement s'être produit lorsque l'oxygène pénétra dans l'atmosphère en quantités importantes, il y a environ $1{,}5 \times 10^9$ années, avant

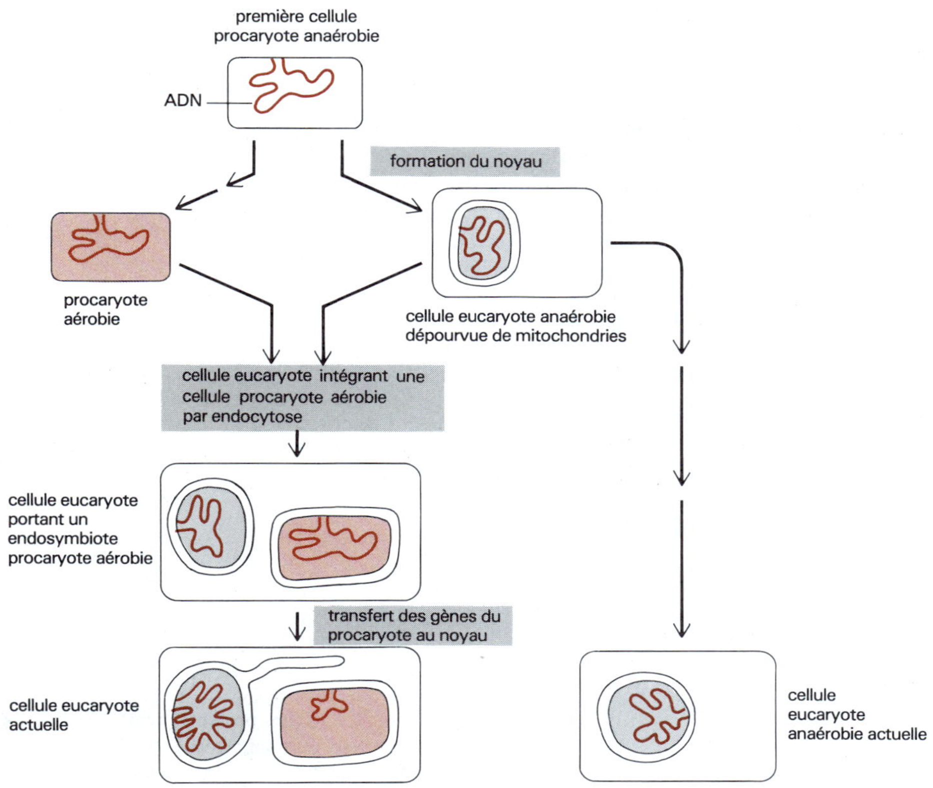

Figure 7-74 Une voie évolutive supposée de l'origine des mitochondries (représentées en couleur). Bien que l'on postule parfois une origine unique pour toutes les mitochondries, des événements endosymbiotiques indépendants peuvent avoir conduit aux mitochondries que l'on trouve dans des eucaryotes de parenté aussi éloignée que les trypanosomes et les euglénoïdes (voir Figure 1-16, p. 13). *Microsporidia* sont des eucaryotes actuels à cellule unique anérobies (protozoaires) sans mitochondries ; ils vivent dans l'intestin de nombreux animaux. Comme leur séquence d'ARNr laisse supposer qu'ils sont très éloignés de tous les autres eucaryotes connus du point de vue de l'évolution, il a été suggéré que leurs ancêtres étaient également anaérobies et ressemblaient à l'eucaryote qui a, le premier, absorbé les précurseurs des mitochondries (voir p. 18).

que les animaux et les végétaux ne se séparent (voir Figure 7-61). Plus tard, les chloroplastes des végétaux et des algues ont probablement dérivé au cours d'une endocytose impliquant une bactérie photosynthétique dégageant de l'oxygène. Afin d'expliquer les différents pigments et les différentes propriétés des chloroplastes que l'on trouve dans les végétaux supérieurs actuels, les algues vertes, les algues rouges, et les algues brunes (voir Figure 7-62), on suppose habituellement qu'il s'est produit au moins trois événements distincts de ce type.

Puisque la majorité des gènes qui codent les protéines mitochondriales et chloroplastiques actuelles sont situés dans le noyau cellulaire, il semble qu'un transfert important de gènes, de l'ADN de l'organite à l'ADN nucléaire, se soit produit au cours de l'évolution des eucaryotes. Ceci expliquerait pourquoi certains gènes nucléaires codant des protéines mitochondriales ressemblent aux gènes bactériens : la séquence en acides aminés de l'extrémité N-terminale de l'enzyme mitochondriale du poulet, la *superoxyde dismutase*, par exemple, ressemble beaucoup plus au segment correspondant de l'enzyme bactérienne qu'il ne ressemble à la superoxyde dismutase trouvée dans le cytosol des mêmes cellules eucaryotes. Des preuves supplémentaires de la réalisation de tels transferts d'ADN au cours de l'évolution viennent de la découverte, dans l'ADN nucléaire, de certaines séquences d'ADN non codantes qui semblent être d'origine mitochondriale récente ; elles se sont apparemment intégrées dans le génome nucléaire comme « ADN de remplissage ».

Quel type de bactérie a donné naissance aux mitochondries ? La séquence complète des acides aminés et l'analyse tridimensionnelle par diffraction des rayons X des cytochromes de type c, isolés à partir de nombreux types de bactéries, fournirent un des premiers indices en montrant que ces protéines sont toutes extrêmement proches les unes des autres, et proches du cytochrome c des chaînes respiratoires mitochondriales des animaux et des végétaux. Ces découvertes, ainsi que des analyses de séquences nucléotidiques plus récentes, apportent la preuve essentielle de la réalité de l'arbre phylogénique montré précédemment dans la Figure 7-62. Il apparaît que les mitochondries sont les descendantes d'un type particulier de bactérie photosynthétique pourpre, qui avait antérieurement perdu sa capacité photosynthétique et avait seulement conservé une chaîne respiratoire. Cependant, comme pour les chloroplastes, il n'est pas évident qu'un événement endosymbiotique unique soit à l'origine de toutes les mitochondries. Par exemple, alors que les mitochondries de protozoaires ont des caractéristiques procaryotes distinctes, certaines d'entre elles sont suffisamment différentes des mitochondries végétales et animales pour suggérer une origine séparée.

Pourquoi les mitochondries et les chloroplastes possèdent-ils leurs propres systèmes génétiques ? [62]

Pourquoi les mitochondries et les chloroplastes exigent-ils leurs propres systèmes génétiques séparés quand d'autres organites — tels que les peroxysomes et les lysosomes — n'en ont pas besoin ? La question n'est pas sans importance, car le maintien d'un système génétique séparé est coûteux : plus de 90 protéines — y compris de nombreuses protéines ribosomales, des aminoacyl-ARNt synthétases, des ADN et ARN polymérases, et des enzymes qui modifient et remanient l'ARN — doivent être codées par des gènes nucléaires spécifiquement dans ce but (Figure 7-75). Les séquences en acides aminés de la plupart de ces protéines dans les mitochondries et les chloroplastes diffèrent de celles de leurs équivalents localisés dans le noyau et le cytosol, et il y a des raisons de penser que ces organites ont assez peu de protéines en commun avec le reste de la cellule. Ceci signifie que le noyau doit fournir au moins 90 gènes uniquement pour maintenir chaque système génétique d'organite. La raison d'un tel arrangement coûteux n'est pas claire et l'espoir que les séquences nucléotidiques des génomes mitochondriaux et chloroplastiques fourniraient la réponse s'est révélé sans fondement. Nous ne pouvons imaginer les raisons qui contraignent les protéines à être fabriquées dans les mitochondries et les chloroplastes, plutôt que dans le cytosol.

A un certain moment, il fut suggéré que certaines protéines doivent être fabriquées dans l'organite car elles sont trop hydrophobes pour atteindre leurs sites dans la membrane à partir du cytosol. Des études, plus récentes, cependant, rendent cette explication peu plausible. Dans de nombreux cas, même des sous-unités très hydrophobes sont synthétisées dans le cytosol. De plus, bien que des sous-unités protéiques individuelles dans les divers complexes enzymatiques

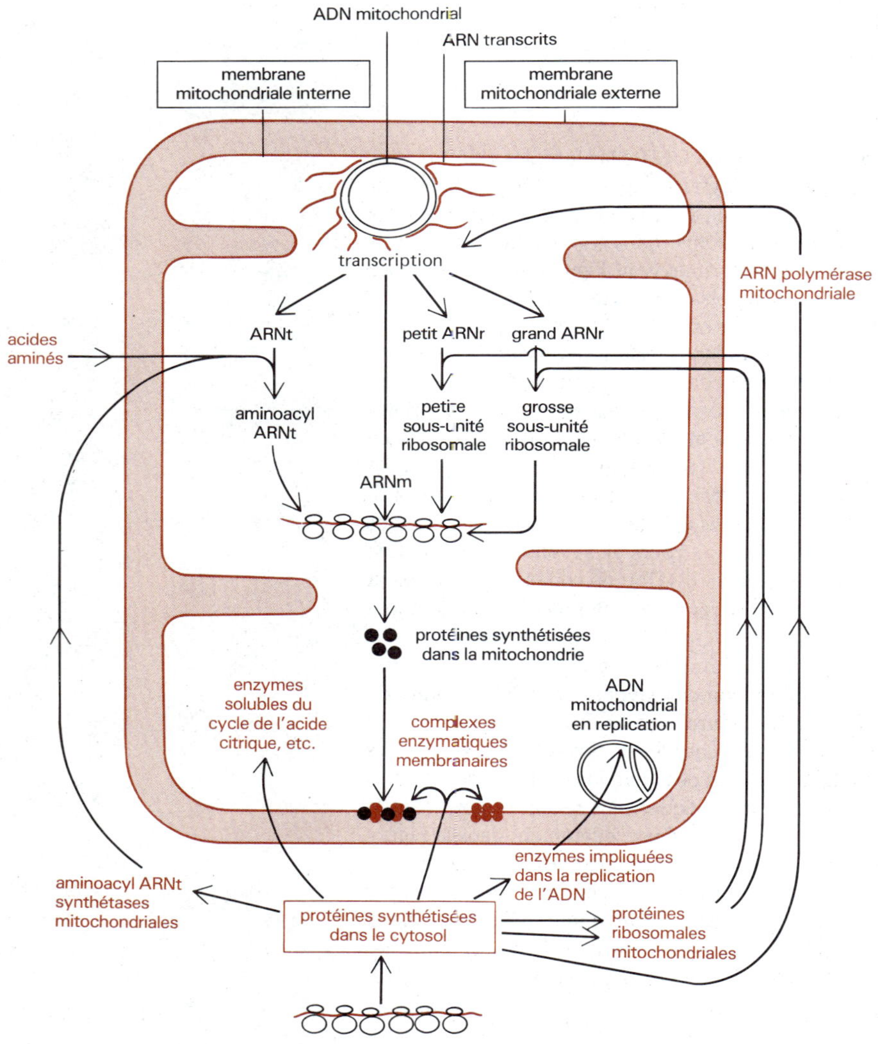

Figure 7-75 Les protéines synthétisées dans le cytosol puis importées dans la mitochondrie jouent un rôle important en créant le système génétique de la mitochondrie et en contribuant en grande partie au pool protéique de l'organite. La mitochondrie elle-même ne contribue à son système génétique que pour les ARNm, les ARNr et les ARNt.

mitochondriaux soient largement conservées au cours de l'évolution, leur site de synthèse ne l'est pas. La diversité dans la localisation des gènes, codant les sous-unités de protéines fonctionnellement équivalentes dans divers organismes, est difficile à expliquer par une hypothèse qui postule un avantage évolutif spécifique des systèmes génétiques mitochondriaux et chloroplastiques actuels.

Les systèmes génétiques des organites sont peut-être des impasses dans l'évolution. En termes d'hypothèse endosymbiotique, ceci signifierait que, chez les endosymbiotes, le processus de transfert de la majorité de leurs gènes dans le noyau s'est arrêté avant qu'il ne soit complet, peut-être en se figeant dans le cas des mitochondries — à cause de modifications récentes du code génétique mitochondrial. De telles modifications rendraient probablement non fonctionnels les gènes mitochondriaux restants s'ils étaient transférés dans le noyau.

Résumé

Les mitochondries et les chloroplastes croissent et se divisent selon un processus coordonné qui nécessite la contribution des deux systèmes génétiques séparés : celui de l'organite et celui du noyau cellulaire. La plupart des protéines, dans ces organites, sont codées par l'ADN nucléaire, synthétisées dans le cytosol, et ensuite importées individuellement dans l'organite. Cependant, certaines protéines particulaires — avec leurs ARN — sont codées par l'ADN de l'organite et synthétisées dans l'organite lui-même. Le génome mitochondrial humain contient environ 16 500 nucléotides et code 2 ARN ribosomaux, 22 ARN de transfert, et 13 chaînes polypeptidiques différentes. Les génomes chloroplastiques sont à peu près 10 fois plus grands, et contiennent environ 120 gènes. Mais des organites partiellement fonctionnels se formeront en quantités normales même dans des mutants qui ont perdu un génome fonctionnel de l'organite, démontrant l'importance écrasante du noyau pour la biogenèse des deux organites.

Les ribosomes des chloroplastes ressemblent étroitement aux ribosomes bactériens, alors que les ribosomes mitochondriaux montrent à la fois des ressemblances et des différences qui rendent leur origine plus difficile à déterminer. Des ressemblances protéiques suggèrent cependant que les deux organites sont apparus lorsqu'une cellule eucaryote primitive est entrée dans une relation endosymbiotique stable avec une bactérie : on pense qu'une bactérie pourpre a donné naissance aux mitochondries et que (plus tard) un parent proche d'une cyanobactérie a donné naissance aux chloroplastes des végétaux. Bien que de nombreux gènes de ces bactéries ancestrales fonctionnent encore pour fabriquer des protéines des organites, la majorité d'entre eux se sont intégrés dans le génome nucléaire, où ils codent des enzymes de type bactérien qui sont synthétisées sur des ribosomes cytosoliques puis importées dans l'organite.

Bibliographie

Ouvrages généraux

Becker, W.M. The World of the Cell, pp. 117-284, Menlo Park, CA : Benjamin-Cummings, 1986.

Ernster, L., ed. Bioenergetics. New York : Elsevier, 1984.

Harold, F.M. The Vital Force : A Study of Bioenergetics. New York : W.H. Freeman, 1986.

Lehninger, A.L. Principes of Biochemistry, Chapters 16, 17,23. New York : Worth, 1982.

Nicholls, D.G. Bioenergetics : An Introduction to the Chemiosmotic Theory. New York : Academic Press, 1982.

Stryer, L. Biochemistry, 3 rd ed., Chapters 16, 17, and 22. New York : W.H. Freeman, 1988.

Articles cités

1. Ernster, L. ; Schatz, G. Mitochondria : a historical review. *J. Cell. Biol.* 91:227-255s, 1981.

   Fawcett, D.W. The Cell, 2nd ed., pp. 410-485. Philadelphia : Saunders, 1981.

   Harold, F.M. The Vital Force : A Study of Bioenergetics, Chapter 7. New York : W.H. Freeman, 1986.

   Tzagoloff, A. Mitochondria. New York : Plenum, 1982.

2. DePierre, J.W. ; Ernster, L. Enzyme topology of intracellular membranes. *Annu. Rev. Biochem.* 46:201-262, 1977.

   Srere, P.A. The structure of the mitochondrial inner membrane-matrix compartment. *Trends Biochem. Sci.* 7:375-378, 1982.

3. Krstic, R.V. Ultrastructure of the Mammalian Cell, pp. 28-57. New York : Springer-Verlag, 1979.

   Pollak, J.K. ; Sutton, R. The differentiation of animal mitochondria during development. *Trends Biochem. Sci.* 5:23-27, 1980.

4. Geddes, R. Glycogen : a metabolic viewpoint. *Biosci. Rep.* 6:415-428, 1986.

   McGilvery, R.W. Biochemistry : A Functional Approach, 3rd ed. Philadelphia : Saunders, 1983.

   Newsholme, E.A. ; Start, C. Regulation in Metabolism. New York : Wiley, 1973.

5. Baldwin, J.E. ; Krebs, H. The evolution of metabolic cycles. *Nature* 291:381-382, 1981.

Krebs, H.A. The history of the tricarboxylic acid cycle. *Perspect. Biol. Med.* 14:154-170, 1970.

Reed, I.J. ; Damuni, Z. ; Merryfield, M.L. Regulation of mammalian pyruvate and branched-chain α-keto acid dehydrogenase complexes by phosphorylation-dephosphorylation. *Curr. Top. Cell Regul.* 27:41-49, 1985.

Willamson, J.R. ; H. Cooper, R.H. Regulation of the citric acid cycle in mammalian systems. *FEBS Lett.*, Suppl. 117:K73-K85, 1980.

6. Mitchell, P. Coupling of phosphorylation to electron and hydrogen transfer by a chemi-osmotic type of mechanism. *Nature* 191:144-148, 1961.

Racker, E. From Pasteur to Mitchell : a hundred years of bioenergetics. *Fed. Proc.* 39:210-215, 1980.

7. Hatefi, Y. The mitochondrial electron transport and oxidative phosphorylation system. *Annu. Rev. Biochem.* 54:1015-1070, 1985.

8. Nicholls, D.G. Bioenergetics : An Introduction to the Chemiosmotic Theory, Chapter 3. New York : Academic Press, 1982.

Wood, W.B. ; Wilson, J.H. ; Benbow, R.M. ; Hood, L.E. Biochemistry : A Problems Approach, 2nd ed. Menlo Park, CA : Benjamin-Cummings, 1981. (Lire les problèmes, Chapitres 9, 12 et 14.)

9. Al-Awqati, Q. Proton-translocating ATPases. *Annu. Rev. Cell Biol.* 2:179-199, 1986.

Hinkle, P.C. ; McCarty, R.E. How cells make ATP. *Sci. Am.* 238(3):104-123, 1978.

10. Durand, R. ; Briand, Y. ; Touraille, S. ; Alziari, S. Molecular approaches to phosphate transport in mitochondria. *Trends Biochem. Sci.* 6:211-214, 1981.

Klingenberg, M. The ADP, ATP shuttle of the mitochondrion. *Trends Biochem. Sci.* 4:249-252, 1979.

LaNoue, K.F. ; Schoolwerth, A.C. Metabolite transport in mitochondria. *Annu. Rev. Biochem.* 48:871-922, 1979.

11. Eisenberg, D. ; Crothers, D. Physical Chemistry with Applications to the Life Sciences, Chapters 4 and 5. Menlo Park, CA : Benjamin-Cummings, 1979.

12. Hatefi, Y. The mitochondrial electron transport and oxidative phosphorylation system. *Annu. Rev. Biochem.* 54:1015-1069, 1985.

Wikstrom, M. ; Saraste, M. The mitochondrial respiratory chain. In Bioenergetics (L. Ernster, ed.), pp. 49-94. New York : Elsevier, 1984.

13. Racker, E. A New Look at Mechanisms in Bioenergetics. New York : Academic Press, 1976. (Un exposé personnel de l'historique des concepts.)

14. Amzel, L.M. ; McKinney, M. ; Narayanan, P. ; Pedersen, P.L. Structure of the mitochondrial F_1 ATPase at 9-Å resolution. *Proc. Natl. Acad. Sci. USA* 79:5852-5856, 1982.

Futai, M. ; Kanazawa, H. Structure and function of proton-translocating adenosine triphosphatase (F_oF_1) : biochemical and molecular biological approaches. *Microbiol. Rev.* 47:285-312, 1983.

Racker, E. ; Stoeckenius, W. Reconstitution of purple membrane vesicles catalyzing light-driven proton uptake and adenosine triphosphate formation. *J. Biol. Chem.* 249:662-663, 1974.

Schneider, E. ; Altendorf, K. The proton-translocating portion (F_o) of the *E. coli.* ATP synthase. *Trends Biochem. Sci.* 9:51-53, 1984.

15. Hammes, G.G. Mechanism of ATP synthesis and coupled proton transport : studies with purified chloroplast coupling factor. *Trends Biochem. Sci.* 8:131-134, 1983.

Ogawa, S. ; Lee, T.M. The relation between the infernal phosphorylation potential and the proton motive force in mitochondria during ATP synthesis and hydrolysis. *J. Biol. Chem.* 259:10004-10011, 1984.

Pederson, P.L. ; Carafoli, E. Ion motive ATPases. II. Energy coupling and work output. *Trends Biochem. Sci.* 12:186-189, 1987.

Senior, A.E. ATP synthesis by oxidative phosphorylation. *Physiol. Rev.* 68:177-231, 1988.

16. Fillingame, R.H. The proton-translocating pumps of oxidative phosphorylation. *Annu. Rev. Biochem.* 49:1079-1113, 1980.

17. Chance, B. ; Williams, G.R. A method for the localization of sites for oxidative phosphorylation, *Nature* 176:250-254, 1955.

Dickerson, R.E. The structure and history of an ancient protein. *Sci. Am.* 226(4):58-72, 1972. (La structure et l'évolution du cytochrome c.)

Keilin, D. The History of Cell Respiration and Cytochromes. Cambridge, U.K.: Cambridge University Press, 1966.

Spiro, T.G., ed. Iron-Sulfur Proteins. New York : Wiley-Interscience, 1982.

18. Capaldi, R.A. ; Darley-Usmar, V. ; Fuller, S. ; Millet, F. Structural and functional features of the interaction of cytochrome c with complex III and cytochrome c oxydase. *FEBS Lett.* 138:1-7, 1982.

Casey, R.P. Membrane reconstitution of the energy-conserving enzymes of oxidative phosphorylation. *Biochim. Biophys. Acta* 768:319-347, 1984.

Leonard, K. ; Haiker, H. ; Weiss, H. Three-dimensional structure of NADH : ubiquinone reductase (complex I) fron *Neurospora* mitochondria determined by electron microscopy of membrane crystals. *J. Mol. Biol.* 194:277-286, 1987.

Weiss, H. ; Linke, P. ; Haiker, H. ; Leonard, K. Structure and function of the mitochondrial ubiquinol : cytochrome c reductase and NADH : ubiquinone reductase. *Biochem. Soc. Trans.* 15:100-102, 1987.

19. Hackenbrock, C.R. Lateral diffusion and electron transfer in the mitochondrial inner membrane. *Trends Biochem. Sci.* 6:151-154, 1981.

20. Dutton, P.L. ; Wilson, D.F. Redox potentiometry in mitochondrial and photosynthetic bioenergetics. *Biochim. Biophys. Acta* 346:165-212, 1974.

Hamamoto, T. ; Carrasco, N. ; Matsushita, K. ; Kabak, H.R. ; Montal, M. Direct measurement of the electrogenic activity of O-type cytochrome oxidase from *E. coli* reconstituted into planar lipid bilayers. *Proc. Natl. Acad. Sci. USA* 82:2570-2573, 1985.

Lehninger, A.L. Bioenergetics : The Molecular Basis of Biological Energy Transformations, 2nd ed. Menlo Park, CA : Benjamin-Cummings, 1971.

21. Prince, R.C. The proton pump of cytochrome oxidose. *Trends Biochem. Sci.* 13:159-160, 1988.

Slater, E.C. The Q Cycle, an ubiquitous mechanism of electron transfer. *Trends Biochem. Sci.* 8:239-242, 1983.

22. Hanstein, W.G. Uncoupling of oxidative phosphorylation. *Trends Biochem. Sci.* 1:65-67, 1976.

23. Brand, M.D. ; Murphy M.P. Control of electron flux through the respiratory chain in michondria and cells. *Biol. Rev. Cambridge Philsophic Soc.* 62:141-193, 1987.

Erecinska, A. ; Wilson, D.F. Regulation of cellular energy metabolism. *J. Membr. Biol.* 70:1-14, 1982.

Racker, E. A New Look at Mechanisms in Bioenergetics. New Yord : Academic Press, 1976.

24. Klingenberg, M. Principles of carrier catalysis elucidated by comparing two similar membrane translocators from mitochondria, the ADP/ATP carrier and the uncoupling protein. *Ann. N.Y. Acad. Sci.* 456:279-288, 1985.

Nicholls, D.G. ; Rial, E. Brown fat mitochondria. *Trends Biochem. Sci.* 9:489-491, 1984.

25. Gottschalk, G. Bacterial Metabolism, 2nd ed. New York : Springer-Verlag, 1986.

MacNab, R.M. The bacterial flagellar motor. *Trends Biochem. Sci.* 9:185-189, 1984.

Neidhardt, F.C. ; et al, eds. *Escherichia coli* and *Salmonella typhimurium* : Cellular and Molecular Biology. Washington, DC : American Society for Microbiology, 1987.

Skulachev, V.P. Sodium bioenergetics. *Trends Bichem. Sci.* 9:483-485, 1984.

Thauer, R. ; Jungermann, K. ; Decker, K. Energy conservation in chemotrophic anaerobic bacteria. *Bacteriol. Rev.* 41:100-180, 1977.

26. Bogorad, L. Chloroplasts. *J. Cell Biol.* 91:256s-270s, 1981. (Une revue historique.)

Clayton, R.K. Photosynthesis : Physical Mechanisms and chemical Patterns. Cambridge, U.K. : Cambridge University Press, 1980. (Un excellent article général.)

Haliwell, B. Chloroplast Metabolism — The Structure and Function of Chloroplasts in Green Leaf Cells. Oxford, U.K. : Clarendon, 1981.

Hoober, J.K. Chloroplasts. New York : Plenum, 1984.

27. Cramer, W.A. ; Widger, W.R. ; Herrmann, R.G. ; Trebst, A. Topography and function of thylakoid membrane proteins. *Trends Biochem. Sci.* 10:125-129, 1985.

Miller, K.R. The photosynthetic membrane. *Sci. Am.* 241(4)102-113, 1979.

28. Akazawa, T. ; Takabe, T. ; Kobayashi, H. Molecular evolution of ribulose-1,5-bisphosphate carboxylase/oxygenase (RuBisCO). *Trends Biochem. Sci.* 9:380-383, 1984.

Barber, J. Structure of key enzyme refined. *Nature* 325:663-664, 1987.

Lorimer, G.H. The carboxylation and oxygenation of ribulose-1,5-bisphosphate : the primary events in photosynthesis and photorespiration. *Annu. Rev. Plant Physiol.* 32:349-383, 1981.

29. Bassham, J.A. The path of carbon in photosynthesis. *Sci. Am.* 206(6):88-100, 1962.

Preiss, J. Starch, sucrose biosynthesis and the partition of carbon in plants are regulated by orthophosphate and triose-phosphates. *Trends Biochem. Sci.* 9:24-27, 1984.

30. Bjorkman. O. ; Berry J. High-efficiency photosynthesis. *Sci. Am.* 229(4):80-93, 1973. (C^4 plants.)

Chollet, R. The biochemistry of photorespiration. *Trends Biochem. Sci.* 2:155-159, 1977.

Edwards, G. ; Walker, D. C^3, C^4 Mechanisms, and Cellular and Environemental Regulation of Photosynthesis. Berkeley : University of California Press, 1983.

Heber, U. ; Krause, G.H. What is the physiological role of photorespiration ? *Trends Biochem. Sci.* 5:32-34, 1980.

31. Clayton, R.K. Photosynthesis : Physical Mechanisms and Chemical Patterns. Cambridge, U.K. : Cambridge University Press, 1980.

Parson, W.W. Photosynthesis and other reactions involving light. In Biochemistry (G. Zubay, ed.), 2nd ed., pp. 564-597. New York : Macmillan, 1988.

32. Barber, J. Photosynthethic reaction centres : a common link. *Trends Biochem. Sci.* 12:321-326, 1987.

Govindjee ; Govindjee, R. The absorption of light in photosynthesis. *Sci. Am.* 231(6):68-82, 1974.

Li, J. Light-harvesting chlorophyll *a/b*-protein : three-dimensional structure of a reconstituded membrane lattice in negative stain. *Proc. Natl. Acad. Sci. USA* 82:386-390,1985.

Zuber, H. Structure of light-harvesting antenna complexe of photosynthetic bacteria, cyanobacteria, and red algae. *Trends Biochem. Sci.* 11:414-419, 1986.

33. Deisenhofer, J. Epp, O. ; Miki, K. ; Huber, R. ; Michel, H. Structure of the protein subunits in the photosynthetic reaction centre of *Rhodopseudomonas virdis* at 3Å resolution *Nature* 318:618-624, 1985.

Deisenhofer, J. ; Michel, H. ; Huber, R. The structural basis of photosynthetic light reactions in bacteria. *Trends Biochem. Sci.* 10:243-248, 1985.

Knaff, D.B. Reaction centers of photosynthetic bacteria. *Trends Biochem. Sci.* 13:157-158, 1988.

Michel, H. ; Epp, O. ; Deisenhofer, J. Pigment-protein interactions in the photosynthetic reaction center from *Rhodopseudomonas viridis*. *EMBO J.* 5:2445-2451, 186. (Three-dimensional structure by x-ray diffraction.)

34. Govindjee, ed. Photosynthesis : Energy Conversion by Plants and Bacteria. New York : Academic Press, 1982. (Deux volumes d'articles de revues d'un haut niveau.)

Nugent, J.H.A. Photosynthetic electron transport in plants and bacteria. *Trends Biochem Sci.* 9:354-357, 1984.

Scolnik, P.A. ; Marrs, B.L. Genetic research with photosynthetic bacteria. *Annu. Rev. Microbiol.* 41:703-726, 1987.

35. Blankenship. R.E. ; Prince, R.C. Excited-state redox potentials and the Z scheme of photosynthesis. *Trends Biochem. Sci.* 10:382-383, 1985.

Prince, R.C. Manganese at the active site of the chloroplast oxygen-evolving complex. *Trends Biochem. Sci.* 11:491-492, 1986.

36. Anderson, J.M. Photoregulation of the composition, function, and structure of thylakoid membranes. *Annu. Rev. Plant Physiol.* 37:93-136, 1986.

Carillo, N., Vallejos, R.H. The light-dependent modulation of photosynthetic electron transport. *Trends Biochem. Sci.* 8:52-56, 1983.

Miller, K.R. ; Lyon, M.K. Do we really know why chloroplast membranes stack ? *Trends Biochem. Sci.* 10:219-222, 1985.

37. Hinkle, P.C. ; McCarty, R.E. How cells make ATP. *Sci. Am.* 238(3):104-123, 1978.

Jagendorf, A.T. Acid-base transitions and phosphorylation by chloroplasts. *Fed. Proc.* 26:1361-1369, 1967.

38. Flügge, U.I. ; Heldt, H.W. The phosphate-triose phosphate-phosphoglycerate translocator of the chloroplast. *Trends Biochem. Sci.* 9:530-533, 1984.

Heber, U. ; Heldt, H.W. The chloroplast envelope : structure, function and role in leaf metabolism. *Annu. Rev. Plant Physiol.* 32:139-168, 1981.

39. Raven, J.A. Division of labor between chloroplast and cytoplasm. In the Intact Chloroplast (J. Barber, ed.), pp. 403-443. Amsterdam : Elsevier, 1976.

40. Wilson, T.H. ; Lin. E.C.C. Evolution of membrane bioenergetics. *J. Supramol. Struct.* 13:421-446, 1980.

Woese, C.R. Bacterial Evolution *Microbiol. Rev.* 51:221-271, 1987.

41. Gest, H. The evolution of biological energy-transducing systems. *FEMS Microbiol. Lett.* 7:73-77, 1980.

Gottschalk, G. Bacterial Metabolism. 2nd ed. New York : Springer-Verlag, 1986. (Le chapitre 8 traite des fermentations.)

Miller, S.M. ; Orgel, L.E. The Origins of Life on the Earth. Englewood Cliffs, NJ : Prentice-Hall, 1974.

42. Danson, M.J. Archaebacteria : the comparative enzymology of their central metabolic pathways. *Adv. Microb. Physiol.* 29:165-231, 1988.

Knowles, C.J., ed. Diversity of Bacterial Respiratory Systems, Vol. 1. Boca Raton, FL : CRC Press, 1980.

43. Clayton, R.K. ; Sistrom, W.R., eds. The Photosynthetic Bacteria. New-York : Plenum, 1978.

Deamer, D.W., ed. Light Transducing Membranes : Structure, Function and Evolution. New York : Academic Press, 1978.

Gromet-Elhanan, Z. Electrochemical gradients and energy coupling in photosynthetic bacteria. *Trends Biochem. Sci.* 2:274-277, 1977.

Olson, J.M. ; Pierson, B.K. Evolution of reaction centers in photosynthetic prokaryotes. *Int. Rev. Cytol.* 108:209-248, 1987.

44. Dickerson, R.E. Cytochrome *c* and the evolution of energy metabolism. *Sci. Am.* 242(3):136-153, 1980.

Gabellini, N. Organization and structure of the genes for the cytochrome *b/c* complex in purple photosynthetic bacteria. A phylogenetic study describing the homology of the b/c1 subunits between prokaryotes, mitochondria, and chloroplasts. *J. Bioenerg. Biomembr.* 20:59-83, 1988.

Schopf, J.W. ; Hayes, J.M. ; Walter, M.R. Evolution of earth's earliest ecosystems: recent progress and unsolved problems. In Earth's Earliest Biosphere : Its Origin and Evolution (J.W. Schopf, ed.), pp. 361-384. Princeton, NJ : Princeton University Press, 1983.

45. Attardi, G. ; Schatz, G. Biogenesis of mitochondria. *Annu. Rev. Cell Biol.* 4:289-333, 1988.

Ellis, R.J., ed. Chloroplast biogenesis. Cambridge, U.K. : Cambridge University Press, 1984.

46. Clayton, D.A. Replication of animal mitochondrial DNA. *Cell.* 28:693-705, 1982.

Posakony, J.W. ; England, J.M. ; Attardi, G. Mitochondrial growth and division during the cell cycle in HeLa cells. *J. Cell Biol.* 74:468-491, 1977.

47. Attardi, G. ; Borst, P. ; Slonimski, P.P. Mitochondrial Genes. Cold Spring Harbor, NY : Cold Spring Harbor Laboratory, 1982.

Borst, P. ; Grivell, L.A. ; Groot, G.S.P. Organelle DNA. *Trends Biochem. Sci.* 9:128-130, 1984.

Palmer, J.D. Comparative organization of chloroplast genomes. *Annu. Rev. Genet.* 19:325-354, 1985.

48. Grivell, L.A. Mitochondrial DNA. *Sci. Am.* 248(3):60-73, 1983.

Hoober, J.K. Chloroplasts, New York : Plenum, 1984.

49. Ohyama, K. ; et al. Chloroplast gene organization deduced from complete sequence of liverwort. *Marchantia polymorpha* chloroplast DNA. *Nature* 322:572-574, 1986.

Rochaix, J.D. Molecular genetics of chloroplasts and mitochondria in the unicellular green alga. *Chlamydomonas. FEMS Microbiol. Rev.* 46:13-34, 1987.

Shinozaki, K. ; et al. The complete nucleotide sequence of the tobacco chloroplast genome : its gene organization and expression. *EMBO J.* 5:2034-2049, 1986.

Umesono, K. ; Ozeki, H. Chloroplast gene organization in plants. *Trends Genet.* 3:281-287, 1987.

50. Anderson, S. ; et al. Sequence and organization of the human mitochondrial genome. *Nature* 290:457-465, 1981.

Bibb, M.J. Van Etten, R.A. ; Wright, C.T. ; Walberg, M.W. ; Clayton, D.A. Sequence and gene organization of mouse mitochondrial DNA. *Cell* 26:167-180, 1981.

Breitenberger, C.A. ; RajBhandary, U.L. Some highlights of mitochondrial research based on analysis of *Neurospora crassa* mitochondrial DNA. *Trends Biochem. Sci.* 10:478-482, 1985.

Fox, T.D. Natural variation in the genetic code. *Annu. Rev. Genet.* 21:67-91, 1987.

51. Attardi, G. Animal mitochondrial DNA: an extreme example of genetic economy. *Int. Rev. Cytol.* 93:93-145, 1985.

Wilson, A. The molecular basis of evolution. *Sci. Am.* 253(4):164-173, 1985.

52. Levings, C.S. The plant mitochondrial genome and its mutants. *Cell* 32:659-661, 1983.

Mulligan, R.M. ; Walbot, V. Gene expression and recombination in plant mitochondrial genomes. *Trends Genet.* 2:263-266, 986.

Newton, KJ. Plant mitochondrial genomes: organization, expression and variation. *Annu. Rev. Plant Physiol. Plant Mol. Biol.* 39:503-532, 1988.

53. Clayton, D.A. ; Transcription of the mammalian mitochondrial genome. *Annu. Rev. Biochem.* 53:573-594, 1984.

Gruissem, W. ; Barken, A. ; Deng, S. ; Stern, D. Transcriptional and post-transcriptional control of plastid mRNA in higher plants. *Trends Genet.* 4:258-262, 1988.

Mullet, J.E. Chloroplast development and gene expression *Annu. Rev. Plant Physiol. Plant Mol. Biol.* 39:475-502, 1988.

Tabak, H.F. ; Grivell, L.A. RNA catalysis in the excision of yeast mitochondrial introns. *Trends Genet.* 2:51-55, 1986.

54. Birky, C.W., Jr. Transmission genetics of mitochondria and chloroplasts. *Annu. Rev. Genet.* 12:471-512, 1978.

55. Giles, R.E. ; Blanc, H. ; Cann, H.M. ; Wallace, D.C. Maternal inheritance of human mitochondrial DNA. *Proc. Natl. Acad. Sci. USA* 77:6715-6719, 1980.

56. Bernardi, G. The petite mutation in yeast. *Trends Biochem. Sci.* 4:197-201, 1979.

Locker, J. ; Lewin, A. ; Rabinowitz, M. The structure and organization of mitochondrial DNA from petite yeast. *Plasmid* 2:155-181, 1979.

Montisano, D.F. ; James, T.W. Mitochondrial morphology in yeast with and without mitochondrial DNA. *J. Ultrastruct. Res.* 67:288-296, 1979.

57. Attardi, G. ; Schatz, G. Biogenesis of mitochondria. *Annu. Rev. Cell Biol.* 4:289-333, 1988.

Fox, T.D. Nuclear gene products required for translation of specific mitochondrially coded mRNAs in yeast. *Trends Genet.* 2:97-99, 1986.

Tzagoloff, A. ; Myers, A.M. Genetics of mitochondrial biogenesis. *Annu. Rev. Biochem.* 55:249-285, 1986.

58. Capaldi, R.A. Mitochondrial myopathies and respiratory chain proteins. *Trends Biochem. Sci.* 13:144-148, 1988.

DiMauro, S. ; et al. Mitochondrial myopathies. *J. Inherited Meta. Dis.* 10(Suppl. 1):113-28, 1987.

59. Chua, N.-H. ; Schmidt, G.W. Post-translational transport into intact chloroplasts of a precursor to the small subunit of ribulose-1,5-bisphosphate carboxylase. *Proc. Natl. Acad. Sci. USA* 75:6110-6114, 1978.

Douglas, M.G. ; McCammon, M.T. ; Vassarotti A. Targeting proteins into mitochondria. *Microbiol. Rev.* 50:166-178, 1986.

Keegstra, K. ; Bauerle, C. Targeting of proteins into chloroplasts. *Bioessays* 9:15-19, 1988.

Schmidt, G.W. ; Mishkind, M.L. The transport of proteins into chloroplasts. *Annu. Rev. Biochem.* 55:879-912 1986.

60. Bishop, W.R. ; Bell, R.M. Assembly of phospholipids into cellular membranes: biosynthesis, transmembrane movement, and intracellular translocation. *Annu. Rev. Cell Biol.* 4:579-611, 1988.

61. Cavalier-Smith, T. The origin of eukaryotic and archaebacterial cells. *Ann. N.Y. Acad. Sci.* 503:17-54, 1987.

Butow, B.A. ; Doeherty, R. ; Parikh, V.S. A path from mitochondria to the yeast nucleus. *Philos. Trans. R. Soc. Lond. (Biol.)* 319:127-133, 1988.

Gellissen, G. ; Michaelis, G. Gene transfer : Mitochondria to nucleus. *Ann. N.Y. Acad. Sci.* 503:391-401, 1987.

Margulis, I. Symbiosis in Cell Evolution. New York : W.H. Freeman, 1981.

Schwartz, R.M. ; Dayhoff, M.O. Origins of prokaryotes, eukaryotes, mitochondria, and chloroplasts. *Science* 199:395-403, 1978.

Whatley, J.M. ; John, P. ; Whatley, F.R. From extracellular to intracellular : the establishment of mitochondria and chloroplasts. *Proc. R. Soc. Lond. (Biol.)* 204:165-187, 1979.

62. von Heijne, G. Why mitochondria need a genome. *FEBS Lett.* 198:1-4, 1986.

8

Le tri intracellulaire et la conservation des compartiments cellulaires

Contrairement à une bactérie, qui est généralement formée d'un compartiment unique entouré d'une membrane plasmique, un cellule eucaryote est subdivisée de manière élaborée en compartiments limités par une membrane et fonctionnellement distincts. Chaque compartiment, ou *organite,* contient son propre groupe d'enzymes et d'autres molécules spécialisées, et des systèmes de distribution complexes transportent des produits spécifiques d'un compartiment à l'autre. Pour comprendre une cellule eucaryote, il est essentiel de savoir ce qui se passe dans chacun de ces compartiments, comment les molécules circulent entre eux et comment les compartiments eux-mêmes sont créés et conservés.

Les protéines jouent un rôle essentiel dans la compartimentation d'une cellule eucaryote. Elles catalysent les réactions qui se produisent dans chaque organite et font sélectivement pénétrer et sortir de petites molécules de sa région interne ou *lumière*. Elles servent également de marqueurs de surface spécifiques de l'organite, qui adressent de nouvelles livraisons de protéines et de lipides vers l'organite approprié. Une cellule de mammifère contient environ 10 milliards (10^{10}) de molécules protéiques de peut-être 10 000 sortes ; et la synthèse de la majorité de ces molécules commence dans le cytosol, l'espace commun qui entoure les organites. Chaque protéine néosynthétisée est ensuite transmise spécifiquement au compartiment cellulaire qui en a besoin. En suivant la circulation protéique d'un compartiment à un autre, on peut commencer à trouver un sens au labyrinthe autrement déconcertant formé par les membranes intracellulaires. La circulation intracellulaire des protéines sera donc le thème central de ce chapitre. Nous étudierons presque tous les compartiments cellulaires, mais nous accorderons le plus d'attention au réticulum endoplasmique (RE) et à l'appareil de Golgi, qui jouent tous deux un rôle fondamental en modifiant, en triant, et en distribuant un grand nombre des protéines néosynthétisées.

La compartimentation des cellules supérieures

Dans cette introduction, nous donnerons une brève description des compartiments cellulaires et des relations qui existent entre eux. En procédant ainsi, nous étudierons les moyens de suivre expérimentalement des protéines entre les compartiments et nous passerons en revue les stratégies générales que suivent les molécules protéiques pour passer d'un compartiment à un autre.

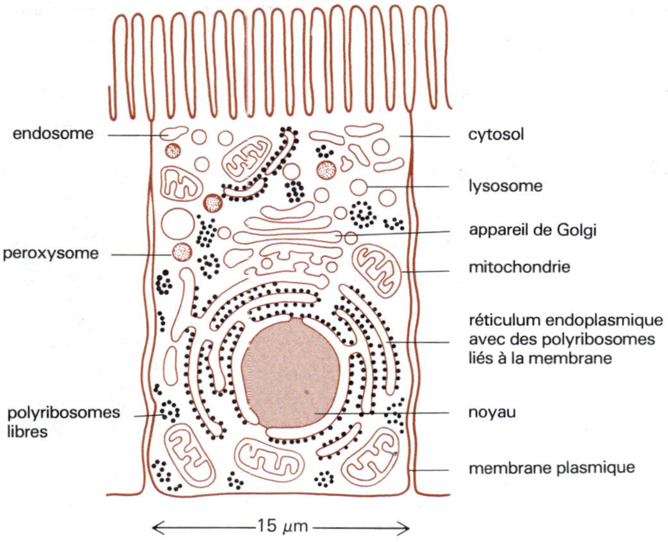

Figure 8-1 Représentation schématique d'une cellule animale type mettant l'accent sur les compartiments intracellulaires principaux. Le cytosol, le réticulum endoplasmique, l'appareil de Golgi, le noyau, la mitochondrie, l'endosome, le lysosome et le peroxysome sont des compartiments distincts isolés du reste de la cellule par au moins une membrane sélective perméable.

Toutes les cellules eucaryotes ont un ensemble fondamental d'organites limités par une membrane [1]

De nombreux processus vitaux ont lieu à l'intérieur des membranes ou à leurs surfaces. Par exemple, la phosphorylation oxydative et la photosynthèse ont toutes les deux besoin d'une membrane semi-perméable organisée pour coupler le transport des ions H^+ à la synthèse d'ATP. De plus, les membranes elles-mêmes fournissent le cadre pour la synthèse de nouveaux composants membranaires. Les membranes internes des cellules eucaryotes ne fournissent pas seulement une surface membranaire supplémentaire, mais permettent aussi une spécialisation fonctionnelle des différentes membranes, qui est, comme nous le verrons, cruciale dans la séparation des nombreux processus différents qui ont lieu dans la cellule.

Les compartiments intracellulaires principaux communs aux cellules eucaryotes sont représentés dans la Figure 8-1. Le *noyau* contient l'essentiel du génome et est le site principal de la synthèse de l'ADN et de l'ARN. Le *cytoplasme* qui l'entoure est composé du *cytosol* et des organites cytoplasmiques qui y sont en suspension. Le cytosol représente un peu plus de la moitié du volume total de la cellule, et il est non seulement le site de la synthèse protéique mais aussi celui de la plus grande partie du métabolisme cellulaire intermédiaire — c'est-à-dire les nombreuses réactions au cours desquelles certaines petites molécules sont dégradées, et d'autres synthétisées, pour fournir les éléments de construction des macromolécules (voir p. 64). Environ la moitié de la surface totale de la membrane d'une cellule est utilisée pour entourer les espaces labyrinthiques du *réticulum endoplasmique* (RE). De nombreux ribosomes sont liés à la surface cytosolique du RE ; ils interviennent dans la synthèse de protéines membranaires intrinsèques et des protéines solubles destinées à la sécrétion ou à différents autres organites. Le RE synthétise également les lipides pour le reste de la cellule. L'*appareil de Golgi* est composé d'empilements organisés de compartiments en forme de disques appelés *saccules de Golgi* ; il reçoit des lipides et des protéines du RE et expédie ces molécules vers un certain nombre de destinations intracellulaires, les modifiant habituellement de façon covalente au cours de leur trajet. Les *mitochondries* et les *chloroplastes* (chez les végétaux) engendrent la majorité de l'ATP utilisé pour activer des réactions biosynthétiques qui ont besoin d'un apport d'énergie libre. Les *lysosomes* contiennent des enzymes digestives qui dégradent les organites intracellulaires « défunts », ainsi que les macromolécules et les particules prélevées dans le milieu extérieur. Sur leur trajet vers les lysosomes, les macromolécules et les particules endocytées doivent d'abord traverser une série de compartiments appelés endosomes. Enfin, les *peroxysomes* (aussi connus sous le nom de *corpuscules*) sont de petits compartiments vésiculaires qui contiennent des enzymes utilisées dans un certain nombre de réactions oxydatives.

En plus des principaux organites limités par une membrane qui viennent d'être décrits, les cellules contiennent de nombreuses petites vésicules qui agissent comme transporteurs entre les organites, ainsi que d'autres vésicules qui communiquent avec la membrane plasmique au cours de la sécrétion et de l'endocytose.

En général, chaque organite entouré d'une membrane possède une série de propriétés communes à tous les types cellulaires, ainsi que des propriétés qui varient d'un type cellulaire

Tableau 8-1 Volumes relatifs occupés par les principaux compartiments intracellulaires dans une cellule du foie (hépatocyte)

Compartiment intracellulaire	Pourcentage du volume total de la cellule	Nombre approximatif par cellule*
Cytosol	54	1
Mitochondrie	22	1 700
Saccules du RE rugueux	9	1
Saccules du RE lisse plus saccules de Golgi	6	
Noyau	6	1
Peroxysomes	1	400
Lysosomes	1	300
Endosomes	1	200

* On pense que l'ensemble des saccules des réticulums endoplasmiques lisse et rugueux sont reliés pour former un seul grand compartiment. Au contraire, l'appareil de Golgi est organisé en séries discrètes de saccules empilés dans chaque cellule, et l'étendue des interconnexions entre ces différentes séries n'a pas été clairement établie.

à l'autre et qui contribuent aux fonctions spécialisées des cellules différenciées. L'ensemble de ces organites occupe près de la moitié du volume cellulaire (Tableau 8-1).

Comme on pouvait s'y attendre, une grande quantité de membrane intracellulaire est nécessaire pour fabriquer tous ces organites. Dans les deux cellules de mammifère analysées dans le Tableau 8-2, par exemple, le réticulum endoplasmique a une surface membranaire totale qui est, respectivement, 25 fois et 12 fois celle de la membrane plasmique. En termes de surface et de masse, la membrane plasmique n'est qu'une membrane mineure dans la majorité des cellules eucaryotes (Figure 8-2).

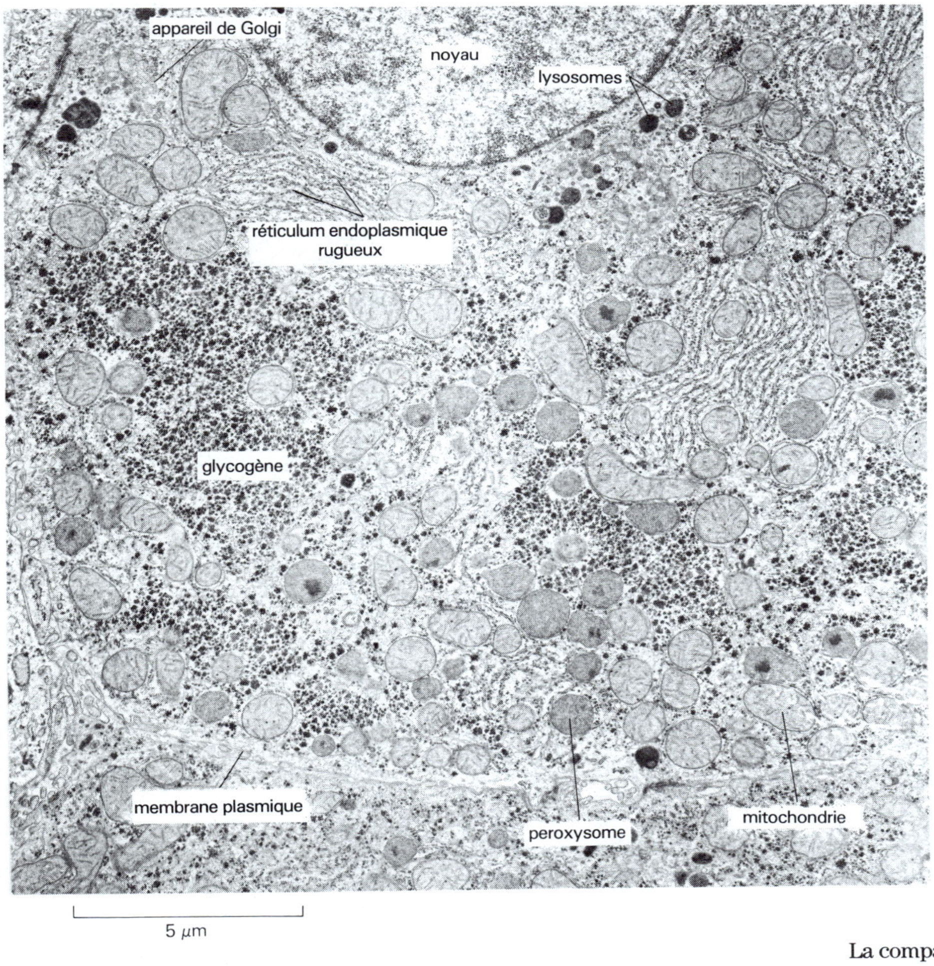

Figure 8-2 Micrographie électronique d'une partie de cellule hépatique vue en coupe transversale. Des exemples de la majorité des principaux compartiments intracellulaires sont indiqués. (Avec l'autorisation de Daniel S. Friend.)

Tableau 8-2 Quantités des types membranaires dans deux cellules eucaryotes pour former des organites intracellulaires

	Pourcentage de la membrane cellulaire totale	
Type de membrane	*Foie Hépatocyte* *	*Pancréas Cellule exocrine* *
Membrane plasmique	2	5
Membrane du RE rugueux	35	60
Membrane du RE lisse	16	<1
Membrane de l'appareil de Golgi	7	10
Mitochondries		
Membrane externe	7	4
Membrane interne	32	17
Noyau		
Membrane interne	0,2	0,7
Membrane des vésicules de sécrétion	non déterminé	3
Membrane lysosomale	0,4	non déterminé
Membrane du peroxysome	0,4	non déterminé
Membrane de l'endosome	0,4	non déterminé

* Ces deux cellules sont de taille très différente, puisqu'un hépatocyte moyen a un volume d'environ 500 μm^3 comparé au volume de 1 000 μm^3 environ d'une cellule exocrine. Les surfaces totales des membranes cellulaires sont estimées à environ 110 000 μm^2 et 13 000 μm^2, respectivement.

Les relations topologiques des organites limités par une membrane peuvent être interprétées en fonction de leurs origines évolutives [2]

Pour comprendre les relations qui existent entre les compartiments de la cellule, il est utile d'examiner la façon dont elles ont pu évoluer. On pense que les précurseurs des premières cellules eucaryotes ont été des organismes ressemblant aux bactéries, qui ont généralement une membrane plasmique mais aucune membrane interne. La membrane plasmique dans de telles cellules assure par conséquent toutes les fonctions dépendantes de la membrane, y compris le pompage des ions, la synthèse d'ATP, et la synthèse lipidique. Les eucaryotes actuels sont cependant 10 à 30 fois plus longs qu'une bactérie type comme *E. coli*, et la profusion de membranes internes peut être en partie considérée comme une adaptation à cette augmentation de taille : dans la cellule de taille plus importante, le rapport surface-volume est plus faible, et sa surface de membrane plasmique est probablement insuffisante pour subvenir aux nombreuses fonctions vitales pour lesquelles les membranes sont nécessaires.

Il est évident que l'évolution des membranes internes est allée de pair avec la spécialisation de la fonction membranaire. Chez certaines bactéries actuelles, il existe des régions spécialisées de la membrane plasmique dans lesquelles une catégorie particulière de protéines membranaires se rassemble pour effectuer un groupe de fonctions voisines (Figure 8-3A). Ces régions membranaires spécialisées, telles que la « membrane pourpre » qui contient la bactériorhodopsine chez *Halobacterium* (voir p. 293), et les chromatophores chez les bactéries photosynthétiques (voir p. 383), représentent des organites primitifs. Dans certaines bactéries photosynthétiques, ces régions se sont transformées en vastes invaginations de la membrane plasmique (Figure 8-3B), alors que dans d'autres, les invaginations semblent s'être complètement détachées par pincement, formant des vésicules scellées limitées par une membrane et spécialisées dans la photosynthèse. La surface interne de ces vésicules est topologiquement équivalente à la surface externe de la cellule (Figure 8-3C).

On pourrait aussi s'attendre à ce que l'intérieur d'un organite eucaryote créé par le type de voie illustrée dans la Figure 8-3 soit topologiquement équivalent à l'extérieur de la cellule. Nous verrons que c'est le cas pour le RE, l'appareil de Golgi, l'endosome, et le lysosome ainsi que pour les nombreux intermédiaires vésiculaires de la sécrétion et de l'endocytose (voir pp. 473-475).

Comme nous en avons discuté dans le Chapitre 7, les mitochondries et les chloroplastes contiennent leur propre génome et diffèrent en cela des autres organites limités par une membrane. La nature de ces génomes et l'étroite ressemblance entre les protéines de ces organites et celles de certaines bactéries actuelles suggèrent fortement que les mitochondries et les chloroplastes sont issus de bactéries qui furent absorbées par d'autres cellules avec lesquelles elles vivaient initialement en symbiose (voir p. 398). Selon le schéma hypothétique

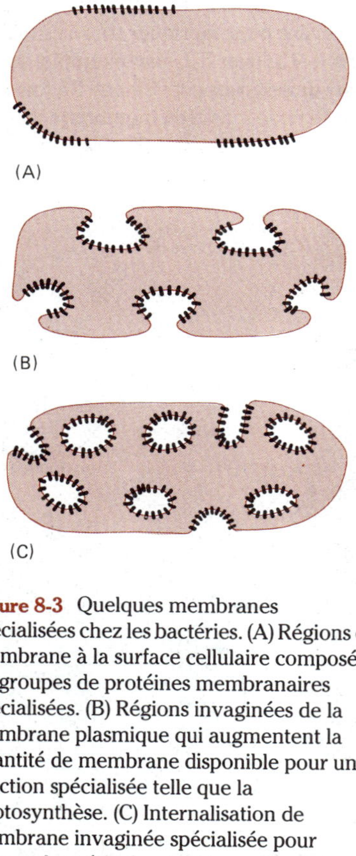

Figure 8-3 Quelques membranes spécialisées chez les bactéries. (A) Régions de membrane à la surface cellulaire composées de groupes de protéines membranaires spécialisées. (B) Régions invaginées de la membrane plasmique qui augmentent la quantité de membrane disponible pour une fonction spécialisée telle que la photosynthèse. (C) Internalisation de membrane invaginée spécialisée pour former des vésicules dont la surface interne est topologiquement équivalente à la surface externe de la cellule. Des vésicules de ce type limitées par une membrane sont présentes dans certains types de bactéries photosynthétiques ; leurs relations topologiques avec la surface cellulaire est analogue à celle du RE, de l'appareil de Golgi, des endosomes, et des lysosomes des cellules eucaryotes.

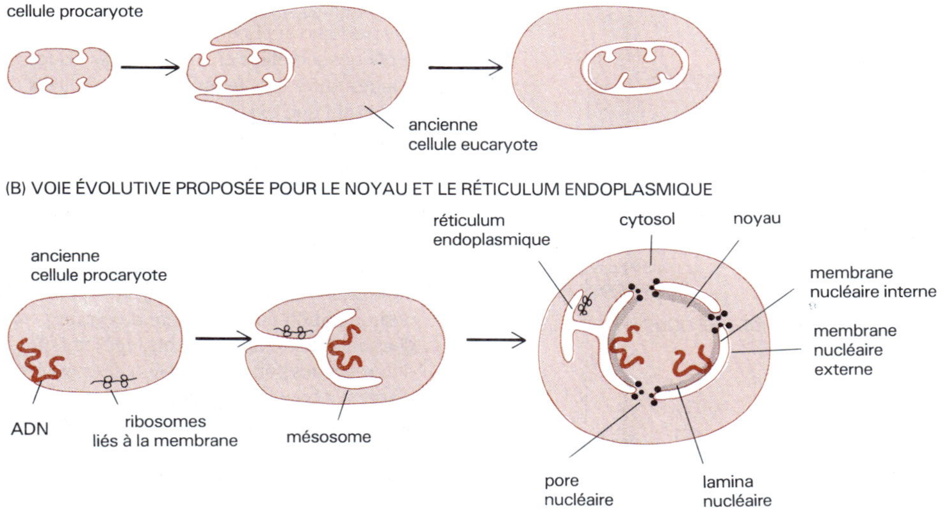

Figure 8-4 Hypothèses des origines évolutives des mitochondries, des chloroplastes, du RE et du noyau cellulaire, qui expliquent les relations topologiques de ces compartiments intracellulaires dans les cellules eucaryotes. (A) Les mitochondries (et les chloroplastes) proviennent sans doute d'une bactérie qui fut absorbée par une cellule eucaryote. Ceci pourrait expliquer pourquoi la lumière de ces organites reste isolée de l'importante circulation vésiculaire qui relie les lumières de nombreux autres compartiments intracellulaires. (B) Un mode d'évolution possible du RE et du noyau cellulaire. Dans certaines bactéries, l'ADN est attaché à une invagination de la membrane plasmique, appelée *mésosome*. Une telle invagination dans une cellule procaryote très ancienne peut s'être étendue pour former une enveloppe autour de l'ADN, tout en laissant encore à l'ADN l'accès au cytosol de la cellule (comme cela est nécessaire pour que l'ADN dirige la synthèse protéique). On suppose que cette enveloppe s'est finalement complètement détachée de la membrane plasmique par pincement, donnant naissance à un compartiment nucléaire entouré d'une double membrane. Comme le montre la figure, l'enveloppe nucléaire est constituée par une coquille fibreuse appelée *lamina nucléaire*, et est perforée par des canaux de communication appelés *pores nucléaires.* A cause de ces pores, la lumière du noyau est topologiquement équivalente au cytosol. La lumière du RE est continue avec l'espace situé entre les membranes nucléaires interne et externe et est topologiquement équivalente à l'espace extracellulaire.

de la Figure 8-4A, la membrane interne des mitochondries et des chloroplastes correspond à la membrane plasmique originelle de la bactérie, alors que la lumière de ces organites s'est développée à partir du cytoplasme bactérien. En conséquence, ces deux organites restent à l'écart de l'importante circulation vésiculaire qui fait communiquer la plupart des autres organites les uns avec les autres et avec l'extérieur de la cellule.

L'origine du noyau cellulaire, avec sa double membrane, est plus mystérieuse. Une des possibilités, basée sur le fait que le chromosome bactérien unique est fixé à l'intérieur de la membrane plasmique procaryote au niveau de sites particuliers, est que l'enveloppe nucléaire à double couche peut être originaire d'une profonde invagination de la membrane plasmique, comme le montre la Figure 8-4B. Ce schéma expliquerait pourquoi l'intérieur du noyau — sa « lumière » — est topologiquement équivalent au cytosol. En fait, au cours de la mitose dans les cellules des eucaryotes supérieurs, l'enveloppe nucléaire se déchire et les contenus nucléaires sont complètement mélangés avec le cytosol, une situation qui ne se rencontre jamais pour aucun autre organite limité par une membrane. Ainsi, au cours de la mitose, la cellule se retrouve momentanément dans un état analogue à celui d'un procaryote, dans lequel les chromosomes n'ont pas de compartiment séparé.

Ce schéma évolutif répartit les principaux compartiments intracellulaires des cellules eucaryotes en cinq groupes : (1) le noyau et le cytosol, qui communiquent par l'intermédiaire des *pores nucléaires* (voir p. 422) et sont donc topologiquement continus (bien que fonctionnellement différents) ; (2) les mitochondries ; (3) les chloroplastes (chez les végétaux, seulement) ; (4) les peroxysomes (dont les origines seront étudiées p. 431) ; et (5) les autres organites limités par une membrane, comprenant le RE, l'appareil de Golgi, les endosomes et les lysosomes, dont les parties internes communiquent toutes les unes avec les autres et avec l'extérieur de la cellule via des *vésicules de transport* qui se détachent d'un organite par bourgeonnement et fusionnent avec un autre (voir p. 471). Tous les espaces fermés dans ce dernier groupe d'organites sont topologiquement équivalents les uns aux autres et à l'extérieur de la cellule, et on peut les considérer comme des parties d'un complexe unique fonctionnellement cohérent.

La circulation protéique intracellulaire à travers le RE et le Golgi peut être suivie par autoradiographie [3]

Des méthodes permettant de suivre la circulation des protéines d'un bout à l'autre de la cellule furent développées dans les années 1960, et furent appliquées pour la première fois au cours des études qui mirent en évidence la voie que suivent les cellules sécrétrices de protéines du pancréas, du RE vers l'extérieur de la cellule.

Des cellules de sécrétion spécialisées, telles que les cellules acineuses du pancréas, stockent de grandes quantités de leurs produits qui attendent d'être sécrétés dans des **vésicules de sécrétion** qui libèrent rapidement leurs contenus vers l'extérieur de la cellule par *exocytose*, lorsque la cellule est stimulée par un signal extracellulaire. Ce processus est connu sous le nom

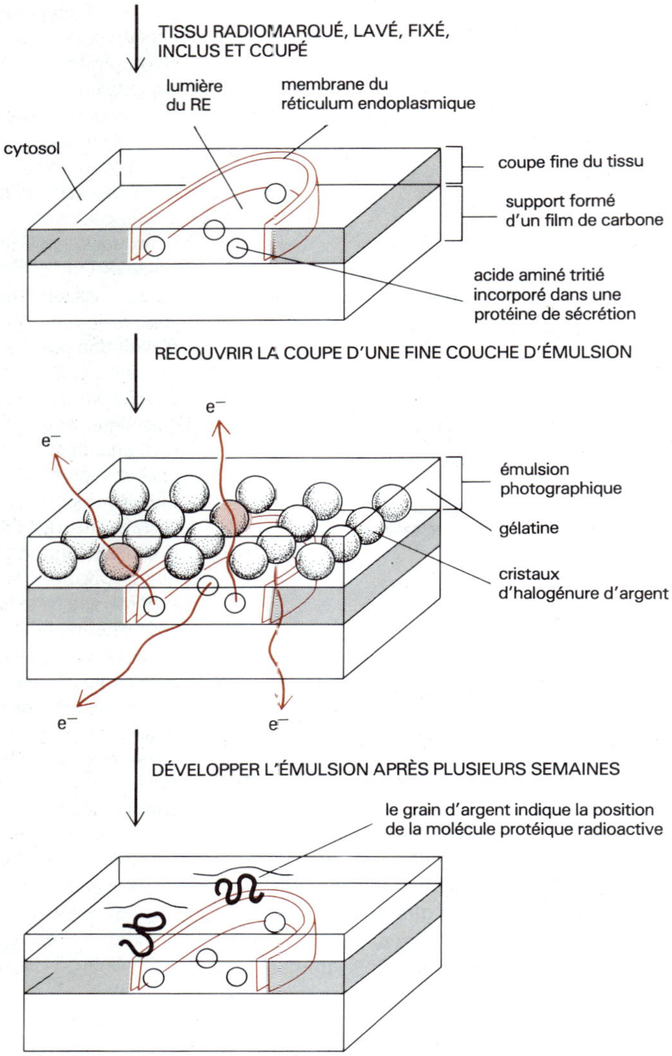

Figure 8-5 Les principes de l'autoradiographie en microscopie électronique, utilisée ici pour suivre des protéines sécrétées en localisant les acides aminés tritiés qu'elles ont incorporés. Il est important que tous les acides aminés radioactifs libres soient éliminés par lavage avant l'inclusion, de sorte que la seule radioactivité qui reste dans le tissu soit celle incorporée dans les protéines. Le tissu est ensuite recouvert par une fine couche d'émulsion photographique. Comme indiqué, les électrons émis par la désintégration du ^{3}H activent des grains d'argent à des emplacements légèrement différents des points d'émission. (Les grains d'argent développés apparaissent sous forme de traits noirs sinueux.) La localisation d'une molécule radioactive est par conséquent imprécise par rapport à la résolution du microscope électronique.

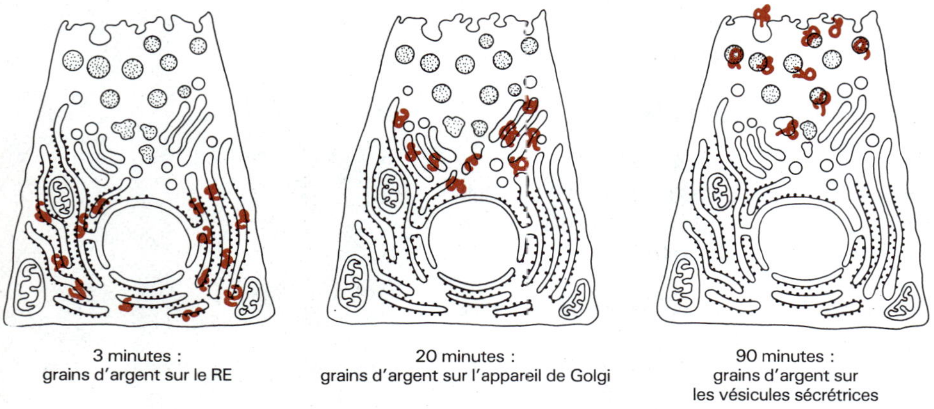

Figure 8-6 Résultats obtenus quand l'autoradiographie en microscopie électronique (voir Figure 8-5) est utilisée pour étudier une cellule acineuse pancréatique qui a été marquée brièvement (« pulse ») avec des acides aminés tritiés, puis incubée dans des milieux froids pendant des durées variables (« chase »). Avec le temps, les grains d'argent activés (*colorés*) sont retrouvés toujours plus près de l'extérieur de la cellule, indiquant le trajet suivi par les molécules de protéines de sécrétion néosynthétisées. Cette cellule est inhabituelle du fait que 85 p. cent environ des protéines qu'elle synthétise sont sécrétées ; les protéines sont stockées dans des vésicules de sécrétion jusqu'à ce que la cellule soit stimulée pour la sécrétion. Une cellule stimulée est représentée.

Figure 8-7 Micrographie électronique de l'appareil de Golgi dans une cellule acineuse du pancréas, montrant des vésicules de sécrétion à différents stades de maturation. Des vésicules de sécrétion immatures (appelées *vacuoles de condensation* dans ces cellules) se forment par bourgeonnement à partir de l'appareil de Golgi. Les protéines de sécrétion se concentrent progressivement dans ces vésicules (d'où le nom de vacuole de « condensation ») pour former des vésicules de sécrétion matures pourvues d'un noyau dense (*en haut à gauche*). Ces vésicules de sécrétion sont appelées *grains de zymogène* dans les cellules acineuses du pancréas. (Avec l'autorisation de George Palade.)

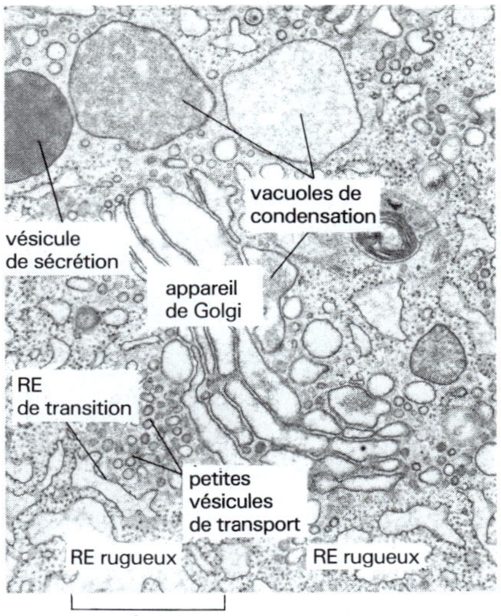

de *sécrétion contrôlée* afin de la distinguer de la *sécrétion constitutive*, une autre forme d'exocytose qui se produit en permanence en absence d'un signal de stimulation (voir p. 465). La cellule acineuse pancréatique sécrète un certain nombre d'enzymes digestives (telles que l'amylase, la lipase, la désoxyribonucléase et la ribonucléase) ainsi que des précurseurs enzymatiques appelés *zymogènes* (tels que le trypsinogène et le chymotrypsinogène), qui sont activés par des clivages protéolytiques spécifiques après avoir été sécrétés dans des canaux qui aboutissent à l'intestin grêle.

Étant donné que la plus grande partie de la protéine synthétisée dans la cellule acineuse pancréatique est destinée à la sécrétion, il devient plus simple de suivre le débit de la circulation, et le parcours suivi par des protéines sécrétées, de leur lieu de synthèse jusqu'à leur excrétion hors de la cellule, peut être mis en évidence en utilisant l'autoradiographie combinée à la microscopie électronique. La technique d'autoradiographie mise au point dans ce but est décrite dans la Figure 8-5. Lorsque des cellules sont brièvement incubées avec des acides aminés tritiés (« pulse »), et soumises à une période d'incubation variable dans du milieu non radioactif (« chase »), les protéines radioactives néosynthétisées sont d'abord visibles dans le RE puis dans l'appareil de Golgi (Figure 8-6). Les protéines tritiées sont ensuite trouvées dans des vésicules de sécrétion immatures de taille importante près de l'empilement de Golgi (Figure 8-7), où elles se concentrent progressivement pour former des vésicules de sécrétion matures, qui sont aisément identifiables sur des micrographies électroniques à cause de la forte densité de leurs contenus (Figures 8-7 et 8-8).

Les vésicules de sécrétion sont stockées dans la région apicale de la cellule acineuse (le côté faisant face à la lumière du système de canaux) entre l'appareil de Golgi et la membrane plasmique. Elles libèrent leurs contenus vers l'extérieur par exocytose lorsqu'elles fusionnent avec la membrane plasmique. Les vésicules fusionnent seulement avec les parties apicales de la membrane plasmique, évitant ainsi des décharges inutiles et dangereuses dans des espaces intercellulaires ou dans d'autres organites cellulaires. De plus, l'exocytose ne se produit qu'en réponse à un signal chimique extracellulaire approprié, qui est libéré par les nerfs ou les cellules intestinales lorsque des enzymes pancréatiques sont nécessaires à la digestion.

De nombreuses protéines sécrétées ont été étudiées dans un certain nombre de types cellulaires, et elles suivent toutes une voie identique : ribosome → RE → Golgi → extérieur de la cellule. De plus, les protéines destinées à résider dans la membrane plasmique, dans les lysosomes, ou dans divers saccules de l'appareil de Golgi, sont vraisemblablement importées intialement dans le RE — passant de là, via l'appareil de Golgi, vers leurs emplacements finaux.

Des techniques plus complexes sont nécessaires pour mettre en évidence des détails plus subtils des voies qui commencent dans le RE. Alors que certaines des protéines importées resteront dans le RE pour catalyser les fonctions du RE, la plus grande partie d'entre elles sont empaquetées dans des *vésicules de transport* (typiquement de 50 à 100 nm de diamètre) qui se détachent par pincement de régions spécialisées du RE, appelées *éléments de transition* (Figure 8-9) et fusionnent spécifiquement avec des éléments de saccules de l'appareil de Golgi situés dans le proche voisinage. Après fusion, les constituants de la membrane vésiculaire deviennent une partie de la membrane de Golgi, alors que les protéines solubles dans la lumière de la vésicule sont transférées dans la lumière d'un saccule de Golgi (Figure 8-10). De cette façon, les protéines solubles sont transportées sélectivement d'un compartiment limité par une membrane à un autre sans réellement traverser une membrane. Les protéines sont vraisemblablement transportées par des cycles analogues de bourgeonnement et de fusion vésiculaires, d'un saccule de Golgi à un autre, puis de l'appareil de Golgi vers différentes destinations finales propres à leurs différentes fonctions, traversant tout un ensemble d'espaces qui sont topologiquement équivalents les uns aux autres et à l'extérieur de la cellule (Figure 8-11).

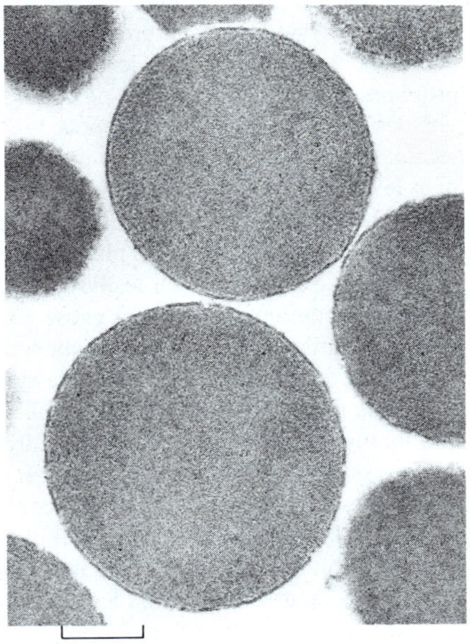

Figure 8-8 Micrographie électronique d'une préparation purifiée de larges vésicules de sécrétion. On ne trouve ces vésicules que dans les cellules spécialisées pour la sécrétion. (Avec l'autorisation de Daniel S. Friend.)

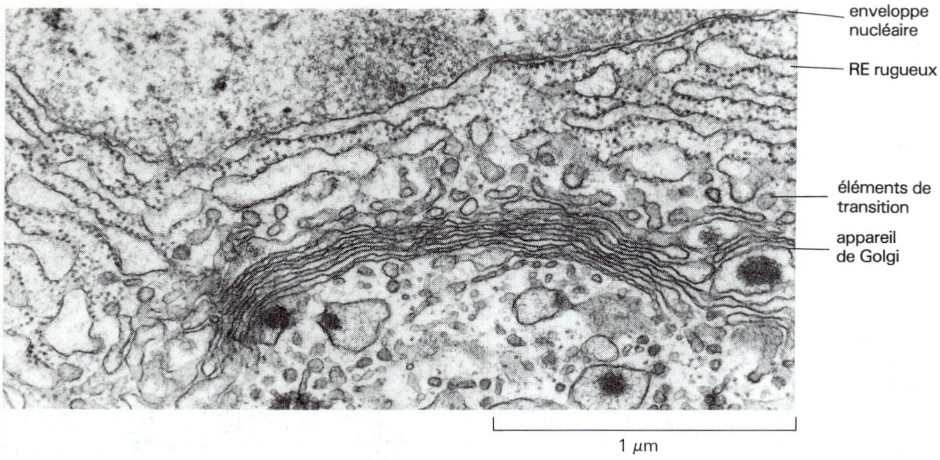

Figure 8-9 Les vésicules de transport bourgeonnent à partir de régions spécialisées du RE qui n'ont presque pas de ribosomes, et qui sont appelées *éléments de transition*. Les vésicules fusionnent avec un saccule golgien voisin, transférant ainsi des protéines et des lipides néosynthétisés, du RE à l'appareil de Golgi. (Avec l'autorisation de Brij J. Gupta.)

Les protéines ont à faire des choix à chaque étape de cette voie — rester dans le cytosol ou pénétrer dans le RE, rester dans le RE ou aller vers l'appareil de Golgi, devenir un passager d'une vésicule de transport destinée à un lysosome, ou embarquer plutôt dans une vésicule destinée à la surface cellulaire, etc. Ces choix dépendent de la séquence d'acides aminés de la molécule protéique, qui contient des *signaux de tri* qui déterminent le parcours que suit la protéine à travers la cellule.

8-3 La voie de circulation protéique a deux embranchements divergents : un cytosolique, l'autre via le RE [4]

Les principales voies de circulation protéique sont résumées dans la Figure 8-12. Toutes les protéines prennent naissance sur des ribosomes du cytosol (bien que quelques-unes soient synthétisées sur les ribosomes des mitochondries et des chloroplastes), mais, à partir de là, la circulation dévie vers deux embranchements principaux. Dans l'un des embranchements, les protéines sont libérées dans le cytosol lorsque leur synthèse est achevée. Certaines de ces protéines possèdent des signaux de tri qui entraînent ultérieurement leur exportation du cytosol vers les mitochondries, les chloroplastes (chez les végétaux), le noyau, ou les peroxysomes ; les autres — la majorité — n'ont pas de signaux de tri spécifiques et restent par conséquent dans le cytosol en tant que résidents permanents.

Dans l'autre embranchement principal, on trouve des protéines destinées à être sécrétées à l'extérieur de la cellule — en plus de celles destinées à résider dans le RE, l'appareil de Golgi, la membrane plasmique, ou les lysosomes. Toutes ces protéines sont transférées dans le RE, au moment de leur synthèse, à cause d'un signal de tri qui est généralement localisé à leur extrémité aminée. Les ribosomes qui synthétisent ces protéines se fixent à la membrane du RE peu de temps après le début de la synthèse de la chaîne polypeptidique. Lorsque chaque région du polypeptide est fabriquée, elle passe à travers la double couche lipidique de cette membrane. Certaines protéines synthétisées de cette façon seront libérées en solution dans la lumière du RE lorsque leur synthèse est achevée, alors que d'autres resteront partiellement enchâssées dans la membrane du RE comme protéines transmembranaires (voir p. 444).

Il ne faut généralement pas plus d'une minute ou deux pour qu'une protéine libérée dans le cytosol soit importée dans l'organite approprié. Mais, tandis que les protéines dirigées vers le noyau, les mitochondries ou les chloroplastes, et les peroxysomes ont terminé leur voyage une fois qu'elles sont arrivées à leur organite, la plupart des protéines qui sont triées dans le RE ont juste commencé le leur. Une fois le RE atteint, une protéine est soumise à des étapes de transport ultérieures qui se font, pense-t-on, par l'intermédiaire de vésicules de transport qui se détachent d'une membrane par bourgeonnement, et fusionnent avec d'autres. Puisqu'il y a généralement plusieurs étapes de ce type avant que la destination finale ne soit atteinte, une protéine synthétisée sur la membrane du RE peut mettre une heure pour atteindre sa destination finale.

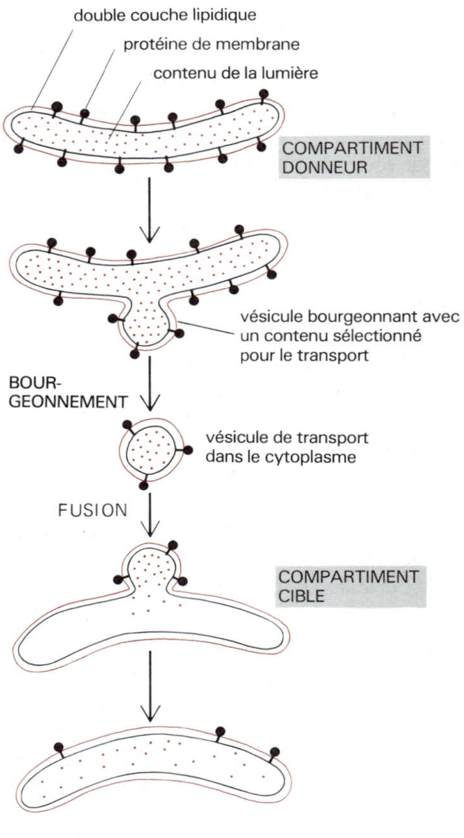

Figure 8-10 L'asymétrie des membranes est préservée pendant le transport par l'intermédiaire de vésicules. Noter que l'orientation originale des protéines et des lipides dans la membrane du compartiment donneur est conservée dans la membrane du compartiment cible et que les matériaux solubles sont transférés de lumière en lumière.

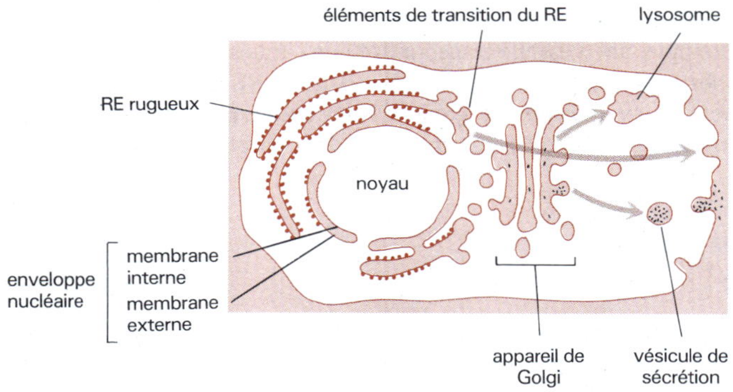

Figure 8-11 Croquis d'une cellule dans laquelle les espaces topologiquement équivalents sont indiqués en couleur. En principe, des cycles de bourgeonnement et de fusion vésiculaires permettent à n'importe quelle lumière de communiquer avec n'importe quelle autre et avec l'extérieur de la cellule. Certains organites, cependant, plus particulièrement les mitochondries et (dans les cellules végétales) les chloroplastes, ne communiquent pas avec les autres organites au moyen de vésicules de transport. Ils sont par conséquent écartés de la circulation entre organites représentée ici.

Les protéines peuvent se déplacer entre les compartiments de deux façons fondamentalement différentes [5]

Pour comprendre les principes généraux selon lesquels les signaux de tri fonctionnent, il est important de distinguer deux modes fondamentalement différents de déplacement des protéines d'un compartiment à un autre. Premièrement, elles peuvent être directement transportées à travers une membrane, passant ainsi d'un espace topologiquement équivalent au cytosol à un espace topologiquement équivalent à l'extérieur de la cellule, ou vice versa. Ceci nécessite une protéine de translocation particulière dans la membrane, et la molécule protéique doit généralement être déroulée afin de pouvoir s'y insinuer. Le mouvement initial de protéines sélectionnées, du cytosol vers la lumière du RE, est un exemple de ce type de transport. Deuxièmement, les protéines peuvent être transportées d'un compartiment à un autre par des *vésicules de transport*. Ces vésicules s'emparent d'une « cargaison » de molécules dans la lumière d'un compartiment lorsqu'elles sont épincées de sa membrane, puis se débarrassent du chargement dans un autre compartiment lorsqu'elles fusionnent avec ce dernier, comme c'est le cas dans le transfert des protéines solubles du RE vers l'appareil de Golgi (voir Figure 8-10). Dans ce type de *transport vésiculaire*, les protéines transportées ne traversent aucune membrane ; elles ne sont donc transférées qu'entre des compartiments topologiquement équivalents.

Les deux types de processus de transfert sont contrôlés de façon sélective selon les signaux de tri que les protéines possèdent. Pour une protéine qui doit être directement transférée à travers une membrane, son signal de tri doit être reconnu par la protéine de translocation située dans la membrane à traverser. Une protéine pénétrera dans une vésicule de transport si son signal de tri se lie à une protéine réceptrice particulière dans la membrane vésiculaire (voir p. 462) ; d'autres vésicules de transport semblent cependant ne pas être sélectives et prélever n'importe quelle protéine dépourvue de signal de tri pour la diriger ailleurs (voir p. 467). Dans les deux cas, la vésicule de transport néoformée ne transporte que des protéines appropriées.

Nous verrons que quelques signaux de tri sur des protéines sont connus, alors que la plupart de leurs récepteurs membranaires complémentaires ne le sont pas. De plus, nous ne savons presque rien sur les vésicules de transport dont il y a, pense-t-on, beaucoup de sortes correspondant aux nombreux transferts différents qu'elles doivent effectuer. Pour remplir sa

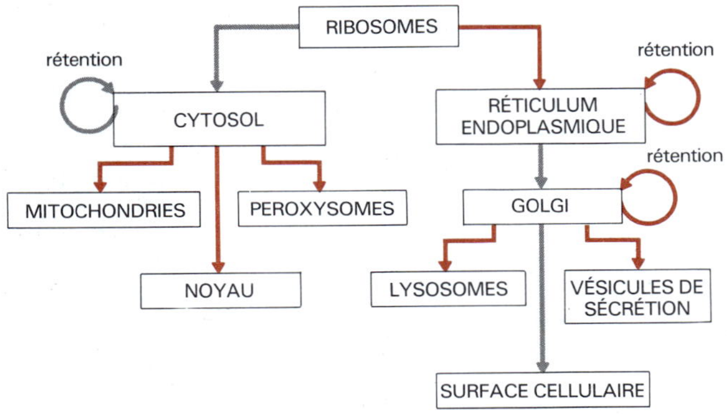

Figure 8-12 Une « carte routière » simplifiée de la circulation des protéines biosynthétiques. Les signaux qui dirigent le mouvement d'une protéine donnée à travers le système, et déterminent donc sa localisation définitive dans la cellule, sont contenus dans sa séquence d'acides aminés. Le « voyage » commence avec la synthèse d'une protéine sur un ribosome et se termine quand la destination finale est atteinte. A chaque station intermédiaire (encadrés), une décision est prise pour savoir s'il faut retenir la protéine ou la transporter plus loin. En principe, un signal pourrait être nécessaire soit pour sa rétention, soit pour son expulsion de chacun des compartiments représentés, avec, pour autre alternative, la voie « par défaut » (une voie qui ne nécessite aucun signal). Dans ce schéma, les itinéraires qui requièrent le plus vraisemblablement des signaux particuliers sont représentés en couleur, les itinéraires qui sont le plus vraisemblablement suivis « par défaut » sont tracés en noir. La biosynthèse des endosomes étant très mal comprise, aucun itinéraire vers les endosomes n'est représenté.

fonction, chaque vésicule ne doit prélever que les protéines appropriées et ne doit fusionner qu'avec la membrane cible appropriée : par exemple, une vésicule transportant une cargaison du RE vers l'appareil de Golgi doit exclure les protéines qui doivent rester dans le RE et fusionner seulement avec l'appareil de Golgi et non avec d'autres organites. Nous étudierons la façon dont des vésicules de transport peuvent effectuer cette sélection plus loin dans ce chapitre.

Des peptides « signal » et des régions « signal » déterminent le destin d'une protéine [6]

On pense qu'il existe, sur les protéines, deux types de signaux de tri qui les dirigent, étape par étape, d'un bout à l'autre des voies ramifiées résumées dans la Figure 8-12. Pour certaines étapes, le signal de tri se trouve dans une région continue de séquence d'acides aminés longue de 15 à 60 résidus. Ce **peptide signal** est souvent (mais pas toujours) retiré de la protéine achevée une fois prise la décision de tri. Pour d'autres étapes de tri, on suppose que le signal consiste en un arrangement tridimensionnel particulier d'atomes sur la surface protéique, arrangement qui se forme lorsque la protéine se replie. Les résidus d'acides aminés qui limitent cette **région signal** peuvent être assez distants les uns des autres dans la séquence linéaire, et ils restent généralement dans la protéine achevée (Figure 8-13). Des *peptides signal* sont utilisés pour diriger les protéines du cytosol vers le RE, les mitochondries, les chloroplastes, et le noyau ; ils sont également utilisés pour retenir certaines protéines dans le RE. On suppose que les régions signal sont utilisées pour certaines autres étapes de tri parmi lesquelles la reconnaissance de certaines protéines lysosomales par une enzyme de tri particulière dans l'appareil de Golgi (voir p. 463).

Des types différents de peptides signal sont utilisés pour déterminer les différentes destinations dans la cellule (Tableau 8-3). Les protéines destinées à un transfert initial vers le RE ont habituellement des peptides signal à leur extrémité amino-terminale avec une partie centrale de la séquence composée de 5 à 10 résidus d'acides aminés hydrophobes. La plupart de ces protéines passeront du RE à l'appareil de Golgi ; celles qui ont une séquence spécifique de quatre acides aminés à leur extrémité carboxylée sont cependant retenues de façon permanente dans le RE. Des protéines destinées aux mitochondries possèdent des peptides signal dans lesquels des résidus d'acides aminés chargés positivement alternent avec des résidus hydrophobes. De nombreuses protéines destinées au noyau portent des peptides signal formés à partir d'un groupe de résidus d'acides aminés chargés positivement. Enfin, certaines protéines cytosoliques ont des peptides signal qui sont responsables de leur liaison covalente avec un acide gras, qui dirige les protéines vers les membranes sans insertion dans le RE (voir p. 417).

L'importance de chacun de ces peptides signal pour le choix des cibles protéiques a été démontrée par des expériences dans lesquelles le peptide est transféré d'une protéine à une autre par des techniques de génie génétique : par exemple, placer le peptide signal amino-terminal du RE au commencement d'une protéine cytosolique, réexpédie la protéine vers le RE. Les peptides signal qui sont liés à toutes les protéines de même destination, sont fonctionnellement interchangeables, même si leurs séquences d'acides aminés peuvent beaucoup varier. Des propriétés physiques, telles que l'hydrophobicité, paraissent souvent plus importantes dans le processus de reconnaissance du signal que la séquence exacte des acides aminés.

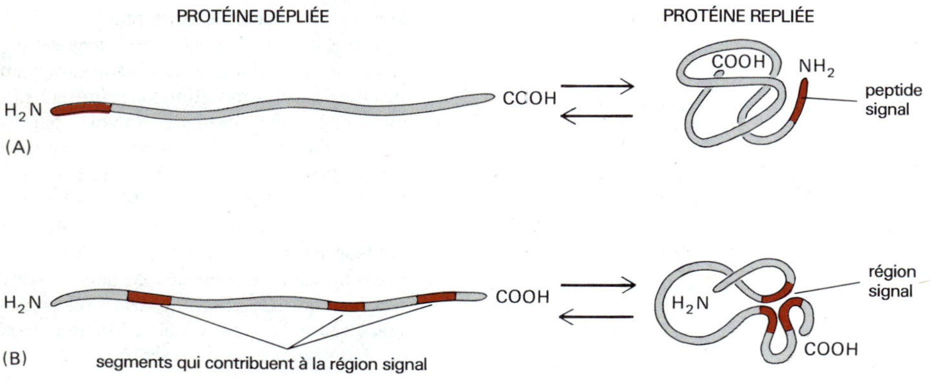

Figure 8-13 Un signal de transport peut être construit de deux façons dans une protéine. (A) Le signal se situe dans une seule partie discrète d'une séquence d'acides aminés appelée *peptide signal*, qui est exposée dans la protéine repliée. Les peptides signal sont souvent localisés à l'extrémité de la chaîne polypeptidique (comme sur la figure), mais ils peuvent également être situés ailleurs. En général, ils sont expérimentalement localisés grâce à leur influence sur le tri intracellulaire d'autres protéines lorsqu'ils leur sont attachés par recombinaison (voir p. 266). (B) Une région signal peut être formée par la juxtaposition de séquences d'acides aminés physiquement séparées avant le repliement de la protéine. Une autre possibilité serait que des « régions », séparées à la surface de la protéine repliée par un intervalle constant, pourraient former le signal. Dans les deux cas, le signal de transport dépend de la conformation tridimensionnelle de la protéine. Pour cette raison, il est très difficile de localiser précisément ce type de signal.

Tableau 8-3 Séquences typiques de peptide signal

Fonction du peptide signal	Exemples de peptide signal
Importation dans le RE	H_3N-Met-Met-Ser-Phe-Val-Ser- [Leu-Leu-Leu-Val- ⊕ Gly-Ile-Leu-Phe-Trp-Ala] -Thr-Glu-Ala-Glu- ⊖ ⊖ Gln-Leu-Thr-Lys-Cys-Glu-Val-Phe-Gln- ⊕ ⊖
Maintien dans la lumière du RE	-Lys-Asp-Glu-Leu-COO^- ⊕ ⊖ ⊖ ⊖
Importation dans les mitochondries	H_3N-Met-Leu-Ser-Leu-Arg-Gln-Ser-Ile-Arg-Phe- ⊕ ⊕ ⊕ Phe-Lys-Pro-Ala-Thr-Arg-Thr-Leu-Cys-Ser- ⊕ ⊕ Ser-Arg-Tyr-Leu-Leu- ⊕
Importation dans le noyau	-Pro-Pro-Lys-Lys-Lys-Arg-Lys-Val- ⊕ ⊕ ⊕ ⊕ ⊕
Attachement aux membranes via la liaison covalente d'un acide myristique à l'extrémité aminée	H_3N-Gly-Ser-Ser-Lys-Ser-Lys-Pro-Lys- ⊕ ⊕ ⊕ ⊕

Les résidus chargés sont indiqués par ⊕ ou ⊖. Une longue succession de résidus hydrophobes est encadrée. H_3N^- indique l'extrémité aminée d'une protéine, $COOH^-$ indique l'extrémité carboxylée.

Les régions signal sont beaucoup plus difficiles à analyser que les peptides signal ; leur structure est donc beaucoup moins bien connue. Comme elles sont le résultat d'un mode de repliement protéique tridimensionnel complexe, elles ne peuvent être simplement transférées d'une protéine à une autre. De plus, une modification expérimentale d'une région signal modifiera souvent la conformation de la protéine dans son ensemble.

Les cellules ne peuvent construire *de novo* leurs organites limités par une membrane : elles ont besoin de l'information contenue dans l'organite lui-même [7]

Lorsqu'une cellule se reproduit et se divise, elle doit faire le double de ses organites limités par une membrane. En général, les cellules le réalisent en dilatant les organites par l'incorporation de nouvelles molécules ; les organites dilatés se divisent ensuite et sont répartis dans les deux cellules filles. Il est invraisemblable que les cellules puissent fabriquer tous ces organites *de novo*. Par exemple, si le RE était complètement éliminé d'une cellule, comment la cellule pourrait-elle le reconstruire ? Les protéines membranaires qui définissent le RE et s'acquittent d'un grand nombre de ses fonctions-clé sont elles-mêmes des produits du RE : sans un RE préexistant — ou en dernier recours, sans une membrane qui contienne les protéines de translocation nécessaires à l'importation de protéines dans le RE (et qui n'ont pas les protéines de translocation nécessaires à l'importation des protéines dans d'autres organites) — un nouveau RE ne pourrait être fabriqué.

Ainsi, il semble que l'information nécessaire à la construction d'un organite limité par une membrane ne se trouve pas exclusivement dans l'ADN qui détermine les protéines de l'organite. L'information « épigénétique » sous la forme d'au moins une protéine distincte dans la membrane de l'organite est également nécessaire, et cette information passe d'une cellule parentale à une cellule de la descendance sous la forme de l'organite lui-même. Une telle information est probablement essentielle à la reproduction de l'organisation de la cellule en compartiments, comme l'information contenue dans l'ADN est essentielle à la reproduction des séquences de nucléotides et d'acides aminés.

Résumé

Les cellules eucaryotes contiennent des membranes intracellulaires qui enferment presque la moitié de leur volume total dans des compartiments intracellulaires séparés. Les principaux types d'organites limités par une membrane, présents dans toutes les cellules eucaryotes, sont le réticulum endoplasmique, l'appareil de Golgi, le noyau, les mitochondries, les lysosomes, les endosomes, et les peroxysomes ; les cellules végétales contiennent également des chloroplastes. Chaque organite contient des protéines distinctes qui servent d'intermédiaires dans ses fonctions uniques.

Chaque protéine néosynthétisée de l'organite trouve son chemin du ribosome vers l'organite en suivant une voie spécifique, guidée par un signal contenu dans sa séquence d'acides aminés qui fonctionne soit comme peptide signal, soit comme région signal. Le tri protéique commence par un premier événement de séparation au cours duquel la protéine reste dans le cytosol ou bien est transmise à un autre compartiment (tel que le noyau, une mitochondrie, ou le réticulum endoplasmique). Les protéines qui pénètrent dans le RE subissent d'autres processus de tri au cours de leur transport vers l'appareil de Golgi, puis de l'appareil de Golgi vers les lysosomes, les vésicules de sécrétion ou la membrane plasmique. Certaines protéines résidentes sont retenues spécifiquement dans le RE et dans les différents saccules de l'appareil de Golgi. Celles qui sont destinées à d'autres compartiments pénètrent, pense-t-on, dans des vésicules de transport, qui bourgeonnent à partir d'un compartiment et fusionnent avec un autre.

Le compartiment cytosolique

Le **cytosol** — c'est-à-dire la partie du cytoplasme qui occupe l'espace situé entre les organites limités par une membrane — représente généralement environ la moitié du volume cellulaire total (voir Tableau 8-1). Il grouille de milliers d'enzymes impliquées dans le métabolisme intermédiaire et il est plein de ribosomes qui fabriquent des protéines. Environ la moitié des protéines synthétisées sur ces ribosomes sont destinées à rester en permanence dans le cytosol. Dans cette partie du chapitre, nous examinerons le destin de ces protéines cytosoliques, ainsi que certains des systèmes utilisés pour contrôler leur durée de vie et pour les diriger vers des emplacements spécifiques à l'intérieur du cytosol.

Le cytosol est organisé en filaments protéiques [8]

Comme nous en discuterons dans le Chapitre 11, le cytosol contient un certain nombre de filaments protéiques arrangés en un *cytosquelette* fibreux. Le cytosquelette donne sa forme à la cellule, sert d'intermédiaire à des mouvements cytoplasmiques cohérents, et fournit un canevas général qui pourrait aider à l'organisation des réactions enzymatiques dans le cytosol. Puisque les protéines constituent environ 20 p. cent de son poids, il est plus approprié de considérer le cytosol comme une masse gélatineuse très organisée plutôt que comme une solution diluée d'enzymes. L'étude des vitesses de diffusion a cependant montré que les petites molécules, et certaines petites protéines, diffusent presque aussi rapidement dans le cytosol que dans l'eau pure. Ceci suggère que, du point de vue du métabolisme intermédiaire (dans lequel les substrats et les produits sont de petites molécules), nous pouvons considérer le cytosol comme une solution simple.

De grosses particules comme les vésicules de transport et les organites, par ailleurs, diffusent très lentement, en partie parce qu'elles entrent fréquemment en collision avec des composants du cytosquelette. Par conséquent, pour se déplacer à des vitesses utiles, de telles particules sont habituellement transportées activement par des « moteurs » protéiques qui hydrolysent l'ATP et utilisent l'énergie libérée pour propulser les particules le long des microtubules ou des filaments d'actine (voir p. 660 et p. 632). En principe, on pourrait imaginer un cytosol très organisé (voir p. 668), dans lequel des filaments spécifiques joueraient le rôle d'« autoroutes » pour orienter chaque type de vésicule de transport vers sa membrane cible appropriée pour fusionner. La majorité des biologistes cellulaires croient cependant que le cytosquelette joue généralement un rôle moins spécifique et que la spécificité de la circulation vésiculaire réside en grande partie dans des systèmes de récepteurs localisés à la surface cytosolique des vésicules elles-mêmes (voir p. 463).

Beaucoup de protéines sont modifiées de façon covalente dans le cytosol [9]

Plus de 100 *modifications post-traductionnelles* différentes de chaînes latérales d'acides aminés ont été décrites dans les protéines. Les fonctions de la majorité de ces modifications sont inconnues ; certaines sont des accidents chimiques et n'ont aucune fonction, mais beaucoup doivent être importantes pour le fonctionnement de la cellule, puisqu'elles sont étroitement contrôlées par des enzymes spécifiques. Nous verrons ultérieurement que certaines de ces modifications se produisent dans le RE et dans l'appareil de Golgi. Des enzymes de glycosylation présentes dans ces organites, par exemple, ajoutent un ensemble complexe de résidus glucidiques aux protéines pour former des glycoprotéines (voir p. 446). Le seul type de glycosylation protéique connu pour se produire dans le cytosol des cellules de mammifère est la liaison beaucoup plus simple d'une seule molécule de *N*-acétylglucosamine à une protéine occasionnelle (Figure 8-14). Beaucoup d'autres modifications covalentes, néanmoins, se produisent d'abord dans le cytosol. Certaines sont permanentes et nécessaires à l'activité, comme la liaison covalente de coenzymes (par exemple, la biotine, l'acide lipoïque, ou le phosphate de pyridoxal) à de nombreuses enzymes (voir p. 75). D'autres modifications covalentes qui s'effectuent dans le cytosol, telles que la phosphorylation, sont réversibles et servent à régler l'activité de nombreuses protéines (Figure 8-15).

Dans l'optique du choix de la cible protéique, un type donné de modification covalente qui se produit dans le cytosol est particulièrement important. La fixation d'un acide gras à une protéine peut diriger la protéine vers une surface membranaire spécifique qui est exposée au cytosol.

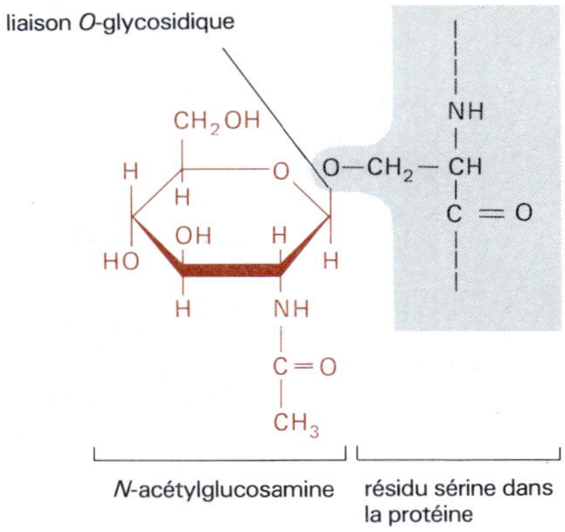

Figure 8-14 La fixation de *N*-acétylglucosamine à des résidus sérine (ou thréonine) d'une protéine est la seule forme de glycosylation protéique connue pour se produire dans le cytosol des cellules de mammifères. La fonction de cette modification est inconnue. Des glycosylations beaucoup plus complexes se produisent dans le RE et l'appareil de Golgi (voir Figure 8-52).

Certaines protéines cytosoliques sont liées à la face cytoplasmique des membranes par une chaîne d'acides gras [10]

Les cellules possèdent un mécanisme particulier pour diriger des protéines hydrosolubles sélectionnées du cytosol vers les membranes. La protéine est liée de façon covalente à une chaîne d'acide gras, qui s'insère dans le feuillet cytoplasmique de la double couche lipidique, ancrant la protéine à la membrane. La fixation d'une protéine à une membrane par un acide gras peut avoir d'importantes conséquences fonctionnelles. Par exemple, l'oncogène *src* du virus du sarcome de Rous code une protéine kinase spécifique de la tyrosine, qui est normalement liée aux membranes par une chaîne d'acide myristique (un acide gras insaturé à 14 carbones) attachée de façon covalente. Dans cette configuration, la kinase peut transformer une cellule normale en cellule cancéreuse. Si l'on empêche la liaison de cet acide gras en remplaçant la glycine amino-terminale de la protéine par une alanine, la protéine src est toujours parfaitement active en tant que protéine kinase, mais elle demeure dans le cytosol et ne transforme pas la cellule. Il est évident que la kinase a besoin d'être fixée à une membrane pour trouver efficacement son substrat (voir p. 757). Des expériences identiques suggèrent qu'un produit différent de l'oncogène, la protéine ras (voir p. 705), doit être liée aux membranes par une chaîne d'acide palmitique (un acide gras insaturé à 16 carbones) attachée de façon covalente, pour transformer les cellules.

Qu'est-ce qui détermine si une protéine cytosolique donnée reçoit une chaîne d'acide gras ou si elle reçoit un acide myristique ou un acide palmitique ? Les enzymes qui catalysent ces modifications reconnaissent des peptides signal distincts dans la protéine : une chaîne

Figure 8-15 Trois types de modifications covalentes réversibles qui se produisent dans des protéines pour régler leur activité. Chaque modification représentée change la charge d'une chaîne latérale d'acide aminé. La modification la plus commune est la phosphorylation d'un groupement OH sur une chaîne latérale de sérine, de thréonine, ou de tyrosine d'une protéine ; on a estimé que 10 p. cent environ des protéines cytosoliques dans les cellules animales sont modifiées de cette façon (voir p. 129).

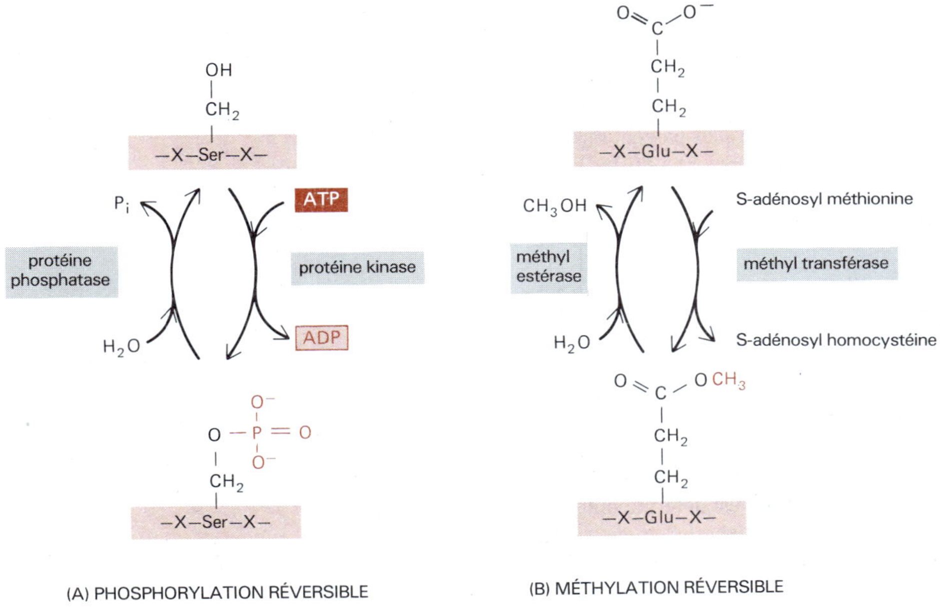

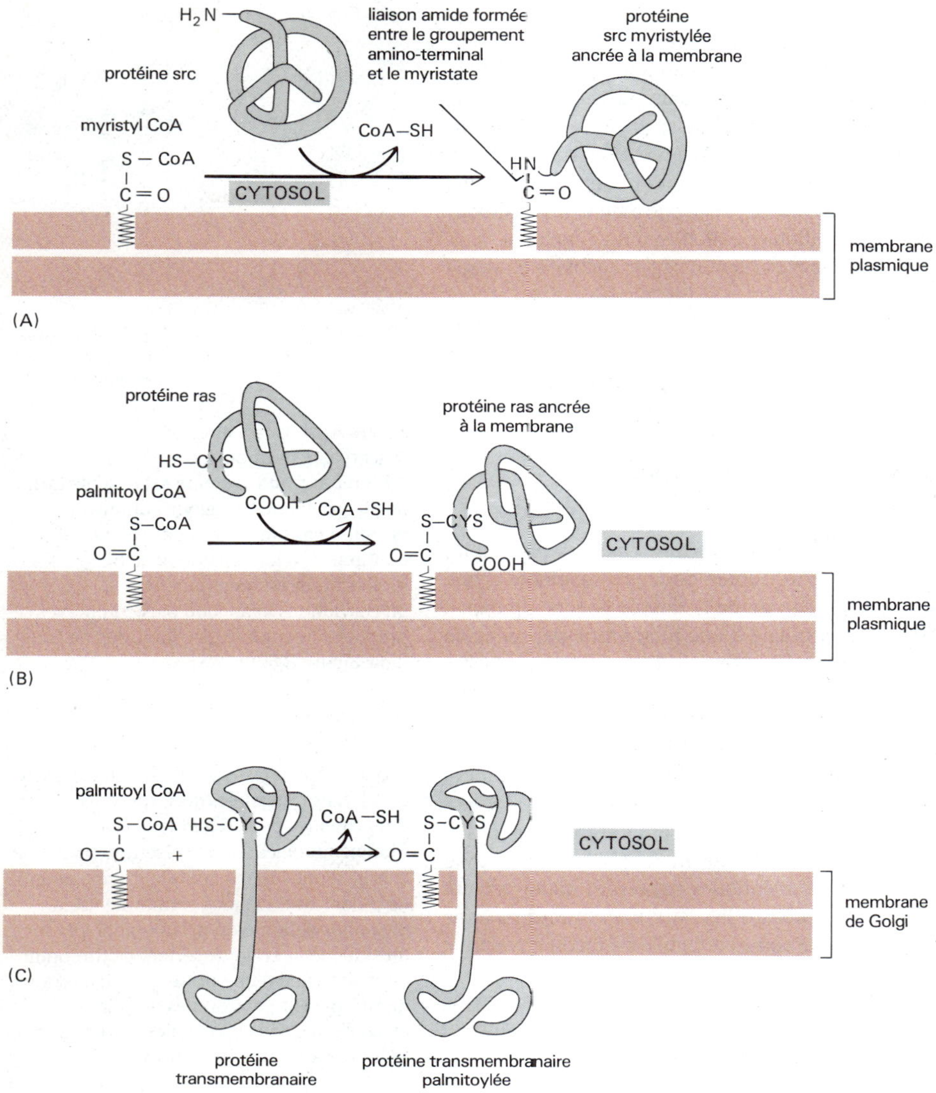

Figure 8-16 La liaison covalente d'un acide gras à une protéine peut déterminer la membrane sur laquelle une protéine hydrosoluble sera localisée. (A) La protéine src est ancrée à la face cytoplasmique d'une membrane, après sa synthèse dans le cytosol, par une liaison amide entre une glycine amino-terminale et un acide myristique. (B) La protéine ras est ancrée à la membrane plasmique après sa synthèse dans le cytosol par une liaison thioester entre un acide palmitique et une cystéine proche de l'extrémité carboxylée. (C) L'acide palmitique et d'autres acides gras sont fréquemment attachés par une liaison thioester à un résidu cystéine particulier, localisé dans les domaines cytoplasmiques d'une protéine transmembranaire. Ceci se produit au cours du transport de la protéine depuis le RE vers l'appareil de Golgi. La cystéine acylée est habituellement précédée de trois acides aminés hydrophobes (X) dans la séquence NH_2-...-X-X-X-Cys-...-COOH. La protéine en (C), contrairement à celles en (A) et (B), restera liée à la membrane même sans fixation d'un acide gras.

d'acide myristique (Figure 8-16A) est ajoutée à un résidu glycine amino-terminal qui est localisé dans un contexte particulier (voir Tableau 8-3), alors qu'une chaîne d'acide palmitique est ajoutée à la chaîne latérale d'une cystéine, à quatre résidus de l'extrémité carboxylée d'un autre peptide signal (Figure 8-16B). De plus, une réaction dans le cytosol, qui est catalysée par une enzyme différente, ajoute une chaîne d'acide palmitique aux extrémités cytosoliques exposées de nombreuses protéines transmembranaires lorsqu'elles passent du RE à l'appareil de Golgi sur leur chemin vers la membrane plasmique et ailleurs (Figure 8-16C).

8-8 Certaines protéines cytosoliques sont programmées pour être rapidement détruites [11]

Outre le transport des signaux qui déterminent leur emplacement, les protéines cellulaires portent des signaux qui déterminent leur durée de vie. Les protéines cellulaires sont soumises à un renouvellement continu : quelques molécules de chaque protéine sont choisies au hasard, pour être dégradées, et sont remplacées par de nouvelles copies. La majorité des protéines qui restent en permanence dans le cytosol ont une durée de vie assez longue, fonctionnant plusieurs jours avant d'être dégradées. D'autres sont cependant dégradées beaucoup plus rapidement, parfois moins de quelques minutes après leur synthèse. Parmi les protéines de courte durée de vie, il y a les enzymes qui catalysent une étape dont la vitesse est déterminante dans une voie métabolique ; les taux de synthèse de ces enzymes sont habituellement réglés selon les conditions de l'environnement pour favoriser une utilisation efficace de la voie métabolique. D'autres protéines de courte durée de vie sont des produits d'oncogènes cellulaires, tels que *fos* et *myc*, qui sont supposés jouer des rôles importants dans le contrôle de la croissance et de la division cellulaires (voir p. 757). Ces catégories de protéines étant continuellement et rapidement dégradées, leurs concentrations peuvent être rapidement modifiées par une variation de leurs vitesses de synthèse (voir p. 714). Dans la plupart des cas, une telle régulation nécessite également le renouvellement rapide des ARNm qui codent ces protéines (voir p. 595).

La plupart des protéines mal repliées, dénaturées ou autrement anormales, sont aussi rapidement dégradées dans le cytosol. Elles sont généralement détruites en quelques minutes, alors que des copies intactes des mêmes protéines sont sauvegardées. Des protéines anormales apparaissent à la suite d'accidents de synthèse protéique au cours desquels des acides aminés incorrects sont incorporés, et elles sont également produites par lésion chimique telle que l'oxydation de certaines chaînes latérales d'acides aminés. Diverses formes mutantes de protéines anormales peuvent également être reconnues comme anormales. Il est de plus en plus évident que les protéines normales ainsi que les protéines génétiquement programmées pour un renouvellement rapide sont finalement détruites par le même mécanisme protéolytique dans le cytosol.

8-6 Une voie protéolytique dépendante de l'ubiquitine est responsable du choix de la vitesse de renouvellement protéique chez les eucaryotes [12]

Les protéines cytosoliques qui sont programmées pour une destruction rapide portent des signaux qui sont reconnus par le mécanisme protéolytique responsable de leur dégradation. Un de ces signaux est remarquablement simple, uniquement composé du premier acide aminé de la chaîne polypeptidique. Lorsqu'ils sont présents en tant que résidu amino-terminal, les acides aminés Met, Ser, Thr, Ala, Val, Cys, Gly, et Pro sont stabilisants alors que les 12 acides aminés restants provoquent une attaque protéolytique. Ces acides aminés *déstabilisants* ne sont pratiquement jamais présents à l'extrémité aminée d'une protéine cytosolique stable. Ils sont cependant souvent présents au niveau de l'extrémité aminée des protéines qui sont transportées dans d'autres compartiments, tels que le RE ; puisque le mécanisme de dégradation cytosolique n'existe pas dans la lumière du RE ou de l'appareil de Golgi, de telles protéines ont normalement une longue durée de vie dans leurs compartiments respectifs. Un acide aminé amino-terminal déstabilisant sur ces protéines non cytosoliques peut fournir à la cellule un moyen simple de se débarrasser de copies qui ont été mal dirigées : ces molécules qui ne peuvent pas se déplacer rapidement hors du cytosol sont rapidement dégradées. Un code analogue à un seul résidu est apparemment employé chez les bactéries pour donner le signal de destruction rapide de protéines specifiques.

Le mécanisme protéolytique responsable de la dégradation sélective des protéines est complexe et, une fois engagé, il assure la destruction complète d'une protéine. Chez les eucaryotes, une **voie dépendante de l'ubiquitine** est utilisée. Dans cette voie, de nombreuses copies d'une petite protéine appelée *ubiquitine* (Figure 8-17) sont liées de façon covalente à la protéine cible qui doit être dégradée. La liaison de l'ubiquitine aux protéines cibles est catalysée par un complexe multienzymatique qui est supposé se lier à l'extrémité aminée des protéines qui ont un acide aminé amino-terminal déstabilisant. Le complexe enzymatique fixe une molécule d'ubiquitine à un résidu lysine exposé voisin, situé dans la chaîne polypeptidique, puis ajoute une série de molécules d'ubiquitine supplémentaires à la première ubiquitine, formant une chaîne ramifiée de molécules d'ubiquitine (Figure 8-18). Par la suite, une grosse protéase ATP-dépendante dégrade rapidement ces protéines. Puisque seules les protéines contenant des chaînes ramifiées de molécules d'ubiquitine semblent être des substrats pour la protéase, les protéines qui contiennent une seule molécule d'ubiquitine liée à une lysine, comme certaines histones, sont sauvegardées.

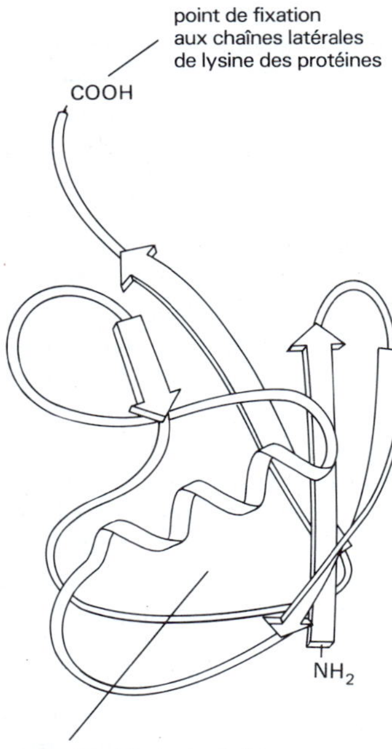

Figure 8-17 Structure tridimensionnelle de l'ubiquitine, une protéine thermostable de 76 résidus d'acides aminés. La fixation d'une seule molécule d'ubiquitine à une protéine est une modification réversible qui a un rôle régulateur (voir aussi la Figure 8-15). L'addition d'une chaîne d'ubiquitine ramifiée à une protéine condamne cependant cette protéine à une dégradation immédiate et complète (voir Figure 8-18). (D'après S. Vijay-Kumar, C.E. Bugg, K.D. Wilkinson et W.J. Cook, *Proc. Natl. Acad. Sci. USA* 82 : 3582-3585, 1985.)

8-7 La stabilité d'une protéine peut être déterminée par des enzymes qui modifient son extrémité aminée [13]

Puisque l'acide aminé amino-terminal d'une protéine cytosolique détermine si la protéine sera dégradée par une protéase ATP-dépendante, il est important de connaître le mode d'acquisition de ce résidu d'acide aminé crucial. Les protéines qui sont génétiquement programmées pour une destruction rapide semblent acquérir un acide aminé déstabilisant au niveau de leur extrémité aminée immédiatement après leur synthèse. Comme nous en avons discuté dans le Chapitre 5 (voir p. 213), toutes les protéines sont initialement synthétisées avec une méthionine pour acide aminé amino-terminal (la formyl méthionine chez les bactéries). Cette méthionine,

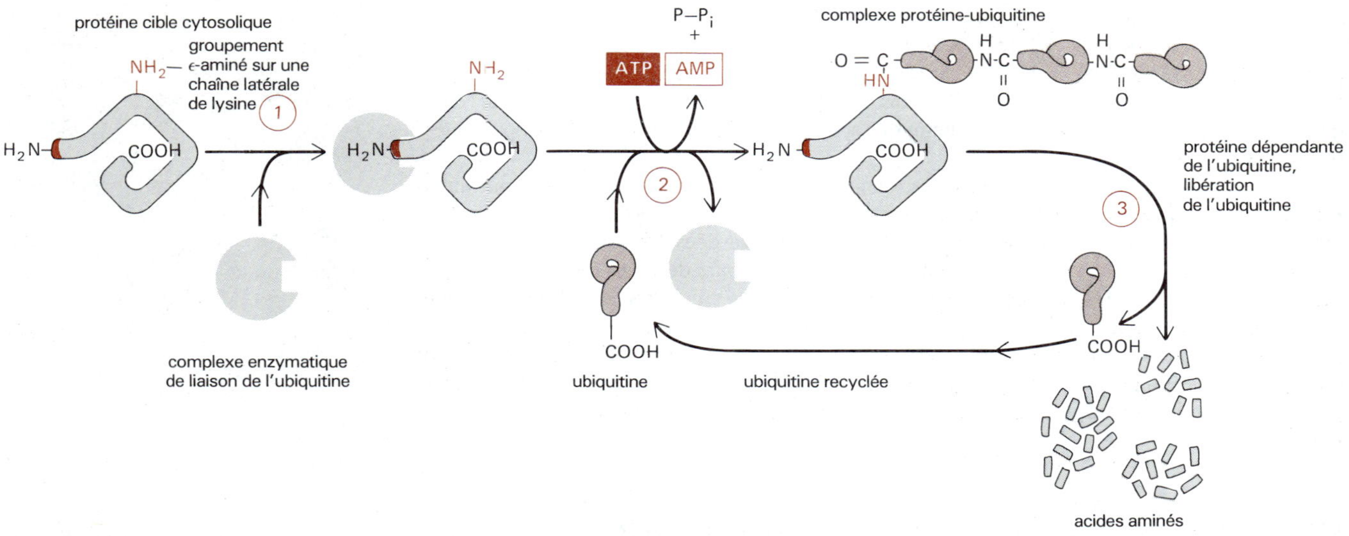

Figure 8-18 Dégradation protéique dépendante de l'ubiquitine. Une protéine cible (contenant un acide aminé N-terminal « déstabilisant » qui donne le signal de sa dégradation) est reconnue par le complexe enzymatique de liaison de l'ubiquitine (étape 1). Ensuite, par une série de réactions biochimiques successives (étape 2), des molécules d'ubiquitine sont réunies pour former une chaîne ramifiée, fixée au groupement ε-aminé d'une chaîne latérale de lysine voisine sur la protéine cible. Cette réaction nécessite la flexibilité de la protéine cible et peut donc être accélérée si la protéine est mal repliée. Ensuite (étape 3), une protéase volumineuse qui ne clive que les protéines signalées par la chaîne ramifiée d'ubiquitines, coupe la protéine cible en un ensemble de petits fragments.

qui est un résidu stabilisant, est souvent excisée par une aminopeptidase spécifique peu de temps après son incorporation dans la protéine. De plus, des enzymes connues sous le nom de *aminoacyl-ARNt-protéine transférases* attachent un seul acide aminé déstabilisant au niveau de l'extrémité aminée de protéines sélectionnées. Le résultat global de ces réactions d'élagage et d'addition terminaux sera de laisser un acide aminé stabilisant ou déstabilisant à l'extrémité aminée de la protéine. Les règles qui régissent ces réactions sont mal comprises.

Des protéines dénaturées ou incorrectement repliées et celles qui contiennent des acides aminés oxydés ou autrement anormaux sont des substrats privilégiés pour la liaison de l'ubiquitine et la dégradation, même lorsque leur acide aminé amino-terminal est stabilisé. Dans la dégradation d'une protéine incorrectement repliée ou dénaturée, la première étape pourrait impliquer la reconnaissance d'un groupe d'acides aminés hydrophobes qui sont normalement enfouis au centre d'une protéine correctement repliée, mais qui sont temporairement exposés dans la protéine incorrectement repliée (voir p. 107). Cette étape de reconnaissance pourrait alors déclencher le clivage de la protéine ou des réactions de modification qui créent un nouveau résidu amino-terminal déstabilisant ; le mécanisme protéolytique dépendant de l'ubiquitine serait alors activé et la protéine anormale détruite. Un problème essentiel dans tout système de détection de protéines dénaturées ou incorrectement repliées est la nécessité de faire la distinction entre les protéines achevées qui ont la mauvaise conformation et les nombreuses chaînes polypeptidiques en croissance sur les ribosomes qui seront vraisemblablement « anormalement » repliées. La question peut être démontrée expérimentalement : si la puromycine, un inhibiteur de la synthèse protéique (voir p. 218), est ajoutée aux cellules, les polypeptides prématurément terminés qui se forment sont rapidement dégradés par une voie dépendante de l'ubiquitine. La stabilité métabolique des protéines à longue durée de vie ou des protéines à courte durée de vie au cours de leur synthèse sur les ribosomes peut être due à la protection temporaire que leur assure le mécanisme de traduction.

On observe souvent que le résidu amino-terminal d'une protéine est résistant à l'hydrolyse par les réactions chimiques répétées qui sont utilisées dans les séquenceurs d'acides aminés (voir p. 172). Ces protéines ont été habituellement modifiées par acétylation de leur extrémité aminée qui est alors « bloquée ». On pense que certaines des protéines modifiées de cette façon sont particulièrement résistantes à la protéolyse intracellulaire et ont, par conséquent, une durée de vie inhabituellement longue dans la cellule ; elles comprennent de nombreuses protéines du cytosquelette et les histones qui « empaquètent » l'ADN dans le noyau cellulaire. On ne connaît pas la façon dont ces protéines sont sélectionnées pour subir cette modification.

L'accumulation d'agrégats protéiques dans une cellule est en partie évitée grâce à des protéines de réponse au stress [14]

Les cellules de mammifère en culture poussent normalement à 37 °C. Si elles sont brièvement soumises à un « choc thermique » par augmentation de la température (habituellement 43 °C environ), elles commencent à synthétiser un groupe particulier de protéines abondantes. La plupart de ces **protéines de choc thermique** ou **de réponse au stress** sont également synthétisées en réponse à d'autres traitements nocifs, et elles semblent aider la cellule à survivre à de sévères lésions. Des protéines analogues sont induites chez la *Drosophile*, dans les levures, et même dans des cellules bactériennes. Des déterminations de séquences d'ADN suggèrent qu'il y a trois familles principales de protéines de réponse au stress : les protéines de 25 000 daltons, les protéines de 70 000 daltons, et les protéines de 90 000 daltons. De grandes quantités de protéines très voisines des protéines de chacune de ces familles ont été découvertes dans des cellules normales.

On pense que les protéines de réponse au stress contribuent à la solubilisation et au repliement des protéines dénaturées ou incorrectement repliées. Elles ont également d'autres fonctions (voir p. 428 et p. 440). On a montré, par exemple, que des membres de la famille de protéines de 90 000 daltons sont liés aux formes inactives des protéines réceptrices des hormones stéroïdes et des protéines kinases spécifiques de la tyrosine, suggérant qu'elles pourraient régler la fonction de ces protéines. Les protéines de réponse au stress les mieux étudiées sont celles de la famille de protéines de 70 000 daltons. Ces **protéines hsp70** se lient à des protéines sélectionnées, y compris des complexes et des agrégats protéiques anormaux dont elles peuvent être libérées par addition d'ATP. Il est possible qu'elles contribuent à la solubilisation et au repliement des agrégats et des protéines incorrectement repliées grâce à des cycles de liaison et d'hydrolyse de l'ATP. Bien que ces protéines soient nécessaires dans toutes les cellules, un stress sérieux tel qu'un choc thermique augmente beaucoup la quantité de protéines endommagée dans une cellule et, par conséquent, le besoin d'un plus grand nombre de protéines de réponse au stress, qui sont fournies par activation de gènes de réponse au stress. La levure *S. cerevisiae*, par exemple, contient huit gènes relatifs à hsp70 ; certains d'entre eux sont traduits dans toutes les conditions, tandis que les autres ne sont exprimés qu'en cas d'exposition des cellules à une température élevée ou à toute autre agression.

Résumé

Le cytosol, qui constitue généralement la moitié environ du volume d'une cellule eucaryote, comprend tout l'espace intracellulaire extérieur aux organites limités par une membrane. La plus grande partie du métabolisme intermédiaire et de la synthèse protéique s'effectue dans le cytosol. Les protéines néosynthétisées restent dans le cytosol si elles n'ont pas un signal pour le transport vers un organite cellulaire. Certaines de ces protéines sont rapidement dégradées après leur synthèse : un seul acide aminé « déstabilisant » à leur extrémité aminée facilite la liaison de copies multiples de l'ubiquitine à des résidus lysine spécifiques dans des protéines cibles, cette liaison, à son tour, active une protéase dépendante de l'ubiquitine et de l'ATP pour dégrader la protéine. La dégradation rapide de protéines sélectionnées permet la modification rapide de leurs concentrations en réponse à des signaux de régulation. La dégradation des copies anormales de la majorité des protéines cytosoliques suit aussi la même voie dépendante de l'ubiquitine.

De nombreuses protéines sont modifiées de façon covalente dans le cytosol. Certaines de ces modifications sont permanentes ; d'autres, telles que la phosphorylation, sont réversibles et jouent un rôle important dans la régulation de l'activité des protéines. Des acides gras sont liés de façon covalente à des protéines sélectionnées ; cette modification peut provoquer la liaison d'une protéine habituellement soluble à la face cytoplasmique d'une membrane cellulaire.

Le transport des protéines et des molécules d'ARN vers l'intérieur ou vers l'extérieur du noyau [15]

L'**enveloppe nucléaire** entoure l'ADN et définit le compartiment nucléaire. Elle est formée de deux membranes concentriques. La **membrane nucléaire interne** sphérique contient des protéines spécifiques qui agissent comme sites de fixation pour la *lamina nucléaire* qui la soutient (voir p. 665), et elle est en contact avec les chromosomes et les ARN nucléaires. Cette membrane est entourée par une **membrane nucléaire externe**, qui ressemble étroitement à la membrane du réticulum endoplasmique, avec laquelle elle est en continuité (Figure 8-19). En fait, la membrane nucléaire externe peut être considérée comme une région spécialisée de la membrane du RE. Comme la membrane du RE rugueux (voir p. 434), sa surface externe est généralement parsemée de ribosomes engagés dans la synthèse protéique. Les protéines synthétisées sur ces ribosomes sont transportées dans l'espace situé entre les membranes nucléaires interne et externe (*l'espace périnucléaire*), qui est continu avec la lumière du RE (voir Figure 8-19).

Le noyau contient de nombreuses protéines qui interviennent dans ses fonctions tout à fait particulières. Ces protéines, qui comprennent les histones, les ADN et les ARN polymérases, des protéines régulatrices de gènes, et des enzymes de maturation de l'ARN, sont importées

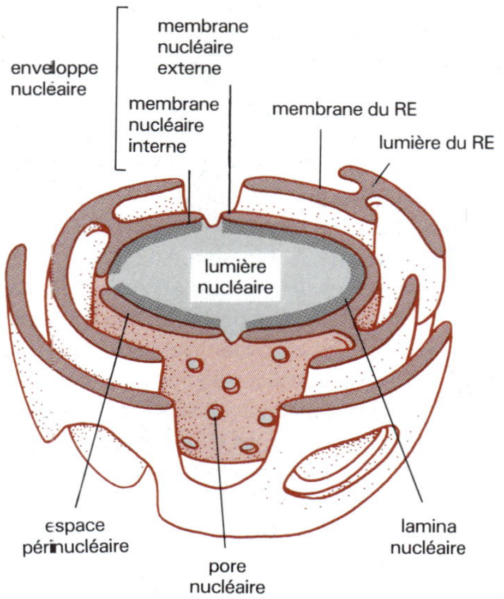

Figure 8-19 Croquis tridimensionnel de l'enveloppe à double membrane qui entoure le noyau. L'enveloppe nucléaire est percée de pores nucléaires et est continue avec le réticulum endoplasmique.

du cytosol, où elles sont synthétisées. Elles doivent traverser les membranes nucléaires externe et interne pour atteindre l'intérieur du noyau (la *lumière du noyau*). Ce processus de transport est sélectif : de nombreuses protéines fabriquées dans le cytosol en sont exclues.

Les pores nucléaires percent la double membrane nucléaire [16]

L'enveloppe nucléaire de tous les eucaryotes, des levures jusqu'à l'espèce humaine est percée de **pores nucléaires**. Chaque pore est enchâssé dans une structure volumineuse en forme de disque, connues sous le nom de **complexe du pore nucléaire** dont le poids moléculaire est estimé entre 50 et 100 millions. Chaque complexe est constitué à partir d'un groupe de granules protéiques de grande taille formant un octogone (Figures 8-20A et 8-21). Le complexe du pore perce la double membrane réunissant les doubles couches lipidiques des membranes interne et externe à la périphérie de chaque pore (Figure 8-20B). En dépit de cette continuité, qui

Figure 8-20 L'arrangement des complexes de pore nucléaire dans l'enveloppe nucléaire. (A) Une vue du dessus et une coupe verticale centrale. Le « granule central » coloré est visible dans certains pores mais pas dans d'autres ; ces granules peuvent être une partie du pore, ou peuvent être de grands complexes saisis au moment de leur transit. (B) Croquis en trois dimensions d'une petite région de l'enveloppe nucléaire.

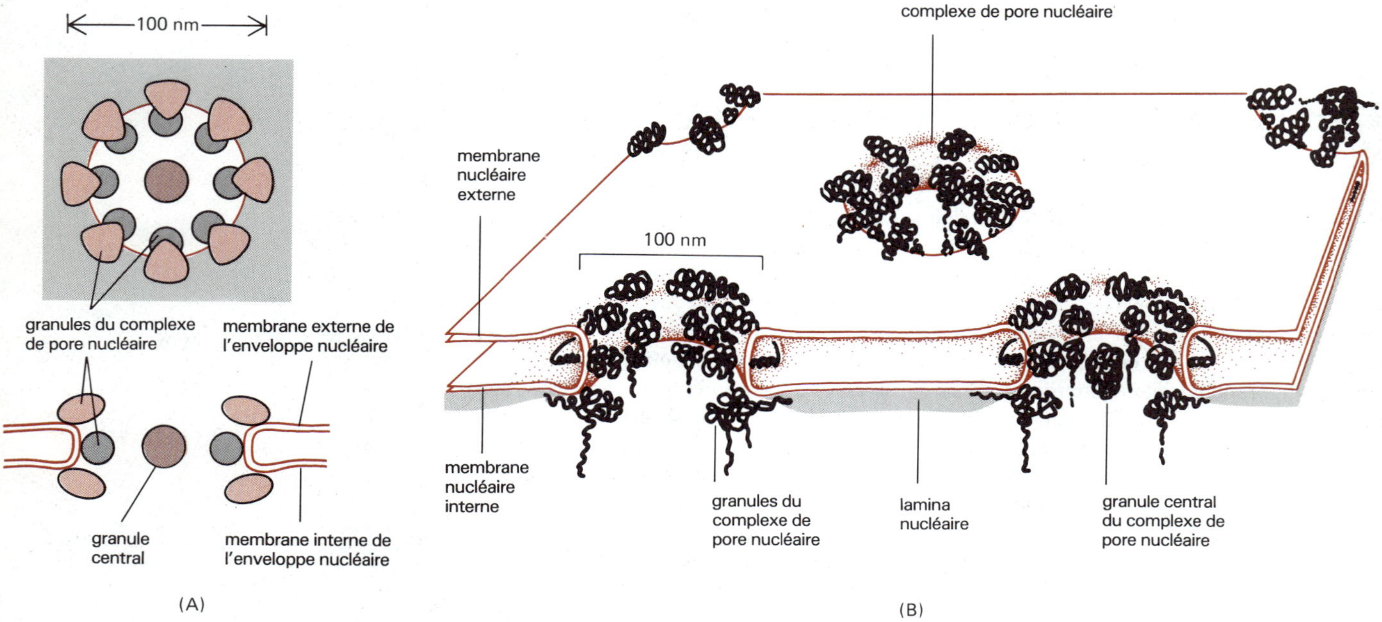

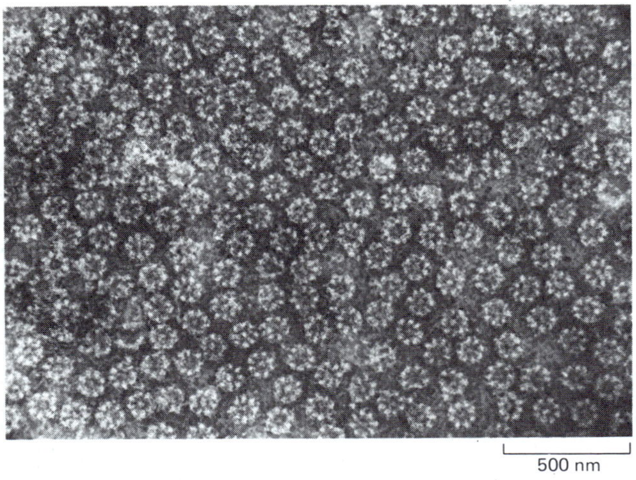

Figure 8-21 Micrographie électronique d'une préparation en coloration négative de complexes de pore nucléaire. Un anneau de huit gros granules entoure chaque pore. Chaque granule a environ la taille d'un ribosome. (Avec l'autorisation de A.C. Fabergé.)

semblerait ménager une voie pour la diffusion des composants membranaires entre les membranes interne et externe, les deux membranes restent chimiquement distinctes.

Le « trou » situé au centre de chaque complexe (le pore nucléaire) est un canal aqueux par lequel ces molécules hydrosolubles circulent entre le noyau et le cytoplasme. Ce trou apparaît souvent obstrué par un large granule central qui est constitué de ribosomes néosynthétisés ou d'autres particules prises dans le courant (voir Figure 8-20B). La taille effective du pore à l'état de repos a été déterminée par injection dans le cytosol de molécules marquées qui ne sont pas des composants nucléaires et par mesure de leur vitesse de diffusion dans le noyau. De petites molécules (de 5 000 daltons ou moins) y diffusent si rapidement que l'on peut considérer que l'enveloppe nucléaire leur est librement perméable. Une protéine de 17 000 daltons s'équilibre en 2 minutes entre le cytoplasme et le noyau ; il faut 30 minutes à une protéine de 44 000 daltons pour atteindre l'équilibre, tandis qu'il sera impossible, pour une protéine globulaire de taille supérieure à 60 000 daltons, de pénétrer dans le noyau. Une analyse quantitative de tels résultats suggère que le complexe de pores nucléaires est percé d'un canal cylindrique plein d'eau d'environ 9 nm de diamètre et 15 nm de long (Figure 8-22), dimensions qui sont compatibles avec la taille du canal irrégulier observé sur certaines micrographies électroniques.

L'enveloppe nucléaire semble destinée à protéger le contenu du compartiment nucléaire (le *nucléoplasme*) des nombreuses particules, filaments, et grosses molécules qui agissent dans le cytoplasme. Les ribosomes cytoplasmiques matures, par exemple, sont trop gros pour passer à travers les canaux de 9 nm de diamètre, garantissant ainsi que toute la synthèse protéique est limitée au cytoplasme. Mais comment le noyau importe-t-il les molécules volumineuses dont il a besoin, telles que les ADN et les ARN polymérases, qui ont un poids moléculaire d'au moins 100 000 à 200 000 ? Des résultats récents indiquent que ces protéines nucléaires, et beaucoup d'autres, interagissent avec des récepteurs protéiques qui sont localisés à la périphérie du pore et qui transportent activement les protéines dans le noyau en élargissant le canal.

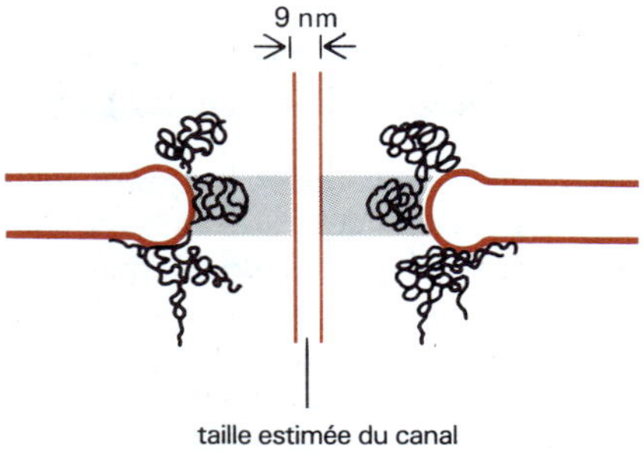

Figure 8-22 Coupe transversale très schématique d'un complexe de pore nucléaire. Le cylindre idéalisé qui est dessiné sur le pore représente la taille relative du canal ouvert estimée à partir de mesures de transport. Sur certaines micrographies électroniques, des brins peu visibles semblent remplir presque complètement l'intérieur du pore. Ils peuvent être responsables de la limitation de l'ouverture du canal de 9 nm représenté.

Les protéines sont activement transportées dans le noyau par l'intermédiaire des pores nucléaires [17]

Lorsque des protéines sont extraites du noyau puis réintroduites par microinjection dans le cytoplasme, même les plus grosses d'entre elles s'amassent à nouveau efficacement dans le noyau. Un des exemples les mieux étudiés est une protéine nucléaire abondante, appelée *nucléoplasmine*, qui peut être clivée par protéolyse en deux parties : une partie antérieure et une partie postérieure. Les parties postérieures sont absorbées par le noyau lors des expériences de microinjection, alors que les parties antérieures ne le sont pas (Figure 8-23). Lorsque les parties postérieures sont liées à des sphères d'or colloïdal de 20 nm de diamètre, qui sont beaucoup plus volumineuses que le diamètre interne des pores nucléaires au repos, les sphères d'or s'accumulent dans le noyau et sont observées dans les pores nucléaires au cours du transport (Figures 8-23 et 8-24). Les pores nucléaires peuvent manifestement s'ouvrir pour

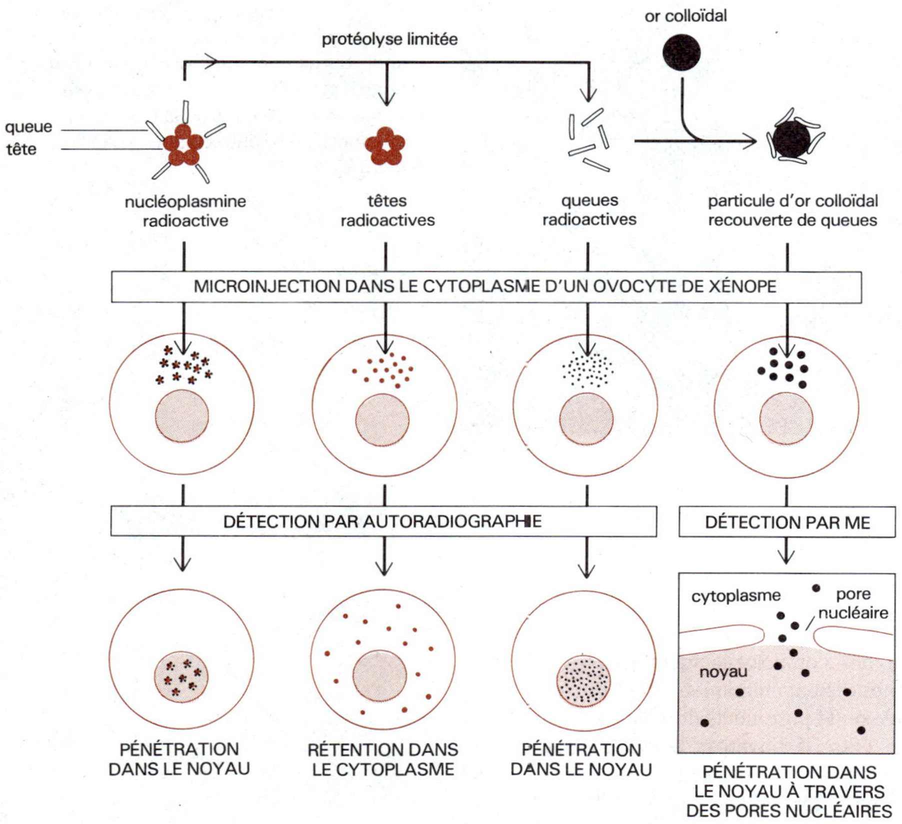

Figure 8-23 Expériences montrant la pénétration de protéines sélectionnées dans le noyau via les pores nucléaires. La *nucléoplasmine* est une grosse protéine nucléaire pentamérique avec des domaines antérieur (tête) et postérieur (queue) distincts. La tête peut être séparée de la queue par protéolyse limitée. Quand des molécules intactes de nucléoplasmine sont injectées dans le cytoplasme d'un ovocyte de grenouille, elles s'accumulent rapidement dans le noyau même si elles sont trop grosses pour diffuser passivement à travers le petit canal situé au centre du complexe du pore nucléaire. Le signal pour cette importation nucléaire se trouve apparemment dans les domaines postérieurs, puisque des queues injectées sont absorbées par le noyau alors que les têtes ne le sont pas. Le rôle des pores nucléaires dans l'importation dirigée par un signal est démontré par microscopie électronique en utilisant des queues de nucléoplasmine couplées à des sphères d'or colloïdal, qui sont facilement visibles grâce à leur forte densité aux électrons. Les queues de nucléoplasmine couplées dirigent la pénétration des particules d'or via les pores nucléaires (voir Figure 8-24).

s'adapter à un objet aussi volumineux et aussi étranger qu'une particule d'or. Le pore semble fonctionner comme un diaphragme réglable qui s'ouvre juste assez lorsqu'il est activé par un signal porté par une grosse protéine appropriée. La façon dont ceci se produit au niveau moléculaire est un mystère.

Des protéines comme la nucléoplasmine sont activement transportées à travers les pores, tout en étant encore, probablement, sous leurs formes repliées. Des expériences dans lesquelles le transport nucléaire actif est reconstitué *in vitro* suggèrent que l'énergie nécessaire provient de l'hydrolyse de l'ATP.

8-11 8-12 8-13 Seules les protéines qui contiennent des signaux d'importation nucléaire sont activement transportées dans le noyau [18]

Les *signaux d'importation nucléaire*, qui ne sont présents que dans les protéines nucléaires, sont responsables de la sélectivité du transport nucléaire. Les expériences décrites plus haut démontrent qu'un signal de ce type se situe dans la partie postérieure de la nucléoplasmine, mais les signaux d'importation nucléaire ont été définis avec plus de précision dans certaines autres protéines nucléaires, par génie génétique. Le signal, qui peut être localisé n'importe où dans la protéine, est un court peptide (long de quatre à huit résidus d'acides aminés) qui est riche en acides aminés chargés positivement, la lysine et l'arginine, et qui contient habituellement de

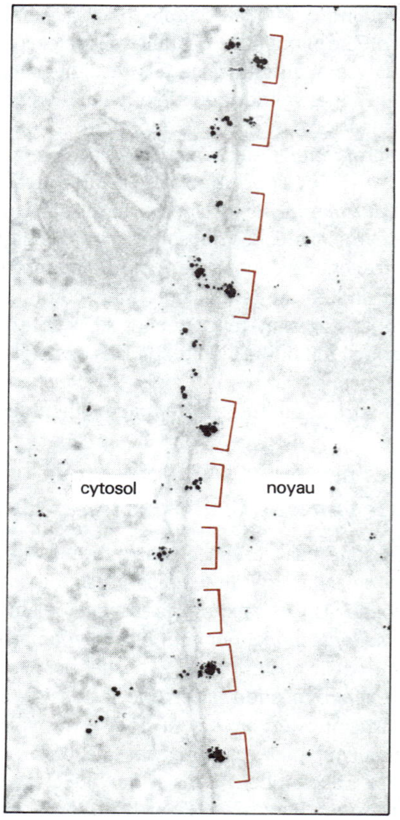

Figure 8-24 Micrographie électronique montrant des sphères d'or colloïdal recouvertes de nucléoplasmine (voir Figure 8-23) pénétrant dans le noyau par l'intermédiaire de pores nucléaires, dont les positions sont indiquées par des parenthèses colorées. Le même résultat est obtenu lorsque les sphères d'or sont recouvertes par les régions postérieures des molécules de nucléoplasmine. Le diamètre de ces particules d'or est plus grand que celui d'un pore au repos, impliquant qu'il faut induire l'ouverture d'un pore pour permettre leur passage. (D'après C. Feldherr, E. Kallenbach et N. Schultz, *J. Cell Biol.* 99 : 2216-2222, 1984.)

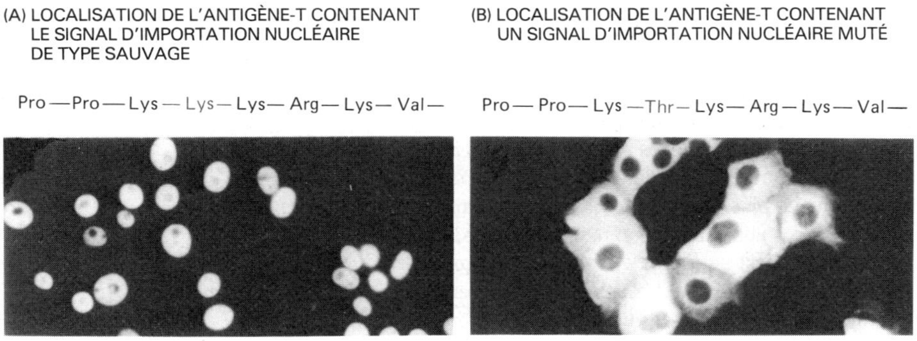

Figure 8-25 Localisation de l'antigène-T du virus SV40 contenant ou non un peptide signal qui détermine la localisation nucléaire. L'antigène-T de type sauvage contient la séquence riche en lysine indiquée, et est importée vers son site d'action dans le noyau, comme on l'observe par marquage en immunofluorescence avec un anticorps dirigé contre l'antigène-T (A). Les antigènes-T avec un peptide signal modifié (remplacement d'une lysine par une thréonine, par exemple) restent dans le cytoplasme (B). (D'après D. Kalderon, B. Roberts, W. Richardson et A. Smith, *Cell* 39 : 499-509, 1984.)

la proline. Il fut d'abord identifié dans l'antigène-T, une grosse protéine de 100 000 daltons, codée par le virus SV40, et nécessaire à la réplication de l'ADN viral dans le noyau. L'antigène-T s'accumule normalement dans le noyau peu de temps après sa synthèse dans le cytosol. Toutefois, une mutation dans un seul acide aminé empêche le transport nucléaire et la protéine mutante reste dans le cytoplasme (Figure 8-25). En supposant que cette mutation se situe dans une séquence du signal d'importation nucléaire, de courtes séquences de l'ADN codant cette région de l'antigène-T normal furent incorporées dans un gène codant pour une protéine cytoplasmique. La plus courte des séquences qui entraînait l'importation de la protéine de « fusion » résultante dans le noyau fut déterminée, et elle montra que le signal d'importation nucléaire de l'antigène-T était un segment de huit acides aminés adjacents localisé dans une région interne de la chaîne polypeptidique (voir Tableau 8-3, p. 415). Des expériences ultérieures montrèrent que la séquence signal peut également fonctionner si elle est synthétisée sous forme d'un court peptide, et chimiquement liée à des chaînes latérales de lysine sélectionnées de façon aléatoire sur une protéine qui, autrement, demeurerait dans le cytoplasme. Ainsi, l'emplacement du signal d'importation nucléaire sur une protéine ne semble pas être important.

Le mécanisme d'importation nucléaire des protéines est fondamentalement différent des mécanismes d'importation que nous décrirons pour les autres organites limités par une membrane, du fait qu'il se produit à travers un pore aqueux contrôlé plutôt qu'à travers une ou plusieurs membranes. De plus, lorsqu'un noyau se dissocie à la mitose, son contenu se mélange avec celui du cytosol et les protéines nucléaires s'échappent. Quand la réassociation a lieu, les groupes de chromosomes sont d'abord enveloppés à l'intérieur de leur propre double membrane, qui est si étroitement appliquée qu'elle exclut les protéines solubles, y compris de nombreuses protéines qui demeuraient auparavant dans le noyau (voir p. 777). Les chromosomes enveloppés fusionnent ensuite pour former un noyau unique qui doit réimporter les protéines dont il a besoin à partir du cytosol. C'est peut-être parce qu'une molécule de protéine nucléaire doit être importée de façon répétée que son peptide signal d'importation nucléaire n'est pas éliminé par clivage après son transport dans le noyau. Par contre, dès qu'une molécule protéique a été importée par n'importe lequel des autres organites limités par une membrane, elle est transmise d'une génération à l'autre à l'intérieur de ce compartiment, et n'a jamais besoin d'être à nouveau transloquée ; le peptide signal présent sur ces molécules est souvent éliminé après la translocation de la protéine.

Des pores nucléaires transportent des ARN sélectionnés hors du noyau [19]

L'enveloppe nucléaire d'une cellule type de mammifère contient 3 000 à 4 000 pores (environ 11 pores/μm^2 de membrane). Une cellule qui synthétise de l'ADN doit importer environ 10^6 molécules d'histone du cytoplasme toutes les 3 minutes afin d'empaqueter l'ADN néosynthétisé dans la chromatine ; ceci signifie, en moyenne, que chaque pore doit acheminer environ 100 molécules d'histone par minute. Si la cellule pousse rapidement, chaque pore doit également acheminer environ trois ribosomes nouvellement assemblés par minute vers le cytoplasme, puisque les ribosomes sont produits dans le noyau mais sont fonctionnels dans le cytosol (voir p. 541). Et ceci ne représente qu'une faible partie de la circulation totale qui passe par les pores nucléaires.

L'exportation des nouvelles sous-unités ribosomales est particulièrement problématique. Comme ces particules (environ 15 nm de diamètre) sont beaucoup trop grosses pour traverser les canaux de 9 nm, on suppose qu'elles sont exportées de manière spécifique, à travers les pores nucléaires, par un système de transport actif. Il est vraisemblable que les molécules d'ARN messager, complexées avec des protéines particulières pour former des particules ribonucléoprotéiques, sont aussi activement transportées de cette manière hors du noyau. Si des sphères d'or de 20 nm de diamètre, semblables à celles utilisées au cours des expériences sur la nucléoplasmine (voir Figure 8-24), sont recouvertes par de petites molécules d'ARN (ARNt ou ARN 5S), puis injectées dans le noyau d'un ovocyte de grenouille, elles passent rapidement à travers les pores dans le cytoplasme. Par contre, si elles sont injectées dans le cytoplasme de l'ovocyte, elles y restent. Il semble que le pore contienne, en plus des récepteurs qui reconnaissent des signaux d'importation nucléaire des protéines, un ou plusieurs récepteurs qui reconnaissent des molécules d'ARN (ou les protéines qui leur sont liées) destinées au cytosol ; lorsque ces récepteurs sont occupés, le pore catalyse le transport actif vers l'extérieur plutôt que vers l'intérieur. Bien que l'on ait récemment isolé plusieurs protéines de pores nucléaires, y compris une abondante protéine membranaire de 190 000 daltons, on ne connaît toujours pas la façon dont fonctionnent les pores.

Résumé

Le noyau est entouré d'une enveloppe composée d'une paire de membranes concentriques. La membrane nucléaire externe est continue avec la membrane du RE, et l'espace qui se trouve entre elle et la membrane nucléaire interne est continu avec la lumière du RE. Les molécules d'ARN et les ribosomes sont synthétisés dans le noyau et sont exportés vers le cytosol, tandis que toutes les protéines qui fonctionnent dans le noyau sont synthétisées dans le cytosol et sont importées. L'échange de matériaux entre le noyau et le cytosol s'effectue par l'intermédiaire de pores nucléaires qui traversent les membranes nucléaires interne et externe.

Les protéines qui contiennent les signaux d'importation nucléaire sont activement transportées vers l'intérieur à travers les pores, une fois reconnues par leur court peptide signal chargé positivement ; ce peptide signal n'étant pas éliminé, les protéines nucléaires peuvent être importées de façon répétée, comme cela est nécessaire chaque fois que le noyau se reforme après la mitose. Les molécules d'ARN et probablement les sous-unités ribosomales sont activement transportées vers l'extérieur à travers les pores.

Le transport des protéines dans les mitochondries et les chloroplastes [20]

Comme nous en avons discuté en détail dans le Chapitre 7, les mitochondries et les chloroplastes sont des organites limités par une double membrane, qui sont spécialisés dans la synthèse de l'ATP — par transport d'électrons et phosphorylation oxydative dans les mitochondries, et par phosphorylation photosynthétique dans les chloroplastes. Bien que les deux organites contiennent leur propre ADN et leur propre mécanisme de synthèse protéique, la majorité de leurs protéines sont codées par le noyau cellulaire et importées du cytosol. De plus, chaque protéine importée doit atteindre le compartiment particulier dans lequel elle fonctionne. Dans les mitochondries, il existe quatre compartiments : l'**espace matriciel**, la **membrane interne**, l'**espace intermembranaire**, et la **membrane externe** qui fait face au cytosol (Figure 8-26A). Dans les chloroplastes, il y a, en plus, la *membrane* du thylacoïde et l'*espace* intrathylacoïde (Figure 8-26B). Chacun de ces compartiments contient un ensemble de protéines différent. La croissance des mitochondries et des chloroplastes par importation de protéines cytoplasmiques est par conséquent un exploit remarquable, impliquant la translocation sélective à travers une, deux, ou même (dans les chloroplastes) trois membranes successivement.

Les protéines relativement peu nombreuses codées dans les génomes de ces organites sont localisées principalement dans la membrane interne des mitochondries et dans la membrane du thylacoïde des chloroplastes. Les polypeptides codés par les organites forment généralement des sous-unités de complexes protéiques dont les autres sous-unités sont codées par des gènes nucléaires et sont importées du cytosol. La formation de tels complexes protéiques hybrides nécessite une synthèse équilibrée de deux types de sous-unités ; la façon dont est coordonnée la synthèse protéique sur différents types de ribosomes situés de part et d'autres des deux membranes est encore très mystérieuse (voir p. 396).

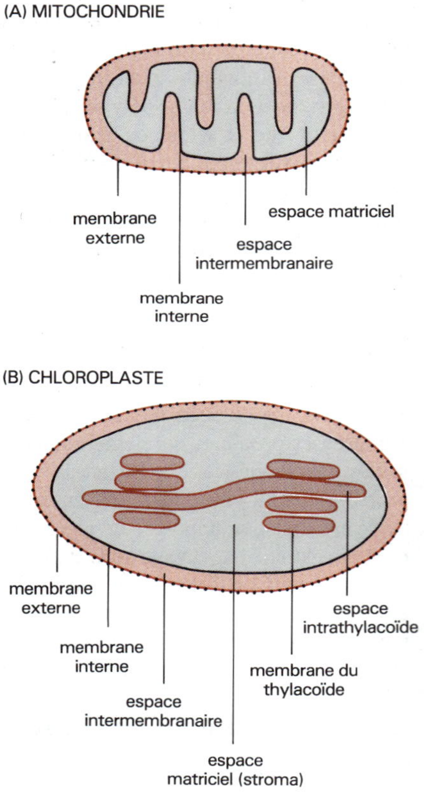

Figure 8-26 Les compartiments principaux des mitochondries et des chloroplastes. La topologie du chloroplaste peut être dérivée de celle d'une mitochondrie d'une façon simple : le détachement par pincement des invaginations de la membrane mitochondriale interne, pour former des vésicules, donnerait naissance à un compartiment topologiquement équivalent à la vésicule du thylacoïde des chloroplastes.

8-16 Les peptides signal mitochondriaux sont des séquences d'acides aminés amphiphiles [21]

L'étude de la biogenèse des mitochondries a été facilitée par l'utilisation des levures, dans lesquelles il est possible d'introduire des gènes hybrides codant des protéines de fusion (obtenues par des techniques d'ADN recombinant). On dispose de beaucoup plus d'informations sur les mécanismes d'importation dans les mitochondries que sur ces mécanismes dans les chloroplastes, mais il semble qu'ils soient pratiquement identiques dans les deux organites — bien que les chloroplastes aient un compartiment limité par une membrane supplémentaire, le thylacoïde.

Les protéines importées dans la matrice mitochondriale sont habituellement prélevées dans le cytosol une minute ou deux après leur libération des polyribosomes libres. Ces protéines ont presque toujours un peptide signal (long de 20 à 80 résidus) à leur extrémité aminée. Après son importation, le peptide signal est rapidement éliminé par une protéase spécifique (une *signal peptidase*) dans la matrice mitochondriale, puis probablement dégradé en acides aminés dans la matrice. Le peptide signal peut être remarquablement simple. Des expériences de génétique moléculaire dans lesquelles la longueur du peptide signal est progressivement réduite ont montré que, pour une protéine mitochondriale, il suffit de 12 acides aminés à l'extrémité aminée pour signaler l'importation mitochondriale. Ces 12 résidus peuvent être attachés à n'importe quelle protéine cytoplasmique et dirigeront la protéine vers la matrice mitochondriale. Des études physiques de peptides signal complets suggèrent qu'ils peuvent former des structures hélicoïdales amphiphiles (Figure 8-27) dans lesquelles des résidus chargés positivement s'alignent d'un côté de l'hélice, alors que les résidus hydrophobes non chargés s'alignent du côté opposé.

On pense que la membrane mitochondriale externe contient des récepteurs protéiques qui se lient à des peptides signal mitochondriaux, contribuant au processus de translocation, mais ces récepteurs d'importation supposés n'ont pas encore été bien caractérisés.

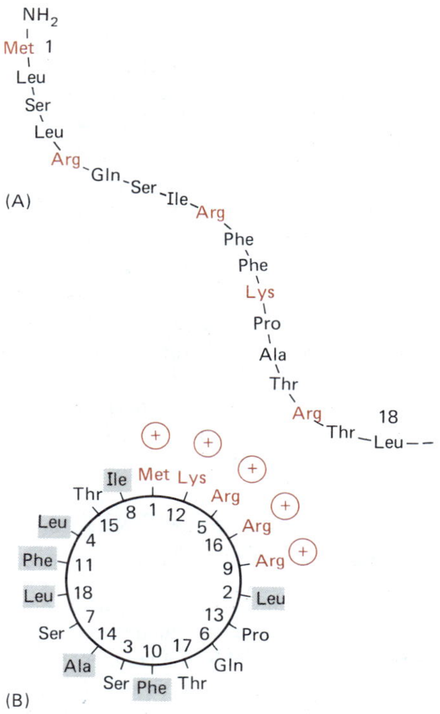

Figure 8-27 Un peptide signal pour l'importation des protéines mitochondriales. La cytochrome oxydase est un gros complexe multiprotéique localisé dans la membrane mitochondriale interne, où elle fonctionne en tant qu'enzyme finale dans la chaîne de transport des électrons (voir p. 360). (A) Les 12 premiers acides aminés du précurseur de la sous-unité IV de cette enzyme constituent un peptide signal pour l'importation de cette sous-unité dans la mitochondrie. (B) Lorsqu'un peptide signal complet est replié en hélice α sur toute sa longueur, avec 3,6 résidus par tour, et est observé du dessus, on voit que les résidus chargés positivement (*représentés en couleur*) sont groupés sur une face de l'hélice alors que les résidus non polaires (*encadrés*) sont groupés sur la face opposée. Les séquences mitochondriales des peptides signal sont presque toujours capables de former une telle hélice amphiphile. On pense qu'une hélice de ce type est importante pour favoriser la translocation protéique à travers les membranes mitochondriales.

La translocation dans la matrice mitochondriale dépend du gradient électrochimique à travers la membrane interne et de l'hydrolyse de l'ATP [22]

Presque toutes nos connaissances sur les mécanismes moléculaires d'importation des protéines dans les mitochondries sont le résultat d'analyses de systèmes de transports acellulaires reconstitués. Les mitochondries sont d'abord purifiées par centrifugation différentielle de cellules homogénéisées, puis incubées avec des protéines radiomarquées destinées aux mitochondries (**précurseurs protéiques mitochondriaux**). Des précurseurs protéiques purifiés sont généralement transférés rapidement et efficacement dans de telles mitochondries.

Toutes les formes de mouvement et de transport nécessitent de l'énergie. Dans la majorité des cas, l'énergie est fournie sous forme d'ATP. Cependant, dans le cas de l'importation mitochondriale, un gradient électrochimique à travers la membrane mitochondriale interne est aussi nécessaire. Ce gradient se forme lorsque des protons sont pompés de la matrice vers l'espace intermembranaire au cours du transport des électrons (voir p. 351). La membrane mitochondriale externe est spontanément perméable aux ions, de sorte qu'aucun gradient n'est entretenu à travers elle. L'énergie du gradient électrochimique à travers la membrane interne est captée comme celle d'une batterie pour activer la majorité de la synthèse d'ATP de la cellule, mais elle est également utilisée pour favoriser l'importation des protéines portant le peptide signal d'importation mitochondrial chargé positivement : quand les ionophores, qui font chuter le potentiel de membrane mitochondrial, sont ajoutés (voir p. 364), l'importation est bloquée. Comment le gradient électrochimique aide-t-il à activer la translocation des protéines ? La réponse est incertaine.

Les protéines mitochondriales sont importées dans la matrice au niveau de sites de contact qui relient les deux membranes [23]

Une protéine atteint-elle la matrice mitochondriale en traversant les deux membranes l'une après l'autre, ou traverse-t-elle les deux en une seule fois ? Afin de répondre à cette question, un système d'importation acellulaire peut être refroidi à la température de la glace, piégeant les protéines en cours de translocation à une étape intermédiaire. Les extrémités aminées des protéines qui s'accumulent à cette étape sont dans l'espace matriciel (comme le montre le fait que leurs peptides signal amino-terminaux ont déjà été éliminés par la protéase matricielle) ; néanmoins, la majeure partie de la protéine peut encore être attaquée de l'extérieur de la mitochondrie par des enzymes protéolytiques ajoutées à l'extérieur. Ce résultat démontre que les précurseurs protéiques traversent en une fois les deux membranes mitochondriales pour pénétrer dans la matrice. L'observation, en microscopie électronique, de nombreux **sites de contact** au niveau desquels les membranes mitochondriales interne et externe semblent être reliées suggère que la translocation dans la matrice a lieu au niveau de ces sites. Récemment, ces sites de contact ont été biochimiquement identifiés par leur association avec des précurseurs protéiques partiellement transloqués, et ont été partiellement purifiés.

Quand on réchauffe des mitochondries réfrigérées qui contiennent des intermédiaires partiellement transloqués, l'importation est rapidement achevée (Figure 8-28), même si le potentiel de membrane de part et d'autre de la membrane interne a chuté. Il semble que le potentiel de membrane ne soit nécessaire que pour la pénétration initiale, qui se produit même à basse température. Le reste du processus de transport nécessite toutefois la présence d'ATP à l'extérieur de la mitochondrie. Ces résultats signifient que le processus d'importation se produit normalement en deux étapes : (1) la pénétration par activation électrique du peptide signal et des séquences avoisinantes à travers les deux membranes mitochondriales, et (2) le déplacement du reste de la chaîne vers la matrice, qui nécessite l'hydrolyse de l'ATP et des températures physiologiques (Figure 8-29).

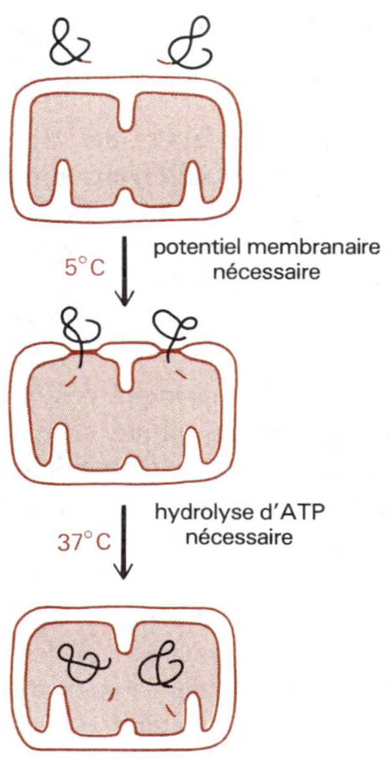

Figure 8-28 Les protéines traversent les membranes mitochondriales interne et externe de façon transitoire pendant leur translocation dans la matrice. Lorsque des mitochondries isolées sont incubées avec un présurseur protéique à 5° C, le précurseur n'est que partiellement transloqué. Le peptide signal amino-terminal est éliminé par clivage dans la matrice ; la plus grande partie de la chaîne polypeptidique reste à l'extérieur des mitochondries (accessible à des enzymes protéolytiques). Lorsque la température atteint 37° C, la translocation est terminée. La pénétration initiale des membranes mitochondriales à 5° C est dépendante d'une différence de tension à travers la membrane interne. La translocation ultérieure peut se produire sans ce potentiel de membrane, mais elle requiert de l'ATP du côté cytoplasmique de la membrane interne. On pense que l'hydrolyse de l'ATP est utilisée pour déplier la chaîne polypeptidique afin de permettre à la protéine de traverser la membrane.

Les protéines se déplient lorsqu'elles sont importées dans la matrice mitochondriale [24]

Les précurseurs protéiques se déplient probablement avant de traverser les deux membranes mitochondriales au niveau des sites de contact. Il est difficile d'envisager comment une protéine repliée hydrosoluble pourrait écarter deux (ou même une) doubles couches lipidiques en conservant sa conformation tridimensionnelle native. Il est aussi difficile d'imaginer un pore protéique s'ouvrant pour s'adapter à des protéines globulaires, dont les tailles et les formes varient énormément, sans laisser passer les protons, et affaiblissant ainsi le gradient électrochimique à travers la membrane interne. Par ailleurs, toutes les protéines ont la même conformation lorsqu'elles sont dépliées, de sorte qu'elles pourraient être transloquées selon un mécanisme commun. Mais puisque l'état replié d'une protéine est d'énergie libre plus faible que l'état non replié (c'est la raison pour laquelle les polypeptides se replient spontanément), déplier une protéine nécessite de l'énergie. On pense que l'hydrolyse de l'ATP fournit cette énergie.

Dans le but de contrôler si des précurseurs protéiques se déplient lorsqu'ils traversent la membrane mitochondriale, un gène hybride a été manipulé pour coder une protéine de fusion dans laquelle un peptide signal mitochondrial était lié à l'extrémité aminée de la dihydrofolate réductase (DHFR), une enzyme cytosolique. La protéine de fusion avait la presque totalité de l'activité enzymatique, impliquant que la partie DHFR était dans sa conformation tridimensionnelle native. Mise en présence de mitochondries isolées, la protéine de fusion était importée dans la matrice. Cependant, si la protéine de fusion était au préalable traitée avec le méthotrexate, qui se fixe si étroitement au site actif de l'enzyme qu'il rend la DHFR beaucoup plus difficile à déplier, l'importation était fortement inhibée.

Des études génétiques chez les levures suggèrent que certains membres de la famille hsp70 des protéines de réponse au stress (voir p. 420) sont essentiels à la réaction ATP-

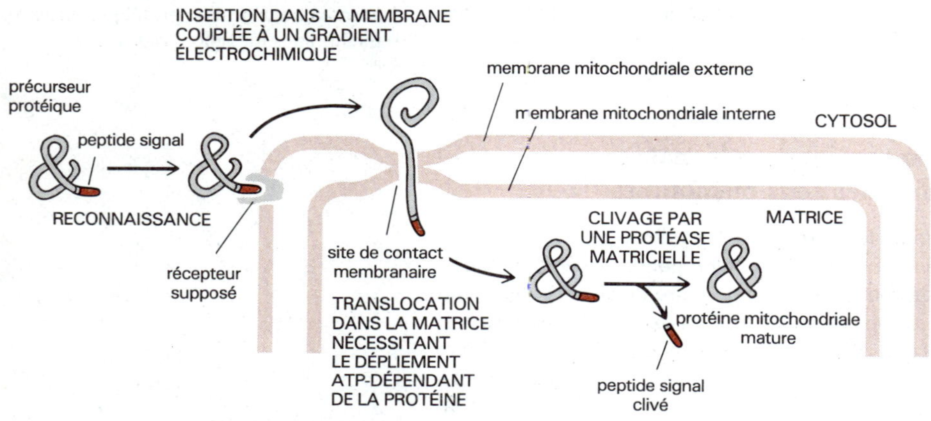

Figure 8-29 L'importation de protéines par les mitochondries. Le peptide signal amino-terminal du précurseur protéique est reconnu par un récepteur qui se trouve sans doute dans la membrane externe. La protéine est transloquée à travers les deux membranes mitochondriales au niveau de sites de contact particuliers, activée d'abord par le gradient électrochimique à travers la membrane interne. Le peptide signal est éliminé par clivage par une protéase spécifique dans la matrice pour former la protéine mature.

dépendante de dépliement des protéines sur la face cytosolique des membranes mitochondriales et du RE, au cours de l'importation des protéines (voir p. 440) : lorsque les gènes codant ces protéines sont inactivés, les précurseurs protéiques mitochondriaux et les protéines destinées au RE ne peuvent être transportés à travers leurs membranes respectives et, au lieu de cela, s'accumulent dans le cytosol.

8-17 Deux signaux sont nécessaires au transport des protéines dans l'espace intermembranaire mitochondrial [25]

Le transport de plusieurs précurseurs protéiques vers l'espace intermembranaire mitochondrial commence par leur transfert initial dans la matrice, comme le montre la Figure 8-29. Une séquence d'acides aminés très hydrophobe est cependant placée stratégiquement après le peptide signal amino-terminal qui déclenche l'importation ; une fois le signal amino-terminal clivé par la protéase matricielle, la séquence hydrophobe fonctionne comme un peptide signal pour réinsérer la protéine dans la membrane interne. Ce transfert depuis la matrice se produit probablement selon un mécanisme analogue au mécanisme d'importation des protéines dans la membrane du RE (voir p. 439), et c'est également le mécanisme d'insertion dans la membrane interne des protéines codées dans la mitochondrie (Figure 8-30A).

Une fois insérées dans la membrane interne, les protéines destinées à l'espace intermembranaire sont clivées par une protéase localisée dans ce dernier afin de libérer la chaîne polypeptidique mature sous forme d'une protéine soluble (Figure 8-30B). Beaucoup de ces protéines s'attachent finalement sous forme de protéines membranaires périphériques à la surface externe de la membrane interne, où elles forment des sous-unités de complexes protéiques qui contiennent également des protéines transmembranaires.

Le transport des protéines du cytosol vers la membrane mitochondriale interne nécessite également un peptide signal hydrophobe. Il pourrait se produire selon le mécanisme schématisé dans la Figure 8-30A, mais cela n'a pas été directement démontré. Il est difficile de distinguer expérimentalement une telle voie en deux étapes, d'une autre voie dans laquelle le transport au niveau d'un site de contact est stoppé lorsque le signal hydrophobe est atteint, laissant la protéine enchâssée dans la double couche de la membrane interne.

Le transfert du cytosol vers la membrane mitochondriale externe a lieu selon un mécanisme énergétiquement indépendant [26]

La membrane mitochondriale externe présente une structure inhabituelle qui rappelle la membrane externe des bactéries gram négatives (voir p. 312) car sa double couche lipidique contient de grandes quantités de *porine*, une protéine de structure des canaux. La membrane externe est, pour cette raison, spontanément perméable aux ions inorganiques et aux métabolites, ainsi qu'aux molécules protéiques de taille inférieure à 10 000 daltons environ. Mais la membrane externe présente bien une barrière de perméabilité aux protéines plus grosses, et elle aide par conséquent à prévenir la fuite vers le cytosol des protéines situées dans l'espace intermembranaire.

L'insertion, dans la membrane externe, de protéines codées par le noyau, telles que la porine, a lieu selon un mécanisme énergétiquement indépendant et ne nécessite pas l'utilisation d'un peptide signal de clivage. On connaît très peu de choses sur la façon dont s'effectue ce transfert. L'extrémité aminée d'une protéine, au moins, de la membrane externe semble contenir un signal de translocation matriciel normal suivi par une séquence d'ancrage qui, d'une manière ou d'une autre, fait avorter la translocation au niveau de la membrane externe.

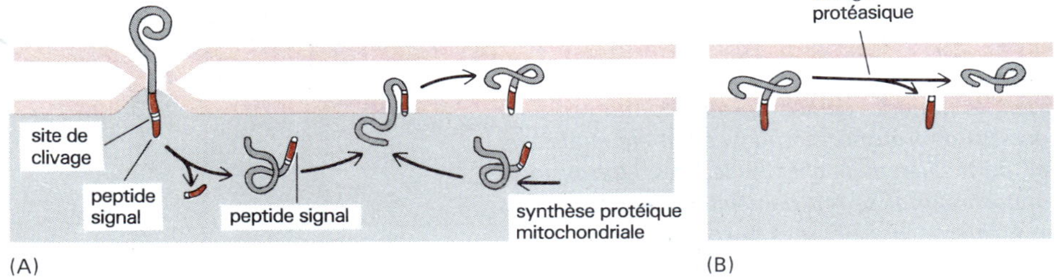

Figure 8-30 L'importation de protéines depuis le cytosol vers l'espace intermembranaire ou la membrane interne des mitochondries nécessite de nombreux signaux. On sait que quelques protéines se déplacent du cytosol vers l'espace intermembranaire grâce à deux peptides signal et deux événements de translocation. La protéine est d'abord importée dans l'espace matriciel comme dans la Figure 8-29. Cependant, le clivage du peptide signal utilisé pour la translocation initiale démasque un peptide signal hydrophobe adjacent au niveau de la nouvelle extrémité aminée. Ce signal provoque l'insertion de la protéine dans la membrane interne par une voie identique à celle qui est utilisée pour insérer dans cette membrane des protéines codées par le génome mitochondrial. (A) Ce mécanisme est vraisemblablement analogue à celui utilisé par l'ancêtre bactérien de la mitochondrie pour insérer des protéines dans sa membrane plasmique, et il ressemble, pense-t-on, au mécanisme d'insertion dans le RE (voir p. 439). Le transport de protéines dans l'espace intermembranaire nécessite une troisième étape, dans laquelle une protéase, dont le site actif se trouve dans l'espace intermembranaire, sépare la majeure partie de la protéine de son peptide signal transmembranaire dans la membrane interne (B). La voie en (A) peut aussi être utilisée pour transférer des protéines depuis le cytosol vers la membrane interne, ce qui nécessite vraisemblablement un peptide hydrophobe.

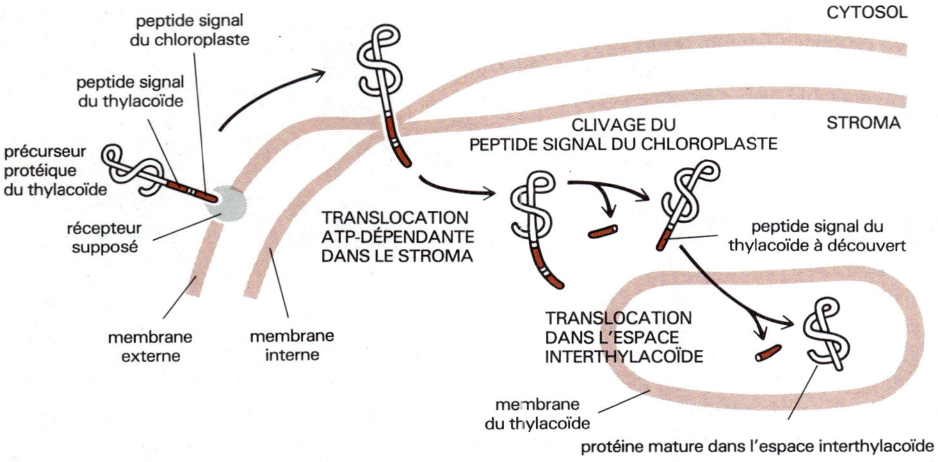

Figure 8-31 La translocation dans l'espace interthylacoïde des chloroplastes nécessite deux peptides signal et deux événements de translocation. Le polypeptide précurseur contient un peptide signal amino-terminal chloroplastique suivi immédiatement par un peptide signal du thylacoïde. Le peptide signal chloroplastique initie la translocation dans le stroma au moyen d'un site de contact membranaire (voir Figure 7-73, p. 398), par un mécanisme analogue à celui qui est utilisé pour la translocation dans la matrice mitochondriale (voir Figure 8-29). Le peptide signal est ensuite éliminé par clivage, démasquant le peptide signal du thylacoïde qui initie la translocation à travers la membrane du thylacoïde par un mécanisme qui ressemble probablement à celui qui sert à déplacer les protéines dans le RE (voir p. 439).

8-18 Dans les chloroplastes, il faut deux peptides signal pour diriger les protéines vers la membrane du thylacoïde [27]

Le transport des protéines dans les chloroplastes ressemble au transport dans les mitochondries à bien des égards : tous deux s'effectuent après la traduction, tous deux requièrent de l'énergie, et tous deux utilisent des peptides signal amino-terminaux hydrophiles qui sont excisés après utilisation. Toutefois, il existe au moins une différence importante : les mitochondries exploitent le gradient électrochimique à travers leur membrane interne pour favoriser le transport, tandis que les chloroplastes, qui n'ont un gradient électrochimique qu'à travers leur membrane du thylacoïde (voir Chapitre 7) semblent n'employer l'hydrolyse de l'ATP que pour fournir de l'énergie à l'importation à travers la double membrane de leur enveloppe externe.

Bien que les peptides signal pour l'importation dans les chloroplastes et pour l'importation dans les mitochondries que nous avons décrits précédemment se ressemblent, les mitochondries et les chloroplastes sont tous les deux présents dans les mêmes cellules végétales, et les protéines doivent choisir correctement entre eux. Chez les végétaux, par exemple, une enzyme bactérienne est spécifiquement destinée aux mitochondries si elle est reliée (par des techniques d'ADN recombinant) à une séquence amino-terminale d'une protéine mitochondriale ; la même enzyme liée à une séquence amino-terminale d'une protéine chloroplastique se retrouve dans les chloroplastes.

Les chloroplastes possèdent un compartiment limité par une membrane supplémentaire, le **thylacoïde**. Beaucoup de protéines chloroplastiques, y compris les sous-unités protéiques du système photosynthétique et de l'ATP synthétase, sont importées dans la membrane du thylacoïde depuis le cytosol. Comme certains précurseurs mitochondriaux, ces protéines sont transportées vers leur destination finale en deux étapes. Elles passent d'abord à travers la double membrane de l'enveloppe dans l'espace matriciel du chloroplaste (appelé le **stroma**) puis sont transloquées dans la membrane du thylacoïde (ou, à travers cette membrane, dans l'espace interthylacoïde). Les précurseurs de ces protéines ont un peptide signal hydrophobe du thylacoïde, qui suit le peptide signal amino-terminal chloroplastique (voir p. 398). Une fois utilisé pour importer la protéine dans le stroma, le peptide signal amino-terminal est éliminé par une protéase du stroma (analogue à la protéase matricielle dans les mitochondries). Ce clivage démasque le peptide signal du thylacoïde qui amorce alors le transport à travers la membrane du thylacoïde (Figure 8-31). Comme pour les mitochondries, la seconde étape est la voie d'insertion des protéines codées par le chloroplaste, dans la membrane du thylacoïde ; le facteur de translocation des protéines nécessaire est probablement issu de son ancêtre bactérien.

Résumé

Les mitochondries et les chloroplastes importent la majorité de leurs protéines du cytosol en utilisant des mécanismes analogues. Les processus de transport impliqués ont été étudiés de façon très approfondie dans les mitochondries, particulièrement chez les levures. La translocation d'une protéine dans l'espace matriciel mitochondrial se fait par l'intermédiaire de sites d'adhésion situés entre les membranes externe et interne, appelés sites de contact. La translocation est activée par l'hydrolyse de l'ATP et le gradient électrochimique à travers la membrane interne, et la protéine transportée est dépliée lorsqu'elle traverse les membranes mitochondriales. Seules les protéines contenant un peptide signal spécifique sont transloquées dans les mitochondries ou les chloroplastes. Le peptide signal est habituellement localisé à l'extrémité aminée et est éliminé par clivage après importation. Le transport vers la membrane interne se produira comme seconde étape si un peptide signal hydrophobe est également présent dans la protéine importée ; ce second peptide signal est démasqué lorsque le premier peptide signal est clivé. Dans le cas des chloroplastes, l'importation du stroma vers le thylacoïde nécessite vraisemblablement un second peptide signal.

Les peroxysomes [28]

Les **peroxysomes** (également appelés *corpuscules*) diffèrent des mitochondries et des chloroplastes de nombreuses manières. Plus particulièrement, ces organites sont entourés par une seule membrane, et ils ne contiennent ni ADN, ni ribosomes. En dépit de ces différences, les peroxysomes sont vraisemblablement formés selon un processus analogue d'importation sélective de protéines (et de lipides) depuis le cytosol. Cependant, puisque les peroxysomes n'ont pas de génome, *toutes* leurs protéines doivent provenir du cytosol. Les peroxysomes ressemblent donc au RE : ce sont des organites limités par une membrane qui s'auto-répliquent et qui subsistent sans avoir leur propre génome.

Puisque nous n'avons pas encore parlé des peroxysomes, nous allons examiner certaines des fonctions de cette famille variée d'organites avant de discuter de leur biosynthèse. Bien qu'ils soient présents dans toutes les cellules eucaryotes, les fonctions des peroxysomes diffèrent considérablement selon les différents types cellulaires.

Au début des années 1960, l'association de la biochimie et de la microscopie électronique avait permis d'identifier un organite différent d'un diamètre voisin de 0,5 μm, comme source importante d'au moins trois enzymes oxydatives dans les cellules hépatiques : la *D-amino acide oxydase*, l'*urate oxydase*, et la *catalase*. Chez les mammifères, les peroxysomes de cette taille sont limités à quelques types cellulaires. Ils se distinguent parfois sur des micrographies électroniques grâce à la présence d'un noyau « cristallin » composé d'urate oxydase (Figure 8-32). Le développement ultérieur d'une technique de coloration histochimique de la catalase, une enzyme qui constitue jusqu'à 40 p. cent de l'ensemble des protéines peroxysomales permit de découvrir que toutes les cellules contiennent des peroxysomes. Dans la majorité des cellules, les peroxysomes sont plus petits (0,15 à 0,25 μm de diamètre) que dans les cellules hépatiques.

Comme la mitochondrie, le peroxysome est un site essentiel pour l'utilisation de l'oxygène. Il peut être un vestige d'un ancien organite responsable de tout le métabolisme de l'oxygène chez les ancêtres primitifs des cellules eucaryotes. Lorsque l'oxygène produit par des bactéries photosynthétiques commença à s'accumuler dans l'atmosphère (voir p. 385), il a dû être très toxique pour la majorité des cellules. La fonction des peroxysomes a pu être de diminuer la concentration en oxygène dans ces cellules, tout en exploitant aussi sa réactivité chimique pour effectuer des réactions d'oxydation utiles. En accord avec cette idée, le développement ultérieur des mitochondries fit tomber le peroxysome en désuétude, puisque nombre de ces réactions — qui avaient été jadis effectuées dans les peroxysomes sans production d'énergie — étaient maintenant couplées à la formation d'ATP par la phosphorylation oxydative. Les réactions d'oxydation effectuées par les peroxysomes dans les cellules actuelles seraient par conséquent celles qui sont restées utiles en dépit de la présence des mitochondries.

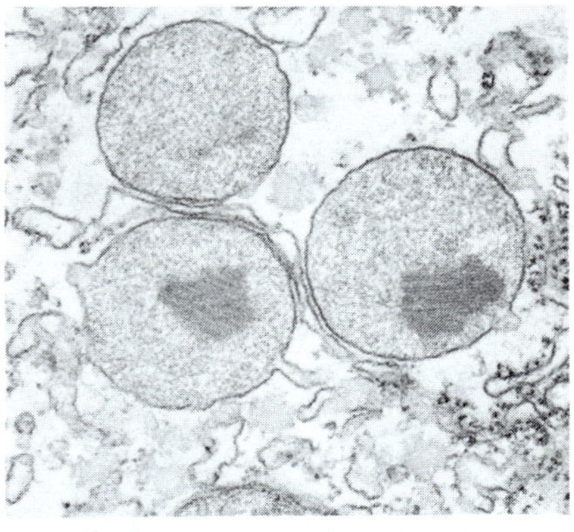

Figure 8-32 Micrographie électronique de trois peroxysomes dans une cellule hépatique de rat. Les inclusions paracristallines denses aux électrons représentent l'urate oxydase. (Avec l'autorisation de Daniel S. Friend.)

Les peroxysomes utilisent l'oxygène moléculaire et le peroxyde d'hydrogène pour effectuer des réactions d'oxydation [29]

Les peroxysomes doivent leur nom au fait qu'ils contiennent habituellement une ou plusieurs enzymes qui utilisent l'oxygène moléculaire pour enlever des atomes d'hydrogène libres à des substrats organiques spécifiques (désignés ici par R), au cours d'une réaction d'oxydation qui produit du peroxyde d'hydrogène (H_2O_2) :

$$RH_2 + O_2 \rightarrow R + H_2O_2$$

La catalase utilise l'H_2O_2 engendrée par d'autres enzymes dans l'organite pour oxyder une variété d'autres substrats — parmi lesquels les phénols, l'acide formique, le formaldéhyde, et l'alcool — par la réaction de « peroxydation » : $H_2O_2 + R'H_2 \rightarrow R' + 2H_2O$. Ce type de réaction d'oxydation est particulièrement important dans les cellules hépatiques et rénales, dans lesquelles les peroxysomes détoxifient diverses molécules toxiques qui passent dans le sang. Presque la moitié de l'alcool que nous buvons est oxydé en acétaldéhyde de cette façon. De plus, quand un excès d'H_2O_2 s'accumule dans la cellule, la catalase convertit H_2O_2 en H_2O ($2H_2O_2 \rightarrow 2H_2O + O_2$).

Les peroxysomes sont des organites inhabituellement variés et ils peuvent même contenir, dans les différentes cellules d'un seul organisme, des groupes d'enzymes très différents. Ils peuvent aussi s'adapter de façon remarquable en fonction des conditions. Par exemple, des levures cultivées dans un milieu contenant des glucides ont de petits peroxysomes. Mais lorsque certaines levures sont cultivées en présence de méthanol, elles développent de gros peroxysomes qui oxydent le méthanol ; lorsqu'elles sont cultivées en présence d'acides gras, elles développent de gros peroxysomes qui dégradent les acides gras en acétyl CoA.

Les peroxysomes ont des rôles particulièrement importants chez les végétaux. Deux types très différents de peroxysomes ont été étudiés de manière approfondie. L'un d'eux est présent dans les feuilles (Figure 8-33A), où il catalyse l'oxydation d'un produit secondaire de la réaction qui fixe CO_2 dans les glucides ; ce processus est appelé *photorespiration*, car il consomme de l'O_2 et libère du CO_2 (voir p. 371). L'autre type de peroxysome est présent dans les graines en germination (Figure 8-33B), où il joue un rôle essentiel dans la conversion des acides gras stockés dans les lipides de la graine en glucides nécessaires pour la croissance du jeune végétal. Cette conversion de graisses en glucides est le résultat d'une série de réactions connues sous le nom de *cycle glyoxylique* ; ces peroxysomes sont également appelés *glyoxysomes*. Dans le cycle glyoxylique, deux molécules d'acétyl CoA produites par dégradation des acides gras dans le peroxysome servent à la synthèse de l'acide succinique, qui quitte le peroxysome et est converti en glucose. Le cycle glyoxylique ne se produit pas dans les cellules animales, et les animaux sont donc incapables de convertir les acides gras des graisses en glucides.

Figure 8-33 Micrographies électroniques de deux types de peroxysomes présents dans les cellules végétales. (A) Un peroxysome de feuille avec une partie centrale paracristalline dans une cellule du mésophylle de la feuille de tabac. On pense que son étroite apposition avec les chloroplastes facilite l'échange de matériaux entre ces organites au cours de la photorespiration (voir p. 371). (B) Des peroxysomes dans une cellule de cotylédone d'une graine de tomate, qui stocke les graisses 4 jours après la germination. Ici, les peroxysomes (*glyoxysomes*) sont associés aux corpuscules lipidiques dans lesquels la graisse est stockée, reflétant leur rôle central dans la mobilisation des graisses et la gluconéogenèse au cours de la germination des graines. (A, avec l'autorisation de P.J. Gruber et E.H. Newcomb ; B, avec l'autorisation de S.E. Frederick et E.H. Newcomb.)

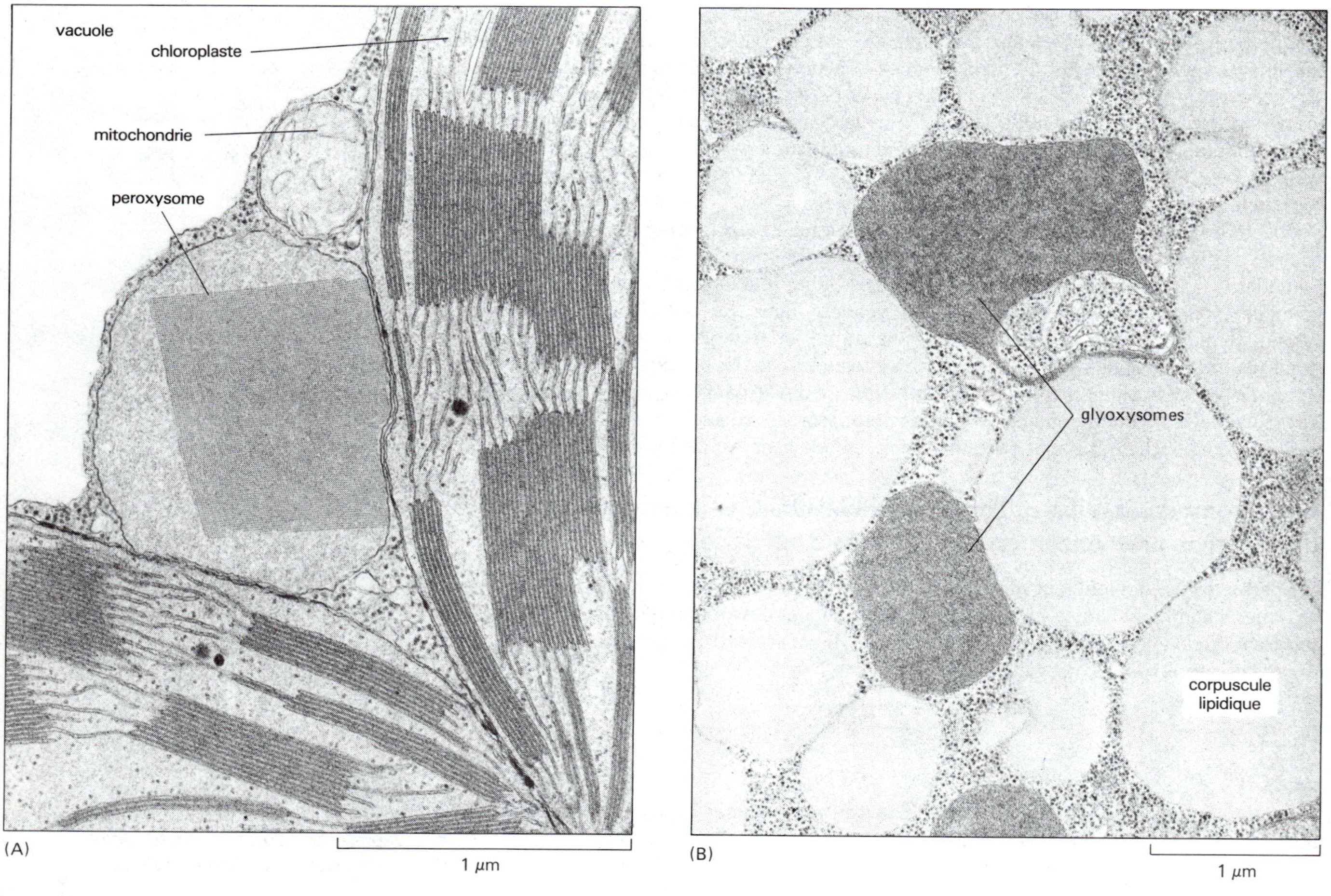

8-21
8-22
Tous les composants des peroxysomes sont importés du cytosol [30]

On peut se figurer les peroxysomes comme une collection d'organites avec une membrane constante et un contenu variable. Comme nous l'avons mentionné précédemment, ils ne contiennent ni ADN, ni ribosomes ; toutes leurs protéines sont codées par des gènes nucléaires et sont synthétisées dans le cytosol. Les protéines de la lumière et de la membrane du peroxysome sont prélevées après traduction dans le cytosol. Quelques précurseurs protéiques peroxysomaux sont synthétisés avec des peptides signal, mais la majorité ne le sont pas. La *catalase* est la protéine la plus étudiée. C'est une protéine tétramérique contenant un hème qui est synthétisé dans le cytosol sous la forme de monomères sans hèmes ; les monomères sont importés dans la lumière des peroxysomes, où ils s'assemblent en tétramères en présence de l'hème. Bien que la catalase ne contienne pas de séquence signal qui soit clivée après utilisation, elle doit contenir un signal qui la dirige vers le peroxysome. Ni la position du signal, ni la source d'énergie qui active le processus d'importation ne sont connues.

Il est probable que les peroxysomes ont au moins une protéine exceptionnelle exposée à leur surface cytosolique qui agit comme récepteur pour reconnaître un signal localisé sur les protéines importées (voir p. 415). Il y eut un temps où l'on pensait que « l'enveloppe » membranaire du peroxysome se formait par bourgeonnement à partir du RE, tandis que « le contenu » était importé du cytosol. Toutefois, il existe actuellement des preuves suggérant que les nouveaux peroxysomes proviennent toujours de peroxysomes préexistants ; ils sont formés par croissance et division de l'organite, comme nous l'avons déjà décrit pour les mitochondries et les chloroplastes (voir p. 388). Toutes les protéines membranaires du peroxysome, y compris le (ou les) récepteur(s) protéique(s) supposé(s) sont, pense-t-on, directement importées du cytosol (Figure 8-34). Il est vraisemblable que les lipides nécessaires à la fabrication d'une nouvelle membrane peroxysomale sont également importés du cytosol, en étant peut-être transportés par des protéines d'échange de phospholipides à partir de sites de synthèse dans la membrane du RE (voir p. 450).

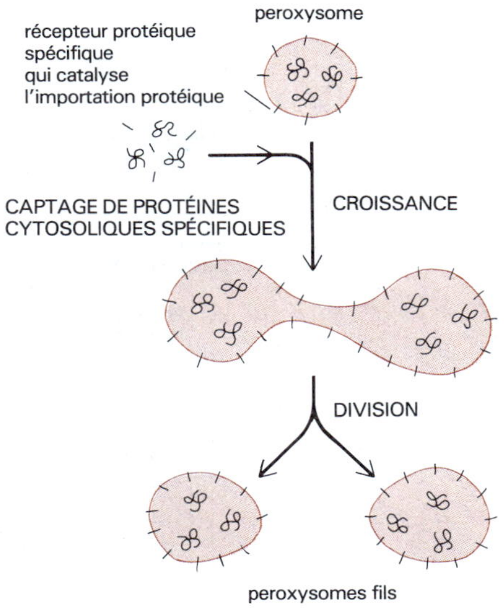

Figure 8-34 Un modèle du mode d'assemblage des peroxysomes. La membrane du peroxysome contient des récepteurs protéiques d'importation spécifiques. Toutes les protéines peroxysomales, y compris les nouvelles copies du récepteur d'importation, sont synthétisées par des ribosomes cytosoliques, puis importées depuis le cytosol. Ainsi, les peroxysomes ne se forment qu'à partir de peroxysomes préexistants selon un processus de croissance et de division ; comme les mitochondries et les chloroplastes, ils importent continuellement de nouveaux composants depuis le cytosol.

Résumé

Les peroxysomes sont spécialisés pour effectuer des réactions d'oxydation utilisant l'oxygène moléculaire. Ils engendrent du peroxyde d'hydrogène, qu'ils utilisent également à des fins d'oxydation détruisant l'excès au moyen de la catalase qu'ils renferment. Comme les mitochondries et les chloroplastes, les peroxysomes sont, pense-t-on, des organites qui s'autorépliquent. Cependant, ils ne contiennent ni ADN, ni ribosomes. Ils sont supposés contenir un récepteur membranaire unique qui leur permet d'importer toutes leurs protéines (y compris le récepteur lui-même) par transfert sélectif à partir du cytosol.

Le réticulum endoplasmique [31]

Toutes les cellules eucaryotes ont un **réticulum endoplasmique** (**RE**). Sa membrane unique très repliée constitue typiquement plus de la moitié de la membrane totale de la cellule (voir Tableau 8-2). En dépit de son organisation en un réseau qui s'étend dans tout le cytoplasme (Figure 8-35), la membrane du RE forme vraisemblablement un feuillet continu entourant un

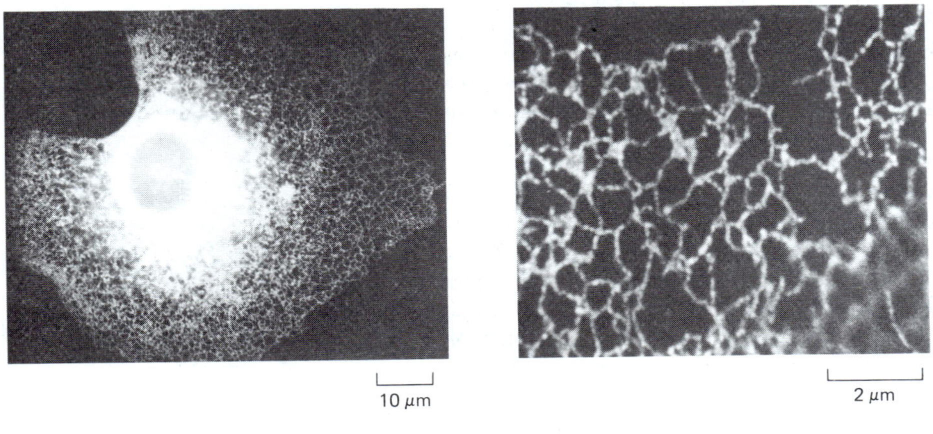

Figure 8-35 Micrographie en fluorescence d'une cellule de mammifère en culture colorée avec un anticorps qui se fixe à une protéine retenue dans le RE. Le RE s'étend comme un filet sur tout le cytoplasme de la cellule, de sorte que toutes les régions du cytosol sont proches de la même région de la membrane du RE. (Avec l'autorisation de Hugh Pelham.)

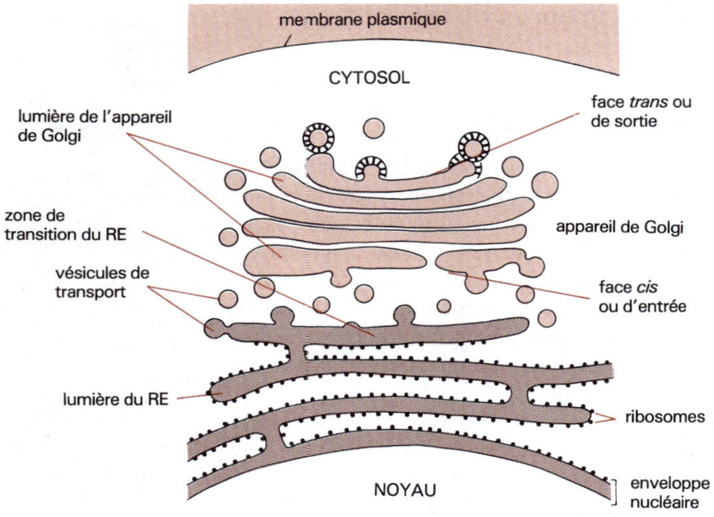

Figure 8-36 Les relations entre la lumière du RE et les autres compartiments intracellulaires avec lesquels le RE communique. La lumière du RE est séparée à la fois du cytosol et du noyau par une seule membrane, tandis qu'elle est séparée de la lumière de chacun des saccules empilés de l'appareil de Golgi par deux membranes. On considère, dans la plupart des cas, que le RE et l'appareil de Golgi forment une seule unité fonctionnelle dont les régions communiquent via des vésicules de transport.

seul espace interne. Cet espace aux multiples circonvolutions est appelé **lumière du RE** ou *citerne du RE*, et occupe souvent plus de 10 p. cent du volume cellulaire total (voir Tableau 8-1). La membrane du RE sépare la lumière du RE du cytosol, et intervient dans le transfert rapide de molécules sélectionnées entre ces deux compartiments. Par contre, la lumière du RE et la lumière de chaque saccule de l'appareil de Golgi sont séparées l'une de l'autre par deux membranes, en plus du cytosol intermédiaire, et l'importante circulation des macromolécules entre ces deux organites se fait par l'intermédiaire de vésicules de transport (Figure 8-36).

Le RE joue un rôle central dans les biosynthèses cellulaires. Les protéines transmembranaires et les lipides du RE, du Golgi, du lysosome et de la membrane plasmique commencent tous leur synthèse en association avec la membrane du RE. La membrane du RE contribue également de façon importante à la formation des membranes mitochondriales et peroxysomales en produisant la majorité des lipides de ces organites (voir p. 449). De plus, toutes les protéines néosynthétisées qui finiront dans la *lumière* du RE, de l'appareil de Golgi, ou du lysosome — tout comme celles qui doivent être sécrétées à l'extérieur de la cellule — sont initialement libérées dans la lumière du RE. Puisque le RE est le point de départ de la synthèse de toutes les protéines secrétées, il est également le lieu où commence la formation de la matrice extracellulaire.

Les ribosomes liés à la membrane définissent le RE rugueux [32]

Le RE prélève des protéines sélectionnées du cytosol dès qu'elles sont synthétisées. Ces protéines sont de deux types : (1) les protéines transmembranaires, qui sont seulement partiellement transloquées à travers la membrane du RE et y deviennent enchâssées, et (2) les protéines hydrosolubles, qui sont complètement transloquées à travers la membrane du RE et libérées dans la lumière du RE. Les protéines transmembranaires sont destinées à rester dans la membrane plasmique ou la membrane d'un autre organite, tandis que les protéines hydrosolubles sont destinées à la lumière d'un organite ou à la sécrétion. Toutes ces protéines sont transloquées à travers la membrane du RE selon le même mécanisme après reconnaissance du même type de peptide signal.

Dans les cellules de mammifères, l'importation de protéines dans le RE commence avant que la chaîne polypeptidique soit complètement synthétisée — c'est-à-dire qu'elle est *co-traductionnelle*. Ceci la différencie de l'importation dans les mitochondries, les chloroplastes, les noyaux, et les peroxysomes, qui est post-traductionnelle et qui nécessite différents peptides signal. Puisqu'une protéine est habituellement transloquée dans le RE lorsque la chaîne polypeptidique est en cours de synthèse, le ribosome responsable doit être lié à la membrane du RE. Ces *ribosomes liés à la membrane* recouvrent la surface du RE, créant des régions qui portent le nom de **réticulum endoplasmique rugueux** (Figure 8-37).

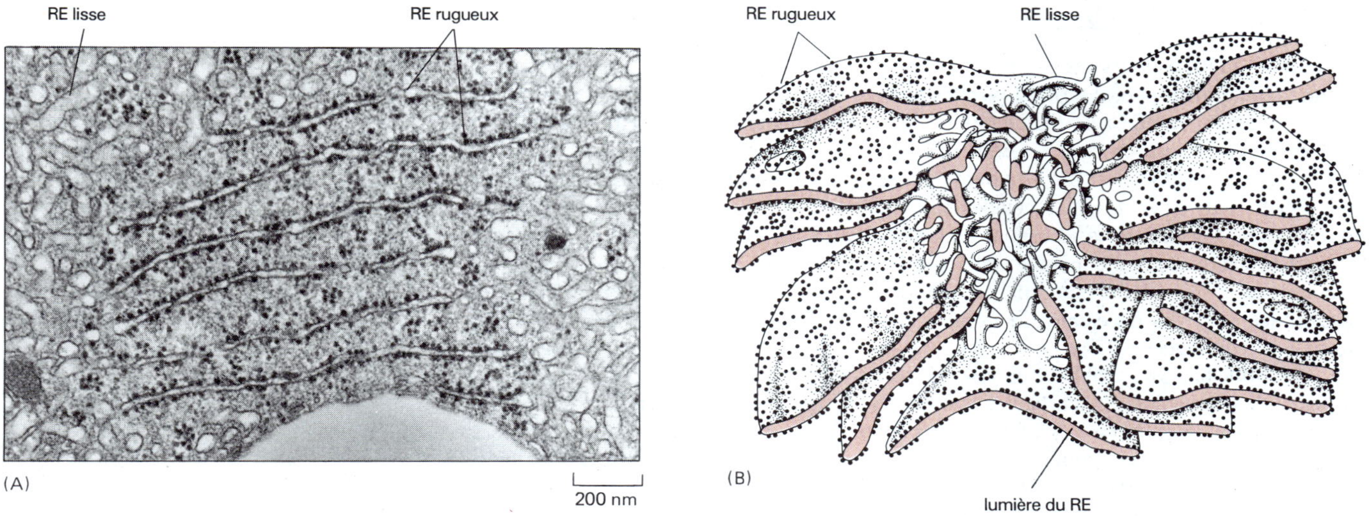

Il y a, par conséquent, dans le cytoplasme deux populations de ribosomes séparées dans l'espace. Les **ribosomes liés à la membrane**, attachés du côté cytosolique de la membrane du RE, sont engagés dans la synthèse de protéines qui sont transloquées conjointement dans le RE. Les **ribosomes libres**, qui ne sont pas attachés à une quelconque membrane, fabriquent toutes les autres protéines codées par le noyau. Les ribosomes liés à une membrane et les ribosomes libres sont structurellement et fonctionnellement identiques. Ils ne diffèrent que par les protéines qu'ils synthétisent à tout moment. Quand il arrive qu'un ribosome fabrique une protéine avec un peptide signal du RE, le signal dirige le ribosome vers la membrane du RE. De nombreux ribosomes peuvent se fixer à une seule molécule d'ARNm, formant habituellement un **polyribosome** qui se trouve ainsi lié à la membrane par l'intermédiaire des multiples chaînes polypeptidiques en croissance. Les ribosomes individuels associés avec une telle molécule d'ARNm peuvent retourner dans le cytosol lorsqu'ils ont achevé la traduction près de l'extrémité 3′ de la molécule d'ARNm. L'ARNm lui-même a cependant tendance à rester attaché à la membrane du RE par une population changeante de ribosomes liés à la membrane (Figure 8-38). Par contre, si une molécule d'ARNm code une protéine dépourvue d'un peptide signal du RE, le polyribosome qui se forme reste libre dans le cytosol et son produit protéique y est libéré. Par conséquent, seules les molécules d'ARNm codant les protéines qui ont un peptide signal du RE se lient aux membranes du RE rugueux ; les molécules d'ARNm qui codent toutes les autres protéines restent libres dans le cytosol. On suppose que les ribosomes individuels se déplacent de façon aléatoire entre ces deux populations séparées de molécules d'ARNm.

Figure 8-37 (A) Micrographie électronique montrant les morphologies très différentes du RE rugueux et du RE lisse. La cellule de Leydig, représentée ici, produit des stéroïdes dans les testicules et possède un RE lisse exceptionnellement étendu. On voit également une partie d'une grosse gouttelette lipidique sphérique. (B) Reconstruction tridimensionnelle d'une région des RE lisse et rugueux dans une cellule hépatique. Le RE rugueux tire son nom des nombreux ribosomes présents à sa surface cytosolique ; il forme des empilements orientés de saccules aplatis, chacun ayant une cavité de 20 à 30 nm de large. La membrane du RE lisse est reliée à ces saccules et forme un fin réseau de tubules de 30 à 60 nm de diamètre. On pense que la membrane du RE est continue et entoure une seule lumière. (A, avec l'autorisation de Daniel S. Friend ; B, d'après R.V. Krstić, Ultrastructure of the Mammalian Cell. New York : Springer-Verlag, 1979.)

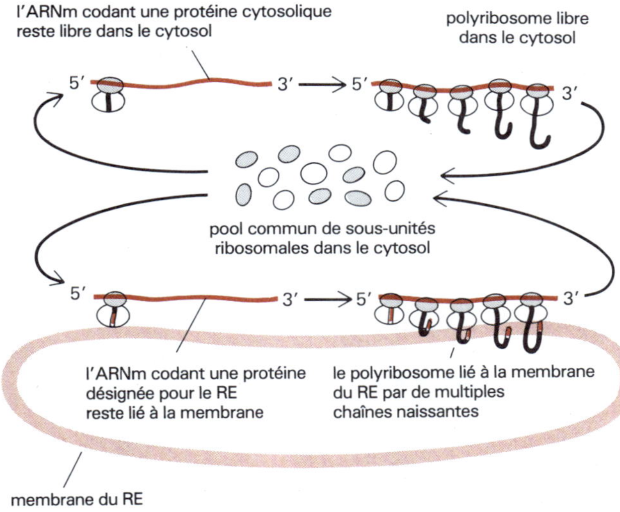

Figure 8-38 Un pool commun de ribosomes est utilisé pour synthétiser à la fois les protéines qui restent dans le cytosol et celles qui sont transportées dans le RE. C'est un peptide signal du RE sur une chaîne polypeptidique néoformée qui dirige le ribosome engagé vers la membrane du RE. La molécule d'ARNm peut rester liée de façon permanente au RE en tant que partie d'un polyribosome, tandis que les ribosomes qui la parcourent sont recyclés ; à la fin de chaque cycle de synthèse protéique, les sous-unités ribosomales sont libérées et rejoignent le pool commun dans le cytosol.

Le RE lisse est abondant dans certaines cellules spécialisées [33]

Les régions du RE dépourvues de ribosomes liés sont appelées *RE lisse*. La grande majorité des cellules contiennent peu, si tant est qu'elles en contiennent, de vrai RE lisse ; au lieu de cela, une petite région du RE est partiellement lisse et partiellement rugueuse. Cette région constitue les **éléments de transition** car c'est de là que les vésicules de transport chargées de protéines et de lipides néosynthétisés bourgeonnent pour le transport vers l'appareil de Golgi (voir Figure 8-9). Cependant, dans certaines cellules spécialisées, le RE lisse est abondant et a d'autres fonctions. En particulier, le **réticulum endoplasmique lisse** peut être prédominant dans des cellules spécialisées dans le métabolisme des lipides. Par exemple, les cellules qui synthétisent des hormones stéroïdes à partir du cholestérol ont un compartiment RE lisse étendu pour adapter les enzymes nécessaires à la fabrication du cholestérol et à sa transformation en hormones (voir Figure 8-37A).

Le principal type cellulaire du foie, l'*hépatocyte*, fournit un autre exemple. Il est le site principal de production des particules lipoprotéiques destinées à l'exportation. Les enzymes qui synthétisent les composants lipidiques des lipoprotéines sont localisées dans la membrane du RE lisse ; cette dernière contient aussi des enzymes qui catalysent une série de réactions de détoxication des drogues liposolubles et des composés dangereux produits par le métabolisme. Les plus étudiées de ces *réactions de détoxication* sont catalysées par une famille d'enzymes, les *cytochromes P450*. Ces protéines utilisent des électrons de haute énergie transférés depuis le NADPH par une réductase dans le RE, pour ajouter des groupements hydroxyle à n'importe quel élément d'une variété d'hydrocarbures insolubles dans l'eau et potentiellement dangereux, dissous dans la double couche. D'autres enzymes localisées dans la membrane du RE ajoutent ensuite des molécules hydrosolubles chargées négativement (telles que le sulfate ou l'acide glucuronique) à ces groupements hydroxyle. Après une série de telles réactions, une drogue ou un métabolite insolubles dans l'eau qui, autrement, s'accumuleraient dans les membranes cellulaires, sont rendus assez hydrosolubles pour quitter la cellule et être excrétés dans l'urine. Puisque le RE rugueux seul ne peut pas contenir suffisamment de ces enzymes là, et d'autres enzymes nécessaires, une grande partie de la membrane d'un hépatocyte est normalement constituée de RE lisse (voir Tableau 8-2).

Quand de grandes quantités de certains composés, tels que le phénobarbital, entrent dans la circulation, des enzymes de détoxication sont synthétisées en très grandes quantités dans le foie, et la surface du RE lisse double en quelques jours. Après disparition de la drogue, l'excès de membrane du RE lisse semble être éliminé spécifiquement par un processus lysosomal (impliquant des structures intermédiaires appelées *autophagosomes* — voir p. 460), et le RE lisse retourne à la normale en 5 jours. La régulation de ces changements dramatiques n'est pas connue.

Les cellules musculaires ont un organite spécialisé et complexe semblable au RE lisse, appelé *réticulum sarcoplasmique*, qui complexe les ions Ca^{2+} à partir du cytosol. La Ca^{2+}-ATPase qui pompe les ions Ca^{2+} (voir p. 307) est la protéine membranaire la plus importante du réticulum sarcoplasmique. La libération de Ca^{2+} depuis cet organite et sa récupération ultérieure à partir du cytosol interviennent dans la contraction et le relâchement rapides des myofibrilles au cours de chaque cycle de contraction musculaire (voir p. 621). Un type voisin d'organite chélateur des ions Ca^{2+}, de plus petit volume, est présent dans la plupart des cellules eucaryotes, libérant Ca^{2+} dans le cytosol en réponse à des signaux extracelulaires. Bien qu'à l'origine il fut identifié au compartiment RE lui-même, il semble maintenant que ce soit un compartiment limité par une membrane d'origine inconnue (voir p. 701).

Nous allons maintenant discuter des deux principaux rôles du RE : la synthèse et la modification des protéines, et la synthèse des lipides.

Les régions rugueuse et lisse du RE peuvent être séparées par centrifugation [34]

Afin d'étudier les fonctions et la biochimie du RE, il est nécessaire de séparer les membranes du RE des autres composants de la cellule. Intuitivement, cela semble une tâche difficile car le RE est imbriqué de façon importante avec les autres composants du cytoplasme (voir Figure 8-35). Heureusement, quand on fait éclater des tissus ou des cellules par homogénéisation, le RE est fragmenté en de nombreuses petites vésicules fermées appelées **microsomes** (~ 100 nm de diamètre), qui sont relativement faciles à purifier.

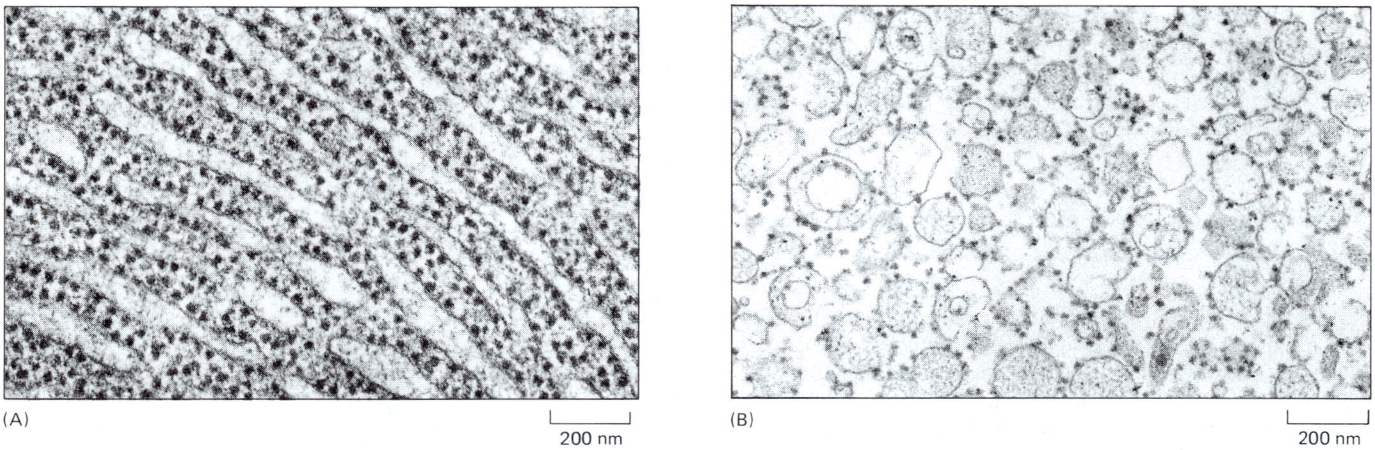

Les microsomes dérivant du RE rugueux sont parsemés de ribosomes et sont appelés *microsomes rugueux*. Les ribosomes sont toujours trouvés sur la *surface externe*, l'intérieur étant biochimiquement équivalent à la lumière du RE (Figure 8-39). On trouve aussi dans ces homogénats de nombreuses vésicules de taille voisine de celle des microsomes rugueux, mais dépourvues de ribosomes liés. De tels *microsomes lisses* proviennent en partie des régions lisses du RE et en partie de fragments vésiculés de la membrane plasmique, de l'appareil de Golgi, des endosomes et des mitochondries (le rapport dépendant du tissu). Ainsi, tandis que les microsomes rugueux peuvent être assimilés aux régions rugueuses du RE, les origines des microsomes lisses ne peuvent pas être aussi facilement établies. Le foie est une exception remarquable. Du fait des quantités très importantes de RE lisse dans l'hépatocyte, la majorité des microsomes lisses dans les homogénats de foie proviennent du RE lisse.

En raison des grandes quantités d'ARN qu'ils contiennent, les ribosomes forment des microsomes rugueux plus denses que les microsomes lisses. Il en résulte que les microsomes lisses et rugueux peuvent être séparés les uns des autres par sédimentation du mélange à l'équilibre dans un gradient de densité préparé à partir de fortes concentrations de saccharose (Figure 8-40). Quand les microsomes lisses et rugueux, après séparation du foie, sont comparés sur la base de propriétés telles que l'activité enzymatique ou la composition en polypeptides, ils sont remarquablement semblables (mais non identiques). Il semble que la majorité des composants de la membrane du RE peuvent diffuser librement entre les régions lisses et rugueuses de la membrane de RE, comme on l'attendrait d'une membrane fluide et continue.

Étant donné qu'ils peuvent être facilement purifiés sous une forme fonctionnelle, les microsomes rugueux sont particulièrement utiles pour l'étude des nombreux processus exécutés

Figure 8-39 Lorsque des cellules sont cassées par homogénéisation, les saccules du RE rugueux (A) sont morcelés et forment de petites vésicules fermées, appelées *microsomes rugueux* (B). De la même façon, le RE lisse se fragmente en petites vésicules qui n'ont pas de ribosomes et sont appelées *microsomes lisses.* (A, micrographie électronique avec l'autorisation de Daniel S. Friend ; B, micrographie électronique avec l'autorisation de George Palade.)

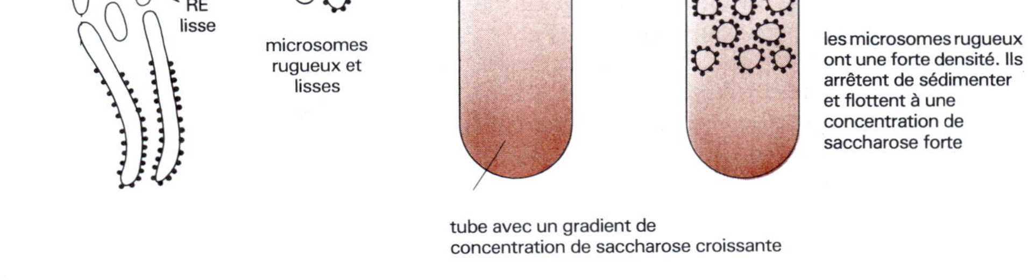

Figure 8-40 La méthode d'isolement utilisée pour purifier des microsomes rugueux et lisses à partir du RE.

par le RE. Les vésicules sont fermées sur une lumière équivalente à celle du RE rugueux, tandis que leur surface cytoplasmique est facilement accessible aux composants qui peuvent être ajoutés *in vitro*. Pour le biochimiste, les microsomes rugueux représentent des versions miniatures authentiques du réticulum endoplasmique rugueux encore capables de synthèse protéique, de glycosylation protéique et de synthèse lipidique.

Des régions rugueuses du RE contiennent des protéines responsables de la liaison des ribosomes [35]

La membrane du RE, comme toutes les membranes, étant un fluide à deux dimensions, la majorité des protéines et des lipides atteindront librement un équilibre entre les régions lisses et rugueuses en l'absence de contraintes particulières. Cependant, lorsqu'ils sont isolés à partir de foie, les microsomes rugueux contiennent plus de 20 protéines qui ne sont pas présentes dans les microsomes lisses, indiquant qu'il doit, en fait, exister quelque mécanisme de restriction. Certaines des protéines non équilibrantes présentes dans la membrane du RE rugueux aident à y fixer des ribosomes, alors que d'autres lui donnent probablement sa forme aplatie (voir Figure 8-37). On ne sait pas avec certitude si ces protéines membranaires sont retenues dans la double couche lipidique sous la forme d'agrégats bidimensionnels, ou sont maintenues en place par des interactions avec un réseau de protéines de structure sur l'une ou l'autre face de la membrane du RE (voir p. 297).

Les ribosomes du RE rugueux sont en partie maintenus sur la membrane par leurs chaînes polypeptidiques en croissance, qui passent à travers la membrane du RE au fur et à mesure de leur synthèse (voir plus loin). Toutefois, quand la synthèse des chaînes polypeptidiques est stoppée avec une drogue (telle que la puromycine) qui sépare les chaînes naissantes des ribosomes, les ribosomes conservent encore une certaine affinité pour la membrane des microsomes rugueux. Cette affinité est augmentée de façon artificielle à de faibles concentrations salines, et lorsque des microsomes purifiés sont mélangés, dans ces conditions, avec des membranes microsomales rugueuses débarrassées de leurs ribosomes, la membrane « dénudée » retrouve un nombre de ribosomes identique à celui qu'elle avait au moment de son isolement. Le site de liaison sur le ribosome est localisé sur la grosse sous-unité ribosomale, mais on ne sait pas encore clairement à quelle protéine, parmi les nombreuses protéines de la membrane du RE rugueux, le ribosome se fixe. Nous verrons cependant qu'un lien supplémentaire, plus spécifique, est nécessaire à la fixation des ribosomes à la membrane du RE dans des conditions physiologiques qui nécessitent une protéine naissante contenant un peptide signal.

Les peptides signal furent d'abord découverts dans des protéines importées dans le RE [36]

Les peptides signal (et la stratégie du peptide signal dans l'importation protéique) furent d'abord découverts au début des années 1970 dans des protéines sécrétées qui sont transloquées à travers la membrane du RE avant leur transport vers l'appareil de Golgi et leur éventuelle libération hors de la cellule. Les observations qui conduisirent à cette découverte sont le résultat d'une expérience dans laquelle l'ARNm codant la protéine sécrétée était traduit par des ribosomes libres *in vitro*. Lorsque des microsomes étaient omis de ce système acellulaire, la protéine synthétisée était légèrement plus longue que la protéine sécrétée normale, la longueur supplémentaire étant due à la présence d'un *peptide de tête* ou *peptide « leader »* amino-terminal. Cependant, en présence de microsomes dérivés du réticulum endoplasmique rugueux, une protéine de taille correcte était produite. Ces résultats furent expliqués par **l'hypothèse du signal** qui postule que le peptide de tête sert de peptide signal qui dirige la protéine sécrétée vers la membrane du RE et qui est ensuite éliminé par clivage par une protéase spécifique dans la membrane du RE avant l'achèvement de la chaîne polypeptidique (Figure 8-41).

En accord avec l'hypothèse du signal, la protéine sécrétée devrait être expulsée dans la lumière du microsome au cours de sa synthèse *in vitro*. Ceci peut être démontré par traitement protéolytique : une protéine néosynthétisée faite en absence de microsomes est dégradée par addition d'une protéase, tandis que la même protéine fabriquée en présence de microsomes reste intacte grâce à la protection que lui offre la membrane microsomale. Lorsque des protéines sans peptides signal du RE sont traduites *in vitro* de la même façon, elles ne sont pas importées dans les microsomes et restent donc sensibles au traitement protéolytique.

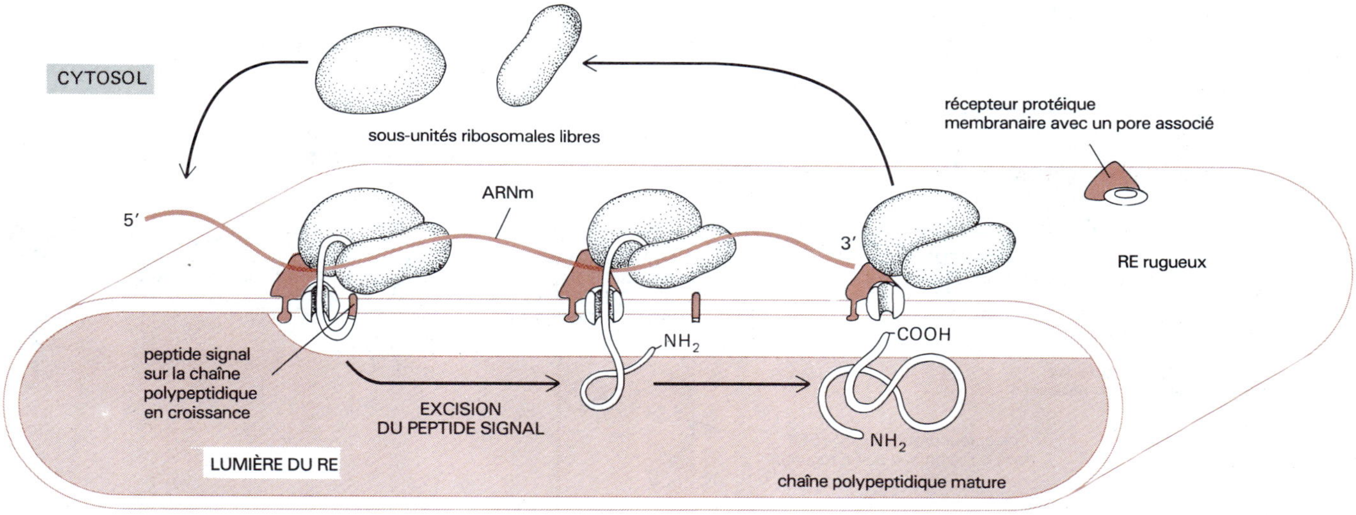

Figure 8-41 Une représentation schématique de la translocation protéique à travers la membrane du RE, selon « l'hypothèse du signal » originale. Lorsque le peptide signal sort du ribosome, il le dirige vers un récepteur protéique sur la membrane du RE. Pendant sa synthèse, le polypeptide est vraisemblablement transloqué à travers la membrane du RE par l'intermédiaire d'un pore protéique associé au récepteur. Le peptide signal est excisé au cours de la traduction, et la protéine mature est libérée dans la lumière du RE immédiatement après avoir été synthétisée.

Après l'avoir contrôlée avec soin par des expériences génétiques et biochimiques, on trouva que l'hypothèse du signal s'appliquait à la fois aux cellules végétales et animales, ainsi qu'aux translocations de protéines à travers les membranes plasmiques des procaryotes. De plus, on trouva que les peptides de tête amino-terminaux ne sont pas seulement présents dans des protéines sécrétées, mais aussi dans des précurseurs de la membrane plasmique et des protéines lysosomales, qui sont également importées par le RE. Comme nous l'avons mentionné précédemment, la fonction de transmission de signaux de ces peptides de tête a été directement démontrée par des techniques d'ADN recombinant, qui permettent d'attacher des séquences signal à des protéines qui, normalement, n'en ont pas ; les protéines de fusion résultantes sont dirigées vers le RE.

Des systèmes acellulaires dans lesquels l'importation de protéines se produit ont fourni des techniques de dosage efficaces pour identifier, purifier et étudier les divers composants du mécanisme moléculaire responsable du processus d'importation du RE.

8-25 Une particule de reconnaissance de signal dirige les peptides signal du RE vers un récepteur spécifique dans la membrane du RE [37]

Le peptide signal est guidé vers la membrane du RE par au moins deux composants : une **particule de reconnaissance de signal** (SRP) qui va et vient entre la membrane du RE et le cytosol et qui se fixe à un peptide signal, et un *récepteur de la SRP*, aussi connu sous le nom de *protéine d'ancrage* dans la membrane du RE. La SRP fut découverte lorsqu'on trouva que le lavage des microsomes avec une solution saline éliminait leur capacité d'importer des protéines sécrétées. L'importation pouvait être rétablie par addition du surnageant contenant l'extrait salin. Le « facteur de translocation » présent dans la solution saline fut ensuite purifié et l'on trouva que c'était une particule complexe constituée de six chaînes polypeptidiques différentes liées à une seule molécule d'ARN 7SL (Figure 8-42).

La particule de reconnaissance de signal se lie à un peptide signal dès que le peptide émerge du ribosome. Ceci provoque une pause dans la synthèse protéique, et la stoppe parfois complètement. La pause dans la traduction donne probablement au ribosome une chance

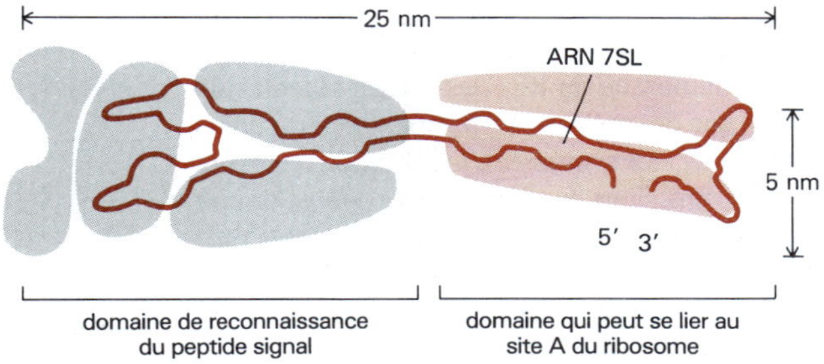

Figure 8-42 Un dessin très schématique de la particule de reconnaissance du signal (SRP). C'est un complexe allongé contenant six chaînes polypeptidiques (*zones ombrées*) et une molécule d'ARN 7SL. Une des extrémités de la particule se lie à un ribosome ; l'autre se lie à un peptide signal du RE sur une chaîne polypeptidique naissante. Il a été suggéré qu'un segment de l'ARN 7SL pouvait se replier en une structure semblable à celle de l'ARNt qui entre en compétition au niveau du site A du ribosome avec des aminoacyl-ARNt entrants, provoquant ainsi un arrêt dans la traduction. (D'après V. Siegel et P. Walter, *Nature* 320 : 82-84, 1986.)

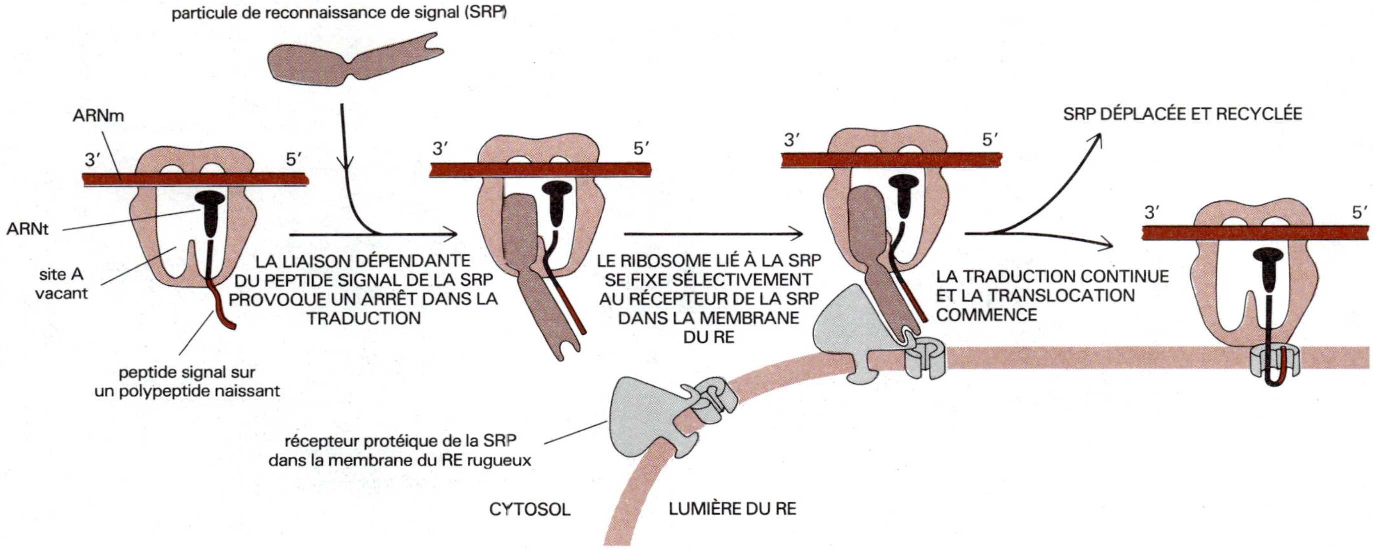

Figure 8-43 La particule de reconnaissance de signal et le récepteur protéique de la SRP agissent probablement de concert pour diriger vers le RE un ribosome qui synthétise une protéine avec un peptide signal du RE. La SRP se fixe à un peptide signal exposé et au ribosome, recouvrant probablement le site A. Puisque l'addition de l'aminoacyl-ARNt suivant est bloquée, la traduction s'arrête. Le récepteur de la SRP dans la membrane du RE se lie au complexe SRP-ribosome et, au cours d'une réaction complexe mal comprise, la SRP est déplacée et la traduction continue, le ribosome étant maintenant localisé sur la membrane du RE. Le mécanisme qui insère initialement la chaîne polypeptidique dans la membrane fait intervenir une protéine transmembranaire séparée qui se fixe au peptide signal (le récepteur du peptide signal) ainsi qu'à d'autres composants protéiques impliqués dans la translocation et qui n'ont pas été bien caractérisés.

d'occuper la membrane du RE avant l'achèvement du polypeptide, évitant ainsi la libération impropre de la protéine dans le cytosol.

La SRP est une molécule allongée composée de deux groupes de protéines liées à un échafaudage d'ARN (voir Figure 8-42). Dans un des modèles possibles, la SRP est à cheval sur le ribosome, se liant à la fois au peptide signal lorsqu'il sort de la grosse sous-unité ribosomale, et au site de liaison ribosomal des aminoacyl-ARNt (voir p. 212), arrêtant ainsi la traduction en empêchant l'aminoacyl-ARNt suivant de s'associer au ribosome (Figure 8-43).

L'arrêt de la traduction est levé lorsque la SRP qui porte le ribosome se lie au **récepteur de la SRP**, qui est exposé à la surface cytosolique de la membrane du RE rugueux. Le récepteur de la SRP, comme la SRP, fut initialement identifié comme un composant nécessaire à la reconstitution *in vitro* de la translocation protéique dans le RE. C'est une protéine membranaire intrinsèque bicaténaire qui interagit avec les ribosomes liés à la SRP de sorte que la SRP est déplacée et la traduction reprend. Simultanément, le ribosome se lie à la membrane du RE, et sa chaîne polypeptidique en croissance est transférée vers un dispositif de translocation mal connu, situé dans la membrane, qui compte une seconde protéine réceptrice d'un peptide signal, distincte de la SRP (voir Figure 8-43). Ce mécanisme assure qu'un ribosome qui commence à synthétiser une protéine avec un peptide signal du RE se fixera à la membrane du RE et commencera la translocation protéique à travers cette membrane.

8-26 La translocation à travers le RE ne nécessite pas toujours une élongation continue de la chaîne polypeptidique [38]

Comme nous l'avons vu, la translocation des protéines dans les mitochondries, les chloroplastes et les peroxysomes est *post-traductionnelle* : elle a lieu lorsque la protéine est achevée et libérée dans le cytosol, au contraire de la translocation à travers la membrane du RE qui se produit habituellement au cours de la traduction (*co-traductionnelle*). Ceci explique pourquoi les ribosomes sont liés à la membrane du RE mais non à la surface cytoplasmique des autres organites. Pendant de nombreuses années, on supposa que les ribosomes du RE rugueux devaient utiliser l'énergie libérée au cours de la synthèse protéique pour « expulser » leurs chaînes polypeptidiques en croissance à travers la membrane du RE. Des études récentes de la translocation du RE *in vitro* ont cependant montré que des précurseurs protéiques particuliers peuvent être importés dans le RE après l'achèvement de leur synthèse. L'importation nécessite l'hydrolyse de l'ATP mais ne nécessite pas de synthèse protéique continue (Figure 8-44). Comme pour l'importation mitochondriale des protéines (voir p. 428), l'hydrolyse de l'ATP semble être nécessaire au dépliement de la protéine lorsqu'elle traverse la membrane, et des expériences à la fois génétiques et biochimiques, réalisées chez les levures, montrent qu'une sous-classe de protéines hsp70 de réponse au stress est nécessaire (voir p. 420).

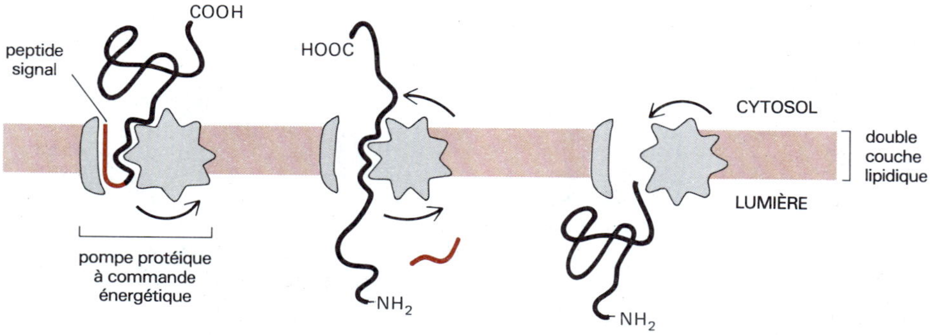

Figure 8-44 Une des représentations de la translocation d'une protéine à travers une membrane. Dès qu'un récepteur reconnaît un caractère particulier d'un peptide N-terminal, une pompe protéique à commande énergétique est activée pour faire traverser la membrane à la totalité de la protéine ; au cours de ce processus, la chaîne polypeptidique est momentanément dépliée. Il est possible aussi que le dépliement de la protéine soit catalysé par un processus ATP-dépendant du côté cytosolique de la membrane, et que seule l'énergie libre du repliement du côté luminal dirige la protéine à travers la membrane.

L'importation dans le RE de la majorité des précurseurs protéiques du RE dans les cellules des mammifères devient impossible lorsque leur synthèse a dépassé un certain point. Il semble que ces protéines se replient d'une façon qui masque le peptide signal ou qui rend impossible le dépliement de la protéine par le mécanisme de translocation du RE. L'importation co-traductionnelle peut avoir permis à ces protéines d'évoluer sans les contraintes de repliement qui existent probablement pour les protéines importées dans d'autres organites.

8-27 Des combinaisons de peptides d'initiation et de terminaison du transfert peuvent déterminer les nombreuses topologies différentes observées pour les protéines transmembranaires [39]

Bien que la plupart des peptides signal amino-terminaux soient éliminés par une **signal peptidase** spécifique liée à la membrane du RE, le peptide signal n'est pas en lui-même une indication suffisante pour que la peptidase agisse : l'élimination d'un peptide signal nécessite un site de clivage adjacent qui n'est pas nécessaire à la translocation ; en effet, certaines protéines possèdent des peptides signal à l'intérieur de la chaîne polypeptidique, où ils ne sont jamais clivés.

On pense que les peptides signal non clivés sont essentiels à l'exécution des divers modes d'insertion membranaire qui existent pour les protéines transmembranaires (voir p. 284). Tous les modes d'insertion peuvent être considérés comme des variantes de la séquence d'événements par laquelle une protéine soluble est transférée dans la lumière du RE. Selon cette conception courante du processus, le peptide signal hydrophobe du RE pour une protéine soluble sert, en plus de ses autres fonctions, de **signal d'initiation de transfert** ; il reste ancré à la membrane pendant toute la translocation, alors que le reste de la protéine est « enfilé » de façon continue dans la membrane, sous la forme d'une grande boucle (Figure 8-45A). Une fois que l'extrémité carboxylée de la protéine a traversé la membrane, la protéine ne reste fixée à la membrane que par le peptide signal. Par conséquent, si ce peptide est éliminé par clivage, la protéine est libérée dans la lumière du RE.

Les exigences des protéines membranaires sont plus complexes car certaines parties de la chaîne polypeptidique sont transloquées, alors que d'autres ne le sont pas. Dans le cas le plus simple, la protéine est exactement transloquée de la même manière que les protéines solubles, comme nous venons de le décrire, si ce n'est que le peptide signal n'a pas de site de clivage adjacent et n'est donc pas éliminé par la signal peptidase. Il en résulte que la protéine transloquée reste sous la forme d'une protéine transmembranaire à traversée unique ancrée à la membrane du RE au niveau de son extrémité aminée, où le peptide signal forme un segment transmembranaire long de 20 à 30 résidus d'acides aminés hydrophobes en forme d'hélice α (voir Figure 8-48A).

Un mécanisme plus élaboré est nécessaire dans le cas de protéines transmembranaires à traversée unique qui ont leurs extrémités aminées, plutôt que leurs extrémités carboxylées, du côté de la lumière du RE. Pour ces protéines aussi, la translocation est initiée par un peptide signal amino-terminal ; mais, à présent, un segment hydrophobe supplémentaire dans la protéine arrête le processus avant que la translocation de la chaîne polypeptidique soit terminée. C'est ce **peptide de terminaison de transfert** qui ancre la protéine dans la membrane, et le peptide signal (d'initiation de transfert) est éliminé par clivage (Figure 8-45B).

On connaît beaucoup de protéines transmembranaires à traversées multiples dans lesquelles la chaîne polypeptidique fait plusieurs allers et retours à travers la double couche

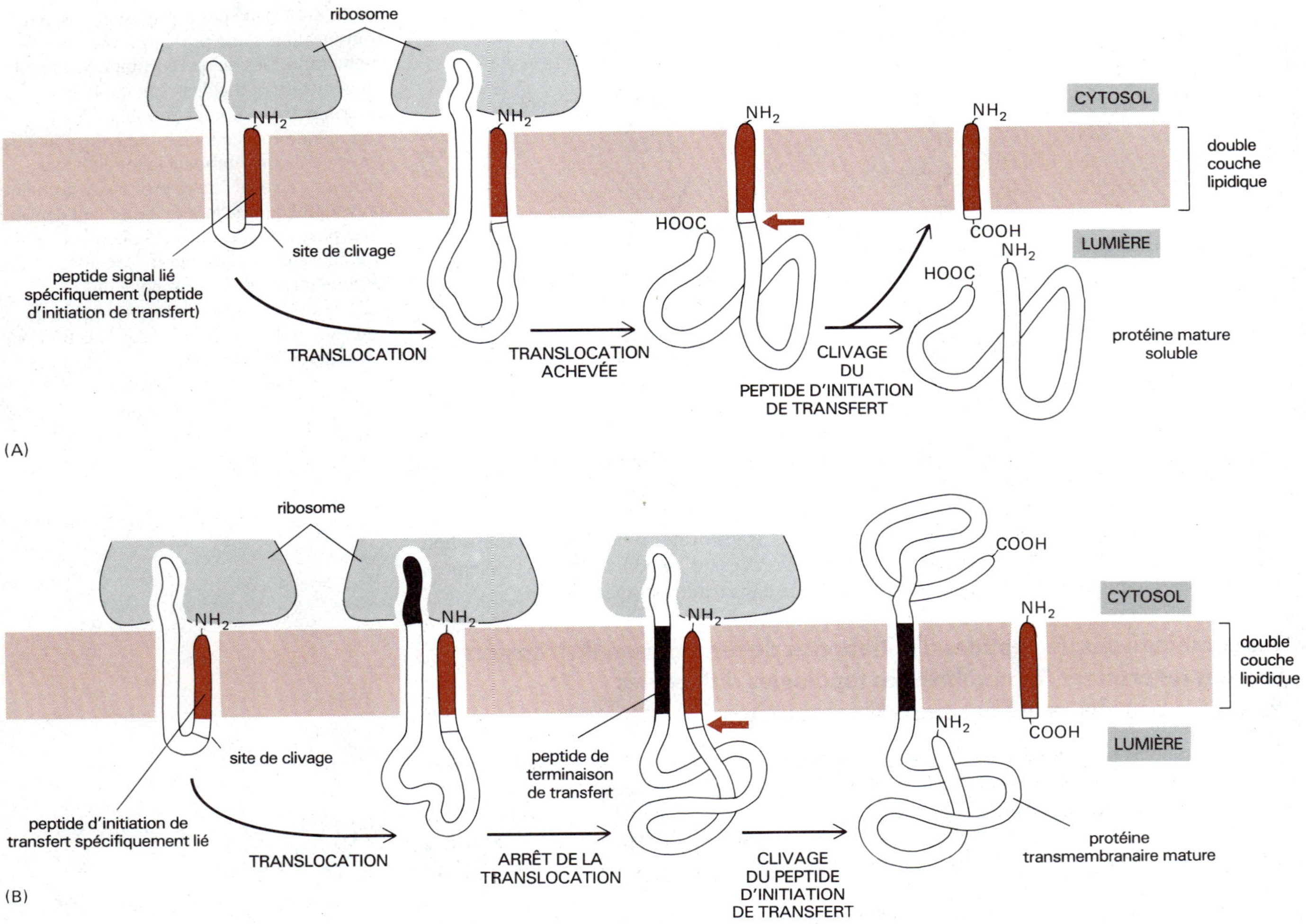

lipidique (voir p. 293). Dans ces protéines, il est probable qu'un peptide signal interne sert de signal d'initiation de transfert et initie la translocation, chaque événement de translocation se produisant jusqu'à ce que le peptide de terminaison de transfert suivant soit atteint. Ainsi, l'unité transloquée fondamentale est une boucle du polypeptide située entre deux segments hydrophobes (un peptide d'initiation et un peptide de terminaison de transfert), ces deux peptides tenant lieu de domaines transmembranaires α-hélicoïdaux dans la protéine mature. Un des mécanismes possibles d'insertion d'une telle boucle dans la membrane est illustré dans la Figure 8-46. Dans les protéines transmembranaires complexes, à traversées multiples, dans lesquelles de nombreuses hélices α hydrophobes traversent la double couche, la translocation serait réinitiée par un second peptide d'initiation situé plus loin dans la chaîne, jusqu'à ce qu'elle soit à nouveau arrêtée par le peptide de terminaison de transfert suivant, et ainsi de suite pour les peptides d'initiation et de terminaison de transfert suivants (voir Figure 8-48D).

8-28 La conformation générale d'une protéine transmembranaire peut être souvent prédite d'après la distribution de ses acides aminés hydrophobes [40]

Bien que les peptides de terminaison de transfert soient généralement plus hydrophobes que les peptides d'initiation de transfert, ils peuvent parfois agir comme peptide d'initiation si leur emplacement dans la protéine est modifié. Ainsi, la distinction entre les peptides hydrophobes d'initiation et de terminaison de transfert résulte en partie de l'ordre dans lequel ils se présentent dans la chaîne polypeptidique naissante. Il semble que le mécanisme de translocation dans la membrane du RE commence par explorer une chaîne polypeptidique dépliée afin de trouver des segments hydrophobes au niveau de son extrémité aminée, puis poursuit sa course vers l'extrémité carboxylée — dans le même sens de la synthèse protéique. La SRP reconnaît le premier segment conforme et fixe alors la phase de « lecture ». Le segment hydrophobe

Figure 8-45 La topologie de la translocation protéique à travers la membrane du RE est illustrée ici pour deux cas simples. L'intermédiaire de translocation contient, pense-t-on, une boucle de chaîne polypeptidique dans laquelle le peptide signal (également appelé peptide d'initiation de transfert) forme l'une des extrémités de la boucle, et la région de la chaîne polypeptidique qui est transloquée à travers la membrane à tout moment forme l'autre extrémité. Lorsqu'il y a un peptide d'initiation de transfert et pas de peptide de terminaison de transfert, la totalité du polypeptide est transloquée à travers la membrane, et le clivage du peptide d'initiation de transfert libère la protéine mature dans la lumière du RE sous forme d'une protéine soluble (A). Lorsqu'un peptide d'initiation de transfert et un peptide de terminaison de transfert sont présents, la translocation s'arrête lorsque le peptide de terminaison pénètre à l'extrémité de la boucle alors que la synthèse protéique continue sur le côté cytosolique de la membrane ; après le clivage du peptide d'initiation de transfert, la protéine mature reste dans la double couche lipidique du RE, un domaine faisant saillie de chaque côté (B).

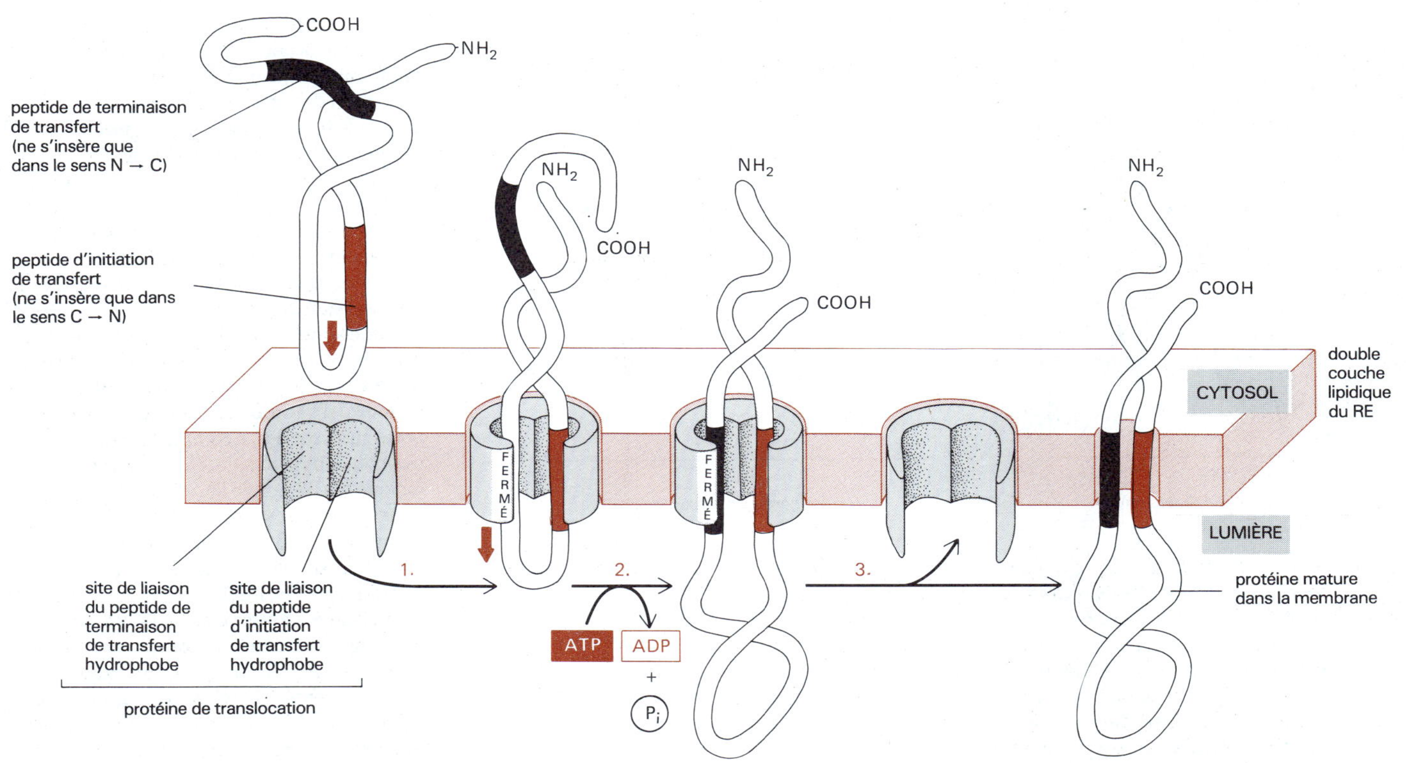

conforme suivant est reconnu comme peptide de terminaison de transfert, provoquant le passage à travers la membrane de la région de la chaîne polypeptidique qui se trouve entre les deux segments (voir Figure 8-46). Il est possible qu'un processus analogue se poursuive jusqu'à ce que toutes les régions hydrophobes de la protéine soient insérées dans la membrane.

Ce mécanisme d'insertion membranaire signifie qu'il est souvent possible de prédire la topographie d'une protéine membranaire à partir de sa séquence d'acides aminés. On commence par rechercher des régions contiguës d'environ 20 à 30 résidus d'acides aminés et de fort degré d'hydrophobicité. Ces segments sont suffisamment longs pour traverser une membrane sous forme d'hélice α, et ils peuvent souvent être identifiés au moyen d'un *profil d'hydropathie* (Figure 8-47). Il est alors possible de prédire la topologie de la chaîne polypeptidique en se fondant sur l'hypothèse que le premier segment, recherché à partir de l'extrémité aminée, a une fonction d'initiation de transfert, et que les peptides de terminaison de transfert qui suivent alternent avec les peptides d'initiation de transfert suivants. Quatre exemples sont illustrés dans la Figure 8-48.

Puisque les protéines membranaires sont toujours insérées depuis la face cytosolique du RE de cette manière programmée, toutes les copies de la même chaîne polypeptidique auront la même orientation générale dans la double couche. Ceci engendre une membrane de RE asymétrique dans laquelle les domaines protéiques exposés d'un côté sont différents des domaines exposés de l'autre. Cette asymétrie est maintenue au cours des nombreux événements de bourgeonnement et de fusion membranaires qui transportent les protéines synthétisées dans le RE vers d'autres membranes cellulaires (voir Figure 8-10), et elle détermine donc également l'orientation des protéines dans ces membranes.

Lorsque des protéines sont dissociées d'une membrane et reconstituées dans des vésicules lipidiques artificielles (voir p. 287), il en résulte habituellement un mélange aléatoire d'orientations protéiques normales et inversées. Ainsi, il est probable que l'asymétrie protéique observée dans les membranes cellulaires résulte uniquement du processus d'insertion des protéines dans la membrane du RE à partir du cytosol.

Figure 8-46 Un modèle hypothétique de l'insertion d'une boucle interne de chaîne polypeptidique dans la double couche lipidique du RE. On suppose qu'une protéine de translocation a deux conformations, « fermée » et « ouverte ». Après la liaison du peptide d'initiation de transfert sur une protéine qui doit être transloquée, la protéine de translocation prend l'état fermé et devient active dans la translocation. Mais elle rebascule dans une conformation ouverte inactive et libère sa protéine dès qu'un peptide de terminaison de transfert occupe son autre site de fixation.

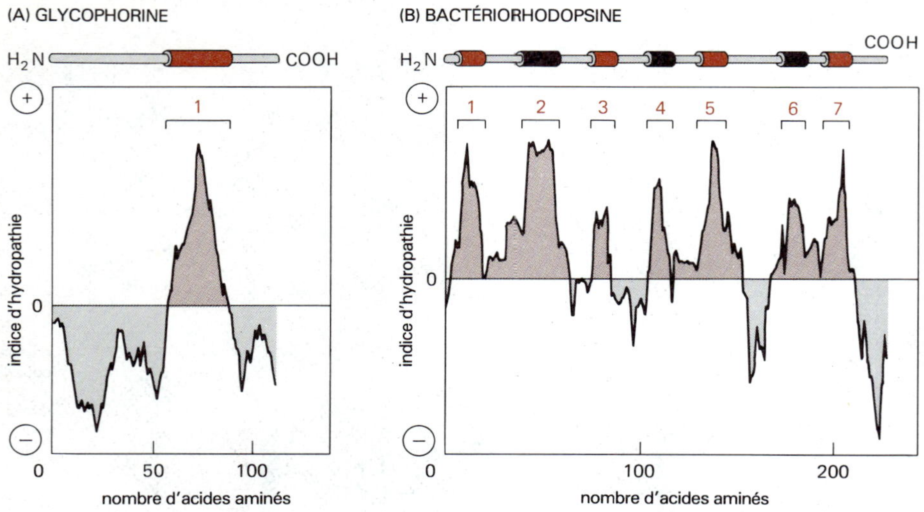

Figure 8-47 Localisation de segments hydrophobes potentiels (traversant la membrane) dans une chaîne polypeptidique au moyen des profils d'hydropathie. L'énergie libre nécessaire au transfert de segments successifs d'une chaîne polypeptidique, d'un solvant non polaire à l'eau, est calculée à partir de la composition en acides aminés de chaque segment en utilisant les résultats obtenus à partir de composés de référence. Ce calcul est fait pour des segments d'une taille donnée (habituellement aux alentours de 10 résidus d'acides aminés), en commençant par chaque acide aminé consécutif dans la chaîne. « L'indice d'hydropathie » du segment est porté sur l'axe des Y comme fonction de sa position dans la chaîne. Une valeur positive indique que l'énergie libre est nécessaire pour le transfert vers l'eau (c'est-à-dire que le segment est hydrophobe) et la valeur attribuée est un indice de la quantité d'énergie nécessaire. Des pics apparaissent dans l'indice d'hydropathie au niveau des positions des segments hydrophobes dans la séquence d'acides aminés. Deux exemples sont représentés : (A) la glycophorine (voir p. 291) possède un seul domaine hydrophobe traversant la membrane, et un pic correspondant sur le profil d'hydropathie ; (B) la bactériorhodopsine (voir p. 293) a sept hélices traversant la membrane et sept pics correspondants sur le profil d'hydropathie. (D'après D. Eisenberg, *Ann. Rev. Biochem.* 53 : 595-624, 1984.)

Figure 8-48 La topologie d'une protéine membranaire est « régentée » par l'alternance de peptides de terminaison de transfert et de peptides signal (initiation de transfert) alternés. Dans tous les exemples représentés, les peptides signal ne sont pas clivés. On suppose que la protéine de translocation hypothétique fonctionne comme le montre la Figure 8-46. (A) Lorsqu'un peptide signal N-terminal n'est pas clivé et qu'aucun peptide de terminaison de transfert n'est présent, il y a formation d'une protéine membranaire avec un seul domaine C-terminal qui fait saillie sur le côté luminal de la membrane du RE. (B) Lorsque le peptide signal est interne, il y a formation d'une protéine membranaire avec un domaine cytoplasmique N-terminal et un domaine luminal C-terminal. (C) Lorsqu'un peptide de terminaison de transfert suit un peptide signal interne, trois domaines séparés feront saillie à partir d'une protéine membranaire. (D) Des protéines membranaires qui traversent plusieurs fois la double couche peuvent se former par une simple généralisation des mêmes principes, grâce à l'alternance de peptides signal et de peptides de terminaison de transfert.

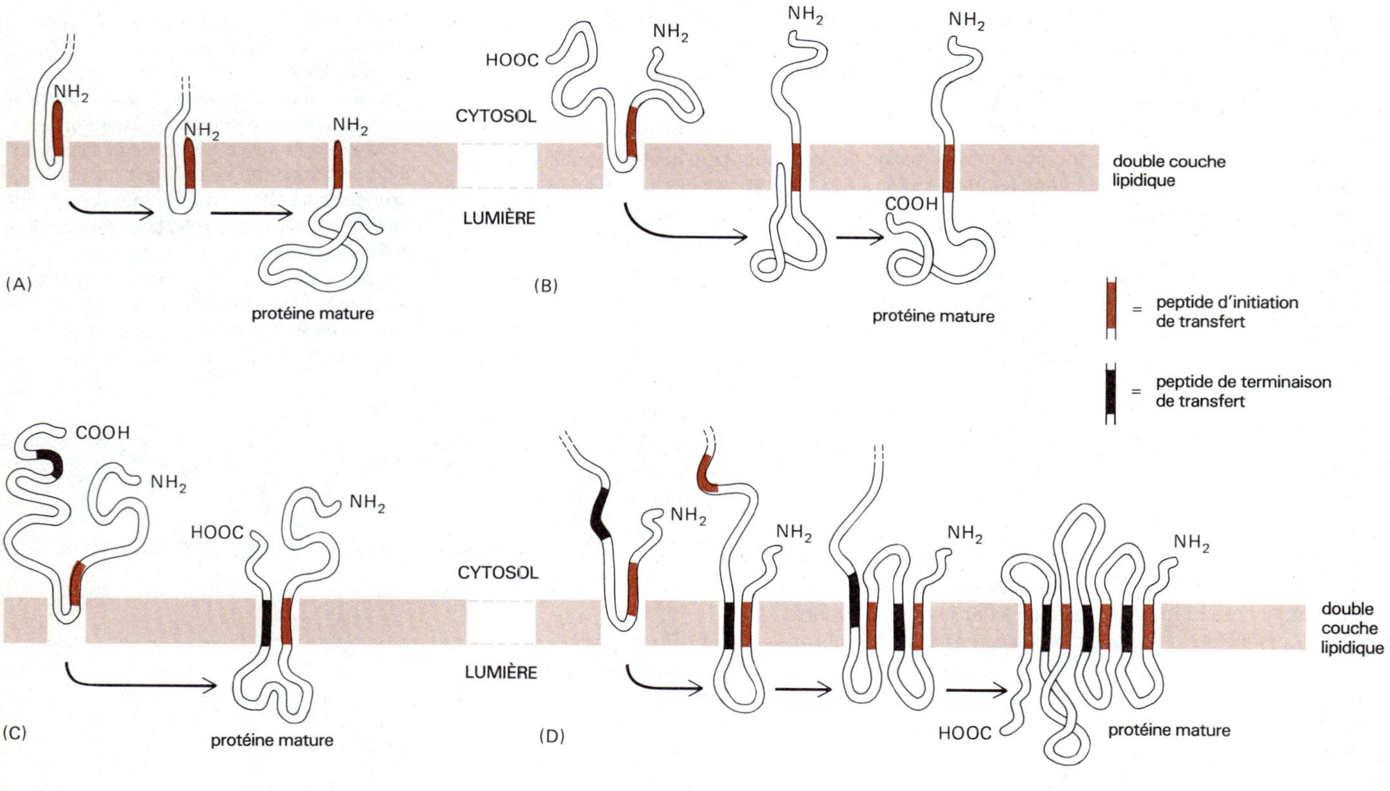

Des chaînes polypeptidiques transloquées se replient dans la lumière du RE [41]

Le repliement des chaînes polypeptidiques dans la lumière du RE pourrait poser un problème particulier que ne rencontrent pas les protéines qui se replient dans le cytosol. La lumière du RE contient essentiellement des protéines en transit qui sont en cours de repliement alors que le cytosol contient principalement des protéines résidentes qui sont déjà repliées. Les protéines repliées ont une partie centrale interne hydrophobe lorsqu'elles sont repliées (voir p. 107), mais avant leur repliement, les résidus hydrophobes qui constituent cette partie centrale sont exposés à l'eau. Lorsque des chaînes polypeptidiques non repliées sont présentes, même à de très faibles concentrations, elles ont donc tendance à s'agréger les unes aux autres et à d'autres protéines afin d'enfouir ces groupements hydrophobes et, en conséquence, elles se séparent de la solution par précipitation. Dans un mélange complexe de nombreuses protéines non repliées, comme dans la lumière du RE, on pourrait s'attendre à ce qu'un précipité amorphe et hétérogène se forme. Le temps passé dans le RE avant de sortir vers l'appareil de Golgi varie beaucoup pour différentes protéines : mais il est possible que cette variabilité soit, en grande partie, le reflet de la variabilité du temps qu'il faut à une protéine pour se dissocier de ce précipité (et donc devenir soluble), et se replier proprement.

La lumière du RE contient une forte concentration d'une **protéine de liaison (BiP)** qui semble reconnaître des protéines repliées de manière incorrecte, peut-être en se liant à leurs surfaces hydrophobes exposées. La BiP contient un peptide signal de quatre acides aminés à son extrémité carboxylée qui est responsable du maintien de la protéine dans le RE (voir Tableau 8-3, p. 415). Il semble vraisemblable que la BiP, en se liant aux chaînes non repliées, aide au maintien des protéines incorrectement repliées dans le RE (et donc hors du Golgi). Elle pourrait aussi aider à catalyser le repliement des protéines. La BiP fixe l'ATP et est structurellement apparentée à la famille hsp70 des *protéines de réponse au stress* qui fonctionnent dans l'importation des protéines (voir p. 428 et p. 440), et qui favorisent, pense-t-on, la solubilisation des protéines qui ont été endommagées par un choc thermique ou d'autres lésions (voir p. 420).

Une protéine disulfure isomérase accélère la formation de liaisons disulfures correctes dans la lumière du RE [42]

Le cytosol renferme un mélange d'agents réducteurs qui contiennent des thiols et qui empêchent la formation des liaisons S-S (ponts disulfure) en maintenant les résidus cystéines des protéines cytosoliques sous une forme réduite (-SH) (Figure 8-49). La lumière du RE ne contient pas ces agents réducteurs, et des liaisons S-S peuvent s'y former. Dans un flot de chaînes polypeptidiques repliées dans un environnement non réducteur, il se formera vraisemblablement de nombreuses liaisons S-S incorrectes. Une enzyme de la lumière du RE aide à corriger ces erreurs. La **protéine disulfure isomérase** est une protéine abondante faiblement liée du côté luminal de la membrane du RE ; elle contient le même signal de maintien dans le RE que la BiP. Elle agit de façon répétitive pour cliver les ponts S-S, permettant aux protéines de chercher rapidement parmi les nombreux arrangements différents jusqu'à ce qu'elle trouve celui qui a la plus faible énergie libre globale (Figure 8-50). A ce stade, la protéine néosynthétisée est correctement repliée. En fin de compte, le même état final pourrait être atteint sans l'enzyme, mais l'isomérase accélère considérablement le processus.

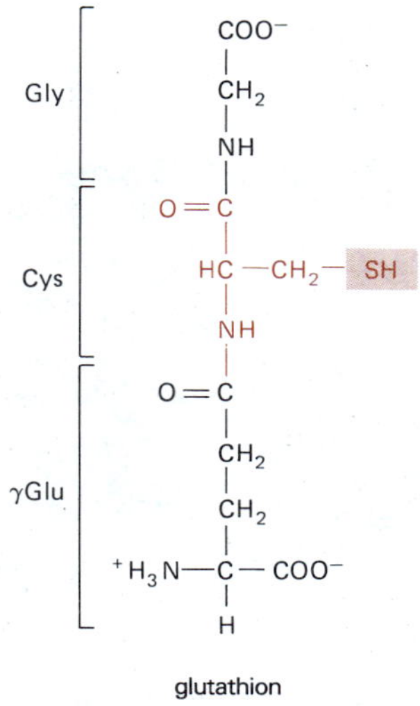

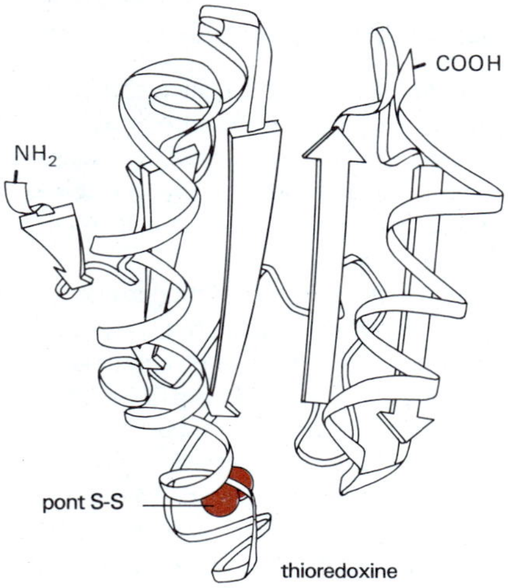

Figure 8-49 Du fait que de fortes concentrations d'agents réducteurs tels que le *glutathion* (un tripeptide) et la *thioredoxine* (une petite protéine) sont présentes dans le cytosol et non dans la lumière de compartiments tels que le RE, des ponts disulfure peuvent se former dans la lumière du RE mais non dans le cytosol. Le glutathion et la thioredoxine sont maintenus sous forme très réduite dans le cytosol par des enzymes qui transfèrent des électrons à partir du NADPH pour convertir en cystéines tout pont disulfure qui se forme dans leur molécule. Comme on le voit, la structure tridimensionnelle de la thioredoxine d'*E. coli* a été déterminée par cristallographie aux rayons X. Elle contient deux cystéines très proches, représentées ici sous forme liée par un pont disulfure.

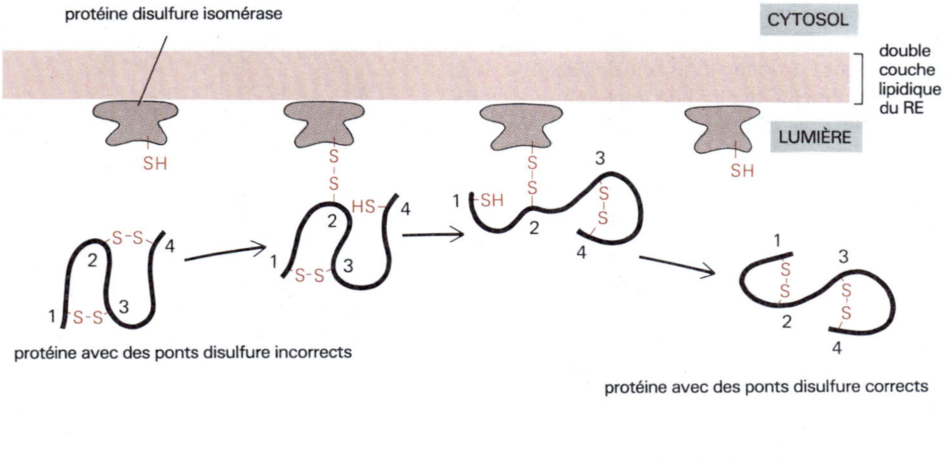

Figure 8-50 Dans la lumière du RE, l'enzyme *protéine disulfure isomérase* agit de façon répétitive pour cliver des liaisons S-S intracaténaires jusqu'à ce que leur arrangement ait atteint la plus basse énergie libre globale, qui correspond au niveau où la protéine est repliée correctement. De cette façon, l'enzyme facilite le repliement des protéines néosynthétisées qui pénètrent dans le RE.

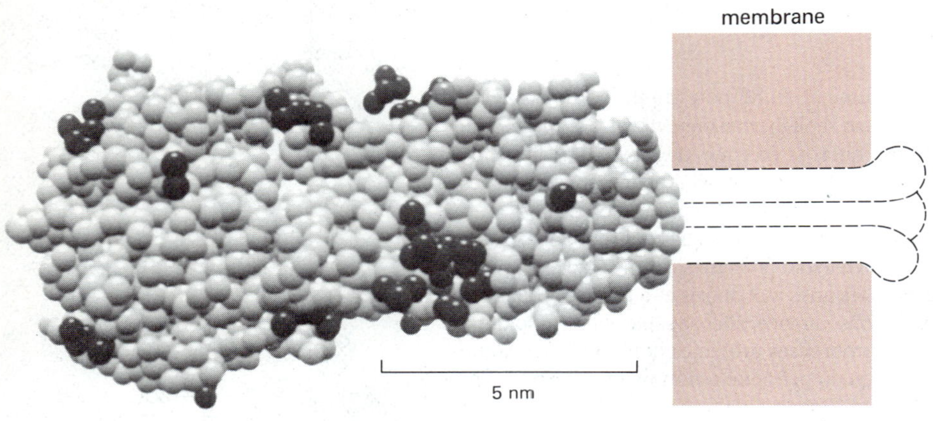

Figure 8-51 La structure tridimensionnelle d'une glycoprotéine transmembranaire, l'hémagglutinine du virus de la grippe, montrant la localisation de ses chaînes oligosaccharidiques liées de façon covalente (*atomes noirs*). Les glycoprotéines sont insérées dans les membranes cellulaires ou bien sécrétées hors des cellules et elles peuvent contenir de moins de 1 p. cent à plus de 85 p. cent de glucides en poids. Quelques glycoprotéines riches en glucides contiennent des dizaines ou même des centaines de chaînes oligosaccharidiques liées par molécule. Les régions transmembranaires des trois sous-unités polypeptidiques identiques de cette protéine d'enveloppe virale seraient situées au bas de la structure représentée ; on ne les voit pas car cette région fut éliminée par clivage lors de la préparation des molécules protéiques pour leur analyse par cristallographie aux rayons X. (Photographie avec l'autorisation de Richard J. Feldmann.)

La plupart des protéines synthétisées dans le RE rugueux sont glycosylées par addition d'un oligosaccharide N - glycosylé qui leur est commun [43]

L'addition covalente de glucides aux protéines est une des principales fonctions de biosynthèse du RE. La majorité des protéines qui sont enfermées dans la lumière du RE avant d'être transportées vers l'appareil de Golgi, les lysosomes, la membrane plasmique, ou l'espace extracellulaire, sont des **glycoprotéines** (Figure 8-51). Par contre, très peu de protéines du cytosol sont glycosylées, et celles qui le sont portent une modification glucidique différente (voir p. 417).

Un progrès important dans la compréhension du processus de **glycosylation des protéines** fut la découverte qu'une seule espèce d'oligosaccharide (composé de *N*-acétylglucosamine, de mannose et de glucose et contenant un total de 14 résidus glucidiques) est transférée aux protéines dans le RE. Puisqu'il est toujours transféré au groupement NH_2 sur la chaîne latérale d'un résidu asparagine de la protéine, cet oligosaccharide est dit *N-glycosylé* ou *lié à l'asparagine* (Figure 8-52). Le transfert est catalysé par une enzyme membranaire dont le site actif est exposé sur la surface luminale de la membrane du RE, ce qui explique pourquoi les protéines cytosoliques ne sont pas glycosylées de cette façon. Le précurseur oligosaccharidique préformé est transféré *en bloc* au résidu asparagine cible par une seule étape enzymatique, presque immédiatement après l'émergence du résidu dans la lumière du RE au cours de la translocation protéique (Figure 8-53). Puisque l'importation de la majorité des protéines dans le RE est co-traductionnelle, les oligosaccharides *N*-glysosylés sont presque toujours ajoutés au cours de la synthèse protéique, garantissant un accès maximal aux résidus asparagine cibles, qui sont ceux des séquences *Asn-X-Ser* ou *Asn-X-Thr* (où X représente un acide aminé quelconque, excepté la proline). Ces deux séquences fonctionnent donc comme signaux pour la glycosylation *N*-liée. On les trouve beaucoup moins fréquemment dans les glycoprotéines que dans les protéines cytoplasmiques non glycosylées. Il y a eu manifestement une pression sélective contre ces séquences, probablement due à une interférence entre la glycosylation en de si nombreux sites et le repliement des protéines.

L'oligosaccharide précurseur est maintenu dans la membrane du RE par une molécule lipidique particulière, le **dolichol**. L'oligosaccharide est lié au dolichol par une liaison pyrophosphate de haute énergie, qui fournit l'énergie d'activation pour la réaction de glycosylation. L'oligosaccharide est formé par l'addition successive de glucides à cette molécule de lipide liée à la membrane avant le transfert vers une protéine. Les glucides sont d'abord activés dans le cytosol par la formation *d'intermédiaires nucléotides-glucides*, qui donnent ensuite leurs glucides au lipide (directement ou indirectement) en une séquence ordonnée. Au cours de ce processus, l'oligosaccharide lié au lipide bascule du cytosol vers le côté luminal de la membrane du RE (Figure 8-54). Le dolichol est long et très hydrophobe : ses 22 unités isopréniques peuvent

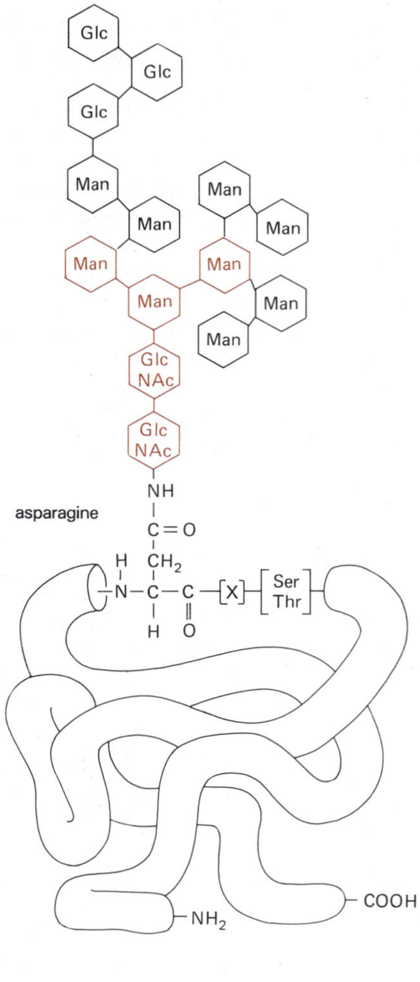

Figure 8-52 La structure d'un polysaccharide lié à une asparagine, qui est ajouté à la majorité des protéines sur la face luminale de la membrane du RE. Les glucides représentés en couleur forment la région (ou noyau) centrale de cet oligosaccharide. Pour de nombreuses glycoprotéines, seuls les glucides du noyau sont épargnés par le processus intense d'élagage des oligosaccharides dans l'appareil de Golgi (voir Figure 8-63). Noter que l'asparagine est présente dans la séquence Asn-X-Ser ou Asn-X-Thr, où X peut être un acide aminé quelconque différent de la proline.

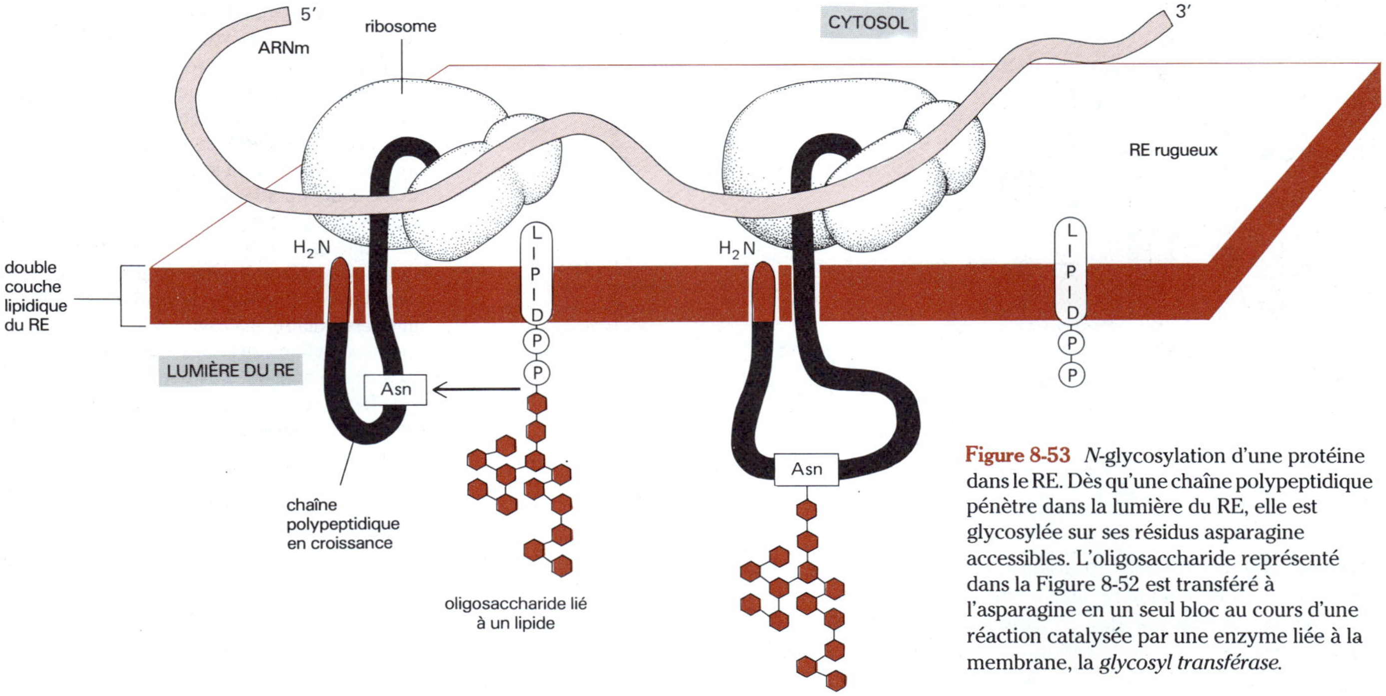

Figure 8-53 *N*-glycosylation d'une protéine dans le RE. Dès qu'une chaîne polypeptidique pénètre dans la lumière du RE, elle est glycosylée sur ses résidus asparagine accessibles. L'oligosaccharide représenté dans la Figure 8-52 est transféré à l'asparagine en un seul bloc au cours d'une réaction catalysée par une enzyme liée à la membrane, la *glycosyl transférase*.

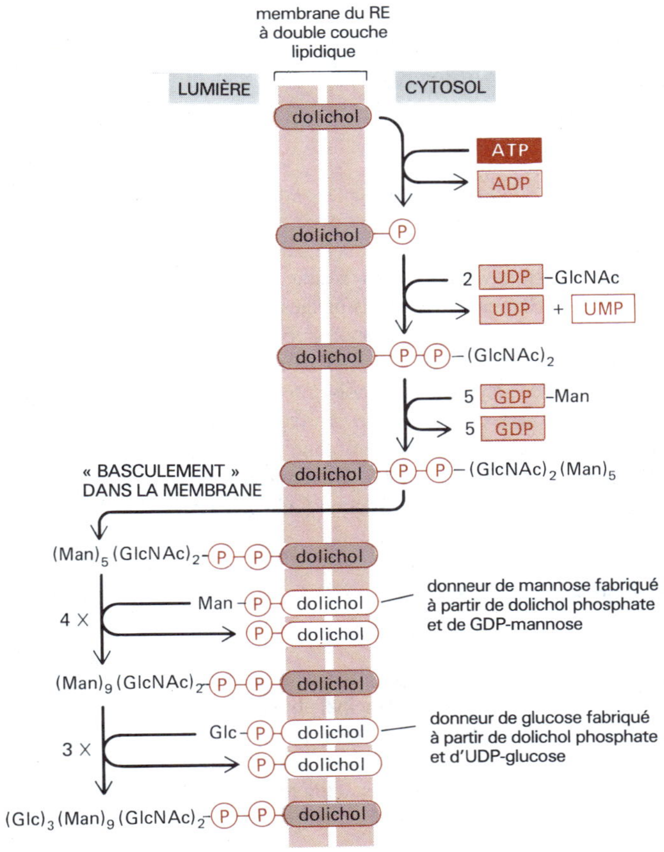

Figure 8-54 Synthèse de l'oligosaccharide lié à un lipide qui est transmis à des résidus asparagine de polypeptides naissants sur la face luminale de la membrane du RE. L'oligosaccharide est assemblé glucide par glucide sur le dolichol (un poly-isoprénoïde — voir Planche 2-4), auquel le premier glucide est lié par une liaison pyrophosphate. Cette liaison riche en énergie active le transfert de l'oligosaccharide, du lipide vers une chaîne latérale d'asparagine. La synthèse de l'oligosaccharide commence du côté cytosolique de la membrane du RE et continue sur la face luminale après le basculement de l'intermédiaire lipidique Man_5-$GlcNAc_2$ à travers la double couche. Toutes les réactions de transfert d'un glycosyle sur le côté luminal du RE impliquent les transferts du dolichol-P-glucose et du dolichol-P-mannose. Ces monosaccharides activés liés à un lipide sont synthétisés à partir du dolichol phosphate et de l'UDP-glucose ou du GDP-mannose (selon le cas) sur le côté cytosolique du RE, et on pense qu'ils basculent ensuite à travers la membrane du RE. Abréviations : GlcNAc, *N*-acétylglucosamine ; Man, mannose ; Glc, glucose.

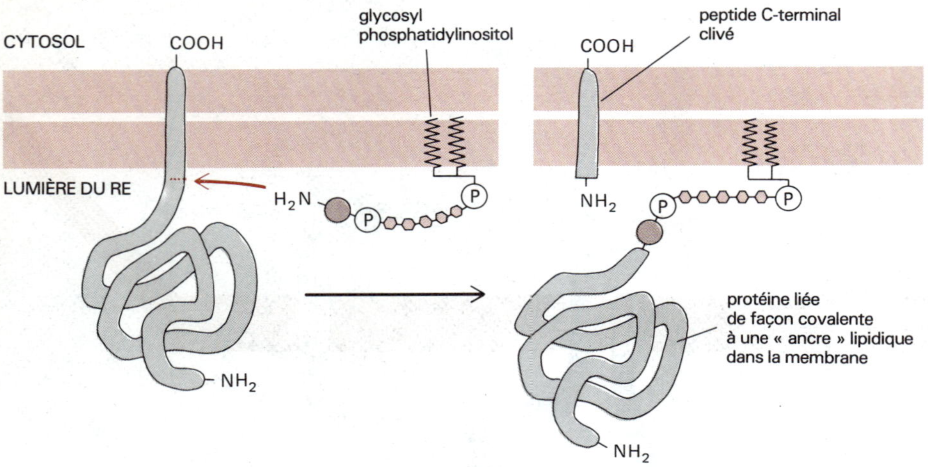

Figure 8-55 La synthèse de protéines ancrées aux membranes par un phosphatidylinositol. Aussitôt la synthèse protéique terminée, le précurseur protéique reste ancré à la membrane du RE seulement par une séquence C-terminale hydrophobe de 15 à 20 acides aminés, le reste de la protéine étant dans la lumière du RE. En moins d'une minute, une enzyme localisée dans le RE coupe la protéine à partir de son extrémité carboxylée liée à la membrane, tout en fixant la nouvelle extrémité carboxylée à un groupement aminé situé sur un intermédiaire glucosyl-phosphatidylinositol pré-assemblé. Du fait de cet ancrage lipidique covalent, la protéine reste liée à la membrane ; tous ses acides aminés sont exposés du côté luminal du RE et feront par conséquent saillie à l'extérieur de la cellule si la protéine est transportée vers la membrane plasmique. La structure exacte du groupement de tête glycolipidique est inconnue.

traverser plus de trois fois l'épaisseur d'une double couche lipidique de sorte que l'oligosaccharide lié est fermement ancré dans la membrane.

Toute la diversité des structures des oligosaccharides *N*- liés sur les glycoprotéines matures résulte de la modification considérable de la structure précurseur originale. Tandis qu'ils sont encore dans le RE, trois résidus glucose et un résidu mannose sont rapidement éliminés des oligosaccharides de la majorité des glycoprotéines (voir Figure 8-63). Cet « élagage » ou « transformation » de l'oligosaccharide se poursuit dans l'appareil de Golgi, et nous en reparlerons page 452.

Les oligosaccharides *N*- liés sont de loin les plus couramment rencontrés dans les glycoprotéines. Moins fréquemment, des oligosaccharides sont liés au groupement hydroxyle sur la chaîne latérale d'un résidu sérine, thréonine, ou hydroxylysine. Ces *oligosaccharides O-glycosylés* sont formés dans l'appareil de Golgi selon des voies qui ne sont pas encore parfaitement comprises (voir p. 456).

Certaines protéines membranaires échangent une extrémité membranaire carboxy-terminale contre un phospholipide contenant de l'inositol, lié de façon covalente, peu de temps après leur entrée dans le RE [44]

Comme nous en avons discuté précédemment, plusieurs enzymes cytosoliques catalysent l'addition covalente d'un seul acide gras à des protéines sélectionnées (voir p. 417). On a découvert récemment qu'un processus voisin est catalysé par des enzymes dans le RE : l'extrémité carboxylée de certaines protéines de la membrane plasmique est liée de façon covalente à un résidu glucidique d'un glycolipide. Cette liaison se forme dans la lumière du RE selon le mécanisme illustré dans la Figure 8-55, et elle ajoute à la protéine une molécule de phosphatidylinositol glycosylée, qui contient deux acides gras. On a montré qu'un nombre croissant de protéines de la membrane plasmique sont modifiées de cette façon, y compris l'une des formes de la molécule d'adhésion des neurones N-CAM et la protéine principale de l'enveloppe d'un trypanosome (voir p. 830). Puisque c'est le seul mode de fixation de ces protéines à l'extérieur de la membrane plasmique, celles-ci pourraient en principe être libérées des cellules sous forme soluble en réponse à des signaux qui activent une phospholipase spécifique dans la membrane plasmique (voir p. 702) ; jusqu'ici, une telle libération n'a pas été démontrée.

La majorité des doubles couches lipidiques membranaires sont assemblées dans le RE [45]

La membrane du RE produit presque tous les lipides nécessaires à l'élaboration de nouvelles membranes cellulaires, y compris les phospholipides et le cholestérol. Le principal phospholipide fabriqué est la *phosphatidylcholine* (également appelée lécithine) qui peut être formée en trois étapes à partir de deux acides gras, de glycérophosphate, et de choline (Figure 8-56). Chaque étape est catalysée par des enzymes de la membrane du RE dont les sites actifs font face au cytosol, où se trouvent tous les métabolites nécessaires. Dans la première étape, les acyl-

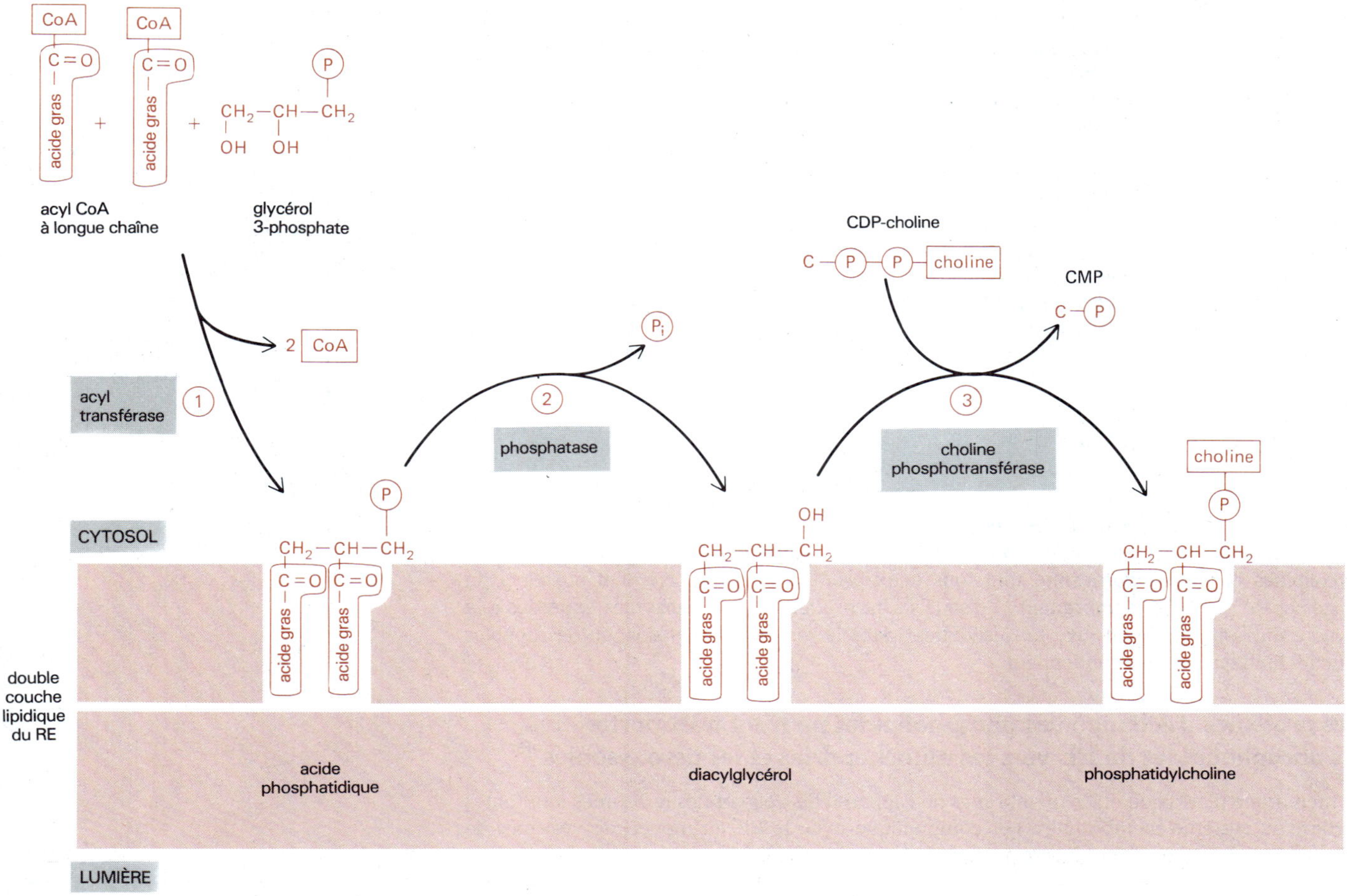

transférases ajoutent successivement deux acides gras au glycérophosphate pour former l'acide phosphatidique, un composé suffisamment insoluble dans l'eau pour demeurer dans la double couche lipidique après avoir été synthétisé. C'est cette étape qui développe la double couche. Les étapes suivantes déterminent le groupement de tête d'une molécule lipidique néoformée et, par conséquent, la nature chimique de la double couche, mais n'ont aucun effet sur le développement membranaire global (voir Figure 8-56). Les principaux phospholipides membranaires — la phosphatidylcholine (PC), la phosphatidyléthanolamine (PE), la phosphatidylsérine (PS), et le phosphatidylinositol (PI) — sont tous synthétisés de cette façon.

La formation initiale de l'acide phosphatidique et les modifications ultérieures qu'il subit pour donner les différents types de molécules phospholipidiques ont lieu dans la moitié cytosolique de la double couche lipidique du RE. Ce processus pourrait finir par convertir la double couche lipidique en monocouche, s'il n'existait pas un mécanisme qui transfère certaines des molécules phospholipidiques néoformées dans l'autre moitié de la double couche du RE. Dans les doubles couches lipidiques synthétiques, les lipides ne basculent pas (« flip-flop ») de cette façon (voir p. 278). Dans le RE, cependant, les phospholipides s'équilibrent à travers la membrane en quelques minutes, ce qui est presque 100 000 fois plus rapide que ce qu'il faut compter pour un basculement spontané. On pense que ce mouvement rapide à travers la double couche se fait par l'intermédiaire de *facteurs de translocation des phospholipides* qui sont spécifiques des groupements de tête. En particulier, la membrane du RE semble contenir un facteur de translocation (une *« flippase »*) qui transfère les phospholipides contenant de la choline — mais ne transfère pas les phospholipides contenant de l'éthanolamine, de la sérine ou de l'inositol — de la face cytoplasmique à la face luminale. Cela signifie que PC atteint la face luminale beaucoup plus facilement que PE, PS ou PI. Le facteur de translocation préserve la double couche et est responsable de la distribution asymétrique des lipides que l'on y trouve (Figure 8-57).

Le RE produit également du cholestérol et du céramide. Le céramide est exporté vers l'appareil de Golgi, où il sert de précurseur pour la synthèse de deux types de lipides : les chaînes oligosaccharidiques sont additionnées pour former des *glycosphingolipides* (voir p. 282),

Figure 8-56 La synthèse des phospholipides se produit du côté cytosolique de la membrane du RE. Chaque enzyme de cette voie de synthèse est une protéine membranaire intrinsèque du RE, son site actif faisant face au cytosol, où se trouvent tous les intermédiaires nécessaires à l'assemblage des phospholipides. Dans la voie illustrée ici, la *phosphatidylcholine* est synthétisée à partir de l'acyl coenzyme A à longue chaîne, du glycérol 3-phosphate, et de la cytidine-diphosphocholine (CDP-choline).

Figure 8-57 La croissance des deux moitiés (feuillets) de la double couche lipidique du RE nécessite le « basculement » catalysé par des protéines, des molécules phospholipidiques d'un feuillet de la double couche du RE à l'autre. Puisque les nouvelles molécules lipidiques ne sont ajoutées qu'au feuillet cytosolique et que les molécules lipidiques ne basculent pas spontanément d'une monocouche à l'autre, des protéines de translocation membranaires (« flippases ») sont nécessaires pour transférer les molécules lipidiques sélectionnées vers le feuillet luminal, de telle sorte que la membrane se développe sous forme de double couche. Puisque ces protéines ne reconnaissent et ne transfèrent préférentiellement que certaines catégories de lipides, une double couche asymétrique est engendrée dans le RE. En particulier, la monocouche luminale (qui engendre la moitié externe de la double couche de la membrane plasmique) s'enrichit considérablement en phosphatidylcholine.

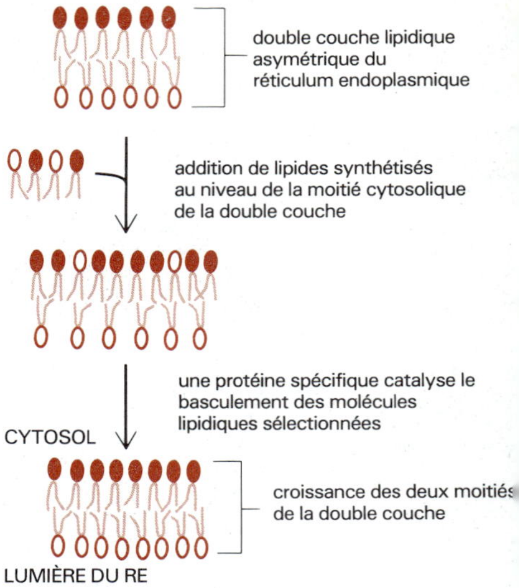

et les groupements de tête de la phosphocholine sont transférés de la phosphatidylcholine vers d'autres molécules de céramide pour former la *sphingomyéline* (voir p. 280). Ainsi, les glycolipides et la sphingomyéline sont tous deux produits assez tardivement au cours du processus de synthèse membranaire. Puisqu'ils sont produits par des enzymes exposées à la lumière du Golgi, on les trouve exclusivement dans la moitié non cytosolique des doubles couches lipidiques qui les contiennent.

8-29 Les protéines d'échange des phospholipides peuvent transporter les phospholipides du RE vers les mitochondries et les peroxysomes [46]

La membrane plasmique et les membranes de l'appareil de Golgi et des lysosomes font toutes partie d'un système membranaire qui communique avec le RE au moyen de vésicules de transport qui leur fournissent à la fois leurs protéines et leurs lipides. Les mitochondries et les peroxysomes n'appartiennent pas à ce système, et ils exigent des mécanismes différents pour importer les protéines et les lipides nécessaires à la croissance. Nous avons déjà vu que l'importation, à partir du cytosol, de la majorité de ces organites est post-traductionnelle. Bien que les mitochondries modifient certains des lipides qu'elles importent (voir p. 398), leurs lipides doivent être transférés depuis le RE, où ils sont synthétisés, ou obtenus moins directement à partir du RE par l'intermédiaire d'autres membranes cellulaires.

On a montré, dans des expériences réalisées *in vitro*, que les protéines de transport hydrosolubles — appelées *protéines d'échange des phospholipides* (ou *protéines de transfert des phospholipides*) — sont capables de transporter des molécules de phospholipides isolées entre des membranes. Chaque protéine d'échange ne reconnaît que des types particuliers de phospholipides. Le transfert entre les doubles couches membranaires est terminé lorsque la protéine « extrait » d'une membrane une molécule de phospholipide, et s'éloigne avec ce lipide enfoui à l'intérieur de son site de fixation. Quand elle rencontre une autre membrane, la protéine d'échange a tendance à libérer la molécule de phospholipide liée dans la nouvelle double couche lipidique (Figure 8-58). Il a été suggéré que la phosphatidylsérine serait importée de cette façon, dans les mitochondries, puis décarboxylée pour donner de la phosphatidyléthanolamine, alors que la phosphatidylcholine serait importée intacte.

Les protéines d'échange distribuent les phospholipides au hasard et à toutes les membranes présentes. En principe, un tel processus d'échange aléatoire peut aboutir à un transport net de lipides d'une membrane riche en lipides à une membrane pauvre en lipides, permettant le transfert des molécules de phosphatidylcholine et de phosphatidylsérine depuis le RE, où elles sont synthétisées, jusqu'à une membrane mitochondriale ou peroxysomale. Il se peut que les mitochondries et les peroxysomes soient les seuls organites « pauvres en lipides » du cytoplasme et que de tels processus d'échange soient suffisants, bien qu'il puisse exister d'autres mécanismes plus spécifiques de transport des phospholipides vers ces organites.

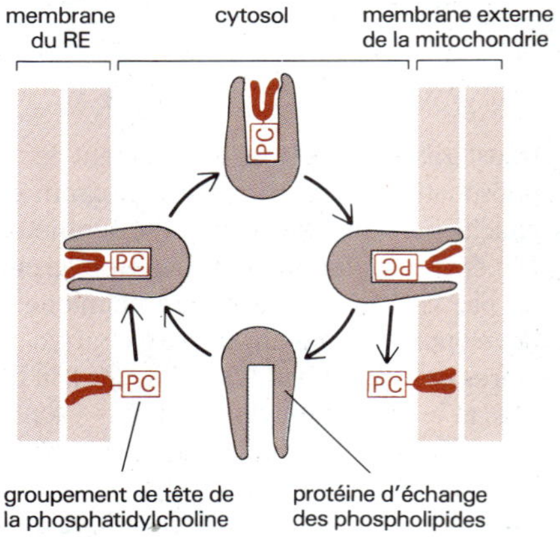

Figure 8-58 Des *protéines d'échange des phospholipides* solubles peuvent redistribuer des phospholipides entre les compartiments limités par une membrane. Les phospholipides sont insolubles dans l'eau, de sorte que leur passage d'une membrane à l'autre nécessite une protéine porteuse. Les protéines d'échange portent une seule molécule de phospholipide à la fois, et peuvent prélever une molécule lipidique d'une membrane et la libérer au niveau d'une autre. Le transfert de phosphatidylcholine (PC) du RE vers les mitochondries peut en principe se produire spontanément, puisque la concentration en PC est forte dans la membrane du RE (ou elle est fabriquée) et faible dans la membrane mitochondriale externe.

Résumé

Le RE tient lieu d'usine pour la production de composants protéiques et lipidiques de nombreux organites. Sa membrane extensible contient de nombreuses enzymes de biosynthèse incluant celles qui sont responsables de presque toute la synthèse lipidique de la cellule et de l'addition d'un oligosaccharide N*-glycosylé à de nombreuses protéines sur la face luminale du RE. Des* *protéines néosynthétisées destinées à la sécrétion, tout comme celles qui sont destinées au RE lui-même et à l'appareil de Golgi, aux lysosomes et à la membrane plasmique, doivent d'abord être importées dans le RE à partir du cytosol. Seules les protéines qui portent un peptide signal hydrophobe particulier sont importées dans le RE. Le peptide signal est reconnu par une particule de reconnaissance de signaux (SRP), qui se lie à la chaîne polypeptidique naissante et au ribosome et les dirige vers un récepteur protéique à la surface de la membrane du RE. Cette fixation à la membrane déclenche un processus de translocation ATP-dépendant qui enfile une boucle de chaîne polypeptidique à travers la membrane du RE.*

Les protéines solubles destinées à la lumière du RE, à la sécrétion, ou au transfert vers la lumière d'autres organites, pénètrent entièrement dans la lumière du RE. Les protéines transmembranaires destinées au RE ou à d'autres membranes cellulaires sont transloquées à travers la membrane du RE mais ne sont pas libérées dans la lumière ; au lieu de cela, elles restent ancrées dans la double couche par une ou plusieurs régions α-hélicoïdales transmembranaires de leur chaîne polypeptidique. Ces régions hydrophobes de la protéine peuvent agir comme peptides d'initiation ou de terminaison de transfert au cours du processus de translocation. Lorsqu'il y a, dans un polypeptide, une alternance de nombreux peptides d'initiation et de terminaison de transfert, il traversera et retraversera la double couche de nombreuses fois.

L'asymétrie de la synthèse des lipides, de l'insertion des protéines, et de la glycosylation dans le RE, établit la polarité des membranes de tous les autres organites auxquels le RE fournit des lipides et des protéines membranaires.

8-32 L'appareil de Golgi [47]

L'**appareil de Golgi** (également appelé le *complexe de Golgi*) est habituellement localisé près du noyau de la cellule et, dans les cellules animales, il est souvent disposé près du centrosome, ou centre de la cellule. Il est composé de nombreux *saccules* aplatis, limités par une membrane, qui ressemblent à une pile d'assiettes. Ces **empilements de Golgi** (appelés *dictyosomes* chez les végétaux) sont habituellement constitués de quatre à six saccules chacun ayant un diamètre d'environ 1 μm (Figure 8-59). Le nombre d'empilements de Golgi par cellule varie énormément selon le type cellulaire ; certaines cellules ne contiennent qu'un seul empilement volumineux tandis que d'autres en contiennent de très petits, par centaine.

Des multitudes de petites vésicules (50 nm de diamètre) sont associées aux empilements de Golgi, groupées sur le côté contigu au RE et près des bordures dilatées de chaque saccule (voir Figure 8-59). On pense que ces *vésicules de Golgi* transportent des protéines et des lipides vers et depuis le Golgi et entre les saccules de Golgi. De nombreuses vésicules sont *recouvertes*,

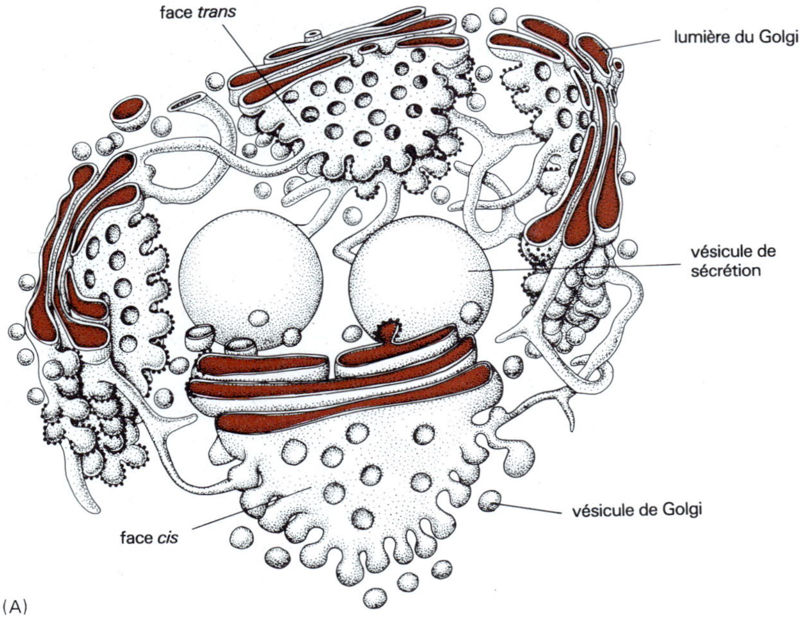

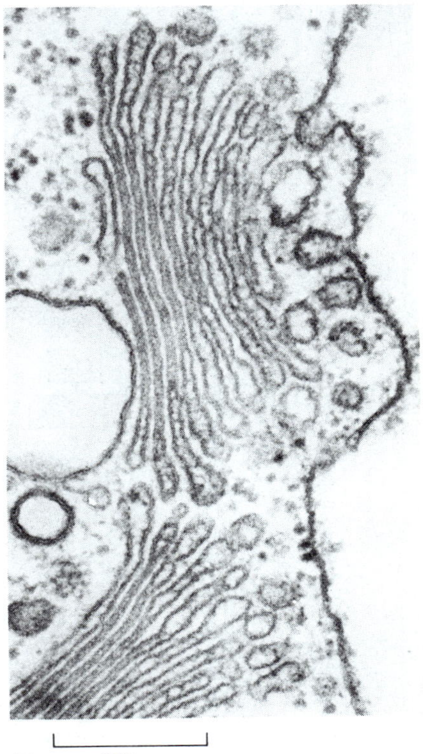

Figure 8-59 (A) Représentation tridimensionnelle d'un appareil de Golgi, à partir de micrographies électroniques d'une cellule animale sécrétrice. Les empilements de saccules golgiens aplatis présentent des bords dilatés à partir desquels des vésicules paraissent bourgeonner. Les grandes vésicules de sécrétion se forment par bourgeonnement à partir du réseau *trans* du Golgi. (B) Micrographie électronique d'une coupe transversale d'un appareil de Golgi dans une cellule végétale (l'algue verte *Chlamydomonas*). Dans les cellules végétales, l'appareil de Golgi est généralement plus net et plus clairement séparé des autres compartiments intracellulaires que dans les cellules animales. (A, d'après R.V. Krstić, Ultrastructure of the Mammalian Cell. New York : Springer-Verlag, 1979 ; B, avec l'autorisation de George Palade.)

Figure 8-60 Une cellule « gobelet » du petit intestin. Cette cellule est spécialisée dans la sécrétion de mucus, qui est un mélange de glycoprotéines et de protéoglycannes synthétisés dans le RE et dans l'appareil de Golgi. L'appareil de Golgi est très polarisé, ce qui facilite la décharge de mucus par exocytose au niveau de la surface apicale. (D'après R.V. Krstić, Illustrated Encyclopedia of Human Histology. New York : Springer-Verlag, 1984.)

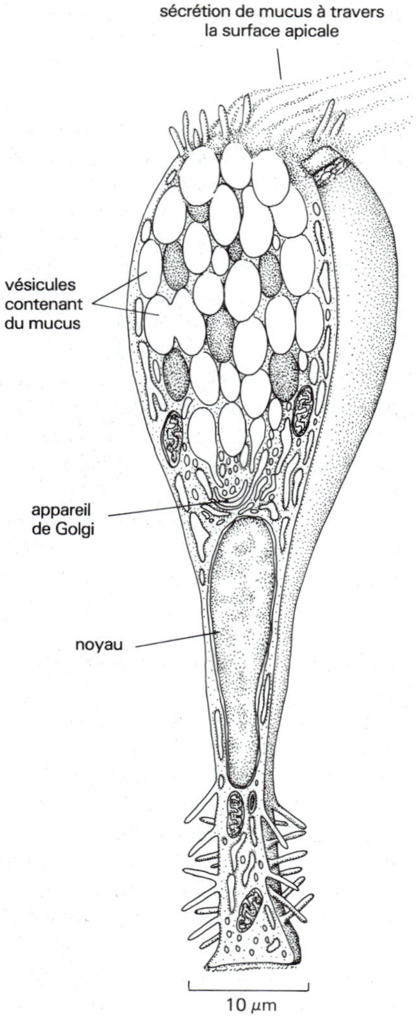

certaines de clathrine et d'autres par d'autres types de protéine d'enveloppe (voir p. 472). De telles **vésicules recouvertes** bourgeonnent souvent à partir des saccules de Golgi.

Un empilement de Golgi présente deux faces distinctes : une **face *cis*** (ou face d'entrée) et une **face *trans*** (ou face de sortie). La face *cis* est étroitement associée aux *éléments de transition* du RE (voir p. 411) ; la face *trans* est dilatée en un réticulum tubulaire nommé *réseau trans de Golgi* (RTG). Les protéines et les lipides pénètrent, sur la face *cis*, dans un empilement de Golgi, enfermées dans de petites vésicules à partir du RE et ressortent pour de multiples destinations dans des vésicules qui se forment sur la face *trans* ; ces molécules transportées subissent une série ordonnée de modifications lorsqu'elles passent d'un saccule de Golgi à un autre.

L'appareil de Golgi est remarquable par ses cellules spécialisées dans la sécrétion, telles que les cellules « gobelets » de l'épithélium intestinal, qui sécrètent de grandes quantités de mucus dans l'intestin. Dans de telles cellules, des vésicules d'une taille inhabituelle se forment depuis la face *trans* de l'appareil de Golgi, qui fait face au domaine de la membrane plasmique où se produit la sécrétion (Figure 8-60).

8-33 Les chaînes oligosaccharidiques sont modifiées dans l'appareil de Golgi [48]

Comme nous l'avons décrit précédemment, une seule espèce d'**oligosaccharide *N*-glycosylé** est attachée à de nombreuses protéines dans le RE, et cet oligosaccharide est considérablement élagué, tandis que la protéine est toujours dans le RE (voir p. 446). Des modifications ultérieures se produisent dans l'appareil de Golgi.

Deux classes importantes d'oligosaccharides *N*-glycosylés, les *oligosaccharides complexes* et les *oligosaccharides riches en mannose*, sont présents dans les glycoprotéines matures

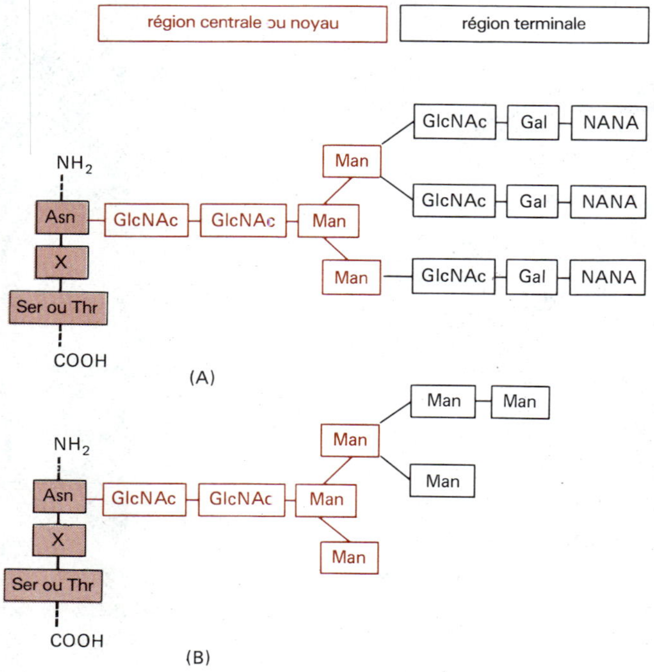

Figure 8-61 Exemples des deux principales classes de polysaccharides liés à l'asparagine (*N*-glycosylés) présents dans les glycoprotéines matures : un polysaccharide complexe (A), et un polysaccharide « riche en mannose » (B). De nombreuses variations se produisent sur ce thème. Par exemple, alors que le polysaccharide complexe représenté possède trois ramifications terminales, deux et quatre ramifications sont aussi courantes, selon la glycoprotéine et la cellule dans laquelle elle est synthétisée. On trouve également des polysaccharides « hybrides » avec une ramification Man et une ramification GlcNAc-Gal. Les trois acides aminés colorés constituent la séquence reconnue par l'enzyme qui ajoute le polysaccharide initial à la protéine. Abréviations : Asn, asparagine ; Man, mannose ; GlcNAc, *N*-acétylglucosamine ; NANA, acide *N*-acétylneuraminique (acide sialique) ; Gal, galactose ; X, n'importe quel acide aminé.

(Figure 8-61). Parfois, les deux types sont liés (en différents endroits) à la même chaîne polypeptidique. Aucun nouveau glucide n'est ajouté aux **oligosaccharides riches en mannose** dans l'appareil de Golgi. Ils contiennent seulement deux *N*-acétylglucosamines et de nombreux résidus mannose, dont le nombre se rapproche souvent de celui présent à l'origine dans le précurseur oligosaccharidique lié à un lipide et ajouté dans le RE. Les **oligosaccharides complexes**, au contraire, peuvent contenir plus que les deux *N*-acétylglucosamines d'origine, ainsi qu'un nombre variable de résidus galactose et acide sialique et, dans certains cas, du fucose. L'acide sialique a une importance particulière car il est le seul résidu glucidique des glycoprotéines qui porte une charge nette négative (voir p. 283).

La formation des oligosaccharides complexes est le résultat d'un élagage supplémentaire de l'oligosaccharide d'origine ajouté dans le RE, combiné à l'addition de glucides supplémentaires. Ainsi, chaque oligosaccharide complexe est composé d'une *région centrale* dérivée de l'oligosaccharide *N*-glycosylée d'origine et contenant typiquement deux résidus *N*-acétylglucosamine et trois résidus mannose (représentés en couleur dans la Figure 8-61), et d'une *région terminale* composée d'un nombre variable d'unités trisaccharidiques, *N*-acétylglucosamine-galactose-acide sialique, liées aux résidus mannose de la partie centrale. La région terminale est souvent tronquée, ne contenant qu'une *N*-acétylglucosamine et un galactose, ou même seulement une *N*-acétylglucosamine. De plus, un résidu fucose peut être ou ne pas être ajouté, habituellement, à un résidu *N*-acétylglucosamine de la partie centrale lié à l'asparagine. Tous les glucides des régions terminales sont ajoutés dans le Golgi *trans* par une série de glycosyl transférases qui agissent selon une séquence déterminée de façon stricte (Figure 8-62). Les substrats sont des glucides spécifiques activés par une liaison à un nucléotide. Ils sont transportés du cytosol vers la lumière de Golgi par une série de porteurs membranaires qui exportent également les produits nucléotidiques secondaires de la glycosylation. Une des glycosyl transférases *(galactosyl transférase)* est couramment utilisée comme marqueur pour identifier les vésicules membranaires qui proviennent du Golgi, après leur purification par centrifugation différentielle d'homogénats tissulaires (voir p. 163).

La transformation qui engendre les chaînes d'oligosaccharides complexes suit la voie parfaitement ordonnée qui est illustrée dans la Figure 8-63. Un certain nombre de drogues et d'antibiotiques qui inhibent des étapes spécifiques de cette voie ont aidé à en déterminer les détails (Tableau 8-4). Le fait qu'un oligosaccharide donné reste riche en mannose ou soit transformé est déterminé, en grande partie, par sa configuration sur la protéine à laquelle il est fixé : si l'oligosaccharide est stériquement accessible aux enzymes de transformation dans le Golgi, il est vraisemblablement converti en une forme complexe ; s'il est inaccessible, il reste vraisemblablement sous une forme riche en mannose.

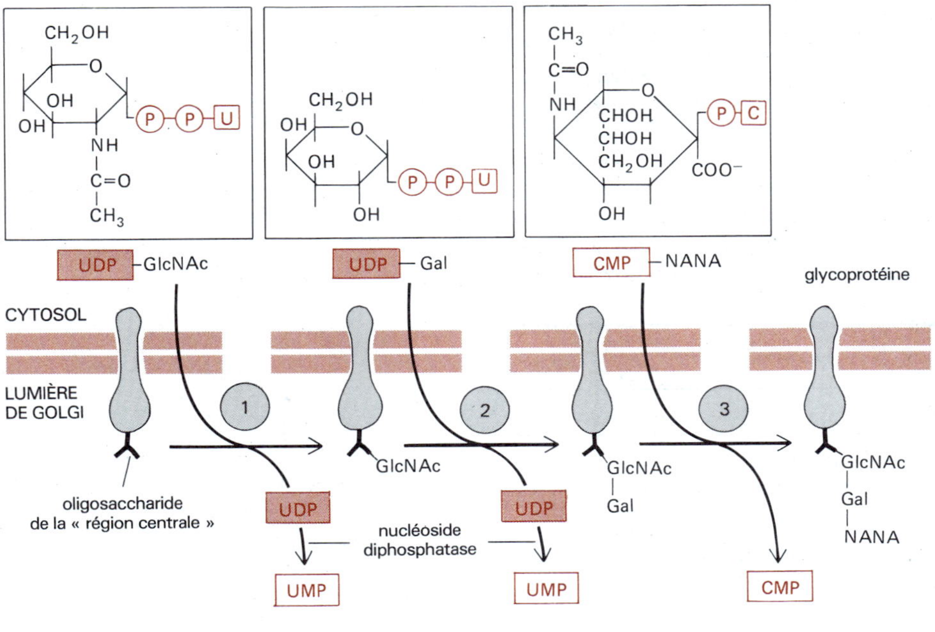

Figure 8-62 L'addition par étapes de résidus glucidiques qui se produit pour achever la synthèse des oligosaccharides complexes dans les compartiments sacculaires de l'appareil de Golgi. Trois types de glycosyl transférases agissent en séquence utilisant des substrats glucidiques qui ont été activés par liaison au nucléotide indiqué. Les membranes des saccules golgiens contiennent des protéines porteuses transmembranaires spécifiques (voir p. 302) qui permettent l'échange de chaque nucléotide lié à un glucide avec son produit nucléoside monophosphate, et des glycosylations peuvent ainsi se produire sur le côté luminal. Les structures des nucléotides liés à un glucide UDP-*N*-acétylglucosamine, UDP-galactose, et CMP-acide *N*-acétylneuraminique sont représentées en haut. Pour les abréviations utilisées, voir la Figure 8-61.

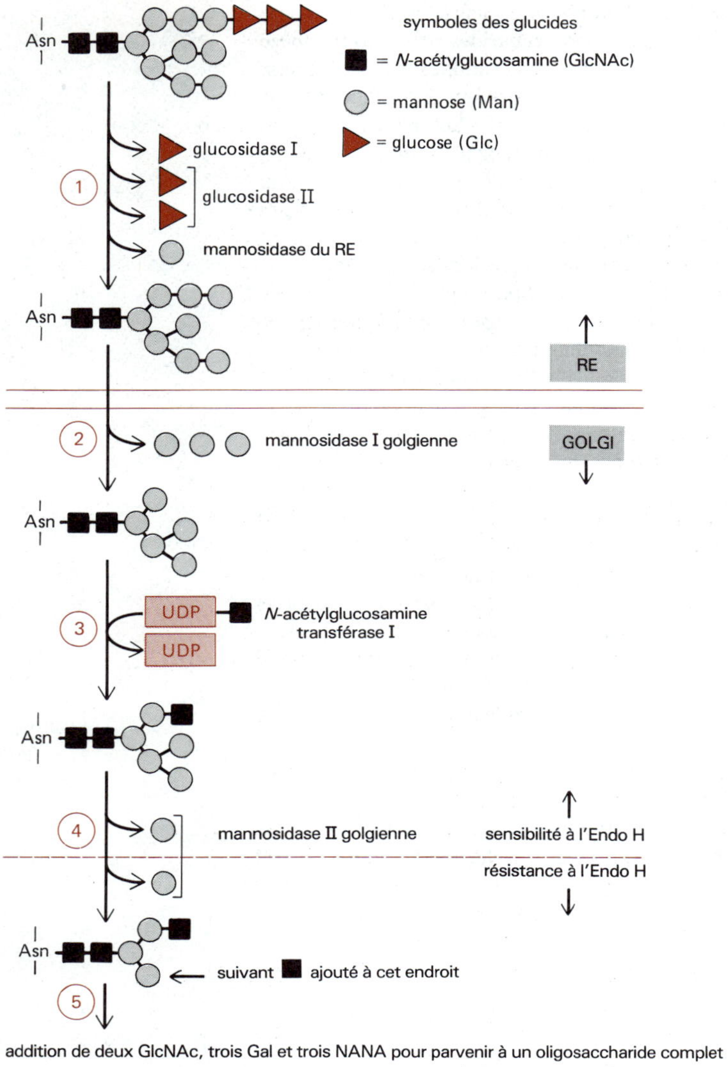

Figure 8-63 La transformation des oligosaccharides dans le RE et l'appareil de Golgi. Le processus est très ordonné, de sorte que chaque étape représentée est dépendante de la réaction précédente. La transformation commence dans le RE avec l'élimination des résidus glucose de l'oligosaccharide initialement transféré à la protéine. Les trois résidus glucose peuvent même être éliminés avant la fin de la synthèse protéique. Ensuite, une mannosidase de la membrane du RE enlève un résidu mannose particulier. Dans l'empilement de Golgi, la mannosidase I enlève trois résidus mannose de plus et la *N*-acétylglucosamine transférase I ajoute un résidu de GlcNAc, ce qui permet à la mannosidase II d'enlever deux résidus mannose supplémentaires. Ceci conduit au noyau final de trois résidus mannose qui est présent dans un type « complexe » d'oligosaccharide. A ce stade, la liaison entre les deux résidus GlcNAc dans la partie centrale devient résistante à l'attaque par une endoglycosidase très spécifique (*Endo H)*. Puisque toutes les structures ultérieures de cette voie de transformation sont également résistantes à l'Endo H, le traitement avec cette enzyme est très utilisé pour distinguer les oligosaccharides complexes des oligosaccharides riches en mannose. Finalement, des résidus supplémentaires de GlcNAc, galactose, et acide sialique, sont ajoutés. L'importance de la transformation dépend de la protéine et de la localisation du résidu asparagine auquel l'oligosaccharide est attaché à l'intérieur de la protéine. Certains oligosaccharides échapperont à la transformation dans l'appareil de Golgi, alors que d'autres suivront plus ou moins la voie représentée. Pour les abréviations utilisées, voir la Figure 8-61.

Les glucides des membranes cellulaires font face au côté de la membrane qui est topologiquement équivalent à l'extérieur de la cellule

Puisque toutes les chaînes oligosaccharidiques sont ajoutées sur la face luminale du RE et de l'appareil de Golgi (voir p. 447), la distribution des glucides sur les protéines et les lipides membranaires est asymétrique. Comme c'est le cas pour l'asymétrie de la double couche lipidique elle-même, l'orientation asymétrique de ces molécules glycosylées est conservée au cours du transport vers la membrane plasmique, les vésicules de sécrétion, ou les lysosomes. Il en résulte que les oligosaccharides de toutes les glycoprotéines et de tous les glycolipides dans les membranes intracellulaires correspondantes sont exposés à la face luminale, alors que ceux situés dans la membrane plasmique font face à l'extérieur de la cellule (Figure 8-64).

Tableau 8-4 Drogues qui inhibent les étapes de la *N*-glycosylation

Drogues	Etape(s) inhibée(s)
Tunicamycine	dolichol-P → dol-P-P-GlcNAc
Castanospermine et N-méthyl désoxynojirimycine	glucose$_3$-Man$_9$-GlcNAc$_2$-Asn → glucose$_2$-Man$_9$-GlcNAc$_2$-Asn
Bromoconduritol	glucose$_2$-Man$_9$-GlcNAc$_2$-Asn → Man$_9$-GlcNAc$_2$-Asn
Désoxymannonojirimycine	Man$_8$-GlcNAc$_2$-Asn → Man$_5$-GlcNAc$_2$-Asn
Swainsonine	GlcNAc-Man$_5$-GlcNAc$_2$-Asn → GlcNAc-Man$_3$-GlcNAc$_2$-Asn

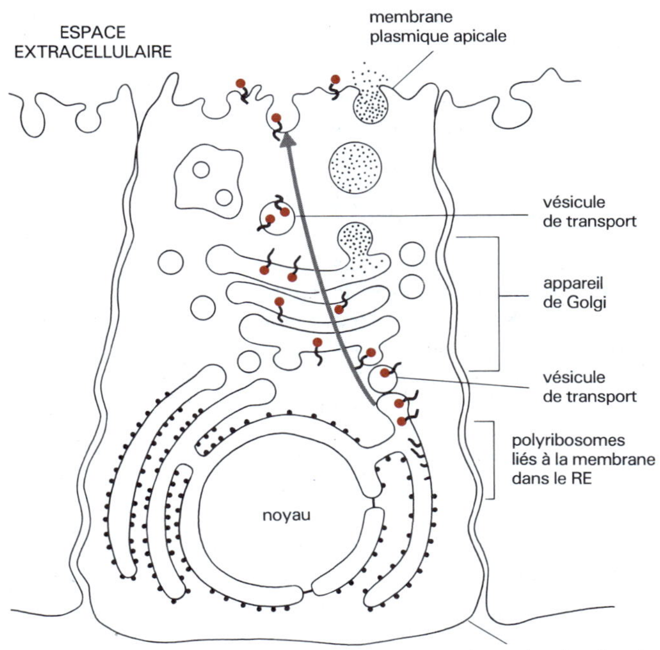

Figure 8-64 L'orientation d'une protéine transmembranaire dans la membrane du RE est conservée lorsque cette protéine est transportée vers d'autres membranes. La boule colorée à l'extrémité de chaque molécule de glycoprotéine représente l'oligosaccharide *N*-glycosylé qui est ajouté aux protéines dans la lumière du RE. Noter que ces résidus glucidiques sont confinés à la lumière de chacun des organites internes, et se retrouvent exposés à l'espace extracellulaire après la fusion d'une vésicule de transport avec la membrane plasmique.

Quel est le but de la *N*-glycosylation ? [49]

Il existe une différence importante entre la construction d'un oligosaccharide et la synthèse d'autres macromolécules telles que l'ADN, l'ARN, et les protéines. Alors que les acides nucléiques et les protéines sont copiés à partir d'une matrice en une série d'étapes répétitives identiques utilisant la (ou les) même(s) enzyme(s), les glucides complexes nécessitent une enzyme différente à chaque étape, chaque produit étant le seul substrat reconnu par l'enzyme suivante dans la série. Etant donné les voies compliquées qui se sont développées pour les synthétiser, il semble vraisemblable que les oligosaccharides sur les glycolipides et les glycoprotéines ont des fonctions importantes, mais la majorité de ces fonctions sont inconnues.

La *N*-glycosylation, par exemple, est dominante chez tous les eucaryotes, y compris les levures, mais est absente chez les eubactéries. Puisqu'un ou plusieurs oligosaccharides *N*-glycosylés sont présents dans la majorité des protéines transportées à travers le RE et l'appareil de Golgi — un processus qui est unique aux cellules eucaryotes — on pensa d'abord que leur fonction était de faciliter ce processus de transport. Cependant, les drogues qui bloquent des étapes de la glycosylation (voir Tableau 8-4) n'interfèrent généralement pas avec le transport (avec l'importante exception du transport vers les lysosomes, dont nous discuterons plus loin — voir p. 459), et des cellules mutantes en culture qui sont bloquées en diverses étapes de la glycosylation dans le Golgi sont néanmoins viables et transportent les protéines normalement. Bien que certaines protéines ne se replient pas correctement sans leur oligosaccharide normal et précipitent donc dans le RE et ne peuvent être transportées, la plupart des protéines conservent leurs activités normales en absence de glycosylation.

Puisque les chaînes de glucides ont une flexibilité limitée, même un petit oligosaccharide *N*-glycosylé fait saillie à la surface d'une glycoprotéine (Figure 8-65) et peut donc limiter

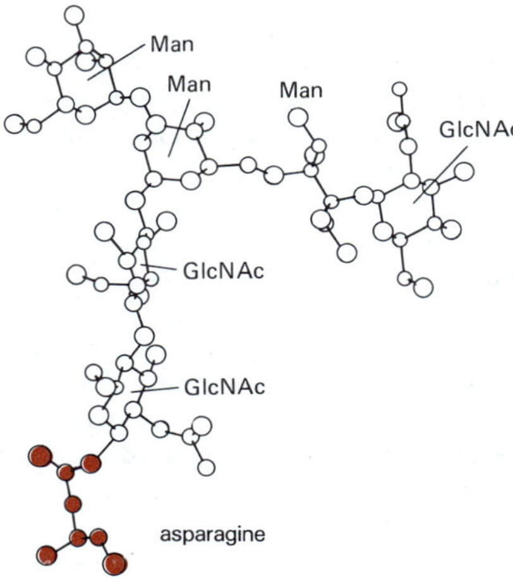

(A)

(B)

Figure 8-65 La structure tridimensionnelle d'un petit oligosaccharide *N*-glycosylé, déterminée par cristallographie aux rayons X d'une glycoprotéine. Cet oligosaccharide ne contient que 6 résidus glucidiques alors qu'il y a 14 résidus glucidiques dans l'oligosaccharide *N*-glycosylé qui est initialement transféré aux protéines dans le RE (voir Figure 8-52). (A) Modèle « fil de fer » montrant tous les atomes excepté les hydrogènes ; (B) modèle compact, l'asparagine étant figurée par des atomes noirs. (Avec l'autorisation de Richard Feldmann.)

l'approche d'autres macromolécules à la surface de la glycoprotéine. De cette façon, par exemple, la présence d'un oligosaccharide tend à rendre une glycoprotéine relativement résistante à la digestion protéasique. Il est possible que ces oligosaccharides aient, à l'origine, fourni à une cellule eucaryote ancestrale une enveloppe protectrice qui, contrairement à la paroi cellulaire bactérienne rigide, donnait à la cellule la liberté de changer de forme et de se déplacer. Ils ont peut-être été modifiés depuis lors pour servir également à d'autres fins.

Les protéoglycannes sont assemblés dans l'appareil de Golgi [50]

Il n'y a pas que les chaînes d'oligosaccharides *N*-glycosylés sur les protéines qui soient modifiées lorsque les protéines traversent les saccules de Golgi sur le parcours du RE vers leurs destinations finales ; de nombreuses protéines sont également modifiées d'autres façons. Comme nous l'avons déjà mentionné, par exemple, certaines protéines ont des glucides ajoutés à des chaînes latérales sélectionnées de sérine et de thréonine. Cette ***O*-glycosylation**, comme l'extension des chaînes d'oligosaccharides *N*-glycosylés, est catalysée par une série de glycosyl transférases qui utilisent les nucléotides glucidiques dans la lumière du Golgi pour ajouter un résidu glucidique à la fois à une protéine. Habituellement, la *N*-acétylgalactosamine est ajoutée en premier, suivie par un nombre variable de résidus glucidiques supplémentaires, allant de quelques-uns à 10 ou plus.

Les protéines les plus glycosylées sont les *noyaux protéiques* des *protéoglycannes* qui sont modifiés dans l'appareil de Golgi pour former les *protéoglycannes*. Comme nous le verrons au Chapitre 14 (voir p. 806), ceci implique la liaison d'une ou de plusieurs chaînes de glycosaminoglycannes (longs polymères non ramifiés composés d'unités disaccharidiques répétitives) aux sérines du noyau protéique, le xylose étant ajouté en premier à la place de la *N*-acétylgalactosamine. De nombreux protéoglycannes sont sécrétés comme composants de la matrice extracellulaire, tandis que d'autres restent ancrés à la membrane plasmique en tant que protéoglycannes membranaires intrinsèques (voir p. 808). De plus, le mucus qui est sécrété pour former une enveloppe protectrice sur de nombreux épithéliums est composé d'un mélange concentré de protéoglycannes et de glycoprotéines fortement glycosylées (voir l'exemple, Figure 8-60).

Les glucides incorporés dans les glycosaminoglycannes sont fortement sulfatés dès la fin de la synthèse de ces polymères dans l'appareil de Golgi, contribuant ainsi à la forte charge négative des protéoglycannes. Le sulfate ajouté vient du donneur de sulfate activé, le 3′-phosphoadénosine-5′-phosphosulfate (PAPS), qui est transporté du cytosol vers la lumière d'un compartiment du Golgi tardif. Une modification protéique plus subtile, réalisée dans le Golgi, est l'addition du sulfate du PAPS au groupement hydroxyle de résidus tyrosine sélectionnés dans des protéines. On trouve fréquemment des tyrosines sulfatées dans des protéines sécrétées et occasionnellement dans les domaines extracellulaires des protéines de la membrane plasmique.

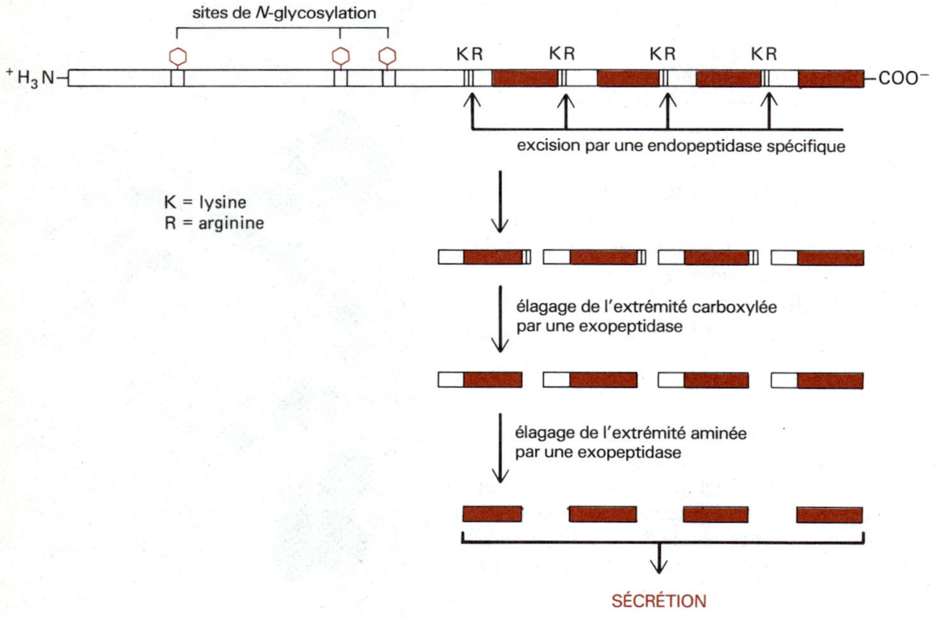

Figure 8-66 Exemple d'une *polyprotéine* qui est clivée pour donner de multiples copies de la même molécule de peptide signal. Comme cela est indiqué, la transformation commence généralement par des clivages au niveau de paires d'acides aminés basiques (ici les paires Lys-Arg), qui sont catalysées par une protéase spécifique liée à la membrane et localisée dans des vésicules de sécrétion ou peut-être dans le réseau *trans* du Golgi. On montre ici le mode de transformation qui produit, chez la levure *Saccharomyces cerevisiae*, le facteur α composé de 13 acides aminés, un peptide sécrété qui contrôle le comportement sexuel de cet eucaryote unicellulaire. (D'après R. Fuller, A. Brake et J. Thorner, dans Microbiology 1986 [L. Lieve, ed.], pp. 273-278. Washington, D.C. : American Society for Microbiology, 1986.)

Les protéines sont souvent modifiées par protéolyse au cours de la formation de vésicules de sécrétion [51]

Les plus drastiques des nombreuses modifications que peuvent subir les protéines avant d'être sécrétées sont les dernières effectuées. De nombreuses hormones polypeptidiques et des neuropeptides sont synthétisés sous forme de précurseurs protéiques inactifs à partir desquels les molécules actives sont libérées par protéolyse. On pense que ces clivages commencent dans le *réseau trans du Golgi*, et qu'ils continuent dans les vésicules de sécrétion qui se forment à partir de ce réseau pour stocker ces protéines. Les clivages initiaux sont réalisés par des protéases membranaires dont le site de coupure est contigu avec des paires de résidus d'acides aminés basiques (paire Lys-Arg, Lys-Lys, Arg-Lys, Arg-Arg), et des réactions d'élagage donnent ensuite le produit sécrété final (Figure 8-66). Dans le cas le plus simple, un polypeptide aura souvent une seule *pro-séquence* amino-terminale qui est éliminée par clivage peu de temps avant la sécrétion pour produire la protéine mature. Ces protéines sont ainsi synthétisées sous forme de *pré-pro-protéines*, la *pro-pièce* étant composée du peptide signal du RE qui est éliminé par clivage dans le RE rugueux (voir p. 438). Les molécules informatives peptidiques sont un peu plus complexes ; elles sont synthétisées sous forme de *polyprotéines* contenant de multiples copies de la même séquence d'acides aminés (voir Figure 8-66). Finalement, une variété de molécules informatives peptidiques sont synthétisées comme parties d'une polyprotéine qui agit comme précurseur pour de multiples produits finaux, qui sont individuellement séparés de la chaîne polypeptidique initiale. Dans ces cas-ci, la même polyprotéine peut être transformée de diverses façons pour produire différents peptides dans différents types cellulaires, augmentant ainsi la diversité des molécules qui peuvent être utilisées pour la signalisation chimique entre les cellules.

Pourquoi observe-t-on ce type de transformation protéolytique différée pour tant de polypeptides ? Certains des peptides produits de cette façon, tels que les enképhalines (des neuropeptides à cinq acides aminés), sont indubitablement trop courts dans leurs formes matures pour être synthétisés efficacement par les ribosomes, tandis que l'on pourrait s'attendre à ce que des peptides, même beaucoup plus longs, n'aient pas les signaux nécessaires pour être emballés dans des vésicules de sécrétion (voir p. 465). De plus, différer la production d'une protéine active jusqu'à ce qu'elle atteigne une vésicule de sécrétion présente l'avantage potentiel de l'empêcher d'agir à l'intérieur de la cellule qui la synthétise.

Les saccules de Golgi sont organisés comme une série séquentielle de compartiments de transformation [52]

Les voies de transformation qui viennent d'être décrites sont très organisées dans l'empilement de Golgi. Chaque saccule est un compartiment distinct, qui a son propre jeu d'enzymes de transformation, de sorte que l'empilement forme une unité de transformation échelonnée. Les protéines sont modifiées par étapes successives lors de leur déplacement d'un compartiment à un autre à travers l'empilement.

Les protéines exportées du RE pénètrent dans le premier des compartiments du Golgi (le **compartiment *cis***) puis se déplacent vers le compartiment suivant (le **compartiment *médian***, qui correspond au saccule central de l'empilement), puis se déplacent finalement vers le **compartiment *trans*** (composé du dernier saccule), où la glycosylation est achevée. Les protéines se déplacent à partir de ce compartiment *trans* vers le **réseau *trans* du Golgi (RTG)** ; dans ce réticulum tubulaire, elles sont isolées dans différentes vésicules de transport et expédiées vers leurs destinations finales — la membrane plasmique, les lysosomes, ou les vésicules de sécrétion.

Les différences fonctionnelles qui existent entre les compartiments *cis, médian* et *trans* de l'empilement de Golgi furent d'abord mises en évidence grâce à la localisation des enzymes impliquées dans la transformation des oligosaccharides *N*-glycosylés dans des régions différentes de l'empilement, par fractionnement physique de l'organite et par microscopie immunoélectronique. On a montré, par exemple, que l'élimination de résidus mannose et l'addition de *N*-acétylglucosamine avaient lieu dans le compartiment *médian*, alors que l'addition de galactose et d'acide sialique se déroulait dans le compartiment *trans* (Figures 8-67 et 8-68).

Les protéines qui pénètrent dans le Golgi à partir du RE (excepté celles qui sont destinées à rester dans un compartiment du Golgi) circulent ensemble à travers l'empilement, du compartiment *cis* au compartiment *médian*, puis au compartiment *trans*, permettant leur transformation progressive. Bien que le mécanisme des transferts protéique et lipidique d'un saccule à un autre soit incertain, il est vraisemblable que des vésicules recouvertes bourgeonnent à partir de la périphérie des saccules pour effectuer ce transport de saccule en saccule à travers

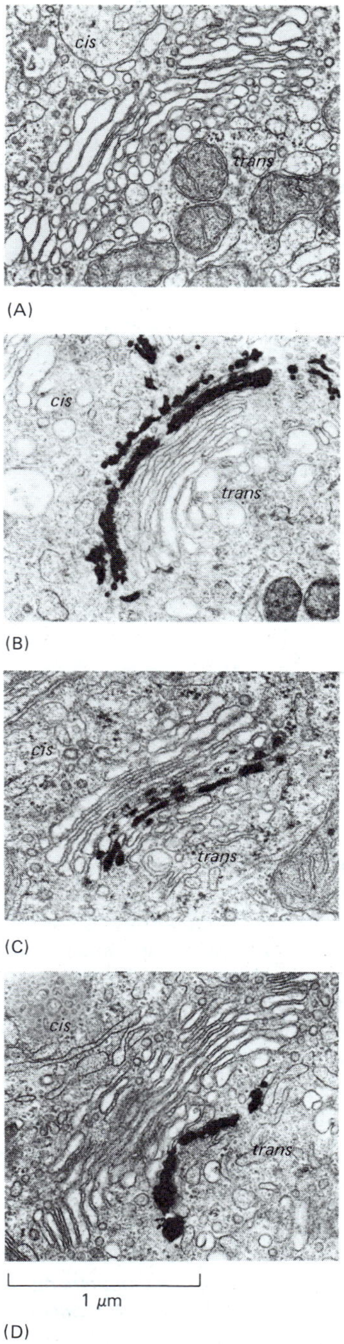

Figure 8-67 Colorations histochimiques démontrant la polarisation biochimique de l'appareil de Golgi. (A) Non coloré. (B) L'osmium est réduit de préférence par les saccules du compartiment *cis*. (C) L'enzyme nucléoside diphosphatase (voir Figure 8-62) est présente dans les saccules *trans* du Golgi ; cette enzyme fut jadis appelée « thiamine pyrophosphatase ». (D) L'enzyme phosphatase acide marque le réseau *trans* du Golgi (jadis appelé « lysosomes du réticulum endoplasmique golgien » « Golgi endoplasmic reticulum lysosomes » ou « GERL »). (Avec l'autorisation de Daniel S. Friend.)

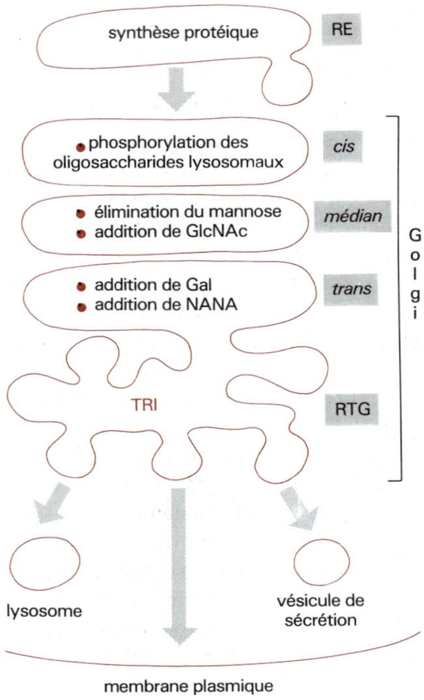

Figure 8-68 La compartimentation de l'appareil de Golgi. La modification covalente des protéines se produit de façon séquentielle au cours de leur passage à travers les compartiments groupés de l'empilement de Golgi ; le réseau *trans* du Golgi (RTG) est un réticulum tubulaire qui agit en premier lieu comme une station de tri. La localisation de chaque étape de la transformation représentée, fut déterminée par une combinaison de techniques comprenant le sous-fractionnement des membranes de l'appareil de Golgi, et la microscopie électronique après marquage avec des anticorps spécifiques de certaines des enzymes de transformation. Les localisations des nombreuses autres réactions de transformation n'ont pas encore été déterminées.

l'empilement. Puisque des expériences démontrent que les protéines exportées se déplacent de façon unidirectionnelle du compartiment *cis* aux compartiments *médian* puis *trans* et ne sautent jamais un compartiment intermédiaire, il faut que les vésicules soient programmées pour ne fusionner qu'avec le compartiment suivant dans la séquence. Bien que l'on ait seulement démontré, jusqu'à présent, l'existence de trois compartiments sacculaires fonctionnellement distincts, chacun d'eux est parfois composé d'un ensemble de deux ou plusieurs saccules en séquence, et il est possible qu'une subdivision plus fine soit toujours à découvrir. Il est aussi possible qu'il n'y ait que trois compartiments fondamentaux, et que les nombreux saccules des divisions *cis, médian* et *trans* soient simplement des copies multiples de la même unité fonctionnelle.

Résumé

L'appareil de Golgi reçoit du RE des protéines et des lipides néosynthétisés et les distribue vers la membrane plasmique, les lysosomes et les vésicules de sécrétion. C'est une structure polarisée faite d'un ou de plusieurs empilements de saccules en forme de disque, entourés par un essaim de petites vésicules. Les saccules sont organisés comme une série d'au moins trois compartiments de transformation distincts et séquentiels, appelés Golgi cis, median *et* trans. *Les protéines sont transférées depuis la lumière et la membrane du RE vers la face* cis *de l'empilement de Golgi grâce à des vésicules de transport. Les protéines destinées aux vésicules de sécrétion, à la membrane plasmique, et aux lysosomes, se déplacent à travers l'empilement dans la direction* cis-trans, *passant, en cascade, d'un saccule au suivant. Finalement, elles atteignent le réseau* trans *du Golgi, à partir duquel chaque type de protéine se dirige vers sa destination finale dans un type particulier de vésicule.*

Le Golgi, contrairement au RE, contient de nombreux nucléotides glucidiques ; une variété de glycosyl transférases utilise ces substrats pour effectuer les réactions de glycosylation sur les molécules lipidiques et protéiques lorsqu'elles traversent l'appareil de Golgi. Les oligosaccharides N-*glycosylés sur les protéines, par exemple, sont souvent élagués par élimination de résidus mannose, et des glucides supplémentaires — y compris des résidus* N-*acétylglucosamine, galactose, et acide sialique — sont ajoutés. De plus, le Golgi est aussi le site de la* O-*glycosylation et de la conversion de noyaux protéiques des protéoglycannes en protéoglycannes. La sulfatation des glucides dans les protéoglycannes et des tyrosines sélectionnées sur des protéines se produit également dans un compartiment tardif du Golgi.*

Le transport de protéines depuis l'appareil de Golgi vers les lysosomes

On pense que toutes les protéines qui traversent l'appareil de Golgi, excepté celles qui y sont retenues en permanence, sont triées dans le réseau *trans* du Golgi suivant leur destination finale. Le mécanisme de tri est particulièrement bien compris pour les protéines qui sont destinées à la lumière des lysosomes et, dans ce paragraphe, nous étudierons ce processus de transport sélectif. Nous commencerons par un bref aperçu de la structure et de la fonction des lysosomes.

Les lysosomes sont les sites principaux de la digestion intracellulaire [53]

Au cours des études enzymatiques effectuées en 1949 dans des homogénats de foie, certaines anomalies dans le dosage de la phosphatase acide furent notées. Par exemple, l'activité de l'enzyme était plus élevée dans les extraits préparés avec de l'eau distillée que dans ceux préparés avec une solution de saccharose de façon à maintenir la pression osmotique. L'activité enzymatique était généralement plus élevée dans les préparations anciennes que dans les préparations fraîches, et, dans les préparations anciennes, elle n'était plus associée à des particules sédimentables. Des résultats analogues furent décrits, peu après, pour plusieurs autres enzymes hydrolytiques et conduisirent à la découverte d'un nouvel organite, appelé **lysosome**, un sac membraneux contenant des enzymes hydrolytiques servant à la digestion intracellulaire contrôlée des macromolécules. Une détérioration des membranes lysosomales dans des extraits cellulaires, induite par lyse osmotique ou par l'âge, libère les enzymes sous une forme non sédimentable.

On connaît maintenant une quarantaine d'enzymes hydrolytiques contenues dans les lysosomes. Elles comprennent des protéases, des nucléases, des glycosidases, des lipases, des phospholipases, des phosphatases, et des sulfatases. Ce sont toutes des **hydrolases acides** dont l'activité est optimale au voisinage du pH 5 qui est maintenu dans les lysosomes. La membrane du lysosome retient normalement les enzymes hors du cytosol (dont le pH est voisin de 7,2) mais la dépendance acide des enzymes protège le contenu du cytosol contre des détériorations, même si une fuite se produisait.

Comme tous les autres organites intracellulaires, le lysosome ne contient pas seulement une collection unique d'enzymes, mais il est également entouré par une membrane unique. La membrane lysosomale, par exemple, contient des protéines de transport qui permettent aux produits finaux de la digestion de macromolécules de s'échapper, de sorte qu'ils puissent être sécrétés ou réutilisés par la cellule. Elle contient également une pompe à protons qui utilise l'énergie de l'hydrolyse de l'ATP pour pomper des ions H^+ dans les lysosomes, maintenant ainsi le pH de la lumière à 5 (Figure 8-69). La majorité des protéines membranaires lysosomales ont un degré de glycosylation exceptionnelleent élevé qui peut aider à les protéger des protéases lysosomales de la lumière.

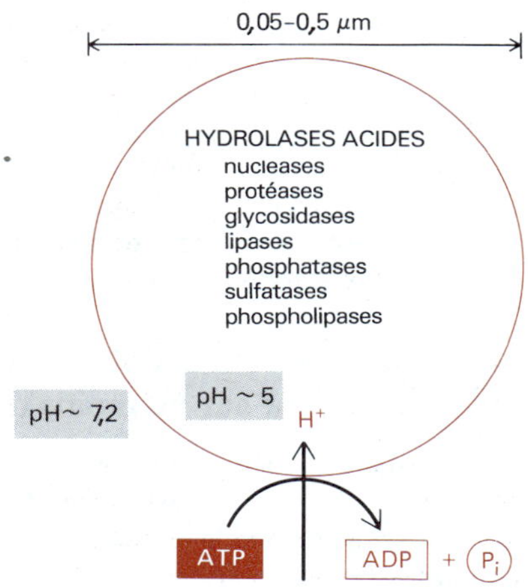

Figure 8-69 Les lysosomes sont définis comme des vésicules limitées par une membrane, impliquées dans la digestion intracellulaire ; ils contiennent une variété d'enzymes hydrolytiques qui sont actives dans des conditions acides. La lumière est maintenue à un pH acide (aux alentours de 5) par une pompe H^+ localisée dans la membrane qui utilise l'énergie de l'hydrolyse de l'ATP pour pomper des H^+ dans la vésicule.

Les lysosomes sont des organites hétérogènes [54]

Les lysosomes furent clairement identifiés en microscopie électronique une décade environ après leur première description. Ils sont d'une extraordinaire diversité de forme et de taille, mais peuvent être identifiés comme une famille unique d'organites par histochimie, en utilisant le précipité formé par le produit de réaction d'une hydrolase avec son substrat afin de déterminer quels organites contiennent l'enzyme (Figure 8-70). Selon ce critère, on a trouvé des lysosomes dans toutes les cellules eucaryotes.

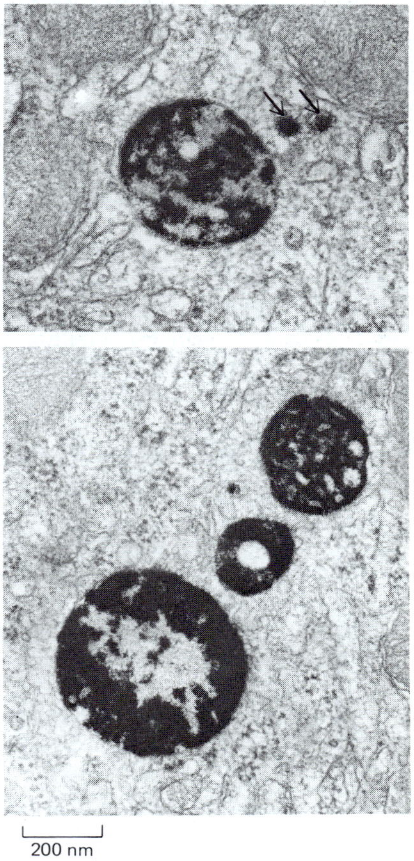

Figure 8-70 Micrographies électroniques de deux coupes d'une cellule colorée pour révéler la localisation de la phosphatase acide, un marqueur enzymatique des lysosomes. Les organites les plus larges, limités par une membrane contenant des précipités denses de phosphate de plomb, sont des lysosomes, dont la diversité de morphologie reflète les variations dans la quantité et la nature du matériau qu'ils digèrent. Deux petites vésicules qui transportent, sans doute, les hydrolases depuis l'appareil de Golgi, sont indiquées par des flèches dans l'image du haut. Il y a précipitation lorsqu'un tissu fixé avec de la glutaraldéhyde (pour immobiliser l'enzyme) est incubé avec un substrat de la phosphatase en présence d'ions plomb. (Avec l'autorisation de Daniel S. Friend.)

L'hétérogénéité morphologique des lysosomes contraste avec les structures relativement uniformes de la majorité des autres organites cellulaires. Cette diversité reflète la grande variété des fonctions digestives catalysées par les hydrolases acides, parmi lesquelles la digestion de débris intra- et extracellulaires, la digestion de microorganismes phagocytés, et même la nutrition cellulaire (puisque les lysosomes sont le site principal de l'assimilation du cholestérol à partir des lipoprotéines sériques endocytées — voir p. 328). Pour cette raison, les lysosomes sont parfois considérés comme un ensemble hétérogène d'organites distincts dont le caractère commun est une forte concentration en enzymes hydrolytiques.

Les lysosomes peuvent obtenir les matériaux qu'ils dégradent par au moins trois voies [55]

La circulation des matériaux vers les lysosomes suit des voies différentes selon la source des matériaux à digérer. La voie la mieux étudiée est utilisée pour la digestion des matériaux inclus par *endocytose* suivant le mécanisme qui conduit des *puits recouverts* aux *endosomes* puis aux lysosomes. Comme nous en avons discuté au Chapitre 6 (voir p. 323), les matériaux endocytés de cette façon passent séquentiellement d'un compartiment endosomal *périphérique* à un compartiment endosomal *périnucléaire*. Les matériaux qui n'ont pas été spécifiquement récupérés à partir de ces endosomes en vue d'un recyclage vers la membrane plasmique, pénètrent ensuite dans un troisième « compartiment intermédiaire » distinct, qui reçoit des hydrolases et des protéines membranaires lysosomales néosynthétisées de l'appareil de Golgi. Ce compartiment *endolysosomal* étant moyennement acide, on pense qu'il est le site de départ de la digestion hydrolytique des matériaux endocytés. La conversion de l'endolysosome en un lysosome mature nécessite la perte de ses composants membranaires endosomaux distincts, et une baisse supplémentaire de son pH interne. On ne sait pas encore comment se produit cette conversion (voir p. 331).

Toutes les cellules ont une seconde voie d'approvisionnement des lysosomes en matériaux à dégrader qui permet également de détruire les parties hors d'usage de la cellule elle-même — un processus appelé *autophagie*. Dans une cellule hépatique par exemple, une mitochondrie moyenne a une durée de vie d'environ 10 jours, et des micrographies électroniques de cellules normales montrent des lysosomes contenant (et probablement digérant) des organites reconnaissables tels que des mitochondries et des vésicules de sécrétion. Le processus de digestion semble impliquer l'enveloppement d'un organite par des membranes dérivées du RE, ce qui donne naissance à un *autophagosome*. On pense que l'autophagosome fusionne ensuite avec un lysosome (ou un endolysosome), initiant la digestion de son contenu dans un *autophagolysosome*. Le processus est parfaitement réglé, et des composants cellulaires sélectionnés peuvent être désignés pour être détruits au cours de la réorganisation cellulaire : par exemple, le RE lisse qui a proliféré dans une cellule hépatique en réponse à une drogue, est sélectivement éliminé par autophagie lorsque la drogue est supprimée (voir p. 436).

La troisième voie qui fournit des matériaux aux lysosomes ne se présente que dans des cellules spécialisées dans la *phagocytose* de grosses particules et de micro-organismes. Des cellules comme les macrophages et les neutrophiles peuvent absorber de gros objets de ce type pour former un *phagosome* (voir p. 334). On pense que le phagosome est converti en un *phagolysosome* de la même façon que les autophagosomes (voir ci-dessus). Ces trois voies sont résumées dans la Figure 8-71 : les trois types de lysosomes qui en résultent peuvent ne pas être différents les uns des autres excepté pour les matériaux qu'ils digèrent. *Lysosomes* est normalement le terme générique pour tous ces organites.

8-37 Les enzymes lysosomales sont triées dans l'appareil de Golgi par un récepteur protéique membranaire qui reconnaît le mannose 6-phosphate [56]

La synthèse d'hydrolases lysosomales et de protéines membranaires spécialisées est nécessaire à la biosynthèse des lysosomes. Les deux classes de protéines sont synthétisées dans le RE et transportées à travers l'appareil de Golgi. Les vésicules de transport qui transmettent ces protéines à l'endolysosome — puis aux lysosomes — bourgeonnent à partir du réseau *trans* du Golgi. Ces vésicules doivent incorporer des protéines lysosomales en excluant les nombreuses autres protéines qui seront emballées dans des vésicules de transport différentes pour une autre destination.

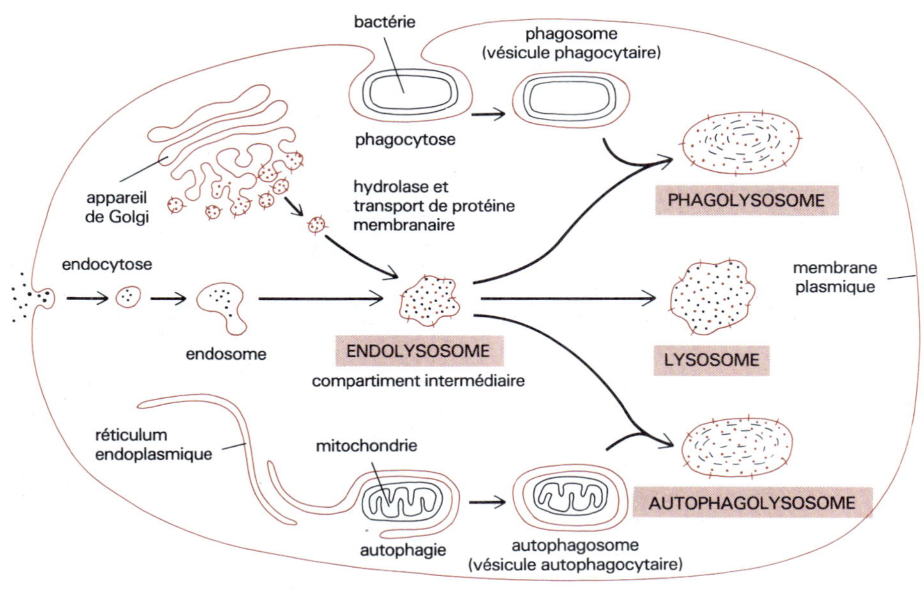

Figure 8-71 Trois voies possibles de formation des lysosomes. Chaque voie conduit à la digestion intracellulaire de matériaux issus d'une source différente, et produit un lysosome morphologiquement distinct. Au centre de ces voies, on trouve un « compartiment intermédiaire » désigné ici comme *endolysosome* (voir p. 331).

Jusqu'à ces derniers temps, il était traditionnel de faire la distinction entre *lysosomes primaires* et *lysosomes secondaires*, le premier terme étant utilisé pour décrire des vésicules lysosomales néoformées qui n'ont pas encore rencontré de matériaux à digérer. Des preuves récentes, cependant, montrent que les hydrolases lysosomales et les protéines membranaires lysosomales sont triées par différents récepteurs, permettant d'envisager qu'elles quittent l'appareil de Golgi dans des vésicules de transport séparées et se rencontrent pour la première fois dans l'endosome, qui contient déjà des matériaux endocytés pour la digestion.

Comment les protéines lysosomales sont-elles reconnues et sélectionnées avec la précision requise ? La même question peut être posée pour de nombreuses autres opérations de tri qui se font dans la cellule par l'intermédiaire de vésicules. Au niveau moléculaire, on ne connaît la réponse que dans un cas — celui des hydrolases lysosomales. Elles portent un marqueur unique sous la forme de groupements *mannose 6-phosphate (M6P)* qui sont exclusivement ajoutés aux oligosaccharides *N*-glycosylés de ces enzymes lysosomales solubles. Cette réaction se produit dans la lumière du Golgi *cis*. Les **récepteurs protéiques du M6P** complémentaires, qui se regroupent dans la membrane et se concentrent dans des vésicules recouvertes de clathrine qui bourgeonnent à partir du réseau *trans* du Golgi, ont également été isolés et caractérisés. Ces récepteurs sont des protéines transmembranaires qui fixent les enzymes lysosomales, les séparant ainsi de toutes les autres protéines présentes et les concentrant dans des vésicules de transport recouvertes. Ces vésicules perdent rapidement leurs enveloppes et fusionnent avec un endolysosome, livrant leurs contenus à cet organite.

Dans certaines cellules, une petite fraction des récepteurs du mannose 6-phosphate est présente dans la membrane plasmique où ils fonctionnent au cours de l'endocytose, par l'intermédiaire de récepteurs, des enzymes lysosomales qui ont été libérées dans le milieu extracellulaire. Ces récepteurs transportent les enzymes, via des puits recouverts, dans les endosomes, d'où ces enzymes sont finalement transmises aux lysosomes. Cette « voie de nettoyage » recapture les hydrolases lysosomales qui se sont échappées au cours du processus normal d'empaquetage dans le réseau *trans* du Golgi, et qui ont par conséquent été transportées à la surface cellulaire et sécrétées.

Le récepteur du mannose 6-phosphate fait la navette entre des membranes spécifiques [57]

Le récepteur protéique du mannose 6-phosphate a été purifié et caractérisé au cours d'études *in vitro*. Il fixe son oligosaccharide spécifique à pH 7, et le libère à pH 6, qui est le pH interne de l'endolysosome. Ainsi, les enzymes lysosomales se dissocient des récepteurs protéiques du M6P dans l'endolysosome et commencent à digérer le matériel endocyté provenant des endosomes. Après avoir libéré leurs enzymes, les récepteurs sont récupérés et renvoyés vers la membrane du réseau *trans* du Golgi, probablement par transport par l'intermédiaire de vésicules recouvertes (Figure 8-72). Ce processus de *recyclage membranaire* à partir de l'endolysosome vers l'appareil de Golgi est analogue au recyclage qui a lieu entre les endosomes et la membrane plasmique au cours de l'endocytose par l'intermédiaire de récepteurs (voir p. 331). En effet, le transport par l'intermédiaire de récepteurs des hydrolases lysosomales de l'appareil de Golgi vers les endolysosomes est analogue à l'endocytose par l'intermédiaire de récepteurs de molécules extracellulaires de la membrane plasmique vers les endosomes. Dans

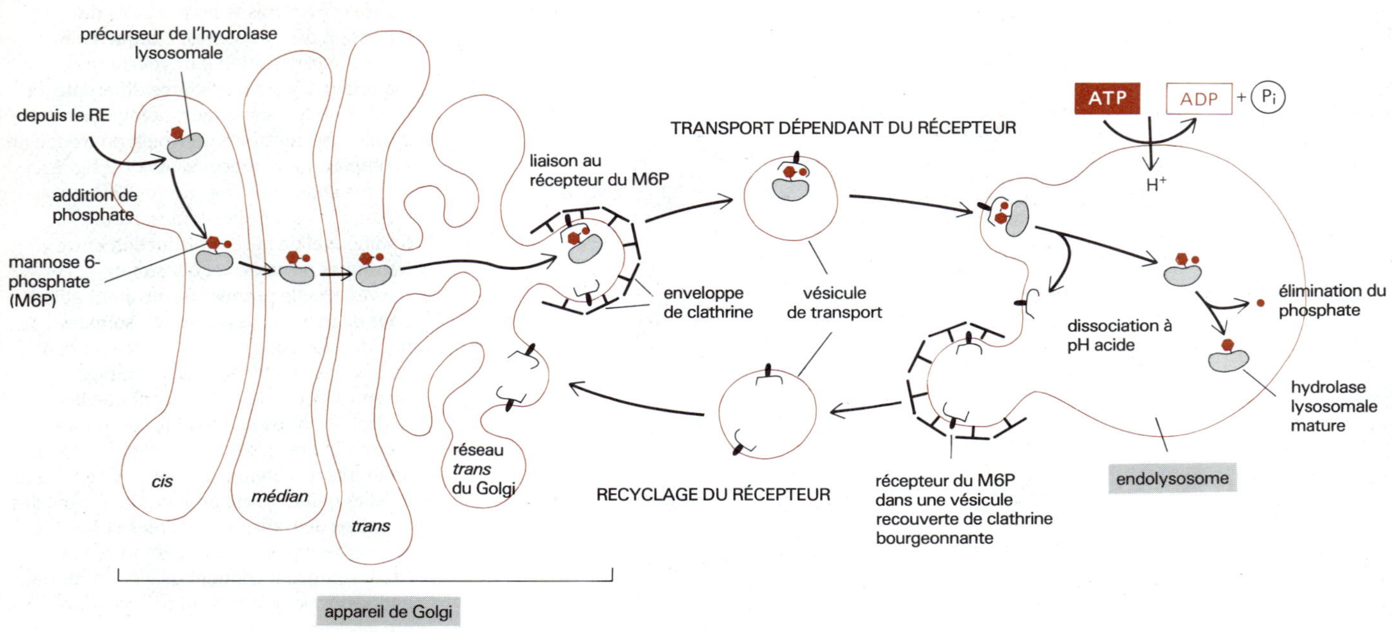

les deux processus, les récepteurs se regroupent dans les régions recouvertes de clathrine de la membrane (appelées puits recouverts) ; ces régions sont épincées pour fomer des vésicules recouvertes de clathrine, qui transportent les ligands vers un second compartiment qui est acide, à partir duquel les récepteurs sont recyclés vers leur membrane d'origine.

On a suivi le recyclage du récepteur du mannose 6-phosphate en utilisant des anticorps spécifiques pour localiser la protéine dans la cellule. Les récepteurs sont normalement présents dans les membranes de l'appareil de Golgi et des endolysosomes, mais non dans les lysosomes matures. Lorsque quelques cellules en culture sont traitées par une base faible telle que l'*ammoniaque* ou la *chloroquine*, qui s'accumule spécifiquement à l'intérieur des organites acidifiés, et neutralise leur pH, les récepteurs disparaissent de l'appareil de Golgi et s'accumulent dans les endolysosomes. Le retour des récepteurs vers le Golgi peut être déclenché dans de telles cellules soit par élimination de la base faible, soit par addition de fortes concentrations de mannose 6-phosphate dans le milieu de culture. Au cours des deux traitements, les récepteurs libèrent les enzymes qui leur sont liées dans l'endolysosome, dans un cas par réacidification de l'organite, et dans l'autre, par liaison compétitive entre le mannose 6-phosphate endocyté et les récepteurs. Ces expériences suggèrent que la réexpédition vers l'appareil de Golgi est facilitée par un changement conformationnel dans le récepteur, qui se produit lorsque celui-ci libère l'hydrolase qui lui est fixée.

Le système de navette du récepteur du mannose 6-phosphate, représenté dans la Figure 8-72, est spécifique — les vésicules portant le récepteur fusionnent avec leurs organites cibles spécifiques mais ne fusionnent pas, par exemple, avec la membrane du RE. On pense que l'enveloppe de clathrine sur les vésicules en formation se comporte comme un « filtre moléculaire » séquestrant le récepteur et son ligand dans les vésicules (voir p. 328), mais elle ne peut pas être responsable de la spécificité du choix de la cible vésiculaire, puisque l'enveloppe est rapidement éliminée dès que la vésicule est formée. Des expériences *in vitro* suggèrent que l'élimination de la clathrine est catalysée par une protéine de type hsp70 au cours d'une réaction qui nécessite l'hydrolyse de l'ATP. Il est vraisemblable qu'une ou plusieurs des protéines qui restent exposées sur la surface externe de la membrane vésiculaire servent ensuite de *« marqueurs d'ancrage »* (docking markers) reconnus par un « accepteur » complémentaire sur la membrane de l'organite cible. Une représentation très schématique d'un tel processus est donnée dans la Figure 8-73.

Le tri des hydrolases lysosomales est le meilleur modèle disponible pour la compréhension des nombreux événements de tri par l'intermédiaire de vésicules de transport qui se produisent dans une cellule eucaryote. Bien qu'un marqueur oligosaccharidique ne soit vraisemblablement pas utilisé ailleurs, il est probable que la reconnaissance d'un « chargement » par un récepteur membranaire au cours du bourgeonnement vésiculaire, la fusion de la vésicule avec une membrane cible spécifique, la libération du chargement dans le compartiment cible, et le recyclage du récepteur vide vers le compartiment d'origine soient tous des points communs.

Figure 8-72 Le transport d'hydrolases lysosomales néosynthétisées vers les lysosomes. Les précurseurs des hydrolases lysosomales sont « étiquetés » avec des groupements mannose 6-phosphate dans le Golgi *cis* et séparés de tous les autres types de protéine dans le réseau *trans* du Golgi. La séparation se produit du fait que les vésicules recouvertes de clathrine qui bourgeonnent à partir du réseau *trans* du Golgi concentrent les récepteurs spécifiques du mannose 6-phosphate, qui se fixent aux hydrolases lysosomales. Ces vésicules recouvertes perdent leur enveloppe et fusionnent avec les lysosomes (voir Figure 8-71). Au pH acide de l'endolysosome, les hydrolases se dissocient des récepteurs, qui sont recyclés vers l'appareil de Golgi pour des cycles de transport ultérieurs. L'élimination du phosphate du mannose sur les hydrolases diminue encore la probabilité du retour des hydrolases vers l'appareil de Golgi avec le récepteur. Bien qu'il y ait deux récepteurs glycoprotéiques du M6P de structures distinctes et de taille très différente, ils ont des séquences d'acides aminés voisines et semblent avoir des fonctions similaires.

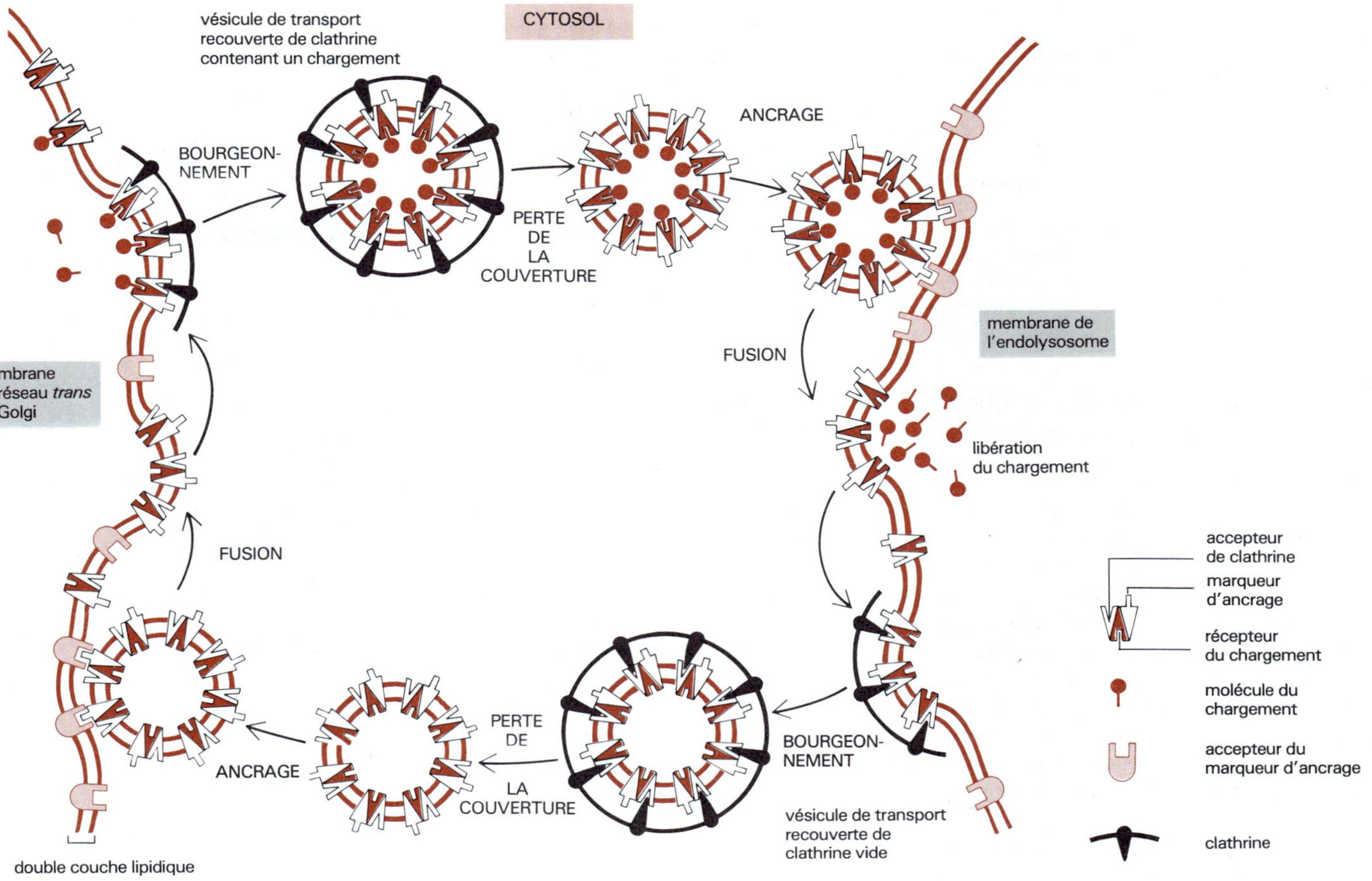

Figure 8-73 Un mécanisme possible pour diriger le va-et-vient des vésicules de transport recouvertes de clathrine entre deux membranes spécifiques. Dans ce modèle hypothétique, les molécules sont des hydrolases lysosomales et le récepteur est le récepteur protéique du mannose 6-phosphate. Les hypothétiques « marqueur d'ancrage » et « accepteur de marqueur d'ancrage » ne sont pas encore bien caractérisés, bien que la découverte récente de protéines de liaison de la clathrine, qui se fixent aussi aux queues cytoplasmiques de protéines membranaires sélectionnées, concorde avec la description de l'accepteur du marqueur d'ancrage qui est donnée ici. (voir Pearse, B.M., *EMBO J.* 7 : 3331-3336, 1988.)

La fixation de multiples groupements mannose 6-phosphate à une enzyme lysosomale amplifie le signal de tri [58]

Le fonctionnement du système de tri qui sépare les hydrolases lysosomales et les expédie vers les endolysosomes repose sur le fait que les groupements M6P ne sont ajoutés qu'aux glycoprotéines appropriées dans l'appareil de Golgi. Ceci nécessite une reconnaissance spécifique de toutes les hydrolases par l'enzyme golgienne responsable de l'addition de M6P. Puisque toutes les glycoprotéines arrivent dans le Golgi *cis* avec des chaînes oligosaccharidiques *N*-glycosylées identiques, le signal d'addition d'unités M6P aux oligosaccharides doit être localisé quelque part dans la chaîne polypeptidique de chaque hydrolase.

Deux enzymes agissent séquentiellement pour catalyser l'addition de groupements M6P aux hydrolases lysosomales : la *N*-acétylglucosamine phosphotransférase (*GlcNAc-P-transférase*) transfère la partie GlcNAc-P du nucléotide glucidique UDP-GlcNAc à une unité mannose sur l'oligosaccharide, alors que l'hydrolase est dans le Golgi *cis* ; une seconde enzyme — une phosphoglycosidase — retire ensuite le GlcNAc terminal, exposant le phosphate pour former le marqueur M6P final (Figure 8-74). La phosphotransférase fixe spécifiquement l'hydrolase au moyen d'un *site de reconnaissance* qui est différent du *site catalytique* de la réaction (Figure 8-75). Il semble que le signal reconnu par le site de reconnaissance soit une *région signal* dépendante de la conformation plutôt qu'un peptide signal (voir p. 414), puisque la reconnaissance est pratiquement supprimée lorsque l'hydrolase est partiellement dépliée.

Après avoir reconnu le signal sur une hydrolase, la phosphotransférase ajoute un GlcNAc-P à un ou deux des mannoses de chaque chaîne oligosaccharidique. Puisque la majorité des hydrolases lysosomales ont de multiples oligosaccharides, elles acquièrent de nombreux résidus M6P ; ceci amplifie beaucoup le signal. Ainsi, tandis qu'une hydrolase lysosomale se fixe au site de reconnaissance de la phosphotransférase avec une constante d'affinité (K_a) d'environ 10^5 litres/mole, l'hydrolase plusieurs fois phosphorylée se fixe au récepteur du M6P avec un K_a d'environ 10^9 litres/mole, ce qui correspond à une amplification d'un facteur 10 000.

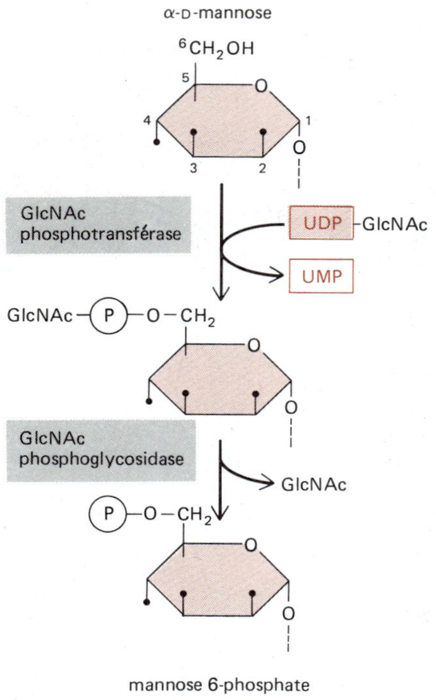

Figure 8-74 La synthèse du marqueur du mannose 6-phosphate sur une hydrolase lysosomale s'effectue en deux étapes. D'abord, la phosphotransférase GlcNAc transfère les résidus GlcNAc-P en position 6 de plusieurs résidus mannose sur les oligosaccharides *N*-glycosylés du précurseur glycoprotéique lysosomal. Ensuite, une phosphoglycosidase élimine le résidu GlcNAc par clivage, créant le marqueur du mannose 6-phosphate. La première enzyme est activée spécifiquement par une région signal présente sur les hydrolases lysosomales (voir Figure 8-75), tandis que la phosphoglycosidase est une enzyme non spécifique. Cette modification de résidus mannose sélectionnés dans le compartiment *cis* du Golgi protège ces mannoses d'une élimination par des mannosidases qu'ils rencontreront ultérieurement dans le compartiment *médian* du Golgi.

8-38 Une déficience de la phosphotransférase GlcNAc est la cause, chez l'homme, d'une maladie lysosomale d'accumulation [59]

Les maladies lysosomales d'accumulation ont joué un rôle crucial dans la découverte du mécanisme de tri des hydrolases lysosomales. Ces maladies sont provoquées par des déficiences génétiques qui touchent une ou plusieurs des hydrolases lysosomales et entraînent une accumulation intralysosomale de leurs substrats non digérés, ce qui s'accompagne de graves conséquences pathologiques. Elles résultent habituellement d'une mutation dans une gène de structure qui code une hydrolase lysosomale particulière. Cependant, la forme la plus dramatique des maladies lysosomales d'accumulation est une affection très rare, *la mucolipidose de type II (I-cell disease)*. Dans cette maladie, presque toutes les enzymes hydrolytiques sont absentes des lysosomes fibroblastiques et leurs substrats non digérés s'accumulent sous forme de grandes « inclusions » dans les cellules des patients. La mucolipidose de type II est due à une seule anomalie génétique et, comme la plupart des déficiences enzymatiques génétiques, elle est récessive — c'est-à-dire que seuls les individus porteurs de deux mauvaises copies du gène seront malades.

Dans la mucolipidose de type II, on retrouve dans le sang toutes les hydrolases absentes des lysosomes dans le sang ; ceci indique que les gènes de structure qui les codent ne sont pas affectés. L'anomalie résulte d'un mauvais tri dans l'appareil de Golgi, qui provoque la sécrétion des hydrolases plutôt que leur transport vers les lysosomes. L'origine de ce mauvais tri est une transférase GlcNAc-P défectueuse ou manquante. Les enzymes lysosomales n'étant pas phosphorylées dans le Golgi *cis*, elles ne sont pas isolées par les récepteurs du M6P, dans les vésicules recouvertes du réseau *trans* du Golgi. Au lieu de cela, elles sont transportées à la surface cellulaire et sécrétées. Les oligosaccharides qui contiendraient du M6P dans des enzymes lysosomales normales sont convertis en forme « complexe », contenant GlcNAc, Gal et acide sialique. Ceci indique que la phosphorylation du mannose dans le Golgi *cis* empêche normalement la transformation ultérieure des oligosaccharides sur les hydrolases en formes complexes dans le Golgi *médian* et le Golgi *trans*.

Des études réalisées à la fin des années 1960 sur la mucolipidose de type II, ont fourni le premier indice de l'existence d'un marqueur de reconnaissance commun à toutes les enzymes lysosomales. Le marqueur fut identifié comme étant le mannose 6-phosphate à la fin des années

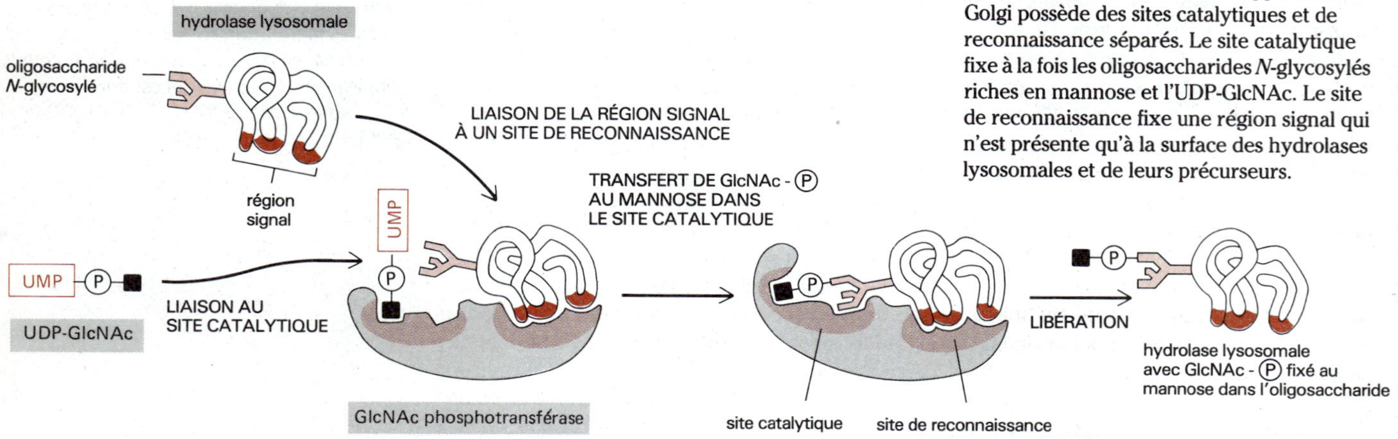

Figure 8-75 L'enzyme GlcNAc phosphotransférase qui reconnaît les hydrolases lysosomales dans l'appareil de Golgi possède des sites catalytiques et de reconnaissance séparés. Le site catalytique fixe à la fois les oligosaccharides *N*-glycosylés riches en mannose et l'UDP-GlcNAc. Le site de reconnaissance fixe une région signal qui n'est présente qu'à la surface des hydrolases lysosomales et de leurs précurseurs.

1970, lorsque la même hydrolase fut comparée chez des individus normaux et mutants. Ceci conduisit rapidement à la purification des récepteurs du mannose 6-phosphate et de la GlcNAc-P transférase, et à la compréhension du rôle de l'appareil de Golgi dans la voie du tri des hydrolases lysosomales.

Dans la mucolipidose de type II, les lysosomes de certains types cellulaires, comme les hépatocytes, contiennent un effectif normal d'enzymes lysosomales. Ceci implique l'existence d'une autre voie pour diriger les hydrolases vers les lysosomes, voie qui est utilisée par certains types cellulaires mais pas par d'autres. La nature de cette voie indépendante du M6P est inconnue. Il est possible, dans ce cas, que les hydrolases soient triées par une reconnaissance directe de leur région signal. De la même façon, les protéines membranaires lysosomales sont triées depuis le réseau *trans* du Golgi jusqu'aux endolysosomes par une voie indépendante du M6P dans toutes les cellules. La raison pour laquelle les cellules devraient avoir besoin de plus d'une voie de tri pour construire un lysosome n'est pas claire.

Résumé

Les lysosomes sont spécialisés dans la digestion intracellulaire. Ils contiennent des protéines membranaires uniques et une grande variété d'enzymes hydrolytiques dont l'activité est maximale à pH 5, le pH interne des lysosomes. Le pH acide des lysosomes est maintenu par une pompe à protons couplée à l'ATP et localisée dans leurs membranes. Les protéines lysosomales néosynthétisées sont transférées dans la lumière du RE, transportées à travers l'appareil de Golgi, puis transportées du réseau trans *du Golgi vers les endolysosomes au moyen de vésicules de transport.*

Les hydrolases lysosomales contiennent des oligosaccharides N-*glycosylés qui sont transformés d'une seule façon dans le Golgi* cis, *de telle sorte que leurs résidus mannose soient phosphorylés. Ces groupements mannose 6-phosphate (M6P) sont reconnus par un récepteur protéique du M6P dans le réseau* trans *du Golgi qui isole les hydrolases et aide à les emballer dans des vésicules bourgeonnantes recouvertes de clathrine, qui perdent rapidement leurs enveloppes. Ces vésicules de transport qui contiennent le récepteur du mannose 6-phosphate agissent comme des navettes qui font effectuer au récepteur un mouvement de va-et-vient entre le réseau* trans *du Golgi et les endolysosomes. Le faible pH dans l'endolysosome dissocie l'hydrolase lysosomale de son récepteur, rendant le transport des hydrolases unidirectionnel.*

Le transport depuis l'appareil de Golgi vers des vésicules sécrétrices et la surface cellulaire [60]

Les vésicules de transport destinées à une fusion immédiate avec la membrane plasmique quittent normalement l'appareil de Golgi à flot continu. Les protéines transmembranaires et les lipides de ces vésicules fournissent les nouvelles protéines et les nouveaux lipides pour la membrane plasmique de la cellule, tandis que les protéines solubles contenues dans ces vésicules sont sécrétées à l'extérieur de la cellule. C'est ainsi, par exemple, que les cellules produisent les protéoglycannes et les protéines de la matrice extracellulaire (voir p. 802).

Alors que les cellules ont besoin de cette **voie de sécrétion constitutive**, des cellules sécrétrices spécialisées possèdent une seconde voie de sécrétion dépendante d'un stimulus extérieur dans laquelle les protéines solubles et d'autres substances sont stockées pour une libération ultérieure — cette voie est appelée **voie de sécrétion contrôlée** ou *déclenchée* (Figure 8-76).

Dans ce paragraphe, nous examinerons le rôle de l'appareil de Golgi dans ces deux voies de sécrétion et nous comparerons les mécanismes impliqués. Nous verrons également comment les virus exploitent le mécanisme de tri de leurs cellules hôtes et peuvent être utilisés pour mettre à jour la diversité des voies de transport intracellulaires.

8-41 Des vésicules de sécrétion bourgeonnent à partir du réseau *trans* du Golgi [61]

Dans les cellules dans lesquelles la sécrétion se produit en réponse à un signal extracellulaire, les protéines sécrétées sont concentrées et stockées dans des **vésicules de sécrétion** (fréquemment appelées *granules de sécrétion* à cause de leurs noyaux denses), d'où elles sont libérées par exocytose en réponse à un signal. Les vésicules de sécrétion se forment par bourgeonnement à partir du réseau *trans* du Golgi. On pense que la clathrine et ses protéines d'enveloppe associées sont impliquées dans leur formation puisqu'une zone de la surface des vésicules de

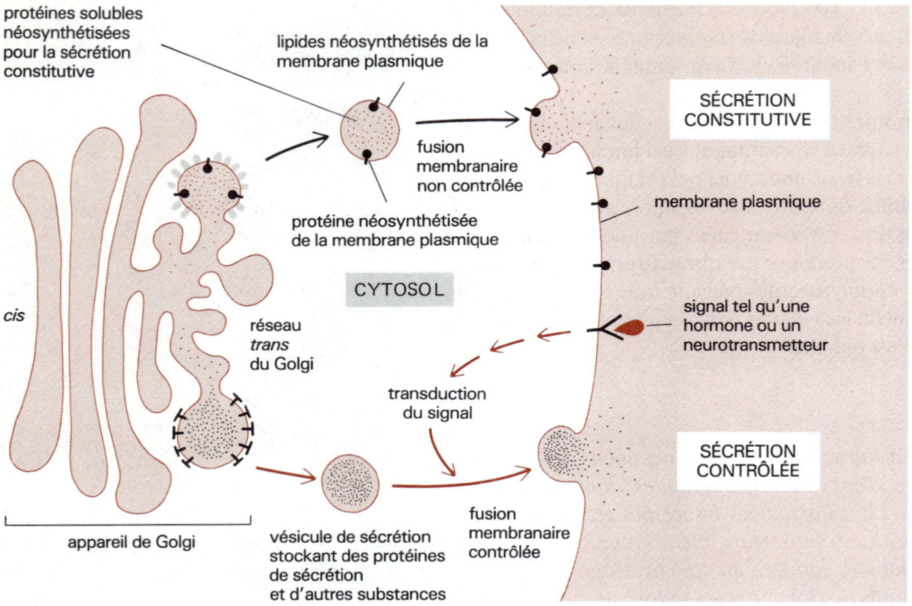

Figure 8-76 Les voies de sécrétion contrôlée et constitutive divergent dans le réseau *trans* du Golgi. Un grand nombre de protéines solubles sont continuellement sécrétées hors de la cellule par la *voie de sécrétion constitutive,* qui fonctionne dans toutes les cellules. Cette voie fournit également des lipides et des protéines transmembranaires néosynthétisées à la membrane plasmique. Des cellules sécrétrices spécialisées possèdent également une *voie de sécrétion contrôlée* par laquelle des protéines sélectionnées dans le réseau *trans* du Golgi sont détournées vers des vésicules de sécrétion dans lesquelles les protéines sont concentrées et stockées jusqu'à ce qu'un signal extracellulaire stimule leur sécrétion.

sécrétion en formation est habituellement recouverte de clathrine. L'enveloppe est éliminée au moment où la vésicule est complètement formée (Figure 8-77).

Comme les hydrolases lysosomales dont nous avons parlé dans le paragraphe précédent, les protéines destinées aux vésicules de sécrétion (souvent appelées *protéines de sécrétion*) doivent être triées et empaquetées dans les vésicules appropriées, dans le réseau *trans* du Golgi. Dans ce cas, il est possible que le mécanisme implique l'agrégation sélective de protéines de sécrétion ; ces agrégats peuvent être localisés en microscopie électronique comme un matériel dense aux électrons dans la lumière du réseau *trans* du Golgi. Le « signal de tri » qui dirige des protéines vers de tels agrégats est inconnu, mais on suppose que c'est une région signal partagée par de nombreuses protéines de sécrétion : lorsqu'un gène codant une protéine de sécrétion est transféré dans un type différent de cellule sécrétrice qui, normalement, ne synthétise pas la protéine, cette dernière est empaquetée de façon appropriée dans des vésicules de sécrétion.

Le mode de séparation des agrégats contenant des protéines de sécrétion, dans des vésicules de sécrétion en formation, est également obscur. Les vésicules de sécrétion contiennent des protéines membranaires particulières dont certaines pourraient servir de récepteurs (dans le réseau *trans* du Golgi) pour fixer le matériel agrégé qui doit être empaqueté. Les vésicules de sécrétion sont plus grosses que les vésicules de transport qui transmettent les hydrolases lysosomales, et les agrégats qu'elles contiennent sont beaucoup trop gros pour que chaque molécule de protéine sécrétée soit liée par un récepteur dans la membrane vésiculaire — comme nous l'avons proposé pour le transport des enzymes lysosomales (voir Figure 8-73) ; il est possible que le prélèvement des agrégats dans les vésicules sécrétrices soit plus proche de l'inclusion phagocytaire de particules à la surface cellulaire (voir p. 335), qui peut également se faire par l'intermédiaire de membranes recouvertes de clathrine.

Lorsque les vésicules sécrétrices immatures ont bourgeonné à partir du réseau *trans* du Golgi, l'enveloppe de clathrine est éliminée et leur contenu devient fortement condensé. La condensation se produit brusquement et elle est sans doute provoquée par une acidification de la lumière de la vésicule, induite par une pompe H^+ couplée à l'ATP et localisée dans la membrane vésiculaire. L'agrégation des protéines sécrétées (ou d'autres composés, voir p. 325) et leur condensation ultérieure dans des vésicules sécrétrices peuvent concentrer ces substances jusqu'à 200 fois à partir de la lumière du Golgi, permettant à la cellule sécrétrice de libérer, sur demande, de grandes quantités de matériel.

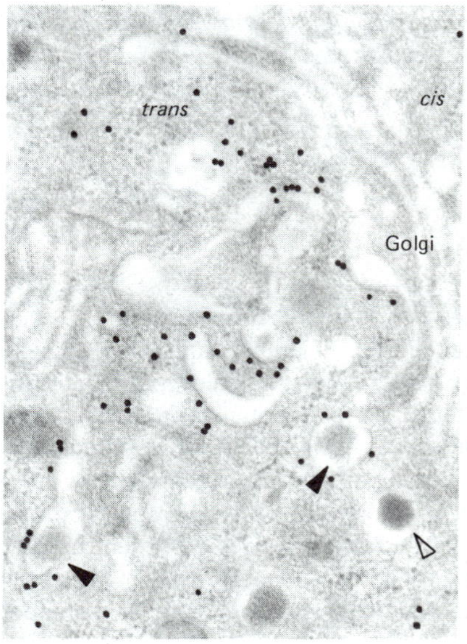

Figure 8-77 Micrographie électronique de vésicules de sécrétion qui se forment à partir du réseau *trans* du Golgi dans une cellule du pancréas sécrétant de l'insuline. Un anticorps conjugué à des sphères d'or *(points noirs)* a été utilisé pour localiser les molécules de clathrine. Les vésicules de sécrétion immatures *(pointes de flèches noires)*, qui contiennent des molécules de proinsuline, sont recouvertes de clathrine. L'enveloppe de clathrine est rapidement perdue une fois la vésicule formée, et n'existe pas dans les vésicules de sécrétion matures *(pointe de flèche ouverte)*. (Micrographie avec l'autorisation de Lelio Orci.)

Les composants membranaires des vésicules sécrétrices sont recyclés [62]

De nombreuses vésicules sécrétrices, telles que la cellule acineuse pancréatique, sont polarisées, et l'exocytose ne se produit qu'au niveau de la surface apicale, qui fait généralement face à la lumière d'un système de canaux qui recueillent les sécrétions. Lorsqu'une vésicule de sécrétion fusionne avec la membrane plasmique, son contenu est sécrété hors de la cellule par exocytose et sa membrane devient une partie de la membrane plasmique (voir p. 324). Bien que ceci devrait fortement augmenter la surface de la membrane plasmique, cette augmentation n'est que transitoire car les composants membranaires sont éliminés de la surface (ou *recyclés*) par endocytose à une vitesse sensiblement égale à celle de leur incorporation par exocytose (Figure 8-78). Il existe des preuves que ce recyclage renvoie les protéines de la membrane de la vésicule sécrétrice vers l'appareil de Golgi, où elles peuvent être réutilisées. Un tel recyclage maintient une distribution métastable des composants membranaires parmi les différents compartiments cellulaires.

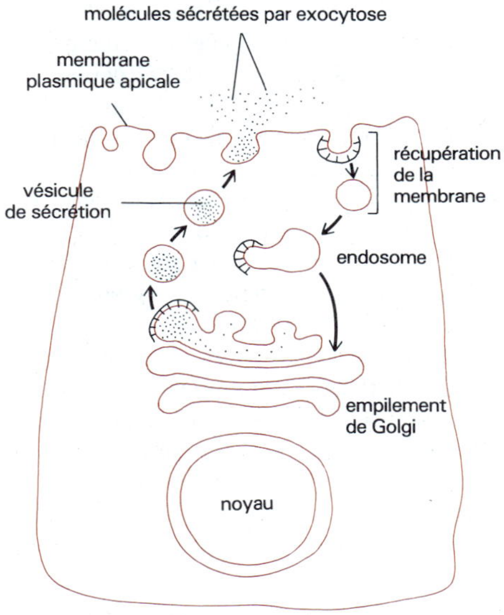

Figure 8-78 La membrane d'une vésicule de sécrétion est recyclée à la suite de la fusion avec la membrane plasmique apicale. La quantité de membrane ajoutée au cours de la sécrétion contrôlée peut être importante, mais, puisque la membrane est récupérée dans des vésicules recouvertes de clathrine et renvoyée vers le Golgi *trans*, probablement via des endosomes, la surface apicale conserve une surface à peu près constante.

Les protéines et les lipides semblent être transmis automatiquement du RE et de l'appareil de Golgi à la surface cellulaire dans des cellules non polarisées [63]

Dans une cellule capable de sécrétion contrôlée, trois sortes au moins de protéines doivent être séparées avant de quitter le réseau *trans* du Golgi : celles destinées aux endolysosomes, celles destinées aux vésicules de sécrétion et celles destinées à une livraison immédiate à la surface cellulaire. Les protéines destinées aux endolysosomes sont sélectionnées pour être empaquetées dans des vésicules en partance, sur la base de signaux positifs (M6P pour les hydrolases lysosomales), et un signal particulier doit également être présent sur chacune des protéines emballées dans des vésicules de sécrétion. Les protéines transmises à la surface cellulaire pourraient être en principe transportées par une voie de sécrétion non sélective « par défaut » en admettant qu'il ne soit pas nécessaire de désigner une protéine particulière de la membrane plasmique pour une région sélectionnée de la cellule (Figure 8-79). Ainsi, dans une cellule non polarisée, comme un leucocyte ou la plupart des cellules en culture, on a suggéré le transport automatique de toute protéine du RE à travers l'appareil de Golgi vers la surface cellulaire par une voie de sécrétion constitutive à moins qu'elle ne soit spécifiquement retenue dans le RE ou le Golgi ou sélectionnée pour une autre destination. L'intérêt de ce modèle réside dans sa simplicité et dans l'opportunité qu'une telle voie « par défaut » offre pour rejeter des protéines endommagées ou mal dirigées vers l'extérieur de la cellule.

Afin d'analyser un tel processus de « flux continu » non sélectif vers la membrane plasmique, des cellules en culture furent incubées avec un tripeptide simple (Asn-Tyr-Thr) contenant le code de glycosylation Asn-X-Thr. Ce petit peptide réussit à diffuser dans les cellules à travers les membranes intracellulaires, et il fut glycosylé sur son résidu asparagine dans la lumière du RE. L'addition de l'oligosaccharide *N*-glycosylé empêcha la rediffusion du tripeptide dans le cytosol. Au lieu de cela, il fut transporté de façon unidirectionnelle depuis le RE à travers le Golgi et vers la surface cellulaire en 10 minutes environ, ce qui est la vitesse de transport des protéines normales les plus rapides de la membrane plasmique. Ce résultat est compatible avec l'hypothèse d'un flux non sélectif de fluide luminal qui transporte automatiquement et avec rapidité toute molécule soluble de la lumière du RE vers la surface cellulaire, à moins qu'elle ne soit spécifiquement retenue ou dirigée ailleurs.

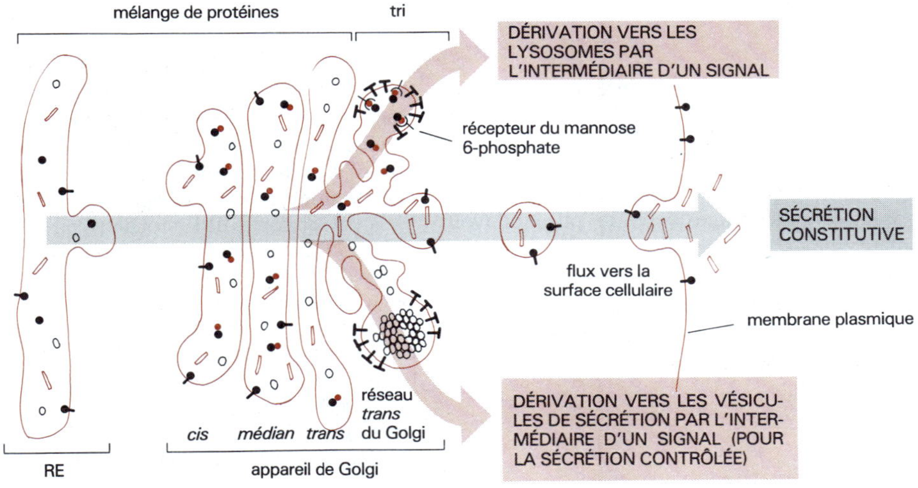

Figure 8-79 Les voies les mieux comprises du tri protéique dans le réseau *trans* du Golgi. Les protéines qui ont le marqueur mannose 6-phosphate sont détournées vers les lysosomes (via des endolysosomes) dans des vésicules recouvertes de clathrine (voir Figure 8-72). Les protéines avec des signaux qui les dirigent vers des vésicules de sécrétion sont concentrées dans de grosses vésicules recouvertes de clathrine qui perdent leurs enveloppes pour devenir des vésicules de sécrétion — une voie qui n'existe que dans des cellules sécrétrices spécialisées. Dans les cellules non polarisées, on pense que les protéines sans caractéristiques particulières sont transmises à la surface cellulaire « par défaut », via la voie de sécrétion constitutive. Cependant, dans les cellules polarisées, les protéines sécrétées et les protéines de la membrane plasmique sont sélectivement dirigées vers les domaines apical ou basolatéral de la membrane plasmique, de sorte qu'une de ces deux voies, au moins, doit avoir besoin d'un signal médiateur.

En principe, le même type de flux non sélectif pourrait automatiquement transporter des protéines et des lipides transmembranaires qui n'ont pas de signaux de tri, du RE vers la surface cellulaire. Il pourrait également transporter des protéines destinées aux vésicules de sécrétion et aux lysosomes depuis le RE vers l'extrémité de l'appareil de Golgi : des signaux spécifiques ne seraient nécessaires que dans le réseau *trans* du Golgi pour séparer ces protéines de celles qui vont vers la membrane plasmique. Un mécanisme de tri particulier serait également nécessaire pour retenir toutes les protéines destinées à rester en permanence dans le RE ou l'appareil de Golgi (voir p. 413). Cette idée générale de la circulation protéique à travers les cellules est corroborée par l'observation que plusieurs protéines du RE (y compris la BiP et la protéine disulfure isomérase) contiennent un peptide signal qui est responsable de leur rétention dans le RE (voir p. 415).

Certaines protéines sécrétées de façon constitutive sont longues à quitter le RE et leur sécrétion prend de nombreuses heures. Pour réconcilier cette observation avec l'hypothèse du flux non sélectif, on a suggéré que ces protéines sont longues à se replier correctement dans le RE, et s'y trouvent, par conséquent, retardées soit parce qu'elles « collent » à la membrane du RE, soit parce qu'elles sont liées par des protéines particulières telles que la BiP (voir p. 445) ; une fois correctement repliées, ces protéines retenues seraient également transportées dans le flux non sélectif.

8-42 Les cellules polarisées doivent diriger les protéines depuis l'appareil de Golgi vers le domaine approprié de la membrane plasmique [64]

La majorité des cellules tissulaires sont *polarisées* et ont deux (et parfois plus) domaines de membrane plasmique différents (voir p. 310). Une cellule épithéliale typique possède deux domaines de membrane plasmique physiquement continus mais de compositions différentes (voir Figure 6-36, p. 297) : le *domaine apical* fait face à la lumière et a souvent des caractéristiques particulières tels que les cils ou la bordure en brosse des microvillosités ; le *domaine basolatéral* recouvre le reste de la cellule. Les deux domaines sont réunis au niveau de leur frontière par un anneau de *jonctions étanches* (voir p. 793), qui empêchent la diffusion des protéines (et des lipides du feuillet externe de la double couche lipidique) entre les deux domaines membranaires. Par conséquent, bien que les deux domaines apparaissent comme une seule membrane continue lorsqu'ils sont observés en microscopie électronique, ils sont en réalité séparés par les jonctions de sorte que la membrane apicale contient un ensemble de protéines alors que la membrane basolatérale en contient un autre. La composition lipidique des deux doubles couches est également différente ; en particulier, on ne trouve les glycolipides que dans le domaine membranaire apical.

Les cellules épithéliales peuvent également sécréter un ensemble de protéines au niveau de leur surface apicale et un groupe différent à partir de leur surface basolatérale. Ainsi, les cellules polarisées doivent avoir des moyens de diriger des molécules liées à la membrane et des molécules sécrétées d'une façon spécifique vers chaque domaine de la membrane plasmique. On a montré, dans des cellules polarisées en culture, que les protéines destinées à différents domaines passent ensemble du RE au réseau *trans* du Golgi, où elles sont séparées et expédiées, dans des vésicules de sécrétion ou de transport, vers le domaine de la membrane plasmique approprié. Il est possible que les protéines basolatérales et apicales aient des signaux de tri différents qui les dirigent vers le domaine approprié ; ou bien une seule de ces voies peut nécessiter un signal de tri, l'autre fonctionnant « par défaut ». La nature des signaux est inconnue.

Les virus exploitent les mécanismes de tri de leurs cellules hôtes [65]

De nombreux virus animaux n'ont qu'une faible quantité d'acide nucléique dans leurs génomes, et ne contiennent pas plus de quatre ou cinq gènes. La plupart de ces gènes codent des protéines de structure de la particule virale mature (ou virion), de sorte que ces virus doivent parasiter les voies métaboliques des cellules hôtes pour la majorité des étapes de leur réplication (voir p. 248). Du fait que les produits viraux sont habituellement synthétisés en grandes quantités lors de l'infection, et que, durant son cycle de vie, le virus suit une voie séquentielle à travers les compartiments de la cellule hôte, les cellules infectées par des virus ont été très utiles pour suivre des voies de transport intracellulaires et pour étudier la façon dont les réactions de biosynthèse essentielles sont compartimentées dans les cellules eucaryotes.

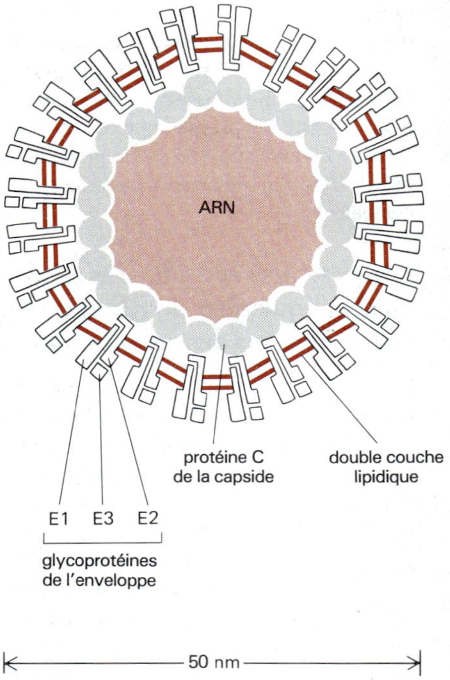

(A)

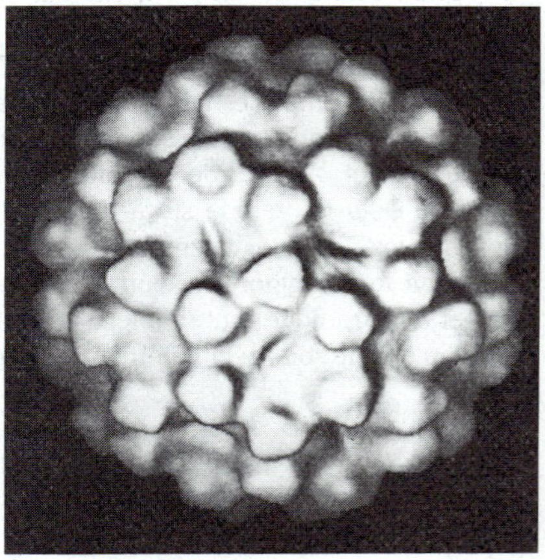

(B)

Figure 8-80 La structure du virus de la forêt de Semliki. Représentation schématique d'une coupe transversale du virus (A) et reconstruction tridimensionnelle de la surface du virus, à partir de micrographies cryoélectroniques d'échantillons non colorés (B). Il y a 180 copies de la protéine C de la capside (disposées en 60 trimères) et 240 copies de chacune des trois protéines de l'enveloppe (disposées en 80 trimères) dans chaque particule virale. L'enveloppe externe du virus est constituée de protéines de l'enveloppe enchâssées dans une membrane formée d'une double couche lipidique. Le virus a une masse totale de 46 millions de daltons. (B., d'après S.D. Fuller, *Cell* 48 : 923-934, 1987.)

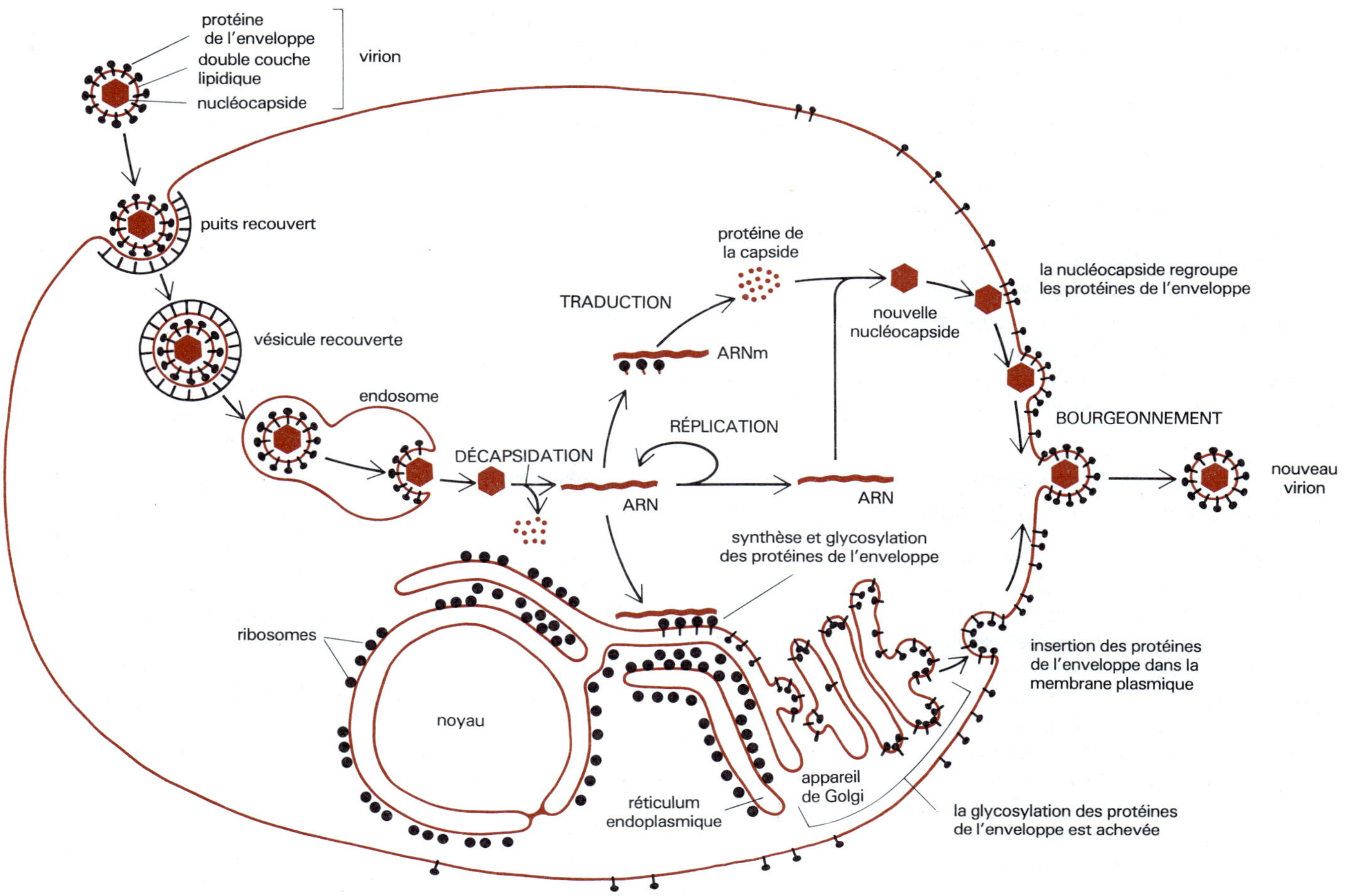

Figure 8-81 Schéma du cycle de vie du virus de la forêt de Semliki. Le virus parasite la cellule hôte pour l'ensemble de sa biosynthèse.

Les virus à enveloppe des animaux, dont le génome est entouré d'une double couche lipidique membranaire (voir p. 249), ont exploité la compartimentation de la cellule jusqu'à un niveau particulièrement subtil. Suivre le cycle de vie d'un virus à enveloppe, c'est faire une « excursion » dans la cellule. Un exemple bien étudié est le *virus de la forêt de Semliki*, qui est composé d'un génome à ARN entouré d'une **capside**, formée d'une coquille à symétrie icosaédrique (20 faces) constituée par une protéine (appelée protéine C). La *nucléocapside* (génome + capside) est entourée par une double couche lipidique étroitement appliquée qui contient seulement trois protéines (appelées E1, E2, et E3). Ces **protéines de l'enveloppe** sont des glycoprotéines qui traversent la double couche lipidique et interagissent avec la protéine C de la nucléocapside, reliant la membrane et la nucléocapside (Figure 8-80A). Les régions glycosylées des protéines de l'enveloppe sont toujours à l'extérieur de la double couche lipidique, et des complexes de ces protéines forment des « épis » qui peuvent être observés en microscopie électronique comme des projections à l'extérieur de la surface du virus (Figure 8-80B).

L'infection est déclenchée lorsque le virus se fixe aux récepteurs protéiques sur la membrane plasmique de la cellule hôte. Le virus utilise la voie d'endocytose normale de la cellule pour y pénétrer par endocytose par l'intermédiaire de récepteurs et il est transmis aux endosomes (voir p. 329). Mais, au lieu d'être transmis aux lysosomes, le virus s'échappe de l'endosome grâce aux propriétés particulières d'une de ses protéines d'enveloppe. Au pH acide qui règne dans l'endosome, cette protéine provoque la fusion de l'enveloppe virale avec la membrane de l'endosome, libérant la nucléocapside dénudée dans le cytosol (Figure 8-81). La nucléocapside est « découverte » dans le cytosol, libérant l'ARN viral qui est alors traduit par les ribosomes de la cellule hôte pour former une ARN polymérase codée par le virus. Celle-ci à son tour fabrique de nombreuses copies de l'ARN, dont certaines servent de molécules d'ARNm pour diriger la synthèse des quatre protéines de structure du virus — la protéine C de la capsule, et les trois protéines de l'enveloppe, E1, E2, E3.

Les protéines de la capside et de l'enveloppe suivent des voies séparées à travers le cytoplasme. Les protéines de l'enveloppe, comme les glycoprotéines des membranes cellulaires normales, sont synthétisées par des ribosomes liés au RE rugueux ; la protéine de la capside, comme une protéine cytosolique normale, est synthétisée par des ribosomes qui ne sont pas liés à une membrane. La protéine de la capside néosynthétisée se lie à l'ARN viral récemment répliqué pour former de nouvelles nucléocapsides. Les protéines de l'enveloppe, au contraire, sont insérées dans la membrane du RE, où elles sont glycosylées, transportées vers l'appareil de Golgi (où leurs oligosaccharides sont modifiés), puis transmises à la membrane plasmique.

Les nucléocapsides virales et les protéines de l'enveloppe se rencontrent finalement au niveau de la membrane plasmique (voir Figure 8-81). Par suite d'une interaction spécifique avec un groupe de protéines d'enveloppe, la nucléocapside est enroulée dans une partie de la membrane plasmique, formant un bougeon très enrichi en protéines d'enveloppe mais contenant des lipides de la cellule hôte. Finalement, le bourgeon est épincé et un virus est libéré à l'extérieur de la cellule. Le regroupement des protéines de l'enveloppe dans la double couche lipidique, lorsqu'elles s'assemblent autour de la nucléocapside au cours du bourgeonnement viral, a été proposé comme modèle pour la séparation de protéines membranaires spécifiques dans des vésicules recouvertes.

Les protéines de l'enveloppe virale portent des signaux qui les dirigent vers des membranes intracellulaires spécifiques [66]

Différents virus à enveloppe bourgeonnent à partir de différentes membranes de la cellule hôte. Leurs protéines d'enveloppe, qui sont des protéines transmembranaires synthétisées dans le RE, doivent par conséquent porter des signaux qui les dirigent du RE vers la membrane cellulaire appropriée. Certaines lignées de cellules épithéliales forment des feuillets de cellules polarisées lorsqu'elles sont cultivées sur une surface appropriée telle qu'un filtre poreux recouvert de collagène. Lorsque des virus infectent de telles cellules polarisées, qui conservent des domaines de membrane plasmique apical et basolatéral distincts, certains d'entre eux (tels que le virus de la grippe) bourgeonnent exclusivement à partir de la membrane plasmique apicale, alors que d'autres (tels que le virus de la forêt de Semliki et le virus de la stomatite vésiculeuse) ne bourgeonnent qu'à partir de la membrane plasmique basolatérale (Figure 8-82). Cette polarité du bourgeonnement reflète la présence, sur les protéines de l'enveloppe, de signaux de tri apicaux ou basolatéraux différents, qui dirigent les protéines vers un seul domaine de la surface cellulaire ; les protéines à leur tour provoquent l'assemblage du virus dans ce domaine.

D'autres virus ont des protéines d'enveloppe qui portent différents types de signaux de tri. Le *virus de l'herpès*, par exemple, est un virus à ADN qui se réplique dans le noyau, où sa nucléocapside s'assemble ; il acquiert ensuite une enveloppe par bourgeonnement à travers la membrane nucléaire interne dans la lumière du RE ; les protéines de l'enveloppe doivent par

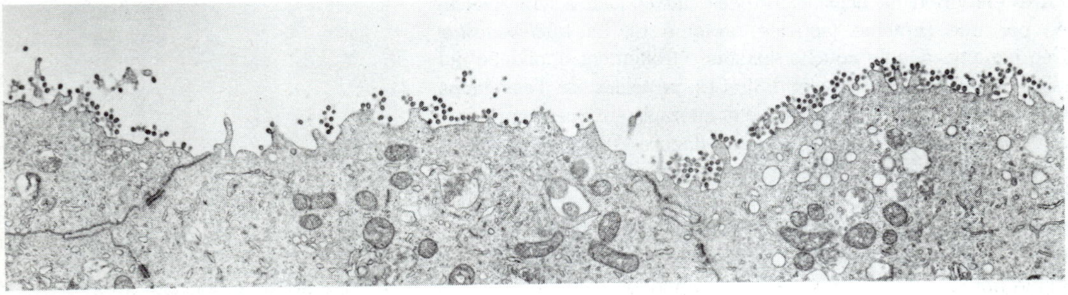

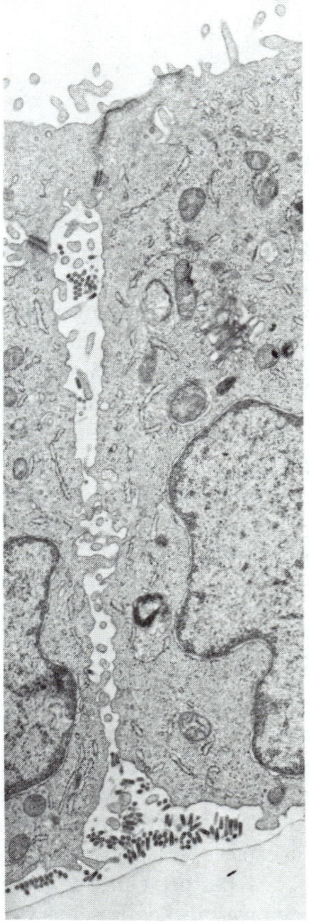

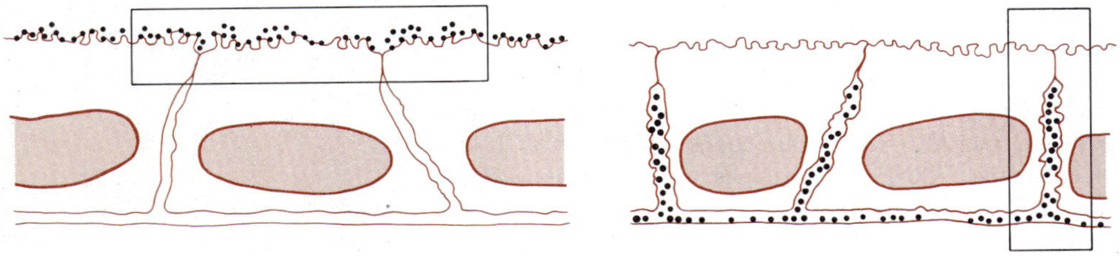

Figure 8-82 Micrographies électroniques montrant qu'un type de virus à enveloppe bourgeonne depuis la membrane plasmique apicale, tandis qu'un autre type de virus bourgeonne depuis la membrane plasmique basolatérale, à partir de la même lignée de cellules épithéliales en culture. Ces cellules se multiplient avec leur surface basale attachée à la boîte de culture. (Avec l'autorisation de E. Rodriguez-Boulan et D. D. Sabatini.)

conséquent être spécifiquement transportées de la membrane du RE vers la membrane nucléaire interne. Le *flavivirus*, au contraire, bourgeonne directement dans la lumière du RE, et le *bunyavirus* bourgeonne dans l'appareil de Golgi, indiquant que leurs protéines d'enveloppe portent des signaux de fixation dans les membranes du RE et du Golgi, respectivement. Les particules du virus de l'herpès, de flavivirus, et de bunyavirus sont solubles dans les lumières du RE et du Golgi, et elles se déplacent en direction de la surface cellulaire exactement comme si elles étaient des protéines sécrétées ; dans le réseau *trans* du Golgi, elles sont incorporées dans des vésicules de transport et sécrétées hors de la cellule par la voie de sécrétion constitutive.

Résumé

Les protéines peuvent être sécrétées hors des cellules par exocytose d'une façon constitutive ou contrôlée. Dans la voie contrôlée, les molécules sont stockées dans des vésicules de sécrétion, qui ne fusionnent pas avec la membrane plasmique pour libérer leurs contenus tant qu'elles n'ont pas reçu de signal extracellulaire. L'empaquetage, dans les vésicules de sécrétion, des protéines qui leur sont destinées s'accompagne de leur condensation sélective dans le réseau trans *du Golgi. La voie contrôlée ne fonctionne que dans les cellules sécrétrices spécialisées, mais une voie de sécrétion constitutive existe dans toutes les cellules et se fait par l'intermédiaire d'un processus continu de transport vésiculaire depuis le réseau* trans *du Golgi vers la membrane plasmique. Pour les cellules non polarisées, il existe des preuves que les protéines synthétisées dans le RE sont automatiquement transmises au réseau* trans *du Golgi puis à la membrane plasmique par cette voie constitutive, à moins qu'elles ne soient autrement détournées ou retenues par des signaux de tri spécifiques. Dans les cellules polarisées, cependant, les voies de transport depuis le réseau* trans *du Golgi vers la membrane plasmique doivent fonctionner sélectivement pour assurer la transmission des différents groupes de protéines membranaires, de protéines sécrétées, et de lipides, vers les domaines apical et basolatéral.*

Le transport vésiculaire et la préservation de l'identité des compartiments

Le tri intracellulaire semble nécessiter au moins 10 types différents de vésicules de transport, chacun ayant à sa surface un ensemble unique de « marqueurs d'adresse moléculaire » qui lui permet de ne délivrer son contenu qu'à des membranes cellulaires spécifiques. Ainsi, les vésicules de transport qui quittent le RE ne doivent fusionner qu'avec le compartiment *cis* du Golgi, celles qui quittent le compartiment *cis* du Golgi ne doivent fusionner qu'avec le compartiment *médian* du Golgi, et ainsi de suite. A chaque étape, le bourgeonnement, l'ancrage et la fusion des vésicules sont mis en jeu et chaque phénomène nécessite des événements de reconnaissance très spécifiques. Actuellement, nous savons peu de chose sur les mécanismes moléculaires concernés (voir Figure 8-73). Dans ce dernier paragraphe, nous examinerons certaines idées spéculatives sur les mécanismes qui conservent l'identité des compartiments et nous décrirons quelques-unes des dernières techniques d'approche de ces problèmes.

Les compartiments du RE et du Golgi retiennent à demeure des protéines sélectionnées [67]

En transportant un « chargement » d'un compartiment à un autre, les vésicules de transport transfèrent nécessairement aussi bien la membrane que le contenu luminal. Toutefois, malgré cette influence homogénéisatrice, les différences vitales de composition membranaire sont maintenues entre les différents compartiments : le récepteur protéique de la SRP (voir p. 440) n'est présent que dans la membrane du RE, alors que les glycosyltransférases et les enzymes de transformation des oligosaccharides ne sont localisées que dans les membranes du saccule golgien correct, et ainsi de suite. Les membranes du RE et de chaque type de saccule golgien doivent par conséquent avoir des mécanismes particuliers pour conserver leurs compositions singulières. Un des mécanismes possibles serait que chaque étape du déplacement à travers les compartiments du RE et du Golgi soit sélectionnée par un signal, de la façon dont sont sélectionnées, par des puits recouverts, les protéines de la membrane plasmique qui pénètrent dans la cellule par endocytose par l'intermédiaire de récepteurs. Cependant, comme nous en avons discuté auparavant, le transport biosynthétique à travers le RE et l'appareil de Golgi fonctionne vraisemblablement dans le sens opposé, le déplacement étant automatique et la rétention nécessitant des signaux. Selon ce point de vue, chaque résident des compartiments du RE et du Golgi doit porter un signal de tri qui est responsable de sa rétention sélective. Comme nous l'avons déjà décrit, un peptide signal qui provoque la rétention sélective des protéines dans le RE a été identifié (voir p. 415), bien que le mécanisme de rétention soit inconnu. Une stratégie de déplacement automatique et de rétention sélective est séduisante en partie parce que le nombre de protéines qui traversent le RE et le Golgi, en route pour d'autres destinations, excède fortement le nombre de protéines retenues. De plus, cette stratégie permet aux protéines qui on perdu leurs signaux de tri ou ont été mal dirigées dans une étape antérieure d'être sécrétées à l'extérieur de la cellule, comme nous l'observons (voir p. 464). Finalement, si le transport nécessitait des signaux spécifiques, une protéine n'aurait probablement pas besoin d'un signal différent pour chaque étape du déplacement qu'elle subit du RE vers le Golgi, et de chaque saccule golgien vers le suivant. La structure des nombreuses protéines pourrait être alors complètement figée par le nombre important des signaux de tri nécessaires sur leur surface.

8-45 Il existe au moins deux types de vésicules recouvertes [68]

La clathrine est présente sur la surface cytoplasmique de la membrane plasmique et du réseau *trans* du Golgi, et elle semble être associée aux instructions de transport qui sont transmises. A partir de la membrane plasmique, des vésicules recouvertes de clathrine effectuent le transport vers les endosomes par endocytose par l'intermédiaire de récepteurs ; depuis le réseau *trans* du Golgi, elles dirigent la circulation par l'intermédiaire de récepteurs vers les endolysosomes. Dans le premier cas, les vésicules sont connues pour transporter un ensemble très sélectionné de récepteurs de surface cellulaire (voir p. 328), et la même chose est probablement vraie pour les vésicules recouvertes de clathrine qui bourgeonnent à partir de l'appareil de Golgi.

Les vésicules recouvertes de clathrine ne bourgeonnent pas à partir du RE ou des saccules *cis* ou *médian* de l'appareil de Golgi. Au lieu de cela, un autre type de vésicule recouverte bourgeonne à partir de ces emplacements (ainsi que du réseau *trans* du Golgi). Les enveloppes de ces vésicules ne sont pas colorées par des anticorps anti-clathrine, et elles apparaissent différentes des enveloppes de clathrine en microscopie électronique (Figure 8-83). Les protéines d'enveloppe de ces vésicules n'ont toutefois pas été identifiées.

Un modèle possible pour le transport de protéines dans les cellules non polarisées est présenté dans la Figure 8-84. Dans ce modèle, le déplacement des protéines du RE vers le Golgi, de saccule en saccule, et du réseau *trans* du Golgi à la surface cellulaire, se fait suivant un processus non sélectif « par défaut » qui semble faire intervenir des vésicules non recouvertes de clathrine. Dans le réseau *trans* du Golgi, la dérivation par signal vers les lysosomes se fait par l'intermédiaire de vésicules recouvertes de clathrine, alors que la dérivation par signal vers les vésicules de sécrétion se fait par l'intermédiaire d'une membrane qui est partiellement recouverte de clathrine. Comment peut-on vérifier une telle idée ?

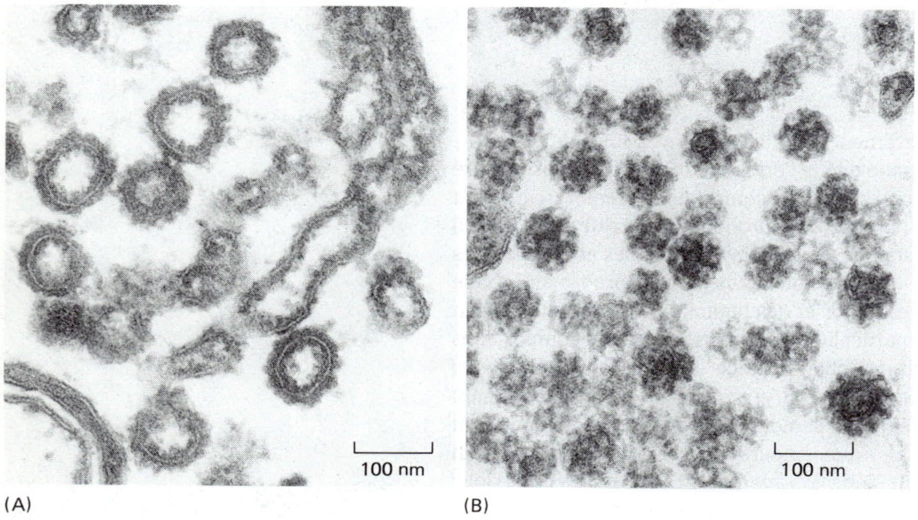

Figure 8-83 Comparaison de vésicules recouvertes et non recouvertes de clathrine. (A) Micrographie électronique de saccules de Golgi d'un système acellulaire dans lequel des vésicules non recouvertes de clathrine bourgeonnent dans le tube à essai. Les vésicules recouvertes de clathrine représentées en (B) ont une structure beaucoup plus régulière. (Micrographies électroniques avec l'autorisation de Lelio Orci, d'après L. Orci, B. Glick et J. Rothman, *Cell* 46 : 171-184, 1986.)

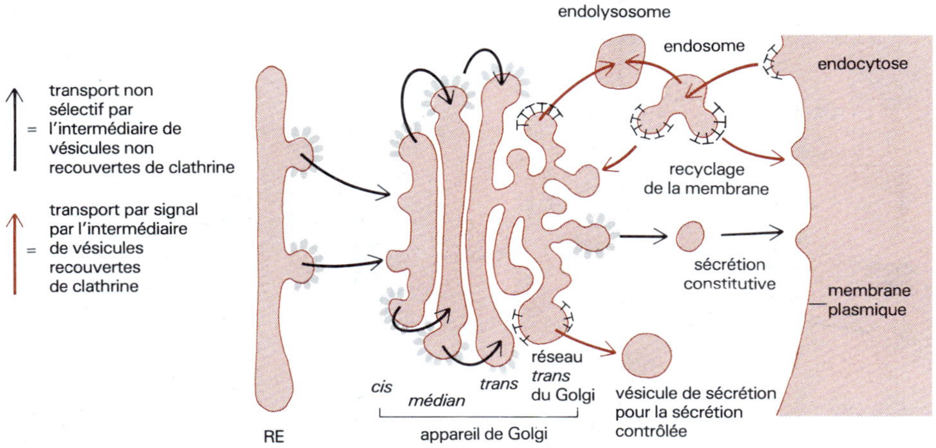

Figure 8-84 Un modèle hypothétique du transport de protéines dans des cellules non polarisées. Tout transport non sélectif (constitutif) se fait vraisemblablement par l'intermédiaire de vésicules non recouvertes de clathrine. Le transport par l'intermédiaire d'un signal, sous ses différentes formes, est vraisemblablement effectué par des vésicules recouvertes de clathrine qui bourgeonnent à partir du réseau *trans* du Golgi, des endosomes et de la membrane plasmique. Dans les cellules polarisées, une voie supplémentaire par l'intermédiaire d'un signal à partir du réseau *trans* du Golgi est nécessaire.

Des mutants de la voie de sécrétion aident à identifier le mécanisme de transport [69]

Le transport vésiculaire étant essentiel pour une cellule eucaryote, une cellule mutante déficiente en un composant central de ce processus — tel qu'un marqueur d'ancrage ou un accepteur protéique (voir Figure 8-73) — mourrait probablement. Si, toutefois, la protéine mutante n'est déficiente qu'à des températures élevées, la cellule mutante devrait survivre à des températures normales. Plus de 25 *mutations thermosensibles* de ce type dans des gènes impliqués dans la voie de sécrétion ont été identifiées chez les levures. Lorsque ces mutants sont cultivés à une température élevée, certains ne peuvent transporter les protéines du RE à l'appareil de Golgi, alors que d'autres ne peuvent transporter les protéines d'un saccule golgien à un autre, ou de l'appareil de Golgi à la vacuole (le lysosome de la levure) ou à la membrane plasmique.

Les versions de type sauvage de ces gènes de levure essentiels peuvent facilement être clonées par transfection d'un ADN du type sauvage dans des mutants de sécrétion sensibles à la température, puis par sélection des cellules transfectées qui survivent à température élevée. Cette approche est extrêmement performante, puisqu'elle conduit directement aux protéines centrales du mécanisme de transport sans qu'il soit nécessaire de connaître le mécanisme de sécrétion. Un des gènes requis dans la voie de sécrétion des levures, qui fut isolé de cette façon, est le gène *sec 4*, dont la séquence nucléotidique laisse supposer qu'il code une protéine de liaison du GTP de la famille *ras* (voir p. 705 et p. 757). Des expériences biochimiques, sur des cellules de mammifères, suggèrent qu'une protéine de liaison du GTP analogue fonctionne dans le transport vésiculaire des mammifères ; elle semble régler la mise à nu des vésicules non recouvertes de clathrine avant leur fusion avec les membranes. Ces études dépendent de la capacité de reconstitution du transport vésiculaire dans un système acellulaire.

Les systèmes acellulaires fournissent un autre mode d'analyse des mécanismes moléculaires du transport vésiculaire [70]

L'élément capital pour la compréhension des mécanismes moléculaires fondamentaux de la circulation entre les compartiments membranaires, est l'élucidation du mécanisme de fonctionnement des vésicules de transport. Comment les vésicules de transport sont-elles épincées des membranes ? Qu'est-ce qui les guide vers leurs cibles ? Comment fusionnent-elles ? En plus des approches génétiques qui viennent d'être décrites, la reconstitution du transport vésiculaire dans un système acellulaire est une étape cruciale pour tenter de répondre à ces questions. Ceci fut d'abord réalisé pour l'empilement de Golgi. Lorsque des empilements de Golgi sont isolés à partir de cellules et incubés avec le cytosol et l'ATP comme source d'énergie, des vésicules non recouvertes de clathrine bourgeonnent depuis leur périphérie et transportent apparemment des protéines entre les saccules (voir Figure 8-83A). En suivant la transformation progressive des oligosaccharides sur une glycoprotéine lorsqu'elle se déplace d'un compartiment de Golgi vers le suivant, il a été possible de reconstituer le processus de transport vésiculaire *in vitro* (Figure 8-85).

On a découvert que l'ATP et un mélange de protéines sont nécessaires pour que les vésicules non recouvertes de clathrine bourgeonnent dans ce système acellulaire, établissant que

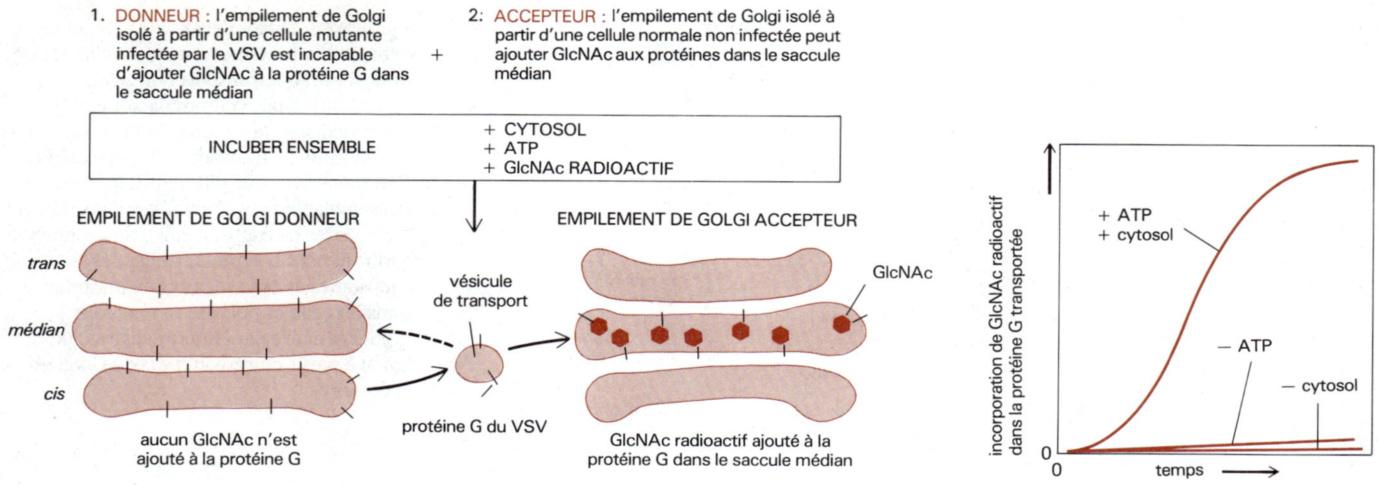

Figure 8-85 Un système acellulaire qui reconstitue le transport vésiculaire d'une protéine virale entre les compartiments sacculaires de l'appareil de Golgi. Lorsque des empilements de Golgi isolés sont incubés avec un extrait cytosolique et de l'ATP, des vésicules non recouvertes de clathrine bourgeonnent à partir des saccules. Le virus de la stomatite vésiculaire (VSV) code une glycoprotéine d'enveloppe nommée *protéine G.* Afin de mesurer le transport de cette protéine transmembranaire entre les saccules de l'appareil de Golgi, deux populations d'empilements de Golgi sont incubées ensemble. La population d'empilements « donneurs » provient de cellules d'un type mutant dépourvu de GlcNAc transférase I, infectées par VSV. En conséquence, le Golgi donneur ne peut pas incorporer de résidus GlcNAc dans les oligosaccharides *N*-glycosylés sur la protéine G (voir Figure 8-63). Les empilements golgiens « accepteurs » sont obtenus à partir de cellules non infectées de type sauvage, qui contiennent donc une copie correcte de la GlcNAc transférase I mais sont dépourvues de protéine G. L'addition de GlcNAc à la protéine G nécessite par conséquent le transport de la protéine G du compartiment *cis* de l'empilement golgien donneur vers le compartiment *médian* de l'empilement golgien accepteur. Cette glycosylation couplée au transport est suivie par la mesure de l'incorporation, dans la protéine G, de ^{3}H-GlcNAc venant de l'UDP-^{3}H-GlcNAc ajouté au milieu d'incubation. Comme on le montre sur la droite, le transport ne se produit que lors de l'addition simultanée d'ATP et de cytosol, conditions identiques à celles qui sont nécessaires pour que des vésicules non recouvertes de clathrine bourgeonnent. Ce type de système d'abord utilisé pour mesurer le transport du Golgi *cis* vers le Golgi *médian*, a également permis des reconstructions *in vitro* du transport du RE vers le Golgi *cis*, du Golgi *médian* vers le Golgi *trans*, du Golgi *trans* vers la membrane plasmique, des endosomes vers les lysosomes, et du Golgi *trans* vers les endolysosomes.

le bourgeonnement vésiculaire est un processus d'auto-assemblage actif, plutôt que simple. Les composants nécessaires ont été très conservés au cours de l'évolution, puisque le cytosol de levures et de végétaux peut remplacer le cytosol d'une cellule animale pour l'amorçage du transport dans les empilements de Golgi isolés à partir de cellules animales. Ceci suggère qu'il sera possible de combiner une approche génétique dans les levures et dans les systèmes acellulaires de mammifères afin d'identifier les molécules qui constituent le mécanisme de transport.

Résumé

Le RE et chacun des compartiments de l'appareil de Golgi contiennent leurs propres ensembles uniques de protéines. Il semble vraisemblable que ces protéines sont sélectivement retenues dans ces organites par un mécanisme qui dépend de « signaux de rétention » dans les protéines, alors qu'une grande part de la circulation de matériaux du RE vers l'appareil de Golgi, à travers l'empilement de Golgi, et du réseau trans du Golgi vers la surface cellulaire se produit par défaut. Il a été postulé que le transport par la voie non sélective « par défaut » se fait par l'intermédiaire de vésicules de transport non recouvertes de clathrine qui ne sont pas sélectives quant à leur contenu, alors que le transport dirigé par un signal (tri) se fait par l'intermédiaire de vésicules recouvertes de clathrine. Afin de vérifier ces idées, les mécanismes moléculaires impliqués dans le bourgeonnement, le choix de la cible et la fusion des vésicules de transport seront à déchiffrer. Des études génétiques sur des cellules de levure ont permis d'identifier plus de 25 gènes dont les produits sont nécessaires pour des étapes particulières du transport intracellulaire. De plus, des systèmes acellulaires reconstitués de mammifères ont été développés, dans lesquels un bourgeonnement et une fusion vésiculaires sélectifs se produisent. La combinaison de la génétique et de la biochimie devrait permettre d'identifier les nombreuses protéines qui interviennent dans ces processus et de les obtenir sous forme pure afin de pouvoir s'assurer de leurs structures et de leurs activités.

Bibliographie

Ouvrages généraux

Burgess, T.L. ; Kelly, R.B. Constitutive and regulated secretion of proteins. *Annu. Rev. Cell Biol.* 3:243-293, 1987.

Dingwall, C. ; Laskey, R.A. Protein import into the cell nucleus. *Annu. Rev. Cell Biol.* 2:367-390, 1986.

Kornfeld, S. Trafficking of lysosomal enzymes. *FASEB J.* 1:462-468, 1987.

Pfeffer, S.R. ; Rothman, J.E. Biosynthetic protein transport and sorting by the endoplasmic reticulum and Golgi. *Ann. Rev. Biochem.* 56:829-852, 1987.

Verner, K. ; Schatz, G. Protein translocation across membranes. *Science* 241:1307-1313, 1988.

Articles cités

1. Bolender, R.P. Stereological analysis of the guinea pig pancreas. *J. Cell Biol.* 61:269-287, 1974.

   Palade, G.E. ; Farquhar, M.G. Cell biology. In Pathophysiology : The Biological Principes of Disease (L.H. Smith, S.D. Thier, eds.), pp. 1-56. Philadelphia : Saunders, 1981.

   Weibel, E.R. ; Staubli, W. ; Gnagi, H.R. ; Hess, F.A. Correlated morphometric and biochemical studies on the liver cell. *J. Cell Biol.* 42:68-91, 1969.

2. Blobel, G. Intracellular protein topogenesis. *Proc. Natl. Acad. Sci. USA* 77:1496-1500, 1980.

   Gray, M.W. ; Doolittle, W.F. Has the endosymbiont hypothesis been proven ? *Microbiol. Rev.* 46:1-42, 1982.

   Schwarz, R.M. ; Dayhoff, M.O. Origins of prokaryotes, eukaryotes, mitochondria, and chloropasts. *Science* 199:395-403, 1978.

3. Palade, G. Intracellular aspects of the process of protein synthesis. *Science* 189:347-358, 1975.

4. Kelly, R.B. Pathways of protein secretion in eukaryotes. *Science* 230:25-31, 1985.

   Sabatini, D.D. ; Kreibich, G. ; Morimoto, T. ; Adesnik, M. Mechanisms for the incorporation of proteins in membranes and organelles. *J. Cell. Biol.* 92:1-22, 1982.

5. Pfeffet, S.R. ; Rothman, J.E. Biosynthetic protein transport and sorting by the endoplasmic reticulum and Golgi. *Annu. Rev. Biochem.* 56:829-852, 1987.

   Wickner, W.T. ; Lodish, H.E. Multiple mechanisms of protein insertion into and across membranes. *Science,* 230:400-406, 1985.

6. Bloble, G. Intracellular protein topogenesis. *Proc. Natl. Acad. Sci USA* 77:1496-1500, 1980.

   Garoff, H. Using recombinant DNA techniques to study protein targeting in the eucarytic cell. *Annu. Rev. Cell Biol.* 1:403-445, 1985.

7. Warren, G. Membrane traffic and organelle division. *Trends Biochem. Sci.* 10:439-443, 1985.

8. Allen, R.D. The microtubule as an intracellular engine. *Sci. Am.* 238 (2):42-49, 1987.

   Fulton, A.B. How crowded is the cytoplasm ? *Cell* 30:345-347, 1982.

   Luby-Phelps, K. ; Taylor, D.L. ; Lanni, F. Probing the structure of cytoplasm. *J. Cell Biol.* 102:2015-2022, 1986.

   Vale, R.D. Intracellular transport using microtubule-based motors. *Annu. Rev. Cell Biol.* 3:347-378, 1987.

9. Chock, P.B. ; Rhee, S.G. ; Stadtman, E.R. Interconvertible enzyme cascades in cellular regulation. *Annu. Rev. Biochem.* 49:813-843, 1980.

   Holt, G.D. ; et al. Nuclear pore complex glycoproteins contain cytoplasmically disposed O-linked *N*-acetylglucosamine. *J. Cell Biol.* 104:1157-1164, 1987.

   Wold, F. *In vivo* chemical modification of proteins (post-tanslational modification). *Annu. Rev. Biochem.* 50:783-814, 1981.

10. Kamps, M.P. ; Buss, J.E. ; Sefton, B.M. Mutation of NH_2-terminal glycine of $p60^{src}$ prevents both myristoylation and morphological transformation. *Proc. Natl. Acad. Sci. USA* 82:4625-4628, 1985.

    Schultz, A.M. ; Henderson, L.E. ; Orozlan, S. Fatty acylation of proteins. *Annu. Rev. Cell Biol.* 4:611-648, 1988.

    Willumsen, B.M. ; Norris, K. ; Papageorge, A.G. ; Hubbert, N.L. ; Lowy, D.R. Harvey murine sarcoma virus p21 *ras* protein : biological and biochemical significance of the cysteine nearest the carboxy terminus. *EMBO J.* 3:2582-2585, 1984.

11. Dice, J.F. Molecular determinants of protein half-lives in eucaryotic cells. *FASEB J.* 1:349-357, 1987.

    Goldberg, A.L. ; Goff, S.A. The selective degradation of abnormal proteins in bacteria. In Maximizing Gene Expression (W. Reznikoff, L. Gold, eds.), pp. 287-314. Stoneham, MA : Butterworth, 1986.

12. Bachmair, A. ; Finley, D. ; Varshavsky, A. *In vivo* half-life of a protein is a function of its amino-terminal residue. *Science* 243:179-186, 1986.

    Hershko, A. ; Ciechanovers. A. The ubiquitin pathway for the degradation of intracellular proteins. *Prog. Nucleic Acid Res. Mol. Biol.* 33:19-56, 1986.

    Rechsteiner, M. Ubiquitin mediated pathways for intracellular proteolysis. *Annu. Rev. Cell Biol.* 3:1-30, 1987.

13. Augen, J. ; Wold, F. How much sequence information is needed for the regulation of amino-terminal acetylation of eukaryotic proteins ? *Trends Biochem. Sci.* 11:494-497, 1986.

    Ferber, S. ; Ciechanover, A. Role of arginine-tRNA in protein degradation by the ubiquitin pathway. *Nature* 326:808-811, 1987.

Varshavsky, A. ; Bachmair, A. ; Finley, D. ; Gonda, D. ; Wünning, I. The N-end rule of selective protein turnover : mechanistic aspects and functional implications. In Ubiquitin (M. Rechsteiner, ed.), pp. 284-324. New York : Plenum, 1988.

14. Craig, E.A. The heat-shock response. *CRC Crit. Rev. Biochem.* 18:239-280,1985

Lindquist, S. The heat-shock response. *Annu. Rev. Biochem.* 55:1151-1191, 1986.

Pelham, H.R.B. Speculations on the functions of the major heat shock anc glucose-regulated proteins. *Cell* 46:959-961, 1986.

15. Franke, W.W. ; Scheer, U. ; Krohne, G. ; Jarasch, E.D. The nuclear envelope and the architecture of the nuclear periphery. *J. Cell Biol.* 91:39s-50s, 1981.

Newport, J.W. ; Forbes, D.J. The nucleus : structure, function, and dynamics. *Annu. Rev. Biochem.* 56:535-565, 1987.

16. Bonner, W.M. Protein migration and accumulation in nuclei. In The Cell Nucleus (H. Busch, ed.), Vol. 6, Part C, pp. 97-148. New York : Academic, 1978.

Lang, I. ; Scholz, M. ; Peters, R. Molecular mobility and nucleocytoplasmic flux in hepatoma cells. *J. Cell Biol.* 102:1183-1190, 1986.

17. Dingwall, C. ; Laskey, R.A. Protein import into the cell nucleus. *Annu. Rev. Cell Biol.* 2:367-390, 1986.

Feldherr, C. M. ; Kallenbach, E. ; Schultz, N. Movement of a karyophilic protein through the nuclear pores of oocytes, *J. Cell Biol.* 99:2216-2222, 1984.

Newmeyer, D.D. ; Forbes, D.J. Nuclear import can be separated into distinct steps *in vitro* : nuclear port binding and translocation. *Cell* 52:641-653, 1988.

18. Goldfarb, D.S. ; Gariépy, J. ; Schoolnik, G. ; Kornberg, R.D. Synthetic peptides as nuclear localization signals. *Nature* 322:641-644, 1986.

Kalderon, D. ; Roberts, B.L. ; Richardson, W.D. ; Smith, A.E. A short amino acid sequence able to specify nuclear location. *Cell* 39:499-509, 1984.

Landford, R.E. ; Butel, J.S. Construction and characterzation of an SV40 mutant defective in nuclear transport of T antigen. *Cell* 37:801-813, 1984.

19. Clawson, G.A. ; Feldherr, C.M. ; Smuckler, E.A. Nucleocytoplasmic RNA transport. *Mol. Cell. Biochem.* 67:87-100, 1985.

Dworetzky, S.I. ; Feldherr, C.M. Translocation of RNA-coated gold particles through the nuclear pores of occytes. *J. Cell. Biol.* 106:575-584, 1988.

20. Attardi, G. ; Schatz, G. Biogenesis of mitochondria. *Annu. Rev. Cell Biol.* 4:289-333, 1988.

Tzagoloff, A. Mitochondria. New York : Plenum, 1982.

21 Hawlitschek, G. ; et al. Mitochondrial protein import : identification of processing petidase and of PEP, a processing enhancing protein. *Cell* 53:795-806, 1988.

Hurt, E.C. ; van Loon, A.P.G.M. How proteins find mitochondria and intramitochondrial compartments. *Trends Biochem. Sci.* 11:204-207, 1986.

Pfanner, N. ; Neupert, W. Biogenesis of mitochondrial energy transducing complexes. *Curr. Top. Bioenerg.* 15:177-219, 1987.

Roise, D. ; Schatz, G. Mitochondrial presequences. *J. Biol. Chem.* 263:4509-4511, 1988.

22. Eilers, M. ; Schatz, G. Protein unfolding and the energetics of protein translocation across biological membranes. *Cell* 52:481-483, 1988.

Pfanner, N. ; Neupert, W. Transport of proteins into mitochondria : a potassium diffusion potential is able to drive the import of AD/ATP carrier. *EMBO J.* 4:2819-2825, 1985.

Roise, D. ; Horvath, S.J. ; Tomich, J.M. ; Richards, J.H. ; Schatz, G. A chemically synthesized pre-sequence of an imported mitochondrial protein can form an amphiphilic helix and perturb natural and artificial phospholipid bilayers. *EMBO J.* 5:1327-1334, 1986.

23. Schleyer, M. ; Neupert, W. Transport of proteins into mitochondria : translocational intermediates spanning contact sites between outer and inner membranes. *Cell* 43:339-350, 1985.

Schwaiger, M. ; Herzog, V. ; Neupert, W. Characterzation of tranlocation contacts sites involved in the import of mitochondrial proteins. *J. Cell Biol.* 105:235-246, 1987.

24. Deshaies, R.J. ; Koch, B.D. ; Werner-Washburne, M. ; Craig, E.A. ; Schekman, R. A subfamily of stress proteins facilitates translocation of secretory and mitochondrial precurso polypeptides. *Nature* 332:800-805, 1988.

Eilers, M. ; Schatz, G. Binding of a specific ligand inhibits import of a purified precursor protein into mitochondria. *Nature* 322:228-232, 1986.

Pfanner, N. ; Tropschug, M. ; Neupert, W. Mitochondrial protein import : nucleoside triphosphates are involved in conferring import competence to precursors. *Cell* 49:815-823, 1987.

25. Hartl, F.U. ; Ostermann, J. ; Guiard, B. ; Neupert, W. Succesive translocation into and out of the mitochondrial matrix targeting of proteins to the intermembrane space by bipartite signal peptide. *Cell* 51:1027-1037, 1987.

van Loon, A.P.G.M. ; Brandli, A.W. ; Schatz, G. The presequences of two imported mitochondrial proteins contain information for intracellular and intramitochondrial sortin. *Cell* 44:801-812, 1986.

26. Pfaller, R. ; Neupert, W. High-affinity binding sites involves in the import of porin into mitochondria. *EMBO J.* 6:2635-2642, 1987.

Pfanner, N. ; et al. Role of ATP in mitochondrial protein import. *J. Biol. Chem.* 263:4049-4051, 1988.

27. Boutry, M. ; Nagy, F. ; Poulsen, G. ; Aoyagi, K. ; Chua, N.H. Targeting of bacterial chloramphenicol acetyltransferase to mitochondria in trasgenic plants. *Nature* 328:340-342, 1987.

Pain, D. ; Kanwar, Y.S. ; Blobel, G. Identification of a receptor for protein import into chlorplasts and its localization to envelope contacts zones. *Nature* 331:232-237, 1988.

Schmidt, G.W. ; Mishkind, M.L. The transport of proteins into chloroplasts. *Annu. Rev. Biochem.* 55:879-912, 1986.

Smeekens, S. ; Bauerie, C. ; Hageman, J. ; Keegstra, K. ; Weisbeek, P. The role of the transit peptide in the routing of precursors toward different chloroplast compartments. *Cell* 46:365-375, 1986.

28. de Duve, C. Microbodies in the living cell. *Sci. Am.* 248 (5):74-84, 1983.

de Duve, C. ; Baudhuin, P. Peroxisomes (microbodies and related particles). *Physiol. Rev.* 46:323-357, 1986.

Fahimi, H.D. ; Sies, H., eds. Peroxisomes in Biology and Medicine. Heidelberg : Springer, 1987.

29. Tolbert, N.E. ; Essner, E. Microbodies : peroxisomes and glyoxysomes. *J. Cell biol.* 91:271s-283s, 1981.

Veenbuis, M. ; Van Dijken, J.P. ; Harder, W. The significance of peroxisomes in the metabolisme of one-carbon compounds in yeasts. *Adv. Microb. Physiol.* 24:1-82, 1983.

30. Gould, S.J. ; Keller, G.A. ; Subramani, S. Identification of a peroxisomal targeting signal at the carboxy terminus of four peroxisomal proteins. *J. Cell Biol.* 107:897-905, 1988.

Imanaka, T. ; Small, G.M. ; Lazarow, P.B. Translocation of acyl-CoA oxidase into peroxisomes requires ATP hydrolysis but not a membrane potential. *J. Cell Biol.* 105:2915-2922, 1987.

Lazarow, P.B. ; Fujiki, Y. Biogenesis of peroxisomes. *Annu. Rev. Cell Biol.* 1:489-530, 1985.

31. DePierre, J.W. ; Dallner, G. Structural aspects of the membrane of the endoplasmic reticulum. *Biochim. Biophys. Acta* 415:411-472, 1975.

Fawcette, D. The Cell, 2nd ed., pp. 303-352. Philadelphia : Saunders, 1981.

Lee, C. ; BoChen, L Dynamic behavior of endoplasmic reticulum in living cells. *Cell* 54:37-46, 1988.

32. Adelman, M.R. ; Sabatini, D.D. ; Blobel, G. Ribosome-membrane interaction : nondestructive disassembly of rat liver rough microsomes into ribosomal and membranous components. *J. Cell Biol.* 56:206-229, 1973.

Blobel, G. ; Dobberstein, B. Transfer of proteins across membranes. *J. Cell Biol.* 67:852-862, 1975.

33. Jones, A.L. ; Fawcett, D.W. Hypertrophy of the agranular endoplasmic reticulum in hamster liver induced by phenobarbital. *J. Histochem. Cytochem.* 14:215-232, 1966.

Mori, H. ; Christensen, A.K. Morphometric analysis of Leydig cells in the normal rat testis. *J. Cell Biol.* 84:340-354, 1980.

34. Dallner, G. Isolation of rough and smooth microsomes—general. *Methods Enzymol.* 31:191-201, 1974.

de Duve, C. Tissue fractionation past and present. *J. Cell Biol.* 50:20d-55d, 1971.

35. Hortsch, M. ; Avossa, D. ; Meyer, D.I. Characterzation of secretory protein translocation : ribosome-membrane interaction in endoplasmic reticulum. *J. Cell Biol.* 103:241-253, 1986.

Kreibich, G. ; Ulrich, B.L. ; Sabatini, D.D. Proteins of rough microsomal membranes related to ribosome binding. *J. Cell Biol.* 77:464-487, 1978.

36. Blobel, G. ; Dobberstein, B. Transfer of proteins across membranes. *J. Cell Biol.* 67:835-851, 1975.

Garoff, H. Using recombinant DNA techniques to study protein targeting in the eucaryotic cell. *Annu. Rev. Cell Biol.* 1:403-445, 1985.

Milstein, C. ; Brownlee, G. ; Harrison, T. ; Mathews, M.B. A possible precursor of immunoglobulin light chains. *Nature New Biol.* 239:117-120, 1972.

von Heijne, G. Signal sequences : the limits of variation. *J. Mol. Biol.* 184:99-105, 1985.

37. Meyer, D.I. ; Krause, E. ; Dobberstein, B. Secretory protein translocation across membranes—the role of the « docking protein ». *Nature* 297:647-650, 1982.

Tajima, S. ; Lauffer, L. ; Rath, V.L. ; Walter, P. The signal recognition particle receptor is a complex that contains two distinct polypeptide chains. *J. Cell Biol.* 103:1167-1178, 1986.

Walter, P. ; Blobel, G. Signal recognition particle contains a 7S RNA essential for protein translocation across the endoplasmic reticulum. *Nature* 299:691-698, 1982.

Walter, P. ; Lingappa, V.R. Mechanism of protein translocation across the endoplasmic reticulum membrane. *Annu. Rev. Cell Biol.* 2:499-516, 1986.

Wiedmann, M. ; Kurzchalia, T.V. ; Hartmann, E. ; Rapoport, T.A. A signal sequence receptor in the endoplasmic reticulum membrane. *Nature* 328:830-833, 1987.

38. Chirico, W.J. ; Waters, M.G. ; Blobel, G. 70K heat shock related proteins stimulate protein translocation into microsomes. *Nature* 332:805-810, 1988.

Perara, E. ; Rothman, R.E. ; Lingappa, V.R. Uncoupling translocation from translation : implications for transport of proteins across membranes. *Science* 232:348-352, 1986.

Zimmermann, R. ; Meyer, D.I. 1986 : A year of new insights into how proteins cross membranes. *Trends Biochem. Sci.* 11:512-515, 1986.

39. Rapoport, T.A. Extensions of the signal hypothesis—sequential insertion model versus amphipathic tunnel hypothesis. *FEBS Lett.* 187:1-10, 1985.

Wickner, W.T. ; Lodish, H.F. Multiple mechanisms of protein insertion into and across membranes. *Science* 230:400-406, 1985.

40. Engelman, D.M. ; Steitz, T.A. ; Goldman, A. Identifying nonpolar transbilayer helices in amino acid sequences of membrane proteins. *Annu. Rev. Biophys. Biophys. Chem.* 15:321-353, 1986.

Kaiser, C.A. ; Preuss, D. ; Grisafi, P. ; Botstein, D. Many random sequences functionally replace the secretion signal sequence of yeast invertase. *Science* 235:312-317, 1987.

Kyte, J. ; Doolittle, R.F. A simple method for displaying the hydropathic character of a protein. *J. Mol. Biol.* 157:105-132, 1982.

Zerial, M. ; Huylebroeck, D. ; Garoff, H. Foreign transmembrane peptides replacing the internal signal sequence of transferrin receptor allow its translocation and membrane binding. *Cell* 48:147-155, 1987.

41. Bole, D.G. ; Hendershot, L.M. ; Kearney, J.F. Posttranslational association of immunoglobulin heavy chain binding protein with nascent heavy chains in nonsecreting and secreting hydridomas. *J. Cell Biol.* 102:1558-1566, 1986.

Lodish, H.F. Transport of secretory and membrane glycoproteins from the rough endoplasmic reticulum to the Golgi. *J. Biol. Chem.* 263:2107-2110, 1988.

Munro, S. ; Pelham, H.R.B. A C-terminal signal prevents secretion of luminal ER proteins. *Cell* 48:899-907, 1987.

42. Freedman, R. Native disulphide bond formation in protein biosynthesis : evidence for the role of protein disulphide isomerase. *Trends Biochem. Sci.* 9:438-441, 1984.

Holmgren, A. Thioredoxin. *Annu. Rev. Biochem.* 54:237-272, 1985.

43. Hirschberg, C.B. ; Snider, M.D. Topography of glycosylation in the rough endoplasmic reticulum and Golgi apparatus. *Annu. Rev. Biochem.* 56:63-87, 1987.

Kornfeld, R. ; Kornfeld, S. Assembly of asparagine-linked oligosaccharides. *Annu. Rev. Biochem.* 54:631-664, 1985.

Torres, C. ; Hart, G. Topography and polypeptide distribution of terminal *N*-acetylglucosamine residues on the surface of intact lymphocytes. *J. Biol. Chem.* 259:3308-3317, 1984.

44. Cross, G.A.M. Eukaryotic protein modification and membrane attachment via phosphatidylinositol. *Cell* 48:179-181, 1987.

Ferguson, M.A.J. ; Williams, A.F. Cell-surface anchoring of proteins via glycosyl-phosphatidylinositol structures. *Annu. Rev. Biochem.* 57:285-320, 1988.

Low, M.G. ; Saltiel, A.R. Structural and functional roles of glycosyl-phosphatidylinositol in membranes. *Science* 239:268-275, 1988.

45. Bishop, W.R. ; Bell, R.M. Assembly of phospholipids into cellular membranes : biosynthesis, transmembrane movement, and intracellular translocation. *Annu. Rev. Cell Biol.* 4:579-610, 1988.

Bishop, W.R. ; Bell, R.M. Assembly of the endoplasmic reticulum phospholipid bilayer : the phosphatidylcholine transporter. *Cell* 42:51-60, 1985.

Dawidowicz, E.A. Dynamics of membrane lipid metabolism and turnover. *Annu. Rev. Biochem.* 56:43-61, 1987.

Pagano, R.E. ; Sleight, R.G. Defining lipid transport pathways in animal cells. *Science* 299:1051-1057, 1985.

Rothman, J.E. ; Lenard, J. Membrane asymmetry. *Science* 195:743-753, 1977.

46. Dawidowicz, E.A. Lipid exchange : transmembrane movement, spontaneous movement, and protein-mediated transfer of lipids and cholesterol. *Curr. Top. Memb. Transp.* 29:175-202, 1987.

Yaffe, M.P. ; Kennedy, E.P. Intracellular phospholipid movement and the role of phospholipid transfer proteins in animal cells. *Biochemistry* 22:1497-1507, 1983.

47. Farquhar, M.G. ; Palade, G.E. The Golgi apparatus (complex) — (1954-1981) — from artifact to center stage. *J. Cell Biol.* 91:77s-103s, 1981.

Pavelka, M. Functional morphology of the Golgi apparatus. *Adv. Anat. Embryol. Cell Biol.* 106:1-94, 1987.

Rothman, J.E. The compartmental organization of the Golgi apparatus. *Sci. Am.* 253 (3):74-89, 1985.

48. Hubbard, S.C. ; Ivatt, R.J. Synthesis and processing of asparagi-

ne-linked oligosaccharides. *Annu. Rev. Biochem.* 50:555-583, 1981.

Kornfeld, R. ; Kornfeld, S. Assembly of asparagine-linked oligosaccharides. *Annu. Rev. Biochem.* 54:631-664, 1985.

Schachter, H. ; Roseman, S. Mammalian glycosyltransferases : their role in the synthesis and function of complex carbohydrates and glycolipids. In The Biochemistry of Glycoproteins and Proteoglycans (W.J. Lennarz, ed.), Chapter 3. New York : Plenum, 1980.

49. Elbein, A.D. Inhibitors of the biosynthesis and processing of N-linked oligosaccharide chains. *Annu. Rev. Biochem.* 56:497-534, 1987.

Stanley, P. Glycosylation mutants and the functions of mammalian carbohydrates. *Trends Genet.* 3:77-81, 1987.

West, C.M. Current ideas on the significance of protein glycosylation. *Mol. Cell. Biochem.* 72:3-20, 1986.

50. Hassell, J.R. ; Kimura, J.H. ; Hascall, V.C. Proteoglycan core protein families. *Annu. Rev. Biochem.* 55:539-567, 1986.

Huttner, W.B. Tyrosine sulfation and the secretory pathway. *Annu. Rev. Physiol.* 50:363-376, 1988.

Ruoslahti, F. Structure and biology of proteoglycans. *Annu. Rev. Cell Biol.* 4:229-255, 1988.

Wagh, P.V. ; Bahl, O.P. Sugar residues on proteins. *CRC Crit. Rev. Biochem.* 10:307-377, 1981.

51. Douglass, J. ; Civelli, O. ; Herbert, E. Polyprotein gene expression : generation of diversity of neuroendocrine peptides. *Annu. Rev. Biochem.* 53:665-715, 1984.

Orci, L. ; et al. Conversion of proinsulin to insulin occurs coordinately with acidification of maturing secretory vesicles. *J. Cell Biol.* 103:2273-2281, 1986.

52. Dunphy, W.G. ; Rothman, J.E. Compartmental organization of the Golgi stack. *Cell* 42:13-21, 1985.

53. Bainton, D. The discovery of lysosomes. *J. Cell Biol.* 91:66s-76s, 1981.

de Duve, C. Exploring cells with a centrifuge. *Science* 189:186-194, 1975.

54. Holzman, E. Lysosomes : A Survey. New York : Springer-Verlag, 1976.

55. Griffiths, G. ; Hoflack, B. ; Simons, K. ; Mellman, I. ; Kornfeld, S. The mannose 6-phospate receptor and the biogenesis of lysosomes. *Cell* 52:329-341, 1988.

Helenius, A. ; Mellman, I. ; Wall, D. ; Hubbard, A. Endosomes. *Trends Biochem. Sci.* 8:245-250, 1983.

Mayer, R.J. : Doherty, F. Intracellular protein catabolism : state of the art. *FEBS Lett.* 198:181-193, 1986.

Mellman, I. ; Fuchs, R. ; Helenius, A. Acidification of the endocytic and endocytic pathways. *Annu. Rev. Biochem.* 55:663-700, 1986.

Silverstein, S.C. ; Steinman, R.M. ; Cohn, Z.A. Endocytosis. *Annu. Rev. Biochem.* 46:669-722, 1977.

56. Dahms, N.M. ; Lobel, P. ; Breitmeyer, J. ; Chirgwin, J.M. ; Kornfeld, S. 46 kd mannose 6-phosphate receptor : cloning, expression, and homology to the 215 kd mannose 6-phosphate receptor. *Cell* 50:181-192, 1987.

Kornfeld, S. Trafficking of lysosomal enzymes. *FASEB J.* 1:462-468, 1987.

Pfeffer, S.R. Mannose 6-phosphate receptors and their role in targeting of proteins to lysosomes. *J. Membr. Biol.* 103:7-16, 1988.

von Figura, K. ; Hasilik, A. Lysosomal enzymes and their receptors. *Annu. Rev. Biochem.* 55:167-193, 1986.

57. Brown, W.J. ; Goodhouse, J. : Farquhar, M.G. Mannose 6-phosphate receptors for lysosomal enzymes cycle between the Golgi complex and endosomes. *J. Cell Biol.* 103:1235-1247, 1986.

Duncan, J.R. ; Kornfeld, S. Intracellular movement of two mannose 6-phosphate receptors : return to the Golgi apparatus. *J. Cell Biol.* 106:617-628, 1988.

Geuze, H.J. ; Slot, J.W. ; Strous, G.J.A.M. ; Hasilik, A. ; von Figura, K. Possible pathways for lysosomal enzyme delivery . *J. Cell Biol.* 101:2253-2262, 1985.

Rothman, J.E. ; Schmid, S.L. Enzymatic recycling of clathrin from coated vesicles. *Cell* 46:5-9, 1986.

58. Lang, L. ; Reitman, M. ; Tang, J. ; Roberts, R.M. ; Kornfeld, S. Lysosomal enzyme phosphorylation. *J. Biol. Chem.* 259:14663-14671, 1984.

Reitman, M.L. ; Kornfeld, S. Lysosomal enzyme targeting. N-acetylglucosaminylphosphotransferase selectively phosphorylates native lysosomal enzymes. *J. Biol. Chem.* 256:11977-11980, 1981.

59. Kornfeld, S. Trafficking of lysosomal enzymes in normal and disease states. *J. Clin. Invest.* 77:1-6, 1986.

Neufeld, E.F. ; Lim, T.W. ; Shapiro, L.J. Inherited disorders of lysosomal metabolism. *Annu. Rev. Biochem.* 44:357-376, 1975.

60. Burgess, T.L. ; Kelly, R.B. Constitutive and regulated secretion of proteins. *Annu. Rev. Cell Biol.* 3:243-193, 1987.

61. Griffiths, G. ; Simons, K. The *trans*-Golgi network : sorting at the exit site of the Golgi complex. *Science* 234:438-443, 1986.

Orci, L. ; et al. The trans-most cisternae of the Golgi complex : a compartment for sorting of secretory and plasma membrane proteins. *Cell* 51:1039-1051, 1987.

62. Herzog, V. ; Farquhar, M.G. Luminal membrane retrived after exocytosis reaches most Golgi cisternae in secretory cells. *Proc. Nathl. Acad. Sci. USA* 74:5073-5077, 1977.

Snider, M.D. ; Rogers, O.C. Membrane traffic in animal cells : cellular glycoproteins return to the site of Golgi mannosidase I. *J. Cell Biol.* 103:265-275, 1986.

63. Lodish, H.F. Transport of secretory and membrane glycoproteins from the rough endoplasmic reticulum to the Golgi. *J. Biol. Chem.* 263:2107-2110, 1988.

Rothman, J.E. Protein sorting by selective retention in the endoplasmic reticulum and Golgi stack. *Cell* 50:521-522, 1987.

Wieland, F.T. ; Gleason, M.L. ; Serafini, T.A. ; Rothman, J.E. The rate of bulk flow from the endoplasmic reticulum to the cell surface. *Cell* 50:289-300, 1987.

64. Bartles, J.R. ; Hubbard, A.L. Plasma membrane protein sorting in epithelial cells : do secretory pathways hold the key ? *Trends Biochem. Sci.* 13:181-184, 1988.

Matlin, K.S. The sorting of proteins to the plasma membrane in epithelial cells. *J. Cell Biol.* 103:2565-2568, 1986.

Mostov, K.E. ; Breitfeld, P. ; Harris, J.M. An anchor-minus form of the polymeric immunoglobulin receptor is secreted predominantly apically in Madin-Darby canine kidney cells. *J. Cell Biol.* 105:2031-2036, 1987.

Simons, K. ; Fuller, S.D. Cell surface polarity in epithelia. *Annu. Rev. Cell Biol.* 1:243-288, 1985.

65. Simons, K. ; Garoff, H. ; Helenius, A. How an animal virus gets into and out of its host cell. *Sci. Am.* 246 (2):58-66, 1982.

Simons, K. ; Warren, G. Semliki forest virus : a probe for membrane traffic in the animal cell. *Adv. Protein Chem.* 36:79-132, 1984.

66. Rodriguez-Boulan, E.J. Membrane biogenesis, envelopped RNA viruses, and epithelial polarity. In Modern Cell Biology. Vol. 1 (J.R. McIntosh, B.H. Satir, eds.), pp. 119-170, 1983.

Rodriguez-Boulan, E.J. ; Sabatini, D.D. Asymmetric budding of viruses in epithelial monolayers : a model system for the study of eptithelial polarity. *Proc. Natl. Acad. Sci. USA* 75:5071-5075, 1978.

Roth, M.G. ; Sirnivas, R.V. ; Compans, R.W. Basolateral maturation of retroviruses in polarized epithelial cells. *J. Virol.* 45:1065-1073, 1983.

Strauss, E.G. ; Strauss, J.H. Assembly of enveloped animal viruses. In virus Structure and Assembly (S. Casjens, ed.), Chapter 6. Boston : Jones and Bartlett, 1985.

67. Rothman, J.E. Protein sorting by selective retention in the endoplasmic reticulum and Golgi stack. *Cell* 50:521-522, 1987.

68. Griffiths, G. ; Pfeiffer, S. ; Simons, K. ; Matlin, K. Exit of newly synthesized membrane proteins from the *trans* cisterna of the Golgi complex to the plasma membrane. *J. Cell Biol.* 101:949-964, 1985.

Orci, L. ; Glick, B.S. ; Rothman, J.E. A new type of coated vesicular carrier that appears not to contain clathrin : its possible role in protein transport within the Golgi stack. *Cell* 46:171-184, 1986.

69. Bourne, H. Do GTPases direct membrane traffic in secretion ? *Cell* 53:669-671, 1988.

Novick, P. ; Field, C. ; Schekman, R. Identification of 23 complementation groups required for post-translational events in the yeast secretory pathway. *Cell* 21:205-215, 1980.

Schekman, R. Protein localization and membrane traffic in yeast. *Annu. Rev. Cell Biol.* 1:115-143, 1985.

70. Balch, W.E. ; Dunphy, W.G. ; Braell, W.A. ; Rothman, J.E. Reconstitution of the transport of protein between successive compartments of the Golgi measured by the coupled incorporation of *N*-acetylglucosamine. *Cell* 39:405-416, 1984.

Dunphy, W.G. ; et al. Yeast and mammals utilize similar cytosolic components to drive protein transport through the Golgi complex. *Proc. Natl. Acad. Sci. USA* 83:1622-1626, 1986.

Fries, E. ; Rothman, J.E. Transport of vesicular stomatitis virus glycoprotein in a cell-free extract. *Proc. Natl. Acad. Sci. USA* 77:3870-3874, 1980.

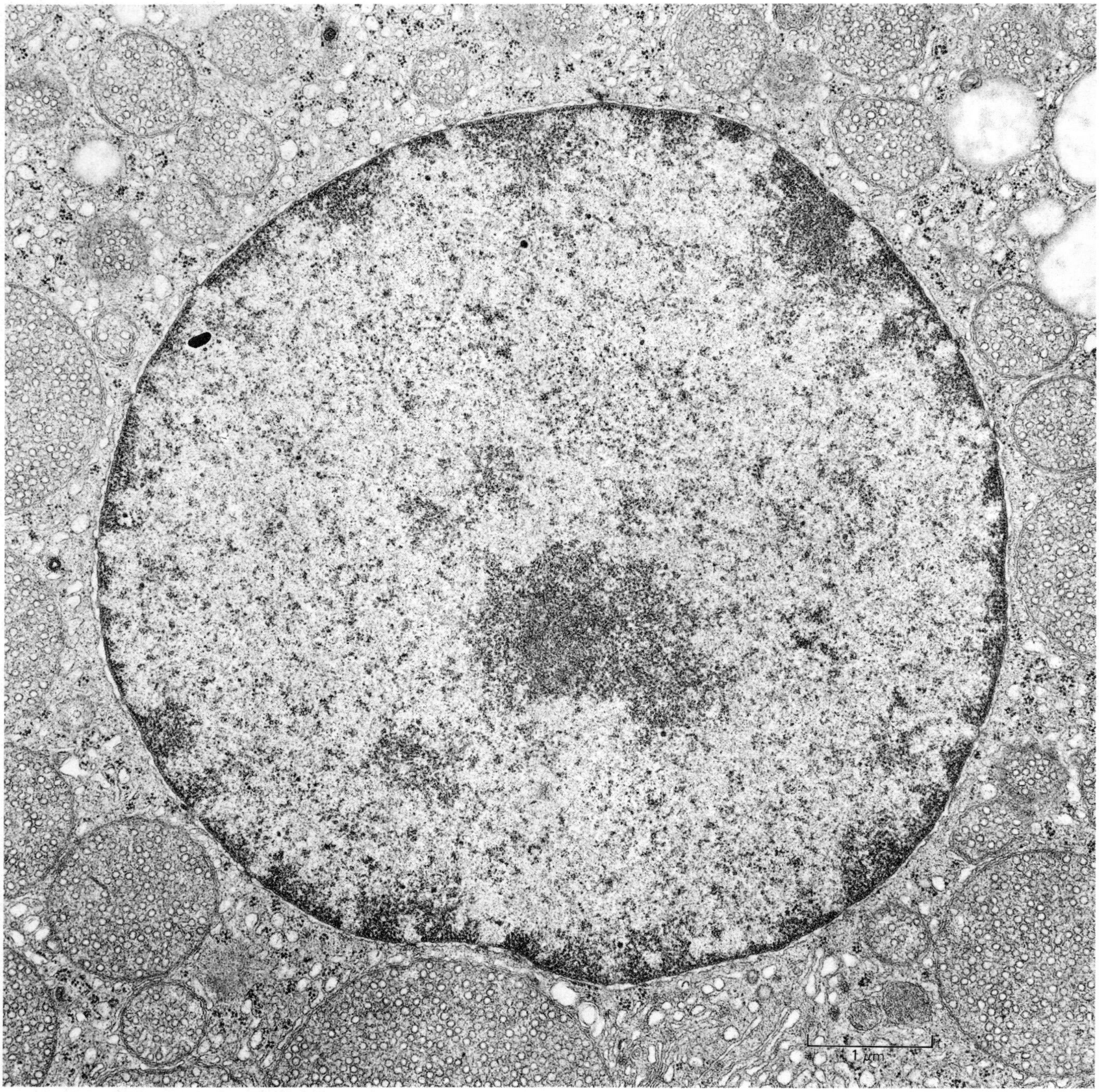

Micrographie électronique d'une coupe mince d'un noyau d'une cellule du cortex adrénalien montrant une partie de sa structure fine. La majorité de la chromatine étant dans sa forme interphasique allongée, on ne peut discerner les chromosomes individuels. (Avec l'autorisation de Daniel S. Friend.)

Le noyau de la cellule

9

La presque totalité de l'ADN d'une cellule eucaryote est contenu dans le noyau, qui occupe environ 10 p. cent du volume cellulaire total. Le noyau est délimité par une *enveloppe nucléaire* formée par deux membranes concentriques percées de place en place par des pores nucléaires, qui permettent à des molécules sélectionnées d'être activement transportées depuis et vers le cytoplasme. L'enveloppe nucléaire est directement reliée au réticulum endoplasmique (voir p. 421), et elle est emprisonnée dans deux réseaux de filaments intermédiaires : une fine paroi composée de tels filaments est située à l'intérieur du noyau (la *lamina nucléaire*) et supporte la membrane nucléaire interne, alors que des filaments intermédiaires organisés de façon moins régulière entourent la membrane nucléaire externe (Figure 9-1).

Comme les procaryotes modernes, les ancêtres des cellules eucaryotes n'avaient presque certainement pas de noyau (voir p. 408), et on peut seulement spéculer sur la raison pour laquelle un compartiment nucléaire séparé s'est développé. Les raisons possibles de la séparation de l'ADN et des activités du cytoplasme sont suggérées par deux caractéristiques particulières des cellules eucaryotes. Le réseau cytosquelettique des filaments du cytoplasme — principalement les microtubules et les filaments d'actine — en est une ; il sert d'intermédiaire dans les mouvements des cellules eucaryotes (voir chapitre 11). Les bactéries dont l'ADN est directement

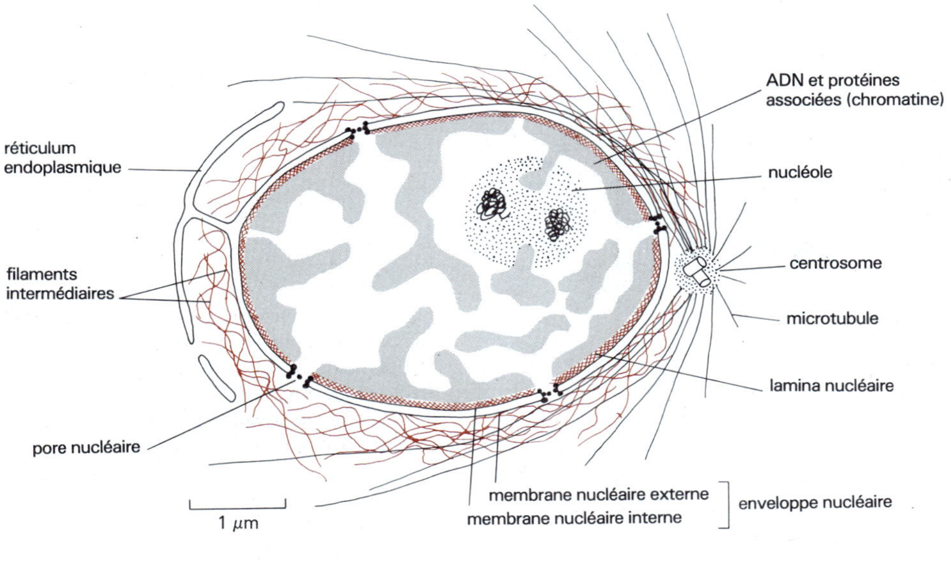

Figure 9-1 Coupe transversale d'un noyau cellulaire typique. L'enveloppe nucléaire est une double membrane ; l'enveloppe externe est en continuité avec la membrane du réticulum endoplasmique (voir aussi la Figure 8-19, p. 422). Les doubles couches lipidiques des membranes nucléaires interne et externe fusionnent au niveau des pores nucléaires. Deux réseaux de filaments intermédiaires en forme de tige (*lignes colorées*) fournissent le support mécanique de l'enveloppe nucléaire ; les filaments situés à l'intérieur du noyau forment une *lamina nucléaire* en forme de feuillet.

en contact avec le cytoplasme sont dépourvues de ces filaments, et se déplacent au moyen de structures externes. Une des fonctions de l'enveloppe nucléaire peut donc être de protéger les longues et fragiles molécules d'ADN des forces mécaniques créées par les filaments cytoplasmiques chez les eucaryotes.

Une seconde caractéristique remarquable des cellules eucaryotes est la transformation importante que subit l'ARN avant d'être traduit en protéine. Les cellules eucaryotes ont développé de nombreux compartiments limités par une membrane qui séparent leurs différentes réactions chimiques afin de les rendre plus efficaces (voir p. 406) et le noyau est un de ces compartiments. Dans les cellules procaryotes, la synthèse de l'ARN (*transcription*) et la synthèse protéique (*traduction*) ont lieu simultanément : les ribosomes traduisent l'extrémité 5′ d'une molécule d'ARN alors que sa synthèse est encore en cours à l'extrémité 3′. Il y a donc peu d'occasions de modifier les ARN transcrits avant qu'ils ne soient traduits en protéines. Chez les eucaryotes, au contraire, la transcription (dans le noyau) et la traduction (dans le cytoplasme) sont séparées à la fois dans le temps et dans l'espace. Les ARN transcrits sont immédiatement « empaquetés » dans des complexes ribonucléoprotéiques qui facilitent leur profonde modification par l'*épissage de l'ARN* au cours duquel certaines régions de la séquence nucléotidique sont éliminées ; ceci représente une étape intermédiaire importante dans le transfert de l'information génétique chez les eucaryotes (voir p. 531). L'élimination des protéines empaquetées et le transport des molécules d'ARN hors du noyau vers le cytoplasme, où les ribosomes commencent la traduction de l'ARN en protéine ne se font qu'après l'achèvement de l'épissage (Figure 9-2).

L'épissage de l'ARN permet à un seul gène de fabriquer plusieurs protéines différentes (voir p. 589) et a également d'autres avantages pour la cellule (voir p. 602). Ceci pourrait expliquer pourquoi les cellules eucaryotes possèdent un noyau, dans lequel l'épissage peut se produire sans intervention des ribosomes (Figure 9-3). Un mode hypothétique de formation du noyau au cours de l'évolution a déjà été présenté (voir Figure 8-4, p. 409).

L'enveloppe nucléaire a été étudiée en détail dans le Chapitre 8 à propos du transport sélectif de macromolécules à l'intérieur et à l'extérieur du noyau (voir p. 421). Dans ce chapitre, nous décrirons comment les protéines empaquètent l'ADN eucaryote dans les chromosomes, comment les chromosomes sont repliés et organisés dans le noyau, et comment ils se répliquent au cours de la phase S de chaque cycle cellulaire. Nous discuterons ensuite de la synthèse et de l'épissage de l'ARN, les événements les plus remarquables qui se produisent sans interruption dans le noyau à l'interphase. Les mécanismes qui contrôlent l'expression des gènes eucaryotes seront étudiés dans le Chapitre 10.

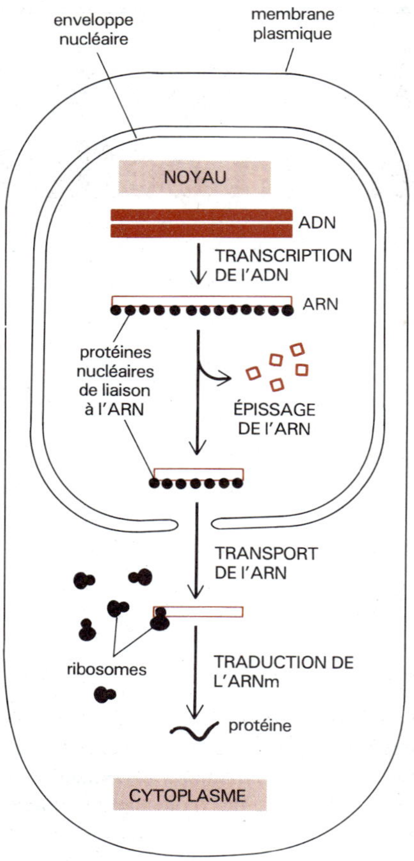

Figure 9-2 La synthèse protéique (ADN → ARN → protéine) chez les eucaryotes. L'enveloppe nucléaire retient les ribosomes fonctionnels hors du noyau, de sorte que les transcrits d'ARN peuvent être transformés de façon importante (épissés) avant d'être transportés hors du noyau dans le cytoplasme, où ils sont traduits en protéines par les ribosomes. Ainsi, les étapes de maturation et de transport de l'ARN s'intercalent entre la transcription de l'ADN et la traduction de l'ARN.

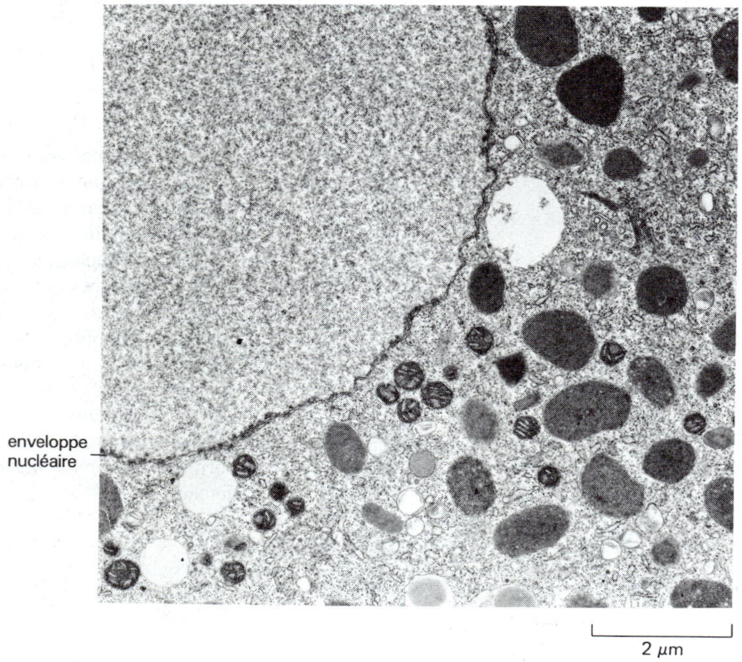

Figure 9-3 L'enveloppe nucléaire garde le compartiment nucléaire libre d'organites cytoplasmiques. Cette micrographie électronique montre une coupe fine d'un œuf d'oursin dont le noyau se colore d'une façon inhabituellement uniforme, et dont le cytoplasme est condensé avec les organites. (Avec l'autorisation de David Begg et Tim Hunt.)

L'ADN chromosomique et les protéines chromosomiques [1]

Pendant les quarante premières années de ce siècle, les biologistes furent enclins à rejeter l'idée que l'ADN puisse être le porteur de l'information génétique dans les chromosomes, en partie parce qu'ils croyaient à tort que les acides nucléiques contenaient une seule séquence répétée tétranucléotidique (de type *AGCTAGCTAGCT*...). Cependant, nous savons maintenant que l'ADN est un polymère extrêmement long, linéaire et sans branchements, qui peut contenir plusieurs millions de nucléotides arrangés selon une séquence irrégulière mais ordonnée et que l'information génétique est contenue dans la suite linéaire des nucléotides. Le code génétique, écrit en « mots » de trois nucléotides (les *codons*, qui déterminent un acide aminé, voir p. 209), résout adroitement le problème du stockage d'une grande quantité d'information génétique dans une espace restreint ; chaque million de « lettres » (les nucléotides) occupe une longueur de $3{,}4.10^5$ nm (0,034 cm) seulement, et un volume total d'environ 10^6 nm^3 (10^{-15} cm^3).

Chaque molécule d'ADN est empaquetée dans un **chromosome** séparé, et l'information génétique totale stockée dans les chromosomes d'un organisme constitue son **génome**. Le génome de la bactérie *E. Coli* contient $4{,}7 \times 10^6$ paires de nucléotides d'ADN, présentes dans une molécule d'ADN unique (un chromosome). Le génome humain, au contraire, contient environ 3×10^9 paires de nucléotides, présentes dans 24 chromosomes (22 autosomes différents et 2 chromosomes sexuels différents), et est donc composé de 24 sortes de molécules d'ADN. Dans des organismes diploïdes tels que nous-mêmes, il y a deux copies de chaque type de chromosome, une copie héritée de la mère et une copie héritée du père (excepté pour les chromosomes sexuels chez les mâles, où un chromosome Y est hérité du père et un chromosome X est hérité de la mère). Une cellule animale type contient donc un total de 46 chromosomes et environ 6×10^9 paires de nucléotides d'ADN. D'autres mammifères ont des génomes de même taille. Cette quantité d'ADN pourrait, en théorie, être contenue dans un cube de 1,9 μm de côté. En comparaison, 6×10^9 lettres de ce livre occuperaient plus d'un million de pages, nécessitant donc 10^{17} fois plus d'espace.

Dans cette partie du chapitre, nous étudierons la relation entre les molécules d'ADN et les chromosomes et nous discuterons des différentes protéines qui se lient à une molécule d'ADN pour former un chromosome eucaryote fonctionnel. Certaines de ces protéines contrôlent l'expression de l'information génétique stockée dans les molécules d'ADN, en réglant la synthèse des molécules d'ARN à partir de régions sélectionnées du génome. D'autres, plus particulièrement les *histones*, replient chaque longue molécule d'ADN, afin qu'elle soit compacte et ordonnée, tout en laissant l'information génétique requise accessible.

9-3 Chaque chromosome est formé d'une longue molécule d'ADN unique [2]

Un chromosome individuel humain contient de 50×10^6 à 250×10^6 paires de nucléotides d'ADN. Les molécules d'ADN de cette taille mesurent de 1,7 à 8,5 cm lorsqu'elles sont déroulées, et même la force mécanique la plus légère les cassera, une fois les protéines chromosomiques éliminées. Des molécules d'ADN chromosomique intactes, cependant, peuvent être facilement isolées à partir de certains organismes eucaryotes plus simples tels que la levure *Saccharomyces cerevisiae* qui contient des chromosomes beaucoup plus courts. La technique d'électrophorèse en champ pulsé (voir Figure 4-64C, p. 184) indique que chaque chromosome de levure est formé d'une seule molécule d'ADN linéaire. Cette découverte concorde avec des mesures plus complexes de la taille de l'ADN (basées sur des vitesses de détente élastique) effectuées plus tôt sur des chromosomes de *Drosophile*, dont les molécules d'ADN sont à peu près de la même taille que les chromosomes humains. Pour ces raisons et d'autres, on pense que tous les chromosomes ne contiennent qu'une seule molécule d'ADN.

9-4 9-5 Chaque molécule d'ADN qui forme un chromosome doit contenir un centromère, deux télomères et des origines de réplication [3]

Pour qu'une molécule d'ADN forme un chromosome fonctionnel, elle doit être capable de se répliquer, de séparer ses deux copies à la mitose et de se conserver d'une génération cellulaire à l'autre. Grâce à la capacité de manipuler des chromosomes de levure par des techniques d'ADN recombinant, il a été possible d'isoler et de déterminer les trois éléments de séquence d'ADN nécessaires pour ces fonctions chromosomiques. Deux éléments sur trois furent identifiés

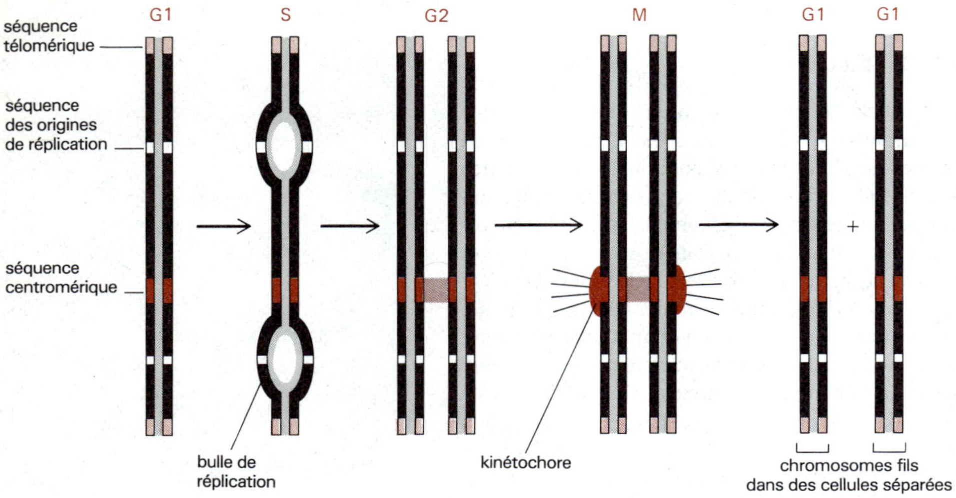

Figure 9-4 Les fonctions des trois éléments de séquence d'ADN nécessaires à la formation d'un chromosome eucaryote linéaire stable. Les *séquences télomériques* sont nécessaires pour neutraliser le rétrécissement du chromosome, qui se produirait, autrement, au cours de chaque cycle de réplication de l'ADN (voir p. 519). Les *centromères* sont nécessaires à l'alignement de la molécule d'ADN sur le fuseau mitotique au cours de la phase M (voir p. 768). Les *origines de réplication* sont nécessaires à la formation des fourches de réplication au cours de la phase S (voir p. 515).

en étudiant des petites molécules d'ADN circulaires qui peuvent se répliquer sous forme de *plasmides* (voir p. 257) dans les cellules de la levure *Saccharomyces cerevisiae*. Pour se répliquer, une telle molécule d'ADN a besoin d'une séquence nucléotidique particulière qui joue le rôle d'**origine de réplication de l'ADN** (voir p. 235). Il est possible d'identifier les nombreuses origines de chaque chromosome de levure grâce à leur pouvoir de permettre la réplication d'une molécule d'ADN expérimentale lorsqu'elle est séparée du chromosome hôte (voir p. 516). Un second élément de séquence, le **centromère**, attache toute molécule d'ADN qui le contient au fuseau mitotique au cours de la phase M (voir p. 768). Chaque chromosome de levure contient un seul centromère. Lorsque cette séquence est insérée dans un plasmide, elle garantit que chaque cellule fille recevra une des deux copies des molécules d'ADN du plasmide néorépliquées lorsque la cellule de levure se divise.

Le troisième élément de séquence d'ADN, qui est nécessaire au niveau de chaque extrémité d'un chromosome linéaire, est le **télomère**. Si un plasmide circulaire, qui contient une origine de réplication et un centromère, est ouvert en un seul site pour créer deux extrémités libres dans la double hélice, il se répliquera encore et se fixera au fuseau mitotique, mais il sera finalement perdu par les générations cellulaires suivantes. Ceci vient de ce que la réplication sur le brin précoce d'une fourche de réplication nécessite la présence d'ADN en avant de la séquence à copier qui peut servir de matrice pour une amorce d'ARN (voir Figure 5-43, p. 231). Puisqu'il ne peut jamais y avoir une telle matrice pour les quelques derniers nucléotides d'une molécule d'ADN linéaire, chaque chaîne d'ADN de ce type raccourcirait à chaque cycle de réplication. Les bactéries et de nombreux virus résolvent ce « problème de fin de réplication » en ayant pour chromosome une molécule d'ADN circulaire. Les cellules eucaryotes ont développé, à la place, une séquence d'ADN télomérique particulière au niveau de chaque extrémité du chromosome. Cette simple séquence répétitive est allongée périodiquement par une enzyme particulière (voir p. 519), compensant ainsi la perte des quelques nucléotides de l'ADN télomérique à chaque cycle, et permettant la réplication d'un chromosome linéaire dans sa totalité.

La Figure 9-4 résume les fonctions des trois éléments de séquence d'ADN qui sont nécessaires à la formation d'un chromosome linéaire stable dans une cellule de levure. On pense que les mêmes types d'éléments sont nécessaires au maintien d'un chromosome dans les cellules humaines. Mais les séquences humaines de l'origine de réplication et du centromère n'ont pas encore été bien définies, et les versions de ces séquences chez la levure ne fonctionnent pas dans les cellules des eucaryotes supérieurs.

Par ailleurs, il est possible d'ajouter, par des techniques d'ADN recombinant, les éléments de séquence de levure nécessaires aux molécules d'ADN humain qui peuvent alors se répliquer dans des cellules de levure en tant que chromosomes artificiels. De cette façon, les cellules de levure peuvent être utilisées pour préparer des banques d'ADN génomique humain (voir p. 260), dans lesquelles chaque clone d'ADN (reproduit en tant que chromosome artificiel) contient jusqu'à un million de paires de nucléotides de séquence d'ADN humain (Figure 9-5).

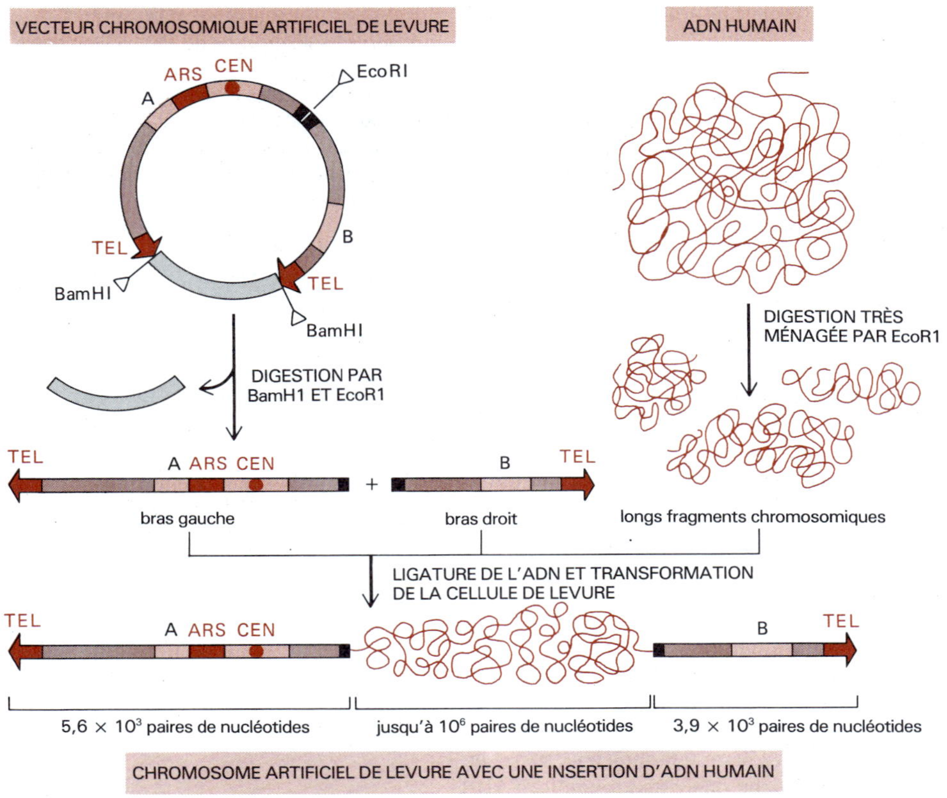

Figure 9-5 Un vecteur chromosomique artificiel de levure (vecteur YAC) qui permet le clonage de très longues molécules d'ADN. TEL, CEN, et ARS sont les séquences d'ADN télomériques, centromériques et des origines de réplications, respectivement, pour la levure *Saccharomyces cerevisiae* (ARS signifiant « autonomously replicating sequence », soit « séquence à réplication autonome ». Une origine de réplication permet à un plasmide de se répliquer indépendamment des chromosomes de la cellule hôte). BamH1 et EcoR1 sont des nucléases de restriction qui coupent la double hélice d'ADN au niveau des sites spécifiques indiqués. Les séquences notées « A » et « B » codent des enzymes qui servent de marqueurs sélectifs pour permettre l'isolement facile des cellules de levure transformées portant le chromosome artificiel. (D'après D.T. Burke, G.F. Carle et M.V. Olson, *Science*, 236:806-812, 1987.)

La majorité de l'ADN chromosomique ne code pas de protéines essentielles ou d'ARN [4]

Il semble y avoir un excès important d'ADN dans les génomes des organismes supérieurs. Bien avant qu'il ne soit possible d'examiner directement les séquences nucléotidiques d'ADN chromosomique, il était évident que les quantités relatives d'ADN dans les génomes haploïdes de différents organismes n'avaient pas de relations systématiques avec la complexité de l'organisme : les cellules humaines, par exemple, contiennent environ 700 fois plus d'ADN que la bactérie *E. coli*, alors que certaines cellules d'amphibiens et de végétaux contiennent 30 fois plus d'ADN que les cellules humaines (Figure 9-6). De plus, les contenus en ADN de génomes de différentes espèces d'amphibiens peuvent varier 100 fois.

Les biologistes des populations ont essayé d'estimer, chez les organismes supérieurs, la quantité d'ADN qui code des protéines essentielles (ou des gènes de régulation codant de telles protéines) sur la base de l'argument indirect suivant. Chaque gène est inévitablement sujet à un faible risque de mutation — un processus accidentel dans lequel des nucléotides pris au hasard dans l'ADN sont modifiés. Plus le nombre de gènes est grand, plus la probabilité pour qu'une mutation se produise dans au moins l'un d'entre eux est grande. Puisque la majorité des mutations altéreront la fonction du gène dans lequel elles se produisent (voir p. 221), le taux de mutations constitue une limite au nombre de gènes essentiels qui peuvent être conservés par tout organisme. A partir de cet argument et du taux de mutations observées, on a calculé que quelques pour-cent seulement du génome des mammifères peuvent être impliqués dans la régulation ou le codage des protéines essentielles. Nous verrons ultérieurement que d'autres preuves étayent cette conclusion.

Ce calcul implique essentiellement qu'en dépit du fait que le génome des mammifères contient en principe assez d'ADN pour coder près de 3 millions de protéines de taille moyenne (3×10^9 nucléotides), la fidélité limitée avec laquelle les séquences d'ADN peuvent être maintenues signifie qu'aucun mammifère (ou n'importe quel autre organisme) n'est vraisemblablement construit à partir de plus de 60 000 protéines essentielles (nous ignorons pour le moment les conséquences importantes de l'épissage de l'ARN — voir p. 589). Ainsi, d'un point

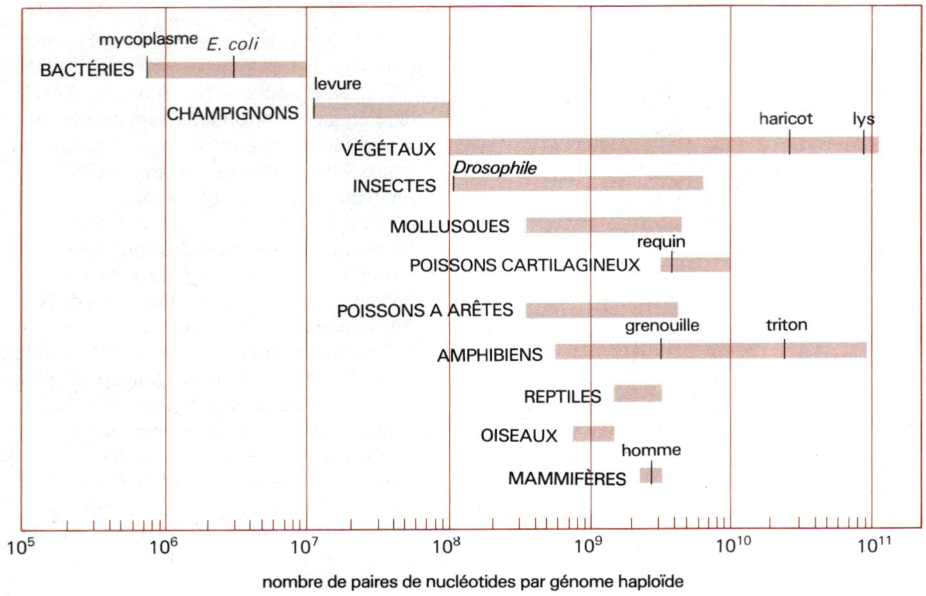

Figure 9-6 La quantité d'ADN dans un génome haploïde varie de 100 000 fois entre la plus petite cellule procaryote, le mycoplasme, et les grandes cellules de quelques végétaux et amphibiens. On remarque que l'homme a un génome d'une taille plus petite que celle d'autres organismes (3×10^9 paires de nucléotides).

de vue génétique, l'espèce humaine n'est vraisemblablement pas plus de 10 fois plus complexe que la mouche des fruits, ou *Drosophile*, avec ses 5 000 gènes essentiels (voir p. 510).

Quel que soit le rôle de l'ADN non essentiel dans les chromosomes des eucaryotes supérieurs (voir Chapitre 10, p. 607), on peut voir d'après la Figure 9-6 que ce n'est pas un grand handicap pour une cellule eucaryote supérieure de contenir une grande quantité d'ADN en excès. En fait, même les régions codantes essentielles sont souvent interrompues par de longs segments d'ADN non codants.

Chaque gène est une unité fonctionnelle complexe pour la reproduction réglée d'une molécule d'ARN

La fonction principale du génome est de produire des molécules d'ARN. Des régions sélectionnées de la séquence nucléotidique de l'ADN sont copiées en une séquence nucléotidique d'ARN correspondante, qui, comme l'ARNm, code une protéine ou bien forme un ARN « de structure » tel qu'une molécule d'ARNt ou d'ARNr. Chaque région de l'hélice d'ADN qui produit une molécule d'ARN fonctionnelle constitue un **gène**.

Les gènes dans un chromosome d'eucaryote supérieur peuvent contenir jusqu'à 2 millions de paires de nucléotides d'ADN, et des gènes d'une longueur supérieure à 100 000 paires de nucléotides sont communs (Tableau 9-1) ; en fait, environ 1 000 paires de nucléotides

Tableau 9-1 La taille de quelques gènes humains en milliers de nucléotides

	Taille du gène	Taille de l'ARNm	Nombre d'introns
β-globine	1,5	0,6	2
Insuline	1,7	0,4	2
Protéine kinase C	11	1,4	7
Albumine	25	2,1	14
Catalase	34	1,6	12
Récepteur de la LDL	45	5,5	17
Facteur VIII	186	9	25
Thyroglobuline	300	8,7	36
Dystrophine *	plus de 2 000	17	plus de 50

La taille des gènes indiquée ici comprend à la fois la partie transcrite du gène et les séquences d'ADN régulatrices voisines. (D'après des données fournies par Victor McKusick).

* Une forme modifiée de ce gène provoque la dystrophie musculaire de Duchenne.

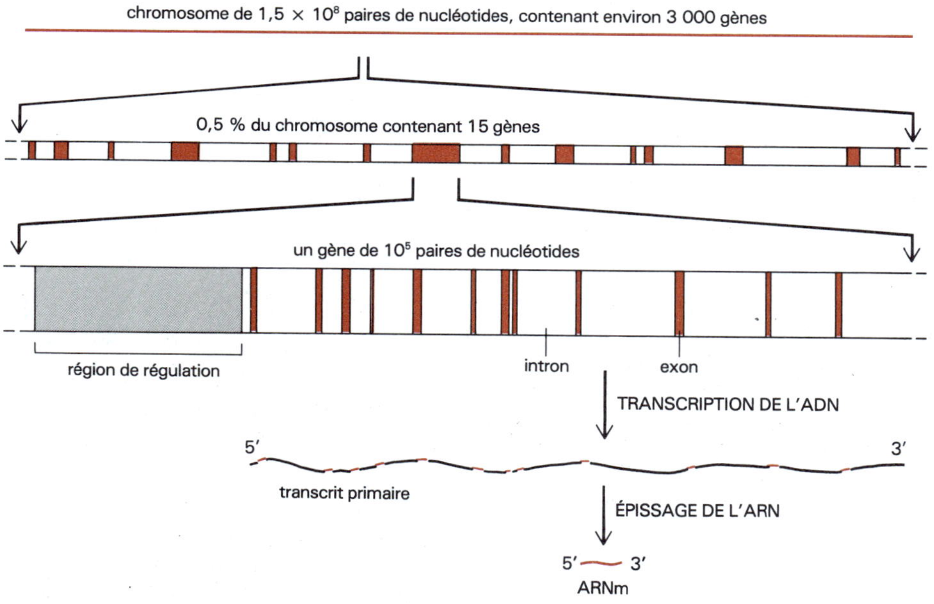

Figure 9-7 L'organisation des gènes sur un chromosome de vertébré typique. Les protéines qui se lient à l'ADN dans les régions de régulation déterminent si un gène est transcrit ; bien que souvent localisé du côté 5′ d'un gène comme on le montre ici, les régions de régulation peuvent aussi être situées dans des introns, des exons, ou du côté 3′ d'un gène. Les introns sont excisés des transcrits primaires qui codent des molécules de protéines pour synthétiser une molécule d'ARN messager (ARNm). Le nombre de gènes par chromosome donné ici n'est qu'une estimation minimale.

seulement sont nécessaires pour coder une protéine de taille moyenne (une protéine contenant 300 à 400 résidus d'acides aminés). La plus grande partie de la longueur supplémentaire est composée de longs segments d'ADN non codant qui interrompent les segments relativement courts d'ADN codant. Les séquences codantes sont appelées **exons**, les séquences intermédiaires (non codantes) sont appelées **introns**. La molécule d'ARN synthétisée (nommée *transcrit primaire*) à partir d'un tel gène est modifiée pour éliminer les séquences d'introns lors de sa conversion en une molécule d'ARNm (voir Figure 9-2) dans le processus d'*épissage de l'ARN* (voir p. 531).

Les gènes de grande taille se composent d'un long chapelet d'exons et d'introns alternés, la plus grande partie du gène étant constituée d'introns. De plus, chaque gène contient des *séquences d'ADN de régulation,* qui fixent des *protéines régulatrices de gènes* qui contrôlent la transcription du gène. De nombreuses séquences de régulation ont été localisées « en amont » (du côté 5′) du site où commence le transcrit mais elles peuvent également être localisées dans des introns en « aval » (du côté 3′) du site où se termine le transcrit, ou même dans des exons. Un chromosome de vertébré type est représenté schématiquement dans la Figure 9-7 avec un de ses nombreux gènes.

9-6 Des comparaisons entre les ADN d'organismes apparentés permettent de distinguer les régions conservées des régions non conservées de la séquence d'ADN [5]

On s'attend à ce que des progrès techniques dans le séquençage de l'ADN permettent la détermination courante de la séquence de segments d'ADN chromosomique longs de plusieurs millions de paires de nucléotides, de sorte que l'on puisse prévoir la détermination définitive de la séquence des 3×10^9 nucléotides du génome humain. Cependant, si plus de 90 p. cent de cette séquence ne sont pas importants, il sera crucial d'avoir un moyen d'identifier la petite proportion de séquence qui est importante. Une des façons d'y parvenir est la détermination simultanée de la séquence des régions correspondantes d'un génome apparenté, tel que celui de la souris. Les êtres humains et les souris ont vraisemblablement divergé à partir d'un ancêtre mammalien commun il y a environ 80×10^6 années, ce qui est assez long pour qu'environ deux nucléotides sur trois aient été modifiés par des mutations aléatoires (voir p. 220). Il en résulte que les seules régions qui seront restées étroitement semblables (régions *conservées*) dans les deux génomes sont celles où les mutations affaibliraient la fonction (les organismes portant des mutations nuisibles auront été éliminés de la population par sélection naturelle — voir p. 221). Ainsi, en général, les régions *non conservées* représentent l'ADN non codant — à la fois entre les gènes et dans les introns — dont la séquence d'ADN n'est pas critique pour la fonction. Les régions conservées, au contraire, représentent des exons et des régions de régulation fonctionnellement importants. En révélant de cette façon les résultats d'une très longue « expérience » naturelle, des études comparatives du séquençage de l'ADN mettent en évidence les régions les plus intéressantes des génomes. De telles études appuient aussi fortement la conclusion selon laquelle la séquence des nucléotides n'est pas importante pour plus de 90 p. cent de l'ADN chez les vertébrés.

Les chromosomes contiennent une variété de protéines liées à des séquences d'ADN spécifiques

L'information stockée dans l'ADN est organisée, répliquée, et lue par une variété de *protéines de liaison à l'ADN*. Certaines de ces protéines se lient de façon relativement non spécifique à l'ADN sur pratiquement toute sa longueur et aident à l'empaqueter sans empêcher l'accès d'autres protéines de liaison à l'ADN ; nous reparlerons de ces protéines d'empaquetage (voir p. 496). D'autres protéines se lient à de courtes séquences d'ADN spécifiques, qui sont donc souvent conservées au cours de l'évolution entre différents génomes (voir Figure 10-34, p. 576). Ces **protéines de liaison à l'ADN spécifiques d'une séquence** ont une variété de fonctions : on pense que certaines aident au repliement de la longue molécule continue d'ADN en domaines distincts ; certaines participent à l'initiation de la réplication de l'ADN ; et beaucoup contrôlent la transcription des gènes. Chaque type de cellule d'un organisme pluricellulaire contient un mélange différent de ces dernières *protéines régulatrices de gènes*, qui agissent en association pour provoquer l'expression de différents gènes (voir p. 566).

Le contrôle de l'expression génique sera discuté au Chapitre10. Ici nous considérerons les façons dont les protéines se lient à l'ADN. Toutes les protéines de liaison à l'ADN spécifiques d'une séquence qui ont été caractérisées jusqu'à présent reconnaissent leur séquence d'ADN particulière de l'extérieur de l'hélice et se lient à l'ADN sans bouleverser l'appariement des bases. Ceci est possible car des parties de chaque paire de bases sont exposées dans deux « sillons » séparés, le grand (large) et le petit (étroit) sillons (Figure 9-8A). Dans le grand sillon, il est possible de reconnaître d'une seule manière chacun des quatre appariements possibles (A-T, T-A, G-C ou C-G) par la disposition spécifique des atomes qui dépassent tandis qu'il y a moins d'information de la séquence exposée dans le petit sillon. Comme nous le verrons ultérieurement, les acides aminés situés au niveau du site de liaison de chaque protéine de liaison à l'ADN spécifique d'une séquence sont disposés de manière à maximiser les interactions électrostatiques et par liaisons hydrogène de la protéine avec une séquence d'ADN particulière. Comme prévu, la majorité des liaisons d'hydrogènes à des paires de bases semblent se produire dans le grand sillon. Une interaction type entre une chaîne latérale d'acide aminé et une paire de bases de ce sillon et illustrée dans la Figure 9-8B.

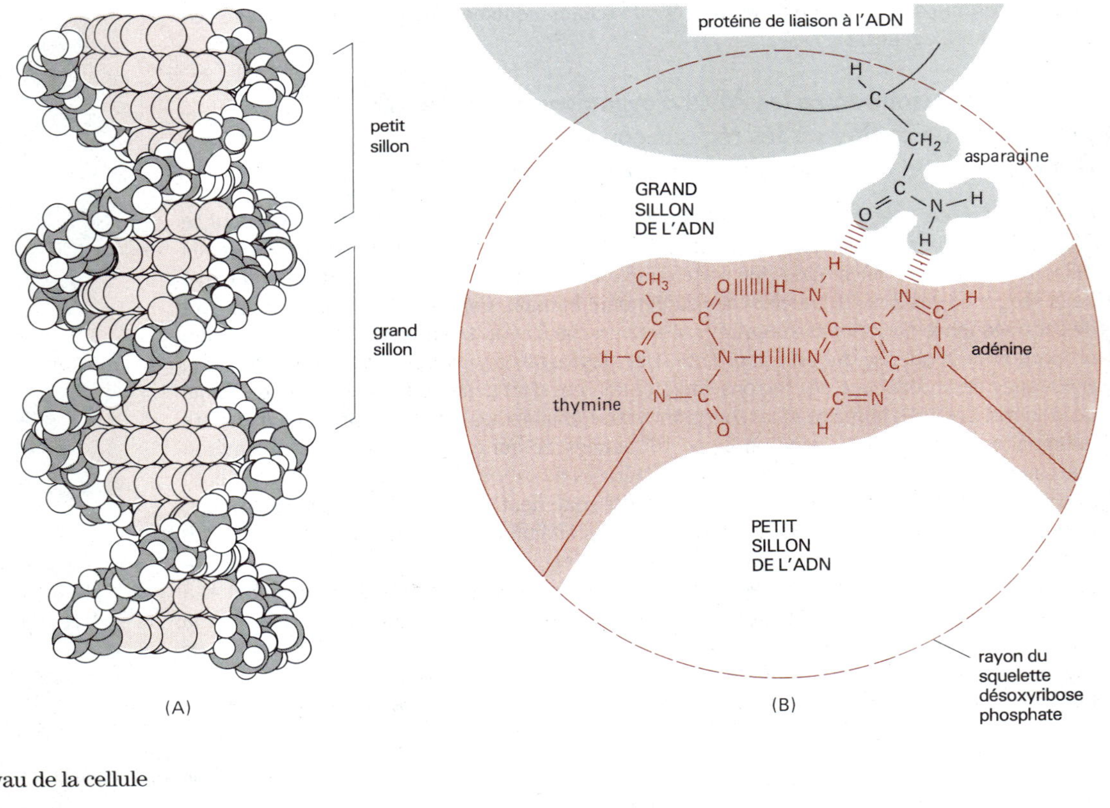

Figure 9-8 Identification de paires de base d'ADN par des protéines de liaison à l'ADN spécifiques d'une séquence (A). La double hélice d'ADN (forme B), avec son grand et son petit sillons. Les coins des paires de bases sont en saillie dans ces sillons et permettent aux protéines de liaison à l'ADN de reconnaître des séquences d'ADN spécifiques à partir de l'extérieur de l'hélice grâce à des interactions par liaisons hydrogène. Une interaction modèle dans le grand sillon entre un acide aminé et une paire de bases A-T est illustrée en (B), vue le long de l'axe de l'hélice ; la distribution des groupements donneur et accepteur de liaisons hydrogène est différente dans ce sillon pour chacun des quatre arrangements possibles des paires de bases. Noter que l'hélice d'ADN de forme B est droite (voir Figure 3-4, p. 92). Des protéines de liaison à l'ADN spécifiques d'une séquence peuvent reconnaître un ensemble de 4 à 50 paires de bases.

10-3 Des expériences de retardement sur gel détectent
10-12 des protéines de liaison à l'ADN spécifiques d'une séquence dans des extraits cellulaires [6]

Une molécule d'ADN est fortement chargée négativement et, par conséquent, se déplacera rapidement vers une électrode positive lorsqu'elle sera soumise à un champ électrique. Lorsqu'elles sont analysées par électrophorèse sur gel de polyacrylamide, les molécules d'ADN sont séparées selon leur taille, puisque les molécules plus petites sont capables de pénétrer le fin réseau du gel plus facilement que les grosses (voir p. 184). Les molécules de protéines liées à une molécule d'ADN ralentiront sa migration à travers le gel ; en général, plus la protéine liée est volumineuse, plus le retard de la molécule d'ADN est grand. Ce phénomène est à la base d'un essai sensible, l'**essai de retardement sur gel** (également appelé *essai de décalage de bande*), qui permet de détecter facilement des quantités infimes d'une protéine de liaison à l'ADN spécifique d'une séquence. Dans cet essai, un court fragment d'ADN de longueur et de séquence spécifiques (formé par clonage de l'ADN [voir p. 258] ou par synthèse chimique [voir p. 191]) est radiomarqué et mélangé à un extrait cellulaire ; le mélange est ensuite déposé sur un gel de polyacrylamide et soumis à l'électrophorèse. Si le fragment d'ADN correspond à une région du chromosome où de multiples protéines spécifiques d'une séquence se fixent, l'autoradiographie révélera une série de bandes d'ADN, chacune ayant un retard différent et représentant un complexe ADN-protéine distinct. Les protéines responsables de chaque bande sur le gel peuvent ensuite être séparées les unes des autres par des fractionnements ultérieurs de l'extrait cellulaire (Figure 9-9).

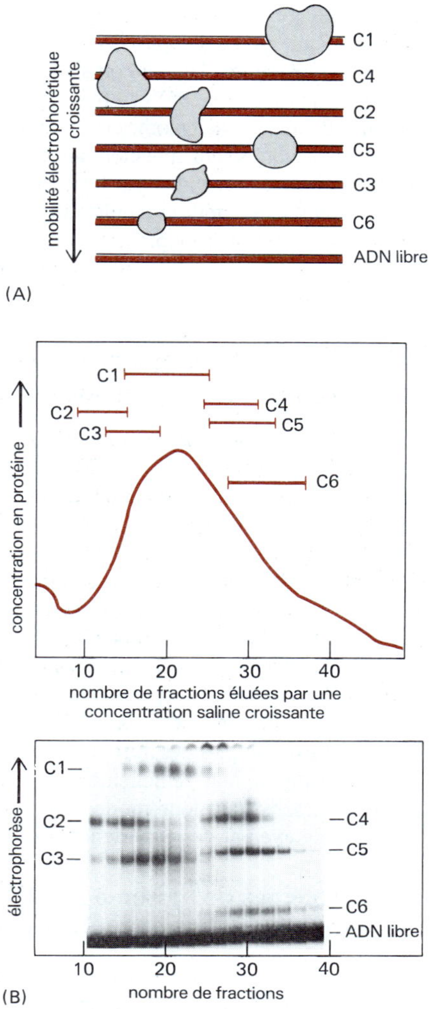

Figure 9-9 Une expérience de retardement sur gel. Le principe de cet essai est donné schématiquement en (A). Un extrait d'une lignée cellulaire productrice d'anticorps est mélangé à un fragment d'ADN radioactif contenant la séquence allant de — 131 à + 36 (par rapport au site d'intiation de l'ARN fixé à + 1) d'un gène codant la chaîne légère de l'anticorps fabriqué par la lignée cellulaire. L'effet des protéines de l'extrait sur la mobilité du fragment d'ADN est analysé par électrophorèse sur gel de polyacrylamide suivie d'une autoradiographie. Les fragments d'ADN libres se déplacent rapidement vers le bas du gel, alors que les fragments liés aux protéines sont retardés ; la découverte de six bandes retardées suggère qu'il y a six protéines de liaison à l'ADN spécifiques d'une séquence différentes (indiquées ici par C1-C6) dans l'extrait. En (B), l'extrait a été fractionné selon une technique de chromatographie classique et chaque fraction a été mélangée avec le fragment d'ADN radioactif, déposée au sommet d'une piste du gel de polyacrylamide et analysée comme en (A). (B, d'après C. Scheidereit, A. Heguy et R.G. Roeder, *Cell* 51:783-793, 1987.)

Des protéines de liaison à l'ADN spécifiques d'une séquence peuvent être isolées et caractérisées en exploitant leur affinité spécifique pour l'ADN [7]

Des protéines de liaison à l'ADN spécifiques d'une séquence furent d'abord découvertes chez les bactéries, où des analyses génétiques révélèrent l'existence de protéines régulatrices de gènes, telles que la protéine répresseur du lactose d'*E. coli* (voir p. 568), le répresseur protéique du bactériophage lambda et la protéine cro (voir p. 574). Ces protéines furent finalement isolées en fractionnant des extraits cellulaires sur une série de colonnes de chromatographie (voir p. 167) et leurs sites de liaison spécifiques sur les gènes qu'elles contrôlent furent ensuite identifiés par une combinaison de méthodes génétiques et d'empreintes sur l'ADN (voir p. 187). Les premières protéines de liaison à l'ADN spécifiques d'une séquence découvertes chez les eucaryotes — l'antigène T du virus simien SV40 (voir p. 517), le facteur de transcription *TFIIIA* (voir p. 490) et les protéines réceptrices des hormones stéroïdes (voir p. 691) — furent purifiées et caractérisées par des méthodes analogues.

Des techniques de purification beaucoup plus puissantes sont maintenant disponibles pour isoler de telles protéines de liaison à l'ADN spécifiques d'une séquence. Ces méthodes commencent souvent par une expérience de retardement sur gel qui identifie un site, sur un fragment d'ADN, qui fixe une protéine non caractérisée dans un extrait cellulaire (voir Figure 9-9, par exemple). Un oligonucléotide bicaténaire ayant une séquence correspondante à ce site de liaison est ensuite chimiquement synthétisé et utilisé d'une des deux façons suivantes. Dans la *chromatographie d'affinité de l'ADN*, l'oligonucléotide est lié à une matrice poreuse insoluble telle que l'agarose ; on utilise ensuite cette matrice couplée à l'oligonucléotide pour fabriquer une colonne qui fixe sélectivement les protéines qui reconnaissent la séquence d'ADN particulière (voir p. 168). Des purifications de 10 000 fois peuvent être obtenues par ce moyen sans beaucoup de mal.

Bien que la majorité des protéines qui se lient à une séquence d'ADN spécifique soient présentes en quelques milliers de copies par cellule d'eucaryote supérieur (et ne représentent généralement environ qu'une des 50 000 protéines cellulaires totales), on peut habituellement isoler assez de protéine pure par chromatographie d'affinité pour obtenir une séquence d'acides aminés N-terminale. Ceci permet de synthétiser une sonde oligonucléotidique, qui peut être utilisée pour identifier le clone d'ADNc correspondant (voir p. 262). Le clone fournit à son tour la séquence complète d'acides aminés de la protéine ainsi que le moyen de produire la protéine en quantités illimitées.

Dans certains cas, le clone d'ADNc qui code une protéine de liaison à l'ADN spécifique d'une séquence a été obtenu plus directement par une seconde méthode, qui est encore plus puissante que la chromatographie d'affinité de l'ADN. Cette méthode commence avec une banque d'ADNc clonée dans un vecteur d'expression conçu de façon appropriée (voir p. 265). Une colonie isolée de bactéries (si le vecteur d'expression est un plasmide) ou une plage de bactériophage (si le vecteur d'expression est un virus) produira de grandes quantités de la protéine qui est codée par l'ADNc qu'elle contient. Afin de trouver la colonie rare qui produit la protéine à laquelle on s'intéresse, l'oligonucléotide avec le site de liaison désiré est radiomarqué (voir p. 185) et utilisé pour explorer des répliques sur papier qui portent des aliquots de milliers de colonies individuelles (voir p. 262). Les quelques colonies qui produisent les protéines qui fixent spécifiquement l'oligonucléotide radiomarqué sont cultivées sélectivement et analysées ensuite pour trouver celle qui produit la protéine désirée.

Comme ces méthodes puissantes n'ont été développées que récemment, seule une petite fraction des centaines de protéines de liaison à l'ADN spécifiques d'une séquence qui sont sans doute présentes dans les cellules des eucaryotes supérieurs, a été isolée jusqu'à présent (voir Tableau 10-1, p. 566).

Il y a des motifs communs dans de nombreuses protéines de liaison à l'ADN spécifiques d'une séquence [8]

Le *facteur III A de transcription* (**THIIIA**) eucaryote est nécessaire pour démarrer la synthèse d'un petit ARN ribosomal — l'ARNr 5S — et il se fixe sous forme de monomère à une séquence d'environ 50 paires de nucléotides proche du milieu d'un très petit gène d'ARNr 5S. La séquence d'acides aminés de cette protéine suggère qu'elle est organisée en une série de 9 domaines répétitifs, chacun contenant 30 acides aminés repliés en une seule unité de structure autour d'un atome de Zn qui relie 2 cystéines et 2 histidines. Un certain nombre d'autres protéines présumées régulatrices de gènes contiennent un plus petit nombre de domaines qui sont au moins superficiellement semblables. De tels domaines sont communément appelés les **doigts à zinc**. Les protéines en comptent plusieurs qui sont impliqués dans le mode de formation du jeune embryon de *Drosophile*, plus de cinq qui interviennent dans la fusion des levures, le facteur commun de transcription Sp1 des mammifères (voir p. 566), et la grande famille des récepteurs protéiques des hormones stéroïdes (voir Figure 10-25, p. 568).

On ne connaît actuellement aucune structure tridimensionnelle pour ce type de protéines, de sorte que leur mode exact de liaison à l'ADN est inconnu. Un modèle général plausible, étayé par des expériences d'empreintes sur l'ADN, est illustré dans la Figure 9-10.

Des protéines de liaison à l'ADN dimériques et symétriques reconnaissent souvent une séquence d'ADN symétrique [8]

Pour déterminer la structure tridimensionnelle d'une protéine, il faut généralement analyser par diffraction des rayons X de gros cristaux de la protéine, qui sont souvent difficiles à obtenir (voir p. 151). Une des premières protéines régulatrices de gènes analysée de cette façon fut la

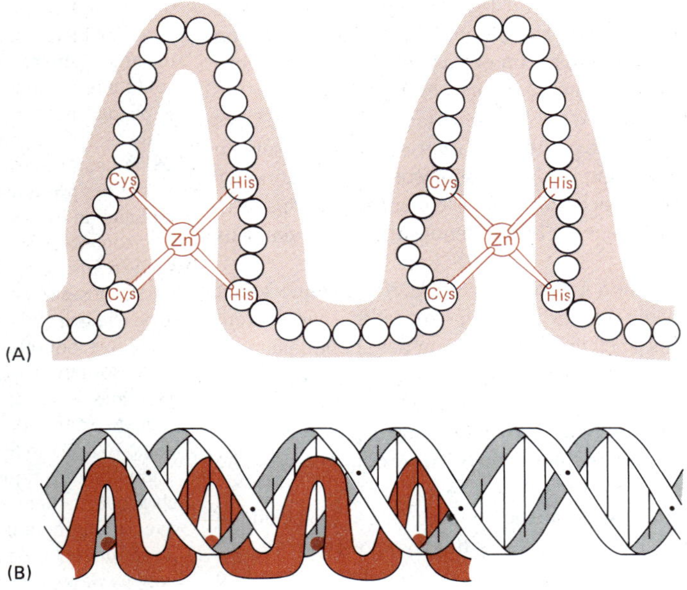

Figure 9-10 La famille « doigts à zinc » de protéines de liaison à l'ADN spécifiques d'une séquence. Un modèle très schématique de la conformation générale du domaine lié à l'ADN est montré en (A), chaque acide aminé étant représenté par une sphère ; on suppose, en fait, que la chaîne polypeptidique dans chaque doigt est repliée en une conformation globulaire complexe. (B) Représentation schématique de la façon dont quatre de ces doigts pourraient se lier à une séquence d'ADN spécifique. On suppose que chaque doigt reconnaît une séquence spécifique d'environ cinq paires de nucléotides. (D'après A. Klug et D. Rhodes, *Trends in Biochem. Sci* 12:464-469, 1987.)

protéine cro du bactériophage lambda, une petite protéine (66 résidus d'acides aminés) qui ne contient pas de doigts à zinc mais se lie à un groupe de séquences d'ADN spécifiques, de 17 paires de nucléotides chacune. Une de ces séquences est illustrée sur la Figure 9-11. Noter que la partie de séquence colorée est symétrique — c'est-à-dire que la séquence est la même si l'hélice d'ADN est basculée de 180°. De nombreux sites de liaison pour des protéines de liaison à l'ADN spécifiques d'une séquence ont la même symétrie. La structure de la protéine cro déterminée par diffraction des rayons X en montre les raisons.

La protéine cro est un homodimère symétrique qui est vraisemblablement lié à l'ADN comme le montre la Figure 9-12. Puisque l'axe de symétrie double de la protéine est situé sur l'axe de symétrie double de la séquence d'ADN, chaque moitié identique du dimère peut établir des contacts identiques avec les paires de bases de l'ADN qu'elle reconnaît. Chaque fois qu'il existe une symétrie dans la séquence d'un site de liaison à l'ADN, la protéine de liaison à l'ADN qui le reconnaît se lie vraisemblablement sous forme de dimère (ou d'assemblage symétrique de plus grande taille).

5'—T A A C A C C G T G C G T G T T G—3'
3'—A T T G T G G C A C G C A C A A C—5'

Figure 9-11 Une séquence d'ADN spécifique reconnue par la protéine cro du bactériophage lambda. Les nucléotides colorés dans cette séquence sont disposés de façon symétrique, permettant une même reconnaissance de chaque moitié du site par la moitié de la protéine dimérique (voir Figure 9-12).

La protéine cro est un membre d'une famille « hélice-tour-hélice » de protéines de liaison à l'ADN [9]

Le site sur le monomère de la protéine cro qui entre en contact avec l'ADN est formé d'un segment de 20 acides aminés disposés en deux hélices α séparées par une faible rotation. On trouve ce motif **« hélice-tour-hélice »** dans plusieurs autres protéines bactériennes de liaison à l'ADN spécifiques d'une séquence, dont les structures tridimensionnelles ont été déterminées (Figure 9-13). De plus, des homologues de séquences d'acides aminés suggèrent que ce motif est également présent dans de nombreuses autres protéines régulatrices de gènes chez les bactéries, les levures, et la *Drosophile*.

Toutes les protéines qui comprennent une région « hélice-tour-hélice » et qui sont représentées dans la Figure 9-13, sont des homodimères symétriques. Une des hélices α dans chaque monomère, appelée *hélice de reconnaissance*, se trouve dans le grand sillon de l'hélice d'ADN — où ses chaînes latérales d'acides aminés saillantes peuvent se lier par des liaisons hydrogène à des paires de bases spécifiques de l'ADN. La séparation des deux hélices de reconnaissance identiques dans le dimère par un tour d'hélice d'ADN exactement (3,4 nm) est une caractéristique essentielle. Cette séparation permet à chaque hélice de reconnaissance de s'apparier de la même façon avec les paires de bases symétriquement voisines dans le site de liaison, comme l'illustre la Figure 9-14.

Une molécule effectrice allostérique qui se lie à ce type de protéine peut augmenter ou diminuer de façon critique son affinité pour l'ADN en modifiant la distance qui existe entre les deux hélices de reconnaissance. De la même façon, des effecteurs allostériques peuvent modifier l'ajustement d'autres types de protéines régulatrices de gènes à l'ADN. De telles modifications sont importantes pour activer ou réprimer des gènes en réponse à des signaux de l'environnement (voir p. 568).

Figure 9-12 Structure de la protéine cro du bactériophage lambda liée à l'ADN. La protéine est un homodimère symétrique qui se lie à la séquence d'ADN symétrique montré dans la Figure 9-11. Le mode de liaison à l'ADN a été déduit de l'étude de modèles moléculaires. (A) Modèle « en fil de fer » lié à une hélice schématique d'ADN. (B) Modèle compact du complexe ADN-protéine montré en (A). Dans ce modèle, on a représenté chaque acide aminé de la protéine par une sphère, et le squelette d'ADN par des boules colorées. (Avec l'autorisation de Brian W. Matthews, redessiné d'après W.F. Anderson, D.H. Ohlendorf, Y. Takeda, et B.W. Matthews, *Nature* 290:754-758, 1981. © 1981 Macmillan Journals Ltd.)

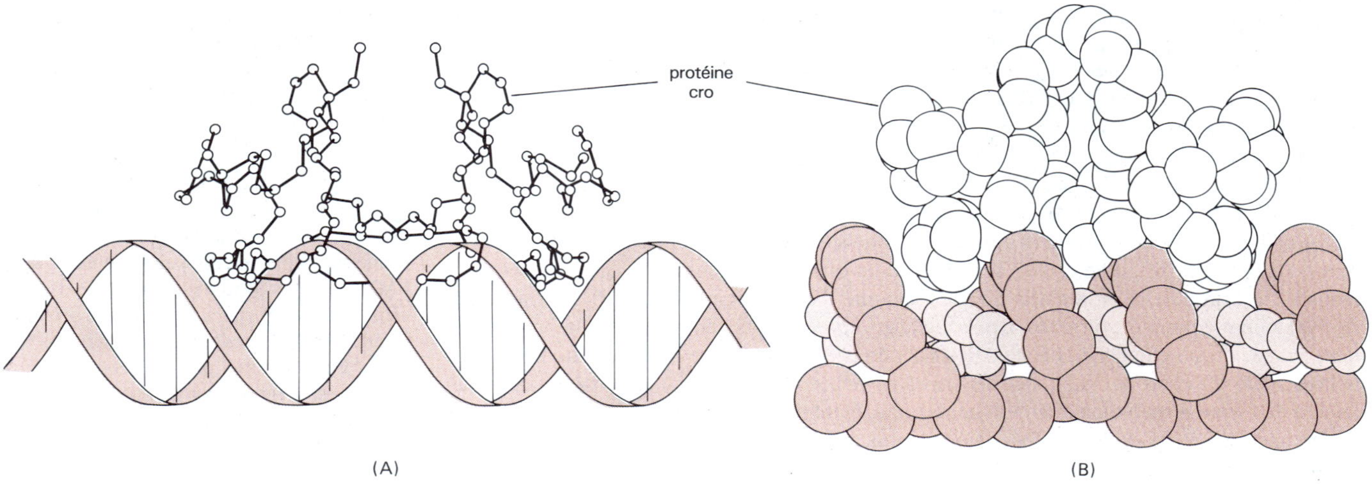

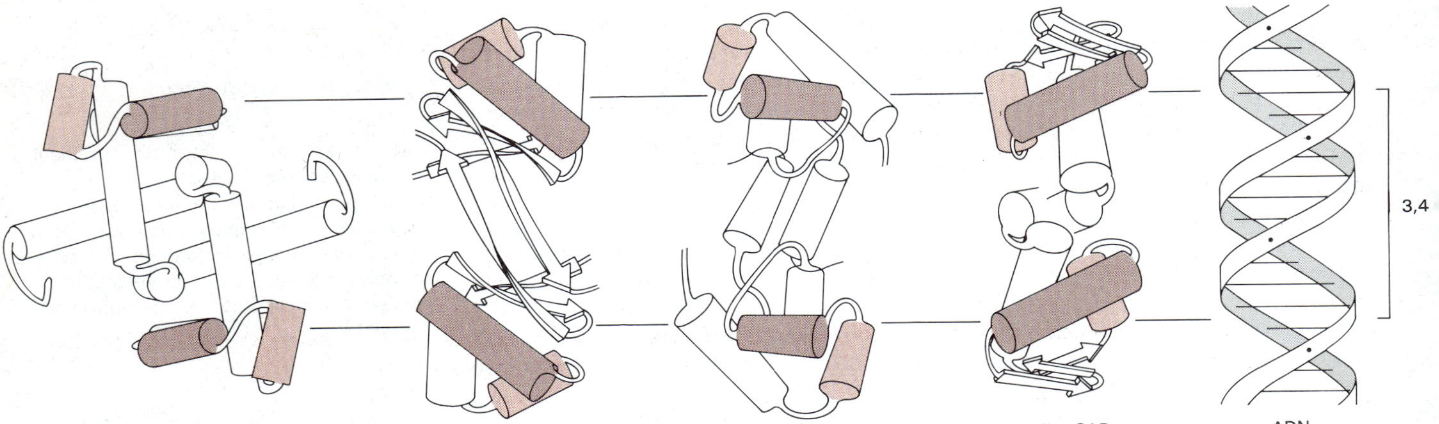

Figure 9-13 Une famille « hélice-tour-hélice » de protéines de liaison à l'ADN. Ces quatre protéines régulatrices de gènes agissent dans des systèmes bactériens : les protéines répresseur et cro de lambda contrôlent l'expression du gène lambda du bactériophage (voir p. 574), et la protéine d'activation catabolite (CAP) contrôle l'expression d'un groupe de gènes d'*E. coli* qui ne peuvent être activés qu'en absence de glucose (voir p. 560). Dans chaque cas, une analyse par diffraction des rayons X de la structure de la protéine révèle que les deux copies de l'hélice de reconnaissance (*cylindre brun*) sont exactement séparées par un tour de l'hélice d'ADN (3,4 nm). Voir aussi la Figure 9-14.

Les molécules protéiques se font concurrence ou coopèrent les unes avec les autres lorsqu'elles se lient à l'ADN [10]

La majorité des processus génétiques dépendent d'interactions entre les molécules de protéines qui se lient simultanément en des sites voisins sur l'ADN. Dans le cas le plus simple, deux protéines de liaison à l'ADN spécifiques d'une séquence, dont les sites d'ADN se chevauchent partiellement ou totalement, se font concurrence pour l'occupation d'un site d'ADN (Figure 9-15A). Des répresseurs protéiques, par exemple, peuvent inhiber la transcription des gènes en bloquant la liaison d'une protéine d'activation à l'ADN. Mais les protéines peuvent aussi s'entraider pour se maintenir plus fermement sur l'ADN lorsqu'elles s'y fixent. De telles **liaisons coopératives** peuvent se produire entre deux molécules de protéines différentes (Figure 9-15A) ou entre deux copies d'un seul type de molécule. Dans le dernier cas, une protéine aura tendance à se lier selon un mode de type tout ou rien pour former des grappes sur l'ADN, et sa liaison à l'ADN augmentera brusquement avec sa concentration (Figure 9-15C). Des exemples de protéines de liaisons coopératives de ce type sont la protéine de déstabilisation de l'hélice et la protéine recA, dont nous avons parlé au Chapitre 5 (voir p. 232 et p. 242), et la protéine histone H1, dont nous parlerons plus loin (voir p. 499).

Nous rencontrerons de nombreux exemples d'interactions de liaisons coopératives et compétitives impliquant deux protéines de liaison à l'ADN spécifiques d'une séquence lorsque nous étudierons la régulation de la transcription génique au Chapitre 10.

La géométrie de l'hélice d'ADN dépend de sa séquence nucléotidique [11]

Vingt ans après la découverte de la double hélice d'ADN en 1953, on pensait que l'ADN avait la même structure monotone, avec un angle de rotation de 36° exactement entre ses paires de bases adjacentes (10 paires de nucléotides par tour d'hélice) et une géométrie hélicoïdale uniforme. Des expériences ultérieures ont montré que l'ADN est beaucoup plus polymorphe que cela, avec une variation de forme qui dépend de sa séquence. Cette variation peut avoir d'importantes conséquences sur ses interactions avec les protéines.

Il existe plusieurs types de variants, certains d'entre eux comportant des modifications majeures dans la géométrie de l'hélice. La forme la plus stable de l'ADN est de loin l'**ADN de forme *B***, dont la structure hélicoïdale droite est illustrée tout au long de ce livre (Figure 9-16A). Des études par diffraction des rayons X de petits ADN synthétiques de séquence inhabituelle suggère que des régions locales de séquence particulière forment de préférence une hélice droite différente connue sous le nom d'**ADN de forme *A***. Cette forme de l'ADN contient des paires de bases fortement inclinées et réalise une hélice plus courte et plus large que l'ADN de forme *B* (Figure 9-16B). Elle est vraisemblablement importante dans toute circonstance dans laquelle un brin d'ADN est apparié à l'ARN, comme dans le segment amorce des fragments d'Okasaki, par exemple (voir p. 231), puisque le groupement glucidique hydroxylé supplémentaire sur un ribose empêche l'hélice ARN-ADN de prendre la forme *B*. Pour cette raison, les hélices ARN-ADN seront également disposées en hélice de forme *A*. Il est donc évident que l'hélice de forme *A* est biologiquement importante, étant présente dans les régions hélicoïdales en épingle à cheveux de toutes les chaînes monocaténaires d'ARN (voir p. 98). L'importance biologique d'une troisième forme d'hélice d'ADN est moins certaine. Les séquences d'ADN composées de purines et de pyrimidines alternées, telles que GCGCGCGC, forment facilement

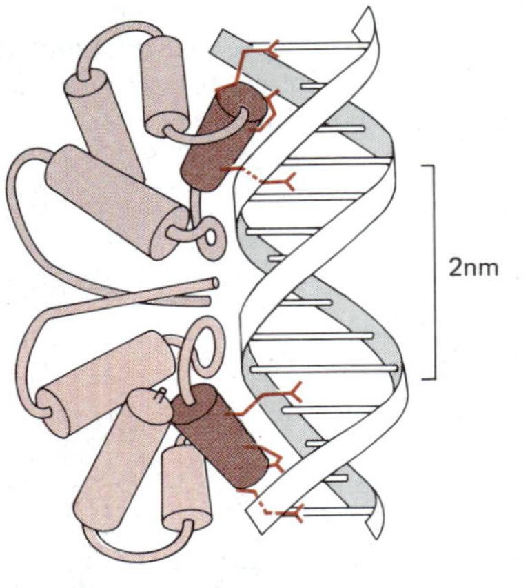

Figure 9-14 L'appariement des chaînes latérales d'acides aminés (représenté en rouge sombre) avec des paires de bases de l'ADN au cours de la reconnaissance d'une séquence d'ADN spécifique par une protéine régulatrice de gènes bactériophagiques. Cette protéine dimérique « hélice-tour-hélice » est le répresseur du bactériophage 434, dont on a étudié le complexe ADN-protéine spécifique par diffraction des rayons X. (D'après J.E. Anderson, M. Ptashne et S.C. Harrison, *Nature* 326:846-852, 1987.)

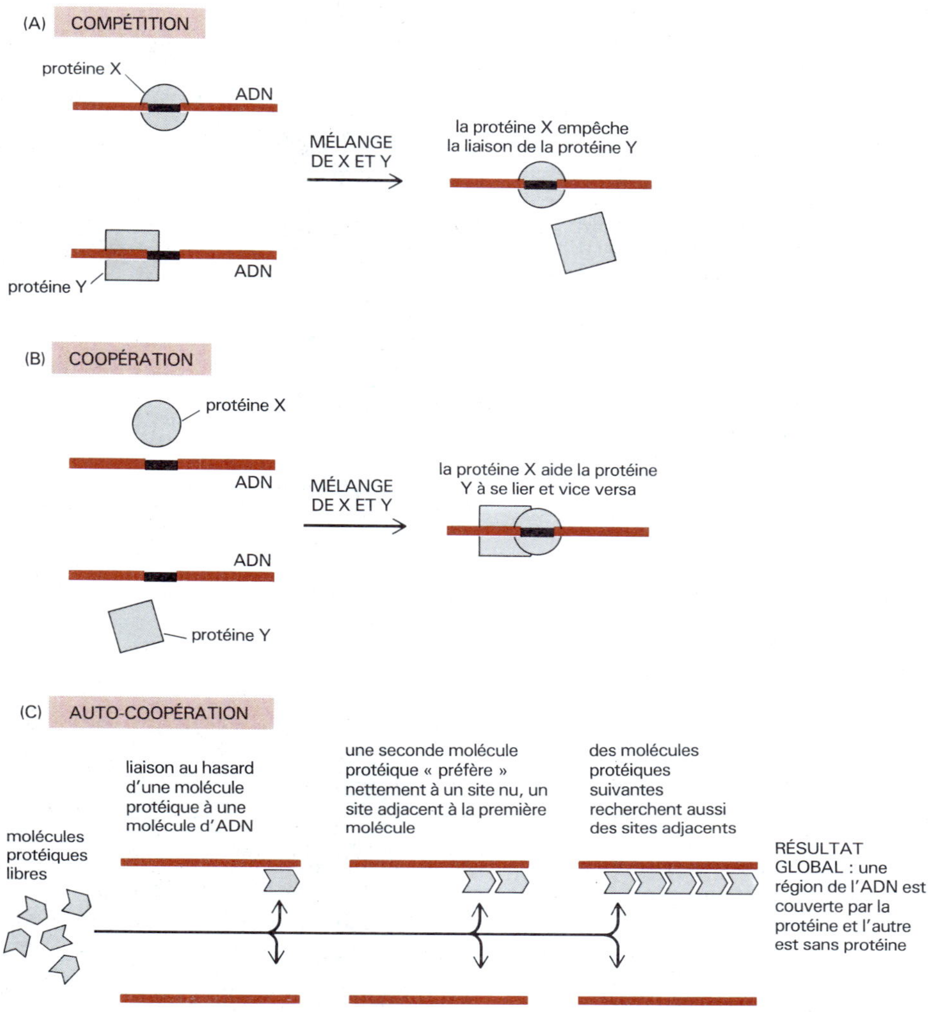

Figure 9-15 Exemples d'interactions coopérative et compétitive entre protéines au cours de la liaison des protéines à l'ADN. (A) Il y a compétition lorsque la liaison des protéines X et Y à leurs sites d'ADN spécifiques est mutuellement exclusive. (B) Il y a coopération lorsque la liaison d'une protéine à l'ADN augmente l'affinité d'une seconde protéine pour un site voisin. (C) L'auto-coopération provoque la liaison d'une seule protéine dans un groupe de molécules, et tend à former une liaison de type « tout ou rien » avec une région de l'ADN.

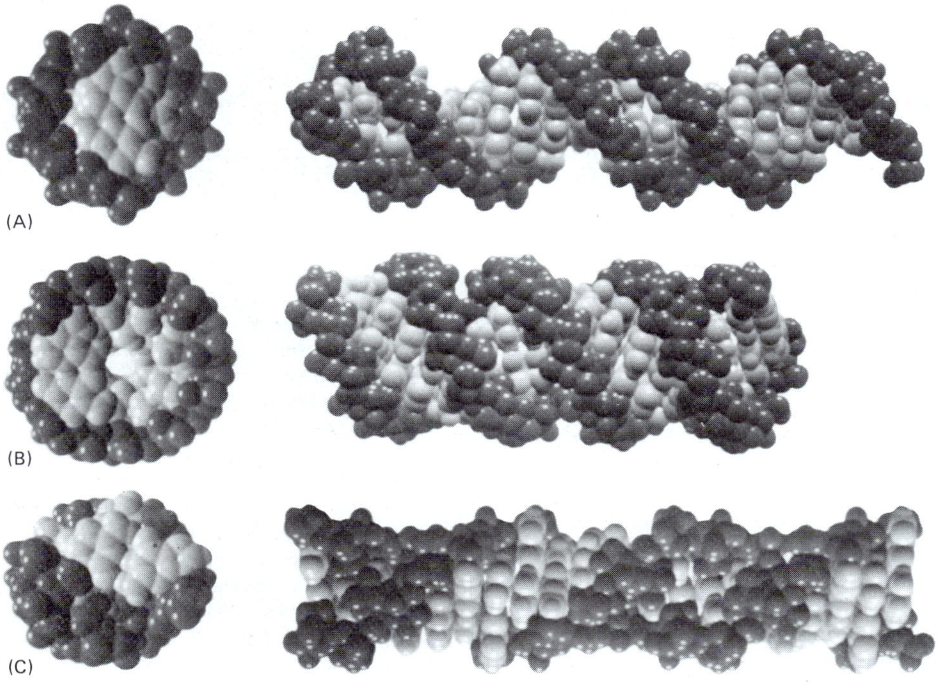

Figure 9-16 Trois formes hélicoïdales de l'ADN, chacune contenant 22 paires de nucléotides. Elles sont toutes trois formées à partir de deux chaînes d'ADN antiparallèles dont la cohésion est assurée par des appariements de bases complémentaires ; une représentation de côté et de haut est donnée pour chacune d'elles. Le squelette pentose-phosphate (gris sombre) et les paires de bases (gris clair) sont ombrés différemment. (A) L'*ADN de forme B*, qui est de loin la forme la plus commune dans les cellules. (B) L'*ADN de forme A*, qui devient la forme prédominante pour toutes les séquences d'ADN lorsque la plus grande partie de l'eau est éliminée en séchant les fibres d'ADN. (C) L'*ADN de forme Z*, qui peut se former pour des séquences d'ADN particulières dans des circonstances spéciales. Alors que les hélices de formes *B* et *A* sont droites, l'hélice de forme *Z* est gauche (voir Figure 3-4, p. 92). (Avec l'autorisation de Richard Feldmann.)

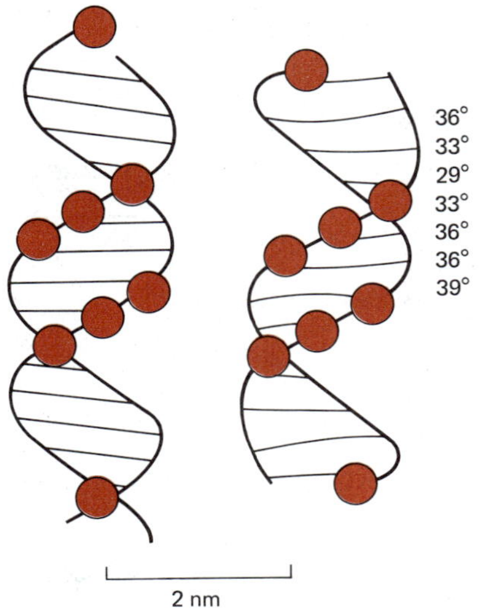

Figure 9-17 La conformation de l'ADN observée dans le complexe cristallin répresseur-ADN du bactériophage 434 (*à droite*) comparée à une hélice de forme *B* idéale (*à gauche*). Les phosphates de l'ADN qui sont en relation avec la protéine sont représentés sous forme de cercles colorés. Les angles de torsion de l'hélice entre paires de bases sont donnés pour l'hélice irrégulière ; on suppose que les distortions d'une hélice parfaite sont nécessaires à la liaison étroite des protéines. Une partie de l'énergie de liaison dépend des interactions « non spécifiques » entre les groupements N-H de la protéine et les phosphates de l'ADN ; seule une hélice irrégulière de forme *B*, avec un rétrécissement du petit sillon au centre du site de liaison et un léger fléchissement de l'hélice, peuvent favoriser ces contacts. Les paires de bases A-T étant nécessaires dans cette région centrale pour permettre la flexion et la compression de l'hélice observées, la liaison protéique est très affaiblie lorsqu'elles sont remplacées par des paires de bases G-C. Ainsi, les paires de bases centrales sont « reconnues » par le répresseur même si la protéine n'est pas en contact direct avec ces paires de bases (voir aussi la Figure 9-14). (D'après J.E. Anderson, M. Ptashne et S.C. Harrison, *Nature* 326:846-852, 1987.)

une double hélice gauche connue sous le nom d'**ADN de forme *Z*** (Figure 9-16C). On s'attend à ce que les courtes régions de géométrie hélicoïdale modifiée de façon aussi drastique soient rares dans les chromosomes, mais elles pourraient être reconnues de façon spécifique par des protéines et avoir ainsi des rôles biologiques importants.

Tandis que les ADN *A* et *Z* représentent tous deux des altérations majeures de la forme B habituelle, des modifications mineures de l'hélice *B* sont courantes et d'importance biologique incontestable. Dans l'ADN de forme *B*, l'inclinaison exacte des bases et l'angle de rotation de l'hélice entre les paires de bases dépendent tous deux des nucléotides adjacents dans la séquence. Du fait de ces variations, les atomes de l'hélice (y compris ceux des phosphates de l'ADN) sont habituellement déplacés de leurs positions idéales. Même les protéines de liaison à l'ADN qui ne reconnaissent pas spécifiquement des paires de bases particulières peuvent détecter ces déplacements et, par conséquent, se lier de préférence aux conformations hélicoïdales dans des régions particulières, de sorte que la conformation exacte de l'ADN *B* contribue de façon importante aux interactions entre protéines et ADN.

L'importance des variations dans la géométrie de l'hélice de forme *B*, pour la reconnaissance de l'ADN par des protéines de liaison à l'ADN spécifiques d'une séquence, a été clairement démontrée dans le cas d'un répresseur protéique de bactériophage. La structure de l'hélice d'ADN de forme *B* quand le répresseur est lié (déterminée par diffraction des rayons X) est comparée à une structure de forme *B* idéale dans la Figure 9-17.

9-7 Certaines séquences d'ADN sont très courbées [12]

L'hélice d'ADN présente une liberté de conformation suffisante pour subir constamment des flexions comme un ressort et des mouvements de rotation ; mais comme l'hélice est rigide, il faut à peu près 200 paires de nucléotides pour qu'une molécule d'ADN moyenne puisse tourner graduellement de 90°. Certaines séquences d'ADN, cependant, ont une flexibilité inhabituelle et adoptent beaucoup plus facilement une forme incurvée de ce type.

D'autres séquences d'ADN ont une forte tendance naturelle à rester courbées de façon permanente. Parmi celles-ci, il y a des séquences qui contiennent des répétitions de dinucléotides particuliers et des segments qui contiennent la séquence AAAAANNNNN (où N peut être un nucléotide quelconque) répétée tous les 10 à 11 nucléotides. Dans ces molécules d'ADN, la courbure de l'axe de l'hélice induite par la séquence à chaque tour d'hélice renforce celle issue des régions voisines, faisant paraître l'ADN inhabituellement incurvé lorsqu'il est observé en microscopie électronique (Figure 9-18). Cette courbure représente une forme extrême de variation de la géométrie locale de l'hélice ; il n'est pas encore clairement établi si la courbure dans chaque tour d'hélice résulte des effets cumulés de faibles basculements entre des paires de bases particulières, d'une grande courbure au niveau d'une jonction entre de courtes régions de type hélicoïdal différent, ou des deux types d'effets à la fois.

Même sans séquences particulières, la double hélice d'ADN peut être suffisamment déformée par la liaison d'une protéine pour permettre la formation des complexes protéine-ADN fortement condensés que nous allons considérer maintenant.

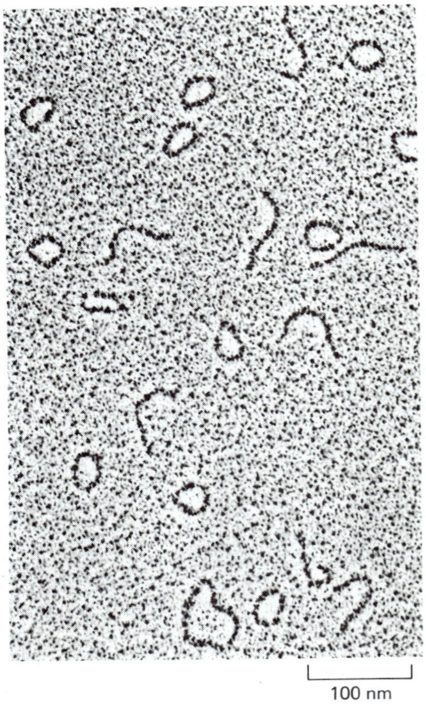

Figure 9-18 Micrographie électronique de fragments d'un segment très courbé d'une hélice d'ADN. Les fragments d'ADN, dérivés de mini-cercles d'ADN kinétoplastiques du trypanosome *Crithidia fasciculata*, ne mesurent environ que 200 paires de nucléotides, mais beaucoup d'entre eux se sont courbés pour former une boucle fermée. Le fléchissement d'une hélice d'ADN normale de cette longueur ne serait pas de plus d'un quart de cercle (un tour à angle droit) en moyenne. (D'après J. Griffith, M. Bleyman, C.A. Rauch, P.A. Kitchin et P.T. Englund, *Cell* 46:717-724, 1986.)

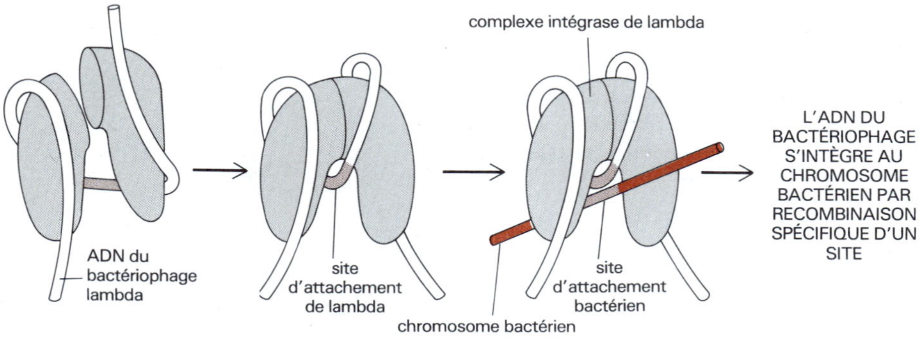

Figure 9-19 Diagramme du complexe protéines-ADN formé par l'intégrase de lambda, l'enzyme qui favorise la pénétration de l'ADN du bactériophage dans le chromosome hôte d'*E. coli*. Ce complexe catalyse un événement de recombinaison spécifique d'un site par coupure et réunion des hélices d'ADN de lambda et de la bactérie au niveau de sites spécifiques appelés sites d'attachement (voir Figure 5-66, p. 247). (D'après E. Richet, P. Abcarian et H.A. Nash, *Cell* 52:9-17, 1988.)

Les protéines peuvent enrouler l'ADN en une bobine serrée [13]

Beaucoup de protéines courbent l'hélice d'ADN lorsqu'elles s'y fixent et de multiples contacts ADN-protéines de ce type peuvent enrouler l'hélice d'ADN en une bobine serrée autour d'un complexe protéique pour former une particule nucléoprotéique. Dans les bactéries, de telles particules nucléoprotéiques sont connues pour se former lorsque des protéines d'initiation se lient à une origine de réplication de l'ADN (voir p. 235) et lorsque la protéine intégrase de lambda se lie à l'ADN pour catalyser un événement de recombinaison spécifique d'un site (Figure 9-19). On s'attend à des interactions entre protéines à la fois compétitives et coopératives dans de telles assemblages tridimensionnels complexes. Ces types d'interactions sont exploités pour régler l'activité catalytique de la particule ribonucléoprotéique, comme c'est le cas pour le complexe protéique qui contient l'intégrase de lambda représenté dans la Figure 9-20. Puisque l'expression des gènes eucaryotes implique la liaison de groupes de protéines régulatrices de

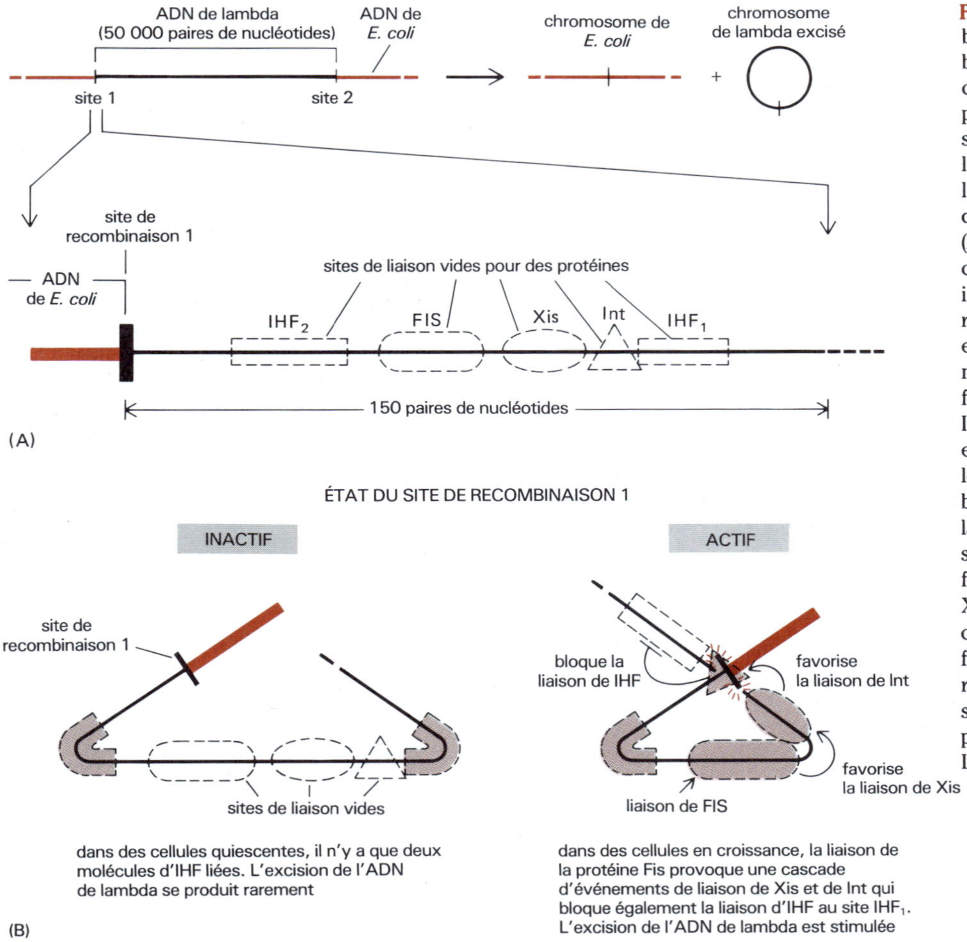

Figure 9-20 L'excision de l'ADN du bactériophage lambda, du chromosome bactérien, est contrôlée par des interactions coopératives et compétitives entre des protéines de liaison à l'ADN spécifiques d'une séquence. La réaction est catalysée par l'intégrase de lambda et est l'inverse de l'événement de recombinaison spécifique d'un site illustré dans la Figure 9-19. (A) Schéma de la réaction et exemple de certains des sites de liaison des protéines impliqués (tous les sites ne sont pas représentés). L'excision nécessite la coupure et la réunion des doubles hélices d'ADN au niveau des sites de recombinaison 1 et 2 pour former un chromosome de lambda circulaire. Int est l'intégrase de lambda (voir p. 246). Xis est l'excisionase de lambda, et IHF et FIS sont les protéines synthétisées par la cellule hôte bactérienne. (B) Activation de l'excision par la protéine FIS ; les événements représentés sont ceux auxquels on s'attend pour de faibles concentrations des protéines Int et Xis. Comme on le voit, plusieurs protéines courbent fortement l'ADN lorsqu'elles s'y fixent. Bien que la protéine Int catalyse la réaction de recombinaison spécifique d'un site, son action est contrôlée par d'autres protéines. (Avec l'autorisation d'Arthur Landy.)

gènes au niveau de régions régulatrices spécifiques sur l'ADN, des complexes protéiques analogues peuvent être impliqués dans le contrôle de la transcription de l'ADN chez les eucaryotes (voir Figure 10-23, p. 567).

Il serait vraisemblable que tout complexe impliqué dans la régulation de gènes spécifiques soit relativement rare. La structure des chromosomes eucaryotes est dominée par un type différent de particule nucléoprotéique, le *nucléosome*, qui joue un rôle essentiel dans l'empaquetage et l'organisation de la totalité de l'ADN dans le noyau de la cellule.

Les histones sont les principales protéines de structure des chromosomes eucaryotes [14]

Jusqu'à présent, les mieux comprises des protéines de structure dans les chromosomes sont les *histones*, que l'on ne trouve que dans les cellules eucaryotes. Ces protéines sont tellement abondantes qu'il est traditionnel de diviser les protéines de liaison à l'ADN chez les eucaryotes en deux classes principales : les **histones** et les **protéines chromosomiques non histones**. Le complexe formé par les deux classes de protéines et l'ADN nucléaire des cellules eucaryotes est appelé **chromatine**. Les histones sont présentes en quantités si importantes (environ 60 millions de molécules de chaque type par cellule, comparé à 10 000 molécules par cellule pour une protéine typique de liaison à l'ADN spécifique d'une séquence), que leur masse totale dans la chromatine avoisine celle de l'ADN.

Les histones sont des protéines assez petites avec une très forte proportion d'acides aminés chargés positivement (lysine et arginine) ; la charge positive permet aux histones de se lier fortement à l'ADN indépendamment de sa séquence nucléotidique. Les histones ne se dissocient sans doute que rarement de l'ADN, et elles sont donc susceptibles d'avoir une influence sur toutes les réactions qui ont lieu sur les chromosomes.

Les cinq types d'histones sont divisés en deux groupes principaux : 1) les *histones nucléosomiques* et 2) les *histones H1*. Les **histones nucléosomiques** sont de petites protéines (102 à 135 résidus d'acides aminés) responsables de l'enroulement de l'ADN dans les *nucléosomes*, comme nous le verrons dans le prochain paragraphe. Ces quatre histones sont appelées **H2A, H2B, H3** et **H4**. H3 et H4 forment le noyau interne du nucléosome, et elles sont parmi les plus conservées de toutes les protéines connues : par exemple, il y a seulement deux différences dans les séquences d'acides aminés de l'histone H4 dans les pois et chez les vaches (Figure 9-21). Cette conservation au cours de l'évolution suggère que les fonctions de ces deux histones font intervenir pratiquement tous leurs acides aminés, de sorte qu'une modification en n'importe quelle position est nuisible à la cellule (voir p. 221).

Les **histones H1** sont plus grosses (elles contiennent environ 220 acides aminés) et ont été moins conservées que les histones nucléosomiques, au cours de l'évolution. La levure *Saccharomyces cerevisiae* semble être complètement dépourvue d'H1 (voir p. 583).

9-8 9-9 L'association des histones avec l'ADN conduit à la formation des nucléosomes, les particules unitaires de la chromatine [15]

Si elle était dépliée, la double hélice d'ADN de chaque chromosome humain encerclerait le noyau cellulaire des milliers de fois. Les histones jouent un rôle crucial dans l'empaquetage de cette très longue molécule d'ADN d'une façon ordonnée dans un noyau de quelques micromètres de diamètre. Leur rôle dans le repliement de l'ADN est aussi important pour une seconde raison. Comme nous le verrons, tout l'ADN n'est pas exactement replié de la même façon, et la manière dont une région du génome est empaquetée dans la chromatine d'une cellule particulière semble influer sur l'activité des gènes qu'il contient (voir p. 577).

Un progrès important pour notre compréhension de la structure de la chromatine vint de la découverte en 1974 de l'unité fondamentale d'empaquetage, le **nucléosome**, qui donne à la chromatine une apparence « de collier de perles » sur les photographies en microscopie électronique, prises après des traitements qui débobine l'empaquetage très ordonné (Figure 9-22). La « perle » du nucléosome peut être retirée du long « fil » d'ADN par digestion avec des enzymes de dégradation de l'ADN, telles que la nucléase de microcoque, une enzyme bactérienne (les enzymes qui dégradent à la fois l'ADN et l'ARN sont appelées *nucléases* ; les enzymes qui ne dégradent que l'ADN sont les *désoxyribonucléases* ou *DNAses*). Après digestion pendant un temps court par la nucléase de microcoque, seul l'ADN situé entre les perles de nucléosome est dégradé. Le reste est protégé de la digestion et est conservé sous forme de fragments d'ADN bicaténaires longs de 146 paires de nucléotides et liés à un complexe spécifique de 8 histones nucléosomiques (l'*octamère d'histone*). Les perles de nucléosome obtenues de cette façon ont été cristallisées et analysées par diffraction des rayons X. Chacune

Figure 9-21 La séquence en acides aminés de l'histone H4, l'une des quatre histones du nucléosome. Les acides aminés sont désignés par leurs abréviations à une lettre, les acides aminés chargés positivement sont colorés pour être mis en valeur. On a aussi indiqué que, comme pour les autres histones du nucléosome, une « queue » amino-terminale allongée est modifiée réversiblement dans la cellule par l'acétylation de certaines lysines (voir p. 417). On montre ici la séquence bovine ; dans le pois, la séquence est la même, excepté une valine remplacée par une isoleucine et une lysine remplacée par une arginine.

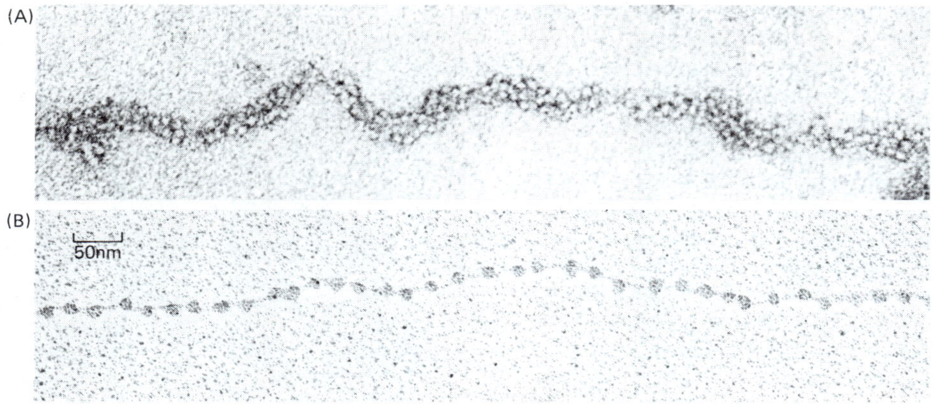

Figure 9-22 Micrographies électroniques de brins de chromatine avant et après un traitement qui décondense la structure native pour produire la forme en collier de perles. (A) représente la structure native ; la fibre de 30 nm (voir p. 498). (B) représente la forme décondensée, en forme de collier de perles de la chromatine, au même grossissement. Pour une représentation schématique des relations entre ces deux formes de la chromatine, voir la Figure 9-38. Ces micrographies électroniques ont été prises après modification du protocole présenté dans la Figure 9-71. (A, avec l'autorisation de Barbara Hamkalo ; B, avec l'autorisation de Victoria Foe.)

est une particule en forme de disque avec un diamètre d'environ 11 nm contenant 2 copies de chacune des 4 histones nucléosomiques, H2A, H2B, H3 et H4. Cet **octamère d'histones** forme un noyau protéique autour duquel l'hélice d'ADN bicaténaire est enroulée deux fois (Figure 9-23).

Dans la chromatine non digérée, l'ADN s'étend comme un fil continu allant de nucléosome en nucléosome. Chaque perle de nucléosome est séparée de la suivante par un segment d'*ADN internucléosomique*, dont la longueur peut varier de 0 à 80 paires de nucléotides. En moyenne, les nucléosomes se répètent environ toutes les 200 paires de nucléotides (voir Figure 9-23). Ainsi, un gène eucaryote de 10 000 paires de nucléotides sera associé à 50 nucléosomes, et chaque cellule humaine ayant 6×10^9 paires de nucléotides contient 3×10^7 nucléosomes.

9-10 Certains nucléosomes sont spécifiquement positionnés sur l'ADN [16]

Des expériences réalisées *in vitro* avec de la chromatine isolée suggèrent que les octamères d'histone conservent généralement une position fixe dans des conditions physiologiques, puisque leur étroite liaison à l'ADN les empêche de glisser d'avant en arrière le long de l'hélice d'ADN. Mais ces octamères sont-ils placés de façon aléatoire sur l'ADN, de sorte que n'importe quelle séquence d'ADN particulière serait étroitement enroulée autour de l'octamère d'histone dans une cellule, tandis qu'elle resterait plus accessible dans les zones de liaison entre les perles de nucléosome dans une autre ?

Les positions des nucléosomes dans les cellules peuvent être modifiées en traitant délicatement des noyaux cellulaires avec une enzyme ou un agent chimique qui coupe l'ADN, puis en analysant les sites qui sont protégés de la digestion, d'une manière analogue à la méthode d'empreinte sur l'ADN (voir p. 187). Tandis que la majorité des nucléosomes ne semblent pas positionnés avec exactitude, on connaît des exemples étonnants de mise en place précise des nucléosomes. Jusqu'à 15 nucléosomes positionnés avec précision entourent l'ADN du centromère (séquence CEN) de la levure *Saccharomyces cerevisiae*, par exemple (voir p. 769) ; de plus, le seul nucléosome lié au très petit gène ARNr 5S a une localisation unique, et il y a au moins un nucléosome placé de façon unique juste en aval du site d'initiation de la synthèse de l'ARN de la β-globine. Puisque l'intervalle entre les nucléosomes est plus ou moins

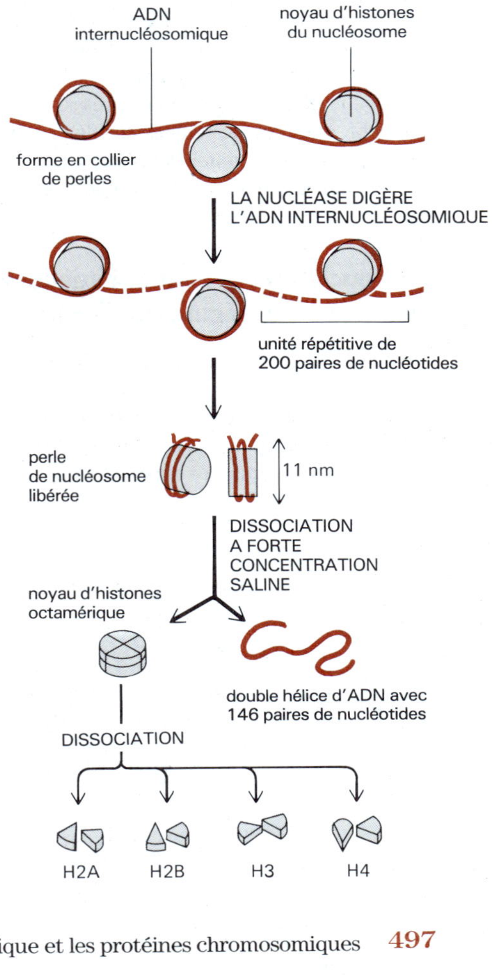

Figure 9-23 La nature du nucléosome. Le nucléosome est constitué de deux tours complets d'ADN (83 paires de nucléotides par tour) enroulés autour d'un noyau d'histones octamérique, ainsi que de l'« ADN internucléosomique » adjacent. La partie du nucléosome désignée sous le nom de « perle de nucléosome » est libérée de la chromatine par digestion de l'ADN internucléosomique (ainsi qu'une partie d'un tour d'ADN) avec la nucléase de microcoque. Dans chaque perle de nucléosome, 146 paires de nucléotides de la double hélice d'ADN (environ 1,8 tour) restent enroulées autour d'un noyau d'histones octamérique. L'octamère d'histones est composé d'une paire de chaque histone H2A, H2B, H3 et H4. Ces histones contiennent chacune de 102 à 135 acides aminés et l'octamère a une masse totale d'environ 100 000 daltons. Dans la forme « en collier de perles » de la chromatine, chaque nucléosome est associé à ses voisins par le « fil » nu du collier ou ADN internucléosomique.

régulier, la situation exacte de ces nucléosomes sur l'ADN peut également affecter la situation de leurs voisins.

Qu'est-ce qui détermine cette mise en place préférentielle des nucléosomes ? Au moins pour certains d'entre eux, comme ceux qui sont liés aux gènes ARNr 5S, un mélange des quatre histones nucléosomiques purifiées reformera un nucléosome *in vitro* au niveau de la position exacte du nucléosome *in vivo*. Ceci peut s'expliquer en partie par la tendance qu'ont les nucléosomes à se lier de façon à maximiser la présence des petits sillons riches en bases A-T sur l'intérieur de la bobine d'ADN. Cette préférence provient de la difficulté d'enrouler la double hélice d'ADN en deux tours serrés autour de l'extérieur de l'octamère d'histones, étant donné la compression considérable que doit subir le petit sillon de l'hélice d'ADN (Figure 9-24). Nous avons déjà vu, dans le cas du répresseur protéique d'un bactériophage (voir Figure 9-17), qu'un groupe de deux ou trois paires de bases A-T dans le petit sillon rend cette compression plus aisée. D'autres caractéristiques inconnues de la séquence d'ADN doivent aussi contribuer au placement préférentiel des nucléosomes.

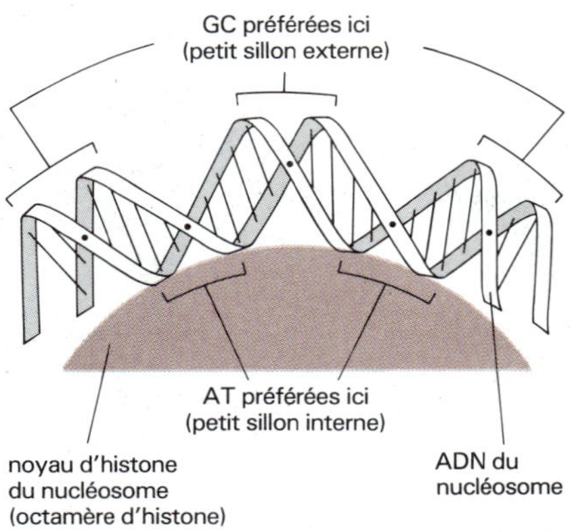

Figure 9-24 La courbure de l'ADN dans un nucléosome. L'hélice d'ADN fait deux tours serrés autour de l'octamère d'histones, chaque tour comportant 83 paires de nucléotides. Ce schéma est à peu près dessiné à l'échelle pour illustrer la façon dont le petit sillon est comprimé sur l'intérieur du tour. Comme nous l'avons précédemment expliqué (voir Figure 9-17), les paires de bases A-T se placent de façon privilégiée dans le petit sillon étroit.

Des sites spécifiques sur les chromosomes sont dépourvus de nucléosomes [17]

Certaines régions de l'ADN ne possèdent pas de nucléosomes, même si elles sont longues de centaines de paires de nucléotides. Ces régions peuvent être répétées en traitant les noyaux cellulaires avec des quantités infimes d'une désoxyribonucléase (DNase I) qui, à faible concentration, digérera les longs segments d'ADN sans nucléosome mais ne digérera pas les liens internucléosomiques associés aux nucléosomes. Traitée de cette façon, la chromatine est coupée préférentiellement au niveau de séquences d'ADN spécifiques qui semblent être dépourvues de nucléosome ; ces sites sont généralement espacés de milliers de paires de nucléotides.

L'importance biologique de tels **sites hypersensibles aux nucléases** fut mise en évidence par des expériences réalisées avec le virus simien SV40, dont le chromosome d'ADN circulaire est organisé par les histones produites par ses cellules hôtes. Le chromosome de SV40 contient souvent une seule région sans nucléosome longue d'environ 300 paires de nucléotides qui est rapidement digérée par la DNase I. La région exposée est localisée très près des séquences d'ADN au niveau desquelles commencent à la fois la réplication de l'ADN et la synthèse de l'ARN viral et elle contient plusieurs protéines de liaison à l'ADN spécifiques d'une séquence qui ne protègent que de très courtes régions de l'ADN de la digestion nucléasique, tout en excluant apparemment les nucléosomes. De la même façon, beaucoup de sites hypersensibles aux nucléases dans la chromatine de la cellule sont localisés dans des régions de régulation d'un gène (Figure 9-25), et ces sites sont beaucoup plus nombreux dans les cellules où le gène est actif, que dans les autres cellules. On pense que la majorité de ces sites représentent des régions à partir desquelles un nucléosome a été déplacé par des protéines de liaison à l'ADN spécifiques d'une séquence, impliquées dans la régulation des gènes eucaryotes (voir Figure 9-27).

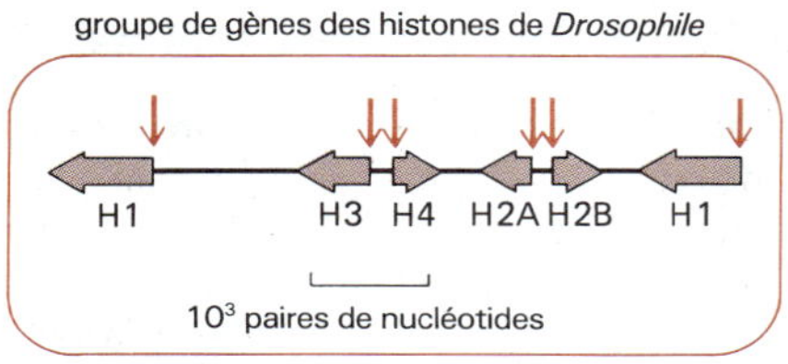

Figure 9-25 Localisation des sites hypersensibles aux nucléases (*flèches colorées*) dans les régions régulatrices des gènes actifs. Bien que ces sites particulièrement exposés dans la chromatine soient souvent présents à l'extrémité 5′ d'un gène, comme on le voit dans le cas du groupe de gènes qui codent les histones (H1, H2A, H2B, H3 et H4) chez *Drosophile*, ils sont également localisés ailleurs (voir Figure 10-40A, p. 581).

Les nucléosomes sont habituellement empilés pour former des structures régulières d'ordre supérieur [18]

Dans la cellule vivante, il est probable que la chromatine n'adopte que rarement la forme allongée d'un « collier de perles ». Les nucléosomes sont plutôt empilés les uns sur les autres pour créer des rangées régulières dans lesquelles l'ADN est plus fortement condensé. Quand les noyaux sont lysés avec précaution sur une grille de microscope électronique, la plus grande partie de la chromatine apparaît sous la forme d'une fibre d'un diamètre de 30 nm environ

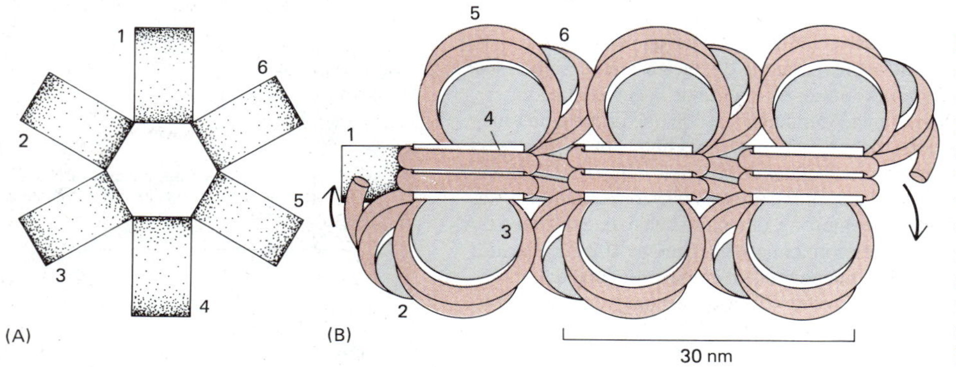

Figure 9-26 Un modèle possible pour expliquer la façon dont la forme « en collier de perles » des nucléosomes est condensée pour former la fibre de 30 nm visible sur des micrographies électroniques (voir Figure 9-22A). (A) Vue du haut, (B) vue de côté. Ce type d'empaquetage nécessite une molécule d'histone H1 par nucléosome (non représenté). Bien que l'on ait défini le point de liaison de H1 au nucléosome (voir Figure 9-28), on ne connaît pas la localisation des molécules H1 dans cette fibre (voir aussi la Figure 9-27).

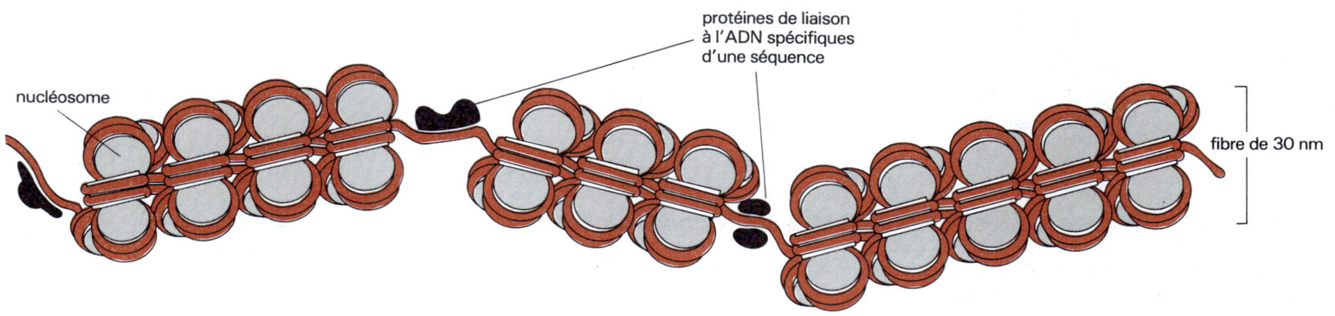

(voir Figure 9-22A). Un des nombreux modèles proposé pour expliquer la façon dont les nucléosomes sont empilés dans la **fibre de chromatine de 30 nm** est illustré dans la Figure 9-26. De tels modèles représentent une structure idéalisée, puisque l'éventail de longueurs des liens internucléosomiques, créé par le positionnement préférentiel des nucléosomes et la présence de séquences occasionnelles dépourvues de nucléosomes, ponctueront la fibre de 30 nm d'irrégularités (Figure 9-27).

Comme une fibre de 30 nm, la chromatine d'un chromosome humain type aurait une longueur d'environ 0,1 cm si elle était dépliée et pourrait donc traverser le noyau plus de 100 fois. Des études en microscopie électronique de chromosomes intacts suggèrent cependant que la fibre de 30 nm à l'intérieur des cellules est encore repliée pour former des brins de chromatine dont l'épaisseur est de 100 nm ; on ne connaît pas la façon dont les nucléosomes sont disposés dans ces structures.

Figure 9-27 Une coupe schématique de la chromatine illustrant l'interruption de sa structure nucléosomique régulière par de courtes régions où l'ADN chromosomique est anormalement sensible à la digestion par la DNase I. A chacun de ses *sites hypersensibles à la nucléase*, un nucléosome semble avoir été remplacé sur l'ADN par une ou plusieurs protéines de liaison à l'ADN spécifiques d'une séquence.

Les histones H1 participent à l'empilement des nucléosomes [19]

Il y a environ six variétés étroitement apparentées (sous-unités) d'*histones H1* dans une cellule de mammifère, qui diffèrent légèrement dans leur séquence d'acides aminés. Ces molécules d'**histones H1** semblent être responsables de l'empilement des nucléosomes dans la fibre de 30 nm. La molécule H1 a une région centrale globulaire très conservée au cours de l'évolution liée à des « bras » déployés qui correspondent aux extrémités amino et carboxy-terminales, et dont la séquence d'acides aminés a évolué beaucoup plus rapidement. Chaque molécule H1 se lie grâce à sa portion globulaire à un site unique sur un nucléosome et l'on suppose que ses « bras » se déploient pour entrer en contact avec d'autres sites sur les noyaux d'histones des nucléosomes adjacents, de sorte que les nucléosomes sont réunis en une rangée répétitive et régulière (Figure 9-8). Certains modèles placent les molécules H1 à l'intérieur de la fibre de chromatine de 30 nm, alors que d'autres les placent à l'extérieur.

L'octamère d'histone qui forme chaque noyau de nucléosome est une structure symétrique, alors que l'unique molécule H1 qui se lie à chaque nucléosome ne l'est pas. La liaison de molécules H1 à la chromatine est donc supposée créer une polarité locale dont manquerait autrement la chromatine (Figure 9-29).

Des expériences *in vitro* font penser que l'histone H1 a tendance à se lier à l'ADN par groupe de huit ou plus de huit molécules d'histone H1, un exemple de *liaison coopérative* dont nous avons parlé précédemment (voir p. 492). On a suggéré que la chromatine était organisée par des interactions coopératives de ce type et que leur rupture par des protéines régulatrices de gènes pouvait donc être responsable de la décondensation locale de la chromatine qui se produit autour des gènes actifs ; comme nous en discuterons bientôt, de telles régions de « chromatine active » semblent avoir une affinité anormalement faible pour l'histone H1 (voir p. 511). Selon ce point de vue, une région locale de chromatine peut ressembler à un minuscule cristal qui est capable de changer de conformation selon un mode de type tout ou rien pendant l'activation des gènes (Figure 9-30).

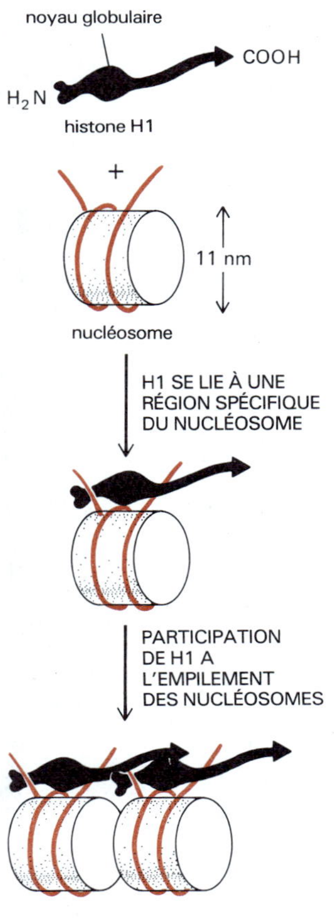

Figure 9-28 Schéma représentant le mode de participation possible de l'histone H1 (220 acides aminés) à l'empilement des nucléosomes adjacents. Le noyau globulaire de H1 se lie à chaque nucléosome près du site où l'hélice d'ADN entre et sort de l'octamère d'histone. En présence de H1, deux tours complets d'ADN (166 paires de nucléotides) sont protégés de la digestion par la nucléase de microcoque (20 paires de nucléotides supplémentaires — voir Figure 9-23). On ne connaît ni la structure tridimensionnelle de l'histone H1, ni les sites précis d'interaction entre ses extrémités amino- et carboxy-terminales et le nucléosome.

Figure 9-29 La polarité que la liaison de l'histone H1 semble conférer à la chromatine. (A) Sans l'histone H1, la chromatine n'a pas de polarité puisque chaque nucléosome est une structure symétrique. (B) Avec l'histone H1, la chromatine acquiert une polarité ; la signification de cette polarité est inconnue.

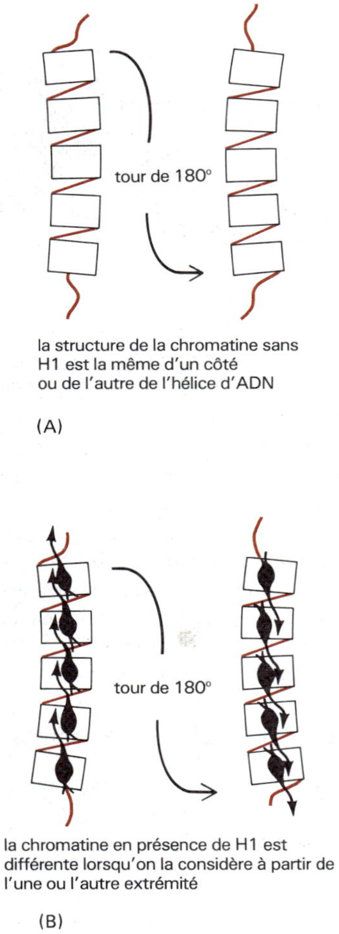

La synthèse d'ARN peut s'effectuer en passant sur les nucléosomes [20]

Des essais biochimiques indiquent que la majorité de l'ADN reste attachée aux nucléosomes au cours de la transcription de l'ADN et un motif régulier de perles nucléosomiques est observé en microscopie électronique dans toutes les régions transcrites et non transcrites de la chromatine dépliée (Figure 9-31). Il semble que l'octamère d'histone soit lié à l'ADN si solidement que l'association est normalement permanente. Mais il est difficile d'imaginer l'ARN polymérase transcrivant l'ADN attaché à un nucléosome sans une certaine modification transitoire de la conformation du nucléosome lui-même. Lors du passage de l'ARN polymérase, l'ADN nucléosomique se débobine probablement de l'octamère d'histones sans le libérer complètement. Il est possible que la totalité du nucléosome s'ouvre de façon transitoire, séparant l'octamère d'histone en deux moitiés ; ou bien, l'octamère pourrait rester intact et « basculer d'avant en arrière » pour laisser passer la polymérase (Figure 9-32). La difficulté d'exécution de telles manoeuvres peut être la raison de la grande conservation des séquences d'acides aminés des histones nucléosomiques au cours de l'évolution (voir p. 221) : si un nucléosome était un simple système d'empaquetage de l'ADN, on pourrait s'attendre à ce que de nombreuses variations de séquences soient autorisées dans ses histones.

Comme nous l'avons vu, la majorité des nucléosomes d'une cellule sont empilés dans une fibre de chromatine de 30 nm, qui est ensuite repliée davantage. Il est inconcevable que la chromatine sous cette forme puisse être transcrite par l'ARN polymérase, sans une rupture importante de l'empaquetage nucléosomique (Figure 9-33). Plusieurs types d'expériences suggèrent qu'une telle rupture se produit (voir pour exemple Figure 9-50 et p. 580).

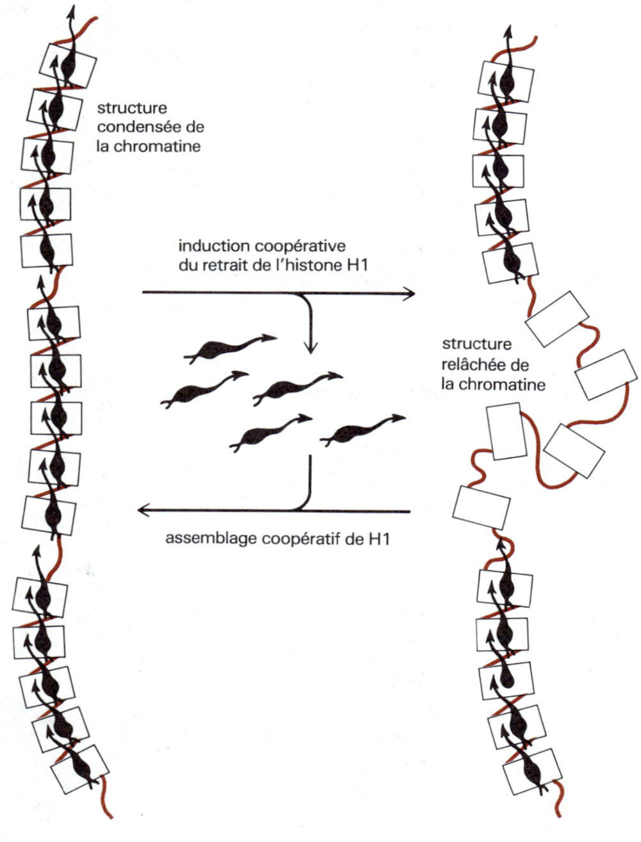

Figure 9-30 Une région localisée de la chromatine peut se comporter comme une unité structurale s'il y a un empilement coopératif de ses nucléosomes provoqué par l'histone H1. Cette représentation très schématique montre une unité de chromatine (sous la forme d'une fibre de 30 nm ou d'une structure plus compacte) qui se décondense soudainement après avoir reçu un signal de régulation externe (pour simplifier, les histones H1 sont représentées par groupes de cinq ; en fait, elles se lient vraisemblablement en groupes beaucoup plus importants). Une décondensation locale de ce type peut accompagner l'activation des gènes (voir Figure 9-50).

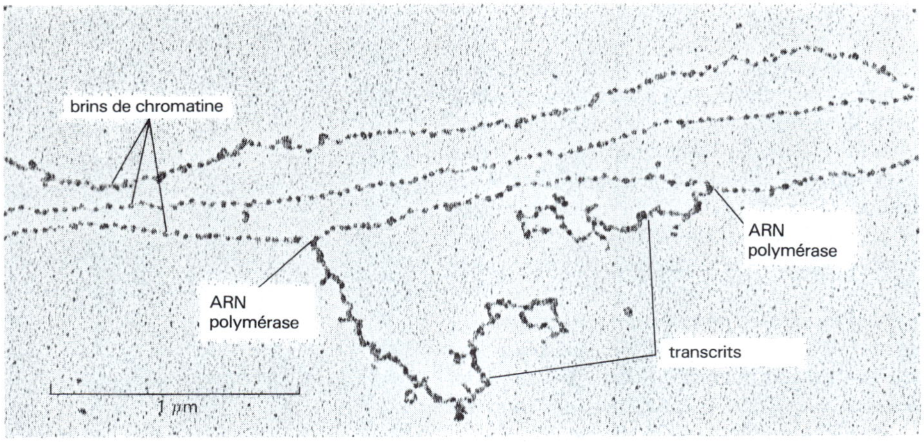

Figure 9-31 Une région de chromatine dans sa forme « collier de perles » montrant trois brins de chromatine ; sur l'un d'eux, deux molécules d'ARN polymérase sont engagées dans la trancription de l'ADN. La plus grande partie de la chromatine dans un noyau d'eucaryote supérieur ne contient pas de gènes actifs et est donc dépourvue de transcrits. Noter que les nucléosomes sont présents à la fois sur les régions transcrites et non transcrites, et sont liés à l'ADN immédiatement devant et juste derrière les molécules d'ARN polymérase en mouvement. (Avec l'autorisation de Victoria Foe.)

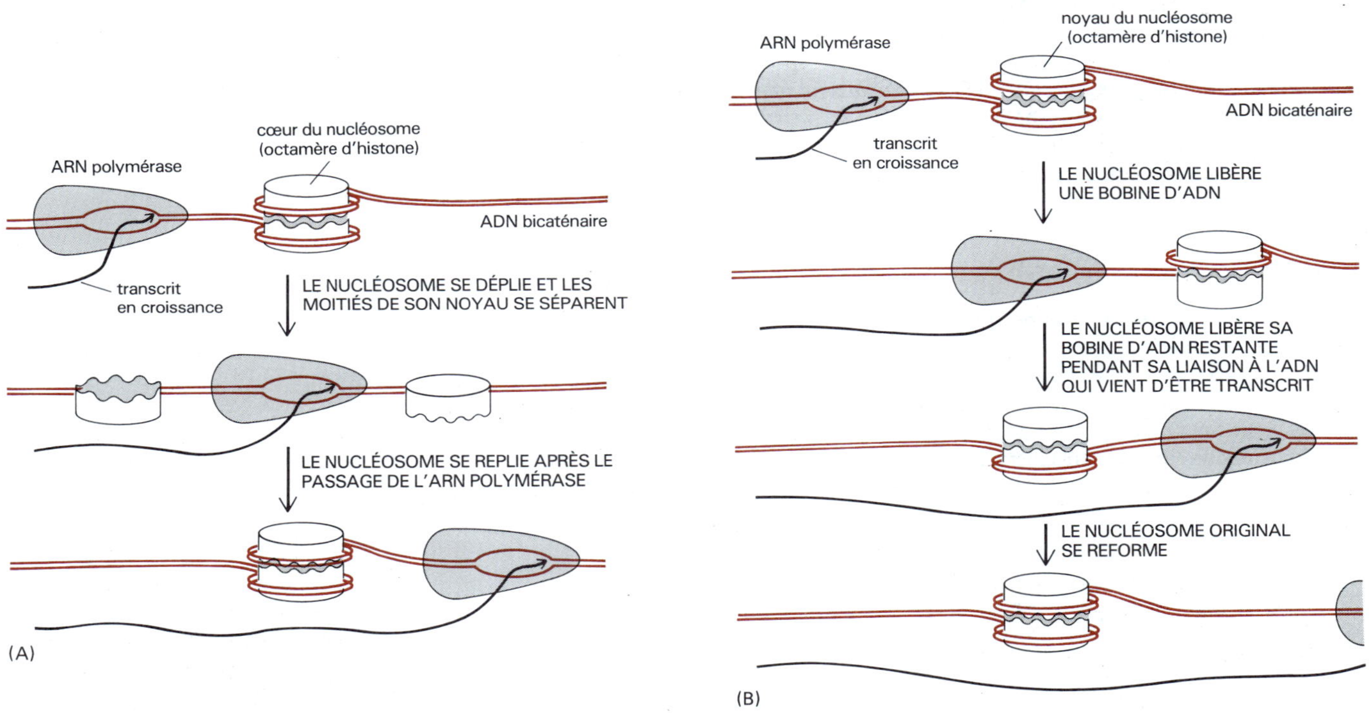

Figure 9-32 Deux modèles possibles pour expliquer la façon dont l'ARN polymérase peut transcrire la chromatine sans déplacer les nucléosomes. (A) Transcription au-delà des « demi-nucléosomes » transitoirement dépliés. (B) Transcription au-delà d'un octamère d'histones intact.

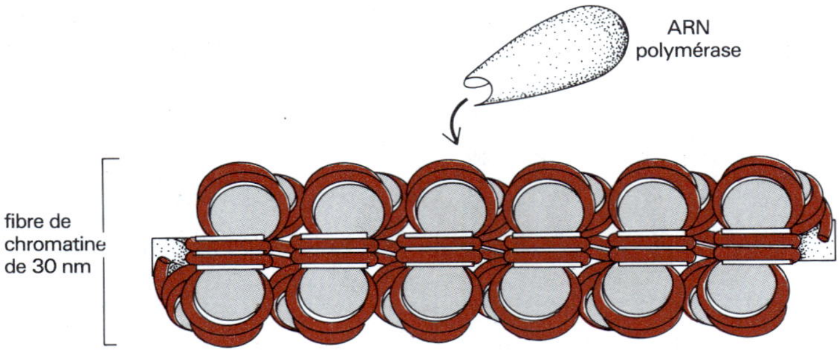

Figure 9-33 Représentation schématique de l'approche d'une fibre de chromatine de 30 nm par une molécule d'ARN polymérase, dessinée approximativement à l'échelle. Le nombre de nucléosomes représentés couvrirait environ 7 000 paires de nucléotides — environ la longueur d'un gène humain de taille modeste (voir Tableau 9-1, p. 486). D'une manière ou d'une autre, la polymérase doit avoir accès à tout cet ADN sans déplacer les octamères d'histones de la chromatine. Un important déroulement de la chromatine est clairement nécessaire pour que cela soit possible.

Résumé

Un gène est défini comme une séquence nucléotidique qui agit en tant qu'unité fonctionnelle pour la production d'une molécule d'ARN. Un chromosome est formé à partir d'une molécule d'ADN unique et très longue qui contient une série de gènes. Une molécule d'ADN chromosomique contient aussi trois autres types de séquences nucléotidiques fonctionnellement importantes : les origines de réplication et les télomères permettent la réplication de la molécule d'ADN, tandis qu'un centromère est nécessaire à la liaison de la molécule d'ADN au fuseau mitotique. Le génome haploïde humain contient 3 $\times$ 10^9 paires de nucléotides d'ADN, partagés entre 22 autosomes différents et 2 chromosomes sexuels. On pense que seuls quelques pour-cent de cet ADN codent des protéines.

L'ADN des eucaryotes est fortement lié à une masse égale d'histones, qui servent à former une rangée répétitive de particules composées d'ADN et de protéines, les nucléosomes. Les nucléosomes sont normalement empilés en rangées régulières pour former une fibre de 30 nm (et des structures plus compactes) avec l'aide des molécules d'histone H1. Cependant, dans des régions d'ADN qui contiennent des gènes, l'octamère d'histone qui compose chaque nucléosome doit être en compétition avec une grande variété de protéines de liaison à l'ADN spécifiques d'une séquence, pour des sites sur l'ADN. Les régions occasionnelles où un nucléosome a été déplacé par la liaison d'une ou de plusieurs de ces protéines peuvent être généralement localisées en tant que sites hypersensibles aux nucléases dans la chromatine, et sont habituellement caractéristiques des régions où se produit la transcription de l'ADN.

Il y a des centaines de protéines de liaison à l'ADN spécifiques d'une séquence différentes dans une cellule eucaryote, chacune d'elles reconnaissant une courte séquence d'ADN par des interactions par liaisons hydrogène avec des paires de bases et par détection de la géométrie de l'hélice. Ces protéines coopèrent et sont en compétition les unes avec les autres au cours de la formation de complexes protéiques au niveau de sites d'ADN sélectionnés.

La structure globale complexe des chromosomes

Après avoir discuté de l'ADN et des molécules protéiques qui constituent les chromosomes, nous allons maintenant passer en revue ce que nous connaissons sur l'organisation des chromosomes à une échelle plus globale. Nous verrons que, dans un chromosome, l'ADN n'est pas seulement « empaqueté » avec des histones en nucléosomes répétitifs et réguliers, mais qu'il est également replié et organisé de façon élaborée par d'autres protéines en une série de sous-domaines de caractères distincts. Cette structure d'ordre supérieur est une caractéristique fascinante de la chromatine des cellules eucaryotes, bien que sa fonction biologique soit encore un mystère.

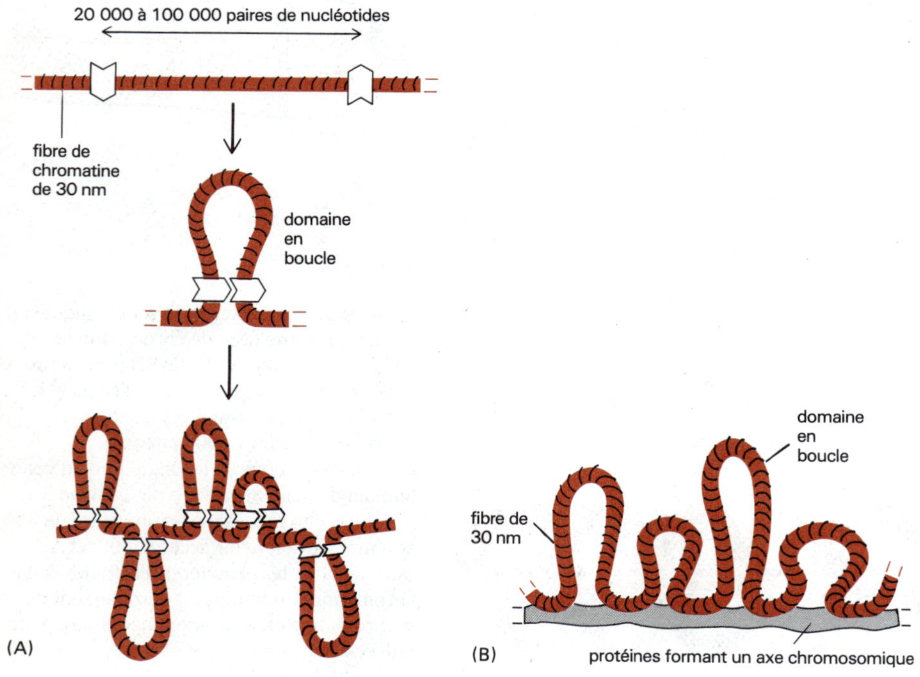

Figure 9-34 Schéma d'un segment de chromosome replié en une série de boucles, chacune contenant de 20 000 à 100 000 paires de nucléotides d'ADN bicaténaire condensé dans une fibre de chromatine de 30 nm. (A) Un modèle replié nécessitant des protéines de liaison à l'ADN spécifiques d'une séquence à chaque extrémité d'une boucle. (B) Un modèle replié nécessitant un axe chromosomique. Le mode réel de repliement est inconnu, bien que des études cytologiques révèlent que la région axiale de chromosomes en mitose isolés (où sont localisées les extrémités des boucles) est très enrichie en ADN topoisomérase II, une enzyme abondante (voir p. 236).

Les chromosomes semblent repliés en une série de domaines en boucle [21]

Classiquement, le noyau a un diamètre d'environ 5 μm (5×10^{-4} cm). Comme nous l'avons mentionné précédemment, l'empaquetage de l'ADN dans une fibre de chromatine de 30 nm donne un chromosome humain long d'environ 0,1 cm, de sorte qu'il doit exister plusieurs degrés supérieurs de repliement. La nature probable de l'un des niveaux suivants de repliement fut suggérée, à l'origine, par l'aspect de chromosomes particuliers — les *chromosomes en écouvillon* dans de nombreux ovocytes, et les *chromosomes polyténiques* de certaines cellules d'insecte. Nous verrons que ces deux types de chromosomes semblent contenir une série de **domaines en boucle** (ou **boucles**) — des boucles de chromatine qui s'étendent radialement à partir de l'axe principal du chromosome. Le chromosome bactérien d'*E.coli* — une molécule d'ADN circulaire d'environ 0,1 cm de long et dépourvue d'histones — est aussi replié en une série de boucles de ce genre, suggérant que la présence des boucles peut être une caractéristique générale des chromosomes.

En principe, les domaines en boucle dans la chromatine pourraient être établis et maintenus par des protéines de liaison à l'ADN qui « agrafent » ensemble deux régions de la fibre de 30 nm en reconnaissant des séquences d'ADN spécifiques qui formeront la base de chaque boucle (Figure 9-34A). Ils pourraient aussi être formés par la liaison de l'ADN de la base de la boucle à un axe chromosomique (Figure 9-34B). A partir d'estimations indirectes, des organismes aussi différents que les mouches et l'homme semblent avoir des boucles de taille moyenne analogues, une boucle type contenant environ 20 000 à 100 000 paires de nucléotides — ce qui correspond à une longueur moyenne d'environ 0,5 μm de la fibre de 30 nm. Si un chromosome humain était essentiellement organisé en boucles, il pourrait en contenir plus de 2 000.

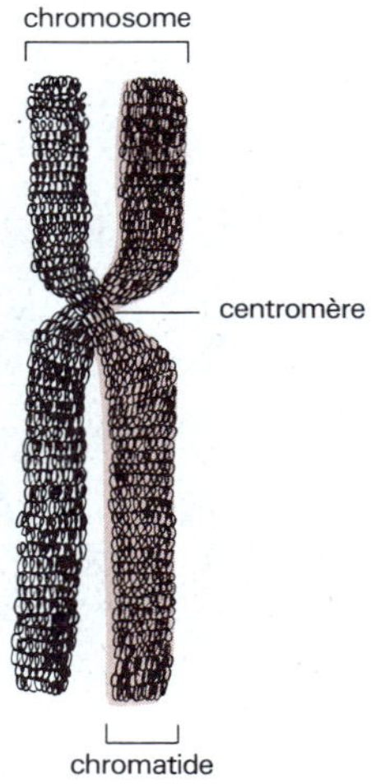

Figure 9-35 Schéma d'un chromosome typique en métaphase (stade de la mitose). Chaque chromatide contient l'une des deux nouvelles molécules identiques d'ADN (l'une d'entre elles est colorée) créées plus tôt dans le cycle cellulaire par réplication de l'ADN.

Les chromosomes mitotiques sont formés de chromatine dans son état le plus condensé [22]

La plupart des chromosomes sont trop étendus, fins, et enchevêtrés pour que leurs boucles soient facilement observables, excepté au cours de la mitose, lorsque les chromosomes s'enroulent pour former des structures beaucoup plus condensées. Cet enroulement, qui réduit la longueur d'un ADN de 5 cm à environ 5 μm, s'accompagne de la phosphorylation de toute l'histone H1 de la cellule sur cinq de ses résidus sérine. Puisque l'histone H1 participe à l'empaquetage des nucléosomes (voir Figure 9-28), on peut supposer que sa phosphorylation au cours de la mitose est l'une des origines de la condensation des chromosomes (voir p. 777).

La Figure 9-35 montre un chromosome au stade métaphasique de la mitose. Les deux nouvelles molécules d'ADN sont repliées séparément pour donner deux chromosomes identiques (appelés *chromatides sœurs*) maintenus ensemble au niveau de leurs *centromères* (voir p. 738). Ces chromosomes sont normalement couverts de toutes sortes de molécules, y compris de grandes quantités de ribonucléoprotéines (voir p. 544). Lorsqu'on retire cette enveloppe, on peut voir en microscopie électronique que chaque chromatide est organisée en boucles de chromatine partant d'un axe central (Figures 9-36 et 9-37). Plusieurs types d'expériences montrent que la distribution des caractères visibles sur un chromosome mitotique reflète au moins grossièrement l'ordre des gènes le long de la molécule d'ADN. Afin d'illustrer la façon dont pourrait s'effectuer un tel repliement organisé de la longue hélice d'ADN, nous avons dessiné chaque chromatide sous la forme d'un ensemble étroitement empilé de domaines en boucle enroulés pour former une hélice serrée (Figure 9-38) ; nous montrons également une vue schématique des différents processus de repliement qui pourraient contribuer à la formation de cette structure.

Dans les chromosomes mitotiques, la chromatine est inactive du point de vue de la transcription : toute synthèse d'ARN cesse lorsque le chromosome se condense. La condensation empêche probablement l'ARN polymérase d'avoir accès à l'ADN, bien que d'autres facteurs de contrôle puissent être également impliqués.

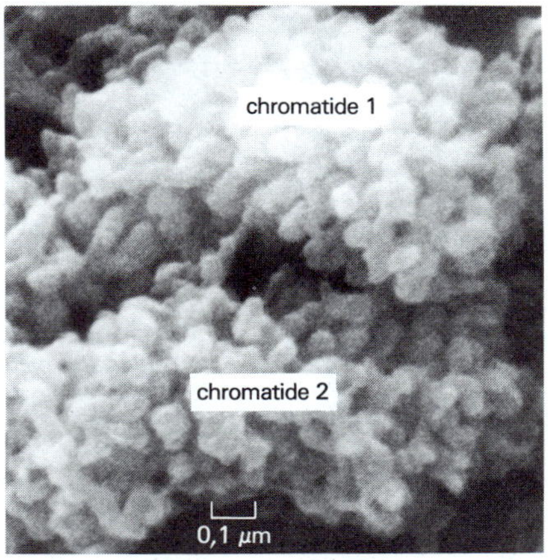

Figure 9-36 Photographie prise en microscopie électronique à balayage d'une région proche d'une extrémité d'un chromosome typique en mitose. Chaque protubérance représente le haut d'un domaine en boucle distinct. Noter qu'il est possible de distinguer clairement les deux chromatides identiques appariées qui sont schématisées dans la Figure 9-35. (D'après M.P. Marsden et U.K. Laemmli, *Cell* 17:849-858, 1979. © Cell Press.)

Chaque chromosome mitotique comporte un motif caractéristique de très grands domaines [23]

Le tableau complet des 46 chromosomes humains en mitose est appelé **caryotype** humain. Les méthodes cytologiques développées depuis 1970 permettent d'identifier sans ambiguïté chaque chromosome. Certaines de ces méthodes utilisent un marquage des chromosomes mitotiques avec des colorants qui fluorescent seulement lorsqu'ils se lient à certains types de séquences

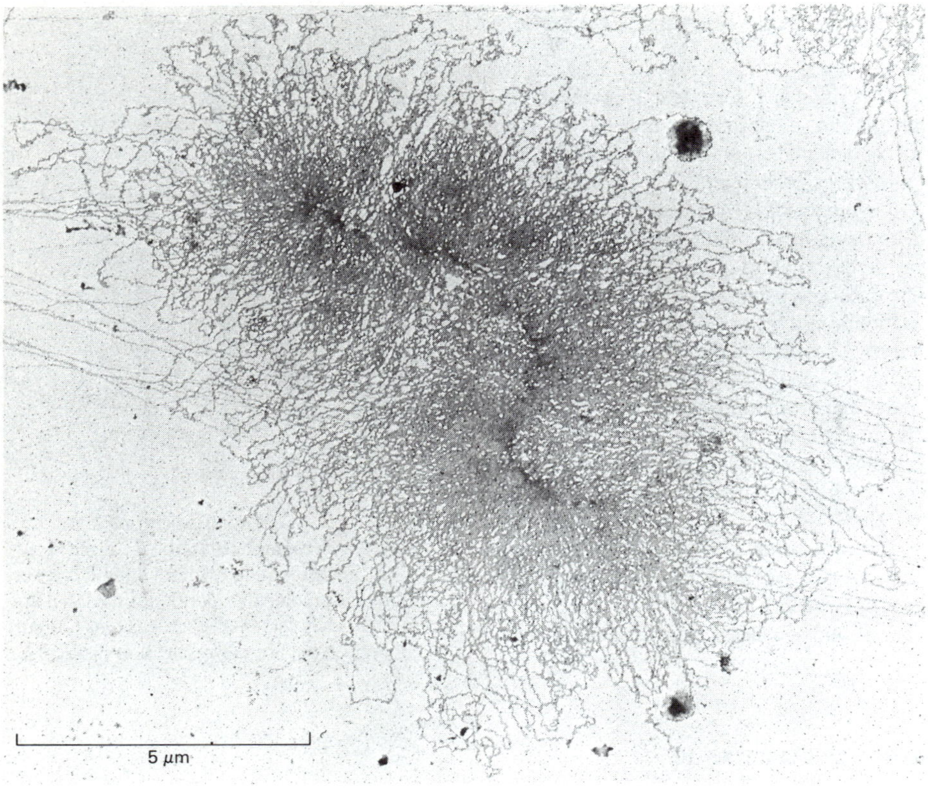

Figure 9-37 Micrographie électronique d'une seule chromatide d'un chromosome d'insecte (*Oncopeltus*) en mitose, traité pour révéler les boucles de fibres de chromatine qui partent de l'axe central de la chromatide. De telles micrographies ont été utilisées pour appuyer l'idée que, dans tous les chromosomes, la chromatine est repliée en une série de domaines en boucle. (Avec l'autorisation de Victoria Foe.)

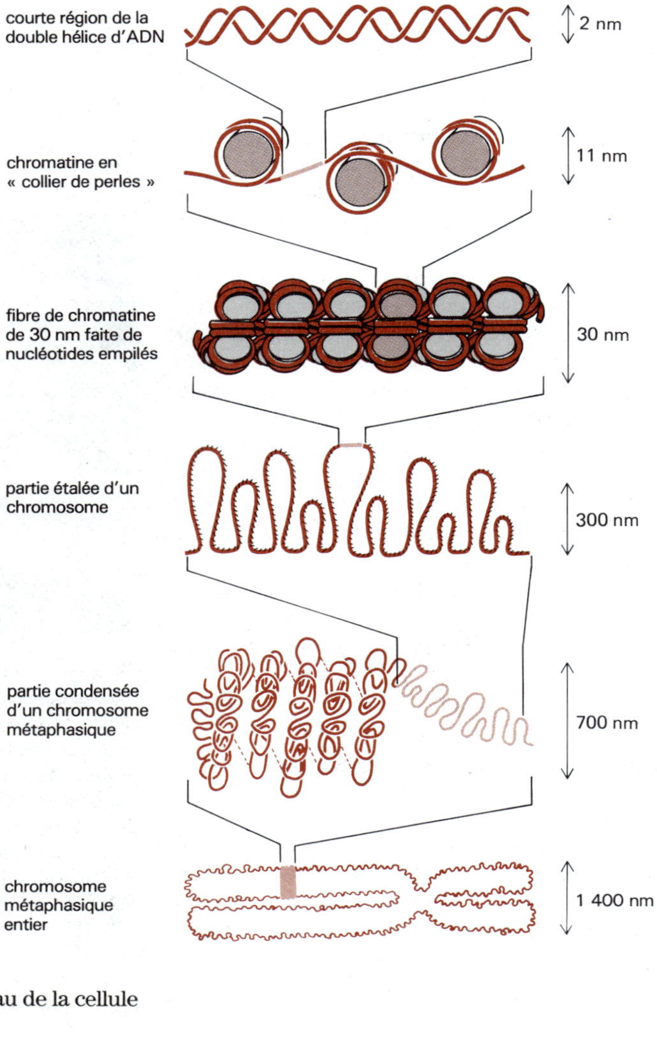

Figure 9-38 Schéma des nombreux niveaux différents d'empilement de la chromatine qui pourraient rendre compte de la forme hautement condensée du chromosome métaphasique.

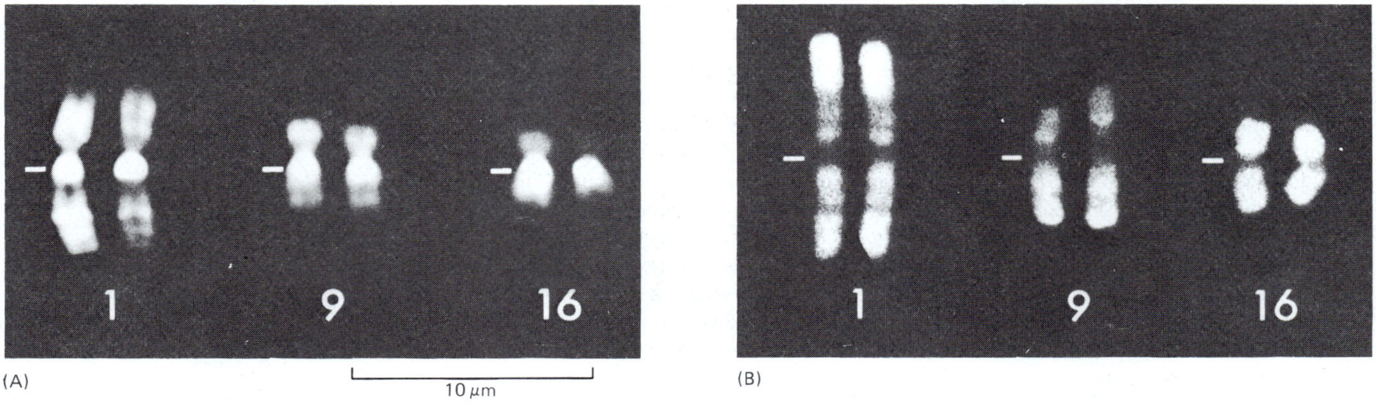

Figure 9-39 Photographie en microscopie à fluorescence de trois paires de chromosomes mitotiques humains colorés avec (A) le colorant Hoescht 33258 spécifique des paires de bases A-T qui colore les bandes G, et (B) le colorant spécifique des paires de bases G-C, l'olivomycine, qui colore les bandes R. Les traits indiquent la position de chaque centromère. Noter que ces deux images de bandes sont complémentaires l'une de l'autre, puisque les bandes qui sont claires en (A) sont sombres en (B), et vice versa. Les bandes G se colorent également avec le colorant Giemsa — d'où leur nom — alors que les bandes R tirent leur nom de leur image « complémentaire » (reverse) des bandes G. (D'après K.F. Jorgenson, J.H. van de Sande et C.C. Lin, *Chromosoma* 68:287-302, 1978.)

d'ADN. Bien que ces colorants aient une très faible spécificité et paraissent distinguer principalement l'ADN riche en paires de nucléotides A-T (**bandes G**) de l'ADN riche en paires de nucléotides G-C (**bandes R**), ils révèlent une distribution étonnante et reproductible de bandes le long de chaque chromosome mitotique (Figure 9-39). La distribution des bandes sur chaque type de chromosome est unique, ce qui permet d'identifier et de numéroter chaque chromosome, comme l'illustre la Figure 9-40.

En examinant des chromosomes humains très tôt au cours de la mitose, lorsqu'ils sont moins condensés qu'en métaphase, on a pu estimer que la totalité du génome haploïde contient environ 2 000 bandes distinctes riches en paires A-T. Ces bandes fusionnent progressivement

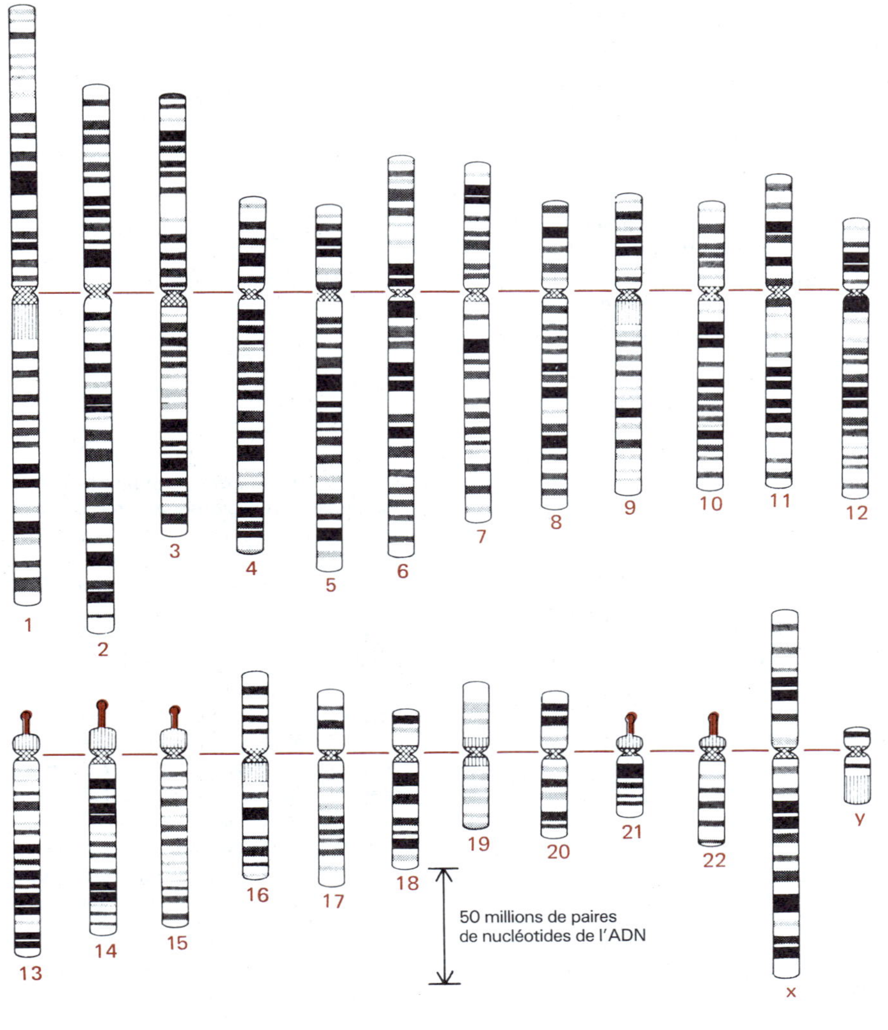

Figure 9-40 Carte standard de la distribution des bandes de chaque chromosome du caryotype humain, déterminée au stade prémétaphasique de la mitose. Les chromosomes sont numérotés de 1 à 22 approximativement par ordre de taille ; une cellule diploïde contient deux de chacun de ces chromosomes ainsi que deux chromosomes X (femelle) ou un chromosome X et un chromosome Y (mâle). Les 850 bandes représentées ici sont des bandes G qui se colorent avec des réactifs qui paraissent spécifiques des séquences d'ADN riches en paires A-T. Les protubérances colorées sur les chromosomes 13, 14, 15, 21 et 22 indiquent les positions des gènes qui codent les gros ARN ribosomaux ; les traits colorés marquent le centromère de chaque chromosome. (D'après U. Franke, *Cytogenet. Cell Genet* 31:24-32, 1981.)

au fur et à mesure que la condensation a lieu durant la mitose pour produire des bandes moins nombreuses et plus épaisses.

Les bandes chromosomiques sont détectées dans les chromosomes mitotiques d'espèces aussi diverses que les humains et les mouches. De plus, la distribution exacte des bandes d'un chromosome est restée inchangée pendant de longues périodes au cours de l'évolution. A chaque chromosome humain, par exemple, correspond une distribution des bandes pratiquement identique dans les chromosomes du chimpanzé, du gorille et de l'orang-outan (bien qu'il n'y ait eu qu'une seule fusion chromosomique qui donne 46 chromosomes pour l'homme au lieu de 48 pour les singes). Ceci suggère que l'organisation spatiale des chromosomes à long terme peut être importante pour la fonction de la cellule. Mais l'existence même de telles bandes est un mystère. Même la plus fine des bandes schématisée dans la Figure 9-40 contient 30 ou plus de 30 domaines en boucle, et l'on s'attendrait à ce que la composition moyenne en paires de nucléotides soit répartie au hasard sur de telles longueurs de séquence d'ADN (plus d'un million de paires de nucléotides, soit à peu près la taille d'un génome bactérien). On sait que les bandes riches en paires A-T, comme les bandes riches en paires G-C, contiennent des gènes.

9-13 L'ADN des chromosomes en écouvillon est organisé en une succession de domaines distincts au cours de l'interphase [24]

En dépit de l'empaquetage très ordonné de la chromatine mentionné page 498, les brins de chromatine à l'interphase sont généralement trop fins et trop emmêlés pour que l'on puisse clairement observer un chromosome interphasique dans sa totalité. La structure globale des chromosomes pendant l'interphase est cependant visible dans quelques types cellulaires particuliers. Par exemple, les chromosomes appariés à la méiose dans les ovocytes en croissance (des œufs immatures), sont très actifs pour synthétiser l'ARN, et ils forment des boucles de chromatine d'une rigidité et d'une longueur inhabituelles qui sont couvertes d'ARN néotranscrit condensé en complexes ARN-protéines denses. Grâce à cette enveloppe sur l'ADN, les **chromosomes en écouvillon** sont clairement visibles, même en microscopie photonique (Figure 9-41).

L'organisation du chromosome en écouvillon est schématiquement représentée dans la Figure 9-42. De grandes boucles de chromatine décondensées s'étendent à partir de l'axe du chromosome. Des expériences d'hybridation d'acides nucléiques montrent qu'une boucle donnée contient toujours la même séquence d'ADN, et qu'elle reste allongée de la même façon au cours de la croissance de l'ovocyte. Ces boucles correspondent donc apparemment à des unités fixes de chromatine repliées qui se sont décondensées et sont devenues actives pour la transcription. Puisque l'on peut estimer qu'une boucle de taille moyenne contient environ 100 000 paires de nucléotides d'ADN, chacune peut correspondre à l'un des domaines en boucle de la chromatine décrits précédemment (voir p. 503). Beaucoup de ces boucles sont

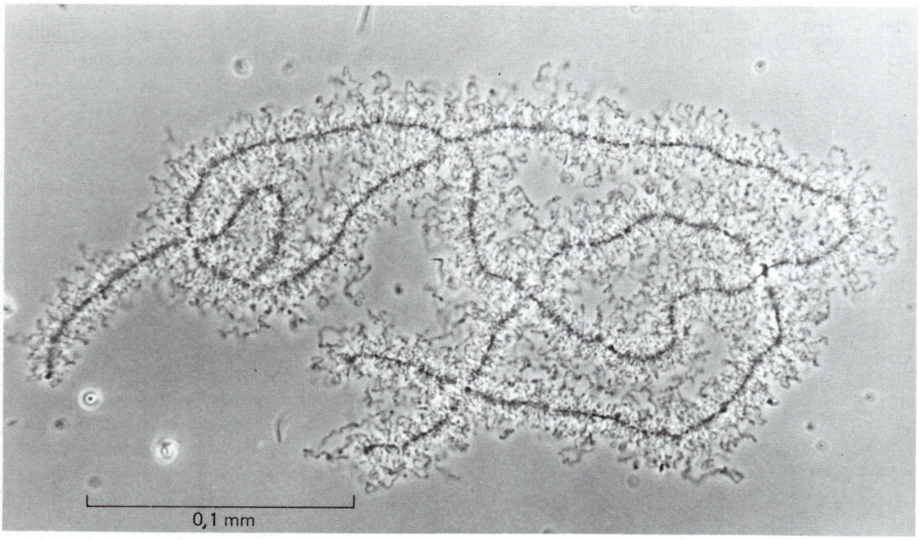

Figure 9-41 Photographie en microscopie photonique des chromosomes en écouvillon dans un œuf d'amphibien. Tôt au cours de la différenciation de l'ovocyte, chaque chromosome se réplique pour commencer la méiose, et les chromosomes homologues répliqués s'apparient pour former cette structure très allongée qui contient un total de quatre chromatides. Le stade du chromosome en écouvillon peut persister des mois ou des années pendant que l'ovocyte fabrique une provision d'ARNm et d'autres matériaux nécessaires à son développement final en un nouvel individu (voir p. 857). Noter que chaque axe chromosomique est long d'environ 400 μm, alors que la majorité des chromosomes mitotiques ont une longueur inférieure à 10 μm. (Avec l'autorisation de Joseph G. Gall.)

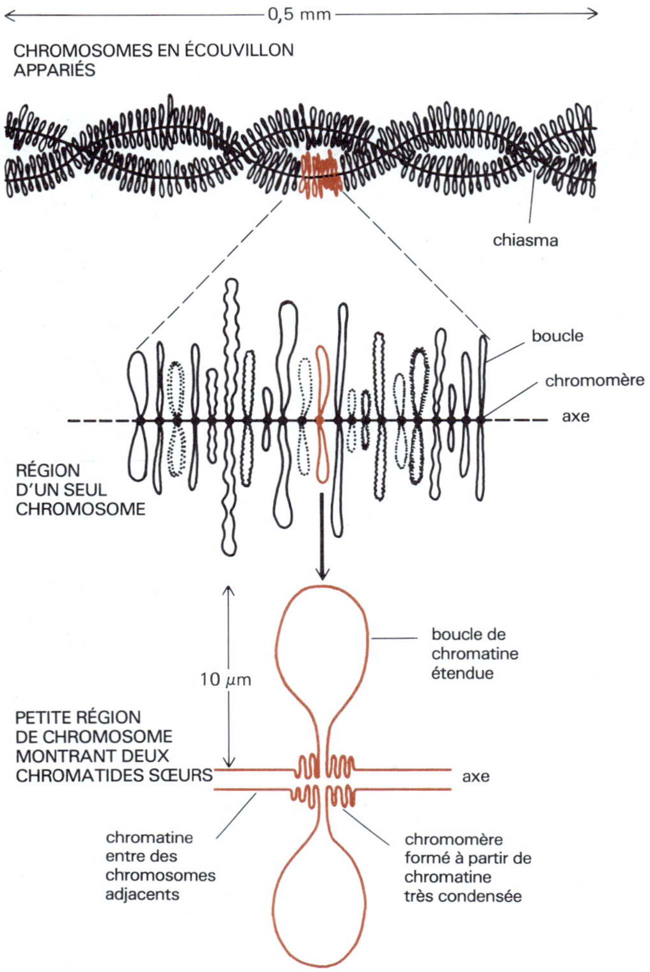

Figure 9-42 La structure d'un chromosome en écouvillon. L'ensemble des chromosomes en écouvillon chez de nombreux amphibiens contient un total d'environ 10 000 boucles de chromatine, bien que la plus grande partie de l'ADN reste très condensée dans les *chromomères*. Chaque boucle correspond à une séquence d'ADN particulière. Quatre copies de chaque boucle sont présentes dans chaque cellule, puisque la structure dessinée en haut consiste en deux chromosomes homologues appariés et que chaque chromosome est composé de deux chromatides sœurs juxtaposées. Cette structure à quatre brins est caractéristique de ce stade du développement de l'ovocyte (stade diplotène de la méiose — voir p. 852).

transcrites de façon continue d'une extrémité à l'autre ; d'autres boucles, cependant, comportent un grand segment de chromatine qui n'est pas du tout transcrit. La plus grande partie de la chromatine n'est pas sous forme de boucles et reste très condensée dans les *chromomères* (voir Figure 9-42) ; en général, cette chromatine n'est pas transcrite. Des petites régions de chromatine, qui ne sont ni très condensées, ni très actives quant à la transcription, réunissent les chromomères adjacents le long d'un axe chromosomique bien défini.

Les chromosomes en écouvillon sont particuliers : le taux de transcription est plus élevé, et la majorité des transcrits produits sont plus longs que sur la plupart des chromosomes. Il existe cependant une preuve que la molécule d'ADN, dans d'autres chromosomes à l'interphase, est subdivisée de façon analogue en régions distinctes, chacune étant séparée de ses voisines par une limite qui permet à la chromatine de chaque région de se replier différemment (par exemple sous forme de boucles, de chromomères, ou de chromatine axiale située entre les chromomères).

On peut aussi voir des domaines réguliers de chromatine à l'interphase dans les chromosomes polyténiques [25]

Du fait d'une spécialisation différente, la structure de la chromatine à l'échelle qui correspond à des domaines en boucle unique est aussi clairement visible dans certaines cellules d'insectes. Beaucoup des cellules de larves de mouche atteignent une taille énorme grâce à de multiples cycles de synthèse d'ADN sans division cellulaire. Les cellules géantes qui en résultent contiennent plusieurs milliers de fois la quantité normale d'ADN. Les cellules qui ont une quantité d'ADN supérieure à la normale sont dites *polyploïdes* lorsqu'elles contiennent, comme c'est habituellement le cas, un nombre accru de chromosomes classiques. Cependant, dans plusieurs types de cellules sécrétrices de larves de mouche, toutes les copies de chromosomes

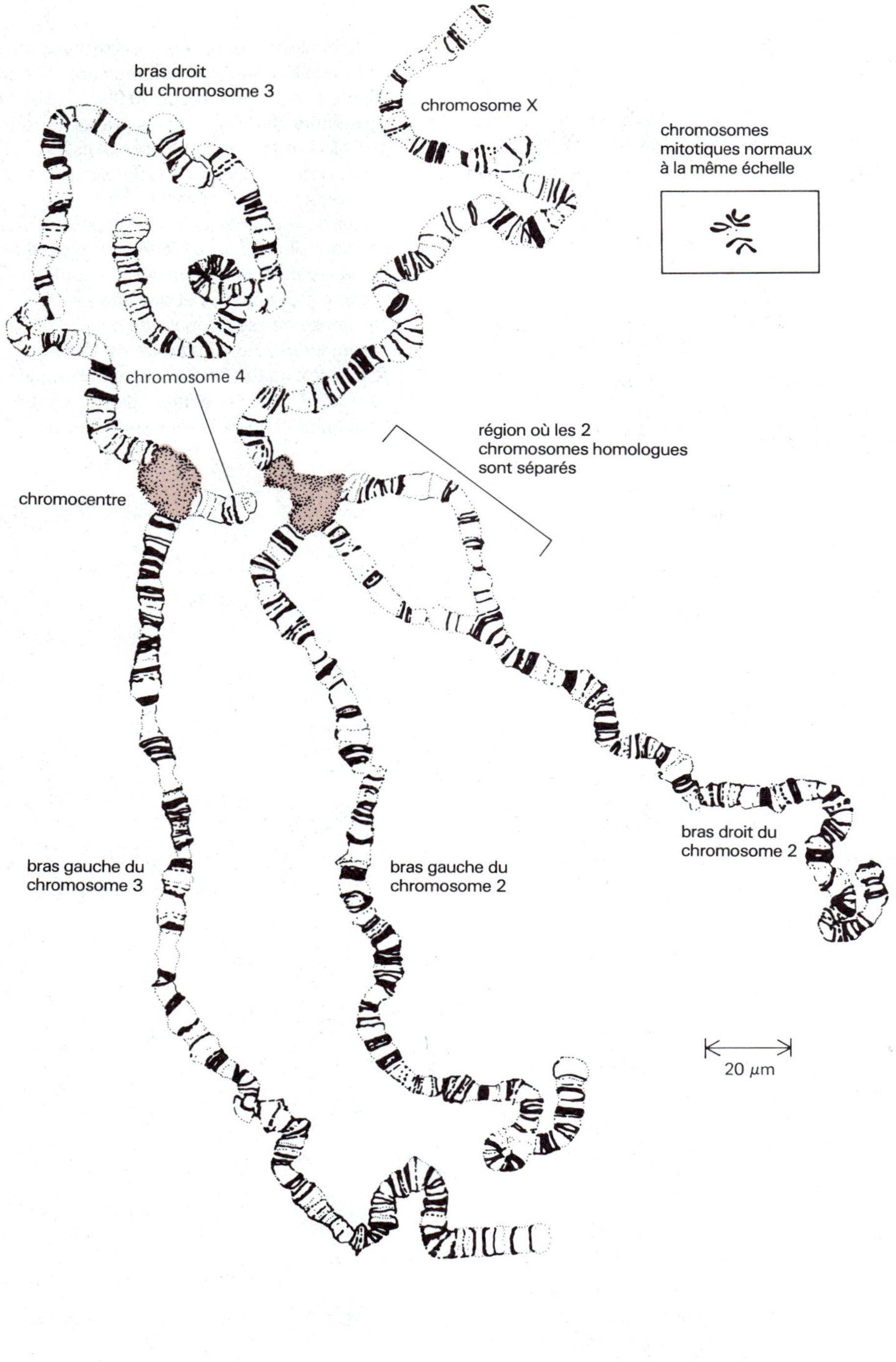

Figure 9-43 Dessin détaillé de la série complète des chromosomes polyténiques dans une cellule salivaire de la *Drosophile*. Ces chromosomes ont été étalés pour l'observation par projection sur une lame de microscope. Il y a quatre paires de chromosomes différentes. Chaque chromosome est étroitement apparié à son homologue (de sorte que chaque paire apparaît comme une structure unique), ce qui n'est pas le cas dans la majorité des noyaux à l'interphase. Les quatre paires de chromosomes sont liées ensemble par des régions proches de leurs centromères, qui se sont agrégés pour former un gros « chromocentre » unique (*région colorée*). Le chromocentre a été divisé en deux moitiés par la technique de projection utilisée. Noter que l'alignement exact côte à côte de nombreux brins de chromatine a considérablement déroulé chaque molécule d'ADN en comparaison de son empaquetage dans un chromosome normal en mitose. (Adapté d'après T.S. Painter, *J. Hered* 25:465-476, 1934.)

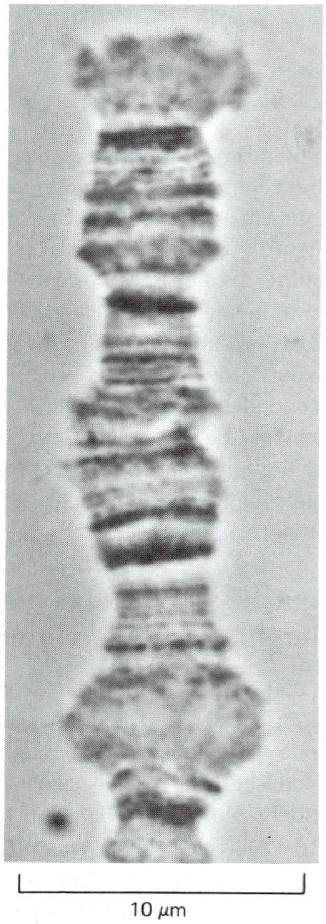

Figure 9-44 Photographie en microcospie photonique d'une partie d'un chromosome polyténique de glandes salivaires de *Drosophile* montrant les distributions distinctes reconnaissables dans les différentes bandes d'un chromosome. Les bandes sont des régions où la concentration de la chromatine est plus importante ; elles apparaissent dans les chromosomes interphasiques et sont une propriété particulière des chromosomes polyténiques géants. On ne doit pas les confondre avec les bandes beaucoup plus grossières qui sont schématisées dans la Figure 9-40, et qui sont révélées par des techniques de coloration particulières sur des chromosomes mitotiques normaux. (Avec l'autorisation de Joseph G. Gall.)

homologues restent côte à côte, donnant naissance à un seul *chromosome polyténique* géant. Le fait que certaines grandes cellules d'insectes puissent passer directement d'un état polyténique à un état polyploïde montre que ces deux états chromosomiques sont étroitement liés et que la structure de base d'un chromosome polyténique doit être semblable à celle d'un chromosome normal.

Les **chromosomes polyténiques** sont facilement observables avec un microscope photonique du fait de leur taille et de l'adhérence bord à bord des brins individuels de chromatine alignés avec précision qui allonge beaucoup l'axe du chromosome et empêche l'enchevêtrement. Comme les chromosomes en écouvillon, ce sont des chromosomes interphasiques actifs pour la synthèse de l'ARN. La polyténie a été principalement étudiée dans les cellules de glandes salivaires de la larve de *Drosophile*, dans lesquelles l'ADN de chacun des quatre chromosomes de *Drosophile* a été répliqué pendant 10 cycles sans séparation des nouveaux chromosomes, de sorte que 1 024 (= 2^{10}) brins identiques de chromatine sont alignés les uns à côté des autres.

Quand les chromosomes polyténiques sont observés en microscopie photonique, on voit distinctement une alternance de *bandes* sombres et de bandes claires (*interbandes*) (Figures 9-43 et 9-44). Chaque bande et chaque interbande correspond à un groupe de 1 024 séquences d'ADN identiques disposées en coïncidence. Environ 85 p. cent de l'ADN des chromosomes polyténiques sont sous forme de bandes et 15 p. cent sous forme d'interbandes. La chromatine de chaque bande se colore en sombre car elle est beaucoup plus condensée que la chromatine des interbandes (Figure 9-45) et représente vraisemblablement un domaine en boucle très replié, comme le montre schématiquement la Figure 9-46. On estime que les bandes individuelles, selon leur taille, contiennent entre 3 000 et 300 000 paires de nucléotides par brin de chromatine. Puisque l'on peut reconnaître ces bandes par leurs épaisseurs et leurs espacements différents, on a donné à chacune un numéro pour faire une « carte » du chromosome polyténique. Il y a approximativement 5 000 bandes et 5 000 interbandes dans l'ensemble du génome de *Drosophile*.

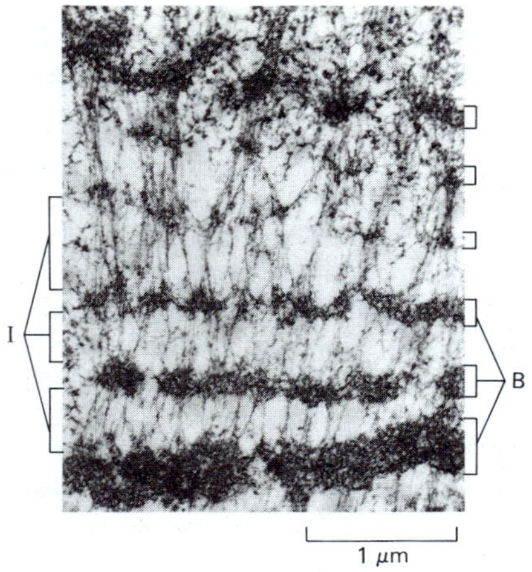

Figure 9-45 Micrographie électronique d'une coupe mince d'une petite partie d'un chromosome polyténique de *Drosophile*. Les bandes d'épaisseurs très diverses peuvent être facilement distinguées, séparées par des interbandes, qui contiennent de la chromatine moins condensée. (Avec l'autorisation de Viekko Sorsa.)

Les domaines individuels de chromatine des chromosomes polyténiques peuvent se déplier et se replier comme des unités séparées [26]

Bien avant que la structure de la chromatine ne soit connue, des études sur les chromosomes polyténiques suggérèrent qu'un changement important dans la condensation de l'ADN accompagne la transcription génique, puisque des bandes chromosomiques individuelles se déploient souvent lorsque les gènes qu'elles contiennent deviennent actifs, et se recondensent lorsque ces gènes deviennent quiescents.

Les régions d'un chromosome polyténique qui sont transcrites à chaque instant peuvent être identifiées en marquant les cellules brièvement avec un précurseur radioactif, l'uridine tritiée, et en localisant les ARN en cours de transcription par autoradiographie (Figure 9-47). Cette analyse révèle que les régions chromosomiques les plus actives sont décondensées pour former les **nodules chromosomiques (puffs).**

L'un des facteurs principaux qui contrôle l'activité des gènes des chromosomes polyténiques de *Drosophile* est l'*ecdysome*, une hormone des insectes, dont le taux augmente et diminue périodiquement au cours du développement larvaire, induisant la transcription de gènes variés codant des protéines dont la larve a besoin pour chaque mue et pour la fabrication du cocon. Au cours de la progression de l'organisme à travers les différentes étapes du développement, de nouveaux nodules apparaissent et les anciens régressent, en même temps que les unités de transcription sont activées et inactivées, et que différents ARNm et différentes protéines sont synthétisés (Figure 9-48). Si l'on étudie chaque nodule à son apparition lorsque les bandes chromosomiques sont encore visibles, il semble que la plupart de ces nodules se forment par le dépliement d'une seule bande chromosomique (Figure 9-49). L'étude en microscopie électronique, de coupes minces de tels nodules (Figure 9-50) montre que l'ADN chromatinien est beaucoup moins condensé qu'il ne devrait l'être dans la fibre de chromatine de 30 nm. Ces observations suggèrent qu'un domaine en boucle, supposé replié pour former une bande chromosomique (voir Figure 9-46), peut se décondenser comme une unité séparée au cours de la transcription.

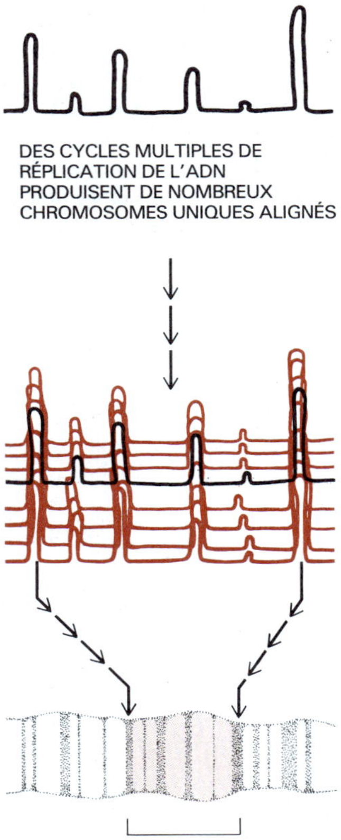

Figure 9-46 Schéma montrant comment les bandes observées sur les chromosomes polyténiques sont sans doute créées par l'empilement côte à côte de boucles homologues. A l'intérieur de chaque bande, la boucle de fibre de chromatine de 30 nm paraît étroitement repliée pour former une structure beaucoup plus condensée que celle qui est présentée.

Les bandes et les interbandes des chromosomes polyténiques contiennent vraisemblablement des gènes [27]

La distribution fixe des bandes et des interbandes dans un chromosome polyténique de *Drosophile* suggéra aux premiers cytogénéticiens que chaque bande pourraît correspondre à un gène unique. En accord avec cette hypothèse, des analyses de mutations ont permis aux généticiens d'estimer que la *Drosophile* ne contient environ que 5 000 gènes essentiels, un nombre qui correspond grossièrement au nombre de bandes chromosomiques. Quand un effort intensif fut fait pour isoler le plus de mutants possible dans une petite région chromosomique, par exemple, on identifia génétiquement environ 50 gènes essentiels furent génétiquement identifiés dans une région qui contenait environ 50 bandes visibles. Bien qu'il ne soit pas possible avec ces techniques de déterminer si un gène particulier se trouve dans une région de bande ou d'interbande, ces observations ont suggéré qu'une bande moyenne pouvait contenir les séquences d'ADN codantes pour une seule protéine essentielle.

Grâce à des données plus récentes, cependant, l'hypothèse simple de « une bande, un gène » est devenue improbable. Par exemple, une région continue de 315 000 paires de nucléotides du génome de *Drosophile* a été clonée, et des segments ont été utilisés comme sondes d'ADN pour répertorier les ARNm produits à partir de cette région. On identifie trois fois plus d'ARNm distincts que de bandes. Tandis que la majorité de ces ARNm représentent vraisemblablement un gène qui confère un avantage sélectif aux mouches dans la nature, il est possible que des mutations, dans beaucoup d'entre eux, ne soient pas détectées par les tests génétiques standard, car la perte du gène a peu ou pas d'effet sur la croissance des mouches dans des conditions expérimentales, où les prédateurs sont absents et où la nourriture et un partenaire sont fournis. On a également montré récemment que les ARNm sont formés à partir des interbandes comme des bandes.

Bien que l'on puisse observer plus facilement les divisions des chromosomes dans des états interphasiques inhabituels (les chromosomes en écouvillon et polyténiques), tous les chromosomes des eucaryotes supérieurs sont probablement subdivisés de la même façon. Les études réalisées avec des chromosomes polyténiques de *Drosophile* suggèrent que des gènes peuvent être localisés à la fois dans la chromatine condensée des bandes et dans la chromatine moins condensée des interbandes, et que chaque bande peut contenir plusieurs gènes. Pourquoi, dans ce cas, le long brin unique de chromatine dans chaque chromosome est-il subdivisé en tant de régions distinctes ? Bien que la réponse à cette question soit inconnue, il est possible que ce type d'organisation aide (1) à garder l'ADN organisé, (2) à isoler des gènes de leurs voisins et à empêcher ainsi « l'interférence » biologique, ou (3) à régler la transcription des gènes (par exemple, les gènes « domestiques » exprimés de façon constitutive pourraient être localisés dans les interbandes, alors que les gènes spécifiques d'un type cellulaire pourraient être limités aux bandes).

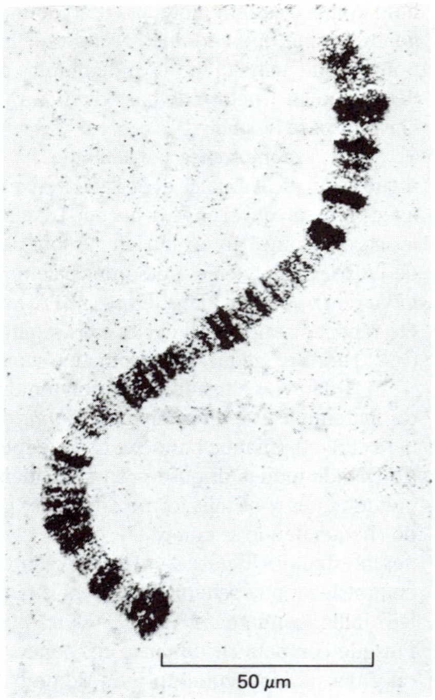

Figure 9-47 Synthèse de l'ARN le long d'un chromosome polyténique géant de la glande salivaire de l'insecte *Chironomus tentans*. Dans cette autoradiographie d'un chromosome marqué avec de l'uridine tritiée, les sites de synthèse de l'ARN sont recouverts de grains d'argent noirs, proportionnellement à leur activité. (D'après C. Pelling, *Chromosoma* 15:71-122, 1964.)

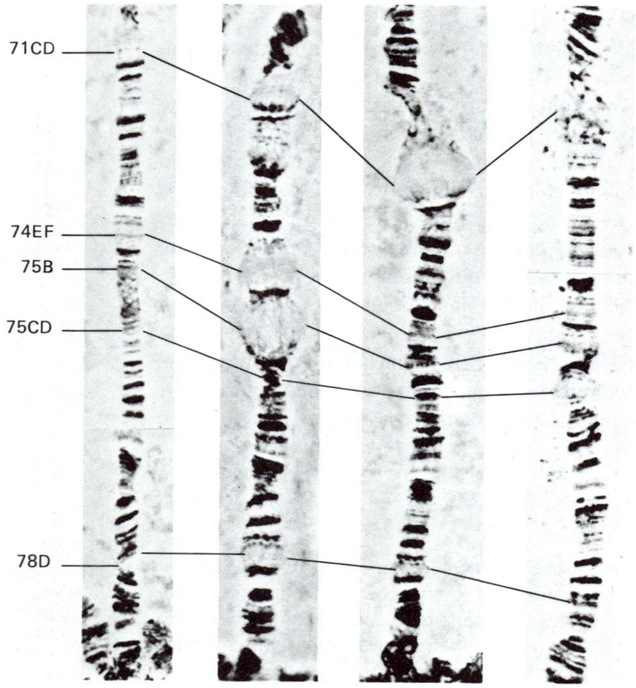

Figure 9-48 Séries de photographies prises à des temps différents pour montrer comment se forment et disparaissent les nodules des chromosomes polyténiques de *Drosophila melanogaster* au cours du développement larvaire. On peut voir ici une région du bras gauche du chromosome 3 qui montre cinq très gros nodules dans les cellules de glande salivaire, chacun étant actif pendant seulement une courte période du développement. Cette série de changements s'effectue en 22 heures et selon un programme reproductible au cours du développement de l'organisme. (Avec l'autorisation de Michael Ashburner.)

9-14 La chromatine est moins condensée dans les régions qui ont une activité transcriptionnelle [28]

Le traitement de noyaux isolés de cellules de vertébrés avec la DNase I (la même nucléase qui, à faible concentration, révèle les sites hypersensibles aux nucléases dépourvus de nucléosomes — voir p. 498) fournit la preuve de la décondensation sélective inhabituelle de la chromatine des gènes actifs — prolongeant les observations faites sur les nodules de chromosomes polyténiques d'insectes. A une concentration appropriée de DNase I, environ 10 p. cent d'un génome de vertébré sont préférentiellement dégradés. Des séquences différentes d'ADN sont digérées par la nucléase dans différentes cellules du même organisme, selon une distribution correspondant à la distribution différente des ARN que les cellules fabriquent : des études d'hybridation avec des sondes d'ADN spécifiques (voir p. 188) montrent que les séquences dégradées correspondent principalement aux régions du génome qui sont transcrites dans le type cellulaire particulier étudié. De façon étonnante, même les gènes qui ne sont transcrits que peu de fois au cours d'une génération cellulaire sont sensibles à la nucléase, montrant qu'un état particulier de la chromatine, plus que le processus direct de transcription de l'ADN lui-même, rend ces régions plus accessibles à la digestion qu'à l'ordinaire (Figure 9-51). La chromatine dans cet état accessible est souvent appelée **chromatine active**, et il semble que ses nucléosomes soient modifiés de façon à ce que leur empilement soit moins condensé. Même si la digestion nucléasique est réalisée sur des chromosomes mitotiques, la chromatine active est digérée de façon préférentielle, suggérant que certaines différences entre les chromatines active et inactive persistent à la mitose, lorsque le génome entier est plus replié que d'habitude.

Habituellement, on ne peut détecter aucune différence dans les nucléosomes de la chromatine active en microscopie électronique. Toutefois, il existe une exception étonnante chez certains embryons d'insectes, qui laissent paraître des régions de chromatine en tandem, apparemment dépourvues de nucléosomes dans la région des gènes activés de l'ARNr (Figure 9-52). Comme ces gènes restent couverts par la protéine, on a suggéré qu'ils représentent des régions de la chromatine dans lesquelles chaque nucléosome a pris une conformation allongée afin de faciliter la transcription en déroulant les deux tours de l'hélice d'ADN qui sont normalement enroulés autour de son noyau.

9-15 La chromatine active est biochimiquement distincte [29]

Pour comprendre les différentes formes condensées de la chromatine observées dans les cellules, il faudra purifier et caractériser les protéines chromosomiques qui sont uniques pour chaque conformation de la chromatine. Quelques progrès concernant la chromatine active ont été faits dans ce sens. En séparant la chromatine en fractions de solubilité ou de propriétés de liaison différentes et en examinant ces fractions par hybridation avec des sondes d'ADN

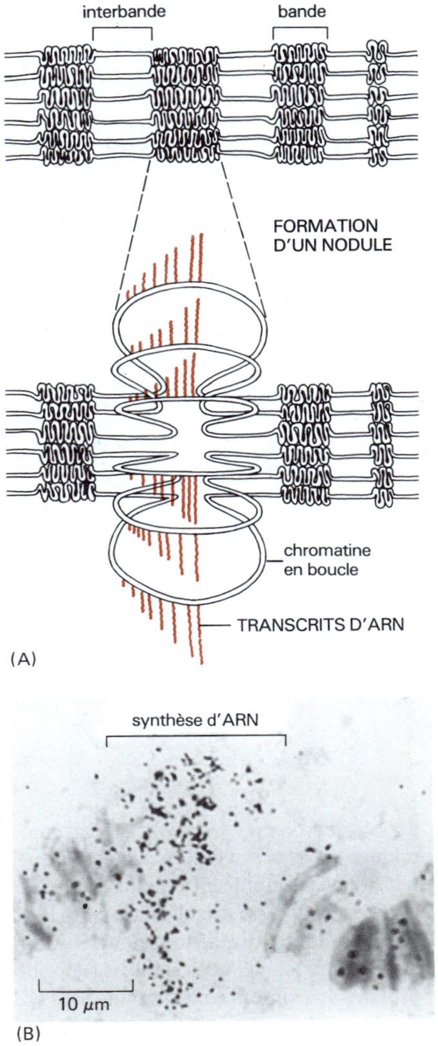

Figure 9-49 (A) Vue très schématique du processus de formation des nodules dans un chromosome polyténique. (B) Autoradiogramme d'un seul nodule, dans lequel la région indiquée subit une synthèse d'ARN et se trouve donc marquée par l'uridine tritiée. (B, avec l'autorisation de Jose Bonner.)

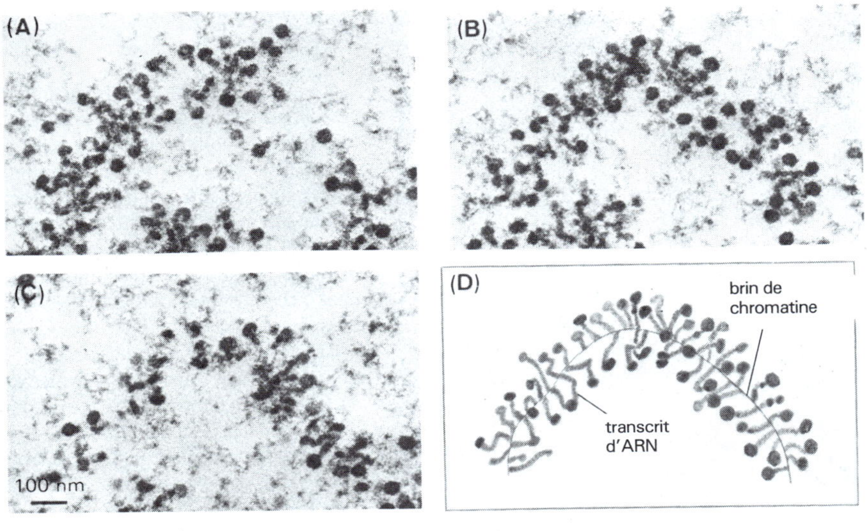

Figure 9-50 Micrographies électroniques d'une série de coupes minces à travers un grand nodule chromosomique, montrant la conformation d'une unité de transcription en saillie et inhabituellement longue. Une reconstitution en trois dimensions d'une partie de l'unité de transcription est montrée en (D), révélant les transcrits avec des extrémités en bouton attachées à une fibre de chromatine unique. Les boutons proches des extrémités 5′ de la majorité des transcrits sont dus à l'empaquetage de la molécule d'ARN dans des particules ribonucléoprotéiques (voir p. 532). (De K. Andersson, B. Björkroth, B. Daneholt, *Exp. Cell. Res.* 130:313-326, 1980.)

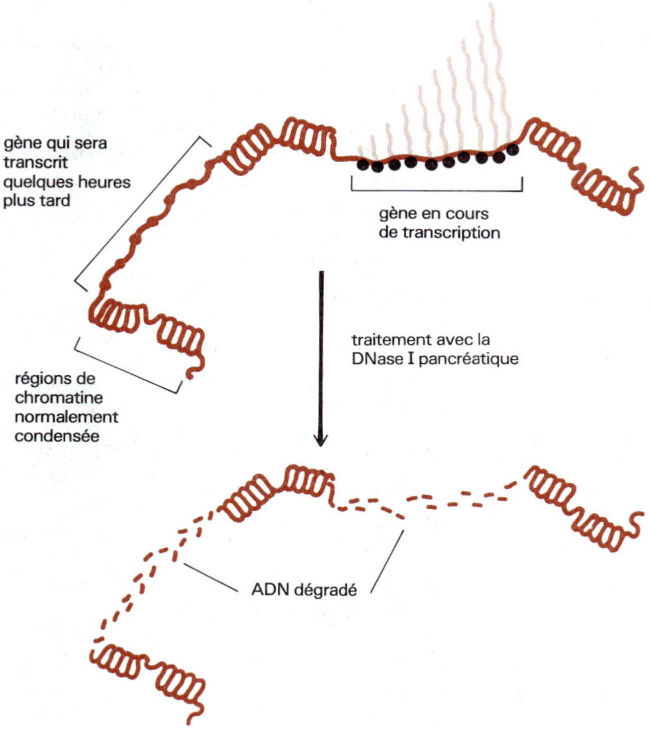

Figure 9-51 Digestion de la chromatine avec la DNase I pancréatique. L'enzyme coupe d'abord au niveau des sites hypersensibles aux nucléases (non représenté), puis dégrade sélectivement la totalité de la séquence d'ADN des gènes actifs et des gènes potentiellement actifs.

appropriées, on peut enrichir en chromatine active et analyser ensuite les protéines chromosomiques dans les fractions enrichies. De cette façon, les observations suivantes ont été faites. (1) L'histone H1 semble être moins étroitement liée à une partie au moins de la chromatine active, et des sous-types particuliers de cette histone peuvent être représentés de façon privilégiée. (2) Bien que les quatre histones nucléosomiques soient présentes en quantités normales dans la chromatine active, elles semblent être beaucoup plus acétylées que d'habitude sur les lysines proches de leur extrémité aminée. Des groupements acétyle (dont l'addition élimine une charge positive — voir Figure 8-15, p. 417) sont constamment ajoutés à ces histones par l'*histone acétylase* et éliminés par l'*histone désacétylase*, et chaque groupement acétyle ne persiste en moyenne que 10 minutes environ. (3) Les nucléosomes dans la chromatine active se lient de manière sélective à deux petites protéines chromosomiques étroitement apparentées, HMG 14 et HMG 17. En accord avec le fait qu'on ne les trouve que dans la chromatine active, le taux de présence de ces « groupements protéiques de grande mobilité » (« high mobility-group proteins » ou HMG) est à peu près celui qui est nécessaire à la liaison de un nucléosome sur dix dans la chromatine totale ; de plus, leurs deux séquences d'acides aminés ont été très conservées au cours de l'évolution — signifiant qu'ils ont d'importantes fonctions. (4) Dans certains organismes au moins, tels que le protozoaire cilié *Tetrahymena*, la chromatine active est très enrichie en une forme variante mineure de l'histone H2A. Ce variant d'histone, appelé hv1 chez *Tetrahymena*, a également été identifié chez *Drosophile*, les poulets et l'homme.

N'importe lequel ou l'ensemble de ces changements pourrait jouer un rôle important dans le déroulement de la chromatine des gènes actifs, concourant à rendre l'ADN disponible

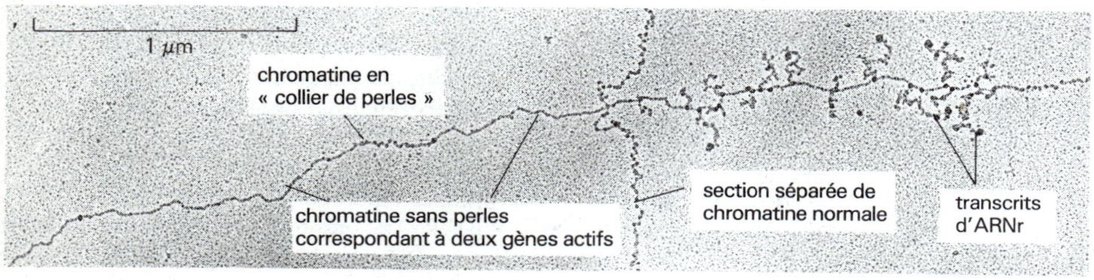

Figure 9-52 Micrographie électronique de chromatine étalée d'un embryon d'insecte (*Oncopeltus*), montrant un changement visible de la structure de la chromatine de deux gènes d'ARNr arrangés en tandem. Un passage de la chromatine d'une forme en « perles » à une forme sans « perles » paraît précéder l'initiation de la synthèse de l'ARNr chez ces embryons. On pense que la forme sans « perles » correspond à une région où l'ADN s'est déroulé des nucléosomes, en préparation à la transcription. Noter que la structure de la chromatine a été modifiée dans le gène de gauche, bien qu'il ne soit pas en cours de transcription. (De V.E. Foe, *Cold Spring Harbor Symp. Quant. Biol.* 42:723-740, 1978.)

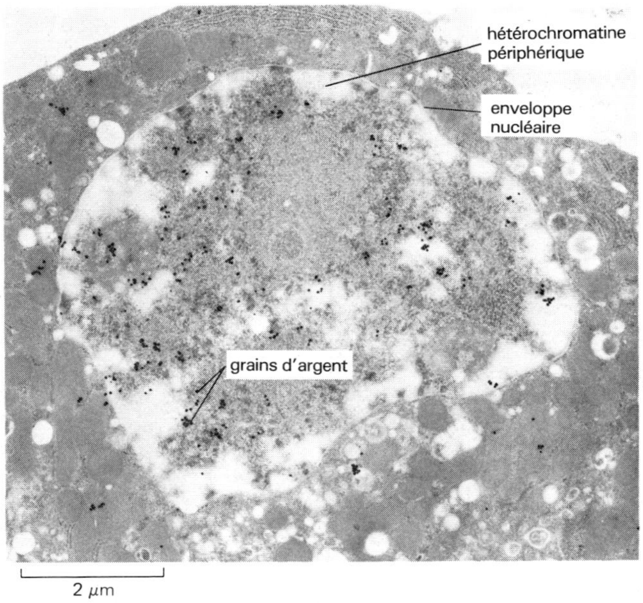

Figure 9-53 Autoradiographie d'une coupe mince du noyau d'une cellule marquée pendant un temps très court avec l'uridine tritiée pour faire apparaître les sites de synthèse de l'ARN (grains d'argent). Les zones blanches sont des régions d'hétérochromatine, qui tendent à s'agréger le long de la surface interne de l'enveloppe nucléaire. Normalement, l'hétérochromatine noircit de façon insolite en microscopie électronique (voir par exemple la Figure 9-100) ; mais, du fait de la méthode particulière utilisée ici pour la préparation de l'échantillon, les zones contenant l'hétérochromatine ont été décolorées. Comme on peut le voir, la plus grande partie de la synthèse de l'ARN a lieu dans l'euchromatine qui borde ces zones hétérochromatiennes. (Avec l'autorisation de Stan Fakan.)

en tant que matrice pour la synthèse d'ARN ; mais, des expériences plus directes sont nécessaires pour vérifier cette hypothèse. De nouvelles techniques de purification de la chromatine active, qui exploitent sa liaison sélective à une matrice d'affinité contenant un anticorps spécifique d'une protéine HMG ou d'une lysine acétylée (voir p. 168), devraient faciliter les études biochimiques futures. Dans le Chapitre 10, nous examinerons les mécanismes de contrôle possibles de la formation de la chromatine active (voir p. 582).

L'hétérochromatine est très condensée et n'a pas d'activité transcriptionnelle [30]

L'existence d'une seconde forme inhabituelle de chromatine fut prouvée au cours des années 1930, lorsque des observations en microscopie photonique de noyaux interphasiques de cellules d'eucaryotes supérieurs permirent de distinguer une forme particulièrement condensée de chromatine appelée **hétérochromatine** (le reste de la chromatine, qui était moins condensée, fut appelée *euchromatine*). L'hétérochromatine fut d'abord identifiée car elle reste condensée durant l'interphase, conservant apparemment le type de structure adopté par la majorité de la chromatine uniquement durant la mitose. On a trouvé plus tard que, comme la chromatine mitotique, l'hétérochromatine est inactive pour la transcription (Figure 9-53). Dans la majorité des cellules, on pense qu'environ 90 p. cent de la chromatine n'a pas d'activité transcriptionnelle. Tandis que sa résistance relative à la digestion nucléasique démontre que cette chromatine est sous forme plus condensée que les 10 p. cent de la chromatine des régions actives, seule une fraction de cette chromatine (peut-être 10 à 20 p. cent) est conditionnée sous forme d'hétérochromatine. Il est donc vraisemblable que l'hétérochromatine est une classe particulière de chromatine sans activité transcriptionnelle qui peut avoir des fonctions spécifiques (voir p. 577). Chez les mammifères et de nombreux autres eucaryotes supérieurs, l'ADN qui entoure chaque centromère est composé de séquences nucléotidiques périodiques relativement simples ; ces « ADN satellites » (voir p. 604) constituent une grande partie de l'hétérochromatine de ces organismes.

Chez *Drosophile*, la chromatine centromérique ainsi que de courtes régions, ça et là, le long des bras du chromosome sont organisées sous forme d'hétérochromatine. Ces régions hétérochromatiques ne peuvent se répliquer correctement au cours des premiers cycles de la synthèse d'ADN qui donnent naissance aux chromosomes polyténiques, et sont par conséquent sous-représentées dans ces chromosomes. Leur nature distinctive peut être démontrée au niveau moléculaire par marquage avec un anticorps qui détecte une protéine chromosomique uniquement présente dans l'hétérochromatine (Figure 9-54). Le clonage récent du gène qui code cette protéine représente le début d'une analyse biochimique de l'hétérochromatine, dont la structure est par ailleurs inconnue.

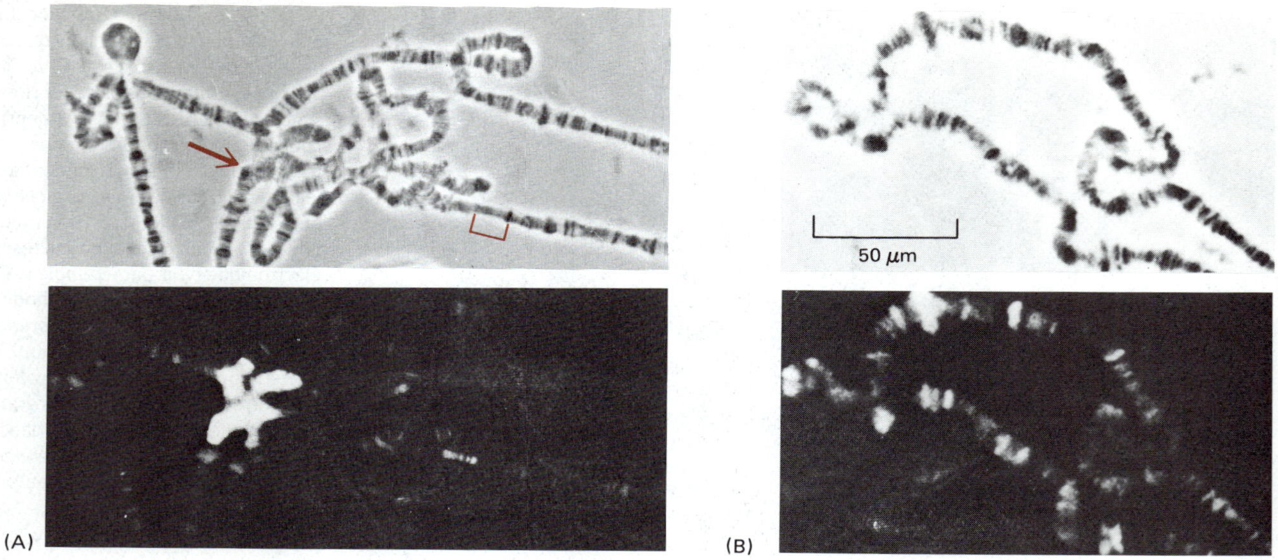

Figure 9-54 La même région d'un chromosome polyténique de *Drosophile* vue en microscopie à contraste de phase (*haut*) et à fluorescence (*bas*) après un marquage par immunofluorescence de l'hétérochromatine (*gauche*) ou de la chromatine active (*droite*). (A) Marquage avec un anticorps monoclonal qui détecte une protéine limitée aux régions hétérochromatiniennes ; le chromocentre (*flèche*) et quelques bandes sélectionnées sont marquées. (B) Marquage avec un anticorps monoclonal qui détecte une protéine enrichie en chromatine active ; un sous-groupe des bandes est marqué. (A, d'après T.C. James et S.C.R. Elgin, *Mol. Cell Biol.* 6:3862-3872, 1986 ; B, d'après G.C. Howard, S.M. Abmayr, L.A. Shinefeld, V.L. Sato et S.C.R. Elgin, *J. Cell Biol.* 88:219-225, 1981. © 1981, Rockefeller University Press.)

Résumé

Tous les chromosomes adoptent une conformation très condensée au cours de la mitose. Lorsque les chromosomes mitotiques sont colorés de façon particulière, chacun d'entre eux est identifiable sans ambiguïté, grâce à sa structure en bandes ; ces bandes contiennent des millions de paires de nucléotides, et elles reflètent une hétérogénéité grossière de la structure chromosomique qui n'est pas comprise.

En général, les chromosomes se décondensent suffisamment au cours de l'interphase pour que leur structure soit largement masquée. Les chromosomes particuliers en écouvillon des ovocytes de vertébrés, et les chromosomes polyténiques de cellules sécrétrices géantes d'insectes sont des exceptions remarquables. L'étude de ces deux types de chromosomes interphasiques suggère que chaque longue molécule d'ADN d'un chromosome est divisée en un grand nombre de domaines discrets repliés différemment. Une caractéristique importante est la présence de nombreux domaines en boucle de chromatine, la plupart contenant 20 000 à 100 000 paires de nucléotides d'ADN. Dans les chromosomes en écouvillon comme dans les chromosomes polyténiques, les régions qui synthétisent activement l'ARN sont moins condensées. De plus, à en juger par la sensibilité aux nucléases, environ 10 p. cent de l'ADN des cellules de vertébrés à l'interphase sont sous une forme assez décondensée, qui correspond à la transcription de l'ADN dans ces régions. Une telle « chromatine active » est biochimiquement distincte des régions chromatiniennes plus condensées.

La réplication des chromosomes

Avant qu'une cellule puisse se diviser, elle doit fabriquer une nouvelle copie de chacun de ses chromosomes. Ainsi, la division cellulaire est précédée par une transition de l'état interphasique normal dans lequel se trouvent la majorité des cellules, la phase G_1, à une « phase de synthèse d'ADN » particulière nommée **phase S**. Dans une cellule d'eucaryote supérieur type, la phase S dure environ 8 heures. Lorsqu'elle se termine, chaque chromosome a été copié pour donner deux chromosomes complets, qui restent reliés au niveau de leurs centromères jusqu'à la phase M qui suit aussitôt (voir Figure 9-35). La duplication des chromosomes nécessite à la fois la réplication de la longue molécule d'ADN de chaque chromosome, et l'assemblage d'un nouvel ensemble de protéines chromosomiques sur l'ADN pour former la chromatine. Dans le Chapitre 5, nous avons étudié l'enzymologie de la réplication de l'ADN, et décrit la structure de la *fourche de réplication de l'ADN*, où se produit la synthèse de l'ADN suivant un processus semi-conservatif (voir Figure 5-39, p. 229). Dans le Chapitre 13, nous examinerons la façon dont est réglée l'entrée en phase S dans le cadre d'une étude plus générale du contrôle du cycle cellulaire (voir p. 732). Dans ce paragraphe, nous décrirons le rythme et le mode de réplication des chromosomes eucaryotes et les relations qui existent entre cette réplication et la structure des chromosomes.

9-18 Les origines de réplication sont activées en groupes sur les chromosomes des eucaryotes supérieurs [31]

Nous avons déjà décrit la façon dont les **fourches de réplication de l'ADN** sont amorcées chez les bactéries au niveau de séquences d'ADN particulières appelées *origines de réplication* (voir p. 235). Deux fourches commencent à chaque origine et se déplacent dans des directions opposées ; chacune s'éloigne de son origine à une vitesse d'environ 500 nucléotides par seconde jusqu'à ce que tout l'ADN du chromosome bactérien circulaire soit répliqué. Le génome bactérien est si petit que ces deux fourches de réplication peuvent le dupliquer en moins de 40 minutes.

Une méthode de détermination du mode général de réplication des chromosomes eucaryotes fut développé au début des années 1960. Des cellules humaines en culture sont brièvement marquées avec la thymidine tritiée, de sorte que l'ADN synthétisé pendant cette période devienne fortement radioactif. Les cellules sont ensuite lysées avec précaution et l'ADN est étalé à la surface d'une lame de verre, qui est recouverte d'une émulsion photographique afin de pouvoir déterminer par autoradiographie la distribution de l'ADN marqué. La durée du marquage radioactif est choisie pour permettre à chaque fourche de réplication de progresser de plusieurs micromètres le long de l'ADN, et l'ADN répliqué peut ainsi être détecté en microscopie photonique sous forme de bandes de grains d'argent même si la molécule d'ADN elle-même est trop fine pour être visible. Il est possible, de cette façon, de déterminer la vitesse et la direction du déplacement de la fourche de réplication (Figure 9-55). A partir de la vitesse à laquelle les traces d'ADN répliqué s'allongent avec la durée du marquage, on estime que les fourches de réplication se déplacent à une vitesse d'environ 50 nucléotides par seconde. Cette vitesse est le dixième de celle à laquelle les fourches de réplication bactérienne progressent, reflétant probablement la difficulté accrue de la réplication de l'ADN condensé dans la chromatine.

Comme nous l'avons mentionné précédemment, on pense qu'un chromosome humain moyen est composé d'une seule molécule d'ADN contenant environ 150 millions de paires de nucléotides. Il faudrait $0{,}02 \times 150 \times 10^6 = 300 \times 10^6$ secondes (environ 800 heures) pour répliquer une telle molécule d'ADN d'une extrémité à l'autre avec une fourche de réplication unique avançant à une vitesse de 50 nucléotides par seconde. Il n'est donc pas étonnant que les expériences d'autoradiographie qui viennent d'être décrites mettent en évidence le déplacement simultané de plusieurs fourches sur chaque chromosome eucaryote. De plus, on trouve souvent de nombreuses fourches rassemblées dans la même région d'ADN, alors que d'autres régions du même chromosome n'en ont aucune. D'autres expériences de ce type ont fourni les informations suivantes : (1) Les origines de réplication tendent à être activées par groupes de 20 à 80 origines (appelés **unités de réplication**). (2) De nouvelles unités de réplication semblent être activées pendant toute la durée de la phase S, jusqu'à ce que tout l'ADN soit répliqué. (3) Dans une unité de réplication, l'intervalle qui sépare deux origines est de 30 000 à 300 000 paires de nucléotides ; il ne peut ainsi n'y avoir en moyenne qu'une fourche de réplication par boucle de chromatine. (4) Comme chez les bactéries, les fourches de réplication sont formées par paires et créent une *bulle (*ou *œil) de réplication* lorsqu'elles progressent dans des directions opposées à partir d'une origine commune, ne s'arrêtant qu'en rencontrant une

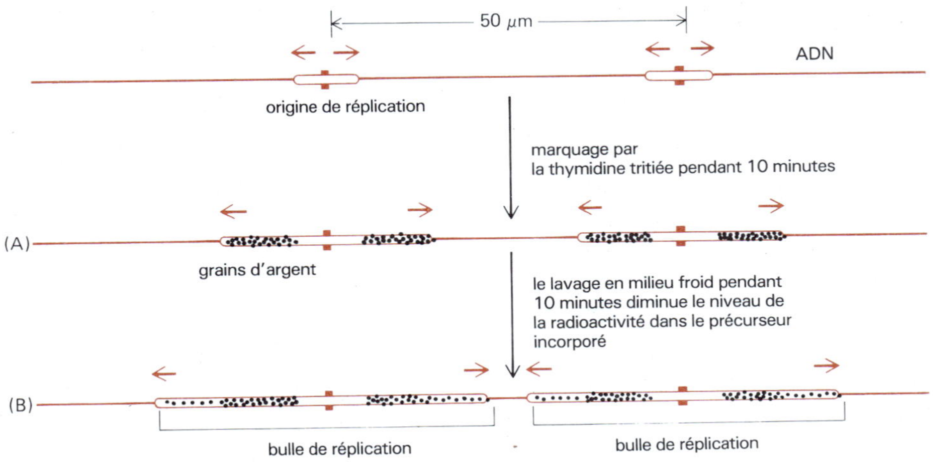

Figure 9-55 Les expériences qui mirent en évidence la manière dont les fourches de réplication progressent au cours de la phase S. L'ADN néosynthétisé dans des cellules humaines en culture a été brièvement marqué par un « pulse » de thymidine fortement radioactive (thymidine tritiée). Dans l'expérience décrite en (A), les cellules ont été lysées et l'ADN étiré sur une lame de verre qui a été ensuite recouverte d'une émulsion photographique. Après plusieurs mois, l'émulsion a été développée, révélant une rangée de grains d'argent sur l'ADN radioactif. L'expérience décrite en (B) est la même, mais elle a été complétée par une incubation en milieu froid qui a permis une réplication supplémentaire d'ADN avec un niveau plus faible de radioactivité. On a trouvé que les paires de traînées noires en (B) avaient des grains d'argent dont le nombre allait en diminuant dans des directions opposées, démontrant le mouvement bidirectionnel de la fourche à partir d'une origine centrale de réplication (voir Figure 5-49, p. 235). L'ADN en couleur sur cette figure n'est représenté que pour faciliter l'interprétation de l'autoradiographie ; l'ADN non marqué est invisible dans de telles expériences.

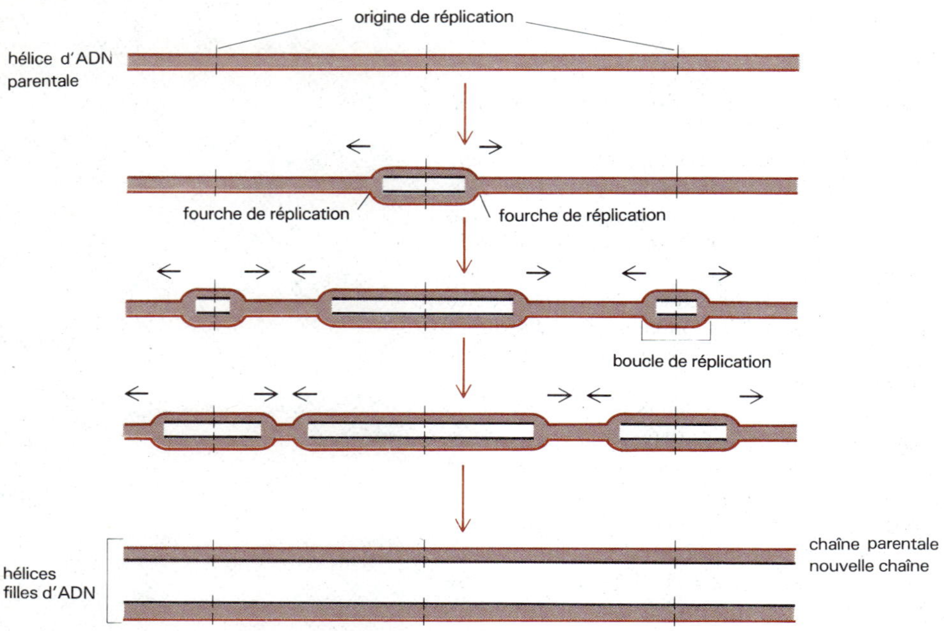

Figure 9-56 Schéma du mécanisme de réplication de l'ADN dans les chromosomes eucaryotes tel qu'il a été initialement déterminé par le type d'expérience décrite dans la Figure 9-53. Les origines de réplication sont espacées par intervalles de 30 000 à 300 000 paires de nucléotides dans la majorité des cellules. Une fourche de réplication paraît ne s'arrêter qu'en rencontrant une autre fourche de réplication progressant dans la direction opposée, ou en atteignant l'extrémité du chromosome ; de cette façon, tout l'ADN est finalement répliqué.

fourche de réplication qui progresse en sens contraire (ou en atteignant une extrémité du chromosome). De cette façon, de nombreuses fourches de réplication peuvent fonctionner indépendamment sur chaque chromosome et former ainsi deux hélices filles complètes d'ADN (Figure 9-56).

9-19 9-21 Des séquences d'ADN spécifiques servent d'origines de réplication[32]

Les **origines de réplication** ont été définies avec précision comme des séquences d'ADN particulières chez les bactéries et plusieurs virus animaux. Par analogie, on pourrait s'attendre à ce que les origines de réplication des chromosomes eucaryotes soient aussi des séquences d'ADN spécifiques. La recherche des origines de réplication dans les chromosomes de cellules eucaryotes a été couronnée de succès chez la levure *Saccharomyces cerevisiae*, grâce à des méthodes de sélection puissantes mises au point pour les détecter. Ces méthodes utilisent des cellules de levure qui sont dépourvues d'un gène essentiel, de sorte qu'elles survivront dans un milieu sélectif uniquement si on leur fournit un plasmide portant une copie fonctionnelle du gène manquant. Si un plasmide bactérien qui porte le gène de levure essentiel est transfecté dans des cellules de levure défectueuses, il est incapable de se répliquer indépendamment du chromosome hôte puisque l'origine de réplication bactérienne dans l'ADN du plasmide ne peut amorcer la réplication dans une cellule de levure. Cependant, si des morceaux aléatoires d'ADN de levure sont insérés dans le plasmide avant la transfection des cellules de levure, quelques molécules d'ADN du plasmide contiendront une origine de réplication de levure et seront donc capables de se répliquer. Les cellules de levure qui portent de tels plasmides pourront proliférer puisqu'elles auront reçu le gène essentiel (Figure 9-57). Les séquences d'ADN identifiées par leur présence dans les plasmides isolés à partir de ces cellules, appelées les *séquences à réplication autonome* (ou *séquences ARS*) sont présentes dans le génome de levure à une fréquence analogue à celle que l'on attend pour les origines de réplication des levures (environ une toutes les 40 000 paires de nucléotides).

On a montré qu'une « séquence consensus centrale » de 11 nucléotides [(A ou T)TTTAT (A ou G)TTT(A ou R)] est essentielle à la fonction des ARS de levure. Toutes les ARS semblent composées de multiples copies presque conformes de cette séquence d'un bout à l'autre d'une région d'environ 100 nucléotides. Une rangée de séquences centrales en tandem, construite artificiellement, est pleinement active en tant qu'ARS dans l'essai des plasmides de levure, suggérant qu'une protéine d'initiation reconnaît des copies peu espacées de cette séquence pour commencer la réplication de l'ADN dans une cellule de levure. Des séquences d'ADN spécifiques qui semblent fonctionner comme des origines de réplication dans des cellules d'eucaryotes supérieurs ont été identifiées expérimentalement, mais elles n'ont pas encore été bien caractérisées.

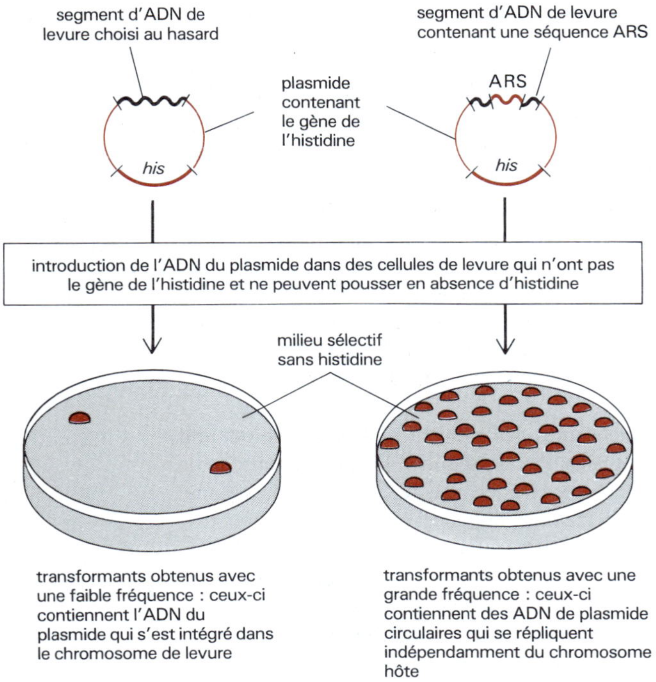

Figure 9-57 La stratégie utilisée pour identifier des séquences à réplication autonome (éléments ARS) chez les levures. Ces séquences fonctionnent comme origines de réplication et permettent aux plasmides qui les contiennent de se répliquer librement dans la cellule hôte sans avoir à être incorporés dans ses chromosomes.

9-20 Un système mammalien acellulaire réplique le chromosome du virus SV40 [33]

Dans des systèmes de réplication procaryotes, un complexe multienzymatique qui comprend l'ADN polymérase, l'ADN primase et l'ADN hélicase déplace la fourche de réplication (voir p. 232) ; ce complexe est assemblé au niveau d'une origine de réplication par une réaction impliquant une protéine d'initiation qui se lie spécifiquement à l'ADN de l'origine (voir Figure 5-50, p. 235).

De nombreux essais ont été tentés pour reconstituer la réplication de l'ADN de mammifère en tube à essai, de façon à pouvoir identifier toutes les enzymes nécessaires et définir leurs actions au niveau de la fourche de réplication. Le système *in vitro* le plus réussi jusqu'à présent réplique le petit chromosome circulaire du virus simien SV40. Ce virus parasite la cellule hôte pour toutes les protéines de réplication dont il a besoin pour se répliquer sauf une ; cette dernière est l'*antigène T de SV40*, une grosse protéine (90 000 daltons) aux multiples fonctions qui permet au virus d'éviter le blocage normal de la réplication de l'ADN (p. 522) et de se répliquer ainsi plus rapidement que la cellule hôte. De multiples copies de l'**antigène T** se lient spécifiquement à l'origine de réplication de SV40 et agissent à la fois comme protéine d'initiation et ADN hélicase pour ouvrir l'hélice d'ADN au niveau de ce site. Un complexe d'ADN polymérase (la polymérase alpha) et d'ADN primase, toutes deux fournies par la cellule hôte, se lient ensuite à un seul brin de l'ADN exposé au niveau de l'origine pour démarrer la synthèse d'ADN. Bien que la fourche de réplication formée soit analogue à la fourche de réplication procaryote (voir p. 229), les expériences avec SV40 suggèrent que deux types distincts d'ADN polymérase sont nécessaires chez les eucaryotes : l'*ADN polymérase alpha* sur le brin précoce, et l'*ADN polymérase delta* sur le brin tardif. Chez les procaryotes, au contraire, deux copies séparées d'un seul type d'ADN polymérase fonctionnent de chaque côté de la fourche de réplication (voir Figure 5-47, p. 233).

La protéine qui amorce la réplication sur les chromosomes des cellules eucaryotes n'a pas encore été découverte. On ne sait donc pas si elle ressemble à l'antigène T en fonctionnant comme une ADN hélicase au niveau de la fourche, ou si — comme chez les procaryotes — une protéine d'initiation et une ADN hélicase séparées sont impliquées.

De nouvelles histones sont assemblées en chromatine tandis que l'ADN se réplique [34]

Une grande quantité de nouvelle histone, de masse à peu près égale à celle de l'ADN néosynthétisé, est nécessaire pour former de la chromatine nouvelle à chaque cycle cellulaire. C'est pour cette raison que la majorité des organismes ont de multiples copies du gène correspondant à chaque histone. Le jeu des cinq gènes histone, par exemple, est répété environ 20 fois dans les cellules de vertébrés.

A la différence de la majorité des protéines, qui sont synthétisées de façon continue au cours de l'interphase (voir p. 731), les histones sont synthétisées principalement pendant la phase S, au cours de laquelle le taux d'ARNm des histones augmente d'environ 50 fois par suite d'une augmentation de la transcription et d'une diminution de la dégradation d'ARNm simultanées. Les ARNm des principales histones deviennent particulièrement instables du fait de leurs extrémités 3′ inhabituelles (voir p. 596), et sont dégradés en quelques minutes lorsque la synthèse de l'ADN s'arrête à la fin de la phase S (ou quand on ajoute des inhibiteurs pour arrêter prématurément la synthèse d'ADN). Par contre, les molécules d'histones elles-mêmes sont remarquablement stables et peuvent subsister pendant la vie entière d'une cellule. Le lien étroit entre la synthèse de l'ADN et la synthèse des histones peut être dû, en partie du moins, à un mécanisme de contrôle rétroactif qui règle le niveau d'histones libres pour garantir une bonne correspondance entre la quantité d'histones fabriquée et la quantité d'ADN néosynthétisée.

Une fois qu'elles sont assemblées en nucléosomes, les molécules d'histone ne quittent que rarement, ou jamais, l'ADN auquel elles sont liées. Par conséquent, lorsqu'une fourche de réplication avance, elle doit d'une façon ou d'une autre franchir les nucléosomes parentaux, qui semblent avoir été conçus pour permettre à la transcription ainsi qu'à la réplication de se produire à leur suite (voir aussi p. 500). Selon une hypothèse, chaque nucléosome se déplie de façon transitoire en deux demi-nucléosomes au cours de la réplication de l'ADN, permettant ainsi à l'ADN polymérase de copier l'ADN nucléosomique déroulé (Figure 9-58).

L'ADN néosynthétisé situé en amont de la fourche de réplication hérite des anciennes histones, mais il a également besoin de se lier à une quantité égale de nouvelles histones pour achever son empaquetage dans la chromatine (voir Figure 9-58). Ces nouvelles histones sont habituellement mises en place dans les premières minutes qui suivent le passage de la fourche de réplication. Il faut cependant une heure à la chromatine néoformée pour devenir totalement mature ; jusque-là, par exemple, les nouvelles histones sont plus sensibles que d'habitude aux enzymes de modification des histones. Les différences chimiques entre les chromatines mature et immature sont inconnues, bien que la maturation impliquerait des modifications covalentes d'histones et des variations dans la liaison d'autres protéines à la chromatine.

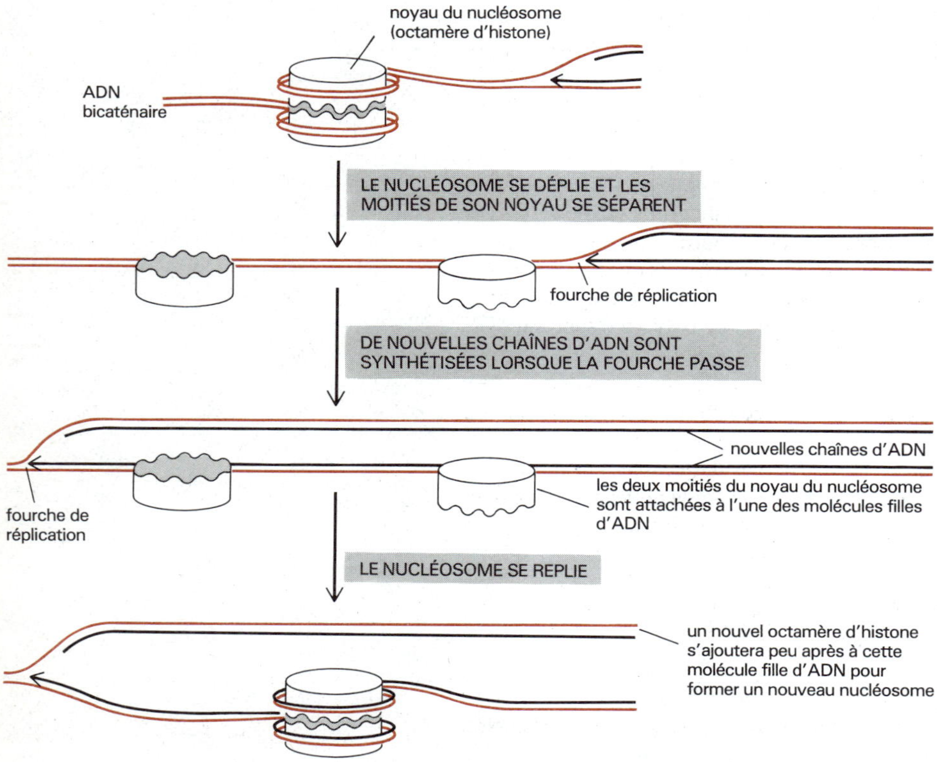

Figure 9-58 Modèle spéculatif montrant la façon dont un nucléosome pourrait s'ouvrir pour permettre la réplication de l'ADN, puis se rassembler au moment du passage de la fourche de réplication, permettant aux histones du noyau nucléosomique de rester en permanence liées à l'ADN. Bien que dans ce schéma l'hélice d'ADN répliqué sur le brin tardif ait hérité de l'ancien nucléosome intact, son mode réel de transmission est discuté. Ce modèle n'est qu'un des nombreux modèles possibles.

Arabidopsis (végétal)	[T T T A G G G]
Tetrahymena (cilié)	[T T G G G G]
Trypanosoma (flagellé)	[T T A G G G]
Dyctyostelium (amibe)	[A $G_{(1-8)}$]
Saccharomyces cerevisiae (levure)	[T $G_{(1-3)}$]
Homo sapiens (mammifère)	[T T A G G G]

(A)

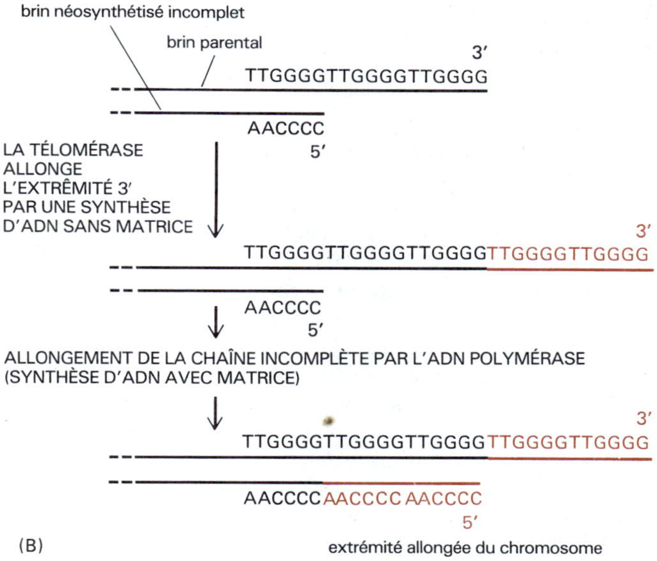

(B)

Figure 9-59 (A) Les séquences répétitives riches en base G qui composent les télomères de divers organismes eucaryotes. (B) Résumé des réactions impliquées dans la formation des télomères, comme le suggèrent des expériences faites chez *Tetrahymena*. La chaîne incomplète néosynthétisée est celle répliquée sur le côté précoce d'une fourche de réplication (voir Figure 5-39, p. 229). La *télomérase* de *Tetrahymena* reconnaît une caractéristique structurale unique à la séquence riche en G dans la liaison au télomère. Puisqu'il manque de matrice et utilise des nucléosides triphosphates comme substrats, le nucléotide à l'extrémité 3′ doit indiquer à la télomérase le nucléotide (G ou T) à ajouter à chaque étape. Les réactions qui raccourcissent et restaurent la séquence télomérique ne sont pas exactement équilibrées, de sorte que chaque extrémité du chromosome contient un nombre variable de répétitions, qui s'étendent, en général, sur des centaines de paires de nucléotides.

9-5 Les télomères se composent de courtes séquences répétitives riches en G qui sont ajoutées aux extrémités des chromosomes [35]

Nous avons déjà décrit la façon dont l'incapacité de répliquer complètement l'extrémité d'une molécule d'ADN linéaire avec l'ADN polymérase a conduit à l'évolution de séquences d'ADN particulières, appelées **télomères** (voir p. 484), aux extrémités des chromosomes eucaryotes. Ces séquences sont les mêmes dans des organismes aussi différents que les protozoaires, les champignons, les végétaux, et les mammifères. Elles se composent de nombreuses répétitions en tandem d'une courte séquence qui contient un ensemble de nucléotides G voisins (Figure 9-59A). Le brin riche en G du télomère constitue toujours l'extrémité 3′ de la molécule d'ADN, et il semble se replier pour former une structure particulière qui protège l'extrémité du chromosome. Le mécanisme de réplication de l'ADN au niveau d'un télomère, déduit d'études sur le protozoaire cilié *Tétrahymena*, est esquissé dans la Figure 9-59B.

Des régions différentes sur le même chromosome se répliquent à des moments différents au cours de la phase S [36]

Etant donné la vitesse à laquelle progresse une fourche de réplication et les très grandes distances mesurées entre les origines de réplication dans une unité de réplication, la réplication de l'ADN dans la région comprise entre une origine de réplication et la suivante devrait normalement être achevée en moins d'une heure. Cependant, la phase S dure habituellement 8 heures environ dans une cellule de mammifère. Ceci implique que les origines de réplication ne sont pas toutes activées simultanément et que l'ADN, dans chaque *unité de réplication* (qui contient un groupe de 20 à 80 origines de réplication), ne se réplique que pendant une petite fraction de la durée totale de la phase S.

Les différentes unités de réplication sont-elles activées au hasard, ou existe-t-il un ordre défini dans lequel les différentes régions du génome sont répliquées ? Une façon de répondre à cette question est d'utiliser un analogue de la thymidine, la 5-bromodésoxyuridine (BrdU), pour marquer des populations cellulaires synchronisées pendant de courtes périodes différentes au cours de la phase S. Ensuite, au cours de la phase M, il est possible de reconnaître les régions des chromosomes mitotiques qui ont incorporé BrdU dans leur ADN, par leur marquage plus faible avec certains colorants ou au moyen d'anticorps anti-BrdU. De telles expériences montrent que les régions du chromosome sont répliquées par grandes unités (comme les groupes de fourches de réplication observés sur des autoradiographies d'ADN pouvaient le laisser prévoir) et que les différentes régions de chaque chromosome sont répliquées dans un ordre reproductible au cours de la phase S (Figure 9-60).

La chromatine très condensée se réplique tardivement au cours de la phase S [37]

Dans les cellules des eucaryotes supérieurs, il existe des régions de l'ADN plus condensées que d'autres. Nous avons vu, par exemple, que l'*hétérochromatine* reste sous une forme très condensée (comme celle en mitose) au cours de l'interphase, tandis que la *chromatine active* adopte une forme particulièrement décondensée, qui est apparemment nécessaire pour permettre la synthèse d'ARN (voir p. 580).

Un indice important pour expliquer le mécanisme qui détermine la chronologie de la réplication de l'ADN est fourni par l'observation suivante : les assemblages d'hétérochromatine, y compris les régions proches du centromère, qui restent condensées pendant l'interphase, sont répliqués de façon très tardive au cours de la phase S. La réplication tardive pourrait donc être liée à l'empaquetage de l'ADN dans la chromatine. Cette conclusion est étayée par la chronologie de la réplication des deux chromosomes X dans une cellule femelle de mammifère. Alors que ces deux chromosomes contiennent essentiellement les mêmes séquences d'ADN, l'une d'elles est active et l'autre non (voir p. 577). La presque totalité du chromosome X inactif est condensée en hétérochromatine et se réplique tardivement au cours de la phase S, alors que son homologue actif est moins condensé et se réplique pendant toute la durée de la phase S. Il semble donc que ces régions du génome dont la chromatine est la moins condensée pendant l'interphase, et par conséquent la plus accessible au mécanisme de réplication, sont répliquées en premier.

L'autoradiographie montre que les fourches de réplication se déplacent à des vitesses comparables pendant toute la durée de la phase S, de sorte que l'étendue de la condensation des chromosomes ne paraît pas influer sur les fourches de réplication une fois formées. Il semble toutefois que l'ordre dans lequel les origines de réplication sont activées dépend, au moins en partie, de la structure de la chromatine dans laquelle les origines se trouvent.

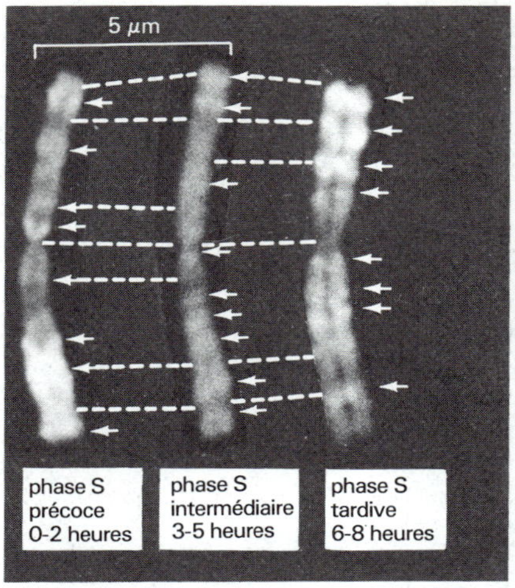

Figure 9-60 Photographie en microscopie photonique de chromosomes mitotiques colorés dans lesquels l'ADN en cours de réplication a été marqué de façon différentielle pendant des intervalles différents déterminés de la phase S précédente. Dans ces expériences, des cellules cultivées en présence de 5-bromodésoxyuridine (BrdU), un nucléoside synthétique, ont été brièvement marquées avec de la thymidine pendant les périodes précoce, intermédiaire ou tardive de la phase S. Comme l'ADN produit pendant le « pulse » de thymidine est une double hélice avec de la thymidine sur l'une de ses chaînes et du BrdU sur l'autre, il est plus noirci que l'ADN restant (qui a du BrdU sur les deux chaînes) et apparaît comme une bande claire (*flèches*) sur ces négatifs. Les lignes en pointillés sur la figure relient les positions correspondantes sur les trois copies du chromosome. (Avec l'autorisation d'Elton Stubblefield.)

Les gènes de la chromatine active se répliquent de façon précoce au cours de la phase S [38]

L'hypothèse d'une relation entre la structure de la chromatine et la durée de réplication de l'ADN s'appuie sur des mesures de durées de réplication de gènes spécifiques. Au cours de ces expériences, une population de cellules en croissance est brièvement mise en présence de BrdU, et les cellules sont immédiatement séparées par centrifugation selon leur taille. Puisque la taille des cellules augmente au cours du cycle cellulaire, les plus grosses cellules seront plus « vieilles » et leur ADN aura donc été marqué plus tard au cours de la phase S. Pour chaque catégorie de taille cellulaire, l'ADN marqué par BrdU est isolé et analysé par hybridation avec un ensemble de sondes d'ADN spécifiques des gènes qu'il contient (comme l'ADN qui contient BrdU est plus dense, il peut facilement être séparé de l'ADN normal par sédimentation à l'équilibre dans un gradient de densité de chlorure de césium — voir p. 165).

Cette méthode donne la durée de la réplication de tout gène pour lequel une sonde d'ADN est disponible. Les résultats montrent que les gènes « domestiques » qui sont les gènes actifs dans toutes les cellules (voir p. 585), se répliquent de façon très précoce au cours de la phase S de toutes les cellules étudiées. Par contre, la réplication des gènes qui sont actifs dans quelques types cellulaires seulement, est en général précoce dans les cellules dans lesquelles ils sont actifs et plus tardive dans les autres types cellulaires. Quand un segment continu de 300 000 paires de nucléotides d'un gène d'immunoglobuline fut étudié de cette façon, par exemple, la réplication de toutes les régions de sa chromatine était terminée au début de la phase S dans les cellules dans lesquelles le gène était actif, suggérant que le gène contient plusieurs origines de réplication qui sont toutes activées à peu près au même moment. Quand on mesura, avec la même sonde d'ADN, les durées de réplication dans des cellules où aucune immunoglobuline n'était synthétisée, on ne vit qu'une seule fourche de réplication s'engager à une des extrémités de cette région chromosomique une heure environ après le début de la phase S, puis se déplacer régulièrement le long de l'ADN à la vitesse attendue d'environ 3 000 nucléotides par minute.

On trouve, dans la Figure 9-61, un modèle simple qui peut expliquer ces résultats. Selon ce modèle, toutes les origines de réplication, localisées dans la chromatine active, sont utilisées de façon très précoce au cours de la phase S. Puisque les fourches de réplication formées au niveau de ces origines pénétreront finalement dans des régions adjacentes du chromosome qui ont une structure chromatinienne plus condensée, tout gène localisé à moins d'un million de paires de nucléotides d'une origine de réplication dans la chromatine active se répliquera au milieu de la phase S. Pour expliquer comment les régions chromosomiques inactives localisées loin d'un segment de chromatine active finiront par se répliquer (comme c'est le cas

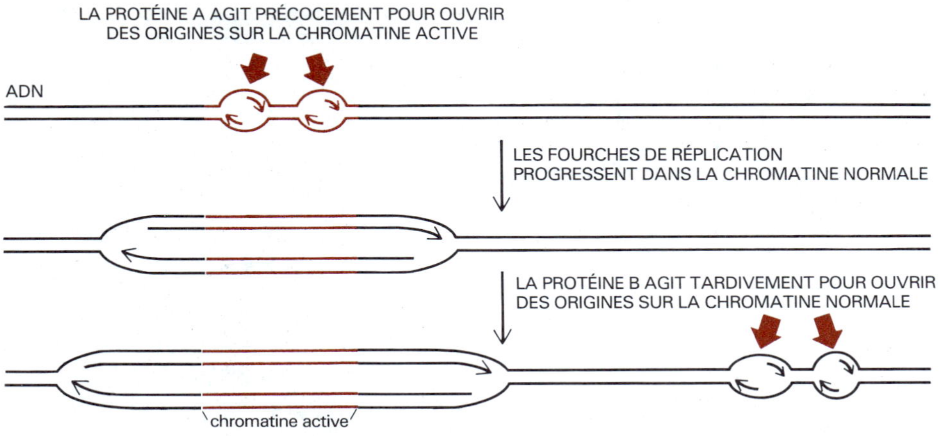

Figure 9-61 Un modèle qui permet d'expliquer pourquoi la chromatine active (*colorée*) est répliquée de façon précoce au cours de la phase S, alors que la chromatine normale (« inactive ») est répliquée de façon tardive au cours de cette même phase. On a posé comme postulat que différentes protéines d'initiation agissent sur les origines de réplication dans la chromatine active et dans la chromatine normale. Par ailleurs, les deux groupes d'origines pourraient être utilisés par le même mécanisme moléculaire mais à des temps différents du simple fait que la structure condensée de la chromatine normale retarde l'accès des protéines de réplication nécessaires.

pour l'ADN des chromosomes X inactifs des femelles), il est nécessaire d'admettre qu'un second groupe d'origines de réplication capables d'amorcer les fourches de réplication dans n'importe quelle forme de chromatine, est activé entre le milieu et la fin de la phase S.

Les unités de réplication qui se répliquent tardivement coïncident avec les bandes riches en paires A-T sur les chromosomes métaphasiques [23]

De nombreuses unités de réplication semblent correspondre aux différentes bandes chromosomiques que l'on peut observer grâce aux divers procédés de fixation et de coloration utilisés pour la détermination des caryotypes. Comme nous l'avons déjà mentionné (voir p. 503), il est possible de détecter, très tôt au cours de la mitose, au moins 2 000 *bandes riches en paires A-T* fortement colorées (*bandes G*) dans l'ensemble haploïde des chromosomes de mammifères et celles-ci sont séparées par un nombre égal de *bandes riches en paires G-C* faiblement colorées (*bandes R*). Il est curieux de constater que la durée de la réplication de l'ADN riche en paires A-T est différente de celle de l'ADN riche en paires G-C au cours de la phase S. Des expériences semblables à celle de la Figure 9-60 paraissent indiquer que la majorité des bandes riches en paires G-C se répliquent au cours de la première moitié de la phase S, tandis que la majorité des bandes riches en paires A-T se répliquent au cours de la seconde moitié de la phase S. Ceci a donc permis de supposer que les gènes « domestiques » sont principalement localisés dans les bandes riches en G-C, alors que de nombreux gènes spécifiques d'un type cellulaire donné — dont la grande majorité seront inactifs dans la plupart des cellules — sont localisés dans les bandes riches en paires A-T. Comme nous l'avons déjà énoncé, la raison pour laquelle le génome des mammifères devrait se ségréger en de tels grands tronçons alternés de chromatine — dont la taille peut atteindre celle du génome, bactérien — est un total mystère. On ne sait pas non plus comment les nombreuses origines de réplication dans chaque unité de réplication sont activées toutes en même temps. La chromatine d'une unité qui se réplique tardivement reste peut-être condensée après la fin de la phase M, et ne se décondense qu'au milieu de la phase S, rendant toutes les origines de réplication de l'unité simultanément accessibles. Dans ce cas, la réplication coordonnée de l'ADN, de type tout ou rien, dans une seule unité de réplication pourrait rendre compte de la nature coopérative du processus de décondensation de la chromatine (voir p. 499).

La chronologie contrôlée de l'utilisation des origines de réplication a-t-elle une fonction ? [39]

La phase S s'effectue très rapidement dans les œufs en cours de segmentation de nombreuses espèces qui ont d'importantes réserves de composants chromatiniens (tels que les histones) nécessaires à la fabrication rapide de nouveaux noyaux (voir p. 881). Comme le montre la Figure 9-62, une phase S courte nécessite aussi l'utilisation d'un très grand nombre d'origines de réplication espacées par intervalles de quelques milliers de paires de nucléotides seulement (au lieu des dizaines ou des centaines de milliers de paires de nucléotides qui séparent les origines de réplication plus tard au cours du développement). Puisque tout ADN étranger injecté dans un œuf de grenouille fécondé se réplique (y compris de petits fragments circulaires d'ADN bactérien), s'il est besoin d'une séquence d'ADN spécifique pour former une origine de réplication dans cette cellule, ce doit être une origine très courte présente dans n'importe quelle molécule d'ADN.

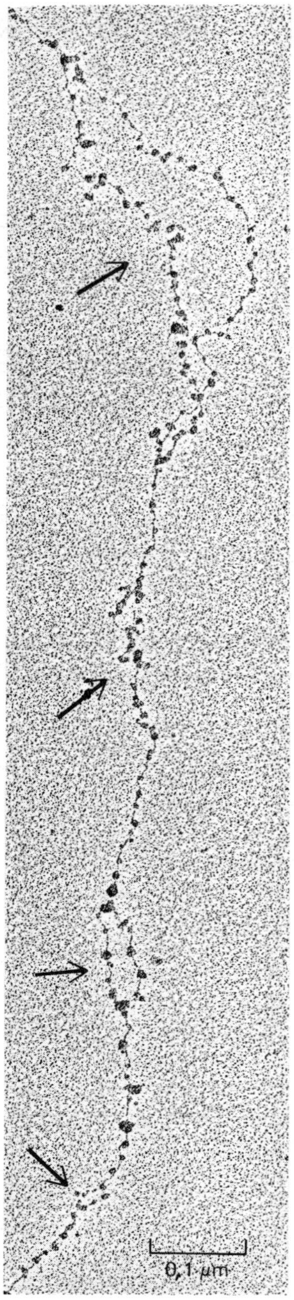

Figure 9-62 Micrographie électronique de chromatine étalée d'un jeune embryon de *Drosophile*, montrant que la distance entre les bulles de réplication (*flèches*) est très faible. Il ne s'écoule environ que 10 minutes entre certaines des divisions nucléaires successives dans cet embryon. Puisque les origines de réplication utilisées ici sont si rapprochées (séparées par quelques milliers de paires de nucléotides), une minute environ devrait suffire pour répliquer la totalité de l'ADN qui les sépare. (Avec l'autorisation de Victoria Foe.)

Ainsi, la réplication de l'ADN peut être considérée comme un processus potentiellement très rapide qui, dans la majorité des cellules, dépend d'un système de régulation complexe ; celui-ci entrave l'initiation des fourches de réplication de façon à ce que différentes régions du génome se répliquent à des moments très différents. Un des avantages possibles d'une phase S ainsi prolongée peut être de permettre à la durée de la réplication d'influer sur la structure chromatinienne. On a supposé, par exemple, que la chromatine répliquée de façon précoce est partiellement assemblée à partir d'une réserve de protéines chromosomiques produites au cours de la phase G_1, ce qui pourrait aider au maintien de la chromatine active et faciliter ainsi la transcription des gènes exprimés.

9-21
9-22
Des facteurs liés à la chromatine garantissent que chaque région de l'ADN n'est répliquée qu'une fois au cours de chaque phase S en assurant un blocage de la re-réplication de l'ADN [40]

Dans une phase S normale, la totalité du génome ne doit être répliquée qu'une seule fois. Comme nous venons de le voir, la réplication de l'ADN dans la majorité des cellules eucaryotes est un processus asynchrone dont le déroulement dure assez longtemps. Des origines de réplication étant utilisées à des moments différents dans différentes régions du chromosome, la réplication de certaines régions d'un chromosome n'aura pas encore commencé au milieu de la phase S tandis qu'elle sera terminée pour d'autres régions. Un problème considérable de « comptabilité » se pose donc au cours des stades intermédiaire et tardif de la phase S. Les origines de réplication déjà utilisées ont été dupliquées et, au moins en ce qui concerne leurs séquences d'ADN, elles sont probablement identiques à d'autres origines de réplication qui ne sont pas encore utilisées. Mais chaque origine de réplication doit être utilisée une fois, et une seule fois, dans chaque phase S. Comment cela peut-il se faire ?

Des expériences de fusion cellulaire ont fourni un indice important. Lorsqu'une cellule en phase S est fusionnée avec une cellule en phase G_1, la synthèse d'ADN est induite dans le noyau en phase G_1, suggérant que la transition de la phase G_1 à la phase S se fait par l'intermédiaire d'un activateur diffusible de la synthèse d'ADN (voir p. 732). Par contre, lorsque la cellule en phase S est fusionnée avec une cellule en phase G_2 (c'est-à-dire une cellule qui vient d'achever la phase S — voir p. 728), la synthèse d'ADN n'est pas induite dans le noyau en G_2. Puisque la synthèse d'ADN se poursuit sans encombre dans le noyau en phase S, le noyau G_2 — ayant répliqué une fois tout son ADN — se comporte comme si un facteur non diffusible, étroitement associé à son ADN, lui interdisait tout nouveau cycle de réplication. Un tel inhibiteur, s'il était appliqué localement au cours de la phase S dans le sillage de chaque fourche de réplication, résoudrait adroitement le problème de « comptabilité » : en modifiant la chromatine de l'ADN néorépliqué, il garantirait que l'ADN déjà répliqué ne pourrait l'être une autre fois au cours de la même phase S (Figure 9-63A). Un mécanisme basé sur l'inactivation d'initiateurs protéiques étroitement liés, par le passage d'une fourche de réplication, est également plausible. Quelle que soit sa nature, le **blocage de la re-réplication de l'ADN** doit être levé au moment de la mitose (ou peu avant) puisque l'ADN des noyaux G_1 qui apparaissent dans les cellules filles après la division cellulaire n'est plus protégé.

On peut montrer que les fragments d'ADN bactérien qui se répliquent lorsqu'ils sont injectés dans un œuf de grenouille fécondé, sont touchés par le blocage de la re-réplication. Par conséquent, le mécanisme responsable de ce blocage ne nécessite pas une origine de réplication très spécifique. Le blocage n'influe pas sur le virus SV40, probablement du fait que son antigène T remplit à la fois les fonctions d'initiateur et d'ADN hélicase pour remplacer des composants analogues de la cellule hôte qui ne sont pas encore caractérisés (voir p. 517).

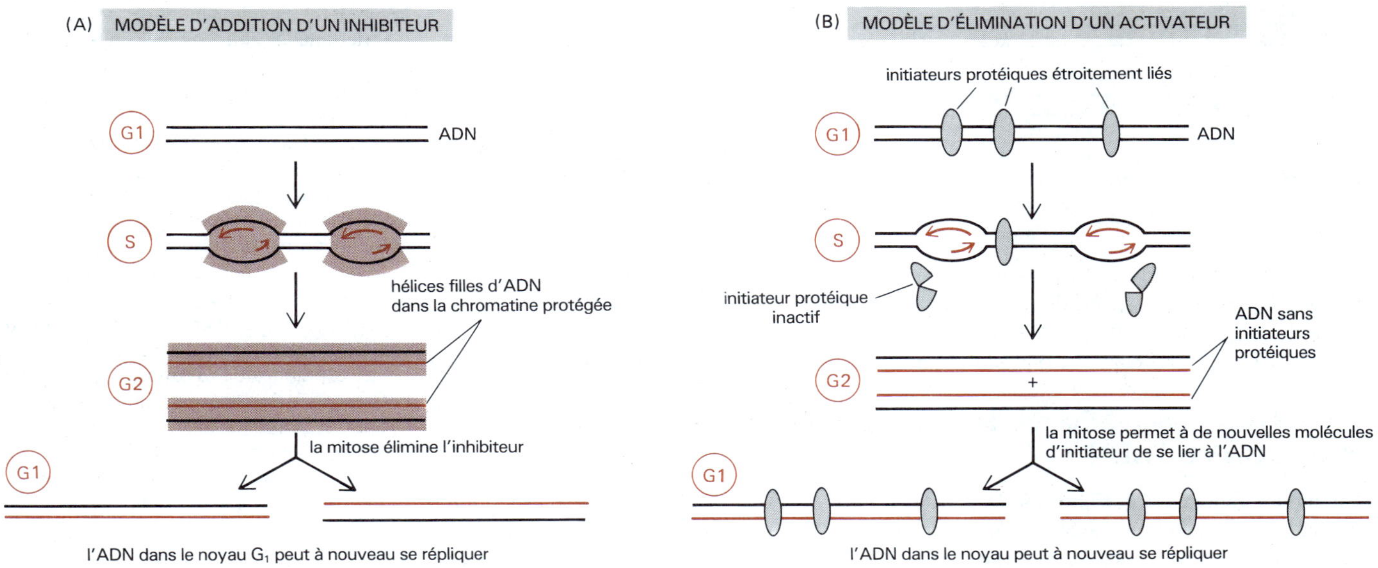

Figure 9-63 Deux mécanismes possibles qui ont été proposés pour expliquer le « blocage de la re-réplication » qui protège l'ADN répliqué d'une réplication ultérieure au cours du même cycle cellulaire. Ce blocage est crucial pour la comptabilité de la réplication, mais sa nature moléculaire est inconnue. Normalement, le blocage est éliminé à la mitose, mais, dans quelques types spécialisés de cellules (les cellules des glandes salivaires de la larve de *Drosophile*, par exemple), il est éliminé sans mitose, conduisant à la formation des chromosomes *polyténiques* géants (voir p. 507). (A) Un modèle basé sur l'addition d'un inhibiteur à toute la chromatine néorépliquée ; (B) un modèle basé sur des initiateurs protéiques étroitement liés qui n'agissent qu'une fois et qui ne peuvent être ajoutés à l'ADN qu'au cours de la mitose.

Résumé

Des études in vitro, *utilisant le virus simien SV40 comme système modèle, laissent supposer que, chez les eucaryotes comme chez les procaryotes, la réplication de l'ADN commence avec la mise en place d'une ADN hélicase sur l'ADN par une protéine d'initiation liée à une origine de réplication. Une bulle de réplication se forme au niveau d'une telle origine tandis que deux fourches de réplication s'éloignent l'une de l'autre. Au cours de la phase S chez les eucaryotes supérieurs, il semble que des origines de réplication voisines, espacées d'environ une boucle de chromatine, soient activées par groupes connus sous le nom d'unités de réplication. Puisque la fourche de réplication progresse d'environ 50 nucléotides par seconde, moins d'une heure devrait suffire pour achever la synthèse d'ADN dans une unité de réplication. Au cours d'une phase S typique, de 8 heures, différentes unités de réplication sont activées dans un ordre en partie déterminé par leur structure chromatinienne, les régions de chromatine les plus condensées étant répliquées les dernières. La correspondance entre les unités de réplication et les bandes, contenant des millions de paires de nucléotides, observées sur les chromosomes eucaryotes mitotiques, suggère que les unités de réplication peuvent correspondre à des domaines de structures différentes dans la chromatine interphasique.*

Après le passage de la fourche de réplication, la structure de la chromatine est constituée par l'addition de nouvelles histones et d'autres protéines chromosomiques aux anciennes histones héritées, sur les molécules d'ADN filles. Un blocage de la re-réplication de l'ADN de nature inconnue agit localement pour éviter qu'un second cycle de réplication n'ait lieu avant que la mitose d'un chromosome ne soit terminée ; ce blocage est nécessaire pour que chaque région de l'ADN ne soit répliquée qu'une seule fois au cours de chaque phase S.

Synthèse et maturation de l'ARN [41]

Nous avons étudié jusqu'à présent la façon dont les chromosomes sont organisés en complexes ADN-protéines volumineux et dupliqués avant qu'une cellule ne se divise. Mais la fonction essentielle d'un chromosome est d'agir comme matrice pour la synthèse des molécules d'ARN puisque c'est le seul moyen pour que l'information génétique stockée dans les chromosomes soit directement utile à la cellule. La synthèse d'ARN est considérable : la vitesse globale d'incorporation des nucléotides dans l'ARN au cours de l'interphase est environ 20 fois supérieure à leur vitesse d'incorporation dans l'ADN au cours de la phase S.

La synthèse de l'ARN (**transcription de l'ADN**) est un processus très sélectif. Dans la majorité des cellules de mammifères, par exemple, seul 1 p. cent environ des séquences nucléotidiques de l'ADN est copié en séquences d'ARN fonctionnelles (ARN messager matures ou ARN de structure). Cette sélectivité se retrouve à deux niveaux, que nous considérerons tour à tour dans cette partie du chapitre : (1) seule une partie de la séquence d'ADN est transcrite

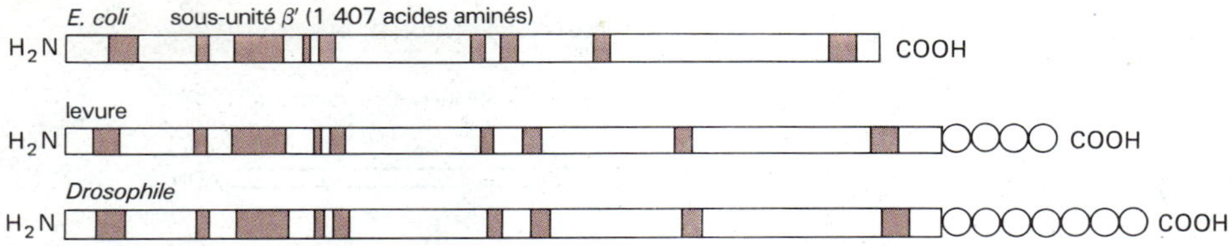

Figure 9-64 Les similitudes des séquences d'acides aminés entre les sous-unités d'ARN polymérase suggèrent une origine évolutive commune pour les enzymes bactériennes et eucaryotes. On suppose que la plus grosse sous-unité des polymérases d'*E. coli*, de levure, et de *Drosophile* (comparées ici) se lie à l'ADN. L'homologie des régions ombrées de la séquence est supérieure à 70 p. cent entre la levure et la *Drosophile*, et à 40 p. cent entre la *Drosophile* et *E. coli*. Une séquence eucaryote unique de fonction inconnue (Ser-Pro-Ser-Tyr-Ser-Pro-Thr) est répétée 26 fois à l'extrémité carboxylée de la sous-unité de levure et plus de 40 fois dans la sous-unité de la *Drosophile* (indiquée ici par des cercles). (D'après A.L. Greenleaf et al., in RNA Polymerase and the Regulation of Transcription [W.S. Reznikoff et al., eds.], pp. 459-464, New York ; Elsevier, 1987.)

pour former des ARN nucléaires, et (2) seule une très faible proportion des séquences nucléotidiques des ARN nucléaires survivent aux étapes de maturation de l'ARN qui précèdent l'exportation des molécules d'ARN vers le cytoplasme. Nous commencerons par décrire les ARN polymérases, les enzymes qui catalysent l'ensemble de la transcription de l'ADN.

L'ARN polymérase échange des sous-unités lorsqu'elle commence chaque chaîne d'ARN [42]

Un aperçu général de la transcription de l'ADN a été donné au Chapitre 5. La transcription commence lorsqu'une molécule d'*ARN polymérase* se lie à une séquence *promoteur d'ADN*. En premier lieu, au cours d'une étape d'initiation complexe, les deux chaînes d'ADN sont localement séparées pour former un *complexe ouvert*, dans lequel la chaîne matrice est exposée. Une fois ce complexe formé, la polymérase commence à se déplacer le long de l'ADN ; elle allonge sa chaîne d'ARN en croissance dans le sens 5′ → 3′ par l'addition séquentielle de ribonucléosides triphosphates jusqu'à ce qu'elle atteigne un signal stop (de terminaison) ; elle se dissocie alors de l'ADN et libère la chaîne d'ARN néosynthétisée. Chaque molécule d'ARN représente donc une copie monocaténaire de la séquence nucléotidique de l'une des chaînes d'ADN située dans une région relativement courte du génome (voir Figure 5-2, p. 202).

Les **ARN polymérases** sont généralement formées de nombreuses chaînes polypeptidiques et ont des masses de 500 000 daltons ou plus. Les enzymes des bactéries et des eucaryotes sont apparentées du point de vue de l'évolution (Figure 9-64). Puisque l'enzyme bactérienne a été beaucoup plus facile à étudier, ses propriétés fournissent une base à la compréhension de ses équivalents eucaryotes. L'enzyme d'*E. coli* contient cinq sous-unités, α, β, β', σ, et ω et il y a deux copies de α et une copie de chacune des autres. La séquence d'acides aminés complète de chaque sous-unité a été déterminée à partir de la séquence nucléotidique de son gène, et des études d'empreinte sur l'ADN indiquent que l'enzyme se lie à 60 paires de nucléotides sur l'ADN.

La sous-unité sigma (σ) de la polymérase d'*E. coli* a un rôle spécifique de **facteur d'initiation** pour la transcription : elle permet à l'enzyme de trouver les séquences consensus des promoteurs décrites page 204. Une sous-classe d'ARN polymérases qui reconnaissent différents promoteurs contiennent des formes modifiées de la sous-unité sigma (voir p. 562). Une fois liée au promoteur, l'enzyme passe par une série de réactions pour commencer une chaîne d'ARN

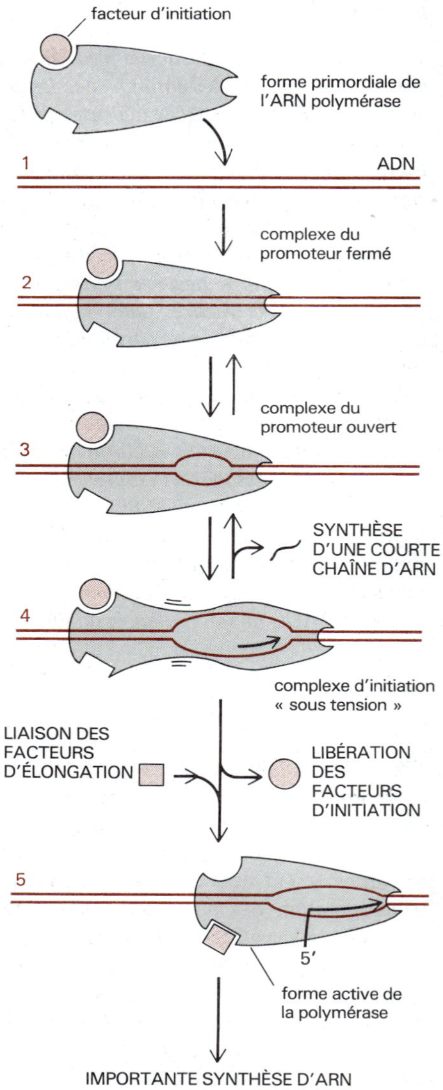

Figure 9-65 Représentation très schématique des étapes de l'initiation de la synthèse d'ARN catalysée par l'ARN polymérase. Les étapes indiquées ont été découvertes lors d'études de l'enzyme d'*E. coli*. Une molécule d'ADN contenant un promoteur pour la polymérase d'*E. coli* est représentée (voir Figure 5-6, p. 205). L'enzyme forme d'abord un *complexe fermé* dans lequel les deux chaînes d'ADN restent appariées. Au cours de l'étape suivante, l'enzyme catalyse l'ouverture d'un peu plus d'un tour de l'hélice d'ADN pour former un *complexe ouvert*, dans lequel une matrice est exposée pour l'initiation d'une chaîne d'ARN. La polymérase avec la sous-unité sigma liée, cependant, se comporte comme si elle était attachée au site du promoteur ; elle semble incapable de continuer l'élongation de la chaîne d'ARN et revient fréquemment d'elle-même au complexe fermé avec la libération d'une courte chaîne d'ARN. Comme nous le montrons ici, la conversion de la polymérase en une forme active nécessite des facteurs d'initiation (la sous-unité sigma dans le cas de l'enzyme d'*E. coli*) et implique généralement la liaison d'autres protéines qui servent de facteurs d'élongation (par exemple, la protéine nusA d'*E. coli*). (Adapté d'après D.C. Straney et D.M. Crothers, *J. Mol. Biol.* 193:267-278, 1987.)

(Figure 9-65). Après la synthèse d'environ huit nucléotides d'une molécule d'ARN (étape 4 de la Figure 9-65), la sous-unité sigma se dissocie et, à sa place, un certain nombre de **facteurs d'élongation** — important pour l'élongation et la terminaison de la chaîne — s'associent à l'enzyme. Les facteurs d'élongation comptent plusieurs protéines, bien caractérisées, mais dont les fonctions ne sont pas vraiment bien comprises.

Dans tous les organismes, les divers gènes actifs sont transcrits à des vitesses très différentes. Au niveau de certains promoteurs, une nouvelle chaîne d'ARN commence toutes les une à deux secondes, alors qu'il faut plus d'une heure, au niveau de certaines autres, pour commencer une chaîne d'ARN. Comme nous le détaillerons dans le Chapitre 10, les *protéines régulatrices de gènes* qui agissent sur l'initiation de la transcription déterminent habituellement le niveau de transcription de chaque gène. En général, ces protéines agissent en accélérant ou en retardant une ou plusieurs des étapes illustrées dans la Figure 9-65 (voir p. 563).

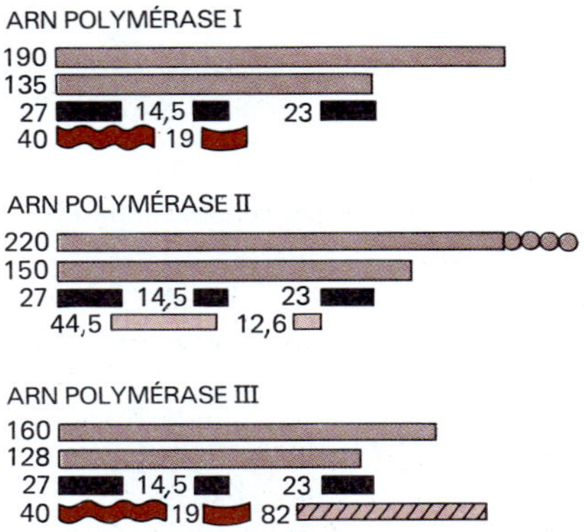

Figure 9-66 Quelques-unes des sous-unités protéiques qui composent les trois ARN polymérases eucaryotes chez les levures. Seules les sous-unités les mieux caractérisées sont représentées. Les sous-unités voisines sont colorées de la même façon, et leur masse moléculaire est donnée en kilodaltons. Les trois sous-unités de même masse (représentées en noir) sont communes aux trois enzymes.

9-25 Il y a trois ARN polymérases différentes pour synthétiser l'ARN chez les eucaryotes [43]

Bien que le mécanisme de transcription de l'ADN soit analogue chez des procaryotes tels qu'*E. coli* et chez les eucaryotes, la machinerie est beaucoup plus complexe chez ces derniers. Chez des eucaryotes aussi divers que les levures et les humains, par exemple, il y a trois types d'ARN polymérases, chacune étant responsable de la transcription de différents groupes de gènes. Ces enzymes — appelées ARN polymérases I, II et III — ont des structures semblables, et quelques sous-unités communes, bien que les autres sous-unités soient uniques (Figure 9-66). Chacune d'elles est plus complexe que l'ARN polymérase d'*E. coli*, et contient sans doute au moins 10 chaînes polypeptidiques. La distinction la plus importante est cependant que l'enzyme bactérienne purifiée peut se lier directement au promoteur, tandis que les enzymes eucaryotes ne peuvent se lier à leurs promoteurs qu'en présence de facteurs protéiques additionnels déjà présents sur l'ADN. C'est en partie pour cette raison qu'il a fallu attendre 1979 pour obtenir des systèmes *in vitro* permettant d'analyser les mécanismes d'initiation chez les eucaryotes.

Les trois ARN polymérases eucaryotes furent initialement distinguées par leurs différences chimiques au cours de leur purification et par leur sensibilité à l'*α-amanitine*, un poison isolé des champignons. L'ARN polymérase I n'est pas affectée par l'α-amanitine ; l'ARN polymérase II est très sensible à ce poison ; et l'ARN polymérase III n'y est que peu sensible. La sensibilité de la synthèse de l'ARN à l'α-amanitine est toujours utilisée pour déterminer quelle polymérase transcrit un gène. De telles études montrent que seule l'**ARN polymérase II** transcrit les gènes dont les ARN seront traduits en protéines. Les deux autres polymérases synthétisent seulement des ARN qui ont des rôles structuraux ou catalytiques, et qui font principalement partie du mécanisme de synthèse des protéines : la **polymérase I** fabrique les gros ARN ribosomaux, et la **polymérase III** fabrique un ensemble de petits ARN stables dont le petit ARN ribosomal 5S et les ARN de transfert. La majorité des petits ARN qui forment les snRNP (voir p. 532) sont fabriqués par la polymérase II.

Les cellules de mammifères contiennent à peu près 40 000 molécules d'ARN polymérase II, le même nombre de molécules d'ARN polymérase I, et environ 20 000 molécules d'ARN polymérase III — bien que des études de cellules en culture indiquent que les concentrations des ARN polymérases sont réglées individuellement selon la vitesse de la croissance cellulaire.

9-26 Les facteurs de transcription forment des complexes stables
9-27 au niveau des promoteurs eucaryotes [44]

Les ARN polymérases eucaryotes, comme nous l'avons déjà mentionné, ne reconnaissent pas leurs promoteurs sur des molécules d'ADN purifiées. Au lieu de cela, il faut qu'une ou plusieurs protéines de liaison à l'ADN spécifiques d'une séquence soient liées à l'ADN pour former un promoteur fonctionnel. On les appelle des **facteurs de transcription** (**TF** pour « Transcription Factors ») et elles sont nécessaires à l'initiation de la synthèse d'ARN. Les facteurs de transcription se lient à l'ADN indépendamment de l'ARN polymérase et sont, de ce fait, différents des facteurs d'initiation procaryotes (les facteurs sigma). Les polymérases I, II et III reconnaissent différents promoteurs et, pour la plupart, nécessitent différents facteurs de transcription — désignés par les préfixes **TFI**, **TFII** et **TFIII** respectivement, suivis par un suffixe alphabétique qui leur a été donné selon l'ordre de leur découverte. TFIIIA, par exemple, a déjà été étudié en tant que

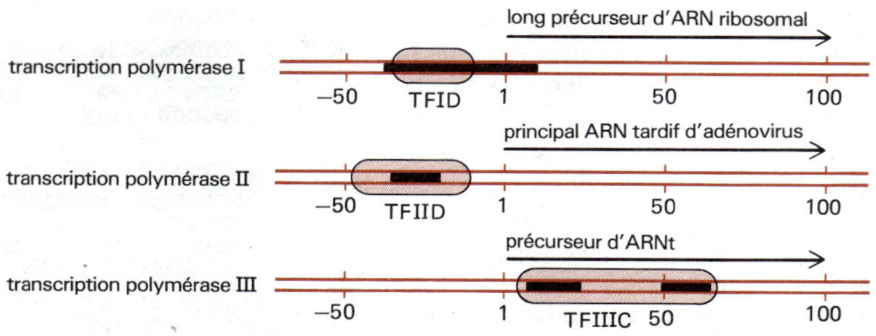

Figure 9-67 Quelques complexes stables formés par les facteurs de transcription sur des gènes eucaryotes. Les encadrés noirs indiquent la localisation des séquences d'ADN spécifiques que l'on suppose essentielles à la fonction de chaque promoteur. La région approximative de chaque gène, couverte des facteurs qui se lient à l'ADN (d'après des études d'empreintes sur l'ADN — voir Figure 4-69, p. 188) est représentée en couleur. Sur cette figure chacun des facteurs de transcription est une molécule protéique qui peut contenir de multiples sous-unités, bien que les structures précises de ces facteurs soient inconnues. Les nombres indiquent les positions sur la molécule d'ADN (en paires de nucléotides) par rapport au site d'initiation de la transcription, qui est fixé à + 1.

prototype d'une famille « doigts à zinc » de protéines de liaison à l'ADN spécifiques d'une séquence (voir p. 490) ; il fut le premier facteur de transcription caractérisé qui agit sur un gène transcrit par la polymérase III (le gène de l'ARNr 5S).

Les facteurs de transcription *in vitro* semblent former des complexes de transcription assez stables qui attirent sélectivement les molécules d'ARN polymérases vers leur promoteur. Les différents facteurs se lient en différentes positions selon le site d'initiation de la transcription. La polymérase I et la polymérase II forment un complexe avec un facteur de transcription qui se lie juste en amont du site d'initiation de la transcription. Le facteur principal de transcription des gènes de la polymérase III, cependant, se lie juste *en aval* du site d'initiation de sorte que l'ARN polymérase III doit transcrire par-dessus la protéine sans la déplacer de l'ADN (Figure 9-67). On pense que ce facteur (TFIIIC) s'enveloppe avec l'ADN pour former une grosse particule nucléoprotéique.

Bien qu'il ait été difficile de purifier beaucoup de ces facteurs de transcription jusqu'à homogénéité, il a été possible de comparer les activités transcriptionnelles des molécules d'ADN préincubées ou non avec des facteurs de transcription. Il a été ainsi montré qu'une molécule d'ADN complexée aux facteurs appropriés est utilisée à plusieurs reprises par les molécules d'ARN polymérase pour la synthèse de l'ARN, alors qu'une seconde molécule d'ADN, identique mais non complexée, est ignorée (Figure 9-68). Le schéma de transcription observé à partir de molécules d'ADN injectées dans des œufs de *Xenope* rend très vraisemblable la formation *in vivo* de complexes du même genre.

TFIID est un facteur de transcription essentiel pour de nombreux promoteurs des polymérases II. C'est un gros complexe protéique qui est plus communément appelé **facteur TATA** car il peut se lier à une séquence conservée riche en paires A-T appelée **séquence** ou **boîte TATA (TATA box)**, centrée environ 25 nucléotides en amont du site d'initiation de la

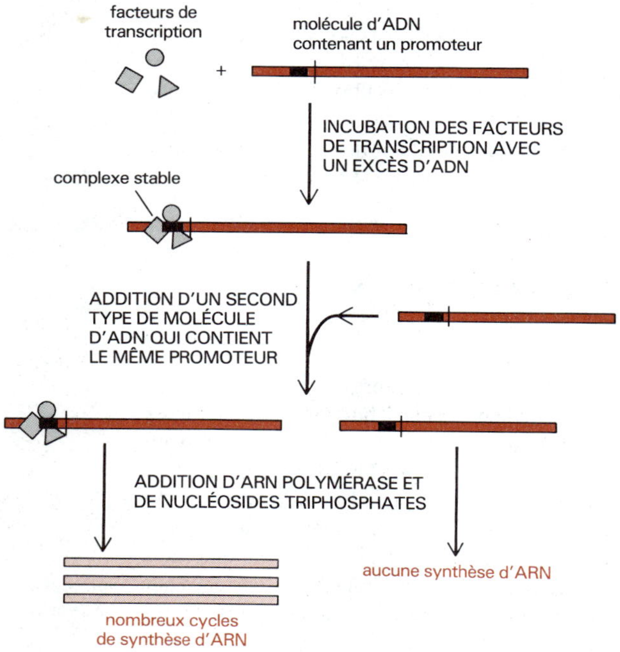

Figure 9-68 Une expérience *in vitro* qui démontre l'importance de la formation d'un complexe stable de transcription au niveau d'un promoteur eucaryote. Ce type d'expérience a été réalisée avec des facteurs de transcription et des promoteurs qui sont spécifiques pour chacune des trois ARN polymérases eucaryotes. Des exemples de gènes clonés utilisés pour de telles études sont donnés dans la Figure 9-67.

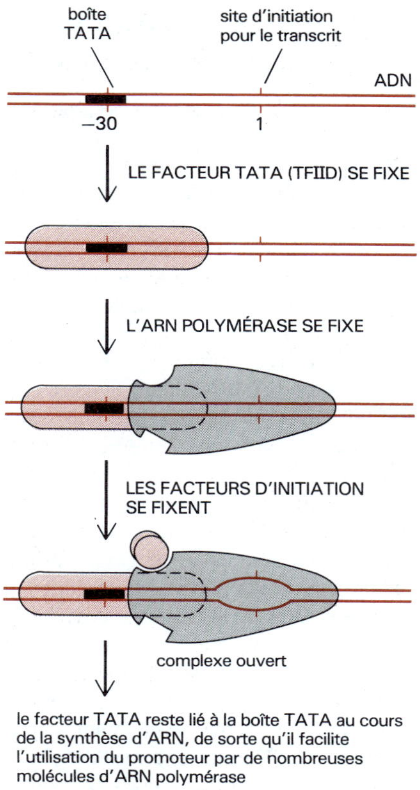

Figure 9-69 Les conditions minimales requises pour la reconnaissance du promoteur par une molécule eucaryote d'ARN polymérase II. Un facteur de liaison de la boîte TATA (TATA box ou TFIID) doit former un complexe de transcription stable avant que la polymérase puisse reconnaître le promoteur. La séquence consensus de la boîte TATA est T_{82} A_{97} T_{93} A_{85} $(A \text{ ou } T)_{100}$ A_{83} $(A \text{ ou } T)_{83}$, l'indice indiquant à quel pourcentage le nucléotide indiqué est trouvé. Voir aussi la Figure 10-27, page 569. (D'après des données de J.L. Workman, et R.G. Roeder *Cell* 51:613-622, 1987.)

transcription. L'activité du facteur TATA, dans la stimulation de la transcription de la polymérase II, est schématisée dans la Figure 6-69.

Puisque l'ARN polymérase II fabrique tous les précurseurs des ARNm et détermine ainsi les protéines qu'une cellule synthétisera, nous focaliserons la plus grande partie de notre discussion sur la synthèse et le devenir des transcrits synthétisés par cette enzyme.

9-28 L'ARN polymérase II transcrit certaines séquences d'ADN beaucoup plus souvent que d'autres [45]

Bien que les expériences avec des polymérases et des facteurs de transcription purifiés *in vitro* soient essentielles pour établir le mécanisme de la transcription, on peut aussi beaucoup apprendre sur le mode de transcription de l'ADN dans une cellule en utilisant la microscopie électronique pour observer des gènes en action, les ARN polymérases qui leur sont liées étant saisies au moment même de la transcription.

Les micrographies électroniques de coupes minces ordinaires de noyaux interphasiques montrent des amas granulaires de chromatine (voir Figure 9-100), mais elles renseignent peu sur la façon dont les gènes sont transcrits. Une image beaucoup plus détaillée est révélée si le noyau est cassé et si son contenu est étalé sur une grille pour microscopie électronique (Figures 9-70 et 9-71). Au point le plus éloigné du centre du noyau lysé, la chromatine est suffisamment diluée pour laisser voir des brins isolés de chromatine sous la forme d'un « collier de perles » déjà montrée dans la Figure 9-22B.

On peut ainsi voir les molécules d'ARN polymérase activement engagées dans la transcription sous la forme de grosses particules globulaires auxquelles est attachée une seule molécule d'ARN traînant à l'arrière. On observe en général les particules correspondant aux molécules d'ARN poymérase II comme des unités isolées, sans voisines immédiates. Ceci indique que la majorité des gènes ne sont que rarement transcrits en précurseurs d'ARNm, de sorte qu'une polymérase termine sa transcription avant qu'une autre la commence. De temps en temps, cependant, on trouve de nombreuses polymérases (et leurs transcrits associés) regroupées. Ces amas se forment sur les gènes relativement peu nombreux qui sont transcrits à haute fréquence (Figure 9-72). La longueur des molécules d'ARN attachées à ces amas augmente dans le sens de la transcription, pour produire une forme caractéristique. Cette forme correspond au site d'initiation et de terminaison de l'ARN polymérase II pour une **unité de transcription** particulière (Figure 9-73).

Des études biochimiques ont confirmé et approfondi les résultats obtenus par microscopie électronique, conduisant ainsi à trois conclusions importantes :

1. Les molécules d'ARN polymérases des eucaryotes, comme celles des procaryotes, commencent et terminent la transcription en des sites spécifiques sur le chromosome.
2. La longueur moyenne d'une molécule d'ARN terminée, produite par l'ARN polymérase II à partir d'une unité de transcription, est d'environ 8 000 nucléotides et des molécules d'ARN de 10 000 à 20 000 nucléotides ne sont pas rares. Ces longueurs qui dépassent largement les 1 200 nucléotides nécessaires pour coder pour une protéine moyenne de 400 acides aminés, reflètent la structure complexe des gènes eucaryotes, et en particulier la présence de longs introns, comme nous l'examinerons en détail plus tard.
3. Bien que tous les ARN aient des vitesses d'élongation de chaîne d'environ 30 nucléotides par seconde, les différents sites d'initiation de l'ARN polymérase II fonctionnent avec des efficacités très différentes : ainsi certains gènes sont transcrits à des vitesses plus élevées que d'autres. Les images de la transcription observées par microscopie électronique concordent avec les résultats des études biochimiques et montrent que si de nombreuses molécules d'ARN messager s'accumulent dans une cellule, la plupart d'entre elles sont présentes à une fréquence assez faible (Tableau 9-2).

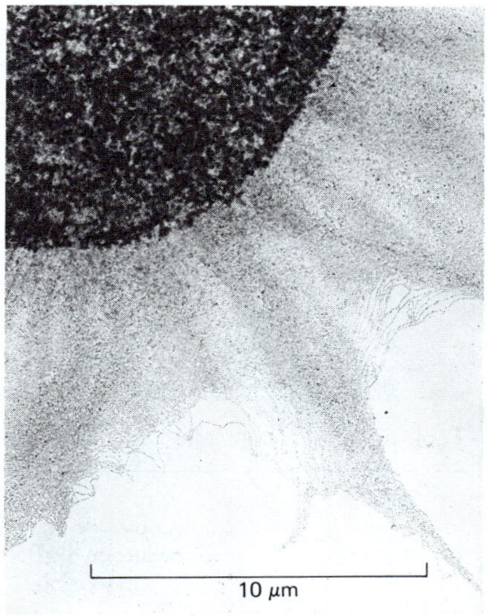

Figure 9-70 Un noyau cellulaire typique observé en microscopie électronique par la technique présentée sur la Figure 9-70. On peut voir un énorme enchevêtrement de chromatine quittant le noyau lysé ; seule la chromatine située au bord extérieur de cet amas sera suffisamment diluée pour permettre un examen à haute résolution. (Avec l'autorisation de Victoria Foe.)

Les précurseurs des ARN messagers sont modifiés de façon covalente aux deux extrémités [46]

On appelle **ARN nucléaires hétérogènes (ARNnh)** tous les transcrits de l'ARN polymérase II dans le noyau car c'est l'hétérogénéité de leurs tailles qui a permis d'abord de les distinguer des autres ARN dans le noyau. Beaucoup de ces transcrits sont destinés à quitter le noyau en tant que **molécules d'ARN messager (ARNm)** et, au cours de leur synthèse, ils sont modifiés de façon covalente à leurs extrémités 5′ et 3′ d'une manière qui les distingue clairement des ARN transcrits par d'autres ARN polymérases. Ces modifications seront utiles ultérieurement à leur fonction de molécules d'ARNm dans le cytoplasme.

L'extrémité 5′ de la molécule d'ARN (qui est l'extrémité synthétisée en premier au cours de la transcription) est d'abord *coiffée* (*capped*) par l'addition d'un nucléotide G méthylé. Ce « chapeau » (« capping ») apparaît presque immédiatement après la synthèse d'environ 30 nucléotides de l'ARN, et entraîne la condensation du groupement triphosphate d'une molécule de GTP avec un diphosphate qui reste à l'extrémité 5′ du transcrit initial (Figure 9-74). Ce **chapeau 5′** jouera ultérieurement un rôle important dans l'initiation de la synthèse protéique (voir p. 214) ; il semble aussi protéger de la dégradation le transcrit en croissance.

L'extrémité 3′ de la majorité des transcrits de la polymérase II est définie non par la fin de la transcription (qui dépasse ce point), mais par une seconde modification, par laquelle le transcrit en croissance est coupé au niveau d'un site spécifique et une polymérase séparée ajoute une **queue poly-A** à l'extrémité 3′ coupée. Le signal de clivage est l'apparition, dans la chaîne d'ARN, de la séquence AAUAAA localisée entre 10 et 30 nucléotides en amont du site de coupure ainsi que d'une séquence en aval moins bien définie. Immédiatement après le clivage, la *poly-A polymérase* ajoute 100 à 200 résidus d'acide adénylique (ou *poly-A*) à l'extrémité 3′ de la chaîne d'ARN pour terminer le **transcrit primaire**. Pendant ce temps, la polymérase continue inutilement à transcrire des centaines ou des milliers de nucléotides, jusqu'à ce qu'elle rencontre un des sites de terminaison ultérieurs ; le bout supplémentaire de transcrit ainsi formé n'a probablement pas de chapeau 5′ et est rapidement dégradé (Figure 9-75).

La fonction de la queue poly-A n'est pas connue avec certitude mais elle peut jouer un rôle dans l'exportation d'ARNm matures à partir du noyau ; il se pourrait aussi qu'elle aide à stabiliser quelques molécules d'ARNm, au moins en retardant leur dégradation dans le cytoplasme.

Bien que les transcrits de la polymérase II comptent pour plus de la moitié des ARN synthétisés par une cellule, nous verrons plus loin que la majorité de l'ARN dans ces transcrits est instable et a donc une durée de vie courte. Il en résulte que l'ARNnh dans le noyau cellulaire et l'ARNm cytoplasmique qui en dérive constituent seulement une petite fraction de l'ARN total présent dans une cellule (Tableau 9-3). Le long brin de poly-A présent à l'extrémité 3′ de ces molécules d'ARN permet de les purifier facilement, en dépit de leur relative rareté. Quand l'ARN cellulaire total est passé à travers une colonne contenant du poly dT lié à un support

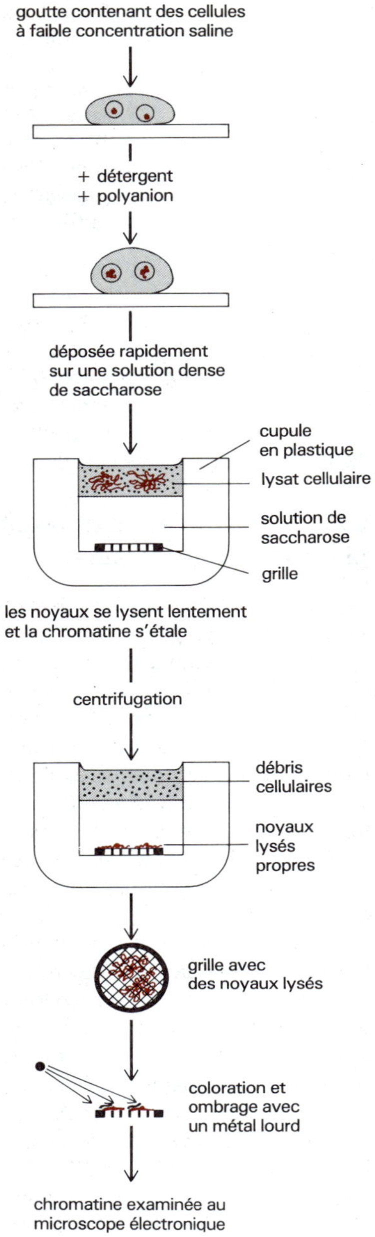

Figure 9-71 Méthode pour examiner la chromatine d'un noyau cellulaire par microscopie électronique après étalement ménagé et retrait des débris cellulaires.

Tableau 9-2 La population de molécules d'ARNm dans une cellule typique de mammifère

	Copies de chaque séquence d'ARNm par cellule		Nombre de séquences différentes d'ARNm dans chaque classe		Nombre total de molécules d'ARNm dans chaque classe
Classe abondante	12 000	×	4	=	48 000
Classe intermédiaire	300	×	500	=	150 000
Classe rare	15	×	11 000	=	165 000

Cette division des ARNm en seulement trois classes différentes est un peu arbitraire. Dans certaines cellules, on peut voir une expansion plus continue des quantités abondantes. Cependant, on observe normalement de 10 000 à 20 000 espèces différentes d'ARNm, la plupart étant présentes en faibles quantités (5 à 15 molécules par cellule). En général, la plus grande partie de l'ARN cytoplasmique total est de l'ARNr et seulement 3 à 5 p. cent de l'ARNm, un rapport cohérent avec la présence d'environ 10 ribosomes par molécule d'ARNm. Ce type particulier de cellule contient environ 360 000 molécules d'ARNm dans son cytoplasme.

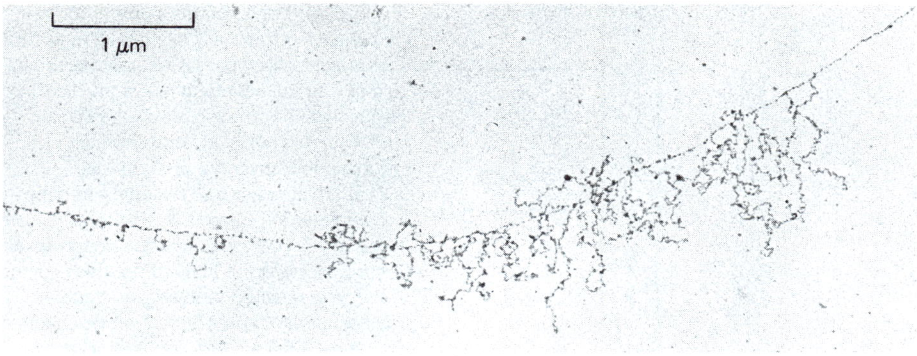

Figure 9-72 Une région de chromatine contenant un gène transcrit à une fréquence anormalement élevée : dans ce cas, on peut voir en même temps de nombreuses molécules d'ARN polymérase II avec leurs transcrits en cours de synthèse. La transcription s'effectue de gauche à droite (voir Figure 9-73). (D'après V.E. Foe, L.E. Wilkinson et C.D. Laird, *Cell.* 9:131-146, 1976, © 1976 Cell Press.)

solide, l'appariement complémentaire entre les résidus T et A retient sélectivement les molécules avec des queues poly-A : les molécules retenues peuvent être relarguées pour une analyse ultérieure. Cette méthode est largement utilisée pour séparer les molécules d'ARNnh et d'ARNm des molécules d'ARN ribosomal et de transfert qui prédominent dans les cellules.

9-30 L'ARN polymérase II est nécessaire à l'addition du chapeau et du poly-A [47]

Seuls les transcrits de l'ARN polymérase II ont des chapeaux 5′ et des queues poly-A 3′. Un gène normalement transcrit par la polymérase II peut être séparé de son promoteur par des techniques d'ADN recombinant et fusionné à un promoteur reconnu par la polymérase I ou par la polymérase III. Si un gène modifié est réinséré dans une cellule, il est transcrit par la polymérase qui reconnaît le promoteur, mais la molécule d'ARN produite n'a jamais ni chapeau, ni queue poly-A. Il semble donc que la réaction de coiffage et celle de clivage et d'addition de poly-A sont catalysées par des enzymes qui se lient de façon sélective à la polymérase II et ne fonctionnent qu'en association avec cette dernière. Ces enzymes peuvent donc être considérées comme des facteurs d'élongation pour la polymérase II. L'importance de l'addition du chapeau et de la polyadénylation pour les précurseurs d'ARN peut expliquer les raisons pour lesquelles ces ARN sont synthétisés par une catégorie distincte de molécules d'ARN polymérase chez les eucaryotes.

Les premières indications selon lesquelles les réactions de clivage et d'addition de poly-A nécessiteraient un facteur d'élongation lié à la polymérase furent fournies par des études laissant supposer que chaque molécule de polymérase II en cours de transcription ne peut engendrer qu'une seule extrémité 3′ adénylée — c'est-à-dire que tous les signaux AAUAAA rencontrés par la polymérase en aval du premier site de clivage et d'addition de poly-A sont ignorés. Ceci suggère que la polymérase porte un facteur qui est perdu lorsque les réactions de clivage et de polyadénylation s'achèvent (voir Figure 9-75).

La plus grande partie de l'ARN synthétisé par l'ARN polymérase II est rapidement dégradée dans le noyau [48]

Les premières données sur l'instabilité des transcrits de l'ARN polymérase II dans le noyau sont le résultat d'études de cellules en culture mises en présence d'uridine tritiée pendant un cours instant pour radiomarquer dans les molécules d'ARNnh et pouvoir ainsi les suivre pendant une durée plus longue. Ces expériences et d'autres plus récentes ont permis deux découvertes remarquables :

1. La longueur des molécules d'ARNnh néosynthétisées décroît rapidement pour atteindre au bout d'environ 30 minutes seulement la taille des molécules d'ARNm cytoplasmiques. Les transcrits primaires contiennent à peu près 6 000 nucléotides, alors que les molécules d'ARNm contiennent environ 1 500 nucléotides.
2. Au bout d'environ 30 minutes les molécules d'ARN radiomarquées commencent à quitter le noyau sous forme de molécules d'ARNm. Cependant, 5 p. cent seulement de la masse de l'ARNnh marqué atteignent le cytoplasme. Le reste est dégradé sur une période d'une heure environ en petits fragments à l'intérieur du noyau cellulaire.

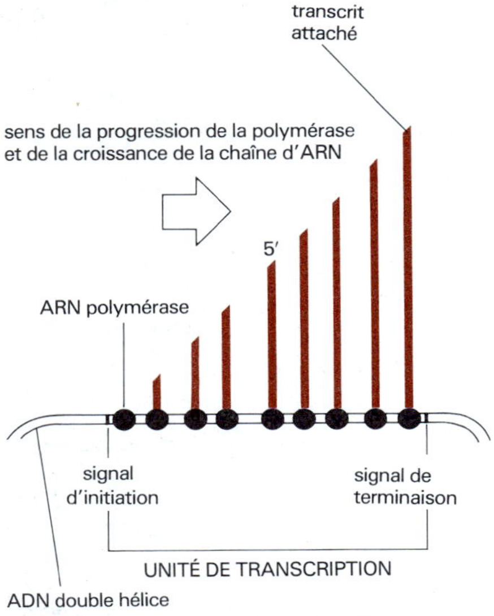

Figure 9-73 Une unité de transcription idéalisée, montrant comment on peut déterminer le sens de la transcription, ainsi que les sites d'initiation et de terminaison de l'unité en se servant de la microscopie électronique.

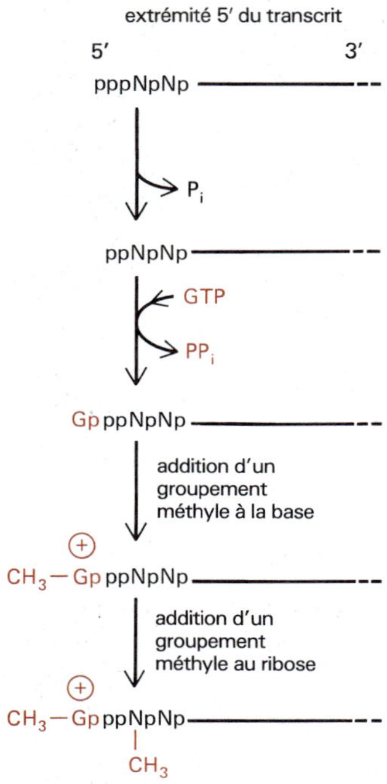

Figure 9-74 Les réactions ajoutent un chapeau à l'extrémité 5′ de chaque molécule d'ARN synthétisée par l'ARN polymérase II. Le chapeau final contient une nouvelle liaison 5′ — 5′ entre le résidu 7-méthyl G positivement chargé et l'extrémité 5′ originale du transcrit (voir Figure 5-24, p. 215). On suppose que certaines au moins des enzymes nécessaires à ce processus sont liées à la polymérase II, puisque les transcrits des polymérases I et III n'ont pas de chapeau 5′ et que la réaction indiquée se produit presque aussitôt après l'initiation de chaque chaîne d'ARN. La lettre N utilisée ici peut représenter n'importe lequel des quatre ribonucléotides, bien que le nucléotide qui commence une chaîne d'ARN soit habituellement une purine (un A ou un G). (D'après A.J. Shatkin, *Bioessays*, 7:275-277, 1987.)

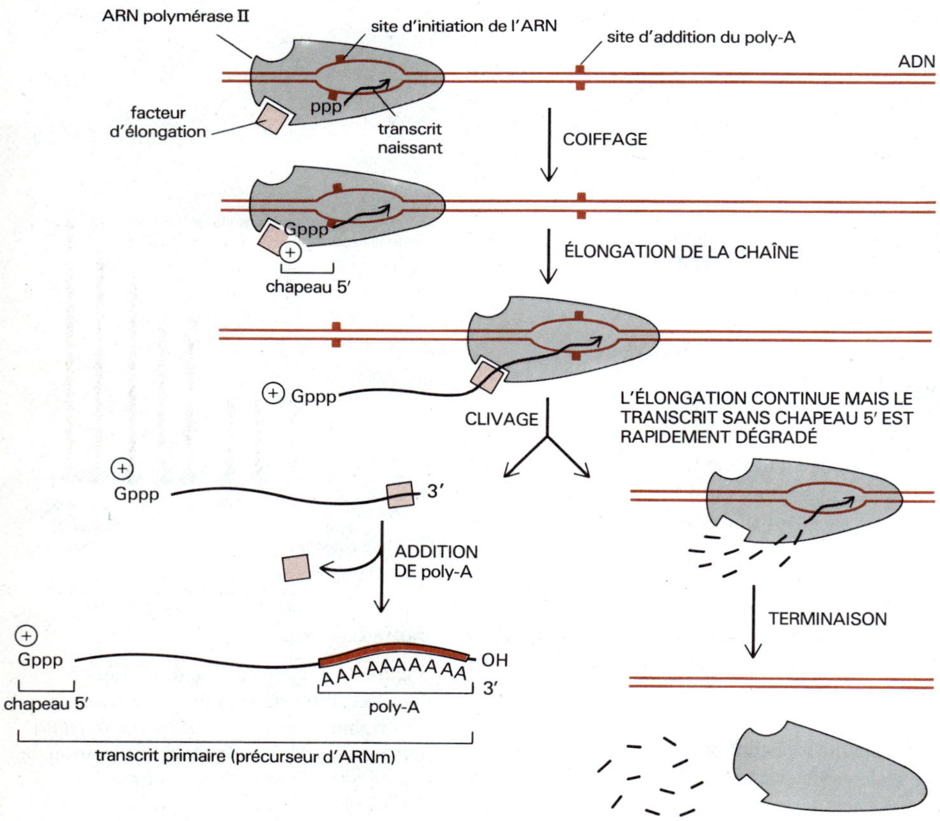

Figure 9-75 Synthèse d'une molécule d'ARNnh (un précurseur d'ARNm) par l'ARN polymérase II. Ce schéma débute par une polymérase qui vient de commencer la synthèse d'une chaîne d'ARN (étape 5 de la Figure 9-65). La reconnaissance d'un signal d'addition de poly-A dans le transcrit en croissance provoque le clivage puis la polyadénylation de la chaîne comme le montre cette figure. Chez les levures, la polymérase termine sa synthèse d'ARN presque aussitôt après ces deux événements, mais, chez les eucaryotes supérieurs, elle continue souvent la transcription de milliers de nucléotides. Il semble vraisemblable que la polymérase modifie ses propriétés dès que le clivage d'une chaîne d'ARN s'est produit : elle ne peut donc plus provoquer l'addition de poly-A au transcrit situé en aval, et il semble qu'elle ait une plus grande probabilité de répondre aux séquences qui sont responsables de la terminaison de la chaîne et de la libération de la polymérase. L'hypothèse la plus simple, représentée ici, est qu'un facteur (ou des facteurs) d'élongation soit libéré de la polymérase après clivage du transcrit.

Tableau 9-3 Quantités d'ARN dans une cellule typique de mammifère

	Quantité à l'équilibre ARN cellulaire total (en p. cent)	Synthèse totale d'ARN (en p. cent)
Précurseurs nucléaires de l'ARNr ↓	4	39
ARNr cytoplasmique	71	—
ARNnh nucléaires ↓	7	58
ARNm cytoplasmique	3	—
Petits ARN stables (surtout des ARNt)	15	3

Ces chiffres proviennent de l'analyse de cellules fibroblastiques de souris en culture (cellules L), chacune d'elles contenait 26pg d'ARN (5×10^{10} nucléotides) dont 14 p. cent environ se trouvaient dans le noyau. (Le noyau cellulaire contient donc environ deux fois plus d'ADN que d'ARN.) En moyenne 200×10^6 nucléotides environ sont polymérisés en ARN toutes les minutes pendant l'interphase. C'est environ 20 fois la vitesse moyenne de synthèse de l'ADN pendant la phase S. Bien que la plus grande partie de l'ARN synthétisé soit de l'ARNnh, il faut noter que la presque totalité de cet ARN est dégradée dans le noyau. L'ARNm produit à partir de l'ARNnh correspond donc seulement à une petite fraction de l'ARN total de la cellule. (Modifié à partir de B.P. Branhorst et E.H. McConkey, *J. Méd. Biol.* 85:451-563, 1974.)

Lorsqu'on découvrit, au début des années 1970, que les ARNm et les ARNnh avaient des queues poly-A à leurs extrémités 3′, il fut normal de supposer que les ARNm étaient dérivés des ARNnh par une importante dégradation de leurs extrémités 5′ — en d'autres termes, que la plus grande partie d'une molécule d'ARNnh était composée d'une très longue « séquence de tête 5′ » (« leader sequence ») en amont de la séquence codante. Mais l'hypothèse dut être abandonnée quand on découvrit les chapeaux 5′ et quand on montra qu'ils étaient largement conservés au cours de la conversion des molécules d'ARNnh en ARNm. Avec sagesse, il aurait fallu logiquement conclure que le *centre* d'une molécule d'ARNnh était éliminé, laissant à la fois les extrémités 3′ et 5′ intactes. A cette époque, cependant, un tel postulat semblait absurde. De plus, les chercheurs étaient dans l'embarras pour expliquer les raisons pour lesquelles une cellule devrait se débarrasser de la plus grande partie de l'ARN qu'elle synthétise. La solution de ce puzzle fut seulement trouvée lorsqu'il devint possible de comparer la séquence nucléotidique d'une molécule d'ARNm particulière à la séquence d'ADN génomique qui la code.

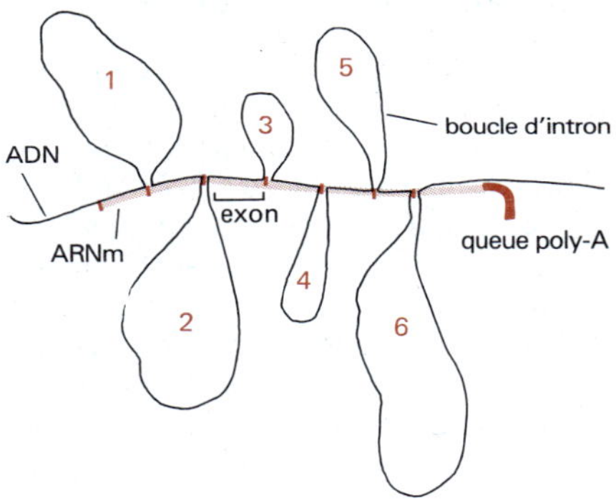

Figure 9-76 La « technique des boucles R » a fourni la première preuve de l'existence des introns dans les gènes eucaryotes ; dans cette technique, on visualise au microscope électronique un complexe entre des molécules d'ARNm et d'ADN par appariements de bases. Une molécule d'ARNm, d'une abondance inhabituelle telle que l'ARNm de la β-globine ou l'ARNm de l'ovalbumine, est facilement purifiée à partir de cellules spécialisées qui la produisent. Lorsque cette préparation d'ARNm monocaténaire est fusionnée dans un solvant convenable à une molécule d'ADN bicaténaire contenant le gène qui code l'ARNm, l'ARN peut déplacer une chaîne d'ADN en n'importe quel point où les deux séquences s'ajustent et forment des régions d'hélice ARN-ADN. Des régions de l'ADN pour lesquelles aucun ajustement à la séquence d'ARNm n'est possible, sont clairement visibles sous forme de grandes boucles d'ADN bicaténaire. Chacune de ces boucles (numérotées de 1 à 6) représente un intron dans la séquence du gène.

La maturation de l'ARN entraîne l'excision de longues séquences nucléotidiques du centre des molécules d'ARN [48]

La découverte en 1977 des gènes interrompus fut entièrement inattendue. On avait montré, auparavant, que les gènes des bactéries sont composés d'une série continue des nucléotides nécessaires au codage des acides aminés d'une protéine, et il ne semblait pas y avoir de raison évidente pour qu'un gène soit organisé d'une autre façon. Les premières données sur la discontinuité des gènes eucaryotes, au contraire des gènes bactériens, furent obtenues grâce à l'application de nouvelles méthodes qui permettaient de comparer avec précision des séquences d'ARNm et d'ADN, aux ARNm produits par un *adenovirus* humain (un grand virus à ADN). Il s'avéra que la région de l'ADN viral qui produisait ces ARN contenait des séquences absentes des ARN matures. L'éventualité que cette situation était particulière aux virus, fut rapidement éliminée par la découverte d'interruptions analogues dans les gènes de l'ovalbumine et de la β-globine des vertébrés. Nous avons déjà vu que les séquences présentes dans l'ADN mais absentes des ARNm sont des séquences d'*introns*, tandis que celles présentes dans l'ARNm sont des séquences d'*exons* (Figure 9-76 et 9-77).

Il restait encore à déterminer comment les introns et les exons sont triés par la cellule : alors seulement la signification de l'ARNnh devint claire. Nous savons maintenant que le transcrit primaire est une copie fidèle du gène, contenant à la fois les séquences d'exons et d'introns, et que ces dernières sont excisées du centre d'un transcrit pour donner une molécule d'ARNm qui code directement une protéine (voir Figure 3-13, p. 101). Étant donné que les séquences d'ARN codantes situées de part et d'autre d'un intron sont reliées les unes aux autres

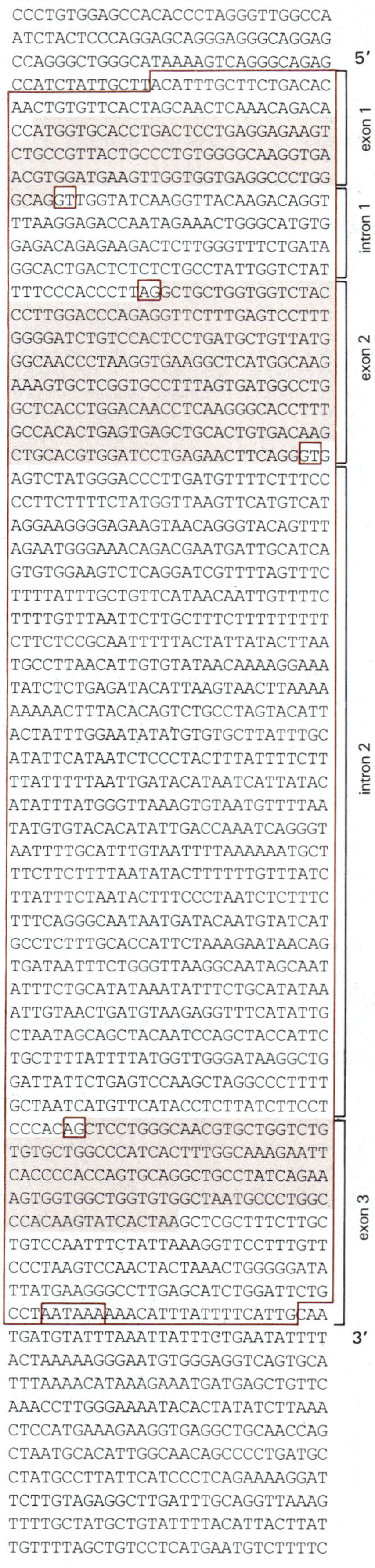

Figure 9-77 La région transcrite du gène humain de la β-globine. On donne la séquence de la chaîne d'ADN correspondant à la séquence d'ARN ; le transcrit primaire est encadré par une ligne colorée et les nucléotides des trois régions codantes (exons) sont ombrés. Noter que l'exon 1 comprend une *séquence de tête* (*leader sequence*) 5′ et que l'exon 3 comprend une *séquence de queue* (*trailer sequence*) 3′ ; bien que ces séquences soient comprises dans l'ARNm, elles ne codent pas d'acides aminés. Les nucléotides GT et AG très conservés, qui sont aux extrémités de chaque intron, sont encadrés (voir Figure 9-79), avec le signal de clivage et polyadénylation proche de l'extrémité 3′ du gène (AATAAA, voir Figure 9-75).

après l'excision de l'intron, cette réaction est appelée **épissage de l'ARN**. L'épissage de l'ARN se déroule dans le noyau de la cellule, hors d'atteinte des ribosomes, et l'ARN n'est transporté dans le cytoplasme qu'une fois la maturation achevée (voir p. 538).

Comme la majorité des gènes de mammifères contiennent beaucoup plus d'introns que d'exons (voir Tableau 9-1, p. 486), l'épissage de l'ARN peut rendre compte de la conversion des très longues molécules d'ARNnh nucléaires (jusqu'à 50 000 nucléotides) en molécules d'ARNm cytoplasmiques beaucoup plus courtes (qui contiennent habituellement 500 à 3 000 nucléotides).

Avant de discuter de la distribution des introns dans les gènes eucaryotes et de certaines de leurs conséquences pour la fonction de la cellule, il est nécessaire d'expliquer la manière dont les séquences d'introns sont reconnues et excisées par le mécanisme d'épissage.

9-31 Les transcrits d'ARNnh sont immédiatement recouverts de protéines et de snRNP [49]

L'ARN néosynthétisé chez les eucaryotes, contrairement à celui des bactéries, semble se condenser immédiatement en un groupe de particules peu espacées contenant des protéines. Ces particules sont composées d'environ 500 nucléotides d'ARN enroulés autour d'un ample complexe protéique qui sert à condenser et empaqueter chaque transcrit en croissance d'une manière qui rappelle les complexes ADN-protéines des nucléosomes. Les **particules RNPnh** qui en résultent (*particules ribonucléoprotéiques nucléaires hétérogènes, hnRNP* en anglais) peuvent être purifiées après traitement des noyaux par des ribonucléases d'une façon juste suffisante pour détruire l'ARN qui les relie. Les particules sédimentent à environ 30S et leur diamètre est environ le double de celui des nucléosomes (20 nm). Leur noyau protéique est également plus volumineux et plus complexe : il est composé d'un ensemble d'au moins 8 protéines différentes dont les masses vont de 34 000 à 120 000 daltons. Les histones mises à part, les protéines de cette partie centrale sont les protéines les plus abondantes dans le noyau cellulaire. Celles qui ont été caractérisées jusqu'à présent contiennent une ou plusieurs copies d'une courte séquence d'acides aminés qui est commune à de nombreuses protéines de liaison à l'ARN (Figure 9-78).

Les particules RNPnh sont généralement dénaturées par les techniques standard d'étalement utilisées pour observer, en microscopie électronique, des gènes en cours de transcription (voir Figure 9-70). Ces micrographies, toutefois , révèlent des particules particulièrement stables d'un type moins commun sur de nombreux transcrits ; leur localisation implique fortement qu'elles ont un rôle dans l'épissage de l'ARN. Les particules stables se forment très rapidement au niveau des jonctions entre les introns et les exons, et lorsque le transcrit s'allonge, ces particules s'apparient pour former un plus grand complexe qui est, pense-t-on, le « *spliceosome* » ou *complexe d'épissage* qui catalyse l'épissage de l'ARN (Figure 9-79).

Des analyses biochimiques ont montré que le noyau cellulaire contient de nombreux complexes composés de protéines et de petits ARN (généralement des ARN de 250 nucléotides au plus), qui ont arbitrairement été désignés par ARN U1, U2, ..., U12. Chacun de ces complexes, appelés **petites particules nucléaires ribonucléoprotéiques (snRNP** pour « small nuclear ribonucleoproteins) contient un groupe de protéines complexées à une molécule d'ARN stable et ressemble en cela aux ribosomes. Cependant, ils sont beaucoup plus petits que ces derniers — environ 250 000 daltons comparé au 4,5 millions de daltons pour un ribosome — et ont des rapports protéine sur ARN plus élevés. Certaines protéines sont présentes dans plusieurs types de snRNP, alors que d'autres sont particulières à un type donné. Ceci fut d'abord démontré avec des sérums de patients atteints de *lupus érythémateux systémique* qui fabriquent des anticorps dirigés contre une ou plusieurs protéines snRNP : on découvrit, par exemple, que le même anticorps se lie aux snRNP U1, U2, U5 et U4/U6, suggérant que ces particules contiennent une protéine commune.

Figure 9-78 Une séquence d'acides aminés présente dans de nombreuses protéines eucaryotes de liaison à l'ARN. Cette séquence consensus — trouvée dans les protéines d'organismes aussi divers que les levures, la *Drosophile*, et les humains —, est présente dans les protéines des particules RNPnh, dans les protéines liées à la queue poly-A des ARNnh, dans plusieurs protéines snRNP, et dans la protéine nucléolaire abondante, la nucléoline. La présence de cette séquence dans une protéine de fonction inconnue suggère que la protéine se lie à l'ARN.

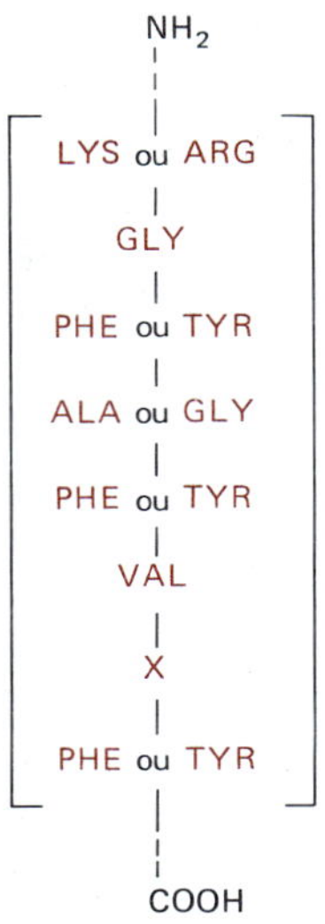

On suppose que les snRNP reconnaissent des séquences spécifiques d'acide nucléique grâce à la complémentarité des paires de base ARN-ARN. Certaines d'entre elles interviennent dans l'épissage de l'ARN, d'autres sont impliquées dans les réactions de clivage qui engendrent les extrémités 3′ de certains ARN néoformés (voir p. 596), alors que d'autres encore ont une fonction inconnue. Ce sont des expériences sur la maturation de l'ARN *in vitro* qui apportèrent la preuve du rôle des snRNP dans l'épissage de l'ARN.

Les introns sont éliminés sous l'aspect de molécules en forme de lasso [50]

La taille des **introns** varie de 80 à 100 000 nucléotides ou plus. Ils diffèrent énormément des exons en ce que leurs séquences nucléotidiques exactes semblent être sans importance. Ainsi, les introns ont rapidement accumulé des mutations au cours de l'évolution, et il est souvent possible de modifier la plus grande partie de la séquence nucléotidique d'un intron sans beaucoup affecter la fonction du gène. Ceci a conduit à suggérer que les séquences d'introns n'ont aucune fonction et sont, pour une grande partie, des « déchets » génétiques ; nous examinerons cette hypothèse ultérieurement (voir p. 602). Les seules séquences très conservées dans les intons sont celles qui sont nécessaires à leur propre élimination. Ainsi, il y a des séquences consensus à chaque extrémité d'un intron, qui sont presque les mêmes dans toutes les séquences d'introns connues, et elles ne peuvent être modifiées sans affecter le processus d'épissage qui élimine normalement l'intron du transcrit primaire. Ces séquences frontières conservées au niveau du **site d'épissage 5′ (le site donneur)** et du **site d'épissage 3′ (le site accepteur)** sont représentées dans la Figure 9-90. Les réactions de coupure et de ligature de l'ARN doivent s'effectuer avec précision car une erreur d'un seul nucléotide déplacerait le cadre de lecture dans la molécule d'ARNm résultante et détruirait le sens de son message.

La voie d'élimination des introns dans les transcrits primaires a été trouvée grâce à des expériences *in vitro*, dans lesquelles on prépare une espèce pure d'ARN contenant un seul intron en incubant un fragment d'ADN judicieusement choisi avec une ARN polymérase purifiée très active (Figure 9-81). Quand ces molécules d'ARN sont ajoutées à un extrait cellulaire, elles sont épissées suivant une réaction enzymatique en deux étapes qui nécessite l'incubation prolongée avec l'ATP, des protéines sélectionnées dans l'extrait, et les snRNP U1, U2, U5 et U4/U6 ; ces composants s'assemblent en un gros complexe ribonucléoprotéique, ou **complexe d'épissage** ou encore **« spliceosome** (terme anglais). La caractérisation des espèces d'ARN qui apparaissent en tant qu'intermédiaires au cours de la réaction, ainsi que les snRNP nécessaires

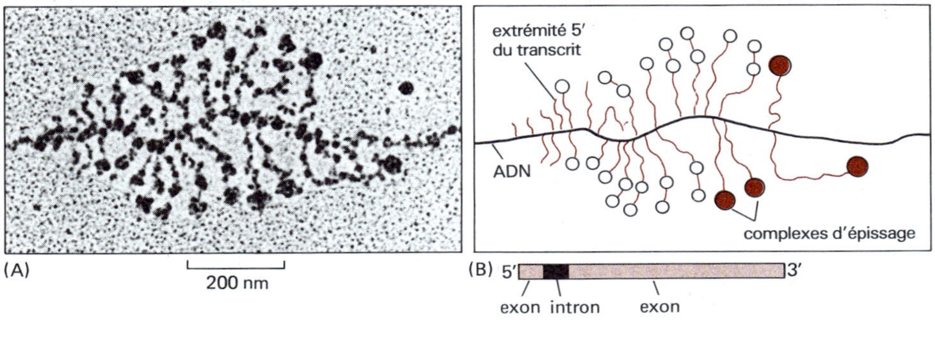

Figure 9-79 Micrographie électronique d'une chromatine étalée montrant les grosses particules ribonucléoprotéiques qui s'assemblent au niveau des sites d'épissage 5′ et 3′ pour former un complexe d'épissage. Dans la micrographie (A), on a identifié un gène qui code une protéine du chorion de la *Drosophile* et l'on connaît ainsi les positions des sites d'épissage sur le transcrit primaire. (B) La plupart des transcrits ont une ou deux grosses particules RNP proches de leurs extrémités 5′. Lorsqu'il y a deux particules sur un transcrit [cercles ouverts en (B)], elles ont un diamètre moyen de 25 nm et se trouvent au niveau ou très près des positions des sites d'épissage 5′ et 3′ de l'unique petit intron (228 nucléotides de long) situé près de l'extrémité 5′ des transcrits. Les transcrits les plus matures et les plus longs sur les deux gènes ont fréquemment une seule particule plus volumineuse [cercles colorés en (B)] dans la région de l'intron, qui résulte probablement de l'association stable des deux particules plus petites et représente le complexe d'épissage assemblé. Puisque l'épissage se produit dans certains cas alors que l'extrémité 3′ de la chaîne d'ARN est toujours en cours de transcription, le poly-A à l'extrémité 3′ des molécules d'ARNnh ne peut être nécessaire à l'épissage. La plupart des principales protéines RNPnh ont été éliminées de ces transcrits par les conditions d'étalement utilisées. (D'après Y.N. Osheim, O.L. Miller et A.L. Beyer, *Cell* 43:143-151, 1985.)

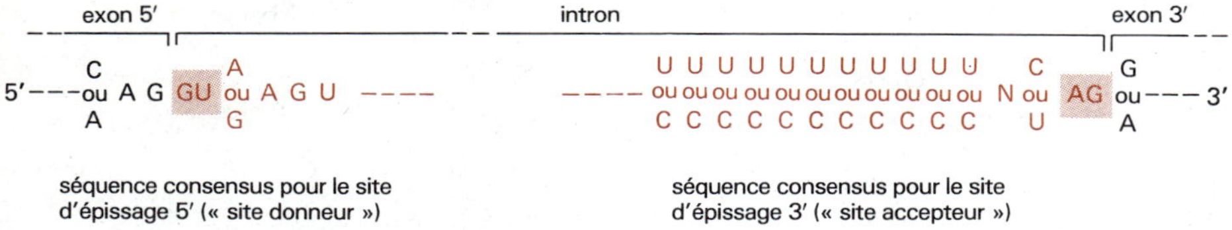

Figure 9-80 Séquences consensus pour les sites d'épissage 5′ et 3′ utilisées dans l'épissage de l'ARN. La séquence donnée est celle qui correspond à la chaîne d'ARN ; les dinucléotides presque invariables GU et AG à chaque extrémité de l'intron sont ombrés en couleur (voir aussi la Figure 9-77).

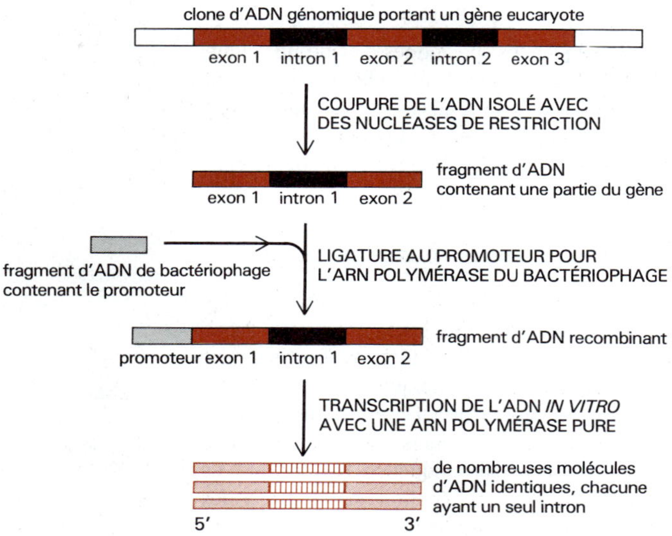

Figure 9-81 Un aperçu de la méthode de production de grandes quantités de molécules d'ARN pures pour analyser l'épissage de l'ARN *in vitro*. La méthode est subordonnée aux moyens de production de grandes quantités d'une séquence d'ADN voulue, quelle qu'elle soit, par génie génétique et clonage de l'ADN (voir p. 258), ainsi qu'à l'utilisation des ARN polymérases assez simples des bactériophages T7 ou SP6, qui transcrivent l'ADN avec une grande efficacité *in vitro*. En couplant un fragment d'ADN eucaryote à un promoteur de bactériophage, on peut utiliser une ARN polymérase de bactériophage pour former *in vitro* de grandes quantités de l'ARN codé par les fragments d'ADN eucaryotes. Le chapeau 5′ présent sur les ARNnh peut être incorporé dans de tels ARN en utilisant un nucléotide de coiffage synthétisé chimiquement pour initier le processus de transcription (non représenté).

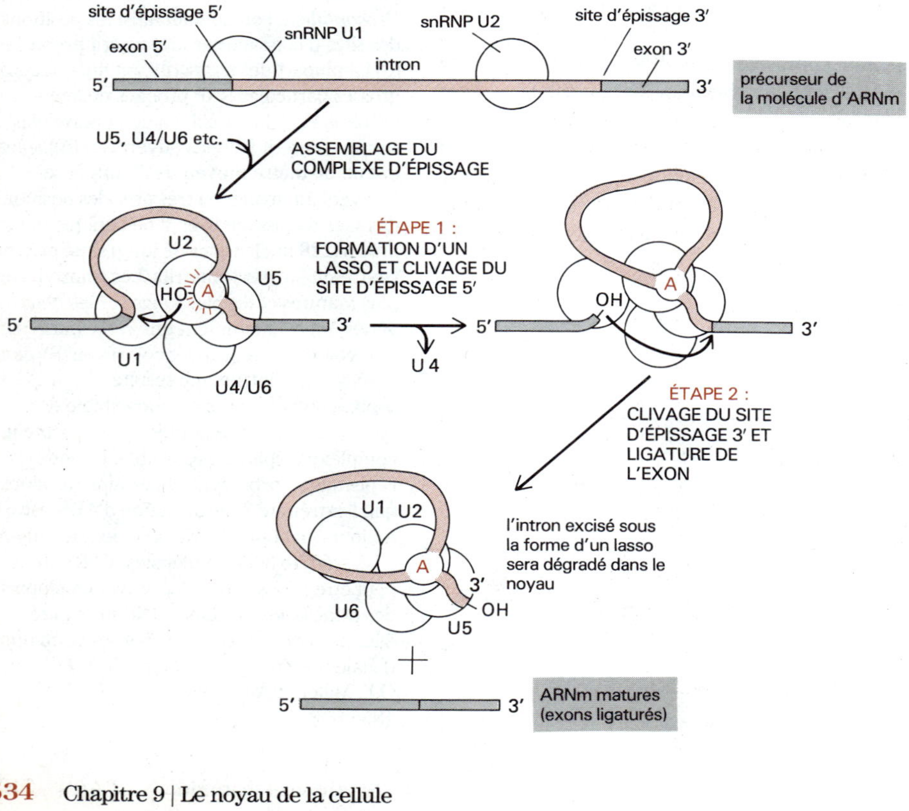

Figure 9-82 Catalyse de l'épissage de l'ARN par un complexe d'épissage formé par l'assemblage des snRNP U1, U2, U5 et U4/U6 (représentés sous forme de cercles), ainsi que d'autres composants (non représentés). Après l'assemblage du complexe d'épissage, la réaction a lieu en deux étapes : dans l'étape 1, un nucléotide A particulier dans l'intron, localisé près du site d'épissage 3′, attaque le site d'épissage 5′, qui est clivé ; l'extrémité 5′ coupée de l'intron se lie de façon covalente à ce nucléotide A, formant le nucléotide ramifié représenté dans la Figure 9-83. Dans l'étape 2, l'extrémité 3′-OH du premier exon, qui était dénudée dans la première étape, s'ajoute au début du second exon, clivant la molécule d'ARN au niveau du site d'épissage 3′ ; les deux exons se rejoignent ainsi et l'intron est libéré sous la forme d'un lasso. Le complexe d'épissage complet sédimente à 60S, indiquant qu'il est presque aussi gros qu'un ribosome. Ces réactions d'épissage ont lieu dans le noyau et engendrent des molécules d'ARNm à partir de transcrits primaires (précurseurs des ARNm).

à leur production, aboutirent à la découverte que l'intron est excisé sous la forme d'un *lasso*, selon le mode d'épissage décrit dans les Figures 9-82 et 9-83.

Des rôles particuliers ont été définis pour plusieurs des snRNP. La snRNP U1, par exemple, se fixe à un site d'épissage 5′, guidée par une séquence nucléotidique dans l'ARN U1, qui est complémentaire de la séquence consensus de neuf nucléotides du site d'épissage (voir Figure 9-80). Puisque l'ARN est capable de se comporter comme une enzyme (voir p. 105), l'ARN ou les composants protéiques des complexes d'épissage pourraient être responsables de la catalyse, de la coupure et de la formation des liaisons covalentes, qui sont requises pour l'épissage de l'ARN.

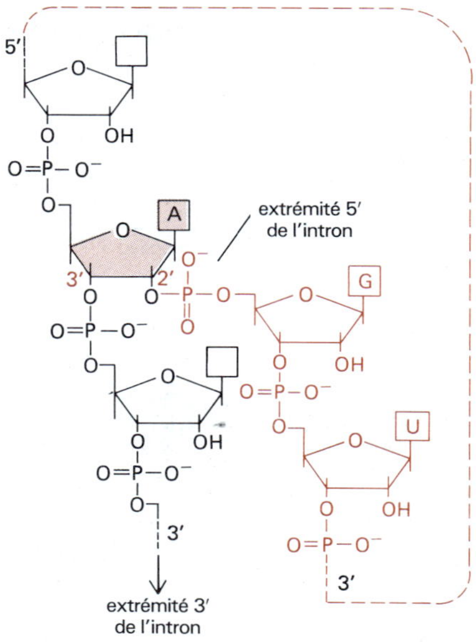

Figure 9-83 Structure de la chaîne d'ARN ramifiée qui se forme au cours de l'épissage de l'ARN nucléaire. Le A ombré est le nucléotide mis en vedette dans la Figure 9-82, et la ramification se forme au cours de l'étape 1 de la réaction d'épissage illustrée ici. Dans cette étape, l'extrémité 5′ de l'intron est clivée et son groupement phosphate s'associe de façon covalente au groupement ribose 2′-OH du nucléotide A, qui est localisé environ à 30 nucléotides de l'extrémité 3′ de l'intron. La chaîne ramifiée reste dans l'intron final excisé et est responsable de sa forme en lasso (voir Figure 9-82).

9-32 De multiples introns sont habituellement excisés de chaque transcrit [51]

Puisque le complexe d'épissage semble principalement reconnaître une séquence consensus au niveau de chaque limite d'intron, le *site d'épissage 5′* (*le site donneur*) situé à l'extrémité de n'importe quel intron peut en principe se lier au *site d'épissage 3′* (*le site accepteur*) de n'importe quel autre intron au cours de l'épissage. Ainsi, la combinaison expérimentale des moitiés 5′ et 3′ de deux introns différents aboutit à une séquence d'introns hybride qui est souvent reconnue par les enzymes d'épissage et excisée.

D'après ce résultat, on peut s'étonner que les gènes de vertébrés puissent contenir jusqu'à 50 introns (voir Tableau 9-1, p. 486). Si deux sites d'épissage 5′ et 3′ quelconques étaient mal appariés pour l'épissage, quelques séquences d'ARNm fonctionnelles seraient perdues, avec des conséquences désastreuses. De telles erreurs sont évitées d'une manière ou d'une autre : le mécanisme de maturation de l'ARN garantit normalement que l'appariement de chaque site d'épissage 5′ s'effectue uniquement avec le site d'épissage 3′ le plus proche en aval (de 5′ vers 3′) sur la séquence linéaire d'ARN (Figure 9-84). On ne sait pas comment s'effectue cet appariement séquentiel des sites d'épissage bien que l'assemblage du complexe d'épissage, alors que le transcrit s'allonge encore (voir Figure 9-79), semble jouer un rôle essentiel en assurant un appariement ordonné des sites d'épissage appropriés. On a pu également prouver l'importance des conformations tridimensionnelles exactes qu'adoptent les introns et les exons dans le transcrit. Nous verrons cependant — ci-dessous et au Chapitre 10 — que l'épissage peut être contrôlé et, dans certains cas particuliers, le simple schéma d'épissage allant de 5′ en 3′ n'est pas retenu.

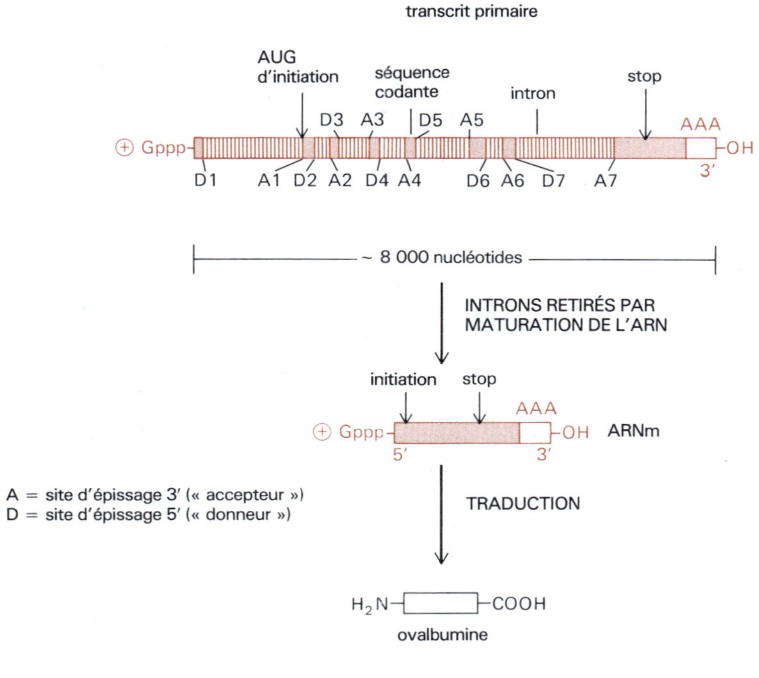

Figure 9-84 Transcrit primaire du gène de l'ovalbumine de poulet, montrant la nécessité d'un retrait organisé des sept introns pour obtenir une molécule fonctionnelle d'ARNm. Les sites d'épissage 5′ (sites donneurs) sont désignés par D et les sites d'épissage 3′ (sites accepteurs) sont désignés par A.

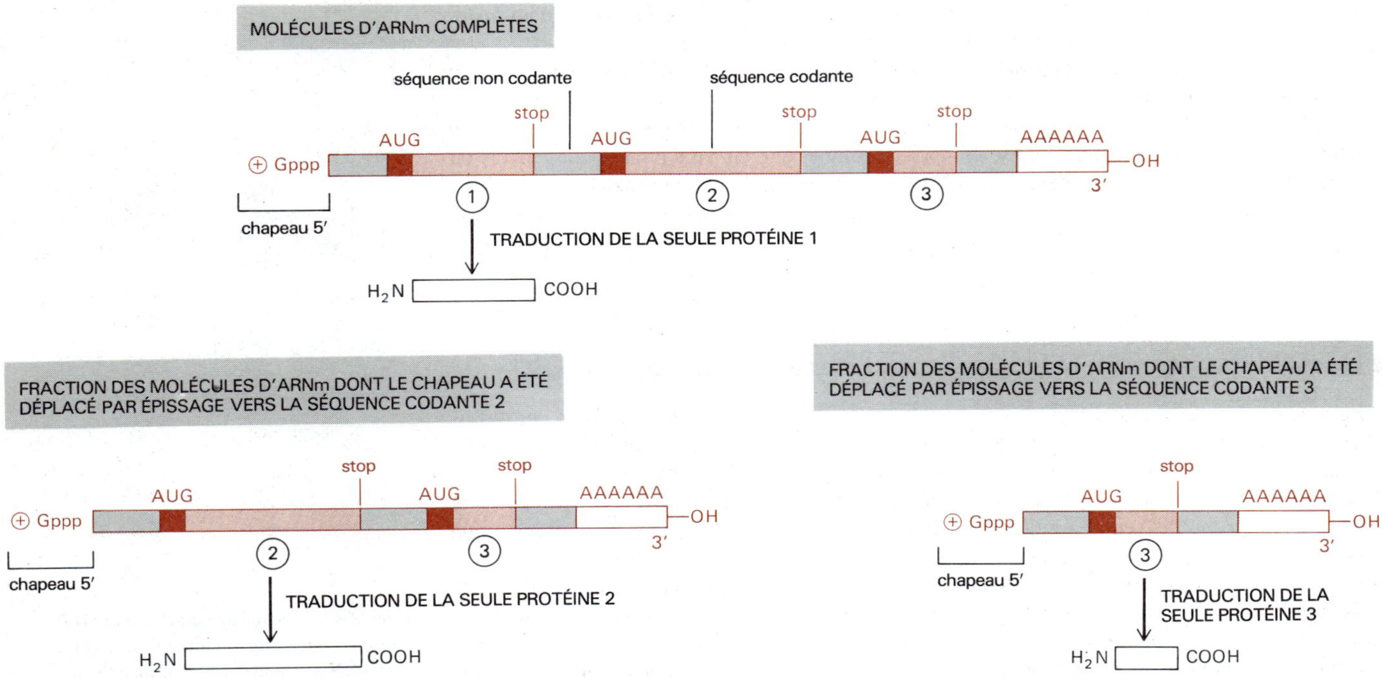

Figure 9-85 Pour certains virus, la maturation du même transcrit primaire s'effectue de plusieurs façons pour produire trois (ou plus) molécules différentes d'ARNm, chacune codant une protéine différente. Dans chaque cas, seule la séquence codante la plus proche du chapeau 5' est traduite à partir de la molécule d'ARNm.

9-33 10-23 La maturation du même transcrit peut s'effectuer de plusieurs façons pour produire des ARNm codant plusieurs protéines [52]

Bien que la majorité des introns ne semblent pas avoir eux-mêmes de fonction spécifique, l'existence de l'épissage de l'ARN permet la synthèse de plusieurs ARNm différents et, par là, de plusieurs protéines différentes, à partir du même transcrit, conférant ainsi une souplesse génétique supplémentaire à la cellule. Nous verrons au Chapitre 10 que des modifications dans le mode d'épissage de certains transcrits apparaissent au cours de la différenciation cellulaire, de sorte que les mêmes séquences d'ADN codantes sont utilisées à des fins différentes tandis que la cellule se développe (p. 589).

Cette variabilité que confère l'épissage de l'ARN fut d'abord observée chez l'adénovirus, dans lequel l'épissage lui-même fut découvert. Le génome de l'adénovirus gouverne la synthèse de quelques très longs transcrits qui contiennent les séquences codantes pour plusieurs protéines. Ce n'est pas un phénomène normal dans une cellule eucaryote, où une molécule d'ARNm particulière ne code généralement qu'une seule protéine (voir p. 214) ; la traduction n'est initiée qu'à proximité du chapeau 5' (voir p. 528) et elle stoppera normalement dès la rencontre du premier codon de terminaison. Chez l'adénovirus, cependant, cette limitation est surmontée par le mécanisme d'épissage de l'ARN, qui peut traiter des séquences codantes comme des introns et les exciser de sorte que le même chapeau 5' est raccordé à chacune des séquences codantes en aval proportionnellement aux ARNm produits par le virus. Cet *épissage auxiliaire de l'ARN* permet au chapeau 5' de servir de signal d'initiation pour la synthèse de différentes protéines (Figure 9-85). Ce système est largement utilisé par les virus pour permettre à quelques transcrits différents seulement de coder un beaucoup plus grand nombre de protéines.

9-34 Des modifications des ARNm dans la thalassémie révèlent la façon dont l'épissage de l'ARN peut permettre le développement de nouvelles protéines [53]

Grâce aux techniques de l'ADN recombinant, des mutants humains sont devenus une source de matériel de plus en plus importante pour les études génétiques des mécanismes cellulaires (voir p. 181). Dans un groupe de maladies génétiques humaines, appelées les **syndromes thalassémiques** par exemple, les patients ont un taux anormalement bas d'hémoglobine — la protéine de transport de l'oxygène dans les globules rouges. On a déterminé des altérations dans la séquence d'ADN de plus de 50 mutants de ce type, et une grande proportion d'entre elles provoquent des modifications dans le mode d'épissage de l'ARN. On a ainsi détecté des variations d'un seul nucléotide qui inactivent un site d'épissage ou en créent un nouveau en

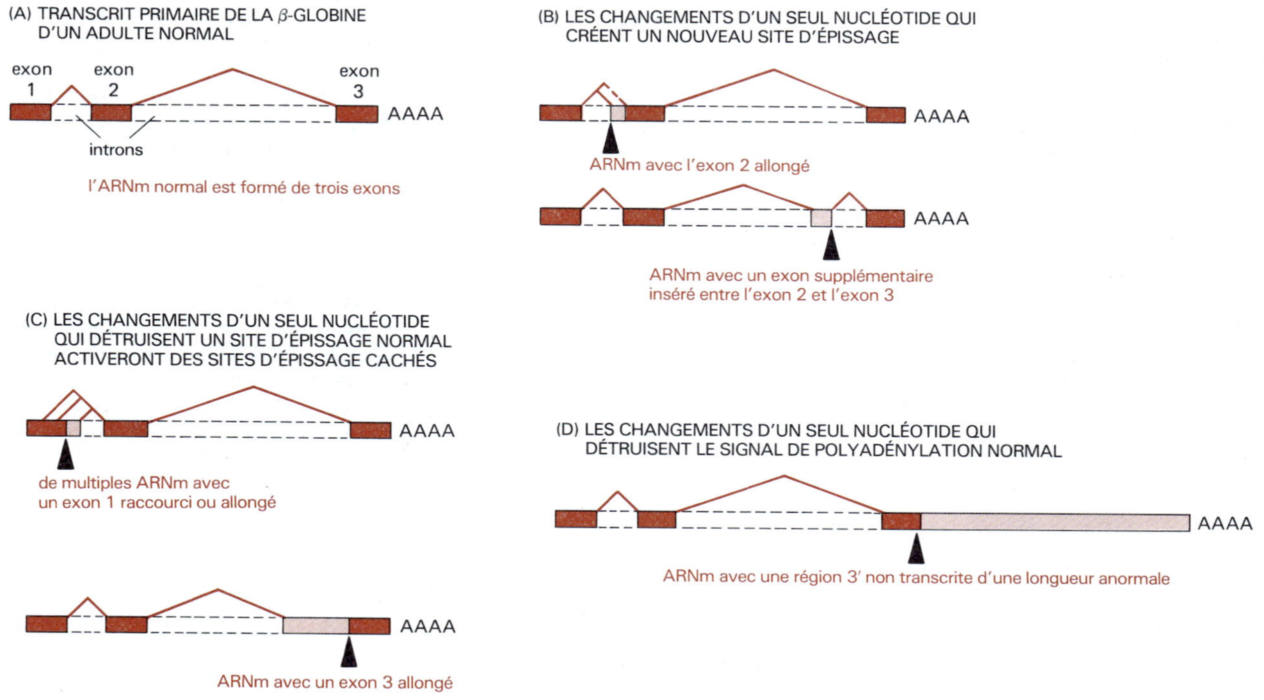

Figure 9-86 Exemples de maturation anormale du transcrit primaire de la β-globine, qui ont été notés chez des humains mutants atteints de β thalassémie. Le site de chaque mutation est indiqué par une pointe de flèche noire. Les encadrés colorés représentent les trois exons normaux illustrés précédemment dans la Figure 9-77, et les lignes colorées joignent les sites d'épissage 5′ et 3′ utilisés dans l'épissage du transcrit primaire produit par le gène. Les encadrés ouverts représentent les nouvelles séquences nucléotidiques incluses dans la molécule d'ARNm finale à la suite d'une mutation. Noter qu'un ou plusieurs sites voisins d'épissage « cachés » anormaux sont utilisés comme site partenaire lorsqu'une mutation laisse un site de jonction normal sans partenaire, comme en (C). (D'après S.H. Orkin, dans The Molecular Basis of Blood Diseases [G. Stanatoyannopoulos et al. eds.], pp. 106-126, Philadelphia : Saunders, 1987.)

modifiant une séquence dans un intron ou un exon dans un site d'épissage consensus. De façon surprenante, l'analyse des ARNm synthétisés dans ces individus mutants révèle que la perte d'un site d'épissage n'empêche pas l'épissage, mais entraîne plutôt son site partenaire normal à chercher un nouveau site « caché » voisin et à s'y associer. Souvent un certain nombre d'épissages secondaires se font dans ces mutants, provoquant la synthèse, par le gène mutant, d'un groupe de protéines modifiées au lieu d'une seule (Figure 9-86). Ces résultats montrent que l'épissage de l'ARN est un processus très souple dans les cellules des eucaryotes supérieurs.

Puisqu'une simple mutation provoquera souvent la synthèse d'une variété de nouvelles protéines, la cellule peut éprouver les progrès possibles de sa « dot » génétique d'une manière très efficace. Pour cette raison, la souplesse de l'épissage de l'ARN pourrait avoir joué un rôle crucial dans l'évolution des eucaryotes supérieurs. Les eucaryotes inférieurs, tels que les levures, ont des règles d'épissage beaucoup plus précises, qui devraient considérablement limiter l'évolution de nouveaux ARNm dus à des variations dans les modes d'épissage de l'ARN ; c'est pourquoi, peut-être, leur vitesse de divergence de forme et de fonction semble avoir été beaucoup plus lente que celle des eucaryotes supérieurs.

L'épissage de l'ARN catalysé par un complexe d'épissage a probablement évolué à partir de mécanismes d'auto-épissage [54]

Les biologistes moléculaires furent déconcertés lorsqu'ils découvrirent les intermédiaires en forme de lasso dans l'épissage de l'ARN nucléaire. Pourquoi cette voie bizarre était-elle utilisée plutôt que celle apparemment plus simple d'assembler les sites d'épissage 5′ et 3′ dans une première étape, suivie par leurs coupure et réunion directes ? La réponse semble se trouver dans la façon dont le complexe d'épissage a évolué.

Comme nous l'avons expliqué dans le Chapitre 1, il est vraisemblable que les premières cellules utilisaient les molécules d'ARN plutôt que les protéines comme catalyseurs principaux, et stockaient leur information génétique dans les séquences d'ARN plutôt que d'ADN (voir p. 7). Les réactions d'épissage catalysées par l'ARN jouaient probablement des rôles importants dans ces premières cellules, et il reste, aujourd'hui, quelques introns à auto-épissage de l'ARN — par exemple, dans les gènes nucléaires d'ARNr de *Tetrahymena* (voir p. 105), chez le bactériophage T4, et dans certains gènes mitochondriaux et chloroplastiques (voir p. 393). Dans ce cas là, le repliement nécessaire à la formation d'une surface catalytique dans la molécule d'ARN a protégé de grandes régions de la séquence d'introns au cours de l'évolution. Deux classes principales d'introns à auto-épissage peuvent être facilement distinguées : les *introns du groupe I* commencent la réaction d'épissage par la liaison d'un nucléotide G à la séquence d'introns ;

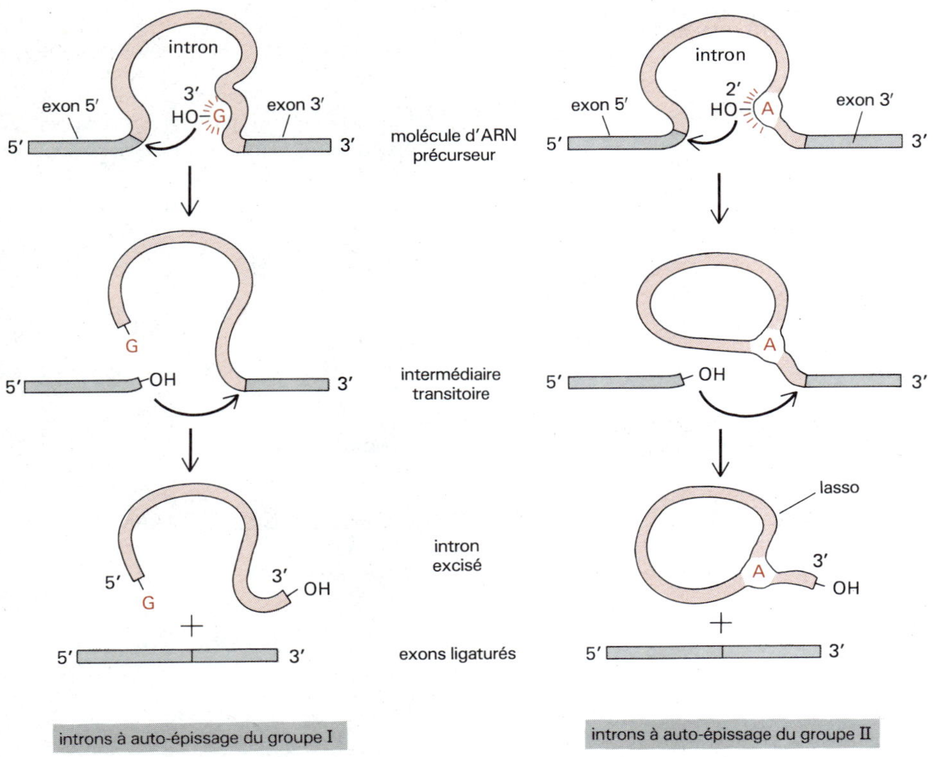

Figure 9-87 Les deux classes connues d'introns. Les introns du groupe I fixent un nucléotide G libre à un site spécifique pour initier l'épissage (voir Figure 3-19, p. 105), alors que les introns du groupe II utilisent dans le même but un nucléotide A particulièrement réactif dans l'intron lui-même. Les deux mécanismes ont été dessinés de façon à accentuer leurs similitudes. Ils sont tous deux normalement secondés par des protéines qui accélèrent la réaction, mais la catalyse se fait néanmoins par l'intermédiaire de l'ARN dans l'intron. Le mécanisme utilisé par les introns du groupe II forme un lasso et ressemble à la voie catalysée par le complexe d'épissage (comparer avec la Figure 9-82). (D'après T.R. Cech *Cell* 44:207-210, 1986.)

le G est, de ce fait, activé pour former le groupe d'attaque qui coupera la première des liaisons phosphodiester clivées au cours de l'épissage (la liaison au niveau du site 5′) ; dans les *introns de groupe II*, ce rôle est tenu par un résidu A particulièrement réactif dans la séquence d'introns, et un intermédiaire en forme de lasso est formé. A part cela, les voies réactionnelles sont les mêmes, et toutes deux représentent vraisemblablement des vestiges de très anciens mécanismes (Figure 9-87).

Dans l'évolution de l'épissage de l'ARN nucléaire, la voie réactionnelle utilisée par les introns à auto-épissage du groupe II semble avoir été retenue, mais le rôle catalytique des introns est désormais rempli par des composants séparés du complexe d'épissage. Ainsi, les petits ARN U1 et U2, par exemple, peuvent bien être des restes de séquences catalytiques qui étaient, à l'origine, présentes dans les introns. Déplacer la catalyse de l'intron au complexe d'épissage a probablement éliminé la majorité des contraintes qui pesaient sur l'évolution des introns, permettant l'évolution de nombreux nouveaux introns.

Le transport des ARNm vers le cytoplasme est retardé jusqu'à ce que l'épissage soit achevé [55]

Comme nous en avons discuté dans le Chapitre 8, on pense que des récepteurs protéiques dans le complexe du pore nucléaire reconnaissent les molécules d'ARNm achevées et aident à leur exportation vers le cytoplasme par un processus de transport actif (voir p, 425). Les principales protéines des particules RNPnh et les différentes molécules de maturation liées à l'ARN dans le noyau ne semblent cependant jamais quitter ce dernier ; ceci suggère qu'elles sont éliminées de l'ARN lorsqu'elles traversent les pores nucléaires (Figure 9-88). Des études de mutants de levure suggèrent, pour des ARN qui ont des sites d'épissage, que ce processus de transport ne peut s'effectuer qu'à la suite de la réaction d'épissage. Dans des mutants de levure, conditionnellement léthaux, qui ne peuvent épisser leur ARN à température élevée du fait d'une déficience de leur mécanisme d'épissage, tous les précurseurs d'ARNm non épissés restent dans le noyau, tandis que les ARNm qui n'ont pas besoin d'être épissés (qui sont la majorité des ARNm dans un eucaryote unicellulaire) sont normalement transportés vers le cytoplasme. Cette observation est compatible avec l'idée que les ARN sont retenus par leurs composants liés aux complexes d'épissage qui semblent former de nombreux agrégats volumineux à l'intérieur du noyau des eucaryotes supérieurs. Ces agrégats peuvent servir d'« îlots d'épissage », bien que l'on ne connaisse pas la façon dont ils se forment ou fonctionnent

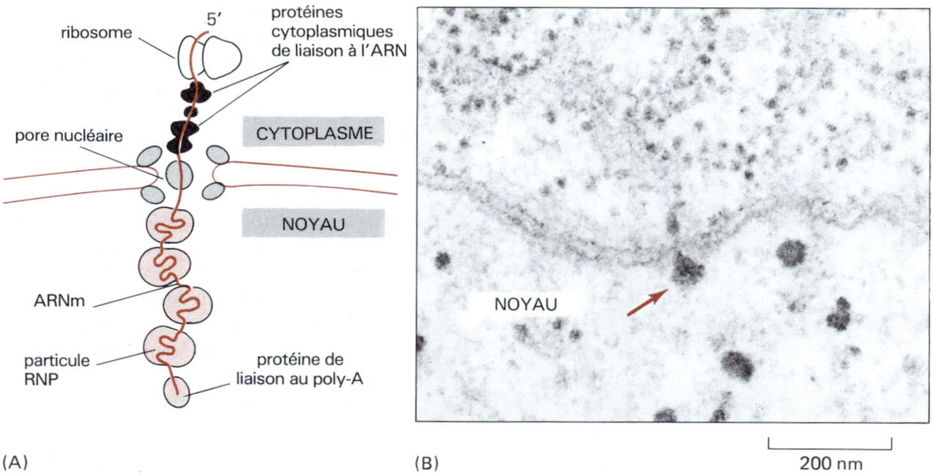

Figure 9-88 Le déplacement des molécules d'ARNm à travers les pores nucléaires. (A) Représentation schématique du changement supposé qui s'effectue dans les protéines liées à la molécule d'ARN lorsqu'elle sort du noyau. (B) Micrographie électronique d'une longue molécule d'ARNm synthétisée dans une cellule de glande salivaire d'insecte ; cette molécule a manifestement été saisie au cours de son déplacement vers le cytoplasme (*flèche*). (B, d'après B.J. Stevens, et H. Swift, *J. Cell Biol.* 31:55-77, 1966.)

(Figure 9-89). Ils pourraient cependant être analogues au *nucléole*, une structure nucléaire beaucoup plus grosse et plus importante dont l'organisation et la fonction sont mieux comprises.

Le nucléole est le site où s'effectue la maturation des molécules d'ARN ribosomal (ARNr) à partir d'un plus gros ARN précurseur et leur assemblage en ribosomes par la liaison de protéines ribosomales. Cependant, avant de nous intéresser à la structure nucléolaire, il nous faut étudier la façon dont les molécules d'ARNr précurseurs sont synthétisées à partir des gènes d'ARNr.

10-23 Les ARN ribosomaux sont synthétisés à partir de groupes de gènes identiques disposés en tandem [56]

La plupart des protéines les plus abondantes d'une cellule différenciée, telles que l'hémoglobine dans l'hématie et la myoglobine dans une cellule musculaire, sont synthétisées à partir de gènes dont il n'existe qu'une seule copie par génome haploïde. L'abondance de ces protéines est due au fait que chacune des nombreuses molécules d'ARNm transcrites à partir du gène peut être traduite en plus de 10 molécules protéiques par minute. Ceci produira en réalité plus de 10 000 molécules protéiques par molécule d'ARNm à chaque génération cellulaire. Cependant, il n'y a pas d'étape d'amplification semblable pour la synthèse des ARN qui composent les ribosomes, puisque ces molécules d'ARN sont les produits finaux des gènes. Néanmoins, une cellule eucaryote en croissance doit synthétiser 10 millions de copies de chaque type de molécules d'ARN ribosomal pour construire ses 10 millions de ribosomes à chaque génération cellulaire. Les quantités adéquates d'ARN ribosomal ne peuvent, de fait, être produites que grâce aux copies multiples des gènes codant les ARN ribosomaux (**gènes des ARNr**) existant dans chaque cellule.

Même *E. coli* a besoin de sept copies de ses gènes d'ARNr pour satisfaire aux besoins de la cellule en ribosomes. Les cellules humaines contiennent environ 200 copies de gènes des ARNr par génome haploïde, dispersées par petits groupes sur 5 chromosomes différents, alors que les cellules de *Xenope* contiennent environ 600 copies de gènes des ARNr par génome haploïde disposées en un seul groupe sur un seul chromosome. Chez les eucaryotes, les copies multiples des gènes très conservés des ARNr sur un chromosome donné sont localisées dans des séries disposées en tandem, dans lesquelles chaque gène (long de 8 000 à 13 000 paires de nucléotides selon l'organisme) est séparé du voisin par une région non transcrite qu'on appelle *ADN intercalaire (« spacer »)* dont la longueur et la séquence peuvent beaucoup varier. Nous verrons au cours du Chapitre 10 que de telles copies multiples de gènes disposés en tandem tendent à évoluer simultanément (voir p. 600).

Grâce à leur disposition périodique et leur transcription très rapide, les rangées en tandem de gènes des ARNr peuvent être facilement observées dans des préparations de chromatine étalée. Les molécules d'ARN polymérase et les transcrits qui leur sont associés sont groupés de manière si dense (environ 100 par gène), que les transcrits s'écartent perpendiculairement à l'ADN et donnent ainsi à chaque unité de transcription une allure caractéristique en « arbre de Noël » (Figure 9-90). Comme on l'a noté plus haut (voir Figure 9-73), le sommet de chaque « arbre » correspond, sur l'ADN, au point où commence la transcription et où les transcrits sont donc les plus courts, alors que l'autre extrémité de l'unité de transcription des ARNr est nettement délimitée par la disparition soudaine des molécules d'ARN polymérase et de leurs transcrits.

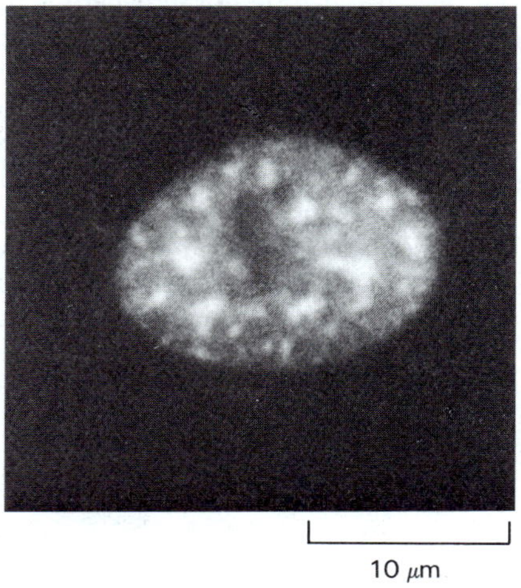

Figure 9-89 Marquage par immunofluorescence d'un noyau fibroblaste humain avec un anticorps monoclonal qui reconnaît les particules snRNP impliquées dans l'épissage nucléaire des précurseurs des ARNm. On trouve les particules snRNP dans de gros agrégats qui pourraient jouer le rôle d'« îlots d'épissage ». L'anticorps reconnaît des protéines spécifiques qui sont présentes dans plusieurs des snRNP qui fonctionnent dans les complexes d'épissage. (Avec l'autorisation de N. Ringertz.)

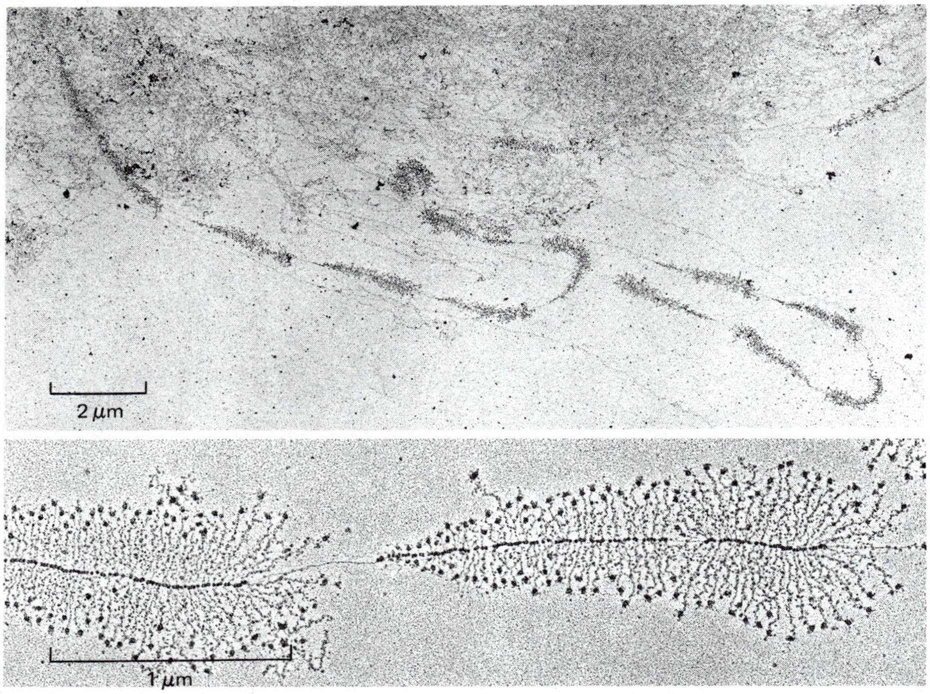

Figure 9-90 Transcription à partir de gènes d'ARNr disposés en tandem, telle qu'on l'observe au microscope électronique. On voit clairement la disposition alternée d'un gène transcrit et d'un ADN intercalaire non transcrit dans la micrographie supérieure à plus faible grossissement. Les grosses particules au niveau de l'extrémité 5′ de chaque transcrit (*panneau inférieur*) reflètent vraisemblablement le commencement de l'assemblage du ribosome ; les molécules d'ARN polymérases sont également bien visibles. (Panneau supérieur, d'après V.E. Foe, *Cold Spring Harbor Symp. Quant. Biol.* 42:723-740 ; 1978 ; panneau inférieur, avec l'autorisation de Ulrich Scheer.)

Les gènes des ARNr sont transcrits par l'ARN polymérase I, et chaque gène produit le même transcrit primaire. Chez l'homme, ce transcrit, connu sous le nom d'*ARN 45S*, a une longueur d'environ 13 000 nucléotides. Avant de quitter le noyau sous forme de particules ribosomales assemblées, l'ARN 45S est coupé pour donner une copie d'ARN 28S (soit à peu près 5 000 nucléotides), une copie d'ARN 18S (environ 2 000 nucléotides), et une copie d'ARN 5,8S (environ 160 nucléotides) qui constitueront le ribosome final (voir p. 221). La production de ces trois ARNr différents à partir du même transcrit primaire leur assure une synthèse en quantités égales. La partie restante de chaque transcrit primaire (environ 6 000 nucléotides) est dégradée dans le noyau (Figure 9-91). On pense que certaines de ces séquences d'ARN supplémentaires jouent un rôle transitoire dans l'assemblage du ribosome, qui commence dès que des protéines spécifiques se lient aux transcrits d'ARNr 45S en croissance.

Un autre groupe de gènes disposés en tandem avec des intercalaires non transcrits code les ARNr 5S de la grande sous-unité ribosomale (c'est le seul ARNr transcrit séparément). La longueur des gènes des ARNr 5S n'excède pas 120 paires de nucléotides environ et, comme un certain nombre d'autres gènes qui codent de petits ARN stables (plus particulièrement les gènes des ARNt), ils sont transcrits par l'ARN polymérase III. L'homme compte environ 2 000 gènes d'ARNr 5S disposés en tandem dans un seul groupe éloigné de tous les autres gènes d'ARNr. On ne sait pas pourquoi ce type particulier d'ARNr est transcrit séparément.

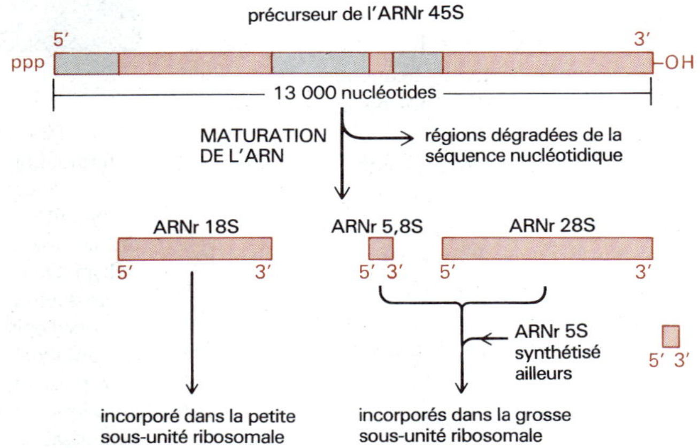

Figure 9-91 Le mode de maturation du précurseur de l'ARNr 45S en trois ARN ribosomaux séparés. Presque la moitié de la séquence du précurseur est dégradée dans le noyau.

Le nucléole est un appareil de production des ribosomes [57]

La transcription continue de copies multiples de gènes assure une provision adéquate de molécules d'ARNr qui sont immédiatement condensées avec les protéines ribosomales pour former les ribosomes. Cet arrangement moléculaire a lieu dans le noyau, à l'intérieur d'une grande structure distincte appelée le **nucléole.** Le nucléole contient de grandes boucles d'ADN qui proviennent de plusieurs chromosomes, chacune d'elles contenant un groupe de gènes d'ARNr. On appelle chaque groupe de gènes de ce type, un **organisateur nucléolaire**. Dans ce cas, les gènes des ARNr sont rapidement transcrits par l'ARN polymérase I. Le début du processus d'empaquetage de l'ARNr peut être observé sur des micrographies électroniques de ces gènes : la queue 5′ de chaque transcrit est enveloppée par un granule riche en protéine (Figure 9-90). Ces granules, qui n'apparaissent pas sur d'autres types de transcrits, reflètent sans doute la première des interactions protéine-ARN qui ont lieu dans le nucléole.

On peut suivre les fonctions de biosynthèse du nucléole au moyen d'un bref marquage des ARN néosynthétisés avec de l'uridine tritiée. Après des incubations de durée variable dans du milieu non marqué, on peut utiliser un procédé de fractionnement cellulaire pour séparer les gènes ARNr de leurs chromosomes, ce qui permet ainsi d'isoler les nucléoles radioactifs sous une forme relativement pure (Figure 9-92). On montre ainsi que le transcrit 45S intact est d'abord intégré à un grand complexe contenant de nombreuses protéines différentes importées du cytoplasme, où sont synthétisées toutes les protéines. La majorité des 70 chaînes polypeptidiques différentes qui entreront dans la construction du ribosome, ainsi que les ARNr 5S, sont incorporés à cette étape. D'autres molécules sont nécessaires pour diriger ce processus d'assemblage. Ainsi, le nucléole contient également d'autres protéines de liaison à l'ARN, et certaines petites particules ribonucléoprotéiques (y compris les snRNP U3) qui sont supposées aider à catalyser la formation des ribosomes. Ces composants restent dans le nucléole quand les sous-unités ribosomales sont exportées vers le cytoplasme sous leur forme définitive. Un composant particulièrement remarquable est la *nucléoline*, une abondante protéine de liaison à l'ARN bien caractérisée, qui semble ne recouvrir que les transcrits ribosomaux ; cette protéine se colore avec l'argent de la façon caractéristique du nucléole lui-même.

Pendant la maturation de la molécule d'ARNr 45S, la grande particule ribonucléoprotéique qui le contient perd graduellement certains de ses ARN et certaines de ses protéines et se divise ensuite pour former des précurseurs séparés de la grande et de la petite sous-unité ribosomale (Figure 9-93). Pendant les 30 minutes de marquage radioactif, les premières petites sous-unités ribosomales matures, contenant leur ARNr 18S, sortent du nucléole et apparaissent dans le cytoplasme. L'assemblage de la grosse sous-unité ribosomale mature, avec les ARNr 28S, 5,8S et 5S, prend environ une heure. Le nucléole contient beaucoup plus de grosses sous-unités ribosomales incomplètes que de petites.

Les dernières étapes de la maturation des ribosomes n'ont lieu que lorsque ces sous-unités sont transférées dans le cytoplasme. Ce délai interdit aux ribosomes fonctionnels d'avoir accès aux molécules d'ARNnh dont la maturation est incomplète et qui sont dans le noyau.

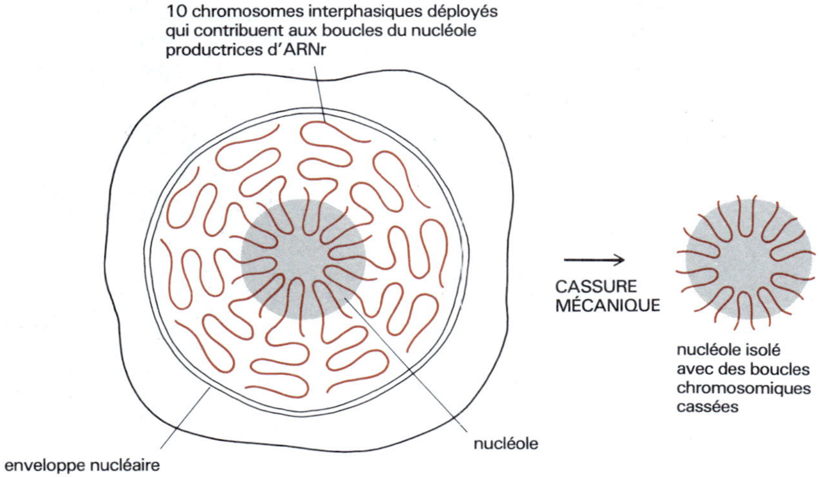

Figure 9-92 Vue très schématique d'une cellule humaine, montrant les contributions de boucles de chromatine, contenant des gènes d'ARNr et provenant de 10 chromosomes séparés, à un seul grand nucléole. Les nucléoles purifiés sont très utiles pour les études biochimiques des fonctions nucléolaires ; pour obtenir de tels nucléoles, les boucles de chromatine sont séparées (de leurs chromosomes) par cassure mécanique.

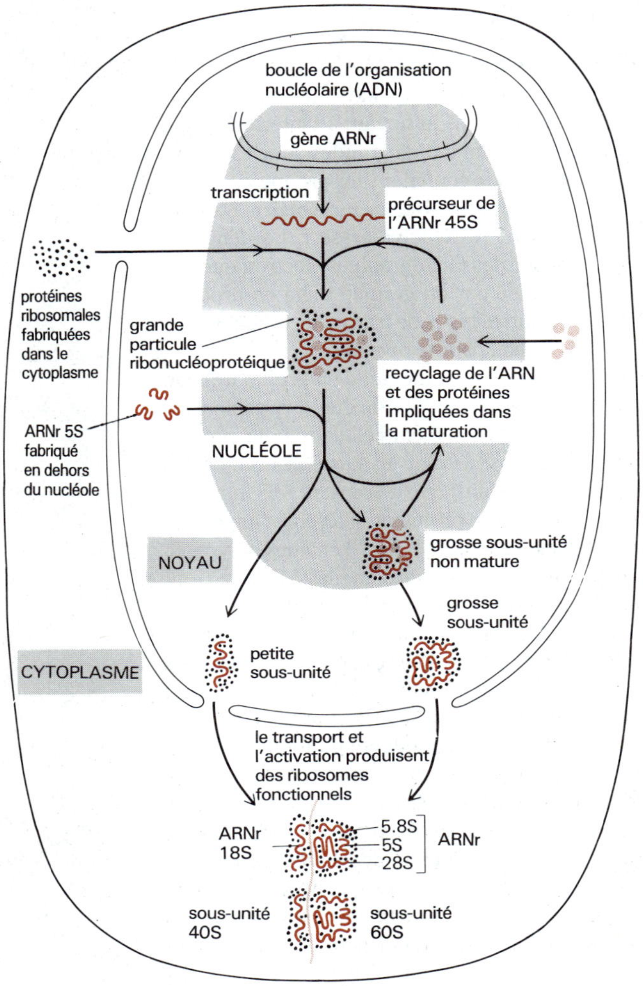

Figure 9-93 Fonction du nucléole dans la synthèse des ribosomes. Le transcrit 45S est intégré dans une grande particule ribonucléoprotéique contenant de nombreuses protéines ribosomales importées du cytoplasme. Alors que cette particule reste dans le noyau, des morceaux choisis sont rejetés pendant sa maturation en petite et grosse sous-unités ribosomales immatures. On pense que ces deux sous-unités n'atteignent leur forme fonctionnelle finale qu'après avoir été transportées individuellement à travers les pores nucléaires vers le cytoplasme.

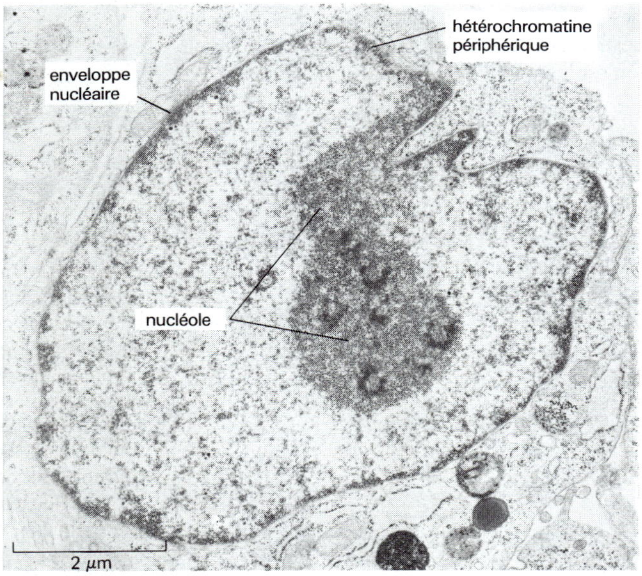

(A)

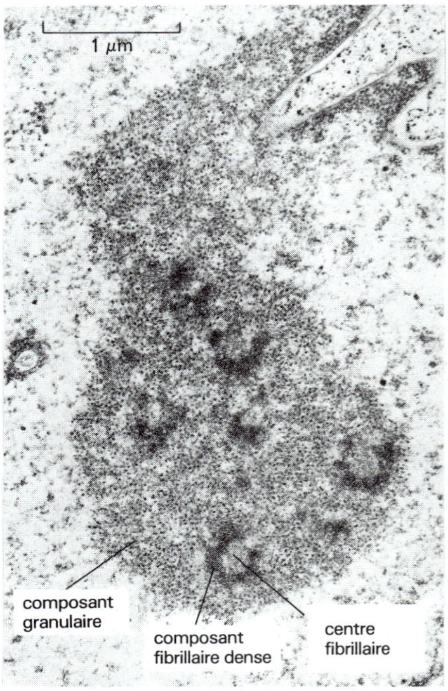

(B)

Figure 9-94 Micrographie électronique d'une coupe de nucléole de cellule fibroblastique humaine montrant les trois zones différentes. (A) Vue du noyau entier. (B) Vue à haute résolution du nucléole. (Avec l'autorisation de E.G. Jordan et J. McGovern.)

Le nucléole est un sous-compartiment très organisé du noyau [57]

Observé en microscopie photonique, le nucléole est de grande taille et de forme sphéroïdale ; c'est la structure la plus évidente du noyau d'une cellule qui n'est pas en mitose. Il fut, pour cette raison, si minutieusemnt observé par les premiers cytologistes qu'une revue de 1898 contenait déjà 700 références. Vers les années 1940, les cytologistes avaient démontré que le nucléole contenait de fortes concentrations d'ARN et de protéines, mais on ne découvrit sa fonction essentielle dans la synthèse de l'ARN ribosomal et dans l'assemblage du ribosome que dans les années 1960.

On peut voir certains détails de l'organisation du nucléole en microscopie électronique. Contrairement aux organites cytoplasmiques, le nucléole n'est pas limité par une membrane ; à la place, il semble être constitué par l'association spécifique de précurseurs ribosomaux inachevés pour former un grand réseau. Sur une image typique de microscopie électronique, on peut distinguer trois régions partiellement séparées (Figure 9-94) : (1) un *centre fibrillaire* peu dense aux électrons, qui contient l'ADN qui n'est pas activement transcrit ; (2) un *composant fibrillaire dense*, qui contient les molécules d'ARN engagées dans le processus de transcription ; et (3) un *composant granulaire* qui contient les particules de précurseurs de ribosomes en maturation.

La taille du nucléole reflète son activité ; elle varie beaucoup selon les cellules et peut changer dans une même cellule. Le nucléole est, par exemple, très petit dans certaines cellules végétales dormantes mais peut occuper jusqu'à 25 p. cent du volume total du noyau dans des cellules qui fabriquent des quantités inhabituellement importantes de protéines. Les différences de taille sont dues principalement à des différences dans la quantité du composant granulaire, qui est sans doute contrôlée au niveau de la transcription des gènes ribosomaux : par microscopie électronique sur des étalements de chromatine on montre, en effet, que la proportion de gènes ribosomaux activés ainsi que la vitesse à laquelle chaque gène est transcrit peuvent varier suivant les circonstances.

Le nucléole est rassemblé sur des chromosomes spécifiques après chaque mitose [58]

L'apparence du nucléole change considérablement au cours du cycle cellulaire. Lorsque la cellule approche de la mitose, la taille du nucléole commence par décroître puis il disparaît quand les chromosomes se condensent et que toute synthèse d'ARN s'arrête de sorte qu'il n'y a généralement pas de nucléole dans une cellule en métaphase. Quand la synthèse de l'ARN ribosomal redémarre à la fin de la mitose (pendant la télophase) de très petits nucléoles réapparaissent, localisés sur les chromosomes au niveau des gènes de l'ARN ribosomal (Figure 9-95).

Chez l'homme, les gènes des ARN ribosomaux sont localisés près des extrémités de chacun des 5 chromosomes différents, comme nous l'avons déjà montré dans la Figure 9-40 (c'est-à-dire sur 10 des 46 chromosomes d'une cellule diploïde). D'une manière correspondante, 10 petits nucléoles se forment, après la mitose, dans une cellule humaine, bien qu'on puisse rarement les voir car ils augmentent rapidement et fusionnent pour former le seul grand nucléole typique de nombreuses cellules en interphase (Figure 9-96).

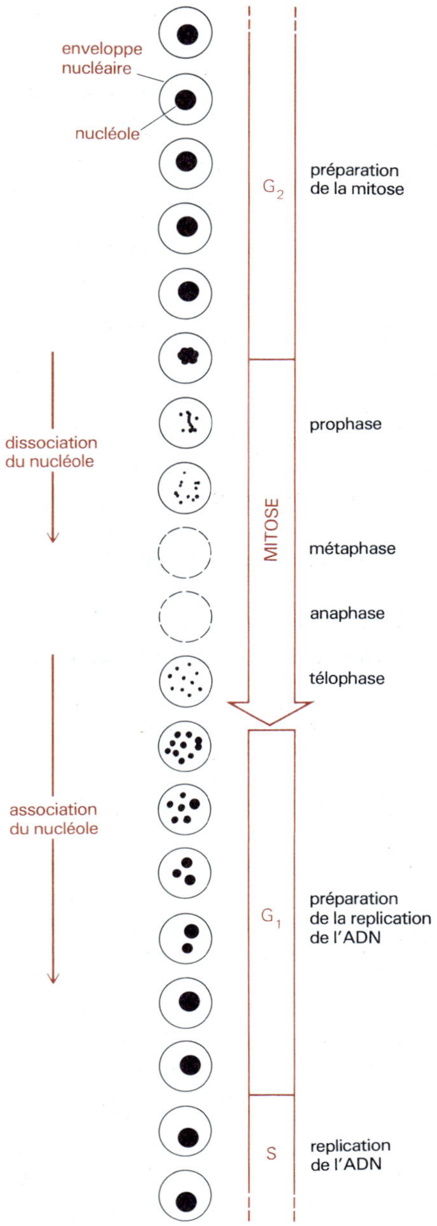

Figure 9-95 Evolution de l'aspect du nucléole dans une cellule humaine au cours du cycle cellulaire. Seul le noyau cellulaire est représenté dans ce schéma.

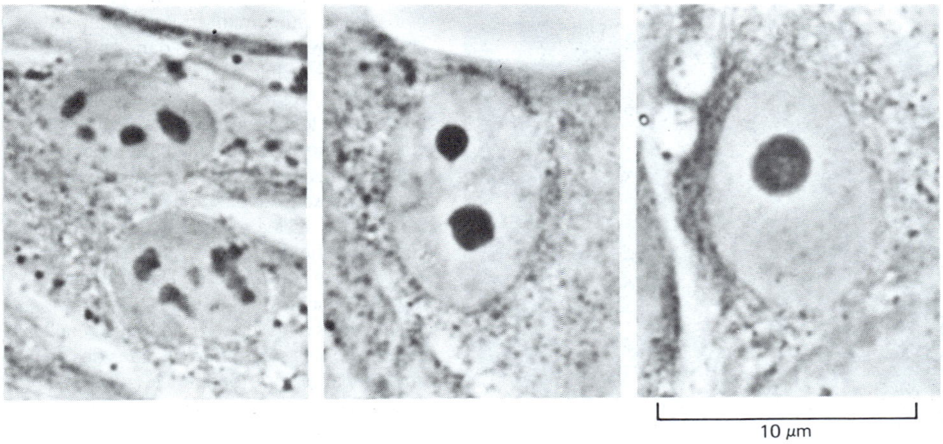

Figure 9-96 Photographie en microscopie photonique de cellules de fibroblastes humains en culture à des stades différents de la fusion nucléolaire. (Avec l'autorisation de E.G. Jordan et J. McGovern.)

Figure 9-97 L'orientation polarisée des chromosomes dans des cellules interphasiques d'un jeune embryon de *Drosophile*. (A) Schémas de l'*orientation de Rabl*, tous les centromères faisant face à l'un des pôles nucléaires et tous les télomères dirigés vers le pôle opposé. Dans l'embryon, chaque noyau est allongé comme ci-contre. (B) Photographie en microscopie photonique à faible grossissement d'un embryon de *Drosophile* au stade cellulaire blastoderme, dans lequel les chromosomes de chaque noyau interphasique ont été marqués avec un colorant fluorescent. Noter que la zone la plus colorée (le chromocentre) connue pour contenir les régions centrométriques de chacun des quatre chromosomes (voir Figure 9-43), est orientée vers la surface externe de l'embryon et fait donc face à la membrane plasmique apicale de toutes les cellules. (Avec l'autorisation de John Sedat.)

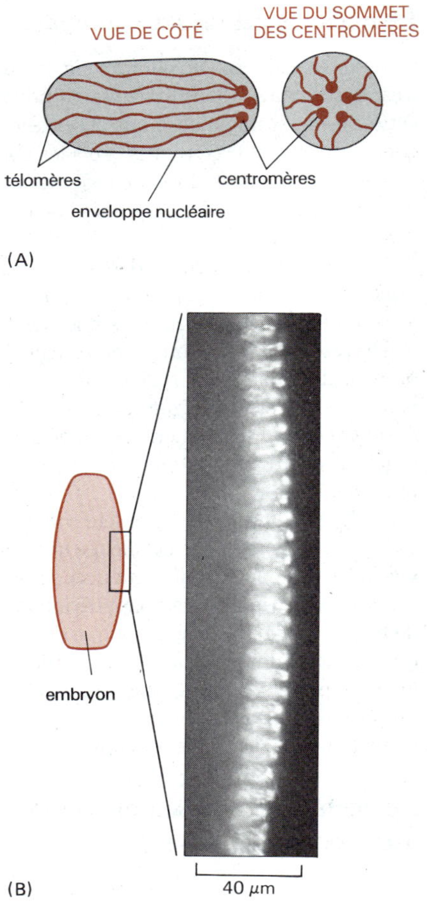

Qu'arrive-t-il aux composants ribonucléotidiques et protéiques des nucléoles morcelés pendant la mitose ? Il semble qu'au moins certains d'entre eux soient répartis sur la surface de tous les chromosomes en métaphase et soient ainsi véhiculés dans chacun des deux noyaux des cellules filles. Lorsque les chromosomes se décondensent au cours de la télophase, ces « vieux » composants du nucléole participent au rétablissement des nouveaux nucléoles.

Les chromosomes individuels occupent des territoires séparés dans le noyau au cours de l'interphase [59]

Comme nous venons de le voir, des gènes spécifiques de chromosomes séparés à l'interphase sont rassemblés en un seul site dans le noyau lorsque le nucléole se forme. Ceci soulève la question de savoir si les autres parties des chromosomes sont également ordonnées de façon non aléatoire dans le noyau. Cette question fondamentale, qui fut soulevée par les biologistes pour la première fois à la fin du dix-neuvième siècle, n'a toujours pas reçu de réponse satisfaisante.

Un certain ordre chromosomique résulte de la configuration que les chromosomes adoptent toujours à la fin de la mitose. Juste avant la division d'une cellule, les chromosomes condensés sont tirés vers chaque pôle du fuseau par les microtubules liés aux centromères ; ainsi, les centromères montrent le chemin et les bras distaux des chromosomes (aboutissant aux télomères) « traînent » derrière (voir p. 773). Les chromosomes de nombreux noyaux tendent à conserver cette *orientation* dite de *Rabl* pendant toute l'interphase, leurs centromères faisant face à l'un des pôles du noyau et leurs télomères pointant vers le pôle opposé (Figure 9-97A). Dans certains cas, les pôles nucléaires sont orientés de façon particulière dans la cellule : dans le jeune embryon de *Drosophile*, par exemple, tous les centromères sont tournés vers la face apicale (Figure 9-97B). De telles orientations nucléaires fixes peuvent avoir des conséquences importantes sur la polarité de la cellule, mais il est difficile de concevoir des expériences pour vérifier cette éventualité.

Dans la majorité des cellules, il est impossible de différencier les chromosomes au cours de l'interphase, de sorte qu'il est difficile de donner une estimation plus précise de leur arrangement. Les chromosomes géants des cellules polyténiques de larves de *Drosophile* à

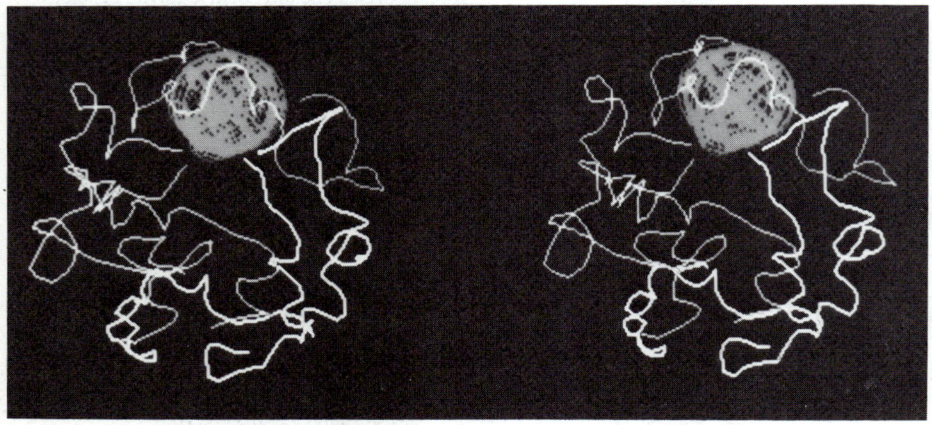

Figure 9-98 Une stéréographie qui met en évidence l'arrangement tridimensionnel des chromosomes polyténiques dans un seul noyau d'une cellule de glande larvaire de *Drosophile*. La grosse boule représente le nucléole, et le parcours de chaque bras du chromosome est représenté par une ligne qui suit l'axe du chromosome. Les télomères ont tendance à se trouver sur la surface de l'enveloppe nucléaire en regard de la surface la plus proche du nucléole, sur laquelle les centromères sont localisés. Dans de tels noyaux, les chromosomes ne sont jamais enchevêtrés mais leurs repliements détaillés et leurs voisins sont différents dans des noyaux par ailleurs identiques. (Avec l'autorisation de Mark Hochstrasser et John W. Sedat.)

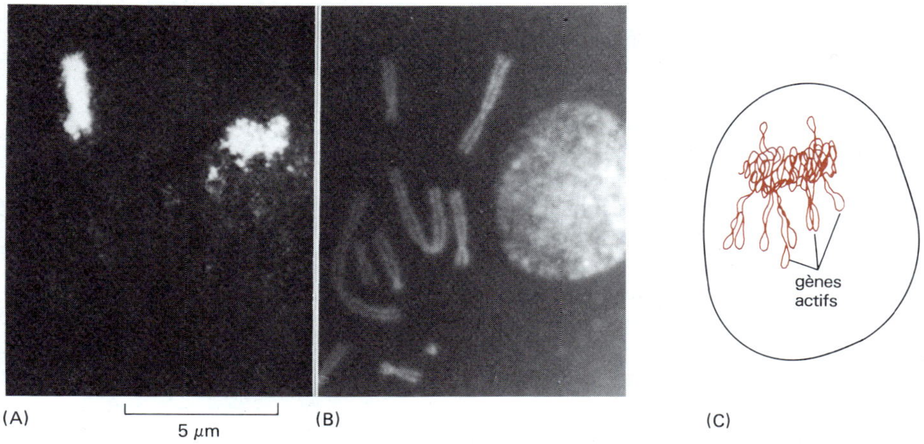

Figure 9-99 Marquage sélectif d'un seul chromosome dans un noyau de cellule de mammifère en culture au cours de l'interphase. (A) Les résultats d'une hybridation *in situ* (avec une sonde fluorescente) pour mettre en évidence le chromosome humain dans une lignée cellulaire hybride homme-hamster. La même préparation dans laquelle tout l'ADN est marqué par fluorescence est montrée en (B). Dans (A) et dans (B), on voit, à droite, un noyau interphasique débarrassé de son cytoplasme ainsi que des chromosomes mitotiques dispersés qu'une seconde cellule sur la gauche a libérés. (C) Représentation schématique du chromosome humain dans le noyau interphasique montré en (A). (A et B, avec l'autorisation de Joyce A. Kobori et David R. Cox.)

l'interphase, cependant, sont une exception. Dans ce cas, la résolution des bandes chromosomiques individuelles est suffisamment bonne pour que l'on puisse déterminer les positions précises de gènes spécifiques dans des noyaux intacts par des techniques de reconstitution à partir de coupes optiques. Les résultats de telles analyses suggèrent que l'ensemble des chromosomes à l'interphase n'est pas extrêmement structuré ; bien que l'orientation de Rabl tende à se maintenir, deux cellules apparemment identiques ont souvent des chromosomes différents comme proches voisins.

Ces analyses de chromosomes polyténiques ont également indiqué que chaque chromosome occupe son propre territoire dans le noyau à l'interphase — c'est-à-dire que l'entrelacement des chromosomes individuels n'est pas considérable (Figure 9-98). D'autres expériences ont montré que les chromosomes non polyténiques tendent aussi à occuper des domaines dans le noyau à l'interphase. Par des expériences d'hybridation *in situ* avec une sonde d'ADN appropriée, par exemple, on peut souligner un seul chromosome dans des cellules de mammifère hybrides en culture (Figure 9-99). Il apparaît que la plus grande partie de l'ADN d'un tel chromosome n'occupe qu'une petite partie du noyau à l'interphase, suggérant que chaque chromosome reste compact et organisé tout en permettant à des régions de son ADN de participer à la synthèse de l'ARN.

Comment le noyau est-il structuré ? [60]

L'intérieur du noyau n'est pas un fouillis aléatoire de ses nombreux composants ARN, ADN et protéiques. Nous avons vu que le nucléole constitue une machine efficace de construction des ribosomes, et que des groupes de composants de complexe d'épissage sont apparemment organisés en îlots discrets d'épissage de l'ARN (voir Figure 9-89). L'ordre est également visible en microscopie électronique quand on se focalise sur les régions qui entourent les pores nucléaires : la chromatine qui borde la membrane nucléaire interne (c'est une chromatine inhabituellement condensée, qui est donc clairement visible sur des micrographies électoniques) est exclue d'une grande région localisée sous et autour de chaque pore nucléaire, dégageant

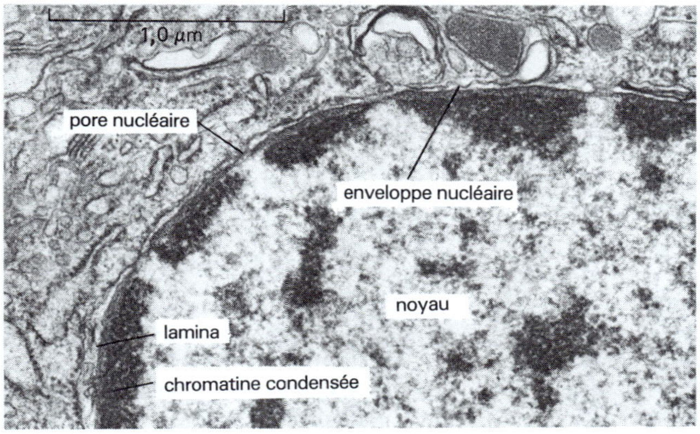

Figure 9-100 Micrographie électronique d'un noyau de cellule de mammifère, montrant que la chromatine condensée qui double l'enveloppe nucléaire est exclue des régions situées autour des pores nucléaires. (Avec l'autorisation de Larry Gerace.)

un passage entre le cytoplasme et le nucléoplasme (Figure 9-100). Dans certains cas particuliers, en outre, on trouve que les pores nucléaires sont très organisés dans l'enveloppe nucléaire (Figure 9-101). Une telle ordonnance reflète probablement une organisation correspondante à l'intérieur de la lamina nucléaire à laquelle les pores sont attachés.

Y a-t-il une charpente intranucléaire analogue au cytosquelette, sur laquelle sont organisés les composants nucléaires ? De nombreux biologistes cellulaires le croient. La *matrice* (ou *échafaudage*) *nucléaire* a été définie comme le matériel insoluble qui reste dans le noyau après une série d'étapes d'extraction biochimique. On peut démontrer que les protéines qui la constituent se lient à des séquences d'ADN spécifiques, appelées *SAR* ou *MAR* (pour « scaffold » ou « matrix associated regions »), associées à l'échafaudage ou à la matrice. On a supposé que de telles séquences d'ADN formaient la base des boucles chromosomiques (voir Figure 9-34). Grâce à de tels sites d'attachement chromosomiques, la matrice pourrait participer à l'organisation des chromosomes, la localisation des gènes (voir l'exemple p. 583) et la régulation de la transcription et de la réplication de l'ADN dans le noyau. Toutefois, comme les composants structuraux de la matrice n'ont pas encore été bien identifiés, il n'est pas encore certain que la matrice isolée par les biologistes cellulaires soit une structure présente dans les cellules intactes.

Figure 9-101 Micrographie électronique obtenue par la technique de cryodécapage d'une enveloppe nucléaire allongée de spore de fougère, montrant l'arrangement ordonné des complexes de pores nucléaires en rangées parallèles. Dans d'autres cellules, on a localisé, dans l'enveloppe nucléaire, des groupes concentrés de pores nucléaires ou des zones anormales dépourvues de pores nucléaires, qui sont spécifiquement orientés par rapport à d'autres structures dans la cellule. (Avec l'autorisation de Don H. Northcote ; d'après K. Roberts et D.H. Northcote, *Microsc. Acta* 71:102-120, 1971.)

Résumé

L'ARN polymérase, l'enzyme qui catalyse la transcription de l'ADN, est une molécule complexe qui contient de nombreuses chaînes polypeptidiques. Dans les cellules eucaryotes, il y a trois ARN polymérases, désignées par polymérase I, II et III ; elles sont apparentées d'un point de vue évolutif les unes aux autres et à l'ARN polymérase bactérienne, et elles ont quelques sous-unités en commun. Une fois la transcription initiée, on suppose que chaque enzyme libère une ou plusieurs sous-unités (appelées facteurs d'initiation) et se lie à d'autres sous-unités (appelées facteurs d'élongation) qui sont nécessaires à l'élongation, la terminaison, et la modification d'une chaîne d'ARN. Les facteurs d'élongation sont probablement différents pour chaque type de polymérase ; ceci expliquerait les raisons pour lesquelles les transcrits que chaque enzyme synthétise sont modifiés de façon différente.

La plus grande partie de l'ARNm de la cellule est produite par un processus complexe qui commence par la synthèse d'un ARN nucléaire hétérogène (ARNnh). Le transcrit primaire d'ARNnh est synthétisé par l'ARN polymérase II. Il est ensuite « coiffé » par l'addition d'un nucléotide particulier à son extrémité 5', et il est clivé puis polyadénylé à son extrémité 3'. En général, les molécules d'ARN modifiées subissent ensuite un ou plusieurs épissages au cours desquels les introns sont excisés du centre de l'ARNnh par une réaction catalysée par un gros complexe ribonucléoprotéique, le complexe d'épissage. Pendant ce processus, la plus grande partie de la masse du transcrit primaire est retirée et dégradée dans le noyau. Il en résulte que l'ARNm produit représente seulement environ 3 p. cent de la quantité à l'équilibre de l'ARN dans une cellule bien que le taux de synthèse de l'ARNnh compte environ pour moitié dans la synthèse d'ARN d'une cellule.

Contrairement aux gènes codant des protéines qui sont transcrits par la polymérase II, les gènes qui codent la majorité des ARN de structure sont transcrits par les polymérases I et III. Ces gènes sont couramment répétés de nombreuses fois dans le génome, et sont souvent regroupés dans des rangées en tandem. L'ARN polymérase III fabrique une variété de petits ARN stables, y compris les ARNt et le petit ARNr 5S du ribosome. L'ARN polymérase I fabrique le long précurseur de l'ARNr (ARNr 45S) contenant les principaux ARNr. Excepté ceux des mitochondries et des chloroplastes, tous les ribosomes d'une cellule sont assemblés dans le nucléole — un organite intranucléaire distinct qui se forme autour des gènes des ARNr disposés en tandem, et provenant de plusieurs chromosomes.

Bibliographie

Ouvrages généraux

Lewin, B. Gene Expression, Vol. 2 : Eucaryotic Chromosomes, 2nd ed. New York : Wiley, 1980.

Lewin, B. Genes, 3rd ed. New Yord : Wiley, 1987.

Newport, J.W. ; Forbes, D.J. The nucleus : structure, function, and dynamics. *Annu. Rev. Biochem.* 56:535-566, 1987.

Watson, J.D. ; Hopkins, N.H. ; Roberts, J.W. ; Steitz, J.A. ; Weiner, A.M. Molecular Biology of the Gene, 4th ed. Menlo Park, CA : Benjamin-Cummings, 1987.

Articles cités

1. Adolph, K.W., ed. Chromosomes and Chromatin, Vol. 1-3. Boca Raton, FL : CRC Press, 1988.
   Felsenfeld, G. DNA. *Sci. Am.* 253(4):58-67, 1985.
   Hsu, T.C. Human and Mammalian Cytogenetics : A Historical Perspective. New York : Springer-Verlag, 1979.
2. Kavenoff, R. ; Klotz, L.C. ; Zimm, B.H. On the nature of chromosome-sized DNA molecules. *Cold Spring Harbor Symp. Quant. Biol.* 38:1-8, 1974.
3. Burke, D.T. ; Carle, G.F. ; Olson, M.V. Cloning of large segments of exogenous DNA into yeast by means of artificial chromosome vectors. *Science* 236:806-812, 1987.
   Murray, A.W. Chromosome structure and behavior. *Trends Biochem. Sci.* 10:112-115, 1985.
4. Gall, J.G. Chromosome structure and the C-value paradox. *J. Cell Biol.* 91:3s-14s, 1981.
   Ohta, T. ; Kimura, M. Functional organization of genetic material as a product of molecular evolution. *Nature* 233:118-119, 1971.
5. Mapping and Sequencing the Human Genome. Washington, DC: National Academy Press, 1988.
   Wilson, A.C. ; Ochman, H. ; Prager, E.M. Molecular time scale for evolution. *Trends Genet.* 3:241-247, 1987.
6. Fried, M. ; Crothers, D.M. Equilibria and kinetics of *lac* repressor-operator interactions by polyacrylamide gel electrophoresis. *Nucleic Acids Res.* 9:6505-6525, 1981.
7. Kadonaga, J.T. ; Tjian, R. Affinity purification of sequence-specific DNA binding proteins. *Proc. Natl. Acad. Sci. USA* 83:5889-5893, 1986.
   Rosenfeld, P.J. ; Kelly, T.J. Purification of nuclear factor I by DNA recognition site affinity chromatography. *J. Biol. Chem.* 261:1398-1408, 1986.
   Staudt, L.M. ; et al. Cloning of a lymphoid-specific cDNA encoding a protein binding the regulatory octamer DNA motif. *Science* 241:577-580, 1988.
8. Pabo, C.T. ; Sauer, R.T. Protein-DNA interactions. *Annu. Rev. Biochem.* 53:293-321, 1984.
   Schleif, R. DNA binding by proteins. *Science* 241:1182-1187, 1988.
9. Ptashne, M. A Genetic Switch : Gene Control and Phage Lambda. Palo Alto, CA : Blackwell, 1986.
   Takeda, Y. ; Ohlendorf, D.H. ; Anderson, W.F. ; Matthews, B.W. DNA-binding proteins. *Science* 221:1020-1026, 1983.
10 Berg, O.G. ; von Hippel, P.H. Selection of DNA binding sites by regulatory proteins. *Trends Biochem. Sci.* 13:207-211, 1988.
   von Hippel, P.H. ; Bear, D.G. ; Morgan, W.D. ; McSwiggen, J.A. Protein-nucleic acid interaction in transcription. *Annu. Rev. Biochem.* 53:389-446, 1984.
11. Dickerson, R.E. The DNA helix and how it is read. *Sci. Am.* 249(6):94-111, 1983.
   Drew, H.R. ; McCall, M.J. ; Callandine, C.R. Recent studies of DNA in the crystal. *Annu. Rev. Cell Biol.* 4:1-20, 1988.
12. Koo, H.S. ; Crothers, D.M. Calibration of DNA curvature and a unified description of sequence-directed bending. *Proc. Natl. Acad. Sci. USA* 85:1763-1767, 1988.
   Lilley, D. Bent molecules — how and why ? *Nature* 320:487, 1986.
   Marini, J.C. ; Levene, S.D. ; Crothers, D.M. ; Englund, P.T. Bent helical structure in kinetoplast DNA. *Proc. Natl. Acad. Sci. USA* 80:7678-7682, 1982.
13. Echols, H. Multiple DNA-protein interactions governing high-precisions DNA transactions. *Science* 233:1050-1056, 1986.
   Thompson, J.F. ; de Vargas, L.M. ; Koch, C. ; Kahmann, R. ; Landy, A. Cellular factors couple recombination with growth phase : characterization of a new component in the lambda site-specific recombination pathway. *Cell* 50:901-908, 1987.
14. Isenberg, I. Histones. *Annu. Rev. Biochem.* 48:159-191, 1979.
   von Holt, C. Histones in perspective. *Bioessays* 3:120-124, 1985.
   Wells, D.E. Compilation analysis of histones and histone genes. *Nucleic Acids Res.* 14:r119-r149, 1986.
   Wu, R.S. ; Panusz, H.T. ; Hatch, C.L. ; Bonner, W.M. Histones and their modifications. *CRC Crit. Rev. Biochem.* 20:201-263, 1986.
15. Chromatin. *Cold Spring Harbor Symp. Quant. Biol.*, Vol. 42, 1978.
   Kornberg, R.D. ; Klug, A. The nucleosome. *Sci. Am.* 244(2):52-64, 1981.
   McGhee, J.D. ; Felsenfeld, G. Nucleosome structure. *Annu. Rev. Biochem.* 49:1115-1156, 1980.
   Richmond, T.J. ; Finch, J.T. ; Rushton, B. ; Rhodes, D. ; Klug, A. Structure of the nucleosome core particle at 7 Å resolution. *Nature* 311:532-537, 1984.
16. Simpson, R.T. Nucleosome positioning *in vivo* and *in vitro*. *Bioessays* 4:172-176, 1986.
   Travers, A.A. DNA bending and nucleosome positioning. *Trends Biochem. Sci* 12:108-112, 1987.
17. Eissenberg, J.C. ; Cartwright, I.L. ; Thomas, G.H. ; Elgin, S.C. Selected topics in chromatin structure. *Annu. Rev. Genet.* 19:485-536, 1985.
   Emerson, B.M. ; Lewis, C.D. ; Felsenfeld, G. Interaction of specific nuclear factors with the nuclease-hypersensitive region of the chicken adult β-globin gene : nature of the binding domain. *Cell* 41:21-30, 1985.
   Gross, D.S. ; Garrard, W.T. Nuclease hypersensitive sites in chromatin. *Annu. Rev. Biochem.* 57:159-198, 1988.
18. Belmont, A.S. ; Sedat, J.W. ; Agard, D.A. A three-dimensional approach to mitotic chromosome structure : evidence for a complex hierarchical organization. *J. Cell Biol.* 105:77-92, 1987.
   Pederson, D.S. ; Thoma, F. ; Simpson, R. Core particle, fiber, and transcriptionally active chromatin structure. *Annu. Rev. Cell Biol.* 2:117-147, 1986.
19. Allan, J. ; Hartman, P.G. ; Crane-Robinson, C. ; Aviles, F.X. The structure of histone H1 and its location in chromatin. *Nature* 288:675-679, 1980.
   Clark, D.J. ; Thomas, J.O. Salt-dependent cooperative interaction of histone H1 with linear DNA. *J. Mol. Biol.* 187:569-580, 1986.
   Coles, L.S. ; Robins, A.J. ; Madley, L.K. ; Wells, J.R. Characterization of the chicken histone H1 gene complement : generation of a complete set of vertebrate H1 protein sequences. *J. Biol. Chem.* 262:9656-9663, 1987.
   Thoma, F. ; Koller, T. ; Klug, A. Involvement of histone H1 in the organization of the nucleosome and of the salt-dependent superstructures of chromatin. *J. Cell Biol.* 83:403-427, 1979.
20. De Bernardin, W. ; Koller, T. ; Sogo, J.M. Structure of *in vivo* transcribing chromatin as studied in simian virus 40 minichromosomes. *J. Mol. Biol.* 191:469-482, 1986.
   Losa, R. ; Brown, D.D. A bacteriophage RNA polymerase transcribes *in vitro* through a nucleosome core without displacing it. *Cell* 50:801-808, 1987.
21. Benyajati, C. ; Worcel, A. Isolation, characterization and structure of the folded interphase genome of *Drosophila melanogaster*. *Cell* 9:393-408, 1976.
   Gasser, S.M. ; Laemmli, U.K. A glimpse at chromosomal order. *Trends Genet.* 3:16-22, 1987.
   Schmid, M.B. Structure and function of the bacterial chromosome. *Trends Biochem. Sci.* 13:131-135, 1988.
22. Marsden, M. ; Laemmli, U.K. Metaphase chromosome structure : evidence for a radial loop model. *Cell* 17:849-858, 1979.
   Georgiev, G.P. ; Nedospasov, S.A. ; Bakayev, V.V. Supranucleosomal levels of chromatin organization. In The Cell Nucleus (H. Busch, ed.), Vol. 6, pp. 3-34. New York : Academic Press, 1978.

23. Holmquist, G. DNA sequences in G-bands and R-bands. In Chromosomes and Chromatin Structure (K.W. Adolph, ed.), Vol. 2, pp. 75-122. Boca Raton, FL : CRC Press, 1988.
Lewin, B. Gene Expression, Vol. 2 : Eucaryotic Chromosomes, 2nd ed., pp. 428-440. New York : Wiley, 1980.
24. Bostock, C.J. ; Sumner, A.T. The Eucaryotic Chromosome, pp. 347-374. Amsterdam : North-Holland, 1978.
Callan, H.G. Lampbrush chromosomes. *Proc. R. Soc. Lond. (Biol.)* 214:417-448, 1982.
Roth, M.B. ; Gall, J.G. Monoclonal antibodies that recognize transcription unit protein on new lampbrush chromosomes. *J. Cell Biol.* 105:1047-1054, 1987.
25. Agard, D.A. ; Sedat, J.W. Three-dimensional architecture of a polytene nucleus. *Nature* 302:676-681, 1983.
Beerman, W. Chromosomes and genes. In Developmental Studies on Giant Chromosomes (W. Beerman, ed.), pp. 1-33. New York : Springer-Verlag, 1972.
26. Ashburner, M. ; Chihara, C. ; Meltzer, P. ; Richards, G. Temporal control of puffing activity in polytene chromosomes. *Cold Spring Harbour Symp. Quant. Biol.* 38:655-662, 1974.
Lamb, M.M. ; Daneholt, B. Characterization of active transcription units in Balbiani rings of *Chiromomus tentans. Cell* 17:835-848, 1979.
27. Bossy, B. ; Hall, L.M. ; Spierer, P. Genetic activity along 315 kb of the *Drosophila* chromosome. *EMBO J.* 3:2537-2541, 1984.
Hill, R.J. ; Rudkin, G. Polytene chromosomes : the status of the band-interband question. *Bioessays* 7:35-40, 1987.
Judd, B.H. ; Young, M.W. An examination of the one cistron : one chromomere concept. *Cold Spring Harbor Symp. Quant. Biol.* 38:573-579, 1974.
28. Garel, A. ; Zolan, M. ; Axel, R. Genes transcribed at diverse rates have a similar conformation in chromatin. *Proc. Natl. Acad. Sci. USA* 74:4867-4871, 1977.
Weintraub, H. ; Groudine, M. Chromosomal subunits in active genes have an altered conformation. *Science* 193:848-856, 1976.
Yaniv, M. ; Cereghini, S. Structure of transcriptionally active chromatin. *CRC Crit. Rev. Biochem.* 21:1-26, 1986.
29. Allis, C.D. ; et al. hv1 is an evolutionarily conserved H2A variant that is preferentially associated with active genes. *J. Biol. Chem.* 261:1941-1948, 1986.
Dorbic, T. ; Wittig, B. Chromatin from transcribed genes contains HMG17 only downstream from the starting point of transcription. *EMBO J.* 6:2393-2399, 1987.
Hebbes, T.R. ; Thorne, A.W. ; Crane-Robinson, C. A direct link between core histone acetylation and transcriptionally active chromatin. *EMBO J.* 7:1395-1402, 1988.
Rose, S.M. ; Garrard, W.T. Differenciation-dependent chromatin alterations precede and accompany transcription of immunoglobulin light chain genes. *J. Biol. Chem.* 259:8534-8544, 1984.
30. Brown, S.W. Heterochromatin. *Science* 151:417-425, 1966.
James, T.C. ; Elgin, S.C.R. Identification of a nonhistone chromosomal protein associated with heterochromatin in *Drosophila melanogaster* and its gene. *Mol. Cell. Biol.* 6:3862-3872, 1986.
Pimpinelli, S. ; Bonaccorsi, S. ; Gatti, M. ; Sandler, L. The peculiar genetic organization of *Drosophila* heterochromatin. *Trends Genet.* 2:17-20, 1986.
31. Hand, R. Eucaryotic DNA : organization of the genome for replication. *Cell* 15:317-325, 1978.
Huberman, J.A. ; Riggs, A.D. On the mecchanism of DNA replication in mammalian chromosomes. *J. Mol. Biol.* 32:327-341, 1968.
32. Campbell, J. Eucaryotic DNA replication : yeast bares its ARSs. *Trends Biochem. Sci.* 13:212-217, 1988.
Palzkill, T.G. ; Newton, C.S. A yeast replication origin consists of multiple copies of a small conserved sequence. *Cell* 53:441-450, 1988.
Struhl, K. ; Stinchcomb, D.T. ; Sherer, S. ; Davis, R.W. High-frequency transformation of yeast : autonomous replication of hybrid DNA molecules. *Proc. Natl. Acad. Sci. USA* 76:1035-1039, 1979.
33. Dodson, M. ; Dean, F.B. ; Bullock, P. ; Echols, H. ; Hurwitz, J. Unwinding of duplex DNA from the SV40 origin of replication by T antigen. *Science* 238:964-967, 1987.
Li, J.J. ; Kelly, T.J. Simian virus 40 DNA replication *in vitro. Proc. Natl. Acad. Sci. USA* 81:6973-6977, 1984.
So, A.G. ; Downey, K.M. Mammalian DNA polymerases alpha and delta : current status in DNA replication. *Biochemistry* 27:4591-4595, 1988.
Stahl, H. ; Dröge, P. ; Knippers, R. DNA helicase activity of SV40 large T antigen. *EMBO J.* 5:1939-1944, 1986.
34. Russev, G. ; Hancock, R. Assembly of new histones into nucleosomes and their distribution in replicating chromatin. *Proc. Natl. Acad. Sci. USA* 79:3143-3147, 1982.
Sariban, E.R. ; Wu, R.S. ; Erickson, L.C. ; Bonner, W.M. Interrelationships of protein and DNA synthesis during replication in mammalian cells. *Mol. Cell. Biol.* 5:1279-1286, 1985.
Weintraub, H. ; Worcel, A. ; Alberts, B.M. A model for chromatin based upon two symmetrically paired half-nucleosomes. *Cell* 9:409-417, 1976.
Worcel, A. ; Han, S. ; Wong, M.L. Assembly of newly replicated chromatin. *Cell* 15:969-977, 1978.
35. Blackburn, E.H. ; Szostak, J.W. The molecular structure of centromeres and telomeres. *Annu. Rev. Biochem.* 53:163-194, 1984.
Greider, C.W. ; Blackburn, E.H. The telomere terminal transferase of *Tetrahymena* is a ribonucleoprotein enzyme with two kinds of primer specificity. *Cell* 51:887-898, 1987.
36. Stubblefield, E. Analysis of the replication pattern of Chinese hamster chromosomes using 5-bromodeoxyuridine suppression of 33258 Hoechst fluorescence. *Chromosoma* 53:209-221, 1975.
37. Lima-de-Faria, A. ; Jaworska, H. Late DNA synthesis in heterochromatin. *Nature* 217:138-142, 1968.
38. Brown, E.H. ; et al. Rate of replication of the murine immunoglobulin heavy-chain locus : evidence that the region is part of a single replicon. *Mol. Cell Biol.* 7:450-457, 1987.
39. Callan, H.G. DNA Replication in the chromosomes of eukaryotes. *Cold Spring Harbor Symp. Quant. Biol.* 38:195-203, 1974.
Kriegstein, H.J. ; Hogness, D.S. Mechanism of DNA replication in *Drosophila* chromosomes : structure of replication forks and evidence for bidirectionality. *Proc. Natl. Acad. Sci. USA* 71:135-139, 1974.
Mechali, M. ; Kearsey, S. Lack of specific sequence requirement for DNA replication in *Xenopus* eggs compared with high sequence specificity in yeast. *Cell* 38:55-64, 1984.
40. Blow, J.J. ; Laskey, R.A. A role for the nuclear envelope in controlling DNA replication within the cell cycle. *Nature* 332:546-548, 1988.
Harland, R. Initiation of DNA replication in eukaryotic chromosomes. *Trends Biochem. Sci.* 6:71-74, 1981.
Rao, P.N. ; Johnson, R.T. Mammalian cell fusion : studies on the regulation of DNA synthesis and mitosis. *Nature* 225:159-164, 1970.
41. Watson, J.D. ; Hopkins, N.H. ; Roberts, J.W. ; Steitz, J.A. ; Weiner, A.M. Molecular Biology of the Gene, 4th ed. Menlo Park, CA ; Benjamin-Cummings, 1987. (Chapitres 13, 20 et 21.)
42. Chamberlin, M. Bacterial DNA-dependent RNA polymerases. In The Enzymes, 3rd ed. (P. Boyer, ed.), Vol. 15B, pp. 61-108. New York : Academic Press, 1982.
Greenblatt, J. ; Li, J. Interaction of the sigma factor and the *nusA* gene protein of *E. coli* with RNA polymerase in the

initiation-termination cycle of transcription. *Cell* 24:421-428, 1981.

McClure, W. Mechanism and control of transcription initiation in prokaryotes. *Annu. Rev. Biochem.* 54:171-204, 1985.

Yager, T.D. ; von Hippel, P.H. Transcript elongation and termination in *E. coli.* In *Escherichia coli* and *Salmonella typhimurium :* Cellular and Molecular Biology (F.C. Neidhardt, ed.), pp. 1241-1275. Washington, DC : American Society for Microbiology, 1987.

43. Chambon, P. Eucaryotic nuclear RNA polymerases. *Annu. Rev. Biochem.* 44:613-638, 1975.

Geiduschek, E.P. ; Tocchini-Valentini, G.P. Transcription by RNA polymerase III. *Annu. Rev. Biochem.* 57:873-914, 1988.

Sentenac, A. Eucaryotic RNA polymerases. *CRC Crit. Rev. Biochem.* 18:31-91, 1985.

Sollner-Webb, B. ; Tower, J. Transcription of cloned eucaryotic ribosomal RNA genes. *Annu. Rev. Biochem.* 55:801-830, 1986.

44. Brown, D.D. The role of stable complexes that repress and activate eucaryotic genes. *Cell* 37:359-365, 1984.

Workman, J.L. ; Roeder, R.G. Binding of transcription factor TFIID to the major late promoter during *in vitro* nucleosome assembly potentiates subsequent initiation by RNA polymerase II. *Cell* 51:613-622, 1987.

45. Foe, V.E. ; Wilkinson, L.E. ; Laird, C.D. Comparative organization of active transcription units in *Oncopeltus fasciatus. Cell* 9:131-146, 1976.

Hastie, N.D. ; Bishop, J.O. The expression of three abundance classes of mRNA in mouse tissues. *Cell* 9:761-774, 1976.

Lewin, B. Gene Expression, Vol. 2 : Eucaryotic Chromosomes, 2nd ed., pp. 708-719. New York : Wiley, 1980.

Miller, O.L. The nucleolus, chromosomes, and visualization of genetic activity. *J. Cell Biol.* 91:15s-27s, 1981. (A review.)

46. Birnstiel, M.L. ; Busslinger, M. ; Strub, K. Transcription termination and 3′ processing : the end is in site ! *Cell* 41:349-359, 1985.

Friedman, D.I. ; Imperiale, M.J. ; Adhya, S.L. RNA 3′ end formation in the control of gene expression. *Annu. Rev. Genet.* 21:453-488, 1987.

Nevins, J.R. The pathway of eukaryotic mRNA formation. *Annu. Rev. Biochem.* 52:441-466, 1983.

Takagaki, Y. ; Ryner, L.C. ; Manley, J.L. Separation and characterization of a poly(A) polymerase and a cleavage/specificity factor required for pre-mRNA polyadenylation. *Cell* 52:731-742, 1988.

47. Sisodia, S.S. ; Sollner-Webb, B. ; Cleveland, D.W. Specificity of RNA maturation pathways : RNAs trancribed by RNA polymerase III are not substrates for splicing or polyadenylation. *Mol. Cell Biol.* 7:3602-3612, 1987.

Smale, S.T. ; Tjian, R. Transcription of herpes simplex virus tk sequences under the control of wild-type and mutant human RNA polymerase I promoters. *Mol. Cell. Biol.* 5:352-362, 1985.

48. Chambon, P. Split genes. *Sci. Am.* 244(5):60-71, 1981.

Crick, F. Split genes and RNA splicing. *Science* 204:264-271, 1979.

Darnell, J.E., Jr. Variety in the level of gene control in eucaryotic cells. *Nature* 297:365-371, 1982.

Perry, R.P. RNA processing comes of age. *J. Cell Biol.* 91:28s-38s, 1981. (Contient un historique.)

49. Guthrie, C. ; Patterson, B. Splice-ossomal snRNAs. *Annu. Rev. Genet.* 22:387-419, 1988.

Dreyfuss, G. ; Swanson, M.S. ; Piñol-Roma, S. Heterogeneous nuclear ribonucleoprotein particles and the pathway of mRNA formation. *Trends Biochem. Sci.* 13:86-91, 1988.

Osheim, Y.N. ; Miller, O.L. ; Beyer, A.L. RNP particles at splice junction sequences on *Drosophila* chorion transcripts. *Cell* 43:143-151, 1985.

Samarina, O.P. ; Krichevskaya, A.A. ; Georgiev, G.P. Nuclear ribonucleoprotein particles containing messenger ribonucleic acid. *Nature* 210:1319-1322, 1966.

Steitz, J.A. « Snurps. » *Sci. Am.* 258(6):56-63, 1988.

50. Edmonds, M. Branched RNA. *Bioessays* 6:212-216, 1987.

Maniatis, T. ; Reed, R. The role of small nuclear ribonucleoprotein particles in pre-mRNA splicing. *Nature* 325:673-678, 1987.

Padgett, R.A. ; Grabowski, P.J. ; Konarska, M.M. ; Seiler, S. ; Sharp, P.A. Splicing of messenger RNA precursors. *Annu. Rev. Biochem.* 55:1119-1150, 1986.

51. Aebi, M. ; Weissman, C. Precision and orderliness in splicing. *Trends Genet.* 3:102-107, 1987.

52. Andreadis, A. ; Gallego, M.E. ; Nadal-Ginard, B. Generation of protein isoform diversity by alternative splicing : mechanistic and biological implications. *Annu. Rev. Cell Biol.* 3:207-242, 1987.

53. Orkin, S.H. ; Kazazian, H.H. The mutation and polymorphism of the human β-globin gene and its surrounding DNA. *Annu. Rev. Genet.* 18:131-171, 1984.

54. Cech, T.R. The generality of self-splicing RNA : relationship to nuclear mRNA splicing. *Cell* 44:207-210, 1986.

55. Ringertz, N. ; et al. Computer analysis of the distribution of nuclear antigens : studies on the spatial and functional organization of the interphase nucleus. *J. Cell Sci.* Suppl. 4:11-28, 1986.

Warner, J. Applying genetics to the splicing problem. *Genes Dev.* 1:1-3, 1987.

56. Long, E.O. ; Dawid, I.B. Repeated genes in eucaryotes. *Annu. Rev. Biochem.* 49:727-764, 1980.

Miller, O.L. The nucleolus, chromosomes, and visualization of genetic activity. *J. Cell Biol.* 91:15s-27s, 1981.

57. Hadjiolov, A.A. The Nucleolus and Ribosome Biogenesis. New York : Springer-Verlag, 1985.

Jordan, E.G. ; Cullis, C.A., eds. The Nucleolus. Cambridge, U.K. : Cambridge University Press, 1982.

Sommerville, J. Nucleolar structure and ribosome biogenesis. *Trends Biochem. Sci.* 11:438-442, 1986.

58. Anastassova-Kristeva, M. The nucleolar cycle in man. *J. Cell Sci.* 25:103-110, 1977.

Mc Clintock, B. The relation of a particular chromosomal element to the development of the nucleoli in Zea Mays. *Z. Zellforsch. Mikrosk. Anat.* 21:294-323, 1934.

59. Comings, D.E. Arrangement of chromatin in the nucleus. *Hum. Genet.* 53:131-143, 1980.

Cremer, T. ; et al. Rabl's model of the interphase chromosome arrangement tested in Chinese hamster cells by premature chromosome condensation and laser-UV-micro-beam experiments. *Hum. Genet.* 60:46-56, 1980.

Hochstrasser, M. ; Sedat, J.W. Three-dimensional organization of *Drosophila melanogaster* interphase nuclei. II. Chromosome spatial organization and gene regulation. *J. Cell. Biol.* 104:1471-1483, 1987.

Manuelidis, L. Individual interphase chromosome domains revealed by *in situ* hybridization. *Hum. Genet.* 71:288-293, 1985.

60. Gasser, S.M. ; Laemmli, U.K. A glimpse at chromosome order. *Trends Genet.* 3:16-22, 1987.

Gerace, L. ; Burke, B. Functional organization of the nuclear envelope. *Annu. Rev. Cell Biol.* 4:335-374, 1988.

Newport, J.W. ; Forbes, D.J. The nucleus : structure, function, and dynamics. *Annu. Rev. Biochem.* 56:535-566, 1987.

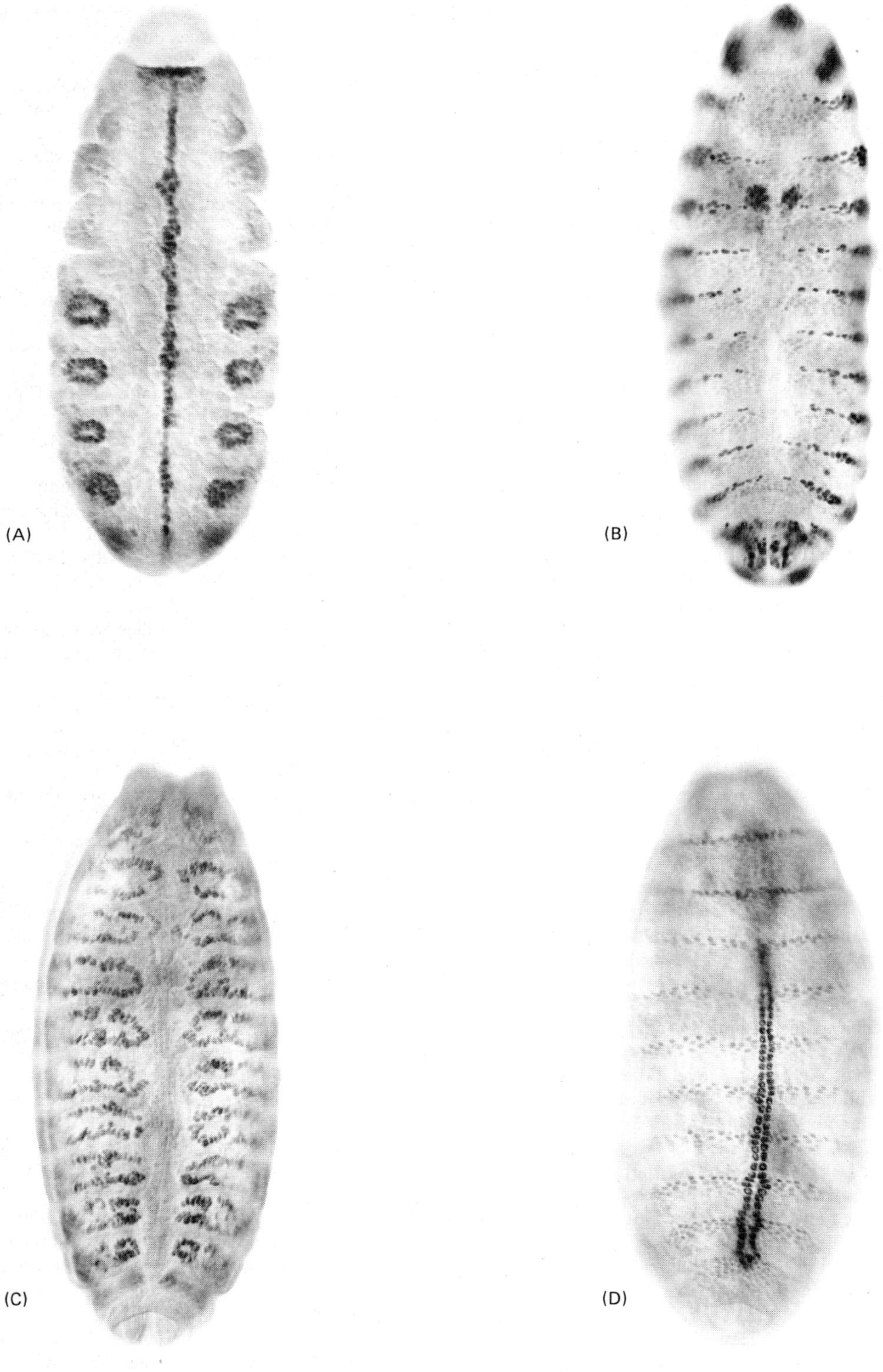

Plans d'organisation de l'expression génique en fonction de la position dans quatre embryons différents de *Drosophile* transgénique. Chaque embryon a une copie unique du gène bactérien de la β-galactosidase insérée dans son génome. En fonction du site d'insertion chromosomique, les amplificateurs voisins de *Drosophile* entraînent l'expression du gène selon un plan d'organisation qui correspond soit à (A) la trachée et le mésectoderme, (B) les organes sensoriels, (C) les muscles ou (D) une épine dorsale épidermique plus un motif répété de façon segmentaire. (Avec l'autorisation de Yuh-Nung Jan et Larry Ackerman.)

Régulation de l'expression des gènes

10

L'ADN d'un organisme code pour tous les ARN et toutes les protéines nécessaires à la constitution de ses cellules. Toutefois, un déchiffrage complet des séquences nucléotidiques d'un génome, qu'il s'agisse des quelques millions de nucléotides d'un génome bactérien ou des trois milliards de nucléotides du génome humain, ne devrait permettre qu'une compréhension limitée du fonctionnement de l'organisme entier. Il a été dit que le génome est un « dictionnaire » complet pour un organisme, contenant tous les « mots » nécessaires à son élaboration. Mais nous ne pouvons pas plus reconstituer la logique de cet organisme à partir d'un tel dictionnaire, que nous ne pouvons reconstituer une pièce de Shakespeare à partir d'un dictionnaire de langue anglaise. Dans les deux cas, le problème est de savoir comment les mots sont utilisés. Le nombre d'arrangements des éléments est si grand, que l'obtention du dictionnaire n'est en soi qu'une étape relativement simple, et seulement un premier pas vers la résolution du problème.

Nous sommes bien sûr très loin d'être capable de « formuler » un organisme à partir de la séquence de son génome. Il faudrait pour cela une connaissance beaucoup plus complète de la biologie cellulaire et, en particulier, il faudrait savoir comment se comportent les milliers de molécules, grandes et petites, une fois synthétisées. Dans ce chapitre, nous nous limiterons à l'aspect du problème qui concerne la manière dont le génome détermine la forme et le comportement d'un organisme : nous étudierons les règles qui font qu'une fraction de la totalité des gènes est sélectivement activée dans chaque cellule. Nous verrons que les mécanismes qui contrôlent l'*expression* des gènes interviennent à différents niveaux et, dans la partie centrale de ce chapitre, nous étudierons successivement ces niveaux. A la fin du chapitre nous examinerons comment les gènes, et leurs réseaux régulateurs, ont pu évoluer. Nous commencerons, cependant, par une vue d'ensemble sur quelques principes de base du contrôle génétique chez les organismes supérieurs.

Stratégies du contrôle des gènes

Les divers types cellulaires d'un organisme supérieur diffèrent souvent de façon importante, à la fois dans leur morphologie et dans leur fonction. Par exemple, si l'on compare un neurone de mammifère avec un lymphocyte (voir Figure 13-29 p. 750), les différences sont telles qu'il est difficile d'imaginer que ces deux cellules contiennent le même génome. Pour cette raison, et parce que la différenciation est habituellement irréversible, les biologistes pensaient à l'origine que des gènes pouvaient être sélectivement perdus lorsque la cellule se différencie. Nous savons maintenant que la différenciation cellulaire dépend plus de modifications de l'expression des gènes que de leur perte.

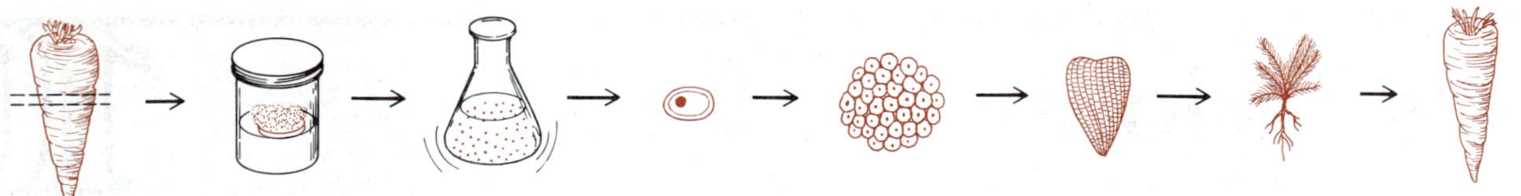

Figure 10-1 Une expérience réalisable avec de nombreux végétaux. Les cellules végétales différenciées conservent souvent la capacité de se « dédifférencier », de telle sorte qu'une cellule unique peut produire un clone cellulaire, qui peut ensuite s'organiser pour donner une plante complète (voir chapitre 20)

Les différents types cellulaires d'un organisme pluricellulaire contiennent le même ADN [1]

Les cellules d'un organisme pluricellulaire se différencient les unes des autres car elles synthétisent et stockent des ensembles différents d'ARN et de protéines. Elles le font sans changement irréversible de leur ADN. La meilleure preuve de la conservation du génome au cours de la différenciation vient d'une série d'expériences classiques effectuées chez la grenouille. Lorsque le noyau d'une cellule différenciée est injecté dans un œuf dont le noyau a été retiré, le noyau injecté peut reprogrammer cet œuf pour donner naissance à un têtard normal (voir p. 891). Comme ce têtard contient un large éventail de cellules différenciées dont les séquences d'ADN proviennent du noyau de la cellule « donneur » initiale, cette dernière ne peut donc avoir perdu aucune séquence d'ADN importante. Des expériences menées chez diverses espèces végétales ont abouti à la même conclusion. Dans ces expériences des échantillons de tissu différenciés ont été cultivés en milieu synthétique, puis dissociés en cellules isolées. Une de ces cellules isolées peut souvent régénérer un végétal adulte complet. (Figure 10-1).

Une preuve supplémentaire que de larges fragments d'ADN ne sont pas perdus ou réarrangés au cours du développement des vertébrés vient de comparaisons détaillées des distributions des bandes détectables dans les chromosomes lors de la mitose, dans divers types cellulaires (voir Figure 9-40 p. 505). Suivant ce critère, les jeux de chromosomes de toutes les cellules différenciées de l'organisme semblent identiques. Qui plus est, les comparaisons des génomes de différentes cellules réalisées à l'aide des techniques du génie génétique (voir p. 180) ont montré que, en règle générale, les modifications de l'expression des gènes impliqués dans le développement des organismes multicellulaires ne s'accompagnent pas de remaniements des séquences d'ADN correspondantes (il existe cependant une exception importante décrite p. 1024).

Des types cellulaires différents synthétisent des ensembles de protéines différents [2]

Comme première étape, pour tenter de comprendre le phénomène de la différenciation, on aimerait connaître le nombre de différences existant entre deux types cellulaires. Bien que nous ne connaissions pas la réponse à cette question fondamentale, certains principes généraux peuvent être formulés :

1. De nombreux processus sont communs à toutes les cellules, par conséquent deux cellules d'un même organisme ont beaucoup de protéines en commun. Parmi celles-ci, on trouve quelques protéines abondantes, faciles à analyser, comme les principales protéines structurales du cytosquelette et des chromosomes, quelques protéines essentielles au réticulum endoplasmique et aux membranes golgiennes, des protéines ribosomales, etc. De nombreuses protéines peu abondantes, comme les différentes enzymes impliquées dans les réactions centrales du métabolisme (voir p. 81) sont aussi identiques dans tous les types cellulaires.
2. Certaines protéines sont abondantes dans les cellules spécialisées dans lesquelles elles ont une fonction, et ne peuvent être détectées ailleurs, même par des tests sensibles. L'hémoglobine, par exemple, ne peut être détectée que dans les globules rouges.
3. Si l'on compare, sur gel d'électrophorèse bidimentionnel (voir p. 171), les quelque 2 000 protéines les plus abondantes (présentes à plus de 50 000 copies par cellule) entre différents types cellulaires d'un même organisme, on ne trouve que remarquablement peu de différences. Si l'on effectue la même comparaison entre deux lignées cellulaires en culture (cellules nerveuses et musculaires) ou bien entre cellules de tissus de jeunes rongeurs (comme le foie et le poumon), la grande majorité des protéines détectées sont synthétisées dans les deux types cellulaires, leurs taux variant d'un facteur inférieur à cinq. Seul un faible pourcentage de protéines sont présentes en quantités très différentes dans les deux types cellulaires.

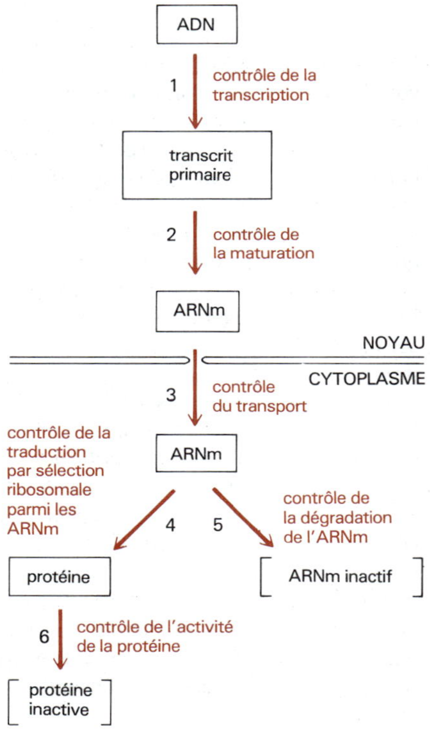

Figure 10-2 Six niveaux auxquels l'expression d'un gène eucaryote peut être contrôlé. Seuls les niveaux 1 à 5 sont étudiés dans ce chapitre. Dès qu'une protéine a été synthétisée son activité peut être réglée (niveau 6) par un contrôle de la dégradation des protéines (inactivation irréversible, voir p. 419), par des modifications réversibles de la protéine, comme une phosphorylation (voir p. 417), et en conduisant la protéine à choisir une localisation particulière dans la cellule (voir p. 412).

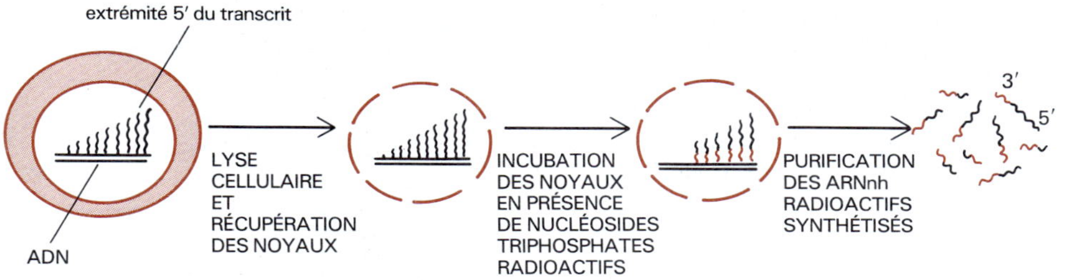

Figure 10-3 Marquage radioactif des ARNnh néosynthétisés par « run on » nucléaire. Les molécules d'ARN polymérase engagées dans la transcription au sein d'une cellule continuent l'élongation des mêmes molécules d'ARN *in vitro*, fournissant ainsi un échantillon, fortement marqué, des séquences cellulaires transcrites (*transcrits primaires*).

Des études sur le nombre des différentes séquences d'ARNm d'une cellule suggèrent qu'une cellule d'eucaryote supérieur typique synthétise 10 000 à 20 000 protéines différentes (Tableau 9-2 p. 528). La plupart sont en trop faibles quantités pour être détectées par électrophorèse bidimentionnelle d'extraits cellulaires. Si ces protéines minoritaires diffèrent, entre les deux types cellulaires, dans les mêmes proportions que les protéines majoritaires, comme il est communément admis, seul un faible nombre de différences protéiques (peut-être quelques centaines) suffisent pour créer de grandes différences de morphologie et de comportement.

10-3 L'expression des gènes peut être réglée à chaque étape menant de l'ADN à l'ARN puis à la protéine [3]

Si les différences entre les types cellulaires dépendent de gènes que les cellules expriment spécifiquement, à quel niveau s'exerce le contrôle de l'expression génique ? Les étapes conduisant de l'ADN aux protéines sont nombreuses, et il est probable qu'elles puissent être toutes réglées (Figure 10-2). Ainsi une cellule peut contrôler les protéines qu'elle synthétise (1) en contrôlant quand et à quelle fréquence un gène est transcrit (**contrôle de la transcription**), (2) en contrôlant comment s'effectue l'épissage du transcrit primaire, ou tout autre processus de maturation (**contrôle de la maturation de l'ARN**), (3) en sélectionnant, dans le noyau, les ARN matures qui doivent être exportés dans le cytoplasme (**contrôle du transport de l'ARN**), (4) en sélectionnant, dans le cytoplasme, les ARNm qui doivent être traduits par les ribosomes (**contrôle de la traduction**), (5) en déstabilisant sélectivement certains ARNm dans le cytoplasme (**contrôle de la dégradation**), ou bien (6) en activant, inactivant ou en répartissant sélectivement des protéines spécifiques après leur synthèse (**contrôle de l'activité des protéines**).

Pour la plupart des gènes, le contrôle de la transcription est prééminent. La preuve initiale de l'importance du contrôle de la transcription dans le développement des vertébrés vient de la comparaison des ARNm de foie et de cerveau. On trouva qu'un certain nombre de ces ARN étaient spécifiques du foie, et les ADNc clonés correspondants purent être utilisés comme sondes pour montrer que les cellules cérébrales étaient dépourvues non seulement des ARNm matures spécifiques du foie, mais aussi des transcrits primaires correspondants (ARNhn, voir p. 528), dont dérivent les ARNm. Pour le démontrer, des noyaux de cellules hépatiques et cérébrales ont été isolés et incubés en présence de précurseurs de l'ARN, fortement radioactifs (ribonucléosides triphosphates), de telle sorte que les transcrits néosynthétisés soient marqués. Cette expérience connue sous le nom de « *run on* » nucléaire est schématisée Figure 10-3. Les molécules d'ARN marquées furent analysées de la façon décrite dans les Figures 10-4 et 10-5. Du fait de la sensibilité limitée de ce test, aucune séquence d'ARNhn de cellule cérébrale contenant des séquences de l'un des onze ARNm analysés, spécifique du foie, ne put être trouvée. Les ARNhn de cellules hépatiques, qui contiennent des séquences susceptibles de s'hybrider avec les ADNc de foie, servirent de témoin. On peut donc en conclure que l'absence des ARNm spécifiques du foie (et donc des protéines qu'ils codent) dans les cellules cérébrales résulte d'une absence de transcription des gènes correspondants dans les noyaux des cellules cérébrales. En d'autres termes, pour les protéines codées par ces 11 ARNm, les différences entre cellules hépatiques et cérébrales sont dues en grande partie à des contrôles de la transcription.

10-4 Les protéines régulatrices de gènes peuvent aussi bien activer que réprimer la transcription

Les cellules eucaryotes contiennent une grande gamme de protéines qui se fixent à l'ADN au niveau de séquences spécifiques dont la fonction principale est d'activer ou de réprimer les gènes. Chacune de ces **protéines régulatrices de gènes** n'est présente qu'en un nombre relativement faible de copies par cellule (environ 1 molécule pour 3 000 nucléosomes, soit 10^4

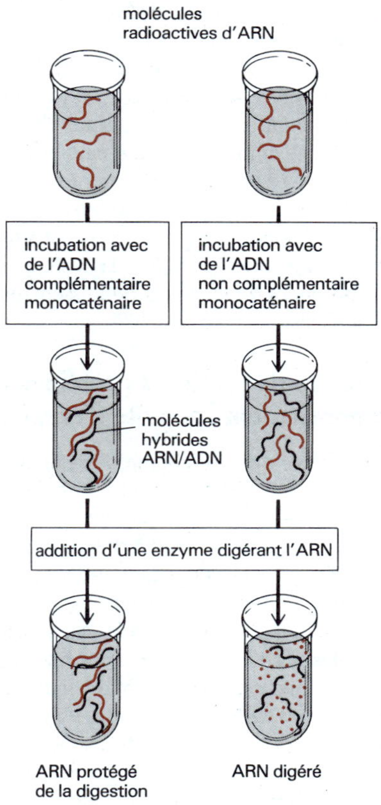

Figure 10-4 Méthode générale pour détecter les ARN radioactifs possédant une séquence particulière. Si les molécules d'ARN peuvent s'apparier avec le segment d'ADN monocatenaire spécifique utilisé comme sonde, en formant des hybrides ARN/ADN bicatenaires, elles ne seront pas digérées par traitement enzymatique, et pourront être détectées par leur radioactivité. Dans l'expérience décrite dans le texte, des fragments d'ADN purs correspondant à une série de gènes différents furent obtenus par clonage des ADNc obtenus par transcription réverse d'un mélange d'ARNm de foie (voir p. 260). Les ADN correspondant aux ARNm spécifiques du foie ont ensuite été sélectionnés et chacun d'eux a été utilisé comme sonde dans des expériences indépendantes (voir Figure 10-5).

copies par cellules de mammifère) et reconnaît une séquence d'ADN particulière, dont la longueur est habituellement de 8 à 15 nucléotides (voir p. 566). La fixation de ces protéines peut soit faciliter **(régulation positive)** soit inhiber **(régulation négative)** la transcription d'un gène adjacent (Figure 10-6). Nous décrirons ultérieurement quelques-uns des mécanismes impliqués (voir p. 564). Les différents types cellulaires d'un organisme pluricellulaire possèdent des mélanges différents de protéines régulatrices et, de ce fait, chaque type cellulaire transcrit différents groupes de gènes.

Des combinaisons de quelques protéines régulatrices pourraient caractériser un grand nombre de types cellulaires [4]

La base de la **régulation génétique combinatoire** est illustrée par la Figure 10-7, dans laquelle chaque élément numéroté représente une protéine régulatrice différente. Dans ce schéma purement hypothétique, une cellule initiale donne naissance à deux types de cellules A et B, qui ne diffèrent que par la présence de la protéine régulatrice ① dans l'une des cellules et pas dans l'autre. Le développement ultérieur de chacune de ces cellules conduit à la production, dans quelques cellules, d'abord des protéines régulatrices ② et ③ puis ultérieurement des protéines régulatrices ④ et ⑤. A la fin, huit types cellulaires ont été créés (cellules G à N) grâce à cinq protéines régulatrices. L'addition de deux protéines régulatrices dans le schéma élaboré Figure 10-7 (⑥ et ⑦) permettrait d'engendrer seize types cellulaires. Dix étapes supplémentaires de ce type permettraient la génération d'un peu plus de 10 000 types cellulaires en utilisant simplement vingt-cinq protéines régulatrices différentes.

Une régulation combinatoire de ce type est donc un moyen très efficace pour créer une complexité biologique avec relativement peu d'éléments régulateurs. Dans le Chapitre 16, nous verrons comment ce processus est utilisé au cours du développement de l'embryon de la *Drosophile* pour déterminer la destinée de cellules spécifiques, lorsque les interactions avec un jeu de gènes régulateurs définissent une subdivision progressive de l'embryon précoce en régions distinctes (voir p. 925).

L'action de plusieurs protéines régulatrices détermine généralement l'activité d'un gène [5]

A première vue, le schéma de régulation combinatoire de la Figure 10-7 semble prédire que les différences cellulaires résultent d'un simple effet additif au cours des générations cellulaires successives. On pourrait par exemple imaginer que l'addition de la protéine régulatrice ② aux cellules C et E apporterait à chacune de ces cellules le même jeu de protéines supplémentaires — précisément, celles qui sont codées par les gènes activés par la protéine régulatrice ②. Une telle conception est incorrecte pour une raison simple. La régulation génétique combinatoire est plus compliquée que cela, car les différentes protéines régulatrices interagissent les unes avec les autres. Même chez les bactéries, l'interaction entre deux protéines régulatrices est souvent nécessaire pour l'activation d'un gène (voir p. 560). Chez les eucaryotes supérieurs, des groupes entiers de protéines régulatrices agissent généralement de concert pour déterminer si un gène doit ou non être transcrit (voir p. 567). Par exemple, en interagissant avec la protéine régulatrice ①, la protéine ② peut activer un jeu de gènes différents dans les cellules E et C. C'est vraisemblablement la raison pour laquelle un unique récepteur d'hormone stéroïde (exemple de protéine régulatrice), chez les mammifères, module la synthèse de différents groupes de protéines dans différents types cellulaires (voir p. 692). La modification particulière de l'expression génique provoquée par la synthèse d'une protéine régulatrice donnée dans une

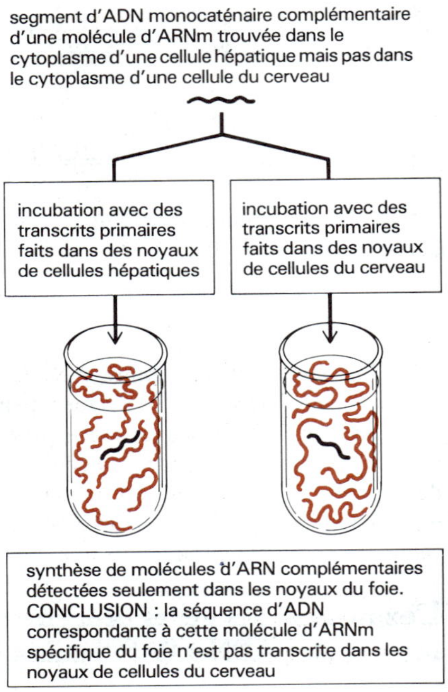

Figure 10-5 Expérience montrant que l'expression des gènes est en grande partie réglée au niveau de la transcription dans les cellules de vertébrés (voir aussi Figure 10-4).

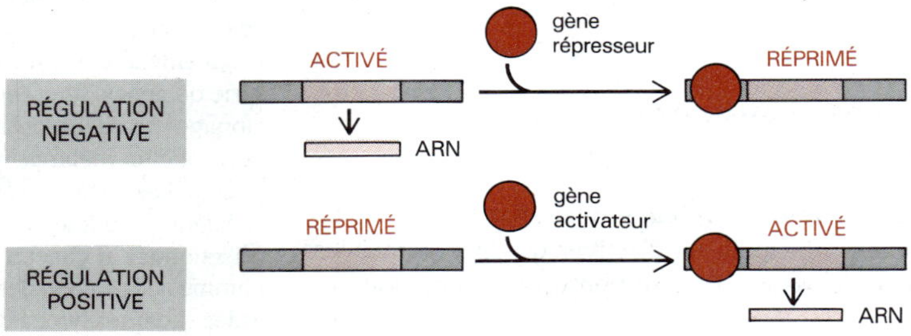

Figure 10-6 Comparaison entre la régulation positive et négative. Dans cet exemple, un effet sur la transcription est montré, mais ces deux mêmes processus s'appliquent à tous les niveaux de régulation décrits dans la Figure 10-2.

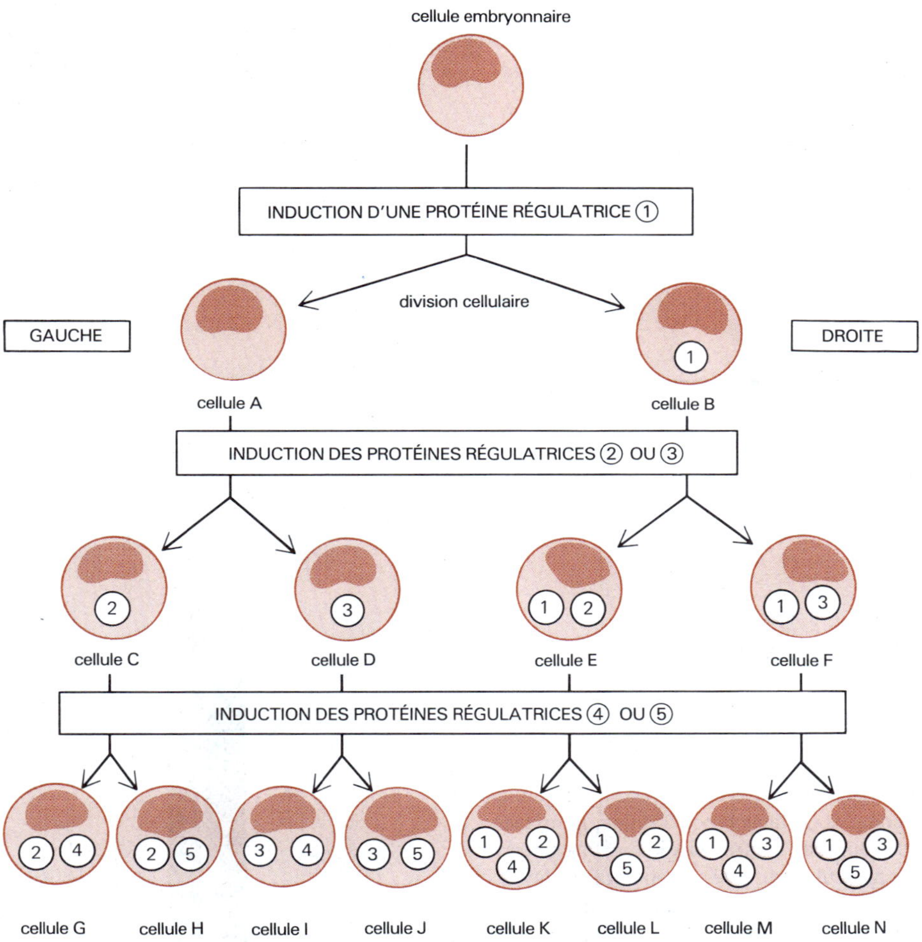

Figure 10-7 Un schéma très simplifié du développement cellulaire montrant comment une combinaison de quelques protéines régulatrices peut créer un grand nombre de types cellulaires dans les embryons.
Dans ce shéma simple une « décision » de synthétiser l'une des paires de protéines régulatrices différentes (cercles numérotés) est prise après chaque division cellulaire. Tenant compte de sa position relative au sein de l'embryon, la cellule fille située dans la partie gauche de l'embryon (partie gauche de la page) synthétise toujours la protéine de chaque couple dont le numéro est pair ; alors que la cellule fille dans la partie droite de l'embryon (partie droite de la page) synthétise la protéine dont le numéro est impair. La synthèse de chaque protéine régulatrice est sensée s'auto-perpétuer (voir Figures 10-33 et 10-35). Par conséquent les cellules d'un clone en croissance contiennent un nombre croissant de protéines régulatrices, chacune étant supposée contrôler toute une batterie de gènes.

cellule de développement dépendra en général du passé de la cellule, puisque ce passé déterminera celles des protéines régulatrices qui sont déjà présentes dans la cellule (Figure 10-8)

Les protéines régulatrices de gènes pilotes activent de nombreux gènes [6]

Comme nous venons de le voir, une cellule contient de nombreuses protéines régulatrices de gènes, chacune d'elles se combine avec d'autres pour contrôler de nombreux autres gènes. Ainsi peut se constituer un réseau arborescent d'interactions dans lequel chaque protéine régulatrice contrôle la production d'autres protéines régulatrices, et ainsi de suite.

Toutes les protéines régulatrices n'ont cependant pas un rôle équivalent. Le réseau contient des **protéines régulatrices de gènes pilotes**, chacune d'entre elles ayant un effet coordinateur décisif dans le contrôle de nombreux autres gènes (Figure 10-9). Nous verrons, par exemple, au Chapitre 16, qu'un certain nombre de mutations ponctuelles, chez la *Drosophile*, conduisent à la conversion d'une partie du corps de la mouche en une autre. Les mutations qui provoquent de telles transformations sont connues sous le nom de *mutations homéotiques*. Chez la *Drosophile*, une mutation de ce type, appelée *Antennapedia*, induit l'apparition d'une seule protéine régulatrice pilote aberrante dans un groupe de cellules qui devrait normalement donner une antenne, et ces cellules sont de ce fait reprogrammées pour donner une patte de sorte que la mouche adulte a une patte sortant de sa tête (voir p. 920). L'une des premières preuves de l'existence de telles protéines régulatrices pilotes chez les vertébrés vint de la constatation que l'absence d'une seule protéine régulatrice (le récepteur de la testostérone) provoque le développement d'un individu de génotype mâle (XY) en un individu femelle presque parfait (voir p. 693). Des études récentes sur le développement des cellules du muscle squelettique apportent cependant la preuve la plus directe de l'utilisation de protéines régulatrices pilotes dans le développement des vertébrés.

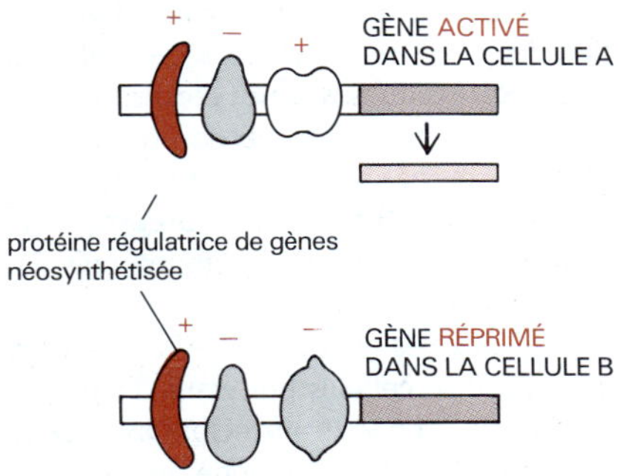

Figure 10-8 Effet, sur une cellule, d'une protéine régulatrice néosynthétisée. Cet effet est fonction des protéines régulatrices déjà présentes, donc du passé de la cellule. Ce shéma représente le même gène dans deux cellules A et B. Au début, ce gène est inactif dans les deux cellules. La synthèse de la protéine la plus à gauche active le gène dans la cellule A mais pas dans la cellule B. Pour simplifier, on suppose que chaque protéine régulatrice a un effet activateur ou un effet inhibiteur sur la transcription, et leurs effets se combinent pour déterminer si un gène doit ou non être transcrit. En réalité les effets ne sont pas simplement additifs ; dans certains cas, par exemple, deux protéines régulatrices peuvent, en interagissant lorsqu'elles se fixent sur l'ADN, voir leurs activités se modifier.

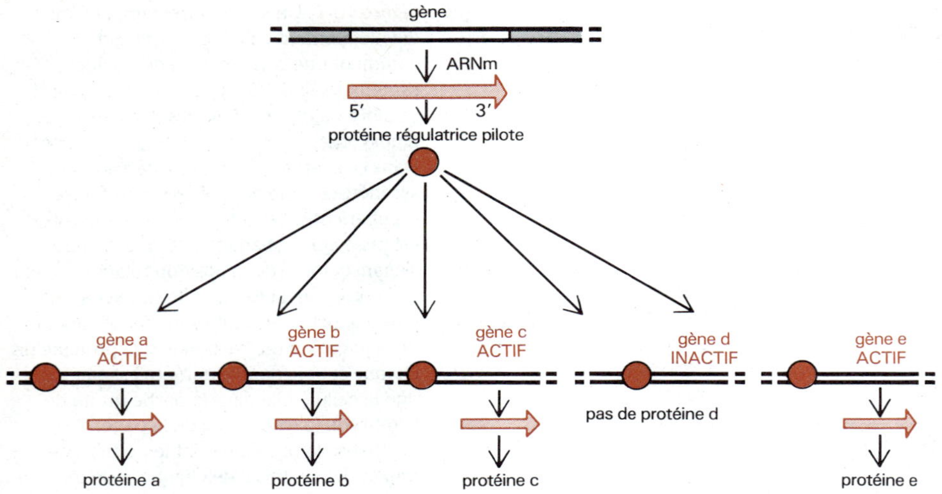

Figure 10-9 Illustration schématique de la manière dont la décision de synthétiser une protéine pilote peut influer sur la synthèse de nombreuses protéines différentes dans la cellule.

10-5 Une seule protéine régulatrice pilote peut transformer un fibroblaste en myoblaste [7]

Une cellule de muscle squelettique de mammifère est très grande et contient de nombreux noyaux. Elle est formée par la fusion de nombreuses cellules précurseurs appelées *myoblastes* (voir p. 983). La cellule musculaire mature se distingue des autres cellules par la présence d'un grand nombre de protéines caractéristiques, y compris certains types d'actine, la myosine, la tropomyosine, la troponine (faisant tous partie de l'appareil contractile), la créatine phosphokinase (pour le métabolisme particulier des cellules musculaires), et les récepteurs de l'acétylcholine (pour sensibiliser la membrane aux stimulations nerveuses). Dans les myoblastes en prolifération, ces protéines spécifiques du muscle, et leurs ARNm, ne sont présentes qu'à très faible concentration ou absentes. Lorsque les myoblastes commencent à fusionner, la production de ces protéines et la concentration de leurs ARNm augmentent parallèlement, indiquant que l'expression des gènes correspondants est contrôlée au niveau de la transcription. Le taux de synthèse de beaucoup de protéines spécifiques du muscle augmente d'un facteur 500 ou plus. Des études par électrophorèse sur gel de polyacrylamide bidimensionnelle montrent que les taux de synthèse de nombreuses autres protéines sont aussi modifiés. Certains s'annulent, d'autres atteignent un maximum, puis diminuent, d'autres passent d'un état stable à un autre, et ainsi de suite.

Tous ces événements, fusion comprise, peuvent être déclenchés dans des fibroblastes en culture — cellules qui, dans d'autres conditions, n'expriment jamais ces gènes spécifiques du muscle — en les transfectant avec de l'ADN contenant un gène manipulé pour produire une protéine régulatrice de gène appelée **myoD1**, qui normalement n'est exprimée que dans les myoblastes et dans les cellules de muscle squelettique (Figure 10-10). Apparemment, myoD1 est une protéine régulatrice pilote qui définit normalement un « myoblaste » ; lorsqu'elle est exprimée à une concentration suffisamment élevée dans un fibroblaste, elle bouleverse les contrôles génétiques normaux du fibroblaste, et le transforme en cellule musculaire.

La protéine myoD1 est localisée dans le noyau, et sa séquence d'acides aminés a été déduite de la séquence nucléotidique de son gène. De plus, il a été montré que cette protéine se fixait au niveau des régions régulatrices de plusieurs gènes spécifiques du muscle. La découverte de cette protéine très particulière est en faveur de l'hypothèse qu'un petit nombre d'autres protéines régulatrices pilotes caractérisent aussi d'autres types cellulaires.

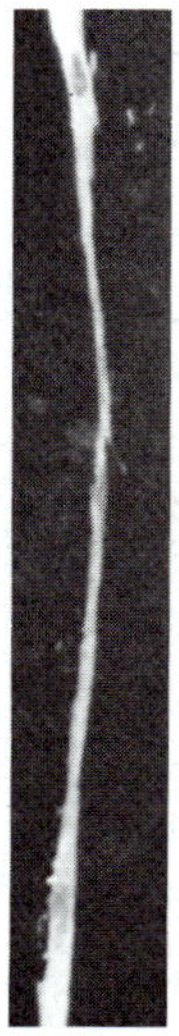

Figure 10-10 Micrographie en immunofluorescence de fibroblastes de la peau d'un embryon de poulet qui ont été transformés en cellules musculaires par induction expérimentale de l'expression du produit du gène *myoD1*. Ces fibroblastes ont été cultivés et transfectés 3 jours auparavant avec un plasmide recombinant contenant la séquence codante *myoD* associée à un promoteur activateur d'expression viral, actif dans les fibroblastes de poulet. Quelques pour cent de cellules ont intégré le plasmide et produisent la protéine myoD, ces cellules ont fusionné pour former un myotube, qui est marqué, ici, par un anticorps reconnaissant la protéine spécifique du muscle. Les cellules marquées sont mélangées à une couche confluente de fibroblastes qui n'est pas visible sur cette micrographie. Comme contrôle, des cellules transfectées avec un autre plasmide, ne contiennent pas de cellules musculaires. (Avec l'autorisation de Stephen Tapscott, Andrew Lassar, Robert Davis et Harold Weintraub.)

Résumé

Dans un organisme multicellulaire, les types cellulaires se différencient en exprimant sélectivement différents gènes du même génome, bien que, de manière surprenante, les différences protéiques d'une type cellulaire à l'autre soient faibles. L'expression de la majorité des gènes est contrôlée de manière prédominante au niveau de la transcription, bien que les contrôles post-transcriptionnels soient aussi importants. Les contrôles de la transcription dépendent de protéines régulatrices de gènes qui se fixent au niveau de séquences d'ADN spécifiques. Ces protéines peuvent aussi bien activer un gène (régulation positive) que l'inactiver (régulation négative). Les gènes des eucaryotes supérieurs sont en général réglés par les effets combinés de plusieurs de ces protéines de régulation positive et négative. Les protéines régulatrices pilotes jouent un rôle particulier dans ce réseau de contrôle génique en réglant d'importants groupes de gènes : par exemple, l'induction expérimentale de l'expression de la protéine myoD1 peut convertir un fibroblaste en myoblaste.

Le contrôle de l'initiation de la transcription [8]

Il y a seulement 40 ans, l'idée qu'un gène pouvait être activé ou inactivé de manière spécifique était révolutionnaire. Ce concept, qui fut un progrès majeur dans notre compréhension des cellules, est le résultat d'études sur la croissance d'*E. coli* dans un mélange de glucose et de lactose (un disaccharide). En présence de ces deux sources de carbone, la bactérie ne commençait à métaboliser le lactose qu'après avoir totalement utilisé le glucose. Le passage à l'utilisation du lactose s'accompagnait d'une pause dans la croissance bactérienne pendant laquelle la *β-galactosidase*, qui hydrolyse le lactose en glucose et galactose, était synthétisée. L'obtention et la caractérisation de bactéries mutantes avec des déficiences spécifiques dans la régulation de ce passage conduisirent à des études biochimiques qui, en 1966, aboutirent à l'identification et à la purification du *répresseur de l'opéron lactose.*

Les études biochimiques et génétiques du répresseur de l'opéron lactose, du répresseur du phage lambda (voir p. 492), et de quelques autres protéines bactériennes régulatrices de gènes ont rapidement conduit à un modèle général de la régulation de la transcription chez les procaryotes. Des protéines de liaison à des séquences d'ADN spécifiques étaient supposées inhiber ou stimuler l'initiation de la synthèse d'ARN à partir d'un gène, en se fixant près du **promoteur**, là où l'ARN polymérase se fixe pour démarrer la transcription (voir p. 524). On supposa que des modifications de la fixation sur l'ADN de ces protéines régulatrices activaient ou inactivaient des gènes.

Pendant de nombreuses années la manière dont ce modèle bactérien de contrôle génique pouvait s'appliquer aux eucaryotes resta mystérieuse. L'ADN des eucaryotes, contrairement à celui des procaryotes, est empaqueté dans les nucléosomes par les histones, dont la masse totale est égale à celle de l'ADN (voir p. 496). La présence de nucléosomes suggérait de nouvelles possibilités de régulation des gènes. En outre, de nouveaux mécanismes semblaient nécessaires pour expliquer pourquoi les protéines régulatrices eucaryotes se fixent souvent à des milliers de paires de bases du promoteur qu'elles modulent. Les progrès dans l'élucidation du mécanisme de contrôle de l'expression génique chez les eucaryotes ont été lents, en grande partie du fait que la majorité des protéines régulatrices eucaryotes ne sont présentes qu'en faibles quantités (environ 1/50 000 des protéines cellulaires totales). Jusqu'en 1983, seules deux protéines, inhabituellement abondantes (et peut-être atypiques) — *l'antigène grand T* du virus SV40 et le facteur de transcription *TFIIIA* du gène de l'ARNr 5S — avaient été bien caractérisées.

Peu de temps après, la situation changea totalement. De nouvelles méthodes, basées sur les techniques du génie génétique, permirent des études biochimiques et génétiques détaillées d'un grand nombres de protéines régulatrices eucaryotes. De plus, des études chez la bactérie fournirent des exemples clairs de protéines régulatrices agissant à distance et révélèrent leur mode d'action. Dans les paragraphes qui vont suivre nous mettrons donc l'accent sur les similitudes entre les mécanismes régulateurs des eucaryotes et des procaryotes plutôt que sur leurs différences. Les autres mécanismes qui peuvent être particulier aux eucaryotes seront envisagés plus tard, lorsque nous étudierons certains de ceux qui sont à l'origine des différents types cellulaires (voir p. 577).

10-8 Les répresseurs des gènes bactériens se fixent près des promoteurs et inhibent ainsi la transcription de gènes spécifiques [9]

Le chromosome d'*E. coli* est constitué d'une seule molécule d'ADN circulaire d'une longueur d'environ 4,7 × 10^6 paires de bases. Ceci est suffisant pour coder environ 4 000 types de protéines, bien que seule une fraction de ces protéines soit synthétisée à tout moment. *E. coli* régle l'expression d'un grand nombre de ses gènes en fonction des taux intracellulaires de

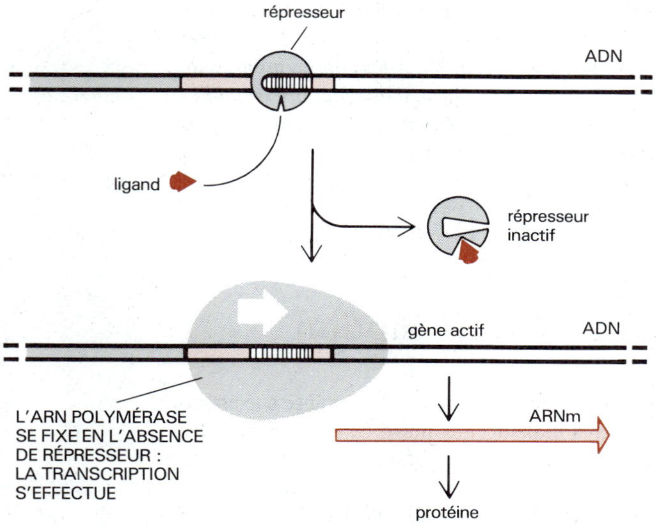

Figure 10-11 Dérépression d'un gène chez la bactérie. Une petite molécule spécifique se fixe sur le répresseur, modifiant de ce fait la conformation de la protéine qui se dissocie de l'ADN. Ceci permet la transcription du (des) gène(s) adjacent(s). Dans l'exemple du texte, l'allolactose se fixe au répresseur de l'opéron lactose, pour permettre la transcription d'un seul transcrit qui code trois protéines impliquées dans le métabolisme du lactose (β-galactosidase, galactoside perméase et galactoside acétylase). Comme les trois gènes qui codent ces trois protéines sont adjacents et sont contrôlés de manière coordonnée, puisqu'ils font partie de la même unité de transcription, ce groupe de gènes est appelé *opéron* lactose.

métabolites particuliers, qui varient souvent selon les sources nutritives du milieu extra-cellulaire.

En 1959, des études génétiques sur l'utilisation du lactose par *E. coli* ont apporté des preuves indirectes de l'existence d'un répresseur qui se fixe sur une unité de transcription appelée opéron *lac*, pour inhiber la production de β-galactosidase lorsque le lactose est absent. Ultérieurement, la purification du **répresseur de l'opéron lactose** permit de déchiffrer le mécanisme de cette régulation. Des expériences *in vitro*, avec des molécules purifiées, ont montré que le répresseur inhibait la transcription de l'opéron *lac* en se fixant à une séquence d'ADN spécifique, longue de 21 paires de bases (appelée *opérateur*), qui chevauche un site adjacent de fixation pour l'ARN polymérase, auquel commence la synthèse de l'ARN (le *promoteur*). Lorsque le répresseur se fixe à l'opérateur, il empêche l'ARN polymérase de commencer la synthèse au niveau du promoteur, bloquant ainsi la transcription de la région d'ADN adjacente (voir Figure 10-14).

Le répresseur de l'opéron lactose agit en ajustant la production de β-galactosidase aux besoins de la cellule. En présence de lactose, une petite molécule de nature glucidique, appelée *allolactose*, se forme dans la cellule. L'allolactose se fixe au répresseur, et, lorsque sa concentration est suffisante, induit un changement de conformation allostérique du répresseur (voir p. 127). Ce dernier se détache de l'ADN et la transcription peut se poursuivre : on dit que le gène est *déréprimé*. Il en résulte qu'une bactérie *E. coli* est capable de synthétiser les enzymes dont elle a besoin pour dégrader le lactose uniquement lorsque ce dernier est présent (Figure 10-11).

Figure 10-12 La fixation du tryptophane sur le répresseur de l'opéron tryptophane modifie la conformation du répresseur. Ce changement de conformation permet à cette protéine régulatrice de se fixer sur l'ADN au niveau d'une séquence spécifique, bloquant ainsi la transcription des gènes codant les protéines nécessaires à la synthèse du tryptophane (opéron *trp*). La structure tridimensionnelle de cette protéine bactérienne de type hélice-tour-hélice, déterminée par diffraction des rayons X, avec et sans tryptophane fixé, est schématisée. Dans le dimère, la fixation du tryptophane augmente la distance entre les deux hélices de reconnaissance *(cylindres colorés)* (voir p. 492), permettant la formation d'interactions par l'intermédiaire de liaisons hydrogènes, disposées symétriquement et représentées schématiquement par les petits triangles colorés. (D'après R. Zhang et al., *Nature* 327:591-597, 1987.)

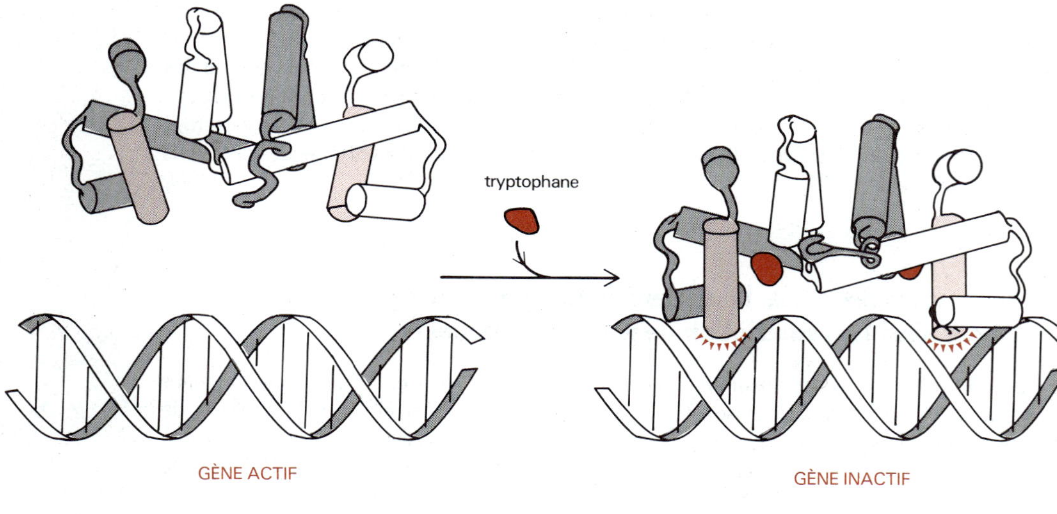

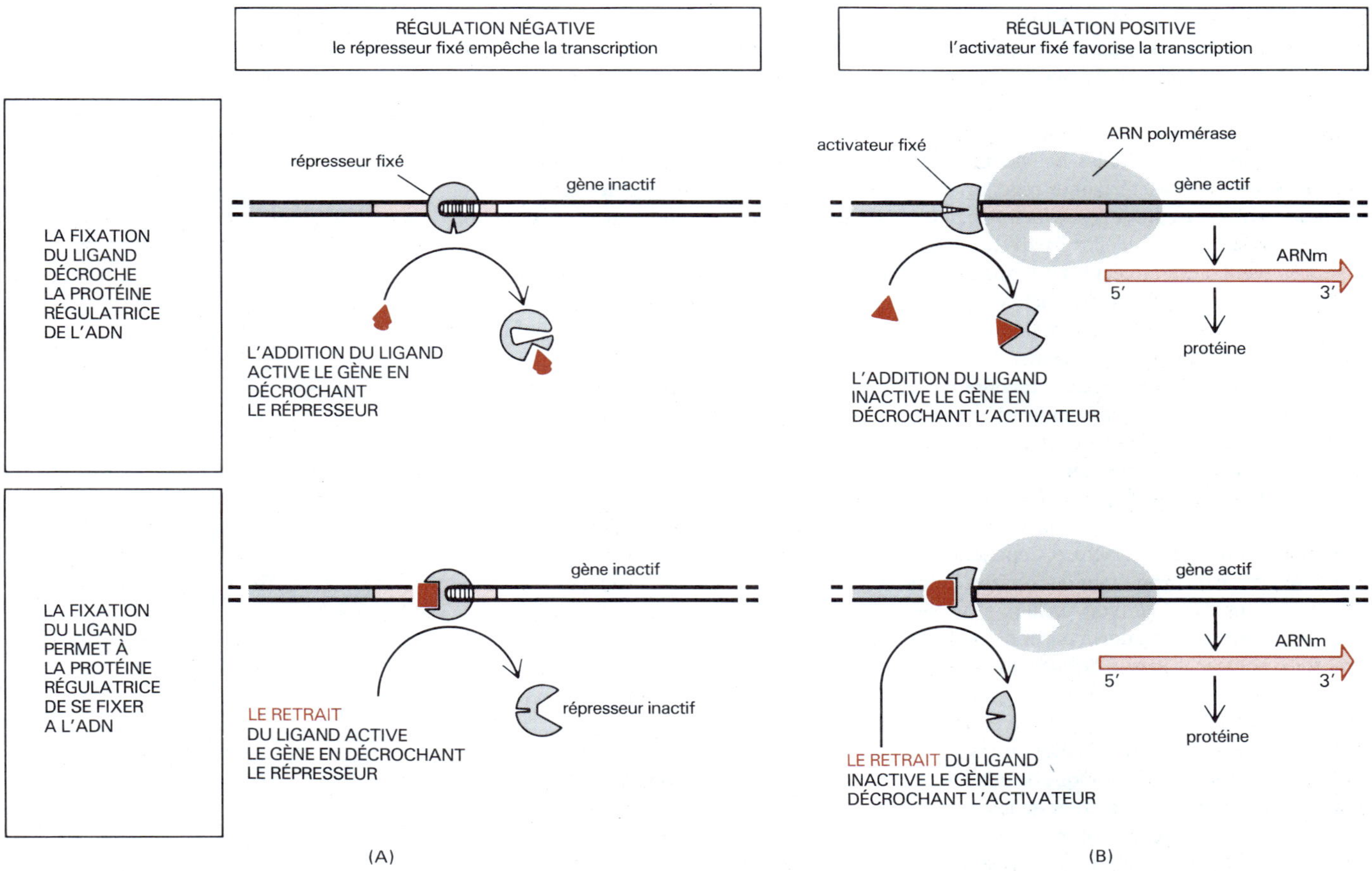

Figure 10-13 Résumé des différents mécanismes par lesquels des protéines régulatrices contrôlent la transcription des gènes chez les procaryotes. (A) régulation négative ; (B) régulation positive. Notez que l'addition d'un inducteur peut activer un gène soit en retirant de l'ADN un répresseur (*en haut à gauche*) soit en provoquant la fixation d'un activateur (*en bas à droite*). Inversement l'addition d'un inhibiteur peut inactiver un gène soit en retirant de l'ADN un activateur (*en haut à droite*) soit en provoquant la fixation d'un répresseur (*en bas à gauche*).

Beaucoup d'autres exemples de ce type de répression génique chez les bactéries sont maintenant connus. Dans tous les cas, la fixation d'un **répresseur** à une séquence d'ADN particulière réprime le gène (ou l'unité de transcription). La fixation est toujours modulée par des molécules informatives comme l'allolactose. Parfois, comme pour l'opéron lactose, la présence de la molécule informative dans la cellule active le gène ou l'unité de transcription en diminuant l'affinité du répresseur pour sa séquence d'ADN spécifique. Mais une molécule informative peut aussi être utilisée pour *inactiver* un gène, ou une unité de transcription, par l'intermédiaire d'un répresseur. Une transition allostérique provoquée par la liaison de la molécule informative à un répresseur, par exemple, peut *augmenter*, au lieu de diminuer, l'affinité du répresseur pour sa séquence d'ADN spécifique. Ce mécanisme intervient dans le contrôle d'un groupe de cinq gènes adjacents (l'opéron *trp*) qui code les enzymes responsables de la synthèse du tryptophane chez *E. coli.* La synthèse d'un unique et grand ARNm codant ces cinq enzymes est contrôlée par le **répresseur de l'opéron tryptophane** dont la liaison à l'ADN nécessite la fixation du tryptophane (la molécule informative qui inactive cet opéron) au répresseur (Figure 10-12).

Pour l'opéron *lac*, une augmentation de la concentration de la molécule informative libère le répresseur de l'ADN et active la transcription, alors que, pour l'opéron *trp*, elle induit sa fixation à l'ADN et empêche la transcription. Comme la liaison de la protéine régulatrice inhibe la transcription dans les deux cas, ce type de contrôle génique est appelé **régulation négative** (Figure 10-13A).

10-10 Des activateurs de gènes bactériens interagissent avec l'ARN polymérase et l'aident à démarrer la transcription [10]

Dans le cas de la *régulation négative* décrite précédemment, le répresseur se fixe à côté du promoteur et interfère avec l'activité de l'ARN polymérase. Au contraire, dans la **régulation positive,** un **activateur** facilite localement l'action de l'ARN polymérase. Chez *E. coli,* dont les promoteurs d'assez faible activité ne fixent pas facilement la polymérase par eux-mêmes. La régulation positive est importante pour quelques unités de transcription de l'ARN. De telles unités de transcription sont activées par la liaison d'un activateur à une séquence d'ADN particulière qui leur est adjacente, et à partir de laquelle la protéine peut interagir avec l'ARN polymérase d'une manière qui augmente la probabilité d'initiation de la transcription.

A d'autres égards, les activateurs ressemblent étroitement aux répresseurs. De fait, quelques protéines bactériennes régulatrices se comportent à la fois comme des activateurs et comme des répresseurs : elles se fixent en plusieurs sites du génome et répriment la transcription en certains sites alors qu'elles l'activent en d'autres. Comme les répresseurs, les activateurs se fixent souvent à des molécules informatives qui augmentent ou diminuent l'affinité de l'activateur pour l'ADN et, de ce fait, activent ou répriment les gènes, respectivement. Ce type de contrôle génique est appelé *régulation positive* puisque la transcription est augmentée lorsque la protéine régulatrice est présente (Figure 10-13B).

La **protéine d'activation catabolite (CAP)** d'*E. coli*, dont la structure est décrite dans le Chapitre 3 (voir p. 114), représente un exemple d'activateur particulièrement bien étudié. Cette protéine permet à la bactérie de n'utiliser d'autres sources de carbone qu'en absence de glucose, une source de carbone privilégiée.

Dans le cas de l'opéron *lac*, le répresseur et CAP coopèrent pour donner le mode d'expression observé. Nous avons vu qu'en présence de lactose, l'allolactose détache de l'ADN le répresseur de l'opéron lactose. Cependant, cela n'est pas suffisant pour activer la transcription car la séquence du promoteur de l'opéron *lac* ne correspond que de loin à la séquence consensus du promoteur d'*E. Coli* (voir p. 204), et ne se fixe donc que faiblement à l'ARN polymérase. Pour qu'il y ait transcription à partir de ce promoteur il faut que la fixation de l'ARN polymérase soit stabilisée par la liaison de CAP immédiatement en amont du promoteur, comme le montre la Figure 10-14. Il en est de même pour les promoteurs des gènes codant les enzymes qui métabolisent le maltose, le galactose et plusieurs autres oses.

La fixation de CAP à l'ADN est réglée par le glucose de sorte qu'aucune autre source de carbone ne soit utilisée lorsque le glucose est présent. La suppression du glucose a pour conséquence une augmentation de la concentration intracellulaire de l'AMP cyclique. Celui-ci agit comme une molécule informative intracellulaire chez les bactéries aussi bien que chez les eucaryotes. La fixation de l'AMP cyclique à CAP induit un changement de conformation de cette protéine qui lui permet de se fixer et d'activer aussi la transcription de gènes adjacents. Lorsque la concentration de glucose est élevée, la concentration d'AMP cyclique diminue ; ce dernier se dissocie alors de CAP qui reprend une forme inactive qui ne peut plus se fixer à l'ADN, afin que la cellule change pour ne métaboliser que le glucose (voir Figure 10-14).

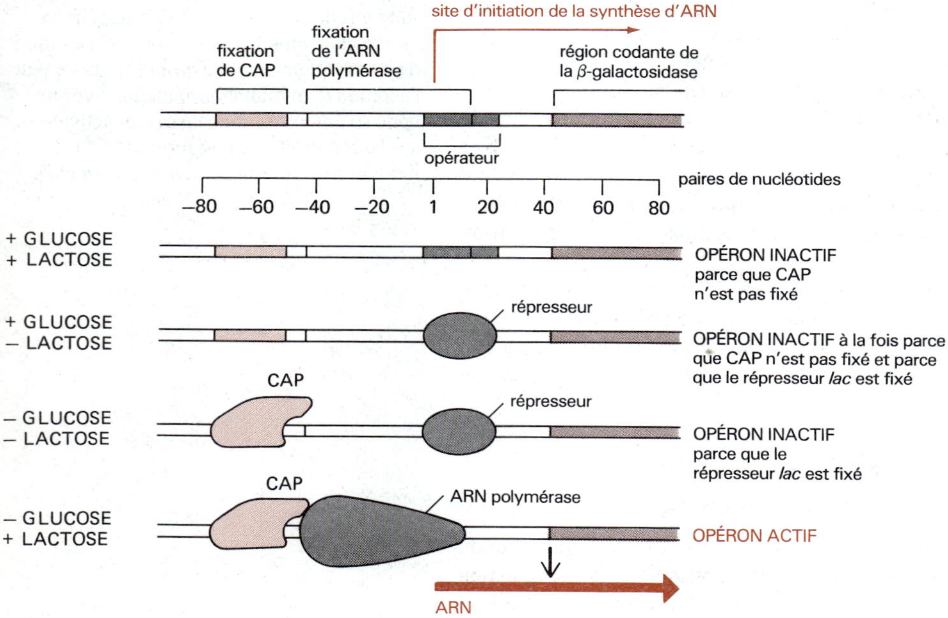

Figure 10-14 Les taux de glucose et de lactose contrôlent l'initiation de la transcription de l'opéron *lac* par leurs effets sur le répresseur de l'opéron lactose et sur CAP. L'addition de lactose augmente la concentration d'allolactose qui dissocie le répresseur et l'ADN (voir Figure 10-11). L'addition de glucose entraîne une diminution de la concentration de l'AMP cyclique. L'AMP cyclique n'étant plus lié à CAP, cette protéine activatrice se dissocie de l'ADN, inactivant l'opéron. Sites de fixation et protéines sont à peu près dessinés à l'échelle. On suppose, comme le montre la figure, que CAP est en contact avec la polymérase pour l'aider à commencer la synthèse de l'ARN.

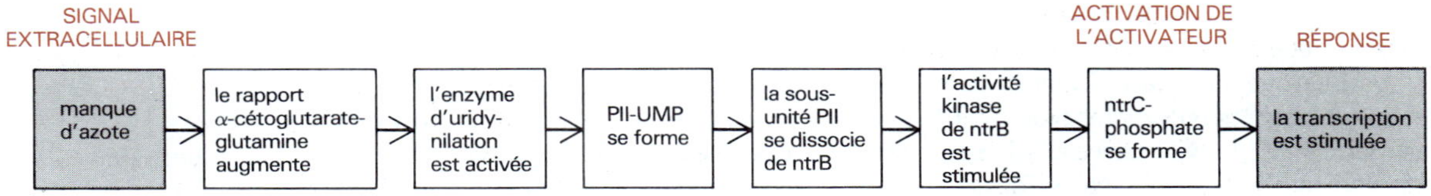

10-9 Des modifications de la phosphorylation des protéines peuvent régler des gènes [11]

Figure 10-15 Partie de la cascade de régulation qui permet à un manque d'azote d'activer les gènes nécessaires au métabolisme de l'azote chez les bactéries. La protéine PII sert de sous-unité régulatrice à la protéine ntrB. Cette voie de régulation à multiples étapes présente l'avantage d'entraîner une importante modification du métabolisme en réponse à une modification assez faible de la disponibilité en azote. Les branches latérales de cette voie modifient aussi réversiblement d'autres enzymes pour contrôler leurs activités catalytiques, en réponse à l'azote.

Les premières protéines régulatrices de gènes identifiées étaient toutes bactériennes. Les effets de molécules comme le répresseur de l'opéron lactose ou de l'opéron tryptophane et la protéine CAP sont contrôlés par la fixation reversible de petites molécules spécifiques. Bien que de petites molécules informatives intracellulaires, comme l'AMP cyclique, contrôlent aussi des protéines régulatrices chez les eucaryotes, elles le font généralement de manière indirecte, en influant souvent sur leur phosphorylation ou leur déphosphorylation (voir p. 695). Bien que la régulation bactérienne dépende beaucoup moins de la phosphorylation, il existe un système bactérien de régulation dépendant de la phosphorylation protéique qui a été particulièrement bien étudié. Nous l'utiliserons pour présenter plusieurs aspects de la régulation des gènes qui peuvent aider à comprendre les systèmes régulateurs plus complexes des eucaryotes supérieurs.

Des protéines, conservées au cours de l'évolution, contrôlent certains aspects du métabolisme de l'azote et des phosphates, la synthèse des protéines membranaires, la chimiotaxie et la sporulation chez différentes bactéries. Nous nous intéresserons plus particulièrement au métabolisme de l'azote chez *E. coli*, pour qui — lorsque l'azote devient limitant — la synthèse d'un certain nombre de protéines est accrue. Parmi ces protéines, il y a la *glutamine synthétase*, qui est l'enzyme la plus importante pour l'assimilation de l'azote. Elle catalyse la réaction acide glutamique + ammoniac → glutamine.

L'activation des gènes impliqués dans le métabolisme de l'azote met en jeu deux composés majeurs : la *protéine ntrC*, une protéine activatrice qui n'active les gènes que sous forme phosphorylée (ntrC-phosphate), et une enzyme, la *protéine ntrB*, qui peut soit phosphoryler (par une activité kinase), soit déphosphoryler (par une activité phosphatase) la protéine ntrC. Le degré de phosphorylation de ntrC est déterminé par une cascade enzymatique qui a pour effet d'ajouter des résidus uridine monophosphate (UMP) à une sous-unité régulatrice de ntrB, et qui est déclenchée par une baisse de la concentration d'azote. Cette modification entraîne une stimulation de l'activité kinase de ntrB.

Un besoin d'azote se traduit par une augmentation du rapport α-cétoglutarate-glutamine, qui stimule la phosphorylation de ntrC, et induit ainsi la transcription du gène de la glutamine synthétase (Figure 10-15). Des cascades de modifications protéiques similaires, en réponse à des modifications de l'environnement, sont observées chez les eucaryotes supérieurs ; elles induisent la phosphorylation ou la déphosphorylation de protéines régulatrices, bien que les détails du mécanisme soient moins bien compris.

10-10 La flexibilité de l'ADN permet à des protéines régulatrices, qui sont liées à un site éloigné, d'influer sur la transcription [11,12]

Il existe une similitude encore plus grande entre un second aspect du système régulateur bactérien à deux composants qui vient d'être décrit, et un autre caractère important de la régulation chez les eucaryotes. La protéine ntrC possède deux sites de fixation sur l'ADN, de très forte affinité, qui sont situés à 100 paires de nucléotides, au moins, en amont du promoteur du gène de la glutamine synthétase (Figure 10-16). Quand la forme phosphorylée de ntrC (ntrC-phosphate) leur est fixée, ces deux sites stimulent efficacement la transcription. De plus une

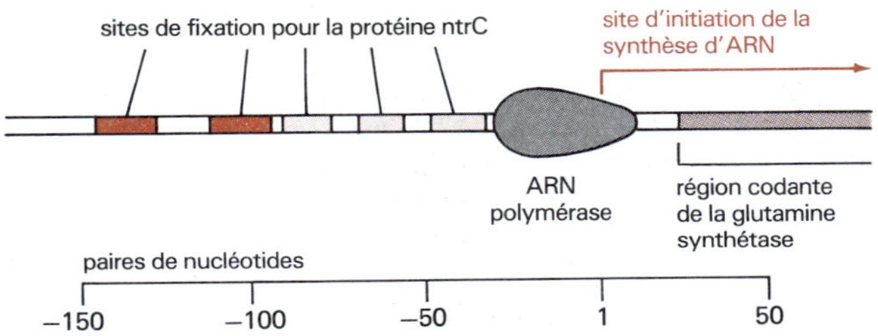

Figure 10-16 La région régulatrice du gène de la glutamine synthétase bactérienne. La glutamine synthétase catalyse la réaction ac. glutamique + ammoniac → glutamine. Les deux sites colorés en sombre fixent la protéine ntrC avec une affinité particulièrement forte et sont essentiels pour l'activation de la transcription.

stimulation analogue est observée si les sites sont éloignés (par manipulation génétique), de plus de 1 000 paires de nucléotides du promoteur.

Bien que cet « effet à distance » ne soit pas rare chez les procaryotes, il est particulièrement fréquent chez les eucaryotes (voir p. 564). Chez les procaryotes, il y a de bonnes raisons de penser que les protéines liées à l'ADN à une certaine distance agissent à peu près de la même manière que les protéines fixées à des sites adjacents — par exemple, la protéine ntrC augmente la capacité de liaison de l'ARN polymérase au promoteur et de formation d'un complexe d'initiation ouvert (voir Figure 9-65, p. 524). L'ADN intermédiaire forme une boucle pour permettre aux protéines, fixées loin en amont, d'interagir avec l'ARN polymérase (Figure 10-17). Cette interaction s'effectue facilement car l'ADN se comporte comme une « longe », entraînant un contact répété d'une protéine avec le promoteur, même si cette dernière est fixée à des milliers de nucléotides de là — en augmentant en fait la concentration locale de la protéine en cet endroit (Figure 10-18).

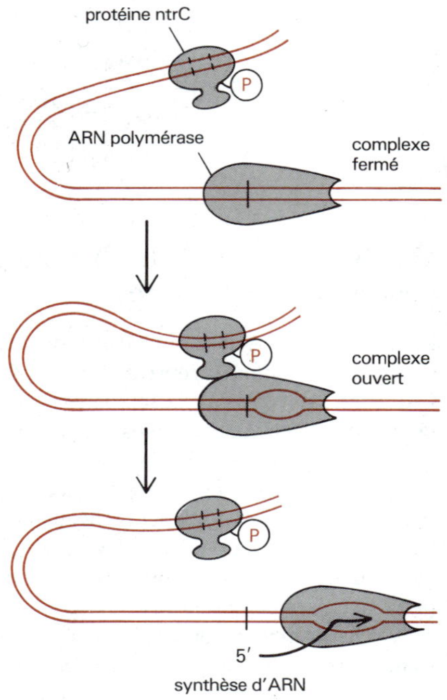

Figure 10-17 Modèle pour l'effet activateur de la protéine ntrC sur la synthèse de l'ARN au niveau du gène de la glutamine synthétase d'*E. coli.* En se fixant sur des séquences d'ADN en amont, cette protéine régulatrice augmente le taux d'initiation du transcrit par l'ARN polymérase. Bien que cette protéine se fixe sur ces sites même lorsqu'elle n'est pas phosphorylée, seule la forme phosphorylée (ntrC-phosphate) peut activer la transcription. Il semble qu'elle agisse par l'intermédiaire de contacts avec la polymérase qui augmentent la capacité de l'enzyme à dérouler l'ADN et à former un complexe ouvert (voir Figure 9-65, p. 524), comme indiqué (voir aussi Figure 10-18).

Différents facteurs permettent à l'ARN polymérase bactérienne de reconnaître différents promoteurs [11,13]

Un autre type de régulation transcriptionnelle a été évoqué dans le Chapitre 9. Lors de la description de la structure de l'ARN polymérase bactérienne, nous avions fait remarquer qu'une des cinq chaînes polypeptidiques principales — le **facteur sigma** (σ) — se comporte comme un *facteur d'initiation* qui est relargué dès que l'ARN polymérase a commencé avec succès la transcription de l'ARN (voir p. 524). La séquence consensus du promoteur pour la transcription par la polymérase bactérienne (voir p. 204) est celle qui est reconnue par la forme principale de l'ARN polymérase, qui contient la sous-unité σ70. Il existe aussi des formes mineures de la polymérase ; chacune d'elles possède une sous-unité sigma différente, qui reconnaît une séquence de promoteur différente. La sous-unité σ54, par exemple, est le produit du gène *ntrA* ; elle est spécifiquement nécessaire (avec les protéines ntrB et ntrC) pour la transcription du gène de la glutamine synthétase. De cette façon des modifications de l'environnement peuvent activer un groupe particulier de gènes en induisant la production d'un facteur sigma particulier.

Comment peut-on distinguer un facteur d'initiation de l'ARN polymérase comme σ54, qui intervient dans la reconnaissance du promoteur, d'une protéine régulatrice de gène comme ntrC ? Les facteurs sigma se fixent étroitement à l'ARN polymérase, mais ne peuvent pas se fixer d'eux-mêmes à l'ADN ; les protéines régulatrices se fixent à des séquences d'ADN spécifiques mais ne se fixent pas étroitement à l'ARN polymérase libre. Puisqu'il ne peut se fixer à l'ARN polymérase qu'un seul facteur sigma à un instant donné, un autre test consiste à déterminer le taux de transcription *in vitro* en faisant varier la proportion d'un facteur sigma donné, σ70, par rapport à celle d'un nouveau facteur sigma présumé. Si σ70 inhibe la transcription proportionnellement à ce rapport (inhibition compétitive), le facteur est considéré comme une sous-unité sigma.

Les types généraux de mécanismes connus pour régler l'initiation de la transcription, sont résumés dans la Figure 10-19. Nous reviendrons au modèle bactérien lorsque nous étudierons la façon dont la compétition entre deux protéines régulatrices de gènes peut entraîner une commutation (switch) moléculaire (voir p. 574).

10-11 La nécessité de facteurs de transcription généraux ajoute un élément supplémentaire au contrôle de la transcription chez les eucaryotes [14]

La transcription chez les eucaryotes est plus complexe que chez les procaryotes. Bien que, sur le plan de l'évolution, les trois ARN polymérases eucaryotes (polymérases I, II et III) soient proches des polymérases bactériennes, elles contiennent plus de sous-unités (voir p. 525). Jusqu'à présent ces complexes enzymatiques n'ont pas encore été parfaitement définis. De plus, comme nous en avons discuté dans le Chapitre 9, tandis que la polymérase bactérienne reconnaît une séquence d'ADN, les enzymes eucaryotes homologues reconnaissent normalement un complexe ADN-protéine constitué par des *facteurs généraux de transcription* (voir p. 526).

Dans le reste de cette partie du chapitre, nous nous intéresserons plus particulièrement à l'ARN polymérase II, qui synthétise tous les précurseurs des ARNm. Un élément important du complexe ADN-protéine reconnu par cette polymérase est le **facteur TATA**, aussi connu sous le nom de *facteur de transcription IID (TFIID)*, une protéine qui se fixe sur la séquence consensus TATAAA, ou « boîte TATA » (TATA box). Cette séquence est généralement située en position — 25 à — 30 par rapport au site d'initiation. Pour beaucoup de gènes qui codent des protéines, cette séquence est critique à la fois pour l'activité du promoteur et pour la détermination du point d'initiation exact de la chaîne d'ARN. Comme les protéines régulatrices

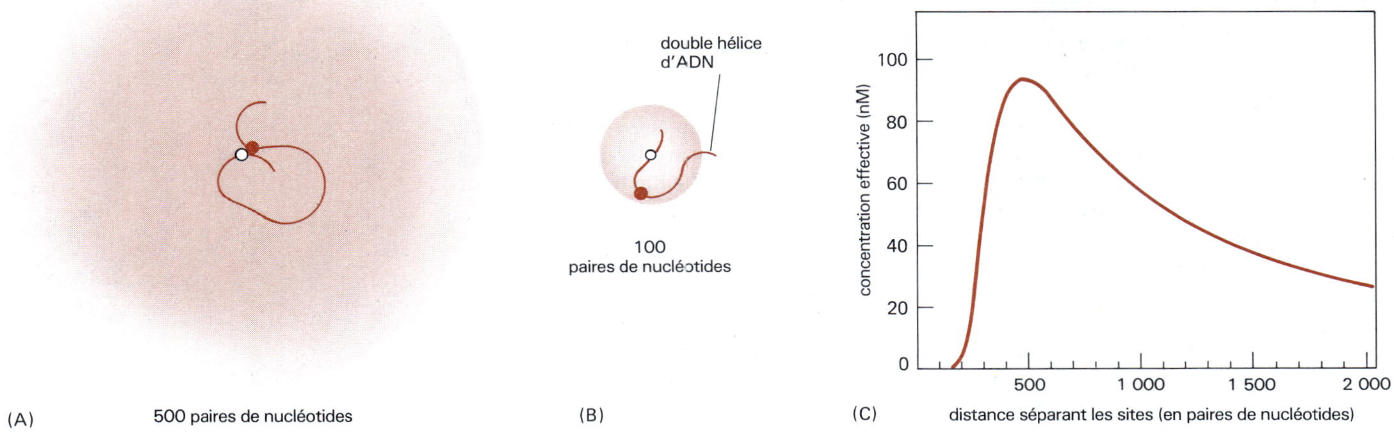

Figure 10-18 La fixation de deux protéines en des sites différents sur la double hélice d'ADN peut augmenter fortement la probabilité de leur interaction. (A) L'association des deux protéines par l'intermédiaire d'une boucle d'ADN de 500 paires de nucléotides augmente leur fréquence de collision. L'intensité de la coloration est proportionnelle à la probabilité de présence dans l'espace de la protéine colorée par rapport à la protéine blanche. (B) La flexibilité de l'ADN est telle qu'une séquence moyenne décrit un arc de cercle de 90° environ toutes les 200 paires de nucléotides. Ainsi, lorsque deux protéines sont reliées par 100 paires de bases seulement, leur contact est relativement limité. Dans de tels cas l'interaction protéique est facilitée lorsque les deux sites de liaison sont séparés par un multiple de 10 paires de nucléotides environ, ce qui place les protéines du même côté de la double hélice d'ADN (qui a un pas de 10 paires de bases), et, par conséquent, à l'intérieur de la boucle d'ADN, là où elles peuvent le mieux s'atteindre. (C) Concentration effective théorique de la protéine colorée au site où la protéine blanche est fixée en fonction de la distance qui les sépare. (C, avec l'autorisation de Gregory Bellomy, modifié d'après M.C. Mossing et M.T. Record, *Science* 233:889-892, 1986.)

de gènes, le facteur TATA est une protéine de liaison à une séquence d'ADN spécifique. Comme elle est nécessaire pour la transcription de la majorité (peut-être la totalité) des gènes transcrits par l'ARN polymérase II, elle est considérée comme une partie du mécanisme général de transcription plutôt que comme une protéine régulatrice. Des expériences *in vitro* suggèrent qu'une fois fixé à l'ADN, au niveau du promoteur, le facteur TATA tend à rester dans un **complexe de transcription stable** qui peut être le médiateur de nombreux cycles de transcription par des molécules d'ARN polymérase II (voir Figure 9-69, p. 527).

Il semble vraisemblable que tous les mécanismes utilisés par les bactéries pour contrôler l'activité de l'ARN polymérase au niveau d'un promoteur sont aussi utilisés dans les cellules eucaryotes (voir Figure 10-19). Mais la formation, sur l'ADN, d'un complexe de transcription stable par le facteur TATA, ajoute une nouvelle dimension — et une complication supplémentaire — à la régulation de l'expression génique chez les eucaryotes. Des expériences *in vitro* suggèrent ainsi que la fonction majeure de quelques activateurs de gènes eucaryotes serait de faciliter la fixation du facteur TATA sur l'ADN au niveau du promoteur (voir Figure 10-27).

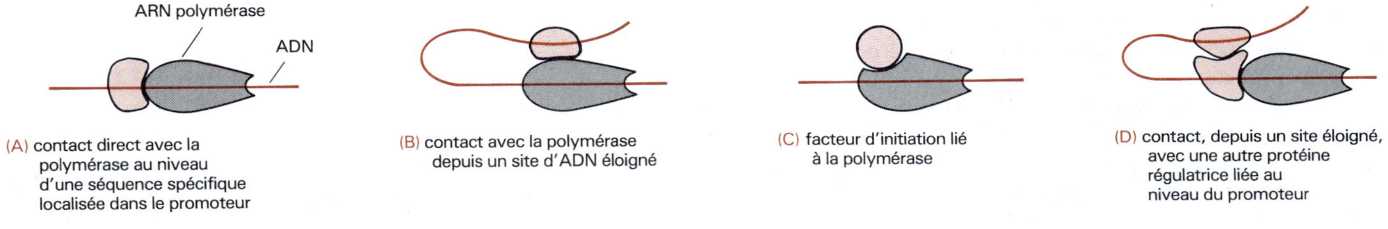

Figure 10-19 Mécanismes de contrôle par les protéines de l'initiation de la transcription de l'ARN dans les cellules bactériennes. Les protéines peuvent agir soit en stimulant soit en bloquant n'importe laquelle des différentes étapes nécessaires pour démarrer la synthèse utile d'ARN (voir Figure 9-65, p. 524). Le mécanisme (D) fut d'abord découvert au cours des études sur l'opéron arabinose chez *E. coli.* C'est une combinaison des mécanismes (A) et (B) et il est le seul des quatre mécanismes à ne pas être analysé jusqu'ici dans le texte. Nous en verrons ultérieurement une version chez les eucaryotes (voir Figure 10-27).

10-11 La majorité des gènes d'eucaryotes supérieurs sont réglés par des éléments promoteurs voisins en amont et par des éléments « augmenteurs » éloignés [15]

Comme nous l'avons décrit dans les Chapitres 4 et 5, le développement de nouvelles techniques basées sur le génie génétique a eu une influence considérable sur notre compréhension des gènes eucaryotes. Les méthodes disponibles actuellement permettent de modifier la séquence nucléotidique de n'importe quel segment d'un gène à modifier, de l'obtenir en quantités non limitées, et de l'associer à n'importe quel autre segment de gène pour obtenir un nouveau gène. La fonction de ce gène modifié peut ensuite être analysée soit en le transfectant dans des cellules en culture soit (avec plus de difficultés) en produisant un animal transgénique qui contient le gène intégré, de manière stable, dans l'un de ses chromosomes (voir p. 266-269).

Ce type d'analyse combiné à des études *in vitro* dans des systèmes acellulaires (voir p. 166) permet d'identifier les régions régulatrices de gènes eucaryotes même lorsque l'on ne connaît pas directement les protéines régulatrices de gènes qui s'y fixent. Les premières études consistaient à couper et associer différentes parties d'une séquence d'un gène. Elles montrèrent que les séquences proches du site d'initiation de la transcription étaient indispensables pour qu'un gène soit transcrit et conduisirent à la mise en évidence d'un **élément promoteur en amont** qui s'étend en général sur 100 paires de bases environ et qui contient la boîte TATA. Plus surprenante fut la découverte que des séquences plus en amont, les *activateurs d'expression* ou *amplificateurs* (*enhancers*), étaient aussi nécessaires pour obtenir un niveau normal d'expression. Comme les sites de fixation bactériens pour la protéine ntrC, les amplificateurs influent sur la transcription à distance.

Le premier amplificateur étudié fut un petit segment du génome d'un virus animal, le virus simien 40 (SV40). La fonction normale de l'amplificateur de SV40 est d'augmenter la transcription des gènes viraux dont les produits sont nécessaires au début de l'infection. La séquence amplificatrice agit en fournissant des sites de fixation pour des protéines régulatrices qui augmentent la transcription à partir du promoteur « précoce ». En 1981, il fut montré que ce petit segment du génome de SV40, s'il était associé à un gène de la β-globine, pouvait stimuler la transcription de ce gène d'un facteur supérieur à 100 — même s'il était placé à plus de 3 000 paires de nucléotides du site d'initiation. A la suite d'une série de modifications de la position et de l'orientation de cette région du virus, un **élément amplificateur (enhancer)** fut défini comme étant une séquence d'ADN régulatrice qui :

1. Active la transcription à partir d'un promoteur auquel elle est liée, la synthèse commençant au niveau du site normal d'initiation ;
2. Agit dans les deux directions (normale ou inversée) ;
3. Reste active même si elle est éloignée de plus de 1 000 paires de bases en amont ou en aval du promoteur.

Nous savons maintenant que la majorité des gènes des eucaryotes supérieurs sont réglés par la combinaison d'un promoteur en amont voisin et d'un ou plusieurs amplificateurs très éloignés du site d'initiation de l'ARN (voir Figure 10-22A). Bien que les amplificateurs soient généralement localisés à quelques milliers de paires du promoteur qu'ils règlent, certains peuvent être situés à plus de 20 000 paires de bases (voir p. 580). Les éléments amplificateurs ainsi que les éléments promoteurs en amont se lient à des protéines de liaison à une séquence d'ADN spécifique qui servent de médiateurs à leurs actions. Comme nous allons l'expliquer, quelques-unes de ces protéines régulatrices de gènes semblent être ubiquites, alors que d'autres sont spécifiques de certains types cellulaires.

10-11 La majorité des éléments promoteurs en amont et des éléments amplificateurs sont des séquences modulaires qui se lient à de multiples protéines engagées dans des contrôles combinatoires [15,16]

L'activité de chaque élément amplificateur ou de chaque élément promoteur en amont peut généralement être attribuée à un fragment d'ADN d'une longueur de 100 à 200 paires de nucléotides. Un fragment de cette taille contient des sites de fixation pour de nombreuses protéines et peut généralement être découpé par les techniques du génie génétique en segments d'ADN plus petits et partiellement actifs. La fonction de ces deux types d'éléments régulateurs dépend de la fixation spécifique de protéines régulatrices qui sont souvent limités à des types cellulaires particuliers. Seules certaines (comme l'amplificateur de SV40) fonctionneront dans presque tous les types cellulaires ; la plupart ont une efficacité maximale dans le type cellulaire

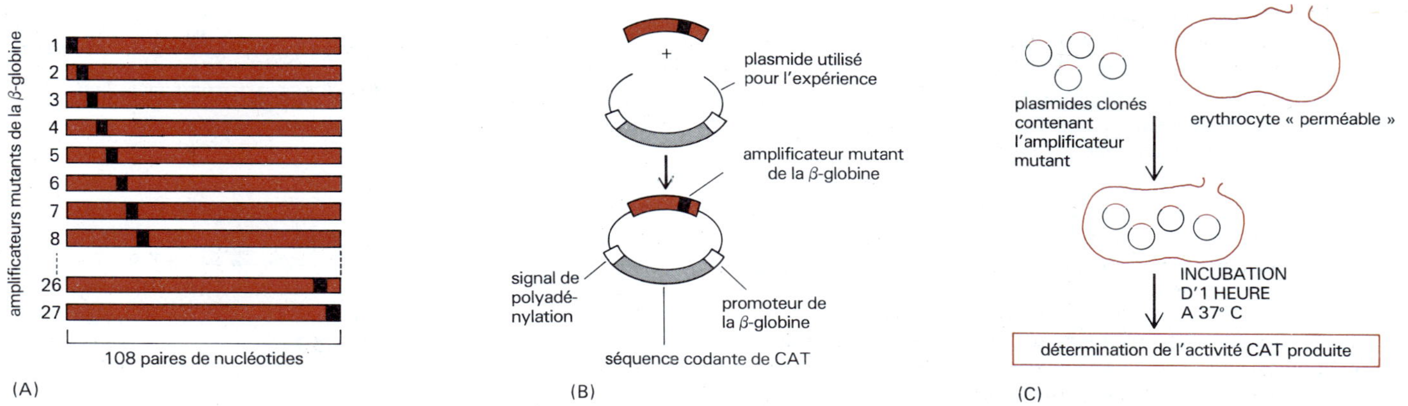

Figure 10-20 (A) Construction d'un ensemble de mutants dans une région régulatrice par mutagenèse oligonucléotidique (voir p. 266). Un groupe de quatre paires de nucléotides est modifié dans chaque mutant. L'analyse de 108 paires de nucléotides dans l'amplificateur du gène de la β-globine nécessite donc un jeu de 27 mutants. (B) Insertion d'un amplificateur mutant de la β-globine dans un plasmide. L'oligonucléotide et le site de clonage sont directement réunis par une ADN ligase (voir p. 259). L'enzyme produite par le gène recombinant est la *chloramphénicol acétyl-transférase* bactérienne (CAT) qui est facilement dosable. (C) Analyse des séquences stimulatrices mutantes pour leur influence sur l'ARN. La synthèse d'ARN est mesurée indirectement par dosage de la quantité de protéine produite par le gène recombinant (activité enzymatique CAT).

qui exprime le gène auquel elles sont normalement associées. L'élément amplificateur du gène de la β-globine de poulet en est un exemple.

L'amplificateur du gène de la β-globine est situé en aval de l'unité de transcription correspondante. Il correspond à un site hypersensible aux nucléases dans les cellules de la lignée érythrocytaire mais pas dans les autres types cellulaires ; ceci suggère que des protéines régulatrices de gènes sont liées à l'activateur dans ces erythrocytes, déplaçant un nucléosome (voir p. 498). Pour identifier ces protéines régulatrices, il faut d'abord déterminer les séquences nucléotidiques exactes qui sont importantes pour la fonction de l'activateur. Pour cela une série de versions mutantes de l'amplificateur peuvent être associées à un gène rapporteur dont le produit est facilement quantifiable, de sorte que l'effet de la mutation sur le taux de transcription puisse être apprécié. Chacun de ces ADN recombinants est ensuite introduit dans des érythrocytes de poulet, et l'efficacité d'expression du gène rapporteur est mesurée (Figure 10-20). Les séquences requises pour qu'un effet amplificateur soit observé dans cet essai sont ensuite identifiées à des sites de fixation pour des protéines spécifiques ; par des expériences de retardement sur gel et d'empreinte sur l'ADN dans des extraits cellulaires (voir p. 489) ; trois protéines nécessaires à l'activité de l'activateur d'expression du gène de la β-globine furent ainsi trouvées (Figure 10-21). Chacune de ces protéines régulatrices n'est présente dans la cellule qu'en très faibles quantités. Leurs sites exacts de fixation ayant été identifiés, des méthodes récemment mises au point devraient permettre de les purifier et de cloner les séquences d'ADN qui les codent, ce qui permettra d'en disposer en quantités illimitées (voir p. 489).

Ces études combinées à d'autres effectuées sur les éléments promoteurs en amont et les amplificateurs aboutirent aux conclusions générales suivantes :

1. Chacun de ces éléments régulateurs à une structure modulaire, consistant en une série de séquences nucléotidiques spécifiques — longues de 8 à 15 paires de nucléotides — qui se fixent à une série correspondante de protéines régulatrices. Certaines d'entre elles ne sont trouvées que dans certains types cellulaires, alors que d'autres sont présentes dans la majorité ou la totalité des types cellulaires.
2. Certaines protéines régulatrices activent la transcription lorsqu'elles se fixent ; d'autres l'inhibent. L'effet global d'un élément régulateur dépend de la combinaison des protéines

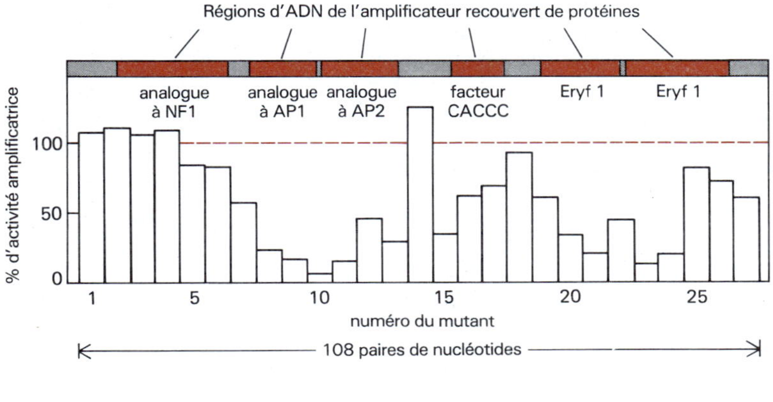

Figure 10-21 Résultats de l'analyse de l'activité de l'amplificateur mutant décrit dans la Figure 10-20C, rapportés aux données sur la localisation des sites de fixation des protéines dans l'élément amplificateur normal. Les barres colorées dans la partie supérieure de la figure indiquent les régions de l'amplificateur normal recouvertes par les protéines indiquées, estimées grâce à des expériences de retardement sur gel (voir p. 489) et d'empreintes sur l'ADN (voir p. 187) effectuées sur un mélange d'amplificateur normal et d'extraits préparés à partir d'érythrocytes de poulet. L'activité est représentée en « pourcentage d'activité de l'amplificateur » : 100 signifie que l'amplificateur mutant indiqué, stimule la synthèse d'ARN au même niveau que l'amplificateur normal, alors que 0 signifie que le taux de synthèse d'ARN n'est pas supérieur au taux observé en absence d'amplificateur. Les résultats indiquent que les protéines analogues aux facteurs AP1, AP2 et Eryf1 jouent le rôle le plus important dans la stimulation, mais qu'aucune protéine n'est suffisante à elle seule pour produire un effet stimulateur important (voir Figure 10-23). (d'après M. Reitman and G. Felsenfeld, *Proc. Natl. Acad. Sci. USA* 85:6267-6271, 1988.)

fixées et, pour un élément donné, l'effet peut changer au cours du développement cellulaire. Un élément amplificateur peut, par exemple, aussi bien activer qu'inhiber la transcription (voir Figure 10-22B). En ce sens le nom original donné à ces éléments est mal approprié.

3. Les éléments amplificateurs et les éléments promoteurs en amont semblent souvent se lier aux mêmes protéines, ce qui peut vouloir dire que les deux types d'éléments influent sur la transcription selon un mécanisme analogue.
4. Quand un nouvel élément régulateur d'un gène de vertébré est étudié, il s'avère que beaucoup des protéines qui s'y fixent sont déjà décrites comme régulateurs d'autres gènes. Ceci suggère que le contrôle de la transcription chez les eucaryotes supérieurs peut n'être effectué que par un assez petit nombre de protéines régulatrices de gènes.

Les protéines fixées à l'élément promoteur en amont d'un gène eucaryote coopèrent avec celles fixées aux éléments amplificateurs pour contrôler la transcription. En général, leur effet global sera la résultante de leurs effets activateurs et inhibiteurs (Figure 10-22). On pense qu'une modification de l'équilibre entre les effets positifs et négatifs de ces protéines régulatrices provoque une augmentation ou une diminution de la transcription du gène de la β-globine à différents stades du développement des érythrocytes de poulet, comme l'indique la Figure 10-23.

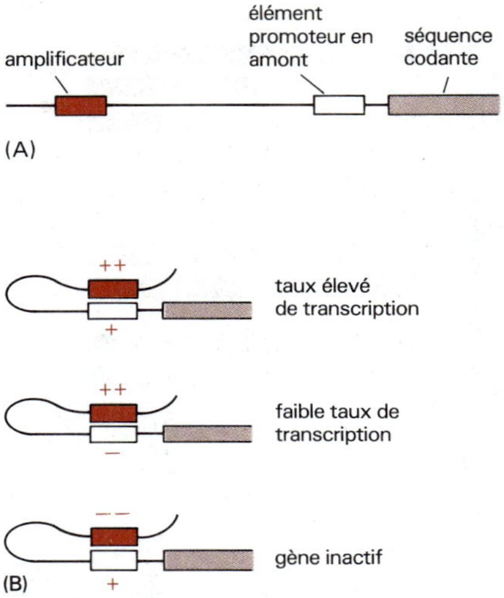

Figure 10-22 Les protéines régulatrices liées à l'élément promoteur en amont agissent en synergie avec celles qui sont fixées à la séquence stimulatrice pour déterminer l'activité de transcription d'un gène. (A) Localisations typiques des deux types d'éléments régulateurs par rapport à une séquence codante ; (B) exemples d'action combinée de protéines fixées à ces deux éléments. En fonction des protéines qui lui sont liées, dans cet exemple, chaque élément exerce un effet sur la transcription qui est faiblement positif (+) ou fortement positif (+ +), faiblement négatif (—) ou fortement négatif (— —), comme indiqué.

Tableau 10-1 Quelques protéines régulatrices de gènes de mammifères bien connues et leurs sites spécifiques de liaison à l'ADN.

Nom de la protéine[a]	Masse moléculaire[b] (kDa)	Site de liaison à l'ADN[c]	Commentaires
jun (ou AP1)	36	TGANTCA ACTNAGT	produit d'un proto-oncogène qui peut s'associer avec la protéine fos, produit d'un autre proto-oncogène (voir p. 1027). Activité induite par l'activation de la protéine kinase C ; protéines apparentées codées par de multiples gènes.
AP2	48	CCCCAGGC GGGGTCCG	activité induite par l'activation de la protéine kinase C
ATF (ou CREB)	43	(T ou G) (T ou A) CGTCA (A ou C) (A ou T) GCAGT	activité induite par l'activation de la protéine kinase A
SP1	85	GGGCGG CCCGCC	se fixe au promoteur de nombreux gènes domestiques.
OTF1	90	ATTTGCAT TAAACGTA	ubiquiste dans les cellules de mammifères ; l'une des diverses protéines qui se fixent à la même séquence octamérique
NF1 (ou CTF)	52-66	GCCAAT CGGTTA	plusieurs protéines codées par les ARN d'un gène, résultants d'un épissage différentiel
SRF	67	GATGCCCATA CTACGGGTAT	assure l'activation transitoire de la transcription du proto-oncogène fos (et d'autres gènes) par des facteurs de croissance ; se fixe, sous forme de dimère, à une séquence d'ADN symétrique (seul un site monomérique est représenté)

[a] Les noms donnés sont des abréviations d'appellations arbitraires comme « facteur nucléaire 1 » (NF1).
[b] L'ADN qui code chacune de ces protéines a été cloné et la séquence d'acides aminés a de ce fait été déterminée (voir p. 185).
[c] Dans de nombreux cas seule une partie de la séquence d'ADN reconnue est connue ; N désigne n'importe quel nucléotide.

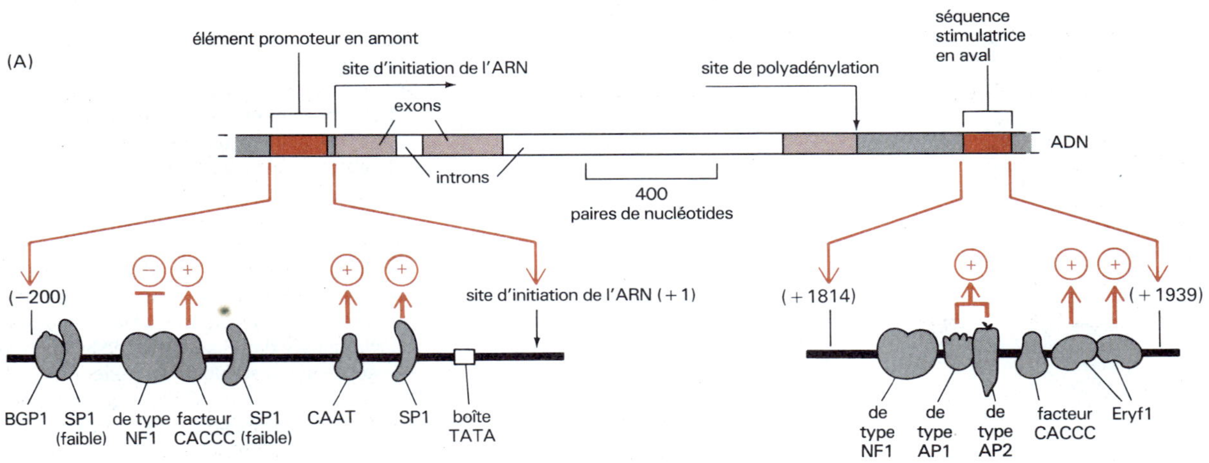

(B)

les protéines et leur effet sur la transcription		Eryf1 (+)	BGP1	de type NF 1 (−)	facteur CACCC (+)	CAAT (+)	SP1 (+)	de type AP1 (+)	de type AP2 (+)	RÉSULTAT
quantité de protéine — dans un erythrocyte âgé de :	4 jours	2	1	0	2	1	2	0	0	GÈNE INACTIF
	9 jours	2	2	1	2	1	2	2	2	GÈNE ACTIF
	adulte	2	2	2	1	1	2	2	2	GÈNE INACTIF
— dans les autres types cellulaires		0	0	0	?	1	2	?	?	GÈNE INACTIF

Figure 10-23 Les protéines régulatrices connues qui contrôlent l'expression du gène de la β-globine de poulet au cours du développement érythocytaire normal. Ce résumé comprend les résultats de l'expérience décrite dans les Figures 10-20 et 10-21, une expérience analogue avec des éléments promoteurs en amont et les résultats d'autres types d'analyses. (A) Sites de fixation des protéines régulatrices et leurs effets. Noter que l'élément amplificateur de ce gène est situé en aval de la séquence codante. En se basant sur l'absence d'effet sur la transcription de la mutation de leur site de liaison, les protéines qui ne sont pas repérées par un + (activation) ou un — (répression) semblent ne pas avoir d'effet majeur sur la transcription (voir Figure 10-21). (B) Quantités relatives de chaque protéine régulatrice à différents moments du développement. Les chiffres 0, 1 et 2 correspondent respectivement à des taux nuls, moyens et élevés sur une échelle non linéaire. Ces données, obtenues jusqu'à présent, n'expliquent pas nécessairement pourquoi le gène devient actif entre le 4e et le 9e jour du développement mais suggèrent qu'il pourrait être inactivé par une augmentation de la protéine de type NF1 combinée à une diminution de la concentration du facteur CACCC. (Avec l'autorisation de Gary Felsenfeld.)

10-12 10-13 La majorité des protéines régulatrices possèdent des domaines de fonctions différentes [17]

Bien que la manière exacte dont les protéines régulatrices agissent reste encore obscure, les techniques de génie génétique ont été utilisées pour montrer que leur fixation à l'ADN n'est pas suffisante pour que leur effet s'exerce. Par exemple, les domaines de fixation à l'ADN et d'activation de la transcription de la *protéine gal4* sont distincts. Cette protéine activatrice de gènes de levure induit la transcription de plusieurs gènes nécessaires à la conversion du galactose en glucose lorsque les cellules sont cultivées dans un milieu contenant du galactose. La protéine gal4 agit en se fixant à une séquence particulière de 17 paires de nucléotides qui est l'équivalent, chez la levure, d'un élément amplificateur — elle est appelée *séquence activatrice en amont (UAS)* lorsque (comme dans ce cas) elle stimule l'expression des gènes. La protéine gal4 est constituée d'environ 900 résidus d'acides aminés, mais les 73 résidus de l'extrémité aminée de cette protéine qui forment un groupe de « doigts à zinc » (voir p. 490), sont suffisants à eux seuls pour fixer la séquence spécifique de 17 paires de nucléotides. Mais ce domaine de fixation à l'ADN ne peut, s'il est seul, activer la transcription, et le reste de la protéine est aussi inactif en l'absence du domaine de fixation à l'ADN. Une expérience « d'échange de domaines » montre que les domaines de fixation à l'ADN et d'activation de la transcription de cette protéine ont des fonctions différentes (Figure 10-24).

Des résultats voisins sont obtenus avec des protéines régulatrices de gènes de mammifère. La grande *famille des récepteurs des hormones stéroïdes* représente une classe de protéines régulatrices de gènes particulièrement bien étudiée. Ces récepteurs permettent aux cellules de répondre à différentes hormones liposolubles par l'activation ou la répression de gènes spécifiques (voir p. 690). Ils possèdent un domaine central, d'une longueur d'environ 100 acides aminés, responsable de la fixation à l'ADN. Comme dans le cas de gal4, ce domaine contient une série de doigts à zinc et reconnaît une séquence spécifique d'ADN. Pour certains membres de cette famille, un domaine responsable de l'activation de la transcription, situé dans la partie amino-terminale, a été caractérisé. De plus, ces récepteurs contiennent tous un domaine spécifique de liaison à l'hormone dans la région carboxy-terminale de la protéine (Figure 10-25). Des expériences d'échange de domaines ont montré que ces domaines pouvaient fonctionner de manière interchangeable dans des récepteurs hybrides. Par exemple, le remplacement du domaine de fixation à l'ADN d'un récepteur des glucocorticoïdes par le domaine équivalent d'un récepteur pour les œstrogènes entraîne la liaison du récepteur des glucocorticoïdes modifié

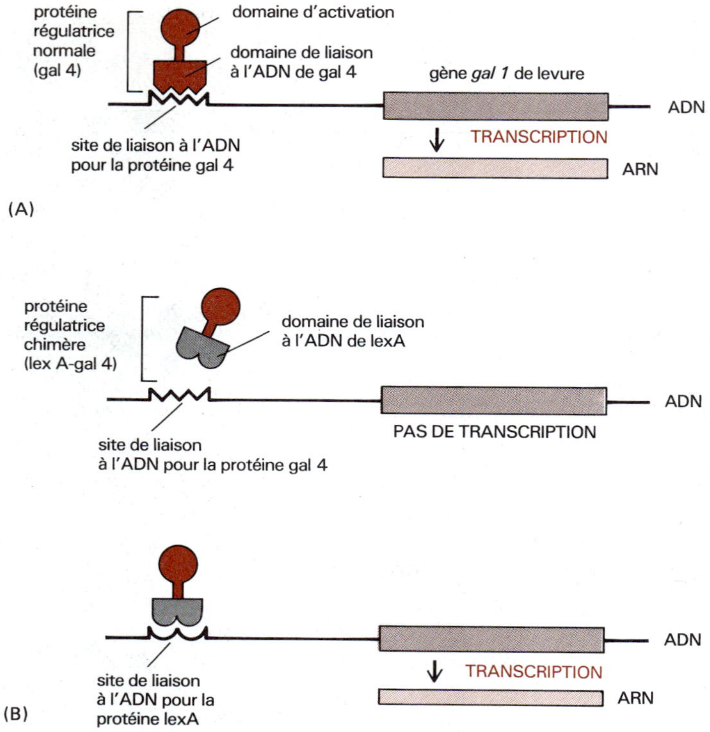

Figure 10-24 Résumé d'une expérience d'« échange de domaines » qui met en évidence la présence de domaines de liaison à l'ADN et de domaines d'activation de la transcription indépendants dans la protéine activatrice du gène gal4 de la levure. Un activateur fonctionnel peut être reconstitué si la partie carboxy-terminale de la protéine gal4 est associée au domaine de liaison à l'ADN d'une protéine régulatrice bactérienne (la protéine lexA), grâce à une technique de fusion des gènes. Lorsque la protéine hybride est synthétisée dans les cellules de levure, elle active la transcription des gènes de levure si la séquence spécifique de liaison à l'ADN pour la protéine bactérienne a été insérée à proximité. (A) activation normale de la transcription d'un gène par la protéine gal4 ; (B) la protéine régulatrice chimère a besoin du site de liaison de la protéine lexA pour son activité. Grâce à ce type d'expérience, il a été montré que plusieurs autres protéines régulatrices possédaient des domaines séparables.

aux amplificateurs qui activent normalement les gènes contrôlés. Il en résulte que ces gènes sont alors transcrits en réponse aux glucocorticoïdes et non aux œstrogènes. De manière analogue, l'addition du domaine de fixation des glucocorticoïdes à une protéine régulatrice indépendante fait que l'activité de cette protéine modifiée nécessite la présence de glucocorticoïdes. Chacun des domaines de ces récepteurs est codé par un ou plusieurs exons. Les comparaisons de séquences entre les différents membres de la famille des récepteurs des hormones stéroïdes (Figure 10-25) ont montré que chaque récepteur résulte d'accidents chromosomiques qui ont associé des domaines d'autres protéines régulatrices (voir p. 602).

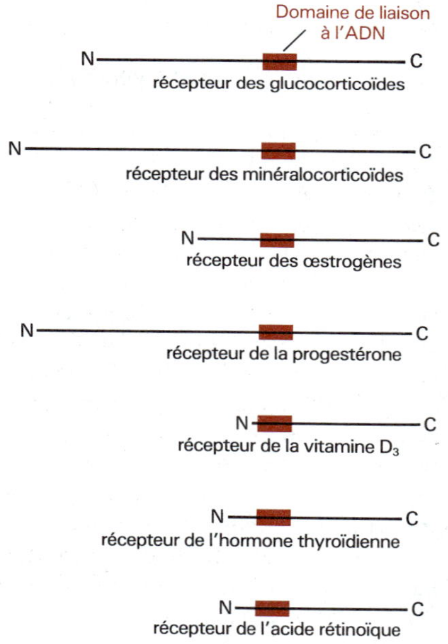

Figure 10-25 Les membres de la famille des récepteurs des hormones stéroïdes, des protéines régulatrices de gènes. Le court domaine de liaison à l'ADN de chaque récepteur est en couleur. Des expériences d'échange de domaines suggèrent qu'un grand nombre de domaines de fixation de l'hormone, d'activation de la transcription, et de liaison à l'ADN, dans ces récepteurs, peuvent fonctionner comme des modules interchangeables.

10-5 Les protéines régulatrices de gènes eucaryotes peuvent être activées ou inhibées [18]

Comme les autres membres de la superfamille des récepteurs d'hormones stéroïdes, les récepteurs des glucocorticoïdes et des œstrogènes ressemblent à la protéine bactérienne CAP (voir p. 114) dans la mesure où ils sont activés par la fixation d'une petite molécule informative à un domaine de liaison du ligand distinct. D'autres protéines régulatrices de gènes eucaryotes semblent être activées ou inhibées par phosphorylation ou par fixation d'autres protéines qui modifient leur activité (voir Tableau 10-1, p. 566). La Figure 10-26 résume les différentes possibilités de régulation de l'expression d'un gène dans une cellule eucaryote. Certains mécanismes contrôlent la capacité de liaison d'une protéine à l'ADN ; d'autres ressemblent à l'effet de la phosphorylation sur la protéine bactérienne ntrC, en ne touchant que la jonction d'un domaine d'activation de la transcription.

Le mécanisme d'action des amplificateurs est mal défini [15,19]

Les mécanismes qui règlent les gènes eucaryotes ont été très conservés au cours de l'évolution. Par exemple, la protéine de levure gal4 stimulera la transcription à partir de certains gènes de mammifères dans des cellules humaines en culture, pourvu que ces gènes possèdent la séquence activatrice en amont de *gal4*. De même, lorsque le récepteur humain des œstrogènes est produit dans des cellules de levure, les gènes de levure qui ont été couplés à un amplificateur humain de la réponse aux œstrogènes sont activés par addition d'œstrogène.

Ce maintien de la fonction ne se reflète pas dans une conservation de la séquence d'acides aminés. Les séquences d'acides aminés sont connues pour de nombreux activateurs

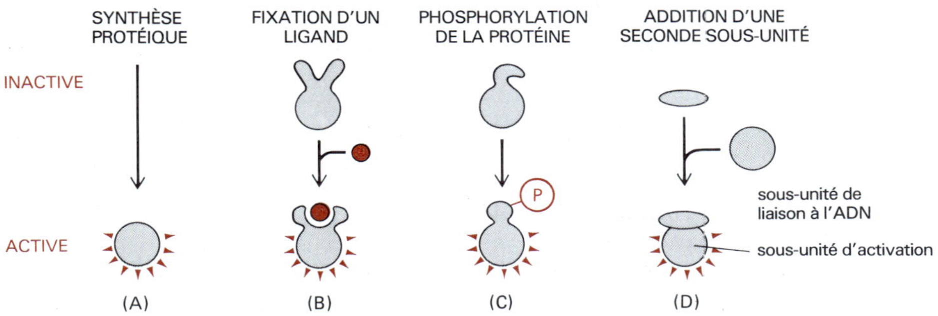

Figure 10-26 Différents modes d'activation des protéines régulatrices de gènes chez les eucaryotes. Des exemples de tous ces mécanismes sont connus. (A) La protéine régulatrice n'est synthétisée qu'en cas de besoin et est rapidement dégradée par protéolyse de telle sorte qu'elle ne s'accumule pas ; (B) fixation d'un ligand ; (C) phosphorylation ou autre modification covalente ; (D) formation d'un complexe avec une protéine différente servant de domaine d'activation de la transcription.

de gènes de levure et de mammifères mais il n'y a pas de similitudes évidentes entre leurs domaines d'activation de la transcription. De plus, l'activation des gènes atteint des taux raisonnables aussi bien chez la levure que chez les mammifères, si le domaine d'activation de la transcription d'une protéine régulatrice de gènes est remplacé par une séquence peptidique riche en acides aminés acides (acide glutamique et acide aspartique). Ceci suggère que le mécanisme d'action peut être relativement simple.

Un des mécanismes d'action vraisemblables des éléments amplificateurs est celui que suggèrent quelques systèmes bactériens dans lesquels des boucles d'ADN permettent aux protéines régulatrices, liées loin du promoteur, de faciliter le démarrage de l'ARN polymérase au niveau du promoteur (voir p. 562). Ceci est compatible avec l'observation que les amplificateurs proches du promoteur sont les plus efficaces, leur activité diminuant progressivement lorsqu'ils s'en éloignent. La Figure 10-27 illustre deux variantes du modèle basé sur les boucles d'ADN. Cependant, nous en savons si peu, qu'un certain nombre d'autres mécanismes ont été proposés pour tenter d'expliquer le mode d'action d'un amplificateur : (1) Un élément amplificateur pourrait exercer ses effets à longue portée en activant une topoïsomérase qui utiliserait l'énergie libérée par l'hydrolyse de l'ATP pour créer une contrainte de torsion dans une grande boucle d'ADN. (2) Il pourrait agir sur la transcription en favorisant la fixation de protéines mobiles et leur déplacement sur l'ADN. (3) Il pourrait fixer des protéines qui permettraient à son voisin d'adhérer, dans le noyau, à une région choisie où sont retenus des facteurs de transcription.

Nous verrons ultérieurement qu'il a été montré que quelques régions de l'ADN ont d'importants effets sur la transcription en étant séparées d'un promoteur par 50 000 paires de nucléotides (voir p. 580). De telles régions pourraient agir selon des mécanismes très différents de ceux utilisés par les amplificateurs que nous avons décrits jusqu'ici. Quelques-uns des mécanismes proposés pourraient bien être la base de tels effets à longue portée (voir Figure 10-41).

Résumé

Chez les procaryotes, les protéines régulatrices de gènes se fixent habituellement à des séquences d'ADN proches des sites d'initiation de la transcription de l'ARN polymérase et de ce fait activent ou inhibent la transcription des gènes adjacents. La flexibilité de l'hélice d'ADN permet,

Figure 10-27 Deux modèles du mécanisme d'action des amplificateurs dans les cellules eucaryotes, basés sur la formation de boucles d'ADN, observée chez les bactéries (voir Figure 10-17). Dans cet exemple l'amplificateur est situé en amont de la séquence codante, mais une boucle peut aussi bien se former à partir d'un amplificateur situé en aval comme dans l'exemple du gène de la β-globine dans la Figure 10-23.

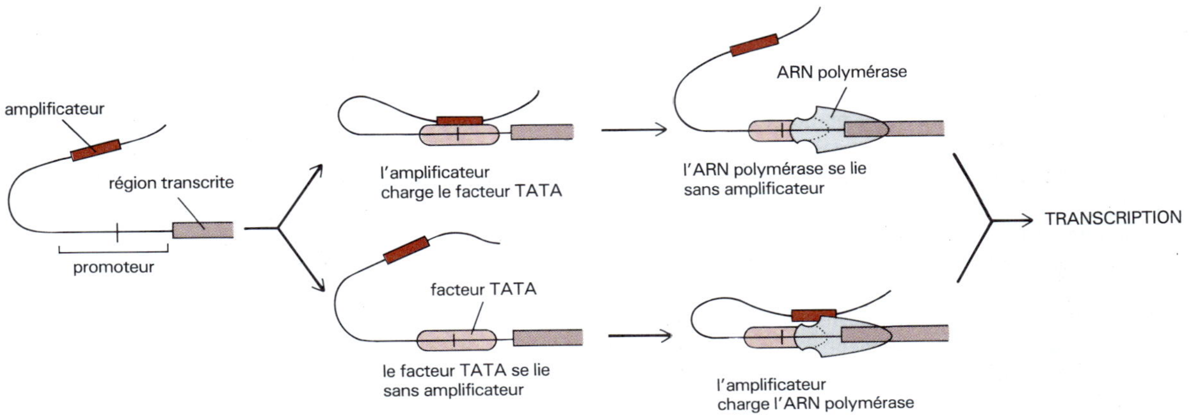

cependant, à des protéines liées à des sites éloignés d'influer également sur l'ARN polymérase, au niveau du promoteur, en formant une boucle d'ADN. L'action à distance est très fréquente dans les cellules eucaryotes, où des éléments amplificateurs localisés à des milliers de paires de nucléotides du promoteur contrôlent souvent l'expression des gènes.

De nombreux gènes codant des protéines chez les eucaryotes, transcrits par l'ARN polymérase II, contiennent une « boîte TATA », située immédiatement en amont du site d'initiation de l'ARN polymérase. Un facteur de transcription important (le facteur TATA, TFIID) doit former, au niveau de ce site, un complexe de transcription stable avant que la synthèse d'ARN puisse commencer. D'autres séquences proches de la boîte TATA constituent un élément promoteur en amont qui est nécessaire à la transcription. Les éléments amplificateurs et les éléments promoteurs en amont possèdent une série de courtes séquences nucléotidiques qui se lient à une série correspondante de protéines régulatrices. Les protéines fixées à ces deux types d'éléments régulateurs coopèrent pour activer ou réprimer un gène. Une mutation des protéines régulatrices par génie génétique montre que ces protéines contiennent souvent plusieurs domaines, chacun ayant une fonction distincte.

Les mécanismes génétiques moléculaires qui créent différents types cellulaires

Dans la première partie de ce chapitre nous nous sommes intéressés aux stratégies de régulation génique qui permettent à un organisme pluricellulaire de produire un grand nombre de types cellulaires distincts. L'économie de gènes régulateurs engendrée par l'utilisation de différentes combinaisons de protéines régulatrices (voir p. 554) explique probablement pourquoi de multiples protéines régulatrices de gènes se fixent aux éléments amplificateurs et aux éléments promoteurs en amont de nombreux gènes d'eucaryotes supérieurs (voir p. 567). La constatation qu'il existe un nombre fini de types cellulaires implique que l'activité des protéines régulatrices dans ce réseau combinatoire est lié à des rétrocontrôles ordonnés qui semblent être régis par l'activité d'un petit nombre de protéines régulatrices pilotes (voir p. 555), Cependant, nous ne comprenons pas encore la logique de ces réseaux complexes de régulation génique. Comment, par exemple, la production inappropriée et transitoire de la protéine régulatrice pilote Antennapedia, chez *Drosophile*, conduit au remplacement d'une antenne par une patte ?

Nous ne tenterons pas de répondre à cette question dans cette partie du chapitre. Nous examinerons plutôt le problème général du modèle de création, par des réseaux de contrôles géniques, de *commutateurs moléculaires*, qui, une fois établis, sont souvent gardés en mémoire au cours de nombreuses générations cellulaires ultérieures. Ce phénomène de *mémoire cellulaire* est un préalable fondamental à la création et au maintien de types cellulaires différenciés de manière stable.

Nous commencerons notre étude des commutateurs moléculaires et de la mémoire cellulaire en nous intéressant à quelques mécanismes de différenciation cellulaire bien connus que l'on trouve chez les bactéries et les levures, même si certains d'entre eux ne sont généralement pas utilisés au cours de la différenciation des cellules d'eucaryotes supérieurs.

10-16 Des séquences d'ADN localisées sont réarrangées dans de nombreuses bactéries pour activer ou réprimer des gènes à la manière d'un commutateur [20]

Nous avons vu que la différenciation, chez les eucaryotes supérieurs, s'effectuait en général sans modifications détectables des séquences d'ADN (voir p. 552). Mais un mode de régulation génique, transmis de façon stable, est obtenu chez de nombreux procaryotes par des réarrangements spécifiques de l'ADN qui activent ou inactivent certains gènes. Comme toutes les modifications dans une séquence d'ADN seront fidèlement copiées au cours des réplications ultérieures, la modification de l'activité du gène sera héritée par toute la descendance de la cellule dans laquelle s'est produit le réarrangement. Certains de ces réarrangements sont en principe réversibles et, sur d'assez longues périodes, ils peuvent présenter un mode alterné d'activité génique.

Un exemple bien étudié de ce type de mécanisme de différenciation cellulaire est celui de la bactérie *Salmonella* chez laquelle un fragment d'ADN spécifique de 1 000 paires de nucléotides peut s'inverser grâce à une réaction catalysée par une enzyme de recombinaison spécifique de site (Figure 10-28). L'ADN en ce site bascule entre deux états. L'effet de l'inversion

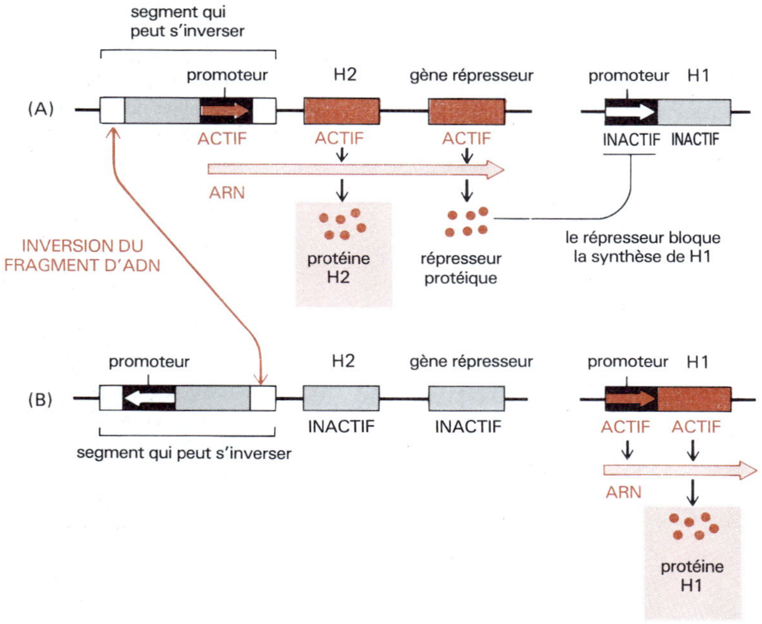

Figure 10-28 Transcription alternée de deux gènes dans une bactérie *Salmonella* résultant d'un simple événement de recombinaison spécifique de site qui inverse un court segment d'ADN. Le mécanisme de recombinaison est décrit ailleurs (voir p. 246), il n'est activé que rarement (une fois toutes les 10^5 divisions cellulaires). Ceci fait que la production alternée de la flagelline H2 (A) ou de la flagelline H1 (B) a tendance à être fidèlement transmise dans chaque clone de cellules.

sur l'expression génique est dû à un promoteur, parmi les 1 000 paires de nucléotides, qui entraîne la bactérie à synthétiser un type de protéine (appelée flagelline) à sa surface quand l'ADN prend une des deux orientations, et un autre type de protéine quand l'ADN prend l'autre orientation. Comme le basculement ne survient que rarement, tous les clones bactériens se développeront avec l'un ou l'autre des types de flagelline. Ce phénomène, appelé **variation de phase**, s'est presque certainement développé pour protéger la population bactérienne contre la réponse immunitaire de ses hôtes vertébrés. Si l'hôte fabrique des anticorps contre un type de flagelline, quelques bactéries, dont la flagelline a été modifiée par inversion génique, seront encore capable de survivre et de se multiplier.

Les bactéries sauvages présentent souvent des variations de phase pour un ou plusieurs caractères phénotypiques. Ces « instabilités » sont en général éliminées des souches de laboratoire, et seuls quelques-uns des mécanismes qui en sont responsables ont pu être étudiés. Tous n'impliquent pas une inversion de l'ADN. Par exemple, une bactérie qui provoque chez l'homme une maladie sexuellement transmissible (*Neisseria gonorrhoeae*), se prémunit contre les attaques immunitaires par l'intermédiaire d'une variation héréditaire de ses propriétés de surface, provoquée par une conversion génique (voir p. 244). Ce mécanisme est dépendant de la protéine de recombinaison recA, et consiste à transférer des séquences d'ADN à un gène « pilote », à partir de « cassettes à gènes » silencieuses, (voir p. 572) ; il a l'avantage de créer plus de 100 variants de la protéine de surface bactérienne principale.

0-17 Un locus régulateur « pilote » détermine les types 0-18 de conjugaison chez la levure [21]

Les levures sont des eucaryotes unicellulaires qui peuvent exister soit à l'état haploïde soit à l'état diploïde. Les cellules diploïdes sont formées par un processus appelé **conjugaison** au cours duquel deux cellules haploïdes fusionnent (voir Figure13-17, p. 739). Pour qu'il y ait conjugaison, deux cellules haploïdes doivent avoir deux *signes de conjugaison* (ou *type sexuel*) différents. Chez la levure commune des boulangers, *Saccharomyces cerevisiae*, il existe deux signes différents, **a** et α. Les cellules qui portent ces signes sont programmées pour se conjuguer les unes avec les autres : chacune produit une molécule informative diffusible et une protéine réceptrice qui lui permet à la fois de se signaler et de reconnaître le type cellulaire opposé et de fusionner avec ce dernier. Les cellules diploïdes résultantes, **a**/α, possèdent des propriétés distinctes de celles de chacun des parents ; elles sont incapables de fusionner, mais elles peuvent former des spores (sporulation) lorsqu'elles manquent de nourriture, conduisant, par méiose, à des cellules haploïdes.

Le mécanisme génétique qui crée ces trois types de cellules de levure fournit un exemple clair du mode d'action des gènes régulateurs pilotes. Les protéines des gènes régulateurs pilotes sont produites par un seul locus, le **locus du signe de conjugaison** (*MAT*), et elles contrôlent le type cellulaire en agissant de concert pour modifier la transcription de nombreux autres gènes. Comme cela est décrit dans la Figure 10-29, les mécanismes sont connus et donnent une bonne

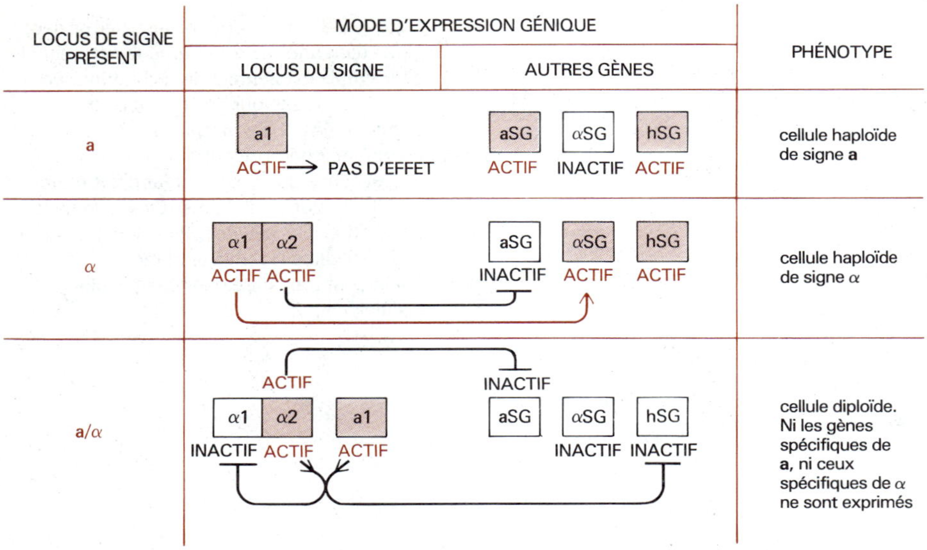

Figure 10-29 Le type d'une cellule de levure est déterminé par les protéines régulatrices produites au niveau du locus *MAT*. Des ensembles de gènes différents sont transcrits dans les cellules haploïdes de type α, dans les cellules haploïdes de type **a** et dans les cellules diploïdes (type **a**/α). Les cellules haploïdes expriment soit un jeu de αSG (gènes spécifiques du type α) soit un jeu de **a**SG (gènes spécifiques du type **a**) plus un jeu de hSG (gènes spécifiques de l'haploïdie). Les cellules diploïdes n'expriment aucun de ces gènes. Les protéines α_1, α_2 et $\mathbf{a}_1$ produites au niveau du locus *MAT* se lient (seules ou associées à d'autres protéines) à des séquences d'ADN spécifiques sur des éléments promoteurs en amont et se comportent ainsi comme des régulateurs de gènes pilotes pour contrôler de nombreux gènes différents dans chaque type de cellules. Notez que la protéine α_1 est un activateur alors que la protéine α_2 est un répresseur. La protéine $\mathbf{a}_1$ par elle-même est sans effet (ainsi une cellule sans locus de signe est de type **a**). Quand les deux protéines $\mathbf{a}_1$ et α_2 sont produites, cependant, elles forment un complexe qui réprime un ensemble de gènes différent de celui que la protéine α_2 affecte lorsqu'elle est seule. Ce système simple à trois protéines fournit ainsi un bon exemple de contrôle combinatoire des gènes dont les principes ont été introduits dans la Figure 10-7.

illustration des principes de la régulation combinatoire introduits précédemment (voir p. 554).

La production des trois protéines régulatrices pilotes qui contrôlent le signe de conjugaison de la levure (les protéines α_1, α_2 et $\mathbf{a}_1$) est elle-même réglée, puisque les cellules haploïdes de levure changent périodiquement de signe. Le mécanisme moléculaire responsable de cette commutation au cours du développement est apparemment spécifique des levures : le type cellulaire dépend de la séquence d'ADN, la séquence α (codant les protéines α_1 et α_2) ou la séquence **a** (codant la protéine $\mathbf{a}_1$), qui occupe le locus *MAT*, et le changement de signe résulte d'une modification de la séquence d'ADN au niveau de ce locus. Chaque fois qu'une cellule de type α se transforme en une cellule de type **a**, le gène α au locus *MAT* est excisé et remplacé par une copie néosynthétisée du gène **a** à partir d'un gène **a** silencieux, localisé ailleurs dans le génome. Comme ce changement implique le retrait d'un gène d'un « site » actif et son remplacement par un autre, ce mécanisme porte le nom de *lecteur de cassettes*. Ce changement est réversible car, bien que le gène α initial au niveau du locus *MAT*, ait été éliminé, un gène α silencieux persiste dans le génome et de nouvelles copies d'ADN faites à partir des gènes **a** et α, fonctionnent en alternative comme des cassettes jetables qui sont insérées dans le locus *MAT* (qui agit comme une « tête de lecture ») (Figure 10-30).

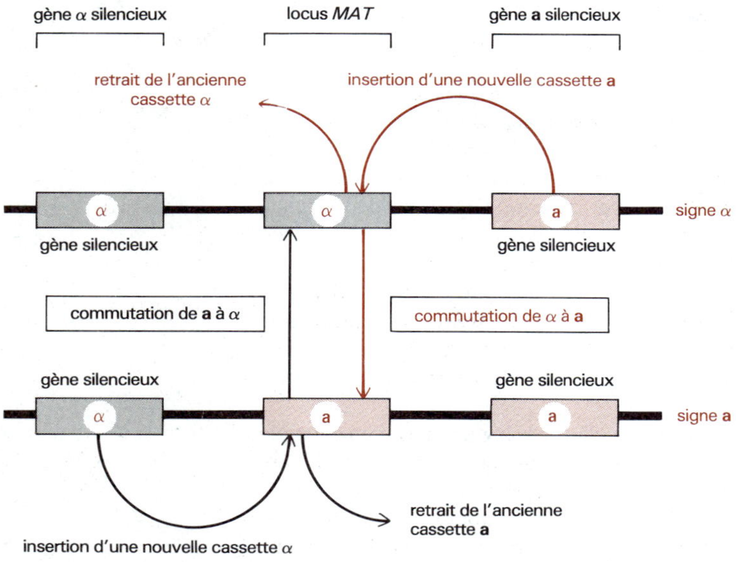

Figure 10-30 Modèle de la « cassette » pour la commutation de signe chez la levure. Le changement de cassette s'effectue par un processus de conversion génique qui est déclenché lorsque la nucléase HO effectue une coupure bicatenaire au niveau d'une séquence spécifique dans le locus *MAT*. L'ADN proche de la coupure est ensuite excisé et remplacé par une copie silencieuse du signe opposé.

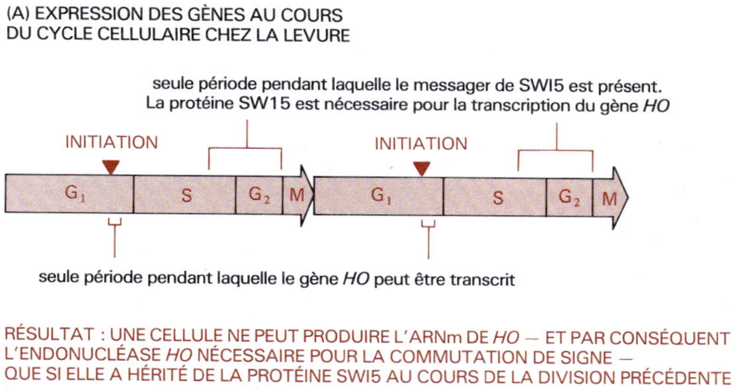

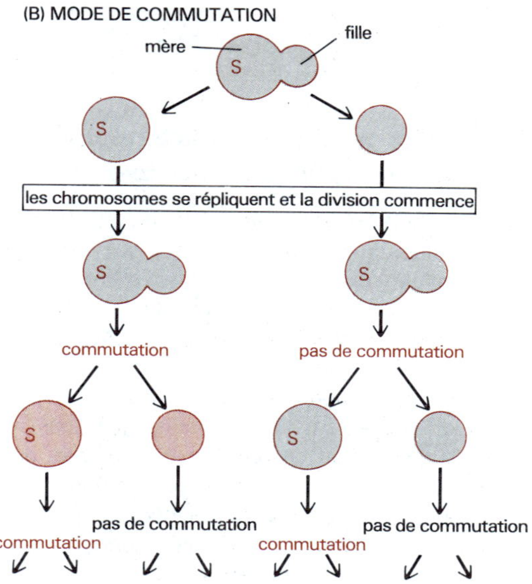

Figure 10-31 Une explication du mode de commutation de signe observé dans les cellules haploïdes de *S. cerevisiae.* (A) Expression des gènes au cours du cycle cellulaire de la levure. Pour la raison donnée, le changement de signe ne peut se produire que dans une cellule qui a hérité de la protéine SW15, une protéine de liaison à l'ADN spécifique de site qui est nécessaire pour la transcription du gène *HO.* De plus, la commutation n'a lieu qu'en phase G1, seul moment du cycle cellulaire où l'endonucléase HO peut être synthétisée (cette protéine disparaît rapidement lorsque sa synthèse cesse, et est sans doute rapidement protéolysée). Comme la réplication de l'ADN suit la commutation, une cellule en cours de division donnera toujours deux cellules de même signe. (B) Mode de commutation. La division cellulaire s'effectue par bourgeonnement. A chaque division on peut distinguer une grande cellule « mère » et une cellule « fille » plus petite. Les cellules filles néoformées ne sont pas capables de commuter leur signe (indiqué ici par des couleurs différentes) tant qu'elles n'ont pas effectué une mitose en tant que cellule mère et amorcé la phase G1 suivante. Comme la figure le montre schématiquement, il est postulé que cette asymétrie résulte d'une transmission asymétrique de la protéine régulatrice SW15 (désignée ici par la lettre S).

La commutation de signe est une capacité héritée de façon asymétrique [22,23]

La commutation de signe est déclenchée par une endonucléase spécifique de site (appelée endonucléase HO), qui est le produit du gène *HO.* Cette enzyme effectue une coupure bicaténaire de l'ADN au niveau du locus *MAT*, provoquant l'excision du fragment d'ADN et son remplacement grâce à une synthèse d'ADN d'un type particulier, qui utilise le gène silencieux de signe opposé comme matrice (voir Figure 10-30). La transcription du gène *HO*, qui détermine quand et où se produit la commutation, est rigoureusement contrôlée. Une analyse génétique a montré qu'au moins six gènes régulateurs (*SWI*1 à *SWI*6) contrôlent la transcription du gène *HO.* Comme les cellules de levure se divisent de manière asymétrique par bourgeonnement, l'une des deux cellules produites à chaque division (la « mère ») est plus grande comparée à l'autre (la « fille »). La majorité des nouvelles cellules mères changent de signe durant le cycle cellulaire suivant, mais les cellules filles néoformées (qui se forment à partir du bourgeon) n'expriment pas le gène HO et sont incapables de commuter jusqu'à ce qu'elles se soient divisées en tant que cellule mère (Figure 10-31). Cette asymétrie dans la commutation a été attribuée à une transmission asymétrique de la protéine SWI5, qui se lie en amont du gène *HO* et qui est indispensable à la transcription de ce gène. On croit que la protéine SWI5 (ou sa forme active) est uniquement héritée par la cellule mère. On ne sait pas comment cette protéine est expulsée du bourgeon, mais sa transmission fournit un modèle attractif de ségrégation asymétrique du potentiel de développement observée chez les eucaryotes supérieurs (voir p. 967).

Un mécanisme spécifique d'extinction semble « fermer » une région chromatinienne chez la levure [23,24]

Si les séquences codantes des deux gènes de signe silencieux n'avaient pas de promoteurs, leur migration vers le locus *MAT* pourrait les activer par un mécanisme simple comme dans le cas de la variation de phase. D'après des déterminations de séquences, les gènes silencieux possèdent tous les sites de régulation nécessaires à leur transcription, mais sont maintenus silencieux par une séquence d'ADN adjacente, un peu plus loin en aval qui, d'une manière ou d'une autre, bloque leur expression. On ne sait pas comment ces séquences extinctrices fonctionnent, mais une partie de la machinerie protéique a été identifiée du fait que des mutants défectueux pour l'un des quatre gènes *SIR (régulateur de l'information « muette »* ou *silent information regulator)*, permettent l'expression des cassettes silencieuses. L'action des protéines SIR requière la séquence d'ADN extinctrice, et ces protéines réprimeront tous les gènes situés à plusieurs milliers de paires de nucléotides. Le même mécanisme de répression empêche normalement la coupure de l'ADN par l'endonucléase HO dans les gènes de signe silencieux et assure ainsi que les séquences d'ADN sont transférées d'un locus silencieux au locus *MAT* et non l'inverse.

La mise en évidence des propriétés inhibitrices des protéines SIR sur la transcription et la coupure par HO, suggère que ces protéines peuvent provoquer une modification de la structure chromatinienne chez la levure qui, d'une certaine manière, « ferme » toute la région chromatinienne adjacente, la rendant inaccessible à toute une série d'enzymes. Deux autres observations conduisent à penser que le mécanisme d'extinction comporte quelque chose de très particulier : la mise en place du phénomène de répression semble nécessiter un cycle de réplication de l'ADN, et une séquence d'origine de réplication (séquence ARS — voir p. 516) constitue une partie essentielle du site d'extinction. L'analyse minutieuse de ce nouveau système de contrôle génique peut aider à comprendre le mode d'influence de la structure chromatinienne sur l'activité des gènes chez les eucaryotes supérieurs (voir p. 577).

Deux protéines de bactériophage qui répriment mutuellement leur synthèse peuvent constituer un commutateur moléculaire stable [25]

Jusqu'à présent, nous avons analysé plusieurs changements de type cellulaire, analogues à des commutations, provoqués par des réarrangements de l'ADN. Le fait qu'un vertébré complet ou une plante complète puisse se former à partir de l'information génétique contenue dans le noyau d'une seule cellule somatique (voir p. 552) exclut la possibilité que des modifications *irréversibles* dans une séquence d'ADN puissent être le principal mécanisme dans la différenciation des cellules des eucaryotes supérieurs (bien que ce soit une étape fondamentale de la différenciation des lymphocytes — voir p. 1024). Des modifications *réversibles* de séquences d'ADN — semblables à celles que nous venons de décrire pour *Salmonella* et les levures — pourraient encore être responsables de quelques-unes des modifications héréditaires de l'expression génique observées chez les organismes supérieurs, mais nous n'avons actuellement aucune preuve que de tels mécanismes soient utilisés.

Nous verrons ultérieurement que de nombreux autres types de mécanismes sont capables d'établir un mode héréditaire d'expression génique, avec des états stables discrets. Un exemple de mécanisme de commutation, particulièrement bien compris, est celui qui détermine si le *bactériophage lambda* se multipliera dans le cytoplasme d'*E.coli*, et tuera son hôte, ou s'il sera au contraire intégré dans le génome de la cellule hôte, pour être automatiquement répliqué chaque fois que la bactérie se divise. La commutation est gouvernée par des protéines codées par le génome du bactériophage, qui contient environ 50 gènes. Ces gènes du bactériophage sont transcrits de manière très différente dans les deux cas. Ainsi, par exemple, un virus qui est destiné à s'intégrer doit synthétiser l'*intégrase* de lambda, qui est nécessaire à l'intégration de l'ADN de ce phage dans le chromosome bactérien (voir p. 246), mais il doit aussi réprimer la synthèse des protéines virales responsables de la multiplication du virus qui serait létale pour la cellule hôte. Dès qu'un mode de transcription a été établi, il est maintenu de manière stable. Il en résulte que le virus *lambda* intégré peut rester dissimulé dans le génome de *E. Coli* pendant des milliers de générations cellulaires.

Nous ne pouvons pas rentrer ici dans les détails de ce système régulateur complexe, mais nous allons donner un aperçu de quelques-unes de ses propriétés générales. Deux protéines régulatrices d'origine virale sont au cœur de ce système : le **répresseur du phage lambda (protéine cI)** et la **protéine cro** ; chacune d'elles bloque la synthèse de l'autre lorsqu'elle est liée au site opérateur du gène de l'autre (voir p. 558). La prépondérance de l'une ou de l'autre de ces protéines contrôle alternativement un ensemble d'autres gènes, conduisant à deux états stables seulement. Dans l'état 1 *(l'état lysogène)* le répresseur lambda domine, et

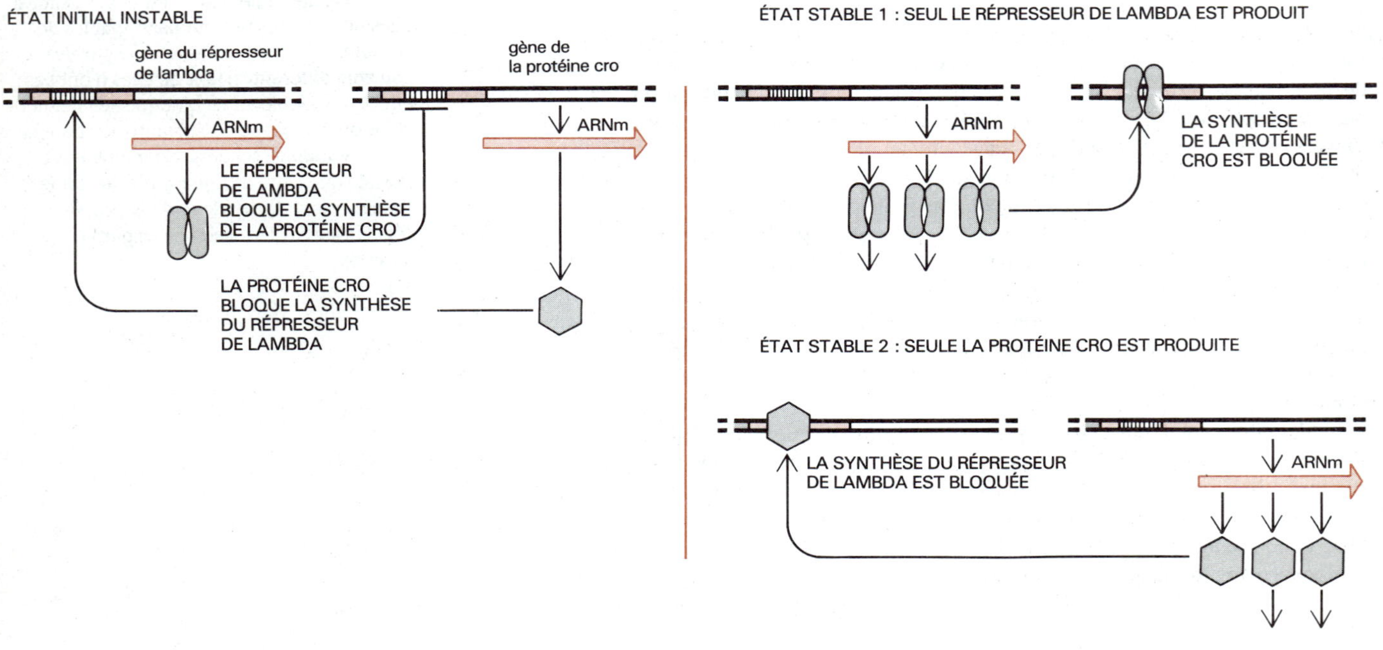

Figure 10-32 Une version simplifiée du système régulateur à bascule qui détermine le mode de croissance du phage lambda dans la cellule hôte *E. coli.* Dans l'état stable 1 (l'état lysogène), de grandes quantités du répresseur de lambda sont synthétisées. Cette protéine régulatrice bloque la synthèse de plusieurs protéines du bactériophage, y compris la protéine cro. L'ADN viral s'intègre alors dans le chromosome de *E. Coli* et est répliqué automatiquement lorsque la bactérie se multiplie. Dans l'état stable 2 (l'état lytique) de grandes quantités de la protéine cro sont synthétisées. Cette protéine régulatrice bloque la synthèse du répresseur de lambda. De nombreuses protéines virales sont alors synthétisées et l'ADN viral se réplique librement dans la bactérie, produisant finalement de nombreuses particules phagiques et lysant la cellule. Des interactions compétitives et coopératives (voir p. 492), entre le répresseur de lambda et la protéine cro, au niveau d'un groupe de sites répétés de liaison à l'ADN, aident à établir la commutation tout ou rien observée entre ces deux états.

c'est le répresseur lambda qui est synthétisé et non la protéine cro. Dans l'état 2 *(l'état lytique)* la protéine cro domine, et c'est elle qui est synthétisée et non le répresseur lambda (Figure 10-32). Dans l'état 1 la majeure partie de l'ADN du phage intégré n'est pas transcrite, dans l'état 2, cet ADN est transcrit de façon intensive, répliqué, condensé, dans un nouveau phage et libéré par la lyse de la cellule hôte.

Le mode de croissance adopté par un phage lambda infectieux n'est pas déterminé au hasard. Quand la bactérie hôte pousse correctement, le virus a tendance à adopter l'état 1, qui permet à l'ADN viral de se multiplier rapidement en même temps que l'ADN du chromosome. Lorsqu'un virus intégré se trouve dans une cellule malade, il passe de l'état 1 à l'état 2 pour se multiplier dans le cytoplasme de la cellule et en sortir rapidement (voir p. 253). D'autres réseaux de protéines régulatrices retransmettent l'information sur l'état de la cellule hôte pour influer sur la commutation du répresseur de lambda et de la protéine.

Une importante leçon à retenir du phage lambda est la possibilité d'obtenir un mode de comportement sophistiqué avec peu de protéines régulatrices qui modulent réciproquement leurs synthèses et leurs activités. Avec le nombre de protéines que possèdent les eucaryotes, les possibilités de régulation génique sont vertigineuses.

Les protéines régulatrices de gènes eucaryotes peuvent aussi produire des états stables alternatifs

Comme cela est étudié dans le Chapitre 16, l'analyse génétique du développement de la *Drosophile* a conduit à l'identification et à la caractérisation moléculaire de plus de 30 protéines qui sont indispensables à l'établissement du schéma corporel de base de l'embryon (voir p. 920). Beaucoup sont des protéines régulatrices pilotes qui se lient à des éléments amplificateurs et règlent la transcription de nombreux gènes. Certaines de ces protéines régulatrices pilotes stimulent leur propre transcription, formant ainsi une boucle de rétrocontrôle positif, qui favorise leur synthèse permanente. Elles répriment en même temps la transcription de gènes analogues dans d'autres parties de l'embryon précoce (voir p. 928). Le rôle prédominant des amplificateurs dans le contrôle de la transcription chez les eucaryotes fournit de multiples possibilités d'interventions positives et négatives pour influer sur un seul gène à partir de sites éloignés et a conduit, au cours de l'évolution, à la mise en place d'importants réseaux de protéines régulatrices de gènes (voir Figure 10-73). Cependant un simple réseau à deux gènes, analogue au commutateur de lambda, est suffisant pour illustrer les principes généraux impliqués dans ce type de mémoire cellulaire (Figure 10-33).

Figure 10-33 Comment deux protéines régulatrices pilotes peuvent créer un commutateur moléculaire chez les eucaryotes. Noter que la même protéine peut avoir soit un effet activateur, soit un effet répresseur sur la transcription, en fonction de la séquence d'ADN à laquelle elle est liée. On pense que ce type de comportement se présente parmi les protéines de liaison à l'ADN, qui contrôlent les décisions au cours de l'embryogénèse précoce de *Drosophile*, (voir p. 928).

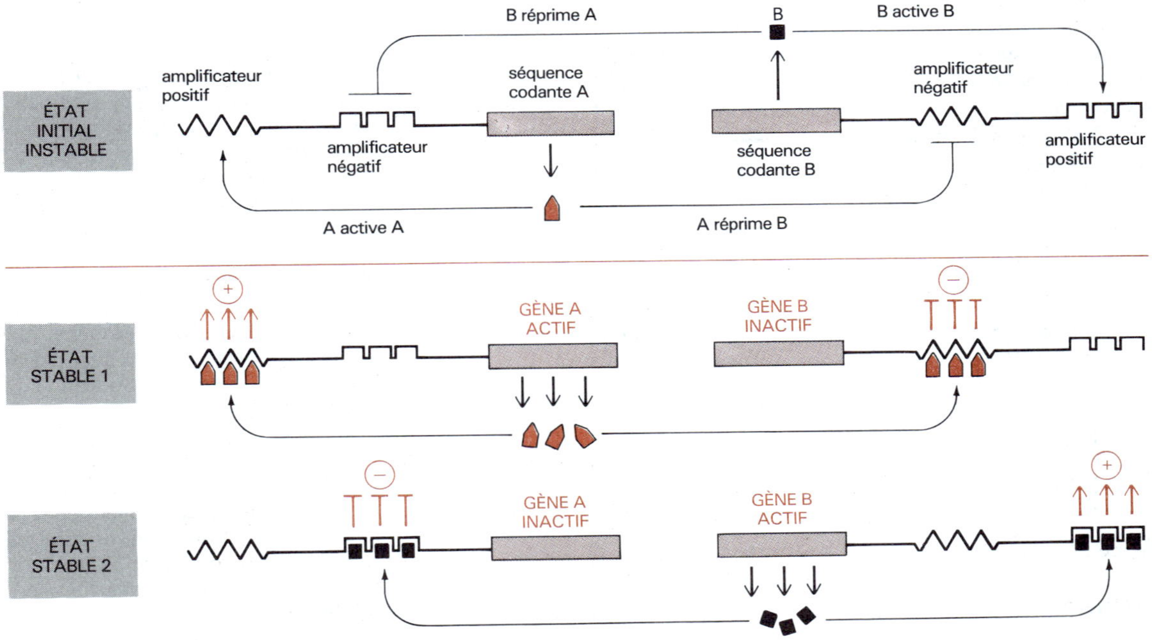

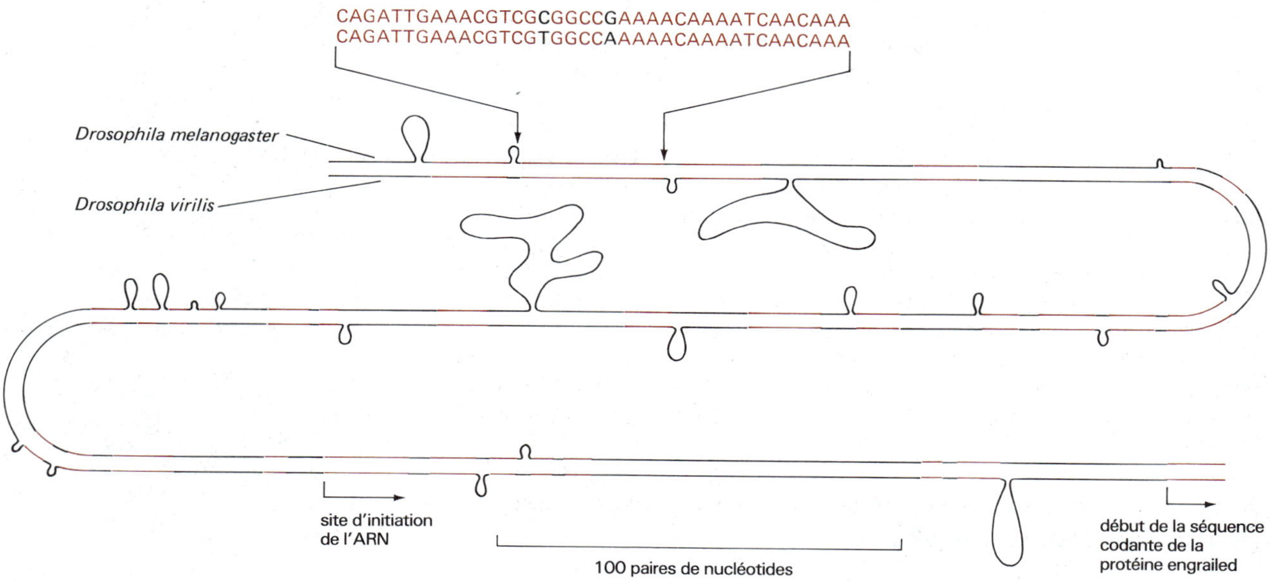

Figure 10-34 Comparaison d'une partie de la région régulatrice en amont du gène *engrailed* dans deux espèces de *Drosophile*. Les séquences de cette région chez *Drosophila melanogaster* et *Drosophila virilis* sont représentées en comparaison, les régions présentant 90 p. cent d'homologie sont colorées. Un exemple d'une homologie réelle de séquence est détaillé dans la partie supérieure de la figure. Les boucles indiquent les endroits où se sont produites des délétions ou des insertions de nucléotides depuis l'évolution de ces deux espèces à partir d'un ancêtre commun il y a environ 60 millions d'années. (Avec l'autorisation de Judith A. Kassis et Patrick H O'Farrell.)

L'analyse de la séquence d'ADN de la région régulatrice d'un gène pilote qui contrôle le développement de nombreuses parties du corps chez la *Drosophile* donne une idée de la complexité des réseaux de régulation chez les eucaryotes supérieurs. La comparaison de la très longue région régulatrice de ce gène dans deux espèces très éloignées de *Drosophile* révèle une répartition élaborée de plus de 30 courtes séquences, conservées au cours de l'évolution, dont chacune d'elles constitue vraisemblablement un important site de liaison pour une protéine régulatrice de gènes (Figure 10-34 ; voir p. 487).

10-19 Des groupes de protéines régulatrices liés de façon coopérative peuvent être, en principe, directement hérités [26]

D'autres mécanismes peuvent aussi être à l'origine d'un mode héréditaire de régulation génique. L'un des modèles les plus simples est basé sur la liaison coopérative d'une protéine régulatrice sous forme de multicopies (ou comme partie d'un important complexe protéique formé de façon coopérative) à un site particulier de la chromatine. Si quelques-unes de ces molécules protéiques restent liées à l'ADN au cours de la réplication, les deux hélices d'ADN filles pourraient hériter d'une partie du complexe. Le caractère coopératif de la liaison des protéines inciterait chaque partie héritée du complexe à se lier aux composants manquants, restaurant ainsi le complexe fonctionnel complet. De cette manière l'état régulateur d'un gène pourrait être directement transmis par des protéines chromosomiques qui lui sont liées (Figure 10-35). Bien que de tels complexes, directement hérités, puissent, en principe, activer ou inactiver un gène de manière stable, il n'y a pas, à l'heure actuelle, d'exemple démontré de ce type de mécanisme régulateur. Il existe cependant quelques phénomènes permettant de supposer que de tels mécanismes peuvent avoir un rôle important.

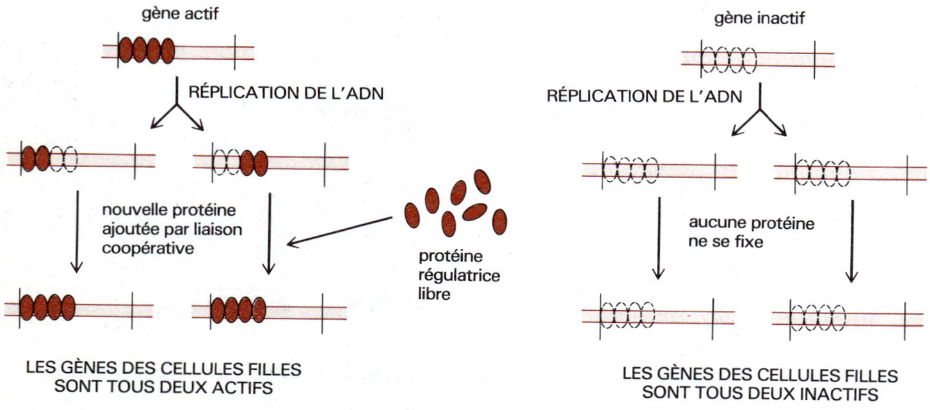

Figure 10-35 Un modèle général de la transmission directe des états d'expression d'un gène au cours de la réplication. Dans ce modèle hypothétique, des parties d'un groupe de protéines régulatrices, liées de manière coopérative, sont transférées directement de l'hélice parentale aux deux hélices filles. Le groupe de protéines hérité induit ensuite la liaison de chaque hélice fille à des copies additionnelles des mêmes protéines régulatrices. La liaison étant coopérative (voir Figure 9-15 p. 493), l'ADN synthétisé à partir d'une hélice d'ADN parentale identique, dépourvue de protéines régulatrices liées, restera libre. Si les protéines régulatrices liées, répriment la transcription du gène, c'est l'état inactivé du gène qui sera transmis directement, comme dans le cas de l'inactivation du chromosome X analysé dans le texte (voir p. 577). Si les protéines régulatrices liées activent le gène, l'état actif du gène sera transmis directement comme le montre la figure.

L'hétérochromatine des cellules eucaryotes contient des régions où l'ADN est particulièrement condensé [27]

Contrairement à ce qui se passe chez les bactéries, les protéines régulatrices de gènes qui se lient à des séquences d'ADN spécifiques doivent, chez les eucaryotes, interagir avec des molécules d'ADN empaquetées avec des nucléosomes sous une forme très condensée. La nécessité de transcrire un ADN en tant que chromatine complique manifestement les mécanismes de contrôle de la transcription, mais nous n'avons que peu de détails sur les mécanismes moléculaires impliqués. Cependant, il est pratiquement certain que des modifications dans la condensation de l'ADN influent sur l'expression des gènes chez les eucaryotes. Nous avons vu qu'un extincteur de transcription « ferme » en quelque sorte une région chromatinienne adjacente dans la levure en la rendant inaccessible à la transcription ou à la coupure par des endonucléases (voir p. 573). Néanmoins, longtemps avant la découverte de ce phénomène, des études chez les eucaryotes supérieurs avaient fourni des exemples beaucoup plus intéressants de fermeture de la chromatine qui pouvaient être corrélés à des caractéristiques visibles de sa structure.

Au cours des années 1930, des études en microscopie photonique montrèrent que certaines régions de la chromatine ne pouvaient pas se décondenser durant l'interphase et semblaient donc conserver la conformation très condensée du chromosome métaphasique (voir p. 503). Le nom d'**hétérochromatine** a été donné à ces régions afin de les distinguer du reste de la chromatine dans le noyau interphasique (qui fut appelée *euchromatine*).

Certaines régions chromosomiques sont condensées sous forme d'hétérochromatine dans toutes les cellules. Chez l'homme cette *hétérochromatine constitutive* est localisée autour du centromère de chaque chromosome mitotique où elle peut être repérée sous forme de bandes sombres (Figure 10-36). Chez certains autres mammifères elle est aussi localisée dans des bandes particulières sur les bras des chromosomes. Pendant l'interphase, les régions d'hétérochromatine constitutive peuvent s'agréger pour former des *chromocentres* (voir Figure 9-43 p. 508). Chez les mammifères le nombre et l'arrangement des chromocentres varient suivant le type cellulaire et le stade de développement. La majorité des régions d'hétérochromatine constitutive contiennent des séquences d'ADN relativement simples, répétées en série, appelées *ADN satellites*. Ces séquences d'ADN très répétées ne sont pas transcrites, leur fonction, ainsi que celle de la structure chromatinienne condensée qu'elles forment à l'interphase, est obscure (voir p. 604).

D'autres régions de l'ADN sont inhabituellement condensées durant l'interphase dans certains types cellulaires d'un organisme mais pas dans d'autres. Ces régions ne semblent pas non plus transcrites, mais elles ne sont pas constituées de séquences simples. La quantité totale de cette *hétérochromatine facultative* varie beaucoup en fonction du type cellulaire : les cellules embryonnaires semblent en avoir très peu, alors que certaines cellules très spécialisées en ont beaucoup. Ceci suggère qu'au cours du développement cellulaire, la quantité de gènes qui peuvent être empaquetés sous une forme condensée dans laquelle ils ne sont plus accessibles aux protéines activatrices, augmente progressivement. La condensation de l'ADN dans ce type d'hétérochromatine peut impliquer plus d'un mécanisme. Cependant, la majeure partie de ce que l'on sait sur l'hétérochromatine facultative vient d'études sur l'inactivation de l'un des deux chromosomes X dans les cellules de la femelle chez les mammifères.

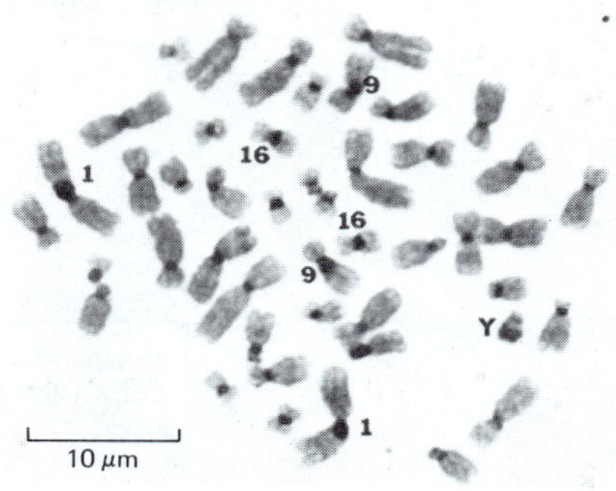

Figure 10-36 Chromosomes humains, au cours de la métaphase, colorés par une technique spéciale qui noircit l'hétérochromatine constitutive. Les nombres et les lettres indiquent des chromosomes particuliers. (Avec l'autorisation de James German.)

Transmission héréditaire d'un chromosome X inactivé [28]

Chez les mammifères, toutes les cellules de la femelle contiennent deux chromosomes X, alors que les cellules mâles contiennent un chromosome X et un chromosome Y. Sans doute parce qu'une double dose des produits du chromosome X serait létale, les cellules des femelles ont développé un mécanisme pour inactiver de manière permanente un des deux chromosomes X dans chaque cellule. Chez la souris, cet événement intervient entre le troisième et le sixième jour du développement, quand, dans chaque cellule, l'un ou l'autre des deux chromosomes X, pris au hasard, est condensé en hétérochromatine. En microscopie photonique ce chromosome est visible durant l'interphase sous forme d'une structure distincte appelée *corpuscule de Barr*, et se trouve près de la membrane nucléaire. Il se réplique en phase S tardive, la majeure partie de son ADN n'est pas transcrit. Le chromosome X inactif étant fidèlement transmis, une femelle est une mosaïque composée de clones de cellules dans lesquels seul le chromosome X paternel (X_p) est actif, et un nombre sensiblement égal de clones de cellules dans lesquels seul le chromosome maternel (X_m) est actif. En général, les cellules qui expriment X_p et celles qui expriment X_m sont réparties par petits groupes chez l'animal adulte, reflétant le fait que des cellules sœurs tendent à rester voisines durant les dernières étapes de l'embryogenèse après une période précoce au cours de laquelle il y a un mélange plus important (Figure 10-37).

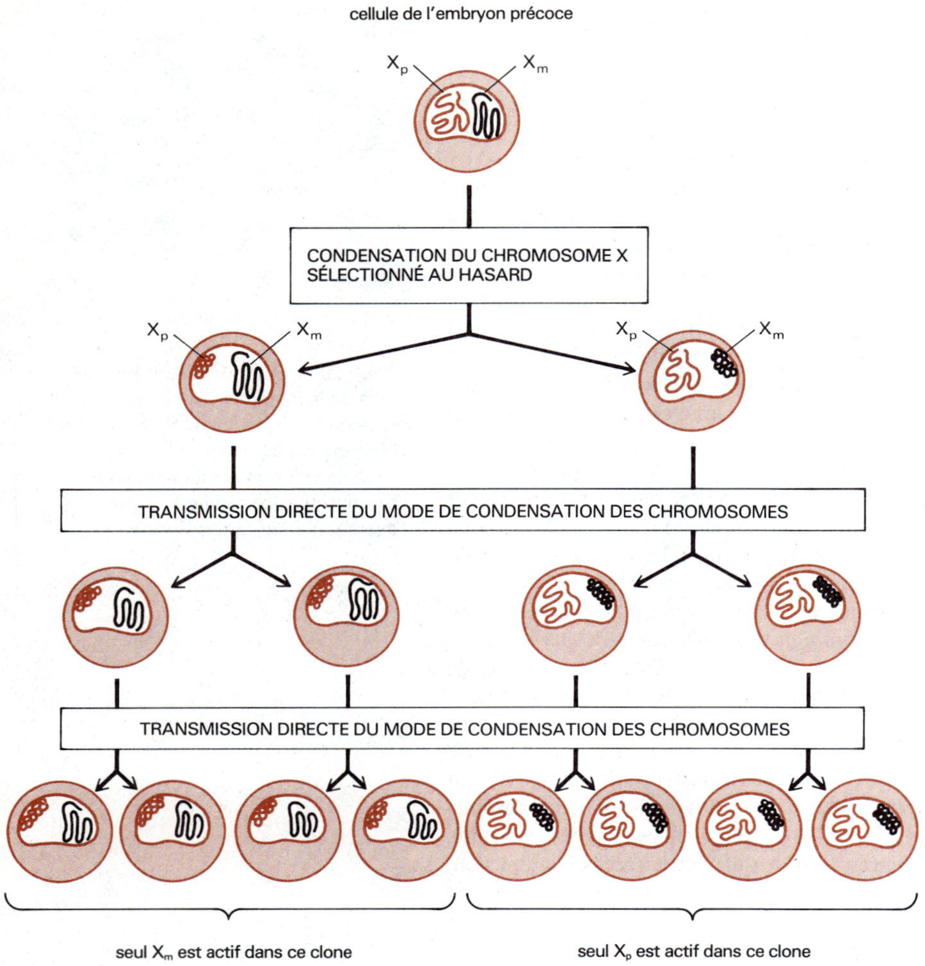

Figure 10-37 La transmission clonale d'un chromosome X inactif condensé qui se produit chez les femelles des mammifères.

Le processus de condensation qui forme l'hétérochromatine au sein d'un chromosome X a tendance à s'étendre de façon continue le long d'un chromosome. Ceci a été démontré par des études sur des animaux mutants chez lesquels l'un des chromosomes X s'est associé à une région d'un *autosome* (chromosome non sexuel). Dans les chromosomes mutants, les régions de l'autosome adjacentes à un chromosome X inactivé sont souvent condensées en hétérochromatine et les gènes qu'elles contiennent sont ainsi inactivés de manière héréditaire. Ceci suggère que l'inactivation du chromosome X est un processus coopératif, qui peut être considéré comme une « cristallisation de chromatine » qui s'étend à partir d'un site de nucléation sur le chromosome X. Une fois que la structure condensée de la chromatine est établie, un processus semblable à celui décrit dans la Figure 10-35 pourrait être à l'origine de sa transmission au cours de toutes les réplications ultérieures de l'ADN. Le chromosome X condensé est réactivé au cours de la formation des cellules germinales chez la femelle ; ainsi aucune modification irréversible de l'ADN ne s'est produite.

Les gènes de *Drosophile* peuvent être aussi réprimés par des caractères héréditaires de la structure chromatinienne [29]

Un phénomène analogue à l'inactivation du chromosome X se produit chez *Drosophile* et la génétique peut être utilisée pour étudier ce mécanisme. Chez les mouches présentant des réarrangements chromosomiques, les événements de coupure et réunion qui placent la partie centrale d'une région d'hétérochromatine à côté d'une région d'euchromatine ont tendance à inactiver les gènes euchromatiques voisins. La situation est analogue à celle de la fusion d'un autosome de mammifère avec un chromosome X inactivé, comme cela vient d'être décrit et les événements d'inactivation ont une répartition similaire : la zone d'inactivation s'étend à

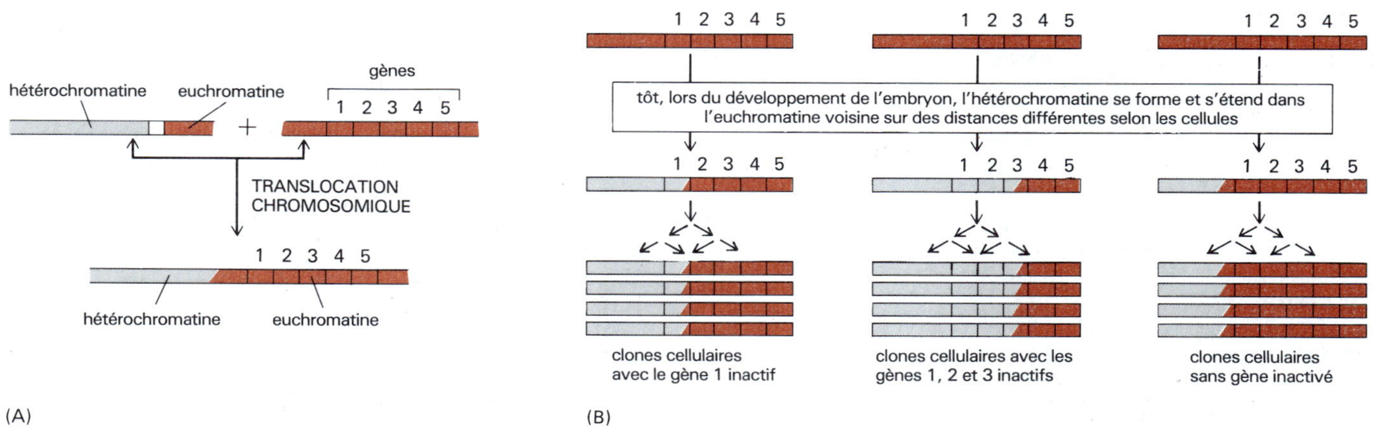

Figure 10-38 Le phénomène d'effet de position mosaïque chez *Drosophile.* L'extension de l'hétérochromatine (*gris*) à des régions d'euchromatine (*coloré*) est normalement empêchée par des séquences frontières particulières de nature inconnue. Chez les mouches qui héritent de certaines translocations, cette frontière a disparu (A). Au cours du développement précoce de telles mouches, l'hétérochromatine s'étend à l'ADN chromosomique voisin sur des distances différentes selon les cellules (B). La propagation s'arrête rapidement, mais la distribution établie de l'hétérochromatine est transmise, de telle sorte que de grands clones de cellules filles sont produits avec les mêmes gènes voisins condensés dans l'hétérochromatine et, de ce fait, inactivés (d'où l'aspect « panaché » de certaines de ces mouches). Ce phénomène et l'inactivation du chromosome X chez les mammifères ont de nombreuses caractéristiques en commun.

partir du point de coupure et recouvre successivement un ou plusieurs gènes. De plus, alors que l'étendue du « phénomène de propagation » est différente d'une cellule à l'autre, la zone inactivée établie dans une cellule embryonnaire est transmise de manière stable à toutes les cellules de la descendance (Figure 10-38).

Des études de cet **effet de position mosaïque** chez *Drosophile* ont montré que l'importance de la propagation est réduite dans les lignées de mouches qui contiennent des quantités d'hétérochromatine constitutive supérieures à la normale, ce qui suggère que la disponibilité des protéines nécessaires à la constitution de l'hétérochromatine est devenue limitante dans ces lignées. Beaucoup de mutations ponctuelles ont un effet similaire. Le clonage et la détermination de la séquence de plusieurs de ces gènes étant en cours, quelques-unes des protéines impliquées dans la formation de l'hétérochromatine de *Drosophile* devraient être bientôt caractérisées.

Indépendamment de son mécanisme moléculaire, la condensation de régions particulières du génome en hétérochromatine est un type de régulation génétique qui n'est pas accessible à la bactérie. La caractéristique essentielle de cette forme spécifiquement eucaryote de régulation génétique est la mise en mémoire des états d'un gène dans une structure chromatinienne transmissible plus que dans une boucle de rétrocontrôle stable de protéines régulatrices autorégulables qui peuvent diffuser de place en place dans le noyau. On ne sait pas si les mécanismes de ce type n'agissent que pour activer des régions chromosomiques importantes ou s'ils peuvent aussi agir au niveau d'un ou de quelques gènes. L'argument que nous allons donner maintenant suggère, cependant, que l'expression de gènes isolés est souvent contrôlée par des séquences régulatrices proches et ne dépend pas totalement de l'environnement chromosomique plus général.

Un environnement chromosomique particulier est souvent nécessaire à l'expression optimale d'un gène, mais non à son activation dans les cellules correctes [30]

Des gènes transfectés peuvent être transcrits d'une manière spécifique d'un type cellulaire à partir de nombreux emplacements. Ils doivent cependant transporter avec eux l'information nécessaire à leur expression sélective dans le tissu correspondant. Un exemple frappant est celui d'un gène de *Drosophile* (le gène de la « glue salivaire » *Sgs-3*) qui n'a besoin que d'une séquence en amont de 600 paires de nucléotides pour être convenablement transcrit dans les glandes salivaires, et qui semble transcrit à des taux normaux à partir de presque n'importe quel site (pourvu qu'il ne soit pas dans l'hétérochromatine) d'un chromosome polyténique. De même, les mammifères *transgéniques* qui portent un fragment de gène spécifique d'un type cellulaire n'exprimeront habituellement le gène que dans les cellules appropriées pourvu que le fragment soit assez long pour contenir la majorité de ses séquences amplificatrices normales.

La majorité des gènes transférés dans des animaux transgéniques *(transgènes)* nécessitent beaucoup plus de séquences adjacentes que le gène *Sgs-3* pour que leur expression spécifique de tissu soit appropriée. De plus, différents taux d'expression sont observés dans différents animaux transgéniques. Ces variations dépendant du site d'insertion exact du transgène dans les chromosomes de l'animal hôte, elles sont appelées *effets de position chromosomique*. Quelques résultats obtenus par insertion au hasard dans le génome murin du gène murin de

Tableau 10-2 L'expression d'un gène transféré à une souris met en évidence des effets de position chromosomique avec des taux d'activité différents dans des animaux transgéniques indépendants

	Pourcentage de l'ARNm total dans				
	Sac vitellin	**Foie**	**Intestin**	**Cerveau**	**Copies du gène par cellule**
Gène endogène	**20**	**5**	**0,1**	**0**	**2**
animal transgénique 1	3,4	1	0,1	0	4
animal transgénique 2	4,8	30	1,3	0	4
animal transgénique 3	4,4	13	4,7	0	4
animal transgénique 4	0,4	0,4	0	0	12

Dans ces expériences, effectuées avec le gène de l'alpha-fœtoprotéine de souris, le fragment d'ADN injecté dans l'ovule de souris fécondé comprenait une séquence en amont de 14 000 paires de nucléotides (5′ adjacent) où sont localisés trois amplificateurs qui modulent l'expression de ce gène. L'hybridation fut utilisée afin de comparer le taux d'ARNm produit par le gène injecté à celui de l'ARNm normalement produit par les gènes de l'alpha-fœtoprotéine norme endogène dans les tissus fœtaux indiqués. (Données d'après R.E. Hammer et al. *Science* 235:53-58, 1987.)

l'alpha-fœtoprotéine sont donnés dans le Tableau 10-2 à titre d'illustration. Alors que l'expression est bien limitée à l'ensemble correct de tissus dans cet exemple, le taux de transcription est cinq à dix fois plus faible qu'il ne devrait l'être dans des tissus où le taux d'expression du gène est normalement très élevé ; à l'inverse il peut être anormalement élevé dans des tissus où les taux d'expression sont normalement faibles.

On a récemment découvert que les effets de position importants observés pour le gène de la β-globine humaine dans les érythrocytes de souris transgéniques sont supprimés et que la totalité de l'activité de transcription est récupérée si un fragment d'ADN, normalement situé à 50 000 paires de bases du promoteur, est couplé au gène. Ce fragment qui contient un groupe de six sites hypersensibles aux nucléases (voir p. 498), semble influer sur tout un groupe de gènes de globine. Nous lui donnerons donc le nom de **région de contrôle d'un domaine**. D'après l'observation des effets de position, il devient vraisemblable que beaucoup de gènes de vertébrés nécessitent des séquences particulières, situées à distance, pour que leur expression soit quantitativement correcte. Nous étudierons ultérieurement ce que peuvent faire ces séquences.

Une étape initiale de décondensation locale de la chromatine pourrait être nécessaire avant que les gènes eucaryotes puissent être activés [31]

Des individus atteints d'une forme particulière de thalassémie, un type d'anémie héréditaire (voir p. 536), ont une importante délétion d'ADN en amont du gène de la β-globine. La région absente (environ 100 000 paires de nucléotides) contient plusieurs autres gènes de la famille de la β-globine, ainsi que la région de contrôle d'un domaine caractérisée dans les expériences sur les souris transgéniques (Figure 10-39A). Bien que le gène de la β-globine soit intact, son taux de transcription est considérablement réduit. Dans des expériences de digestion nucléasique, ce gène, contrairement au gène normal de la β-globine, est digéré aussi lentement que le reste de la chromatine, et n'est donc probablement pas condensé en chromatine active

Figure 10-39 Le groupe des gènes de la famille de la β-globine chez l'homme. La longue région du chromosome qui est représentée s'étend sur 100 000 paires de nucléotides. Elle contient un groupe de sites hypersensibles au clivage par les nucléases, qui créent un « locus de contrôle d'un domaine ». Ce locus de contrôle et tous ces gènes de la β-globine, sauf un, sont absents dans la γ-β-thalassémie 1. (B) Modification de l'expression des gènes de la famille des globines à différentes étapes du développement humain. Chacune des chaînes de globine codée par ces gènes s'associe avec une chaîne d'α-globine pour former l'hémoglobine dans les globules rouges. Chez les patients atteints de thalassémie, le taux de synthèse de la β-globine est considérablement diminué (non montré). (A, d'après F. Grosveld, G.B. van Assendelft, D.R. Greaves et G. Kollias, *Cell* 51:975-985, 1987.)

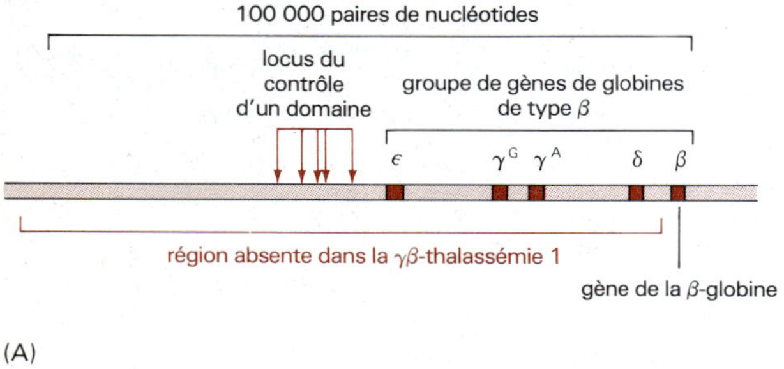

(A)

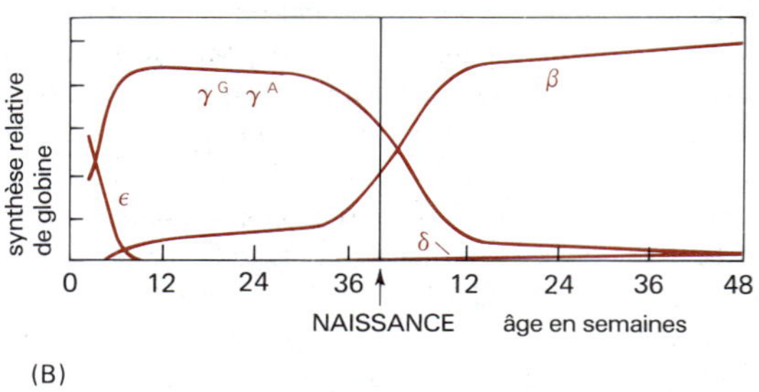

(B)

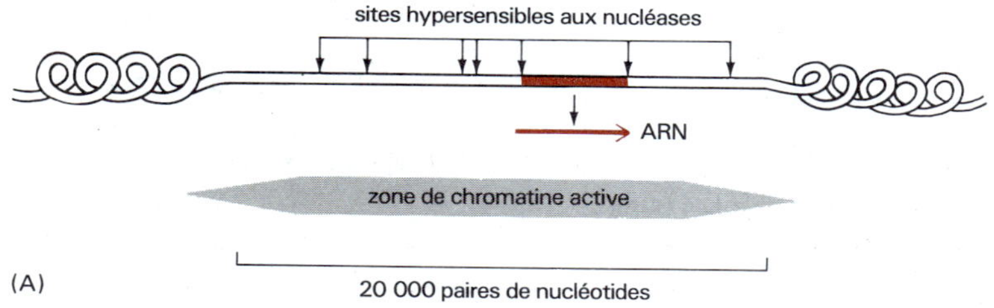

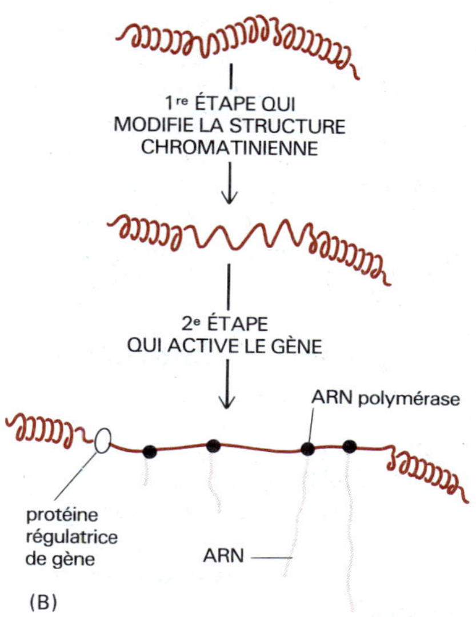

Figure 10-40 Les modifications de la chromatine dans les gènes actifs. (A) La structure chromatinienne du gène du lysozyme dans l'oviducte de poules qui pondent, où le gène est actif. Comme indiqué, une région de chromatine active, généralement décondensée (repérée pour sa sensibilité aux DNases), s'étend sur 24 000 paires de nucléotides. Elle contient sept sites hypersensibles aux nucléases, représentant des séquences d'ADN spécifiques dans lesquelles un nucléosome a vraisemblablement été déplacé par d'autres protéines de liaison à l'ADN (voir p. 498). (B) Les deux étapes dont l'implication dans l'activation des gènes eucaryotes est considérée comme possible. A l'étape 1, une région localisée de la chromatine est décondensée pour préparer la transcription. A l'étape 2, des protéines régulatrices se lient en des sites spécifiques à la chromatine modifiée pour induire une synthèse d'ARN. Selon ce point de vue, la transcription chez les procaryotes ne fournit qu'un modèle de l'étape 2 du processus de contrôle de la transcription eucaryote. (A, données de A. E. Sipple et al. dans Structure and Function of Eucaryotic Chromosomes [W. Hennig ed.]. Berlin : Springer Verlag, 1987.)

(voir p. 511). Cette délétion n'existe pas dans son homologue normal dans le même érythrocyte, et la totalité de ses gènes de globine de type β — comprenant au moins 90 000 paires de nucléotides d'ADN —, semble être décondensée sous forme de chromatine active au moment où le premier de ces gènes (le gène de l'ϵ-globine) commence à être transcrit (voir Figure 10-39B).

Des résultats de ce type ont été utilisés pour proposer un modèle à deux étapes de l'induction de la transcription des gènes des eucaryotes supérieurs. Au cours de la première étape, toute la chromatine, d'une région longue de dizaines de milliers de paires de nucléotides, est convertie en une forme « active » assez décondensée (Figure 10-40). Cette étape pourrait être déclenchée par une protéine régulatrice d'un type particulier qui provoquerait une modification structurale de la chromatine environnante, et cette modification serait propagée, à partir d'une région de contrôle d'un domaine sur toute la longueur d'un domaine en boucle (voir p. 503). Au cours de la deuxième étape, des protéines régulatrices de gènes, qui agissent au niveau d'éléments amplificateurs et promoteurs en amont, règlent la transcription de gènes spécifiques dans des régions exposées de chromatine active. Grâce à ces contrôles plus locaux, le gène de l'ϵ-globine est initialement exprimé dans le sac vitellin, puis les deux gènes de la γ-globine sont exprimés dans le foie fœtal et, finalement, les gènes de la β-globine sont activés peu de temps avant la naissance (voir Figure 10-39B).

La tension superhélicoïdale dans l'ADN permet une action à distance [32]

On ne connaît pas le mode de médiation des contrôles à longue portée dans les chromosomes. Il y a plusieurs façons cependant de transmettre un signal d'un site sur une molécule d'ADN à un autre situé plusieurs milliers de paires de nucléotides plus loin sur la même molécule. L'une d'elles implique des changements topologiques dans une boucle fermée d'ADN double hélice, qui peuvent conduire à la formation de supertours, une conformation que l'ADN adopte en réponse à la *tension superhélicoïdale*. Le surenroulement de l'ADN est le plus facilement analysable dans des petites molécules d'ADN circulaire, comme les chromosomes de certains virus et les plasmides (voir, par exemple, Figure 5-71, p. 251). Les mêmes principes s'appliquent cependant à toute région d'ADN encadrée par deux extrémités qui ne peuvent pas tourner librement — comme, par exemple, une boucle de chromatine qui serait étroitement fixée à sa base (voir Figure 9-34, p. 502).

Une manière simple de visualiser les contraintes topologiques qui induisent des supertours est donnée dans la Figure 10-41 : dans une double hélice d'ADN dont les extrémités sont fixes, un supertour se forme pour compenser l'ouverture (le déroulement) de chaque dizaine de paires de bases dans l'hélice. La formation du supertour restaure la torsion hélicoïdale des régions appariées qui restent, et qui seraient autrement obligées de passer de 10 à 11 paires de nucléotides par tour dans l'exemple proposé (Figure 10-41B). L'hélice d'ADN résiste à une telle déformation d'une manière analogue à celle d'un ressort, préférant soulager cette tension superhélicoïdale en formant des boucles surenroulées.

Chez les bactéries comme *E. coli,* un type particulier de topoïsomérase II, appelé **ADN gyrase**, utilise l'énergie libérée par l'hydrolyse de l'ATP pour introduire de façon continue des supertours dans l'ADN, maintenant l'ADN sous une tension constante. Ces supertours sont des supertours négatifs, qui ont un sens opposé aux supertours positifs, décrits Figure 10-41, qui se forment quand une région de la double hélice d'ADN s'ouvre. Par conséquent, il n'y a pas de formation d'un supertour positif mais plutôt suppression d'un supertour négatif dans l'ADN bactérien lorsqu'une région de l'hélice s'ouvre. La tension superhélicoïdale de l'ADN étant réduite au cours de ce phénomène, l'ouverture de l'hélice d'ADN est énergétiquement favorable par rapport à l'ouverture d'une hélice dans un ADN qui ne possède pas de supertours.

L'ADN gyrase n'a pas été trouvé dans les cellules eucaryotes, et les ADN topoïsomérases eucaryotes de types I et II éliminent la tension superhélicoïdales plutôt qu'elles ne la créent (voir p. 236). Par conséquent la majeure partie de l'ADN des eucaryotes n'est pas sous tension. Mais le déroulement de l'hélice est associé à l'initiation de la transcription de l'ADN (voir Figure 9-65, p. 524). De plus, une molécule d'ARN polymérase mobile (comme les autres protéines qui cheminent le long de l'ADN) tendra à créer dans l'ADN une tension superhélicoïdale positive devant elle et négative derrière elle (Figure 10-42). Au travers de tels effets topologiques, un événement qui survient en un site unique de l'ADN peut induire des effets qui sont ressentis dans la totalité d'un domaine chromatique en boucle. On ne sait pas encore, cependant, si un effet de ce type déclenche d'autres modifications, comme cela serait nécessaire pour qu'il soit impliqué dans le contrôle de l'expression des gènes chez les eucaryotes.

Les mécanismes de formation de la chromatine active ne sont pas connus

Le modèle d'activation génique schématisé dans la Figure 10-40 implique que quelques protéines régulatrices de gènes aient, chez les eucaryotes, des fonctions différentes de celles de leurs analogues bactériennes. Au lieu de « charger » l'ARN polymérase (ou ses facteurs de transcription) directement sur un promoteur voisin (voir Figure 10-27), certaines protéines de liaison à des séquences d'ADN spécifiques peuvent agir uniquement en décondensant la chromatine en un point d'un domaine chromosomique ou en retirant un nucléosome d'un amplificateur ou d'un promoteur adjacents afin de permettre l'accès à des protéines régulatrices d'un type plus familier. Nous ne sommes pas certain cependant qu'il en soit ainsi. Il reste possible que les différences observées dans la structure chromatinienne des gènes actifs soient la conséquence automatique de l'assemblage de facteurs de transcription et/ou de l'ARN polymérase sur un promoteur plutôt qu'un prérequisit nécessaire pour n'importe lequel de ces événements.

L'identification de séquences d'ADN particulières qui se comportent comme une région de contrôle d'un domaine pour le gène de la β-globine humaine devrait permettre de purifier les protéines qui se lient à ces séquences et de cloner leurs gènes (voir p. 489). Actuellement, nous ne pouvons qu'estimer la façon dont elles pourraient agir. Il est possible que ces régions servent simplement d'élements amplificateurs classiques, mais d'une activité inhabituelle (voir p. 569). Trois autres possibilités sont schématisées dans la Figure 10-43.

Le caractère très différent des modèles proposés dans la Figure 10-43 montre à quel point nous sommes loin de comprendre comment la transition entre les chromatines active et inactive s'effectue. On ne sait pas combien il existe de formes de chromatine ni quelle particularité structurale fait que certaines régions sont plus condensées que d'autres. Des idées simples sur la fonction de la chromatine ne permettent pas d'expliquer pourquoi les séquences d'acides aminés des histones (principalement H3 et H4) ont été si conservées (voir p. 221). Quelques caractéristiques chimiques particulières de la chromatine active ont cependant été découvertes (voir p. 511), et des anticorps monoclonaux, reconnaissant les histones acétylées ou la protéine HMG 17, peuvent maintenant être utilisés pour séparer de tous les autres les nucléosomes (et les séquences d'ADN qui leur sont associées) présents dans la chromatine active. Appliqués à la chromatine préparée à partir d'animaux transgéniques, de tels outils devraient, en principe, permettre de distinguer les régions régulatrices qui créent la chromatine active de celles qui ne le font pas, ce qui semble une étape essentielle du déchiffrage exact de la façon dont les gènes des eucaryotes supérieurs sont contrôlés.

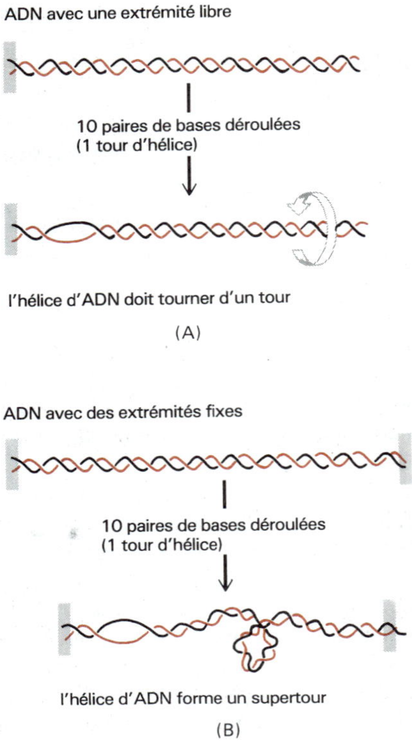

Figure 10-41 Des contraintes de torsion dans la double hélice d'ADN induisent un surenroulement de l'ADN. (A) Pour une molécule d'ADN dont une des extrémités est libre (ou qui a une coupure sur une chaîne qui lui sert de pivot, voir p. 236), la double hélice tourne d'un tour pour 10 paires de bases ouvertes. (B) Si la rotation est empêchée, une tension superhélicoïdale se produit dans l'ADN, du fait de l'ouverture de l'hélice. Il en résulte la formation d'un supertour dans la double hélice d'ADN pour 10 paires de bases ouvertes. Le supertour formé ici est un *supertour positif* (voir Figure 10-42).

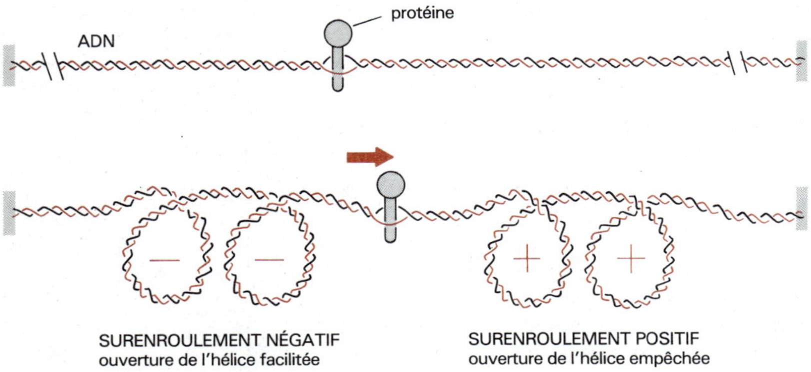

Figure 10-42 Surenroulement d'un segment d'ADN par déplacement d'une protéine le long de la double hélice. Les deux extrémités de la double hélice sont fixes comme dans la Figure 10-41B, et la protéine est considérée comme ancrée par rapport à ces extrémités ou empêchée de tourner librement par des forces de friction lorsqu'elle se déplace. Le mouvement entraîne ainsi l'accumulation d'un excès de tours d'hélice dans l'hélice d'ADN à l'avant de la protéine, et une formation insuffisante de tours d'hélice à l'arrière de la protéine. Des résultats expérimentaux suggèrent qu'une molécule d'ARN polymérase mobile provoque des surenroulements de cette manière ; la tension superhélicoïdale positive à l'avant de cette molécule rend la double hélice un peu plus difficile à ouvrir, mais cette tension devrait faciliter le débobinage de l'ADN qui entoure les nucléosomes, comme l'exige la polymérase pour transcrire la chromatine (voir Figure 9-32, p. 502).

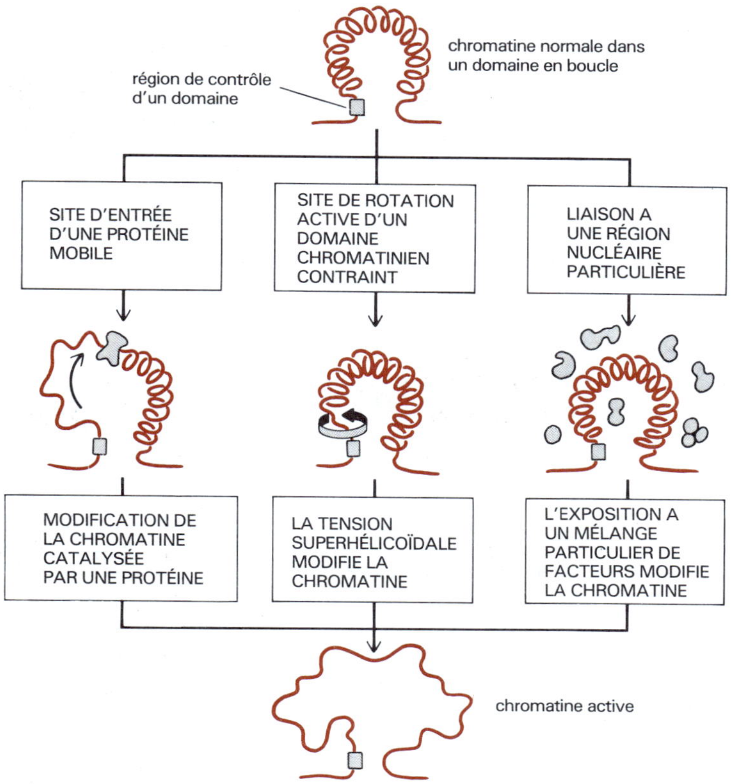

Figure 10-43 Trois modèles proposés pour expliquer le grand rayon d'action d'une région de contrôle d'un domaine sur l'activité des gènes. Il est postulé que la boucle de chromatine généralement figurée représente tout un domaine en boucle qui peut contenir plus de 100 000 paires de nucléotides. Le mécanisme réel qui provoque les effets à distance n'est pas connu, et d'autres mécanismes sont également concevables. Des observations sur la bande d'un chromosome polyténique qui contient le gène *Sgs-3* de la *Drosophile* ont apporté la preuve de l'existence d'une étape de décondensation de la chromatine, indépendante de la transcription de l'ADN. Plusieurs mutants qui ne peuvent pas produire d'ARN à partir de cette région forment néanmoins un module chromosomique à partir de cette bande lorsque la larve se développe (voir Figure 9-48, p. 510).

De nouveaux niveaux de contrôle des gènes ont été ajoutés au cours de l'évolution des eucaryotes multicellulaires [33]

Les cellules de levure procurent des modèles importants pour la compréhension des cellules eucaryotes. De fait, le haut degré de parenté fonctionnelle entre les protéines humaines et celles de la levure a été l'une des grandes surprises de ces dernières années. Il n'est cependant pas possible d'étudier tous les aspects du contrôle génique chez la levure. Les levures ne semblent pas contenir d'histone H1, et pratiquement toute leur chromatine semble être sous forme active. De plus, les régions de contrôle de l'ADN qui agissent à distance sur les gènes n'y ont pas été trouvées. De même, les cellules de levure n'utilisent pas l'épissage différentiel de l'ARN dont nous allons parler bientôt (voir p. 589).

Des invertébrés comme *Drosophile* possèdent de plus grands génomes que les levures, et contiennent l'histone H1, de l'hétérochromatine, et au moins quelques formes de chromatine active (voir Figure 9-54, p. 514). Ils utilisent aussi l'épissage différentiel. Mais il est un niveau de contrôle de gènes que les invertébrés ne possèdent pas et qui semble propre aux vertébrés : un système général de répression basé sur la méthylation de l'ADN.

0-20 Chez les vertébrés, le profil de méthylation de l'ADN est hérité lorsque les cellules se divisent [34]

Les bases de la double hélice d'ADN peuvent être modifiées de façon covalente. Nous avons déjà vu comment la méthylation d'un A dans la séquence GATC permet un système de correction sur épreuves, au cours de la réplication de l'ADN bactérien (voir p. 233), tandis que la méthylation d'un A ou d'un C en un site précis protège la bactérie contre l'action de ses propres enzymes de restriction (voir p. 182). Les ADN de vertébrés contiennent de la **5-méthylcytosine (5-méthyl C)** qui est apparentée à la cytosine comme la thymine l'est à l'uracile, et qui n'a, en outre, aucun effet sur l'appariement des bases (Figure 10-44A). La méthylation se limite aux cytosines de la séquence CG ; puisque cette séquence est exactement appariée à la même séquence (orientée dans l'autre sens) sur l'autre chaîne de l'hélice d'ADN, un mécanisme simple permet la transmission héréditaire directe d'un profil de méthylation préexistant par un processus matriciel. Une enzyme appelée *méthylase d'entretien (maintenance méthylase)* n'agit que sur les séquences CG qui sont appariées à une séquence CG *déjà* méthylée.

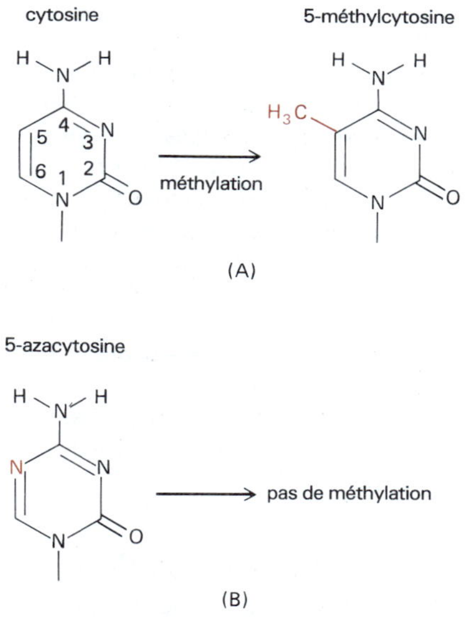

Figure 10-44 (A) La formation de la 5-méthylcytosine se fait par méthylation d'une cytosine dans la double hélice d'ADN. Chez les vertébrés cette méthylation se limite à des résidus cytosine particuliers situés dans la séquence CG. (B) Un nucléotide synthétique contenant la 5-azacytosine (5-aza C) ne peut pas être méthylé. De plus, lorsque de petites quantités de 5-aza C sont incorporées dans l'ADN, elle inhibe la méthylation des résidus C normaux

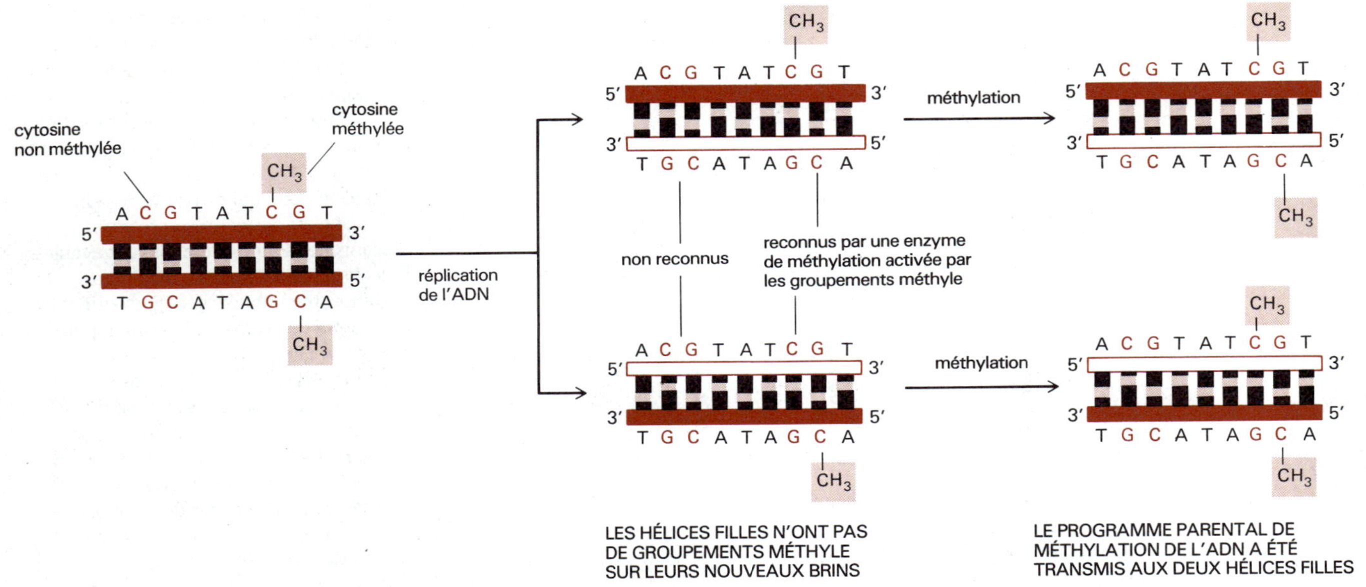

Figure 10-45 Manière dont sont fidèlement transmis les profils de méthylation. Dans l'ADN des vertébrés, une grande proportion des cytosines de la séquence CG sont méthylées (voir Figure 10-44). Du fait de l'existence d'une enzyme de méthylation commandée par les groupements méthyles (l'enzyme de conservation de la méthylation), dès qu'un motif de méthylation de l'ARN est établi, chaque site de méthylation est transmis à l'ADN de la descendance, comme cela est représenté. Ceci signifie que les modifications dans les profils de méthylation seront transmises de manière clonale.

Il en résulte que le profil de méthylation préexistant de l'ADN sera transmis directement, à la suite de la réplication de l'ADN (Figure 10-45).

Certaines nucléases de restriction coupent l'ADN au niveau de séquences contenant un dinucléotide CG non méthylé et cette coupure n'a lieu qu'en absence de méthylation. Hpa II, par exemple, coupe la séquence CCGG, mais n'en est plus capable si le C central est méthylé. Ainsi la sensibilité au clivage par Hpa II peut être utilisée pour repérer si des sites d'ADN particuliers sont méthylés. L'enzyme qui protège normalement la bactérie contre sa propre enzyme Hpa II, est la Hpa II méthylase. Un traitement par cette méthylase peut donc être utilisé pour introduire des 5-méthyl C dans des séquences CG données (celles de la séquence CCGG) sur une molécule d'ADN clonée (les molécules d'ADN clonées chez *E. coli* perdent la méthylation de tous leurs CG). Ces techniques ont permis de confirmer que la méthylase d'entretien fonctionnait comme prévu : chaque CG méthylé le reste généralement au cours de nombreuses divisions dans une cellule de vertébrés en culture, alors que les séquences CG non méthylées restent non méthylées.

La transmission automatique des résidus 5-méthyl C pose un problème de type « œuf-poulet » : où le groupement méthyle est-il ajouté en premier chez les vertébrés ? Des expériences montrent que des groupements méthyle seront ajoutés à pratiquement toutes les séquences CG d'une molécule d'ADN non méthylée lorsqu'elle est injectée dans un ovule de souris fécondé (bien qu'il existe une exception importante qui sera décrite plus loin). Ainsi, la grande majorité du génome des vertébrés démarre fortement méthylé. Comme la méthylase d'entretien ne peut normalement pas méthyler un ADN non méthylé, une nouvelle *méthylase d'initiation* doit exister dans l'œuf. Cette méthylase d'initiation disparaissant rapidement, l'ADN des cellules des tissus en développement fait appel à la méthylase d'entretien pour conserver ses nucléotides méthylés.

10-5 10-20 La méthylation de l'ADN renforce les décisions de développement dans les cellules de vertébrés [35]

Quel est l'effet de la méthylation des CG ? Des essais avec l'enzyme Hpa II indiquent que l'ADN des gènes inactifs est en général plus méthylé que celui des gènes actifs. De plus, un gène inactif qui contient de l'ADN méthylé perdra habituellement de nombreux groupements méthyle à la suite de l'activation du gène. Des expériences dans lesquelles un analogue de base, la *5-azacytosine (5-aza C,* voir Figure 10-44B), est ajouté pendant un temps bref à des cellules en culture, ont apporté des preuves de l'influence de la modification de la méthylation sur l'expression génique. La 5-aza C, qui ne peut pas être méthylée, est incorporée dans l'ADN où elle agit comme un inhibiteur de la méthylase d'entretien, réduisant de ce fait le taux global de méthylation de l'ADN. Dans les cellules traitées de cette façon, des gènes particuliers qui étaient auparavant inactifs, deviennent actifs et acquièrent en même temps des cytosines non méthylées. Une fois activés, ces gènes conservent leur état actif au cours de nombreuses générations cellulaires en absence de 5-aza C, impliquant que la méthylation initiale des gènes aide à maintenir leur inactivé.

Lors de la découverte de l'effet de la 5-aza C sur des cellules en culture, il fut proposé que la méthylation de l'ADN pourrait jouer un rôle décisif dans la génération de différents types cellulaires. Ceci impliquerait que la différenciation cellulaire s'effectue selon des mécanismes différents chez les vertébrés et les invertébrés. Des études ultérieures ont suggéré que la méthylation de l'ADN joue un rôle plus auxiliaire dans la diversification cellulaire. Les décisions importantes du développement sont prises apparemment par des protéines régulatrices de gènes qui peuvent activer ou inactiver des gènes indépendamment de leur état de méthylation. Le chromosome X des femelles, par exemple, est d'abord condensé et inactivé avant d'acquérir un taux de méthylation élevé sur certains de ses gènes. Inversement, plusieurs gènes spécifiques du foie sont activés au cours du développement alors qu'ils sont complètement méthylés ; leur taux de méthylation ne diminue que plus tard.

Des expériences de transfection d'ADN ont aidé à concilier ces résultats divergents sur le rôle de la méthylation dans l'expression génique. Un gène spécifique de tissu codant l'actine des muscles peut être préparé sous les deux formes, totalement méthylée et totalement déméthylée. Lorsque ces deux versions du gène sont introduites dans des cellules musculaires en culture, elles sont toutes deux transcrites avec la même célérité. Lorsqu'elles sont introduites dans les fibroblastes qui, normalement, ne transcrivent pas ce gène, le niveau de transcription du gène non méthylé est faible, mais il est encore plus élevé que celui de la version méthylée du gène exogène introduit ou du gène endogène du fibroblaste (qui est aussi méthylé). Ces expériences suggèrent donc que la méthylation de l'ADN est utilisée chez les vertébrés pour renforcer des décisions prises lors du développement suivant d'autres processus.

Dans quelques cas, il a été possible d'analyser avec une grande sensibilité si une séquence d'ADN dont le niveau de transcription est très élevé dans un type cellulaire de vertébrés est transcrite dans un autre type cellulaire. De telles expériences ont permis de démontrer que les taux de transcription d'un gène différaient d'un type cellulaire à un autre d'un facteur supérieur à 10^6. Les gènes de vertébrés non exprimés « fuient » beaucoup moins en termes de transcription que les gènes bactériens non exprimés. Chez ces derniers, les différences de taux de transcription entre les états exprimés et non exprimés des gènes ne dépassent pas un facteur 1 000. En réduisant encore le taux de transcription de gènes qui sont inactivés d'autres façons, la méthylation de l'ADN semble être responsable, pour une part au moins, de cette différence.

Des îlots riches en CG révèlent la présence d'environ 30 000 « gènes domestiques » chez les mammifères [36]

Du fait du mode d'action des enzymes de réparation de l'ADN, les résidus C méthylés du génome ont tendance à être éliminés au cours de l'évolution. Une désamination accidentelle d'un résidu C non méthylé donne un U qui, normalement, n'est pas présent dans l'ADN et qui est donc facilement reconnu par l'enzyme de réparation de l'ADN, l'ADN uracile glycosylase, excisé, et remplacé ensuite par C (voir p. 225). Par contre, une désamination accidentelle de la 5-méthyl C ne peut pas être réparée de cette manière, car elle conduit à un résidu T qui n'est donc pas reconnaissable parmi les autres résidus T de l'ADN. Ainsi les résidus C qui sont méthylés dans le génome ont tendance à muter en T au cours de l'évolution.

Puisque la divergence entre les vertébrés et les invertébrés a eu lieu il y a environ 400 millions d'années, plus de trois groupes CG sur quatre ont disparu de cette manière, laissant les vertébrés avec une carence remarquable en ce dinucléotide. Les séquences CG qui restent sont très inégalement réparties dans le génome ; on les retrouve avec une fréquence 10 à 20 fois supérieure à la moyenne dans des régions déterminées, longues de 100 à 2 000 paires de bases, appelées **îlots CG**. Ces îlots entourent les promoteurs de gènes appelés **« gènes domestiques »** — les gènes qui codent les nombreuses protéines indispensables à la vie cellulaire et qui sont, de ce fait, exprimés dans la majorité des cellules (Figure 10-46). Ces gènes sont à opposer aux **gènes spécifiques de tissu**, qui codent des protéines qui ne sont nécessaires qu'à certains types de cellules.

Il est facile d'expliquer la distribution des îlots CG : ce peut être un effet secondaire de l'introduction de la méthylation des CG comme moyen de réduire l'expression de gènes inactifs chez les vertébrés (Figure 10-47). Dans les cellules germinales, tous les gènes spécifiques de tissu (à l'exception de ceux qui sont spécifiques des ovules et des spermatozoïdes) sont inactifs et méthylés ; sur de longues périodes, au cours de l'évolution, leurs séquences CG méthylées ont été perdues au cours de désaminations accidentelles qui ne furent pas correctement réparées. Les séquences CG des régions qui encadrent les promoteurs de tous les gènes actifs

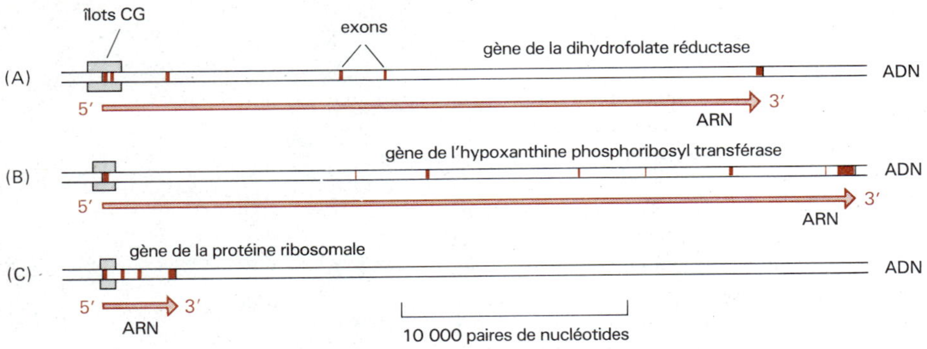

Figure 10-46 Les îlots CG dans trois gènes domestiques de mammifères. Les boîtes indiquent l'étendue de chaque îlot, qui encadre le promoteur de chaque gène. Noter aussi que, comme pour la plupart des gènes de mammifères, les exons *(en couleur)* sont petits par rapport aux introns. (Adapté d'après A.P. Bird, *Trends Genet.* 3:342-347, 1987.)

dans les cellules germinales, cependant, y compris tous les gènes domestiques, restent non méthylées, et peuvent être ainsi facilement réparées à la suite de désaminations spontanées dans la lignée germinale. Ces gènes sont sans doute reconnus par des protéines de liaison à l'ADN spécifiques de séquence, présentes dans la lignée germinale, qui éliminent toute méthylation près de leurs promoteurs. Des expériences effectuées avec des gènes clonés montrent que seuls les CG des îlots CG restent non méthylés lorsque de l'ADN totalement déméthylé est injecté dans un ovule de souris fécondé.

Le génome des mammifères (environ 3×10^9 paires de nucléotides) contient environ 30 000 îlots CG d'une longueur approximative de 1 000 paires de nucléotides. La majorité des îlots indiquent l'extrémité 5′ d'une unité de transcription et donc, vraisemblablement, un gène. Comme il est possible de cloner spécifiquement l'ADN qui encadre les îlots CG, il est relativement facile d'identifier et de caractériser les gènes domestiques. Des dizaines de milliers d'autres gènes sont probablement spécifiques d'un type cellulaire et ne sont pas exprimés dans les cellules germinales. Ces gènes spécifiques de tissu sont plus difficiles à trouver dans le génome car ils ont perdu la majorité de leurs séquences CG.

Des modes de régulation génique complexes sont nécessaires pour créer un organisme multicellulaire [37]

Comme nous le verrons dans le Chapitre 16, les cellules d'un embryon ressemblent à de minuscules ordinateurs, du fait qu'elles reçoivent constamment des informations sur leur situation à un instant donné, et les intègrent avec les informations mémorisées de leur passé, afin d'agir de manière appropriée à chaque étape du développement (voir p. 914). Des études génétiques chez la *Drosophile* montrent qu'un assez petit nombre (peut-être une centaine) de gènes régulateurs pilotes conjugués jouent des rôles fondamentaux dans l'établissement et le maintien de l'architecture de base du corps (voir p. 923). Dans n'importe quel organisme multicellulaire, la grande majorité des gènes, que ce soient les gènes domestiques ou les gènes spécifiques de tissu, sont probablement réglés par des voies de contrôle complexes qui les dirigent à partir de tels gènes régulateurs pilotes. Si des mécanismes très différents de ceux connus chez les bactéries jouent un rôle central dans la régulation des gènes eucaryotes — par exemple, des mécanismes qui dépendent d'une structure chromatinienne directement transmise (voir p. 576) — nous pourrions nous attendre à ce que ces mécanismes contrôlent quelques-uns des gènes régulateurs pilotes.

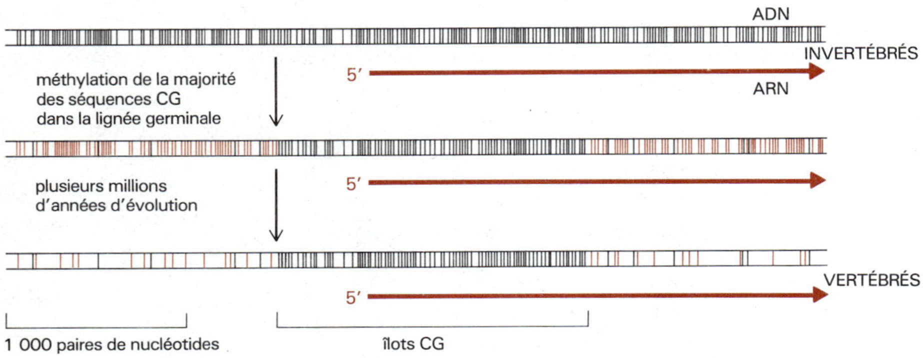

Figure 10-47 Un mécanisme pour expliquer la carence prononcée des séquences CG et la présence d'îlots dans les génomes des vertébrés. Une barre noire indique la position d'un dinucléotide CG non méthylé dans la séquence d'ADN, alors qu'une barre rouge indique la position d'un dinucléotide CG méthylé. Aucun exemple de gène méthylé n'est connu chez les invertébrés.

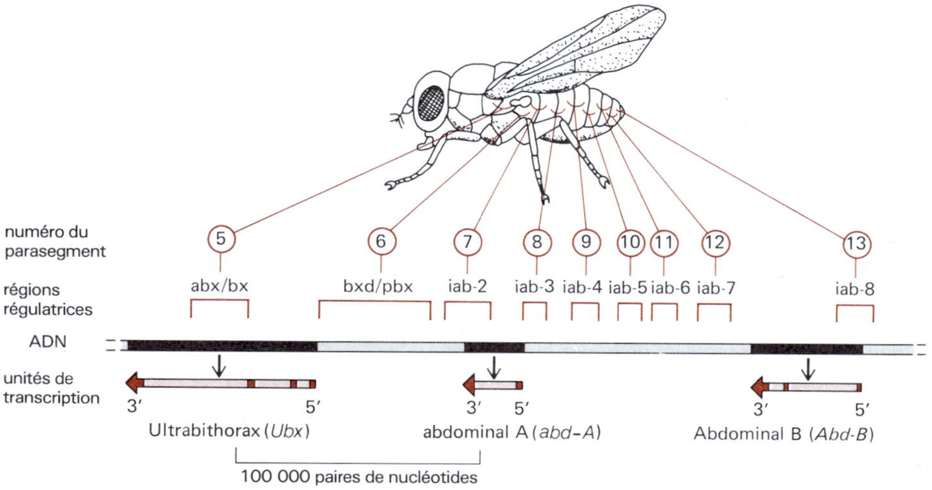

Figure 10-48 Organisation du complexe bithorax de *Drosophile*. Cette région chromosomique importante de 300 000 paires de nucléotides, contient trois gènes — *Ubx*, *abd-A* et *Abd-B* — qui codent des protéines régulatrices pilotes qui contrôlent le développement des régions thoracique et abdominale de la mouche. Les mutations homéotiques (voir p. 930) ont permis de définir 9 groupes de séquences d'ADN régulatrices. Chacune est nécessaire au développement du parasegment indiqué, ainsi que de parasegments plus postérieurs. Ces séquences régulatrices se comportent vraisemblablement comme des amplificateurs pour contrôler l'expression de l'un des gènes voisins. Leur ordre sur le chromosome correspond à l'ordre des segments du corps qu'elles touchent (voir Figure 10-49). (Adapté d'après M. Peifer, F. Karch et W. Bender, *Genes Devel* 1:891-898, 1987.)

Bien que nous ne sachions rien de la manière dont sont contrôlés ces gènes régulateurs pilotes chez les vertébrés, nous commençons à comprendre comment ils sont contrôlés chez *Drosophile*. Les gènes homéotiques qui déterminent l'identité de chacun des segments du corps de la mouche, par exemple, sont présents dans deux loci : le *complexe Antennapedia* et le *complexe bithorax* (voir p. 929). Le complexe bithorax, qui est responsable de la différenciation de deux segments thoraciques et de huit segments abdominaux, contient trois unités de transcription — appelées *Ubx, abd-A et Abd-B*. Chaque unité de transcription semble coder une famille de protéines régulatrices de gènes produite par épissage différentiel de l'ARN. Tandis que les régions de ce complexe qui code des protéines semblent être constituées de moins de 20 000 paires de nucléotides, les régions régulatrices s'étendent sur plus de 300 000 paires de nucléotides. Singulièrement, les régions régulatrices semblent être constituées de groupes d'amplificateurs qui sont disposés sur le chromosome dans le même ordre que les segments du corps sur lesquels ils influent (Figure 10-48). Cette découverte, associée aux propriétés d'une mouche mutante, chez laquelle un seul amplificateur a été transloqué d'une région du complexe bithorax en une autre, ont permis de proposer un modèle de régulation génique dans le complexe bithorax, basé sur des modifications de structure chromatinienne. Dans ce modèle, des domaines chromatiniens successifs sont exposés le long du complexe bithorax dans les cellules de segments de plus en plus postérieurs, permettant l'activation des amplificateurs situés dans ces domaines (Figure 10-49). Il semble vraisemblable que les mécanismes de contrôle des gènes régulateurs pilotes chez les vertébrés soient au moins aussi complexes.

Figure 10-49 Un modèle expliquant la correspondance exacte entre la position sur le chromosome de chaque région régulatrice du complexe bithorax et la localisation, chez la mouche, du parasegment le plus antérieur touché par une mutation dans cette région. (A) Contrôle par action sur la structure chromatinienne. Il est postulé que la chromatine se décondense ou est progressivement activée d'une autre façon dans chacun des parasegments plus postérieurs, de telle sorte que seule la région régulatrice de abx/bx est exposée dans le parasegment 5, alors que toutes les régions régulatrices sont exposées dans le parasegment le plus postérieur touché par le complexe (parasegment 13, voir Figure 10-48). Seuls trois des parasegments sont représentés ici. Le gène *Ubx* peut donner plusieurs transcrits différents (symbolisés ici par des carrés et des ronds), dont la sélection est contrôlée par les régions régulatrices. Le complexe bithorax produit donc un mélange différent de protéines régulatrices de gènes, dans chaque parasegment (B).

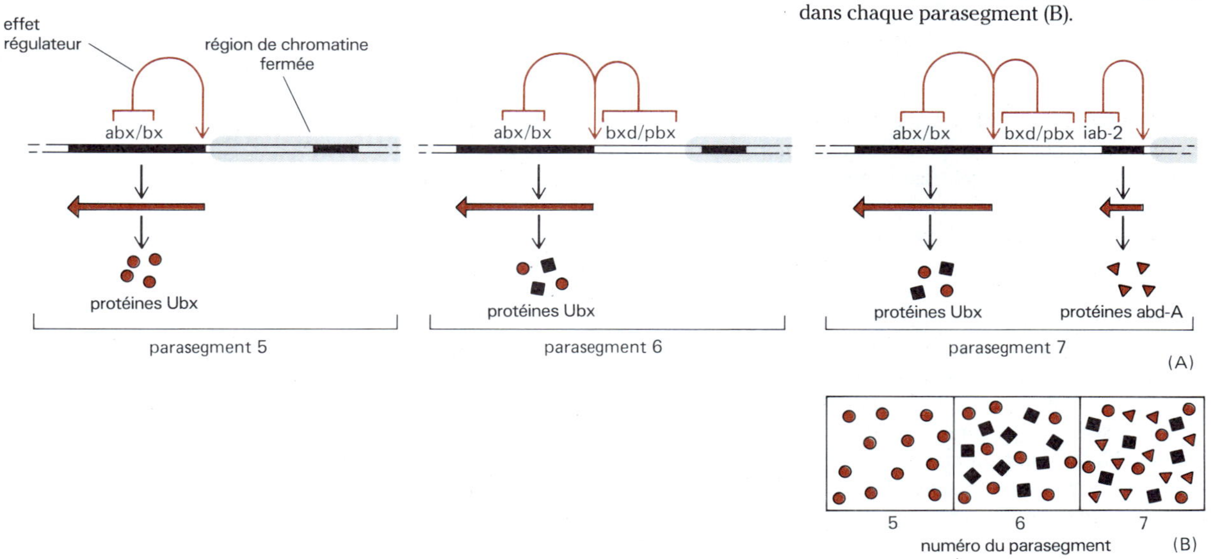

Résumé

Les multiples types cellulaires des animaux et des végétaux sont créés en grande partie grâce à des mécanismes qui induisent la transcription de gènes différents dans différentes cellules. Comme de nombreuses cellules animales spécialisées peuvent conserver leur caractère singulier lorsqu'elles poussent en culture, les mécanismes régulateurs impliqués dans leur création doivent être stables une fois établis et doivent pouvoir être transmis lorsque la cellule se divise. Les procaryotes et les levures fournissent des modèles exceptionnellement accessibles pour étudier les mécanismes de régulation des gènes, dont certains peuvent être applicables à la création de types cellulaires spécialisés chez les eucaryotes. Un de ces mécanismes implique une interaction compétitive entre deux (ou plusieurs) protéines régulatrices pilotes, chacune stimulant sa propre synthèse tout en inhibant la synthèse de l'autre.

Des études sur l'expression de gènes manipulés et de fragments de gènes qui se sont intégrés au niveau de sites aléatoires dans les génomes d'animaux transgéniques laissent supposer que la majorité des gènes d'eucaryotes supérieurs sont contrôlés par un mélange de protéines régulatrices diffusibles qui sont spécifiques de chaque type cellulaire. De plus, l'expression des gènes chez les eucaryotes supérieurs peut être affectée par des transitions de la structure de la chromatine vers des formes plus ou moins condensées, et — chez les vertébrés — la méthylation de l'ADN inhibe la transcription des gènes inactifs. Cependant, pour la majorité des gènes, ce type de contrôle supplémentaire semble être soit déterminé soit outrepassé par des protéines régulatrices diffusibles. Toutefois, nous ne savons pas comment les gènes régulateurs pilotes qui déterminent le type cellulaire chez les vertébrés, sont eux-mêmes contrôlés.

Les contrôles post-transcriptionnels

Bien que les contrôles de l'initiation de la transcription soit la forme prédominante de la régulation pour la majorité des gènes, une variété de contrôles peuvent jouer un rôle plus tardif dans le processus qui conduit de l'ARN à la protéine. De fait, chaque étape de l'expression qui peut être en principe contrôlée, est vraisemblablement réglée dans certaines circonstances pour certains gènes. Nous n'avons appris que récemment la majeure partie de ce que nous savons sur la **régulation post-transcriptionnelle** et beaucoup des mécanismes ne sont que partiellement compris.

Dans cette partie nous décrirons comment l'expression d'un gène peut être réglée lorsque l'ARN polymérase s'est liée au promoteur du gène et a commencé la synthèse d'ARN. Les mécanismes régulateurs seront décrits dans l'ordre de leur intervention supposée sur la molécule d'ARN après le début de sa transcription.

L'atténuation de la transcription provoque l'arrêt prématuré de la transcription de certains ARN [38]

L'**atténuation de la transcription** a été particulièrement étudiée chez les bactéries, où elle règle un grand nombre de gènes impliqués dans la synthèse des acides aminés. Ce processus de régulation nécessite une organisation particulière de la séquence nucléotidique proche du début de la chaîne d'ARN, qui permet à la molécule d'ARN en cours de synthèse de basculer entre deux conformations possibles. La conformation la plus stable possède une boucle d'ARN, qui sert de signal de terminaison pour l'ARN polymérase bactérienne, de sorte que la synthèse de l'ARN cesse prématurément (voir Figure 5-6, p. 205). Cependant, lorsqu'une molécule régulatrice se lie en un site spécifique, sur la chaîne d'ARN en croissance, cette dernière adopte une conformation qui est dépourvue de signal de terminaison, entraînant la production d'une longue molécule d'ARN fonctionnel (Figure 10-50). Chez les bactéries, cet élément régulateur est généralement un ribosome qui s'est fixé au cours de la traduction de la chaîne d'ARN naissante. La spécificité de la réponse vient de la présence de nombreux codons au niveau du site de fixation pour l'acide aminé dont la synthèse est catalysée par les produits des gènes en aval. Pour d'autres gènes, le ribosome est remplacé par une protéine régulatrice.

Il existe des preuves, chez les eucaryotes, que l'atténuation de la transcription contribue à la régulation d'un petit nombre de gènes. Comme il n'y a pas de ribosomes fonctionnels dans le noyau, l'implication d'une molécule régulatrice qui se fixe au niveau d'une séquence d'ARN spécifique semble vraisemblable, mais le mécanisme de l'atténuation chez les eucaryotes est inconnu.

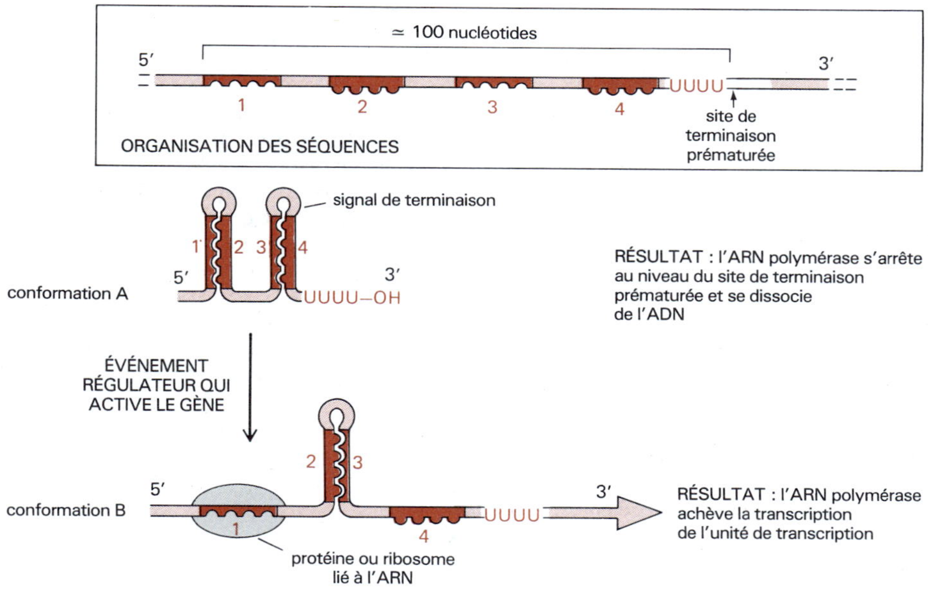

Figure 10-50 Régulation de l'expression d'un gène par atténuation de la transcription chez les procaryotes. Au cours de sa croissance, par addition de nucléotides à son extrémité 3′ (voir p. 203), le transcrit se replie selon l'une des deux conformations représentées. La forme la plus stable est la conformation A, qui contient deux hélices reliées en épingles à cheveux résultant de l'appariement de bases complémentaires. Comme l'épingle à cheveux formée par l'appariement des sites 3 et 4 est suivie d'une série de U, elle est la seule à être utilisée comme signal de terminaison par l'ARN polymérase bactérienne, entraînant un arrêt prématuré de la transcription (voir Figure 5-6, p. 205). La conformation B se constitue si une protéine régulatrice ou un ribosome est lié au site 1 ; ceci libère le site 2 qui s'apparie au site 3, supprimant ainsi le signal de terminaison de sorte qu'il y a production d'un long transcrit fonctionnel qui active l'expression du gène.

10-23 L'épissage de l'ARN peut être réglé de manière à produire différentes formes d'une protéine à partir d'un même gène [39]

L'épissage de l'ARN fut d'abord découvert chez un virus qui produit plusieurs ARN épissés différemment à partir d'un même transcrit primaire et, de ce fait, donne plusieurs protéines différentes (voir p. 536). Une importante proportion de gènes d'eucaryotes supérieurs produisent de multiples protéines en utilisant un tel épissage **différentiel** ou **alternatif** (**alternative RNA splicing**). Quand il existe plusieurs possibilités d'épissage, au niveau de plusieurs sites dans le transcrit, un gène unique peut produire des dizaines de protéines différentes. Cependant, les possibilités d'épissage sont habituellement plus limitées, et seul un petit nombre de protéines sont synthétisées à partir d'une unité de transcription.

Dans certains cas, l'épissage différentiel se produit du fait d'une « ambiguïté » au niveau d'un intron : le mécanisme classique de retrait des introns basé sur le complexe d'épissage (voir p. 533) n'est pas capable de distinguer nettement entre deux ou plusieurs appariements possibles des sites d'épissages 5′ et 3′ de sorte que des choix différents sont faits au hasard en différentes occasions. Cette forme *constitutive* d'épissage différentiel est probablement responsable de la formation de plusieurs ARNm anormaux à partir d'un gène mutant de la β-globine chez certains individus atteints de β *thalassémie* (voir Figure 9-86, p. 537). Pour d'autres gènes une ambiguïté de ce type se produit normalement, de telle sorte qu'il existe plusieurs versions de la protéine codée par le gène dans tous les tissus dans lesquels le gène est exprimé.

Dans de nombreux cas l'épissage différentiel est *contrôlé* plutôt que constitutif. Le choix des sites d'épissage est effectué par la cellule. Ainsi, le même transcrit primaire peut conduire à une protéine différente (ou un jeu de protéines) dans différents types cellulaires, selon les besoins de l'organisme. De nombreuses protéines spécifiques de tissu sont produites de cette façon, parmi lesquelles on trouve des éléments (1) de la matrice extracellulaire, comme la fibronectine (voir p. 818) ; (2) du cytosquelette, comme la tropomyosine (voir p. 621) ; (3) de la membrane plasmique, comme N-CAM (voir p. 830) et les canaux ioniques K^+ (voir p. 1089) ; (4) du noyau (voir Tableau 10-1 p. 704) ; et (5) des voies intracellulaires de transmission de signaux comme la kinase-C (voir p. 704) et la tyrosine protéine kinase codée par le proto-oncogène *src* (Figure 10-51).

En général, les changements d'exons provoqués par l'épissage différentiel ne conduisent pas à la production de protéines radicalement différentes. Il y a plutôt production d'un ensemble de protéines de fonction analogue, appelées **protéines isoformes**, qui sont modifiées pour s'adapter à un tissu particulier. Les changements peuvent déterminer avec quelles autres protéines la molécule interagit, par exemple, tout en laissant les domaines structuraux ou catalytiques intacts. Il y a cependant des exceptions à cette règle. Par exemple, une modification importante des exons lors d'un épissage différentiel conduit à la production de deux hormones polypeptidiques entièrement différentes à partir de la même unité de transcription — la calcitonine dans la glande thyroïde et le peptide apparenté au gène de la calcitonine (CGRP) dans le tissu nerveux.

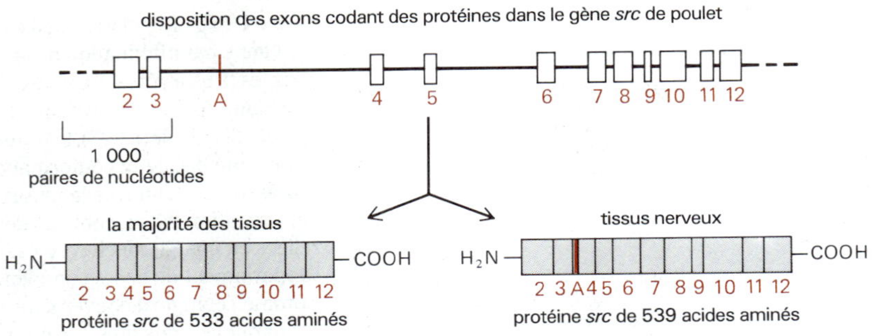

Figure 10-51 L'épissage différentiel contrôlé conduit à la production de deux tyrosine kinases légèrement différentes à partir du gène *src* (voir p. 754) ; seul le tissu nerveux comprend l'exon A. Puisque cette spécificité tissulaire de l'épissage a été conservée au cours de l'évolution (elle est retrouvée chez les oiseaux et les mammifères), on suppose que la différence qui en résulte dans la protéine *src* est importante pour la fonction biologique de cette protéine régulatrice. Seuls les exons codants pour des protéines sont représentés (l'exon 1 constitue la partie 5′ « leader » de l'ARNm). (D'après J.B. Levy et al. *Mol. Cell. Biol.* 7:4142-4145, 1987.)

L'épissage différentiel peut être utilisé pour activer ou inactiver des gènes [40]

Certains gènes sont constamment transcrits dans toutes les cellules, mais comme le mécanisme d'épissage constitutif produit un ARNm qui code une protéine non fonctionnelle, le gène n'est exprimé que dans des cellules choisies dans lesquelles a lieu un épissage particulier.

Ce type de régulation génique a été particulièrement bien caractérisé chez *Drosophile*. L'élément P (voir p. 268) par exemple, ne peut transposer un gène que dans les cellules de la lignée germinale et ceci est dû à son incapacité de produire une transposase fonctionnelle dans les cellules somatiques ; cette incapacité a été, à son tour, attribuée à la présence d'un intron dans l'ARNm de la transposase, qui ne semble être excisé que dans les cellules germinales. Un autre exemple est celui de la détermination du sexe des mouches. Des analyses génétiques ont montré qu'elle résultait d'une cascade d'activation génique, chaque activation conduisant à la production d'une protéine qui permet l'épissage correct de l'ARN synthétisé par le gène suivant dans la cascade (Figure 10-52). Les séquences d'ADN codant plusieurs de ces protéines responsables de la détermination du sexe ont été clonées et déterminées ; ceci devrait grandement faciliter les études des mécanismes de régulation du choix du site d'épissage.

10-23 Les mécanismes responsables du choix du site d'épissage, dans l'épissage contrôlé, ne sont pas compris

Les modifications contrôlées dans le choix des sites d'épissage se font vraisemblablement par l'intermédiaire de la liaison aux transcrits en croissance, de protéines spécifiques de gènes et de tissu ou de molécules d'ARN. Puisque les sites d'épissage choisis, aussi bien dans la voie

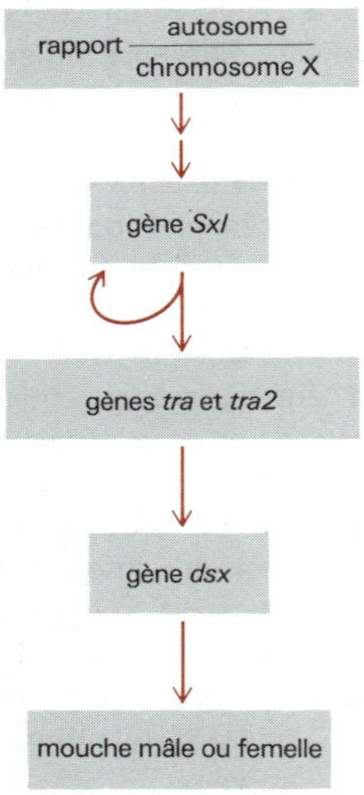

Figure 10-52 La cascade de modifications de l'expression génique qui détermine le sexe d'une mouche dépend de l'épissage différentiel. Chez *Drosophile*, les individus dont le rapport autosome sur chromosome X est de un (normalement deux jeux d'autosomes et deux chromosomes X) deviennent des femelles, alors que ceux dont le rapport est de deux (normalement deux jeux d'autosomes et un chromosome X) deviennent des mâles. Le rapport s'établit très tôt au cours du développement et est ensuite conservé en mémoire dans chaque cellule. La fonction des gènes décrits est de transmettre l'information sur la valeur de ce rapport aux nombreux autres gènes impliqués dans l'établissement des phénotypes liés au sexe. Ces autres gènes agissent comme deux jeux alternatifs : ceux qui déterminent les caractéristiques femelles et ceux qui déterminent les caractéristiques mâles. Le gène *dsx* tire son nom (*doublesex*), du fait que chez les mutants qui ne l'expriment pas, il y a à la fois expression des gènes qui déterminent les caractères femelles et de ceux qui déterminent les caractères mâles.

Les événements sont représentés tels qu'ils se produisent chez les femelles, les flèches indiquent les effets de chaque gène fonctionnel. Chez les mâles, les gènes *Sxl, tra* et *tra2* sont transcrits mais les messagers produits ne sont pas fonctionnels, et le transcrit de *dsx* est épissé de façon à produire une protéine qui inactive les gènes qui déterminent les caractères femelles. Chez les femelles, le transcrit de *Slx* est épissé d'une manière différente de sorte qu'il produit alors une protéine de contrôle d'épissage qui assure à la fois le maintien de sa propre synthèse et l'activation des deux gènes *tra* (*flèches*). Les produits des gènes *tra* à leur tour coopèrent pour modifier le mode d'épissage du transcrit du gène *dsx*. L'ARNm de *dsx* qui en résulte engendre une forme modifiée de la protéine dsx qui inactive les gènes qui déterminent les caractères mâles.

contrôlée que constitutive, semblent partager les séquences consensus classiques déjà décrites (voir Figure 9-80, p. 534), la liaison du composant spécifique doit modifier la conformation du transcrit, de manière à exposer ou masquer de préférence des sites d'épissage préexistants. Le mécanisme est vraisemblablement complexe, puisque aucun système simple, tel que le masquage d'un site d'épissage par une protéine qui s'y fixe, ne semble pouvoir rendre compte de la variété des solutions d'épissage observée (Figure 10-53). Le déchiffrage des détails moléculaires de l'épissage différentiel nécessitera la reconstitution de l'épissage contrôlé dans des systèmes acellulaires, de telle sorte que les composants impliqués puissent être isolés et leurs effets sur le complexe d'épissage analysés (voir p. 533).

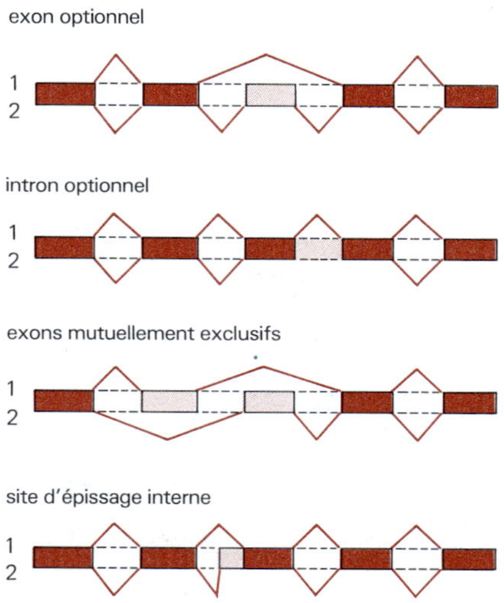

Figure 10-53 Les quatre modes d'épissage différentiels qui ont été observés. Dans chaque cas un seul type de transcrit est épissé suivant deux voies alternatives, conduisant à deux messagers distincts (1 et 2). Les boîtes colorées en sombre désignent les séquences qui sont retrouvées dans les deux transcrits, les boîtes colorées en clair désignent les séquences qui ne sont retrouvées que dans l'un des deux ARNm. Les boîtes adjacentes sont reliées par des traits colorés qui indiquent les séquences d'introns. Il ne semble pas qu'il y ait un mécanisme ou une règle simple qui puisse expliquer l'ensemble de ces choix. (Adapté d'après A. Andreadis, M.E. Gallego et B. Nadal-Ginard, *Annu. Rev. Cell Biol.* 3:207-242, 1987.)

Un changement de site de coupure du transcrit et l'addition de poly-A peuvent modifier l'extrémité carboxylée d'une protéine [41]

Chez les eucaryotes, l'extrémité 3′ d'un ARNm ne correspond pas au point où l'ARN polymérase arrête la transcription. Au lieu de cela, elle est déterminée par une réaction de clivage de l'ARN qui est catalysée par des facteurs supplémentaires tandis que le transcrit s'allonge (voir p. 528). Le site de ce clivage peut être contrôlé de telle sorte que l'extrémité carboxylée de la protéine codée soit modifiée (extrémité qui est codée par l'extrémité 3′ de l'ARNm). Chez les procaryotes, la production d'un transcrit plus long ne peut qu'ajouter quelques acides aminés à la chaîne polypeptidique. Chez les eucaryotes, toutefois, l'épissage peut créer des ARNm qui entraînent l'élimination totale de l'extrémité carboxylée originale d'une protéine et son remplacement par une nouvelle, après synthèse d'un plus long transcrit.

Une modification bien étudiée de ce type est responsable de la commutation entre la synthèse de molécules d'anticorps liées à la membrane et celle de molécules d'anticorps sécrétées, au cours de la différenciation des lymphocytes B. Au tout début de la différenciation du lymphocyte B, l'anticorps qu'il synthétise est ancré à la membrane plasmique où il sert de récepteur pour l'antigène. La stimulation antigénique conduit ces cellules à se multiplier et à sécréter leur anticorps (voir p. 1028). La forme sécrétée de l'anticorps est identique à la forme liée à la membrane, sauf au niveau de l'extrémité carboxylée. A ce niveau la forme liée à la membrane possède une longue séquence d'acides aminés hydrophobes qui traverse la bicouche lipidique de la membrane, et la forme sécrétée a une séquence beaucoup plus courte d'acides aminés hydrophiles. La commutation de l'anticorps lié à la membrane à l'anticorps secrété nécessite de ce fait une séquence nucléotidique différente au niveau de l'extrémité 3′ de l'ARNm.

La forme liée à la membrane résulte de la transcription de toutes les séquences d'ADN codantes en ARN pour synthétiser un long transcrit primaire. Les nucléotides codant l'extrémité carboxylée hydrophobe de la protéine liée à la membrane sont situés dans le dernier exon de ce long transcrit (partie gauche de la figure 10-54). L'intron qui précède cet exon contient les nucléotides codant la queue hydrosoluble de la molécule sécrétée, et ces derniers sont donc excisés par épissage lors de la production de l'ARNm.

La forme sécrétée de l'anticorps est obtenue à partir d'un transcrit primaire plus court qui se termine avant le début du dernier exon. Ainsi il n'y a, dans ce transcrit, aucun site d'épissage accepteur susceptible de se combiner au site donneur immédiatement en amont de la séquence nucléotidique codant la queue hydrosoluble ; ces nucléotides restent donc dans le messager final (partie droite de la Figure 10-54).

On ne sait pas comment est contrôlée la réaction de clivage pour donner le type de la commutation programmée que nous venons de décrire.

Il a fallu modifier la définition d'un gène depuis la découverte de l'épissage différentiel [42]

La découverte que les gènes eucaryotes contiennent généralement des introns et que leurs séquences codantes pouvaient être assemblées de plus d'une façon a soulevé de nouvelles questions quant à la définition d'un gène. Un gène fut d'abord clairement défini en termes moléculaires au début des années quarante d'après les travaux sur la génétique biochimique du champignon *Neurospora*. Jusque là, un **gène** avait été défini opérationnellement comme une région du génome qui se compose comme une unité de ségrégation au cours de la méiose et engendre un trait phénotypique définissable, comme la couleur rouge ou blanche de l'œil de la *Drosophile*, ou la forme ronde ou ridée d'une graine dans les pois. A la suite des travaux sur *Neurospora*, il devint clair que la majorité des gènes correspondaient à une région du génome qui dirige la synthèse d'une seule enzyme. Ceci conduisit à l'hypothèse selon laquelle un gène code pour une chaîne polypeptidique. L'hypothèse s'avéra extrêmement utile pour les recherches ultérieures, et, lorsque l'on en sut plus sur le mécanisme de l'expression génique,

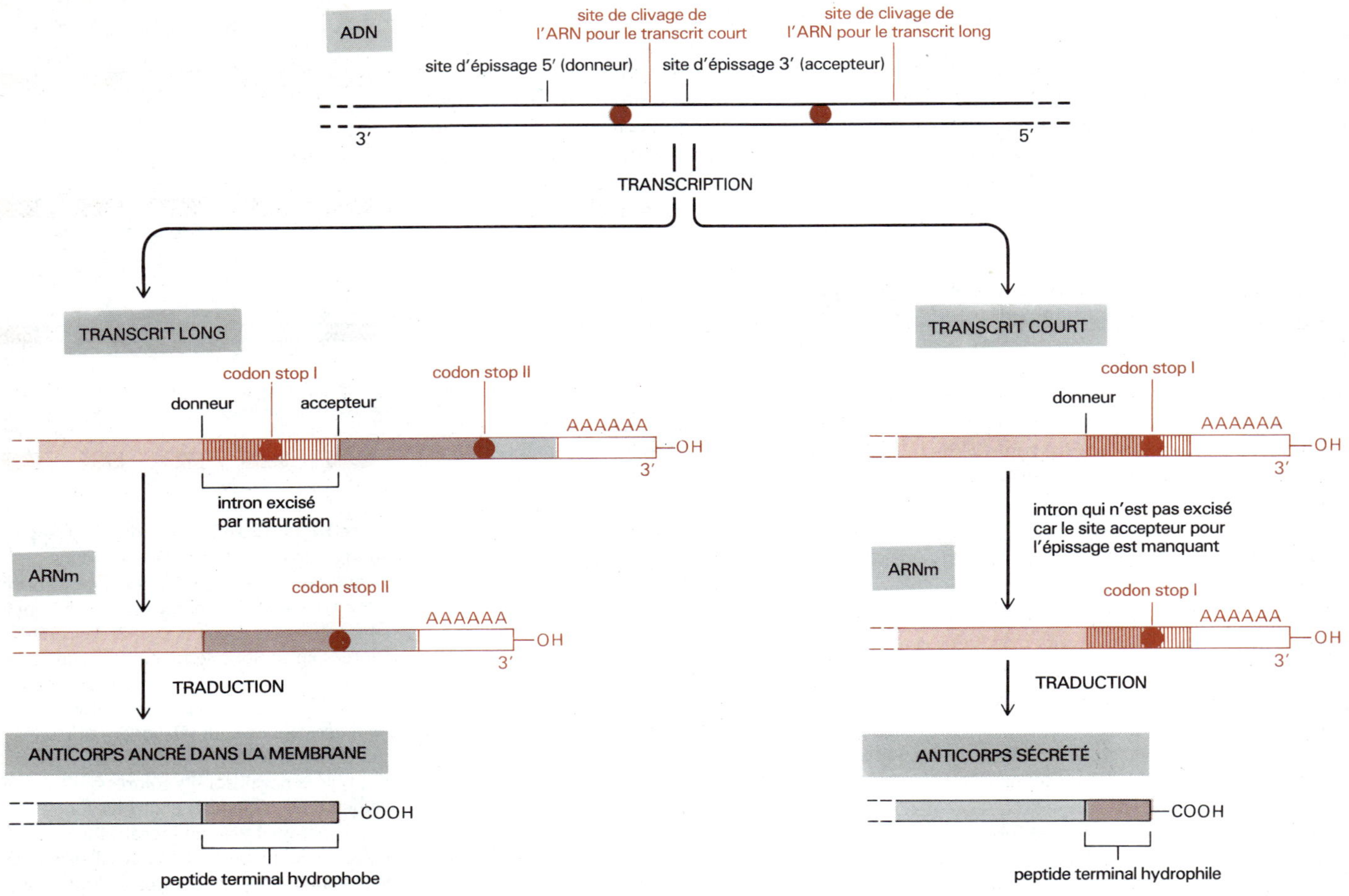

Figure 10-54 La régulation du site de clivage de l'ARN et du site de polyadénylation a un effet important sur la synthèse des anticorps. Dans les cellules B non stimulées (*partie gauche*) un long transcrit est produit, et l'intron proche de son extrémité 3′ est excisé par épissage pour donner une molécule d'ARN qui code une molécule d'anticorps liée à la membrane. Au contraire, après stimulation antigénique (*partie droite*), le transcrit primaire est coupé en amont du site d'épissage accepteur du dernier exon. Il en résulte que la partie de l'intron qui est excisée du long transcrit est conservée, en tant que séquence codante, dans le transcrit court. Cette séquence est celle qui code la partie hydrophile carboxy-terminale de la molécule d'anticorps sécrétée.

au cours des années soixante, un gène fut identifié à ce segment d'ADN qui était transcrit en un ARN codant pour une seule chaîne polypeptidique (ou un seul ARN de structure comme une molécule d'ARNt ou d'ARNr). La découverte des gènes fractionnés à la fin des années soixante-dix pouvait être facilement intégrée à la définition initiale d'un gène, à condition qu'une seule chaîne polypeptidique soit déterminée par l'ARN transcrit à partir d'une seule séquence d'ADN quelle qu'elle soit. Mais il est clair à présent que de nombreuses séquences d'ADN, dans les cellules d'eucaryotes supérieurs, donnent deux ou plusieurs protéines distinctes par le biais d'un épissage différentiel. Comment peut-on alors définir un gène ?

Dans les cas relativement rares où deux protéines eucaryotes très différentes sont produites à partir d'une seule unité de transcription, on considère que les deux protéines sont produites par des gènes distincts, qui se chevauchent sur le chromosome. Il semble cependant inutilement complexe de considérer que la majorité des protéines modifiées, produites par épissage différentiel, dérivent de gènes chevauchants. Une alternative plus raisonnable est de modifier la définition originale, et de considérer comme gène, toute séquence d'ADN qui est transcrite comme une seule unité et qui code un jeu de chaînes polypeptidiques étroitement apparentées (*isoformes protéiques*).

Le transport de l'ARN, hors du noyau, peut être réglé [43]

En moyenne, un transcrit primaire semble être, tout au plus, dix fois plus long que la molécule d'ARNm mature qui en dérive par épissage. Cependant on a estimé qu'environ un vingtième seulement de la masse totale des ARNhn synthétisés quitte le noyau (voir p. 531). Il semble donc qu'une fraction substantielle (peut-être la moitié) des transcrits primaires peut être dégradée dans le noyau sans jamais produire d'ARNm pour l'exportation. Les ARN éliminés peuvent être ceux dont la séquence ne peut être transformée en molécule d'ARN. Par ailleurs, certains peuvent représenter des ARNm potentiels qui ne sont transformés de manière appropriée que dans d'autres types cellulaires.

L'exportation au travers des pores nucléaires est un processus actif (voir p. 425). Si cette exportation dépend d'une reconnaissance spécifique de la molécule d'ARN transportée (ou d'une protéine ou d'une molécule d'ARN qui lui est fixée) par un récepteur protéique dans le complexe du pore nucléaire, les ARN dépourvus de ce signal de reconnaissance seraient sélectivement retenus dans le noyau ; ou bien l'exportation des ARN peut ne pas nécessiter de signaux de reconnaissance ; tous les ARN pourraient être automatiquement exportés à moins qu'ils ne soient spécifiquement retenus. L'intervention d'une combinaison d'exportation et de rétention sélective pourrait être une troisième possibilité. Puisqu'une molécule d'ARN semble sélectivement retenue dans le noyau tant que tous les complexes d'épissage ne s'en sont pas dissociés (voir p. 538), la rétention sélective pourrait résulter d'un mécanisme empêchant l'achèvement de l'épissage sur certaines molécules d'ARN. Jusqu'à présent, cependant, ces idées restent très spéculatives, et il semble peu vraisemblable que le transport des ARN hors du noyau fournisse un point de régulation important pour l'expression de la majorité des gènes eucaryotes.

Un virus parasitant les voies intracellulaires normales, les études du développement viral aident souvent à déchiffrer ces voies métaboliques (voir p. 469). L'adénovirus, par exemple, possède un génome constitué d'ADN bicaténaire, qui est répliqué et transcrit dans le noyau de la cellule hôte. Tardivement au cours de l'infection, le transport des ARN de la cellule hôte hors du noyau est bloqué, de sorte que la majorité des ARN qui atteignent le cytoplasme sont codés par l'adénovirus. Une analyse génétique a montré que deux protéines de l'adénovirus qui sont produites pendant la phase précoce de l'infection, sont nécessaires à ce changement de sélectivité du transport des ARN hors du noyau. Ceci fournit un modèle prometteur pour l'analyse du mécanisme de contrôle du transport des ARN.

0-24 Des protéines qui se lient à la région 5′ de tête des ARNm exercent un contrôle négatif de la traduction [44]

Toutes les molécules d'ARNm qui atteignent le cytoplasme ne sont pas traduites en protéines. La traduction de certaines d'entre elles est bloquée par des *répresseurs de la traduction* spécifiques qui se lient près de leur extrémité 5′, là où, sans cela, la traduction devrait commencer (Figure 10-55). Ce type de mécanisme fut d'abord découvert chez les bactéries, où il permet aux protéines ribosomales en excès de réprimer la traduction de leurs propres ARNm.

Chez les eucaryotes une forme de **contrôle négatif de la traduction** particulièrement bien étudiée permet le réglage rapide de la synthèse de la protéine de stockage intracellulaire du fer, la *ferritine*, sur la concentration des atomes de fer solubles présents. Il est possible de montrer que l'ARNm de la ferritine, dans le cytoplasme, passe d'un complexe ribonucléoprotéique inactif à un complexe polyribosomal actif pour la traduction après la mise en contact d'une cellule avec du fer. Des expériences de génie génétique indiquent que la régulation ferrique dépend d'une séquence d'environ 30 nucléotides dans la région 5′ de tête du messager de la ferritine. Cet *élément de réponse au fer* se replie en une structure « tige et boucle » (voir Figure 10-60B) qui fixe une protéine régulatrice de liaison au fer lorsque celle-ci n'est pas liée au fer. Lorsque la protéine est liée à l'élément de réponse au fer, la traduction de toute séquence d'ARN en aval est réprimée (voir Figure 10-55). L'addition de fer dissocie la protéine d'ARNm, augmentant jusqu'à 100 fois le taux de traduction de l'ARN.

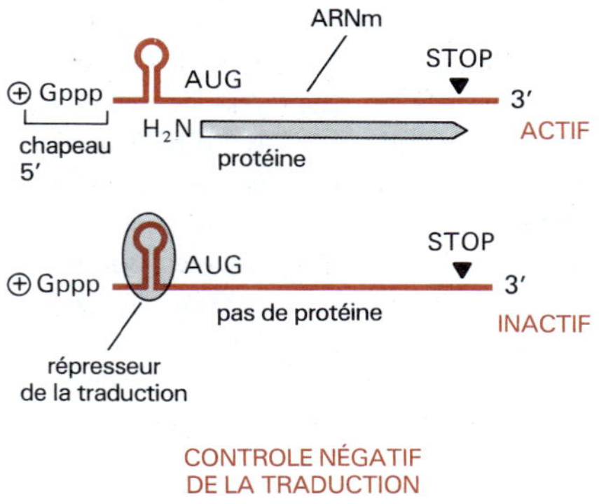

Figure 10-55 Contrôle négatif de la traduction par l'intermédiaire d'une protéine de liaison à l'ARN spécifique d'une séquence (*répresseur de traduction*). La liaison de la protéine à un ARNm diminue le taux de traduction de ce messager. Plusieurs cas de ce type de contrôle de la traduction sont connus. Cette représentation est calquée sur le mécanisme responsable de l'augmentation de la synthèse de ferritine lorsque la concentration de l'ion fer augmente dans la cellule (voir aussi Figure 10-60).

Les séquences amplificatrices de la traduction de certains ARNm viraux suggèrent l'existence d'un mécanisme de contrôle positif de la traduction [45]

En principe un **contrôle positif de la traduction** pourrait être assuré par une région « amplificatrice de la traduction » dans une molécule d'ARNm qui attirerait préférentiellement les ribosomes. Il est possible de montrer que certains virus à ARN — les *picornavirus* — contiennent une région de ce type dont la présence peut provoquer une initiation de la traduction au niveau de sites AUG internes, qui, autrement, ne seraient pas utilisés pour démarrer la synthèse protéique chez une cellule eucaryote (Figure 10-56).

Un contrôle positif de la traduction a aussi été démontré chez les levures. Des études génétiques ont permis l'identification de protéines spécifiques nécessaires pour activer la traduction de l'ARNm produit à partir d'un gène de levure appelé *GCN4*. Sans elles l'ARNm reste non traduit. L'ARNm de *GCN4* ressemble à une classe de messagers d'eucaryotes supérieurs faiblement traduits, dont la traduction semble être contrôlée de manière similaire

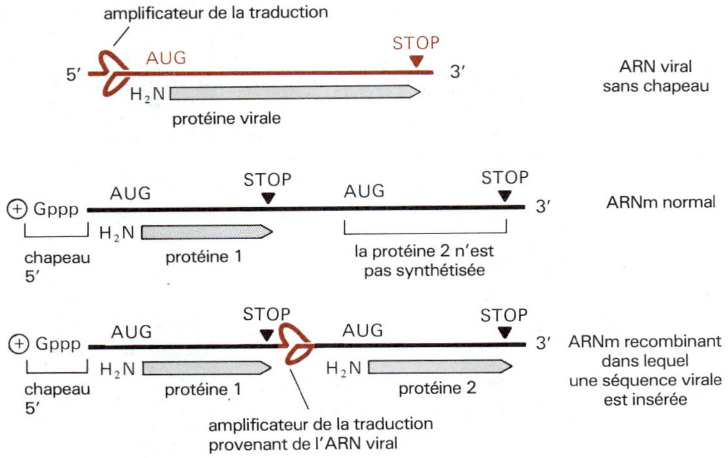

Figure 10-56 Schéma d'une expérience qui démontre la présence d'une séquence d'ARN servant d'amplificateur de la traduction dans les génomes de certains virus à ARN. Les picornavirus (dont font partie les poliovirus) sont des virus à ARN à chaîne positive — ce qui veut dire que leur génome peut servir directement comme ARNm pour la synthèse des protéines virales (voir p. 251). Du fait de leur mode de synthèse de l'ARN ils sont dépouvus des chapeaux 5′ qui sont nécessaires à l'initiation de la synthèse protéique sur la majorité des ARNm (voir p. 215). En mesurant le taux de synthèse protéique catalysée par différents ARN recombinants, on a pu identifier dans l'ARN viral, une séquence amplificatrice de la traduction longue de quelques centaines de nucléotides. Comme il est montré dans la figure, le déplacement de cette séquence vers l'intérieur d'une chaîne d'ARNm entrainera un ribosome à démarrer la traduction au niveau d'un AUG interne voisin de sorte que les règles selon lesquelles seul le premier AUG dans la chaîne d'ARNm est normalement utilisé comme point de départ de la synthèse protéique, sont contournées.

(cette classe comprend environ 5 p. cent de tous les ARN caractérisés jusqu'à présent). Ces ARNm ont une séquence 5′ de tête (« leader ») inhabituellement longue qui contient une série d'AUG qui interfèrent avec la traduction de la séquence codante majeure en aval, en initiant la synthèse de courts peptides ; un codon stop survenant avant la séquence codante majeure empêche la lecture. Par analogie avec les picornavirus, la traduction de la séquence codante majeure de ces ARNm pourrait dépendre de la liaison de molécules activatrices de la traduction à une séquence amplificatrice de la traduction à côté de l'AUG approprié, de telle sorte que la traduction soit réinitiée (Figure 10-57). Les mécanismes responsables de ce type d'activation de la traduction ne sont cependant pas connus.

10-25 De nombreux ARNm sont soumis à un contrôle de la traduction [46]

Quelle est l'étendue du contrôle de la traduction chez les eucaryotes supérieurs ? Suivant une estimation, l'expression d'un gène sur dix est fermement réglée de cette façon. Le contrôle de cette traduction permet à une cellule de modifier rapidement et réversiblement la concentration d'une protéine sans renouvellement rapide de son ARNm (voir p. 714). L'expression de certains proto-oncogènes semble être réglée à ce niveau.

Les contrôles de la traduction sont particulièrement importants dans de nombreux ovules fécondés qui doivent commuter de l'état dans lequel ils synthétisent les protéines nécessaires au maintien de l'ovocyte quiescent, à l'état dans lequel ils doivent synthétiser les protéines nécessaires à la division cellulaire rapide. Ces œufs possèdent un stock important d'ARNm qui se constitue durant le développement de l'ovocyte. Beaucoup de ces *ARNm maternels* ne sont pas transcrits tant que l'ovule n'est pas fécondé. Des études effectuées sur des œufs de palourde ont montré que des jeux d'ARNm différents sont associés aux ribosomes avant et après fécondation. La traduction de ces ARNm dans un système acellulaire produit des protéines correspondant à l'étape appropriée du développement de l'œuf de palourde — mais seulement si l'ARN est laissé sous sa forme ribonucléoprotéique native. Si l'ARN est dépouillé des protéines qui lui sont liées et ensuite traduit, les différences entre les protéines synthétisées à partir des ARNm obtenus aux différents stades du développement disparaissent. C'est pourquoi les contrôles qui décident de la traduction d'un ARNm donné doivent dépendre de la manière dont l'ARN est empaqueté avec les protéines régulatrices.

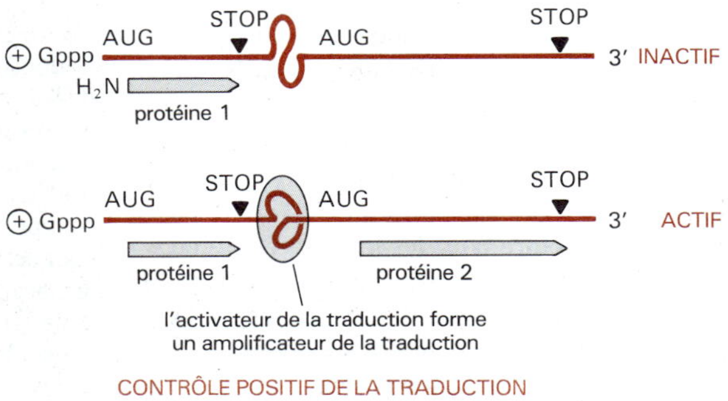

Figure 10-57 Un modèle de contrôle positif de la traduction dans lequel la liaison d'une protéine (*activateur de la traduction*) est nécessaire pour obtenir une traduction importante d'un ARNm. Bien qu'il soit connu que les contrôles positifs sont responsables de la traduction d'ARNm spécifiques, les mécanismes impliqués ne sont pas clairs. Le contrôle positif, cependant, est associé à la synthèse de petits peptides dont la traduction est initiée en amont de l'AUG correct. Ceci suggère une analogie avec le mécanisme de la Figure 10-56, utilisé par les picornavirus, sur lequel cette représentation a été calquée.

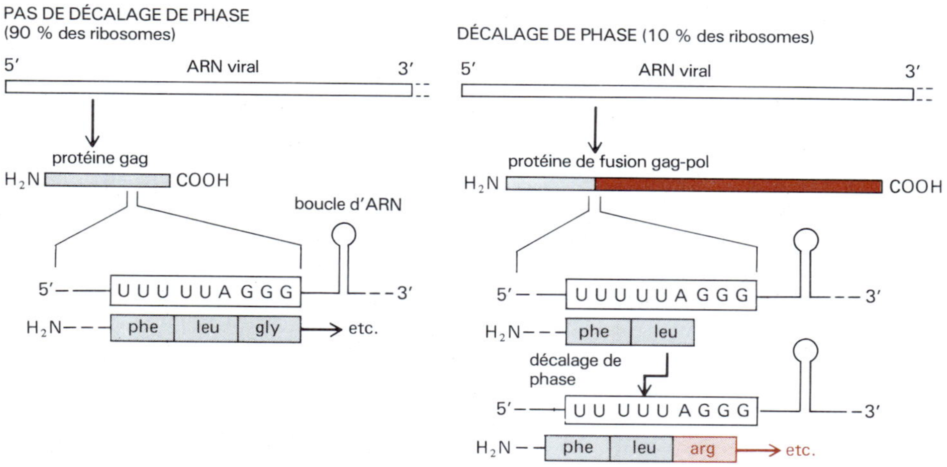

Figure 10-58 Un décalage de la phase de lecture au cours de la traduction est nécessaire pour produire la transcriptase réverse d'un rétrovirus. La transcriptase réverse et l'intégrase virales sont produites par clivage d'une grosse protéine de fusion gag-pol, alors que les protéines de la capside virale sont produites par clivage de la protéine gag plus abondante. Les deux protéines commencent de la même manière, mais la protéine gag se termine au niveau d'un codon stop qui est en phase. Le décalage indiqué, vers la phase — 1, en amont de ce codon, permet la synthèse de la protéine de fusion. Le décalage se produit du fait que les caractéristiques de la structure locale de l'ARN (y compris la boucle d'ARN représentée) entraînent le recul de l'ARNt^{LEU} lié à l'extrémité carboxylée de la chaîne polypeptidique naissante d'un nucléotide sur le ribosome, de telle sorte qu'il s'apparie avec un codon UUU au lieu du codon UUA qui avait déterminé son incorporation. La séquence donnée est celle du virus de l'immunodéficience humaine (HIV-1) responsable du SIDA. (D'après T. Jacks et al. *Nature* 331:280-283, 1988.)

5-8 Le décalage de phase au cours de la traduction permet la synthèse de deux protéines à partir d'une molécule d'ARNm [47]

Les contrôles de la traduction dont nous avons parlé jusqu'à présent influent sur le taux d'initiation de la traduction de nouvelles chaînes protéiques sur une molécule d'ARNm. Habituellement, l'achèvement de la synthèse d'une protéine est automatique dès que cette synthèse a commencé. Cependant, dans certains cas particuliers, un processus appelé **décalage de phase au cours de la traduction** peut modifier la protéine finale qui est synthétisée.

Le décalage de phase est communément utilisé par les rétrovirus ; il permet la synthèse de différentes quantités de deux ou plusieurs protéines, à partir d'un seul ARNm. Ces virus synthétisent habituellement une grosse *polyprotéine* qui est clivée par une protéase virale pour donner un groupe de protéines de la capside *(protéines gag)*, et la transcriptase réverse et l'intégrase virales *(protéines pol)*. Dans de nombreux cas les gènes *gag* et *pol* sont dans des phases de lecture différentes, de telle sorte qu'un décalage de phase au cours de la traduction est nécessaire pour la synthèse des protéines les moins abondantes, les protéines *pol*. Le décalage de phase s'effectue au niveau d'un codon particulier dans l'ARNm et nécessite des séquences spécifiques, dont certaines sont en amont et d'autres en aval de ce site (Figure 10-58).

10-26 10-27 L'expression des gènes peut être contrôlée par un changement dans la stabilité des ARNm [48]

Dans une cellule bactérienne la majorité des messagers sont très instables, ayant une demi-vie d'environ 3 minutes. Les ARNm bactériens étant à la fois rapidement synthétisés et dégradés, une bactérie peut ajuster rapidement l'expression de ses gènes en réponse à des modifications de l'environnement.

Les ARN des cellules eucaryotes sont plus stables. Certains, comme celui qui code la β-globine, ont une demi-vie de plus de 10 heures. D'autres ont une demi-vie de 30 minutes ou même moins. Les ARNm instables codent souvent des protéines régulatrices dont les taux varient rapidement dans les cellules, comme les facteurs de croissance ou les proto-oncogènes *fos* et *myc* (voir p.1207). La région 3′ non traduite de beaucoup de ces ARNm instables contient une longue séquence riche en A et en U, qui semble être responsable de leur instabilité (Figure 10-59).

La stabilité d'un ARNm peut être modifiée en réponse à des signaux extracellulaires. Ainsi, par exemple, les hormones stéroïdes influent sur une cellule non seulement en augmentant la transcription de gènes spécifiques, mais aussi en augmentant la stabilité de plusieurs de leurs ARNm. Par contre, l'addition de fer à des cellules diminue la stabilité de l'ARNm qui code le *récepteur de la transferrine*, entraînant une diminution de synthèse de cette protéine d'« évacuation » du fer. De manière intéressante, la déstabilisation de l'ARNm du récepteur de la transferrine semble sous le contrôle de la même protéine de liaison à l'ARN, sensible au fer, qui contrôle la traduction de l'ARNm de la ferritine. Dans le cas du récepteur de la transferrine, la protéine se lie à l'extrémité opposée de l'ARNm (la région 3′ non traduite) et entraîne une augmentation et non une diminution de la production de la protéine (Figure 10-60).

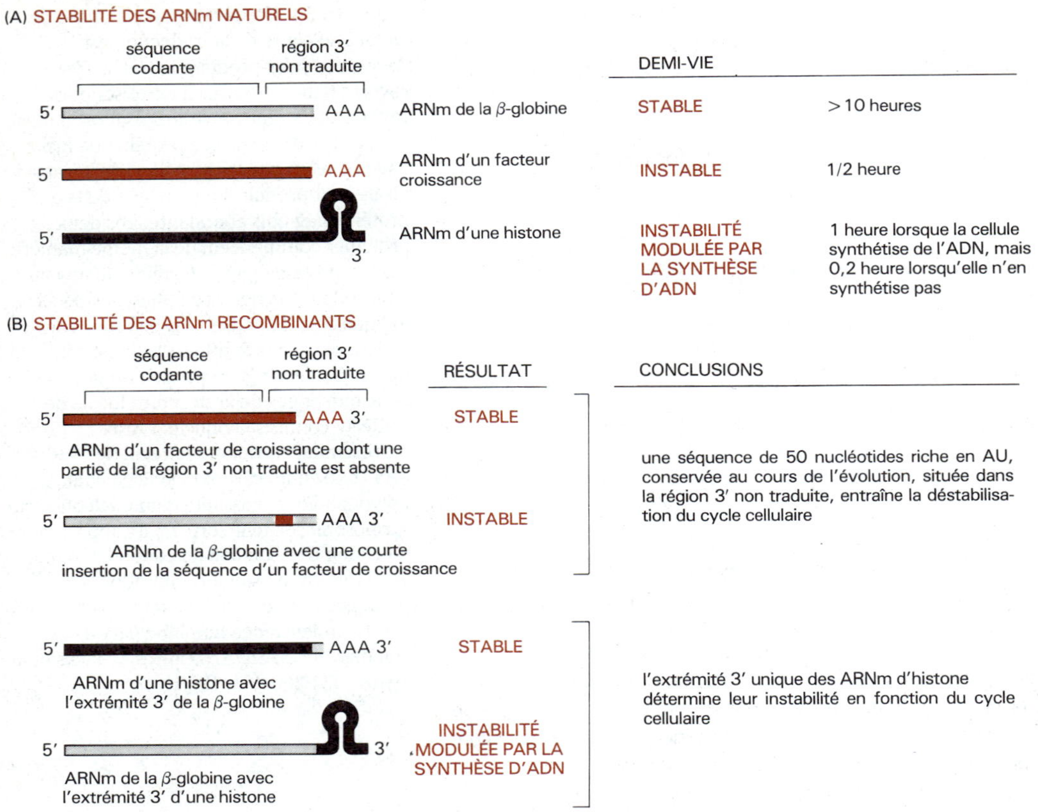

Figure 10-59 Séquences signal particulières responsables de l'instabilité (dégradation rapide) de certains ARNm. (A) Trois ARNm normaux avec des demi-vies très différentes. La dégradation rapide et continue des ARNm qui codent divers facteurs de croissance permet une modification rapide de leur concentration en réponse à des signaux extracellulaires (voir p. 714). Les histones sont essentiellement nécessaires à la formation de la nouvelle chromatine produite au cours de la synthèse d'ADN. Une modification importante de la stabilité de leurs ARNm facilite le maintien de la synthèse des histones à la phase S du cycle cellulaire. (B) Des séquences particulières dans la région 3′ non traduite des ARNm instables sont responsables de leur dégradation inhabituellement rapide. Les résultats donnés furent obtenus au cours d'expériences dans lesquelles les séquences d'ARN modifiées qui sont indiquées furent synthétisées à partir de gènes modifiés par génie génétique (voir p. 266).

Une synthèse protéique continue est nécessaire pour une dégradation sélective de l'ARNm [49]

Le système de contrôle de la stabilité des messagers le mieux compris chez les eucaryotes est celui des ARNm qui codent les histones. Ces ARNm ont une demi-vie d'environ 1 heure pendant la phase S du cycle cellulaire (quand de nouvelles histones sont nécessaires) mais sont dégradés en quelques minutes lorsque la synthèse d'ADN cesse. Si la synthèse d'ADN est inhibée au cours de la phase S par une drogue, les ARNm des histones deviennent immédiatement instables, peut-être du fait que l'accumulation d'histones libres, en absence de nouvel ADN pour s'y fixer spécifiquement, augmente le taux de dégradation de leurs ARNm.

La régulation de la stabilité des ARNm des histones dépend d'une courte séquence en « tige et boucle » en 3′ qui remplace la queue poly A à l'extrémité 3′ des autres ARNm. Une coupure spécifique, qui nécessite un appariement à un petit ARN dans une particule ribonucléoprotéique (snARN U7), crée cette extrémité 3′ après synthèse de l'ARNm de l'histone par l'ARN polymérase II. Si l'extrémité 3′ est transférée à d'autres messagers par génie génétique, ces derniers deviennent aussi instables lorsque la synthèse d'ADN cesse (voir Figure 10-59). Ainsi, comme pour d'autres types d'ARNm, le taux de dégradation est fortement influencé par des signaux situés près de l'extrémité 3′, là où la dégradation de l'ARNm est supposée débuter.

Si un codon stop est introduit au milieu d'une séquence codante dans un ARNm d'histone, le messager n'est plus dégradé rapidement. Il a donc été proposé que la nucléase responsable de la dégradation des ARNm est liée au ribosome et que la majeure partie de l'ARNm de l'histone doit être traduite avant que la nucléase puisse commencer à digérer l'extrémité 3′ de l'ARNm. Cette hypothèse pourrait expliquer pourquoi la majorité des ARNm instables sont sélectivement stabilisés lorsque les cellules sont traitées par un inhibiteur de la synthèse protéique, la *cycloheximide*. On ne sait pas clairement pourquoi le système de dégradation des ARNm devrait être lié au ribosome de cette manière.

Certains messagers sont localisés dans une région définie du cytoplasme [50]

La technique d'hybridation *in situ* permet de localiser des molécules particulières d'ARNm dans les cellules (voir p. 192). Nous verrons au Chapitre 16 que plusieurs ARNm, qui jouent un rôle dans l'organisation tridimensionnelle précoce, sont concentrés dans une région particulière du

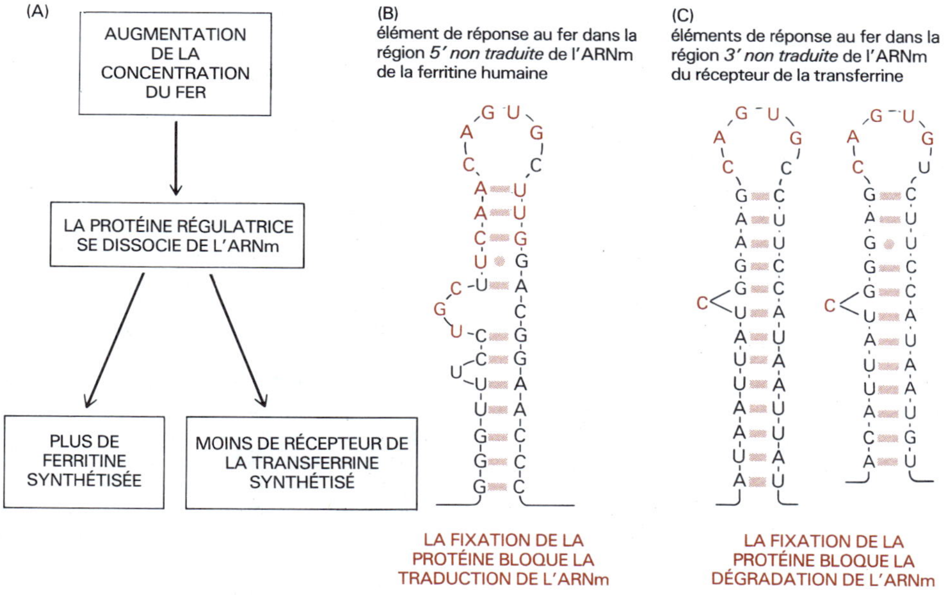

Figure 10-60 En réponse à une augmentation de la concentration en fer une cellule augmente sa synthèse de ferritine (dans le but de fixer le fer en excès) et diminue celle de ses récepteurs pour la transferrine (dans le but d'importer moins de fer). Il est vraisemblable que la même protéine régulatrice sensible au fer, qui reconnaît des caractères communs dans les ARNm codant la ferritine et le récepteur de la transferrine, sert de médiateur à ces deux réponses. (A) La protéine régulatrice se dissocie de l'ARNm lorsqu'elle fixe du fer. (B) L'élément de réponse au fer dans la région 5′ non traduite de l'ARNm de la ferritine. Les nucléotides colorés sont identiques dans les ARNm de la ferritine chez les mammifères, les oiseaux et les amphibiens. L'insertion de cette séquence dans la région 5′ non traduite d'autres ARNm entraîne le même type de régulation de leur traduction par le fer. (C) Deux parmi cinq séquences semblables de réponse au fer dans la région 3′ non codante de l'ARNm qui code le récepteur de la transferrine. Les multiples sites de fixation pour la protéine régulatrice sont nécessaires pour observer le contrôle de la stabilité de l'ARNm par le fer. Les nucléotides colorés, et la tige en double hélice, dont la séquence est moins importante, sont considérés comme essentiels à la reconnaissance protéique. La ferritine et le récepteur de la transferrine étant réglés par des mécanismes de types différents, leurs niveaux de synthèse se modifient de manière opposée en réponse au fer, bien qu'ils soient réglés par la même protéine régulatrice sensible au fer. (Modifié d'après M.W. Hentze et al. *Science* 238:1570-1573, 1987 ; J.L. Casey et al. *Science* 240:924-928, 1988.)

cytoplasme de l'œuf (voir Figure 16-22, p. 894 et Figure 16-60, p. 925). Bien que l'on ne sache pas à quoi l'ARNm est lié, la distribution localisée dépend, dans plusieurs cas, d'une longue région 3′ non traduite de l'ARNm.

Bien qu'il soit beaucoup plus facile de déterminer la localisation des molécules d'ARNm dans les œufs, on connaît aussi des exemples de localisations particulières d'ARNm dans des cellules somatiques. Dans le futur, les techniques du génie génétique devraient permettre de modifier la place dans le cytoplasme de molécules d'ARNm spécifiques, afin de déterminer de quelle manière leur fonction est affectée par ce changement.

10-28 L'édition de l'ARN change le sens de son message [51]

Les biologistes ont été continuellement surpris par la découverte de nouveaux mécanismes moléculaires utilisés par les cellules. Un exemple récent est celui de la découverte que tous les ARNm des trypanosomes possèdent la même séquence de tête coiffée en 5′ qui est transcrite séparément et ajoutée aux extrémités 5′ des ARNhn par épissage de deux molécules d'ARN initialement distinctes. Un tel *trans-épissage* est aussi utilisé pour ajouter une séquence 5′ de tête à plusieurs ARNm chez les nématodes et pour associer les différents transcrits qui composent la séquence codante de certaines protéines de chloroplaste. La coupure et la soudure entre transcrits pourrait fournir un raccourci à l'évolution de nouvelles protéines, et les quelques cas connus où les exons sont assemblés de cette manière peuvent être des vestiges d'un processus beaucoup plus étendu qui dominait les cellules primitives.

Un autre mécanisme curieux qui modifie considérablement des transcrits codant des protéines a été trouvé dans les mitochondries des trypanosomes. Dans ce processus de **correction de l'ARN**, un ou plusieurs U sont soit ajoutés soit retirés de certaines régions d'un transcrit, provoquant des modifications dans la phase de lecture initiale qui changent le sens du message. On ne sait pas comment cette édition est contrôlée de manière à obtenir une séquence codant une protéine qui soit utile.

Une édition de l'ARN d'un genre beaucoup plus limité existe chez les mammifères, chez lesquels elle permet d'obtenir deux types de transcrits à partir du gène de *l'apolipoprotéine-B* : dans l'un des transcrits un C codé dans l'ADN est changé en U créant un codon stop qui conduit à la synthèse d'une version tronquée de cette grosse protéine spécifique selon les tissus. Bien que ce soit le seul exemple connu jusqu'à présent, il semble peu probable que l'édition de l'ARN se limite à un seul gène chez les mammifères.

Les réactions cellulaires catalysées par l'ARN ont vraisemblablement une origine très ancienne [52]

Tous les mécanismes de contrôle post-transcriptionnel étudiés dans cette partie dépendent de la reconnaissance spécifique d'une molécule particulière d'ARN de sorte que la molécule est sélectionnée pour un traitement particulier, comme l'épissage ou la dégradation. Cette reconnaissance est effectuée par un grand nombre de protéines de liaison à l'ARN spécifiques d'une séquence, dont la majorité n'ont pas encore été caractérisées. Les sites auxquels elles se fixent comprennent habituellement un groupe de nucléotides dont les bases sont exposées dans la chaîne d'ARN monocatenaire (voir Figure 10-60). Cette liaison spécifique d'une séquence diffère donc de celle qui se produit sur l'ADN, pour laquelle la séquence nucléotidique est généralement reconnue avec les bases conjuguées dans une double hélice (voir p. 488). De plus, alors que les molécules connues qui se fixent à des séquences d'ADN spécifiques sont toutes des protéines, celles qui se fixent à des séquence d'ARN spécifiques peuvent être soit des protéines soit d'autres molécules d'ARN, qui utilisent l'appariement des bases complémentaires entre les deux ARN comme partie de leur mécanisme de reconnaissance. Ainsi, en tentant de disséquer les mécanismes post-transcriptionnels, nous sommes entrés largement dans le monde des ARN.

Les réactions catalysées par les molécules d'ARN ont été plus difficiles à étudier que les réactions catalysées par les protéines. Les grosses molécules d'ARN sont facilement dégradées au cours de leur purification par des traces de ribonucléases et elles sont difficiles à purifier sous une forme fonctionnelle. Cependant, les techniques du génie génétique permettent maintenant de produire *in vitro*, avec des ARN polymérases purifiées, de grandes quantités d'ARN purs à partir de n'importe quelle séquence (voir Figure 9-81, p. 534). Ceci a rendu possible l'analyse détaillée de la chimie des réactions d'auto-épissage catalysées par l'ARN (voir p. 105) et la détermination des séquences minimales requises pour l'auto-clivage par l'intermédiaire de l'ARN d'un viroïde végétal (Figure 10-61). Le clivage des précurseurs des ARNt par un complexe ARN-protéine appelé *RNaseP* est une autre réaction catalysée directement par l'ARN chez les procaryotes comme chez les eucaryotes. Les composantes de l'ARN de quelques-unes des particules snRNP dans le complexe d'épissage peuvent, de plus, créer et couper des liaisons covalentes (bien que cela n'ait pas encore été démontré) et il se peut que le site de la *peptidyl-transférase*, qui polymérise les acides aminés sur le ribosome, soit situé dans l'ARNr (voir p. 212).

Les molécules d'ARN ont aussi un rôle régulateur dans les cellules. La stratégie de *l'ARN antisens*, utilisée au cours de manipulations de cellules de façon à ce qu'elles ne puissent exprimer un gène particulier (voir p. 195), simule un mécanisme normal qui est connu pour régler l'expression de quelques gènes particuliers chez les bactéries, et peut être utilisée plus largement qu'elle ne l'est actuellement. Un exemple particulièrement bien compris de ce type de mécanisme est à la base du rétrocontrôle de l'initiation de la réplication de l'ADN pour une importante famille de plasmides bactériens. Le système de contrôle limite le nombre de copies du plasmide, empêchant ainsi le plasmide de tuer sa cellule hôte (Figure 10-62).

Les études des réactions catalysées par l'ARN sont particulièrement intéressantes du point de vue de l'évolution. Comme nous l'avons étudié au Chapitre 1 (voir p. 7), on suppose que les premières cellules ne possédaient pas d'ADN et ne possédaient pas ou peu de protéines. Beaucoup des réactions catalysées par l'ARN dans les cellules actuelles peuvent représenter des fossiles moléculaires — descendants du réseau complexe de réactions par l'intermédiaire de l'ARN, dont on suppose la domination sur le métabolisme cellulaire il y a plus de 3,5 milliards d'années. Grâce à la compréhension des réactions, les biologistes peuvent peut-être retracer les voies qu'une cellule vivante a d'abord suivies pour évoluer.

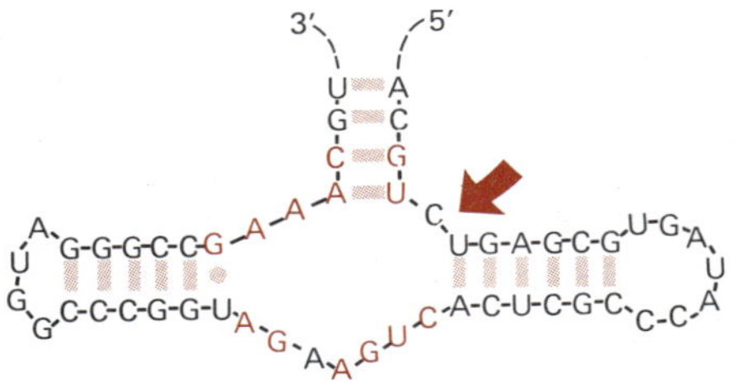

Figure 10-61 Structure d'un centre actif d'un ARN de viroïde de végétal. Cette courte molécule d'ARN se clive elle-même au niveau de la flèche colorée. Les nucléotides colorés sont identiques dans sept ARN qui « s'auto-clivent », six d'entre eux sont retrouvés chez les végétaux (viroïdes et virusoïdes) et un chez les animaux (salamandre). Cette réaction catalysée par l'ARN transforme une séquence d'ARN monocaténaire répétée en tandem, qui constitue un intermédiaire de réplication dans les molécules d'ARN de type viroïde, en une molécule d'ARN linéaire simple copie qui se circularise ensuite. (D'après A.C. Forster et al. *Nature* 334:265-267, 1988.)

Figure 10-62 Une interaction régulatrice entre deux molécules d'ARN maintient un nombre constant de copies de plasmides dans la famille ColE1 de plasmides bactériens. L'ARN 1 (environ 100 nucléotides de long) est un ARN régulateur qui inhibe l'activité de l'ARN 2 (environ 500 nucléotides de long) dans l'initiation de la réplication de l'ADN du plasmide. La séquence de l'ARN 1 est complémentaire de celle de l'extrémité 5′ de l'ARN 2, et sa concentration augmente proportionnellement au nombre de molécules d'ADN de plasmide dans une cellule. Dans l'ARN 2, la séquence 2 est complémentaire des séquences 1 et 3 (comparer avec la Figure 10-50) et est déplacée de l'une à l'autre par la fixation de l'ARN 1 ; de ce fait l'ARN 1 modifie la conformation de la séquence 4, inactivant l'ARN 2. (D'après H. Masukata et J. Tomizawa, *Cell* 44:125-136, 1986.)

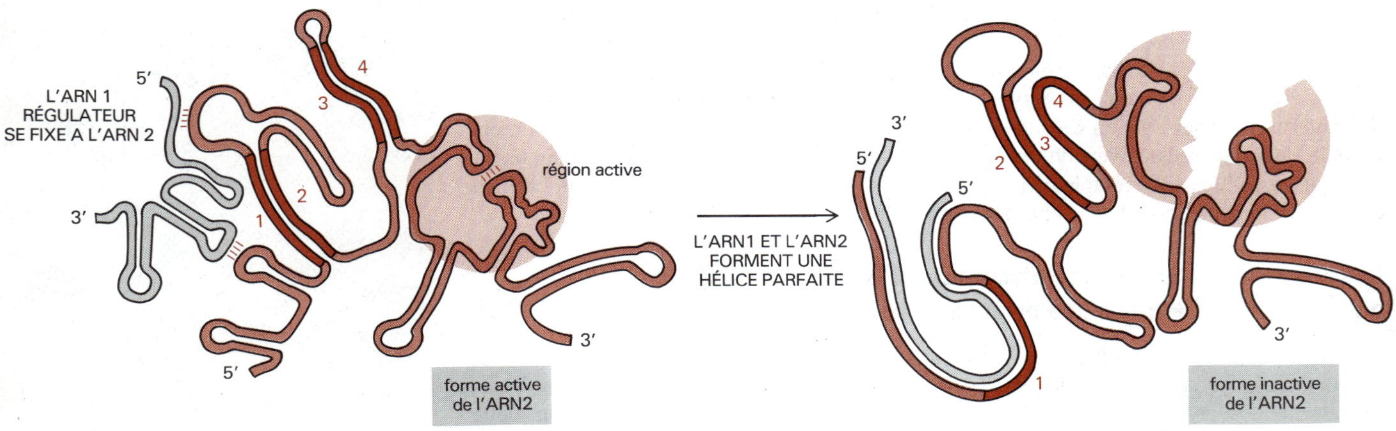

Résumé

De nombreuses étapes dans la voie qui mène de l'ARN à la protéine sont réglées par la cellule pour contrôler l'expression des gènes. La majorité des gènes sont vraisemblablement réglés à de nombreux niveaux, bien que le contrôle de l'initiation de la transcription soit habituellement prédominant. Quelques gènes, cependant, sont transcrits à taux constant et sont activés ou inactivés uniquement par des processus qui influent ultérieurement sur l'ARN. Ces processus de régulation post-transcriptionnelle comprennent (1) l'atténuation du transcrit par sa terminaison prématurée, (2) la sélection différentielle des sites d'épissage, (3) le contrôle de la formation de l'extrémité 3' par coupure et addition de poly A, (4) le contrôle de l'initiation de la traduction et (5) la dégradation contrôlée de l'ARNm. La majorité de ces processus de contrôle nécessitent la reconnaissance de séquences ou de structures spécifiques dans la molécule d'ARN qui doit être réglée. Cette reconnaissance peut être assurée soit par une protéine régulatrice soit par une molécule d'ARN régulateur.

L'organisation et l'évolution du génome nucléaire [53]

Une grande part de l'histoire de l'évolution est enregistrée dans le génome des organismes actuels et peut être déchiffrée à partir d'une analyse attentive de leurs séquences d'ADN. Les séquences de dizaines de millions de nucléotides ont été déterminées à ce jour, et nous pouvons maintenant reconstituer les grandes lignes de l'évolution des gènes codant certaines protéines sur des centaines de millions d'années. L'étude des modifications occasionnelles qui surviennent dans les chromosomes actuels nous fournit des indices supplémentaires sur les mécanismes qui ont provoqué des modifications dans le passé. Dans cette partie du chapitre, nous présentons quelques-uns des principes généraux qui se sont dégagés de telles études de génétique moléculaire, en mettant l'accent sur l'organisation et l'évolution du génome nucléaire des eucaryotes supérieurs.

10-32 10-34 Les génomes sont ajustés finement par mutation ponctuelle et sont radicalement remodelés et agrandis par recombinaison génétique [54]

Les séquences nucléotidiques de l'ADN doivent être répliquées avec précision et conservées. Dans le Chapitre 5 nous avons étudié les mécanismes élaborés de réplication et de réparation de l'ADN, qui permettent une transmission extraordinairement fidèle des séquences d'ADN : seule une paire de nucléotides sur mille est modifiée au hasard tous les 200 000 ans (voir p. 220). Malgré cela, dans une population de 10 000 individus, chaque substitution nucléotidique possible aura été « tentée » au moins cinquante fois sur une période d'un million d'années, ce qui est un court espace de temps par rapport à l'évolution des espèces. Si une variation apporte un avantage, elle se propagera rapidement par sélection naturelle. Par conséquent, on peut s'attendre à ce que, dans toute espèce donnée, la fonction de la majorité des gènes soit optimisée par mutation ponctuelle.

Alors que la mutation ponctuelle est un mécanisme efficace pour ajuster le génome, les progrès à long terme apportés par l'évolution doivent dépendre de modifications génétiques plus radicales. La recombinaison provoque des réarrangements majeurs du génome à une fréquence surprenante : le génome peut être allongé ou contracté par duplication ou délétion, et ses éléments peuvent être transposés d'une région à l'autre pour créer de nouvelles combinaisons. Les composants des gènes — leurs exons ou leurs éléments régulateurs — peuvent être brassés en tant que modules séparés pour créer de nouvelles protéines qui remplissent des rôles entièrement nouveaux. De plus, les copies de gènes dupliqués tendent à diverger à la suite d'autres mutations et deviennent spécialisées et individuellement optimisées pour des différences de fonctions subtiles. Le génome dans sa totalité peut ainsi évoluer et devenir de plus en plus complexe et sophistiqué. Chez les mammifères, par exemple, il existe de nombreuses variantes de chaque gène — différents gènes de l'actine pour les différents types de cellules contractiles, différents gènes de la rhodopsine pour la perception des lumières de différentes couleurs, différents gènes du collagène pour les différents types de tissus conjonctifs, etc. L'expression de chaque gène est réglée suivant ses propres règles précises et spécifiques. De plus, la détermination des séquences d'ADN révèle que beaucoup de gènes partagent certains segments modulaires voisins mais sont par ailleurs totalement différents. Ainsi certaines parties des gènes de la rhodopsine partagent une ascendance commune avec des parties des gènes de certains récepteurs d'hormones et de neurotransmetteurs (voir p. 706), et un motif séquentiel commun peut aussi être retrouvé dans de nombreuses autres protéines (voir p. 117).

La recombinaison génétique est un mécanisme fondamental pour la création de telles familles de gènes et de segments de gène. Nous avons étudié précédemment les mécanismes moléculaires de la recombinaison générale (voir p. 239-246) et de la recombinaison spécifique de site (voir p. 246-248). Nous allons à présent examiner certains de leurs effets sur le génome.

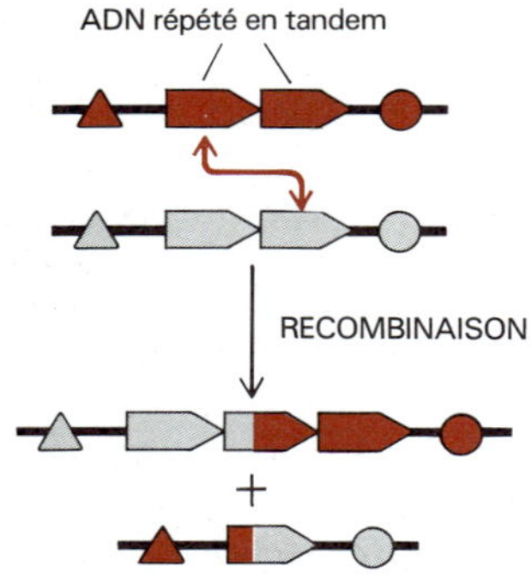

Figure 10-63 Une famille de gènes répétés en tandem perd ou gagne fréquemment des copies géniques à la suite d'enjambements inégaux. Ce type d'événement est fréquent car les longues régions de séquences homologues sont de bons substrats pour les processus de recombinaison générale (voir p. 240).

10-33 10-34 10-35 Les séquences d'ADN répétées en tandem tendent à rester identiques [55]

Les duplications des gènes sont en général attribuées à des accidents catalysés par quelques-unes des enzymes qui interviennent dans les processus de recombinaison. Les eucaryotes supérieurs, cependant, contiennent un système enzymatique efficace qui réunit les deux extrémités d'une molécule d'ADN coupée. Par conséquent les duplications (aussi bien que les inversions, les délétions et les translocations de segments d'ADN) peuvent aussi se produire à la suite d'une réunion aléatoire de segments de chromosomes qui se sont trouvés coupés d'une manière ou d'une autre en plus d'un point. Quand les séquences dupliquées sont réunies tête-à-queue, elles sont dites *répétées en tandem*. Dès qu'une séquence répétée en tandem apparaît, elle peut facilement s'allonger en une longue série de répétitions en tandem par enjambements inégaux entre deux chromosomes homologues puisque la grande longueur de séquence mal appariée fournit un substrat idéal pour la recombinaison générale (Figure 10-63). La duplication de l'ADN suivie d'un enjambement séquentiel inégal est à la base de l'*amplification* de l'ADN, un processus qui contribue souvent à la formation de cellules cancéreuses (voir Figure 21-26, p. 1211).

A la suite d'enjambements inégaux, le nombre des gènes répétés en tandem peut augmenter ou diminuer (voir Figure 10-63). On s'attendrait donc à ce qu'ils ne soient conservés par sélection naturelle, que si les copies supplémentaires étaient spécifiques de l'organisme. Nous avons déjà étudié les centaines de gènes répétés en tandem qui codent le précurseur du grand ARN ribosomal des vertébrés ; ces derniers sont nécessaires pour répondre à la demande en nouveaux ribosomes d'une cellule en croissance (voir p. 539). Les vertébrés possèdent également des groupes de gènes répétés en tandem qui codent d'autres ARN de structure comme l'ARNr 5S, et les snARN U1 et U2, ainsi que des groupes de gènes d'histone répétés qui produisent les grandes quantités d'histones requises durant chaque phase S.

On pourrait s'attendre à ce que les séquences des gènes dans une rangée en tandem — et de l'ADN *espaceur* non transcrit qui les sépare — s'écartent peu à peu au cours de l'évolution. Avec un nombre élevé de copies du même gène, il ne devrait y avoir qu'une faible sélection des mutations aléatoires qui modifient une seule ou quelques-unes des copies, et la majorité des variations dans les longues régions d'ADN espaceur non transcrites ne devrait avoir aucune conséquence fonctionnelle. De fait, cependant, les séquences des gènes répétés en tandem et leurs ADN espaceurs sont généralement presque identiques. Il semble qu'il y ait deux mécanismes pour en rendre compte. Premièrement, les enjambements inégaux périodiques provoqueront une augmentation et une diminution continuelle des rangées en tandem et des simulations par ordinateur montrent que cela tendra à maintenir l'identité des séquences

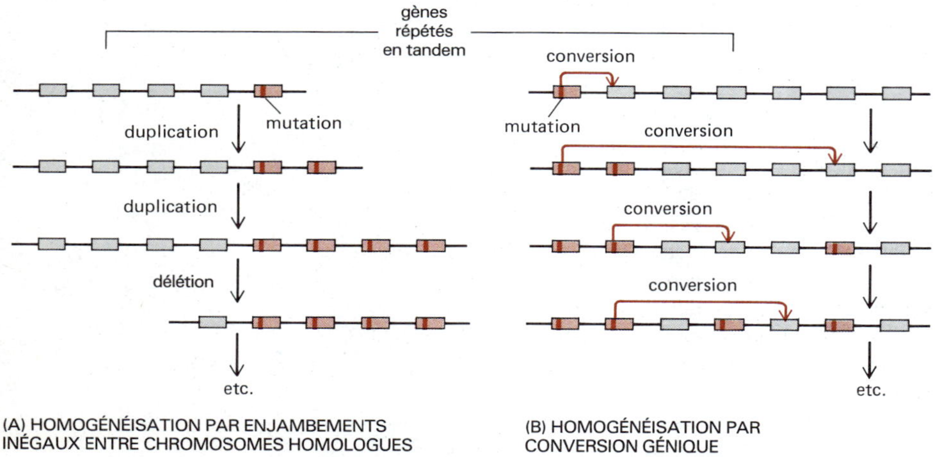

Figure 10-64 Deux types d'événements qui aident à maintenir une grande similitude entre toutes les séquences d'ADN d'un alignement en tandem. (A) L'augmentation et la diminution continuelles du nombre de copies d'un gène dans un alignement en tandem, provoquées par enjambement inégal (voir Figure 10-63), tendent à homogénéiser toutes les séquences géniques de la rangée. (B) Au cours de la conversion génique, une copie du gène sert de matrice pour transmettre tout ou partie de sa séquence à une autre copie du gène (voir p. 244). Chez les eucaryotes supérieurs ce processus semble en grande partie limité aux gènes qui sont les uns à côté des autres sur le chromosome. Chez les eucaryotes inférieurs comme les champignons — chez lesquels la conversion génique est la plus aisément étudiée — il ne se limite pas aux gènes voisins.

(Figure 10-64A). Deuxièmement, la *conversion génique* (voir p. 244) peut homogénéiser des séquences d'ADN apparentées (Figure 10-64B). Bien que la conversion génique ne nécessite pas la répétition des gènes en tandem, elle semble essentiellement avoir lieu chez les eucaryotes supérieurs, entre des gènes proches les uns des autres. Le transfert d'une copie d'un gène dans une rangée en tandem en un autre endroit sur le chromosome la protégera de ces deux effets homogénéisateurs, lui permettant ainsi d'évoluer indépendamment et l'aidant à acquérir une nouvelle fonction.

L'évolution de la famille de gènes des globines montre comment des duplications aléatoires contribuent à l'évolution des organismes [56]

Outre la génération de quelques groupes de gènes répétés en tandem, les duplications de l'ADN ont joué un rôle général beaucoup plus important dans l'évolution de nouvelles protéines. La famille de gènes des globines, qui a été particulièrement bien étudiée, en fournit un bon exemple. Les homologies de séquence indiscutables d'acides aminés et de structure parmi les gènes actuels des globines montrent qu'ils doivent tous dériver d'un gène ancestral commun, même si certains occupent maintenant des positions très éloignées dans le génome de mammifère.

Il est possible de reconstituer quelques événements du passé qui ont conduit à l'apparition des différentes molécules d'hémoglobine en étudiant les différentes formes de la protéine dans des organismes appartenant à différentes branches de l'arbre phylogénétique. Une molécule comme l'hémoglobine devint nécessaire pour permettre aux animaux multicellulaires d'atteindre une grande taille, puisque les grands animaux ne pouvaient plus compter sur la simple diffusion de l'oxygène à travers la surface corporelle pour oxygéner correctement leurs tissus ; c'est pourquoi l'on trouve des molécules du type de l'hémoglobine chez tous les vertébrés et chez de nombreux invertébrés. La plus ancienne des molécules transportant l'oxygène est une chaîne de globine constituée d'environ 150 acides aminés que l'on retrouve chez de nombreux vers marins, des insectes et des poissons primitifs. L'hémoglobine des vertébrés supérieurs, cependant, est composée de deux sortes de chaînes de globine. Il semble qu'il y a environ 500 millions d'années, au cours de l'évolution des poissons supérieurs, une série de mutations et de duplications se soient produites (le rôle possible de la diploïdie dans la création de nouveaux gènes par mutation suivie de duplication est discuté p. 843). Ces événements ont tout d'abord créé deux gènes de globine légèrement différents, codant les chaînes de globine α et β dans le génome de chaque individu. Chez les vertébrés supérieurs actuels chaque molécule d'hémoglobine est un complexe constitué de deux chaînes α et de deux chaînes β (Figure 10-65). Cette structure est beaucoup plus efficace qu'une molécule de globine monocaténaire. Les quatre sites de fixation pour l'oxygène dans la molécule $\alpha_2\beta_2$ interagissent. Ces interactions induisent des transitions allostériques coopératives (p. 128) dans la molécule lorsqu'elle fixe ou libère l'oxygène de façon à ce qu'une plus large part de l'oxygène lié soit fournie aux tissus.

Encore plus tard, au cours de l'évolution des mammifères, le gène de la chaîne β subit apparemment une mutation et une duplication qui ont conduit à une seconde chaîne de type β, synthétisée de manière spécifique pendant la période fœtale. La molécule d'hémoglobine qui en résulte a une affinité pour l'oxygène plus importante que celle de l'hémoglobine adulte, et aide ainsi au transfert de l'oxygène de la mère au fœtus. Puis le gène de la nouvelle chaîne de type β mute et se duplique à nouveau pour donner deux nouveaux gènes, ϵ et γ, la chaîne ϵ étant produite plus tôt au cours du développement (pour former $\alpha_2\epsilon_2$) que la chaîne fœtale γ qui forme $\alpha_2\gamma_2$ (voir Figure 10-39B). Une duplication du gène de la chaîne β se produisit encore plus tard au cours de l'évolution des primates, pour donner un gène de la globine, et, de ce fait, une forme mineure d'hémoglobine ($\alpha_2\delta_2$) retrouvée uniquement chez les primates adultes (Figure 10-66). Chacun de ces gènes dupliqués fut modifié par des mutations ponctuelles qui influent sur les propriétés de la molécule d'hémoglobine finale, ainsi que par des variations dans les régions régulatrices qui déterminent le rythme et le taux d'expression du gène (voir Figure 10-73).

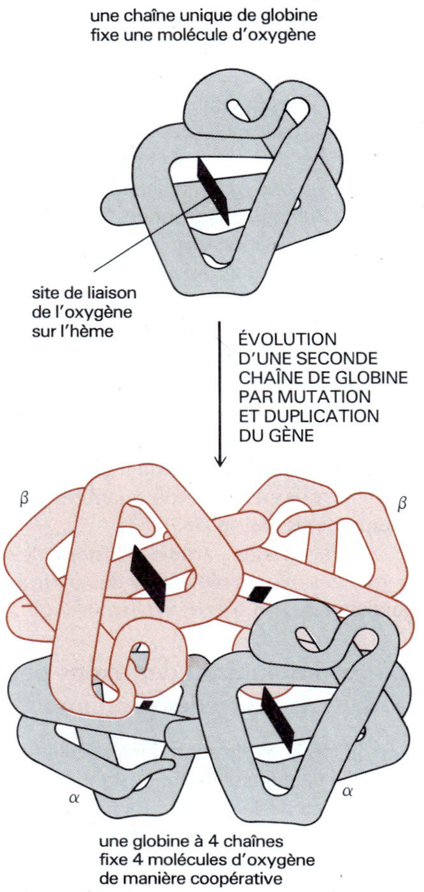

Figure 10-65 Comparaison de la structure des globines à 1 chaîne et à 4 chaînes. La globine à 4 chaînes représentée ici est l'hémoglobine, qui est un complexe de deux chaînes α et de deux chaînes β. Chez quelques vertébrés primitifs, la globine à 1 chaîne forme un dimère, qui se dissocie lorsque l'oxygène se fixe. Elle représente un intermédiaire dans l'évolution de la globine à 4 chaînes.

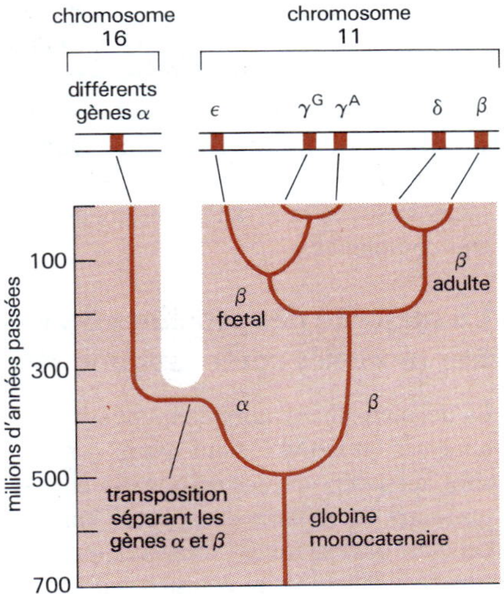

Figure 10-66 Un diagramme de l'évolution des chaînes de globine responsables du transport de l'oxygène dans le sang des animaux, attirant l'attention sur la famille des gènes de globine de type β (voir aussi la Figure 10-39). Une duplication relativement récente du gène de la chaîne γ a produit les gènes γ^A et γ^G, qui sont les équivalents fœtaux des chaînes de type β.

Le résultat final de ces processus de duplication qui ont conduit à la diversité des chaînes de globine est clairement observé dans les gènes qui dérivent du gène β initial ; ces gènes sont arrangés en une série de séquences d'ADN homologues situées à environ 50 000 paires de bases les unes des autres (voir Figure 10-39A). Un groupe similaire de gènes de l'α-globine est situé sur un autre chromosome chez l'homme. Le fait que les groupes de gènes de l'α et de la β-globine soient sur des chromosomes différents chez les mammifères et les oiseaux, et non chez le *Xénope* (grenouille), laisse supposer qu'une translocation sépara les deux gènes il y a environ 300 millions d'années (voir Figure 10-66). De telles translocations favorisent probablement la stabilisation de gènes dupliqués, de fonctions distinctes, en les protégeant des processus d'homogénéisation qui agissent sur des gènes étroitement liés et de séquence analogue (voir Figure 10-66).

Il existe plusieurs séquences dupliquées de la globine dans les groupes de gènes de l'α et de la β-globine qui ne sont pas des gènes fonctionnels. Ce sont des exemples de *pseudogènes*, qui ont une très forte homologie avec les gènes fonctionnels, mais ont été « mutilés » par des mutations qui empêchent leur expression. L'existence de tels pseudogènes ne devrait pas être surprenante car chaque duplication de l'ADN ne conduit pas obligatoirement à un nouveau gène fonctionnel, et les séquences non fonctionnelles ne sont pas rapidement éliminées comme le montre la présence de quantités considérables d'ADN non codant dans les génomes de mammifères (voir p. 485).

Une grande partie de l'histoire de notre évolution pourra être perçue dans nos chromosomes dès que les séquences de nombreuses familles de gènes auront été comparées chez des animaux de complexité croissante (voir aussi Figure 4-62 p. 183).

La recombinaison des exons peut engendrer des gènes codant de nouvelles protéines [54]

Le rôle de la duplication dans l'évolution ne se limite pas à la création de grandes familles de gènes. Il peut aussi être important dans la création de nouvelles entités géniques. Il est possible de reconnaître les protéines codées par des gènes créés de cette manière grâce à la présence de domaines protéiques similaires périodiques qui sont liés en série les uns aux autres de façon covalente. Les immunoglobulines (Figure 10-67) et les albumines, par exemple, de même que la majorité des protéines fibrillaires (comme les spectrines et les collagènes) sont codées par des gènes qui résultent de duplications répétées d'une séquence d'ADN primitive.

Dans les gènes qui ont évolué de cette manière, ainsi que dans de nombreux autres gènes, chaque exon séparé code souvent une unité protéique ou un domaine isolé (voir p. 112). Il est probable que l'organisation des séquences d'ADN codantes en une série de tels exons séparés par de longs introns, a grandement facilité l'apparition de nouvelles protéines. Les duplications nécessaires à la formation d'un seul gène codant une protéine à domaines périodiques peuvent, par exemple, s'effectuer par coupure et ligature de l'ADN n'importe où au sein d'un long intron de part et d'autre d'un exon codant un domaine protéique utile. Sans les introns, la duplication du domaine ne pourrait avoir lieu qu'au niveau de quelques sites, dans le gène initial, par échange recombinatoire entre molécules d'ADN sœurs. En permettant à la duplication de se produire en de nombreux sites de recombinaison, les introns augmentent considérablement la probabilité pour qu'une duplication favorable se produise.

Pour la même raison, les introns augmentent beaucoup la probabilité pour qu'un événement de recombinaison aléatoire joigne deux séquences d'ADN initialement séparées qui codent des domaines protéiques différents (par exemple, voir Figure 10-71). Les résultats présumés de telles recombinaisons peuvent être observés dans de nombreuses protéines actuelles (voir Figure 3-38, p. 118). On suppose ainsi que la distance importante qui sépare les exons codant des domaines individuels chez les eucaryotes supérieurs, accélère le processus de génération de nouvelles protéines utiles par des événements de recombinaison génétique aléatoires. Ceci pourrait permettre de mieux expliquer le succès de l'évolution de ces organismes très complexes.

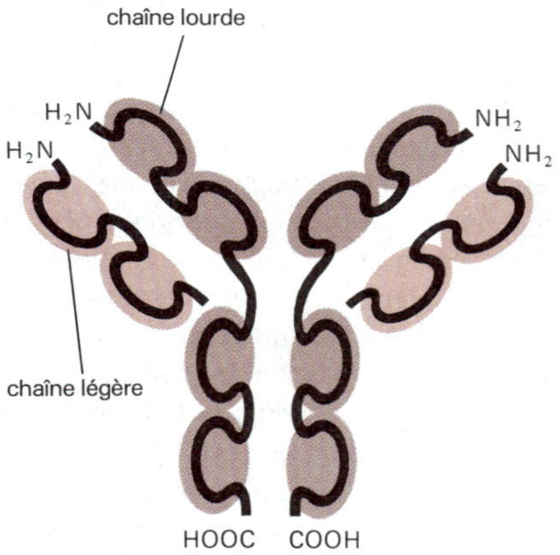

Figure 10-67 Représentation schématique d'une molécule d'anticorps (immunoglobuline). Cette molécule est un complexe constitué de deux chaînes lourdes identiques et de deux chaînes légères identiques *(en couleur)*. Chaque chaîne lourde contient quatre domaines semblables liés de manière covalente ; chaque chaîne légère en contient deux. Chaque domaine est codé par un exon différent, et il est probable que l'évolution des exons s'est effectuée par la duplication en série d'un seul exon initial.

La majorité des protéines dérivent probablement de gènes très morcelés contenant une série de petits exons [57]

La découverte du morcellement des gènes en 1977 était inattendue. Auparavant tous les gènes analysés en détail étaient des gènes bactériens, qui ne possèdent pas d'introns. Les bactéries sont aussi dépourvues de noyaux et de membranes internes et leurs génomes sont plus petits que ceux des cellules eucaryotes. On considérait traditionnellement qu'elles ressemblaient aux cellules plus simples dont avaient dû dériver les cellules eucaryotes. Il n'est donc pas surprenant que les biologistes supposèrent initialement que les introns correspondaient à une

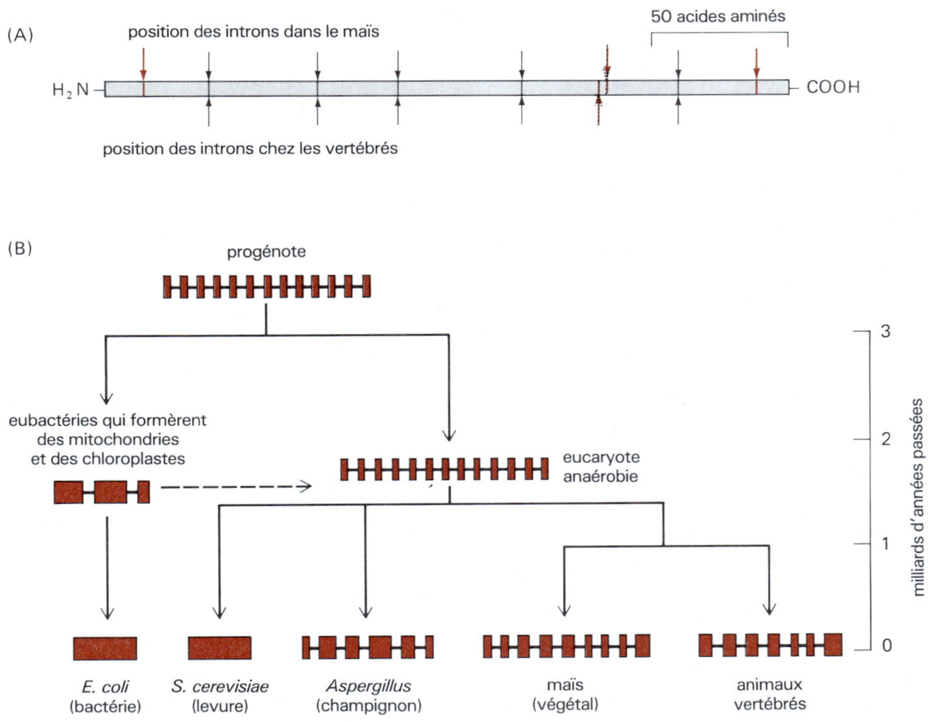

Figure 10-68 L'évolution primitive des gènes morcelés. (A) Comparaison de la structure des exons du gène de la *triosephosphate isomérase* des végétaux et des animaux. Les introns dont la position est identique dans le maïs et chez les vertébrés sont indiqués par des flèches noires, ceux dont la position est différente sont indiqués par des flèches rouges. Les végétaux et les animaux ayant sans doute divergé il y a environ 1 milliard d'années, l'origine des introns qu'ils partagent doit être très ancienne. (B) Un aperçu de la manière dont un gène donné a pu évoluer. Les exons sont représentés en couleur et les introns en noir. Le gène décrit ici code une protéine indispensable à toutes les cellules. Comme la *triosephosphate isomérase*, cette protéine doit avoir acquis sa structure tridimensionnelle finale avant que les lignées bactériennes, archéobactériennes et eucaryotes divergent à partir d'une cellule ancestrale commune — désignée ici par le terme de « progénote ». La ligne en pointillés indique la date approximative des événements endosymbiotiques qui engendrèrent les mitochondries et les chloroplastes (voir p. 398). (A, d'après W. Gilbert, M. Marchionni et G. McKnight, *Cell* 46:151-154, 1987.)

adjonction bizarre et tardive à la lignée eucaryote, au cours de l'évolution. A présent, il semble vraisemblable, cependant, que les gènes ancestraux étaient morcelés et que les bactéries ne perdirent leurs introns qu'à la suite de l'évolution de la majorité de leurs protéines.

L'idée que les introns sont très anciens est compatible avec les concepts actuels de l'évolution des protéines par la recombinaison par tâtonnements d'exons indépendants qui codent des domaines protéiques distincts. De plus, on a obtenu la preuve de l'origine ancienne des introns par l'étude du gène d'une enzyme ubiquiste, la *triosephosphate isomérase*. La triosephosphate isomérase a un rôle essentiel dans le métabolisme de toutes les cellules, en catalysant l'isomérisation réversible du 3-phosphoglycéraldéhyde en 3-phosphodihydroxyacétone — une étape centrale de la glycolyse et de la néoglucogenèse (voir Figure 2-38, p. 83). En comparant la séquence d'acides aminés de cette enzyme dans différents organismes, il est possible de déduire que l'enzyme s'est développée avant la séparation des procaryotes et des eucaryotes. Les séquences d'acides aminés des formes humaine et bactérienne présentent 46 p. cent d'homologie. Le gène codant cette enzyme contient six introns chez les vertébrés (poulet et homme), et cinq d'entre eux sont exactement à la même place dans le maïs. Ceci implique que ces cinq introns étaient présents dans le gène avant la séparation des végétaux et des animaux, il y a environ un milliard d'années (Figure 10-68).

En général, les petits organismes unicellulaires subissent une forte pression sélective pour se reproduire par division cellulaire à la vitesse maximale permise par les conditions nutritionnelles de l'environnement. Pour cela ils doivent réduire au minimum la quantité d'ADN inutile qu'ils doivent synthétiser lors de chaque cycle cellulaire. Pour de plus gros organismes qui vivent par prédation, pour lesquels la taille est un avantage, et pour les organismes multicellulaires en général, pour lesquels les vitesses de division cellulaire obéissent à d'autres contraintes, il n'y aura pas une telle pression sélective pour éliminer du génome l'ADN superflu. Cet argument peut aider à expliquer pourquoi les bactéries ont perdu leurs introns alors que les eucaryotes les ont gardés. Ceci cadre aussi avec une autre découverte d'après l'étude de la triosephosphate isomérase : alors que le champignon *Aspergillus* a cinq introns dans son gène pour cette enzyme, son homologue unicellulaire, la levure *Saccharomyces*, n'en a pas.

Quel est le mécanisme de perte des introns ? Tandis qu'il est possible de perdre des introns, par des délétions fragmentaires aléatoires de courts segments d'ADN, les cellules eucaryotes (et peut être aussi les ancêtres des bactéries) semblent avoir des moyens d'éliminer précisément et sélectivement des introns entiers de leurs génomes. Tandis que la majorité des vertébrés n'ont qu'un seul gène de l'insuline avec deux introns, par exemple, le rat en possède un second avoisinant le gène de l'insuline avec un seul intron. Le second gène résulte apparemment d'une duplication assez récente suivie de la perte d'un de ses introns. La perte d'un intron nécessitant la réunion exacte des séquences d'ADN codantes, elle se produit vraisemblablement à la suite de la rare incorporation, dans le génome, d'une copie ADN de l'ARNm du gène correspondant dont les introns ont été éliminés avec précision. De telles copies sans introns surviennent probablement de temps en temps, grâce à l'action de transcriptases réverses (voir p. 260), et les enzymes de recombinaison leur permettent sans doute de s'apparier avec la séquence originale qui est alors « corrigée » en une forme sans introns par un processus de type conversion génique (voir p. 244).

Les transcriptases réverses sont produites dans les cellules par des éléments transposables spécifiques (voir Tableau 10-3, p. 605) ainsi que par tous les rétrovirus, et la création de copies ADN de segments du génome par rétrotranscription a aussi contribué d'autres façons à l'évolution des génomes des organismes supérieurs (voir p. 608).

Une importante proportion de l'ADN des eucaryotes supérieurs est constituée de séquences nucléotidiques répétées non codantes [58]

Les génomes eucaryotes ne contiennent pas seulement des introns, mais aussi un grand nombre de copies d'autres séquences d'ADN apparemment non essentielles, qui ne codent pas de protéine. La présence de telles séquences répétées chez les eucayotes supérieurs fut d'abord mise en évidence par une technique d'hybridation qui permet de déterminer le nombre de copies d'un gène (voir p. 188). Cette méthode consiste à casser mécaniquement l'ADN en courts fragments d'ADN double hélice de 1 000 paires de nucléotides environ, puis à dénaturer ces fragments pour produire de l'ADN monocaténaire. La vitesse à laquelle les fragments monocaténaires du mélange se renaturent dans des conditions de stabilité de la double hélice dépend du nombre de chaînes complémentaires que le fragment trouve. Pour la plus grande partie des fragments, la vitesse est très lente. Le génome haploïde d'une cellule de mammifère représente environ 6 millions de fragments différents de 1 000 paires de bases, et tout fragment dont la séquence n'existe qu'en une seule copie doit rencontrer au hasard 6 millions de chaînes non complémentaires pour trouver le bon partenaire.

Lorsque l'ADN d'une cellule humaine est analysé de cette manière dans des conditions qui nécessitent un appariement presque parfait (conditions de forte stringence, voir p. 191), environ 70 p. cent des brins d'ADN se renaturent avec la lenteur attendue pour un grand échantillon de séquences d'ADN uniques (non répétées), soit plusieurs jours pour une réassociation complète. Mais la majeure partie des 30 p. cent de brins restants se renaturent beaucoup plus rapidement. Ces fragments contiennent des séquences qui sont répétées de nombreuses fois dans le génome, et ils rencontrent ainsi plus rapidement leur complémentaire. La majorité de ces séquences fortement répétées ne codent pas de protéines, et sont de deux types : un tiers environ sont des *ADN satellites* répétés en tandem, dont nous parlerons ultérieurement ; les deux tiers restants ont des ADN répétés, dispersés. La majeure partie de ces derniers proviennent de quelques séquences transposables qui ont été multipliées de très nombreuses fois dans notre génome (voir p. 608).

Les séquences d'ADN satellite n'ont pas de fonction connue [59]

Les brins d'ADN dont la renaturation est la plus rapide, dans une expérience comme celle que nous venons de décrire, correspondent à de très longues répétitions en tandem d'une courte séquence nucléotidique (Figure 10-69). L'unité répétée dans une séquence de ce type peut n'être composée que d'un ou deux nucléotides, mais la majorité des motifs répétés sont plus longs. Chez les mammifères, ils sont composés de variants d'une courte séquence, organisés en une répétition de quelques centaines de nucléotides. Ces répétitions en tandem d'une séquence simple sont appelées **ADN satellites**, car les premiers ADN de ce type qui furent découverts, possédaient une composition nucléotidique inhabituelle qui permettait de les séparer du reste de l'ADN sous forme d'un composant mineur (ou « satellite »). Les séquences

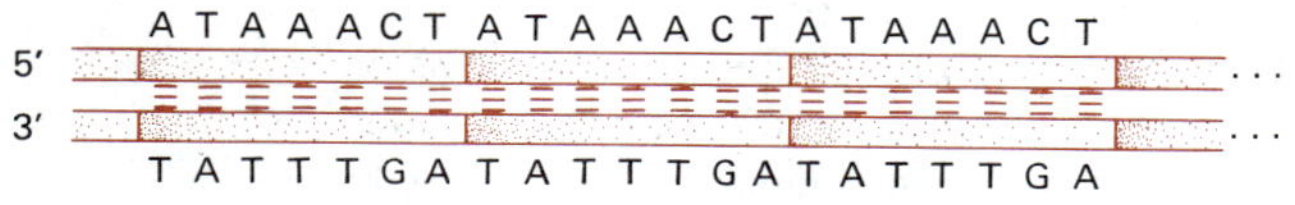

Figure 10-69 Une séquence simple d'ADN satellite constituée de toute une série de répétitions d'une séquence longue de sept nucléotides. Cette séquence d'ADN particulière est trouvée chez *Drosophile*.

d'ADN satellite ne sont généralement pas transcrites et sont le plus souvent localisées dans l'hétérochromatine associée aux régions centromériques des chromosomes (voir p. 577). Chez certains mammifères un type unique de séquence d'ADN satellite constitue au moins 10 p. cent de l'ADN et peut même occuper un bras entier d'un chromosome, de telle sorte que la cellule contient des millions de copies de la séquence de base.

Les séquences d'ADN satellite semblent avoir changé avec une rapidité inhabituelle et avoir même changé de position sur les chromosomes au cours de l'évolution. Quand on compare deux chromosomes mitotiques homologues chez tout humain, par exemple, on trouve habituellement quelques séquences d'ADN satellite dispersées de manière très différente sur les deux chromosomes. De plus, par opposition avec le haut degré de conservation des séquences d'ADN dans le reste du génome, il existe généralement des différences notables dans les séquences d'ADN satellite de deux espèces très voisines. Ces ADN satellites n'ont, jusqu'à présent, aucune fonction connue : les expériences qui ont été tentées pour démontrer un rôle dans l'appariement des chromosomes ou l'organisation du noyau n'ont pas permis de mettre un tel rôle en évidence. On a donc suggéré qu'ils représentent une forme extrême des séquences d'ADN « égoïste », dont les propriétés assurent leur propre maintien dans le génome, mais qui ne font rien pour assurer la survie des cellules qui les contiennent. D'autres séquences qui sont communément considérées comme des séquences égoïstes sont les *séquences transposables* dont nous allons parler.

10-36 L'évolution des génomes a été accélérée par des éléments transposables d'au moins trois types [60]

Les génomes contiennent généralement une grande variété d'**éléments transposables**. Ces éléments furent d'abord découverts dans le maïs ; la séquence de plusieurs d'entre eux a été déterminée et ils ont été caractérisés. L'étude la plus approfondie des éléments transposables fut effectuée chez *Drosophile*, chez laquelle plus de 30 variétés sont connues, de longueur variant entre 2 000 et 10 000 paires de nucléotides ; pour la majorité d'entre eux, 5 à 10 copies sont présentes par cellule diploïde.

Il est possible de distinguer au moins trois grandes classes d'éléments transposables en fonction des particularités et de l'organisation de leurs séquences (Tableau 10-3). Certains vont de place en place dans le chromosome, directement sous forme d'ADN, tandis que beaucoup d'autres se déplacent par un intermédiaire ARN comme cela a été décrit au Chapitre 5 (voir p. 255). Dans les deux cas ils peuvent se multiplier et se propager d'une site du génome à une multitude d'autres sites, se comportant parfois comme des parasites néfastes.

Les éléments transposables semblent représenter au moins 10 p. cent du génome des eucaryotes supérieurs. Bien que la majorité de ces éléments ne se déplacent que très rarement, il y en a tellement que leur mobilité joue un rôle majeur dans la variabilité des espèces. Plus de la moitié des mutations spontanées étudiées chez *Drosophile*, par exemple, sont dues à une insertion d'un élément transposable dans ou près du gène muté.

Tableau 10-3 Trois familles importantes d'éléments transposables

Structure	Gènes dans un élément complet	Mode de migration	Exemples
①  courtes répétitions inversées à chaque extrémité	code la transposase	se déplace comme l'ADN soit par excision soit par un processus réplicatif	élément P (*Drosophile*) Ac-Ds (maïs) tn3.IS1 (*E. coli*) Tam3 (*Antirrhinum*)
②  longues répétitions terminales directes (LTR) aux deux extrémités	code une transcriptase réverse et ressemble à un rétrovirus	se déplace par l'intermédiaire d'un ARN produit par le promoteur situé dans une LTR	Copia Ty THE-1 bs1
③  Poly A à l'extrémité 3′ d'un transcrit ; l'extrémité 5′ est souvent tronquée	code une transcriptase réverse	se déplace par l'intermédiaire d'un ARN probablement produit à partir d'un promoteur voisin	élément P (*Drosophile*) L1 (homme) cin4 (maïs)

La longueur de ces éléments est comprise entre 2 000 et environ 12 000 paires de nucléotides. Chaque famille contient de nombreux membres, seuls quelques-uns d'entre eux sont donnés ici.

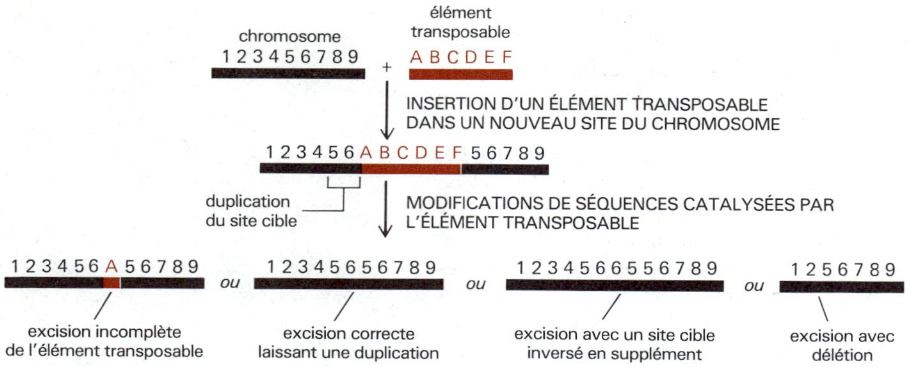

Figure 10-70 Quelques modifications de séquences dans l'ADN des chromosomes, provoquées par des éléments transposables. L'insertion d'un élément transposable entraîne toujours une courte duplication du site cible de la séquence chromosomique dont la longueur est en général de 3 à 12 paires de nucléotides. Les enzymes de recombinaison spécifique de site associées à l'élément sont aussi capables de provoquer ultérieurement son excision. Souvent cette excision ne restaure pas la séquence chromosomique originale, comme c'est le cas dans les quatre exemples donnés.

Il peut se produire des mutations soit lorsqu'un élément s'insère dans le gène, soit lorsqu'il le quitte pour aller ailleurs. Compte tenu de leur mécanisme d'insertion, tous les éléments transposables connus induisent une courte duplication du site cible (voir Figure 5-67B, p. 248). Lorsque ces éléments s'en vont, ils laissent généralement derrière eux une partie de cette duplication — mais souvent aussi d'autres modifications locales de séquence (Figure 10-70). Ainsi, lorsque les éléments transposables s'insèrent dans les chromosomes ou le quittent, ils provoquent une variété de courtes additions et délétions de séquences nucléotidiques.

Les éléments transposables ont aussi contribué d'une autre façon à la diversité génomique. Lorsque deux éléments transposables qui sont reconnus par la même enzyme de recombinaison spécifique de site (*transposase*) s'intègrent en des sites voisins sur le chromosome, l'ADN qui les sépare peut devenir un substrat pour la transposition par la transposase. Ceci fournissant un moyen particulièrement efficace pour assurer la duplication et la migration des exons, ces éléments peuvent faciliter la création de nouveaux gènes (Figure 10-71).

10-36 Les éléments transposables peuvent influer sur la régulation des gènes [61]

Les réarrangements de séquences d'ADN provoqués par les éléments transposables modifient souvent le mode d'expression des gènes voisins, modifiant ainsi différents aspects du développement animal et végétal, comme la pigmentation (Figure 10-72) ou la morphogénèse (la forme d'un œil ou d'une fleur, par exemple). Alors que l'on s'attendrait à ce que la majorité de ces modifications de régulation des gènes s'effectuent au détriment d'un organisme, certaines d'entre elles seront bénéfiques.

Plusieurs aspects des mutations provoquées par les éléments transposables sont inhabituels et semblent les distinguer des mutations provoquées par les erreurs de réplication ou de

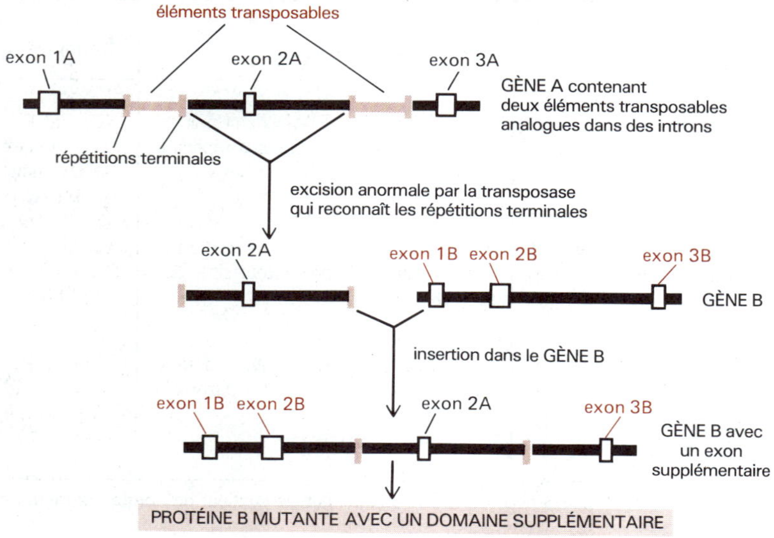

Figure 10-71 Un exemple de brassage d'exons qui peut être provoqué par des éléments transposables. Lorsqu'il arrive que deux éléments du même type (ADN *coloré*) s'insèrent l'un à côté de l'autre dans le chromosome, le mécanisme de transposition peut parfois utiliser les extrémités de deux éléments différents (plutôt que les deux extrémités du même élément) et transpose ainsi l'ADN chromosomique qui les sépare en un nouveau site. Les introns étant très grands par rapport aux exons (voir Figure 9-7, p. 487), l'insertion d'un nouvel exon dans un intron préexistant, décrite dans la figure, n'est pas une issue improbable.

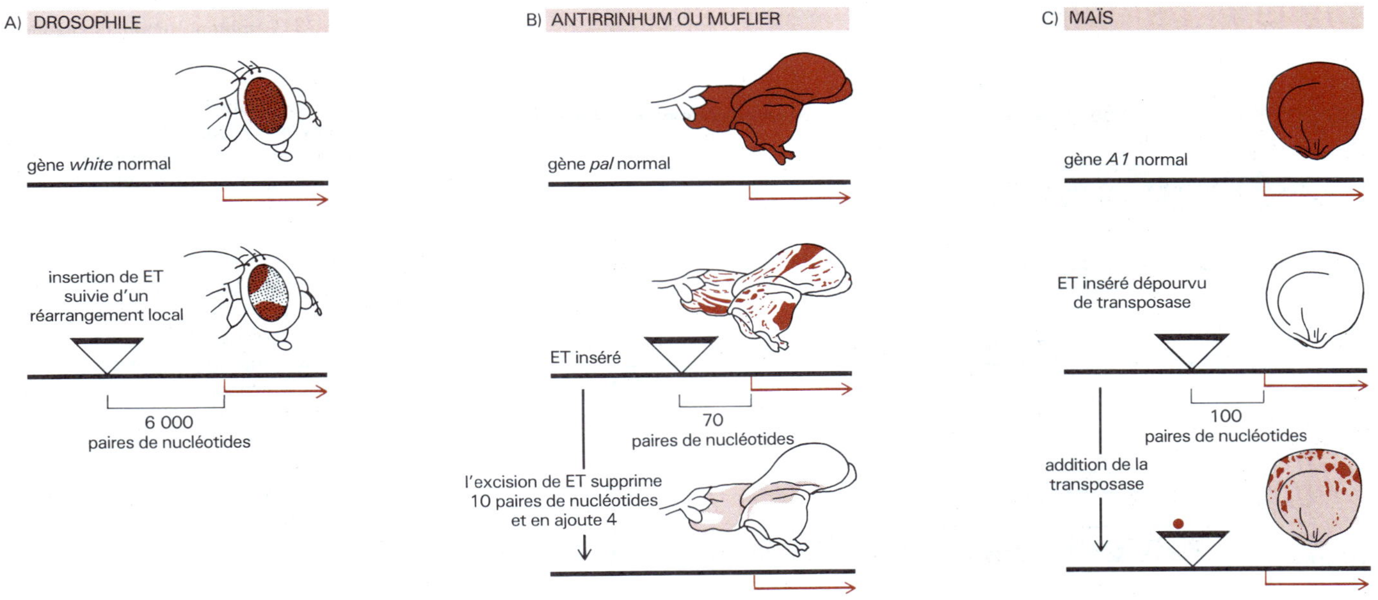

Figure 10-72 Des éléments transposables peuvent provoquer d'importantes modifications dans la régulation d'un gène. Des exemples de modifications transmissibles du motif pigmentaire provoqués par l'insertion d'un élément transposable dans les régions régulatrices de certains gènes sont représentés pour trois organismes. Des événements du même type peuvent provoquer des modifications morphologiques dans l'organisme en influant sur la croissance cellulaire et la différenciation. (A) Une insertion dans une région régulatrice en amont du gène *white* fait que la pigmentation rouge de l'œil n'apparaît que sur les bordures dorsale et ventrale de l'œil de la mouche. (B) Une insertion dans le promoteur en amont d'un gène nécessaire à la production des pigments conduit à une fleur de muflier dépourvue de couleur rouge sauf dans les zones où les cellules ont perdu l'élément inséré par transposition. Une excision ultérieure de l'élément du génome de toute la plante engendre la distribution spatialement limitée d'une faible pigmentation représentée dans le dessin inférieur. (C) Un exemple de modification contrôlée de la pigmentation du grain de maïs provoquée par un élément transposable. Dans ce cas, la transposase sert de protéine régulatrice de gène qui restaure une certaine pigmentation à toutes les cellules d'un grain, qui autrement ne serait pas coloré. De plus la transposase catalyse parfois l'excision de l'élément, induisant par là l'apparition de zones cellulaires plus colorées. (A, d'après G.M. Rubin et al. *Cold Spring Harbor Symp. Quant. Biol.* 50:329-335, 1985 ; B, d'après E.S. Coen, R. Carpenter et C. Martin *Cell* 47:285-296, 1986 ; C, d'après Zs. Schwarz-Sommer et al. *EMBO J.* 6:287-294, 1987.)

réparation de l'ADN. Une différence essentielle vient de ce que la migration d'un élément transposable apportera souvent, au voisinage d'un gène, de nouvelles séquences qui se comportent comme des sites de fixation pour des protéines de liaison à l'ADN spécifiques de site, parmi lesquelles une transposase et les protéines qui règlent la transcription de l'ADN de l'élément transposable. Ces séquences peuvent ainsi jouer un rôle d'amplificateur et influer sur la transcription de gènes situés à des milliers de paires de nucléotides. Un exemple de ce type d'effet sur l'expression d'un gène pigmentaire du maïs est illustré par la Figure 10-72. Des effets similaires contribuent couramment à l'évolution des cellules cancéreuses, dans lesquelles des oncogènes peuvent être engendrés, par transposition de telles séquences régulatrices au voisinage d'un proto-oncogène (voir p. 1208).

L'organisation des génomes eucaryotes avec leurs longues séquences non codantes dans lesquelles sont intercalées des séquences codantes comparativement plus courtes, fournit un « terrain de jeu » commode pour l'intégration ou l'excision de séquences d'ADN mobiles. Comme la transcription d'un gène peut être contrôlée par des séquences situées à des dizaines de milliers de nucléotides du promoteur (voir p. 580), un grand nombre des modifications qui s'ensuivent dans le génome devraient influer sur l'expression des gènes ; à l'inverse, seul un petit nombre d'entre elles devraient rompre les courts exons qui contiennent les séquences codantes.

Se pourrait-il que le grand excès d'ADN non codant chez les eucaryotes supérieurs ait été sélectionné au cours de l'évolution du fait de la flexibilité régulatrice qu'il a donné aux organismes qui possèdent une grande variété d'éléments transposables ? Ce qui est connu actuellement sur les systèmes régulateurs qui contrôlent les gènes chez les eucaryotes supérieurs est compatible avec cette hypothèse. Les amplificateurs, comme les exons, semblent fonctionner comme des modules indépendants, et l'activité d'un gène dépend des effets additifs que son promoteur reçoit d'une série d'amplificateurs (Figure 10-73). Les éléments transposables, en faisant circuler dans le génome de tels modules amplificateurs, peuvent permettre une optimisation de la régulation des gènes pour la survie à long terme de l'organisme.

10-36 Des « salves » de transposition provoquent des changements dramatiques dans les génomes et augmentent la diversité biologique [62]

Un autre trait particulier qui caractérise l'effet mutagène des éléments transposables est leur tendance à passer par de longues périodes de repos, pendant lesquelles leurs positions dans le chromosome ne changent pas, suivies par une période de migration intense. Leur transposition, et par conséquent leur effet mutagène, est activée de temps en temps chez quelques individus d'une population. De tels changements dramatiques dans les génomes, appelés **salves de transposition (transposition bursts)**, peuvent impliquer des transpositions presque simultanées de plusieurs types d'éléments transposables. Les salves de transposition furent d'abord observées dans des plants de maïs qui étaient sujet à des cassures chromosomiques répétées. Elles sont

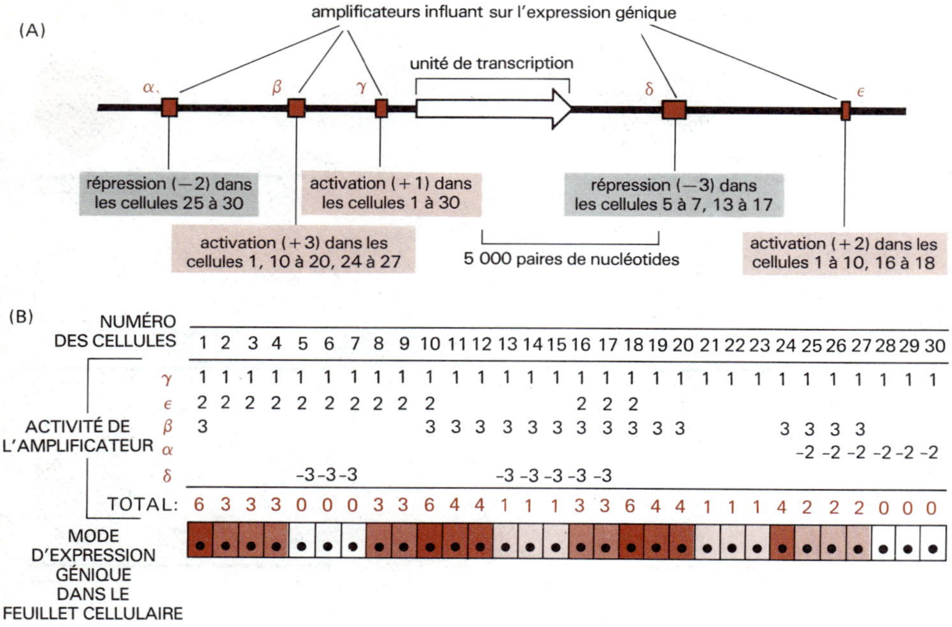

Figure 10-73 Comment l'action combinée de modules amplificateurs distincts engendre des modes d'expression génique spécifiques de cellule. Le mélange de protéines régulatrices qui se lient à chaque amplificateur variant d'une cellule à l'autre, l'action d'un amplificateur est différente dans différentes cellules. Cet exemple est établi d'après les résultats obtenus chez *Drosophile*, chez laquelle les effets des nombreux amplificateurs qui contrôlent un même gène peuvent être analysés isolément, chez des mouches transgéniques. Pour simplifier, nous avons donné à chacune des effets stimulateurs (valeurs positives) et inhibiteurs (valeurs négatives) provoqués par chaque amplificateur (α, β, γ, δ ou ϵ) une valeur comprise entre +3 et —3, et considéré que ces chiffres peuvent être additionnés pour obtenir l'activité totale de l'amplificateur, qui détermine le taux d'expression du gène.

aussi observées dans des croisements entre certaines souches de mouches — un phénomène connu sous le nom de *dysgénésie hybride*. Lorsqu'elles surviennent dans les cellules de la lignée germinale, elles induisent de multiples modifications dans le génome d'une mouche ou d'une plante isolée de la descendance.

En changeant simultanément plusieurs propriétés d'un organisme, les salves de transposition augmentent la probabilité d'apparition, chez un seul individu d'une population, de deux nouveaux caractères qui n'ont pas de valeur sélective par eux-mêmes, mais qui sont utiles lorsqu'ils sont combinés. Il existe des preuves que, dans plusieurs types de végétaux, les salves de transposition peuvent être déclenchées par une perturbation importante de l'environnement, créant une variété d'organismes modifiés au hasard, dont certains peuvent être mieux adaptés que leurs parents pour survivre dans les nouvelles conditions. Il semble, au moins chez ces végétaux, que soit apparu un mécanisme qui induit l'action mutagène des éléments transposables responsable de l'apparition d'un plus grand assortiment d'organismes variants, quand cette variation est la plus nécessaire. Ainsi les éléments transposables ne sont pas nécessairement des parasites néfastes ; ils peuvent plutôt, à l'occasion, se comporter comme des symbiotes utiles qui favorisent la survie à long terme des espèces dont ils parasitent le génome.

10-37 Deux familles d'éléments transposables, qui semblent s'être multipliées assez récemment, représentent environ 10 p. cent du génome humain [63]

L'ADN des primates est inhabituel sous un rapport au moins : il contient un nombre particulièrement important de copies de deux séquences transposables qui semblent avoir envahi nos chromosomes. Ces deux séquences migrent selon un processus qui utilise l'ARN comme intermédiaire et qui nécessite une transcriptase réverse. La première correspond à l'**élément transposable L1,** qui ressemble à l'élément F de *Drosophile* et à l'élément cin4 du maïs, et qui code vraisemblablement une transcriptase réverse (voir Tableau 10-3, p. 605). Les éléments transposables se sont généralement développés avec des systèmes de rétrocontrôle, qui limitent strictement leur nombre dans chaque cellule (sauvant ainsi la cellule d'une catastrophe possible) ; cependant, l'élément L1 représente environ 4 p. cent du génome humain.

La **séquence *Alu*** est encore plus inhabituelle, elle est très courte (environ 300 paires de nucléotides) et migre comme un élément transposable, créant des duplications de sites cibles lorsqu'elle s'insère. Elle tire néanmoins son origine de la délétion interne d'un gène de l'ARN 7SL de la cellule-hôte, qui code normalement l'ARN de la particule de reconnaissance d'un signal (SRP) qui intervient dans la synthèse protéique (voir p. 439). On ne sait donc pas clairement si la séquence *Alu* doit être considérée comme un élément transposable ou comme un pseudogène d'une mobilité inhabituelle. Le génome haploïde en contient environ 500 000 copies, ce qui représente environ 5 p. cent de l'ADN humain ; on la trouve ainsi, en moyenne, une fois toutes les 5 000 paires de nucléotides. L'ADN de la séquence *Alu* est transcrit à partir du promoteur de l'ARN 7SL, un promoteur de la polymérase III qui est interne au transcrit (voir p. 526), de sorte qu'elle porte l'information nécessaire à sa propre transcription quel que soit son lieu de migration. Pour être transposée elle doit emprunter une transcriptase réverse.

Les comparaisons de la séquence et des emplacements des séquences de type *Alu* et L1 chez différents mammifères suggèrent que ces séquences se sont multipliées assez récemment pour donner un très grand nombre de copies (Figure 10-74). Il est difficile d'imaginer que ces séquences très abondantes, réparties dans tout notre génome, n'ont pas eu d'effets importants sur l'expression de nombreux gènes voisins. Combien de nos traits exclusivement humains, par exemple, devons-nous à ces éléments parasites ?

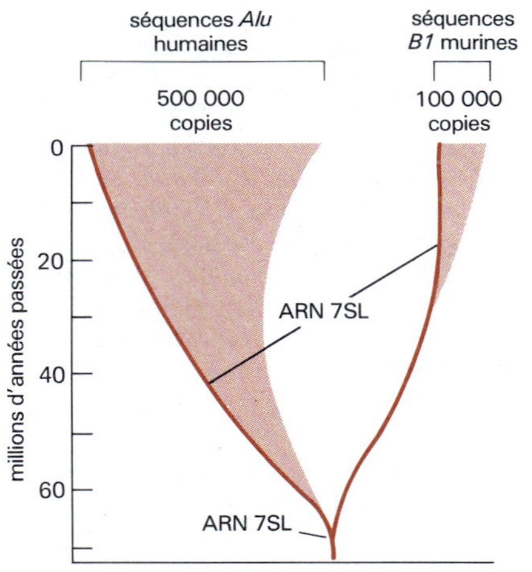

Figure 10-74 Le mode d'évolution supposé de la famille de séquences de type *Alu* retrouvée dans les génomes humain et murin. Ces deux types de séquences transposables sont dérivés, pense-t-on, du gène essentiel de l'ARN 7SL. D'après la distribution dans les espèces et l'homologie de séquences de ces éléments fortement répétés, la principale augmentation du nombre de copies semble s'être produite de manière indépendante. (Modifié d'après P.L. Deininger et G.R. Daniels, *Trends in Genetics* 2:76-80, 1986.)

Résumé

Les séquences d'ADN fonctionnelles dans les génomes des eucaryotes supérieurs semblent être construites à partir de deux sortes, au moins, de petits modules génétiques. Des modules de séquences codantes sont combinés d'une multitude de façons pour produire des protéines, alors que des modules de séquences régulatrices sont dispersés sur toute la longueur d'importantes séquences non codantes et règlent l'expression des gènes. La longueur des séquences codantes (exons) et des séquences régulatrices (amplificatrices) est typiquement de quelques centaines de paires de nucléotides. Une variété de processus de recombinaison génétique se produisent dans les génomes, provoquant la duplication et la transposition aléatoires de séquences d'ADN. Certaines de ces modifications entraînent la duplication de gènes entiers qui peuvent alors développer de nouvelles fonctions. D'autres produisent de nouvelles protéines grâce à un brassage d'exons, ou modifient l'expression d'un gène en le soumettant à de nouvelles combinaisons d'amplificateurs. Ce type de brassage de séquences, qui est d'une grande importance pour l'évolution des organismes, est grandement facilité par la structure morcelée des gènes des eucaryotes supérieurs et par le fait que ces gènes sont soumis à de multiples effets activateurs et inhibiteurs d'une combinaison de séquences amplificatrices éloignées.

Le génome contient de nombreux types d'éléments transposables. Leur ensemble représente plus de 10 p. cent de la masse des génomes de Drosophile *et de vertébré. De temps à autre des « salves de transpositions » surviennent dans les cellules germinales et induisent, chez le même individu, de nombreuses modifications héréditaires de l'expression des gènes. Les éléments transposables ont eu vraisemblablement, au cours de l'évolution, un rôle particulier dans la génération de la diversité des organismes.*

Bibliographie

Ouvrages généraux

Lewin, B. Genes, 3rd ed. New York : Wiley, 1987.

Schleif, R. Genetics and Molecular Biology. Reading, MA : Addison-Wesley, 1986.

Stent, G.S. Molecular Genetics : An Introductory Narrative. San Francisco : Freeman, 1971.

Watson, J.D. ; Hopkins, N.H. ; Roberts, J.W. ; Steitz, J.A. ; Weiner, A.M. Molecular Biology of the Gene, 4th ed. Menlo Park, CA : Benjamin-Cummings, 1987.

Articles cités

1. Gurdon, J.B. The developmental capacity of nuclei taken from intestinal epithelium cells of feeding tadpoles. *J. Embryol. Exp. Morphol.* 10:622-640, 1962.

   Steward, F.C. ; Mapes, M.O. ; Mears, K. Growth and organized development of cultured cells. *Am. J. Bot.* 45:705-713, 1958.

2. Garrels, J.I. Changes in protein synthesis during myogenesis in a clonal cell line. *Dev. Biol.* 73:134-152, 1979.

3. Darnell, J.E., Jr. Variety in the level of gene control in eucaryotic cells. *Nature* 297:365-371, 1982.

   Derman, E. ; et al. Transcriptional control in the production of liver-specific mRNAs. *Cell* 23:731-739, 1981.

4. Gierer, A. Molecular models and combinatorial principles in cell differenciation and morphogenesis. *Cold Spring Harbor Symp. Quant. Biol.* 38:951-961, 1974.

   Scott, M.P. ; O'Farrell, P.H. Spatial programming of gene expression in early *Drosophila* embryogenesis. *Annu. Rev. Cell Biol.* 2:49-80, 1986.

5. Maniatis, T. ; Goodbourn, S. ; Fischer, J.A. Regulation of inducible and tissue-specific gene expression. *Science* 236:1237-1244, 1987.

   Yamomoto, K. Steroid receptor regulated transcription of specific genes and gene network. *Annu. Rev. Genet.* 19:209-252, 1985.

6. Gehring, W.J. ; Hiromi, Y. Homeotic genes and the homeobox. *Annu. Rev. Genet.* 20:147-173, 1986.

7. Blau, H.M. ; et al. Plasticity of the diffirentiated state. *Science* 230:758-766, 1985.

   Davis, R.L. ; Weintraub, H. ; Lassar, A.B. Expression of a single transfected cDNA converts fibroblasts to myoblasts. *Cell* 51:987-1000, 1987.

8. Miller, J.H. ; Reznikoff, W.S., eds. The Operon. Cold Spring Harbor, NY : Cold Spring Harbor Laboratory, 1978.

   Neidhardt, F.C. ; et al., eds. *Escherichia coli* and *Salmonella typhimurium* : Cellular and Molecular Biology, Vol. 2, pp. 1439-1526. Washington, DC : American Society for Microbio-

logy, 1987. (Paradigms of operon regulation in bacteria.)
Ptashne, M. A Genetic Switch. Palo Alto, CA : Blackwell, 1986.
9. Gilbert, W. ; Müller-Hill, B. The *lac* operator is DNA. *Proc. Natl. Acad. Sci. USA* 58:2415-2421, 1967.
Gottesman. S. Bacterial regulation : global regulatory networks. *Annu. Rev. Genet.* 18:415-441, 1984.
Jacob, F. ; Monod, J. Genetic regulatory mechanisms in the synthesis of proteins. *J. Mol. Biol.* 3:318-356, 1961.
Reznikoff, W.S. ; Siegele, D.A. ; Cowing, D.W. ; Gross, C.A. The regulation of transcription initiation in bacteria. *Annu. Rev. Genet.* 19:355-388, 1985.
10. de Combrugghe, B. ; Busby, S. ; Buc, H. Cyclic AMP receptor protein : role in transcription activation. *Science* 224:831-838, 1984.
Hochschild, A. ; Irwin, N. ; Ptashne, M. Repressor structure and the mechanism of positive control. *Cell* 32:319-325, 1983.
Raibaud, O. ; Schwartz, M. Positive control of transcription initiation in bacteria. *Annu. Rev. Genet.* 18:173-206, 1984.
11. Keener, J. ; Wong, P. ; Popham, D. ; Wallis, J. ; Kustu, S. A sigma factor and auxiliary proteins required for nitrogen-regulated transcription in enteric bacteria. In RNA Polymerase and the Regulation of Transcription. (W.S. Reznikoff, et al, eds.), pp. 159-175. New York : Elsevier, 1987.
Ninfa, A.J. ; Reitzer, L.J. ; Magasanik, B. Initiation of transcription at the bacterial *glnAp2* promoter by purified *E. coli.* components is facilitated by enhancers. *Cell* 50:1039-1046, 1987.
12. Dunn, T.M. ; Hahn, S. ; Ogden, S. ; Schleif, R.F. An operator at — 280 base pairs that is required for the repression of araBAD operon promoter. *Proc. Natl. Acad. Sci. USA* 81:5017-5020, 1984.
Griffith, J. ; Hochschild, A. ; Ptashne, M. DNA loops induced by cooperative binding of lambda repressor. *Nature* 322:750-752, 1986.
Mossing, M.C. ; Record, M.T. Upstream operators enhance repression of the *lac* promoter. *Science* 233:889-892, 1986.
13. Helmann, J.D. ; Chamberlin, M.J. Structure and function of bacterial sigma factors. *Annu. Rev. Biochem.* 57:839-872, 1988.
14. Davison, B.L. ; Egly, J.M. ; Mulvihill, E.R. ; Chambon, P. Formation of stable preinitiation complexes between eucaryotic class B transcription factors and promoter sequences. *Nature* 301:680-686, 1983.
Sawadogo, M. ; Roeder, R.G. Interaction of a gene-specific transcription factor with adenovirus major late promoter upstream of the TATA box region. *Cell* 43:165-175, 1985.
Workman, J.L. ; Roeder, R.G. Binding of transcription factor TFIID to the major late promoter during *in vitro* nucleosome assembly potentiates subsequent initiation by RNA polymerase II. *Cell* 51:613-622, 1987.
15. Atchinson, M.L. Enhancers : mechanisms of action and cell specificity. *Annu. Rev. Cell. Biol.* 4:127-153, 1988.
Maniatis, T. ; Goodbourn S. ; Fisher, J. Regulation of inducible and tissue-specific gene expression. *Science* 236:1237-1245, 1987.
McKnight, S.L. ; Kingsbury, R. Transcriptional control signals of a eukaryotic protein-coding gene. *Science* 217-316-324, 1982.
Serfling, E. ; Jasin, M. ; Schaffner, W. Enhancers and eucaryotic gene transcription. *Trends Genet.* 1:224-230, 1985.
16. Emerson, B.M. ; Nickol, J.M. ; Jackson, P.D. ; Felsenfeld, G. Analysis of the tissue-specific enhancer at the 3′ end of the chicken adult β-globin gene. *Proc. Natl. Acad. Sci. USA* 84:4786-4790, 1987.
Evans, T. ; Reitman, M. ; Felsenfeld, G. An erythrocyte-specific DNA-binding factor recognizes a regulatory sequence common to all chicken globin genes. *Proc. Natl. Acad. Sci. USA* 85:5976-5980, 1988.
Jones, N.C. ; Rigby, P.W.J. ; Ziff, E.B. *Trans*-acting protein factors and the regulation of eukaryotic transcription : lessons from studies on DNA tumor viruses. *Genes Dev.* 2:267-281, 1988.
Nomiyama, H. ; Fromental, C. ; Xiao, J.H. ; Chambon, P. Cell-specific activity of the constituent elements of the Simian virus 40 enhancer. *Proc. Natl. Acad. Sci. USA* 84:7881-7885, 1987.
17. Brent, R. ; Ptashne, M. A eukaryotic transcriptional activator bearing the DNA specificity of a prokaryotic repressor. *Cell* 43:729-736, 1985.
Evans, R.M. The steroid and thyroid hormone receptor superfamily. *Science* 240:889-895, 1988.
Godowski, P.J. ; Picard, D. ; Yamamoto, K. Signal transduction and transcriptional regulation by glycocorticoid receptor-lex A fusion proteins. *Science* 241:812-816, 1988.
Kumar, V. ; et al. Functional domains of the human estrogen receptor. *Cell* 51:941-951, 1987.
18. Sen, R. ; Baltimore, D. Inducibility of kappa immunoglobin enhancer-binding protein NF-kappa B by a posttranslational mechanism. *Cell* 47:921-928, 1986.
Yamamoto, K.K. ; Gonzalez, G.A. ; Biggs, W.H. ; Montminy, M.R. Phosphorylation-induced binding and transcriptional efficacity of nuclear factor CREB. *Nature* 334:494-498, 1988.
Zimarino, V. ; Wu, C. Induction of sequence-specific binding of *Drosophila* heat shock activator protein without protein synthesis *Nature* 327:727-730, 1987.
19. Metzger, D. ; White, J.H. ; Chambon, P. The human estrogen receptor functions in yeast. *Nature* 334:31-36, 1988.
Ptashne, M. Gene regulation by proteins acting nearby and at a distance. *Nature* 322:697-701, 1986.
Struhl, K. Promoters, activator proteins, and the mechanism of transcriptional initiation in yeast. *Cell* 49:295-297, 1987.
20. Borst, P. ; Greaves, D.R. Programmed gene rearrangements altering gene expression. *Science* 235:658-667, 1987.
Meyer, T.F. Molecular basis of surface antigen variation in *Neisseria. Trends Genet.* 3:319-324, 1987.
Simon, M. ; Zieg, J. ; Silverman, M. ; Mandel, G. ; Doolittle, R. Phase variation : evolution of a controlling element. *Science* 209:1370-1374, 1980.
21. Cross, F. ; Hartwell, L.H. ; Jackson, C. ; Konopka, J.B. Conjugation in *Saccharomyces cerevisiae. Annu. Rev. Cell Biol.* 4:429-457, 1988.
Herskowitz, I. Master regulatory loci in yeast and lambda. *Cold Spring Harbor Symp. Quant. Biol.* 50:565-574, 1985.
Kushner, P.J. ; Blair, L.C. ; Herskowitz, I. Control of yeast cell types by mobile genes : a test. *Proc. Natl. Acad. Sci. USA* 76:5264-5268, 1979.
22. Kostriken, R. ; Strathern, J.N. ; Klar, A. ; Hicks, J.B. ; Heffron, F. A site-specific endonuclease essential for mating-type switching in *Saccharomyces cerevisiae. Cell* 35:167-174, 1983.
23. Nasmyth, K. ; Shore, D. Transcriptional regulation in the yeast life cycle. *Science* 237:1162-1170, 1987.
24. Brand, A.H. ; Breeden, L. ; Abraham, J. ; Sternglanz, R. ; Nasmyth, K. Characterization of a « silencer » in yeast : a DNA sequence with properties opposite to those of a transcriptional enhancer. *Cell* 41:41-48, 1985.
25. Friedman, D.I. ; et al. Interactions of bacteriophage and host macromolecules in the growth of bacteriophage lamba. *Microbiol. Rev.* 48:299-325, 1984.
Ptashne, M. ; et al. How the lambda repressor and cro work. *Cell* 19:1-11, 1980.
26. Brown, D.D. The role of stable complexes that repress and activate eucaryotic genes. *Cell* 37:359-365, 1984.
Weintraub, H. Assembly and propagation of repressed and derepressed chromosamal states. *Cell* 42:705-711, 1985.
27. Brown, S.W. Heterochromatin. *Science* 151:417-425, 1966.

Hsu, T.C. ; Cooper, J.E.K., Mace, M.L., Brinkley, B.R. Arrangement of centrometres in mouse cells. *Chromosoma* 34:73-87, 1971.

28. Gartler, S.M. ; Riggs, A.D. Mammalian X-chromosome inactivation. *Annu. Rev. Genet.* 17:155-190, 1983.
    Lock, L.F. ; Takagi, N. ; Martin, G.R. Methylation of the *Hprt* gene on the inactive X occurs after chromosome inactivation. *Cell* 48:39-46, 1987.
    Lyon, M.F. X-chromosome inactivation and developmental patterns in mammals. *Biol. Rev.* 47:1-35, 1972.
29. Baker, W.K. Position-effect variegation. *Adv. Genet.* 14:133-169, 1968.
    Spofford, J.B. Position-effect variegation in *Drosophila*. In The Genetics and Biology of *Drosophila* (M. Ashburner, E. Novitski, eds.), Vol. 1C, pp. 955-1018. New York : Academic Press, 1976.
30. Goldberg, D.A. ; Posakony, J.W. ; Maniatis, T. Correct developmental expression of a cloned alcohol dehydeogenase gene transduced into the *Drosophila* germ line. *Cell* 34:59-73, 1983.
    Grosveld, F. ; van Assendelft, G.B. ; Greaves, D.R. ; Kollias, G. Position-independent, high-level expression of the human β-globin gene in transgenic mice. *Cell* 51:975-985, 1987.
    Meyerowitz E.M. ; Raghavan, K.V. ; Mathers, P.H. ; Roark, M. How *Drosophila* larvae make glue : control of *Sgs-3* gene expression. *Trends Genet.* 3:288-293, 1987.
    Palmiter, R.D. ; Brinster, R.L. Germ-line transformation of mice. *Annu. Rev. Genet.* 20:465-499, 1986.
31. Ephrussi, A. ; Church, G.M. ; Tonegawa, S. ; Gilbert W. B lineagespecific interactions of an immunoglobulin enhancer with cellular factors *in vivo*. *Science* 227:134-140, 1985.
    Garel, A. ; Zolan, M. ; Axel, R. Genes transcribed at diverse rates have a similar conformation in chromatin. *Proc. Natl. Acad. Sci. USA* 74:4867-4871, 1977.
    Karlson, S. ; Nienhuis, A.W. Developmental regulation of human globin genes. *Annu. Rev. Biochem.* 54:1071-1108, 1985.
    Weintraub, H. ; Groudine, M. Chromosomal subunits in active genes have an altered conformation. *Science* 193:848-856, 1976.
32. Brill, S.J. ; Sternglanz, R. Transcription-dependent DNA supercoiling in yeast DNA topoisomerase mutants. *Cell* 54:403-411, 1988.
    Wang, J.C. Superhelical DNA. *Trends Biochem. Sci.* 5:219-221, 1980.
    Wang, J.C. ; Giaever, G.N. Action at a distance along a DNA. *Science* 240:300-304, 1988.
33. Guarente, L. Regulatory proteins in yeast. *Annu. Rev. Genet.* 21:425-452,1987.
34. Razin, A. ; Cedar, H. ; Riggs, A.D., eds. DNA Methylation : Biochemistry and Biological Significance. New York : Springer-Verlag, 1984.
35. Cedar, H. DNA methylation and gene activity. *Cell* 52:3-4, 1988.
    Ivarie, R.D. ; Schacter, B.S. ; O'Farrell, P.H. The level of expression of the rat growth hormone gene in liver tumor cells is at least eight orders of magnitude less than that in anterior pituitary cells. *Mol. Cell. Biol.* 3:1460-1467, 1983.
    Yisraeli, J. ; et al. Muscle-specific activation of a methylated chimeric actin gene. *Cell* 46:409-416, 1986.
36. Bird, A.P. CpG islands as gene markers in the vertebrate nucleus. *Trends Genet.* 3:342-347, 1987.
37. Duncan, I. The bithorax complex. *Annu. Rev. Genet* 21:285-319, 1987.
    Peifer, M. ; Karchi, F. ; Bender, W. The bithorax complex : control of segmental identity. *Genes Dev.* 1:891-898, 1987.
38. Landrick, R. ; Yanofsky, C. Transcription attenuation. In *Escherichia coli* and *Salmonella typhimurium* : Cellular and Molecular Biology (F.C. Neidhardt ; et al, eds.), Vol. 2, pp. 1276-1301, Washington DC : American Society for Microbiology, 1987.
    Platt, T. Transcription termination and the regulation of gene expression. *Annu. Rev. Biochem.* 55:339-372, 1986.
    Yanofsky, C. Operon-specific control by transcription attenuation. *Trends Genet.* 3:356-360, 1987.
39. Andreadis, A. ; Gallego, M.E. ; Nadal-Ginard, B. Generation of protein isoform diversity by alternative splicing : mechanistic and biological implications. *Annu. Rev. Cell Biol.* 3:207-242, 1987.
    Leff, S. ; Rosenfeld, M. ; Evans, R. Complex transcriptional units : diversity in gene expression by alternative RNA processing. *Annu. Rev. Biochem.* 55:1091-1117, 1986.
    Schwartz, T.L. ; Tempel, B.L. ; Papazian, D.M. ; Jan, Y.N. ; Jan, L.Y. Multiple potassium-channel components are produced by alternative splicing at the *Shaker* locus in *Drosophila*. *Nature* 331:137-142, 1988.
40. Baker, B.S. ; Belote, J.M. Sex determination and dosage compensation in *Drosophila melanogaster*. *Annu. Rev. Genet.* 17:345-393, 1983.
    Bingham, P.M. ; Chou, T. ; Mims, I. ; Zachar, Z. On/off regulation of gene expression at the level of splicing. *Trends Genet.* 4:134-138, 1988.
    Boggs, R.T. ; Gregor, P. ; Idriss, S. ; Belote, J.M. ; McKeown, M. Regulation of sexual differenciation in *D. melanogaster* via alternative splicing of RNA from the transformer gene. *Cell* 50:739-747, 1987.
    Larski, F.A. ; Rio, D.C. ; Rubin, G.M. Tissue specificity of *Drosophila* P element transposition is regulated at the level of RNA splicing. *Cell* 44:7-19, 1986.
41. Early, P. ; et al. Two mRNAs can be produced from a single immunoglobulin μ gene alternative RNA processing pathways. *Cell* 20:313-319, 1980.
    Peterson, M.L. ; Perry, R.P. Regulated production of μ_m and μ_s mRNA requires linkage of the poly(A) addition sites and is dependent on the length of the μ_m-μ_s intron. *Proc. Natl. Acad. Sci USA* 83:8883-8887, 1986.
42. Beadle, G. Genes and the chemistry of the organism. *Am. Sci.* 34:31-53, 1946.
43. Newport, J.W. ; Forbes, D.J. The nucleus : structure, function, and dynamics. *Annu. Rev. Biochem.* 56:535-565, 1987.
    Schneider, R.J. ; Schenk, T. Impact of virus infection on host cell protein synthesis. *Annu. Rev. Biochem.* 56:317-332,1987.
44. Aziz, N. ; Munro, H.N. Iron regulates ferritin mRNA translation through a segment of its 5′ unstranlated region. *Proc. Natl. Acad. Sci. USA* 84:8478-8482, 1987.
    Gold, L. Posttranscriptional regulatory mechanisms in *Escherichia coli. Annu. Rev. Biochem.* 57:199-234, 1988.
    Nomura, M. ; Gourse, R. ; Baughman, G. Regulation of the synthesis of ribosomes and ribosomal components. *Annu. Rev. Biochem.* 53:75-117, 1984.
    Walden, W.E. ; et al. Translational repression in eukaryotes : partial purification and characterization of a repressor of ferritin in RNA translation. *Proc. Natl. Acad. Sci. USA* 85:9503-9507, 1988.
45. Hunt, T. False starts in translational control of gene expression. *Nature* 316:580-581, 1985.
    Kozak, M. Bifunctional messenger RNAs in eucaryotes. *Cell* 47:481-483, 1986.
    Pelletier, J. ; Sonenberg, N. Internal initiation of translation of eukaryotic mRNA directed by a sequence derived from poliovirus RNA. *Nature* 334:320-325, 1988.
46. Ilan, J., ed. Translational Regulation of Gene Expression. New York : Plenum Press, 1987.
    Rosenthal, E.T. ; Hunt, T. ; Ruderman, J.V. Selective translation of mRNA controls the pattern of protein synthesis during

early development of the surf clam, *Spisula solidissima. Cell* 20:487-494, 1980.

Walden, W.E. ; Thach, R.E. Translational control of gene expression in a norma. fibroblast : characterization of a subclass of mRNAs with unusual kinetic properties. *Biochemistry* 25:2033-2041, 1986.

47. Craigen, W.J. ; Caskey, C.T. Translational frameshifting : where will it stop ? *Cell* 50:1-2, 1987.

48. Casey, J.L. ; et al. Iron-responsive elements : regulatory RNA sequences that control mRNA levels and translation. *Science* 240:924-928, 1988.

Raghow, R. Regulation of messenger RNA turnover in eukaryotes. *Trends Biochem. Sci.* 12:358-360, 1987.

Shaw, G. ; Kamen, R. A conserved AU sequence from the 3′ untranslated region of GM-CSF mRNA mediaters selective mRNA degradation. *Cell* 46:659-667, 1986.

49. Graves, R.A. ; Pandey, N.B. ; Chodchoy, N. ; Marzluff, W.F. Translation is required for regulation of histone mRNA degradation. *Cell* 48:615-626, 1987.

Marzluff, W.F. ; Pandley, N.B. Multiple regulatory steps control histone mRNA concentrations. *Trends Biochem. Sci.* 13:49-52, 1988.

Mowry, K.L ; Steitz, J.A. Identification of the human U7 snRNP as one of several factors involved in the 3′ end maturation of histone premessenger RNA's. *Science* 238:1682-1687, 1987.

50. Driever, W. ; Nüsslein-Volhard, C. A gradient of bicoid protein in *Drosophila* embryos. *Cell* 54:83-93, 1988.

Lawrence, J.B. ; Singer, R.H. Intracellular localization of messenger RNAs for cytoskeletal proteins. *Cell* 45:407-415, 1986.

Weeks, D.L. ; Melton, D.A. A maternal mRNA localized to the vegetal hemisphere in *Xenopus* eggs codes for a growth factor related to TGF-beta. *Cell* 51:861-867, 1987.

51. Borst, P. Discontinuous transcription and antigenic variation in trypanosomes. *Annu. Rev. Biochem.* 55:701-732, 1986.

Eisen, H. RNA editing : who's on first ? *Cell* 53:331-332, 1988.

Powell, L.M. ; et al. A novel form of tissue-specific RNA processing produces apolipoprotein-B48 in intestine. *Cell* 50:831-840, 1987.

Sharp, P.A. *Trans* splicing : variation on a familiar theme. *Cell* 50:147-148, 1987.

52. McClain, W.H. ; Guerrier-Takada, C. ; Altman, S. Model substrates for an RNA enzyme. *Science* 238:527-530, 1987.

Pines, O. ; Inouye, M. Antisense RNA regulation in prokaryotes *Trends Genet.* 2:284-287, 1986.

Tomizawa, J. Control of ColE1 plasmid replication : binding of RNA I to RNA II and inhibition of primer formation *Cell* 47:89-97, 1986.

Wu, H.N. ; Uhlenbeck, O.C. Role of a bulged A residue in a specific RNA-protein interaction. *Biochemistry* 26:8221-8227, 1987.

53. Clarke, B.C. ; Robertson, A. ; Jeffreys, A.J., eds. The evolution of DNA sequences. London : The Royal Society, 1986.

Nei, M. ; Koehn, R.K., eds. Evolution of Genes and Proteins. Sunderland, MA : Sinauer, 1983.

54. Doolittle, R.F. Proteins. *Sci. Am.* 253(4):88-99, 1985.

Holland, S.K. ; Blake, C.C. Proteins, exons, and molecular evolution. *Biosystems* 20:181-206, 1987.

Maeda, N. ; Smithies, O. The evolution of multigene families : human haptoglobin genes. *Annu. Rev. Genet.* 20:81-108, 1986.

55. Kourilsky, P. Molecular mechanisms for gene conversion in higher cells. *Trends Genet.* 2:60-63, 1986.

Roth, D.B. ; Porter, T.N. ; Wilson, J.H. Mechanisms of nonhomologous recombination in mammalian cells. *Mol. Cell Biol.* 5:2599-2607, 1985.

Smith, G.P. Evolution of repeated DNA sequences by unequal crossovers. *Science* 191:528-535, 1976.

Stark, G.R. ; Wahl, G.M. Gene amplification. *Annu. Rev. Biochem.* 53:447-491, 1984.

56. Dickerson, R.E. ; Geis, I Hemoglobin : Structure, Function, Evolution and Pathology. Menlo Park, CA : Benjamin-Cummings, 1983.

Efstratiadis, A. ; et al. The structure and evolution of the human β-globin gene family. *Cell* 21:653-668, 1980.

Vollrath, D. ; Nathans, J. ; Davis, R.W. Tandem array of human visual pigment genes at Wq28. *Science* 240:1669-1672, 1988.

57. Doolittle, W.F. RNA mediated gene conversion ? *Trends Genet.* 1:64-65, 1985.

Gilbert, W. ; Marchionni, M. ; McKnight, G. On the antiquity of introns. *Cell* 46:151-153, 1986.

Sharp, P. On the origin of RNA splicing and introns. *Cell* 42:397-400, 1985.

58. Britten, R.J. ; Kóhne, D.E. Repeated sequences in DNA. *Science* 161:529-540, 1968.

Jelinek, W.R. ; Schmidt, C.W. Repetitive sequences in eukaryotic DNA and their expression. *Annu. Rev. Biochem.* 51:813-844, 1982.

59. Craig-Holmes, A.P. ; Shaw, M.W. Polymorphism of human constitutive heterochromatin. *Science* 174:702-704,1971.

Hsu, T.C. Human and Mammalian Cytogenetics : A Historical Perspective. New York : Springer-Verlag, 1979.

John B. ; Miklos, G.L.G. Functional aspects of satellite DNA and heterochromatin. *Int. Rev. Cytol.* 58:1-114,1979.

Orgel L.E. ; Crick, F.H.C. Selfish DNA : the ultimate parasite. *Nature* 284:604-607, 1980.

60. Berg, D.E. ; Howe, M.M. ; eds. Mobile DNA. Washington, DC : American Society for Microbiology, 1989.

Döring, H.-P. ; Startlinger, P. Molecular genetics of transposable elements in plants. *Annu. Rev. Genet.* 20:175-200, 1986.

Finnegan, D.J. Transposable elements in eukaryotes. *Int. Rev. Cytol.* 93:281-326, 1985.

McClintock, B. Controlling elements and the gene. *Cold Spring Harbor Symp. Quant. Biol.* 21:197-216, 1956.

61. Coen, E.S. ; Carpenter, R. Transposable elements in *Antirrhinum majus* : generators of genetic diversity. *Trends Genet.* 2:292-296, 1986.

Georgiev, G.P. Mobile genetic elements in animal cells and their biological significance. *Eur. J. Biochem.* 145:203-220, 1984.

O'Kane, C.J. ; Gehring, W. Detection in *situ* of genomic regulatory elements in *Drosophila. Proc. Natl. Acad. Sci. USA* 84:9123-9127, 1987.

Hiromi, Y. ; Gehring, W.J. Regulation and function of the Drosophila segmentation gene *fushi tarazu.* Cell 50:963-974, 1987.

62. Gerasimova, T.I. ; Mizrokhi, L.J. ; Georgiev, G.P. Transposition bursts in genetically unstable. *Drosophila. Nature* 309:714-716, 1984.

McClintock, B. The significance of responses of the genome to challenge. *Science* 226-792-801, 1984.

Walbot, V. ; Cullis, C.A. Rapid genomic change in higher plants. *Annu. Rev. Plant. Physiol.* 36:367-396, 1985.

63. Deininger, P.L. ; Daniels, G.R. The recent evolution of mammalian repetitive DNA elements. *Trends Genet.* 2:76-80, 1986.

Ruffner, D.E. ; Sprung, C.N. ; Minghetti, P.P. ; Gibbs, P.E. ; Dugaiczyk, A. Invasion of the human albumin-α-fetoprotein gene family by Alu, Kpn, and two novel repetitive DNA elements. *Mol. Biol. Evol.* 4:1-9, 1987.

Weiner, A.M. ; Deininger, P.L. ; Efstratiadis, A. Nonviral retroposons : genes, pseudogenes, and transposable elements generated by the reverse flow of genetic information. *Annu. Rev. Biochem.* 55:631-661, 1986.

Le cytosquelette

11

La capacité qu'ont les cellules eucaryotes d'adopter une variété de formes et d'effectuer des mouvements coordonnés et dirigés dépend du **cytosquelette**, un réseau complexe de filaments protéiques qui s'étend dans tout le cytoplasme. Le cytosquelette pourrait aussi bien s'appeler « cytomusculature » car il est directement responsable de mouvements tels que la migration des cellules sur un substratum, la contraction musculaire, et les nombreux changements de forme d'un embryon de vertébré en cours de développement ; il fournit également le mécanisme de déplacement actif des organites d'un endroit à l'autre dans le cytoplasme. Puisque les bactéries sont apparemment dépourvues de cytosquelette, ce dernier peut avoir été un facteur crucial de l'évolution des cellules eucaryotes.

Les diverses activités du cytosquelette ne dépendent que de trois types principaux de filaments protéiques : les *filaments d'actine,* les *microtubules* et les *filaments intermédiaires*. Chaque type de filament est constitué à partir d'un monomère protéique différent et peut être assemblé en différentes structures en fonction des protéines qui lui sont associées. Certaines de ces protéines associées lient des filaments les uns aux autres ou à d'autres composants cellulaires, tels que la membrane plasmique. D'autres contrôlent le lieu et le moment de l'assemblage des filaments d'actine et des microtubules dans la cellule en modulant leur vitesse et leur degré de polymérisation. D'autres encore interagissent avec certains filaments pour produire des mouvements, les deux exemples les mieux connus étant la contraction musculaire, qui dépend des filaments d'actine, et le battement des cils, qui dépend des microtubules.

Dans ce chapitre, nous considérerons tout d'abord les structures construites à partir de filaments d'actine, depuis la *myofibrille* spécialisée d'une cellule musculaire jusqu'au *cortex* riche en actine situé sous la membrane plasmique de toutes les cellules animales. Nous examinerons ensuite les microtubules, depuis ceux des faisceaux organisés qui sont responsables du battement des cils jusqu'à ceux qui s'étendent dans tout le cytoplasme des cellules, contrôlent les mouvements des organites et définissent la polarité de la cellule. Après avoir discuté des diverses familles de filaments intermédiaires, qui donnent à la cellule sa force de tension et forment la lamina nucléaire, nous étudierons finalement la manière dont le cytosquelette fonctionne comme un réseau intégré pour contrôler et coordonner les mouvements et les formes des cellules et des tissus isolés.

La contraction musculaire [1]

Beaucoup de molécules protéiques qui constituent les structures à base d'actine communes à toutes les cellules furent d'abord découvertes dans le muscle, et la contraction musculaire est le plus familier et le mieux compris de tous les types de mouvement dont sont capables les animaux. Chez les vertébrés, par exemple, la course, la marche, la nage et le vol dépendent tous de la capacité du *muscle squelettique* de se contracter rapidement sur sa charpente osseuse,

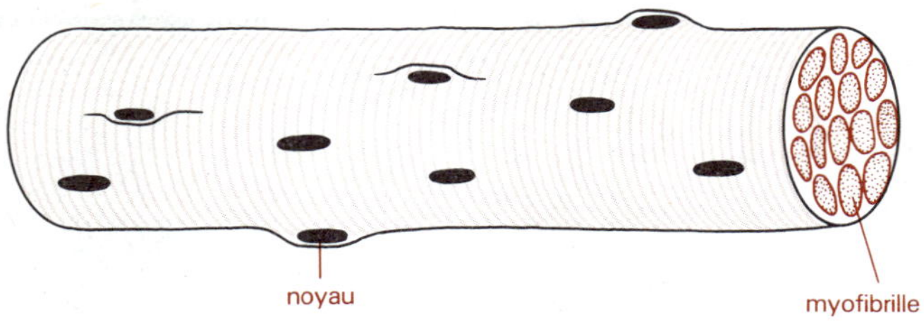

Figure 11-1 Représentation schématique d'une petite partie d'une cellule d'un muscle squelettique (également appelé fibre musculaire). Chez un homme adulte, ces énormes cellules multinucléées ont un diamètre de 50 μm, et leur longueur peut atteindre 500 000 μm (500 mm).

alors que les mouvements involontaires, tels que le pompage cardiaque et le péristaltisme intestinal dépendent de la contraction des *muscles cardiaque* et *lisse*.

La contraction musculaire se fait grâce à un mécanisme protéique intracellulaire sophistiqué et puissant qui est présent, sous une forme plus rudimentaire, dans presque toutes les cellules eucaryotes. Au cours de l'évolution des cellules musculaires, certaines structures du cytosquelette se retrouvèrent très amplifiées et spécialisées afin de rendre l'appareil contractile du muscle exceptionnellement stable et efficace. Dans les *muscles striés* (comprenant le muscle squelettique, le muscle cardiaque, et des tissus comparables chez les invertébrés comme le muscle du vol d'un insecte), le degré d'organisation de cet appareil est si élevé que sa contraction peut être observée directement, révélant certaines propriétés importantes des molécules qui le composent.

Les myofibrilles sont les éléments contractiles d'une cellule du muscle squelettique

Les longues et fines *fibres musculaires* du muscle squelettique sont des cellules uniques d'une taille peu commune, formées, au cours du développement, par la fusion de nombreuses cellules séparées (voir p. 983). Les noyaux des cellules participantes sont retenus dans cette longue cellule et se trouvent juste sous la membrane plasmique. Mais le plus gros du cytoplasme (environ deux tiers de sa masse sèche) est constitué par les *myofibrilles*, éléments cylindriques de 1 à 2 μm de diamètre, qui sont souvent aussi longs que la cellule musculaire elle-même (Figure 11-1). Les myofibrilles isolées ont sur leur longueur une série de bandes proéminantes, qui sont responsables de l'aspect strié des cellules du muscle squelettique. Si l'ATP et les ions Ca^{2+} sont ajoutés à des myofibrilles isolées, celles-ci se contractent instantanément, indiquant qu'elles sont les générateurs de force de la cellule musculaire. Chaque myofibrille est constituée de l'enchaînement de minuscules unités contractiles composées d'assemblages miniatures précisément arrangés, de filaments épais et minces.

Les myofibrilles sont composées d'assemblages à répétition de filaments épais et minces

Chacune des unités régulièrement répétées, ou *sarcomères*, qui donnent à la myofibrille des vertébrés son aspect strié, mesure environ 2,5 μm de long. A fort grossissement, une série de

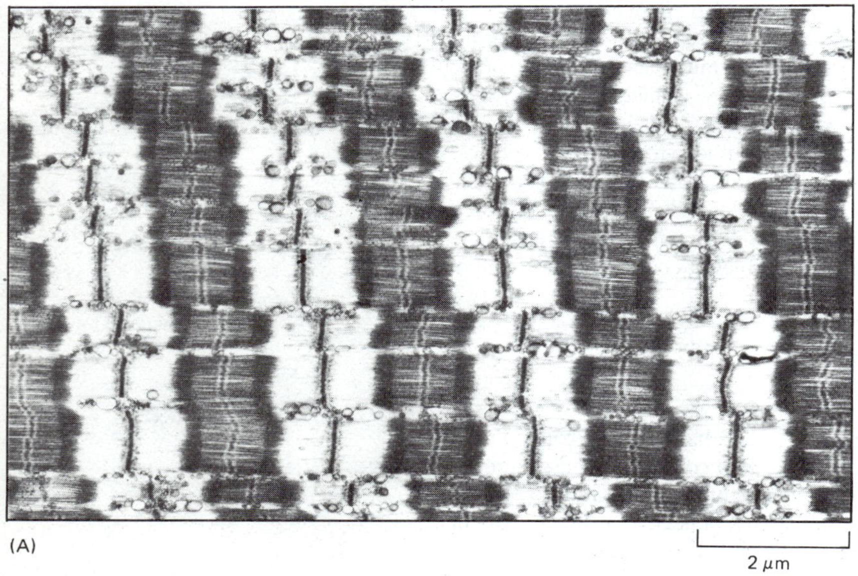

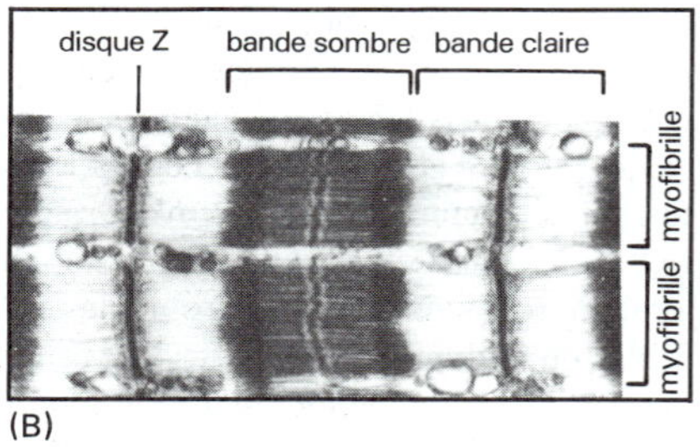

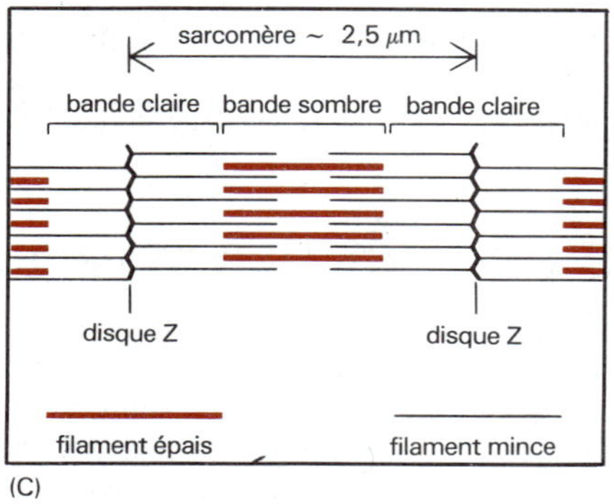

Figure 11-2 (A) Micrographie électronique à faible grossissement d'une coupe longitudinale à travers une cellule de muscle squelettique de lapin, montrant la disposition régulière des stries transversales. La cellule contient de nombreuses myofibrilles parallèles (voir Figure 11-1). (B) Détails de la cellule de muscle squelettique observée en (A), montrant des parties de deux myofibrilles adjacentes et la définition d'un sarcomère. (C) Diagramme schématique d'un seul sarcomère, montrant l'origine des bandes sombres et claires visibles sur les micrographies électroniques. Les bandes sombres sont parfois appelées *bandes A* du fait de leur anisotropie en lumière polarisée (c'est-à-dire que leur indice de réfraction change avec le plan de polarisation). Les bandes claires sont relativement isotropes en lumière polarisée, et sont parfois appelées *bandes I*. (A et B avec l'autorisation de Roger Craig).

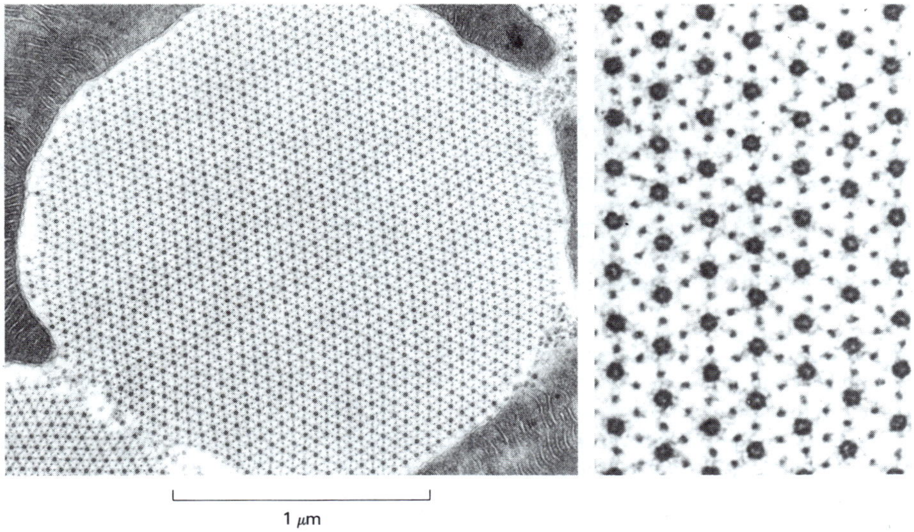

Figure 11-3 Micrographies électroniques du muscle du vol d'un insecte, observé en coupe transversale, montrant la régularité cristalline de l'assemblage des filaments épais et minces. Contrairement à leurs homologues des muscles de vertébré, les filaments épais possèdent un centre creux, comme on peut l'observer sur l'agrandissement de droite. La géométrie hexagonale est légèrement différente dans le muscle de vertébré. (D'après J. Auber, *J. de Microsc.* 8:197-232, 1969.)

bandes épaisses claires et foncées peut être observée dans chaque sarcomère ; une ligne dense au centre de chaque bande claire sépare un sarcomère du suivant, la ligne Z ou *disque Z* (Figure 11-2).

C'est l'une des premières applications de la microscopie électronique au matériel biologique qui a révélé, en 1953, la base moléculaire des striations transversales, et suggéré leur signification fonctionnelle. On constata que chaque sarcomère contenait deux séries de filaments parallèles et partiellement superposés : les *filaments épais*, allant d'une extrémité à l'autre de la bande sombre, et les *filaments minces*, s'étendant à travers chaque bande claire et sur une partie des deux bandes sombres voisines (Figure 11-2C). L'observation d'une coupe transversale de la région de la bande sombre où des filaments épais et minces se superposent révéla que les filaments épais étaient arrangés en un réseau hexagonal régulier, les filaments minces étant intercalés régulièrement entre eux (Figure 11-3).

11-3 La contraction se fait par glissement des filaments épais et minces les uns sur les autres [2]

Si une source de lumière monochromatique, comme un laser, est dirigée à travers une cellule musculaire vivante, on obtient une série de franges d'interférence qui constituent une mesure sensible de l'espacement des sarcomères. De telles mesures révèlent que chaque sarcomère se raccourcit proportionnellement à la contraction du muscle : si une myofibrille contenant un enchaînement de 20 000 sarcomères se contracte de 5 à 4 cm (c'est-à-dire de 20 p. cent), la longueur de chaque sarcomère diminue de façon correspondante et passe de 2,5 à 2,0 μm.

Lorsqu'un sarcomère se raccourcit, seule la longueur de la bande claire diminue ; la bande sombre reste inchangée. Ceci s'explique facilement si la contraction est provoquée par des filaments épais sur les filaments minces sans changement de la longueur des deux types de filaments (Figure 11-4). Ce *modèle du glissement des filaments*, proposé pour la première fois en 1954, a été d'une importance capitale pour la compréhension du mécanisme contractile.

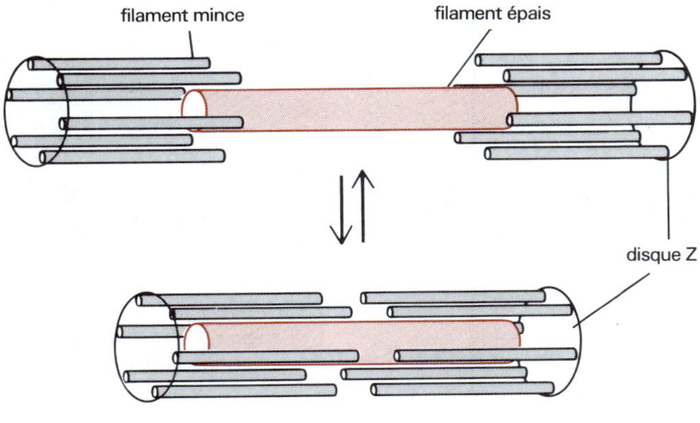

Figure 11-4 Modèle du glissement des filaments pendant la contraction musculaire, dans lequel les filaments minces et épais glissent les uns sur les autres sans se raccourcir.

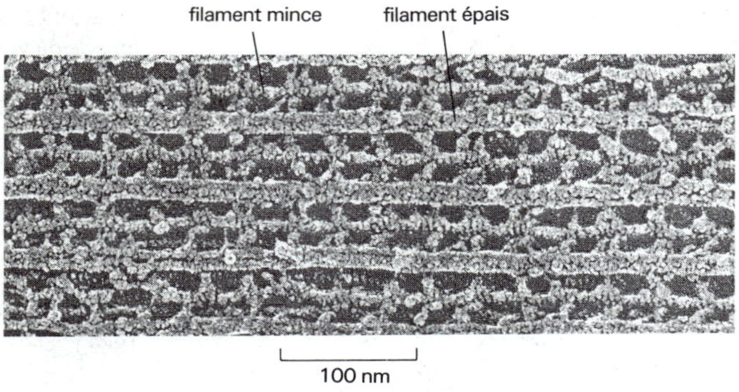

Figure 11-5 Micrographie électronique d'une coupe longitudinale d'un muscle du vol d'un insecte qui a été soumis à une congélation rapide, une fracture et un décapage poussé, montrant l'arrangement presque cristallin des filaments épais de myosine et des filaments minces d'actine. Les ponts transversaux qui relient les deux types de filaments sont des têtes de myosine. (Avec l'autorisation de John Heuser et Roger Cooke.)

Il a, en particulier, attiré l'attention sur les interactions moléculaires qui existent entre les filaments épais et minces adjacents et qui provoquent leur glissement.

Le modèle du glissement des filaments est étayé par des preuves de plusieurs types. Des études en microscopie électronique montrent que la longueur des filaments épais et minces ne change pas lorsqu'un muscle se raccourcit, alors que des analyses par diffraction des rayons X démontrent que l'assemblage interne des sous-unités moléculaires dans les filaments reste également inchangé. Lorsque le muscle se raccourcit, la tension mécanique augmente en fonction de l'ampleur du chevauchement entre filaments épais et minces, comme ce devrait être le cas si la tension était engendrée par des interactions liées au glissement des filaments entre eux.

La base ultrastructurale de l'interaction génératrice de force est visible à très fort grossissement sur des micrographies électroniques. On peut voir que les filaments épais possèdent une multitude de minuscules bras latéraux, ou *ponts transversaux*, qui s'étendent d'environ 13 nm pour établir un contact avec les filaments minces adjacents (Figure 11-5). Nous verrons que, lors de la contraction d'un muscle, les filaments épais et minces sont tirés les uns par rapport aux autres par les ponts transversaux qui agissent de manière cyclique, comme des rangées de minuscules avirons.

Les protéines des filaments épais et minces qui ont une action conjuguée ont été identifiées comme étant respectivement *l'actine* et la *mysosine*. L'actine est la plus abondante de toutes les protéines du cytosquelette, et elle est souvent associée avec la myosine dans des structures responsables de la contraction. Bien que ces protéines soient présentes dans pratiquement toutes les cellules eucaryotes, la plupart de nos connaissances actuelles sur leurs propriétés proviennent d'expériences biochimiques effectuées sur l'actine et la myosine extraites du muscle.

Les filaments minces sont principalement constitués d'actine [2]

Toutes les espèces eucaryotes (y compris les organismes unicellulaires tels que les levures) contiennent de l'**actine**. Les gènes de l'actine ont été très conservés au cours de l'évolution, et les molécules d'actine de sources très diverses sont fonctionnellement interchangeables dans les tests réalisés *in vitro*. Par exemple, les principales propriétés des molécules d'actine extraites du muscle squelettique sont communes aux molécules d'actine de toutes les autres sources.

L'actine est généralement isolée en traitant des muscles secs pulvérisés avec des solutions salines très diluées, qui dissocient les filaments d'actine en leurs sous-unités globulaires. Chaque sous-unité est composée d'un seul polypeptide long de 375 acides aminés, parfois appelé actine globulaire ou *actine G*, et est associée de façon non covalente à une molécule d'ATP. Le phosphate terminal de l'ATP est hydrolysé lorsque l'actine se polymérise pour former des filaments d'actine appelés aussi actine filamenteuse ou *actine F*. La polymérisation peut être induite par une simple augmentation de la concentration saline jusqu'à un niveau proche de celui qui existe dans les cellules : la solution d'actine, dont la viscosité est proche de celle de l'eau, devient alors rapidement plus visqueuse lorsque les molécules d'actine s'associent pour former des filaments.

Bien que l'ATP lié soit hydrolysé au cours de la polymérisation de l'actine, le processus de polymérisation ne nécessite pas d'énergie ; l'actine polymérisera même lorsque le nucléotide lié est l'ADP ou un analogue non hydrolysable de l'ATP. L'hydrolyse de l'ATP, cependant, joue un rôle important dans le comportement dynamique des filaments d'actine, comme nous le verrons plus tard lorsque nous discuterons des activités cellulaires qui, contrairement à la contraction musculaire, dépendent de la polymérisation et de la dépolymérisation contrôlées de l'actine.

Les **filaments d'actine** apparaissent sur des micrographies électroniques comme des filaments uniformes d'environ 8 nm de diamètre (Figure 11-6). Ils ont été identifiés comme les

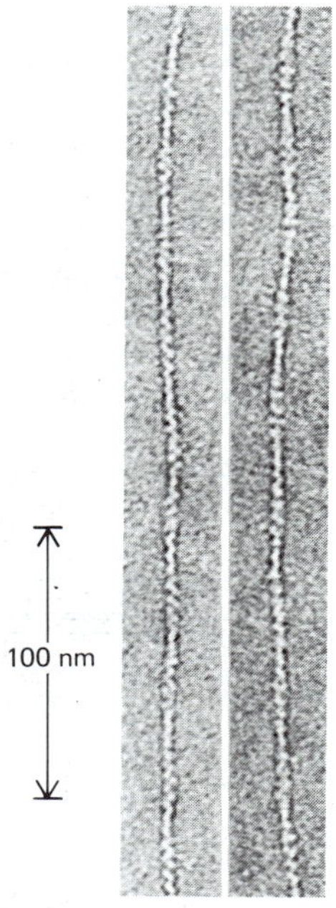

Figure 11-6 Micrographies électroniques de filaments d'actine en coloration négative. (Avec l'autorisation de Roger Craig.)

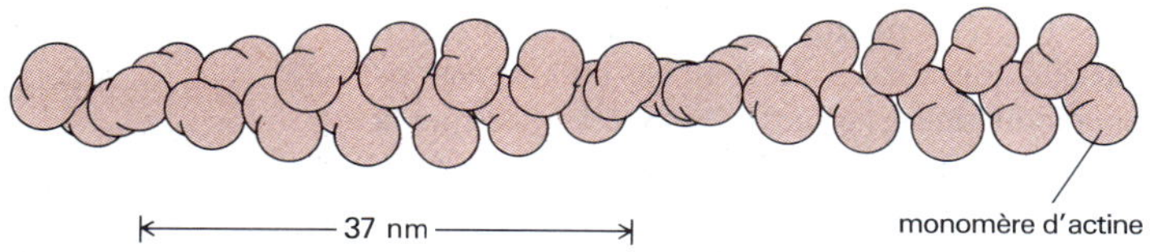

Figure 11-7 L'arrangement des molécules globulaires d'actine dans un filament d'actine. Les molécules sont empilées pour former une hélice serrée avec environ deux monomères d'actine par tour. Bien que cet arrangement puisse donner l'impression que les deux brins hélicoïdaux de molécules d'actine tournent l'un autour de l'autre tous les 37 nm, cette impression est fausse, puisque l'hypothétique « brin d'actine » unique ne peut exister par lui-même.

principaux composants des filaments minces du muscle squelettique par leur aspect en microscopie électronique, leur profil de diffraction des rayons X, et leur coloration avec des anticorps anti-actine. Toutefois, les filaments minces du muscle ne sont pas composés uniquement d'actine, comme nous le verrons plus loin (voir p. 622)

Les filaments d'actine sont composés d'une hélice serrée de monomères d'actine orientés uniformément (Figure 11-7). Ce sont des structures polaires, dont les deux extrémités sont différentes. La polarité des filaments est essentielle à leur fonction dans la motilité cellulaire et est très facilement détectable grâce à l'orientation du complexe que chaque monomère du filament forme avec la myosine. Cependant, avant d'étudier cette interaction fondamentale, il nous faut présenter quelques-unes des propriétés des molécules de myosine.

Les filaments épais sont composés de myosine [2]

La **myosine** est présente dans presque tous les types cellulaires du corps d'un vertébré et se trouve toujours là où les filaments d'actine forment des faisceaux contractiles dans le cytoplasme. La myosine a été beaucoup moins bien conservée que l'actine au cours de l'évolution, et on la trouve sous plusieurs formes. Les filaments formés lorsque la myosine du muscle squelettique polymérise spontanément *in vitro* sont, par exemple, beaucoup plus gros que les assemblages formés *in vitro* par des myosines de cellules non musculaires.

La myosine peut être spécifiquement extraite du muscle squelettique par traitement avec des solutions salines concentrées, qui provoquent la dépolymérisation des filaments épais en leurs molécules de myosine constitutives (Figures 11-8). Chaque molécule est constituée de six chaînes polypeptidiques : deux *chaînes lourdes* identiques et deux paires de *chaînes légères* (Figure 11-9)

La papaïne, une enzyme protéolytique, coupe la molécule de myosine en un long segment en hélice α, appelé *bâtonnet de myosine* (ou *queue de myosine*) et en *deux têtes de myosine* globulaires séparées, également appelées *sous-fragments 1* ou *fragments S1* (Figure 11-10). Ces deux parties de la molécule de myosine ont des rôles différents : la queue est responsable de l'assemblage spontané des molécules de myosine en filaments épais, alors que les têtes sont responsables du déplacement des molécules le long des filaments adjacents d'actine. Nous discuterons d'abord de la structure et de l'assemblage spontané des queues, puis nous considérerons la façon dont les têtes engendrent une force.

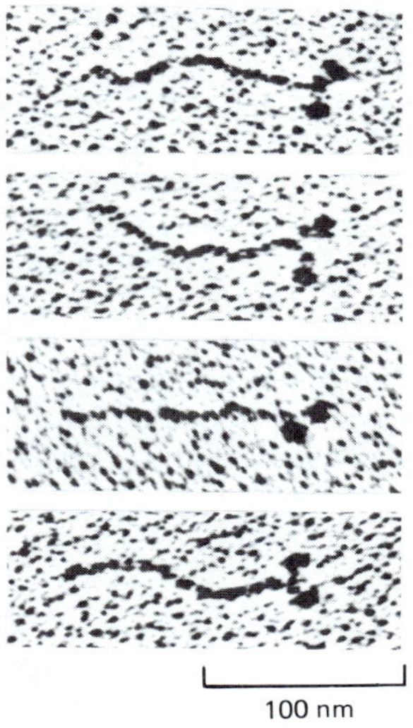

Figure 11-8 Micrographies électroniques de molécules de myosine ombrées au platine. Noter que chaque molécule est composée de deux têtes globulaires attachées à une queue fibreuse unique. (Avec l'autorisation de David Shotton.)

11-4 Les queues de myosine s'assemblent spontanément en un filament épais bipolaire [3]

Les queues de myosine, comme beaucoup de protéines du cytosquelette, sont de longues molécules en forme de bâtonnet. La structure rigide de ces protéines dépend d'un motif structural commun dans lequel deux hélices α avec un espacement caractéristique des résidus hydrophobes s'enroulent l'une autour de l'autre pour former un **surenroulement** (Figure 11-11). Dans la myosine, et dans beaucoup d'autres protéines du cytosquelette, les deux hélices sont orientées parallèlement (c'est-à-dire dans la même direction à partir de l'extrémité N-terminale vers l'extrémité C-terminale) pour donner un filament dont le diamètre est de 2 nm environ.

Alors que la structure des molécules de myosine isolées dépend d'interactions hydrophobes entre les deux chaînes lourdes α-hélicoïdales (voir Figure 11-11A), la structure des filaments épais que les molécules de myosine forment dans le muscle dépend d'interactions

Figure 11-9 Une molécule de mysosine est composée de deux chaînes lourdes (chacune longue d'environ 2 000 acides aminés) et de quatre chaînes légères. Les chaînes légères sont de deux types (l'un contenant environ 190 acides aminés et l'autre environ 170 acides aminés), chacune des deux têtes de myosine porte une molécule de chaque type.

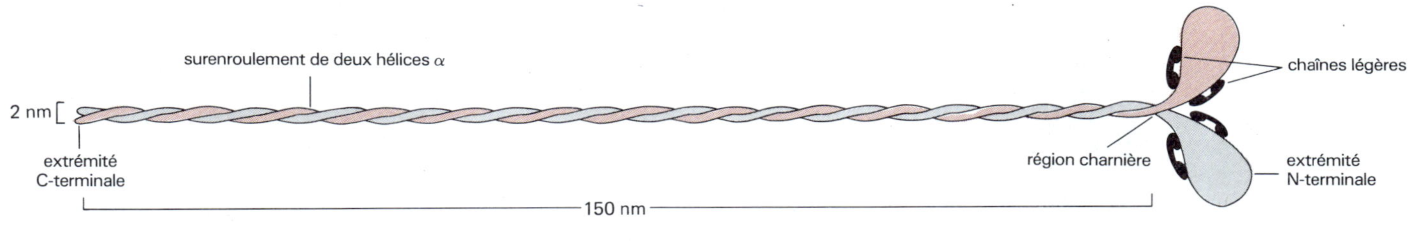

ioniques entre les queues des molécules individuelles. C'est pourquoi les solutions à très forte concentration saline, qui rompent les interactions ioniques mais n'affectent pas les interactions hydrophobes, libèrent des molécules de myosine individuelles à partir du muscle. Lorsque la concentration saline est ramenée à une force ionique physiologique, les queues des molécules de myosine s'associent pour former de gros filaments qui peuvent ressembler fortement aux filaments épais du muscle. Dans les cellules musculaires, ces interactions sont stabilisées par diverses protéines accessoires et les filaments épais qui se forment sont composés de centaines de queues de myosine associées, disposées en rangs régulièrement espacés desquels saillent les têtes de myosine selon un motif répétitif (Figure 11-12). La structure est bipolaire, avec une région centrale dénudée où deux séries de queues de myosine, d'orientation opposée, s'assemblent. Les têtes globulaires des molécules de myosine interagissent avec l'actine, formant des ponts transversaux entre les filaments épais et minces.

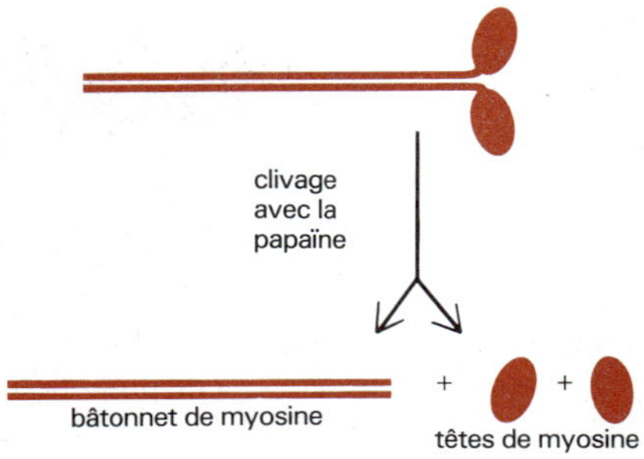

Figure 11-10 Une digestion ménagée par la papaïne, une enzyme protéolytique, coupe la molécule de myosine en un bâtonnet et deux têtes.

11-5 L'hydrolyse de l'ATP entraîne la contraction musculaire [4]

Le muscle squelettique transforme l'énergie chimique en travail mécanique avec une très grande efficacité — il n'y a que 30 à 50 p. cent de l'énergie gaspillé sous forme de chaleur. (Par comparaison, un moteur automobile gaspille habituellement 80 à 90 p. cent de l'énergie fournie par l'essence.)

L'énergie nécessaire à la contraction musculaire provient de l'hydrolyse de l'ATP. Toutefois, on ne détecte aucune différence majeure dans les niveaux d'ATP entre un muscle au repos et un muscle qui se contracte activement, du fait de l'existence, dans la cellule musculaire, d'un système très efficace de régénération de l'ATP. L'enzyme *phosphocréatine kinase* catalyse une réaction entre un composé phosphate encore plus réactif, la *phosphocréatine* (Figure 11-13), et l'ADP pour former de la créatine et de l'ATP. C'est le niveau intracellulaire de phosphocréatine qui chute après une brève poussée d'activité musculaire, même si le mécanisme contractile lui-même consomme de l'ATP. Le pool de phosphocréatine agit comme une batterie — stockant de l'énergie sous forme d'ATP et se rechargeant à partir de l'ATP engendré *de novo* par des oxygénations cellulaires lorsque le muscle est au repos.

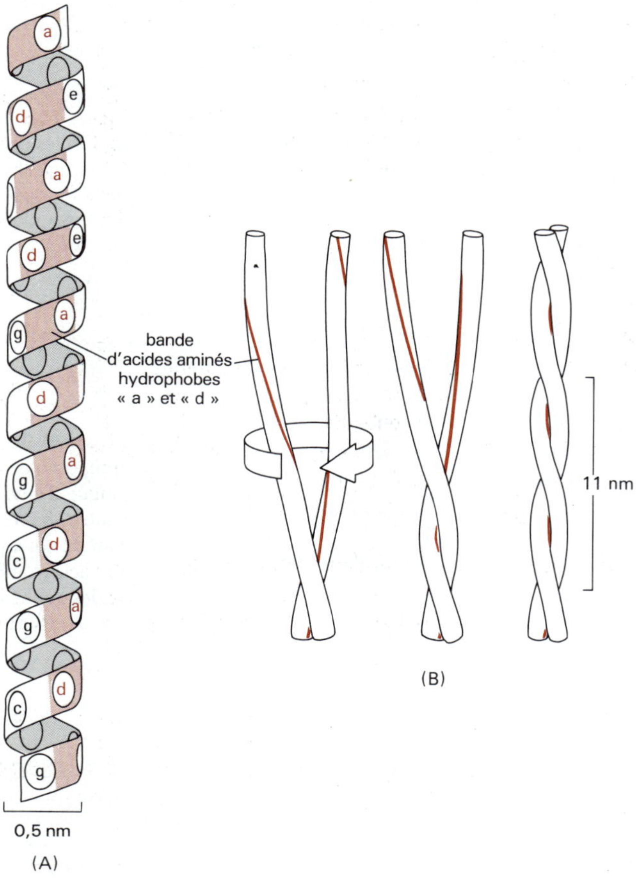

Figure 11-11 Topologie d'un surenroulement. En (A), une seule hélice α est représentée sous forme d'un cylindre avec des chaînes latérales d'acides aminés consécutives marquées selon une séquence de sept lettres « abcdefg » (de bas en haut). Les acides aminés « a » et « d » dans une telle séquence se trouvent proches les uns des autres à la surface du cylindre, formant une « bande » qui s'enroule lentement autour de l'hélice α (*ombrée en couleur*). Les acides aminés hydrophobes des protéines qui forment des surenroulements sont typiquement en positions « a » et « d ». Il en résulte, comme (B) l'indique, que les deux hélices α peuvent s'enrouler l'une autour de l'autre, les chaînes latérales hydrophobes d'une hélice α étant intercalées dans les espaces existants entre les chaînes latérales hydrophobes de l'autre, alors que les chaînes latérales d'acides aminés plus hydrophiles restent exposées à l'environnement aqueux.

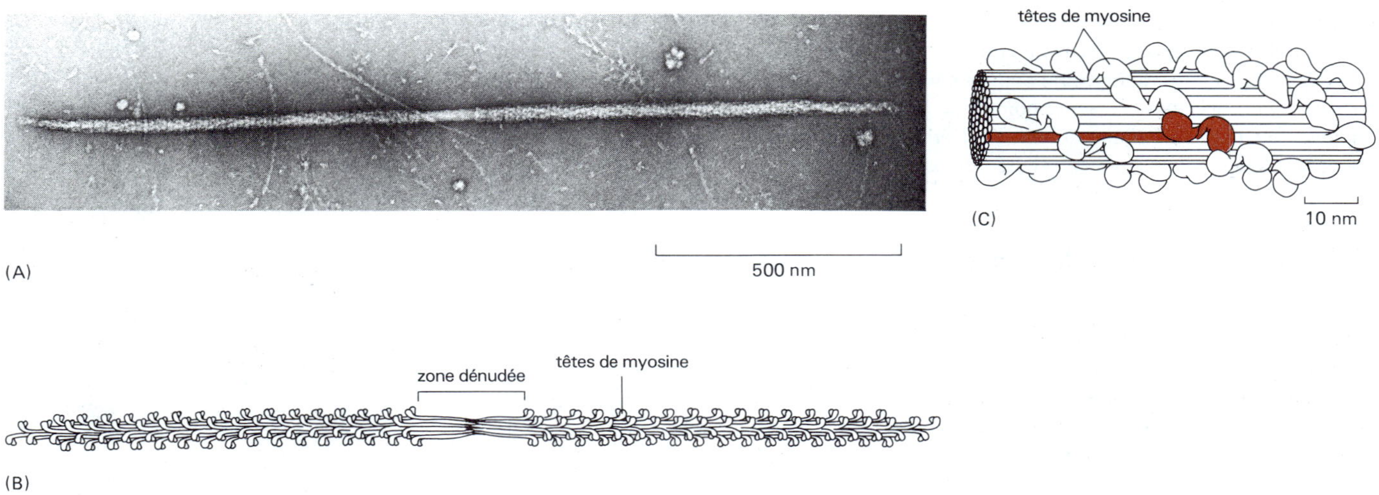

La myosine est une ATPase activée par l'actine [5]

L'hydrolyse de l'ATP au cours de la contraction musculaire est une conséquence directe de l'interaction entre myosine et actine. Même isolée, la myosine se comporte comme une ATPase. Mais la myosine purifiée agit très lentement. Il faut à chaque molécule environ 30 secondes pour achever un cycle dans lequel une molécule d'ATP est hydrolysée. L'étape limitante n'est pas la liaison initiale de l'ATP à la myosine, ni l'hydrolyse de son groupement phosphate terminal — les deux se produisent rapidement —, mais la libération des produits de l'hydrolyse de l'ATP (ADP et phosphate inorganique, P_i) qui restent liés de façon non covalente à la molécule de myosine et empêchent la liaison et l'hydrolyse ultérieures de l'ATP.

En présence de filaments d'actine, l'activité ATPasique de la myosine est fortement stimulée. Chaque molécule de myosine hydrolyse alors 5 à 10 molécules d'ATP par seconde, ce qui est comparable aux vitesses mesurées dans un muscle en contraction. La stimulation de l'ATPase de la myosine par des filaments d'actine reflète une association physique entre les deux, qui est au cœur de la contraction musculaire. La liaison de la myosine à un filament d'actine provoque une libération rapide d'ADP et de P_i à partir de la molécule de myosine, qui est alors libre de se lier à une autre molécule d'ATP et de recommencer le cycle.

Figure 11-12 Le filament épais de myosine. (A) Micrographie électronique d'un filament épais de myosine isolé à partir d'un muscle de coquille Saint-Jacques. Noter la zone centrale dénudée. (B) Représentation schématique (le dessin n'est pas à l'échelle). Les molécules de myosine s'assemblent par leurs régions de queue, leurs têtes faisant saillie vers l'extérieur. La zone dénudée au centre du filament est composée exclusivement de queues de myosine. (C) Une petite partie d'un filament épais reconstituée à partir de micrographies électroniques. Une molécule de myosine individuelle est colorée. (A, avec l'autorisation de Roger Craig ; C, d'après R.A. Crowther, R. Padron, et R. Craig, *J. Mol. Biol.* 184:429-439, 1985).

Les têtes de myosine se lient aux filaments d'actine [6]

C'est la tête globulaire de la molécule de myosine qui se lie aux filaments d'actine et qui hydrolyse l'ATP. Des têtes de myosine isolées, qui peuvent être obtenues séparément après digestion par la papaïne (voir Figure 11-10) conservent à la fois l'activité ATPasique et les propriétés de liaison aux filaments d'actine de la molécule de myosine intacte et peuvent donc être utilisées pour analyser l'interaction entre l'actine et la myosine.

Chaque molécule d'actine dans un filament d'actine est capable de fixer une tête de myosine pour former un complexe qui révèle la polarité structurelle du filament d'actine. Observés en microscopie électronique par coloration négative, de tels complexes ont une forme régulière : chaque tête de myosine forme une projection latérale, et l'image superposée d'un grand nombre de ces projections donne au filament d'actine l'aspect d'une succession de pointes de flèches (Figure 11-14). Puisque les têtes se lient avec la même orientation à chaque sous-unité d'actine, toutes les molécules d'actine sont orientées dans la même direction le long du filament. Le filament d'actine a par conséquent deux extrémités structurellement distinctes, qui sont appelées **extrémité moins** (également appelée *extrémité pointue* parce qu'elle correspond à la pointe de la flèche après décoration), et **extrémité plus** (également appelée *extrémité barbelée* parce qu'elle correspond aux barbelures de la flèche). La terminologie « plus » et « moins » vient du fait que les deux extrémités du filament d'actine s'allongent à des vitesses différentes *in vitro* (voir p. 637).

Comme le montre la Figure 11-12, les têtes de myosine ont des orientations opposées de part et d'autre de la région centrale dénudée d'un filament épais. Puisque les têtes doivent

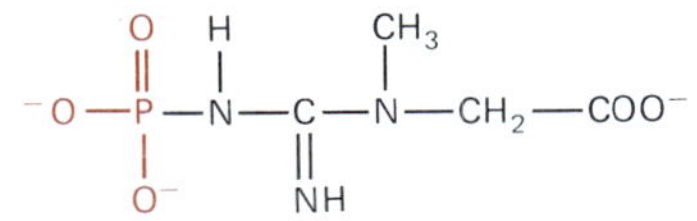

phosphocréatine

Figure 11-13 La phosphocréatine agit comme une réserve de groupements phosphate riches en énergie dans le muscle et d'autres tissus des vertébrés. Le groupement phosphate riche en énergie (*en couleur*) est transféré à l'ADP par la créatine kinase pour produire de l'ATP lorsque cela est nécessaire.

interagir avec les filaments minces dans la zone de superposition, les filaments minces situés de part et d'autre du sarcomère devraient avoir des polarités opposées. Ceci a été démontré en utilisant des têtes de myosine pour décorer les filaments d'actine attachés à des disques Z isolés : on observe que toutes les pointes de flèche de myosine sont tournées dans la direction opposée au disque Z. Par conséquent, l'extrémité plus de chaque filament d'actine est enchâssée dans le disque Z, alors que l'extrémité moins pointe vers les filaments épais (Figure 11-15).

Une tête de myosine se déplace vers l'extrémité plus d'un filament d'actine [7]

La contraction musculaire est couplée à l'interaction entre les têtes de myosine et les filaments d'actine adjacents. Durant cette interaction, la tête de myosine hydrolyse l'ATP. L'hydrolyse de l'ATP et la dissociation consécutive des produits étroitement liés (ADP et P_i) produisent une série ordonnée de changements allostériques dans la conformation de la myosine. Il en résulte qu'une partie de l'énergie libérée est couplée à la production de mouvement. Pour une discussion sur les principes généraux impliqués dans le couplage de l'hydrolyse de l'ATP au mouvement dirigé des molécules protéiques, se reporter à la page 130.

Des analyses cinétiques de l'hydrolyse de l'ATP au cours de la contraction musculaire, ainsi que des études en microscopie électronique et par diffraction des rayons X, suggèrent la séquence des événements illustrée sur la Figure 11-16. Une tête de myosine libre fixe l'ATP (état 1) et l'hydrolyse ; le processus est réversible parce que l'énergie de l'hydrolyse de l'ATP est initialement stockée dans une conformation protéique très contrainte avec de l'ADP et du P_i liés (état 2). Tandis qu'elle bascule entre ces deux états, une tête de myosine, du fait de mouvements aléatoires, peut se déplacer vers une sous-unité d'actine voisine et s'y lier faiblement ; ceci déclenche la libération de P_i, qui provoque la liaison très étroite de la tête au filament d'actine (état 3). Une fois liée de cette façon, la tête subit un changement de conformation qui engendre un « couple moteur » qui tire sur le reste du filament épais. A la fin (état 4), l'ADP est libéré et une nouvelle molécule d'ATP se lie à la tête, et la détache du filament d'actine ; la tête retourne alors à l'état 1. L'hydrolyse de l'ATP lié prépare ensuite la tête de myosine à un second cycle.

Puisque chaque tour du cycle illustré dans la Figure 11-16 aboutit à l'hydrolyse et à la libération d'une molécule d'ATP, l'ensemble des changements de conformation que nous venons de décrire est lié à une importante variation favorable d'énergie libre qui le rend unidirectionnel (voir p. 130). Chaque tête de myosine, par conséquent, « marche » dans une seule direction le long d'un filament d'actine adjacent, se déplaçant toujours vers l'extrémité plus du filament (voir Figure 11-15). Lorsqu'elle subit un changement cyclique de conformation, la tête de myosine tire sur le filament d'actine, provoquant son glissement sur le filament épais. Une fois qu'une tête de myosine s'est détachée du filament d'actine, elle est entraînée par l'action d'autres têtes de myosine dans le même filament épais, de sorte qu'une photographie instantanée de la totalité du filament épais dans un muscle en contraction montrerait certaines des têtes de myosine attachées aux filaments d'actine et d'autres non attachées. (Une certaine élasticité de la molécule de myosine est indispensable à ce processus.) Chaque filament épais porte environ 500 têtes de myosine, et chacune d'elles effectue environ cinq cycles par seconde au cours d'une contraction rapide — faisant glisser les filaments épais et minces les uns sur les autres à des vitesses allant jusqu'à 15 μm par seconde.

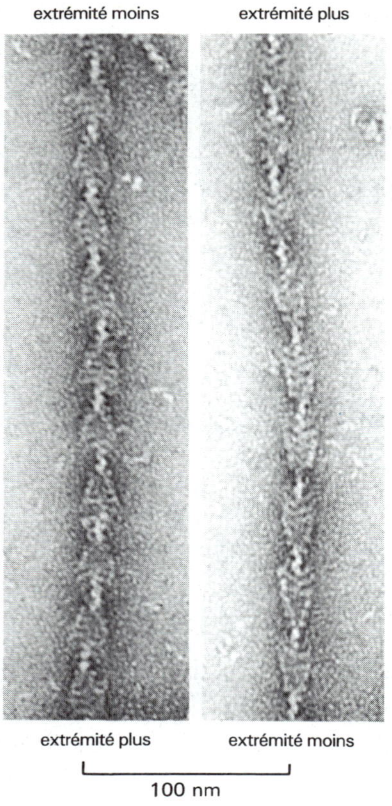

Figure 11-14 Micrographie électronique de filaments d'actine décorés avec des têtes de myosine isolées. L'arrangement hélicoïdal des têtes de myosine liées, qui sont toutes inclinées dans une même direction, présente l'aspect de pointes de flèches et indique la polarité du filament d'actine. L'extrémité pointue est appelée *extrémité moins* et l'extrémité barbelée *extrémité plus*, du fait de vitesses différentes d'assemblage des monomères d'actine aux deux extrémités (voir Figure 11-40). (Avec l'autorisation de Roger Craig.)

Figure 11-15 Les filaments minces et épais d'un sarcomère se chevauchent avec la même polarité relative de part et d'autre de la ligne médiane.

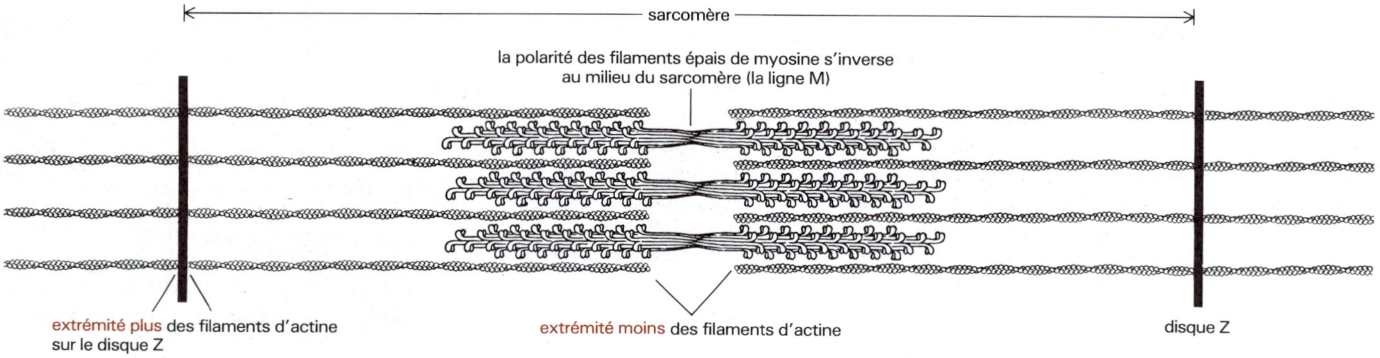

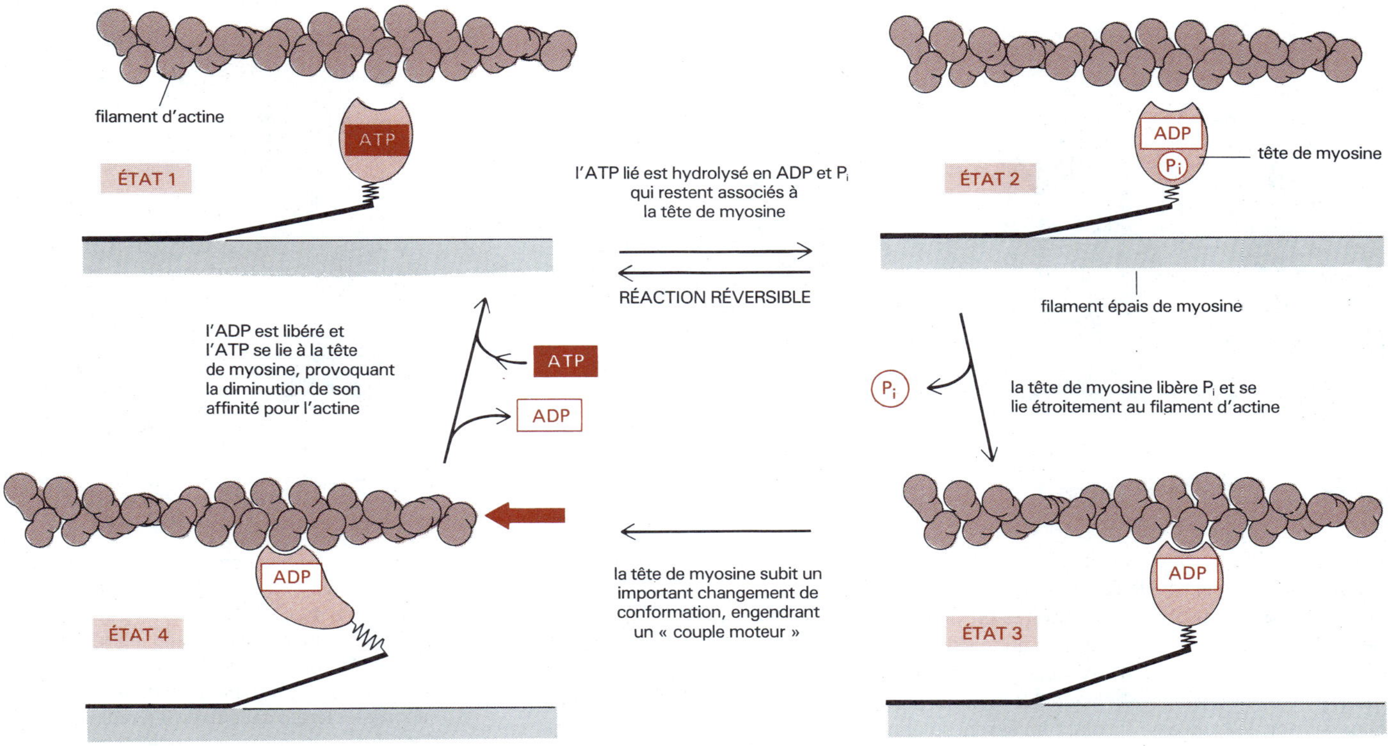

Figure 11-16 Diagramme montrant la façon dont une molécule de myosine utilise vraisemblablement l'énergie de l'hydrolyse de l'ATP pour se déplacer de l'extrémité moins vers l'extrémité plus d'un filament d'actine. Dans la transition de l'état 2 à l'état 3, une liaison initiale à l'actine provoque la libération de son phosphate lié par la tête de myosine et sa liaison plus étroite au filament d'actine. La tête de mysosine subit ensuite un changement de configuration mal connu accompagné d'une libération d'ADP, provoquant la traction de la tête de myosine sur le filament d'actine (couple moteur). Chacune des deux têtes d'une molécule de myosine effectuerait ce cycle indépendamment de l'autre.

La contraction musculaire est amorcée par une augmentation soudaine de Ca^{2+} cytosolique [8]

L'interaction moléculaire génératrice de force que nous venons de décrire se produit uniquement lorsqu'un signal est transmis au muscle squelettique par son nerf moteur. Le signal provenant du nerf déclenche un potentiel d'action, dans la membrane plasmique de la cellule musculaire, et cette excitation électrique se propage rapidement à travers une série de repliements membraneux, les *tubules transverses* ou *tubules T*, qui sont des extensions internes de la membrane plasmique qui entourent chaque myofibrille. Le signal est alors transmis d'une façon ou d'une autre au *réticulum sarcoplasmique*, un feuillet adjacent constitué de vésicules aplaties et anastomosées, qui entoure chaque myofibrille comme un bas de tulle (Figure 11-17).

L'espace existant entre le tubule T et le réticulum sarcoplasmique n'est que de 10 à 20 nm, mais la façon dont le signal passe de l'un à l'autre est obscure. Lorsque les tubules T sont électriquement excités, de larges *canaux de libération de* Ca^{2+}, situés dans la membrane du réticulum sarcoplasmique (voir Figure 11-17), sont ouverts d'une façon ou d'une autre, permettant aux ions Ca^{2+} de s'échapper dans le cytosol à partir du réticulum sarcoplasmique, où ces ions sont stockés en grandes quantités. L'augmentation soudaine de la concentration d'ions Ca^{2+} libres dans le cytosol amorce la contraction de chaque myofibrille. Puisque le signal provenant de la membrane plasmique de la cellule musculaire est transmis en quelques millisecondes (via les tubules T et le réticulum sarcoplasmique) à tous les sarcomères de la cellule, toutes les myofibrilles dans la cellule se contractent simultanément. L'augmentation de la concentration en Ca^{2+} dans le cytosol est transitoire car les ions Ca^{2+} sont rapidement pompés dans le réticulum sarcoplasmique par une abondante ATPase Ca^{2+}-dépendante localisée dans sa membrane (voir p. 307). Typiquement, la concentration cytosolique en Ca^{2+} revient au niveau de repos en 30 millisecondes, provoquant le relâchement des myofibrilles.

La troponine et la tropomyosine interviennent dans la régulation de la contraction du muscle squelettique par les ions Ca^{2+} [9]

La dépendance de la contraction des muscles squelettiques de vertébré à l'égard des ions Ca^{2+} et, de là, sa dépendance à l'égard des ordres moteurs transmis *via* les nerfs sont entièrement dues à une catégorie de protéines accessoires spécialisées, étroitement associées aux filaments d'actine. Quand la myosine est mélangée à des filaments d'actine purs dans un tube à essai, l'ATPase de la myosine est activée, que les ions Ca^{2+} soient présents ou non ; par contre, dans

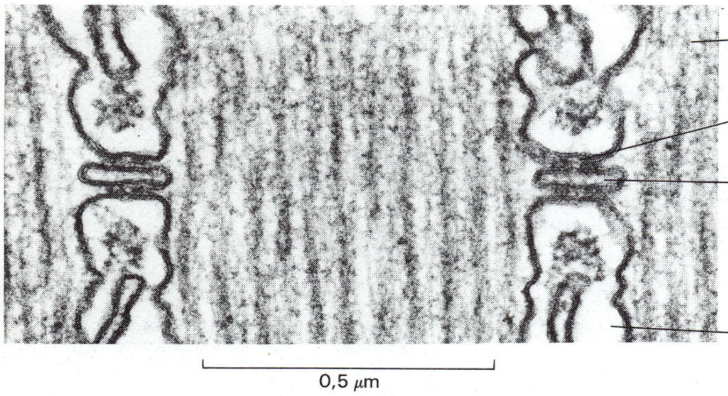

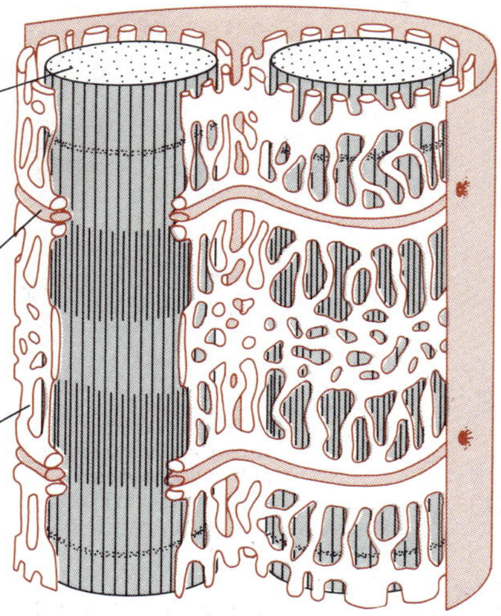

une myofibrille normale, où les filaments d'actine sont associés à des protéines accessoires, l'activation de l'ATPase de la myosine dépend des ions Ca^{2+}.

Une de ces protéines accessoires est une molécule rigide en forme de bâtonnet, longue de 41 nm, et appelée *tropomyosine* du fait de similitudes entre son diagramme de diffraction de rayons X et celui de la myosine. Comme la queue de myosine, la tropomyosine est un dimère de deux chaînes α-hélicoïdales identiques (284 acides aminés chacune), qui s'enroulent l'une autour de l'autre en formant un surenroulement (voir p. 618). En se liant sur la longueur d'un filament d'actine, la tropomyosine stabilise et renforce le filament (Figure 11-18).

L'autre protéine majeure impliquée dans la régulation par les ions Ca^{2+} de l'activation du muscle squelettique de vertébré est la *troponine*, un complexe de trois polypeptides — troponines T, I, et C (initiales correspondant à leurs activités de liaison à la *T*ropomyosine, d'*I*nhibition et de liaison du *C*alcium). Le complexe de troponines a une forme allongée, les sous-unités C et I formant une tête globulaire et la sous-unité T une longue queue. La queue de *troponine T* se lie à la tropomyosine et est sans doute responsable du positionnement du complexe sur le filament mince (voir Figure 11-18). La *troponine I* se lie à l'actine, et lorsqu'elle est associée à la troponine T et à la tropomyosine, le complexe inhibe l'interaction de l'actine et de la myosine, même en présence de Ca^{2+}.

L'addition ultérieure de *troponine C* complète le complexe de troponines et rend ses effets sensibles aux ions Ca^{2+}. La troponine C fixe jusqu'à quatre molécules de Ca^{2+} et lève l'inhibition de la liaison de la myosine à l'actine produite par les deux composants de la troponine. La troponine C est apparentée à la *calmoduline*, qui intervient dans les réponses transmises par Ca^{2+} dans toutes les cellules, y compris l'activation de la myosine des muscles lisses (voir p. 626). La troponine C peut par conséquent être considérée comme une forme particulière de calmoduline qui a développé des sites de liaison permanents pour la troponine I et la troponine T, permettant ainsi à la myofibrille de répondre extrêmement rapidement à une augmentation de la concentration en Ca^{2+}.

Il n'y a qu'une seule molécule du complexe troponine pour sept monomères d'actine dans un filament d'actine (voir Figure 11-18). Des études de structure suggèrent que, dans un muscle au repos, la liaison de la troponine I à l'actine déplace les molécules de tropomyosine vers une position sur les filaments d'actine qui, dans le muscle en contraction active, est occupée

Figure 11-17 Le système de membranes impliqué dans la transmission d'un signal de contraction depuis la membrane plasmique de la cellule musculaire vers toutes les myofibrilles de la cellule. La micrographie électronique représente deux tubules T et montre les larges canaux de libération de Ca^{2+} dans la membrane du réticulum sarcoplasmique qui ressemblent à des « pieds » carrés et semblent connectés à la membrane du tubule T adjacent. (Micrographie avec l'autorisation de Clara Franzini-Armstrong.)

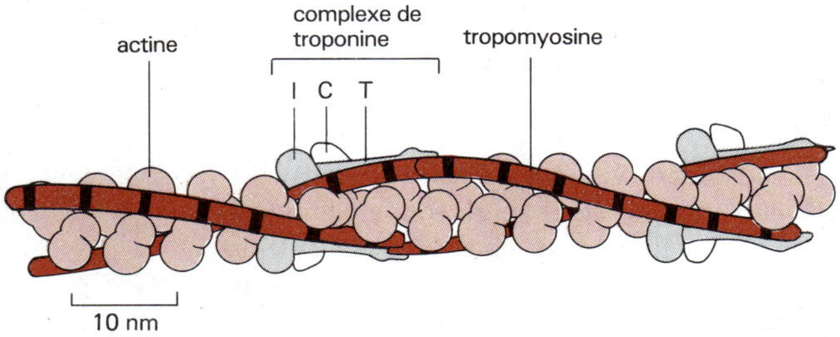

Figure 11-18 Un filament mince de muscle montrant la position de la tropomyosine et de la troponine le long du filament d'actine. Chaque molécule de tropomyosine présente sept régions de séquence homologue également espacées, et vraisemblablement chacune se lie à un monomère d'actine comme le montre cette figure. Noter que les extrémités des molécules de tropomyosine adjacentes se chevauchent légèrement lorsqu'elles polymérisent, tête à queue, le long du filament d'actine. (D'après G.N. Phillips, J.P. Fillers, et C. Cohen, *J. Mol. Biol.* 192:111-131, 1986.)

par les têtes de myosine, et inhibe ainsi l'interaction de l'actine et de la myosine. Lorsque la concentration en Ca^{2+} se trouve augmentée, la troponine C rompt la liaison entre la troponine I et l'actine, permettant ainsi aux molécules de tropomyosine de se déplacer légèrement, autorisant l'interaction entre les têtes de myosine et le filament d'actine (Figure 11-19).

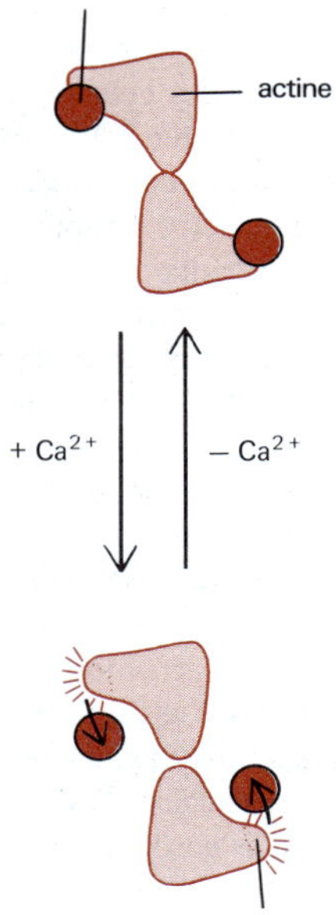

Figure 11-19 Représentation en coupe transversale d'un filament mince, montrant la façon probable dont, en l'absence de Ca^{2+} la tropomyosine bloque l'interaction de la tête de myosine avec l'actine.

D'autres protéines accessoires maintiennent l'architecture de la myofibrille et lui procurent son élasticité [10]

La vitesse et la puissance remarquables de la contraction musculaire dépendent du maintien des filaments d'actine et de myosine dans chaque myofibrille à distance optimale les uns des autres et dans un alignement correct. L'organisation précise de la myofibrille est conservée par un certain nombre de protéines structurales, dont plus d'une douzaine ont été jusqu'à présent identifiées (Tableau 11-1) ; les positions de la majorité de ces protéines dans le sarcomère ont été déterminées par des méthodes immunocytochimiques (voir p. 177).

Tableau 11-1 Les principaux composants protéiques des myofibrilles du muscle squelettique de vertébré

Protéine	Pourcentage des protéines totales	PM (kDa)	Sous-unités (kDa)	Fonction
Myosine	44	510	2 × 223 (chaînes lourdes) 22 + 18 (chaînes légères)	Composant majeur des filaments épais. Interagit avec les filaments d'actine avec hydrolyse d'ATP pour développer une force mécanique
Actine	22	42	—	Composant majeur des filaments minces du muscle, contre lesquels les filaments épais glissent au cours de la contraction musculaire.
Tropomyosine	5	64	2 × 32	Protéine en forme de bâtonnet qui se lie le long des filaments d'actine.
Troponine	5	78	30 (Tn-T) 30 (Tn-I) 18 (Tn-C)	Complexe de trois protéines musculaires disposées à intervalles réguliers le long des filaments d'actine et impliquées dans la régulation de la contraction musculaire par les ions Ca^{2+}
Titine	9	environ 2 500	—	Très grosse protéine flexible qui forme un réseau élastique reliant les filaments épais aux disques Z
Nébuline	3	600	—	Protéine allongée et inextensible, liée au disque Z et orientée parallèlement aux filaments d'actine
α-Actinine	1	190	2 × 95	Protéine de formation des faisceaux d'actine qui relie les filaments d'actine dans la région du disque Z
Myomésine	1	185	—	Protéine de liaison de la myosine présente au niveau de la « ligne M » centrale du filament épais du muscle
Protéine C	1	140	—	Protéine de liaison de la myosine présente dans des bandes distinctes de part et d'autre de la ligne M du filament épais

La myofibrille striée des vertébrés contient également au moins 20 autres protéines qui ne sont pas décrites dans le tableau.

Les filaments d'actine sont ancrés par leur extrémité plus au disque Z, où ils sont maintenus dans un arrangement en réseau carré par d'autres protéines. Une des mieux caractérisées de ces protéines est l'*α-actinine*, une protéine de liaison à l'actine qui est présente dans la majorité des cellules animales (voir p. 642). Dans les cellules musculaires, elle est localisée dans le disque Z. L'α-actinine purifiée est une molécule bipolaire en forme de bâtonnet (Figure 11-20), qui peut associer les filaments d'actine en faisceaux parallèles. Une fonction équivalente peut être remplie, pour la myosine, par une molécule appelée *myomésine*, qui réticule des filaments de myosine adjacents au niveau de la « ligne M » (milieu des filaments épais bipolaires) pour produire un assemblage hexagonal. L'assemblage de la myosine est aussi stabilisé par d'autres protéines de liaison à la myosine, qui peuvent être détectées par immunocytochimie comme une série de 11 bandes peu visibles régulièrement espacées de part et d'autre de la ligne M.

Les cellules musculaires contiennent également un système de filaments protéiques très insolubles qui peuvent être isolés après extraction complète de l'actine et de la myosine d'un sarcomère des solutions concentrées d'iodure de potassium. Certains de ces filaments, composés d'une protéine de grande taille, nommée *titine*, sont orientés parallèlement aux filaments épais et minces dans le sarcomère et relient les filaments épais au disque Z. Les filaments de titine sont très élastiques et agissent sans doute comme des ressorts pour aider à maintenir les filaments épais centrés entre les disques Z (Figure 11-21). D'autres filaments insolubles sont les filaments intermédiaires (voir p. 661), localisés entre les disques Z de myofibrilles adjacentes. On suppose qu'ils gardent les sarcomères en registre et relient les myofibrilles à la membrane plasmique du muscle.

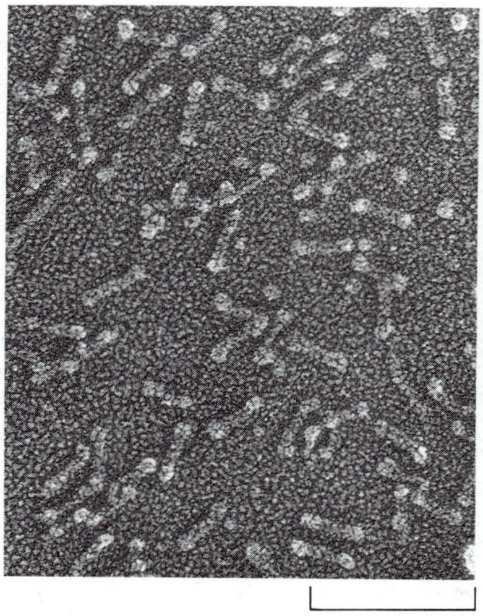

Figure 11-20 Micrographie électronique de molécules d'α-actinine purifiées. (Avec l'autorisation de John Heuser.)

Il y a trois principaux types de muscles chez les vertébrés [11]

Jusqu'à présent, nous n'avons décrit que l'un des trois types musculaires principaux présents chez les vertébrés — le *muscle squelettique*. Les autres sont le *muscle cardiaque*, qui se contracte environ 3 milliards de fois au cours d'une vie humaine de durée moyenne, et le *muscle lisse*, qui produit les contractions plus lentes et plus durables, caractéristiques d'organes tels que les intestins. Ces trois types de cellules musculaires, ainsi qu'une autre classe de cellules contractiles, les *cellules myoépithéliales* (voir p. 983), se contractent par un mécanisme de glissement de filaments d'actine et de myosine.

Comme le muscle squelettique, le **muscle cardiaque** est strié, reflétant une organisation très voisine des filaments d'actine et de myosine. Sa contraction est également déclenchée par un mécanisme similaire : un potentiel d'action dans les tubules T active la libération d'ions Ca^{2+} par le réticulum sarcoplasmique ; les ions Ca^{2+} activent la contraction au moyen d'un complexe troponine-tropomyosine. Cependant, les cellules du muscle cardiaque ne sont pas multinucléées, et elles sont associées bout à bout par des structures spéciales appelées *disques intercalaires* (Figure 11-22). Les disques intercalaires ont au moins trois fonctions. (1) Ils attachent une cellule à la suivante au moyen de desmosomes (voir p. 797). (2) Ils relient les filaments minces des myofibrilles de cellules adjacentes (jouant un rôle analogue à celui des disques Z à l'intérieur des cellules). (3) Ils contiennent des jonctions de type gap (voir p. 798) qui permettent la propagation rapide d'un potentiel d'action d'une cellule à la suivante, synchronisant ainsi les contractions des cellules du muscle cardiaque.

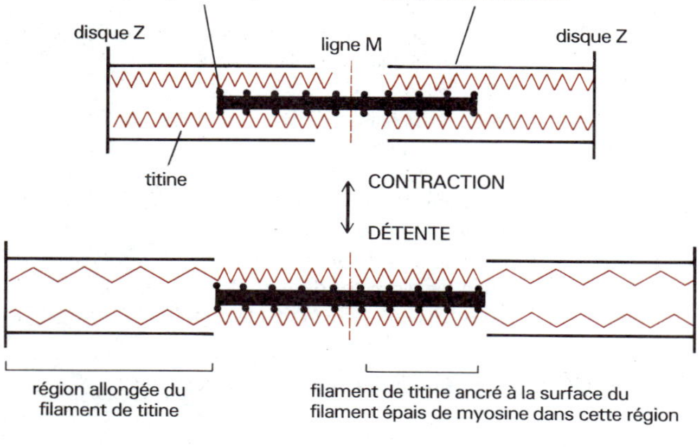

Figure 11-21 Le réseau de filaments de titine relie probablement les filaments épais de myosine aux disque Z dans les sarcomères du muscle squelettique. On suppose que les filaments de titine élastiques sont ancrés sur la surface des filaments épais ; seul le segment situé entre l'extrémité des filaments épais et les disques Z peut changer de taille et contribuer à la force de restauration élastique du sarcomère. Un tel réseau élastique maintient le centrage des filaments épais entre les disques Z, et permet l'élongation des muscles au-delà de la région de chevauchement des filaments minces et épais sans détruire le sarcomère. Les ponts transversaux entre les filaments minces et épais ont été omis pour plus de clarté. (D'après K. Wang et J. Wright, *J. Cell Biol.* 107:2199-2212, 1988.)

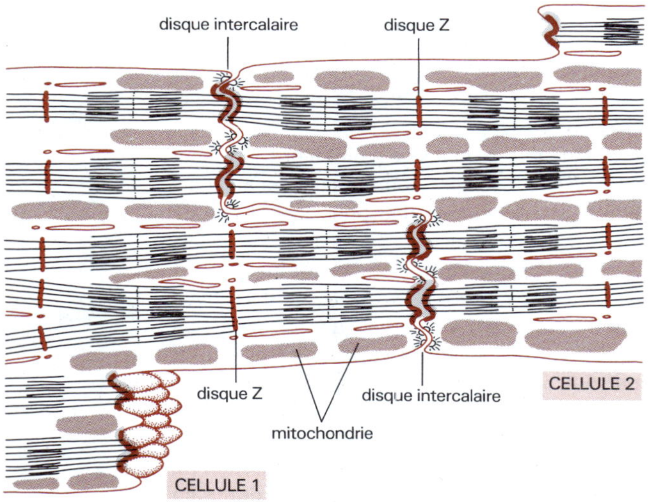

Figure 11-22 Structure du muscle cardiaque. Le muscle cardiaque est composé de nombreuses cellules séparées, chacune possédant son propre noyau. Les cellules sont réunies bout à bout par des jonctions spécialisées appelées disques intercalaires. Les filaments d'actine des sarcomères de cellules adjacentes s'insèrent dans le matériel dense associé à la membrane plasmique dans la région de chaque disque intercalaire, comme s'ils étaient des disques Z. Ainsi, les myofibrilles sont continues à travers le muscle, ignorant les frontières cellulaires.

Le muscle le plus « primitif », en ce sens qu'il est le plus proche des cellules non musculaires, n'a pas de stries et est, par conséquent, appelé **muscle lisse**. Il constitue la partie contractile de l'estomac, de l'intestin, et de l'utérus, les parois des artères, les canaux des glandes sécrétrices, et beaucoup d'autres régions dans lesquelles des contractions lentes et durables sont nécessaires. Il est composé de feuillets de cellules fusiformes allongées, n'ayant qu'un seul noyau (voir p. 983). Les cellules contiennent des filaments épais et minces, mais ceux-ci n'ont pas la même disposition strictement ordonnée que dans les muscles squelettique et cardiaque, et ne semblent pas former de myofibrilles. Au lieu de cela, les filaments forment un appareil contractile moins strictement organisé, qui est grossièrement aligné avec l'axe longitudinal de la cellule mais est attaché obliquement à la membrane plasmique au niveau de jonctions en forme de disque qui associent des groupes de cellules.

Bien que l'appareil contractile dans un muscle lisse ne se contracte pas aussi rapidement que les myofibrilles dans une cellule de muscle strié, il présente l'avantage de permettre un degré de raccourcissement beaucoup plus important et peut donc engendrer des mouvements de grande amplitude même en l'absence du levier fourni par les attaches aux os. L'organisation des filaments d'actine et de myosine qui le permet est mal comprise ; la Figure 11-23 présente un des modèles possibles.

L'activation de la myosine dans le muscle lisse comme dans les cellules non musculaires dépend de la phosphorylation des chaînes légères de la myosine [12]

Les mécanismes contractiles très spécialisés que nous avons décrits dans les cellules musculaires ont évolué à partir de mécanismes générateurs de force plus simples, présents dans toutes les cellules eucaryotes. Il n'est pas surprenant que la myosine des cellules non musculaires et celle des cellules du muscle lisse, le type de muscle le moins spécialisé, soient très ressemblantes. Comme dans le muscle squelettique et le muscle cardiaque, la contraction est déclenchée, dans

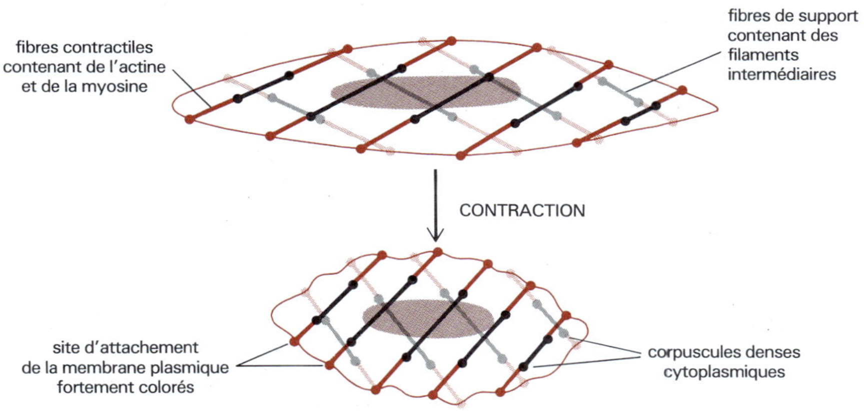

Figure 11-23 Un modèle de l'appareil contractile d'une cellule de muscle lisse. Selon cette hypothèse, les faisceaux de filaments contractiles contenant de l'actine et de la myosine sont ancrés à une extrémité à des corpuscules denses situés dans la membrane plasmique et à l'autre extrémité, grâce à des corpuscules denses cytoplasmiques, à des faisceaux non contractiles de filaments intermédiaires. Les faisceaux actine-myosine contractiles ont une orientation oblique par rapport à l'axe longitudinal de la cellule (qui est généralement beaucoup plus allongée qu'il n'y paraît sur la figure), et leur contraction raccourcit beaucoup la cellule. Seuls quelques-uns des nombreux faisceaux sont figurés ici.

les cellules du muscle lisse et les cellules non musculaires, par une augmentation du niveau de Ca^{2+} cytosolique, mais dans aucun des deux types cellulaires, les ions Ca^{2+} n'agissent par l'intermédiaire d'un complexe troponine-tropomyosine. Au lieu de cela, la contraction est principalement amorcée par la phosphorylation de l'une des deux chaînes légères de myosine, qui, à son tour, contrôle l'interaction de la myosine avec l'actine.

Les deux chaînes légères de myosine sur chaque tête de myosine (voir Figure 11-9) sont différentes, et seule l'une d'elles est phosphorylée dans les cellules non musculaires au cours de la contraction du muscle lisse. Lorsque cette chaîne légère est phosphorylée, la tête de myosine peut interagir avec un filament d'actine et provoquer ainsi la contraction ; lorsqu'elle est déphosphorylée, la tête de myosine tend à se dissocier de l'actine et devient inactive. La phosphorylation est catalysée par la *kinase des chaînes légères de myosine*, dont l'activité nécessite la liaison d'un complexe calmoduline-Ca^{2+} (voir p. 741). Il en résulte que la contraction est contrôlée par le niveau de Ca^{2+} cytosolique, comme dans les muscles cardiaque et squelettique (Figure 11-24). La phosphorylation se produit relativement lentement, de sorte que la contraction maximale nécessite souvent près d'une seconde (seules quelques millisecondes sont nécessaires pour une cellule de muscle strié), mais l'activation rapide de la contraction n'est pas importante dans les cellules de muscle lisse ou les cellules non musculaires.

Les myosines dans les cellules de muscle lisse et les cellules non musculaires hydrolysent aussi l'ATP environ dix fois plus lentement que la myosine du muscle squelettique, produisant un cycle lent de pontage transversal qui permet à ces cellules de ne se contracter que lentement. Une cellule de muscle lisse, cependant, ne devrait pas être considérée comme une variante lente et peu élaborée d'une cellule de muscle squelettique qui est fonctionnelle pour la simple raison qu'elle est moins sollicitée. Elle est spécifiquement conçue pour une contraction lente et durable, étant capable de maintenir une tension pour des périodes prolongées tout en hydrolysant cinq à dix fois moins d'ATP que n'en exigerait une cellule de muscle squelettique pour effectuer la même tâche. De plus, la contraction du muscle lisse est contrôlée par une grande variété de stimuli, y compris des influx nerveux autonomes et des hormones telles que l'épinéphrine. Beaucoup de ces contrôles agissent *via* la kinase des chaînes légères de myosine. Dans certaines cellules, par exemple, l'épinéphrine, en augmentant les taux d'AMP cyclique, induit la phosphorylation de cette kinase, qui réduit beaucoup l'affinité de la kinase pour le complexe Ca^{2+}-calmoduline ; de cette façon, l'épinéphrine inhibe la phosphorylation de la chaîne légère de myosine, provoquant la détente du muscle lisse.

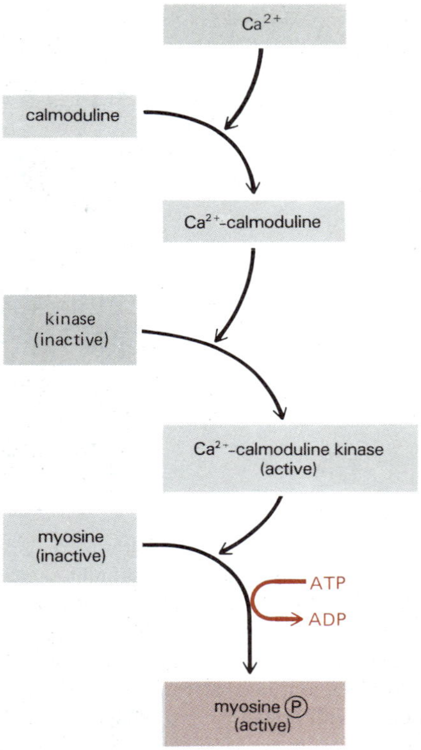

Figure 11-24 La contraction du muscle lisse est activée en présence d'ions Ca^{2+} par la *kinase des chaînes légères de myosine*, qui catalyse la phosphorylation d'un site particulier sur l'un des deux types de chaînes légères de la myosine. Les molécules de myosine non musculaires sont réglées par le même mécanisme (voir Figure 11-25).

La phosphorylation de la chaîne légère permet aux molécules de myosine non musculaires de s'assembler en filaments [13]

Bien que la myosine soit présente dans presque toutes les cellules eucaryotes, on ne la trouve dans des filaments épais stables que dans les muscles squelettique et cardiaque. Les molécules de myosine dans les cellules non musculaires forment de plus petits assemblages sur demande ; des signaux intracellulaires dictent à la fois la taille et la localisation des assemblages contractiles formés. Un facteur important influant sur l'état d'agrégation de la myosine est sa phosphorylation par la kinase des chaînes légères de myosine, qui agit non seulement sur l'activité ATPase de la myosine, comme décrit précédemment, mais aussi sa forme et sa capacité d'auto-assemblage.

Si la myosine non musculaire est déphosphorylée par traitement avec une phosphatase, elle devient tout à fait soluble. Une analyse par sédimentation montre que les molécules de myosine isolées solubles se sont repliées en une configuration compacte, et la microscopie électronique suggère que chaque queue de myosine s'est repliée sur elle-même pour adhérer à une « zone adhérente » sur la tête. Dans cette configuration repliée, les molécules de myosine ne sont pas capables de s'assembler efficacement en filaments. La kinase des chaînes légères de myosine phosphoryle la tête de sorte qu'elle ne soit plus « adhérente » ; la queue est alors libre de s'allonger et de s'associer sur toute sa longueur avec les queues d'autres molécules de myosine, formant un filament bipolaire de myosine (Figure 11-25 et Figure 11-26).

Des assemblages de type musculaire peuvent se former de façon transitoire dans des cellules non musculaires [14]

Le contrôle de l'assemblage de la myosine est très important dans les cellules non musculaires, où les faisceaux contractiles de filaments d'actine et de myosine se forment souvent pour une fonction spécifique puis se désassemblent. Par exemple, un faisceau en forme de ceinture composé de filaments d'actine et de myosine connu sous le nom d'**anneau contractile** apparaît sous la membrane plasmique au cours de la division cellulaire ; les forces engendrées par cet

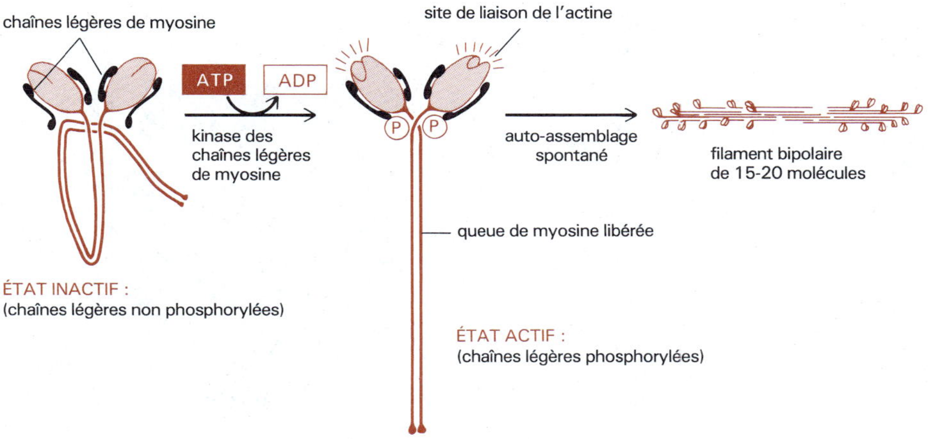

Figure 11-25 L'assemblage de la myosine non musculaire est contrôlé par la phosphorylation de ses chaînes légères. La phosphorylation a deux effets : elle provoque un changement de conformation de la tête de myosine, mettant ainsi en évidence son site de liaison à l'actine, et elle libère la queue de myosine d'une « région adhérente » sur la tête de myosine, permettant ainsi aux molécules de myosine de s'assembler en de courts filaments bipolaires. La myosine de muscle lisse se comporte de la même façon.

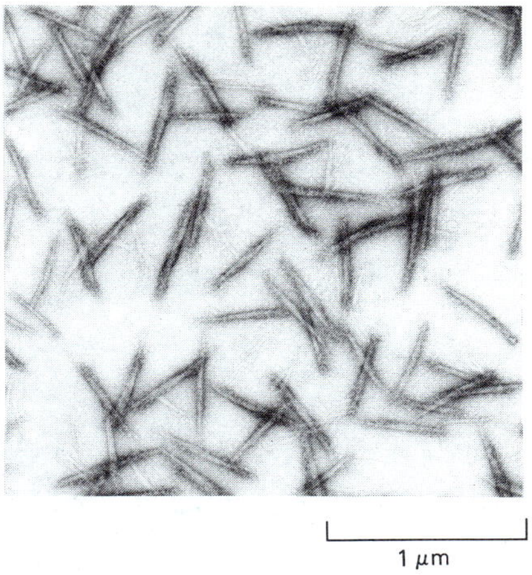

Figure 11-26 Micrographie électronique de courts filaments de myosine non musculaire en coloration négative et dont l'assemblage a été induit par la phosphorylation de leurs chaînes légères. (Avec l'autorisation de John Kendrick-Jones.)

anneau provoquent la constriction de la partie médiane de la cellule, aboutissant à la séparation des deux cellules filles (Figure 11-27 ; voir aussi p. 780). Puisque l'anneau contractile n'est pas une structure permanente, il doit être assemblé au début de la division cellulaire. Ce processus peut être suivi par coloration des cellules en cours de division avec des anticorps anti-myosine fluorescents. Par exemple, dans des œufs d'oursin qui vont se diviser, les molécules de myosine sont d'abord distribuées de façon homogène, sous la membrane plasmique, puis se déplacent vers la région équatoriale lorsque l'anneau contractile se forme. Une fois la division cellulaire achevée, les molécules de myosine se dispersent. Le mode de contrôle de ce processus n'est pas encore connu.

Un autre exemple de faisceaux contractiles temporaires de filaments d'actine et de myosine est constitué par les **fibres toniques**, qui sont des composants importants du cytosquelette des fibroblastes en culture (voir Figure 11-27). Elles ressemblent à de minuscules myofibrilles par leur structure et leur fonction (Figure 11-28). A une extrémité, elles s'insèrent dans la membrane plasmique au niveau de jonctions particulières, les *contacts focaux* (voir p. 635), dont l'ultrastructure et la composition sont semblables à celle des sites d'attachement de la membrane plasmique pour les filaments d'actine dans une cellule de muscle lisse (voir Figure 11-23). L'autre extrémité d'une fibre tonique peut s'insérer dans un réseau de filaments intermédiaires qui entoure le noyau de la cellule (voir Figure 9-21) ou dans un second contact focal. Les fibres toniques se forment en réponse à une tension engendrée à travers une cellule et sont désassemblées à la mitose, lorsque la cellule s'arrondit et perd ses attaches au substratum. Elles disparaissent aussi rapidement s'il y a un relâchement de la tension de la fibre tonique par la séparation soudaine de l'une des extrémités et du point de contact focal au moyen d'un faisceau laser. Il est probable que les fibres toniques dans les fibroblastes tissulaires se contractent pour permettre aux cellules d'exercer une tension sur la matrice de collagène qui les entoure — un processus essentiel dans la cicatrisation et la morphogenèse (voir p. 813).

Les assemblages contractiles de filaments d'actine dans les cellules non musculaires ne sont pas tous transitoires. Ceux qui sont associés aux jonctions d'ancrage intercellulaires appelées *ceintures d'adhérence*, par exemple, sont plus durables. Les ceintures d'adhérence se trouvent près de la surface apicale des cellules épithéliales (voir p. 796). Parmi d'autres fonctions, elles jouent vraisemblablement un rôle important dans le repliement des feuillets de cellules épithéliales au cours de l'embryogenèse (voir p. 674).

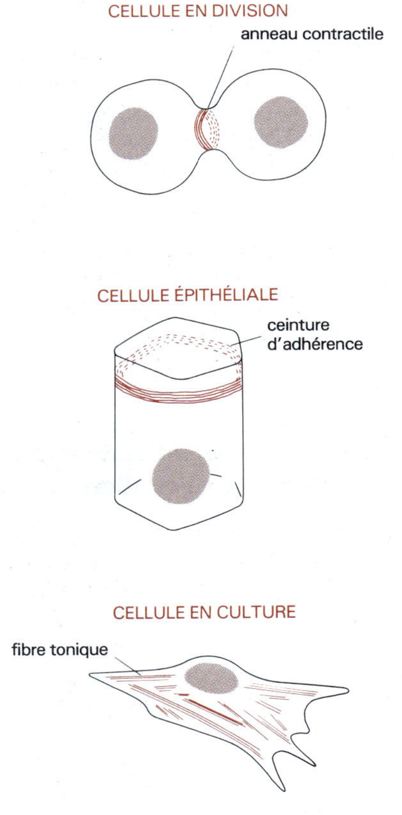

Figure 11-27 Exemples de faisceaux contractiles de filaments d'actine qui contiennent de la myosine dans des cellules non musculaires.

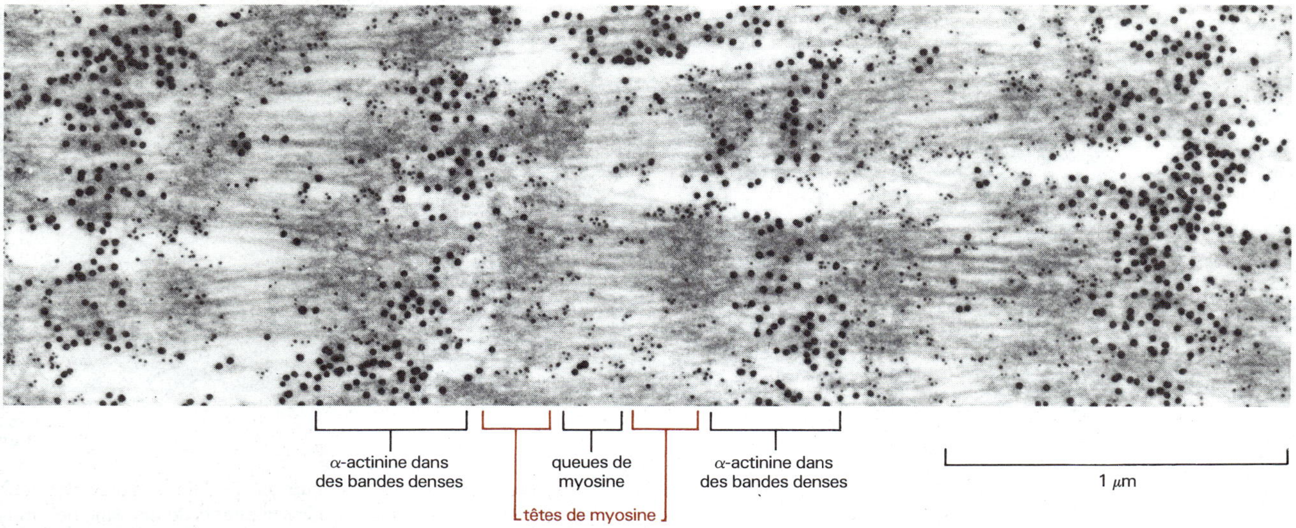

Figure 11-28 Micrographie électronique d'un fibroblaste en culture, montrant l'arrangement de type musculaire des protéines dans une fibre tonique révélé par coloration auro-immunologique. Les positions de deux types de molécules protéiques de liaison à l'actine sont représentées : l'α-actinine (grosses particules d'or) est visible en association avec des bandes denses périodiques dans la fibre tonique (l'α-actinine est associée avec le disque Z dans le muscle strié), alors que les têtes de myosine (petites particules d'or) sont visibles de part et d'autre des bandes contenant de l'α-actinine. Cette organisation rappelle celle d'un sarcomère (comparer avec la Figure 11-2) et indique que les molécules de myosine sont arrangées en filaments. (Avec l'autorisation de M. de Brabander, J. de Mey, et G. Langanger.)

Les protéines musculaires sont codées par des familles multigéniques [15]

Nous avons vu que le même type d'appareil contractile est présent dans trois sortes de cellules musculaires ainsi que dans la majorité des cellules non musculaires. Les différences importantes entre les types de contraction qui se produisent dans ces catégories cellulaires dépendent en partie de l'expression tissulaire spécifique de gènes qui codent les protéines de l'appareil contractile. Un mammifère, par exemple, a au moins trois gènes d'actine, six gènes de chaînes lourdes de myosine, trois gènes de tropomyosine, et trois gènes de troponine T. Dans certains cas, les différents gènes codent des protéines qui ont des fonctions quelque peu différentes ; dans d'autres, les différences fonctionnelles n'ont pas encore été détectées.

Sur les six actines exprimées chez les mammifères, une est spécifique du muscle squelettique et une autre du muscle cardiaque ; deux sont spécifiques du muscle lisse (une du muscle lisse vasculaire et l'autre du muscle lisse non vasculaire) ; deux, connues en tant qu'actines non musculaires ou cytoplasmiques, semblent être les composants universels du cytosquelette et sont abondantes dans la majorité des cellules non musculaires. Ces espèces d'actine très voisines, aussi connues comme « isoformes » d'actine, ont des séquences très similaires. Les actines musculaires et cytoplasmiques, par exemple, diffèrent par moins de 7 p. cent de leurs acides aminés. A part quelques différences dans l'extrémité amino-terminale de la molécule qui peuvent avoir une influence subtile sur la polymérisation de l'actine, il n'est pas certain que les différences en acides aminés aient la moindre conséquence fonctionnelle. Si un gène d'actine du muscle cardiaque est exprimé dans du fibroblaste en culture, il synthétise une protéine qui s'intègre facilement dans la population indigène de molécules d'actine sans changer la forme ou le comportement de la cellule. Par contre, comme nous venons de le voir, la variation parmi les myosines influe sur la vitesse de contraction, les mécanismes de régulation qui contrôlent la contraction, et le taux d'auto-assemblage de la myosine dans la cellule.

La diversité des protéines musculaires est augmentée par divers épissages alternatifs de l'ARN [16]

Les variations des types musculaires décrits jusqu'à présent donnent seulement une indication partielle de la diversité qui existe. Un muscle squelettique humain adulte, par exemple, contient trois types de cellules musculaires : les cellules musculaires *blanches* spécialisées dans la contraction anaérobie rapide, où l'ATP nécessaire à la contraction est principalement généré par la glycolyse ; les cellules musculaires *rouges*, spécialisées dans la contraction lente et longue, qui utilisent principalement le métabolisme aérobie et dont la couleur est due à la forte concentration d'une protéine porteuse d'oxygène, la myoglobine ; et un type *intermédiaire* de cellule musculaire, qui utilise à la fois le métabolisme aérobie et anaérobie (voir p. 65). A l'intérieur de chaque catégorie, il y a d'autres sous-types qui adaptent de façon plus fine le muscle à une fonction métabolique et physiologique particulière. Un même muscle dans le fœtus est encore différent.

Chacun de ces types de muscle contient des protéines quelque peu différentes. Une source particulièrement riche de variations protéiques est la régulation tissulaire spécifique de l'épissage de l'ARN qui peut combiner des séries différentes d'exons pour fabriquer des molécules d'ARN légèrement différentes à partir du même gène (voir p. 589). Des influences hormonales, nerveuses ou autres, peuvent modifier le mode d'épissage de l'ARN et changer ainsi les séquences d'acides aminés de protéines musculaires particulières à un tissu et à un stade du développement. Le seul gène du muscle squelettique qui code la troponine T, par exemple, peut produire au moins 10 formes différentes de cette protéine par épissage différentiel de l'ARN. Cette variabilité modifie vraisemblablement les interactions de la troponine T avec la troponine C et la tropomyosine, et de là, établit des variations subtiles dans la régulation de la contraction musculaire.

Résumé

La contraction musculaire est engendrée par le glissement des filaments d'actine par rapport aux filaments de myosine. Les régions de tête des molécules de myosine, qui sortent des filaments de myosine, suivent un cycle couplé à l'ATP au cours duquel elles s'attachent aux filaments d'actine adjacents, subissent un changement de conformation qui tire le filament de myosine contre le filament d'actine, puis se détachent. Ce cycle est facilité par certaines protéines musculaires accessoires qui maintiennent les filaments d'actine et de myosine dans des rangées parallèles qui se chevauchent et dont l'orientation et l'espacement autorisent le glissement. Deux autres protéines accessoires — la troponine et la tropomyosine — permettent la régulation de la contraction des muscles squelettique et cardiaque par les ions Ca^{2+}.

L'actine et la myosine sont également présentes dans les cellules du muscle lisse et dans la plupart des cellules non musculaires, où elles provoquent la contraction d'une façon qui est fondamentalement la même que dans les muscles squelettique et cardiaque. Les unités contractiles, cependant, sont plus petites et moins ordonnées dans de telles cellules, et leur activité, ainsi que leur assemblage, sont contrôlés par la phosphorylation réglée par Ca^{2+} de l'une des chaînes légères de myosine.

L'appareil contractile des cellules musculaires et non musculaires est finement réglé dans chaque type cellulaire par l'expression tissulaire spécifique de différents gènes codant des protéines musculaires et par la régulation tissulaire spécifique de l'épissage de l'ARN, par laquelle un même gène peut produire des formes légèrement différentes d'une protéine.

Les filaments d'actine et le cortex cellulaire [17]

L'actine est la protéine la plus abondante dans beaucoup de cellules eucaryotes, représentant souvent 5 p. cent ou plus des protéines cellulaires totales. Alors que l'actine est distribuée dans tout le cytoplasme, la majorité des cellules animales possèdent un réseau particulièrement dense de filaments d'actine et de protéines associées juste au-dessous de la membrane plasmique. Ce réseau constitue le **cortex cellulaire**, qui donne une force mécanique à la surface de la cellule et permet à la cellule de changer de forme et de se déplacer. La forme précise du cortex varie d'une cellule à l'autre et dans différentes régions de la même cellule. Dans certaines cellules, il constitue un réseau épais, tridimensionnel de filaments d'actine réticulés qui repousse les grosses particules et les organites dans le cytoplasme sous-jacent (Figure 1-29) ; dans d'autres cellules, le cortex est plus mince et plus proche d'un réseau bidimensionnel. Dans des régions

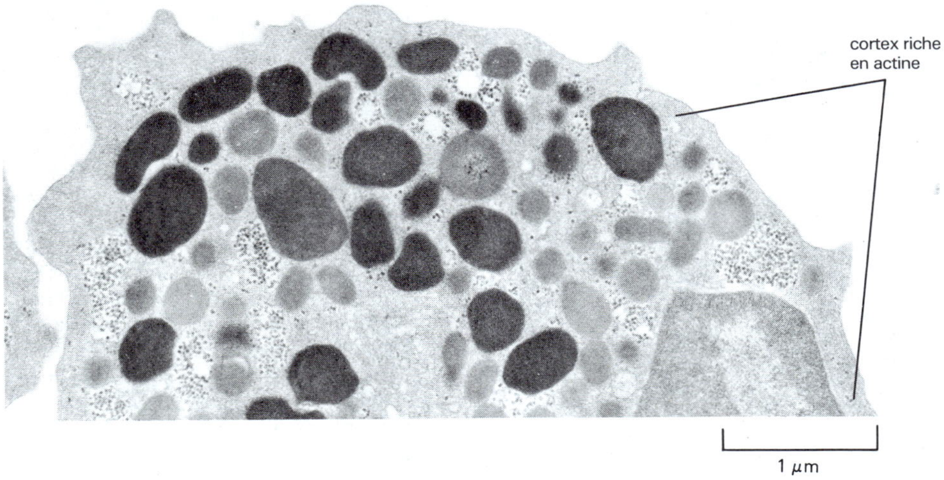

Figure 11-29 Le cortex d'actine dans une micrographie électronique d'une coupe fine d'un leucocyte. Bien que divers types de granules remplissent le cytoplasme, ils sont exclus de la couche située juste au-dessous de la membrane plasmique (le cortex), qui contient un réseau de filaments d'actine et de protéines associées qui déterminent les mouvements de surface de la cellule. (Avec l'autorisation de Dorothy Bainton.)

particulières des cellules animales, de petits faisceaux de filaments d'actine font saillie vers l'extérieur depuis le cortex, pour former la partie centrale rigide des prolongements de surface cellulaire ; tandis que, dans d'autres régions, les filaments d'actine tirent sur la membrane vers l'intérieur. Puisque la membrane plasmique s'intègre si étroitement au réseau cortical d'actine, il vaut mieux, dans certains cas, considérer ces deux entités comme une seule unité fonctionnelle.

Environ 50 p. cent des molécules d'actine dans la majorité des cellules animales ne sont pas polymérisées, existant sous la forme de monomères libres ou de petits complexes avec d'autres protéines. Un équilibre dynamique existe entre ce pool de molécules d'actine non polymérisées et les filaments d'actine, qui facilitent de nombreux mouvements de la surface des cellules. Dans cette partie, nous discuterons de la façon dont les protéines de liaison à l'actine contrôlent l'assemblage des filaments d'actine, les associent en faisceaux ou en réseaux, et déterminent leur position, leur longueur, et d'autres propriétés.

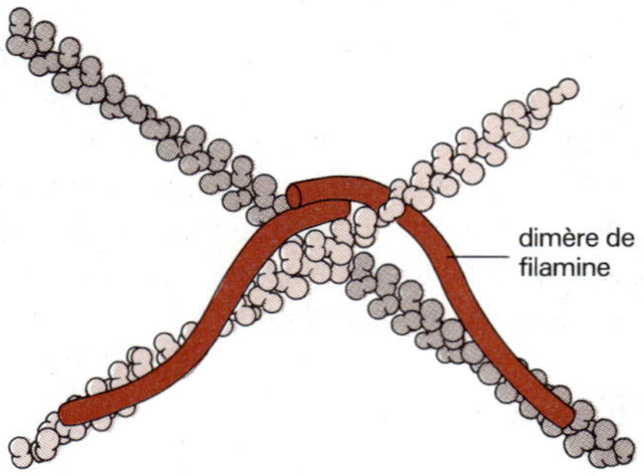

Figure 11-30 En formant une liaison flexible entre deux filaments d'actine adjacents, la filamine engendre un réseau tridimensionnel de filaments d'actine qui possède les propriétés physiques d'un gel. Chaque filament d'homodimère a une longueur d'environ 160 nm lorsqu'il est complètement allongé.

D'abondantes protéines de liaison à l'actine réticulent les filaments d'actine en d'importants réseaux [18]

Les filaments d'actine sont souvent reliés ensemble en un réseau rigide tridimensionnel par des *protéines de réticulation*. La plus abondante de celles-ci est la **filamine**, une longue molécule flexible composée de deux chaînes polypeptidiques identiques reliées « tête à tête » et possédant un site de liaison pour les filaments d'actine au niveau de chaque queue (Figure 11-30). Les

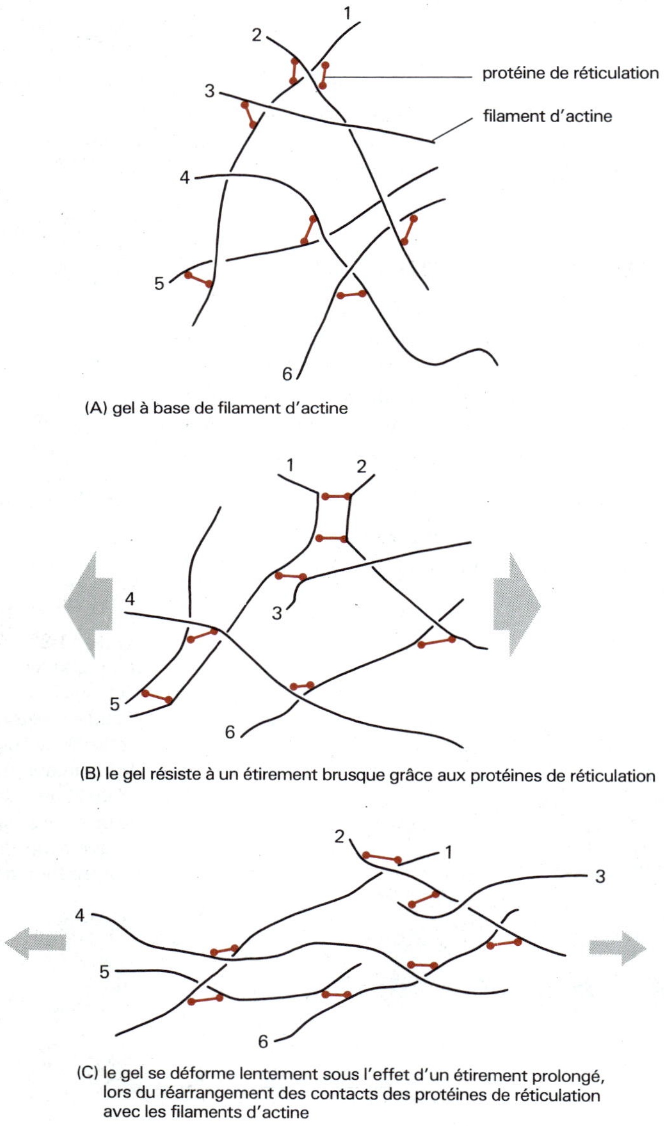

Figure 11-31 Les propriétés mécaniques d'un gel de filaments d'actine formé par des protéines de réticulation de l'actine. Le gel résiste très bien à une déformation rapide (B) car les protéines de réticulation n'ont pas le temps de se dissocier des filaments d'actine. Une déformation lente (C) rencontre peu de résistance car les molécules protéiques de réticulation ont le temps de se dissocier et de se réassocier à plusieurs reprises, réajustant leurs positions. (D'après M. Sato, W.H. Schwartz, et T.D. Polard, *Nature* 325:828-830, 1987.)

protéines de ce type constituent presque 1 p. cent des protéines totales dans de nombreux types cellulaires (environ 1 dimère pour 50 monomères d'actine).

Les gels fabriqués *in vitro* à partir de filaments d'actine et d'une protéine de réticulation présentent la propriété mécanique intéressante de conserver leur forme lorsqu'ils sont soumis à une force brutale, mais d'être facilement déformés par une pression lente et constante. La figure 11-31 propose une base moléculaire à cette propriété particulière, qui se manifeste aussi dans le cytoplasme cortical. Du fait de cette propriété, la surface cellulaire résiste de façon élastique lors de légères agressions rapides, mais est capable de déformations importantes si une force faible est constamment appliquée.

La gelsoline fragmente les filaments d'actine lorsqu'elle est activée par les ions Ca^{2+} [19]

Des extraits préparés à partir de nombreux types de cellules animales forment un gel en présence d'ATP lorsqu'ils sont chauffés à 37° C. Bien que cette gélification dépende à la fois des filaments d'actine et d'une protéine de réticulation telle que la filamine, les gels présentent un comportement plus complexe que de simples mélanges de filaments d'actine et de filamine. Si la concentration en Ca^{2+} dépasse 10^{-7} M, par exemple, le gel d'actine semi-solide commence à se liquéfier — un processus connu sous le nom de transition gel-sol — et de forts courants locaux sont observés au microscope dans les zones de transformation gel → sol. Il est évident qu'il doit exister, dans les extraits, d'autres composants que l'actine et la filamine pour expliquer la transition gel-sol et la fluidité Ca^{2+}-dépendantes du gel. Ces composants sont vraisemblablement impliqués dans la *circulation cytoplasmique* observée dans certaines grosses cellules, où de forts courants sont nécessaires pour maintenir une distribution uniforme des métabolites et d'autres composants cytoplasmiques. Ces mouvements semblent être associés à un brusque changement de la consistance du cytoplasme d'un état solide semblable à un gel à un état plus fluide.

Il existe un certain nombre de protéines isolées à partir d'extraits cellulaires qui, lorsqu'elles sont ajoutées à un gel de filaments d'actine et de filamine, provoquent sa transformation pour un état plus fluide en présence de Ca^{2+}. La mieux caractérisée de celles-ci est la **gelsoline**, une protéine compacte de 90 000 daltons. Lorsqu'elle est activée par la liaison de Ca^{2+}, la gelsoline dissocie un filament d'actine et couvre l'extrémité plus nouvellement exposée du filament, décomposant ainsi le réseau réticulé de filaments d'actine. Des protéines similaires sont présentes dans le cortex de nombreux types de cellules de vertébrés. Ces *protéines de fragmentation* sont activées par des concentrations de Ca^{2+} (environ 10^{-6} M) qui n'existent que transitoirement dans le cytosol, et il semble qu'elles interviennent dans les réponses du cortex cellulaire aux signaux extracellulaires. Lorsqu'un leucocyte phagocytaire entre en contact avec un micro-organisme, par exemple, le réseau de filaments d'actine dans le cortex du leucocyte se désassemble localement, permettant à la surface de la cellule de se déplacer et de phagocyter le micro-organisme. Nous reviendrons ultérieurement sur le mécanisme actine-dépendant qui est à la base de tels mouvements.

La myosine peut intervenir dans les mouvements cytoplasmiques [20]

Bien qu'un mélange artificiel de filaments d'actine, de filamine, et de gelsoline soit capable de subir des transitions gel-sol Ca^{2+}-dépendantes, il ne se contractera pas ni ne montrera les courants observés dans des gels moins purs riches en actine, obtenus à partir de cellules. La *myosine* semble nécessaire à ces activités : si la myosine est sélectivement éliminée de gels bruts, riches en actine, la contraction et la circulation cessent, suggérant qu'une interaction entre l'actine et la myosine engendre la force nécessaire au courant cytoplasmique.

Comment l'actine et la myosine peuvent-elles engendrer des mouvements cohérents alors que les filaments d'actine des extraits sont distribués à l'origine selon un réseau tridimensionnel apparemment aléatoire ? Comme nous l'avons vu, un filament d'actine possède une polarité bien définie, et les têtes de myosine ne peuvent se lier et se déplacer le long de ce filament que si elles sont correctement orientées par rapport à sa polarité. Les petits assemblages bipolaires de molécules de myosine non musculaires (voir Figure 11-27) sont susceptibles de créer un certain ordre dans la solution simplement en attirant une série de filaments d'actine contre une autre, même si les assemblages de filaments d'actine et de myosine ne sont pas initialement bien orientés (Figure 11-32).

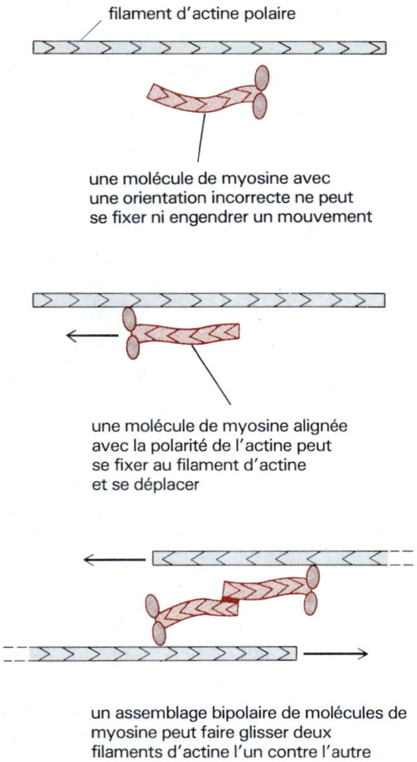

Figure 11-32 Un agrégat bipolaire de molécules de myosine non musculaire (voir Figure 11-26) engendre un glissement de deux filaments d'actine de polarité opposée, comme dans le muscle. De cette façon, la myosine peut provoquer la contraction, même dans un réseau de filaments d'actine dont l'orientation est aléatoire.

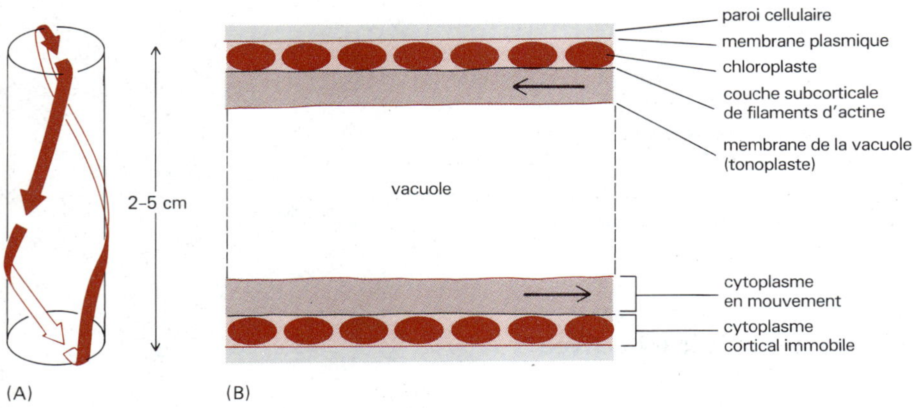

Figure 11-33 La distribution des courants cytoplasmiques dans une cellule géante de l'algue *Nitella*. (A) La voie suivie par le cytoplasme en mouvement dans la cellule cylindrique. Pour plus de clarté, le diamètre de la cellule est exagéré comparé à sa longueur. (B) Une coupe longitudinale d'une partie d'une telle cellule, montrant l'arrangement des couches de cytoplasme statiques et en mouvement. Le cytoplasme cortical immobile contient les chloroplastes, qui sont attachés à des faisceaux sous-jacents de filaments d'actine. La couche de cytoplasme en mouvement, en position inférieure par rapport aux filaments d'actine, contient les noyaux, les mitochondries, et d'autres organites. La taille relative de la vacuole est bien plus importante qu'elle n'est représentée ici.

La circulation cytoplasmique dans les cellules géantes des algues dépend de l'actine et de la myosine [21]

Comme nous l'expliquerons au Chapitre 20 (voir p. 1170), les cellules végétales, du fait de leur vacuole centrale et de leurs parois cellulaires rigides, peuvent atteindre une taille beaucoup plus importante que les cellules animales. Puisque la diffusion est relativement inefficace sur de longues distances, une très grosse cellule a besoin d'un **courant cytoplasmique** (ou **courant de cyclase**) important pour assurer un brassage efficace de son cytoplasme. Dans les cellules géantes multinucléées des algues vertes *Chara* et *Nitella* (dont la longueur est de 2 à 5 cm), une molécule protéique aurait typiquement besoin de plusieurs semaines pour diffuser d'une extrémité à l'autre de la cellule. Il n'est donc pas surprenant que ces cellules fournissent les exemples de courant cytoplasmique les plus spectaculaires. Un ruban hélicoïdal continu de cytoplasme se déplace le long d'un côté de la cellule puis retourne de l'autre côté en formant une ceinture sans fin qui entoure une vacuole centrale gigantesque (Figure 11-33A). Le courant cytoplasmique transporte les membranes internes, les mitochondries, les noyaux, et le cytosol autour de la cellule à des vitesses atteignant 75 μm par seconde.

Le système générateur de mouvement dans ces cellules géantes se situe entre la couche en mouvement de cytoplasme et une monocouche immobile de chloroplastes située juste au-dessous de la membrane plasmique (Figure 11-33B). En microscopie électronique, on observe dans cette région intermédiaire de gros faisceaux de filaments d'actine qui sont tous alignés selon la même polarité. Cette polarité est telle que le mouvement directionnel des molécules de myosine le long des filaments d'actine (de l'extrémité moins vers l'extrémité plus) pourrait engendrer le courant cytoplasmique observé. De plus, si les cellules géantes de *Nitella* sont ouvertes afin de mettre en évidence le réseau de faisceaux d'actine à la surface de la couche de chloroplastes et si des billes de latex recouvertes de myosine sont ensuite ajoutées à cette préparation, le mouvement qui anime les billes est ATP-dépendant avec des caractéristiques analogues à celles des mouvements des organites dans la cellule intacte. Il semble par conséquent très vraisemblable que la myosine soit le médiateur du courant cytoplasmique.

Du fait qu'il s'agit d'un mouvement directionnel continu plutôt que d'une contraction, les filaments de myosine bipolaires n'ont aucun rôle dans le courant cytoplasmique observé chez *Nitella*. En plus de la myosine filamenteuse non musculaire représentée dans la Figure 11-26, la majorité des cellules contiennent des *minimyosines* de faibles poids moléculaires. Les minimyosines furent d'abord isolées à partir d'extraits d'une grosse amibe (*Acanthamoeba*). Elles sont constituées d'une seule tête de myosine globulaire et d'une courte queue flexible qui au lieu d'interagir avec une seconde queue pour former un surenroulement, se lie aux membranes soit directement soit *via* une protéine de liaison. Les minimyosines purifiées s'associeront *in vitro* avec des organites limités par une membrane et les propulseront le long de faisceaux orientés de filaments d'actine, et il semble vraisemblable que ce soit la façon dont beaucoup d'organites se déplacent activement dans les cellules.

Le cortex est organisé par l'association de filaments d'actine avec la membrane plasmique

Nous avons ignoré jusqu'à présent une question fondamentale pour la compréhension de la structure et de la fonction du cortex d'actine — la nature de l'association des filaments d'actine avec la membrane plasmique. Il est probable que des protéines spécifiques enchâssées dans la membrane servent de centres organisateurs pour le réseau d'actine. Ces protéines ou d'autres protéines de la membrane plasmique doivent transmettre les forces engendrées par les filaments corticaux d'actine responsables des mouvements de surface cellulaire. Il existe peu d'informations sur ces protéines et la façon dont elles interagissent avec l'actine. Il est clair, cependant, qu'il y a au moins trois types fonctionnels d'attachements de l'actine à la membrane plasmique : ceux qui, essentiellement, renforcent la membrane et lui donnent sa forme, ceux qui permettent aux filaments d'actine de tirer vers l'intérieur sur la membrane, et ceux qui permettent aux filaments d'actine de déplacer rapidement la membrane vers l'extérieur. Nous étudierons tour à tour chaque type d'interaction.

Les réseaux cytosquelettiques attachés à la membrane fournissent un support mécanique à la membrane plasmique [22]

Comme nous en avons discuté au Chapitre 6 (voir p. 289), les protéines **spectrine** et **ankyrine** furent d'abord découvertes comme composants prédominants du cytosquelette, associé à la membrane, des globules rouges de mammifères (érythrocytes). Dans ces cellules inhabituelles, le noyau et les membranes internes ont été perdus et la membrane plasmique est ainsi la seule membrane. Elle est soutenue par un réseau bidimensionnel de tétramères de spectrine, connectés à leurs extrémités par de très courts filaments d'actine et liés à une protéine transmembranaire (bande 3) par des ponts d'ankyrine (voir Figure 6-26, p. 289). Des protéines voisines de la spectrine et de l'ankyrine sont présentes dans le cortex de nombreuses cellules de vertébrés. On a suggéré que le réseau cytosquelettique inhabituellement mince (environ 20 nm) sur lequel repose la membrane plasmique de l'érythrocyte peut se développer à partir du cortex plus épais des précurseurs érythrocytaires nucléés par dépolymérisation progressive des filaments d'actine (Figure 11-34). Ainsi, l'arrangement précis des protéines du cortex érythrocytaire fournit aussi un modèle pour le réseau cytosquelettique à base d'actine qui soutient la membrane plasmique dans d'autres cellules animales.

11-10 Les microvillosités illustrent la façon dont les faisceaux de filaments d'actine réticulés peuvent stabiliser des prolongements locaux de la membrane plasmique [23]

Les **microvillosités** sont des prolongements en forme de doigts présents à la surface de nombreuses cellules animales. Elles sont particulièrement abondantes dans les cellules épithéliales qui ont besoin d'une surface très importante pour fonctionner efficacement. Une seule cellule épithéliale de l'intestin grêle humain, par exemple, possède plusieurs milliers de

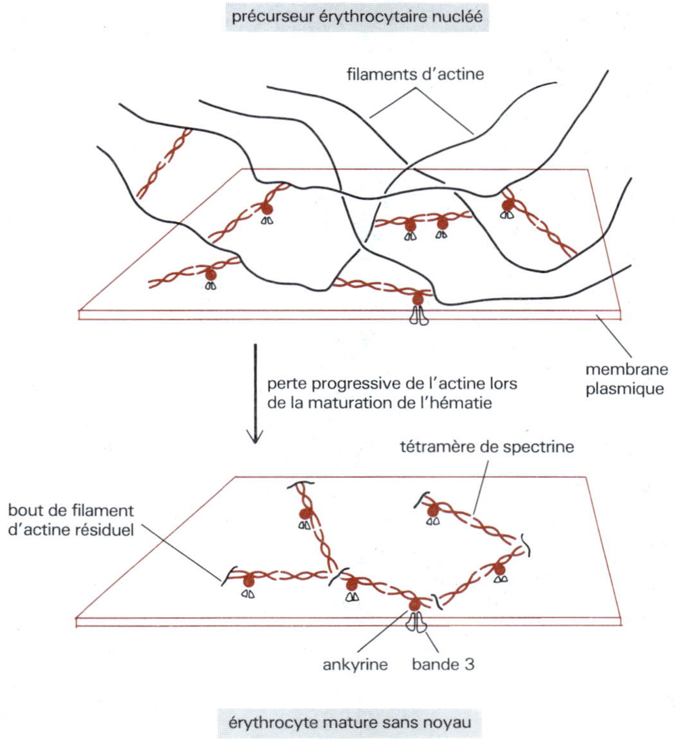

Figure 11-34 Une séquence hypothétique selon laquelle le cytosquelette sur lequel repose la membrane d'un érythrocyte de mammifère pourrait se développer à partir d'un cortex plus classique à base d'actine. Le précurseur érythrocytaire nucléé est supposé posséder un cortex sous-membranaire composé de filaments d'actine associés par des tétramères de spectrine et d'autres protéines de réticulation. Lorsque la cellule précurseur se différencie en érythrocyte, la plus grande partie de l'actine est perdue. Il en résulte que les filaments d'actine se dépolymérisent et la majorité des protéines de réticulation se dissocient, laissant seulement un mince réseau bidimensionnel de spectrine et de filaments d'actine très courts liés à la membrane plasmique.

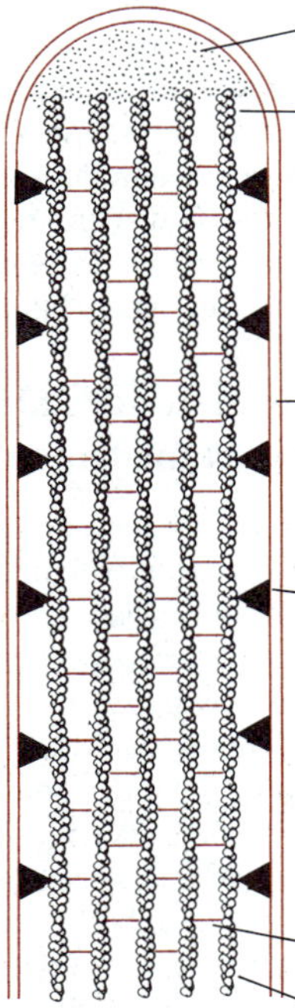

Figure 11-35 Un faisceau de filaments d'actine, parallèles, maintenus ensemble par des protéines de formation du faisceau d'actine, forme la partie centrale d'une microvillosité. Des bras latéraux relient les côtés du faisceau de filament d'actine à la membrane plasmique qui les recouvre. Les extrémités plus des filaments d'actine sont toutes situées au sommet de la microvillosité, où elles sont enchâssées dans une substance amorphe fortement colorée de composition inconnue.

microvillosités au niveau de sa surface apicale ; chacune a une épaisseur d'environ 0,08 μm et une longueur de 1μm, rendant la surface absorbante de la cellule 20 fois plus importante qu'elle ne le serait sans elles. La membrane plasmique qui recouvre ces microvillosités est très particulière, avec une couche extracellulaire épaisse de polysaccharides et d'enzymes digestives.

La partie centrale de chaque microvillosité intestinale contient un faisceau rigide composé de 20 à 30 filaments d'actine parallèles qui s'étendent de l'extrémité de la microvillosité vers l'intérieur du cortex cellulaire. Les filaments d'actine du faisceau sont tous orientés avec leur extrémité plus pointant hors du corps cellulaire et ils sont maintenus ensemble à intervalles réguliers par plusieurs *protéines de formation du faisceau d'actine*, comprenant la *fimbrine* et la *fascine* (Figure 11-35). Au contraire de la filamine et d'autres protéines de réticulation flexibles qui lient les filaments d'actine en réseaux détendus (voir p. 630), ces protéines de formation du faisceau d'actine sont des molécules compactes, relativement petites, possédant deux sites distincts de liaison à l'actine sur une seule chaîne polypeptidique. Il en résulte qu'elles lient les filaments d'actine en faisceaux serrés, les filaments adjacents étant strictement espacés d'environ 10 nm, parallèlement les uns aux autres.

La partie inférieure du faisceau de filaments d'actine située dans la partie centrale des microvillosités est ancrée dans un cortex spécialisé au sommet de la cellule épithéliale intestinale. Ce cortex, connu sous le nom de *réseau terminal* (« terminal web »), contient un réseau dense de molécules de spectrine qui recouvre une couche de filaments intermédiaires (Figure 11-36) ; il est

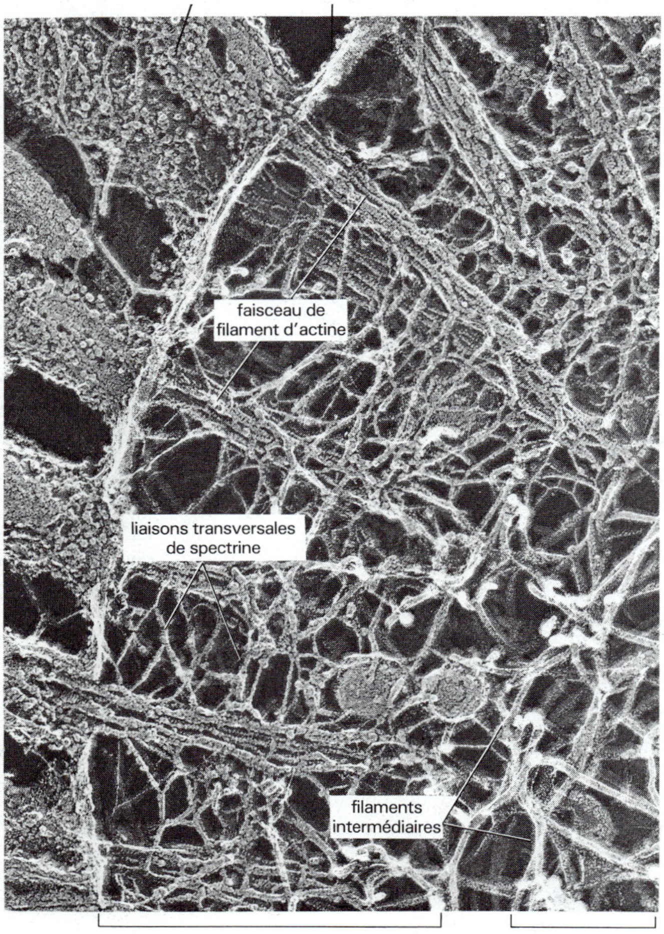

Figure 11-36 Micrographie électronique après cryodécapage d'une cellule épithéliale intestinale, montrant la lame terminale située sous la membrane plasmique apicale. Les faisceaux de filaments d'actine formant la partie centrale des microvillosités se prolongent dans le réseau terminal, où ils sont principalement liés les uns aux autres par la spectrine. Sous le réseau terminal, il existe une couche de filaments intermédiaires. (Avec l'autorisation de N. Hirokawa et J. E. Heuser, *J. Cell Biol.* 91:399-409, 1981. Reproduit avec l'autorisation de la Rockfeller University Press.)

vraisemblable qu'il renforce les microvillosités qui le recentrent, maintenant leurs faisceaux d'actine pointant vers l'extérieur perpendiculairement à la surface apicale de la cellule.

Comment le faisceau de filaments d'actine au niveau de la partie centrale d'une microvillosité est-il attaché à la membrane plasmique qui le recouvre ? La microscopie électronique révèle deux régions distinctes d'association avec la membrane : un « escalier » hélicoïdal de bras latéraux qui s'étend depuis les côtés du faisceau de filaments d'actine pour entrer en contact avec la membrane plasmique, et une « coiffe » amorphe de matériel dense qui relie les extrémités plus des filaments d'actine à la membrane plasmique au niveau de l'extrémité de la microvillosité (voir Figure 11-35).

Si la membrane plasmique est éliminée d'une telle cellule épithéliale par un détergent non ionique, les bras latéraux restent attachés au cytosquelette dénudé. Ils peuvent cependant être éliminés par une incubation ultérieure en présence d'ATP, ce qui permet de montrer que chaque bras est composé d'une molécule de minimyosine étroitement liée à une protéine de liaison au calcium, la calmoduline. La minimyosine se lie par sa région de tête ATP-dépendante aux filaments d'actine dans la partie centrale de la microvillosité et par sa région de queue tronquée à la membrane plasmique. La raison pour laquelle une protéine génératrice de mouvement est utilisée pour former cette liaison est inconnue ; mais puisque les molécules de myosine se déplacent vers les extrémités plus des filaments d'actine, on s'attendrait à ce que celles situées dans les microvillosités transportent des composants membranaires vers l'extrémité de la microvillosité. Il est possible que ce mouvement aide la libération continuelle (« mue ») de fragments de membrane plasmique depuis les microvillosités vers la lumière de l'intestin, où les enzymes digestives associées à la membrane plasmique continuent leur action.

On a moins d'informations sur le matériel amorphe fortement coloré situé à l'extrémité d'une microvillosité que sur celui situé sur les bras latéraux. Comme nous le verrons, il y a des raisons de supposer que les protéines localisées dans cette région contrôlent la longueur et le diamètre du faisceau de filaments d'actine et déterminent ainsi la taille des microvillosités (voir p. 676) : si c'est le cas, le mode d'insertion des filaments d'actine dans la membrane à l'extrémité de la microvillosité est vraisemblablement complexe.

Des contacts focaux permettent aux filaments d'actine de tirer sur le substratum [24]

Les faisceaux de filaments d'actine se lient souvent à la membrane plasmique d'une façon qui leur permet de tirer sur la matrice extracellulaire ou sur une autre cellule. Nous avons déjà fait état de tels sites d'attachement pour les extrémités des faisceaux de filaments d'actine dans les fibroblastes et les cellules du muscle lisse (voir p. 625 et p. 627). Les attachements de ce type se font par l'intermédiaire de glycoprotéines de liaison transmembranaires dans la membrane plasmique. Ceux formés par des fibroblastes en culture avec la matrice extracellulaire sont les mieux caractérisés. Lorsque des fibroblastes poussent sur une boîte de culture, la plus grande partie de leur surface cellulaire est séparée du substratum de plus de 50 nm. Cependant, dans certaines régions appelées **contacts focaux** ou *plaques d'adhérence*, cet espace est réduit à 10 ou 15 nm. Ces régions apparaissent comme des surfaces sombres en microscopie interférencielle ; dans ces cas, seule la lumière reflétée par la face inférieure de la cellule est réveillée. Il est possible, par coloration avec des anticorps anti-actine, de montrer que ces régions sont les sites d'attachement des extrémités des fibres toniques avec la membrane plasmique (Figure 11-37).

Figure 11-37 La relation entre contacts focaux et fibres toniques dans des fibroblastes en culture. La meilleure façon d'observer des contacts focaux dans des cellules vivantes est d'utiliser la microscopie interférentielle par réflexion (A). Dans cette technique, la lumière est reflétée par la surface inférieure d'une cellule étalée sur une lame de verre, et les contacts focaux apparaissent comme des zones sombres. (B) Coloration de la même cellule (après fixation) avec des anticorps dirigés contre l'actine montrant que la majorité des faisceaux de filaments d'actine de la cellule (ou fibres toniques) se terminent au niveau ou près d'un contact focal. (Avec l'autorisation de Grenham Ireland.)

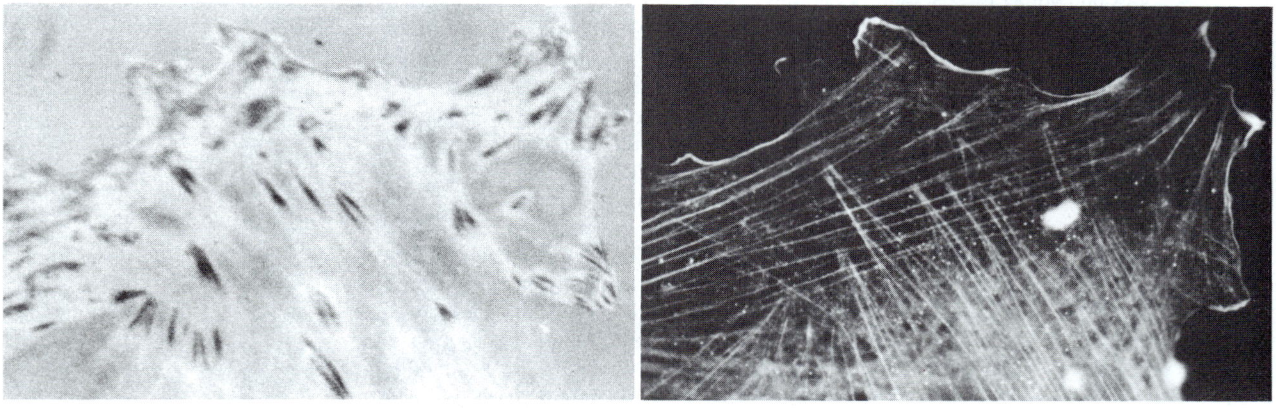

(A) (B) 10 μm

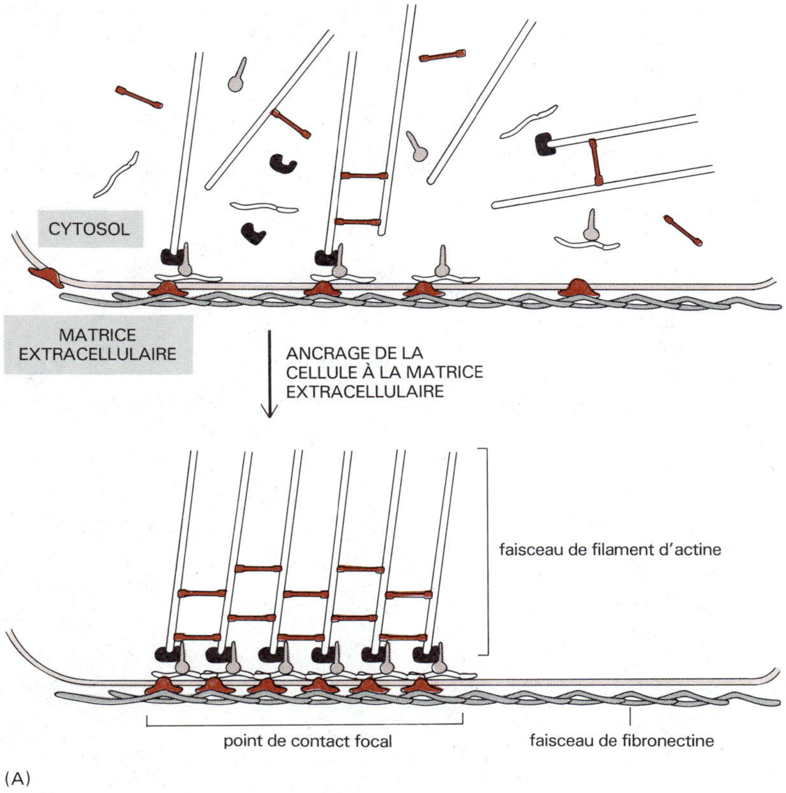

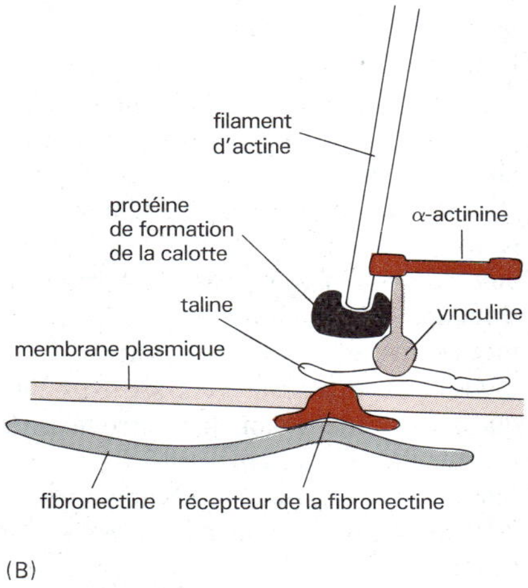

Figure 11-38 Un modèle des modes de liaison des filaments d'actine intracellulaires et de la matrice extracellulaire au niveau d'un point de contact focal, par les glycoprotéines de liaison transmembranaires situées dans la membrane plasmique. La formation d'un contact focal se produit lorsque la liaison des glycoprotéines matricielles à l'extérieur de la cellule provoque le regroupement des glycoprotéines de liaison transmembranaires au niveau d'un point de contact focal, comme cela est schématiquement illustré en (A). Un arrangement possible des protéines d'ancrage intracellulaires qui interviennent dans la liaison entre une glycoprotéine de liaison transmembranaire (telle que le récepteur de la fibronectine) et des filaments d'actine est représenté en (B).

Le cortex cellulaire au niveau du site d'un contact focal est attaché par des protéines de liaison transmembranaires à des composants de la matrice extracellulaire, tels que la *fibronectine* (voir p. 816), qui se sont adsorbés sur la boîte. La protéine de liaison transmembranaire type est le *récepteur de la fibronectine*, une glycoprotéine bicaténaire de la famille des *intégrines* (voir p. 821), dont le domaine externe se lie à la fibronectine alors que le domaine cytoplasmique est lié aux filaments d'actine des fibres toniques (Figure 11-38A). Cette liaison est indirecte et se fait par l'intermédiaire d'au moins quatre *protéines d'ancrage*, comprenant la *taline* et la *vinculine*. La taline se lie à la fois au domaine cytoplasmique du récepteur de la fibronectine et à la vinculine. Aucune de ces protéines ne se lie cependant directement aux filaments d'actine. Cette fonction est remplie par d'autres protéines d'ancrage, dont une protéine de formation de la calotte (« capping protein ») qui se lie à l'extrémité plus d'un filament d'actine, et l'α-actinine, qui, dans le muscle, est attachée près des extrémités plus des filaments d'actine au niveau du disque Z (voir p. 624). Un arrangement possible des diverses protéines au niveau d'un point de contact focal est illustré dans la Figure 11-38B.

Les points de contact focaux sont très voisins des sites d'ancrage des filaments d'actine dans la membrane plasmique d'une cellule du muscle lisse (voir p. 625). Ils sont plus distants des *ceintures d'adhérence* qui aident à réunir des cellules épithéliales en feuillets grâce à des faisceaux contractiles de filaments d'actine qui interagissent à travers des membranes plasmiques adjacentes (voir p. 796). Ces jonctions intercellulaires contiennent de la vinculine et de l'α-actinine mais pas de taline, suggérant un mode d'ancrage des filaments d'actine à la membrane plasmique un peu différent de celui qui a lieu au niveau des points de contact focaux.

Jusqu'à présent, nous avons étudié des cas d'ancrage des filaments d'actine à la membrane plasmique pour lesquels les filaments ont un rôle structural (comme dans une microvillosité), ou peuvent tirer sur la membrane (comme au niveau des points de contact focaux). Dans ces cas, des arrangements relativement stables de filaments d'actine donnent lieu à des structures persistantes. Beaucoup de changements de forme rapides à la surface cellulaire, comme ceux qui se produisent au cours du déplacement cellulaire, dépendent de la polymérisation transitoire et réglée de l'actine. Avant d'analyser les mouvements externes rapides de la membrane plasmique qui sont couplés à la polymérisation de l'actine, nous devons faire une courte digression, afin d'examiner ce que l'on sait sur la polymérisation des molécules d'actine *in vitro*.

11-11 Un filament d'actine s'allonge principalement au niveau de son extrémité plus [25]

Nous avons déjà noté que les molécules d'actine dans un tube à essai peuvent s'assembler spontanément en filaments, en présence d'ATP. La formation des filaments est typiquement amorcée par une augmentation de la force ionique de la solution d'actine, et elle est facilement observée en mesurant la forte augmentation résultante de la diffusion de la lumière ou de la fluorescence d'un colorant lié de façon covalente.

La polymérisation commence après un temps de latence qui correspond à une étape d'initiation lente et difficile au cours de laquelle trois molécules d'actine doivent se rassembler en une configuration géométrique spécifique (Figure 11-39). Cette étape est connue sous le nom de *nucléation*. Une fois la nucléation achevée, l'addition de molécules d'actine supplémentaires aux deux extrémités du filament se poursuit rapidement. La réaction d'assemblage est réversible, et finalement, la concentration des monomères d'actine diminue jusqu'à ce que les monomères se lient au filament à la même vitesse qu'ils se dissocient ; cette concentration est appelée *concentration critique*. Si la solution d'actine est alors brusquement diluée de sorte que la concentration de monomère diminue au-dessous de la concentration critique, les filaments d'actine commencent à se dépolymériser, et ils continuent jusqu'à ce que la concentration critique des monomères soit rétablie. Comme nous le verrons, la nucléation et la polymérisation sont contrôlées par diverses protéines de liaison à l'actine qui, de ce fait, déterminent à la fois la position et la longueur des filaments d'actine.

Une caractéristique supplémentaire de la polymérisation de l'actine explique la directivité de la croissance des filaments observée lorsque la polymérisation de l'actine engendre les mouvements cellulaires. Nous avons vu que les filaments d'actine ont une polarité structurale. Une conséquence importante de cette polarité est la différence cinétique de polymérisation aux deux extrémités du filament. Celle-ci peut être détectée en décorant de courts segments de filaments d'actine avec des fragments de têtes de myosine afin de mettre en évidence la polarité structurale de ces filaments avant de les mettre en présence de monomères d'actine dans des conditions de polymérisation. Si les filaments d'actine en croissance sont ensuite fixés après une courte période et examinés au microscope électronique, on découvre que *l'extrémité plus* du filament s'est beaucoup plus allongée que *l'extrémité moins* (Figure 11-40). En réalisant une série d'expériences de ce type, il est possible de mesurer les vitesses de croissance aux deux extrémités en fonction de la concentration en monomères d'actine libres. Dans des conditions ioniques équivalentes à celles présentes dans la cellule, l'assemblage des filaments d'actine purifiés est 5 à 10 fois plus important à l'extrémité plus qu'à l'extrémité moins. Il apparaît que la croissance des filaments d'actine *in vivo* se fait presque toujours à l'extrémité plus ; par conséquent, en ancrant l'extrémité plus d'un filament dans une orientation spécifique, la cellule peut déterminer la vitesse et la direction de la croissance du filament.

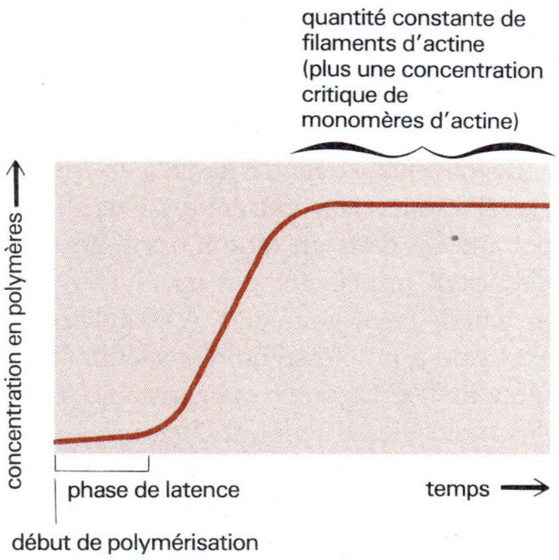

Figure 11-39 Cinétique de la polymérisation de l'actine *in vitro*. La polymérisation est normalement déclenchée par une augmentation de la force ionique de la solution d'actine, et se poursuit normalement après une phase de latence initiale.

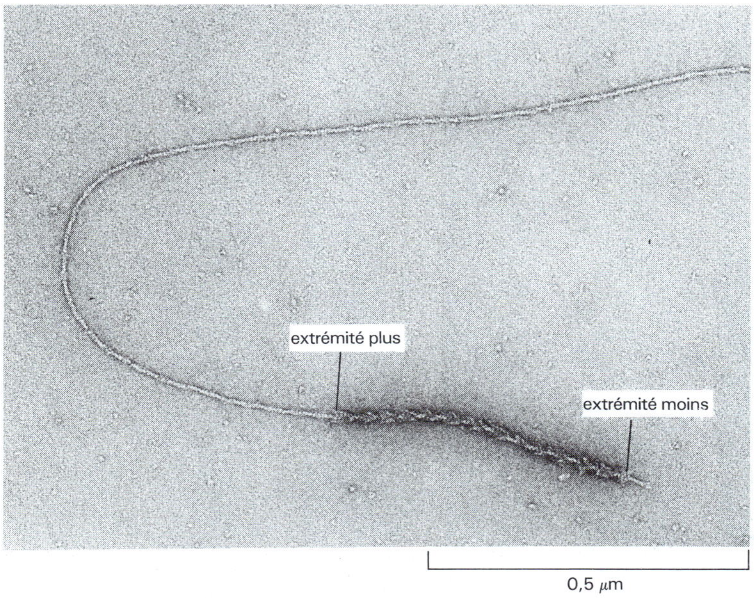

Figure 11-40 L'asymétrie de la croissance des filaments d'actine. Si un « filament amorce » décoré avec des têtes de myosine est utilisé pour réaliser la nucléation de la polymérisation de l'actine, l'assemblage se produit beaucoup plus rapidement au niveau de l'extrémité plus (également appelée « extrémité barbelée ») du filament initial qu'au niveau de son extrémité moins (ou « extrémité pointue »). (Micrographie électronique avec l'autorisation de M.S. Runge et T.D. Pollard.)

11-12 Les filaments d'actine peuvent subir un processus en « tapis roulant » des sous-unités [25]

Des expériences *in vitro* comparables à celle montrée dans la Figure 11-40 indiquent que la concentration d'actine à laquelle la croissance du filament cesse — la concentration critique — est différente aux extrémités plus et moins du filament. Par conséquent, lorsque l'actine polymérise dans un tube à essai, un équilibre est atteint auquel les monomères d'actine se dissocient principalement au niveau de l'extrémité moins et s'associent principalement au niveau de l'extrémité plus. A l'équilibre, la vitesse d'addition des sous-unités à l'extrémité plus est égale à la vitesse de dissociation de l'extrémité moins, de sorte que la concentration de monomères d'actine reste constante. Bien que la longueur nette du polymère ne change pas, des molécules d'actine individuelles sont continuellement transportées d'une extrémité du filament à l'autre, un processus appelé **« tapis roulant »** (Figure 11-41).

Ce tapis roulant de filaments d'actine nécessite de l'énergie, puisque, sans quoi, il pourrait être utilisé pour créer un mécanisme de mouvement perpétuel qui fonctionne sans apport d'énergie, violant les lois de la thermodynamique. Dans ce cas, l'énergie est fournie par l'hydrolyse de l'ATP. Chaque monomère d'actine se lie à une molécule d'ATP, qui est hydrolysée peu de temps après l'addition du monomère au filament. Comme nous l'expliquons dans la Planche 11-1, cette hydrolyse de l'ATP rend le tapis roulant possible. Comme nous le verrons bientôt, le tapis roulant peut être l'un des mécanismes qui permettent aux filaments d'actine et aux composants qui leur sont associés d'engendrer des mouvements dans les cellules (voir p. 640).

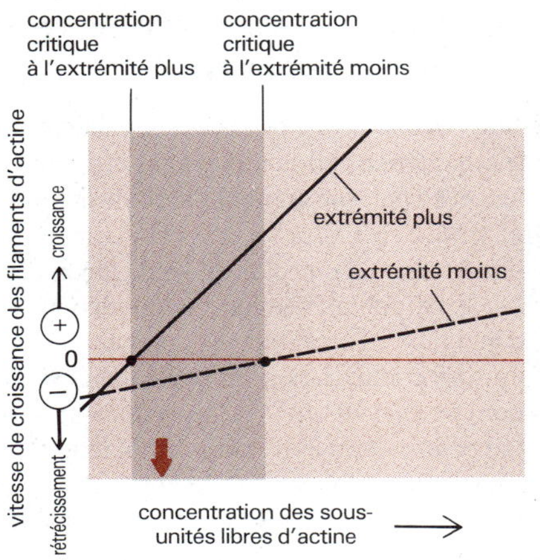

Figure 11-41 La vitesse de croissance observée aux niveau des deux extrémités d'un filament d'actine pour différentes concentrations de molécules d'actine libres. Ce graphique montre que les deux extrémités ont des vitesses de croissance différentes et des concentrations critiques différentes. Il existe donc une gamme de concentrations en actine libre (*couleur sombre*) dans laquelle l'extrémité plus du filament d'actine polymérise alors que l'extrémité moins dépolymérise. Lorsque l'actine libre est apparemment en équilibre avec les filaments d'actine *in vitro*, il n'y a pas de croissance globale, car la vitesse à laquelle les molécules d'actine quittent l'extrémité moins est égale à la vitesse à laquelle elles sont ajoutées à l'extrémité plus. A cette concentration de sous-unités d'actine libres (intermédiaire entre les concentrations critiques des deux extrémités — *flèche colorée*), les filaments d'actine ne changent pas de longueur, mais des molécules d'actine individuelles se déplacent continuellement d'une extrémité du polymère à l'autre selon un processus appelé « tapis roulant » (voir Planche 11-1).

Les spicules contenant de l'actine et les lamellipodes sont des extensions dynamiques de la surface de nombreuses cellules [26]

Les extensions de surface dynamiques contenant des filaments d'actine sont une caractéristique commune des cellules animales, particulièrement lorsque les cellules migrent ou changent de forme. Par exemple, les cellules en culture étendent souvent un grand nombre de prolongements rigides et minces, appelées **spicules**, larges de 0,1 μm environ et longs de 5 à 10 μm, qui contiennent un faisceau peu serré d'environ 20 filaments d'actine orientés avec leur extrémité plus pointant vers l'extérieur. L'extrémité en croissance (cône de croissance) d'un axone de cellule nerveuse en développement étend même des spicules plus longs, nommés *filopodes*, qui peuvent mesurer jusqu'à 50 μm de long (voir p. 1115). Ces extensions sont des structures mobiles qui peuvent se former et se rétracter avec une grande rapidité. Il est probable qu'ils agissent comme des antennes qui permettent aux cellules d'explorer leur environnement : les spicules qui adhèrent fortement à leur environnement agissent pour guider la cellule vers la région adhésive ; ceux qui ne peuvent adhérer reviennent en arrière au-dessus de la surface supérieure de la cellule et se rétractent.

En plus des spicules, les cellules qui rampent et les cônes de croissance étendent périodiquement de petits appendices en forme de feuillets minces connus sous le nom de **lamellipodes**, à partir de leur bord avant (« leading edge »). Comme les spicules, certains d'entre eux adhèrent au substratum, alors que ceux qui ne réussissent pas à adhérer retournent vers l'arrière de la cellule en ondulant sur sa surface supérieure comme une ride à la surface de l'eau (Figure 11-42).

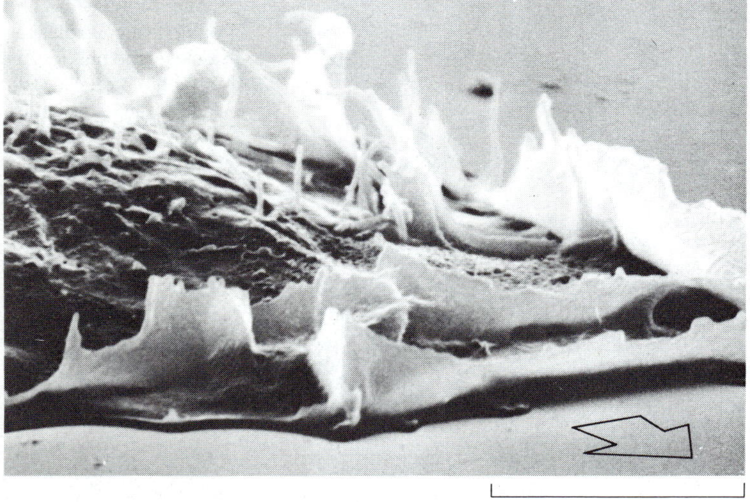

Figure 11-42 Micrographie électronique à balayage de lamellipodes et de spicules au niveau du bord avant d'un fibroblaste humain migrant en culture. La flèche indique la direction du mouvement cellulaire. Lorsque la cellule se déplace vers l'avant, les lamellipodes et les microspicules sont ramenés en arrière au niveau de sa surface supérieure — par un mouvement large et ondulant, parfois appelé « ruffling ». (Avec l'autorisation de Julian Heath.)

LES VITESSES DE CROISSANCE DIFFÈRENT AUX EXTRÉMITÉS PLUS ET MOINS

L'assemblage (polymérisation) et le désassemblage (dépolymérisation) des filaments d'actine se produisent par addition et dissociation de sous-unités d'actine, aux extrémités des filaments. Au cours de l'assemblage, une des extrémités du filament croît plus vite que l'autre. L'extrémité à croissance rapide est appelée extrémité plus, alors que l'extrémité à croissance lente est appelée extrémité moins. Ce sont des modifications de la conformation de chaque sous-unité lorsqu'elle s'intègre au polymère qui sont responsables de la différence des vitesses de croissance aux deux extrémités.

(⊐ → ⊐〉).
sous-unité libre   sous-unité dans le polymère

Ce changement de conformation influe sur l'addition préférentielle de la sous-unité à l'une des extrémités.

ADDITION LENTE
À L'EXTRÉMITÉ MOINS

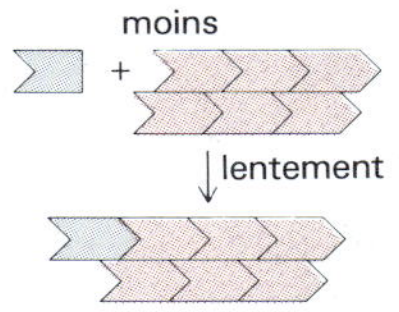

ADDITION RAPIDE
À L'EXTRÉMITÉ PLUS

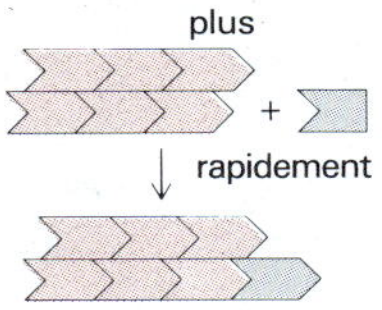

LA CONCENTRATION CRITIQUE DES SOUS-UNITÉS

Le nombre de sous-unités qui s'ajoutent au polymère par seconde sera proportionnel à la concentration de sous-unité libre (K_{add}[C]), mais les sous-unités quitteront l'extrémité du polymère à une vitesse constante (K_{dis}) qui ne dépend pas de [C]. Lorsque le polymère s'allonge, les sous-unités sont consommées et [C] diminue jusqu'à atteindre une valeur constante, appelée concentration critique (C_c), à laquelle la vitesse d'addition des sous-unités est égale à la vitesse de dissociation des sous-unités.

En ce point d'équilibre,

$$K_{add}[C_c] = K_{dis}$$

de sorte que

$$\text{concentration critique} = C_c = \frac{K_{dis}}{K_{add}} = \frac{1}{\mathbf{K}}$$ (où **K** est la constante d'équilibre pour l'addition de sous-unités)

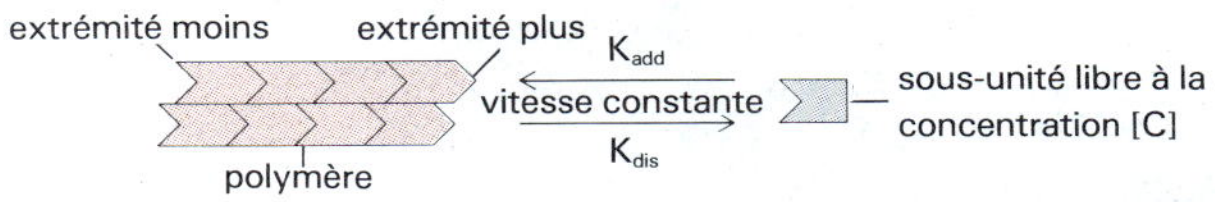

Même si K_{add} et K_{dis} ont des valeurs différentes pour les extrémités plus et moins du polymère, leur rapport K_{dis}/K_{add} — et donc C_c — doit être le même aux deux extrémités. Ceci du fait que ce sont exactement les mêmes interactions entre sous-unités qui sont rompues lorsqu'une sous-unité est perdue à l'une ou l'autre extrémité, et que l'état final de la sous-unité après dissociation est identique. Par conséquent, le ΔG pour la perte de la sous-unité, qui détermine la constante d'équilibre pour son association avec l'extrémité (voir Tableau 3-3, p. 95), est identique aux deux extrémités : si l'extrémité plus s'allonge quatre fois plus vite que l'extrémité moins, elle doit également se raccourcir quatre fois plus vite.

Donc : pour [C] > C_C, les deux extrémités s'allongent
pour [C] < C_C, les deux extrémités se raccourcissent (voir Figure 11-41)

L'HYDROLYSE DE L'ATP MODIFIE LA CONSTANTE D'ÉQUILIBRE À CHAQUE EXTRÉMITÉ

Chaque molécule d'actine porte une molécule d'ATP étroitement liée qui est hydrolysée en une molécule d'ADP étroitement liée très peu de temps après le changement de conformation qui accompagne l'assemblage de la sous-unité dans le polymère.

sous-unité libre		sous-unité dans le polymère		sous-unité dans le polymère
actine (ATP)	→	actine (ATP)	→	actine (ADP) + P_i

Ces changements seront résumés par
⊐T → ⊐T〉 → ⊐D〉

L'hydrolyse de l'ATP réduit l'affinité de liaison de la sous-unité pour les sous-unités voisines, et la rend plus susceptible de se dissocier de chaque extrémité du filament. C'est habituellement la forme ⊐T qui s'additionne au filament et la forme ⊐D〉 qui le quitte (devenant D〉 en solution), de sorte que la réaction qui se produit lorsque la sous-unité quitte le polymère n'est plus exactement l'inverse de la réaction qui se produit lors de l'assemblage.

En ne considérant que les événements à l'extrémité plus :

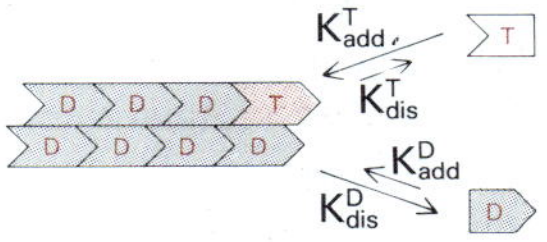

Comme précédemment, le polymère s'allongera jusqu'à ce que [C] = C_C. Pour plus de clarté, nous pouvons considérer $K^D{}_{add}$ et $K^T{}_{dis}$ comme négligeables, de sorte que

$$K^T{}_{add}\,[C_C] = K^D{}_{dis} \quad \text{ou} \quad C_C = \frac{K^D{}_{dis}}{K^T{}_{add}} = \frac{1}{\mathbf{K}}$$

C'est un état stationnaire et non un équilibre véritable, car l'ATP qui est hydrolysé doit être remplacé par une réaction d'échange de nucléotide sur la sous-unité libre (D〉 → ⊐T).

LE TAPIS ROULANT

Puisque $K^D{}_{dis}$ et $K^T{}_{add}$ se rapportent à différentes réactions, le rapport $K^D{}_{dis}/K^T{}_{add}$ n'a pas besoin d'être le même aux deux extrémités du polymère. On trouve aussi que l'hydrolyse de l'ATP engendre une concentration critique différente à chaque extrémité, avec

$$C_C \text{ (extrémité } \textit{moins}) > C_C \text{ (extrémité } \textit{plus})$$

Etant donné que les deux extrémités du polymère sont libres, la polymérisation se fera jusqu'à ce que [C] atteigne une valeur supérieure à C_C pour l'extrémité plus mais inférieure à C_C pour l'extrémité moins (voir Figure 11-41). Dans cet état stationnaire, les sous-unités s'assembleront à l'extrémité plus et se désassembleront à l'extrémité moins à la même vitesse, de sorte que le polymère aura une longueur constante même s'il y a un flux net de sous-unités d'un bout à l'autre du polymère, connu sous le nom de tapis roulant :

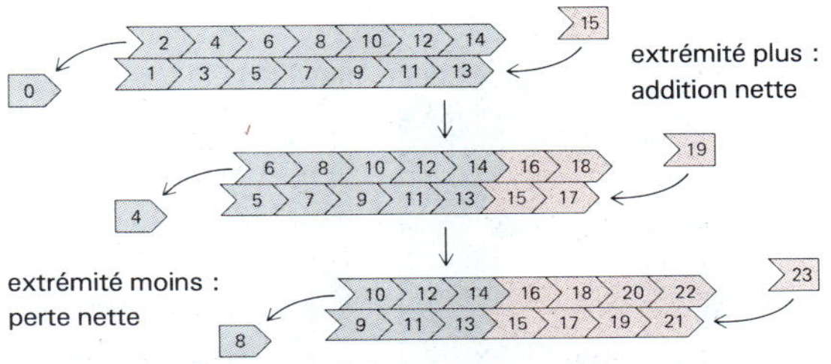

L'hydrolyse de l'ATP n'est pas nécessaire pour l'assemblage du filament. Les sous-unités d'actine qui sont liées à un analogue non hydrolysable de l'ATP polymériseront dans des conditions appropriées. Les filaments formés dans ces cas-là, toutefois, ne subiront pas le processus de tapis roulant. C'est l'hydrolyse de l'ATP, qui accompagne la polymérisation, qui permet ce processus.

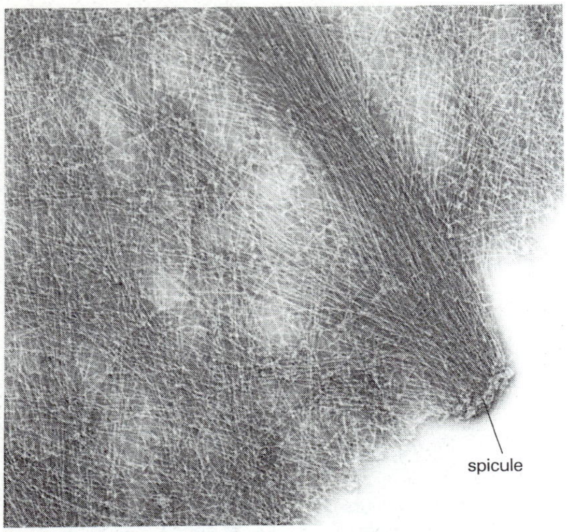

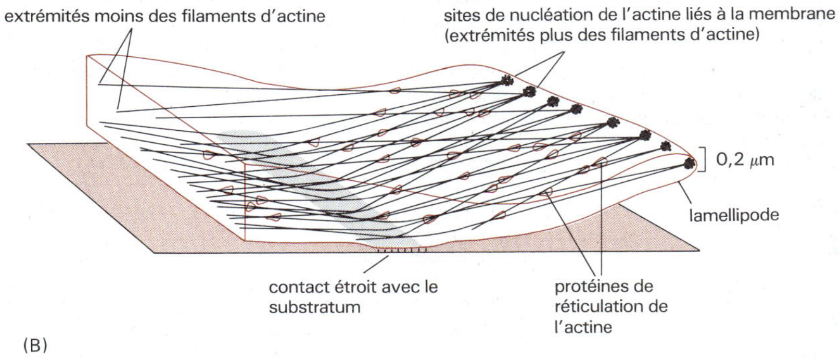

Figure 11-43 Les filaments d'actine au niveau du bord avant d'un fibroblaste en culture. (A) Micrographie électronique du bord avant d'une cellule en culture qui a été extraite avec un détergent non ionique afin d'éliminer la membrane plasmique et la plus grande partie des protéines solubles. Noter le réseau orienté de filaments d'actine dans le lamellipode, dans lequel un spicule est enchâssé. (B) Représente une vue schématique des filaments d'actine dans le lamellipode. (Micrographie électronique d'après J. V. Small, *J. Cell. Biol.* 91:695-705, 1981. Reproduit avec l'autorisation de la Rockfeller University Press.)

Un lamellipode peut être considéré comme une version bidimensionnelle d'un spicule ; cependant, de courts spicules soulignent souvent son pourtour. Lorsqu'ils sont soigneusement fixés et colorés pour une étude en microscopie électronique, les filaments d'actine dans les lamellipodes d'une cellule en mouvement paraissent être plus organisés qu'ils ne le sont dans d'autres régions du cortex cellulaire ; les filaments font saillie vers l'extérieur en une rangée ordonnée, leurs extrémités plus enfoncées dans le bord avant de la membrane plasmique (Figure 11-43).

Des études réalisées sur des cellules mobiles en culture indiquent qu'il existe un « tapis roulant » de molécules d'actine le long des filaments d'actine au niveau du bord avant de la cellule dont la vitesse est beaucoup plus rapide que celle de celui qui existe dans des filaments d'actine qui se forment en tube à essai. Les mouvements des molécules d'actine dans les cellules peuvent être détectés par des expériences de décoloration en fluorescence. Lorsque des monomères d'actine marqués par fluorescence sont injectés dans une cellule en mouvement, ils sont rapidement incorporés dans tous les filaments d'actine. Et lorsqu'un faisceau laser est utilisé pour détruire le marquage fluorescent dans une petite région du mince bord avant de la cellule, cette région se déplace régulièrement vers l'arrière depuis le bord de la cellule à une vitesse d'environ 0,8 μm/minute, suggérant qu'il y a un rapide tapis roulant de monomères d'actine le long des filaments d'actine dans les lamellipodes et les spicules (Figure 11-44). Il semble que les monomères soient continuellement ajoutés aux extrémités plus au niveau de la membrane plasmique et perdus aux extrémités moins à l'intérieur de la cellule.

Lorsqu'une région sur un filament d'actine est décolorée de façon analogue autre part dans la cellule, elle retrouve sa fluorescence en quelques minutes sans paraître se déplacer. Il y a apparemment quelque chose de particulier dans le comportement ou l'organisation de l'actine au niveau du bord avant. On a suggéré que la polymérisation permanente des filaments d'actine juste au-dessous de la membrane pouvait être aménagée pour l'extension du bord avant, aidant ainsi la cellule à se déplacer vers l'avant (voir p. 671). Un cas plus spectaculaire dans lequel la polymérisation de l'actine favorise l'extension du bord avant d'une cellule se rencontre dans les spermatozoïdes de certains invertébrés.

Figure 11-44 Un tapis roulant d'actine dans un fibroblaste en culture. Des molécules d'actine fluorescentes ont été injectées dans la cellule, où elles ont été incorporées dans des filaments d'actine. Une petite région des filaments d'actine au niveau du bord avant de la cellule a été décolorée par un faisceau laser. La cellule fut ensuite photographiée à intervalles réguliers en utilisant un microscope à fluorescence équipé d'un intensificateur d'images (voir p. 142). Le mouvement rapide vers l'arrière de la région décolorée suggère qu'il existe un tapis roulant continuel de molécules d'actine le long des filaments d'actine vers l'arrière de la cellule. (Avec l'autorisation de Y. L. Wang.)

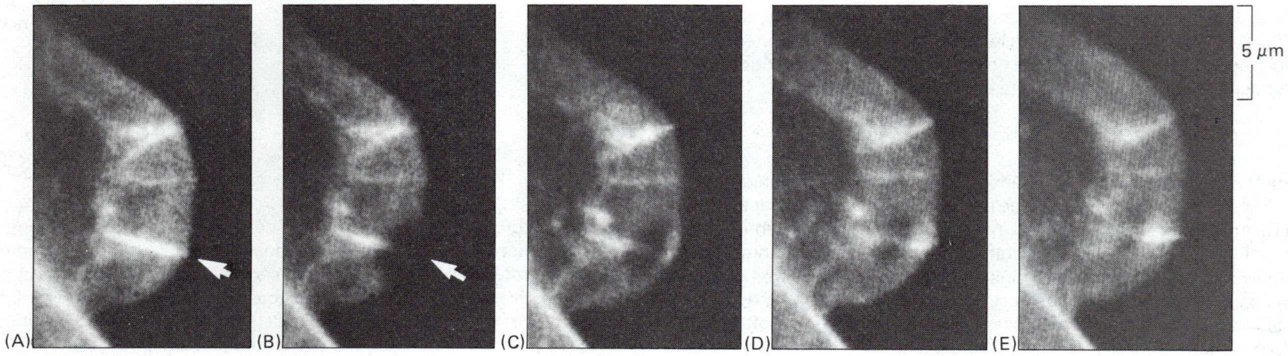

11-13 La formation d'un prolongement acrosomique est couplée à une polymérisation explosive de l'actine dans certains spermatozoïdes d'invertébrés [27]

Bien que l'on pense que la saillie de nombreuses extensions de la surface cellulaire dépende sans doute de la polymérisation des filaments d'actine, il y a très peu d'informations sur la façon dont le processus est amorcé. La *réaction acrosomique* chez certains spermatozoïdes d'invertébrés constitue une exception (voir p. 868). La région acrosomique d'une tête de spermatozoïde d'holothurie, par exemple, est bourrée d'actine non polymérisée liée à une petite protéine appelée **profiline**, qui est abondante dans la majorité des cellules animales. En formant un complexe moléculé de molécule avec l'actine, la profiline bloque l'étape de nucléation dans la polymérisation spontanée de nouveaux filaments d'actine sans avoir d'effet majeur sur la polymérisation au niveau de l'extrémité plus d'un filament d'actine préformé. Lorsque le spermatozoïde entre en contact avec l'enveloppe externe d'un ovule d'holothurie, le pH intracellulaire augmente, permettant la dissociation des complexes actine/profiline. La polymérisation explosive d'actine qui en résulte entraîne la formation rapide d'un long et mince prolongement acrosomique recouvert d'une membrane, qui pique l'enveloppe de l'ovule à la façon d'un harpon, permettant la fusion des membranes du spermatozoïde et de l'ovule (Figure 11-45). En plus de la polymérisation de l'actine, un influx d'eau dans la tête du spermatozoïde crée une pression hydrostatique qui, pense-t-on, facilite l'extension du prolongement acrosomique.

La formation du prolongement acrosomique suggère que la polymérisation de l'actine peut rapidement pousser la membrane plasmique sans rompre la continuité membranaire. Alors qu'il est improbable que la croissance des spicules et des lamellipodes soit due à des variations du pool de monomères d'actine disponibles, ils se forment probablement de façon similaire par polymérisation locale d'actine au niveau de la membrane plasmique.

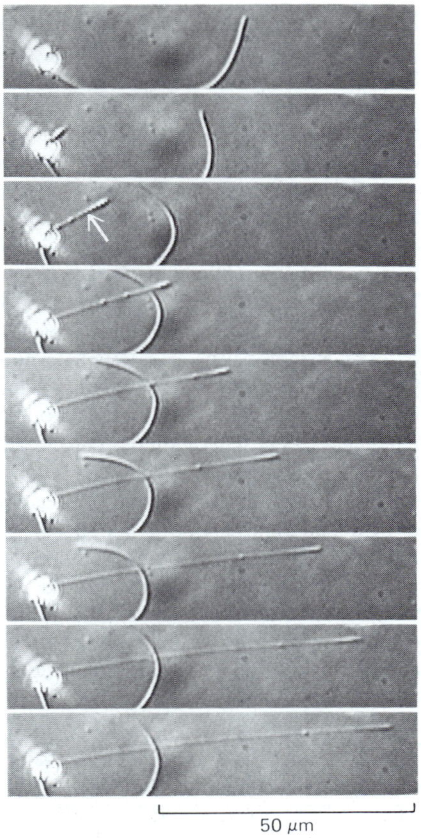

Figure 11-45 Séquence de micrographies optiques montrant les étapes de l'élongation du prolongement acrosomique d'un spermatozoïde d'holothurie. Les photographies ont été prises à des intervalles de 0,75 seconde, et la première, deux secondes après l'activation artificielle de la réaction acrosomique du spermatozoïde. L'arc situé à droite de la tête du spermatozoïde est une fraction de sa queue qui s'est infléchie hors du champ de la micrographie. (D'après L. G. Tilney et S. Inoué, *J. Cell Biol.* 93:820-827, 1982. Reproduit avec l'autorisation de la Rockfeller University Press.)

L'assemblage de l'actine est contrôlé depuis la membrane plasmique [28]

Les prolongements de la surface cellulaire contenant de l'actine doivent être contrôlés de façon à se former seulement quand et où ils sont nécessaires. Un macrophage, par exemple, étend des pseudopodes pour entourer une bactérie seulement dans la région de contact cellulaire (voir p. 335), et la polymérisation de l'actine qui facilite la formation du prolongement acrosomique dans un spermatozoïde d'holothurie activé se produit seulement lorsque la tête du spermatozoïde entre en contact avec la couche gélatineuse qui entoure l'ovule.

La durée et la localisation de telles réponses qui se font par l'intermédiaire de l'actine semblent être contrôlées au niveau des sites de nucléation des filaments d'actine de la membrane plasmique. Ceci peut être observé dans la réponse chimiotactique des neutrophiles. En réponse à une infection bactérienne locale, ces leucocytes phagocytaires migrent en grand nombre à travers les parois des capillaires et rampent à travers les tissus environnants jusqu'à ce qu'ils atteignent le site d'infection. Ils sont guidés vers leur cible par des molécules diffusibles libérées au niveau du site d'infection. Dans ce processus, connu sous le nom de *chimiotaxie*, la cellule détecte une gradient de substance chimique et y répond en modifiant sa direction (voir p. 720). Les neutrophiles ont des protéines réceptrices à leur surface qui leur permettent de détecter de très faibles concentrations ($\sim 10^{-10}$ M) de substances chimiotactiques attractives spécifiques. Dans des conditions optimales, ils peuvent détecter une différence de 1 p. cent dans la concentration d'un peptide chimiotactique attractif d'un côté de la cellule par rapport à l'autre, et réorienter leur bord avant afin de migrer dans le sens du gradient.

L'étude des effets d'une augmentation soudaine de la concentration d'un peptide chimiotactique attractif donne une idée du lien qui existe entre la liaison du récepteur et la réorientation : le neutrophile forme des spicules et des lamellipodes sur toute sa surface, la proportion d'actine polymérisée dans la cellule passe de 30 à près de 60 p. cent en 20 secondes. Cette polymérisation soudaine de l'actine paraît être due à la formation de sites de nucléation dans la membrane plasmique : lorsque des cellules sont traitées par une substance chimiotactique attractive puis lysées, on trouve qu'elles ont une capacité accrue de nucléation de la croissance des filaments d'actine *in vitro* ; de plus, chaque récepteur de surface cellulaire activé induit la croissance de nombreux filaments d'actine.

Nous reviendrons plus tard sur le rôle joué par la polymérisation contrôlée de l'actine dans la migration dirigée des cellules animales, lorsque nous discuterons de la locomotion cellulaire en tant que réponse intégrée de toute la cellule (voir p. 669).

11-11 Des drogues spécifiques modifient le degré de polymérisation de l'actine et influent ainsi sur le comportement cellulaire [29]

On pourrait s'attendre à ce qu'un grand nombre de mouvements provoqués par le cortex cellulaire, tels que la phagocytose et la locomotion, dépendent de l'équilibre dynamique entre molécules et filaments d'actine. Mais, contrairement aux changements explosifs qui se produisent dans le spermatozoïde activé, les variations du degré de polymérisation de l'actine au cours de tels mouvements sont généralement faibles et transitoires, et par conséquent difficiles à détecter. L'importance de la polymérisation et de la dépolymérisation de l'actine dans ces mouvements cellulaires est mise en évidence par les effets de drogues qui empêchent les variations du degré de polymérisation de l'actine et interrompent ainsi de tels mouvements. Par exemple, les **cytochalasines** (Figure 11-46), une famille de métabolites excrétés par différentes moisissures, paralysent de nombreux types de mouvements cellulaires chez les vertébrés — y compris la locomotion cellulaire, la phagocytose, la cytodiérèse, la production de spicules et de lamellipodes, et l'enroulement des feuillets épithéliaux en tubes. Ces drogues n'inhibent pas la séparation des chromosomes sur le fuseau mitotique, qui dépend principalement des microtubules, pas plus que la contraction musculaire, qui dépend de filaments d'actine stables qui ne subissent pas les processus d'assemblage et de désassemblage. L'action principale des cytochalasines est de se lier spécifiquement aux extrémités plus à croissance rapide des filaments d'actine, empêchant l'addition de molécules d'actine à cette extrémité.

La **phalloïdine** est une alcaloïde extrêmement toxique produite par le champignon vénéneux *Amanita phalloides*. Au contraire des cytochalasines, elle stabilise les filaments d'actine et inhibe leur dépolymérisation. Elle ne traverse pas facilement la membrane plasmique et doit donc être injectée dans une cellule pour être efficace. La phalloïdine injectée bloque la

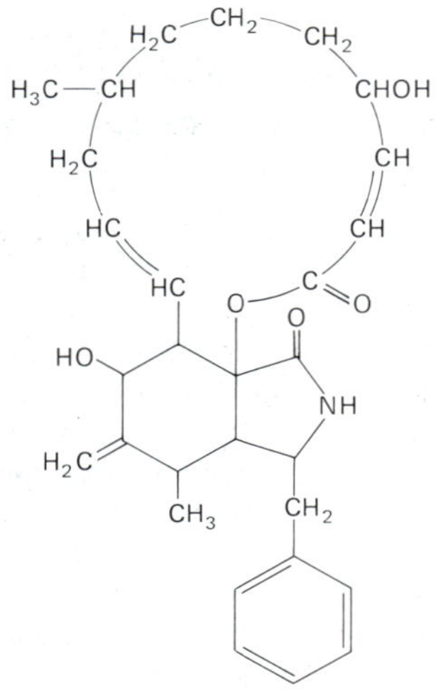

cytochalasine B

Figure 11-46 Structure chimique de la cytochalasine B.

Figure 11-47 Quelques-unes des principales classes de protéines de liaison à l'actine présentes dans la majorité des cellules de vertébrés.

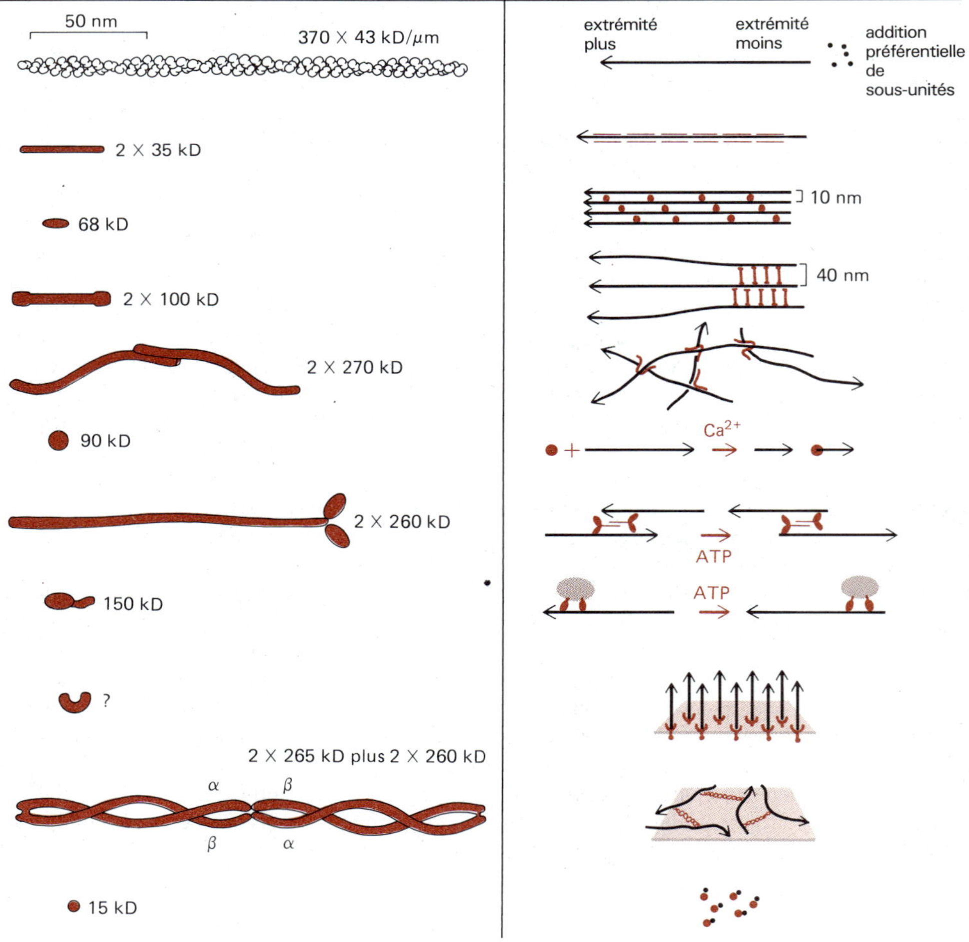

FONCTION DE LA PROTÉINE	EXEMPLE DE PROTÉINE	TAILLES, FORMES ET MASSES MOLÉCULAIRES COMPARATIVES	SCHÉMA DE L'INTERACTION AVEC L'ACTINE
Formation des filaments	actine	370 × 43 kD/μm	
Consolidation des filaments	tropomyosine	2 × 35 kD	
Formation des faisceaux de filaments	fimbrine	68 kD	
	α-actinine	2 × 100 kD	
Réticulation des filaments en un gel	filamine	2 × 270 kD	
Fragmentation des filaments	gelsoline	90 kD	
Glissement des filaments	myosine	2 × 260 kD	
Mouvement des vésicules sur les filaments	minimyosine	150 kD	
Recouvrement des extrémités plus des filaments et liaison à la membrane plasmique	(inconnues)	?	
Ancrage latéral de filaments à la membrane plasmique	spectrine	2 × 265 kD plus 2 × 260 kD	
Rétention des monomères d'actine	profiline	15 kD	

migration d'amibes et des cellules de vertébrés en culture, suggérant que l'assemblage et le désassemblage dynamiques des filaments d'actine sont cruciaux pour ces mouvements. De plus, la phalloïdine se liant spécifiquement aux filaments d'actine, les dérivés fluorescents de cette drogue sont souvent utilisés à la place des anticorps anti-actine pour colorer les filaments d'actine dans les cellules.

Le comportement du cortex cellulaire dépend d'un équilibre d'interactions coopératives et compétitives parmi un ensemble de protéines de liaison à l'actine

Les protéines de liaison à l'actine sont beaucoup mieux connues que les protéines qui s'associent aux microtubules ou aux filaments intermédiaires, les deux autres classes principales de filaments cytosquelettiques. Un tableau résumé des propriétés des différents types de protéines de liaison à l'actine dans les cellules non musculaires des vertébrés est présenté dans la Figure 11-47. La liste est loin d'être complète. Chacune de ces catégories fonctionnelles contient vraisemblablement plusieurs éléments qui ont chacun des propriétés légèrement différentes. De plus, il existe quelques protéines de liaison à l'actine qui n'ont aucune fonction évidente, et il y a indubitablement d'autres protéines de liaison qui n'ont pas encore été identifiées. En particulier, il doit exister des mécanismes cellulaires qui permettent aux cellules de faire la distinction entre les deux extrémités d'un filament d'actine et de contrôler son orientation et sa localisation dans le cytoplasme. Ces mécanismes impliquent vraisemblablement des *protéines de formation de la calotte* ou *« capping proteins »* qui se lient sélectivement à l'extrémité plus d'un filament d'actine, le maintenant serré contre la membrane plasmique et contrôlant l'addition de monomères d'actine. Au contraire, puisque les extrémités moins des filaments d'actine sont relativement inactives par rapport à la polymérisation et à la dépolymérisation, il est possible que ces extrémités soient souvent laissées libres. Il reste beaucoup à apprendre sur la nature des centres organisateurs des microfilaments liés à la membrane : pratiquement rien n'est connu, par exemple, sur la nature moléculaire du matériel dense situé à l'extrémité de la microvillosité, qui est probablement responsable de l'organisation du noyau d'actine et du contrôle de la croissance et de la régénération de la microvillosité (voir p. 634).

Lorsque tous les composants du réseau de filaments d'actine auront été définis, il restera quand même la tâche difficile de déchiffrer les conséquences de leurs nombreuses interactions. Les protéines décrites dans la Figure 11-47 ne se lient pas simultanément ou de manière aléatoire aux filaments d'actine ; elles coopèrent et sont en compétition pour provoquer des modes d'interaction ordonnés qui jouent un rôle important dans la cellule (Figure 11-48). De plus, les interactions entre les divers composants du réseau sont modulées par des changements locaux de la concentration ionique dans le cytosol et par des forces physiques qui étirent ou resserrent le réseau et, de ce fait, modifient les interactions de ses molécules constitutives. Il n'est donc pas surprenant, que nous commencions seulement à comprendre cette partie fondamentale du cytosquelette.

Figure 11-48 Quelques exemples d'interactions compétitives et coopératives entre des protéines de liaison à l'actine. La tropomyosine et la filamine se lient toutes les deux fortement aux filaments d'actine, mais leur liaison est compétitive. Puisque la tropomyosine se lie de façon coopérative aux filaments d'actine, la tropomyosine ou la filamine prédominera dans de grandes régions du réseau de filaments d'actine. D'autres protéines de liaison à l'actine, telles que l'α-actinine ou la myosine, seront exclues de sites spécifiques par une interaction compétitive ; ainsi, par exemple, l'α-actinine se lie le long de filaments d'actine purs *in vitro*, mais elle se lie assez faiblement aux filaments d'actine dans les cellules, où elle est en grande partie reléguée en des sites proches des extrémités plus, du fait de la compétition avec d'autres protéines. Ou bien, la liaison peut être améliorée par des interactions coopératives ; ainsi, la tropomyosine paraît améliorer la liaison de la myosine aux filaments d'actine. On pense que de multiples interactions de ce type entre les protéines de liaison à l'actine de la Figure 11-47 (et d'autres) sont responsables de la complexité des réseaux d'actine présents dans toutes les cellules eucaryotes.

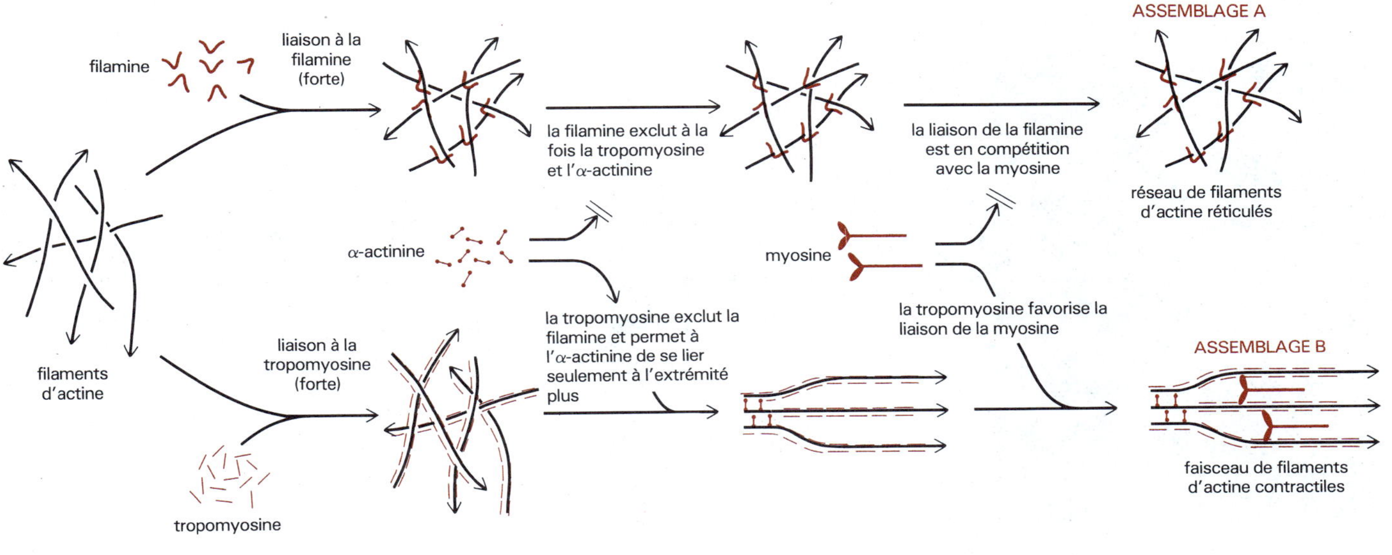

Résumé

Les cellules eucaryotes possèdent une couche corticale distincte de filaments d'actine sous leur membrane plasmique. Généralement, cette couche est réticulée en un réseau tridimensionnel uniforme avec les propriétés physiques d'un gel. Les filaments corticaux d'actine forment aussi des structures locales spécialisées. Des faisceaux de filaments d'actine complexés à la myosine, par exemple, s'ancrent à la membrane plasmique pour pourvoir la cellule en assemblages de type musculaire capables de se contracter. A d'autres endroits, la polymérisation contrôlée aux extrémités plus des filaments d'actine peut pousser la membrane plasmique vers l'extérieur, créant ainsi des protubérances superficielles dynamiques.

Les formes et fonctions variées du cortex dépendent d'un répertoire polyvalent de protéines de liaison à l'actine qui réticulent les filaments d'actine en des gels mouvants, les associent en faisceaux rigides, se déplacent sur leur longueur en engendrant une force, ou les ancrent à la membrane plasmique. Certaines de ces dernières protéines coiffent les extrémités plus des filaments et contrôlent ainsi la polymérisation et la dégradation des filaments d'actine dans la cellule. Il est probable que ces protéines jouent un rôle vital dans les mouvements complexes de la surface cellulaire, comme ceux qui sont impliqués dans la « reptation » cellulaire et la phagocytose.

Le mouvement ciliaire [30]

Le mouvement cellulaire le mieux compris, après la contraction musculaire, est le battement ciliaire. Les **cils** sont de minuscules appendices, ressemblant à des poils, d'environ 0,25μm de diamètre, composés de *microtubules*, le second des trois principaux filaments du cytosquelette. Ils font saillie à la surface de nombreux types de cellules et on les trouve dans la plupart des espèces animales et dans quelques végétaux inférieurs. Leur fonction première consiste à faire circuler un fluide à la surface d'une cellule et à propulser des cellules isolées à travers un liquide. Les protozoaires, par exemple, se servent de cils à la fois pour recueillir les particules alimentaires et pour la locomotion. Dans le corps humain, un nombre considérable de cils (10^9 par cm^2 ou plus), situés sur les cellules épithéliales tapissant le tractus respiratoire, font remonter des couches de mucus, en même temps que des particules de poussière piégées et des cellules mortes, jusqu'à la bouche, où elles sont avalées et éliminées ; les cils servent également à entraîner les ovules le long de l'oviducte, et une structure voisine, le flagelle, propulse les spermatozoïdes humains.

Tout comme l'étude de la contraction musculaire contribua à notre compréhension des mouvements basés sur l'actine et la myosine dans les cellules non musculaires, notre connaissance du mode de battement des cils nous apporte des éclaircissements importants sur la manière dont les arrangements de microtubules pourraient produire les autres types de mouvements dont ils sont responsables, tels que le transport intracellulaire et la mitose.

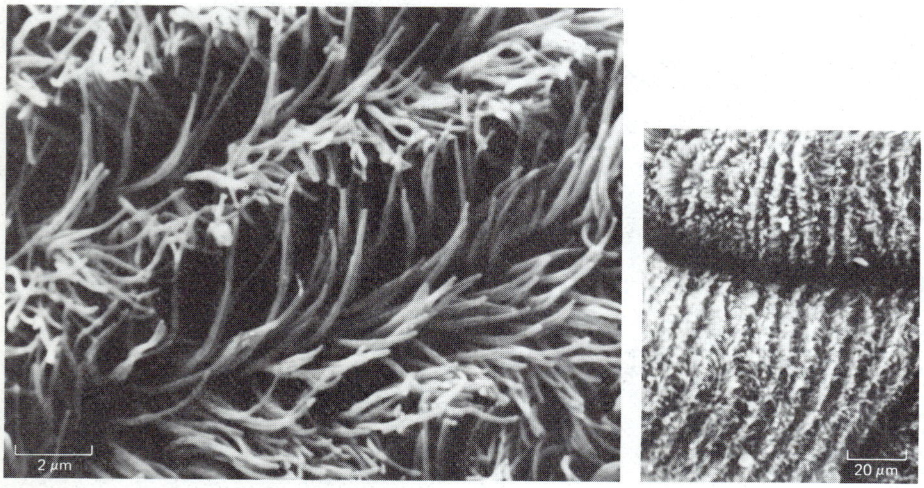

Figure 11-49 Photographies, obtenues en microscopie électronique à balayage, d'un champ de cils provenant de l'intestin d'un ver marin. Bien que les cils soient répartis de façon uniforme, le battement des cils adjacents est coordonné, donnant naissance à une série d'ondes unidirectionnelles. Ces ondes peuvent être observées plus nettement à un plus faible grossissement (*à droite*). (D'après J. S. Mellor et J. S. Hyams, *Micron* 9:91-94, 1978.)

Figure 11-50 Les mouvements des cils et des flagelles. (A) Le battement d'un cil comme celui d'une cellule épithéliale du tractus respiratoire humain ressemble à la brasse en natation. Le coup de force (étapes 1 et 2), au cours duquel le fluide est entraîné à la surface de la cellule, est suivi d'un mouvement de récupération distinct (étapes 3, 4 et 5). Chaque cycle nécessite normalement 0,1 à 0,2 seconde, et engendre une force perpendiculaire à l'axe de l'axonème. Pour comparer, les mouvements ondulatoires du flagelle d'un spermatozoïde provenant d'un tunicier sont donnés en (B). La cellule a été filmée à l'aide d'un éclairage stroboscopique à 400 éclairs par seconde. Noter que les vagues d'amplitude constante se déplacent continuellement de la base vers la pointe du flagelle. La cellule est donc directement éloignée de son axonème, un effet nettement différent de celui provoqué par un cil. (B, avec l'autorisation de C. J. Brokaw.)

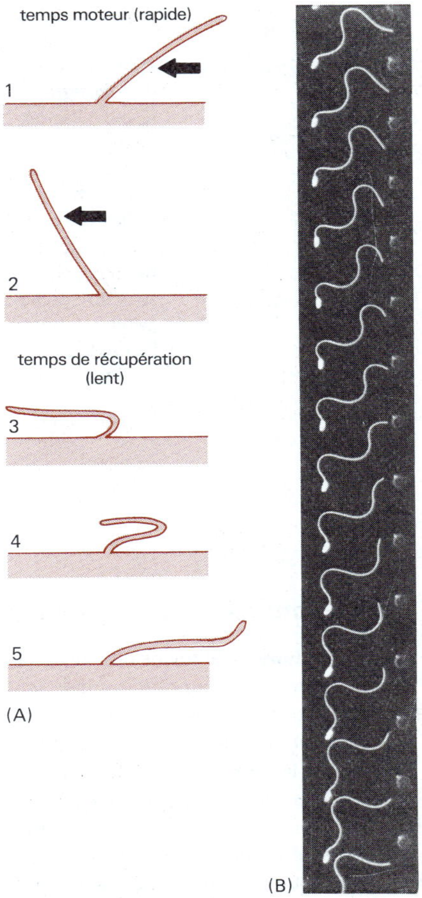

Les cils et les flagelles propagent des ondulations

Les champs de cils ondulent d'une manière coordonnée et unidirectionnelle (Figure 11-49). Chaque cil remue comme un fouet minuscule : un battement actif vers l'avant, au cours duquel le cil est complètement déroulé et capable d'exercer une force maximale sur le liquide environnant, est suivi d'une phase de récupération, au cours de laquelle le cil retourne à sa position initiale par un mouvement de déroulement qui minimise la résistance visqueuse (Figure 11-50A). Les cycles des cils adjacents sont presque, mais pas tout à fait, synchrones, créant les figures en « vagues » qui peuvent être observées au microscope dans les champs de cils en mouvement.

Les **flagelles** simples du spermatozoïde et de nombreux protozoaires ont une structure interne très semblable à celle des grands cils, mais ils sont en général beaucoup plus longs et, au lieu de battre comme des fouets, ils propagent habituellement des ondes quasi sinusoïdales (Figure 11-50B). Néanmoins, la base de leur mouvement est la même que celle du mouvement des cils. Les flagelles des bactéries, au contraire, sont complètement différents des cils et des flagelles des cellules eucaryotes, comme il sera décrit page 720.

La partie centrale d'un cil contient un faisceau de microtubules parallèles présentant un arrangement de type « 9 + 2 »

Le mouvement d'un cil ou d'un flagelle est produit par la flexion de la partie centrale, ou **axonème** — une structure complexe composée entièrement de microtubules et de leurs protéines associées. Les microtubules sont normalement de longs tubes protéiques creux dont le diamètre extérieur est de 25 nm (voir plus loin). Dans l'axonème, ils sont modifiés et arrangés selon un motif dont l'aspect singulier et caractéristique fut l'une des révélations les plus frappantes des débuts de la microscopie électronique. Cet axonème des cils comporte un faisceau de 9 doublets de microtubules disposés en anneau autour d'une paire de microtubules séparés (Figure 11-51). Cet arrangement de type « 9 + 2 » est caractéristique de presque toutes les formes de cils et de flagelles eucaryotes, de ceux des protozoaires à ceux que l'on trouve chez l'homme. Les microtubules s'étendent sur toute la longueur du cil, qui mesure en général environ 10 μm mais peut atteindre 200 μm dans certaines cellules.

Alors que chaque élément de la paire de microtubules séparés (*la paire centrale*) est un microtubule complet, chacun des doublets externes est composé d'un microtubule complet et d'un microtubule incomplet — connus respectivement sous le nom de *microtubules A et B*, fusionnés de telle façon qu'ils ont en commun une paroi tubulaire. Dans des sections transversales, chaque microtubule complet apparaît composé d'un anneau de 13 sous-unités globulaires, alors que le microtubule incomplet B des doublets externes n'en contient que 11.

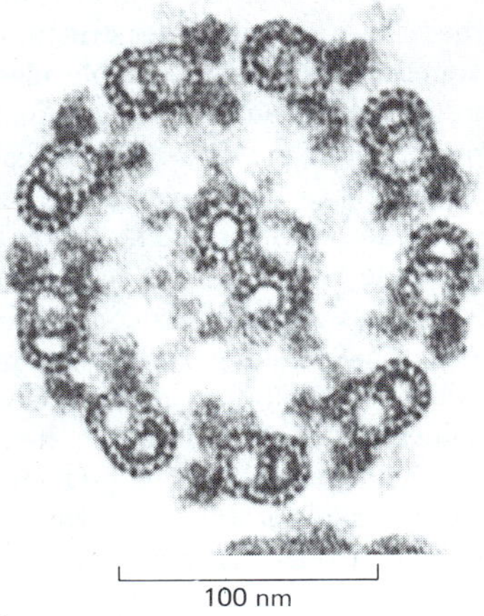

Figure 11-51 Micrographie électronique d'une coupe transversale du flagelle d'une algue verte (*Chlamydomonas*). L'arrangement caractéristique « 9 + 2 » des microtubules se retrouve dans presque tous les cils et flagelles eucaryotes. Une représentation schématique de cette structure observée en coupe transversale, et qui en illustre les principaux composants, est donnée dans la Figure 11-53. (Micrographie avec l'autorisation de Lewis Tilney.)

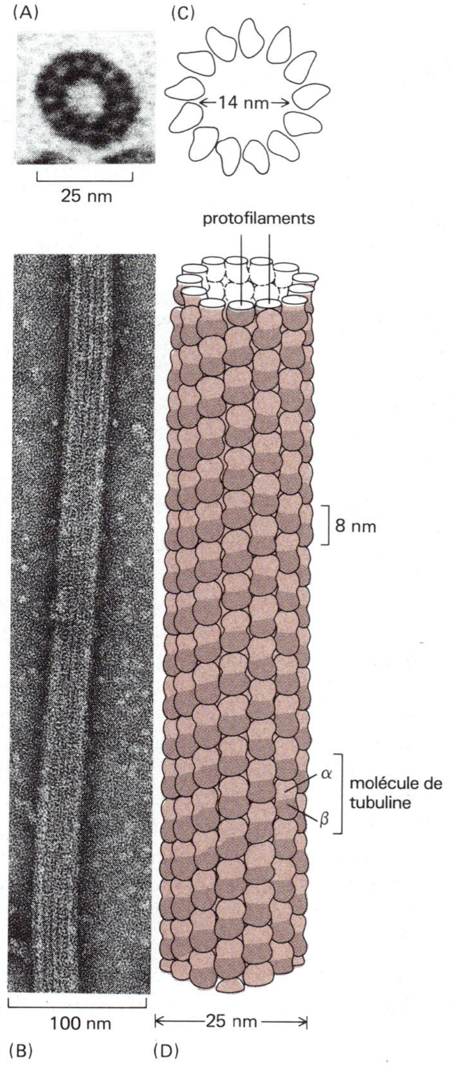

Figure 11-52 (A) Micrographie électronique d'un microtubule observé en coupe transversale montrant un anneau de 13 sous-unités distinctes, chacune correspondant à une molécule de tubuline différente. (B) Micrographie électronique d'un microtubule par coloration négative. (C et D) Représentations schématiques d'un microtubule montrant la façon dont les molécules de tubuline sont associées pour former la paroi cylindrique. (C) Montre les 13 molécules en coupe transversale. (D) Montre une vue de côté d'une petite partie d'un microtubule, les molécules de tubuline étant alignées en rangées, ou *protofilaments*. Chacun des 13 protofilaments est composé d'une série de molécules de tubuline, chacune étant un hétérodimère α/β. Un microtubule est une structure polaire, une extrémité différente de la molécule de tubuline (α ou β) faisant face à chaque extrémité du microtubule. (A, avec l'autorisation de Richard Linck ; B, avec l'autorisation de Robley Williams ; C, dessin d'après des données fournies par Linda Amos.)

Les microtubules sont des tubes creux formés de dimères de tubuline [31]

Les **microtubules** sont formés de molécules de *tubuline*, chacune d'entre elle étant un hétérodimère composé de deux sous-unités globulaires étroitement liées. Ces sous-unités sont des protéines voisines (chacune étant composée d'environ 450 résidus d'acides aminés) appelées *tubuline* α et *tubuline* β. Bien que la tubuline soit présente dans pratiquement toutes les cellules eucaryotes, la source la plus abondante de tubuline pour des études biochimiques est le cerveau de vertébrés. La plupart des procédés d'extraction démontrent que 10 à 20 p. cent des protéines solubles totales du cerveau sont de la tubuline, reflétant la forte densité des microtubules dans les axones et les dendrites allongées des cellules nerveuses.

Lorsque des molécules de tubuline s'assemblent en microtubules, elles forment des « protofilaments » linéaires, la sous-unité de tubuline β d'une molécule de tubuline étant en contact avec la sous-unité de tubuline α de la suivante. Dans un microtubule complet, il y a 13 protofilaments disposés côte à côte autour d'une région centrale qui apparaît vide sur les micrographies électroniques (Figure 11-52). Puisque tous les protofilaments sont alignés parallèlement avec la même polarité, le microtubule — comme un filament d'actine — est une structure polaire avec une extrémité plus (à croissance rapide) et une extrémité moins (à croissance lente) (voir Planche 11-2, p. 655) ; l'extrémité plus est située à l'extrémité distale des cils.

Comme l'actine et de nombreuses autres protéines du cytosquelette, la tubuline est codée dans la plupart des organismes par une famille de gènes très voisins. L'algue verte *Chlamydomonas* possède deux gènes pour la tubuline α et deux gènes pour la tubuline β, alors que *Drosophile* a quatre gènes pour la tubuline α et quatre gènes pour la tubuline β. Les tubulines de différentes espèces ont des séquences très voisines, bien qu'elles ne soient pas aussi conservées que les actines. L'homologie entre la tubuline β de levure, par exemple, et celle du poulet est d'environ 70 p. cent alors qu'elle est de plus de 90 p. cent pour les actines de ces deux espèces.

La conservation inhabituelle de l'actine et de la tubuline au cours de l'évolution peut en partie refléter les contraintes structurales imposées par le grand nombre de protéines différentes auxquelles elles se lient. Les molécules de tubuline, comme l'actine, interagissent non seulement entre elles, mais aussi avec de nombreuses protéines associées. Comme nous le verrons, ces dernières modifient les propriétés des microtubules et les connectent à d'autres structures dans la cellule. Il est probable que la majorité des mutations aléatoires perturbent au moins une fonction du microtubule ou du filament d'actine et sont par conséquent nuisibles pour l'organisme.

Toutes les tubulines connues co-polymérisent pour former les mêmes microtubules si elles sont mélangées *in vitro*. Il est vraisemblable cependant que certaines des variations dans les tubulines d'un organisme ont des conséquences fonctionnelles. L'extrémité carboxylée des tubulines α et β des vertébrés supérieurs, par exemple, qui contient un nombre inhabituellement élevé d'acides aminés acides, est nettement différente selon les tissus. Il semble que cette région de la molécule soit impliquée dans la liaison à des *protéines accessoires des microtubules*, et des variations dans la séquence d'acides aminés peuvent modifier leur fonction en touchant cette liaison.

Un long filament mince longe la paroi du doublet de microtubules [32]

La majorité des microtubules sont exclusivement formés, pense-t-on, à partir de sous-unités de tubuline. Des protéines supplémentaires sont cependant nécessaires, afin de constituer des types particuliers de microtubules, tels que les doublets de microtubules dans un cil. Lorsque des microtubules d'un cil ou d'un flagelle sont dissociés dans une solution saline diluée, des fragments de tubule A peuvent être isolés sous forme de rubans particulièrement stables de deux ou quatre protofilaments. En plus de la tubuline, ces protofilaments contiennent une protéine appelée *tektine*, arrangée en longs filaments de 2 à 3 nm de diamètre, qui semble être apparentée aux filaments intermédiaires. Les filaments de tektine sont orientés longitudinalement le long de la paroi des doublets de microtubules, et semblent aider la formation de la paroi commune des tubules A et B. Ces filaments ou d'autres molécules filamenteuses inconnues déterminent, pense-t-on, les positions sur le microtubule de structures périodiques qui vont être décrites à présent.

L'axonème contient des ponts, des rayons, et des bras latéraux constitués de protéines [33]

Les microtubules de l'axonème sont liés à des structures qui engendrent une force et la récupèrent pour produire des mouvements ondulatoires. Les plus importantes de ces structures sont peut-être les séries de bras qui relient des doublets voisins dans l'anneau externe (Figure 11-53). Chaque bras est composé d'une protéine appelée *dynéine*, et les paires de bras internes et externes sont espacées sur toute la longueur de chaque tubule A à des intervalles réguliers de 24 nm. La dynéine joue un rôle essentiel dans le mouvement des cils et des flagelles, comme nous le verrons plus tard. A intervalles beaucoup plus espacés, de fins ponts de *nexine* s'étendent entre les doublets adjacents ; ces ponts de nexine agiraient comme des élastiques pour résister au glissement des doublets de microtubules adjacents, les uns par rapport aux autres.

Les *fibres rayonnantes* partent de chaque doublet vers l'intérieur jusqu'à un *manchon central* qui entoure la paire centrale de microtubules isolés (Figure 11-53). Regardée à partir de l'axonème, chacune de ces structures — les bras latéraux de dynéine, les ponts de nexine, les fibres rayonnantes, et les bras du manchon central — se présente comme une série de projections régulières, chacune ayant sa périodicité propre (Tableau 11-2).

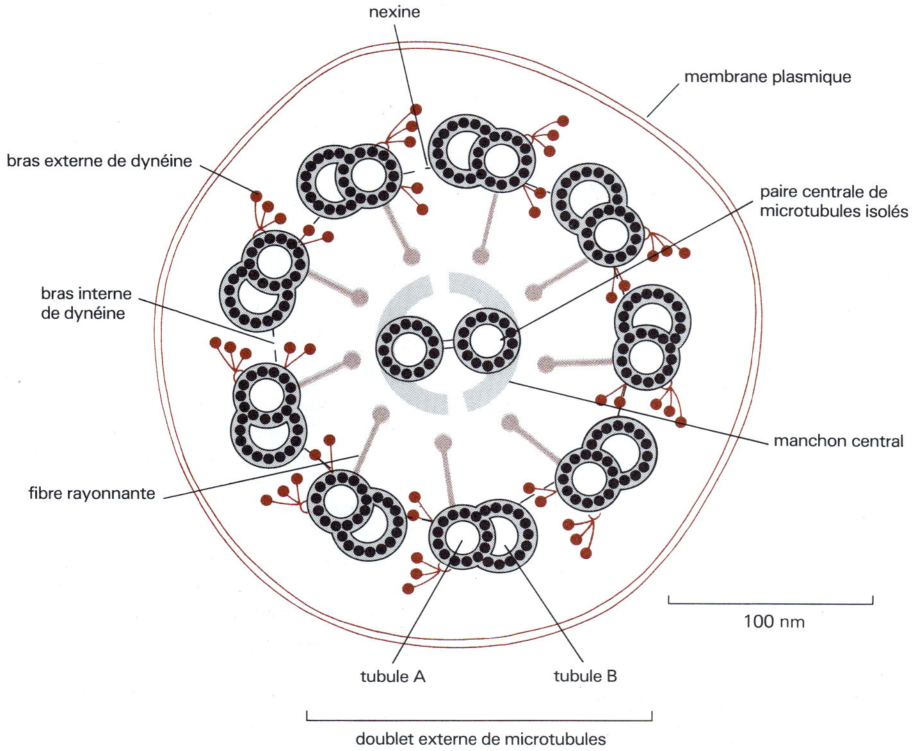

Figure 11-53 Représentation schématique d'un cil en coupe transversale (la Figure 11-51 présente une micrographie électronique de ce type de structure). Les diverses projections partant des microtubules sont régulièrement espacées le long du cil, comme cela est décrit dans le Tableau 11-2

Tableau 11-2 Les principales structures protéiques de l'axonème ciliaire

Composant de l'axonème (périodicité le long de l'axonème)	Fonction
Tubuline (8 nm)	principal composant des microtubules
Bras de dynéine (24 nm)	saillent des doublets de microtubules et interagissent avec les doublets adjacents pour provoquer la flexion
Ponts de nexine (86 nm)	maintiennent ensemble les doublets de microtubules adjacents
Fibres rayonnantes (29 nm)	s'étendent à partir de chacun des 9 doublets externes vers l'intérieur en direction de la paire centrale
Projections du manchon (14 nm)	s'étendent sous la forme d'une série de bras latéraux à partir de la paire centrale de microtubules ; avec les fibres rayonnantes, elles règlent la forme du battement ciliaire.

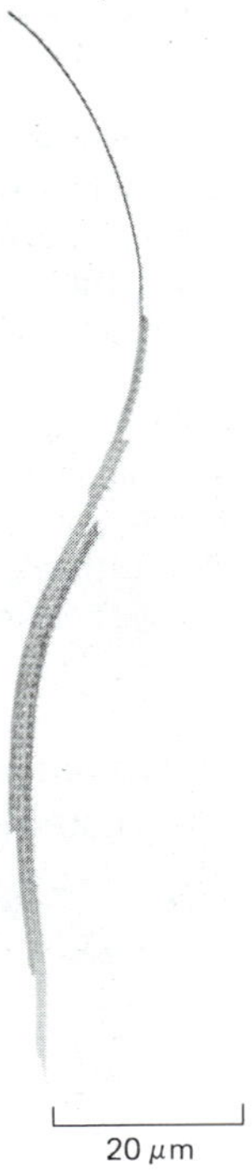

Figure 11-54 Micrographie électronique d'un axonème isolé (provenant d'un cil de *Tetrahymena*), qui a été exposé brièvement à l'action d'une enzyme protéolytique, la trypsine, afin de couper les liens protéiques qui assurent normalement sa cohésion. Après un traitement par l'ATP, les doublets de microtubules individuels glissent les uns par rapport aux autres, provoquant une augmentation de la longueur de la structure d'un facteur pouvant aller jusqu'à 9. (D'après F.D. Warner et D.R. Mitchell, *J. Cell Biol.* 89:35-44, 1981. Reproduit avec l'autorisation de la Rockefeller University Press.)

11-18 Le mouvement de l'axonème est dû à un mécanisme de glissement des microtubules [34]

Lorsqu'on détache un flagelle d'une cellule par un faisceau laser, la structure isolée continue à propager des mouvements ondulatoires de façon normale, indiquant la machinerie de motilité est contenue dans l'axonème même et que les mouvements ne dépendent pas d'un moteur situé à sa base (contrairement au flagelle bactérien — voir p. 720). De fait, même un axonème isolé, s'il est plongé dans une solution saline contenant de l'ATP, propagera des mouvements ondulatoires.

La force de flexion est produite par le glissement des microtubules. Ceci a été démontré en exposant des axonèmes isolés à l'action d'enzymes protéolytiques, qui rompent à la fois les ponts de nexine et les fibres rayonnantes, en laissant intacts les bras de dynéine et les microtubules. Si cette structure partiellement digérée est exposée à une concentration d'ATP aussi faible que 10 μM, l'axonème s'allonge jusqu'à atteindre neuf fois sa longueur originale, les fibres constitutives de l'axonème déboîtant de la structure relachée (Figure 11-54). Il semble que les doublets externes adjacents puissent glisser de manière active l'un contre l'autre une fois libérés de leurs liaisons transversales latérales (comme les ponts de nexine). Dans la structure intacte, le mouvement de glissement est converti en flexion comme le montre de façon schématique la Figure 11-55.

La dynéine est responsable du glissement [35]

Puisque les doublets externes adjacents glissent de manière active l'un sur l'autre, une force doit être engendrée entre eux. Les ponts de nexine ne peuvent être responsables de la génération de cette force, puisqu'ils sont détruits par le traitement protéasique sans que le glissement soit affecté. Il reste les *bras de dynéine*, qui, dans la majorité des micrographies, ne s'étendent pas sur toute la distance séparant un doublet du suivant. Cependant, si on permet à

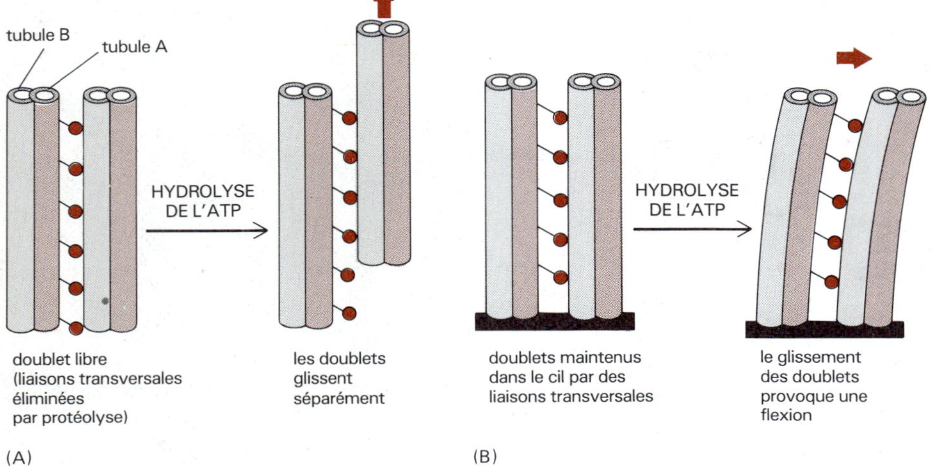

Figure 11-55 Le glissement des doublets externes de microtubules les uns contre les autres (A) provoque une flexion si les doublets sont attachés entre eux par une extrémité (B). Noter que la base de la molécule de dynéine est attachée seulement au tubule A, laissant les têtes libres d'entrer en contact avec le tubule B adjacent. Apparemment, la structure inhabituelle du tubule B empêche la base d'une molécule de dynéine de s'y fixer. L'asymétrie résultante de l'arrangement des molécules de dynéine est nécessaire pour empêcher une « lutte de traction » inefficace entre microtubules voisins, et explique probablement la raison pour laquelle chacun des neufs microtubules externes est un doublet A-B

un cil de consommer tout son ATP, les bras de dynéine établissent un contact avec le doublet adjacent (Figure 11-56).

La **dynéine** est un gros complexe protéique contenant deux ou trois têtes globulaires (selon l'origine) liées à une racine commune par de fines chaînes flexibles (Figure 11-57). Chaque tête globulaire a une activité ATPasique qui est stimulée environ six fois par son association avec les microtubules. Un bras de dynéine est formé d'une molécule de dynéine. Des études cinétiques suggèrent que les têtes dirigent le glissement des microtubules dans un cil selon un mécanisme qui est fondamentalement analogue au mode de fonctionnement des têtes de myosine dans le muscle (voir p. 620) : un cycle régulier de changements de conformation dans chaque tête, dépendant de la liaison et de l'hydrolyse de l'ATP, déplace les têtes de dynéine le long d'un microtubule dans une seule direction — de son extrémité plus vers son extrémité moins. Ce mouvement engendre une force qui entraîne le doublet de microtubules adjacent vers le sommet de l'axonème (voir Figure 11-55).

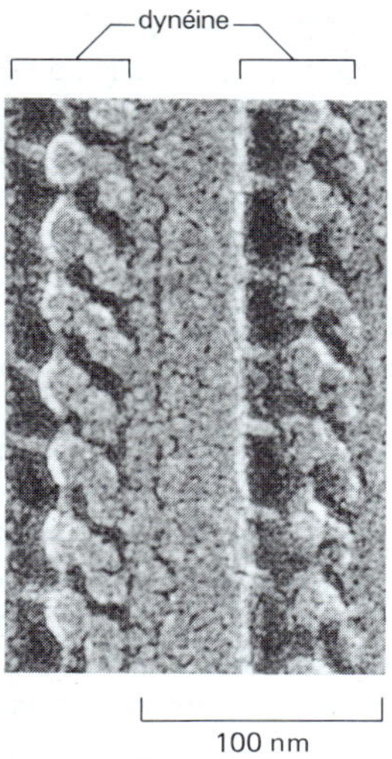

Figure 11-56 Micrographie électronique d'un cil obtenue après cryodécapage, montrant les bras de dynéine pointant à intervalles réguliers à l'extérieur du doublet de microtubules. (Avec l'autorisation de John Heuser.)

11-17 11-19 La flexion ciliaire dépend de la régulation du glissement des microtubules [36]

Si toute la dynéine devenait active en même temps — comme c'est le cas pour les têtes de myosine dans le muscle en contraction — l'axonème s'enroulerait simplement en une hélice serrée. C'est pourquoi, afin de produire une flexion locale qui se propage de la base à la pointe d'un cil en une onde cohérente, il doit exister des contrôles qui coordonnent les mouvements des molécules de dynéine. Ces contrôles ne peuvent dépendre des flux de Ca^{2+} ou d'autres ions, puisque l'axonème bat sans sa membrane plasmique. L'activation de chaque bras de dynéine dépend plutôt des mouvements mécaniques d'autres régions de l'axonème, transmis par des interactions entre protéines. La résistance élastique du flagelle est également importante, car elle tend à restaurer la configuration d'équilibre de la structure en absence d'activité.

11-20 L'axonème peut être disséqué génétiquement [37]

Lorsque des axonèmes sont purifiés et leurs composants protéiques analysés, près de 200 chaînes polypeptidiques différentes peuvent être détectées par électrophorèse bidimensionnelle sur gel de polyacrylamide (voir p. 171). L'analyse de la fonction de ces protéines et leurs positions dans l'axonème a été facilitée par l'étude d'organismes mutants. Un objet de prédilection pour ce type d'études est l'algue verte unicellulaire *Chlamydomonas reinhardtii*, qui possède deux flagelles qui la propulsent dans l'eau (Figure 11-58). De nombreux mutants de motilité déficiente ont été isolés : chez certains, le mécanisme d'assemblage des flagelles est défectueux, et les flagelles sont absents ou rudimentaires ; chez d'autres, les flagelles sont présents mais immobiles ou de faible mobilité. Diverses anomalies structurales sont apparentes dans des micrographies électroniques de tels flagelles mutants. Dans une classe de mutants immobiles, la seule modification détectable est la perte des bras de dynéine. Dans une seconde classe, il ne manque aux mutants que les fibres rayonnantes, alors que dans une troisième, il leur manque à la fois la paire centrale de microtubules et le manchon central. Dans ces trois classes, les axonèmes isolés et dépourvus de membranes ne peuvent se déplacer en présence d'ATP.

La catégorie de mutants flagellaires qui nous apporte le plus d'informations comprend les mutants qui se déplacent même en absence de certains composants de l'axonème. Il est possible d'isoler, par exemple, des mutants de mobilité réduite auxquels il manque des bras de dynéine externes ou internes, démontrant que l'un des deux types de molécules de dynéine suffit à produire un mouvement mais que les deux contribuent normalement à la motilité flagellaire. Plus étonnantes sont les mutations de sites secondaires qui rétablissent la motilité de flagelles immobiles qui n'ont pas de paire centrale ou pas de fibres rayonnantes sans restaurer le composant défectueux. L'existence de tels mutants suggère que l'absence d'une paire centrale normale ou d'un complexe de fibres rayonnantes inhibe l'activité des bras de dynéine, « gelant » le moteur. Une mutation dans un second gène supprime cette répression et permet à l'axonème de battre. Il est intéressant de noter que les doubles mutants mobiles ayant une partie centrale défectueuse peuvent battre comme un flagelle, mais sont incapables de produire le battement ciliaire en coup de fouet qui se produit normalement chez *Chlamydomonas*. Il semble donc que le mouvement ciliaire nécessite un mécanisme plus complexe que celui du mouvement ondulatoire d'un flagelle plus typique (voir Figure 11-50).

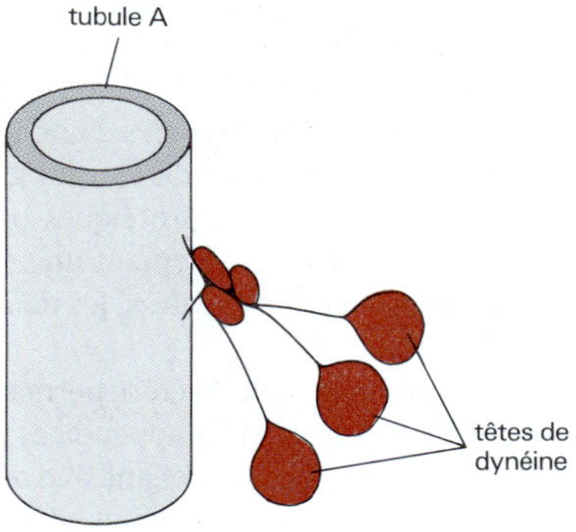

Figure 11-57 La dynéine est un gros complexe protéique (presque 2 millions de daltons) composé de 9 à 12 chaînes polypeptidiques, dont la plus grosse a une masse d'environ 450 000 daltons. La base de la molécule se lie étroitement à un tubule A d'une manière indépendante de l'ATP, alors que les grosses têtes globulaires possèdent un site de liaison pour un second microtubule dépendant de l'ATP. Lorsque les têtes hydrolysent leur ATP lié, elles se déplacent vers l'extrémité moins de ce second microtubule, produisant ainsi une force de glissement entre les doublets de microtubules adjacents d'un cil ou d'un flagelle (voir Figure 11-55).

Des défauts des axonèmes existent aussi chez l'homme chez lequel on a démontré que diverses formes héréditaires de stérilité masculine étaient dues à la présence de spermatozoïdes immobiles. Selon la mutation particulière, les flagelles du spermatozoïde sont dépourvus de bras de dynéine, de têtes de fibres rayonnantes, ou du manchon central en même temps qu'un microtubule de la paire centrale ou les deux. On retrouve exactement les mêmes défauts dans les cils respiratoires de ces individus, qui ont souvent un lourd passé de maladie du tractus respiratoire — avec bronchite périodique et sinusite chronique — du fait que leurs cils respiratoires immobiles sont incapables de débarrasser leurs bronches et leurs sinus du mucus. De façon remarquable, environ la moitié des individus atteints d'un *syndrome des cils immobiles* présentent également un état extrêmement rare connu sous le terme de situs inversus, dans lequel l'asymétrie normale du corps — telle qu'on peut l'observer dans la position du cœur, de l'intestin, du foie, et de l'appendice — est inversée (l'ensemble de ces anomalies est connu sous le nom de *syndrome de Kartagener*). Il a donc été suggéré que le battement unidirectionnel des cils au cours du développement humain précoce pourrait jouer un rôle décisif dans la détermination de l'asymétrie normale gauche-droite du corps.

Après avoir étudié la façon dont les flagelles et les cils bougent, nous allons maintenant examiner la façon dont ils se forment.

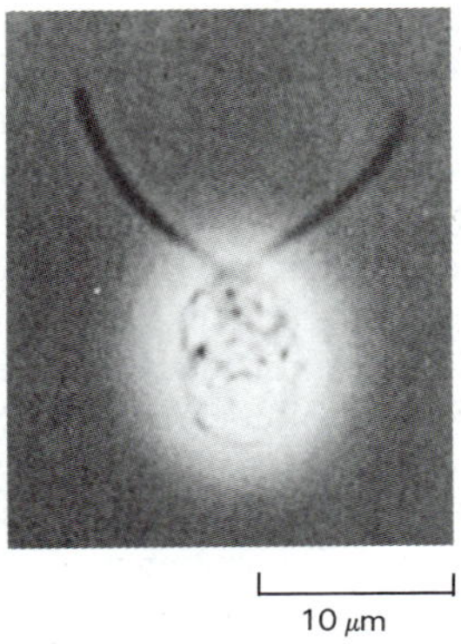

Figure 11-58 L'algue verte unicellulaire *Chlamydomonas reinhardtii.* Cet organisme nage au moyen de ses deux flagelles, qui coopèrent pour produire un cycle de mouvements qui rappelle la brasse des nageurs humains (contrairement aux flagelles du spermatozoïde). (Avec l'autorisation de John Hopkins.)

Les centrioles jouent deux rôles différents dans la cellule [38]

Si les flagelles jumeaux de *Chlamydomonas* sont éliminés de la cellule, les centrioles demeurent et les flagelles se reforment rapidement. On peut trouver presque tous les composants protéiques nécessaires sous forme soluble dans le cytoplasme des cellules, et ils sont utilisés pour construire de nouveaux flagelles. Quelques étapes isolées de cet assemblage peuvent se produire dans des extraits acellulaires : des molécules de tubuline polymériseront en microtubules, comme nous le verrons plus en détail dans la partie suivante, et les bras de dynéine peuvent être re-associés à un axonème dépouillé de ses bras par extraction dans des solutions salines de forte force ionique. Cependant les protéines de l'axonème ne peuvent engendrer par elles-mêmes l'arrangement de type « 9 + 2 » caractéristique de l'axonème ; une structure de nucléation est nécessaire afin de servir de matrice sur laquelle peut avoir lieu une croissance ultérieure. Dans la cellule, la matrice nécessaire est fournie par un *centriole*.

Un **centriole** est un petit organite cylindrique d'environ 0,2 µm d'épaisseur et 0,4 µm de longueur. Neuf groupes de trois microtubules, fusionnés en triplets, forment la paroi du centriole, chaque triplet ayant une inclinaison centripète vers l'axe central d'environ 45° avec la circonférence, comme les pales d'une turbine (Figure 11-59). Les triplets adjacents sont reliés à intervalles réguliers sur toute leur longueur, alors que l'on observe souvent en microscopie électonique, des structures protéiques plus visibles qui rayonnent hors de chaque triplet, à partir d'une partie intacte, formant une figure en roue de charrette (voir Figure 11-59A). Les centrioles sort souvent par paires, les deux centrioles étant perpendiculaires l'un par rapport à l'autre (Figure 11-60).

Le centriole est un caractère permanent de l'axonème ciliaire, où il est traditionnellement appelé *corpuscule basal*. Des appendices connus sous le terme de *radicules striées* sont souvent attachés à ce centriole, le reliant à d'autres composants du cytosquelette. Au cours de la formation ou de la régénération du cil, chaque microtubule d'un doublet de l'axonème croît à partir de deux des trois microtubules du triplet centriolaire, de sorte que la symétrie d'ordre 9 des microtubules centriolaires est conservée dans l'axonème ciliaire. D'après des expériences

Figure 11-59 (A) Micrographie électronique d'une coupe transversale de trois centrioles dans le cortex d'un protozoaire. Chaque centriole (également appelé corpuscule basal — voir le texte) forme la partie inférieure d'un axonème ciliaire. (B) Représentation schématique d'un centriole. Il est composé de neuf séries de *triplets* de microtubules, chaque triplet contenant un microtubule complet (le tubule A) fusionné avec deux microtubules incomplets (les tubules B et C). D'autres protéines forment les liens qui maintiennent l'arrangement cylindrique des microtubules (*en couleur*). (Micrographie avec l'autorisation de D.T. Woodrum et R.W. Linck.)

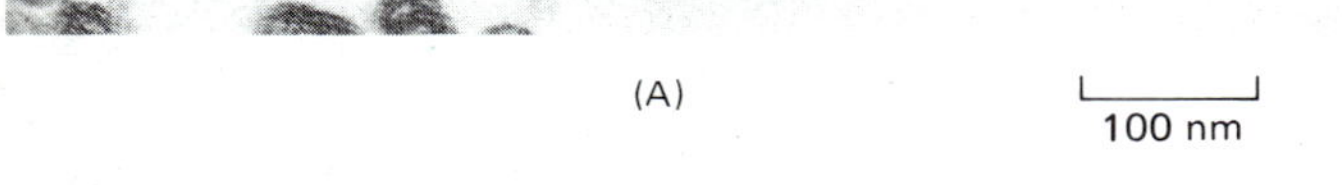

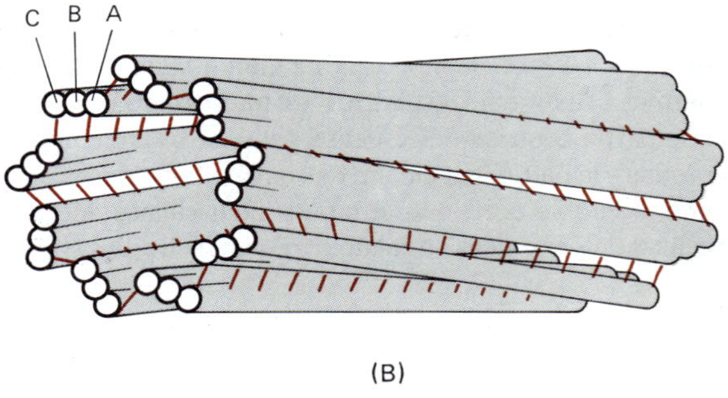

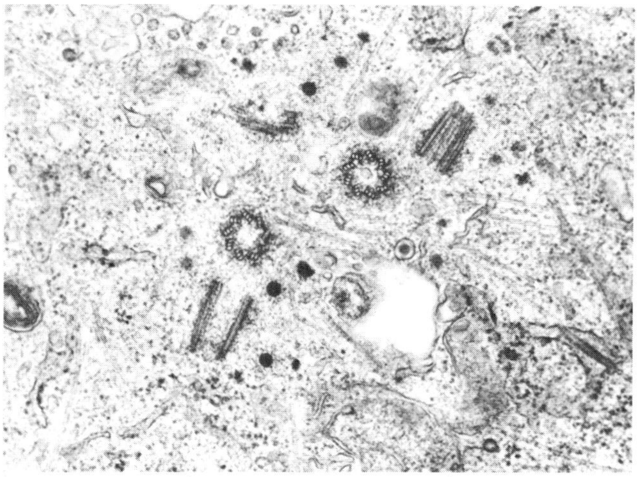

Figure 11-60 Micrographie électronique montrant une paire de centrioles néorepliquée. Un des centrioles de chaque paire a été coupé transversalement, et l'autre longitudinalement, ce qui révèle que les deux éléments de chaque paire sont disposés perpendiculairement. (D'après M. McGill, D.P. Highfield, T.M. Monahan et B.R. Brinkley, *J. Ultrastruct. Res.* 57:43-53, 1976.)

d'autoradiographie, il semble que l'addition de tubuline et d'autres protéines à l'axonème ait lieu au niveau de l'extrémité distale de la structure, à l'extrémité plus des microtubules. La manière dont la paire centrale de microtubules isolés se forme dans l'axonème reste inconnue ; il n'y a pas de paire centrale dans les centrioles.

Les centrioles qui forment les corpuscules basaux des cils, remplissent une fonction particulière dans la cellule, tout comme les cils eux-mêmes sont des structures spécialisées. Presque toutes les cellules animales, cependant, possèdent une paire de centrioles qui joue le rôle de foyer pour le *centrosome.* Le centrosome (également appelé *centre cellulaire* — voir p. 763) organise le système de microtubules cytoplasmiques au cours de l'interphase et se duplique à la mitose pour former les deux pôles du fuseau mitotique, comme nous le verrons dans la prochaine partie. Parfois, les centrioles peuvent d'abord remplir une fonction puis l'autre, tour à tour : avant chaque division chez *Chlamydomonas* par exemple, les deux flagelles se résorbent et les corpuscules basaux quittent leur position pour agir comme pôles du fuseau mitotique.

Les centrioles se forment habituellement par duplication de centrioles pré-existants [39]

L'augmentation continuelle de la masse cellulaire tout au long du cycle cellulaire animal est ponctuée de deux événements de duplication distincts : la réplication de l'ADN et le dédoublement des centrioles. Dans les fibroblastes en culture, le dédoublement des centrioles commence environ au même moment que la synthèse de l'ADN. Les deux membres d'une paire de centrioles commencent par se séparer ; puis, un centriole fils se forme perpendiculairement à chaque centriole d'origine (voir Figure 11-60). Un centriole immature contient un arrangement symétrique de 9 microtubules *uniques* ; chaque microtubule sert vraisemblablement ensuite de matrice pour l'assemblage des triplets de microtubules des centrioles matures.

Dans une cellule ciliée de vertébré, qui peut contenir des centaines de cils, les centrioles de la cellule précurseur engendrent les nombreux corpuscules basaux requis pour la nucléation des cils dans la cellule mature. Par exemple, au cours de la différenciation des cellules épithéliales ciliées qui tapissent l'oviducte et la trachée, la paire de centrioles migre de son emplacement normal au voisinage du noyau jusqu'à la région apicale de la cellule où se formera le cil. A cet endroit, au lieu de former un centriole fils unique, comme c'est normalement le cas, chaque centriole de la paire engendre de nombreux « satellites » denses aux électrons. Ces satellites donnent ensuite naissance à de nombreux corpuscules basaux qui migrent vers la membrane afin d'amorcer la formation des cils.

Dans certains cas, les centrioles semblent nettement apparaître *de novo*. Par exemple, bien que les ovules non fécondés de certaines espèces paraissent ne pas contenir de centrioles fonctionnels et se servent du centriole spermatique pour la première division mitotique (voir p. 874), dans certaines conditions (comme un déséquilibre ionique extrême ou une stimulation électrique), un ovule non fécondé peut produire un nombre variable de centrioles. Chacun de ces centrioles sert de base à la formation d'un petit aster et l'un de ceux-ci peut être utilisé par l'ovule pour sa division, de sorte qu'un organisme haploïde se développe selon un processus appelé parthénogenèse (voir p. 761). Apparemment, les précurseurs des centrioles sont stockés dans le cytoplasme d'ovules non fécondés et peuvent être activés pour former un nouveau centriole dans des circonstances particulières.

Le mode de duplication inhabituel des centrioles et leur continuité sur de nombreuses générations ont conduit certains à penser que les centrioles pourraient être des organites complètement autonomes, capables d'auto-réplication. Bien que l'on sache maintenant que ce n'est pas le cas et que, dans certaines circonstances, des centrioles peuvent apparaître *de novo* dans le cytoplasme, il est encore possible que certaines informations nécessaires à la formation du centriole soient inhabituellement portées par le centriole lui-même — comme la réplication des mitochondries et des chloroplastes dépend de gènes extrachromosomiques portés par l'organite (voir p. 387). Chez *Chlamydomonas*, une série de gènes qui codent des protéines impliquées dans la structure du corpuscule basal et de l'assemblage flagellaire est portée par un élément génétique séparé qui ségrège indépendamment des chromosomes principaux. La nature et la localisation de cet élément génétique restent cependant à déterminer.

Résumé

Les cils et les flagelles eucaryotes ont une partie centrale qui contient un faisceau cylindrique de neuf doublets de microtubules externes, qui provoquent la flexion du cil ou du flagelle en glissant les uns contre les autres. Les bras latéraux de dynéine s'étendent entre les doublets adjacents et hydrolysent l'ATP pour engendrer une force de glissement entre les doublets. Des protéines accessoires maintiennent l'anneau des doublets de microtubules et limitent l'ampleur de leur glissement. D'autres protéines accessoires créent un système de relais activé mécaniquement, qui règle l'activité des bras de dynéine de façon à engendrer les flexions ciliaires cycliques, qui sont à la base du battement ciliaire. La structure complexe de l'axonème ciliaire se forme par auto-assemblage de ses composants protéiques et sa nucléation se fait grâce à un centriole (corpuscule basal), qui sert de matrice pour l'arrangement particulier de type « 9 + 2 » des microtubules dans l'axonème.

Les microtubules cytoplasmiques [40]

Bien que l'actine et la tubuline soient les protéines majeures de presque toutes les cellules eucaryotes, la tubuline est généralement présente en quantités plus faibles. De plus, puisqu'un microtubule a un diamètre plus grand qu'un filament d'actine, il faut une masse de tubuline environ 10 fois supérieure à celle de l'actine pour fabriquer la même longueur de polymère (voir Tableau 11-4, p. 654). Il en résulte que la longueur totale des filaments d'actine dans une cellule est au moins 30 fois plus importante que la longueur totale des microtubules, reflétant une différence fondamentale de l'organisation et de la fonction de ces deux polymères du cytosquelette. Alors que les filaments d'actine forment des réseaux réticulés et de petits faisceaux dans le cytoplasme périphérique, les microtubules existent habituellement sous forme de filaments isolés qui rayonnent vers l'extérieur dans tout le cytoplasme à partir d'une région proche du noyau. En fournissant un système de fibres le long desquelles des vésicules et d'autres organites limités par une membrane peuvent se déplacer, les microtubules peuvent donner une polarité à la cellule et peuvent contrôler la forme, le mouvement, et le plan de division cellulaires.

Les microtubules sont des structures extrêmement labiles sensibles à des antimitotiques spécifiques [41]

Un grand nombre des arrangements formés par les microtubules dans les cellules sont labiles et leur fonction repose sur cette labilité. Un des exemples les plus étonnants est le fuseau mitotique, qui se forme après désassemblage des microtubules cytoplasmiques à la fin de la mitose (voir p. 768).

Les microtubules du fuseau mitotique sont dans un état d'assemblage et de désassemblage inhabituellement rapides qui explique l'extrême sensibilité du fuseau à diverses substances pharmaceutiques qui se lient à la tubuline (voir p. 763). La *colchicine*, un alcaloïde extrait de la colchique, a été utilisée en médecine depuis l'Égypte ancienne. Chaque molécule de colchicine

(Figure 11-61) se lie étroitement à une molécule de tubuline et empêche sa polymérisation, de sorte que l'addition de colchicine à une cellule en division provoque la disparition du fuseau mitotique et bloque la cellule en mitose en quelques minutes. Les composés de ce type sont appelés *agents antimitotiques* (Tableau 11-3). Dans de nombreux cas, leur action est réversible, de sorte que l'élimination du poison permet au fuseau de se reformer et la mitose peut continuer. Puisque la destruction des microtubules du fuseau tue préférentiellement beaucoup de cellules en division rapide, les agents antimitotiques, tels que la vinblastine et la vincristine, sont largement utilisés dans le traitement anticancéreux.

Le *taxol* a l'effet inverse. Il se lie étroitement aux microtubules et les stabilise ; ajouté aux cellules, il provoque l'assemblage d'une grande proportion de la tubuline libre en microtubules. Tout comme la stabilisation des filaments d'actine par la phalloïdine stoppe la migration cellulaire, la stabilisation des microtubules par le taxol bloque, en mitose, les cellules qui se divisent.

La cinétique de l'assemblage des microtubules, comme celle de la polymérisation des filaments d'actine, est complexe et joue un rôle important dans de nombreux processus cellulaires. Nos connaissances sur le comportement dynamique des microtubules résultent, en grande partie, d'études sur la polymérisation de molécules de tubuline purifiées *in vitro*.

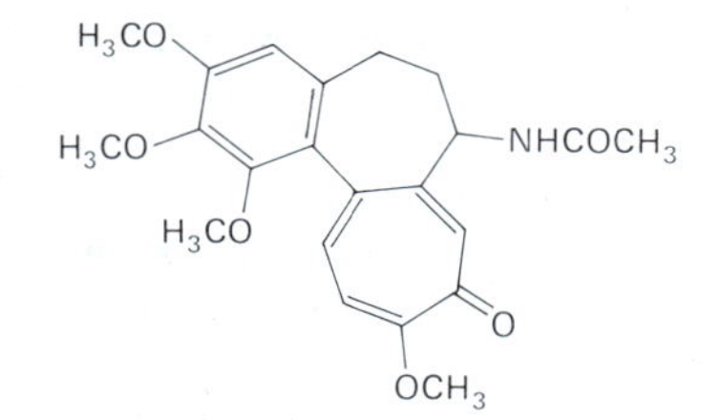

Figure 11-61 Structure chimique de la colchicine.

Les deux extrémités d'un microtubule sont différentes et s'allongent à des vitesses différentes [42]

Comme nous l'avons précédemment mentionné (p. 655), les microtubules ont une polarité qui provient du fait que leurs sous-unités de tubuline ont une orientation spécifique dans le polymère. Comme pour les filaments d'actine, la façon dont cette polarité structurale rend les deux extrémités du polymère différentes est importante pour comprendre le mode de formation des microtubules dans les cellules. Si on laisse des molécules de tubuline purifiées polymériser pendant une courte période de temps sur des fragments d'axonème ciliaire et si le mélange est ensuite observé en microscopie électronique, on découvre qu'une extrémité s'allonge trois fois plus vite que l'autre extrémité. L'extrémité à croissance rapide est par conséquent définie comme étant l'extrémité *plus* et l'autre comme étant l'extrémité *moins*.

Il est possible de déterminer la polarité des microtubules dans une coupe transversale en ajoutant des molécules de tubuline libres aux microtubules préexistants dans des conditions particulières : plutôt que de se lier aux deux extrémités des microtubules, les monomères de tubuline forment des feuillets de protofilaments recourbés sur les côtés. En coupe transversale, les feuillets ressemblent à des crochets et, selon la polarité du microtubule, ils sembleront dirigés dans le sens des aiguilles d'une montre ou dans le sens contraire (Figure 11-62). De cette façon, par exemple, on a montré que tous les microtubules des axones de cellules nerveuses et des cils ont la même polarité : les extrémités des microtubules les plus éloignées du centre de la cellule sont toujours les extrémités plus. Les extrémités plus sont également orientées dans la direction opposée à la région organisatrice des microtubules — le centrosome ou les pôles du fuseau (Figure 11-63).

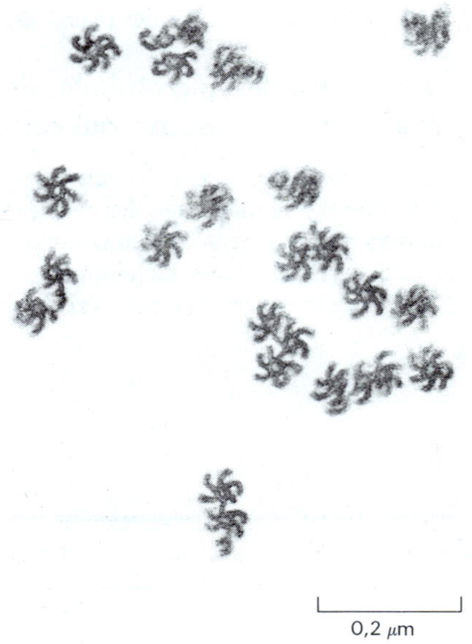

Figure 11-62 La polarité des microtubules mise en évidence par la méthode de décoration en crochet. Tous les microtubules de ce groupe (observés en coupe transversale dans cette micrographie électronique) ont la même polarité. Les crochets formés par la tubuline ajoutée s'incurvent dans le sens des aiguilles d'une montre, indiquant que l'observation des microtubules s'effectue le long de chaque filament de son extrémité moins. La polarité des microtubules peut aussi être déterminée par décoration avec des molécules de dynéine (non représenté). (D'après U. Euteneuer, *Cell Muscle Motil.* 5:1-82, 1984.)

11-23 L'hydrolyse de nucléotides aide à déstabiliser les microtubules à croissance lente [43]

L'assemblage de la tubuline en microtubules ressemble de plusieurs façons à la polymérisation de l'actine. Elle se produit spontanément *in vitro* et s'accompagne normalement de l'hydrolyse différée d'une molécule de nucléotide lié, qui, dans le cas de la tubuline, est le GTP plutôt que l'ATP (Tableau 11-4). L'énergie fournie par l'hydrolyse du nucléotide n'est pas nécessaire pour la polymérisation : la tubuline s'assemblera en un microtubule même si le seul nucléotide présent

Tableau 11-3 Quelques drogues qui se lient à la tubuline (agents antimitotiques)

Drogues	Mode d'action
Colchicine, colcémide, nocadazole	inhibent l'addition de molécules de tubuline aux microtubules, entraînant ainsi la dépolymérisation des microtubules
Vinblastine, vincristine	induisent la formation d'agrégats paracristallins de tubuline, entraînant ainsi la dépolymérisation des microtubules
Taxol	stabilise les microtubules par liaison étroite au polymère

est l'analogue non hydrolysable du GTP, le GTPγS. L'hydrolyse du nucléotide, cependant, rend la concentration critique des sous-unités libres nécessaires à la polymérisation, plus faible à l'extrémité plus qu'à l'extrémité moins : c'est-à-dire que l'extrémité plus se lie plus fortement aux molécules d'actine ou de tubuline libres (voir Planche 11-1, p. 639). Dans le cas des filaments d'actine, cette différence permet un processus de « tapis roulant » qui transporte les sous-unités à travers le polymère (voir p. 640). Bien que ce phénomène de « tapis roulant », en principe, puisse aussi se produire dans les microtubules, un phénomène différent, nommé *instabilité dynamique*, semble plutôt prédominer.

L'instabilité dynamique peut être directement démontrée si des microtubules en cours d'assemblage à partir de tubuline purifiée sur une lame de verre sont observés, par microscopie photonique à fond noir amplifiée par vidéo. Dans ces conditions, on voit que les extrémités de chaque microtubule s'allongent lentement ou se rétractent rapidement, et que l'alternance entre ces deux états se fait apparemment de façon aléatoire, chaque état persistant quelques secondes (Figure 11-64). Une explication vraisemblable de cette instabilité dynamique est présentée dans la Planche 11-2. Il est vraisemblable que l'instabilité dynamique soit une conséquence de l'hydrolyse différée du GTP après l'assemblage de la tubuline. Lorsqu'un microtubule s'allonge rapidement, l'addition des molécules de tubuline à une extrémité de polymère est plus rapide que l'hydrolyse du nucléotide qu'ils portent. Ceci se traduit par la présence d'une « calotte de GTP » à l'extrémité du microtubule ; et puisque les molécules de tubuline portant du GTP se lient les unes aux autres avec une plus forte affinité que les molécules de tubuline portant du GDP, la calotte de GTP favorisera la poursuite de la croissance d'un microtubule en cours d'élongation. A l'inverse, dès qu'un microtubule a perdu sa calotte de GTP — par exemple, si la vitesse de polymérisation chute — il commencera à se rétracter et tendra ensuite à continuer à se rétracter. Cependant, des facteurs autres que la calotte de GTP, tels qu'une distorsion persistante du réseau de tubuline au niveau de l'extrémité du microtubule, paraissent avoir leur importance dans le rétrécissement des microtubules (voir Planche 11-2).

Comme nous allons le voir à présent, l'instabilité dynamique permet à une cellule de contrôler la position de ses microtubules au moyen de structures particulières dans le cytoplasme qui se lient aux extrémités des microtubules et les stabilisent.

11-24 La majorité des microtubules des cellules animales s'allongent à partir du centrosome, qui agit comme centre organisateur [44]

Les microtubules peuvent être mis en évidence dans le cytoplasme d'une cellule interphasique en culture par le marquage des cellules préalablement fixées avec des anticorps antitubuline fluorescents. La densité des microtubules est beaucoup plus importante autour du noyau, et ceux-ci rayonnent vers la périphérie comme des fils, fins comme de la dentelle (Figure 11-65A). La meilleure façon de faire apparaître clairement l'origine des microtubules est de les

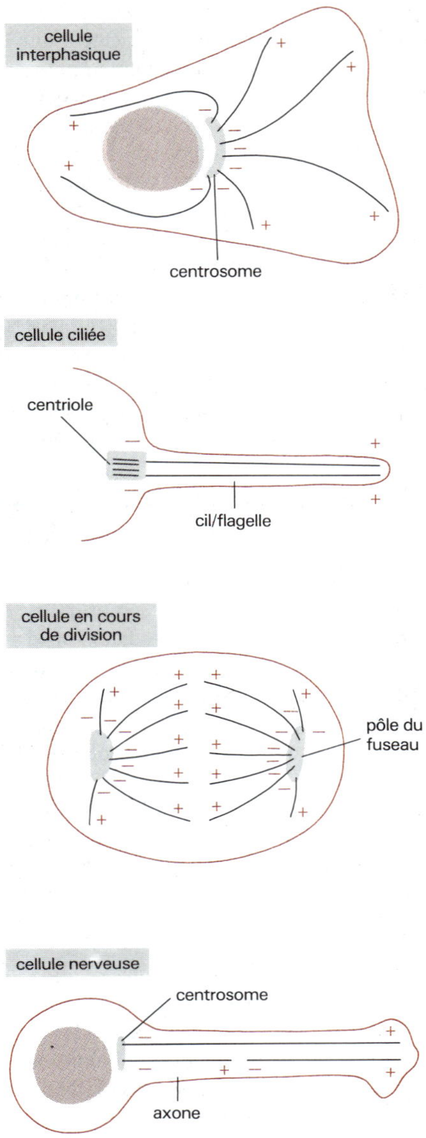

Figure 11-63 Les extrémités moins des microtubules sont généralement enfoncées dans un centre organisateur de microtubules, alors que les extrémités plus sont souvent situées près de la membrane plasmique.

Tableau 11-4 Comparaison des polymères d'actine et de tubuline

	Actine	Tubuline
Poids moléculaire du polypeptide	42 000	50 000 (tubuline α) 50 000 (tubuline β)
Forme non polymérisée	globulaire, monomérique	globulaire, dimérique ($1\ \alpha + 1\ \beta$)
Nucléotide lié (dans l'état non polymérisé)	ATP (1 par monomère)	GTP (2 par dimère)
Forme polymérisée	filament hélicoïdal	tube creux composé de 13 protofilaments
Diamètre du polymère	8 nm	25 nm
Sous-unités par micromètre de longueur du polymère	370 monomères	1 600 dimères
Poids moléculaire par micromètre de longueur du polymère	$370 \times 42\,000 = 15{,}5 \times 10^6$	$1\,600 \times 100\,000 = 160 \times 10^6$

COMPORTEMENT OBSERVÉ DES MICROTUBULES

Les microtubules sont des structures dynamiques, et leur assemblage et désassemblage déterminent le lieu et le moment de leur formation dans la cellule. Les microtubules, comme les filaments d'actine, s'allongent par l'addition réversible de sous-unités, qui s'accompagne de l'hydrolyse d'un nucléotide et d'un changement de conformation (voir Planche 11-1, p. 639). La polymérisation des microtubules, cependant, présente des caractéristiques particulières inobservables avec des filaments d'actine.

Les extrémités moins des microtubules dans les cellules sont étroitement liées aux centres organisateurs des microtubules, qui empêchent (ou contrôlent) l'assemblage et le désassemblage des sous-unités au niveau de cette extrémité (voir p. 654). Nous ne considérerons donc que les extrémités plus. Les extrémités plus de microtubules isolés *in vitro* passent spontanément d'une *croissance lente* à un état de *rapide raccourcissement*, chaque état persistant plusieurs secondes. A tout instant, la population totale des microtubules est par conséquent composée de deux types de polymères, qui ne sont que lentement interchangeables :

polymère à croissance lente — polymère à raccourcissement rapide

Ce comportement, connu sous le nom d'instabilité dynamique, peut être expliqué en tenant compte de l'effet de l'hydrolyse retardée du GTP sur la polymérisation.

UNE BASE STRUCTURALE POUR L'INSTABILITÉ DYNAMIQUE

Les changements qui se produisent au cours de la polymérisation des molécules de tubuline ou des molécules d'actine sont essentiellement les mêmes. Nous utiliserons par conséquent les mêmes conventions que dans la Planche 11-1 pour les différentes formes de sous-unités — c'est-à-dire, T représente le monomère lié au GTP, T représente les sous-unités du polymère après changement de conformation mais avant hydrolyse du GTP lié, et D représente les sous-unités du polymère liées au GDP.

Puisque l'hydrolyse du GTP se produit seulement *après* polymérisation de chaque sous-unité, les sous-unités T tendront à n'être présentes qu'au niveau de l'extrémité en croissance d'un microtubule; on s'attend à ce que cette « calotte » de sous-unités T soit d'autant plus longue que la vitesse d'addition de nouvelles sous-unités sera plus rapide.

polymère à croissance lente

polymère à croissance rapide

Puisque les sous-unités D se dissocient plus facilement que les sous-unités T , une fois que l'extrémité d'un microtubule aura perdu une calotte T , elle tendra à perdre des sous-unités plus rapidement. (Les microtubules se dépolymérisent environ 100 fois plus vite à partir d'une extrémité D que d'une extrémité T). Ainsi, une fois la dépolymérisation rapide commencée, la « calotte » T sur un microtubule est difficile à recouvrer. De plus, il semble qu'une transition structurale supplémentaire puisse se produire, au cours de laquelle l'extrémité d'un microtubule s'effiloche et est alors incapable de lier facilement de nouvelles sous-unités de tubuline.

pas d'addition

Ce type de microtubule qui raccourcit ne recouvre souvent jamais sa « calotte » et continue à se raccourcir jusqu'à ce que la dépolymérisation soit complète.

ABSENCE D'ÉTAT STATIONNAIRE POUR DES MICROTUBULES ISOLÉS

A l'état stationnaire, la concentration en sous-unités libre, [C] est constante, de sorte que :

[fraction des microtubules se raccourcissant] × [vitesse de dépolymérisation]
= [fraction des microtubules en croissance] × [vitesse de polymérisation]

Puisque la vitesse de dépolymérisation est beaucoup plus grande que la vitesse de polymérisation, de nombreux microtubules s'allongent et seuls quelques-uns se raccourcissent à un moment donné. Il n'y a pas de concentration critique de tubuline libre à laquelle un microtubule isolé conserve une longueur constante ; au lieu de cela, on observe un mélange de microtubules qui s'allongent et se raccourcissent pour une large gamme [C]. Bien que l'on observe, à [C] élevée, une augmentation des microtubules qui s'allongent par rapport aux microtubules qui se raccourcissent, un microtubule isolé, contrairement à un filament d'actine, n'atteint jamais un « état stationnaire » stable.

IMPORTANCE DE LA CAPTURE DES EXTRÉMITÉS DE POLYMÈRES

Du fait de son instabilité dynamique, un microtubule néoformé ne durera que si ses deux extrémités sont protégées de la dépolymérisation. Dans les cellules, les extrémités moins des microtubules sont généralement protégées par les centres organisateurs à partir desquels ces filaments s'allongent, et il est probable que des extrémités plus sélectionnées sont capturées par des protéines spécifiques qui contrôlent la stabilité, et par conséquent la localisation, des microtubules dans les cellules. Dans le schéma, par exemple, une cellule non polarisée est représentée (A) avec de nouveaux microtubules s'allongeant et raccourcissant à partir d'un centrosome, de façon aléatoire dans toutes les directions. Ce réseau de microtubules rencontre ensuite des structures dans une région particulière du cortex cellulaire qui peuvent « coiffer » les extrémités plus libres des microtubules (B). La stabilisation sélective de ces microtubules, qui est due à la rencontre aléatoire avec ces structures « coiffantes », induira une réorganisation rapide du réseau et transformera cette cellule en cellule polarisée (C et D).

En principe, on pourrait aussi s'attendre à ce que les filaments d'actine montrent une certaine instabilité dynamique. Les extrémités de ces filaments sont cependant beaucoup moins complexes que les extrémités des microtubules, et on pense que les filaments d'actine passent si rapidement des phases d'allongement aux phases de raccourcissement qu'ils se comportent plutôt de la manière décrite dans la Planche 11-1

noyau centrosome protéines de formation de la calotte

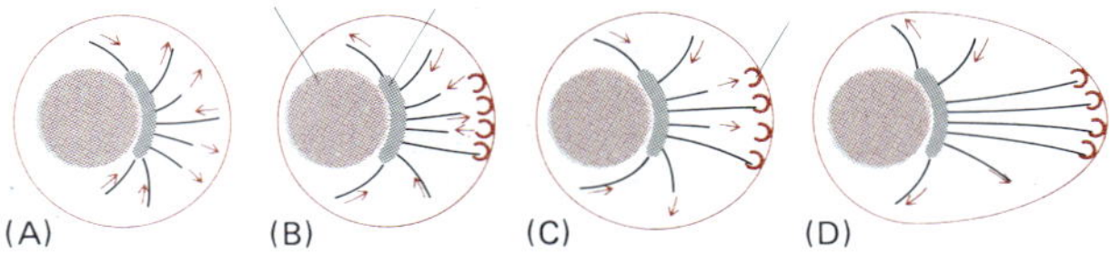

(A) (B) (C) (D)

dépolymériser avec la colchicine, puis de les laisser à nouveau s'allonger (Figure 11-65B). Les microtubules en cours de régénération apparaissent d'abord sous la forme d'une ou de deux petites structures étoilées appelées *asters*, avant de s'allonger en direction de la périphérie de la cellule jusqu'à ce que la distribution initiale soit rétablie. Si l'on décore les microtubules de cellules en culture avec des « crochets » de tubuline afin de déterminer leur polarité, on observe qu'ils ont tous leur extrémité plus orientée dans la direction opposée au **centre organisateur des microtubules** (**MTOC**, pour « microtubule-organizing center »), où l'aster prend naissance.

Il y a un centre organisateur principal des microtubules dans presque toutes les cellules animales, appelé *centre cellulaire* ou **centrosome**. Le centrosome est localisé d'un côté du noyau et contient une paire de centrioles disposés perpendiculairement l'un par rapport à l'autre selon une configuration en forme de L (voir Figure 11-60). Tous les centres organisateurs de microtubules, cependant, ne contiennent pas de centrioles. Dans les cellules mitotiques de végétaux supérieurs, par exemple, les microtubules aboutissent dans des régions de densités électroniques mal définies qui sont complètement dépourvues de centrioles. De façon analogue, les centrioles ne sont pas présents dans le fuseau mitotique des ovocytes de souris, bien qu'ils apparaissent ultérieurement dans l'embryon en développement.

Par conséquent, contrairement à l'axonème ciliaire, qui croît directement sur l'extrémité du centriole (voir p. 650), les microtubules ne sont pas nucléés par le centriole lui-même : le composant essentiel pour la nucléation est le nuage de matériel amorphe qui entoure le centriole (Figure 11-60). La composition exacte de ce matériel est inconnue, mais il est possible d'utiliser des anticorps dirigés contre un de ses composants protéiques pour marquer les centres organisateurs des microtubules dans les cellules végétales et animales, et ceci indique que la protéine a été très conservée au cours de l'évolution (Figure 11-67). Si des centrosomes (les centrioles avec leur matériel péricentriolaire) sont isolés à partir d'une cellule et mélangés avec de la tubuline purifiée, ils effectueront rapidement la nucléation de l'assemblage des microtubules *in vitro*. Dans ces microtubules, comme dans les microtubules *in vivo*, les extrémités moins sont ensevelies dans le matériel péricentriolaire. De plus, le nombre de microtubules qui peuvent être nucléées par n'importe quel centrosome isolé semble être fixé et est comparable au nombre de microtubules attachés au centrosome de la cellule dont il provient (environ 250 microtubules dans un fibroblaste interphasique). Ceci suggère que les centrosomes contiennent un nombre fixe de sites de nucléation.

Différentes formes de centres organisateurs des microtubules sont fréquentes chez les végétaux (voir p. 1177) et chez les protozoaires. La corbeille cytopharyngienne des ciliés, par exemple, est une structure complexe qui agit comme un œsophage rudimentaire. Elle est construite à partir de palissades de microtubules qui rayonnent à partir de la surface inférieure d'un support plat à trois couches (Figure 11-68). Dès que ces microtubules commencent à s'assembler, ils sont régulièrement espacés en un dispositif hexagonal, suggérant que ce centre organisateur des microtubules contient un arrangement régulier de sites de nucléation.

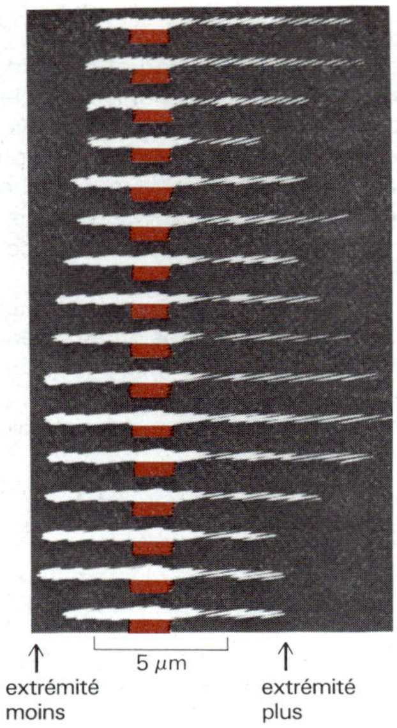

Figure 11-64 Fluctuations de la longueur d'un microtubule isolé observé par microscopie sur fond noir amplifiée par vidéo. Des images du même microtubule furent enregistrées à des intervalles de 1 à 2 minutes et visualisées en séquence sur un écran de contrôle. Les deux extrémités subissent des cycles d'élongation et de raccourcissement indépendants, l'extrémité plus montrant les fluctuations les plus importantes. (D'après T. Horio et H. Hotani, *Nature* 321:605-607, 1986.)

11-25 L'instabilité dynamique des microtubules fournit un principe organisateur à la morphogenèse cellulaire [45]

Les microtubules cytoplasmiques des cellules animales ont tendance à rayonner dans toutes les directions à partir du centrosome où leurs extrémités moins sont ancrées. La plupart des cellules animales sont cependant polarisées, et l'assemblage des molécules de tubuline est contrôlé de sorte qu'un grand nombre de microtubules s'étendent vers des régions spécifiques de la cellule. On ne sait pas encore avec certitude comment ceci est réalisé, mais il semble vraisemblable que les mécanismes impliqués dépendent de l'instabilité dynamique des microtubules.

Nous avons vu que des microtubules isolés *in vitro* ont tendance à exister dans un de ces deux états : croissance régulière ou dépolymérisation rapide « catastrophique ». Les

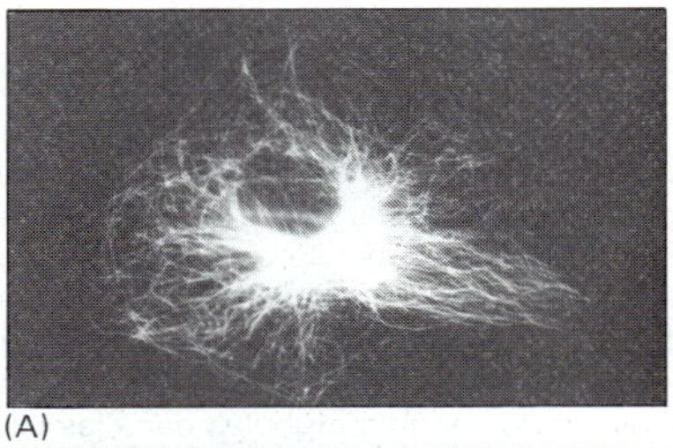
(A)

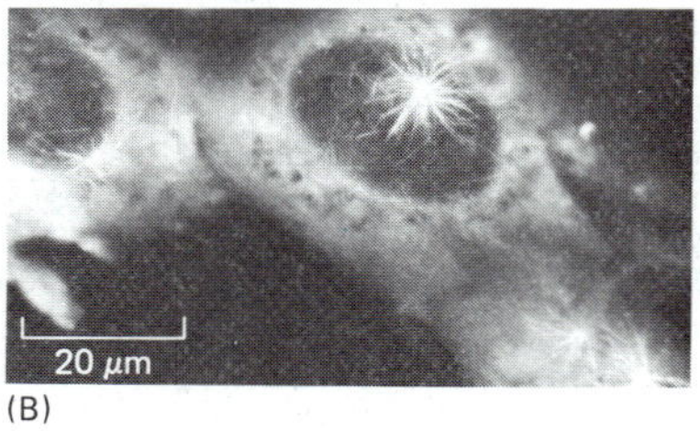

(B)

Figure 11-65 Micrographies en immunofluorescence, montrant l'arrangement des microtubules dans des cellules en culture révélé par marquage avec des anticorps anti-tubuline. Une cellule normale en culture de tissu est montrée en (A). Les cellules montrées en (B) furent traitées par la colcemide pendant une heure pour dépolymériser les microtubules, puis laissées à se rétablir ; les microtubules apparaissent d'abord sous forme d'asters en forme d'étoiles, puis s'allongent vers la périphérie de la cellule. (A, avec l'autorisation de Eric Karsenti et Marc Kirschner ; B, d'après M. Osborn et K. Weber, *Proc. Natl. Acad. Sci. USA* 73:867-871, 1976.)

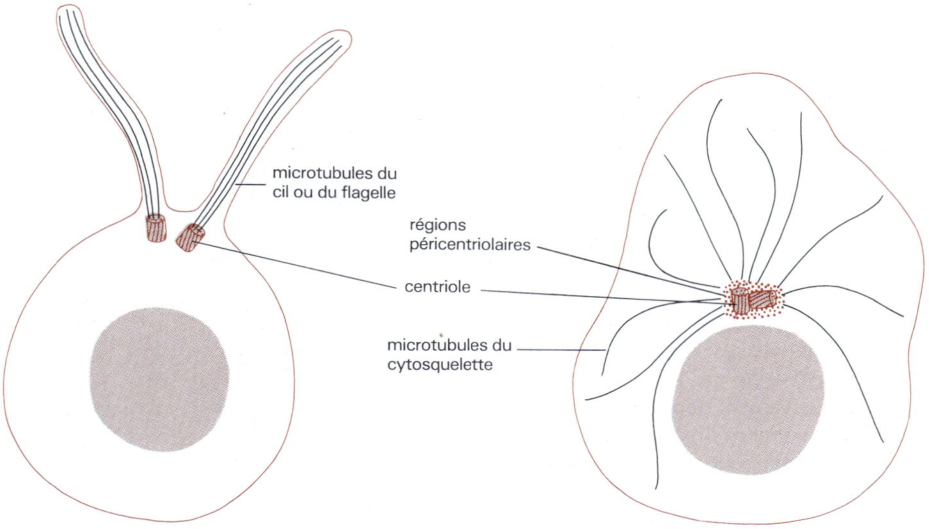

Figure 11-66 Les centrioles peuvent agir comme centres organisateurs pour des types d'arrangements de microtubules très différents. Les deux centrioles de la cellule de gauche servent de *corpuscules basaux* pour les axonèmes ciliaires, alors que les deux centrioles de la cellule de droite constituent une partie d'un centre organisateur (le *centrosome*) pour un système de microtubules qui rayonne dans le cytoplasme. Noter que dans le centrosome, les microtubules ne s'allongent pas à partir du centriole lui-même mais à partir du matériel péricentriolaire amorphe.

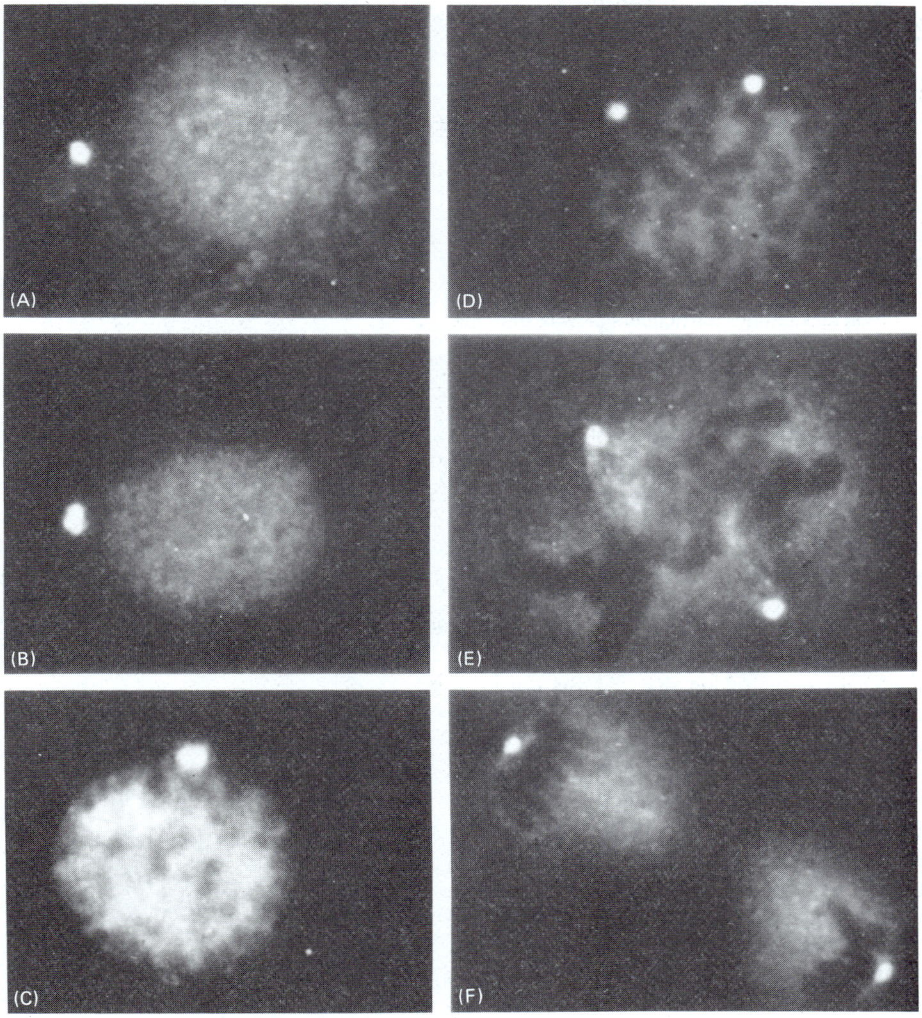

Figure 11-67 Les centrosomes dans des cellules animales interphasiques et mitotiques, marqués par immunofluorescence avec un anticorps dirigé contre une protéine du centrosome. Les micrographies illustrent le doublement et la séparation de centrosomes associés à la division cellulaire. (A), (B) interphase ; (C), (D) prophase ; (E) métaphase ; (F) télophase. Pour une description des étapes de la mitose, voir p. 766. (D'après S.L. Brenner et B.R. Brinkley, *Cold Spring Harbor Symp. Quant. Biol.* 46:241-254, 1981. [Avec l'autorisation de Bill Brinkley.])

microtubules d'une cellule semblent également exister dans ces deux états. La durée de vie moyenne d'un microtubule dans des fibroblastes en culture interphasiques, par exemple, est de l'ordre de 10 minutes. Ainsi, l'arrangement des microtubules qui rayonnent à partir du centrosome est continuellement modifié, de nouveaux microtubules poussent et remplacent d'autres qui se sont dépolymérisés.

L'instabilité inhérente des microtubules permet d'expliquer comment ils peuvent être conduits à s'allonger dans des directions particulières dans la cellule — vers le bord avant d'une cellule qui rampe, par exemple, ou vers un chromosome condensé dans une cellule en division (voir p. 770). Un microtubule dénudé dont les deux extrémités sont libres dans le cytoplasme disparaît rapidement. Mais un centre organisateur produit continuellement de nouveaux microtubules dans des directions aléatoires, avec leurs extrémités moins ancrées dans le centre organisateur et protégées ainsi de la dépolymérisation. Un microtubule qui s'allonge à partir d'un centre de ce type peut être stabilisé si son extrémité plus est coiffée d'une manière ou d'une autre afin d'empêcher sa dépolymérisation. S'il est coiffé par une structure dans une région particulière de la cellule, il établira une liaison relativement stable entre cette structure et le centre organisateur. Les microtubules originaires du centre organisateur peuvent donc être sélectivement stabilisés par des événements qui se produisent ailleurs dans la cellule. La polarité cellulaire est sans doute déterminée de cette façon par des structures ou des facteurs inconnus localisés dans des régions spécifiques du cortex cellulaire, qui « capturent » les extrémités plus des microtubules. Le plan de division cellulaire peut être déterminé de façon similaire (voir p. 779).

Dans de nombreuses cellules, la stabilisation initiale des microtubules au niveau de leurs extrémités plus est renforcée afin de produire une polarisation plus permanente de la cellule, comme nous allons en discuter maintenant.

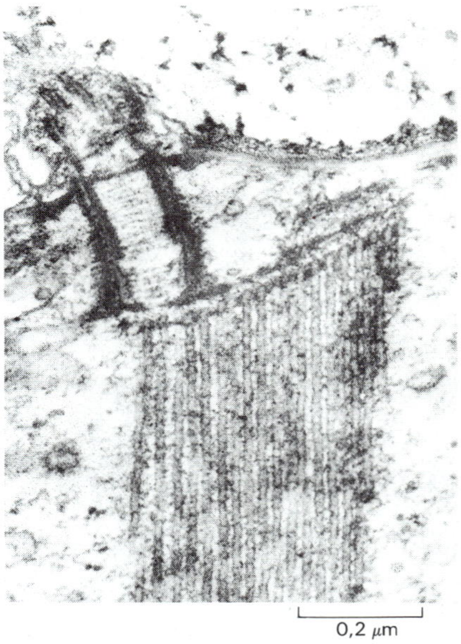

Figure 11-68 Un centre organisateur de microtubule de grande taille et inhabituellement ordonné trouvé dans la corbeille cytopharyngienne du cilié *Nassula*. Les microtubules s'allongent selon un arrangement hexagonal régulier à partir de la surface inférieure d'un feuillet plat à trois couches, formant des éléments de la partie buccale complexe de cette cellule. (D'après J.B. Tucker, *J. Cell. Sci.* 6:385-429, 1970.)

Les microtubules subissent une lente « maturation », conséquence de modifications post-traductionnelles de leurs sous-unités de tubuline [46]

La formation et la perte continuelles des microtubules est caractéristique des cellules qui subissent une importante réorganisation interne — telles que des cellules en division ou qui rampent sur un substratum. Lorsque des cellules se sont intégrées dans un tissu édifié, les microtubules qu'elles contiennent deviennent des structures relativement permanentes, particulièrement dans les cellules qui, comme les cellules nerveuses, ne se divisent plus après s'être différenciées. Cette « maturation » des microtubules dépend en partie de la modification post-traductionnelle des molécules de tubuline, et en partie de l'interaction des microtubules avec des protéines spécifiques qui leur sont associées.

Un certain nombre d'enzymes modifient des acides aminés particuliers dans la tubuline. L'une d'entre elles est la *tubuline acétyl transférase*, qui acétyle une lysine spécifique de la sous-unité de tubuline α. Chez *Chlamydomonas,* cette enzyme est principalement localisée dans l'axonème flagellaire et acétyle les molécules de tubuline après leur assemblage dans l'extrémité distale de l'axonème (voir p. 645). Une enzyme de désacétylation spécifique est localisée dans le cytoplasme et élimine les groupements acétyle de la tubuline non polymérisée. Du fait de la localisation de ces deux enzymes chez *Chlamydomonas*, les molécules de tubuline des microtubules de l'axonème sont acétylées, tandis que la majorité de celles des microtubules cytoplasmiques, dont le renouvellement est rapide, ne sont pas acétylées. Nous discuterons plus loin de la conséquence possible de l'acétylation de la tubuline.

Une seconde forme plus inhabituelle de modification est l'élimination du résidu tyrosine carboxy-terminal d'une molécule de tubuline α qui s'est incorporée dans un microtubule. Cette modification est catalysée par une enzyme de détyrosination présente dans le cytoplasme de nombreuses cellules de vertébrés, et, comme dans le cas de l'acétylation, il existe une autre enzyme cytoplasmique qui restaure la tyrosine dans la tubuline non polymérisée. Dans des cellules qui ont des microtubules instables, la tubuline n'est généralement pas présente assez longtemps dans les microtubules polymérisés pour être détyrosinée et la « tubuline-tyrosinée » est ainsi la forme prédominante. Par contre, il y a un enrichissement en « tubuline détyrosinée » dans tous les microtubules « plus anciens » qui survivent au renouvellement rapide normal des microtubules néoformés. La détyrosination et l'acétylation témoignent par conséquent de la conversion de microtubules transitoirement stabilisés en une forme beaucoup plus stable (Figure 11-69). Lorsque des fibroblastes en culture sont traités avec des substances qui dépolymérisent les microtubules (voir p. 652), la petite population de microtubules qui est épargnée au cours du traitement peut être marquée sélectivement avec des anticorps qui reconnaissent soit la tubuline acétylée soit la tubuline détyrosinée.

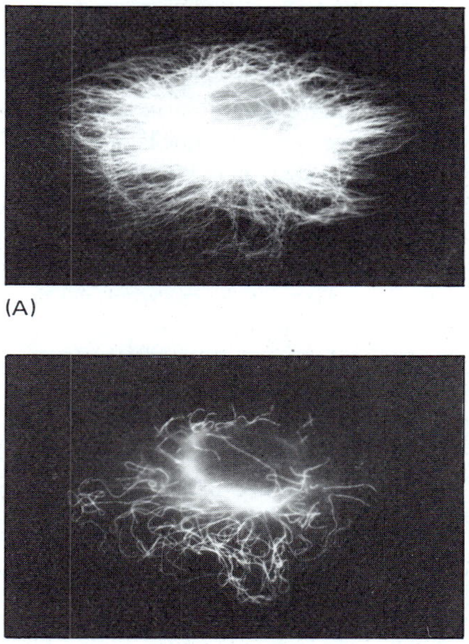

Figure 11-69 Micrographies en immunofluorescence montrant que la majorité des microtubules dans le cytoplasme d'une cellule en culture sont très dynamiques (A), mais que d'autres sont relativement stables (B). La cellule isolée représentée ici a reçu une injection de tubuline couplée de façon covalente à une petite molécule de biotine ; une heure après, la cellule est d'abord marquée par des anticorps anti-biotine couplés à une molécule fluorescente (fluorescéine) puis par des anticorps anti-tubuline couplés à une autre molécule fluorescente (rhodamine). Les microtubules qui se dépolymérisent et se repolymérisent rapidement incorporent la tubuline biotinylée et sont par conséquent marqués par les anticorps anti-biotine (A), qui couvrent les microtubules et empêchent la liaison des anticorps anti-tubuline. Les microtubules stables, au contraire, n'incorporent pas de tubuline biotinylée et ne sont donc pas marqués par les anticorps anti-biotine, mais le sont par les anticorps anti-tubuline (B). On trouve également que les microtubules stables sont marqués par des anticorps qui reconnaissent la tubuline détyrosinée ou acétylée. (Avec l'autorisation de Eric Schulze et Marc Kirschner.)

Les microtubules formés *in vitro* à partir de tubuline acétylée ou détyrosinée ne sont pas nettement plus stables que les microtubules formés à partir de tubuline non modifiée. Il est donc vraisemblable que ces modifications agissent comme des signaux pour la liaison de protéines spécifiques qui stabilisent les microtubules et modifient leurs propriétés à l'intérieur de la cellule.

Les propriétés des microtubules cytoplasmiques sont modifiées par des protéines associées aux microtubules (MAP) [47]

La modification post-traductionnelle de la tubuline semble témoigner de la maturité de certains microtubules et ajouter à leur stabilité. Mais les modifications des microtubules les plus diversifiées et de plus grande portée sont sans doute celles que confèrent d'autres protéines. Ces **protéines associées aux microtubules**, ou **MAP** (pour **microtubule-associated proteins**), peuvent à la fois stabiliser les microtubules contre le désassemblage, et intervenir dans leurs interactions avec d'autres composants cellulaires. Comme l'on pourrait s'y attendre, du fait des diverses fonctions exercées par les microtubules, il existe de nombreux types de MAP.

Il est possible d'isoler à partir du cerveau deux classes principales de MAP en association avec les microtubules : les *protéines HMW* (protéines de haut poids moléculaire), qui ont des poids moléculaires allant de 200 000 à 300 000 ou plus ; et les *protéines tau*, qui ont des poids moléculaires allant de 40 000 à 60 000. Les deux classes de protéines possèdent deux domaines, dont un qui se lie aux microtubules ; du fait que ce domaine se lie simultanément à plusieurs molécules de tubuline non polymérisées, ces MAP accélèrent l'étape de nucléation de la polymérisation de la tubuline *in vitro*. L'autre domaine est sans doute impliqué dans la liaison du microtubule à d'autres composants cellulaires (Figure 11-70). Des anticorps dirigés contre les protéines HMW et les protéines tau montrent que ces deux types de protéines se lient sur toute la longueur des microtubules cytoplasmiques.

Beaucoup d'autres MAP ont été isolées comme protéines se liant sélectivement aux microtubules. Les fonctions de la majorité de ces protéines sont inconnues. Certaines agissent probablement comme des composants structuraux qui stabilisent les microtubules et assurent des liaisons permanentes d'autres composants cellulaires (y compris d'autres parties du cytosquelette et de certaines membranes d'organites). D'autres sont responsables du mouvement des organites le long des microtubules.

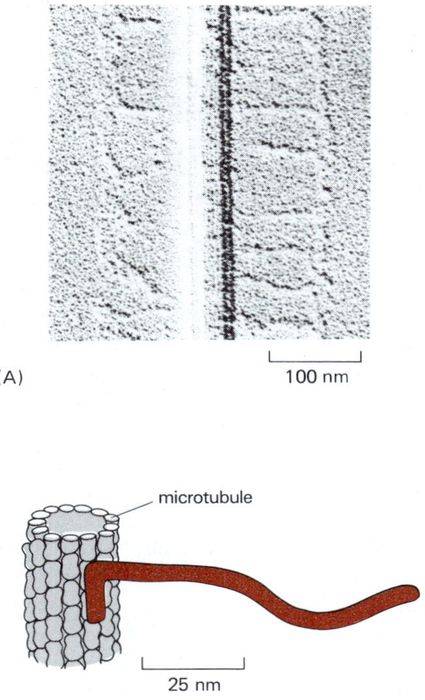

Figure 11-70 Les bras latéraux régulièrement espacés, formés sur un microtubule par une protéine de grande taille associée aux microtubules (connue sous le nom de MAP-2), isolée à partir du cerveau de vertébré. La micrographie électronique en (A) montre une partie d'un microtubule auquel de nombreuses molécules de MAP-2 sont liées. Des parties de la protéine sont projetées hors du microtubule, comme cela est schématisé en (B). (Micrographie électronique avec l'autorisation de William Voter et Harold Erickson.)

1-32 Le transport des organites dans le cytoplasme est souvent guidé par les microtubules [48]

Si l'on observe une cellule vivante de vertébré en microscopie à contraste de phase ou à contraste d'interférence différentiel (voir p. 141), son cytoplasme paraît continuellement en mouvement. En quelques minutes, les mitochondries et des organites plus petits limités par une membrane modifient leurs positions par des *mouvements saltatoires* périodiques, qui sont trop entretenus et directionnels pour être confondus avec les petits mouvements Browniens permanents provoqués par une agitation thermique aléatoire. Beaucoup de ces mouvements intracellulaires se produisent en étroite association avec les microtubules. Si une cellule contenant un organite en mouvement est rapidement fixée et coupée pour la microscopie électronique, on trouve que la membrane de l'organite reste souvent reliée par de minces brins filamenteux à un microtubule cytoplasmique. Ceci suggère que les microtubules peuvent jouer un rôle important dans de tels mouvements, bien que, comme nous en avons discuté précédemment (voir p. 632), certains mouvements de vésicules dans le cytoplasme semblent avoir plutôt lieu le long de filaments d'actine que le long de microtubules. La démonstration la plus claire d'un rôle des microtubules dans le transport est donnée par des études du *transport axonal rapide* dans les cellules nerveuses, où il existe une importante circulation de vésicules limitées par une membrane dans les deux sens, le long de l'axone entre le corps cellulaire et la terminaison nerveuse.

La kinésine et la dynéine cytoplasmiques hydrolysent l'ATP afin de faire circuler des vésicules dans des directions opposées le long des microtubules axonaux [49]

Les axones géants d'un calmar peuvent être disséqués et le cytoplasme expulsé comme de la pâte dentifrice hors d'un tube. Si de fines régions de l'axoplasme expulsé sont aplaties sous une lamelle et examinées en microscopie photonique amplifiée par vidéo (voir p. 142), on observe que les organites se déplacent le long d'étroites voies filamenteuses. En combinant l'immunofluorescence et la microscopie électronique, on découvre que ces voies sont des microtubules isolés.

Des vésicules extraites, ou même des particules artificielles telles que des billes de polystyrène, s'associeront avec les microtubules de l'axoplasme expulsé, et se déplaceront le long de microtubules d'une manière très voisine de celle observée dans une cellule vivante. Puisque l'axoplasme expulsé n'a plus de membrane plasmique, il est possible de contrôler expérimentalement son contenu en ions et en petites molécules et d'en étudier les effets sur le transport. Il a été ainsi montré qu'un analogue non hydrolysable de l'ATP, appelé AMPPNP, stoppe le transport et immobilise les organites encore liés aux microtubules.

L'effet de l'AMPPNP fournit un moyen d'identifier les composants responsables du mouvement vésiculaire. En recherchant dans des extraits d'axoplasme des protéines qui se lient aux microtubules en présence d'AMPPNP mais qui sont libérées par addition d'ATP, on a isolé un gros complexe protéique appelé **kinésine**. La kinésine est une ATPase qui utilise l'énergie de l'hydrolyse de l'ATP pour faire circuler des vésicules dans une seule direction le long d'un microtubule (voir p. 130). Les mouvements se produisent à des vitesses de 0,5 à 2 μm/seconde, sans les interruptions ni les hésitations caractéristiques observées dans l'axone intact, qui sont dues vraisemblablement à des collisions répétées de la vésicule avec des éléments du cytoplasme encombré.

Il a été possible d'identifier la direction du mouvement produit par la kinésine grâce à la circulation de billes de polystyrène sur des microtubules polymérisés sur des centrosomes *in vitro*. Alors que des extraits bruts d'axoplasme induisent un transport dans les deux directions, la kinésine purifiée n'induit le transport que vers la périphérie, vers les extrémités plus des microtubules (se souvenir que la dynéine ciliaire se déplace dans la direction opposée — voir p. 649). Puisque qu'il est connu que les microtubules des axones sont alignés de manière à avoir leurs extrémités plus loin du corps cellulaire (voir p. 654), il serait vraisemblable que le mouvement produit par la kinésine transporte des vésicules du corps cellulaire vers la terminaison axonale. Il semble probable qu'une protéine semblable à la dynéine soit responsable du transport dans l'autre direction, de l'extrémité vers le corps cellulaire. Récemment, une MAP de haut poids moléculaire présentant ces propriétés a été purifiée à partir de tissus de plusieurs origines, y compris le cerveau de mammifère ; cette protéine est appelée **dynéine cytoplasmique** (Figure 11-71).

Les microtubules déterminent la localisation du réticulum endoplasmique et de l'appareil de Golgi dans les cellules [50]

Les protéines mobiles qui ressemblent à la kinésine et à la dynéine ne sont pas limitées aux neurones. Elles semblent présentes dans toutes les cellules qui contiennent des microtubules, et paraissent intervenir dans de nombreux mécanismes où ces filaments ont un rôle organisateur important. Des études récentes réalisées *in vitro* ont montré que la kinésine s'attache à la membrane du réticulum endoplasmique (RE) et peut étendre cet organite en un réseau dentelé typique, en le tirant le long de microtubules orientés. De façon analogue, des études sur des

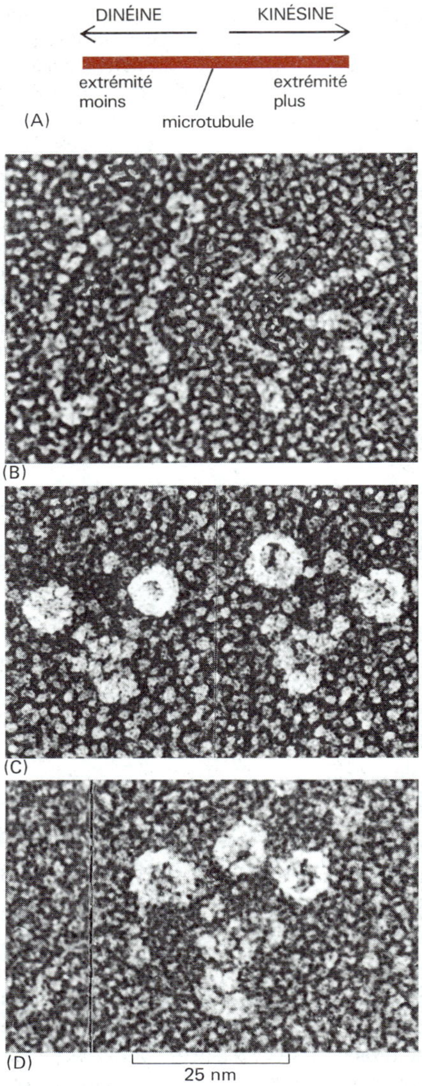

Figure 11-71 La kinésine et la dynéine cytoplasmique sont des protéines de grande taille associées aux microtubules (MAP), qui utilisent l'énergie de l'hydrolyse de l'ATP pour se déplacer dans des directions opposées le long d'un microtubule (A). Ces protéines sont des complexes composés de deux « chaînes lourdes » identiques, et de plusieurs « chaînes légères » plus petites. Chaque chaîne lourde forme une région de tête globulaire qui attache la protéine aux microtubules d'une façon qui est dépendante de l'ATP. Par conséquent, comme la myosine, la kinésine [quatre molécules montrées en (B)] et la dynéine cytoplasmique [deux molécules montrées en (C)] sont des molécules à deux têtes. A l'inverse, la molécule de dynéine ciliaire montrée sur la micrographie électronique en (D) a trois têtes (voir Figure 11-57). (Les micrographies électroniques après cryodécapage furent effectuées par John Heuser à partir de protéines isolées par Trina Schroer, Jeff Gelles et Michael Scheetz (B) ; Eric Steuer (C) ; et Ursula Goodenough (D).)

Figure 11-72 L'alignement de la membrane du RE avec les microtubules dans une cellule en culture. (A) La localisation par immunofluorescence d'une protéine du RE donne une esquisse du réseau dentelé que forment les saccules du RE à la périphérie de la cellule ; (B) la localisation par immunofluorescence des microtubules dans la même cellule. C, D et E montrent l'action des microtubules sur l'appareil de Golgi. Lorsque les microtubules (C) et les membranes du Golgi (D) sont marqués simultanément dans une cellule en culture, l'immunofluorescence révèle un rassemblement des saccules du Golgi autour du centrosome. Cependant, lorsque les microtubules sont dépolymérisés par traitement des cellules avec du nocodazole, les membranes du Golgi se dispersent dans tout le cytoplasme (E), comme elles le font à la mitose. (Avec l'autorisation de Mark Terasaki et Lan Bo Chen, C-E, avec l'autorisation de Viki Allan et Thomas Kreis.)

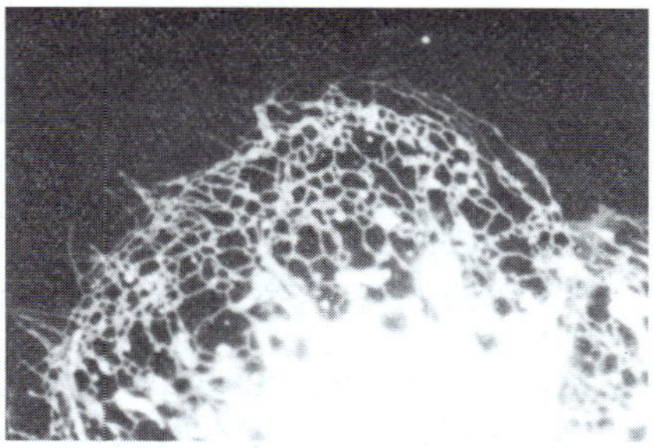
(A)

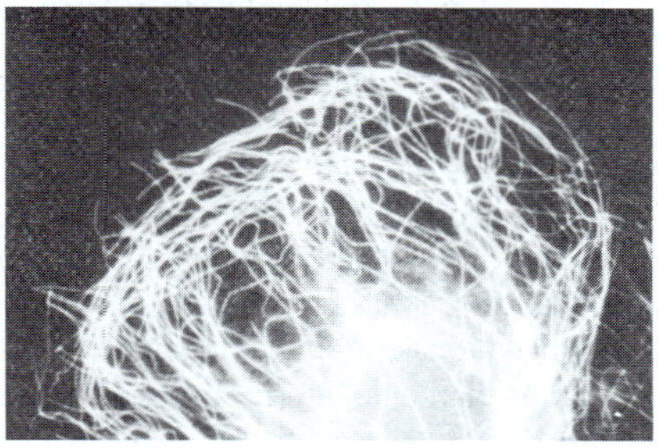
(B) 10 μm

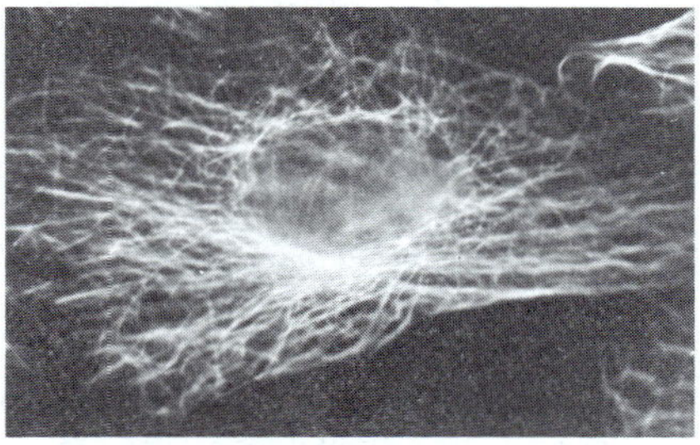
(C)

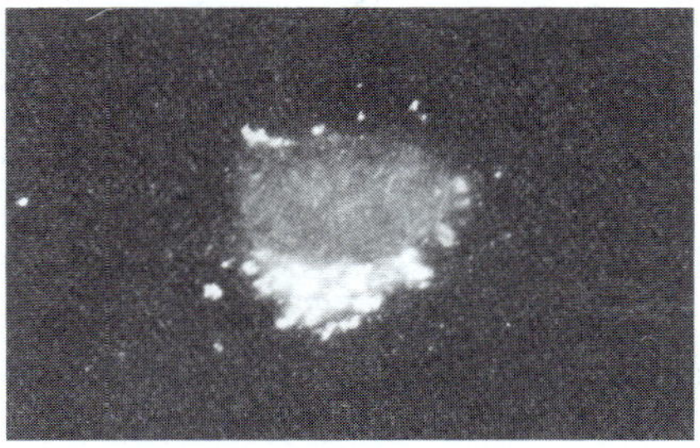
(D)

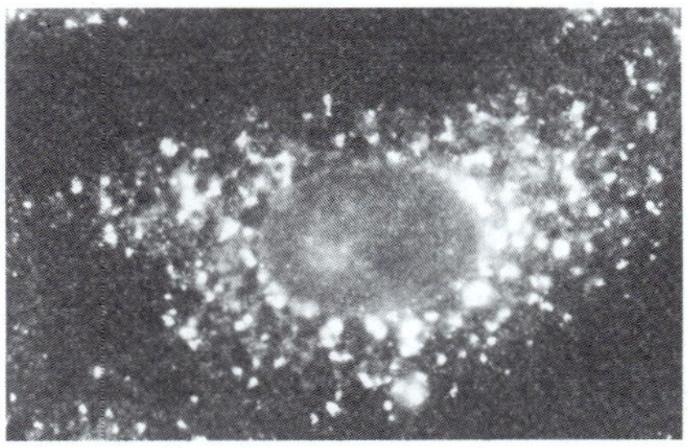
(E) 20 μm

cellules intactes indiquent que le RE est étiré vers l'extérieur, à partir du centrosome, le long de microtubules, comme le laisse prévoir un processus qui nécessite la kinésine. Enfin, le marquage par immunofluorescence montre que les minces brins des saccules du RE sont souvent alignés le long des microtubules dans les régions périphériques d'une cellule (Figure 11-72B).

Alors que la membrane du RE est activement éloignée du centrosome sur les voies de microtubules (alors qu'elle reste attachée à l'enveloppe nucléaire à son autre extrémité), les membranes des saccules du Golgi semblent être transportées dans la direction opposée, comme si elles étaient attachées à des protéines semblables à la dynéine, de sorte que l'appareil de Golgi se retrouve localisé près du centrosome (Figure 11-72C, D). Le morcellement du RE et de l'appareil de Golgi est considérable au cours de la mitose (voir p. 784), et lorsque les microtubules cytoplasmiques se reforment en interphase, leur orientation guide probablement le réassemblage de ces deux organites à partir de vésicules plus petites et de fragments membranaires (Figure 11-72E).

Résumé

Les microtubules se forment par polymérisation de molécules de tubuline, rapidement suivie par l'hydrolyse d'une molécule de GTP étroitement liée. Les microtubules à croissance lente sont instables et sont susceptibles d'un désassemblage catastrophique, mais il peuvent être stabilisés par l'association avec d'autres structures qui coiffent leurs deux extrémités. Les centres organisateurs des microtubules, comme les centrosomes, effectuent une nucléation continuelle de la formation de nouveaux microtubules, qui s'allongent dans des directions aléatoires. Tout microtubule qui rencontre une structure qui coiffe son extrémité « plus » libre sera spécifiquement stabilisé, alors que d'autres microtubules se dépolymériseront. Ce processus est sans doute largement responsable de la polarité et de la position des réseaux de microtubules dans une cellule.

Les sous-unités de tubuline dans les microtubules qui se sont formés dans une localisation correcte, sont modifiées par acétylation et détyrosination. Ces modifications sont vraisemblablement des marqueurs de maturité du microtubule, et fournissent des sites de liaison pour des protéines associées aux microtubules (MAP) spécifiques, qui stabilisent ensuite le microtubule contre le désassemblage et adaptent ses propriétés à des fonctions spécifiques dans la cellule. Une classe particulière de MAP utilise l'énergie de l'hydrolyse de l'ATP pour se déplacer dans une seule direction le long d'un microtubule, fournissant un mécanisme pour l'organisation spatiale et les mouvements dirigés des organites dans le cytoplasme.

Les filaments intermédiaires [51]

Les filaments intermédiaires (FI) sont des fibres protéiques résistantes et stables situées dans le cytoplasme de la majorité des cellules eucaryotes supérieures. Organisés comme des cordages, ils ont un diamètre caractéristique de 8 à 10 nm, qui est « intermédiaire » entre les filaments épais et minces des cellules musculaires, où ils furent décrits pour la première fois ; leur diamètre est également intermédiaire entre les filaments d'actine et les microtubules. Dans la majorité des cellules animales, ils forment une « corbeille » autour du noyau et s'allongent vers la périphérie de la cellule, en rangées légèrement incurvées. Ils sont particulièrement proéminants là où les cellules sont soumises à une contrainte mécanique, comme dans les épithéliums, là où ils sont reliés de cellule en cellule au niveau de desmosomes (voir p. 797), le long des axones, et à travers tout le cytoplasme des cellules des muscles lisses. Lorsque les cellules sont extraites avec des solutions salines de forte ou faible force ionique ou avec des détergents non ioniques, les filaments intermédiaires subsistent, alors que la plus grande partie du reste du cytosquelette est perdue. En réalité, le terme de « cytosquelette » fut inventé à l'origine pour désigner ces fibres insolubles et anormalement stables.

Les filaments intermédiaires sont constitués à partir de quatre familles de polypeptides fibreux [51,52]

Contrairement à l'actine et à la tubuline, qui sont des protéines globulaires, les sous-unités des filaments intermédiaires sont des protéines fibreuses. Ces molécules protéiques FI allongées s'associent côte à côte en des rangées superposées pour former de longs filaments possédant une résistance élastique élevée. Puisqu'une partie seulement de chaque molécule protéique FI est impliquée dans les interactions latérales qui forment le filament, la partie restante de la molécule peut subir des modifications considérables sans que la structure globale du filament en soit affectée. Ainsi, les filaments intermédiaires, au contraire des filaments d'actine et des microtubules, sont composés de polypeptides de tailles étonnamment variables (de 40 000 à 130 000 daltons environ) — la taille variant en fonction des différents types cellulaires.

Les filaments intermédiaires sont rangés, sur la base de leur séquence d'acides aminés en quatre grandes catégories (Tableau 11-5). Les protéines FI de *type I* se trouvent principalement dans les cellules épithéliales, et regroupent deux sous-familles de **kératines**, les *kératines acides* et les *kératines neutres ou basiques*. Les filaments de kératine sont toujours des hétéropolymères formés d'un nombre égal de sous-unités de chacune de ces deux sous-familles de kératine. Les kératines sont de loin la classe la plus complexe de protéines FI, avec au moins 19 formes distinctes dans l'épithélium humain, et 8 de plus dans les kératines des cheveux et des ongles. Beaucoup d'épithéliums morphologiquement et fonctionnellement différents peuvent être distingués par les types de molécules de kératine qu'ils fabriquent.

Les protéines FI de *type II* comprennent (1) la vimentine, (2) la desmine et (3) la protéine fibrillaire acide de la neuroglie. La **vimentine** est largement répandue dans les cellules d'origine mésenchymateuse, y compris les fibroblastes, les cellules endothéliales des vaisseaux sanguins, et les leucocytes, et est souvent exprimée par des cellules en culture et transitoirement par des cellules en cours de développement. On trouve la **desmine** à la fois dans les cellules des muscles striés et lisses, et la **protéine fibrillaire acide de la neuroglie** forme les *filaments gliaux* dans certains types de cellules gliales (les astrocytes et certaines cellules de Schwann) dans le système nerveux. Chacune de ces protéines FI s'assemblera spontanément *in vitro* pour former des

Tableau 11-5 Principaux types de protéines des filaments intermédiaires

Type de filament intermédiaire	Composant polypeptidique (masse en daltons)	Localisation cellulaire
Type I	kératines acides (40 000 - 70 000)	cellules épithéliales et dérivés épidermiques, tels que les cheveux et les ongles
	kératines neutres et basiques (40 000 - 70 000)	
Type II	vimentine (53 000)	beaucoup de cellules d'origine mésenchymateuse souvent exprimée par les cellules en culture
	desmine (52 000)	cellules musculaires
	protéine fibrillaire acide de la neuroglie (45 000)	cellules gliales (astrocytes et certaines cellules de Schwann)
Type III	protéines des neurofilaments (environ 130 000* ; 100 000* ; et 60 000)	neurones
Type IV	lamines nucléaires A, B et C (65 000 - 75 000)	lamina nucléaire de toutes les cellules

* Parce que la migration de ces protéines sur des gels de SDS est anormalement lente, on leur attribua initialement une masse plus importante.

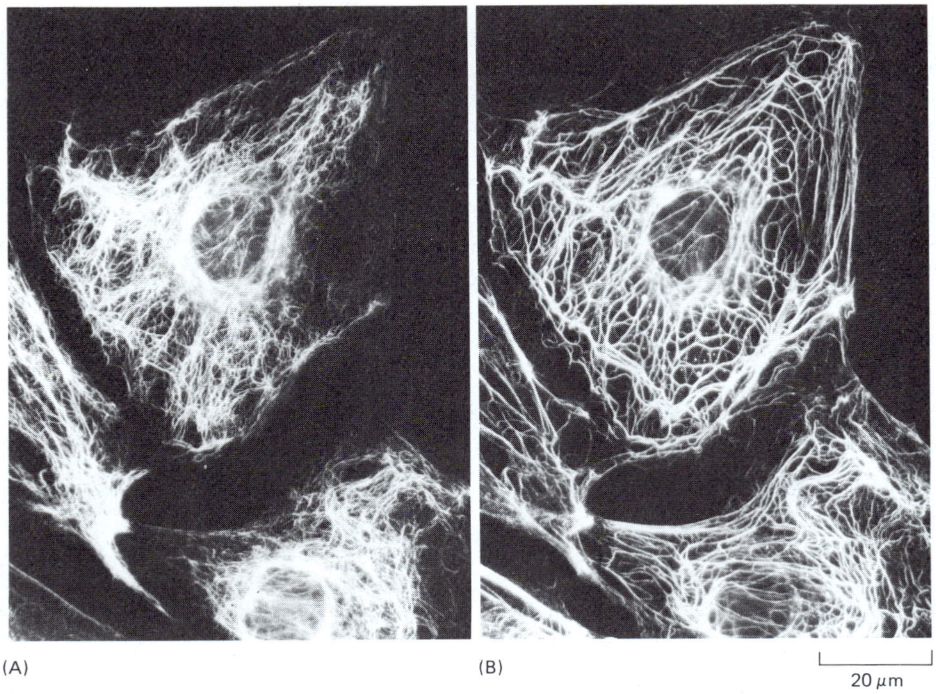

Figure 11-73 Micrographies en immunofluorescence de cellules épithéliales de rat-kangourou (cellules PtK2) en interphase. Les cellules ont été marquées par des anticorps dirigés contre la vimentine (A), ainsi que par des anticorps dirigés contre la kératine (B). Noter que les cellules contiennent des réseaux séparés de filaments de vimentine et de filaments de kératine, bien que les deux réseaux aient une distribution analogue. (Avec l'autorisation de Mary Osborn.)

homopolymères et se co-assemblera également avec d'autres protéines FI de type II pour former des hétéropolymères. De fait, les copolymères de vimentine et de desmine, ou de vimentine et de la protéine fibrillaire acide de la neuroglie sont présents dans certains types de cellules dans les tissus.

Les protéines FI de *type III* s'assemblent en *neurofilaments*, un élément essentiel du cytosquelette des axones et des dendrites nerveux, et sont par conséquent appelées **protéines des neurofilaments**. Elles sont constituées chez les vertébrés de trois types distincts de polypeptides : le triplet du neurofilament. Les protéines FI de *type IV* sont les **lamines nucléaires** (voir p. 665), qui ont une séquence d'acides aminés analogue à celle des autres protéines FI, mais qui s'en distinguent à plus d'un titre. En particulier, les lamines forment les feuillets bidimensionnels très organisés des filaments qui se désassemblent et se réassemblent rapidement à des périodes spécifiques de la mitose.

Toutes les cellules eucaryotes synthétisent des lamines nucléaires, et habituellement un type au moins de protéine FI cytoplasmique. Certaines cellules synthétisent deux types de filaments intermédiaires cytoplasmiques, qui forment des réseaux séparés dans la cellule. Certaines cellules épithéliales, par exemple, ont des réseaux distincts de filaments intermédiaires de kératine et de vimentine (Figure 11-73).

11-28 Les filaments intermédiaires se forment à partir d'une sous-unité dimérique et d'un domaine central en forme de bâtonnet [53]

En dépit de leurs grandes différences de taille, toutes les protéines FI cytoplasmiques sont codées par des membres de la même famille multigénique. Leurs séquences d'acides aminés indiquent que chaque chaîne polypeptidique FI contient une région centrale homologue d'environ 310 résidus d'acides aminés qui forme une longue hélice avec trois courtes interruptions dont la structure n'est pas α-hélicoïdale (Figure 11-74). De plus, de longs segments de

Figure 11-74 Toutes les protéines FI partagent une région centrale analogue (environ 310 résidus d'acides aminés) qui forme une hélice α allongée avec trois courtes interruptions. Les domaines amino- et carboxy-terminaux ne sont pas de structure α-hélicoïdale, et leur séquence et leur taille varient énormément dans différentes protéines FI.

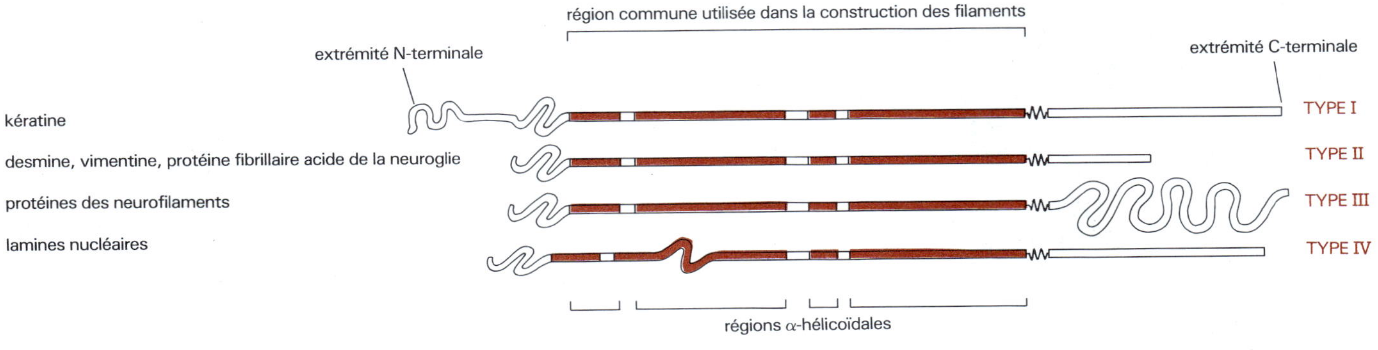

cette région centrale présentent le motif séquentiel caractéristique d'un polypeptide qui forme un surenroulement (voir p. 618). Comme dans la tropomyosine ou la queue de la myosine musculaire, le surenroulement est bicaténaire, avec deux polypeptides FI identiques contribuant à former un dimère. Les deux chaînes polypeptidiques dans un homodimère FI s'alignent parallèlement pour former un domaine central en forme de bâtonnet avec deux domaines globulaires à chaque extrémité. En s'assemblant en un filament intermédiaire, les domaines en forme de bâtonnet interagissent les uns avec les autres pour constituer la partie centrale uniforme du filament, alors que les domaines globulaires, dont la taille varie dans les différentes protéines des filaments intermédiaires, dépassent la surface du filament. La Figure 11-75 illustre un modèle possible d'assemblage des sous-unités dimériques en filaments intermédiaires.

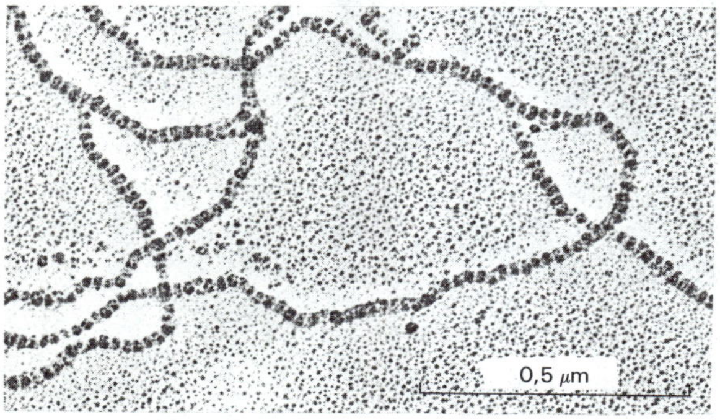

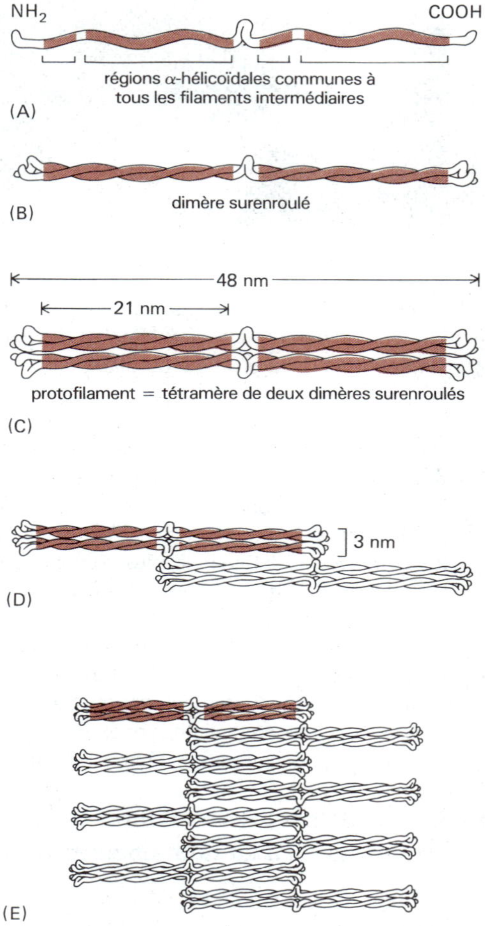

Figure 11-75 Un modèle courant de l'assemblage des filaments intermédiaires. Le monomère représenté en (A) s'apparie avec un monomère identique pour former un dimère (B) dans lequel les régions centrales α-hélicoïdales conservées sont parallèles et sont enroulées ensemble pour former un surenroulement. Deux dimères s'alignent ensuite côte à côte pour former un *protofilament* de 48 nm sur 3 nm contenant quatre chaînes polypeptidiques (C). Les protofilaments s'associent ensuite, en quinconce, pour former des structures de plus en plus grandes (D et E). Le filament intermédiaire de 10 nm de diamètre final est vraisemblablement composé de 8 protofilaments (32 chaînes polypeptidiques) associées bout à bout à leurs voisins par des chevauchements en quinconce pour former le long filament en forme de cordage (F). Une micrographie électronique du filament final est montrée ci-dessus. On ne sait pas encore si les filaments intermédiaires sont des structures polaires (comme l'actine et la tubuline) ou non polaires (comme la double hélice d'ADN), ou si les deux surenroulements du protofilament quadricaténaire sont alignés selon une orientation parallèle (polaire) ou antiparallèle (non polaire). (Micrographie avec l'autorisation de N. Geisler et K. Weber.)

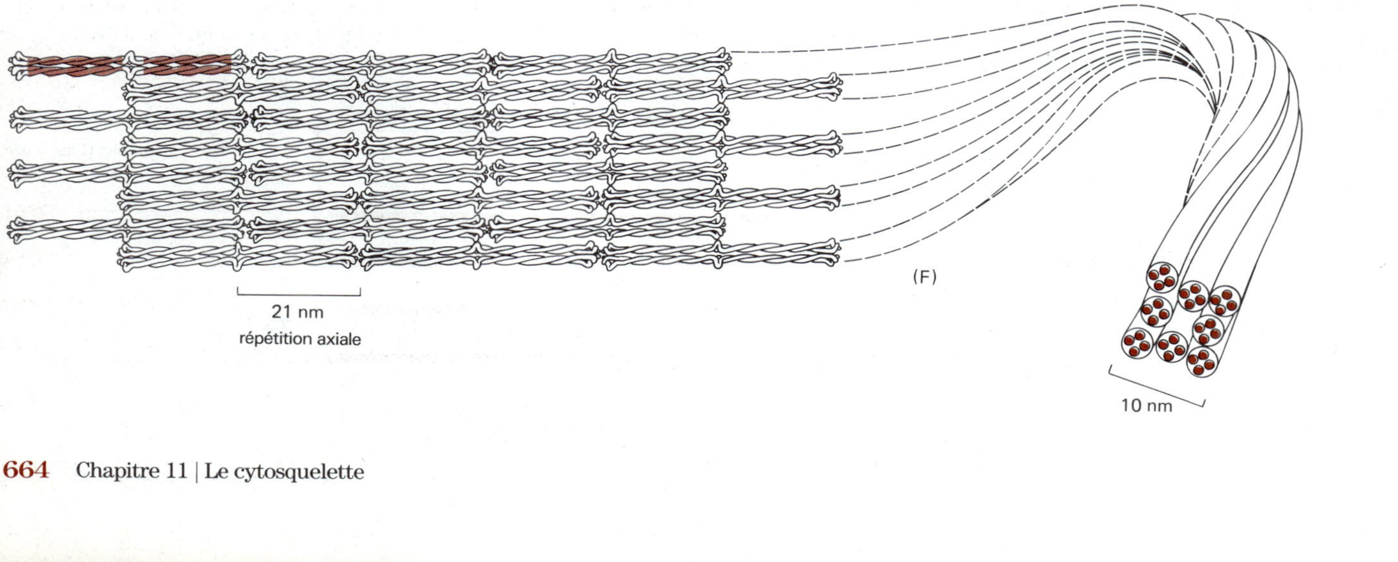

Les filaments intermédiaires s'étendent de l'enveloppe nucléaire vers la périphérie cellulaire [54]

Si une cellule en culture est marquée avec un anticorps dirigé contre une protéine FI cytoplasmique telle que la vimentine, il est possible d'observer un délicat réseau de filaments qui entoure le noyau et s'étend dans tout le cytoplasme (voir Figure 11-73). Ce motif est différent de celui d'autres éléments du cytosquelette, bien qu'il semble y avoir, par endroits, colinéarité avec les microtubules cytoplasmiques. L'organisation des filaments intermédiaires cytoplasmiques paraît dépendre d'une interaction avec les microtubules, puisque la dépolymérisation des microtubules par des drogues telles que la colchicine conduit à la déformation de la totalité du réseau de filaments intermédiaires en une coiffe périnucléaire. Ceci suggère que de nombreux filaments intermédiaires cytoplasmiques peuvent se lier à l'enveloppe nucléaire et qu'ils sont normalement entraînés vers la périphérie cellulaire par les microtubules avec lesquels ils interagissent.

L'organisation des filaments intermédiaires cytoplasmiques peut aussi dépendre d'interactions avec la membrane plasmique. Dans les hématies d'oiseaux (qui, contrairement à leurs homologues chez les mammifères, ont un noyau et des filaments intermédiaires), on pense que la vimentine se lie indirectement à la membrane plasmique par l'intermédiaire de l'ankyrine (voir p. 289). Dans les cellules épithéliales, les filaments intermédiaires de kératine sont attachés à la membrane plasmique au niveau des desmosomes — jonctions intracellulaires spécialisées qui aident au maintien de l'association des cellules voisines (voir p. 797). Puisque les filaments de kératine dans chaque cellule sont reliés, via les desmosomes, à ceux de leurs voisines, ils forment un réseau continu dans la totalité de l'épithélium.

11-29 L'assemblage de filaments intermédiaires peut être contrôlé par phosphorylation [55]

Les filaments intermédiaires isolés sont extrêmement stables dans les conditions ioniques qui sont celles du cytoplasme. De plus, il n'y a pas un grand pool de protéines de filaments intermédiaires non polymérisés dans la cellule, comme il en existe un pour l'actine et la tubuline. Il est clair, cependant, que les cellules peuvent contrôler le nombre, la longueur, et la position des filaments intermédiaires qu'elles contiennent, montrant qu'elles peuvent contrôler l'assemblage et le désassemblage de ces filaments. Un facteur important de ce contrôle est la phosphorylation de résidus spécifiques sur les protéines FI. La vimentine, par exemple, existe sous une forme non phosphorylée et sous une forme phosphorylée. Si des filaments de vimentine isolés sont phosphorylés par des protéines kinases, les filaments se désassemblent en unités plus petites. L'exemple le plus convaincant de l'importance de la phosphorylation dans le contrôle du désassemblage des filaments intermédiaires, cependant, est fourni par les lamines nucléaires, qui se désassemblent chaque fois que la cellule entre en mitose.

La lamina nucléaire est construite à partir d'une classe particulière de filaments intermédiaires [56]

La **lamina nucléaire** est un réseau protéique (typiquement de 10 à 20 nm d'épaisseur) qui tapisse la surface interne de la membrane nucléaire interne (voir p. 481). Elle consiste en un treillis carré de filaments intermédiaires (Figure 11-76A), qui, chez les mammifères, est composé de trois protéines FI, connues sous les noms de *lamines A, B* et *C* (voir Figure 11-74 et Tableau 11-3). Les lamines forment des dimères qui ont un domaine en forme de bâtonnet et deux têtes globulaires à l'une de leurs extrémités (Figure 11-76B). Dans des conditions appropriées de pH et de force ionique, les dimères s'associent spontanément en filaments qui ont un diamètre et une structure répétitive analogues à ceux des filaments intermédiaires cytoplasmiques.

Les lamines nucléaires diffèrent cependant des protéines FI cytoplasmiques à bien des égards. La différence la plus évidente est l'assemblage des filaments en un treillis carré (voir Figure 11-76A), bien que ceci requiert probablement leur association avec d'autres protéines. De plus, la lamina nucléaire est une structure très dynamique. Dans des cellules de mammifères en mitose, la phosphorylation transitoire de plusieurs résidus sérine sur les lamines provoque le désassemblage réversible de la lamina en tétramères de lamine A et de lamine C, et de lamine B associée à la membrane, toutes trois hyperphosphorylées. Lorsque la cellule entre en interphase, les lamines sont déphosphorylées et une enveloppe nucléaire intacte se reforme autour des chromosomes (voir p. 777).

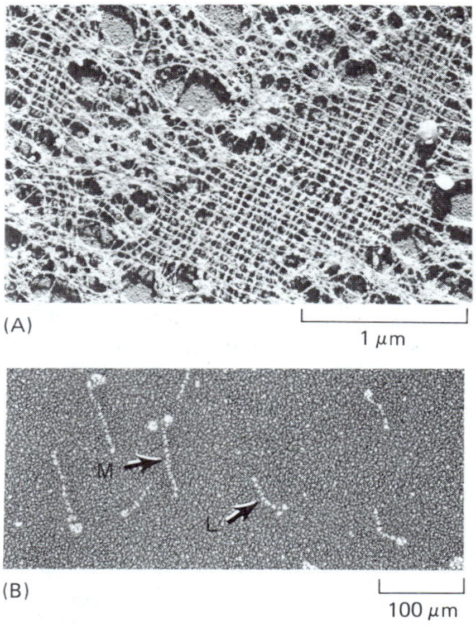

Figure 11-76 Micrographie électronique d'une partie de la lamina nucléaire d'un ovocyte de *Xenope* préparé par cryodécapage et ombrage métallique. La lamina est formée d'un réseau carré très organisé de filaments intermédiaires composés de lamines nucléaires. (B) Micrographie électronique après ombrage métallique de dimères de lamine isolés. Ils ont une forme semblable à celle de la myosine musculaire (marquée M), avec une queue en forme de bâtonnet et deux têtes globulaires, mais ce sont des molécules beaucoup plus petites. Les têtes globulaires sont formées de deux grands domaines carboxy-terminaux. (Avec l'autorisation de Ueli Aebi.)

Les filaments de kératine sont remarquablement divers [52]

Parmi les types de filaments intermédiaires les plus stables et de durées de vie les plus longues, il y a ceux formés de kératines. Ils sont également les plus divers. Les épithéliums les plus simples, comme ceux que l'on trouve dans les embryons en développement et dans certains tissus adultes tels que le foie, contiennent seulement deux types de kératine, une acide et une neutre. D'autres épithéliums (par exemple, ceux de la langue, de la vessie et des glandes sudoripares) contiennent six kératines ou plus — le « mélange » particulier dépendant de leur localisation anatomique. Du fait de la variété et de la stabilité des filaments de kératine, ils fournissent une « empreinte » particulière qui est utile pour suivre les origines de tumeurs jusqu'à des types particuliers de cellules épithéliales.

La diversité des kératines est encore plus nette dans l'épiderme de la peau, qui est constitué d'un épithélium résistant et stratifié (voir p. 968). Différents groupes de kératines sont exprimés par les cellules dans les différentes couches de l'épiderme. Les filaments de kératine finissent par former des liaisons transversales covalentes entre eux et avec des protéines associées, et lorsque les cellules des couches les plus externes de l'épiderme meurent, les kératines réticulées persistent et forment la majeure partie de la couche externe protectrice de l'animal. Des cellules épithéliales spécialisées situées en divers points particuliers de la peau assurent une variation locale en engendrant des appendices de surface, tels que les cheveux, les ongles, et les plumes. Ainsi, les filaments intermédiaires aident à munir l'animal de sa première barrière contre la chaleur et la déshydratation et à assurer son camouflage, sa défense et sa parure.

Quelle est la fonction des filaments intermédiaires ?

Les cellules animales peuvent survivre sans filaments intermédiaires cytoplasmiques. Les cellules gliales qui synthétisent la myéline dans le système nerveux central n'en ont aucun, et ceux des fibroblastes en culture peuvent être désorganisés par une injection intracellulaire d'anticorps dirigés contre les protéines FI, sans effets apparents sur l'organisation ou le comportement cellulaires. Il semble vraisemblable que la fonction principale de la majorité des filaments intermédiaires est de fournir un support mécanique à la cellule et à son noyau. Les filaments intermédiaires situés dans les épithéliums forment un réseau transcellulaire qui semble conçu pour résister à des forces externes. Les neurofilaments de l'axone d'une cellule nerveuse résistent sans doute à la tension provoquée par le déplacement de l'animal, qui sans cela, romprait ces longs et minces cylindres de cytoplasme. Les filaments de desmine fournissent un support mécanique pour les sarcomères des cellules musculaires, et les filaments de vimentine entourent (et probablement soutiennent) les grosses gouttelettes de graisse dans les cellules adipeuses.

Mais si la fonction des filaments intermédiaires est simplement de résister à la tension, pourquoi y a-t-il tant de types de sous-unités protéiques ? Et quelle est la fonction des parties variables de la molécule, qui ne semblent pas impliquées dans la formation du filament lui-même ? Une réponse détaillée à ces questions ne peut être donnée actuellement, mais il est clair, d'après nos exemples, que le type de support fourni par les filaments intermédiaires, et la façon dont il est attaché à d'autres composants, varie beaucoup d'un type cellulaire à l'autre. Il est probable que les filaments de desmine, qui semblent « lier » les bords des disques Z ensemble dans les cellules de muscle strié, ont des sites de liaison pour des protéines spécifiques du disque Z. Les neurofilaments sont soumis à des forces moins importantes mais peuvent avoir à s'associer côte à côte pour donner un « cordage » continu d'un mètre de longueur au moins ; c'est peut-être la raison pour laquelle les neurofilaments ont de grands prolongements sur leur longueur, alors que d'autres filaments intermédiaires n'en ont pas (Figure 11-77).

Les différentes conditions nécessaires à la liaison avec d'autres protéines doivent être remplies par les régions variables des protéines FI. En modulant les propriétés du filament intermédiaire, les régions variables ne déterminent pas seulement sa capacité d'auto-assemblage, mais aussi la façon dont il interagit avec d'autres composants cellulaires, tels que les microtubules ou la membrane plasmique. Cette stratégie est différente de celle qu'utilisent les deux autres éléments principaux du cytosquelette — les filaments d'actine et les microtubules. Comme nous l'avons vu, ces polymères ont des structures très conservées et leurs propriétés sont adaptées à leurs différentes fonctions par des ensembles variés de protéines de liaison à l'actine et de protéines de liaison aux microtubules. D'un certain point de vue, les régions

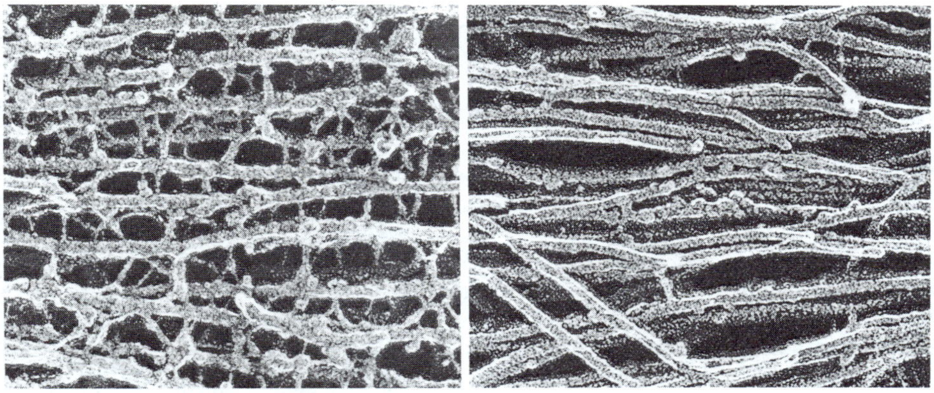

Figure 11-77 Micrographies électroniques de deux types de filaments intermédiaires observés dans des tissus nerveux préparés par congélation rapide et cryodécapage. (A) Les neurofilaments dans un axone de cellule nerveuse sont fortement réticulés par des ponts protéiques transversaux — un arrangement supposé fournir une grande élasticité dans ce long prolongement cellulaire. On pense que les ponts sont dus aux longues extensions non hélicoïdales situées à l'extrémité carboxylée de la plus grosse protéine des neurofilaments (voir Figure 11-74). (B) Les filaments intermédiaires (appelés filaments gliaux) dans un astocyte sont soumis à une tension mécanique moins importante. Ils sont lisses et ont peu de ponts transversaux. (Avec l'autorisation de N. Hirokawa.)

variables des protéines FI peuvent donc remplir une fonction analogue à celle de certaines protéines accessoires des filaments d'actine et des microtubules, la différence principale étant qu'elles sont liées de façon covalente à la sous-unité du filament lui-même au lieu d'être une protéine distincte.

Résumé

Les filaments intermédiaires sont des polymères de polypeptides fibreux qui ont l'aspect de cordages, et que l'on pense jouer un rôle structural ou de support élastique dans la cellule. On connaît plusieurs formes de filaments intermédiaires qui sont spécifiques de chaque tissu et qui diffèrent par le type de polypeptide qu'ils contiennent : parmi celles-ci, il y a les filaments de kératine des cellules épithéliales, les neurofilaments des cellules nerveuses, les filaments gliaux des astrocytes et des cellules de Schwann, les filaments de desmine des cellules musculaires, et les filaments de vimentine des fibroblastes et de nombreux autres types cellulaires. Les lamines nucléaires, qui forment la lamina fibreuse qui est sous l'enveloppe nucléaire, forment une famille distincte de protéines de filaments intermédiaires qui sont présentes dans toutes les cellules eucaryotes.

Les polypeptides des différents types de filaments intermédiaires diffèrent par leur séquence d'acides aminés et ont des poids moléculaires très variables. Cependant, ils contiennent tous un domaine central homologue qui forme une structure surenroulée rigide lorsque la protéine dimérise. Ces sous-unités dimériques s'associent les unes aux autres en longues suites imbriquées pour former le filament intermédiaire. Les domaines en forme de bâtonnet des sous-unités forment le noyau structural des filaments intermédiaires, alors que les domaines globulaires aux deux extrémités dépassent de la surface et donnent leur spécificité aux différents types de filaments. Cette variation permet l'ajustement des propriétés mécaniques des filaments intermédiaires et de leurs associations avec d'autres composants de la cellule aux besoins de chaque type cellulaire.

L'organisation du cytosquelette [57]

Jusqu'ici, les microtubules, les filaments d'actine et les filaments intermédiaires ont été traités comme s'ils étaient des composants indépendants de la cellule. Mais il est évident que les différentes parties du cytosquelette doivent être reliées entre elles, et leurs fonctions coordonnées afin de pouvoir intervenir dans les changements de forme de la cellule et engendrer divers types de mouvements cellulaires. Par exemple, quand un fibroblaste en culture s'arrondit pour se diviser, la totalité du cytosquelette est remaniée : les fibres toniques et les microtubules cytoplasmiques sont désassemblés, tandis qu'un fuseau mitotique puis un anneau contractile sont formés, événements qui font tous partie d'une séquence contrôlée.

Dans cette partie, nous discuterons des interactions qui ont lieu entre les principaux systèmes de filaments du cytosquelette en relation avec trois de ses fonctions. Nous examinerons d'abord la façon dont le cytosquelette intervient dans l'organisation des composants cytoplasmiques, y compris ceux qui, pense-t-on, sont aisément solubles. Nous examinerons, ensuite, la manière dont le comportement coordonné du cytosquelette permet à une cellule animale de ramper selon une direction donnée sur une surface solide. Enfin, nous discuterons de la façon dont le cytosquelette engendre les nombreuses modifications morphologiques impliquées dans le développement d'un embryon. Au cours de cet exposé, il deviendra évident que notre connaissance de tous les mécanismes moléculaires impliqués dans ces processus de base n'est que rudimentaire.

Le cytoplasme contient un réseau tridimensionnel complexe de filaments protéiques [58]

Nous avons vu que le cortex de nombreuses cellules animales contient un réseau de filaments d'actine réticulés. Des réseaux analogues, formés par des interactions entre filaments d'actine, microtubules, et filaments intermédiaires, existent dans tout le cytoplasme. Ils sont plus clairement visibles lorsque les cellules sont extraites avec un détergent non ionique qui élimine les phospholipides et les protéines solubles. Des répliques métalliques de cellules traitées de cette façon puis rapidement congelées et soumises à un cryodécapage, donnent une image particulièrement étonnante du cytoplasme (Figure 11-78). Les différents types de filaments protéiques peuvent être identifiés par leur diamètre et, dans certains cas, par l'arrangement de leurs sous-unités protéiques. Des filaments adjacents apparaissent souvent reliés par des brins plus fins que l'on a pu, dans certains cas, identifier comme protéines spécifiques par marquage avec des anticorps. Les connexions comprennent divers types de protéines associées aux microtubules et les longs bras latéraux flexibles qui saillent de certains types de sous-unités de filaments intermédiaires (voir Figure 11-71A). Cependant, les protéines qui forment la majorité des liaisons conjuguées sont inconnues.

La structure du cytoplasme dans des cellules qui n'ont pas été traitées par un détergent est encore plus complexe. Les espaces entre les filaments du cytosquelette sont remplis par une « substance de base » granuleuse, qui correspond sans doute au mélange très concentré de protéines « solubles » dans les cellules vivantes. De nombreux types d'organites limités par une membrane sont également visibles, ensevelis dans cette matrice dense et liés au cytosquelette par de minces brins protéiques. La plus grande concentration de matériel granuleux et d'organites se trouve dans les régions plus centrales de la cellule, où sont concentrés les microtubules et les filaments intermédiaires, et où se produit l'essentiel du transport cytoplasmique, comme on peut le voir par microscopie photonique amplifiée par vidéo. Dans les régions plus périphériques, il existe un réseau beaucoup plus dense de filaments d'actine, qui paraît exclure la majorité des organites limités par une membrane et peut être un peu du matériel granuleux (Figure 11-79). Ce réseau dense est ancré à la membrane plasmique et correspond au cortex riche en actine étudié précédemment (voir p. 629).

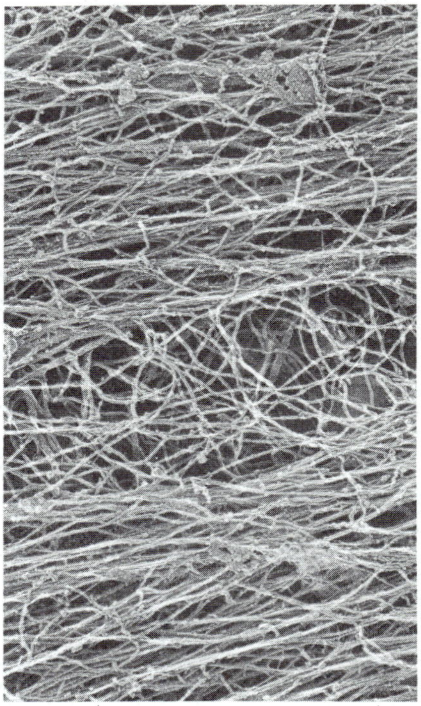

Figure 11-78 Micrographie électronique après cryodécapage du cytoplasme d'un fibroblaste extrait avec un détergent non ionique. La majorité des filaments plus rectilignes arrangés en faisceaux détendus et allant de gauche à droite sont des filaments d'actine ; ceux qui sont entrecroisés (au centre de la micrographie) sont, principalement, des filaments intermédiaires. (Avec l'autorisation de John Heuser et Marc Kirschner.)

Comment le cytoplasme est-il organisé ? [59]

Lorsqu'ils se déplacent rapidement d'un endroit à un autre dans le cytoplasme, les organites limités par une membrane sont propulsés le long de voies protéiques auxquelles ils sont liés par des ponts transversaux. Comme nous l'avons déjà vu, des protéines semblables à la kinésine et à la dynéine peuvent engendrer des mouvements le long des microtubules (p. 660), alors que les protéines semblables à la myosine peuvent engendrer des mouvements le long de filaments d'actine (p. 632). On observe aussi fréquemment des groupes de ribosomes cytosoliques en association avec des filaments ; et lorsque les cellules sont extraites par des détergents non ioniques, la plus grande partie du mécanisme de synthèse protéique subsiste avec le cytosquelette. Il semble même qu'il y ait des enzymes solubles — y compris certaines de celles impliquées dans la glycolyse — liées en des sites spécifiques sur les myofibrilles des cellules musculaires et sur les fibres toniques des fibroblastes, où elles peuvent être détectées par des anticorps fluorescents.

Le degré d'organisation du cytosol est actuellement un sujet de controverse. Ce que nous savons de la fonction du cytosol est principalement le résultat d'études biochimiques qui commencent par l'homogénéisation de la cellule de sorte que ses enzymes puissent être testées et purifiées. Le succès de cette approche a conduit de nombreux biochimistes à considérer le cytosol uniquement comme une solution d'enzymes. Mais d'autres chercheurs ont suggéré que de nombreuses enzymes du cytosol, sinon la majorité, sont physiquement regroupées, voie métabolique par voie métabolique, et attachées au cytosquelette pour permettre une canalisation plus efficace des intermédiaires à l'intérieur de chaque voie métabolique. Ces interactions étant probablement faibles et aisément rompues, de nouvelles méthodes, comme l'injection de protéines marquées par fluorescence dans des cellules vivantes, seront probablement nécessaires pour les mettre en évidence (voir p. 157).

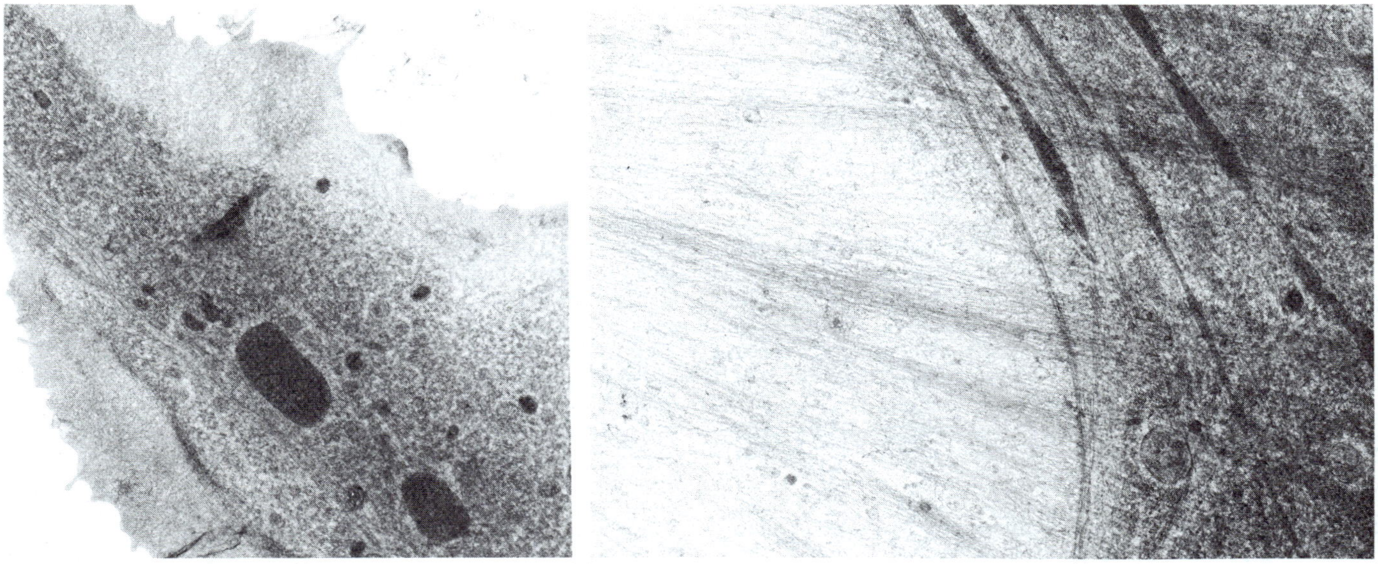

L'étirement du cortex riche en actine peut polariser une cellule pour une migration orientée [60]

Figure 11-79 Photographie en microscopie électronique à transmission d'un fibroblaste après cryosubstitution, qui met en évidence une région dépourvue d'organites à la périphérie de la cellule et une région riche en organites en son centre (A). La frontière entre les deux régions est plus clairement visible à fort grossissement (B). (D'après P.C. Bridgman, B. Kachar et T.S. Reese, *J. Cell. Biol.* 102:1510-1521, 1986. Reproduit avec l'autorisation de la Rockfeller University Press.)

Le cytosquelette ne fournit pas seulement un cadre pour l'attachement et le mouvement des composants cytoplasmiques, il est aussi responsable de la migration cellulaire. Malgré les nombreux progrès récents réalisés dans la compréhension de la structure et des fonctions du cytosquelette, le mécanisme qui permet à une cellule animale de ramper sur une surface est toujours mal compris. Ce mouvement requiert la polarisation de la cellule de telle sorte que sa membrane plasmique soit relativement quiescente partout excepté au niveau de son **bord avant**, où les lamellipodes et les spicules s'allongent périodiquement vers l'extérieur lorsque la cellule avance.

Lorsqu'une cellule migratrice non polarisée s'attache d'abord à la surface d'une boîte de culture, les spicules et les lamellipodes s'étendent dans toutes les directions, tirant la cellule d'un côté ou de l'autre, sans aboutir à une migration nette. Lorsque deux lamellipodes antagonistes, cependant, se retrouvent par hasard fortement ancrés, on observe que l'étirement du cortex cellulaire qu'ils provoquent inhibe la formation ultérieure de spicules et de lamellipodes dans la région étirée — probablement du fait que les filaments d'actine, dans cette région, sont parallèles à la membrane plasmique (Figure 11-80), et non perpendiculaires, comme le nécessite la formation des lamellipodes ou des spicules (voir p. 638). Par conséquent, des effets

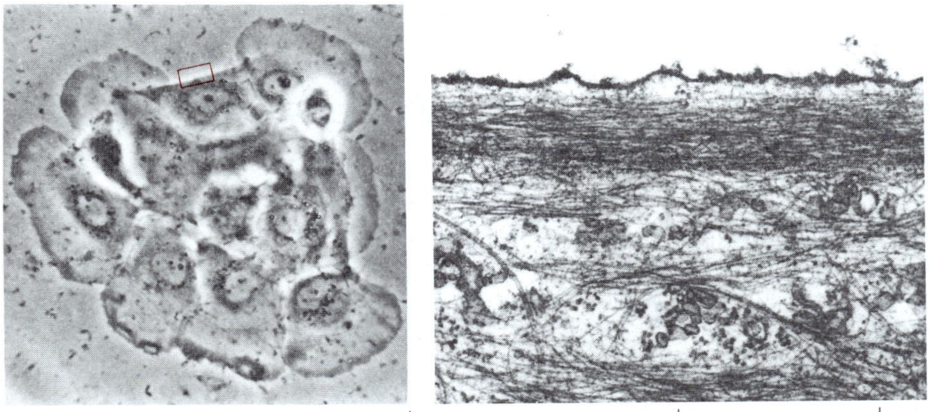

Figure 11-80 L'arrangement des filaments d'actine dans une région de cortex cellulaire étiré. L'étirement provoqué par des lamellipodes antagonistes dans le groupe de huit cellules épithéliales montré dans la photographie en microscopie photonique (A) donne naissance à une surface quiescente dans une cellule où l'activité extensive est inhibée (*encadré*). Lorsque cette région est examinée par microscopie électronique (B), on découvre des faisceaux d'actine orientés parallèlement à la membrane plasmique, et par conséquent perpendiculaires à l'orientation nécessaire à la formation des lamellipodes ou des spicules. (Avec l'autorisation de John Kolega, *J. Cell. Biol.* 102:1400-1411, 1986. Reproduit avec la permission de la Rockfeller University Press.)

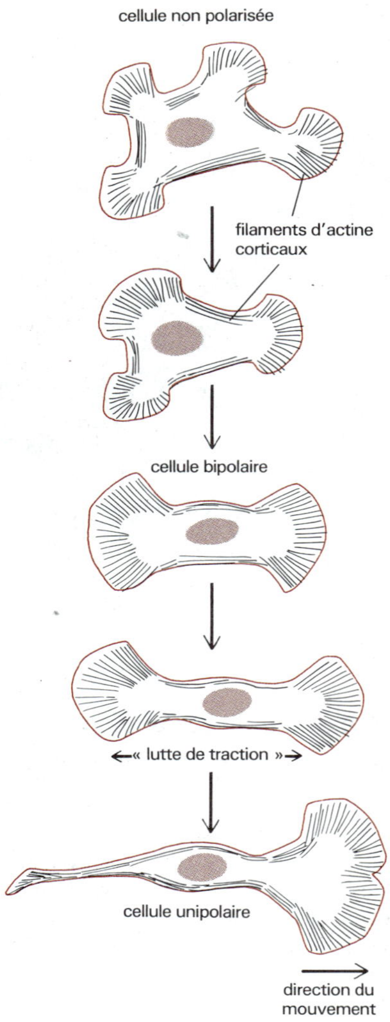

Figure 11-81 Génération de la polarité dans une cellule en migration. Bien qu'il soit illustré ici pour une cellule en culture, il est probable qu'un mécanisme identique joue un rôle fondamental dans la morphogenèse de nombreux tissus. Après attachement à la surface d'une boîte de culture, la cellule représentée étend des lamellipodes dans toutes les directions. Lorsque ceux-ci tirent sur la cellule, il créent des régions intermédiaires dans lesquelles le cortex est étiré et la formation ultérieure de lamellipodes inhibée (comme l'illustre la Figure 11-80). La « lutte de traction » continue jusqu'à ce qu'un lamellipode devienne dominant — soit par hasard, parce qu'il rencontre une région particulièrement adhérente du substratum, soit parce qu'un léger gradient chimiotactique favorise les extensions vers un des côtés de la cellule (voir p. 641). La cellule adopte ensuite une forme unipolaire et migre dans la direction du lamellipode gagnant. Au moyen d'une lutte de traction analogue, une cellule dans un tissu en cours de développement migrera vers les cellules ou les éléments de la matrice extracellulaire auxquels elle adhère le plus, choisissant souvent entre des alternatives dont le degré d'adhérence ne diffère que légèrement (voir p. 832).

mécaniques seuls peuvent expliquer pourquoi l'activité extensive est localement bloquée lorsque le cortex est étiré.

Lorsque la compétition entre les lamellipodes continue, ils engagent une lutte de traction : ceux qui tirent moins fortement se détachent et deviennent une partie du cortex quiescent étiré. Finalement, il ne restera qu'une région active de la membrane plasmique pour former le bord avant de la cellule devenue polarisée, qui commencera à se déplacer dans une direction donnée (Figure 11-81).

Sur une surface plane uniforme, la sélection des lamellipodes et des spicules gagnants se fera au hasard, en fonction de variations aléatoires dans l'arrangement des composants du cytosquelette. Cependant, sur une surface non uniforme, telle qu'un support de culture recouvert par un gradient d'une substance adhésive, les lamellipodes et les spicules seront sélectionnés selon les caractéristiques de l'environnement et agiront par conséquent comme des « palpeurs » qui détermineront la direction de migration finale.

11-34 L'importance relative des filaments d'actine et des microtubules dans la migration cellulaire varie selon différents types cellulaires [61]

Lorsqu'une cellule migre, les microtubules et le cytosquelette à base d'actine agissent normalement de concert, de sorte que leurs rôles individuels sont difficiles à discerner. L'importance de la contribution des microtubules au mouvement orienté d'une cellule varie selon les types cellulaires. Si les microtubules d'un fibroblaste sont dépolymérisés par la colchicine, la cellule cesse de se déplacer dans une direction donnée et, au lieu de cela, étend des lamellipodes dans des directions apparemment aléatoires. La migration orientée d'un neutrophile, au contraire, est durablement touchée par la colchicine. De plus, si un neutrophile est brièvement chauffé à 42° C, une grande partie de son cytoplasme cortical se détache du reste de la cellule et « s'éloigne ». Même si ces fragments de cellule mobiles sont dépourvus de microtubules ou de noyau cellulaire, ils sont capables de se déplacer sur une boîte de culture un ou plusieurs jours avant de se désintégrer (Figure 11-82). Initialement, les fragments sont aussi efficaces que les neutrophiles voisins dans la chimiotaxie : ils migreront dans la direction d'un gradient de peptides N-formylés, par exemple (voir p. 641). La migration cesse si les filaments d'actine dans les neutrophiles (ou dans des fragments dérivés de neutrophiles) sont dépolymérisés par traitement avec la cytochalasine. Dans ces cellules, il semble que la migration cellulaire orientée nécessite des filaments d'actine mais pas de microtubules.

Pour les cônes de croissance des cellules nerveuses, cependant, la migration semble dépendre à la fois des microtubules et des filaments d'actine. Les cellules nerveuses contiennent, dans leurs axones et leurs dendrites (appelés collectivement *neurites*), un arrangement très ordonné de microtubules. Chaque neurite est normalement tiré hors du corps de la cellule nerveuse sous l'effet d'une tension engendrée par le cône de croissance au niveau de l'extrémité du neurite en croissance. La croissance du neurite cesse si les cellules nerveuses en culture sont traitées par la colchicine, suggérant que les microtubules sont nécessaires à la migration du cône de croissance. Le cône de croissance est équivalent au bord avant d'un neutrophile

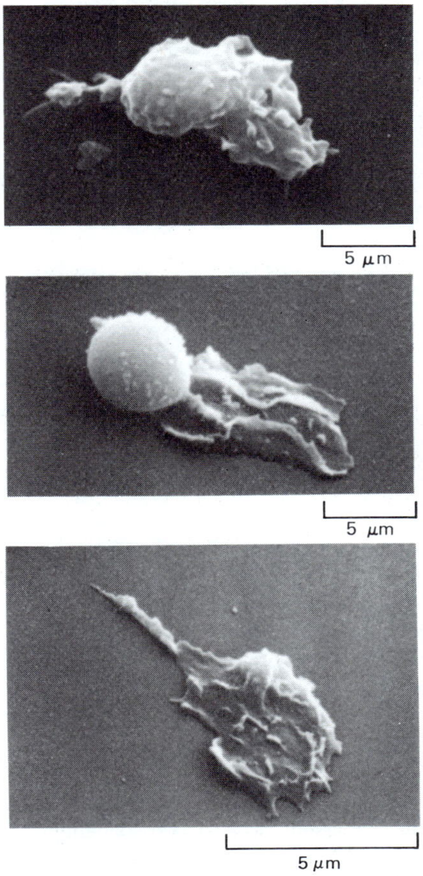

Figure 11-82 Micrographie par microscopie électronique à balayage d'un neutrophile qui a été brièvement chauffé à 42 °C. A la suite du traitement par la chaleur, il s'est formé un fragment cellulaire qui est capable de mouvement et de chimiotaxie persistants, même s'il est dépourvu de noyau et de microtubules. (D'après S.E. Malawista et A. de Boisfleury Chevance, *J. Cell. Biol.* 95:960-973, 1982. Reproduit avec la permission de la Rockfeller University Press.)

ou d'un fibroblaste, et la formation de lamellipodes et de spicules dépend des filaments d'actine et cesse lorsque les cellules sont traitées par la cytochalasine. Néanmoins, du moment que les cellules nerveuses se trouvent sur une surface particulièrement adhérente (comme une boîte de culture recouverte de polylysine polycationique), les neurites continueront de s'allonger en présence de cytochalasine, bien que la direction de cette croissance soit anormalement aléatoire. Les lamellipodes et les spicules sont apparemment nécessaires pour diriger le cône de croissance et lui permettre de migrer sur des surfaces peu adhérentes. Les arrangements des microtubules et des filaments d'actine dans le cône de croissance et dans le bord avant d'un fibroblaste sont comparés dans la Figure 11-83.

Une tension dans le cortex riche en actine peut aider à diriger la locomotion des cellules animales [62]

Quel est le mécanisme moléculaire qui propulse une cellule en migration ? La réponse à cette question fondamentale n'est pas connue. Une hypothèse, qui souligne le rôle du cortex riche en actine, est illustrée dans la Figure 11-84. Il y a de bonnes raisons de penser que le cortex des cellules animales est sous tension. Cette tension corticale, qui a été mesurée dans de très grosses cellules comme les ovules d'oursin, tend à favoriser l'arrondissement des cellules en suspension afin de minimiser leur surface totale. Bien que le mécanisme soit inconnu, les cellules semblent capables de relâcher la tension corticale en des régions spécifiques de leur surface, comme le bord avant. Les lamellipodes s'allongent ainsi périodiquement depuis le bord avant, probablement du fait de l'activation de certaines protéines de formation de la calotte dans la membrane plasmique de cette région, qui permettent l'addition de sous-unités d'actine

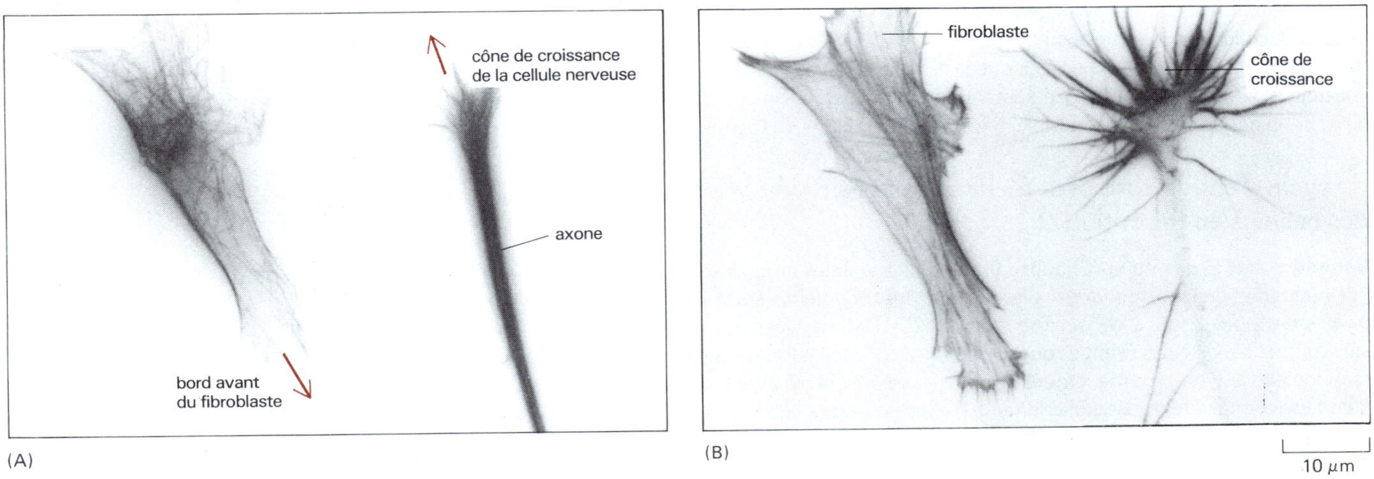

Figure 11-83 L'arrangement des microtubules et des filaments d'actine dans deux types de cellules mobiles. Une coloration avec un anticorps couplé à la fluorescéine dirigé contre la tubuline (A) révèle que les microtubules forment un fin réseau dans tout le cytoplasme d'un fibroblaste et un faisceau très serré au centre de l'axone nerveux. Lorsque les mêmes cellules sont colorées avec de la rhodamine-phalloïdine (B), des filaments d'actine se trouvent dans les faisceaux qui s'allongent vers le bord avant du fibroblaste et ils sont concentrés dans les spicules du cône de croissance de l'axone. (Avec l'autorisation de Peter Hollenbeck.)

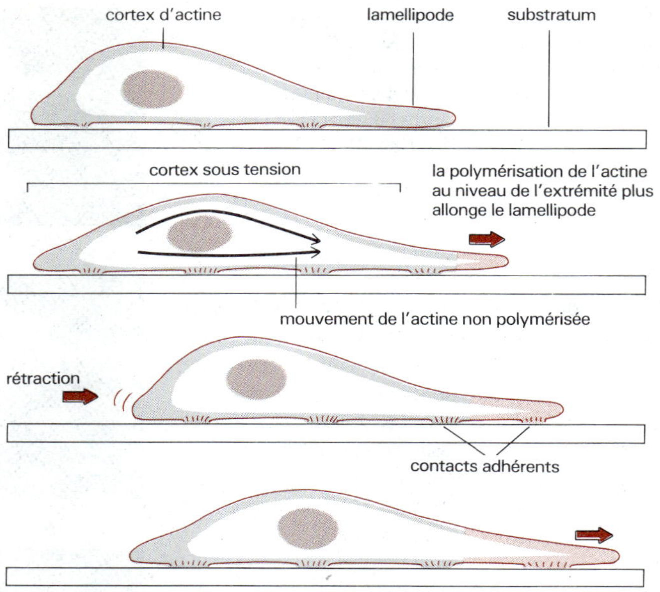

Figure 11-84 Un modèle de la façon dont les forces engendrées par le cortex riche en actine pourraient faire avancer une cellule. L'extension dépendante de l'actine et le solide attachement d'un lamellipode au niveau du bord avant étire le cortex d'actine. La tension corticale tire ensuite le corps de la cellule vers l'avant afin de relâcher une partie de la tension. Le même cycle peut se répéter à maintes reprises, faisant migrer la cellule par étapes.

aux extrémités plus des filaments d'actine (voir p. 643). On suppose que les lamellipodes qui ne réussissent pas à se fixer solidement au substratum sont tirés vers l'arrière par une tension corticale pour former une « ride » (voir Figure 11-43). Par contre, à l'endroit où un lamellipode adhère fortement, des connexions transmembranaires ancreront ses filaments d'actine au substratum (voir Figure 11-43) : dans ce cas, la même tension corticale qui tire un lamellipode non attaché vers l'arrière de la cellule entraînera plutôt le corps de la cellule vers le nouveau point d'attachement, tirant la totalité de la cellule vers l'avant (voir Figure 11-84).

Par analogie avec le muscle, le système de motilité basé sur l'actine le mieux caractérisé, on pourrait s'attendre à ce que les forces contractiles dans le cortex soient engendrées par une interaction entre les filaments d'actine et de myosine. Des expériences réalisées avec l'amibe *Dictyostelium discoideum* (voir p. 825), cependant, plaident contre cette possibilité. Des organismes mutants dépourvus de myosine furent obtenus en isolant le gène d'ADN qui code la myosine filamenteuse dans cet organisme, en le modifiant afin d'éliminer la longue séquence qui code la protéine et en le re-transférant dans les cellules de façon à remplacer le gène normal de la myosine (voir p. 194). Les cellules mutantes, comme prévu, étaient incapables de former un anneau contractile et, de ce fait, se développeront en cellules géantes multinucléées, qui ne se divisaient qu'occasionnellement en se déchirant en deux. Etonnamment, néanmoins, les cellules pouvaient migrer et répondre de façon chimiotactique à une source d'AMP cyclique (voir p. 826), bien que les deux processus fussent un peu affaiblis. Il semble donc que ni la migration cellulaire cohérente, ni la tension corticale ne soient dépendantes que des filaments de myosine bipolaires. Il est possible que la tension corticale soit également fournie par un filet élastique de filaments d'actine (ressemblant à un feuillet de caoutchouc) ou par d'autres forces de traction engendrées, par exemple, par le désassemblage de l'actine ou par une minimyosine.

Le cycle d'endocytose peut faciliter l'extension du bord avant des cellules en migration [63]

Comme nous l'avons vu au Chapitre 6, toutes les cellules animales ingèrent continuellement des morceaux de leur membrane plasmique et les renvoient vers la surface cellulaire selon un processus appelé *cycle d'endocytose* (voir p. 323). Dans des cellules polarisées migrant sur un substratum, il existe des preuves que la membrane s'internalise sur toute la surface de la cellule, mais qu'elle est préférentiellement renvoyée vers le bord avant. Cette asymétrie du cycle d'endocytose facilite vraisemblablement l'extension du bord avant de la cellule en migration (voir p. 333). Le retour de la membrane recyclée vers le bord avant dépend vraisemblablement de microtubules et de filaments d'actine orientés dans une cellule polarisée, les deux pouvant

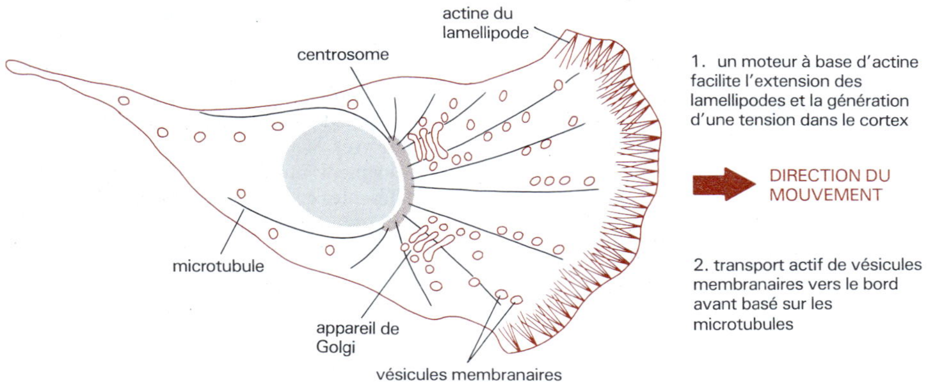

Figure 11-85 Il existe vraisemblablement deux moteurs directionnels dans une cellule en migration — l'un d'eux basé sur les filaments d'actine dans le cortex et l'autre basé sur le recyclage des vésicules membranaires le long des microtubules (et peut-être les filaments d'actine) — qui coopèrent pour diriger la migration dans une direction donnée.

se lier à des protéines accessoires qui dirigent le transport actif des vésicules membranaires vers leurs extrémités plus (voir p. 660 et p. 620). Les cellules en migration semblent avoir ainsi au moins deux types de moteurs directionnels pour alimenter la locomotion cellulaire — l'un d'eux est basé sur les filaments d'actine du cortex cellulaire, qui étend des lamellipodes et engendre la tension corticale, et l'autre requiert des microtubules ou des filaments d'actine orientés (ou les deux) à l'intérieur de la cellule, qui transporte activement les vésicules membranaires recyclées vers le bord avant de la cellule (Figure 11-85).

Les microtubules peuvent organiser d'autres filaments du cytosquelette

En dehors de leur rôle dans le mouvement de la cellule, les microtubules jouent un rôle crucial dans le contrôle de la forme cellulaire. Toutes les cellules eucaryotes ont une géométrie distincte, en fonction de leurs caractères externes ainsi que de la position de leurs organites. Alors que tous les composants du cytosquelette participent à cette géométrie, les microtubules semblent souvent jouer un rôle unique dans sa détermination. On observe couramment, par exemple, que les microtubules s'alignent parallèlement à l'axe longitidunal de cellules allongées, et dans de nombreux cas, leur présence est essentielle au maintien de cette forme allongée.

Comme nous l'avons mentionné auparavant, les microtubules déterminent la localisation de l'appareil de Golgi et du réticulum endoplasmique dans chaque cellule (voir p. 660), et ils influencent la distribution des filaments intermédiaires — qui se rétractent pour former une coiffe périnucléaire si la cellule est traitée avec de la colchicine (voir p. 652). Les microtubules peuvent également déterminer la distribution des filaments d'actine dans une cellule. L'anneau contractile à base d'actine dont l'action est de pincer la cellule en deux afin d'achever le processus de division cellulaire, se forme toujours dans un plan parallèle à l'équateur du fuseau mitotique composé de microtubules. Si le fuseau mitotique en formation est déplacé mécaniquement, le site de formation de l'anneau contractile est déplacé de manière simultanée indiquant que la position de l'anneau contractile est déterminée par la position du fuseau (voir p. 779).

Les mécanismes d'action des microtubules sur l'arrangement des filaments intermédiaires et des filaments d'actine corticaux sont inconnus, bien qu'ils fassent probablement intervenir des protéines qui relient les différents types de filaments protéiques.

L'organisation du cytosquelette peut être transmise à travers les membranes cellulaires [64]

Le cytosquelette d'une cellule peut influer sur celui de ses voisines, et cette forme de communication intercellulaire joue sans doute un rôle majeur dans la détermination de la morphologie des tissus et des organes. Une des interactions les plus simples entre le cytosquelette d'une cellule et celui d'une autre se produit lorsque les bords avant de deux cellules en migration entrent en contact. Dans la plupart des types cellulaires, la rencontre provoque une paralysie immédiate du bord avant de chaque cellule — un phénomène connu sous le nom d'**inhibition de contact du mouvement**. Ainsi, deux fibroblastes en culture qui entrent en contact cessent

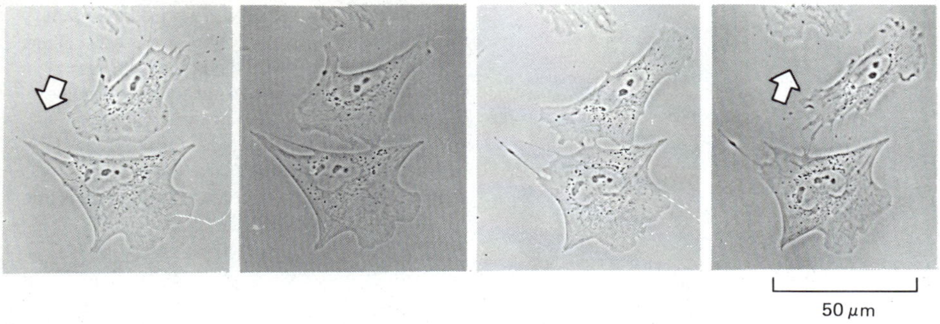

Figure 11-86 L'inhibition de contact du mouvement des fibroblastes. Si deux fibroblastes rampant à la surface d'une boîte de culture entrent en contact, les lamellipodes dans la région de contact sont paralysés. Après 10 à 15 minutes, les cellules s'éloignent l'une de l'autre dans des directions différentes comme on le montre ici. (Avec l'autorisation de Graham Dunn.)

d'engendrer des spicules et des lamellipodes dans la région de contact et commencent à les produire ailleurs, de sorte que les deux cellules s'éloignent finalement l'une de l'autre en suivant de nouvelles trajectoires (Figure 11-86). Cette réponse implique probablement des modifications rapides du cytosquelette cortical à base d'actine au niveau de la région de contact, mais le mécanisme moléculaire est inconnu.

L'inhibition de contact du mouvement ne doit pas être confondue avec l'*inhibition de contact de la division cellulaire*, observée dans les cellules en culture qui ont proliféré jusqu'à recouvrir la surface entière d'une boîte de culture. Comme nous le verrons au Chapitre 13, l'arrêt de la croissance et de la prolifération dans ces circonstances ne dépend pas seulement du contact entre les cellules ; elle dépend également des formes que les cellules sont contraintes d'adopter lorsqu'elles sont nombreuses et de l'apport de plus en plus limité en nutriments (voir p. 748).

L'inhibition de contact du mouvement est une caractéristique essentielle de la cicatrisation des plaies chez les animaux. Les feuillets de cellules épithéliales au niveau des lèvres d'une plaie recouvrent rapidement la surface de la plaie en étendant des lamellipodes ; ce mouvement cesse dès que les cellules des différentes lèvres de la plaie entrent en contact par-dessus la fente formée par la plaie. Dès le rétablissement d'un feuillet cellulaire continu, des jonctions se forment entre les nouvelles cellules adjacentes, fournissant des points d'ancrage aux filaments protéiques qui relient les cytosquelettes des cellules dans le feuillet (voir p. 795). L'inhibition de contact du mouvement peut aussi contribuer à la formation sélective de faisceaux d'axones dans le système nerveux au cours de son développement. On a découvert que des cônes de croissance de neurones du système nerveux central (SNC) cessent de progresser et se rétractent lorsqu'ils entrent en contact avec des neurones du système nerveux périphérique, bien qu'ils s'étendent facilement le long d'axones provenant d'autres neurones du SNC.

Un autre mécanisme d'action du cytosquelette d'une cellule sur celui de ses voisines dépend d'interactions entre le cytosquelette et la matrice extracellulaire qu'une cellule sécrète. Comme nous le décrirons au Chapitre 14, une cellule avec un cytosquelette orienté tend à sécréter une matrice extracellulaire de même orientation et celle-ci, à son tour, influera sur l'orientation du cytosquelette dans d'autres cellules en contact avec la matrice (voir Figure 14-54, p. 823). Du fait des interactions intercellulaires qui s'établissent par l'intermédiaire des jonctions cellulaires et de la matrice extracellulaire, un cytosquelette de cellule est souvent organisé d'après l'agencement de l'ensemble du tissu plutôt que de manière autonome au niveau de la cellule.

Des contractions concertées du cytosquelette sont à l'origine du repliement des feuillets de cellules épithéliales [65]

La communication entre les cytosquelettes de cellules adjacentes est à l'origine d'un processus fondamental dans la morphogenèse animale — le repliement des feuillets cellulaires. On peut envisager que la médiation de cette communication soit assurée par des stimuli mécaniques passant d'une cellule à l'autre. Imaginez, par exemple, un feuillet de cellules épithéliales dans lequel les faisceaux apicaux de filaments d'actine dans les *ceintures d'adhérence* (voir p. 796) se contractent en réponse à une augmentation transitoire de la tension du feuillet épithélial. Si une cellule du feuillet resserre sa ceinture d'adhésion, il y aura génération, dans les cellules voisines, d'une tension qui pourra également provoquer la contraction des ceintures d'adhérence de ces cellules. Une onde de contraction se propagera dans le feuillet cellulaire. Des modèles par ordinateur basés sur ce mécanisme simple engendrent une variété remarquable-

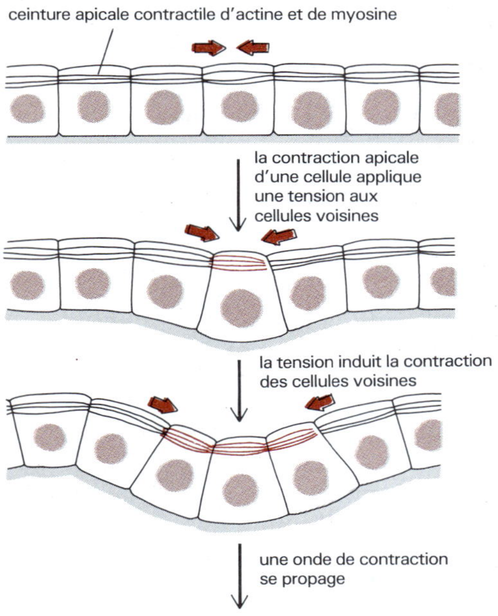

(A)

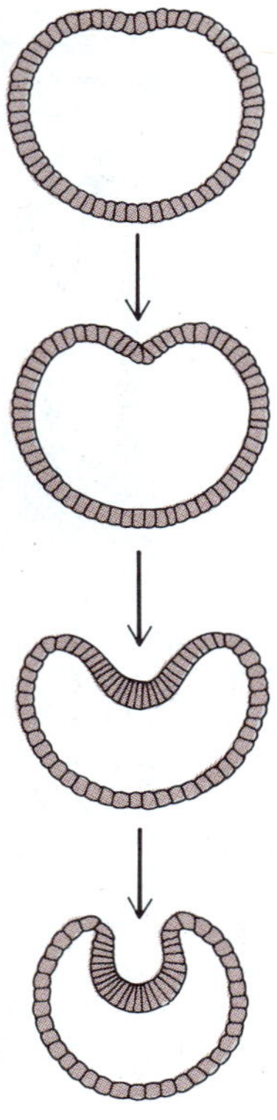

(B)

Figure 11-87 Modèle réalisé par ordinateur d'une gastrulation basée sur une onde de contraction du cytosquelette passant d'une cellule à l'autre. Chaque cellule dans le feuillet épithélial contient une ceinture d'adhérence (une jonction cellulaire contenant un faisceau contractile de filaments d'actine) qui est supposée se contracter en réponse à un étirement. La ceinture d'adhérence étant située au niveau de l'extrémité apicale de la cellule, sa contraction change la forme de la cellule d'un cylindre en un cône. Dans un feuillet de cellules contiguës, la contraction en un point tirera sur les cellules voisines, induisant leur contraction tour à tour (A). L'application de ce principe à un feuillet cellulaire sphérique ou cylindrique engendrera ensuite une invagination comme celle représentée en (B). La forme précise de l'invagination dépendra des propriétés mécaniques adoptées dans le modèle : (B) représente celui qui fut conçu pour imiter la gastrulation dans un embryon d'oursin. (D'après G. Odell, G. Oster, P. Alberch et B. Burnside, *Dev. Biol.* 85:446-462, 1981.)

ment riche de formes finales, selon la géométrie de l'arrangement initial. Ainsi, un feuillet de cellules épithéliales entourant une cavité sphérique s'invaginera pour former une structure bicaténaire au cours d'un processus qui ressemble à la gastrulation des embryons d'oursins (Figure 11-87).

Ces modèles sont totalement spéculatifs, mais il n'y a aucun doute que le cytosquelette joue un rôle fondamental dans le façonnement des tissus. La forme et l'arrangement complexes des cellules dans les tissus et les organes du corps des vertébrés dépendent de protéines du cytosquelette disposées de façon très particulière. Souvent, ce sont les microtubules qui semblent guider les mouvements morphogénétiques. Dans d'autres cas, les filaments d'actine jouent le rôle principal, comme dans le développement des cellules ciliées dans l'oreille des vertébrés.

Le développement des cellules ciliées dans le limaçon dépend de la polymérisation précisément contrôlée de l'actine [66]

Les **cellules ciliées** sont des cellules épithéliales spécialisées présentes dans le limaçon et le vestibule de l'oreille interne. Elles sont extrêmement sensibles à des mouvements de très faible amplitude, qu'ils soient provoqués par des vibrations sonores ou par le déplacement de liquide dans les canaux semi-circulaires produit par le changement de position de la tête. De tels mouvements sont détectés par des paquets de cils stéréoscopiques de forme hexagonale à la surface de chaque cellule ciliée ; à l'intérieur de chaque paquet, la longueur des cils stéréoscopiques décroît progressivement, rangée par rangée, ce qui donne un aspect en tuyaux d'orgue (Figure 11-88). Les sons sont détectés lorsque les mouvements de très faible amplitude des cils stéréoscopiques sont convertis en signaux électriques dans la cellule ciliée, qui les transmet ensuite au cerveau (voir p. 1102).

En dehors de l'arrangement précis des cils stéréoscopiques à la surface de chaque cellule ciliée, leur taille, leur nombre, et leur orientation varient progressivement d'une extrémité du limaçon à l'autre. Ainsi, chaque cellule ciliée au niveau de l'extrémité proximale du limaçon de poulet a plus de 250 cils stéréoscopiques avec une longueur moyenne de 1,7 μm, alors que chaque cellule, au niveau de l'extrémité opposée, possède 50 cils stéréoscopiques d'une longueur moyenne de 5,2 μm. Ces modifications de structure reflètent l'organisation fonctionnelle des cellules ciliées, qui sont réglées pour répondre à de basses fréquences à une extrémité du limaçon et à de hautes fréquences à l'autre extrémité. Les dimensions de la rangée de cils stéréoscopiques de n'importe quelle cellule ciliée sont si précises et reproductibles qu'elles peuvent être utilisées pour repérer avec précision la position bidimensionnelle de la cellule sur le colimaçon.

Les cils stéréoscopiques sont de très grandes microvillosités particulières, de très grande taille, et donc sans rapport avec les vrais cils. Ce sont des protubérances de la membrane plasmique qui contiennent un faisceau de filaments d'actine dans leur partie centrale (Figure

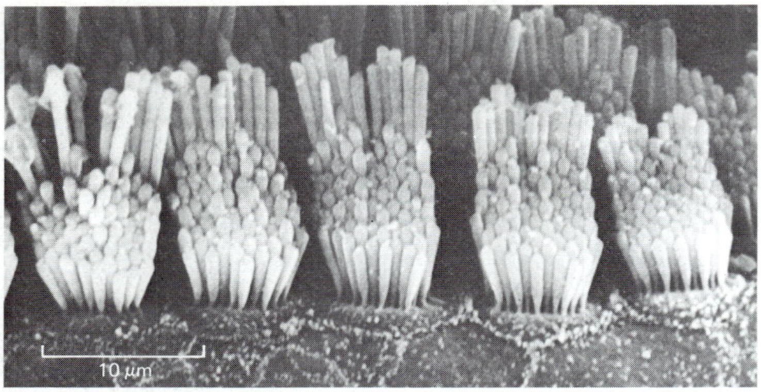

Figure 11-88 Micrographie en microscopie électronique à balayage de la surface de cellules ciliées, montrant l'arrangement en tuyau d'orgue des cils stéréoscopiques. (Avec l'autorisation de Lewis Tilney.)

11-89). La formation du limaçon, par conséquent, donne une démonstration remarquable de la capacité de contrôle des cellules sur le nombre, la position, et la longueur de leurs filaments d'actine selon un mode élargi au tissu.

L'observation d'embryons de poulet par microscopie électronique à balayage montre que les cils stéréoscopiques poussent en trois étapes distinctes (Figure 11-90). De courts cils stéréoscopiques apparaissent d'abord sur chaque cellule ciliée, sortant plus ou moins simultanément à la surface de la cellule ciliée. Ils commencent ensuite à s'allonger — ceux qui seront les plus longs dans l'arrangement final se forment les premiers, les autres se forment ensuite successivement selon leur taille finale. Dès le début de sa croissance, une rangée de cils stéréoscopiques continue à s'allonger à la même faible vitesse d'environ 0,5 μm/jour, ajoutant apparemment des monomères d'actine à l'extrémité distale (*l'extrémité plus*, voir p. 639) de chaque filament d'actine. Après trois ou quatre jours de cette croissance régulière, la cellule ciliée porte sur sa surface une version tronquée de l'arrangement définitif en tuyaux d'orgue.

Pendant les six jours suivants, l'addition des monomères d'actine ne se fait vraisemblablement qu'à la base des cils stéréoscopiques — augmentant ainsi la longueur des filaments d'actine au niveau de la « racine » qui s'étend dans le cortex des cellules ciliées. La croissance à ce stade se passe évidemment aux extrémités moins des filaments d'actine démontrant que cette extrémité non prioritaire pour la croissance peut être, si nécessaire, utilisée par la cellule. Au même moment, des filaments d'actines supplémentaires sont ajoutés au faisceau central des cils stéréoscopiques en des régions particulières du colimaçon, augmentant le diamètre de ces cils.

Finalement, au cours de la troisième étape de la croissance (du jour 17 du développement embryonnaire aux jours qui suivent l'éclosion), l'addition de monomères d'actine aux extrémités plus des faisceaux de filaments d'actine se poursuit et la longueur des cils stéréoscopiques augmente encore. La croissance est alors plus accentuée dans les cellules ciliées à l'extrémité distale du colimaçon que dans celles situées à l'extrémité proximale, s'arrêtant lorsque le gradient de longueurs des cils stéréoscopiques a atteint sa « maturité ».

Les mécanismes qui permettent aux cellules d'assembler des filaments d'actine avec une telle précision sont inconnus. Qu'est-ce qui détermine avec autant de précision le nombre initial de cils stéréoscopiques à la surface de chaque cellule ciliée ? Et comment la cellule contrôle-t-elle la longueur finale de chaque faisceau de filaments d'actine pour créer l'échelonnement précis des longueurs de cils stéréoscopiques observée sur chaque cellule ? Ce ne sont que deux des nombreuses questions mystérieuses qui provoquent les scientifiques étudiant le cytosquelette.

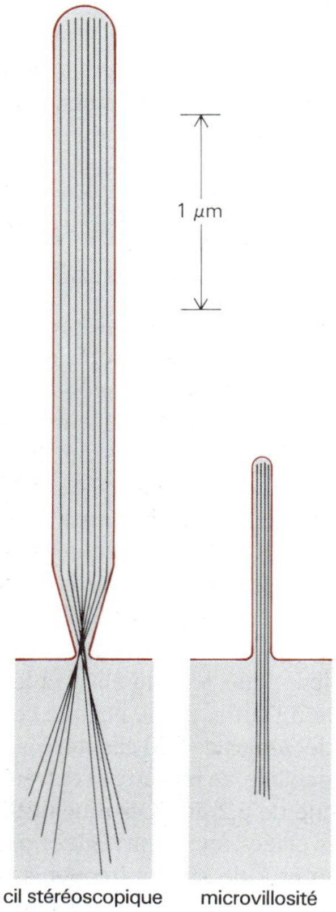

Figure 11-89 Comparaison des tailles d'un cil stéréoscopique et d'une microvillosité types, tous deux soutenus par les faisceaux de filaments d'actine de leur partie centrale.

Résumé

Les filaments d'actine, les microtubules, les filaments intermédiaires, et leurs protéines associées s'assemblent spontanément en un réseau complexe de filaments protéiques qui organise le contenu cytoplasmique. Le cytosquelette joue également un rôle remarquable dans la détermination de la forme et de la polarité de la cellule ainsi que dans la nature de ses mouvements. Au cours de la locomotion cellulaire animale, l'assemblage de filaments d'actine repousse périodiquement des lamellipodes et des spicules sur l'un des côtés de la cellule (le bord avant), étirant le cortex cellulaire d'une façon qui polarise la cellule et l'aide à avancer. Cette polarité est accentuée par les microtubules ou les filaments d'actine qui dirigent la circulation des composants recyclés de la membrane plasmique vers le bord avant de la cellule.

Le cytosquelette d'une cellule peut influer sur celui de ses voisines soit par des jonctions intercellulaires ou par son action sur la matrice extracellulaire. De cette façon, les modifications de forme cellulaire sont coordonnées au cours du développement des tissus et des organes.

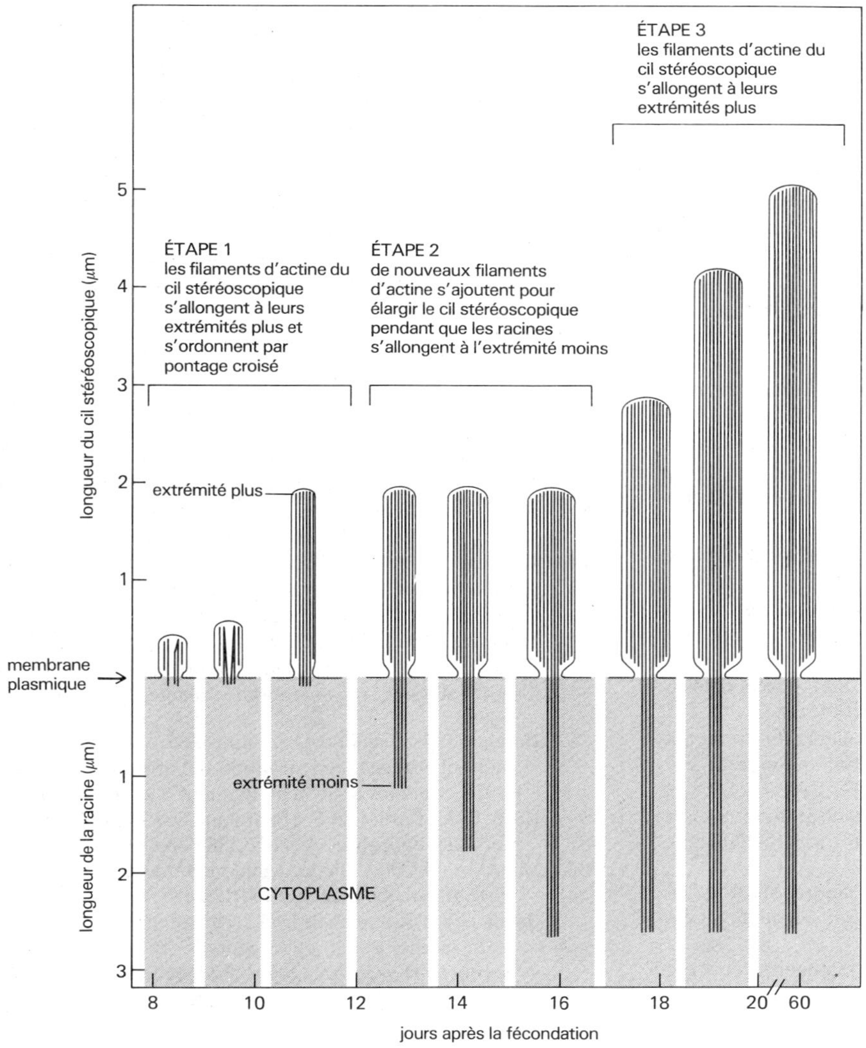

Figure 11-90 Les trois étapes de la croissance d'un cil stéréoscopique dans le limaçon de poulet. Tous les cils stéréoscopiques passent par ces trois mêmes étapes, mais le début et la durée de la croissance varient d'un cil à l'autre sur une même cellule ciliée, et d'une cellule ciliée à l'autre dans le limaçon — engendrant ainsi un échelonnement remarquablement précis des longueurs. Les embryons éclosent à 21 jours. (D'après L.G. Tilney, et M.S. Tilney, *Hearing Research* 22:55-77, 1986.)

Bibliographie

Ouvrages généraux

Bershadsky, A. D. ; Vasiliev, J. M. Cytoskeleton. New York : Plenum Press, 1988.

Lackie, J. M. Cell Movement and Cell Behaviour. London : Allen and Unwin, 1985.

Schliwa, M. The Cytoskeleton. New York : Springer-Verlag, 1986.

Sheterline, P. Mechanisms of Cell Motility. London : Academic Press, 1983.

Articles cités

1. Amos, L. A. Structure of muscle filaments studied by electron microscopy. *Annu. Rev. Biophys. Biophys. Chem.* 14:291-313, 1985.

   Huxley, A. F. Reflections on Muscle. Princeton, NJ : Princeton University Press, 1980.

   Squire, J. M. Muscle : Design, Diversity and Disease. Menlo Park, CA : Benjamin-Cummings, 1986.

2. Cooke, R. The mechanism of muscle contraction. *CRC Crit. Rev. Biochem.* 21:53-118, 1986.

   Huxley, H. E. The mechanism of muscular contraction. *Science* 164:1356-1366, 1969.

3. Cohen, C. ; Parry, D. A. D. α-helical coiled coils — a widespread motif in proteins. *Trends Biochem. Sci.* 11:245-248, 1986.

   Davis, J. S. Assembly processes in vertebrate skeletal thick filament formation. *Annu. Rev. Biophys. Biophys. Chem.* 17:217-239, 1988.

4. Bessman, S. P. ; Carpenter, C. L. The creatine-creatine phosphate energy shuttle. *Annu. Rev. Biochem.* 54:831-862, 1985.

5. Warrick, H. M. ; Spudich, J. A. Myosin structure and function in cell motility. *Annu. Rev. Cell Biol.* 3:379-421,1987.

6. Pollard, T. D. ; Cooper, J. A. Actin and actin-binding proteins. A critical evaluation of mechanisms and functions. *Annu. Rev. Biochem.* 55:987-1035, 1986.

7. Irving, M. Muscle mechanics and probes of the crossbridge cycle. In Fibrous Protein Structure (J. M. Squire, P. J. Vibert, eds.). San Diego. CA:Academic Press, 1987.

   Pollard, T.D. The myosin crossbridge problem. *Cell* 48:909,910, 1987.

8. Katz, B. Nerve, Muscle and Synapse. New York : McGraw-Hill, 1966.

Lai, F. A. ; Erickson, H. P. ; Rousseau, E. ; Liu, Q-Y. ; Meissner, G. Purification and reconstitution of the calcium release channel from skeletal muscle. *Nature* 331:315-319, 1988.

Saito, A. ; Inui, M. ; Radermacher, M. ; Frank, J. ; Fleischer, S. Ultrastructure of the calcium release channel of sarcoplasmic reticulum. *J. Cell Biol.* 107:211-219, 1988.

9. Murray, J. M. ; Weber, A. The cooperative action of muscle proteins. *Sci. Am.* 230(2):59-71, 1974.

Phillips, G. N. ; Fillers, J. P. ; Cohen, C. Tropomyosin crystal structure and muscle regulation. *J. Mol. Biol.* 192:111-131, 1986.

Zot, A. S. ; Potter, J. D. Structural aspects of troponin-tropomyosin regulation of skeletal muscle contraction. *Annu. Rev. Biophys. Biophys. Chem.* 16:535-559, 1987.

10. Wang, K. Sarcomere-associated cytoskeletal lattices in striated muscle. Review and hypothesis. In Cell and Muscle Motility (J. W. Shay, ed.), Vol. 6, pp. 315-369. New York : Plenum Press, 1985.

11. Fawcett, D. W. A Textbook of Histology, 11th ed. Philadelphia : Saunders, 1986.

12. Korn, E. D. ; Hammer, J. A. Myosins of nonmuscle cells. *Annu. Rev. Biophys. Biophys. Chem.* 17:23-45, 1988.

Sellers, J. R. ; Adelstein, R. S. Regulation of contractile activity. In the Enzymes (P. Boyer, E. G. Krebs, ed.), Vol. 18, pp. 381-418. San Diego, CA : Academic Press, 1987.

13. Citi, S. ; Kendrick-Jones, J. Regulation of non-muscle myosin structure and function. *Bioessays* 7:155-159, 1987.

14. Byers, H. R. ; Fujiwara, K. Stress fibers in cells *in situ* : immunofluorescence visualization with anti-actin, anti-myosin and anti-alpha-actinin. *J. Cell Biol.* 93:804-811, 1982.

Langanger, B. ; et al. The molecular organization of myosin in stress fibers of cultured cells. *J. Cell Biol.* 102:200-209, 1986.

Schroeder, T. E. Actin in dividing cells : contractile ring filaments bind heavy meromyosin. *Proc. Natl. Acad. Sci. USA* 70:1688-1692, 1973.

15. Buckingham, M. E. Actin and myosin multigene families : their expression during the formation of skeletal muscle. *Essays Biochem.* 20:77-109, 1985.

Emerson, C. P. ; Bernstein, S. I. Molecular genetics of myosin. *Annu. Rev. Biochem.* 56:695-726, 1987.

Otey, C. A. ; Kalnoski, M. H. ; Bulinski, J. C. Identification and quantification of actin isoforms in vertebrate cells and tissues. *J. Cell. Biochem.* 34:113-124, 1987.

16. Breitbart, R. E. ; Andreadis, A. ; Nadal-Ginard, B. Alternative splicing : a ubiquitous mechanism for the generation of multiple protein isoforms from single genes. *Annu. Rev. Biochem.* 56:467-95, 1987.

17. Bray, D. ; Heath, J. ; Moss, D. The membrane-associated "cortex" of animal cells : its structure and mechanical properties. *J. Cell Sci.*, Suppl. 4:71-88, 1986.

Korn, E. D. Actin polymerization and its regulation by proteins from nonmuscle cells. *Physiol. Rev.* 62:672-737, 1982.

Pollard, T. D. ; Cooper, J. A. Actin and actin-binding proteins. A critical evaluation of mechanisms and functions. *Annu. Rev. Biochem.* 55:987-1035, 1986.

Tilney, L. G. Interactions between actin filaments and membranes give spatial organization to cells. In Modern Cell Biology. Vol. 2 : Spatial Organization of Eukaryotic Cells (J. R. McIntosh, B. H. Satir ed.) pp. 163-199, New York : Liss, 1983.

18. Sato, M. ; Schwartz, W. H. ; Pollard, T. D. Dependence of the mechanical properties of actin/alpha-actin in gels on deformation rate. *Nature* 325:828-830, 1987.

Stossel, T. P. et al. Non muscle actin binding proteins. *Annu. Rev. Cell Biol.* 1:353-402, 1985.

19. Matsudaira, P. ; Janmey, P. Pieces in the actin-severing protein puzzle. *Cell* 54:139-140,1988.

Yin, H.L. Gelsolin : calcium and polyphosphoinositide-regulated actin modulating protein. *Bioessays* 7:176-179, 1987.

20. Korn, E.D. ; Hammer, J.A. Myosins of nonmuscle cells. *Annu. Rev. Biophys. Biophys. Chem.* 17:23-45, 1988.

Warrick, H.M. ; Spudich, J.A. Myosin structure and function cell motility. *Annu. Rev. Cell Biol.* 3:379-421, 1987.

21. Adams, R.J. ; Pollard, T.D. Propulsion of organelles isolated from *Acanthamoeba* along actin filaments by myosin-I. *Nature* 322:754-756, 1986.

Sheetz, M.P., Spudich, J.A. Movement of myosin-coated fluorescent beads on actin cables *in vitro*. *Nature* 303:31-35, 1983.

22. Bennett, V. The membrane skeleton of human erythrocytes and its implications for more complex cells. *Annu. Rev. Biochem.* 54:273-304, 1985.

23. Conzelman, K.A. ; Mooseker, M.S. The 110-kD protein-calmodulin complex of the intestinal microvillus in an actin-activated MgATPase. *J. Cell Biol.* 105:313-324, 1987.

Mooseker, M.S. Organization, chemistry, and assembly of the cytoskeletal apparatus of the intestinal brush border. *Annu. Rev. Cell Biol.* 1:209-241, 1985.

24. Burridge, K. ; et al. Focal adhesions : transmembrane junctions between the extracellular matrix and the cytoskeleton. *Annu. Rev. Cell Biol.* 4:487-525, 1988.

Horwitz, A. ; Duggan, K. ; Buck, C. ; Beckerle, M.C. ; Burridge, K. Interaction of plasma membrane fibronectin receptor with talin — a transmembrane linkage. *Nature* 320:531-533, 1986.

25. Bonder, E.M. ; Fishkind, D.J. ; Mooseker, M.S. Direct measurement of critical concentrations and assembly rate constants at the two ends of an actin filament. *Cell* 34:491-501, 1983.

Korn, E.D. ; Carlier, M-F. ; Pantaloni, D. Actin polymerization and ATP hydrolysis. *Science* 238:638-644, 1987.

26. Abercrombie, M. The crawling movement of metazoan cells. *Proc. R. Soc. Lond (Biol.)* 207:129-147, 1980.

Small, J.V. ; Rinnerthaler, G. ; Hinssen, H. Organization of actin meshworks in cultured cells : the leading edge. *Cold Spring Harbor Symp. Quant. Biol.* 46:599-611, 1982.

Wang, Y. Exchange of actin subunits at the leading edge of living fibroblasts : possible role of treadmilling. *J. Cell Biol.* 101:597-602, 1985.

27. Tilney, L.G. ; Inoué, S. Acrosomal reaction of *Thyone* sperm. II. The kinetics and possible mechanism of acrosomal process elongation. *J. Cell Biol.* 93:820-827, 1982.

28. Carson, M. ; Weber, A. ; Zigmond, S.H. An actin-nucleating activity in polymorphonuclear leukocytes is modulated by chemotactic peptides. *J. Cell Biol.* 103:2707-2714, 1986.

Devreotes, P. ; Zigmond, S. Chemotaxis in eucaryotic cells. *Annu. Rev. Cell Biol.* 4:649-686, 1988.

Tilney, L.G. ; Bonder, E.M. ; DeRosier, D.J. Actin filaments elongate from their membrane-associated ends. *J. Cell Biol.* 90:485-494, 1981.

29. Cooper, J.A. Effects of cytochalasin and phalloidin on actin. *J. Cell Biol.* 105:1473-1478, 1987.

30. Dustin, P. Microtubules, 2nd ed., pp. 127-164. New York : Springer-Verlag, 1984.

Gibbons, I.R. Cilia and flagella of eukaryotes. *J. Cell Biol.* 91:107s-124s, 1981.

Roberts, K. ; Hyams, J.S. ; eds. Microtubules. New York : Academic Press, 1979.

Satir, P. How cilia move. *Sci. Am* 231(4):44-63, 1974.

31. Amos, L.A. ; Baker, T.S. The three dimensional structure of tubulin protofilaments. *Nature* 279:607-612, 1979.

Mandelkow, E-M. ; Schultheiss, R. ; Rapp, R. ; Múller, M. ; Mandelkow, E. On the surface lattice of microtubules : helix starts, protofilament number, seam and handedness. *J. Cell Biol.* 102:1067-1073, 1986.

Raff, E.C. Genetics of microtubule systems. *J. Cell. Biol.* 99:1-10, 1984.

Sullivan, K.F. Structure and utilization of tubulin isotypes. *Annu. Rev. Cell Biol.* 4:687-716, 1988.

32. Linck, R.W. ; Amos, L.A. : Amos, W.B. Localization of tektin filaments in microtubules of sea urchin sperm flagella by immunoelectron microscopy. *J. Cell Biol.* 100:126-135, 1985.

33. Goodenough, U.W. ; Heuser, J.E. Substructure of inner dynein arms, radial spokes, and the central pair/projection complex of cilia and flagella. *J. Cell Biol.* 100:2008-2018, 1985.

34. Summers, K.E. ; Gibbons, I.R. ATP-induced sliding of tubules in trypsin-treated flagella of sea urchin sperm. *Proc. Natl. Acad. Sci, USA* 68:3092-3096, 1971.

Warner, F.D. ; Satir, P. The structural basis of ciliary bend formation. *J. Cell Biol.* 63:35-63, 1974.

35. Johnson, K.A. Pathway of the microtubule-dynein ATPase and structure of dynein : a comparison with actomyosin. *Annu. Rev. Biophys. Biophys. Chem.* 14:161-188, 1985.

36. Brokaw, C.J. Future directions for studies of mechanisms for generating flagellar bending waves. *J. Cell Sci,* Suppl. 4:103-113, 1986.

Brokaw, C.J. ; Luck, D.J.L. ; Huang, B. Analysis of the movement of *Chlamydomonas* flagella : the function of the radial-spoke system is revealed by comparison of wild-type and mutant flagella. *J. Cell Biol.* 92:722-732, 1982.

37. Afzelius, B.A. The immotile-cilia syndrome : a microtubule-associated defect. *CRC Crit. Rev. Biochem.* 19:63-87, 1985.

Huang, B. *Chlamydomonas reinhardtii* : a model system for genetic analysis of flagellar structure and mobility. *Int. Rev. Cytol.* 99:181-215, 1986.

Luck, D.J.L. Genetic and biochemical dissection of the eucaryotic flagellum. *J. Cell Biol.* 98:789-794, 1984.

38. Lefebvre, P.A. ; Rosenbaum, J.L. Regulation of the synthesis and assembly of ciliary and flagellar proteins during regeneration. *Annu. Rev. Cell Biol.* 2:517-546, 1986.

Wheatley, D.N. The Centriole : A Central Enigma of Cell Biology. New York : Elsevier, 1982.

39. Karsenti, E. ; Maro, B. Centrosomes and the spatial distribution of microtubules in animal cells. *Trends Biochem. Sci.* 11:460-463, 1986.

Ramanis, Z. ; Luck, D.J.L. Loci affecting flagellar assembly and function map to an unusual linkage group in *Chlamydomonas reinhardtii. Proc. Natl. Acad. Sci. USA* 83:423-436, 1986.

Vorobjev, I.A. ; Chentsov, Y.S. Centrioles in the cell cycle. 1. Epithelial cells. *J. Cell. Biol.* 93:938-949, 1982.

40. Dustin, P. Microtubules, 2nd ed. Berlin : Springer-Verlag, 1984.

41. De Brabander, M. ; et al. Microtubule dynamics during the cell cycle : the effects of taxol and nocodazole on the microtubule system of Ptk2 cells at different stages of the mitotic cycle. *Int. Rev. Cytol.* 101:215-274, 1986.

Inoué, S. Cell division and the mitotic spindle. *J. Cell Biol.* 91:131s-147s. 1981.

Salmon, E.D. ; McKeel, M. ; Hays, T. Rapid rate of tubulin dissociation from microtubules in the mitotic spindle *in vivo* measured by blocking polymerization with colchicine. *J. Cell Biol.* 99:1066-1075, 1984.

42. Farrell, K.W. ; Jordan, M.A. ; Miller, H.P. ; Wilson, L. Phase dynamics at microtubule ends : the coexistence of microtubule length changes and treadmilling. *J. Cell Biol.* 104:1035-1046, 1987.

McIntosh, J.R. ; Euteneuer, U. Tubulin hooks as probes for microtubule polarity : an analysis of the method and evaluation of data on microtubule polarity in the mitotic spindle. *J. Cell Biol.* 98:525-533, 1984.

43. Carlier, M-F. Role of nucleotide hydrolysis in the polymerization of actin and tubulin. *Cell Biophys.* 12:105-117, 1988.

Horio, H. ; Hotani, H. Visualization of the dynamic instability of individual microtubules by dark field microscopy. *Nature* 312:605-607, 1986.

Mitchison, T. ; Kirschner, M. Dynamic instability of microtubule growth. *Nature* 312:237-242, 1984.

44. Karsenti, E. ; Maro, B. Centrosomes and the spatial distribution of microtubules in animal cells. *Trends Biochem. Sci.* 11:460-463, 1986.

Mitchison, T., Kirschner, M. Microtubule assembly nucleated by isolated centrosomes. *Nature* 312:232-237, 1984.

45. Kirschner, M. ; Mitchison, T. Beyond self-assembly : from microtubules to morphogenesis. *Cell* 45:329-342, 1986.

Sammak, P.J. Borisy, G.G. Direct observation of microtubule dynamics in living cells. *Nature* 332:724-726, 1988.

46. Barra, H.S. ; Arce, C.A. ; Argarana, C.E. Posttranslational tyrosination detyrosination of tubulin. *Molec. Neurobiol.* 2:133-153, 1988.

Gundersen, G.G., Khawja, S., Bulinski, J.C. Postpolymerization detyrosination of [α]-tubulin : a mechanism for subcellular differentiation of microtubules. *J. Cell Biol.* 105:251-264, 1987.

Maruta, H., Greer, K., Rosenbaum, J.L. The acetylation of α-tubulin and its relationship to the assembly and disassembly of microtubules. *J. Cell Biol.* 103:571-579, 1986.

Schulze, E. ; Asai, D.J. ; Bulinski, J.C. ; Kirschner, M. Post-translational modification and microtubule stability. *J. Cell Biol.* 105:2167-2177, 1987.

47. Olmsted, J.B. Microtubule-associated proteins. *Annu. Rev. Cell Biol.* 2:421-457, 1986.

Vallee, R.B. ; Bloom, G.S. ; Theurkauf, W.E. Microtubule-associated proteins : subunits of the cytomatrix. *J. Cell Biol.* 99:38s-44s, 1984.

48. Allen, R.D. The microtubule as an intracellular engine. *Sci. Am.* 256(2):42-49, 1987.

Allen, R.D. ; et al. Gliding movement of and bidirectional transport along single native microtubules from squid axoplasm : evidence for an active role of microtubules in cytoplasmic transport. *J. Cell Biol.* 100:1736-1752, 1985.

49. Vale, R. Intracellular transport using microtubule-based motors. *Annu. Rev. Cell Biol.* 3:347-378, 1987.

Vale, R.D. ; Reese, T.S. ; Sheetz, M.P. Identification of a novel force-generating protein, kinesin, involved in microtubule-based motility. *Cell* 42:39-50, 1985.

Vallee, R.B. ; Wall, J.S. ; Paschal, B.M. ; Shpetner, H.S. Microtubule-associated protein 1C from brain is a two-headed cytosolic dynein. *Nature* 332:561-563, 1988.

50. Allan, V.J. ; Kreis, T.E. A microtubule-binding protein associated with membranes of the Golgi apparatus. *J. Cell Biol.* 103:2229-2239, 1986.

Dabora, S.L. ; Sheetz, M.P. The microtubule-dependent formation of a tubulovesicular network with characteristics of the ER from cultured cell extracts. *Cell* 54:27-35, 1988.

Lee, C. ; Chen, L.B. Dynamic behavior of endoplasmic reticulum in living cells. *Cell* 54:37-46, 1988.

Lucocq, J.M. ; Warren, G. Fragmentation and partitioning of the Golgi apparatus during mitosis in Hela cells. *EMBO J.* 6:3239-3246, 1987.

51. Geiger, B. Intermediate filaments : looking for a function. *Nature* 329:392-393, 1987.

Steinert, P.M. ; Roop, D.R. Molecular and cellular biology of intermediate filaments. *Annu. Rev. Biochem.* 57:593-626, 1988.

Traub, P. Intermediate Filaments : A Review. New York : Springer-Verlag, 1985.

Wang, E. ; Fischman, D. ; Liem, R.K.H. ; Sun, T.-T, eds. Intermediate Filaments. *Ann. N.Y. Acad. Sci.* 455, 1985.

52. Osborn, M. ; Weber, K. Tumor diagnosis by intermediate filament typing : a novel tool for surgical pathology. *Lab. Invest.* 48: 372-394, 1983.

53. Ip. W. ; Hartzer, M.K. ; Pang, S.Y.-Y. ; Robson, R.M. Assembly of vimentin *in vitro* and its implications concerning the

structure of intermediate filaments. *J. Mol. Biol.* 183:365-375, 1985.

Quinlan, R.A. ; et al. Characterization of dimer subunits of intermediate filaments proteins. *J. Mol. Biol.* 192:337-349, 1986.

54. Geuens, G. ; De Brabander, M. ; Nuydens, R. ; De Mey, J. The interaction between microtubules and intermediate filaments in cultured cells treated with taxol and nocodazole. *Cell Biol. Int. Rep.* 7:35-47, 1983.

Goldman, R. ; et al. Intermediate filaments : possible functions as cytoskeletal connecting links between the nucleus and the cell surface. *Ann. N.Y. Acad. Sci.* 455:1-17, 1985.

55. Geisler, N. ; Weber, K. Phosphorylation of desmin *in vitro* inhibits formation of intermediate filaments : identification of three kinase A sites in the aminoterminal head domain. *EMBO J.* 7:15-20, 1988.

Inagaki, M ; Nishi, Y. ; Nishizawa, K. ; Matsuyama, M. ; Sato, C. Site-specific phosphorylation induces disassembly of vimentin filaments *in vitro*. *Nature* 328:649-652, 1987.

56. Aebi, U. ; Cohn, J. ; Buhle, L. ; Gerace, L. The nuclear lamina is a meshwork of intermediate-type filaments. *Nature* 323:560-564, 1986.

McKeon, F.D. ; Kirschner, M.W. ; Caput, D. Homologies in both primary and secondary structure between nuclear envelope and intermediate filament proteins. *Nature* 319:463-468, 1986.

57. Abercrombie, M. The crawling movement of metazoan cells. *Proc. R. Soc. Lond. (Biol.)* 207:129-147, 1980.

Bridgman, P. Structure of cytoplasm as revealed by modern electron microscopy techniques. *Trends Neurosci.* 10:321-325, 1987.

Singer, S.J. ; Kupfer, A. The directed migration of eukaryotic cells. *Annu. Rev. Cell Biol.* 2:337-365, 1986.

Trinkaus, J.P. Cells into Organs : The Forces that Shape the Embryo. 2nd ed. Englewood Cliffs, N.J. : Prentice-Hall, 1984.

58. Bridgman, P.C. ; Reese, T.S. The structure of cytoplasm in directly frozen cultured cells. 1. Filamentous meshworks and the cytoplasmic ground substance. *J. Cell Biol.* 99:1655-1668, 1984.

Heuser, J. ; Kirschner, M.W. Filament organization revealed in platinum replicas of freeze-dried cytoskeletons. *J. Cell Biol.* 86:212-234, 1980.

59. Fulton, A.B. How crowded is the cytoplasm ? *Cell* 30:345-347, 1982.

Luby-Phelps, K. ; Taylor, D.L. ; Lanni, F. Probing the structure of the cytoplasm. *J. Cell Biol.* 102:2015-2022, 1986.

60. Kolega, J. Effects of mechanical tension on protrusive activity and microfilament and intermediate filament organization in an epidermal epithelium moving in culture. *J. Cell Biol.* 102:1400-1411, 1986.

Trinkaus, J.P. Cells into Organs : The Forces That Shape the Embryo, 2nd ed., pp. 157-244. Englewood Cliffs, NJ : Prentice-Hall, 1984.

61. Bray, D. ; Hollenbeck, P.J. Growth cone motility and guidance. *Annu. Rev. Cell Biol.* 4:43-62, 1988.

Euteneuer, U. ; Schliwa, M. Persistent, directional motility of cells and cytoplasmic fragments in the absence of microtubules. *Nature* 310:58-61, 1984.

Malawista, S.E. ; De Boisfleury Chevance, A. The cytokinetplast : purified, stable, and functional motilie machinery from human blood polymorphonuclear leukocytes. *J. Cell Biol.* 95:960-973, 1982.

Marsh, L. ; Letournau, P.C. Growth of neurites without filopodial or lamellipodial activity in the presence of cytochalasin B. *J. Cell Biol.* 99:2041-2047, 1984.

Vasiliev, J.M. ; et al. Effect of colcemid on the locomotion of fibroblasts. *J. Embryol. Exp. Morphol.* 24:625-640, 1970.

62. Bray, D. ; White, J.G. Cortical flow in animal cells. *Science* 239:883-888, 1988.

De Lozanne, A. ; Spudlich, J.A. Disruption of the *Dictyostelium* myosin heavy chain gene by homologous recombination. *Science* 236:1086-1091, 1987.

Knecht, D.A. ; Loomis, W.F. Antisense RNA inactivation of myosin heavy chain gene expression in *Dictyostelium discoideum*. *Science* 236:1081-1086, 1987.

63. Bergmann, J.E. ; Kupfer, A. ; Singer, S.J. Membrane insertion at the leading edge of motile fibroblasts. *Proc. Natl. Acad. Sci. USA* 80:1367-1371, 1983.

Bretscher, M.S. How animal cells move. *Sci. Am.* 257(6):72-90, 1987.

64. Lackie, J.M. Cell Movement and Cell Behaviour. pp. 253-275, London : Allen and Unwin, 1986.

Trinkaus, J.P. Cells into Organs : The Forces That Shape the Embryo. 2nd ed., pp. 157-244. Englewood Cliffs, NJ : Prentice-Hall, 1984.

65. Odell, G.M. ; Oster, G. ; Alberch, P. ; Burnside, B. The mechanical basis of morphogenesis. 1. Epithelial folding and invagination. *Dev. Biol.* 85:446-462, 1981.

66. Tilney, L.G. ; Tilney, MS ; Cotanche, DA. Actin filaments, stereocilia, and hair cells of the bird cochlea. V. How the staircase pattern of stereociliary lengths is generated. *J. Cell Biol.* 106:355-365, 1988.

Tilney, L.G. ; De Rosier, D.J. Actin filaments, sterocilia, and hair cells of the bird cochlea. IV. How the actin filaments become organized in developing stereocilia and in the cuticular plate. *Dev. Biol.* 116:119-129, 1986.

La transmission chimique entre cellules

12

La communication entre les cellules d'un organisme pluricellulaire est nécessaire pour régler leur développement et leur organisation en tissus, pour contrôler leur croissance et leur division et pour coordonner leurs fonctions. Les cellules animales communiquent de trois façons : 1) elles sécrètent des substances chimiques qui transmettent à distance un signal aux cellules ; 2) elles possèdent des molécules liées à la membrane plasmique qui influent sur d'autres cellules en contact physique direct ; et 3) elles forment des jonctions de type gap qui relient directement les cytoplasmes des cellules conjuguées, permettant ainsi l'échange de petites molécules (Figure 12-1).

La communication, qui dépend du contact de cellule à cellule par l'intermédiaire des jonctions de type gap, sera étudiée dans le Chapitre 14. Dans ce chapitre nous nous intéresserons d'abord à la communication à distance qui se fait par l'intermédiaire de signaux chimiques

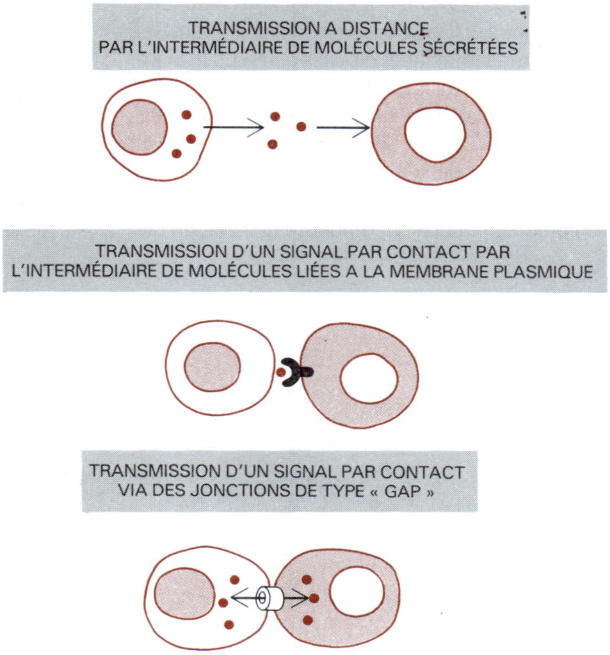

Figure 12-1 Les trois modes de communication intercellulaire.

sécrétés. Cette insistance traduit le niveau de nos connaissances. Les molécules sécrétées sont beaucoup plus faciles à étudier que les molécules liées aux membranes, et nous connaissons bien leur mode d'action. Bien qu'elle soit plus difficile à démontrer et moins bien étudiée, la transmission par contact via des molécules liées à la membrane peut néanmoins être importante, principalement au cours du développement et dans les réponses immunitaires (voir p. 1037) ; sa base moléculaire semble être étroitement liée à celle de la transmission à distance. Les aspects particuliers de la transmission chimique dans le système nerveux et les principes uniques qui sont propres aux végétaux seront discutés séparément, dans les Chapitres 19 et 20, respectivement.

Trois stratégies de la transmission chimique : endocrine, paracrine et synaptique

Les mécanismes de transmission chimique sont différents selon les distances auxquelles ils agissent : 1) dans la **transmission endocrine,** des cellules endocriniennes spécialisées sécrètent des **hormones** qui circulent dans le sang pour agir sur des cellules cibles dispersées dans l'organisme ; 2) dans la **transmission paracrine**, les cellules sécrètent des **médiateurs chimiques locaux** qui sont si rapidement captés, dégradés ou immobilisés qu'ils n'agissent que sur les cellules de leur environnement immédiat (à environ un millimètre) ; 3) dans la **transmission synaptique**, qui se limite au système nerveux, les cellules sécrètent des **neurotransmetteurs** au niveau des jonctions spécialisées appelées *synapses chimiques* ; le neurotransmetteur diffuse à travers la fente synaptique, dont la largeur est d'environ 50 nm et n'agit que sur la cellule cible post-synaptique adjacente (Figure 12-2). Dans chacun des cas, la cellule cible répond à un signal extracellulaire particulier grâce à des protéines spécifiques, appelées **récepteurs**, qui fixent la molécule informative et initient la réponse. De nombreuses molécules informatives et de nombreux récepteurs semblables sont utilisés dans les transmissions endocrine, paracrine et synaptique. Les différences cruciales qui existent entre ces trois modes de transmission résident dans la vitesse et la sélectivité avec laquelle les signaux sont transmis à leurs cibles.

12-3 12-4 Les cellules endocriniennes et les cellules nerveuses sont spécialisées dans différents types de transmission chimique [1]

Les cellules endocriniennes et les cellules nerveuses travaillent ensemble pour coordonner les diverses activités de milliards de cellules chez les animaux supérieurs. Les cellules endocriniennes sont généralement regroupées dans de petites glandes et sécrètent leurs molécules d'hormones dans le liquide extracellulaire (interstitiel) qui entoure toutes les cellules dans les tissus. A partir de là, les molécules diffusent dans les capillaires pour s'engager dans la circulation sanguine, qui les transportent dans les tissus de tout l'organisme. Dans chaque tissu, les hormones quittent les capillaires pour aller dans le liquide interstitiel où elles peuvent se lier à leurs cellules cibles. Comme la transmission endocrine s'appuie sur la diffusion et le flux sanguin, elle est assez lente : il faut généralement quelques minutes pour qu'une hormone, une fois sécrétée, atteigne sa cellule cible. De plus, la spécificité de la transmission du système endocrinien dépend entièrement des propriétés chimiques du signal et des récepteurs de la cellule cible : chaque type de cellule endocrinienne sécrète une hormone différente dans le sang, et chaque cellule qui porte des récepteurs complémentaires va répondre de la façon qui correspond au type cellulaire (Figure 12-3A).

Figure 12-2 Trois modes de transmission de signaux par l'intermédiaire de molécules sécrétées. Tous les neurotransmetteurs n'agissent pas selon le mode de transmission strictement synaptique qui est décrit ici ; certains agissent selon le mode paracrine comme des médiateurs chimiques locaux qui influent sur de multiples cellules cibles qui se trouvent dans le périmètre.

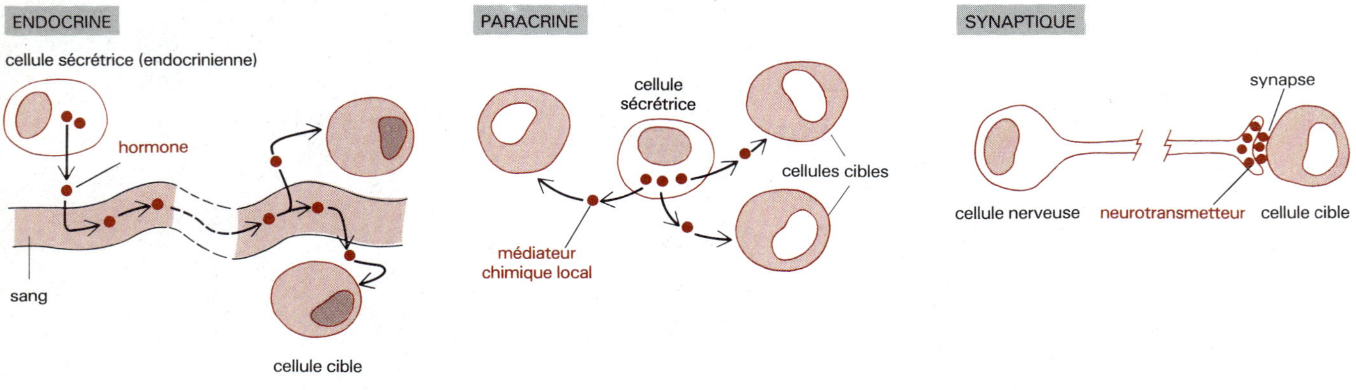

Figure 12-3 Différence entre la transmission endocrine (A) et synaptique (B). Les cellules endocriniennes sécrètent de nombreuses hormones qui vont dans le sang et agissent sur des cellules cibles spécifiques qui possèdent des récepteurs leur permettant de fixer des hormones spécifiques et qui, de cette façon, « attirent » ces hormones situées dans le liquide extracellulaire. En revanche, dans la transmission synaptique, la spécificité provient des contacts entre les terminaisons nerveuses et leurs cellules cibles spécifiques : seule une cellule cible qui a un contact synaptique avec une cellule nerveuse est exposée au neurotransmetteur libéré de la terminaison nerveuse. Des cellules endocriniennes différentes doivent utiliser différentes hormones pour communiquer spécifiquement avec leurs cellules cibles, mais de nombreuses cellules nerveuses peuvent utiliser le même neurotransmetteur et garder un aspect spécifique à leur communication.

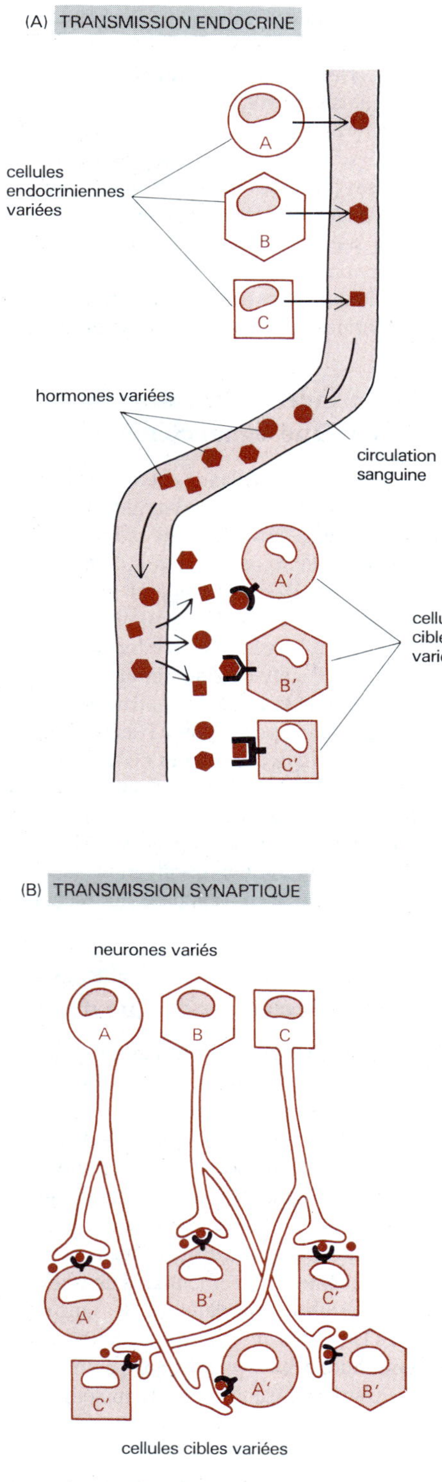

Les cellules nerveuses, au contraire, fonctionnent avec beaucoup plus de précision. Elles peuvent transmettre l'information à longue distance au moyen d'impulsions électriques qui propagent le signal le long des fibres nerveuses à des vitesses qui peuvent atteindre 100 mètres par seconde. Quand un neurotransmetteur est libéré, l'impulsion électrique n'est convertie en signal chimique qu'après libération du neurotransmetteur au niveau de la terminaison nerveuse. Les signaux chimiques libérés par les cellules nerveuses peuvent agir selon le mode paracrine ou synaptique. Selon le mode paracrine, le neurotransmetteur fonctionne comme un médiateur local, se répandant au dehors pour agir sur n'importe quelles cellules cibles environnantes possédant des récepteurs pour la molécule libérée. La transmission selon le mode synaptique est beaucoup plus précise et l'action du neurotransmetteur est limitée à une seule cellule cible même si les cellules adjacentes ont également des récepteurs pour le même neurotransmetteur (voir Figure 12-3B) ; dans ce cas, le neurotransmetteur doit diffuser sur moins de 100 nm jusqu'à sa cellule cible, un mécanisme qui dure moins d'une milliseconde (voir Figure 12-2).

Alors que les hormones sont fortement diluées dans le flux sanguin et dans le liquide interstitiel et doivent cependant être capables d'agir à de très faibles concentrations (généralement $< 10^{-8}$ M), les neurotransmetteurs sont beaucoup moins dilués pendant leur voyage vers les cellules cibles et peuvent atteindre de fortes concentrations. Par exemple, la concentration du neurotransmetteur acétylcholine dans la fente synaptique d'une jonction neuromusculaire active est d'environ 5×10^{-4} M. Dans la transmission synaptique, les récepteurs du neurotransmetteur ont également une assez faible affinité pour leur ligand, et ne peuvent donc pas répondre de façon significative aux faibles concentrations de transmetteur qui leur parviennent des synapses avoisinantes. De plus, après avoir été sécrété, le neurotransmetteur est rapidement éliminé de la fente synaptique soit par des enzymes hydrolytiques spécifiques, soit par des protéines de transport membranaire spécifiques qui refoulent le neurotransmetteur dans la terminaison nerveuse. Cette élimination rapide assure non seulement une précision spatiale du signal mais aussi une précision temporelle : une brève émission de neurotransmetteur provoque une réponse rapide et brève, afin que le rythme du signal soit fidèlement retransmis de cellule à cellule (voir p 1081).

Les cellules neuroendocriniennes de l'hypothalamus règlent le système endocrinien [1,2]

Le système endocrinien et le système nerveux chez les vertébrés sont physiquement et fonctionnellement reliés par une région spécifique du cerveau appelée l'**hypothalamus**. L'hypothalamus communique directement avec l'*hypophyse* par l'intermédiaire de la *tige hypophysaire*. La fonction de liaison de l'hypothalamus est réalisée par des cellules ayant à la fois les propriétés des cellules nerveuses et celles des cellules endocriniennes ; c'est pour cela qu'elles sont appelées *cellules neuroendocriniennes*. Presque tous les types de cellules neuroendocriniennes hypothalamiques répondent à la stimulation d'autres cellules nerveuses du cerveau par la sécrétion d'une hormone peptidique spécifique dans les vaisseaux sanguins de la tige hypophysaire ; lorsqu'elle atteint l'hypophyse, chaque hormone stimule ou inhibe spécifiquement la sécrétion d'une seconde hormone dans le flux sanguin (d'autres cellules neuroendocriniennes hypothalamiques envoient leurs axones le long de la tige hypophysaire et déchargent directement leurs sécrétions dans le flux sanguin). Comme beaucoup d'hormones hypophysaires, libérées sous le contrôle de l'hypothalamus, stimulent une autre glande endocrine et l'amènent à sécréter une troisième hormone dans le sang, l'hypothalamus sert de régulateur principal du système endocrinien chez les vertébrés. La Figure 12-4 illustre comment l'hypothalamus règle la sécrétion de l'*hormone thyroïdienne*.

Des exemples de médiateurs chimiques locaux, neurotransmetteurs et hormones ont été choisis et sont donnés dans le Tableau 12-1. Sont également indiquées leurs origines, leurs structures et leurs actions principales. On peut voir que ces molécules informatives sont aussi variées dans leur structure que dans leur fonction. Elles comprennent de petits peptides, de grosses protéines et glycoprotéines, des acides aminés et composés apparentés, des stéroïdes (molécules dérivées du cholestérol et de structure très voisine), et des dérivés d'acides gras. Bien que chaque molécule informative soit classée dans une seule catégorie dans le Tableau 12-1, nombreuses sont celles qui peuvent agir selon plus d'un mode. De nombreuses hormones peptidiques, par exemple, fonctionnent également comme neurotransmetteurs (dans le mode paracrine) dans le cerveau des vertébrés.

Des cellules différentes répondent de différentes façons à un même signal chimique

La majorité des cellules chez les animaux adultes sont spécialisées pour remplir une fonction principale et elles possèdent une série spécifique de récepteurs protéiques qui leur permettent de répondre aux différents signaux qui initient ou modulent cette fonction. Beaucoup de ces signaux chimiques agissent à de très faibles concentrations (généralement $\leqslant 10^{-8}$ M) et leurs récepteurs spécifiques fixent en général la molécule informative avec une haute affinité (constante d'affinité $K_a \geqslant 10^8$ litres par mole ; voir p. 98).

La même molécule informative a souvent des effets différents sur différentes cibles. Par exemple, l'acétylcholine stimule la contraction des cellules du muscle squelettique mais diminue le rythme et la force de contraction des cellules du muscle cardiaque. Dans ce cas particulier, les récepteurs protéiques à l'acétylcholine sur les cellules du muscle squelettique sont différents des récepteurs des cellules du muscle cardiaque. Mais les différences entre récepteurs ne sont pas toujours l'explication. Dans beaucoup de cas, les mêmes molécules informatives se fixent à des récepteurs protéiques identiques et produisent des réponses très différentes dans différents types de cellules cibles (Figure 12-5). Cela signifie que les cellules cibles peuvent répondre de deux façons à une molécule informative — grâce aux récepteurs qu'elles portent, et grâce à la machinerie interne à laquelle les récepteurs sont couplés.

Certaines réponses cellulaires à des signaux chimiques sont rapides et transitoires, tandis que d'autres sont lentes et durables [2,3]

Les signaux chimiques induisent généralement des réponses rapides et transitoires quand ils coordonnent les réponses cellulaires à des modifications de l'environnement animal. Par exemple, une augmentation de la glycémie amène les cellules endocrines du pancréas à sécréter une hormone protéique dans le sang : l'*insuline*. En quelques minutes, l'augmentation résultante de la concentration en insuline incite le foie et les cellules musculaires à capter plus de glucose, et la glycémie chute. La réponse est divisée en trois parties, aucune ne nécessitant la synthèse de nouvelles protéines : 1) Dans le pancréas, le taux élevé de glucose déclenche la libération par exocytose de l'insuline stockée. 2) Dans les adipocytes et les cellules musculaires, des protéines supplémentaires de transport du glucose liées à la membrane sont stockées dans des vésicules intracellulaires ; les taux élevés d'insuline provoquent l'exocytose de ces protéines vers la membrane plasmique, où elles augmentent le taux de glucose absorbé. Cela provoque une chute de la glycémie, qui a pour conséquence de diminuer le taux de sécrétion de l'insuline. 3) Puisque les transporteurs supplémentaires du glucose sont rapidement éliminés de la surface cellulaire par endocytose et retournent dans le pool intracellulaire, le taux de glucose absorbé par les adipocytes et les cellules musculaires revient à son niveau initial lorsque le taux d'insuline diminue. De cette façon, l'insuline aide au maintien d'une concentration de glucose sanguin assez constante. Les neurotransmetteurs donnent même des réponses plus rapides que les hormones : les cellules de muscle squelettique se contractent puis se détendent à nouveau en quelques millisecondes en réponse à l'acétylcholine libérée par les terminaisons nerveuses au niveau des jonctions neuromusculaires.

Les signaux chimiques jouent également un rôle important dans le développement animal, souvent en influant sur le moment et la façon dont certaines cellules vont se différencier. Certains de ces effets démarrent lentement et sont durables. Par exemple, l'hormone femelle, l'*œstradiol*, est sécrétée en grandes quantités par les cellules de l'ovaire à la puberté. L'œstradiol induit des transformations dans une grande variété de cellules au niveau de différentes parties du corps, changements qui conduisent éventuellement au développement des caractères

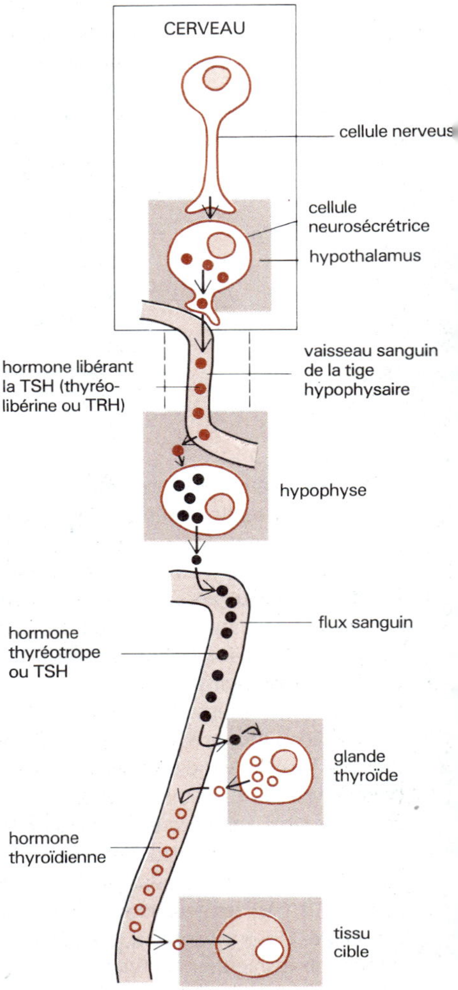

Figure 12-4 Illustration schématique de la régulation indirecte de la sécrétion de l'hormone tyroïdienne par le système nerveux. Lorsqu'elles sont stimulées par les cellules nerveuses des centres supérieurs du cerveau, les cellules neurosécrétrices spécifiques de l'hypothalamus sécrètent la thyréolibérine ou TSH-releasing hormone (TRH) dans les vaisseaux sanguins de la tige hypophysaire. Ici, la TRH stimule la libération de TSH (thyroid-stimulating hormone), ou hormone thyréotrope, dans la circulation. A son tour, la TSH stimule la synthèse et la sécrétion de l'hormone thyroïdienne par les cellules de la thyroïde ; elle est transportée dans le sang par la plupart des cellules de l'organisme où elle stimule un grand nombre de processus métaboliques. Les sécrétions de la TSH et de la TRH sont inhibées par des concentrations croissantes de l'hormone thyroïdienne dans le sang. Cette *rétroinhibition* empêche une augmentation trop importante de la concentration sanguine en hormone thyroïdienne. De nombreuses hormones sont réglées par un mécanisme similaire.

Tableau 12-1 Quelques exemples de molécules informatives

Médiateurs chimiques locaux	**Origine**	**Structure**	**Effets principaux**
Protéines			
Facteur de croissance nerveux	la peau ; tous les tissus innervés par les nerfs sympathiques	2 chaînes identiques de 118 acides aminés	survie et croissance des neurones sensoriels et sympathiques et de certains neurones dans le système nerveux central
Petits peptides			
Facteur chimiotactique éosinophile	mastocytes	4 acides aminés	signal chimiotactique pour une classe particulière de globules blancs (éosinophiles)
Dérivés d'acides aminés			
Histamine	mastocytes	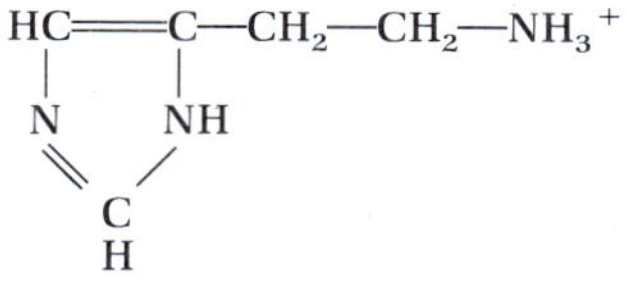	entraîne la dilatation des vaisseaux sanguins qui deviennent perméables
Dérivés d'acides gras			
Prostaglandines E_2	nombreux types cellulaires	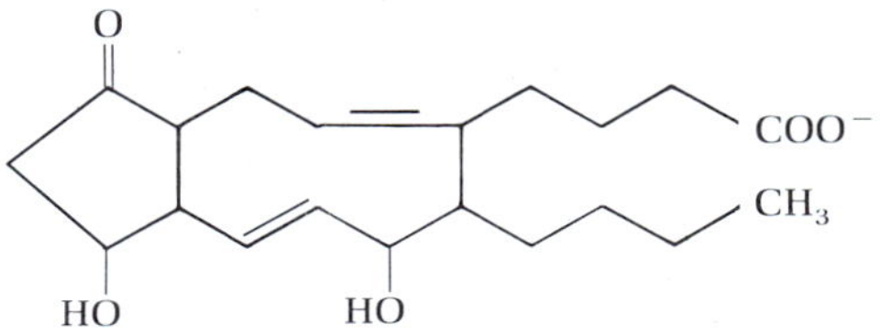	contraction des muscles lisses

Neurotransmetteurs*	**Origine**	**Structure**	**Effets principaux**
Acides aminés et composés apparentés			
Glycine	terminaisons nerveuses	$^{+}H_3N—CH_2—COO^{-}$	transmetteur inhibiteur du système nerveux central
Noradrénaline (norépinéphrine)	terminaisons nerveuses	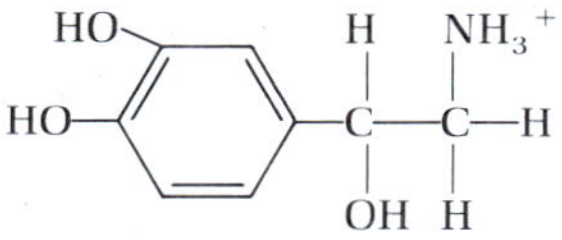	transmetteur excitateur et inhibiteur du système nerveux central et périphérique
Acide γ-aminobutyrique (GABA)	terminaisons nerveuses	$^{+}H_3N—CH_2—CH_2—CH_2—COO^{-}$	transmetteur inhibiteur du système nerveux central
Acétylcholine	terminaisons nerveuses	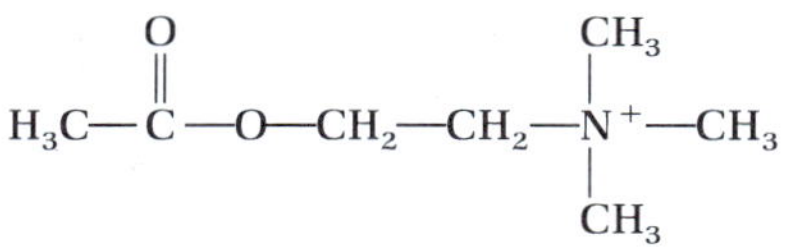	transmetteur excitateur à la jonction neuromusculaire ; transmetteur, excitateur et inhibiteur du système nerveux central et périphérique
Petits peptides			
Enképhaline	terminaisons nerveuses	5 acides aminés	même action que la morphine (inhibe les voies de la douleur dans le système nerveux central)

* La noradrénaline et l'enképhaline agissent dans la transmission paracrine plutôt que synaptique des signaux ; l'acétylcholine peut agir des deux façons. Les neurotransmetteurs excitateurs stimulent l'activité de la cellule cible alors que les neurotransmetteurs inhibiteurs répriment cette activité.

(Suite p. 686)

Tableau 12-1 *Suite*

Hormones**	Origine	Structure	Effets principaux
Protéines Insuline	cellules bêta du pancréas	protéine chaîne α = 21 acides aminés chaîne β = 30 acides aminés	utilisation des glucides (y compris la capture du glucose à l'intérieur des cellules) ; stimulation de la synthèse des protéines ; stimulation de la synthèse des lipides dans les cellules adipeuses
Hormone somatotrope (hormone de croissance)	hypophyse antérieure	protéine 191 acides aminés	stimulation de la production par le foie de la somatomédine A qui, à son tour, entraîne la croissance des muscles et des os ; stimulation de la différenciation des cellules adipeuses, musculaires et cartilagineuses
Somatomédine A	foie principalement	protéine 70 acides aminés	croissances osseuse et musculaire modifiant le métabolisme des ions Ca^{2+}, des phosphates, des glucides et des lipides
Hormone corticotrope ou adrénocorticotrope (ACTH ou adrénocorticotropic hormone)	hypophyse antérieure	protéine 39 acides aminés	stimulation de la production de cortisol dans la corticosurrénale, libération d'acides gras des cellules adipeuses
Parathormone	parathyroïde	protéine 84 acides aminés	augmentation de la résorption osseuse, par conséquent augmentation de Ca^{2+} et des phosphates ; augmentation de la résorption de Ca^{2+} et de Mg^{2+} et diminution de la résorption des phosphates au niveau des tubules rénaux
Hormone folliculo-stimulante (FSH ou follicle-stimulating hormone)	hypophyse antérieure	glycoprotéine chaîne α = 92 acides aminés chaîne β = 118 acides aminés	stimulation de la croissance de follicules ovariens et de la sécrétion d'œstradiol ; stimulation de la spermatogenèse au niveau des testicules
Hormone lutéinisante (LH ou luteinizing hormone)	hypophyse antérieure	glycoprotéine chaîne α = 92 acides aminés chaîne β = 115 acides aminés	stimulation de la maturation de l'ovocyte, de l'ovulation et de la sécrétion de progestérone au niveau de l'ovaire ; stimulation de la production de testostérone au niveau des testicules
Facteur de croissance épidermique (epidermal growth factor ou EGF)	inconnue	53 acides aminés	stimulation de la division des cellules épidermiques
Hormone thyréotrope (TSH ou thyroid-stimulating hormone)	hypophyse antérieure	glycoprotéine chaîne α = 92 acides aminés chaîne β = 112 acides aminés	stimulation de la production de thyroxine au niveau de la thyroïde ; libération des acides gras à partir des cellules adipeuses
Petits peptides Thyréolibérine (TSH-releasing factor)	hypothalamus	3 acides aminés	stimulation de la sécrétion d'hormone thyréotrope (TSH) au niveau de l'hypophyse antérieure

** De nombreuses hormones non stéroïdiennes sont également produites par certaines cellules nerveuses dans le cerveau.

(Suite p. 687)

Tableau 12-1 *Suite*

Hormones	Origine	Structure	Effets principaux
Facteur libérant la LH (LH-releasing factor)	hypothalamus	10 acides aminés	stimulation de la sécrétion de LH (luteinizing hormone) au niveau de l'hypophyse antérieure
Vasopressine (hormone anti-diurétique, ADH)	hypophyse postérieure	9 acides aminés	élévation de la pression sanguine par constriction des petits vaisseaux sanguins ; augmentation de la résorption de l'eau dans les tubules rénaux
Somatostatine	hypothalamus	14 acides aminés	inhibition de la libération de l'hormone somatotrope à partir de l'hypophyse antérieure
Dérivés d'acides aminés			
Adrénaline (épinéphrine)	médullo-surrénale	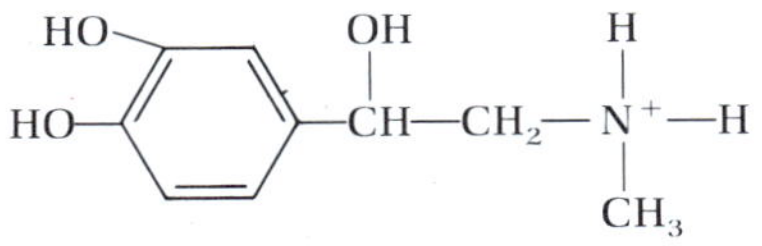	augmentation de la pression sanguine et de la fréquence cardiaque ; augmentation de la glycogénolyse du foie et du muscle ; libération des acides gras à partir des cellules adipeuses
Hormone thyroïdienne (thyroxine)	thyroïde	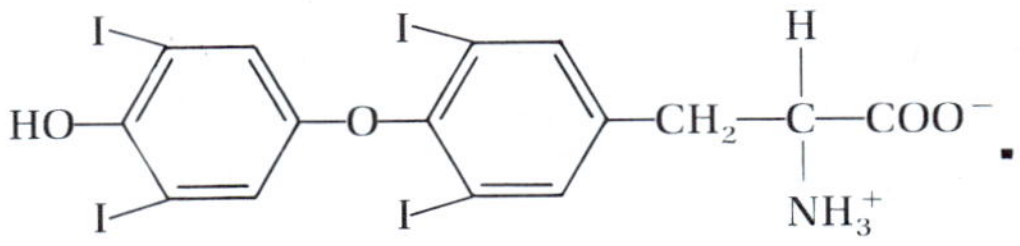	augmentation de l'activité métabolique dans la plupart des cellules
Stéroïdes			
Cortisol	cortico-surrénale	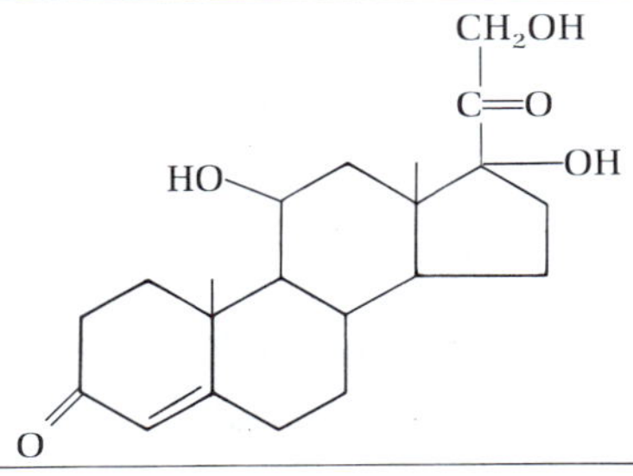	influe sur le métabolisme des protéines, des glucides et des lipides dans la majorité des tissus ; suppression des réactions inflammatoires
Œstradiol	ovaire, placenta	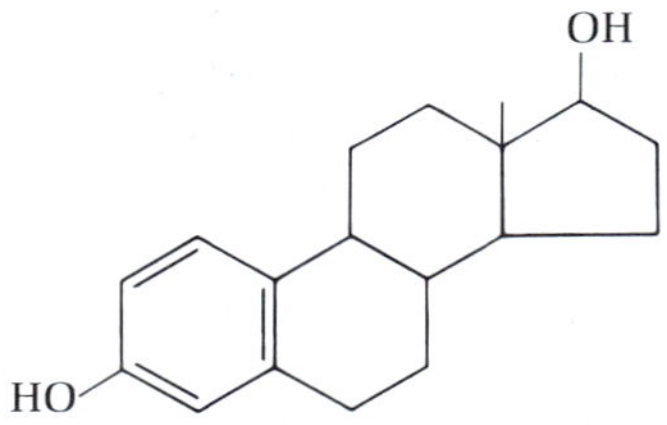	développement et maintien des caractères sexuels femelles secondaires ; maturation et fonctionnement cyclique des organes sexuels accessoires ; développement du système de canaux dans les glandes mammaires
Testostérone	testicule	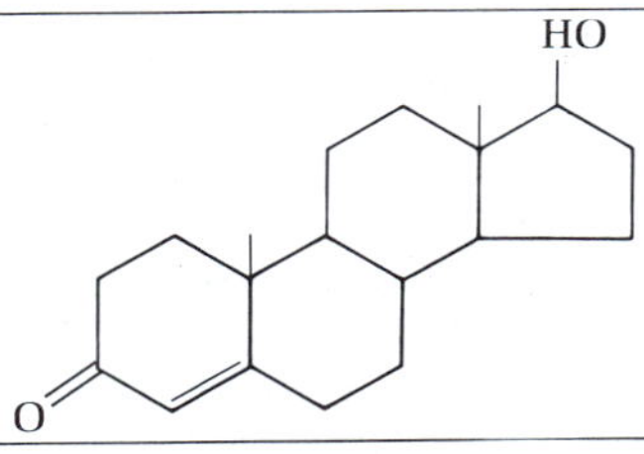	développement et maintien des caractères sexuels mâles secondaires ; maturation et fonctionnement normal des organes sexuels accessoires
Progestérone	ovaire (corpus luteum) placenta	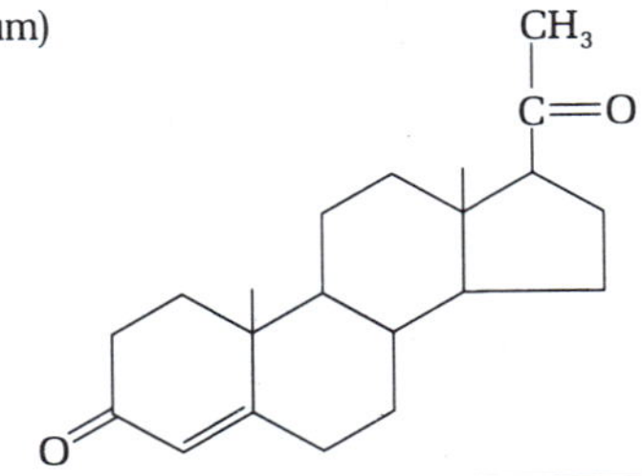	préparation de l'utérus à la grossesse ; maintien de la grossesse, développement du système alvéolaire dans les glandes mammaires

femelles secondaires, tels que le développement des seins. Alors que cet effet est lentement réversible si la sécrétion d'œstradiol s'arrête, certaines des réponses aux stéroïdes sexuels sont irréversibles au cours du développement très précoce des mammifères. De la même façon, une augmentation d'un facteur dix de la concentration en hormone thyroïdienne dans le sang d'un têtard induit tous les changements brutaux et irréversibles qui conduisent à sa transformation en grenouille (Figure 12-6).

Seules les molécules informatives liposolubles peuvent pénétrer directement dans la cellule

La majorité des hormones et des médiateurs chimiques locaux sont hydrosolubles. Il y a cependant quelques exceptions qui constituent une classe distincte de molécules informatives. Les hormones thyroïdiennes et stéroïdes insolubles dans l'eau en sont des exemples importants. Elles sont solubilisées pour leur transport dans le sang, par fixation à des transporteurs protéiques spécifiques. Cette différence de solubilité est responsable d'une différence fondamentale dans le mécanisme d'action de ces deux classes de molécules sur leurs cellules cibles. Les molécules hydrosolubles sont trop hydrophiles pour traverser directement la couche lipidique de la membrane plasmique d'une cellule cible ; par contre, elles se fixent à un récepteur protéique spécifique situé sur la surface cellulaire. Les hormones stéroïdes et thyroïdiennes, au contraire liposolubles et, une fois libérées de leurs transporteurs protéiques, peuvent facilement traverser la membrane plasmique de la cellule cible. A l'*intérieur* de la cellule, ces hormones sont fixées à des récepteurs protéiques spécifiques (Figure 12-7).

Une autre différence importante entre ces deux classes de molécules informatives est leur durée de vie dans le sang ou dans les liquides tissulaires. La majorité des hormones hydrosolubles disparaissent et/ou sont métabolisées en quelques minutes dès leur entrée dans le sang ; les médiateurs chimiques locaux et les neurotransmetteurs sont métabolisés aussi vite, en quelques secondes ou millisecondes dès leur entrée dans l'espace extracellulaire. Par contre, les hormones stéroïdes persistent dans le sang pendant des heures et les hormones thyroïdiennes des jours. Par conséquent, les molécules informatives hydrosolubles induisent des réponses généralement de courte durée, tandis que les molécules liposolubles tendent à induire des réponses beaucoup plus longues. Evidemment, il existe des exceptions à ces règles générales : les *prostaglandines*, par exemple, sont des médiateurs chimiques locaux hydrophobes, néanmoins elles se lient à des récepteurs de surface cellulaire et servent d'intermédiaires dans des réponses rapides et de courte durée comme nous allons le voir plus loin.

12-3 La dégradation, la récupération ou l'immobilisation des médiateurs chimiques locaux interviennent rapidement après la sécrétion [4]

Les nombreuses molécules qui interviennent dans la transmission paracrine agissent uniquement dans l'environnement immédiat des cellules qui les sécrètent. Ces *médiateurs chimiques locaux* sont si rapidement absorbés par les cellules ou détruits par des enzymes extracellulaires ou immobilisés dans la matrice extracellulaire qu'ils ne pénètrent généralement pas dans le sang en quantités significatives.

Quelques cellules sont spécialisées dans la transmission paracrine. Par exemple, l'*histamine* (un dérivé de l'acide aminé histidine, voir Tableau 2-1) est sécrétée essentiellement par les *mastocytes*. Ces cellules, qui sont situées dans le tissu conjonctif, emmagasinent l'histamine dans de grandes vésicules sécrétrices et la libèrent rapidement par exocytose quand elles sont stimulées par une lésion, une infection locale, ou certaines réactions immunologiques (voir p. 1016). L'histamine entraîne la dilatation des vaisseaux sanguins locaux qui deviennent perméables, facilitant l'accès des protéines sériques (telles que les anticorps et les composants du système du complément, voir Chapitre 18) et des globules blancs phagocytaires au site de la lésion. Les mastocytes libèrent aussi deux tétrapeptides qui attirent une catégorie de globules blancs, appelés *éosinophiles*, du sang vers le site de libération des tétrapeptides ; les éosinophiles contiennent un ensemble d'enzymes qui aident à inactiver l'histamine et d'autres médiateurs chimiques libérés par les mastocytes, et à mettre ainsi fin à la réponse.

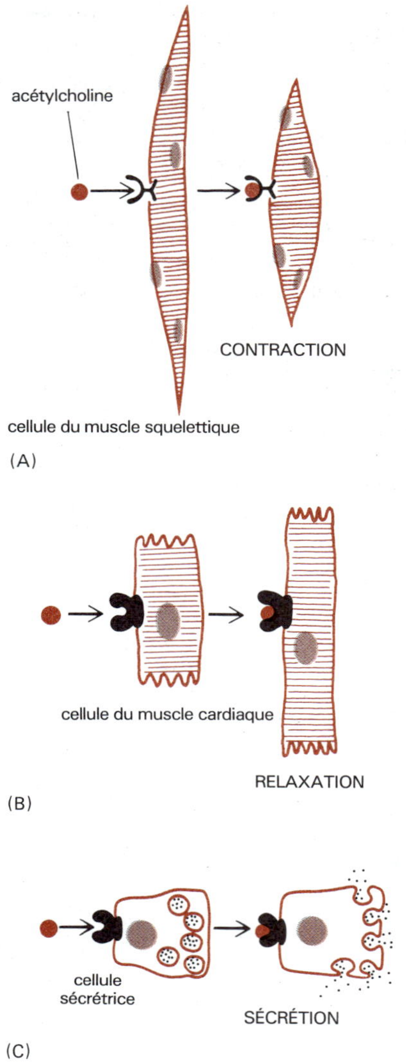

Figure 12-5 La même molécule informative peut induire des réponses différentes dans des cellules cibles différentes. Dans certains cas, ceci est dû à la fixation de la molécule informative à différents récepteurs protéiques, comme en (A) et (B). Dans d'autres cas, la molécule informative se lie à des récepteurs protéiques identiques mais ces derniers vont activer des modes de réponses différents dans différentes cellules, comme en (B) et (C).

Figure 12-6 Étapes successives de la métamorphose d'un têtard en grenouille. Toutes ces transformations spectaculaires de la métamorphose sont contrôlées par l'hormone thyroïdienne. Si la glande thyroïde est retirée d'un embryon en développement, l'animal ne subit pas de métamorphose et continue à croître comme un têtard. Si l'hormone thyroïdienne est injectée à ce têtard géant, le têtard se transforme en grenouille.

Figure 12-7 Selon leur solubilité, les molécules informatives extracellulaires se fixent à des récepteurs de la surface cellulaire ou à des récepteurs intracellulaires. Les molécules informatives hydrophiles sont incapables de traverser la membrane plasmique directement, et se fixent aux récepteurs de surface de la cellule cible. De nombreuses molécules informatives hydrophobes sont capables de diffuser à travers la membrane plasmique et se fixent aux récepteurs à l'intérieur de la cellule cible — soit dans le cytoplasme, soit dans le noyau (comme le montre la Figure). Parce qu'elles sont insolubles en solution aqueuse, les hormones hydrophobes sont transportées dans la circulation sanguine liées à des transporteurs protéiques spécifiques dont elles se dissocient avant de pénétrer dans la cellule cible.

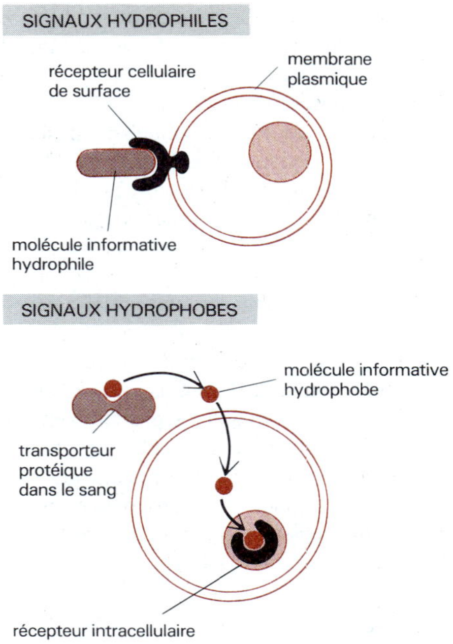

Certains médiateurs chimiques locaux sont rapidement immobilisés plutôt que détruits après avoir été sécrétés. C'est le cas de la fibronectine, des protéoglycannes et d'autres macromolécules de la matrice extracellulaire. Ces macromolécules secrétées peuvent être considérées comme des types particuliers de médiateurs locaux car elles signalent aux cellules avoisinantes de modifier leur comportement (voir p. 803). Contrairement à d'autres médiateurs chimiques locaux, elles s'assemblent pour former de grands réseaux insolubles dans l'espace extracellulaire. Elles sont alors immobilisées près du site où elle sont produites ; par conséquent, leurs effets, bien que locaux, peuvent persister. La matrice extracellulaire peut également fixer des molécules informatives solubles, les immobilisant afin qu'elles n'agissent qu'à un emplacement particulier. Le *facteur de croissance des fibroblastes (FCF)*, par exemple, qui est une petite protéine stimulant la division d'une grande variété de cellules en culture, se lie fortement à un protéoglycanne matriciel en tube à essai et peut être immobilisé de la même façon dans les tissus.

Dans tous les tissus de mammifères, les cellules libèrent continuellement des prostaglandines [5]

De nombreux médiateurs chimiques locaux sont sécrétés par des cellules spécialisées, mais il en existe d'autres dont l'origine est plus générale. Les **prostaglandines**, une famille de dérivés d'acides gras à 20 carbones, en sont un exemple important car elles sont produites par des cellules dans tous les tissus de mammifères. Ces médiateurs chimiques locaux sont continuellement synthétisés dans les membranes à partir de précurseurs qui ont été scindés à partir des phospholipides membranaires par des phospholipases (Figure 12-8). Ils sont aussi continuellement dégradés par des enzymes dans le liquide extracellulaire. Il y a au moins 16

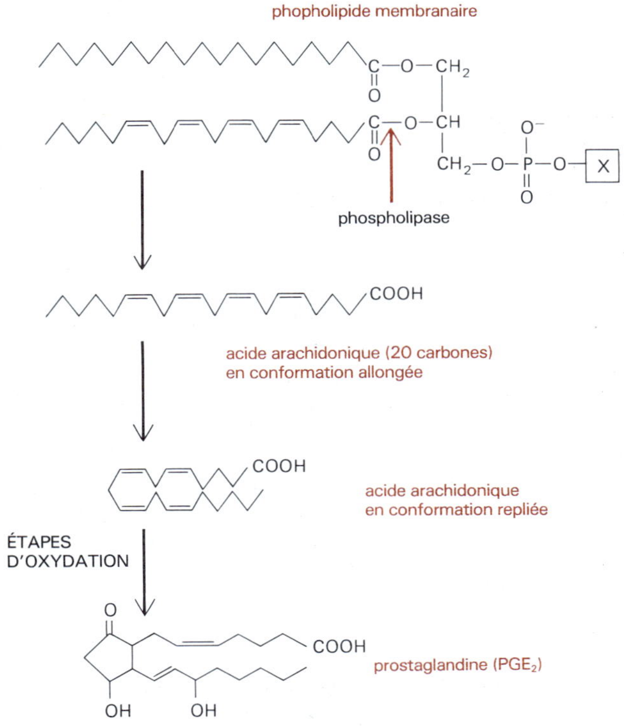

Figure 12-8 Les prostaglandines sont en permanence synthétisées dans les membranes à partir de chaînes d'acides gras à 20 carbones qui contiennent au moins trois doubles liaisons, comme le montre la synthèse de PGE_2. Le chiffre en indice fait référence aux deux doubles liaisons carbone-carbone à l'extérieur du noyau de PGE_2. Les prostaglandines ainsi que les *thromboxanes*, les *leucotriènes* et les *lipoxines*, des molécules informatives chimiquement apparentées, sont toutes produites à partir de l'acide arachidonique et sont globalement appelées les *eicosanoïdes*. Cette voie métabolique est une cible importante pour les médicaments, puisque les eicosanoïdes jouent un rôle important dans l'inflammation. Les hormones corticostéroïdes comme la cortisone, par exemple, sont largement utilisées cliniquement pour traiter des maladies inflammatoires non infectieuses comme certaines formes d'arthrite. Un de leurs modes d'action supposé serait d'induire la synthèse et/ou la sécrétion, par les globules blancs, de médiateurs chimiques locaux appelés *lipocortines* (ou calpactines), des protéines qui inhibent, d'une manière ou d'une autre, l'activité de la phospholipase dans la première étape de la voie de synthèse des eicosanoïdes décrite ici. Les anti-inflammatoires non stéroïdiens, comme l'aspirine, bloquent les étapes d'oxydation de la synthèse des prostaglandines. Les corticostéroïdes et l'aspirine sont tous les deux utilisés dans le traitement de l'arthrite.

prostaglandines différentes, rassemblées en 9 classes (désignées par PGA, PGB, PGC, ...PGI), qui produisent une variété d'effets biologiques en se liant à des récepteurs spécifiques de la surface cellulaire.

Contrairement à la plupart des molécules informatives, les prostaglandines ne sont pas stockées mais sont continuellement libérées à l'extérieur de la cellule dès leur production. Cependant, quand les cellules sont activées par lésion tissulaire ou par certains types de signaux chimiques, la vitesse de synthèse des prostaglandines est augmentée ; cette augmentation de la concentration locale en prostaglandines agit à la fois sur la cellule qui les fabrique (*stimulation autocrine*) et sur ses proches voisines. Une telle transmission autocrine effectuée en réponse à un autre signal chimique peut constituer un mécanisme d'amplification et/ou de prolongation d'une réponse à un stimulus initial, ainsi que de diffusion de la réponse à une population locale de cellules identiques.

Un grand nombre d'activités biologiques a été attribué aux protaglandines. Elles provoquent la contraction du muscle lisse, l'agrégation des plaquettes et l'inflammation. Par exemple, certaines prostaglandines, produites en grande quantité dans l'utérus au moment de l'accouchement, semblent jouer un rôle important dans la stimulation de la contraction des cellules du muscle lisse utérin ; ces prostaglandines sont maintenant largement utilisées comme agent pharmacologique pour provoquer un avortement. Inversement, des médicaments tels que l'aspirine agissent en inhibant la biosynthèse des prostaglandines au niveau des sites inflammatoires.

Résumé

Les molécules informatives extracellulaires sont les médiateurs de trois catégories de communications intercellulaires, selon la distance sur laquelle elles agissent : 1) dans la transmission endocrine, les hormones sont transportées dans le sang vers les cellules cibles dans tout l'organisme ; 2) dans la transmission paracrine, des médiateurs chimiques locaux sont rapidement captés, détruits ou immobilisés ; ils agissent donc uniquement sur des cellules proches ; et 3) dans la transmission synaptique, les neurotransmetteurs agissent uniquement sur la cellule post-synaptique adjacente. Chaque type de cellule contient un ensemble destructif de récepteurs protéiques qui est capable de se fixer et de répondre à un ensemble complémentaire de molécules informatives selon un schéma caractéristique et préprogrammé.

Les molécules informatives peuvent être classées selon leur solubilité dans l'eau. Les molécules informatives hydrophobes telles que les hormones stéroïdes, traversent la membrane plasmique et activent les récepteurs protéiques présents dans le cytoplasme cellulaire ; tandis que les molécules informatives hydrophiles (tous les neurotransmetteurs, la grande majorité des hormones et les médiateurs chimiques locaux) activent des récepteurs protéiques situés sur la surface des cellules cibles.

Transmission par l'intermédiaire de récepteurs intracellulaires : mécanismes d'action des hormones stéroïdes

De nombreux mécanismes physiologiques et du développement, dans des organismes aussi différents que les champignons et les hommes sont réglés par un petit nombre d'**hormones stéroïdes**, qui sont toutes synthétisées à partir du cholestérol. Etant relativement petites (poids moléculaire $\simeq$ 300), ces molécules hydrophobes traversent la membrane plasmique par simple diffusion. A l'intérieur de la cellule cible, chaque type d'hormone stéroïde se fixe fortement mais réversiblement à un récepteur protéique complémentaire. La fixation de l'hormone induit une modification allostérique de la conformation du récepteur protéique (*activation du récepteur*), qui augmente son affinité pour l'ADN et lui permet de se lier à des gènes spécifiques dans le noyau et de régler leur transcription. Les hormones thyroïdiennes agissent de la même façon et se lient à des récepteurs protéiques très voisins.

12-10 Les récepteurs activés des hormones stéroïdes règlent la transcription des gènes en se fixant à des séquences d'ADN spécifiques

Une cellule cible typique contient environ 10 000 récepteurs pour les hormones stéroïdes, chacun d'eux fixant réversiblement une molécule d'hormone stéroïde particulière avec une forte affinité (constante d'affinité $K_a = 10^8$ à 10^{10} litres/mole. Comme les récepteurs constituent moins de 0,01 p. cent de la masse totale des protéines dans la cellule, ils ont été extrêmement difficiles à caractériser et à purifier. Toutefois, les séquences d'ADN codant plusieurs récepteurs d'hormones stéroïdes chez les vertébrés ont été récemment clonées et leurs séquences d'acides aminés déterminées ; elles codent des récepteurs protéiques de structure très voisine. La chaîne polypeptidique (longue d'environ 800 acides aminés) est repliée en trois domaines différents au moins ; le domaine carboxy-terminal, qui se lie à l'hormone, le domaine médian, qui se lie à l'ADN, et un domaine amino-terminal qui active la transcription du gène (Figure 12-9).

Certains types de récepteurs des hormones stéroïdes sont localisés dans le cytosol où ils sont inactifs (non liés à leur ligand), alors que d'autres sont localisés essentiellement dans le noyau. Dans les deux cas, la liaison de l'hormone augmente l'affinité du récepteur pour l'ADN, lui permettant de se lier étroitement à des séquences nucléotidiques spécifiques dans les gènes que l'hormone règle. La liaison des complexes hormone-récepteur à ces sites spécifiques active (ou parfois inactive) la transcription de ces gènes.

Il fallut attendre 1983 pour pouvoir démontrer la liaison des récepteurs activés des hormones stéroïdes à des gènes spécifiques. Cette démonstration fut subordonnée à l'arrivée de la technologie de l'ADN recombinant, qui, en rendant disponibles de grandes quantités de séquences d'ADN spécifiques, permit de cloner les gènes réglés par les hormones stéroïdes. Il fut également nécessaire de purifier les récepteurs, un travail long et ennuyeux. Une fois les récepteurs purifiés, on put établir *in vitro*, avec précision, la carte des séquences d'ADN impliquées dans la liaison du récepteur à un gène, par des expériences d'*empreintes sur l'ADN* (voir p. 187) ; celle-ci montre que la liaison du récepteur protège un certain nombre de séquences nucléotidiques spécifiques de la dégradation lors de la digestion ménagée de l'ADN par des nucléases ou des produits chimiques. Lorsque ces courtes *séquences de reconnaissance* sont éliminées d'un gène, l'hormone stéroïde correspondante cesse d'activer la transcription du gène. De plus, lorsqu'un court fragment d'ADN contenant la séquence de reconnaissance est fusionné avec un gène différent (gène « rapporteur ») puis transfecté dans des cellules possédant le récepteur, l'hormone stéroïde appropriée active la transcription du gène rapporteur. Ces expériences démontrent que l'action du récepteur dans les cellules s'exerce *in vitro* par l'intermédiaire des séquences d'ADN reconnues par les récepteurs activés des hormones stéroïdes. On trouve généralement plusieurs groupes de séquences de reconnaissance dans un gène sensible aux hormones stéroïdes, dans les régions adjacentes situées en amont (et parfois en aval) de la région codante, et dans d'autres régions du gène (Figure 12-10). Étant donné les homologies de structure que partagent les différents récepteurs des hormones stéroïdes, il n'est pas surprenant que les séquences de reconnaissance auxquelles ils se lient soient étroitement apparentées.

Seul un petit nombre de gènes dans chaque cellule cible est directement influencé par les hormones stéroïdes. Par exemple, trente minutes après l'exposition d'hépatocytes de rat au *cortisol*, seules 6 protéines sur les 1 000 qui peuvent être décelées par électrophorèse sur gel à deux dimensions, ont augmenté en quantité et 1 a diminué. L'effet est reversible et la vitesse de synthèse de ces protéines redevient normale lorsque l'hormone est éliminée. Sachant qu'environ 10 p. cent des protéines cellulaires peuvent être décelées sur ces gels, il est probable que la liaison du cortisol à 10 000 molécules de récepteurs dans un hépatocyte ne modifie directement que la transcription d'environ 50 gènes — beaucoup moins que la mesure du nombre de sites de liaison sur l'ADN ne le laissait supposer. Il semble donc que la majorité des récepteurs activés se lient à l'ADN en des sites où leur présence est sans effet.

Comment la transcription d'un gène est-elle activée par la liaison de complexes récepteur-hormone ? On a montré que les sites de reconnaissance de l'ADN associés aux gènes sensibles aux hormones stéroïdes fonctionnaient comme des *activateurs d'expression transcriptionnels*

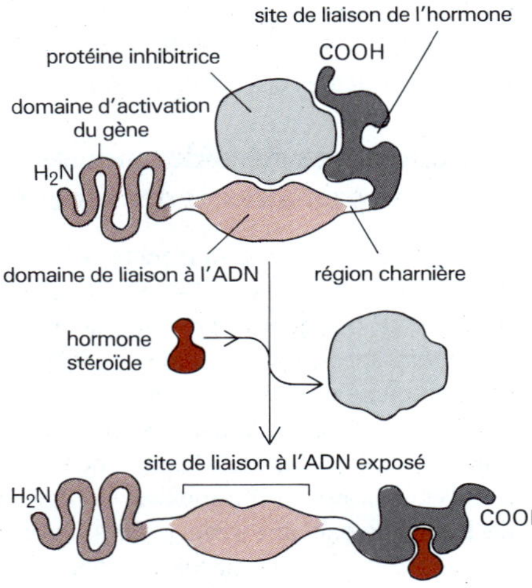

Figure 12-9 Modèle d'un récepteur protéique des hormones stéroïdes. On suppose que le récepteur, dans son état inactif, est lié à une protéine inhibitrice qui bloque le domaine de liaison de l'hormone au récepteur et provoque la dissociation de l'inhibiteur. Le modèle représenté est basé sur le récepteur du cortisol (glucocorticoïdes), mais les récepteurs des œstrogènes, de la testotérone, de la progestérone, de l'aldostérone, de l'hormone thyroïdienne, de l'acide rétinoïque et de la vitamine D ont une structure analogue (voir Figure 10-25, p. 569) ; l'ensemble de ces protéines forme la *superfamille des récepteurs stéroïdiens*. Dans le cas des récepteurs du cortisol et des œstrogènes, on suppose que la protéine inhibitrice est la protéine de choc thermique de 90 000 daltons, hsp 90 (voir p. 420).

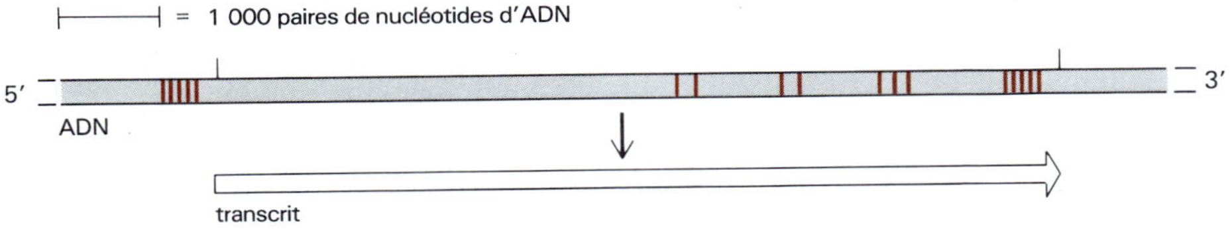

Figure 12-10 La localisation des séquences d'ADN dans le gène du virus de tumeur mammaire qui est reconnu par le récepteur activé du cortisol. Chaque barre colorée représente un site de liaison (de huit nucléotides de long) pour le récepteur. (D'après K.R. Yamamoto, dans Transfer and Expression of Eukaryotic Genes (H. Ginsberg et H.J. Vogel, eds.), pp 79-92. New York : Academic Press, 1984.)

récepteur-dépendants qui peuvent stimuler la transcription, même lorsqu'ils sont localisés à des milliers de nucléotides du promoteur où la synthèse d'ARN commence. Les mécanismes d'action probables des activateurs sont discutés dans le Chapitre 10 (voir p. 568).

12-12 Les hormones stéroïdes induisent souvent à la fois des réponses primaires et des réponses secondaires [7]

Dans de nombreux cas, la réponse à une hormone stéroïde a lieu en deux étapes. L'induction directe de la transcription de quelques gènes spécifiques est appelée *réponse primaire*. Les produits de ces gènes peuvent à leur tour activer d'autres gènes et produire une *réponse secondaire* tardive. Une simple stimulation hormonale peut donc provoquer un changement très complexe du mode d'expression des gènes.

Un exemple frappant est observé chez la *Drosophile* (mouche des fruits). Cinq à dix minutes après l'injection d'ecdysone, une hormone stéroïde, six nouveaux sites de synthèse d'ARN (apparaissant comme des *nodules*) sont induits sur les chromosomes polyténiques géants de la glande salivaire (voir p. 509). Après un certain délai, certaines des protéines formées pendant cette réponse primaire induisent quelque chose comme 100 sites supplémentaires de synthèse d'ARN, conduisant à la synthèse d'un groupe important de protéines caractéristiques de la réponse secondaire. Une ou plusieurs des premières protéines synthétisées exercent un contrôle rétroactif négatif sur la réponse en inhibant la transcription ultérieure de tous les gènes de la réponse primaire (Figure 2-11). Il est vraisemblable que des mécanismes analogues fournissent à la fois une amplification et un contrôle de nombreuses réponses hormonales chez les mammifères.

Les hormones stéroïdes règlent des gènes différents dans différentes cellules cibles [8]

Les réponses aux hormones stéroïdes, comme les réponses hormonales en général, sont déterminées aussi bien par la nature de la cellule cible que par la nature de l'hormone (voir Figure 12-5). En principe, cette observation a deux explications possibles ; soit chaque type de cellules possède des récepteurs différents pour la même hormone, soit les récepteurs sont les mêmes mais les gènes qu'ils activent sont différents. La dernière explication semble la plus vraisemblable.

Ceci fut prouvé de deux façons : par des expériences de génétique moléculaire qui montrèrent que les récepteurs de l'œstradiol, du cortisol et de la progestérone sont codés

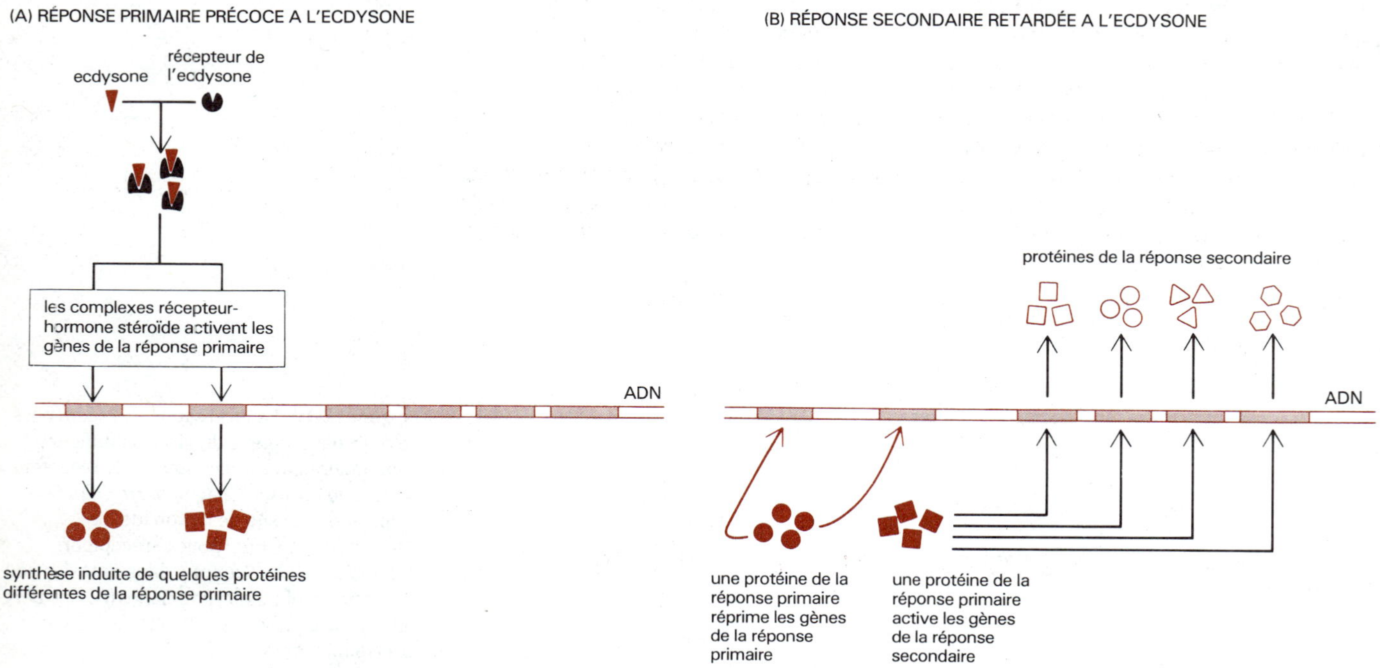

Figure 12-11 Réponse précoce primaire (A) et réponse secondaire retardée (B) à l'ecdysone dans les cellules de *Drosophile*. Certaines protéines de la réponse primaire activent des gènes de la réponse secondaire, alors que d'autres répriment les gènes de la réponse primaire. Le nombre actuel de gènes de réponses primaire et secondaire est plus important que celui représenté.

chacun par un seul gène ; par l'étude de mutants de mammifères dont les récepteurs pour l'hormone stéroïde dont la *testostérone* sont anormaux. Tous les mammifères développent des caractères féminins à moins qu'ils ne soient exposés à la testostérone au cours du développement embryonnaire. Les individus mutants sont génétiquement mâles et ont des testicules normaux secrétant la testostérone, mais leurs tissus ne peuvent répondre à l'hormone. Il développent donc tous des caractères sexuels secondaires femelles et leurs testicules restent dans l'abdomen et ne descendent pas. Ce syndrome de **féminisation testiculaire** a lieu chez la souris, le rat et les bovidés aussi bien que chez l'homme. Bien que seul le gène codant les récepteurs à la testostérone soit anormal, tous les différents types de cellules de l'organisme qui sont normalement influencés de différentes façons par la testostérone sont affectés (Figure 12-12).

Pourquoi le même récepteur des hormones stéroïdes active-t-il des groupes de gènes différents dans des types cellulaires différents ? Comme nous l'avons décrit dans le Chapitre 10 l'activation de la transcription d'un gène eucaryote nécessite la liaison de plus d'un type de protéine de régulation des gènes (voir p. 554). Un récepteur des hormones stéroïdes ne peut donc activer un gène qu'en présence de la combinaison correcte des autres protéines de régulation, et certaines de ces dernières sont spécifiques d'un type cellulaire (voir p. 554).

Ainsi, chaque hormone stéroïde induit un ensemble de réponses caractéristiques car : 1) seuls certains types de cellules possèdent les récepteurs pour l'hormone et 2) chacun de ces types cellulaires possède une combinaison différente des autres protéines de régulation spécifiques d'un type cellulaire qui collaborent avec le récepteur activé pour régler la transcription d'un groupe spécifique de gènes.

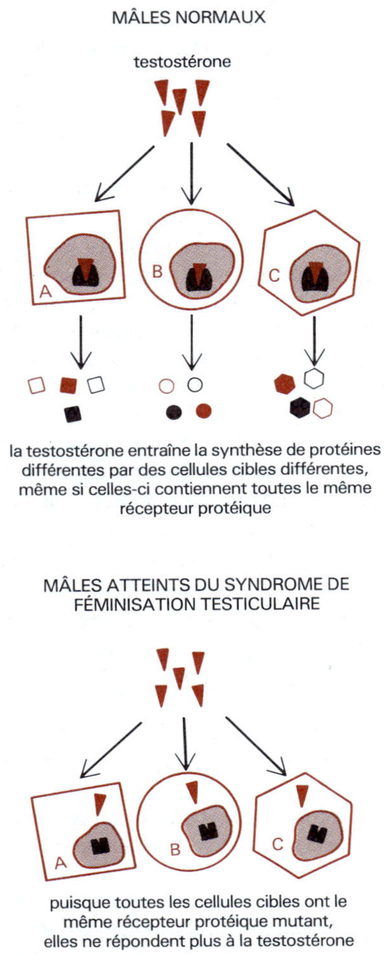

Figure 12-12 Des cellules cibles contenant le même récepteur protéique répondent différemment à la testostérone. Ainsi, dans le *syndrome de la féminisation testiculaire*, le déficit d'un gène unique qui conduit à un récepteur de la testostérone anormal entraîne une perte de réponse de toutes les cellules cibles à la testostérone.

Résumé

Les hormones stéroïdes sont de petites molécules hydrophobes dérivées du cholestérol qui sont solubilisées par liaison réversible à des transporteurs protéiques spécifiques dans le sang. Dès qu'elles sont libérées de leurs transporteurs protéiques, elles diffusent à travers la membrane plasmique de la cellule cible et se fixent réversiblement à des récepteurs protéiques spécifiques des hormones situées dans le cytoplasme ou le noyau. La liaison de l'hormone active le récepteur, qui peut alors se lier avec une grande affinité à des séquences d'ADN spécifiques qui agissent comme des activateurs d'expression transcriptionnels. Cette liaison augmente le niveau de transcription de certains gènes voisins. Les produits de certains de ces gènes activés peuvent, à leur tour, activer d'autres gènes et produire une réponse secondaire retardée, amplifiant, de ce fait, l'effet initial de l'hormone. Chaque hormone stéroïde est reconnue par un membre différent d'une famille de récepteurs protéiques homologues. Le même récepteur règle différents gènes dans des cellules cibles différentes, probablement du fait que les autres protéines de liaison à l'ADN nécessaires à la transcription d'un gène spécifique sont différentes dans ces cellules.

Les mécanismes de transduction par des récepteurs protéiques de surface cellulaire [9]

Toutes les molécules informatives hydrophiles (y compris les neurotransmetteurs, les hormones protéiques et les facteurs de croissance) ainsi que quelques molécules informatives liposolubles (voir p. 668), se fixent à des récepteurs protéiques spécifiques à la surface des cellules cibles sur lesquelles elles agissent. Ces récepteurs de surface cellulaire fixent la molécule informative (le ligand) avec une forte affinité et convertissent cet événement extracellulaire en un signal intracellulaire qui modifie le comportement de la cellule cible.

En utilisant des ligands marqués par des atomes radioactifs, des colorants fluorescents ou des molécules denses aux électrons (tel l'or colloïdal), il a été démontré que le nombre des récepteurs de surface cellulaire pour un ligand donné peut varier de 500 à plus de 100 000 par cellule et que leur distribution peut être diffusée ou localisée en des régions particulières de la membrane plasmique. Comme d'autres protéines membranaires, les récepteurs de surface cellulaire sont difficiles à purifier ou à étudier isolément, car ils constituent en général moins de 0,1 p. cent de la masse protéique totale de la membrane plasmique. Les techniques de clonage des séquences d'ADN qui codent les récepteurs de surface cellulaire permettent de contourner beaucoup de ces difficultés et ont révolutionné notre compréhension de la structure et de la fonction des récepteurs.

Contrairement aux récepteurs intracellulaires des hormones stéroïdes ou thyroïdiennes, les récepteurs de surface cellulaire ne règlent pas directement l'expression des gènes. Au lieu de cela, ils retransmettent le signal à travers la membrane plasmique, et l'influence qu'ils exercent sur des événements qui ont lieu dans le cytosol ou le noyau dépend généralement de l'émission de nouveaux signaux intracellulaires. Il serait possible d'imaginer que les récepteurs de surface cellulaire ne font que transférer la molécule informative extracellulaire dans le cytosol afin qu'elle puisse y servir de signal intracellulaire, mais ce n'est pas le cas. Bien que de nombreuses molécules protéiques informatives, comme l'insuline, soient ingérées par endocytose par l'intermédiaire de récepteurs (voir p. 718), elles ne s'échappent pas des compartiments endosomal et lysosomal dans le cytosol. La fonction du ligand extracellulaire semble être simplement d'induire un changement conformationnel du récepteur de surface cellulaire. En fait, des anticorps qui se lient au récepteur peuvent souvent mimer les effets du ligand normal — un phénomène qui est à l'origine de certaines maladies. Par exemple, l'hyperthyroïdie chez l'homme est généralement due à une production anormale d'anticorps qui se lient à des récepteurs de l'hormone thyréotrope (TSH), activant le récepteur et induisant une production trop élevée d'hormone thyroïdienne.

Dans cette partie, nous allons examiner la façon dont un changement conformationnel, induit dans un récepteur protéique de surface cellulaire par la liaison d'un ligand extracellulaire, permet au récepteur d'agir directement ou indirectement comme un transducteur, convertissant un signal extracellulaire en un signal intracellulaire.

Il y a trois classes connues de récepteurs protéiques de surface cellulaire : les récepteurs liés aux canaux, liés au protéines G et catalytiques [9]

Les récepteurs de surface cellulaire peuvent être divisés en trois classes selon le mécanisme de transduction qu'ils utilisent. Les **récepteurs liés aux canaux** sont des canaux ioniques dont l'ouverture est réglée par un transmetteur (voir p. 1074) ; ils sont principalement impliqués dans la transmission d'un signal synaptique rapide entre des cellules électriquement excitables. Ce type de transmission a lieu grâce à un petit nombre de neurotransmetteurs qui ouvrent et ferment de façon transitoire le canal ionique auquel ils se lient, modifiant brièvement la perméabilité ionique de la membrane plasmique et, par conséquent, l'excitabilité de la cellule postsynaptique. On a montré par séquençage de l'ADN que les récepteurs liés aux canaux appartiennent à une famille de protéines membranaires homologues à traversées multiples.

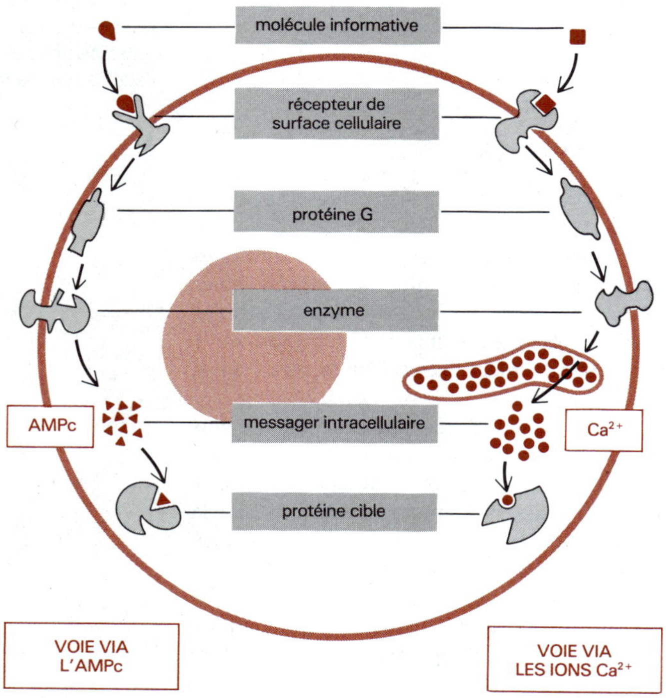

Figure 12-13 Les deux voies principales de génération de messagers intracellulaires de surface cellulaire liés à la protéine G par les récepteurs. Dans les deux cas, la liaison du ligand extracellulaire modifie la conformation du domaine cytoplasmique du récepteur de telle façon qu'il se lie à une protéine G qui, à son tour, active (ou inactive) une enzyme de la membrane plasmique. Dans d'autres cas, la protéine G se lie à un canal ionique plutôt qu'à une enzyme. Dans la voie de l'AMP cyclique, l'enzyme produit l'AMP cyclique. Dans la voie des ions Ca^{2+}, l'enzyme produit un médiateur soluble qui libère les ions Ca^{2+} à partir d'un site de stockage intracellulaire. L'AMP cyclique et les ions Ca^{2+} se lient tous deux à d'autres protéines spécifiques dans la cellule, altérant alors leur activité.

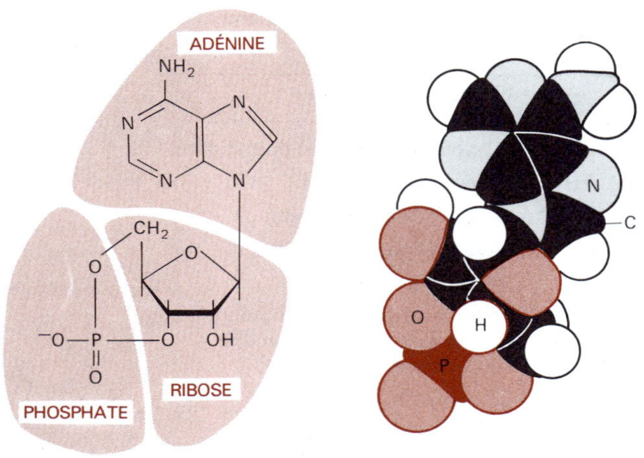

Figure 12-14 Formule et structure spatiale de l'AMP cyclique (C, H, N, O et P indiquent respectivement les atomes de carbone, hydrogène, azote, oxygène et phosphore).

Ces récepteurs sont étudiés dans le Chapitre 19 (voir p. 1074) et ne seront donc pas examinés plus avant dans ce chapitre.

Lorsqu'ils sont activés par leur ligand, les **récepteurs catalytiques** agissent directement comme des enzymes. Presque tous les récepteurs catalytiques connus sont des protéines transmembranaires avec un domaine cytoplasmique qui fonctionne comme une protéine kinase spécifique de la tyrosine.

Les **récepteurs liés aux protéines G** activent ou inactivent indirectement une enzyme particulière liée à la membrane plasmique ou un canal ionique. Le récepteur et l'enzyme ou le canal ionique s'associent par l'intermédiaire d'une troisième protéine, la *protéine de régulation liée au GTP* (ou *protéine G*). Les récepteurs liés à la protéine G activent généralement une série d'événements qui modifient la concentration d'une ou de plusieurs petites molécules informatives intracellulaires, que l'on appelle souvent les **messagers intracellulaires** (ou **médiateurs intracellulaires**). Ces messagers intracellulaires agissent ensuite à leur tour pour modifier le comportement d'autres protéines cibles dans la cellule. Deux des messagers intracellulaires les plus importants sont l'*AMP cyclique (AMPc)* et les ions Ca^{2+}. Les signaux d'AMP cyclique ou de Ca^{2+} sont engendrés suivant deux voies différentes qui font intervenir les protéines G et sont utilisées par presque toutes les cellules animales (Figure 12-13). Nous discuterons de ces différentes voies avant d'étudier à nouveau les récepteurs catalytiques qui ont une activité protéine kinase spécifique de la tyrosine. Nous commencerons par décrire les expériences qui ont conduit à la découverte de l'AMP cyclique et qui nous ont frayé le chemin vers la compréhension du couplage qui existe entre sa production et les signaux extracellulaires.

L'AMP cyclique est un messager intracellulaire ubiquiste dans les cellules animales [10]

Lorsque les hépatocytes ou les cellules musculaires sont exposés à l'*adrénaline* (également appelée *épinéphrine*), ils sont stimulés pour détruire leurs réserves de glycogène. On découvrit que l'adrénaline provoque l'activation de l'enzyme *glycogène phosphorylase*, qui catalyse la dégradation du glycogène. On montra ensuite que le traitement de membranes isolées d'hépatocytes avec l'adrénaline (en présence d'ATP) induit la production d'une petite quantité de médiateur thermolabile qui pourrait activer la phosphorylase présente dans les extraits d'hépatocytes dépourvus de membranes. L'**AMP cyclique** fut identifié en 1959 comme étant ce médiateur (Figure 12-14) ; on a montré depuis lors qu'il règle également les réactions intracellulaires dans toutes les cellules procaryotes et eucaryotes qui ont été étudiées jusqu'à présent.

L'identification de l'AMP cyclique a conduit à l'étude des enzymes qui le synthétisent et le dégradent. Pour que l'AMP cyclique fonctionne comme un médiateur intracellulaire, sa concentration intracellulaire (normalement $\leqslant 10^{-6}$ M) doit être capable de varier rapidement en réponse à des signaux extracellulaires : au cours d'une stimulation hormonale, la concentration d'AMP cyclique peut changer jusqu'à 5 fois en quelques secondes. Comme nous l'avons expliqué p. 714, une telle sensibilité nécessite que la synthèse rapide de la molécule soit équilibrée par une dégradation ou une élimination rapide. L'AMP cyclique est synthétisé à partir de l'ATP par l'enzyme **adényl cyclase** liée à la membrane plasmique, mais il est également rapidement détruit dans les cellules par une ou plusieurs **AMP cycliques phosphodiestérases**, qui hydrolysent l'AMP cyclique en adénosine 5'-monophosphate (5'-AMP) (Figure 12-15).

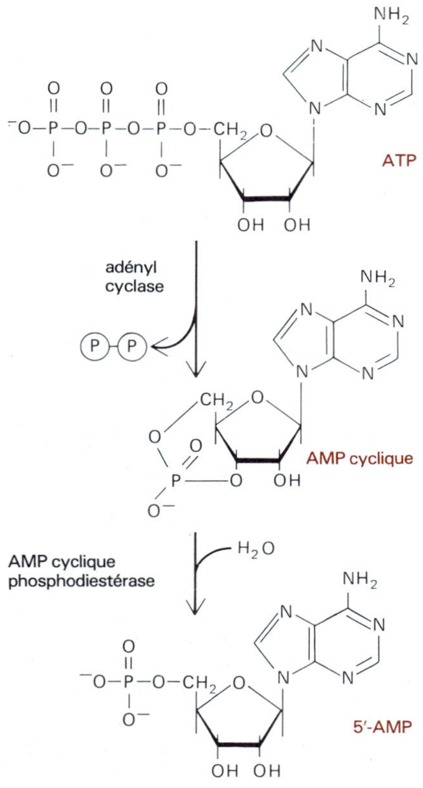

Figure 12-15 Synhèse et dégradation de l'AMP cyclique. La synthèse de l'AMP cyclique devient une réaction irréversible par le fait d'une pyrophosphatase qui hydrolyse le pyrophosphate libéré (Ⓟ — Ⓟ)

Tableau 12-2 Quelques effets induits par les hormones dans différentes cellules cibles avec l'AMP cyclique pour médiateur

Tissu cible	Hormone	Réponse principale
Thyroïde	hormone thyréotrope (TSH)	synthèse et sécrétion de thyroxine
Cortico-surrénale	hormone adrénocorticotrope (ACTH)	sécrétion de cortisol
Ovaire	hormone lutéinisante (LH)	sécrétion de progestérone
Muscle, foie	adrénaline	catabolisme du glycogène
Os	parathormone	résorption osseuse
Cœur	adrénaline	augmentation de la fréquence cardiaque et de la force de contraction
Rein	vasopressine	résorption de l'eau
Tissu adipeux	adrénaline, ACTH, glucagon, TSH	catabolisme des triglycérides

12-16 Les molécules de récepteur et d'adényl cyclase sont des protéines distinctes qui interagissent fonctionnellement dans la membrane plasmique

Beaucoup d'hormones et de médiateurs chimiques locaux fonctionnent en contrôlant les taux d'AMP cyclique et ils le font en activant (ou dans certains cas en inhibant) l'adényl cyclase plutôt qu'en modifiant l'activité de la phosphodiestérase. Des cellules cibles différentes répondent de manière très différente aux variations de leurs concentrations intracellulaires en AMP cyclique, tout comme une même hormone stéroïde produit des effets différents sur différentes cellules cibles (Tableau 12-2). Cependant, tous les ligands qui activent l'adényl cyclase dans une cellule cible donnée produisent normalement le même effet. Par exemple, au moins quatre hormones différentes activent l'adényl cyclase dans les adipocytes et chacune d'elles stimule la dégradation des triglycérides (forme de stockage des graisses) en acide gras (voir Tableau 12-2). Les différents récepteurs pour ces hormones semblent activer un « pool » commun des molécules d'adényl cyclase. Par des expériences de « transplantation » de récepteurs on peut montrer que les récepteurs et l'adényl cyclase sont des molécules distinctes. Les récepteurs adrénergiques, isolés à partir des membranes plasmiques solubilisées par un détergent, n'ont pas d'activité adényl cyclase, mais lorsqu'ils sont transplantés dans la membrane plasmique de cellules qui n'ont pas leurs propres récepteurs adrénergiques, ces récepteurs sont capables d'interagir fonctionnellement avec les molécules d'adényl cyclase de la cellule receveuse, provoquant leur activation en présence de l'hormone (Figure 12-16).

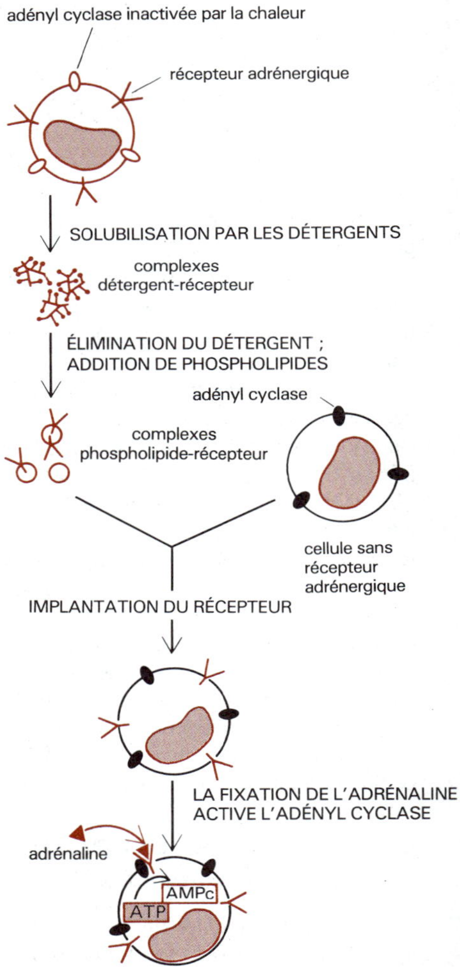

Figure 12-16 Les récepteurs fonctionnels de l'adrénaline peuvent être extraits des cellules (dans lesquelles les molécules d'adényl cyclase ont été inactivées par la chaleur) et implantés dans la membrane plasmique de cellules qui sont dépourvues de tels récepteurs. Lorsqu'ils sont activés par l'adrénaline, les récepteurs transplantés activent les molécules d'adényl cyclase dans la membrane plasmique de la cellule receveuse. La protéine G intermédiaire n'est pas représentée. Plus récemment, les récepteurs de l'adrénaline purifiés ont été utilisés dans ces expériences avec les mêmes résultats. Il y a au moins trois types de récepteurs de l'adrénaline (également appelés récepteurs adrénergiques) — α_1, α_2 et β ; seuls les récepteurs β-adrénergiques activent l'adényl cyclase.

Les récepteurs activent indirectement les molécules d'adényl cyclase par l'intermédiaire d'une protéine G stimulatrice (G_S) [12]

Dans les bactéries, les molécules de récepteurs et d'adényl cyclase interagissent directement mais, dans les cellules animales, une autre protéine intervient pour associer le récepteur activé à l'enzyme. Cette complication, initialement suggérée par le fait que l'activation hormonale de l'adényl cyclase dans des cellules animales éclatées, nécessite du GTP. Des lignées cellulaires mutantes furent ensuite isolées chez lesquelles la fixation de l'adrénaline n'active pas l'adényl cyclase en dépit d'une concentration normale en récepteurs adrénergiques et en adényl cyclase. En mélangeant les préparations de membranes plasmiques de telles cellules « non couplées » avec des extraits de membranes plasmiques de cellules normales, on pouvait reconstituer un système adényl cyclase hormono-sensible nécessitant du GTP. On démontra que les extraits obtenus par traitement avec des détergents contenaient une **protéine régulatrice de liaison du GTP**, ou **protéine G**, qui était manquante dans les cellules mutantes « non couplées ». Comme cette protéine G est impliquée dans l'*activation* de l'enzyme, elle est appelée **protéine G stimulatrice (G_S)**. Les réponses des individus génétiquement déficients en protéine G à de nombreuses hormones sont diminuées. Ces individus ne peuvent donc pas grandir ou se développer sexuellement, ils sont mentalement retardés et ont de nombreuses anomalies métaboliques. Récemment, un système adényl cyclase activé par l'adrénaline a été reconstitué dans des vésicules phospholipidiques de synthèse (voir p. 286) à partir de récepteurs adrénergiques purifiés, de G_S et de molécules d'adényl cyclase, indiquant qu'aucune autre protéine n'est nécessaire au mécanisme d'activation.

Si la protéine G_S doit transmettre un signal du récepteur à la cyclase, elle doit avoir un moyen de changer de structure après réception d'un signal. C'est le rôle du GTP. Lorsque la protéine G_S est activée par un complexe hormone-récepteur, elle se lie simultanément à une molécule de GTP et peut alors activer une molécule d'adényl cyclase. La protéine G_S maintient l'activité de la cyclase aussi longtemps que le GTP est intact. Finalement c'est l'hydrolyse du GTP en GDP par la protéine G_S (qui est une GTPase) qui va arrêter l'activation de la cyclase.

12-17 La protéine G_S est un hétérodimère qui semble se dissocier lorsqu'il est activé [13]

La fonction de la protéine G dépend de sa structure quaternaire. G est composée de trois polypeptides : une *chaîne* α ($G_{S\alpha}$) qui lie et hydrolyse le GTP et active l'adényl cyclase, et un étroit complexe entre une *chaîne* β et une *chaîne* γ ($G_{\beta\gamma}$) qui fixe G_S à la face cytoplasmique de la membrane plasmique. Un modèle courant de la façon dont G_S associe l'activation du récepteur à l'activation de l'adényl cyclase est donné dans la Figure 12-17. Dans sa forme inactive, G_S est un trimère avec un GTP lié à $G_{S\alpha}$. Lorsqu'il est activé par liaison au complexe hormone-récepteur, le site de liaison d'un nucléotide guanylique sur $G_{S\alpha}$ est modifié, permettant la liaison du GTP à la place du GDP. La liaison du GTP semble provoquer la séparation de $G_{S\alpha}$ et de $G_{\beta\gamma}$, permettant la liaison étroite de $G_{S\alpha}$ à une molécule d'adényl cyclase qui est alors activée pour produire l'AMP cyclique. En moins d'une minute, $G_{S\alpha}$ hydrolyse son GTP en GDP, provoquant la dissociation du complexe $G_{S\alpha}$-adényl cyclase (celle-ci devient inactive), et sa réassociation avec $G_{\beta\gamma}$ pour reformer une molécule G_S inactive.

Chez les bactéries, le système adényl cyclase n'a pas d'intermédiaire G_S. Pourquoi les cellules animales ont-elles alors développé un mécanisme à plusieurs étapes, d'une telle complexité, pour la transduction d'un signal, avec une protéine G qui s'interpose entre le récepteur et l'enzyme qu'il doit activer ? L'une des raisons possibles est le besoin d'amplification du signal (voir p. 713), une autre est le besoin de niveaux de contrôle supplémentaires.

G_S permet deux sortes d'amplifications. Dans le cas le plus simple, un seul récepteur protéique activé peut, en principe, entrer en collision avec de nombreuses molécules de protéines G et les activer, activant alors de nombreuses molécules d'adényl cyclase. Cependant, dans certains cas, le ligand extracellulaire ne reste pas lié à son récepteur assez longtemps pour que ce mécanisme d'amplification fonctionne : certains ligands, par exemple, peuvent se dissocier de leur récepteur en moins d'une seconde. On suppose, toutefois, que G_S reste actif 10 à 15 secondes avant d'hydrolyser son GTP lié. De cette façon, la molécule d'adényl cyclase peut rester activée longtemps après la dissociation d'un tel ligand extracellulaire. Cet effet amplificateur peut être encore amplifié si des cellules sont cassées puis exposées à un analogue du GTP dans lequel le phosphate terminal ne peut être hydrolysé. Un traitement hormonal a alors un effet très prolongé sur la production de l'AMP cyclique.

En plus de leur rôle amplificateur, les protéines G fournissent une étape importante de la régulation du mécanisme d'activation, là où il est possible. En principe, l'efficacité du couplage entre les récepteurs et l'enzyme peut être altérée si l'on modifie de façon covalente la protéine G ou si l'on change sa concentration dans la membrane plasmique. Les effets de la toxine bactérienne, qui est responsable des symptômes du choléra, en sont un exemple dramatique. La **toxine cholérique** est une enzyme qui catalyse le transfert de l'ADP-ribose du NAD^+ intracellulaire à la sous-unité α de la protéine G_S, la modifiant de sorte qu'elle ne peut plus hydrolyser son GTP lié. Une molécule d'adényl cyclase activée par une telle protéine G_S modifiée demeure alors indéfiniment dans l'état activé. L'augmentation prolongée de la concentration en AMP cyclique qui en résulte à l'intérieur des cellules épithéliales intestinales, entraîne un flux important d'ions Na^+ et d'eau dans l'intestin qui est responsable de la grave diarrhée caractéristique du choléra.

G_S n'est qu'un des membres d'une grande famille de protéines G qui associent des récepteurs à une variété d'enzymes et de canaux ioniques dans les membranes des cellules eucaryotes. Comme nous allons le voir maintenant, une de ces protéines G inhibe plutôt qu'active l'adényl cyclase.

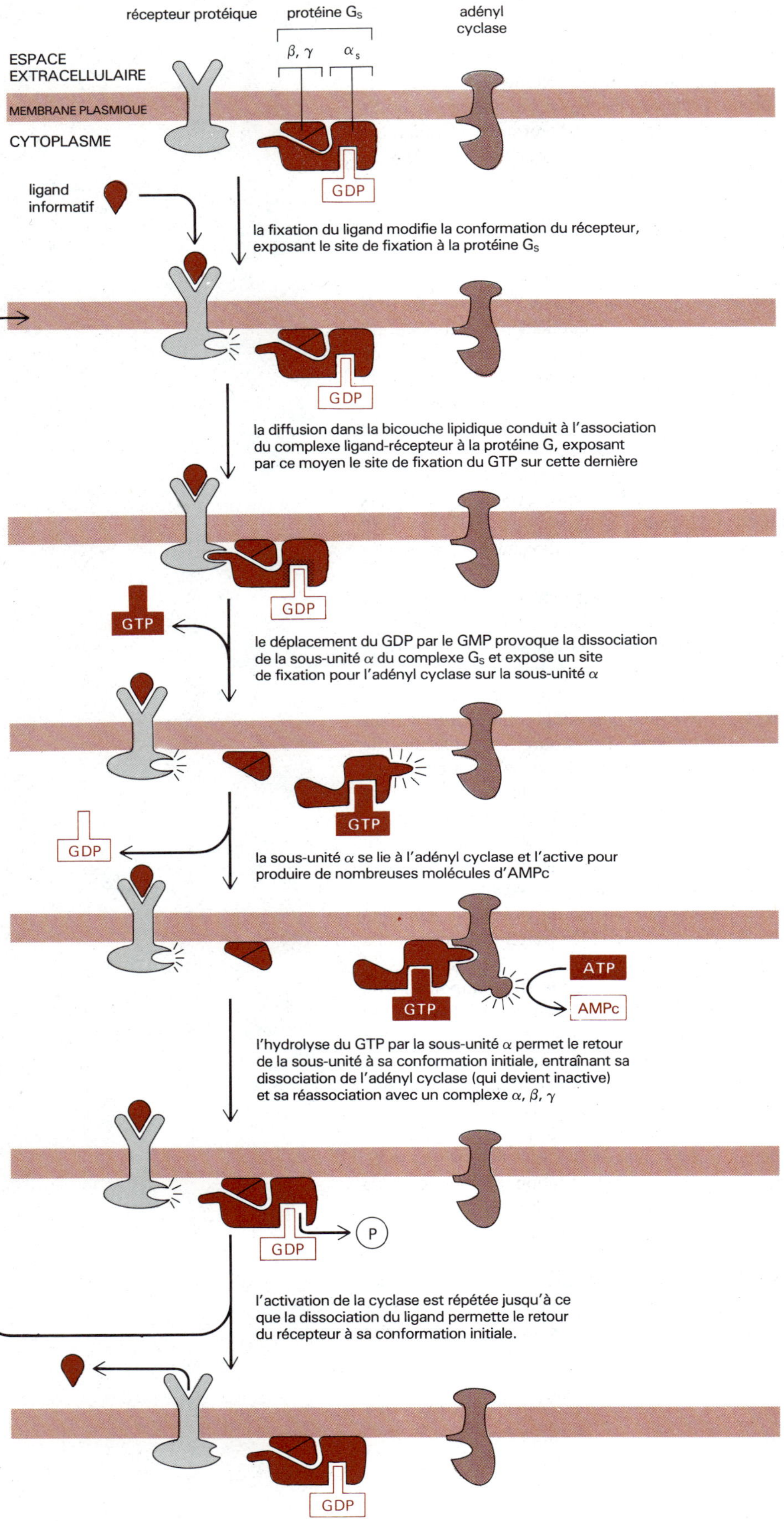

Figure 12-17 Modèle classique du couplage fonctionnel des récepteurs protéiques à l'adényl cyclase via la protéine G stimulatrice, G_S. Aussi longtemps que le ligand informatif reste lié, le récepteur peut continuer à activer des molécules de protéine G_S, amplifiant ainsi la réponse. Le maintien de la liaison du GTP à la sous-unité α de la protéine G_S pendant plusieurs secondes, au cours desquelles l'adényl cyclase reste activée, représente un mécanisme d'amplification supplémentaire (qui est plus important dans certains systèmes de transmission de signaux). Selon un autre modèle, les molécules de G_S et d'adényl cyclase restent associées de façon permanente au cours des processus d'activation et d'inactivation qui sont décrits.

Des récepteurs inactivent l'adényl cyclase via une protéine G inhibitrice (G_i) [13]

La même molécule informative peut soit augmenter, soit diminuer la concentration intracellulaire de l'AMP cyclique selon le type de récepteur auquel elle se lie. Par exemple, il y a plusieurs types de récepteurs adrénergiques : les *récepteurs β adrénergiques* activent l'adényl cyclase alors que les *récepteurs α_2 adrénergiques* l'inhibent. La différence de fonction entre ces deux types de récepteurs est due aux protéines G qui les associent à la cyclase. G_S associe de façon fonctionnelle les récepteurs β à l'adényl cyclase ; les récepteurs α_2 sont associés à la même enzyme par une **protéine G inhibitrice (G_i)** qui contient le même complexe $G_{\beta\gamma}$ que G_S mais une sous-unité α différente ($G_{i\alpha}$). Lorsqu'ils sont activés, les récepteurs α_2-adrénergiques se lient à G_i, entraînant la liaison de GTP au lieu de GDP à $G_{i\alpha}$. On suppose que cela provoque la dissociation de $G_{i\alpha}$ de $G_{\beta\gamma}$ et il semble que les deux sous-unités $G_{i\alpha}$ et $G_{\beta\gamma}$ libérées contribuent à l'inhibition de l'adényl cyclase : $G_{i\alpha}$ inhibe directement la cyclase, alors que $G_{\beta\gamma}$ agit indirectement en se liant à des sous-unités α_S libres, les empêchant ainsi d'activer des molécules de cyclase.

Tout comme la toxine cholérique maintient des niveaux d'AMP cyclique élevés grâce à la ribosylation de l'ADP par $G_{S\alpha}$ et l'inactivation de son activité GTPasique, la *toxine pertussis*, produite par la bactérie responsable de la coqueluche, agit de la même façon par ribosylation de l'ADP par $G_{i\alpha}$. Dans ce cas cependant, le complexe G_i ne peut plus interagir avec des récepteurs et ne peut donc plus inhiber l'adényl cyclase en réponse à l'activation du récepteur.

Bien que la découverte des protéines G soit due à leur influence sur l'adényl cyclase, elles peuvent également agir d'autres façons comme le résume le Tableau 12-3. En particulier, d'autres protéines G en activant la phospholipase C (voir p. 702), peuvent coupler l'activation des récepteurs à une modification de la concentration cytosolique de Ca^{2+}. Les ions Ca^{2+} sont encore plus largement utilisés que l'AMP cyclique comme messager intracellulaire.

Les ions Ca^{2+} sont stockés dans un compartiment intracellulaire spécial [14]

La concentration en Ca^{2+} libre dans le cytosol des cellules est extrêmement faible ($\sim 10^{-7}$ M), alors qu'elle est élevée dans le liquide extracellulaire ($> 10^{-3}$ M) et dans un compartiment intracellulaire spécialisé dans le stockage de Ca^{2+}. Il existe donc un fort gradient qui tend à faire pénétrer le Ca^{2+} dans le cytosol à travers la membrane plasmique et la membrane du compartiment intracellulaire. Lorsqu'un signal ouvre de façon transitoire les canaux Ca^{2+} de

Tableau 12-3 Quelques protéines de liaison du GTP régulatrices impliquées dans la transmission cellulaire de signaux.

Type de protéine G	Sous-unité α*	Fonction	Modifiée par la toxine bactérienne
G_s	α_S	active l'adényl cyclase	choléra
G_i	α_i	inactive l'adényl cyclase	pertussis
G_p	?	active la phospholipase C spécifique des phosphoinositides	pertussis (seulement dans certaines cellules)
G_o	α_o	protéine G majoritaire dans le cerveau ; semble régler les canaux ioniques	pertussis
Transducine	T_α	active la GMP_c phosphodiestérase dans les cellules en bâtonnet des vertébrés	pertussis et choléra
Protéines *ras*	—**	impliquées d'une façon inconnue dans la stimulation par les facteurs de croissance de la prolifération cellulaire	aucune

* Excepté les protéines *ras* (et G_p dont la structure est inconnue), les protéines G sont des hétérotrimères composés d'une chaîne α faiblement liée à un dimère β. Toutes les sous-unités α connues (40 000-50 000 daltons) sont homologues et plusieurs des protéines G ont des sous-unités β (35 000 daltons) et γ (8 000 daltons) identiques (ou très similaires).
** Les protéines *ras* sont composées d'une seule chaîne polypeptidique (21 000 daltons) ; elles ont une assez faible homologie avec les sous-unités des autres protéines G ; nous ne savons pas si elles agissent comme intermédiaires dans le couplage du récepteur, de la même façon que les protéines G citées.

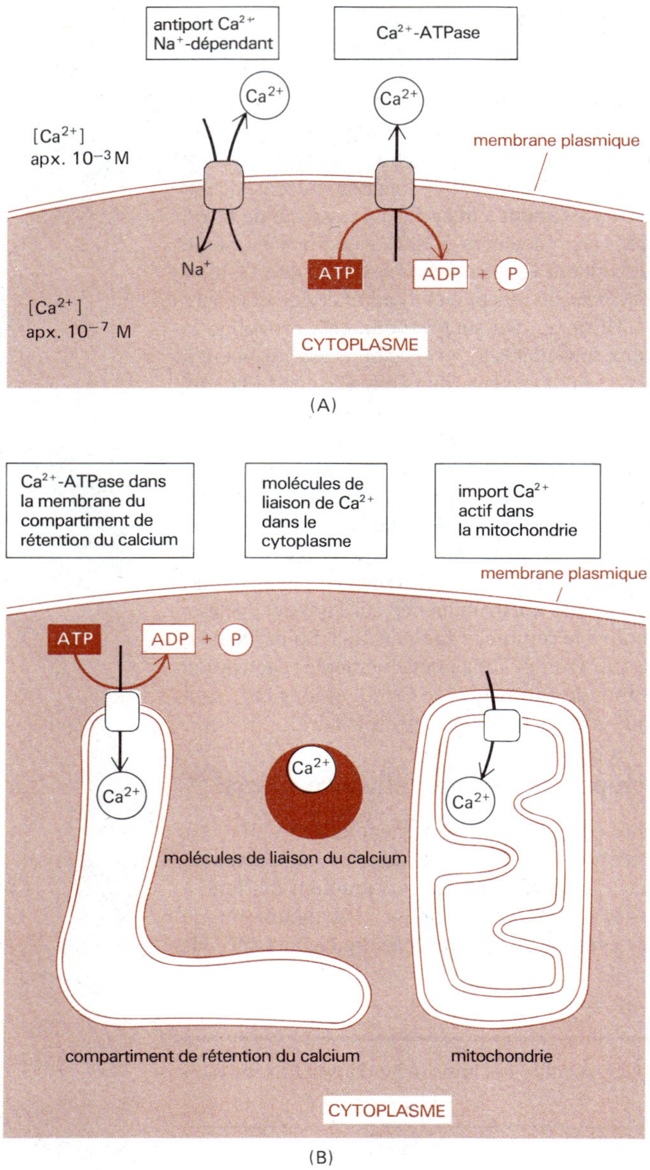

Figure 12-18 Principaux mécanismes grâce auxquels les cellules maintiennent une très faible concentration des ions Ca^{2+} libres dans le cytosol face aux fortes concentrations de Ca^{2+} dans le liquide extracellulaire. Les ions Ca^{2+} sont activement pompés hors du cytosol vers l'extérieur (A), et dans un compartiment interne particulier, le compartiment de rétention du calcium (B). De plus, diverses molécules dans la cellule fixent solidement les ions Ca^{2+} libres. Les mitochondries peuvent également pomper les ions Ca^{2+} hors du cytosol, mais elles ne le font efficacement qu'en présence de concentrations extrêmement élevées en Ca^{2+} — généralement après une lésion cellulaire.

l'une de ces membranes, les ions Ca^{2+} se précipitent dans le cytosol, augmentant la concentration locale de Ca^{2+} de façon dramatique et activant les mécanismes de réponse sensibles aux ions Ca^{2+} dans la cellule.

Afin que ce mécanisme de transmission fonctionne, la concentration en Ca^{2+} dans le cytosol doit rester faible ; ceci est réalisé de plusieurs façons (Figure 12-18). Toutes les cellules eucaryotes ont une Ca^{2+}-ATPase dans leur membrane plasmique qui utilise l'énergie d'hydrolyse de l'ATP pour pomper les ions Ca^{2+} hors du cytosol. Les cellules musculaires et nerveuses, qui font un usage intensif de la transmission par Ca^{2+} ont une pompe calcique supplémentaire dans leur membrane plasmique qui couple le flux sortant de Ca^{2+} au flux entrant de Na^+. Cet échange Na^+/Ca^{2+} a une assez faible affinité pour Ca^{2+} et, par conséquent, ne commence à agir efficacement qu'en présence de taux de Ca^{2+} cytosolique 10 fois supérieurs à la normale, comme cela se produit lorsque des cellules nerveuses ou musculaires sont stimulées à plusieurs reprises.

Une pompe calcique située dans la membrane du compartiment intracellulaire spécialisé joue aussi un rôle important dans le maintien d'une faible concentration de Ca^{2+} cytosolique : cette Ca^{2+}-ATPase permet au compartiment intracellulaire de capter de grandes quantités de Ca^{2+} du cytosol contre un fort gradient de concentration, même lorsque les taux de Ca^{2+} cytosolique sont faibles. Les ions Ca^{2+} sont stockés dans la lumière du compartiment, ils sont faiblement liés à une protéine de liaison de Ca^{2+} appelée *calséquestrine*, qui a une faible affinité ($K_a \simeq 10^3$ litres/mole) mais une grande capacité de liaison de Ca^{2+} ($\sim$ 50 ions calcium/molécule). Quand l'on utilise des anticorps dirigés contre la calséquestrine et la Ca^{2+}-ATPase pour marquer

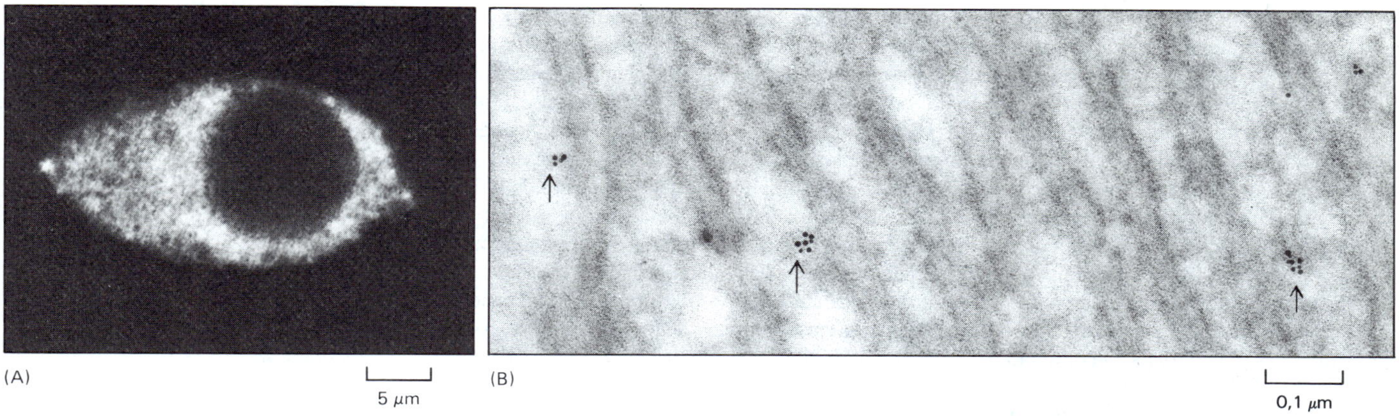

les cellules, les deux anticorps marquent le même compartiment limité par une membrane, qui est distinct du réticulum endoplasmique rugueux et dont l'étendue est beaucoup moins importante (Figure 12-19). Ce compartiment récemment découvert est homologue du réticulum sarcoplasmique des cellules musculaires (voir p. 621) et, comme le réticulum sarcoplasmique, il est spécialisé dans le stockage et la libération du calcium. Nous le désignerons donc sous le nom de **compartiment de rétention du calcium.**

Normalement, la concentration en Ca^{2+} libre dans le cytosol varie d'environ 10^{-7} M lorsque la cellule est au repos, à 5×10^{-6} M lorsque la cellule est activée par un signal extracellulaire. Mais lorsqu'une cellule est lésée et ne peut plus pomper efficacement les ions Ca^{2+} hors du cytosol, la concentration en Ca^{2+} peut atteindre des niveaux dangereusement élevés ($> 10^{-5}$ M). Dans ces circonstances, une pompe calcique de faible affinité mais de forte capacité, située dans la membrane interne de la mitochondrie, se met en action et utilise le gradient électrochimique qui se forme à travers cette membrane au cours des étapes de transfert d'électrons de la phosphorylation oxydative, afin de capter les ions Ca^{2+} du cytosol (voir p. 353).

Figure 12-19 Le compartiment intracellulaire de rétention du calcium révélé par marquage avec des anticorps dirigés contre une protéine de liaison des ions Ca^{2+}, la calsequestrine. (A) Micrographie en immunofluorescence d'une cellule neurale de rat en culture, montrant que ce compartiment s'étend dans tout le cytoplasme. (B) Micrographie électronique après immunomarquage avec de l'or d'une coupe fine congelée de foie de rat, montrant que le compartiment de rétention du calcium n'est pas le réticulum endoplasmique rugueux (RE). Des analyses quantitatives de telles micrographies électroniques indiquent que le compartiment occupe moins de 1 p. cent du volume cellulaire (A, d'après P. Volpe et al. *Proc. Natl. Acad. sci. USA*, 85 : 1091-1095. B, avec l'autorisation de J. Meldolesi.)

Les ions Ca^{2+} agissent comme messager intracellulaire ubiquiste [15]

La première preuve directe du rôle des ions Ca^{2+} comme médiateur intracellulaire provient d'une expérience réalisée en 1947 et montrant que l'injection intracellulaire d'une petite quantité de Ca^{2+} entraîne la contraction des cellules du muscle squelettique. Au cours des dernières années, il est devenu clair que les ions Ca^{2+} agissent comme messager intracellulaire dans une grande variété de réponses cellulaires, y compris la sécrétion et la prolifération cellulaires. Deux voies de transmission de signaux par les ions Ca^{2+} ont été définies (Figure

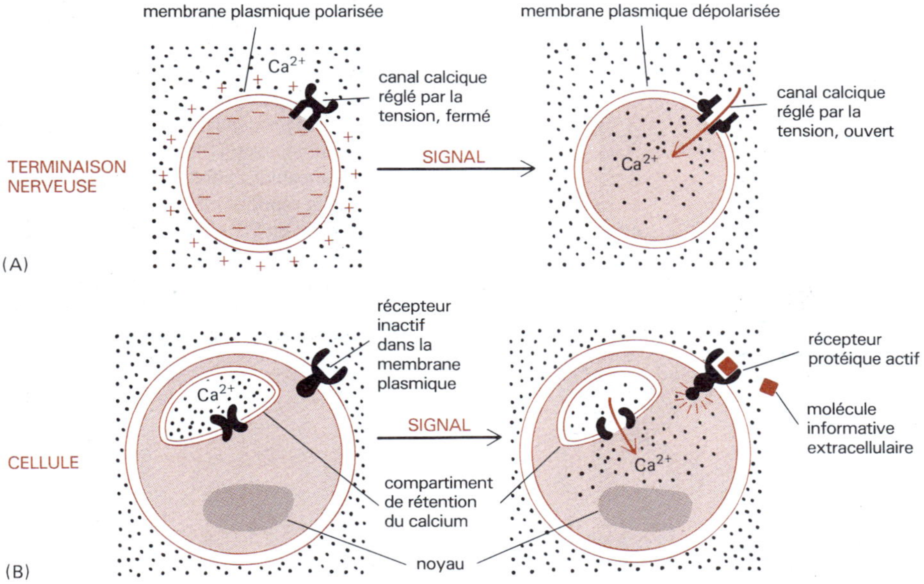

Figure 12-20 Deux voies courantes par lesquelles les ions Ca^{2+} peuvent pénétrer dans le cytosol pour agir en tant que médiateur intracellulaire de signaux extracellulaires. En (A), les ions Ca^{2+} passent du liquide extracellulaire dans la terminaison nerveuse par les canaux calciques réglés par la tension quand la membrane de terminaison nerveuse est dépolarisée par un potentiel d'action. En (B), la liaison d'une molécule informative extracellulaire à un récepteur de la surface cellulaire stimule la libération de Ca^{2+} du compartiment de rétention du calcium à l'intérieur de la cellule.

12-20), l'une d'elles est principalement utilisée par les cellules électriquement actives et l'autre est utilisée par presque toutes les cellules eucaryotes. La première de ces voies a été particulièrement bien étudiée dans les cellules nerveuses, dans lesquelles une dépolarisation de la membrane plasmique provoque un influx de Ca^{2+} dans la terminaison nerveuse, initiant la sécrétion de neurotransmetteur ; les ions Ca^{2+} pénètrent grâce à des canaux calciques réglés par la tension qui s'ouvrent lorsque la membrane plasmique de la terminaison nerveuse est dépolarisée par un potentiel d'action (voir p. 1077). Dans la seconde voie ubiquiste, la liaison de molécules informatives extracellulaires aux récepteurs de la surface cellulaire conduit à la libération de Ca^{2+} à partir du compartiment de rétention du calcium ; les événements qui se produisent à la surface cellulaire sont couplés à l'ouverture de canaux calciques situés dans la membrane interne grâce à un autre messager intracellulaire, l'*inositol triphosphate*. La production de ce messager nécessite l'hydrolyse rapide d'une classe mineure de molécules phospholipidiques (les phospholipides contenant de l'inositol) dans la membrane plasmique.

12-24 L'inositol triphosphate ($InsP_3$) couple l'activation du récepteur à la libération de Ca^{2+} à partir du compartiment de rétention du calcium [16]

Le rôle joué par les phospholipides contenant de l'inositol (*phosphoinositides*) dans la transduction d'un signal fut tout d'abord suggéré en 1953, quand on découvrit que certaines molécules informatives extracellulaires stimulent l'incorporation de phosphate radioactif dans le **phosphatidylinositol (PI)**, un phospholipide mineur dans les membranes cellulaires. Il fut montré ensuite que cette incorporation résultait de la dégradation puis de la resynthèse des phosphoinositides déclenchées par un récepteur protéique qui active une enzyme appelée la **phospholipase C spécifique des phosphoinositides**. Les phosphoinositides les plus importants dans la transduction d'un signal sont deux dérivés phosphorylés du PI, le *PI-phosphate (PIP)* et le *PI-biphosphate* (*PIP_2*), qui sont sans doute localisés principalement dans le feuillet interne de la membrane plasmique (Figure 12-21). Bien que le PIP_2 soit moins abondant que le PI dans les membranes cellulaires animales, c'est l'hydrolyse de PIP_2 qui compte le plus.

La chaîne d'événements qui relient les signaux extracellulaires aux réponses intracellulaires via la dégradation de PIP commence par la liaison de la molécule informative à son récepteur de la membrane plasmique. On a montré que plus de 25 récepteurs de surface cellulaire différents utilisent la voie de transduction par les phosphoinositides (Tableau 12-4). Bien que les détails du mécanisme d'activation ne soient pas aussi bien compris que ceux de la voie de transduction par l'AMP cyclique, il est de plus en plus courant que le même type de mécanisme à multiples étapes fonctionne dans la membrane plasmique. Un récepteur activé active sans doute une protéine G (appelée à titre d'essai $\mathbf{G_P}$) qui, à son tour, active la phospholipase C. En moins d'une seconde, cette enzyme clive le PIP pour donner deux produits : l'*inositol triphosphate* et le *diacylglycérol* (Figure 12-22). A cette étape, la voie de transmission se sépare en deux. Comme les deux molécules jouent des rôles essentiels dans la transmission de signaux dans la cellule, nous les étudierons l'une après l'autre.

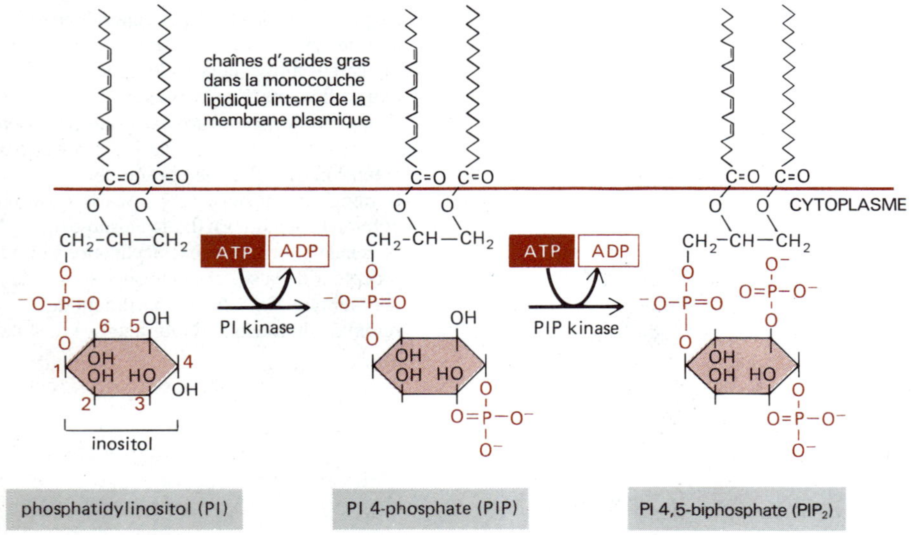

Figure 12-21 Les phospholipides contenant de l'inositol (phosphoinositides) représentent moins de 10 p. cent des phospholipides totaux dans les membranes de cellules de mammifères. Les polyphosphoinositides (PIP et PIP_2) sont produits par phosphorylation de phosphatidylinositol (PI). Bien que les trois phosphoinositides puissent être dégradés au cours de la réponse informative, c'est la dégradation du PIP qui est la plus importante même s'il est le moins abondant, ne représentant que moins de 10 p. cent des lipides totaux contenant de l'inositol et moins de 1 p. cent des phosphoinositides.

Tableau 12-4 Quelques réponses cellulaires par l'intermédiaire de la voie de transmission de signaux par les phosphoinositides.

Tissu cible	Molécule informative	Réponse principale
Foie	vasopressine	dégradation du glycogène
Pancréas	acétylcholine	sécrétion d'amylase
Muscle lisse	acétylcholine	contraction
Cellules β du pancréas	acétylcholine	sécrétion d'insuline
Mastocytes	antigène	sécrétion d'histamine
Plaquettes sanguines	thrombine	sécrétion de sérotonine et de PDGF

L'**inositol triphosphate (InsP$_3$)** est une petite molécule hydrosoluble qui libère des ions Ca^{2+} à partir du compartiment de rétention du calcium (voir Figure 12-22). Lorsque l'InsP$_3$ est ajouté pour perméabiliser les membranes et isoler les vésicules intracellulaires, il provoque la sortie de Ca^{2+} dans le milieu. Apparemment, la liaison d'InsP$_3$ à un récepteur protéique situé à la surface cytoplasmique du compartiment intracellulaire ouvre des canaux calciques dans cette membrane. Deux mécanismes permettent à la réponse d'être transitoire : 1) les ions Ca^{2+} qui pénètrent dans le cytosol sont rapidement expulsés, principalement hors de la cellule (pour être remplacés par un influx à travers la membrane plasmique lorsque le stimulus est supprimé) ; et 2) quelques molécules de InsP$_3$ sont rapidement déphosphorylées (et, par conséquent, inactivées) par une phosphatase spécifique. Toutes les molécules de InsP$_3$ ne sont pas déphosphorylées ; certaines sont phosphorylées pour former de l'inositol 1,3,4,5-tétrakisphosphate (InsP$_4$) qui peut servir d'intermédiaire à des réponses plus lentes et plus longues dans la cellule. Dans certaines cellules, la réponse aux ions Ca^{2+} se traduit par une série d'augmentations ou « pics » transitoires, qui durent chacun 10 secondes au moins.

Le dyacyglycérol produit par l'hydrolyse du PIP$_2$ active la protéine kinase C [17]

Alors que l'InsP$_3$ produit par hydrolyse du PIP$_2$ augmente la concentration de Ca^{2+} dans le cytosol, les effets de l'autre produit de clivage du PIP$_2$, le **diacylglycérol**, sont assez différents. Il a deux rôles potentiels de transmission de signaux. Il peut être clivé pour donner l'acide

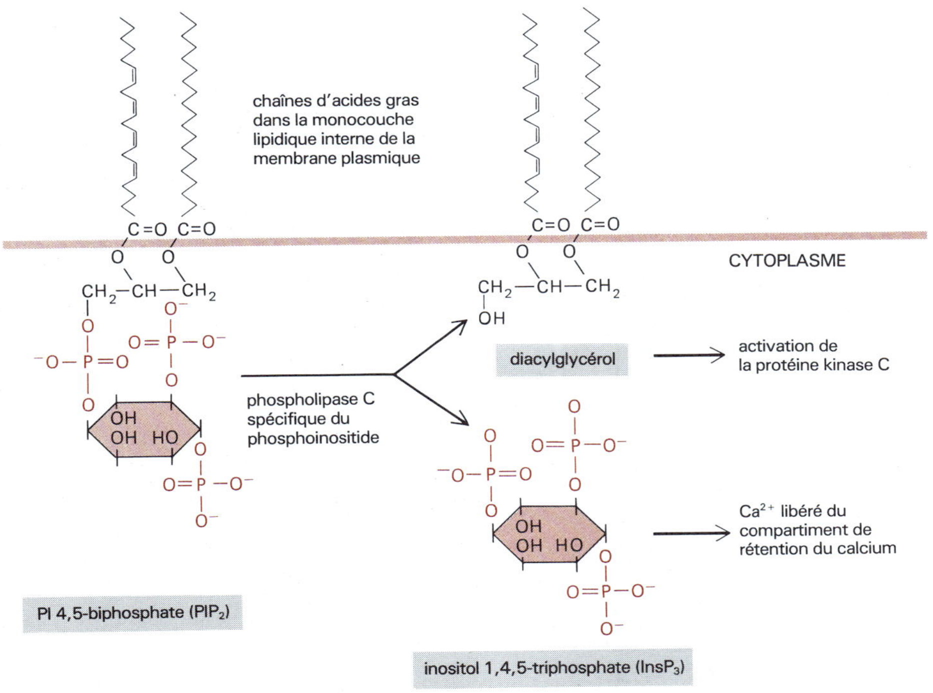

Figure 12-22 L'hydrolyse de PIP$_2$ produit l'*inositol triphosphate (InsP$_3$)* qui diffuse à travers le cytosol et libère les ions Ca^{2+} du compartiment de rétention du calcium. L'autre produit, le *diacylglycérol*, joue également un rôle important dans la transmission de signaux intracellulaires en activant la protéine kinase C (voir plus loin).

arachidonique, qui peut être utilisé dans la synthèse des prostaglandines et de molécules lipidiques informatives apparentées (voir Figure 12-8) ; ou, ce qui est plus important, il peut activer une protéine kinase spécifique, qui peut ensuite phosphoryler un certain nombre de protéines avec différentes fonctions dans la cellule cible.

L'enzyme activée par le diacylglycérol est appelée **protéine kinase C (kinase C)** car elle est Ca^{2+}-dépendante. Le diacylglycérol produit par l'activation du récepteur, ainsi que la *phosphatidylsérine* située dans la moitié cytoplasmique de la membrane plasmique, se lient à la kinase C, augmentant ainsi l'affinité de l'enzyme pour les ions Ca^{2+} ; la kinase C devient alors active aux faibles concentrations de Ca^{2+} que l'on trouve habituellement dans le cytosol. Dans de nombreuses cellules, cependant, il semble que la kinase C soit normalement activée par l'effet coopératif du diacylglycérol et d'une augmentation de Ca^{2+} provoquée par $InsP_3$. L'activation de la kinase C est transitoire car, en quelques secondes, le diacylglycérol est phosphorylé pour former du phosphatidate ou clivé pour donner l'acide arachidonique.

Lorsqu'elle est activée par le diacylglycérol et les ions Ca^{2+}, la kinase C transfère le groupement phosphate terminal de l'ATP à des résidus sérine ou thréonine spécifiques situés sur des protéines cibles qui varient selon le type cellulaire. Dans de nombreuses cellules animales par exemple, la kinase C est supposée phosphoryler et donc activer l'échangeur Na^+-H^+ de la membrane plasmique qui contrôle le pH intracellulaire ; grâce à l'augmentation de pH intracellulaire qui en résulte, certaines cellules peuvent recevoir le signal de proliférer (voir p. 309). On trouve les plus fortes concentrations de kinase C dans le cerveau, où (entre autres) elle phosphoryle les canaux ioniques dans ces cellules nerveuses modifiant ainsi leurs propriétés et modifiant l'excitabilité des cellules nerveuses (voir p. 1092). Dans certaines cellules, l'activation de la kinase C augmente la transcription de gènes spécifiques. Les promoteurs de certains de ces gènes contiennent un activateur d'expression commun qui est reconnu par une protéine de régulation des gènes dont l'activité est stimulée par l'activation de la kinase C (voir p. 566) ; cependant, nous ne savons pas si la protéine est directement phosphorylée (et ainsi activée) par la kinase C ou si elle est activée indirectement par une cascade de protéines kinases.

Chacune des deux branches de la voie de transmission par les phospholipides contenant de l'inositol peut être mimée par l'addition d'agents pharmacologiques spécifiques à des cellules intactes. On peut mimer les effets de l'$InsP_3$ en utilisant un *ionophore calcique* comme A23187 ou l'ionomycine, qui permet le transfert de Ca^{2+} du liquide extracellulaire vers le cytosol (voir p. 322). Les effets du diacylglycérol peuvent être mimés par des dérivés monoacylés du diacylglycérol ou par des *esters de phorbol*, produits végétaux qui se lient à la kinase C et l'activent directement (Figure 12-23). En utilisant ces réactifs, on a pu montrer que les deux

Figure 12-23 Les deux branches de la voie des phosphoinositides. On suppose que le récepteur activé se lie à une protéine G spécifique (G_p), provoquant la dissociation de la sous-unité α supposée et activant la phospholipase C qui clive PIP_2 pour engendrer l'$InsP_3$ et le diacylglycérol. La structure de G_p n'est pas connue. Le diacylglycérol (ainsi que les ions Ca^{2+} liés et la phosphatidylsérine qui ne sont pas représentés) active la kinase C. La phospholipase C et la kinase C sont présentées dans les cellules sous les formes hydrosolubles et liées à la membrane. Il est possible que l'une d'elles ou les deux subissent une translocation du cytosol vers la face interne de la membrane plasmique au cours du mécanisme d'activation. Les effets de l'$InsP_3$ peuvent être mimés expérimentalement dans des cellules intactes par traitement avec des ionophores Ca^{2+}, alors que les effets du diacylglycérol peuvent être mimés par traitement avec des dérivés monoacylés de diacylglycérol ou d'esters de phorbol, qui se lient à la kinase C et l'activent.

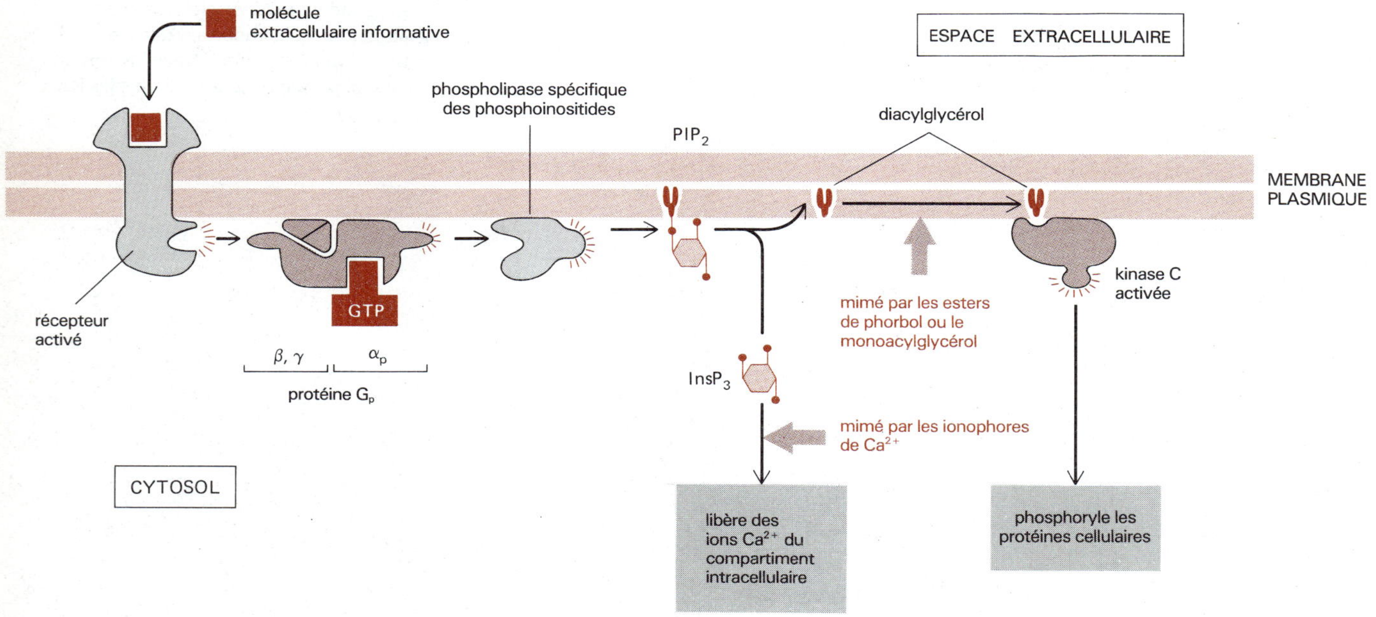

branches de la voie collaborent souvent pour donner une réponse cellulaire complète. Par exemple, la prolifération d'un certain nombre de types cellulaires en culture peut être stimulée lorsqu'ils sont traités simultanément avec un ionophore calcique et un activateur de la kinase C et non lorsqu'ils sont traités avec un seul des deux réactifs.

Lorsque la prolifération des cellules de l'organisme est stimulée de façon excessive, elle est susceptible d'attirer l'attention. C'est pourquoi les effets des esters de phorbol sur la prolifération cellulaire furent d'abord mis en évidence grâce à leur activité de « promoteurs tumoraux » chez l'animal. Les promoteurs tumoraux sont des substances qui, seules, ne sont pas cancérogènes, mais qui peuvent induire la croissance d'une tumeur lorsqu'elles sont administrées à un animal qui a reçu une dose de carcinogène normalement trop faible pour être efficace. La découverte ultérieure d'une activation directe de la kinase C par les esters de phorbol a permis de décrire l'une des voies intracellulaires de la réponse des cellules aux signaux de croissance. En réalité, la recherche fondamentale sur les causes de cancer et, plus particulièrement, sur les virus qui provoquent des tumeurs chez les animaux, est responsable d'un certain nombre de connaissances importantes sur les voies intracellulaires de transmission des signaux.

Les oncogènes *ras* codent une nouvelle classe de protéines G impliquées dans la régulation de la prolifération cellulaire [18]

Il semble que plusieurs voies de transmission des signaux soient impliquées dans le contrôle de la croissance et de la division cellulaires. Certains des gènes codant les composants normaux de ces voies ont été accidentellement incorporés, souvent sous forme modifiée, dans le génome d'une classe de *rétrovirus* connus sous le nom de virus tumorigène à ARN. Dans certains cas, ces gènes viraux dérivés des cellules confèrent aux virus la capacité d'induire une prolifération incontrôlée dans les cellules infectées et de provoquer ainsi des tumeurs chez les animaux infectés : de tels gènes sont connus sous le nom d'**oncogènes** viraux. L'étude des tumeurs a conduit à la découverte des virus puis des oncogènes, ce qui mena à la découverte des gènes cellulaires normaux, *proto-oncogènes*, dont proviennent les oncogènes viraux (voir p. 754).

Une classe majeure d'oncogènes découverts de cette façon et appelés les gènes *ras* (car ils furent d'abord découverts dans des virus qui provoquent des sarcomes chez le *rat*), codent des protéines G situées sur la face interne de la membrane plasmique, où ils fixent et hydrolysent le GTP. Les **protéines ras** codées par les oncogènes viraux *ras* diffèrent des protéines ras normales (codées par les proto-oncogènes) par des substitutions d'acides aminés en une ou deux positions dans les protéines ; ceci est généralement suffisant pour diminuer leur activité GTPasique et interférer, de cette façon, avec leur mécanisme normal de terminaison (voir p. 697). Lorsque des anticorps dirigés contre les produits des proto-oncogènes *ras* sont injectés dans des cellules en culture, les cellules cesseront de se diviser en réponse aux facteurs de croissance. On suppose, par conséquent, que les protéines ras sont impliquées dans le couplage des récepteurs des facteurs de croissance aux effecteurs protéiques de la membrane plasmique. La nature de ces effecteurs et du mécanisme de couplage est incertaine, bien qu'il semble de plus en plus probable que la régulation de la voie des phospholipides contenant de l'inositol soit au moins une partie de l'activité de ces effecteurs. Il est très improbable que la(ou les) protéine(s) G_p qui couple les récepteurs à la phospholipase C soit codée par un proto-oncogène *ras*, car G_p serait alors très différente des autres protéines G décrites dans ce Chapitre, qui sont des hétérotrimères homologues ; les protéines ras, sont des polypeptides uniques (voir Tableau 12-3, p. 699). Il est beaucoup plus vraisemblable que la famille des proto-oncogènes *ras*, qui est composée d'au moins trois membres, représente une classe particulière de protéines G avec de nouvelles fonctions. Dans tous les cas, il est clair que la recherche d'oncogènes est une méthode d'approche importante pour étudier les voies normales de transmission des signaux via les protéines G et, aussi comme nous le verrons plus loin, d'autres mécanismes de transmission des signaux dans les cellules.

Une importante famille de glycoprotéines homologues qui traversent sept fois la membrane, activent les protéines G [19]

La diversité des systèmes de transmission de signaux qui utilisent les protéines G est remarquable. Nous avons vu que certaines protéines G (G_S et G_i) couplent les récepteurs à l'adényl cyclase, alors que d'autres (G_p) couplent les récepteurs à la phospholipase C. Dans l'œil des vertébrés, une protéine G appelée *transducine* couple la réception d'un photon lumineux par une molécule de rhodopsine à l'activation d'une phosphodiestérase qui hydrolyse le *GMP cyclique* (voir p. 713) ; il en résulte une chute de la concentration de ce médiateur qui provoque une modification électrique dans la cellule photoréceptrice (voir p. 1006). Alors que toutes les protéines G sont capables de modifier indirectement les canaux ioniques, certaines protéines G peuvent interagir indirectement avec ceux-ci. Par exemple, la liaison de l'acétylcholine à des récepteurs situés sur les cellules du muscle cardiaque active une protéine G (apparentée à G_i), qui active directement un canal K^+ situé dans la membrane plasmique (ces récepteurs, qui sont sensibles à la muscarine, un alcaloïde fongique, sont appelés *récepteurs muscariniques de l'acétylcholine*, pour les distinguer des *récepteurs nicotiniques de l'acétylcholine* qui sont des récepteurs très différents, liés à des canaux sur les cellules du muscle squelettique (voir p. 319).

Les protéines G impliquées dans ces systèmes disparates qui ont été bien caractérisés, sont apparentées ; elles ont le même nombre de sous-unités et une séquence d'acides aminés analogue ; les séquence d'acides aminés des sous-unités α de la transducine et de G_i, par exemple ont environ 65 p. cent d'homologie. Il n'est peut-être pas surprenant que la majorité, si ce n'est la totalité, des récepteurs qui interagissent avec ces protéines G soient eux-mêmes homologues, comme des déterminations de séquences d'ADN l'ont montré. D'après leurs séquences d'acides aminés, plusieurs de ces récepteurs ont une structure commune composée d'une seule chaîne polypeptidique qui traverse sept fois la bi-couche lipidique. Cette famille de récepteurs transmembranaires comprend les récepteurs β-adrénergiques (Figure 12-24), les récepteurs muscariniques de l'acétylcholine, plusieurs récepteurs de neuropeptides et même la rhodopsine. Il semble vraisemblable que ces glycoprotéines appartiennent à une très grande famille de récepteurs apparentés. Le motif structural est vraisemblablement apparu très tôt au cours de l'évolution, car il est partagé par la bactériorhodopsine, une pompe à protons bactérienne photoactivée (qui, cependant, n'agit pas via la protéine G — voir p. 293) et par les récepteurs utilisés par les levures au cours de leur conjugaison (voir p. 571). Toutefois, les récepteurs de la surface cellulaire ne sont pas tous des protéines membranaires à traversées multiples et nous allons maintenant nous intéresser à une autre classe : la famille de récepteurs des protéines kinases spécifiques de la tyrosine.

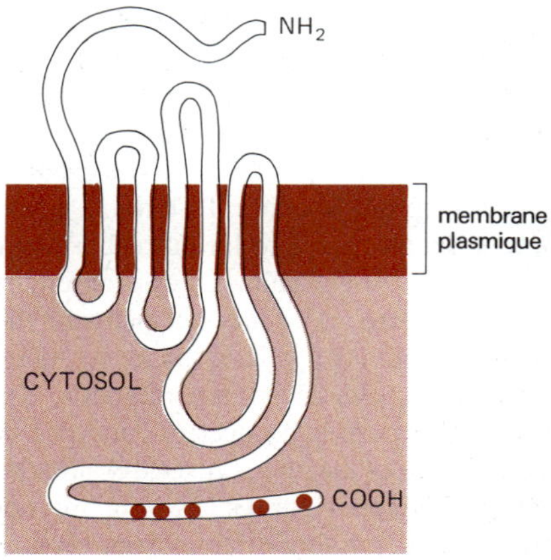

Figure 12-24 Le récepteur β-adrénergique tel qu'il est vraisemblablement orienté dans la membrane plasmique. Les régions colorées de la queue cytoplasmique indiquent la localisation des résidus sérine, sites potentiels des phosphorylations qui interviennent dans la désensibilisation des récepteurs (voir p. 718). On a montré que les autres récepteurs protéiques liés à une protéine G ont une structure transmembranaire analogue : ils traversent sept fois la membrane. (D'après des données de R.A.F. Dixon et al., *Nature* 321 : 75-79, 1986.)

De nombreux récepteurs catalytiques sont des glycoprotéines transmembranaires à traversée unique avec une activité protéine kinase spécifique de la tyrosine [20]

De nombreux récepteurs de surface cellulaire semblent convertir un signal extracellulaire en signal intracellulaire par régulation de l'activité de la protéine G. Cependant, certains d'entre eux semblent transmettre plus directement le signal à la cellule. Ce sont des récepteurs catalytiques, et les mieux caractérisés dans les cellules animales sont des enzymes transmembranaires à traversée unique, les **protéines kinases spécifiques de la tyrosine**, dont le domaine catalytique est exposé sur la face cytoplasmique de la membrane plasmique. Quand elles sont activées par liaison du ligand, ces protéines transfèrent le groupement phosphate terminal de l'ATP au groupement hydroxyle d'un résidu tyrosine de protéines sélectionnées dans la cellule cible. Les récepteurs pour l'*insuline* et pour un certain nombre de facteurs de croissance, y compris le *facteur de croissance dérivé des plaquettes* (*PDGF*, voir p. 746) et le *facteur de croissance épidermique* (*EGF*, qui stimule la division des cellules de l'épiderme et d'une variété d'autres types cellulaires) font partie de cette famille de récepteurs (Figure 12-25). La plupart des autres protéines kinases phosphorylent les résidus sérine ou (moins souvent) les résidus thréonine sur les protéines, de sorte que moins de 0,1 p. cent des protéines phosphorylées dans la cellule contiennent une phosphotyrosine. Dans tous les cas étudiés, les récepteurs protéiques qui ont une activité tyrosine kinase s'autophosphorylent lorsqu'ils sont activés ; dans le cas du récepteur de l'insuline, cette autophosphorylation augmente l'activité de la kinase — un exemple de *régulation en retour (ou rétroactive) positive.*

Comment la liaison d'un ligand au domaine extracellulaire de ces récepteurs active-t-elle le domaine catalytique qui est situé de l'autre côté de la membrane plasmique ? Il est difficile d'imaginer la façon dont un changement de conformation pourrait se propager à travers la bicouche lipidique grâce à la seule hélice transmembranaire. Dans le cas du récepteur pour l'EGF, la liaison du ligand induit un changement conformationnel dans le domaine extracellulaire du récepteur, qui provoque l'assemblage du récepteur en dimères. Il est possible que l'activité catalytique soit induite par l'interaction résultante des deux domaines adjacents dans un tel dimère.

Il y a de bonnes raisons de penser que l'activité kinase de ces récepteurs est importante dans la transmission des signaux. Par exemple, les cellules contenant un récepteur à l'insuline mutant dont la modification au niveau d'un seul acide aminé inactive sélectivement l'activité kinase, ne répondent pas à l'insuline. Il a été, cependant, extrêmement difficile d'identifier les substrats clef qui deviennent phosphorylés (en dehors du récepteur lui-même), et le rôle exact

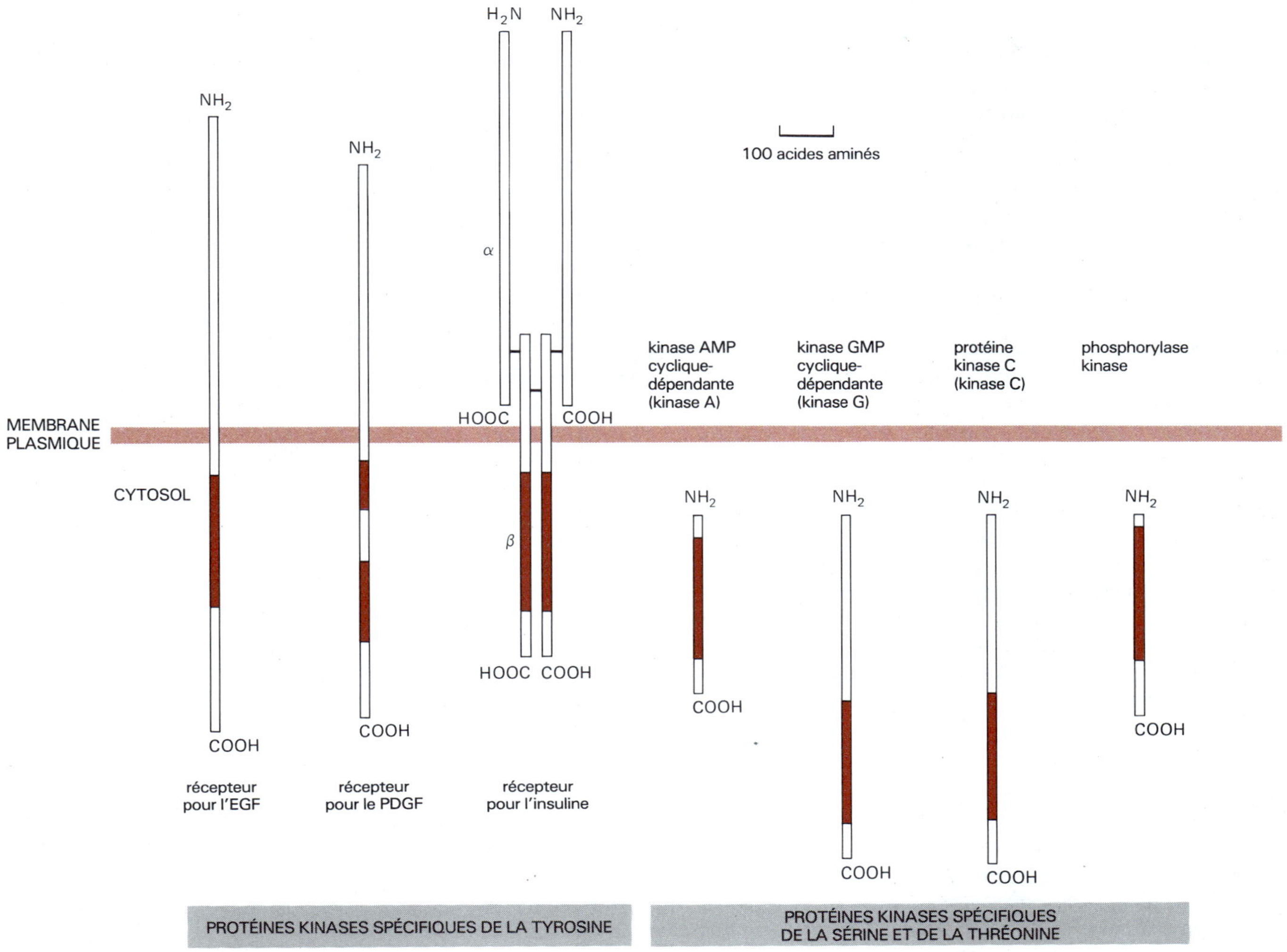

Figure 12-25 Représentation schématique de quelques-unes des protéines kinases étudiées dans ce chapitre, montrant la taille et la localisation de leur domaine catalytique. Dans tous les cas, le domaine catalytique (*coloré*) a une longueur d'environ 250 acides aminés et une séquence d'acides aminés similaire aux autres domaines catalytiques, suggérant qu'ils ont tous évolué à partir d'une kinase ancestrale commune. Les trois kinases spécifiques de la tyrosine sont des récepteurs protéiques transmembranaires qui, lorsqu'ils sont activés par la liaison de ligands extracellulaires spécifiques, phosphorylent des protéines (y compris eux-mêmes) sur les résidus tyrosine à l'intérieur de la cellule. Les deux chaînes du récepteur pour l'insuline sont codées par un seul gène qui produit un précurseur protéique qui est clivé en deux chaînes liées par des ponts disulfure. On suppose que le domaine extracellulaire du récepteur pour le PDGF est replié en cinq domaines semblables aux immunoglobulines (Ig), suggérant que cette protéine appartient à une superfamille d'immunoglobulines (voir p. 1053). Les sous-unités régulatrices normalement associées avec la kinase A (voir Fig. 12-27) et la phosphorylase kinase (voir Fig. 12-31) ne sont pas représentées sur la Figure.

de la phosphorylation de la tyrosine dans la transduction des signaux reste obscur. Cependant, dans le cas du récepteur au PDGF, il semble que l'un des substrats soit la kinase qui phosphoryle le phosphatidylinositol (*PI-kinase* — voir Figure 12-21). Ceci pourrait expliquer pourquoi le PDGF provoque paradoxalement une activation lente de la voie de transmission des phospholipides contenant de l'inositol, bien qu'il se lie à un récepteur qui n'est sans doute pas couplé au G_p.

Après la liaison du ligand, il y a endocytose de nombreux récepteurs catalytiques via des vésicules recouvertes, sous forme de complexes récepteur-ligand (voir p. 328). Dans certains cas du moins, cette endocytose par l'intermédiaire d'un récepteur dépend de l'autophosphorylation du récepteur, et elle peut jouer un rôle important dans la dégradation de la molécule informative et dans la régulation de la concentration du récepteur à la surface de la cellule cible (voir p. 718). Elle effectue aussi la translocation du domaine tyrosine kinase vers de nouveaux emplacements dans la cellule, qui pourraient être importants dans le mécanisme de transmission de signaux, mais cela n'a pas été démontré.

Certains oncogènes codent des récepteurs catalytiques anormaux qui ont une activité kinase constitutive [21]

La première protéine kinase spécifique de la tyrosine fut découverte en 1979. Ce n'était pas un récepteur de surface cellulaire mais le produit intracellulaire d'un oncogène viral, une protéine appelée $pp60^{v\text{-}src}$ (voir p. 754). Le récepteur pour l'EGF fut le premier récepteur protéique qui fut identifié à une kinase spécifique de la tyrosine (en 1982), et, plusieurs années plus tard, on montra que l'oncogène viral *erbB* codait une version tronquée de ce récepteur. Cette protéine tronquée ne possède pas de domaine extracellulaire de liaison à l'EGF mais un domaine tyrosine kinase intracellulaire constitutivement actif : les cellules qui portent ce récepteur défectueux se comportent comme si elles recevaient, en permanence un signal de prolifération. Plus récemment, on découvrit que l'oncogène *neu*, exprimé par certaines tumeurs du système nerveux du rat induites chimiquement, codait un récepteur anormal qui est une tyrosine kinase, bien que le ligand (soupconné d'être un facteur de croissance) pour le récepteur normal n'ait pas encore été identifié. Dans ce cas, la différence entre les récepteurs normaux et anormaux n'est que d'un seul acide aminé, qui est situé dans le seul segment transmembranaire de la protéine et qui suffit à rendre la tyrosine kinase constitutivement active. Ces études soulignent l'importance des récepteurs tyrosine kinase, dont nous venons de parler, dans le contrôle de la prolifération cellulaire.

On a découvert de nombreux autres liens entre les oncogènes et les voies de transmission normales impliquées dans la prolifération cellulaire. L'oncogène *sis*, par exemple, code une sous-unité fonctionnellement active du PDGF, alors que l'oncogène *erbA* code une forme variante du récepteur de l'hormone thyroïdienne. Comme nous le verrons plus longuement dans le Chapitre 13, l'étude des oncogènes ouvre une voie prometteuse vers la découverte et la compréhension de l'ensemble des mécanismes qui permettent aux signaux de prolifération cellulaire d'exercer leur action.

Presque la moitié des oncogènes, découverts jusqu'à présent, codent des protéines kinases qui phosphorylent les résidus tyrosine, sérine ou thréonine des protéines. Cela n'est pas surprenant car la phosphorylation joue un rôle essentiel dans les voies de transmission de signaux, activées par tous les récepteurs catalytiques et liés aux protéines G, et une très grande famille de protéines kinases a évolué pour la réaliser. Plus de 70 protéines kinases ont été déterminées jusqu'à présent ; elles semblent toutes avoir une origine commune car elles possèdent des domaines catalytiques homologues (voir Figure 12-25). De fait, le simple examen de la séquence d'acides aminés d'une protéine permet de prédire si c'est une kinase et si elle phosphoryle un résidu sérine, thréonine ou tyrosine. Nous allons voir, dans le paragraphe suivant, que les deux principaux médiateurs intracellulaires, l'AMP cyclique et les ions Ca^{2+}, exercent nombre de leurs effets en activant les protéines kinases spécifiques des sérine/thréonine.

Résumé

Il existe trois familles de récepteurs de surface cellulaire, chacune d'elles traduit les signaux extracellulaires de façon différente. Les récepteurs liés aux canaux sont des canaux ioniques contrôlés par les neurotransmetteurs, qui s'ouvrent et se ferment rapidement en réponse à la liaison d'un neurotransmetteur et modifient ainsi, de façon transitoire, l'excitabilité électrique de la cellule. Les récepteurs catalytiques sont principalement des protéines kinases spécifiques de la tyrosine qui phosphorylent directement des protéines spécifiques de la cellule cible sur leurs résidus tyrosine. Les récepteurs liés aux protéines G activent ou inactivent indirectement des enzymes liées à la membrane plasmique ou des canaux ioniques via des protéines de régulation liées au GTP (les protéines G) qui s'auto-inactivent par une lente hydrolyse de leur GTP lié. Certains récepteurs liés aux protéines G activent ou inactivent l'adényl cyclase, modifiant ainsi la concentration du messager intracellulaire, l'AMP cyclique. D'autres activent une phospholipase C spécifique des phosphoinositides qui hydrolysent le biphosphate de phosphatidylinositol (PIP_2) pour engendrer deux messagers intracellulaires : 1) l'inositol triphosphate ($InsP_3$) libère les ions Ca^{2+} du compartiment de rétention du calcium et augmente ainsi la concentration de Ca^{2+} dans le cytosol ; et 2) le diacylglycérol reste dans la membrane plasmique et active la protéine kinase C qui, à son tour, phosphoryle différentes protéines cellulaires. Les différentes réponses qui ont les récepteurs catalytiques liés aux protéines G pour médiateurs sont rapidement inhibées lorsqu'on supprime le ligand informatif extracellulaire. Dans ce cas, les protéines G s'auto-inactivent, l'$InsP_3$ est rapidement déphosphorylé par une phosphatase, le diacylglycérol est rapidement converti en phosphatidate ou clivé en acide arachidonique, l'AMP cyclique est hydrolysé par une phosphodiestérase et les ions Ca^{2+} sont rapidement pompés hors du cytosol.

Mode d'action de l'AMP cyclique et des ions calcium [22]

Comme l'AMP cyclique et les ions Ca^{2+} sont peut-être les plus importants des médiateurs intracellulaires produits par activation de récepteurs de surface cellulaire, leur mode d'action mérite une attention spéciale. Ces deux molécules agissent comme *effecteurs allostériques*, activant des protéines spécifiques en s'y fixant et en modifient leur conformation.

12-21 L'AMP cyclique active une protéine kinase AMP cyclique-dépendante [23]

L'AMP cyclique exerce ses effets sur les cellules animales en activant une enzyme cellulaire spécifique appelée **protéine kinase AMP cyclique-dépendante (kinase A)** qui catalyse le transfert d'un groupement phosphate de l'ATP à un résidu sérine ou thréonine particulier d'un petit groupe de protéines dans la cellule cible. Les résidus phosphorylés par la kinase A sont repérés par la présence d'au moins deux acides aminés basiques sur leur extrémité amino-terminale. A son tour, la phosphorylation covalente des résidus appropriés règle l'activité des protéines.

La phosphorylation des protéines par l'intermédiaire de l'AMP cyclique fut d'abord démontrée au cours de l'étude du métabolisme du glycogène dans les cellules du muscle squelettique. Le glycogène est la principale forme de stockage du glucose, et nous avons déjà mentionné que sa dégradation dans les hépatocytes est réglée par l'adrénaline. De fait, l'adrénaline contrôle la synthèse et la dégradation du glycogène dans les cellules hépatiques et musculaires. Par exemple, quand un animal est effrayé ou stressé d'une autre façon, la glande surrénale sécrète l'adrénaline dans le sang, « alertant » divers tissus de l'organisme. Parmi d'autres effets, l'adrénaline circulante provoque, dans les cellules musculaires, la dégradation du glycogène en glucose 1-phosphate et au même moment arrête la synthèse du glycogène. Le glucose 1-phosphate est converti en glucose 6-phosphate, qui est ensuite oxydé par glycolyse pour fournir l'ATP permettant la contraction musculaire. De cette façon, l'adrénaline prépare les cellules musculaires à une intense activité.

Comme nous l'avons étudié précédemment, l'adrénaline se lie à des *récepteurs β-adrénergiques* sur la cellule musculaire, ce qui active l'adényl cyclase et augmente le taux d'AMP cyclique dans le cytosol. A son tour, l'AMP cyclique va activer la kinase A qui phosphoryle une autre enzyme, la *phosphorylase kinase*, qui fut la première protéine kinase purifiée (en 1959). Cette dernière à son tour phosphoryle la *glycogène phosphorylase* activant de ce fait la libération, par la phosphorylase, de résidus glucose de la molécule de glycogène (Figure 12-26). La kinase A activée augmente également la phosphorylation de la *glycogène synthétase*, l'enzyme qui effectue l'étape finale de la synthèse du glycogène à partir du glucose, inhibant ainsi son activité et arrêtant la synthèse du glycogène. Grâce à cette cascade d'interactions, une augmentation de la concentration en AMP cyclique stimule la dégradation du glycogène et inhibe en même temps la synthèse de glycogène, maximisant ainsi la quantité de glucose disponible pour la cellule.

Dans certaines cellules animales, l'augmentation de la concentration en AMP cyclique active la transcription de gènes spécifiques. Par exemple, dans les cellules neuroendocrines de l'hypothalamus (voir p. 683), l'AMP cyclique active le gène qui code une hormone peptidique, la *somatostatine*. La région du promoteur du gène de la somatostatine contient une courte

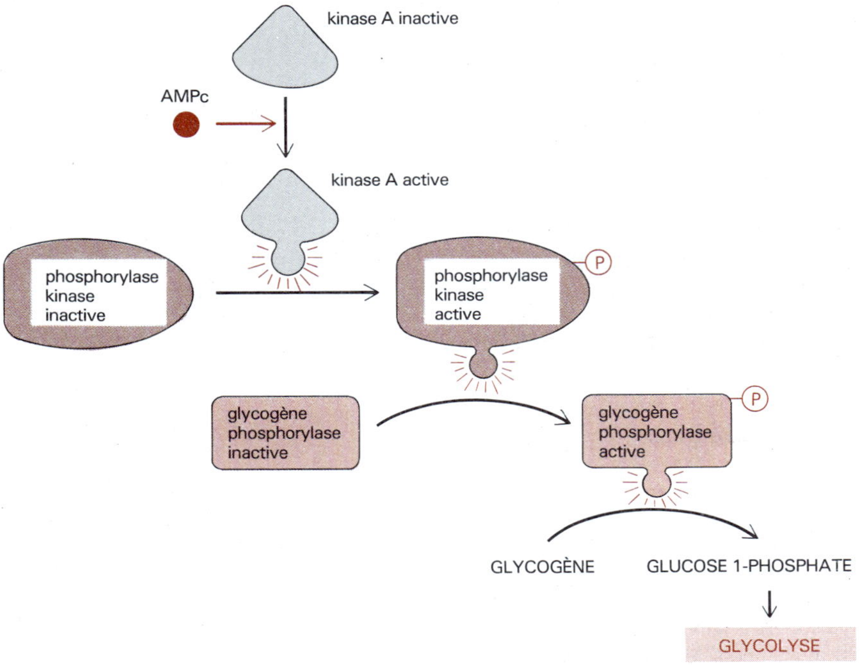

Figure 12-26 La façon dont une augmentation de l'AMP cyclique dans les cellules du muscle squelettique (induite par la liaison de l'adrénaline à la surface des récepteurs β-adrénergiques) stimule la dégradation du glycogène. La liaison de l'AMP cyclique à la kinase A active l'enzyme qui va phosphoryler et ainsi activer la phosphorylase kinase, qui, à son tour, phosphoryle et active la glycogène phosphorylase, l'enzyme qui dégrade le glycogène. La kinase A augmente également directement et indirectement la phosphorylation de la glycogène synthétase, qui inhibe l'enzyme et arrête la synthèse de glycogène (non représenté).

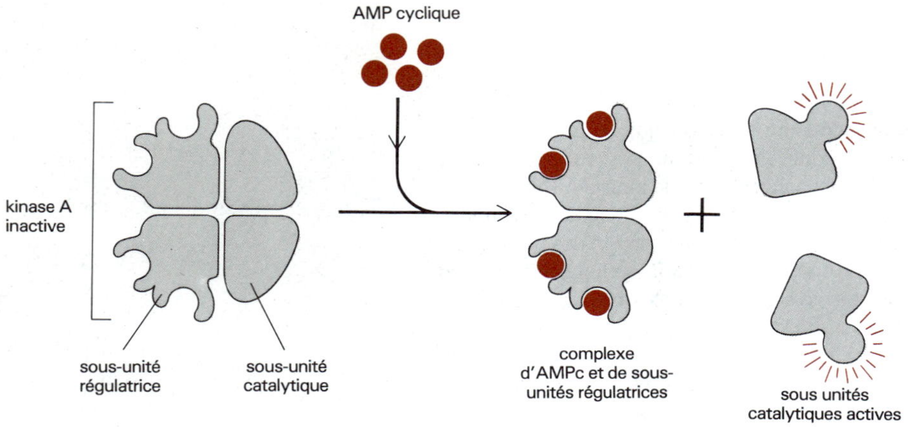

Figure 12-27 Schéma de l'activation de la protéine kinase AMP cyclique-dépendante (kinase A). La liaison de l'AMP cyclique aux sous-unités régulatrices induit un changement de conformation responsable de la dissociation de ces sous-unités du complexe, qui vont alors être activées. Chaque sous-unité régulatrice a deux sites de liaison de l'AMP cyclique et la libération des sous-unités catalytiques est un mécanisme coopératif qui nécessite la liaison de plus de deux molécules d'AMP cyclique au tétramère. Ceci accentue beaucoup la réponse de la kinase aux modifications de la concentration en AMP cyclique (voir p. 716). De nombreuses cellules ont deux types de kinase A qui ont des sous-unités catalytiques identiques mais des sous-unités régulatrices différentes.

séquence d'ADN (longue d'environ 30 nucléotides) que l'on trouve également dans la région du promoteur de plusieurs autres gènes qui sont activés par l'AMP cyclique. Cette séquence est reconnue par une protéine régulatrice de gènes spécifique qui active la transcription de ces gènes lorsqu'elle est phosphorylée par la kinase A.

A l'état inactif, la kinase A est un complexe constitué de deux sous-unités régulatrices sur lesquelles se fixe l'AMP cyclique, et de deux sous-unités catalytiques. La fixation de l'AMP cyclique modifie la conformation des sous-unités régulatrices qui se dissocient du complexe. De cette façon, les sous-unités catalytiques libérées sont activées pour phosphoryler leurs substrats protéiques (Figure 12-27).

Il existe une kinase A dans toutes les cellules animales et elle est probablement responsable de presque tous les effets de l'AMP cyclique dans ces cellules. Bien que la plupart des substrats de la kinase n'aient pas encore été caractérisés, il est évident qu'ils diffèrent dans différents types cellulaires, expliquant ainsi pourquoi les effets de l'AMP cyclique varient en fonction de la cellule cible.

L'AMP cyclique inhibe une protéine phosphatase intracellulaire [24]

Puisque les effets de l'AMP cyclique sont généralement transitoires, il est évident que les cellules doivent déphosphoryler les protéines qui ont été phosphorylées par la kinase A. La déphosphorylation est catalysée par deux principales *protéines phosphatases*, dont l'une est elle-même réglée par l'AMP cyclique. Le degré de phosphorylation à chaque instant dépendra de l'équilibre entre les activités kinase et phosphatase.

Dans les cellules du muscle squelettique, la protéine phosphatase réglée par l'AMP cyclique est très active en absence d'AMP cyclique, et elle déphosphoryle chacune des trois enzymes clef de la voie du glycogène mentionnées précédemment — la phosphorylase kinase, la glycogène phosphorylase et la glycogène synthétase. Ces réactions de déphosphorylation tendent à neutraliser les phosphorylations des protéines, stimulées par l'AMP cyclique. Cependant, lorsque la kinase A est activée par l'AMP cyclique, elle phosphoryle également une *protéine inhibitrice des phosphatases* qui est ainsi activée. Cette protéine inhibitrice activée se fixe à la protéine phosphatase et l'inactive (Figure 12-28). En activant la phosphorylase kinase et en inhibant en même temps l'action opposée de la protéine phosphatase, la kinase A est responsable d'un effet beaucoup plus important et plus net de l'augmentation de la concentration d'AMP cyclique sur le métabolisme du glycogène que si elle n'agissait que sur l'une de ces deux enzymes.

12-22 La calmoduline est un récepteur intracellulaire ubiquiste pour les ions Ca^{2+} [25]

Puisque la concentration en Ca^{2+} libre dans le cytosol est généralement voisine de 10^{-7} M et ne doit pas excéder 5×10^{-6} M même si la cellule est activée par une entrée de Ca^{2+}, toutes les structures de la cellule utilisée comme cible directe d'une régulation Ca^{2+}-dépendante doivent avoir une constante d'affinité (K_a) pour les ions Ca^{2+} d'environ 10^6 litres/mole. De plus, puisque la concentration en Mg^{2+} libre dans le cytosol est relativement constante à environ 10^{-3} M, ces sites de fixation des ions Ca^{2+} doivent avoir une sélectivité pour Ca^{2+} au moins

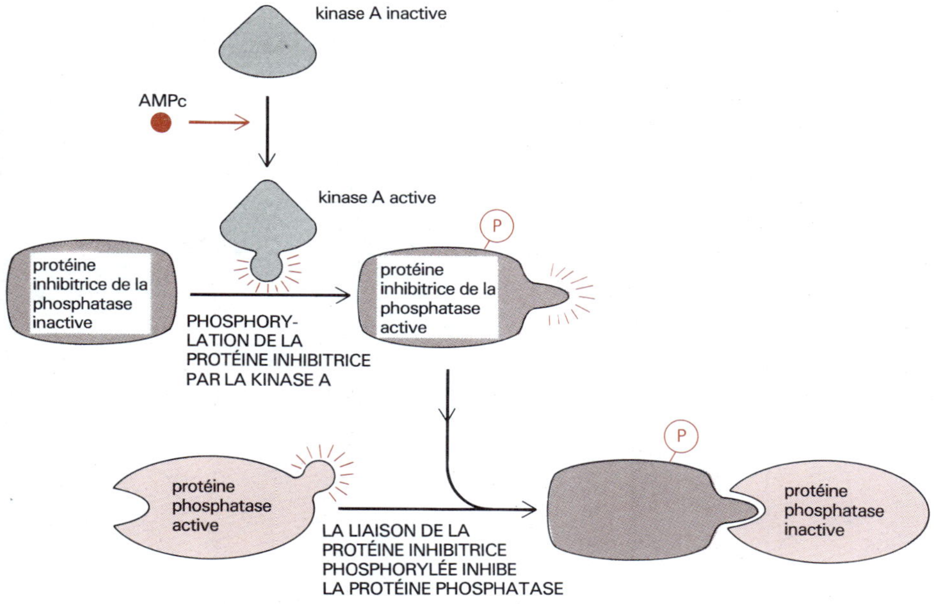

Figure 12-28 L'AMP cyclique inhibe la protéine phosphatase qui s'opposerait, autrement, aux réactions de phosphorylation stimulées par l'AMP cyclique. Pour ce faire l'AMP cyclique active la kinase A qui va phosphoryler une protéine inhibitrice de la phosphatase qui peut alors se lier à la protéine phosphatase et l'inhiber.

1 000 fois supérieure à la sélectivité pour le Mg^{2+}. Plusieurs protéines de liaison spécifiques de Ca^{2+} répondent à ce critère.

La première découverte et la mieux caractérisée de ces protéines fut la *troponine C* des cellules du muscle squelettique : son rôle dans la contraction musculaire a été discuté dans le Chapitre 11 (voir p. 621). La **calmoduline**, une protéine de liaison de Ca^{2+} étroitement apparentée, a été identifiée dans toutes les cellules animales et végétales qui ont été étudiées. Une cellule animale typique contient plus de 10^7 molécules de calmoduline, qui peuvent constituer jusqu'à 1 p. cent de la masse protéique totale de la cellule. La calmoduline fonctionne comme un récepteur intracellulaire polyvalent des ions Ca^{2+}, jouant un rôle dans la plupart des mécanismes réglés par Ca^{2+}. C'est une chaîne polypeptidique unique d'environ 150 résidus d'acides aminés, hautement conservée, qui possède quatre sites de fixation de haute affinité pour les ions Ca^{2+} ; et de plus elle subit un important changement de conformation quand elle fixe Ca^{2+} (Figure 12-29).

L'activation allostérique de la calmoduline par les ions Ca^{2+} est analogue à celle de la kinase A par l'AMP cyclique, si ce n'est que les complexes Ca^{2+}-calmoduline n'ont pas d'activité enzymatique par eux-mêmes mais agissent en se liant à d'autres protéines. Dans certains cas, la calmoduline sert de sous-unité régulatrice permanente d'un complexe enzymatique (comme c'est le cas pour la phosphorylase kinase — voir plus loin), mais dans la plupart des cas, la liaison de Ca^{2+} conduit la calmoduline à se fixer à différentes protéines cibles dans la cellule, modifiant ainsi leur activité (Figure 12-30).

Parmi les protéines cibles réglées par les complexes Ca^{2+}-calmoduline, il y a de nombreuses enzymes et protéines de transport membranaire. Parmi ces dernières, les **protéines kinases Ca^{2+}/calmoduline-dépendantes (Ca-kinases)** qui phosphorylent les résidus sérine et thréonine des protéines sont remarquables. Les premières Ca-kinases découvertes, y compris la *kinase de la chaîne légère de la myosine* et la *phosphorylase kinase*, ont une spécificité très étroite pour leur substrat. Plus récemment, on a identifié une Ca-kinase de spécificité plus large, qui porte le nom de *kinase « multifonctionnelle » réglée par le complexe Ca^{2+}/calmoduline* (ou *Ca-kinase II*) ; elle peut servir d'intermédiaire pour de nombreuses actions des ions Ca^{2+} dans les cellules de mammifères. Comme dans le cas de l'AMP cyclique, la réponse d'une cellule cible à une augmentation de la concentration en Ca^{2+} libre dans le cytosol dépend des protéines cibles réglées par le complexe Ca^{2+}-calmoduline présentes dans la cellule.

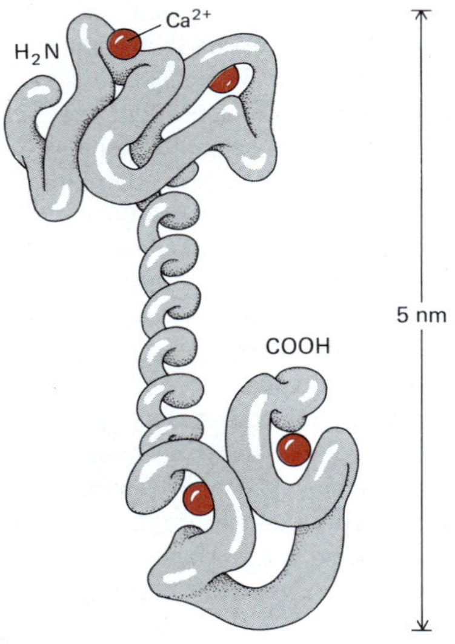

Figure 12-29 La structure de la calmoduline d'après des études de diffraction des rayons X. La molécule a une forme d'haltère, avec deux extrémités globulaires reliées par une longue hélice α à découvert. Il y a deux domaines de liaison de Ca^{2+} à chaque extrémité, chacun d'eux composé d'une boucle de 12 acides aminés dans laquelle les chaînes latérales de l'acide aspartique et de l'acide glutamique forment des liaisons ioniques avec Ca^{2+}. Les deux sites de liaison de Ca^{2+} dans la partie carboxy-terminale de la molécule ont une affinité dix fois plus grande pour les ions Ca^{2+} que ceux de la partie amino-terminale. (D'après des résultats de Y.S. Babu et al., *Nature* 315 : 37-40, 1985.)

23 Les voies de l'AMP cyclique et des ions Ca^{2+} interagissent [26]

Les voies dans lesquelles l'AMP cyclique et les ions Ca^{2+} agissent comme seconds messagers interagissent au moins de trois façons. Premièrement, les concentrations intracellulaires de Ca^{2+} et d'AMP cyclique peuvent influer l'une sur l'autre. Dans certaines cellules, par exemple, les complexes Ca^{2+}-calmoduline se lient aux enzymes qui dégradent et produisent l'AMP

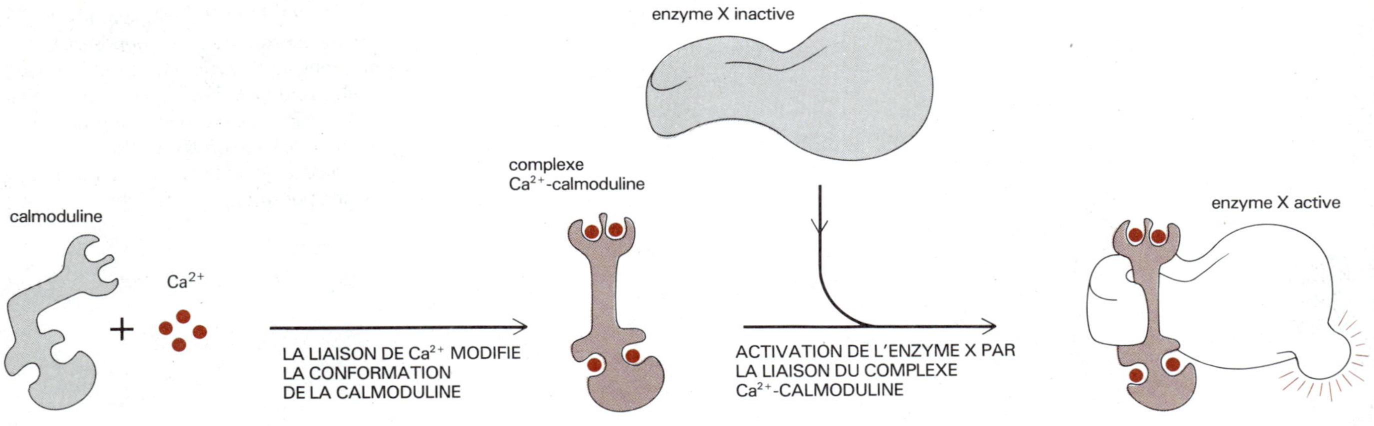

Figure 12-30 Schéma montrant comment une augmentation des ions Ca^{2+} libres dans le cytosol active indirectement une enzyme en modifiant la conformation des molécules de calmoduline. Comme c'est le cas pour la liaison de l'AMP cyclique à la kinase A, la liaison de Ca^{2+} à la calmoduline est coopérative, nécessitant plus d'un ion Ca^{2+} pour activer la protéine. Ceci accentue la réponse de la calmoduline aux modifications de concentration en Ca^{2+} (voir p. 716).

cyclique, et règlent leur activité. Ces enzymes sont, respectivement, l'AMP cyclique phosphodiestérase et l'adényl cyclase. Réciproquement, la kinase A peut phosphoryler des canaux et des pompes calciques et modifier leur activité. Deuxièmement, certaines Ca-kinases sont phosphorylées par les kinases A. Troisièmement, la kinase A et les Ca-kinases phosphorylent souvent des sites différents sur les mêmes protéines, qui sont ainsi réglées par l'AMP cyclique et les ions Ca^{2+}.

Prenons la *phosphorylase kinase* du muscle squelettique, dont le rôle dans la dégradation du glycogène a déjà été discuté ; comme exemple de la façon dont interagissent les voies de l'AMP cyclique et des ions Ca^{2+}. Cette kinase phosphoryle la glycogène phosphorylase qui dégrade le glycogène (voir Figure 12-26). C'est une enzyme à plusieurs sous-unités, mais, de fait, seule l'une de ses quatre sous-unités catalyse la réaction de phosphorylation : les trois autres sous-unités sont régulatrices et permettent l'activation du complexe enzymatique à la fois par l'AMP cyclique et les ions Ca^{2+}. Les quatre sous-unités sont appelées α, β, γ et δ, et chacune est présente en quatre exemplaires dans le complexe de la phosphorylase kinase. La sous-unité γ porte l'activité catalytique ; la sous-unité δ est la calmoduline et est en grande partie responsable de la dépendance de l'enzyme vis-à-vis des ions Ca^{2+}. Les sous-unités α et β sont les cibles de la régulation par l'intermédiaire de l'AMP cyclique, et sont toutes deux phosphorylées par la kinase A (Figure 12-31).

Le même signal Ca^{2+} qui déclenche la contraction musculaire garantit qu'il y a assez de glucose pour qu'elle se produise. L'important influx de Ca^{2+} dans le cytosol à partir du réticulum sarcoplasmique qui déclenche la contraction des myofibrilles (voir p. 621), modifie également la conformation de la sous-unité δ, augmentant plusieurs centaines de fois, en quelques secondes, l'activité de la phosphorylase kinase et le taux de glycogène dégradé. De plus, l'influx de Ca^{2+} active deux Ca-kinases qui phosphorylent et inhibent la glycogène synthétase, arrêtant ainsi la synthèse de glycogène. Les phosphorylations induites par l'adrénaline précédemment décrites anticipent une plus grande demande d'énergie en ajustant le métabolisme des cellules musculaires ; par exemple, la phosphorylation de la phosphorylase kinase par la kinase A permet l'activation de l'enzyme quand il y a un moins grand nombre d'ions calcium liés à la calmoduline, rendant ainsi l'enzyme plus sensible aux ions Ca^{2+}.

Des centaines de protéines phosphorylées différentes sont révélées par électrophorèse sur gel bidimensionnel dans une cellule eucaryote. Seule une petite fraction d'entre elles sont phosphorylées par des protéines kinases connues, ce qui suggère que la majorité des kinases restent à découvrir. En effet, il a été estimé qu'une seule cellule de mammifère peut contenir plus de 100 protéines kinases différentes qui règlent d'innombrables réactions dans la cellule. Il existe également de nombreuses modifications covalentes réversibles qui règlent l'activité des protéines : méthylation-déméthylation, acétylation-désacétylation, uridylation-désurydilation, adénylation-déadénylation entre autres. Il semble vraisemblable que l'un ou l'autre de ces mécanismes soit responsable de la régulation des protéines cellulaires qui catalysent les étapes limitantes des processus biologiques. Si l'on considère la complexité des mécanismes de rétrorégulation qui existent dans la voie de biosynthèse du glycogène, il est clair que la compréhension des mécanismes et des cinétiques de ces processus biologiques est un formidable défi.

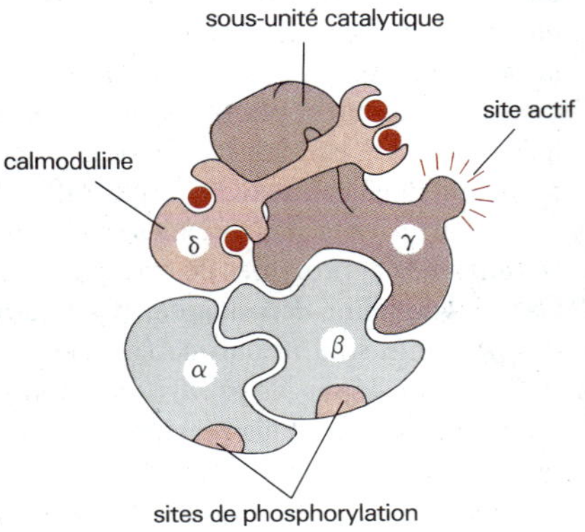

Figure 12-31 Schéma très simplifié des quatre sous-unités de la *phosphorylase kinase* du muscle de mammifère. La sous-unité γ a l'activité catalytique de l'enzyme active ; les sous-unités α et β et la sous-unité β (calmoduline) interviennent dans la régulation de l'enzyme par l'AMP cyclique et le Ca^{2+}, respectivement. Le complexe enzymatique contient en fait quatre copies de chaque sous-unité.

12-16 Le GMP cyclique est également un messager intracellulaire [27]

L'AMP cyclique n'est pas le seul nucléotide cyclique à participer à la transmission intracellulaire de signaux. La majorité des cellules animales contiennent également de la **guanosine monophosphate cyclique (GMP cyclique)** (Figure 12-32), bien que sa concentration soit, au plus, le dixième de celle de l'AMP cyclique. Le GMP cyclique active une protéine kinase spécifique (*kinase G*) qui phosphoryle des protéines cibles dans la cellule (voir Figure 12-25), mais à quelques exceptions près, le rôle du GMP cyclique dans la transmission de signaux par les récepteurs de surface cellulaire est obscur. Contrairement à l'adényl cyclase, la **guanyl cyclase**, qui catalyse la production de GMP cyclique à partir du GTP, est une enzyme insoluble qui n'est pas clairement couplée aux récepteurs de surface cellulaire, bien que les concentrations en GMP cyclique augmentent souvent lorsque la voie des phosphoinositides est activée. Cependant, on a démontré récemment, dans quelques cellules, l'existence d'une forme de cette guanyl cyclase liée à la membrane plasmique qui paraît couplée à des récepteurs de surface cellulaire.

Le rôle informatif du GMP cyclique est spécialement bien compris dans la réponse à la lumière des cellules en batonnet dans la rétine des vertébrés, où le GMP cyclique agit directement sur les canaux Na^+ dans la membrane plasmique des cellules en bâtonnet. En absence de signal lumineux, le GMP cyclique est lié aux canaux qui restent ouverts. La lumière active la rhodopsine dans la membrane en forme de disque de la cellule en bâtonnet, la rhodopsine activée se lie ensuite à la *transducine* (une protéine G) et l'active. La sous-unité α de la transducine (T_α) active à son tour une *GMP cyclique phosphodiestérase* qui hydrolyse le GMP cyclique, de sorte que la concentration en GMP cyclique dans le cytosol chute et que le GMP cyclique lié aux canaux Na^+ se dissocie — permettant alors la fermeture des canaux. De cette façon, le signal lumineux est converti en signal électrique, comme nous l'expliquons en détail dans le Chapitre 19 (voir p. 1006). Cet effet direct du GMP cyclique sur un canal ionique est un des quelques exemples connus dans lesquels un nucléotide cyclique agit indépendamment d'une protéine kinase dans une cellule de vertébré. Toutefois, ce n'est pas le seul exemple : les cellules réceptrices olfactives dans le nez en sont un autre. La liaison de certaines substances odorantes à des récepteurs olfactifs spécifiques sur ces cellules active l'adényl cyclase via une protéine G_S, augmentant la concentration de l'AMP cyclique dans le cytosol. L'AMP cyclique ouvre alors directement les canaux Na^+ dans la membrane plasmique, provoquant une dépolarisation excitatrice.

Malgré les différences qui existent dans leurs détails moléculaires, tous les systèmes de transmission de signaux déclenchés par des récepteurs dépendants des protéines G ont des caractéristiques communes et sont gouvernés par des principes généraux analogues. Par exemple, ils dépendent tous de cascades ou de chaînes de relais complexes de messagers intracellulaires. Quels sont les avantages de tels systèmes apparemment complexes qui les font utiliser par tant de types cellulaires pour une telle diversité de réactions ?

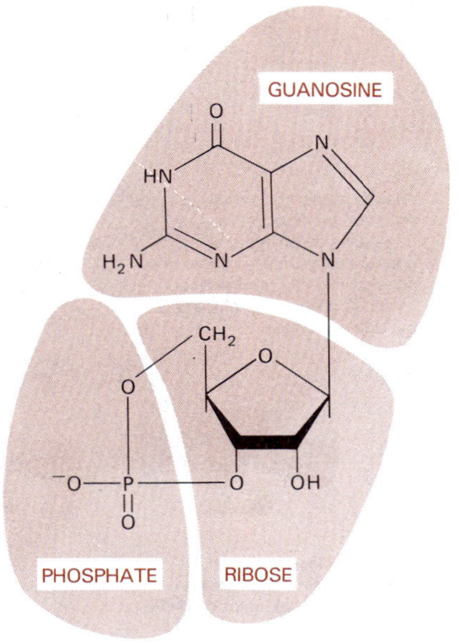

Figure 12-32 Structure du GMP cyclique.

Les signaux extracellulaires sont considérablement amplifiés par l'utilisation de seconds messagers intracellulaires et de cascades enzymatiques [28]

A l'opposé des systèmes de transmission de signaux plus directs, comme ceux dans lesquels les hormones stéroïdes sont impliquées, les cascades catalytiques de médiateurs intracellulaires offrent de nombreuses possibilités d'amplifier et de régler les réponses aux signaux extracellulaires. Comme le montre la Figure 12-33, par exemple, lorsqu'un ligand active indirectement l'adényl cyclase en se fixant à un récepteur, chaque récepteur protéique peut activer de nombreuses molécules de protéines G_s, chacune pouvant activer une molécule de cyclase. Chaque molécule de cyclase, à son tour, catalyse la conversion d'un grand nombre de molécules d'ATP en molécules d'AMP cyclique. Le même type d'amplification agit dans la voie des phosphoinositides. Il en résulte qu'une concentration nanomolaire (10^{-9} M) d'un signal extracellulaire induit souvent des concentrations micromolaires (10^{-6} M) d'un second messager intracellulaire tel que l'AMP cyclique ou les ions Ca^{2+}. Ces protéines agissant elles-mêmes comme des effecteurs allostériques pour activer des enzymes spécifiques, une seule molécule informative extracellulaire provoque l'altération de milliers de molécules dans la cellule cible. De plus, chaque protéine régulatrice de cette séquence de signaux peut être une cible distincte pour un contrôle métabolique, comme par exemple, dans la cascade de dégradation du glycogène dans les cellules du muscle squelettique (voir p. 709).

De telles cascades métaboliquement explosives nécessitent une étroite régulation. Il n'est donc pas surprenant que les cellules possèdent des mécanismes suffisamment efficaces pour dégrader rapidement l'AMP cyclique et pour neutraliser et retenir les ions Ca^{2+}, ainsi que pour

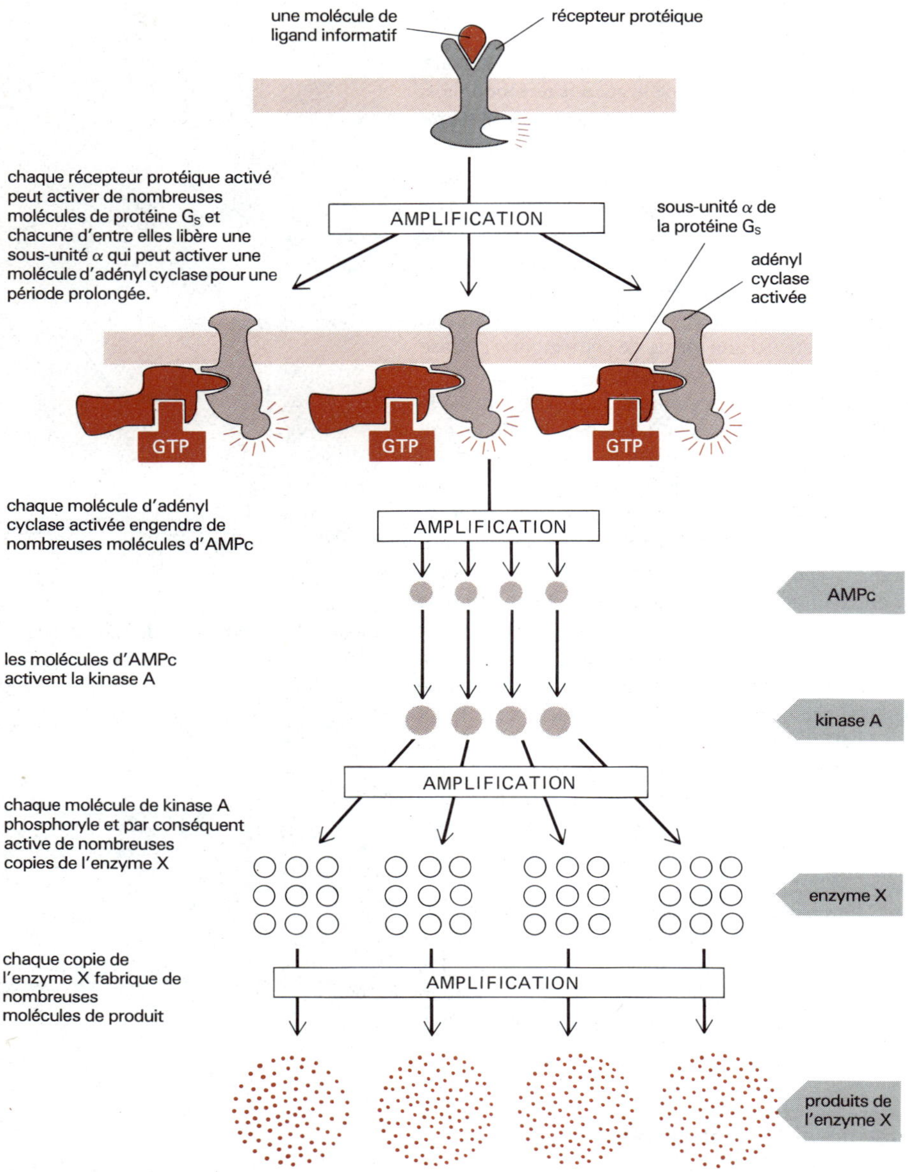

Figure 12-33 En dehors de la transformation d'un signal extracellulaire en signal intracellulaire, le couplage des récepteurs cellulaires de surface à l'activation de l'adényl cyclase via une protéine G amplifie beaucoup le signal initial. Le même type d'amplification se produit lorsque les récepteurs activent la voie des phosphoinositides. Au cours de la première étape d'amplification, le ligand informatif peut ou non rester lié au récepteur suffisamment longtemps pour que le complexe active de nombreuses molécules G (voir p. 697).

inactiver les enzymes réactives et les protéines de transport après leur activation. Ceci est essentiel pour arrêter une réponse. Il peut ne pas être aussi évident que la production rapide d'une réponse ait la même importance.

12-25 La concentration d'une molécule ne peut être rapidement équilibrée que si la molécule a une courte durée de vie [29]

S'il est important pour une cellule de pouvoir modifier très rapidement la concentration d'une molécule (comme l'AMP cyclique ou les ions Ca^{2+}) qu'elle contient, alors la molécule doit être dégradée d'une manière constante ou éliminée rapidement d'une autre façon ; en d'autres termes, son renouvellement doit être rapide. Par exemple, considérons deux molécules intracellulaires X et Y qui sont normalement maintenues à la concentration de 1 000 molécules par cellule. X a une vitesse de renouvellement faible : elle est synthétisée et dégradée à raison de 10 molécules par seconde de sorte que chaque molécule a une durée de vie moyenne de 100 secondes dans la cellule. La molécule Y se renouvelle 10 fois plus vite : elle est synthétisée et dégradée à une vitesse de 100 molécules par seconde, chaque molécule ayant une durée de vie moyenne de 10 secondes. Si les vitesses de synthèse de X et de Y sont multipliées par 10

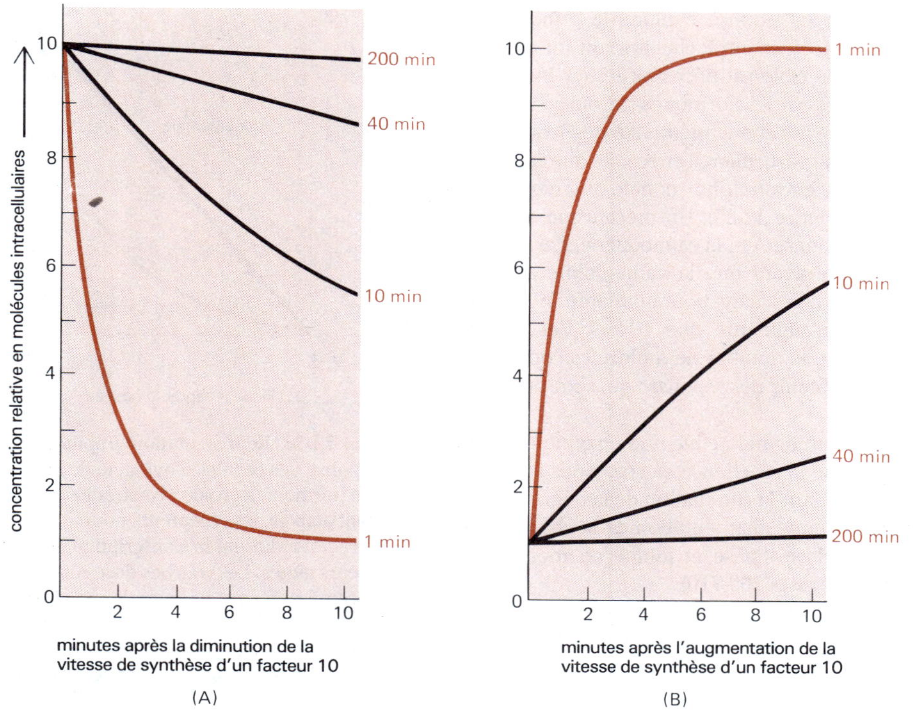

Figure 12-34 Représentation graphique des vitesses relatives calculées pour la variation des concentrations intracellulaires de molécules avec différentes vitesses de renouvellement quand leurs vitesses de synthèse sont soit diminuées (A), soit augmentées (B) brusquement d'un facteur 10. Dans les deux cas les concentrations des molécules qui sont normalement dégradées rapidement dans la cellule (*courbes colorées*) changent vite, alors que les concentrations des molécules qui sont normalement dégradées lentement changent proportionnellement plus lentement. Les nombres en couleur sur le côté droit des graphiques sont les temps de demi-vie attribués à chacune des différentes molécules.

sans aucun changement dans leurs vitesses de dégradation, après une seconde, la concentration de Y aura augmenté d'environ 900 molécules par cellule ($10 \times 100 - 100$) alors que la concentration de X n'aura augmenté que de 90 molécules par cellule. En fait, le temps nécessaire pour qu'une molécule atteigne la moitié de sa nouvelle concentration d'équilibre, après une augmentation ou une diminution brutale de sa vitesse de synthèse, est égal à sa demi-vie normale, c'est-à-dire qu'il est égal au temps nécessaire pour que sa concentration chute de moitié si toute synthèse était stoppée (Figure 12-34).

Les mêmes principes peuvent s'appliquer aux protéines aussi bien qu'aux petites molécules et aux molécules de l'espace extracellulaire qu'aux molécules de l'espace intracellulaire. De nombreuses protéines intracellulaires qui sont rapidement dégradées ou modifiées de façon covalente ont des demi-vies qui ne dépassent pas 2 heures, et certaines survivent moins de 10 minutes ; dans la plupart des cas, ce sont des protéines qui ont un rôle régulateur clef et dont les concentrations intracellulaires sont rapidement réglées par des modifications de leur vitesse de synthèse.

Les cellules peuvent répondre soudainement à la concentration progressivement croissante d'un ligand extracellulaire [30]

Certaines réponses cellulaires aux ligands informatifs sont progressives et augmentent proportionnellement avec la concentration du ligand. Les réponses primaires aux hormones stéroïdes suivent souvent ce schéma, probablement parce que chaque récepteur protéique hormonal se fixe à une seule molécule d'hormone et que chaque séquence spécifique de reconnaissance de l'ADN, dans un gène sensible aux hormones stéroïdes (voir p. 691), agit de manière indépendante. Dès que la concentration de l'hormone augmente, la concentration du complexe hormone-récepteur augmente proportionnellement, ainsi que le nombre de complexes liés à des séquences spécifiques de reconnaissance dans les gènes sensibles. Par conséquent, la réponse cellulaire est progressive et linéaire.

Cependant, d'autres réponses aux ligands informatifs démarrent brusquement dès que la concentration du ligand augmente. Certaines peuvent même se produire d'une manière proche du « tout ou rien », ne pouvant être détectées au-dessous d'une concentration seuil du ligand, et atteignant ensuite un maximum dès que cette concentration est atteinte. Par exemple, quelques facteurs de croissance agissent comme des signaux « tout ou rien » qui « lancent » la réplication de l'ADN cellulaire comme prélude à la division cellulaire. Quelle pourrait être la base moléculaire de telles réponses à des signaux progressifs ?

Un des mécanismes possibles pour augmenter la réponse exploite le principe de la *coopérativité*, selon lequel la fixation de plus d'un effecteur intracellulaire (ou un complexe moléculaire effecteur-récepteur) à une macromolécule cible est nécessaire pour induire une réponse. Par exemple, dans certaines réponses induites par les hormones stéroïdes, il apparaît que plusieurs complexes hormone-récepteur doivent se lier simultanément à des séquences de reconnaissance dans l'ADN pour pouvoir activer un gène particulier. Il en résulte que l'activation du gène commence plus brusquement lorsque la concentration hormonale augmente que si un seul complexe lié était nécessaire à l'activation (Figure 12-35). Un mécanisme coopératif similaire intervient dans les activations réglées par la kinase A et la calmoduline. Par exemple, la fixation d'au moins deux ions Ca^{2+} est nécessaire avant que la calmoduline adopte sa conformation active (voir Figure 12-30) ; il en résulte que l'activation augmente 50 fois alors que la concentration intracellulaire en Ca^{2+} libre n'augmente que 10 fois. Ces réponses coopératives deviennent d'autant plus prononcées que le nombre de molécules coopératives augmente, et si ce nombre est assez grand, on peut obtenir des réponses qui sont presque de type « tout ou rien » (Figures 12-36 et 12-37).

Les réponses sont aussi très accentuées quand un ligand active une enzyme donnée et inhibe en même temps une autre enzyme qui catalyse la réaction opposée. Nous avons déjà discuté un exemple de ce type commun de régulation dans la stimulation de la dégradation du glycogène dans les cellules du muscle squelettique, où une augmentation de la concentration intracellulaire en AMP cyclique active la phosphorylase kinase et inhibe en même temps l'action opposée de la phosphoprotéine phosphatase (voir p. 709-710).

Un autre mécanisme par lequel une cellule pourrait donner une réponse « tout ou rien » à une augmentation progressive d'un ligand informatif, fait intervenir une rétroaction positive. Par ce mécanisme, les cellules nerveuses et musculaires produisent des *potentiels d'action* de type « tout ou rien » en réponse aux neurotransmetteurs. Par exemple, l'activation de récepteurs de l'acétylcholine au niveau de la jonction neuromusculaire permet l'ouverture des canaux cationiques dans la membrane plasmique de la cellule musculaire. Le résultat est une entrée nette de Na^+ qui dépolarise localement la membrane. Ceci provoque l'ouverture des canaux Na^+ réglés par la tension dans la même région membranaire, produisant une entrée de Na^+ supplémentaire, qui augmente la dépolarisation de la membrane et ouvre de ce fait plus de canaux Na^+. Si la dépolarisation initiale dépasse un certain seuil, cette rétroaction positive provoque un « emballement » explosif et produit un potentiel d'action qui s'étend à toute la membrane musculaire.

Le même type de mécanisme de rétroaction positive accélératrice peut agir sur un

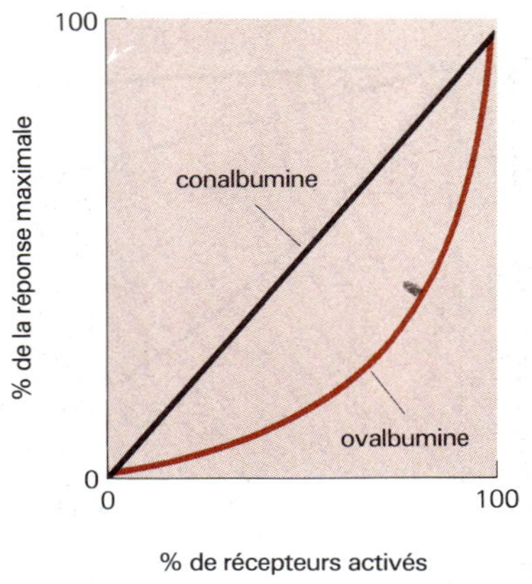

Figure 12-35 Représentation graphique de la réponse des cellules d'oviducte de poulet à une hormone stéroïde : l'œstradiol. Quand ils sont activés, les récepteurs pour l'œstradiol induisent la transcription de plusieurs gènes. Les courbes dose-réponse sont représentées pour deux de ces gènes, l'un codant la *conalbumine*, l'autre codant l'*ovalbumine* (deux protéines de l'œuf). La réponse linéaire pour la conalbumine indique que chaque molécule de récepteur activée qui se lie au gène de la conalbumine augmente l'activité du gène de manière identique. Au contraire, le temps de latence suivi par la rapide augmentation dans la réponse pour l'ovalbumine suggère que plusieurs récepteurs activés (deux, dans ce cas) doivent se fixer simultanément au gène de l'ovalbumine de façon à initier sa transcription. (Adapté de E.R. Mulvihill et R.D. Palmiter, *J. Biol. Chem.* 252:2060-2068, 1977.)

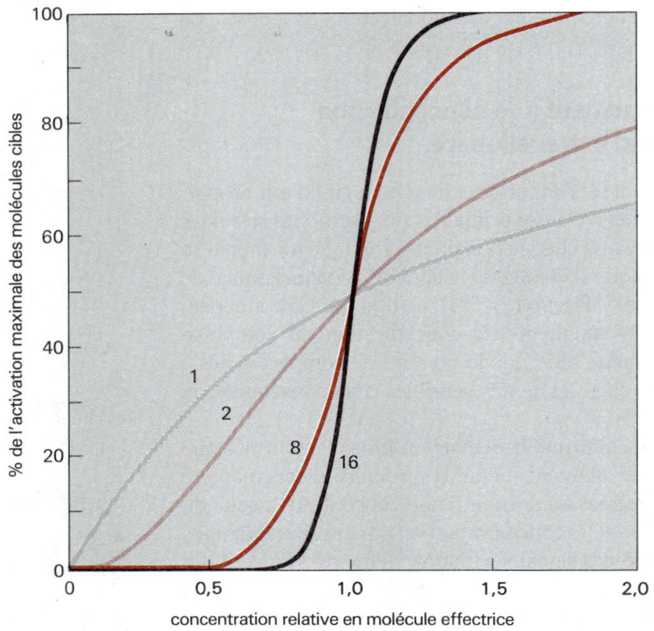

Figure 12-36 On obtient des courbes d'activation de type « tout ou rien » très pentues si la fixation simultanée de nombreuses molécules effectrices à une macromolécule cible est nécessaire pour l'activer. Les courbes représentées sont celles que l'on attend si l'activation nécessite respectivement la fixation simultanée de 1, 2, 8 et 16 molécules effectrices.

Figure 12-37 Illustration très simplifiée d'un type de mécanisme de transmission de signaux dont on attend une forte réponse « à seuil ». Ici, la fixation simultanée de huit molécules de ligand informatif est nécessaire pour former un complexe protéique actif. A faible concentration de ligand, le nombre de complexes actifs augmente à peu près proportionnellement à la concentration du ligand à la puissance huit.

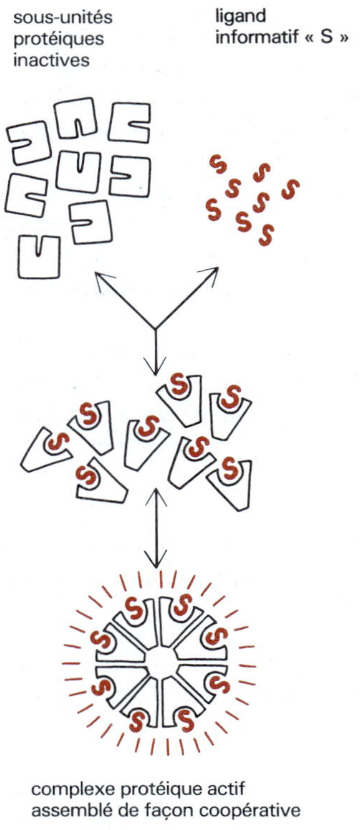

récepteur protéique qui soit une enzyme plutôt qu'un canal ionique. Supposons qu'un ligand informatif particulier active une enzyme et que deux ou plusieurs molécules du produit de la réaction enzymatique se fixent en retour à l'enzyme pour l'activer davantage (Figure 12-38). La conséquence sera une très faible synthèse du produit de l'enzyme en l'absence du ligand, augmentant lentement avec la concentration de ligand, jusqu'à une concentration seuil de ce dernier, à laquelle la synthèse du produit de l'enzyme est suffisante pour activer l'enzyme de façon auto-accélérée ; la concentration du produit de l'enzyme augmente alors subitement jusqu'à une concentration beaucoup plus élevée. De cette façon, la cellule peut traduire un changement progressif de la concentration d'un ligand informatif en un changement brutal de la concentration d'un produit enzymatique particulier.

Ce type de mécanisme, illustré par la Figure 12-38, est d'un principe relativement simple, mais il a une importante conséquence qui le rend inapproprié pour certains usages et exceptionnellement précieux pour d'autres. Si l'on met un tel système en marche par une augmentation de la concentration du ligand informatif au-dessus d'un seuil, il restera généralement en action même lorsque le signal retombe en dessous de ce seuil : au lieu de refléter fidèlement la concentration actuelle du signal, le système fait preuve de mémoire. Un exemple est donné par la kinase multifonctionnelle réglée par les complexes Ca^{2+}-calmoduline, mentionnée précédemment (voir p. 711), qui fonctionne sans doute comme un interrupteur moléculaire déclenché par Ca^{2+}. La kinase se phosphoryle aussi bien qu'elle phosphoryle d'autres protéines lorsqu'elle est activée par les complexes Ca^{2+}-calmoduline. L'enzyme devient indépendante des ions Ca^{2+} à la suite de cette autophosphorylation prolongeant ainsi la durée de l'activité de la kinase au-delà de la durée du signal d'activation calcique initial ; l'autophosphorylation Ca^{2+}-indépendante maintiendra l'état activé jusqu'à ce que la concentration en phosphatases cellulaires augmente suffisamment pour stopper l'activité de l'enzyme.

Résumé

L'élimination rapide et continue de Ca^{2+} libre et d'AMP cyclique du cytosol rend à la fois possibles l'augmentation et la diminution rapide des concentrations de ces médiateurs intracellulaires quand les cellules répondent aux signaux extracellulaires. Les niveaux croissants d'AMP cyclique affectent les cellules en stimulant les protéines kinases AMP cyclique-dépendantes (kinase A), les amenant ainsi à phosphoryler des protéines cibles spécifiques. Ces effets sont réversibles car les protéines phosphorylées sont rapidement déphosphorylées quand la concentration en AMP cyclique chute. De la même façon, une augmentation des niveaux de Ca^{2+} libre affecte les cellules en modifiant la conformation de la calmoduline, une protéine de liaison des ions Ca^{2+}, les complexes Ca^{2+}/calmoduline activent des protéines cibles spécifiques, y compris des protéines kinases dépendantes des complexes Ca^{2+}/calmoduline (Ca-kinases). Chaque type de cellule possède des groupes de protéines cibles caractéristiques qui sont réglées de cette manière, permettant à la cellule de donner sa propre réponse distinctive à une modification de la concentration intracellulaire d'AMP cyclique ou de Ca^{2+}. Grâce aux cascades informatives dont l'AMP cyclique et les ions Ca^{2+} sont les médiateurs, les réponses aux signaux extracellulaires peuvent être très amplifiées aussi bien que réglées par une variété de stimuli.

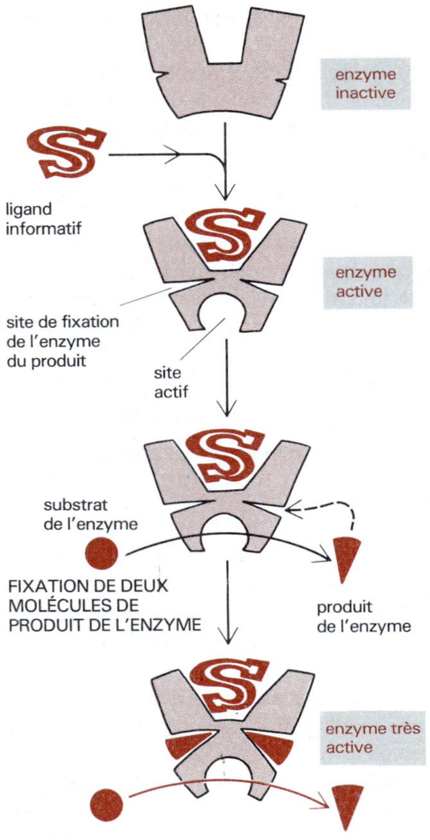

Figure 12-38 Schéma illustrant le mécanisme de rétroaction positive accélératrice décrit dans le texte. La liaison initiale du ligand informatif active l'enzyme qui engendre alors un produit. Ce produit se lie à son tour à l'enzyme et augmente encore l'activité de l'enzyme.

Adaptation de la cellule cible

En répondant à presque tous les types de stimuli, les cellules et les organismes peuvent détecter la même variation dans un signal sur une très large gamme d'intensités stimulatrices. Au niveau cellulaire, ceci nécessite que les cellules cibles, exposées à un stimulus pendant une période prolongée, perdent la capacité de répondre au stimulus avec leur sensibilité initiale. Par ce processus d'**adaptation** et de **désensibilisation**, une cellule ajuste réversiblement sa sensibilité à l'intensité du stimulus. Dans le cas de la transmission chimique de signaux, la désensibilisation permet aux cellules de répondre à des *modifications* de concentration du ligand informatif (plutôt qu'à la concentration absolue du ligand) sur une très large gamme de concentrations absolues.

La désensibilisation aux signaux chimiques peut se produire de différentes façons. Dans certains cas, elle résulte de la diminution du nombre de récepteurs protéiques de surface cellulaire spécifiques ou de l'activation de ces récepteurs ; dans d'autres cas, elle est due à des changements dans les protéines impliquées dans la traduction du signal après l'activation du récepteur.

12-28 Certaines formes de désensibilisation sont le résultat d'une endocytose par l'intermédiaire de récepteurs [31]

Les hormones et les facteurs de croissance, une fois liés aux récepteurs de surface des cellules cibles, sont souvent ingérés par endocytose par l'intermédiaire de récepteurs (voir p. 328). Puisque les vésicules d'endocytose finissent par délivrer leurs contenus aux lysosomes, le ligand, et souvent le récepteur auquel il est lié, sont dégradés par des enzymes hydrolytiques à moins qu'ils ne soient spécifiquement récupérés. Ce processus ne représente pas seulement le mécanisme moyen de dégradation des ligands informatifs ; il joue également un rôle important dans la régulation de la concentration de certains récepteurs à la surface des cellules cibles. Bien que la dégradation des récepteurs et leur remplacement aient lieu continuellement, en l'absence de ligand, un récepteur a normalement une demi-vie d'un jour environ. En induisant l'endocytose, les ligands augmentent considérablement la vitesse de dégradation des récepteurs. Par exemple, lorsque des fibroblastes humains sont mis en culture en absence d'EGF, les récepteurs pour l'EGF ont une demi-vie d'environ 10 heures ; quand l'EGF est ajouté en excès, les récepteurs sont dégradés avec une demi-vie de 1 heure. A forte concentration de ce type de ligands, le nombre de récepteurs à la surface cellulaire décroît, et l'on observe une diminution concomitante de la sensibilité de la cellule cible au ligand. Par ce type de mécanisme, appelé « **régulation par diminution du nombre de récepteurs** » (**receptor down-regulation**), une cellule peut ajuster sa sensibilité à la concentration du ligand stimulateur.

La majorité des types de récepteurs endocytés, cependant, ne sont pas dégradés dans des lysosomes. Au lieu de cela, ils déchargent leur ligand dans les endosomes et sont récupérés et recyclés dans la membrane plasmique pour être réutilisés (voir p. 331). Cependant, même dans ce cas, lorsque la concentration du ligand augmente, il y aura toujours une fraction plus importante des récepteurs recyclés à l'intérieur de la cellule à tout moment et inaccessibles aux ligands extracellulaires. Cette forme de désensibilisation est appelée **rétention des récepteurs**.

12-29 12-30 La désensibilisation entraîne souvent la phosphorylation des récepteurs [32]

La désensibilisation de nombreux récepteurs de surface cellulaire dépend de leur phosphorylation réversible. Comme nous l'avons mentionné précédemment, l'endocytose (et, donc la rétention ou la régulation par diminution) de certains récepteurs catalytiques dépend de leur auto-phosphorylation sur les résidus tyrosine (voir p. 707). Un autre exemple est celui des globules rouges de grenouille, qui sont désensibilisés lorsqu'ils sont exposés à l'adrénaline pendant de longues périodes. Les récepteurs β-adrénergiques se modifient graduellement de telle sorte, qu'après quelques heures, ils ne sont plus capables d'activer l'adényl cyclase ; les récepteurs inactivés sont alors retenus, probablement dans les endosomes. On a montré que cette modification impliquait la phosphorylation de plusieurs résidus sérine spécifiques sur le récepteur (voir Figure 12-24), par l'intermédiaire d'une protéine kinase spécifique qui ne peut phosphoryler que la forme active du récepteur. Il existe des preuves de l'inhibition indirecte de la fonction des récepteurs β par la phosphorylation qui leur permet de se fixer sur un inhibiteur protéique qui bloque leur pouvoir d'activation des protéines G_S. Une fois activée par la lumière, la rhodopsine, dont la structure est voisine de celles des récepteurs β-adrénergiques (voir p. 706), est inactivée par ce type de mécanisme : une kinase spécifique de la rhodopsine phosphoryle les molécules de rhodopsine activées, leur permettant de se fixer à une protéine inhibitrice (appelée *arrestine*) qui bloque leur pouvoir d'activation de la transducine. Ceci n'est, cependant, qu'un des mécanismes d'adaptation à la lumière utilisés par les photorécepteurs (voir p. 1107).

Certaines formes de désensibilisation sont dues à des modifications dans les protéines G plutôt que dans les récepteurs [33]

Bien que la majorité des mécanismes connus de désensibilisation entraînent des modifications dans les récepteurs, la désensibilisation pourrait résulter d'une modification dans n'importe quel composant de la voie de transmission des signaux. Dans plusieurs cas, on a montré que la désensibilisation de la cellule cible entraîne une modification dans une protéine G. Aussi, lorsque des fibroblastes en culture sont mis en présence de la prostaglandine PGE_1, qui active normalement l'adényl cyclase via une protéine G_S, les cellules deviennent rapidement insensibles non seulement à la PGE mais aussi à d'autres ligands qui se lient à d'autres récepteurs agissant par la voie de l'adényl cyclase-G_S. (Ce phénomène est appelé *désensibilisation hétérologue*, pour le différencier de la *désensibilisation homologue* dans laquelle les récepteurs sont endocytés ou inactivés de telle sorte que les cellules ne sont désensibilisées qu'aux ligands qui se lient à ces récepteurs). Lorsque les protéines G_S de fibroblastes désensibilisés sont transplantées dans une cellule mutante qui est dépourvue de protéine G_S, on les trouve incapables d'activer l'adényl cyclase comparées aux protéines G_S normales. La nature de la modification de la protéine G_S dans les fibroblastes désensibilisés à PGE_1 n'est pas encore connue, mais il ne serait pas surprenant qu'une phosphorylation soit impliquée.

Les modifications dans les protéines G peuvent aussi rendre compte de certains aspects de la morphinomanie. Chez les morphinomanes, les cellules cibles du cerveau deviennent désensibilisées à la morphine (Figure 12-39) et les intoxiqués doivent donc prendre de plus fortes doses de morphine que les individus normaux pour atteindre le même degré de soulagement ou d'euphorie. Cependant, les cellules désensibilisées ont une concentration normale de récepteurs de surface cellulaire pour la morphine (les opiacés) qui sont fonctionnels. Le mécanisme de désensibilisation a été étudié en utilisant des lignées de cellules morphino-sensibles en culture. Les récepteurs pour la morphine situés à la surface de ces cellules activent les protéines G_i (voir p. 699) qui inhibent l'adényl cyclase et provoquent de ce fait une baisse de la concentration intracellulaire en AMP cyclique. Si les cellules en culture sont maintenues en présence d'une concentration constante de morphine, elles finissent par être désensibilisées de sorte que l'activité de l'adényl cyclase et la concentration intracellulaire en AMP cyclique reviennent à la normale même si la morphine est encore liée aux récepteurs de la surface cellulaire. Si la morphine est supprimée du milieu de culture, il y a une augmentation importante de l'activité de l'adényl cyclase, qui provoque une augmentation excessive des concentrations d'AMP cyclique. Une telle augmentation de la concentration en AMP cyclique dans les cellules cibles peut être responsable des symptômes extrêmement désagréables dus au « manque » (anxiété, sueur, tremblement, etc.) chez les morphinomanes qui subissent un sevrage brutal. Le mécanisme d'accoutumance à la morphine est mal connu, mais on a supposé que des modifications des protéines G_i étaient impliquées.

Les différents mécanismes de désensibilisation des cellules cibles dont nous avons parlé sont résumés dans la Figure 12-40.

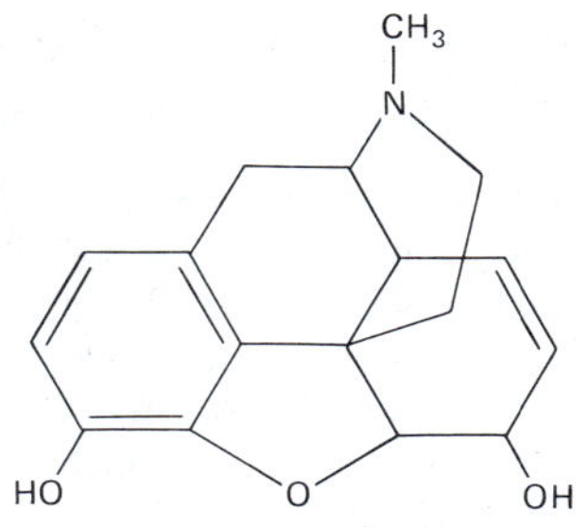

Figure 12-39 Structure de la morphine provenant des graines de pavot. Pourquoi certaines cellules possèdent-elles des récepteurs pour une drogue comme la morphine ? Les pharmacologues ont longtemps soupçonné la morphine de mimer des molécules informatives endogènes qui règlent la perception de la douleur et l'humeur. En 1975, deux pentapeptides, ayant une activité semblable à celle de la morphine, appelés **enképhalines,** furent isolés du cerveau de porc, et peu après, des polypeptides plus longs avec une activité analogue, appelés **endorphines**, furent isolés à partir de l'hypophyse et d'autres tissus. Tous ces *opiacés endogènes* comportent une séquence commune de quatre acides aminés et se lient aux mêmes récepteurs de surface cellulaire que la morphine (et les narcotiques apparentés). Cependant, contrairement à la morphine, ils sont rapidement dégradés après leur libération et ainsi ne s'accumulent pas en quantité suffisante pour induire la tolérance observée chez les morphinomanes.

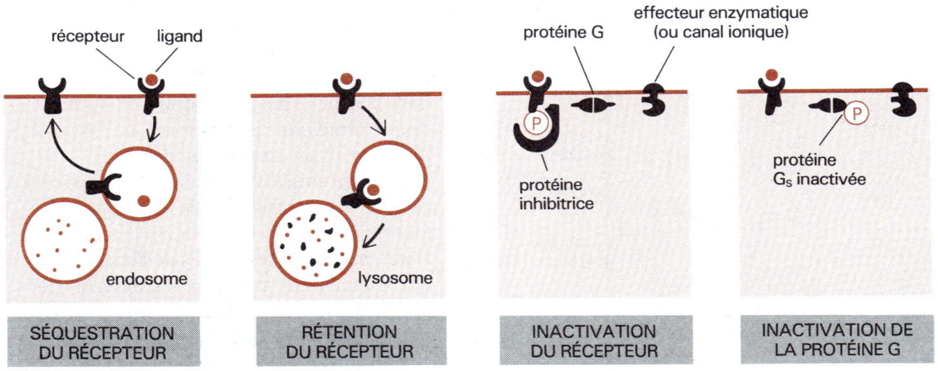

Figure 12-40 Les quatre façons dont les cellules cibles peuvent être désensibilisées après une exposition prolongée à une molécule informative. Le récepteur représenté active ou inhibe normalement l'effecteur enzymatique (ou le canal ionique) par l'intermédiaire de la protéine G. Bien que les mécanismes d'inactivation illustrés ici pour le récepteur et la protéine G impliquent la phosphorylation, d'autres types de modifications peuvent également se produire (comme nous le verrons lorsque nous discuterons de la chimiotaxie bactérienne, voir p. 720). De plus, l'inactivation du récepteur par la phosphorylation n'implique pas toujours une protéine inhibitrice.

Le mécanisme d'adaptation joue un rôle essentiel dans la chimiotaxie bactérienne [34]

De nombreux mécanismes impliqués dans la transmission de signaux chimiques entre les cellules des animaux multicellulaires ont probablement évolué à partir de mécanismes utilisés par les organismes unicellulaires pour répondre aux transformations chimiques de leur environnement. De fait, comme nous l'avons déjà mentionné, certains médiateurs intracellulaires sont utilisés par les deux types d'organismes. Les réponses chimiotactiques sont parmi les mieux étudiées des réactions des organismes unicellulaires aux signaux extracellulaires : dans ces réponses, les mouvements de la cellule sont dirigés vers une source chimique dans l'environnement, ou s'en éloignent. Nous avons déjà traité de la chimiotaxie des cellules eucaryotes dans le cas de *Dictyostelium discoideum* (p. 826) et des neutrophiles humains (p. 670). Nous concluons ce chapitre par un exposé sur la chimiotaxie bactérienne qui, principalement grâce à la puissance des analyses génétiques, fournit un exemple particulièrement clair et élégant du rôle crucial que joue l'adaptation dans la réponse aux signaux chimiques.

Les bactéries mobiles se déplacent vers de fortes concentrations de nutriments (*substances attractives*) tels les glucides, les acides aminés et les petits peptides, et loin de fortes concentrations de divers produits chimiques toxiques (*substances répulsives*) (Figure 12-41). Ce comportement chimiotactique assez simple mais très souple a été surtout étudié chez *E. coli* et *Salmonella typhimurium*. Nous nous intéresserons essentiellement ici à la chimiotaxie vers les substances attractives ; la chimiotaxie loin des substances répulsives dépend essentiellement des mêmes mécanismes, qui opèrent alors en sens inverse.

Les bactéries se déplacent grâce à leurs flagelles qui sont beaucoup plus simples que les flagelles des cellules eucaryotes (voir p. 645) et sont constitués d'un tube hélicoïdal contenant un seul type de sous-unité protéique, la *flagelline*. Chaque flagelle est attaché à sa base, au moyen d'un petit coude flexible, à un petit disque protéique enchâssé dans la membrane bactérienne. Bien que cela paraisse incroyable, ce disque est une partie d'un « moteur » minuscule qui puise son énergie dans le gradient H^+ transmembranaire pour tourner rapidement et faire tourner le flagelle hélicoïdal (Figure 12-42).

Puisque les flagelles situés sur la surface bactérienne ont une certaine « maniabilité », des directions de rotation différentes et ont des effets différents sur le mouvement, une rotation dans le sens inverse des aiguilles d'une montre conduit tous les flagelles à avancer ensemble en un faisceau cohérent de façon à ce que la bactérie nage uniformément dans une direction donnée. La rotation dans le sens des aiguilles d'une montre entraîne la séparation des flagelles de sorte que la bactérie pivote de façon anarchique (Figure 12-43). En absence de tout stimulus de l'environnement, la direction de rotation du disque s'inverse toutes les quelques secondes, produisant un mouvement caractéristique dans lequel la nage régulière en ligne droite est interrompue par des changements brusques de direction, dus aux pivotements (Figure 12-44A).

La nage normale d'une bactérie est modifiée par des substances chimiotactiques attractives ou répulsives qui se fixent à des récepteurs protéiques spécifiques et modifient la fréquence des pivotements en augmentant ou en diminuant le temps qui s'écoule entre les changements

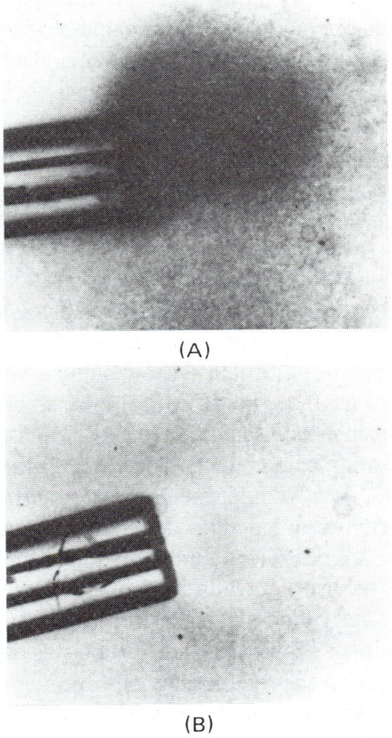

Figure 12-41 Photographies de bactéries *Salmonella typhimurium* attirées vers un petit tube capillaire en verre contenant l'acide aminé sérine (A) et repoussées d'un tube capillaire contenant du phénol (B). Les photographies ont été prises cinq minutes après l'introduction des capillaires dans les boîtes de culture contenant les bactéries. Cet essai avec tube capillaire est une méthode simple pour démontrer la chimiotaxie bactérienne. (D'après B.A. Rubik et D.E. Koshland, *Proc. Natl. Acad. Sci. USA*, 75:2820-2824, 1978.)

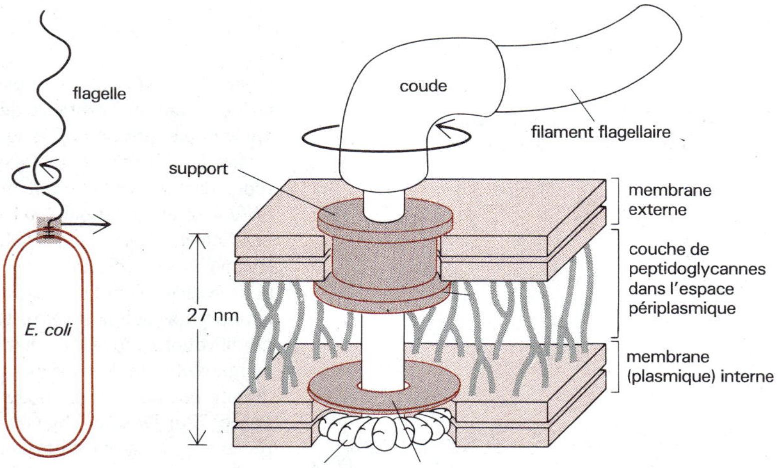

Figure 12-42 Représentation schématique du « moteur » rotatoire flagellaire d'*E. coli*. Le « rotor » est un disque protéique intégré à la membrane plasmique. Dirigé par le gradient H^+ à travers cette membrane, il tourne rapidement (~ 100 révolutions/seconde) dans la couche lipidique contre un autre disque protéique (le « stator »). Une tige relie le « rotor » à un coude et au flagelle, conduisant ainsi à leur rotation. Le « support » protéique sert à stabiliser la membrane externe dès que la tige rotative la traverse. Dans ce schéma, les parties de l'assemblage qui restent fixes sont colorées, alors que les parties qui tournent sont blanches. (D'après M.L. de Pamphilis et J. Adler, *J. Bacteriol.* 105:384-395 et 396-407, 1971.)

successifs de la direction de rotation du flagelle. Quand des bactéries nagent dans une direction favorable (dans le sens d'une concentration croissante d'une substance attractive ou en sens inverse d'une concentration croissante d'une substance répulsive), elles pivotent moins fréquemment qu'en nageant dans une direction défavorable (ou lorsque aucun gradient n'est présent). Puisque les périodes de nage régulière sont plus longues quand la bactérie se déplace dans une direction favorable, elle progressera graduellement dans cette direction vers la substance attractive (Figure 12-44B) ou loin de la substance répulsive.

Dans son environnement naturel, une bactérie détecte un gradient spatial de substances attractives ou répulsives dans le milieu en nageant à vitesse constante et en comparant la concentration des produits chimiques au cours du *temps*. (Elle ne contrôle pas les variations de concentration en utilisant la séparation *spatiale* des récepteurs sur toute sa longueur ; cela serait extrêmement difficile étant donné la très petite taille de la bactérie.) Les variations dans le temps peuvent être contrôlées expérimentalement par l'addition ou l'élimination rapide d'une substance chimique au milieu de culture. Quand une substance attractive est ajoutée de cette façon, le pivotement est supprimé en quelques dixièmes de seconde comme prévu. Mais après quelques temps, même si la substance attractive est encore présente, la fréquence des pivotements revient à la normale. Les bactéries restent au stade adapté tant qu'il n'y a ni augmentation ni diminution de la concentration de la substance attractive ; l'addition d'une plus grande quantité de substances attractives supprimera brièvement le pivotement alors que l'éliminination de cette substance augmentera brièvement le pivotement jusqu'à ce que la bactérie s'adapte à cette nouvelle concentration. L'adaptation est une part essentielle de la réponse chimiotactique car elle permet aux bactéries de répondre à des *variations* de concentrations plutôt qu'à des concentrations constantes d'une substance attractive, et de continuer, par conséquent, à nager lorsqu'elles se déplacent dans une direction favorable.

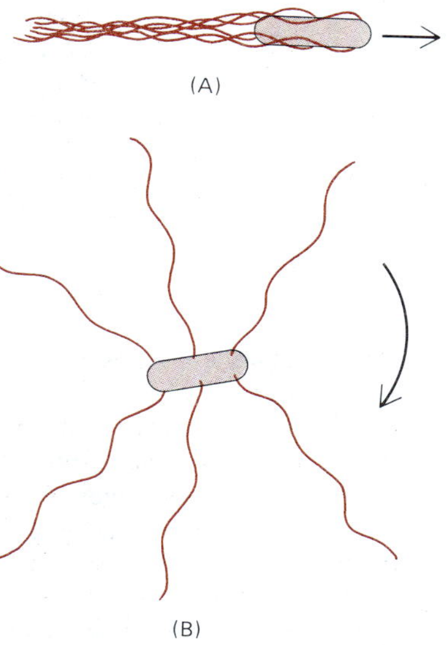

Figure 12-43 Schéma montrant les positions des flagelles d'*E. coli* pendant la nage. Quand les flagelles tournent dans le sens inverse des aiguilles d'une montre (A), ils sont réunis en un faisceau unique qui agit comme un propulseur qui assure une nage régulière. Quand les flagelles tournent dans le sens des aiguilles d'une montre (B), ils se séparent, provoquant les pivotements.

12-31 La chimiotaxie bactérienne joue un rôle médiateur dans une famille de quatre récepteurs transmembranaires homologues [35]

La compréhension des mécanismes moléculaires responsables de la chimiotaxie bactérienne fut largement assujettie à l'isolement et à l'analyse de mutants qui avaient un comportement chimiotactique défectueux. On a montré, de cette façon, que la chimiotaxie vers un certain nombre de substances chimiques dépend d'une petite famille de récepteurs transmembranaires étroitement liés qui sont responsables de la transmission des signaux chimiotactiques à travers la membrane plasmique. Ces **récepteurs chimiotactiques** sont méthylés au cours de l'adaptation (voir plus loin), ils sont donc souvent appelés *protéines méthylables de la chimiotaxie (MCPs, methyl-accepting chemotaxis proteins)* (Figure 12-45)

Il y a quatre types de récepteurs chimiotactiques sur la membrane plasmique, chacun s'occupant de la réponse à un petit groupe de substances chimiques. Deux d'entre eux interviennent dans les réponses à la sérine et à l'aspartate, respectivement, en se liant directe-

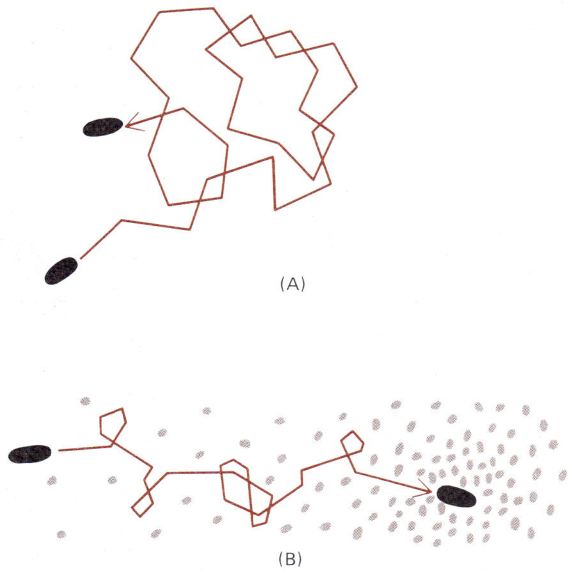

Figure 12-44 Les trajectoires de nage de la bactérie. En l'absence de signal chimiotactique (A), les périodes de nage régulière sont interrompues par des pivotements brefs qui changent au hasard la direction de la nage. Ainsi, la nage et le pivotement ont lieu selon une séquence périodique, chaque période de nage constituant une étape dans le déplacement tridimensionnel aléatoire de la bactérie. En présence d'une substance attractive chimiotactique (B), les pivotements sont partiellement supprimés chaque fois que la bactérie nage vers une plus forte concentration de substance attractive ; de cette manière, elle se dirige progressivement vers la substance attractive — une marche aléatoire biaisée.

Figure 12-45 Structure d'un récepteur protéique chimiotactique. Les deux régions de la chaîne polypeptidique qui deviennent méthylées sont des séquences de 13 acides aminés très conservées. Bien que ce schéma soit basé sur la structure du récepteur à l'aspartate, les quatre types de récepteurs chimiotactiques ont des structures similaires (D'après A.F. Russo et D.E. Koshland, Jr. *science* 220:1016-1020, 1983. Copyright 1983 par AAAS.)

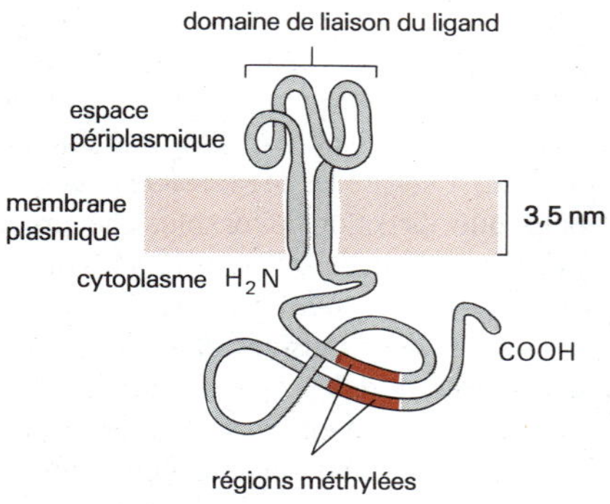

ment à ces acides aminés, et en traduisant l'événement de liaison en un signal dans le cytosol. Les deux autres récepteurs interviennent, respectivement, dans les réponses aux glucides et aux dipeptides, mais ils sont activés indirectement grâce à des protéines *périplasmiques de liaison du substrat*, qui servent aussi de médiateurs pour le transport des glucides et des dipeptides à travers la membrane plasmique (voir p. 312). Ces protéines, qui sont dispersées dans l'espace périplasmique (l'espace situé entre la membrane externe et la membrane plasmique), se lient spécifiquement aux glucides et aux dipeptides, puis forment un complexe avec les récepteurs chimiotactiques convenables dans la membrane plasmique, pour les activer (Figure 12-46). Bien que les systèmes de transport et de chimiotaxie pour ces glucides et ces dipeptides utilisent les mêmes protéines périplasmiques de liaison du substrat, les autres parties du mécanisme sont différentes, comme le montrent les mutations qui inactivent le transport sans modifier la chimiotaxie et vice versa.

12-32 La méthylation des récepteurs est responsable de l'adaptation [35]

Il y a des preuves convaincantes montrant que l'adaptation dans la chimiotaxie bactérienne résulte de la méthylation covalente des récepteurs chimiotactiques. Lorsque la méthylation est bloquée par mutation, l'adaptation est nettement inhibée et l'exposition d'une bactérie mutante à une substance attractive conduit à la suppression du pivotement pendant des jours au lieu d'une minute environ. L'activation des récepteurs chimiotactiques par une substance chimio-attractive a donc deux conséquences : 1) une excitation rapide se produit du fait que le récepteur activé engendre un signal intracellulaire qui permet au moteur flagellaire de continuer à tourner dans le sens inverse des aiguilles d'une montre, conduisant à la suppression des pivotements et à une nage uniforme et continue ; 2) une adaptation plus lente a lieu car, lorsqu'il est activé, le récepteur est méthylé par des enzymes dans le cytoplasme, inversant son activation sur une période de quelques minutes (Figure 12-47).

Figure 12-46 Les étapes de la transduction d'un signal pendant la chimiotaxie bactérienne. Les substances chimiques attractives se lient aux récepteurs chimiotactiques de type 1 et de type 2 dans la membrane plasmique ou aux protéines périplasmiques de liaison du substrat qui se lient alors aux récepteurs chimiotactiques de type 3 et de type 4. Cette liaison active la production, par les récepteurs chimiotactiques, d'un signal intracellulaire qui permet au moteur flagellaire de continuer à tourner dans le sens inverse des aiguilles d'une montre, supprimant par conséquent les pivotements et provoquant une nage régulière et continue de la bactérie. Les substances attractives diffusent dans l'espace périplasmique à partir de l'extérieur de la cellule par de larges canaux situés dans la membrane externe (non représenté).

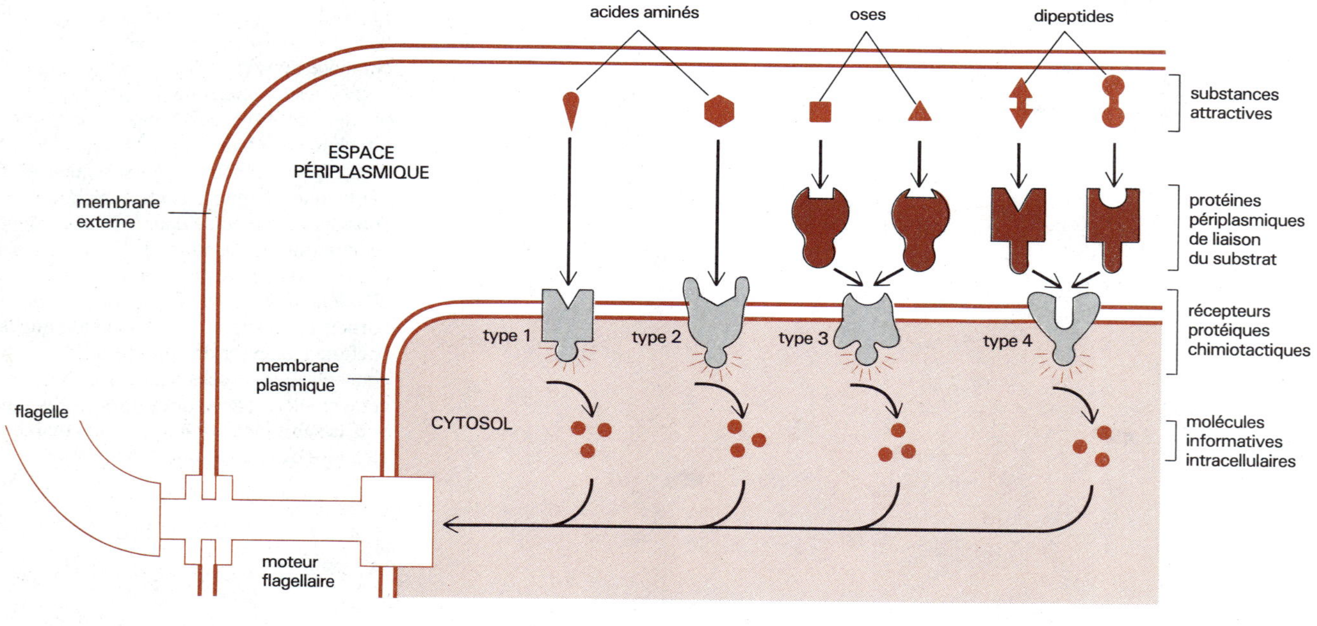

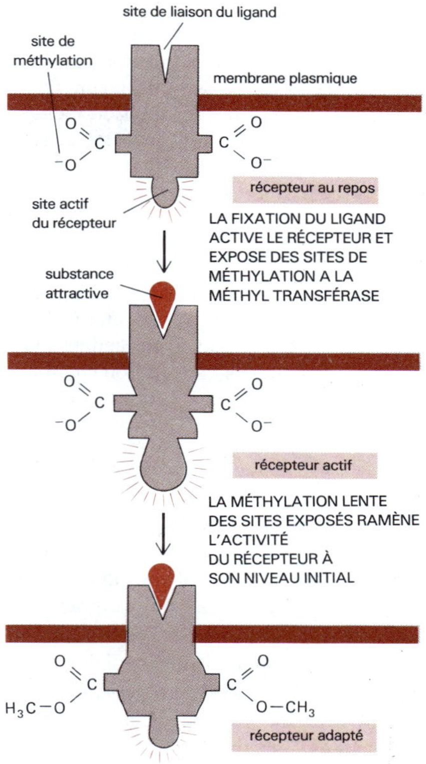

Figure 12-47 Activation et adaptation séquentielles (via la méthylation) d'un récepteur chimiotactique. Notons que l'activité du récepteur, et, par conséquent, la fréquence des pivotements de la bactérie, est la même dans les états de repos et adapté. Pour simplifier, le récepteur est représenté avec deux sites de méthylation ; en réalité, il y a quatre sites de méthylation sur chaque récepteur. Au fur et à mesure de l'augmentation de la concentration du ligand, l'intervalle de temps au cours duquel le récepteur est occupé par le ligand augmente. Une concentration plus élevée du ligand va, par conséquent, provoquer initialement une modification plus importante de la conformation du récepteur qu'une faible concentration, entraînant le récepteur plus avant vers son état totalement modifié. Cependant, une réaction de méthylation plus lente s'ensuit, de sorte qu'en quelques minutes la contrainte conformationnelle du récepteur est exactement inversée — les groupements méthyle étant plus nombreux pour des concentrations plus élevées de substances attractives. Le récepteur s'est alors adapté. Bien que, sur cette figure, le ligand soit directement lié au récepteur, il se lie d'abord, dans certains cas, à une protéine périplasmique de liaison du substrat, qui va se lier au récepteur.

La méthylation des récepteurs est catalysée par une enzyme soluble (la *méthyl transférase*) qui transfère un groupement méthyle à un groupement carboxyle libre sur un résidu glutamate du récepteur activé (Figure 12-48). Quatre groupements méthyle peuvent être transférés sur un seul récepteur, l'importance de la méthylation augmentant pour des concentrations plus élevées de substance attractive (auxquelles chaque récepteur passe une plus grande partie de son temps lié à son ligand). Lorsque la substance attractive est éliminée, le récepteur est déméthylé par une enzyme soluble de déméthylation (voir Figure 12-48). Bien que le niveau de méthylation varie pendant la réponse chimiotactique, il reste constant une fois que la bactérie est adaptée, car un équilibre précis s'établit entre les niveaux de méthylation et de déméthylation.

Une phosphorylation des protéines en cascade couple l'activation des récepteurs aux modifications de la rotation flagellaire [36]

L'activation des récepteurs chimiotactiques par les substances attractives ou répulsives doit conduire à la génération d'un signal intracellulaire qui modifie la direction de rotation du moteur flagellaire. Des études génétiques indiquent que quatre protéines cytoplasmiques — CheA, CheW, CheY et CheZ — sont impliquées dans le processus de transmission des signaux. CheY et CheZ agissent à l'extrémité effectrice de la voie pour contrôler la direction de la rotation flagellaire, en se liant apparemment au moteur flagellaire. CheY signale au moteur de tourner dans le sens des aiguilles d'une montre, entraînant un pivotement. Les mutants qui sont dépourvus de cette protéine nagent de façon continue sans pivotement. CheZ neutralise l'action de CheY, provoquant la rotation du moteur dans le sens contraire des aiguilles d'une montre ; il en résulte une nage régulière. On suppose que CheA, et peut-être CheW, retransmettent le signal depuis les récepteurs chimiotactiques jusqu'à CheY et CheZ par un mécanisme qui implique la phosphorylation et la déphosphorylation des protéines.

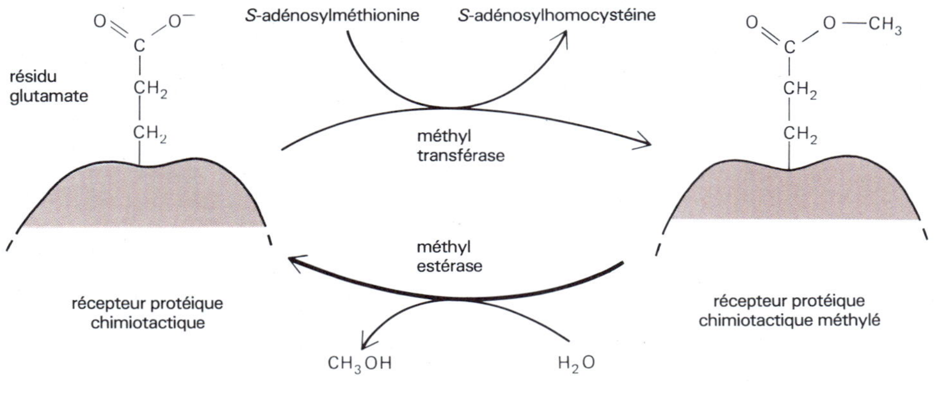

Figure 12-48 Réactions de méthylation et de déméthylation impliquant les récepteurs protéiques chimiotactiques. Jusqu'à quatre groupements méthyle peuvent être ajoutés à chaque récepteur par des liaisons ester.

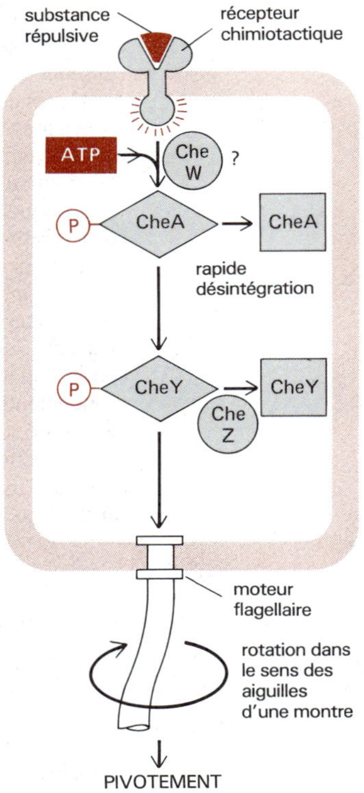

Figure 12-49 Le système de relais de phosphorylation qui permet vraisemblablement aux récepteurs chimiotactiques de contrôler le moteur flagellaire. La liaison d'une substance répulsive active le récepteur, induisant la phosphorylation transitoire de CheA. CheA transfert rapidement son phosphate riche en énergie, lié de façon covalente, directement à CheY pour former CheY-phosphate, qui se lie au moteur flagellaire et le fait tourner dans le sens des aiguilles d'une montre, entraînant un pivotement. La liaison d'une substance attractive a un effet inverse, induisant une diminution de la phosphorylation de CheA et CheY, la rotation flagellaire dans le sens contraire des aiguilles d'une montre, et une nage régulière. CheZ accélère la déphosphorylation de CheY-phosphate, neutralisant, de ce fait, l'action de CheY. Chacun de ces intermédiaires phosphorylés se désintègre en 10 secondes environ, permettant à la bactérie de répondre très rapidement à des variations de son environnement (voir Figure 12-34). On ne sait pas comment les récepteurs chimiotactiques communiquent avec CheA, ni quel rôle CheW joue dans ce système.

Des études *in vitro*, avec des protéines purifiées, montrent que CheA est une protéine kinase qui s'autophosphoryle en présence d'ATP, puis transfert rapidement le phosphate à CheY. La protéine CheY phosphorylée est ensuite déphosphorylée au cours d'une réaction qui est accélérée par CheZ, qui, comme nous l'avons mentionné plus haut, neutralise la fonction de CheY *in vitro*. Il semble que CheY soit activée (pour provoquer un pivotement) par une phosphorylation par l'intermédiaire de CheA, et inactivée (pour provoquer une nage régulière) par une déphosphorylation par l'intermédiaire de CheZ. On suppose que le degré de phosphorylation de CheA et de CheY diminue lorsque les récepteurs chimiotactiques fixent une substance attractive ; l'inactivation résultante de CheY conduit à une diminution des pivotements et à une nage régulière prolongée. À l'opposé, on suppose que les substances répulsives activent la phosphorylation de CheY par l'intermédiaire de CheA, activant ainsi la protéine pour induire le pivotement (Figure 12-49).

Le même réseau de protéines règle également le processus d'adaptation. CheA phosphoryle l'enzyme qui déméthyle les récepteurs chimiotactiques (voir Figure 12-48), augmentant son activité et assurant ainsi une régulation rétroactive aux récepteurs chimiotactiques.

Il est possible que tous les gènes et toutes les protéines impliqués dans la chimiotaxie bactérienne soient à présent identifiés, et que, dans la majorité des cas, les séquences des protéines soient déterminées, rendant ces dernières disponibles en grandes quantités. Il semble que nous approchions rapidement d'une compréhension moléculaire presque totale de ce comportement d'une très grande souplesse.

Résumé

En s'adaptant à de fortes concentrations d'un ligand informatif de manière réversible et dépendante du temps, des cellules sont capables d'ajuster leur sensibilité au niveau du stimulus et de répondre ainsi aux variations de concentration d'un ligand plutôt qu'à sa concentration absolue. L'adaptation a lieu de différentes façons : 1) la fixation du ligand peut induire l'internalisation des récepteurs, qui sont alors retenus de façon transitoire à l'intérieur de la cellule ou dégradés dans les lysosomes ; 2) les récepteurs activés peuvent être inactivés par phosphorylation ou méthylation ; 3) les protéines non réceptrices dans la voie de transduction des signaux (telles que les protéines G) peuvent être inactivées de façon réversible selon des mécanismes qui sont encore mal connus. Au niveau moléculaire, l'exemple d'adaptation le mieux compris est celui de la chimiotaxie bactérienne, dans laquelle la méthylation réversible d'une protéine clé de transduction d'un signal dans la membrane plasmique permet à la cellule de nager vers un environnement optimal.

Bibliographie

Articles cités

1. Smith, E.L. ; et al. Principles of Biochemistry : Mammalian Biochemistry, 7th ed., pp. 355-619. New York : McGraw-Hill, 1983.
   Snyder, S.H. The molecular basis of communication between cells. *Sci. Am.* 253(4):132-140, 1985.
2. Norman, A.W. ; Litwack, G. Hormones. San Diego, CA ; Academic, 1987.
   Wilson, J.D. ; Foster, D.W. Williams' Textbook of Endocrinology, 7th éd. Philadelphia : Saunders, 1985.
3. Simpson, I.A. ; Cushman, S.W. Hormonal regulation of mammalian glucose transport. *Annu. Rev. Biochem.* 55:1059-1089, 1986.
4. Beer, D.J. ; Matloff, S.M. ; Rocklin, R.E. The influence of histamine in immune and inflammatory responses. *Adv. Immunol.* 35:209-268, 1984.
   Gospodarowicz, D. : Cheng, J. ; Lui, G.M. ; Baird, A. ; Bohlen, P. Isolation of brain fibroblast growth factor by heparin sepharose affinity chromatography : identify with pituitary fibroblast growth factor. *Proc. Natl. Acad. Sci USA* 81:6963-6967, 1984.
5. Smith, W.L. ; Borgeat, P. The eiocosanoids : prostaglandins, thromboxanes, leukotrienes, and hydroxyeicosaenoic acids. In Biochemistry of Lipids and Membranes (D.E. Vance, J.E. Vance, eds.), pp. 325-360. Menlo Park, CA : Benjamin-Cummings, 1985.
6. Evans, R.M. The steroid and thyroid hormone receptor superfamily. *Science* 240:889-895, 1988.
   Gehring, U. Steroid hormone receptors : biochemistry, genetics, and molecular biology. *Trends Biochem. Sci.* 12:399-402, 1987.
   Ivarie, R.D. ; O'Farrell, P.H. The glucocorticoid domain : steroid-mediated changes in the rate of synthesis of rat hepatoma proteins. *Cell* 13:41-55, 1978.
   Yamamoto, K.R. Steroid receptor regulated transcription of specific genes and gene networks. *Annu. Rev. Genet.* 19:209-252, 1985.
7. Ashburner, M. ; Chihara, C. ; Meltzer, P. ; Richards, G. Temporal control of puffing activity in polytene chromosomes. *Cold Spring Harbor Symp. Quant. Biol.* 38:655-662, 1974.
8. Attardi, B. ; Ohno, S. Physical properties of androgen receptors in brain cytosol from normal and testicular feminized (Tfm/y♂) mice. *Endocrinology* 103:760-770, 1978.
9. Berridge, M. The molecular basis of communication within the cell *Sci. Am.* 253(4):142-152, 1985.
   Kahn, C.R. Membrane receptors for hormones and neurotransmitters. *J. Cell. Biol.* 70:261-286, 1976.
   Levitski, A. Receptors : A Quantitative Approach. Menlo Park, CA : Benjamin-Cummings, 1984.
   Rees Smith, B. ; Buckland, P.R. Structure-function relations of the thyrotropin receptor. In Receptors, Antibodies and Disease, Ciba Foundation Symposium 90 (D. Evered, J. Whelan, eds.), pp. 114-132. London : Pitman, 1982.
   Snyder, S.H. The molecular basis of communication between cells. *Sci. Am.* 253(4):132-140, 1985.
10. Pastan, I. Cyclic AMP. *Sci. Am.* 227(2):97-105, 1972.
    Sutherland, E.W. Studies on the mechanism of hormone action. *Science* 177:401-408, 1972.
11. Schramm, M. ; Selinger, Z. Message transmission : receptor controlled adenylate cyclase system. *Science* 225:1350-1356, 1984.
12. Casperson, G.F. ; Bourne, H.R. Biochemical and molecular genetic analysis of hormone-sensitive adenylate cyclase. *Annu. Rev. Pharmacol. Toxicol.* 27:371-384, 1987.
    Feder, D. ; et al. Reconstitution of beta$_1$-adrenoceptor-dependent adenylate cyclase from purified components. *EMBO J.* 5:1509-1514, 1986.
    Rodbell, M. The role of hormone receptors and GTP-regulatory proteins in membrane transduction. *Nature* 284:17-22, 1980.
13. Gilman, A.G. G proteins and dual control of adenylate cyclase. *Cell* 36:577-579, 1984.
    Gilman, A.G. G proteins : transducers of receptor-generated signals. *Annu. Rev. Biochem.* 56:615-649, 1987.
    Lai, C.-Y. The chemistry and biology of cholera toxin. *CRC Crit. Rev. Biochem.* 9:171-206, 1980.
    Levitzki, A. From epinephrine to cyclic AMP. *Science* 241:800-806, 1988.
    Stryer, L. ; Bourne, H.R. G proteins : a family of signal transducers. *Annu. Rev. Cell Biol* 2:391-419, 1986.
14. Carafoli, E. Intracellular calcium homeostasis. *Annu. Rev. Biochem.* 56:395-433, 1987.
    Carafoli, E. ; Penninston, J.T. The calcium signal. *Sci. Am.* 253(5):70-78, 1985.
    Evered, D. ; whelan, J., eds. Calcium and the Cell, Ciba Foundation Symposium 122. Chichester, U.K. : Wiley, 1986.
    Volpe, P. ; et al. « Calciosome », a cytoplasmic organelle : the inositol 1,4,5-trisphosphate-sensitive Ca^{2+} store of non-muscle cells ? *Proc. Natl. Acad. Sci. USA* 85:1091-1095, 1988.
15. Augustine, G.J. ; Charlton, M.P. ; Smith, S.J. Calcium action in synaptic transmitter release. *Annu. Rev. Neurosci.* 10:633-193, 1987.
    Heilbrunn, L.V. ; Wiercenski, F.J. The action of various cations on muscle protoplasm. *J. Cell. Comp. Physiol.* 29:15-32, 1947.
16. Berridge, M.J. Inositol lipids and calcium signalling. *Pro. R. Soc. Lond. (Biol.)* 234:359-378, 1988.
    Cockcroft, S. Polyphosphoinositide phosphodiesterase : regulation by a novel guanine nucleotide binding protein, Gp. *Trends Biochem. Sci.* 12:75-78, 1987.
    Majerus, P.W. ; et al. The metabolisme of phosphoinositide-derived messenger molecules. *Science* 234:1519-1526, 1986.
    Michell, R.H. ; Putney, J.W., eds. Inositol Lipids in Cellular Signaling. Current Communications in Molecular Biology. Cold Spring Harbor, NY : Cold Spring Harbor Laboratory, 1987.
    Sekar, M.C. : Hokin, L.E. The role of phosphoinositides in signal transduction. *J. Memb. Biol.* 89:193-210, 1986.
    Woods, N.M. ; Cuthbertson, K.S.R. ; Cobbold, P.H. Repetitive transient rises in cytoplasmic free calcium in hormone-stimulated hepatocytes. *Nature* 319:600-602, 1986.
17. Angel, P. ; et al. Phorbol ester-inducible genes contain a common *cis* element recognized by a TPA-modulated *trans*-acting factor. *Cell* 49:729-739, 1987.
    Bell, R.M. Protein kinase C activation by diacylglycerol second messengers. *Cell* 45:631-632, 1986.
    Lee, W. ; Mitchell, P. ; Tijan, R. Purified transcription factor AP-1 interacts with TPA-inducible enhancer elements. *Cell* 49:741-752, 1987.
    Nishizuka, Y. Studies and perspectives of protein kinase C. *Science* 233:305-312, 1986.
    Parker, P.J. ; et al. The complete primary structure of protein kinase C—the major phorbol ester receptor. *Science* 233:853-859, 1986.
18. Barbacid, M. *ras* genes. *Annu. Rev. Biochem.*56:779-827, 1987.
19. Dohlman, H.G. ; Caron, M.G., Lefkowitz, R.J. A family of receptors coupled to guanine nucleotide regulatory proteins. *Biochemistry* 26:2657-2664, 1987.

Dunlap, K. ; Holz, G.G. ; Rane, S.G. G proteins as regulators of ion channel function. *Trends Neurosci.* 10:241-244, 1987.
Kubo, T. ; et al. Cloning, sequencing and expressio of complementary DNA encoding the muscarinic acetylcholine receptor. *Nature* 323:411-416, 1986.
Masu, Y. ; et al. cDNA cloning of bovine substance-K receptor through oocyte expression system. *Nature* 329:836-838, 1987.
Stryer, L. The molecules of visual excitation. *Sci. Am.* 275(1):42-50, 1987.

20. Carpenter, G. Receptors for epidermal growth factor and other polypeptide mitogens. *Annu. Rev. Biochem.* 56:881-914, 1987.
Kaplan, D.R. ; et al. Common elements in growth factor stimulation and oncogenic tranformation : 85 kd phosphoprotein and phosphatidylinositol kinase activity. *Cell* 50:1021-1029, 1987.
Rosen, O.M. After insulin binds. *Science* 237:1452-1458, 1987.
Schlessinger, J. Allosteric regulation of the epidermal growth factor receptor kinase. *J. Cell Biol.* 103:2067-2072, 1986.
Yarden, Y. ; Ullrich, A. Growth factor receptor tyrosine kinases. *Annu. Rev. Biochem.* 57:443-478, 1988.

21. Deuel, T.F. Polypeptide growth factors : roles in normal and abnormal cell growth. *Annu. Reve. Cell Biol.* 3:443-492, 1987.
Hanks, S.K. ; Quinn, A.M. ; Hunter, T. The protein kinase family : conserved features and deduced phylogeny of the catalytic domains. *Science* 241:42-52, 1988.
Hunter, T. A thousand and one protein kinases. *Cell* 50:823-829, 1987.
Ullrich, A. ; et al. Human insulin receptor and its relationship to the tyrosine kinase family of oncogenes. *Nature* 313:756-761, 1985.

22. Cohen, P. Control of Enzyme Activity, 2nd ed. London : Chapman & Hall, 1983.
Edelman, A.M. ; Blumenthal, D.K. ; Krebs, E.G. Protein serine/threonine kinases. *Annu. Rev. Biochem.* 56:567-613, 1987.

23. Cohen, P. Protein phosphorylation and the control of glycogen metabolism in skeletal muscle. *Philos. Trans. R. Soc. Lond. (Biol.)* 302:13-25, 1983.
Montminy, M.R. ; Bilezikjian, L.M. Binding of a nuclear protein to the cyclic-AMP response element of the somatostatin gene. *Nature* 328:175-178, 1987.
Pilkis, S.J. ; El-Maghrabi, M.R. ; Claus, T.H. Hormonal regulation of hepatic gluconeogenesis and glycolysis. *Annu. Rev. Biochem.* 57:755-784, 1988.
Smith, S.B. ; White, H.D. ; Siegel, J.B. ; Krebs, E.G. Cyclic AMP-dependent protein kinase I : cyclic nucleotide binding, structural changes, and release of the catalytic subunits. *Proc. Natl. Acad. Sci. USA* 78:1591-1595, 1981.

24. Alemany, S. ; Pelech, S. ; Brierley, C.H. ; Cohen, P. The protein phosphatases involved in cellular regulation. Evidence that dephosphorylation of glycogen phosphorylase and glycogen synthase in the glycogen and microsomal fractions of rat liver are catalysed by the same enzyme : protein phosphatase-1. *Eur. J. Biochem.* 156:101-110, 1986.
Ingebritsen, T.S. ; Cohen P. Protein phosphatases : properties and role in cellular regulation. *Science* 221:331-338, 1983.

25. Babu, Y.S. ; et al. Three-dimensional structure of calmodulin. *Nature* 315:37-40, 1985.
Cheung, W.Y. Calmodulin. *Sci. Am.* 246(6):48-56, 1982.
Gerday, C. ; Billes, R. ; Bolis, L., eds. Calcium and Calcium Binding Proteins. Berlin : Springer-Verlag, 1988.
Klee, C.B. ; Crouch, T.H. ; Richman, P.G. Calmodulin. *Annu. Rev. Biochem.* 49:489-515, 1980.

26. Cohen, P. Protein phosphorylation and hormone action. *Proc. R. Soc. Lond. (Biol.)* 234:115-144, 1988.

27. Goldberg, N.D. ; Haddox, M.K. Cyclic GMP metabolism and involvement in biological regulation. *Annu. Rev. Biochem.* 46:823-896, 1977.
Nakamura, T. ; Gold, G.H. A cyclic nucleotide-gated conductance in olfactory receptor cilia. *Nature* 325:442-444, 1987.
Schnapf, J.L. ; Baylor, D.A. How photoreceptor cells respond to light. *Sci. Am.* 256(4):40-47, 1987.
Stryer, L. Cyclic GMP cascade of vision. *Annu. Rev. Neurosci.* 9:87-119, 1986.

28. Cohen, P. Protein phosphorylation and hormone action. *Proc. R. Soc. Lond. (Biol.)* 234:115-144, 1988.

29. Schminke, R.T. On the role of synthesis and degradation in regulation of enzyme levels in mammalian tissues. *Curr. Top. Cell. Regul.* 1:77-124, 1969.

30. Lewis, J. ; Slack, J. ; Wolpert, L. Thresholds in development. *J. Theor. Biol.* 65:579-590, 1977.
Miller, S.G. ; Kennedy, M.B. Regulation of brain type II Ca^{2+}/calmodulin-dependent protein kinase by autophosphorylation : a Ca^{2+}-triggered molecular switch. *Cell* 44:861-870, 1986.
Mulvihill, E.R. ; Palmiter, R.D. Relationship of nuclear estrogen receptor levels to induction of ovalbumin and conalbumin mRNA in chick oviduct. *J. Biol. Chem.* 252:2060-2068, 1977.

31. Lefkowitz, R.J., ed. Receptor regulation. Receptors and Recognition, Series B, Vol. 13. London : Chapman & Hall, 1981.
Soderquist, A.M. ; Carpenter, G. Biosynthesis and metabolic degradation of receptors for epidermal growth factor. *J. Memb. Biol.* 90:97-105, 1986.

32. Sibley, D.R. ; Benovic, J.L. ; Caron, M.G. ; Lefkowitz, R.J. Regulation of transmembrane signaling by receptor phosphorylation. *Cell* 48:913-922, 1987.

33. Kassis, S. ; Fishman, P.H. Different mechanisms of desensitization of adenylate cyclase by isoproterenol and prostaglandin E_1 in human fibroblasts : role of regulatory components in desensitization. *J. Biol. Chem.* 257:5312-5318, 1982.
Klee, W.A. ; Sharma, S.K. ; Nirenberg, M. Opiate receptors as regulators of adenylate cyclase. *Life Sci.* 16:1869-1874, 1975.
Snyder, S.H. Opiate receptors and internal opiates. *Sci. Am.* 236(3):44-56, 1977.

34. Adler, J. The sensing of chemicals by bacteria. *Sci. Am.* 234(4):40-47, 1976.
Berg, H. How bacteria swim. *Sci. Am.* 233(2):36-44, 1975.

35. Koshland, D.E., Jr. Biochemistry of sensing and adaptation in a simple bacterial system. *Annu. Rev. Biochem.* 50:765-782, 1981.
Russo, A.F. ; Koshland, D.E. Receptor modification and absolute adaptation in bacterial sensing. In Sensing and Response in Microorganisms (M. Eisenbach, M. Balaban eds.), pp. 27-41. Amsterdam : Elsevier, 1985.
Springer, M.S. ; Goy, M.F. ; Adler, J. Protein methylation in behavioral control mechanisms and in signal transduction *Nature* 280:279-284, 1979.

36. Hess, J.F. ; Oosawa, K. ; Kaplan, N. ; Simon, M.I. Phosphorylation of three proteins in the signaling pathway of bacterial chemotaxis. *Cell* 53:79-87, 1988.
Oosawa, K. ; Hess, J.F. ; Simon, M.I. Mutants defective in bacterial chemotaxis show modified protein phosphorylation. *Cell* 53:89-96, 1988.

13

Croissance et division cellulaires

Pour se reproduire, les cellules dupliquent leurs contenus avant de se diviser en deux. Les organismes pluricellulaires se forment à la suite de séquences complexes de divisions cellulaires, ponctuées périodiquement par la fusion des cellules sexuelles. Même lorsqu'un animal ou un végétal supérieur sont parvenus à maturité, la division cellulaire persiste et reste un moyen de compenser les pertes de substances liées à la dégradation et aux agressions subies par les tissus. C'est ainsi qu'un être humain adulte doit fabriquer des millions de nouvelles cellules par seconde, simplement pour maintenir le statu quo ; si la division cellulaire est bloquée — par exemple lors de l'exposition à une forte dose de radiation ionisante — l'individu meurt en quelques jours.

La duplication de la majorité des composants cellulaires ne nécessite pas un contrôle très strict. S'il existe beaucoup de copies d'un type particulier d'organite ou de molécule, il suffit que le nombre de copies soit approximativement doublé au cours d'un cycle et que les cellules filles en reçoivent des parts à peu près égales. Il existe cependant au moins une exception évidente : l'ADN doit toujours être exactement dupliqué et divisé précisément entre les deux cellules filles. Ce processus requiert des mécanismes bien particuliers. Aussi, lorsque l'on considère le cycle cellulaire, il est parfois commode de faire la distinction entre *cycle chromosomique* et *cycle cytoplasmique* qui se déroulent en parallèle. Dans le **cycle chromosomique**, la *synthèse d'ADN*, qui correspond à la duplication de l'ADN du noyau, alterne avec la *mitose*, dans laquelle les deux copies du génome sont séparées. Dans le **cycle cytoplasmique**, la *croissance cellulaire*, qui correspond au doublement des nombreux autres constituants de la cellule, alterne avec la *cytodiérèse* ou division de la cellule mère en deux.

Ce chapitre commence par une discussion sur la coordination et le contrôle de ces deux cycles interdépendants. Les mécanismes qui garantissent que la totalité de l'ADN n'est répliquée qu'une fois et une seule fois entre une division cellulaire et la suivante sont analysés ainsi que la manière dont sont coordonnés les événements du cycle chromosomique et ceux du cycle cytoplasmique. La régulation de la division cellulaire par des facteurs de l'environnement dans les cellules des animaux pluricellulaires sera ensuite étudiée — un sujet dont la compréhension a beaucoup progressé grâce aux récentes découvertes en cancérologie. Enfin, nous discuterons des mécanismes moléculaires responsables de la mitose et de la cytodiérèse. Ces deux processus nécessitent une duplication précise et une transmission fidèle du *centrosome* (voir p. 763) pour permettre l'organisation des deux pôles du fuseau mitotique ; ce *cycle du centrosome* peut être considéré comme une troisième composante du cycle cellulaire.

Les étapes du cycle cellulaire et leurs relations causales

Observée au microscope, la division d'une cellule eucaryote offre un spectacle saisissant. Durant la **mitose**, le contenu du noyau se condense pour former des chromosomes visibles qui sont ensuite séparés en deux ensembles égaux par une suite de mouvements remarquablement orchestrés. Puis, au cours de la **cytodiérèse**, la cellule elle-même est scindée en deux cellules filles qui reçoivent chacune un lot de chromosomes. L'observation de la mitose et de la cytodiérèse étant aisée, ces événements furent le principal centre d'intérêt des premiers chercheurs. Ces événements n'occupent cependant à eux deux qu'une brève période, appelée **phase M** (M = mitose) du cycle de reproduction cellulaire. L'intervalle de temps beaucoup plus long qui s'écoule entre une phase M et la suivante est appelée **interphase**. En microscopie, l'interphase apparaît malheureusement comme un interlude sans autre événement que la lente croissance des dimensions de la cellule. Des techniques plus sophistiquées révèlent que l'interphase est en réalité une période au cours de laquelle des travaux préparatoires élaborés s'effectuent pour la division selon une séquence soigneusement ordonnée. Dans ce paragraphe, nous étudierons les méthodes d'investigation possibles de la séquence des événements au cours de l'interphase et les relations causales qui existent entre les diverses étapes du cycle cellulaire.

13-3 13-4 La réplication de l'ADN nucléaire se produit à un moment particulier de l'interphase [1]

Dans la majorité des cellules, l'ADN du noyau se réplique uniquement pendant une période limitée de l'interphase ; cette période de synthèse d'ADN est appelée **phase S** du cycle cellulaire. Entre la fin de la phase M et le début de la synthèse d'ADN, il existe en général un intervalle de temps appelé *phase* G_1 (G pour « gap », ou intervalle), un deuxième intervalle, la *phase* G_2, sépare la fin de la synthèse d'ADN du début de la phase M suivante. L'interphase est ainsi composée successivement des phases G_1, S et G_2, et correspond normalement à 90 p. cent au moins de la durée totale du cycle cellulaire. Pour des cellules d'eucaryotes supérieurs en prolifération rapide par exemple, les phases M n'ont lieu généralement que toutes les 16 à 24 heures et chaque phase M ne dure que 1 à 2 heures. La Figure 13-1 représente un cycle cellulaire typique, avec ses quatres phases successives, et quelques-uns des événements principaux sont précisés dans la légende.

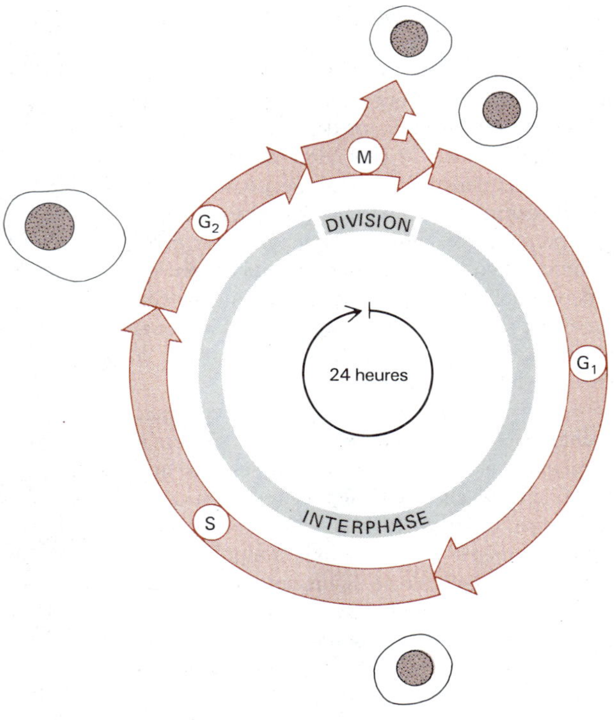

Figure 13-1 Les quatre phases successives du cycle cellulaire type d'un eucaryote. Après la *phase M*, qui se compose d'une division nucléaire (mitose) et d'une division cytoplasmique (cytodiérèse), les cellules filles commencent l'interphase d'un nouveau cycle. L'interphase débute avec la *phase* G_1 pendant laquelle les activités biosynthétiques des cellules, qui se poursuivent très lentement durant la mitose, recommencent à une vitesse élevée. La *phase S* commence quand la synthèse de l'ADN démarre et se termine quand le contenu du noyau en ADN a doublé et que les chromosomes se sont répliqués (chaque chromosome est alors composé de deux « chromatides sœurs » identiques). Les cellules entrent ensuite dans la *phase* G_2 qui se poursuit jusqu'au début de la mitose, initiant la phase M. Au cours de la phase M, les chromosomes répliqués se condensent et sont facilement observables en microscopie photonique. L'enveloppe nucléaire se rompt (excepté chez certains eucaryotes unicellulaires tels que les levures, où elle reste intacte), les chromatides sœurs se séparent, deux nouveaux noyaux se forment, et le cytoplasme se divise pour engendrer deux cellules filles, dotées d'un seul noyau. La cytodiérèse termine la phase M et marque le début de l'interphase du cycle cellulaire suivant. Un cycle type de 24 heures est illustré ici, bien que la durée du cycle cellulaire dans les cellules eucaryotes varie énormément (de moins de 8 heures à plus d'une année chez des animaux adultes), la plus grande partie de la variabilité étant due à la durée de la phase G_1.

Le moment du cycle cellulaire au cours duquel s'effectue la synthèse d'ADN a été mis en évidence pour la première fois au début des années 1950, en utilisant la technique d'autoradiographie pour marquer spécifiquement les cellules qui synthétisent l'ADN. La méthode classique utilise la thymidine tritiée, un précurseur radioactif d'une molécule que toute cellule utilise exclusivement pour la synthèse d'ADN. La thymidine peut être soit injectée à un animal pour étudier les cycles de division cellulaire dans les tissus, soit ajoutée au milieu de culture de cellules *in vitro* (Figure 13-2). Dans le premier cas, le tissu est prélevé sur l'animal, à un moment déterminé après l'injection de thymidine tritiée, et des autoradiographies sont préparées à partir de l'échantillon. Les cellules qui ont synthétisé de l'ADN, à n'importe quel moment de la période de marquage (et qui se sont trouvées par conséquent en phase S), peuvent être identifiées par la présence de grains d'argent localisés sur leur noyau. A partir de la fraction de cellules marquées de cette façon après différentes périodes d'exposition d'un animal à la thymidine tritiée, et en comptant parmi celles-ci le nombre de cellules qui sont en phase M, il est possible de montrer que le cycle cellulaire présente bien les quatre phases distinctes décrites plus haut et de mesurer la durée de chacune de ces phases.

Supposons que l'on injecte une seule fois de la thymidine tritiée et que les cellules soient fixées en vue de l'autoradiographie après un court délai — une demi-heure, par exemple. Dans une population de cellules représentatives qui prolifèrent rapidement mais de façon asynchrone, environ 30 p. cent des cellules seront radiomarquées. Ce sont les cellules qui étaient en cours de synthèse d'ADN durant la brève exposition à la thymidine tritiée, et leur proportion dans la population cellulaire totale est un reflet de la fraction du cycle cellulaire occupée par la phase S (Figure 13-3). Au moment de la fixation, il n'y aura environ que 5 p. cent de cellules saisies en cours de mitose (la faible valeur de cet *index mitotique* indique que la mitose n'occupe qu'une petite fraction du cycle cellulaire), et aucune de ces cellule ne sera radioactive, ce qui indique que les phases M et S du cycle sont réellement séparées. Par contre, si les échantillons sont fixés plusieurs heures après l'injection de thymidine tritiée, certaines des cellules en mitose seront radioactives. Ces cellules étaient obligatoi rement en phase de synthèse d'ADN lors de l'injection. La durée minimale séparant le moment de l'injection du moment où des cellules à la fois en mitose et marquées apparaissent sera égale à la durée de la phase G_2. En procédant de cette manière, il est possible de déterminer la durée des quatre phases du cycle cellulaire. Un exemple d'application de cette méthode est donné dans la Figure 13-4.

La durée des cycles de division des cellules de tissus différents, d'espèces différentes et à divers stades du développement embryonnaire, varie énormément, de moins d'une heure (dans le jeune embryon de grenouille par exemple) à plus d'un an (dans le foie d'un homme adulte, par exemple). Bien que toutes les phases du cycle cellulaire soient de durées variables, c'est surtout la durée de la phase G1 qui présente les plus grandes variations ; cette durée peut être pratiquement nulle (comme dans le jeune embryon de grenouille) ou être si longue que les cellules semblent avoir cessé de progresser dans leur cycle de division et s'être installées dans un état de quiescence (c'est le cas dans le foie adulte). On dit souvent que les cellules dans cet état G_1 quiescent, sont en *phase* G_0, comme nous le verrons plus loin (voir p. 749).

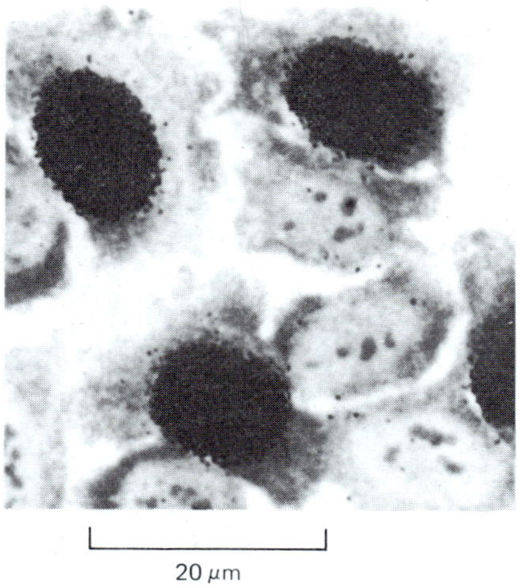

Figure 13-2 Autoradiographie de cellules qui ont été incubées pendant une courte période en présence de thymidine tritiée. La technique est expliquée page 176. La présence de grains d'argent révélée sur le noyau cellulaire dans l'émulsion photographique (zones noircies) indique que la cellule a incorporé de la thymidine tritiée dans son ADN et qu'elle s'est donc trouvée en phase S à un certain moment pendant la période de marquage. (Avec l'autorisation de James Cleaver.)

Figure 13-3 La durée de chaque phase du cycle cellulaire est approximativement égale à la fraction de cellules se trouvant dans cette phase à tout instant, multipliée par la durée totale du cycle cellulaire, si l'on admet que la population de cellules a une croissance régulière et que toutes les cellules prolifèrent à la même vitesse. Un calcul précis de la longueur de chaque phase implique cependant un « facteur de correction » (allant approximativement de 0,7 pour les cellules en G_1 précoce, à 1,4 pour les cellules mitotiques), qui est nécessaire car il y a toujours plus de cellules jeunes (divisées récemment) que de cellules vieilles dans une population en croissance continue.

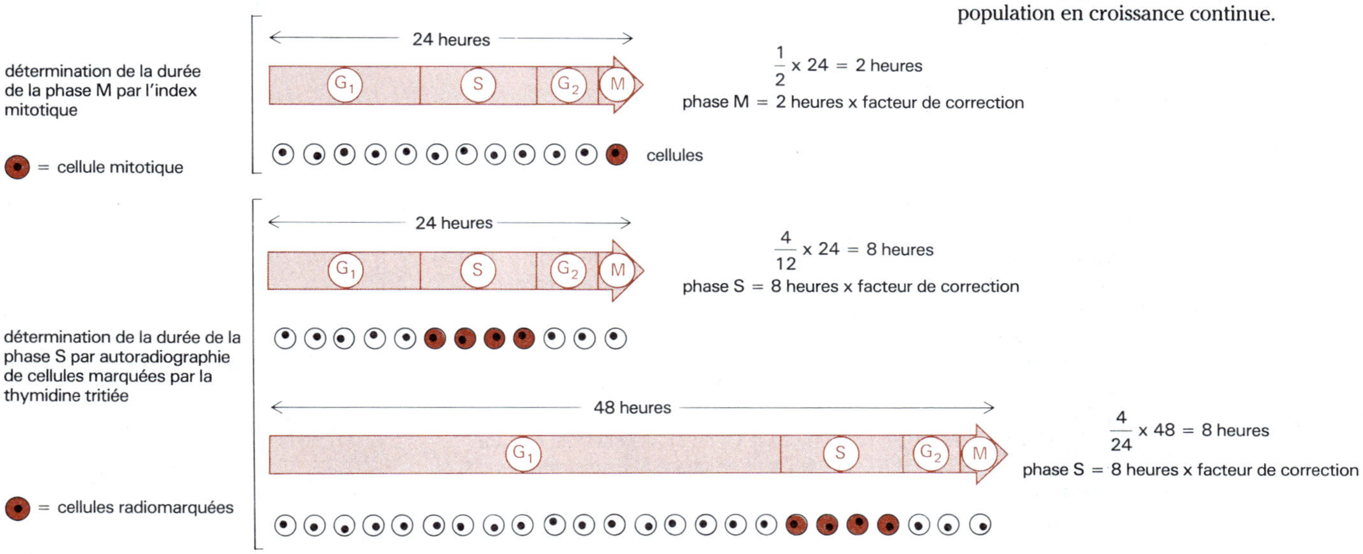

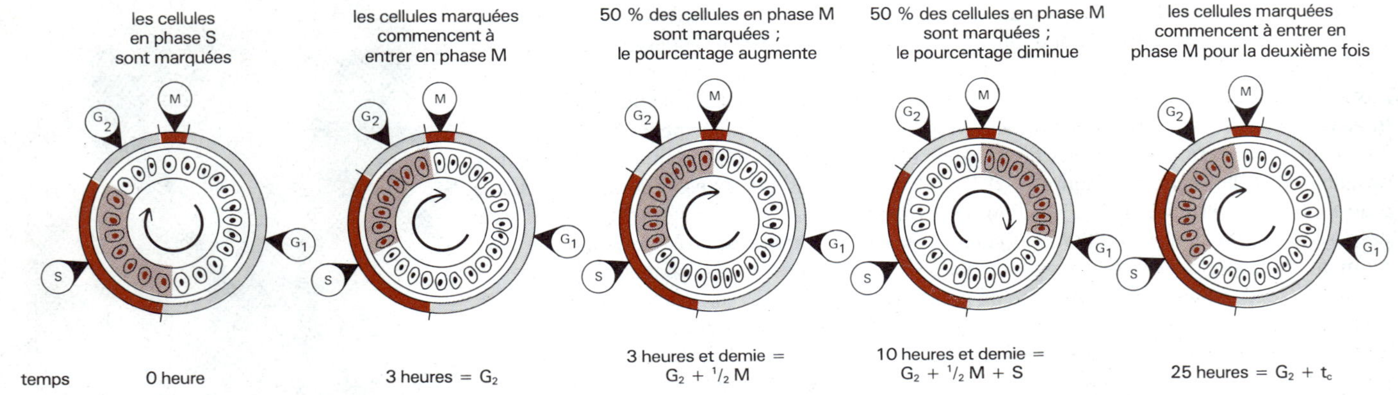

Figure 13-4 Une méthode couramment utilisée pour mesurer les durées des phases dans le cycle cellulaire. Une population de cellules en croissance asynchrone est incubée pendant un temps bref en présence de thymidine tritiée après lavage, on laisse les cellules poursuivre leur cycle de division. Des autoradiographies sont préparées à partir d'échantillons prélevés à différents temps après le marquage. Pour interpréter ces résultats, il est utile de représenter les cellules comme si elles étaient distribuées sur une plaque tournante, parcourant toutes le cycle à la même vitesse, et leur position sur la plaque tournante reflétant l'étape du cycle à laquelle chacune d'elles est parvenue. Initialement, les cellules en phase S sont radiomarquées (*couleur pâle*), alors que les cellules en G_2, M et G_1 ne le sont pas. Après un temps égal à la durée de G_2, les cellules marquées commencent à entrer en phase M ; après un temps égal à G_2 + M, toutes les cellules en phase M sont marquées ; et ainsi de suite. En attendant et en surveillant l'apparition des cellules marquées en phase M, leur progression au-delà de cette phase, puis leur réapparition en phase M, on peut en principe déterminer les durées moyennes des phases G_2, M, S, la durée totale du cycle cellulaire et, ainsi, par soustraction la durée de la phase G_1. Dans cet exemple, ces durées sont de 3 heures, 1 heure, 22 heures et 11 heures, respectivement.

13-5 Le cycle cellulaire est très facile à suivre en culture [1,2]

Les mécanismes qui sont à l'origine du cycle cellulaire sont difficiles à étudier dans les tissus complexes et innaccessibles de l'animal. L'analyse est plus facile en culture de cellules. En recourant à la microcinématographie (voir p. 142) par exemple, il est possible de suivre individuellement une cellule lorsqu'elle entre en mitose, croît, puis se retrouve en mitose ; cette méthode permet de mesurer directement la durée de la phase M et la durée totale d'un cycle cellulaire. En culture, comme chez l'animal entier, il est possible de repérer les cellules en cours de synthèse d'ADN, par l'autoradiographie après incorporation de thymidine tritiée. On peut aussi suivre la progression d'une cellule dans le cycle en mesurant directement le contenu en ADN ; cette approche est considérablement facilitée par l'utilisation d'un *cytofluorimètre* (Figure 13-5).

L'analyse du cycle cellulaire est encore facilitée par l'utilisation d'importantes populations de cellules en culture qui sont toutes dans une même phase du cycle. Il existe plusieurs méthodes pour obtenir de telles *populations cellulaires synchrones.* L'une des techniques les

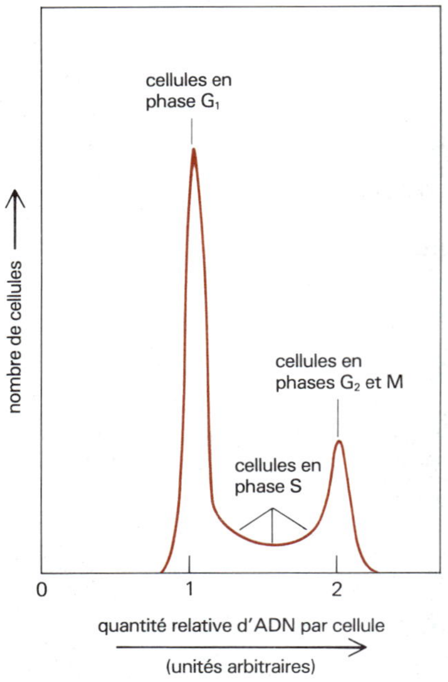

Figure 13-5 Résultats types obtenus pour une population cellulaire en croissance lorsque le contenu en ADN de chacune des cellules est déterminé avec un cytofluorimètre : un appareil électronique basé sur les mêmes principes que le trieur de cellules fluorimétriques (voir p. 159). Les cellules sont marquées avec un colorant qui devient fluorescent lorsqu'il se lie à l'ADN, de sorte que le taux de fluorescence est directement proportionnel à la quantité d'ADN contenue dans chaque cellule. Les cellules se répartissent en trois catégories : celles qui ont un complément d'ADN non répliqué (1 unité arbitraire), et qui sont par conséquent en phase G_1, celles qui ont un complément d'ADN complètement répliqué (2 unités arbitraires) et qui sont en phase G_2 ou M, et celles qui ont une quantité intermédiaire d'ADN et qui sont en phase S. La distribution des cellules dans le graphique ci-contre indique que le nombre de cellules est plus important en G_1 qu'en G_2 + M, impliquant que G_1 est plus longue que G_2 + M dans cette population.

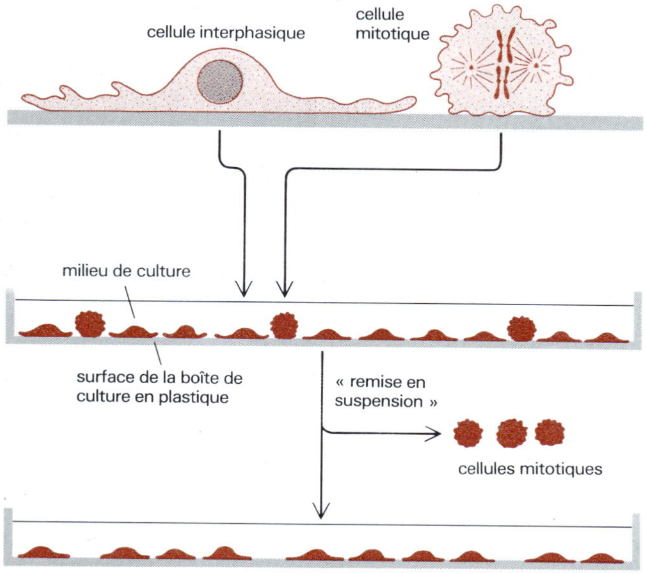

Figure 13-6 Une méthode couramment utilisée pour obtenir *in vitro* une population de cellules animales en croissance synchrone. Les cellules en mitose sont collectées après leur remise en suspension. Lorsqu'elles sont transférées sur une nouvelle boîte de culture, ces cellules poursuivent leur cycle de manière synchrone. La synchronisation est perdue après quelques cycles du fait de la variabilité aléatoire de la vitesse des cycles des cellules individuelles.

plus anciennes consiste à exposer les cellules à une substance qui agit au cours d'une étape spécifique du cycle et à arrêter ainsi la progression des cellules au-delà de cette étape. Si l'exposition est prolongée, toutes les cellules se trouvent stoppées à ce même stade, de sorte qu'à la levée du blocage, elles terminent leur cycle de manière synchrone. On doit cependant noter qu'au cours d'un cycle, plusieurs processus se déroulent simultanément et il n'est pas possible d'affirmer que toutes les cellules seront bloquées par la drogue de façon bien coordonnée. C'est pour cette raison qu'il est préférable, lorsque cela est possible, d'utiliser des méthodes de préparation de cellules synchrones qui n'interfèrent pas avec la progression normale des cellules dans le cycle. Pour de nombreuses cellules de mammifères en culture, le plus simple et le meilleur des procédés utilise le fait que les cellules « s'arrondissent » en phase M, par suite d'une modification de leur cytosquelette. Les cellules ainsi arrondies, en phase M, adhèrent si peu à la boîte de culture qu'elles peuvent être récupérées par agitation douce (Figure 13-6). Les cellules en mitose collectées par cette technique d'agitation constituent une population synchrone qui va presque immédiatement entrer en phase G_1 du cycle. Dans la mesure où les cellules grossissent progressivement au cours de leur progression dans le cycle, il est également possible d'avoir recours à la centrifugation pour sélectionner de grandes quantités de cellules à chaque stade du cycle, sur la seule base de leur taille.

Des événements décisifs du cycle cellulaire se produisent brusquement sur un fond de croissance continue [3]

Étant donnée une population synchrone de cellules en division, il est possible de commencer à étudier plus en détail les modifications chimiques qui se produisent au cours du cycle cellulaire. Dans des conditions favorables à la croissance, le contenu total en protéines d'une cellule type augmente plus ou moins continuellement tout au long d'un cycle (Figure 13-7). De même, la synthèse d'ARN se fait à vitesse constante, sauf lors de la phase M, quand les chromosomes sont vraisemblablement trop condensés pour permettre la transcription, entraînant une inhibition presque totale de la synthèse d'ARN ainsi qu'une réduction de la vitesse de synthèse protéique. Si l'on étudie l'évolution de la synthèse de protéines isolées (Figure 13-8), la grande majorité a lieu tout au long du cycle. Ainsi, pour la plupart des constituants de la cellule, la croissance est un processus régulier, continu, interrompu seulement brièvement par la division de la cellule en deux.

Sur ce fond de croissance continue, il se produit un ensemble de modifications soudaines qui soulignent les phases critiques du cycle cellulaire. Certains de ces événements, tels que le début de la synthèse d'ADN, sont aisément détectés. D'autres sont plus difficiles à repérer. Nous verrons, par exemple, que pour la majorité des cellules, il existe un point critique de la phase G_1 du cycle, où elles peuvent marquer une pause si l'environnement n'est pas favorable à la croissance. Lorsque ce point, appelé *point de restriction* ou *d'initiation (start)*, est dépassé, la

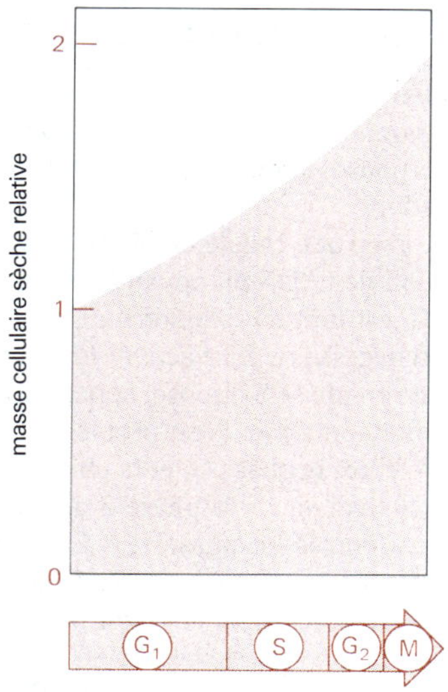

Figure 13-7 Représentation graphique de l'augmentation de la masse cellulaire au cours du cycle cellulaire. La plupart des constituants cellulaires sont synthétisés plus ou moins en permanence au cours de l'interphase, généralement avec une vitesse de synthèse qui augmente, comme la cellule (et ses capacités de biosynthèse) se développe (avec une brève accalmie au cours de la phase M). Noter que chaque composant doit exactement doubler au cours du cycle s'il faut que la taille cellulaire moyenne soit maintenue dans une population qui prolifère.

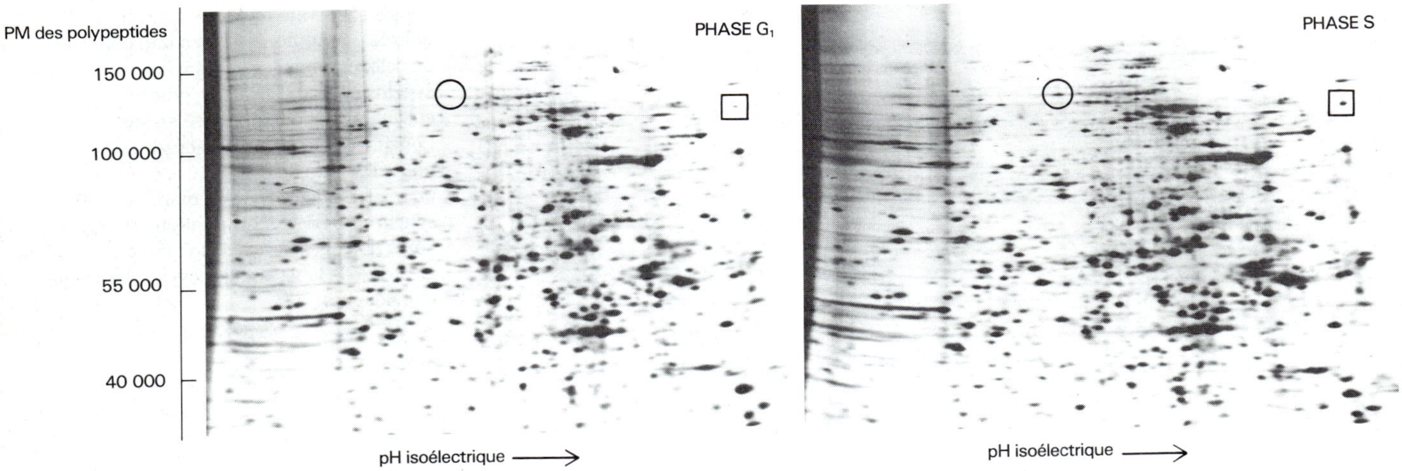

Figure 13-8 Une analyse par électrophorèse bidimensionnelle sur gel de polyacrylamide, des protéines synthétisées au cours des phases G_1 et S du cycle cellulaire. Des cellules d'un lymphome murin en croissance synchrone ont été brièvement marquées soit en phase G_1 précoce, soit en phase S tardive, avec un mélange d'acides aminés radioactifs. On peut détecter, sur ces autoradiographies, environ 1 000 protéines néosynthétisées différentes, mais seules les deux protéines entourées d'un cercle ou d'un carré sont synthétisées régulièrement à des vitesses sensiblement différentes. Les histones ont une charge si positive qu'elles migrent hors du gel et ne sont pas décelées (D'après P. Coffino et V. E. Groppi, *Adv. Cyclic Nucléotide Res* 14:399-410, 1981.)

cellule subit une modification interne qui la conduit à accomplir le reste du cycle cellulaire selon une stricte chronologie.

Comme le laisse supposer un cycle qui s'effectue par paliers, il est possible de détecter certaines protéines — bien qu'en très petit nombre — dont la synthèse est fortement activée à un stade particulier du cycle (voir Figure 13-8). Les histones, par exemple, nécessaires à la synthèse de nouvelle chromatine, ne sont synthétisées rapidement que pendant la phase S ; et ceci semble vérifié pour quelques protéines du système de réplication de l'ADN.

Mais quels sont les contrôles de la chronologie de ces événements par paliers au cours du cycle cellulaire et comment ces derniers sont-ils coordonnés les uns avec les autres et avec le processus continu de croissance cellulaire ? Nous examinerons d'abord ce qui initie la synthèse de l'ADN pour que la phase S du cycle cellulaire commence.

Une modification dans le cytoplasme induit la synthèse d'ADN : l'activateur de la phase S [4]

Il est possible, grâce à un agent approprié présent dans le milieu de culture (voir p. 162) de faire fusionner des membres de deux populations cellulaires synchronisées qui se trouvent dans des phases différentes du cycle cellulaire. Les résultats obtenus apportent de remarquables informations.

Lorsqu'une cellule en phase S fusionne avec une cellule qui est en début de phase G_1, la réplication de l'ADN du noyau G_1 débute très rapidement (Figure 13-9A). Il est évident que le noyau G_1 est prêt à répliquer son ADN, mais il manque encore un signal (ou un ensemble de signaux) nécessaire pour activer le mécanisme de synthèse d'ADN dans la cellule G_1 normale. La cellule en phase S dispose, apparemment en abondance, du (ou des) signal(aux) d'activation dans son cytoplasme. Il est probable que l'apparition de cet *activateur de phase S* indique la frontière entre la phase G_1 et la phase S dans une cellule normale.

L'activateur de la phase S disparaît-il lorsque la synthèse d'ADN est achevée et que la cellule est entrée en phase G_2 ? Les expériences de fusion cellulaire permettent à nouveau d'apporter une réponse. Lorsqu'une cellule en phase G_2 fusionne avec une cellule en phase G_1 (Figure 13-9B), le noyau G_1 *n'est pas* induit prématurément à synthétiser l'ADN ; par contre, quand le même type de cellule en phase G_2 fusionne avec une cellule en phase S, le noyau S poursuit sa réplication d'ADN (voir Figure 13-9A). L'activateur de la phase S (ou l'un de ses composants majeurs) est apparemment éliminé très vite après la fin de la phase S, et le cytoplasme G_2 ne contient ni un activateur diffusible, ni un inhibiteur diffusible de la synthèse d'ADN.

L'ensemble du génome est répliqué une fois et une fois seulement à chaque cycle [4,5]

Comme nous l'expliquons dans le Chapitre 9 (p. 519), les différentes parties du génome sont répliquées à des moments différents de la phase S et une modification chimique inconnue qui se produit dans chaque région de chaque chromosome, dès la fin de sa réplication, leur interdit de se répliquer à nouveau pendant la même phase S. Du fait de ce *blocage de la re-réplication* de l'ADN, lorsqu'une cellule en phase G_2 fusionne avec une cellule en phase S (Figure 13-9A),

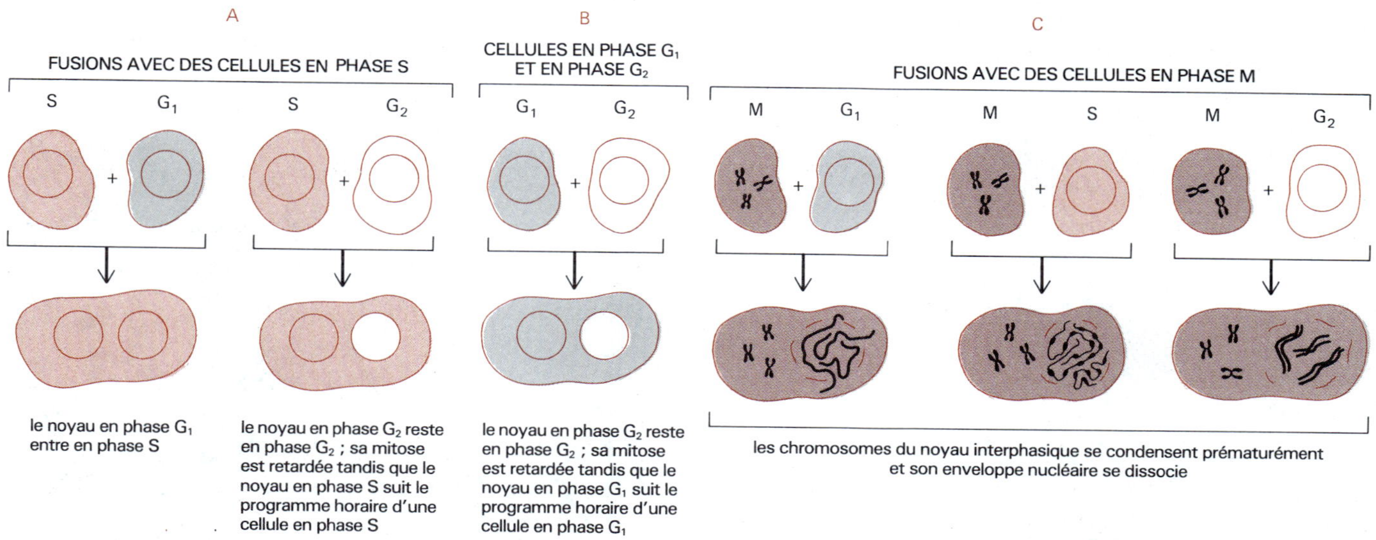

Figure 13-9 Résumé des divers résultats obtenus par fusion de deux cellules de mammifères qui se trouvent dans des phases différentes du cycle cellulaire.

le noyau G_2 n'est plus sensible à l'activateur de la phase S et ne recommence pas une synthèse d'ADN. Le blocage est levé lorsque la cellule achève la mitose pour commencer une nouvelle phase G_1.

Un mécanisme complémentaire est nécessaire pour assurer le maintien de l'activateur de la phase S pendant toute la durée de la réplication de l'ADN, dès son initiation. Nous avons vu que les expériences de fusion cellulaire suggèrent que le signal cytoplasmique qui active le système de réplication de l'ADN, en début de phase S (l'activateur de la phase S), disparaît à la fin de cette phase. Effectivement, lorsqu'une cellule est artificiellement bloquée en phase S par des inhibiteurs de la synthèse d'ADN, le processus de réplication de l'ADN reste fonctionnel au-delà de la durée normale de la phase S, de sorte que la réplication de l'ADN se termine lorsque l'inhibiteur est éliminé. Tout se passe comme si un chromosome partiellement engagé dans la réplication gardait d'une manière ou d'une autre le système de réplication actif.

Les fourches de réplication elles-mêmes pourraient être responsables de cet effet. Comme nous l'avons vu dans le Chapitre 9 (p. 515), les fourches de réplication vont par deux ; les deux fourches d'une paire s'éloignent dans des directions opposées à partir d'un même point d'initiation et chaque fourche ne s'arrête que lorsqu'elle atteint l'extrémité du chromosome ou lorsqu'elle rencontre une autre fourche de réplication qui se déplace dans la direction opposée. Ainsi, dès que la réplication d'un chromosome a commencé, il reste au moins une fourche de réplication jusqu'à ce que le chromosome ait été totalement dupliqué. D'une manière qui reste incomprise, cette fourche de réplication pourrait assurer la production de l'essentiel de l'activateur diffusible de la phase S et provoquer ainsi, avec une grande efficacité, l'initiation de la catalyse de nouvelles fourches de réplication en d'autres régions de l'ADN. L'initiation de la première paire de fourches de réplication pourrait véritablement être le signal de type « tout ou rien » du déclenchement de la phase S. Un tel événement unique pourrait dépendre d'une rare collision aléatoire entre une séquence d'origine et une molécule initiatrice présente en faible concentration. De fait, le moment de la transition entre les phases G_1 et S présente une variabilité aléatoire qui est en accord avec une telle suggestion (voir p. 746).

13-6 Un signal cytoplasmique retarde les préparatifs de la mitose jusqu'à ce que la réplication de l'ADN soit terminée [4,6]

Un noyau qui vient juste de terminer la phase S et d'entrer en phase G_2 va normalement condenser ses chromosomes et effectuer la mitose après un laps de temps déterminé. Pourtant, lorsque la synthèse d'ADN est bloquée artificiellement, la mitose est retardée jusqu'à la levée du blocage et l'achèvement de la synthèse d'ADN. De même, lorsqu'une cellule en phase S fusionne avec une cellule en phase G_2, le noyau G_2 reste en phase G_2 jusqu'à ce que l'autre noyau l'ait rattrapé et les deux noyaux entrent éventuellement ensemble en mitose. Du point de vue le plus simple, un signal cytoplasmique engendré par l'ADN non entièrement répliqué retarde le début de la mitose. Ce signal pourrait ou non être identique à l'activateur de la phase S. Dans

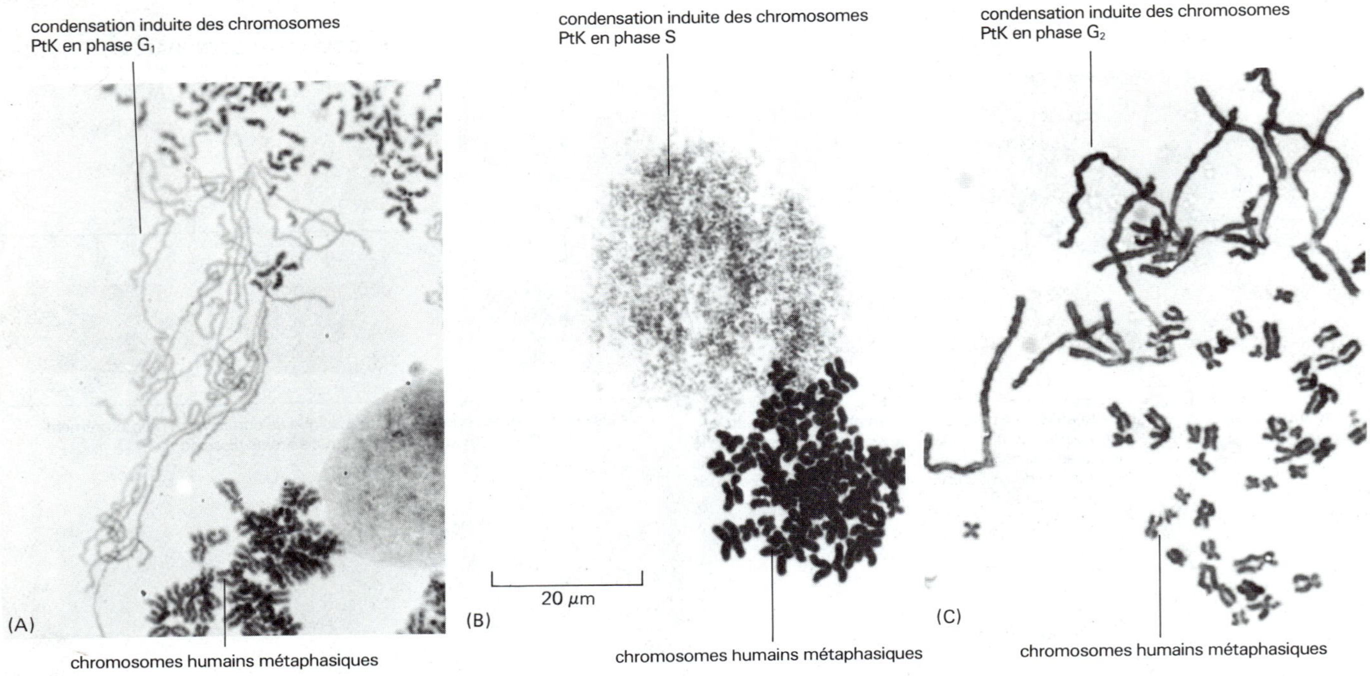

Figure 13-10 Condensation prématurée des chromosomes interphasiques après fusion de cellules marsupiales (PtK) interphasiques avec des cellules humaines mitotiques. En (A) la cellule PtK était en phase G_1 ; par conséquent, ses chromosomes, condensés prématurément, sont encore des chromatides isolées. En (B), la cellule PtK était en phase S et sa chromatine prend alors un aspect « pulvérisé ». En (C) la cellule PtK était en phase G_2 et, dans ce cas, les chromatides, bien que très longues comparées au chromosome métaphasique normal (humain), sont doubles. (D'après K. Sperling et P. Rao, *Humangenetik* 23:235-258, 1974).

les deux cas, un de ses mécanismes possibles de production est suggéré par l'observation suivante : lorsque l'ADN d'une cellule en G_2 est lesé (par exemple par irradiation aux rayons X), la mitose est retardée jusqu'à ce que la lésion soit réparée. La réparation de l'ADN, aussi bien que sa réplication, supposent la présence d'ADN monocaténaire et l'on sait que, chez les bactéries, un excès de ce type d'ADN déclenche la production d'un signal cytoplasmique qui retarde la division de la cellule (la *réponse SOS*, voir p. 225). Il est possible que l'ADN monocaténaire de la cellule eucaryote soit également à l'origine d'un signal retardateur de la phase M. Il n'existe pas, jusqu'à présent, d'autres informations quant à la nature d'un tel signal, hormis une observation curieuse : lorsque des cellules de mammifères en culture sont artificiellement bloquées en cours de synthèse d'ADN soit par des inhibiteurs, soit par lésion de l'ADN, il est possible d'induire leur entrée prématurée en mitose, la réplication de leur ADN n'étant encore que partielle, par addition de *caféine* dans le milieu. La véritable cible de la caféine n'est pas encore connue.

13-7 Un facteur promoteur de la phase M déclenche la mitose [4,7]

La disparition des signaux retardateurs de la phase M ne suffit pas à elle seule à déclencher la mitose ; un autre facteur cytoplasmique est nécessaire. La phase G_2 normale peut être considérée comme une période préparatoire à la production de ce signal obligatoire qui déclenchera la mitose après la disparition des facteurs retardateurs. Les informations viennent encore des expériences de fusion cellulaire.

Lorsqu'une cellule en phase M fusionne avec une cellule qui se trouve à n'importe quel moment de l'interphase — G_1, S ou G_2 — le noyau interphasique évolue rapidement vers la phase M, avec condensation préparatoire des chromosomes en vue de la division, même si — dans le cas des noyaux en phase G_1 ou S — le processus doit être suivi de conséquences fâcheuses pour la progression ultérieure dans le cycle de division (Figures 13-9C et 13-10). Le cytoplasme des cellules en phase M renferme apparemment un puissant *facteur promoteur de la phase M* (en abrégé « *MPF* », pour « M-phase-promoting factor »), auquel un noyau est sensible en n'importe quelle phase du cycle. Il est probable que les facteurs cytoplasmiques qui retardent la mitose et dont il vient d'être question, inhibent la production de MPF, mais ne peuvent pas bloquer son action une fois qu'il est produit.

Les événements du cycle chromosomique sont liés selon un enchaînement séquentiel [8]

Les expériences décrites ci-dessus fournissent une classification fonctionnelle de quelques molécules qui doivent contrôler les événements du cycle chromosomique. Trois facteurs de contrôle diffusibles impliqués ont été étudiés. Pour abréger, il est commode de considérer chacun d'entre eux comme une molécule unique, bien qu'en réalité, ils puissent être plus complexes. Ces trois facteurs sont (1) *l'activateur de la phase S*,qui n'est présent, normalement, que dans le cytoplasme en phase S et qui active la synthèse d'ADN, (2) *le facteur promoteur de la phase M (MPF)*, présent seulement dans le cytoplasme en phase M et qui entraîne la condensation des chromosomes, et (3) *le facteur retardateur de la phase M*, ADN-dépendant — qui est peut-être identique à l'activateur de la phase S — qui est présent dans le cytoplasme en phase S et qui inhibe le processus conduisant au démarrage de la production de MPF. L'apparition et la disparition soudaine de ces facteurs diffusibles dans le cytoplasme sont des événements marquants du cycle cellulaire et la durée qui sépare ces événements détermine la durée totale du cycle.

Les relations causales parmi les facteurs que nous avons énumérés (et probablement d'autres qui ne sont pas encore connus) garantissent que les événements du cycle cellulaire se produiront toujours dans un ordre déterminé, interdisant certaines anomalies aux conséquences fatales comme une condensation chromosomique survenant au milieu de la synthèse d'ADN. Chacune des étapes successives dépend de la précédente. La cellule ne peut ainsi passer par la mitose avant production de MPF ; le MPF ne peut être produit avant que le facteur retardateur de la phase M n'ait disparu ; le facteur retardateur de la phase M et l'activateur de la phase S ne peuvent disparaître avant la fin de la synthèse d'ADN ; la synthèse d'ADN ne peut s'arrêter avant que tout l'ADN soit répliqué ; la réplication de l'ADN ne peut commencer tant que le blocage de la « re-réplication » n'a pas été levé par le passage de la mitose en G_1. Nous rencontrerons plus tard un autre exemple : une cellule ne peut progresser de la mitose à la phase G_1 tant que les chromosomes ne sont pas séparés sur le fuseau mitotique (voir p. 773). Toutes ces observations, ainsi que d'autres qui seront envisagées plus loin (voir p. 740), indiquent que les nombreux événements et processus du cycle chromosomique sont liés entre eux selon un *enchassement séquentiel.*

Le cycle cellulaire est raccourci pendant les divisions précoces au cours desquelles il n'y a pas de division cellulaire [9]

Les études de l'œuf et de l'embryon précoce de *Xénope* ont été particulièrement utiles pour l'analyse des molécules qui contrôlent le cycle chromosomique. L'œuf de *Xénope*, comme celui de beaucoup d'autres espèces, est une cellule d'une taille exceptionnelle. Il mesure un peu plus d'un millimètre de diamètre et contient des réserves d'à peu près tous les matériaux, hormis l'ADN, qui seront nécessaires pour la formation de l'embryon précoce. Ces réserves s'accumulent pendant une longue période de la croissance de l'œuf immature, connu sous le nom d'*ovocyte*, qui se trouve par ailleurs bloqué dans un état dont la meilleure description correspond à la phase G_2 de sa première division méiotique. (Ce stade ressemble, par bien des égards, à une phase G_2 courante — voir p. 854 — bien qu'il soit souvent désigné sous le nom de prophase de la première division méiotique). Les hormones agissant au moment de l'ovulation provoquent la maturation de l'ovocyte, de sorte qu'au moment de la ponte, l'œuf a progressé dans la méiose et se trouve bloqué en phase M de sa seconde division méiotique (voir p. 857). La fécondation déclenche alors une série étonamment rapide de divisions cellulaires au cours desquelles l'unique cellule géante *se clive* ou se segmente pour donner naissance à un embryon formé de milliers de cellules plus petites (Figure 13-11). Pratiquement aucune croissance n'a lieu au cours de ce processus : la majorité des seules macromolécules synthétisées sont l'ADN, qui est indispensable à la formation du nombre de noyaux nécessaires, et une petite protéine. Après une première division qui prend environ 90 minutes, les 11 divisions suivantes se produisent de manière plus ou moins synchrone, toutes les 30 minutes, donnant 4 096 (2^{12}) cellules en 7 heures environ. L'accumulation préalable de matériaux dans l'œuf autorise ces cycles cellulaires rapides, en supprimant le temps normalement nécessaire pour la croissance cellulaire

Figure 13-11 En l'espace de 7 heures environ, l'œuf de *Xénope* subit 12 divisions cellulaires synchrones, exceptionnellement rapides (clivages), se composant de phases S et M alternées sans phases G_1 ou G_2 perceptibles. Ces divisions partagent l'œuf en 4 096 (2^{12}) cellules plus petites. Dans chaque embryon, une seule cellule est colorée.

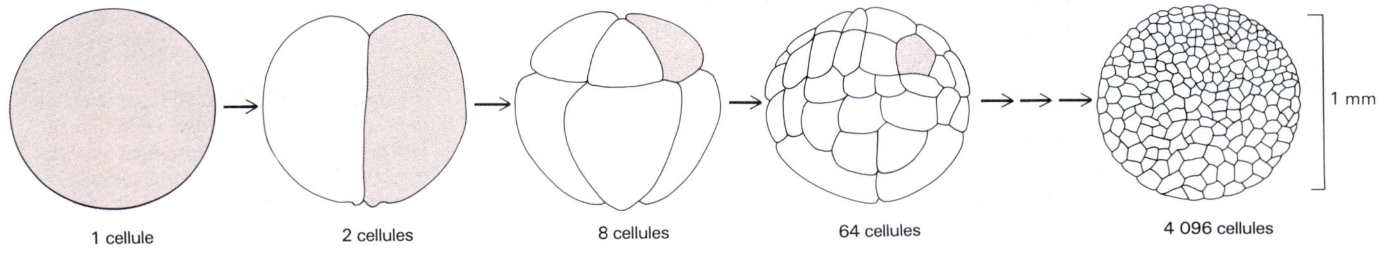

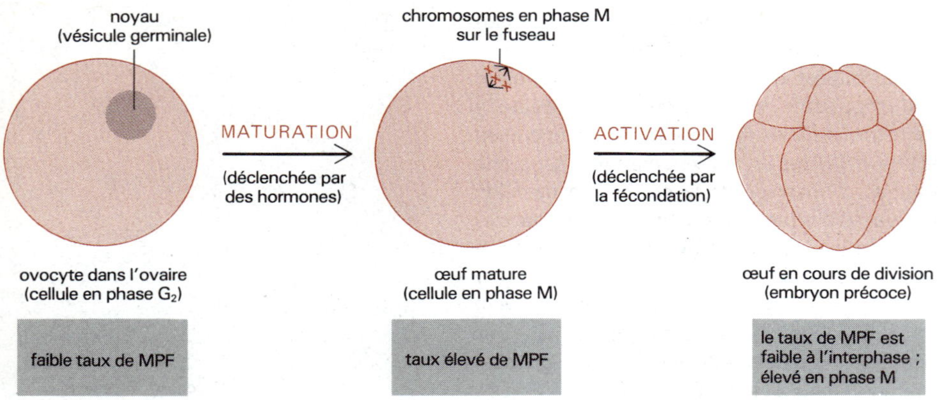

Figure 13-12 Taux de facteur promoteur de la phase M (MPF) dans l'ovocyte, l'œuf et le jeune embryon de *Xénope*. L'ovocyte est bloqué en phase G_2 de la méiose, avec un faible taux de MPF ; l'œuf mature qui vient d'être pondu est bloqué en phase M de la méiose, avec un taux élevé de MPF ; après la fécondation, l'embryon précoce passe par une alternance de phases S et M, oscillant entre de faibles taux et des taux élevés de MPF.

au cours de chaque cycle. Les cycles de réplication de l'ADN et de division sont raccourcis par une accélération des phases S et M et un tel raccourcissement des phases G_1 et G_2 qu'elles ne sont pas décelables.

Le MPF induit la mitose d'une grande variété de cellules [10]

L'ovocyte et l'œuf de *Xénope* sont tellement gros qu'il est facile d'injecter des substances dans leur cytoplasme. En outre, l'ovocyte, l'œuf, et l'embryon précoce sont des sources riches en cytoplasme correspondant à des stades précis du cycle cellulaire. Ceci a été particulièrement important lors de l'étude du **facteur promoteur de la phase M (MPF)** dont nous avons parlé auparavant. Le MPF a été découvert tout d'abord dans les œufs non fécondés de *Xénope* (qui sont bloqués en phase M). Lorsque le cytoplasme d'un de ces ovules est injecté dans un ovocyte, il lève le blocage de l'ovocyte en G_2 et le fait entrer en phase M. Cela initie la maturation de l'ovocyte et les initiales « MPF » signifient à l'origine « maturation-promoting factor » soit « facteur promoteur de la maturation » (voir p. 860). Du MPF actif apparaît également lorsque l'œuf est en cours de division (embryon), durant chaque phase M (Figure 13-12). Ainsi, l'œuf et l'ovocyte de *Xénope* sont à la fois une très bonne source de matériau pour effectuer la purification du MPF et un moyen commode pour le tester (Figure 13-13).

Le MPF est d'une importance universelle pour les cellules eucaryotes et il a été très conservé au cours de l'évolution : des extraits préparés à partir de cellules en mitose d'espèces les plus diverses, qu'il s'agisse de mammifères, d'oursins, de mollusques et de levures, peuvent être injectés dans des ovocytes de *Xénope* et les feront entrer en phase M. Une substance dotée d'activité MPF a été purifiée à partir d'œufs matures de *Xénope*. Il s'agit d'une protéine de grande taille qui comprend deux types de sous-unités, l'une d'elle est une protéine kinase qui peut apparemment phosphoryler l'autre. Le MPF paraît également capable de s'autoactiver : quand une petite quantité de substance dotée d'activité MPF est injectée dans un ovocyte de *Xénope*, la cellule répond en engendrant une quantité beaucoup plus importante de MPF à partir de ses propres réserves inactives (voir p. 860). Ce résultat ainsi que d'autres suggèrent que l'apparition et la disparition de l'activité MPF au cours du cycle cellulaire normal dépendent d'une modification de la protéine par phosphorylation et déphosphorylation plutôt que d'une synthèse *de novo* et d'une dégradation. Le déclenchement normal de l'activation du MPF doit cependant nécessiter la synthèse d'une autre protéine, la *cycline* (voir ci-dessous) ; ainsi, tous les types de cellules sont incapables de passer de l'interphase à la phase M lorsque la synthèse protéique est bloquée.

Il semble qu'un grand nombre de changements moléculaires qui ont lieu pendant la mitose sont induits par phosphorylation. La MPF kinase phosphoryle directement plusieurs substrats et en particulier l'histone H1, provoquant sans doute ainsi la condensation des chromosomes (voir p. 503) ; c'est aussi probablement par une cascade de phosphorylations que le MPF déclenche la séquence complexe des événements de la mitose.

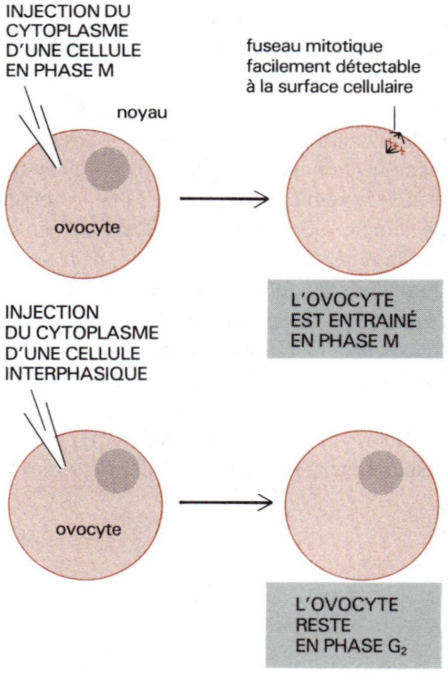

Figure 13-13 Dosage du MPF par injection dans un ovocyte de *Xénope*. Le MPF peut être détecté du fait qu'il entraîne l'ovocyte en phase M. Le gros noyau (ou vésicule germinale ») de l'ovocyte se désagrège lorsque le fuseau mitotique se forme.

Le MPF est produit par une oscillateur cytoplasmique [8,10,11]

La poussée de MPF qui a lieu toutes les 30 minutes au cours du clivage de l'embryon de *Xénope*, est engendrée par un oscillateur cytoplasmique qui agit même en l'absence de noyau. En resserrant un œuf activé avant qu'il n'ait achevé sa première division, il est possible de le scinder en deux parties totalement séparées : l'une contenant le noyau, l'autre non (Figure

Figure 13-14 Technique pour démontrer une oscillation cytoplasmique associée au cycle de division cellulaire dans un œuf de *Xénope* en cours de clivage. Un œuf nouvellement fécondé est clivé par constriction avec une boucle de fin cheveu humain ; une moitié contient le noyau et se divise, alors que l'autre est dépourvue de noyau et ne se divise pas. La photographie prise après un certain lapse de temps montre ensuite que la hauteur de la moitié anucléée change périodiquement du fait du changement de consistance du cortex cellulaire, oscillant en étroit synchronisme avec les divisions de la moitié nucléée. (D'après K. Hara, P. Tydeman et M. Kirschner, *Proc. Natl. Acad. Sci. USA* 77:462-466, 1980.)

13-14). La partie nucléée poursuit son programme normal de segmentations rapides. Singulièrement, la partie anucléée subit aussi une série d'oscillations qui se traduisent par des cycles répétés de faible contraction périodique et de raidissement de son cytoplasme cortical. Ces spasmes périodiques se produisent d'une manière presque parfaitement synchrone avec les segmentations de la moitié nucléée de l'œuf. En prélevant des échantillons de cytoplasme de la cellule anucléée oscillante à intervalles réguliers, puis en les injectant dans d'autres ovocytes pour les analyser, on a pu montrer que les oscillations observées s'accompagnent de variations dans la concentration du MPF actif, et sont peut-être provoquées par elles.

Ce genre d'expérience, tout comme d'autres, suggère que les segmentations de l'embryon précoce de *Xénope* mettent en œuvre deux processus cycliques parallèles (un cycle de réplication des chromosomes et un cycle cytoplasmique du MPF) qui sont normalement en phase puisque chaque nouveau cycle chromosomique ne peut débuter qu'après la levée du blocage de la réplication de l'ADN, qui suit l'impulsion de MPF au cours de la phase M. Une telle interaction entre les deux cycles évite que le cycle chromosomique se déroule plus rapidement que le cycle du MPF et les maintiendra en phase tant que le déroulement du cycle chromosomique ne devient pas trop lent pour terminer la réplication de l'ADN avant l'augmentation du taux de MPF. Dans l'œuf de *Xénope*, dont les phases S sont exceptionnellement rapides et les cycles de division réguliers, ce risque est probablement faible et la seule interaction entre les cycles semble suffire. Cependant, dans les cellules de mammifères dont il était question plus haut (et probablement dans la majorité des cellules eucaryotes autres que les œufs en cours de clivage), il existe aussi un autre effet complémentaire : comme nous l'avons vu, l'ADN non répliqué engendre un signal retardateur de la phase M qui empêche le cycle cytoplasmique du MPF de se dérouler plus vite que le cycle chromosomique. Des expériences dans lesquelles la réplication de l'ADN est bloquée par des inhibiteurs montrent que, lors du cycle cellulaire de l'embryon précoce de *Xénope*, ce contrôle supplémentaire n'est pas opérationnel. De plus, comme le suggère l'absence de phase G_1, un activateur de la phase S semble être présent en permanence. Ainsi, le cycle de l'embryon précoce de *Xénope* apparaît comme un cycle simplifié, « dépouillé », pour être plus rapide.

Les phénomènes qui viennent d'être décrits impliquent l'existence possible d'un oscillateur cytoplasmique dans toutes les cellules mais ne nous apprennent rien sur son mécanisme. Une piste possible est fournie par une autre protéine, appelée **cycline**, qui a été mise en évidence dans les œufs en cours de clivage de *Xénope*, d'oursins, et de praires. La cycline, comme le MPF, appartient à ce petit groupe de protéines dont la concentration dépend étroitement de la phase du cycle de division. Bien que la cycline soit synthétisée à une vitesse rapide et constante tout au long du cycle, elle est dégradée sans transition vers le milieu de la phase M. A chaque cycle, sa concentration augmente ainsi régulièrement à partir de zéro, puis diminue brusquement pour revenir à zéro. Les gènes de la cycline ont été clonés, permettant la préparation d'un ARN messager de cycline pur. Lorsque cet ARN est injecté dans un ovocyte de *Xénope*, il produit le même effet qu'une injection de MPF et fait passer l'ovocyte de la phase G_2 à la phase M. Ces observations et d'autres ont permis de suggérer que l'augmentation du taux de MPF lors de la phase M pourrait être provoquée par l'augmentation de concentration de la cycline au-dessus d'un certain seuil ; la dégradation de la cycline est provoquée par un événement qui se produit au cours de la phase M ; et la disparition du MPF qui suit pourrait être une conséquence de cette dégradation de la cycline (Figure 13-15). Selon ce schéma, la durée qui sépare une mitose de la suivante serait essentiellement déterminée par le temps nécessaire pour que la concentration de cycline passe de zéro à la valeur seuil ; de plus, et c'est bien ce que l'on observe, le cycle cellulaire pourrait être bloqué en interphase par les inhibiteurs de synthèse protéique.

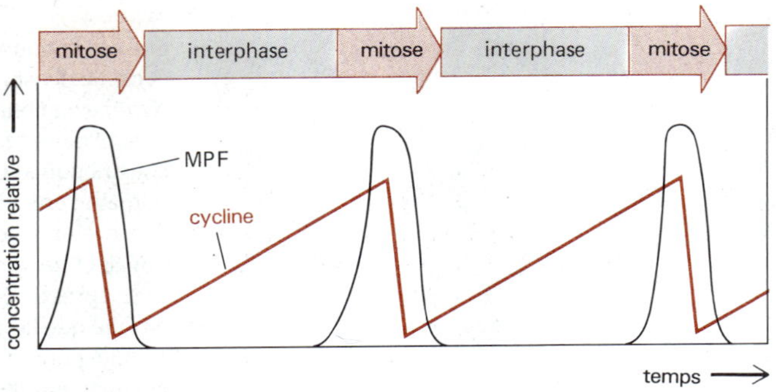

Figure 13-15 Augmentation et chute correspondante des taux de MPF et de cycline observée au cours du cycle cellulaire. Les mesures de la cycline ont été principalement effectuées dans des œufs d'invertébrés marins, où la cycline représente 5 p. cent des protéines synthétisées au cours d'un bref marquage avec des acides aminés radioactifs.

Résumé

Le cycle de reproduction d'une cellule eucaryote typique peut être divisé en quatre phases nommées G_1 (pour « gap » 1, ou intervalle 1), S (synthèse d'ADN), G_2 (pour gap 2 ou intervalle 2) et M (mitose). Le début de la phase S comme le début de la phase M sont signalés par des facteurs cytoplasmiques (l'activateur de la phase S et le facteur promoteur de la phase M [MPF], respectivement). La génération de l'activateur de la phase S continue au cours de la phase S, et il pourrait aussi jouer le rôle du facteur de contrôle qui retarde les préparatifs de la phase M jusqu'à ce que la réplication de l'ADN soit achevée. Le MPF peut être détecté dans des cellules en phase M, dans un grand nombre d'espèces différentes, depuis les levures jusqu'aux mammifères et son activité pourrait être réglée par une phosphorylation. Dans les œufs en division rapide, comme celui de Xénope, *le cycle cellulaire est accéléré et simplifié. Dans ce cas, le cycle semble être dirigé par une oscillation couplée de l'activité du MPF et de la concentration de cycline.*

Les levures : un système modèle [12]

Les levures sont des champignons unicellulaires qui forment un groupe important d'organismes assez disparates. Ces organismes sont d'un intérêt exceptionnel pour étudier les aspects génétiques de la biologie cellulaire des eucaryotes, car ils se reproduisent presque aussi rapidement que les bactéries et la taille de leur génome représente moins de un pour cent de celle des mammifères. Tandis que les œufs de *Xénope* ont été inestimables pour l'analyse biologique et biochimique du contrôle du cycle cellulaire, le *Xénope* est un organisme peu intéressant pour l'analyse génétique. Les levures, au contraire, permettent d'identifier, de cloner et de caractériser directement les gènes impliqués dans le contrôle du cycle cellulaire. Les deux espèces dont nous allons parler ici sont la **levure bourgeonnante**, *Saccharomyces cerevisiae*, utilisée par les brasseurs et les boulangers, et la **levure fissipare** *Schizosaccharomyces pombe*. La levure fissipare se divise de manière symétrique en deux cellules filles identiques ; la levure bourgeonnante se divise d'une façon asymétrique moins classique au cours de laquelle la cellule mère produit un petit bourgeon qui grossit tout au long du cycle avant de se séparer finalement de la cellule parentale (Figure 13-16).

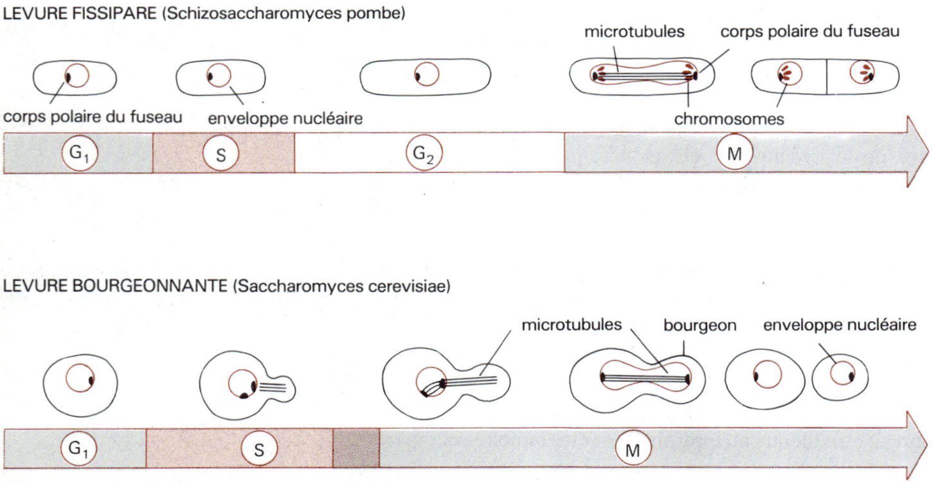

Figure 13-16 Une comparaison des cycles cellulaires de levures fissipares et de levures bourgeonnantes. La *levure fissipare* représentée dans la planche supérieure a un cycle cellulaire typiquement eucaryote, avec des phases G_1, S, G_2 et M. Cependant, l'enveloppe nucléaire ne se désintègre pas : les microtubules du fuseau mitotique se forment à l'intérieur du noyau et sont attachés à des *corpuscules polaires du fuseau* (SPB) à la périphérie de ce noyau. La cellule se divise en deux compartiments séparés par une cloison (la plaque cellulaire). La levure bourgeonnante a des phases G_1 et S normales. Toutefois, un fuseau à base de microtubules commence à se former très tôt dans le cycle, au cours de la phase S, et, de ce fait, il ne semble pas qu'il y ait une phase G_2 normale. Contrairement aux levures fissipares, il ne se produit pas de condensation chromosomique visible au cours de la mitose, et la cellule se divise par bourgeonnement. Comme chez les levures fissipares, mais contrairement aux cellules eucaryotes supérieures, l'enveloppe nucléaire reste intacte au cours de la mitose.

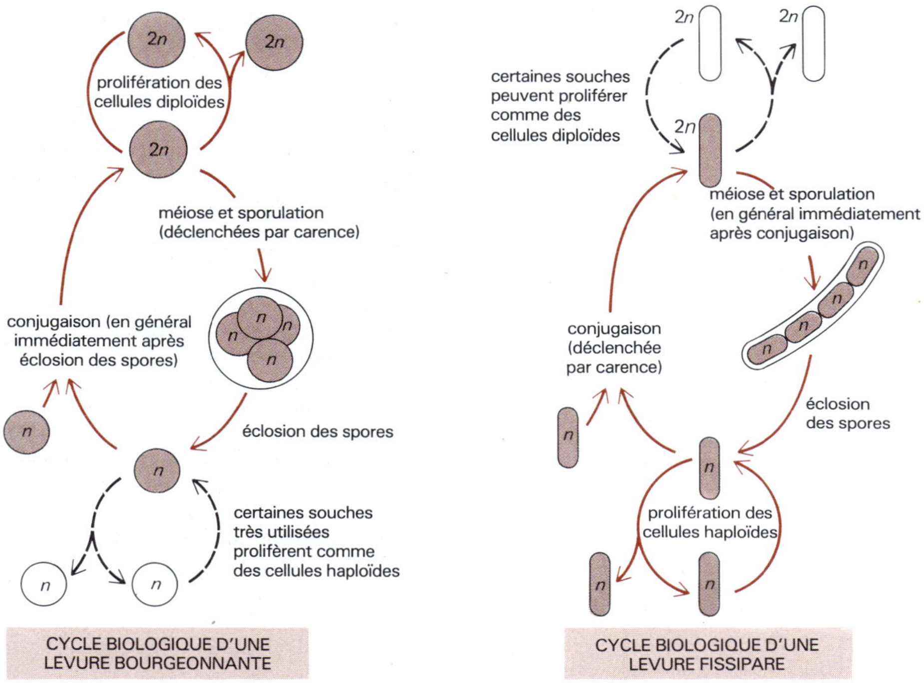

Figure 13-17 Cycles biologiques d'une levure bourgeonnante (*Saccharomyces cerevisiae*) et d'une levure fissipare (*Schizosaccharomyces pombe*). La proportion du cycle biologique passée dans les états diploïde et haploïde varie selon les espèces et l'environnement. Lorsque les nutriments sont abondants, les levures bourgeonnantes de type sauvage prolifèrent sous forme de cellules diploïdes, avec une longueur du cycle cellulaire d'environ 2 heures. En cas de carence, elles entrent en méiose pour former des spores haploïdes qui germent lorsque les conditions s'améliorent pour devenir des cellules haploïdes qui peuvent soit proliférer, soit fusionner sexuellement (se conjuguer) en phase G_1 pour reformer des cellules diploïdes, selon l'environnement et le génotype. Au contraire, les levures fissipares prolifèrent typiquement sous forme de cellules haploïdes : ces cellules fusionnent en réponse à une carence nutritionnelle pour former des cellules diploïdes qui entrent rapidement en méiose et sporulent pour régénérer des cellules haploïdes. Les souches de levures bourgeonnantes les plus utilisées en laboratoire sont des souches mutantes qui, comme les levures fissipares, prolifèrent surtout sous forme haploïde.

Les lignées qui conduisirent, au cours de l'évolution, aux levures bourgeonnantes ou fissipares ont probablement divergé depuis des centaines de millions d'années. Les deux types d'organismes ont néanmoins des cycles biologiques très semblables. Chacun d'eux peut proliférer soit à l'état diploïde, soit à l'état haploïde ; les cellules diploïdes, outre leur possibilité de se diviser de façon courante, peuvent entrer en méiose pour donner naissance à des cellules haploïdes (voir Chapitre 15) ; les cellules haploïdes peuvent se diviser, mais aussi fusionner sexuellement, c'est-à-dire se conjuguer avec une autre cellule haploïde pour former des cellules diploïdes (Figure 13-17 et voir p. 571). La phase haploïde rend aisée l'analyse génétique et permet d'isoler les mutations correspondant à la perte d'une fonction ; ces mutations seraient récessives dans un organisme diploïde (par exemple dans une culture de cellules de mammifères) et par conséquent moins faciles à déceler. Dans les deux espèces de levure, les nutriments et la sexualité ont un rôle important dans le contrôle du cycle de division cellulaire. Les levures nous conduiront ainsi au problème général de la manière dont se fait la régulation du cycle de division par des facteurs de l'environnement cellulaire.

3-10 Chaque mutant du cycle de division cellulaire chez la levure s'arrête ou fait une erreur au cours d'une phase spécifique du cycle [12,13]

Pour identifier les gènes impliqués dans le contrôle du cycle cellulaire, on a non seulement besoin de mutants appropriés mais aussi de moyens pour les obtenir et les cultiver. Mais une cellule dont le mécanisme du cycle cellulaire est désorganisé ne peut pas se reproduire. Le moyen de résoudre ce dilemme est de rechercher des *mutants conditionnels*, dont le phénotype mutant ne s'exprime que dans certaines conditions. Le plus souvent, on recherche le produit d'un gène dont la structure moléculaire est légèrement altérée, de sorte qu'il ne fonctionne plus dans un certain domaine de températures — le domaine de températures *restrictives* — alors qu'il a une activité normale dans un autre domaine — le domaine de températures *permissives*. Pour ces mutants *thermosensibles*, les basses températures sont en général permissives et les températures élevées restrictives. Ainsi, il est possible d'engendrer un mutant à basse température puis, en élevant la température, d'inactiver la fonction du gène concerné et d'analyser le phénotype mutant. Les mutations qui affectent spécifiquement des éléments du mécanisme du cycle cellulaire ne peuvent pas être identifiées sur la simple observation que les cellules mutantes ne se divisent pas puisque toute déficience létale aura cette conséquence. Les **mutants du cycle de division cellulaire** (***cdc***) sont définis avec plus de précision selon le critère suivant : ils sont bloqués ou font une erreur dans une partie spécifique du cycle cellulaire à la température restrictive (Figure 13-18). Pour la levure bourgeonnante, la présence et la taille d'un bourgeon fournit une indication simple, visible, du stade du cycle où le mutant *cdc* est bloqué ; pour la levure fissipare, des méthodes plus complexes sont nécessaires, utilisant des techniques d'analyse du cycle cellulaire comme celles que nous avons déjà décrites.

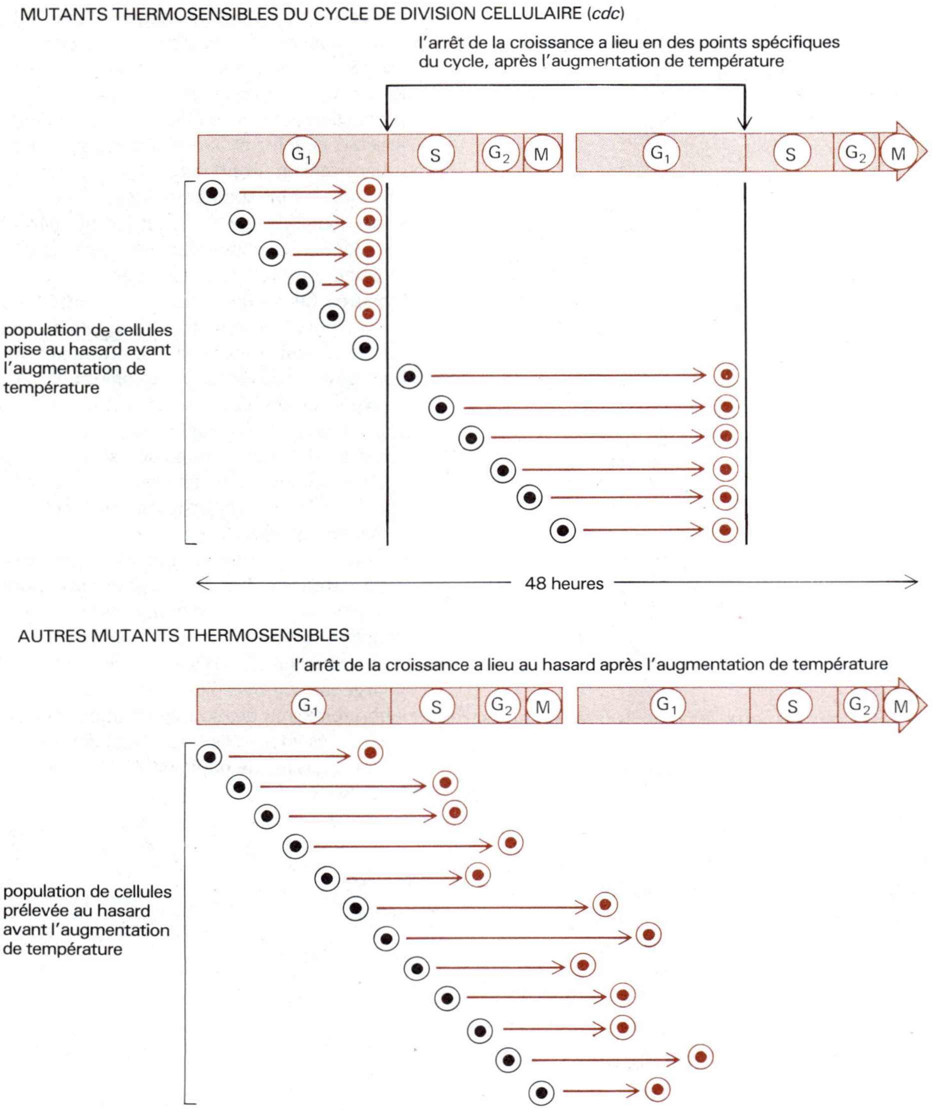

Figure 13-18 La façon dont un mutant thermosensible du cycle de division cellulaire (*cdc*) se distingue des autres mutants thermosensibles. Lors du passage à la température restrictive, à laquelle le produit du gène mutant fonctionne anormalement, la cellule mutante *cdc* continue à progresser dans le cycle jusqu'au moment où elle atteint une étape spécifique qu'elle est incapable d'achever (l'initiation de la phase S dans l'exemple présent). Puisque la croissance cellulaire continue en dépit du blocage de la progression dans le cycle, les cellules mutantes *cdc* prennent une ampleur anormale (non représenté). Des cellules mutantes non-*cdc* qui sont défectueuses dans des processus (tels que la production d'ATP) nécessaires à la biosynthèse et à la croissance tout au long du cycle, s'arrêteront au hasard à n'importe quel stade du cycle dès que leurs réserves biochimiques seront épuisées.

Dans chacune des deux espèces de levure, 40 à 50 gènes *cdc* ont été identifiés grâce à des mutations. Dans plusieurs cas, des études biochimiques ont permis de définir la fonction exacte du produit d'un gène. Certains mutants *cdc*, par exemple, qui sont bloqués dans leur progression en phase S, présentent une déficience dans des gènes codant, soit l'ADN ligase, soit des enzymes nécessaires à la synthèse des précurseurs de l'ADN. Comme nous le verrons plus loin, les techniques du génie génétique sont à l'origine de la méthode de caractérisation générale de toutes les protéines codées par les gènes *cdc*. Toutefois, certaines données importantes peuvent être obtenues indépendamment de ces informations.

13-11 Les mutants *cdc* de levures peuvent servir à l'analyse du couplage entre les événements du cycle cellulaire [12,13]

Quand on augmente la température à une valeur restrictive, la majorité des mutants *cdc* sont bloqués au stade du cycle cellulaire où le produit du gène *cdc* agit. Typiquement, la cellule ne poursuit pas les étapes ultérieures du cycle, indiquant que le début de chaque processus dépend strictement de l'achèvement de celui qui précède. Comme chez les vertébrés, la plus grande partie des étapes du cycle cellulaire de la levure semblent être ainsi organisées en séquences dépendantes les unes des autres. Des expériences sur des cellules qui portent une combinaison de mutations *cdc* différentes ont permis une analyse plus rigoureuse de cette dépendance. Les résultats montrent que les événements du cycle chromosomique sont arrangés selon une séquence dépendante qui n'est pas strictement liée à la séquence des événements du cycle

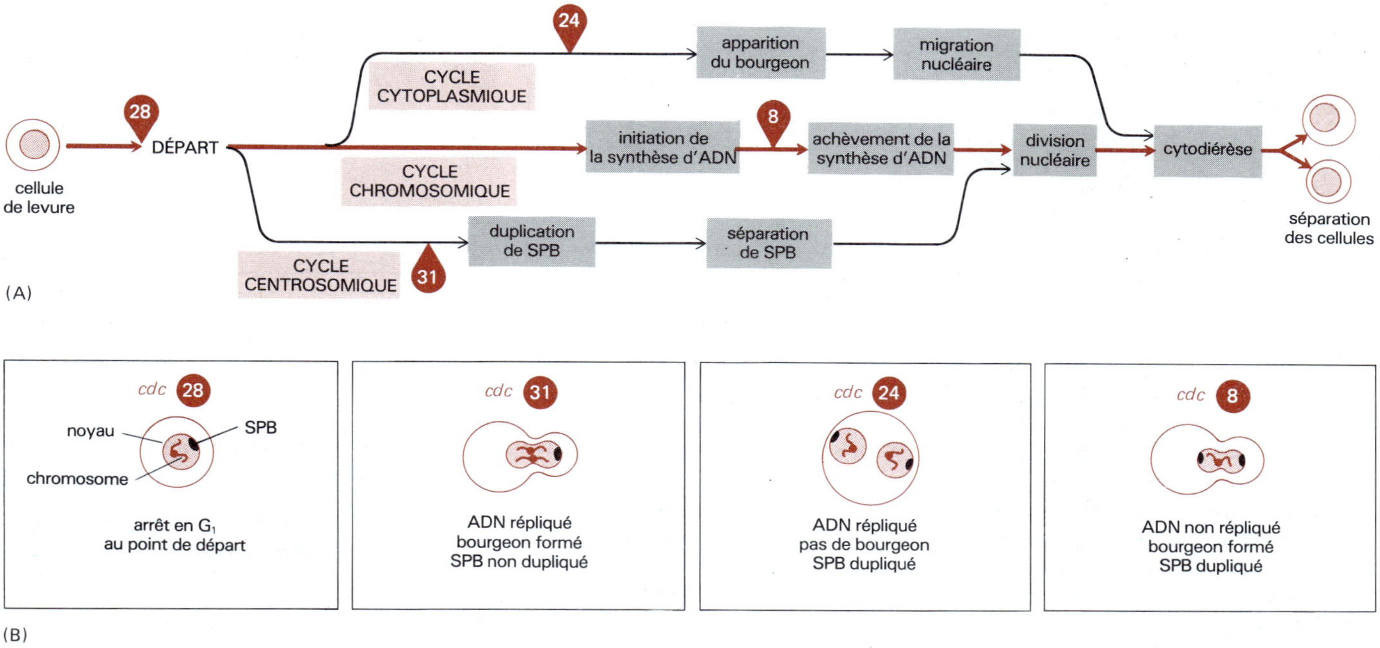

Figure 13-19 Les relations causales entre certains des événements du cycle cellulaire des levures bourgeonnantes et leur relation avec les gènes *cdc*. Chez la levure, le corpuscule polaire du fuseau (SPB) est l'équivalent du centrosome. Le point de départ (Start) est le point où la cellule se trouve engagée à achever un cycle de division et perd son option à se reproduire sexuellement (la conjugaison ne peut s'effectuer qu'en phase G_1). (A) Résumé du cycle ; une flèche allant d'un événement a (ou des événements a et b) vers un événement c signifie que c ne peut se produire avant que a (ou à la fois a et b) ne se soit produit. Les nombres désignent des mutants *cdc* spécifiques qui s'arrêteront à cet endroit du cycle lorsqu'ils sont incubés à la température non permissive. Ainsi, par exemple, le mutant *cdc*8 s'arrête au cours de la synthèse d'ADN. Noter que le *cycle chromosomique* (cycle de l'ADN), le *cycle cytoplasmique* (cycle du bourgeon) et le *cycle du centrosome* (cycle du SPB) sont partiellement indépendants. (B) Les états dans lesquels sont bloqués les quatre mutants *cdc* en (A) à température élevée. (D'après L. H. Hartwell, *J. Cell Biol.* 77:627-637, 1978, et J. R. Pringle et L. H. Hartwell, dans The molecular Biology of the Yeast *Saccharomyces* [J. N. Stern *et al.* eds], pp. 97-142. Cold Spring Harbor Laboratory, 1981).

cytoplasmique (Figure 13-19). Ainsi, alors que la cytodiérèse ne se produit pas si l'on empêche la division du noyau, les mutants *cdc* qui ne peuvent effectuer la cytodiérèse du fait qu'ils ne possèdent pas les mécanismes de formation du bourgeon, poursuivront malgré tout plusieurs cycles de synthèse d'ADN et de division nucléaire. Il semble, en règle générale, non seulement pour les levures, mais aussi pour les cellules de vertébrés, d'insectes, et de bien d'autres organismes, que le cycle chromosomique puisse se poursuivre même en l'absence de cytodiérèse. De fait, des cellules plurinucléées sont souvent engendrées de cette façon au cours du développement normal (voir p. 921)

La régulation de la taille des cellules dépend d'éléments de contrôle du cycle cellulaire qui s'effectuent au début du cycle

Les vitesses de croissance d'organismes simples et autonomes comme les levures, dépendent essentiellement de l'apport nutritionnel. Dans des conditions trophiques défavorables, les cellules filles produites par des cycles rapides de division cellulaire seraient désastreusement petites. Les cellules ont donc besoin d'un mécanisme de contrôle de leur vitesse de progression au cours du cycle cellulaire — et particulièrement au cours du cycle chromosomique — qui tienne compte de la vitesse de croissance de la cellule (Figure 13-20). Comment ce contrôle s'exerce-t-il ?

La synthèse d'ADN et la mitose sont tous deux des processus dynamiques complexes qu'il est peut-être difficile de ralentir ou d'interrompre lorsque les conditions nutritionnelles sont défavorables. Chez les levures, comme chez la plupart des autres organismes eucaryotes, les durées des phases du cycle cellulaire demeurent à peu près constantes malgré d'importantes variations des conditions exterieures. Au lieu de cela, c'est généralement la phase G_1 qui est rallongée lorsque les cellules sont carencées, bien qu'il y ait aussi, chez les levures fissipares, un contrôle important, appelé *contrôle mitotique*, en phase G_2.

Si la durée de la phase G_1 d'une cellule peut être ajustée en réponse à des facteurs exterieurs, alors que la durée de la phase S reste invariable, il doit alors exister un point critique, en phase G_1, où la chaîne d'événements de la phase S est initiée et la progression au cours du cycle n'est plus influencée par les facteurs extérieurs. Ce point critique est appelé **point de départ** (**Start**). Dans la majorité des cellules eucaryotes, ce point de départ (ou son équivalent, le *point de restriction* dans les cellules de mammifères) indique l'engagement dans l'achèvement d'un cycle de division cellulaire.

Les cellules ne passent par le point de départ qu'après avoir atteint une taille critique [14]

Pour une cellule de levure bourgeonnante dans un milieu pauvre en nutriments, G_1 est une période de croissance lente au cours de laquelle la progression dans le cycle chromosomique semble être arrêtée ; la sortie de G_1 par passage par le point de départ se produit lorsque la

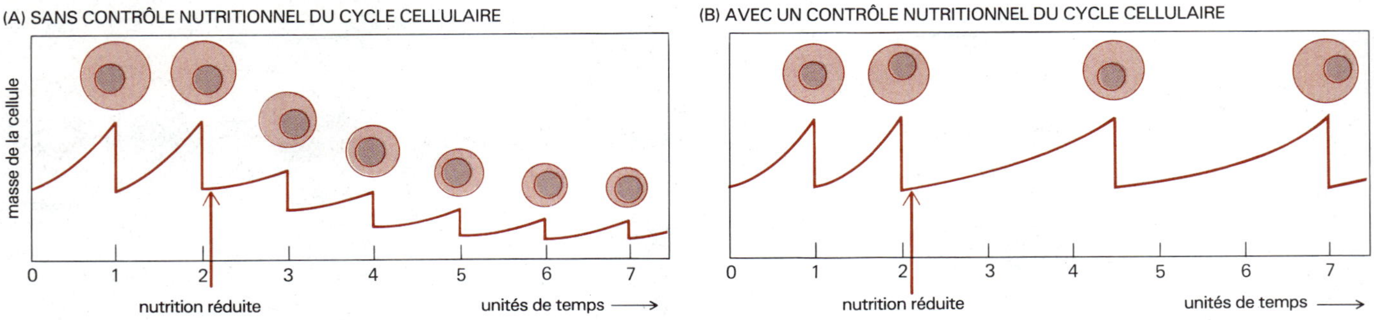

Figure 13-20 Les relations entre vitesse de croissance, taille cellulaire, et cycle de division cellulaire dans un organisme autonome tel qu'une levure. (A) Si la division cellulaire continue à une vitesse inchangée lorsque les cellules sont carencées, les cellules filles produites à chaque division deviennent progressivement plus petites jusqu'à ce que la taille de chaque cellule fille soit égale à la petite quantité de matériel synthétisé au cours d'un cycle. (B) Les cellules de levure répondent effectivement à des conditions nutritionnelles pauvres en retardant la vitesse de division cellulaire : puisqu'une cellule ne peut dépasser un certain point dans le cycle de division jusqu'à ce qu'elle ait atteint une certaine taille standard, la vitesse de division cellulaire diminue et la taille cellulaire reste plus ou moins inchangée. (Une unité de temps est la durée du cycle observée lorsque les nutriments sont en excès.)

cellule atteint une certaine taille standard (voir Figure 13-20B). Dans un milieu plus riche, la phase G_1 est plus courte mais la taille au moment du passage par le point de départ est pratiquement la même ; si les conditions de croissance sont modifiées de sorte que l'on obtienne des cellules de taille anormalement grande ou anormalement petite au moment de leur naissance, ces cellules abrégeront ou allongeront respectivement leur station en phase G_1 de façon à ne passer par le point de départ qu'aux environs de la taille standard.

On connaît très peu de choses sur le mécanisme qui permet aux cellules d'apprécier leur taille, bien que des informations de nombreuses sources semblent prouver que les cellules possèdent cette propriété. Si, par exemple, le cytoplasme d'une amibe géante (*Amobea proteus*) en croissance est amputé de façon répétitive pour limiter sa taille à une valeur anormalement réduite, l'amibe ne se divise pas, même sur une période de plusieurs semaines, malgré une croissance cellulaire soutenue — alors qu'une cellule de contrôle se divise à peu près une fois par jour. Un indice possible de la façon dont les cellules pressentent leur taille est fourni par l'observation que la taille d'une cellule eucaryote est en général proportionnelle à son état de ploïdie : une cellule diploïde est deux fois plus volumineuse qu'une cellule haploïde et une cellule tétraploïde deux fois plus grosse qu'une cellule diploïde (voir Figures 13-40 et 13-41). Ceci suggère que le facteur critique est le rapport du volume cellulaire au nombre de copies d'un gène (ou d'un ensemble de gènes) ou à la quantité totale d'ADN (et non, disons, le rapport du volume à la surface cellulaire). Une molécule diffusible M, par exemple — disons, une espèce d'ARN —, pourrait être synthétisée d'une manière proportionnelle à la quantité d'ADN ; si M est instable, avec une demi-vie constante, la quantité totale de M dans chaque cellule sera toujours constante et en proportion invariable par rapport à la quantité d'ADN. Lorsque le volume de la cellule augmente, la *concentration* de M diminuera ; la diminution de cette concentration en dessous d'un certain seuil critique pourrait être le signal pour passer le point de départ.

Quel que soit le mécanisme, le passage par le point de départ correspond à un basculement de l'état de quelque système de commutation moléculaire. Quatre gènes *cdc* dans la levure bourgeonnante et deux dans la levure fissipare agissent au niveau ou près du point de départ et peuvent coder des composants de ce système de contrôle. Les cellules porteuses de mutations thermostables de ces gènes ne peuvent pas progresser dans le cycle chromosomique et leur volume augmente de façon excessive si elles sont amenées à la température permissive, avant d'avoir atteint la taille critique correspondant au point de départ. Nous traiterons plus en détail, dans le paragraphe suivant, l'un de ces gènes (*cdc 28*) dans la levure bourgeonnante et de son équivalent (*cdc2*) dans la levure fissipare. Les deux gènes sont remarquables pour une autre propriété particulièrement importante chez la levure fissipare : leur produit est nécessaire non seulement pour le passage du point de départ mais aussi au niveau d'un deuxième point de contrôle du cycle, pour l'initiation de la mitose.

Nous verrons que les cellules eucaryotes des organismes supérieurs ont un point de contrôle de G_1 analogue au point de départ bien que les règles pour le passage de ce point soient plus complexes que chez les levures. Le cancer est subordonné aux violations de ces règles. Ne serait-ce que pour cette raison, les gènes impliqués dans le mécanisme du point de départ ont un intérêt tout particulier.

Le passage par le point de départ dépend d'une protéine kinase apparentée au MPF [15]

Les levures sont des organismes séduisants pour le génie génétique, du fait de leur reproduction rapide et de leur simple mode de vie unicellulaire. De plus, on peut simplement les induire à ingérer et incorporer de l'ADN ajouté dans le milieu d'incubation. Cela permet, en principe, de cloner la forme normale (ou « type sauvage ») de n'importe lequel des gènes *cdc*. Comme l'explique la Figure 13-21, le clone que l'on veut sélectionner peut être facilement isolé grâce à sa capacité de compenser l'anomalie du mutant *cdc* correspondant.

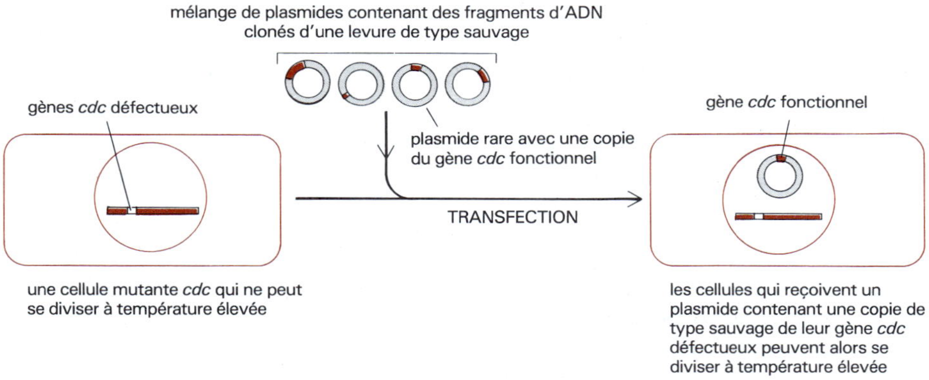

Figure 13-21 Procédé utilisé pour isoler des gènes *cdc* à partir d'une banque d'ADN. Le rare clone d'ADN qui porte la copie normale du type sauvage d'un gène *cdc* particulier est facilement sélectionné du fait que le plasmide qu'il porte permet à la cellule mutante correspondante de croître à température élevée. Les deux gènes *cdc* des levures fissipares et les 28 gènes *cdc* des levures bourgeonnantes furent, à l'origine, isolés de cette façon. En répétant ce procédé avec des clones d'ADNc provenant d'une banque d'ADN humain dans un plasmide approprié, des gènes humains capables de se substituer à certains des gènes *cdc* de levures ont été isolés.

Cette approche a été utilisée pour cloner aussi bien le gène *cdc 28* de la levure bourgeonnante, que le gène *cdc 2* de la levure fissipare, et un certain nombre de correspondances remarquables, quant au contrôle du point de départ et de la mitose, ont été découvertes entre les deux types de levure et entre les levures et les vertébrés. Les séquences et les fonctions des gènes *cdc 2* et *cdc28* des deux levures sont homologues : la déficience des cellules de levure fissipare mutantes dans la fonction du gène *cdc 2* peut être compensée par l'introduction du gène *cdc 28* des levures bourgeonnantes. Qui plus est, des mutations de levures fissipares déficientes pour *cdc 2* peuvent être compensées par un segment cloné d'ADN humain dont la séquence est homologue à celles des gènes *cdc 2* et *cdc 28*, suggérant que cet élément du mécanisme de contrôle du cycle cellulaire est commun aux levures, aux mammifères et probablement à tous les eucaryotes.

Le gène *cdc 2* étant cloné, il est assez facile d'isoler la protéine que le gène code. Il s'agit d'une protéine kinase et, d'après tout un ensemble de critères structuraux et fonctionnels, elle semble être l'homologue, chez les levures, de la sous-unité protéine kinase du MPF des vertébrés. Le clonage des gènes montre, en outre, qu'un autre gène *cdc* des levures fissipares, *cdc 13*, dont le produit interagit avec celui du gène *cdc 2*, est étroitement apparenté au gène de la cycline (voir p. 737). Ces découvertes indiquent que le MPF et la cycline ont vraisemblablement une importance universelle dans le cycle cellulaire eucaryote ; et le double rôle de *cdc 2/28* chez les levures, au début de la phase M et au point de départ, suggère que la sous-unité correspondante du MPF, ou une molécule voisine, chez les vertébrés, pourrait aussi être impliquée, d'une manière ou d'une autre, dans le contrôle de l'initiation du cycle de division pendant G_1. En effet, il semble, d'après des études de la levure fissipare, que des variations de l'état de phosphorylation de cette molécule régulatrice peuvent constituer le moyen qu'utilisent les cellules pour ajuster leur vitesse d'initiation d'un cycle de division selon les conditions de l'environnement.

Résumé

*Les levures sont des organismes eucaryotes unicellulaires particulièrement adaptés aux analyses génétiques. Un grand nombre de mutants du cycle de division cellulaire (*cdc*) ont été isolés aussi bien chez les levures bourgeonnantes que chez les levures fissipares et les gènes de type sauvage correspondant ont été clonés. Une taille cellulaire standard est maintenue chez les levures comme chez beaucoup d'autres cellules eucaryotes, face aux conditions de nutrition, par un mécanisme de contrôle qui évite aux cellules de dépasser un point critique, appelé point de départ ou « Start » et de s'engager dans un cycle de division jusqu'à ce que leur taille ait atteint un certain seuil. Plusieurs gènes* cdc *de levure impliqués dans ce contrôle ont été identifiés et leur séquences nucléotidiques déterminées. L'un de ces gènes (connu sous le nom de* cdc 2 *chez les levures fissipares et de* cdc 28 *chez les levures bourgeonnantes) code une protéine kinase qui est homologue du MPF, un autre* (cdc 13) *code l'homologue de la cycline, chez les levures.*

Les contrôles de la division cellulaire chez les organismes pluricellulaires

Dans le cas des organismes unicellulaires tels que les levures, les bactéries, ou les protozoaires, il existe une forte pression de sélection pour que les cellules croissent et se divisent aussi rapidement que possible. C'est la raison pour laquelle la vitesse de la division des cellules n'est limitée que par la vitesse à laquelle les éléments nutritifs peuvent être prélevés du milieu et transformés en matériaux cellulaires. Par contre, les cellules des animaux pluricellulaires sont des membres spécialisés d'une somite cellulaire complexe et c'est la survie de l'organisme qui prime sur tout et non plus la survie ou la prolifération de chacune de ces cellules. Pour que l'organisme pluricellulaire survive, certaines cellules doivent limiter leurs divisions même si les nutriments sont abondants. Cependant, lorsqu'un besoin de nouvelles cellules se fait sentir comme dans le cas de la réparation d'une lésion, les cellules qui ne se divisaient pas doivent être rapidement sollicitées pour rentrer dans le cycle de division ; de plus, là où se produit une usure naturelle continue, les taux de naissance et de mort des cellules doivent rester équilibrés. Il doit donc exister des contrôles complexes de la division cellulaire, en amont et en aval de ceux qui interviennent dans un organisme simple comme une levure. Cette partie du chapitre abordera ces « contrôles sociaux » au niveau de la cellule isolée individuellement. Dans les Chapitres 17 et 21 nous étudierons leur fonction, dans un contexte pluricellulaire, pour la conservation et le renouvellement des tissus de l'organisme, et leur dérèglement dans le Cancer ; et dans le Chapitre 16, nous verrons comment un système de contrôles encore plus complexe gouverne la division cellulaire au cours du développement.

Après la mitose, la division cellulaire est retardée par une pause de durée variable [16]

Les 10^{13} cellules d'un organisme humain se divisent à des vitesses très différentes. Certaines, comme les neurones et les cellules du muscle squelettique, ne se divisent pas du tout ; d'autres, comme les cellules hépatiques, ne se divisent normalement que tous les ans ou tous les deux ans ; par contre, certaines cellules épithéliales de l'intestin se divisent plus de deux fois par jour, de sorte qu'elles assurent un renouvellement constant de la surface luminale de l'intestin (Figure 13-22). La majorité des cellules de vertébrés se situent quelque part entre ces extrêmes : elles peuvent se diviser mais le font généralement de manière peu fréquente. Presque toutes les variations tiennent au temps que passent les cellules entre les mitoses et la phase S, les cellules qui se divisent lentement restant bloquées après la mitose, pendant des semaines ou même des années. A l'inverse, le temps nécessaire pour qu'une cellule progresse du début de la phase S jusqu'à la mitose est bref (typiquement 12 à 24 heures chez les mammifères) et remarquablement constant, quel que soit l'intervalle entre une division et la suivante.

Le temps passé par les cellules au cours d'une étape non proliférative, appelée stade G_0, varie non seulement en fonction du type cellulaire mais aussi en fonction des circonstances.

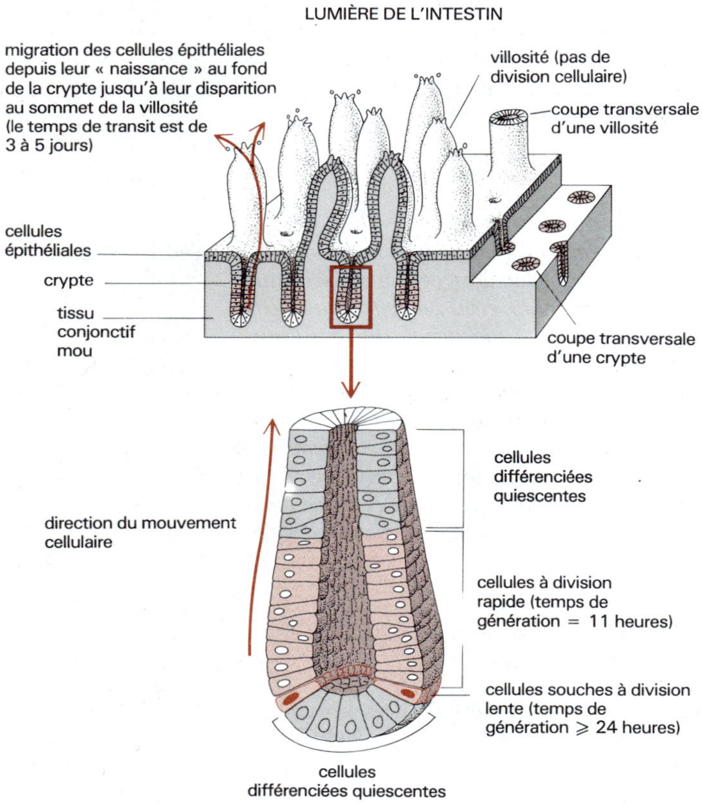

Figure 13-22 Représentation schématique de la division des cellules et de leur migration dans l'épithélium bordant l'intestin grêle de la souris. Toute cellule en division est confinée à la base des invaginations épithéliales en forme de tube, que l'on appelle les « cryptes ». Les cellules engendrées de *novo* se déplacent vers le haut pour former l'épithélium qui recouvre les villosités, où elles fonctionnent dans l'absorption et la digestion des substances alimentaires de la lumière de l'intestin. La plupart des cellules épithéliales ont une durée de vie très courte ; elles sont éjectées de l'extrémité supérieure de la villosité moins de cinq jours après leur sortie de la crypte. Cependant, un anneau d'environ 20 cellules « immortelles », à division lente (colorées en noir), reste ancré dans une niche unique près de la base de chaque crypte. Ces « cellules souches » se diviseront pour donner naissance à deux cellules filles : en moyenne, une fille reste en place sous forme d'une cellule souche indifférenciée, alors que les autres migrent habituellement vers le haut pour se différencier et rejoindre l'épithélium. (Adapté de C. S. Potten, R. Schofield et L. Lajtha, *Biochim. Biophys. Acta* 560:281-299, 1979.)

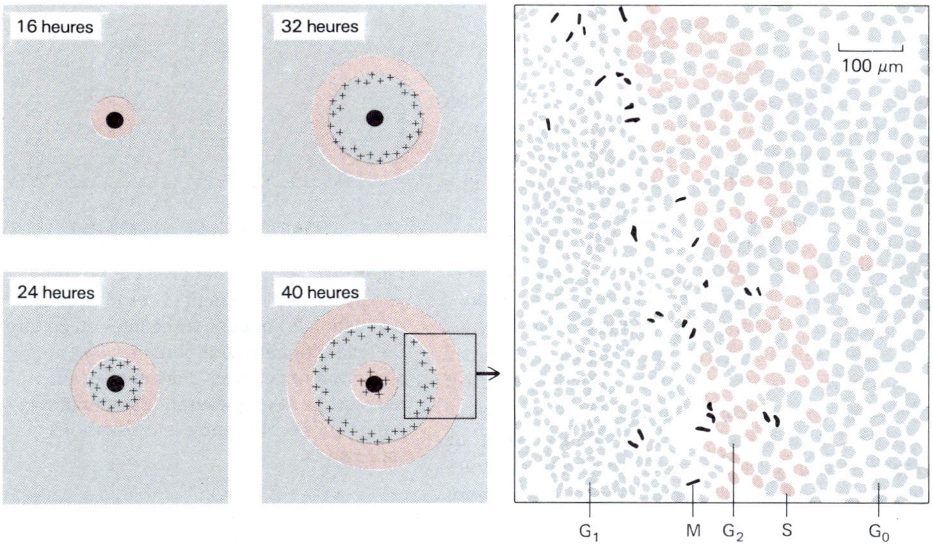

Figure 13-23 La prolifération cellulaire dans un épithélium en réponse à une blessure. L'épithélium du cristallin fut endommagé avec une aiguille : après un nombre d'heures déterminé, les cellules sont incubées en présence de thymidine tritiée pour les marquer en phase S (*en couleur*), et le tissu est fixé et préparé pour l'autoradiographie. Dans les diagrammes de gauche, les régions où les cellules sont en phase S sont représentées en couleur, et les cellules en phase M sont représentées par des croix noires ; la tâche noire centrale marque le site de la blessure. Le stimulus de la division cellulaire se propage progressivement vers l'extérieur à partir de la blessure, sortant les cellules de leur état quiescent G_0, et provoquant une réaction d'une ampleur inhabituelle pour une assez petite blessure. Dans l'exemple de 40 heures, les cellules éloignées de la blessure entrent dans la phase S de leur premier cycle de division, alors que les cellules proches de la blessure entrent dans la phase S de leur second cycle de division. Le schéma de droite, correspondant grossièrement à la région encadrée du diagramme, a été réalisé à partir d'une photographie d'un échantillon de 36 heures coloré pour révéler les noyaux cellulaires. (D'après C. Harding, J. R. Reddan, N. J. Unakar et M. Bagchi, *Int. Rev. Cytol.* 31:215-300, 1971.)

Les hormones sexuelles stimulent les cellules de la paroi de l'utérus féminin qui se divisent alors rapidement pendant quelques jours au cours de chaque cycle menstruel pour reconstituer les cellules perdues lors de la menstruation ; une perte de sang stimule la prolifération des précurseurs des cellules sanguines ; une atteinte sévère du foie provoque la prolifération des cellules hépatiques, avec un cycle qui dure un jour ou deux, jusqu'à complète réparation. On retrouve cette situation lorsque les cellules épithéliales situées au bord d'une blessure sont stimulées et se divisent pour réparer l'épithélium endommagé (Figure 13-23).

Il existe des contrastes très spécifiques et finement ajustées pour diriger la prolifération de chaque classe de cellules dans l'organisme selon ses besoins. Pourtant, même si l'importance de ces contrôles est évidente, leurs mécanismes sont très difficiles à analyser dans le contexte complexe de l'organisme intact. Des études détaillées de la régulation de la division cellulaire sont donc réalisées le plus souvent en culture où il est facile de manipuler l'environnement et où les cellules peuvent être observées de manière continue.

Lorsque les conditions sont défavorables à la croissance, les cellules animales, comme les cellules de levures, s'arrêtent en un point critique de G_1 : le point de restriction [17]

La majorité des études réalisées en culture sur le cycle cellulaire utilisent des lignées cellulaires établies d'une manière stable (voir p. 162) qui proliféreront indéfiniment. Même si de telles lignées cellulaires sont des variants selectionnés spécialement pour leur aptitude à survivre en culture, beaucoup d'entre elles — appelées lignées cellulaires *non transformées* — sont largement utilisées comme modèles du comportement prolifératif des cellules somatiques normales.

Les cellules des lignées fibroblastiques (comme les différents types dérivés des cellules 3T3 de souris) prolifèrent en général plus rapidement lorsqu'elles se fixent à la surface d'une boîte de culture, sans être trop entassées, et dans un milieu de culture riche en nutriments et contenant du *sérum* — le liquide obtenu après coagulation du sang puis élimination du caillot insoluble et des cellules sanguines. Si l'on réduit l'apport de quelque nutriment essentiel, tel qu'un acide aminé, ou si l'on ajoute au milieu un inhibiteur de la synthèse protéique, les cellules se comportent de la même façon que les levures carencées décrites précédemment : la durée moyenne de la phase G_1 est prolongée, mais la durée du reste du cycle est à peine affectée. Dès qu'une cellule est sortie de G_1, elle est prête à terminer les phases S, G_2 et M quelles que soient les conditions de l'environnement. Le point de non-retour se situe à un stade tardif de la phase G_1 et il est souvent appelé **point de restriction (R)** car c'est en ce point que les cellules s'arrêtent lorsque les conditions extérieures limitent leur progression dans le cycle. Le point de restriction est l'équivalent du point de départ du cycle cellulaire des levures ; comme chez les levures, il peut partiellement représenter le fonctionnement d'un mécanisme de régulation de la taille cellulaire. Cependant, sa signification est plus complexe chez les cellules eucaryotes que chez les levures, et il est possible qu'il puisse exister plusieurs points de restriction légèrement différents en G_1 correspondant aux contrôles multiples de la prolifération cellulaire.

La durée du temps de génération de cellules en croissance semble dépendre d'un événement aléatoire [18]

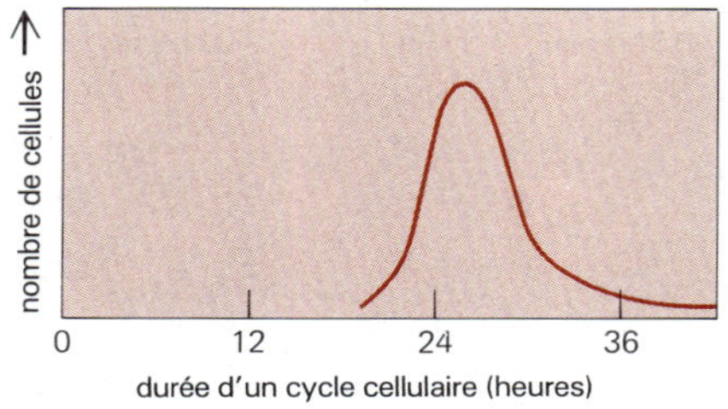

Figure 13-24 La variation du temps de génération typiquement observé pour une population homogène de cellules en culture. De telles données sont obtenues en observant des cellules individuelles au microscope et en mesurant directement le temps qui s'écoule entre leurs divisions successives.

Des cellules isolées qui se divisent rapidement en culture peuvent être observées de façon continue, par chronophotographie. De telles études montrent que même des cellules génétiquement identiques ont des temps de génération très variables (Figure 13-24). Une analyse quantitative suggère que le temps qui sépare une division de la suivante comprend une composante qui varie de façon aléatoire, la variabilité aléatoire intervenant surtout dans la durée de la phase G_1. Lorsque les cellules approchent du point de restriction en G_1 (Figure 13-25), il semble qu'elles doivent « attendre » avant de poursuivre le cycle ; et que chaque cellule en attente a une probabilité à peu près constante de dépasser R par unité de temps. Ainsi, comme dans le cas d'une population d'atomes qui subit une désintégration radioactive, la moitié des cellules dépasse R au cours des 3 premières heures, la moitié des cellules restantes dépassera R durant les 3 heures suivantes, et la moitié de l'autre moitié restante dépassera R dans les 3 heures suivantes et ainsi de suite. Nous avons déjà suggéré un mécanisme possible qui pourrait expliquer un tel comportement, lorsque nous avons discuté de la production de l'activateur de la phase S (voir p. 733). Mais, quelle qu'en soit la cause, la variabilité aléatoire qui est observée sur la longueur du cycle de division cellulaire indique que les populations cellulaires initialement synchronisées perdront leur synchronisme en quelques cycles. Ceci est fâcheux pour les biologistes cellulaires mais peut avoir des avantages pour l'organisme pluricellulaire — dans le cas contraire, des clones cellulaires de grande taille pourraient effectuer simultanément la mitose ; et comme les cellules ont tendance à s'arrondir et à perdre leurs attaches au cours de la mitose, le tissu auquel elles appartiennent pourrait être sérieusement endommagé.

13-15 13-16 Des types cellulaires différents ont besoin de facteurs de croissance différents pour se diviser [19,20]

Les conditions qui doivent être remplies avant qu'une cellule croisse et se divise sont beaucoup plus complexes pour une cellule animale que pour une levure. Si des cellules de vertébrés placées dans un milieu de culture standard sont totalement privées de sérum, elles ne dépasseront généralement pas le point de restriction, même si tous les nutriments essentiels sont présents ; et les cellules arrêteront aussi bien leur croissance que leur progression dans le cycle chromosomique. Des études laborieuses ont révélé que les composants essentiels du sérum sont des protéines très spécifiques, le plus souvent présentes à des concentrations très faibles (de l'ordre de 10^{-9} à 10^{-11} M). Les différents types de cellules nécessitent différentes associations de ces protéines. Certaines protéines sériques sont directement et spécifiquement impliquées dans la stimulation de la division cellulaire et elles sont appelées **facteurs de croissance. Le facteur de croissance dérivé des plaquettes**, ou **PDGF** (pour, « platelet-derived growth factor ») en est un exemple. Le circuit qui a mené à son isolement démarre avec l'observation suivante : les fibroblastes en culture prolifèrent en présence de sérum alors que le plasma reste sans effet (le plasma est la composante liquide du sang, obtenue après séparation des cellules sanguines sans coagulation préalable). Lorsque le sang coagule, les plaquettes (voir p. 974) sont activées et libèrent le contenu de leurs vésicules sécrétrices ; le PDGF fait partie des produits libérés (en même temps que les facteurs qui provoquent la coagulation). C'est essentiellement le PDGF du sérum qui permet aux fibroblastes en culture de se diviser. Le PDGF a vraisemblablement le même effet dans l'organisme où il est supposé stimuler la division des cellules du tissu conjonctif et des cellules du muscle lisse au niveau d'une lésion, pour favoriser la cicatrisation (Figure 13-26). Les cellules qui répondent au PDGF ont des récepteurs spécifiques pour le PDGF — ainsi que des récepteurs pour certains autres facteurs de croissance — au niveau de leur membrane plasmique. D'autres types cellulaires ont d'autres ensembles de récepteurs, intervenant dans les réponses à d'autres groupes de facteurs de croissance (Tableau 13-1), dont certains sont également présentes dans le sérum.

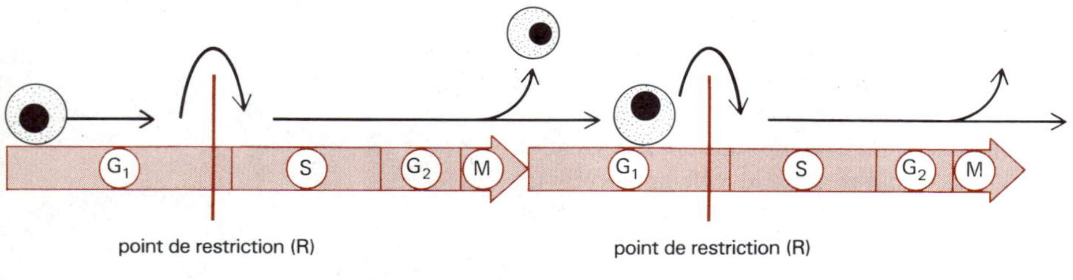

Figure 13-25 Schéma indiquant que des cellules de mammifères en culture qui se divisent rapidement sont retardées, pour une durée de temps variable, en un point tardif de G_1, qui peut être le même que le point de restriction (R), auquel elles s'arrêteront indéfiniment si la synthèse protéique est inhibée. En observant de façon continue des cellules au microscope, il semble que deux cellules génétiquement identiques, y compris les deux cellules filles qui résultent d'une seule division, sont souvent retardées pour des temps très variables, avant de passer en R, suggérant que le délai est dû à un quelconque processus aléatoire (voir le texte).

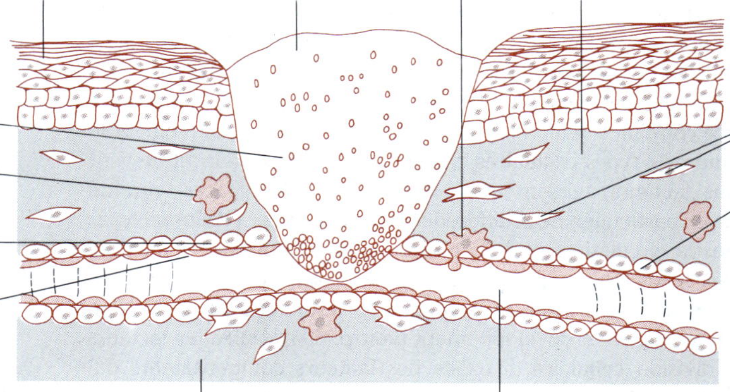

Figure 13-26 Le rôle proposé du facteur de croissance dérivé des plaquettes (PDGF, pour « platelet-derived growth factor ») dans la cicatrisation d'une blessure. Le PDGF est sécrété au niveau d'une blessure par les plaquettes et les macrophages, et peut-être par les cellules endothéliales et les cellules du muscle lisse des vaisseaux sanguins endommagés. Il stimule la prolifération des fibroblastes pour produire plus de matrice extracellulaire, et attire les fibroblastes et les macrophages par chimiotaxie. La cicatrisation est un processus complexe, et beaucoup d'autres facteurs, en dehors de PDGF, sont également impliqués.

Tableau 13-1 Quelques facteurs de croissance et leurs actions

Facteur	Composition	Activités représentatives
Facteur de croissance dérivé des plaquettes (PDGF)	AA, AB ou BB chaîne A = 125 aa chaîne B = 160 aa	Stimule la prolifération des cellules du tissu conjonctif (voir p. 746) et des cellules de la neuroglie (voir p. 910)
Facteur de croissance épidermique (EGF)	53 aa	Stimule la prolifération de nombreux types de cellules (voir p. 706)
Somatomedine A (IGF-1)	70 aa	Collaborent avec le PDGF et l'EGF : stimulent la prolifération des adipocytes (voir p. 986) et des cellules du tissu conjonctif
Somatomedine C (IGF-2)	73 aa	
Facteur de croissance transformant β (TGF-β)	Deux chaînes, chacune de 112 aa	Potentialise ou inhibe la réponse de la majorité des cellules aux autres facteurs de croissance, selon le type cellulaire ; règle la différenciation de certains types cellulaires (voir p. 987 et 894)
Facteur de croissance fibroblastique (FGF)	Acide :140 aa Basique : 146 aa	Stimule la prolifération de nombreux types cellulaires, y compris les fibroblastes, les cellules endothéliales (voir p. 966), et les myoblastes (voir p. 984) ; induit le mésoderme dans l'embryon de *Xénope* (voir p. 894)
Interleukine-2 (IL-2)	153 aa	Stimule la prolifération des lymphocytes T (voir p. 1046)
Facteur de croissance nerveux (NGF)	Deux chaînes, chacune de 118 aa	Favorise la croissance axonale et la survie des neurones sympathiques et de certains neurones sensoriels et du SNC (voir p. 1118)
Facteurs de croissance des cellules hémopoïétiques (IL-3, GM-CSF, M-CSF, G-CSF, érythropoïétine)	Voir Tableau 17-2, p. 981	

Les facteurs de croissance ont été difficiles à isoler, car ils sont sécrétés en petites quantités. Cette difficulté est encore aggravée par la complexité des actions des facteurs de croissance : il est probable que la majorité des types cellulaires dépendent d'une *combinaison* spécifique de facteurs de croissance plutôt que d'un seul facteur de croissance spécifique. Bien que les différents facteurs de croissance caractérisés jusqu'à présent soit assez peu nombreux — moins de 30 — beaucoup d'entre eux ont cependant été trouvés à plusieurs reprises dans des contextes différents, recevant au départ des noms différents qui furent ensuite reconnus comme les « pseudonymes » d'une molécule unique. Ceci suggère qu'il suffit d'un assez petit nombre de facteurs de croissance combinés de différentes façons pour régler sélectivement la prolifération de chacun des nombreux types cellulaires chez un animal supérieur ; il devient également clair que les mêmes facteurs agissent aussi, dans certains contextes, comme régulateurs d'autres processus et, en particulier, de la différenciation cellulaire. Certains facteurs de croissance sont présents dans la circulation, mais la plupart agissent comme médiateurs chimiques locaux. La famille des médiateurs chimiques locaux comprend probablement un grand nombre de facteurs encore mal définis qui participent à la régulation de la division cellulaire et de la différenciation au cours du développement (voir p. 894). Outre les facteurs de croissance qui stimulent la division cellulaire, il existe des facteurs compensateurs qui l'inhibent, bien que ces derniers aient été, pour la plupart, moins bien définis.

Des cellules voisines « se disputent » les facteurs de croissance [20,21]

Une catégorie de cellules peut contrôler la prolifération d'une autre catégorie de cellules par l'intermédiaire de facteurs de croissance comme le PDGF. Cependant il est également important que, dans un tissu, les cellules d'une même catégorie interagissent les unes avec les autres et ajustent leurs vitesses de prolifération pour maintenir une densité cellulaire convenable. De telles régulations « sociales » sont clairement observées au cours des réponses à une lésion. Quand, par exemple, un épithélium est endommagé, les cellules situées au bord de la blessure sont stimulées et se divisent (voir Figure 13-23) pour migrer ensuite vers la surface dénudée jusqu'à ce que cette dernière soit à nouveau totalement recouverte ; à ce stade, la prolifération rapide et la migration cessent. On observe des phénomènes comparables avec des cellules dissociées en culture. Des cellules épithéliales ou des fibroblastes étalés sur une boîte de culture, en présence de sérum, adhèreront à la surface de la boîte, s'étaleront et se diviseront jusqu'à ce qu'une *monocouche confluente* se forme, au sein de laquelle des cellules voisines sont en contact. A ce stade, les cellules normales cessent de se diviser, phénomène connu sous le nom d'*inhibition de la division cellulaire dépendante de la densité*. Si une telle monocouche est « déchirée » avec une aiguille, de façon à créer sur le fond de la boîte une bande dépourvue de cellules, les cellules en bordure de cette bande s'étalent dans l'espace disponible et se divisent (Figure 13-27).

L'expression « inhibition de contact » de la division cellulaire donnée à l'origine à de tels phénomènes, peut néanmoins être trompeuse. La densité de la population cellulaire, à partir de laquelle la prolifération cellulaire cesse dans une monocouche confluente, augmente lorsque la concentration en facteurs de croissance augmente dans le milieu. De plus, lorsque l'on recouvre avec du milieu de culture la surface d'une boîte de culture qui est en partie couverte de cellules et en partie dépourvue de cellules, on trouve que les cellules baignées par le milieu qui vient de passer au contact d'autres cellules se divisent beaucoup plus lentement que les cellules baignées par du milieu qui vient de passer au contact d'une région dépourvue de cellules. Tout se passe comme si le milieu qui vient d'être au contact de cellules est appauvri en nutriments essentiels ou en facteurs de croissance. Ceci aurait peut-être pu être prévu. Le PDGF, par exemple, est en général présent dans le milieu à des concentrations de l'ordre de 10^{-10} M (environ une molécule dans une sphère de 3μm de diamètre). Un fibroblaste possède environ 10^5 récepteurs pour le PDGF, chacun d'entre eux ayant une très grande affinité pour le facteur de croissance. Dans ces conditions, chaque cellule possède suffisamment de récepteurs pour lier toutes les molécules de PDGF présentes dans une sphère de diamètre de 150μm environ. En outre, une grande partie du PDGF qui se lie aux récepteurs de surface cellulaire est sans doute très rapidement internalisée par endocytose, par l'intermédiaire de récepteurs, et dégradée (voir p. 333). Il est donc évident que des cellules voisines sont en compétition pour des quantités infimes de facteurs de croissance. Ce type de compétition pourrait être aussi important pour les cellules d'un tissu que pour les cellules en culture, empêchant leur prolifération au-delà d'une certaine densité de population.

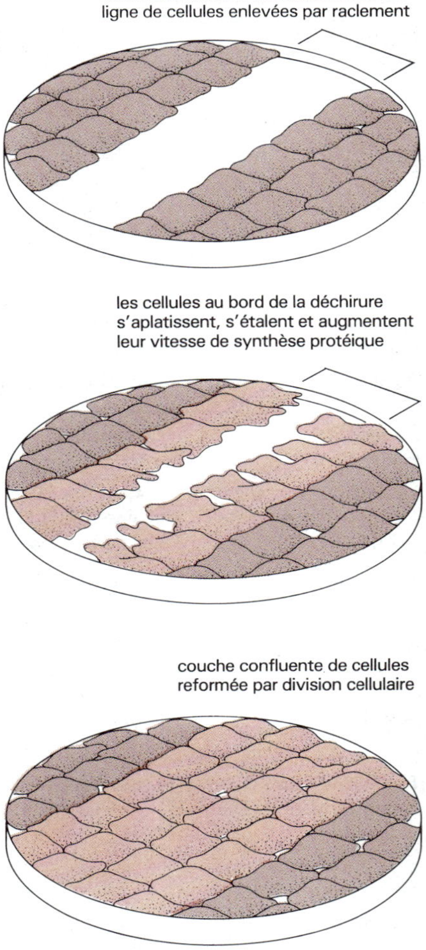

Figure 13-27 Des cellules disséminées à la surface d'une boîte de culture prolifèrent normalement jusqu'à ce qu'elles soient en contact les unes avec les autres, formant une *monocouche confluente*. Les schémas montrent les conséquences de l'élimination par grattage d'une bande de cellules. Les cellules restantes situées aux bords de l'espace libre laissé par la « plaie » s'aplatissent et reprennent leur croissance et leur division, qui continuent jusqu'à ce que la « plaie » soit « cicatrisée ». Une fois que la monocouche est redevenue confluente, la prolifération cellulaire cesse presque totalement.

13-14 Les cellules animales normales en culture cessent de se diviser lorsqu'elles se détachent de leur substratum [22]

En culture cellulaire, la compétition pour des facteurs de croissance et des nutriments ne

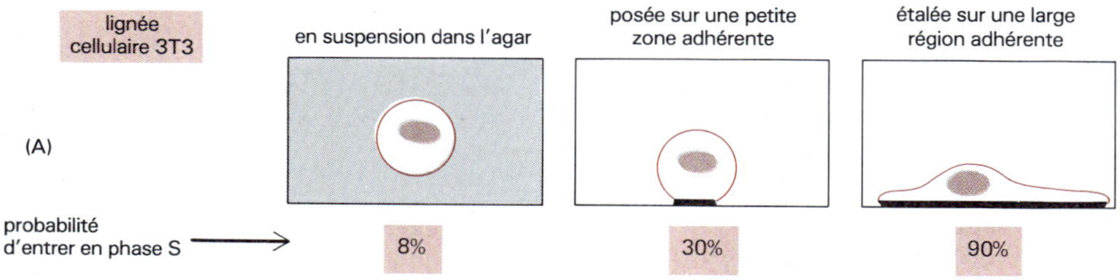

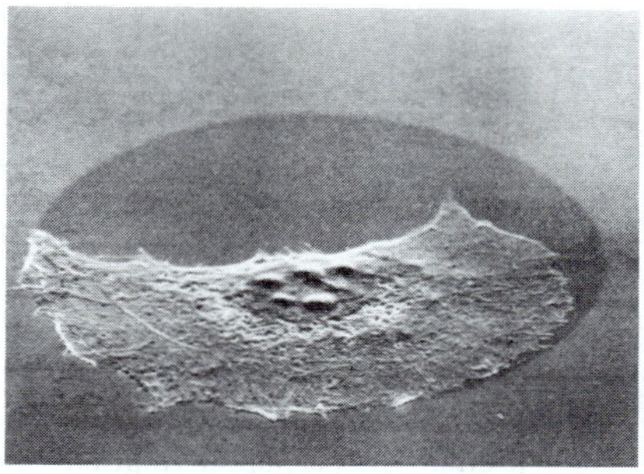
(B)

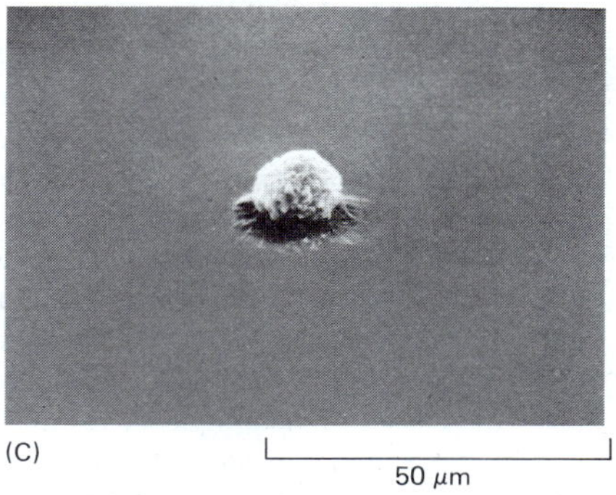
(C)

Figure 13-28 La sujétion de la division cellulaire à la forme et à l'ancrage de la cellule. Dans l'expérience présentée ici, les cellules sont soit maintenues en suspension, soit laissées se déposer sur des parcelles d'un matériau adhésif (palladium) sur un substratum non adhérent ; le diamètre de la parcelle qui est variable, détermine l'étendue de l'étalement d'une cellule isolée et sa probabilité de division. De la thymidine tritiée est ajoutée au milieu de culture, et, après 1 ou 2 jours, la culture est fixée et autoradiographiée afin de déterminer le pourcentage des cellules qui sont entrées en phase S. (A) Les cellules de la lignée 3T3 se divisent rarement lorsqu'elles sont maintenues arrondies à cause de leur incubation en suspension, mais la simple adhérence à une très petite parcelle — trop petite pour permettre l'étalement — leur permet de se diviser beaucoup plus fréquemment. (B, C) Photographies en microscopie électronique à balayage montrant une cellule étalée sur une large surface comparée à une cellule posée sur une petite parcelle. (Micrographies d'après C. O'Neill, P. Jordan, et G. Ireland, *Cell* 44:489-496, 1986. Copyright Cell Press).

constitue pas le seul paramètre qui influe sur la vitesse de division. La forme d'une cellule, lorsqu'elle s'étale et rampe sur un substratum pour occuper l'espace vacant, a aussi une grande influence sur sa capacité de division. Lorsque des cellules normales sont cultivées en suspension, sans aucune attache avec une surface solide, et sont par conséquent arrondies, elles ne se divisent pratiquement jamais — un phénomène connu sous le nom de *dépendance d'ancrage* de la division cellulaire. Il est possible de démontrer la relation entre l'étalement des cellules et la prolifération en cultivant des cellules sur des substrata d'adhésivité variable ou en les laissant se déposer sur une surface qui n'attache pas, parsemée de petites zones adhésives sur lesquelles une cellule isolée peut adhérer mais au-delà desquelles elle ne peut s'étaler. La fréquence à laquelle une cellule se divise augmente avec l'ampleur de son étalement. Il se peut que les cellules bien étalées aient la capacité de capturer un plus grand nombre de molécules de facteur de croissance et de prélever de plus grandes quantités de nutriments du fait de leur surface plus importante. Toutefois, certains types cellulaires (par exemple les cellules 3T3), bien qu'assez peu capables de proliférer en suspension, se diviseront immédiatement dès qu'elles se seront déposées et auront formé un *point de contact focal*, même si le site d'adhérence est une minuscule surface sur laquelle une cellule n'a pas la possibilité de s'étaler (Figure 13-28). Les points de contact focaux sont des sites d'ancrage des filaments d'actine intracellulaires aux molécules de la matrice extracellulaire situées à l'extérieur (voir p. 635) ; ces observations, ainsi que d'autres, suggèrent fortement que le contrôle de la division cellulaire est couplé, d'une manière ou d'une autre, à l'organisation du cytosquelette. Bien que le mécanisme et la fonction d'un tel couplage soient incertains, la dépendance d'ancrage de la division cellulaire participe probablement à la cohésion des tissus et permet d'éviter la prolifération des cellules qui se sont détachées de leur environnement propre.

La division cellulaire implique des modifications des contacts cellulaires

Il y a plusieurs aspects dans la relation entre l'ancrage et la division cellulaire. D'une part, la majorité des cellules normales de vertébrés ont besoin d'ancrage pour dépasser le point de restriction ; d'autre part, les cellules qui ont dépassé ce point n'ont plus besoin d'ancrage pour achever le cycle de division et, elles perdent généralement leurs attaches et s'arrondissent lorsqu'elles entrent en phase M. Ce cycle d'attachement et de détachement permet vraisemblablement un réarrangement des points d'adhérence entre cellules et entre cellules et matrice : les cellules filles produites par la division cellulaire trouvent ainsi leur place et se lient étroitement au tissu avant de commencer le cycle de division suivant.

La perte des points d'ancrage semble constituer une part importante du comportement prolifératif de nombreux types cellulaires. La disparition des points de contact focaux des fibroblastes provoquée, par exemple, par le PDGF, est une phase initiale de la réponse proliférative (voir p. 758). Il est étonnant que la disparition du contrôle de la croissance dans les cellules cancéreuses soit presque toujours associée à une réduction définitive de l'adhérence cellulaire, qui se traduit aussi par une perte des points de contact focaux pour des cellules cancéreuses en culture. Comme nous le verrons plus tard, les relations entre division cellulaire et adhérence forment un puzzle complexe, soulignant notre méconnaissance du phénomène de transformation qui fait passer une cellule de l'état normal à l'état cancéreux (voir p. 759).

Les cellules qui ne sont pas autorisées à se diviser deviennent quiescentes dans un état G_0 [17,23]

Lorsque les conditions préalables à la division ne sont pas remplies, une cellule saine sera presque toujours retenue dans l'état G_1 du cycle cellulaire. Si les conditions sont modifiées de façon à favoriser la division cellulaire, la cellule poursuit sa progression dans le cycle. Une cellule qui a été privée de facteurs de croissance sériques, par exemple, poursuit son cycle quand du sérum est rajouté dans le milieu. Toutefois, le délai qui s'écoule entre le moment de l'addition du sérum et le début de la phase S est presque toujours long — en général plusieurs heures de plus que le temps total passé en G_1 par une cellule qui prolifère normalement. La suppression des facteurs de croissance a conduit la cellule dans un état profondément modifié, sans prolifération, dans lequel elle ne peut dépasser le point de restriction. Sortir de cet état est un processus complexe qui prend beaucoup de temps et qui comprend une série d'étapes distinctes caractérisées par des sensibilités différentes aux facteurs de croissance.

La relation entre le manque de sérum et le cycle de division cellulaire a été élucidée grâce à des études sur les cellules 3T3 en culture. Un point de restriction peut être identifié dans ce cycle cellulaire, 3 heures et demie après l'achèvement de la mitose. Il suffit d'une heure sans sérum (ou d'exposition à un inhibiteur de la synthèse protéique) avant ce point, pour stopper la cellule en G_1 et induire un délai de 8 heures (de type tout ou rien) dans le temps pris pour reprendre le cycle après remise de sérum dans le milieu. Une carence identique après le point de restriction ne provoque pas ce retard dans le cycle de division en cours ; par contre, elle entraîne un retard dans la progression de la phase G_2 du cycle suivant. Ces observations suggèrent le schéma simple suivant. Lorsqu'une cellule prolifère, elle renferme un ensemble de molécules qui l'autorisent à dépasser le point de restriction ; une fois ce point dépassé, les molécules en question, bien que toujours présentes, ne sont plus nécessaires pour que se déroulent les phases S, G_2 et M, et ces dernières ont alors lieu automatiquement. Ces molécules « d'autorisation de division » sont rapidement détruites lorsque le sérum fait défaut mais leur resynthèse demande beaucoup plus de temps lorsque le sérum est à nouveau ajouté. La destruction peut se produire au cours de n'importe quelle phase du cycle mais les conséquences ne seront pas évidentes jusqu'à ce que la cellule atteigne le point de restriction. De ce point de vue, l'état de la cellule est défini par deux paramètres indépendants : (1) la position de la cellule dans le cycle chromosomique et (2) la présence ou l'absence des molécules autorisant la division, déterminant si elle se trouve dans un mode de prolifération ou de non-prolifération. Une cellule qui est privée de l'autorisation de se diviser sera incapable de dépasser le point de restriction et s'arrêtera complètement à ce stade ; on dit alors qu'elle est bloquée dans un **état quiescent** ou $\mathbf{G_0}$.

L'étude des cellules en culture met en relief le rôle des facteurs de l'environnement dans le contrôle réversible du choix entre prolifération et quiescence. Chez les organismes pluricellulaires, en revanche, beaucoup de types cellulaires entrent en G_0 lorsqu'ils sont totalement différenciés et perdent alors leur aptitude à se diviser, quels que soient les stimuli externes. La production de telles cellules est le plus souvent réglée par des stratégies de contrôle particuliers qui mettent en jeu des *cellules souches*, dont il sera question dans le Chapitre 17.

Le cycle chromosomique peut être dissocié de la croissance cellulaire [24]

Une cellule en G_0, outre sa quiescence quant au cycle chromosomique, présente généralement un équilibre modifié entre la synthèse des protéines et leur dégradation par rapport à une cellule qui prolifère ; alors que la taille de la cellule en G_1, en phase de prolifération, augmente, une cellule en G_0 conserve des dimensions stables. Les cellules en G_0 renferment d'ordinaire moins de ribosomes et moins d'ARN que les cellules correspondantes en phase G_1 de leur cycle, et leur vitesse de synthèse protéique est au moins deux fois plus faible qu'en G_1. Lorsqu'une cellule en G_0 est stimulée par des facteurs de croissance pour proliférer, les modifications de la vitesse de synthèse protéique vont généralement de pair avec les effets sur le cycle chromosomique : comme chez les levures, la croissance cellulaire et la division sont coordonnées de façon à maintenir une taille cellulaire normale.

Le couplage entre la synthèse protéique et le cycle chromosomique n'est cependant pas rigide. Avec une combinaison appropriée d'inhibiteurs de la synthèse protéique et de facteurs de croissance, il est possible de diminuer la synthèse protéique de cellules en culture sans retarder leur progression dans le cycle cellulaire ou, à l'inverse, il est possible de stimuler la synthèse protéique sans stimuler la division cellulaire. De plus, le rapport du cytoplasme à l'ADN des cellules de spécialisations différentes est extrêmement variable, et certaines cellules en G_0, telles que les neurones, peuvent se développer pratiquement sans limitation, sans réplication de leur ADN (Figure 13-29).

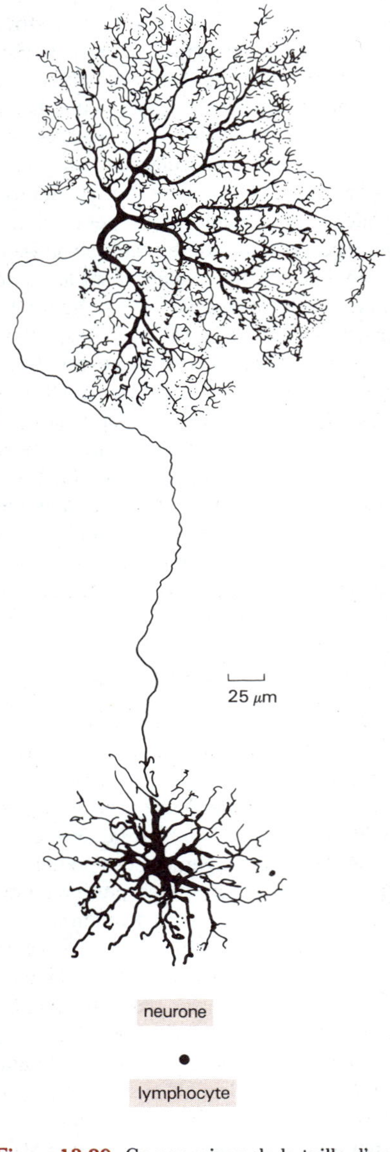

Figure 13-29 Comparaison de la taille d'un neurone de mammifère (de la rétine) et d'un lymphocyte ; les deux contiennent la même quantité d'ADN. Un neurone s'étoffe progressivement au cours de son développement, bien que restant en phase G_0. Au cours de cette période le rapport cytoplasme sur ADN augmente énormément (d'un facteur supérieur à 10^5 pour certains neurones). (D'après B. B. Boycott dans Essays on The Nervous System [R. Bellairs et E. G. Gray, eds.]. Oxford, U.K.: Clarendon Press, 1974.)

13-17 La probabilité d'entrer en G_0 augmente en général avec le nombre de divisions effectuées par une cellule : la sénescence cellulaire [25]

La majorité des cellules dans l'organisme d'un mammifère ou d'un oiseau montrent une répugnance frappante à continuer à proliférer indéfiniment. Cette caractéristique les distingue des lignées cellulaires établies en culture, telles que les cellules 3T3, qui ont vraisemblablement subi quelques modifications génétiques qui les ont rendues « immortelles ». Des fibroblastes prélevés sur un fœtus humain, par exemple, n'effectueront environ que 50 doublements lorsqu'ils sont cultivés dans un milieu de croissance standard ; vers la fin de cette période, la prolifération ralentit et finit par s'arrêter, et les cellules, après être restées quiescentes pendant un certain temps, meurent toutes. Les mêmes cellules, prélevées chez un adulte de 40 ans, cessent de se diviser après environ 40 doublements, alors que les cellules d'une personne de 80 ans s'arrêtent après environ 30 doublements. Les fibroblastes des animaux qui ont une durée de vie plus courte cessent de se diviser en culture après un nombre de cycles de division plus faible. Du fait de l'analogie avec le vieillissement de l'organisme entier, ce phénomène a été appelé **sénescence cellulaire.**

La sénescence cellulaire est un phénomène troublant. De courtes séquences programmées de division cellulaire aboutissant à la différenciation sont une caractéristique familière du développement embryonnaire (voir p. 907), mais il est difficile d'imaginer comment une cellule pourrait tenir un compte à long terme de ses cycles de division et s'arrêter après en avoir effectué 50. Selon une théorie possible, la sénescence cellulaire est le résultat d'une accumulation désastreuse d'erreurs autoreproductives au niveau d'un mécanisme biosynthétique de la cellule, qui est sans importance dans les conditions de vie sauvage, dans lesquelles la majorité des animaux meurent d'autres causes, bien avant la sénescence d'un nombre significatif de leurs cellules. Selon cette hypothèse, la sénescence cellulaire refléte essentiellement les imperfections de la physiologie cellulaire que l'on peut attendre lorsqu'il n'existe qu'une faible pression de sélection pour les éliminer. Toutefois, des hypothèses supplémentaires sont nécessaires pour expliquer la manière dont les cellules de la lignée germinale ou les cellules de certaines lignées « immortalisées » en culture, et même des cellules somatiques banales, sont capables, dans certaines conditions particulières (décrites plus loin), de proliférer indéfiniment. Il existe une autre hypothèse selon laquelle la sénescence cellulaire est le résultat d'un mécanisme qui a évolué pour nous protéger du cancer en limitant la croissance des tumeurs. Si tel est le cas, la protection semble cependant inadéquate puisque 50 cycles de division suffisent à produire une tumeur assez importante. Une suggestion assez proche est que la sénescence cellulaire, dans les conditions très artificielles de culture cellulaire, reflète la tendance de la prolifération cellulaire à diminuer progressivement avec l'âge dans l'organisme, et que ce type de comportement cellulaire a pu évoluer comme un moyen de stabilisation de la taille de l'organisme adulte.

Quelle que soit la fonction de la sénescence cellulaire, de nombreux arguments permettent de penser que le processus est fortement influencé par des facteurs présents dans le milieu extracellulaire. Les cellules épidermiques provenant de la peau d'un nouveau-né humain, par exemple, deviendront sénescentes après une cinquantaine de cycles de division dans un milieu dépourvu de facteur de croissance épidermique (EGF, pour « Epidermal Growth Factor »), alors qu'elles ne le deviendront qu'après 150 cycles de division en présence d'EGF. A l'inverse, les cellules 3T3 « immortelles » évoluent vers la sénescence lorsqu'elles sont partiellement privées de facteurs de croissance. De plus, des cellules prélevées sur des embryons de souris normales peuvent se diviser indéfiniment, sans montrer de signe de sénescence, si elles sont placées dans un milieu chimiquement défini qui renferme un certain nombre de facteurs de croissance purifiés, à la place du sérum ; l'addition de sérum arrête finalement la prolifération. Ces observations suggèrent que la sénescence est en partie due à des facteurs présents dans le sérum qui inhibent la prolifération cellulaire, l'emportant sur les effets des facteurs de croissance qui la stimulent.

Chez l'homme, certains individus mutants, comme ceux qui souffrent du *syndrome de Werner*, vieillissent prématurément. Des fibroblastes prélevés sur les sujets atteints de cette maladie, dont la durée de vie ne dépasse pas 50 ans, cessent de proliférer en culture après un nombre anormalement limité de cycles de division. Il est intéressant de noter que ces fibroblastes sont anormalement insensibles aux facteurs de croissance PDGF et FGF (FGF pour « Fibroblast Growth Factor »), alors qu'ils sont capables de proliférer abondamment en réponse à d'autres facteurs de croissance.

Bien que la sénescence intervienne à un moment prévisible pour une population de cellules dans des conditions bien précises, elle n'est pas rigoureusement programmée au niveau d'une cellule isolée. Dans un clone de fibroblastes apparemment identiques et cultivés dans des conditions standards bien contrôlées, certaines cellules se divisent de nombreuses fois alors que d'autres n'effectuent que quelques divisions. Des cellules isolées semblent cesser de se diviser à la suite d'une transition aléatoire et dont la probabilité augmente avec le temps, au cours de chaque génération cellulaire successive, jusqu'au moment où il ne reste plus aucune cellule en prolifération dans la population (Figure 13-30).

D'après ces études sur les clones cellulaires, les cellules, qui paraissent par ailleurs identiques, sont hétérogènes quant à leur aptitude à se diviser. Il est possible que la transition finale d'une cellule sénescente vers un état de non-division soit simplement l'aboutissement d'une série d'étapes qui interviennent de façon aléatoire dans le temps et qui mènent à une diminution de l'expression des gènes qui règlent l'aptitude de la cellule à dépasser le point de restriction. La nature moléculaire de ces contrôles commence à être connue grâce à l'étude des cellules cancéreuses qui sont, entre autres, « immortelles » et non soumises à la sénescence.

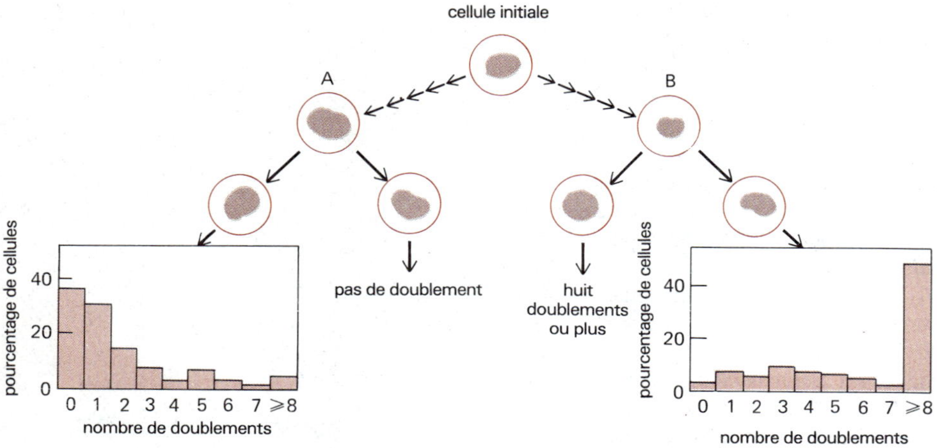

Figure 13-30 Preuve de l'existence de différences héréditaires dans la capacité de division des cellules. Les différentes cellules d'un clone, même si elles sont génétiquement identiques, diffèrent par le nombre de cycles de division qu'elles effectueront. Dans le cas présent, différentes paires de cellules filles du même clone ont été étudiées, et des histogrammes ont été tracés pour montrer les quantités de cellules qui se divisent un nombre donné de fois. Si une cellule fille cesse de se diviser, l'autre cellule fille en fera habituellement de même ou n'effectuera qu'un petit nombre de divisions (*côté gauche*) ; et si une cellule fille effectue au moins huit doublements, l'autre en effectue également au moins huit (*côté droit*). Ceci démontre qu'il existe des différences héréditaires dans le nombre de cycles de division dont sont capables des cellules génétiquement identiques. Cependant, les différents états héréditaires ne sont pas parfaitement stables, de sorte que des cellules filles se comportent parfois différemment. Des études supplémentaires montrent que les cellules subissent des transitions aléatoires vers une capacité de division réduite lorsque la population cellulaire vieillit. (Données d'après J. R. Smith et R. G. Whitney, *Science* 207:82-84, 1980.)

Résumé

La division cellulaire des organismes pluricellulaires dépend de contrôles sociaux complexes, et la prolifération des différents types cellulaires est gouvernée par différentes combinaisons de facteurs de croissance protéiques. Ceux-ci agissent à très faibles concentrations et la majorité servent de médiateurs chimiques locaux pour favoriser la régulation de la densité des populations cellulaires. En outre, la majorité des cellules normales sont incapables de se diviser à moins d'être ancrées à la matrice extracellulaire. Des cellules carencées en facteurs de croissance, ou privées d'adhérence matricielle, s'arrêtent après la mitose, entrant dans un état quiescent particulier, G_0, dont elles ne peuvent sortir qu'après plusieurs heures lorsqu'elles sont à nouveau mises en présence de facteurs de croissance. Dès qu'une cellule a quitté G_0 et dépassé le point de restriction en G_1, elle achèvera rapidement S, G_2 et M, quels que soient les facteurs de croissance ou d'adhérence. Dans une population de cellules en prolifération, le passage du point de restriction est un événement de type « tout ou rien », que l'on peut caractériser par une probabilité de transition, comme une désintégration radioactive. En plus des contrôles immédiats de la prolifération cellulaire, il existe des contrôles à long terme qui entraînent la sénescence des cellules somatiques normales de mammifères et l'arrêt de la division après un nombre limité de cycles de division en culture.

Les gènes du contrôle « social » de la division cellulaire [26]

Comme nous l'avons vu chez les levures, la génétique permet d'aborder avec une grande efficacité le problème de la détermination de la phase moléculaire des contrôles cellulaires, à condition qu'il existe des moyens de sélectionner les mutations des gènes utiles. Chez les animaux pluricellulaires, les mutations des gènes qui sont impliqués spécifiquement dans les contrôles sociaux de la division cellulaire, gènes que nous appellerons **gènes de contrôle social**, sont également sélectionnés aisément. Une cellule qui subit une mutation ou une série de mutations qui perturbent les contraintes sociales de la division, se multipliera indépendamment des besoins de l'organisme entier et sa descendance se manifestera sous la forme d'une tumeur.

Les cancers sont, par définition, des tumeurs *malignes* ; cela signifie que les cellules non seulement se divisent d'une façon anormalement contrôlée, mais aussi envahissent et colonisent d'autres tissus de l'organisme pour créer des tumeurs secondaires étendues, ou *métastases*. Pour être à l'origine d'un cancer, une cellule doit tout d'abord subir une série de mutations afin d'échapper aux multiples contrôles de la division cellulaire, et accumuler ensuite d'autres modifications pour acquérir la capacité d'invasion et de formation de métastases. Ces aspects du cancer sont étudiés dans le Chapitre 21. Nous ne tenterons pas d'expliquer le phénomène de cancérisation mais plutôt de voir ce que peuvent nous apprendre les cellules cancéreuses à propos des gènes qui contrôlent habituellement la division cellulaire.

La transformation cellulaire en culture permet d'analyser les gènes impliqués dans le contrôle social de la division cellulaire [27]

Étant donné un clone de cellules tumorales qui sont supposées provenir d'une mutation, comment peut-on identifier le ou les gènes mutant(s) ? La cartographie génétique classique n'est pas applicable puisque les cellules ne se reproduisent pas de façon sexuée. Une approche

Tableau 13-2 Quelques changements couramment observés lorsqu'une cellule normale en culture est transformée par un virus tumorigène

1. Anomalies relatives à la membrane plasmique
A. Augmentation du transport de métabolites
B. Boursouflure excessive de la membrane plasmique
C. Mobilité accrue des protéines de la membrane plasmique

2. Anomalies de l'adhérence
A. Diminution de l'adhérence aux surfaces ; d'où la capacité de conserver une morphologie arrondie
B. Les filaments d'actine ne peuvent plus s'organiser en fibres toniques
C. Réduction de l'enveloppe externe de fibronectine
D. Forte production d'activateur du plasminogène, provoquant une protéolyse extracellulaire accrue

3. Anomalies de la croissance et de la division
A. Croissance jusqu'à une densité cellulaire anormalement élevée
B. Diminution des besoins en facteurs de croissance
C. Diminution de la « dépendance d'ancrage » (possibilité de croissance sans la nécessité de s'attacher à une surface solide)
D. « Immortalité » (prolifération illimitée)
E. Possibilité de provoquer des tumeurs lorsqu'elles sont injectées à des animaux sensibles

plus directe consiste à prélever le matériel génétique des cellules tumorales et à rechercher les fragments qui une fois introduit dans des cellules normales, les feront se comporter comme des cellules tumorales. Les techniques permettant ce tour de force apparurent vers la fin des années 1970, mais leur développement était lié à des études antérieures d'un processus tout à fait comparable qui se produit spontanément.

Certains types de tumeurs sont provoquées par des virus. Les virus propagés à partir de ces tumeurs peuvent infecter des cellules normales et les *transformer* en cellules tumorales du fait de l'introduction de l'ARN ou de l'ADN porté par le virus. Le premier **virus tumorigène** qui fut découvert, provoque des tumeurs du tissu conjonctif, ou *sarcomes*, chez les oiseaux ; l'agent infectieux, le *virus du sarcome de Rous* a été le sujet de nombreuses études depuis lors, ainsi que d'autres virus tumorigènes découverts plus récemment.

La nature de la **transformation cellulaire** tumorigène est très facilement observée en culture. Quelques jours après avoir ajouté des virus tumorigènes au milieu de culture de cellules normales, de petites colonies de cellules dont la prolifération est anormale apparaissent. Chacune de ces colonies est un clone dérivé d'une seule cellule qui a été infectée par le virus et qui a incorporé, de façon stable, le matériel génétique viral. Libérées des contrôles sociaux de la division cellulaire, les cellules transformées se divisent plus vite que les cellules normales dans la boîte de culture, exactement comme dans un organisme, et sont donc généralement faciles à sélectionner. Les cellules transformées présentent le plus souvent un ensemble complexe d'anomalies (un syndrome) résumées dans le Tableau 13-2. Elles ont tendance à ne pas être soumises à l'inhibition de la division cellulaire dépendante de la densité (voir p. 748) mais elles s'empilent en couches superposées au fur et à mesure qu'elles prolifèrent (Figure 13-31) ; le plus souvent, elles ne dépendent pas de l'ancrage pour se diviser et peuvent même se diviser en suspension ; elles ont une forme modifiée et adhèrent faiblement au substratum ou aux autres cellules, en gardant un aspect arrondi qui rappelle celui des cellules normales en mitose ; elles peuvent proliférer même en l'absence de facteurs de croissance ; elles sont immortelles et ne souffrent pas de sénescence en culture ; enfin, lorsqu'elles sont réinjectées à un animal hôte approprié, elles peuvent donner naissance à des tumeurs.

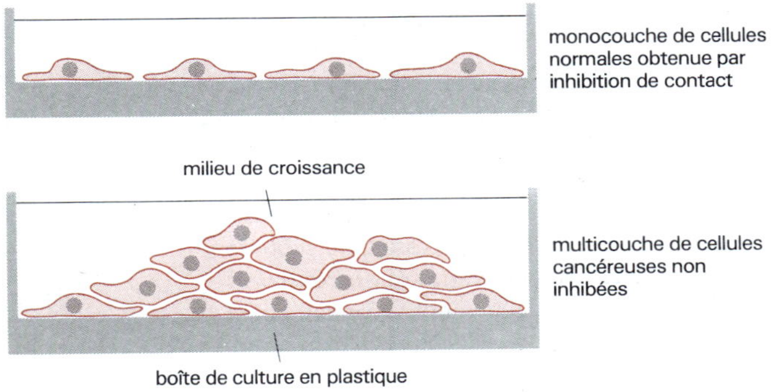

Figure 13-31 Les cellules cancéreuses, contrairement à la plupart des cellules normales, continuent habituellement de se diviser et de s'empiler après avoir formé une monocouche confluente.

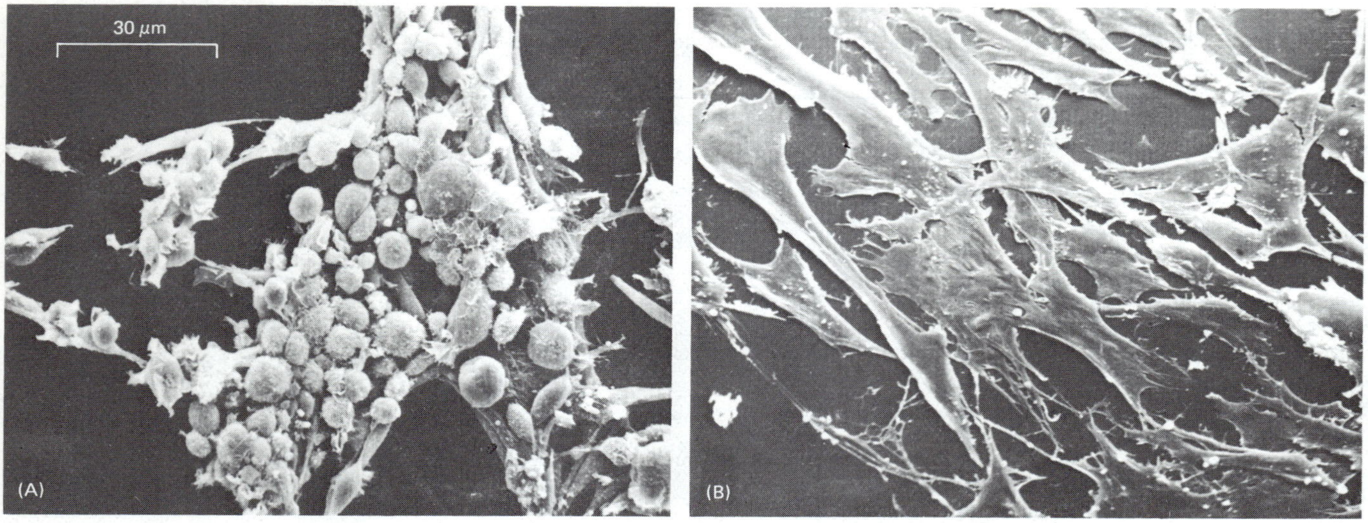

13-20 Les virus tumorigènes sont une source d'oncogènes aisément clonés [28]

Figure 13-32 Photographies en microscopie électronique à balayage de cellules en culture infectées par une forme du virus du sarcome de Rous qui porte une mutation thermosensible dans le gène responsable de la transformation (l'oncogène v-*src*). (A) Les cellules sont transformées et ont une forme arrondie anormale à basse température (34 °C), à laquelle le produit de l'oncogène est fonctionnel. (B) Les mêmes cellules adhèrent fortement à la boîte de culture et retrouvent ainsi leur apparence aplatie normale lorsque le produit de l'oncogène est inactivé par un nouveau passage à température plus élevée (39 °C). (Avec l'autorisation de G. Steven Martin.)

Un virus tumorigène perturbe les contrôles normaux de la division cellulaire en provoquant une modification permanente de la composition génétique de la cellule hôte, de sorte que la cellule commence à synthétiser une protéine qui l'emporte sur les contrôles normaux. De tels virus forment ainsi des moyens d'identifier les mécanismes qui sont normalement responsables des contrôles de la division cellulaire. Jusqu'à présent, les découvertes les plus importantes sont le résultat d'études sur les virus tumorigènes à ARN, appelés aussi **rétrovirus**. Après l'infection d'une cellule par un rétrovirus, son ARN est copié en ADN par transcription inverse et l'ADN est alors inséré dans le génome de l'hôte. La Figure 5-75 (p. 255) résume le cycle biologique d'un rétrovirus et montre la manière dont son génome subit une transcription inverse, l'intégration dans l'ADN de l'hôte, ainsi que la manière dont il entre ou sort des cellules hôtes.

Lorsqu'un rétrovirus transforme une cellule normale en cellule tumorale, le dérèglement est souvent provoqué par un gène qui est porté par le virus, mais qui n'est pas indispensable à la survie ou la reproduction du virus lui-même. Ceci a été démontré pour la première fois grâce à la découverte de mutants du virus du sarcome de Rous qui se multiplient mais qui ont perdu la capacité de transformer leurs cellules hôtes. On a trouvé que certains de ces mutants non transformants portent une délétion totale ou partielle d'un gène codant une protéine de poids moléculaire 60 000. D'autres mutations de ce gène peuvent rendre l'effet transformant du virus dépendant de la température : les cellules infectées présentent le phénotype transformé à 34° C mais lorsque la température passe à 39° C, leur phénotype redevient rapidement normal (en quelques heures) (Figure 13-32). Ce gène spécifique du virus tumorigène est apparemment responsable de la transformation cellulaire (attirant ainsi notre attention sur le virus qui le contient) mais constitue un bagage superflu du point de vue de la propre propagation du virus.

Le gène transformant du virus du sarcome de Rous identifié par ces expériences est appelé **gène *v-src***. Il est classé parmi les **oncogènes** (du grec *onkos,* tumeur) car, lorsqu'il est introduit dans une cellule normale, il peut la transformer en cellule tumorale. Quelle est l'origine de ce gène et quelle est sa fonction normale ? Lorsqu'une copie d'ADN radioactif de la séquence du gène viral *src* a été utilisée comme sonde pour rechercher des séquences apparentées par hybridation ADN-ADN (voir p. 188), on a trouvé que les génomes de cellules normales de vertébrés contenaient une séquence très voisine, mais non identique au gènes *src* du virus du sarcome de Rous. Cet équivalent cellulaire normal du gène viral *src* est appelé ***c-src*** et se classe parmi les **proto-oncogènes**. Il est clair que l'oncogène viral a été prélevé à partir du génome d'une cellule hôte précédente mais a subi une mutation au cours de ce processus. On suppose que le proto-oncogène est un gène normal du contrôle social de la prolifération que le rétrovirus a, en réalité, cloné pour nous. Un grand nombre d'autres oncogènes ont été maintenant identifiés et analysés selon les mêmes principes et chacun a conduit à la découverte d'un proto-oncogène correspondant.

13-21 Des tumeurs d'origines diverses portent des mutations dans les mêmes proto-oncogènes [26,29]

Le tumeurs résultent souvent de mutations qui se produisent spontanément ou en réponse à des carcinogènes chimiques ou à des radiations plutôt qu'après infection virale. L'ADN des cellules tumorales peut être purifié et l'on peut rechercher la présence d'oncogènes en l'introduisant dans des cellules non transformées en culture. Les cellules 3T3 sont souvent utilisées pour ce test car elles peuvent se diviser indéfiniment en culture et elles portent une mutation qui les rend faciles à transformer simplement en leur ajoutant un seul oncogène. En utilisant les techniques du génie génétique, l'oncogène dérivé d'une tumeur qui est responsable d'une telle transformation peut être identifié, cloné, et sa séquence déterminée (Figure 13-33). Il est remarquable que dans la majorité des cas où ceci a pu être réalisé, l'oncogène s'est révélé être une forme mutante de l'un des proto-oncogènes déjà identifié lors de l'étude des rétrovirus, bien que quelques nouveaux oncogènes aient été aussi découverts.

Des techniques voisines montrent que la transformation peut aussi être le résultat d'une production excessive de certains produits de gènes normaux. Les tumeurs renferment souvent un proto-oncogène non modifié qui est exprimé de façon excessive soit parce qu'il est présent en un nombre de copies anormalement élevé, soit parce qu'un réarrangement chromosomique l'a placé sous le contrôle d'un promoteur incompatible, comme nous en discuterons dans le Chapitre 21.

On a identifié jusqu'ici près de 50 proto-oncogènes (voir p.1207 et 1209). Ceci peut représenter un important échantillon des proto-oncogènes présents dans une cellule normale. Il est probable, toutefois, que de nombreux gènes impliqués dans le contrôle social de la prolifération n'ont pas encore été identifiés. Les cellules de type fibroblastique 3T3 utilisées communément dans le test de transformation pourraient ne pas être transformées par un oncogène qui favorise la transformation d'un autre type cellulaire différencié à l'origine d'une tumeur. De plus, le test de transformation cellulaire n'est capable de détecter que les mutations *dominantes* des gènes de contrôle social de la prolifération — les mutations qui dérèglent la prolifération cellulaire même lorsque des copies normales du gène sont présentes dans la cellule. Les mutations récessives des gènes impliqués dans le contrôle social — résultant d'une perte de fonction — peuvent être le type le plus courant dans les cellules cancéreuses, mais ne seront pas décelées dans ce test. Les gènes dont les produits aident normalement à stimuler la division cellulaire peuvent donc être identifiés avec des techniques courantes, plus facilement que les gènes dont les produits aident à l'inhiber. Il existe cependant des preuves de l'existence de gènes avec des effets inhibiteurs sur la division cellulaire dont les mutations récessives sont une cause de la transformation cellulaire et du cancer. Lorsque, par exemple, des cellules transformées fusionnent avec des cellules non transformées, les cellules hybrides qui en résultent semblent souvent non transformées, impliquant que le contrôle normal de la division cellulaire a été restauré par le rétablissement d'une protéine qui manquait dans la cellule transformée. Tout en gardant à l'esprit que de nombreux gènes importants dans le contrôle social de la prolifération cellulaire restent à découvrir, nous allons maintenant aborder la fonction de ceux qui sont connus.

Figure 13-33 Un procédé d'identification et de clonage des oncogènes humains. Les oncogènes présents dans un échantillon d'ADN prélevé sur une tumeur humaine sont détectés par leur capacité de transformation des cellules 3T3 murines. Des cellules 3T3 transformées prolifèrent sans contrainte, et on peut les reconnaître grâce aux colonies qu'elles forment sur une boîte de culture. Des séquences d'ADN répétitives dans la famille *Alu* (voir p. 608) sont disséminées dans tout le génome humain. Elles fournissent par conséquent un marqueur commode qui peut être utilisé pour identifier l'ADN humain dans une cellule d'une autre espèce. Utilisées comme sonde d'ADN, les séquences *Alu* permettent de cloner l'oncogène humain qui a transformé la cellule 3T3. L'ADN cloné qui contient l'oncogène transformera les cellules 3T3 avec une très forte efficacité lorsqu'elles sont retestées de la même façon.

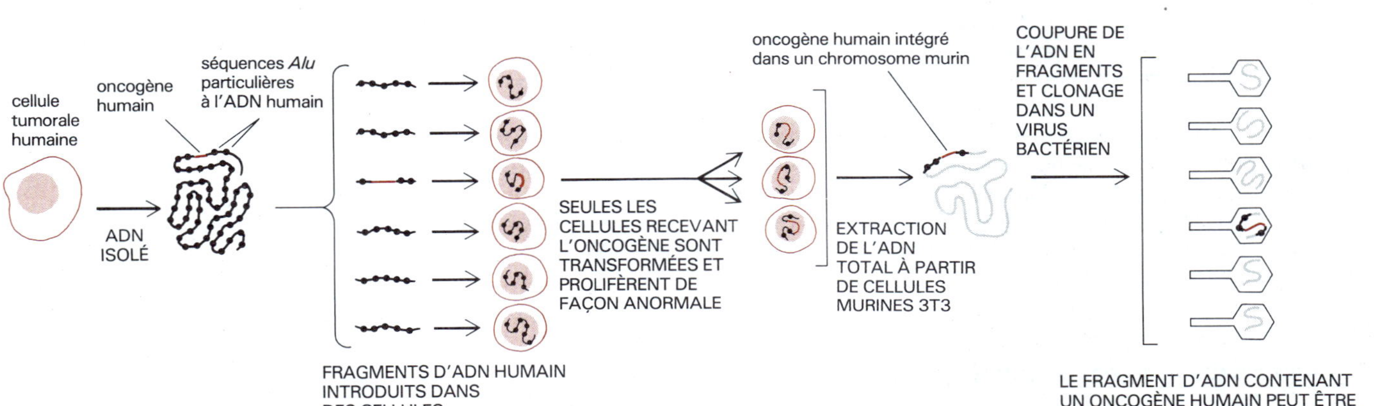

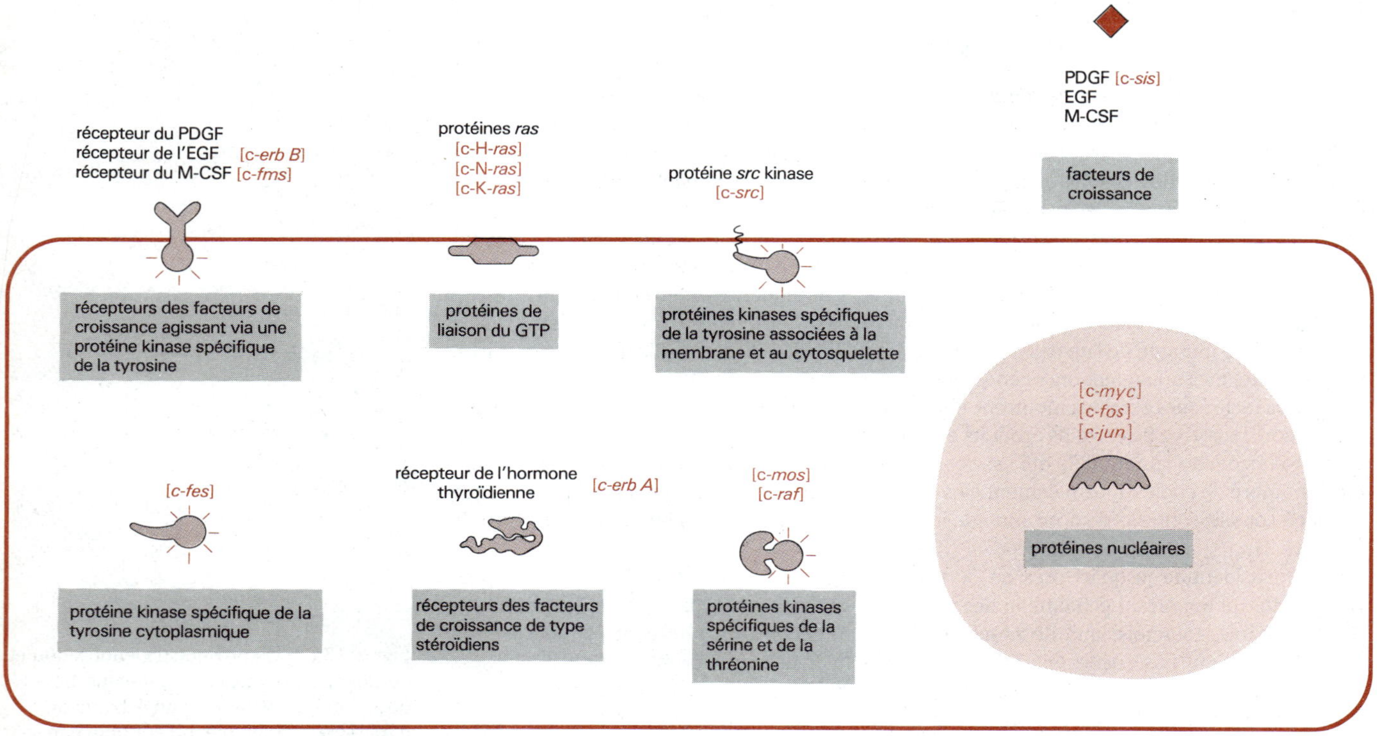

Figure 13-34 Les activités et les localisations cellulaires des principales classes de proto-oncogènes connus. Les noms de certains proto-oncogènes représentatifs de chaque classe sont en couleur (voir aussi la Figure 21-27, p. 1211).

13-16 13-22 Certains proto-oncogènes codent des facteurs de croissance ou des récepteurs de facteurs de croissance [26,30]

Dès qu'un oncogène a été cloné et sa séquence déterminée, il est souvent possible d'obtenir des renseignements sur la fonction du gène de contrôle social correspondant (proto-oncogène) en recherchant les homologies entre sa séquence et celle de gènes déjà connus. C'est ainsi qu'un proto-oncogène, connu sous l'appellation c-*sis*, fut identifié au gène qui code une sous-unité active fonctionnelle du facteur de croissance PDGF. Une cellule qui renferme l'oncogène correspondant v-*sis* produit la sous-unité PDGF en permanence et de façon incorrecte ; cette protéine, en se liant aux récepteurs cellulaires du PDGF, stimule en permanence la prolifération de la cellule. Trois autres proto-oncogènes au moins, nommés c-*erb B*, c-*fms*, et c-*erb A* codent des récepteurs de facteurs de croissance ou d'hormones : c-*erb B* code le récepteur du facteur de croissance de l'épiderme (EGF, voir p. 706) ; c-*fms* code le récepteur d'un facteur de stimulation des colonies de macrophages (M-CSF) — un facteur de croissance qui stimule la prolifération des précurseurs des macrophages (voir p. 281) ; et c-*erb A* code le récepteur des hormones thyroïdiennes (voir p. 690). Lorsque ces gènes deviennent des oncogènes par mutation, ils codent des récepteurs anormaux qui se comportent comme s'ils étaient associés à un ligand, même lorsque ce dernier est absent, stimulant ainsi la cellule de manière incorrecte (voir p. 707).

Bien que les fonctions normales de la majorité des proto-oncogènes soient inconnues, on pourrait s'attendre à ce que beaucoup d'entre eux codent des protéines qui font partie du réseau de signalisation intracellulaire permettant aux facteurs de croissance de stimuler la prolifération cellulaire. Nous allons maintenant examiner dans quelle mesure les classes de proto-oncogènes déjà connues, rassemblées dans la Figure 13-34, peuvent rendre compte des fonctions qu'elles pourraient remplir.

Certains proto-oncogènes codent des médiateurs intracellulaires impliqués dans le signal de division cellulaire [26,31]

Comme nous en avons discuté au Chapitre 12 (p. 706), les récepteurs de beaucoup de facteurs de croissance, y compris celui du PDGF, sont des tyrosine kinases spécifiques qui, lorsqu'elles sont activées, s'autophosphorylent et phosphorylent diverses autres protéines. Une classe d'oncogènes code des formes anormales de tels récepteurs ; cette classe comprend les récepteurs modifiés de l'EGF et du M-CSF décrits plus haut (voir Figure 13-34). Une autre petite famille de proto-oncogènes voisins, les gènes c-*ras* (voir Figure 13-34) codent des protéines qui lient et hydrolysent le GTP et peuvent avoir une lointaine parenté avec les protéines G impliquées dans la transduction de nombreux types de signaux (voir p. 705). Les gènes *ras* mutants qui provoquent la transformation cellulaire sont associés à des concentrations accrues des médiateurs intracellulaires que sont l'inositol triphosphate et la diacylglycérol, entraînant une hypersensibilité de la cellule à plusieurs facteurs de croissance, qui semblent exercer certains de leurs effets en induisant la production d'inositol triphosphate et de diacylglycérol. Des gènes homologues au gène *ras* sont présents dans les levures bourgeonnantes, où ils sont impliqués dans le contrôle du cycle de division cellulaire, en fonction de la provision de nutriments présents dans le milieu.

Au cours de la réponse normale d'une cellule animale à une stimulation par un facteur de croissance, il se produit bien d'autres modifications intracellulaires — incluant des modifications de la concentration en Ca^{2+}, du pH, de l'AMP cyclique, de la phosphorylation des protéines, de la transcription des gènes, de la maturation et de la dégradation des ARNm, de la synthèse des protéines et du cytosquelette. Bien que beaucoup de ces modifications aient lieu en quelques secondes, certaines demandent plusieurs heures. La majorité des protéines produites par les proto-oncogènes qui participent à ce réseau complexe du système de contrôle ne peuvent être classées que de manière assez vague à l'heure actuelle. Certaines d'entre elles, comme les récepteurs de facteurs de croissance mentionnés ci-dessus, sont des tyrosine kinases spécifiques associées aux membranes cellulaires. D'autres, comme le produit du gène *cdc 2/28* des levures, sont des sérine/thréonine kinases présentes dans le cytoplasme. Une troisième catégorie comprend des protéines localisées principalement dans le noyau (voir Figure 13-34) ; la protéine c-*jun*, a été identifiée au régulateur AP-1 de la transcription (voir p. 566) et se combine à un autre membre de la famille, la protéine *c-fos*, pour former un complexe de liaison à l'ADN.

Une autre protéine de la catégorie nucléaire, correspondant à un proto-oncogène nommé c-*myc*, semble être un marqueur de prolifération cellulaire : dans une cellule dont le temps de génération est court, la protéine c-*myc* est présente à un faible taux constant tout au long du cycle mais elle disparaît lorsque la cellule entre en G_0 pour devenir quiescente. Lorsque des facteurs de croissance sont ajoutés au milieu dans lequel se trouve une cellule quiescente, la concentration de la protéine c-*myc* augmente rapidement et atteint un maximum en quelques heures, puis diminue jusqu'à un taux inférieur mais non nul. Contrairement à c-*myc*, les concentrations de la grande majorité des autres protéines de la cellule changent peu entre l'état de prolifération et l'état quiescent.

Les effets des oncogènes sur le contrôle de la division cellulaire sont étroitement liés aux effets sur l'adhérence cellulaire [32,33]

Le proto-oncogène c-*src* est l'un de ceux qui ont été les plus étudiés ; il correspond à l'oncogène v-*src* du virus du sarcome de Rous. Ce proto-oncogène fait partie d'une petite famille de plusieurs proto-oncogènes homologues. Il code la protéine *src*, une protéine kinase spécifique de la tyrosine, de masse moléculaire 60 000 (d'où son autre appellation : $p60^{src}$) qui contient un acide gras lié de façon covalente, qui l'attache à la face cytoplasmique de la membrane plasmique (voir p. 417). La kinase est hyperactive sous sa forme oncogène (v-*src*) et l'ancrage de v-*src* à la membrane (Figure 13-35) est nécessaire pour que la protéine puisse provoquer la transformation cellulaire. Des études avec des anticorps indiquent que la protéine *src* se concentre aux *points de contact*, là où la cellule est fermement attachée au substratum par une jonction cellule-matrice mettant en jeu des filaments d'actine sur sa face intracellulaire (voir Figure 13-36). La protéine *src* semble jouer un rôle fonctionnel, dans les attachements actine-membrane, puisque l'activation d'une forme thermosensible de la protéine v-*src* (en abaissant la température) se traduit par une augmentation immédiate de l'ovulation membranaire (un mouvement des lamellipodes qui se fait par l'intermédiaire de l'actine, voir p. 638), ainsi que par une diminution générale de l'adhérence cellulaire, y compris la rupture des points de contact focaux, provoquant l'arrondissement de la cellule (voir Figure 13-30). On a trouvé qu'un minimum de deux actions distinctes de la protéine *src* jouaient un rôle dans la modification de l'adhérence cellulaire observée. Tout d'abord, la kinase v-*src* active phosphoryle un résidu tyrosine situé au niveau de la queue cytoplasmique des molécules de récepteur de la fibronectine dans la cellule (voir p. 636). Des études réalisées *in vitro* suggèrent que cette phosphorylation réduit l'affinité du récepteur à la fois pour la taline (du côté cytoplasmique) et pour la fibronectine (du côté extracellulaire). De plus, les cellules transformées par v-*src* sécrètent de grandes

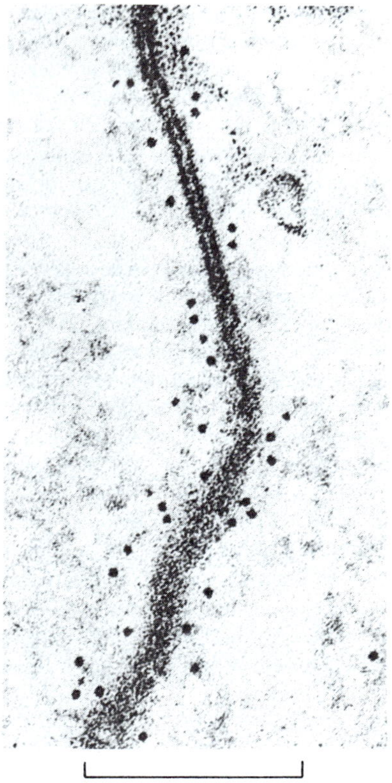

Figure 13-35 Micrographie électronique démontrant que la protéine kinase synthétisée par l'oncogène du virus du sarcome de Rous (v-*src*) est fixée à la surface interne de la membrane plasmique. La protéine *src* synthétisée par le gène c-*src* a vraisemblablement une localisation similaire, mais elle est plus difficile à détecter car elle n'est normalement présente qu'en petites quantités. La protéine *src* a été localisée dans cette préparation par réaction avec des anticorps spécifiques auxquels sont liées des particules de ferritine denses aux électrons. (Avec l'autorisation de Ira Pastan ; d'après M. C. Willingham, G. Jay et I. Pastan, *Cell* 18:125-134, 1979, copyright Cell Press.)

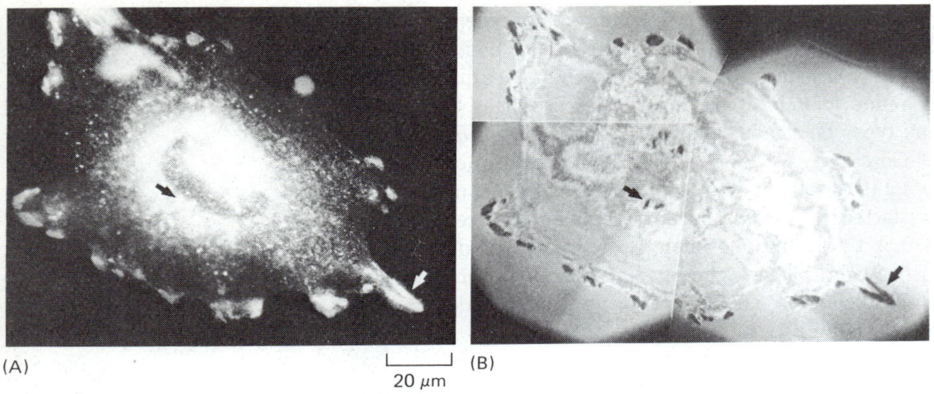

Figure 13-36 La protéine *src* est présente dans de nombreuses régions de la cellule, mais elle semble particulièrement concentrée au niveau des points de contact focaux et d'autres sites d'attachement cellulaire à la matrice extracellulaire. (A) Photographie en immunofluorescence montrant la distribution de la protéine *src* telle qu'elle est révélée par la liaison d'anticorps spécifiques anti-*src*. (B) Une vue de la même cellule au moyen d'une technique d'interférence optique qui fait apparaître en noir les sites d'étroite adhérence de la cellule au substratum. La distribution des tâches brillantes de la protéine *src* en (A) correspond à la distribution des points noirs d'adhérence en (B) (voir les flèches). Ces images montrent la distribution de la protéine *src* virale dans une cellule transformée par le virus du sarcome de Rous ; la protéine *src* produite dans une cellule normale est vraisemblablement distribuée de la même façon mais est plus difficile à détecter du fait qu'elle est présente en plus faibles quantités. (D'après L. R. Rohrschneider, *Proc. Natl. Acad. Sci. USA* 77:3514-3518, 1980.)

quantités d'une enzyme protéolytique, *l'activateur du plasminogène*. Le nom de cette enzyme vient de ce qu'elle active une seconde enzyme protéolytique, la *plasmine*, par clivage du précurseur, le plasminogène ; mais l'activateur du plasminogène peut aussi dégrader directement d'autres protéines et, que ce soit par une voie directe ou non, il aide manifestement les cellules à rompre leurs ancrages (et à migrer à travers la matrice extracellulaire). Lorsqu'un anticorps monoclonal anti-activateur du plasminogène est ajouté au milieu de culture, les cellules deviennent plus adhérentes et ont tendance à s'applatir sur le substratum. Ainsi, l'hyperactivité tyrosine kinase de v-*src* semble diminuer l'adhérence cellulaire de deux manières : par phosphorylation du récepteur de la fibronectine (et d'autres molécules transmembranaires, de la famille des intégrines, impliquées dans l'adhérence cellule-matrice, voir p. 797), et par induction de la sécrétion d'une protéase qui détruit la fibronectine (et d'autres molécules de la matrice).

Que signifieraient ces découvertes pour la régulation de la croissance cellulaire normale ? Lorsqu'un fibroblaste normal quiescent est traité par du PDGF, le mouvement ondulant de la membrane est immédiatement induit et les structures des points de contact focaux de la cellule changent en quelques minutes : la vinculine disparaît momentanément des points de contact focaux et les faisceaux de filaments d'actine qui étaient ancrés à ce niveau se désorganisent temporairement. Ainsi, en déclenchant la division chez une cellule quiescente, le PDGF induit de nombreuses modifications semblables à celles que v-*src* induit. De fait, parmi les modifications immédiates induites par le PDGF, on note une augmentation de la phosphorylation de la protéine c-*src*, qui, en stimulant l'activité kinase de *src*, pourrait directement expliquer ces similitudes (Figure 13-37). Selon ce point de vue, la transformation des cellules par v-*src* (et par beaucoup d'autres oncogènes avec des effets similaires) traduit une exagération d'un mécanisme normal de stimulation de la croissance qui implique une diminution des propriétés d'adhérence des cellules. Les effets des oncogènes sont dangereux pour l'organisme car, à l'inverse de la stimulation par le PDGF, qui est transitoire et cesse rapidement, les protéines comme le v-*src* tendent à faire définivement sortir les cellules de l'état G_0 et à les maintenir ainsi dans un état de prolifération.

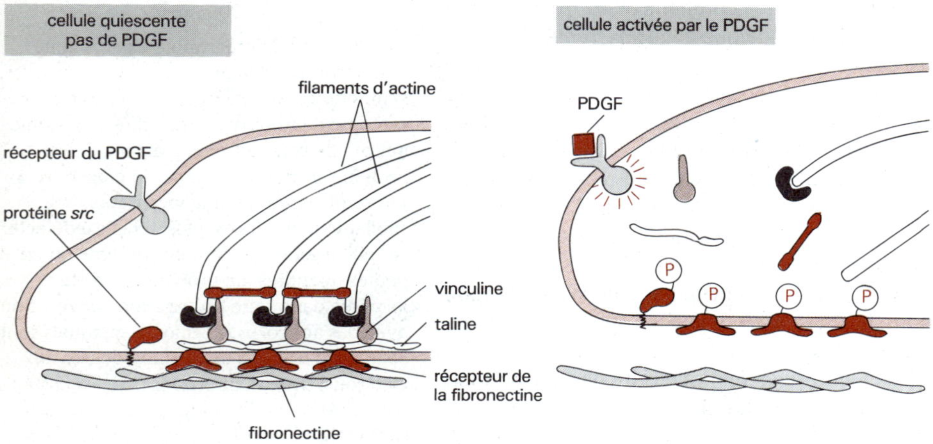

Figure 13-37 Un modèle spéculatif sur la façon dont peuvent se faire les changements rapides de l'adhérence cellulaire lorsque la prolifération cellulaire est stimulée par le PDGF. La liaison du PDGF à ses récepteurs conduit (par une voie non déterminée) à la phosphorylation de la protéine c-*src*. Cette protéine kinase associée à la membrane plasmique est ainsi activée et elle phosphoryle à son tour les résidus tyrosine portés par des protéines d'adhérence cellulaire transmembranaires voisines, y compris le récepteur de la fibronectine. Il en résulte que les points de contact focaux et d'autres sites d'adhérence cellulaire sont partiellement rompus et les filaments d'actine associés se détachent de la membrane plasmique. Le modèle est en partie basé sur des observations faites sur des cellules transformées par le virus du sarcome de Rous, qui porte une protéine *src* modifiée (v-*src*) qui est activé de façon permanente. Les tyrosines kinases codées par deux autres proto-oncogènes de la famille de *src*, c-*abl* et c-*yes*, peuvent agir de la même façon que la protéine c-*src* dans la voie présentée ci-dessus. Cependant, beaucoup de protéines sont généralement phosphorylées par de telles enzymes, et on ne connaît pas avec certitude celles qui sont cruciales pour le contrôle de la division cellulaire. Certaines cibles importantes peuvent n'être présentes qu'en un petit nombre de copies par cellule — trop peu pour être détectées par des méthodes biochimiques ordinaires — et, dans différents types cellulaires, les cibles peuvent être différentes. Par dessus tout, les relations causales sont difficiles à établir dans un réseau complexe de composants conjugués, où de multiples facteurs peuvent agir en parallèle et où des effets similaires peuvent être produits par des moyens différents.

La relation entre prolifération et adhérence cellulaires reste incomprise [33]

Notre étude du contrôle de la prolifération cellulaire normale chez les vertébrés conduit ici à un paradoxe. D'une part, il est clair que les cellules normales doivent adhérer au substratum (adhérence matrice-cellule) pour sortir de l'état G_0 et proliférer. Ceci suggère que les protéines transmenbranaires qui lient les cellules à la matrice extracellulaire (récepteur de la fibronectine et autres protéines de la famille des intégrines) sont à l'origine d'un signal intracellulaire qui facilite la division cellulaire lorsque l'ancrage est correct. Mais, par ailleurs, l'adhérence en elle-même n'est pas suffisante pour déclencher la division cellulaire ; il faut également des facteurs de croissance. Le paradoxe vient de ce que les facteurs de croissance semblent agir, au moins en partie, en affaiblissant de façon transitoire les points d'adhérence dont dépend la prolifération cellulaire normale (voir Figure 13-37). Cet effet rappelle une autre observation : dans de nombreux cas, une brève exposition des cellules normales, dont la croissance est arrêtée, à une protéase telle que la trypsine, qui entraîne les cellules à se détacher du fond de la boîte de culture et à s'arrondir, a pour effet secondaire d'activer un seul cycle de division cellulaire. Il semble que la prolifération cellulaire soit stimulée à la fois de façon transitoire par les protéases extracellulaires qui éliminent directement les adhérences cellule-matrice, en digérant les protéines extracellulaires responsables de l'adhérence, et par des facteurs de croissance qui suppriment indirectement de telles adhérences, en agissant, via des médiateurs intracellulaires, sur les points de contact locaux.

L'étude des cellules tumorales confirme ce paradoxe. La majorité des cellules tumorales, y compris celles qui ont été transformées par les oncogènes bien caractérisés donnés dans la Figure 13-34, diffèrent de leurs homologues normaux du fait qu'elles prolifèrent sans avoir besoin d'adhérer au substratum. Puisque cette propriété *d'indépendance d'ancrage* permet aux cellules transformées de proliférer dans de nouveaux environnements où les ancrages cellule-cellule ou cellule-matrice ne peuvent être établis (voir p. 748), on pourrait s'attendre à ce que ce soit un mode de sélection naturelle des cellules qui forment les tumeurs. Mais pour quelle raison la plupart des cellules tumorales non seulement se divisent indépendamment de l'ancrage mais sont aussi incapables d'établir de solides liaisons à la matrice extracellulaire même lorsque cette possibilité existe ? Une indication est fournie par l'observation de cellules transformées qui sont contraintes de s'attacher à la boîte de culture par des procédés artificiels. Comme nous l'avons précédemment noté, lorsque des fibroblastes prélevés sur un embryon de poulet sont transformés par v-*src*, ils sécrètent de grandes quantités d'activateur du plasminogène, ce qui diminue leur adhérence à la boîte de culture. Si de telles cellules sont cultivées en présence d'un anticorps qui bloque l'activité de cette protéase, elles s'attachent plus fermement à la boîte et deviennent en même temps plus soumises aux contrôles sociaux normaux de la division cellulaire : au lieu de s'empiler en de multiples couches, elles tendent à ne plus se diviser lorsqu'elles arrivent à confluence. Ainsi, pour ces cellules transformées, la formation de points d'ancrage solides à la matrice extracellulaire semble inhiber la croissance.

Les différentes conditions de croissance des cellules normales et des cellules transformées ainsi que les effets apparemment contradictoires de l'adhérence des cellules à la matrice (Figure 13-38) ont très certainement une explication logique. La structure complexe qui se forme au niveau d'un point de contact focal entre une cellule et son substratum doit, d'une manière ou d'une autre, jouer un rôle essentiel dans la génération des signaux intracellulaires qui règlent la division cellulaire. On pourrait expliquer ces diverses observations en supposant que le déclenchement normal de la division cellulaire nécessite trois étapes : (1) l'ancrage de la cellule à la matrice par l'intermédiaire des points d'attache cellule-matrice auxquels se forment, du côté intracellulaire, un assemblage ordonné de protéines du cytosquelette (voir p. 635) ; (2) l'activation de cet assemblage en général par un ou plusieurs facteurs de croissance, pour

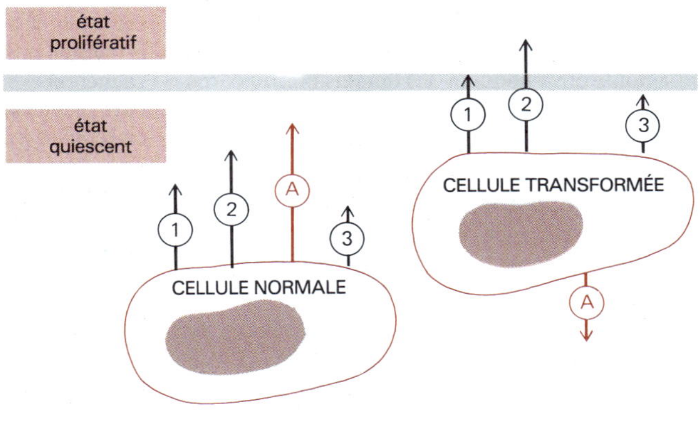

Figure 13-38 Nature générale des signaux de contrôle social qui agissent sur des cellules normales et sur des cellules transformées. Pour les deux types de cellules, différents facteurs de croissance (notés ici 1, 2 et 3) agissent en combinaison pour faire passer la cellule de G_0 à un état de prolifération. Puisque la cellule transformée est maintenue dans un état plus proche de la frontière de transition (*ligne colorée*) qu'une cellule normale, un seul facteur de croissance ou une concentration inhabituellement faible d'un mélange de facteurs de croissance est souvent suffisant pour induire sa prolifération. Comme nous en discuterons dans le texte, cependant, il y a une réelle différence dans l'effet d'ancrage (noté par A) sur ces deux types de cellules : alors que l'ancrage est nécessaire pour la prolifération des cellules normales, il a tendance à inhiber la prolifération des cellules transformées.

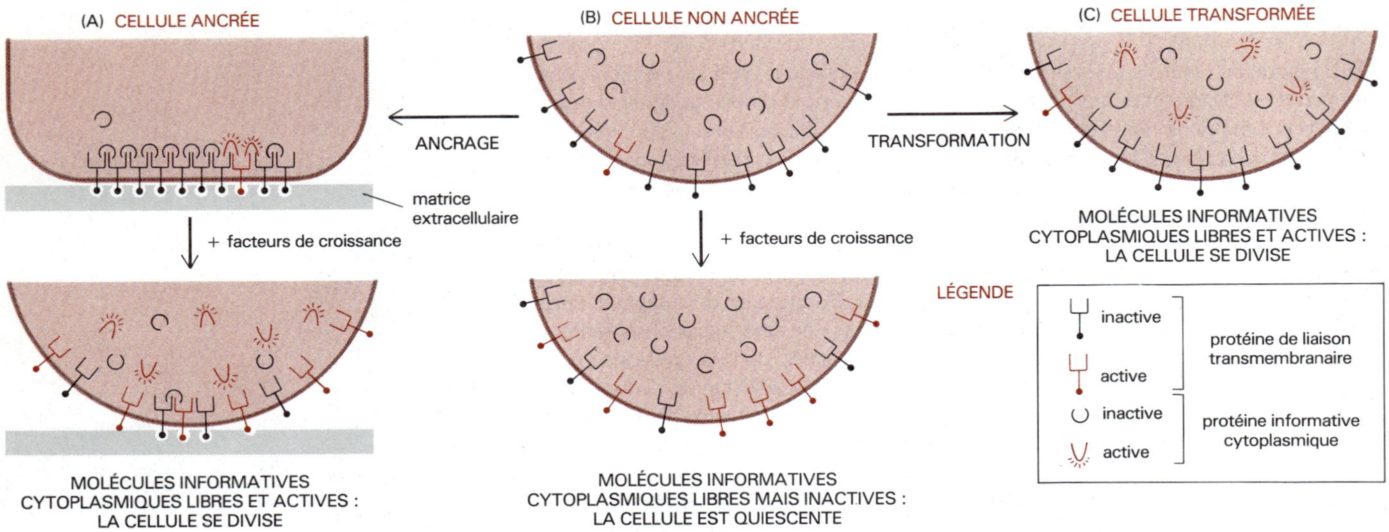

Figure 13-39 Un schéma spéculatif pour expliquer les relations observées entre l'adhérence cellule-matrice et la prolifération des cellules normales et transformées. Le modèle se concentre sur deux types de molécules : (1) une protéine cytoplasmique qui fournit le signal intracellulaire pour la division cellulaire, et (2) une protéine de liaison transmembranaire qui peut se lier à la fois à une molécule informative cytoplasmique sur un côté de la membrane plasmique, et à la matrice extracellulaire sur l'autre côté. La liaison est coopérative, de sorte que les molécules informatives liées à la protéine de liaison stabilisent le réseau transmembranaire à l'intérieur de la cellule, et favorisent sa liaison à la matrice extracellulaire ; réciproquement, la liaison à la matrice extracellulaire favorise la liaison des molécules informatives aux protéines de liaison à l'intérieur de la cellule. Pour la cellule qui attend un signal pour se diviser, les molécules informatives doivent être libérées dans le cytoplasme et doivent être dans une conformation active, dans laquelle elles se lient moins fortement aux protéines de liaison. On suppose que les molécules informatives sont activées par une phosphorylation catalysée par une activité kinase associée à la protéine de liaison. Lorsqu'une cellule ancrée est stimulée par des facteurs de croissance (A), l'activité kinase est exprimée : les molécules informatives sont phosphorylées et se dissocient des protéines de liaison, induisant la division de la cellule et affaiblissant l'adhérence extracellulaire. Des cellules normales en suspension (B) ne se divisent pas en réponse à des facteurs de croissance car il n'y a qu'un très petit nombre de molécules informatives intracellulaires associées à des protéines de liaison qui permettraient leur phosphorylation. Des cellules transformées (C) ont une adhérence réduite et peuvent se diviser même en suspension, car il existe un « court-circuit » dans le système de contrôle tel que les molécules informatives sont phosphorylées de façon constitutive.

émettre un signal intracellulaire de division de la cellule ; et (3) la désorganisation partielle des points d'attache cellule-matrice, comme un élément nécessaire du processus de libération du signal. Dans une cellule transformée, l'étape 1 ne serait plus nécessaire et la désorganisation des éléments intracellulaires de la structure d'ancrage cellule-matrice serait nécessaire et suffisante pour déclencher le signal de prolifération. Un modèle hypothétique d'un tel mécanisme de contrôle de la croissance est présenté dans la Figure 13-39.

Dans l'organisme en croissance, la division cellulaire est contrôlée par des programmes propres aux cellules et par des signaux de position [20,34]

L'essentiel de ce que nous savons sur les mécanismes moléculaires qui contrôlent la croissance et la division cellulaires des animaux pluricellulaires est le résultat d'expériences effectuées dans des conditions artificielles simplifiées de culture cellulaire. Cependant, ces travaux n'ont permis de comprendre jusqu'à présent que quelques éléments de base des systèmes de contrôle social beaucoup plus complexes qui interviennent dans un organisme entier pour régler la prolifération de chaque groupe de cellules, selon la position et l'historique de son développement.

Comme le suggère notre discussion sur la sénescence cellulaire, les cellules semblent être souvent gouvernées par des programmes de contrôle intracellulaire à long terme, au moyen desquels le comportement présent d'une cellule, quant à la prolifération, dépend de son exposition passée à des facteurs agissant plusieurs générations auparavant (voir p. 751). Alors que les relations entre les contrôles à long terme et à court terme restent mystérieuses, ils semblent tous deux impliquer un grand nombre de molécules identiques — en particulier, des facteurs de croissance et des produits de proto-oncogènes. Les programmes de division cellulaire peuvent être particulièrement complexes et strictement définis au cours du développement embryonnaire. Ceci est illustré de façon frappante chez le Nématode *Caenorhabditis elegans* dont l'œuf fécondé se divise pour donner très exactement 959 noyaux de cellules somatiques dans l'organisme adulte. Certains produits des gènes qui exécutent ces programmes commencent à être caractérisés (voir p. 905).

On ne doit cependant pas imaginer que la croissance des embryons est simplement réglée par le décompte des divisions cellulaires. Ceci est clairement démontré, par exemple, par la comparaison de tritons de ploïdies différentes. Les cellules d'un triton pentaploïde sont à peu près cinq fois plus grosses que celles d'un haploïde et, cependant, les dimensions du corps ou de ses organes sont sensiblement identiques pour les deux types d'animaux car il y a cinq fois moins de cellules au niveau de chaque tissu du pentaploïde (Figures 13-40 et 13-41). Il est clair que les mécanismes qui contrôlent la division cellulaire chez les vertébrés, pour régler les dimensions de l'organisme, dépendent davantage d'une appréciation des distances que d'un simple décompte du nombre de cellules ou de cycles de division. De tels mécanismes nécessitent des contrôles de position complexes dans lesquels des facteurs de croissance diffusibles pourraient bien jouer un rôle important.

Le contrôle de position de la division cellulaire peut s'exercer avec une spécificité remarquable. Lorsqu'un fragment d'épithélium prélevé sur la patte d'une blatte est transplanté en un site homologue sur une autre blatte, il « cicatrise » sur place, sans division cellulaire

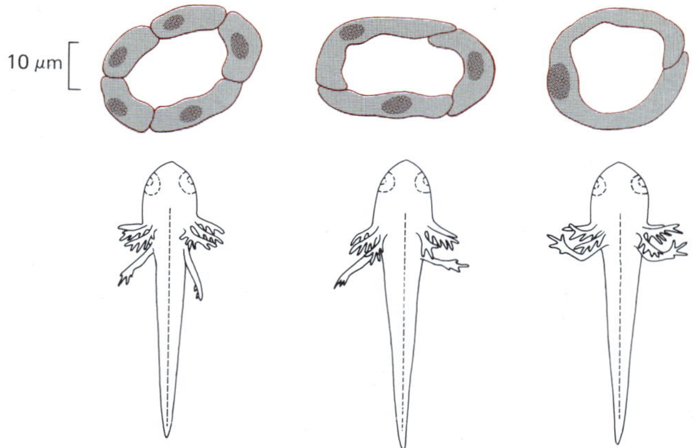

Figure 13-40 Représentations schématiques de coupes de tubules rénaux de larves de salamandre de ploïdies différentes. Les salamandres pentaploïdes ont des cellules qui sont plus grosses que celles des salamandres haploïdes, mais les animaux et leurs organes individuels ont la même taille car chaque tissu d'un animal pentaploïde contient moins de cellules. Ceci indique que le nombre des cellules est réglé par un certain mécanisme basé sur la taille et la distance plutôt que sur le dénombrement des divisions cellulaires ou des cellules. (D'après G. Fankhauser, dans Analysis of Development [B. H. Willier, P. A. Weiss et V. Hamburger, eds.], pp. 126-150. Philadelphia : Saunders, 1955.)

significative. Cependant, si le fragment est transplanté en un site non homologue, les cellules de la greffe et les cellules adjacentes de l'hôte prolifèrent et se différencient alors pour donner naissance aux cellules qui se trouveraient normalement entre la région au niveau de laquelle le greffon a été prélevé et la région à laquelle il a été transplanté (voir p. 918). La base moléculaire de ces processus reste totalement mystérieuse.

En général, au cours du développement embryonnaire, la division cellulaire est gouvernée par les effets combinés de programmes propres aux cellules et d'intéractions intercellulaires, l'importance de chacun variant d'une espèce à l'autre et d'une région de l'organisme à l'autre. Dans les tissus adultes, la division cellulaire est également réglée par un réseau complexe de mécanismes de contrôle : lors de la cicatrisation d'une plaie cutanée profonde chez un vertébré, une douzaine environ de types cellulaires différents, allant des fibroblastes aux cellules de Schwann, seront régénérés en nombres appropriés pour reconstituer le tissu manquant. Il existe en outre une redondance dans le système de contrôle social, avec de multiples contraintes agissant en parallèle, de sorte que la défaillance d'un seul élément de contrôle au niveau d'une cellule (conséquence fréquente d'une mutation cellulaire somatique) ne met pas en danger la tolérance de l'organisme en permettant la génèse d'un important clone de cellules proliférant de façon incontrôlée. Des études sur l'incidence du cancer suggèrent que quatre à six mutations sont nécessaires dans une lignée cellulaire donnée avant qu'une tumeur maligne n'apparaisse (voir p. 1192).

La dissection moléculaire détaillée des systèmes de contrôle social élaborés qui permettent à un organe tel que le rein de se développer et de se maintenir dans l'organisme animal adulte, pourrait bien être une entreprise suffisante pour occuper plusieurs générations de biologistes cellulaires. Mais il existe maintenant des instruments puissants, comme les anticorps, pour bloquer des facteurs de croissance ou des récepteurs spécifiques, et les animaux transgéniques modifiés génétiquement pour produire de façon abusive des molécules informatives dans des types cellulaires choisis (voir p. 268). A l'aide de ces nouvelles méthodes d'approche, la tâche, bien que considérable, ne paraît pas impossible.

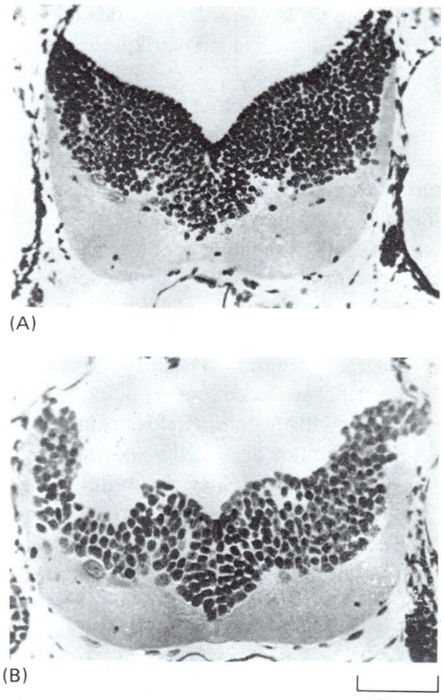

Figure 13-41 Micrographies comparant les cellules des cerveaux de salamandres haploïde et tétraploïde (voir aussi la Figure 13-40). (A) Coupe transversale du cerveau postérieur d'une salamandre haploïde. (B) Coupe transversale correspondante du cerveau postérieur d'une salamandre tétraploïde, montrant la façon dont la diminution du nombre de cellules compense l'augmentation de la taille cellulaire. (D'après G. Fankhauser, *Int. Rev. Cytol.* 1:165-193, 1952.)

Résumé

Les cellules animales, qui n'obéissent pas aux contraintes sociales qui s'exercent sur la division cellulaire, prolifèrent pour former des tumeurs dans un organisme, et elles semblent aussi transformées lorsqu'elles sont en culture. Bien qu'elles soient souvent létales pour l'organisme dans son ensemble, ces cellules prises individuellement sont favorisées par la sélection naturelle et sont par conséquent faciles à isoler. La transformation cellulaire est souvent accompagnée par la mutation ou l'expression excessive d'oncogènes spécifiques, identifiés dans de nombreux cas du fait qu'ils sont portés par des virus tumorigènes à ARN (rétrovirus). Les équivalents normaux de ces oncogènes viraux, dans une cellule saine, sont les proto-oncogènes et ils codent vraisemblablement des composants clés du système normal de contrôles sociaux de la division cellulaire. Certains oncogènes codent des facteurs de croissance, certains des récepteurs de facteurs de croissance, d'autres des protéines régulatrices intracellulaires qui sont impliquées dans l'adhérence cellulaire et d'autres enfin des protéines qui participent à la transmission des signaux de division cellulaire jusqu'au noyau. Pour devenir cancéreuses, les cellules doivent comporter des modifications dans de nombreux gènes de contrôle social, reflétant une redondance dans les systèmes de contrôle complexes qui influent sur la prolifération cellulaire au sein des tissus.

13-29 Les mécanismes de la division cellulaire [35]

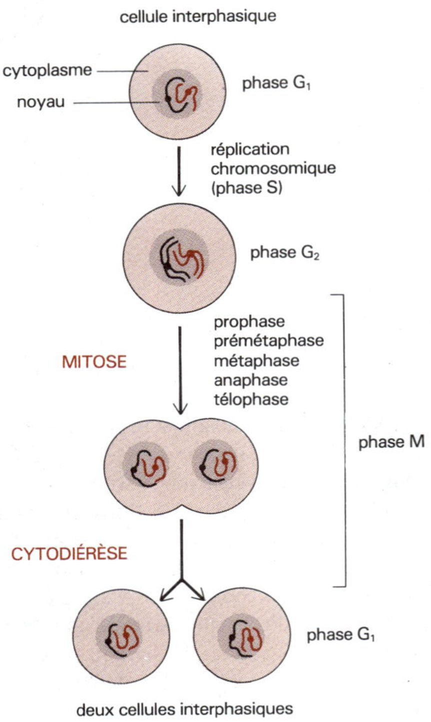

Figure 13-42 La phase M (ou phase de division cellulaire) du cycle cellulaire débute à la fin de la phase G_2, et se termine au début de la phase G_1 suivante. Elle comprend les cinq stades de la division nucléaire (mitose) et de la division cytoplasmique (cytodiérèse).

Dans cette dernière partie, nous analyserons les événements de la phase M — le point culminant du cycle cellulaire. Au cours d'une période relativement brève, les chromosomes se condensent et le contenu de la cellule parentale, qui a doublé grâce aux activités de biosynthèse de l'interphase précédente, est partagé dans les deux cellules filles (Figure 13-42).

Au niveau moléculaire, la phase M est sans doute initiée par une cascade de phosphorylations protéiques qui commence avec l'apparition du MPF et qui se termine par des déphosphorylations qui ramènent les protéines à leur état interphasique (voir p. 742). Les phosphorylations protéiques qui ont lieu durant la phase M sont vraisemblablement responsables à leur tour des nombreuses modifications morphologiques qui accompagnent la mitose, y compris la condensation des chromosomes, la désagrégation de l'enveloppe nucléaire et les modifications du cytosquelette qui seront décrites plus loin. La première manifestation facilement observable de l'emminence de la phase M est une condensation progressive de la chromatine interphasique dispersée en chromosomes filiformes. Cette condensation des chromosomes est nécessaire pour leur ségrégation ultérieure dans les cellules filles ; elle s'accompagne de la phosphorylation des nombreuses molécules d'histone H 1 présentes dans la cellule (jusqu'à six phosphates par molécule de H 1). Puisque l'histone H 1 est présente à la concentration d'environ une molécule par nucléosome et est connue pour jouer un rôle dans l'empaquetage des nucléosomes (voir p. 499), sa phosphorylation par la MPF kinase au début de la phase M pourrait être la cause principale de la condensation des chromosomes. Bien qu'encore assez préliminaire, ce type d'explication moléculaire indique le niveau auquel la totalité du cycle cellulaire devra finalement être expliquée.

Les chromosomes en mitose ont été comparés au corps d'un défunt lors de ses funérailles ; ils donnent la raison de la cérémonie mais ils n'ont aucun rôle actif dans cette dernière. Le rôle actif est tenu par deux structures distinctes du cytosquelette qui apparaissent temporairement au cours de la phase M. La première à se former est un **fuseau mitotique** bipolaire, composé de microtubules et de leurs protéines associées. Le fuseau mitotique aligne tout d'abord les chromosomes répliqués dans un plan qui partage la cellule en deux ; chaque chromosome se sépare ensuite en deux chromosomes fils qui sont transportés par le fuseau vers les deux extrémités de la cellule. La deuxième structure cytosquelettique nécessaire à la phase M dans les cellules animales est un **anneau contractile** de filaments d'actine et de myosine qui se forme peu après, juste sous la membrane plasmique. Cet anneau tire la membrane vers l'intérieur de façon à diviser la cellule en deux, garantissant de ce fait que chaque cellule fille reçoit non seulement un jeu complet de chromosomes mais aussi la moitié des composants cytoplasmiques et des organites de la cellule parentale. Les deux structures cytosquelettiques renferment des ensembles de protéines différents et peuvent se former séparément dans certaines cellules spécialisées. Toutefois, leur formation est en général étroitement coordonnée de sorte que la division du cytoplasme (*cytodiérèse*) se produit immédiatement après la fin de la division du noyau (*mitose*). Le même phénomène se produit dans les cellules végétales, même si, comme nous le verrons, leurs parois rigides nécessitent un mécanisme de cytodiérèse différent.

La description que nous venons de faire de la phase M n'est valable que pour les cellules eucaryotes. Les cellules bactériennes ne contiennent ni filaments d'actine, ni microtubules ; elles n'ont en général qu'un seul chromosome dont les copies répliquées sont distribuées aux cellules filles par un mécanisme qui implique l'attachement du chromosome à la membrane plasmique bactérienne (voir p. 785). La nécessité d'un mécanisme mitotique complexe n'est probablement apparue qu'avec l'évolution de cellules qui contenaient des quantités accrues d'ADN empaqueté dans un certain nombre de chromosomes distincts. La fonction initiale de ce mécanisme est de partager avec précision les chromosomes répliqués entre les deux cellules filles. Sa précision a été déterminée dans les cellules de levures, où il ne se produit qu'une erreur dans la ségrégation des chromosomes pour environ 10^5 divisions cellulaires.

La phase M est traditionnellement divisée en six étapes [35]

La stratégie de base de la division cellulaire est remarquablement constante parmi les organismes eucaryotes. Les cinq premiers stades de la phase M constituent la mitose ; le sixième est la cytodiérèse. Ces six stades sont organisés en une séquence dynamique dont la complexité et la beauté sont difficiles à apprécier à partir de comptes rendus écrits ou d'un ensemble d'images statiques. La description de la division cellulaire est basée sur des observations de deux origines : l'examen en microscopie photonique de cellules vivantes (souvent associée à la microcinématographie) et l'examen en microscopie photonique ou électronique de cellules fixées puis colorées. Un bref résumé des différentes étapes de la division cellulaire est donné dans la planche 13-1. Les cinq stades de la mitose, tels qu'ils sont définis — *phophase, prémétaphase, métaphase, anaphase,* et *télophase* — se déroulent selon une séquence strictement définie, alors que la cytodiérèse commence au cours de l'anaphase et se poursuit jusqu'à la fin du cycle mitotique (Figure 13-43). Les microphotographies de la division cellulaire d'une cellule animale et d'une cellule végétale sont respectivement présentées dans les Figures 13-44 et 13-45.

Il existe d'innombrables variantes à tous les stades de la division cellulaire dans les règnes animal et végétal ; elles sont schématisées dans la Planche 13-1. Nous mentionnerons certaines d'entre elles lorsque nous tenterons d'approfondir les mécanismes de la division cellulaire, puisqu'elles peuvent nous aider à comprendre les différents éléments de l'appareil mitotique des mammifères.

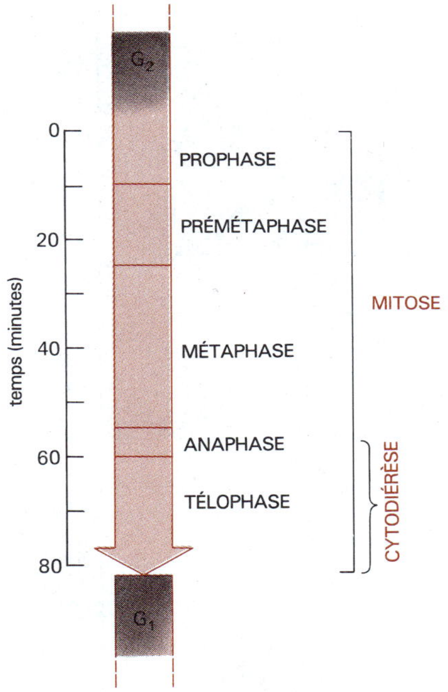

Figure 13-43 Chronologie de la mitose et de la cytodiérèse (phase M) dans une cellule de mammifère. Les temps exacts varient selon les cellules. Noter que la cytodiérèse commence avant la fin de la mitose. Le début de la prophase (et par conséquent de la totalité de la phase M) est défini comme le point du cycle cellulaire auquel les chromosomes condensés deviennent pour la première fois visibles — un critère quelque peu arbitraire, puisque l'importance de la condensation chromosomique semble continuellement augmenter au cours de la phase G_2 tardive.

Dans une cellule en phase M, la formation du fuseau mitotique s'accompagne d'importantes modifications des propriétés dynamiques des microtubules [36]

Nous avons vu, dans le Chapitre 11, que le principal centre organisateur des microtubules (*MTOC,* pour « *microtubule organization center* ») dans la majorité des cellules animales est le **centrosome**, un nuage formé d'un matériel amorphe, qui entoure une paire de centrioles (voir p. 654). Au cours de l'interphase, le matériel centrosomique est le siège de la croissance des microtubules qui s'allongent vers la périphérie cellulaire, leurs extrémités moins restant attachées au centrosome. Cet *arrangement interphasique des microtubules*, qui rayonne à partir du centrosome, est une structure dynamique, en constants remaniements, au sein de laquelle les microtubules s'assemblent et se désassemblent en permanence. De nouveaux microtubules s'allongent, par addition de molécules de tubuline à leurs extrémités plus ; de temps à autre, et, semble-t-il, de façon aléatoire, des microtubules isolés deviennent instables et subissent une dissociation rapide et « catastrophique », rendant leurs sous-unités au pool de tubuline non polymérisée déjà présent dans le cytoplasme (voir Planche 11-2 p. 655).

Les modifications qui se produisent dans le centrosome tout au long du cycle cellulaire, sont illustrées par la Figure 13-46. Parfois, au cours de la phase S, la paire de centrioles se réplique tout en restant incluse dans un seul nuage de matériel centrosomique. Au cours de la **prophase**, le centrosome est partagé et chaque centrosome fils devient le foyer d'un aster de microtubules en forme d'étoile, dont les extrémités sont insérées dans le nuage de matériel centrosomique. Les microtubules de chacun des asters s'allongent dans les régions où ils sont en contact et les deux centrosomes se séparent. Puis, lors de la prémétaphase, l'enveloppe nucléaire se fragmente, permettant aux microtubules de chacun des centrosomes de pénétrer dans le noyau et d'interagir avec les chromosomes. On dit alors que les deux centrosomes fils forment les deux **pôles du fuseau**.

Les divers événements qui viennent d'être décrits sont vraisemblablement la conséquence de modifications majeures qui se produisent durant la prophase, à la fois au niveau de la stabilité intrinsèque des microtubules et au niveau des propriétés des centrosomes. Comme nous l'avons signalé plus haut, il existe de bons arguments pour penser que le facteur promoteur de la phase M (MPF) déclenche l'entrée en phase M en provoquant une cascade de phosphorylations de multiples protéines (voir p. 742). Certaines des molécules qui interagissent avec les microtubules sont vraisemblablement affectées puisque la demi-vie d'un microtubule moyen diminue environ d'un facteur vingt (de quelque 5 minutes à 15 secondes) lorsque la cellule entre en prophase (Figure 13-48). On pense que cette variation est sans doute le reflet d'une forte augmentation de la probabilité pour qu'un microtubule typique, en cours d'élongation, se transforme en un microtubule qui raccourcit à la suite d'une modification de son extrémité plus (voir p. 655), en combinaison avec une modification du centrosome par laquelle il acquiert, en prophase, une capacité accrue de nucléation de la croissance des microtubules (ceci peut s'observer *in vitro*). Ces deux changements sont suffisants pour expliquer la raison pour laquelle le début de la phase M est caractérisé par une transition rapide entre des microtubules longs et relativement peu nombreux, qui s'allongent du centrosome vers la périphérie cellulaire (arrangement interphasique des microtubules) et un grand nombre de petits microtubules qui entourent chaque centrosome (voir la Prophase dans la Figure 13-46).

Au cours du déroulement de la mitose, les extrémités en croissance des microtubules qui partent des pôles du fuseau rencontrent probablement des structures qui s'y fixent et les stabilisent contre une dissociation catastrophique. Puisque chaque pôle assemble les microtubules dans des directions aléatoires, on suppose qu'une stabilisation sélective donne la forme bipolaire caractéristique du fuseau mitotique, dans lequel la majorité des microtubules

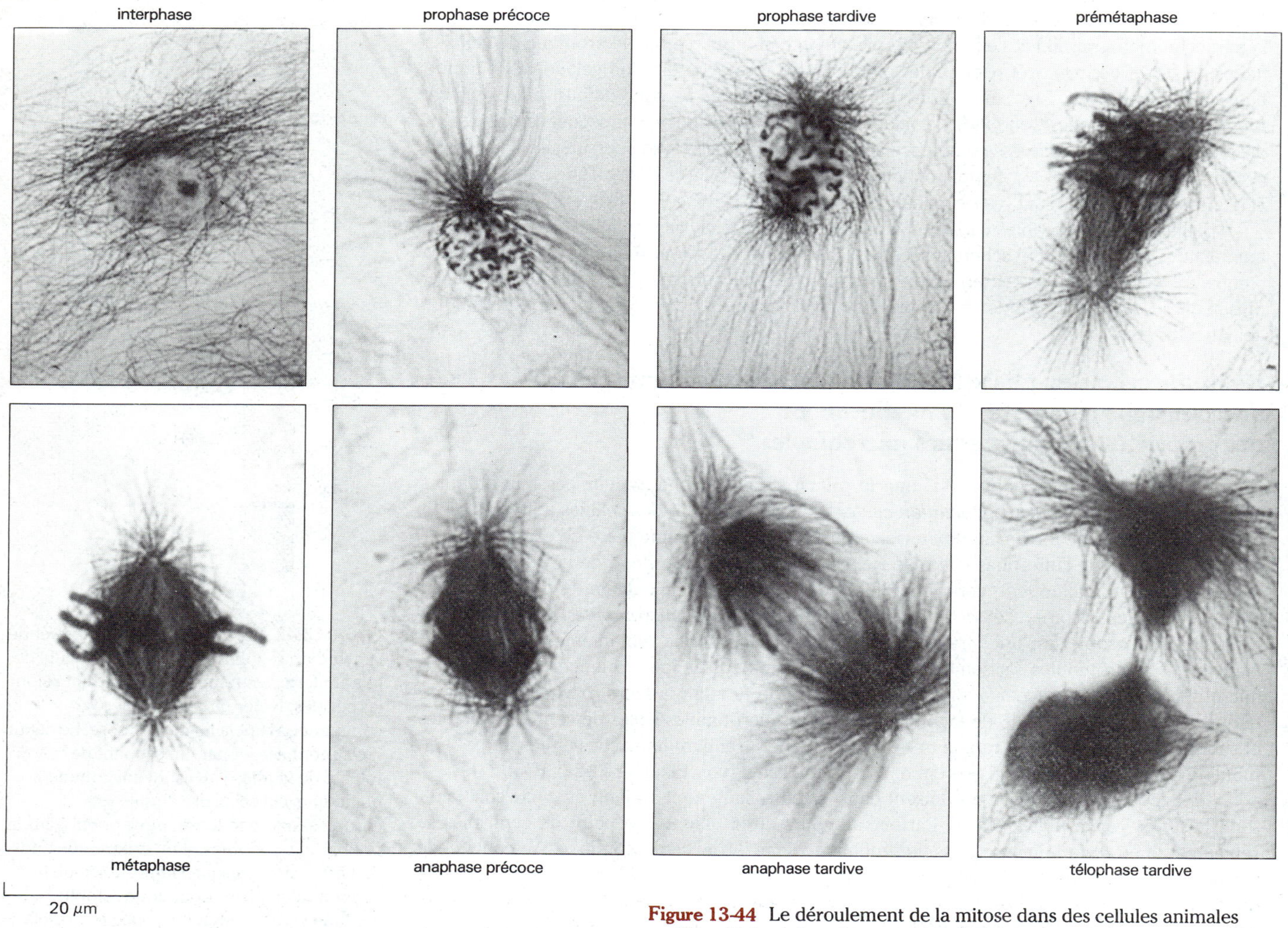

Figure 13-44 Le déroulement de la mitose dans des cellules animales est illustré ici par des micrographies sélectionnées de cellules marsupiales cultivées *in vitro* (PtK). Les microtubules ont été révélés par marquage avec des anticorps couplés à l'or alors que la chromatine est colorée avec du bleu de toluidine. Au niveau de la microscopie photonique considérée ici, les événements majeurs de la division cellulaire sont connus depuis plus de 100 ans. Au cours de l'*interphase*, le centrosome, qui contient une paire de centrioles, forme le foyer de l'arrangement radial des microtubules interphasiques. En *prophase précoce*, le centrosome unique contient deux paires de centrioles (non visibles) ; en *prophase tardive*, le centrosome se divise, et les deux asters résultants s'éloignent. L'enveloppe nucléaire se fragmente en *prémétaphase*, permettant aux microtubules du fuseau d'interagir avec les chromosomes. En *métaphase*, la structure bipolaire du fuseau est évidente, et tous les chromosomes sont alignés dans le plan médian. Les chromatides se séparent toutes de façon synchrone en *anaphase précoce*, et, sous l'influence des fibres du fuseau, elles commencent à se déplacer vers les pôles. En *anaphase tardive*, les pôles du fuseau se sont éloignés encore plus, augmentant la séparation des deux groupes de chromatides. A la télophase, les noyaux fils se reforment, et en *télophase tardive*, la cytodiérèse est presque achevée, le corps intermédiaire persistant entre les cellules filles. (Photographies avec l'autorisation de M. de Brabander.)

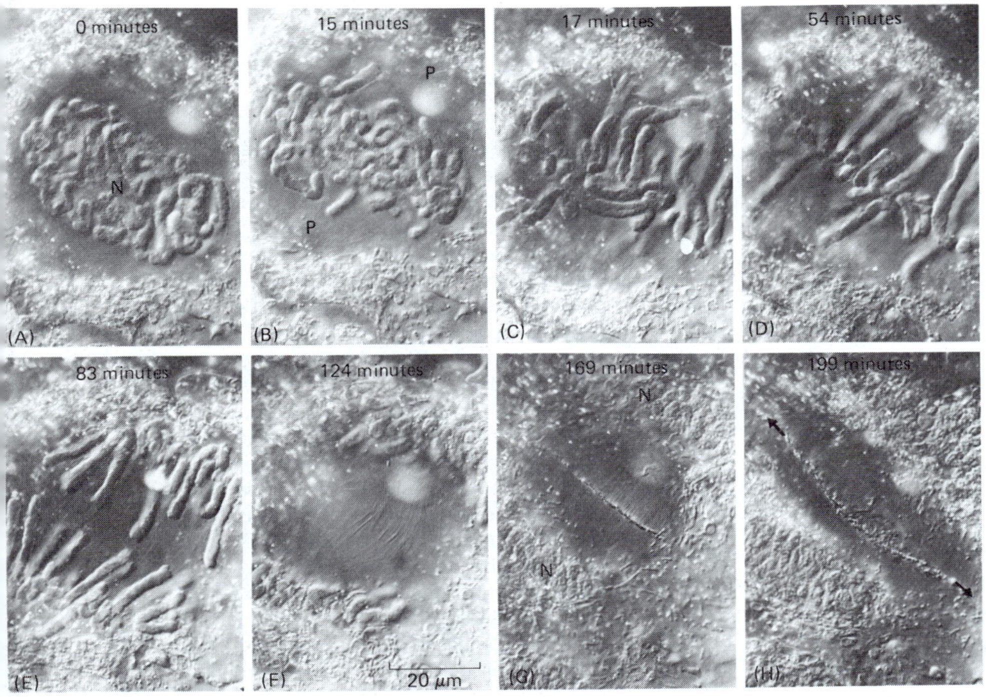

Figure 13-45 Déroulement de la mitose dans une cellule végétale typique. Il s'agit de micrographies d'une cellule vivante d'*Haemanthus* (liliacée africaine) prises aux temps indiqués en utilisant la microscopie à contraste interférentiel (voir p 141). La cellule possède des chromosomes d'une taille inhabituelle, ce qui les rend facilement observables. (A) *Prophase* : les chromosomes se sont condensés et sont clairement visibles dans le noyau cellulaire (marqué N). (B) et (C) *Prémétaphase* : l'enveloppe nucléaire s'est fragmentée et les chromosomes interagissent avec les microtubules qui sont issus des deux pôles du fuseau (marqués P). Noter qu'il ne s'est écoulé que 2 minutes entre les étapes montrées en (B) et (C). (D) *Métaphase* : les chromosomes se sont alignés au niveau de la plaque équatoriale, leurs kinétochores étant localisés à mi-chemin entre les deux pôles du fuseau. (E) *Anaphase* : les chromosomes se sont séparés en deux chromatides sœurs, qui se déplacent vers les pôles opposés. (F) *Télophase* : les chromosomes se décondensent pour former les deux noyaux interphasiques qui sont observés ensuite [marqués N en (G)]. (G) et (H) *Cytodiérèse* : deux étapes successives dans la formation de la plaque cellulaire sont représentées ; la plaque cellulaire apparaît sous forme d'une ligne dont la direction de croissance est indiquée par des flèches en (H). (Avec l'autorisation de Andrew Bajer.)

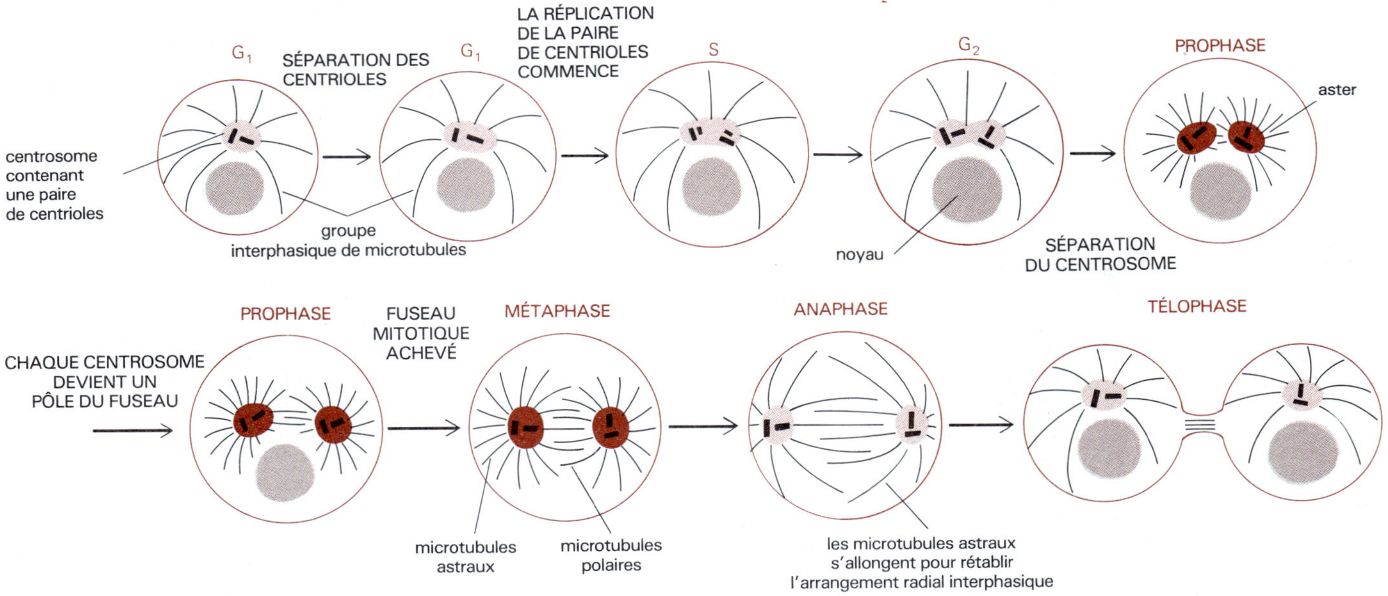

Figure 13-46 Le cycle centrosomique. Le centrosome dans une cellule interphasique se duplique pour former les deux pôles d'un fuseau mitotique. Dans la majorité des cellules animales (mais pas dans les cellules végétales), une paire de centrioles (représentée ici sous forme d'une paire de tirets noirs) est incluse dans le matériel centrosomique (*couleur*) qui organise la croissance des microtubules. A un instant particulier de la phase G_1, les deux centrioles se séparent de quelques micromillimètres. Au cours de la phase S, un centriole fils commence à se développer à proximité de la base de chaque ancien centriole et perpendiculairement à celui-ci. L'élongation du centriole fils s'achève habituellement au voisinage de la phase G_2. Initialement, les deux paires de centrioles restent englobées dans une masse unique de matériel centrosomique, formant un seul centriole. Pendant la phase M précoce, chaque paire de centriole devient une partie d'un centre organisateur de microtubules distinct qui organise un arrangement radial de microtubules, l'*aster* (aster = étoile). Les deux asters, qui se situent initialement côte à côte et à proximité de l'enveloppe nucléaire, s'éloignent. En prophase tardive, les faisceaux de *microtubules polaires* qui interagissent entre les deux asters s'allongent préférentiellement lorsque les deux centres organisateurs s'écartent l'un de l'autre sur l'extérieur du noyau. De cette façon, un fuseau mitotique est rapidement formé.

1. PROPHASE

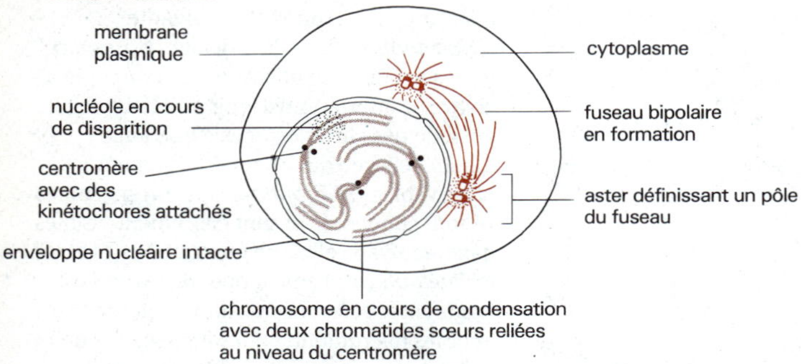

RUPTURE DE L'ENVELOPPE NUCLÉAIRE

2. PRÉMÉTAPHASE

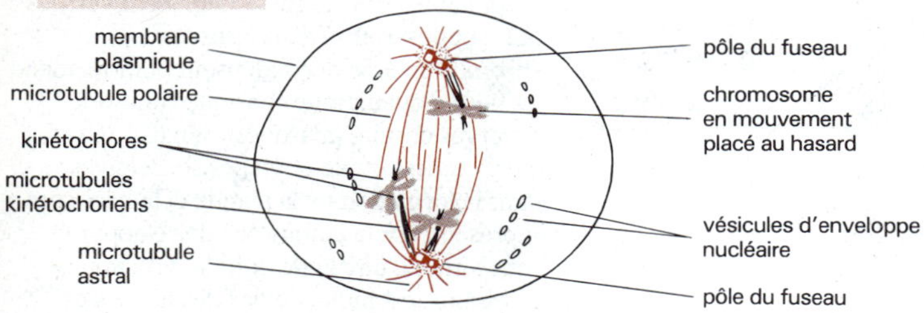

LES CHROMOSOMES SE DÉPLACENT VERS LA PLAQUE MÉTAPHASIQUE

3. MÉTAPHASE

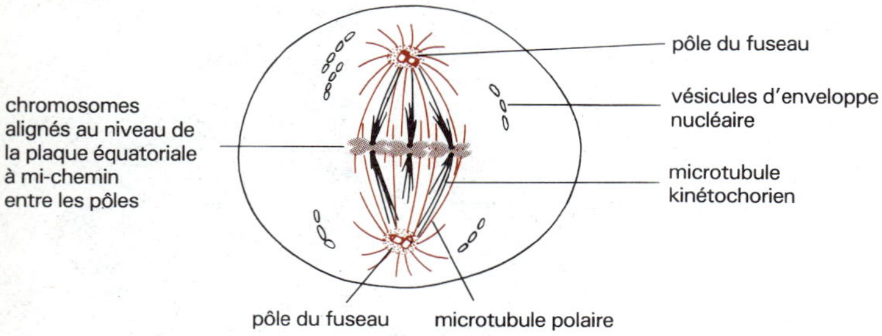

SÉPARATION BRUSQUE DES KINÉTOCHORES APPARIÉS

1 PROPHASE

Comme on l'observe au microscope, la transition de la phase G_2 à la phase M du cycle cellulaire n'est pas un événement très nettement défini. La chromatine, qui est diffuse au cours de l'interphase, se condense lentement en chromosomes bien définis, dont le nombre exact est une caractéristique d'une espèce particulière ; chaque chromosome s'est dupliqué pendant la phase S précédente et est constitué de deux *chromatides* sœurs ; chacune d'elles contient une séquence d'ADN spécifique connue sous le nom de *centromère*, qui est nécessaire à sa propre ségrégation. Vers la fin de la prophase, les microtubules cytoplasmiques qui font partie du cytosquelette interphasique se dépolymérisent et le principal composant de l'appareil mitotique, le *fuseau mitotique*, commence à se former. C'est une structure bipolaire composée de microtubules et de protéines associées. Le fuseau s'assemble initialement à l'extérieur du noyau.

2 PRÉMÉTAPHASE

La prémétaphase débute brutalement par la rupture de l'enveloppe nucléaire, qui se disperse en vésicules membranaires que l'on ne peut distinguer des morceaux de réticulum endoplasmique. Ces vésicules restent visibles autour du fuseau pendant la mitose. Les microtubules du fuseau qui se trouvaient à l'extérieur du noyau peuvent alors pénétrer dans la région nucléaire. Des complexes protéiques spécialisés appelés *kinétochores* subissent une maturation sur chaque centromère et se lient à certains microtubules du fuseau, qui sont ensuite appelés *microtubules kinétochoriens*. Les microtubules restant dans le fuseau sont appelés *microtubules polaires*, alors que ceux situés à l'extérieur du fuseau sont appelés *microtubules astraux*. Les microtubules kinétochoriens s'étendent dans des directions opposées à partir des deux chromatides sœurs de chaque chromosome, exerçant une tension sur les chromosomes qui sont ainsi animés d'un mouvement désordonné.

3 MÉTAPHASE

Les microtubules kinétochoriens alignent finalement les chromosomes dans un plan à mi-chemin entre les pôles du fuseau. Chaque chromosome est maintenu sous tension au niveau de cette *plaque équatoriale* par les kinétochores appariés et leurs microtubules associés, qui sont attachés aux pôles opposés du fuseau.

4. ANAPHASE

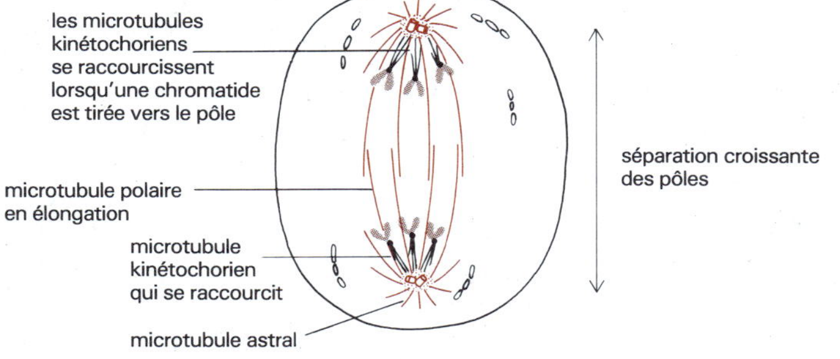

4 ANAPHASE

Déclenchée par un signal spécifique, l'anaphase commence brusquement au moment où les kinétochores appariés sur chaque chromosome se séparent, permettant à chaque chromatide d'être lentement tirée vers le pôle du fuseau auquel elle fait face. Toutes les chromatides se déplacent à la même vitesse, environ 1 μm par minute. Il est possible de distinguer deux catégories de déplacement. Au cours de l'*anaphase A*, les microtubules kinétochoriens se raccourcissent lorsque les chromosomes approchent des pôles. Au cours de l'*anaphase B*, les microtubules polaires s'allongent et les deux pôles du fuseau s'éloignent davantage. L'anaphase ne dure habituellement que quelques minutes.

L'ENVELOPPE NUCLÉAIRE SE REFORME

5. TÉLOPHASE

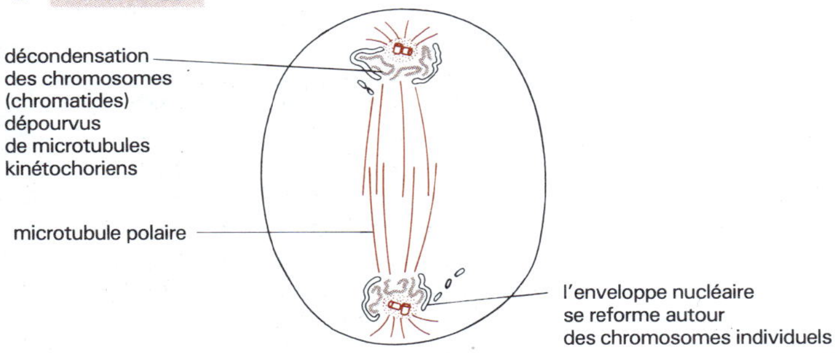

5 TÉLOPHASE

En télophase (de *télos*, fin), les chromatides filles séparées arrivent aux pôles, les microtubules kinétochoriens disparaîssent. Les microtubules polaires s'allongent encore davantage et une nouvelle enveloppe nucléaire se reforme autour de chaque groupe de chromatides filles. La chromatine condensée se décondense une fois de plus, les nucléoles — qui avaient disparu pendant la prophase — commencent à réapparaître, et la mitose se termine.

LE SILLON DE DIVISION SÉPARE LA CELLULE EN DEUX

6. CYTODIÉRÈSE

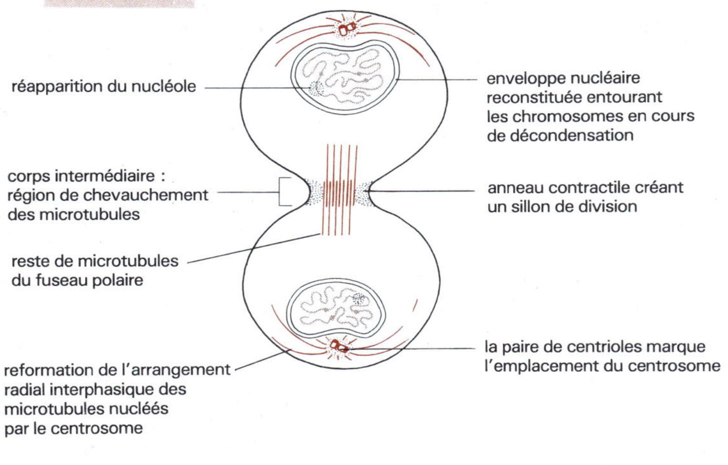

6 CYTODIÉRÈSE

Le cytoplasme se divise par un processus connu sous le nom de *clivage*, qui commence en général à un moment quelconque au cours de l'anaphase. Le processus est représenté ici tel qu'il a lieu dans des cellules animales. La membrane s'invagine autour du centre de la cellule, perpendiculairement à l'axe du fuseau, et entre les deux noyaux fils pour former le *sillon de division* qui se creuse progressivement jusqu'à ce qu'il rencontre les restes du fuseau mitotique entre les deux noyaux. Ce pont étroit, ou *corps intermédiaire*, peut persister pendant quelque temps avant de se rétrécir, de se rompre finalement à chaque extrémité, laissant deux cellules filles complètes et séparées.

s'allongent, à partir des deux pôles du fuseau, vers la plaque équatoriale située à mi-distance entre les deux. Les microtubules qui traversent la plaque équatoriale se retrouvent sélectivement stabilisés par des protéines de liaison aux microtubules qui établissent des liaisons transversales entre les microtubules voisins parallèles et de polarité opposée (Figure 13-47). En métaphase, les fuseaux des cellules des animaux et des végétaux supérieurs peuvent renfermer jusqu'à plusieurs milliers de microtubules alors que les fuseaux de certains champignons n'en contiennent que 40.

Même si certains des microtubules du fuseau sont en partie stabilisés contre un désassemblage spontané, la majorité d'entre eux continue d'échanger leurs sous-unités avec le pool des molécules de tubuline solubles du cytosol. Les échanges peuvent être mesurés directement par la méthode décrite dans la Figure 13-48. On peut aussi les mettre en évidence en soumettant les cellules mitotiques à des conditions qui déplacent réversiblement l'équilibre entre la polymérisation de la tubuline et sa dépolymérisation, puis en observant le comportement du fuseau biréfringent de microtubules en lumière polarisée (Figure 13-49). Si des cellules mitotiques sont placées dans de l'eau lourde (D_2O) ou traitées par le taxol, deux traitements qui inhibent la dépolymérisation des microtubules, les fibres du fuseau s'allongent. De tels fuseaux stabilisés ne peuvent déplacer les chromosomes et la mitose est stoppée. A l'opposé, la mitose est bloquée lorsque les microtubules du fuseau sont dissociés, de façon réversible, par l'un des trois traitements qui interfèrent avec l'assemblage des molécules de tubuline en microtubules : la colchicine, une basse température ou une haute pression hydrostatique. Ce fait que ni les microtubules stabilisés, ni les microtubules dépolymérisés, ne sont capables de déplacer les chromosomes, suggère que les mouvements mitotiques dépendent d'un équilibre délicat entre assemblage et désassemblage pour assurer les mouvements de la mitose. Avant d'étudier les bases de ces mouvements, nous devons décrire plus en détail la façon dont le fuseau est organisé et la façon dont les chromosomes sont mis en place.

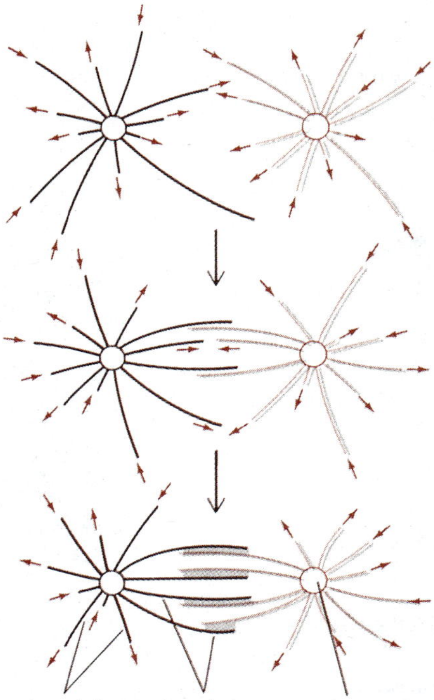

Figure 13-47 Modèle de formation d'un fuseau mitotique bipolaire par stabilisation sélective de microtubules conjugués. De nouveaux microtubules poussent dans des directions aléatoires à partir de deux centrosomes proches auxquels ils sont ancrés par leurs extrémités « moins ». Leurs extrémités « plus » sont « dynamiquement instables » et basculeront subitement d'une croissance uniforme à un raccourcissement rapide, au cours duquel le microtubule entier est souvent dépolymérisé (voir p. 655). Lorsque deux microtubules de centrosomes opposés interagissent dans une zone de chevauchement, il est probable que les protéines associées aux microtubules forment des liaisons transversales entre les microtubules (*ombrage gris*) de façon à couvrir leurs extrémités « plus », les stabilisant en diminuant leur probabilité de dépolymérisation.

13-25 Les chromosomes se fixent aux microtubules par leurs kinétochores durant la mitose [37]

Les chromosomes répliqués se fixent au fuseau mitotique par l'intermédiaire de structures que l'on appelle les **kinétochores**. Au début de la phase M, chaque chromosome est formé de deux chromatides sœurs appariées sur leur longueur, mais initialement reliées, près de leurs **centromères**, régions se composant d'une séquence d'ADN spécifique nécessaire à la ségrégation des chromosomes. Au cours de la prophase tardive, un kinétochore mature se forme sur chaque centromère, les deux kinétochores (un sur chaque chromatide sœur) orientés dans des directions opposées. En métaphase, les microtubules se sont liés à chaque kinétochore (Figure 13-50). Dans la majorité des organismes, le kinétochore est un complexe multiprotéique de grande taille qui peut être observé en microscopie électronique sous forme d'une structure plane trilaminaire (Figure 13-51). Le nombre des microtubules liés à un kinétochore varie considérablement selon les espèces. Les kinétochores humains, par exemple, ont entre 20 et 40 microtubules, alors que les levures et quelques autres micro-organismes, n'en ont qu'un ; un seul microtubule peut donc suffire pour déplacer un chromosome.

L'information qui détermine la manière dont un kinétochore est établi en un point particulier sur un chromosome doit venir directement de la séquence d'ADN du centromère. Chez les levures, l'ADN du centromère peut être identifié génétiquement par sa capacité de

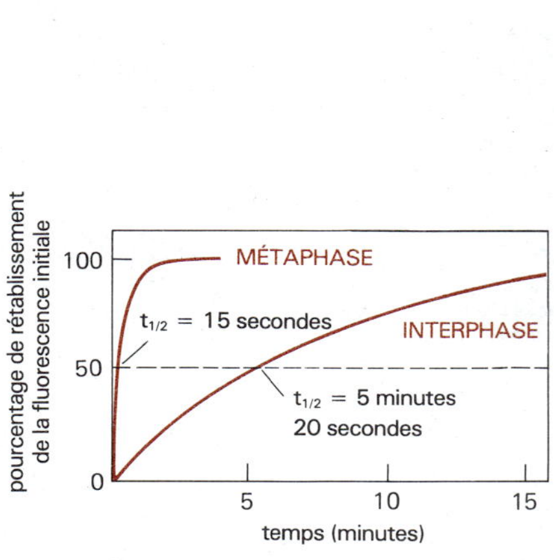

Figure 13-48 Etude montrant que les microtubules dans une cellule en phase M sont beaucoup plus dynamiques, en moyenne, que les microtubules en interphase. On a injecté, dans des cellules de mammifères en culture, de la tubuline qui a été liée de façon covalente à un colorant fluorescent. Lorsque la tubuline fluorescente est totalement incorporée dans les microtubules d'une cellule, toute la fluorescence d'une petite région est éteinte par un faisceau laser intense. La récupération d'une fluorescence normale dans la région éteinte des microtubules, provoquée par l'échange de leurs sous-unités de tubuline éteintes contre de la tubuline fluorescente non éteinte à partir du pool soluble, est ensuite enregistrée en fonction du temps. On pense que le temps $t_{1/2}$ nécessaire pour que 50 p. cent de la fluorescence soit récupérée est égal au temps nécessaire pour que la moitié des microtubules dans cette région se dépolymérisent et se reforment. (Données d'après W. M. Saxton *et al.* *J. Cell Biol.* 99:2175-2187, 1984. Reproduit avec l'autorisation de la Rockfeller University Press.)

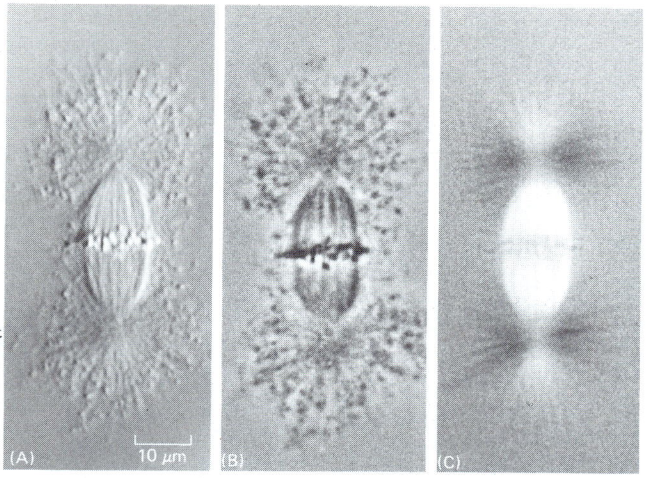

Figure 13-49 Un fuseau métaphasique isolé observé avec trois techniques différentes de microscopie photonique : (A) microscopie à contraste d'interférence différentielle, (B) microscopie à contraste de phase, (C) microscopie en lumière polarisée. (Avec l'autorisation de E. D. Salmon et R. R. Segall, d'après *J. Cell Biol.* 86:355-365, 1980. Reproduit avec l'autorisation de la Rockfeller University Press.)

permettre la transmission des plasmides qui sont autrement ségrègés de façon inégale dans les cellules filles et perdus. Des expériences de génétique moléculaire montrent que chacun des 17 chromosomes de la levure *Saccharomyces cerevisiae* contient une séquence centrométrique différente longue environ de 110 paires de bases (Figure 13-52), bien que toutes les séquences renferment d'importantes régions d'homologie et puissent être inversées ou échangées d'un chromosome à l'autre sans perdre leur fonction. Les séquences des centromères de levure lient des protéines spécifiques qui, à leur tour, initient sans doute la formation d'un complexe multiprotéique (le kinétochore) qui se lie à l'extrémité d'un seul microtubule. Les centromères des mammifères sont probablement formés de séquences d'ADN différentes et beaucoup plus longues et ils sont à l'origine de kinétochores plus importants qui lient de nombreux microtubules.

La découverte, chez des patients atteints de certaines formes de *sclerodermie* (maladie de cause inconnue, qui est associée à une fibrose progressive du tissu conjonctif cutané ou d'autres organes), d'une production d'auto-anticorps qui interagissent spécifiquement avec les kinétochores, a fourni une occasion inattendue d'étudier les protéines kinétochoriennes de mammifères. Lorsque de tels anticorps sont utilisés pour marquer par immunofluorescence des cellules en division, on obtient des taches fluorescentes disposées de façon particulière, chacune d'elles marquant la position d'un kinétochore. Une distribution mouchetée comparable, est également obtenue lorsque des cellules sont marquées en dehors de la phase de division et le nombre de taches par cellule correspond au nombre de ces chromosomes, suggèrant qu'un précurseur kinétochorien est fixé à chaque centromère, même dans les noyaux interphasiques (Figure 13-53). Les anticorps de la sclerodermie ont aussi permis de cloner les gènes qui codent plusieurs des nombreuses protéines associées aux kinétochores, de sorte que ces protéines normalement peu abondantes peuvent maintenant être produites en grandes quantités par les techniques du génie génétique ; on peut ainsi caractériser leurs interactions entre elles, avec l'ADN et avec les microtubules.

Comment les microtubules et les kinétochores sont-ils reliés entre eux ? Leur liaison présente quelques propriété remarquables. Si l'on injecte de la tubuline marquée chimiquement

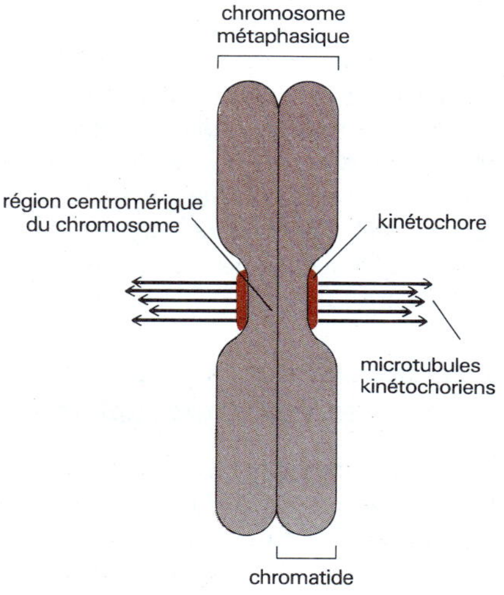

Figure 13-50 Représentation schématique d'un chromosome métaphasique montrant ses deux chromatides sœurs attachées aux microtubules kinétochoriens.

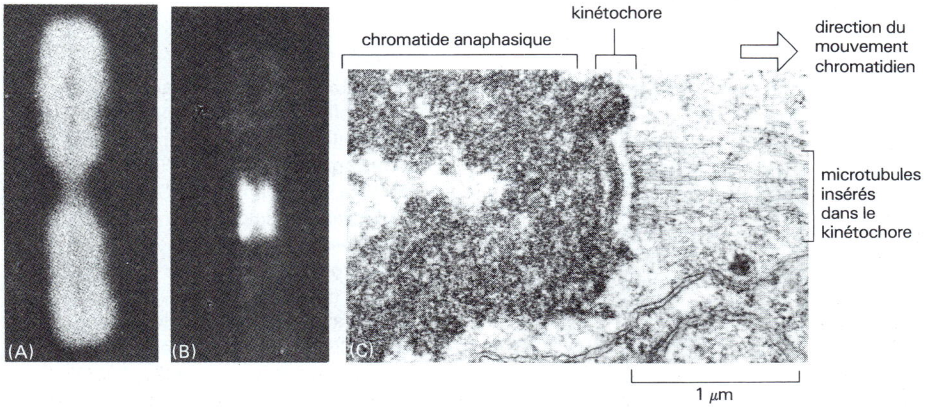

Figure 13-51 Le kinétochore. Lorsqu'un chromosome métaphasique (A) est marqué avec des auto-anticorps humains qui réagissent avec des protéines kinétochoriennes spécifiques, on observe deux kinétochores, chacun d'eux associé à une chromatide (B). (C) Micrographie électronique d'une chromatide anaphasique avec des microtubules attachés à son kinétochore. Alors que la plupart des kinétochores ont une structure trilaminaire, celui montré sur cette figure (qui provient d'une algue verte) a une structure inhabituellement complexe avec des couches supplémentaires. (A et B, avec l'autorisation de Bill Brinkley ; C, de J. D. Pickett-Heaps et L. C. Fowke, *Aust. J. Biol. Sci.* 23:71-92, 1970. Reproduit avec l'autorisation du CSIRO.)

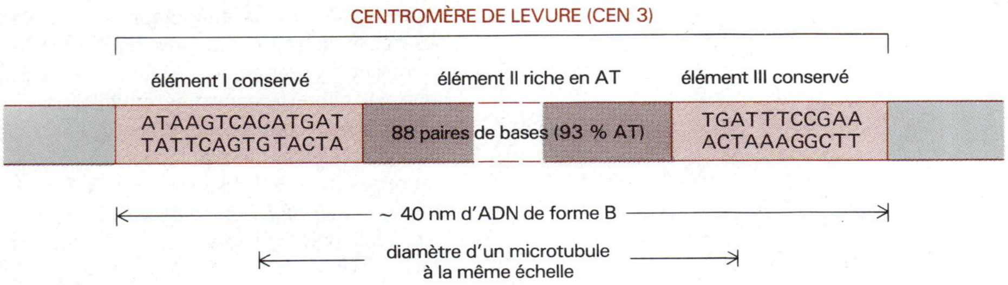

Figure 13-52 La séquence d'ADN d'un centromère type chez la levure *Saccharomyces cerevisiae*. La séquence d'ADN représentée est suffisante pour provoquer une ségrégation chromosomique fidèle ; elle sert à assembler les protéines kinétochoriennes qui attirent un microtubule isolé vers le kinétochore.

dans des cellules en mitose, au cours de la métaphase, on trouve qu'elle est en permanence incorporée dans des microtubules, à proximité de leur point d'attache au kinétochore (Figure 13-54). Par contre, comme nous le verrons plus loin, la réaction inverse se produit au cours de l'anaphase, lorsque les microtubules perdent des molécules de tubuline dans la région voisine du kinétochore, lorsque cette structure s'éloigne vers un pôle du fuseau. Le problème est que l'addition, aussi bien que la perte, de molécules de tubuline doit s'effectuer tandis que le kinétochore reste mécaniquement attaché aux microtubules, puisque c'est par l'intermédiaire de ce point d'attache que les chromosomes sont tirés à travers le cytoplasme. Le kinétochore semble donc se comporter comme un collier mobile, maintenant une association latérale avec les sous-unités de tubuline polymérisées près de l'extrémité du microtubule, mais permettant aussi l'addition ou la perte de molécules de tubuline qui se produit à cette extrémité (voir plus loin, Figure 13-61).

13-28 Les kinétochores « captureraient » les extrémités plus des microtubules qui proviennent d'une rupture d'un pôle du fuseau [38]

La rupture de l'enveloppe nucléaire, qui signale la fin de la prophase et le début de la **prémétaphase**, permet l'interaction du fuseau mitotique avec les chromosomes. Le résultat : la ségrégation fidèle d'une chromatide de chaque chromosome dans l'un des noyaux fils. Les microtubules kinétochoriens jouent un rôle majeur dans ce processus de ségrégation : ils (1) orientent chaque chromosome par rapport à l'axe du fuseau de façon à ce que chaque kinétochore soit en face de l'un des pôles et (2) déplacent chaque chromosome vers un plan (la *plaque équatoriale*) qui divise le fuseau mitotique en deux, un processus qui prend de 10 à 20 minutes dans les cellules de mammifères et s'achève en fin de prémétaphase.

La prémétaphase est caractérisée par une période d'activité intense au cours de laquelle le fuseau semble s'efforcer de maintenir et d'aligner les chromosomes sur la plaque équatoriale. En réalité, les chromosomes tournent et oscillent vivement d'un pôle à l'autre du fait que leurs kinétochores « capturent » les microtubules qui s'allongent d'un pôle à l'autre du fuseau et sont tirés par ces microtubules. La fixation initiale d'un chromosome se produit en général lorsqu'il est à proximité d'un pôle du fuseau, quand les microtubules ne s'attachent qu'à un seul kinétochore ; en fin de compte, les autres kinétochores capturent des microtubules qui s'allongent depuis l'autre pôle. Ces mouvements aléatoires de la prémétaphase et l'orientation aléatoire finale du chromosome qui en résulte, assurent la ségrégation aléatoire des chromatides vers les cellules filles ; ceci est capital pour le mélange des gènes au cours d'une division nucléaire analogue pendant la méiose (voir p. 854).

Seules les extrémités plus des microtubules s'allongent à partir des pôles et ce sont ces extrémités qui s'attachent aux kinétochores. Les kinétochores ont ainsi un rôle de « chapeau » qui évite à l'extrémité plus de se dépolymériser, tout comme le centrosome, au pôle du fuseau, semble protéger l'extrémité moins des microtubules de la dépolymérisation. Il n'est donc peut-être pas surprenant que les microtubules kinétochoriens, ainsi protégés aux deux extrémités, soient exceptionnellement stables. Les autres microtubules du fuseau (appelés *microtubules polaires*) sont moins stables.

Tandis que les microtubules kinétochoriens ont tendance à *tirer* le chromosome vers leur pôle respectif (voir plus loin), une force différente semble repousser tout chromosome qui se rapproche trop près du pôle. Si les bras d'un chromosome sont séparés du kinétochore par microchirurgie au laser, ils tendent à s'éloigner du pôle le plus proche même s'ils ne semblent pas fixés à des microtubules ou à toute autre structure visible dans la cellule. L'une des

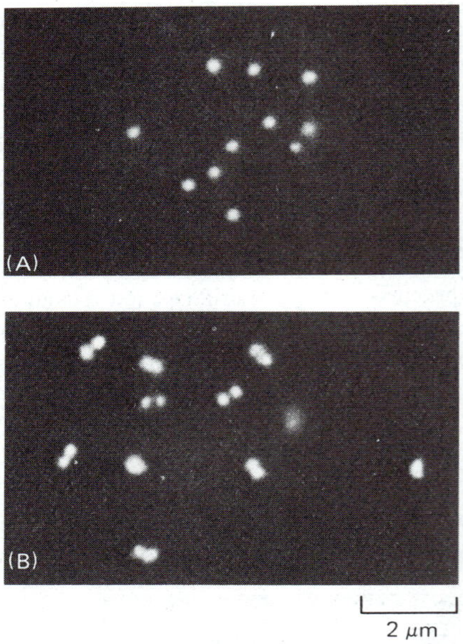

Figure 13-53 Coloration par immunofluorescence de kinétochores dans des cellules interphasiques par utilisation d'anticorps qui se lient spécifiquement à une protéine kinétochorienne. Ces cellules marsupiales (cellules PtK) contiennent relativement peu de chromosomes. (A) Il y a un kinétochore marqué par chromosome dans les cellules en phase G_1. (B) Il y a deux kinétochores marqués par chromosome dans les cellules en phase G_2. (D'après S. L. Brenner et B. R. Brinkley, *Cold Spring Harbor Symp. Quant. Biol.* 46:241-254, 1982.)

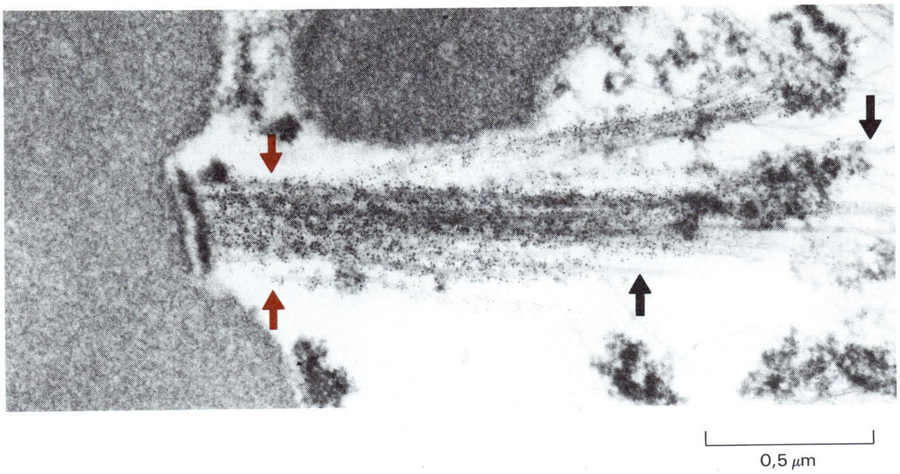

Figure 13-54 Expérience démontrant que les microtubules kinétochoriens métaphasiques s'allongent par leur extrémité liée au kinétochore (extrémité plus). La tubuline a été couplée de façon covalente à une petite molécule organique (biotine) puis injectée dans une cellule métaphasique de mammifère en culture. Après 1 minute, la cellule est perméabilisée, fixée, et marquée avec des anticorps anti-biotine couplés à des sphères d'or, puis des coupes sont préparées pour la microscopie électronique. Les régions des microtubules qui incorporent la tubuline biotinylée dans la minute qui suit l'injection sont finement mouchetées de points d'or noirs (*flèches colorées*), alors que les régions du microtubule préexistant ne sont pas marquées (*flèches noires*). (Photographie avec l'autorisation de Louise Evans).

possibilités pour expliquer ce phénomène est que la polymérisation rapide des microtubules du fuseau, en dehors de chaque pôle, pourrait être à l'origine d'un « vent » général qui éloignerait toute structure libre de grande taille, comme les bras chromosomiques, des pôles du fuseau.

Les chromatides sœurs s'attachent aux pôles opposés du fuseau par leurs kinétochores [39]

Au début de la prémétaphase, les deux kinétochores d'un chromosome peuvent se trouver reliés au même pôle du fuseau mitotique. Toutefois, cette configuration ainsi que d'autres configurations incorrectes, qui empêcheraient le chromosome de ségréger correctement si elles persistaient, sont presque toujours rectifiées. Il semble qu'une disposition équilibrée, dans laquelle chaque kinétochore fils est rattaché à un pôle différent du fuseau et à ce pôle seulement, soit la plus stable. Certaines expériences mises au point pour essayer de comprendre la manière dont les chromosomes sont attachés au fuseau mitotique, pourraient en donner la raison.

Des expériences très délicates de micromanipulation dans lesquelles des aiguilles de verre extrêmement fines sont utilisées pour répartir les chromosomes à l'intérieur d'une cellule vivante mitotique, ont montré que les kinétochores ne sont pas programmés pour faire face à un pôle particulier du fuseau comme s'il était polarisé comme un aimant, puisque le kinétochore d'un chromosome manipulé se réorientera vers l'un ou l'autre des pôles après avoir été retourné. De plus, il est possible, par micromanipulation durant la prémétaphase, d'obliger les deux kinétochores situés sur un même chromosome à s'engager vers le même pôle du fuseau. Si cette configuration persiste, le chromosome entier (avec les chromatides sœurs associées) est attiré vers le pôle auquel il est attaché. Cependant, un tel arrangement est généralement instable, et de nouveaux microtubules kinétochoriens sont normalement capturés à partir de l'autre pôle pour rétablir la configuration équilibrée correcte. Par ailleurs, si le mouvement du chromosome associé est freiné par une aiguille de verre, l'association du chromosome à un seul des pôles du fuseau devient stable, suggérant que les microtubules renforcent leur liaison au kinétochore par une traction opposée à la tension. De cette façon, seuls les chromosomes attachés aux deux pôles du fuseau maintiendront normalement leurs microtubules kinétochoriens et interagiront ainsi de manière stable avec le fuseau.

La tension créée par les microtubules kinétochoriens antagonistes non seulement stabilise l'interaction microtubule-kinétochore mais aligne aussi finalement chaque chromosome sur la plaque équatoriale comme nous allons le décrire maintenant.

Des forces bipolaires en équilibre retiennent les chromosomes sur la plaque équatoriale [40]

Comment se fait-il que tous les chromosomes s'alignent à équidistance des deux pôles du fuseau, en **métaphase**, définissant ainsi la plaque équatoriale ? Les expériences, dans lesquelles les chromosomes sont déplacés à l'aide d'une aiguille de verre, suggèrent que la force exercée sur un kinétochore est proportionnelle à la longueur des fibres kinétochoriennes ; cela signifie

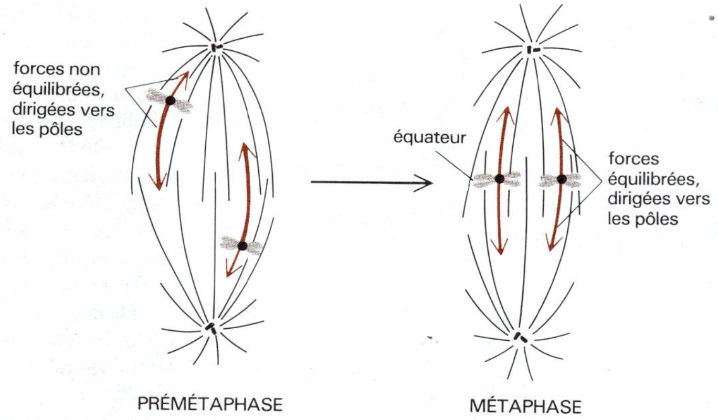

Figure 13-55 Les chromosomes pénètrent au hasard dans le fuseau pendant la prémétaphase, et ils s'alignent finalement à l'équateur (la plaque équatoriale) car la force exercée sur chaque kinétochore décroît lorsqu'il se rapproche d'un pôle. Ainsi, les chromosomes sont maintenus sous tension à l'équateur par des forces équilibrées dirigées vers les pôles. L'origine de ces forces est encore obscure.

que la force de traction exercée sur chaque kinétochore diminue au fur et à mesure que celui-ci se rapproche du pôle auquel il est fixé (Figure 13-55). Tout se passe comme si chaque chromosome était attaché par un ressort à chacun des pôles du fuseau, de sorte que tout déplacement vers un pôle produit une force réparatrice dans la direction opposée. La Figure 13-56 représente le fuseau qui en résulte en métaphase.

La force qui s'exerce sur les chromosomes existe toujours, même après leur alignement sur la plaque équatoriale. Ainsi, les chromosomes oscillent, d'avant en arrière, sur la plaque métaphasique, réajustant leur position en permanence. En outre, si l'on détruit un des éléments d'une paire de fibres kinétochoriennes métaphasiques par rayon laser, le chromosome entier se déplace immédiatement vers le pôle auquel il est encore attaché. De même, si l'on rompt la liaison entre les deux chromatides lors de la métaphase, les deux chromatides se séparent et se déplacent vers les pôles opposés tout comme elles le font en anaphase. Ces expériences suggèrent que les forces qui déplacent les chromosomes vers la plaque équatoriale sont aussi celles qui transportent les chromatides vers les pôles dès que les deux kinétochores sur chaque chromosome se sont séparés.

La métaphase occupe une partie importante de la période mitotique (voir Figure 13-43), comme si les cellules marquaient une pause jusqu'à ce que leurs chromosomes soient correctement alignés sur la plaque équatoriale. Cette idée est corroborée par plusieurs observations expérimentales. De nombreuses cellules s'arrêtent en mitose pendant des heures

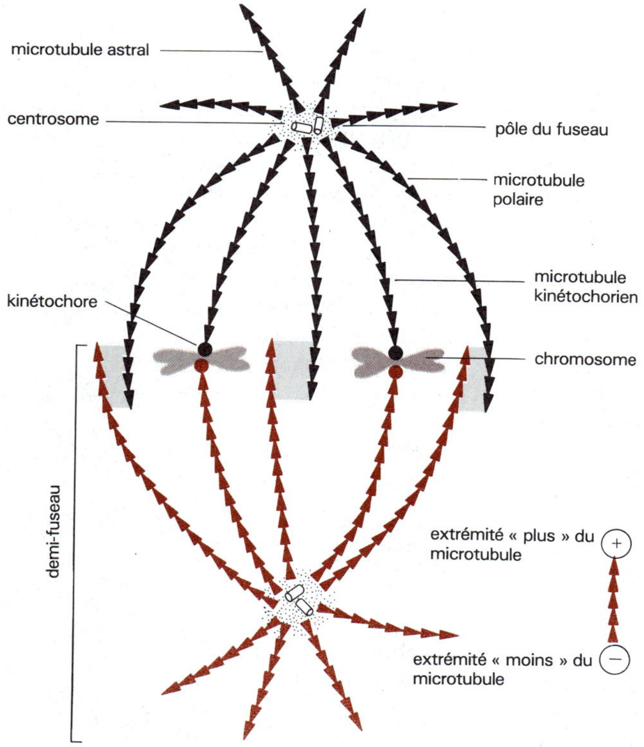

Figure 13-56 Représentation schématique du fuseau mitotique en métaphase. Le fuseau est formé de deux demi-fuseaux (*en noir* et *en couleur*), composé chacun de microtubules kinétochoriens, polaires, et astraux. La polarité des microtubules est indiquée par les pointes de flèches. Les microtubules polaires provenant des pôles antagonistes du fuseau présentent une région de chevauchement (*ombrée en gris*), où ils peuvent se conjuguer avec des protéines associées aux microtubules ; noter que les microtubules sont antiparallèles dans cette zone de chevauchement.

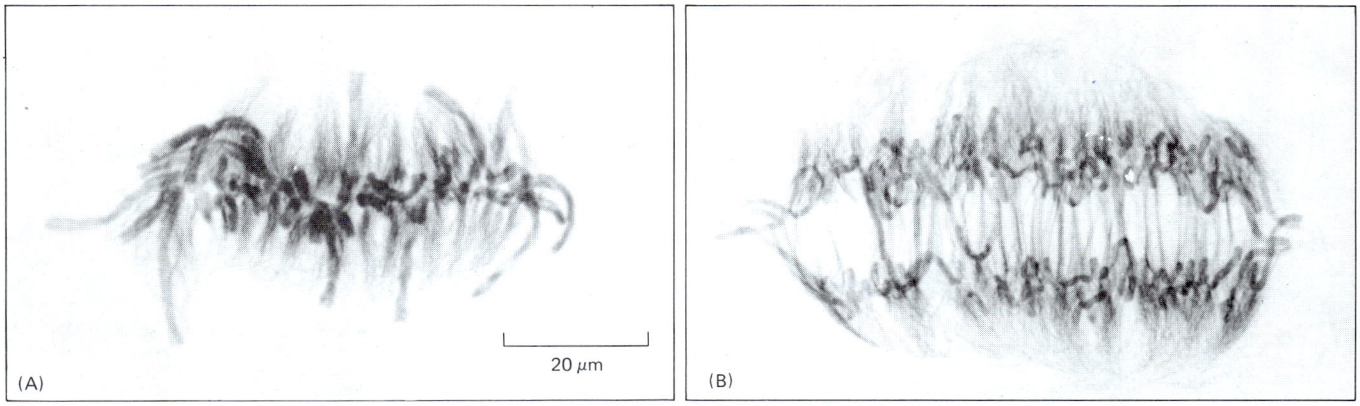

Figure 13-57 Mouvements chromosomiques en anaphase. Au cours de la transition de la métaphase (A) à l'anaphase (B), les chromosomes sont tirés vers les poles par les microtubules du fuseau — comme on le voit dans ces cellules de l'endoderme d'*Haemanthus* (lys) marquées avec des anticorps anti-tubuline marqués à l'or. (Avec l'autorisation d'Andrew Bajer).

ou des jours, si elles sont traitées par une substance, telle que le colchicine ou la vinblastine, qui dépolymérise leurs microtubules ; de fait, cette méthode de blocage du cycle cellulaire est souvent mise en œuvre pour obtenir de grandes quantités de cellules en mitose, de façon à pouvoir effectuer des analyses cytologiques sur leurs chromosomes condensés (voir p. 505). Si la drogue est éliminée, le fuseau mitotique se régénère rapidement et une mitose normale reprend souvent dès que les chromosomes se sont correctement mis en place sur la plaque équatoriale. Il a été suggéré qu'un chromosome, dont un kinétochore est libre, peut engendrer un signal diffusible qui retarde normalement l'entrée en anaphase, ménageant à ce kinétochore un temps supplémentaire pour qu'il puisse s'attacher correctement. Si un tel signal existe, on pourrait s'attendre à ce que la dissociation chimique du fuseau engendre un puissant signal et prolonge ainsi la métaphase.

Les chromatides sœurs se séparent brutalement à l'anaphase [41]

Comme nous venons de le voir, la métaphase est un état relativement stable, et, dans des circonstances normales, les chromosomes d'un grand nombre de cellules restent alignés pendant une heure au moins, en oscillant de part et d'autre de la plaque équatoriale. L'**anaphase** débute ensuite brutalement par le partage synchronisé de chaque chromosome en ses chromatides sœurs, chacune accompagnée d'un kinétochore (Figure 13-57). Le signal de début d'anaphase n'est pas une force exercée par le fuseau lui-même, puisque les chromosomes qui sont détachés du fuseau se sépareront en chromatides en même temps que ceux qui sont encore attachés. Plusieurs indices suggèrent que le signal peut être une augmentation de la concentration cytosolique en ions Ca^{2+} : (1) l'analyse continue de cellules en phase M renfermant un indicateur calcique fluorescent (voir p. 156) détecte une augmentation rapide et transitoire, d'un facteur dix, de la concentration intracellulaire en Ca^{2+} à l'anaphase. (2) Une micro-injection de faibles quantités d'ions Ca^{2+} dans des cellules en culture, en métaphase, peut déclencher prématurément l'anaphase ; (3) on note en général une accumulation de vésicules membranaires aux pôles du fuseau et des techniques de microscopie électronique appropriées revèlent que ces vésicules sont riches en Ca^{2+}, laissant penser qu'elles pourraient libérer des ions Ca^{2+} pour déclencher l'anaphase (Figure 13-58), un peu comme le réticulum sarcoplasmique libère des ions Ca^{2+} pour déclencher la contraction du muscle squelettique (voir p. 624).

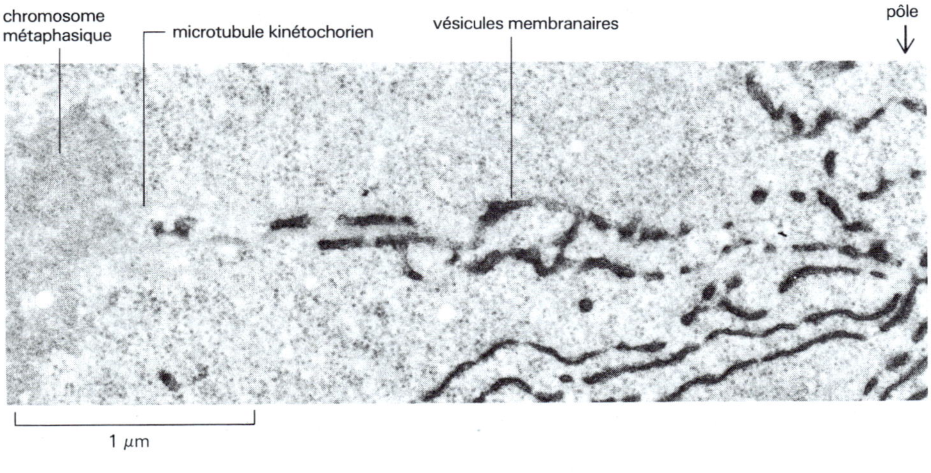

Figure 13-58 Micrographie électronique montrant l'ensemble des vésicules membranaires (ressemblant au réticulum endoplasmique), spécialement colorées pour plus de clarté, qui sont présentes au niveau des pôles du fuseau et semblent s'étirer le long des microtubules du fuseau mitotique. La cellule, en métaphase, provient d'une feuille d'orge (Avec l'autorisation de Peter Hepler, reproduit de *J. Cell Biol.* 86:490-499, 1980. Reproduit avec l'autorisation de la Rockefeller University Press.)

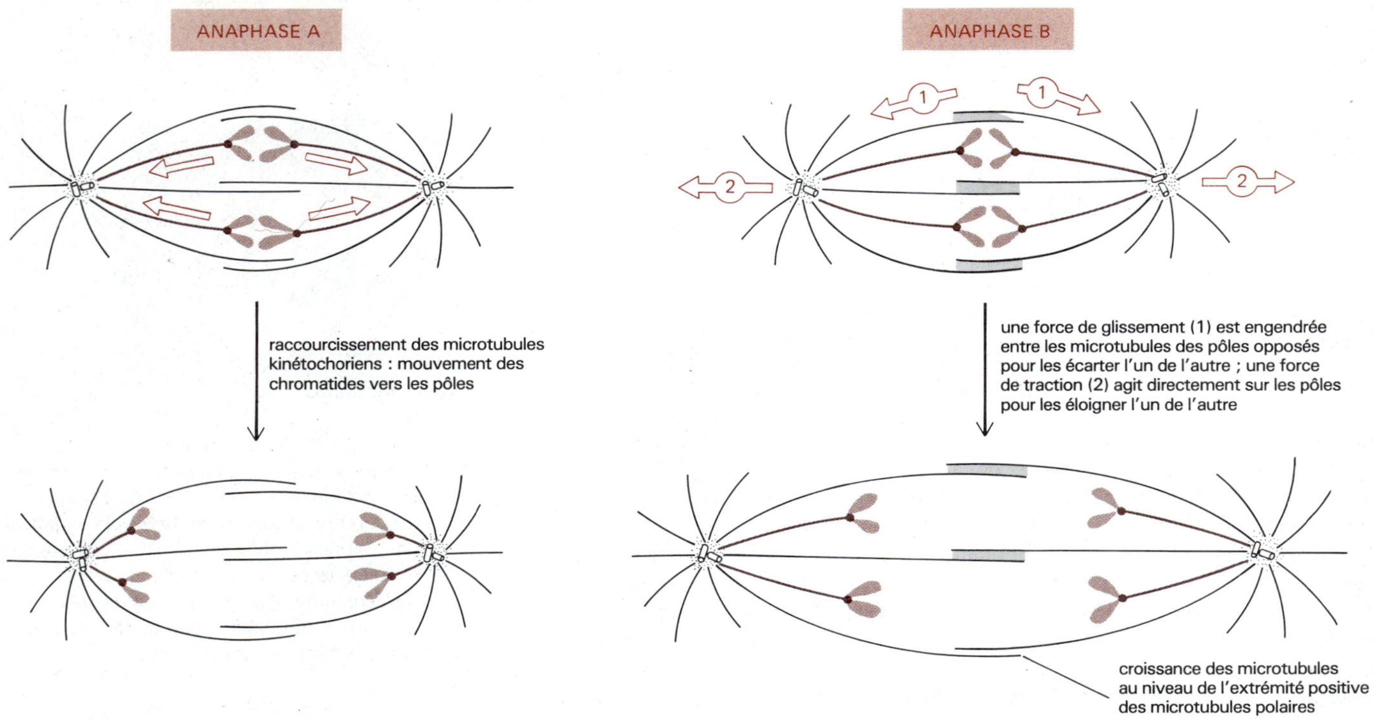

Figure 13-59 Plusieurs forces qui agissent en anaphase pour séparer les chromatides sœurs. (A) Les chromatides sont *tirées* vers les pôles opposés par des forces associées au raccourcissement de leurs microtubules kinétochoriens, un mouvement connu sous le nom d'*anaphase A*. (B) Simultanément, les deux pôles du fuseau s'éloignent l'un de l'autre, un mouvement connu sous le nom d'*anaphase B*. Il est vraisemblable que les forces qui provoquent l'anaphase B et celles qui provoquent le clivage du centrosome et sa séparation en deux pôles du fuseau à la prophase sont semblables (voir Figure 13-46). Il est probable que deux forces séparées sont responsables de l'anaphase B : (1) l'élongation et le glissement des microtubules polaires *écartent* les deux pôles l'un de l'autre, alors que (2) des forces extérieures agissent sur les asters au niveau de chaque pôle du fuseau pour *éloigner* ces pôles l'un de l'autre.

Deux mécanismes distincts permettent la séparation des chromosomes à l'anaphase [42]

Dès le clivage de chaque chromosome, en réponse au déclenchement de l'anaphase, ses deux chromatides se déplacent vers les pôles opposés du fuseau, où elles s'assembleront dans le noyau d'une nouvelle cellule. Leur mouvement semble résulter de deux mécanismes indépendants au sein du fuseau (Figure 13-59). Le premier, généralement connu sous le nom d'**anaphase A**, est un mouvement des chromatides vers les pôles, accompagné d'un raccourcissement des microtubules kinétochoriens. Le second, connu sous le nom d'**anaphase B**, est la séparation des pôles eux-mêmes, associée à l'élongation des microtubules polaires. Il est possible de faire une distinction entre ces deux processus grâce à leur sensibilité différente à certaines drogues. Une faible concentration de chloral, par exemple, empêche la séparation des pôles et l'allongement des microtubules polaires (anaphase B), mais il n'a pas d'effet sur les microtubules kinétochoriens ou sur le mouvement des chromatides vers les pôles (anaphase A). La contribution relative de chacun de ces mécanismes à la séparation finale des chromatides varie considérablement selon les organismes. Dans les cellules de mammifères, l'anaphase B commence peu de temps après le début du voyage des chromatides vers les pôles et cesse dès que le fuseau atteint environ 1,5 à 2 fois sa longueur métaphasique. Dans certaines autres cellules, comme les levures, l'anaphase B ne commence qu'après l'arrivée des chromatides à destination ; chez certains protozoaires, enfin, l'anaphase B est prédominante et les fuseaux s'allongent jusqu'à atteindre 15 fois leur longueur métaphasique.

Au cours de l'anaphase A, les microtubules kinétochoriens se désassemblent [43]

Une force d'une amplitude surprenante s'exerce sur un chromosome lorsqu'il se déplace de la plaque métaphasique vers le pôle du fuseau. Des mesures de la déviation de fines aiguilles de verre permettent d'estimer ces forces à environ 10^{-5} dynes par chromosome, c'est-à-dire 10 000 fois la force normalement nécessaire pour faire migrer les chromosomes à la vitesse à laquelle ils se déplacent dans le cytoplasme. Il doit donc exister un moteur puissant pour déplacer les chromosomes, mais la vitesse de leur déplacement doit être limitée par autre chose que la viscosité. Comme nous l'avons mentionné plus haut, la même force motrice peut être à l'origine de la tension appliquée aux chromosomes sur la plaque équatoriale.

Lorsque chaque chromosome migre vers un pôle, ses microtubules kinétochoriens se désassemblent, de sorte qu'ils ont pratiquement disparu à la télophase. Il est possible de déterminer le site de perte des sous-unités en injectant de la tubuline marquée dans les cellules

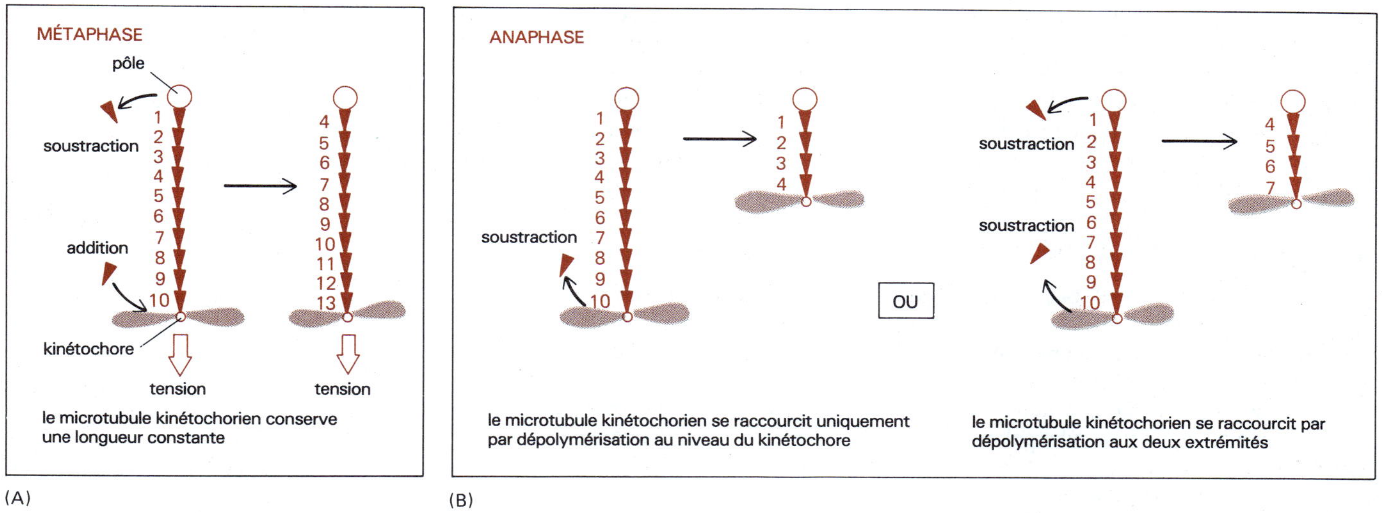

au cours de la métaphase. On trouve que les sous-unités marquées sont ajoutées à l'extrémité kinétochorienne des microtubules kinétochoriens et perdues ensuite au cours de l'anaphase A, indiquant que le kinétochore « mange » en quelque sorte son chemin microtubulaire vers le pôle lors de l'anaphase. Cette conclusion est corroborée par l'observation du déplacement des kinétochores à l'anaphase vers un point fixe engendré par photodécoloration sur les microtubules kinétochoriens. Ce désassemblage des microtubules au niveau des kinétochores, des pôles ou des deux sites est probablement nécessaire au déplacement des chromosomes vers les pôles (Figure 13-60) puisque ce mouvement est inhibé lorsque la dépolymérisation des microtubules est bloquée par addition de taxol ou de D_2O.

Le mécanisme qui assure le déplacement du kinétochore, et par conséquent du chromosome, le long du fuseau au cours de l'anaphase A est encore inconnu. Deux modèles possibles sont présentés schématiquement sur la Figure 13-61. Dans l'un de ces modèles, le kinétochore hydrolyse l'ATP pour se déplacer le long du microtubule auquel il est fixé, l'extrémité plus du microtubule se dépolymérisant lorsqu'elle est mise à découvert. Dans l'autre modèle, c'est la dépolymérisation du microtubule lui-même qui entraîne le mouvement passif du kinétochore, afin d'optimiser son énergie de liaison au microtubule. Une troisième possibilité, qui n'est pas représentée sur la Figure 13-61, est que les microtubules ne sont pas directement responsables de la force de traction des kinétochores vers les pôles mais servent essentiellement à régler les mouvements gérés par une autre structure. On a suggéré par exemple qu'un système de filaments protéiques élastiques — peut-être comparables aux très longs filaments élastiques présents dans le muscle strié (voir p. 624) — pourrait relier le kinétochore au pôle et le tirer régulièrement vers ce pôle.

Figure 13-60 Le comportement des microtubules kinétochoriens se modifie au cours de la transition de la métaphase à l'anaphase. (A) En métaphase, des sous-unités sont ajoutées à l'extrémité plus d'un microtubule au niveau du kinétochore et sont éliminées par l'extrémité moins au niveau du pôle du fuseau. Il existe aussi un flux constant de sous-unités de tubuline vers le pôle, les microtubules restant stationnaires et sous tension. (B) En anaphase, la tension est relâchée et le kinétochore se déplace rapidement sur le microtubule, éliminant des sous-unités de son extrémité plus au fur et à mesure qu'il avance (*côté gauche*). La chromatide qui leur est attachée est ainsi transportée vers un pôle du fuseau. Dans quelques organismes au moins, une partie du mouvement chromatidien est due à un raccourcissement simultané des microtubules au niveau du pôle (*côté droit*).

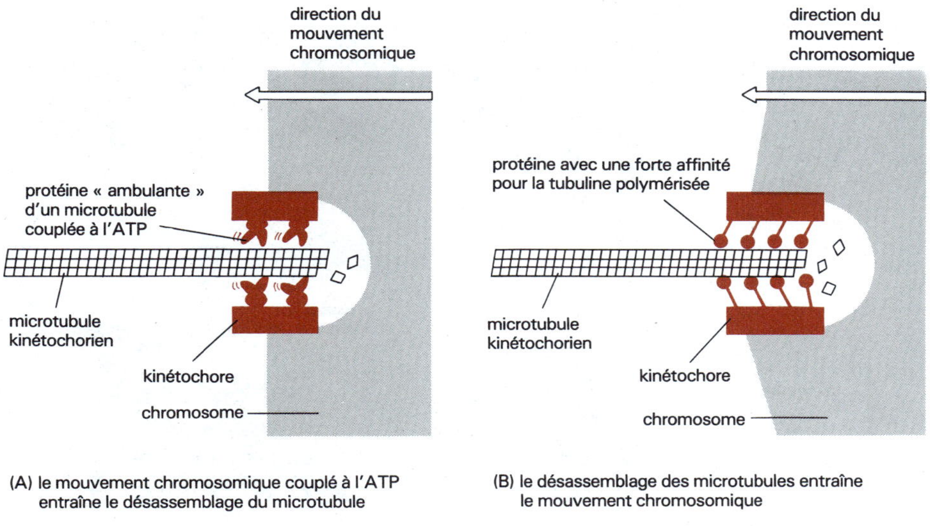

Figure 13-61 Deux modèles possibles de la façon dont le kinétochore pourrait engendrer, sur son chromosome au cours de l'anaphase, une force dirigée vers un pôle. (A) Les protéines ambulantes des microtubules ressemblent à la dynéine ou à la kinésine et constituent une partie du kinétochore ; elles utilisent l'énergie de l'hydrolyse de l'ATP pour tirer le chromosome le long des microtubules qui lui sont liés (voir p. 660). (B) Le mouvement chromosomique est entraîné par le désassemblage des microtubules : lorsque les sous-unités de tubuline se dissocient, le kinétochore a tendance à glisser ves le pôle pour rétablir sa liaison avec les parois du microtubule. Des mécanismes similaires peuvent être utilisés au niveau du pôle du fuseau, qui semble aussi capable de tenir sur les microtubules tout en permettant leur dépolymérisation contrôlée (voir Figure 13-60).

Sans tenir compte du mécanisme à l'origine des forces, il reste à expliquer l'importante variation de l'état de polymérisation du microtubule, au niveau du kinétochore, lors de la transition entre la métaphase et l'anaphase (polymérisation en métaphase, dépolymérisation en anaphase) (voir Figure 13-60). Il est possible que ce soit simplement dû à la diminution soudaine de la tension exercée sur le kinétochore en anaphase ; ceci pourrait remanier la géométrie de l'interaction microtubule-kinétochore, et provoquer ainsi la transformation chimique du kinétochore.

Deux forces différentes peuvent contribuer à l'anaphase B [44]

L'anaphase B augmente la distance entre les deux pôles du fuseau, et, à l'inverse de l'anaphase A, s'accompagne de l'*assemblage* des microtubules. Quand les deux pôles se séparent, les microtubules polaires qui les unissent s'allongent, semble-t-il, par assemblage au niveau de leurs extrémités « plus » distales.

L'importance de la séparation des pôles du fuseau lors de l'anaphase et le degré de chevauchement des microtubules polaires dans la région médiane varie énormément selon les espèces. Chez de nombreux diatomées, qui ont la particularité d'avoir une mitose qui se déroule à l'intérieur de l'enveloppe nucléaire (voir p. 786), les zones de chevauchement des microtubules du fuseau sont particulièrement importantes (Figure 13-62). La reconstitution soigneuse de l'architecture tridimensionnelle de fuseaux entiers de diatomées, à partir de centaines de coupes fines sérielles examinées en microscopie électronique, montre que les microtubules polaires de chaque demi-fuseau se chevauchent dans une région centrale proche de l'équateur du fuseau. Au cours de l'anaphase, ces deux groupes de microtubules polaires antiparallèles semblent s'éloigner l'un de l'autre, en glissant, dans la région de chevauchement.

Il est également possible d'étudier les mouvements anaphasiques dans des cellules de diatomées lysées. Dans ce système, l'important fuseau mitotique est librement accessible, de sorte qu'il est possible de tester les effets de différentes sondes macromoléculaires (y compris des anticorps spécifiques). Les inhibiteurs qui se lient soit à l'actine, soit à la myosine (tels que les anticorps anti-myosine) n'ont aucun effet sur les mouvements des chromosomes anaphasiques ; il devient de ce fait peu vraisemblable qu'un système générateur de force impliquant l'actine et la myosine, comme celui du muscle, soit responsable des mouvements chromosomiques. D'autres candidats pour ce système générateur de force sont des protéines semblables à la *dynéine*, une protéine associée aux microtubules dans les cils et les flagelles (voir p. 649) ou à la *kinésine*, une protéine impliquée dans le transport axonal rapide (voir p. 660). Ces deux protéines se lient aux microtubules et provoquent un mouvement orienté en hydrolysant l'ATP, mais on ne sait pas encore si elles ont un rôle important dans la mitose.

Dans les cellules des organismes supérieurs, l'enveloppe nucléaire disparaît avant la formation du fuseau, et il est possible que les microtubules astraux (ceux qui sont orientés à l'opposé du fuseau mitotique, voir p. 772) jouent un rôle plus important que chez les diatomées

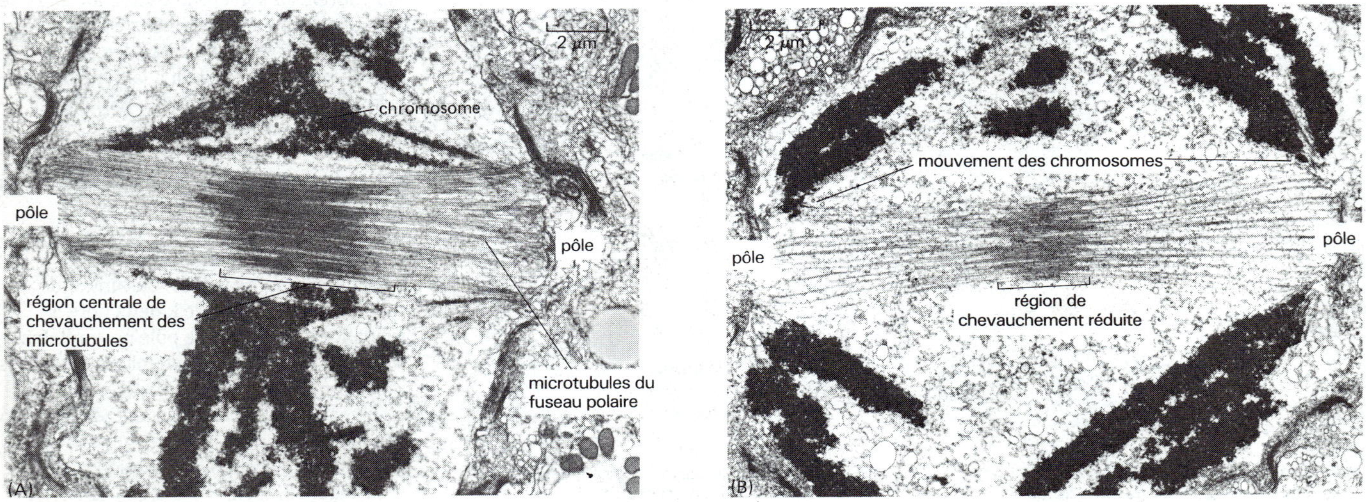

Figure 13-62 Micrographies électroniques montrant à la fois l'élongation du fuseau et la diminution du chevauchement des microtubules polaires au cours de la mitose chez une diatomée. (A) Métaphase. (B) Anaphase tardive. (Avec l'autorisation de Jeremy D. Pickett-Heaps.)

dans l'anaphase B. Les microtubules du fuseau de certains œufs d'invertébrés marins, par exemple, peuvent être sectionnés sans entraîner le blocage de l'anaphase B, suggèrant que les pôles du fuseau sont *tirés* loin l'un de l'autre — probablement par une interaction attractive, entre les microtubules astraux et le cortex cellulaire. Le même type d'interaction pourrait participer aux clivages cellulaires asymétriques (voir p. 779).

En télophase, l'enveloppe nucléaire se reforme tout d'abord autour de chaque chromosome individuel [45]

A la fin de l'anaphase, les chromosomes sont totalement séparés en deux groupes égaux, situés chacun à l'un des pôles du fuseau. Au cours de la **télophase**, le stade final de la mitose, une enveloppe nucléaire se reforme autour de chaque groupe de chromosomes pour constituer les deux noyaux fils interphasiques.

Il faut considérer au moins trois parties du complexe de l'enveloppe nucléaire, pendant sa fragmentation puis sa reconstitution au cours de la mitose : (1) les *membranes nucléaires externe et interne* proprement dites, qui sont en continuité avec les membranes du réticulum endoplasmique (voir p. 484) ; (2) la *lamina nucléaire* sous-jacente (un fin réseau de filaments intermédiaires, en forme de feuillet, formé à partir de lamines nucléaires), qui interagit avec la membrane nucléaire interne, la chromatine et les pores nucléaires (voir p. 665) ; et (3) les *pores nucléaires* qui sont formés de gros complexes de protéines incomplètement caractérisées (voir p. 422). En prophase, il y a phosphorylation de nombreuses protéines. Alors que la phosphorylation des molécules d'histone H1 favorise vraisemblablement la condensation des chromosomes (voir p. 736), la phosphorylation des lamines nucléaires participe à la régulation de la désintégration puis de la reconstitution de l'enveloppe nucléaire. La phosphorylation des lamines a lieu en plusieurs sites différents dans chaque chaîne polypeptidique et provoque leur dissociation, entraînant, de ce fait, la rupture de la lamina nucléaire. Par la suite, l'enveloppe nucléaire proprement dite se dissocie en petites vésicules membranaires, en réponse, peut-être, à un signal différent.

La brusque transition de la métaphase à l'anaphase déclenche sans doute la déphosphorylation des nombreuses protéines, y compris les molécules d'histone H1 et les lamines, qui étaient phosphorylées à la prophase. Peu de temps après, à la télophase, des vésicules de membrane nucléaire s'associent à la surface de chaque chromosome et fusionnent pour reformer les membranes nucléaires qui entourent partiellement des groupes de chromosomes avant de fusionner pour reconstituer l'enveloppe nucléaire complète (Figure 13-63). Au cours de ce processus, les pores nucléaires sont reconstitués et les lamines déphosphorylées se réassocient pour former la lamina nucléaire. L'une des protéines de la lamina (la lamine B)

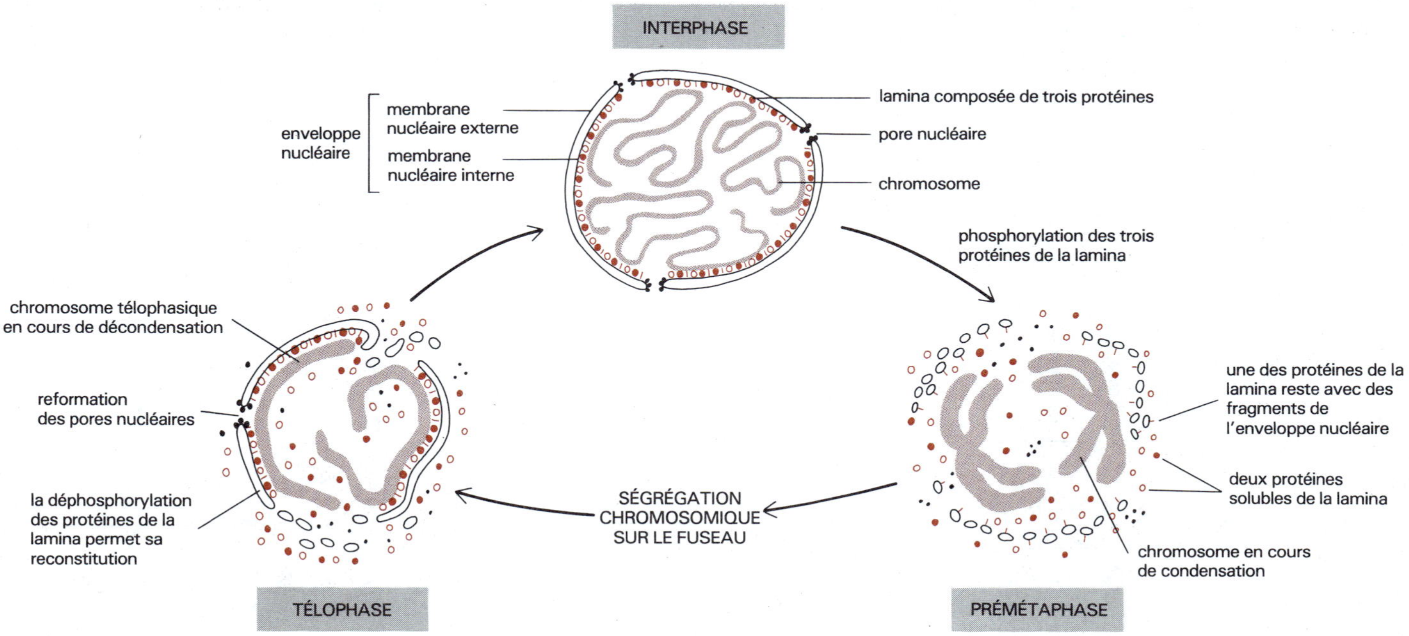

Figure 13-63 Représentation schématique du cycle de l'enveloppe nucléaire qui se produit au cours de la mitose. Les membranes nucléaires se fragmentent en petites vésicules à la prémétaphase et se réassemblent à la télophase. Entre ces deux phases, alors que l'enveloppe nucléaire est rompue et que les pores nucléaires et la lamina nucléaire sont dispersés en sous-unités, l'ensemble des mouvements mitotiques qui entraînent la ségrégation des deux séries de chromosomes vers des pôles opposés, ont lieu. Comme le montre la figure, la nouvelle enveloppe nucléaire dans chaque cellule fille est formée par la fusion des vésicules membranaires à la surface des chromosomes regroupés. De cette façon, la majorité des composants cytoplasmiques sont exclus du nouveau noyau.

reste associée aux fragments de membrane nucléaire tout au long de la mitose et pourrait jouer un rôle coordinateur dans la réassociation. Après la reconstruction du noyau, la synthèse d'ARN reprend, entraînant la réapparition du nucléole, pendant que la chromatine se déroule et reprend une configuration interphasique très dispersée.

Le désassemblage et l'assemblage nucléaires se produiront dans des extraits bruts d'œufs de *Xénope*, à condition que ces extraits soient préparés à partir de cellules prises au bon stade du cycle cellulaire (cellules en mitose pour le désassemblage et cellules en interphase pour l'assemblage). Dans ces extraits, il apparaît que l'ensemble du processus mettant en jeu la lamina, les pores nucléaires et les membranes nucléaires se déroule normalement en réponse à des cycles de phosphorylation et de déphosphorylation. De tels systèmes *in vitro* fournissent donc une technique d'identification et de purification des protéines qui catalysent l'assemblage et la dissociation de l'enveloppe nucléaire dans la cellule, ainsi que des protéines (comme le MPF) qui règlent ces processus. Tandis qu'il faut ajouter l'ADN à ces extraits pour assembler un noyau, une enveloppe nucléaire complète se formera autour de molécules d'ADN purifiées à partir de n'importe quel organisme, y compris un virus bactérien. Par conséquent, tandis que l'implication de protéines de liaison à l'ADN est évidente il est peu vraisemblable que des séquences spécifiques d'ADN soient reconnues au cours du réassemblage du noyau.

Curieusement, la fragmentation de l'enveloppe nucléaire n'est pas indispensable à la mitose. De fait, nous verrons plus loin que, chez des eucaryotes inférieurs, l'enveloppe nucléaire ne se désorganise pas au cours de la mitose ; on dit que ces organismes ont un fuseau mitotique fermé plutôt qu'ouvert.

La métaphase et l'interphase peuvent être considérées comme des états cellulaires alternatifs « stables » [46]

Une hypothèse actuelle, relative au cycle mitotique, est schématisée dans la Figure 13-64. Dans un sens, il s'agit d'une interprétation chimique de la mitose, dans laquelle l'interphase et la métaphase sont considérées comme les deux états « stables » alternatifs que peut adopter la cellule, les autres stades de la mitose étant essentiellement des intermédiaires nécessaires dans la transition entre ces deux états. On suppose qu'un unique « commutateur de phase M » est ouvert à la fin de l'interphase entraînant le passage de la cellule par la prophase et la prémétaphase pour atteindre une configuration métaphasique plus stable. A la fin de la métaphase, le commutateur de phase M est brusquement fermé et la cellule passe par l'anaphase et la télophase pour retourner en interphase, qui est l'état le plus stable correspondant à la position « arrêt » du commutateur. Cette interprétation de la mitose est corroborée aussi bien par la nature des modifications qui se produisent au niveau des éléments microtubulaires du cytosquelette (voir Figure 13-48) que par les modifications subites qui affectent les activités et les états de phosphorylation de plusieurs protéines relatives à la mitose au niveau des frontières interphase-prophase (commutateur sur « marche ») et anaphase-métaphase (commutateur sur « arrêt ») (voir page 736). La position du commutateur pourrait correspondre au niveau d'activité du MPF dans la cellule, comme nous en avons discuté auparavant dans ce chapitre lors de notre analyse du cycle du MPF (voir Figure 13-15).

Figure 13-64 Un commutateur mitotique ayant seulement deux états, « marche » et « arrêt », peut entraîner les cellules dans et hors de la phase M. De ce point de vue, l'état « marche » induit de nombreuses phosphorylations protéiques qui sont propres aux cellules en mitose. Une succession de modifications structurales, qui ne nécessitent pas de déclenchements individuels, ont ensuite lieu au cours de l'assemblage du fuseau. Elles représentent plutôt une série d'étapes énergétiquement favorables le long d'une voie qui conduit à l'état métaphasique stable. Cet état persiste ensuite jusqu'au déclenchement de l'anaphase lorsque le commutateur est « fermé » et les déphosphorylations protéiques rétablissent les paramètres globaux. Ceci induit une nouvelle série de modifications structurales (y compris la séparation chromosomique) qui rétablissent l'état interphasique stable.

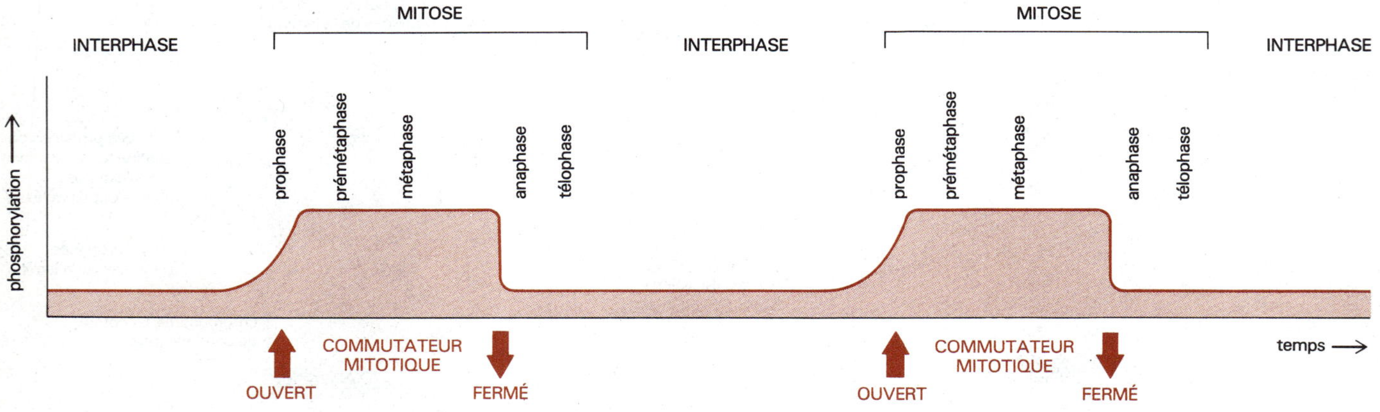

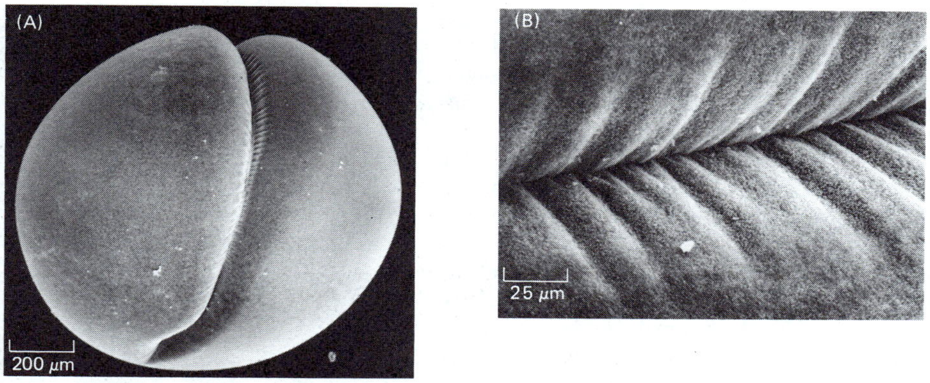

Figure 13-65 Clichés en microscopie électronique à balayage montrant le clivage, à un stade précoce, d'un œuf de grenouille. Le sillon dans la membrane cellulaire est provoqué par l'activité de l'anneau contractile sous-jacent. Le sillon de clivage est inhabituellement visible et bien défini dans cette cellule sphérique géante. (A) Surface de l'œuf à faible grossissement. (B) Surface du sillon à fort grossissement. (D'après H.W. Beams et R.G Kessel, *Am. Sci.* 64:279-290, 1976. Reproduit avec l'autorisation de l'American Scientist, journal de Sigma Xi.)

13-30 Le fuseau mitotique détermine le site de clivage du cytoplasme pendant la cytodiérèse [47]

Au cours de la **cytodiérèse** (ou **cytocinèse**), le cytoplasme se divise selon un processus appelé *segmentation* (ou clivage). Bien que la division du noyau et celle du cytoplasme soient généralement liées, ce sont des événements distincts. Dans certaines circonstances, normales, la division du noyau n'est pas suivie de cytodiérèse. L'embryon précoce de *Drosophile*, par exemple, subit 13 cycles de division nucléaire sans division cytoplasmique, conduisant à une seule cellule géante renfermant 6 000 noyaux disposés en monocouche près de la surface cellulaire. Des cellules mononucléées sont ensuite engendrées par segmentation cytoplasmique autour de tous ces noyaux (voir p. 923).

Bien que la segmentation n'accompagne pas nécessairement la mitose, le fuseau mitotique joue un rôle important en fixant sa localisation et le moment auquel elle se produit. La cytodiérèse commence d'ordinaire au cours de l'anaphase, et se poursuit pendant toute la durée de la télophase, et au cours de la période interphasique suivante. Le premier signe visible de segmentation dans les cellules animales est un plissement de la membrane plasmique pendant l'anaphase, formant le **sillon de division** (Figure 13-65). Ce sillon de division apparait invariablement dans le plan de la plaque équatoriale, perpendiculairement à l'axe longitudinal du fuseau mitotique. Si le fuseau est déplacé par micromanipulation, suffisamment tôt au cours de l'anaphase, le sillon naissant disparaît et un nouveau sillon se forme en accord avec le nouvel emplacement du fuseau. Des expériences ingénieuses, réalisées sur des œufs fécondés d'oursins, montrent qu'un sillon de division se formera à mi-distance entre les asters issus des deux centrosomes même si les centrosomes ne sont pas reliés par un fuseau mitotique (Figure 13-66). Ultérieurement, une fois la formation du sillon bien engagée, la segmentation s'effectue même si le fuseau et ses asters sont retirés par aspiration, ou détruits par la colchicine.

La majorité des cellules se divisent de manière symétrique. Le sillon de division se forme autour de l'équateur de la cellule parentale, de sorte que les deux cellules filles produites sont de même taille et ont des propriétés identiques. Il existe toutefois, au cours du développement embryonnaire, de nombreux cas de division cellulaire asymétrique : le sillon crée deux cellules différentes destinées à suivre des voies de développement différentes. Les divisions de ce type sont souvent définies spatialement avec précision. Elles peuvent par exemple s'organiser afin que s'installent des relations très précises avec la surface d'un feuillet épithélial, par exemple, ou ségréger des régions du cytoplasme dont les organites restants sont différents. Que la

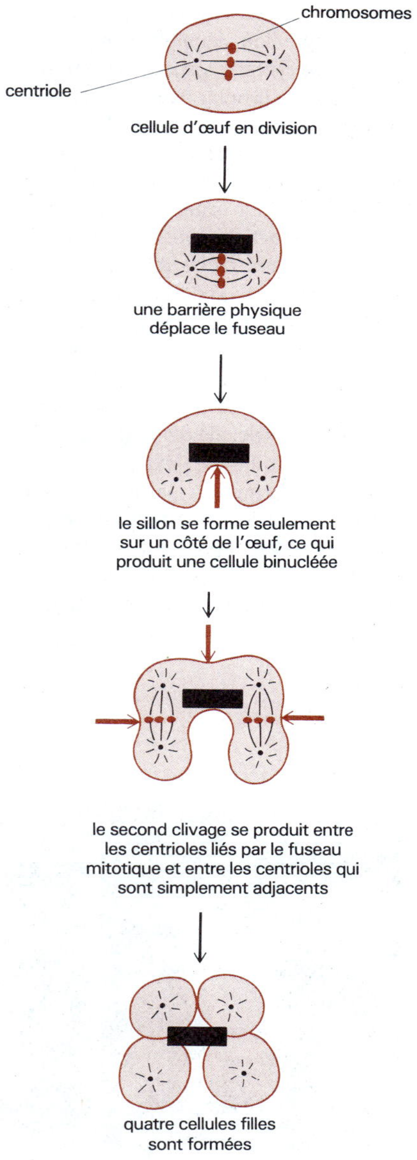

Figure 13-66 Une expérience qui montre l'influence de la position du fuseau sur le futur plan de clivage. Si le fuseau d'une cellule mitotique est mécaniquement repoussé d'un côté, la formation du sillon membranaire est incomplète, manquant de se produire sur le côté opposé de la cellule. Les clivages ultérieurs ont lieu non seulement selon la manière normale propre aux deux fuseaux mitotiques, mais aussi entre les deux asters adjacents qui ne sont pas liés par un fuseau mitotique mais qui, dans cette cellule anormale, partagent le même cytoplasme. Apparemment, le faisceau contractile de filaments d'actine qui produit le sillon de clivage se forme toujours dans la région à mi-distance entre les deux asters, impliquant que les asters modifient d'une façon ou d'une autre la région adjacente du cortex cellulaire.

division soit symétrique ou non, la position de la zone de plissements, et par conséquent le plan de division, est toujours anticipée par la position du fuseau mitotique. Pour orienter le plan de division, le fuseau peut effectuer une rotation, de façon programmée, pour adopter une position correcte dans la cellule (Figure 13-67). Il paraît vraisemblable que ces mouvements du fuseau soient dirigés par des modifications programmées dans des régions spécifiques du cortex cellulaire et que le cortex déplace ensuite les pôles du fuseau via leurs microtubules astériens. Il est probable que la mise en place du centrosome dans une cellule polarisée se fait selon un mécanisme analogue (voir p. 658). La structure du cortex riche en actine est étudiée dans le Chapitre 11 (voir p. 629).

Les microtubules, et tous les faisceaux de filaments d'actine présents dans le cytosquelette interphasique, sont dissociés au cours de la mitose. Les *filaments intermédiaires*, qui sont les autres éléments principaux du cytosquelette, restent intacts. Dans la majorité des cellules, le réseau des filaments intermédiaires cytoplasmiques qui entoure le noyau interphasique s'allonge pendant la mitose jusqu'à emprisonner les deux noyaux fils, et est finalement divisé en deux par le sillon de division (Figure 13-68).

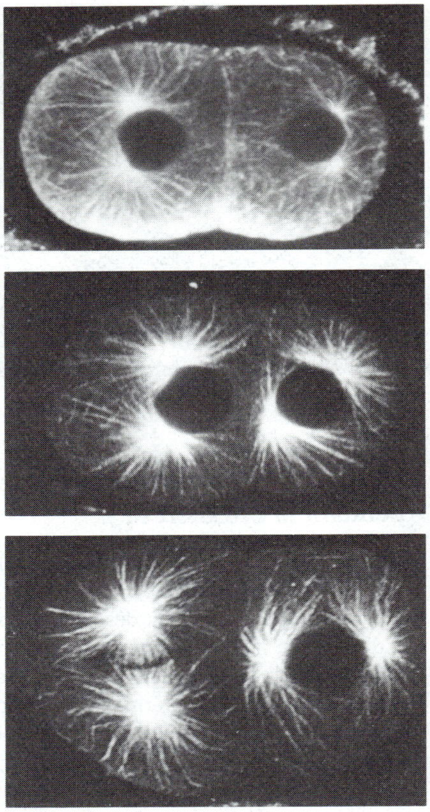

Figure 13-67 Micrographies photoniques montrant une rotation précisément programmée d'un fuseau mitotique dans un embryon du nématode *C. elegans* au stade deux cellules en prévision de la segmentation pour former quatre cellules selon un schéma spécifique. (Avec l'autorisation de John White).

L'actine et la myosine engendrent les forces nécessaires à la segmentation [48]

La segmentation est réalisée lors de la contraction d'un anneau, essentiellement composé de filaments d'actine. Ce faisceau de filaments, connu sous le nom d'**anneau contractile** (Figure 13-69), est associé à la face cytoplasmique de la membrane plasmique par des protéines d'ancrage qui ne sont pas caractérisées. L'anneau contractile s'assemble selon un mécanisme inconnu au début de l'anaphase ; une fois assemblé, il développe une force suffisante pour courber une fine aiguille de verre insérée dans la cellule. Il existe des arguments convaincants selon lesquels cette force est engendrée, dans l'anneau contractile, par le glissement, semblable à celui qui se produit dans les muscles, des filaments d'actine et de myosine. Dans des cellules mitotiques lysées, par exemple, l'addition d'un seul fragment inactif de myosine bloque, sur l'actine, des sites auquel se fixe normalement la myosine, arrêtant aussi la segmentation. De même, l'injection d'anticorps anti-myosine dans des œufs d'oursin entraîne le relâchement du sillon de division sans affecter la division nucléaire. On ne sait pas, cependant, comment l'interaction actine-myosine peut provoquer l'invagination de la membrane plasmique.

Au cours d'une division cellulaire normale, l'anneau contractile conserve la même épaisseur lorsque le sillon s'invagine, suggérant que son volume diminue continuellement, par perte de filaments. L'anneau en est finalement dépourvu à la fin de la segmentation au moment où la membrane plasmique du sillon de division se rétrécit pour former le **corps intermédiaire** (« mid body ») qui reste comme une attache entre les deux cellules filles. Le corps intermédiaire renferme les restes des deux jeux de microtubules polaires, étroitement empaquetés avec une substance matricielle dense (Figure 13-70).

La cytodiérèse augmente considérablement la surface cellulaire totale lorsque deux cellules se forment à partir d'une seule cellule. Les deux cellules filles qui résultent de la cytodiérèse nécessitent donc davantage de membrane plasmique que la cellule parentale. Dans les cellules animales, la biosynthèse nette de membrane augmente juste avant la division cellulaire. Cet « excès » membranaire semble être stocké sous forme d'*ampoules* à la surface des cellules sur le point de se diviser.

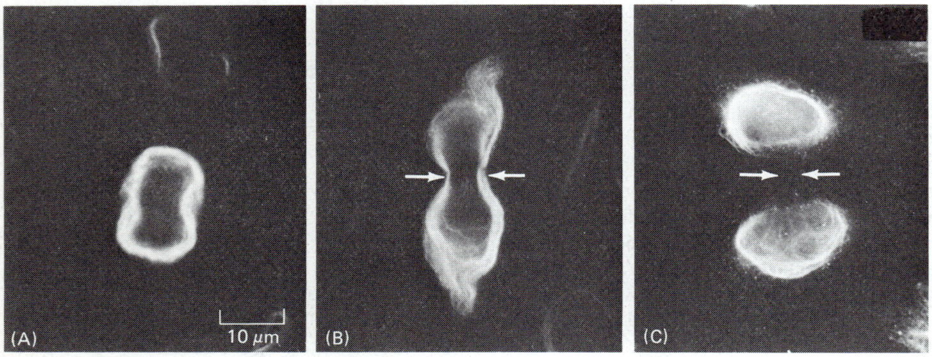

Figure 13-68 Une couche de filaments intermédiaires entoure la région nucléaire au cours de la mitose. Les micrographies en immunofluorescence furent obtenues ici par marquage de cellules perméabilisées avec des anticorps fluorescents qui se fixent aux filaments intermédiaires : (A) anaphase, (B) télophase précoce (les pointes de flèches indiquent la position de l'anneau contractile), (C) télophase tardive. (D'après S.H. Blose, *Proc. Natl. Acad. Sci. USA* 76:3372-3376, 1979.)

Figure 13-69 Micrographie électronique de la bordure du sillon de division qui progresse en direction centripète dans une cellule animale en division. Une représentation schématique d'un sillon de division dans une cellule en division est donnée au-dessus de la micrographie afin de préciser l'orientation. (D'après H.W. Beams et R.G. Kessel, *Am. Sci.* 64:279-290, 1965. Reproduit avec l'autorisation de l'American Scientist, journal de Sigma Xi.)

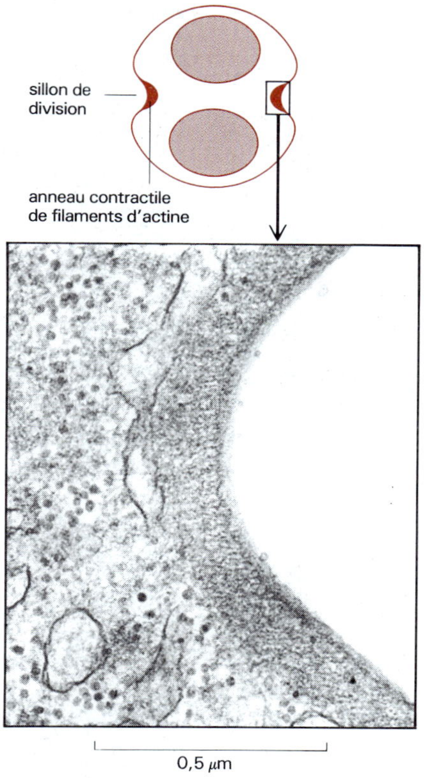

La cytodiérèse se déroule selon un mécanisme totalement différent dans les cellules des végétaux supérieurs [49]

La majorité des cellules des végétaux supérieurs sont entourés d' une *paroi cellulaire* rigide et le mécanisme de cytodiérèse dans ces cellules est très différent de celui que nous venons de décrire pour les cellules animales. Le cytoplasme est divisé, à l'intérieur de la cellule végétale, par l'élaboration d'une nouvelle paroi cellulaire entre les deux cellules filles, plutôt que par l'épincement des deux cellules filles, assuré par l'anneau contractile à la surface de la cellule. Ce partage détermine précisément les positions relatives que les deux cellules filles occuperont ensuite dans le végétal. Il s'ensuit que le plan de division ainsi que l'extension cellulaire déterminent la forme du végétal (voir Chapitre 20).

La nouvelle paroi transversale, ou **plaque cellulaire** commence à s'assembler dans un plan situé entre les deux noyaux fils et en association avec les microtubules polaires résiduels du fuseau, qui forment une structure cylindrique appelée **phragmoplaste**. Cette structure, correspondant aux microtubules du corps intermédiaire animal, contient deux jeux de microtubules orientés tête-bêche et organisés en une rangée parallèle (voir Figure 20-42, p. 1166). Les microtubules sont probablement noyautés au niveau de la surface nucléaire, et leurs extrémités plus sont incluses dans un disque dense aux électrons dans le plan équatorial (voir Figure 20-42, p. 1166). Comme nous l'esquissons dans la Figure 13-71, de petites vésicules limitées par une membrane, essentiellement dérivées de l'appareil de Golgi et remplies de précurseurs de la paroi cellulaire, semblent être en contact avec les microtubules de chaque côté du phragmoplaste et être transportées le long des microtubules, jusqu'à ce qu'elles atteignent la région équatoriale. Là, elles fusionnent pour former une structure en forme de disque limitée par une membrane,

(A)

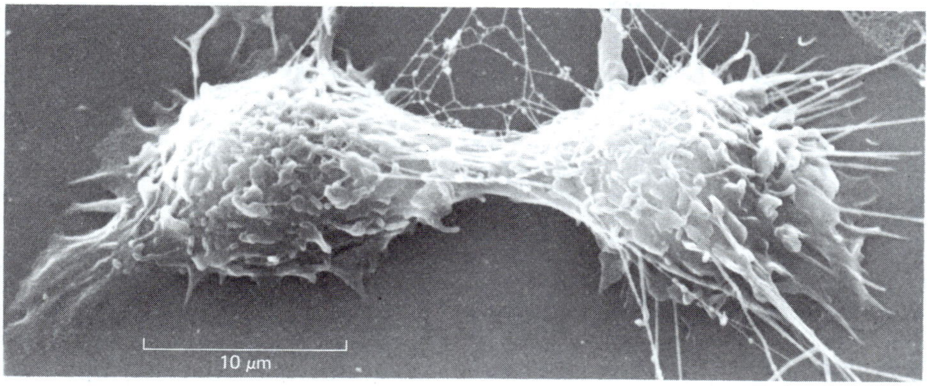

(B)

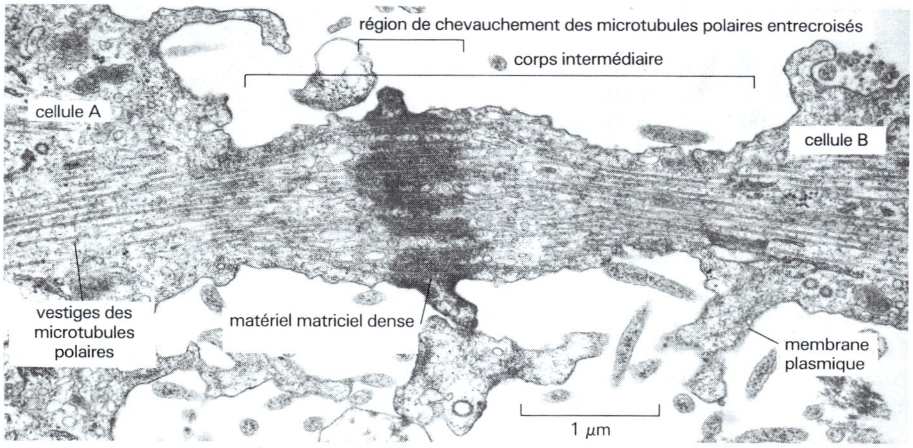

Figure 13-70 (A) Cliché en microscopie électronique à balayage d'une cellule animale en culture en cours de division : le corps intermédiaire relie encore les deux cellules filles. (B) Micrographie électronique d'un corps intermédiaire d'une cellule animale en division. Le clivage est pratiquement complet, mais les cellules filles restent attachées par cette mince bande de cytoplasme. (A, avec l'autorisation de Guenter Albrecht-Buehler ; B, avec l'autorisation de J.M. Mullins.)

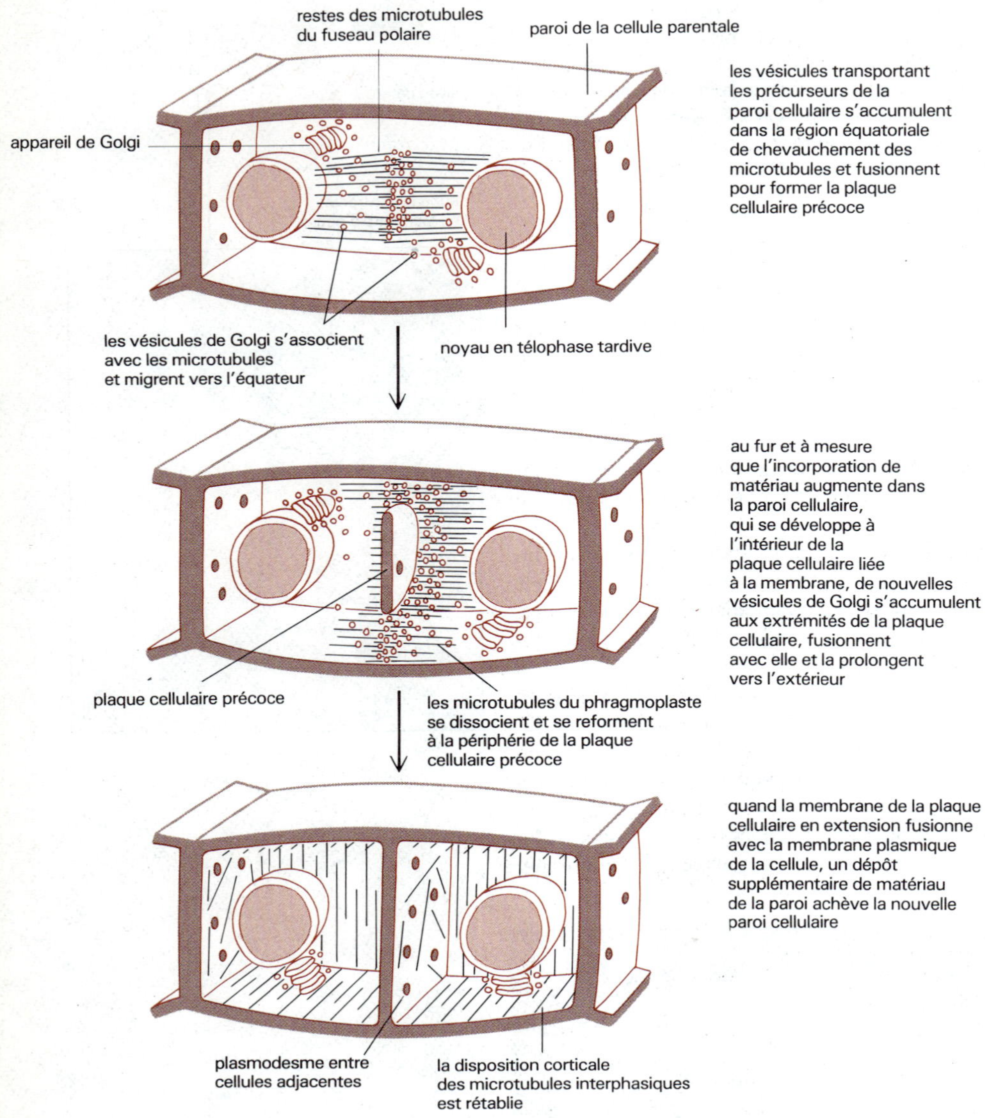

Figure 13-71 Le processus de cytodiérèse dans une cellule de végétal supérieur possédant une paroi cellulaire rigide.

la *plaque cellulaire précoce*. Les molécules polysaccharidiques que ces vésicules libèrent s'assemblent à l'intérieur de la plaque cellulaire précoce pour former la pectine, l'hémicellulose, et d'autres constituants de la paroi cellulaire primaire. Ce disque doit à présent s'étendre latéralement pour atteindre la paroi cellulaire d'origine. Pour ce faire, les microtubules du phragmoplaste précoce sont réorganisés à la périphérie de la plaque cellulaire précoce. A ce niveau, ils attirent d'autres vésicules ; celles-ci fusionnent à nouveau au niveau de l'équateur, pour étendre le pourtour de la plaque. Ce processus se poursuit jusqu'à ce que la plaque cellulaire atteigne la membrane plasmique de la cellule parentale et que les membranes fusionnent, séparant complètement les deux nouvelles cellules filles. Les microfibrilles de cellulose sont déposées à l'intérieur de la plaque cellulaire pour achever la nouvelle paroi cellulaire (Figures 13-71 et 13-72).

Associés aux microtubules et aux vésicules de la plaque cellulaire en formation, se trouvent des éléments du réticulum endoplasmique qui restent souvent piégés de part et d'autre de la plaque. Ceux-ci sont ensuite transformés en *plasmodesmes*, les pores complexes qui traversent la paroi cellulaire mature et interconnectent les cytoplasmes de toutes les cellules du végétal (voir p. 1151 et Figure 20-20).

Comme dans les cellules animales, la mitose et la cytodiérèse peuvent être dissociées. Dans l'albumen des graines, par exemple, les mitoses ont lieu sans cytodiérèse, produisant une cellule plurinucléée géante. Beaucoup plus tard, longtemps après la dissociation du fuseau mitotique, des parois transversales se forment entre les noyaux séparés pour former de nouvelles cellules.

Figure 13-72 Micrographies de la cytodiérèse dans une cellule végétale. La plaque cellulaire (entre les deux flèches) se forme dans un plan perpendiculaire à la micrographie. Une cellule (A) est observée par microscopie à contraste d'interférence différentielle ; l'autre (B) a été modifiée avec des anticorps couplés à l'or afin de mettre en évidence les deux rangées de microtubules qui contribuent au phragmoplaste. Dans les deux cas, les flèches indiquent le plan de la plaque cellulaire. (A, avec l'autorisation de Jeremy D. Pickett-Heaps ; B, avec l'autorisation de Andrew Bajer.)

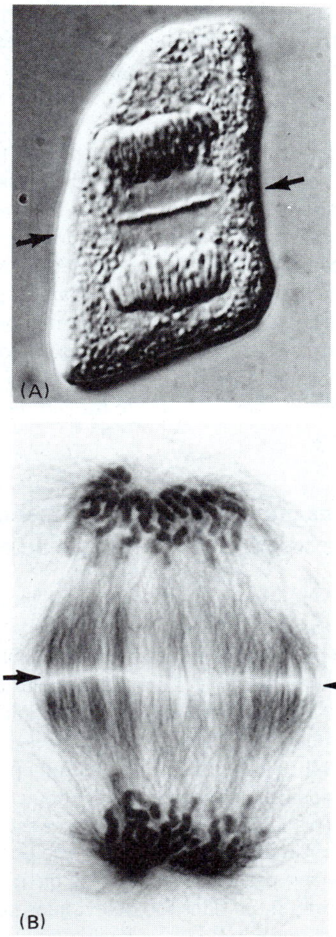

En outre, le fuseau mitotique par lui-même est généralement insuffisant pour déterminer la position exacte et la forme de la plaque cellulaire dont le futur site de jonction avec la paroi de la cellule mère semble être défini très tôt — avant le début de la mitose — par un étroit faisceau de microtubules, appelé *bande préprophasique*, qui est situé juste sous la membrane plasmique (voir p. 1177 et Figure 20-64). Bien que ces microtubules disparaissent lorsque la cellule entre en mitose, ils semblent définir une région du cortex où un réseau radial de filaments d'actine va s'attacher et persister tout au long de la phase M, pour finalement guider la bordure en croissance de la plaque cellulaire vers le site cortical approprié (Figure 13-73). Il semble donc que l'actine a une fonction importante dans la division des cellules possédant une paroi, même si la contraction ne joue aucun rôle évident. L'actine étant également associée à la formation du septum dans les cellules fongiques, elle pourrait être un composant du mécanisme cytocinétique chez tous les eucaryotes.

La cytodiérèse doit permettre la transmission fidèle des organites cytoplasmiques [50]

Le noyau n'est que l'un des nombreux organites cellulaires qui ne peuvent être dupliqués sans copie préexistante. Les ribosomes, par exemple, peuvent s'assembler spontanément à partir de leurs sous-unités, mais ils ne peuvent se former sans ribosomes préexistants pour synthétiser les protéines nécessaires. Les mitochondries et le chloroplaste, d'autre part, ne peuvent pas s'assembler spontanément à partir de leurs divers éléments. Ils ne peuvent résulter que de la croissance et de la division des organites préexistants correspondants (voir p. 388). De la même façon, les mécanismes de croissance d'autres organites, tels que l'appareil de Golgi ou le réticulum endoplasmique, laissent supposer qu'il peut ne pas être possible de faire de nouvelles copies sans la présence préalable d'une partie au moins de la structure correspondante (voir Chapitre 8). De ce fait, chez certaines algues, qui n'ont qu'un chloroplaste ou un appareil de Golgi, l'organite qui n'est présent qu'en un seul exemplaire se scinde en deux avant la cytodiérèse, l'une des deux moitiés étant ensuite distribuée à chaque cellule fille lors de la

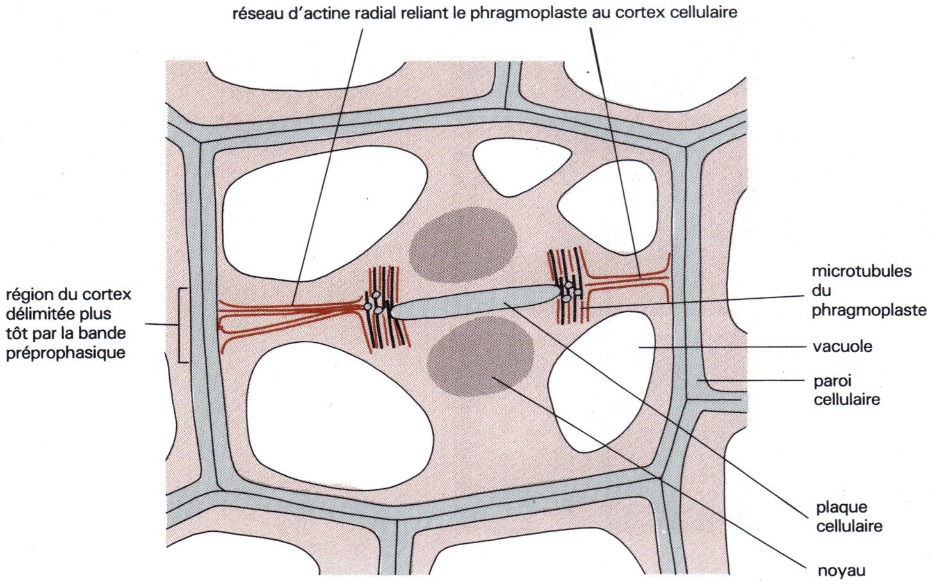

Figure 13-73 L'organisation des filaments d'actine dans une cellule végétale subissant la cytodiérèse. Les filaments d'actine (*traits foncés*) forment un réseau radial qui s'étend du bord du phragmoplaste vers le cortex cellulaire, créant un anneau autour de la cellule. Ce réseau paraît déterminer le plan de formation de la plaque cellulaire. Un ensemble distinct de filaments d'actine s'étend parallèlement aux microtubules qui sont posés sur la nouvelle plaque cellulaire dans le phragmoplaste. Des filaments d'actine supplémentaires (non représentés ici) s'étendent vers le cortex à partir de la région des deux noyaux fils d'un bout à l'autre de la grande vacuole centrale caractéristique des cellules végétales (voir p. 1172) ; ils aident à maintenir de minces chaînes de cytoplasme transvacuolaires.

division cellulaire (voir Figure 7-67, p. 389). La duplication et la ségrégation ordonnées du centrosome, dans les cellules animales, représentent un phénomène comparable (voir Figure 13-46).

En dehors du noyau, comment s'effectue la ségrégation des divers organites limités par une membrane lorsqu'une cellule eucaryote supérieure se divise ? Ils sont suffisamment nombreux (voir Tableau 8-1, p. 407) pour que l'on puisse s'attendre à ce que chacun d'entre eux soit partagé par le sillon de division formé au cours de la cytodiérèse, de façon à ce que chaque cellule fille en reçoive une partie. Ainsi, tandis qu'aucune cellule de mammifère ne peut survivre à moins d'hériter, par exemple, d'une mitochondrie, il est possible qu'aucun mécanisme particulier ne soit nécessaire pour assurer que chaque cellule fille en soit finalement dotée. Il est certain que les organites présents en très grand nombre seront transmis en toute sécurité si, en moyenne, leur nombre double simplement à chaque génération cellulaire. D'autres organites, comme l'appareil de Golgi ou le réticulum endoplasmique, se morcèlent en un ensemble de plus petits fragments et de vésicules au cours de la mitose. Leurs formes très vésiculées peuvent être le moyen de garantir leur distribution uniforme lorsque la cellule se divise.

13-26 Dans quelques cas particuliers, certains composants cellulaires peuvent être ségrégés dans une seule cellule fille [51]

Jusqu'à présent, nous avons eu tendance à considérer que la division cellulaire était un processus dont le seul but était de produire deux cellules filles semblables. Cependant, il est évident qu'un grand nombre des divisions cellulaires impliquées dans le développement et le maintien des tissus d'organismes pluricellulaires complexes sont inégales. Ceci est particulièrement vrai pour les segmentations initiales au cours desquels un œuf fécondé de grande taille est subdivisé en plus petites cellules destinées à former différentes parties de l'organisme (voir p. 892). Nous avons déjà vu comment la mise en place asymétrique du fuseau, au cours de la division cellulaire, peut donner deux cellules de taille inégale (p. 779), mais la génèse de cellules filles biochimiquement différentes est un problème différent.

Un exemple étonnant de ce processus est fourni par le comportement d'un ensemble de granules particuliers de l'œuf du nématode *C. elegans*. Ces « granules P » sont distribués uniformément dans tout le cytoplasme de l'œuf non fécondé, mais ils migrent vers l'extrémité postérieure de la cellule juste avant le premier clivage et ne sont donc transmis qu'à l'une des deux cellules filles (Figure 13-74). Le même type de ségrégation se répète dans plusieurs divisions ultérieures, et les granules aboutissent uniquement dans les cellules qui formeront la

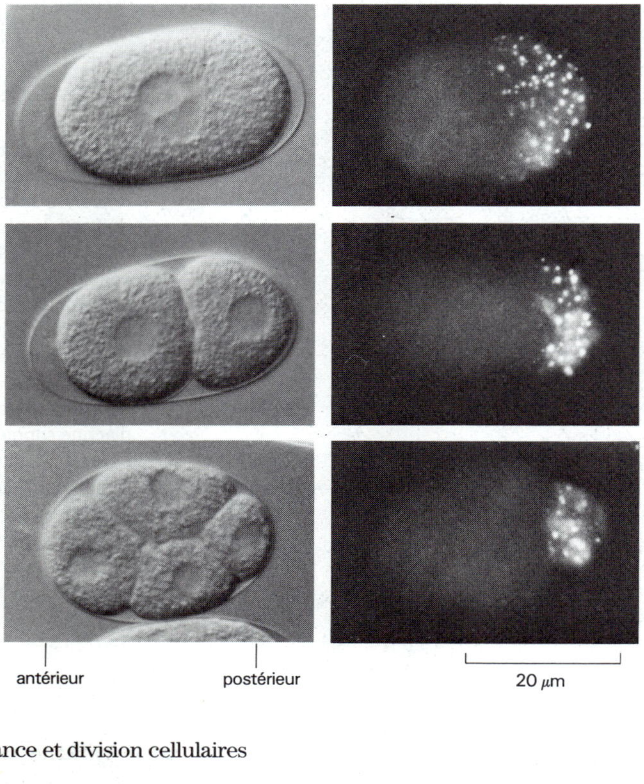

Figure 13-74 La ségrégation asymétrique contrôlée d'un composant cytoplasmique vers une cellule fille au cours de chacune des deux premières divisions cellulaires d'un œuf fécondé du nématode *C. elegans*. Sur la gauche, des cellules vivantes sont observées par microscopie photonique à contraste d'interférence différentielle ; sur la droite, des cellules identiques marquées par un anticorps dirigé contre les granules P. Ces petits granules de fonction inconnue (0,5 à 1 μm de diamètre) sont distribués de façon aléatoire dans tout le cytoplasme d'un ovocyte. (Avec l'autorisation de Susan Strome.)

lignée germinale du nématode (ovules et spermatozoïdes). Il est possible que les granules puissent jouer un rôle dans le contrôle du sort particulier de ces cellules.

Les granules P migreront encore vers l'extrémité postérieure de la cellule, même chez les mutants dans lesquels le fuseau mitotique est mal orienté et tourné perpendiculairement à son axe normal. Par ailleurs, il semble, d'après les études réalisées à l'aide d'inhibiteurs du cytosquelette, que le mouvement orienté des granules P est indépendant des microtubules mais dépend plutôt des filaments d'actine (la ségrégation est bloquée par la cytochalasine D). Bien que la ségrégation inégale de ces constituants semble aussi reposer sur l'analyse de la propriété asymétrique du cytosquelette à base d'actine, le mécanisme moléculaire de leur mouvement orienté est inconnu. Il est tentant de supposer que des mécanismes comparables sont à l'origine de la migration de nombreux constituants normalement invisibles dans les cellules, et que les cellules filles de taille inégale qui en résultent sont ainsi programmées pour des destinées différentes (voir p. 912).

Le processus mitotique élaboré des organismes supérieurs a évolué progressivement à partir des mécanismes de division des procaryotes [52]

Dans les cellules des procaryotes, les divisions de l'ADN et du cytoplasme sont couplées d'une manière très directe. Lorsque l'ADN se réplique, les deux copies du chromosome sont attachées à des régions particulières de la membrane cellulaire qui sont progressivement séparées par l'extension interne de la membrane qui les sépare. La séparation a lieu entre les deux sites de liaison, de sorte que chaque cellule fille prend un chromosome (Figure 13-75). Au cours de l'évolution des eucaryotes, la complexité du génome ainsi que le nombre et la taille des chromosomes augmentèrent. Pour ces organismes, la mise au point d'un mécanisme plus élaboré pour la répartition des chromosomes entre les cellules filles devint apparemment nécessaire.

Manifestement, l'appareil mitotique n'a pas pu évoluer d'un seul coup. Chez de nombreux eucaryotes primitifs, comme le dinoflagellé *Crypthecodinium cohnii*, la mitose conserve un mécanisme d'attachement à la membrane, la membrane nucléaire reprenant alors le rôle joué par la membrane plasmique chez les procaryotes. Le statut intermédiaire de cette algue unicellulaire géante se retrouve au niveau des propriétés biochimiques de ses chromosomes, qui, comme ceux des procaryotes, ont relativement peu de protéines associées. La membrane nucléaire de *C. cohnii* reste intacte au cours de la mitose et les microtubules de fuseau restent entièrement à l'extérieur du noyau. Là où ces microtubules du fuseau font pression sur la face externe de la membrane nucléaire, l'enveloppe se creuse en une série de canaux parallèles (voir Figure 13-75). Les chromosomes s'attachent à la membrane interne de l'enveloppe nucléaire à l'opposé de ces canaux et la séparation des chromosomes s'effectue entièrement sur la face interne de cette membrane nucléaire cannelée. Ainsi, le « fuseau » extranucléaire (qui forme une tige rigide dépourvue de propriétés dynamiques) est essentiellement utilisé pour organiser la membrane nucléaire et définir aussi le plan de division.

Un fuseau un peu plus évolué, bien que toujours extranucléaire peut être observé chez les hypermastigotes chez lesquels, là encore, l'enveloppe nucléaire reste intacte tout au long de la mitose. Ces grands protozoaires des intestins d'insectes, fournissent un exemple particulièrement clair de l'indépendance de l'élongation du fuseau et des mouvements chromosomiques qui séparent les chromatides, puisque les kinétochores frères sont tout d'abord séparés par la croissance de la membrane nucléaire (à laquelle ils sont attachés) avant de se lier au fuseau. Les kinétochores n'acquièrent les fibres kinétochoriennes, nécessaires à leur attachement au fuseau, qu'au moment où ils sont proches du fuseau. Puisque les fibres du fuseau restent séparées des chromosomes par l'enveloppe nucléaire, les fibres kinétochoriennes, formées à l'extérieur du noyau, doivent, d'une manière ou d'une autre, se lier aux chromosomes à travers les membranes nucléaires. Lorsque cette liaison est effective, les kinétochores sont attirés vers les pôles de la manière habituelle (voir Figure 13-75).

Un stade un peu plus évolué des mécanismes mitotiques peut être représenté par les organismes pourvus d'un fuseau à l'intérieur d'un noyau intact. Chez les levures, le fuseau est constitué d'un faisceau intranucléaire continu de microtubules qui va d'un pôle à l'autre et qui s'allonge pendant la mitose (voir Figures 13-75 et 13-16). Dans d'autres espèces, comme les diatomées, le fuseau continu est remplacé par la disposition classique en deux demi-faisceaux

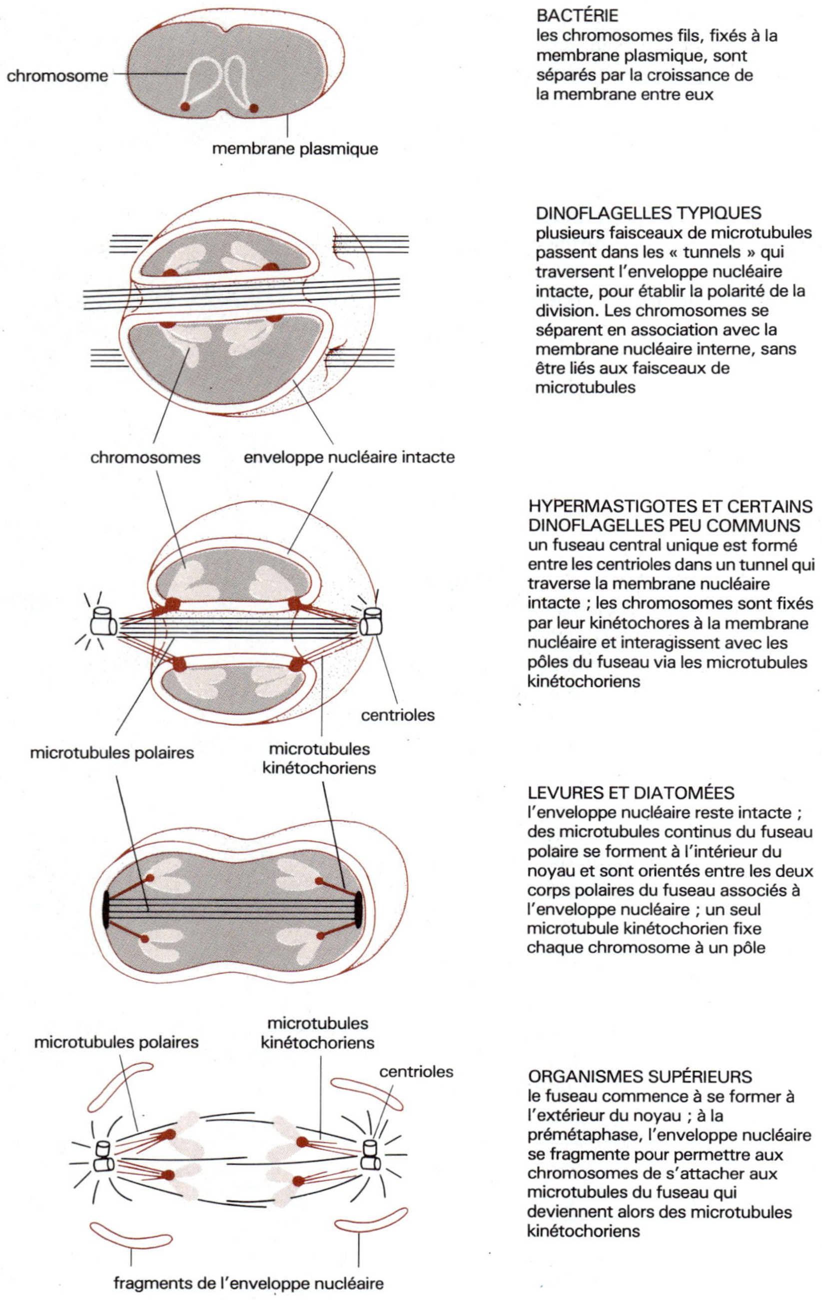

Figure 13-75 Des mécanismes de séparation chromosomiques différents sont utilisés par différents organismes. Certains d'entre eux peuvent avoir été des étapes intermédiaires dans l'évolution du fuseau mitotique des organismes supérieurs. Pour tous les exemples, excepté les bactéries, seule la région nucléaire centrale de la cellule est représentée.

dont les microtubules s'entrecroisent pour former une zone de chevauchement. Chez les levures, comme chez les diatomées, le fuseau est attaché aux chromosomes par leurs kinétochores, et les chromosomes sont ségrégés selon un mécanisme très voisin de celui décrit pour les cellules de mammifères — à ceci près que la totalité du processus se déroule généralement au confins de l'enveloppe nucléaire. Il n'y a pas, à l'heure actuelle, d'argument convaincant pour justifier le développement, chez les animaux et les végétaux supérieurs, d'un appareil mitotique qui nécessite la dissolution contrôlée et réversible de l'enveloppe nucléaire.

Résumé

Le processus de division cellulaire consiste en une division nucléaire (mitose) suivie d'une division cytoplasmique (cytodiérèse). La mitose débute par la prophase, période de transition au cours de laquelle le centrosome se divise pour former les deux pôles du fuseau qui organiseront les mouvements intracellulaires qui suivent. Au même moment, le début de la phase M s'accompagne d'une augmentation importante de la phosphorylation de protéines spécifiques. C'est peut être la raison pour laquelle la cellule mitotique renferme un système de microtubules particulièrement dynamique. Après la rupture de l'enveloppe nucléaire au cours de la prémétaphase, les kinétochores présents sur les chromosomes condensés peuvent capturer et stabiliser des sous-ensembles de microtubules, à partir de la masse de ceux qui s'allongent continuellement à partir de chaque pôle du fuseau. Des forces opposées, dirigées vers les pôles, tirent sur ces microtubules kinétochoriens, créant une tension qui provoque l'alignement des chromosomes au niveau de la zone équatoriale du fuseau au cours de la métaphase. A l'anaphase, cette tension se relache brusquement au moment où les chromatides sœurs se détachent l'un de l'autre et sont tirés vers les pôles opposés. De plus, les deux pôles mitotiques s'éloignent souvent l'un de l'autre. Au cours de la phase finale de la mitose, la télophase, l'enveloppe nucléaire se reforme à la surface de chaque groupe de chromosomes séparés, au moment où les protéines phosphorylées en début de phase M sont déphosphorylées.

La division cellulaire s'achève au moment où le contenu cytoplasmique est divisé selon le processus de cytodiérèse, les chromosomes se décondensent et la synthèse d'ARN reprend. La cytodiérèse semble être guidée par des faisceaux de filaments d'actine dans des cellules eucaryotes aussi différentes que celles des animaux, des végétaux, et des champignons. Les organites de grande taille limités par une membrane, comme l'appareil de Golgi et le réticulum endoplasmique, se morcèlent en fragments plus petits et en vésicules pendant la phase M, ce qui assure vraisemblablement leur distribution équitable dans les cellules filles. Toutefois, la cytodiérèse peut aussi comporter une distribution de matériaux asymétrique et programmée. Une cellule donnée peut par exemple se diviser en deux cellules de tailles différentes ou encore un constituant spécifique du cytoplasme peut être déplacé vers un point particulier de la cellule avant la cytodiérèse, de sorte qu'il ne sera transmis qu'à une seule des deux cellules filles qui sont par ailleurs identiques.

Bibliographie

Ouvrages généraux

Baserga, R. The Biology of Cell Reproduction. Cambridge, MA : Harvard University Press, 1985.

Beach, D. ; Basilico, C. ; Newport, J., eds. Cell Cycle Control in Eucaryotes. Cold Spring Harbour, NY : Cold Spring Harbor Laboratory, 1988.

John, P.C.L., ed. The Cell Cycle. Cambridge, U.K. : Cambridge University Press, 1981.

Mitchinson, J.M. The Biology of the Cell Cycle. Cambridge, U.K. : Cambridge University Press, 1971.

Pollack, R. Readings in Mammalian Cell Culture, 2nd ed. Cold Spring Harbour, NY : Col Spring Harbour Laboratory, 1981. (Une anthologie, comprenant de nombreux articles importants sur la croissance et la division cellulaires).

Prescott, D.M. Reproduction of Eucaryotic Cells. New York : Academic Press, 1976.

Articles cités

1. Baserga, R. The Biology of Cell Reproduction. Cambridge, MA : Harvard University Press, 1985.

   Howard, A. ; Pelc, S.R. Nuclear incorporation of P^32 as demonstrated by autoradiographs. *Exp. Cell Res.* 2:178-187, 1951.

   Lloyd, D. ; Poole, R.K. ; Edwards, S.W. The Cell Division Cycle. New York: Academic Press, 1982.

   Mitchinson, J.M. The Biology of the Cell Cycle. Cambridge, U.K. : Cambridge University Press, 1971.

2. Van Dilla, M.A. ; Trujillo, T.T. ; Mullaney, P.F. ; Coulter, J.R. Cell microfluorometry : a method for rapid fluorescence measurement. *Science* 163:1213-1214, 1969.

3. Creanor, J. ; Mitchinson, J.M. Patterns of protein synthesis during the cell cycle of the fission yeast *Schizosaccharomyces pombe. J. Cell Sci.* 58:263-285, 1982.

   Pardee, A.B. ; Coppock, D.L. ; Yang, H.C. Regulation of cell proliferation at the onset of DNA synthesis. *J. Cell Sci.*, Suppl. 4:171-180, 1986.

4. Rao, P.N. ; Johnson, R.T. Mammalian cell fusion : studies on the regulation of DNA synthesis and mitosis. *Nature* 225:159-164, 1970.

5. Xeros, N. Deoxyriboside control and synchronization of mitosis. *Nature*194:682-683, 1962.

6. Mitchinson, J.M. The Biology of the Cell Cycle, pp. 234-244. Cambridge, U.K. : Cambridge University Press, 1971.

   Schlegel, R. ; Pardee, A.B. Caffeine-induced uncoupling of mitosis from the completion of DNA replication in mammalian cells. *Science* 232:1264-1266, 1986.

7. Johnson, R.T. ; Rao, P.N. Mammalian cell fusion : induction of premature chromosome condensation in interphase nuclei. *Nature* 226:717-722, 1970.

8. Blow, J.J. ; Laskey, R.A. A role for the nuclear envelope in controlling DNA replication within the cell cycle. *Nature* 332:546-548, 1988.

9. Kirschner, M. ; Newport, J. ; Gerhart, J. The timing of early developmental events in *Xenopus. Trends Genet.*1:41-47, 1985.

10. Gerhrt, J. ; Wu, M. ; Kirschner, M. Cell cycle dynamics of an M-phase-specific cytoplasmic factor in *Xenopus laevis* oocytes and eggs. *J. Cell Biol.* 98:1247-1255, 1984.

    Lohka, M.J. ; Hayes, M.K. ; Maller, J.L. Purification of maturation-promoting factor, an intracellular regulator of early mitotic events. *Proc. Natl. Acad. Sci. USA* 85:3009-3013, 1988.

    Newport, J. ; Kirschner, M. Regulation of the cell cycle during early *Xenopus* development. *Cell* 37:731-742, 1984.

11. Hara, K. ; Tydeman, P. ; Kirschner, M. A cytoplasmic clock with the same period as the division cycle in *Xenopus* eggs. *Proc. Natl. Acad. Sci. USA* 77:462-466, 1980.

    Kimelman, D. ; Kirschner, M. ; Scherson, T. The events of the midblastula transition in *Xenopus* are regulated by changes in the cell cycle. *Cell* 48:399-407, 1987.

    Pines, J. ; Hunt, T. Molecular cloning and characterization of the mRNA for cyclin from sea urchin eggs. *EMBO J.* 6:2987-2995, 1987.

    Swenson, K.I. ; Farrell, K.M. ; Ruderman, J.V. The clam

embryo protein cyclin A induces entry into M phase and the resumption of meiosis in *Xenopus* oocytes. *Cell* 47:861-870, 1986.

12. Nurse, P. Cell cycle control genes in yeast. *Trends Genet.* 1:51-55, 1985.
    Pringle, J.R. ; Hartwell, L.H. The *Saccharomyces cerevisiae* cell cycle. In the Molecular Biology of the Yeast *Saccharomyces*, Life Cycle and Inheritance (J.N. Strathern, E.W. Jones, J.R. Broach, eds.), pp. 97-142. Cold Spring Harbor, NY : Cold Spring Harbour Laboratory, 1981.
    Watson, J.D. ; Hopkins, N.H. ; Roberts, J.W. ; Weiner, A.M. Molecular Biology of the Gene, 4th ed., pp. 550-592. Menlo Park, CA : Benjamin-Cummings, 1987.
13. Hartwell, L.H. Cell division from a genetic perspective. *J. Cell Biol.* 77:627-637, 1978.
    Nurse, P. Genetic analysis of the cell cycle. *Symp. Soc. Gen. Microbiol.* 31:291-315, 1981.
14. Hayles, J. ; Nurse, P. Cell cycle regulation in yeast. *J. Cell Sci.*, Suppl. 4:155-170, 1986.
    Johnston, G.C. ; Pringle, J.R. ; Hartwell, L.H. Coordination of growth with cell division in the yeast *Saccharomyces cerevisiae. Exp. Cell Res.* 105:79-98, 1977.
    Prescott, D.M. Changes in nuclear volume and growth rate and prevention of cell division in Amoeba proteus resulting from cytoplasmic amputations. *Exp. Cell Res*11:94-98, 1956.
15. Dunphy, W.G. ; Brizuela, L. ; Beach, D. ; Newport, J. The *Xenopus cdc2* protein is a component of MPF, a cytoplasmic regulator of mitosis. *Cell* 54:423-431, 1988.
    Gautier, J. ; Norbury, C. ; Lohka, M. ; Nurse, P. ; Maller, J. Purified maturation-promoting factor contains the product of a *Xenopus* homolog of the fission yeast cell cycle control gene *cdc2*$^{+}$. *Cell* 54:433-439, 1988.
    Lee, M.G. ; Nurse, P. Complementation used to clone a human homologue of the fission yeast cell cycle control gene *cdc2*. *Nature* 327:31-35, 1987.
    Murray, A.W. A mitotic inducer matures. *Nature* 335:207-208, 1988.
    Solomon, M. ; et al. Cyclin in fission yeast. *Cell* 54:738-740, 1988.
16. Cheng, H. ; LeBlond, C.P. Origin, differenciation and renewal of the four main epithelial cell types in the mouse small intestine. *Am. J. Anat.* 141:461-480, 1974.
    Goss, R.J. The Physiology of Growth. New York : Academic Press, 1978.
17. Pardee, A.B. A restriction point for control of normal animal cell proliferation. *Proc. Natl. Acad. Sci. USA* 71:1286-1290, 1974.
18. Brooks, R.F. The transition probability model : successes, limitations and deficiencies. In Temporal Order (L. Rensing, N. I. Jaeger, eds.). Berlin:Springer, 1985.
    Schields, R. Transition probability and the origin of variation in the cell cycle. *Nature* 267:704-707, 1977.
    Smith, J.A. ; Martin, L. Do cells cycle ? *Proc. Natl. Acad. Sci. USA* 70:1263-1267, 1973.
19. Deuel, T.F. Polypeptide growth factors : roles in normal and abnormal growth. *Annu. Rev. Cell Biol.* 3:443-492, 1987.
    Evered, D. ; Nugent, J. ; Whelan, J., eds. Growth Factors in Biology and Medicine. Ciba Foundation Symposium 116. London:Pitman, 1985.
    Sato, G., ed. Hormones and Cell Culture. Cold Spring Harbor, NY : Cold Spring Harbor Laboratory, 1979.
    Wang, J.L. ; Hsu, Y.-M. Negative regulators of cell growth. *Trends Biochem. Sci.* 11:24-27, 1986.
20. Ross, R. ; Raines, E.W. ; Bowen-Pope, D.F. The biology of platelet-derived growth factor. *Cell* 46:155-169, 1986.
    Stiles, C.D. The molecular biology of platelet-derived growth factor. *Cell* 33:653-655, 1983.
21. Dunn, G.A. ; Ireland, G.W. New evidence that growth in 3T3 cell cultures is a diffusion-limited process. *Nature* 312:63-65, 1984.
    Holley, R.W. ; Kierman, J.A. « Contact inhibition » of cell division in 3T3 cells. *Proc. Natl. Acad. Sci. USA* 60:300-304, 1968.
    Stoker, M.G. P. Role of diffusion boundary layer in contact inhibition of growth. *Nature* 246:200-203, 1973.
22. Folkman, J. ; Moscona, A. Role of cell shape in growth control. *Nature* 273:345-349, 1978.
    O'Neill, C. ; Jordan, P. ; Ireland, G. Evidence for two distinct mechanisms of anchorage stimulation in freshly explanted and 3T3 mouse fibroblasts. *Cell* 44:489-496, 1986.
23. Brooks, R.F. Regulation of the fibroblast cell cycle by serum. *Nature* 260:248-250, 1976.
    Larsson, O. ; Zetterberg, A. ; Engstrom, W. Consequences of parental exposure to serum-free medium for progeny cell division. *J. Cell Sci.* 75:259-288, 1985.
    Zetterberg, A. ; Larsson, O. Kinetic analysis of regulatory events in G1 leading to proliferation of quiescence of Swiss 3T3 cells. *Proc. Natl. Acad. Sci. USA* 82:5365-5369, 1985.
24. Baserga, R. The Biology of Cell Reproduction, pp. 103-113. Cambridge, MA : Harvard University Press, 1985.
    Larsson, O. ; Dafgard, E. ; Engstrom, W. ; Zetterberg, A. Immediate effects of serum depletion on dissociation between growth in size and cell division in proliferating 3T3 cells. *J. Cell Biol.* 127:267-273, 1986.
25. Bauer, E. ; et al. Dimisnished response of Werner's syndrome fibroblasts to growth factors PDGF and FGF. *Science* 234:1240-1243, 1986.
    Hayflick, L. The limited *in vitro* lifetime of human diploid cell strains. *Exp. Cell Res.* 37:614-636, 1965.
    Holliday, R.; ed. Genes, Proteins, and Cellular Aging. New York : Van Nostrand, 1986. (Une anthologie d'articles sur la sénescence cellulaire.)
    Loo, D.T. ; Fuquay, J.I. ; Rawson, C.L. ; Barnes, D.W. Extended culture of mouse embryo cells without senescence : inhibition by serum. *Science* 236:200-202, 1987.
    Rheinwald, J.G. ; Green, H. Epidermal growth factor and the multiplication of cultured human epidermal keratinocytes. *Nature* 265:421-424, 1977.
    Smith, J.R. ; Whitney, R.G. Intraclonal variation in proliferative potential of human diploid fibroblasts : stochastic mechanism for cellular aging. *Science* 207:82-84, 1980.
26. Kahn, P. ; Graf, T., eds. Oncogenes and Growth Control. Berlin : Springer, 1986.
    Watson, J.D. ; Hopkins, N.H. ; Roberts, J.W. ; Weiner, A.M. Molecular Biology of the Gene, 4th ed., pp. 961-1096. Menlo Park, CA : Benjamin-Cummings, 1987.
27. Feramisco, J. ; Ozanne, B. ; Stiles, C., eds. Cancer cells 3 : Growth Factors and Transformation. Cold Spring Harbor, NY : Cold Spring Harbor Laboratory, 1985.
    Temin, H.M. ; Rubin, H. Characteristics of an assay for Rous sarcoma virus and Rous sarcoma cells in tissue culture. *Virology* 6:669-688, 1958.
28. Bishop, J.M. Viral oncogenes. *Cell* 42:23-38, 1985.
    Martin, G.S. Rous sarcoma virus : a function required for the maintenance of the transformed state. *Nature* 227:1021-1023, 1970.
    Swanstrom, R. ; Parker, R.C. ; Varmus, H.E. ; Bishop, J.M. Transduction of a cellular oncogene — the genesis of Rous sarcoma virus. *Proc. Natl. Acad. Sci. USA* 80:2519-2523, 1983.
    Varmus, H. Cellular and viral oncogenes. In the Molecular Basis of Blood Diseases (G. Stamatoyannopoulos, A.W. Nienhuis, P. Leder, P.W. Majerus, eds.), pp. 271-345. Philadelphia : Saunders, 1987.
29. Harris, H. The genetic analysis of malignancy. *J. Cell Sci*, Suppl. 4:431-44, 1986.
    Klein, G. The approaching era of the tumor suppressor genes. *Science* 238:1539-1545, 1987.

Weinberg, R.A. A molecular basis of cancer. *Sci. Am.* 249(5):126-142, 1983.

30. Doolittle, R.F. ; et al. Simian sarcoma virus oncogene, v-*sis*, is derived from the gene (or genes) encoding a platelet-derived growth factor. *Science*, 221:275-277, 1983.

Marshall, C.J. Oncogenes. *J. Cell Sci*, Suppl. 4:417-430, 1986.

Waterfield, M.D. ; et al. Platelet-derived growth factor is structurally related to the putative transforming protein $p28^{sis}$ of simian sarcoma virus. *Nature* 304:35-39, 1983.

31. Almendral, J.M. ; et al. Complexity of the early genetic response to growth factors in mouse fibroblasts. *Mol. Cell. Biol.* 8:2140-2148, 1988.

Hunter, T. The proteins of oncogenes. *Sci. Am.* 251(2):70-79, 1984.

Robertson, M. Molecular associations and conceptual connections. *Nature* 334:100-102, 1988.

Yu, C.L. ; Tsai, M.H. ; Stacey, D.W. Cellular *ras* activity and phospholipid metabolism. *Cell* 52:63-71, 1988.

32. Herman, B. ; Pledger, W.J. Platelet-derived growth factor-induced alterations in vinculin and actin distributions in BALB/c-3T3 cells. *J. Cell Biol.* 100:1031-1040, 1985.

Hirst, R. ; Horwitz, A. ; Buck, C. ; Rohrschneider, L. Phosphorylation of the fibronectin receptor complex in cells transformed by oncogenes that encode tyrosine kinasess. *Proc. Natl. Acad. Sci. USA* 83:6470-6474, 1986.

Jove, R. ; Hanafusa, H. Cell transformation by the viral *src* oncogene. *Annu. Rev. Cell Biol.* 3:31-56, 1987.

33. Burger, M.M. Proteolytic enzymes initiating cell division and escape from contact inhibition of growth. *Nature* 227:170-171, 1970.

Sullivan, L.M. ; Quigley, J.P. An anticatalytic monoclonal antibody to avian plasminogen activator : its effect on behaviour of RSV-transformed chick fibroblasts. *Cell* 45:905-915, 1986.

34. Adamson, E.D. Oncogenes in development. *Development* 99:449-471, 1987.

Bryant, P.J. ; Bryant, S.V. ; French, V. Biological regeneration and pattern formation. *Sci. Am.* 237(1):67-81, 1977.

Fankhauser, G. Nucleo-cytoplasmic relations in amphibian development. *Int. Rev. Cytol.* 1:165-193, 1952.

35. Bajer, A.S. ; Mole-Bajer, J. Spindle Dynamics and Chromosome Movements. New York : Academic Press, 1972.

McIntosh, J.R. Mechanisms of mitosis. *Trends Biochem. Sci.* 9:195-198, 1984.

Mazia, C. Mitosis and the physiology of cell division. In The Cell (J. Brachet, A.E. Mirsky, eds.), Vol. 3, pp. 77-412. London : Academic Press, 2961.

Wilson, E.B. The Cell in Development and Heredity, 3rd ed. with corrections. New York : Macmillan Company, 1928. (Reprinted, New York : Garland, 1987.)

36. Inoué, S. ; Sato, H. Cell motility by labile association of molecules : the nature of mitotic spindle fibers and their role in chromosome movement. *J. Gen. Physiol.* 50:259-292, 1967.

Karsenti, E. ; Maro, B. Centrosomes and the spatial distribution of microtubules in animal cells. *Trends Biochem. Sci.* 11:460-463, 1986.

Kirschner, M. ; Mitchinson, T. Beyond self-assembly : from microtubules to morphogenesis. *Cell* 45:329-342, 1986.

Kuriyama, R. ; Borisy, G.G. Microtubule-nucleating activity of centrosomes in Chinese hamster ovary cells is independent of the centriole cycle but coupled to the mitotic cycle. *J. Cell Biol.* 91:822-826, 1981.

Saxton, W.M. ; et al. Tubulin dynamics in cultured mammalian cells. *J. Cell Biol.* 99:2175-2186, 1984.

37. Clarke, L. ; Carbon, J. The structure and function of yeast centromeres. *Annu. Rev. Genet.* 19:29-56, 1985.

Earnshaw, W.C. ; et al. Molecular cloning of cDNA for CENPB, the major human centromere autoantigen. *J. Cell Biol.* 104:817-829, 1987.

Mitchinson, T.J. ; Evans, L. ; Schulze, E. ; Kirschner, M. Sites of microtubule assembly and disassembly in the mitotic spindle. *Cell* 45:515-527, 1986.

Peterson, J.B. ; Ris, H. Electron microscopic study of the spindle and chromosome movement in the yeast *Saccharomyces cerevisiae*. *J. Cell Sci.* 22:219-242, 1976.

Rieder, C.L. The formation, structure and composition of the mammalian kinetochore fiber. *Int. Rev. Cytol.* 79:1-58, 1982.

38. Euteneuer, U. ; McIntosh, J.R. Structural polarity of kinetochore microtubules in PtK_1 cells. *J. Cell Biol.* 89:338-345, 1981.

Mitchinson, T.J. ; Kirschner, M.W. Properties of the kinetochore *in vitro*. II : Microtubule capture and ATP-dependent translocation. *J. Cell Biol.* 101:766-777, 1985.

Rieder, C.L. ; Davison, E.A. ; Jensen, C.W. ; Cassimeris, L. ; Salmon, E.D. Oscillatory movements monooriented of chromosomes and their position relative to the spindle pole result from the ejection properties of the aster and half-spindle. *J. Cell Biol.* 103:581-591, 1986.

Roos, U.-P. Light and electron microscopy of rat kangaroo cells in mitosis. III. Patterns of chromosome behavior during prometaphase. *Chromosoma* 54:363-385, 1976.

39. Beggs, D.A. ; Ellis, G.W. Micromanipulation studies of chromosome movement. *J. Cell Biol.* 82:528-541, 1979.

Nicklas, R.B. The forces that move chromosomes in mitosis. *Annu Rev. Biophys. Chem.* 17:431-450, 1988.

Nicklas, R.B. ; Kubai, D.F. Microtubules, chromosome movement, and reorientation after chromosomes are detached from the spindle by micromanipulation. *Chromosoma* 92:313-324, 1985.

40. Hays, T.S. ; Wise, D. ; Salmon, E.D. Traction force on a kinetochore at metaphase acts as a linear function of kinetochore fiber length. *J. Cell Biol.* 93:374-382, 1982.

McNeill, P.A. ; Berns, M.W. Chromosome behavior after laser microirradiation of a single kinetochore in mitotic PtK2 cells. *J. Cell Biol.* 88:543-553, 1981

Ostergren, G. The mechanism of coordination in bivalents and multivalents. The theory of orientation by pulling. *Hereditas* 37:85-156, 1951.

41. Hepler, P.K. ; Callaham, D.A. Free calcium increases during anaphase in stamen hair cells of *Tradescantia*. *J. Cell Biol.* 105:2137-2143, 1987.

Murray, A.W. ; Szostak, J.W. Chromosome segregation in mitosis and meiosis. *Annu. Rev. Cell Biol.* 1:289-315, 1985.

Wolniak, S.M. The regulation of mitotic spindle function. *Biochem Cell Biol.* 66:490-514, 1988.

42. Ris, H. The anaphase movement of chromosomes in the spermatocytes of grasshoppers. *Biol. Bull. (Wood Hole)* 96:90-106, 1949.

43. Gorbsky, G.J. ; Sammak, P.J. ; Borisy, G.G. Microtubule dynamics and chromosome motion visualized in living anaphase cells. *J. Cell Biol.* 106:1185-1192, 1988.

Mitchinson, T.J. Microtubule dynamics and kinetochore function in mitosis. *Annu Rev. Cell Biol.* 4:527-549, 1988.

Nicklas, R.B. Measurements of the force produced by the mitotic spindle in anaphase. *J. Cell Biol.* 97:542-548, 1983.

Spurck, T.P. ; Pickett-Heaps, J.D. On the mechanism of anaphase A : Evidence that ATP is needed for microtubule disassembly and not generation of polewards force. *J. Cell Biol* 105:1691-1705, 1987.

44. Aist, J.R. ; Berns, M.W. Mechanics of chromosome separation during mitosis in *Fusarium* (Fungi imperfecti) : new evidence from ultrastructural and laser microbeam experiments. *J. Cell Biol.* 91:446-458, 1981.

Masuda, H. ; Cande, W.Z. The role of tubulin polymerization during spindle elongation *in vitro*. *Cell* 49:193-202, 1987.

Pickett-Heaps, J.D. Mitotic mechanisms : an alternative view. *Trends Biochem. Sci.* 11:504-507, 1986.

45. Gerace, L. ; Blobel, G. The nuclear envelope lamina is reversibly depolymerized during mitosis. *Cell* 19:277-287, 1980.

Gerace, L. ; Burke, B. Functional organization of the nuclear envelope. *Annu. Rev. Cell Biol.* 4:335-374, 1988.

Swanson, J.A. ; McNeil, P.L. Nuclear reassembly excludes large macromolecules. *Science* 238:548-550, 1987.

46. Kirschner, M.W. ; Newport, J. ; Gerhart, J. The timing of early developmental events in *Xenopus. Trends Genet.* 1:41-47, 1985.

47. Rappaport, R. Establishment of the mechanism of cytokinesis in animal cells. *Int. Rev. Cytol.* 105:245-281, 1986.

Tolle, H.G. ; Weber, K. ; Osborn, M. Keratin filament disruption in interphase and mitotic cells — how is it induced ? *Eur. J. Cell Biol.* 43:35-47, 1987.

White, J.G. ; Borisy, G.G. On the mechanism of cytokinesis in animal cells. *J. Theor. Biol.* 101:289-316, 1983.

48. DeLozanne, A. ; Spudich, J.A. Disruption of the dictyostelium myosin heavy chain gene by homologous recombination. *Science* 236:1086-1091, 1987.

Knecht, D.A. ; Loomis, W.F. Antisense RNA inactivation of myosin heavy chain gene depression in Dictyostelium Discoideum. *Science* 236:1081-1086, 1987.

Mabuchi, I. ; Okuno, M. The effect of myosin antibody on the division of starfish blastomeres. *J. Cell Biol.* 74:251-263, 1977.

Schroeder, T.E. Actin in dividing cells : contractile ring filaments bind heavy meromyosin. *Proc. Natl. Acad. Sci. USA* 70:1688-1692, 1973.

49. Gunning, B.E.S. ; Wick, S.M. Preprophase bands, phragmoplasts and spatial control of cytokinesis. *J. Cell Sci. Suppl.* 2:157-179, 1985.

Huffaker, T.C. ; Hoyt, M.A. ; Botstein, D. Genetic analysis of the yeast cytoskeleton. *Annu. Rev. Genet.* 21:259-284, 1987.

Lloyd, C.W. The plant cytoskeleton : the impact of fluorescence microscopy. *Annu. Rev. Plant Physiol.* 38:119-139, 1987.

Pickett-Heaps, J.D. ; Northcote, D.H. Organization of microtubules and endoplasmic reticulum during mitosis and cytokinesis in wheat meristems. *J. Cell Sci.* 1:109-120, 1966.

50. Lucocq, J.M. ; Warren, G. Fragmentation and partitioning of the Golgi apparatus during mitosis in HeLa cells. *EMBO J.* 6:3239-3246, 1987.

51. Hill, D.P. ; Strome, S. An analysis of the role of microfilaments in the establishment and maintenance of asymmetry in *Caenorhabditis elegans. Dev. Biol.* 125:75-84, 1988.

Kenyon, C. Cell lineage and the control of *Caenorhabditis elegans* development. *Phil. Trans. R. Soc. Lond. (Biol.)* 312:21-38, 1985.

52. Donachie, W.D. ; Robinson, A.C. Cell division : parameter values and the process in *Escherichia coli* and *Salmonella typhimurium*. Cellular and Molecular Biology (F.C. Neidhartd, et al., eds.), pp. 1578-1593. Washington, DC : American Society for Microbiology, 1987.

Heath, I.B. Variant mitoses in lower eukaryotes : indicators of the evolution of mitosis ? *Int. Rev. Cytol.* 64:1-80, 1980.

Kubai, D.F. The evolution of the mitotic spindle. *Int. Rev. Cytol.* 43:167-227, 1975.

Wise, D. The diversity of mitosis : the value of evolutionary experiments. *Biochem. Cell Biol.* 66:515-529, 1988.

Adhérence cellulaire, jonctions cellulaires et matrice extracellulaire

14

La majorité des cellules des animaux pluricellulaires sont organisées en ensembles coopératifs appelés *tissus*, qui s'associent à leur tour selon diverses combinaisons en unités fonctionnelles de plus grandes dimensions, les *organes* (Figure 14-1). Les cellules des tissus sont habituellement en contact avec un réseau complexe de macromolécules extracellulaires sécrétées : la *matrice extracellulaire*. Cette matrice aide à assurer la cohésion cellulaire et tissulaire, et elle constitue une trame structurée à l'intérieur de laquelle les cellules peuvent migrer et interagir les unes avec les autres. Dans certains cas, les cellules sont attachées à la matrice au niveau de régions particulières de leur membrane plasmique, appelées *jonctions cellule-matrice* ; les cellules en contact direct avec leurs voisines sont souvent reliées entre elles au niveau de *jonctions intercellulaires* spécialisées.

Il est utile de distinguer deux grandes catégories de tissu animal, dans lesquelles les rôles joués par la matrice et les jonctions intracellulaires sont radicalement différents. Dans les *tissus conjonctifs* (voir p. 802), la matrice extracellulaire est abondante et les cellules y sont distribuées de manière éparse (voir Figure 14-1). La matrice est riche en polymères fibreux, particulièrement le collagène, et c'est la matrice — plutôt que les cellules — qui supporte la plus grande partie des tensions auxquelles les tissus sont soumis. Les cellules sont attachées à des composants de la matrice, sur lesquels elles peuvent exercer une force, mais les liens mécaniques entre une cellule et une autre sont assez négligeables. Dans les *tissus épithéliaux*, au contraire, les cellules sont étroitement associées en feuillets (appelés *épithéliums*) ; la matrice extracellulaire est peu abondante, et les cellules occupent la plus grande partie du volume. Dans ce cas ce sont les

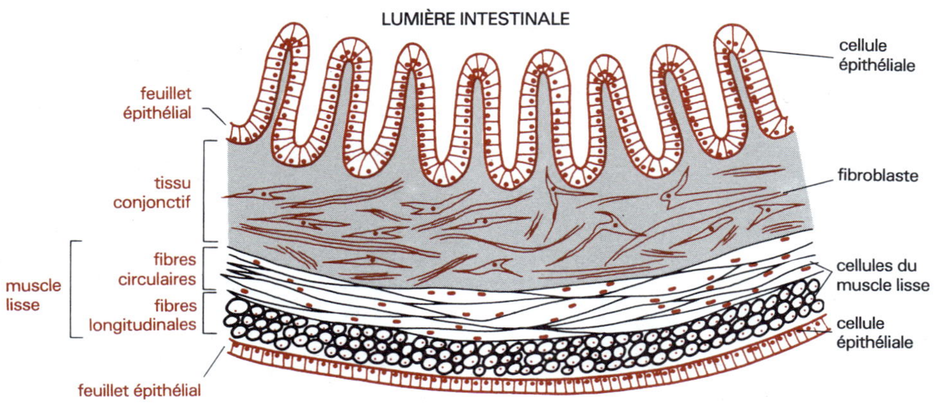

Figure 14-1 Dessin schématique d'une coupe transversale d'intestin montrant les trois tissus qui composent cet organe : épithélial, conjonctif et musculaire. Chaque tissu est un assemblage organisé de cellules maintenues ensemble par des jonctions cellulaires et/ou la matrice cellulaire.

cellules elles-mêmes, plutôt que la matrice, qui subissent la plus grande partie des tensions, par l'intermédiaire de filaments protéiques *intracellulaires* solides (composants du cytosquelette) qui s'entrecroisent à travers le cytoplasme de chaque cellule épithéliale : les filaments sont attachés à l'intérieur de la membrane plasmique, là où se forme une jonction spécialisée avec la surface d'une autre cellule ou avec la matrice extracellulaire sous-jacente.

Comment les tissus épithéliaux et les tissus conjonctifs d'un organisme sont-ils apparentés les uns aux autres ? Les feuillets de cellules épithéliales tapissent toutes les cavités et les surfaces libres du corps, et, grâce aux jonctions spécialisées qui existent entre les cellules, ces feuillets forment des barrages à la circulation de l'eau, des solutés, et des cellules d'un compartiment corporel à l'autre. Comme le montre la Figure 14-1, les feuillets épithéliaux s'appuient presque toujours sur un support formé de tissu conjonctif qui peut les rattacher à d'autres tissus (comme les muscles), qui ne sont pas eux-mêmes strictement organisés en tissu épithélial ou conjonctif.

Dans ce chapitre, nous étudierons d'abord la structure et l'organisation des jonctions cellule-cellule et cellule-matrice (collectivement appelées *jonctions cellulaires*) et de la matrice extracellulaire ; nous envisagerons ensuite les mécanismes de reconnaissance cellulaire qui interviennent dans l'assemblage des cellules en tissus et en organes.

14-8 Les jonctions cellulaires [1]

Les jonctions cellulaires spécialisées sont particulièrement importantes et abondantes dans les épithéliums, mais elles existent en de nombreux points de contact entre cellules et entre cellules et matrice dans tous les tissus. La majorité de ces jonctions sont trop petites pour être visibles en microscopie photonique, elles peuvent être cependant observables en microscopie électronique en coupe fine ou par cryofracture. Ces deux techniques montrent que les membranes plasmiques adjacentes (et souvent aussi le cytoplasme sous-jacent et l'espace intercellulaire intermédiaire) sont hautement différenciées dans ces régions. Les jonctions cellulaires peuvent être classées en trois groupes fonctionnels : (1) les **jonctions imperméables (occluding junctions)**, qui assurent la cohésion des cellules dans un feuillet cellulaire épithélial d'une façon qui empêche même le passage de petites molécules d'un côté du feuillet vers l'autre ; (2) les **jonctions d'ancrage (anchoring junctions)**, qui attachent mécaniquement les cellules (et leurs cytosquelettes) à leurs voisines ou à la matrice extracellulaire ; et (3) les **jonctions communicantes (communicating junctions)**, qui permettent le passage de signaux chimiques ou électriques entre les cellules.

Dans le Tableau 14-1 on trouve la liste des principaux types de jonctions intercellulaires dans chaque catégorie. Les *jonctions étanches* (ou *jonctions serrées*) sont les principales jonctions imperméables ; les *jonctions adhérentes* et les *desmosomes* sont les principaux types de jonctions d'ancrage ; et les *jonctions de type gap*, les *synapses chimiques* formées par les cellules nerveuses, et les *plasmodesmes* formés entre des cellules végétales, sont les principaux types de jonctions communicantes. Puisque les synapses chimiques et les plasmodesmes seront détaillés dans les Chapitres 19 et 20, respectivement, nous n'en parlerons pas plus ici.

Tableau 14-1 Une classification fonctionnelle des jonctions cellulaires

1. **Jonctions imperméables** (jonctions étanches ou serrées)

2. **Jonctions d'ancrage**
   a. sites d'attachement des filaments d'actine (jonctions adhérentes)
      i. entre cellules (i.e. ceintures d'adhérence)
      ii. entre cellule et matrice (i.e. contacts focaux)
   b. sites d'attachement des filaments intermédiaires
      i. entre cellules (desmosomes)
      ii. entre cellule et matrice (hémidesmosomes)

3. **Jonctions communicantes**
   a. jonctions de type gap
   b. synapses chimiques
   c. plasmodesmes (seulement chez les végétaux)*

* Ce sont les seules jonctions présentes chez les végétaux.

14-4 14-5 Les jonctions étanches forment une barrière de perméabilité à travers les feuillets cellulaires épithéliaux [2]

En dépit des différences structurelles et biochimiques importantes parmi les divers types d'épithélium, tous les épithéliums ont au moins une fonction importante en commun : ils servent de barrières de perméabilité sélective entre les fluides intra- et extracellulaires de compositions chimiques différentes. Les **jonctions étanches** jouent un rôle doublement important dans le maintien de la fonction de filtrage sélectif des feuillets cellulaires. Ceci est bien illustré dans l'épithélium de l'intestin des mammifères.

Les cellules épithéliales qui tapissent l'intestin grêle doivent maintenir la plus grande partie du contenu de l'intestin dans la cavité interne (la lumière). Simultanément, cependant, elles doivent pomper des substances choisies à travers le feuillet cellulaire vers le fluide extracellulaire qui imprègne le tissu conjonctif situé de l'autre côté (voir Figure 14-1), à partir duquel les substances diffusent dans les vaisseaux sanguins. Ce *transport transcellulaire* (ou *transépithélial*) dépend de deux groupes de protéines porteuses liées à la membrane : l'une est limitée à la *surface apicale* (celle qui est tournée vers la lumière), et elle pompe activement des molécules déterminées à l'intérieur de la cellule épithéliale à partir de la lumière de l'intestin ; l'autre, qui est limitée à la *surface basolatérale* (basale et latérale), permet à de petites molécules de quitter la cellule par diffusion facilitée pour aller dans le fluide extracellulaire situé de l'autre côté (Figure 14-2). Pour maintenir ce pompage directionnel, il ne faut pas que la série apicale de protéines porteuses puisse migrer vers la surface basolatérale de la cellule, ni que la série basolatérale puisse migrer vers la surface apicale. De plus, les espaces situés entre les cellules épithéliales doivent être fermés, afin que les molécules transportées ne puissent rediffuser dans la lumière à travers l'espace intracellulaire dans le sens des gradients de concentration formés par le transport transépithélial.

On suppose que les jonctions étanches entre les cellules épithéliales bloquent ces deux types de diffusion. Premièrement, elles agissent comme des barrières de diffusion des protéines membranaires entre les domaines apical et basolatéral de la membrane plasmique (voir Figure 14-2). Cette diffusion indésirable des constituants membranaires se produit si les jonctions étanches sont détruites, par exemple par élimination des ions Ca^{2+} extracellulaires nécessaires

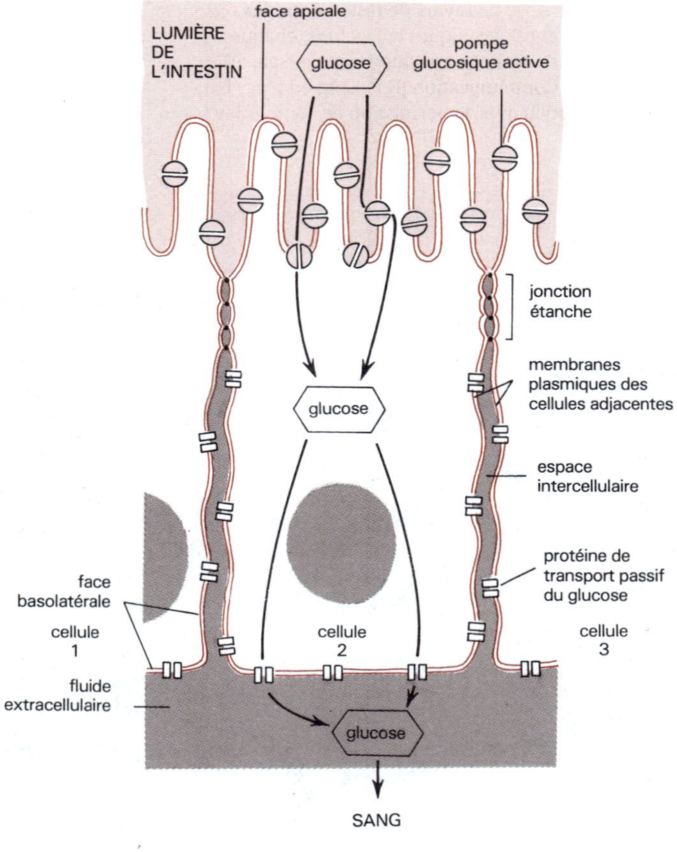

Figure 14-2 Les protéines de transport sont confinées dans différentes régions de la membrane plasmique dans les cellules épithéliales de l'intestin grêle. Cette ségrégation permet le transfert de nutriments à travers le feuillet épithélial, depuis la lumière intestinale jusqu'au sang. Dans l'exemple choisi ici, le glucose est activement transporté dans la cellule par des pompes glucosiques localisées au niveau de la surface apicale, et il diffuse hors de la cellule par diffusion facilitée, par l'intermédiaire de protéines porteuses de transport passif du glucose et qui sont situées dans la membrane basolatérale. On suppose que les jonctions étanches confinent les protéines de transport dans leurs propres domaines membranaires en agissant comme barrières de diffusion à l'intérieur de la double couche lipidique de la membrane plasmique ; ces jonctions bloquent également la diffusion des molécules lipidiques dans la moitié externe (mais pas dans la moitié interne) de la double couche lipidique.

à l'intégrité des jonctions étanches. Deuxièmement, elles soudent les cellules voisines de sorte que les molécules hydrosolubles ne puissent pas s'échapper entre les cellules : si un marqueur dense aux électrons de faible poids moléculaire est incorporé d'un côté d'un feuillet cellulaire épithélial, il ne franchira pas, normalement, la jonction étanche (Figure 14-3).

La structure moléculaire des jonctions étanches est encore incertaine, mais, en microscopie électronique par cryofracture, elles semblent formées d'un réseau de chaînes anastomosé qui ceinture complètement l'extrémité apicale de chaque cellule dans le feuillet épithélial (Figures 14-4 A et B). Sur des micrographies électroniques classiques, elles apparaissent sous forme d'une série de branchements focaux entre les feuillets externes des deux membranes plasmiques adjacentes (Figure 14-4 C). Bien que toutes les jonctions étanches soient imperméables aux macromolécules, leur perméabilité aux petites molécules varie beaucoup selon les épithéliums. Les jonctions étanches dans l'épithélium qui tapisse l'intestin grêle, par exemple, sont 10 000 fois moins étanches aux ions que dans l'épithélium qui tapisse la vessie. La capacité des jonctions à restreindre le passage des ions à travers les espaces intercellulaires augmente de façon logarithmique avec le nombre de chaînes du réseau, comme si chaque chaîne agissait comme une barrière indépendante. On suppose que les chaînes sont formées de longues rangées de protéines transmembranaires spécifiques dans chacune des deux membranes plasmiques adjacentes, qui s'associent pour obstruer l'espace intercellulaire (Figure 14-5).

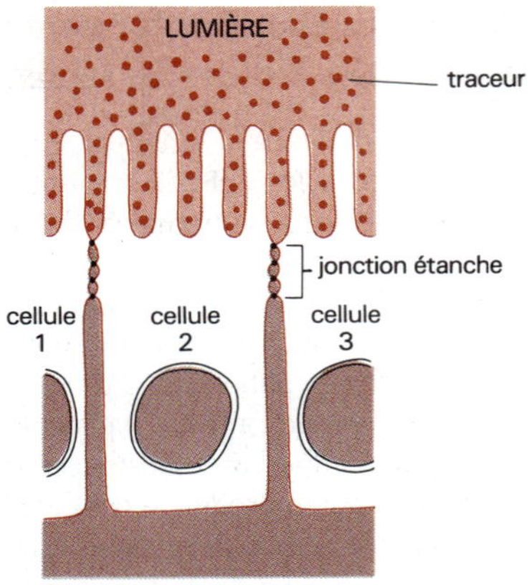

Figure 14-3 Un traceur soluble ajouté d'un côté d'un feuillet épithélial ne peut franchir les jonctions étanches qui soudent les cellules adjacentes. La soudure n'est pas absolue, et il a été montré que les cellules épithéliales peuvent modifier leurs jonctions étanches de façon à régler le flux de solutés et d'eau qui les traverse.

Figure 14-4 Structure d'une jonction étanche entre des cellules épithéliales de l'intestin grêle représentée schématiquement en (A), et montrée sur des photographies en microscopie électronique par cryofracture (B) et classique (C). Noter que les cellules sont orientées faces apicales vers le bas. En (B), le plan de la micrographie est parallèle au plan de la membrane, et la jonction étanche est composée d'une ceinture de *chaînes de scellage* anastomosées qui entourent chaque cellule du feuillet. Les chaînes de scellage apparaissent sous forme de crêtes de particules intramembranaires situées sur la face de fracture cytoplasmique de la membrane (la face P) ou sous forme de sillons complémentaires sur la face externe de la membrane (la face E). En (C), la jonction se présente comme une série de foyers de fusion entre les feuillets externes des deux membranes plasmiques adjacentes, chaque foyer correspondant à une chaîne de scellage en coupe transversale. (B et C, d'après N.B. Gilula, dans Cell Communication [R.P. Cox, ed.], pp. 1-29. New York : Wiley, 1974. Reproduit avec la permission de John Wiley & Sons, Inc.)

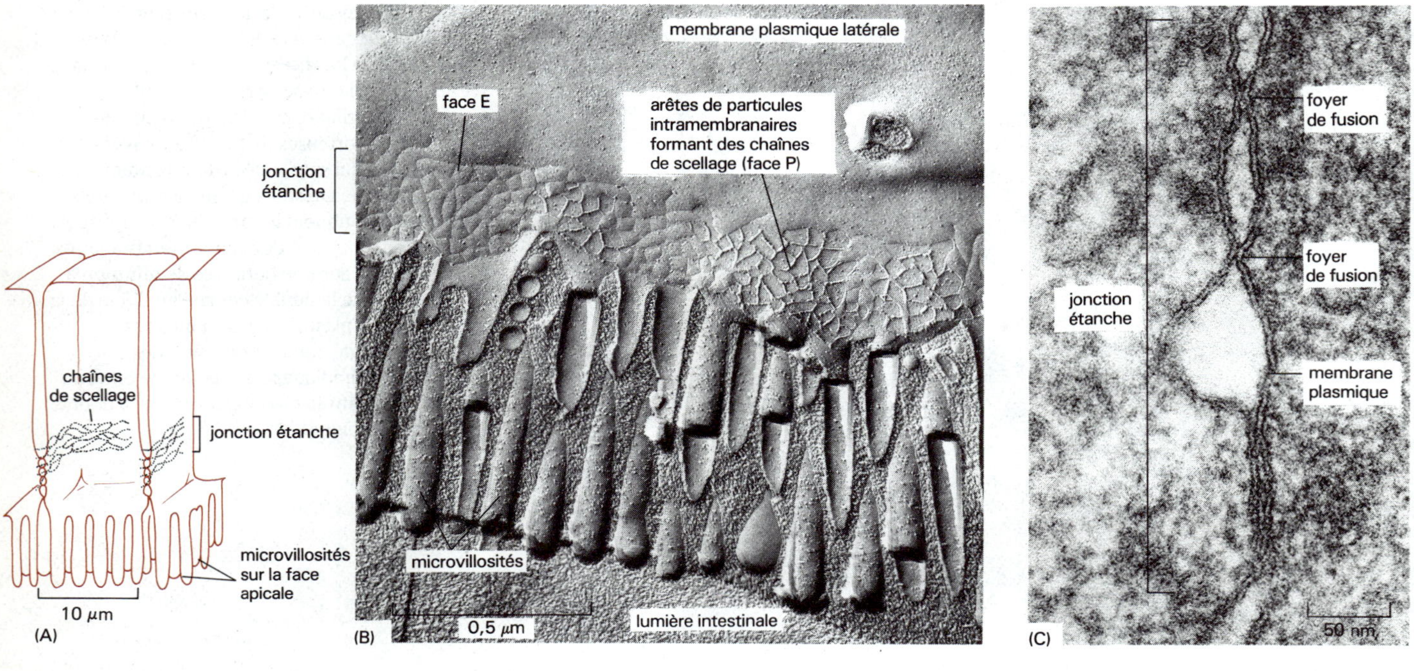

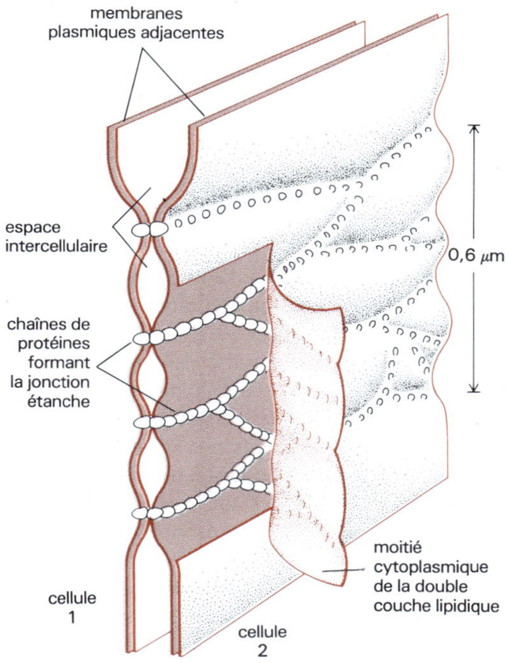

Figure 14-5 Un modèle admis d'une jonction étanche. On suppose que les membranes plasmiques adjacentes sont maintenues associées par des rangs ininterrompus de protéines de jonction transmembranaires, qui se joignent à travers l'espace intercellulaire et créent un scellage parfait. Dans ce schéma, la moitié cytoplasmique d'une membrane a été décollée afin de mettre en évidence les chaînes de protéines. En microscopie électronique par cryofracture, les protéines qui constituent les jonctions étanches restent avec la face P cytoplasmique de la double couche lipidique pour donner la distribution de particules intramembranaires observée dans la Figure 14-4B, au lieu de rester dans l'autre moitié comme le montre la figure.

Le cytosquelette d'une cellule est relié à celui de ses voisines ou à la matrice extracellulaire par des jonctions d'ancrage

Les **jonctions d'ancrage** sont très répandues dans les tissus. Elles permettent à des groupes de cellules, comme celles présentes dans un épithélium, d'agir comme des unités structurales solides en associant les éléments du cytosquelette d'une cellule à celui d'une autre ou à la matrice extracellulaire (Figure 14-6). Elles sont le plus abondantes dans les tissus qui sont soumis à de fortes tensions mécaniques, tels que le muscle cardiaque, l'épithélium dermique et le col de l'utérus. Elles existent sous deux formes structurellement et fonctionnellement différentes : (1) les *jonctions adhérentes (adherens)* et (2) les *desmosomes* et *hémidesmosomes*. Les jonctions adhérentes sont des sites de liaison pour les filaments d'actine ; les desmosomes et les hémidesmosomes sont des sites de liaison pour les filaments intermédiaires.

Avant d'étudier les différentes catégories de jonctions d'ancrage, il est bon d'examiner brièvement les principes généraux de leur construction. Comme l'illustre la Figure 14-7, toutes ces jonctions sont composées de deux catégories de protéines : (1) les *protéines intracellulaires*,

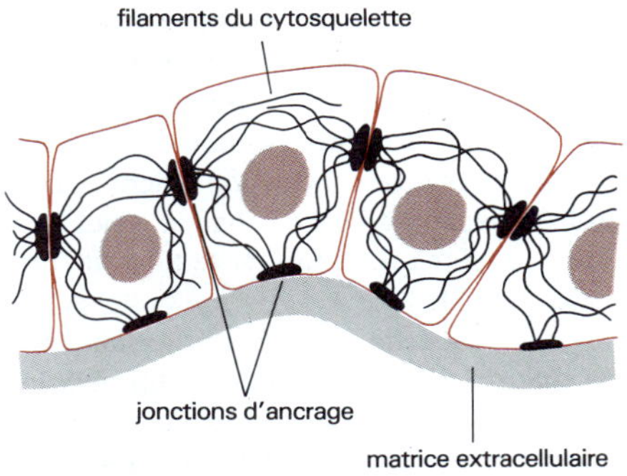

Figure 14-6 Représentation très schématique de la façon dont des jonctions d'ancrage relient les filaments du cytosquelette d'une cellule à une autre ou d'une cellule à la matrice extracellulaire.

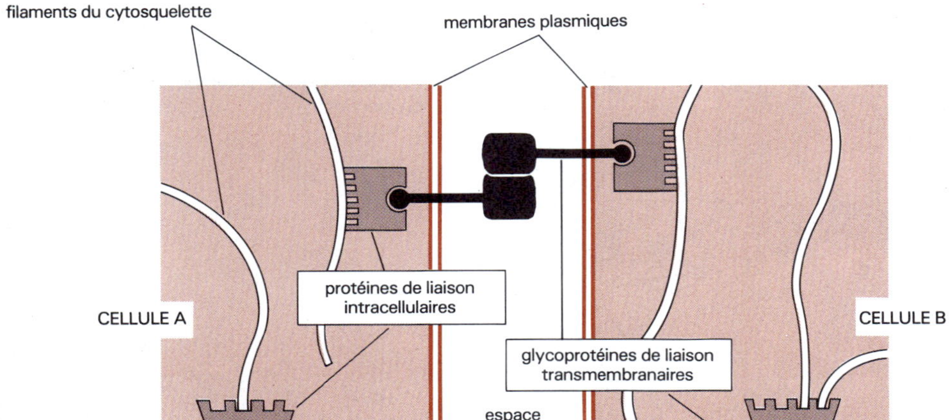

Figure 14-7 Représentation très schématique des deux classes de protéines qui constituent une jonction d'ancrage : les protéines de liaison intracellulaires et les glycoprotéines de liaison transmembranaires. Dans cet exemple, les domaines extracellulaires des glycoprotéines de liaison transmembranaires qui relient les cellules interagissent directement. Dans d'autres cas, ils peuvent être reliés par des protéines additionnelles qui sont présentes dans l'espace extracellulaire. Des complexes de protéines de liaison intracellulaires relient les glycoprotéines de liaison au cytosquelette.

qui relient le complexe de jonction à des éléments spécifiques du cytosquelette (des filaments d'actine ou des filaments intermédiaires) ; et (2) les *glycoprotéines transmembranaires*, dont les domaines intracellulaires se lient à une ou à plusieurs protéines intracellulaires, tandis que leurs domaines extracellulaires interagissent avec la matrice extracellulaire ou avec les domaines extracellulaires de glycoprotéines transmembranaires sur une autre cellule.

Les jonctions adhérentes relient les faisceaux de filaments d'une cellule à l'autre ou à la matrice extracellulaire [3]

Les **jonctions adhérentes intercellulaires** existent sous différentes formes. Dans de nombreux tissus non épithéliaux, elles prennent la forme de petites ponctuations ou de traits d'union qui relient les filaments d'actine dans le cytoplasme cortical de cellules adjacentes. Dans les feuillets épithéliaux, elles forment souvent une **ceinture d'adhérence continue** (ou *zonula adherens*) autour de chacune des cellules adjacentes du feuillet, située près de l'extrémité apicale de chaque cellule juste au-dessous de la jonction étanche. Les ceintures d'adhérence dans des cellules épithéliales adjacentes sont juxtaposées, et la cohésion des membranes adjacentes est maintenue grâce à un mécanisme Ca^{2+}-dépendant. Les glycoprotéines de liaison transmembranaires qui permettent cette adhérence font sans doute partie d'une famille de molécules d'adhérence intercellulaire Ca^{2+}-dépendantes, appelées les *cadhérines* (voir p. 830). Une ceinture d'adhérence est parfois appelée desmosome ceinturant, mais ceci est trompeur car la ceinture d'adhérence est chimiquement très différente d'un vrai desmosome (voir ci-dessous).

A l'intérieur de chaque cellule, un faisceau contractile de filaments d'actine est attenant à la ceinture d'adhérence, orienté parallèlement à la membrane plasmique à laquelle il est relié par l'intermédiaire d'un complexe de protéines de liaison intracellulaires contenant de la *vinculine* (voir p. 636). Les faisceaux d'actine sont ainsi réunis, via des glycoprotéines transmembranaires, en un vaste réseau transcellulaire (Figure 14-8) ; ce réseau intervient probablement dans un mécanisme fondamental de la morphogenèse animale — l'enroulement des feuillets cellulaires épithéliaux en tube ou en d'autres structures voisines (Figure 14-9). On pense, par exemple, que la contraction orientée de ces faisceaux dans la plaque neurale provoque un rétrécissement apical de chaque cellule épithéliale, ce qui aboutit à l'enroulement de la plaque sur elle-même pour former le tube neural au cours du développement précoce des vertébrés (voir p. 887).

Les **jonctions adhérentes cellule-matrice** relient des cellules et leurs filaments d'actine à la matrice extracellulaire. Des fibroblastes cultivés sur un substratum artificiel recouvert de molécules de la matrice extracellulaire, par exemple, adhèrent fortement à des régions particulières de la membrane plasmique, appelées **points de contact focaux**, ou *plaques d'adhérence,* au niveau desquelles les faisceaux de filaments d'actine aboutissent (voir p. 635).

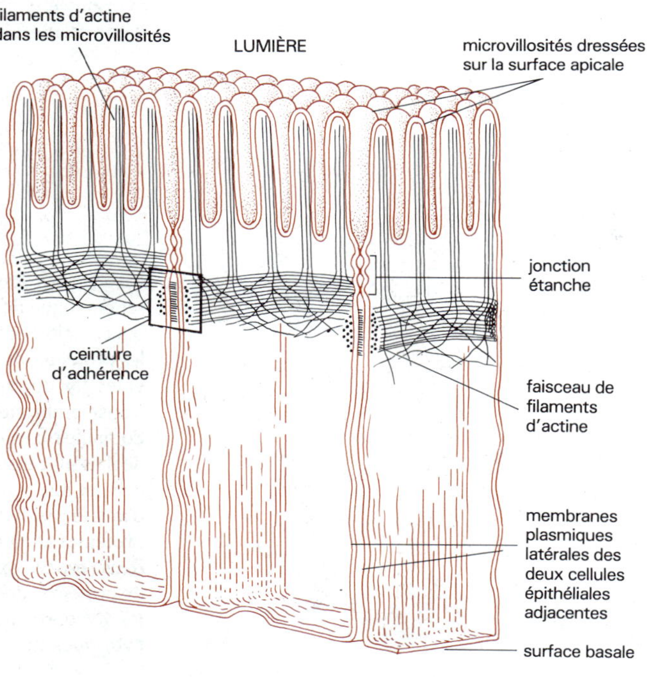

Figure 14-8 Ceintures d'adhérence entre les cellules épithéliales de l'intestin grêle. Cette jonction en forme de ceinture entoure chacune des cellules en contact et se caractérise par un faisceau contractile de filaments d'actine qui fait le tour de la surface cytoplasmique de la membrane plasmique de jonction.

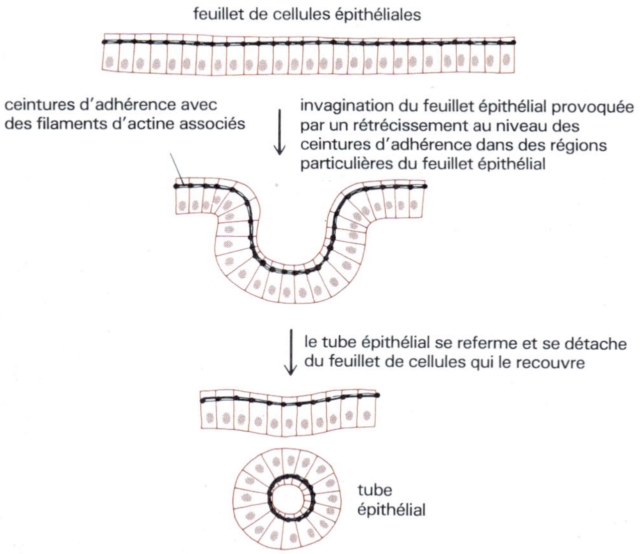

Figure 14-9 Le repliement d'un feuillet épithélial pour former un tube épithélial (comme dans la formation du tube neural). On pense que c'est la contraction orientée du faisceau de filaments d'actine, qui fait le tour des ceintures d'adhérence, qui provoque le rétrécissement des cellules épithéliales à leur extrémité dans des régions précises du feuillet cellulaire, et que ceci joue un rôle important dans l'enroulement du feuillet épithélial pour former un tube, qui se détache ensuite par pincement du feuillet épithélial parental.

Beaucoup de cellules des tissus forment des points de contact focaux analogues avec la matrice extracellulaire environnante. Une glycoprotéine de liaison transmembranaire volumineuse (qui agit comme un récepteur de surface cellulaire pour la glycoprotéine de la matrice extracellulaire appelée *fibronectine* — voir p. 816) constitue un des liens qui existent dans ces plaques entre la matrice et les faisceaux de filaments d'actine. Le domaine extracellulaire de ce récepteur de la fibronectine se fixe aux molécules de fibronectine qui adhèrent à la boîte de culture, alors que son domaine intracellulaire se fixe à une protéine d'ancrage nommée *taline*, qui se lie à son tour à la vinculine ; puis, à son tour, la vinculine se fixe à une ou deux autres protéines, qui se lient à l'actine (voir Figure 11-38, p. 636).

Le récepteur de la fibronectine n'est qu'un des membres d'une grande famille de glycoprotéines transmembranaires apparentées, les *intégrines* (voir p. 821), qui relient probablement les faisceaux de filaments d'actine à la matrice extracellulaire. Plusieurs intégrines ont été beaucoup étudiées (voir p. 822), et elles fournissent vraisemblablement un modèle de la façon dont les glycoprotéines transmembranaires impliquées dans l'adhérence entre cellules, comme les cadhérines, relient des faisceaux de filaments d'actine corticaux entre des cellules épithéliales adjacentes ; cependant, la vinculine est présente sans la taline dans les ceintures d'adhérence.

Les desmosomes relient les filaments intermédiaires d'une cellule à l'autre ; les hémidesmosomes les relient à la lame basale [4]

Les **desmosomes** sont des points de contact intercellulaire en forme de « bouton-pression » qui agissent comme des rivets pour assembler des cellules dans une variété de tissus, dont la majorité sont épithéliaux (Figure 14-10). Ils servent également de point d'ancrage pour les filaments intermédiaires (voir p. 661), qui constituent une charpente structurale pour le cytoplasme et fournissent une force de traction. Ainsi, les filaments intermédiaires de cellules adjacentes sont connectés indirectement par ces jonctions pour former un réseau continu à travers tout le tissu. Le type particulier de filaments intermédiaires attachés aux desmosomes dépend du type cellulaire ; ce sont des *filaments de kératine* dans la plupart des cellules épithéliales, des *filaments de desmine* dans les cellules du muscle cardiaque, et des *filaments de vimentine* dans certaines des cellules qui couvrent la surface du cerveau (voir Tableau 11-5, p. 662).

Des études biochimiques et de microscopie électronique montrent qu'un desmosome est composé : (1) d'une plaque cytoplasmique dense constituée d'un complexe de protéines intracellulaires qui sont responsables de l'attachement au cytosquelette, et (2) des glycoprotéines transmembranaires, qui sont reliées à la plaque et interagissent par l'intermédiaire de leurs domaines extracellulaires pour maintenir la connexion des membranes plasmiques adjacentes (Figure 14-11). L'importance des desmosomes dans la connexion cellulaire est démontrée par certaines formes d'une maladie de la peau potentiellement mortelle, la *pemphigus*, au cours de laquelle les malades fabriquent des anticorps contre une ou plusieurs de leurs propres glycoprotéines de liaison des desmosomes ; ces anticorps se fixent aux desmosomes situés entre les cellules épithéliales dermiques et les dégradent, provoquant des lésions graves qui résultent de l'infiltration de fluides corporels dans un épithélium relâché. Les anticorps ne

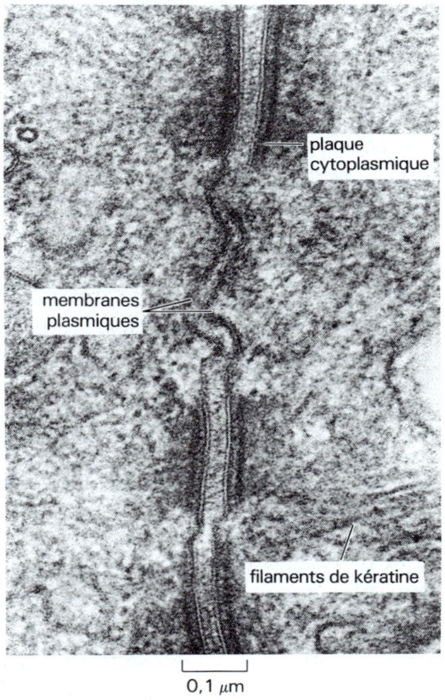

Figure 14-10 Micrographie électronique de trois desmosomes entre deux cellules épithéliales dans un intestin de rat. (D'après N.B. Gilula, dans Cell Communication [R.P. Cox, ed.], pp. 1-29. New York : Wiley, 1974. Reproduit avec l'autorisation de John Wiley & Sons, Inc.)

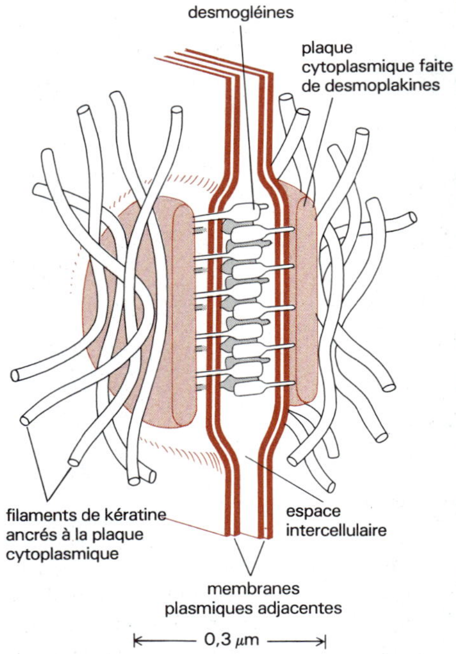

Figure 14-11 Représentation très schématique d'un desmosome. Sur la surface cytoplasmique de chacune des membranes plasmiques adjacentes se trouve une plaque épaisse composée d'un mélange de protéines de liaison intracellulaire appelées *desmoplakines*. Chaque plaque est associée à un réseau dense de filaments de kératine qui longe la surface de la plaque. Les glycoprotéines de liaison transmembranaires appelées *desmogléines* se lient aux plaques et interagissent par l'intermédiaire de leurs domaines extracellulaires pour maintenir les membranes adjacentes associées par un mécanisme Ca^{2+}-dépendant. Bien que les desmosomes et les ceintures d'adhérence soient morphologiquement et chimiquement distinctes, elles partagent au moins une protéine de liaison intracellulaire (appelée plakoglobine).

dégradent les desmosomes que dans la peau, suggérant que les desmosomes des autres tissus peuvent être biochimiquement différents.

Les **hémidesmosomes**, ou demi-desmosomes, ressemblent morphologiquement aux desmosomes mais sont fonctionnellement et chimiquement différents. Au lieu de réunir les membranes de cellules épithéliales adjacentes, ils relient la surface basale des cellules épithéliales à la *lame basale* sous-jacente — un réseau spécialisé de matrice extracellulaire situé au niveau de l'interface entre l'épithélium et les tissus conjonctifs (voir p. 818). De plus, alors que les filaments de kératine associés aux desmosomes s'attachent latéralement aux plaques des desmosomes (voir Figure 14-11), beaucoup de ceux qui sont associés aux hémidesmosomes aboutissent dans les plaques (Figure 14-12).

Les desmosomes et les hémidesmosomes constituent des rivets qui répartissent des forces de tension ou de dispersion dans l'ensemble d'un épithélium et de son tissu conjonctif sous-jacent.

14-6 Les jonctions de type gap permettent aux petites molécules de passer directement d'une cellule à l'autre [5]

La jonction cellulaire la plus mystérieuse, peut-être, est la **jonction de type gap** (ou jonction ouverte). C'est une des jonctions les plus répandues, présente en grand nombre dans la majorité des tissus et dans pratiquement toutes les espèces animales. Elle apparaît, sur des photographies en microscopie électronique classique, comme une région dans laquelle les membranes de deux cellules adjacentes sont séparées par une étroite ouverture uniforme large de 3 nm environ. Les jonctions de type gap sont dites communicantes car elles permettent à des ions inorganiques et à d'autres molécules hydrosolubles de passer directement du cytoplasme d'une cellule au cytoplasme de l'autre, effectuant ainsi un couplage électrique et métabolique des cellules. Un tel *couplage cellulaire* a d'importantes conséquences fonctionnelles, dont beaucoup commencent seulement à être comprises.

L'existence de ce type de communication cellulaire fut physiologiquement démontrée pour la première fois en 1958, mais il a fallu plus de 10 ans pour montrer que ce couplage physiologique correspondait à la présence des jonctions de type gap observées en microscopie électronique. La preuve initale du couplage cellulaire fut apportée par des études électrophysiologiques de couples spécifiques de cellules nerveuses adjacentes dans le tube neural de l'écrevisse. Lorsqu'un gradient de tension était appliqué à travers la membrane de jonction après l'insertion d'une électrode dans chacune des deux cellules conjuguées, un courant d'intensité inattendue passait, indiquant que des ions inorganiques (qui transportent le courant dans les tissus vivants) pouvaient passer librement de l'intérieur d'une cellule à celui d'une autre. Des expériences ultérieures montrèrent que de petites molécules fluorescentes injectées dans une cellule peuvent aussi passer facilement dans les cellules adjacentes, sans s'infiltrer dans l'espace extracellulaire, à condition que la taille des molécules ne soit pas supérieure à 1 000-1 500 daltons. Ceci permet d'estimer la taille fonctionnelle des pores des canaux de liaison à environ 1,5 nm (Figure 14-13), impliquant que les cellules couplées échangent leurs petites molécules (comme les ions inorganiques, les oses, les acides aminés, les nucléotides et les vitamines), mais ne peuvent partager leurs macromolécules (protéines, acides nucléiques et polysaccharides).

Ce partage des petits métabolites intracellulaires entre cellules est la base de la *coopération métabolique,* qui peut être démontrée dans les cellules en culture. Par exemple, des lignées cellulaires mutantes, déficientes en thymidine kinase, peuvent être cultivées avec des cellules normales (type sauvage) qui possèdent la thymidine kinase. Les cellules mutantes par elles-mêmes sont incapables d'incorporer la thymidine dans leur ADN, car elles ne peuvent effectuer

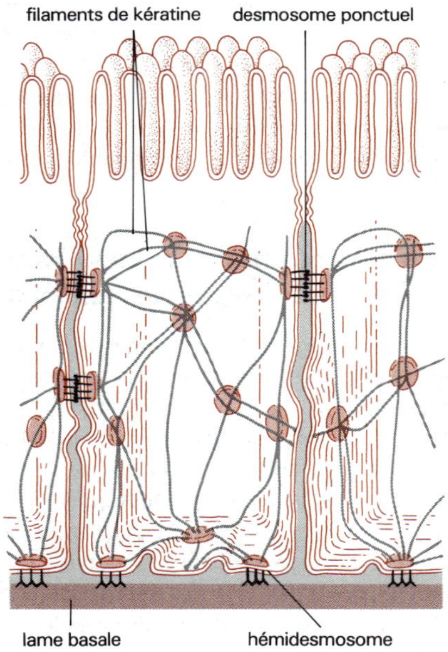

Figure 14-12 Localisation des desmosomes et des hémidesmosomes dans les cellules épithéliales de l'intestin grêle. Les réseaux de filaments de kératine des cellules adjacentes sont indirectement reliés les uns aux autres par l'intermédiaire des desmosomes, et à la lame basale par l'intermédiaire des hémidesmosomes. Alors que les filaments de kératine établissent des liaisons latérales à la surface des plaques denses associées aux desmosomes, ils tendent à aboutir dans les hémidesmosomes.

l'étape initiale de transformation de la thymidine en thymidine triphosphate. Mais lorsque ces cellules sont cultivées avec des cellules de type sauvage puis exposées à la thymidine radioactive, la radioactivité est incorporée dans l'ADN des cellules mutantes qui sont en contact direct avec les cellules de type sauvage. Cette observation laisse supposer qu'un précurseur de l'ADN contenant de la thymidine radioactive — la thymidine triphosphate, de fait — est transmis directement des cellules de type sauvage aux cellules mutantes qui sont en contact avec elles (Figure 14-14). Quand on réalise ce type d'expérience avec des cellules incapables de former des jonctions de type gap, on n'observe pas cette coopération métabolique.

L'intervention des jonctions de type gap dans le couplage électrique et chimique, entre des cellules en contact, a été prouvée de plusieurs façons. On peut presque toujours trouver des jonctions de type gap, là où le couplage peut être démontré selon des critères électriques ou chimiques. Inversement, le couplage n'a pas pu être démontré entre des cellules de vertébrés dépourvues de jonctions de type gap. De plus, il est possible de bloquer le colorant et le couplage électrique par une micro-injection d'anticorps dirigés contre la protéine principale des jonctions de type gap (voir plus loin) dans des cellules reliées par ce type de jonctions. Enfin, lorsque cette protéine de jonction de type gap est reconstituée dans des doubles couches lipidiques synthétiques, ou lorsque l'ARNm codant la protéine est injecté dans des ovocytes de grenouille, on peut démontrer, par électrophysiologie, la présence de canaux qui ont un grand nombre des propriétés des canaux des jonctions de type gap.

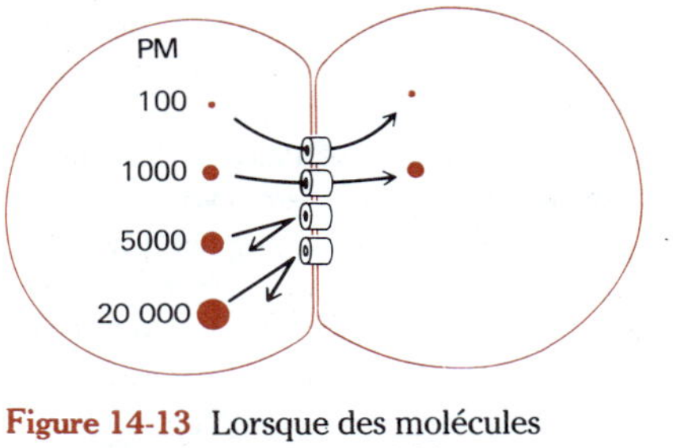

Figure 14-13 Lorsque des molécules fluorescentes de tailles variables sont injectées dans l'une des deux cellules couplées par des jonctions de type gap, les molécules d'une taille inférieure à quelque 1 000 à 1 500 daltons (selon l'espèce et le type cellulaire) peuvent passer dans l'autre cellule, mais pas les molécules de plus grande taille. Ceci suggère que le diamètre fonctionnel du canal, qui relie les deux cellules, est d'environ 1,5 nm.

Les connexons des jonctions de type gap sont des oligomères d'une protéine transmembranaire à traversées multiples [6]

Les jonctions de type gap sont constituées de protéines transmembranaires qui forment des structures appelées *connexons*. Lorsque les connexons, localisés dans les membranes plasmiques de deux cellules en contact, sont alignés, ils forment un canal aqueux continu qui relie les milieux intérieurs des deux cellules (Figure 14-15). Les connexons sont raccordés de telle façon que les membranes plasmiques adjacentes sont séparées par une ouverture interrompue — d'où le terme de « jonction ouverte » — exagérant le contraste avec une jonction étanche, où les membranes sont plus étroitement juxtaposées (comparer les Figures 14-5 et 14-15). Sur des microphotographies obtenues par cryofracture, chaque connexon apparaît sous la forme d'une particule intramembranaire, et chaque jonction de type gap peut contenir un groupement de plusieurs centaines de connexons (Figure 14-16).

Leur résistance exceptionnelle aux enzymes protéolytiques et aux détergents a permis d'isoler les jonctions de type gap à partir du foie de rongeurs (Figure 14-17). Les jonctions contiennent une seule protéine majeure d'environ 30 000 daltons. Des études de séquences de l'ADN suggèrent que la chaîne polypeptidique (environ 280 résidus d'acides aminés) traverse la double couche lipidique sous forme de quatre hélices α. On suppose que six molécules protéiques de ce type s'associent pour former chaque connexon d'une manière identique à celle qui fut postulée pour le canal récepteur de l'acétylcholine ; elles créent un pore aqueux tapissé par une des hélices α de chaque sous-unité protéique (voir Figure 6-64, p. 321).

Des anticorps dirigés contre la protéine de 30 000 daltons réagissent avec les jonctions de type gap dans de nombreux tissus et espèces, suggérant la similitude des connexons dans ces tissus et ces organismes (bien que des analyses biochimiques et physiologiques indiquent qu'ils ne sont pas identiques). Ceci concorde avec la découverte de la formation normale de jonctions de type gap entre différents types de cellules en culture, même à travers les espèces.

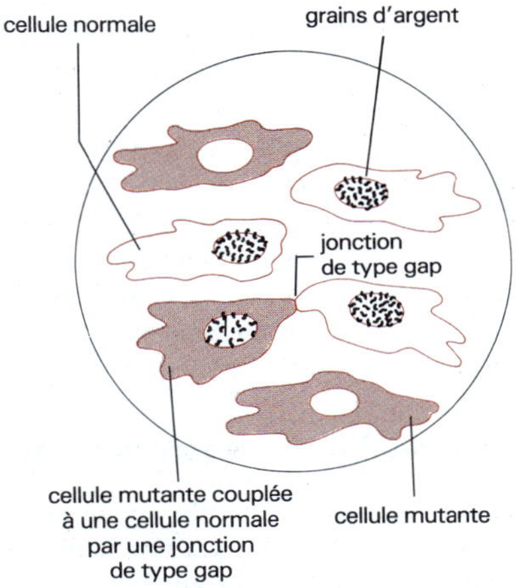

Figure 14-14 Représentation schématique d'une autoradiographie démontrant la coopération métabolique entre des cellules en culture reliées par des jonctions de type gap. Les cellules mutantes sont déficientes en une enzyme, la thymidine kinase, et sont donc incapables d'incorporer de la thymidine radioactive dans leur ADN quand la thymidine est ajoutée au milieu. Les cellules normales sont capables d'incorporer la thymidine dans leur ADN et leurs noyaux sont parsemés de points noirs représentant les grains d'argent révélés par autoradiographie. Dans des cultures mixtes de cellules normales et mutantes, si une cellule mutante entre en contact et forme des jonctions de type gap avec des cellules normales, son noyau est aussi marqué, comme on le voit ici. Ce marquage est dû au fait que la thymidine radioactive est phosphorylée par la thymidine kinase pour former la thymidine triphosphate dans la cellule normale ; la thymidine triphosphate radioactive passe ensuite à travers les jonctions de type gap dans la cellule mutante, où elle est incorporée dans l'ADN.

14-7 La majorité des cellules dans les embryons précoces sont couplées via des jonctions de type gap [7]

Dans certains tissus, le couplage cellulaire via les jonctions de type gap remplit une fonction évidente. Par exemple, le couplage électrique synchronise les contractions des cellules du muscle cardiaque et les cellules du muscle lisse responsables des mouvements péristaltiques de l'intestin. De la même façon, le couplage électrique entre des cellules nerveuses permet aux potentiels d'action de se propager rapidement d'une cellule à l'autre sans le délai qui existe au niveau des synapses chimiques ; ceci est avantageux là où la rapidité et la fidélité sont essentielles, comme dans certaines réponses de fuite chez les poissons et les insectes. La raison pour laquelle les jonctions de type gap existent dans les tissus qui ne sont pas électriquement actifs est moins évidente. En principe, le partage de petits métabolites et d'ions fournit un mécanisme pour la coordination des activités de chaque cellule dans de tels tissus. Par exemple, les activités des cellules dans un feuillet de cellules épithéliales, telles que les battements de cils, pourraient être coordonnées via des jonctions de type gap ; et, puisque des médiateurs intracellulaires tels que l'AMP cyclique peuvent traverser des jonctions de type gap, les réponses de cellules couplées à des molécules informatives extracellulaires peuvent se propager et être coordonnées de cette façon.

Le couplage cellulaire via les jonctions de type gap paraît être important dans l'embryogenèse. Dans de jeunes embryons de vertébrés (à partir du stade huit cellules tardif chez les embryons de souris), la plupart des cellules sont électriquement couplées les unes aux autres. Cependant, à mesure que des groupes spécifiques de cellules embryonnaires acquièrent leurs différentes identités et commencent à se différencier, elles se détachent généralement du tissu environnant. Par exemple, au moment de la fermeture du tube neural, les cellules qui le constituent se détachent de l'ectoderme qui le recouvre (voir Figure 14-9). Pendant ce temps, les cellules qui composent chaque groupe restent associées, et ont donc tendance à se comporter comme un assemblage coopératif, toutes suivant la même voie de développement d'une façon coordonnée.

Une hypothèse séduisante est que le couplage des cellules embryonnaires pourrait constituer une voie de transmission des signaux cellulaires à longue distance à l'intérieur de l'épithélium en cours de développement. Par exemple, une petite molécule pourrait passer, à travers les jonctions ouvertes, d'une région du tissu où sa concentration intracellulaire est maintenue à un niveau élevé, vers une région où elle est en faible concentration, établissant ainsi un léger gradient de concentration. La concentration locale pourrait renseigner les cellules sur leur position et leur permettre de contrôler leur différenciation en fonction de leur localisation dans l'embryon. On ne sait pas encore si les jonctions de type gap fonctionnent réellement de cette façon.

L'importance de la communication par l'intermédiaire des jonctions de type gap dans le développement est suggérée par une expérience dans laquelle des anticorps dirigés contre la protéine majeure de ces jonctions furent injectés dans une des cellules d'un embryon d'amphibien au stade huit cellules. Non seulement les anticorps injectés interrompaient sélectivement le couplage électrique et le transfert de colorants entre les descendants de la cellule injectée (contrôlés deux cycles cellulaires plus tard dans des embryons au stade 32 cellules), mais ils perturbaient aussi fortement le développement de l'embryon (Figure 14-18). La façon dont l'inhibition du couplage cellulaire à un stade précoce provoquait les défauts de croissance plus tardifs, visibles dans les embryons injectés, n'est pas claire, mais des expériences de ce type offrent un début prometteur à une analyse du rôle des jonctions de type gap dans le développement embryonnaire.

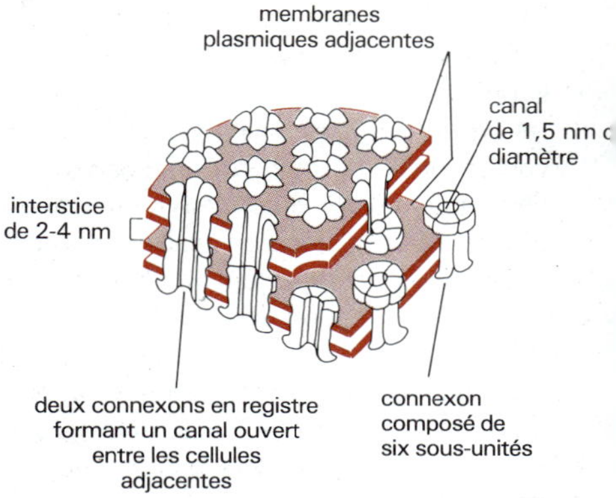

Figure 14-15 Un modèle de jonction de type gap basé sur des études en microscopie électronique, biochimiques et par diffraction des rayons X. Le schéma représente l'interaction des membranes plasmiques de deux cellules adjacentes. Les doubles couches lipidiques apposées sont traversées par des assemblages protéiques appelés *connexons*, dont chacun est formé, pense-t-on, de six sous-unités protéiques identiques. Deux connexons se rejoignent à travers l'espace intercellulaire pour former un canal aqueux continu reliant les deux cellules.

La perméabilité des jonctions de type gap est réglée [8]

Il est possible de diminuer de façon rapide (en quelques secondes) et réversible la perméabilité des jonctions de type gap par des manipulations expérimentales qui abaissent le pH cytosolique ou augmentent la concentration cytosolique de Ca^{2+} libre, et, dans certains tissus, il est possible de régler la perméabilité par le gradient de tension de part et d'autre la jonction ou par des

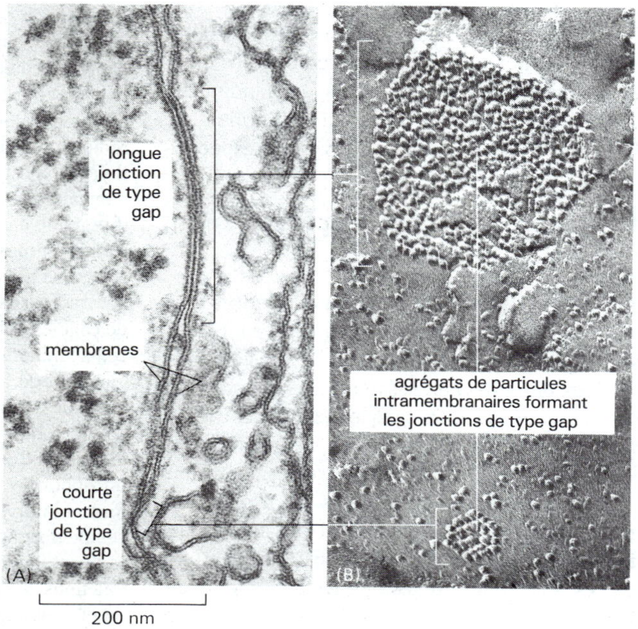

Figure 14-16 Photographies obtenues en microscopie électronique sur coupe mince (A) et par cryofracture (B) d'une longue et d'une courte jonctions de type gap entre des fibroblastes en culture. En (B), chaque jonction de type gap apparaît sous la forme d'un groupe de particules intramembranaires homogènes associées exclusivement à la face de fracture cytoplasmique (face P) de la membrane plasmique. Chaque particule intramembranaire correspond à un connexon, représenté dans la Figure 14-15. (D'après N.B. Gilula, in Cell Communication [R.P. Cox, ed.], pp. 1-29. New York : Wiley, 1974. Reproduit avec l'autorisation de John Wiley et Sons, Inc.)

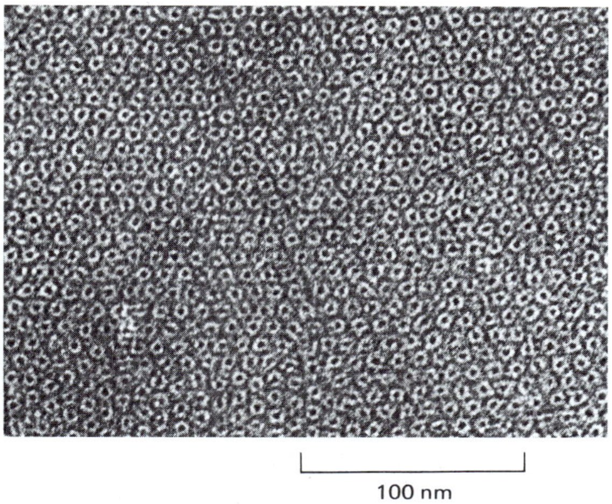

Figure 14-17 Micrographie électronique d'une partie d'une jonction de type gap isolée du foie de rat. La préparation a été soumise à une coloration négative afin de montrer les connexons, qui forment un treillis hexagonal. Le trou fortement coloré situé au centre de chaque connexon mesure environ 2 nm de diamètre. (D'après N.B. Gilula, in Intercellular Junctions and Synapses [Receptors and Recognition Series B, Vol. 2 ; J. Feldman, N.B. Gilula and J.D. Pitts, eds.], pp. 3-22. London : Chapman & Hall, 1978.)

signaux chimiques extracellulaires. Ces observations indiquent que les jonctions de type gap sont des structures dynamiques qui peuvent s'ouvrir et se fermer en réponse à des variations dans la cellule. Ainsi, elles sont *réglées* (voir p. 313) comme les canaux ioniques classiques, bien que les transitions entre les états ouvert et fermé se produisent beaucoup moins fréquemment dans un canal de jonction de type gap que dans la plupart des canaux ioniques classiques.

L'importance de la régulation par la tension et le pH de la perméabilité des jonctions de type gap pour la fonction normale des assemblages cellulaires est inconnue. Il existe cependant un cas où la raison du contrôle par les ions Ca^{2+} semble claire. Lorsqu'une cellule meurt ou est endommagée, sa membrane perd son étanchéité. Des ions tels que Ca^{2+} et Na^{+} pénètrent dans la cellule, et des métabolites précieux s'en échappent. Si la cellule devait rester associée à ses voisines saines, celles-ci souffriraient aussi d'une grave perturbation de leur chimie interne. Mais l'influx de Ca^{2+} dans la cellule malade, en fermant les canaux des jonctions de type gap, l'isole efficacement et empêche les dégâts de s'étendre de cette façon.

L'augmentation locale de la perméabilité des jonctions de type gap par des signaux chimiques extracellulaires a pour conséquence la propagation de la réponse à des cellules voisines qui ne sont pas en contact direct avec le signal. On peut aussi montrer, par exemple, que l'hormone *glucagon,* qui stimule la dégradation du glycogène et la libération de glucose dans le sang par les cellules hépatiques, augmente la perméabilité des jonctions de type gap dans les cellules hépatiques de rat. Pour ce faire, elle augmente la concentration d'AMP cyclique intracellulaire, qui active la protéine kinase AMPc-dépendante (voir p. 709), qui, à son tour, phosphoryle sans doute la protéine majeure des jonctions de type gap. La dégradation du glycogène par les cellules hépatiques se fait également par l'intermédiaire d'un augmentation de l'AMP cyclique, de sorte que l'augmentation simultanée de la perméabilité des jonctions de type gap, en facilitant la diffusion de l'AMP cyclique d'une cellule à autre, a tendance à propager la réaction de dégradation du glycogène à des groupes voisins de cellules hépatiques.

La Figure 14-19 résume les différents types de jonctions formées entre les cellules dans un épithélium. Dans la région la plus apicale de la cellule, les positions relatives des jonctions sont les mêmes dans presque tous les épithéliums : la jonction étanche occupe la région la plus apicale de la cellule, suivie par la ceinture d'adhérence puis par une rangée parallèle particulière de desmosomes ; l'ensemble forme un « complexe de jonction ». La disposition des jonctions de type gap et des desmosomes supplémentaires est moins régulière.

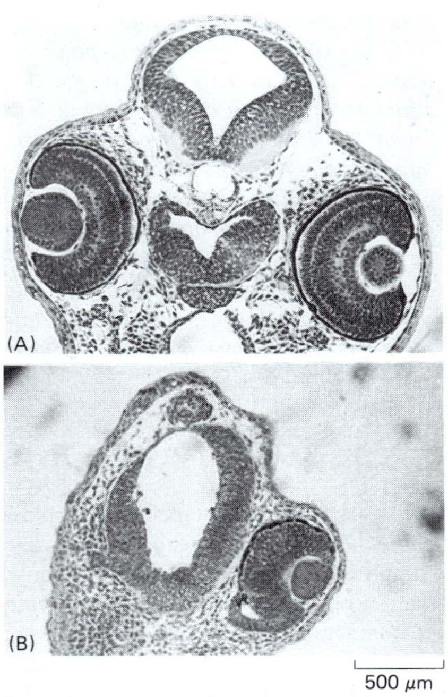

Figure 14-18 Effet des anticorps dirigés contre la protéine majeure des jonctions de type gap micro-injectée dans une cellule d'un jeune embryon de *Xénope*. Les micrographies représentent des coupes transversales d'un embryon normal (A) et d'un embryon qui a été injecté au stade huit cellules (B). Noter que l'œil est absent et que le cerveau est sous-développé du côté injecté de l'embryon représenté en (B). (D'après A. Warner, S. Guthrie et N.B. Gilula, *Nature* 331 : 126-131, 1985. Copyright 1985 Macmillan Journals Limited.)

Résumé

Dans les tissus, beaucoup de cellules sont reliées les unes aux autres et à la matrice extracellulaire au niveau de sites de contact particuliers appelés jonctions cellulaires. Les jonctions cellulaires sont regroupées en trois classes fonctionnelles : les jonctions imperméables, les jonctions d'ancrage et les jonctions communicantes. Les jonctions étanches *sont les principales jonctions imperméables, et elles jouent un rôle critique dans le maintien des différences de concentration de petites molécules hydrophiles de part et d'autre des feuillets de cellules épithéliales, (1) en scellant les unes aux autres les membranes plasmiques de cellules adjacentes afin de créer une barrière de perméabilité continue de part et d'autre du feuillet cellulaire, et (2) en servant de barrières dans la double couche lipidique pour limiter la diffusion des protéines de transport*

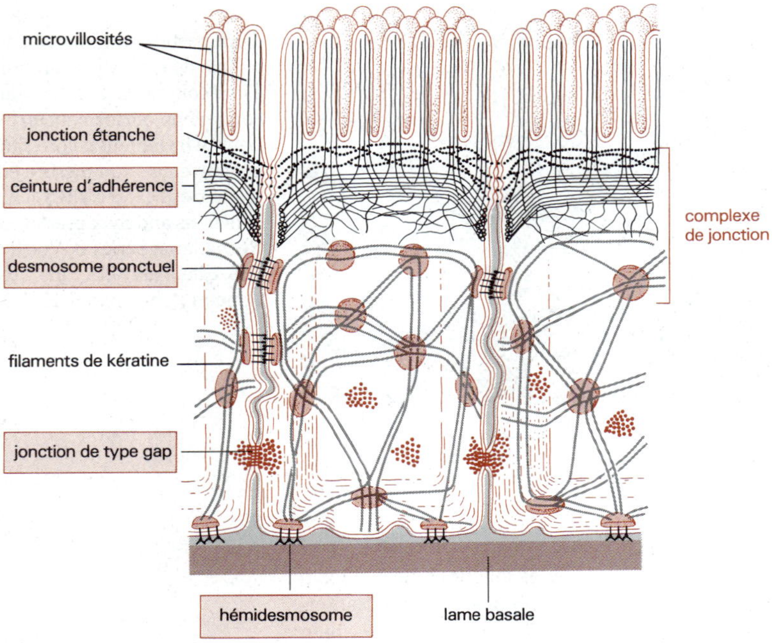

Figure 14-19 Localisation des différentes jonctions cellulaires formées par les cellules épithéliales de l'intestin grêle.

membranaires entre les domaines apical et basolatéral indépendants de la membrane plasmique dans chaque cellule épithéliale.

Il existe deux types principaux de jonctions d'ancrage : les jonctions adhérentes *et les* desmosomes. *Ces deux types de jonction associent des groupes de cellules en solides unités structurales grâce à des éléments de liaison de leurs cytosquelettes ; les jonctions adhérentes relient des faisceaux de filaments d'actine, alors que les desmosomes relient des filaments intermédiaires. Les* jonctions de type gap *sont des jonctions communicantes composées de groupes de canaux protéiques qui permettent à des molécules de moins de 1 500 daltons de passer directement d'un milieu intracellulaire à un autre. Les cellules reliées par de telles jonctions partagent un grand nombre de leurs ions inorganiques et d'autres petites molécules, et sont dites chimiquement et électriquement couplées. Les jonctions de type gap sont importantes dans la coordination des activités de cellules électriquement actives, et elles jouent vraisemblablement un rôle analogue dans d'autres groupes de cellules.*

La matrice extracellulaire [9]

Les tissus ne sont pas seulement composés de cellules. L'*espace extracellulaire* représente une partie importante de leur volume ; il est principalement rempli par un enchevêtrement complexe de macromolécules qui constitue la **matrice extracellulaire** (Figure 14-20). Cette matrice renferme un ensemble de polysaccharides et de protéines qui sont sécrétés localement et s'assemblent en un réseau organisé. Après avoir principalement discuté des jonctions cellulaires dans le contexte des tissus épithéliaux, nous concentrerons plutôt notre étude de la matrice extracellulaire sur les **tissus conjonctifs** (Figure 14-21). Dans ces tissus, la matrice est généralement plus abondante que les cellules, et elle entoure les cellules de toute part, déterminant les propriétés physiques du tissu. Les tissus conjonctifs forment la charpente architecturale du corps des vertébrés, et leur quantité varie considérablement d'un organe à l'autre : de la peau et des os, desquels ils sont le principal composant, au cerveau et à la colonne vertébrale, desquels ils ne sont que des constituants mineurs.

Les variations des quantités relatives des différents types de macromolécules matricielles, et leur mode d'organisation dans la matrice extracellulaire engendrent une multiplicité stupéfiante de formes, chacune hautement adaptée aux besoins fonctionnels du tissu particulier. La matrice peut se calcifier pour former les structures extrêmement dures des os et des dents, elle peut constituer la matrice transparente de la cornée, ou elle peut adopter la structure torsadée qui confère aux tendons leur remarquable élasticité. A l'interface entre épithélium et tissu conjonctif, la matrice forme une *lame basale*, un treillis extrêmement mince mais solide, qui

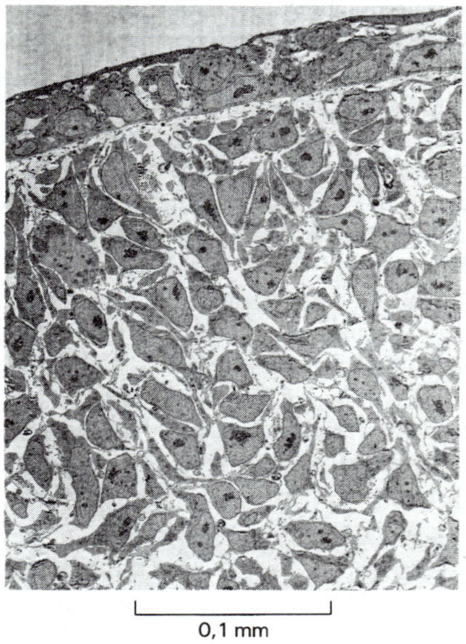

Figure 14-20 Micrographie électronique montrant des cellules environnées d'espaces remplis de matrice extracellulaire. Ces cellules particulières sont celles du membre d'un jeune embryon de poulet. Les cellules n'ont pas encore acquis leurs caractéristiques particulières. (Avec l'autorisation de Cheryll Tickle.)

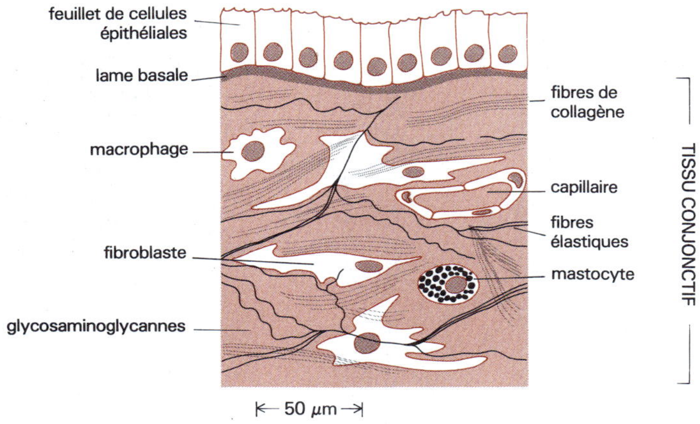

Figure 14-21 Le tissu conjonctif situé sous un feuillet épithélial.

joue un rôle important en contrôlant le comportement cellulaire. Nous limiterons notre description à la matrice extracellulaire des vertébrés, bien que des structures voisines, uniques et intéressantes, soient présentes dans de nombreux autres organismes, tels que les parois cellulaires des bactéries et des végétaux, les cuticules des vers et des insectes, et les coquilles des mollusques. Nous parlerons en détail des parois des cellules végétales dans le Chapitre 20.

Encore récemment, on pensait que la matrice extracellulaire servait essentiellement de charpente relativement inerte, qui stabilisait la structure physique des tissus. Mais il est maintenant clair que la matrice joue un rôle plus actif et plus complexe dans la régulation du comportement des cellules qui sont à son contact — influant sur leur développement, leur migration, leur prolifération, leur forme et leurs fonctions métaboliques. Cette complexité fonctionnelle se reflète dans la composition moléculaire de la matrice extracellulaire ; bien que notre compréhension de son organisation soit encore fragmentaire, il y a eu des progrès rapides dans la caractérisation de ses principaux composants.

La matrice extracellulaire est essentiellement constituée de protéines fibreuses noyées dans un gel polysaccharidique hydraté

Les macromolécules qui constituent la matrice extracellulaire sont principalement sécrétées localement par les cellules de la matrice. Dans la plupart des tissus conjonctifs, ces macromolécules sont principalement sécrétées par les *fibroblastes* (Figure 14-22). Dans certains tissus conjonctifs spécialisés, cependant, comme le cartilage et l'os, elles sont sécrétées par des cellules de la famille des fibroblastes qui ont des noms plus spécifiques : par exemple, les chondroblastes élaborent le cartilage, et les ostéoblastes produisent l'os. Les deux principales classes de macromolécules extracellulaires qui composent la matrice sont (1) les polysaccharides *glycosaminoglycannes (GAG)*, qui sont généralement reliés de façon covalente à une protéine pour former des *protéoglycannes*, et (2) les protéines fibreuses de deux types fonctionnels : principalement structurales (par exemple, le *collagène* et l'*élastine*), et principalement adhésives (par exemple, la *fibronectine* et la *laminine*). Les molécules de glycosaminoglycannes et de protéoglycannes forment une « substance fondamentale » très hydratée, ressemblant à un gel, dans laquelle sont noyées les protéines fibreuses. La phase aqueuse du gel polysaccharidique permet la diffusion des nutriments, des métabolites, et des hormones entre le sang et les cellules du tissu ; les fibres de collagène renforcent la matrice et participent à son organisation, et les fibres caoutchouteuses d'élastine lui confèrent son élasticité. Les protéines adhésives aident les cellules à se fixer à la matrice extracellulaire : dans les tissus conjonctifs, la fibronectine facilite la fixation des fibroblastes, et des cellules apparentées, à la matrice, alors que la laminine facilite la fixation des cellules épithéliales à la lame basale.

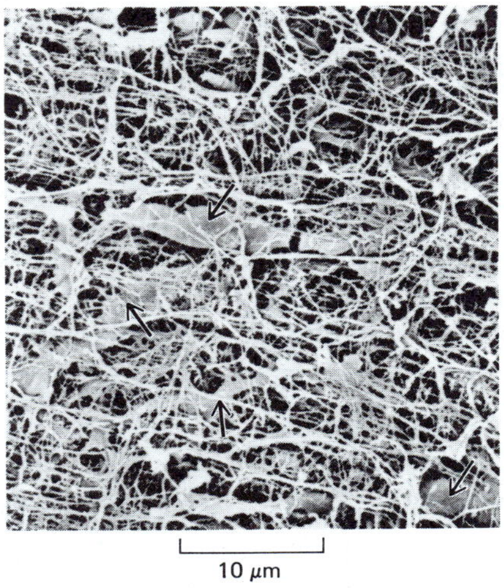

Figure 14-22 Photographie en microscopie électronique à balayage de fibroblastes (*flèches*) dans le tissu conjonctif de la cornée d'un embryon de poulet. La matrice extracellulaire entourant les fibroblastes est principalement composée de fibres de collagène (il n'y a pas de fibres élastiques dans la cornée). Les glycosaminoglycannes, qui forment normalement un gel hydraté remplissant les interstices du réseau fibreux, se sont affaissés sur les fibres de collagène au cours de la phase de déshydratation nécessaire à la préparation de l'échantillon. (Avec l'autorisation de Robert Trelstad.)

Les chaînes de glycosaminoglycannes occupent énormément d'espace et forment des gels hydratés [10]

Les **glycosaminoglycannes** (**GAG**) sont de longues chaînes polysaccharidiques non ramifiées composées d'unités disaccharidiques répétitives. Ils portent le nom de glycosaminoglycannes du fait que l'un des deux résidus glucidiques du motif disaccharidique est toujours un glucide aminé (*N*-acétylglucosamine ou *N*-acétylgalactosamine). Dans la majorité des cas, ce glucide

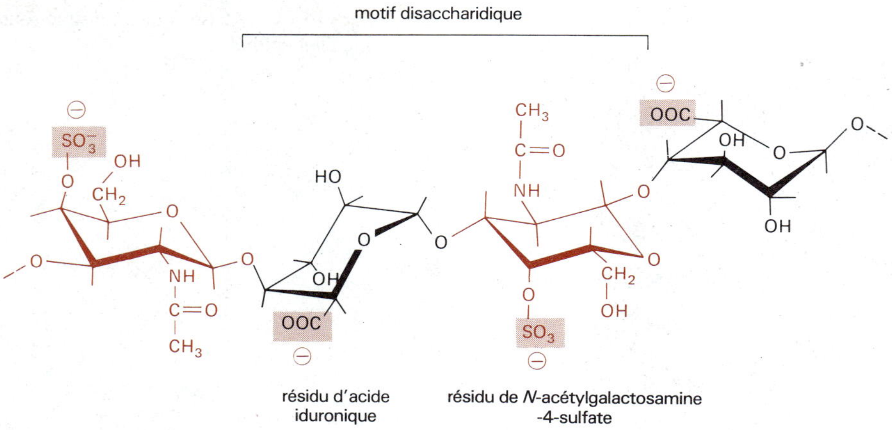

Figure 14-23 Les glycosaminoglycannes sont de longs polymères linéaires composés d'une séquence disaccharidique répétitive. On montre ici une petite partie d'une chaîne de dermatane sulfate ; la longueur de ces chaînes est typiquement de 70 à 200 résidus glucidiques. Il existe une forte densité de charges négatives le long de la chaîne qui résulte de la présence de groupements carboxyle et sulfate.

amine est sulfaté et le second glucide est un acide uronique. Du fait des groupements sulfate ou carboxyle situés sur la majorité de leurs résidus glucidiques, les glycosaminoglycannes possèdent une forte charge négative (Figure 14-23). Quatre groupes principaux de glucosaminoglycannes ont été distingués par leurs résidus glucidiques, le type de liaison entre ces résidus, et le nombre et la position des groupements sulfate : (1) l'*acide hyaluronique*, (2) la *chondroïtine sulfate* et le *dermatane sulfate*, (3) l'*héparane sulfate* et l'*héparine*, et (4) le *kératane sulfate* (Tableau 14-2).

Les chaînes polysaccharidiques sont trop rigides pour se replier et constituer les structures globulaires compactes que les chaînes polypeptidiques forment normalement. De plus, elles sont très hydrophiles. Ainsi, les glycosaminoglycannes ont tendance à adopter des conformations très étirées, repliées au hasard, qui occupent un volume considérable par rapport à leur masse (Figure 14-24), et ils forment des gels même à de très faibles concentrations. Leur forte densité de charges négatives attire un nuage de cations, tel que Na^+, qui sont actifs d'un point de vue osmotique, provoquant l'absorption de grandes quantités d'eau dans la matrice. Ceci crée une pression de gonflement, ou turgescence, qui permet à la matrice de résister aux forces de compression (contrairement aux fibrilles de collagène, qui résistent aux forces d'étirement). La matrice cartilagineuse, par exemple, résiste à la compression selon ce mécanisme.

La quantité de glycosaminoglycannes dans le tissu conjonctif n'atteint généralement pas, en poids, 10 p. cent de la quantité de protéines fibreuses. Cependant, du fait de leur organisation poreuse et hydratée, les chaînes de glycosaminoglycannes remplissent la plus grande partie de l'espace extracellulaire, fournissant un support mécanique aux tissus, tout en permettant encore la diffusion rapide des molécules hydrosolubles et la migration des cellules.

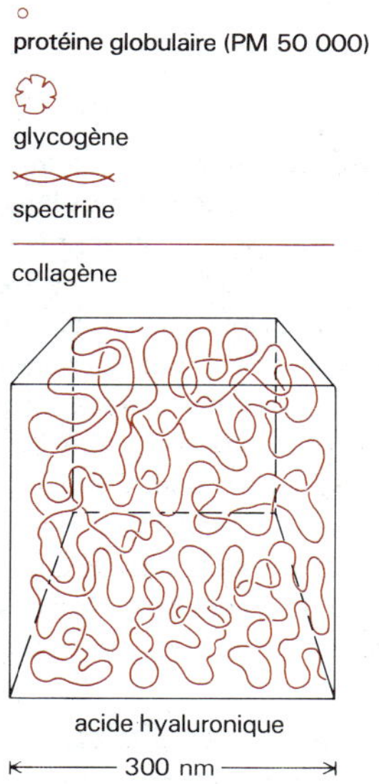

Figure 14-24 Les volumes relatifs occupés par diverses protéines, un granule de glycogène et une seule molécule hydratée d'acide hyaluronique d'environ 8×10^6 daltons.

L'acide hyaluronique faciliterait la migration cellulaire au cours de la morphogenèse et de la cicatrisation des tissus [11]

L'**acide hyaluronique** (également appelé hyaluronate ou hyaluronane), qui peut contenir jusqu'à plusieurs milliers de résidus glucidiques, est une molécule assez simple composée d'une séquence répétitive régulière d'unités disaccharidiques non sulfatées (Figure 14-25). Il est

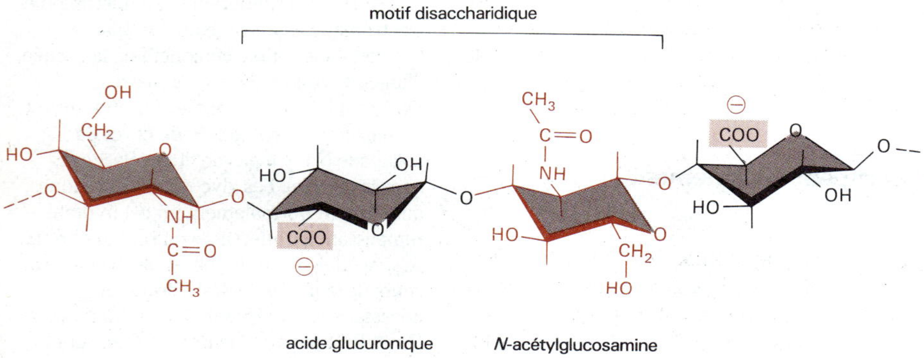

Figure 14-25 Motif disaccharidique de l'acide hyaluronique, un glycosaminoglycanne relativement simple composé d'un seule longue chaîne de plusieurs milliers de résidus glucidiques. Noter l'absence de groupements sulfate.

Tableau 14-2 Les glycosaminoglycannes

Groupe	Glycosamino-glycanne	Poids moléculaire	Disaccharide répétitif $(A\text{-}B)_n$ Monosaccharide A	Monosaccharide B	Sulfates par unité disaccharidique	Liaison avec une protéine	Autres composants glucidiques	Distribution tissulaire
1	**Acide hyaluronique**	4 000 à 8×10^6	acide D-glucuronique	*N*-acétyl-D-glucosamine	0	—	0	tissus conjonctifs divers, peau, corps vitré, cartilage, liquide synovial
2	**Chondroïtine sulfate**	5 000-50 000	acide D-glucuronique	*N*-acétyl-D galactosamine	0,2-2,3	+	D-galactose D-xylose	cartilage, cornée, os, peau, artères
	Dermatane sulfate	15 000-40 000	acide D-glucuronique ou acide *L-iduronique	*N*-acétyl-D-galactosamine	1,0-2,0	+	D-galactose D-xylose	peau, vaisseaux sanguins, cœur, valvules cardiaques
3	**Héparane sulfate**	5 000-12 000	acide D-glucuronique ou acide *L-iduronique	*N*-acétyl-D-glucosamine	0,2-2,0	+	D-galactose D-xylose	poumon, artères, surfaces cellulaires, lame basale
	Héparine	6 000-25 000	acide D-glucuronique ou acide *L-iduronique	*N*-acétyl-D-glucosamine	2,0-3,0	+	D-galactose D-xylose	poumon, foie, peau, mastocytes
4	**Kératane sulfate**	4 000-19 000	D-galactose	*N*-acétyl-D-glucosamine	0,9-1,8	+	D-galactos-amine D-mannose L-fucose, acide sialique	cartilage, cornée, disque intervertébral

* L'acide L-iduronique est produit par épimérisation de l'acide D-glucuronique à l'endroit où est situé le groupement carboxyle. Ainsi, le dermatane sulfate est une forme modifiée du chondroïtine sulfate, et les deux types de séquences disaccharidiques répétitives se rencontrent habituellement sous forme de segments alternés dans la même chaîne de glycosaminoglycannes.

présent en quantités variables dans tous les tissus et les fluides des animaux adultes, et est particulièrement abondant dans les jeunes embryons. La simplicité de l'acide hyaluronique laisse supposer qu'il représente la forme évolutive la plus précoce des glycosaminoglycannes, mais il n'est pas représentatif de la majorité des glycosaminoglycannes. Tous les autres (1) contiennent des glucides sulfatés, (2) ont tendance à contenir un certain nombre d'unités disaccharidiques différentes, arrangées selon des séquences plus complexes, (3) possèdent des chaînes beaucoup plus courtes, de moins de 300 résidus glucidiques, et (4) sont liés de façon covalente aux protéines.

Il existe de plus en plus de preuves du rôle particulier de l'acide hyaluronique dans les tissus dans lesquels migrent les cellules — comme au cours du développement ou de la cicatrisation. Il est produit en grandes quantités au cours des périodes de migration cellulaire ; et lorsque la migration cellulaire s'achève, l'excès d'acide hyaluronique est dégradé par l'enzyme *hyaluronidase*. Cette séquence d'événements a été mise en évidence dans une grande variété de tissus, suggérant qu'une augmentation de la production locale d'acide hyaluronique, qui attire l'eau et provoque donc le gonflement de la matrice, peut être une stratégie générale pour faciliter la migration cellulaire au cours de la morphogenèse et de la cicatrisation. L'acide hyaluronique est aussi un constituant important du liquide articulaire, où il sert de lubrifiant.

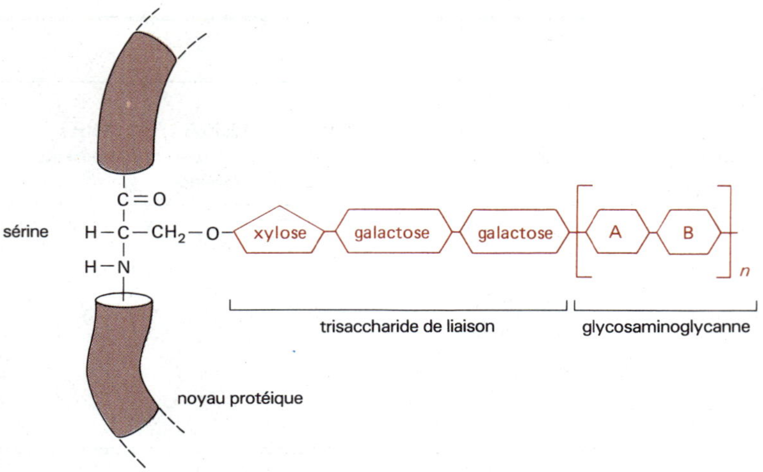

Figure 14-26 La liaison entre une chaîne de glycosaminoglycannes et un résidu de sérine d'un noyau protéique dans une molécule de protéoglycanne. Un « trisaccharide de liaison » spécifique est d'abord ajouté à la sérine, qui fait souvent partie de la séquence Asp(ou Glu)-Asp(ou Glu)-X-*Ser*-Gly-X-Gly, où X est un acide aminé quelconque. Le reste de la chaîne de glycosaminoglycannes, constitué principalement d'un motif disaccharidique (composé des deux monosaccharides A et B du Tableau 14-2), est ensuite synthétisé par additions successives d'un résidu glucidique.

14-11 Les protéoglycannes sont formés de longues chaînes de glycosaminoglycannes liées de façon covalente à un noyau protéique [12]

A l'exception de l'acide hyaluronique, tous les glycosaminoglycannes sont liés de façon covalente à une protéine pour former des **protéoglycannes**. Comme dans le cas d'une glycoprotéine (voir p. 440), la chaîne polypeptidique, ou *noyau protéique*, d'un protéoglycanne est synthétisée sur des ribosomes liés à la membrane et « enfilée » dans la lumière du réticulum endoplasmique. Les chaînes polysaccharidiques sont assemblées sur le noyau protéique principalement dans l'appareil de Golgi : d'abord, un *lien trisaccharidique* particulier est fixé à un résidu sérine sur le noyau protéique pour servir d'amorce à la croissance du polysaccharide ; ensuite, les résidus glucidiques sont ajoutés un par un par des glycosyl transférases spécifiques (Figure 14-26). Au cours de l'élongation de la chaîne dans l'appareil de Golgi, un grand nombre des résidus glucidiques polymérisés sont modifiés de façon covalente par une série séquentielle et coordonnée de réactions de sulfatation (voir p. 456) et d'épimérisation, qui modifient la configuration des substituants autour des atomes de carbone individuels dans la molécule de glucide. La sulfatation augmente fortement la charge négative des protéoglycannes.

Les protéoglycannes sont généralement faciles à distinguer des glycoprotéines par la nature, la quantité, et la disposition de leurs chaînes latérales glucidiques. Les glycoprotéines contiennent généralement de 1 à 60 p. cent de glucides (en poids) sous forme de nombreuses chaînes oligosaccharides *O* ou *N*-liées, ramifiées et relativement courtes, généralement de moins de 15 résidus glucidiques et de composition variable, qui se terminent souvent par l'acide sialique (voir p. 453). Bien que le noyau protéique d'un protéoglycanne puisse être lui-même une glycoprotéine, les protéoglycannes peuvent contenir jusqu'à 95 p. cent de glucides (en poids), sous la forme d'une à plusieurs centaines de chaînes de glycosaminoglycannes non ramifiées, dont la longueur moyenne est de 80 résidus glucidiques et qui ne contiennent habituellement pas d'acide sialique. De plus, tandis que la masse des glycoprotéines dépasse rarement 3×10^5 daltons, celle des protéoglycannes peut être beaucoup plus importante. Par exemple, une des molécules de protéoglycanne la mieux caractérisée est un composant majeur du cartilage ; elle est typiquement composée d'environ 100 chaînes de chondroïtine sulfate et d'environ 50 chaînes de kératane sulfate liées à un noyau protéique riche en sérine, de plus de 2 000 acides aminés. Ainsi, sa masse totale est d'environ 3×10^6 daltons, avec environ 1 chaîne de glycosaminoglycanne pour 20 résidus d'acides aminés (Figure 14-27). Par ailleurs, un grand nombre de protéoglycannes sont beaucoup plus petits et n'ont que 1 à 10 chaînes de glycosaminoglycannes.

En principe, les protéoglycannes sont potentiellement capables d'une hétérogénéité illimitée. Ils peuvent varier considérablement par leur composition protéique, leur taille moléculaire, le nombre et le type de chaînes de glycosaminoglycannes par molécule. De plus, bien qu'il existe toujours un motif disaccharidique de base, la longueur et la composition des chaînes de glycosaminoglycannes sont extrêmement variables, tout comme l'arrangement spatial des groupements latéraux hydroxyle, sulfate et carboxyle, le long des chaînes. Identifier et classer les protéoglycannes en fonction de leurs glucides est donc un problème extrêmement complexe. Les séquences d'un grand nombre de noyaux protéiques sont maintenant connues grâce aux techniques de l'ADN recombinant, et, dans le futur, il est vraisemblable que la caractérisation des protéoglycannes par leurs noyaux protéiques plutôt que par leurs chaînes de glycosaminoglycannes rendra leur classification plus significative.

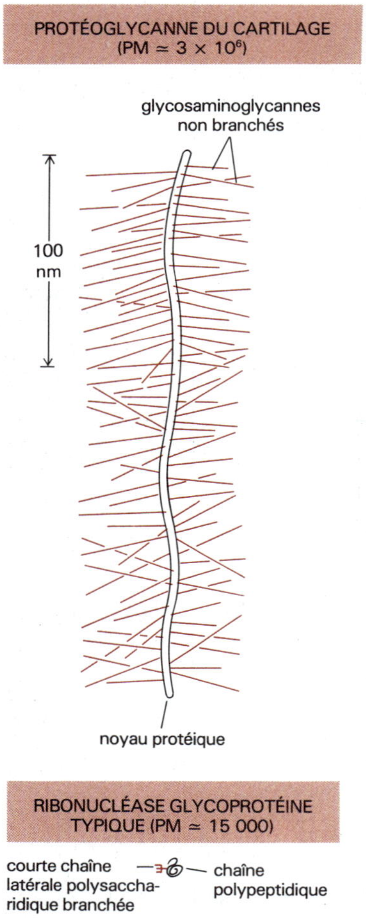

Figure 14-27 La principale molécule de protéoglycanne du cartilage. Elle est constituée de nombreuses chaînes de glycosaminoglycannes liées de façon covalente à un noyau protéique. Le noyau protéique contient un certain nombre de chaînes oligosaccharidiques *O*- ou *N*- liées (non représentées) en plus des chaînes de glycosaminoglycannes. La majorité des protéoglycannes sont plus petits que celui qui est montré ici, et leurs chaînes de glycosaminoglycannes sont souvent limitées à des régions particulières de la chaîne polypeptidique centrale. Le schéma du bas représente une molécule de glycoprotéine typique (la ribonucléase B pancréatique), dessinée à l'échelle à titre de comparaison.

Il est possible que les chaînes de glycosaminoglycannes soient hautement organisées dans la matrice extracellulaire [13]

Étant donné l'hétérogénéité structurale des molécules de protéoglycannes, il semble très improbable que leur fonction se limite à procurer un espace hydraté autour et entre les cellules. On a montré, expérimentalement, que les protéoglycannes se lient à diverses molécules informatives sécrétées, et il semble vraisemblable qu'elles se comportent de la même façon dans les tissus, délimitant ainsi l'action du ligand informatif : le facteur de croissance des fibroblastes (FGF — voir p. 747), par exemple, se lie aux héparanes sulfates aussi bien *in vitro* que dans les tissus. Les protéoglycannes peuvent former des gels, dont la taille des pores et la densité varient, et ils fonctionnent alors comme des tamis pour régler la circulation des molécules et des cellules selon leur taille et/ou leur charge. Il existe des raisons de croire que les protéoglycannes agissent en cette qualité dans la lame basale du glomérule rénal, qui filtre les molécules entre la circulation sanguine et l'urine (voir p. 820).

L'agencement des glycosaminoglycannes et des protéoglycannes dans la matrice extracellulaire n'est pas bien compris. Des études biochimiques indiquent que ces molécules se lient selon des modes spécifiques, aussi bien entre elles qu'avec les protéines fibreuses de la matrice. Il serait surprenant que de telles interactions ne jouent pas un rôle important dans l'organisation de la matrice. On a montré que le protéoglycanne majeur du cartilage, le kératane sulfate/chondroïtine sulfate, dont nous avons parlé plus haut, s'assemble dans l'espace extracellulaire en agrégats de grande dimension qui ne sont pas liés de façon covalente par leurs noyaux protéiques à une grosse molécule d'acide hyaluronique. Jusqu'à 100 monomères de protéoglycanne peuvent être liés à une seule chaîne d'acide hyaluronique, constituant un complexe géant d'un poids moléculaire de 100 millions ou plus, et occupant un volume équivalent à celui d'une bactérie. Lorsqu'ils sont isolés à partir de tissus, ces complexes sont facilement visibles en microscopie électronique (Figure 14-28).

Par contre, les tentatives en microscopie électronique pour déterminer l'agencement des molécules de protéoglycannes lorsqu'elles sont encore dans les tissus ont été décevantes. Ces molécules étant extrêmement hydrosolubles, elles sont facilement éliminées de la matrice extracellulaire par lavage lorsque les coupes tissulaires sont mises en solutions aqueuses au cours de la fixation. On a pu observer récemment des protéoglycannes à l'état presque natif dans du cartilage rapidement congelé à très basse température (— 196 °C) sous haute pression, puis fixé et coloré en étant encore congelé (Figure 14-29). Une autre méthode d'approche consiste à utiliser un colorant cationique de densité de charge relativement faible ainsi qu'une

Figure 14-28 (A) Micrographie électronique d'un agrégat de protéoglycannes extrait du cartilage fœtal de bœuf ombré au platine. Beaucoup de molécules de protéoglycannes libres sont également visibles. (B) Représentation schématique de l'agrégat géant de protéoglycannes montré en (A). Il est constitué d'environ 100 monomères de protéoglycanne (dont chacun est identique à celui de la Figure 14-27) liés de façon non covalente à une seule chaîne d'acide hyaluronique par deux protéines de liaison qui se fixent à la fois au noyau protéique du protéoglycanne et à la chaîne d'acide hyaluronique, stabilisant ainsi l'agrégat. Le poids moléculaire d'un tel complexe peut atteindre 10^8 ou plus, et il occupe un volume équivalent à celui d'une bactérie, qui est d'environ 2×10^{-12} cm³. (A, avec l'autorisation de Lawrence Rosenberg.)

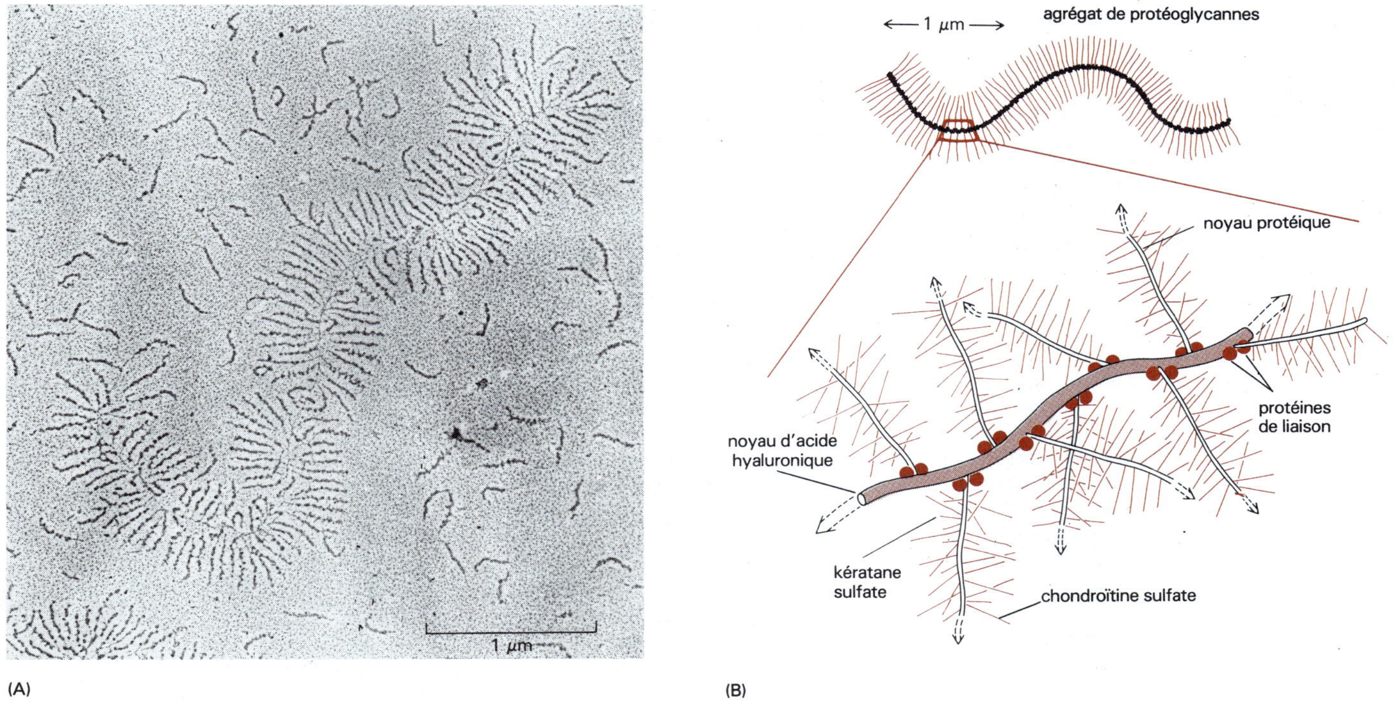

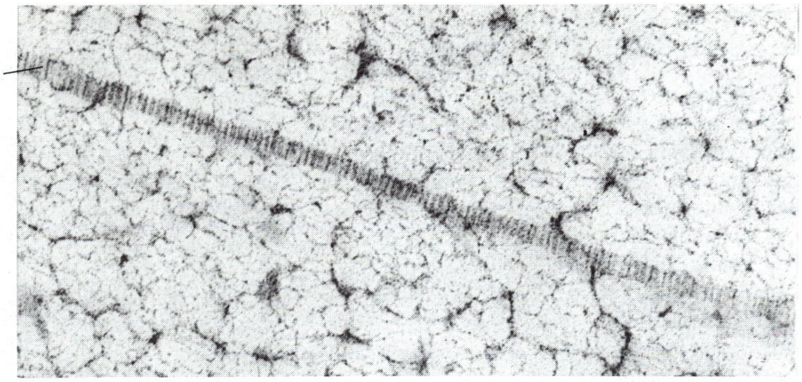

Figure 14-29 Micrographie électronique de protéoglycannes dans la matrice extracellulaire d'un cartilage de rat. Le tissu a été rapidement congelé à — 196°C, fixé et coloré encore congelé (un processus appelé *cryosubstitution*) afin d'éviter l'agrégation des chaînes de glycosaminoglycannes. Les molécules de protéoglycanne forment un fin réseau filamenteux dans lequel une seule fibrille de collagène striée est enfoncée. Les régions plus colorées des molécules de protéoglycanne sont les noyaux protéiques ; les filaments faiblement colorés sont les chaînes de glycosaminoglycanne. (Reproduit d'après E.B. Hunziker et R.K. Schenk ; *J. Cell Biol.* 98:227-282, 1985. Copyright Rockefeller University Press.)

fixation plus classique. Lorsque les protéoglycannes d'un tendon de queue de rat sont colorés de cette façon, ils apparaissent sous la forme de structures filamenteuses qui encerclent les fibrilles de collagène à intervalles réguliers (Figure 14-30). Ils croisent les fibrilles de collagène à des intervalles d'environ 65 nm, reflétant l'arrangement en quinconce des molécules de collagène dans les fibrilles de collagène (voir p. 812). Il est vraisemblable que de tels motifs ordonnés de molécules sont largement répandus dans la matrice extracellulaire, et, étant donné la diversité des molécules de collagène et de protéoglycannes, les motifs peuvent être complexes et variés.

Certaines chaînes polysaccharidiques sont connues pour s'assembler en structures hélicoïdales ou rubanées extrêmement ordonnées. Dans les végétaux supérieurs, par exemple, les chaînes de cellulose (polyglucose) sont associées en réseaux cristallins rubanés serrés qui constituent le composant microfibrillaire de la paroi cellulaire (voir Figure 20-5, p. 1141). *In vitro*, deux chaînes polysaccharidiques *différentes* peuvent s'associer entre elles de manière spécifique pour produire des régions de structure hélicoïdale régulière (Figure 14-31) ; de telles interactions entre polysaccharides peuvent aussi avoir lieu dans la matrice extracellulaire. Si les molécules de protéoglycanne peuvent adopter des conformations structurales aussi diverses que leurs propriétés chimiques, nous avons à peine commencé à les comprendre.

Les protéoglycannes ne sont pas tous des composants sécrétés de la matrice extracellulaire. Certains sont des composants intrinsèques des membranes plasmiques, dont le noyau protéique peut, pour quelques-uns d'entre eux, être ancré dans la double couche lipidique. Les protéoglycannes membranaires intrinsèques ne contiennent habituellement qu'un petit nombre de chaînes de glycosaminoglycannes, et on suppose qu'elles jouent un rôle dans la liaison des cellules à la matrice extracellulaire et dans l'agencement des macromolécules matricielles que les cellules sécrètent.

14-12 Le collagène est la protéine majeure de la matrice extracellulaire [14]

Les **collagènes** constituent une famille de protéines fibreuses très caractéristiques, que l'on trouve chez tous les animaux pluricellulaires. Ils sont principalement sécrétés par les cellules des tissus conjonctifs, et sont les protéines les plus abondantes chez les mammifères, où ils représentent 25 p. cent de leurs protéines totales. L'aspect caractéristique des molécules de collagène est leur structure hélicoïdale rigide à trois brins. Trois chaînes polypeptidiques de collagène, appelées *chaînes* α (chacune longue d'environ 1 000 acides aminés), sont enroulées

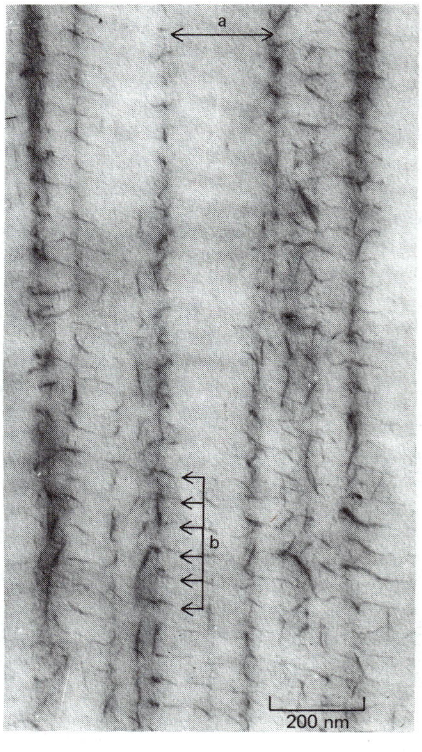

Figure 14-30 Micrographie électronique d'une coupe longitudinale d'un tendon de queue de rat coloré avec un produit contenant du cuivre afin de visualiser les molécules de protéoglycannes. Un tendon est constitué de fibrilles de collagène étroitement empilées, dont plusieurs sont représentées ici. Les molécules de protéoglycannes sont visibles sous forme de minces filaments qui entourent chacune des fibrilles de collagène à des intervalles réguliers d'environ 65 nm (comme ceux qui sont indiqués par les flèches b), mettant en évidence une interaction spécifique entre les molécules de protéoglycannes et de collagène. Dans les régions où l'on ne voit pas les filaments de protéoglycannes croiser une fibrille de collagène (comme la région de fibrille indiquée par la double flèche a), le plan de section passe probablement par l'intérieur de la fibrille. (Reproduit avec l'autorisation de J.E. Scott, *Biochem. J.* 187:887-891, 1980. Copyright 1980 American Chemical Society.)

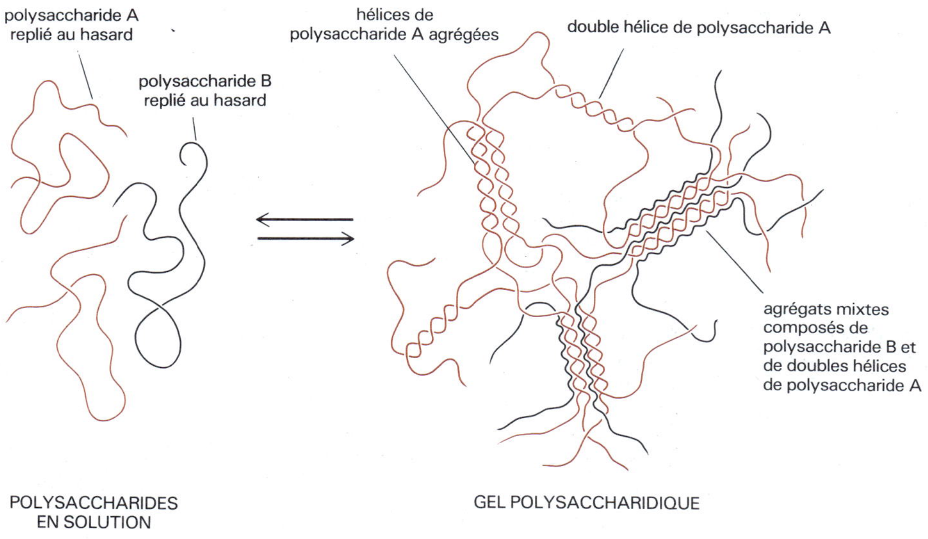

Figure 14-31 Schéma représentant quelques-unes des conformations ordonnées que peuvent adopter deux chaînes polysaccharidiques différentes A et B, dans la formation d'un gel *in vitro*. Puisque ces interactions moléculaires sont limitées à certaines régions des chaînes (appelées régions de jonction) et ne se propagent pas d'un bout à l'autre de la molécule, chaque chaîne peut s'associer avec plus d'un partenaire et former ainsi un réseau de type gel. Parmi les polysaccharides qui forment des gels, on peut citer les agars (chez les algues) et les pectines (chez les végétaux).

les unes autour des autres en une super-hélice régulière pour former une molécule de collagène semblable à une corde, d'environ 300 nm de longueur et 1,5 nm de diamètre. Les collagènes sont extrêmement riches en proline et en glycine, deux acides aminés importants dans la formation de l'hélice tricaténaire. La proline, du fait de sa structure cyclique, stabilise une conformation hélicoïdale gauche dans chaque chaîne α, avec trois résidus d'acides aminés par tour. La glycine est l'acide aminé le plus petit (car la chaîne latérale n'est formée que d'un atome d'hydrogène) ; régulièrement disposé tous les trois résidus dans toute la région centrale de la chaîne α, il permet aux trois chaînes α-hélicoïdales de s'enrouler étroitement pour former la super-hélice finale de collagène (Figure 14-32).

Jusqu'ici, on a identifié environ 20 chaînes de collagène différentes, codée chacune par un gène séparé. Différentes combinaisons de ces gènes sont exprimées dans différents tissus. Bien que, en principe, plus de 1 000 types de molécules de collagène tricaténaires puissent être assemblés à partir des différentes combinaisons de la vingtaine de chaînes α, on n'a trouvé qu'une dizaine de types de molécules de collagène. Les mieux caractérisées sont les types I, II, III et IV (Tableau 14-3). Les types I, II et III sont les **collagènes fibrillaires**. Ce sont les principaux types de collagène des tissus conjonctifs, le type I étant de loin le plus répandu. Après leur sécrétion dans la matrice extracellulaire, ces trois types de molécules de collagène s'assemblent en polymères ordonnés appelés **fibrilles de collagène**, qui sont de fines (10 à 300 nm de diamètre) structures câblées de plusieurs micromètres de longueur et nettement visibles sur des micrographies électroniques (Figure 14-33). Ces fibrilles de collagène s'agrègent souvent en faisceaux de plus grandes dimensions, qui peuvent être observés en microscopie photonique sous la forme de *fibres de collagène* de plusieurs micromètres de diamètre. On ne trouve les molécules de collagène du type IV que dans la lame basale ; au lieu de former des fibrilles, elles s'assemblent en un réseau en forme de feuillet qui constitue une partie importante de toutes les lames basales (voir p. 815). L'agencement de la plus grande partie de l'autre demi-douzaine de types de molécules de collagène dans les tissus est mal connu.

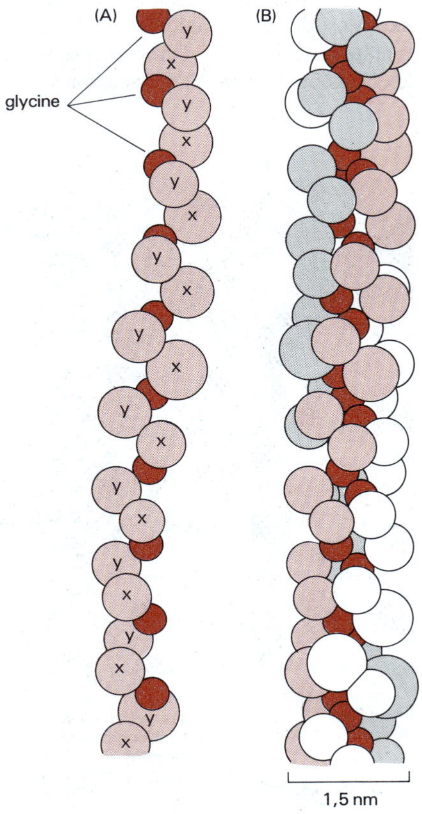

Figure 14-32 (A) Modèle d'une seule chaîne α du collagène dans laquelle chaque acide aminé est représenté par une sphère. La chaîne est disposée en hélice gauche comprenant trois résidus d'acides aminés par tour, le troisième résidu étant toujours la glycine (*couleur sombre*). Une chaîne α est donc composée d'une succession de triplets Gly-X-Y, dans lesquels X et Y peuvent être n'importe quel acide aminé (bien que l'un d'eux soit généralement une proline). (B) Modèle d'une partie d'une molécule de collagène dans laquelle trois chaînes α sont enroulées les unes autour des autres pour former une tige hélicoïdale tricaténaire. Une des trois chaînes α est représentée en clair, une autre en gris et la dernière en blanc. La glycine est le seul acide aminé suffisamment petit pour occuper l'intérieur encombré de la triple hélice. On ne montre ici qu'un court segment de la molécule ; la molécule entière mesure 300 nm, chaque chaîne α contenant environ 1 000 résidus d'acides aminés. (Dessiné d'après un modèle par B.L. Trus.)

Tableau 14-3 Les quatre principaux types de collagène et leurs propriétés

Type	Formule moléculaire	Forme polymérisée	Caractères distinctifs	Distribution tissulaire
I	$[\alpha 1(I)]_2\alpha 2(I)$	fibrille	pauvre en hydroxylysine pauvre en glucides fibrilles larges	peau, tendon, os, ligaments, cornée, organes internes (représente 90 p. cent du collagène corporel)
II	$[\alpha 1(II)]_3$	fibrille	riche en hydroxylysine riche en glucides fibrilles en général plus minces que le type I	cartilage, disque intervertébral, notochorde, corps vitré de l'œil
III	$[\alpha 1(III)]_3$	fibrille	riche en hydroxyproline pauvre en hydroxylysine pauvre en glucides	peau, vaisseaux sanguins, organes internes
IV	$[\alpha 1(IV)]_2\alpha 2(IV)$	lame basale	très riche en hydroxylysine riche en glucides conserve probablement des prolongements peptidiques du pro-collagène	lame basale

Noter que les types I et IV sont tous deux composés de deux types de chaînes α, alors que les types II et III sont chacun composés d'un seul type de chaîne α. On ne montre ici que les quatre principaux types de collagène, mais plus de 10 types de collagène et environ 20 types de chaînes α ont été déterminés jusqu'à présent.

Un grand nombre de protéines contenant un motif répété d'acides aminés ont évolué par duplications des séquences d'ADN (voir p. 602). Il semble que les collagènes fibrillaires soient apparus de cette façon. Ainsi, les gènes qui codent les chaînes α de ces collagènes sont très longs (30 à 40 kilobases) et contiennent environ 50 exons. La longueur de la majorité des exons est de 54, ou multiple de 54, nucléotides, suggérant que ces collagènes proviennent de multiples duplications d'un gène primordial contenant 54 nucléotides ; ce n'est pas le cas pour le collagène de type IV, qui peut par conséquent avoir évolué différemment.

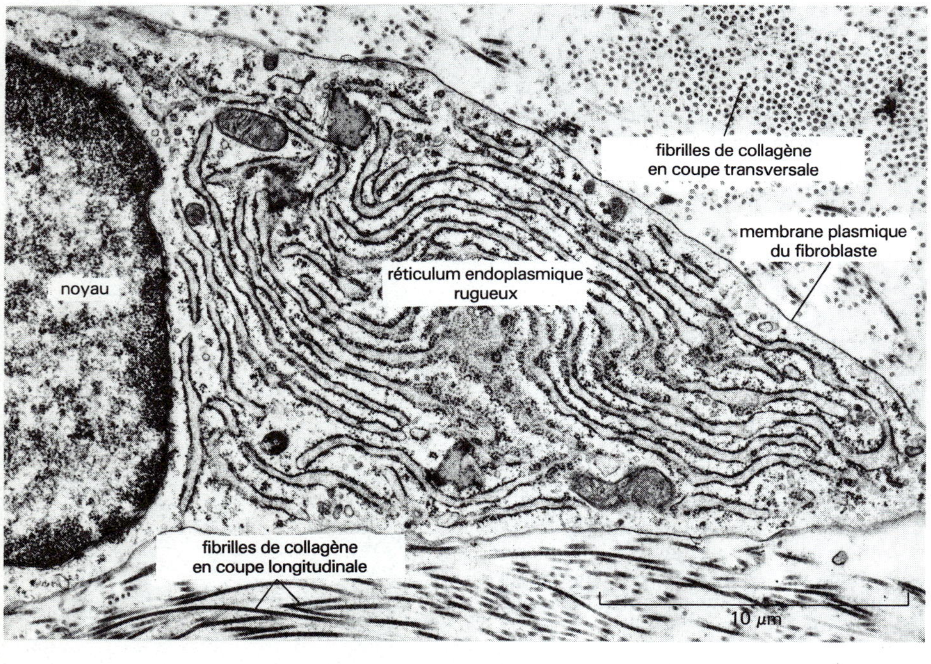

Figure 14-33 Micrographie électronique montrant une partie d'un fibroblaste entouré de fibrilles de collagène dans le tissu conjonctif. L'extension du réticulum endoplasmique rugueux dans le cytoplasme du fibroblaste reflète la synthèse active et la sécrétion, par la cellule, de collagène et d'autres macromolécules composant la matrice. (Avec l'autorisaton de Russell Ross.)

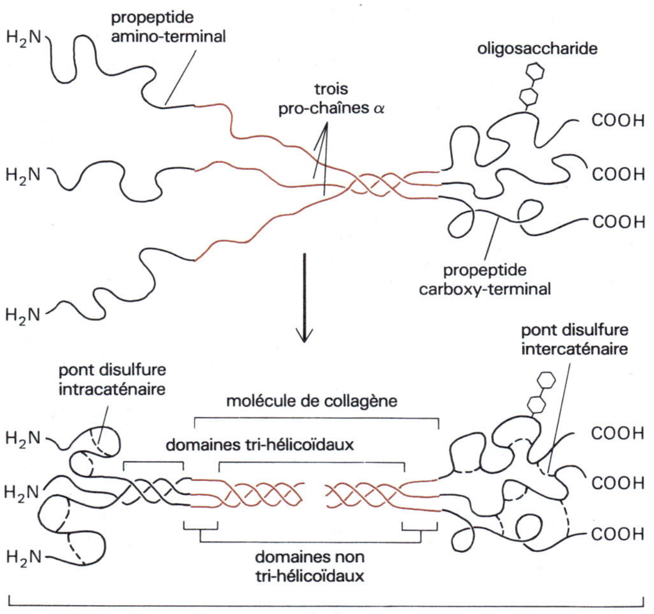

Figure 14-34 Dans les molécules de collagène fibrillaires, les chaînes α sont d'abord synthétisées sous la forme de pro-chaînes α qui contiennent des pro-peptides supplémentaires à leurs deux extrémités (représentées ici en couleur), qui seront ensuite éliminés. Le pro-peptide carboxy-terminal est supposé guider la formation de la triple hélice au cours de l'assemblage de la molécule de *pro-collagène*. Noter que les pro-peptides carboxy-terminaux dans la molécule de pro-collagène sont liés entre eux de façon covalente par des ponts disulfure et contiennent souvent une chaîne oligosaccharidique. Les pro-peptides amino-terminaux forment une courte région de « mini-collagène » tricaténaire. La molécule de collagène finale ne contient que la partie de la molécule de collagène représentée en noir ; le reste est éliminé par clivage.

14-13 Les collagènes sont sécrétés avec une rallonge non hélicoïdale à chaque extrémité [14, 15]

Les chaînes polypeptidiques individuelles de collagène sont synthétisées sur des ribosomes liés à la membrane et sont introduites dans la lumière du réticulum endoplasmique (RE) sous la forme de précurseurs de plus grande taille, appelés *pro-chaînes α*. Ces précurseurs possèdent non seulement le court « peptide signal » amino-terminal nécessaire au passage des protéines sécrétées à travers la membrane du RE (voir p. 438), mais aussi d'autres acides aminés supplémentaires, appelés *pro-peptides*, à leurs deux extrémités amino- et carboxy-terminales. Dans la lumière du RE, des résidus proline et lysine sélectionnés sont hydroxylés pour former respectivement l'hydroxyproline et l'hydroxylysine. Chaque pro-chaîne α s'associe ensuite à deux autres pro-chaînes pour former une molécule hélicoïdale dont les trois chaînes sont reliées par des liaisons hydrogène, et qui est connue sous le nom de *pro-collagène* (Figure 14-34). Les formes sécrétées des collagènes fibrillaires (mais non le collagène de type IV) sont transformées en *molécules de collagène* dans l'espace extracellulaire par élimination des pro-peptides (voir plus loin).

Les résidus d'hydroxyproline et d'hydroxylysine (Figure 14-35) sont rarement trouvés dans d'autres protéines. Pourquoi sont-ils présents dans le collagène ? Il existe des preuves indirectes que les groupements hydroxyle des résidus d'hydroxyproline forment des liaisons hydrogène intercaténaires qui servent à stabiliser l'hélice tricaténaire. Par exemple, dans des conditions qui empêchent l'hydroxylation de la proline (comme une déficience en acide ascorbique [vitamine C]), la formation de l'hélice de pro-collagène est inhibée. Les collagènes normaux sont continuellement (quoique lentement) dégradés par des enzymes extracellulaires spécifiques appelées *collagénases*. Dans le scorbut, une maladie humaine provoquée par une carence alimentaire en vitamine C, les pro-chaînes défectueuses qui sont synthétisées ne peuvent s'associer en triple hélice et sont immédiatement dégradées. La disparition progressive du collagène normal préexistant dans la matrice s'accompagne donc d'une extrême fragilisation des vaisseaux sanguins et du déchaussement des dents. Ceci implique que la dégradation et la substitution du collagène sont relativement rapides dans ces tissus particuliers. Dans de nombreux autres tissus d'adultes, cependant, la vitesse de renouvellement du collagène (et d'autres macromolécules de la matrice extracellulaire) est sans doute très lente : dans les os, pour prendre un cas extrême, les molécules de collagène durent environ 10 ans avant d'être dégradées et remplacées. Par contre, la majorité des protéines cellulaires ont des demi-vies de l'ordre de quelques heures ou quelques jours.

L'hydroxylation des résidus de lysine a une fonction différente de celle de l'hydroxylation des résidus de proline. Elle est nécessaire pour une forme anormale de glycosylation liée à la lysine que l'on trouve dans le collagène (et dont la fonction est inconnue), et est essentielle à la vaste réticulation des molécules de collagène qui se produit au cours de l'assemblage du collagène dans l'espace extracellulaire (voir p. 813).

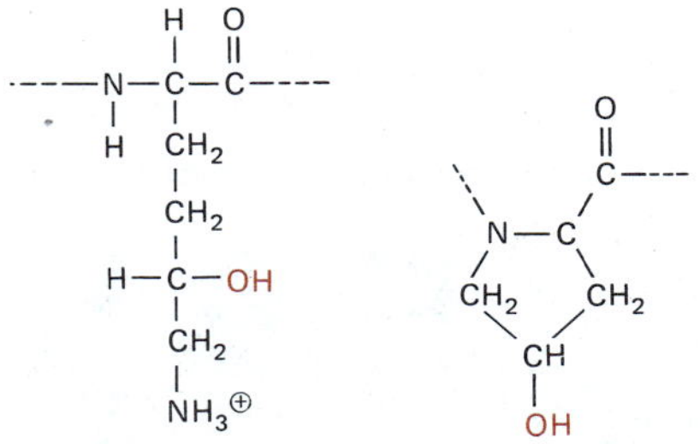

Figure 14-35 Les structures de l'hydroxyproline et de l'hydroxylysine, deux acides aminés modifiés qui sont courants dans le collagène.

Après la sécrétion, les molécules de pro-collagène de types I, II et III sont scindées en molécules de collagène, qui s'assemblent en fibrilles [16]

Après la sécrétion, les pro-peptides des molécules de pro-collagène de types I, II et III sont éliminés par des enzymes protéolytiques à l'extérieur de la cellule. Cette élimination transforme les molécules de pro-collagène en molécules de collagène (également appelé *tropocollagène*) (1,5 nm de diamètre), qui s'associent ensuite dans l'espace extracellulaire pour former les fibrilles de collagène de beaucoup plus grandes dimensions (10 à 300 nm de diamètre). Le processus de formation des fibrilles est dirigé, en partie, par la tendance des molécules de collagène à s'auto-assembler. Toutefois, les fibrilles se forment à proximité de la surface cellulaire, souvent dans des cavités profondes formées par l'invagination de la membrane plasmique, et le cytosquelette cortical sous-jacent peut par conséquent influer sur les sites, les vitesses et l'orientation de l'assemblage des fibrilles (voir p. 822).

Les pro-peptides ont au moins deux fonctions : (1) ils guident la formation intracellulaire des molécules de collagène tricaténaires ; et (2) n'étant éliminés qu'après la sécrétion, ils empêchent la formation intracellulaire de fibrilles de collagène de grande taille, qui pourrait être catastrophique pour la cellule. Mais il est aussi important que les pro-peptides soient éliminés des collagènes fibrillaires, une fois leurs fonctions accomplies. Dans certaines maladies génétiques, comme le syndrome de Ehlers-Danlos, ce processus est défectueux : la formation des fibrilles de collagène s'en trouve affectée, et les individus atteints ont une peau fragile et des articulations hypermobiles.

Les fibrilles de collagène fixées, colorées et observées en microscopie électronique, présentent des striations transversales tous les 67 nm. Ces striations reflètent l'arrangement des molécules de collagène individuelles dans la fibrille : elles sont espacées, comme l'illustre la Figure 14-36, de telle sorte que leurs molécules adjacentes sont décalées longitudinalement sur près du quart de leur longueur (une distance de 67 nm). Cet agencement maximise probablement la résistance des agrégats à la tension, et il donne naissance aux striations observées dans les fibrilles colorées négativement (Figure 14-37). Cependant, on ne connaît pas encore avec certitude la façon dont ces molécules espacées sont empaquetées dans les trois dimensions d'une fibrille cylindrique.

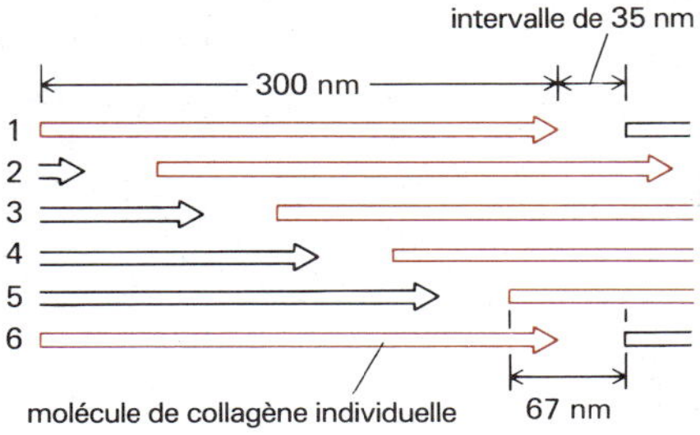

Figure 14-36 Arrangement décalé des molécules de collagène dans une fibrille de collagène. Les molécules adjacentes (représentées par les flèches) sont décalées de 67 nm, avec un intervalle de 35 nm entre les molécules successives d'une même rangée. La taille de l'intervalle est telle que le schéma se répète après chaque alignement de cinq molécules décalées de cette façon ; ainsi les molécules des rangées 1 et 6 sont en phase.

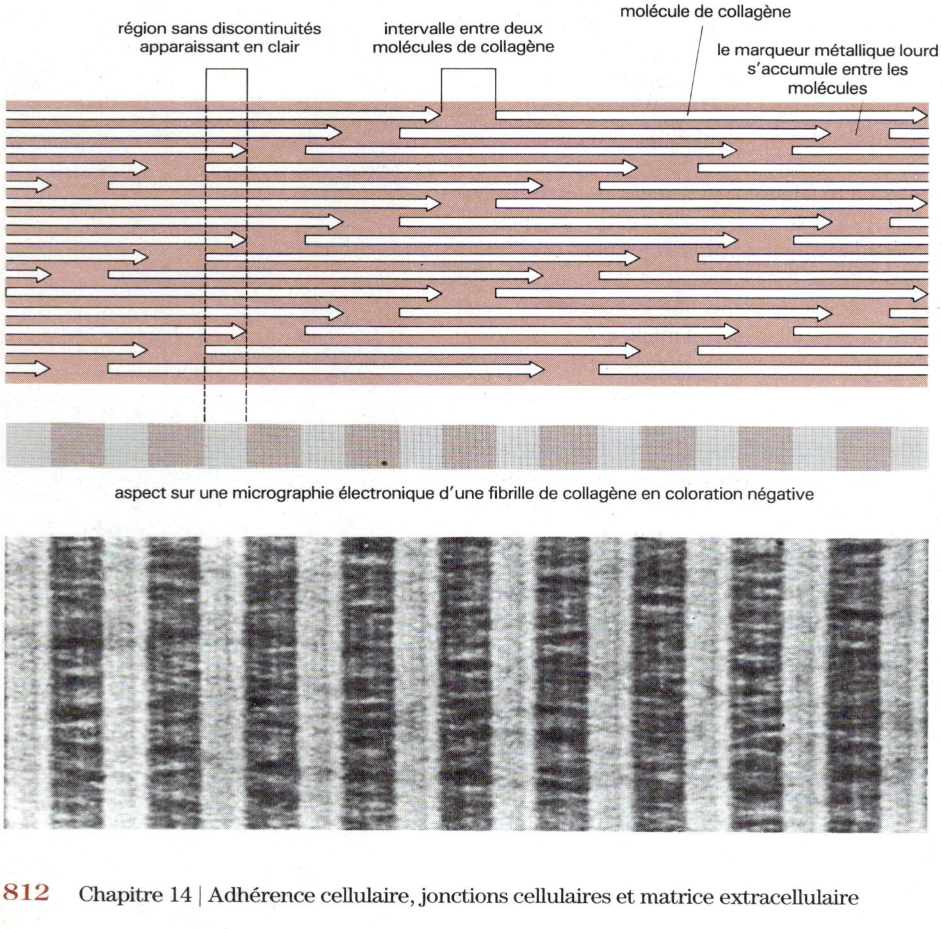

Figure 14-37 Façon dont l'arrangement décalé des molécules de collagène engendre l'aspect strié d'une fibrille en coloration négative. Le colorant négatif ne remplissant que l'espace situé entre les molécules, les bandes colorées en sombre sont dues à la présence du colorant dans les intervalles séparant les molécules individuelles dans chaque rangée. On montre, au bas de la figure, une micrographie électronique d'une fibrille en coloration négative. (Micrographie avec l'autorisation de Robert Horne.)

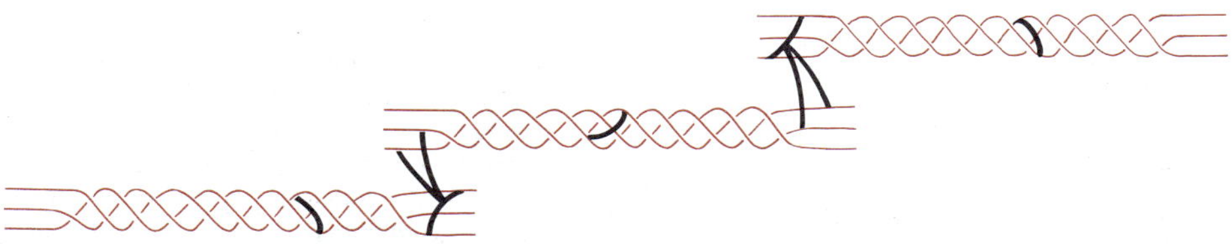

Figure 14-38 Les liaisons transversales covalentes intra- et intermoléculaires formées entre des chaînes latérales de lysine modifiées à l'intérieur d'une fibrille de collagène. Les liaisons transversales sont formées en plusieurs étapes. Certains résidus de lysine et d'hydroxyproline commencent par être désaminés par une enzyme extracellulaire, la lysyl oxydase, pour donner des groupements aldéhyde très réactifs. Les aldéhydes réagissent ensuite spontanément pour former des liaisons covalentes entre eux ou avec d'autres résidus de lysine ou d'hydroxylysine ; ces liaisons peuvent impliquer plus de deux chaînes latérales d'acides aminés. Certaines de ces liaisons sont relativement instables et sont finalement modifiées pour former un assortiment de liaisons transversales plus stables. Noter que la majorité des liaisons transversales se forment entre les courts segments non hélicoïdaux à chaque extrémité des molécules de collagène (voir Figure 14-35).

Après leur assemblage dans l'espace extracellulaire, la résistance des fibrilles de collagène est considérablement augmentée par la formation de liaisons transversales covalentes à l'intérieur et entre les résidus de lysine des molécules de collagène qui les constituent (Figure 14-38). Les types de liaisons covalentes impliquées n'existent que dans le collagène et l'élastine. Si le pontage transversal est inhibé, les tissus collagéniques sont fragilisés et les structures comme la peau, les tendons et les vaisseaux sanguins ont tendance à se déchirer. L'ampleur et le type du pontage transversal varient d'un tissu à l'autre. Par exemple, le pontage transversal du collagène est spécialement important au niveau du tendon d'Achille, où la résistance à la tension est fondamentale.

L'organisation des fibrilles de collagène dans la matrice extracellulaire est adaptée aux besoins du tissu [17]

Les fibrilles de collagène présentent des diamètres très divers et sont organisées de différentes façons dans différents tissus. Dans la peau des mammifères, par exemple, elles sont entrelacées de telle sorte qu'elles résistent aux tensions appliquées dans de multiples directions. Dans les tendons, elles sont organisées en faisceaux parallèles alignés le long de l'axe principal de la tension appliquée au tendon. Dans les os matures et dans la cornée, elles sont disposées comme du contre-plaqué, en couches ordonnées, les fibrilles de chaque couche étant parallèles entre elles mais presque perpendiculaires aux fibrilles des couches situées de part et d'autre. Le même arrangement existe dans la peau de têtard, et il nous a servi à illustrer ce type d'organisation (Figure 14-39).

Les cellules du tissu conjonctif elles-mêmes déterminent la taille et l'agencement des fibrilles de collagène. Les cellules peuvent exprimer un ou plusieurs des gènes pour les différents types de molécules de pro-collagène fibrillaires (y compris les types mineurs qui ne sont pas cités dans le Tableau 14-3), et peuvent régler la disposition des molécules après sécrétion. En contrôlant l'ordre de clivage séquentiel des pro-peptides amino- et carboxy-terminaux, en sécrétant différents types non collagéniques de macromolécules matricielles en quantités variables, en même temps que le collagène et en dirigeant la formation des fibrilles de collagène en étroite association avec la membrane plasmique, les cellules peuvent déterminer la géométrie et les propriétés des fibrilles dans leur environnement. Finalement, le collagène est réticulé à un degré variable selon la résistance à la tension nécessaire. La Figure 14-40 résume les étapes de la synthèse et de l'assemblage du collagène fibrillaire.

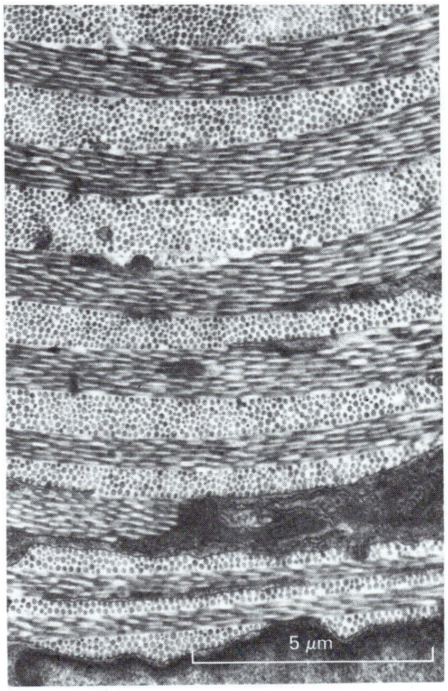

Figure 14-39 Micrographie électronique d'une coupe transversale de peau de têtard, montrant l'arrangement de type contreplaqué des fibrilles de collagène, dans lequel les couches de fibrilles successives sont disposées perpendiculairement les unes aux autres. On trouve aussi cet arrangement dans l'os mature et dans la cornée. (Avec l'autorisation de Jerome Gross.)

Les cellules peuvent participer à l'organisation des fibrilles de collagène qu'elles sécrètent en exerçant une tension sur la matrice [18]

Les cellules sécrétrices de collagène ont encore une autre façon de déterminer l'organisation spatiale de la matrice qu'elles produisent. Les fibroblastes agissent sur le collagène qu'ils ont sécrété, se déplaçant lentement et tirant sur ce support — aidant à le compresser en feuillets et à l'étirer sous forme de câbles. Ce rôle mécanique des fibroblastes dans la mise en forme des matrices de collagène a été démontré en culture de façon spectaculaire. Lorsque des fibroblastes sont mélangés à un réseau de fibrilles de collagène orientées au hasard qui forment un gel dans un boîte de culture, les fibroblastes tirent sur le réseau, rétractant le collagène à l'entour, et provoquant la contraction du gel en une petite fraction de son volume initial ; par des activités analogues, un groupe de fibroblastes s'entourera d'une capsule de fibres de collagène très serrées et concentriques.

Si deux petits morceaux d'un tissu embryonnaire contenant des fibroblastes sont placés très loin l'un de l'autre sur un gel de collagène, le collagène s'organise en une bande compacte de fibres alignées qui relie les deux explants (Figure 14-41). Les fibroblastes migrent ensuite hors des explants le long des fibres de collagène alignées. Ainsi, les fibroblastes influent sur

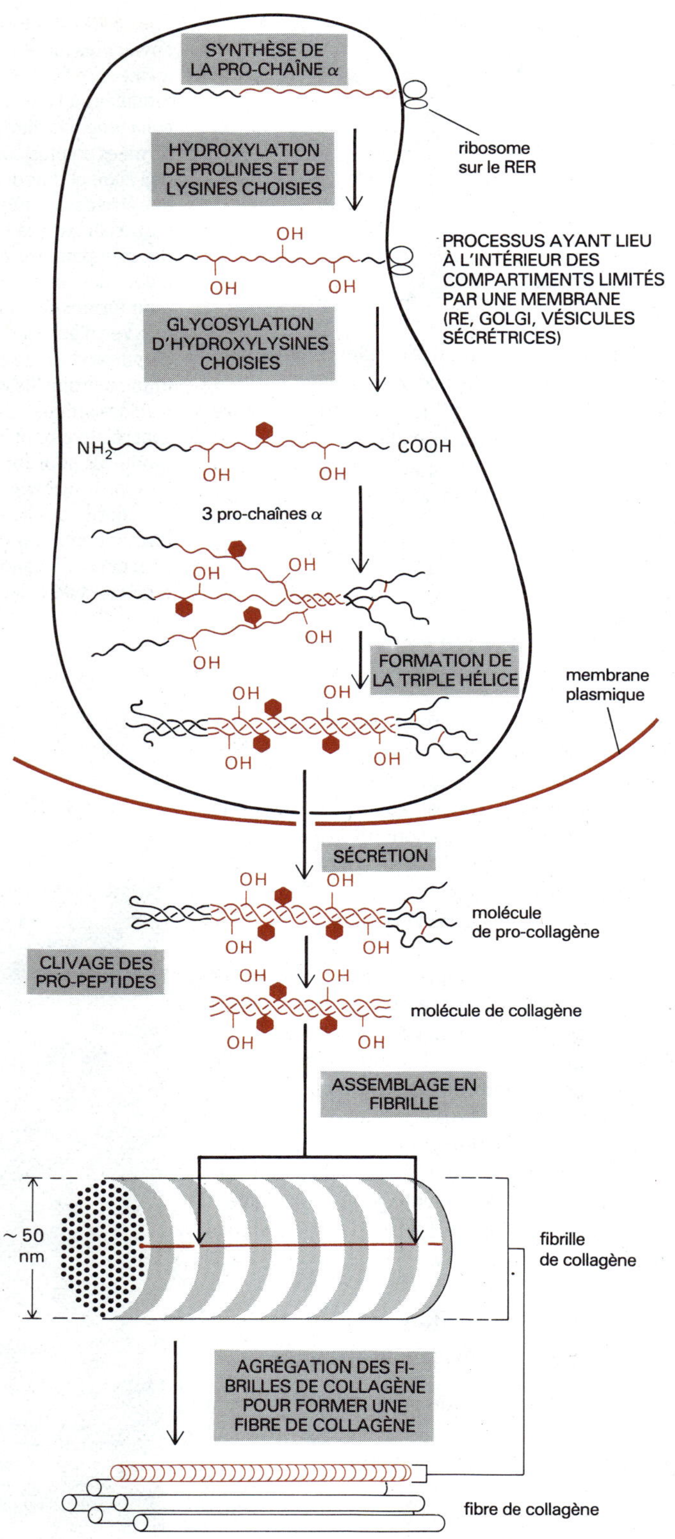

Figure 14-40 Les événements intra- et extracellulaires impliqués dans la formation d'une fibrille de collagène. Pour illustrer la façon dont les fibrilles de collagène peuvent former des ensembles ordonnés dans l'espace extracellulaire, on a représenté leur assemblage en fibres de collagène de grande taille, visibles en microscopie photonique. Les liaisons transversales covalentes qui stabilisent les assemblages extracellulaires ne sont pas représentées. Il existe de nombreuses maladies génétiques humaines qui affectent la formation des fibrilles de collagène ; ceci n'est pas surprenant, compte tenu du nombre important d'étapes enzymatiques impliquées.

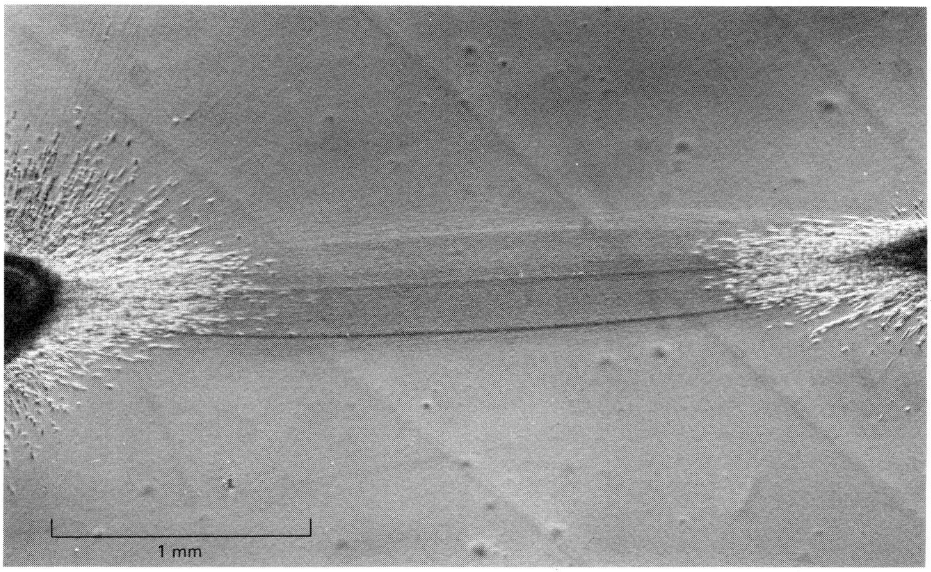

Figure 14-41 Photographie de la région située entre deux morceaux de cœur d'embryon de poulet (riche en fibroblastes ainsi qu'en cellules musculaires) en culture sur un gel de collagène pendant 4 jours. Noter qu'un faisceau dense de fibres de collagène s'est formé entre les explants. (D'après D. Stopak et A.K. Harris, *Dev. Biol.* 90 : 383-398, 1982.)

l'alignement des fibres de collagène, et les fibres de collagène à leur tour interviennent sur la répartition des fibroblastes. Les fibroblastes jouent probablement un rôle analogue dans la création d'un ordre de grande étendue dans la matrice extracellulaire à l'intérieur du corps — en aidant par exemple à former les tendons et les ligaments, et les couches résistantes et denses du tissu conjonctif qui les gaine et les relie dans la plupart des organes.

Les molécules de collagène de type IV s'assemblent en un réseau laminaire [19]

Les molécules de **collagène de type IV** diffèrent des molécules de collagène fibrillaire de plusieurs façons. Premièrement, la séquence d'acides aminés périodique et régulière Gly-X-Y de la chaîne α de type IV est interrompue dans un certain nombre de régions, désorganisant localement la structure hélicoïdale tricaténaire de la molécule de collagène. Deuxièmement, les molécules de « pro-collagène » de type IV ne sont pas clivées après sécrétion et conservent donc leurs pro-peptides ; les molécules sécrétées interagissent via leurs domaines pro-peptidiques non clivés pour s'assembler en un réseau multicouches en forme de feuillet, plutôt qu'en fibrilles. Des études en microscopie électronique de préparations de molécules de type IV en cours d'assemblage semblent indiquer que ces molécules s'associent par leurs pro-peptides carboxy-terminaux pour former des dimères en vis-à-vis, qui constituent ensuite un réseau étendu par les associations supplémentaires représentées dans la Figure 14-42. Ces associations sont stabilisées par des liaisons disulfures transversales et d'autres liaisons transversales covalentes entre les molécules de collagène. On pense que les feuillets de collagène de type IV forment le noyau de toutes les lames basales ; nous discuterons ultérieurement des autres composants de la lame basale (voir p. 818).

L'élastine est une protéine réticulée, enroulée au hasard, qui confère aux tissus leur élasticité [20]

Le fonctionnement des tissus tels que la peau, les vaisseaux sanguins et les poumons est lié à leur élasticité en plus de leur résistance à la tension. Un réseau de **fibres élastiques** dans la matrice extracellulaire de ces tissus leur donne la capacité nécessaire pour retrouver leur fermeté après un étirement momentané. Le composant principal des fibres élastiques est l'**élastine**, une protéine non glycosylée très hydrophobe (longue d'environ 830 résidus d'acides aminés), qui, comme le collagène, est anormalement riche en proline et en glycine, mais, qui, contrairement au collagène, contient très peu d'hydroxyproline et pas d'hydroxylysine. Les molécules d'élastine sont sécrétées dans l'espace extracellulaire, et y forment des filaments et des feuillets dans lesquels elles sont reliées par de très nombreuses liaisons transversales afin d'édifier un réseau très étendu (Figure 14-43). Les liaisons transversales sont formées entre des résidus de lysine selon un mécanisme identique à celui qui joue dans la liaison transversale des molécules de collagène (voir Figure 14-38). Contrairement à la plupart des autres protéines, les molécules d'élastine exigent que leur squelette polypeptidique reste déployé sous forme de

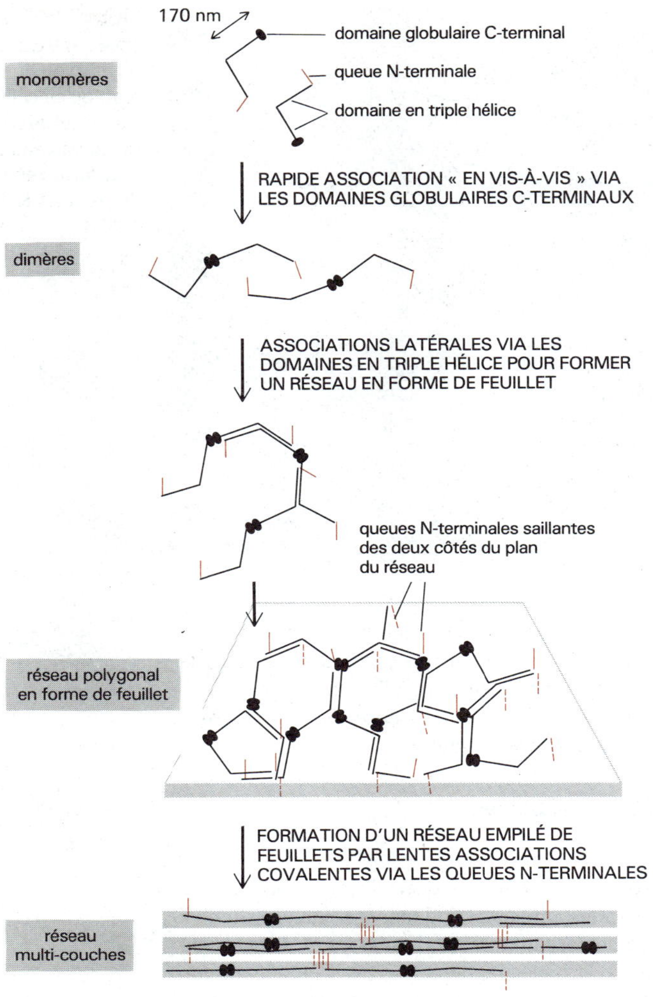

Figure 14-42 La façon dont les molécules de collagène de type IV sont supposées s'assembler en un réseau multi-couches, qui forme le noyau de toutes les lames basales. Le modèle est basé sur des micrographies électroniques de préparations, ombrées par rotation, de ces molécules s'assemblant *in vitro*. (D'après P.D. Yurchenco, E.C. Tsilibary, A.S. Charonis et H. Furthmayr, *J. Histochem. Cytochem.* 34 : 93-102, 1986.)

« replis aléatoires » (Figure 14-44). C'est sa structure réticulée, repliée au hasard, qui permet au réseau de fibres élastiques de se tendre et de se détendre comme un élastique (Figure 14-45). Les fibres élastiques sont au moins cinq fois plus extensibles qu'un élastique de même section. Les longues fibrilles inextensibles de collagène sont entrelacées aux fibres élastiques afin de limiter l'ampleur de l'étirement et empêcher ainsi le déchirement du tissu.

Les fibres élastiques ne sont pas uniquement composées d'élastine. Elles contiennent également une glycoprotéine qui est principalement répartie, sous forme de myofibrilles, à la surface des fibres élastiques. Les fibres élastiques sont assemblées en étroite association avec la membrane plasmique des cellules qui sécrètent l'élastine et la glycoprotéine microfibrillaire. Les microfibrilles apparaissent avant l'élastine et peuvent aider la cellule à organiser les molécules d'élastine sécrétées dans les fibres et les feuillets élastiques qui se forment dans la matrice extracellulaire.

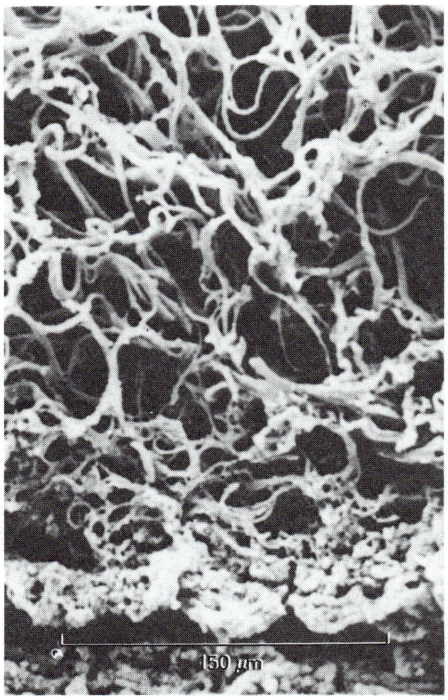

Figure 14-43 Photographie au microscope électronique à balayage montrant le réseau étendu des fibres élastiques dans une section de tissu conjonctif de peau humaine (derme). Le tissu a été chauffé sous pression, afin d'éliminer le collagène et les glycosaminoglycannes. (D'après T. Tsuji, R.M. Lavker et A.M. Kligman, *J. Microscop.* 115 : 165-173, 1978.)

14-14 La fibronectine est une glycoprotéine d'adhérence extracellulaire qui favorise l'adhérence cellule-matrice [21]

La matrice extracellulaire contient un certain nombre de **glycoprotéines d'adhérence** qui se lient à la fois aux cellules et aux autres macromolécules de la matrice et favorisent ainsi la fixation des cellules à la matrice extracellulaire. La glycoprotéine d'adhérence la mieux caractérisée est la **fibronectine**, une glycoprotéine volumineuse qui forme des fibrilles que l'on trouve dans tout le règne animal. La fibronectine est un dimère composé de deux sous-unités identiques (chacune ayant une longueur de près de 2 500 résidus d'acides-aminés) ; ces sous-unités sont reliées par une paire de ponts disulfure près de leurs extrémités carboxylées, et sont repliées en une série de domaines globulaires séparés par des segments de chaîne polypeptidique flexible (Figure 14-46). Des études de la séquence de la molécule de fibronectine montrent qu'elle est composée principalement de trois types de courtes séquences d'acides aminés répétées plusieurs fois, suggérant que l'évolution du gène de la fibronectine s'est faite par de multiples duplications de trois petits gènes.

La fibronectine existe sous trois formes : (1) une forme soluble dimérique, nommée *fibronectine plasmique*, circule dans le sang et d'autres fluides corporels, où elle augmente, pense-t-on, la coagulation sanguine, la cicatrisation et la phagocytose ; (2) on peut trouver des oligomères de fibronectine attachés de façon transitoire à la surface des cellules (*fibronectine de surface cellulaire*) ; et (3) des fibrilles de fibronectine très insolubles se forment dans la matrice extracellulaire (la *fibronectine matricielle*). Dans les agrégats de surface cellulaire et matriciels, les dimères de fibronectine sont reliés les uns aux autres par des ponts disulfures transversaux supplémentaires.

La fibronectine est une molécule multifonctionnelle dans laquelle les différents domaines globulaires jouent des rôles différents. Par exemple, un domaine fixe le collagène, un autre l'héparine, un autre des récepteurs spécifiques à la surface de divers types de cellules, et ainsi de suite (voir Figure 14-46). De cette façon, la fibronectine contribue à l'organisation de la matrice et aide les cellules à s'y attacher.

Les rôles joués par les différents domaines, et particulièrement par les domaines de liaison à la cellule, ont été analysés par clivage de la molécule en ses différents domaines avec des enzymes protéolytiques, ou par synthèse des fragments protéiques spécifiques soit chimiquement soit par génie génétique. Ainsi, un domaine responsable de l'activité de liaison à la cellule à été isolé à partir de fragments protéolytiques, et sa séquence d'acides aminés a été déterminée. Des peptides synthétiques correspondant aux différents segments de ce domaine furent préparés et utilisés pour déterminer la séquence tripeptidique particulière (Arg-Gly-Asp, ou R-G-D) responsable de l'activité de liaison des cellules. Les peptides contenant cette **séquence RGD** sont en compétition pour le site de liaison sur les cellules et inhibent ainsi l'attachement des cellules à la fibronectine ; lorsque ces peptides sont couplés à une surface solide, ils provoquent l'adhérence des cellules à cette surface. La séquence RGD n'est pas limitée à la fibronectine. C'est une séquence commune à une variété de protéines d'adhérence extracellulaires, et elle est reconnue par une famille de récepteurs de surface cellulaire homologues qui fixent ces protéines (voir p. 821). En dépit de la séquence tripeptidique commune présente au niveau des sites reconnus par ces récepteurs, chaque récepteur reconnaît spécifiquement son propre petit groupe de molécules d'adhérence. La liaison du récepteur doit donc également dépendre d'autres parties de la séquence de la protéine d'adhérence.

La fibronectine est importante non seulement pour l'adhérence cellulaire, mais aussi pour la migration cellulaire. Chez les embryons d'invertébrés comme de vertébrés, elle semble diriger la migration cellulaire dans de nombreux cas. Par exemple, on trouve de grandes quantités de fibronectine le long du trajet suivi par les futures cellules mésodermiques migrantes au cours de la gastrulation des amphibiens (voir p. 882). La migration de ces cellules peut être inhibée soit par injection d'anticorps dirigés contre la fibronectine dans la cavité du blastocèle, soit par injection de peptides contenant le tripeptide de liaison à la cellule mais dépourvus des domaines de liaison matricielle de la fibronectine. La fibronectine favorise probablement la migration cellulaire en aidant les cellules à s'attacher à la matrice. L'effet doit être finement équilibré de telle sorte que les cellules migrantes aient une prise sur la matrice sans s'y immobiliser. Nous reviendrons ultérieurement sur la manière dont cet équilibre peut être réalisé par de nombreuses molécules d'adhérence qui semblent jouer un rôle dans le guidage des mouvements morphogénétiques.

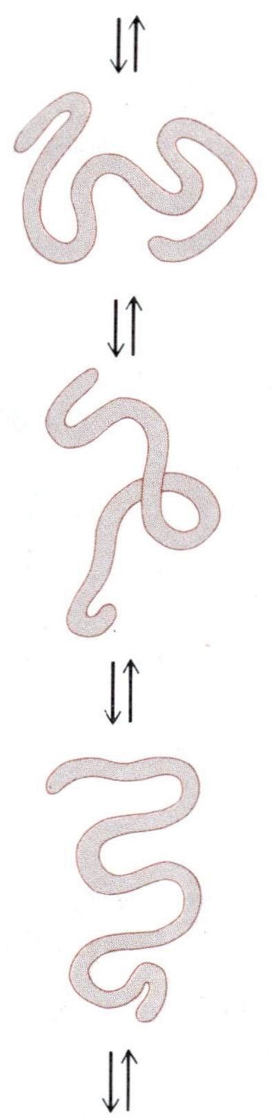

Figure 14-44 Représentation schématique des diverses conformations d'une molécule d'élastine « repliée au hasard ». Contrairement à la plupart des protéines, la molécule d'élastine n'adopte pas une structure unique, mais oscille entre une série de conformations aléatoires partiellement étirées, comme l'illustre la figure.

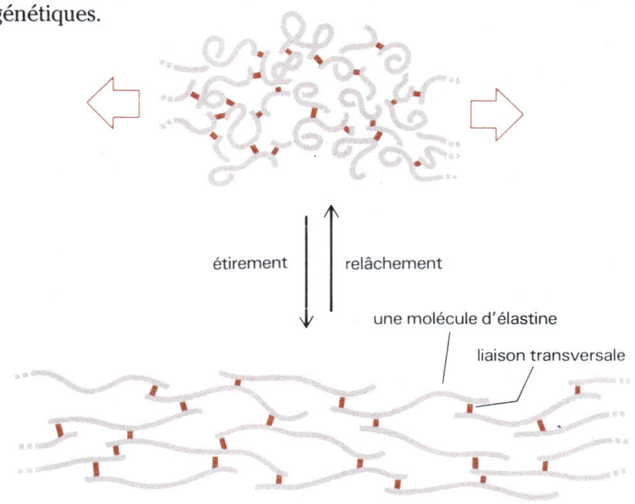

Figure 14-45 Les molécules d'élastine sont réunies par des liaisons covalentes (indiquées en couleur) qui engendrent un vaste réseau croisé. Chaque molécule d'élastine du réseau pouvant s'allonger ou se rétrécir au hasard, l'ensemble du réseau peut se tendre ou se détendre comme un élastique.

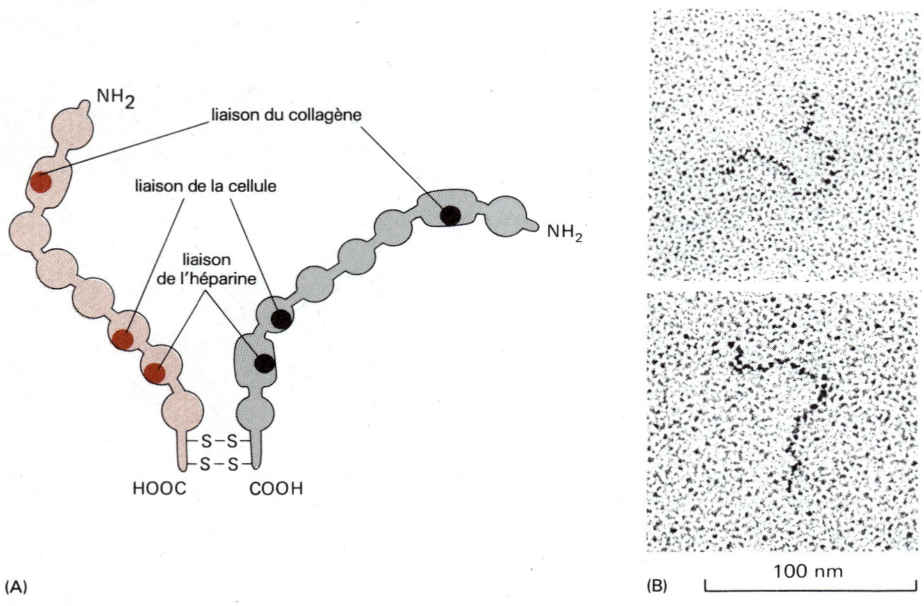

Figure 14-46 La structure d'un dimère de fibronectine montrée schématiquement en (A) et sur des micrographies électroniques de molécules isolées ombrées au platine en (B). Les deux chaînes polypeptidiques sont semblables mais non identiques et sont reliées par deux ponts disulfure à proximité de l'extrémité carboxylée. Chaque chaîne est repliée en une série de domaines globulaires reliés par des segments polypeptidiques flexibles. Chaque domaine est spécialisé dans la liaison à une molécule particulière ou à une cellule, comme on le montre ici pour trois des domaines ; pour plus de simplicité, les sites de liaison connus ne sont pas tous représentés. (B, d'après J. Engel et al., *J. Mol. Biol.* 150 : 97-120, 1981. Copyright Academic Press Inc. [London] Ltd.)

De multiples formes de la fibronectine sont produites par épissage différentiel de l'ARN [22]

En dehors du fait qu'elle est membre d'une grande famille de molécules d'adhérence contenant la séquence RGD, la fibronectine elle-même, comme nous l'avons mentionné plus haut, peut adopter une variété de formes ; les chaînes polypeptidiques d'un seul dimère peuvent elles-mêmes présenter des différences mineures. Néanmoins, toutes les chaînes polypeptidiques de fibronectine différentes sont codées par un seul gène dont la longueur, chez le rat, dépasse 70 kilobases et qui contient environ 50 exons, ce qui en fait un des plus longs gènes caractérisés jusqu'à présent. La transcription donne une seule longue molécule d'ARN qui est épissée de différentes façons pour produire un ou plusieurs des quelque 20 ARN messagers différents, selon le type cellulaire. La façon dont ces modes d'épissage de l'ARN sont déterminés et la façon dont les fonctions des différentes chaînes polypeptidiques qui en résultent diffèrent ne sont pas claires. Il y a quelques raisons de penser qu'une des fonctions de l'épissage différentiel du transcrit de la fibronectine humaine est d'ajouter à des molécules de fibronectine déterminées un domaine de liaison à la cellule supplémentaire, qui est distinct du site de liaison à la cellule contenant la séquence RGD.

La fibronectine n'est pas la seule glycoprotéine sécrétée impliquée dans l'adhérence cellule-matrice. Par exemple, la **tenascine** est également une glycoprotéine extracellulaire d'adhérence, mais sa répartition est beaucoup plus limitée que celle de la fibronectine, et elle est la plus abondante dans les tissus embryonnaires. Dans le système nerveux, elle est sécrétée par les cellules de la neuroglie, et on suppose que les neurones y adhèrent par l'intermédiaire d'un protéoglycanne de surface cellulaire spécifique. La tenascine est un complexe volumineux de six chaînes polypeptidiques liées par des ponts disulfure, qui rayonnent à partir d'une partie centrale comme les rayons d'une roue (voir Figure 14-51).

Certaines cellules, particulièrement les cellules épithéliales, sécrètent un autre type de glycoprotéine d'adhérence extracellulaire, appelée *laminine*, qui est une protéine majeure dans toutes les lames basales. Elle se lie à la fois aux cellules épithéliales (ainsi qu'à certains autres types cellulaires) et au collagène de type IV, le principal type de collagène présent dans la lame basale.

La lame basale est une matrice extracellulaire spécialisée, essentiellement composée de collagène de type IV, de protéoglycannes et de laminine [23]

Les **lames basales** sont de minces « treillis » continus d'une matrice extracellulaire spécialisée qui se trouvent à la base de toutes les structures épithéliales ; elles entourent également les cellules musculaires individuelles, les cellules adipeuses et les cellules de Schwann (qui s'enroulent autour des axones des cellules nerveuses périphériques pour former la myéline). La lame basale sépare donc ces cellules et les feuillets cellulaires du tissu conjonctif sous-jacent ou environnant. En d'autres endroits, comme le glomérule rénal et l'alvéole pulmonaire, une lame basale sépare deux feuillets cellulaires différents, et sert de filtre hautement sélectif (Figure 14-47). Cependant, la fonction des lames basales dépasse les simples rôles de structure et de filtrage. Elles sont capables de déterminer la polarité cellulaire, d'influer sur le métabolisme cellulaire, d'organiser les protéines dans des membranes plasmiques adjacentes, d'induire la différenciation cellulaire et, comme la fibronectine, de servir de « grandes voies de communication » spécifiques pour la migration cellulaire.

La lame basale est en grande partie synthétisée par les cellules qui s'appuient sur elle (Figure 14-48). Il s'agit en fait d'un réseau dense de collagène de type IV (voir Figure 14-42), avec des molécules supplémentaires spécifiques sur chaque face qui favorisent sa fixation à des cellules adjacentes ou à la matrice. Bien que la composition exacte des lames basales varie d'un tissu à l'autre et même d'une région à l'autre de la même lame basale (voir p. 821), toutes les lames basales contiennent du collagène de type IV et des protéoglycannes (principalement des héparanes sulfates) et les glycoprotéines *laminine* et *entactine*. La **laminine** et un gros complexe (~ 850 000 daltons) de trois très longues chaînes polypeptidiques disposées en forme de croix et unies par des ponts disulfure (Figure 14-49). Comme la fibronectine, elle est composée d'un certain nombre de domaines fonctionnels : l'un d'eux se lie au collagène de type IV, un autre à l'héparane sulfate, et un ou plusieurs autres aux récepteurs protéiques de la laminine à la surface des cellules. On pense qu'une seule molécule d'entactine en forme d'haltère est étroitement liée à chaque molécule de laminine à l'intersection des branches de la croix.

Comme cela est visible en microscopie électronique après une fixation et une coloration classiques, la plupart des lames basales sont composées de deux couches distinctes : une couche transparente aux électrons (*lamina lucida* ou *rara*) adjacente à la membrane plasmique basale des cellules qui reposent sur la lame basale — typiquement les cellules épithéliales — et une couche dense aux électrons (*lamina densa*), située juste en dessous. Dans certains cas, une troisième couche contenant des fibrilles de collagène (*lamina réticularis*) relie la lame basale au tissu conjonctif sous-jacent. Certains biologistes cellulaires utilisent le terme de *membrane basale* pour décrire le composé des trois couches (Figure 14-50), qui sont habituellement assez épaisses pour être visibles en microscopie photonique. L'organisation moléculaire détaillée de la lame basale est encore mal connue, bien que des études en microscopie électronique par marquage avec des anticorps suggèrent que la lame dense est avant tout composée de collagène de type IV, pris en sandwich par des molécules de protéoglycannes ; il y a des raisons de penser que la laminine est essentiellement présente du côté de la lame dense tourné vers la membrane plasmique, où elle contribue à la fixation des cellules épithéliales à la lame, alors que la fibronectine contribue à la liaison des macromolécules matricielles et des cellules du tissu conjonctif du côté opposé.

Les formes et les tailles de certains des composants principaux de la lame basale, et d'autres formes de la matrice extracellulaire, sont comparées dans la Figure 14-51.

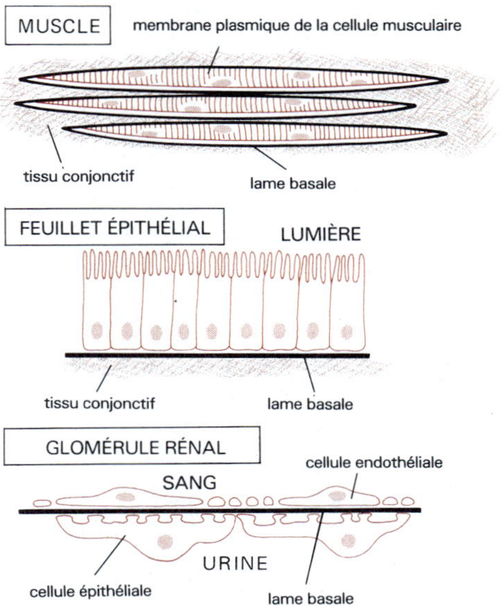

Figure 14-47 Trois types d'organisation des lames basales (*lignes noires*) : elles peuvent entourer les cellules (comme les cellules musculaires), se trouver à la base des feuillets de cellules épithéliales, ou s'interposer entre deux feuillets cellulaires (comme dans le glomérule rénal). Noter que dans le glomérule rénal, les deux feuillets cellulaires sont discontinus, de sorte que la lame basale sert de barrière de perméabilité sélectionnant les molécules qui devront passer du sang dans l'urine. La lame basale du glomérule étant le résultat de la fusion de deux lames basales, l'une d'elles produite par les cellules endothéliales et l'autre par les cellules épithéliales, elle est deux fois plus épaisse que la majorité des lames basales.

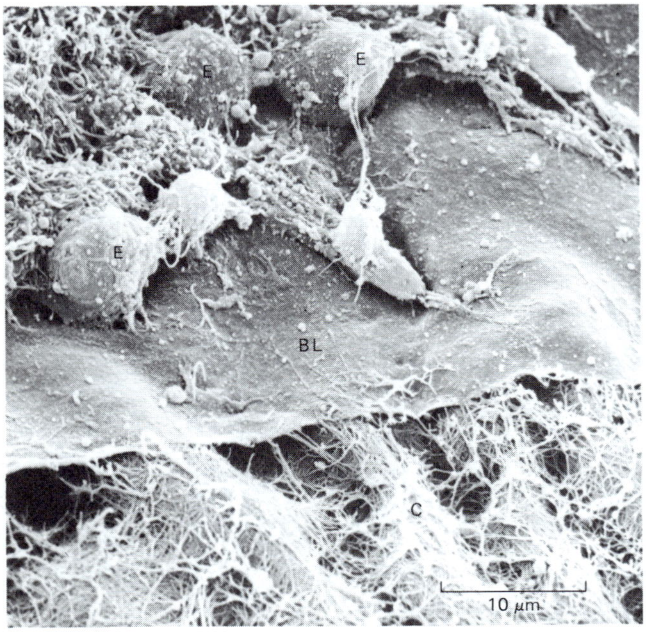

Figure 14-48 Photographie en microscopie électronique à balayage d'une lame basale dans la cornée d'un embryon de poulet. Certaines cellules épithéliales (E) ont été éliminées afin de mettre à nu la face supérieure de la lame basale, qui ressemble à une couverture (BL). Remarquer le réseau de fibrilles de collagène (C) dans le tissu conjonctif sous-jacent qui interagit avec la face inférieure de la lame. Les macromolécules qui composent la lame basale sont synthétisées par les cellules qui reposent sur cette dernière. (Avec l'autorisation de Robert Trelstad.)

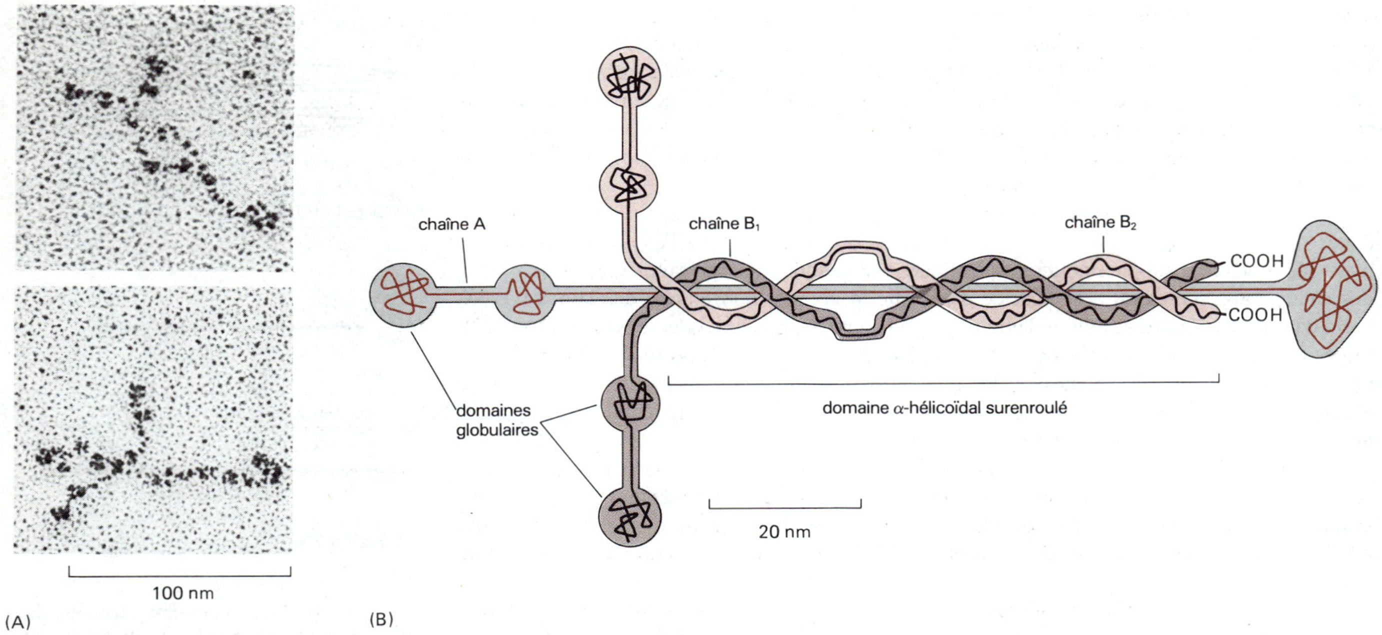

Les fonctions des lames basales sont diverses et complexes [24]

Les lames basales sont d'une polyvalence fonctionnelle étonnante. Dans le glomérule rénal, une lame basale d'une épaisseur inhabituelle sert de filtre moléculaire, contrôlant le passage des macromolécules du sang dans l'urine lorsque celle-ci se forme (voir Figure 14-47). Les protéoglycannes semblent jouer un rôle important dans cette fonction : lorsqu'ils sont éliminés par des enzymes spécifiques, la lame perd ses propriétés de filtrage. La lame basale peut aussi servir de barrière cellulaire sélective : par exemple, la lame située sous les cellules épithéliales empêche les fibroblastes du tissu conjonctif sous-jacent d'entrer en contact avec les cellules épithéliales. Cependant, elle laisse passer les macrophages, les lymphocytes ou les prolongements nerveux.

La lame basale joue un rôle fondamental dans la régénération cellulaire après une lésion. Quand des tissus comme les muscles, les nerfs ou les épithéliums sont endommagés, la lame basale subsiste et constitue une charpente qui guide la migration des cellules en voie de régénération. De cette façon, l'architecture initiale du tissu est facilement reconstruite. Une illustration frappante de l'importance de la lame basale dans la régénération provient d'études effectuées sur la *jonction neuromusculaire* où une cellule nerveuse transmet son stimulus à une cellule du muscle squelettique.

Figure 14-49 Micrographies électroniques de molécules de laminine ombrées au platine (A) et un dessin schématique d'un modèle de la structure de la laminine (B). La glycoprotéine à multiples domaines est composée de trois polypeptides (A, B_1, et B_2) qui sont reliés par des ponts disulfure pour former une structure asymétrique en forme de croix. La longueur de chacune des chaînes polypeptidiques dépasse 1 500 résidus d'acides aminés. (A, d'après J. Engel et al., *J. Mol. Biol.* 150 : 97-120, 1981. Copyright Academic Press Inc. [London] Ltd. ; B, d'après B.L. Hogan et al., In Basement Membranes [S. Shibata, ed.], pp. 147-154. Amsterdam : Elsevier, 1985.)

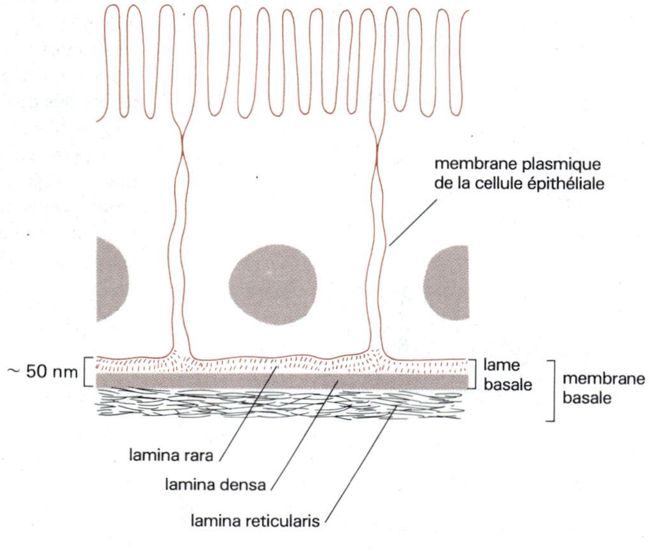

Figure 14-50 Représentation schématique d'une lame basale sur laquelle repose un feuillet de cellules épithéliales, telle qu'on l'observe en coupe transversale par microscopie électronique.

Au niveau du site de contact neuromusculaire (la synapse), la lame basale présente un caractère chimiquement distinctif, reconnu, par exemple, par des anticorps qui se fixent à la lame exclusivement dans cette région. Il semble qu'une des fonctions de la lame basale de jonction soit de coordonner l'organisation spatiale des composants situés de chaque côté de la synapse. La démonstration du rôle central de la lame basale de jonction dans la reconstruction d'une synapse après une lésion nerveuse ou musculaire sera discutée au Chapitre 19 (voir p. 1124). Ces études montrent clairement que nous avons encore beaucoup à apprendre sur les particularités chimiques et fonctionnelles des lames basales. Elles suggèrent également que des composants mineurs (qu'il reste encore à définir) de la matrice extracellulaire peuvent jouer un rôle essentiel dans la conduite de la morphogenèse au cours du développement embryonnaire.

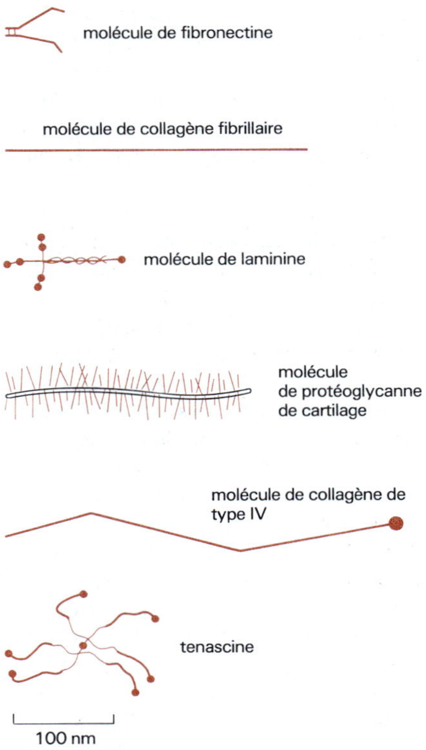

Figure 14-51 Formes et tailles relatives de quelques-unes des macromolécules principales de la matrice extracellulaire.

Les intégrines facilitent la liaison des cellules à la matrice extracellulaire [25]

Pour comprendre comment la matrice extracellulaire interagit avec les cellules, il faut définir les molécules de surface cellulaire qui se lient aux composants de la matrice aussi bien que les composants de la matrice extracellulaire eux-mêmes. Comme nous l'avons mentionné précédemment, certains protéoglycannes sont des composants intrinsèques de la membrane plasmique ; leur noyau protéique peut être soit inséré à travers la double couche lipidique, soit lié de façon covalente à cette double couche. En se liant à la plupart des types de composants de la matrice extracellulaire, ces protéoglycannes facilitent la liaison des cellules à la matrice. Cependant, les composants de la matrice extracellulaire se fixent aussi à la surface cellulaire via des récepteurs glycoprotéiques spécifiques. Du fait des multiples interactions entre les macromolécules matricielles dans l'espace extracellulaire, l'endroit où se terminent les composants de la membrane plasmique et où commence la matrice est essentiellement une question de sémantique. Le glycocalyx d'une cellule, par exemple, comprend souvent des composants des deux (voir p. 299).

Les récepteurs de la matrice diffèrent des récepteurs de surface cellulaire pour les hormones et d'autres molécules informatives solubles du fait qu'ils se lient à leur ligand avec une affinité relativement faible ($K_a = 10^6 - 10^8$ litres/mole), et qu'ils sont habituellement présents à la surface cellulaire à une concentration environ 10 à 100 fois plus élevée. Ceci suggère que les récepteurs pourraient fonctionner de façon coopérative et que les cellules peuvent répondre à un groupe organisé de ligands dans la matrice plutôt qu'à des molécules isolées. En accord avec cette suggestion, il est normalement impossible d'expliquer les réponses cellulaires induites par des composants matriciels immobilisés dans la matrice par la présence de fragments solubles de liaison à la cellule provenant de ces mêmes composants.

Un **récepteur de la fibronectine** présent sur les fibroblastes de mammifères est l'un des récepteurs matriciels le mieux caractérisé. Il fut identifié à l'origine comme une glycoprotéine de la membrane plasmique qui se liait à une colonne d'affinité pour la fibronectine et pouvait être élué avec un petit peptide contenant la séquence RGD de liaison à la cellule (voir p. 817). Le récepteur est un complexe associé de façon non covalente à deux chaînes polypeptidiques distinctes de haut poids moléculaire, appelées α et β. Il agit comme un lien transmembranaire médiateur des interactions entre le cytosquelette d'actine à l'intérieur de la cellule et la fibronectine dans la matrice extracellulaire (Figure 14-52). Nous verrons plus tard que ces

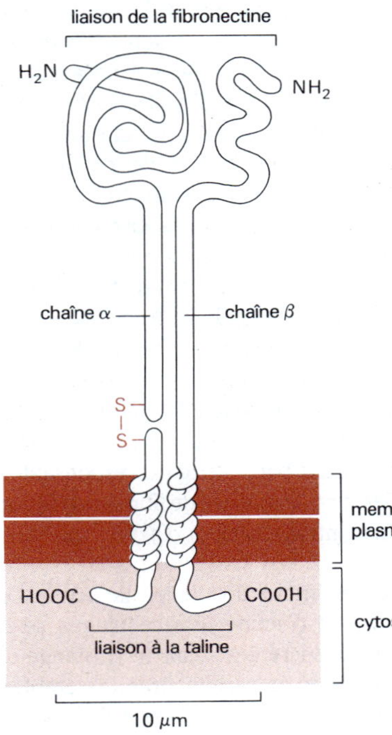

Figure 14-52 La structure de la sous-unité d'un récepteur de surface cellulaire pour la fibronectine. Les micrographies électroniques de récepteurs isolés suggèrent que la forme de la molécule est à peu près celle qui est représentée ici, la tête globulaire sortant de plus de 20 nm de la double couche lipidique. En se liant à la fibronectine à l'extérieur de la cellule et au cytosquelette (via une protéine de liaison, la taline) à l'intérieur de la cellule, la protéine sert de lien transmembranaire. Les chaînes α et β sont toutes les deux glycosylées (non représenté) et maintenues ensemble par des liaisons non covalentes. En général, la chaîne α est d'abord synthétisée sous la forme d'une chaîne polypeptidique unique de 140 000 daltons, qui est ensuite clivée en une courte chaîne transmembranaire et une longue chaîne extracellulaire qui restent associées ensemble par un pont disulfure. La partie extracellulaire de la chaîne contient une région riche en cystéine répétitive, indicatrice d'un vaste pontage disulfure intracaténaire (non représenté). Le récepteur de la fibronectine appartient à une grande super-famille de récepteurs matriciels homologues appelés *intégrines* ; la majorité d'entre eux reconnaissent les séquences RGD dans les protéines extracellulaires auxquelles ils se lient.

interactions à travers la membrane plasmique peuvent orienter à la fois les cellules et la matrice. Beaucoup d'autres récepteurs matriciels, y compris certains qui se lient au collagène et à la laminine, ont été caractérisés et l'on a montré qu'ils étaient apparentés au récepteur fibroblastique de la fibronectine. Collectivement appelés **intégrines**, tous ces récepteurs sont des hétérodimères avec des chaînes α et β homologues à celles du récepteur de la fibronectine. La majorité d'entre eux semblent reconnaître les séquences RGD dans les composants de la matrice auxquels ils se lient.

Il y a au moins trois familles dans la grande super-famille des intégrines ; les membres d'une famille partagent une chaîne commune, mais diffèrent par leurs chaînes α. Une de ces familles comprend un récepteur fibroblastique de la fibronectine et au moins cinq autres membres. Une autre famille comprend un récepteur présent sur les plaquettes sanguines qui se lie à plusieurs composants matriciels, y compris la fibronectine et le *fibrinogène*, une protéine qui interagit avec les plaquettes au cours de la coagulation sanguine : les individus atteints de *la maladie de Glanzmann* ont une déficience génétique de ces récepteurs et saignent excessivement. Une troisième famille d'intégrines est composée de récepteurs essentiellement présents à la surface des leucocytes : l'un d'eux est appelé *LFA-1* (pour lymphocyte function associated — associé aux fonctions lymphocytaires) ; un autre est appelé *Mac-1* car il est principalement présent sur les macrophages. Ces récepteurs sont impliqués dans les interactions intercellulaires et dans les interactions entre cellules et matrice, et ils sont d'une importance critique car ils permettent à ces cellules de lutter contre l'infection. Les individus atteints de *déficience d'adhérence leucocytaire* sont génétiquement incapables de synthétiser la sous-unité β. Il en résulte que leurs leucocytes sont dépourvus de la famille complète des récepteurs, et ils souffrent d'infections bactériennes à répétition. Dans la larve de *Drosophile*, un certain nombre de glycoprotéines de surface cellulaire impliquées dans l'adhérence cellulaire spécifique d'une position appartiennent également à la super-famille des intégrines, mais leurs relations avec les trois familles trouvées chez les mammifères est incertaine.

Tous les récepteurs matriciels, cependant, n'appartiennent pas à cette super-famille. Certaines cellules, par exemple, utilisent, pour leur liaison à la laminine, une glycoprotéine transmembranaire apparemment indépendante ; et de nombreuses cellules, comme nous l'avons mentionné précédemment, possèdent des protéoglycannes membranaires intrinsèques qui fixent les cellules à la matrice extracellulaire.

Le cytosquelette et la matrice extracellulaire communiquent à travers la membrane plasmique [26]

Les macromolécules de la matrice extracellulaire exercent une action considérable sur le comportement des cellules en culture, influençant non seulement leur mouvement, mais aussi leur forme, leur polarité, leur métabolisme et leur différenciation. Par exemple, les cellules épithéliales de la cornée fabriquent très peu de collagène lorsqu'elles sont cultivées sur des surfaces synthétiques ; mais lorsqu'elles sont cultivées sur de la laminine, du collagène ou de la fibronectine, elles accumulent et sécrètent de grandes quantités de collagène. Nous étudierons d'autres exemples de l'influence de la matrice extracellulaire sur le métabolisme et la différenciation cellulaires dans le Chapitre 17 (voir p. 987).

La matrice peut également influer sur l'organisation du cytosquelette d'une cellule. En général, les surfaces basales des cellules épithéliales cultivées sur du plastique ou du verre sont irrégulières, et les cytosquelettes sus-jacents, à l'intérieur des cellules, sont désorganisés. Lorsque les mêmes cellules sont cultivées sur les macromolécules appropriées de la matrice extracellulaire, les surfaces basales sont régulières et les cytosquelettes sus-jacents sont très organisés, comme ils le sont dans le tissu intact. Des résultats analogues ont été obtenus avec des fibroblastes en culture transformés par néoplasie. Les cellules transformées synthétisent souvent moins de fibronectine que les cellules normales en culture et se comportent différemment : par exemple, elles adhèrent faiblement au substratum et ne peuvent s'étaler ou développer les faisceaux de filament d'actine intracellulaires organisés, connus sous le nom de *câbles d'actine* (voir p. 627). Dans certaines de ces cellules, la déficience en fibronectine semble être, au moins partiellement, responsable de ce comportement anormal : si les cellules sont cultivées sur une matrice de fibrilles de ficronectine organisées, elles s'étaleront et rassembleront les câbles intracellulaires d'actine qui sont alignés avec les fibrilles extracellulaires de fibronectine.

Cette interaction entre la matrice extracellulaire et le cytosquelette est réciproque : les filaments d'actine intracellulaires peuvent influer sur l'arrangement des molécules de fibronectine sécrétées. Dans le voisinage des fibroblastes en culture, par exemple, les fibrilles de fibronectine extracellulaires s'assemblent parallèlement aux câbles d'actine intracellulaires adjacents (Figure 14-53). Si ces cellules sont traitées par la cytochalasine, une drogue qui rompt

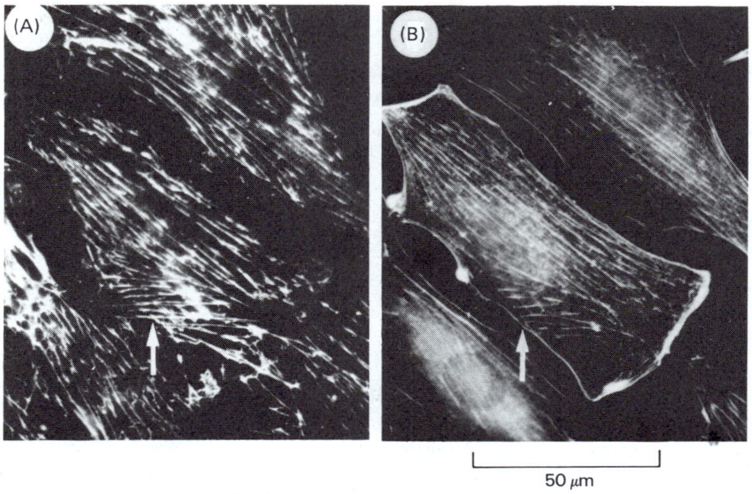

Figure 14-53 Micrographies obtenues en immunofluorescence de fibres extracellulaires de fibronectine (A), et de faisceaux intracellulaires de filaments d'actine (B), dans trois fibroblastes de rat en culture. La fibronectine est visualisée grâce à la fixation d'anticorps anti-fibronectine couplés à la rhodamine, et l'actine à l'aide d'anticorps anti-actine couplés à la fluorescéine. Noter que l'orientation des fibres de fibronectine coïncide avec l'orientation des faisceaux de filaments d'actine. (D'après R.O. Hynes et A.T. Destree, *Cell* 15 : 875-886 ; 1978. Copyright Cell Press.)

les filaments d'actine, les fibrilles de fibronectine se dissocient de la surface cellulaire (comme elles le font au cours de la mitose lorsque la cellule s'arrondit). Il doit exister de façon évidente une connexion entre la fibronectine extracellulaire et les filaments d'actine intracellulaires à travers la membrane plasmique des fibroblastes. La connexion s'établit par l'intermédiaire des récepteurs de la fibronectine dont nous avons parlé précédemment, qui servent de liens transmembranaires entre la fibronectine et les filaments d'actine intracellulaires via un groupe de protéines intracellulaires, comme la taline (voir p. 636 et Figure 14-52). La région du récepteur qui fixe la taline contient un résidu de tyrosine qui, une fois phosphorylé par des protéines kinases spécifiques de la tyrosine, semble inactiver le site de liaison de la taline, rompant ainsi le lien entre la fibronectine et les filaments d'actine corticaux. On suppose que la fixation des cellules à la matrice peut être réglée de cette façon par des facteurs de croissance spécifiques qui activent les kinases spécifiques de la tyrosine (voir p. 758).

Puisque les cytosquelettes des cellules peuvent ordonner les macromolécules de la matrice qu'elles sécrètent, et que les macromolécules matricielles peuvent, à leur tour, organiser les cytosquelettes des cellules qui sont à leur contact, la matrice extracellulaire peut, en principe, propager l'ordre de cellule en cellule (Figure 14-54). On pense, de cette façon, que la matrice joue un rôle central dans l'établissement et le maintien des orientations des cellules dans les tissus et les organes au cours du développement : l'alignement parallèle des fibroblastes et des fibrilles de collagène dans les tendons, par exemple, peut partiellement refléter ce type d'interactions entre les cellules et la matrice. Les récepteurs transmembranaires de la matrice servent « d'adaptateurs » dans ce processus d'agencement, servant de relais aux interactions entre les cellules et la matrice qui les entoure.

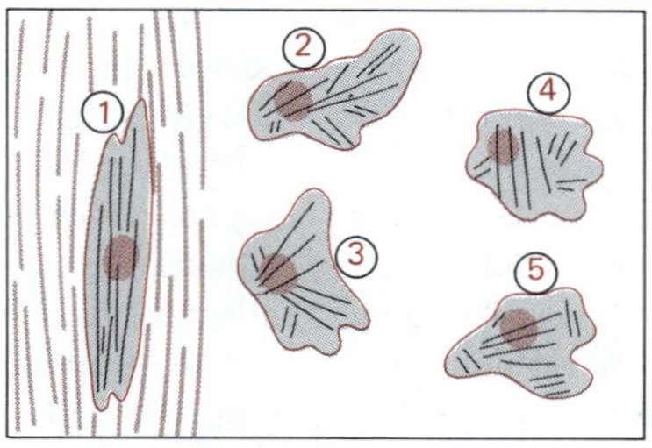

l'orientation du cytosquelette dans la cellule (1) oriente l'assemblage des molécules de matrice extracellulaire sécrétées à proximité

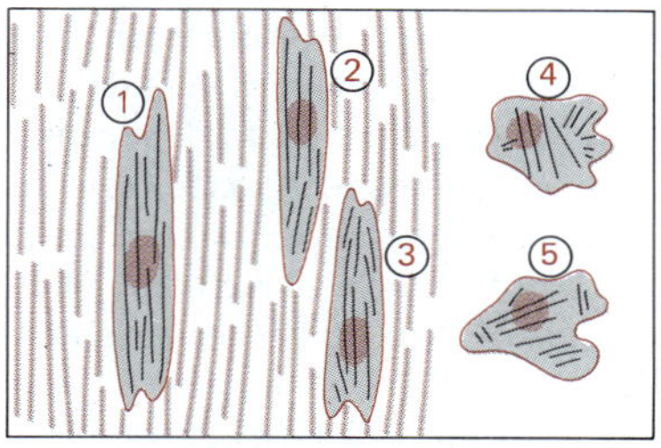

la matrice extracellulaire orientée atteint les cellules (2) et (3) et oriente leurs cytosquelettes

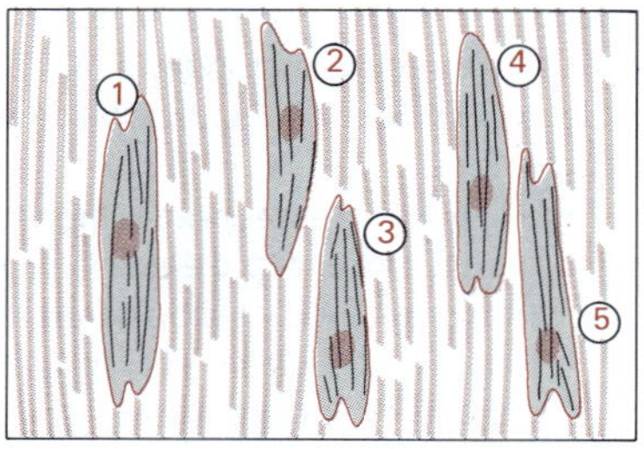

les cellules (2) et (3) sécrètent maintenant dans leur voisinage une matrice orientée ; de cette façon, la mise en ordre des cytosquelettes gagne les cellules (4) et (5)

Figure 14-54 Schéma hypothétique montrant la façon dont la matrice extracellulaire pourrait propager l'ordre de cellule en cellule à l'intérieur d'un tissu. Dans un souci de simplification, la figure montre l'influence d'une seule cellule sur l'orientation de ses cellules voisines, mais, selon ce plan, les cellules pourraient avoir une action réciproque sur leur orientation.

Résumé

Les cellules des tissus conjonctifs sont enfouies dans une matrice extracellulaire qui non seulement assure la cohésion des cellules et des tissus, mais influe aussi sur le développement, la polarité et le comportement des cellules avec lesquelles elle est en contact. La matrice contient différentes protéines fibreuses enchevêtrées dans un gel hydraté constitué d'un réseau de chaînes de glycosaminoglycannes. Les glycosaminoclycannes sont un groupe hétérogène de longues chaînes polysaccharidiques chargées négativement qui (sauf pour l'acide hyaluronique) sont liées de façon covalente à une protéine pour former des molécules de protéoglycanne.

Les protéines fibreuses sont de deux types fonctionnels : principalement structurales (collagènes et élastine) et principalement adhésives (comme la fibronectine et la laminine). Les collagènes fibrillaires (de types I, II, et III) sont des molécules enroulées en cordage hélicoïdal tricaténaires qui s'agrègent en longues fibrilles cablées dans l'espace extracellulaire ; celles-ci peuvent, à leur tour, s'assembler pour former une variété de réseaux très ordonnés. Les molécules de collagène de type IV s'assemblent en un feuillet maillé qui forme le noyau de toutes les lames basales. Les molécules d'élastine forment un vaste réseau croisé de fibres et de feuillets qui peut se tendre et se détendre, conférant son élasticité à la matrice. La fibronectine et la laminine sont des exemples de glycoprotéines d'adhérence volumineuses dans la matrice ; la fibronectine est largement distribuée dans les tissus conjonctifs, alors que la laminine est principalement présente dans les lames basales. Grâce à leurs multiples domaines de liaison, de telles protéines facilitent l'adhérence des cellules à la matrice extracellulaire et leur organisation par cette dernière. Beaucoup de ces glycoprotéines d'adhérence contiennent une séquence tripeptidique commune (RGD), qui forme une partie de la structure reconnue par une superfamille de récepteurs transmembranaires matriciels homologues appelés intégrines.

L'ensemble des protéines et des polysaccharides matriciels sont sécrétés localement par les cellules qui sont en contact avec la matrice, et ils peuvent être ordonnés par des associations étroites avec la surface externe de la membrane plasmique. Puisque la structure et l'orientation de la matrice influent à leur tour sur l'orientation des cellules qu'elle contient, l'ordre est vraisemblablement propagé de cellule en cellule par l'intermédiaire de la matrice.

Reconnaissance intercellulaire et adhérence cellulaire [27]

Nous avons jusqu'à présent examiné la façon dont les jonctions cellulaires et la matrice extracellulaire assurent la cohésion des cellules dans les tissus et les organes matures. Mais comment les cellule s'associent-elles les unes aux autres pour former les tissus ? Il y a au moins deux mécanismes très différents. Dans le plus simple, un tissu se forme à partir de « cellules souches » dont les descendantes ne peuvent « voyager » du fait de leur attachement aux macromolécules de la matrice extracellulaire et/ou à d'autres cellules (Figure 14-55). La distribution précise des adhérences détermine la forme de l'assemblage cellulaire. Les feuillets de cellules épithéliales se forment généralement de cette façon, et une partie importante du développement animal implique la formation, le repliement et la différenciation de tels feuillets cellulaires pour donner les tissus et les organes de l'organisme mature. Classiquement, toutes les cellules d'un jeune embryon sont localisées dans les épithéliums ; plus tard, seulement, certaines cellules modifieront leurs propriétés d'adhérence et s'échapperont ainsi pour former d'autres types de tissu (voir pp. 882-888).

L'autre mécanisme de formation des tissus semble plus complexe et implique la migration cellulaire : une population cellulaire en envahit une autre et les cellules des deux populations s'unissent entre elles — et peut-être avec d'autres cellules migratrices — pour former un tissu d'origine mixte. Chez les embryons de vertébrés, par exemple, les cellules de la *crête neurale* se libèrent du tube épithélial (neural) avec lequel elles sont initialement associées, et migrent le long de voies spécialisées vers de nombreuses autres régions. Là, elles s'assemblent et se différencient en divers tissus, dont ceux du système nerveux périphérique (Figure 14-56). Un mécanisme de ce type nécessite l'orientation des cellules vers leur destination finale, soit par sécrétion d'une substance chimique soluble qui attire les cellules migratrices (par *chimiotaxie*), soit par dépôt de molécules d'adhérence, comme la fibronectine (voir p. 817), dans la matrice extracellulaire pour guider les cellules migratrices le long des voies correctes (par *contact-guidage*).

Lorsqu'une cellule migratrice a atteint sa destination, elle doit reconnaître d'autres cellules du type approprié afin de s'assembler en tissu. Même dans des tissus que se forment sans migration cellulaire, il y a des raisons de penser que les cellules constitutives se reconnaissent spécifiquement : si les cellules d'un tel tissu en développement sont dissociées en une suspension de cellules isolées, elles se réassocient de préférence les unes avec les autres plutôt qu'avec des cellules d'un autre tissu (voir p. 827). Cette reconnaissance intercellulaire spécifique aide probablement les cellules d'un tissu en développement à rester associées et séparées des cellules des tissus voisins.

Dans le but de comprendre la façon dont les cellules de tissus animaux en développement se reconnaissent, beaucoup d'études ingénieuses ont été réalisées sur le comportement social de certains microorganismes simples qui peuvent passer tour à tour d'un style de vie unicellulaire à un style de vie pluricellulaire. Tout à fait en dehors de leur rôle comme modèles expérimentaux pour les interactions intercellulaires chez les animaux, ces organismes sont mystérieux par eux-mêmes.

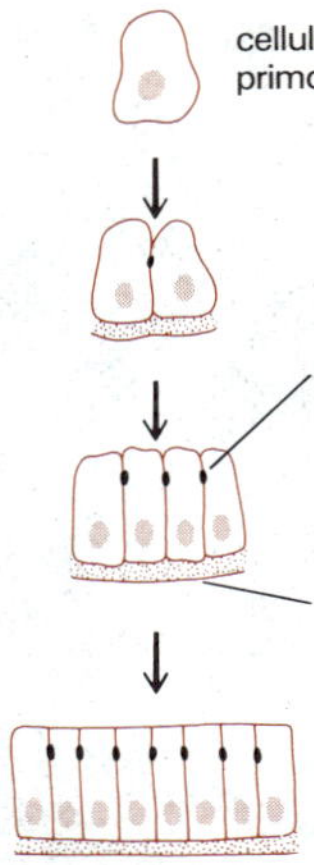

Figure 14-55 Le plus simple des mécanismes qui permettent aux cellules de s'assembler en tissu. Les cellules issues des cellules primordiales sont retenues dans le feuillet épithélial par la lame basale et par des mécanismes d'adhérence intercellulaire qui comprennent la formation de jonctions intercellulaires.

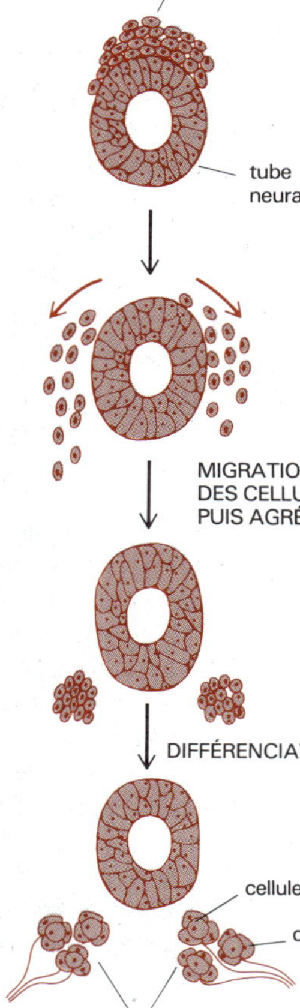

Figure 14-56 Un exemple de mécanisme plus complexe d'assemblage des cellules en tissus. Les cellules de la crête neurale quittent l'épithélium qui forme la surface dorsale du tube neural et migrent pour former divers types cellulaires et divers tissus dans tout l'embryon. On a figuré ici leur assemblage et leur différenciation en deux séries de cellules nerveuses dans le système nerveux périphérique. Un tel ensemble de cellules nerveuses constitue un *ganglion*. Les autres cellules de la crête neurale se différencient dans le ganglion pour devenir des cellules de soutien (ou satellites) qui entourent les neurones.

Les amibes de terreau se groupent pour former des corps fructifères pluricellulaires quand elles manquent de nourriture [28]

L'amibe ***Dyctyostelium discoideum*** est un eucaryote dont le génome est seulement 10 fois plus grand que celui d'une bactérie et 100 fois plus petit que celui d'un homme. Ces organismes vivent sur le sol des forêts sous forme de cellules mobiles indépendantes appelées *amibes*, qui se nourrissent de bactéries et de levures, et qui, dans des conditions optimales, se divisent toutes les deux ou trois heures (en laboratoire, elles peuvent être nourries avec un milieu chimiquement défini). Lorsque leur réserve de nourriture est épuisée, les amibes arrêtent de se diviser et se groupent pour former des structures minuscules (1 à 2 mm) pluricellulaires qui ressemblent à des vers, qui rampent comme des limaces brillantes et laissent derrière elles des traînées visqueuses (Figure 14-57).

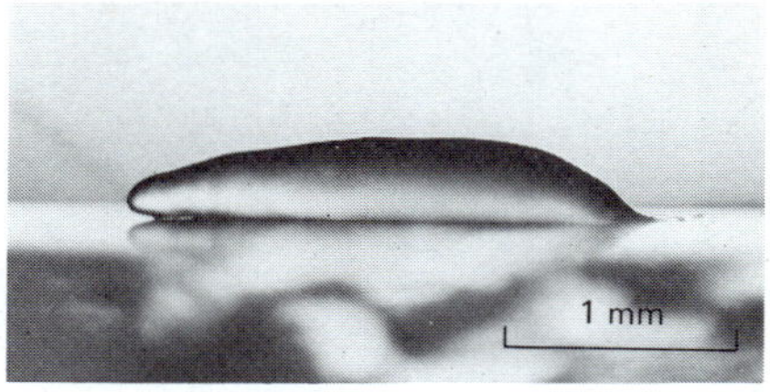

Figure 14-57 Photographie en microscopie photonique montrant une « limace » de *Dictyostelium discoideum* en train de migrer. (Avec l'autorisation de David Francis.)

Chaque « limace » est formée par association de plus de 10 000 cellules et montre une polyvalence de comportement dont les amibes indépendantes sont incapables. Par exemple, la limace est extrêmement sensible à la lumière et à la chaleur, et elle migrera vers une source de lumière aussi faible que le cadran d'une montre lumineuse ; ce comportement aide probablement à guider la « limace » vers un environnement favorable. Au cours de la migration de la « limace », les cellules commencent à se différencier, amorçant un processus qui s'achèvera avec la production d'une structure ressemblant à une plante minuscule, composée d'un pédoncule et d'un *corps végétatif,* environ 30 heures après le début de l'agrégation (Figure 14-58). Le corps végétatif contient de grandes quantités de *spores* qui peuvent survivre pendant longtemps même dans un environnement extrêmement hostile. Les migrations cellulaires complexes qui ont lieu au cours de la formation du pédoncule et du corps végétatif sont schématisées dans la Figure 14-59. Les cellules situées à l'avant de la « limace » constituent le pédoncule ; celles qui suivent se différencient en spores, et les cellules qui sont situées tout à fait à l'arrière forment le disque basal. Les cellules du pédoncule et les spores sont recouvertes par une matrice extracellulaire (sous la forme de parois de cellulose), et, par la suite, toutes les cellules, sauf les spores, meurent. Ce n'est que lorsque les conditions nutritionnelles sont favorables que les spores germent pour produire les amibes indépendantes qui recommencent un nouveau cycle (Figure 14-60).

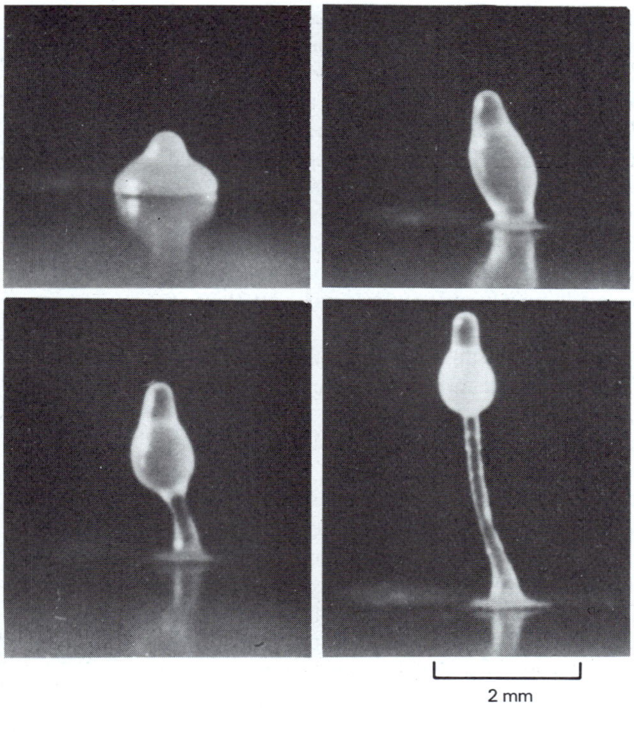

Figure 14-58 Micrographies de *Dictyostelium discoideum* montrant diverses étapes de la formation du corps végétatif. (Avec l'autorisation de John Bonner.)

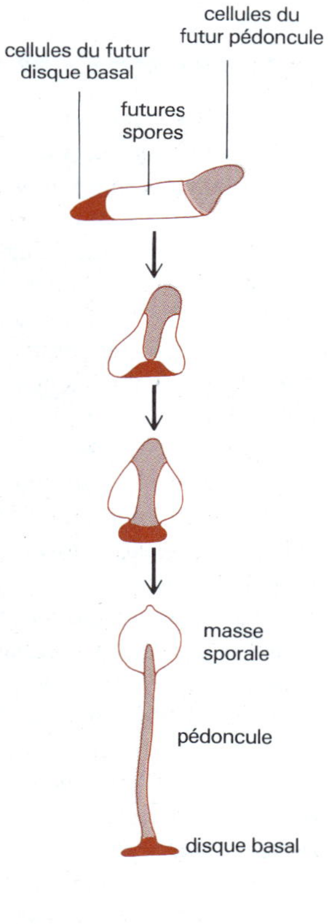

Figure 14-59 Migrations cellulaires impliquées dans la formation du corps végétatif chez *Dictyostelium discoideum*. Les cellules situées à l'avant de la limace migrent vers le bas pour constituer le pédoncule, alors que les cellules de la partie médiane migrent vers le haut et se différencient en l'ensemble des spores qui constituent le corps végétatif.

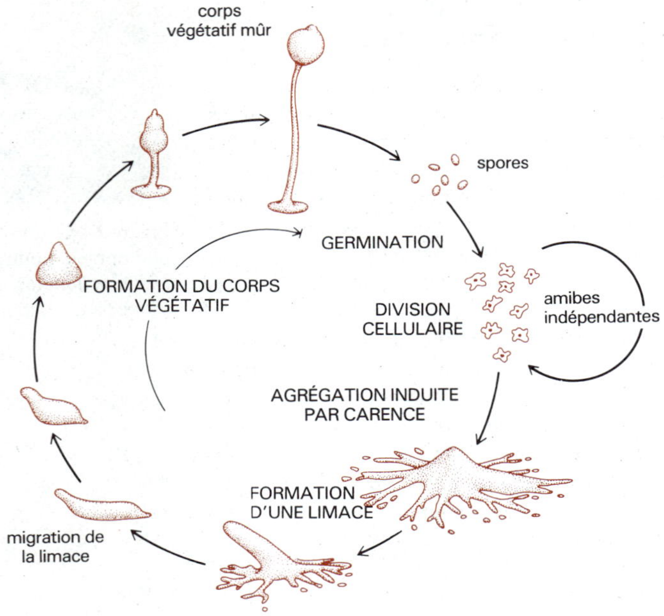

Figure 14-60 Cycle biologique de *Dictyostelium discoideum*. Quand elles sont carencées, les amibes s'agrègent pour former des limaces migratrices qui, à leur tour, forment des corps végétatifs. Lorsque les conditions sont favorables, les spores libérées des corps végétatifs germent pour donner de nouvelles amibes.

14-18 Les amibes de terreau s'agrègent par chimiotaxie [29]

En formant la « limace », les amibes s'agrègent par *chimiotaxie*, dont nous allons brièvement parler avant de revenir au rôle joué par l'adhérence intercellulaire. En réponse à une privation nutritionnelle, les amibes commencent à fabriquer et à sécréter de l'AMP cyclique, qui sert de signal chimiotactique pour attirer d'autres amibes (l'AMP cyclique, comme nous l'avons vu au Chapitre 12, sert de signal intracellulaire dans les cellules procaryotes et animales ; *Dictyostelium* est le seul organisme connu dans lequel l'AMP cyclique agit aussi comme une molécule informative extracellulaire). L'agrégation semble être initiée au hasard ; quelles que soient les cellules qui commencent les premières à sécréter de l'AMP cyclique, elles attirent d'autres cellules et elles deviennent alors des *centres d'agrégation*. L'AMP cyclique que synthétisent ces cellules « initiatrices » est sécrété par pulsations, et il se fixe sur des récepteurs spécifiques situés à la surface d'amibes carencées voisines ; leur déplacement est ainsi orienté vers la source d'AMP cyclique. Cette réponse chimiotactique peut être démontrée en déposant avec une micropipette une quantité infime d'AMP cyclique en un point quelconque de la surface d'une amibe carencée. Il en résulte la formation immédiate d'un pseudopode qui s'allonge en direction de la micropipette (Figure 14-61) ; le pseudopode adhère à la surface sur laquelle est placée la cellule et la tire dans la même direction.

Une fois qu'un centre d'agrégation commence à se former, son champ d'influence s'élargit rapidement car les cellules qui s'agrègent non seulement répondent au signal de l'AMP cyclique, mais le transmettent aussi de cellule en cellule. Chaque impulsion d'AMP cyclique détermine les cellules environnantes à se déplacer vers la source de l'impulsion et à sécréter leurs propres signaux d'AMP cyclique. A son tour, cette nouvelle impulsion, libérée avec un léger retard, oriente les cellules situées à proximité, et induit chez ces cellules l'émission d'un nouveau signal d'AMP cyclique, et ainsi de suite. De cette façon, des vagues successives régulières d'AMP cyclique se propagent à partir de chaque centre d'agrégation, provoquant la migration convergente des amibes les plus éloignées en vagues déferlantes concentriques ou en spirales, qui peuvent être observées sur des photographies prises en accéléré (Figure 14-62). Un tel système relais a l'avantage de renouveler le signal à maintes reprises au fur et à mesure qu'il s'éloigne du centre, de sorte qu'il se propage sans affaiblissement sur une grande surface. Par contre, un signal qui ne fait que diffuser s'affaiblit progressivement à mesure qu'il progresse. Cette différence peut être appréciée en comparant l'agrégation de *Dictyostelium discoideum* à celle de *Dictyostelium minutum*, une souche qui ne possède pas de système relais. Chez *D. minutum*, la portée du signal émis par chaque centre d'agrégation est fortement réduite, et la « limace » et les corps végétatifs qui se forment sont de très petite taille.

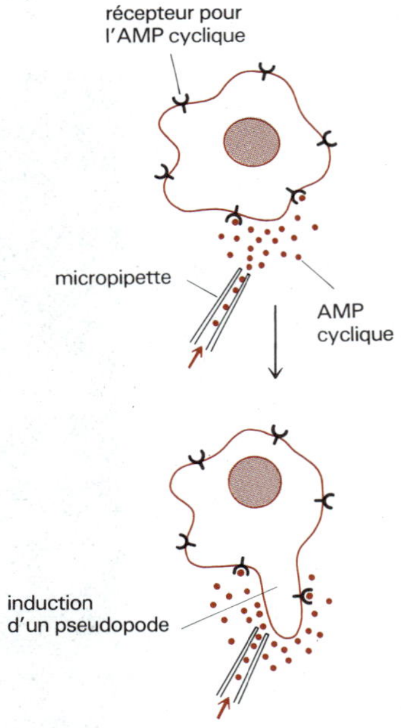

Figure 14-61 Le dépôt d'une petite quantité d'AMP cyclique en un point quelconque de la surface d'une amibe *Dictyostelium* carencée (cellule isolée) a pour résultat la formation immédiate d'un pseudopode en ce point. L'amibe est ainsi poussée à se déplacer vers une source d'AMP cyclique. L'AMP cyclique agit en se fixant à des récepteurs de surface cellulaire spécifiques.

14-20 L'adhérence intercellulaire dans les amibes dépend de glycoprotéines de surface cellulaire spécifiques [30]

La carence nutritionnelle des amibes *Dictyostelium* ne fait pas qu'activer le système de transmission de signaux de l'AMP cyclique, elle induit l'expression de centaines de nouveaux gènes, dont certains codent des molécules d'adhérence cellulaire impliquées dans l'agrégation cellulaire. Par exemple, on suppose que la **discoïdine-1**, qui est une protéine de liaison des glucides (i.e. une lectine — voir p. 299), est sécrétée par des cellules carencées pour fournir une forme primitive de guidage de contact. En se liant à la fois à la surface des amibes et au substratum sur lequel celles-ci migrent, elle pourrait aider les amibes à affluer vers les centres d'agrégation, autant qu'une traînée de fibronectine guide la migration cellulaire pendant la gastrulation chez des animaux en cours de développement. De fait, la liaison de la cellule à la discoïdine-1 dépend de la même séquence tripeptidique de liaison à la cellule (RGD) que l'on trouve dans la fibronectine et dans beaucoup d'autres protéines d'adhérence (voir p. 817).

Différentes protéines néosynthétisées favorisent le processus d'adhérence intercellulaire qui permet aux amibes migrantes d'adhérer étroitement les unes aux autres et de s'assembler en un organisme pluricellulaire. Au cours des 8 premières heures de carence, les cellules adhèrent grâce à un mécanisme Ca^{2+} -dépendant qui fait intervenir une molécule d'adhérence intercellulaire appelée **site de contact B**. Après 8 heures, un second système d'adhérence entre en jeu au cours duquel les cellules adhèrent grâce à un mécanisme Ca^{2+}-indépendant qui implique une molécule d'adhérence cellulaire appelée **site de contact A**. Les sites de contact A et B furent identifiés et caractérisés comme étant des glycoprotéines intrinsèques de la membrane plasmique grâce à une stratégie immunologique ingénieuse, schématisée dans la Figure 14-63. Cette méthode fut aussi utilisée ultérieurement pour identifier les molécules d'adhérence cellulaire chez les vertébrés.

Figure 14-62 Micrographie photonique de vagues d'amibes *Dictyostelium* carencées qui se déplacent vers un centre d'agrégation. Les amibes individuelles ne peuvent être discernées à ce faible grossissement. (Avec l'autorisation de Günter Gerisch.)

Comment des glycoprotéines de surface cellulaire telles que les sites de contact A et B relient-elles les cellules ? Trois possibilités sont illustrées dans la Figure 14-64 : (1) des molécules sur l'une des cellules peuvent se lier à d'autres molécules du même type sur des cellules adjacentes (phénomène appelé liaison *homophile*) ; (2) des molécules sur l'une des cellules peuvent se lier à des molécules d'un type différent sur des cellules adjacentes (phénomène appelé liaison *hétérophile*) ; et (3) des récepteurs de surface cellulaire sur des cellules adjacentes peuvent être associés par des molécules de liaison multivalentes sécrétées. On a trouvé que tous ces mécanismes fonctionnaient chez les animaux.

Le site de contact A relie probablement les cellules selon un mécanisme homophile. Non seulement il contient un oligosaccharide sulfaté qui est nécessaire à l'agrégation, mais il est de plus immunologiquement apparenté à la discoïdine-1 et à plusieurs protéines bactériennes connues pour fixer des glucides. Ceci suggère que le site de contact A peut associer les cellules par des liaisons transversales en reconnaissant une séquence glucidique spécifique sur une autre molécule de site de contact A à la surface d'une cellule voisine.

Des cellules de vertébré dissociées peuvent se réassembler en tissus organisés par l'intermédiaire d'une adhérence intercellulaire sélective [31]

L'un des attraits des microorganismes sociaux comme *Dictyostelium,* pour étudier l'agrégation cellulaire, est que ce phénomène se déroule normalement en culture, où il est accessible à l'investigation. Malheureusement, cela est rarement le cas pour les mécanismes de reconnaissance cellulaire qui se produisent au cours du développement d'animaux pluricellulaires. Habituellement, le mieux que l'on puisse faire est de dissocier des tissus néoformés en cellules isolées, qui peuvent ensuite être analysées pour leur capacité de se réassembler *in vitro*. Contrairement aux tissus de vertébrés adultes, qui sont difficiles à dissocier, les tissus embryonnaires des vertébrés sont facilement dissociés par de faibles concentrations d'une enzyme protéolytique telle que la trypsine, parfois combinée avec l'élimination des ions Ca^{2+} extracellulaires avec un chélateur d'ions Ca^{2+} (tel que l'EDTA). Ces réactifs dissocient les interactions interprotéiques (beaucoup sont Ca^{2+}-dépendantes — voir p. 830) qui unissent les cellules. Singulièrement, de telles cellules dissociées se réassemblent souvent *in vitro* en structures qui ressemblent au tissu d'origine. Par conséquent, la structure tissulaire n'est pas un simple produit historique, elle est aussi activement maintenue et stabilisée par le système des affinités que les cellules ont les unes pour les autres et pour la matrice extracellulaire. Ainsi, en étudiant la réassociation de cellules dissociées en culture, on peut espérer éclaircir le rôle de l'adhérence entre cellules et entre cellule et matrice dans la création et le maintien de l'organisation des tissus dans le corps.

Des expérience réalisées sur des cellules en culture de l'*épiderme* (l'épithélium de la peau) fournissent un exemple instructif. Dans ce tissu, les système d'adhérence Ca^{2+}-dépendants

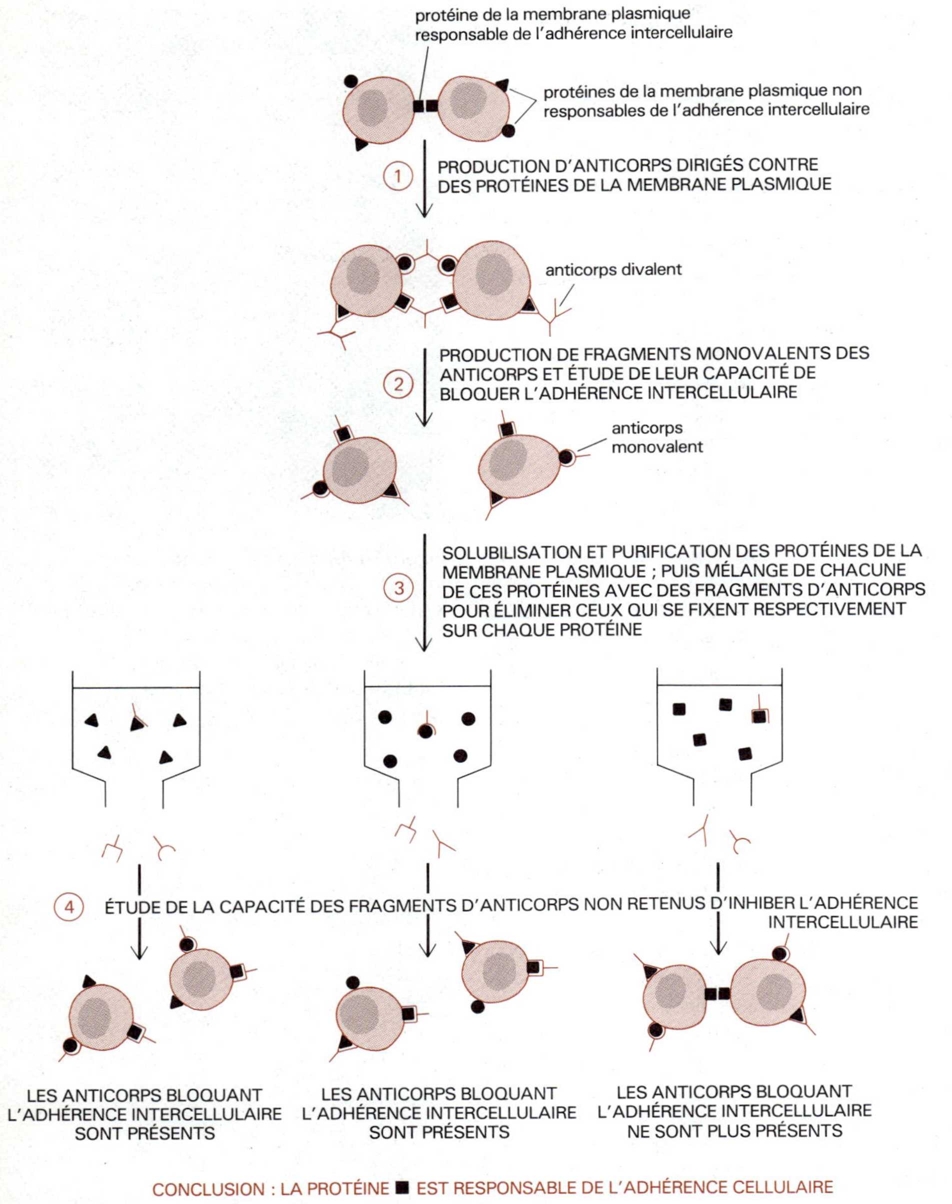

Figure 14-63 Une stratégie immunologique pour identifier les protéines de la membrane plasmique impliquées dans l'adhérence intercellulaire. Dans l'étape 1, des anticorps sont produits (habituellement chez des lapins) contre la cellule à laquelle on s'intéresse ou contre des membranes plasmiques isolées à partir de cellules semblables. Dans l'étape 2, des fragments monovalents des anticorps sont produits et testés pour trouver une préparation d'anticorps qui inhibe l'adhérence intercellulaire. (On utilise des fragments monovalents, fabriqués par digestion protéolytique [voir p. 1013], car ils ne peuvent plus provoquer une agrégation parasite des cellules). Pour identifier les molécules de surface cellulaire responsables de l'adhérence intercellulaire, les protéines de la membrane plasmique sont solubilisées à partir des cellules concernées, séparées les unes des autres, et chaque fraction est testée pour sa capacité de neutraliser le blocage de l'agrégation par des fragments d'anticorps (étapes 3 et 4). Les fractions qui contiennent une activité de blocage sont ensuite purifiées et testées une deuxième fois jusqu'à ce qu'une protéine pure soit obtenue (non représenté). Une autre stratégie immunologique implique la production d'anticorps monoclonaux (voir p. 178) dirigés contre des antigènes de surface cellulaire et le criblage d'un grand nombre de ces anticorps pour trouver ceux qui bloquent l'adhérence intercellulaire. Ces deux stratégies immunologiques reposent sur la possibilité de recouvrir la surface des cellules avec des anticorps qui n'interfèrent pas eux-mêmes avec l'adhérence cellulaire ; celle-ci n'est inhibée que lorsque les molécules de surface cellulaire spécifiques responsables de l'adhérence sont des cibles pour la liaison des anticorps.

jouent un rôle crucial en assurant la cohésion des cellules, appelées *kératinocytes*, dans un feuillet à plusieurs couches qui repose sur une lame basale. Les kératinocytes de la couche basale de la peau sont relativement indifférenciés et prolifèrent constamment, libérant leur progéniture dans les couches supérieures, où la division cellulaire stoppe et où se produit la différenciation terminale (voir p. 968). Sur un substratum approprié, les kératinocytes dissociés proliféreront et se différencieront aussi en culture. Toutefois, si l'on maintient une concentration en Ca^{2+} anormalement faible dans le milieu de culture, les systèmes d'adhérence cellulaires Ca^{2+}-dépendants ne peuvent fonctionner, et les kératinocytes poussent en monocouche dans laquelle s'enchevêtrent des cellules en cours de prolifération et en cours de différenciation. Si la concentration en Ca^{2+} est ensuite augmentée, l'organisation spatiale des cellules est vite modifiée : la monocouche est transformée en un épithélium à plusieurs couches, dans lequel les cellules en cours de prolifération forment la couche basale adhérente au substratum et les cellules en cours de différenciation sont séparées dans les couche supérieures, exactement comme dans la peau normale. Ce résultat suggère que l'agencement stratifié normal des kératinocytes, ordonné selon leur état de différenciation, est maintenu par des mécanismes d'adhérence intercellulaires Ca^{2+}-dépendants (voir Figure 14-68, p. 832).

La réassociation des cellules de vertébré dissociées dépend de systèmes de reconnaissance spécifiques d'un tissu [32]

Le développement normal de la majorité des tissus n'implique pas le tri de types cellulaires mélangés au hasard (voir p. 911). Néanmoins, lorsque des cellules embryonnaires dissociées de deux tissus de vertébré tels que le foie et la rétine sont mélangées, les agrégats mixtes initialement formés sont graduellement triés selon leur tissu d'origine. Cette expérience localise probablement les systèmes d'adhérence intercellulaire spécifiques d'un tissu qui maintiennent l'association des cellules dans un tissu en développement. On peut aussi démontrer d'une autre façon l'existence de tels systèmes de reconnaissance. Comme le décrit la Figure 14-65, on trouve que des cellules dissociées adhèrent plus facilement à des agrégats provenant de leur propre tissu qu'à des agrégats provenant d'autres tissus. Ainsi, des résultats comparables sont obtenus avec deux expériences différentes, dont l'une détermine les affinités sélectives des cellules dans les agrégats au cours d'une incubation prolongée (les expériences de tri), et l'autre mesure la vitesse à laquelle les cellules se lient à des agrégats préformés.

Quelle est la base moléculaire de cette adhérence intercellulaire sélective chez les vertébrés ? Comme dans le cas des amibes, il semble y avoir deux catégories distinctes de mécanismes d'adhérence intercellulaire, l'un Ca^{2+}-indépendant et l'autre Ca^{2+}-dépendant, et les mécanismes de chaque catégorie agissent par l'intermédiaire de leur propre famille de glycoprotéines de surface cellulaire homologues.

Des glycoprotéines de la membrane plasmique appartenant à la super-famille des immunoglobulines interviennent dans l'adhérence intercellulaire Ca^{2+}-indépendante chez les vertébrés : la molécule d'adhérence des cellules neurales (N-CAM) [33]

La stratégie immunologique schématisée dans la Figure 14-63 a été utilisée pour identifier un certain nombre de glycoprotéines de surface cellulaire impliquées dans l'adhérence cellulaire chez les vertébrés. Dans l'un des exemples les mieux étudiés, des fragments d'anticorps monovalents dirigés contre des cellules de la rétine embryonnaire de poulet furent fabriqués.

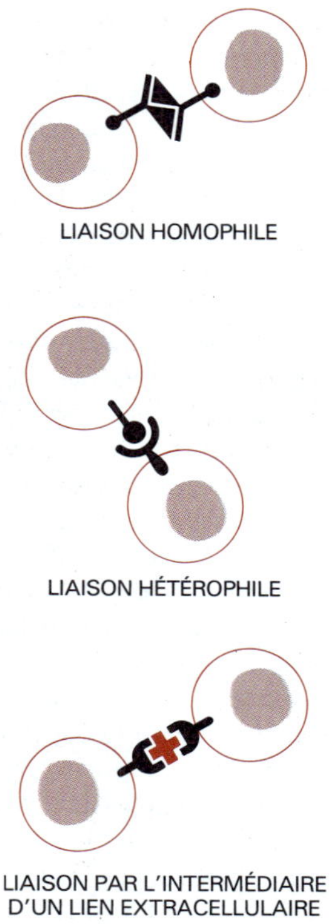

Figure 14-64 Trois mécanismes de médiation de l'adhérence intercellulaire par des molécules de surface cellulaire.

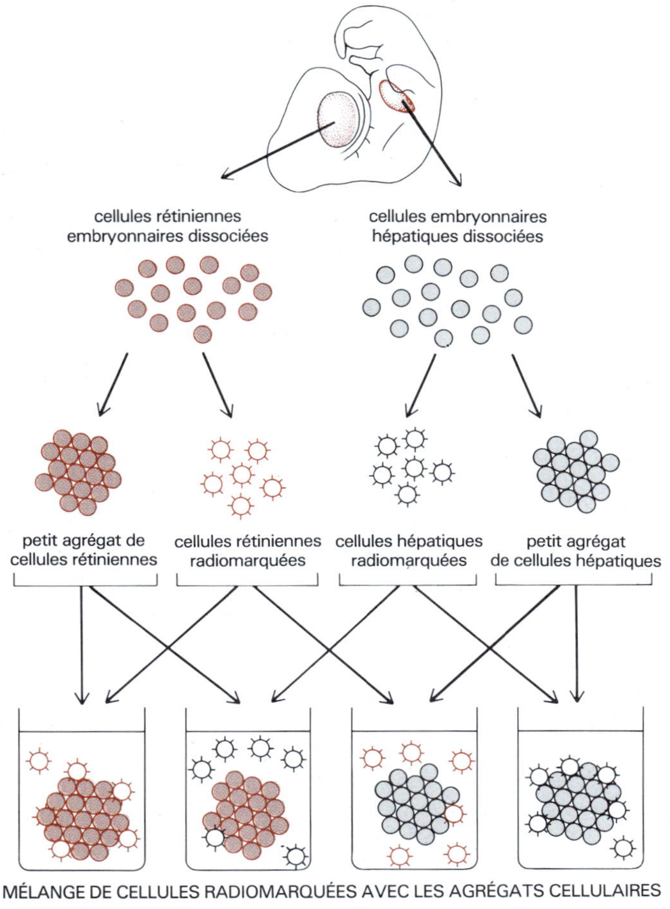

Figure 14-65 La mise en évidence de l'adhérence à spécificité tissulaire de cellules dissociées d'un embryon de vertébré par une expérience d'association cellulaire utilisant des cellules radiomarquées. Le taux d'adhérence cellulaire peut être mesuré par détermination du nombre de cellules radiomarquées liées aux agrégats cellulaires à des temps variés. Le taux d'adhérence est plus élevé entre des cellules d'un même type. Dans une variante couramment utilisée de cette expérience, on permet la fixation de cellules marquées par fluorescence ou radiomarquées à une monocouche de cellules non marquées en culture.

Les anticorps qui inhibaient la réagrégation de ces cellules *in vitro* furent sélectionnés. Les protéines de la membrane cellulaire rétinale furent ensuite fractionnées et analysées pour leur capacité de neutraliser l'activité de blocage des anticorps. On identifia, de cette façon, une glycoprotéine transmembranaire à traversée unique (longue d'environ 1 000 résidus d'acides aminés), que l'on nomma la **molécule d'adhérence des cellules neurales (N-CAM)**. N-CAM est exprimée à la surface des cellules nerveuses et des cellules gliales (voir p. 1064) et provoque leur adhérence mutuelle par un mécanisme Ca^{2+}-indépendant. Lorsque ces protéines membranaires sont purifiées et injectées dans des vésicules phospholipidiques synthétiques, les vésicules se lient les unes aux autres, ainsi qu'aux cellules qui portent N-CAM à leur surface ; la liaison est bloquée si les cellules sont prétraitées avec des anticorps anti-N-CAM monovalents. Ces résultats suggèrent que N-CAM relie des cellules par une interaction homophile qui associe directement deux molécules de N-CAM (voir Figure 14-64).

Les anticorps anti-N-CAM désorganisent le mode ordonné du développement rétinal en culture de tissu, et, lorsqu'ils sont injectés dans un œil de poulet en développement, ils perturbent le mode de croissance normale des axones des cellules nerveuses de la rétine. Comme nous l'expliquons dans le Chapitre 19 (voir p. 1116), ces observations suggèrent que N-CAM joue un rôle important dans le développement du système nerveux central en favorisant l'adhérence cellulaire. De plus, les cellules de la crête neurale qui forment le système nerveux périphérique possèdent de grandes quantités de N-CAM sur leur surface lorsqu'elles sont associées au tube neural, les perdent lorsqu'elles migrent, puis les réexpriment lorsqu'elles s'agrègent pour former un ganglion (voir Figure 14-56), suggérant que N-CAM peut jouer un rôle dans l'assemblage du ganglion. N-CAM est aussi exprimé de façon transitoire au cours des phases critiques du développement de nombreux tissus non neuraux, pendant lesquelles il aide probablement des cellules spécifiques à rester unies.

Il existe plusieurs formes de N-CAM, chacune étant codée par un ARNm distinct. Les différents ARNm sont formés par épissage différentiel d'un transcrit produit à partir d'un seul grand gène. L'importante région extracellulaire de la chaîne polypeptidique (~ 690 résidus d'acides aminés) est identique dans la majorité des formes de N-CAM, et elle est repliée en cinq domaines qui sont homologues aux domaines des immunoglobulines, caractérisques des molécules d'anticorps (voir p. 1021). Ainsi, N-CAM appartient à la même super-famille primitive de protéines de reconnaissance à laquelle appartiennent les anticorps (voir p. 1053). Les diverses formes de N-CAM diffèrent principalement par leurs segments associés à la membrane et leurs domaines cytoplasmiques, et peuvent donc interagir de différentes façons avec le cytosquelette ; de fait, l'une des formes ne traverse pas la double couche lipidique et n'est attachée à la membrane plasmique que par une liaison covalente au phosphatidylinositol (voir p. 448) (Figure 14-66), tandis qu'une autre est sécrétée et incorporée dans la matrice extracellulaire. On ne connaît pas les différences fonctionnelles de ces diverses formes.

On découvre un nombre croissant de glycoprotéines de surface cellulaire qui interviennent dans l'adhérence cellulaire Ca^{2+}-indépendante chez les vertébrés et qui font partie de la super-famille des immunoglobulines. Cependant, les protéines de surface cellulaire qui interviennent dans l'adhérence cellulaire n'appartiennent pas toutes à cette super-famille : celles qui ne peuvent fonctionner qu'en présence de Ca^{2+} extracellulaire font partie d'une autre famille.

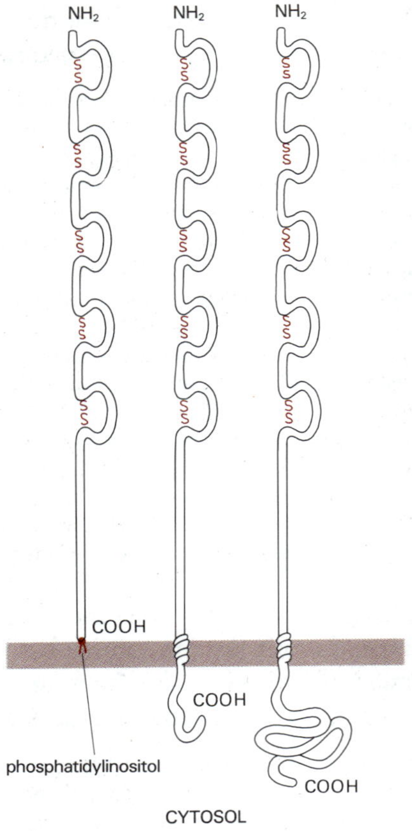

Figure 14-66 Représentation schématique de trois formes de la N-CAM. La partie extracellulaire de la chaîne polypeptidique est la même dans chaque cas et elle est repliée en cinq domaines semblables à ceux des immunoglobulines. Des ponts disulfure relient les extrémités de chaque boucle formant un tel domaine. (Basée sur des données de B.A. Cunningham, J.J. Hemperly, B.A. Murray, E.A. Prediger, R. Brackenbury et G.M. Edelman, *Science* 236 :799-800, 1987. Copyright 1987 par les AAAS.)

Les cadhérines, une famille de glycoprotéines de surface cellulaire homologues, interviennent dans l'adhérence cellulaire Ca^{2+}-dépendante chez les vertébrés [34]

Les stratégies immunologiques décrites dans la Figure 14-63 jouèrent également un rôle crucial dans la découverte de trois glycoprotéines de surface cellulaire apparentées, collectivement appelées **cadhérines**, qui sont impliquées dans l'adhérence cellulaire Ca^{2+}-dépendante dans les tissus de vertébrés. On trouve la *cadhérine E* à la surface de nombreux types de cellules épithéliales (et de cellules d'embryons de mammifères en pré-implantation), la *cadhérine N* sur les cellules nerveuses, cardiaques et du cristallin, et la *cadhérine P* sur des cellules du placenta et de l'épiderme ; comme dans le cas de N-CAM, elles sont toutes également présentes de façon transitoire sur une variété d'autres tissus au cours du développement. Les trois cadhérines sont des glycoprotéines transmembranaires homologues à traversée unique (chacune est composée d'environ 700 résidus d'acides aminés). A cet égard, elles ressemblent au N-CAM. Cependant, en absence de Ca^{2+}, les cadhérines subissent une importante modification conformationnelle dont la conséquence est leur rapide dégradation par des enzymes protéolytiques. Puisque certaines cellules (telles que les cellules endothéliales) présentent une adhérence Ca^{2+}-dépendante mais n'expriment aucune des cadhérines connues, il semble vraisemblable que d'autres membres de la famille des cadhérines restent à découvrir.

La **cadhérine E** (également appelée molécule d'adhérence des cellules hépatiques [*L-CAM*] ou *uvomoruline*) est la mieux caractérisée. L'importante région extracellulaire de sa chaîne polypeptidique est repliée en trois domaines homologues, qui sont apparemment indépendants des domaines des immunoglobulines. Elle semble jouer un rôle important dans la cohésion des cellules adajcentes dans divers épithéliums. La réagrégation Ca^{2+}-dépendante des cellules épithéliales dissociées provenant du foie, par exemple, est bloquée par des anticorps dirigés contre la cadhérine E. Dans des tissus épithéliaux matures, la cadhérine E est habituellement concentrée dans des *ceintures d'adhérence*, où elle est supposée fonctionner comme un lien transmembranaire connectant les cytosquelettes d'actine corticaux des cellules qu'elle maintient associées (voir p. 796). Elle est également impliquée dans le tassement des blastomères dans le jeune embryon de souris (voir p. 894). Au cours du tassement, les blastomères, d'abord faiblement attachés les uns aux autres, se retrouvent étroitement empilés et associés par des jonctions intercellulaires. Des anticorps dirigés contre la cadhérine E bloquent le tassement des blastomères, alors que des anticorps qui réagissent avec diverses autres molécules de surface sur ces cellules ne le bloquent pas.

Il semble vraisemblable que les cadhérines jouent également un rôle essentiel dans les derniers stades du développement des vertébrés, puisque leur apparition et leur disparition correspondent à des événements morphogénétiques majeurs au cours desquels les tissus se séparent. Par exemple, lorsque le tube neural se forme et se détache par pincement de l'ectoderme sous-jacent (voir p. 887), les cellules du neuro-épithélium en développement perdent la cadhérine E et acquièrent la cadhérine N (ainsi que N-CAM) (Figure 14-67). Comme dans le cas de N-CAM (voir p. 830), lorsque des cellules de la crête neurale se dissocient du tube neural et migrent, elles perdent la cadhérine N, la réexprimant ultérieurement lorsqu'elles s'agrègent pour former un ganglion neural (voir Figure 14-56).

On ne connaît pas la signification biologique de la dépendance étonnante envers Ca^{2+} des cadhérines, une famille des protéines d'adhérence intercellulaire. Il n'existe encore aucune preuve, par exemple, de la régulation de la concentration extracellulaire en Ca^{2+} dans le contrôle de l'adhérence cellulaire au cours du développement.

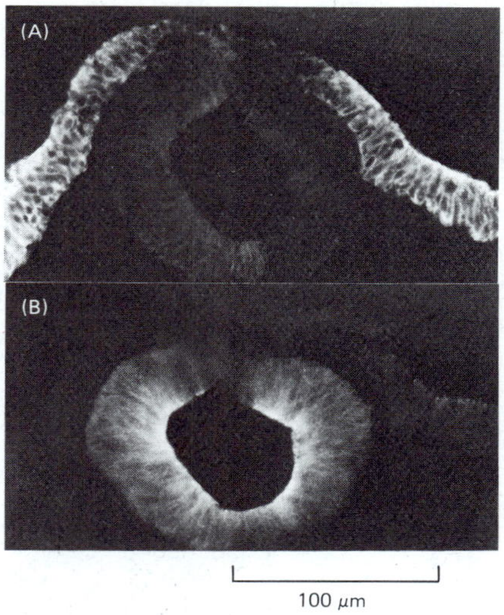

Figure 14-67 Micrographies obtenues par immunofluorescence d'une coupe transversale d'un embryon de poulet montrant le tube neural en développement marqué avec des anticorps dirigés contre la cadhérine E (A) et contre la cadhérine N (B). Noter que l'ectoderme qui recouvre les cellules n'exprime que la cadhérine E tandis que les cellules du tube neural ont perdu la cadhérine E et acquis la cadhérine N. (Avec l'autorisation de Kohei Hatta et Masatoshi Takeichi.)

Les molécules de surface cellulaire qui interviennent dans l'adhérence cellule-cellule et cellule-matrice peuvent être considérées comme des éléments d'un code morphogénétique [35]

Des études morphologiques, biochimiques et de biologie cellulaire indiquent toutes qu'un seul type cellulaire utilise plusieurs mécanismes moléculaires dans l'adhérence à d'autres cellules et à la matrice extracellulaire. Certains de ces mécanismes impliquent des jonctions cellulaires organisées ; d'autres non (Figure 14-68). Du fait du grand nombre de systèmes d'adhérence utilisés par une cellule isolée, chaque type cellulaire ou presque partagera au moins un des systèmes d'adhérence intercellulaire avec n'importe quel autre, et s'y fixera par conséquent avec une certaine affinité. Généralement, des desmosomes, des jonctions de type gap et des jonctions adhérentes se formeront aussi entre les cellules de différents tissus (et même d'espèces très différentes), suggérant que les protéines de jonctions sont très conservées d'un tissu à l'autre (et d'une espèce à l'autre). Cependant, tout comme chaque cellule dans un animal pluricellulaire contient un assortiment de récepteurs de surface cellulaire qui lui permettent de répondre spécifiquement à un assortiment complémentaire de signaux chimiques solubles (hormones et médiateurs chimiques locaux), il est probable que chaque cellule dans un tissu possède une combinaison ou une concentration particulière de récepteurs de surface cellulaire qui lui permet de se lier d'une manière caractéristique qui lui est propre à d'autres cellules et à la matrice extracellulaire.

Contrairement aux récepteurs pour des signaux chimiques solubles, qui se lient à leur ligand spécifique avec une forte affinité, les récepteurs qui se lient aux molécules situées sur les surfaces cellulaires ou dans la matrice extracellulaire le font généralement avec une faible affinité. Ces derniers récepteurs comptent par conséquent sur l'énorme augmentation de la force de liaison, qui résulte de la liaison simultanée de multiples récepteurs à de multiples ligands sur une cellule opposée ou dans la matrice adjacente. Le mélange de types spécifiques de molécules d'adhérence intercellulaire et de récepteurs matriciels présents sur n'importe quel couple de cellules, ainsi que leur concentration et leur distribution à la surface cellulaire, détermineront par conséquent l'affinité totale avec laquelle les deux cellules se lient l'une à l'autre et à la matrice. C'est ce mélange qui constitue probablement un « code morphogénétique » pour faciliter la détermination du mode d'organisation des cellules en tissus. Puisque des types de cellules animales étroitement apparentés sont eux-mêmes correctement triés *in vitro*, les cellules doivent être capables de détecter d'assez petites différences d'adhérence, et

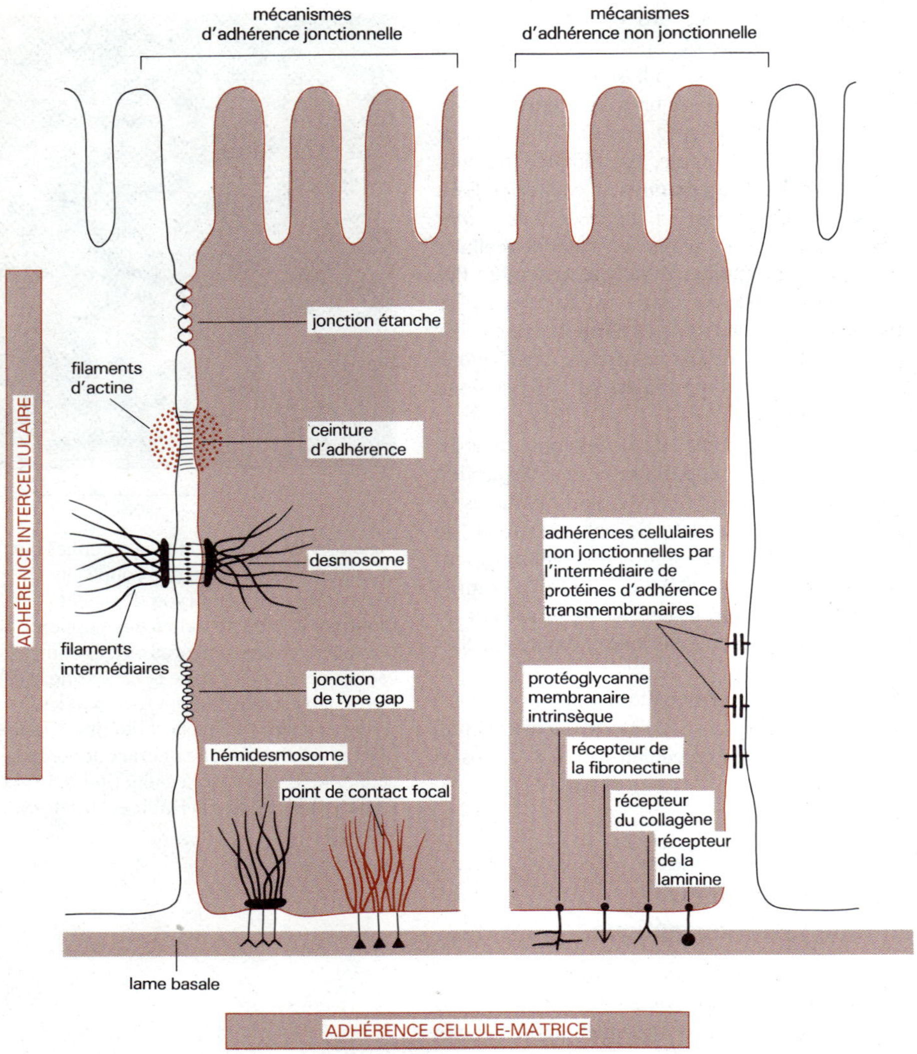

Figure 14-68 Résumé des mécanismes d'adhérence jonctionnels et non jonctionnels utilisés par des cellules épithéliales typiques lorsqu'elles se lient entre elles et à la matrice extracellulaire (lame basale). On peut définir une interaction jonctionnelle comme étant celle qui apparaît sous forme d'une région de contact particulière en microscopie électronique classique et/ou par cryofracture. Dans certains cas, les mêmes glycoprotéines de surface cellulaire sont responsables de la liaison des cellules les unes aux autres (ou à la matrice) au niveau de contacts jonctionnels et non jonctionnels. A l'exception des jonctions de type gap, tous les mécanismes d'adhérence jonctionnels sont Ca^{2+}-dépendants ; comme nous l'indiquons dans le texte, certains mécanismes d'adhérence non jonctionnels sont Ca^{2+}-dépendants et d'autres ne le sont pas.

d'agir sur ces différences de façon à n'établir que les contacts les plus adhérents parmi les nombreux contacts possibles entre cellules et entre cellule et matrice. Des études réalisées sur des cellules mobiles en culture suggèrent la façon dont ceci pourrait se produire.

Les cellules très mobiles sont des détecteurs sensibles de petites différences d'adhérence [36]

Les cellules engagées dans les processus morphogénétiques dans les embryons sont souvent très mobiles. Si de telles cellules sont dissociées à partir d'embryons et observées en culture, on les voit d'abord déployer des spicules et des lamellipodes dans toutes les directions, puis ramper activement à la surface de la boîte. Le début de la mobilité coïncide souvent avec le commencement d'une diversification cellulaire et, par conséquent, avec la période à laquelle on s'attendrait à ce que la reconnaissance cellulaire spécifique devienne importante. Les cellules d'un embryon de *Xénope*, par exemple, deviennent soudain très mobiles au stade de transition de la mi-blastula, lorsque la transcription génique commence (voir p. 881).

Des études très poussées sur le mécanisme de la mobilité cellulaire ont été réalisées en culture sur des fibroblastes, des neutrophiles, et des neurones en cours de régénération. Les résultats, résumés dans le Chapitre 11, indiquent qu'une cellule mobile est un détecteur très sensible de petites différences d'adhérence. Les spicules et les lamellipodes qu'elle déploie dans toutes les directions paraissent s'engager dans une « lutte acharnée et prolongée », entraînant la polarisation de la cellule et son déplacement constant dans la direction de la région la plus adhérente du substratum, même lorsque les différences d'adhérence sont faibles (voir p. 669). Les fibroblastes, par exemple, se déplaceront régulièrement dans le sens d'un petit gradient d'adhérence créé à la surface d'une boîte de culture. D'après des études de chimiotaxie sur des neutrophiles, il semble qu'une cellule mobile puisse détecter autour d'elle des différences d'adhérence aussi faibles que 1 p. cent. Par des moyens analogues, les cellules des tissus peuvent être capables de déchiffrer le « code morphogénétique » sur des surfaces cellulaires avec une grande sensibilité, se déplaçant régulièrement pour établir des contacts étroits avec les cellules voisines auxquelles elles adhèrent le plus.

Des contacts non jonctionnels peuvent amorcer une adhérence intercellulaire spécifique d'un tissu qui sera stabilisée par des contacts jonctionnels [37]

Parmi tous ceux dont nous avons parlé au début de ce chapitre, quels sont les types de jonctions intercellulaires impliqués lors de la migration et de la reconnaissance mutuelle des cellules au cours de la formation des tissus et des organes ? Une des façons de le découvrir est d'examiner par microscopie électronique les contacts qui s'établissent entre des cellules adjacentes lorsqu'elles se superposent dans des embryons en développement ou dans des tissus adultes en cours de cicatrisation à la suite d'une lésion. De telles études montrent que ces contacts, en général, n'impliquent pas la formation de jonctions intercellulaires organisées. Néanmoins, les membranes plasmiques adjacentes s'accolent et s'orientent parallèlement, séparées par un espace de 10 à 20 nm. C'est à peu près la distance (~ 13 nm) dont l'hémagglutinine du virus de la grippe (la première glycoprotéine de membrane plasmique dont la structure tridimensionnelle fut déterminée — voir p. 446) dépasse de la membrane plasmique. Deux glycoprotéines de surface cellulaire de cette taille pourraient interagir d'un côté à l'autre de l'interstice de 10 à 20 nm pour intervenir dans l'adhérence. Ce type de contact non jonctionnel peut être optimal pour la locomotion cellulaire — assez serré pour fournir une traction mais par assez hermétique pour immobiliser la cellule.

Puisqu'on n'observe pas, en général, de contacts jonctionnels entre des cellules embryonnaires en mouvement (excepté peut-être pour de petites jonctions de type de gap), la formation de jonctions intercellulaires peut être un mécanisme important pour immobiliser les cellules à l'intérieur d'un tissu organisé une fois formé. Selon une hypothèse raisonnable, les protéines d'adhérence de surface cellulaire non jonctionnelles initient l'adhérence cellulaire spécifique d'un tissu, qui est ensuite stabilisée par l'assemblage de jonctions intercellulaires. Puisqu'un grand nombre des glycoprotéines transmembranaires impliquées peuvent diffuser dans le plan de la membrane plasmique, elles peuvent s'accumuler au niveau de sites de contact intercellulaires et être par conséquent utilisées pour les adhérences jonctionnelles ainsi que non jonctionnelles. Ainsi, certaines protéines d'adhérence cellulaire, telles que la cadhérine E (voir p. 831), peuvent faciliter l'initiation de l'adhérence cellulaire, puis devenir ultérieurement des parties intrinsèques de jonctions intercellulaires.

Idéalement, on aimerait pouvoir être capable d'inactiver, individuellement ou dans différentes combinaisons, les divers types de protéines d'adhérence intercellulaire et les récepteurs matriciels, afin de déchiffrer les règles de reconnaissance et de liaison suivies dans la morphogenèse des tissus complexes. Grâce à la caractérisation d'un nombre croissant d'anticorps monoclonaux et de fragments peptidiques, chacun d'entre eux ne bloquant qu'un seul type de molécule d'adhérence cellulaire ou de récepteur matriciel — et grâce à la possibilité de manipuler les gènes qui codent ces protéines de surface cellulaire dans les cellules en culture et dans les animaux transgéniques — ce rêve des biologistes du développement est en train de devenir une réalité.

Résumé

Les cellules dissociées de divers tissus d'embryons de vertébrés se réassocient préférentiellement aux cellules provenant du même tissu quand elles sont mélangées. Les difficultés initiales rencontrées dans l'étude des mécanismes moléculaires, qui sont à la base de l'assemblage normal des cellules en tissus complexes chez les animaux supérieurs, ont toutefois incité à se tourner vers des systèmes plus simples. Les amibes indépendantes de Dictyostelium discoideum *s'agrègent pour former des corps végétatifs pluricellulaires lorsqu'elles sont carencées. Leur adhérence intercellulaire se fait par l'intermédiaire d'au moins deux glycoprotéines de surface cellulaire : l'une d'elles agit à un stade précoce du développement et dépend des ions Ca^{2+} extracellulaires, alors que l'autre agit à un stade tardif du développement et n'exige pas de Ca^{2+}. Le processus de reconnaissance spécifique d'un tissu chez les vertébrés se fait vraisemblablement par l'intermédiaire d'au moins deux familles de glycoprotéines de surface cellulaire — l'une d'elles Ca^{2+}-dépendante (les cadhérines) et l'autre Ca^{2+}-indépendante (la N-CAM et d'autres membres de la super-famille des immunoglobulines en sont des exemples). Les deux familles de molécules d'adhérence cellulaire semblent jouer un rôle important dans* *la conduite de la morphogenèse des vertébrés. Puisqu'un seul type cellulaire utilise de nombreux mécanismes moléculaires pour adhérer à d'autres cellules (et à la matrice extracellulaire), la spécificité de l'adhérence intercellulaire observée dans le développement embryonnaire doit résulter d'un mécanisme qui additionne les affinités d'un certain nombre de différents systèmes d'adhérence. Le fait que les cellules mobiles aient la capacité de détecter de petites différences d'adhérence suggère de quelle façon la combinaison, la concentration et la distribution spécifiques des molécules d'adhérence cellulaire et des récepteurs matriciels présents sur chaque type de cellule peuvent faire fonction de « code morphogénétique ».*

Bibliographie

Articles cités

1. Bock, G. ; Clark, S. ; eds. Junctional Complexes of Epithelial Cells. Ciba Symposium 125. New York : Wiley, 1987.
   Farquhar, M.G. ; Palade, G.E. Junctional complexes in various epithelia. *J. Cell. Biol.* 17:375-412, 1963.
   Gilula, N.B. Junctions between cells. In Cell Communication (R.P. Cox, ed.), pp. 1-29. New York : Wiley, 1974.
   Goodenough, D.A. ; Revel, J.P. A fine structural analysis of intercellular junctions in the mouse liver. *J. Cell. Biol.* 45:272-290, 1970.
   Staehelin, L.A. ; Hull, B.E. Junctions between living cells. *Sci. Am.* 238(5):141-152, 1978.
2. Diamond, J.M. The epithelial junction : bridge, gate and fence. *Physiologist* 20:10-18, 1977.
   Madara, J.L. Tight juction dynamics : is paracellular transport regulated ? *Cell.* 53:497-498, 1988.
   Madara, J.L. ; Dharmsathaphorn, K. Occluding junction structure-function relationships in cultured epithelial monolayer. *J. Cell. Biol.* 101:2124-2133, 1985.
   Simons, K. ; Fuller, S.D. Cell surface polarity in epithelia. *Annu. Rev. Cell. Biol.* 1:243-288, 1985.
   van Meer, G. ; Gumbiner, B. ; Simons, K. The tight junction does not allow lipid molecules to diffuse from one epithelial cell to the next. *Nature* 322:639-641, 1986.
3. Burridge, K. ; Fath, K. ; Kelly, T. ; Nuckolls, G. ; Turner, C. Focal adhesions : transmembrane junctions between the extracellular matrix and the cytoskeleton. *Annu. Rev. Cell Biol.* 4:487-526, 1988.
   Geiger, B. ; Volk, T. ; Volberg, T. Molecular heterogeneity of adherens junctions. *J. Cell Biol* 101:1523-1531, 1985.
4. Franke, W.W. ; Cowin, P. ; Schmelz, M. ; Kapprell, H.-P. The desmosomal plaque and the cytoskeleton. In Junctional Complexes of Epithelial Cells, Ciba Foundation Symposium 125 (G. Bock, S. Clark, eds.), pp. 26-48. New York: Wiley, 1987.
   Garrod, D.R. Desmosomes, cell adhesion molecules and the adhesive properties of cells in tissues. *J. Cell Sci.* Suppl. 4:221-237, 1986.
   Jones, J.C.R. ; Yokoo, K.M. ; Goldman, R.D. Further analysis of pemphigus autoantibodies and their use in studies on the heterogeneity, structure, and function of desmosomes. *J. Cell Biol.* 102:1109-1117, 1986.
   Steinberg, M.S. ; et al. On the molecular organization, diversity and functions of desmosomal proteins. In Junctional Complexes of Epithelial Cells, Ciba Foundation Symposium 125 (G. Bock, S. Clark, eds.), pp. 3-25. New York : Wiley, 1987.
5. Bennett, M. ; Spray, D., eds. Gap Junctions. Cold Spring Harbor, NY : Cold Spring Harbor Laboratory, 1985.
   Furshpan, E.J. ; Potter, D.D. Low-resistance junctions between cells in embryos and tissue culture. *Curr. Top. Dev. Biol.* 3-95-127, 1968.
   Gilula, N.B. ; Reeves, O.R. ; Steinbach, A. Metabolic coupling, ionic coupling and cell contacts. *Nature* 235:262-265, 1972.
   Hooper, M.L.; Subak-Sharpe, J.H. Metabolic cooperation between cells. *Int. Rev. Cytol.* 69:45-104, 1981.
   Loewenstein, W.R. The cell-to-cell channel of gap junctions. *Cell* 48:725-726, 1987.
   Neyton, J. ; Trautmann, A. Single-channel currents of an intercellular junction. *Nature* 317:331-335, 1985.
   Pitts, J.D. ; Finbow. M.E. The gap junction *J. Cell Sci.* Suppl. 4:239-266, 1986.
   Young, J.D.-E. ; Cohn, Z.A. ; Gilula, N.B. Functional assembly of gap junction conductance in lipid bilayers : demonstration that the major 27 kd protein forms the junctional channel. *Cell* 48:733-743, 1987.
6. Caspar, D.L.D. ; Goodenough, D. ; Makowski, L. ; Philips, W.C. Gap junction structures. I. Correlated electron microscopy and x-ray diffraction. *J. Cell Biol.* 74:605-628, 1977.
   Gilula, N.B. Topology of gap junction protein and channel function. In Junctional Complexes of Epithelial Cells, Ciba Foundation Symposium 125 (G. Bock, S. Clark, eds.) pp. 128-139. New York : Wiley, 1987.
   Paul, D.L. Molecular cloning of cDNA for rat liver gap junction protein. *J. Cell. Biol.* 103:123-134, 1986.
   Unwin, P.N.T. ; Zampighi, G. Structure of the junction between communicating cells. *Nature* 283:545-549, 1980.
7. Caveney, S. The role of gap junctions in development. *Annu. Rev. Physiol.* 47:319-35, 1985.
   Warner, A.E. The role of gap junctions in amphibian development. *J. Embryol. Exp. Morphol.* Suppl. 89:365-380, 1985.
   Warner, A.E. ; Guthrie, S.C. ; Gilula, N.B. Antibodies to gap-junctional protein selectively disrupt junctional communication in the early amphibian embryo. *Nature* 311:127-131, 1984.
8. Rose, B. ; Loewenstein, W.R. Permeability of cell junction depends on local cytoplasmic calcium activity. *Nature* 254:250-252, 1975.
   Saez, S.C. ; et al Cyclic AMP increases junctional conductance and stimulates phosphorylation of the 27-kDa principal gap junction polypeptide. *Proc. Natl. Acad. Sci. USA* 83: 2473-2477, 1986.

Spray, D.C. ; Bennet, M.V.L. Physiology and pharmacology of gap junctions. *Annu. Rev. Physiol.* 47:218-303, 1985.

Turin, L. ; Warner, A.E. Intracellular pH in early *Xenopus* embryo : its effect on current flow between blastomeres. *J. Physiol. (Lond.)* 300: 489-504, 1980.

9. Hay, E.D., ed. Cell Biology of Extracellular Matrix. New York : Plenum, 1981.

McDonald, J.A. Extracellular matrix assembly. *Annu. Rev. Cell Biol.* 4:183-208, 1988.

Piez, K.A. ; Reddi, A.H., eds. Extracellular Matrix Biochemistry. New York : Elsevier, 1984.

10. Evered, D. ; Whelan, J., eds. Functions of the Proteoglycans. Ciba Foundation Symposium 124. New York : Wiley, 1986.

Hascall, V.C. ; Hascall, G.K. Proteoglycans. In cell Biology of Extracellular Matrix (E.D. Hay, ed.), pp. 39-63. New York : Plenum, 1981.

Wight, T.N. ; Meeham, R.P., eds. Biology of Proteoglycans. San Diego, CA : Academic Press, 1987.

11. Laurent, T.C. ; Fraser, J.R.E. The properties and turnover of hyaluronan. In Functions of the Proteoglycans. Ciba Foundation Symposium 124 (D. Evered, J. Whelan, eds.), pp. 9-29. New York : Wiley, 1986.

Toole, B.P. Glycosaminoglycans in Morphogenesis. In Cell Biology of Extracellular Matrix (E.D. Hay, ed.), pp. 259-294. New York : Plenum, 1981.

12. Dorfman, A. Proteoglycan biosynthesis. In cell Biology of Extracellular Matrix (E.D. Hay, ed.), pp.115-138. New York : Plenum, 1981.

Hassel, J.R. ; Kimura, J.H. ; Hascall, V.C. Proteoglycan core protein families. *Annu. Rev. Biochem.* 55:539-567, 1986.

Heinegård, D. ; Paulsson, M. Structure and metabolism of proteoglycans. In Extracellular Matrix Biochemistry (K.A. Piez, A.H. Reddi, eds), pp. 277-328. New York : Elsevier, 1984.

Ruoslahti, E. Structure and biology of proteoglycans. *Annu. Rev. Cell. Biol.* 4:229-255, 1988.

13. Fransson, L.-Å. Structure and function of cell-associated proteoglycans. *Trends Biochem. Sci.* 12:406-411, 1987.

Höök, M. ; Kjellén, L. ; Johansson, S. ; Robinson, J. Cell-surface glycosaminoglycans. *Annu. Rev. Biochem.* 53:847-869, 1984.

Rees, D.A. Polysaccharide Shapes, Outline Studies in Biology, pp. 62-73. London : Chapman & Hall, 1977.

Scott, J.E. Proteoglycan-collagen interactions. In functions of the Proteoglycans, Ciba Foundation Symposium 124 (D. Evered, J. Whelan, eds.), pp. 104-124. New York : Wiley, 1986.

14. Burgeson, R.E. New collagens, new concepts. *Annu. rev. Cell Biol.* 4:551-577, 1988.

Linsenmayer, T.F. Collagen. In Cell Biology of Extracellular Matrix (E.D. Hay, ed.), pp. 5-37. New York : Plenum, 1981.

Martin, G.R. ; Timpl, R. ; Muller, P.K. ; Kühn, K. The genetically distinct collagens. *Trends Biochem. Sci.* 10:285-287, 1985.

15. Fleischmajer, R. ; Olsen, B.R. ; Kühn, K., eds. Biology, Chemistry, and Pathology of Collagen. *Annu. N.Y. Acad. Sci.*, Vol. 460, 1985.

Olsen, B.R. Collagen Biosynthesis. In Cell Biology of Extracellular Matrix (E.D. Hay, ed.), pp. 139-177. New York : Plenum, 1981.

Wooley, D.E. Mammalian collagenases. In Extracellular Matrix Biochemistry (K.A. Piez, A.H. Reddi, eds.), pp. 119-157. New York : Elsevier, 1984.

16. Eyre, D.R. ; Paz, M.A. ; Gallop, P.M. Cross-linking in collagen and elastin. *Annu. Rev. Biochem.* 53: 717-748, 1984.

Piez, K.A. Molecular and aggregate structures of the collagens. In Extracellular Matrix Biochemistry (K.A. Piez, A.H. Reddi, eds.), pp. 1-39. New York : Elsevier, 1984.

17. Prockop, D.J. ; Kivirikko, K.I. Heritable diseases of collagen. *New Engl. J. Med.* 311: 376-386, 1984.

Trelstad, R.J. ; Silver, F.H. Matrix assembly. In Cell Biology of Extracellular Matrix (E.D. Hey, ed.), pp. 179-215. New York : Plenum, 1981.

18. Stopak, D. ; Harris, A.K. Connective tissue morphogenesis by fibroblast traction I. Tissue culture observations. *Dev. Biol.* 90:383-398, 1982.

19. Yurchenco, P.D. ; Furthmayr, H. Self-assembly of basement membrane collagen. *Biochemistry,* 23:1839-1850, 1984.

Yurchenco, P.D. ; Ruben, G.C. Basement membrane structure *in situ* : evidence for lateral associations in the type IV collagen network. *J. Cell. Biol.* 105:2559-2568, 1987.

20. Cleary, E.G. ; Gibson, M.A. Elastin-associated microfibrils and microfibrillar proteins. *Int. Rev. Connect. Tissue Res.* 10:97-209, 1983.

Gosline, J.M. ; Rosenbloom, J. Elastin. In Extracellular Matrix Biochemistry (K.A. Piez, A.H. Reddi, eds.), pp. 191-227. New York : Elsevier, 1984.

Ross, R. ; Bornstein, P. Elastic fibers in the body. *Sci. Am.* 224(6):44-52, 1971.

21. Dufour, S. ; Duband, J.-L. ; Kornblihtt, A.R. ; Thiéry, J.P. The role of fibronectins in embryonic cell migrations. *Trends Genet.* 4:198-203, 1988.

Hynes, R.O. Molecular biology of fibronectin. *Annu. Rev. Cell Biol.* 1:67-90, 1985.

Hynes, R.O. Fibronectins. *Sci. Am.* 254(6):42-51, 1986.

Hynes, R.O. ; Yamada, K.M. Fibronectins : multifunctional modular proteins. *J. Cell Biol.* 95:369-377, 1982.

Ruoslahti, E. ; Pierschbacher, M.D. New perspectives in cell adhesion : RGD and integrins. *Science* 238:491-497, 1987.

22. Humphries, M.J. ; Akiyama, S.K. ; Komoriya, A. ; Olden, K. ; Yamada, K.M. Neurite extension of chicken peripheral nervous system neurons on fibronectin : relative importance of specific adhesion sites in the central cell-binding domain and the alternatively spliced type III connecting segment. *J. Cell. Biol.* 106:1289-1297, 1988.

Tamkun, J.W. ; Schwarzbauer, J.E. ; Hynes, R.O. A single rat fibronectin gene generates three different mRNAs by alternative splicing of a complex exon. *Proc. Natl. Acad. Sci. USA* 81:5140-5144, 1984.

23. Farquhar, M.G. The glomerular basement membrane : a selective macromolecular filter. In Cell Biology of Extracellular Matrix (E.D. Hay, ed.), pp. 335-378. New York : Plenum, 1981.

Martin, G.R. ; Timpl, R. Laminin and other basement membrane components. *Annu. Rev. Cell. Biol.* 3:57-85, 1987.

Sasaki, M. ; Kato, S. ; Kohno, K. ; Martin, G.R. ; Yamada, Y. Sequence of to cDNA encoding the laminin B1 chain reveals a multidomain protein containing cysteine-rich repreats. *Proc. Natl. Acad. Sci. USA* 84:935-939, 1987.

24. Reist, N.E. ; Magill, C. ; McMahan, U.J. Agrin-like molecules at synaptic sites in normal, denervated, and damaged skeletal muscles. *J. Cell. Biol.* 105:2457-2469, 1987.

25. Anderson, D.C. ; Springer, T.A. Leukocyte adhesion deficiency ; an inherited defect in the Mac-1, LFA-1 and P150,95 glycoprotein. *Annu. Rev. Med.* 38:175-194, 1987.

Buck, C.A. ; Horwitz, A.F. Cell surface receptors for extracellular matrix molecules. *Annu. Rev. Cell. Biol.* 3:179-205, 1987.

Hynes, R.O. Integrins : a family of cell surface receptors. *Cell.* 48:549-554, 1987.

Ruoslahti, E. Fibronectin and its receptors. *Annu. Rev. Biochem.* 57:375-414, 1988.

26. Borstein, P. ; Duksin, D. ; Balian, G. ; Davidson, J.M. ; Crouch, E. Organization of extracellular proteins on the connective tissue cell surface : relevance to cell-matrix interactions *in vitro* and *in vivo*. *Ann. N.Y. Acad. Sci.* 312:93-105, 1978.

Burridge, K. ; Fath, K. ; Kelly, T. ; Nuckolls, G. ; Turner, C. Focal adhesions : transmembrane junctions between the extracellular matrix and the cytoskeleton. *Annu. Rev. Cell. Biol.* 4:487-526, 1988.

Horwitz, A. ; Duggan, K. ; Buck, C. ; Bekerle, M.C. ; Burridge, K. Interaction of plasma membrane fibronectin receptor with talin—a transmembrane linkage. *Nature* 320:531-533, 1986.

Hynes, R. Structural relationships between fibronectin and cytoplasmic cytoskeletal networks. In Cytoskeletal Elements and Plasma Membrane Organization (G. Poste, G.L. Nicolson, eds.), Vol. 7, pp. 100-137. Amsterdam : Elsevier, 1981.

Watt, F.M. The extracellular matrix and cell shape. *Trends Biochem. Sci.* 11: 482-485, 1986.

27. Le Douarin, N. ; Smith, J. Development of the peripheral nervous system from the neural crest. *Annu. Rev. Cell. Biol.* 4:375-404, 1988.

McClay, D.R. ; Ettensohn, C.A. Cell adhesion and morphogenesis. *Annu. Rev. Cell Biol.* 3:319-346, 1987.

28. Loomis, W.F. *Dictyostelium discoideum.* A Developmental System. New York : Academic Press, 1975.

29. Bonner, J.T. Chemical signals of social amoebae. *Sci. Am.* 248(4):114-120, 1983.

Gerisch, G. Cyclic AMP and other signals controlling cell development and differentiation in *Dictyostelium. Annu. Rev. Biochem.* 56:853-879, 1987.

30. Gerish, G. Interrelation of cell adhesion and differentiation in *Dictyostelium discoideum. J. Cell. Sci.* Suppl. 4:201-219, 1986.

Gerisch, G. Univalent antibody fragments as tools for the analysis of cell interactions in *Dictyostelium. Curr. Top. Dev. Biol.* 14:243-270, 1980.

31. Hennings. H. ; Holbrook, K.A. Calcium regulation of cell-cell contact and differentiation of epidermal cells in culture. An ultrastructural study. *Exp. Cell. Res.* 143:127-142, 1983.

32. Moscona, A.A. ; Hausman, R.E. Biological and biochemical studies on embryonic cell-cell recognition. In cell and Tissue Interactions, Society of General Physiologists Series (J.W. Lash, M.M. Burger, eds.), Vol. 32, pp. 173-185. New York : Raven, 1977.

Roth, S. ; Weston, J. The measurement of intercellular adhesion. *Proc. Natl. Acad. Sci. USA* 58:974-980, 1967.

33. Cunningham, B.A. ; et al. Neural cell adhesion molecule : structure, immunoglobulin-like domains, cell surface modulation, and alternative RNA splicing, *Science* 236:799-806, 1987.

Edelman, G.M. Cell-adhesion molecules : a molecular basis for animal form. *Sci. Am.* 250(4):118-129, 1984.

Edelman, G.M. Cell adhesion molecules in the regulation of animal form and tissue pattern. *Annu. Rev. Cell. Biol.* 2:81-116, 1986.

Rustishauser, U. ; Goridis, C. N-CAM : the molecule and its genetics. *Trends Genet.* 2:72-76, 1986.

Williams, A.F.; Barclay, A.N. The immunoglobulin superfamily—domains for cell surface recognition. *Annu. Rev. Immunol.* 6:381-406, 1988.

34. Takeichi, M. The cadherins : cell-cell adhesion molecules controlling animal morphogenesis. *Development* 102:639-655, 1988.

35. Ekblom, P. ; Vestweber, D. ; Kemler, R. Cell-matrix interactions and cell adhesion during development. *Annu. Rev. Cell. Biol.* 2:27-48, 1986.

Garrod, D.R. Desmosomes, cell adhesion molecules and the adhesive properties of cells in tissues. *J. Cell. Sci.* Suppl. 4:221-237, 1986.

Jessel, T.M. Adhesion molecules and the hierarchy of neural development. *Neuron.* 1:3-13,1988.

Steinberg, M.S. The adhesive specification of tissue self-organization. In Morphogenesis and Pattern Formation (T.G. Connelly, et al. eds.), pp. 179-203. New York : Raven, 1981.

36. Devreotes, P. ; Zigmond, S.H. Chemotaxis in eukaryotic cells. *Annu. Rev. Cell. Biol.* 4:649-686, 1988.

37. Trinkaus, J.P. Cells into Organs, 2nd ed., pp. 69-178. Englewood Cliffs, NJ: Prentice-Hall, 1984.

Embryon de souris à 15 jours de gestation ►

III

Des cellules aux organismes pluricellulaires

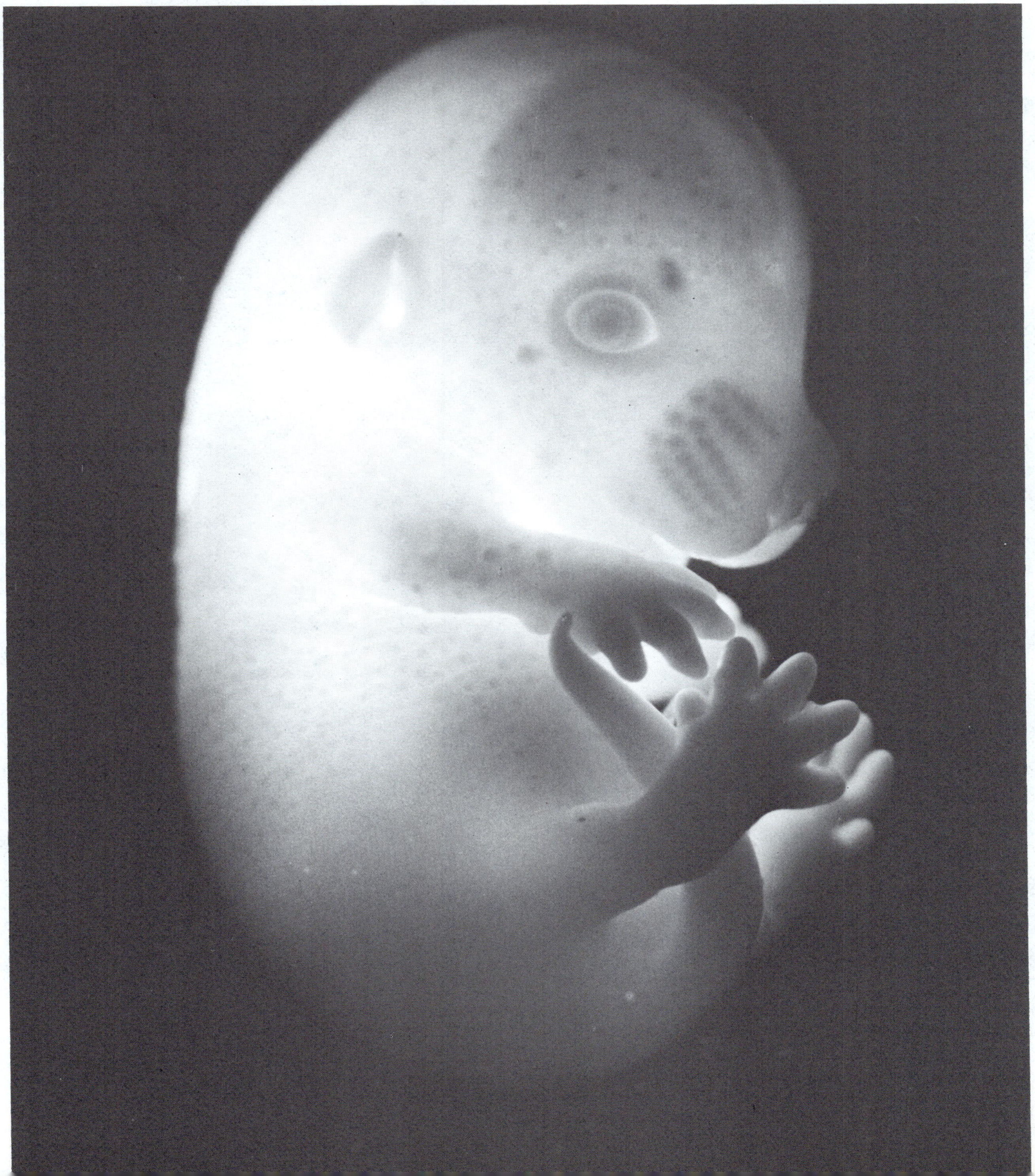

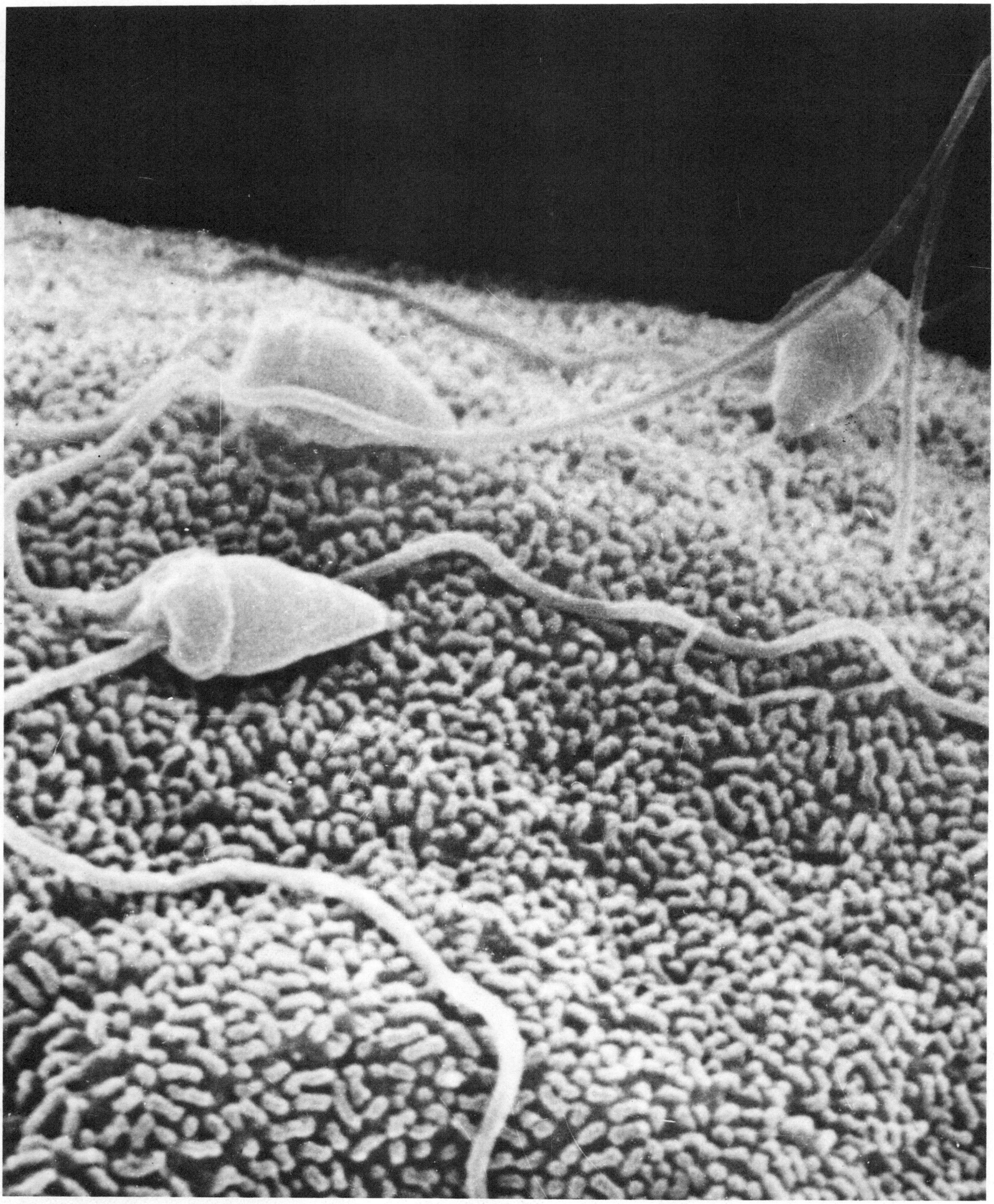

Photographie en microscopie électronique à balayage de spermatozoïdes à la surface d'un ovule d'oursin. (Avec l'autorisation de Brian Dale.)

Cellules germinales et fécondation

15

La sexualité n'est pas indispensable à la reproduction. Les organismes unicellulaires peuvent se reproduire par simple division mitotique. De nombreux végétaux se propagent de façon végétative en formant des individus qui se détachent du parent ultérieurement. De la même façon, dans le royaume animal, une *Hydre* pluricellulaire solitaire peut donner des descendants par bourgeonnement (Figure 15-1). Les anémones de mer et les vers marins peuvent se scinder en deux demi-organismes, chacun regénérant ensuite la moitié manquante. Il existe même des espèces de lézards qui ne sont composées que d'individus femelles et qui se reproduisent sans accouplement. Bien qu'une telle **reproduction asexuée** soit simple et directe, elle donne naissance à une descendance qui est pratiquement identique à l'organisme parental. La **reproduction sexuée**, par contre, implique le mélange des génomes de deux individus différents pour engendrer des descendants qui sont en général génétiquement différents les uns des autres et de leurs deux parents. Cette forme de reproduction présente apparemment de grands avantages, puisqu'elle a été adoptée par l'immense majorité des végétaux et des animaux. Même de nombreux procaryotes et d'autres organismes qui se reproduisent normalement de façon asexuée s'engagent occasionnellement dans la reproduction sexuée, créant ainsi de nouvelles combinaisons de gènes. Ce chapitre est consacré à l'étude du mécanisme cellulaire de la reproduction sexuée. Avant d'étudier en détail le mode de fonctionnement de ce mécanisme, nous nous arrêterons sur les raisons de son existence et sur les avantages qu'il procure.

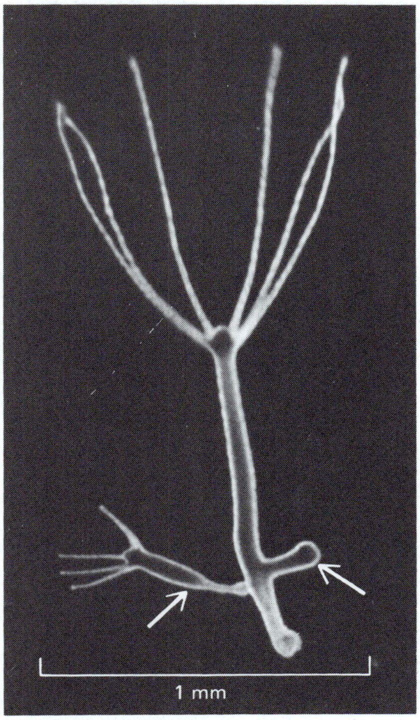

Figure 15-1 Photographie d'une *Hydre* d'où bourgeonnent deux nouveaux organismes (*flèches*). Ces individus, génétiquement identiques à leur parent, finiront par se détacher et mener une vie indépendante. (Avec l'autorisation d'Amata Hornbruch.)

Les avantages de la sexualité

Le cycle de reproduction sexuée implique une alternance de production de cellules **haploïdes**, où chaque cellule ne contient qu'un seul jeu de chromosomes, et de cellules **diploïdes**, où chaque cellule contient un double jeu de chromosomes (Figure 15-2). Le mélange des génomes est obtenu par la fusion de deux cellules haploïdes pour donner une cellule diploïde. Plus tard, de nouvelles cellules haploïdes sont créées lorsqu'un descendant de cette cellule diploïde se divise par le processus de *méiose*. Au cours de la méiose, les chromosomes du double jeu de chromosomes échangent de l'ADN par recombinaison génétique avant d'être séparés, selon de nouvelles combinaisons, en deux jeux de chromosomes séparés (voir p. 847). De cette façon, chaque cellule de la nouvelle génération haploïde reçoit un nouvel assortiment de gènes, certains gènes de chaque chromosome proviennent de l'une des cellules ancestrales de la génération haploïde précédente et certains de l'autre. Ainsi, au travers des cycles où se succèdent haploïdie, fusion, diploïdie, et méiose, les anciennes combinaisons géniques sont dissociées et de nouvelles combinaisons sont créées.

Chez les animaux pluricellulaires, la phase diploïde est longue et complexe et la phase haploïde brève et simple

Les cellules prolifèrent par division mitotique (voir p. 762). Dans la plupart des organismes, qui se reproduisent de façon sexuée, cette prolifération a lieu au cours de la phase diploïde. Certains organismes primitifs, tels que les levures fissipares, sont exceptionnels : les cellules haploïdes se divisent par mitose et la cellule diploïde, une fois formée, subit directement la méiose. Un cas moins exceptionnel est celui des végétaux, chez lesquels les divisions cellulaires se produisent à la fois au cours des phases haploïde et diploïde. Toutefois, chez la plupart des végétaux primitifs, la phase haploïde est très brève et simple, alors que la phase diploïde s'étend sur une longue période de développement et de prolifération. Pour la presque totalité des animaux pluricellulaires, y compris les vertébrés, la quasi-totalité du cycle biologique se déroule à l'état diploïde : les cellules haploïdes n'ont qu'une existence brève, ne se divisent pas, et sont spécialement adaptées pour la fusion sexuée (Figure 15-3).

Les cellules haploïdes spécialisées dans la fusion sexuée sont appelées **gamètes**. En général, deux types de gamètes sont formés : l'un est volumineux et immobile, c'est *l'œuf* (ou *ovule*) ; l'autre petit et mobile, c'est le *spermatozoïde* (Figure 15-5). Au cours de la phase diploïde qui suit la fusion des gamètes, les cellules se multiplient et se différencient pour former un organisme pluricellulaire complexe. Chez la plupart des animaux et chez les végétaux, bien que moins nettement, on peut établir une distinction utile entre les cellules de la **lignée germinale**, d'où sera issue la génération suivante de gamètes, et les **cellules somatiques**, qui constituent le reste de l'organisme et ne laissent finalement aucune descendance. Dans un sens, les cellules somatiques ne sont là que pour assurer la survie et la propagation des cellules de la lignée germinale (les **cellules germinales**).

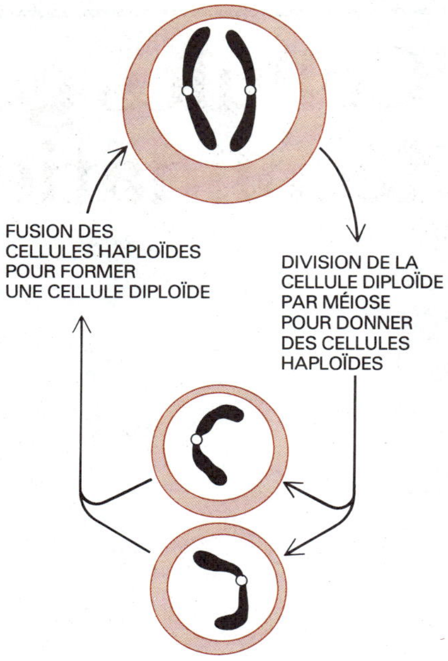

Figure 15-2 Le cycle biologique sexué comporte l'alternance de générations de cellules haploïdes et diploïdes.

La reproduction sexuée confère un avantage sélectif aux cellules qui ont à faire face à des variations imprévisibles de l'environnement

Le mécanisme de reproduction sexuée est complexe et les ressources mises à sa disposition sont considérables. Quels sont donc les avantages et pourquoi s'est-il développé ? Par recombinaison génétique, les individus asexués engendrent une descendance d'une diversité imprévisible, dont les génotypes, qui ne sont dus qu'au hasard, ont au moins autant de chances de représenter un changement néfaste qu'un changement bénéfique. Pourquoi les individus sexués devraient-

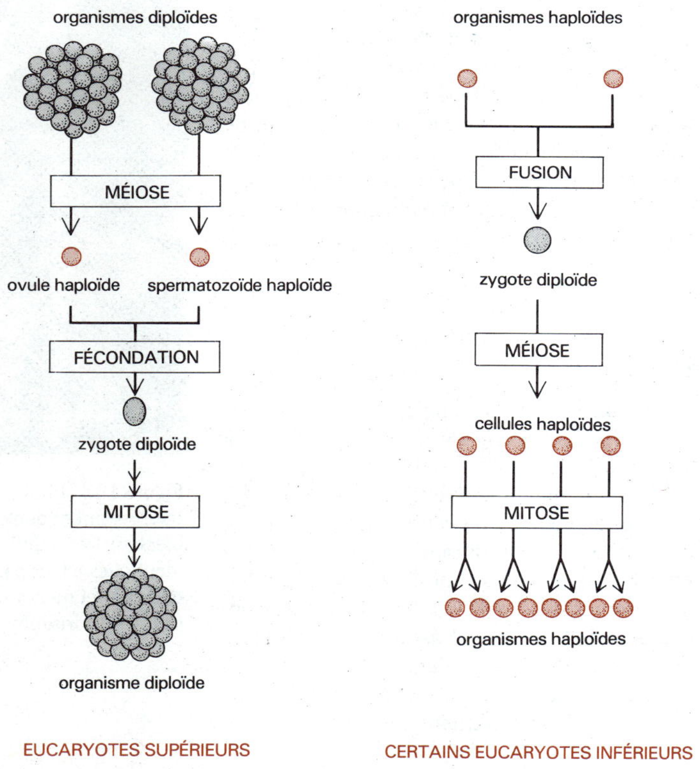

Figure 15-3 Dessin montrant comment les cellules d'un organisme eucaryote supérieur se multiplient pendant la phase diploïde pour former un organisme pluricellulaire ; seuls les gamètes sont haploïdes. Chez certains eucaryotes inférieurs, au contraire, les cellules haploïdes prolifèrent, et la seule cellule diploïde est le *zygote*, qui résulte de la fusion et n'a qu'une existence transitoire. Les cellules haploïdes sont représentées en couleur.

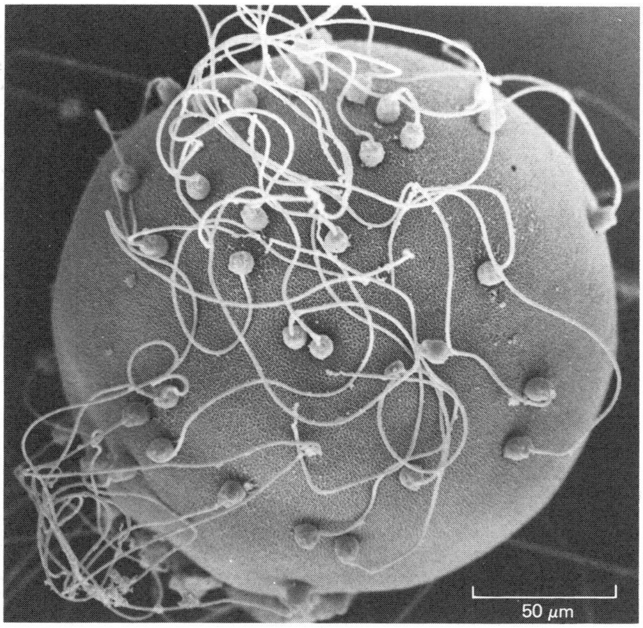

Figure 15-4 Photographie en microscopie électronique à balayage d'un ovule de palourde, à la surface duquel sont fixés de nombreux spermatozoïdes. (Avec l'autorisation de David Epel.)

ils alors être avantagés par rapport à ceux qui se « reproduisent », au sens propre du terme, par un processus asexué ? Ce problème laisse encore perplexes les généticiens des populations, mais, la conclusion générale semble être que la redistribution des gènes au cours de la reproduction sexuée aide une espèce à survivre dans un environnement dont les modifications sont imprévisibles. Si un parent engendre une nombreuse descendance possédant une grande variété de combinaisons génétiques, il y a plus de chance, quelles que puissent être les circonstances, qu'un de ces descendants, au moins, possède l'assortiment de caractères nécessaires à la survie.

Beaucoup d'autres hypothèses ont été proposées pour expliquer les avantages sélectifs de la reproduction sexuée. L'une d'elles suggère la façon dont pourrait s'être reproduite l'une des premières étapes de l'évolution de la sexualité. L'évolution dépend en grande partie de la compétition entre les individus qui portent d'autres *allèles* ou variants, créés par mutation de gènes particuliers. Supposons que deux individus d'une population subissent des mutations bénéfiques touchant un *locus génétique* différent et par conséquent une fonction différente dans chaque cas. Dans une espèce strictement asexuée, chacun de ces individus donnera naissance à un clone d'organismes mutants et les deux clones entreront en compétition jusqu'à ce que l'un ou l'autre l'emporte : une des deux mutations bénéfiques se propagera dans toute la population ; l'autre finira par être perdue. Mais supposons maintenant que l'un des mutants originels ait une particularité supplémentaire génétiquement déterminée qui lui permette à l'occasion d'incorporer des gènes d'autres cellules. Au cours de la période de compétition, l'acquisition des gènes d'une cellule du clone concurrent créera vraisemblablement une cellule qui portera deux mutations bénéfiques. Une telle cellule sera la plus réussie de toutes et sa réussite assurera la propagation du caractère qui lui permit d'incorporer des gènes d'autres cellules. Cette faculté sexuelle rudimentaire sera donc favorisée par la sélection naturelle.

Quelles que puissent être les origines de la sexualité, il est étonnant de constater que la quasi-totalité des organismes complexes actuels ont évolué en grande partie au travers de générations de reproduction sexuée, plutôt qu'asexuée. Bien qu'ils soient nombreux, les organismes asexués semblent être restés, pour la plupart, simples et primitifs. Pourquoi est-ce ainsi ? Une des réponses possibles est que la reproduction sexuée crée des occasions particulières pour une innovation génétique qui conduit à l'évolution d'organismes complexes, comme nous en discuterons plus loin.

De nouveaux gènes apparaissent par duplication et divergence

L'évolution d'un organisme complexe implique plus que la simple introduction de formes améliorées de gènes existants : elle signifie la création de nouveaux gènes pour assurer de nouvelles fonctions. Comment cela se produit-il ?

Un grand nombre des protéines d'un animal pluricellulaire peuvent être groupées par familles : les collagènes, les globines, les actines, les sérine protéases, etc. Les protéines d'une même famille ont une double parenté de fonction et de séquence en acides aminés. Il ne fait guère de doute que chaque famille a évolué à partir d'un seul gène ancestral par un processus de *duplication* et de *divergence* (voir p. 601). Les différents membres d'une famille protéique sont souvent caractéristiques de différents tissus de l'organisme, où ils accomplissent des fonctions analogues mais distinctes. La création de nouveaux gènes par diversification et spécialisation de gènes préexistants a manifestement joué un rôle fondamental dans l'évolution des organismes pluricellulaires complexes. A cet égard, les espèces diploïdes, avec deux copies de chaque gène, semblent jouir d'un avantage important : une des deux copies du gène peut être considérée comme une réserve et est capable de subir une mutation et de servir de matériel brut à l'innovation. Une espèce haploïde ne possède pas ce moyen commode de faire un premier pas vers l'évolution d'un génome plus polymorphe. Afin de bien faire comprendre le mécanisme, nous devons tout d'abord expliquer plus en détail les relations entre sexualité et diploïdie.

Le gène mutant léthal récessif est recréé chaque fois que le gène originel mute. Ceci donne naissance à un individu hétérozygote, possédant une copie mutante du gène, et une copie qui fonctionne comme le gène d'origine.

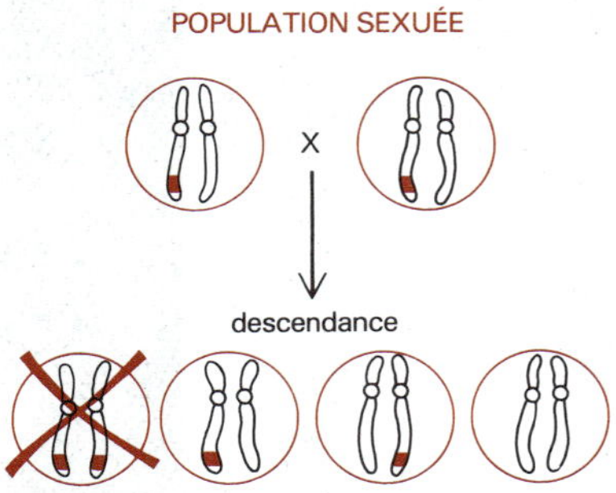

Quand deux individus hétérozygotes s'accouplent sexuellement, certains de leurs descendants héritent de deux copies du gène léthal récessif et d'aucune copie du gène fonctionnel, et donc meurent. Ceci contribue à éliminer le gène mutant de la population.

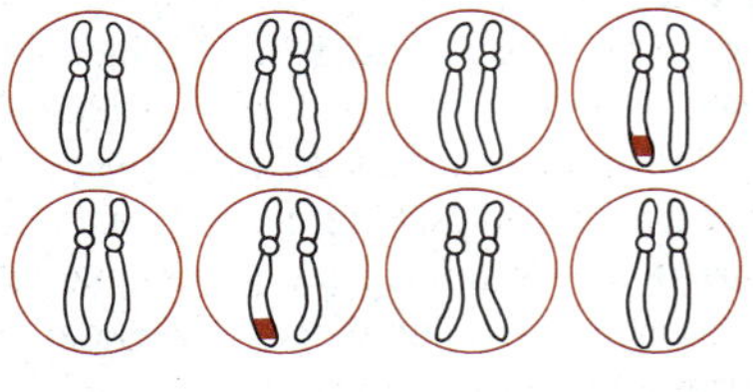

A l'équilibre, le gène léthal récessif est exceptionnel dans la population : la plupart des individus posséderont deux copies fonctionnelles du gène.

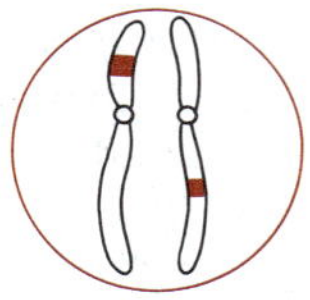

Les mutations léthales récessives survenant en d'autres loci sont maintenues à une faible fréquence par le même mécanisme. Un élément typique de la population sexuée ne portera ces mutations qu'en de très rares loci et conservera deux copies fonctionnelles de la plupart des gènes.

Figure 15-5 Représentation schématique montrant comment la reproduction sexuée maintient la diploïdie des organismes diploïdes au cours de l'évolution. Pour simplifier, seules les mutations léthales récessives sont considérées. La démonstration serait analogue pour des mutations nuisibles récessives.

La reproduction sexuée aide à maintenir l'état diploïde d'une espèce diploïde

Un organisme diploïde contient deux copies de chaque gène — une copie de chaque parent — pourtant, dans de nombreux cas, une seule copie est suffisante au maintien d'une bonne santé et à la survie. Une mutation qui perturbe la fonction d'un gène essentiel sera léthale pour un individu haploïde, mais elle peut être assez peu nuisible pour un individu diploïde, si une seule des deux copies du gène est touchée — c'est-à-dire si l'individu est *hétérozygote* pour la mutation. En général, les organismes diploïdes abritent de nombreux allèles mutants *léthaux récessifs* de ce type dans leurs génomes. Généralement, les individus hétérozygotes auront une résistance légèrement affaiblie, de sorte que la propagation et la persistance de tels allèles sont limitées. Cependant, même si la résistance des hétérozygotes n'est pas affaiblie, la reproduction sexuée fixe une limite à la fréquence des allèles léthaux récessifs (Figure 15-5). Des individus dont les deux parents portent une mutation léthale récessive du même gène peuvent hériter de deux copies mutantes du gène et d'aucune bonne copie. De tels individus *homozygotes* mourront, et les copies mutantes du gène disparaîtront avec eux. Plus le gène mutant est répandu dans la population, plus sa vitesse d'élimination par ce mécanisme est élevée. Il s'établit ainsi un équilibre entre la vitesse d'élimination de l'allèle mutant et sa vitesse de production par de nouveaux événements mutationnels. A l'équilibre, l'allèle mutant léthal récessif, bien que beaucoup plus répandu qu'il ne le serait dans une population haploïde, reste rare : la grande majorité des individus porteront deux copies fonctionnelles similaires du gène. Une démonstration essentiellement identique s'applique à des mutations récessives qui sont simplement invisibles (tendant à réduire le nombre des descendants) plutôt que léthales. En général, lorsque la reproduction est sexuée et implique la recombinaison génétique, la sélection naturelle tendra à assurer la perméabilité fonctionnelle des deux copies d'un gène pour la plupart des individus et pour la majorité des loci du gène. Ainsi, la diploïdie du génome est maintenue.

Considérons, au contraire, une population constituée à l'origine d'individus diploïdes qui se reproduisent de façon asexuée. Dans ce cas, en absence de recombinaison génétique, il n'y aura rien à long terme pour empêcher l'évolution des deux copies de chaque gène selon des voies divergentes, et il n'y aura souvent qu'une faible sélection contre des mutations qui inactivent l'une des deux copies. Sans recombinaison sexuée, par conséquent, les espèces diploïdes ne resteront pas fonctionnellement diploïdes indéfiniment. On peut avoir une idée du temps nécessaire pour une telle modification évolutive d'après des études d'un phénomène voisin qui s'est produit au cours de l'évolution d'un poisson du groupe des catostomides. Ces poissons sont les descendants d'un ancêtre dont tout le génome diploïde a été dupliqué, il y a quelque 50 millions d'années, devenant ainsi tétraploïde. On a estimé qu'environ 50 p. cent des paires « de rechange » des gènes codant des enzymes sont devenues non fonctionnelles depuis lors.

Une espèce diploïde possède une copie de rechange de chaque gène qui peut muter pour remplir une nouvelle fonction

La majorité des mutations sont nuisibles puisqu'elles altèrent simplement la fonction d'un gène qui est déjà optimisée par sélection naturelle. A de rares intervalles, cependant, il peut se produire une mutation qui permet à un gène préexistant d'accomplir une nouvelle fonction utile. En principe, une telle mutation altérera simultanément la fonction initiale du gène. Ce changement est désastreux pour un organisme haploïde si la fonction initiale est vitale. Mais chez l'organisme diploïde, l'apparition de la mutation dans l'une des deux copies du gène est non seulement tolérable, mais réellement bénéfique. Un simple petit avantage apporté par le nouveau gène mutant sera suffisant pour compenser la petite nuisance due à la perte de l'une des deux copies originales du gène : l'individu hétérozygote profite des deux fonctions du gène, l'ancienne et la nouvelle. Les homozygotes qui possèdent deux copies de l'allèle d'origine ou deux copies du nouvel allèle auront un phénotype moins favorable. Dans de tels cas d'*avantage des hétérozygotes*, on a pu montrer que le nouveau gène mutant se répandra rapidement dans la population diploïde sexuée, jusqu'à ce qu'un équilibre soit atteint, où les deux types d'allèles, ancien et nouveau, sont présents à des fréquences élevées et où le nombre d'individus hétérozygotes est important. Ce phénomène est connu sous le nom de *polymorphisme équilibré*. Cette médaille a cependant un revers ; conformément aux lois de Mendel, le croisement de deux hétérozygotes produira une descendance constituée pour une large part d'homozygotes de moindre valeur sélective. Mais cet état de choses n'est pas définitif : il y a moyen de progresser.

Une espèce diploïde peut rapidement enrichir son génome par l'addition de nouveaux gènes

Les *duplications géniques* spontanées se produisent de temps en temps dans tous les organismes : un chromosome qui contient une copie d'un gène G engendre, à la suite d'une erreur dans la réplication de l'ADN, un chromosome contenant deux copies du gène G disposées en tandem. La duplication en elle-même n'apporte aucun avantage et on ne la retrouvera, en principe, que dans un très petit nombre d'individus. Supposons, cependant, que cette duplication survienne à un locus où un allèle mutant bénéfique G* est maintenu, grâce à l'avantage des hétérozygotes, à une fréquence très élevée dans la population et coexiste avec l'allèle d'origine G (Figure 15-6). Il y a alors une forte probabilité pour que, dans la cellule diploïde contenant le chromosome GG (portant la duplication), le chromosome homologue porte l'allèle G*, ce qui lui confère un génotype GG/G*. Des gamètes portant un chromosome GG* peuvent alors être produits par recombinaison génétique au moment de la méiose. Dans ces gamètes, le gène d'origine G et le gène mutant G* sont disposés en tandem, non plus comme deux allèles entrant en compétition pour occuper le même locus, mais comme deux gènes séparés, possédant chacun son propre locus. Cette « combinaison gagnante » sera rapidement propagée, jusqu'à ce que toute la population soit constituée d'homozygotes GG*/GG* (voir Figure 15-6). Avec ce génotype, chaque individu aura non seulement l'avantage de posséder en même temps l'ancien gène G et le nouveau gène G*, mais il sera également capable de transmettre cet avantage à tous ses descendants.

La supposition, par conséquent, est que de nouveaux gènes peuvent être créés dans les espèces diploïdes sexuées, par mutation des copies de rechange de gènes préexistants ; les nouveaux gènes deviennent communs grâce à l'avantage des hétérozygotes, sans que les gènes initiaux soient perdus ; et, enfin, ils peuvent être insérés dans le génome par la duplication des gènes et la recombinaison génétique. Cette séquence d'événements n'est possible que dans les espèces diploïdes. Pour une espèce haploïde, l'innovation est moins aisée. Quand elle ne perd pas le gène d'origine au moment de l'acquisition d'un nouvel allèle, elle doit attendre que la mutation innovatrice survienne chez l'un des rares individus qui portent déjà une duplication au niveau du locus approprié. Dans des circonstances normales, la mutation particulière et la duplication particulière ne se produiront que rarement, et les espèces haploïdes devront attendre très longtemps avant que ces deux phénomènes n'aient lieu conjointement (Figure 15-7). Mises à part des conditions dans lesquelles la vitesse de duplication génique spontanée est très élevée, des calculs montrent que l'organisme diploïde sera normalement capable d'accroître et d'enrichir son génome avec de nouveaux gènes dotés de nouvelles fonctions, des centaines ou des milliers de fois plus vite que l'organisme haploïde. Le contraste est plus net dans le cas des mutations de faible fréquence, et les mutations nécessaires à l'innovation génétique font vraisemblablement partie de cette catégorie.

En résumé, la reproduction sexuée va de pair avec la diploïdie, et la diploïdie, à son tour, peut donner à une espèce des occasions particulières de développer un génome plus complexe et plus diversifié. Il est reconnu que l'évolution peut se produire de nombreuses façons, et la voie de duplication et de divergence géniques que nous avons étudiée n'est certainement pas la seule possibilité. Néanmoins, d'une façon ou d'une autre, la sexualité a vraisemblablement de profondes conséquences sur la manière dont surviennent et se propagent

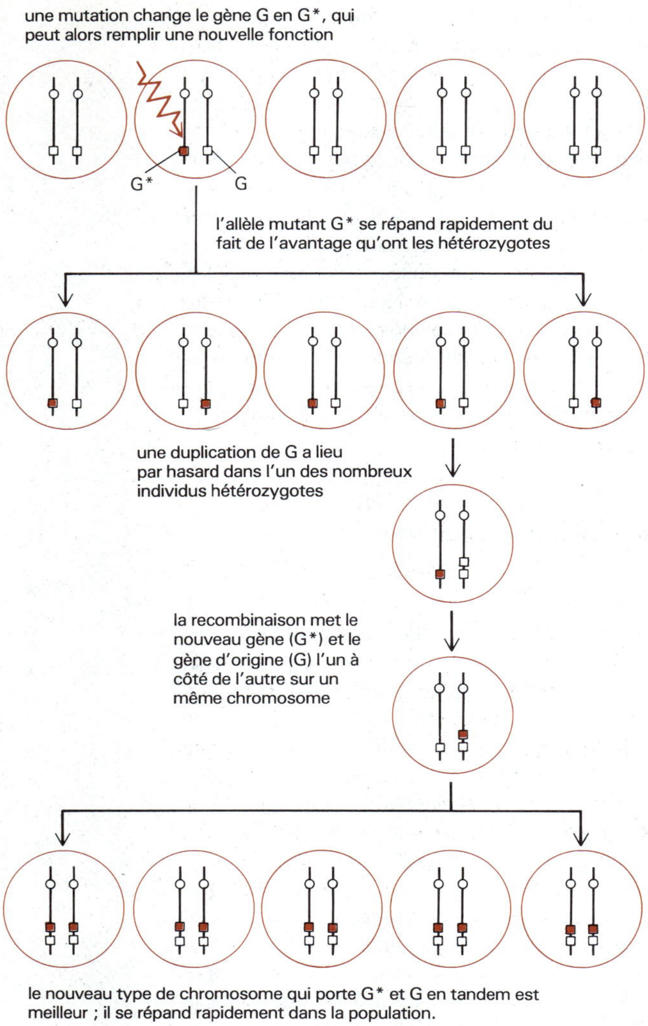

Figure 15-6 La création d'un nouveau gène (G*), selon une séquence « mutation, diffusion et duplication », dans un organisme diploïde qui se reproduit sexuellement.

les innovations génétiques dans toute une population, permettant l'évolution d'organismes aussi complexes que le nôtre.

Nous allons maintenant étudier les mécanismes cellulaires détaillés de la sexualité en commençant par les événements de la *méiose*, au cours de laquelle se font la recombinaison génétique et la division des cellules diploïdes de la lignée germinale pour produire des *gamètes* haploïdes. Nous examinerons ensuite les gamètes eux-mêmes et, enfin, le processus de la *fécondation*, au cours duquel les gamètes fusionnent pour former un nouvel organisme diploïde.

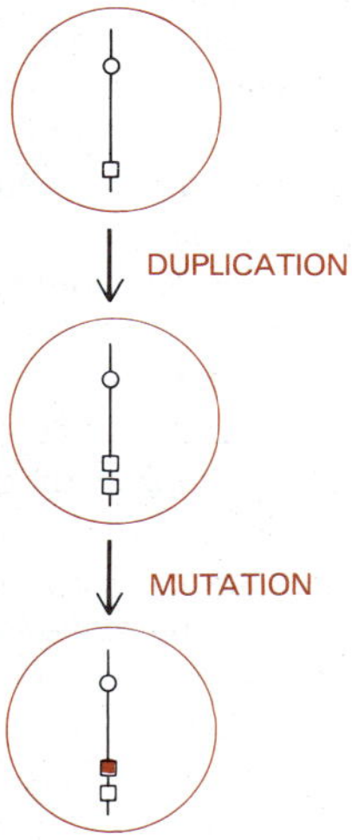

Figure 15-7 La création d'un nouveau gène chez un organisme haploïde. Cette séquence d'événements apparaît beaucoup plus simple que celle de la Figure 15-6, mais elle se déroule beaucoup plus lentement.

Résumé

La reproduction sexuée implique une alternance cyclique d'états diploïdes et haploïdes : les cellules diploïdes se divisent par méiose pour former des cellules haploïdes et les cellules haploïdes de deux individus fusionnent par paires au moment de la fécondation pour former de nouvelles cellules diploïdes. Dans ce processus, les génomes sont brassés et recombinés pour produire des individus qui possèdent de nouvelles combinaisons de gènes. La plus grande partie du cycle biologique des végétaux supérieurs et des animaux se déroule au cours de la phase diploïde, et la phase haploïde est très brève. La reproduction sexuée a probablement été favorisée par l'évolution car la recombinaison génétique aléatoire augmente les chances d'engendrer au moins quelques individus qui survivront dans un environnement aux variations imprévisibles. La sexualité est également nécessaire au maintien prolongé de la diploïdie, et la diploïdie peut avoir facilité à son tour l'évolution rapide de gènes nouveaux chez les végétaux supérieurs et les animaux.

La méiose

C'est grâce à une observation qui fut aussi parmi les premières à suggérer que les chromosomes portaient l'information génétique que l'on découvrit que les cellules germinales étaient haploïdes, et qu'elles devaient donc être produites par un mécanisme particulier de division cellulaire. En 1883, on découvrit que le noyau de l'ovule d'un ver particulier et celui du spermatozoïde ne contenaient que deux chromosomes chacun, tandis que l'ovule fécondé en contenait quatre. La théorie chromosomique de l'hérédité expliquait donc un paradoxe de longue date : les contributions maternelle et paternelle au caractère de la descendance semblent souvent égales, en dépit de la différence de taille considérable entre l'ovule et le spermatozoïde.

Cette découverte impliquait également que les cellules germinales devaient être formées par une division nucléaire d'un type particulier au cours de laquelle le chromosome complémentaire est partagé avec précision en deux parties égales. Ce type de division est appelé **méiose**, du mot grec signifiant réduction (Il n'y a aucune relation avec le terme mitose, qui vient du grec *mitos*, signifiant fil, et qui se réfère à l'apparence filiforme des chromosomes lorsqu'ils se condensent au cours de la division nucléaire — un processus qui se produit à la fois au cours des divisions normales et méïotiques). Le comportement des chromosomes au cours de la méiose s'avéra beaucoup plus complexe que prévu. Ce n'est donc qu'au début des années 1930, après de laborieuses études cytologiques et génétiques que les importantes caractéristiques de la méiose furent établies.

La méiose comprend deux divisions nucléaires au lieu d'une

A l'exception des chromosomes qui déterminent le sexe (les « chromosomes sexuels »), un noyau diploïde contient deux versions très similaires de chaque chromosome, l'une provenant du parent mâle et l'autre du parent femelle. Les deux versions sont appelées **homologues**, et, dans la majorité des cellules, elles gardent une existence complètement séparée sous forme de chromosomes indépendants. Lorsque chaque chromosome est dupliqué par réplication de l'ADN, les copies jumelles du chromosome complètement répliqué restent d'abord étroitement associées sous forme de **chromatides sœurs**. Dans une division cellulaire normale (décrite au Chapitre 13), les chromatides sœurs s'alignent sur le fuseau au cours de la mitose, leurs fibres kinétochoriennes dirigées vers les pôles opposés. Après la séparation des chromatides sœurs à l'anaphase, elles sont a ppelées chromosomes. De cette façon, chaque cellule fille formée par division cellulaire normale hérite d'un exemplaire de chacune des versions homologues de chaque chromosome (voir p. 762). Par contre, un gamète haploïde produit par les divisions d'une cellule diploïde au cours de la méiose doit contenir un seul élément de chaque paire de chromosomes homologues — l'homologue maternel ou paternel — et par conséquent la moitié seulement du nombre initial de chromosomes. Cette condition exige davantage de l'appareil de division cellulaire et le mécanisme qui a évolué pour réaliser le tri supplémentaire nécessite une capacité de reconnaissance réciproque des homologues et leur appariemment physique avant leur alignement sur le fuseau. Cet appariemment des exemplaires maternel et paternel de chaque chromosome est particulier à la méiose (Figure 15-8) et nous en discuterons en détail ultérieurement.

Pourvue d'un mécanisme pour l'appariement des homologues maternel et paternel et leur séparation ultérieure sur le fuseau, la méiose pourrait, en principe, s'effectuer par modification d'un seul cycle cellulaire mitotique, dans lequel la duplication des chromosomes (phase S) serait absente : si les homologues non dupliqués s'appariaient avant la phase M, la division cellulaire qui s'ensuit pourrait alors donner directement deux cellules haploïdes. Le processus méiotique est en réalité plus complexe. Avant que les homologues ne s'apparient, chacun d'eux se réplique pour donner deux chromatides sœurs comme dans une division cellulaire normale. Ce n'est qu'après l'achèvement de la réplication de l'ADN que les caractéristiques particulières de la méiose deviennent évidentes. Au lieu de se séparer, les chromatides sœurs se comportent comme une unité, comme si la duplication du chromosome n'avait pas eu lieu : chaque homologue dupliqué s'apparie avec son partenaire, formant un *bivalent*, qui contient quatre chromatides. Le bivalent s'aligne sur le fuseau, et, à l'anaphase, les deux homologues dupliqués (chacun constitué de deux chromatides sœurs) se séparent et se déplacent vers les pôles opposés. Puisque les chromatides sœurs réunies se comportent comme une unité, chaque cellule fille hérite de deux exemplaires de l'un des deux homologues lorsque la cellule

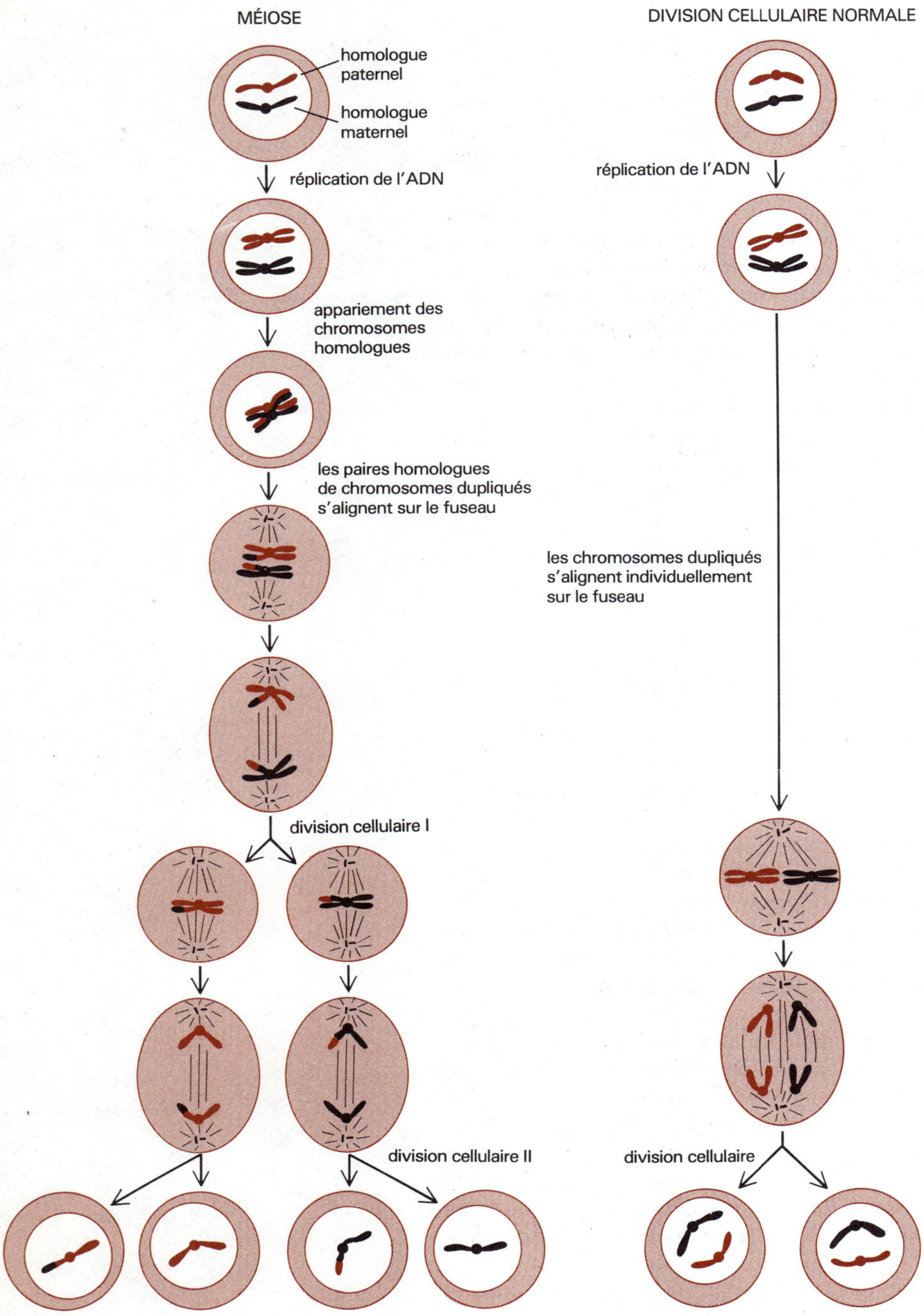

Figure 15-8 Comparaison de la méiose et de la division cellulaire normale. Dans un souci de clarté, seule une paire de chromosomes homologues est figurée. L'appariement des chromosomes homologues est un phénomène unique à la méiose. Chaque chromosome a été dupliqué et existe sous la forme de deux chromatides sœurs attachées avant que l'appariement se produise, de sorte que deux divisions nucléaires sont nécessaires pour produire les gamètes haploïdes. Comme on le montre, l'appariement des chromosomes au cours de la méiose nécessite un enjambement entre les chromosomes homologues, comme nous l'expliquons plus loin.

méiotique se divise. Les deux cellules issues de cette division (**division I de la méiose**) contiennent par conséquent une quantité diploïde d'ADN mais diffèrent des cellules diploïdes normales par deux caractères : (1) les deux copies d'ADN de chaque chromosome ne dérivent que de l'un des deux chromosomes homologues présents dans la cellule d'origine (bien qu'il se soit produit, comme nous le verrons, un certain brassage de l'ADN maternel et paternel par recombinaison génétique), et (2) ces deux copies sont transmises sous forme de chromatides sœurs étroitement associées, comme si elles formaient un seul chromosome (voir Figure 15-8).

La formation des noyaux des gamètes réels peut alors avoir lieu simplement par une seconde division cellulaire, la **division II de la méiose**, dans laquelle les chromosomes s'alignent, sans réplication supplémentaire, sur un second fuseau et les chromatides sœurs se séparent, comme dans une mitose normale, pour produire des cellules dont le contenu en ADN est haploïde. La méiose consiste donc en deux divisions nucléaires qui suivent une phase unique de réplication de l'ADN et conduisent à la formation de quatre cellules haploïdes à partir de chaque cellule qui entre en méiose (voir Figure 15-8). Le processus méiotique se produit de

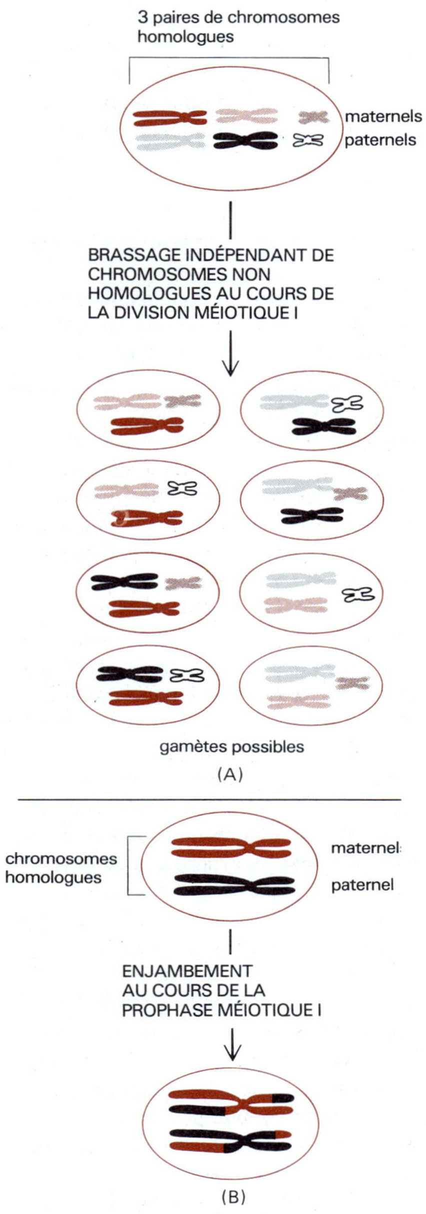

Figure 15-9 Les deux mécanismes principaux qui contribuent au brassage du matériel génétique au cours de la méiose. (A) Le brassage indépendant des homologues maternels et paternels au cours de la première division méiotique produit 2^n gamètes haploïdes différents pour un organisme possédant n chromosomes. Ici $n = 3$ et il existe 8 gamètes différents possibles, comme l'indique le schéma. (B) L'enjambement au cours de la prophase méiotique I entraîne l'échange de segments de chromosomes homologues et, de ce fait, le brassage des gènes dans les chromosomes individuels. Du fait des nombreuses petites différences qui existent toujours dans la séquence d'ADN de n'importe quel couple d'homologues, les deux mécanismes augmentent la variabilité génétique des organismes qui se reproduisent de façon sexuée.

façon anormale et les homologues ne se séparent pas — un phénomène appelé **non disjonction**. Dans ce cas, il manque un chromosome à certaines des cellules haploïdes produites, alors que les autres ont plus d'un exemplaire. De tels gamètes forment des embryons anormaux, dont la plupart meurent.

Le brassage génétique est accru par des enjambements entre des chromatides homologues non sœurs

Nous avons vu que le brassage des gènes pouvait se faire par la fusion des gamètes de deux individus. Mais ceci ne constitue pas l'unique origine de la variation génétique. A part les vrais jumeaux, deux individus issus des mêmes parents ne sont pas génétiquement identiques. Ceci est dû au fait que, longtemps avant la fusion des deux gamètes, deux types de brassage génétique ont déjà eu lieu au cours de la méiose.

Le premier découle de la répartition au hasard des homologues maternels et paternels entre les cellules-filles au cours de la division méiotique I : chaque gamète reçoit un mélange différent de chromosomes maternels et paternels (Figure 15-9A). Par ce seul processus, un individu pourrait, en principe, produire 2^n gamètes génétiquement différents, où n est le nombre haploïde de chromosomes. Chez l'homme, par exemple, chaque individu peut produire au moins $2^{23} = 8{,}4 \times 10^6$ gamètes génétiquement différents. Mais, le nombre réel est encore beaucoup plus élevé du fait de l'existence de **l'enjambement (crossing-over) chromosomique**, un processus qui a lieu au cours de la longue prophase de la division méiotique I, dans lequel des segments de chromosomes homologues sont échangés. Il y a en moyenne deux à trois enjambements de ce type sur chaque paire de chromosomes humains. Ce phénomène « brouille » la constitution génétique de chacun des chromosomes des gamètes, comme l'illustre la Figure 15-9B.

L'enjambement chromosomique implique la cassure des doubles hélices d'ADN maternelle et paternelle de chacune des deux chromatides et leur réunion croisée par un processus appelé **recombinaison génétique**. Les détails moléculaires de ce processus sont exposés dans les grandes lignes au Chapitre 5 (voir p. 239). La recombinaison a lieu au cours de la prophase de la division méiotique I, à un moment où les deux chromatides-sœurs sont si étroitement serrées qu'on ne peut les distinguer l'une de l'autre par microscopie photonique ou électronique (voir ci-dessous). Beaucoup plus tard, au cours de cette très longue prophase, les deux chromatides-sœurs séparées de chaque homologue dupliqué deviennent nettement visibles, bien qu'elles restent étroitement accolées sur toute leur longueur et intimement connectées l'une à l'autre au niveau de leur centromère (Figure 15-10). Les deux homologues dupliqués (maternel et paternel) restent attachés entre eux au niveau des points où a eu lieu un enjambement entre une chromatide paternelle et maternelle. Au niveau de chaque point de contact, appelé **chiasma** (pluriel **chiasmata**), on observe que deux des quatre chromatides ont

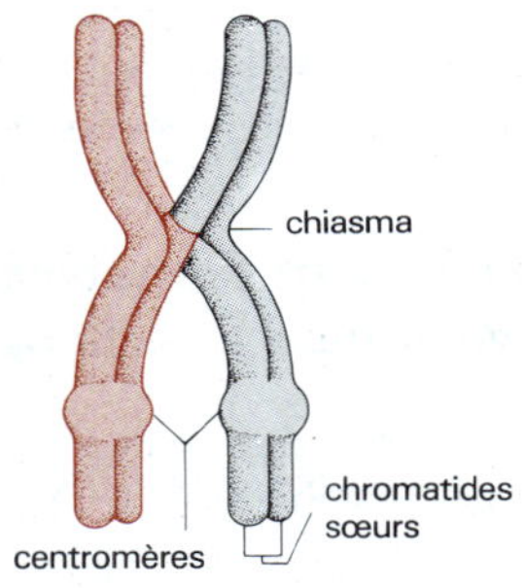

Figure 15-10 Des chromosomes homologues appariés au cours de la prémétaphase de la division méiotique I. Un événement unique d'enjambement a eu lieu précédemment pendant la prophase pour créer un chiasma. Noter que les quatre chromatides sont disposées en deux paires distinctes de chromatides-sœurs, et que les deux paires sont rigoureusement alignées et réunies par leurs centromères. C'est pourquoi l'on donne souvent à l'ensemble de l'unité représentée ici le nom de *bivalent*.

subi un enjambement entre les homologues (voir Figure 15-10). Les chiasmata sont donc la conséquence morpholo- gique d'un enjambement antérieur, invisible.

A ce stade de la méiose, chaque paire d'homologues, ou *bivalent*, est maintenue attachée par au moins un chiasma. De nombreux bivalents contiennent plus d'un chiasma, indiquant que de multiples enjambements peuvent se former entre les homologues (Figures 15-11 et 15-12).

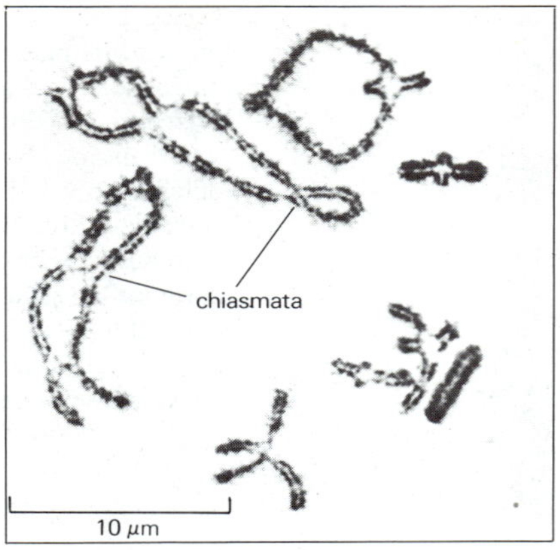

Figure 15-11 Micrographie de plusieurs bivalents contenant de nombreux chiasmata au stade diplotène, un stade tardif de la prophase méiotique (voir Figure 15-18). Ces chromosomes de sauterelle, de grandes dimensions, constituent un matériel particulièrement propice aux observations cytologiques de ce type. (Avec l'autorisation de Bernard John.)

Le complexe synaptonémal intervient dans l'appariement des chromosomes

Des changements morphologiques complexes ont lieu dans les chromosomes au moment où ils s'apparient (*synapsis* ou *syndièse*) et commencent à se séparer (*asynapsis*, ou *asyndièse*) au cours de la première prophase méiotique. Cette prophase est traditionnellement divisée en cinq stades consécutifs — *leptotène, zygotène, pachytène, diplotène* et *diacinèse* — définis par ces modifications morphologiques (Figure 15-13). L'événement le plus frappant est le début de l'étroit appariement (synapsis) des chromosomes au moment du **zygotène**, lorsqu'une structure complexe appelée *complexe synaptonémal* commence à se développer entre les deux jeux de chromatides-sœurs dans chaque bivalent. Par convention, le **pachytène** commence aussitôt la synapsis achevée, et il dure généralement plusieurs jours, jusqu'à ce que le dédoublement (asynapsis) commence le stade **diplotène**, au cours duquel on peut observer les chiasmata pour la première fois.

La recombinaison génétique nécessite un contact étroit entre les chromosomes recombinants. Le **complexe synaptonémal**, qui se forme juste avant le pachytène et se dissocie juste après, maintient les chromosomes homologues associés et étroitement alignés dans un bivalent, et l'on pense qu'il est indispensable à la formation des enjambements. Il est composé d'une longue matrice protéique qui a l'aspect d'une échelle, de chaque côté de laquelle les deux homologues sont alignés pour former une longue paire de chromosomes linéaires (un bivalent, Figure 15-14). Les chromatides sœurs de chaque homologue sont maintenues étroitement associées, et leur ADN se déploie du même côté de l'échelle protéique en une série de boucles. Ainsi, alors que les chromosomes homologues sont étroitement associés sur toute leur longueur dans le complexe synaptonémal, les chromatides maternelles et paternelles qui se recombineront restent séparées par une distance de 100 nm de chaque côté de l'échelle protéique.

Les études cytologiques permettent d'observer que l'appariement chromosomique est précédé par la formation d'un axe protéinique le long de chaque homologue. Au moment de l'appariement, les axes semblent se lier entre eux pour former les éléments latéraux du complexe synaptonémal qui constituent les deux montants de l'échelle protéique. Les axes et les éléments latéraux contiennent tous une protéine dont la réactivité exceptionnelle aux colorants argentiques permet de visualiser ces structures, aussi bien en microscopie photonique qu'en microscopie électronique (Figure 15-15).

On ne connaît pas le mécanisme qui est à l'origine de l'alignement précis des parties homologues des chromosomes au cours du stade zygotène. Il est peu vraisemblable que l'appariement des bases homologues sur toute la longueur des chromosomes adjacents soit nécessaire puisque la plus grande partie de la chromatine d'un des homologues est très éloignée de la chromatine de son partenaire dans le complexe synaptonémal, et dans des cas particuliers, le complexe synaptonémal est capable de réunir des régions de deux chromosomes qui ne sont pas homologues. Selon l'une des hypothèses, l'appariement initial entre des chromosomes se fait par l'intermédiaire d'interactions entre paires de bases complémentaires limitées à des régions spécifiques sur chaque chromosome ; le complexe synaptonémal associe ensuite le reste des chromosomes pré-alignés. Seul un mécanisme initial d'appariement point par point d'un certain type peut expliquer le fait que la présence d'un segment inversé de chromosome dans l'un des deux homologues provoque généralement (mais pas toujours) l'interruption temporaire du processus d'appariement (dont le mécanisme est celui d'une fermeture éclair) pendant le zygotène, permettant aux gènes homologues de s'apparier même au niveau de l'inversion (Figures 15-16 et 15-17). On trouvera dans la Figure 15-18 un dessin et une description détaillée de chacun des stades de la méiose.

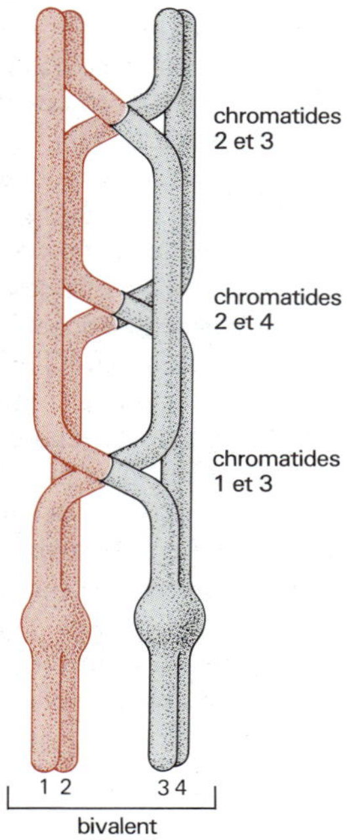

Figure 15-12 Trois chiasmata résultant de trois enjambements distincts. Chacune des deux chromatides de chaque chromosome peut se croiser avec l'une ou l'autre des chromatides de l'autre chromosome du bivalent. Par exemple, ici la chromatide 3 a subi un échange avec les chromatides 1 et 2.

Les nodules de recombinaison sont supposés intervenir dans les échanges de chromatides

Bien que le complexe synaptonémal fournisse la charpente structurale nécessaire aux événements de recombinaison, il n'y participe probablement pas directement. On pense plutôt que le processus actif de recombinaison se fait par l'intermédiaire des **nodules de recombinaison**,

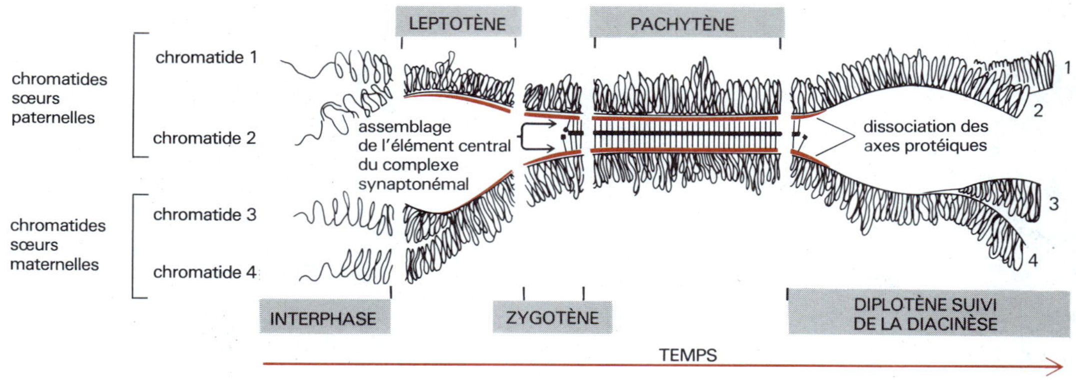

Figure 15-13 Chronologie des processus d'appariement et de séparation des chromosomes au cours de la prophase méiotique I. Un seul bivalent est représenté. Le stade pachytène est défini comme étant la période d'existence d'un complexe synaptonémal complet.

qui sont de très gros assemblages contenant des protéines avec un diamètre d'environ 90 nm (à titre de comparaison, le diamètre d'une protéine globulaire de grande taille, de poids moléculaire 400 000, est d'environ 10 nm). Les nodules de recombinaison reposent par intervalles sur le complexe synaptonémal, placés comme des ballons de basket sur une échelle entre les deux paires de chromatides homologues (voir Figure 15-14). On pense qu'ils marquent l'emplacement d'une importante « machine de recombinaison » multienzymatique, qui réunit des régions précises de l'ADN des chromatides maternelle et paternelle à travers les 100 nm de largeur du complexe synaptonémal.

La preuve que le nodule de recombinaison remplit cette fonction est indirecte : (1) Le nombre total de nodules est à peu près égal au nombre total de chiasmata observés plus tard au cours de la prophase. (2) La répartition des nodules le long du complexe synaptonémal est la même que celle des enjambements. Par exemple, comme les enjambements eux-mêmes, les nodules sont absents des régions du complexe synaptonémal qui assurent la cohésion de l'hétérochromatine. De plus, des études cytologiques et génétiques révèlent que la formation d'un enjambement empêche celle d'un second enjambement au niveau des sites chromosomiques voisins ; de la même façon, les nodules ont tendance à être éloignés les uns des autres. (3) Certaines mutations chez *Drosophile* provoquent une distribution anormale des enjambements le long des chromosomes en même temps qu'une diminution très marquée de la fréquence de recombinaison. On trouve, dans ces mutants, un nombre proportionnellement inférieur de nodules de recombinaison, dont la modification de distribution est parallèle à la distribution modifiée des enjambements. Cette corrélation suggère fortement que le nodule de recombinaison détermine l'emplacement de chaque enjambement. (4) On pense que la recombinaison génétique n'implique qu'une synthèse limitée d'ADN au niveau de chaque enjambement (voir p. 244). L'autoradiographie en microscopie électronique montre que les précurseurs de l'ADN sont incorporés préférentiellement dans l'ADN pachytène au niveau ou à proximité des nodules de recombinaison.

Puisqu'il y a environ autant de nodules de recombinaison que d'enjambements, leur rôle suggéré implique que les nodules de recombinaison provoquent de manière extrêmement efficace la recombinaison des chromatides des homologues opposés. Nous ignorons encore tout de leur structure ou de leur mécanisme d'action.

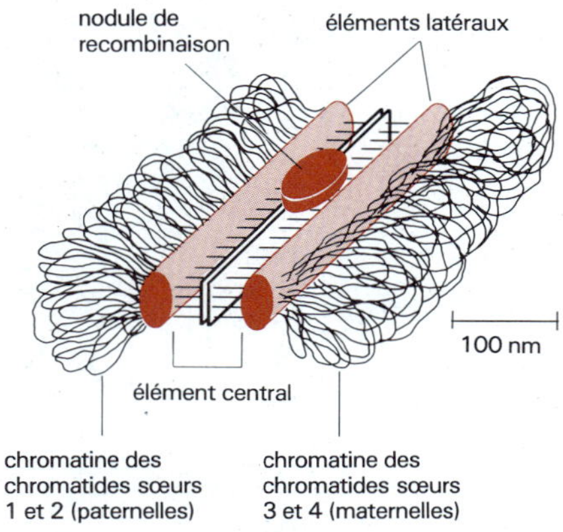

Figure 15-14 Un complexe synaptonémal type, montrant les éléments latéraux et central du complexe. Un nodule de recombinaison est également représenté. On ne montre ici qu'un court segment du long complexe en forme d'échelle. Bien qu'un complexe synaptonémal analogue soit présent dans des organismes aussi divers que les levures et l'homme, on connaît très peu de choses sur les molécules protéiques qui le forment.

Les chiasmata jouent un rôle important dans la ségrégation des chromosomes au cours de la méiose

En plus de son rôle dans le réassortiment des gènes, l'enjambement chromosomique est indispensable à la ségrégation des deux homologues pour séparer les noyaux-fils. Ceci du fait que chaque événement d'enjambement crée un chiasma, qui joue un rôle analogue à celui d'un centromère dans une division mitotique normale, maintenant les homologues maternel et paternel sur le fuseau jusqu'à l'anaphase I. Dans des organismes mutants qui ont une fréquence réduite d'enjambements chromosomiques à la méiose, certaines paires chromosomiques sont dépourvues de chiasmata. Ces paires ne se séparent pas normalement, et une forte proportion des gamètes formés contient trop ou trop peu de chromosomes — un exemple de non-disjonction.

Il y a au moins deux différences essentielles dans la manière dont les chromosomes se séparent au cours de la division méiotique I et de la mitose normale. (1) Au cours de la mitose

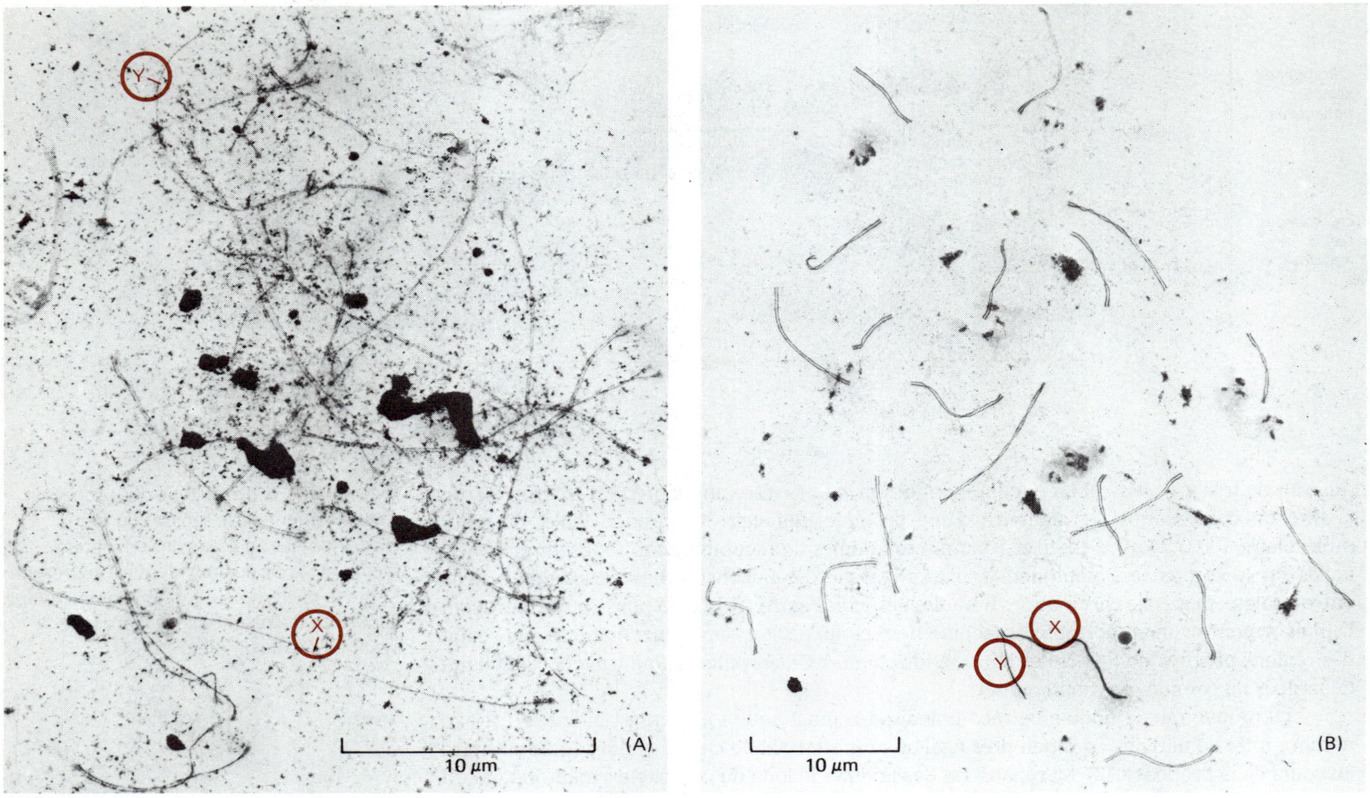

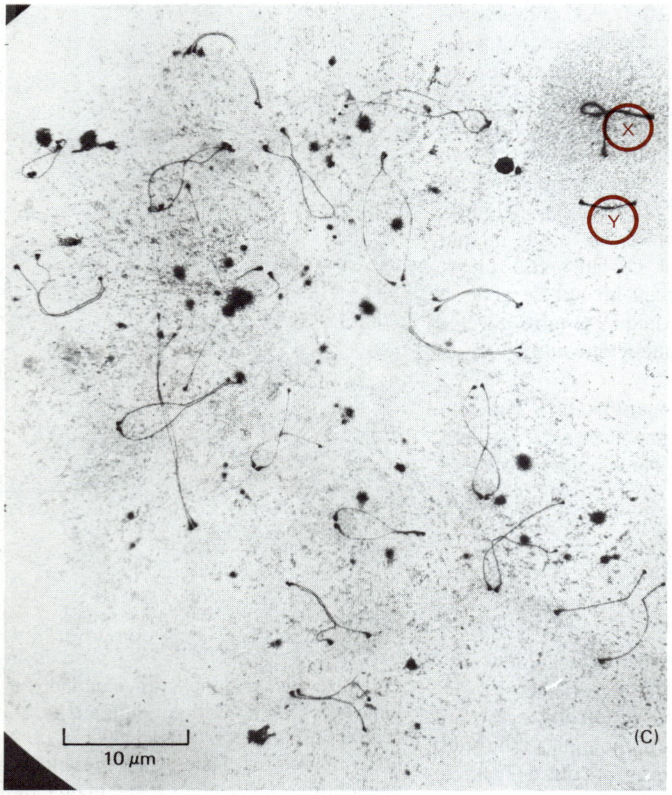

Figure 15-15 Micrographies électroniques d'étalements de chromosomes, montés sur lame et colorés à l'argent, de spermatocytes de souris aux stades (A) précoce (zygotène), (B) intermédiaire (pachytène) et (C) tardif (diplotène) de la prophase méiotique I. (A) **Formation des synapsis (zygotène)** : Les axes des chromosomes se forment avant l'appariement des chromosomes et ils sont initialement séparés. Puis les axes se rapprochent et, lorsqu'ils sont correctement espacés au niveau d'un ou de plusieurs sites d'initiation synaptique, le complexe synaptonémal se forme, commençant souvent à une extrémité. La grande distance qui sépare les chromosomes sexuels (X et Y) indique que les chromosomes doivent souvent se déplacer sur des distances intranucléaires importantes, avant de pouvoir s'apparier, mais on ne sait pas comment ils le font. Les corpuscules sombres sont les nucléoles. (B) **Stade des chromosomes appariés (pachytène)** : La phase d'appariement est achevée quand les complexes synaptonémaux ont entièrement associé tous les autosomes homologues par paire. Les chromosomes X et Y ne s'apparient pas complètement. L'enjambement a lieu entre les chromatides, qui ne peuvent pas être distinguées individuellement sur ces préparations. (C) **Asynapsis (diplotène)** : Juste avant leur dissociation, les axes se séparent, ce qui marque la fin de la phase d'appariement. Ils restent accolés par endroits par des segments persistants de complexe synaptonémal qui représenteraient les sites où a eu lieu un enjambement. Plus tard, quand la chromatine se condense et que les chromatides deviennent visibles, les chiasmata indiqueront les enjambements. (Micrographies originales reproduites avec l'autorisation de Montrose J. Moses.)

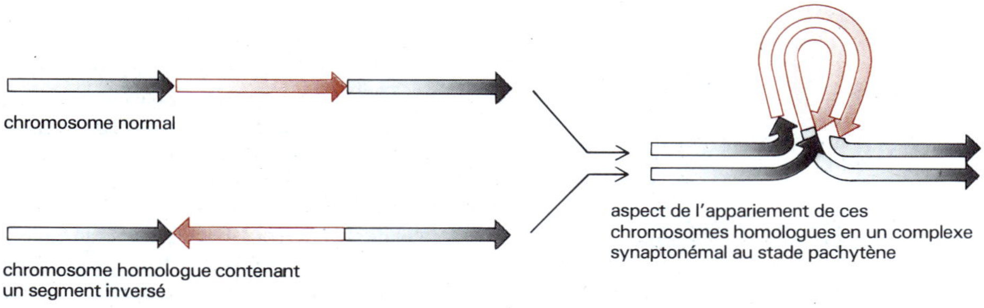

Figure 15-16 Formation du complexe synaptonémal entre un chromosome normal et son homologue qui porte un segment inversé. Les structures de ce type démontrent l'existence d'un processus d'appariement local des chromosomes homologues selon le principe « qui se rassemble s'assemble ». Comparer avec la Figure 15-17.

normale, les kinétochores sur chaque chromatide sœur sont liés à des fibres kinétochoriennes dirigées dans des directions opposées, tandis qu'à la métaphase I de la méiose, les kinétochores des deux chromatides sœurs semblent avoir fusionné de telle façon que les microtubules kinétochoriens qui leur sont attachés sont tous dirigés dans la même direction (Figure 15-19). (2) Au cours de la mitose normale, le mouvement des chromatides en direction des pôles est provoqué par la séparation des deux kinétochores frères (déclenchant ainsi l'anaphase, voir p. 773) ; au cours de l'anaphase I de la méiose, cependant, ce déplacement est déclenché par la rupture de forces mal connues qui maintenaient les bras des chromatides sœurs étroitement associés, et ceci provoque la dissociation des chiasmata qui reliaient les chromosomes homologues maternel et paternel (voir Figure 15-19). Ceci explique non seulement pourquoi les chiasmata sont nécessaires à l'alignement normal des chromosomes à la métaphase I dans de nombreux organismes, mais aussi pourquoi les chromosomes produits à l'anaphase I ont tendance à avoir des bras de chromatides sœurs non attachés, qui les font paraître « évasés » par rapport à la disposition des chromatides dans les chromosomes métaphasiques normaux (voir Figure 15-19).

C'est grâce à leur appariement que les chromosomes sexuels peuvent, eux-aussi, se séparer

Nous avons expliqué comment les chromosomes homologues s'apparient de façon à être distribués entre les cellules filles. Mais qu'en est-il alors des chromosomes sexuels qui, chez les mammifères mâles, ne sont pas homologues ? Les femelles possèdent deux chromosomes X qui s'apparient et se séparent comme les autres homologues. Mais les mâles possèdent un chromosome X et un chromosome Y, qui doivent s'apparier au cours de la première métaphase

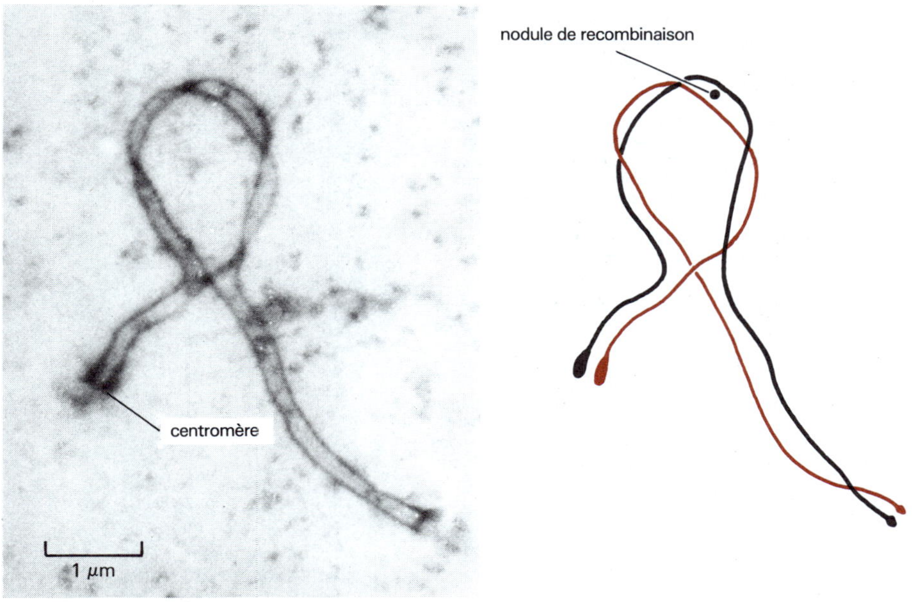

Figure 15-17 Micrographie électronique et schéma de deux homologues murins étroitement appariés au moment du pachytène, dont l'un contient une inversion. On peut observer un nodule de recombinaison dans la boucle (voir p. 848). (D'après P.A. Poorman, M.J. Moses, T.H. Roderick, et M.T. Davisson, *Chromosoma* 83:419, 1981.)

(A) LES CINQ STADES DE LA PROPHASE MÉIOTIQUE I

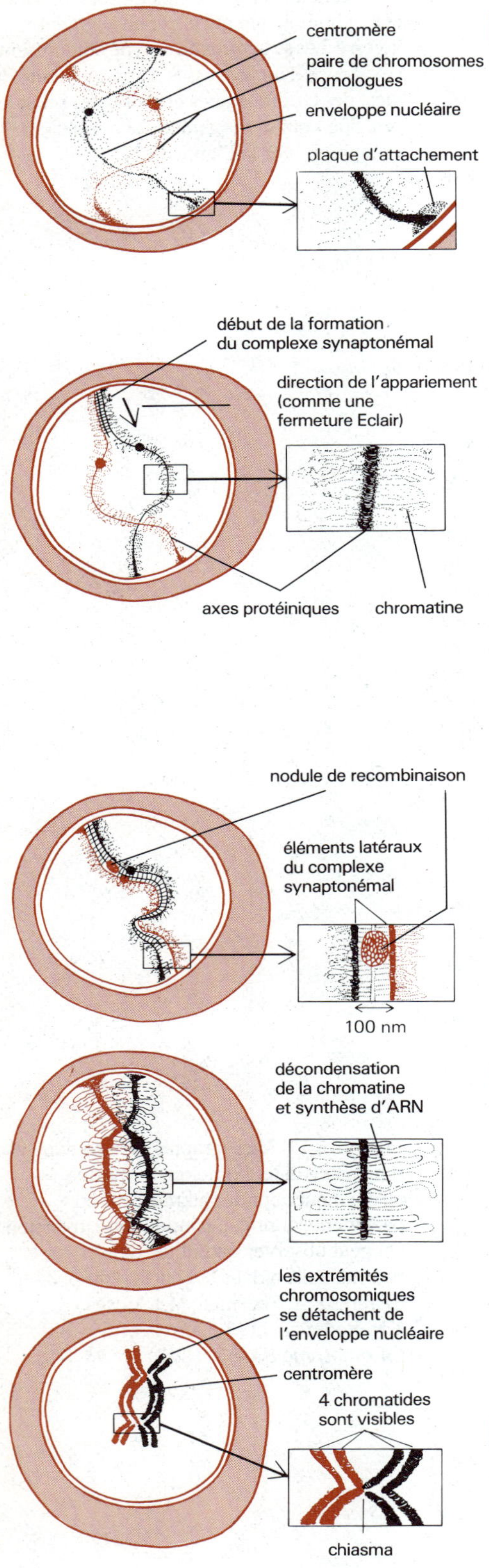

LEPTOTÈNE La prophase I commence au stade leptonène, quand chaque chromosome apparaît s'être condensé pour passer de sa conformation interphasique à l'état de long filament possédant un *axe* protéinique central. Chaque chromosome est attaché par ses deux extrémités à l'enveloppe nucléaire via une structure particulière appelée *plaque d'attachement*. Bien que chaque chromosome se soit replié et soit constitué de deux *chromatides sœurs*, ces chromatides sont étroitement accolées et chaque chromosome semble donc être unique (les chromatides ne deviendront visibles qu'en fin de prophase, soit au stade diplotène, soit lors de la diacinèse).

ZYGOTÈNE On considère que le stade leptotène est terminé et que le stade zygotène de la prophase commence dès que la synapsis, ou appariement étroit entre les deux homologues, est initiée. La synapsis commence souvent par un rapprochement des extrémités homologues des deux chromosomes au niveau de l'enveloppe nucléaire, qui progresse, comme une fermeture Eclair, à partir des deux extrémités, alignant les deux chromosomes homologues l'un en face de l'autre. Dans d'autres cas, le processus d'appariement peut commencer dans des régions internes des chromosomes et progresser en direction des extrémités, produisant le même type d'alignement. Chaque gène serait donc juxtaposé à son gène homologue situé sur le chromosome opposé. Au moment de l'appariement des homologues, leurs axes protéiniques à structure en cordage sont rassemblés pour former les deux *éléments latéraux*, ou « montants » de la longue structure en forme d'échelle qu'est le *complexe synaptonémal*. Chaque paire de chromosomes qui en résulte en prophase méiotique I est généralement appelée *bivalent*, mais puisque chaque chromosome homologue de la paire est constitué de deux chromatides sœurs étroitement accolées, il est plus exact de parler de *tétrade*, autre terme couramment employé.

PACHYTÈNE Dès que l'appariement est achevé sur toute la longueur du chromosome, on dit que les cellules sont entrées dans le stade pachytène de la prophase, où elles peuvent rester pendant des jours. A ce stade, des *nodules de recombinaison* apparaissent par intervalles sur les complexes synaptonémaux, et l'on pense qu'ils interviennent dans les échanges chromosomiques. Ces échanges aboutissent à la formation d'enjambements entre les deux chromatides non sœurs, c'est-à-dire l'une de chacun des deux chromosomes homologues appariés. Bien qu'invisible au stade pachytène, chacun de ces enjambements apparaîtra plus tard sous la forme d'un chiasma.

DIPLOTÈNE La dissociation des paires marque le début du stade diplotène de la prophase méiotique I. Le complexe synaptonémal se dissout, permettant aux deux chromosomes homologues de chaque bivalent de s'éloigner à une certaine distance l'un de l'autre. Cependant, chaque bivalent reste relié au niveau d'un ou de plusieurs chiasmata, qui matérialisent les sites où a eu lieu un enjambement. Dans les ovocytes (ovules en développement), le diplotène peut durer des mois ou des années, puisque c'est à ce stade que les chromosomes se décondensent et amorcent la synthèse de l'ARN pour fournir à l'œuf ses matériaux de réserve. Dans certains cas extrêmes, les chromosomes diplotènes peuvent devenir extrêmement actifs dans la synthèse d'ARN et prendre une ampleur considérable, donnant les chromosomes en écouvillon que l'on trouve chez les amphibiens et certains autres organismes.

DIACINÈSE La cellule passe immédiatement du stade diplotène à la diacinèse, étape qui fait la transition avec la métaphase, au moment où la synthèse d'ARN cesse et les chromosomes se condensent, s'épaississent et se détachent de l'enveloppe nucléaire. Les quatre chromatides séparées de chaque bivalent sont nettement visibles, les chromatides sœurs de chaque paire étant reliées par leurs centromères, alors que les chromatides non sœurs ayant subi un enjambement sont reliées par les chiasmata.

Figure 15-18 Schémas illustrant l'aspect de deux chromosomes homologues dans une cellule subissant la méiose. Les événements sont décrits et illustrés tels qu'ils se déroulent chez les mammifères — bien que l'on observe des modifications chromosomiques très semblables chez de nombreux autres organismes. Les cinq stades de la prophase méiotique I (A) sont illustrés sur cette page, alors que les autres stades de la méiose (B) sont décrits sur la page suivante.

(B) LES AUTRES STADES DE LA MÉIOSE

Une fois la longue prophase I terminée, deux divisions nucléaires successives sans période intermédiaire de synthèse d'ADN mettent fin à la méiose. Ces dernières étapes méiotiques occupent classiquement 10 p. cent au moins de la durée totale de la méiose, et sont désignées conformément aux étapes correspondantes de la mitose d'un cycle de division normal. Ainsi, les stades restants de la division méiotique I sont appelés métaphase I, anaphase I et télophase I. A la fin de la division I, le stock chromosomique a été réduit d'un état tétraploïde à un état diploïde, exactement comme dans la mitose normale, et deux cellules se sont formées à partir d'une seule normale. La différence essentielle est que, pour chaque type de chromosomes, deux *chromatides sœurs* réunies par leurs centromères ont été distribuées à chaque cellule, au lieu de deux chromatides séparées, comme dans la mitose. La division II suit rapidement, consistant en une interphase II transitoire sans réplication chromosomique, suivie par la prophase II, la métaphase II, l'anaphase II et la télophase II. En définitive, chaque cellule diploïde qui subit la méiose produit quatre noyaux haploïdes.

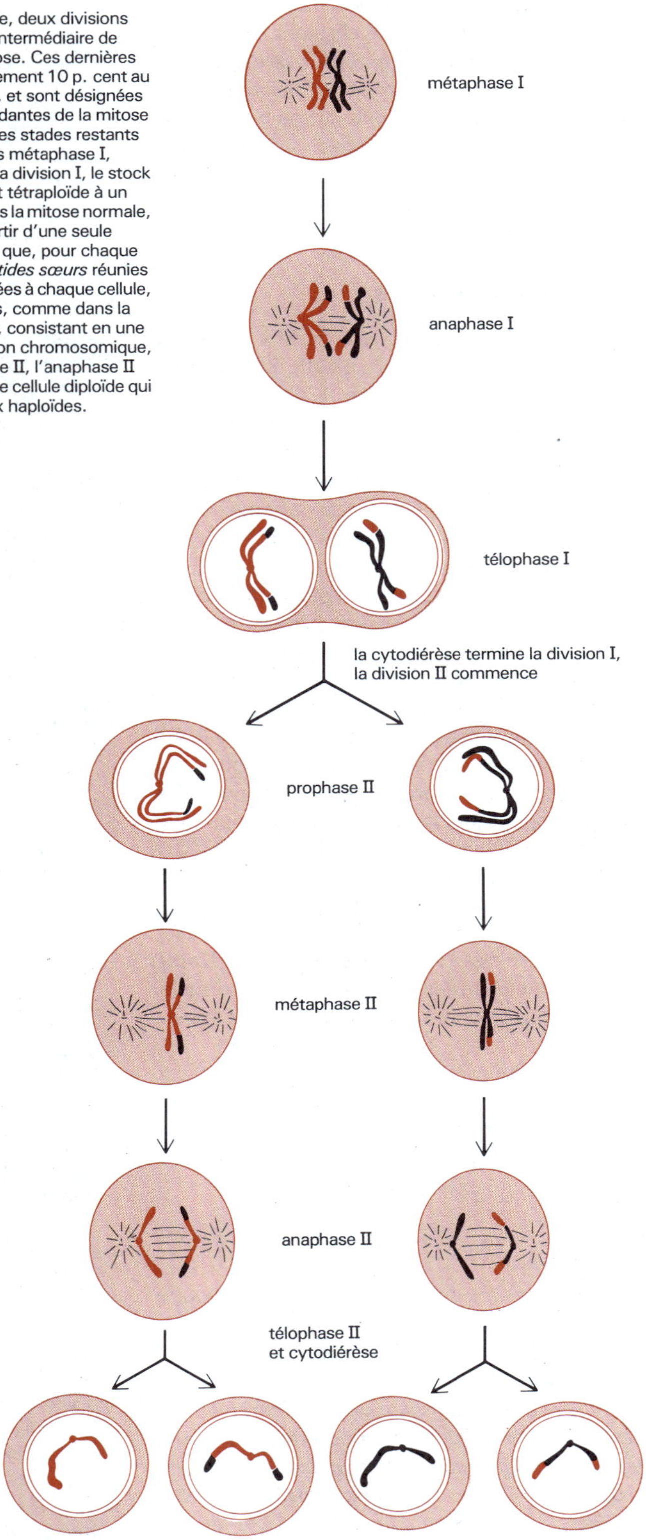

pour que les spermatozoïdes formés à l'issue de la méiose contiennent soit un chromosome X, soit un chromosome Y, et non les deux à la fois ou aucun. L'appariement indispensable est rendu possible par l'existence d'une courte région d'homologie entre le chromosome X et le chromosome Y à l'une des extrémités de ces chromosomes. Dans cette région, ils s'apparient et s'enjambent pour former un chiasma au cours de la première prophase méiotique (voir Figure 15-15B). Cette faible proportion de recombinaison génétique est suffisante pour maintenir les chromosomes X et Y appariés sur le fuseau, de sorte que seuls deux types de spermatozoïde sont normalement produits : le spermatozoïde contenant un chromosome Y, qui donnera naissance à des embryons mâles, et le spermatozoïde contenant un chromosome X, qui donnera naissance à des embryons femelles.

La division méiotique II ressemble à une mitose normale

Des deux divisions cellulaires successives qui constituent la méiose, la division I occupe la quasi-totalité du temps imparti et est de loin la plus complexe (Figure 15-20). Elle possède également un grand nombre de particularités. Par exemple, la réplication de l'ADN au cours de la phase S préparatoire a tendance à durer beaucoup plus longtemps que la normale. Le plus surprenant est que les cellules peuvent rester bloquées à la première prophase méiotique pendant des jours, des mois ou même des années, selon le type de gamète qui se forme et l'espèce. Bien qu'elle soit traditionnellement appelée prophase, cette phase prolongée de la division méiotique I ressemble à la phase G_2 d'une division cellulaire normale par le fait que l'enveloppe nucléaire reste intacte durant cette période et ne disparaît que lorsque les fibres du fuseau commencent à se former, au moment où la prophase I cède la place à la métaphase I.

Une fois la division méiotique I terminée, les membranes nucléaires se reforment autour des deux noyaux-fils et une brève interphase commence. Pendant cette période, les chromosomes se décondensent légèrement, mais ils ne tardent pas à se condenser à nouveau et la prophase II commence. Comme il n'y a pas de synthèse d'ADN pendant cet intervalle, les chromosomes de certains organismes semblent passer presque directement d'une phase de division à l'autre. Mais, dans tous les organismes, la prophase II est brève : l'enveloppe nucléaire disparaît au moment où le nouveau fuseau se forme, après quoi la métaphase II, l'anaphase II et la tétophase II se succèdent rapidement. Comme dans une mitose normale, un jeu distinct de microtubules kinétochoriens se forme sur chaque chromatide-sœur, et ces deux jeux de microtubules s'allongent dans des directions opposées à partir du centromère. De plus, les deux chromatides-sœurs sont maintenues associées sur la plaque équatoriale jusqu'à ce qu'elles soient libérées par la soudaine séparation de leurs kinétochores à l'anaphase (voir Figure 15-19). Ainsi, la division II, contrairement à la division I, ressemble étroitement à une mitose normale. La différence est que chaque chromosome n'est présent qu'en un seul exemplaire au lieu de deux.

La méiose s'achève par la formation des enveloppes nucléaires autour des quatre noyaux haploïdes produits à la télophase (Figure 15-18B). Comme nous allons le voir maintenant, à la fin de la méiose, l'ovule de vertébré est entièrement développé (et, dans certains cas, même fécondé), alors qu'un spermatozoïde, qui a achevé la méiose, n'en est qu'au début de son développement.

Résumé

Dans la méiose, deux divisions cellulaires successives aboutissent à la formation de quatre cellules haploïdes à partir d'une seule cellule diploïde. Chez les animaux, la formation des ovules et celle des spermatozoïdes commencent de la même façon. Dans les deux cas, la méiose est dominée par la prophase de la division méiotique I, qui peut occuper 90 p. cent, ou plus, de la durée totale de la méiose. Chaque chromosome est alors constitué de deux chromatides-sœurs étroitement associées. Les enjambements ont lieu pendant le stade pachytène de la prophase I, quand les chromosomes homologues de chaque paire sont maintenus en registre par un complexe synaptonémal. Chaque enjambement s'effectue vraisemblablement par l'intermédiaire d'un nodule de recombinaison et aboutit à la formation d'un chiasma, qui persiste jusqu'à l'anaphase I. Dans la première division cellulaire méiotique, un membre de chaque paire chromosomique, encore composé de chromatides-sœurs reliées, est distribué à chaque cellule fille. Une seconde division cellulaire, sans réplication d'ADN, suit ensuite rapidement, au cours de laquelle chaque chromatide-sœur est intégrée dans une cellule haploïde séparée.

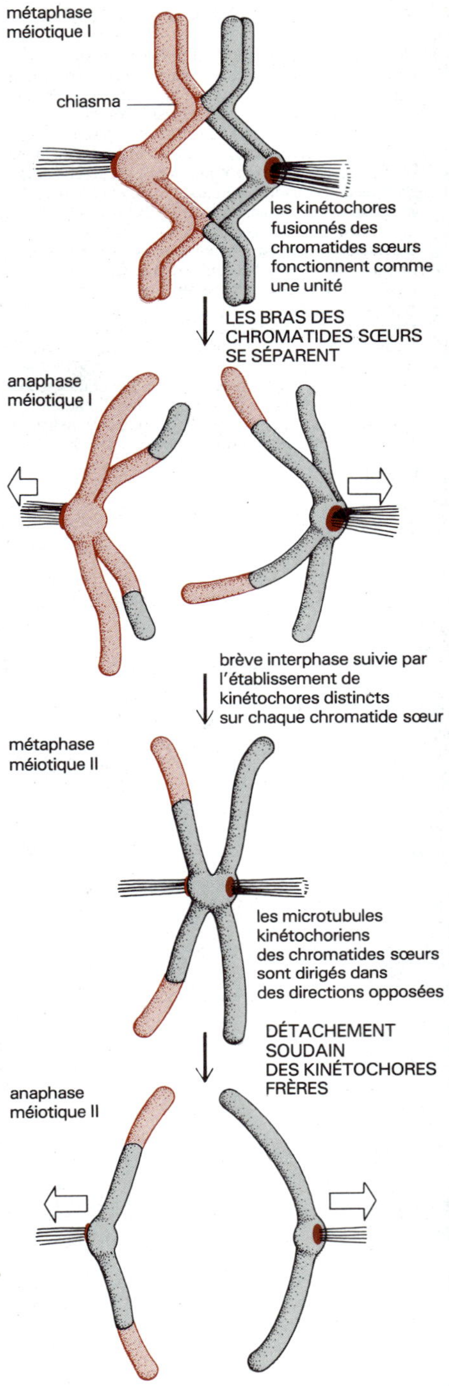

Figure 15-19 Comparaison des mécanismes de l'alignement (à la métaphase) et de la séparation (à l'anaphase) des chromosomes au cours des divisions méiotiques I et II. Les mécanismes employés dans la division méiotique II sont les mêmes que dans la mitose normale (voir Chapitre 13).

Les gamètes [9]

Dans tous les embryons de vertébrés, certaines cellules sont choisies très tôt au cours du développement comme précurseurs des gamètes. Ces **cellules germinales primordiales** migrent vers les gonades en développement (ovaires chez les femelles, testicules chez les mâles) où, après une période de prolifération mitotique, elles subissent la méiose et se différencient en gamètes mûrs — ovules ou spermatozoïdes. Plus tard, la fusion de l'ovule et du spermatozoïde après l'accouplement initie l'embryogenèse, avec la production consécutive, dans l'embryon, de nouvelles cellules germinales primordiales, qui recommencent le cycle.

Pour les vertébrés, on connaît mal les facteurs qui déterminent quelles cellules embryonnaires deviendront des cellules germinales ; mais, au moins chez certains invertébrés, le facteur déterminant est connu pour être un composant (ou des composants) du cytoplasme de l'ovule. Chez *Drosophile*, par exemple, une région spécialisée du cytoplasme, le *plasma polaire*, située à l'extrémité postérieure de l'œuf, contient de petits granules riches en ARN (les *granules polaires*) ; les cellules qui se forment à cette extrémité de l'œuf et contiennent des granules polaires deviennent des cellules germinales primordiales et finissent par migrer jusqu'aux gonades pour former des gamètes. Si le plasme polaire est injecté au pôle antérieur d'un œuf, les cellules qui se seraient normalement développées en cellules somatiques se développent en cellules germinales.

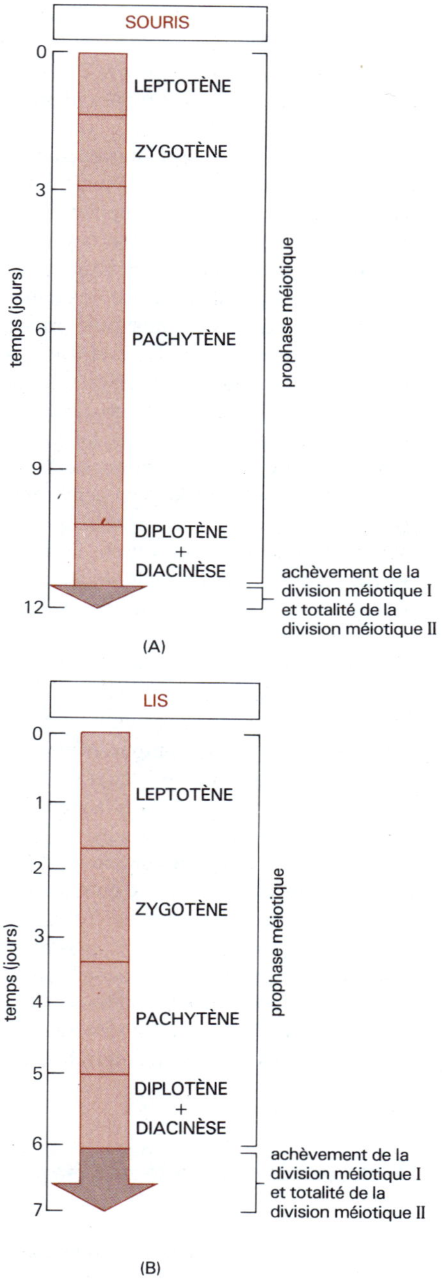

Figure 15-20 Comparaison des durées de chacune des phases de la méiose illustrées dans la Figure 15-18. On donne les temps approximatifs pour un mammifère mâle (souris) et pour le tissu mâle d'une plante (lis). Les temps diffèrent entre les gamètes mâles et femelles (ovule et spermatozoïde), de la même espèce, ainsi qu'entre les mêmes gamètes d'espèces différentes. Par exemple, la méiose chez un homme dure 24 jours et 12 jours chez la souris. Toutefois, dans tous les cas, la prophase de la méiose I est beaucoup plus longue que toutes les autres phase méiotiques réunies.

L'œuf est la seule cellule de l'animal supérieur qui soit capable de se développer en un nouvel individu

A un égard au moins, les **ovules** sont les plus remarquables des cellules animales : une fois activés, ils peuvent donner naissance à un nouvel individu complet au bout de quelques jours ou semaines. Aucune autre cellule d'un animal supérieur ne possède cette capacité. L'activation est généralement la conséquence de la *fécondation* — la fusion d'un spermatozoïde avec un ovule — bien que beaucoup d'ovules, comme nous le verrons, puissent être activés par d'autres moyens incroyablement simples (voir p. 870). Le stimulus d'activation initie le programme de développement qui donne naissance à un nouvel individu.

Dans la majorité des ovules d'espèces animales autres que les mammifères, le programme de développement commence par une série de divisions cellulaires rapides, ou segmentations, au cours desquelles la masse totale de l'embryon reste constante. Au lieu de cela, le cytoplasme de l'ovule, qui est très important au début, est séparé entre les cellules qui se clivent et dont la taille diminue progressivement jusqu'à atteindre celle d'une cellule somatique adulte normale. Ces segmentations précoces nécessitent une synthèse d'ADN rapide ainsi qu'une certaine synthèse protéique, malgré l'absence presque totale de synthèse d'ARN (transcription des gènes). Ceci est dû au fait que l'ovule, avant la fécondation, a accumulé de grandes réserves d'ARNm, de ribosomes, d'ARNt, et de tous les précurseurs nécessaires à la synthèse des macromolécules, ainsi que les ARNm spécialisés qui codent les protéines requises pour guider les stades précoces du développement.

Dans les œufs qui subissent une longue période de développement embryonnaire à l'extérieur du corps de la mère, il faut qu'il y ait des réserves particulièrement importantes de nutriments afin d'approvisionner l'embryon jusqu'à l'éclosion. C'est pourquoi, par exemple, les œufs des amphibiens et des oiseaux sont beaucoup plus gros que les œufs de mammifères. Certains invertébrés aquatiques, tels que les oursins, se développent à partir d'œufs de petite taille à l'extérieur du corps de la mère, mais, dans ce cas, les embryons évoluent très rapidement vers des larves capables de se nourrir.

Bien qu'un œuf puisse donner naissance à tous les types cellulaires dans un organisme adulte, il est lui-même une cellule hautement spécialisée, exceptionnellement équipée pour la seule fonction d'engendrer un nouvel individu. Nous allons maintenant examiner rapidement certaines de ses caractéristiques particulières avant de discuter la façon dont un ovule se développe jusqu'à ce qu'il soit prêt pour la fécondation.

Un œuf est très spécialisé pour un développement indépendant, grâce à des réserves nutritives importantes et une enveloppe protectrice élaborée [10]

La plus évidente des particularités d'un œuf est sa grande taille. Il est généralement sphérique ou ovoïde, et son diamètre est d'environ 100 μm chez l'homme et les oursins, de 1 mm à 2 mm chez les grenouilles et les poissons, et peut atteindre plusieurs centimètres chez les oiseaux et les reptiles (il faut se rappeler qu'une cellule somatique type ne mesure environ que 20 μm de diamètre) (Figures 15-21 et 15-22). La taille du noyau peut être également impressionnante : par exemple, dans un œuf de grenouille de 1 500 μm de diamètre, le diamètre du noyau est d'environ 400 μm ; ce noyau fait des réserves de protéines nucléaires en vue des divisions nucléaires rapides qui se produisent après la fécondation.

Le cytoplasme de l'œuf contient des réserves nutritives sous la forme du **vitellus**, qui est riche en lipides et en protéines et contient habituellement des structures granulaires appelées *plaquettes vitellines*. Dans les œufs qui se développent en animaux de grande taille hors du corps de la mère, le vitellus peut représenter plus de 95 p. cent du volume de la cellule alors que chez les mammifères, dont les embryons sont surtout nourris par leur mère, il constitue moins de 5 p. cent du volume total de l'œuf.

L'**enveloppe de l'œuf** est une autre de ses particularités. C'est une forme particulière de matrice extracellulaire constituée principalement de molécules de glycoprotéines, dont certaines sont sécrétées par l'œuf et d'autres par les cellules environnantes. Dans de nombreuses espèces, l'enveloppe principale est une couche qui entoure directement la membrane plasmique de l'œuf ; elle est appelée **membrane pellucide** chez les mammifères et **membrane vitelline** chez les autres espèces comme l'oursin (Figure 15-23). Cette membrane protège l'œuf des dommages mécaniques ; dans certains œufs, elle sert aussi de barrière spécifique d'espèce pour les spermatozoïdes, ne laissant pénétrer que ceux de la même espèce ou d'espèces très voisines (voir p. 869). Les œufs des espèces autres que les mammifères ont souvent des couches supplémentaires qui recouvrent la membrane vitelline et qui sont sécrétées par les cellules environnantes. Par exemple, quand les œufs de grenouille provenant de l'ovaire transitent dans l'oviducte (le tube à travers lequel ils sont transportés à l'extérieur), ils s'entourent de plusieurs couches d'une gangue gélatineuse sécrétée par les cellules épithéliales qui tapissent l'oviducte. De la même façon, le « blanc » (albumine) et la coquille de l'œuf de poule s'accumulent au fur et à mesure de la descente de l'œuf dans l'oviducte. La membrane vitelline des œufs d'insectes est recouverte d'une couche épaisse et coriace, appelée *chorion*, sécrétée par les *cellules folliculaires* qui entourent chaque ovule pendant tout son développement.

Beaucoup d'œufs (y compris ceux des mammifères) contiennent des vésicules sécrétrices spécialisées, situées juste sous la membrane plasmique dans la région périphérique, ou *cortex*, du cytoplasme de l'œuf (Figure 15-24). Quand l'ovule est activé par un spermatozoïde, le contenu de ces **granules corticaux** est libéré par exocytose et modifie l'enveloppe de l'œuf de façon à empêcher la fusion d'autres spermatozoïdes avec l'œuf (voir p. 872).

Alors que les granules corticaux sont généralement répartis dans tout le cortex de l'œuf, d'autres composants cytoplasmiques peuvent avoir une distribution dont l'asymétrie est frappante. Dans l'ovule de grenouille, par exemple, la plus grande part du vitellus est concentrée à un pôle (le pôle *végétatif*), alors que le noyau est plus proche du pôle opposé (le pôle *animal*). La polarité de l'œuf, qui est généralement déterminée par l'environnement dans lequel il se développe, aide souvent à déterminer la polarité de l'embryon (voir p. 880).

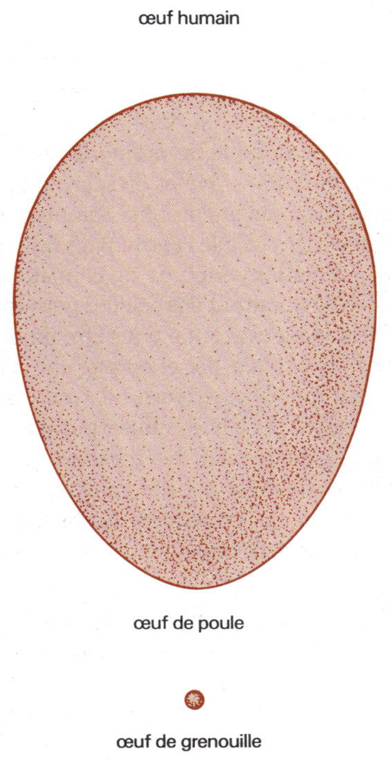

Figure 15-21 Les tailles réelles de trois œufs (ou ovules). L'œuf humain a un diamètre de 0,1 mm.

L'ovogenèse procède par étapes [10, 11]

Un ovule en cours de développement est appelé **ovocyte**, et sa différenciation en un ovule mature (ou *ovum*) entraîne plusieurs modifications très particulières du cycle cellulaire normal. Nous avons déjà vu que les cellules germinales, au lieu de continuer à se diviser par mitose normale, accomplissent leurs deux dernières divisions selon le processus beaucoup plus élaboré de la méiose. De plus, les ovocytes ont développé des mécanismes particuliers d'arrêt du processus de division méiotique : ils s'arrêtent en prophase I pour des périodes prolongées tandis que la taille de l'ovocyte augmente, et, dans de nombreux cas, ils s'arrêtent ultérieurement en métaphase II dans l'attente de la fécondation.

Alors que les détails du développement de l'ovocyte (**ovogenèse**) diffèrent d'une espèce à l'autre, les étapes principales sont analogues comme l'indique la Figure 15-25. Les cellules germinales primordiales colonisent les gonades en formation pour devenir des **ovogonies**, qui se multiplient par mitose pendant un certain temps avant de se différencier en **ovocytes primaires**. A ce stade, la première division méiotique commence : l'ADN se réplique pour aboutir au dédoublement de chaque chromosome en deux chromatides ; les chromosomes homologues s'apparient sur toute la longueur de leurs grands axes, et un enjambement a lieu entre les chromatides de ces chromosomes appariés. Après cela, la cellule est immobilisée en prophase de la division I de la méiose, pour une période qui peut aller de quelques jours à plusieurs années, selon les espèces. Au cours de cette prophase prolongée (ou, dans certains cas, au début de la maturité sexuelle), les ovocytes primaires synthétisent une enveloppe et

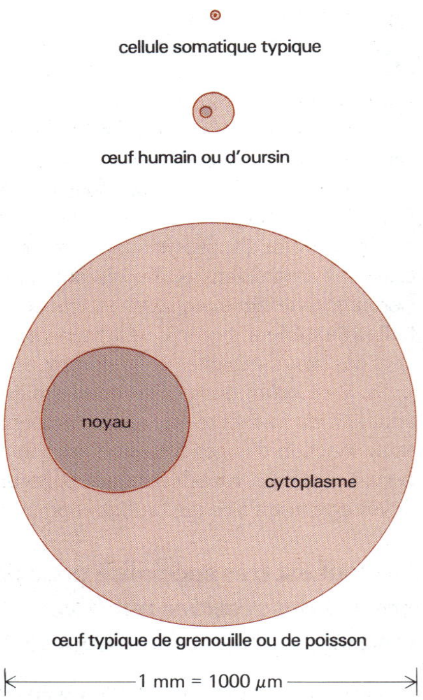

Figure 15-22 Les tailles relatives de différents œufs comparées à celle d'une cellule somatique typique.

des granules corticaux et accumulent les ribosomes, le vitellus, le glycogène, les lipides, et l'ARNm qui dirigera plus tard la synthèse des protéines nécessaires à la croissance embryonnaire précoce et le déroulement du programme de développement. Dans de nombreux ovocytes, ces activités sont reflétées par l'apparence des chromosomes, qui se décondensent et forment des boucles latérales, prenant l'aspect caractéristique en « écouvillon » d'un chromosome activement engagé dans la synthèse de l'ARN (voir p. 506).

La phase suivante du développement de l'ovocyte est appelée *maturation de l'ovocyte*, et ne débute, en général, qu'à la maturité sexuelle, lorsqu'il y a stimulation hormonale (voir ci-dessous). Sous le contrôle de ces hormones, la division I de la méiose se poursuit ; les chromosomes se condensent à nouveau, l'enveloppe nucléaire disparaît (on considère en général que cet événement marque le début de la maturation), et les chromosomes homologues répliqués se séparent à l'anaphase I en deux noyaux-fils qui contiennent chacun la moitié du nombre initial de chromosomes. Pour achever la division I, le cytoplasme se divise de façon asymétrique pour produire deux **ovocytes secondaires**, qui sont de tailles très différentes : l'un est un **globule polaire** de petite taille, et l'autre est une cellule volumineuse contenant tous les éléments nécessaires au développement. A ce stade, chacun des chromosomes est toujours composé de deux chromatides-sœurs. Ces chromatides ne se séparent pas avant la division II de la méiose, lorsqu'elles sont réparties dans des cellules distinctes par un processus qui est identique à la mitose normale, décrite auparavant (voir p. 854). Après cette séparation chromosomique finale à l'anaphase II, le cytoplasme de l'ovocyte secondaire de grande taille se divise à nouveau, de façon asymétrique, pour donner **l'ovule** mature (ou **ovum**) et un second petit globule polaire qui possèdent tous deux un nombre haploïde de chromosomes en un seul exemplaire (voir Figure 15-25). Grâce aux deux divisions asymétriques de leur cytoplasme, les ovocytes conservent leur grande taille en dépit des deux divisions méiotiques. Les deux globules polaires sont de petite taille et finissent par dégénérer.

Chez la plupart des vertébrés, la maturation de l'ovocyte continue jusqu'à la métaphase de la méiose II puis s'arrête. Au moment de l'**ovulation**, l'ovocyte secondaire immobilisé est libéré de l'ovaire, et si la fécondation se produit, l'ovocyte est stimulé pour achever la méiose.

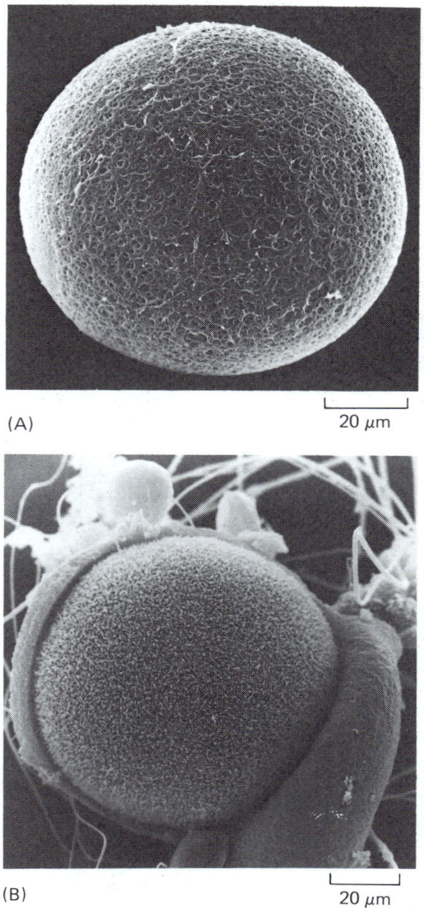

Figure 15-23 (A) Photographies au microscope électronique à balayage d'œufs de hamster montrant la membrane pellucide. En (B), la membrane pellucide (à laquelle sont attachés de nombreux spermatozoïdes) a été décollée afin de mettre en évidence la membrane plasmique sous-jacente de l'œuf qui contient de très nombreuses microvillosités. (D'après David M. Phillips, *J. Ultrastruct. Res.* 72:1-12, 1980.)

L'accroissement des ovocytes se fait grâce à plusieurs mécanismes particuliers [10, 11]

Il faut habituellement 24 heures environ à une cellule somatique dont le diamètre varie de 10 à 20 μm pour doubler sa masse en vue de la division cellulaire. A cette vitesse de biosynthèse, une telle cellule mettrait très longtemps à atteindre la masse mille fois supérieure d'un œuf de mammifère d'un diamètre de 100 μm, ou celle un million de fois supérieure d'un œuf d'insecte d'un diamètre de 1 000 μm. Et pourtant, certains insectes qui ne vivent que quelques jours arrivent à produire des œufs dont le diamètre dépasse même 1 000 μm. Les œufs doivent donc, de toute évidence, posséder des mécanismes particuliers qui leur permettent d'atteindre leur grande taille.

Une des stratégies simples pour une croissance rapide est la présence de copies supplémentaires de gènes dans la cellule. Ainsi, l'ovocyte retarde l'achèvement de la première division méiotique de façon à se développer bien qu'il contienne le jeu diploïde de chromosomes dupliqués. De cette façon, il a doublé la quantité d'ADN disponible pour la synthèse d'ARN, comparé à une cellule somatique moyenne qui est en phase G_1 du cycle cellulaire. Certains ovocytes parviennent même à atteindre des longueurs plus importantes pour accumuler de l'ADN supplémentaire : ils produisent de nombreuses copies supplémentaires de certains gènes. Nous avons déjà vu au Chapitre 9 que les cellules somatiques de la plupart des organismes ont besoin de 100 à 500 copies de gènes d'ARN ribosomaux pour produire suffisamment de ribosomes pour la synthèse protéique. Les œufs ayant besoin d'un nombre encore plus élevé de ribosomes pour effectuer la synthèse protéique au début de l'embryogenèse, les gènes d'ARNr sont spécifiquement amplifiés dans les ovocytes de nombreux animaux ; certains œufs d'amphibiens, par exemple, contiennent de 1 à 2 millions de copies de ces gènes (Figure 15-26).

La croissance des ovocytes peut également dépendre en partie des activités synthétiques d'autres cellules pour leur croissance. Par exemple, un constituant majeur des œufs de grande dimension, le vitellus, est généralement synthétisé hors de l'ovaire et importé dans l'ovocyte. Chez les oiseaux, les amphibiens, et les insectes, les protéines du vitellus sont synthétisées par les cellules hépatiques (ou leurs équivalents), qui les sécrètent dans le sang. A l'intérieur des ovaires, les ovocytes prélèvent les protéines vitellines du fluide extracellulaire par endocytose par l'intermédiaire de récepteurs (voir Figure 6-72, p. 326). Un apport nutritif peut également venir de cellules auxiliaires dans l'ovaire. Les cellules ovariennes auxiliaires qui fonctionnent

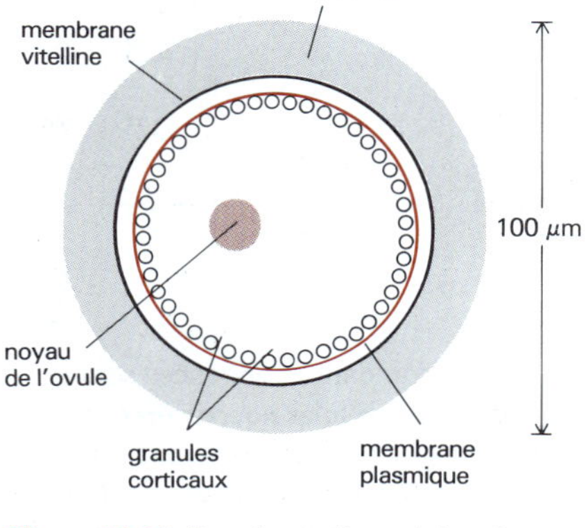

Figure 15-24 Représentation schématique d'un ovule d'oursin non fécondé montrant la localisation des granules corticaux. La membrane vitelline est recouverte d'une enveloppe gélatineuse qui peut atteindre 30 μm d'épaisseur.

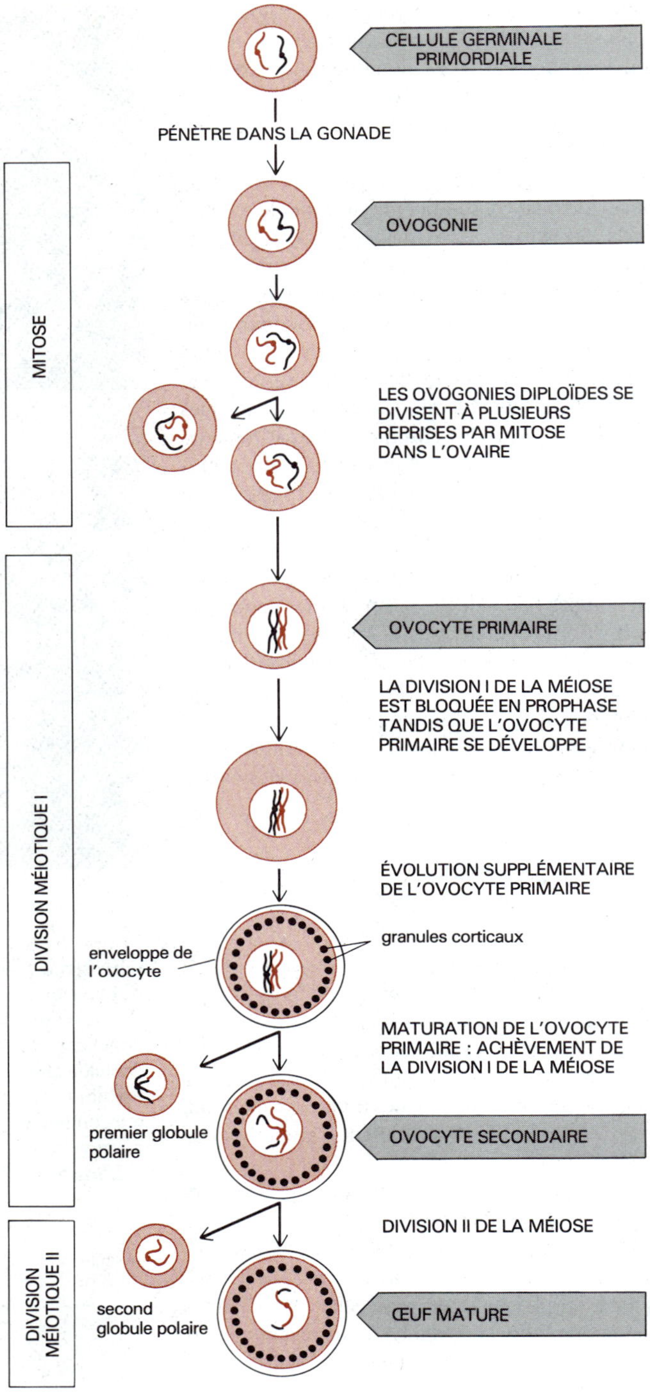

Figure 15-25 Les diverses étapes de l'ovogenèse. Les ovogonies se développent à partir des cellules germinales primordiales qui migrent dans l'ovaire au début de l'embryogenèse. Après un certain nombre de divisions mitotiques, les ovogonies entrent en division méiotique I après laquelle ils sont appelés ovocytes primaires. Chez les mammifères, les *ovocytes primaires* sont formés très tôt (entre le 3e et le 8e mois de gestation pour un embryon humain) et restent bloqués en prophase de la division méiotique I jusqu'à la maturité sexuelle de la femelle. Un petit nombre d'ovocytes primaires subiront alors périodiquement la maturation sous l'influence d'hormones, achevant la division méiotique I pour se transformer en *ovocytes secondaires*, qui subissent finalement la division méiotique II pour donner des œufs matures. L'étape à laquelle l'ovule ou l'ovocyte est libéré de l'ovaire et fécondé varie d'une espèce à l'autre. Chez la majorité des vertébrés, la maturation de l'ovocyte est stoppée à la métaphase de la méiose II, et l'ovocyte secondaire n'achève la méiose II qu'après la fécondation. Tous les globules polaires finissent par dégénérer. Toutefois, chez de nombreux animaux, y compris les mammifères, les globules polaires restent à l'intérieur de l'enveloppe de l'œuf et, chez certaines espèces, le premier globule polaire se divise une fois avant de dégénérer.

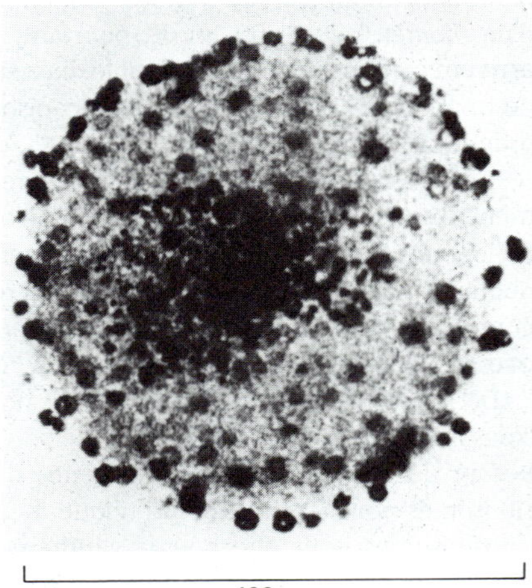

Figure 15-26 Photomicrographie d'un noyau isolé d'un œuf de grenouille coloré au violet crésyl afin de montrer l'existence de très nombreux nucléoles, qui reflète l'amplification énorme des gènes d'ARN ribosomal. (D'après D.D. Brown et I. Dawid, *Science* 160:273-275, 1968. Copyright 1968, the American Association for the Advancement of Science.)

de cette façon dans l'ovogenèse sont de deux types, qui diffèrent selon l'espèce. Chez certains vertébrés, les **cellules nourricières** entourent l'ovocyte et lui sont généralement reliées par des ponts cytoplasmiques à travers lesquels les macromolécules peuvent passer directement dans le cytoplasme de l'ovocyte. Pour l'ovocyte d'insecte, les cellules nourricières fabriquent beaucoup des produits — ribosomes, ARNm, protéines, etc — qu'un ovocyte de vertébré doit fabriquer pour lui-même.

Chez certaines espèces, les cellules nourricières dérivent de la même ovogonie que celle qui a donné naissance à l'ovocyte avec lequel elles sont associées. Par exemple, chez *Drosophile*, une ovogonie subit quatre divisions mitotiques pour former seize cellules. L'une de ces cellules deviendra l'ovocyte, alors que les autres donnent des cellules nourricières et restent reliées

Figure 15-27 Façon dont une seule ovogonie de *Drosophile* donne naissance à 15 cellules nourricières et à 1 ovocyte, reliés par des ponts cytoplasmiques (A). A chaque mitose, chaque cellule se divise une fois : au cours de la première mitose, la cellule 1 se divise pour produire les cellules 1 et 2 ; au cours de la seconde mitose, la cellule 1 se divise pour produire les cellules 1 et 3, et la cellule 2 se divise pour produire les cellules 2 et 4, et ainsi de suite. Les ponts cytoplasmiques se forment partout où des vestiges du fuseau avaient connecté les deux cellules-filles à la télophase, ces ponts ne relient que les cellules provenant d'une mitose commune. Seule la cellule 1 ou la cellule 2 se transforme en ovocyte, peut-être parce que ce sont les seules cellules reliées par des ponts intercellulaires aux quatre autres. Ces divisions cellulaires ont une autre caractéristique inhabituelle : le volume cellulaire ne double pas avant la mitose, de sorte que la taille des cellules diminue à chaque division. Plus tard, lors de la croissance de l'ovocyte, les cellules nourricières prennent aussi une ampleur considérable et synthétisent de grandes quantités de macromolécules et d'organites tels que des ribosomes et des mitochondries, qui sont pompés dans l'ovocyte à travers les ponts cytoplasmiques.

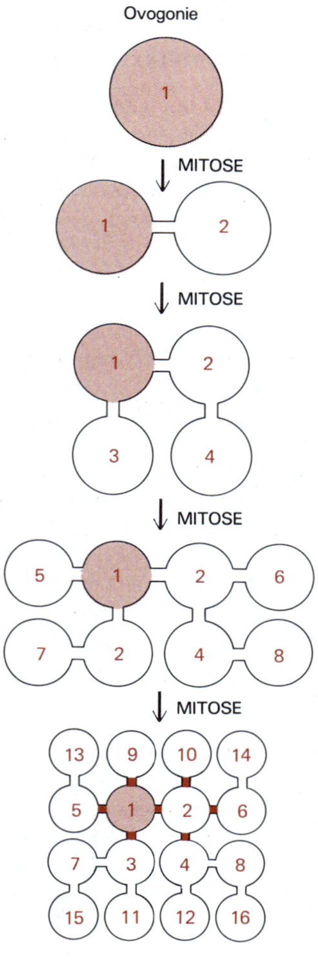

restent reliées entre elles et à l'ovocyte par des ponts cytoplasmiques (Figure 15-27). Dans les cellules nourricières, l'ADN se réplique de nombreuses fois sans division cellulaire, de sorte que chaque cellule finit par atteindre une taille considérable et contient une quantité d'ADN plus de mille fois supérieure à la normale, arrangé en *chromosomes polyténiques* (voir p. 504). Ces quinze cellules nourricières, chacune contenant l'équivalent de centaines ou de milliers de génomes, sont toutes engagées dans la synthèse de matériaux destinés à un seul ovocyte.

L'autre type de cellules ovariennes auxiliaires servant à nourrir les ovocytes en cours de développement sont les **cellules folliculaires**, que l'on trouve à la fois chez les invertébrés et les vertébrés. Elles sont disposées en une couche épithéliale autour d'un ovocyte (Figure 15-28), auquel elles ne sont reliées que par des jonctions de type gap, qui permettent l'échange de petites molécules mais pas celui de macromolécules (voir p. 798). Alors que ces cellules sont incapables de fournir à l'ovocyte des macromolécules préformées à travers ces jonctions communicantes, elles peuvent servir à fournir les molécules précurseurs plus petites à partir desquelles les macromolécules sont synthétisées. De plus, les cellules folliculaires sécrètent fréquemment des macromolécules qui contribuent à la formation de l'enveloppe de l'œuf ou sont prélevées par endocytose dans l'ovocyte en cours de croissance.

Les cellules auxiliaires environnantes contribuent davantage au développement de l'ovocyte : chez les invertébrés comme chez les vertébrés, ce sont les cellules auxiliaires qui répondent aux hormones polypeptidiques, appelées *gonadotropines*, qui lèvent le blocage de l'ovocyte en prophase I et permettent la poursuite de sa maturation.

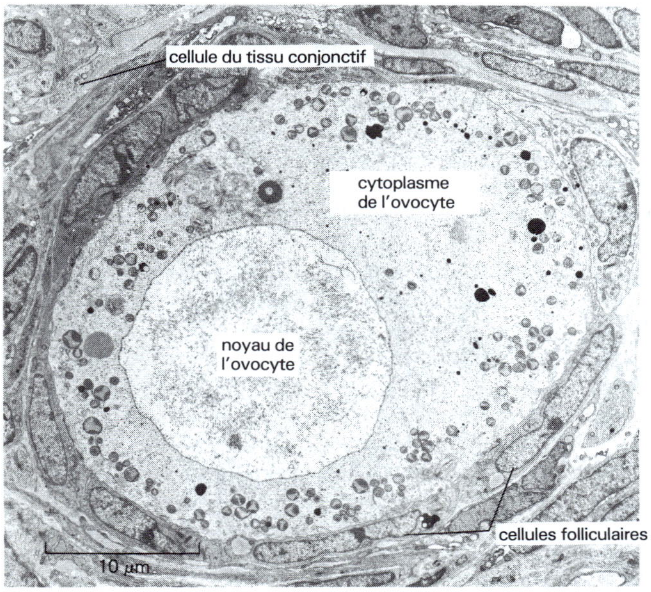

Figure 15-28 Micrographie électronique d'un follicule primordial de lapin, constitué d'un ovocyte primaire central entouré d'une seule couche de cellules folliculaires aplaties. Le follicule primordial est entouré d'une lame basale (peu visible sur cette micrographie) qui, à son tour, est entourée par le tissu conjonctif de l'ovaire. Noter que l'ovocyte primaire ne possède ni membrane pellucide, ni granules corticaux à ce stade. (Copyright 1979, Urban & Schwarzenberg, Baltimore-Munich. Reproduit avec l'autorisation de « The Cellular Basis of Mammalian Reproduction », édité par Jonathan Van Blerkom et Pietro Motta. Tous droits réservés.)

La maturation de l'ovocyte chez les vertébrés est déclenchée par une diminution de l'AMP cyclique intracellulaire [12]

Chez de nombreux animaux, les ovocytes n'achèvent pas la méiose I avant le début de la maturité sexuelle, lorsque les **gonadotrophines** apparaissent dans le sang. Ces hormones polypeptidiques stimulent la sécrétion, par les cellules ovariennes auxiliaires, d'une seconde molécule qui agit sur l'ovocyte pour initier sa maturation. Chez la majorité des vertébrés, la **maturation de l'ovocyte** est définie comme la progression de l'ovocyte primaire dans la méiose I jusqu'à ce qu'il s'arrête à nouveau, sous la forme d'un *ovocyte secondaire*, à la métaphase de la méiose II, où il demeure jusqu'à ce que la fécondation déclenche l'achèvement de la méiose (voir Figure 15-25).

La maturation de l'ovocyte est la mieux comprise chez les amphibiens où les gonadotrophines libérées par l'hypophyse stimulent la sécrétion de la progestérone, une hormone stéroïde, par les cellules folliculaires qui entourent les ovocytes. Au cours de son action sur la plupart des cellules cibles, la progestérone, comme les autres hormones stéroïdes, diffuse à travers la membrane plasmique et se lie à des récepteurs protéiques intracellulaires qui règlent la transcription de gènes spécifiques (voir p. 690). Dans la maturation de l'ovocyte, il semble, cependant, que la progestérone agisse en se liant à des récepteurs protéiques de la membrane plasmique. Cette liaison inactive l'adényl cyclase dans la membrane plasmique de l'ovocyte, diminuant la concentration cytosolique en AMP cyclique, réduisant ainsi l'activité de la protéine kinase AMP cyclique-dépendante (kinase A, voir p. 709).

Il existe de bonnes raisons de croire que cette diminution de l'activité de la kinase A est à la fois nécessaire et suffisante pour induire la maturation de l'ovocyte. Une micro-injection de la sous-unité catalytique de la kinase, qui est active en absence d'AMP cyclique (voir p. 710), inhibe la maturation induite par la progestérone alors que la micro-injection d'inhibiteurs spécifiques de la kinase induit la maturation en absence de progestérone. Des expériences analogues de micro-injection dans des ovocytes de souris suggèrent qu'un même mécanisme intracellulaire de transmission des signaux opère chez les mammifères. Les substrats de la kinase A sont inconnus, mais pourraient être des phosphoprotéines qui font partie d'un *système d'arrêt de la division méiotique I* responsable de l'immobilisation de l'ovocyte en prophase I. On a émis l'hypothèse que leur activité dépend des phosphorylations entretenues par la kinase A, de sorte qu'une chute de la concentration d'AMP cyclique lève le blocage, permettant la poursuite de la méiose I.

La maturation de l'ovocyte dépend de l'activation du facteur promoteur de la phase M [13]

Les événements qui suivent la baisse de concentration de l'AMP cyclique sont mal compris, mais ils conduisent finalement à l'activation d'une protéine appelée **facteur promoteur de la phase M (M phase promoting factor ou MPF)** que l'on suppose nécessaire pour sortir de la prophase I de la méiose. Comme nous en avons discuté au Chapitre 13, le MPF a été très conservé au cours de l'évolution des eucaryotes. Il joue un rôle essentiel dans le cycle normal de division cellulaire en déclenchant la progression des cellules de la phase G_2 à la phase M (voir p. 736). Comme nous l'avons mentionné précédemment, bien qu'elle soit appelée traditionnellement prophase, la prophase de la méiose I ressemble étroitement à la phase G_2 d'un cycle de division normale : l'ADN s'est répliqué et est actif pour la transcription, l'enveloppe nucléaire est intacte, et le fuseau mitotique n'a pas encore été formé. De plus, comme la transition de la phase G_2 à la phase M dans des cellules qui se divisent normalement, la transition de la prophase méiotique I à la phase méiotique M est déclenchée par le MPF. En fait, le MPF fut d'abord mis en évidence comme *facteur promoteur de la maturation* pour les ovocytes de grenouille. Les ovocytes de grenouille matures sont immobilisés en métaphase II, où les taux de MPF sont élevés (voir p. 861). Si l'on injecte un petit aliquot du cytoplasme d'un tel ovocyte mature dans un ovocyte immature, le MPF qu'il contient provoque la dégradation de la membrane nucléaire et la condensation chromosomique qui se produisent à la phase M et sont les signes de la maturation de l'ovocyte.

Une propriété remarquable du MPF est qu'il peut être transféré en série d'un ovocyte récepteur à un autre indéfiniment, sans perte d'activité, malgré la dilution importante que de tels transferts en série entraînent. Ceci implique que l'injection du MPF stimule la production de quantités de MPF de plus en plus importantes dans l'ovocyte récepteur. L'amplification a même lieu dans des ovocytes énucléés et en présence d'inhibiteurs de la synthèse protéique, montrant que le MPF active un MPF pré-existant plutôt qu'il n'induit une nouvelle synthèse de MPF.

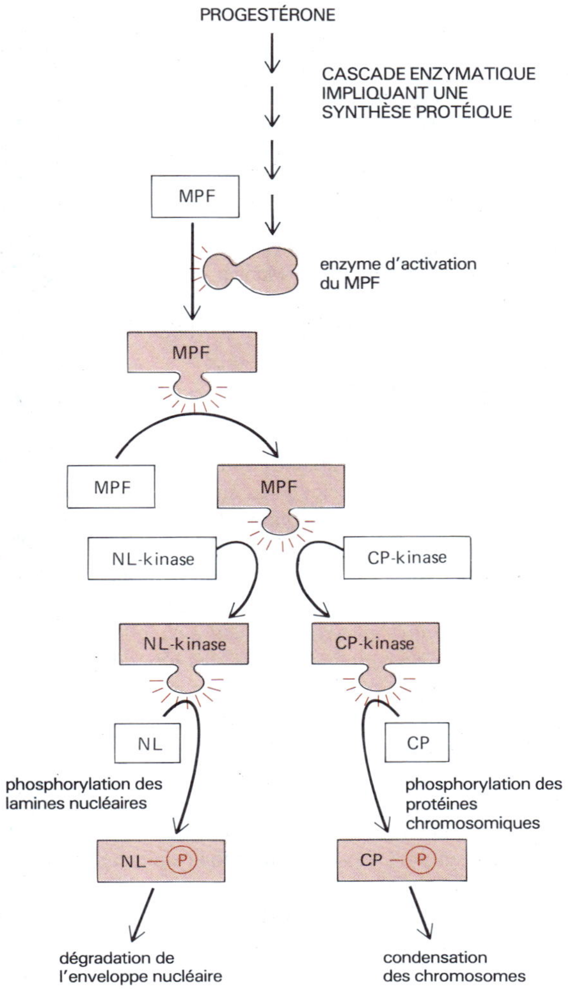

Figure 15-29 Modèle montrant la façon dont le facteur promoteur de la phase M (MPF) peut agir pour déclencher la progression d'un ovule de grenouille de la prophase I vers la métaphase à la suite d'une stimulation par la progestérone. On a émis l'hypothèse que la progestérone provoque indirectement la production d'une enzyme d'activation du MPF qui active une petite quantité de MPF. Cette activation du MPF conduit à l'activation de deux ou plus de deux MPF (amplifiant fortement la réponse) et de protéines kinases qui phosphorylent des lamines nucléaires et des protéines chromosomiques. Ceci provoque la dégradation de l'enveloppe nucléaire et la condensation des chromosomes, entraînant ainsi la cellule vers la métaphase. Une activation consécutive du MPF permet la reconstitution de l'enveloppe nucléaire et la décondensation des chromosomes de sorte que la méiose II peut continuer (non représenté). Un même mécanisme peut fonctionner dans la maturation des ovocytes de mammifères. Un composant du MPF a été identifié comme étant une protéine kinase. C'est l'homologue de la protéine kinase des levures qui est codée par le gène *cdc* 2/28 qui joue un rôle crucial dans le contrôle du cycle cellulaire des cellules de levure (voir p. 743).

Quel est le mécanisme responsable de cette réaction auto-catalytique d'auto-amplification ? Bien que le MPF n'ait pas encore été purifié jusqu'à homogénéité, il semble que ce soit une phosphoprotéine et que la phosphorylation joue un rôle important dans l'induction de son activité. La possibilité la plus simple est que le MPF soit une kinase qui se phosporyle, et s'active ainsi, elle-même. Dans les ovocytes de grenouille, il semble que l'*inactivation* de la kinase A induite par la progestérone initie une série complexe d'événements (nécessitant une synthèse protéique) qui conduisent finalement à l'activation d'une petite quantité de MPF, qui active à son tour plus de MPF. Des phosphorylations importantes des protéines de structure de l'enveloppe nucléaire et du chromosome étant impliquées dans les modifications observées en phase M (voir p. 777), il est tentant de proposer que le MPF active aussi des protéines kinases inconnues qui sont responsables de ces autres changements (Figure 15-29).

Des modifications cycliques de l'activation du MPF sont sans doute essentielles dans la régulation du cycle cellulaire mitotique normal, faisant entrer les cellules en mitose et les faisant en sortir (voir p. 736). La maturation de l'ovocyte implique probablement les mêmes variations cycliques en MPF. Une augmentation du MPF entraîne d'abord l'ovocyte, de la prophase vers la métaphase de la division méiotique I. Ensuite, une inactivation consécutive du MPF permet aux ovocytes d'achever la division nucléaire, et sa réactivation entraîne la cellule vers la phase M de la division méiotique II. On suppose qu'à ce stade un *système d'arrêt de la division méiotique II* (parfois attribué à une activité mal caractérisée appelée *facteur cytostatique*, *cytostatic factor* ou *CSF*) empêche l'inactivation du MPF, immobilisant ainsi l'ovule mature en métaphase II. La fécondation, en augmentant peut-être la concentration de Ca^{2+} dans le cytosol (voir p. 872), lève le blocage et permet l'achèvement de la division méiotique II, ainsi que les cycles ultérieurs d'activation et d'inactivation du MPF qui entraînent les cellules dans des divisions mitotiques successives pour démarrer le processus du développement embryonnaire.

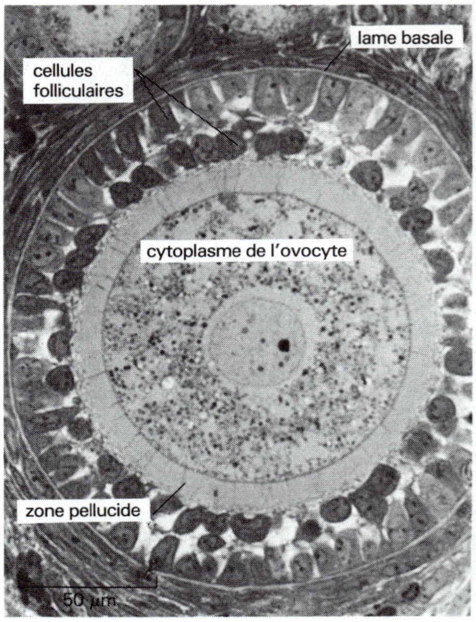

Figure 15-30 Photomicrographie d'un follicule en cours de développement dans l'ovaire d'une lapine. L'ovocyte primaire est beaucoup plus volumineux que l'ovocyte plus précoce représenté dans la figure 15-28, et il contient maintenant des granules corticaux (difficilement observables sur cette micrographie) et une épaisse membrane pellucide, et est entouré de plusieurs couches de cellules folliculaires. Bien que cela ne soit pas visible sur cette micrographie, les cellules folliculaires les plus internes étendent des prolongements à travers la membrane pellucide et forment des jonctions de type gap avec l'ovocyte. La totalité du follicule est entourée d'une lame basale. (Copyright 1979, Urban & Schwarzenberg, Baltimore-Munich. Reproduit avec l'autorisation de « The Cellular Basis of Mammalian Reproduction », édité par Jonathan Van Blerkom et Pietro Motta. Tous droits réservés.)

Dans l'ovaire humain la majorité des ovocytes meurent sans arriver à maturité [14]

Bien que les mécanismes moléculaires qui sont à la base des principaux événements du développement et de la maturation de l'ovocyte soient probablement similaires chez tous les vertébrés, la chronologie de ces événements et les signaux extracellulaires qui les déclenchent peuvent fortement varier. Chez les êtres humains, par exemple, les signaux sont beaucoup plus complexes et moins bien compris que chez les amphibiens. De plus, le nombre d'œufs matures produit dans ces deux espèces est très différent. Au cours de sa vie reproductive, la grenouille femelle produit des ovocytes à partir d'ovogonies qui s'auto-renouvellent à chaque saison d'accouplement quand il y a maturation et ovulation de centaines d'ovocytes lors de leur stimulation par les gonadotrophines. Chez la femme, au contraire, les ovocytes ne sont produits à partir d'ovogonies qu'au cours des premiers mois du développement embryonnaire et, excepté quelques centaines d'entre eux, ces millions d'ovocytes finiront par mourir dans l'ovaire sans maturation.

Les ovocytes primaires des nouveau-nés femelles sont bloqués en prophase de la division méiotique I (comme les ovocytes primaires chez les amphibiens), et la plupart sont entourés d'une seule couche de cellules folliculaires ; cet ovocyte, entouré de ses cellules folliculaires, constitue un **follicule primordial** (voir Figure 15-28). Périodiquement, parfois même avant la naissance, une petite proportion des follicules primordiaux commence à augmenter de volume pour former des **follicules primaires** : les cellules folliculaires augmentent de taille et se multiplient pour former une enveloppe multicouche autour de l'ovocyte primaire ; l'ovocyte lui-même reste en prophase I pendant qu'il augmente de volume, s'entoure d'une membrane pellucide et développe des granules corticaux (Figure 15-30). Certains des follicules en développement formeront finalement une cavité remplie de liquide, ou *antrum*, pour devenir des **follicules cavitaires** (Figure 15-31). On ignore la nature des facteurs qui font que certains follicules primordiaux commencent à se développer pour devenir des follicules primaires. Toutefois, la poursuite du développement de ces follicules semble dépendre de gonadotropines (principalement l'*hormone folliculostimulante* ou *Follicule Stimulating Hormone* ou *FSH*) sécrétées par l'hypophyse et d'œstrogènes sécrétés par les cellules folliculaires elles-mêmes.

Chaque follicule en développement continue à croître jusqu'à ce qu'il dégénère ou libère son ovocyte par ovulation. Cependant, la maturation de l'ovocyte (la progression au-delà de la prophase I) et l'ovulation ne commencent pas avant la puberté. Ensuite, une fois par mois (environ à la moitié du cycle menstruel), l'hypophyse sécrète une vague d'une autre gonadotrophine, l'*hormone lutéinisante* ou *Luteinizing Hormone* ou *LH*. Cette hormone agit pour accélérer la croissance de 15 à 20 follicules primaires parmi les milliers présents dans l'ovaire. Un seul de ces derniers achèvera son développement avec la maturation de l'ovocyte primaire qu'il renferme, qui progressera jusqu'à la métaphase de la division méiotique II et s'y arrêtera. Pendant ce temps, le seul follicule stimulé augmente rapidement de volume et éclate à la surface de l'ovaire, libérant l'ovocyte secondaire toujours entouré d'une enveloppe de cellules folliculaires enfouies dans une matrice de type colloïdal (Figure 15-32). L'ovocyte libéré ne termine la méiose que s'il est fécondé par un spermatozoïde dans les jours qui suivent.

Comment le pic de LH du milieu du cycle déclenche-t-il la maturation de l'ovocyte ? Il semble que les cellules folliculaires exercent normalement une influence inhibitrice sur l'ovocyte qu'elles entourent, puisque les ovocytes situés dans les follicules cavitaires poursuivent spontanément la méiose s'ils sont débarrassés de leurs follicules et cultivés sans hormones de stimulation. Le pic de LH peut provoquer la maturation de l'ovocyte en neutralisant cette influence inhibitrice des cellules folliculaires.

Une des particularités énigmatiques de la maturation ovocytaire chez l'homme tient au fait qu'une petite proportion seulement des nombreux follicules cavitaires présents dans les

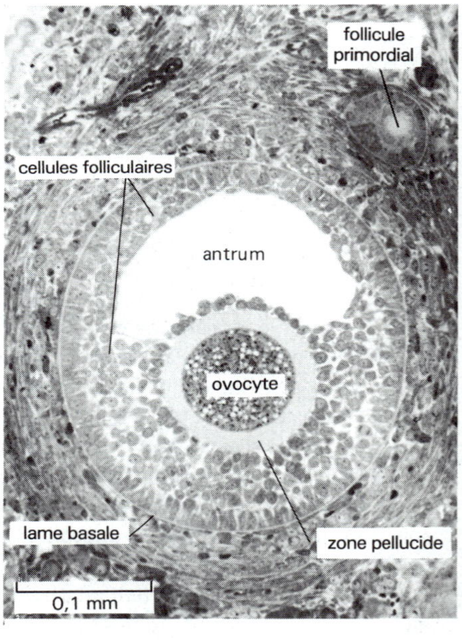

Figure 15-31 Photomicrographie d'un follicule cavitaire dans l'ovaire d'une lapine. Il y a maintenant de nombreuses couches de cellules folliculaires. Le noyau de l'ovocyte est hors du plan de coupe et par conséquent invisible. Par comparaison, noter la présence du follicule primordial de taille beaucoup plus petite dans le coin supérieur droit de la micrographie. (Copyright 1979, Urban & Schwarzenberg, Baltimore-Munich. Reproduit avec l'autorisation de « The Cellular Basis of Mammalian Reproduction », édité par Jonathan Van Blerkom et Pietro Motta. Tous droits réservés.)

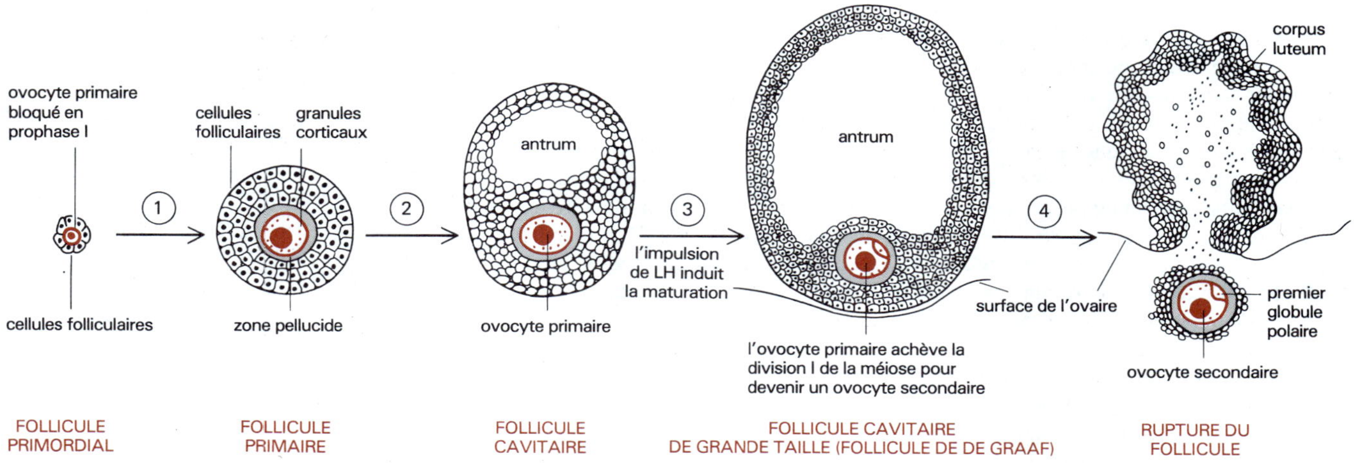

Figure 15-32 Les étapes du développement d'un ovocyte humain. 1) Avant la naissance, une petite proportion de follicules primordiaux commence à croître de façon séquentielle et sont alors appelés follicules primaires. 2) Après une période de croissance ininterrompue, certains follicules primaires se remplissent de liquide pour devenir des follicules cavitaires. 3) A partir de la puberté, une fois par mois, un pic de l'hormone lutéinisante (LH) active environ 20 follicules cavitaires pour accélérer leur croissance ; cependant, un seul d'entre eux achève la maturation et ovule : l'ovocyte primaire contenu dans ce follicule achève la méiose I pour former un globule polaire et un ovocyte secondaire (voir Figure 15-25). 4) L'ovocyte secondaire, arrêté en métaphase de la méiose II, est libéré en même temps que le globule polaire et une enveloppe de cellules folliculaires lors de la rupture du follicule à la surface de l'ovaire. L'ovocyte secondaire n'achèvera la division méiotique II pour devenir un œuf mature que s'il est fécondé. Après ovulation, le follicule vidé se transforme en une structure endocrine, le *corpus luteum*, qui sécrète de la progestérone afin de préparer l'utérus à recevoir l'ovocyte fécondé. Si la fécondation n'a pas lieu, le corpus luteum régresse et la paroi de l'utérus est éliminée au cours de la menstruation.

ovaires au moment du pic mensuel de LH sont stimulés pour accélérer leur croissance, et, un seul de ces derniers mourra et libérera son ovocyte. Les autres sont destinés à dégénérer. Une fois que le follicule sélectionné a mûri au-delà d'un certain point, quelque mécanisme rétroactif doit fonctionner pour inhiber la maturation et l'ovulation de tout autre follicule au cours de ce cycle. Ainsi, au cours des quelque 40 années de la vie reproductive d'une femme, 400 à 500 ovocytes seulement seront libérés. Les 3 millions d'ovocytes primaires restants, qui sont présents à la naissance, dégénèrent. On ignore la raison pour laquelle tant d'ovocytes sont formés pour finir par mourir dans les ovaires.

Vers la fin de la vie reproductive, les ovocytes secondaires libérés par l'ovaire humain au moment de l'ovulation dérivent d'ovocytes primaires qui ont été bloqués en prophase I pendant 40 à 50 ans. La fréquence élevée de certaines anomalies génétiques chez les enfants nés de femmes plus âgées peut s'expliquer par une lésion des ovocytes pendant cette période. Par exemple, un p. cent des enfants conçus par des femmes de plus de 40 ans sont atteints du *syndrome de Down* (mongolisme), une maladie provoquée par la présence d'une copie supplémentaire du chromosome 21, due à une non-séparation au cours de la division méiotique I ou II (Figure 15-33).

Les spermatozoïdes sont très adaptés pour transmettre leur ADN à l'ovule [15]

Dans la majorité des espèces, il n'existe que deux types de gamètes, et ils sont totalement différents. L'ovule fait partie des cellules les plus volumineuses d'un organisme ; le **spermatozoïde** est souvent la plus petite. L'ovule et le spermatozoïde sont conçus de façon optimale de manières différentes pour la propagation des gènes qu'ils portent. L'ovule sert à la survie des gènes maternels en fournissant d'importantes réserves de matériaux bruts pour la croissance et le développement, ainsi qu'une enveloppe protectrice efficace. Le spermatozoïde, au contraire, est généralement conçu pour propager les gènes paternels en étant très mobile et « profilé » pour être rapide et efficace dans sa mission de fécondation. La compétition entre les spermatozoïdes est féroce, et la grande majorité d'entre eux ne remplissent pas leur mission : sur les milliards de spermatozoïdes libérés au cours de la vie reproductrice d'un homme, seul un petit nombre parviendra à féconder un ovule.

Les spermatozoïdes typiques (Figure 15-34) sont des cellules « dépouillées » pourvues d'un puissant flagelle qui leur permet de se propulser dans un milieu aqueux, mais libres des organites cytoplasmiques, comme les ribosomes, le réticulum endoplasmique ou l'appareil de Golgi, qui ne sont d'aucune utilité dans la fonction de « livraison » de l'ADN à l'ovule. Par contre, le spermatozoïde contient de nombreuses mitochondries, placées aux endroits stratégiques où elles peuvent alimenter le plus efficacement le moteur du flagelle. Le spermatozoïde est

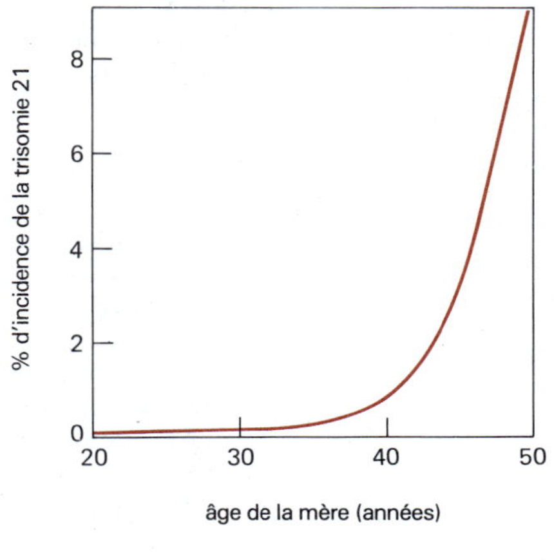

Figure 15-33 La fréquence de la trisomie 21 chez les nouveau-nés humains augmente avec l'âge de la mère. (Adapté d'après M.S. Golbus, *dans* Fertilization and Embryonic Development *in Vitro*, édité par I. Mastroianni, Jr., et J.D. Biggers, p. 260, Plenum, 1981.)

habituellement constitué de deux régions morphologiquement et fonctionnellement distinctes entourées d'un membrane plasmique unique : la **tête**, qui contient un noyau haploïde exceptionnellement compact, et la **queue**, qui propulse le spermatozoïde jusqu'à l'ovule et l'aide à traverser les enveloppes de l'ovule. L'ADN du noyau est inactif et extrêmement dense, de sorte que son volume est réduit au minimum pour le transport. Les chromosomes de nombreux spermatozoïdes sont dépourvus des histones qui leur sont normalement associées dans les cellules somatiques et sont complexés à des protéines simples de forte charge positive.

Dans la tête spermatique, étroitement appliquée contre l'extrémité antérieure de l'enveloppe nucléaire, se trouve une vésicule sécrétrice appelée **acrosome** (voir Figure 15-34). Cette vésicule contient des enzymes hydrolytiques qui permettent au spermatozoïde de pénétrer dans l'enveloppe externe de l'ovule. Quand un spermatozoïde entre au contact d'un ovule, le contenu de la vésicule est libéré par exocytose au cours de ce que l'on appelle la *réaction acrosomienne*. Dans le spermatozoïde de nombreux invertébrés, cette réaction provoque également la libération de protéines particulières qui fixent étroitement le spermatozoïde à l'enveloppe de l'ovule (voir p. 869).

La queue mobile du spermatozoïde est un long flagelle dont l'axonème central provient d'un corps basal situé juste en arrière du noyau. Comme cela a été décrit plus haut (voir p. 647), l'axonème est constitué de deux microtubules isolés entourés de 9 doublets de microtubules également espacés. Le flagelle de certains spermatozoïdes (y compris ceux des mammifères) diffère des autres flagelles par la présence de neuf *fibres denses externes* supplémentaires de composition inconnue autour de l'arrangement habituel 9 + 2 de l'axonème (Figures 15-35 et 15-36). Les fibres denses sont rigides et non contractiles, et on ne connaît pas le rôle qu'elles jouent dans la courbure active du flagelle, qui est provoquée par le glissement des doublets de microtubules adjacents les uns par rapport aux autres (voir p. 648). L'énergie nécessaire au mouvement flagellaire est fournie par l'hydrolyse de l'ATP synthétisé par des mitochondries hautement spécialisées situées dans la partie antérieure de la queue du spermatozoïde (appelée *pièce intermédiaire*), là où l'ATP est nécessaire (voir Figures 15-34 et 15-35).

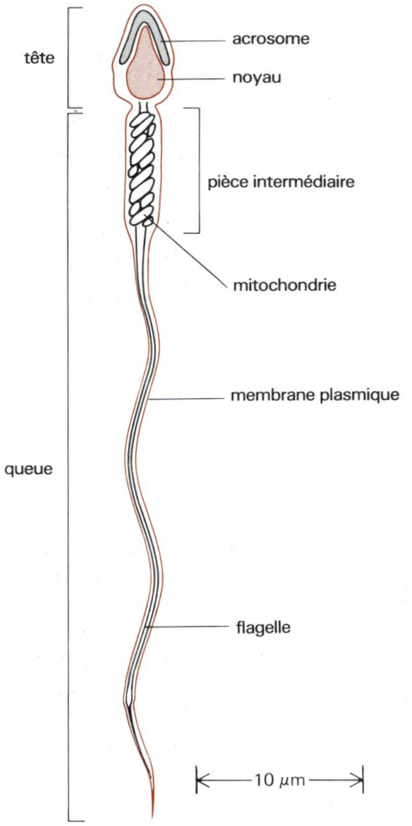

Figure 15-34 Un spermatozoïde humain en coupe longitudinale.

La spermatogenèse est un phénomène continu chez beaucoup de mammifères [16]

Chez les mammifères, il existe d'importantes différences entre le mode de production des ovules (ovogenèse) et celui des spermatozoïdes (**spermatogenèse**). Chez la femme, par exemple, nous avons décrit comment les ovogonies, tôt au cours de l'embryogenèse, prolifèrent pour engendrer un nombre limité d'ovocytes qui ovulent par intervalles, un seul à la fois, dès la puberté. Chez l'homme, par contre, la spermatogenèse ne commence pas avant la puberté et se poursuit ensuite sans interruption au niveau des cellules épithéliales tapissant de très longs tubes enroulés serrés, appelés *tubes séminifères*, situés dans les testicules. Les cellules germinales immatures, appelées **spermatogonies**, sont localisées sur le bord externe, jouxtant la lame basale, de ces tubes, où elles se divisent sans interruption par mitose. Certaines cellules filles cessent de se multiplier et se différencient en **spermatocytes primaires**. Ces cellules entrent en première prophase méiotique, à laquelle leurs chromosomes appariés homologues participent par enjambements, puis continuent par la division I de la méiose pour donner des **spermatocytes secondaires**, qui contiennent chacun 22 chromosomes autosomaux dupliqués et, soit un chromosome X, soit un chromosome Y dupliqué. Chaque chromosome est encore constitué de deux chromatides-sœurs jusqu'à ce que les deux spermatocytes secondaires subissent la division II de la méiose pour donner quatre **spermatides**, possédant chacune un nombre haploïde de chromosomes séparés. Ces spermatides subissent alors des transformations morphologiques au cours desquelles elles se différencient en spermatozoïdes matures, qui s'échappent dans la lumière du tube séminifère (Figures 15-37 et 15-38). Ils passent ensuite dans l'*épididyme*, un tube enroulé qui recouvre le testicule, où ils sont stockés et poursuivent leur maturation.

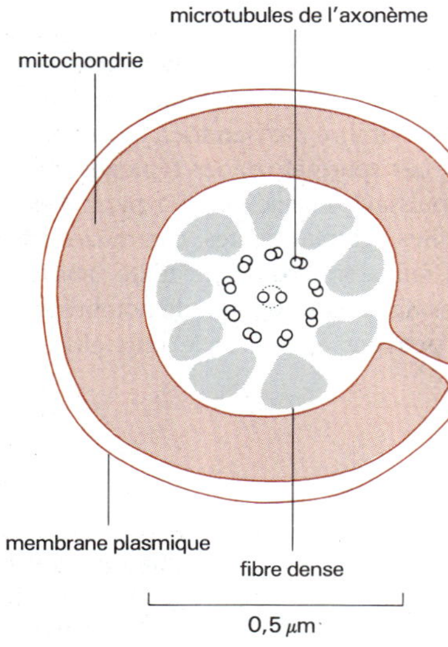

Figure 15-35 Dessin de la pièce intermédiaire d'un spermatozoïde de mammifère tel qu'il peut être observé en coupe transversale par microscopie électronique. La partie centrale du flagelle est composée d'un axonème entouré de neuf fibres denses. L'axonème est composé de deux microtubules isolés entourés de neuf doublets de microtubules. La mitochondrie (représentée en couleur) est bien placée pour fournir l'ATP nécessaire au mouvement flagellaire ; sa structure inhabituellle en spirale résulte de la fusion de mitochondries isolées au cours de la différenciation de la spermatide.

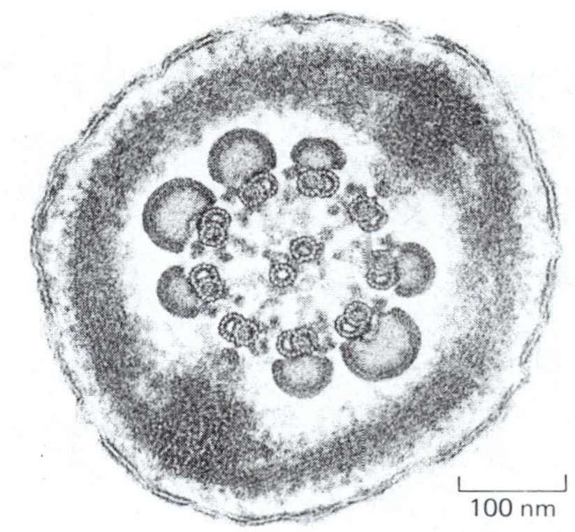

Figure 15-36 Micrographie électronique d'une coupe transversale du flagelle d'un spermatozoïde de cobaye. Cette coupe étant effectuée dans une région de la queue du spermatozoïde au-delà de la pièce intermédiaire, aucune mitochondrie n'est présente. Noter qu'au niveau de cette coupe, deux des neuf fibres denses externes se terminent en continuité avec une gaine fibreuse externe. (Avec l'autorisation de Daniel S. Friend).

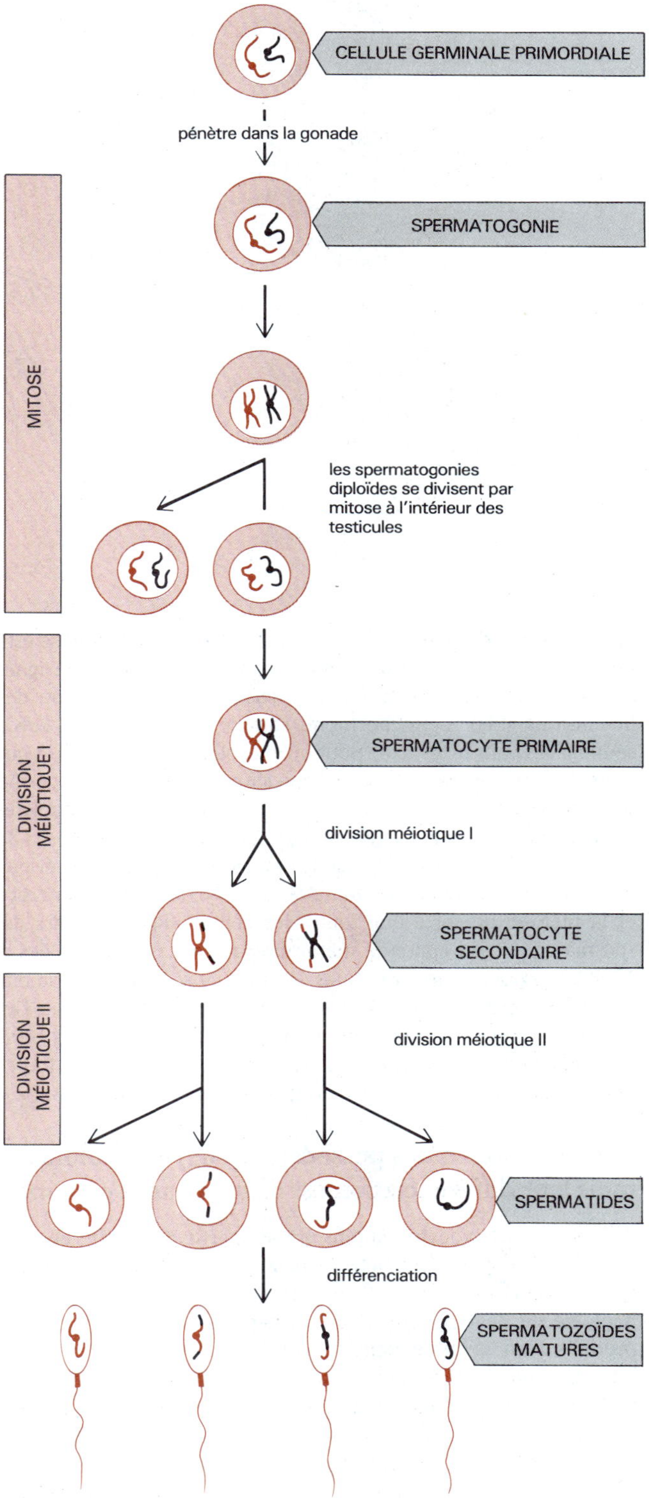

Figure 15-37 Les étapes de la spermatogenèse. Les spermatogonies se développent à partir des cellules germinales primordiales qui migrent dans les testicules au début de l'embryogenèse. Quand l'animal arrive à maturité sexuelle, les spermatogonies commencent à proliférer rapidement, engendrant quelques descendants qui conservent la capacité de continuer à se diviser indéfiniment (sous forme de spermatogonies germinales) et d'autres descendants (spermatogonies en cours de maturation) qui, après un nombre supplémentaire limité de cycles normaux de division, entreront en méiose pour devenir des spermatocytes primaires. Ceux-ci poursuivent la division méiotique I pour devenir des spermatocytes secondaires. Une fois qu'ils ont subi la division méiotique II, ces spermatocytes secondaires sont devenus des spermatides haploïdes qui se différencient en spermatozoïdes matures. La spermatogenèse diffère de l'ovogenèse (Figure 15-25) de plusieurs façons : 1) à partir de la puberté, de nouvelles cellules entrent sans arrêt en méiose, 2) chaque cellule qui subit la méiose donne 4 gamètes matures au lieu d'un et 3) les spermatozoïdes matures se forment par un processus élaboré de différenciation cellulaire qui commence après l'achèvement de la méiose.

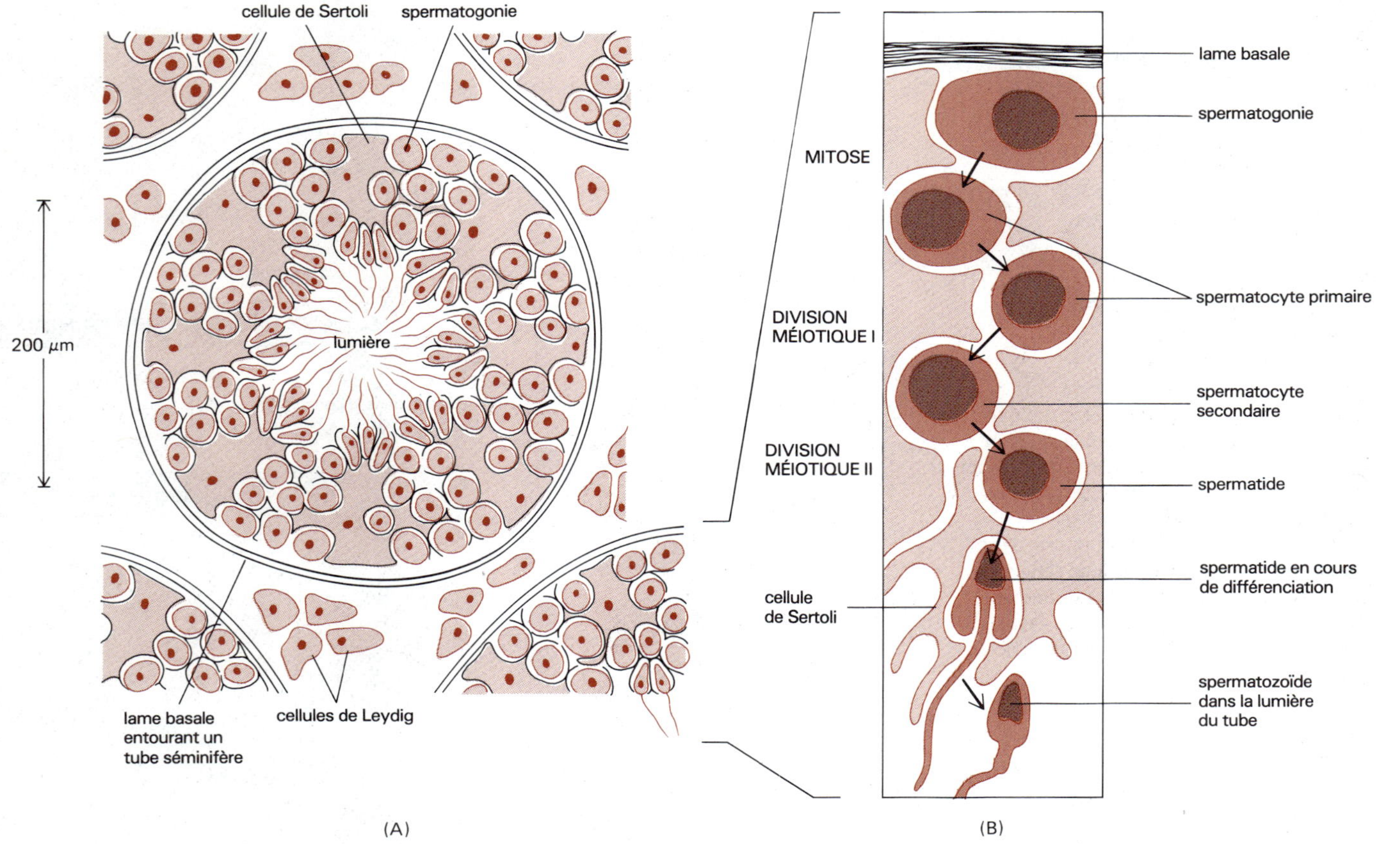

Figure 15-38 Représentation très schématique d'une coupe transversale d'un tube séminifère dans un testicule de mammifère. (A) Toutes les phases de la spermatogenèse représentées ici se situent alors que les gamètes en développement sont étroitement associés aux *cellules de Sertoli* ; ce sont des cellules volumineuses qui s'étendent de la lame basale vers la lumière du tube séminifère. La spermatogenèse dépend de la testostérone sécrétée par les *cellules de Leydig* localisées entre les tubes séminifères. (B) Les spermatogonies en cours de division se trouvent le long de la lame basale. Certaines de ces cellules cessent de se diviser et entrent en méiose pour devenir des spermatocytes primaires. Finalement, les spermatozoïdes sont libérés dans la lumière. Chez l'homme, il faut environ 24 jours au spermatocyte pour achever la méiose et devenir une spermatide, et 5 autres semaines à une spermatide pour se développer en un spermatozoïde. Les spermatozoïdes ne sont complètement matures qu'après avoir subi une maturation supplémentaire et être devenus mobiles dans l'épididyme.

Comme dans le cas de l'ovogenèse, la spermatogenèse est sous contrôle hormonal. Dès la puberté, l'hypophyse de l'homme sécrète une gonadotropine identique à celle que nous avons rencontrée lors de notre discussion sur l'ovogenèse des mammifères — l'hormone lutéinisante (LH). Cette hormone stimule les *cellules de Leydig* localisées entre les tubes séminifères dans le testicule pour qu'elles sécrètent de grandes quantités de l'hormone sexuelle mâle, la *testostérone* ; la testostérone stimule à son tour la spermatogenèse, probablement par son action sur les *cellules de Sertoli* qui enveloppent complètement les spermatozoïdes en développement, les protègent et les nourrissent (voir Figure 15-38).

La spermatogenèse possède une caractéristique mystérieuse : la division cytoplasmique (cytodiérèse) des cellules germinales mâles en développement est incomplète pendant la mitose et la méiose, de sorte que toutes les cellules-filles en cours de différenciation issues d'une spermatogonie en cours de maturation restent reliées par des ponts cytoplasmiques (Figure 15-39). Ces ponts cytoplasmiques persistent jusqu'à la fin de la différenciation des spermatides, quand les spermatozoïdes sont libérés dans la lumière du tube. Un ensemble de cellules réunies de cette façon est connu sous le nom de *syncytium*. Ceci permet d'expliquer que tous les spermatozoïdes mûrs sont produits de façon synchrone en toute région d'un tube séminifère. Mais quelle est la fonction de ce regroupement en syncytium ?

Les spermatozoïdes possèdent un noyau haploïde, mais leur différenciation est dirigée par le génome diploïde [17]

A l'opposé des ovocytes, la plus grande partie de la différenciation des spermatozoïdes a lieu lorsque les noyaux ont achevé la méiose pour devenir haploïdes. En principe, les ponts cytoplasmiques qui s'établissent entre eux pourraient apporter à chaque spermatozoïde haploïde en développement qui partage un cytoplasme commun avec ses voisins, tous les produits d'un génome diploïde complet. Deux raisons peuvent expliquer pourquoi il est important que le génome haploïde dirige la différenciation du spermatozoïde, comme il dirige la différenciation de l'ovule. Premièrement, le génome diploïde d'où est issu le spermatozoïde comprend en général certaines copies géniques défectueuses, correspondant à des mutations léthales récessives (voir p. 842) ; une cellule haploïde qui reçoit l'une de ces copies géniques a de grandes chances de mourir, à moins que d'autres noyaux qui possèdent la bonne copie du

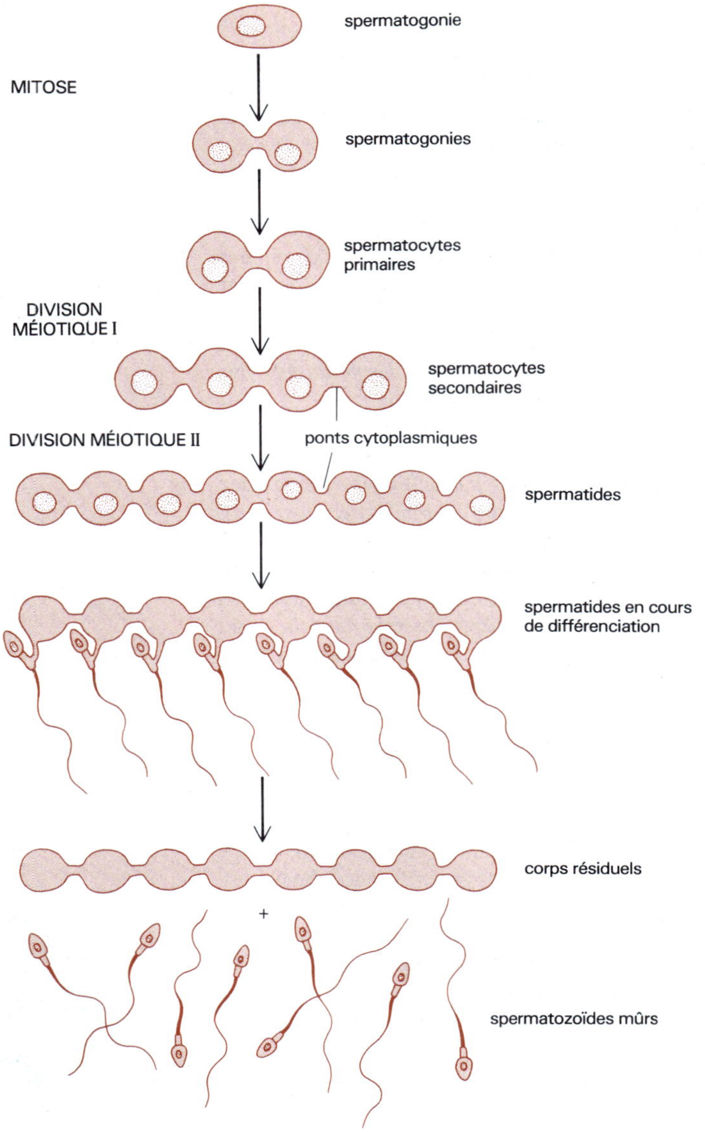

Figure 15-39 Dessin illustrant la façon dont les cellules issues d'une seule spermatogonie en cours de maturation restent reliées entre elles par des ponts cytoplasmiques tout au long de leur différenciation en spermatozoïdes mûrs. Dans un souci de clarté, on n'a représené que deux cellules reliées subissant la méiose pour former finalement 8 spermatides reliées. Le nombre de cellules reliées qui subissent ensemble les deux divisions méiotiques puis la différenciation est en réalité beaucoup plus important que ce qui a été figuré ici.

gène lui fournissent les produits géniques fonctionnels pour lesquels il code. Deuxièmement, dans des organismes comme celui de l'homme, certains spermatozoïdes reçoivent un chromosome X à la méiose, et d'autres un chromosome Y. Le chromosome X portant un grand nombre de gènes essentiels qui manquent sur le chromosome Y, il est invraisemblable que les spermatozoïdes portant le chromosome Y puisse survivre et arriver à maturité sans les produits du chromosome X.

Il existe des preuves expérimentales directes du contrôle exercé par des produits du génome diploïde sur la différenciation des spermatozoïdes. Par exemple, chez des *mutants de ségrégation* de *Drosophile*, la ségrégation des chromosomes entre les deux cellules-filles est inégale à la méiose. Certains spermatozoïdes contiennent donc trop peu de chromosomes, d'autres trop, et certains pas du tout. Une explication évidente est que les produits des chromosomes manquants pourraient être apportés par diffusion à travers les ponts cytoplasmiques qui relient les cellules germinales adjacentes. Cependant, il est également possible que les spermatogonies ou les spermatocytes I diploïdes donnent, avant la méiose, des instructions stables qui serviront à diriger la différenciation spermatique (vraisemblablement sous la forme d'ARNm d'une grande longévité), de sorte que le génome haploïde de la spermatide n'a pas besoin de fonctionner au cours de la période de différenciation. Dans les deux cas, il est évident que la différenciation d'un spermatozoïde, même si elle a lieu avec un noyau haploïde, utilise des produits déterminés par les deux jeux de chromosomes parentaux.

Résumé

Les ovules se développent par étapes à partir des cellules germinales primordiales qui migrent dans l'ovaire au tout début du développement pour donner des ovogonies. Après leur multiplication par mitoses, les ovogonies donnent des ovocytes primaires qui entrent en division méiotique I et s'arrêtent en prophase pendant des jours ou des années selon l'espèce. Au cours de cette période d'arrêt en prophase I, les ovocytes primaires se développent et accumulent des ribosomes, des ARNm et des protéines, s'assurant souvent le concours d'autres cellules, y compris les cellules auxiliaires environnantes. Le développement ultérieur (maturation ovocytaire) est sous la dépendance d'hormones polypeptidiques (gonadotropines), qui agissent sur les cellules auxiliaires environnantes, les poussant à provoquer la maturation d'une proportion des ovocytes primaires. Ces ovocytes achèvent la division méiotique I pour former un petit globule polaire et un ovocyte secondaire de grande taille et passent en métaphase de la division méiotique II, où, chez de nombreuses espèces, l'ovocyte est immobilisé jusqu'à ce qu'il soit stimulé par fécondation pour achever la méiose et commencer le développement embryonnaire.

Un spermatozoïde est généralement une cellule compacte et de petite taille hautement adaptée à sa fonction de transmission de son ADN à l'ovule. Alors que, dans de nombreux organismes femelles, la réserve totale d'ovocytes est produite tôt au début de l'embryogenèse, chez les mâles, de nouvelles cellules germinales entrent sans arrêt en méiose à partir du développement sexuel, chaque spermatocyte primaire donnant naissance à quatre spermatozoïdes mûrs. La différenciation des spermatozoïdes se produit après la méiose, lorsque les noyaux sont haploïdes. Cependant, la cytocinèse des spermatogonies et des spermatocytes en cours de maturation étant incomplète, les cellules issues d'une seule spermatogonie se développent sous la forme d'un grand syncytium. Ceci peut être la raison pour laquelle la différenciation des spermatozoïdes est dirigée par les produits des deux chromosomes parentaux.

La fécondation [18]

Une fois libérés, l'ovule comme le spermatozoïde sont destinés à mourir en quelques minutes ou quelques heures s'ils ne se rencontrent pas pour fusionner au cours de la **fécondation**. Grâce à la fécondation, l'ovule et le spermatozoïde sont sauvés de la dégénérescence : l'ovule est activé pour commencer son programme de développement, et les noyaux des deux gamètes fusionnent pour former le génome d'un nouvel organisme. Une grande part de ce que nous savons du mécanisme de la fécondation provient d'études effectuées sur des invertébrés marins, et particulièrement les oursins (Figures 15-40). Dans ces organismes, la fécondation se produit dans l'eau de mer, où sont libérées des quantités considérables de spermatozoïdes et d'ovules. Il est beaucoup plus aisé d'étudier une telle *fécondation externe* que la fécondation interne des mammifères, qui se produit dans le tractus génital de la femelle après l'accouplement. C'est pourquoi, la plus grande partie de notre discussion sur la fécondation traitera des oursins. Toutefois, en dépit de la grande distance phylogénétique qui sépare les oursins des mammifères, de nombreux mécanismes cellulaires et moléculaires impliqués dans la fécondation sont analogues.

Le contact avec l'enveloppe gélatineuse d'un ovule stimule la réaction acrosomienne du spermatozoïde d'oursin [19]

Une femelle d'oursin contient 10^7 ovules, et un mâle 10^{12} spermatozoïdes, de sorte que l'on peut obtenir, en très grand nombre, des populations pures de gamètes d'oursin qui sont tous au même stade de développement. Quand les deux types de gamètes sont mélangés, la séquence des interactions ovule-spermatozoïde commence de façon synchrone en quelques secondes. La fécondation commence lorsque la tête d'un spermatozoïde rentre en contact avec l'enveloppe gélatineuse (voir Figure 15-24) d'un ovule. Le contact active la **réaction acrosomienne** du spermatozoïde, au cours de laquelle le contenu de l'acrosome est libéré dans le milieu extérieur. Chez les oursins et beaucoup d'autres invertébrés marins, la libération du contenu de l'acrosome est accompagnée de la formation d'un long **tubule acrosomien** contenant de l'actine, qui fait saillie de l'extrémité antérieure du spermatozoïde. Comme le montre la Figure 15-41, la pointe de ce tubule est recouverte par les composants de l'ancienne membrane de l'acrosome. Elle se recouvre également des sécrétions que contenait l'acrosome qui comprennent (1) les enzymes hydrolytiques qui aident le spermatozoïde à pénétrer l'enveloppe gélatineuse et à atteindre ainsi la membrane vitelline, (2) des protéines de liaison spécifiques qui interviennent dans la liaison du tubule acrosomien à la membrane vitelline (voir ci-dessous), et (3) des enzymes hydrolytiques qui permettent ensuite au tubule acrosomien de se frayer un

Figure 15-40 Photographie de deux espèces d'oursins qui sont couramment utilisées dans les études sur la fécondation. La première espèce est *Strongylocentrotus purpuratus*, et la deuxième est *Strongylocentrotus franciscanus* (pratiquement grandeur nature). (Avec l'autorisation de Victor Vacquier.)

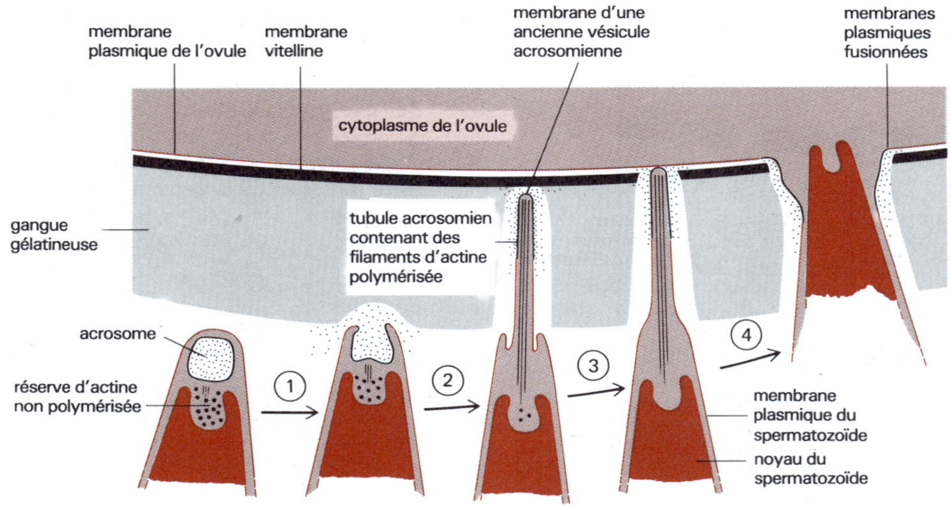

Figure 15-41 Dessin schématique des détails de la réaction acrosomienne chez l'oursin. Quand le spermatozoïde arrive au contact de la gangue gélatineuse, il se produit une exocytose de l'acrosome (1), suivie d'une polymérisation explosive d'actine qui forme le long tubule acrosomien qui traverse la gangue gélatineuse (2). Les protéines libérées par l'acrosome (*petits points noirs*) adhèrent à la surface du tubule acrosomien et servent à la fois à attacher le spermatozoïde à la membrane vitelline et à digérer cette membrane (3). Quand la membrane de l'ancien acrosome (qui forme la pointe du tubule acrosomien) arrive au contact de la membrane plasmique de l'ovule (3), les deux membranes fusionnent, les filaments d'actine se désassemblent et le spermatozoïde pénètre dans l'ovule (4).

Comment le spermatozoïde trouve-t-il un ovule à féconder après libération des gamètes dans l'eau de mer ? Les ovules d'oursin sécrètent un peptide appelé *resact* qui agit pour le spermatozoïde d'oursin comme une substance chimioattractive spécifique d'espèce. Ce peptide se fixe à un récepteur transmembranaire sur la surface du spermatozoïde ; on a montré que ce récepteur est une enzyme, la guanil cyclase, qui catalyse la production de GMP cyclique à l'intérieur du spermatozoïde.

passage à travers cette couche jusqu'à la membrane plasmique de l'ovule. Lorsque la membrane de la pointe du tubule acrosomien entre en contact avec la membrane plasmique de l'ovule, les deux membranes fusionnent, permettant au noyau du spermatozoïde de pénétrer dans l'ovule (voir Figure 15-41).

L'agent qui provoque la réaction acrosomienne du spermatozoïde d'oursin est un long polysaccharide de l'enveloppe gélatineuse de l'ovule riche en sulfate de fucose : lorsque ce polysaccharide est extrait d'un ovule d'oursin et ajouté au spermatozoïde, il induit une réaction acrosomienne normale en quelques secondes. Le polysaccharide de l'enveloppe gélatineuse se lie à un récepteur glycoprotéique dans la membrane plasmique du spermatozoïde, provoquant la dépolymérisation de la membrane ; on suppose que la dépolymérisation ouvre des canaux Ca^{2+} réglés par la tension dans la membrane, permettant aux ions Ca^{2+} de pénétrer dans le spermatozoïde. Le polysaccharide de l'enveloppe gélatineuse active également une pompe à protons située dans la membrane plasmique du spermatozoïde, qui provoque une sortie de H^+ en échange de Na^+. L'augmentation du pH qui en résulte à l'intérieur de la tête du spermatozoïde, ainsi que l'augmentation des ions Ca^{2+} cytosoliques, amorcent la réaction acrosomienne. On suppose que sous l'effet de l'augmentation du pH intracellulaire, l'actine non polymérisée se dissocie des protéines de liaison à l'actine situées dans le cytoplasme du spermatozoïde qui, sans cela, empêchent la polymérisation de l'actine (voir p. 641) ; ceci initie la polymérisation explosive de l'actine, qui donne lieu à la formation du tubule acrosomien.

Cependant, la polymérisation de l'actine n'est pas le seul mécanisme dont dépend l'élongation du tubule acrosomien. Un influx net d'ions (Ca^{2+}, Na^+ et Cl^-) augmente le nombre des molécules osmotiquement actives à l'intérieur de la tête du spermatozoïde, provoquant ainsi une entrée d'eau. L'augmentation soudaine de la pression hydrostatique qui en résulte permet sans doute d'allonger le tubule acrosomien.

L'adhérence spermatozoïde-ovule se fait par l'intermédiaire de macromolécules spécifiques de l'espèce [20]

La spécificité zoologique de la fécondation est particulièrement importante pour les animaux aquatiques qui déchargent leurs ovules et leurs spermatozoïdes dans l'eau, où ils sont susceptibles de se mélanger avec les ovules et les spermatozoïdes d'autres espèces. Chez les oursins, cette spécificité réside dans la fixation du spermatozoïde à la couche vitelline située sous l'enveloppe gélatineuse ; les spermatozoïdes d'oursin subiront parfois une réaction acrosomienne en réponse à des ovules d'autres espèces, mais ils seront incapables de se fixer sur ces ovules et ne pourront donc pas les féconder.

La molécule qui est sans doute responsable, dans le spermatozoïde d'oursin, de la spécificité zoologique de l'adhérence du spermatozoïde à la membrane vitelline de l'ovule a été isolée. C'est une protéine appelée *bindine*, qui est normalement contenue dans l'acrosome. Après sa libération au cours de la réaction acrosomienne, elle recouvre la surface du tubule acrosomien et sert d'intermédiaire dans la fixation du spermatozoïde à l'ovule. Chaque espèce d'oursin fabrique un type différent de bindine, qui ne se fixe qu'à la couche vitelline des ovules d'oursins de la même espèce. On a trouvé que la membrane vitelline de l'ovule d'une espèce d'oursins contient un protéoglycanne qui se comporte comme un *récepteur de la bindine* au cours du processus d'adhérence, et il existe des raisons de penser que la bindine agit comme

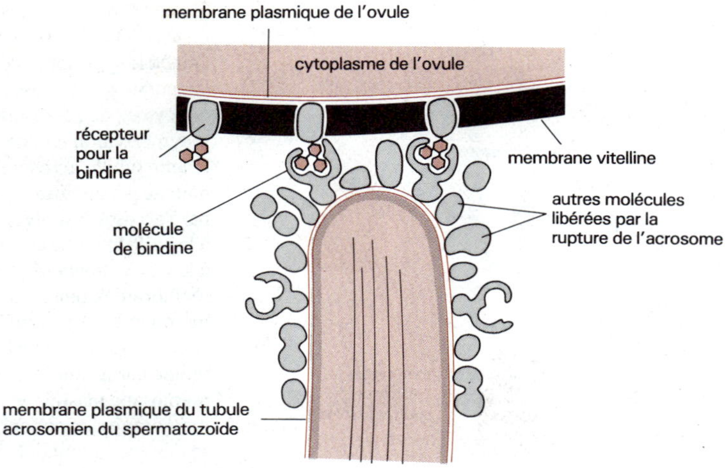

Figure 15-42 Représentation très schématique de molécules de bindine recouvrant la surface du tubule acrosomien d'un spermatozoïde d'oursin. On pense que ces protéines se fixent à une séquence glucidique spécifique sur une molécule de récepteur associée à la membrane vitelline de l'ovule.

une lectine qui reconnaît des déterminants glucidiques spécifiques sur ces molécules de protéoglycanne (Figure 15-42). Puisque la bindine peut induire la fusion de vésicules lipidiques artificielles *in vitro*, on a suggéré qu'elle pouvait catalyser la fusion des membranes plasmiques du tubule acrosomien et de l'ovule après avoir assemblé les deux membranes (voir p. 336).

L'activation de l'ovule entraîne des modifications des concentrations ioniques intracellulaires [21]

Dès qu'un spermatozoïde d'oursin activé s'attache à un ovule, le tubule acrosomien pénètre rapidement à travers la membrane vitelline, et la membrane de la pointe du tubule fusionne avec la membrane plasmique de l'ovule à la pointe d'une microvillosité (Figure 15-43). Les microvillosités voisines s'allongent et se groupent rapidement autour du spermatozoïde, qui est ensuite entraîné tête la première dans l'ovule lorsque les microvillosités se résorbent.

Le spermatozoïde active le programme de développement de l'œuf. Avant la fécondation, l'ovule est métaboliquement au repos : il ne synthétise pas d'ADN, et l'ARN et les protéines sont synthétisés à des taux très faibles. Une fois libéré de l'environnement de soutien de l'ovaire, un ovule mourra en quelques heures s'il n'est pas secouru par fusion avec un spermatozoïde. L'activation métabolique par fusion avec un spermatozoïde entraîne l'ovule au repos dans une voie qui conduit à la synthèse d'ADN et à la segmentation. Le spermatozoïde, cependant, ne sert qu'à déclencher un programme préétabli dans l'ovule. Le spermatozoïde lui-même n'est pas nécessaire. L'ovule peut être activé artificiellement par toute une série de traitements chimiques ou physiques non spécifiques. Un ovule de grenouille, par exemple, peut être activé par piqûre avec une aiguille. (Le développement d'un œuf qui a été activé en l'absence d'un

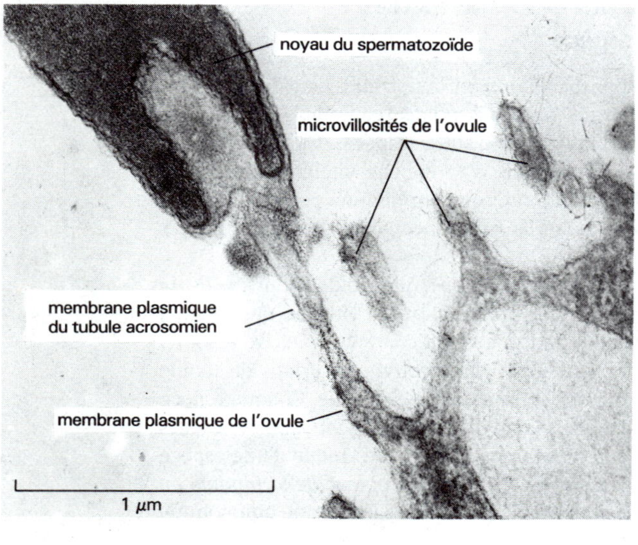

Figure 15-43 Micrographie électronique montrant un spermatozoïde d'oursin en train de féconder un ovule. La membrane de la pointe du tubule acrosomien a fusionné avec la membrane plasmique de l'ovule au niveau du sommet d'une microvillosité de la surface de l'ovule. Un ovule d'oursin non fécondé est recouvert de plus de 100 000 microvillosités. (Avec l'autorisation de Frank Collins.)

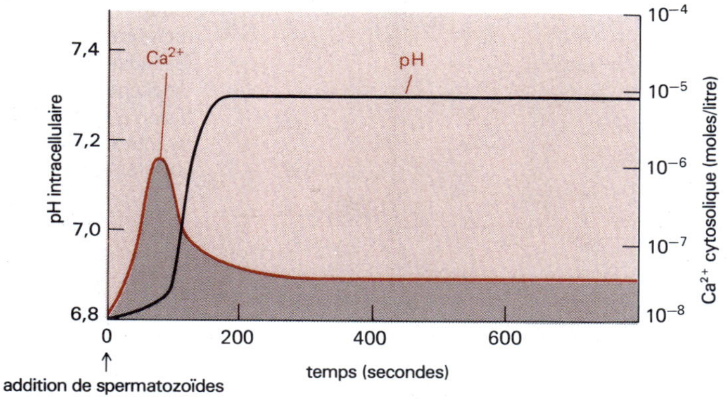

Figure 15-44 Deux des modifications ioniques impliquées dans l'activation d'un œuf d'oursin après la fécondation. Dans les 10 secondes qui suivent la fécondation, des ions Ca^{2+} sont libérés dans le cytosol depuis un compartiment de rétention du Ca^{2+} intracellulaire, augmentant la concentration cytosolique en Ca^{2+} libre pendant environ 2 minutes et demie ; par la suite, le niveau de Ca^{2+} au repos reste légèrement plus élevé que dans l'œuf non fécondé. Au bout de 60 secondes environ, un flux sortant prolongé de H^+ couplé à un influx de Na^+ entraîne une augmentation définitive du pH intracellulaire.

spermatozoïde est appelé **parthénogenèse** ; certains organismes, dont un petit nombre de vertébrés, se reproduisent normalement par parthénogenèse). De plus, les premières étapes de l'activation de l'ovule ne dépendent pas de la production d'une quelque autre protéine nouvelle, puisqu'elles se déroulent tout à fait normalement en présence de poisons qui inhibent la synthèse protéique.

Chez les oursins, beaucoup des étapes précoces de l'activation de l'ovule ont été étudiées en détail, et on a montré qu'elles étaient sous la dépendance de variations de concentrations ioniques à l'intérieur de l'ovule. Ces modifications ioniques surviennent dans les quelques secondes ou minutes qui suivent l'addition de spermatozoïdes à une suspension d'ovules : 1) une augmentation de la perméabilité de la membrane plasmique à Na^+ provoque la dépolarisation de la membrane en quelques secondes ; 2) une libération massive de Ca^{2+} à partir du compartiment intracellulaire de rétention du calcium (voir p. 669), entraîne une augmentation de la concentration de Ca^{2+} dans le cytosol en l'espace de 10 secondes ; et 3) un flux sortant de H^+ couplé à un influx de Na^+ commence en moins de 60 secondes et provoque une forte augmentation du pH intracellulaire (Figure 15-44). Comme nous allons le voir maintenant, ces trois variations ioniques ont deux conséquences : premièrement, elles rendent l'œuf impénétrable aux spermatozoïdes ultérieurs ; deuxièmement elles aident à activer les premières étapes du programme de développement de l'œuf.

La dépolarisation rapide de la membrane plasmique de l'ovule empêche d'autres fusions spermatozoïde-ovule et intervient ainsi dans le blocage rapide de la polyspermie [22]

Bien que de nombreux spermatozoïdes puissent se fixer sur l'ovule, un seul normalement fusionnera avec la membrane plasmique et injectera son noyau dans la cellule. Si plus d'un spermatozoïde fusionne (ce qu'on appelle *polyspermie*), des fuseaux mitotiques supplémentaires sont formés, aboutissant à la ségrégation anormale des chromosomes pendant le clivage : des cellules non diploïdes sont produites et le développement cesse rapidement. Les ovules, qui sont normalement fécondés par le dépôt de grands nombres de spermatozoïdes dans leur voisinage, doivent donc d'une manière ou d'une autre bloquer l'entrée d'autres spermatozoïdes très rapidement après la fécondation. Ainsi, les œufs de nombreux animaux marins possèdent un mécanisme de **blocage rapide de la polyspermie**, qui diffère selon les espèces.

Les ovules de poisson ont un canal étroit, appelé *micropyle*, à travers lequel les spermatozoïdes doivent passer un par un. Le passage d'un seul spermatozoïde à travers le canal stimule l'ovule, provoquant la libération du contenu des granules corticaux qui bouchent l'orifice et empêchent la pénétration d'autres spermatozoïdes. Cependant, chez la plupart des autres organismes qui se reproduisent par fécondation externe, les ovules ne possèdent pas de micropyle et la fusion peut avoir lieu sur la totalité ou une partie de leur surface. Dans certains de ces œufs (comme ceux des oursins et des amphibiens), la dépolarisation rapide de la membrane plasmique provoquée par la fusion du premier spermatozoïde empêche la fusion d'autres spermatozoïdes. Le potentiel de membrane d'un ovule d'oursin est d'environ — 60 mV. Quelques secondes après l'addition de spermatozoïdes, le potentiel de membrane augmente brusquement jusqu'à + 20 mV environ où il reste une minute environ avant de retourner progressivement au niveau initial précédant la fécondation (Figure 15-45). Si l'on empêche la dépolarisation en effectuant la fécondation des ovules dans une solution contenant une concentration très faible de Na^+, ceci réduit l'influx de Na^+ déclenché par le spermatozoïde qui est le principal responsable de la dépolarisation de la membrane, et il y a augmention de la fréquence de la polyspermie. Si l'on dépolarise artificiellement un ovule fécondé en faisant

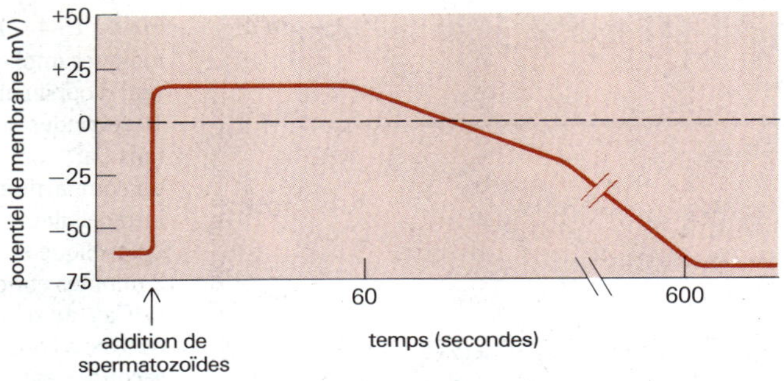

Figure 15-45 Modifications du potentiel de membrane de l'œuf d'oursin qui suivent la fécondation. La dépolarisation rapide empêche, d'une façon ou d'une autre, la fusion d'autres spermatozoïdes avec la membrane plasmique de l'œuf, provoquant ainsi le blocage rapide de la polyspermie.

pénétrer un courant à travers une microélectrode, les spermatozoïdes peuvent se fixer à l'ovule mais sont incapables de fusionner avec lui ; si la membrane est alors repolarisée avec la microélectrode, les spermatozoïdes attachés fusionnent avec l'ovule et y pénètrent. Bien que l'on ignore la nature moléculaire du mécanisme, il est probable que la dépolarisation membranaire qui accompagne normalement la fécondation modifie la conformation d'une protéine essentielle de la membrane plasmique de sorte que la membrane d'un spermatozoïde ne peut plus fusionner avec la membrane de l'œuf.

Le potentiel de la membrane de l'œuf retourne à la normale dans les quelques minutes qui suivent la fécondation ; il doit donc exister un second mécanisme servant de barrière à long terme contre la polyspermie. Dans la plupart des œufs, y compris ceux des mammifères, cette barrière est constituée par des substances libérées par les granules corticaux qui se trouvent juste au-dessous de la membrane plasmique de l'œuf.

La réaction corticale est responsable du lent blocage de la polyspermie [23]

Les granules corticaux des œufs d'oursin fusionnent avec la membrane plasmique et libèrent leur contenu dans les 10 à 50 secondes qui suivent l'addition des spermatozoïdes. Cette **réaction corticale** est provoquée par une forte augmentation de la concentration en Ca^{2+} dans le cytosol. Dans l'œuf d'oursin, la concentration en Ca^{2+} est multipliée par un facteur d'environ 100 en moins d'une minute après l'addition des spermatozoïdes, puis retourne à la normale au bout d'une minute environ (voir Figure 15-44). L'importance des ions Ca^{2+} dans le déclenchement de la réaction corticale peut être démontrée directement dans les membranes plasmiques d'oursin isolées portant encore des granules corticaux attachés à leur surface cytoplasmique (Figure 15-46). L'addition de Ca^{2+} à ces préparations est suivie, quelques secondes plus tard, de l'exocytose des granules.

Dans les œufs d'oursins, les conséquences de la réaction corticale sont de deux types : (1) les enzymes protéolytiques libérées par les granules corticaux dégradent rapidement les récepteurs pour la bindine sur la couche vitelline qui sont responsables de la fixation du spermatozoïde, et (2) les composants libérés des granules corticaux provoquent la séparation de la membrane vitelline et de la membrane plasmique de l'œuf ; simultanément ils entraînent la réticulation enzymatique des protéines de la membrane vitelline qui se durcit. Il se forme ainsi une *membrane de fécondation*, qui s'oppose à la pénétration des spermatozoïdes (Figure 15-47).

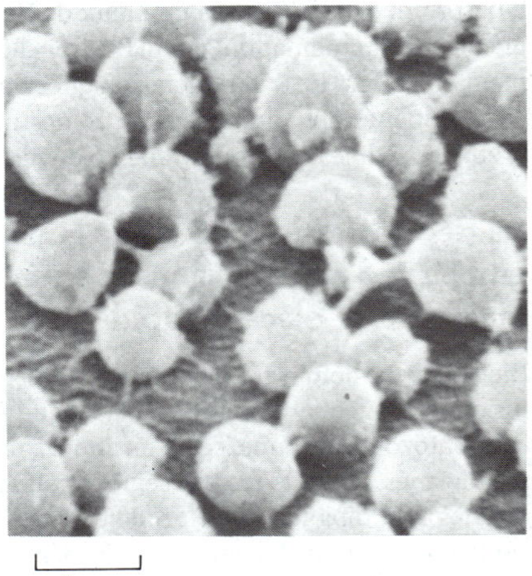

Figure 15-46 Photographie en microscopie électronique à balayage de granules corticaux fixés à la surface cytoplasmique de la membrane plasmique isolée d'un œuf d'oursin non fécondé. Quand on ajoute des ions Ca^{2+} à cette préparation, les granules corticaux fusionnent avec la membrane plasmique et libèrent leur contenu par exocytose. Chaque cellule contenant plus de 15 000 granules corticaux, la réaction corticale multiplie par plus de deux la surface de l'œuf en moins d'une minute ; une partie de la membrane en excès est utilisée pour l'allongement de chacune des microvillosités de la surface de l'œuf, tandis que le reste est endocyté via des puits recouverts et des vésicules (voir p. 328). (D'après V.D. Vacquier, *Dev. Biol.* 43:62-74, 1975.)

L'activation de l'œuf se fait par l'intermédiaire de la voie de transmission cellulaire des phosphoinositides [24]

Bien que la dépolarisation de la membrane soit la première modification détectable qui suive la fécondation, elle semble ne servir qu'à empêcher la polyspermie. La dépolarisation artificielle de la membrane de l'œuf n'induit pas l'œuf à commencer la biosynthèse ; pas plus que le blocage de la dépolarisation de la membrane au moment de la fécondation n'inhibe cette activation.

Tout porte à croire que l'augmentation momentanée de la concentration cytosolique en Ca^{2+} (qui se propage comme une onde à travers l'œuf à partir du site de fusion du spermatozoïde — voir Figure 4-35 p. 157) aide à déclencher le programme de développement de l'œuf. Si la concentration cytosolique en Ca^{2+} est artificiellement augmentée — soit directement en injectant Ca^{2+} dans l'œuf, soit indirectement, en utilisant des ionophores transporteurs de Ca^{2+}, comme A23187 (voir p. 322) — les œufs de tous les animaux soumis jusqu'ici à ce test sont activés, y compris ceux des mammifères. De plus, l'injection d'EGTA, un agent chélateur de Ca^{2+} qui empêche donc son augmentation de concentration, inhibe l'activation de l'œuf après

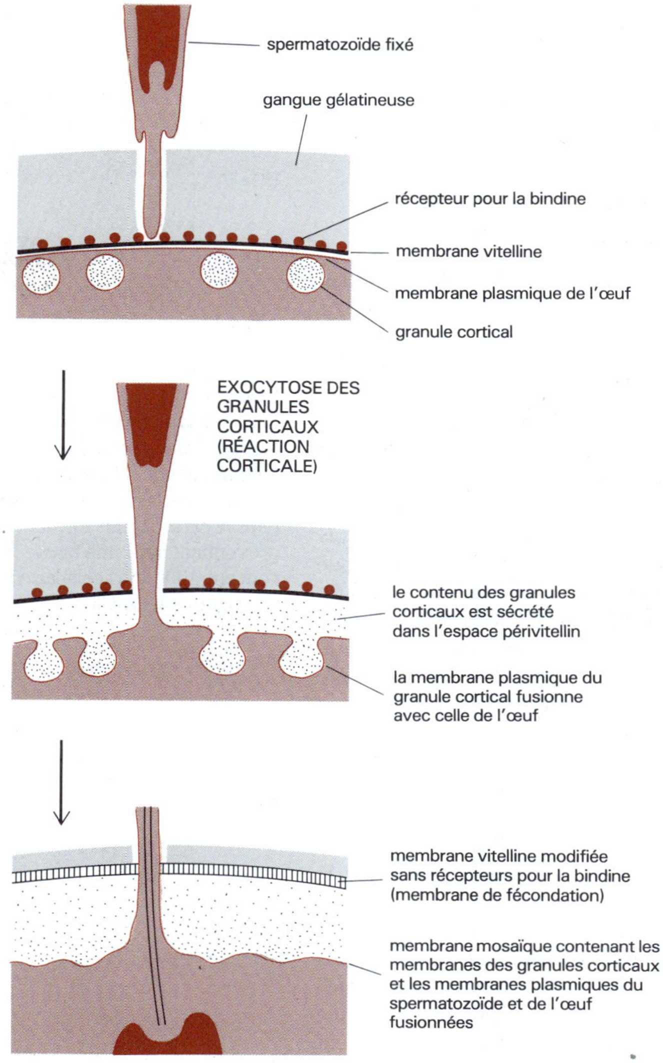

Figure 15-47 La réaction corticale d'un œuf d'oursin empêche la pénétration d'autres spermatozoïdes. Le contenu des granules corticaux libéré par exocytose soulève la membrane vitelline et la modifie de sorte qu'elle ne contient plus de récepteurs pour la bindine et devient une *membrane de fécondation* que les spermatozoïdes ne peuvent pénétrer. Ce « durcissement » de la membrane vitelline est dû essentiellement à la formation de liaisons transversales covalentes entre des résidus tyrosine, qui engendrent un important réseau protéique insoluble.

la fécondation. L'un des moyens d'action de Ca^{2+} sur les cellules consiste à se fixer à une protéine de liaison des ions Ca^{2+}, la *calmoduline*, qui, à son tour, active une collection de protéines cellulaires (voir p. 711). On a trouvé de grandes quantités de calmoduline dans tous les œufs étudiés jusqu'ici.

Comment la fécondation conduit-elle à une augmentation de la concentration en Ca^{2+} dans le cytosol de l'œuf ? Nous avons vu dans le Chapitre 12 comment la liaison de ligands extracellulaires à des récepteurs protéiques de surface cellulaire peut conduire à l'hydrolyse du *phosphatidylinositol diphosphate (PIP$_2$)* dans la membrane plasmique, pour donner de l'*inositol triphosphate (InsP$_3$)* et du *diacylglycérol* : l'InsP$_3$ libère à son tour des ions Ca^{2+} d'un compartiment intracellulaire de rétention du calcium (voir p. 702) dans le cytosol, alors que le diacylglycérol active une *protéine kinase C* (voir p. 703). Les résultats obtenus avec les œufs d'oursin suggèrent que la fécondation augmente la concentration de Ca^{2+} cytosolique selon cette voie. Après la fécondation, la concentration en InsP$_3$ augmente en quelques secondes, juste avant l'augmentation de la concentration en Ca^{2+} dans le cytosol, et si InsP$_3$ est injecté dans un œuf non fécondé, il augmente la concentration en Ca^{2+} dans le cytosol et l'œuf est ainsi activé. Comme prévu, l'activation de cette voie par le spermatozoïde semble avoir lieu grâce à une protéine G qui induit l'hydrolyse de l'PIP$_2$ par une phospholipase C spécifique (voir p. 702). On ne sait pas, cependant, si le spermatozoïde se fixe à un récepteur situé dans la membrane plasmique de l'œuf et qui est fonctionnellement couplé à la phospholipase C via une protéine G, ou s'il injecte un activateur de la protéine G au moment de la fusion spermatozoïde-œuf.

Puisque l'augmentation de la concentration en Ca^{2+} dans le cytosol qui suit la fécondation est transitoire, ne durant qu'une minute environ après la fécondation, elle ne peut, de toute évidence, intervenir *directement* dans les événements observés au cours des dernières phases de l'activation de l'œuf, qui, chez les oursins, comprennent une augmentation progressive de la synthèse protéique commençant 8 minutes après la fécondation et l'initiation de la synthèse d'ADN commençant environ 30 minutes après la fécondation. Il y a de plus en plus de raisons de croire que l'activation de la protéine kinace C joue un rôle important dans ces derniers événements, principalement en augmentant le pH intracellulaire.

Chez certains organismes, les synthèses tardives de l'activation de l'œuf sont provoquées par une augmentation du pH intracellulaire [25]

Chez les oursins, l'activation de la protéine kinase C par le diacylglycérol induit l'activation (probablement par phosphorylation) d'un échangeur Na^+-H^+ dans la membrane plasmique de l'œuf. Cette protéine de transport membranaire utilise l'énergie stockée dans le gradient Na^+ à travers la membrane, pour pomper H^+ hors de la cellule (voir p. 309). La sortie de H^+ provoque une augmentation du pH intracellulaire, qui passe de 6,7 à 7,2, valeur qui est maintenue tout au long du développement du zygote (voir Figure 15-44). On suppose que la valeur inhabituellement faible du pH intracellulaire dans un œuf d'oursin non fécondé est en grande partie responsable du maintien des ovules dans un état métaboliquement inactif, et il y a des preuves convaincantes du rôle positif de l'augmentation de pH suivant la fécondation, dans le déclenchement des synthèses tardives dans ces œufs : 1) Quand on augmente le pH intracellulaire d'œufs non fécondés en les incubant dans un milieu contenant de l'ammoniaque (Figure 15-48), la synthèse protéique est nettement augmentée et la réplication de l'ADN est activée, même en l'absence d'une augmentation du calcium libre intracellulaire. 2) Quand les œufs sont placés dans de l'eau de mer sans Na^+ immédiatement après fécondation, de sorte qu'il n'y ait pas de gradient Na^+ pour entraîner la sortie de H^+, le pH intracellulaire n'augmente pas et les événement tardifs n'ont pas lieu. Ces œufs peuvent être sauvés par l'addition d'ammoniaque au milieu : le pH intracellulaire augmente alors, et la synthèse de protéine et d'ADN est induite même en l'absence de Na^+ extracellulaire.

La nette augmentation de synthèse protéique dans les œufs d'oursins fécondés ne nécessite pas de synthèse d'ARN puisqu'elle n'est pas modifiée par l'actinomycine D qui inhibe la synthèse d'ARN. Elle résulte sans doute d'au moins deux modifications distinctes : 1) des molécules d'ARNm préexistantes stockées dans l'œuf sont rendues accessibles à la synthèse protéique, et (2) les ribosomes des œufs sont activés de façon à traduire plus rapidement les molécules d'ARNm disponibles. Par contre, pour la synthèse protéique observée dans des œufs non fécondés traités à l'ammoniaque, l'augmentation n'est due qu'à un recrutement plus important de molécules d'ARNm préexistantes. Ceci suggère qu'il existe un autre facteur qui accélère normalement le mouvement des ribosomes le long des ARNm en dehors de l'augmentation du pH intracellulaire responsable du recrutement des ARNm. On ne connaît pas le détail des mécanismes impliqués dans ces deux types d'activation.

Bien que la fécondation soit un événement très particulier, elle repose sur les mêmes voies de transmission de signaux qui règlent les processus intracellulaires dans les cellules somatiques (voir Chapitre 12). Le Tableau 15-1 résume la séquence de quelques-uns des événements qui ont lieu au cours de l'activation des œufs d'oursin après fécondation.

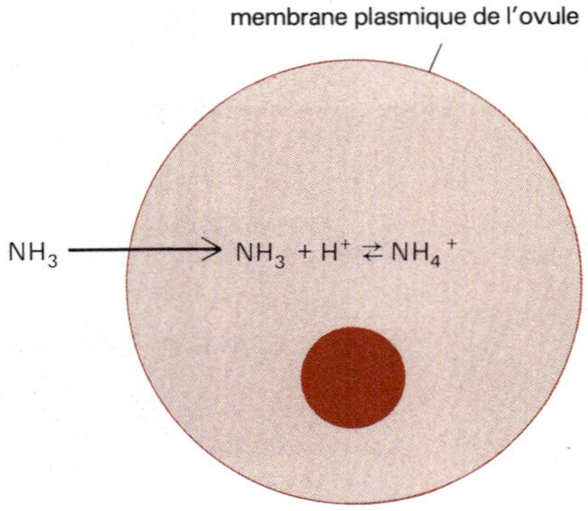

Figure 15-48 Augmentation du pH intracellulaire par l'incubation de cellules (comme les ovules) dans l'ammoniaque. L'ammoniaque diffuse à travers la membrane plasmique et se combine à H^+ dans le cytosol pour former NH_4^+, provoquant ainsi une baisse de la concentration intracellulaire de H^+ et une augmentation du pH.

La fusion des pronuclei des spermatozoïdes et des œufs d'oursin dépend des centrioles apportés par les spermatozoïdes [26]

Une fois fécondé, l'œuf est appelé **zygote**. Dans la majorité des espèces, y compris certains oursins, la fécondation est incomplète tant que les deux noyaux haploïdes (appelés *pronuclei*) n'ont pas fusionné. La taille de l'œuf étant importante, les noyaux du spermatozoïde et de l'œuf doivent parcourir de grandes distances pour se rencontrer. Il n'est pas surprenant que cette migration dépende du cytosquelette.

La contribution du spermatozoïde d'oursin au zygote est plus importante que celle de l'ADN : il apporte deux centrioles. Les centrioles du spermatozoïde sont essentiels car l'œuf perd ses propres centrioles au cours de la dernière division méiotique. Les centrioles du spermatozoïde deviennent le centre d'un réseau rayonnant de microtubules appelé *aster du spermatozoïde* qui semble diriger le pronucleus mâle vers le pronucleus femelle : si les microtubules sont dépolymérisés par traitement avec la colchicine, la migration des deux pronuclei vers le centre de l'œuf n'a pas lieu. Finalement, les deux pronuclei entrent en contact et leurs membranes fusionnent pour former le noyau diploïde du zygote. La paire de centrioles du spermatozoïde, avec son aster associé, se divise ensuite pour former les deux pôles du fuseau mitotique nécessaire pour la première segmentation.

Tableau 15-1 Séquence des événements qui suivent la fécondation des œufs d'oursin

Evénement	Temps écoulé depuis la fécondation	Médiateur
1. Dépolarisation de la membrane plasmique	< 5 secondes	augmentation de la perméabilité de la membrane plasmique aux ions Na^+ (et, dans une certaine mesure, aux ions Ca^{2+}) par les spermatozoïdes
2. Hydrolyse du phosphatidylinositol diphosphate	< 10 secondes	activation de la phospholipase C
3. Augmentation de la concentration de Ca^{2+} libre cytosolique	10-40 secondes	libération de Ca^{2+} à partir du compartiment intracellulaire de rétention du calcium induite par $InsP_3$
4. Exocytose des granules corticaux	10-50 secondes	augmentation du Ca^{2+} intracellulaire
5. Augmentation du pH intracellulaire	60 secondes	activation de l'échangeur Na^+-H^+ par la protéine kinase C
6. Augmentation de la synthèse protéique	8 minutes	augmentation du pH intracellulaire
7. Fusion des noyaux du spermatozoïde et de l'œuf	30 minutes	
8. Initiation de la réplication de l'ADN	30-45 minutes	augmentation du pH intracellulaire

Les ovocytes de mammifères peuvent être fécondés *in vitro* [27]

Comparés aux ovules d'oursin, les ovules de mammifères sont difficiles à étudier. Alors que les ovules d'oursin sont facilement disponibles par million, les chercheurs doivent se contenter de travailler avec des dizaines ou des centaines d'ovules de mammifères. Néanmoins, il est maintenant possible de féconder des ovules de mammifères *in vitro* (nous continuerons à utiliser le terme d'ovule, mais il faut rappeler que, chez les mammifères, c'est un ovocyte secondaire qui est fécondé — voir p. 862). Ceci est un avantage du point de vue médical : les ovules de mammifères fécondés *in vitro* peuvent se développer en individus normaux lorsqu'ils sont transplantés dans l'utérus ; c'est ainsi que beaucoup de femmes auparavant stériles ont pu donner naissance à des enfants normaux. La fécondation *in vitro* des ovules de mammifère permet également d'étudier les événements de la fécondation et de l'activation. De telles études indiquent que la séquence d'événements qui vient d'être décrite pour la fécondation des ovules d'oursin est suivie, dans les grandes lignes, au cours de la fécondation des mammifères, mais il existe des différences importantes dans de nombreuses étapes individuelles.

Certaines de ces différences sont dues aux spermatozoïdes. Les spermatozoïdes de mammifères sont incapables de féconder un ovule tant qu'ils n'ont pas subi un processus appelé **capacitation**, qui est induit par des sécrétions du tractus génital de la femelle. Le mécanisme de capacitation est mal connu ; il semble impliquer une modification de la composition lipidique et glycoprotéique de la membrane plasmique du spermatozoïde, ainsi qu'une augmentation du métabolisme et de la mobilité du spermatozoïde. Des spermatozoïdes murins capacités pénètrent l'enveloppe formée par les cellules folliculeuses et se fixent spécifiquement à une glycoprotéine majeure de la *membrane pellucide* — l'enveloppe protectrice équivalente à la membrane vitelline des ovules d'oursin (voir p. 856). Tout au moins chez certaines espèces, on suppose que cette même glycoprotéine de l'ovule induit la réaction acrosomienne que subit le spermatozoïde. La membrane pellucide de l'ovule murin, par exemple, n'est composée que de trois glycoprotéines qui sont sécrétées par des ovocytes en croissance et qui s'assemblent en un réseau tridimensionnel de filaments interconnectés (voir Figure 15-23). L'une d'elles, appelée ZP3, sert à la liaison du spermatozoïde puis à l'induction de la réaction acrosomienne. Il est vraisemblable que le spermatozoïde reconnaît des déterminants glucidiques spécifiques sur la glycoprotéine ZP3 au cours de sa liaison à la membrane. Contrairement au cas des oursins, les molécules de spermatozoïdes impliquées dans le processus de reconnaissance sont localisées dans la membrane plasmique plutôt que dans la membrane acrosomienne. La membrane pellucide, comme la membrane vitelline dans les ovules d'oursin, sert de barrière à la fécondation entre espèces, et l'élimination de la membrane supprime souvent cette barrière.

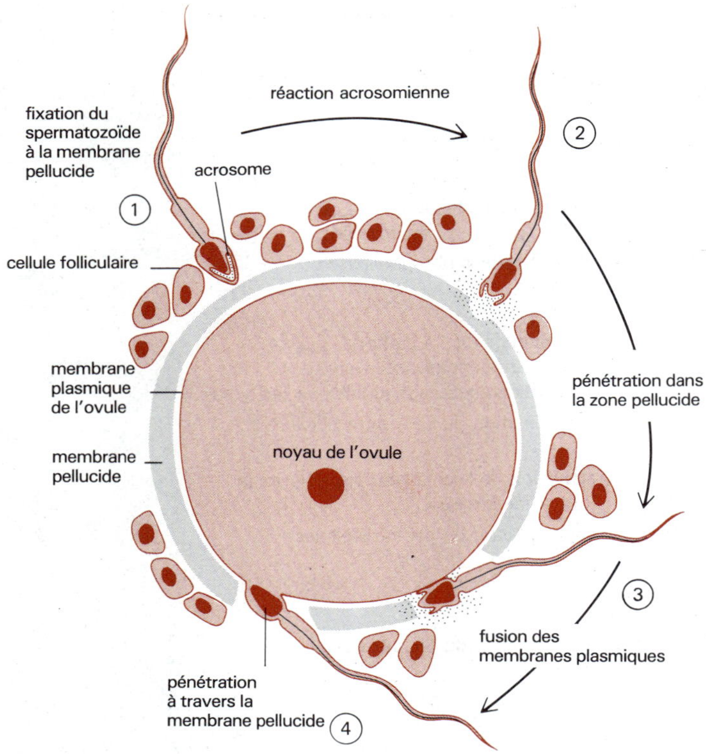

Figure 15-49 La réaction acrosomienne qui a lieu au cours de la fécondation d'un ovule par un spermatozoïde de mammifère. Chez les souris, on suppose que c'est la même glycoprotéine de la membrane pellucide qui est responsable de la fixation du spermatozoïde et de l'induction de la réaction acrosomienne. Noter que l'interaction d'un spermatozoïde de mammifère avec la membrane plasmique de l'ovule se fait tangentiellement de sorte que la fusion a lieu sur le côté et non plus au niveau de la pointe de la tête du spermatozoïde. Chez les souris, la membrane pellucide a un diamètre de 7 μm, et les spermatozoïdes la traversent à une vitesse d'environ 1 μm/min.

Par exemple, des ovules de hamster dont la membrane pellucide a été dégradée par des enzymes spécifiques, peuvent être fécondés par des spermatozoïdes humains. Comme on pouvait s'y attendre, ces « hamsters » hybrides ne se développent pas.

La réaction acrosomienne des spermatozoïdes de mammifères libère des protéases et des hyaluronidases qui sont essentielles à la pénétration dans la membrane pellucide. Cependant, il n'y a pas formation d'un tubule acrosomien semblable à celui que forment les spermatozoïdes d'oursin et, chez les mammifères, c'est la région équatoriale (post-acrosomienne) de la membrane plasmique du spermatozoïde qui fusionne avec l'ovule, plutôt que la membrane de la vésicule acrosomienne (Figure 15-49). Etant donné que le nombre de spermatozoïdes qui parviennent à atteindre un ovule au moment de l'ovulation est, en général, assez faible chez les mammifères (moins de 200 sur les 3×10^8 spermatozoïdes humains libérés au cours du coït atteignent le site de fécondation), un blocage rapide de la polyspermie est inutile : la dépolarisation rapide de la membrane plasmique qui accompagne la fécondation et empêche la polyspermie dans les œufs d'oursins et d'amphibiens n'a pas lieu. Par contre, les enzymes libérées par la réaction corticale des œufs de mammifères modifient la structure de l'enveloppe de l'œuf pour assurer un blocage lent de la polyspermie. Par exemple, elles modifient la glycoprotéine ZP3 dans la membrane pellucide de l'œuf murin, de sorte qu'il ne peut plus se fixer aux spermatozoïdes ou les activer pour subir la réaction acrosomienne. Dans certains autres œufs de mammifère, la réaction corticale modifie la membrane plasmique, plutôt que la membrane pellucide de façon à empêcher sa fusion avec de nouveaux spermatozoïdes.

La fécondation des mammifères se distingue également par la présence de centrioles dans l'œuf et non dans le spermatozoïde. De plus, dans des œufs de mammifère fécondés, les deux pronuclei ne fusionnent pas directement : ils se rapprochent, mais leurs chromosomes ne s'assemblent en noyau qu'après dégradation de la membrane de chaque pronucleus en vue de la première segmentation. La majorité des autres événements précoces de la fécondation des œufs d'oursins résumés dans le Tableau 15-1, tels que l'activation de la voie des phosphoinositides et l'augmentation de la concentration en Ca^{2+} cytosolique qui en résulte ont également lieu dans les œufs de mammifères. Les événements ultérieurs font partie de l'*embryogenèse*, au cours de laquelle le zygote se développe en un nouvel individu. C'est peut-être le phénomène le plus remarquable de toute la biologie et le prochain chapitre lui est consacré.

Résumé

La fécondation commence lorsque la tête d'un spermatozoïde entre en contact avec l'enveloppe protectrice qui entoure l'ovule. Ceci déclenche une réaction acrosomienne au cours de laquelle le spermatozoïde libère le contenu de sa vésicule acrosomienne, y compris les protéines qui lui permettent de progresser par digestion vers la membrane plasmique de l'ovule afin de fusionner avec elle. La fécondation active une cascade de modifications dans l'œuf qui est initiée par l'hydrolyse du phosphatidylinositol diphosphate dans la membrane plasmique de l'œuf. L'activation de l'œuf comprend des modifications à la surface de l'œuf qui empêchent la fusion d'autres spermatozoïdes ; un tel blocage de la polyspermie résulte de la réaction corticale au cours de laquelle les granules corticaux libèrent leurs contenus à l'extérieur, modifiant l'enveloppe de l'œuf. Des modifications se produisent également à l'intérieur de l'œuf en vue du développement ultérieur du zygote après la réunion des pronuclei du spermatozoïde et de l'ovule.

Bibliographie

Ouvrages généraux

Austin, C.R. ; Short, R.V., eds. Reproduction in Mammals : I. Germ Cells and Fertilization, 2nd ed. Cambridge, U.K. : Cambridge University Press, 1982.

Browder, L. Developmental Biology, 2nd ed., Chapters 5, 6, and 8. Philadelphia : Saunders, 1980.

Epel, D. The program of fertilization. *Sci. Am.* 237(11):128-138, 1977.

Karp, G. ; Berril, N.J. Development, 2nd ed., Chapters 4 and 5. New York : McGraw-Hill, 1981.

Longo, F.J. Fertilization. London : Chapman & Hall, 1987.

Articles cités

1. Crow, J.F. The importance of recombination. In the Evolution of Sex : An Examination of Current Ideas (R.E. Michod, B.R. Levin, eds.), pp. 56-73. Sunderland, MA:Sinauer, 1988.

   Maynard Smith, J. Evolution of Sex. Cambridge, U.K. : Cambridge University Press, 1978.

   Williams, G.C. Sex and Evolution. Princeton, NJ : Princeton University Press, 1975.

2. Ayala, F. ; Kiger, J. Modern Genetics, 2nd ed. Menlo Park, CA : Benjamin-Cummings, 1984.

   Ferris, S.D. ; Whitt, G.S. Loss of duplicate gene expression after polyploidization. *Nature* 265:258-260, 1977.

   Fincham, J.R.S. Genetics. Boston : Jones and Bartlett, 1983.

3. Lewis, J. ; Wolpert, L. Diploidy, evolution and sex. *J. Theor. Biol.* 78:425-438, 1979.

   Spofford, J.B. Heterosis and the evolution of duplications. *Am. Nat.* 103:407-432, 1969.

4. Evans, C.W. ; Dickinson, H.G., eds. Controlling Events in Meiosis. *Symp. Soc. Exp. Biol.,* Vol. 38. Cambridge, U.K. : The Company of Biologists, 1984.

   Whitehouse, H.L. Towards an Understanding of the Mechnism of Heredity, 3rd ed. London : St. Martins. 1973. (Contient une description claire de l'évolution de notre actuelle compréhension du comportement des chromosomes durant la méiose).

   Wolfe, S.L. Biology of the Cell, 2nd ed., pp. 432-470. Belmont, CA : Wadsworth, 1981.

5. John, B. ; Lewis, K.R. The Meiotic Mechanism. Oxford Biology Readers (J.J. Head, ed.). Oxford, Eng. : Oxford University Press, 1976.

   Jones, G.H. The control of chiasma distribution. In Controlling Events in Meiosis (C.W. Evans ; H.G. Dickinson, eds), *Symp. Soc. Exp. Biol.,* Vol. 38, pp. 293-320. Cambridge, U.K. : The Company of Biologists, 1984.

   Orr-Weaver, T.L. ; Szostak, J.W. Fungal recombination. *Micro-biol. Rev.* 49:33-58, 1985.

6. Heyting, C. ; Dettmers, R.J. ; Dietrich, A.J. ; Redeker, E.J. Two major components of synaptonemal complexes are specific for meiotic prophase nuclei. *Chromosoma* 96:325-332, 1988.

   Moses, M.J. Synaptonemal complex. *Annu. Rev. Genet.* 2:363-412. 1968.

   Smithies, O. ; Powers, P.A. Gene conversions and their relationship to homologous pairing. *Phil. Trans. R. Soc. Lond. (Biol.)* 312:291-302, 1986.

   von Wettstein, D. ; Rasmussen, S.W. ; Holm, P.B. The synaptonemal complex in genetic segregation. *Annu. Rev. Genet.* 18:331-413, 1984.

7. Carpenter, A.T.C. Gene conversion, recombination nodules, and the initiation of meiotic synapsis. *Bioessays* 6:232-236, 1987.

   Carpenter, A.T.C. Recombination nodules and synaptonemal complex in recombination-defective females of *Drosophila melanogaster. Chromosoma* 75:236-259, 1979.

8. Buckle, V. ; Mondello, C. ; Darling, S. ; Craig, I.W. ; Goodfellow, P.N. Homologous expressed genes in the human sex chromosome pairing region. *Nature* 317:739-741, 1985.

   Chandley, A.C. Meiosis in man. *Trends Genet.* 4:79-84, 1988.

   Solari, A.J. The behavior of the XY pair in mammals, *Int. Rev. Cytol.* 38:273-317, 1974.

9. Austin, C.R. ; Short, R.V., eds. Reproduction in Mammals : I. Germ Cells and Fertilization. Cambridge, U.K. : Cambridge University Press, 1982.

10. Browder, L. Developmental Biology, pp. 173-231. Philadelphia : Saunders, 1980.

    Karp, G. ; Berrill, N.J. Development, 2nd ed., pp. 116-138. New York : McGraw-Hill, 1981.

11. Browder, L.W., ed. Oogenesis. New York : Plenum, 1985.

    Davidson, E.H. Gene Activity in Early Development, 3rd ed., pp. 305-407. Orlando, FL : Academic, 1986.

    Metz, C.B. ; Monroy, A., eds. Biology of Fertilization, Vol. 1 : Model Systems and Oogenesis. Orlando, FL : Academic, 1985.

12. Bornslaeger, E.A. ; Mattei, P. ; Schultz, R.M. Involvement of cAMP-dependent protein kinase and protein phosphorylation in regulation of mouse oocyte maturation. *Dev. Biol.* 114:453-462, 1986.

    Maller, J.L. Regulation of amphibian oocyte maturation. *Cell Differ.* 16:211-221, 1985.

    Masui, Y. ; Clarke, H.J. Oocyte maturation. *Int. Rev. Cytol.* 57:185-282, 1979.

Sadler, S.E. ; Maller, J.L. Inhibition of *Xenopus* oocyte adenylate cyclase by progesterone : a novel mechanism of action. *Adv. Cyc. Nuc. Prot. Phosphor. Res.* 19:179-194, 1985.

13. Cyert, M.S. ; Kirschner, M.W. Regulation of MPF activity *in vitro*. *Cell.* 53:185-195, 1988.
Ford, C.C. Maturation promoting factor and cell cycle regulation. *J. Embryol. Exp. Morphol.* Suppl. 89:271-284, 1985.
Kirschner, M. ; Newport, J. ; Gerhart, J. The timing of early developmental events in *Xenopus*. *Trends Genet.* 1:41-47, 1985.
Lohka, M.J. ; Hayes, M.K. ; Maller, J.L. Purification of maturation-promoting factor, an intracellular regulator of early mitotic events. *Proc. Natl. Acad. Sci. USA* 85:3009-3013, 1988.
Maller, J.L. Regulation of amphibian oocyte maturation. *Cell Differ.* 16:211-221, 1985.

14. Peters, H. ; McNatty, K.P. The Ovary : A Correlation of Structure and Function in Mammals, pp. 11-22, 60-84. Berkeley : University of California Press, 1980.
Richards, J.S. Hormonal control of ovarian follicular development. *Recent Prog. Horm. Res.* 35:343-373, 1979.

15. Bellvé, A.R. ; O'Brien, D.A. The mammalian spermatozoon : structure and temporal assembly. In Mechanism and Control of Animal Fertilization (J.F. Hartmann, ed.), pp. 56-137. New York : Academic, 1983.
Fawcett, D.W. The mammalian spermatozoon. *Dev. Biol.* 44:394-436, 1975.
Fawcett, D.W. ; Bedford, J.M., eds. The Spermatozoon. Baltimore : Urban & Schwarzenberg, 1979.

16. Browder, L. Developmental Biology, pp. 146-172. Philadelphia : Saunders, 1980.
Clermont, Y. Kinetics of spermatogenesis in mammals : seminiferous epithelium cycle and spermatogonial renewal. *Physiol. Rev.* 52:198-236, 1972.
Karp, G. ; Berril, N.J. Development, 2nd ed., pp. 100-116. New York : McGraw-Hill, 1981.
Metz, C.B. ; Monroy, A., eds. Biology of Fertilization, Vol. 2 : Biology of the Sperm. Orlando, FL : Academic, 1985.

17. Lindsley, D.L. ; Tokuyasu, K.T. Spermatogenesis. In The Genetics and Biology of *Drosophila* (M. Ashburner, T.R.F. Wright, eds.), Vol. 2, pp. 225-294, New York : Academic, 1980.
Willison, K. ; Ashworth, A. Mammalian spermatogenic gene expression. *Trends Genet.* 3:351-355, 1987.

18. Epel, D. Fertilization. *Endeavour* (New Series) 4:26-31, 1980.
Hendrick, J.L., ed. The Molecular and Cellular Biology of Fertilization. New York : Plenum, 1986.
Longo, F.J. Fertilization. London : Chapman & Hall, 1987.
Metz, C.B. ; Monroy, A., eds. Biology of Fertilization, Vol. 3 : The Fertilization Response of the Egg. Orlando, FL : Academic, 1985.

19. Shapirao, B.M. The existential decision of a sperm. *Cell* 49:293-294, 1987.
Shapiro, B.M. ; Schackmann, R.W. ; Tombes, R.M. ; Kazazoglou, T. Coupled ionic and enzymatic regulation of sperm behavior. *Curr. Top. Cell Regul.* 26:97-113, 1985.
Tilney, L.G. ; Inoué, S. Acrosomal reaction of the *Thyone* sperm. III. The relationship between actin assembly and water influx during the extension of the acrosomal process. *J. Cell Biol.* 100:1273-1283, 1985.
Trimmer, J.S. ; Vacquier, V.D. Activation of sea urchin gametes. *Annu. Rev. Cell Biol.* 2:1-26, 1986.

20. Gao, B. ; Klein, L.E. ; Britten, R.J. ; Davidson, E.H. Sequence of mRNA coding for bindin, a species-specific sea urchin sperm protein required for fertilization. *Proc. Natl. Aca Sci. USA* 83:8634-8638, 1986.
Glabe, C.G. Interaction of the sperm adhesive protein bindin, with phospholipid vesicles. II. Bindin induces the fusion of mixed-phase vesicles that contain phosphatidylcholine and phosphatidylserine *in vitro*. *J. Cell Biol.* 100:800-806, 1985.
Rossignol, D.P. ; Earles, B.J. ; Decker, G.L. ; Lennarz, W.J. Characterization of the sperm receptor on the surface of eggs of *Strongylocentrotus purpuratus*. *Dev. Biol.* 104:308-321, 1984.
Vacquier, V.D. ; Moy, G.W. Isolation of bindin : the protein responsible for adhesion of sperm to sea urchin eggs. *Proc. Natl. Acad. Sci. USA* 74:2456-2460, 1977.

21. Shatten, G. ; Hüsler, D. Timing the early events during sea urchin fertilization. *Dev. Biol.* 100:244-248, 1983.
Trimmer, J.S. ; Vacquier, V.D. Activation of sea urchin gametes. *Annu. Rev. Cell Biol.* 2:1-26, 1986.
Whitaker, M.J. ; Steinhardt, R.A. Ionic signalling in the sea urchin egg at fertilization. In Biology of Fertilization (C.B. Metz, A. Monroy, eds.), Vol. 3, pp. 168-222. Orlando, FL : Academic, 1985.

22. Jaffe, L.A. ; Cross, N.L. Electrical regulation of sperm-egg fusion. *Annu. Rev. Physiol.* 48:191-200, 1986.

23. Kay, E.S. ; Shapiro, B.M. The formation of the fertilization membrane of the sea urchin egg. In Biology of Fertilization (C.B. Metz, A. Monroy, eds.), Vol. 3, pp. 45-81. Orlando, FL : Academic, 1985.
Schuel, H. Functions of egg cortical granules. In Biology of Fertilization (C.B. Metz, A. Monroy, eds.), Vol. 3, pp. 1-44. Orlando, FL : Academic, 1985.

24. Eisen, A. ; Reynolds, G.T. Source and sinks for the calcium released during fertilization of single sea urchin eggs. *J. Cell Biol.* 100:1522-1527, 1985.
Turner, P.R. ; Jaffe, L.A. ; Fein, A. Regulation of cortical vesicle exocytosis in sea urchin eggs in inositol 1,4,5-trisphosphate and GTP-binding protein. *J. Cell Biol.* 102:70-78, 1986.
Whitaker, M. ; Irvine, R.F. Inositol 1,4,5-trisphosphate microinjection activates sea urchin eggs. *Nature* 312:636-639, 1984.

25. Dube, F. ; Schmidt, T. ; Johnson, C.H. ; Epel, D. The hierarchy of requirements for an elevated intracellular pH during early development of sea urchin embryos. *Cell* 40:657-666, 1985.
Winkler, M. Translational regulation in sea urchin eggs : a complex interaction of biochemical and physiological regulatory mechanisms. *Bioessays* 8:157-161, 1988.

26. Schatten, H. ; Schatten, G. ; Mazia, D. ; Balczon, R. ; Simerly, C. Behavior of centrosomes during fertilization and cell division in mouse oocytes and in sea urchin eggs. *Proc. Natl. Acad. Sci. USA* 83:105-109, 1986.

27. Clegg, E.D. Mechanisms of mammalian sperm capacitation. In Mechanism and Control of Animal Fertilization (J.F. Hartmann, ed.), pp. 178-212. New York : Academic, 1983.
Grobstein, C. External human fertilization. *Sci. Am.* 240(6):57-67, 1979.
Wassarman, P.M. Early events in mammalian fertilization. *Annu. Rev. Cell Biol.* 3:109-142, 1987.
Wassarman, P.M. Zona pellucida glycoproteins. *Annu. Rev. Biochem.* 57:415-442, 1988.

16

Les mécanismes cellulaires du développement

Tout animal pluricellulaire, ou presque, est un clone de cellules issues d'une seule cellule primordiale, l'œuf fécondé. Les cellules du corps sont donc, en principe, génétiquement identiques. Mais, d'un point de vue phénotypique, elles sont différentes : certaines se sont différenciées en muscle, d'autres en neurones, d'autres encore en cellules sanguines, etc. Les différents types cellulaires sont disposés selon un schéma d'organisation précis, et la structure globale possède une forme bien définie. Toutes ces caractéristiques sont finalement déterminées par la séquence d'ADN du génome, qui est reproduite dans toutes les cellules. Chaque cellule doit agir selon les mêmes instructions génétiques, mais elle doit les interpréter judicieusement en fonction du temps et des circonstances afin de jouer correctement le rôle qui lui est imparti dans la société pluricellulaire.

Les organismes pluricellulaires sont souvent très complexes mais leur édification résulte d'un répertoire très restreint d'activités cellulaires. Les cellules croissent, se divisent et meurent. Elles établissent des liens mécaniques et emploient des forces pour se mouvoir et se déformer. Elles fusionnent entre elles. Elles se différencient, c'est-à-dire activent ou répriment la production de protéines spécifiques codées par le génome. Leurs surfaces sécrètent ou sont recouvertes de molécules qui influent sur l'activité de leurs voisines. Ces formes de comportement cellulaire constituent la base universelle du développement animal. Ce chapitre tente d'expliquer comment ces activités sont mises en jeu au moment et à l'endroit opportuns pour engendrer un organisme complet.

Plutôt que de suivre en détail le développement d'un organisme du début à la fin, nous nous attacherons tour à tour aux différents aspects du comportement cellulaire au cours du développement, en prenant comme exemples les animaux qui en illustrent le mieux les principes généraux. Nous étudierons la façon dont les mouvements et les forces façonnent l'embryon, comment les gènes situés à l'intérieur des cellules et les interactions entre les cellules contrôlent le développement du schéma (ou plan) spatial de différenciation et comment des cellules différenciées apparaissant dans des régions différentes peuvent être assemblées pour former des tissus et des organes complexes. Les amphibiens, les oursins, les rongeurs, les mouches, les oiseaux, les blattes et un ver nématode nous servirons à illustrer ces sujets. Le développement des végétaux sera discuté dans le Chapitre 20.

Les mouvements morphogéniques et la formation du plan de l'organisme[1]

Cette partie et la suivante sont consacrées à l'étude de la mise en place de la structure tridimensionnelle de l'embryon précoce et des forces physiques qui le modèlent. Nous nous attacherons principalement au cas du batracien anoure *Xenopus laevis* (Figure 16-1), dont les premières étapes du développement ont été particulièrement bien étudiées. Comme chez les autres amphibiens, ses embryons sont robustes et faciles à manipuler expérimentalement.

Afin de replacer les événements que nous allons décrire dans leur contexte, il est utile de diviser le développement d'un vertébré — et de nombreux autres types d'animaux — en trois phases. Au cours de la première phase, l'œuf fécondé se *clive* en de nombreuses cellules de plus petite taille qui s'organisent en épithélium et sont le siège d'une série de mouvements complexes de *gastrulation* et *neurulation* qui aboutissent à la création d'une cavité digestive rudimentaire et d'un *tube neural*. La seconde phase est celle de *l'organogenèse*, au cours de laquelle les divers organes du corps, comme les membres, les yeux, le cœur, etc., sont formés. Au cours de la troisième phase, les structures ainsi formées sur une petite échelle poursuivent leur développement jusqu'à la taille adulte. Ces phases ne sont que virtuelles et se chevauchent de façon importante. Nous suivrons les processus mécaniques du développement depuis l'œuf fécondé jusqu'au début de l'organogenèse en prenant le *Xénope* pour modèle.

La polarité de l'embryon d'amphibien dépend de la polarité de l'œuf [2]

L'œuf d'amphibien est une cellule de grandes dimensions, mesurant environ 1 mm de diamètre et entourée d'une enveloppe extracellulaire transparente ou chorion. La majeure partie du volume de la cellule est occupée par des plaquettes vitellines qui sont des agrégats principalement constitués de lipides et de protéines. Le vitellus est concentré à l'extrémité inférieure de l'œuf appelée **pôle végétatif** ; l'autre extrémité est appelée **pôle animal**. La fécondation initie la conversion de cette cellule unique en têtard multicellulaire avec une tête et une queue, une face dorsale et une face ventrale, et un plan de symétrie bilatérale divisant le corps en un côté droit et un côté gauche. Il est souvent utile de décrire l'animal par rapport à trois axes : *antéro-postérieur*, qui joint la tête à la queue ; *dorso-ventral*, du dos à la région ventrale ; et *médio-latéral*, qui part du plan médian vers la gauche ou vers la droite. Chez les amphibiens, ces polarités sont établies avant que la division cellulaire ne commence. Avant la fécondation, les pôles animal et végétatif de l'œuf ont une composition en ARNm différente ainsi que des quantités différentes de vitellus et d'autres composants cellulaires. Cependant, l'œuf est symétrique au niveau de l'axe animalo-végétatif. Cette asymétrie initiale animalo-végétative est suffisante pour engendrer un embryon cylindrique avec un axe antéro-postérieur. La fécondation déclenche un réarrangement des composants de l'œuf, qui crée une différence dorso-ventrale. Le cortex externe riche en actine du cytoplasme tourne brusquement comme une unité cohérente autour du noyau central, de telle sorte que le pôle animal du cortex est légèrement décalé par rapport au pôle animal du noyau (Figure 16-2). La direction de rotation est déterminée par le point de pénétration du spermatozoïde — peut-être par l'intermédiaire du centrosome introduit dans l'œuf par le spermatozoïde. Les granules de pigment dans l'œuf étant déplacés par la rotation du cortex, une bande de pigmentation claire, appelée *croissant gris*, apparaît chez de nombreux amphibiens à l'opposé du point de pénétration du spermatozoïde. La rotation crée un nouvel axe de symétrie dans l'œuf et les traitements qui bloquent cette rotation interrompent le développement ultérieur. L'asymétrie animalo-végétative d'origine et l'asymétrie créée par la rotation corticale définissent ensemble les axes antéro-postérieur et dorso-ventral de l'embryon (Figure 16-3).

La segmentation produit de nombreuses cellules à partir d'une seule [3]

La rotation corticale est terminée environ une heure après la fécondation et prépare la « scène » pour le *clivage* au cours duquel l'œuf unicellulaire se subdivise par mitoses répétées en cellules plus petites, ou **blastomères**, sans modification de la masse totale. Afin de survivre, l'embryon doit rapidement atteindre un stade auquel il peut commencer à se nourrir, à nager et à échapper

Figure 16-1 Scénario du développement de *Xenopus laevis* depuis l'œuf venant d'être fécondé jusqu'au têtard capable de se nourrir. On a représenté au sommet de la figure l'accouplement du mâle et de la femelle adultes. Les stades du développement sont observés latéralement, sauf pour les embryons âgés de 10 heures et 19 heures qui sont représentés, respectivement, vus du dessous et du dessus. Tous les stades, sauf les adultes, sont dessinés à la même échelle. (D'après P.D. Nieuwkoop et J. Faber, Normal Table of *Xenopus laevis* [Daudin]. Amsterdam : North-Holland, 1956.)

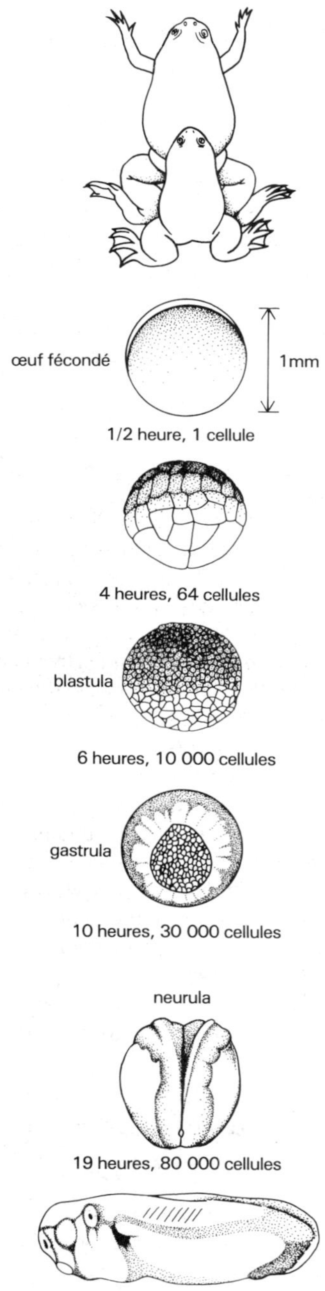

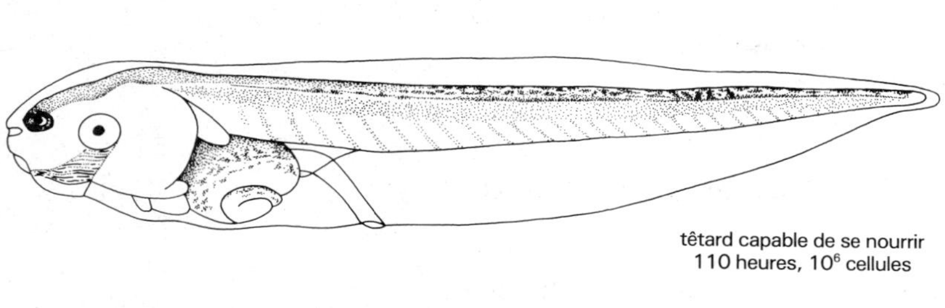

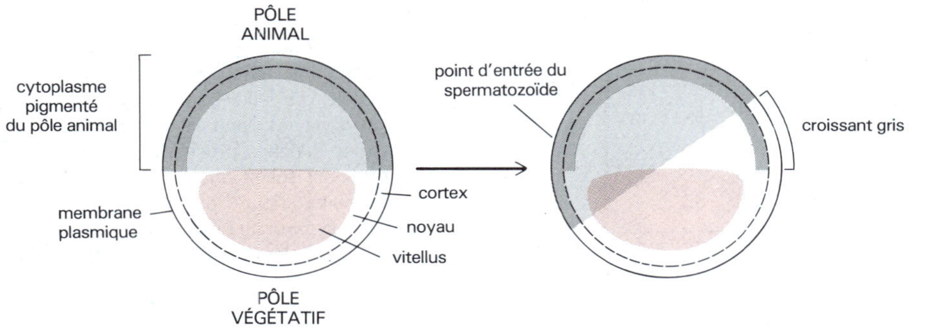

Figure 16-2 Le premier mouvement morphogénique suivant la fécondation d'un œuf de grenouille. Le cortex de l'œuf (une couche de quelques micromètres d'épaisseur) tourne d'environ 30° autour du noyau de l'œuf dans un sens déterminé par le site de pénétration du spermatozoïde. Dans les espèces où le cytoplasme qui recouvre le pôle animal est convenablement pigmenté, la rotation crée un croissant gris visible à l'opposé du site de pénétration du spermatozoïde.

aux prédateurs, et les premières divisions cellulaires sont extrêmement rapides, se succédant toutes les 30 minutes environ (voir p. 735). Les taux très élevés de réplication de l'ADN et de mitose semblent empêcher la transcription génique, et l'embryon en cours de clivage est presque totalement dépendant des réserves d'ARN, de protéine, de membrane, et d'autres matériaux qui s'accumulent dans l'œuf tandis qu'il se développe en tant qu'ovocyte chez la mère. La seule biosynthèse évidemment indispensable est celle de l'ADN dont la réplication exceptionnellement rapide est rendue possible par la présence d'un nombre extrêmement élevé d'origines de réplication (voir p. 521).

Le premier plan de clivage est vertical, ou parallèle à l'axe animalo-végétatif (Figure 16-4). Le clivage suivant est également vertical, mais perpendiculaire au premier, et donne 4 cellules de taille identique. Le troisième plan de clivage à travers ces 4 cellules est horizontal, légèrement au-dessus de la ligne médiane, et forme 4 cellules de petite taille empilées au sommet des 4 cellules plus volumineuses, plus riches en vitellus. Pendant les 12 premiers clivages, toutes les cellules se divisent de façon synchrone, mais les divisions sont inégales, de sorte que les cellules inférieures, végétatives, surchargées en vitellus, sont moins nombreuses et plus volumineuses. Après 12 cycles de clivage, la vitesse de division cellulaire diminue brutalement, le synchronisme est perdu, et la transcription du génome de l'embryon commence. Ce changement, appelé *transition à mi-blastula*, semble refléter la déplétion de quelque composant maternel de l'œuf qui est épuisé par la liaison de l'ADN néosynthétisé.

Chez d'autres espèces, les orientations relatives des plans de clivage successifs peuvent suivre des schémas différents. Dans les œufs très riches en vitellus, comme ceux des oiseaux, le vitellus ne se segmente pas totalement et tous les noyaux sont regroupés au pôle animal ; l'embryon se développe ensuite à partir d'un disque de cellules situées au sommet du vitellus.

La blastula est constituée d'un épithélium entourant une cavité [4]

Dès le début, les cellules de l'embryon ne sont pas seulement reliées entre elles mécaniquement, elles sont aussi couplées par des jonctions de type gap à travers lesquelles des ions et d'autres petites molécules peuvent passer, transmettant des messages qui semblent être importants plus tard (avec d'autres types de signaux) dans la coordination du comportement des cellules (voir p. 800). Dans l'intervalle, dans les régions les plus externes de l'embryon, des jonctions étanches (voir p. 793) entre les blastomères isolent hermétiquement l'intérieur de l'embryon du milieu extérieur. Vers le stade 16 cellules, les espaces intercellulaires situés dans la partie profonde de l'embryon s'élargissent pour former une cavité unique, le **blastocèle**, grâce à un mécanisme

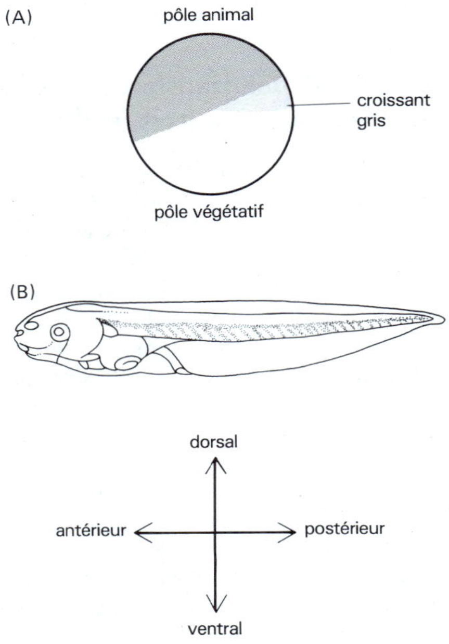

Figure 16-3 (A) Les asymétries de l'œuf de *Xénope* qui déterminent les axes du corps de têtard (B). L'exacte relation entre les axes de l'œuf et du têtard est complexe et déformée par les mouvements de la gastrulation. Très grossièrement, le pôle animal correspond à l'extrémité antérieure du corps (la tête), et le croissant gris correspond à la face dorsale.

Figure 16-4 Les étapes de la segmentation chez le *Xénope*, en vues latérales.

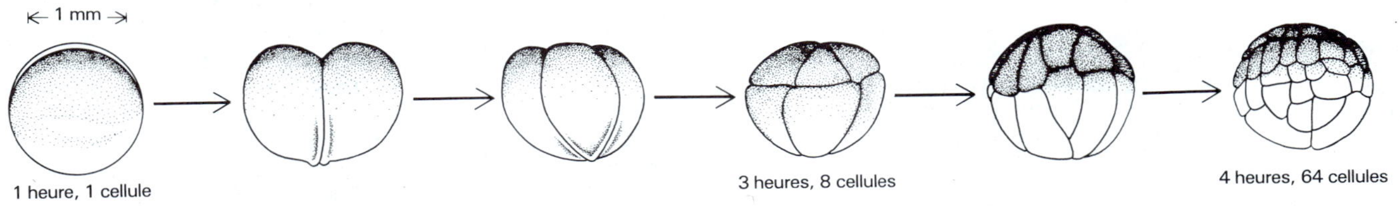

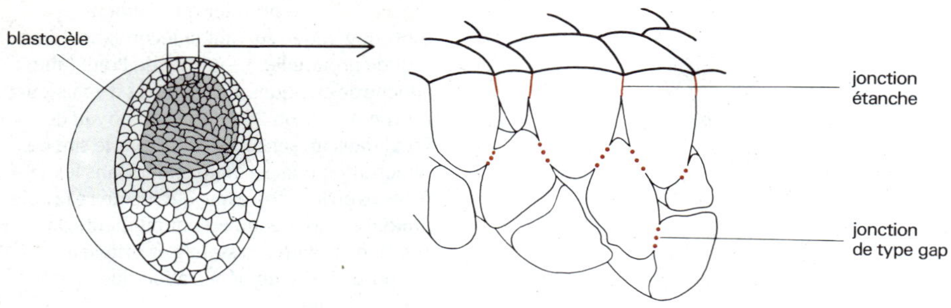

Figure 16-5 La blastula. A ce stade, les cellules sont disposées en épithélium entourant une cavité remplie de liquide, le blastocèle. Les cellules sont électriquement couplées via des jonctions de type gap et des jonctions étanches, proches de la surface externe, qui isolent l'intérieur de l'embryon du milieu extérieur. Notons que chez le *Xénope*, la paroi du blastocèle est épaisse de plusieurs cellules et seules les cellules les plus externes sont étroitement associées comme un épithélium.

au cours duquel des ions Na^+ sont pompés à travers les membranes cellulaires vers les espaces intercellulaires situés à l'intérieur de l'embryon, provoquant des différences de pression osmotique qui entraînent l'entrée de l'eau. Les cellules qui entourent l'embryon s'organisent en épithélium, et l'embryon devient alors une **blastula** (Figure 16-5). L'organisation des cellules de la blastula en un feuillet épithélial joue un rôle fondamental dans la coordination de leur comportement ultérieur.

La gastrulation transforme une sphère cellulaire creuse en une structure à trois feuillets contenant un intestin primitif [5,6]

Une fois que les cellules de la blastula sont organisées en feuillet épithélial, le décor est planté pour l'entrée en scène des mouvements coordonnés de la **gastrulation**. Ce processus spectaculaire transforme la simple sphère cellulaire creuse en une structure composée de plusieurs feuillets qui possède un tube digestif et une symétrie bilatérale. Par un mécanisme complexe d'invagination, d'importantes plages cellulaires qui étaient à la surface de l'embryon se retrouvent à l'intérieur. Le développement ultérieur repose sur les interactions entre les trois feuillets, interne, externe et moyen ainsi formés. La gastrulation, dont les modalités peuvent varier, est un épisode du développement quasi universel à travers tout le règne animal. Les modalités de la gastrulation chez les amphibiens étant assez complexes, nous décrirons d'abord ce processus chez l'oursin, un animal assez proche des vertébrés (voir Figure 15-40, p. 868).

L'embryon d'oursin étant transparent, il est possible de suivre le développement interne en même temps que le développement externe de l'animal vivant et d'étudier les activités de cellules isolées. Le point de départ de la gastrulation est une blastula très rudimentaire : un feuillet d'environ 1 000 cellules disposées en une seule couche, entourant une cavité sphérique. L'ensemble de l'embryon est entouré d'une mince couche de matrice extracellulaire et l'on peut distinguer le pôle végétatif du pôle animal. La gastrulation commence par le détachement de quelques douzaines de cellules — les *cellules du mésenchyme primaire* — de l'épithélium du pôle végétatif (Figure 16-6A). Il semble que ces cellules se détachent du fait qu'elles perdent leur capacité de se coller à d'autres cellules et à la matrice située à l'extérieur de l'embryon. Elles développent à la place une affinité pour la matrice riche en fibronectine (voir p. 816) qui

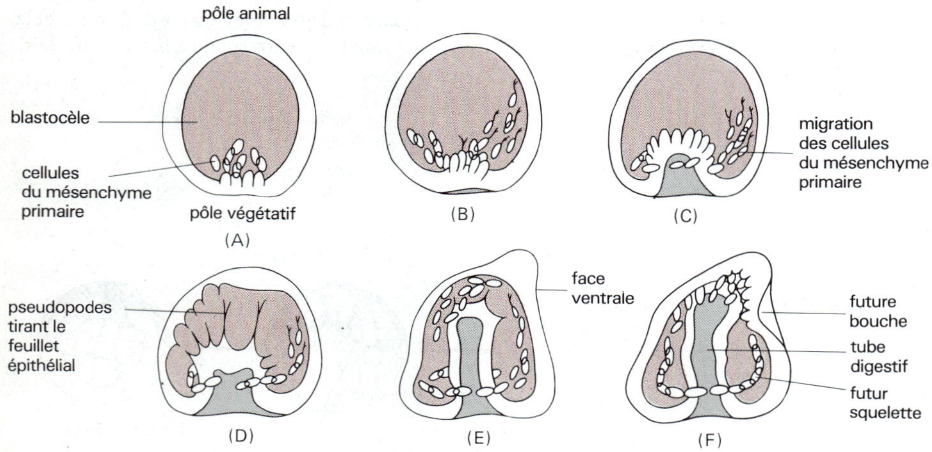

Figure 16-6 La gastrulation chez un embryon d'oursin, qui est ici observé sous la forme d'un objet transparent dont l'image serait mise au point au niveau du plan vertical passant par le centre de l'embryon. (A) Les cellules du mésenchyme primaire se détachent de l'épithélium du pôle végétatif de la blastula. (B) Ces cellules remontent alors le long de la face interne de la paroi de la blastula. (C) Pendant ce temps, l'épithélium du pôle végétatif commence à s'enfoncer. (D et E) Des filopodes, émis par le feuillet épithélial en cours d'invagination, l'entraînent dans la cavité du blastocèle pour former le tube digestif. (F) L'extrémité du tube digestif arrive au contact de la paroi de la blastula : le point de contact correspond à l'emplacement de la future bouche. (D'après L. Wolpert et T. Gustafson, *Endeavour* 26 : 85-90, 1967.)

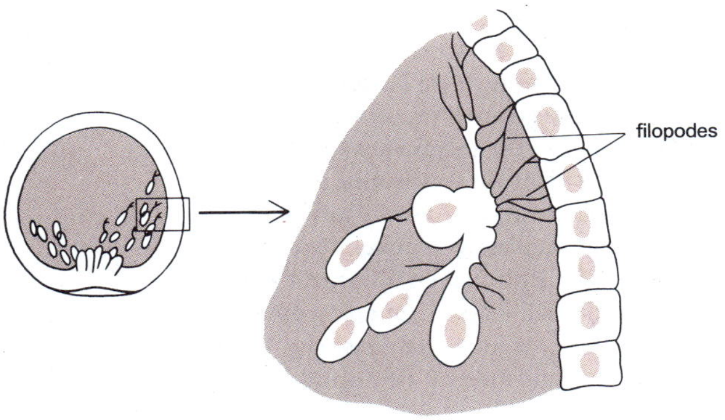

Figure 16-7 Les cellules du mésenchyme primaire progressent le long de la face interne de la paroi de la blastula en émettant des filopodes contractiles possédant des extrémités adhérentes. (D'après L. Wolpert et T. Gustafson, *Endeavour* 26 : 85-90, 1967.)

tapisse l'intérieur de la cavité du blastocèle. Ayant gagné la cavité du blastocèle, elles migrent le long de ses parois, se tractant grâce à de longs prolongements minces, ou *filopodes*, dont les extrémités sont adhérentes (Figure 16-7). Quand l'extrémité d'un filopode arrive au contact d'une surface à laquelle il peut s'attacher solidement, il se contracte en tirant la cellule derrière lui. La rétraction des premiers filopodes et l'extension des suivants semblent se faire presque au hasard, tirant la cellule çà et là. Pourtant, les cellules finissent par s'établir en des positions bien définies, qui sont probablement caractérisées par leurs adhérences spécifiques à l'intérieur de la cavité du blastocèle. En effet, des études effectuées avec des anticorps monoclonaux ont montré qu'il existe, entre cellules, des différences très structurées dans la chimie de leur surface dans différentes régions de l'embryon (un sujet dont nous reparlerons plus tard, voir p. 940). Une fois les cellules du mésenchyme primaire établies, elles commencent à former le squelette (Figure 16-6F).

Au moment où les cellules du mésenchyme primaire commencent à migrer, l'épithélium du pôle végétatif s'invagine vers l'intérieur du blastocèle pour former le tube digestif (Figure 16-6C). Le processus est amorcé par le changement de forme des cellules épithéliales de cette région : les extrémités tournées vers le blastocèle s'élargissent par rapport à celles de la surface externe, provoquant une courbure et l'avancée du feuillet à l'intérieur du blastocèle (Figure 16-8). L'invagination se poursuit, en partie par une extension autonome de l'épithélium, un processus mal connu, et en partie par l'activité de certaines cellules du front du feuillet en cours d'invagination. Ces cellules, comme les cellules du mésenchyme primaire, émettent de longs filopodes dans la cavité du blastocèle mais, contrairement aux cellules du mésenchyme primaire, elles ne se détachent pas immédiatement du feuillet. Les filopodes entrent en contact avec les parois de la cavité, y adhèrent, et se contractent, entraînant avec eux le feuillet jusqu'au fond de la cavité du blastocèle pour former le tube digestif (Figure 16-6D, E). Le mouvement est terminé lorsque l'extrémité aveugle du tube digestif atteint l'épithélium situé près de l'extrémité opposée de l'embryon (Figure 16-6F). La bouche se formera à l'endroit où les deux épithéliums se touchent — par fusion des épithéliums et perforation. Une fois leur tâche accomplie, les cellules dont les filopodes ont remorqué le tube digestif à l'intérieur de l'embryon

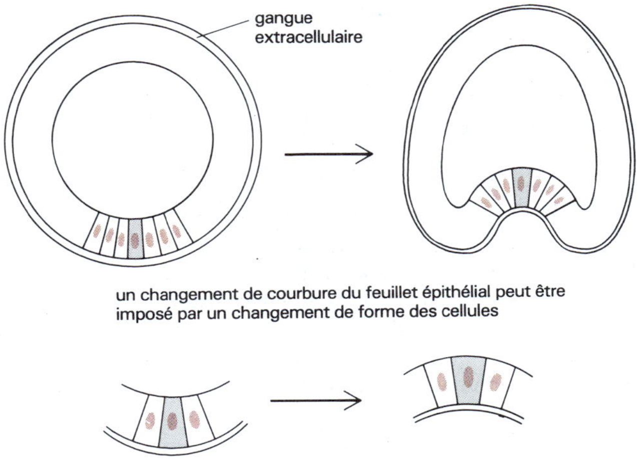

Figure 16-8 Un mécanisme possible pour le repliement initial de l'épithélium au niveau du pôle végétatif. Pour les détails moléculaires d'un processus de ce type, voir pp. 886 et 674.

se détachent de l'épithélium et migrent dans la cavité du blastocèle, constituant le *mésenchyme secondaire*. (Cette distinction entre mésenchyme primaire et mésenchyme secondaire est particulière à l'oursin et ne constitue pas une caractéristique générale de la gastrulation.)

La gastrulation transforme la blastula sphérique creuse en une structure à trois feuillets : une couche profonde, qui constitue le tube digestif primitif — **l'endoderme** ; la couche la plus externe correspondant à l'épithélium qui ne s'est pas invaginé — **l'ectoderme** ; et, entre les deux, le feuillet tissulaire plus détendu composé des cellules des mésenchymes primaire et secondaire, qui constitue le **mésoderme**. Ce sont les trois **feuillets germinaux** fondamentaux communs à tous les animaux supérieurs. L'organisation de l'embryon en trois feuillets correspond en gros à l'organisation de l'adulte, avec un tube digestif interne, un épiderme externe et du tissu conjonctif entre les deux. On peut dire, très schématiquement, que ces trois types de tissu chez l'adulte dérivent, respectivement, de l'endoderme, de l'ectoderme et du mésoderme, bien qu'il y ait des exceptions (voir p. 887).

Les mouvements de la gastrulation dépendent d'activités cellulaires simples coordonnées de façon complexe [1,6,7]

Les mouvements de la gastrulation dépendent d'un répertoire assez simple d'activités cellulaires de base. Les cellules peuvent changer de forme en s'allongeant ou se contractant ; elles peuvent former ou rompre des adhérences à d'autres cellules ou à la matrice extracellulaire ; elles peuvent sécréter des matériaux de la matrice extracellulaire qui gênent ou guident leurs déplacements. Ces activités, ainsi que la croissance et la division cellulaires, sont à la base de presque tous les mouvements morphogéniques, que ce soit celui de cellules isolées ou celui de groupes de cellules. La gastrulation, tout en étant un processus important en lui-même, est un modèle des différentes façons dont ces formes fondamentales du comportement cellulaire deviennent fonctionnelles.

Les mécanismes par lesquels une cellule isolée modifie sa forme et son adhésivité ont été discutés dans les chapitres précédents. Le problème particulier que pose le développement embryonnaire est de comprendre la façon dont ces activités cellulaires élémentaires (et d'autres) sont coordonnées dans l'espace et dans le temps de sorte que chaque partie de l'embryon se comporte de façon adéquate. Bien que les mouvements magnifiquement coordonnés de la gastrulation restent encore très mystérieux de ce point de vue, des études expérimentales ont permis de définir quelles sont les parties de l'embryon en cours de gastrulation qui se déplacent par leurs propres moyens et quelles sont celles qui sont poussées ou tirées par des forces engendrées ailleurs.

Chez l'amphibien en cours de gastrulation, la présence de cellules très riches en vitellus gêne le mouvement d'invagination des feuillets cellulaires, rendant les modalités du processus beaucoup plus complexes que chez l'oursin. L'invagination de l'endoderme ne commence pas au pôle végétatif, mais latéralement, au niveau d'un site qui est d'abord matérialisé par l'apparition, à l'extérieur de la blastula, d'une petite encoche appelée **blastopore**. Cette encoche s'étire progressivement (Figure 16-9) en s'incurvant pour encercler un bouchon de cellules très riches en vitellus. Pendant ce temps, des feuillets épithéliaux s'enroulent autour de la lèvre du blastopore et s'enfoncent à l'intérieur de l'embryon. Simultanément, l'épithélium externe de la région du pôle animal s'étire de manière active pour prendre la place des feuillets cellulaires invaginés. L'épithélium de l'hémisphère animal s'étend ainsi jusqu'à recouvrir toute la surface externe de l'embryon et, au moment où la gastrulation s'achève, l'anneau du blastopore est pratiquement réduit à un point.

Le processus d'invagination dans la gastrulation des amphibiens semble reposer sur les mêmes mécanismes de base que chez l'oursin. Il commence par des changements dans la forme des cellules situées au niveau du blastopore. Chez les amphibiens, celles-ci sont appelées *cellules en forme de bouteille* : elles possèdent un goulot effilé qui les ancre à la surface de l'épithélium et un corps ventru (Figure 16-11) et elles peuvent aider à imposer sa courbure à l'épithélium qui bascule ainsi à l'intérieur, produisant l'encoche initiale observée de l'extérieur. Passée cette première étape d'invagination, les cellules peuvent continuer à basculer à l'intérieur, sous forme d'un feuillet, pour former le tube digestif. Comme chez l'oursin, le mouvement semble être principalement couplé au rempaquetage actif des cellules épithéliales et particulièrement celles de la *zone marginale* à proximité de la lèvre du blastopore (Figure 16-11). Des petits carrés de tissu, isolés à partir de cette zone marginale et mis en culture, vont changer spontanément de forme et s'allonger, grâce à un réarrangement des cellules (Figure 16-11B), comme ils le feraient dans l'embryon au cours du processus de convergence vers le blastopore et d'invagination au niveau de la lèvre du blastopore. Le mécanisme des réarrangements cellulaires à la base de cette *extension convergente* est encore une énigme.

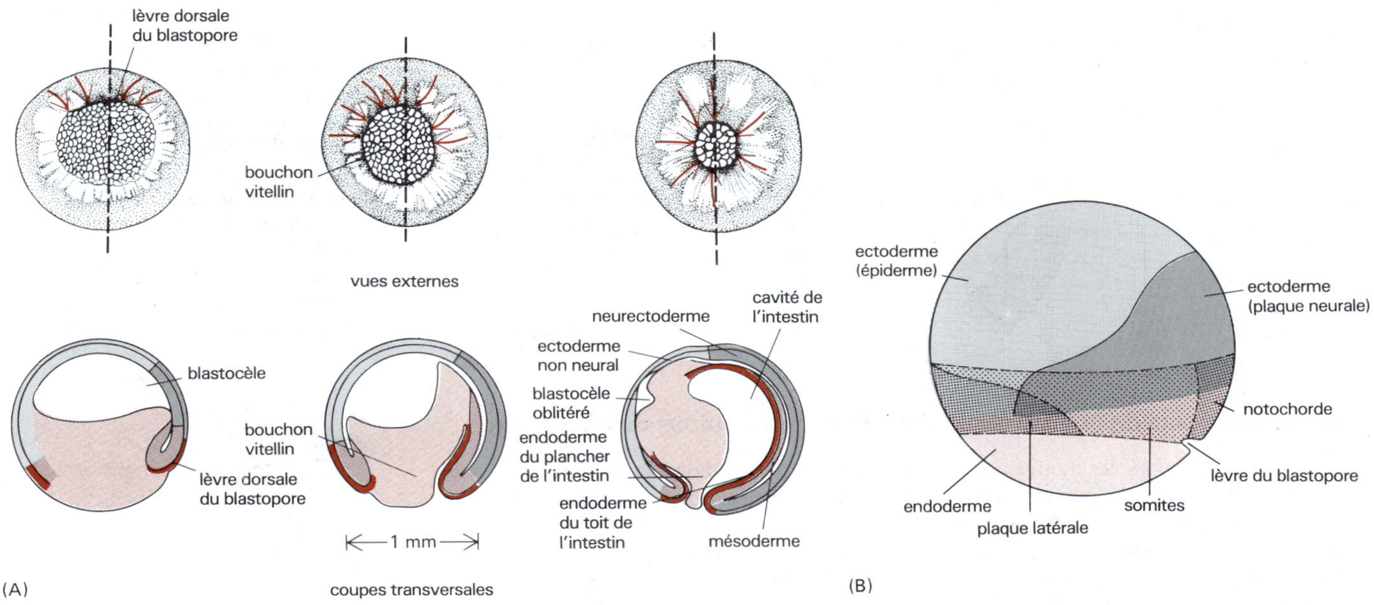

Une seconde force motrice ou de guidage est fournie par les futures cellules mésodermiques qui rampent sur la surface interne de la paroi du blastocèle, entraînant l'endoderme avec elles, un peu comme les cellules du mésenchyme secondaire chez l'oursin. La paroi du blastocèle est tapissée d'une matrice riche en fibronectine et, chez le triton et la salamandre tout au moins, on peut empêcher la gastrulation avant qu'elle ne commence en injectant dans le blastocèle des anticorps ou des peptides qui bloquent l'interaction de la fibronectine avec les récepteurs de la surface cellulaire (voir p. 817) (Figure 16-10).

Chez l'amphibien comme chez l'oursin, la gastrulation produit une structure composée de trois feuillets : un feuillet externe ou ectoderme, un feuillet interne ou endoderme formant l'ébauche du tube digestif et, entre les deux, une couche de mésoderme. Là encore, l'ouverture de la future bouche se fait à l'extrémité antérieure, au niveau où l'endoderme et l'ectoderme sont en contact direct sans interposition de mésoderme.

Figure 16-9 (A) La gastrulation chez le *Xénope*. Sur les vues externes (*en haut*), l'embryon est observé à partir du pôle végétatif ; les coupes transversales (*en bas*) sont réalisées dans le plan indiqué par les pointillés. Les directions du mouvement cellulaire sont indiquées par des flèches. (B) Une carte des ébauches présomptives d'un embryon précoce de *Xénope* (vu de côté) au moment où commence la gastrulation, montrant l'origine des cellules qui formeront les trois couches germinales par suite des mouvements de la gastrulation. Les différentes parties du mésoderme (plaque latérale, somites et notochorde) proviennent de cellules profondément enfouies dans la région en pointillés ; les autres cellules, y compris les cellules les plus superficielles de la région en pointillés, donneront l'ectoderme (*gris, en haut*) ou l'endoderme (*coloré, en bas*). (D'après R.E. Keller, *J. Exp. Zool.* 216 : 81-101, 1981.)

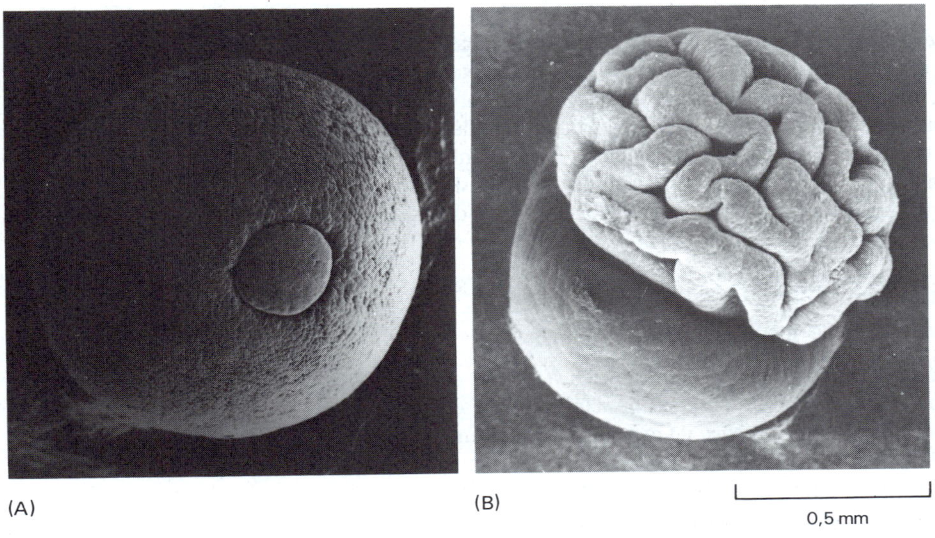

Figure 16-10 (A) Un embryon normal de salamandre en fin de gastrulation : l'endoderme et le mésoderme se sont invaginés vers l'intérieur et le blastopore s'est refermé en un anneau autour du bouchon vitellin visible à l'extérieur. (B) Un embryon associé chez lequel les mouvements de la gastrulation ont été bloqués par l'injection d'anticorps dirigés contre la fibronectine, dans la cavité de la blastula. Les cellules de l'hémisphère végétatif n'ont pas pu migrer vers l'intérieur de l'embryon et restent visibles à l'extérieur comme une masse ronde et lisse située dans le bas de la photo ; l'épithélium animal, bien que restant un sac vide, a subi son extension normale et s'est ainsi organisé en feuillets. (D'après J.C. Boucaut et al., *J. Embryol. Exp. Morphol.* 89 [suppl] : 211-227, 1985.)

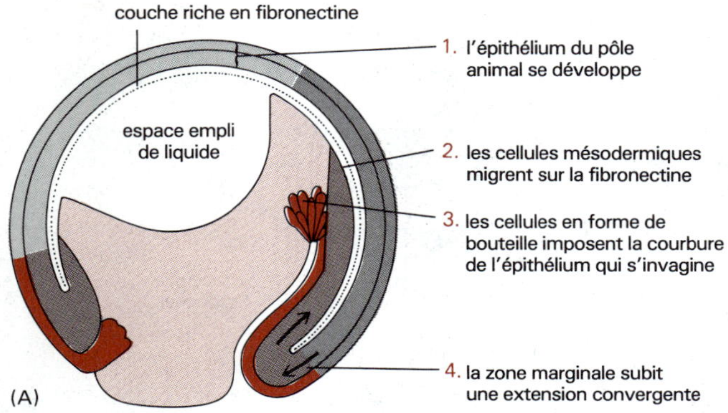

Figure 16-11 (A) Coupe d'un embryon de *Xénope* en cours de gastrulation, dans le même plan que celui de la Figure 16-9, montrant les quatre types principaux de mouvements cellulaires dont dépend la gastrulation. (B) Schématisation du rempaquetage cellulaire qui provoque l'extension convergente ; celle-ci est vraisemblablement la force motrice directrice pour la gastrulation chez le *Xénope*. (A, d'après R.E. Keller, *J. Exp. Zool.* 216 : 81-101, 1981 ; B, d'après J. Gerhart et R. Keller, *Annu. Rev. Cell Biol.* 2 : 201-229, 1986.)

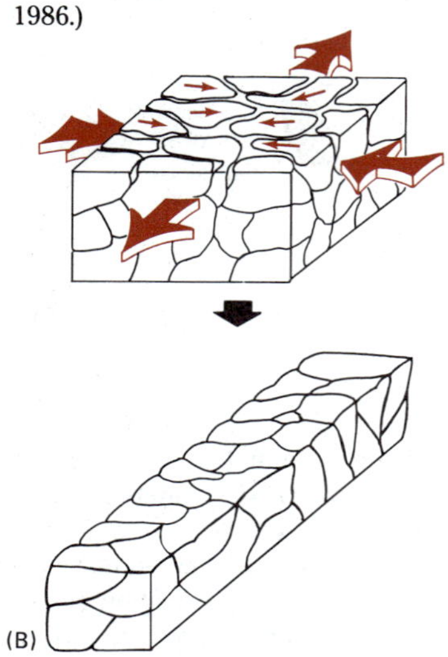

Les mouvements de la gastrulation sont organisés autour du blastopore[2,7,8]

Malgré leur complexité, les mouvements cellulaires de la gastrulation sont ordonnés, de telle sorte qu'il est possible d'établir une *carte des territoires présomptifs* de la surface de l'embryon avant la gastrulation (Figure 16-9B), qui indique l'emplacement des cellules du stade très précoce qui seront transportées par ces mouvements dans les différentes parties de l'animal. Mais comment s'enchaînent et s'organisent l'ensemble des mouvements de gastrulation ? Chez les amphibiens, le réarrangement des composants de l'œuf juste après la fécondation est une étape préliminaire essentielle. L'invagination commence toujours au niveau du site correspondant au croissant gris (voir p. 880) : là, au niveau de la future lèvre dorsale du blastopore, la rotation du cortex de l'œuf autour du noyau de l'œuf, induite par la fécondation (voir Figure 16-2), crée de façon évidente une combinaison de composants cellulaires aux propriétés uniques. Si l'on excise la lèvre dorsale du blastopore d'un embryon normal au début de la gastrulation et qu'on la greffe sur un autre embryon, mais en un endroit différent, l'embryon receveur subit une double gastrulation, l'une au niveau de son propre blastopore, l'autre au niveau du blastopore transplanté (Figure 16-12). Les mouvements de la gastrulation au niveau du second site entraînent la formation d'une deuxième série complète de structures corporelles et l'on obtient finalement un embryon double (jumeaux siamois). L'utilisation, dans ce type de transplantation, de cellules de pigmentations différentes, qui permet de distinguer le tissu receveur du tissu implanté, a montré que la lèvre du blastopore greffée entraîne l'épithélium receveur dans son propre processus d'invagination endodermique et mésodermique. Nous verrons plus tard que les interactions chimiques, autant que physiques, entre les cellules sont essentielles à la formation des différents feuillets germinaux au moment de la gastrulation. Mais nous devons, en premier lieu, décrire brièvement l'évolution ultérieure des trois feuillets, endoderme, mésoderme et ectoderme, qui constituent l'embryon de vertébré à la fin de la gastrulation.

L'endoderme est à l'origine du tube digestif et des organes annexes comme les poumons et le foie[9]

L'endoderme forme un tube, l'ébauche du tube digestif, qui va de la bouche à l'anus. Il est à l'origine, non seulement du pharynx, de l'œsophage, de l'estomac et des intestins, mais aussi d'un grand nombre de glandes annexes. Par exemple, les glandes salivaires, le foie, le pancréas, la trachée et les poumons se développent tous à partir de diverticules de la paroi du tube digestif initialement simple et s'accroissent pour devenir des systèmes de tubes ramifiés raccordés au tube digestif ou au pharynx tandis que l'endoderme constitue les composants épithéliaux de ces structures — le revêtement du tube digestif et les cellules sécrétrices du pancréas par exemple —, les éléments de soutien musculaires et fibreux sont issus du mésoderme.

Le mésoderme est à l'origine des tissus conjonctifs, des muscles et des systèmes vasculaire et uro-génital[9,10]

Le feuillet mésodermique est divisé, très précocement, en deux parties distinctes, à gauche et à droite du derme. La **notochorde**, qui définit l'axe central de l'organisme d'un vertébré et effectue cette séparation, représente une spécialisation très précoce du mésoderme. C'est une mince tigelle de cellules, d'environ 80 μm de diamètre, avec au-dessus l'ectoderme, au-dessous l'endoderme, et de chaque côté le mésoderme (voir Figure 16-15). Grâce à la turgescence de ses cellules riches en vacuoles, la notochorde s'allonge pour s'étendre d'un bout à l'autre de

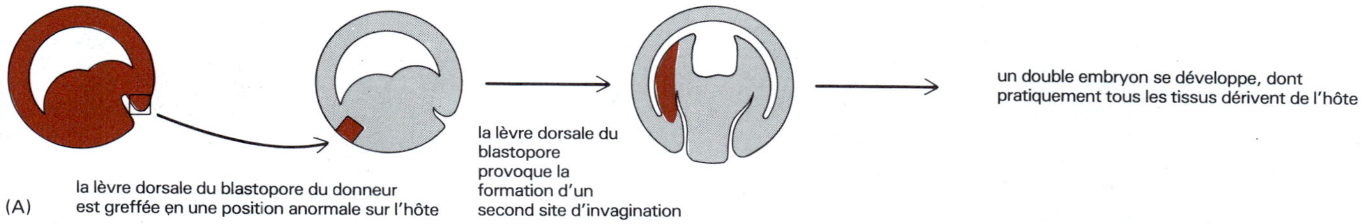

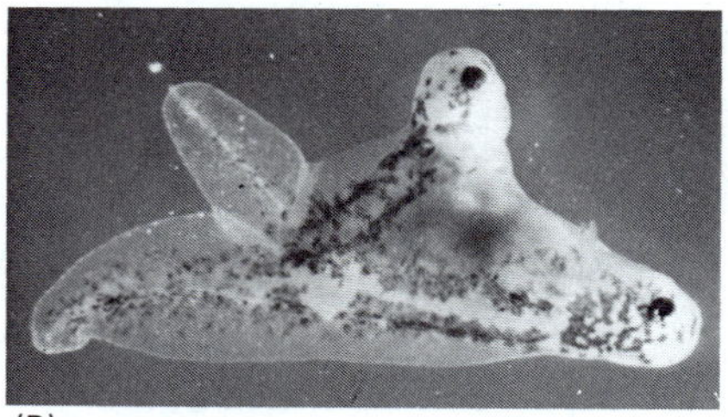
(B)

Figure 16-12 (A) Schéma d'une expérience montrant que la lèvre dorsale du blastopore induit et contrôle les mouvements de la gastrulation et organise ainsi, lorsqu'elle est transplantée, la formation d'une seconde série de structures corporelles.
(B) Photographie d'un têtard axolotl bicéphale et à deux queues à la suite d'une telle opération ; les résultats sont analogues pour le *Xénope* bien que l'étendue de la duplication soit assez variable. (B, avec l'autorisation de Jonathan Slack.)

l'embryon. Chez les chordés les plus primitifs, qui ne possèdent pas de vertèbres, la notochorde est conservée et tient lieu de colonne vertébrale. Chez les vertébrés, elle constitue un axe central autour duquel des cellules mésodermiques se regroupent pour former des vertèbres. La chorde est donc le précurseur de la colonne vertébrale, tant au sens phylogénétique qu'au sens ontogénétique.

En général, le mésoderme donne naissance aux tissus conjonctifs du corps — d'abord au réseau de cellules tridimensionnel et relâché, appelé *mésenchyme* (voir Figure 14-20, p. 802), et enfin aux os, aux cartilages et aux tissus fibreux dont le derme (la couche interne de la peau). Les cellules musculaires sont également issues du mésoderme. De plus, la plupart des tubules de l'appareil uro-génital se forment à partir du mésoderme, ainsi que le système vasculaire, dont le cœur et les cellules sanguines.

L'ectoderme est à l'origine de l'épiderme et du système nerveux [9,11]

A la fin de la gastrulation, le feuillet ectodermique recouvre tout l'embryon, et finira donc par former l'épiderme (la couche externe de la peau). Mais ce n'est pas tout : il est à l'origine de la totalité du système nerveux. Au cours de la **neurulation**, une large région du centre de l'ectoderme s'épaissit, s'enroule en un tube qui se referme et se détache du reste du feuillet cellulaire. Cette transformation est induite par une interaction avec la notochorde sous-jacente et l'ectoderme qui lui est adjacent (voir p. 941). Le tube qui se forme ainsi à partir de l'ectoderme est appelé **tube nerveux** (**tube neural**) ; il correspond à l'ébauche du cerveau et de la moelle épinière. Le long de la ligne de soudure du tube nerveux, qui se détache du futur épiderme, un certain nombre de cellules ectodermiques quittent l'épithélium et migrent individuellement à travers le mésoderme. Ce sont les cellules de la **crête neurale** qui formeront la quasi-totalité du système nerveux périphérique (dont les ganglions sensoriels et sympathiques et les cellules de Schwann qui fabriquent les gaines de myéline des nerfs périphériques, voir p. 1060) ainsi que les cellules de la glande surrénale qui sécrètent l'adrénaline et les cellules pigmentaires de la peau. Dans la tête, un grand nombre des cellules de la crête neurale se différencieront en cartilage, en os et en d'autres tissus conjonctifs qui, dans le reste de l'organisme, sont d'origine mésodermique. C'est l'un des divers exemples qui vont à l'encontre de la conception générale selon laquelle les trois feuillets germinaux donnent naissance, dans l'organisme adulte, à des cellules disposées en trois feuillets concentriques correspondants.

Les organes sensoriels, grâce auxquels les stimulations lumineuses, sonores, olfactives, etc., provenant du monde extérieur, sont transmises au système nerveux, sont aussi d'origine ectodermique : certains dérivent du tube nerveux, d'autres de la crête neurale, et certains de la couche externe de l'ectoderme (voir Figure 19-55, p. 1109). La rétine, par exemple, prend naissance sous la forme d'une évagination du cerveau et dérive donc des cellules du tube nerveux, alors que les cellules olfactives du nez se différencient directement à partir de l'épithélium ectodermique qui tapisse la cavité nasale.

La formation du tube neural résulte de changements coordonnés dans la forme des cellules [6,12]

La formation du tube nerveux (Figure 16-13) est un événement spectaculaire. Au commencement, la surface de la gastrula semble plus ou moins uniforme. Mais des changements imperceptibles sont en train de se produire : l'ectoderme proche de la région médiane commence à s'épaissir, formant la *plaque neurale*. Puis les bords latéraux de la plaque neurale commencent à se soulever en bourrelets ; ces *bourrelets neuraux* s'enroulent peu à peu pendant que la ligne médiane de la plaque s'enfonce dans l'embryon ; les bourrelets finissent par se rencontrer et fusionnent pour former le tube nerveux creux recouvert d'un feuillet continu

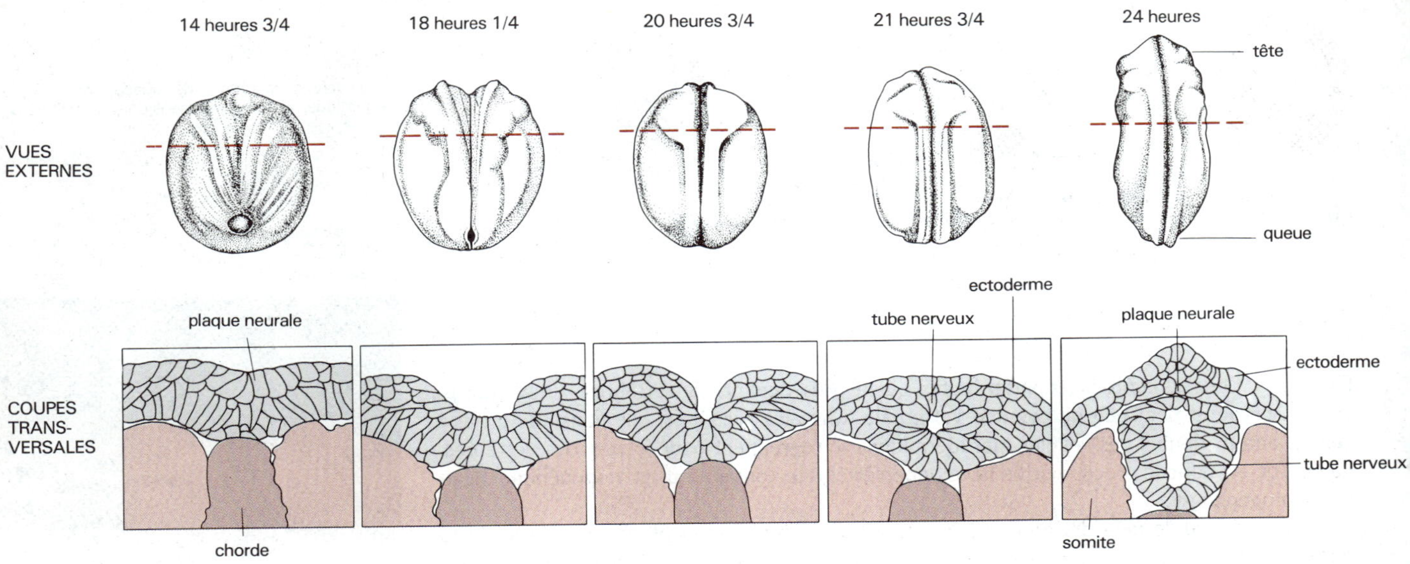

d'ectoderme. Comme dans la gastrulation, l'ensemble du processus repose sur l'élongation, l'adhérence et la contraction de certaines cellules à l'intérieur d'un feuillet épithélial.

Les cellules de la plaque neurale sont « cimentées » par des liens latéraux solides. Les cellules commencent par s'allonger perpendiculairement à la surface du feuillet. Cette élongation implique l'alignement des microtubules et est indispensable à la poursuite de la neurulation puisque des poisons, comme la colchicine, qui détruisent l'organisation des microtubules, empêchent ou inversent le processus de soulèvement des bourrelets neuraux. Les cellules allongées prennent alors la forme de trapèzes dont la partie la plus étroite est dirigée vers la surface supérieure, apicale, du feuillet. Les cellules étant solidement maintenues au niveau de leurs faces latérales et leur largeur demeurant inchangée à la base, ces deux mouvements aboutissent à la fermeture du tube nerveux sur lui-même (Figure 16-14). Le retrécissement des cellules dans leur partie apicale est provoqué par la contraction des faisceaux de filaments d'actine disposés en bandes circulaires sous la surface supérieure des cellules où ces dernières sont connectées par des ceintures d'adhérence (voir p. 674).

Figure 16-13 La formation du tube nerveux chez le *Xénope*. Les vues externes sont dorsales. Les coupes transversales passent par le plan indiqué par les pointillés. (D'après T.E. Schroeder, *J. Embryol. Exp. Morphol.* 23 : 427-462, 1970.)

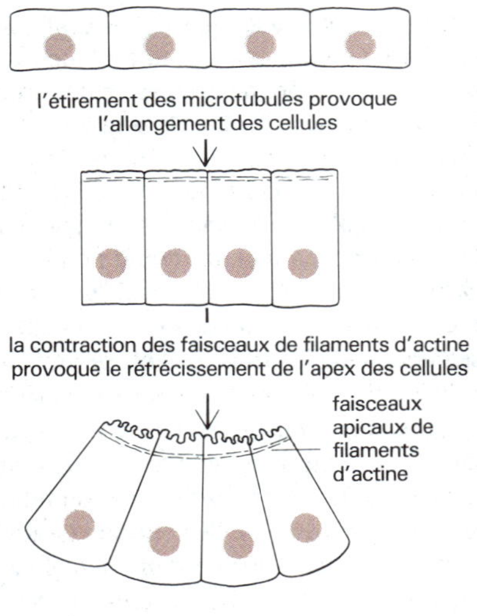

Figure 16-14 Représentation schématique de la façon dont les microtubules et les filaments d'actine provoquent la courbure d'un épithélium en modifiant la forme des cellules. Lorsque les extrémités apicales des cellules se rétrécissent, leur membrane supérieure se plisse. C'est peut-être un signe du changement de forme rapide dû à la contraction qui se produit dans des conditions de fortes liaisons latérales qui empêchent l'excès de membrane de s'écouler au-delà des complexes de jonction et le long des côtés des cellules.

Des blocs de cellules mésodermiques se détachent pour former les somites de chaque côté de l'axe de l'embryon [13]

De chaque côté du tube nerveux néoformé se trouve une masse importante de mésoderme (Figure 16-15). La partie la plus médiane, la plus épaisse, de ce mésoderme est à l'origine des vertèbres, des côtes, de presque toute la musculature squelettique et du derme du tronc. Elle forme d'abord un manchon tissulaire continu de chaque côté du corps. Puis, afin de former les structures répétitives et segmentées du squelette axial du vertébré, cette masse se fragmente bientôt en « blocs » réguliers, ou **somites** (Figure 16-16). Chaque somite correspond à une unité de l'enchaînement final des éléments articulés et se différencie en trois régions qui contribuent à la formation de trois tissus principaux qui se renouvellent dans chaque segment. La partie du somite qui fait face à la notochorde est appelée le *sclérotome* et est à la source des cellules qui vont former les vertèbres et les côtes ; la partie la plus externe et la plus proche de la surface dorsale de l'embryon est appelée le *dermatome* et fournit les cellules qui vont former le derme ; et la partie latérale et ventrale restante, appelée le *myotome*, est à la source des cellules du muscle squelettique — pour les muscles métamériques du tronc ainsi que pour presque tous les autres muscles du corps (voir p. 943).

Les somites ne se forment pas simultanément, mais l'un après l'autre, de la tête à la queue. La segmentation s'accompagne de modifications dans les relations entre les cellules mésodermiques. Les cellules du mésoderme précoce non segmenté de l'amphibien sont électriquement et métaboliquement couplées via des jonctions de type gap, mais ce couplage intercellulaire disparaît au moment de la formation des somites, ou juste avant. Il semble que les cellules se libèrent de leurs liens réciproques et se réarrangent ensuite par groupes pour former les somites (voir Figure 16-16). Comme nous le verrons plus tard, il existe une corrélation

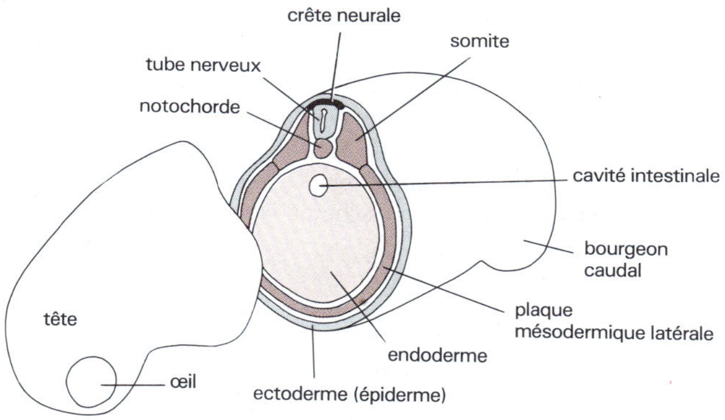

Figure 16-15 Coupe transversale (schématique) au niveau du tronc d'un embryon d'amphibien après la fermeture du tube nerveux. (D'après T. Mohun, R. Tilly, R. Mohun et J.M.W. Slack, *Cell* 22 : 9-15, 1980.)

entre la segmentation physique et une distribution segmentaire panachée des différences chimiques entre des groupes adjacents de cellules de somites (voir p. 938), et la cohésion sélective basée sur des différences de propriétés chimiques superficielles est probablement responsable de la séparation physique des somites.

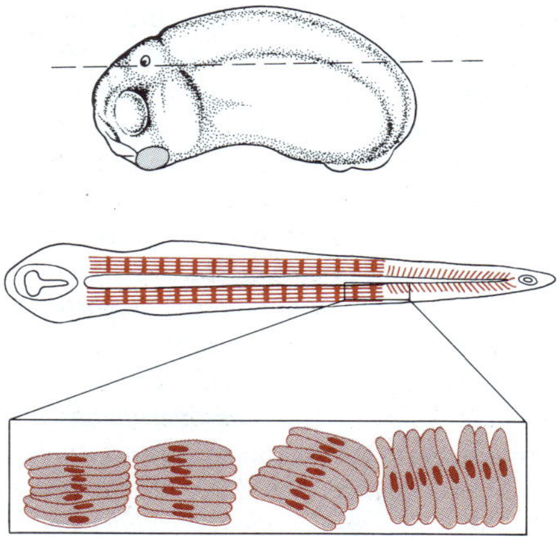

Figure 16-16 Formation des somites chez le *Xénope*. En haut, une vue latérale de l'embryon : la ligne pointillée indique le plan de la coupe horizontale représentée au centre. Le schéma inférieur est une vue très simplifiée à fort grossissement des cellules mésodermiques en train de se redisposer pour former les somites. Chez le *Xénope*, les futures cellules des somites sont toutes initialement orientées perpendiculairement à l'axe du corps et tournent ensuite en groupes au cours de la formation des somites.

Le plan d'organisation des vertébrés commence par être établi en miniature pour être ensuite maintenu au cours de la croissance de l'embryon [9]

L'embryon au stade de la segmentation mesure habituellement quelques millimètres de long et est constitué d'environ 10^5 cellules. Alors que nous n'avons parlé jusqu'à présent que du *Xénope*, l'échelle et la forme générale sont sensiblement les mêmes pour une salamandre, un poisson, un poulet ou un être humain (Figure 16-17). Plus tard, les embryons de ces espèces prendront des tailles et des formes très différentes, mais à ce stade précoce, ils partagent tous le même schéma corporel de base des vertébrés. Les détails seront mis au point au cours du

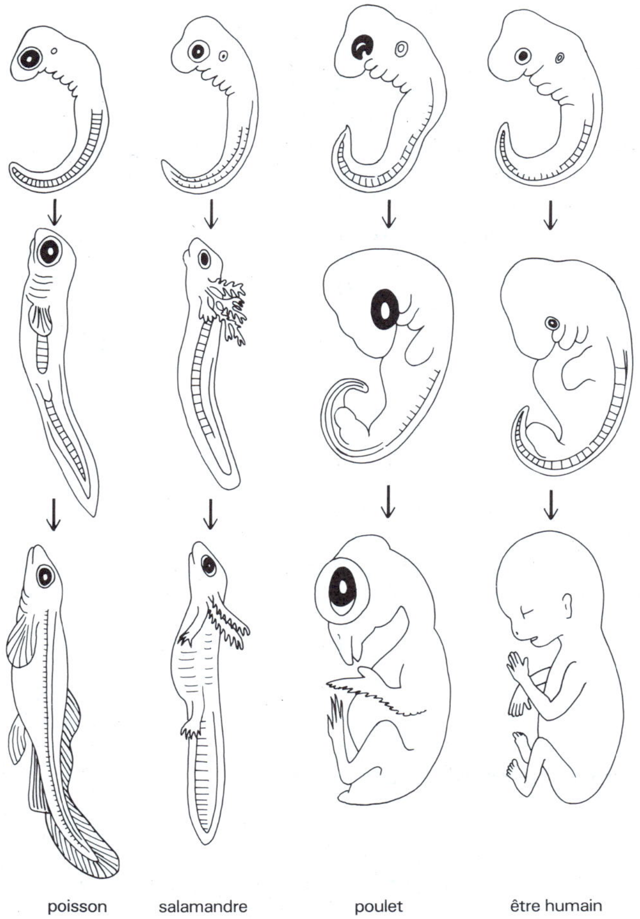

Figure 16-17 Comparaison de l'embryogenèse chez un poisson, un amphibien, un oiseau et un mammifère. Les stades précoces *(en haut)* se ressemblent étroitement ; les stades tardifs *(en bas)* sont plus différents. Les premiers stades sont dessinés approximativement à l'échelle, ce qui n'est pas le cas des derniers. (D'après E. Haeckel, Anthropogenie, oder Entwickelungsgeschichte des Menschen. Leipzig : Engelmann, 1874.)

développement ultérieur de l'embryon. Le système nerveux central est représenté par le tube nerveux dont la partie antérieure renflée constitue le cerveau ; le tube digestif et ses annexes, par un tube d'endoderme ; les segments du tronc, par les somites ; les autres tissus conjonctifs, dont le système vasculaire, par du mésoderme non segmenté plus périphérique ; et la couche épithéliale de la peau par l'ectoderme. Au cours du développement ultérieur, les dimensions de toutes ces structures vont augmenter, d'un facteur qui peut au moins atteindre cent en longueur, ou un million en volume et en nombre de cellules. Mais le même schéma corporel de base sera conservé.

Résumé

Les œufs de la plupart des espèces sont volumineux et contiennent des réserves nutritives et d'autres composants cellulaires élaborés par le génome maternel. Chez les amphibiens, le premier mouvement important après la fécondation est la rotation du cortex de l'œuf par rapport à son noyau. L'asymétrie créée par cette rotation, combinée à l'asymétrie primitive de la distribution des composants de l'œuf avant la fécondation, définit les futurs axes antéro-postérieur et dorso-ventral de l'organisme. Au cours des divisions suivantes par clivage, l'œuf se segmente en un grand nombre de cellules de plus petite taille, sans augmentation de volume. Des jonctions étanches se forment entre les cellules des couches les plus externes de l'embryon, isolant de façon hermétique l'intérieur du milieu extérieur. Du liquide est pompé vers l'intérieur de l'embryon pour former une cavité, le blastocèle, entourée d'un épithélium. A ce stade, l'embryon est appelé blastula.

Au cours du processus de gastrulation, l'invagination d'une partie de l'épithélium de la blastula semble être provoquée par des changements dans la forme des cellules de la blastula, qui amènent l'épithélium à se courber vers l'intérieur. La traction exercée sur le feuillet épithélial par les futures cellules mésodermiques intervient probablement dans la commande des dernières phases de la gastrulation qui transforment l'embryon en une structure à trois feuillets qui possède un tube épithélial constitué d'endoderme, un revêtement épithélial externe ectodermique, et un feuillet intermédiaire de cellules mésodermiques qui se sont détachées du feuillet épithélial d'origine. L'endoderme est à l'origine du revêtement interne du tube digestif et de ses dérivés ; l'ectoderme formera principalement l'épiderme et le système nerveux ; et le mésoderme est à l'origine de la plupart des muscles des tissus conjonctifs, du système vasculaire et de l'appareil uro-génital.

La gastrulation provoque le regroupement de populations cellulaires initialement éloignées, qui peuvent alors interagir. Par exemple, le mésoderme dorsal induit l'épaississement, l'enroulement et la fermeture de l'ectoderme qui le recouvre, aboutissant à la formation du tube nerveux et de la crête neurale. Ce processus, appelé neurulation, repose lui aussi sur une déformation des cellules impliquant les microtubules et les filaments d'actine. Au milieu du mésoderme dorsal, une tigelle composée de cellules spécialisées, la chorde, constitue l'axe central de l'embryon. Les manchons mésodermiques situés de chaque côté de la chorde se segmentent en somites, dont seront dérivés les vertèbres et les muscles squelettiques.

La diversification et la mémoire cellulaires [14]

L'œuf fécondé peut se développer en un individu mâle ou femelle, en un oursin, en une grenouille ou en un être humain. C'est le génome qui détermine le résultat final : la séquence linéaire des nucléotides A, G, C et T dans l'ADN de l'organisme doit diriger la production d'une variété de types cellulaires chimiquements différents, arrangés selon un schéma spatial précis. La biologie du développement vise à expliquer comment. Pour tenter de répondre à cette question, nous allons tout d'abord examiner la façon dont les cellules chez l'embryon précoce se différencient les unes des autres, même si elles ont toutes hérité de l'œuf la même information génétique.

Au cours du développement, le génome reste constant alors que le mode d'expression des gènes varie [15]

Les nombreux types cellulaires de l'organisme se distinguent essentiellement par le fait qu'ils synthétisent chacun, en dehors des nombreuses protéines « de première nécessité » dont ils ont tous besoin, une série de protéines spécialisées : la kératine pour les cellules épidermiques, l'hémoglobine pour les hématies, les enzymes digestives pour les cellules intestinales, les cristallines pour les cellules du cristallin, etc. L'hétérogénéité des types cellulaires étant due à la diversité de leurs produits géniques, on est en droit de se demander si cette diversité n'est pas uniquement due au fait qu'ils contiennent des séries de gènes différentes. Les cellules du cristallin, par exemple, pourraient avoir perdu les gènes codant l'hémoglobine, la kératine, etc., pour ne conserver que ceux qui codent les cristallines ; elles ont pu aussi amplifier de manière sélective le nombre de copies des gènes des cristallines. Il existe cependant plusieurs raisons de croire que la différenciation n'implique pas habituellement de modifications géniques et que tous les types cellulaires ou presque contiennent le même génome complet que celui de l'œuf fécondé. Les gènes peuvent être activés ou réprimés (voir Chapitre 10) et les cellules de l'organisme ne diffèrent pas du fait qu'elles contiennent différents gènes mais du fait qu'elles *expriment* différents gènes.

Une des preuves les plus convaincantes de la conservation de l'intégralité du génome au cours de la différenciation cellulaire provient d'expériences de transplantation nucléaire réalisées sur des œufs d'amphibiens (Figure 16-18). Un œuf d'amphibien est si volumineux qu'il est possible d'y injecter, à l'aide d'une micropipette de verre, un noyau prélevé sur une autre cellule. Le noyau de l'œuf est auparavant détruit par irradiation ultraviolette. On active le développement de l'œuf en le piquant avec la micropipette utilisée pour injecter le noyau transplanté (voir p. 870). On peut ainsi vérifier si le noyau prélevé sur une cellule somatique différenciée contient un génome complet équivalent à celui d'un œuf fécondé normal et également utilisable pour le développement. La réponse est affirmative : un têtard complet, capable de nager, peut être obtenu, par exemple, à partir d'un œuf dont le noyau a été remplacé par le noyau d'une cellule de kératinocyte d'une peau de grenouille adulte ou par un noyau d'érythrocyte de grenouille. Ces expériences ont des limites : elles n'ont été couronnées de succès qu'avec des noyaux provenant d'une variété limitée de types cellulaires différents et pour un petit nombre d'espèces. Mais d'autres études aboutissent à la même conclusion : il semble, en règle générale, que l'intégrité du génome soit conservée au cours du développement.

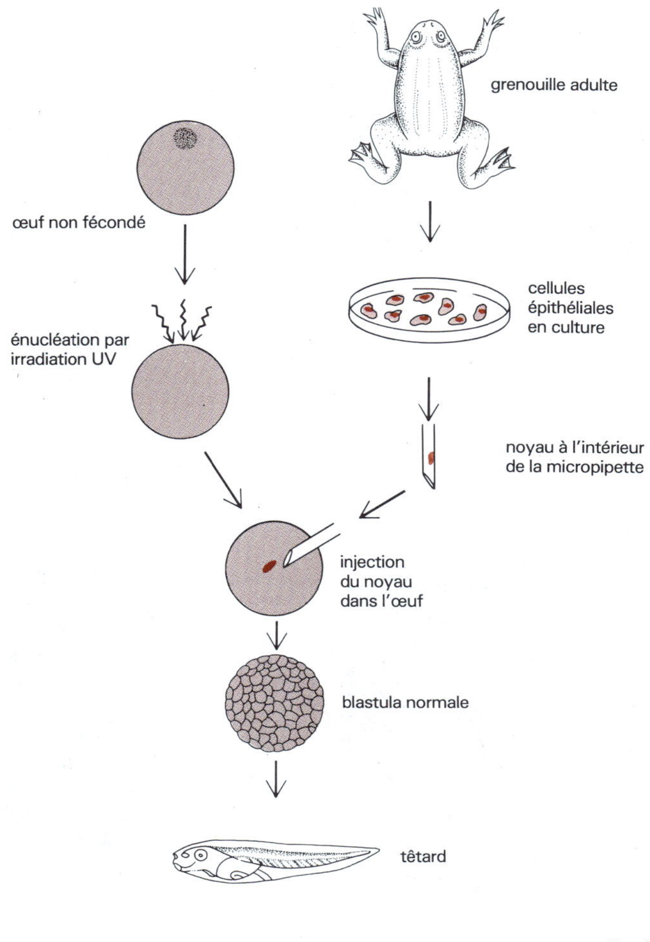

Figure 16-18 Schéma d'une expérience démontrant que le noyau d'une cellule différenciée de peau de grenouille adulte contient tout le matériel génétique nécessaire pour contrôler la formation d'un têtard complet. (D'après J.B. Gurdon, Gene Expression during Cell Differentiation. Oxford, U.K. : Oxford University Press, 1973.)

On connaît de rares exceptions à cette règle. Par exemple, chez certains invertébrés, certains des chromosomes présents dans les cellules de la *lignée germinale* sont éliminés des cellules *somatiques* (non germinales) au début de l'embryogenèse. Chez certaines autres espèces, dont *Xenopus laevis*, les gènes codant l'ARN ribosomal sont amplifiés de manière sélective dans l'ovocyte, et chez certaines larves d'insectes la polyténie des chromosomes n'est pas uniforme, de sorte que certains gènes sont amplifiés plus que d'autres (voir p. 509). Chez les mammifères, la synthèse d'anticorps et de récepteurs antigéniques spécifiques par les lymphocytes implique l'épissage simultané de segments d'ADN initialement séparés lorsque ces cellules spécialisées se différencient (voir Chapitre 18).

Les différences qui existent entre les blastomères qui ne sont pas issus de mammifères proviennent souvent d'asymétries dans l'œuf unicellulaire [16]

Lorsque le noyau d'une cellule différenciée est transplanté dans un œuf de *Xénope* énucléé, il modifie son mode d'expression génique pour ressembler au noyau d'un œuf normal. Ainsi, le comportement du noyau peut être contrôlé par l'environnement cytoplasmique dans lequel il est placé. Chez de nombreuses espèces, comme chez le *Xénope*, l'œuf est chimiquement asymétrique : certains de ces composants sont concentrés dans des régions spécifiques du cytoplasme. Cela fait qu'il y a des différences, dès l'origine, entre les cellules qui se forment par clivage, car leur cytoplasme contient nécessairement des proportions différentes des composants localisés. L'importance de tels *déterminants localisés* dans l'œuf varie d'une espèce à l'autre. A l'un des extrêmes, il y a les mammifères chez lesquels, comme nous le verrons plus tard, l'œuf semble être symétrique et tous les blastomères précoces sont semblables. A l'autre extrême, on trouve les *œufs mosaïques* des mollusques, des ascidiens (outres de mer), des vers nématodes (voir p. 784) et d'autres phyla. Dans ces espèces, les déterminants localisés sont organisés de façon cohérente, et les plans de clivage initiaux sont orientés en relation stricte avec la disposition des composants chimiques, de telle sorte que chaque blastomère hérite un ensemble spécifique et prévisible de molécules (Figure 16-19). Si l'on sépare des blastomères précoces et qu'on leur permet de se développer isolément les uns des autres, la majorité d'entre eux vont donner lieu à un ensemble de types cellulaires semblable à celui qui se serait développé à partir de ce blastomère dans l'embryon intact. La fonction de contrôle des composants de l'œuf peut être mise en évidence en modifiant artificiellement leur distribution par rapport aux plans de clivage. Cela a pu être réalisé, par exemple, dans l'œuf de l'ascidien *Styela* (voir Figure 16-19), dans lequel les différentes régions du cytoplasme peuvent être facilement distinguées car elles sont pigmentées différemment : dans un embryon désorganisé, le mode de différenciation d'un blastomère peut être facilement prévu à partir du type de cytoplasme dont il hérite.

Les œufs mosaïques soulèvent une question de biologie cellulaire importante : comment le mode de clivage et la composition chimique peuvent-ils être corrélés de façon aussi précise ? Peut-être reflètent-ils tous deux une organisation sous-jacente du cytosquelette. Il existe un certain nombre de preuves que les composants chimiques localisés sont attachés au cytosquelette et que ce dernier contrôle les plans de la division cellulaire (voir p. 779).

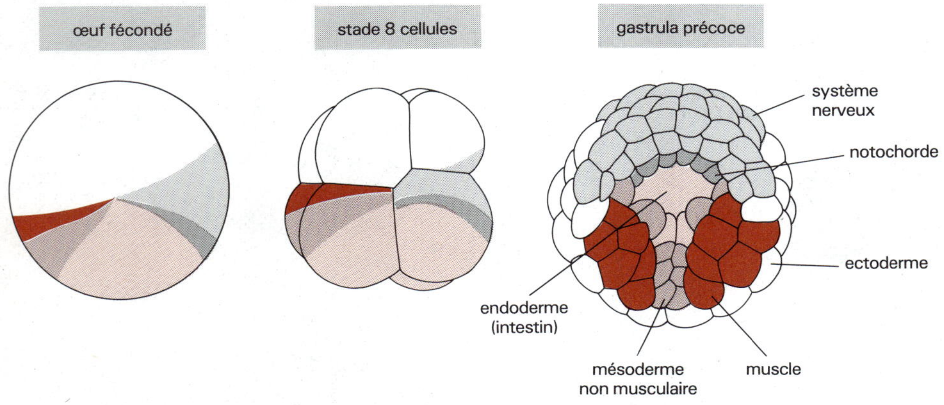

Figure 16-19 Trois stades successifs du développement précoce de l'ascidien *Styela*. La gastrula précoce est vue du dessous, face à l'entrée de la cavité de l'intestin en cours de développement. Les différentes régions du cytoplasme de l'œuf sont différemment pigmentées selon un motif régulier et cohérent qui est corrélé de façon précise au schéma de segmentation. Il est possible de prévoir le devenir de chaque blastomère d'après le type de cytoplasme dont il hérite, comme le montre la figure (voir aussi la Figure 16-29). (D'après P. P. Grassé, Traité de Zoologie, Paris : Masson, 1966.)

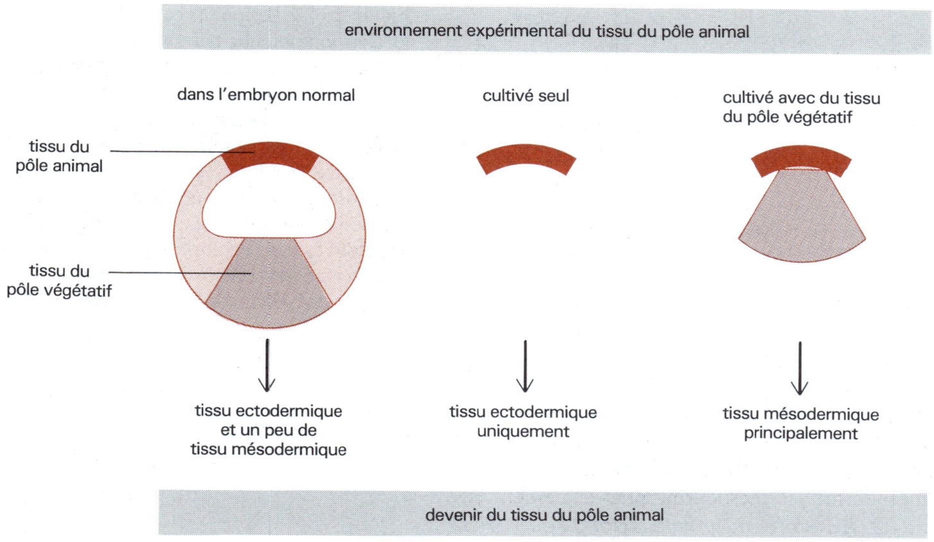

Figure 16-20 Induction du mésoderme chez le *Xénope*. Si elles sont cultivées avec des cellules du pôle végétatif, les cellules du pôle animal d'une blastula, qui ne forment normalement que l'ectoderme, vont donner des tissus mésodermiques. Au cours du développement normal, ce type d'interaction inductrice ne se produit qu'à un stade plus précoce : la région équatoriale de la blastula est déjà capable de former des tissus mésodermiques lorsqu'elle est cultivée de façon isolée.

Les interactions chimiques entre les blastomères engendrent de nouveaux types cellulaires selon un schéma plus subtil : l'induction du mésoderme chez le *Xénope* [17]

L'œuf de *Xénope* est un intermédiaire entre les cas extrêmes que sont les œufs mosaïques et les œufs de mammifères. L'asymétrie dans le cytoplasme de l'œuf de *Xénope* est à l'origine d'une différence qui existe entre les blastomères dérivés des pôles animal ou végétatif, mais ceci ne définit que les grossiers débuts de l'organisation de l'embryon. Pour engendrer la totalité des types cellulaires, les blastomères doivent interagir les uns avec les autres. Si l'on place l'embryon précoce de *Xénope* dans un milieu dépourvu de Ca^{2+} et de Mg^{2+}, les blastomères perdent leur cohésion ; il est donc possible de les séparer et de les laisser se développer indépendamment. Certains vont développer des propriétés caractéristiques de l'ectoderme, tandis que d'autres développent des propriétés caractéristiques de l'endoderme. Cependant, aucun d'entre eux n'active l'expression des gènes de l'actine spécifique du muscle qui sont caractéristiques de l'endoderme. Une expérience inverse confirme que les cellules de type mésodermique sont produites, en partie du moins, grâce aux interactions intercellulaires ; lorsque les cellules du pôle animal d'une blastula sont placées près des cellules du pôle végétatif, elles sont déviées de la voie du développement de l'ectoderme vers la voie du développement du mésoderme (Figure 16-20). La commutation des cellules d'une voie à une autre par l'action d'un groupe de cellules adjacent est appelée **induction** ; au cours du développement normal, il peut se produire des interactions inductrices entre des cellules qui ont été adjacentes dès l'origine — comme dans l'induction du mésoderme — ou entre des cellules qui sont mises en contact grâce à des mouvements morphogénétiques comme la gastrulation. Par une série d'inductions successives, il est possible d'engendrer de nombreux types cellulaires différents à partir d'interactions qui n'en font intervenir que quelques-uns (Figure 16-21).

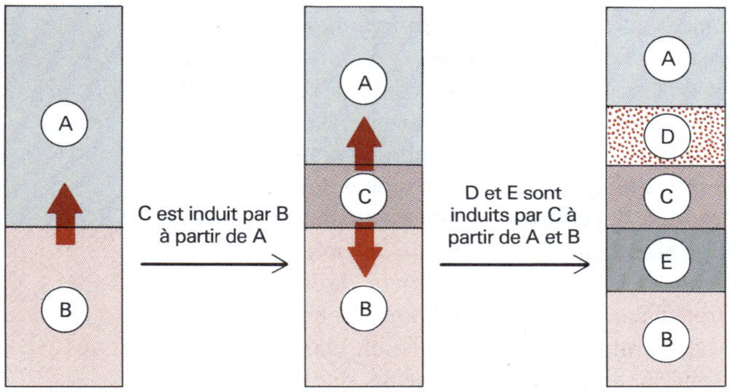

Figure 16-21 Une série d'interactions inductrices peut engendrer de nombreux types cellulaires à partir de quelques-uns.

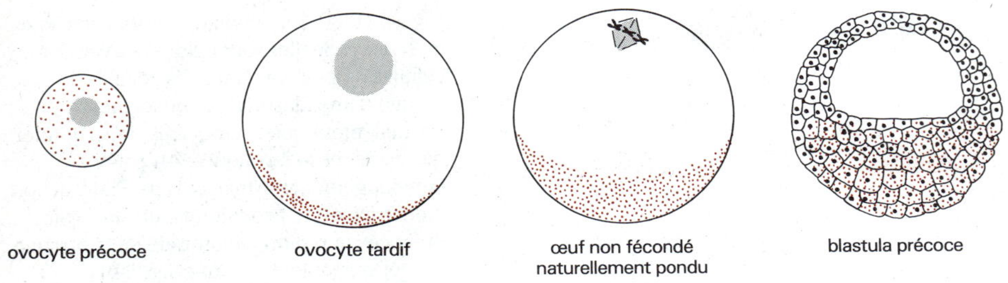

Figure 16-22 Les points colorés montrent la localisation obtenue par hybridation *in situ* des ARNm codant la protéine Vg1 dans la région végétative de l'œuf de *Xénope* à différents stades de son développement. La protéine Vg1 est homologue du facteur de croissance TGF-β et peut être un des composants du signal induisant la formation du mésoderme qui est émis par les cellules végétatives dans l'embryon précoce. Le mécanisme qui contrôle la localisation variable de l'ARNm de Vg1 n'est pas compris.

Pour induire la formation du mésoderme chez le *Xénope*, il suffit que les cellules conjuguées soient proches sans pour autant être en contact direct. Ceci suggère que l'agent inducteur est une molécule diffusible. Il a été montré que le *facteur de croissance des fibroblastes* (*FGF*) (voir p. 747) pouvait agir comme substitut pour les blastomères végétatifs, induisant les cellules du pôle animal à se développer en mésoderme ; le mésoderme peut également être induit par le *facteur de croissance transformant-β2* (*Transforming growth factor-β2* ou *TGF-β2*, une des deux variétés de TGF-β, voir p. 747). Le FGF tend à favoriser le développement des dérivés ventraux du mésoderme, comme les cellules sanguines par exemple, alors que le TGF-β2 semble favoriser le développement des dérivés dorsaux, comme le muscle. L'ARN messager codant le FGF est présent dans l'embryon de *Xénope* normal, et l'ARNm codant une protéine appelée *Vg1*, qui est partiellement homologue de TGF-β, est non seulement présent mais se trouve localisé à l'extrémité végétative de l'œuf et de l'embryon précoce (Figure 16-22). Ces observations suggèrent que le FGF et le TGF-β2, ou des molécules voisines, sont conjointement responsables de l'induction du mésoderme. De fait, au vu de cet exemple et d'un nombre rapidement croissant d'autres exemples, il semble que quelques douzaines de protéines, qui portent le nom conventionnel de facteurs de croissance, jouent un rôle aussi important dans le contrôle des voies du développement que dans la régulation de la division cellulaire, la différenciation et la réparation des tissus adultes (voir Chapitre 17) ; comme le sont les neurotransmetteurs du système nerveux, ces mêmes facteurs semblent être utilisés dans de nombreux contextes différents pour transmettre des signaux intercellulaires de significations multiples.

Chez les mammifères, l'environnement utérin protégé permet un développement précoce d'un genre inhabituel [18]

Se développant dans l'environnement protecteur de l'utérus, l'embryon de mammifère n'a pas les mêmes besoins que les embryons de la majorité des autres espèces pour accomplir rapidement les étapes précoces du développement. De plus, la formation du placenta permet à l'embryon d'être nourri par la mère ; il n'est donc pas nécessaire que l'œuf de mammifère renferme d'importantes réserves nutritives comme le vitellus. Ainsi, le diamètre de l'œuf de souris n'est que de 80 μm environ, et son volume près de 2 000 fois inférieur à celui d'un œuf d'amphibien typique. Sa segmentation n'est pas plus rapide que la division de nombreuses cellules somatiques normales, et la transcription des gènes a déjà commencé au stade bicellulaire. Enfin, tandis que les étapes tardives du développement des mammifères sont fondamentalement semblables à celles des autres vertébrés comme le *Xénope*, le développement des mammifères commence par faire un large détour pour engendrer une série de structures complexes — notamment le sac amniotique et le placenta — qui entourent et protègent l'embryon et assurent l'échange de métabolites avec la mère. Ces structures, comme le reste de l'organisme, dérivent de l'œuf fécondé, mais sont appelées *extra-embryonnaires* car elles sont éliminées à la naissance et ne font pas partie de l'organisme adulte.

Les stades précoces du développement de la souris sont résumés dans la Figure 16-23. L'œuf est entouré initialement par une enveloppe cellulaire transparente, la *membrane pellucide*. Une fois fécondé, l'œuf se segmente à l'intérieur de cette membrane pour former un amas de cellules qui a l'aspect d'une mûre, la **morula** (Figure 16-23). A un moment donné, entre les stades 8 et 16 cellules, la surface de la morula devient plus régulière et plus sphérique, tandis que la cohésion des cellules change et qu'elles s'unissent (Figure 16-24), avec formation de jonctions étanches entre les cellules externes et isolement de l'intérieur de la morula du milieu extérieur. Peu après, les espaces intracellulaires s'élargissent pour créer une cavité centrale remplie de liquide — le blastocèle. La morula est alors devenue un **blastocyste**. Les cellules du blastocyste forment une coque sphérique autour du blastocèle, dont un pôle se

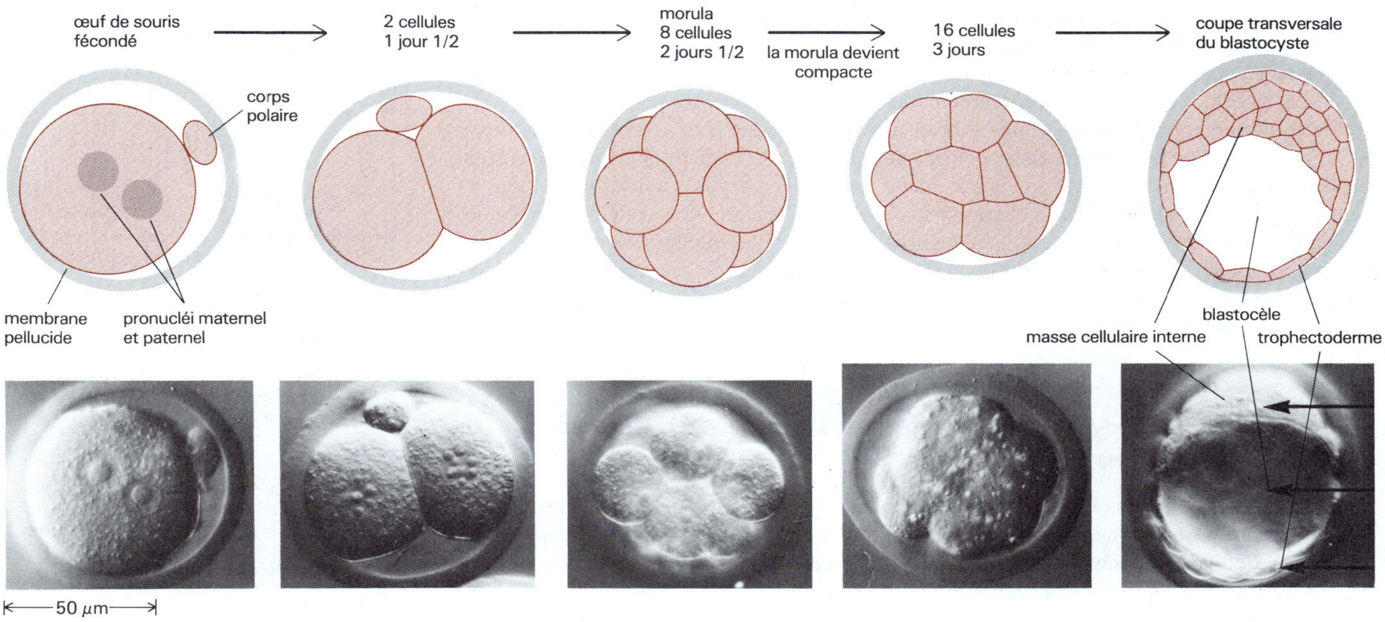

Figure 16-23 Les stades précoces du développement de la souris. (Avec l'autorisation de Patricia Calarco, d'après G. Martin, *Science* 209 : 768-776, 1980. Copyright 1980 American Association for the Advancement of Science.)

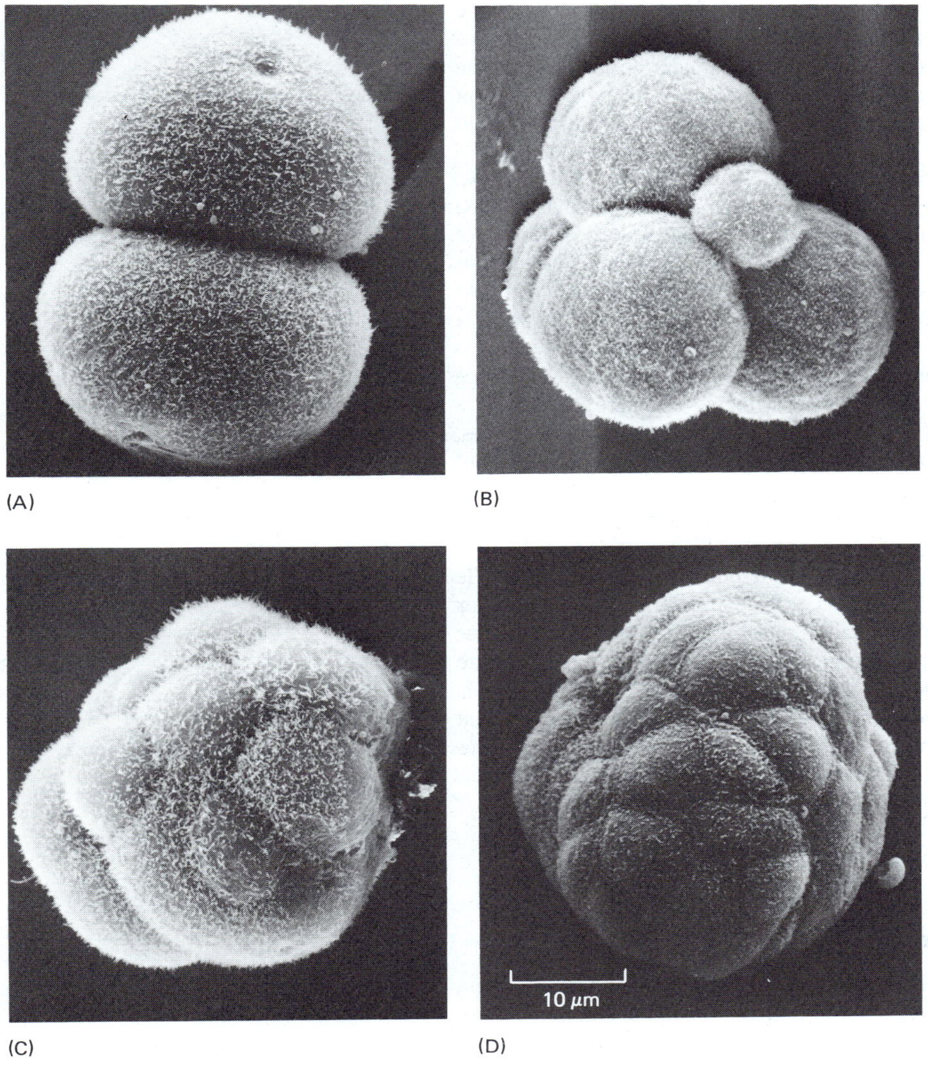

Figure 16-24 Photographie en microscopie électronique à balayage d'un embryon précoce de souris. La membrane pellucide a été retirée. (A) Stade 2 cellules. (B) Stade 4 cellules (on peut observer un globule polaire en plus des 4 blastomères). (C) Au stade 8-16 cellules, la morula devient compacte. (D) Blastocyte. (Avec l'autorisation de Patricia Calarco ; D, d'après P. Calarco et C.J. Epstein, *Dev. Biol.* 32 : 208-213, 1973.)

distingue par une plus grande accumulation de cellules. Comme le montre la Figure 16-23, la couche cellulaire externe est le **trophectoderme** ; l'amas de cellules qui émerge de la face interne du trophectoderme à un pôle du blastocyste est la **masse cellulaire intercellulaire**.

La totalité de l'embryon proprement dit dérive de la masse cellulaire interne. Le trophectoderme est à l'origine du placenta et des structures les plus précoces des annexes embryonnaires. Une fois la membrane pellucide détruite, les cellules du trophectoderme entrent en contact étroit avec la paroi de l'utérus, dans laquelle l'embryon s'implante. Pendant ce temps, la masse cellulaire s'accroît et commence à se différencier : une partie forme quelques structures extra-embryonnaires supplémentaires tel que le sac vitellin tandis que le reste commence à édifier l'embryon proprement dit, par des processus de gastrulation, de neurulation, etc., qui sont en grande partie les mêmes que chez d'autres vertébrés, bien que d'importantes modifications spatiales rendent cette homologie peu perceptible.

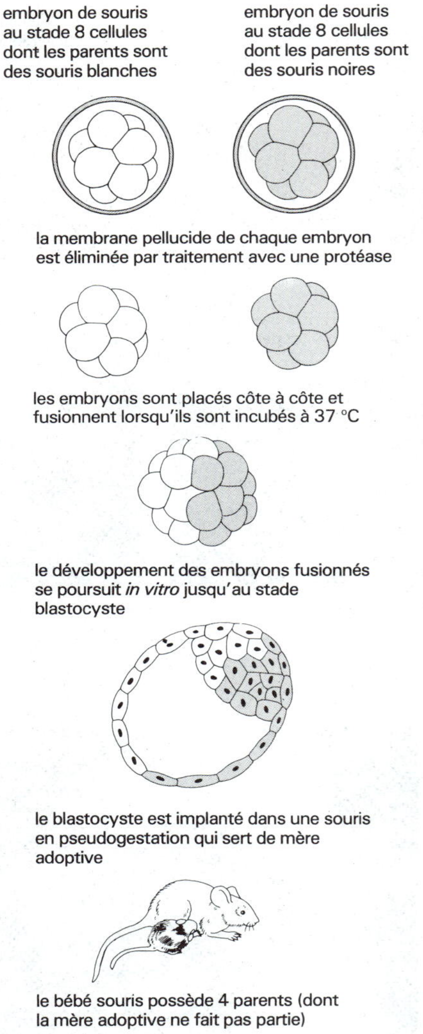

Figure 16-25 Méthodes expérimentales permettant de créer une souris chimère en combinant deux morulas de génotypes différents.

Les cellules de l'embryon de mammifère très précoce se différencient grâce aux interactions intercellulaires [19,20]

Jusqu'au stade 8 cellules, l'embryon de mammifère précoce est remarquablement adaptable : chacune de ses cellules peut former n'importe quelle partie de l'embryon plus âgé ou de l'adulte. Cette polyvalence est illustrée par la formation de jumeaux identiques, à partir d'un seul œuf fécondé — deux individus normaux et complets ne dérivant chacun que d'une partie de l'embryon normal. De la même façon, si l'une des cellules d'un embryon de souris au stade 2 cellules est détruite par une piqûre d'aiguille, et si le « demi-embryon » obtenu est réimplanté dans l'utérus d'une mère adoptive, une souris parfaitement normale naîtra dans un bon pourcentage de cas.

Il est également possible de réaliser l'expérience inverse : deux embryons au stade 8 cellules peuvent être combinés pour former une seule morula géante, qui se développera ensuite en une souris de taille normale (Figure 16-25). De tels animaux, formés à partir de groupes de cellules génétiquement différentes, sont appelés **chimères**. On peut également fabriquer des chimères en injectant des cellules d'un jeune embryon possédant un certain génotype dans un blastocyste possédant un autre génotype. Les cellules injectées sont incorporées dans la masse cellulaire interne du blastocyste hôte, et un animal chimère se développe. Il est même possible de fabriquer une chimère en injectant de la même façon une seule cellule : on peut ainsi tester les capacités de développement de cette cellule unique. L'une des principales conclusions tirées de ces expériences est que les cellules de l'embryon de mammifère en tout début de développement (jusqu'au stade 8 cellules) sont initialement identiques et peuvent exprimer l'ensemble de leurs potentialités : elles sont toutes *totipotentes*.

Les cellules se différencient ensuite les unes des autres grâce à leurs interactions conjuguées. Dans l'embryon de souris, l'interaction responsable de la première différence de caractère cellulaire, c'est-à-dire celle qui existe entre la masse cellulaire interne et le trophectoderme, dépend de l'arrangement des contacts intercellulaires. Au stade 8 cellules, tous les blastomères occupent à peu près des positions équivalentes, leurs faces internes étant en contact avec d'autres blastomères et leurs faces externes exposées à l'extérieur de l'embryon. Chaque blastomère a une polarité, signalée par les microvillosités situées sur la face externe et correspondant à une distribution asymétrique des composants à l'intérieur de la cellule. En manipulant les blastomères *in vitro*, on peut montrer que cette polarité est gouvernée par le schéma des contacts intercellulaires : les microvillosités et les composants internes qui leur sont associés s'assemblent uniquement là où la surface cellulaire n'est pas en contact avec d'autres cellules. Le plan du clivage suivant est apparemment orienté de façon à exploiter cette asymétrie pour engendrer deux cellules filles différentes. L'une d'elles (une cellule de la masse cellulaire interne) tournée vers l'intérieur et dépourvue des composants associés aux microvillosités, l'autre (cellule trophectodermique) tournée vers l'extérieur et héritant ces composants. Ainsi, le schéma des contacts intercellulaires semble contrôler l'origine des premières différences entre les cellules (Figure 16-26).

Le comportement des cellules de tératocarcinomes souligne l'importance du rôle de l'environnement [21]

Chez les mammifères, le mode de développement précoce, pour lequel la destinée de chaque cellule est gouvernée par des interactions avec ses voisines, correspond à un système très *régulateur*. Les expériences sur la souris décrites précédemment l'illustrent bien : les cellules

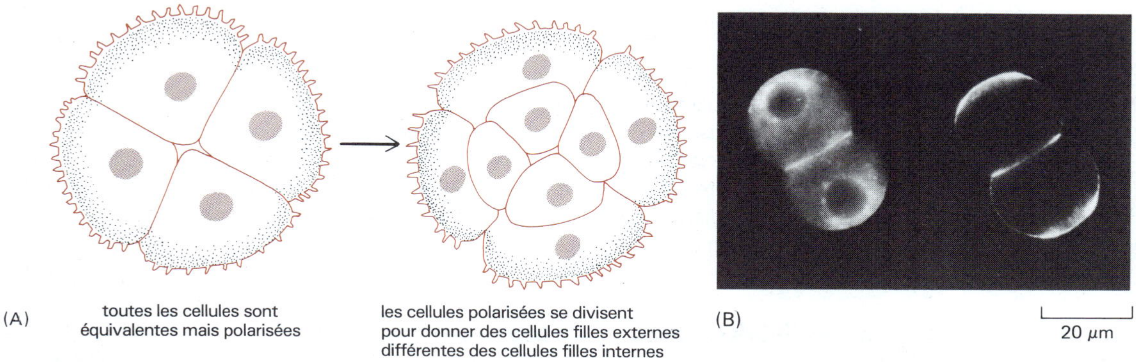

Figure 16-26 (A) La polarisation des blastomères de souris au stade 8 cellules aboutit à des cellules externes et internes chimiquement différentes au stade 16 cellules. (B) Une paire de blastomères d'embryon de souris au stade 8 cellules tardif marqués avec des anticorps fluorescents dirigés contre la clathrine *(à gauche)* ou avec de la concanavaline A fluorescente *(à droite)*, montrant que la polarisation des cellules dépend à la fois des propriétés de surface et des composants internes. (B, d'après B. Maro, M.H. Johnson, S. J. Pickering et D. Louvard, *J. Embryol. Exp. Morphol.* 90 : 287-309, 1985.)

d'un demi-embryon ou d'un double embryon chimérique ajustent leur comportement afin d'engendrer un animal de constitution et de taille normales. Cependant, lorsque les circonstances du développement sont beaucoup plus anormales, les cellules embryonnaires peuvent échapper à tout contrôle. Ces phénomènes peuvent nous donner quelques leçons importantes.

Si un embryon précoce normal est greffé dans le rein ou le testicule d'un animal adulte, il se désorganise très rapidement et les contrôles normaux de la prolifération cellulaire n'existent plus. Il en résulte une formation étonnante appelée *tératome* : une masse désorganisée de cellules représentant les tissus différenciés les plus variés — peau, os, épithélium glandulaire, etc. — associée à des cellules souches indifférenciées qui continuent à se diviser pour donner une plus grande quantité encore de ces tissus différenciés. Les tératomes peuvent aussi apparaître spontanément par suite d'accidents au cours du développement. Normalement, le clivage et l'embryogenèse ne commencent pas avant la fécondation de l'ovule de mammifère par le spermatozoïde. Cependant, de temps à autre, l'ovocyte est activé et commence à se développer de façon *parthéno-génétique*, sans fécondation (voir p. 870). Si cela se produit avant que la cellule soit libérée de l'ovaire, l'ovocyte se développe presque normalement jusqu'au stade de blastocyste mais se transforme ensuite en tératome. De façon assez voisine, les tératomes peuvent également se développer chez les mâles à partir de cellules germinales dans le testicule ; ils peuvent aussi être provoqués artificiellement (chez les rongeurs) en transplantant une gonade mâle en cours de développement, qui contient des cellules germinales primordiales, d'un embryon précoce dans un adulte.

Ces tératomes d'origines diverses ont tous le même aspect et permettent tous d'obtenir des cancers transplantables appelés *tératocarcinomes.* Un tératocarcinome se développera sans fin jusqu'à ce qu'il tue son hôte. Il peut être maintenu indéfiniment en greffant en série des prélèvements de cellules tumorales d'un hôte à un autre et il contient toujours quelques cellules souches indifférenciées, en même temps que divers types cellulaires différenciés issus des cellules souches. Il est possible de cultiver les cellules souches de tératocarcinomes comme des lignées cellulaires établies et elles continueront à proliférer indéfiniment sans se différencier dans un milieu approprié. Mais si l'on modifie le milieu en ajoutant un inducteur de la différenciation, tel que l'acide rétinoïque, et si on laisse les cellules s'agréger, les cellules souches peuvent être amenées à se différencier en une variété de types cellulaires spécialisés apparemment normaux.

On pourrait supposer que des mutations dans les gènes responsables des contrôles normaux du comportement cellulaire sont à l'origine des propriétés inhabituelles de ces cellules cancéreuses (voir p. 1190). Il semble, cependant, que ce ne soit pas le cas d'après les observations suivantes. Il est possible d'obtenir des cellules souches de propriétés très voisines en plaçant la masse cellulaire interne normale en culture et en dispersant les cellules dès qu'elles prolifèrent. Une fois dispersées, certaines de ces cellules vont continuer à se diviser indéfiniment sans modification de leur caractère ; elles peuvent servir à établir des lignées clonales permanentes avec beaucoup des propriétés des cellules de la masse cellulaire interne. Ces lignées cellulaires sont presque indiscernables des lignées de cellules dérivées de tératocarcinomes, mais elles peuvent être obtenues à partir d'embryons normaux avec une fréquence si élevée qu'il est très improbable qu'elles apparaissent par mutation. Il semble plutôt que la séparation des cellules de leurs compagnes habituelles les prive des repères qui devraient normalement limiter leur prolifération et induire leur différenciation progressive.

De plus, le comportement anormal de telles *cellules souches embryonnaires* — qu'elles soient dérivées de tératocarcinomes ou par culture directe d'embryons normaux — peut être inversé si les cellules sont replacées dans un environnement plus normal. On peut y parvenir en les injectant dans la cavité du blastocèle d'un blastocyste normal (Figure 16-27). Les cellules injectées sont incorporées dans la masse cellulaire interne du blastocyste et peuvent contribuer à la formation d'une souris chimérique apparemment normale : les cellules dérivées des cellules souches embryonnaires injectées sont présentes dans pratiquement tous les tissus de la souris, où elles se différencient normalement selon leur localisation et peuvent même former des cellules germinales viables. Comme le démontre directement cette expérience, les indications qu'une cellule reçoit de ses voisines dans un embryon précoce de mammifère sont d'une importance critique dans la détermination de sa destinée.

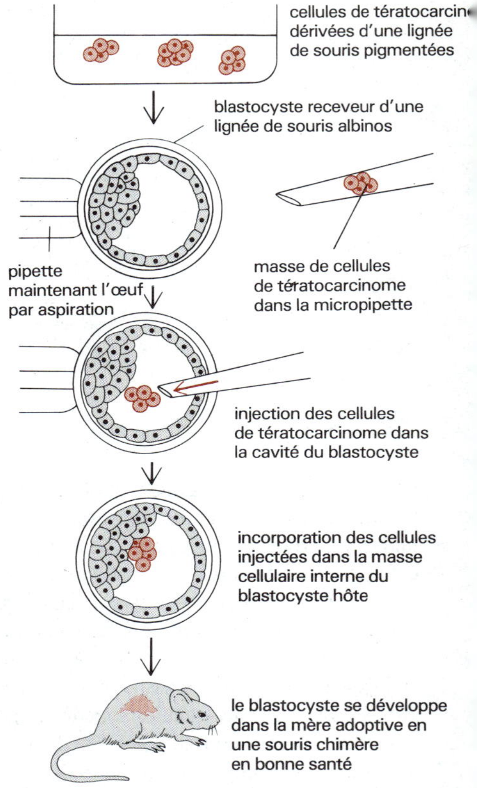

Figure 16-27 Expérience montrant que les cellules de tératocarcinome peuvent s'associer aux cellules d'un blastocyste normal pour former une souris chimère en bonne santé.

Chez les animaux multicellulaires, le comportement d'une cellule dépend aussi bien de son passé que de son environnement et de son génome

Les cellules ne doivent pas seulement devenir différentes les unes des autres, elles doivent le *rester* après la disparition des repères responsables de la diversification cellulaire. Malgré leur renouvellement continuel et la resynthèse de la plupart de leurs composants cellulaires, la majorité des types cellulaires de l'organisme adulte sont différents les uns des autres de façon stable et transmissible et gardent leur caractère spécialisé même lorsque leur environnement change. Ainsi, lorsqu'une cellule pigmentaire se divise, elle donne naissance à des cellules pigmentaires ; lorsqu'un hépatocyste se divise, il donne naissance à des hépatocystes, etc. La diversité des types cellulaires est due, en définitive, aux différentes influences auxquelles les cellules ont été exposées dans l'embryon, mais cette diversité est maintenue parce que les cellules « se souviennent », d'une façon ou d'une autre, des effets de ces influences passées et les transmettent à leurs descendantes. La plus modeste bactérie est capable d'adapter ses activités chimiques aux modifications de son environnement. Mais les cellules d'un animal supérieur sont beaucoup plus perfectionnées. Leur comportement est régi, non seulement par leur génome et leur environnement *présent*, mais aussi par leur passé.

La future fonction spécialisée des cellules est souvent déterminée bien avant que leur différenciation soit décelable [14,22]

L'illustration la plus familière de l'existence d'une mémoire cellulaire est fournie par la persistance et la stabilité des états différenciés des cellules dans l'organisme adulte (voir p. 752). Cependant, le phénotype définitif d'une cellule a généralement été déterminé par une séquence complexe d'indications données à ses ancêtres au cours du développement et peut-être fixé bien avant que la différenciation ne se déclare. Grâce à un ensemble de décisions prises avant, pendant et juste après la gastrulation, par exemple, certaines cellules des somites de vertébrés se spécialisent très tôt comme précurseurs de cellules du muscle squelettique et quittent les somites pour migrer vers les régions où se formeront les membres (pour les détails, voir p. 943). Ces cellules, qui sont à l'origine des cellules musculaires, ne contiennent pas les grandes quantités de protéines spécialisées que l'on trouve dans les cellules musculaires matures ; en fait, rien ne permet en apparence de les distinguer des autres cellules qui constituent l'ébauche du membre et qui ne dérivent pas des somites. Mais après plusieurs jours, elles commencent à fabriquer de grandes quantités de protéines musculaires spécialisées, tandis que les autres cellules du membre auxquelles elles étaient mêlées se différencient en différents types cellulaires du tissu conjonctif. Le choix entre le développement vers une spécialisation musculaire ou une spécialisation conjonctive a donc été fait bien avant qu'il ne s'exprime par une différenciation manifeste, et il est probablement enregistré dans les cellules sous la forme d'une distinction chimique beaucoup moins apparente (probablement par une modification de l'état d'activation d'un gène régulateur essentiel, spécifique du muscle — voir p. 556).

Une cellule qui a fait son choix de développement est dite **déterminée.** Toutefois, le concept de détermination est si subtil et si important en embryologie qu'il nous faut une définition plus exacte. Il faudrait dire : une cellule est déterminée si elle a subi un changement autoreproductif d'une caractéristique interne qui la distingue, ainsi que ses descendantes, des autres cellules de l'embryon et qui engage cette descendance dans une voie de développement spécialisée. Les termes de cette définition méritent d'être considérés individuellement :

1. Le changement doit distinguer la cellule et sa descendance des autres cellules et doit les engager dans une voie de développement spécialisée : une cellule n'est pas déterminée pour la seule raison qu'elle est en avance d'une étape sur les autres dans sa maturation. La détermination implique la sélection d'une voie de développement particulière.

2. Le changement doit être un changement autoreproductif d'un caractère interne : l'élément mémoire est essentiel. La détermination implique l'établissement de différences qui sont *transmissibles* d'une génération cellulaire à la suivante. On ne considère pas qu'une cellule est déterminée du simple fait qu'elle a pris une position particulière dans l'organisme, à partir de laquelle il est normal de prévoir son devenir spécialisé, et elle n'est pas déterminée si elle perd son caractère distinctif chaque fois que les influences externes qui ont donné naissance à cette distinction disparaissent.

La détermination est parfois définie comme un changement *irréversible*. Cependant, la réversibilité ne peut jamais être totalement exclue car il est impossible de tester le comportement d'une cellule dans tous les environnements possibles ; de plus il arrive que la mémoire cellulaire soit troublée et l'état de détermination modifié. Pour ces différentes raisons, nous préférons être moins catégoriques et parler de la détermination comme d'une modification *autoreproductive* du phénotype cellulaire.

Le terme de **différenciation** est généralement réservé à la spécialisation *manifeste*, c'est-à-dire à une spécialisation du phénotype cellulaire qui est facilement décelable. Généralement, une cellule devient déterminée avant de se différencier, bien que dans certains cas, les deux mécanismes se produisent simultanément. De fait, la différenciation peut en principe se produire sans détermination, si la spécialisation manifeste du phénotype cellulaire est réversible.

Il est possible de découvrir à quel moment a lieu la détermination cellulaire par des expériences de transplantation [23]

Pour prouver qu'une cellule, ou un groupe de cellules, est déterminée, il faut démontrer qu'elle possède un caractère distinctif qui est maintenu même lorsque les circonstances sont modifiées par une manipulation expérimentale. La méthode classique consiste à transplanter la ou les cellules dans un environnement d'essai.

Des études effectuées sur des embryons d'amphibien donnent un exemple simple de ce type d'expérience. Comme nous l'avons déjà mentionné, il est possible d'établir une carte des territoires présomptifs d'une blastula ou d'une gastrula précoce, qui montre en quoi se développera normalement chacune de ses régions. Les cellules d'une région, par exemple, sont clairement destinées à donner de l'épiderme, alors que celles d'une autre région sont destinées à former du tissu cérébral. Mais quand ces deux groupes de cellules sont-ils *déterminés* pour suivre leurs modes de différenciation particuliers ? La réponse peut être obtenue en découpant un bloc de cellules dans une région du futur épiderme et en le transplantant à la place du futur tissu cérébral, et vice versa. Si les cellules sont déjà déterminées au moment de la transplantation, elles devraient évoluer pour leur propre compte conformément à leur lieu d'origine : les cellules de la future région épidermique en tissu épidermique mal placé dans le cerveau, et celles de la future région cérébrale en tissu cérébral mal placé dans l'épiderme. De fait, les cellules transplantées au stade précoce de la gastrula ne font preuve d'aucune mémoire de leur lieu d'origine et se différencient conformément à leur territoire d'implantation. Elles n'étaient donc pas déterminées par rapport à la distinction entre épiderme et tissu cérébral, même si elles étaient à l'évidence promises à des destinées différentes dans l'embryon où elles ont été prélevées. Cependant, si la même expérience est réalisée sur la gastrula à un stade plus tardif, les cellules cérébrales présomptives transplantées dans un territoire épidermique se différencient en tissu nerveux mal placé. Ceci démontre que les deux types de cellules ont subi un changement interne durable et sont donc devenues déterminées entre le début et la fin de la gastrulation.

L'état de détermination peut être gouverné par le cytoplasme ou peut être intrinsèque aux chromosomes [24,25]

La mémoire cellulaire, telle qu'elle se manifeste dans le processus de détermination, est un des problèmes les plus provocateurs de la biologie moléculaire ; par quel mécanisme certains modes d'expression génique s'auto-conservent-ils ? Une étude biochimique détaillée de cette question est donnée dans le Chapitre 10. Pour nos objectifs actuels, il est utile de séparer les mécanismes moléculaires possibles en deux grandes catégories qui peuvent être appelées respectivement *cytoplasmique* et *nucléaire*.

Dans la **mémoire cytoplasmique**, les composants codés par le groupe de gènes actifs sont présents dans le cytoplasme (ou dans l'environnement extracellulaire) et rétroagissent sur le génome, directement ou indirectement, pour maintenir l'expression sélective de ce groupe spécifique de gènes ; les cytoplasmes des différents types cellulaires contiennent des facteurs de contrôle différents. Ainsi, si l'on prélève le noyau d'un type de cellule différenciée et qu'on l'injecte dans le cytoplasme d'un autre type cellulaire, le mode d'expression des gènes devrait changer pour s'accorder aux caractéristiques du cytoplasme de l'hôte. Des transplantations nucléaires effectuées sur des œufs d'amphibiens (voir p. 891), ainsi que quelques études utilisant la fusion cellulaire artificielle, sont en faveur de ce type de comportement, indiquant l'importance que peuvent avoir les mécanismes de mémoire cytoplasmique.

A l'opposé, la **mémoire nucléaire**, connue aussi sous le nom d'*empreinte génomique*, dépend de modifications intrinsèques aux chromosomes. La majorité de ces modifications n'altère pas la séquence d'ADN mais détermine le choix des gènes qui vont être exprimés. L'exemple de mécanisme de mémoire nucléaire le mieux compris dépend de la *méthylation* de l'ADN : comme nous l'expliquons page 583, un mode existant de méthylation de certaines cytosines dans l'ADN peut être conservé d'une génération cellulaire à l'autre grâce à l'action d'une méthylase spécialisée (maintenance méthylase).

Le développement embryonnaire fournit un test naturel de mémoire nucléaire. Le spermatozoïde et l'œuf non fécondé sont des cellules à des stades de différenciation radicalement différents, ils contiennent des groupes de gènes pratiquement identiques et la fécondation rassemble leurs chromosomes dans une cellule unique. Les chromosomes dérivés des spermatozoïdes et des ovules restent-ils fonctionnellement différents même après avoir été réunis dans le zygote ? Des études chez la souris montrent que c'est le cas.

Les jeux de chromosomes dérivés de l'ovule et du spermatozoïde gardent l'empreinte de leur passé respectif [25]

Comme nous l'avons mentionné précédemment, il est possible de déclencher artificiellement la segmentation d'un ovule sans l'intervention d'un spermatozoïde : que cette activation se produise spontanément ou soit provoquée artificiellement, il en résulte un embryon *parthénogénétique* (voir p. 897). Dans de nombreuses espèces, y compris quelques vertébrés (certains lézards et les dindes), un tel embryon peut se développer en un adulte normal et sain. Cependant, chez les mammifères, les embryons parthénogénétiques dégénèrent à un stade précoce : en dépit du grand intérêt porté à ce sujet et de nombreuses tentatives expérimentales, il n'existe aucun cas de parthénogenèse d'une authenticité convaincante chez les mammifères. La raison de cet échec est devenue manifeste grâce à des manipulations expérimentales effectuées sur l'ovule de souris.

Un œuf nouvellement fécondé (un zygote) contient deux pronuclei, l'un provenant du père, l'autre de la mère. Au moyen d'une micropipette, il est possible d'aspirer l'un des pronuclei et de le remplacer par un pronucleus d'un autre œuf (Figure 16-28). Ainsi, il est possible de construire un zygote qui contient deux pronuclei maternels ou deux pronuclei paternels. Dans les deux cas, le génome sera le même (en supposant que les pronuclei paternels dérivent d'un spermatozoïde portant un chromosome X plutôt qu'un chromosome Y). Cependant, le zygote qui a deux pronuclei paternels donne lieu à un embryon dans lequel manquent les structures qui se développeraient normalement à partir de la masse cellulaire interne, tandis que le zygote qui a deux pronuclei maternels donne naissance à un embryon dans lequel manquent les structures qui se développeraient normalement à partir du trophectoderme. Comme le cytoplasme est le même dans les deux types de zygote, ces résultats suggèrent

Figure 16-28 Une technique de transplantation de pronuclei entre des œufs de souris afin de créer des œufs dont les deux pronuclei soient d'origine mâle ou femelle. La fusion de la membrane est réalisée en injectant un petit virus de Sendaï inactivé en même temps que le pronucleus, greffé au moment de la troisième étape.

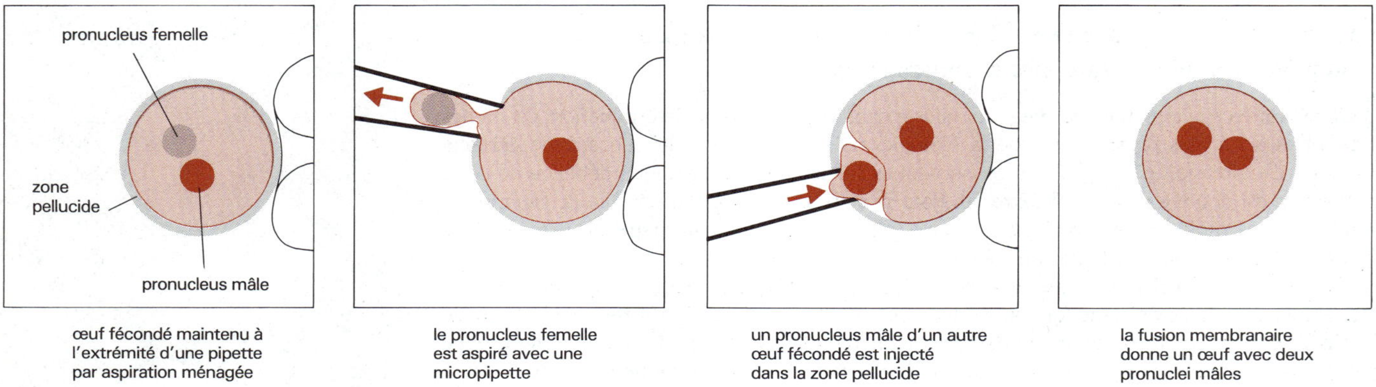

fortement que les chromosomes paternels et maternels expriment des gènes différents du fait de leur mémoire nucléaire ; cela signifie que certains gènes sont exprimés uniquement lorsqu'ils sont hérités du père, alors que d'autres ne sont exprimés que lorsqu'ils proviennent de la mère.

Des observations effectuées avec des souris transgéniques ont montré que les gènes peuvent fonctionner exactement de cette façon et que la méthylation de l'ADN est le phénomène responsable de cette **empreinte génomique**. Par exemple, des souris transgéniques portant une séquence d'ADN étrangère peuvent être accouplées de façon à produire des souris qui ont exclusivement hérité la séquence insérée chez le père ou chez la mère. Chez de telles souris, la séquence est souvent méthylée de façon différente dans le zygote si elle provient du spermatozoïde ou de l'ovule. Cette méthylation est conservée dans les tissus de lignées non germinales au cours de la vie adulte mais peut être modifiée au cours de la production de la génération suivante de gamètes. Le degré de méthylation semble déterminer l'expression d'au moins un gène qui se comporte de cette façon aussi : si le gène est hérité de la mère, il est méthylé et n'est pas exprimé chez cet animal, tandis que le même gène hérité du père n'est pas méthylé et est exprimé.

Résumé

Au cours du développement, de nombreux types cellulaires différents sont engendrés à partir de l'œuf fécondé. Avec de très rares exceptions, le génome des cellules différenciées reste le même : c'est le mode d'expression des gènes qui change. Les différences qui existent entre les cellules ont peut-être pour origine la distribution inégale des déterminants cytoplasmiques localisés dans l'œuf avant la segmentation, ou de différences ultérieures dans les environnements cellulaires chez l'embryon. Chez le Xénope*, par exemple, l'œuf transmet des déterminants cytoplasmiques différents aux blastomères animal et végétatif, et l'influence des blastomères du pôle végétatif induit le développement de certains blastomères du pôle animal en mésoderme et non en ectoderme. Il semble que des molécules informatives (FGF et TGF-β2 ou leurs analogues), qui interviennent aussi dans la régulation de la croissance et dans la différenciation de l'organisme mature, soient les médiateurs de l'induction.*

Les œufs de mammifères sont exceptionnels de par leur symétrie. Ainsi, tous les blastomères d'un embryon de mammifère sont initialement semblables, ce sont leurs interactions mutuelles qui les différencient. Grâce aux interactions intercellulaires, les cellules issues de deux embryons de souris différents peuvent adapter leurs devenirs et collaborer pour former une souris chimère unique. Des cellules d'embryon précoce de souris privées de l'influence normale de leurs voisines peuvent proliférer de façon anormale et produire des tératocarcinomes, à partir desquels on peut obtenir des cellules souches germinales. Cependant, de telles cellules, lorsqu'elles sont implantées dans un embryon précoce normal, retrouvent un comportement normal, et les cellules qui en sont issues se différencient selon leur environnement et peuvent participer à la formation d'un animal chimérique sain.

Non seulement les cellules embryonnaires doivent se différencier les unes des autres, mais elles doivent aussi rester différentes même après la disparition de l'influence qui est à l'origine de leur diversité. Cela nécessite une mémoire cellulaire qui permet d'acquérir une détermination pour un rôle spécialisé particulier bien avant de se différencier de façon manifeste. Les mécanismes de mémoire cellulaire peuvent être soit cytoplasmiques — ils impliquent alors des molécules cytoplasmiques qui agissent sur le noyau afin de maintenir leur propre synthèse —, soit nucléaires — ils impliquent alors des processus de modification de la chromatine, comme la méthylation de l'ADN.

Les programmes de développement des cellules isolées : analyse de filiation et le ver nématode [26]

Pour les cellules, comme pour les ordinateurs, la mémoire permet de réaliser des programmes complexes ; un ensemble de nombreuses cellules, chacune suivant un programme complexe de contrôle du développement, engendre un organisme adulte complexe. Certaines des étapes par lesquelles passent les cellules au cours de leur développement sont autonomes, alors que d'autres sont sensibles à des signaux provenant de cellules voisines. Ainsi, les cellules d'un embryon peuvent être comparées à une batterie d'ordinateurs qui agissent en parallèle et s'échangent des informations. Chaque cellule contient le même génome et, par conséquent, le même programme de construction, mais peut exister dans une grande variété d'états ; le programme dirige le développement d'une cellule vers telle ou telle voie selon une combinaison des informations passées dont la cellule se souvient et des signaux que l'environnement lui envoie. Le modèle informatique montre que même un programme très simple peut conduire à des ensembles étonnamment complexes d'états cellulaires ; il est impossible de déduire le programme par la seule observation du développement normal de l'ensemble.

Du fait du rôle important de la mémoire cellulaire, le comportement d'une cellule à tout instant dépend généralement des choix que ses « ancêtres » ont fait au cours des cycles de division précédents. Par conséquent, pour décrire et parfaitement comprendre le programme, il est nécessaire de connaître le schéma des divisions cellulaires afin de pouvoir retracer l'ascendance des cellules isolées dans l'embryon. Ce travail essentiel d'**analyse de filiation** est souvent difficile, spécialement chez de grands animaux complexes comme les vertébrés. Généralement, les cellules isolées à des stades précoces doivent être marquées de façon spécifique afin d'être identifiées ultérieurement ainsi que leur descendance. Une des façons d'y parvenir est d'injecter par micro-manipulation une molécule traceur — un colorant fluorescent par exemple, ou la peroxydase du raifort (voir p. 1064) — dans la cellule embryonnaire précoce (Figure 16-29). Il est aussi possible de marquer génétiquement des cellules embryonnaires isolées, par exemple en les infectant par un rétrovirus spécialement choisi (voir p. 978) ou en exposant l'embryon à des radiations ionisantes qui induisent parfois des mutations somatiques (voir p. 932). Ces méthodes d'analyse de filiation sont laborieuses, et chaque expérience n'apporte qu'une information fragmentaire sur l'origine des cellules de l'embryon. Pour compliquer encore les choses, les éléments de cette filiation cellulaire varient de façon aléatoire même entre des animaux génétiquement identiques.

Cependant, chez certains phyla inférieurs, comme les mollusques, les annélides et les vers nématodes, les divisions et les mouvements de chaque cellule sont ordonnés de façon extrêmement précise et pratiquement identique pour chaque membre de l'espèce. Cette stricte reproductibilité a été exploitée lors d'études effectuées sur un petit nématode transparent, *Caenorhabditis elegans*. Du fait de sa structure simple et invariable, son développement peut être suivi cellule par cellule, de l'œuf à l'animal adulte, et il est possible d'effectuer l'analyse détaillée de la filiation de chaque cellule de l'organisme. Les effets de mutations ou d'autres perturbations expérimentales peuvent être suivis de façon très précise. Il est ainsi possible de commencer à associer des gènes particuliers à des étapes particulières du programme de contrôle du développement cellulaire. Cependant, comme nous allons le voir, il n'est pas facile de découvrir la logique profonde de ce programme, notamment lorsque les interactions intercellulaires sont impliquées. Nous terminerons cette partie du chapitre par un exemple d'analyse directe de petites parties du programme de contrôle du développement des cellules de mammifères au moyen d'expériences *in vitro*.

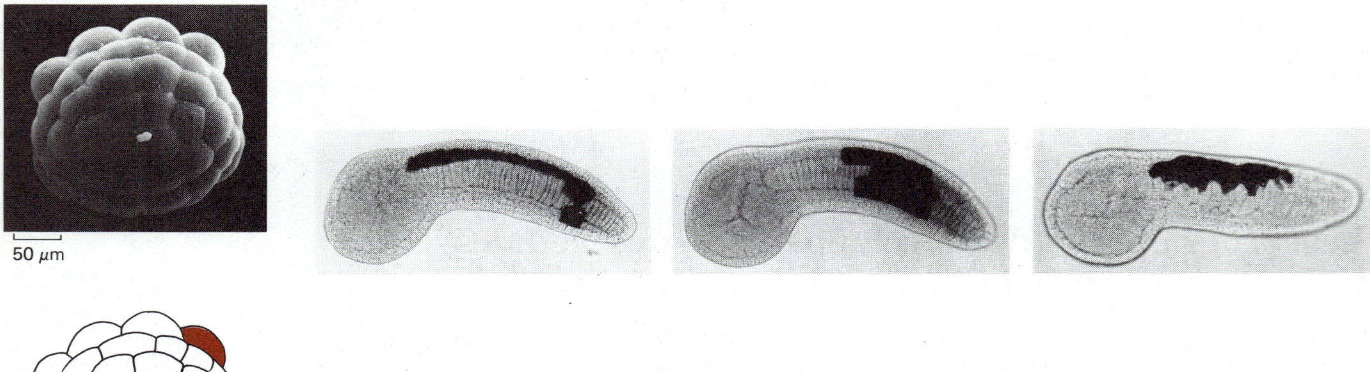

Figure 16-29 Tracé de la filiation cellulaire d'un ascidien, *Halocynthia roretzi*. (A) Un embryon de 64 cellules. A ce stade, le traceur, la peroxydase du raifort (HRP), est injecté dans un seul blastomère. Les blastomères isolés, comme les deux représentés en couleur sur le dessin sous la photographie, peuvent être identifiés de façon reproductible dans tous les échantillons. (B) Les larves qui se sont développées à partir d'un groupe de neuf embryons de ce type traités avec HRP, de façon à révéler *(en noir)* les cellules qui proviennent du blastomère choisi dans chaque cas. Pour chacune des deux larves de la colonne de gauche, le blastomère primitif marqué était le blastomère coloré du haut en (A) ; pour les deux larves de la colonne du milieu, c'était le blastomère coloré du bas en (A) ; et pour les deux larves de la colonne de droite, c'était un blastomère invisible en (A). Dans cette espèce, un blastomère donné produit toujours la même partie de la larve (photographies). (D'après H. Nishida, *Dev. Biol.* 121 : 526-541, 1987.)

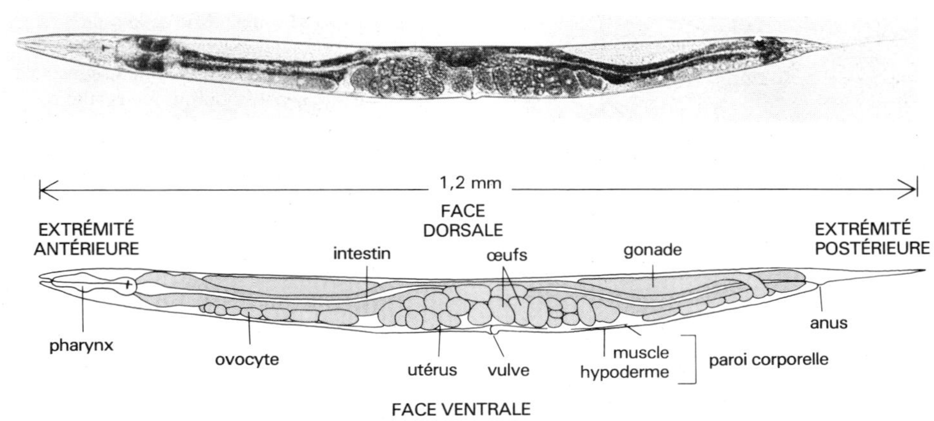

Figure 16-30 *Caenorhabditis elegans* : vue latérale de la forme hermaphrodite de l'adulte. (D'après J.E. Sulston et H.R. Horvitz, *Dev. Biol.* 56 : 110-156, 1977.)

Caenorhabditis elegans est anatomiquement et génétiquement simple [27]

Sous sa forme adulte, *C. elegans* mesure environ 1 mm et n'est constitué que de quelque 1 000 cellules somatiques et 1 000-2 000 cellules germinales (dans l'un des sexes, on a compté exactement 959 noyaux de cellules somatiques et environ 2 000 cellules germinales, et dans l'autre exactement 1 031 noyaux de cellules somatiques et environ 1 000 cellules germinales) (Figure 16-30). Son anatomie a été reconstituée, cellule par cellule, grâce à l'examen de coupes sériées en microscopie électronique. Le schéma corporel de ce ver simple est fondamentalement le même que celui de la plupart des animaux supérieurs : il possède, en effet, une symétrie bilatérale et un corps allongé, composé des mêmes tissus de base (tissu nerveux, muscle, intestin et peau) et organisé de la même façon (la bouche et le cerveau à l'extrémité antérieure, l'anus à l'extrémité postérieure). La paroi corporelle externe est composée de deux couches : l'hypoderme protecteur, ou « peau », et la couche musculaire sous-jacente. A l'intérieur du corps, un long tube simple de cellules endodermiques forme l'intestin. Un deuxième tube, situé entre l'intestin et la paroi corporelle, constitue la gonade. La paroi du tube est composée de cellules somatiques et renferme les cellules de la lignée germinale. *C. elegans* peut exister soit sous la forme hermaphrodite, soit sous la forme mâle. L'hermaphrodite peut être considéré comme une femelle qui produit un nombre limité de spermatozoïdes : elle peut se reproduire soit par autofécondation, en utilisant ses propres spermatozoïdes, soit par fécondation croisée après transfert de spermatozoïdes mâles par conjugaison. L'autofécondation tend à donner une descendance homozygote, qui contribue à faire de *C. elegans* un organisme exceptionnellement commode pour les études génétiques.

On retrouve dans le génome de *C. elegans* la même relative simplicité que celle de son anatomie. Le nombre total des gènes essentiels de l'animal est estimé à 3 000, situés sur ses six paires homologues de chromosomes ; il y a 80×10^6 paires de nucléotides dans son génome haploïde, ce qui est environ 17 fois plus élevé que chez *E. coli* et 38 fois moins élevé que chez l'homme. A l'heure actuelle, quelque 800 gènes ont été identifiés par mutation. Certains de ces gènes agissent sur des caractères visibles, comme la forme ou le comportement du ver, d'autres codent des protéines connues comme la myosine, et d'autres encore contrôlent le cours du développement. De plus, la carte du génome a été presque entièrement établie sous forme d'un grand ensemble de segments d'ADN chevauchants, représenté par une banque de clones génomiques ordonnés (voir p. 260).

Le développement d'un nématode est presque parfaitement invariant [28]

Le cycle biologique de *C. elegans* débute avec une cellule unique, l'œuf fécondé. Au cours de l'embryogenèse, cette cellule donne naissance, par des divisions cellulaires répétées, à environ 558 cellules qui sont organisées de façon à former un ver miniature à l'intérieur de la coque de l'œuf. Après l'éclosion, le ver, qui passe par quatre stades larvaires successifs séparés par des mues, est le siège de divisions supplémentaires qui lui permettent de croître et d'atteindre la maturité sexuelle. Après sa dernière mue, qui le conduit à l'état adulte, le ver hermaphrodite commence à produire ses propres œufs. La totalité du cycle de développement, de l'œuf à l'œuf, ne prend environ que trois jours.

C. elegans étant transparent, on peut observer les processus de division, de migration et de différenciation cellulaires dans les animaux vivants (Figure 16-31). On a pu décrire, grâce à cette technique simple d'observation directe, le comportement et le devenir de toutes les cellules, depuis la cellule-œuf jusqu'à l'animal adulte. Ces études descriptives ont révélé que les structures somatiques de l'animal dérivent de lignées cellulaires et que chacune des nombreuses

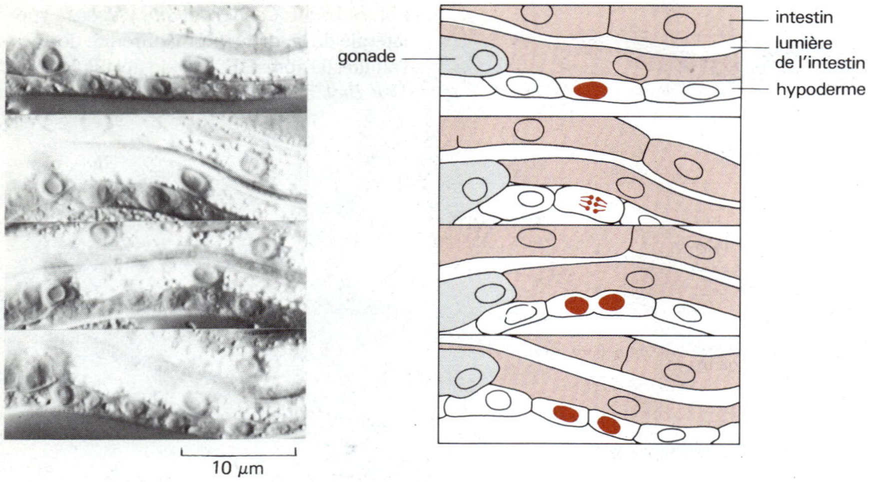

Figure 16-31 Une partie de la région ventrale moyenne d'une larve vivante de *C. elegans* photographiée à quatre instants successifs, séparés par des intervalles de quelques minutes. On peut voir une cellule en train de se diviser dans l'hypoderme. (Avec l'autorisation de John Sulston et Judith Kimble.)

divisions cellulaires est parfaitement minutée. Ceci signifie qu'une cellule précurseur donnée suit le même programme de division cellulaire dans tous les individus et, à quelques exceptions près, que la destinée de chacune des cellules qui en sont issues peut être prévue à partir de sa position dans l'arbre généalogique (Figure 16-32). Par contre, la filiation des cellules de la lignée germinale n'est pas strictement invariante : après l'éclosion, les deux cellules précurseurs de la lignée germinale subissent une succession variable de divisions cellulaires, engendrant un grand nombre de descendantes selon un arrangement partiellement aléatoire dans la gonade.

La description complète de la filiation cellulaire chez *C. elegans* apporte une réponse immédiate à une question fondamentale. Le ver nématode, comme la majorité des animaux, est constitué d'un assez grand nombre de cellules qui peuvent être classées en un beaucoup plus petit nombre de types cellulaires différenciés. Selon l'importance de l'ascendance cellulaire, il serait tentant de supposer que les différences de type cellulaire correspondent à différentes

Figure 16-32 L'arbre généalogique des cellules qui forment l'intestin de *C. elegans*. L'œuf *(en haut)* est dessiné à la même échelle que l'adulte *(en bas)*. Noter que bien que les cellules intestinales forment un seul clone (comme les cellules de la lignée germinale), les cellules de la majorité des autres tissus ne le font pas.

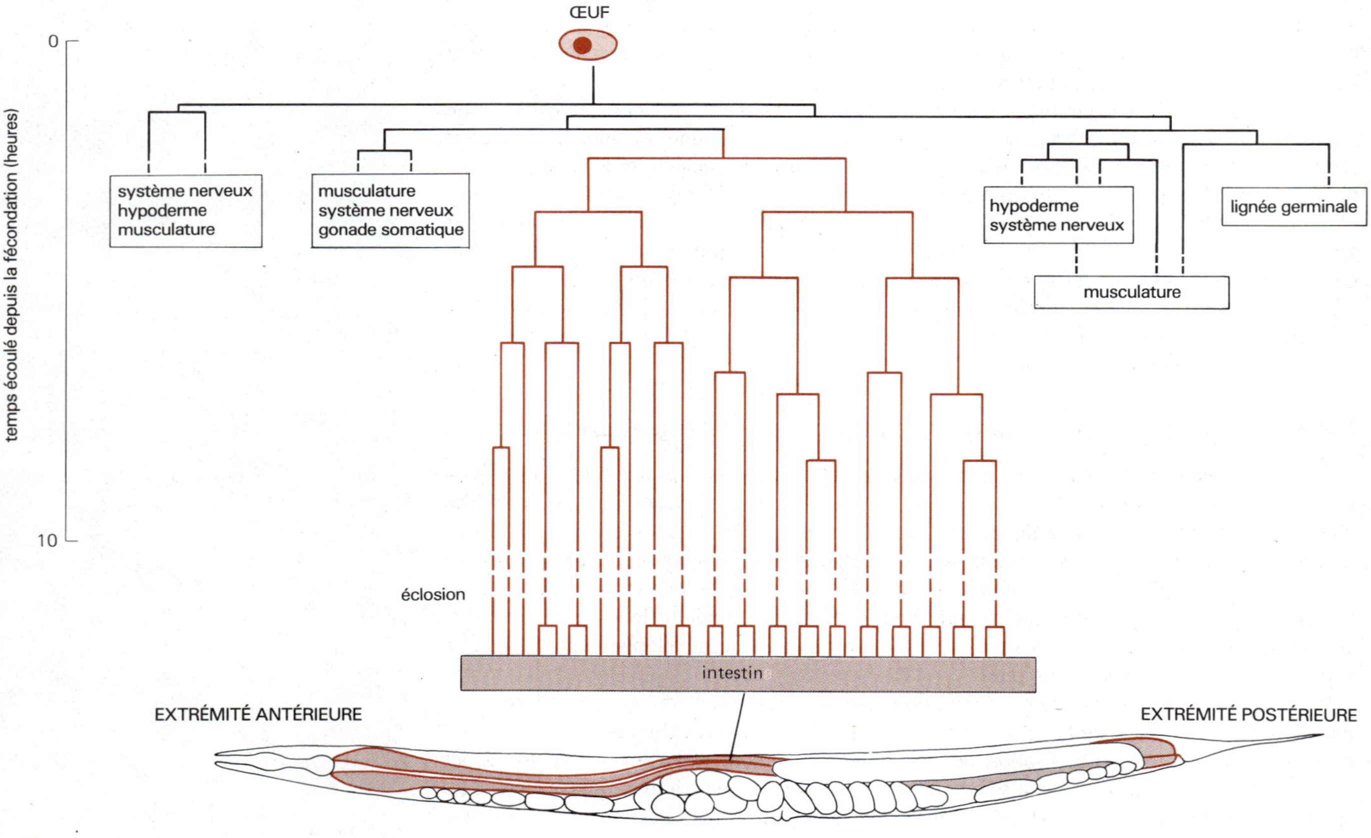

origines clonales : toutes les cellules d'un type donné pourraient être issues d'une cellule souche unique, exclusivement engagée dans cette voie de développement. Toutefois, l'analyse de la filiation montre que ce n'est généralement pas le cas, que ce soit pour les vers nématodes ou d'autres animaux, même si certaines cellules peuvent se trouver engagées à un stade très précoce comme précurseurs de types cellulaires particuliers. Ainsi, chez *C. elegans* (à quelques exceptions près comme les cellules intestinales et les cellules de la lignée germinale), chaque classe de cellules différenciées — cellules de l'hypoderme, cellules nerveuses, musculaires et cellules des gonades — est dérivée de *plusieurs* cellules souches (voir Figure 16-32). Ainsi, des cellules de même type n'ont pas besoin d'être très proches. Réciproquement (mais rarement), des cellules de type très différent peuvent être étroitement apparentées par la filiation ; par exemple, certains des neurones et les cellules musculaires de *C. elegans* sont issus de la même cellule parentale.

Le problème est donc de comprendre les règles compliquées qui interviennent dans chaque branche de l'arbre généalogique pour engendrer un ensemble spécifique de types cellulaires, quantitativement définis.

Le programme qui définit la filiation cellulaire du ver nématode est déterminé par les gènes de contrôle du développement [29]

Au cours du développement, une cellule, comme un ordinateur, semble faire une série de choix discrets : se diviser ou non, devenir cellule musculaire, neurone ou précurseur de telle ou telle branche de l'arbre généalogique. Afin d'expliquer le programme de contrôle du développement cellulaire en termes génétiques, il faut être capable d'identifier les gènes qui contrôlent ces choix. Des mutations dans de tels gènes perturberont le développement, mais ce ne sont pas les seules mutations à le faire. Certaines mutations, par exemple, interrompront la filiation cellulaire et provoqueront la mort prématurée de l'embryon simplement parce qu'elles touchent des gènes domestiques dont toute cellule a besoin pour survivre et proliférer. D'autres mutations vont toucher des gènes codant des protéines dont des types particuliers de cellules différenciées ont besoin pour remplir leur fonction spécialisée ; le schéma corporel sera ensuite essentiellement normal, mais certains types cellulaires, bien qu'encore identifiables, seront défectueux. Le schéma corporel sera perturbé par des mutations dans des gènes qui sont spécifiquement impliqués dans le contrôle des choix du mode de développement ; ces mutations donneront typiquement naissance à des cellules de types différenciés normaux mais dont la répartition ou le nombre sera anormal du fait de modifications spécifiques de l'arbre généalogique. Grâce à de telles mutations, il est possible d'identifier les **gènes de contrôle du développement** et de les classer selon des diagrammes de filiation cellulaire (Figure 16-33).

Des mutations dans certains de ces gènes de contrôle n'entraînent que le remplacement d'un type cellulaire par un autre. D'autres modifient le choix qui s'effectue à un stade plus précoce, de sorte qu'une branche entière de l'arbre généalogique est remplacée par une autre. Comme l'illustre la Figure 16-34, un motif de filiation particulier peut être souvent répété dans différentes branches de l'arbre généalogique et une seule mutation peut modifier de la même façon la totalité ou beaucoup de manifestations de ce motif. De tels phénomènes suggèrent l'existence de « sous-programmes » standards qui sont mis en œuvre en plusieurs endroits. En général, il semble que chaque branche de l'arbre généalogique soit contrôlée par une combinaison complexe de gènes, dont beaucoup sont également impliqués dans le contrôle d'autres branches.

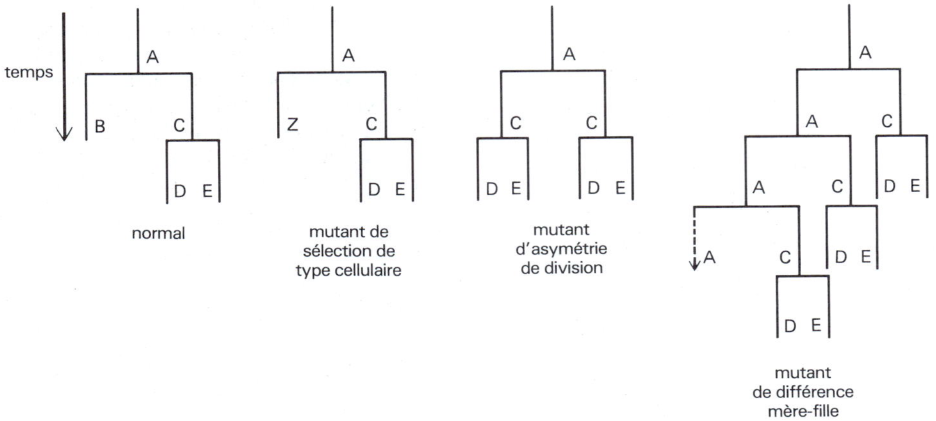

Figure 16-33 Une simple partie d'un diagramme de filiation et quelques-uns des types de variation qu'il peut subir à la suite de mutations dans les gènes de contrôle du développement. Les phénotypes mutants suggèrent les fonctions normales des gènes de contrôles mutés, comme l'indique la légende sous chaque diagramme de filiation. Les traits horizontaux représentent les divisions cellulaires et les traits verticaux les cellules, la lettre située à côté de chacun d'eux indique l'état interne de la cellule.

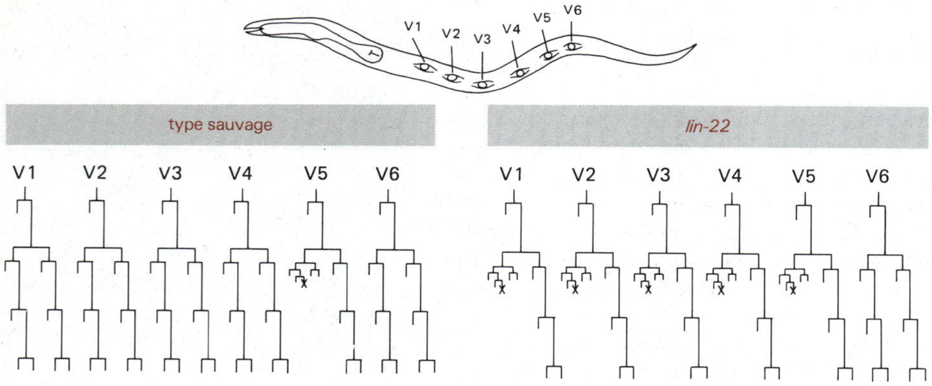

Figure 16-34 Diagrammes de filiation illustrant la façon dont une mutation dans un gène de contrôle du développement (ici, le gène *lin 22)* peut provoquer la même substitution d'un motif donné par un autre dans plusieurs branches séparées de l'arbre généalogique. La descendance de chacune des six cellules précurseurs de l'hypoderme larvaire de *C. elegans* est représentée ici : la localisation de ces cellules chez la jeune larve est indiquée dans le diagramme supérieur. La croix indique une mort cellulaire programmée — une caractéristique commune du développement normal de *C. elegans* et d'autres espèces. (D'après H.R. Horvitz et al., *Cold Spring Harbor Symp. Quant. Biol.* 48 : 453-463, 1983.)

Comme les informaticiens le savent, de petites modifications du programme peuvent avoir des effets drastiques sur les résultats que donne le programme lorsqu'il est exécuté. Ainsi, une mutation dans un gène de contrôle peut donner un arbre généalogique totalement aberrant. Ce phénomène est bien illustré par les *mutations hétérochroniques* qui font que des groupes de cellules vont se comporter comme le devraient des cellules normales à un stade de développement différent. Par exemple, une cellule fille peut se comporter comme une cellule parentale ou grand-parentale, et sa descendance peut encore se comporter de la même façon et ainsi de suite ; il en résulte qu'une partie du schéma de filiation est répétée plusieurs fois, et le développement se trouve retardé. La Figure 16-35 représente les schémas de filiation d'un groupe de mutations situées dans un gène appelé *lin-14*, et illustre ce phénomène : au lieu de subir la série normale de divisions cellulaires caractéristiques du premier, du second, du troisième ou du quatrième stade larvaire puis de s'arrêter, de nombreuses cellules chez certains mutants *lin-14* passent de façon répétitive par les cycles de divisions cellulaires caractéristiques du premier instar larvaire ; elles peuvent effectuer jusqu'à cinq ou six cycles de mue et continuer à ne produire qu'un type immature d'épiderme. D'autres mutations dans le gène *lin-14* ont l'effet inverse : les cellules atteignent des états matures précocement, sautant les étapes intermédiaires, de telle sorte que l'animal atteint prématurément son état final avec un nombre de cellules anormalement petit. Ce développement précoce se produit chez les mutants qui ont une activité *lin-14* défectueuse, tandis que les mutants qui ont une trop forte activité *lin-14* ont un développement retardé. Ainsi, le produit du gène *lin-14* a pour effet de maintenir les cellules jeunes, et le développement normal semble dépendre de sa diminution progressive au fur et à mesure que l'animal se développe.

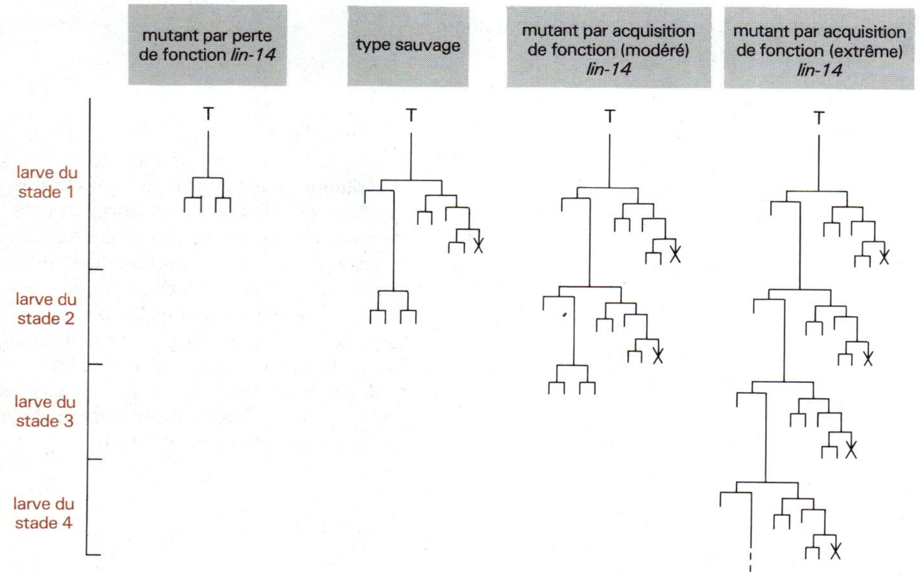

Figure 16-35 Mutations hétérochroniques dans le gène *lin 14* de *C. elegans* et leurs effets sur l'une des nombreuses lignées qu'elles modifient. La mutation (récessive) par perte de fonction dans ce gène provoque l'apparition prématurée d'un schéma de division et de différenciation cellulaires caractéristique de la larve à un stade tardif ; les mutations (dominantes) par acquisition de fonction dans ce gène ont l'effet inverse. La croix indique une mort cellulaire programmée. (D'après V. Ambros et H.R. Horvitz, *Science* 226 : 409-416, 1984.)

Les programmes de différenciation et de division cellulaires sont coordonnés [30]

Les mutations hétérochroniques mettent l'accent sur un autre point important : au cours du développement, le génome doit définir un programme de différenciation ainsi qu'un programme de contrôle de la division cellulaire, et ces deux mécanismes doivent être synchrones. Chez les mutants hétérochroniques, la division et la différenciation sont toutes deux affectées de façon coordonnée, suggérant que les deux processus sont réglés par un mécanisme principal de synchronisation qui a été endommagé par la mutation.

Le cycle de division cellulaire pourrait servir lui-même d'horloge, mais l'expérience suivante va à l'encontre de cette hypothèse : en effet, les cellules d'un embryon en cours de développement se différencient souvent selon un programme précis même si l'on arrête artificiellement la division cellulaire par des agents qui bloquent la cytodiérèse ou la synthèse d'ADN. Il semble donc en général que, pour de nombreuses espèces, les divisions cellulaires ne sont pas elles-mêmes les « tic-tac » de l'horloge qui règlent le rythme du développement biochimique mais qu'elles sont plutôt régies par cette horloge ; l'état chimique variable de la cellule contrôle en parallèle le choix de se diviser et celui du moment et de la façon de se différencier. On ne connaît pratiquement rien sur les mécanismes moléculaires de contrôle de la division cellulaire chez les embryons et ils posent un des problèmes essentiels et non résolus de la biologie du développement. Les mutants de filiation cellulaire chez le ver nématode détiennent peut-être une des clefs du problème.

Le développement dépend des effets combinés du comportement autonome d'une cellule et des interactions intercellulaires [31]

Il est impossible de commencer à comprendre le comportement d'une cellule au cours du développement avant de savoir si celui-ci est autonome ou s'il est régi par des signaux de l'environnement. L'importance des signaux émanant des cellules voisines peut être estimée chez le ver nématode en observant les conséquences de l'élimination de ces cellules une à une. Ceci peut être réalisé grâce à un faisceau laser convergent d'un diamètre d'environ 0,5 μm (le diamètre moyen du noyau chez *C. elegans* est d'environ 2,0 μm). Quand le noyau d'une cellule est soumis à des impulsions répétées d'un laser, la cellule meurt sans que les autres cellules de l'animal soient apparemment lésées. On observe le plus souvent que les cellules suivantes poursuivent leur vie normale de développement, même si leurs voisines ont été détruites. Cela suggère que, durant la majeure partie de leur existence, la plupart des cellules du ver nématode suivent leurs programmes de développement de façon autonome, sans tenir compte des signaux que leur envoient les cellules voisines.

Cependant, les signaux intercellulaires jouent un rôle fondamental dans le développement de *C. elegans*, comme dans celui d'autres animaux. Le développement de la *vulve*, l'orifice de ponte chez les hermaphrodites, en est un bon exemple. La vulve est un orifice ventral percé dans l'hypoderme (peau), formé de 22 cellules qui dérivent par filiations spécifiques de trois cellules précurseurs situées dans l'hypoderme. Dans la gonade, une seule cellule, qui ne se divise pas, appelée *cellule-ancre*, attache ou « ancre » la gonade (l'utérus) à la vulve en développement pour créer une voie de passage à travers laquelle les œufs peuvent s'écouler vers l'extérieur de l'animal. Les expériences de destruction par rayon laser révèlent le rôle inducteur de cette cellule sur la formation d'une vulve par les trois cellules hypodermiques les plus proches. Si la cellule-ancre est détruite, ces cellules, au lieu de suivre la filiation vulvaire, donnent naissance à des cellules hypodermiques ordinaires. La différenciation vulvaire chez *C. elegans* est donc induite par la cellule-ancre comme l'est la différenciation mésodermique chez l'embryon précoce de *Xénope* par les blastomères du pôle végétatif. Seule la cellule-ancre est nécessaire à cette induction : si toutes les cellules de la gonade sauf cette cellule-ancre sont détruites, la vulve se développe normalement (Figure 16-36A).

Le signal inducteur provenant de la cellule-ancre assure le développement de la vulve à sa place exacte par rapport à la gonade et il existe une certaine flexibilité potentielle dans ce système : les trois cellules hypodermiques qui forment en général la vulve sont entourées de trois autres cellules qui sont capables de le faire lorsqu'elles sont soumises à l'influence de la cellule-ancre. Si, par exemple, les cellules précurseurs normales de la vulve sont détruites par un rayon laser, les cellules voisines seront déviées de leur destinée hypodermique normale (peut-être par un changement de position) pour former une vulve. Il est à noter que les cellules différentes de ces trois voisines immédiates sont incapables de répondre au signal inducteur et ne forment jamais de vulve. Étant ainsi fonctionnellement interchangeables, les trois précurseurs

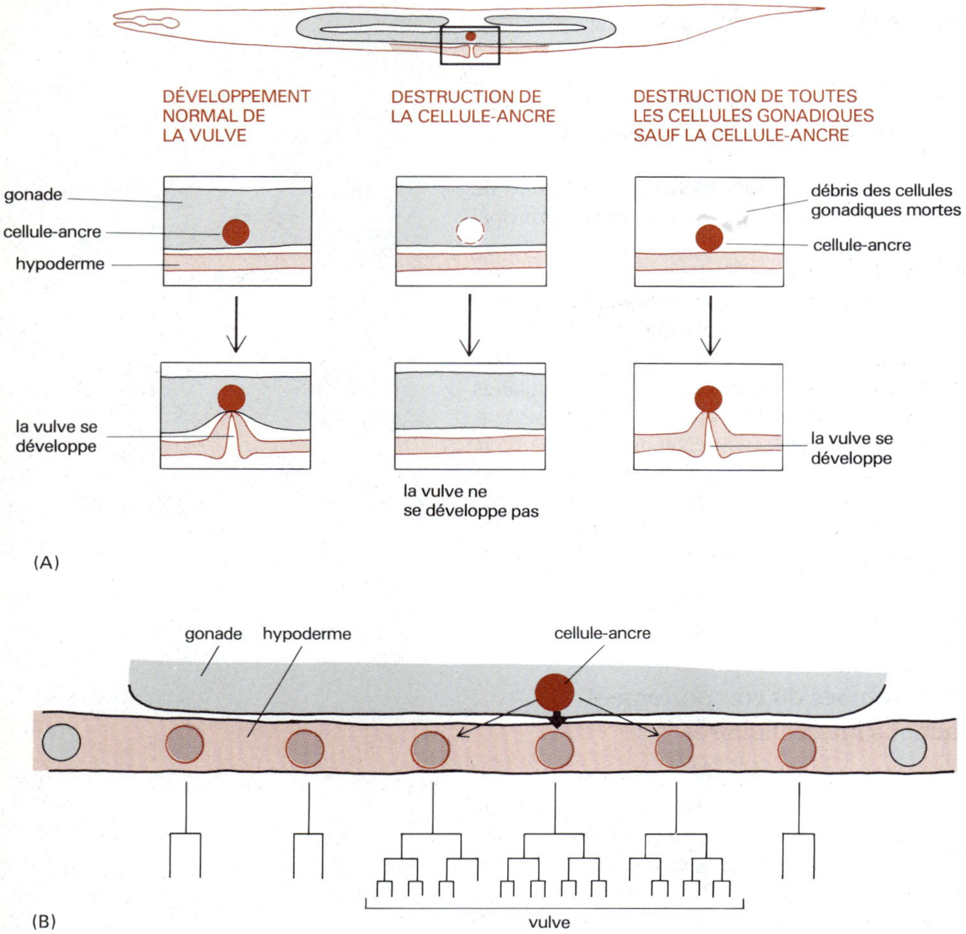

Figure 16-36 (A) Expériences montrant que le développement normal de la vulve ne peut avoir lieu sans une action inductrice de la cellule-ancre. (B) Une vue agrandie des six cellules du groupe d'équivalence de la vulve *(en couleur)* dans l'hypoderme ventral et le croquis des diagrammes normaux de filiation de leur descendance. Ces six cellules (et aucune autre) sont capables de répondre à l'influence inductrice de la vulve, mais seules trois d'entre elles y sont normalement exposées.

vulvaires normaux ainsi que les trois cellules voisines également inductives forment un **groupe d'équivalence** — un groupe parmi ceux qui ont été déterminés chez *C. elegans* (Figure 16-36B). Les membres de ce groupe d'équivalence diffèrent des autres cellules avoisinantes par leur évolution qui les a rendus exceptionnellement sensibles au signal inducteur. Par la suite, les cellules de ce groupe se différencient les unes des autres selon leur exposition au signal. Nous avons ici un exemple spécifique de la façon dont le programme cellulaire de développement dépend d'une action conjuguée de la mémoire cellulaire — une propriété cellulaire intrinsèque — et de la transmission cellulaire de signaux — un contrôle extrinsèque.

Des manipulations génétiques ont permis d'élucider le rôle des gènes de contrôle du développement [32]

L'interprétation des données génétiques est facilitée par les manipulations expérimentales comme celles que nous venons de décrire. Par exemple, des mutations affectant n'importe quel gène d'un groupe d'au moins 5 gènes peuvent aboutir au phénotype *multivulva*, pour lequel les 6 cellules du groupe d'équivalence vulvaire suivent le cours du développement vulvaire, de sorte qu'il se forme plus de 48 cellules vulvaires au lieu des 22 habituelles et de multiples vulves au lieu d'une seule. Chez ces mutants, la destruction de la cellule-ancre n'a plus aucun effet sur les lignées vulvaires et les 6 cellules se comportent toutes comme si elles étaient bloquées au stade activé par la cellule-ancre. Il est évident que les mutations affectent des gènes qui agissent normalement sur les cellules du groupe d'équivalence vulvaire, pour déterminer leur réponse au signal émis par la cellule-ancre. Des mutations dans un autre petit groupe de gènes ont l'effet inverse et sont responsables du phénotype *vulvaless* — en modifiant, là encore, les propriétés de réponse des cellules du groupe d'équivalence vulvaire.

Des mutations dans un gène multivulvaire particulier, appelé *lin-12*, ont un double effet sur le développement de la vulve : elles provoquent l'absence ou la duplication de la cellule-ancre, modifiant ainsi la distribution du signal inducteur et les règles selon lesquelles les cellules du groupe d'équivalence vulvaire vont répondre au signal. Les mutations dans *lin-12* touchent également d'autres groupes d'équivalence, suggérant que *lin-12* joue un rôle général dans les interactions intercellulaires qui décident des différentes destinées des membres d'un groupe d'équivalence. La séquence du gène *lin-12* a été déterminée, et il existe une homologie entre la protéine qu'il code et une famille de protéines qui semblent être impliquées dans la transmission de signaux intercellulaires chez les vertébrés et les insectes (voir p. 706). Cette famille comprend le facteur de croissance de l'épiderme de mammifère (EGF), certains recepteurs de surface cellulaire de mammifère comme le récepteur à la lipoprotéine de faible densité (LDL) (voir p. 328), et le produit du gène *Notch*, qui intervient dans le contrôle du choix entre une différenciation neuronale et épidermique chez la *Drosophile*. De telles découvertes suggèrent qu'il est possible d'appliquer les connaissances moléculaires acquises chez le ver nématode à de nombreuses autres espèces.

Il est possible d'analyser les programmes de développement des cellules de mammifères en culture cellulaire : la différenciation des cellules gliales dans le nerf optique de rat [33]

La méthode la plus directe pour distinguer le comportement cellulaire autonome de celui qui est gouverné par les interactions cellulaires est de tester les effets provoqués par le réarrangement ou l'isolement des cellules et par la modification artificielle de leur environnement. Ceci est généralement difficile à réaliser chez *C. elegans*. Dans ce cas, la destruction de cellules par rayon laser est un outil limité et du fait du manque d'information sur les interactions intercellulaires chez le ver nématode en cours de développement, il est souvent difficile d'étudier de manière approfondie le programme fondamental de contrôle cellulaire, même si la filiation de toutes les cellules est connue et si de nombreux mutants dans les gènes de contrôle du développement ont été caractérisés. Il est beaucoup plus facile de modifier l'environnement d'une cellule en culture, et ceci a permis une analyse plus directe des programmes de contrôle cellulaire et des interactions intercellulaires qui gouvernent la division cellulaire et la différenciation de certaines cellules de l'organisme des vertébrés.

Le nerf optique est une des parties les plus simples du système nerveux central de mammifère et un excellent modèle pour ce type d'analyse en culture. Il contient les longs axones des cellules nerveuses de la rétine qui s'allongent de l'œil au cerveau. Trois types de cellules *gliales* (voir p. 1064) servent de support structurel et fonctionnel aux axones dans le nerf : les oligodendrocytes et deux types d'astrocytes, connus simplement sous le nom d'astrocytes de type 1 et de type 2 (Figure 16-37). Des anticorps peuvent être utilisés pour distinguer les trois types de cellules gliales les unes des autres et de leurs précurseurs. En examinant les cellules du nerf optique prélevées à différents stades du développement et mises en culture, on a montré que les trois types de cellules gliales (qui ne se divisent normalement que très rarement ou pas du tout) naissent à des moments différents de deux lignées de cellules précurseurs à division rapide. Les *astrocytes de type 1* se développent avant la naissance à partir d'un type de cellule précurseur, les *oligodendrocytes* et les *astrocytes de type 2* se développent après la naissance à partir d'un autre type de cellule précurseur bipotentielle, appelée *cellule précurseur O-2A*. Normalement, les oligodendrocytes commencent à apparaître à la naissance et les astrocytes de type 2 environ une semaine plus tard.

Étant donné cet aperçu de la filiation et du déroulement temporel normaux, le problème est de découvrir les règles qui sont à l'origine du comportement cellulaire. Par exemple, pour quelle raison les cellules précurseurs O-2A se différencient-elles lorsqu'elles le font, et pourquoi

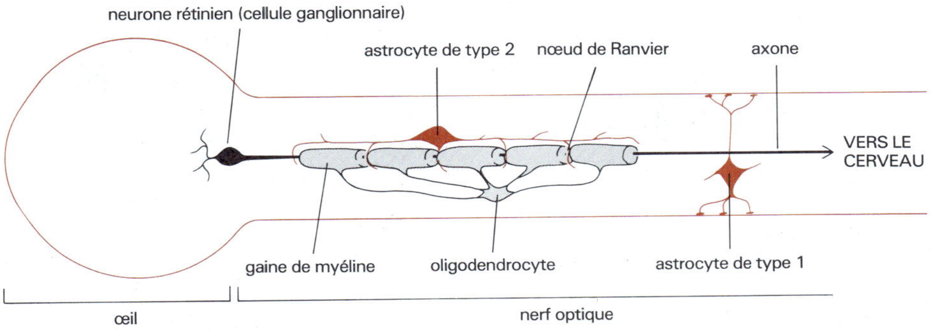

Figure 16-37 Le nerf optique de rat contient les axones de cellules ganglionnaires de la rétine (dont un seul est représenté) et trois types de cellules gliales. Les *astrocytes de type 1* forment la trame structurale du nerf, comme les cellules du tissu conjonctif dans un membre. Les *oligodendrocytes* et les *astrocytes de type 2* collaborent à l'enveloppement de chaque axone dans une gaine : les oligodendrocytes s'enroulent autour de l'axone pour former une gaine de myéline isolante (voir p. 1073) alors que les astrocytes de type 2 étendent de fins prolongements qui entrent en contact avec l'axone au niveau des nœuds de Ranvier, là où la gaine de myéline est interrompue. Une impulsion nerveuse saute d'un nœud à l'autre le long de l'axone (voir p. 1073).

les cellules qui se différencient à un moment donné deviennent-elles des oligodendrocytes et celles qui se différencient à un autre moment deviennent des astrocytes de type 2 ? Dans quelle mesure ces événements sont-ils régis par un processus de contrôle temporel autonome propre à chaque cellule, et dans quelle mesure le sont-ils par une distribution minutée de signaux extérieurs ?

Si les cellules précurseurs O-2A sont dissociées du nerf optique embryonnaire et cultivées en l'absence d'astrocytes de type 1 qui sont normalement leurs voisines, elles arrêtent de se diviser et se différencient prématurément ; mais si les astrocytes de type 1 sont ajoutés à la culture, les précurseurs O-2A continuent à se diviser et retardent leur différenciation jusqu'au jour présumé de la naissance, comme cela se passe *in vivo*. On peut attribuer l'effet des astrocytes de type 1 à un facteur de croissance qu'elles sécrètent (qui semble être le *facteur de croissance dérivé des plaquettes, PDGF* — voir p. 746). Cependant, ce facteur n'est responsable que d'une partie du phénomène : lorsqu'il est présent, il empêche les cellules primordiales O-2A de se différencier prématurément ; cependant, même à une concentration constamment élevée, il ne retarde pas la différenciation au-delà du temps normal. Apparemment, les précurseurs O-2A du nerf optique embryonnaire se trouvent engagés dans quelque programme de modification interne qui, après une période donnée ou un certain nombre de divisions cellulaires, leur fait perdre leur sensibilité au facteur de croissance et les fait se différencier, qu'il soit présent ou non ; chaque précurseur O-2A se trouve engagé à des moments différents et le premier d'entre eux atteint normalement le moment de se différencier le jour de la naissance.

Qu'est-ce qui décide ensuite que la cellule se différenciera en oligodendrocyte ou en astrocyte de type 2 ? Les cellules primordiales O-2A cultivées seules en milieu sans sérum ne se différencient qu'en oligodendrocytes : il semble que ce soit la voie *constitutive* ou, en terme d'informatique, la *voie de secours*. A l'opposé, la différenciation des astrocytes de type 2 semble être une *voie inductive :* les cellules sont orientées vers ce mode de différenciation par une protéine spécifique que l'on peut extraire du nerf optique de rat — cette protéine commence à être synthétisée en grandes quantités au cours de la deuxième semaine post-natale lorsque la différenciation des astrocytes de type 2 commence. Cette protéine semble être identique à un facteur connu sous le nom de facteur neurotrophique ciliaire, ou CNTF. Il est donc probable que l'apparition de CNTF détermine le point de départ de la différenciation des astrocytes de type 2 dans le nerf en cours de développement. Bien que nous ne connaissions pas avec

Figure 16-38 Organigramme représentant dans le style informatique un modèle simplifié du type de contrôle intracellulaire qui semble gouverner la division et la différenciation cellulaires de la lignée des oligodendrocytes et des astrocytes de type 2 (O-2A) dans le nerf optique en cours de développement d'un mammifère. Les larges flèches représentent les « entrées » et les « sorties » de données, c'est-à-dire les signaux extracellulaires que la cellule reçoit et émet. Les parties incomplètes ou hypothétiques de l'organigramme sont représentées par des lignes en pointillé : la large flèche en pointillé dirigée vers la gauche indique la possibilité qu'une rétroaction de la lignée O-2A puisse participer à la régulation de la production de signaux par la lignée des astrocytes de type 1. *In vivo*, il semble que la génération des cellules précurseurs O-2A soit continue et commence une semaine environ avant la naissance (non représenté).

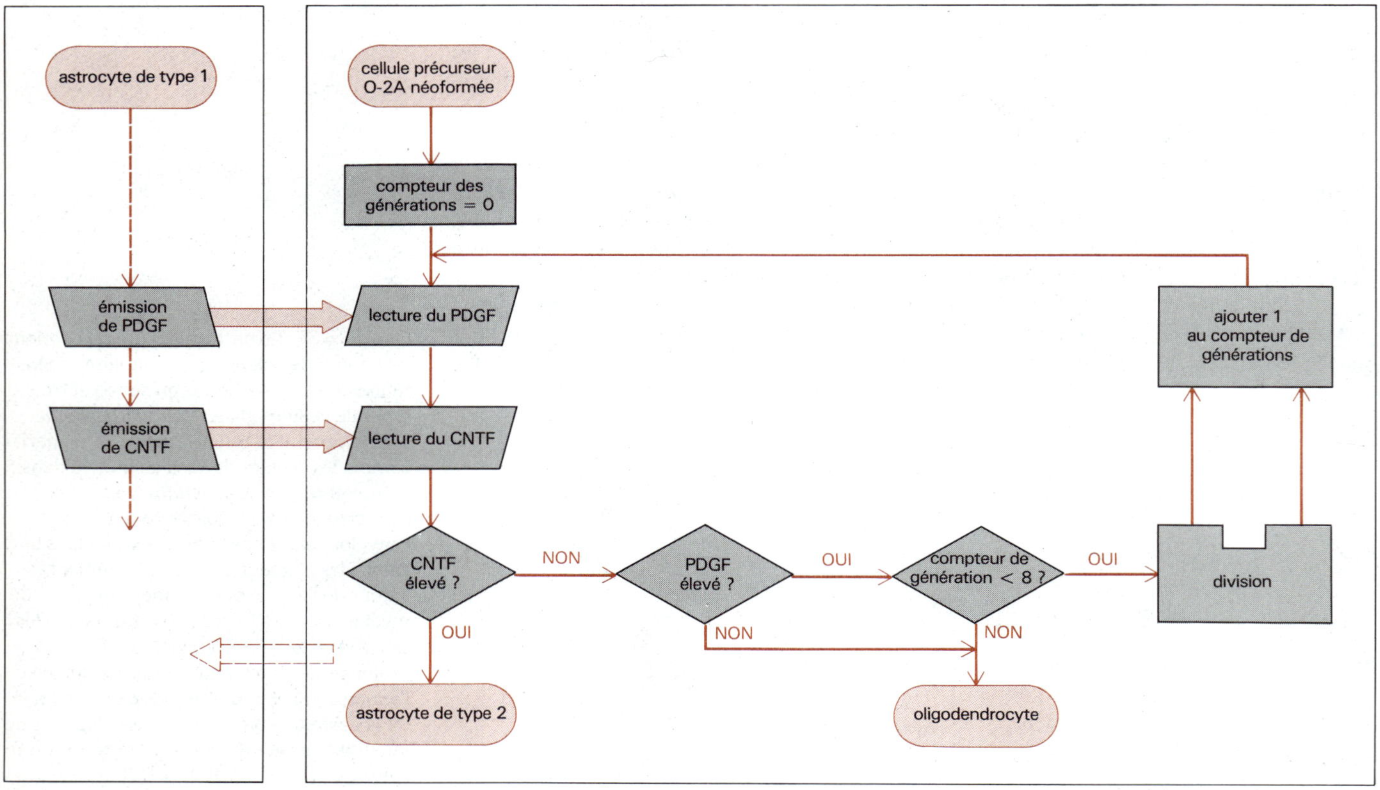

certitude les cellules qui synthétisent le CNTF *in vivo* ni les facteurs qui contrôlent le minutage de sa production, il est connu que les astrocytes de type 1 peuvent la synthétiser en culture.

Ces études montrent aussi que le développement des cellules est contrôlé grâce aux effets combinés du comportement cellulaire autonome et des signaux de l'environnement. Elles montrent également les avantages de la culture cellulaire dans l'analyse des bases moléculaires de ces mécanismes. Nous avons tenté de résumer ces découvertes sous forme d'un organigramme en langage symbolique représentant le programme interne de la cellule précurseur O-2A — c'est-à-dire l'ensemble des règles qui lui permettra de lire les signaux que lui envoie son environnement et de décider, en fonction de cela, du moment et de la façon dont elle se différenciera (Figure 16-38). Si nous voulons vraiment comprendre le développement embryonnaire, ces informations sur le comportement de chaque cellule nous sont indispensables. Cependant, elles ne peuvent à elles seules répondre à la question fondamentale qui est de savoir comment l'ensemble de l'organisme développe une organisation multicellulaire tridimensionnelle. C'est ce problème que nous allons aborder maintenant.

Résumé

Afin de comprendre les programmes de développement des différentes cellules d'un embryon, il est nécessaire de pouvoir établir leur ascendance — une méthode appelée analyse de filiation. Il existe une certaine variabilité aléatoire dans la filiation cellulaire des vertébrés. Mais chez certains nématodes, et chez certains autres phyla invertébrés, le programme de divisions cellulaires au cours du développement est si précisément et sûrement contrôlé que la filiation d'une cellule somatique occupant une position particulière du corps est la même chez tous les individus. La destinée normale de toutes les cellules du nématode Caenorhabditis elegans *a été établie précisément et les conséquences d'interférences expérimentales ont été étudiées au niveau de cellules isolées identifiées. On a identifié de nombreux gènes qui déterminent le programme de contrôle du développement cellulaire d'après les altérations qu'ils provoquent dans la filiation cellulaire. En général, les mutations qui se produisent dans ces gènes de contrôle du développement influent de façon coordonnée sur la différenciation et la division cellulaires, suggérant qu'un mécanisme de base commun contrôle ces deux aspects essentiels du comportement cellulaire au cours du développement. En détruisant des cellules chez le nématode en cours de développement avec un micro-rayon laser, on a pu montrer que l'invariance du développement de* C. elegans *résulte des effets combinés précisément orchestrés des interactions intercellulaires et des mécanismes cellulaires autonomes. Au cours du développement de la vulve, par exemple, il est possible de mettre en évidence des interactions inductives et de les corréler avec les fonctions des gènes de contrôle du développement.*

Une autre méthode d'analyse des programmes de contrôle du développement des cellules isolées est de suivre leur comportement en culture. Cette approche a été utilisée pour comprendre les règles qui gouvernent la différenciation et la division cellulaires dans les filiations des cellules gliales du nerf optique de mammifère. Là encore, les cellules sont contrôlées en partie par des signaux intercellulaires et en partie par des programmes cellulaires autonomes.

Les principes de l'organisation tridimensionnelle[34]

Les différents types de cellules de l'organisme ne sont pas engendrés dans un fatras aléatoire puis triés ; les différences se créent plutôt d'une façon spatialement organisée. Les interactions spatiales qui coordonnent ce processus **d'organisation** sont multiples. Dans certains cas — comme dans les œufs mosaïques —, elles s'établissent dans une cellule unique, organisant de façon précise la distribution intracellulaire des composants cytoplasmiques qui se perpétue dans les cellules filles formées par clivage. Dans d'autres cas — comme dans l'induction du mésoderme de *Xénope* ou de la vulve de nématode —, l'organisation dépend d'interactions entre des cellules distinctes. Dans tous les cas, les signaux spatiaux — qu'ils soient intra- ou extracellulaires — sont essentiels, et l'on peut dire qu'ils fournissent aux cellules une **information de position** pour orienter leur spécialisation.

Nous étudierons dans cette partie du chapitre quelques-uns des modes de génération et d'utilisation de l'information de position. Nous verrons la façon dont les cellules, dans de nombreux organismes, sont dotées de marqueurs moléculaires de plus en plus précis ou de *valeur de position* au fur et à mesure que se poursuit le développement. Ainsi, une cellule d'un embryon précoce peut ne connaître que sa distance par rapport à l'extrémité antérieure ou postérieure, alors que, chez l'adulte, ses descendantes, après de nombreuses générations, peuvent savoir, par exemple, qu'elles sont des cellules osseuses situées à l'extrémité du troisième doigt du membre antérieur. Cette spécification s'établit progressivement selon des mécanismes qui dépendent de la mémoire cellulaire : les signaux spatiaux précoces déterminent des coordonnées globales peu précises puis des signaux plus localisés fournissent des détails précis supplémentaires sur l'adresse en fonction de points de repères locaux.

Les asymétries imposées par un environnement structuré peuvent être amplifiées par une rétroaction positive [34,35]

La formation du schéma spatial commence par la création d'une asymétrie : il faut pouvoir distinguer la future tête de la queue, le dos du ventre. Nous avons vu que, dans la majorité des espèces, l'œuf lui-même est asymétrique (voir p. 892). Cette asymétrie lui est souvent imposée pendant son développement dans l'ovaire. Chez les insectes, par exemple, l'ovocyte (le futur œuf) est situé à une extrémité d'un follicule ovarien, où il est connecté d'un côté à des cellules nourricières qui lui transmettent des matériaux par l'intermédiaire de ponts cytoplasmiques (voir p. 858). Il semble que le flux asymétrique de matériaux dans l'ovocyte crée des différences chimiques entre les régions cytoplasmiques qui correspondent à la future tête et à la future queue de l'embryon (Figure 16-39).

L'asymétrie initiale n'a pas besoin d'être importante : une cellule peut utiliser ses propres mécanismes pour amplifier une faible asymétrie de façon à devenir très fortement polarisée. Prenons par exemple l'œuf de l'algue *Fucus*. Un rhizoïde (racine) ne pousse que d'un côté de l'œuf. Le rhizoïde pousse vers le sol et à l'abri de la lumière, et la gravité et la lumière sont toutes deux capables de déterminer quel sera le côté de l'œuf qui se développera à partir de ce rhizoïde. L'établissement de cette polarité dépend du flux d'ions Ca^{2+} qui traverse la cellule (voir p. 1179), il semble que la lumière incidente ou la force de gravité créent une légère asymétrie dans la distribution des protéines de transport de Ca^{2+} situées dans la membrane plasmique. Cette asymétrie est ensuite amplifiée par rétroaction positive (voir Figure 20-66, p. 1180).

L'effet de cette rétroaction positive peut être le même à d'autres stades du développement des organismes multicellulaires. Par exemple, lorsqu'une cellule polarisée se divise, ses cellules filles héritent un certain degré d'asymétrie. En l'amplifiant, celles-ci peuvent, à leur tour, devenir fortement polarisées, et ainsi de suite au cours des générations cellulaires suivantes. Une organisation complexe de différents types cellulaires peut ainsi se créer sans que la transmission de signaux intercellulaires ne soit nécessaire (Figure 16-40). Une partie de la formation apparemment autonome du plan d'organisation chez le nématode pourrait peut-être s'expliquer par ce type de mécanisme.

Le plus souvent, la formation du schéma d'organisation dans les systèmes multicellulaires dépend de la transmission de signaux intercellulaires. Là aussi, la rétroaction positive peut jouer un rôle important en amplifiant des asymétries initialement faibles de façon à créer des groupes localisés de cellules aux propriétés très caractéristiques. Ces cellules peuvent à leur tour émettre des signaux qui influent sur le développement des cellules voisines. *Hydra*, un organisme multicellulaire primitif, nous procure un exemple simple. *Hydra* a une structure tubulaire avec, à une extrémité, une « tête » portant des tentacules et, à l'autre, un « pied » (voir Figure 1-33, p. 29), et elle est bien connue pour sa capacité de régénération après avoir été partiellement amputée. Différentes expériences d'amputations et de greffes suggèrent que le schéma d'organisation est formé grâce à un processus localement autocatalytique qui amplifie la moindre tendance des cellules à adopter un caractère de tête ; ce mécanisme serait à l'origine de la régénération. Les cellules qui collaborent localement au développement de ce caractère émettent un signal inhibiteur de grande amplitude qui diffuse le long de l'axe du corps et empêche le développement de têtes à un autre endroit (Figure 16-41).

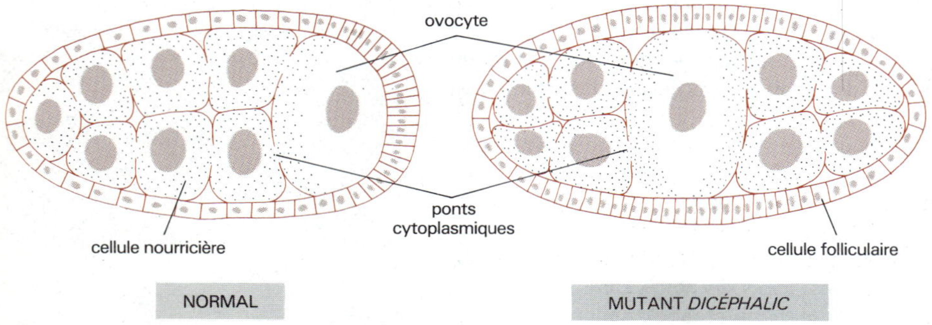

Figure 16-39 L'environnement de l'ovocyte dans l'ovaire contrôle la polarité de l'œuf de *Drosophile*. Normalement, les cellules nourricières introduisent les matériaux à l'une des extrémités de l'ovocyte qui correspond à la future tête. Dans le mutant *Dicéphalic*, la position de l'ovocyte dans le follicule est centrale et symétrique par rapport aux cellules nourricières. Il en résulte que l'œuf est symétrique et donnera un embryon bicéphale avec une tête à chaque extrémité.

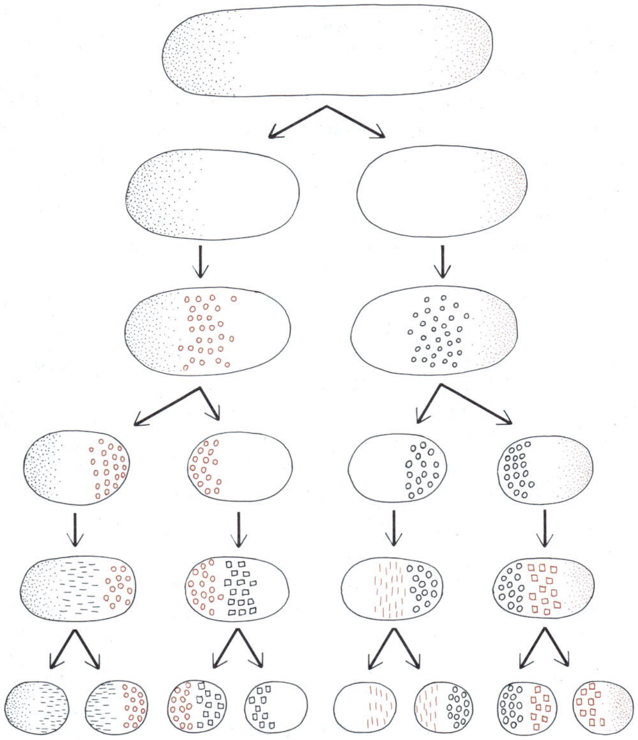

Figure 16-40 Un plan d'organisation multicellulaire complexe peut, en principe, être engendré par une série de divisions cellulaires asymétriques sans qu'il n'y ait aucune interaction intercellulaire (autre que celles qui maintiennent ensemble les cellules). Une polarité interne héritée par chaque cellule fille à chaque division cellulaire peut suffire à guider un cycle supplémentaire de formation du plan d'organisation intracellulaire, de telle sorte que les cellules filles produites à la division suivante soient nettement différentes et intérieurement polarisées.

Des régions informatives localisées sont souvent génératrices d'un gradient morphogène [36]

L'influence à longue portée de la tête sur le reste du corps de l'hydre illustre un phénomène courant. Dans de nombreux systèmes du développement, une petite « pièce » de tissu dans une région spécifique acquiert une propriété particulière et devient la source d'un signal qui diffuse dans les tissus environnants et contrôle son comportement. Le signal peut, par exemple, prendre la forme d'une molécule diffusible sécrétée par la région informative. Supposons que cette substance soit lentement dégradée au fur et à mesure de sa diffusion à travers le tissu environnant. La concentration de cette substance sera alors élevée au voisinage de la source et diminuera graduellement lorsque la distance augmentera. Il s'établira ainsi un gradient de concentration (Figure 16-42). Les cellules situées à différentes distances de la source seront donc exposées à ces concentrations différentes et il est possible que ceci aboutisse à ce que ces cellules acquièrent des caractères différents. Ce type de substance, dont la concentration est « déchiffrée » par les cellules pour déterminer leur position par rapport à un repère ou une « balise », est qualifié de **morphogène.** Par l'intermédiaire du morphogène, la région informative peut contrôler l'organisation d'une importante surface de tissu adjacent. Il est simple et apparemment courant de donner une information de position par des gradients de morphogène. Ils seront donc au centre de notre discussion ; cependant, il faut insister sur le fait que les cellules de l'embryon peuvent obtenir et obtiennent aussi des informations de position par bien d'autres stratégies. L'une d'elles, représentée dans la Figure 16-21, met en jeu une séquence d'inductions à courte portée.

Bien qu'il y ait beaucoup d'exemples de régions informatives qui semblent exercer une influence à longue portée au moyen d'un gradient morphogène, il existe très peu de cas pour lesquels un morphogène a pu être chimiquement identifié. Généralement, nous savons seulement que l'organisation du tissu proche d'une région informative présumée est modifiée lorsque cette dernière est déplacée, par greffe ou autrement. Ce genre d'informations ne permet pas d'établir dans quelle mesure l'organisation est due à des réponses directes de cellules individuelles et dans quelle mesure elle dépend aussi des interactions entre les cellules réceptrices. Dans la plupart des cas, il est probable que le gradient de morphogène impose l'organisation globale des cellules et que les interactions intercellulaires locales s'occupent ensuite des détails. Par exemple, il est de plus en plus certain que le plan du corps s'organise de cette façon chez les insectes comme nous en discuterons plus loin. Examinons d'abord quels types d'organisation pourraient engendrer un gradient morphogène dans un champ de cellules réagissant individuellement.

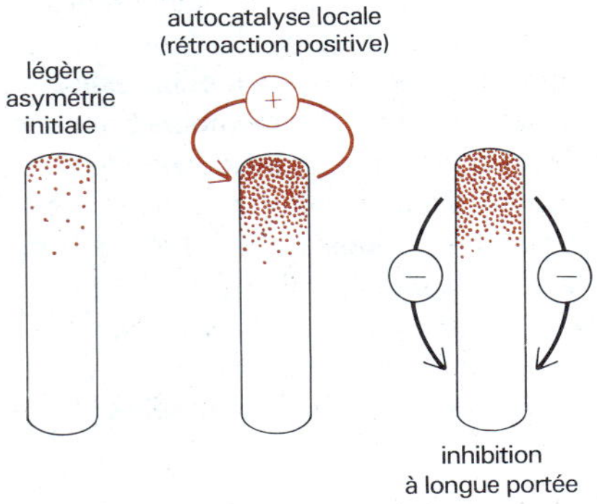

Figure 16-41 Un mécanisme de production d'un plan d'organisation spatial par un processus autocatalytique. Une substance « activatrice » s'accumule de façon autocatalytique à un taux élevé dans une petite région particulière, dont l'emplacement est déterminé par une faible asymétrie initiale du système ; la forte concentration de l'activateur dans cette région conduit à la production d'une substance inhibitrice qui diffuse largement et inhibe la production d'activateur dans d'autres régions. Ainsi, si une hydre est décapitée, le tissu restant régénérera normalement une tête ; mais si la tête d'une autre hydre est greffée sur la surface amputée ou sur un site à quelque distance de celui où devrait normalement apparaître la tête régénérée, il ne se formera pas de nouvelle tête supplémentaire.

Des réactions à seuil peuvent transformer un gradient régulier de morphogène en un schéma spatial de détermination très précis [37]

Si le gradient de concentration d'un morphogène est régulier, on pourrait s'attendre à ce que la gradiation des caractères cellulaires du schéma spatial résultant soit également régulière. On observe, en effet, dans certains tissus, des distributions de caractères cellulaires régulièrement progressives à petite échelle. Mais un grand nombre des différenciations les plus importantes pour le développement sont des processus discontinus. Les types cellulaires définitifs sont nettement marqués ; il n'existe, par exemple, aucune succession progressive de types cellulaires matures intermédiaires entre le cartilage et le muscle. Des distinctions marquées peuvent s'établir au sein d'une population cellulaire initialement uniforme en raison d'un *seuil* dans la réponse à un signal régulièrement progressif : une rétroaction positive dans chaque cellule réceptrice peut amplifier l'effet d'une faible augmentation du signal de telle façon que les cellules exposées à une intensité du signal respectivement supérieure ou inférieure à un certain seuil sont entraînées dans des voies de développement différentes. Il peut, bien sûr, y avoir plusieurs seuils de réponse à un signal, de sorte qu'une seule variable peut contrôler l'organisation correspondant à plusieurs voies différentes. Une fois qu'une cellule est bien engagée sur une voie donnée, elle restera sur cette voie même en l'absence de l'influence de l'environnement qui a initialement contrôlé son orientation. De cette façon, des signaux transitoires qui dépendent de la position peuvent exercer des effets qui sont « mémorisés » et exprimés sous forme de choix entre divers états cellulaires, et définissent ainsi le schéma spatial de détermination. Le choix d'un état cellulaire représente la *mémoire* de la cellule pour l'information de position fournie. Cet enregistrement, fixé sous la forme d'un caractère intrinsèque de la cellule, peut être considéré comme sa **valeur de position**.

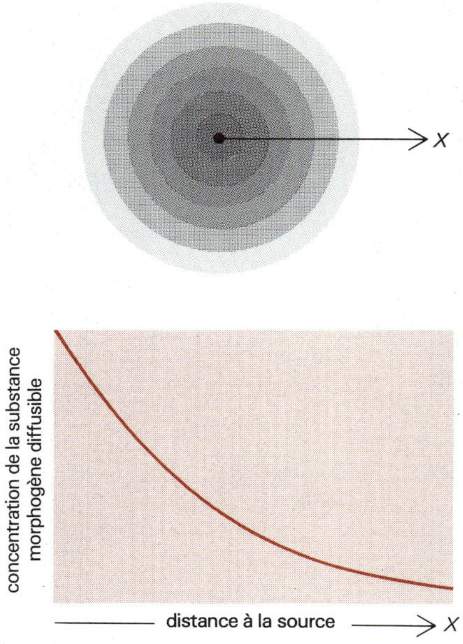

Figure 16-42 La production d'une substance en un point source et sa dégradation au cours de sa diffusion à partir de ce point aboutissent à l'établissement d'un gradient de concentration dont le maximum se situe au niveau de la source. La substance peut servir de morphogène dont la concentration locale contrôle le comportement des cellules en fonction de leur distance à la source.

Les domaines embryonnaires étant de petite taille, les caractéristiques générales de l'adulte doivent être déterminées précocement [38]

Quelle que soit leur nature, les mécanismes qui fournissent l'information de position dans un embryon animal semblent avoir une portée assez faible : leur rayon d'action ne couvre en général que de petites régions ou *domaines morphogénétiques*, de l'ordre de 1 mm de longueur (ou d'environ 100 diamètres de cellules), ou moins. La quantité de détails qui peuvent être définis dans un espace si réduit est évidemment limitée. C'est la raison essentielle pour laquelle la spécification finale de l'emplacement d'une cellule doit être élaborée sous une forme composite constituée d'une succession de signaux d'informations de positions enregistrés à des temps différents. La mémoire cellulaire, par conséquent, joue un rôle fondamental dans le développement d'animaux complexes de grande taille. La distinction entre tête et queue doit être établie alors que les ébauches de la tête et de la queue ne sont pas éloignées de plus de 1 mm. Les circonstances qui sont à l'origine de cette distinction datent de l'époque lointaine à laquelle l'animal avait 1 cm ou 1 m de long. Et si la distinction entre tête et queue doit être maintenue, ce doit être grâce à la mémoire cellulaire.

Ainsi, le schéma corporel général est établi précocement, et le passage à des niveaux successifs d'organisation plus détaillée se fait ultérieurement, quand l'ébauche de chaque partie

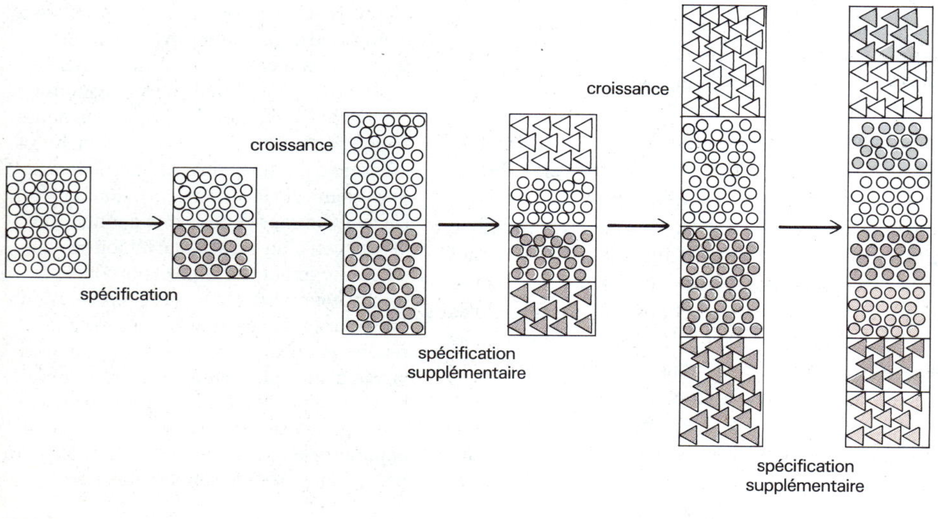

Figure 16-43 Quand un embryon est petit, il se subdivise en un petit nombre de régions distinctes correspondant aux principales subdivisions du corps adulte. Les cellules de chacune de ces subdivisions grossières sont « marquées » par une valeur de position brute (représentée ici par des symboles triangulaires ou circulaires). Au fur et à mesure que l'embryon se développe, les subdivisions se développent et se subdivisent à leur tour, créant progressivement une distribution de plus en plus précise des valeurs de positions.

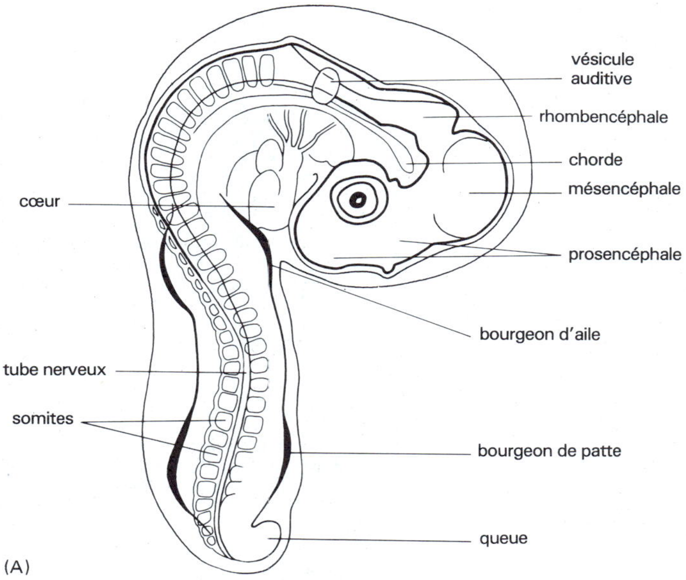

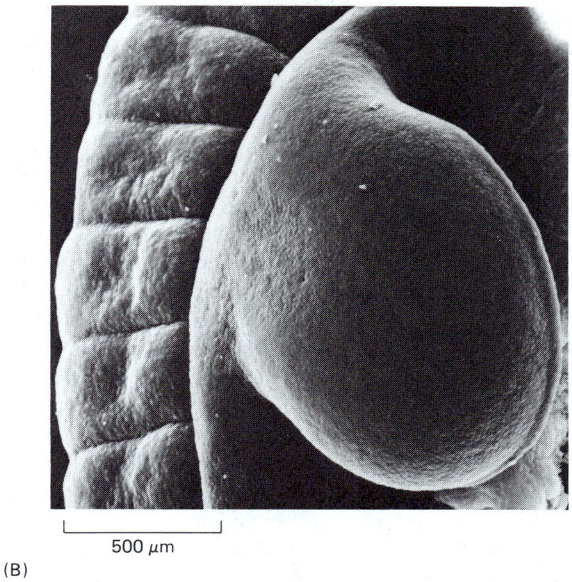

atteint une taille qui autorise l'action efficace des mécanismes, fournissant des informations de positions supplémentaires (Figure 16-43).

Nous allons maintenant examiner plus en détail la façon dont cela se produit, en prenant comme exemple le développement des membres.

Figure 16-44 (A) Un embryon de poulet après 3 jours d'incubation, mettant en évidence les positions des bourgeons précoces de membre. (B) Photographie par microscopie électronique à balayage montrant une vue dorsale du bourgeon de l'aile et des somites adjacents un jour après ; le bourgeon a grandi et forme une saillie d'environ 1 mm de long, 1 mm de large et 0,5 mm d'épaisseur. (A, d'après W.H. Freeman et B. Bracegirdle, An Atlas of Embryology. London : Heinemann, 1967 ; B, avec l'autorisation de Paul Martin.)

L'information de position dans le développement des membres est précisée par étapes [39]

Le développement des membres et de nombreux autres organes, comme les dents, les vertèbres ou la peau, implique un assez petit nombre de modes de différenciation. Dans le cas des membres, par exemple, les principaux types cellulaires sont ceux du muscle, du cartilage, de l'os et du tissu conjonctif lâche. Mais ces quelques types différenciés sont distribués selon une organisation spatiale complexe. Le membre antérieur diffère du membre postérieur, non pas parce qu'il contient différents types de tissus, mais parce qu'il contient un arrangement tissulaire spatial différent. Comme le montrent les expériences de transplantation effectuées sur les membres de poulet en cours de développement, les différences intrinsèques entre les cellules des membres, quant aux schémas qu'elles engendreront, sont déterminées bien avant le début de la différenciation.

Dans l'embryon de poulet, la patte et l'aile apparaissent, à peu près en même temps, sous la forme de petits bourgeons ressemblant à des languettes qui font saillie des flancs de l'embryon (Figure 16-44). Les cellules des deux paires de membres paraissent identiques et sont d'abord indifférenciées, ne laissant rien voir de l'organisation squelettique future (voir Figure 14-20, p. 802). On peut exciser à la base du bourgeon de patte, au niveau de la région qui serait normalement à l'origine d'une partie de la cuisse, un petit bloc de tissu indifférencié et le greffer au bout du bourgeon d'aile. En se développant à cet endroit, la greffe ne forme pas la partie correspondante de l'extrémité de l'aile, ni même une partie mal placée du tissu de la cuisse, mais un doigt de patte (Figure 16-45). Cette expérience montre, en premier lieu, que les cellules de patte précoces sont déjà déterminées en tant que patte, et, deuxièmement, que malgré leur détermination, elles n'ont pas encore reçu l'attribution de leurs valeurs de position détaillées le long de l'axe du membre et peuvent répondre à des signaux dans l'aile de façon à former l'extrémité d'une patte au lieu de la base. Nous pouvons donc en conclure que la régionalisation chez le vertébré n'est pas acquise tout d'un coup, mais qu'elle s'élabore à partir d'une succession d'informations de position enregistrées dans la mémoire cellulaire à différents moments. La cellule parvient à son état différencié par une succession de décisions.

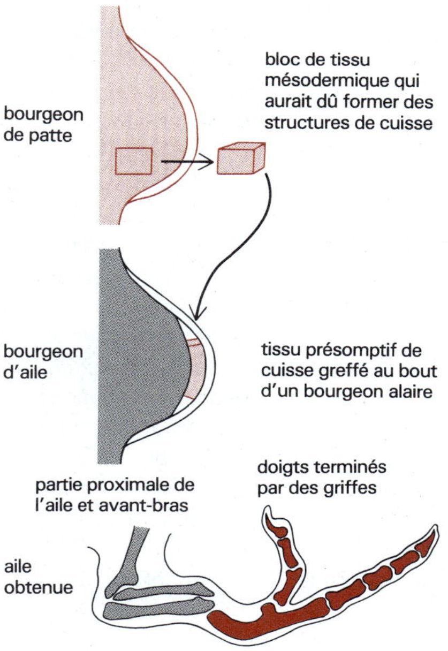

Figure 16-45 La greffe du tissu présomptif de cuisse au bout d'un bourgeon alaire de poulet provoque l'apparition de doigts de pattes. (D'après J.W. Saunders et al., *Dev. Biol.* 1 : 281-301, 1959.)

Des valeurs de position différentes sont responsables de la non-équivalence de cellules apparemment semblables [40]

Les cellules du bourgeon du membre antérieur et celles du bourgeon du membre postérieur, bien qu'elles donnent toutes le même assortiment de types cellulaires différenciés, sont évidemment *non équivalentes :* elles se trouvent dans des états intrinsèquement différents correspondant à des valeurs de position différentes. Même une fois différenciées, les cellules des bourgeons de membres peuvent conserver leurs valeurs de position qui différencient la patte de l'aile ; si c'est le cas, il en résulte que des cellules matrices appartenant au même type différencié, comme celui du cartilage, peuvent être non équivalentes. Ceci implique qu'il peut y avoir, au sein des cellules de l'organisme, une variété beaucoup plus grande que les 200 catégories dans lesquelles sont traditionnellement classifiées les cellules d'un vertébré (voir p. 995).

Plusieurs signes attestent de l'existence, dans différentes parties de l'organisme d'un vertébré, de telles différences subtiles entre les cellules du même type différencié. Les cellules de la peau et du système nerveux constituent des exemples importants de non-équivalence qui seront étudiés ultérieurement dans ce chapitre (voir p. 942) et dans le Chapitre 19 (voir p. 1117). Des études de régénération des membres chez les amphibiens coudés (les urodèles) en donnent une des démonstrations les plus remarquables. Elles montrent qu'il existe une non-équivalence persistante non seulement entre les cellules des membres antérieurs et postérieurs mais aussi entre les cellules situées à différents niveaux le long de l'axe de chacun des membres.

Si la patte d'un triton ou d'un axolou est amputée à une distance quelconque de sa base, les parties manquantes sont remplacées. Un amas de cellules apparemment indifférenciées appelé *blastème de régénération* et recouvert d'un manchon d'épiderme se forme à l'extrémité du moignon. Les cellules du blastème prolifèrent et se différencient pour édifier précisément les structures qui auraient dû occuper une position distale par rapport à la section : une main, par exemple, si c'est la main qui a été amputée mais un avant-bras complet suivi d'une main si c'est la totalité de l'avant-bras et de la main qui ont être amputés. Le lieu de formation du blastème — à l'extrémité de la racine proximale du membre, comme c'est le cas habituellement, ou au niveau de la surface de coupure de la portion détachée *distale* du membre amputé par manipulation expérimentale (Figure 16-46) — n'a aucune importance. Dans les deux cas, les cellules du blastème ne donnent naissance qu'aux seules parties du membre qui occupent normalement une position *distale* par rapport à la section, même si, dans le dernier cas, cette régénération implique la création d'une structure dupliquée qui est l'image dans un miroir de la structure préexistante. Il est évident que les cellules situées à différents niveaux le long de l'axe du membre mature ont en mémoire des valeurs de position différentes, qui les dirigent dans l'exécution du programme qui permet la régénération des parties de membre manquantes.

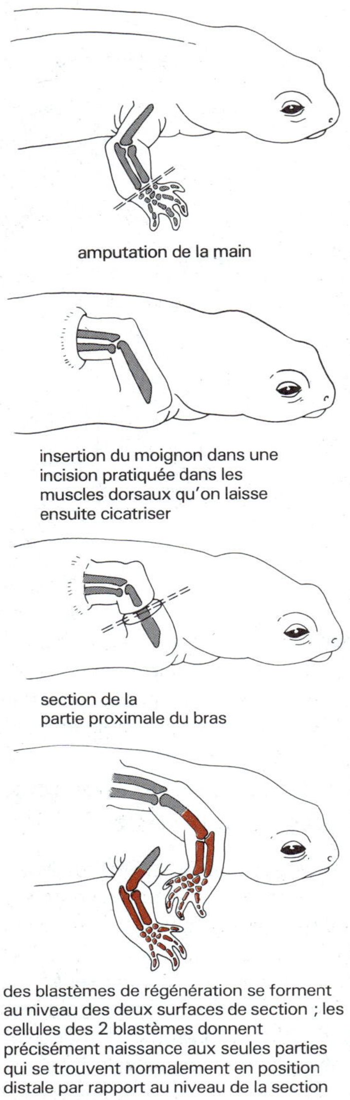

Figure 16-46 Schéma d'une expérience sur la salamandre montrant que la nature des parties du membre produites par un blastème de régénération dépend du niveau de la section et non des structures présentes dans le moignon de membre. Les portions distale et proximale du membre d'origine engendrent toutes deux un avant-bras et une main.

Les cellules situées dans des champs morphogénétiques séparés peuvent recevoir le même type d'information de position mais l'interprètent différemment [36,41]

L'expérience effectuée sur le membre de poulet, et illustrée par la Figure 16-45, permet de souligner un autre point concernant la façon dont des organisations spatiales complexes sont mises en place. Elle montre que les signaux qui informent les cellules sur leur position le long de l'axe du membre du vertébré sont, en fait, les mêmes dans la patte et dans l'aile. Des cellules de pattes greffées à l'extrémité du bourgeon alaire sont capables de « déchiffrer » correctement les signaux qui leur indiquent que leur position est distale et qu'elles devraient donc faire des doigts. Mais elles interprètent ces informations de position à leur façon, et font des doigts de patte au lieu des doigts alaires. Ainsi, avec l'aide de la mémoire cellulaire, le même système d'informations de position peut être utilisé de manière répétée dans différentes régions ou domaines cellulaires et produire cependant dans chaque domaine un schéma différent : les cellules appartenant à des domaines différents ont un passé différent et répondent donc différemment aux mêmes signaux de position.

Ces commentaires ne s'appliquent pas seulement aux règles qui contrôlent l'organisation des cellules le long du grand axe du membre — l'axe proximo-distal — mais aussi à celles qui contrôlent l'organisation des cellules le long de l'axe qui va du pouce à l'annulaire ou axe antéro-postérieur. Ces deux axes (Figure 16-47) correspondent à différentes composantes de la valeur de position, comme dans un système de coordonnées cartésiennes, et dépendent de différentes voies de spécification de l'information de position. Le contrôle antéro-postérieur est particulièrement intéressant car il est un des très rares exemples de morphogène chimiquement identifié.

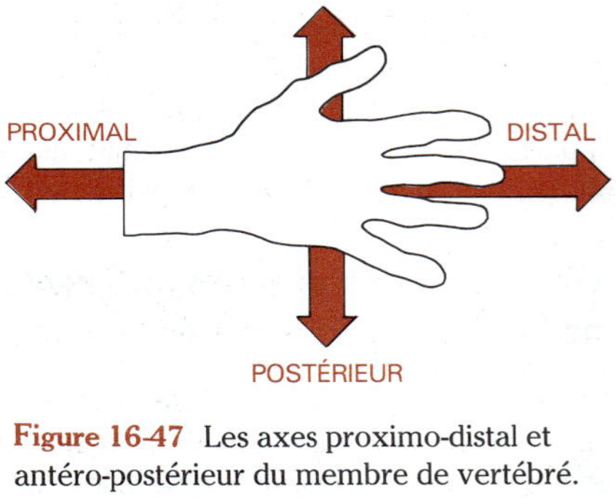

Figure 16-47 Les axes proximo-distal et antéro-postérieur du membre de vertébré.

L'acide rétinoïque est probablement un morphogène dans le bourgeon du membre d'un vertébré [42]

On a pu démontrer l'existence d'un petit groupe de cellules dotées d'une propriété remarquable, au niveau de la lisière postérieure de chaque bourgeon de membre d'un embryon de poulet.

En les transplantant en position antérieure dans un autre bourgeon d'aile (Figure 16-48), on peut observer qu'en moins d'un jour le bourgeon s'est développé sous l'influence du greffon ; l'aile qui en résulte n'est pas seulement de plus grande taille, mais son schéma d'organisation est aussi radicalement modifié : son squelette et les tissus qui l'accompagnent sont dupliqués, formant une seconde série d'éléments dont la disposition est l'image de l'autre dans un miroir selon un plan de symétrie qui passe environ par le milieu du membre. Les éléments dupliqués sont formés presque entièrement à partir du tissu receveur et non à partir du greffon. Il est évident que le greffon provoque la formation d'un nouveau schéma d'organisation dans le membre receveur, ordonné selon une séquence antéro-postérieure précise. Le territoire d'où provient le greffon est appelé **zone d'activité polarisante** ou **territoire polarisant**.

Les bourgeons de la patte et de l'aile possèdent tous deux un territoire polarisant. Les territoires polarisants des deux paires de membres, et même de membres de différentes espèces, sont fonctionnellement interchangeables. Que le greffon polarisant provienne de la patte ou de l'aile, du poulet ou de la souris, un bourgeon d'aile de poulet formera toujours des doigts supplémentaires à l'aile de poulet et un bourgeon de patte de poulet des doigts supplémentaires à la patte. Ainsi, le signal qui provient des territoires polarisants de différents membres et de différentes espèces est le même, mais les cellules du membre interprètent le signal selon leur génome et leur passé propres.

Dans une aile normale (dont les 3 doigts correspondent aux 3 doigts médians d'une main à 5 doigts et sont donc désignés par les numéros 2, 3 et 4), le doigt 4 se forme à côté du territoire polarisant, le doigt 3 un peu plus loin et le doigt 2 encore plus loin ; et la même règle s'applique dans le voisinage du territoire polarisant greffé comme si les caractères des doigts étaient déterminés par la concentration d'un morphogène sécrété par le tissu polarisant (Figure 16-49). La nature graduelle du signal émis par les cellules du territoire polarisant peut être démontrée directement en greffant un petit nombre de ces cellules. En moyenne, la greffe de 30 cellules provoquera la formation d'un doigt supplémentaire de type 2. Avec environ 80 cellules polarisantes, c'est un doigt 3 qui sera produit, et avec environ 130 cellules, un doigt 4.

L'action d'un greffon de cellules extraites du territoire polarisant peut être simulée par un implant d'un matériel vecteur inerte imprégné d'*acide rétinoïque*. L'acide rétinoïque diffuse hors du matériel vecteur, établissant un gradient de concentration à travers le bourgeon du membre, dont le maximum est au moins trois fois supérieur au minimum ; des doigts supplémentaires commencent à apparaître à des concentrations de l'ordre de 20 nM. Des méthodes sensibles de chromatographie montrent qu'il existe, dans le bourgeon de membre normal, un gradient naturel d'acide rétinoïque de cette amplitude, son maximum étant dans le territoire polarisant. L'acide rétinoïque est donc très vraisemblablement un morphogène naturel (Figure 16-50).

On a récemment montré que le récepteur de l'acide rétinoïque était une protéine de même nature que les récepteurs des hormones stéroïdes et thyroïdiennes ; il règle la transcription des gènes en se liant à des séquences d'ADN spécifiques. Un clone d'ADN codant le récepteur a été isolé et sa séquence déterminée et l'on dispose donc maintenant de sondes d'ADN et d'anticorps pour suivre le récepteur dans des tissus tels que le membre de poulet.

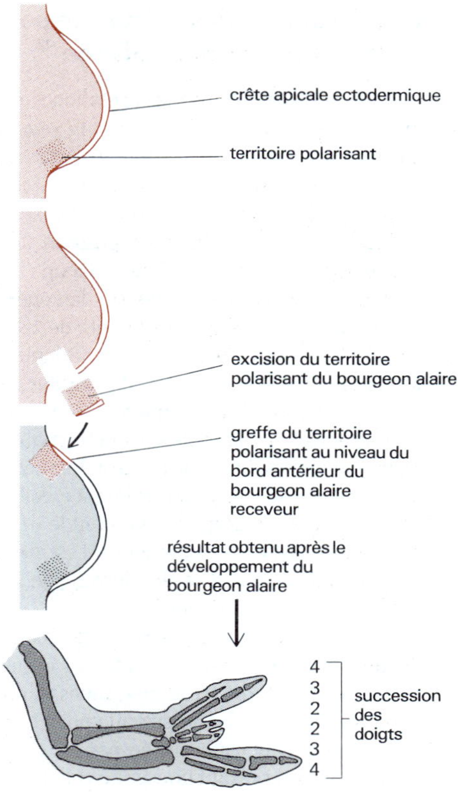

Figure 16-48 La greffe de tissu polarisant provoque la duplication du schéma d'organisation de l'aile hôte en deux structures images l'une de l'autre dans un miroir.

Figure 16-49 La distance au territoire polarisant greffé détermine le type de structure formée par les cellules du bourgeon d'aile receveur. Les numéros 2, 3 et 4 indiquent quel doigt se développe à partir de chaque partie du bulbe.

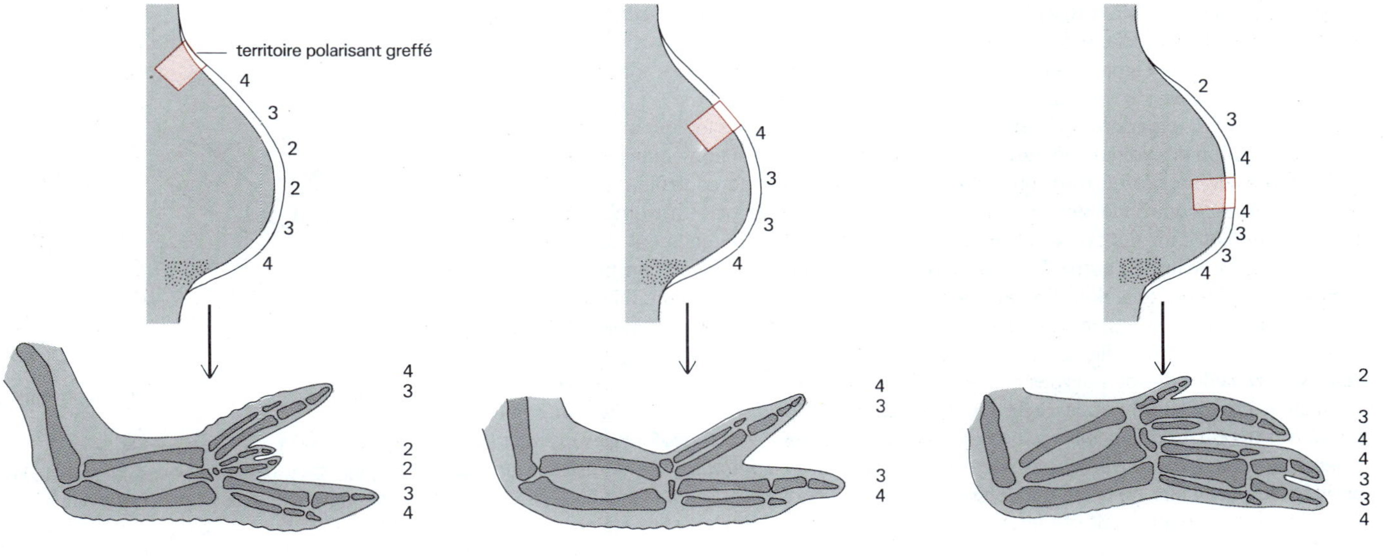

La distribution des valeurs de position contrôle la croissance et est réglée par intercalation [43]

Lors de la discussion sur la formation du plan d'organisation et les valeurs de position, nous avons négligé un aspect crucial : la régulation de la croissance, qui permet aux différentes parties de l'organisme d'atteindre leurs tailles propres. Dans certains cas, cette régulation semble dépendre de programmes cellulaires autonomes initiés à un stade précoce de la formation d'un rudiment d'organe. Dans de nombreux autres cas, cependant, la croissance et la distribution des valeurs de position dépendent toutes deux d'interactions intercellulaires permanentes, et en dépendent de façon étroitement associée. On a pu déduire une règle simple et générale à partir d'études sur la régénération qui se produit dans différents organismes lorsqu'on juxtapose des fragments de tissu avec des valeurs de position différentes en leur laissant le temps de pousser et de s'adapter. L'étude de la régénération de la patte d'une blatte est certainement la meilleure illustration de cette règle.

Les blattes appartiennent à une classe d'insectes chez lesquels il n'y a pas de métamorphose radicale de la larve à l'adulte, mais une évolution progressive au travers d'une série de formes juvéniles. La jeune blatte a des membres bien différenciés, mais les cellules différenciées qui les composent — contrairement à celles des membres humains — sont encore capables de répondre aux règles qui gouvernent le développement du plan d'organisation des membres et de restaurer ce développement s'il est perturbé. Ainsi, le mécanisme de la formation du plan d'organisation peut être étudié à l'aide d'expériences effectuées longtemps après la fin du développement embryonnaire.

Les expériences que nous allons décrire impliquent le feuillet cellulaire épidermique et la cuticule qui recouvre la blatte et forme les parties du membre visibles extérieurement. Ce revêtement externe croît par mues successives, au cours desquelles la blatte juvénile se débarrasse de l'ancienne cuticule pour la remplacer par une nouvelle cuticule de plus grande taille. La cuticule est sécrétée par les cellules épidermiques qui sont disposées en un feuillet sous-jacent comportant une assise cellulaire. Les valeurs de l'information de position des cellules du feuillet sont distribuées selon le même schéma que dans la cuticule qu'elles élaborent ; l'effet de la manipulation expérimentale sur la distribution des cellules épidermiques est apprécié par l'examen de la cuticule une fois que l'animal a mué. Les adultes totalement matures ne subissant ni croissance ni mues, la régénération ne peut être observée que chez les juvéniles.

La patte de la blatte est constituée de plusieurs segments appelés (par ordre de succession de la base à l'extrémité) coxa, trochanter, fémur, tibia et tarse, le tarse étant lui-même composé de plusieurs segments de plus petite taille et terminé par une paire de griffes (Figure 16-51). Si deux pattes sont sectionnées au niveau du tibia, par exemple, mais en des endroits différents, le fragment distal de l'une peut être greffé sur le moignon proximal de l'autre de sorte que la patte composite cicatrise sans la partie médiane du tibia. Pourtant, la patte qui apparaît après la mue de l'animal paraît normale : la partie médiane manquante a été régénérée (Figure 16-52A). Une variante de cette opération donne un résultat plus surprenant encore. Le tibia d'une patte de blatte est sectionné près de l'extrémité proximale et celui d'une autre patte près de l'extrémité distale. Le long segment détaché de la première patte est ensuite greffé sur le moignon de grande taille de la seconde patte pour former une patte excessivement longue, dont la partie médiane est présente en double (Figure 16-52B). On laisse ensuite l'animal muer. La patte obtenue, bien loin d'être plus proche de la normale, est maintenant encore plus longue, une troisième partie médiane de tibia s'étant développée entre les deux parties déjà présentes ! Comme le montre la Figure 16-52B, les soies de cette région néoformée sont dirigées dans le sens inverse des soies du reste du tibia.

Beaucoup d'expériences du même type sont réalisables. Elles indiquent toutes l'existence d'une distribution des valeurs de position qui est responsable de la non-équivalence des cellules dans des positions différentes et qui est étroitement associée au contrôle de la prolifération cellulaire. Il est commode de désigner la valeur de position par un nombre qui diminue progressivement d'un maximum au niveau d'une extrémité d'un segment de membre à un minimum au niveau de l'autre. Dans les expériences décrites ci-dessus, on met en présence des cellules épidermiques dont les valeurs de position diffèrent nettement. Il en résulte que de nouvelles cellules sont engendrées par la prolifération des cellules épidermiques au voisinage de la jonction. Ces nouvelles cellules acquièrent des valeurs de position également intermédiaires entre celles des deux types de cellules mises en présence (Figure 16-52). Ce comportement peut être résumé par la **règle de l'intercalation :** *des discontinuités dans la valeur de position provoquent une prolifération cellulaire locale et les cellules néoformées prennent des valeurs de position intermédiaires, de façon à rétablir la continuité de la distribution.* La prolifération cellulaire ne cesse que lorsque les cellules correspondant à la totalité des valeurs de position manquantes ont été intercalées dans l'intervalle initial et sont étalées de façon à

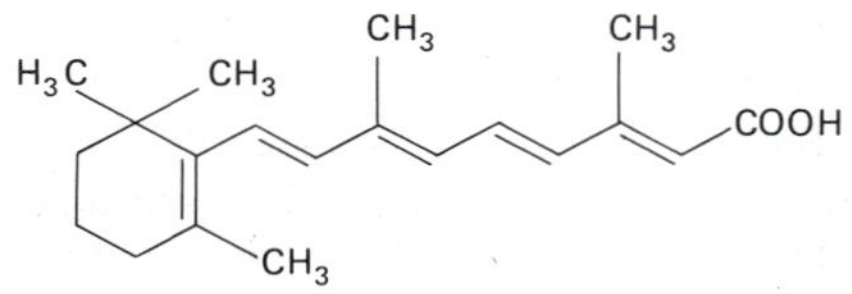

Figure 16-50 Structure de l'acide rétinoïque.

Figure 16-51 La patte d'une blatte. A chacune des mues successives, la taille de la patte augmente mais sa structure reste la même.

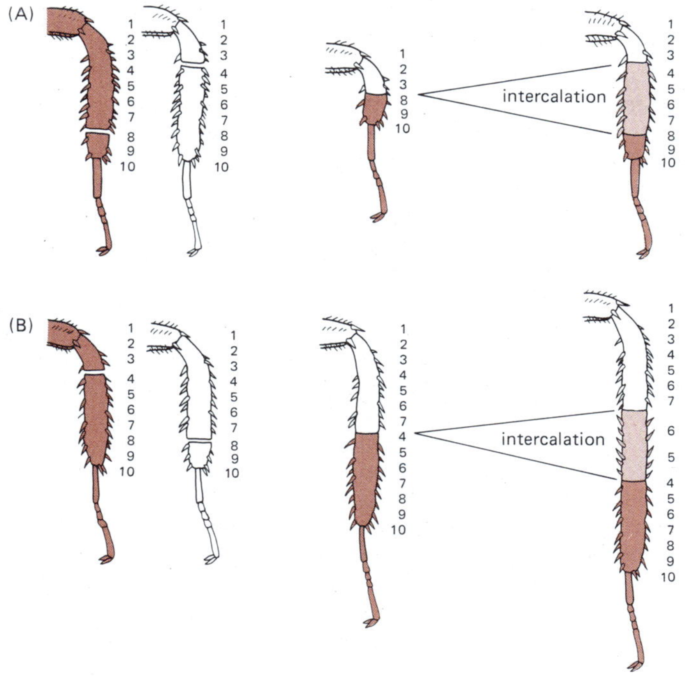

Figure 16-52 Quand on greffe ensemble des parties mal assorties du tibia de blatte, du tissu néoformé *(en clair)* s'intercale pour supprimer la discontinuité des valeurs de position (numérotées de 1 à 10). Dans le cas (A), l'intercalation restaure la partie manquante. Dans le cas (B), l'intercalation engendre une troisième partie médiane de tibia entre les deux parties médianes déjà existantes. La disposition des soies reflète la polarité du tissu intercalé. Dans les deux cas, la continuité est rétablie dans la distribution finale des valeurs de position.

être espacées normalement. L'ensemble de ce processus est appelé **régénération intercalaire.**

La règle de l'intercalation, avec le corollaire de prolongation de la croissance jusqu'à ce qu'un certain espacement des valeurs de position soit atteint, est un principe d'organisation puissant pour les systèmes auxquels elle s'applique. Partant d'une distribution effectuée sur une petite échelle et approximativement définie par un gradient de morphogène, par exemple elle peut déterminer la réalisation d'une distribution complète et précise de valeurs de position et régler le développement de chaque partie de ce système pour qu'elle atteigne sa taille normale. Pour cela, il faut simplement que la distribution initiale soit qualitativement, c'est-à-dire topologiquement, correcte. Appliquée à des plans d'organisations bi- ou tridimensionnels, la règle d'intercalation rend compte d'un grand nombre de phénomènes, allant de la régénération normale de parties amputées à des résultats aussi étranges que la genèse de membres surnuméraires à la suite de certaines greffes. Elle semble gouverner de nombreux mécanismes d'organogenèse et de régénération non seulement chez les insectes, mais aussi chez les crustacés et les amphibiens. Nous verrons rapidement qu'elle peut également s'appliquer chez la *Drosophile* pour la correction d'erreurs précises assez importantes dans le schéma de spécification (voir Figure 16-60). Même chez les mammifères, où la perte de structures est généralement irréversible chez l'adulte, la règle d'intercalation peut aider à régler la croissance et la formation du plan d'organisation au cours du développement embryonnaire. Les mécanismes moléculaires qui sont responsables de cette forme de contrôle de croissance sont inconnus.

Résumé

Les différents types cellulaires dans un embryon sont engendrés selon un plan d'organisation spatial régulier. La formation de ce plan d'organisation commence généralement par des asymétries dans l'œuf et se poursuit dans l'embryon au moyen d'interactions intercellulaires. A chaque étape de ce mécanisme, une faible asymétrie peut être amplifiée par rétroaction positive afin de créer un plan d'organisation défini. On peut dire que les signaux spatiaux qui coordonnent la formation du plan d'organisation fournissent aux cellules une information de position. Dans le cas le plus simple, il est possible qu'un gradient de concentration d'un morphogène serve à contrôler le caractère des cellules en fonction de leur distance à la source qui émet le morphogène : l'acide rétinoïque semble être un morphogène de cette sorte dans le bourgeon du membre du poulet, contrôlant le plan d'organisation le long de l'axe qui va du pouce au petit doigt. Les différences discrètes de caractère cellulaire correspondraient à des seuils de réponse au morphogène.

La spécification complète de la position d'une cellule est peut-être élaborée par la combinaison de signaux d'informations de position émis à des temps différents. Tout d'abord une spécification grossière, quand l'embryon est petit, puis des détails plus précis, lorsque les parties de l'embryon se développent. Par exemple, les cellules précoces des territoires des membres antérieurs et postérieurs d'un embryon de vertébré acquièrent différentes valeurs de position, qui rendent les cellules des membres antérieurs et postérieurs non équivalentes quant à leur caractère intrinsèque bien avant que le schéma détaillé de différenciation cellulaire ait été déterminé. Pour établir son schéma de différenciation détaillé, chaque rudiment d'organe forme un réseau interne plus détaillé d'informations de position. Les organes homologues, comme les membres antérieurs et postérieurs, semblent utiliser le même système détaillé d'informations de position. Grâce à la mémoire cellulaire, les cellules de ces domaines séparés interprètent différemment la même information de position en fonction de leurs différents passés.

Chez de nombreux animaux, la distribution des valeurs de position est étroitement associée au contrôle de la prolifération cellulaire selon une règle simple de l'intercalation, principalement établie d'après des études sur la régénération des membres chez les insectes et les amphibiens. Selon cette règle, les discontinuités dans les valeurs de position provoquent une prolifération cellulaire locale et les cellules néoformées prennent alors des valeurs de position intermédiaires qui restaurent la continuité de la distribution. Le même mécanisme peut également fonctionner au cours du développement embryonnaire normal pour corriger des inexactitudes dans la spécification initiale de l'information de position.

La *Drosophile* et la génétique moléculaire de la formation du plan d'organisation [44]

La structure d'un organisme est contrôlée par ses gènes : la génétique classique est basée sur cette proposition. Durant près d'un siècle et même longtemps après la mise en évidence du rôle de l'ADN dans l'hérédité, les mécanismes de contrôle génétique de la structure de l'organisme restèrent un mystère impénétrable. Au cours des dernières années, cette immense lacune dans notre compréhension a commencé à se combler, et ce grâce à la *Drosophile* plus qu'à tout autre organisme. Des études sur la *Drosophile* ont ainsi mis en évidence une classe de gènes de contrôle du développement dont la fonction spécifique est de délimiter le plan d'organisation du corps, et l'association de la génétique classique et de la génétique moléculaire a permis de comprendre le fonctionnement de ces gènes. Nous verrons que non seulement les stratégies générales, mais aussi les gènes spécifiques qui contrôlent le plan d'organisation de la *Drosophile*, peuvent avoir des équivalents chez les vertébrés.

Les premiers aperçus de ce système génétique vinrent avec la découverte de mutations qui provoquèrent d'étranges perturbations dans le plan d'organisation de la *Drosophile* adulte. Dans la mutation *Antennapedia*, par exemple, des pattes poussent sur la tête à la place des antennes (Figure 16-53) ; alors que dans la mutation *bithorax*, des parties d'une paire d'ailes supplémentaire apparaissent là où il devrait y avoir normalement des appendices appelés haltères. Ces mutations, qui transforment des parties du corps en structures dont la différenciation est conforme à d'autres positions, sont appelées *homéotiques*, et les gènes normaux qu'elles désorganisent sont appelés *gènes sélecteurs homéotiques*. La découverte des mutants homéotiques conduisit à d'ingénieuses expériences montrant que le corps de la mouche normale est formé d'un ensemble disparate (patchwork) de régions discrètes, exprimant chacun un groupe différent de gènes sélecteurs homéotiques. Les produits de ces gènes agissent comme traceurs moléculaires donnant aux cellules une spécification grossière de leur

Figure 16-53 La tête d'une *Drosophile* adulte normale (A) comparée à celle d'une mouche portant la mutation homéotique *Antennapedia* (B). On montre ici la forme extrême de l'expression de cette mutation ; habituellement, seuls des segments d'antenne sont transformés en structures de patte. (Dessin du mutant *d'Antennapedia* d'après une photographie communiquée par Peter Lawrence.)

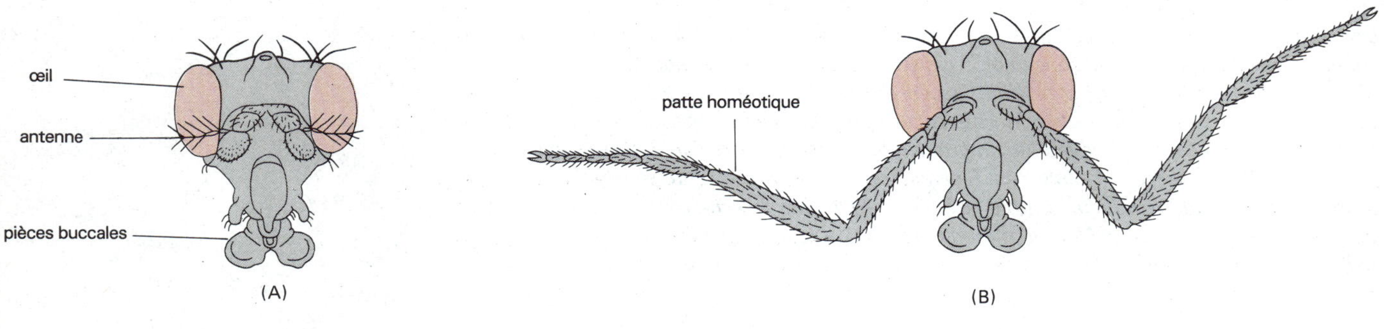

valeur de position. Une mutation homéotique est ainsi responsable de la mauvaise information de tout un groupe de cellules quant à leur localisation et ces cellules vont, par conséquent, engendrer une structure propre à une autre région.

Les gènes sélecteurs homéotiques ne sont qu'une partie d'un système plus important qui crée le schéma bigarré normal du corps d'un insecte. Nous décrivons, dans cette partie du chapitre, le système dans son ensemble et quelques-uns de ses mécanismes moléculaires en utilisant les notions de formation du plan d'organisation que nous avons étudiées dans le paragraphe précédent. Nous verrons que le système est constitué de trois classes de gènes de contrôle du plan d'organisation : (1) Les produits de *gènes de polarité de l'œuf* agissent en premier pour déterminer les coordonnées spatiales de l'embryon en établissant des gradients de morphogènes dans l'œuf. (2) Les *gènes de segmentation* agissent ensuite pour traduire l'information de position fournie par les gradients initiaux de morphogènes. Ces gènes subdivisent l'œuf en une série de *segments* — les unités modulaires de base — à partir desquels tous les insectes sont construits. (3) Les produits des gènes de segmentation influent sur l'expression des *gènes sélecteurs homéotiques* qui maintiennent les différences entre un segment et un autre ; et les valeurs de position qui guident leur comportement ultérieur se fixent dans la mémoire des cellules de chaque segment grâce aux activités conjuguées des gènes de segmentation et des gènes sélecteurs homéotiques. Enfin, dans chaque segment de l'organisme, les cellules communiquent entre elles pour déterminer les détails les plus subtils de la structure mature suivant la règle de l'intercalation.

Le corps de l'insecte est édifié par variation d'un schéma de base de segments répétitifs [45]

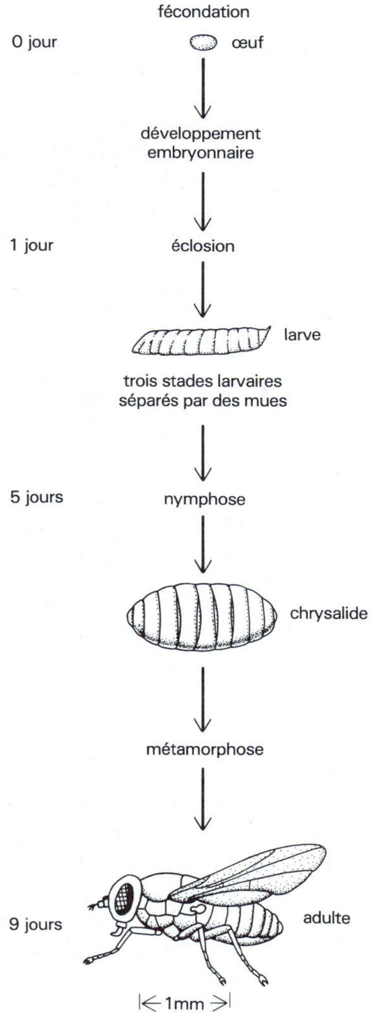

Figure 16-54 Synopsis du développement de la *Drosophile* depuis l'œuf jusqu'à la mouche adulte.

La Figure 16-54 résume la chronologie du développement de la *Drosophile*, de l'œuf à l'adulte. La période de développement embryonnaire commence au moment de la fécondation et dure environ une journée ; à la fin de cette période, l'embryon éclôt et devient une larve. La larve passe ensuite par trois stades, ou *instars*, séparés par des mues pendant lesquelles elle se débarrasse de sa vieille cuticule et en fabrique une plus grande. A la fin du troisième stade larvaire, elle se métamorphose en chrysalide. A l'intérieur de la chrysalide se produit un remaniement radical du corps et, finalement, environ neuf jours après la fécondation, une mouche adulte ou *imago* apparaît.

La mouche est constituée d'une tête, de trois segments thoraciques (numérotés de T1 à T3) et de neuf segments abdominaux (numérotés de A1 à A9). Chaque segment, bien que différent des autres, est construit selon un même plan. Par exemple, le segment T1 porte une paire de pattes ; T2 porte une paire de pattes et une paire d'ailes ; et T3 porte une paire de pattes et une paire d'haltères — de petites protubérances servant de balancier qui sont importantes pour le vol et qui résultent de l'évolution d'une seconde paire d'ailes présentes chez les insectes plus primitifs. La segmentation quasi répétitive est plus évidente chez la larve où les segments se ressemblent plus, et l'on peut voir chez l'embryon que les rudiments de la tête ou, du moins, les futures parties buccales de l'adulte sont également segmentales (Figure 16-55). Le tracé d'une frontière entre une unité segmentale et la suivante n'est, en partie, qu'une question de convention ; lorsque nous discuterons des modes d'expression des gènes, nous verrons qu'il est pratique de parler de *parasegments* (il en existe 14, numérotés de P1 à P14) qui sont en fait des demi-segments qui ne sont pas en registre avec les segments de définition traditionnelle (Figure 16-56). Enfin, il y a, aux deux extrémités de l'animal, des structures très spécialisées qui ne sont pas dérivées par segmentation.

Les fondements de l'ensemble de la structure, avec ses deux extrémités spécialisées séparées par une série d'unités segmentales de base répétées de façon modulée, s'établissent selon des processus qui ont lieu dans l'œuf et l'embryon précoce au cours des premières heures suivant la fécondation.

Le syncytium est le premier stade du développement de la *Drosophile* [46]

La longueur de l'œuf de *Drosophile* est d'environ de 400 μm, et son diamètre d'environ 160 μm, avec une polarité clairement définie. Comme les œufs des autres insectes, son développement commence d'une façon inhabituelle : une série de divisions nucléaires sans division cellulaire crée un syncytium. Les divisions nucléaires précoces sont synchrones et extrêmement rapides, se produisant environ toutes les 8 minutes. Les neuf premières divisions engendrent un nuage de noyaux, dont la plupart migrent à la périphérie de l'œuf où ils se disposent en monocouche appelée *blastoderme syncytial*. Après quatre autres cycles de division nucléaire, des membranes plasmiques se développent de la surface vers l'intérieur de l'œuf et entourent chaque noyau. Le blastoderme syncytial est alors transformé en *blastoderme*

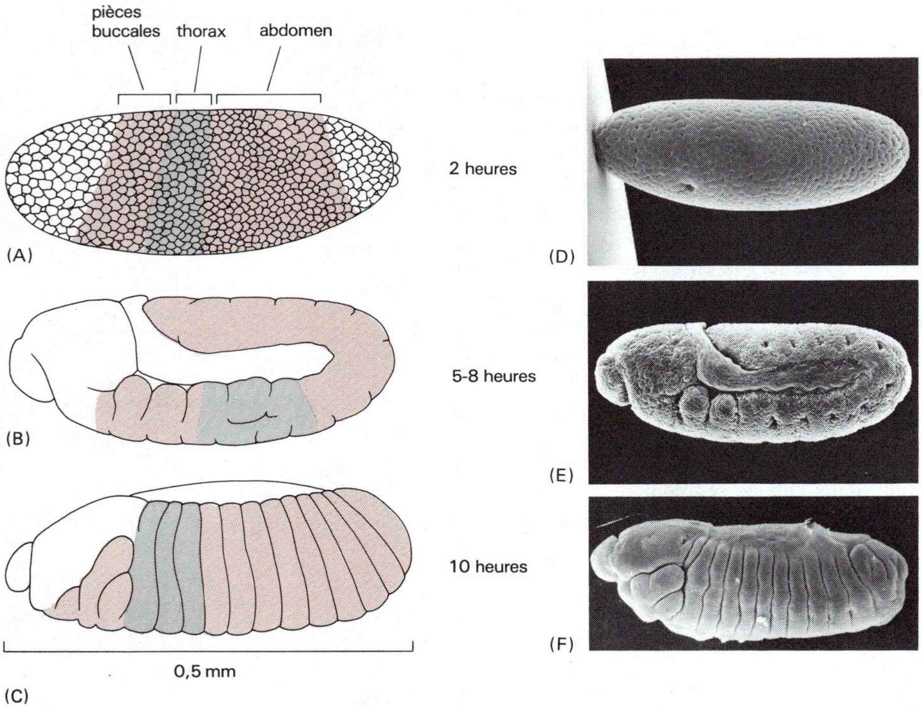

Figure 16-55 Les origines des segments du corps de la *Drosophile* au cours du développement embryonnaire, vues de profil dans les dessins (A-C) et dans les photographies correspondantes en microscopie électronique à balayage (D-F). (A-D) A deux heures, l'embryon est au stade blastoderme syncytial (voir Figure 16-57) et aucune segmentation n'est visible bien qu'il soit possible d'établir une carte des ébauches présomptives montrant les futures régions segmentées (ombrage clair et gris). (B-E) A 5-8 heures, l'embryon est au stade d'extension de la bande germinale : la gastrulation s'est produite, la segmentation commence à être visible, et l'axe segmenté du corps s'est allongé, se repliant sur lui-même à l'extrémité de la queue de façon à s'ajuster dans la coquille de l'œuf. (C-F) A 10 heures, l'axe du corps s'est contracté et redevient droit et tous les segments sont clairement définis ; les structures de la tête, extérieurement visibles à ce stade, se replient à l'intérieur de la larve pour ne reparaître qu'au moment où la larve se métamorphose en nymphe pour devenir adulte. (D et E avec l'autorisation de Rudy Turner et Anthony Mahowald ; F avec l'autorisation de Jane Petschek.)

cellulaire composé d'environ 3 000 cellules (Figure 16-57). Une petite partie des noyaux colonisant l'extrémité postérieure de l'œuf sont intégrés à l'intérieur de cellules séparées quelques cycles de division plus tôt ; ces *cellules polaires* sont les cellules germinales primordiales qui donneront naissance à la génération suivante d'ovocytes et de spermatozoïdes. Comme dans un œuf d'amphibien en cours de clivage, les cycles très rapides de réplication de l'ADN semblent retarder la transcription, de telle sorte que le développement cellulaire jusqu'au stade de blastoderme cellulaire dépend essentiellement, mais pas exclusivement, des stocks d'ARNm et de protéines maternelles qui s'accumulent dans l'œuf avant la fécondation. Après la cellularisation, la division cellulaire continue d'une façon plus conventionnelle : elle devient asynchrone et plus lente, et la vitesse de transcription augmente énormément.

Le blastoderme cellulaire correspond à la blastula creuse d'un amphibien ou d'un oursin, même s'il est rempli de vitellus au lieu d'être une cavité pleine de liquide. La gastrulation suit dès la fin de la cellularisation. Bien que la géométrie de ce mécanisme soit très différente chez

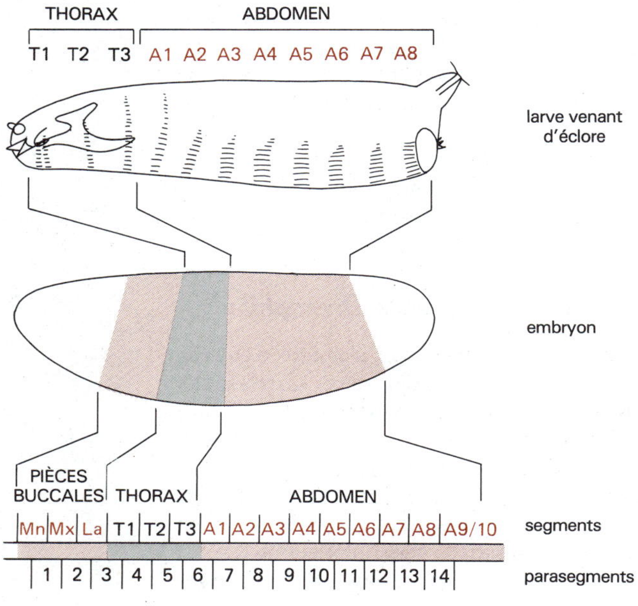

Figure 16-56 Les segments de la larve de *Drosophile* et leur correspondance avec les régions du blastoderme. Noter que les extrémités du blastoderme correspondent aux structures non segmentales qui forment principalement les parties internes de la larve, comme le font les rudiments segmentaux des pièces buccales de l'adulte. La segmentation chez la *Drosophile* peut être décrite en fonction des segments ou des parasegments : la relation est représentée dans la partie inférieure de la figure. Le nombre exact de segments abdominaux est discutable : huit d'entre eux sont clairement définis et un neuvième est probablement présent.

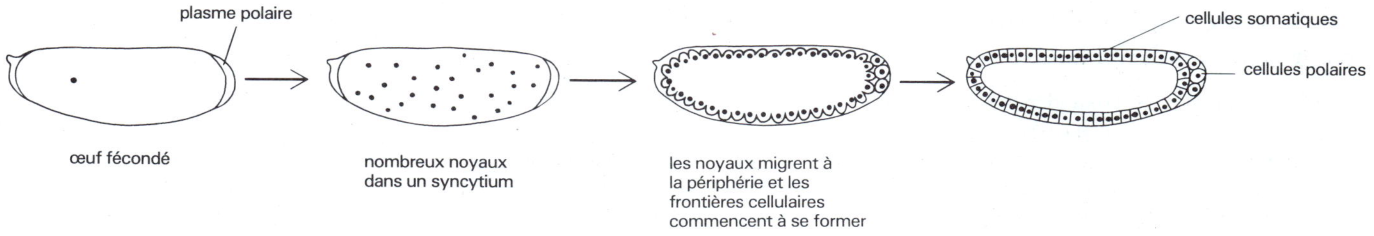

Figure 16-57 Développement de l'œuf de *Drosophile* depuis la fécondation jusqu'au stade blastoderme cellulaire. (D'après H.A. Schneiderman, dans Insect Development [P.A. Lawrence, ed.], pp. 3-34, Oxford, U.K. : Blackwell, 1976.)

l'insecte, le résultat global est semblable ; grâce à des mouvements cellulaires coordonnés, un tube digestif composé de cellules endodermiques se forme le long de l'axe de l'embryon ; le mésoderme entoure ce tube et occupe l'espace qui le sépare de l'enveloppe extérieure de l'ectoderme. Au cours de ce processus, le grand axe de l'embryon s'allonge momentanément (« élongation de la bande germinale ») puis se raccourcit à nouveau (« contraction de la bande germinale ») ; lorsqu'il est étiré, l'axe s'incurve pour se loger dans la coquille de l'œuf (voir Figure 16-55).

En suivant les cellules dans leurs mouvements de gastrulation complexes, il est possible d'établir une carte des ébauches présomptives de la monocouche de cellules à la surface du blastoderme (Figure 16-58). Cette carte est particulièrement simple pour une coupe transversale par le milieu de l'embryon, le futur mésoderme se trouvant en position ventrale et l'ectoderme le surplombant de part et d'autre. Comme chez un vertébré, les prolongements des cellules nerveuses qui parcourent tout le corps dérivent d'une partie de l'ectoderme. La gastrulation et la neurulation, tout autant que la formation des somites, ont leur équivalent chez les insectes : lorsque la gastrulation est pratiquement achevée, une série d'évaginations apparaissent à la surface de l'embryon, définissant la subdivision du corps en parasegments le long de l'axe antéro-postérieur (voir Figure 16-55). Des méthodes plus sensibles montrent que les principales caractéristiques de ce schéma de segmentation sont déjà déterminées au stade du blastoderme cellulaire, avant le début de la gastrulation.

Deux systèmes orthogonaux contrôlent le plan de base de l'embryon [47]

Il faut deux coordonnées pour définir chaque position dans le blastoderme — une latitude et une longitude. Des études génétiques montrent que l'organisation du plan du corps dépend aussi de deux mécanismes de structuration distincts, l'un définissant le plan dorso-ventral, l'autre le plan antéro-postérieur. Un groupe d'environ 20 gènes contrôle l'axe dorso-ventral : des mutations dans l'un d'entre eux donnent des embryons qui sont soit « dorsalisés » et dépourvus de structures ventrales, soit « ventralisés » et dépourvus de structures dorsales. Un autre groupe d'environ 50 gènes (y compris les gènes de segmentation et les gènes sélecteurs homéotiques déjà mentionnés) contrôle l'axe antéro-postérieur : des mutations dans ces gènes donnent des embryons qui ont des absences ou des répétitions dans leur plan antéro-postérieur. Bien que de nombreux gènes de chaque groupe aient été clonés et leurs produits protéiques identifiés, nous n'étudierons que le système de structuration de l'axe antéro-postérieur.

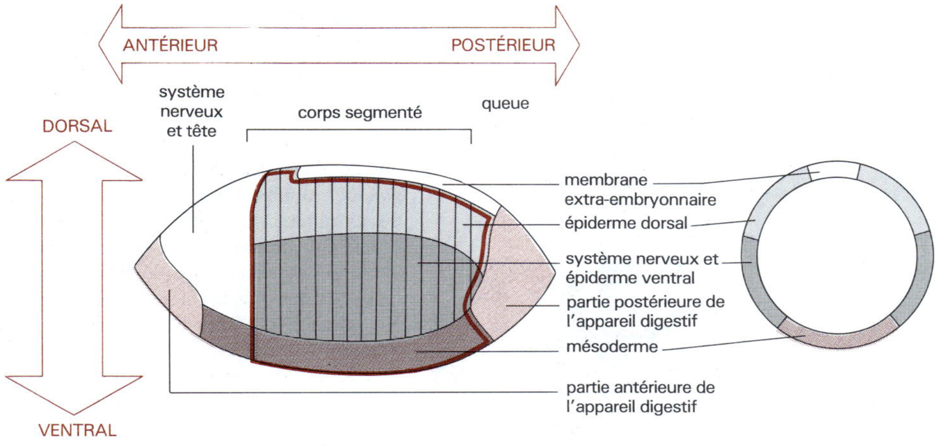

Figure 16-58 Carte des ébauches présomptives de l'embryon de *Drosophile* au stade blastoderme cellulaire, vues de profil et en coupe transversale montrant la relation qui existe entre la subdivision dorso-ventrale aboutissant aux principaux types tissulaires et la distribution antéro-postérieure des futurs segments. Un trait épais entoure la région qui formera les structures segmentales. Au cours de la gastrulation, les cellules situées le long de la ligne médiane ventrale s'invaginent pour former le mésoderme alors que les cellules destinées à former le tractus digestif s'invaginent au voisinage de chaque extrémité de l'embryon. (D'après V. Hartenstein, G.M. Technau et J.A. Campos-Ortega, *Wilhelm Roux' Arch. Dev. Biol.* 194 : 213-216, 1985.)

Des signaux émis par les deux extrémités de l'œuf de *Drosophile* contrôlent la polarité antéro-postérieure de l'embryon [48]

La polarité initiale de l'œuf dépend de la distribution des composants produits avant la fécondation, lorsque l'œuf ou l'ovocyte est encore dans l'ovaire (voir Figure 16-39). Si l'on perce soigneusement un œuf de *Drosophile* à son extrémité antérieure, laissant couler une petite quantité de cytoplasme le plus antérieur, l'embryon ne peut développer les structures de tête. De plus, si le cytoplasme de l'extrémité postérieure d'un autre œuf est injecté au niveau de la perforation, un second groupe de segments abdominaux se développera, avec une polarité inverse, dans la moitié antérieure de l'œuf receveur (Figure 16-59).

On a identifié des mutations qui provoquèrent le même type de perturbations dans le plan d'organisation des moitiés antérieure et postérieure de l'embryon. Ces **gènes de polarité de l'œuf** sont les premiers éléments d'un système hiérarchisé qui engendre le plan antéro-postérieur du corps. Les gènes de polarité de l'œuf sont parmi les gènes transcrits à partir du génome maternel au cours de l'ovogenèse, et les produits stockés commencent à agir très tôt après la fécondation. Le phénotype de l'embryon est donc déterminé par les allèles présents chez la mère plutôt que par la combinaison des gènes maternels et paternels que possède l'embryon lui-même. Les gènes exprimés de cette façon sont appelés **gènes à effet maternel**.

Les mères qui sont homozygotes pour la mutation *bicoïd* de la polarité de l'œuf engendrent des embryons sans tête et sans structures thoraciques mais qui ont des structures abdominales qui s'étendent sur une partie de la longueur du corps anormalement importante ; à l'opposé, la mutation *oskar* de polarité de l'œuf donne des embryons qui ne possèdent pas de segments abdominaux. (Les structures non segmentales aux deux extrémités de l'embryon ont un statut spécial : elles ne disparaissent chez aucun de ces mutants mais sont éliminées par la mutation *torso* et certaines autres.) Les mutants *bicoïd* et *oskar* sont défectueux dans les produits des gènes normaux correspondants et ils peuvent redevenir normaux par injections de cytoplasme normal. Un mutant *bicoïd* se développera plus ou moins normalement si l'on injecte du cytoplasme de l'extrémité antérieure de l'œuf normal dans son extrémité antérieure, tandis qu'un mutant *oskar* se développera plus ou moins normalement si l'on injecte du cytoplasme de l'extrémité postérieure de l'œuf normal dans sa future région abdominale. Dans chaque cas, le produit du gène normal semble être localisé à l'une des extrémités de l'œuf et agir comme une source de quelque action à longue portée contrôlant le plan d'organisation global des valeurs de position antéro-postérieures.

Des expériences de génétique moléculaire ont éclairé ce tableau. En utilisant une sonde d'ADNc *bicoïd* dans des expériences d'hybridation *in situ*, on a pu montrer que l'ARNm *bicoïd* est localisé à l'extrémité antérieure de l'œuf et qu'il est synthétisé initialement dans l'ovaire par les cellules nourricières voisines de l'ovocyte (voir p. 912 et Figure 16-39). Après être passé des cellules nourricières à l'ovocyte par les ponts cytoplasmiques, l'ARNm *bicoïd* se fixe à quelques composants cytoplasmiques — peut-être à une partie du cytosquelette — à l'extrémité

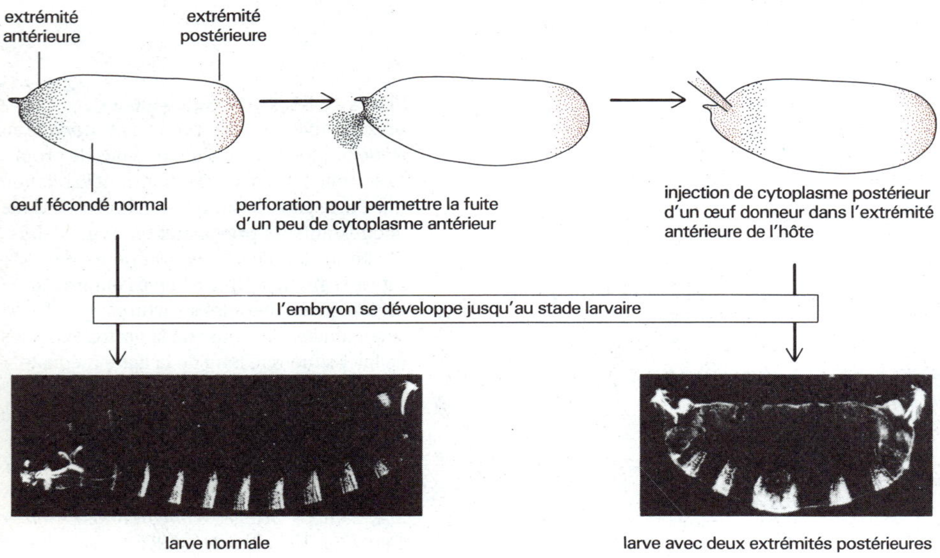

Figure 16-59 Les déterminants localisés aux extrémités de l'œuf de *Drosophile* contrôlent sa polarité antéro-postérieure. Si on laisse s'écouler une petite quantité de cytoplasme antérieur au niveau de l'extrémité antérieure de l'œuf et qu'on injecte à la place du cytoplasme postérieur, il en résulte une larve à deux extrémités postérieures *(photographie de droite)* qui est comparée à une larve normale *(photographie de gauche)* ; la substitution de cytoplasme à l'une des extrémités de l'œuf a eu un effet à longue portée convertissant tous les segments les plus antérieurs en un double de l'image dans un miroir des trois derniers segments abdominaux. Les larves sont représentées en éclairage sur fond noir. (D'après H.G. Frohnhöfer, R. Lehmann et C. Nüsslein-Volhard, *J. Embryol. Exp. Morphol.* 97 [suppl] : 169-179, 1986.)

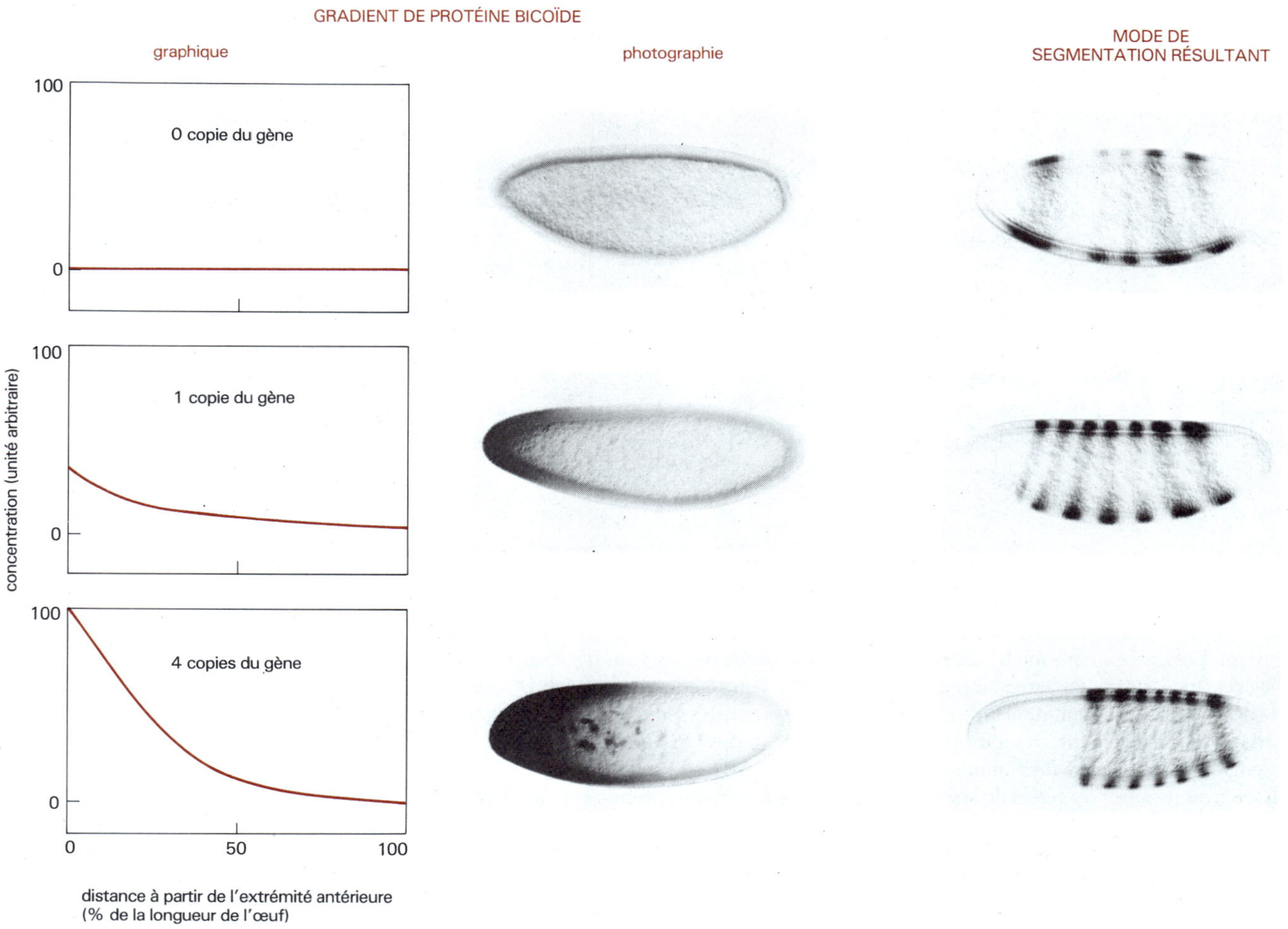

Figure 16-60 Gradient de la protéine *bicoïd* dans l'œuf de *Drosophile* et son influence sur le plan d'organisation des segments. Le gradient est mis en évidence par marquage avec un anticorps dirigé contre la protéine *bicoïd* ; le plan d'organisation des segments est mis en évidence par marquage avec un anticorps dirigé contre le produit d'un gène pair-rule *even-skipped* (voir p. 926). Trois embryons sont comparés, ils contiennent respectivement zéro, une ou quatre copies du gène *bicoïd* normal. Sans copie du gène *bicoïd*, les segments antérieurs ne se forment pas ; lorsque le dosage génique augmente, ils se forment progressivement plus loin de l'extrémité antérieure de l'œuf, comme on peut s'y attendre si leur position est déterminée par la concentration locale de la protéine *bicoïd*. Les mesures de cette concentration en fonction de l'intensité du marquage sont représentées sur les graphiques. Malgré de considérables différences de position et d'espacement entre les ébauches de segments dans les embryons ayant une ou quatre doses du gène, les deux embryons se développeront en larves et en adultes normalement proportionnés. Le mécanisme responsable de cette régulation est discuté à la page 918. (Adapté d'après W. Driever et C. Nüsslein-Volhard, *Cell* 54 : 83-104, 1988.)

antérieure de l'ovocyte. La traduction ne commence qu'au moment de la ponte de l'œuf et donne lieu à un gradient de concentration de protéine *bicoïd* dont la valeur maximale se trouve au niveau de l'extrémité antérieure de l'embryon. Il est possible de modifier génétiquement le gradient de concentration en fabriquant des mutants qui contiennent de multiples copies du gène *bicoïd* normal : la concentration de la protéine augmente dans l'œuf avec le nombre de copies du gène chez la mère. Les segments embryonnaires résultants sont déplacés vers le pôle postérieur, puisque leur localisation était déterminée par l'information de position définie par la concentration locale de protéine *bicoïd* (Figure 16-60). Cette protéine correspond donc exactement à la définition d'un morphogène (voir p. 913).

Trois classes de gènes de segmentation sont responsables de la subdivision de l'embryon [49]

Les insertions globales progressives assurées par les produits des gènes de polarité de l'œuf doivent diriger la création d'un système de segments discrets. Ce processus dépend d'un ensemble de 20 **gènes de segmentation**. Les mutations affectant ces gènes modifient le nombre des segments ou leur organisation interne de base sans modifier la polarité globale de l'œuf. Les gènes de segmentation agissent à des stades plus tardifs que les gènes de polarité de l'œuf. Le phénotype de l'embryon correspondant à ces gènes est également déterminé, totalement ou en partie, par le génotype de l'embryon et non pas simplement par le génotype de la mère ; ce sont donc des gènes à **effet zygotique** plutôt que des gènes à effet maternel.

La majorité des mutations dans les gènes de segmentation sont létales ; leurs conséquences ne se voient jamais chez la mouche adulte car les mutants meurent avant de pouvoir se développer jusqu'à ce stade. Les mutations létales de cette sorte peuvent, cependant, être transmises si les effets létaux sont récessifs (comme c'est généralement le cas). Les hétérozygotes qui ont une copie mutante du gène et une copie normale sont donc viables. Lorsque l'on croise deux parents hétérozygotes, un quart des descendants sont homozygotes pour le

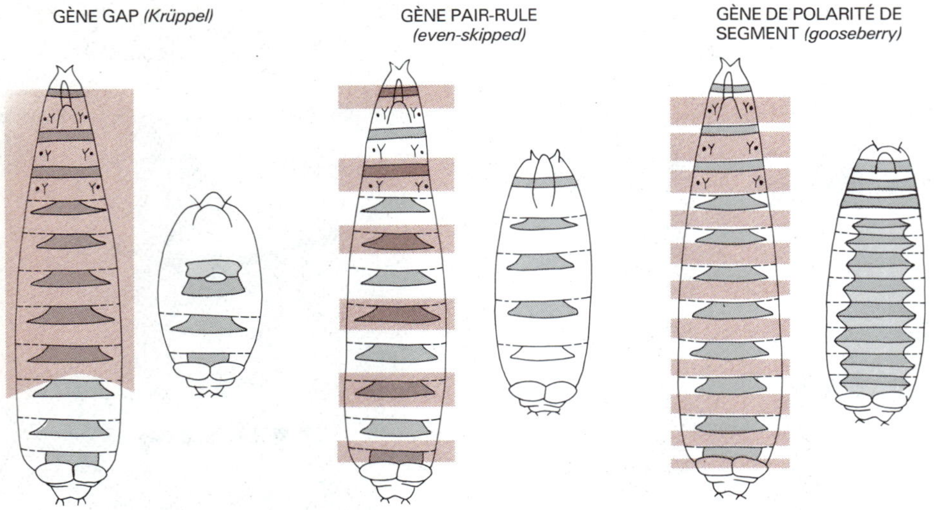

Figure 16-61 Exemples de phénotypes de mutations affectant les trois types de gènes de segmentation. Dans chaque cas, les zones colorées sur la larve normale *(gauche)* sont absentes chez le mutant ou sont remplacées par des doubles de l'image dans un miroir des régions non touchées. Par convention, les mutations dominantes sont écrites avec une première lettre majuscule et les mutations récessives avec une lettre minuscule. Plusieurs des gènes de structuration de la *Drosophile* sont classés comme dominants car ils ont un effet perceptible sur le phénotype des hétérozygotes, même si les effets létaux sont récessifs, c'est-à-dire uniquement visibles chez l'homozygote. (Modifié d'après C. Nüsslein-Volhard et E. Wieschaus, *Nature* 287 : 795-801, 1980.)

gène mutant. Ces descendants meurent prématurément, au stade d'embryons tardifs ou de très jeunes larves, mais survivent assez longtemps pour révéler leur phénotype mutant. De fait, la majorité des gènes de segmentation furent découverts en exposant les mouches à des mutagènes et en triant laborieusement des dizaines de milliers de larves mourantes produites par croisement à partir de stocks de mutants.

Il y a trois groupes de gènes de segmentation (Figure 16-61). Les premiers à agir sont un groupe d'au moins trois **gènes « gap »**, dont les produits délimitent les subdivisions les plus grossières de l'embryon. Une mutation dans un gène gap élimine un grand bloc de segments contigus, et des mutations dans différents gènes gap sont responsables de déficiences différentes, mais partiellement superposées. Par exemple, chez le mutant *Krüppel*, il manque à la larve huit segments, de T1 à A5 inclus (ce qui équivaut approximativement aux parasegments P3 à P10).

Les gènes de segmentation qui agissent ensuite sont un groupe de huit **gènes « pair-rule »**. Des mutations dans ces gènes sont responsables d'une série de délétions touchant un segment sur deux, laissant l'embryon avec une moitié seulement du nombre habituel de segments. Tandis que cette perte d'un segment sur deux se retrouve chez tous les mutants, la localisation précise des délétions par rapport aux frontières segmentales ou parasegmentales diffère selon les mutants. Il manque, par exemple, la totalité de chaque parasegment pair au mutant pair-rule *even-skipped*, la totalité de chaque parasegment impair au mutant pair-rule *fushi-tarazu (ftz)* et le mutant pair-rule *hairy* est dépourvu d'un ensemble de régions qui sont de même largeur mais ne sont pas enregistrées avec les unités parasegmentales.

Enfin, il y a au moins 10 **gènes de polarité de segment**. Les mutations dans ces gènes sont responsables de la perte d'une partie de chaque segment et de son remplacement par un double de l'image dans un miroir de la totalité ou d'une partie du reste du segment. Chez les mutants *gooseberry*, par exemple, la moitié postérieure de chaque segment (c'est-à-dire la moitié antérieure de chaque parasegment) est remplacée par une image approximative du demi-segment antérieur adjacent (voir Figure 16-61).

D'après les phénotypes de ces différents mutants de segmentation, il semble que les gènes de segmentation forment un système coordonné qui subdivise progressivement l'embryon en domaines de plus en plus petits qui se distinguent par des modes d'expression génique différents. Une fois de plus, la génétique moléculaire fournit les outils nécessaires à l'étude du fonctionnement de ce système.

L'expression localisée des gènes de segmentation est réglée par une hiérarchie de signaux de position [44,50]

Plusieurs gènes de chaque groupe de gènes de segmentation ont été clonés et utilisés comme sondes pour localiser leurs transcrits dans les embryons normaux par hybridation *in situ* (voir p. 192). Nous avons déjà vu comment cette technique a permis de montrer que les transcrits du gène *bicoïd* sont à l'origine d'un signal de position ; les transcrits sont localisés à l'une des

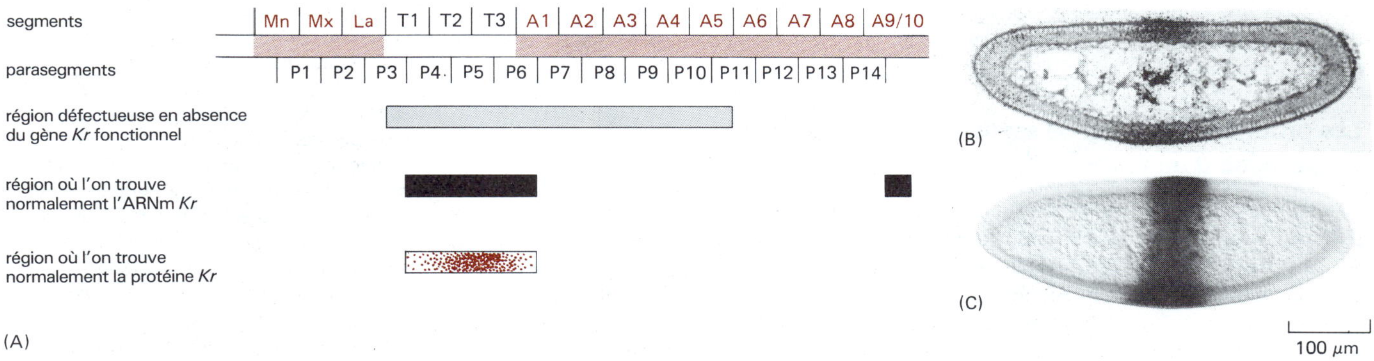

extrémités de l'œuf, même si les conséquences de la mutation du gène se répercutent dans une grande partie de l'embryon. De la même façon il est possible de montrer que certains gènes de segmentation — en particulier les gènes gap — engendrent (directement ou indirectement) des signaux de position qui aident à contrôler le mode de développement dans un voisinage plus localisé. Les mutants défectueux dans le gène gap *Krüppel*, par exemple, présentent des anomalies dans toute la région où sont localisés les transcrits du gène dans l'embryon normal, mais aussi au niveau de plusieurs segments en dehors de cette région (Figure 16-62). La séquence du gène *Krüppel* a été déterminée et ce gène est homologue (comme l'est un autre gène gap, *hunchback*) à une famille de gènes connus pour coder, chez les vertébrés, des protéines régulatrices de liaison à l'ADN, y compris le facteur de transcription TFIIIA du *Xénope* (voir p. 490). Il est tentant de suggérer, par analogie avec la mutation *bicoïd*, que la protéine *Krüppel* diffuse comme un morphogène à partir du site de transcription du gène *Krüppel*, bien que la distribution de la protéine semble moins étendue que ne le nécessite cette hypothèse.

Certains gènes pair-rule sont peut-être impliqués dans la transmission spatiale de signaux à une plus petite échelle, exerçant leur influence sur les cellules proches des régions où ils sont transcrits ; d'autres, par contre, ne semblent influer que sur le développement des régions dans lesquelles ils sont transcrits. Par exemple, les transcrits du gène *ftz* normal au stade blastoderme se trouvent dans sept zébrures (Figure 16-63) ; la largeur de chaque zébrure est grossièrement celle de quatre cellules et correspond à la largeur et à la localisation des rudiments des parasegments pairs qui seraient absents dans un mutant *ftz*.

L'ensemble de ces observations suggère que les produits des gènes de polarité de l'œuf fournissent des signaux de position qui provoquent l'expression de certains gènes gap dans des régions particulières ; les produits des gènes gap fournissent à leur tour des signaux de position qui agissent plus localement pour régler des détails plus visibles de la structuration en agissant sur l'expression d'autres gènes encore, y compris les gènes pair-rule. C'est ainsi que les gradients produits par les gènes de polarité de l'œuf agencent un plan d'organisation précis grâce à un système de subdivision séquentielle, à l'aide d'une hiérarchie de contrôles de position séquen-

Figure 16-62 Cartographie des domaines spatiaux d'action du gène gap *Krüppel* sur le blastoderme de *Drosophile*. (A) Représentation schématique de l'étendue du défaut provoqué par l'absence du produit fonctionnel du gène *Krüppel* bien au-delà de la région où l'on trouve normalement les transcrits de *Krüppel* et la protéine codée par *Krüppel*. (B) Distribution normale des transcrits de *Krüppel*, observée par hybridation *in situ* au stade blastoderme. (C) Distribution normale de la protéine *Krüppel*, mise en évidence par la liaison d'un anticorps au même stade. Le phénotype d'un mutant auquel il manque le produit fonctionnel du gène *Krüppel* est donné dans la Figure 16-61. (B, d'après H. Jäckle, D. Tautz, R. Schuh, E. Siefert et R. Lehmann, *Nature* 324 : 668-670, 1986 ; C, d'après U. Gaul, E. Seifert, R. Shuh et H. Jäckle, *Cell* 50 : 639-647, 1987, copyright Cell Press.)

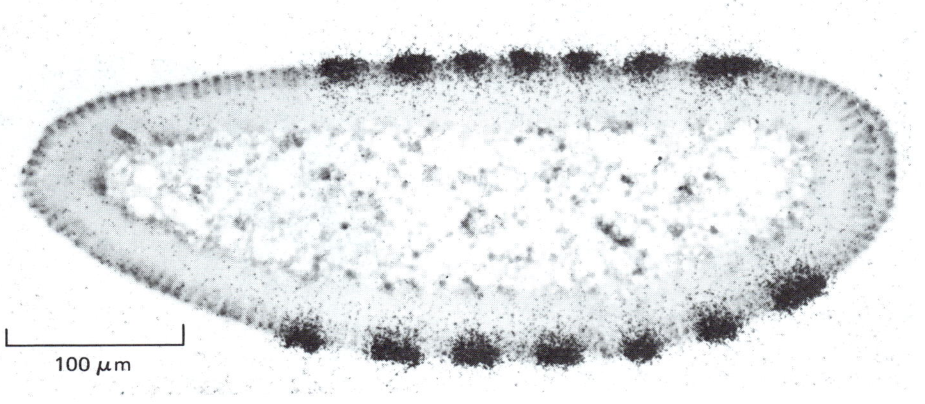

Figure 16-63 Hybridation *in situ* d'une sonde d'ADN radioactive de *ftz* avec un blastoderme de *Drosophile* montrant que le gène est transcrit selon sept bandes qui correspondent à la distribution des défauts observés chez les mutants *ftz*. Dans cette coupe longitudinale, les bandes d'expression de *ftz* apparaissent comme des taches noires de grains d'argent impressionnés en autoradiographie. (Avec l'autorisation de Philip Ingham.)

tiels. C'est une bonne stratégie : les signaux de position globaux n'ayant pas à préciser les détails du plan d'organisation. Les noyaux isolés qui y répondent n'ont pas à réagir avec une extrême précision.

Les produits d'un gène de segmentation contrôlent l'expression d'un autre [44,50,51]

Selon le système dont nous venons de donner les grandes lignes, la hiérarchie des signaux de position correspondrait à la hiérarchie des interactions régulatrices entre les gènes gouvernant le plan d'organisation. Il est possible de le confirmer en étudiant la façon dont une mutation dans un gène influe sur l'expression d'un autre. Les gènes de structuration antéro-postérieure forment une hiérarchie comportant cinq niveaux principaux de telle sorte que les produits des gènes de chaque niveau règlent l'expression des gènes du niveau inférieur. Les gènes de polarité de l'œuf se trouvent au sommet, suivis des gènes gap, puis des gènes pair-rule, puis des gènes de polarité de segment et enfin des gènes sélecteurs homéotiques.

Par exemple, il est possible de contrôler l'expression du gène normal *ftz* par hybridation *in situ* avec une sonde clonée du gène *ftz* chez un embryon mutant auquel il manque le produit du gène *Krüppel*, les zébrures habituelles qui résultent de la transcription de *ftz* ne se développent pas dans la seule région du blastoderme qui correspond au défaut du mutant *Krüppel* (le produit *Krüppel* règle donc, directement ou indirectement, l'expression du gène *ftz*). Par ailleurs, dans un mutant *ftz*, la distribution du produit normal *Krüppel* n'est pas perturbée : le produit *ftz* ne règle donc pas l'expression du gène *Krüppel*.

Des interactions se produisent également entre des gènes de même niveau hiérarchique et certaines de ces interactions, contrairement à l'interaction entre *Krüppel* et *ftz*, sont réciproques. Il existe, par exemple, une relation d'inhibition mutuelle entre les gènes gap *Krüppel* et *hunchback* qui empêche les noyaux d'exprimer les deux à la fois. Ils sont ainsi généralement exprimés dans des régions adjacentes du blastoderme avec une frontière nette entre le territoire *hunchback* et le territoire *Krüppel*. Mais, lorsque le produit de l'un des deux est absent, le territoire de l'autre s'étend au-delà de la ligne normale de séparation. L'inhibition mutuelle exercée par ces deux gènes, en obligeant chaque noyau cellulaire à faire un choix d'une façon ou d'une autre, peut expliquer comment se forment des territoires non imbriqués et nettement définis, en réponse à un gradient régulier de morphogène.

Le mode d'expression périodique et régulier des gènes pair-rule s'établit probablement par des mécanismes similaires mettant en jeu des signaux de position progressifs. Ces signaux dépendent de l'expression des gènes gap qui fournissent des indications approximatives et d'interactions entre les gènes pair-rule (en particulier entre les gènes *hairy* et *runt*) qui déterminent les détails avec précision et netteté. Ainsi, les territoires des différents gènes pair-rule composent un arrangement parfaitement reproductible d'exclusions mutuelles et de chevauchements, qui se reproduit de façon fiable dans chaque unité bisegmentaire du blastoderme de tout embryon normal (Figure 16-64). Différentes bandes de cellules entourant le blastoderme se distinguent par différentes combinaisons de l'expression des gènes jusque dans le plus petit détail — la largeur d'une cellule isolée, qui correspond à un quart environ de la largeur d'un futur segment ou parasegment.

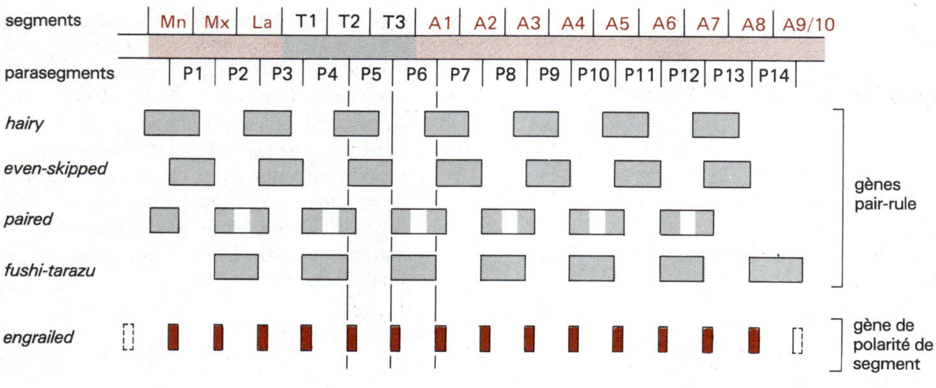

(A)

(B)

Figure 16-64 (A) Le mode de transcription de quatre des huit gènes pair-rule connus dans le blastoderme de la *Drosophile* et de l'un des gènes de polarité de segment, *engrailed*. Bien que l'*expression* de chaque gène pair-rule ne détermine elle-même qu'une simple alternance avec une répétition tous les deux segments, l'ensemble combiné des gènes pair-rule, par leur chevauchement et leur contiguïté, définit une subdivision beaucoup plus précise du blastoderme, en bandes de la largeur d'une seule cellule comme celles qui correspondent à l'expression du gène *engrailed*. (B) Le mode d'expression du gène *engrailed* dans l'embryon précoce, la larve et l'adulte, mis en évidence en créant une souche de *Drosophile* contenant les séquences de contrôle du gène *engrailed* couplées à la séquence codante d'une enzyme « rapporteur » dont la présence est aisément détectable par des techniques histochimiques grâce au produit coloré de la réaction catalysée par l'enzyme. Notons que le plan d'organisation du gène *engrailed*, une fois établi, est conservé pendant toute la vie de l'animal. (A, d'après M. Akam, *Development* 101 : 1-22, 1987 ; B, avec l'autorisation de Tom Kornberg.)

Les gènes gap, pair-rule et de polarité de l'œuf créent un plan d'organisation transitoire ; les gènes de polarité de segment et les gènes sélecteurs homéotiques l'enregistrent de façon permanente [44,52]

Les événements que nous venons de décrire se produisent pendant les premières heures qui suivent la fécondation. Les gènes gap et pair-rule sont activés l'un après l'autre, et les produits de leur ARNm (visualisés par hydridation *in situ*) apparaissent en premier dans les plans d'organisation qui ne font qu'approcher le plan final ; les produits néosynthétisés règlent eux-mêmes l'expression des gènes jusqu'à ce que, par une série d'ajustements interactifs, la distribution initiale des produits géniques se transforme elle-même en un système de rayures nettement régulier et affiné. Mais ce système lui-même est instable et transitoire. Au fur et à mesure de la gastrulation de l'embryon et au-delà, la distribution segmentale régulière des produits des gènes gap et pair-rule disparaît. Dans l'intervalle, leurs actions ont néanmoins imprimé des valeurs ou des marques de position permanentes sur les cellules du blastoderme qui conservent l'organisation segmentale de la larve et de l'adulte. Ces valeurs de position sont enregistrées dans l'activation permanente des gènes de polarité du segment et des gènes sélecteurs homéotiques.

Les gènes de polarité de segment signalent les subdivisions de base de chaque parasegment [44,53]

Les gènes de polarité de segment sont exprimés de la même façon dans une fraction de chaque parasegment. Le gène *engrailed* en est un bon exemple. Ses transcrits ont été localisés par hybridation *in situ* dans le blastoderme cellulaire, où ils forment une série de 14 bandes, chacune ayant à peu près la largeur d'une cellule et correspondant aux parties les plus antérieures des futurs parasegments. Il existe une relation invariable entre ces bandes et les bandes correspondant à l'expression des gènes pair-rule (voir Figure 16-64) ; chez les mutants pair-rule, il est possible de déduire les règles d'activation de la transcription du gène *engrailed* à partir de la distribution modifiée des bandes *engrailed*. L'une des deux combinaisons spécifiques des produits des gènes pair-rule est apparemment nécessaire : dans les parasegments pairs, le gène *engrailed* est activé précisément dans les cellules qui expriment une combinaison comprenant les gènes *ftz* et *odd-paired*, alors que dans les segments impairs il est activé dans les cellules qui expriment une combinaison comprenant *even-skipped* et *paired*. D'autres combinaisons de produits de gènes pair-rule activent ou répriment d'autres gènes de polarité de segment : la transcription du gène *wingless*, par exemple, est activée dans une série de bandes de la largeur d'une cellule, correspondant aux parties les plus postérieures des parasegments. Ainsi, chaque futur parasegment est déjà subdivisé au stade blastoderme en trois régions distinctes au moins. Les distinctions chimiques persisteront grâce à la transcription continue de certains des gènes de polarité de segment, après la disparition quasi totale des produits des gènes pair-rule (voir Figure 16-64B). Certains gènes de polarité de segment exprimés ainsi — y compris *wingless* — donneront des produits qui agissent, au cours du développement ultérieur, comme des signaux spatiaux (morphogènes locaux) dans le parasegment pour régler les plus petits détails de son plan d'organisation interne et de sa croissance.

Les produits des gènes pair-rule ne règlent pas seulement les gènes de polarité de segment, ils collaborent également avec les produits des gènes gap (et peut-être des gènes de polarité de l'œuf) pour provoquer l'activation différentielle précisément localisée des gènes qui composent le cinquième et dernier niveau de la hiérarchie — les gènes sélecteurs homéotiques, qui différencient définitivement un parasegment d'un autre. Nous allons maintenant étudier ces gènes sélecteurs homéotiques en détail et examiner avec plus d'attention leur rôle dans la mémoire cellulaire.

Les gènes sélecteurs homéotiques du complexe bithorax et du complexe Antennapedia contrôlent les différences entre les parasegments [54]

De nombreuses mutations homéotiques ont été observées chez la *Drosophile*, chacune provoquant la substitution d'une partie du corps par une autre — des ailes à la place des yeux, des pattes à la place des antennes, etc. — comme nous l'avons vu précédemment (voir Figure 16-53). Un sous-ensemble particulièrement important de ces mutations se trouve dans l'un des deux groupes de gènes étroitement liés, connus sous les noms de **complexe bithorax** et **complexe Antennapedia**. Chaque complexe comprend respectivement plusieurs gènes dont les fonctions sont analogues : ceux du complexe bithorax contrôlent les différences entre les segments abdominaux et thoraciques du corps, et ceux du complexe Antennapedia contrôlent les différences entre les segments thoraciques et ceux de la tête. Les gènes de ces deux complexes portent le nom de **gènes sélecteurs homéotiques**, car ils sélectionnent les états de détermination correspondant à des structures différentes mais homologues (homéomorphiques). Chaque gène sélecteur homéotique a un domaine d'action caractéristique, défini comme la région du corps transformée du fait d'une mutation dans ce gène. Typiquement, les frontières de ce domaine sont nettes et décalées d'environ un demi-segment par rapport aux frontières segmentales conventionnelles ; au lieu de cela, elles correspondent aux frontières des parasegments (voir Figure 16-56).

Bien que les gènes sélecteurs homéotiques furent les premiers identifiés, comme nous l'avons vu page 920, grâce à la découverte de mouches adultes mutantes, de nombreuses mutations de ce groupe ont un phénotype récessif létal : l'embryon ne peut survivre que jusqu'à l'éclosion. Ainsi (comme celles des mutations récessives locales dans les gènes de segmentation, voir p. 925), leurs conséquences ne sont jamais observées chez l'adulte, mais peuvent l'être chez les embryons ou les très jeunes larves. L'observation de ces mutants immatures donne donc le tableau le plus clair et, sous certains aspects, le plus complet du rôle des gènes sélecteurs homéotiques.

Les larves qui sont déficientes dans tous les gènes du complexe bithorax possèdent une structure rudimentaire : la tête et le thorax antérieur sont normaux jusqu'au parasegment P4, mais les parasegments restants adoptent le caractère de P4. Des délétions partielles du complexe bithorax provoquent des transformations moins importantes ; par exemple, P5 et tous les parasegments qui lui sont antérieurs peuvent apparaître normaux, alors que les segments qui lui sont postérieurs sont transformés en P5 (Figure 16-65). Ces observations, ainsi que des observations analogues pour le complexe Antennapedia, illustrent le rôle essentiel des gènes sélecteurs homéotiques dans le contrôle des différences entre les parasegments : lorsque les gènes manquent, les distinctions ne se font pas.

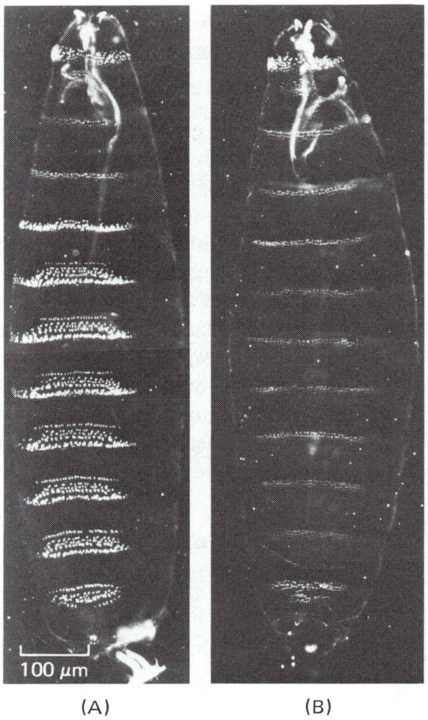

Figure 16-65 Comparaison en éclairage sur fond noir d'un embryon de *Drosophile* normal (A) et d'un embryon mutant (B) chez lequel la plupart des gènes du complexe bithorax manquent. Chez le mutant, les parasegments postérieurs à P5 ont tous l'aspect de P5. (Avec l'autorisation de Gary Struhl ; A, reproduit avec l'autorisation de *Nature* 293 : 36-41. Copyright 1981 Macmillan Journals Limited.)

Les gènes sélecteurs homéotiques codent un système d'adresses moléculaires [44,45]

Comme les gènes de segmentation, les gènes sélecteurs homéotiques sont tout d'abord activés dans le blastoderme. La totalité des gènes des complexes Antennapedia et bithorax ayant été clonés, on dispose de sondes d'ADN pour établir la carte du mode spatial de transcription de chacun des gènes sélecteurs homéotiques par hybridation *in situ*. Les conclusions tirées de ces études sont simples et saisissantes : chaque gène sélecteur homéotique n'est normalement exprimé que dans les régions qui se développent anormalement lorsque le gène est muté ou absent. Les produits des gènes sélecteurs homéotiques peuvent donc être considérés comme des adresses moléculaires. Chaque parasegment a son propre ensemble et si les marqueurs sont modifiés, le parasegment se comporte comme s'il était localisé ailleurs. L'activation des gènes sélecteurs homéotiques étant contrôlée par les gènes de segmentation, le mode d'expression des gènes sélecteurs homéotiques est parfaitement en registre avec les frontières parasegmentales définies par les produits des gènes pair-rule et de polarité de segment. De cette façon, la combinaison d'un produit particulier d'un gène sélecteur homéotique (ou un ensemble de ces produits) avec le produit particulier d'un gène de polarité de segment définit, de façon sûre, une adresse unique, qui n'est portée que par les cellules d'une subdivision d'un segment.

Les produits des gènes sélecteurs homéotiques aident à régler l'expression de ces gènes [56]

Le mode d'expression des gènes sélecteurs homéotiques, comme celui des gènes de segmentation, subit une série d'ajustements complexes suivant la première apparition de leurs transcrits dans le blastoderme et devient variable dans chaque parasegment ; le mode d'expression ne devient définitif qu'après la fin de la gastrulation. La Figure 16-66A montre le mode d'expression au stade d'extension de la bande germinale environ 5 heures après la fécondation (voir Figure 16-55).

Le mode d'expression est modulé par des interactions entre un gène sélecteur homéotique et un autre. Si les gènes sélecteurs homéotiques sont disposés en séquence, commençant par ceux qui s'expriment au niveau de l'extrémité antérieure et finissant par ceux qui ne s'expriment

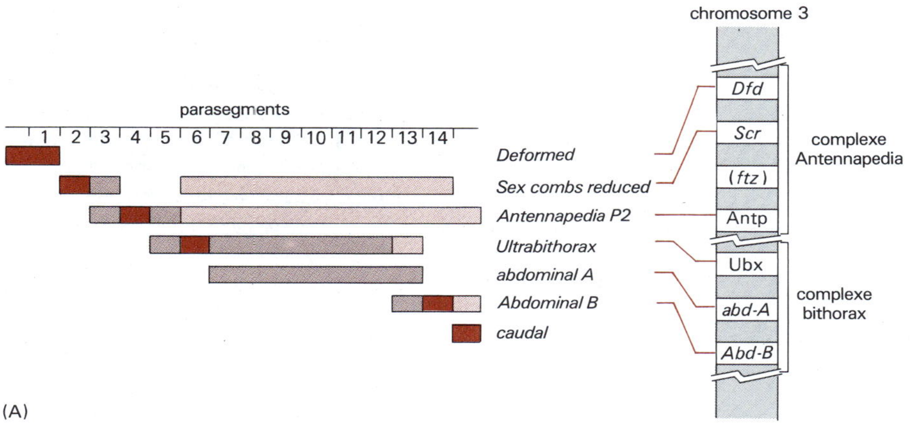

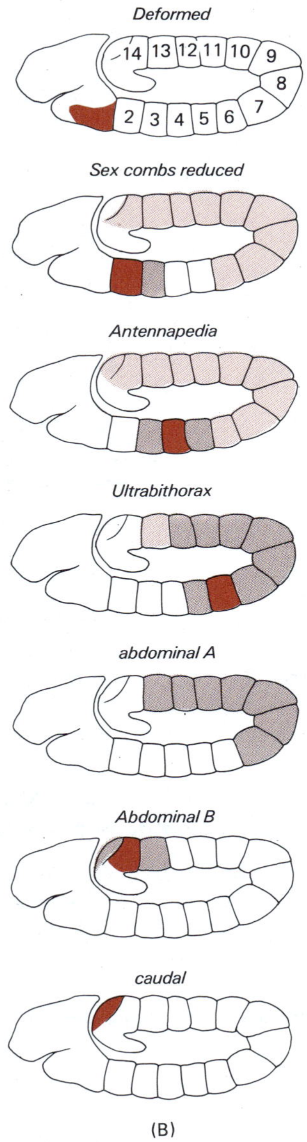

qu'au niveau de l'extrémité postérieure, chaque élément de cette séquence se trouve réprimé par les produits des éléments suivants dans la séquence. Ainsi, en l'absence des produits d'un gène plus « postérieur », un gène donné dans la séquence sera fortement exprimé non seulement dans son domaine habituel, mais aussi dans des parasegments plus postérieurs. Cet arrangement des gènes selon leur mode d'expression spatial et leurs relations de contrôle se reflète dans leur disposition séquentielle le long du chromosome dans chacun des deux complexes géniques (Figure 16-66B) comme nous l'avons décrit page 587.

La mouche adulte se développe à partir d'un ensemble de disques imaginaux qui portent une information de position enregistrée [57]

Le mode d'expression des gènes sélecteurs homéotiques est établi dans l'embryon de *Drosophile* et détermine non seulement la structure de la larve, mais aussi celle de la mouche adulte. Afin d'estimer pleinement le rôle de ces gènes, il est nécessaire d'avoir une idée de la façon curieuse dont se développe finalement l'adulte ou *imago*.

La plus grande partie de la mouche adulte est formée de groupes de cellules, appelées *cellules imaginales*, qui se développent à l'écart, sous une forme apparemment indifférenciée dans chaque segment de la larve. Les cellules imaginales dérivent de l'épiderme embryonnaire — épithélium qui couvre le corps. Elles restent associées à l'épiderme de la larve et formeront principalement les structures épidermiques de la mouche adulte. Les cellules imaginales de la tête, du thorax et des organes génitaux sont organisées en structures appelées **disques imaginaux** ; les cellules imaginales de l'abdomen sont regroupées en amas appelés *nids d'histoblastes abdominaux*. Les disques imaginaux ont été au centre d'études détaillées (Figure 16-67). Ils sont au nombre de 19, disposés en 9 paires de chaque côté de la larve, plus un disque sur la ligne médiane. Les disques sont des poches épithéliales en forme de ballons de baudruche dégonflés et fripés, qui s'évaginent et se différencient au moment de la métamorphose pour former l'épiderme de la mouche adulte ainsi que certains tissus internes. Une paire de disques est à l'origine des yeux et des antennes ; une autre, des ailes et d'une partie du thorax ; une autre encore, de la première paire de pattes, etc. Les cellules d'un disque imaginal ont exactement le même aspect que celles d'un autre et elles se différencient en groupes généralement semblables de types cellulaires spécialisés. Mais des expériences de transplantation montrent qu'elles sont en fait déjà déterminées par région et non équivalentes.

Si l'on transplante un disque imaginal à la place d'un autre dans la larve, et si l'on laisse ensuite la larve se métamorphoser, le disque se différencie de façon autonome conformément à son lieu d'origine, indépendamment de son site d'implantation. Cela signifie que les cellules du disque imaginal sont gouvernées par une mémoire de leur position initiale. Grâce à un ingénieux système de greffes qui laisse les cellules des disques imaginaux proliférer pendant un certain laps de temps avant la différenciation, on peut montrer que la mémoire cellulaire est héritée de façon stable (avec de rares défaillances) à travers un nombre indéfini de générations cellulaires (Figure 16-68).

Les gènes sélecteurs homéotiques sont des composants essentiels du mécanisme de la mémoire. S'ils sont éliminés des cellules des disques imaginaux au cours de la longue période qui conduit à la différenciation au moment de la métamorphose, les cellules se différencieront

Figure 16-66 (A) Le mode d'expression des gènes des complexes Antennapedia et bithorax comparé à leurs localisations chromosomiques. Noter que la séquence des gènes dans chaque complexe chromosomique correspond à la séquence spatiale dans laquelle les gènes sont exprimés. (B) Le mode de transcription des gènes sélecteurs homéotiques au stade d'extension de la bande germinale, environ 5 heures après fécondation. Tous ces gènes, à l'exception du gène *caudal*, se trouvent dans le complexe Antennapedia ou dans le complexe bithorax. A ce stade, ils semblent tous exprimés dans les domaines parasegmentaux. La majorité d'entre eux sont exprimés à un taux élevé dans l'un des parasegments *(en couleur sombre)* et à un taux plus faible dans les parasegments adjacents *(en couleur claire* lorsque la présence des transcrits est nécessaire pour avoir un phénotype normal, en *gris clair* lorsqu'elle ne l'est pas). (B, adapté d'après M. Akam, *Development* 101 : 1-22, 1987.)

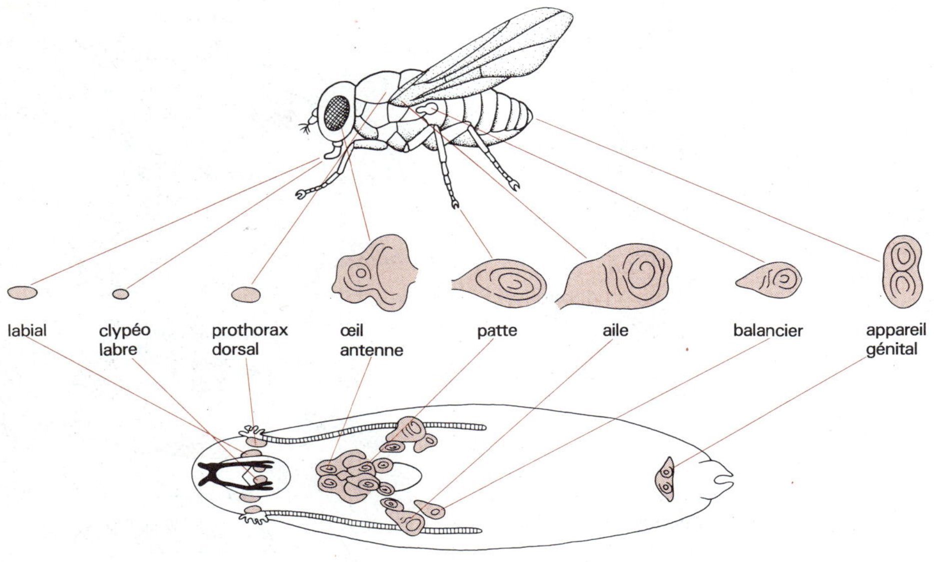

Figure 16-67 Les disques imaginaux de la larve de *Drosophile* (représentés de façon schématique) et les structures adultes auxquelles ils donnent naissance. Seul l'un des trois disques des pattes est représenté. (D'après J.W. Fristom et al., dans Problems in Biology : RNA in Development [E.W. Hanley, ed.], p.382. Salt Lake City : University of Utah Press, 1969.)

en structures incorrectes comme si elles appartenaient à un autre segment du corps. Ceci a pu être démontré grâce à une technique très puissante de *recombinaison mitotique induite par les rayons X* — une forme de chirurgie génétique sur des cellules isolées qui permet d'engendrer des clones mutants de cellules d'un génotype particulier à n'importe quel moment donné du développement, comme nous allons l'expliquer.

Les gènes sélecteurs homéotiques sont essentiels à la mémoire de l'information de position dans les cellules des disques imaginaux [58]

Une cellule somatique normale contient deux jeux de chromosomes, un homologue de chaque paire provenant du père, et l'autre de la mère. Normalement, l'échange d'ADN par enjambement (« crossing over ») entre les homologues paternels et maternels n'a lieu que dans les cellules germinales, à la méiose. Mais il arrive cependant qu'un enjambement se produise entre les homologues au cours du cycle de division d'une cellule somatique ordinaire. Ce processus de **recombinaison mitotique**, bien que très rare dans des circonstances normales, peut être

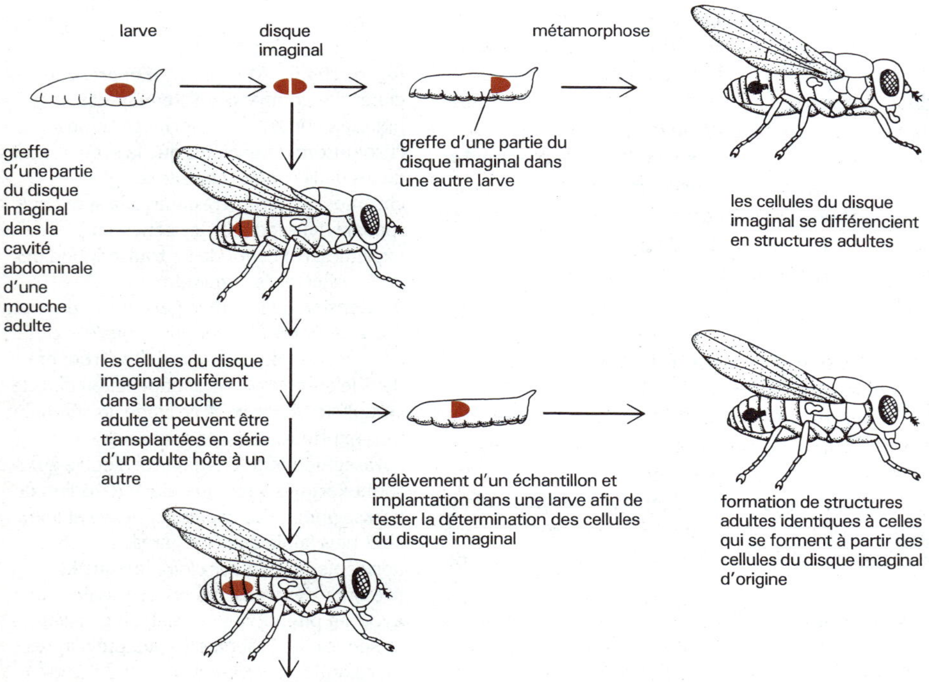

Figure 16-68 Expériences destinées à tester l'état de détermination des cellules des disques imaginaux. La méthode consiste à implanter les cellules dans une larve sur le point de subir la métamorphose ; les cellules se différencient ensuite pour former des structures adultes reconnaissables qui sont situées, cependant, à l'intérieur du corps de la mouche hôte après métamorphose et n'y sont pas intégrées. Les cellules du disque peuvent être, soit testées immédiatement, soit implantées dans l'abdomen de mouches adultes qui sert de chambre de culture naturelle. Les conditions hormonales chez l'adulte permettent aux cellules du disque marginal, qui a ainsi dépassé la métamorphose, de continuer à se multiplier pendant un temps illimité sans différenciation avant d'être soumises au test de détermination. Dans les deux cas, les cellules se différencient généralement pour former des structures conformes au disque dont elles ont été initialement extraites.

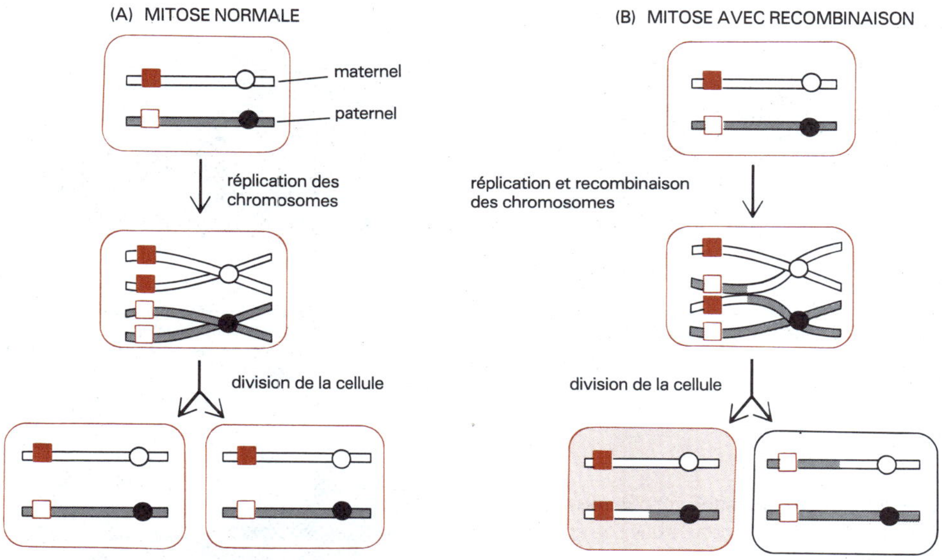

Figure 16-69 La recombinaison mitotique comparée à la mitose normale. Les schémas suivent le devenir d'une seule paire de chromosomes homologues, l'un issu du père (*ombré*, avec le centromère représenté comme un disque noir), l'autre issu de la mère (*blanc*, avec le centromère représenté comme un cercle ouvert). Ces chromosomes contiennent un locus pour un gène de pigmentation (ou un autre gène marqueur) avec une allèle de type sauvage *A* (petit carré clair sur le chromosome paternel) et une allèle mutant récessif *a* (petit carré coloré sur le chromosome maternel) de telle sorte qu'un homozygote *A/A* ou un hétérozygote *A/a* ait un aspect normal *(blanc)* et un homozygote *a/a* ait un aspect modifié *(coloré)*. La recombinaison par échange d'ADN entre les chromosomes maternel et paternel peut donner une paire de cellules filles, l'une homozygote *A/A* et par conséquent encore normale en apparence, l'autre homozygote *a/a* et par conséquent visiblement différente. La recombinaison mitotique est un phénomène accidentel rare et se produit sans mécanisme particulier pour faciliter la recombinaison au cours de la méiose.

provoqué, chez les insectes, par irradiation aux rayons X (vraisemblablement comme effet secondaire de la lésion laissée aux chromosomes). Comme l'explique la Figure 16-69, si les chromosomes paternels et maternels portent des allèles différentes d'un gène, de sorte que la cellule est hétérozygote, une seule recombinaison mitotique peut conduire à la production de deux cellules filles homozygotes qui sont génétiquement différentes de leur cellule parentale et l'une de l'autre : l'une d'elles hérite deux copies de l'allèle paternelle ; l'autre deux copies de l'allèle maternelle. Chaque cellule fille se reproduira ensuite normalement pour donner une paire de clones homozygotes dans un tissu hétérozygote (Figure 16-70). Si, par exemple, toutes les cellules de l'organisme sont initialement hétérozygotes pour une mutation responsable d'une pigmentation jaune au lieu de la pigmentation brune normale, mais si cette mutation est récessive (de sorte que toutes les cellules ont un phénotype brun), la recombinaison mitotique peut alors créer un clone de cellules jaunes homozygotes sur un fond brun.

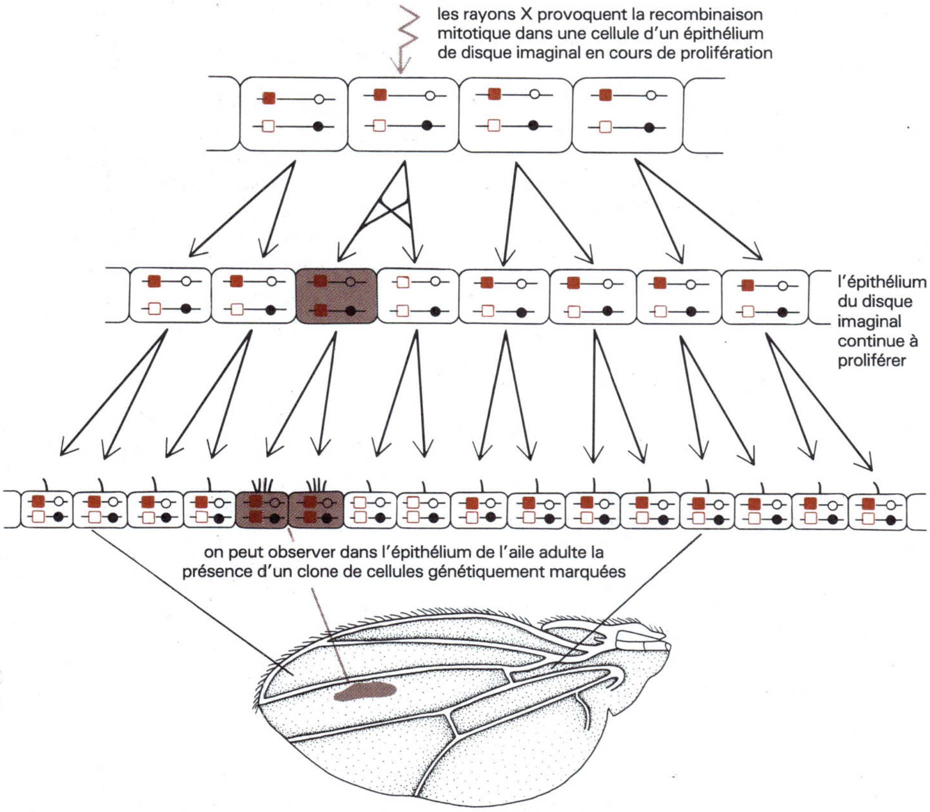

Figure 16-70 Utilisation de la recombinaison mitotique pour la production dans l'aile de la *Drosophile* d'un clone de cellules mutantes génétiquement marquées. Plus le stade auquel se produit la recombinaison est précoce, plus la taille du clone éventuel sera importante.

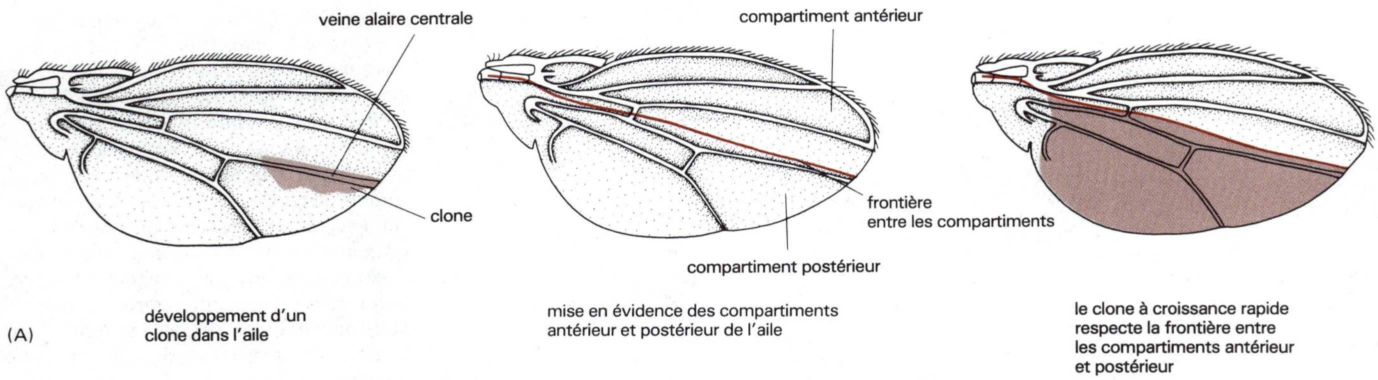

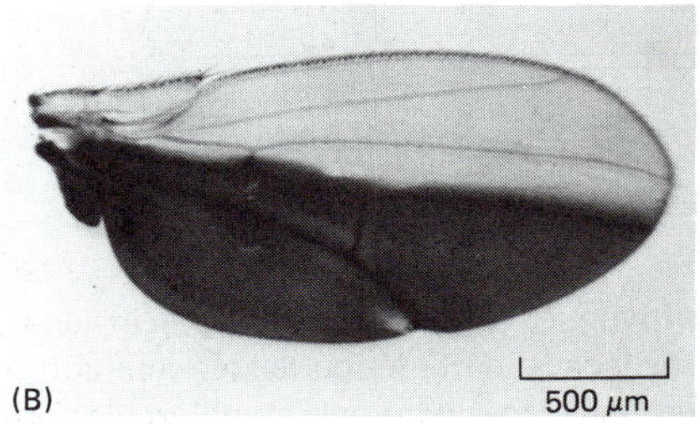

Figure 16-71 (A) La configuration des clones marqués dans l'aile de *Drosophile* révèle l'existence d'une frontière entre compartiments. Le bord de chaque clone marqué est rectiligne le long de la frontière. Même lorsqu'un clone marqué a été génétiquement modifié de façon à ce qu'il prolifère plus vite que le reste de l'aile et a atteint de ce fait des dimensions très importantes, il respecte la frontière de la même façon *(dessin à l'extrême droite)*. Remarquer que la frontière entre compartiments ne coïncide pas avec la veine alaire centrale. (B) Le mode d'expression du gène *engrailed* dans l'aile, mis en évidence par la même technique que celle de la Figure 16-64B. La frontière du compartiment coïncide avec la limite d'expression du gène *engrailed*. (A, d'après F.H.C. Crick et P.A. Lawrence, *Science* 189 : 340-347, 1975 ; B, avec l'autorisation de Tom Kornberg.)

Il est bien sûr impossible de contrôler quelles cellules du corps subiront une recombinaison mitotique, ou quel sera le site chromosomique exact de l'enjambement. Mais il est possible de contrôler à quel moment l'événement se produit (connaissant le moment de l'irradiation) et, ce qui est le plus important, le génotype initial. Il est possible en particulier de conjuguer des hétérotypes chez lesquels une mutation d'un gène particulièrement intéressant — dans le cas présent, un gène sélecteur homéotique — est liée à la mutation d'un marqueur — par exemple, celui qui provoque une pigmentation anormale. Le marqueur de pigmentation produira des clones homozygotes par recombinaison mitotique visibles grâce à leur coloration anormale, et on peut également supposer sans risque que ces clones sont homozygotes pour la mutation qui nous intéresse.

Les principales conséquences des mutations dans les gènes sélecteurs homéotiques sont généralement récessives : la transformation homéotique n'est visible que dans l'organisme mutant homozygote. En utilisant la recombinaison mitotique, comme nous l'avons décrite, il est possible de créer une région clonale composée de cellules mutantes homéotiques homozygotes dans un disque imaginal, et d'étudier le comportement de ces cellules dans un « fond » hétérozygote de phénotype normal. On a ainsi montré que la transformation homéotique ne s'observe que dans les seules cellules mutantes (pourvu qu'elles soient situées dans le domaine d'action normal du gène sélecteur homéotique) ; et ceci s'applique à un événement de recombinaison tardif aussi bien que précoce au cours du développement. Une larve de 2 jours, hétérozygote pour une mutation qui abolit la fonction du gène *Ultrabithorax (Ubx)* (dans le complexe bithorax), par exemple, peut être irradiée aux rayons X pour donner des clones isolés de cellules homozygotes *Ubx/Ubx* dans ses disques imaginaux. Ces clones, s'ils sont situés dans le disque du balancier, vont donner un balancier parsemé de « pièces » de tissu clair. D'après ces observations, notamment, il apparaît que la mémoire d'information de position de chaque cellule dépend de la présence continue du produit du gène sélecteur homéotique normal et que cette mémoire s'exprime de façon autonome dans la cellule.

Les gènes sélecteurs homéotiques et les gènes de polarité de segment déterminent les compartiments du corps [59]

Les différences mémorisées, caractérisées par les gènes sélecteurs homéotiques, sont discrètes : la différence d'expression génique qui existe entre les cellules de parasegments adjacents est brutale. Ceci est également vrai pour l'un des gènes de polarité de segment au moins, le gène *engrailed* (voir Figure 16-64B), dont l'expression différentielle correspond à une différence sans transition entre les cellules de la partie postérieure d'un parasegment et celles de sa partie antérieure (ou, de la même façon, entre les cellules des parties antérieure et postérieure d'un segment). Ainsi, grâce à l'expression différentielle de ces deux classes de gènes, le corps est subdivisé en une série de régions discrètes constituées de cellules dans différents états de détermination.

Il apparaît qu'à la frontière séparant une telle région de la suivante, les cellules ne peuvent se mélanger, comme si la cohésion sélective des cellules de même adresse moléculaire les gardait séparées des cellules d'adresse différente. Ainsi, par exemple, lorsqu'un clone de cellules génétiquement marquées, mais par ailleurs normales, est créé dans l'aile par recombinaison mitotique, le clone est strictement cantonné d'un côté ou de l'autre d'une

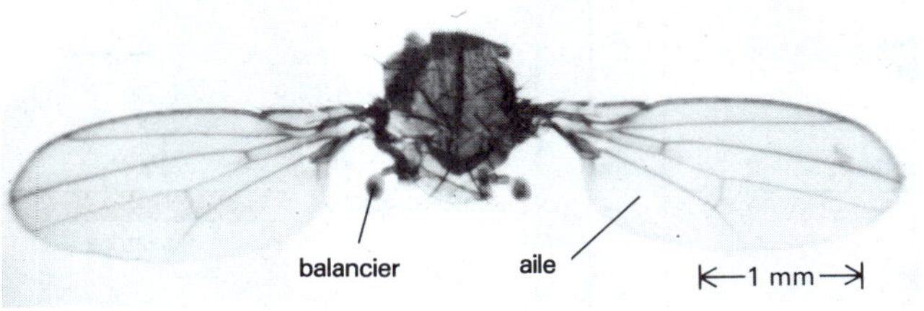

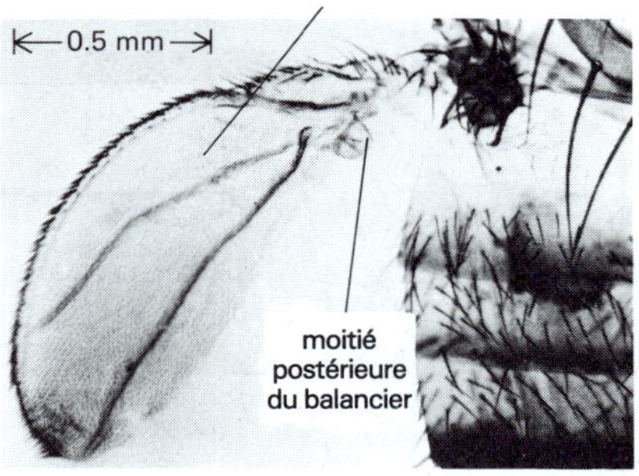

Figure 16-72 Le balancier d'une mouche portant la mutation *bithorax* (B) comparé à une aile et un balancier normaux (A). Le compartiment antérieur du balancier mutant est transformé en un compartiment antérieur alaire. (A, avec l'autorisation de Peter Lauwrence ; B, d'après F.H.C. Crick et P.A. Lawrence, *Science* 189 : 340-347, 1975. Copyright 1975 American Association for the Advancement of Science.)

frontière précisément définie délimitant les deux parasegments à partir desquels l'aile est élaborée. Une subdivision du corps définie de cette façon — dans l'aile ou dans tout autre organe — est appelée **compartiment** (Figure 16-71). Bien que la frontière du compartiment ne corresponde généralement pas à une caractéristique structurale visible de l'organe normal, elle coïncide avec la limite du domaine d'action d'un gène sélecteur homéotique et à l'expression du gène *engrailed* (Figure 16-71B) ; chez certains mutants bien choisis, le tissu situé d'un côté de la frontière du compartiment est transformé, alors que le tissu situé de l'autre côté ne l'est pas (Figure 16-72).

La limite d'un compartiment est, par définition, une frontière à laquelle il est interdit à deux populations de cellules dans différents états de détermination de se mélanger. L'état de différenciation étant normalement irréversible, chaque compartiment doit se suffire à lui-même. Il ne peut pas recruter des cellules du compartiment adjacent ou lui transférer un surplus de cellules. Il peut, cependant, régler son organisation interne par des ajustements qui ne violent pas cette contrainte. Chaque compartiment possède son propre schéma d'organisation interne détaillé qui s'établit grâce à des interactions intercellulaires qui se produisent dans le disque imaginal, à des stades relativement tardifs du développement. La base moléculaire de ces mécanismes tardifs de structuration locale n'est pas connue, bien que le produit du gène de polarité de segment *wingless* y joue probablement un rôle. Comme nous l'avons mentionné page 929, on peut montrer cependant que les interactions intercellulaires ne gouvernent pas seulement le schéma d'organisation mais aussi la croissance des parties du disque imaginal : le système obéit à la règle de l'intercalation (voir p. 918). Dans cette régulation du schéma d'organisation et de la croissance, chaque compartiment semble se comporter comme un module plus ou moins indépendant. On a pu le démontrer en créant, par recombinaison mitotique, des clones particuliers de cellules avec un génotype qui les fait proliférer plus vite que leurs voisines dans le disque imaginal. De tels clones à croissance rapide occupent une fraction disproportionnée du compartiment dans lequel ils se trouvent mais ne débordent pas dans les compartiments voisins ; pas plus qu'ils ne provoquent une augmentation anormale ou une déformation du schéma d'organisation de leur compartiment (voir Figure 16-71).

L'autorégulation des gènes sélecteurs homéotiques fournit un mécanisme possible à la mémoire cellulaire [60]

Après cette incursion dans les stades tardifs du développement de la *Drosophile*, nous allons maintenant revenir à une étude plus approfondie des propriétés remarquables des gènes sélecteurs homéotiques d'un point de vue moléculaire. Avant tout, comment peuvent-ils doter chaque cellule d'une *mémoire* de leur adresse segmentale ? L'un des moyens d'y parvenir est un mécanisme de rétroaction positive dans lequel le produit du gène stimule sa propre synthèse (voir p. 899). Il semble que les gènes sélecteurs homéotiques aient cette propriété d'autostimulation. Il est possible, par exemple, de transfecter des cellules en culture avec des plasmides contenant soit la séquence codant la protéine d'un gène sélecteur homéotique couplée à quelque autre puissant promoteur, soit la séquence contrôlée du gène sélecteur homéotique couplée à quelque séquence codant une autre protéine, comme celle d'un gène codant une enzyme facilement dosable. Le premier type de plasmide permet d'engendrer à volonté la protéine codée par le gène sélecteur homéotique, le second sert à tester la fonction

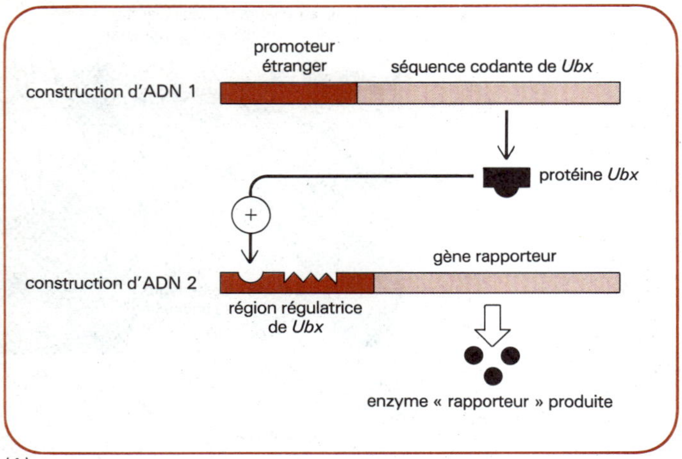

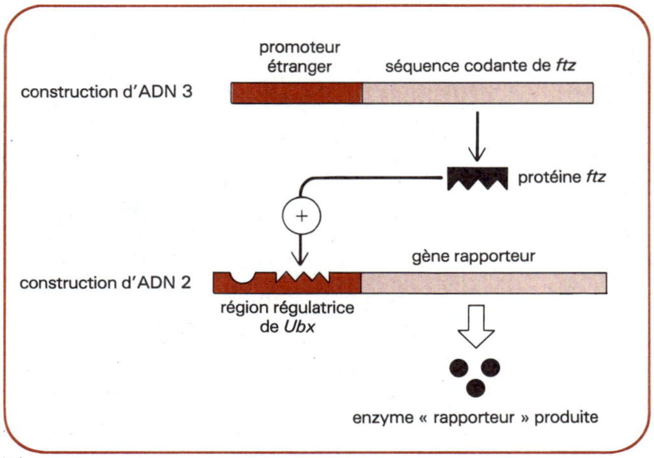

Figure 16-73 Des expériences utilisant des cellules en culture transfectées avec des plasmides construits artificiellement et portant des segments des gènes *Ultrabithorax (Ubx)* et *fushi tarazu (ftz)* montrent que la protéine *Ubx* (A) et la protéine *ftz* (B) agissent sur la région régulatrice de *Ubx* pour stimuler l'expression du gène. L'autostimulation de *Ubx* (A) crée une boucle rétroactive positive qui tendrait *in vivo* à rendre l'expression du gène *Ubx* auto-entretenue. Des résultats analogues sont observés avec le gène *Antennapedia*.

de contrôle de la protéine, selon la vitesse de production de l'enzyme « rapporteur » dans une cellule transformée à la fois par les deux types de plasmides. Ce type d'expérience a montré, par exemple, que la protéine *Ultrabithorax* agit en retour sur une séquence régulatrice d'*Ultrabithorax* pour stimuler l'expression d'*Ultrabithorax* (Figure 16-73). De plus, elle peut agir sur la séquence régulatrice d'*Antennapedia* pour inhiber l'expression d'*Antennapedia* alors que la protéine *ftz* peut stimuler *Ultrabithorax* et *Antennapedia*. Bien que le système de cellules en culture puisse ne pas être un modèle correct des conditions dans l'embryon, ces observations démontrent que les gènes sélecteurs homéotiques et les gènes qui leur sont apparentés sont capables non seulement de se stimuler ou de s'inhiber les uns les autres, mais également de s'autorégler.

Il est probable qu'une telle rétroaction positive est importante dans l'établissement initial de l'état d'activation du gène, mais que d'autres mécanismes sont responsables de leur activation permanente à long terme. Néanmoins, nous commençons à comprendre comment les produits des gènes sélecteurs homéotiques peuvent servir simultanément d'adresses, de mémoires et d'instruments de contrôle de l'expression d'autres gènes.

L'expression des gènes sélecteurs homéotiques est réglée par des épissages différentiels ainsi que par des contrôles de transcription [56,61]

Le système des gènes sélecteurs homéotiques semble, dans les grandes lignes, avoir une organisation et une fonction simples et rationnelles. Ceux-ci sont cependant très complexes lorsqu'on les étudie en détail. Par exemple, les interactions entre les produits des gènes sélecteurs homéotiques et les gènes eux-mêmes ne sont pas suffisantes à elles seules pour stabiliser le mode d'expression initial. Un groupe supplémentaire de gènes est nécessaire et lorsque ces derniers sont inactivés par mutation, les gènes sélecteurs homéotiques sont activés indifféremment dans tout l'embryon (Figure 16-74). Les différences permanentes qui existent entre les parasegments sont peut-être dues à des altérations transmissibles des régions de contrôle des gènes sélecteurs homéotiques qui se retrouvent imprimées d'une façon ou d'une autre dans la structure de la chromatine (voir p. 578). De plus, bien que le complexe bithorax définisse le caractère de neuf parasegments, il ne contient que trois gènes — *Ultrabithorax*, *abdominal A* et *Abdominal B*. Ces gènes — comme ceux du complexe Antennapedia — sont cependant exceptionnellement longs, avec des régions régulatrices complexes, et chacun d'eux donne une variété de transcrits épissés différemment. Le gène *Ultrabithorax*, par exemple, est long d'environ 75 000 paires de nucléotides et donne lieu à toute une famille de transcrits qui sont épissés différemment selon le stade de développement et la localisation de la cellule dans l'embryon. Des mutations en des positions différentes du gène peuvent modifier des parasegments différents ou des parties de parasegments. Les mutations en un site donné du gène *Ultrabithorax* peuvent convertir la moitié antérieure du balancier en celle de l'aile (voir Figure 16-72), tandis que des mutations en un autre site convertissent la moitié postérieure du balancier en celle de l'aile. Comme ces mutations se trouvent en des positions légèrement différentes de la carte génétique et qu'elles affectent des régions différentes du corps, on pensa tout d'abord qu'elles correspondaient à des gènes différents auxquels on donna des noms différents : *bithorax* et *postbithorax*. Nous savons maintenant que de nombreuses mutations dans les gènes sélecteurs homéotiques qui concernent différents parasegments ou différentes parties de parasegments sont en fait des modifications de différentes parties d'un même gène long et compliqué et non de gènes différents (voir p. 587).

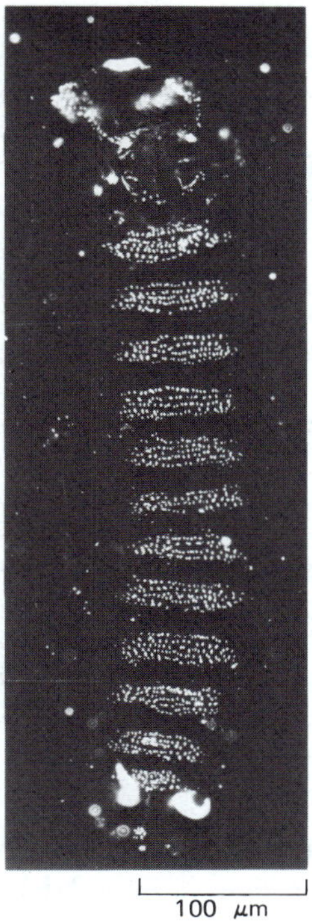

Figure 16-74 Un embryon mutant anormal pour le gène *extra sex combs (esc)* issu d'une mère également anormale pour ce gène. Tous les segments ont été transformés pour ressembler au segment abdominal le plus postérieur (comparer avec la Figure 16-65). Dans ce mutant, le mode d'expression des gènes sélecteurs homéotiques, qui est au départ à peu près normal, est instable de sorte que tous ces gènes sont rapidement activés tout le long de l'axe du corps. (D'après G. Struhl, *Nature* 293 : 36-41, 1981.)

De nombreux gènes de contrôle du plan d'organisation ont en commun une séquence homéotique conservée qui code une partie d'une protéine de liaison à l'ADN [62]

Un résultat surprenant du clonage des gènes sélecteurs homéotiques fut la découverte d'une séquence d'environ 180 nucléotides, appelée **homéobox**, qui se trouve, avec quelques variations mineures, dans tous ces gènes ainsi que dans certains autres. Le gène pair-rule *ftz*, par exemple, contient une homéobox dont 77 p. cent de la séquence sont identiques à celle de l'homéobox du gène *Antennapedia*, et l'homologie entre les séquences d'acides aminés codées par ces deux gènes atteint 83 p. cent. Chez la *Drosophile*, on a trouvé que 16 gènes au moins contiennent une homéobox (bien que l'importance de l'homologie varie considérablement) et la majorité des gènes contenant une homéobox sont des éléments de base d'un ensemble d'environ 50 gènes de contrôle qui définit le schéma d'organisation antéro-postérieur du corps. Ils contiennent le gène de polarité de l'œuf *bicoïd*, les gènes pair-rule *ftz*, *even-skipped* et *paired*, les gènes de polarité de segment *gooseberry* et *engrailed*, et pratiquement tous les gènes sélecteurs homéotiques des complexes Antennapedia et bithorax (il y a également au moins un gène [*zerknüllt*] impliqué dans l'organisation du plan dorso-ventral qui contient une homéobox). D'après ces découvertes, il semble donc que l'homéobox puisse être l'une des signatures caractéristiques du type de gène impliqué dans le contrôle du plan d'organisation spatial.

Les gènes qui contiennent une homéobox codent généralement des protéines localisées dans le noyau cellulaire, suggérant leur implication directe dans le contrôle de l'expression des gènes. De plus, il semble que la séquence d'acides aminés de l'homéobox permette aux protéines de la *Drosophile* qui la contiennent de se lier à des séquences d'ADN spécifiques qui agissent comme activateurs (enhancers) ou inhibiteurs (silencers) (voir p. 564) de l'expression génique, y compris l'expression d'autres gènes contenant une homéobox.

Il semble que l'existence de séquences d'ADN régulatrices spécifiques reconnues par les protéines contenant une homéobox soit également une caractéristique des gènes de contrôle du plan d'organisation qui contiennent une homéobox. Il est alors facile d'imaginer la façon dont un groupe de gènes de ce type, contenant des séquences de régulation et des séquences codant une protéine subtilement diversifiées, pourraient être liés en un réseau complexe de contrôle, dans lequel le produit d'un gène contrôle l'expression d'un autre exactement comme nous l'avons indiqué dans notre description de la structuration antéro-postérieure de l'embryon de *Drosophile*. Dans un tel système, les propriétés de mémoire et de détermination cellulaires pourraient s'expliquer simplement par une autorégulation de l'expression des gènes semblable à celle que nous avons décrite plus haut pour le gène *Ultrabithorax* (voir Figure 16-73).

L'homéobox est très conservée au cours de l'évolution [62,63]

L'étonnante homologie des gènes contenant l'homéobox semble indiquer qu'ils ont évolué par duplication et divergence. L'étroite association de beaucoup de ces gènes dans le génome de la *Drosophile* suggère également qu'ils sont formés par duplication et divergence en tandem. Le complexe Antennapedia comprend les gènes *bicoïd, ftz* et *zerknüllt* en plus du groupe de gènes sélecteurs homéotiques. L'association de ces gènes contenant une homéobox semble être le reflet de leur histoire et non celui d'une nécessité physiologique. En effet, les réarrangements génétiques, chez certaines mouches, qui conduisent à la séparation du gène *Ultrabithorax* de ses compagnons dans le complexe bithorax n'entraînent aucune anomalie dans le plan de leur corps.

Il semble probable qu'une série de gènes contenant une homéobox modifiée furent ajoutés au génome du corps au fur et à mesure que la complexité du plan d'organisation du corps augmentait. Les phénotypes des mutants de *Drosophile*, qui sont dépourvus de groupes particuliers de gènes contenant une homéobox, laissent entrevoir la structure possible de l'organisme. Ainsi, en éliminant les gènes sélecteurs homéotiques, on trouve un animal avec un nombre identique de segments, comme un millipède ; et en reconstituant de façon spéculative l'étape suivante de l'évolution par élimination des gènes de polarité de segment et des gènes pair-rule, on arrive à un ancêtre hypothétique organisé comme un nématode, sans segmentation mais qui a toujours une tête et une queue. Selon cette optique de la séquence des événements, le gène de polarité de l'œuf *bicoïd* serait le premier représentant de la famille des gènes contenant une homéobox. Une telle explication est, bien sûr, très théorique, mais il semble vraisemblable, dans tous les cas, que le gène primordial contenant une homéobox joue un rôle dans la structuration du corps, puisque sa fonction est partagée par presque tous ses descendants chez la *Drosophile*.

La découverte de l'homéobox a permis d'élucider certains problèmes plus vastes de l'évolution. Les gènes contenant une homéobox existent non seulement chez les insectes et les autres arthropodes, mais aussi chez le nématode *C. elegans*, chez les annélides (la sangsue et le ver de terre), chez les oursins, chez les chordes primitifs et chez les vertébrés — y compris les grenouilles, les poulets, les souris et l'homme. La séquence de l'homéobox est conservée avec une fidélité étonnante au niveau protéique : 59 des 60 acides aminés de la séquence de l'une des protéines de l'homéobox de *Xénope* se retrouvent dans l'homéobox de la protéine *Antennapedia* chez la *Drosophile*, malgré plus de 500 millions d'années d'évolution indépendante. Une telle conservation suggère l'éventualité d'importantes similitudes entre les insectes et les vertébrés dans les mécanismes qui contrôlent le développement du plan corporel de base.

La détermination cellulaire régionale dépend peut-être de mécanismes semblables chez les insectes et les vertébrés [63,64]

En décrivant le développement anatomique de la *Drosophile* (voir p. 922), nous avons insisté sur les analogies avec celui des vertébrés. Ces deux classes d'animaux se développent par un processus de gastrulation au cours duquel les différentes couches germinales le constituent et leurs corps sont en plus subdivisés en segments plus ou moins perpendiculairement à la subdivision en couches germinales. Les somites d'un embryon de vertébré, comme les segments d'un embryon de *Drosophile*, sont apparemment semblables mais se comportent comme s'ils portaient des marqueurs de position différents qui dirigeront leur différenciation ultérieure. Comme pour les disques imaginaux de la *Drosophile*, il est possible de démontrer cette détermination de position par des expériences de transplantation. Ainsi, dans l'embryon précoce de poulet, il est possible de greffer des somites néoformés d'une position à une autre. A ce stade, les somites thoraciques et cervicaux sont pratiquement indiscernables de ceux de l'œil. Cependant, une fois greffés dans la région du cou, les somites thoraciques donneront des vertèbres thoraciques portant des côtes, alors que les somites cervicaux greffés dans le thorax donneront des vertèbres cervicales typiques. De fait, le parallèle va plus loin. Tout comme chez la *Drosophile*, chaque segment est subdivisé en compartiments postérieur et antérieur, différenciés par l'expression du gène *engrailed* ; les moitiés antérieure et postérieure de chaque somite chez le poulet sont également chimiquement différentes (Figure 16-75), montrant des surfaces cellulaires différentes qui peuvent être mises en évidence par certaines lectines ainsi que par leur influence sur les trajets suivis par les fibres nerveuses en cours de croissance.

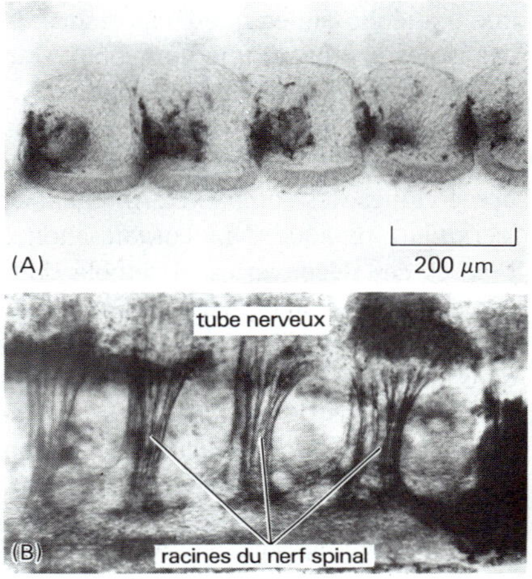

Figure 16-75 (A) Une rangée de somites (antérieurs à gauche et postérieurs à droite) d'un embryon de poulet de deux jours, marqués avec un anticorps qui reconnaît les cellules de la crête neurale : ces cellules ne migrent que dans la moitié antérieure de chaque somite, répondant à une différence intrinsèque entre les cellules des somites antérieurs et postérieurs, les premiers étant accueillants pour les cellules migratrices et les derniers non. (B) Une partie d'un embryon de poulet légèrement plus âgé, colorée afin de révéler les racines des nerfs spinaux lorsqu'elles traversent les somites ; comme les cellules de la crête neurale, les racines nerveuses ne passent qu'à travers les moitiés antérieures des somites. Des expériences de transplantation montrent que cette structuration segmentale du système nerveux périphérique est précédée et imposée par une distribution préalable des différences dans l'état de détermination des cellules des somites antérieurs et postérieurs, rappelant le mode d'expression du gène *engrailed* chez la *Drosophile*. (A, d'après M. Rickman, J.W. Fawcett et R.J. Keynes, *J. Embryol. Exp. Morphol.* 90 : 437-455, 1985 ; B, avec l'autorisation de Claudio Stern.)

Grâce à la découverte de l'homéobox, il est devenu possible de rechercher si ces analogies étaient le reflet d'une répartition analogue de molécules semblables. On a pu démontrer jusqu'à présent des homologies de séquence qui s'étendent au-delà de l'homéobox elle-même, entre un certain nombre de gènes de mammifères contenant une homéobox et leurs homologues chez la *Drosophile* ; des expériences d'hybridation *in situ* ont aussi montré que ces gènes de mammifères sont exprimés dans des régions strictement définies de l'embryon de mammifère (Figure 16-76). De tels résultats permettent d'espérer prouver une similitude fondamentale au niveau moléculaire dans les mécanismes de formation du plan d'organisation chez les insectes et les vertébrés. L'étendue de cette similitude est cependant loin d'être connue. La mise au point du plan d'organisation chez les vertébrés, par exemple, se fait essentiellement par des interactions cellulaires après segmentation, et non par des mécanismes qui ont lieu dans un œuf syncytial, comme c'est le cas chez les insectes. De plus, de nombreux phylogénéticiens prétendent que le plan segmentaire du corps évolue indépendamment dans ces deux groupes d'animaux, et il est décourageant de constater l'absence presque totale, chez les vertébrés, de mutations homéotiques comparables à celles observées chez la *Drosophile*. Quoi qu'il en soit, il y a peu de doute que les études chez la *Drosophile* aient fait évoluer notre compréhension de la relation générale qui existe entre les gènes et le plan d'organisation du corps dans tous les organismes.

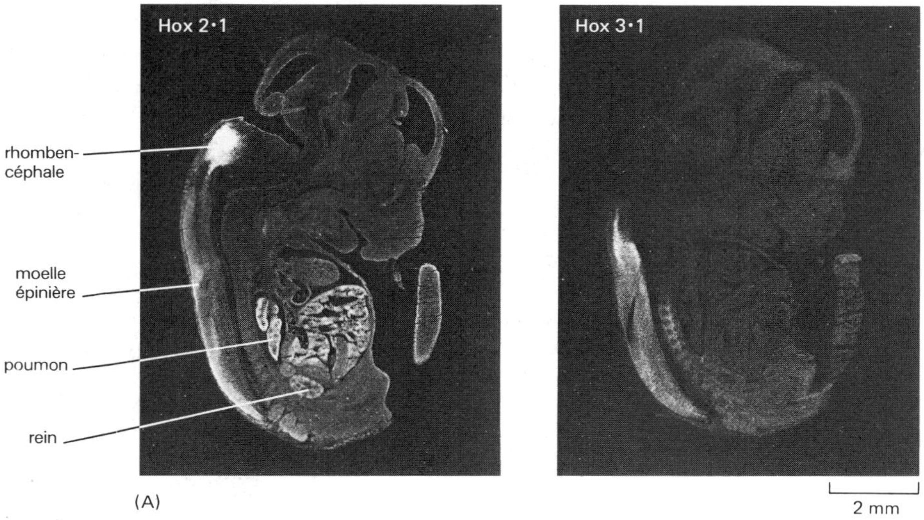

Figure 16-76 (A) Les modes d'expression de deux gènes murins contenant une homéobox, *Hox 2.1* et *Hox 3.1*, mis en évidence par hybridation *in situ* dans des coupes longitudinales adjacentes d'embryon de souris de 13,5 jours. Les taches brillantes de grains d'argent dans ces autoradiographies sur fond noir correspondent aux fortes concentrations de transcrits. Les deux gènes sont exprimés dans des régions différentes mais qui se chevauchent partiellement le long de l'axe antéro-postérieur du cerveau et de la moelle épinière, ainsi que dans quelques autres tissus. (B) Le mode d'expression d'un gène de poulet contenant une homéobox, le gène *en*, dont l'homologie avec le gène *engrailed* de la *Drosophile* est particulièrement importante. Dans ce cas, on a utilisé un anticorps pour mettre en évidence la distribution de la protéine codée par le gène chez un embryon de poulet de 2 jours. Contrairement à son homologue chez la *Drosophile*, la protéine *en* est localisée dans une région unique du mésencéphale et du rhombencéphale plutôt que dans une série segmentale de rayures. (A, d'après P.W.H. Holland et B.L.M. Hogan, *Development* 102 : 159-174, 1988 ; B, avec l'autorisation de Tom Kornberg.)

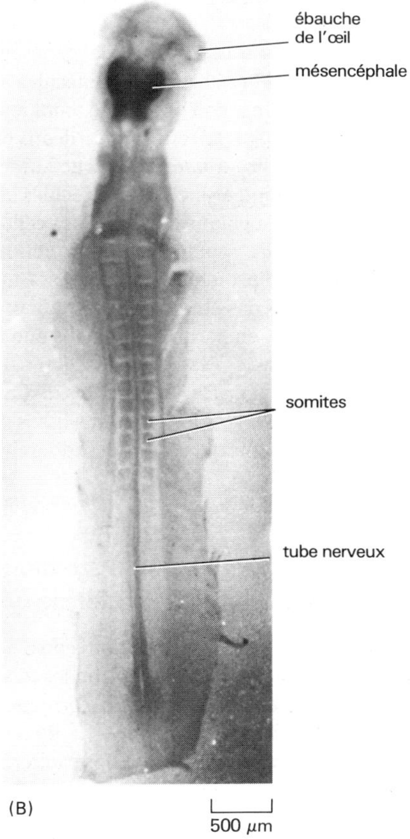

Résumé

Comme chez les autres insectes, le corps de la Drosophile *est composé d'une série de répétitions modulées d'une unité de base — le segment — et de structures spécialisées non segmentales à chaque extrémité. On distingue chaque subdivision principale de chaque segment par l'expression d'un choix particulier de gènes de contrôle qui définissent son « adresse ». A l'origine, le plan d'organisation est asymétrique dans l'œuf : on peut distinguer deux groupes de gènes à action maternelle, appelés gènes de polarité de l'œuf, l'un d'eux est responsable du plan d'organisation dorso-ventral des couches germinales et des tissus de base, et l'autre est responsable du plan d'organisation antéro-postérieur (de la tête à la queue) des segments. Le gène* bicoïd *caractérise cette deuxième classe de gènes, son ARNm est concentré à l'extrémité antérieure de l'œuf. L'œuf se développant d'abord sous forme d'un syncytium, le produit protéique du gène* bicoïd *est capable de diffuser dans le cytosol sur toute la longueur de l'embryon, établissant un gradient de morphogène pour contrôler l'organisation globale de la moitié antérieure de l'embryon. Ce gradient régit l'expression d'une hiérarchie de gènes, les gènes gap, les gènes pair-rule, les gènes de polarité de segment et enfin les gènes sélecteurs homéotiques. Du fait de leurs interactions avec le gène* bicoïd *et entre eux, ces derniers seront exprimés dans certaines régions de l'embryon et pas dans d'autres, déterminant une subdivision régulière du corps en unités segmentales et subsegmentales.*

Le mode d'expression des gènes gap et pair-rule est transitoire mais laisse cependant son empreinte dans le mode d'expression des gènes de polarité de segment et des gènes sélecteurs homéotiques, qui persiste — avec quelques modifications — durant le développement ultérieur et donne aux cellules des valeurs de position mémorisées. La mémoire peut dépendre en partie d'un mécanisme de rétroaction positive par lequel les produits des gènes sélecteurs homéotiques agissent pour stimuler leur propre transcription génique et en partie de modifications transmissibles dans la structure de la chromatine. La nécessité d'une forme quelconque de mémoire des valeurs de position est mise en vedette par des expériences montrant que les cellules des disques imaginaux de la larve, à partir desquels se développeront les structures externes de l'adulte, gardent en mémoire leur adresse d'origine à travers un nombre indéfini de cycles de division cellulaire. Ce comportement dépend de la présence continue de gènes sélecteurs homéotiques dans chaque cellule de disque imaginal. Une frontière entre compartiments, apparemment maintenue par une cohésion intercellulaire sélective, sépare les cellules qui se trouvent dans des états de détermination différents concernant l'expression de ces gènes.

Les gènes sélecteurs homéotiques sont rassemblés en deux groupes dans le génome : le complexe Antennapedia et le complexe bithorax. Ils contiennent tous une séquence homéobox qui code une séquence très conservée de 60 acides aminés. Cette séquence nucléotidique est également présente dans plusieurs gènes de polarité de l'œuf, pair-rule et de polarité de segment, signifiant que ces gènes ont une origine commune et ont évolué à partir d'un gène primordial impliqué dans le contrôle du plan d'organisation spatial. On trouve également des gènes contenant une homéobox dans beaucoup d'autres types d'animaux, y compris les vers nématodes et les mammifères, laissant supposer que la structuration de ces animaux dépend peut-être en partie de mécanismes moléculaires semblables à ceux qui fonctionnent chez la Drosophile.

L'organogenèse : l'assemblage coordonné de tissus complexes

Jusqu'à maintenant, nous avons envisagé la formation du schéma d'organisation du point de vue des modifications des caractères des cellules plutôt que de leurs positions et nous avons suivi la progression de ces modifications dans un seul tissu — l'épiderme chez la *Drosophile*, et le tissu conjonctif squelettique dans le membre de vertébré. Cependant, les cellules embryonnaires peuvent changer de place et presque tous les organes sont constitués de mélanges complexes de tissus composés de cellules de différentes origines et obéissant à des règles différentes. Les mouvements cellulaires rassemblent ces composants. Dans cette dernière partie du chapitre, nous allons envisager la façon dont l'information de position dirige de tels mouvements cellulaires et coordonne la construction d'organes complexes.

La cohésion sélective stabilise le plan d'organisation de cellules de détermination différente [65,66]

Chez un animal en cours de développement, les cellules changent souvent de place et se bousculent en proliférant, de sorte que leurs descendantes se mélangent. Dans un embryon de souris chimérique, par exemple, les cellules des deux morulas qui le composent se mélangent de telle sorte que les tissus de l'adulte sont un « patchwork » disparate de deux génotypes (voir p. 896). Mais des déplacements aléatoires de cellules après leur détermination perturberont l'organisation spatiale de cellules dans des états différents. Ainsi, une fois qu'elles ont acquis un caractère conforme à leur position, il faut empêcher les cellules d'errer au hasard. L'une des façons d'y parvenir est illustrée par le phénomène de compartimentation chez la *Drosophile* (voir p. 934). Les cellules déterminées semblent être retenues dans leur compartiment grâce à leur adhérence sélective à des cellules qui se trouvent dans le même état de détermination : les cellules qui expriment la même adresse moléculaire semblent adhérer plus fortement entre elles qu'avec des cellules dont l'adresse est différente. Il semble que l'information de position enregistrée dans l'activation de gènes comme *engrailed* ou *Ultrabithorax* soit également responsable de la sélection de molécules adhésives à la surface des cellules.

Dans l'embryon précoce d'amphibien, les effets stabilisateurs de l'adhérence intercellulaire sélective sur la distribution des types cellulaires sont apparemment si puissants qu'ils peuvent conduire à une reconstruction approximative du plan normal d'organisation même après dissociation artificielle des cellules en un mélange chaotique. Les cellules du mésoderme, les cellules de la plaque neurale et les cellules de l'épiderme, par exemple, seront extraites d'un agrégat aléatoire pour former une structure composée d'un épiderme externe, d'un mésoderme sous-jacent et, profondément enfouie, une structure ressemblant à un tube neural (Figure 16-77). D'après des études sur des embryons de poulet et de souris, il semble que ce comportement dépende, en partie du moins, d'une famille de glycoprotéines d'adhérence intercellulaire Ca^{2+}-dépendantes : les *cadhérines* (voir p. 830). Ces molécules, et d'autres molécules d'adhérence intercellulaire indépendantes de Ca^{2+} comme le N-CAM (voir p. 830), sont exprimées de façon différente dans les différents tissus de l'embryon précoce, et des anticorps dirigés contre ces molécules interfèrent avec l'adhérence sélective normale entre des cellules d'un même type.

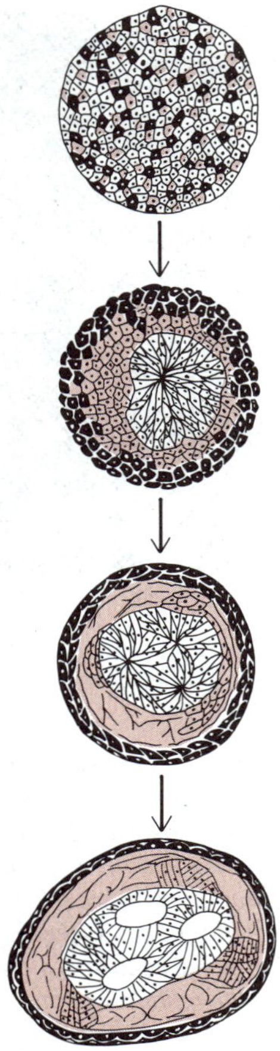

Figure 16-77 Les cellules issues de différentes parties d'un embryon précoce d'amphibien se répartiront selon leurs origines. Dans l'expérience classique décrite ici, les cellules du mésoderme, les cellules de la plaque neurale et les cellules épidermiques ont été séparées puis réassemblées au hasard. Elles se répartissent selon une disposition qui rappelle celle de l'embryon normal, avec, à l'intérieur, un « tube neural », à l'extérieur un épiderme, et un mésoderme entre les deux. (Modifié à partir de P.L. Townes et J. Holtfreter, *J. Exp. Zool.* 128 : 53-120, 1955.)

Des plans d'organisation spatiaux de molécules d'adhérence cellulaire règlent les modes de déplacement morphogénique [66,67]

Il existe une étroite corrélation entre les changements dans les modes d'expression des différentes cadhérines et les modes d'association variables entre les cellules pendant la gastrulation, la neurulation et la formation de somites (Figure 16-78). Ces transformations de l'embryon précoce peuvent, de fait, être en partie réglées et dirigées par le mode d'expression des cadhérines. En particulier, les cadhérines semblent jouer un rôle essentiel dans le contrôle de la formation et de la désagrégation des feuillets épithéliaux et des groupes de cellules. Les mouvements qui façonnent l'embryon précoce semblent donc être gouvernés par des distributions antérieures de différences chimiques entre des cellules dans des positions différentes.

Le même caractère général est illustré par beaucoup d'autres exemples. L'épithélium fripé d'un disque imaginal de *Drosophile*, par exemple, doit s'étirer, se courber et se replier de façon précise pour se façonner en un organe adulte, tel qu'une aile. Bien que ce processus reste très mystérieux, il semble aussi dépendre de l'expression localisée de molécules d'adhérence

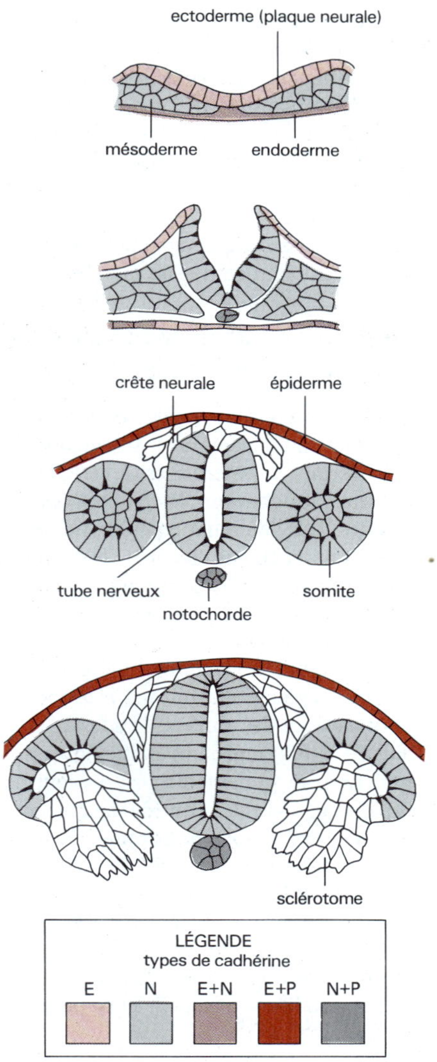

Figure 16-78 Les distributions variables de l'expression de trois cadhérines à différents stades dans l'embryon précoce de poulet ou de souris, vues dans des coupes transversales du tube neural et de somites en développement. La distribution des cadhérines peut participer à la régulation du plan d'organisation des mouvements morphogéniques impliqués dans la formation du tube neural, de la notochorde, des somites, de la crête neurale et des sclérotomes. (D'après M. Takeichi, *Trends in Genetics* 8 : 213-217, 1987.)

cellulaire spécifiques que l'on commence à identifier grâce à des anticorps monoclonaux. Il existe une étroite corrélation entre les distributions de ces molécules de surface cellulaire spécifiques de position et le mode de repliement du disque au moment de la métamorphose (Figure 16-79), et on a montré que certaines d'entre elles appartiennent à une famille de récepteurs de surface cellulaire, les *intégrines* (voir p. 822). Contrairement aux cadhérines, les intégrines sont responsables de l'attachement des cellules aux composants de la matrice extracellulaire. Nous avons déjà vu que de telles interactions cellule-matrice sont également importantes dans la gastrulation (voir p. 885). Les molécules d'adhérence des cellules entre elles et avec la matrice peuvent donc être considérées comme deux types-clef de mécanisme pour traduire les distributions de l'information de position en modes de déplacement morphogénique.

Chez les vertébrés, le mésoderme est le support primaire de l'information de position [68]

Il est clair que l'information de position que portent les cellules peut s'exprimer de nombreuses façons. Le développement d'organes complexes l'illustre particulièrement bien comme nous allons le voir maintenant. Le membre du vertébré, par exemple, se forme à partir d'au moins six lignées de cellules différentes composant les tissus conjonctifs (squelette, tendons, etc.), l'épiderme, les muscles, les parois des vaisseaux sanguins, les axones nerveux et leurs gaines de cellules gliales, la pigmentation et le tissu hématopoïétique de la moelle osseuse. Bien que tous ces composants aient leur propre plan d'organisation bien défini, ils jouent des rôles très inégaux dans la détermination du plan d'organisation du membre dans son ensemble.

Chez les mouches, qui sont petites, la surface du corps est importante par rapport au volume, et l'épiderme (dérivé de l'ectoderme) joue un rôle dominant dans la formation de l'exosquelette, responsable du support mécanique, et, semble-t-il, dans la coordination de la formation du plan d'organisation. Chez les vertébrés, qui sont beaucoup plus grands, les rôles semblent inversés. La charpente architecturale du corps est fournie intérieurement par les tissus conjonctifs (dérivés principalement du mésoderme) et nous verrons que ces tissus jouent aussi un rôle central de coordination dans la formation du plan d'organisation au cours de l'organogenèse. De fait, des expériences réalisées sur les amphibiens au cours des premières années de ce siècle montrèrent que le mésoderme joue un rôle essentiel dans le contrôle du plan d'organisation, même à des stades très précoces au cours de l'établissement du plan du corps.

Comme nous l'avons mentionné auparavant (voir p. 887), les structures neurales des vertébrés se forment à partir de l'ectoderme grâce à une action inductrice lancée par le mésoderme sous-jacent. Si un morceau du mésoderme est prélevé dans la zone située juste sous le futur tube neural d'un embryon d'amphibien en cours de gastrulation et implanté directement sous l'ectoderme d'un autre embryon en cours de gastrulation au niveau, par exemple, de la région ventrale, l'ectoderme de cette région s'épaissira et s'enroulera pour former une partie de tube neural. De plus, le caractère de cette région du tube neural dépend de l'origine du mésoderme greffé. Si le mésoderme a été prélevé au niveau d'un site antérieur,

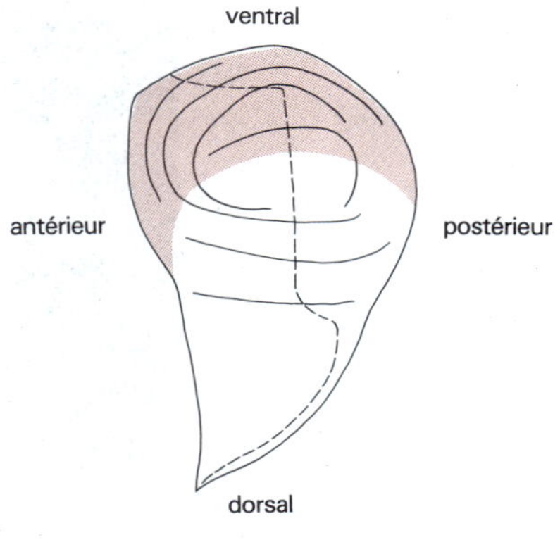

Figure 16-79 Un disque imaginal d'une aile de *Drosophile* marqué avec un anticorps monoclonal dirigé contre l'antigène spécifique de position PS2. La limite nette de la région colorée *(en couleur)* correspond à la future bordure de l'aile, où se rencontrent les épithéliums ventral et dorsal de l'aile et où l'épithélium doit se replier. La ligne en pointillé représente la frontière du compartiment antéro-postérieur. (D'après M. Wilcox, D. L. Bower et R.J. Smith, *Cell* 25 : 159-164, 1981.)

il se formera un morceau de proencéphale ; s'il provient d'un site postérieur, on obtiendra un morceau de moelle épinière. Ceci laisse donc supposer que les différentes valeurs de position sont attribuées aux cellules de l'ectoderme selon les valeurs de position des cellules du mésoderme sous-jacent.

Les contrôles des plans d'organisation de l'épithélium par le tissu conjonctif sous-jacent sont un motif récurrent dans le développement de nombreux organes de vertébrés. Ainsi, les plans d'organisation de la peau et de l'intestin avec toutes leurs glandes, appendices et spécialisations locales, sont principalement le résultat des interactions au cours desquelles les composants du tissu conjonctif apportent l'information de position. Des expériences effectuées sur la peau qui recouvre les membres en donnent un bon exemple.

Le derme contrôle la nature et la distribution des structures qui se forment à partir de l'épiderme [66,69]

La peau est constituée de deux couches : l'épiderme, un épithélium dérivé de l'ectoderme, et le derme sous-jacent, un tissu conjonctif formé par les fibroblastes généralement dérivés du mésoderme. L'épiderme est à l'origine de structures kératinisées, les phanères, comme, par exemple, les cheveux, les plumes, les écailles et les griffes, ainsi que de nombreux types de glandes. Les différents types de phanères et leur disposition locale sont caractéristiques de régions particulières du corps : la peau d'un poulet, par exemple, est revêtue de plumes sur le dos et les ailes, et la partie supérieure des pattes (Figure 16-80), mais d'écailles sur la partie inférieure des pattes. De plus, la forme et la couleur des plumes et des écailles varient selon leur localisation exacte.

Si l'épiderme embryonnaire d'une région qui forme normalement des écailles est excisé de son emplacement normal et associé à du derme embryonnaire d'une région qui donne normalement des plumes, l'épiderme de patte donne naissance à des plumes au lieu d'écailles (Figure 16-81) ; une combinaison inverse donne le résultat inverse. En général, on observe que le derme ne se contente pas de contrôler le caractère détaillé des appendices formés par l'épiderme mais qu'il contrôle aussi leur disposition exacte. Nous nous trouvons, là encore, en présence de phénomène de non-équivalence (voir p. 915) : des tissus dermiques morphologiquement semblables provenant de diverses régions ont des valeurs de position différentes qui se révèlent par l'induction d'un comportement différent de l'épiderme qui les recouvre.

Les mécanismes moléculaires qui permettent au tissu conjonctif de contrôler la différenciation épithéliale ne sont pas compris, mais certains progrès ont été faits dans l'identification de molécules impliquées dans le contrôle des mouvements cellulaires morphogéniques qui donnent sa forme à un poil, à une plume ou à une glande. Une fois encore les adhérences entre

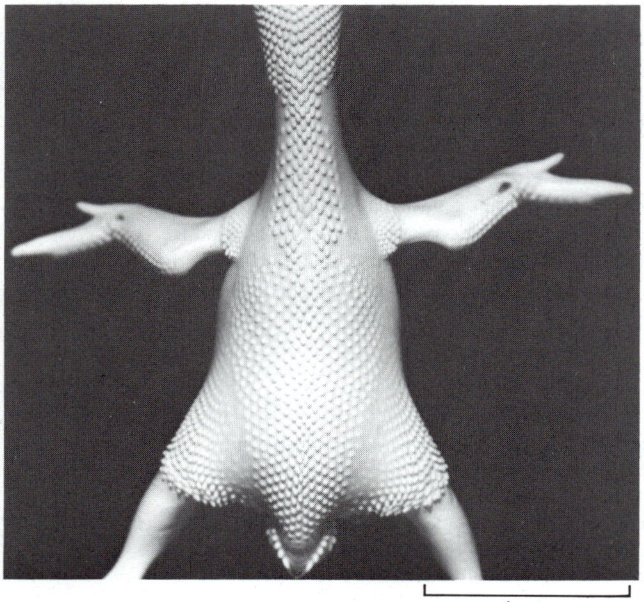

Figure 16-80 Le schéma d'implantation des plumes sur le dos d'un embryon de poulet à 9 jours d'incubation. Noter l'espacement régulier des ébauches de plumes dans chaque région. (Avec l'autorisation de A. Mauger et P. Sengel.)

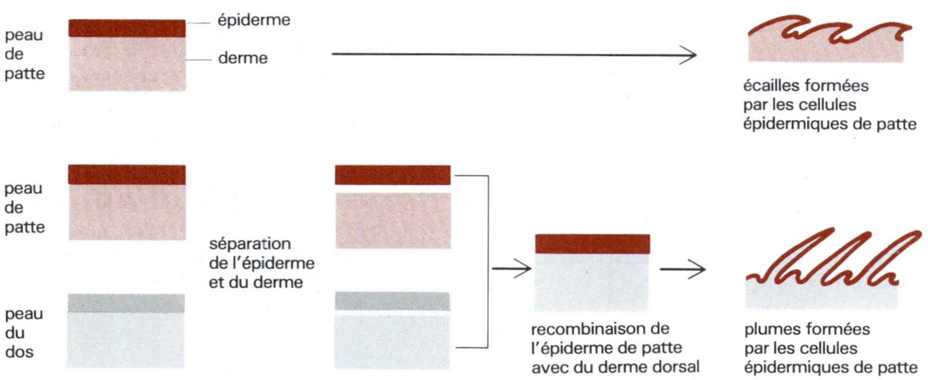

Figure 16-81 Résumé des expériences montrant que le derme contrôle le type de phanère formé par l'épiderme.

cellules et entre cellules et matrice sont fondamentales. Du côté de la structure où se trouve le tissu conjonctif, la traction exercée par les fibroblastes sur le collagène qu'ils sécrètent (voir p. 813) entraîne l'agrégation des fibroblastes au niveau des sites où se formeront les appendices. Pendant ce temps, on observe, aussi bien dans le tissu conjonctif que dans l'épithélium qui le recouvre, des modifications du mode d'expression des molécules d'adhérence intercellulaire comme le N-CAM et la cadhérine E, qui règlent probablement l'empaquetage et le façonnement des cellules (voir p. 830). De plus, au niveau de l'interface située entre l'épithélium et le tissu conjonctif, les composants de la lame basale, comprenant la laminine, les protéoglycanes et le collagène, sont synthétisés et dégradés d'une façon localement contrôlée, aidant à régler la manière dont l'épithélium s'étire et se courbe.

Le tissu conjonctif d'un membre de vertébré est colonisé par de nombreux types de cellules migratrices [11,70]

Le tissu conjonctif est omniprésent dans le corps des vertébrés. Dans un membre, il compose l'os et le cartilage du squelette, les tendons, les ligaments, le derme, la gaine musculaire, l'enveloppe externe des vaisseaux sanguins et des nerfs, et le tissu intermédiaire qui relie tous ces composants. Toutes ces formes de tissu conjonctif sont composées de fibroblastes, ou de types cellulaires étroitement apparentés, enfouis dans une matrice extracellulaire riche en collagène qu'ils sécrètent. Ils se développent tous à partir du tissu primitif indifférencié, ou *mésenchyme*, du bourgeon embryonnaire des membres ; on peut faire remonter leur origine jusqu'au *mésoderme de la plaque latérale* adjacent aux somites de l'embryon très précoce (voir Figure 16-15). Les autres composants du membre, mise à part son enveloppe épidermique, sont des populations de cellules immigrées qui ne proviennent pas de la plaque latérale. Ces cellules doivent arriver à travers le tissu conjonctif embryonnaire pour atteindre leurs destinations et composer leurs schémas adultes.

De tels mouvements de migration peuvent être mis en évidence par des expériences de greffe de cellules d'embryons de caille sur des embryons de poulet. Bien que la caille ressemble à bien des égards au poulet, ses cellules peuvent être distinguées dans les coupes histologiques grâce à la présence d'une masse volumineuse fortement colorée d'hétérochromatine associée au nucléole. Ce marqueur nucléolaire permet d'identifier les cellules greffées qui ont migré à partir de leur site d'implantation. Si l'on substitue du tissu somitique de caille au tissu somitique d'un très jeune embryon de poulet, avant l'apparition des bourgeons de membre, par exemple, toutes les cellules musculaires des ailes qui se développent par la suite dérivent du tissu de caille (Figure 16-82). De toute évidence, les futures cellules musculaires migrent à partir des somites dans le territoire présomptif de l'aile et y restent discrètes mais déjà déterminées jusqu'à ce que vienne le moment de leur différenciation.

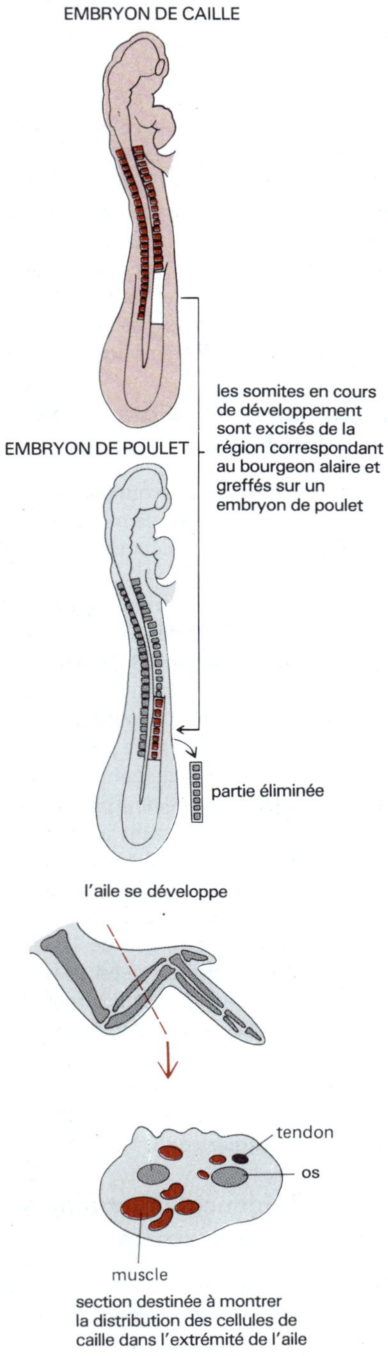

Figure 16-82 Si des cellules somitiques de caille sont remplacées par des cellules somitiques de poulet à 2 jours d'incubation, et si l'aile du poulet est sectionnée une semaine plus tard, on trouve que les cellules musculaires de l'aile de poulet dérivent des somites de caille transplantées.

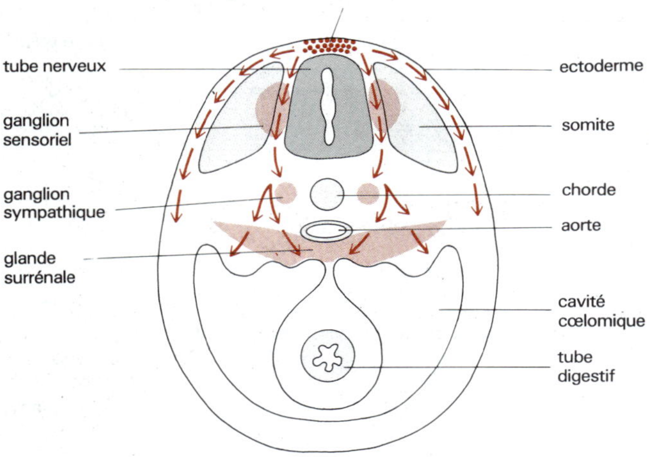

Figure 16-83 Les principales voies de migration des cellules de la crête neurale, sur une coupe transversale passant par la partie médiane du tronc d'un embryon de poulet. Les cellules qui suivent la voie superficielle, juste sous l'ectoderme, formeront les cellules pigmentaires de la peau ; celles qui empruntent la voie profonde, via les somites, formeront les ganglions sympathiques, les ganglions sensoriels et certaines régions de la glande surrénale (voir aussi Figure 14-55, page 824).

Un autre groupe de cellules migratrices est issu de la **crête neurale** au niveau du site de fermeture du tube nerveux (Figure 16-83) (voir p. 887). Ceci peut se démontrer aisément comme précédemment en substituant la crête neurale d'un poulet par celle d'une caille dans un embryon précoce de poulet, et en utilisant encore le marqueur nucléolaire de la caille pour identifier les cellules migratrices. Dans les membres, les cellules pigmentaires dérivent de la crête neurale, comme les cellules gliales qui enveloppent les axones des cellules nerveuses. Les axones sensoriels et autonomes d'un membre sont eux-mêmes des prolongements de neurones qui proviennent de la crête neurale (les axones moteurs volontaires, par contre, sont les prolongements de neurones de la moelle épinière).

La structuration du tissu conjonctif des membres est indépendante des cellules qui le colonisent [71]

En détruisant le tissu des somites ou la crête neurale et/ou le tube neural de l'embryon précoce avant que les bourgeons de membre n'aient commencé à se former, il est relativement simple de créer des membres dépourvus de certaines catégories de cellules migratrices ou d'axones nerveux. En général, de tels membres sont, par ailleurs, tout à fait normaux. Il est possible, par exemple, de créer un membre qui ne possède pas de cellules musculaires mais qui a un squelette, une peau et des nerfs sensoriels normaux : même les tendons se développent à leur place normale (bien qu'ils dégénèrent ensuite en l'absence de tout muscle pour les étirer). De plus, un membre totalement dépourvu de nerfs et de dérivés de la crête neurale engendre un squelette, une peau et une musculature normaux (bien que les muscles dégénèrent en l'absence de stimulation nerveuse). De plus, bien que les parties internes du bourgeon du membre ne se développent pas normalement lorsqu'elles sont privées de leur enveloppe épidermique, elles peuvent engendrer une morphologie presque normale après destruction d'une importante partie de l'épiderme, laissant la surface du bourgeon des membres partiellement dénudée.

La structuration du tissu conjonctif est donc pratiquement indépendante des autres composants du membre. De plus, les plans d'organisation des autres composants du membre leur sont largement imposés par le tissu conjonctif. Nous avons déjà discuté des preuves de cette influence dans le cas de l'épiderme (voir Figure 16-81) et, par des expériences de transplantation analogues, il est possible de montrer l'existence d'une même influence dans le cas des populations de cellules migratrices, comme les cellules musculaires, les axones des cellules nerveuses et les cellules pigmentaires. Les cellules de ces trois catégories formeront généralement les schémas d'organisation appropriés au membre de l'hôte quelle que soit la région de l'embryon dont elles proviennent. Si le tissu conjonctif est la source centrale et le répertoire de l'information de position dans le membre de vertébré, comment exerce-t-il son influence organisatrice sur les cellules migratrices ?

Le tissu conjonctif détermine les itinéraires et les destinations des cellules migratrices [11,72]

Il y a en principe cinq façons principales selon lesquelles le tissu conjonctif peut contrôler les populations de cellules migratrices qui le colonisent : il peut déterminer (1) l'itinéraire de leur voyage, (2) leur site de colonisation, (3) l'étendue de leur prolifération, (4) la manière dont elles vont se différencier et (5) la probabilité de leur survie. L'importance de chacun de ces contrôles varie selon le type de cellule migratrice, mais aucun d'eux n'est bien connu. En effet, nous ne savons presque rien sur la base moléculaire du système de valeurs de position dans le tissu conjonctif dont dépend l'ensemble du plan d'organisation, excepté la mise en évidence, par des anticorps monoclonaux, de différences dans les molécules de surface cellulaire en fonction de leur position.

On a pu cependant dégager quelques principes généraux sur la migration des cellules. Le comportement de toutes ces cellules migratrices dépend des mécanismes d'adhérence et de reconnaissance cellulaires dont nous avons discuté au Chapitre 14 et qui sont les conditions préalables de base d'une organogenèse normale. En particulier, les cellules doivent pouvoir s'accrocher à la matrice extracellulaire ou à la surface des autres cellules si elles doivent migrer. Il semble que la fibronectine dans la matrice du tissu conjonctif soit un important composant du substratum (bien qu'il ne soit pas le seul) pour de nombreuses cellules migratrices ; dans certaines régions de l'embryon, des anticorps et des peptides qui bloquent les récepteurs de surface cellulaire pour la fibronectine vont interférer avec la migration des cellules de la crête neurale, par exemple, tout comme ils bloquent la migration cellulaire au cours de la gastrulation de l'amphibien (voir p. 885). Le caractère général de certains de ces mécanismes impliqués dans le retour des cellules migratrices vers leurs sites d'élection est évident d'après des études effectuées sur des souris portant les mutations *Steel* ou *dominant-spotting*. Dans ces mutants, les cellules pigmentaires, les cellules hématopoïétiques et les cellules germinales sont incapables de coloniser leurs sites normaux dans la peau, la moelle osseuse et les gonades, respectivement. Les mutants *dominant-spotting* sont défectueux dans les cellules migratrices elles-mêmes, les mutants *Steel* sont défectueux dans les tissus où les cellules migratrices devraient s'établir.

Bien que nous commencions seulement à comprendre les mécanismes qui permettent au tissu conjonctif d'un membre de diriger les différentes cellules migratrices vers des destinations spécifiques le long d'itinéraires spécifiques, il semble presque certain que le guidage doit dépendre de l'information de position que donnent les cellules du tissu conjonctif. Les cellules qui ont différentes valeurs de position peuvent, par exemple, avoir différentes propriétés de surface, ou sécréter des composants de la matrice extracellulaire légèrement différents. Lorsqu'une cellule migratrice traverse le tissu conjonctif, elle étend des prolongements qui sondent son voisinage immédiat, cherchant des indices subtils auxquels elle est particulièrement sensible du fait de son assortiment spécifique de récepteurs de surface cellulaire. A l'intérieur de la cellule, ces récepteurs sont connectés au cytosquelette qui fait avancer la cellule. Une lutte acharnée entre des liaisons antagonistes que forment les prolongements cellulaires à titre d'essai conduit à un déplacement global dans la direction de plus forte adhérence (voir p. 670), jusqu'à ce que la cellule atteigne un point où les forces d'adhérence s'équilibrent et sont assez fortes pour que la cellule ne puisse se détacher. La chimiotaxie peut aussi jouer un rôle important, comme le peuvent les interactions entre les cellules migratrices (voir p. 824) les poussant, par exemple, à s'arrêter au même endroit en s'agrégeant les unes aux autres ou à se disperser en se repoussant mutuellement.

Le développement du système nerveux pose des problèmes particuliers [73]

L'étude de la migration cellulaire nous amène à un sujet que nous avons négligé jusqu'à présent : le développement du système nerveux — le processus d'assemblage le plus compliqué de tous. Les questions fondamentales de la biologie du développement soulevées jusqu'à présent peuvent être résumées de la façon suivante : comment apparaissent les différents types cellulaires et comment sont-ils correctement mis en place ? Le développement du système nerveux pose cependant un problème supplémentaire : comment la connexion correcte des cellules nerveuses est-elle obtenue ? La majorité des autres types cellulaires peuvent être considérés comme des objets ponctuels dont chacun possède une position bien définie et des propriétés intrinsèques. Mais le neurone est par essence non ponctuel et extrêmement allongé, et possède un long axone et des dendrites qui se relient aux autres cellules. Si les connexions sont défectueuses, le système nerveux fonctionne mal. Nous sommes capables d'expliquer le mode en formation des divers types de neurones et la façon dont leurs corps cellulaires se disposent de manière régulière selon les mêmes principes que ceux qui s'appliquent aux autres cellules. Mais l'émission ordonnée des prolongements axonaux et dendritiques et la formation d'un système régulier de synapses sont des phénomènes d'un autre type. Il est vrai que l'extrémité d'un prolongement axonal ou dendritique avance en rampant, un peu de la même manière qu'une cellule migratrice : cette extrémité pourrait être considérée comme un organite migrateur d'une cellule sessile et, dans une certaine mesure, les facteurs qui contrôlent son déplacement sont les mêmes que pour la cellule migratrice, impliquant des adhérences spécifiques, etc. Mais la façon dont elle est reliée à sa cellule d'origine, ses relations avec d'autres fibres nerveuses, et sa capacité de former des synapses soulèvent de nouveaux problèmes qui nécessitent un traitement particulier. Nous reportons donc l'analyse de l'édification du système nerveux, qui constitue le *tour de force* du développement, au Chapitre 19.

Résumé

Les valeurs de position attribuées aux cellules au cours de la formation du plan d'organisation de l'organisme se traduisent dans les propriétés d'adhérence de leurs surfaces ainsi que dans leur chimie interne. Les cellules de même propriété tendent à s'agréger et à rester séparées des cellules de spécification différente, stabilisant ainsi le plan d'organisation spatial et permettant l'élimination spontanée des cellules si elles sont mélangées artificiellement. Des modifications du schéma d'organisation des propriétés d'adhérence sont à l'origine de mouvements morphogéniques comme la gastrulation, la neurulation et la formation des somites. La distribution des valeurs de position dans une catégorie donnée de cellules étant exprimée à la surface cellulaire, elle peut diriger la migration d'autres populations cellulaires embryonnaires au cours de l'assemblage de tissus et d'organes complexes. Chez les vertébrés, les cellules du tissu conjonctif semblent être les premiers messagers de l'information de position. Les cellules du tissu conjonctif de la couche dermique de la peau, par exemple, contrôlent la spécialisation locale de l'épiderme pour former les plumes et les écailles. De la même façon, les cellules du tissu conjonctif du membre contrôlent et coordonnent les schémas composés par des populations de cellules migratrices, comme les cellules musculaires (dérivées des somites), les axones des cellules nerveuses (dérivés du système nerveux central et des ganglions périphériques) et les cellules pigmentaires (dérivées de la crête neurale). Bien que l'on ait identifié de nombreuses molécules d'adhérence cellulaire « passe-partout » et que l'on ait montré l'importance de certaines d'entre elles pour ces phénomènes, on ne connaît pas encore les mécanismes moléculaires qui dirigent les cellules migratrices vers des destinations définies avec précision le long d'itinéraires spécifiques.

Bibliographie

Références générales

Browder, L. Developmental Biology, 2nd ed. Philadelphia : Saunders, 1984.

Gilbert, S. F. Developmental Biology, 2nd ed. Sunderland, MA : Sinauer, 1988.

Molecular Biology of Development. *Cold Spring Harbor Symp.* 50, 1985.

Slack, J.M.W. From Egg to Embryo : Determinative Events in Early Development. Cambridge, U.K. : Cambridge University Press, 1983.

Spemann, H. Embryonic Development and Induction. New Haven : Yale University Press, 1938. (Reprinted, New York : Garland, 1988.)

Walbot, V. ; Holder, N. Developmental Biology. New York : Random House, 1987.

Weiss, P.A. Principles of Development. New York : Holt, 1939.

Articles cités

1. Browder, L.W., ed. Developmental Biology : A Comprehensive Synthesis. Vol 2 : The Cellular Basis of Morphogenesis. New York : Plenum, 1986.

   Gerhart, J. ; et al. Amphibian early development. *Bioscience* 36:541-549, 1986.

   Slack, J.M.W., ed. Early Amphibian Development. *J. Embryol. Exp. Morphol.* Suppl. 89, 1985.

   Trinkaus, J.P. Cells into Organs : The Forces that Shape the Embryo, 2nd ed. Englewood Cliffs, NJ : Prentice Hall, 1984.

2. Gerhart, J.C. Mechanisms regulating pattern formation in the amphibian egg and early embryo. In Biological Regulation and Development (R.F. Goldberger, ed.), Vol. 2, pp. 133-316. New York : Plenum, 1980.

   Gerhart, J. ; Ubbels, G. ; Black, S. ; Hara, K. ; Kirschner, M. A reinvestigation of the role of the grey crescent in axis formation in *Xenopus laevis. Nature* 292:511-516, 1981.

   Vincent, J.P. ; Oster, G.F. ; Gerhart, J.C. Kinematics of gray crescent formation in *Xenopus eggs* : the displacement of subcortical cytoplasm relative to the egg surface. *Dev. Biol.* 113:484-500, 1986.

3. Gilbert, S.F. Developmental Biology, 2nd ed., pp. 73-111. Sunderland, MA : Sinauer, 1988.

   Kirschner, M. ; Newport, J. ; Gerhart, J. The timing of early developmental events in *Xenopus. Trends Genet.* 1:41-47, 1985.

   Wilson, E.B. The Cell in Development and Heredity, 3rd ed. pp. 980-1034. New York : Macmillan, 1925. (Reprinted, New York : Garland, 1987.)

4. Furshpan, E.J. ; Potter, D.D. Low-resistance junctions between cells in embryos and tissue culture. *Curr. Top. Dev. Biol.* 3:95-128, 1968.

   Kalt, M.R. The relationship between cleavage and blastocoel formation in *Xenopus laevis*. II. Electron microscopic observations. *J. Embryol. Exp. Morphol.* 26:51-66, 1971.

   Warner, A. The role of gap junctions in amphibian development. *J. Embryol. Exp. Morphol.*, Suppl. 81:365-380, 1985.

5. Fink, R.D. ; McGlay, D.R. Three cell recognition changes accompany the ingression of sea urchin primary mesenchyme cells. *Dev. Biol.* 107:66-74, 1985.

Gustafson, T. ; Wolpert, L. Cellular movement and contact in sea urchin morphogenesis. *Biol. Rev.* 42:442-498, 1967.
Hardin, J.D. ; Cheng, L.Y. The mechanisms and mechanics of archenteron elongation during sea urchin gastrulation. *Dev. Biol.* 115:490-501, 1986.
McClay, D.R. ; Wesel, G.M. The surface of the sea urchin embryo at gastrulation : a molecular mosaic. *Trends Genet.* 1:12-00, 1985.
Wilt, F.H. Determination and morphogenesis in the sea urchin embryo. *Development* 100:559-575, 1987.
6. Ettensohn, C.A. Mechanisms of epithelial imagination. *Q. Rev. Biol.* 60:289-307, 1985.
McClay, D.R. ; Ettensohn, C.A. Cell adhesion in morphogenesis. *Annu. Rev. Cell Biol.* 3:319-345, 1987.
Odell, G.M. ; Oster, G. ; Alberch, P. ; Burnside, B. The mechanical basis of morphogenesis. I. Epithelial folding and invagination. *Dev. Biol.* 85:446-462, 1981.
7. Gerhart, J. ; Keller, R. Region-specific cell activities in amphibian gastrulation. *Annu. Rev. Cell Biol.* 2:201-229, 1986.
8. Spemann, H. ; Mangold, H. Induction of embryonic primordia by implantation of organizers from a different species. *Roux's Archiv.* 100:599-638, 1924. (English translation in Foundations of Experimental Embryology, 2nd ed. [B.H. Willier, J.M. Oppenheimer, eds.] New York : Hafner, 1974.)
9. Balinsky, B.I. Introduction to Embryology, 5th ed. Philadelphia : Saunders, 1981.
Langman, J. Medical Embryology, 5th ed. Baltimore : Williams & Wilkins, 1985.
Romer, A.S. ; Parsons, T.S. The vertebrate Body, 6th ed. Philadelphia : Saunders, 1986.
10. Kitchin, I.C. The effects of notochordectomy in *Amblystoma mexicanum. J. Exp. Zool.* 112:393-411, 1949.
Smith, J.C. ; Watt, F.W. Biochemical specificity of *Xenopus* notochord. *Differenciation* 29:109-115, 1985.
11. Le Douarin, N. The Neural Crest. Cambridge U.K. : Cambridge University Press, 1982.
Newgreen, D.F. ; Erickson, C.A. The migration of neural crest cells. *Int. Rev. Cytol.* 103:89-145, 1986.
12. Burnside, B. Microtubules and microfilaments in amphibian neurulation. *Am. Zool.* 13:989-1006, 1973.
Gordon, R. A review of the theories of vertebrate neurulation and their relationship to the mechanics of neural tube birth defects. *J. Embryol. Exp. Morphol.*, Suppl. 89:229-255, 1985.
Karfunkel, P. The mechanisms of neural tube formation. *Int. Rev. Cytol.* 38:245-271, 1974.
13. Blackshaw, S.E. ; Warner, A.E. Low resistance junctions between mesoderm cells during development of trunk muscles. *J. Physiol.* 255:209-230, 1976.
Keynes, R.J. ; Stern, C.D. Mechanisms of vertebrate segmentation. *Development* 103:413-429, 1988.
14. Slack, J.M.W. From Egg to Embryo : Determinative Events in Early Development. Cambridge, U.K. : Cambridge University Press, 1983.
15. DiBerardino, M.A. ; Orr, N.H. ; McKinnell, R.G. Feeding tadpoles cloned from *Rana* erythrocyte nuclei. *Proc. Natl. Acad. Sci. USA* 83:8231-8234, 1986.
Gurdon, J.B. The control of Gene Expression in Animal Development. Cambridge : Harvard University Press, 1974.
Gurdon, J.B. Transplanted nuclei and cell differenciation. *Sci. Am.* 219 (6):24-35, 1968.
McKinnel, R.G. Cloning — Nuclear Transplantation in Amphibia. Minneapolis : University of Minnesota Press, 1978.
16. Davidson, E.H. Gene Activity in Early Development, 3rd ed., pp. 411-524. Orlando, FL : Academic Press, 1986.
Jeffery, W.R. Spatial distribution of mRNA in the cytoskeletal framework of Ascidian eggs. *Dev. Biol.* 103:482-492, 1984.
Satoh, N. Towards a molecular understanding of differenciation mechanisms in Ascidian embryos. *Bioessays* 7:51-56, 1987.
Wilson, E.B. The Cell in Development and Heredity, 3rd ed., pp. 1035-1121. New York : Macmillan, 1928. (Reprinted New York : Garland, 1987.)
17. Gurdon, J.B. Embryonic induction — molecular prospects. *Development* 99:285-306, 1987.
Kimelman, D. ; Kirschner, M. Synergistic induction of mesoderm by FGF and TGF-beta and the identification of an mRNA coding for FGF in the early *Xenopus* embryo. *Cell* 51:869-877, 1987.
Rosa, F. ; et al. Mesoderm induction in amphibians : the role of TGF-β2-like factors. *Science* 239:783-785, 1988.
Slack, J.M.W. ; Darlington, B.G. ; Heath, J.K. ; Godsave, S.F. Mesoderm induction in early *Xenopus* embryos by heparin-binding growth factors. *Nature* 326:197-200, 1987.
Weeks, D.L. ; Melton, D.A. A maternal mRNA localized to the vegetal hemisphere in *Xenopus* eggs codes for a growth factor related to TGF-beta. *Cell* 51:861-867, 1987.
18. Austin, C.R. ; Short, R.V., eds. Embryonic and Fetal Development, 2nd ed. Reproduction in Mammals, Ser., Book 2. Cambridge, U.K. : Cambridge University Press, 1982.
Hogan, B. ; Costantini, F. ; Lacy, E. Manipulating the Mouse Embryo : A Laboratory Manual. Cold Spring Harbor, NY : Cold Spring Harbor Laboratory, 1986.
Rugh, R. The Mouse : Its Reproduction and Development. Minneapolis : Burgess, 1968.
19. Gardner, R.L. Clonal analysis of early mammalian development. *Philos. Trans. R. Soc. Lond. (Biol.)* 312:163-178, 1985.
McLaren, A. Mammalian Chimeras. Cambridge, U.K. : Cambridge University Press, 1976.
20. Johnson, M.H. ; Chisholm, J.C. ; Fleming, T.P. ; Houliston, E. A role for cytoplasmic determinants in the development of the mouse early embryo ? *J. Embryo. Exp. Morphol.*, Suppl. 97:97-121, 1986.
Kelly, S.J. Studies of the developmental potential of 4- and 8-cell stage mouse blastomeres. *J. Exp. Zool.* 200:365-376, 1977.
Tarkowski, A.K. Experiments on the development of isolated blastomeres of mouse eggs. *Nature* 184:1286-1287, 1959.
21. Illmensee, K. ; Stevens, L.C. Teratomas and chimeras. *Sci. Am.* 240 (4):120-132, 1979.
Papaionannou, V.E. ; Gardner, R.L. ; McBurney, M.W. ; Babinet, C. ; Evans, M.J. Participation of cultured teratocarcinoma cells in mouse embryogenesis. *J. Embryol. Exp. Morphol.* 44:93-104, 1978.
Robertson, E.J. Pluripotential stem cell lines as a route into the mouse germ line. *Trends Genet.* 2:9-13, 1986.
22. Weiss, P.A. Principles of Development, pp. 289-437. New York : Holt, 1939.
23. Spemann, H. Über die Determination der ersten Organanlagen des Amphibienembryo I-VI *Arch. Entw. Mech. Org.* 43:448-555, 1918.
24. Hardeman, E.C. ; Chiu, C.-P. ; Minty, A. ; Blau, H.M. The pattern of actin expression in human fibroblast x mouse muscle heterokaryons suggests that human muscle regulatory factors are produced. *Cell* 47:123-130, 1986.
25. Barton, S.C. ; Surani, M.A.H. ; Norris, M.L. Role of paternal and maternal genomes in mouse development. *Nature* 311:374-376, 1984.
Monk, M. Memories of mother and father. *Nature* 328:203-204, 1987.
Reik, W. ; Collick, A. ; Norris, M.L. ; Barton, S.C. ; Surani, M.A. Genomic imprinting determines methylation of parental alleles in transgenic mice. *Nature* 328:248-251, 1987.
Sapienza, C. ; Peterson, A.C. ; Rossant, J. ; Balling, R. Degree of methylation of transgenes is dependent on gamete of origin. *Nature* 328:251-254, 1987.
Swain, J.L. ; Stewart, T.A. ; Leder, P. Parental legacy determines methylation and expression of an autosomal transgene :

a molecular mechanism for parental imprinting. *Cell* 50:719-727, 1987.

26. Kimmel, C.B. ; Varga, R.M. Cell lineage and developmental potential of cells in the zebra fish embryo. *TIG* 4:68-74, 1988.
Gardner, R.L. ; Lawrence, P., eds. Single Cell Making and Cell Lineage. *Philos. Trans. R. Soc. Lond. (Biol.)* 312, 1985.
Price, J. Retroviruses and the study of cell lineage. *Development* 101:409-419, 1987.
Wolfram, S. Cellular automata as models of complexity. *Nature* 311:419-424, 1984.

27. Edgar, L.G. ; McGhee, J.D. DNA synthesis and the control of embryonic gene expression in *C. elegans*. *Cell* 53:589-599, 1988.
Wilkins, A.S. Genetic-Analysis of Animal Development. New York : Wiley, 1986.
Wood, W.B. ; et al. The Nematode *Caenorhabditis elegans*. Cold Spring Harbor, NY : Cold Spring Harbor Laboratory, 1988.

28. Kenyon, C. Cell lineage and the control of *Caenorhabditis elegans* development. *Philos. Trans. R. Soc. Lond. (Biol.)* 312:21-38, 1985.
Sulston, J.E. ; Horvitz, H.R. Post-embryonic cell lineage of the nematode, *Caenorhabditis elegans*. *Dev. Biol.* 56:110-156, 1977.
Sulston, J.E. ; Schierenberg, E. ; White, J.G. ; Thompson, J.N. The embryonic cell lineage of the nematode *Caenorhabditis elegans*. *Dev. Biol.* 100:64-119, 1983.

29. Ambros, V. ; Horvitz, H.R. The *lin-14* locus of *Caenorhabditis elegans* controls the time of expression of specific post-embryonic developmental events. *Genes Dev.* 1:398-414, 1987.
Chalfie, M. ; Horvitz, H.R. ; Sulston, J.E. Mutations that lead to reiterations in the cell lineages of *C. elegans*. *Cell* 24:59-69, 1981.
Ellis, H.M. ; Horvitz, H.R. Genetic control of programmed cell death in the nematode *C. elegans*. *Cell* 44:817-829, 1986.
Sternberg, P.W. ; Horvitz, H.R. The genetic control of cell lineage during nematode development. *Annu. Rev. Genet.* 18:489-524, 1984.

30. Cooke, J. Properties of the primary organisation field in the embryo of *Xenopus laevis*. IV. Pattern formation and regulation following early inhibition of mitosis. *J. Embryol. Exp. Morphol.* 30:49-62, 1973.
Satoh, N. Towards a molecular understanding of differentiation mechanisms in Ascidian embryos. *Bioessays* 7:51-56, 1987.
Stephens, L. ; Hardin, J. ; Keller, R. ; Wilt, F. The effects of aphidicolin on morphogenesis and differenciation in the sea urchin embryo. *Dev. Biol.* 118:64-69, 1986.

31. Kimble, J.E. Strategies for control of pattern formation in *Caenorhabditis elegans*. *Philos. Trans. R. Soc. Lond. (Biol.)* 295:539-551, 1981.
Priess, J.R. ; Schnable, H. ; Schnable, R. The *glp-1* locus and cellular interactions in early *C. elegans* embryos. *Cell* 51:601-611, 1987.
Sternberg, P.W. ; Horwitz, H.R. Pattern formation during vulval development in *C. elegans*. *Cell* 44:761-772, 1986.
Sulston, J.E. ; White, J.G. Regulation and cell autonomy during postembryonic development of *Caenorhabditis elegans*. *Dev. Biol.* 78:577-597, 1980.

32. Artavanis-Tsakonas, S. The molecular biology of the *Notch* locus and the fine-tuning of differenciation in *Drosophila*. *Trends Genet.* 4:95-100, 1988.
Ferguson, E.L. ; Sternberg, P.W. ; Horvitz, H.R. A genetic pathway for the specification of the vulval cell lineages of *Caenorhabditis elegans*. *Nature* 326:259-267, 1987.
Greenwald, I. The *lin-12* locus of *Caenorhabditis elegans*. *Bioessays* 6:70-73, 1987.

33. Hughes, S.M. ; Lillien, L.E. ; Raff, M.C. ; Rohrer, H. ; Sendtner, M. Ciliary neurotrophic factor induces type-2 astrocyte differenciation in culture. *Nature* 335:70-73, 1988.
Raff, M.C. ; Abney, E.R. ; Fok-Seang, J. Reconstitution of a develomental clock in vitro : a critical role for astrocytes in the timing of oligodendrocyte differenciation. *Cell* 42:61-69, 1985.
Raff, M.C. ; Miller, R. ; Noble, M. A glial progenitor cell that develops *in vitro* into an astrocyte or an oligodendrocyte depending on the culture medium. *Nature* 303:390-396, 1983.
Richardson, W.D. ; Pringle, N. ; Mosley, M. ; Westermark, B. ; Dubois-Dalcq, M. A role for platelet-derived growth factor in normal gliogenesis in the central nervous system. *Cell* 53:309-319, 1988.
Temple, S. ; Raff, M.C. Clonal analysis of oligodendrocyte development in culture : evidence for a developmental clock that counts cell divisions. *Cell* 44:773-779, 1986.

34. Malacinsky, G.M. ; Bryant, S.V., eds. Pattern Formation : A Primer in Developmental Biology. New York : MacMillan, 1984.
Meinhardt, H. Models of Biological Pattern Formation. New York : Academic Press, 1982.
Theories of Biological Pattern Formation. *Philos. Trans. R. Soc. Lond. (Biol.)* 295:425-617, 1981.

35. Bode, P.M. ; Bode, H.R. Patterning in Hydra. In Pattern Formation : A Primer in Developmental Biology (G. Malacinski, S.V. Bryant, eds.), pp. 213-241. New York : Macmillan, 1984.
Jaffé, L.F. The role of ionic currents in establishing developmental pattern. *Philos. Trans. R. Soc. Lond. (Biol.)* 295:553-566, 1981.
Lenhoff, H.M. ; Lenhoff, S.G. Trembley's polyps. *Sci. Am.* 258 (4):86-91, 1988.
Lohs-Schardin, M. *Dicophalic-a Drosophila* mutant affecting polarity in follicle organisation and embryonic patterning. *Wilhelm Roux's Arch.* 191:28-36, 1982.
Robinson, K.R. ; Cone, R. Polarization of fucoid eggs by a calcium ionophore gradient. *Science* 207:77-78, 1980.

36. Wolpert, L. Positional information and pattern formation. *Curr. Top. Dev. Biol.* 6:183-224, 1971.

37. Lewis, J. ; Slack, J.M.W. ; Wolpert, L. Thresholds in development. *J. Theor. Biol.* 65:579-590, 1977.

38. Crick, F.H.C. Diffusion in embryogenesis. *Nature* 225:420-422, 1970.

39. Saunders, J.W., Jr. ; Gasseling, M.T. ; Cairns, J.M. The differenciation of prospective thigh mesoderm grafted beneath the apical ectodermal ridge of the wing bud in the chick embryo. *Dev. Biol.* 1:281-301, 1959.

40. Bryant, S.V. ; Gardiner, D.M. ; Muneoka, K. Limb development and regeneration. *Am. Zool.* 27:675-696, 1987.
Butler, E.G. Regeneration of the urodele forelimb after reversal of its proximodistal axis. *J. Morphol.* 96:265-282, 1955.
Goss, R.J. Principles of Regenaration. New York : Academic Press, 1969.
Wallace, H. Vertebrate Limb Regeneration. New York : Wiley, 1981.

41. Fallon, J.F. ; et al., eds. Limb Development and Regeneration, Parts A and B. *Prog. Clin. Biol. Res.* 110, 1983.
Wolpert, L. Pattern formation in biological development. *Sci. Am.* 239 (4):154-164, 1978.

42. Maden, M. Retinoids and the control of pattern limb development and regeneration. *Trends Genet.* 1:103-107, 1985.
Thaller, C. ; Eichele, G. Identification and spatial distribution of retinoids in the developing chick limb bud. *Nature* 327:625-628, 1987.
Tickle, C. The number of polarizing region cells required to specify additional digits in the developing chick wing. *Nature* 289:295-298, 1981.
Tickle, C. ; Summerbell, D. ; Wolpert, L. Positional signalling

and specification of digits in chick limb morphogenesis. *Nature* 254:199-202, 1975.

43. Bohn, H. Tissue interactions in the regenarating cockroach leg. In Insect Development (P.A. Lawrence, ed.), Royal Entomological Society of London Symposium N° 8, pp. 170-185. Oxford, U.K. : Blackwell, 1976.
    Bryant, P.J. ; Bryant, S.V. ; French, V. Biological regeneration and pattern formation. *Sci. Am.* 237 (1):66-81, 1977.
    Bryant, P.J. ; Simpson, P. Intrinsic and extrinsic control of growth in developing organs. *Q. Rev. Biol.* 59:387-415, 1984.
    Lewis, J. Simpler rules for epimorphic regeneration : the polar coordonate model without polar coordonates. *J. Theor. Biol.* 88:371-392, 1981.
44. Akam, M. The molecular basis for metameric pattern in the *Drosophila* embryo. *Development* 101:1-22, 1987.
    Garcia-Bellido, A. ; Lawrence, P.A. ; Morata, G. Compartments in animal development. *Sci. Am.* 241 (1):102-111, 1979.
    Ingham, P.W. The molecular genetics of embryonic pattern formation in *Drosophila. Nature* 335:25-34, 1988.
    Scott, M.P. ; O'Farrell, P.H. Spatial programming of gene expression in early *Drosophila* embryogenesis. *Annu. Rev. Cell Biol.* 2:49-80, 1986.
45. Martinez-Arias, A. ; Lawrence, P.A. Parasegments and compartments in the *Drosophila* embryo. *Nature* 313:639-642, 1985.
46. Foe, V.E. ; Alberts, B.M. Studies of nuclear and cytoplasmic behavior during the five mitotic cycles that precede gastrulation in *Drosophila* embryogenesis. *J. Cell Sci.* 61:31-70, 1983.
    Saunder, K. Morphogenetic movements in insect embryogenesis. In Insect Development (P.A. Lawrence, ed.), Royal Entomological Society of London Symposium 8, pp. 35-52. Oxford, U.K. : Blackwell, 1976.
    Technau, G.M. A single cell approach to problems of cell lineage and commitment during embryogenesis of *Drosophila melanogaster. Development* 100:1-12, 1987.
47. Anderson, K.V. Dorsal-ventral embryonic pattern genes of *Drosophila. Trends Genet.* 3:91-97, 1987.
48. Driever, W. ; Nüsslein-Volhard, C. The *bicoid* protein determines position in the *Drosophila* embryo in a concentration-dependent manner. *Cell* 54:95-104, 1988.
    Driever, W. ; Nüsslein-Volhard, C. A gradient of *bicoid* protein in *Drosophila* embryos. *Cell* 54:83-93, 1988.
    Lawrence, P.A. Background to *bicoid. Cell* 54:1-2, 1988.
    Nüsslein-Volhard, C. ; Frohnhöfer, H.G. ; Lehmann, R. Determination of anteroposterior polarity in *Drosophila. Science* 238:1675-1681, 1987.
    Sander, K. Embryonic pattern formation in insects : basic concepts and their experimental foundations. In Pattern Formation : A Primer in Developmental Biology (G. Malacinski, S.V. Bryant, eds.), pp. 245-268. New York : Macmillan, 1984.
49. Nüsslein-Volhard, C. ; Wieschaus, E. Mutations affecting segment number and polarity in *Drosophila. Nature* 287:795-801, 1980.
50. Gaul, U ; Jäckle, H. How to fill a gap in the *Drosophila* embryo. *Trends Genet.* 3:127-131, 1987.
    Gaul, U. ; Jäckle, H. Pole region-dependent repression of the *Drosophila* gap gene. *Krüppel* by maternal gene products. *Cell* 51:549-555, 1987.
    Hafen, E. ; Kuroiwa, A. ; Gehring, W.J. Spatial distribution of transcripts from the segmentation gene *fushi tarazu* during *Drosophila* embryonic development. *Cell* 37:833-841, 1984.
51. Jäckle, H. ; Tautz, D. ; Schuh, R. ; Seifert, E. ; Lehman, R. Cross-regulatory interactions among the gap genes of *Drosophila. Nature* 324:668-670, 1986.
52. Ish-Horowicz, D. ; Howard, K.R. ; Pinchin, S.M. ; Ingham, P.W. Molecular and genetic analysis of the hairy locus in *Drosophila. Cold Spring Harbor Symp.* 50:135-144, 1985.
    Weir, M.P. ; Kornberg, T. Patterns of *engrailed* and *fushi tarazu* transcripts reveal novel intermediate stages in *Drosophila* segmentation. *Nature* 318:433-439, 1985.
53. DiNardo, S. ; Sher, E. ; Heemskerk-Jongens, J. ; Kastis, J.A. ; O'Farrell, P.H. Two-tiered regulation of spatially patterned *engrailed* gene expression during *Drosophila* embryogenesis. *Nature* 332:604-609, 1988.
    Ingham, P.W. ; Baker, N.E. ; Martinez-Arias, A. The products of the *ftz* and *eve* genes act as positive and negative regulators of *engrailed* and *wingless* expression in the *Drosophila* blastoderm. *Nature* 331:73-75, 1988.
    Martinez-Arias, A. ; Baker, N.E. ; Ingham, P.W. Role of segment polarity genes in the definition and maintenance of cell states in the *Drosophila* embryo. *Development* 103:157-170, 1988.
    Rijsewijk, F. ; et al. The *Drosophila* homolog of the mouse mammary oncogene *int-1* is identical to the segment polarity gene *wingless. Cell* 50:649-657, 1987.
54. Lewis, E.B. A gene complex controlling segmentation in *Drosophila. Nature* 276:565-570, 1978.
    Morata, G. ; Lawrence, P.A. Homoeotic genes, compartments and cell determination in *Drosophila. Nature* 265:211-216, 1977.
    Struhl, G. A homoeotic mutation transforming leg to antenna in *Drosophila. Nature* 292:635-637, 1981.
    Wakimoto, B.T. ; Kaufman, T.C. Analysis of larval segmentation in lethal genotypes associated with the Antennapedia gene complex in *Drosophila melanogaster. Dev. Biol.* 81:51-64, 1981.
55. Akam, M.E. Segments, lineage boundaries and the domains of expression of homeotic genes. *Philos. Trans. R. Soc. Lond. (Biol.)* 312:179-187, 1985.
    Harding, K. ; Wedeen, C. ; McGinnis, W. ; Levine, M. Spatially regulated expression of homeotic genes in *Drosophila. Science* 229:1236-1242, 1985.
56. Akam, M. The molecular basis for metameric pattern in the *Drosophila* embryo. *Development* 101:1-22, 1987.
    Lawrence, P.A. ; Morata, G. The elements of the bithorax complex. *Cell* 35:595-601, 1983.
    Struhl, G. ; White, R.A. Regulation of the *Ultrabithorax* gene of *Drosophila* by other bithorax complex genes. *Cell* 43:507-519, 1985.
57. Ashburner, M. ; Wright, T.F., eds. The Genetics and Biology of *Drosophila* Vol 2C. London, U.K. : Academic Press, 1978.
    Gehring, W. ; Nöthinger R. The imaginal discs of *Drosophila.* In Developmental Systems : Insects (S. Counce, C.H. Waddington, eds.), Vol. 2, pp. 211-290. New York : Academic Press, 1973.
    Hadorn, E. Transdetermination in cells. *Sci. Am.* 219(5):110-120, 1968.
58. Nöthinger, R. Clonal analysis in imaginal discs. In Insect Development (P.A. Lawrence, ed.), Royal Entomological Society of London Symposium N° 8, pp. 109-117. Oxford, U.K. : Blackwell, 1976.
    Stern, C. Genetic Mosaics and Other Essays. Cambridge : Harvard University Press, 1968.
    Struhl, G. Genes controlling segments specification in the *Drosophila* thorax. *Proc. Natl. Acad. Sci. USA.* 79:7380-7384, 1982.
59. Crick, F.H.C. ; Lawrence, P.A. Compartments and polyclones in insect development. *Science* 189:340-347, 1975.
    Garcia-Bellido, A. ; Lawrence, P.A. ; Morata, G. Compartments in animal development. *Sci. Am.* 241 (1):102-111, 1979.
    Kornberg, T. ; Sidén, I. ; O'Farrell, P. ; Simon, M. The *engrailed* locus of *Drosophila : in situ* localization of transcripts reveals compartment-specific expression. *Cell* 40:45-53, 1985.
    Simpson, P. ; Morata, G. Differential mitotic rates and patterns of growth in compartments in the *Drosophila* wing. *Dev.*

Biol. 85:299-308, 1981.

60. Desplan, C. ; Theis, J. ; O'Farrell, P.H. The sequence specificity of homeodomain-DNA interaction. *Cell* 54:1081-1090, 1988.
Hiromi, Y. ; Gehring, W.J. Regulation and function of the *Drosophila* segmentation gene *fushi tarazu*. *Cell* 50:963-974, 1987.
Robertson, M. A genetic switch in *Drosophila* morphogenesis. *Nature* 327:556-557, 1987.

61. Bender, W. ; et al. Molecular genetics of the bithorax complex in *Drosophila melanogaster*. *Science* 221:23-29, 1983.
Peifer, M. ; Karch, F. ; Bender, W. The bithorax complex : control of segmental identity. *Genes Dev.* 1:891-898, 1987.
Struhl, G. ; Akam, M. Altered distributions of *Ultrabithorax* transcripts in *extra sex combs* mutant embryos of *Drosophila*. *EMBO J.* 4:3259-3264, 1985.

62. Desplan, C. ; Theis, J. ; O'Farrell, P.H. The sequence specificity of homeodomain-DNA interaction. *Cell* 54:1081-1090, 1988.
Gehring, W.J. Homeo boxes in the study of development. *Science* 236:1245-1252, 1987.
Scott, M.P. ; Carroll, S.B. The segmentation and homeotic gene network in early *Drosophila* development. *Cell* 51:689-698, 1987.

63. Beeman, R.W. A homeotic gene cluster in the red flour beetle. *Nature* 327:247-249, 1987.
McGinnis, W. ; Garber, R.L. ; Wirz, J. ; Kuroiwa, A. ; Gehring, W.J. A homologous protein-coding sequence in *Drosophila* homeotic genes and its conservation in other metazoans. *Cell* 37:403-408, 1984.
Müller, M.M. ; Carrasco, A.E. ; De Robertis, E.M. A homeobox-containing gene expressed during oogenesis in *Xenopus*. *Cell* 39:157-162, 1984.

64. Dressler, G.R. ; Gruss, P. Do multigene families regulate vertebrate development ? *Trends Genet.* 4:214-219, 1988.
Hogan, B. ; Holland, P. ; Schoefield, P. How is the mouse segmented ? *Trends Genet.* 1:67-74, 1985.
Holland, P.W.H. ; Hogan, B.L.M. Expression of homeotic genes during mouse development ; a review. *Genes Dev.* 2:773-782, 1988.
Kieny, M. ; Mauger, A. ; Sengel, P. Early regionalization of the somitic mesoderm as studied by the development of the axial skeleton of the chick embryo. *Dev. Biol.* 28:142-161, 1972.
Keynes, R.J. ; Stern, C.D. Mechanisms of vertebrate segmentation. *Development* 103:413-429, 1988.

65. Gardner, R.L. Cell mingling during mammalian embryogenesis *J. Cell Sci.*, Suppl. 4:337-356, 1986.
Steinberg, M.S. Does differential adhesion govern self-assembly processes in histogenesis ? Equilibrium configurations and the emergence of a hierarchy among populations of embryonic cells. *J. Exp. Zool.* 173:395-434, 1970.
Townes, P.L. ; Holtfreter, J. Directed movements and selective adhesion of embryonic amphibian cells. *J. Exp. Zool.* 128:53-120, 1955.

66. Edelman, G.M. Cell adhesion molecules in the regulation of animal form and tissue pattern. *Annu. Rev. Cell Biol.* 2:81-116, 1986.
McGlay, D.R. ; Ettensohn, C.A. Cell adhesion in morphogenesis. *Annu. Rev. Cell Biol.* 3:319-345, 1987.
Takeichi, M. The cadherins : cell-cell adhesion molecules controlling animal morphogenesis. *Development* 102:639-655, 1988.

67. Bogaert, T. ; Brown, N. ; Wilcox, M. The *Drosophila* PS2 antigen is an invertebrate integrin that, like the fibronectin receptor, becomes localized that, like the fibronectin receptor, becomes localized to muscle attachments. *Cell* 51:929-940, 1987.
Duband, J.L. ; et al. Adhesion molecules during somitogenesis in the avian embryo. *J. Cell Biol.* 104:1361-1374, 1987.
Leptin, M. ; Wilcox, M. The *Drosophila* position-specific antigens : clues to their morphogenetic role. *Bioessays* 5:204-207, 1986.
Nose, A. ; Nagafuchi, A. ; Takeichi, M. Expressed recombinant recadherins mediate cell sorting in model system. *Cell* 54:993-1001, 1988.

68. Spemann, H. Embryonic Development and Induction, pp. 260-296. New Haven : Yale University Press, 1938. (Reprinted, New York : Garland, 1988.)
Wessels, N.K. Tissue interactions and Development. Menlo Park, CA : Benjamin-Cummings, 1977.

69. Bernfield, M. ; Banerjee, S.D. ; Koda, J.E. ; Rapraeger, A.C. Remodelling of the basement membrane as a mechanism of morphogenetic tissue interaction. In The Role of the Extracellular Matrix in Development (R.L. Trelstad, ed.), pp. 545-572. *Symp. Soc. Dev. Biol.* 42. New York : Liss, 1984.
Ekblom, P.W. ; Vestweber, D. ; Kemler, R. Cell-matrix interactions and cell adhesion during development. *Annu. Rev. Cell Biol.* 2:27-47, 1986.
Harris, A.K. ; Stopak, D. ; Warner, P. Generation of spatially periodic patterns by a mechanically instability : a mechanical alternative to the Turing model. *J. Embryol. Exp. Morphol.* 80:1-20, 1984.
Sengel, P. Morphogenesis of Skin. Cambridge, U.K. : Cambridge University Press, 1976.

70. Chevallier, A. ; Kieny, M. ; Mauger, A. Limb-somite relationship : origin of the limb musculature. *J. Embryol. Exp. Morphol.* 41:245-258, 1977.
Christ, B. ; Jacob, H.J. ; Jacob, M. Experimental analysis of the origin of the wing musculature in avian embryos. *Anat. Embryol.* 150:171-186, 1977.
Stopak, D. ; Harris, A.K. Connective tissue morphogenesis by fibroblast traction. I. Tissue culture observations. *Dev. Biol.* 90:383-398, 1982.

71. Bryant, S.V. ; Gardiner, D.M. ; Muneoka, K. Limb development and regeneration. *Am. Zool.* 27:675-696, 1987.
Chevallier, A. Role of the somitic mesoderm in the development of the thorax in bird embryos. II. Origin of thoracic and appendicular musculature. *J. Embryol. Exp. Morphol.* 49:73-88, 1979.
Kieny, M. ; Chevallier, A. Autonomy of tendon development in the embryonic chic wing. *J. Embryol. Exp. Morphol.* 49:153-165, 1979.
Martin, P. ; Lewis, J. Normal development of the skeleton in chick limb buds devoid of dorsal ectoderm. *Dev. Biol.* 118:233-246, 1986.

72. Bronner-Fraser, M. An antibody to a receptor for fibronectin and laminin perturbs cranial neural crest development *in vivo*. *Dev. Biol.* 117:528-536, 1986.
Chabot, B. ; Stephenson, D.A. ; Chapman, V.M. ; Besmer, P. ; Bernstein, A. The proto-oncogene *c-kit* encoding a transmembrane tyrosine kinase receptor maps to the mouse *W* locus. *Nature* 335:88-89, 1988.
Dufour, S. ; Duband, J.L. ; Konblihtt, A.R. ; Thiery, J.P. The role of fibronectins in embryonic cell migrations. *Trends Genet.* 4:198-203, 1988.
Mackie, E.J. ; et al. The distribution of tenascin coincides with pathways of neural crest migration. *Development* 102:237-250, 1988.
Weston, J. Phenotypic diversification in neural crest-derived cells : the time and stability of commitment during early development. *Curr. Top. Dev. Biol.* 20:195-210, 1986.
Wylie, C.C. ; Stott, D. ; Donovan, P.J. Primordial germ cell migration. In Developmental Biology : A Comprehensive Synthesis, Vol. 2 : The Cellular Basis of Morphogenesis (L.W. Browder, ed.), pp. 433-448. New York : Plenum, 1986.

73. Purves, D. ; Lichtman, J.W. Principles of Neural Development. Sunderland, MA : Sinauer, 1985.

17

Les cellules différenciées et la conservation des tissus

En l'espace de quelques jours ou de quelques semaines un œuf unique fécondé donne naissance à un organisme multicellulaire complexe composé de cellules différenciées agencées selon un schéma précis. En règle générale, la croissance s'effectue à partir d'une construction de l'organisme en modèle réduit. Durant le développement embryonnaire, les différents types cellulaires se déterminent chacun à un endroit défini. Pendant la période de croissance qui suit, les cellules prolifèrent, leur spécialisation demeurant, à part quelques exceptions, plus ou moins fixée. L'organisme peut continuer à grossir durant toute la vie, comme cela se produit chez la majorité des crustacés et des poissons, ou s'arrêter à une taille donnée, comme chez les oiseaux et les mammifères. Chez certains types d'animaux avec une taille adulte déterminée tels que les mouches et les nématodes, la prolifération des cellules somatiques cesse une fois l'état adulte atteint. Chez beaucoup d'autres animaux et en particulier chez les vertébrés supérieurs, les cellules continuent à proliférer chez l'adulte, remplaçant les cellules qui meurent.

Chez les vertébrés, au fur et à mesure que les cellules de tissus tels que la peau, le sang et le poumon sont usées et détruites, de nouvelles cellules du type approprié les remplacent. L'organisme adulte peut donc être comparé à un écosystème stable dans lequel une génération d'individus succède à une autre mais dont l'organisation globale demeure inchangée. Nous nous intéresserons dans ce chapitre aux vertébrés supérieurs et, en envisageant les problèmes posés par la conservation des tissus et leur renouvellement, nous essaierons de tirer des conclusions concernant la remarquable variété de structure, de fonction et d'évolution qui peut être trouvée parmi leurs types cellulaires spécialisés.

Le maintien de l'état différencié [1]

Bien que les divers tissus de l'organisme diffèrent de plusieurs manières, ils ont en commun certaines exigences fondamentales, généralement fournies par un ensemble de types cellulaires, comme l'illustre la Figure 17-1 pour la peau. Tous ont besoin d'une force mécanique souvent formée par le réseau de soutien que constitue la *matrice extracellulaire* (voir page 802), qui est secrétée par les *fibroblastes*. De plus, la majorité des tissus ont besoin d'une irrigation sanguine qui fournit les éléments nutritifs et permet l'élimination des déchets cellulaires. Les tissus sont traversés par des vaisseaux sanguins tapissés par des *cellules endothéliales*. De même, la majorité des tissus sont innervés par les axones des *cellules nerveuses*, eux-mêmes entourés des *cellules de Schwann*. Des *macrophages* sont généralement présents pour éliminer les débris provenant des cellules mortes et la matrice extracellulaire en excès, tout comme les *lymphocytes* et d'autres globules blancs pour combattre l'infection. Des *mélanocytes* peuvent être présents pour fournir une pigmentation protectrice ou décorative. La majorité de ces types cellulaires, subordonnés à la fonction spécialisée du tissu, sont engendrés en dehors de celui-ci et le colonisent tôt au cours de son développement (cellules endothéliales, cellules nerveuses, cellules

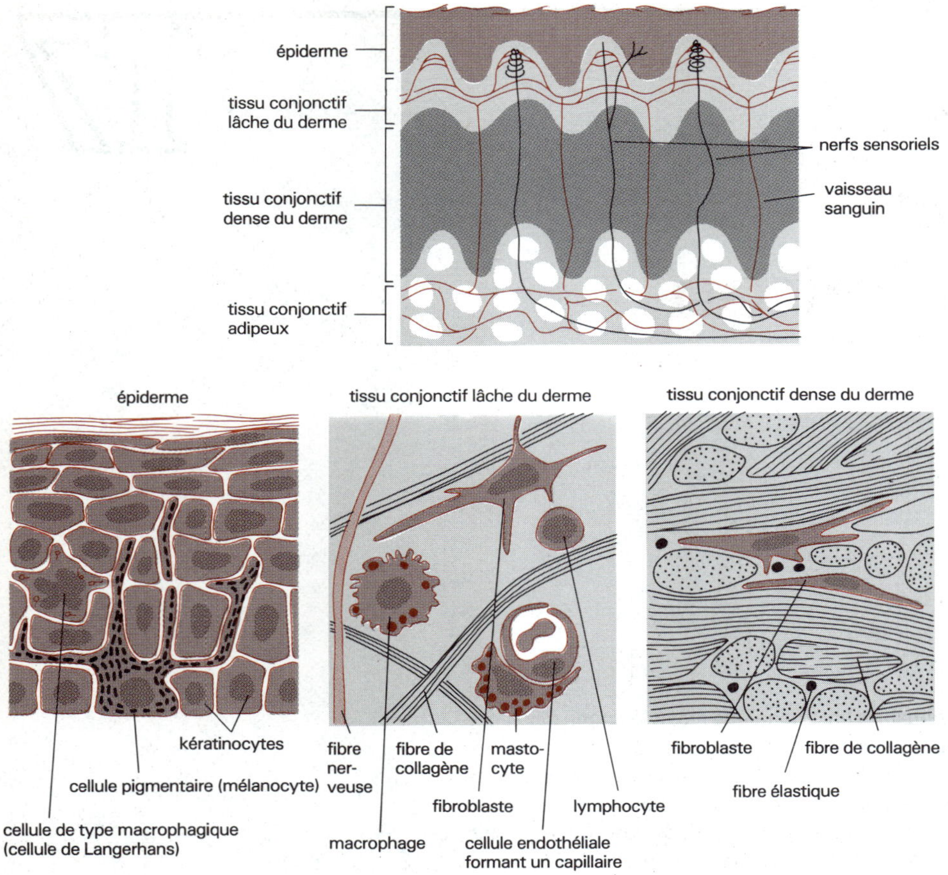

Figure 17-1 La composition de la peau : le tissu épithélial se trouve à l'extérieur (*l'épiderme*) et recouvre le tissu conjonctif (le *derme* résistant dont est fait le cuir, et l'*hypoderme* adipeux). Chaque tissu est composé d'une grande variété de types cellulaires. Le derme et l'hypoderme sont irrigués par des vaisseaux sanguins et sont parcourus de nerfs.

de Schwann et mélanocytes, voir page 943) ou de façon continuelle pendant la vie (macrophages et autres globules blancs). Au sein de cet indispensable dispositif de soutien, se trouvent les principales cellules spécialisées du tissu : les cellules contractiles du muscle, les cellules sécrétrices de la glande, ou les cellules souches sanguines de la moelle osseuse par exemple.

Presque tous les tissus sont donc constitués d'un mélange compliqué de nombreux types cellulaires qui doivent demeurer différents les uns des autres tout en coexistant dans le même environnement. De plus, l'agencement des différentes populations cellulaires doit être conservé même si, dans la plupart des tissus adultes, les cellules ne cessent de mourir et d'être remplacées. Le maintien de la forme et de la fonction tissulaires est essentiellement possible grâce à deux propriétés fondamentales des cellules. Du fait de la *mémoire cellulaire* (voir page 570), les cellules différenciées maintiennent de façon autonome leur caractère spécialisé et le transmettent à leur descendance. Dans le même temps, chaque type de cellule différenciée identifie continuellement son environnement et adapte sa prolifération et ses propriétés aux circonstances. Les mécanismes intracellulaires qui sont vraisemblablement responsables de la mémoire cellulaire sont discutés dans le Chapitre 10 ; les mécanismes selon lesquels les cellules répondent aux signaux extérieurs sont étudiés dans le Chapitre 12. Dans ce préliminaire sur le comportement des cellules dans les tissus, nous résumerons brièvement ce qui est connu de la stabilité et du caractère héréditaire de l'état différencié et nous verrons dans quelle mesure cet état peut être modifié sous l'influence de l'environnement.

La majorité des cellules différenciées gardent en mémoire leur caractère essentiel, même dans un nouvel environnement [2]

Des expériences sur des cultures cellulaires démontrent que, même sorties de leur environnement habituel, les cellules et leur descendance restent généralement fidèles à leurs instructions d'origine. Considérons, par exemple, les cellules épithéliales qui forment la couche pigmentée de la rétine (Figure 17-2). Il est aisé de contrôler l'état de différenciation de ces cellules caractérisées par leur capacité de synthétiser des granules brun foncé de mélanine. Quand les cellules sont isolées de la rétine d'un embryon de poulet et cultivées *in vitro*, elles prolifèrent et forment des clones. Des cellules repiquées à partir de ces clones donnent naissance à des sous-clones de cellules épithéliales pigmentées identiques. L'état différencié peut être ainsi maintenu durant plus de 50 générations cellulaires.

Le comportement des cellules n'est cependant pas complètement indépendant de leur environnement. Dans certains milieux ou dans des conditions d'extrême entassement, elles peuvent survivre mais ne synthétisent alors que peu ou pas de pigment. Mais, même lorsqu'elles n'arrivent pas à exprimer leur caractère différencié, elles restent *déterminées* en tant que cellules pigmentaires : replacées dans des conditions de culture plus favorables, elles synthétisent à nouveau le pigment. Il y a une exception connue à cette règle : dans certaines conditions, elles se « transdifférencieront » en cellules du cristallin ; mais quels que soient les changements de milieu ou de conditions de culture, on ne parviendra jamais à les transformer en cellules sanguines, en hépatocytes ou encore en cellules cardiaques. De la même façon, la plupart des types de cellules différenciées comprenant les cellules sanguines, les hépatocytes et les cellules cardiaques conservent leur caractère essentiel en culture.

Dans l'organisme, comme en culture, la majorité des cellules différenciées se comportent comme si leur caractère fondamental avait été déterminé de façon irréversible au cours de leur développement. Par exemple, les cellules de l'épiderme demeurent inchangées même dans les contextes les plus étrangers : si une suspension de cellules épidermiques dissociées est préparée à partir de peau de queue de rat et injectée sous la capsule rénale, les cellules s'y développent et forment des kystes épidermiques, qui contiennent des follicules pileux et des glandes sébacées, comme la peau à la surface du corps.

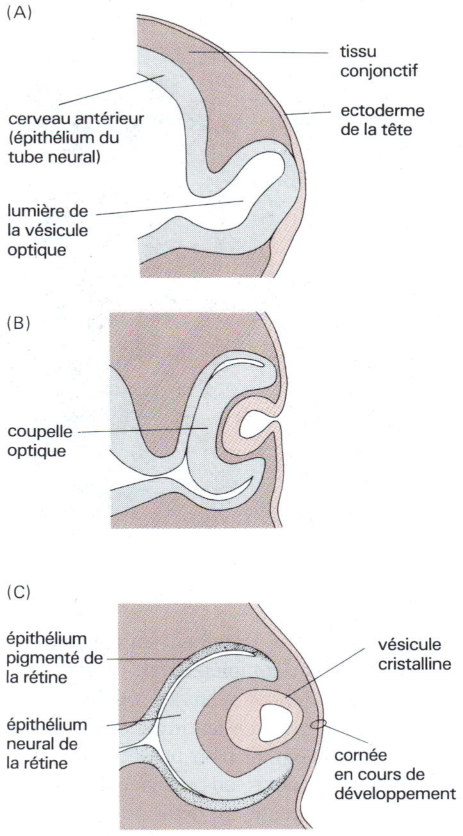

Figure 17-2 Le développement de l'œil d'un vertébré. La rétine se développe à partir de la *vésicule optique*, une évagination épithéliale du cerveau antérieur. (A) L'épithélium neural est en contact avec l'ectoderme recouvrant l'extérieur de la tête. (B) Ce contact induit l'invagination de l'ectoderme pour former un cristallin. La partie externe de la vésicule optique s'invagine au même moment, réduisant la lumière vésiculaire à une interface entre deux couches qui forment ensemble une structure en cupule. (C) La couche la plus proche du cristallin se différencie en *rétine neurale* qui comprend les photorécepteurs et les neurones qui transmettent les stimuli visuels au cerveau (voir Figure 17-6). L'autre couche se différencie en *épithélium rétinien pigmentaire*. Ses cellules sont pleines de grains de mélanine et forment une enceinte sombre pour le système photorécepteur (qui réduit ainsi la quantité de lumière diffusée beaucoup plus que ne le fait une couche de peinture noire à l'intérieur d'un appareil photographique).

L'environnement d'une cellule peut moduler l'état différencié [1,3]

Bien que des transformations radicales ne soient généralement pas possibles, le caractère de la majorité des cellules différenciées peut être modifié dans une certaine mesure afin de s'adapter à l'environnement. Les modifications résultant de cette adaptation peuvent être considérées comme de simples *modulations* de l'état différencié — c'est-à-dire des conversions réversibles entre des phénotypes cellulaires très proches. Par exemple, les hépatocytes ajustent leur synthèse d'enzymes spécifiques (via des modifications dans leurs niveaux spécifiques en ARNm) en fonction de la concentration en hydrocortisone (hormone stéroïde) dans le milieu ambiant ; de même les cellules musculaires modulent leur expression génique en fonction du nombre de stimuli reçus (voir page 985 et page 1125). Les fibroblastes et les cellules apparentées — la famille des *cellules du tissu conjonctif* — sont un cas particulier. Ces cellules s'adaptent de façon exceptionnelle et peuvent subir des interconversions variées : par exemple, les fibroblastes peuvent apparemment se transformer de façon réversible en cellules du cartilage. De telles transformations sont importantes dans les mécanismes de guérison des fractures, des blessures et autres processus pathologiques qui seront discutés utérieurement (voir page 986). Nous étudierons comment ces transformations peuvent être contrôlées par la forme de la cellule, la matrice extracellulaire et les molécules informatives diffusibles. Cependant, même ces conversions d'un type cellulaire différencié en un autre sont extrêmement limitées : la cellule transformée appartient toujours à la famille des cellules du tissu conjonctif.

Certaines structures se maintiennent grâce à une interaction permanente de leurs constituants : les bourgeons gustatifs et leur innervation [4]

Les bourgeons gustatifs nous fournissent un autre exemple inhabituel d'un état de différenciation dépendant d'une interaction cellulaire permanente. Ces petites structures grâce auxquelles nous percevons le doux, l'acide, le salé et l'amer, sont principalement formées dans l'épithélium de la face supérieure de la langue. Chacune d'elles est constituée d'environ 50 cellules, qui se distinguent facilement, par leur forme, des cellules épithéliales les entourant (Figure 17-3). Les cellules allongées du bourgeon gustatif sont disposées en quartiers d'orange, occupant toute l'épaisseur de l'épithélium pour aller former une petite ouverture (le pore gustatif) à l'extérieur. Il est vraisemblable que c'est à travers ce pore que passent les molécules soumises au goût. On peut distinguer deux types de cellules dans le bourgeon gustatif, les unes claires et les autres foncées ; et, parmi ces cellules, se trouvent celles qui agissent comme transducteurs gustatifs. Le signal sensoriel est transmis au cerveau par des nerfs dont les fibres pénètrent dans le

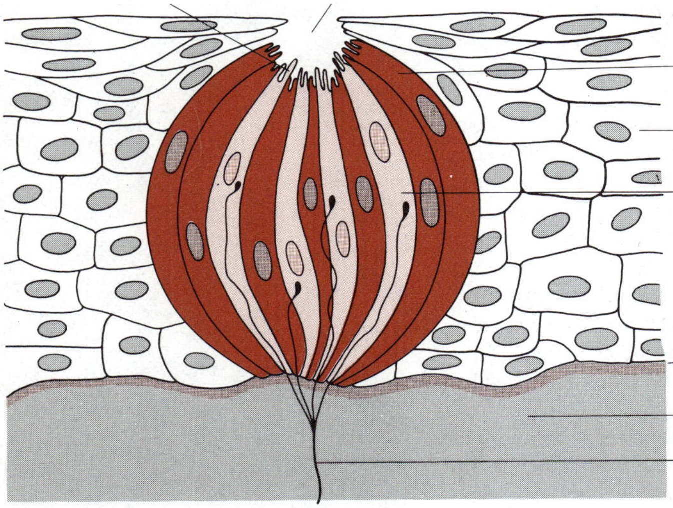

Figure 17-3 Représentation schématique d'un bourgeon gustatif.

bourgeon et se terminent au contact de ses cellules. Si les nerfs sont coupés, les bourgeons disparaissent complètement. Quand les nerfs se régénèrent, ils induisent la modification de l'état de différenciation des cellules épithéliales pour qu'elles forment de nouveaux bourgeons. On peut provoquer la formation de bourgeons gustatifs même dans une région de l'épithélium qui normalement n'en possède pas, par exemple sur la face inférieure de la langue, si on effectue la culture en présence d'un ganglion sensoriel approprié qui fournit l'innervation.

Cependant, en dépit de ces exemples, la majorité des tissus adultes est composée d'un nombre de lignées cellulaires distinctes et déterminées de façon irréversible. Leur nombre et leurs relations spatiales doivent être maintenus durant toute la vie par des mécanismes qui ne nécessitent pas la transformation d'un type de cellule en un autre.

Résumé

La majorité des cellules différenciées des tissus adultes conserveront leur caractère spécialisé même placées dans un nouvel environnement. Bien que les états différenciés soient généralement stables et non interchangeables, les propriétés de cellules hautement spécialisées peuvent être modifiées dans une certaine mesure en réponse aux exigences de l'environnement. Les transformations cellulaires les plus frappantes se produisent au sein de la famille des cellules conjonctives qui comprend les fibroblastes et les cellules du cartilage. Les bourgeons gustatifs sont un autre exemple représentatif d'un état de différenciation dépendant d'une interaction intercellulaire continue puisque leurs cellules spécialisées disparaissent complètement en l'absence d'innervation et réapparaissent quand cette dernière est restaurée.

Les tissus à cellules permanentes [5]

Toutes les populations de cellules différenciées de l'organisme ne sont pas aptes à se renouveler. Certains types cellulaires qui se sont multipliés en quantité appropriée chez l'embryon, se maintiennent durant la vie adulte ; ils ne semblent jamais se diviser et, en cas de perte, ils ne peuvent être remplacés. C'est en ce sens que presque toutes les cellules nerveuses sont dites permanentes. Le sont aussi quelques autres types de cellules comprenant — chez les mammifères — les cellules musculaires du cœur et les cellules du cristallin.

Alors que toutes ces cellules ont une espérance de vie extrêmement longue et vivent nécessairement dans des environnements protégés, elles sont assez dissemblables sur d'autres points, et il est difficile d'expliquer leur permanence par une théorie générale quand beaucoup d'autres populations cellulaires sont sujettes au renouvellement. Pour les cellules musculaires cardiaques, on n'a pas encore trouvé d'explication. Quant aux cellules nerveuses (leur cas sera étudié en détail au Chapitre 19), il semble qu'un large renouvellement cellulaire chez l'adulte serait nuisible. En effet, il serait difficile de rétablir chez l'adulte la distribution précise et complexe des connexions nerveuses, établie dans des circonstances tout à fait différentes au cours du développement. De plus, certains souvenirs, enregistrés sous la forme de légères modifications de la structure ou des interconnexions de cellules nerveuses isolées, seraient probablement effacés. A l'inverse, dans le cristallin, la permanence cellulaire apparaît comme une conséquence inévitable du mode de croissance du tissu.

Les cellules situées au centre du cristallin de l'œil adulte sont des vestiges de l'embryon [6]

Dans l'organisme adulte, il n'y a pratiquement pas de molécules qui proviennent de l'embryon. Le **cristallin** de l'œil est une exception : c'est une des rares structures dont les cellules sont conservées sans aucun renouvellement de leur contenu.

Le cristallin est formé à partir de l'ectoderme à l'endroit où les vésicules optiques en développement sont à son contact. L'ectoderme alors s'épaissit, s'invagine et finalement bourgeonne et forme une *vésicule cristalline* (voir Figure 17-2). Le cristallin apparaît comme une coquille cellulaire sphérique formée à partir d'un épithélium comportant une monocouche cellulaire épaisse autour d'une cavité centrale. Les cellules de la partie postérieure de la vésicule cristalline (celles qui font face à la rétine) subissent rapidement une transformation radicale. Elles synthétisent et se remplissent de *cristallines*, protéines caractéristiques du cristallin. Lors de ce processus, elles s'allongent considérablement, se différenciant en *fibres cristallines* (Figure 17-4). Par la suite, leurs noyaux se désagrègent et la synthèse protéique cesse. De cette façon, la partie de l'épithélium de la vésicule cristalline en face de la rétine s'étend et forme un corps réfringent épais constitué de nombreuses cellules de grande taille, prismatiques, inertes, situées côte à côte (Figure 17-5). La cavité centrale de la vésicule est obstruée et la partie antérieure de l'épithélium de la vésicule cristalline — la face externe — reste constituée d'une fine couche de cellules cubiques de petite taille. La croissance du cristallin dépend de la prolifération de ces cellules à l'avant, poussant certaines des cellules de cette région sur le pourtour du cristallin et vers l'arrière (Figures 17-4 et 17-5A). Au cours de la migration vers l'arrière, les cellules cessent de se diviser, augmentent leur vitesse de synthèse des cristallines et se différencient en fibres cristallines. Des fibres cristallines supplémentaires continuent à être recrutées de cette façon pendant toute la vie, bien qu'à un rythme toujours décroissant.

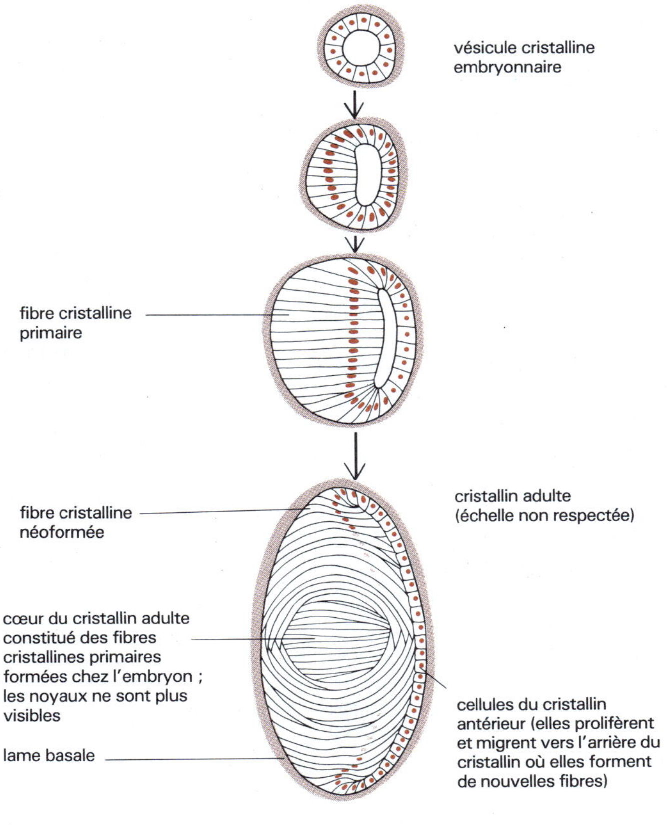

Figure 17-4 Le développement du cristallin de l'œil humain.

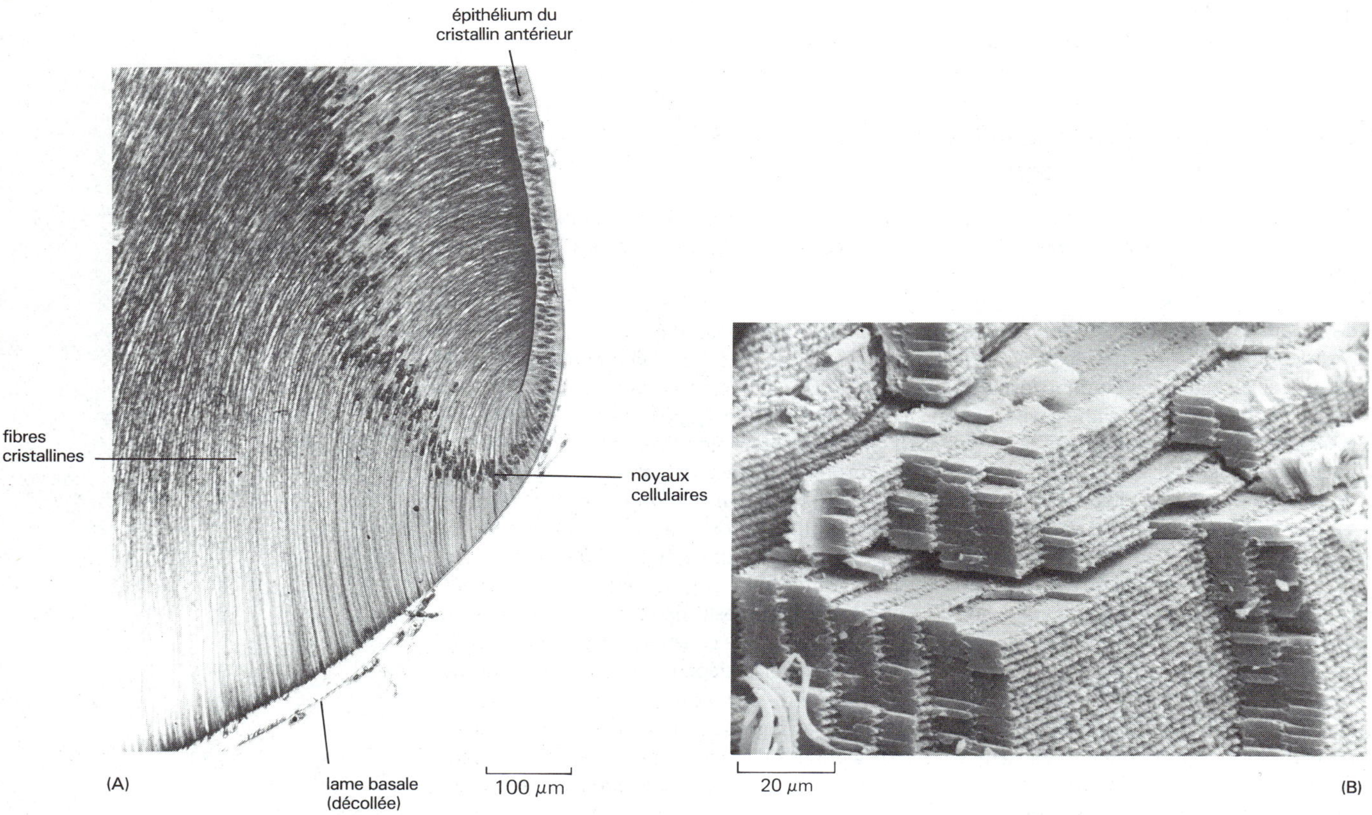

Les types de cristallines trouvées lors des premières générations de fibres sont différents de ceux des générations plus tardives tout comme les hémoglobines des globules rouges fœtaux sont différentes de celles des globules rouges adultes. Mais alors que les globules rouges âgés sont éliminés, les fibres initialement formées dans le cristallin ne le sont pas. Ainsi, au cœur du cristallin adulte se trouvent des fibres formées chez l'embryon contenant donc des types particuliers de cristallines synthétisées pendant la période précoce. Les différences d'indice de réfraction entre les cristallines embryonnaires précoces et celles déposées plus tard aident le cristallin de l'œil à s'adapter aux aberrations optiques, ce que ne peuvent faire les simples lentilles constituées d'une matière homogène telle que le verre.

Figure 17-5 Structure du cristallin mature. (A) Micrographie optique d'une partie du cristallin, montrant la jonction entre le feuillet mince de l'épithélium antérieur qui couvre l'avant du cristallin et les fibres cristallines différenciées à l'arrière. (B) Photographie en microscopie électronique à balayage d'une partie du cristallin. Les fibres sont étroitement empilées ainsi que des planches remisées. Chaque fibre correspond à une cellule allongée unique et sans vie qui peut atteindre 12 mm de long (A, avec l'aimable autorisation de Peter Gould ; B, d'après R.G. Kessel et R.H. Kardon, Tissues and Organs : A Text-Atlas of Scanning Electron Microscopy. San Francisco : Freeman, 1979. © 1979 W.H. Freeman and Company).

La majorité des cellules permanentes renouvellent leurs constituants : les cellules photoréceptrices de la rétine [7]

Peu de cellules sont immuables comme les fibres du cristallin. En général, les cellules qui persistent toute la vie sans se diviser subissent un renouvellement de leurs constituants. En effet, bien qu'elles ne se divisent pas, les cellules musculaires cardiaques et les cellules nerveuses sont métaboliquement actives et capables non seulement de synthétiser de nouveaux ARN et des protéines, mais aussi de modifier leur taille et leur structure durant la vie adulte. Les cellules cardiaques, par exemple, renouvellent l'ensemble de leurs protéines en une à deux semaines et elles sont capables de moduler la synthèse et la dégradation protéiques de façon à ce qu'elles grossissent si le cœur subit une surcharge — due par exemple à une augmentation prolongée de la pression sanguine. Les cellules nerveuses renouvellent aussi continuellement leurs protéines ; de plus, beaucoup de cellules nerveuses sont capables de regénérer des axones et des dendrites qui ont été sectionnés (voir Chapitre 19).

Le renouvellement des constituants cellulaires est illustré de façon remarquable dans les cellules nerveuses hautement spécialisées qui forment les **photorécepteurs** de la rétine. La rétine neuronale (voir Figure 17-2) est constituée de plusieurs couches cellulaires organisées de façon apparemment désordonnée. Les neurones qui transmettent les signaux visuels jusqu'au cerveau (appelés *cellules ganglionnaires de la rétine*) sont à proximité immédiate du monde extérieur de telle sorte que la lumière, focalisée par le cristallin, doit les traverser pour atteindre les cellules photoréceptrices. Les photorécepteurs qui sont classés en **cônes** ou en **bâtonnets**

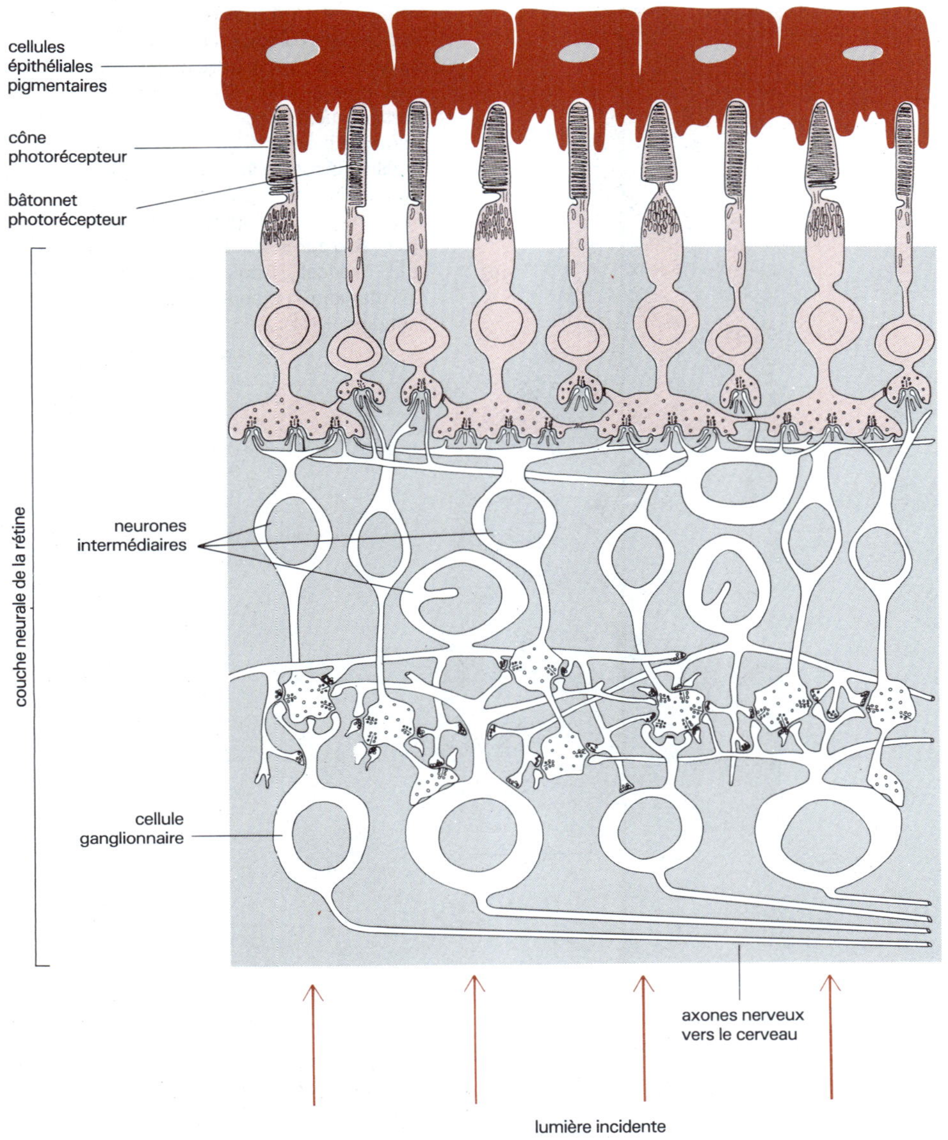

Figure 17-6 Représentation schématique de la structure de la rétine. Les interneurones transmettent la stimulation luminaire des photorécepteurs aux cellules ganglionnaires, qui acheminent le signal jusqu'au cerveau. Les espaces ombrés en gris pâle entre les neurones et entre les photorécepteurs dans la couche neurale de la rétine sont occupés par une population de cellules de soutien spécialisées qui ne sont pas représentées sur cette figure. (D'après J.E. Dowling et B.B. Boycott, avec quelques modifications, *Proc. R. Soc. Lond. (Biol.)* 166:80-111, 1966).

selon leur forme ont leurs terminaisons photoréceptrices, ou *segments externes*, partiellement enfouies dans l'épithélium pigmentaire (Figure 17-6). Cônes et bâtonnets contiennent différents complexes photosensibles de protéines avec un pigment visuel. Les bâtonnets sont sensibles aux faibles intensités lumineuses alors que les cônes (subdivisés en trois types caractérisés par des réponses spectrales différentes) sont responsables de la perception de la couleur. Le segment externe de chaque photorécepteur apparaît comme un cil modifié avec une disposition ciliaire caractéristique des microtubules dans la région où il est connecté avec le reste de la cellule (Figure 17-7). Le reste du segment externe est presque entièrement constitué d'un empilement dans lequel les protéines photosensibles sont insérées. A l'opposé, les terminaisons nerveuses des cellules photoréceptrices forment des synapses avec un ou plusieurs interneurones de la rétine.

Les photorécepteurs sont des cellules permanentes incapables de se diviser. Au contraire les protéines photosensibles ne sont pas permanentes. Il y a un renouvellement constant qui peut être mis en évidence par injection d'acides aminés radioactifs incorporés dans ces molécules. Dans les bâtonnets (et curieusement, pas dans les cônes), ce renouvellement est organisé de manière ordonnée. Ceci peut être analysé en suivant le cheminement des protéines marquées à travers la cellule après l'avoir mise en présence, pour une courte durée, d'un acide aminé radioactif (Figure 17-8). Après l'incorporation habituelle dans les protéines et le passage dans l'appareil de Golgi, la radioactivité apparaît tout d'abord à la base de l'empilement membranaire situé dans le segment externe. A partir de là, on observe un déplacement de la

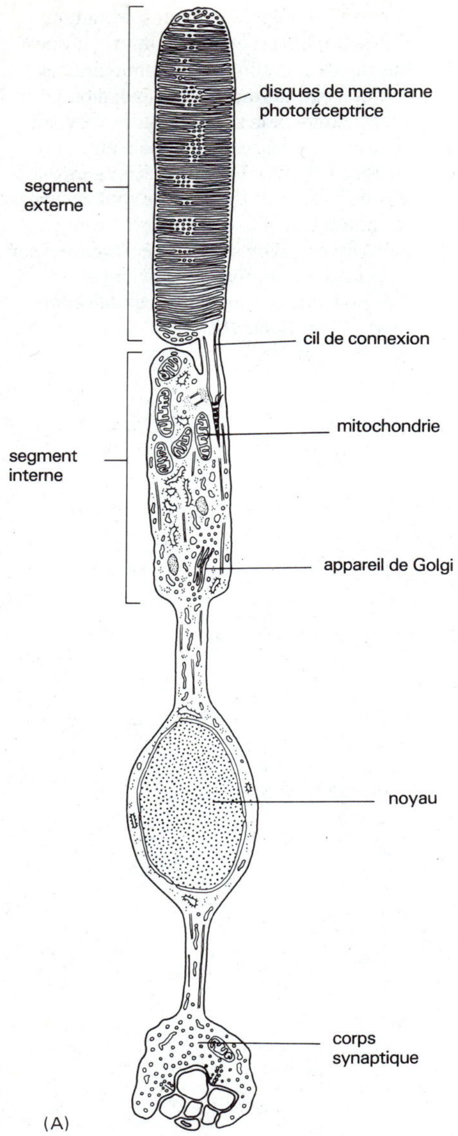

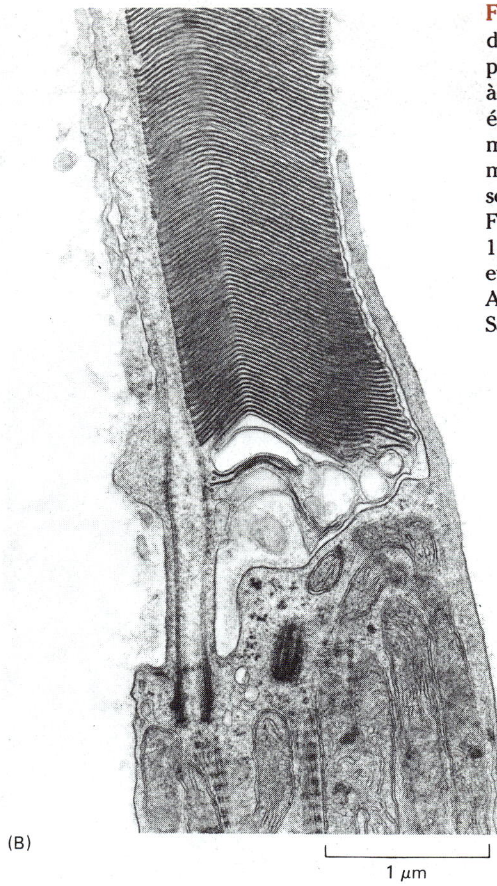

Figure 17-7 (A) Représentation schématique d'un bâtonnet. Le nombre de disques photorécepteurs dans le segment externe est à peu près de 1 000. (B) Micrographie électronique d'une partie d'un bâtonnet qui montre la base du segment externe et le cil modifié qui assure la connexion avec le segment interne. (A, d'après T.L. Lentz, Cell Fine Structure. Philadelphia : Saunders, 1971 ; B, d'après M.J. Hogan, J.A. Alvarado, et J.E. Weddell, Histology of the Human Eye : An Atlas and Textbook. Philadelphia : Saunders, 1971).

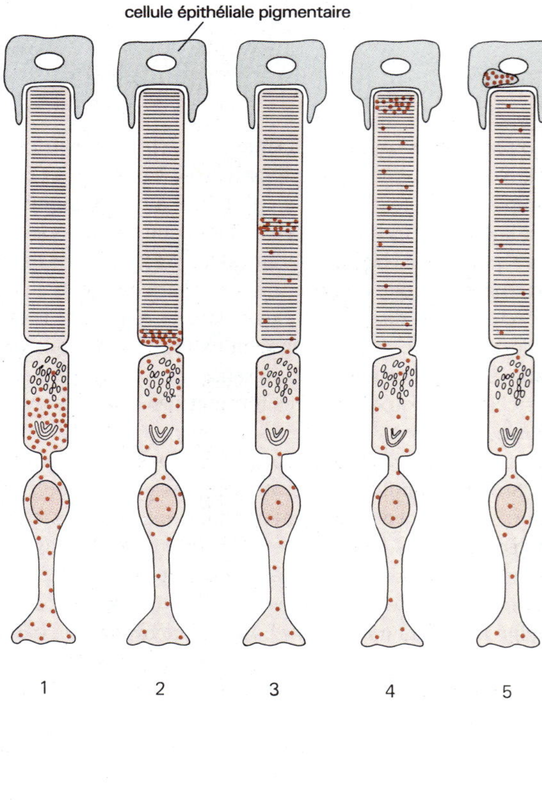

Figure 17-8 Renouvellement des protéines de la membrane d'un bâtonnet. Après incubation des cellules avec de la leucine tritiée pendant un temps bref, le mouvement des protéines tritiées néoformées à travers la cellule est suivi par autoradiographie. Les points colorés indiquent les sites radioactifs. Cette méthode révèle la radioactivité incorporée dans les polypeptides, la radioactivité résiduelle ayant été éliminée par lavage pendant la préparation du tissu. La leucine incorporée est tout d'abord détectée à proximité de l'appareil de Golgi (1) et, de là, elle passe à la base d'un segment externe dans un disque de membrane photoréceptrice néosynthétisé (2). Les nouveaux disques sont formés à raison de 3 ou 4 par heure (chez un mammifère), déplaçant les disques plus anciens vers l'épithélium pigmentaire (3-5).

radioactivité vers l'extrémité du segment alors que du matériel nouveau est introduit à la base de l'empilement. Finalement (au bout de 10 jours chez le rat), une fois l'extrémité du segment externe atteinte, les protéines marquées et les couches membranaires dans lesquelles elles sont enveloppées sont phagocytées (mâchées et digérées) par les cellules de l'épithélium pigmentaire.

Nous aurons plus à dire sur les photorécepteurs et leur fonction dans le système nerveux dans le Chapitre 19 (voir p. 1105).

Résumé

Les cellules nerveuses, les cellules musculaires cardiaques et les fibres du cristallin persistent toute la vie sans se diviser et sans être remplacées. Dans les fibres matures du cristallin, les noyaux ont disparu et la synthèse protéique est arrêtée, de telle sorte que le noyau du cristallin chez l'adulte est constitué de protéines formées pendant la phase précoce de la vie embryonnaire. Cependant, dans la plupart des autres cellules permanentes, l'activité métabolique continue et il y a un constant renouvellement des composants cellulaires. Ceci est clairement observé dans les bâtonnets de la rétine, où de nouvelles couches de membranes photoréceptrices sont synthétisées dans une région proche du noyau. Elles migrent ensuite régulièrement vers l'extérieur avant d'être éventuellement captées et digérées par les cellules de l'épithélium pigmentaire de la rétine.

Renouvellement par simple duplication [8]

La majorité des populations cellulaires différenciées chez les vertébrés ne sont pas permanentes : les cellules meurent et sont renouvelées constamment. De nouvelles cellules différenciées peuvent être produites de deux façons durant la vie adulte : 1) par *duplication simple* de cellules différenciées pré-existantes qui se divisent pour donner une paire de cellules filles de même type ; ou 2) à partir de *cellules souches* indifférenciées suivant un processus qui implique un changement de phénotype cellulaire comme cela sera expliqué plus tard dans ce chapitre.

Les vitesses de renouvellement varient d'un tissu à l'autre. Le temps de renouvellement peut être d'une semaine, ou moins, comme c'est le cas pour la paroi épithéliale de l'intestin grêle (renouvelée par différenciation de cellules souches), ou, à l'inverse, il peut être de plus d'une année, ce qui est observé dans le pancréas (renouvelé par duplication simple). Beaucoup de tissus, dont les vitesses de renouvellement sont faibles, peuvent être stimulés afin de produire de nouvelles cellules plus rapidement si besoin est.

Dans cette partie, nous discuterons deux exemples de populations cellulaires renouvelées par simple duplication — les hépatocytes et les cellules endothéliales.

Le foie fonctionne comme une interface entre l'appareil digestif et le sang [9]

La digestion est un processus complexe. Les cellules qui tapissent l'appareil digestif sécrètent dans la lumière de l'intestin une variété de substances comme l'acide chlorhydrique et des enzymes digestives, qui hydrolysent les molécules alimentaires en nutriments plus simples. Les cellules absorbent ces nutriments à partir de la lumière de l'intestin, les transforment, et les libèrent ensuite dans le sang, afin qu'ils soient utilisés par d'autres cellules de l'organisme. Toutes ces activités sont réglées selon la composition des nutriments absorbés et les concentrations des métabolites dans la circulation sanguine. Cet ensemble complexe de tâches est effectué grâce à une répartition du travail : certaines cellules sont spécialisées dans la sécrétion de HCl, d'autres dans la sécrétion enzymatique, d'autres dans l'absorption des nutriments et d'autres encore dans la production d'hormones peptidiques, comme la gastrine, qui règlent les activités métaboliques et digestives, etc. (Figure 17-9). Certains de ces types cellulaires sont étroitement entremêlés dans la paroi intestinale ; d'autres forment de grosses glandes qui communiquent avec l'intestin et qui apparaissent, chez l'embryon, comme des excroissances de l'épithélium intestinal.

Le foie est la plus grosse des glandes qui communiquent avec l'intestin. Chez l'embryon, il se développe à un endroit où une veine importante longe la paroi du tube digestif primitif, et l'organe adulte conserve un rapport très étroit avec le sang. Les cellules du foie qui dérivent de l'épithélium de l'intestin primitif — les **hépatocytes** — sont disposées en feuillets plissés,

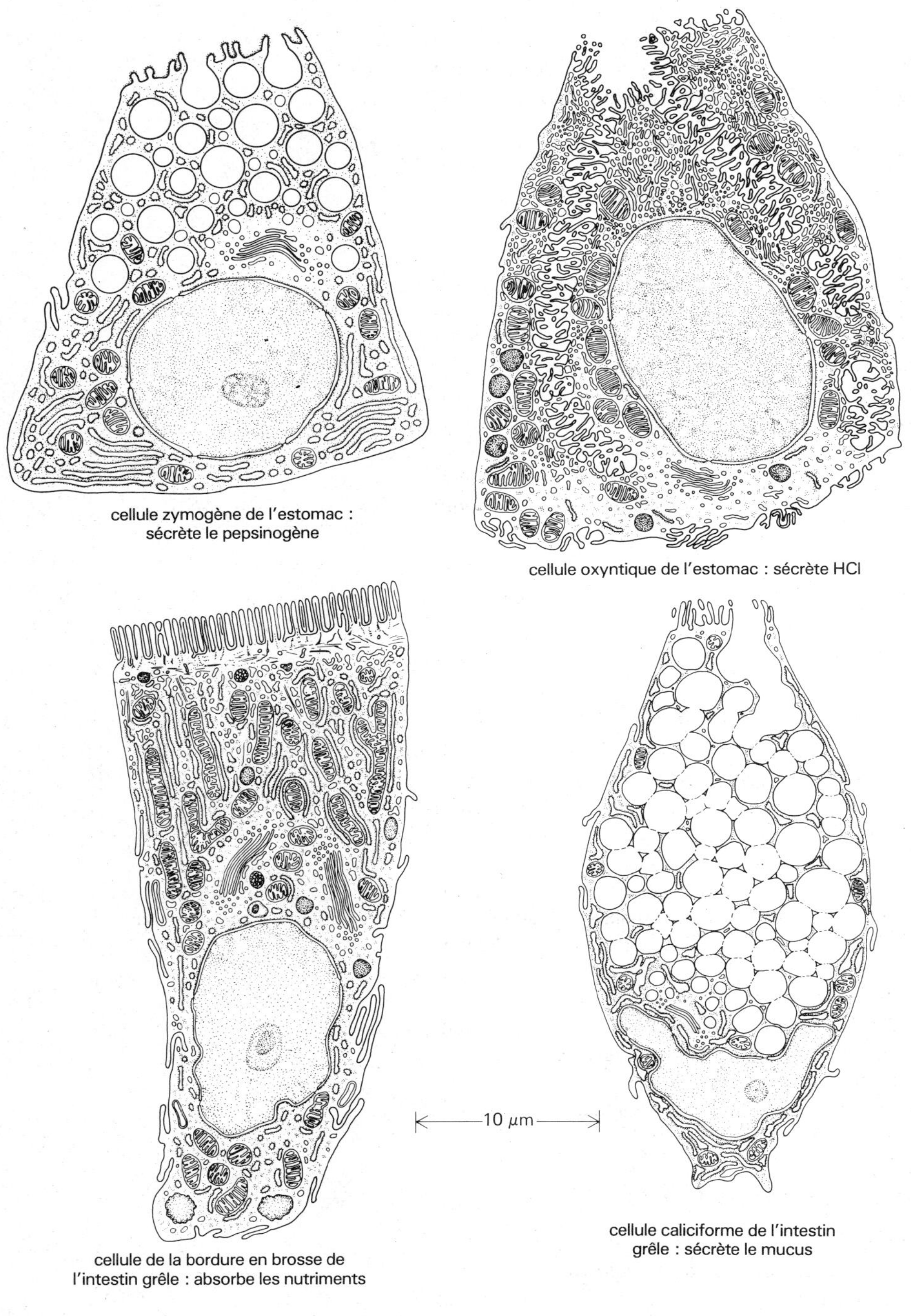

Figure 17-9 Quelques types cellulaires spécialisés trouvés dans l'épithélium intestinal. Les positions voisines dans le feuillet épithélial sont souvent occupées par des cellules de types différents (voir Figure 17-17B) (D'après T.L. Lentz, Cell Fine Structure, Philadelphia : Saunders, 1971).

faisant face à des espaces sanguins appelés *sinusoïdes* (Figure 17-10A). Le sang est séparé de la surface des hépatocytes par une couche unique de cellules endothéliales aplaties qui couvrent les côtés de chaque feuillet (Figure 17-10B). Cette structure facilite les principales fonctions du foie qui reposent sur l'échange de métabolites entre le sang et les hépatocytes.

Le foie est le lieu principal où les aliments absorbés à partir de l'intestin puis véhiculés vers le sang, sont transformés afin d'être utilisés par les autres cellules de l'organisme ; il reçoit la majeure partie de son approvisionnement sanguin directement du tractus intestinal (via la veine porte). Les hépatocytes sont responsables de la synthèse, de la dégradation et du stockage d'un grand nombre de substances ; ils jouent un rôle essentiel dans le métabolisme des hydrates de carbone et des lipides de l'organisme ; et ils sécrètent la plupart des protéines présentes dans le plasma sanguin. En même temps, les hépatocytes restent reliés à la lumière intestinale via un système de canaux minuscules (ou *canaliculi*) et de conduits plus larges (Figure 17-10B)

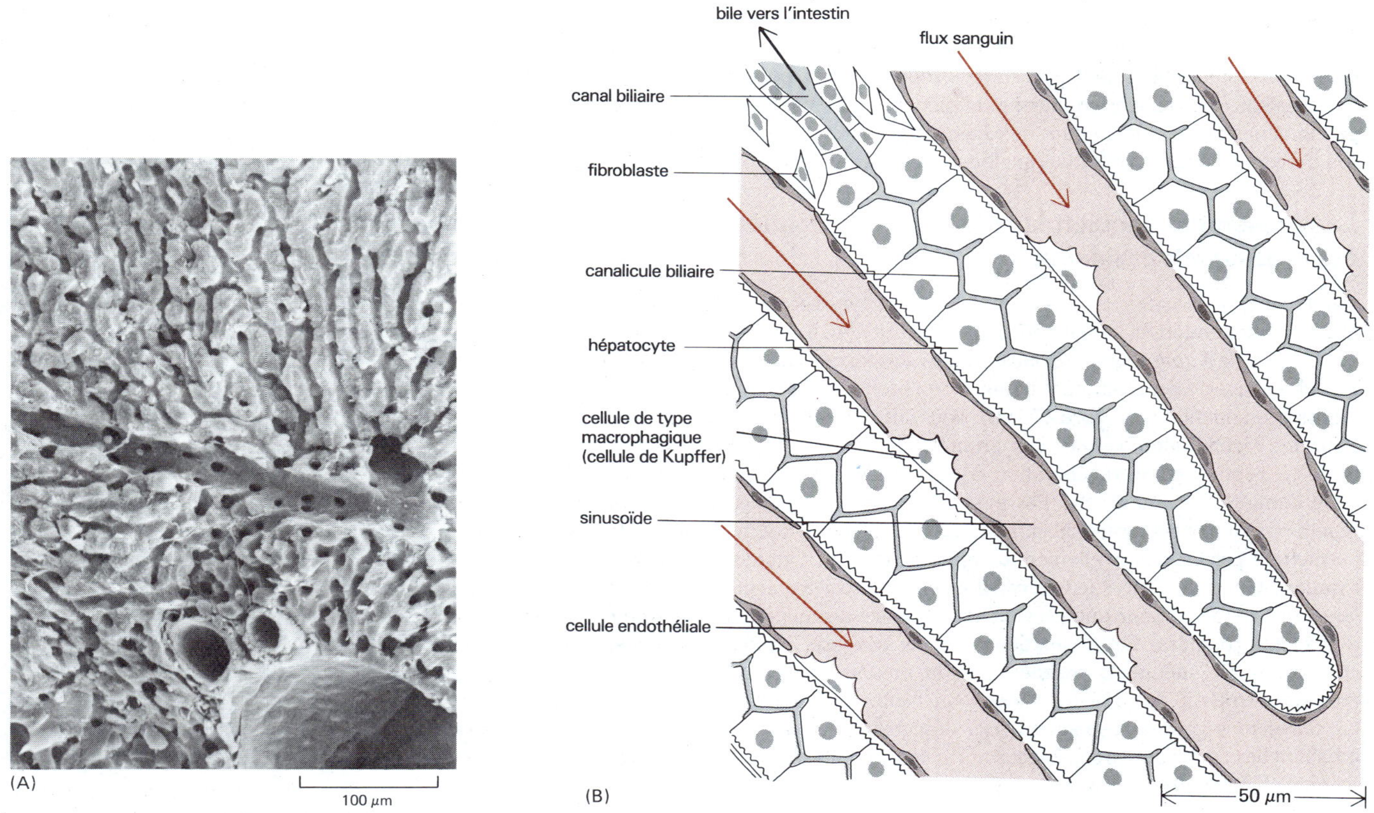

Figure 17-10 Structure du foie. (A) Photographie en microscopie électronique à balayage d'une partie du foie montrant les couches irrégulières d'hépatocytes et les nombreux petits canaux ou sinosoïdes qui permettent l'irrigation sanguine. Les plus gros canaux sont des vaisseaux qui distribuent et collectent le sang coulant à travers les sinusoïdes. (B) Représentation très schématique de la structure fine du foie. Les hépatocytes sont séparés du sang par une couche unique et mince de cellules endothéliales parsemée de cellules de type macrophagique, les *cellules de Kupffer*. De petits orifices dans cette couche permettent l'échange de molécules et de petites particules entre les hépatocytes et le sang tout en protégeant les hépatocytes d'une agression par les cellules sanguines circulantes. En plus de ces fonctions d'échange avec le sang, les hépatocytes forment un système de minuscules canalicules biliaires dans lesquels ils sécrètent la bile ; celle-ci est finalement déversée dans l'intestin grâce aux canaux biliaires. La structure réelle est moins régulière que ne le laisse supposer ce schéma. (A, d'après R.G. Kessel et R.H. Kardon, Tissues and Organs : A Text-Atlas of Scanning Electron Microscopy. San Francisco : Freeman, 1979 © 1979 W.H. Freeman and Company).

et, de cette façon, sécrètent dans l'intestin les déchets de dégradation et un agent émulsifiant, *la bile*, qui aide à l'absorption des graisses. Au sein de cette population d'hépatocytes, contrairement au reste de l'appareil digestif, il semble qu'il n'y ait presque aucune répartition du travail : chaque hépatocyte semble être capable d'effectuer l'ensemble des différentes tâches métaboliques et sécrétrices.

Les hépatocytes ont un mode de vie différent de celui des cellules qui tapissent la lumière de l'intestin lui-même. Ces dernières, au contact du contenu corrosif et abrasif de l'intestin, ne peuvent vivre longtemps et doivent être rapidement remplacées par un apport continuel de cellules néoformées (voir Figure 17-17). Les hépatocytes, qui ne sont jamais au contact direct avec le contenu de l'intestin, vivent beaucoup plus longtemps et sont renouvelés à une vitesse lente et contrôlée avec précision.

La perte de cellules hépatiques stimule la prolifération des cellules hépatiques [10]

Même dans un tissu qui se renouvelle lentement, l'existence d'un léger déséquilibre entre la vitesse de production et la vitesse de perte cellulaire peut conduire au désastre. Si 2 p. cent des cellules hépatiques, chez l'homme, se divisaient chaque semaine et si la perte n'était que de 1 p. cent, le foie grossirait et au bout de 8 ans dépasserait le poids du corps. Quelque mécanisme homéostatique doit être mis en jeu pour ajuster la vitesse de prolifération cellulaire à la masse de tissu présent. La nécessité d'un tel contrôle est de la plus grande importance dans un organe comme le foie, où les cellules peuvent être détruites de temps en temps par des poisons (par exemple l'alcool) dans l'alimentation.

Une preuve irréfutable du contrôle homéostatique de la prolifération des cellules hépatiques vient d'expériences dans lesquelles de grands nombres d'hépatocytes sont éliminés soit par intervention chirurgicale, soit par l'utilisation d'un poison, le tétrachlorure de carbone. Moins d'un jour après l'une ou l'autre de ces lésions, une vague de division cellulaire se produit parmi les hépatocytes survivants, et le tissu perdu est rapidement remplacé. Ainsi si l'on retire les deux tiers d'un foie de rat, un foie d'une taille presque normale peut être régénéré à partir du tiers restant en deux semaines. Dans des cas de ce genre, on peut démontrer l'existence, dans la circulation, d'un signal de régénération hépatique : si les circulations de deux rats sont connectées chirurgicalement et si les deux tiers du foie de l'un sont excisés, la mitose est déclenchée dans le foie non mutilé de l'autre. Quel est le signal circulant et quel est son mode d'action ? Ces questions sont encore sans réponse. Il est possible que ce signal relève d'une combinaison complexe de conditions chimiques plutôt que d'un seul facteur de croissance. Des phénomènes presque identiques de régénération sont observés dans le rein qui semble avoir son propre système séparé, mais analogue, de contrôle de croissance.

La régénération requiert la croissance coordonnée des constituants cellulaires [11]

Comme tous les organes, le foie est un mélange de types cellulaires. En dehors des hépatocytes et des cellules endothéliales qui tapissent ses sinusoïdes, il contient des macrophages spécialisés (les *cellules de Kupffer*) qui engloutissent des substances particulières du sang et éliminent les globules rouges usés, et un petit nombre de fibroblastes qui fournissent une mince charpente de tissu conjonctif (voir Figure 17-10B). Tous ces types de cellules sont capables de se diviser. Pour une régénération parfaite, leur prolifération doit être coordonnée correctement.

La rupture d'une régénération équilibrée des types cellulaires démontre à quel point cette dernière est importante. Par exemple, si les hépatocytes sont empoisonnés de façon répétée par le tétrachlorure de carbone ou par l'alcool à des intervalles si fréquents qu'ils ne permettent pas un renouvellement complet entre deux « attaques », les fibroblastes prennent avantage de la situation et le foie est alors envahi irréversiblement par du tissu conjonctif qui laisse peu de place pour une croissance ultérieure des hépatocytes même après élimination des agents toxiques. Cette situation, appelée *cirrhose*, est fréquente chez les alcooliques chroniques. De même, la régénération du muscle squelettique est souvent gênée par la croissance trop rapide du tissu conjonctif qui l'entoure de sorte que le tissu cicatriciel remplace les fibres musculaires. Cependant, ces déséquilibres sont le résultat de lésions tissulaires inhabituelles ; dans des circonstances normales de renouvellement tissulaire, des mécanismes de régulation encore mal compris maintiennent un équilibre constant entre les différents types cellulaires.

Les cellules endothéliales tapissent tous les vaisseaux sanguins [12]

Par opposition avec les exemples précédents de comportements mal coordonnés des fibroblastes, les **cellules endothéliales** qui tapissent les vaisseaux sanguins ont une capacité remarquable d'ajuster leur nombre et leur distribution aux exigences locales. Presque tous les tissus dépendent d'un apport sanguin et celui-ci dépend des cellules endothéliales. Elles forment un système de support naturel et adaptable qui se ramifie dans toutes les régions de l'organisme. S'il n'y avait pas les cellules endothéliales pour développer et remodeler le réseau vasculaire, la croissance et la réparation tissulaires seraient impossibles.

Les vaisseaux sanguins les plus gros sont les artères et les veines qui ont une paroi résistante et épaisse de tissu conjonctif et de muscle lisse (Figure 17-11A). La paroi est

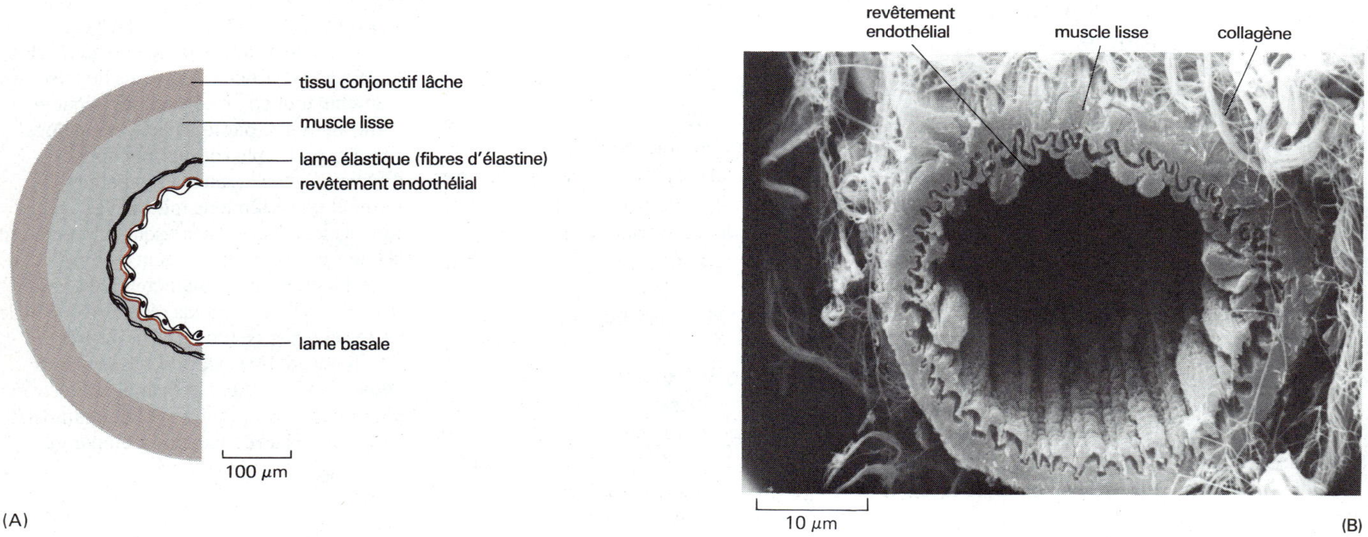

Figure 17-11 (A) Représentation schématique d'une partie de la paroi d'une petite artère. Les cellules endothéliales, bien que peu apparentes, en sont le composant fondamental. Comparer avec le capillaire de la Figure 17-12. (B) Photographie en microscopie électronique à balayage d'une coupe transversale d'une artériole (très petite artère) qui montre le revêtement interne constitué de cellules endothéliales, la couche de muscle lisse et de tissu conjonctif riche en collagène qui l'entoure. Une légère contraction du muscle lisse a entraîné les cellules endothéliales dans les replis de la paroi. Lors de la fixation, la couche endothéliale s'est contractée loin de la paroi musculaire laissant une petite brèche. (B, d'après R.G. Kessel et R.H. Kardon, Tissues and Organs : A Text-Atlas of Scanning Electron Microscopy. San Francisco : Freeman, 1979. © 1979 W.H. Freeman and Company).

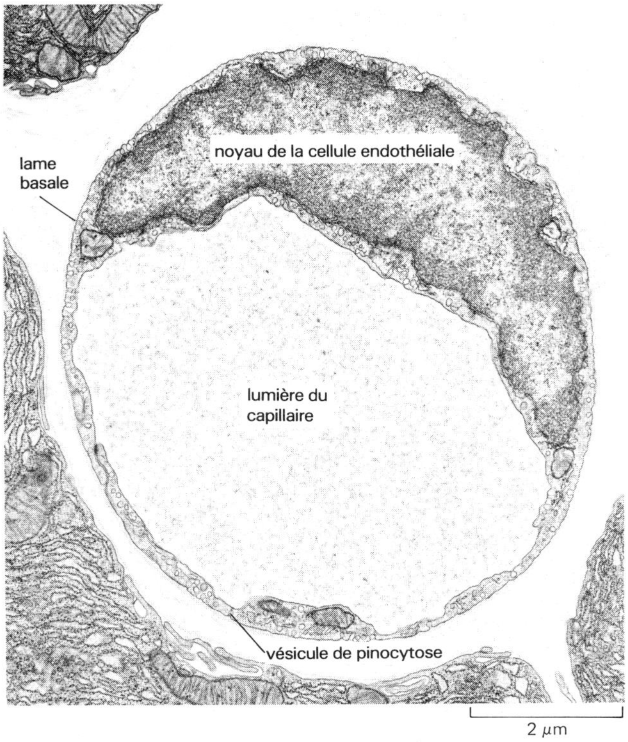

Figure 17-12 Micrographie électronique d'une coupe transversale d'un petit capillaire pancréatique. La paroi est formée par une unique cellule endothéliale entourée d'une lame basale. Noter les petites (80 nm) vésicules « transcytotiques » qui, selon une théorie possible, sont impliquées dans le transport des grosses molécules de part et d'autre de la paroi de ce type de capillaire : les matériaux solubles sont captés dans les vésicules par endocytose au niveau de la face luminale de la cellule et ils sont libérés par exocytose au niveau de la face externe, ou vice versa. (D'après R.P. Bolender, *J. Cell Biol.* 61:269-287, 1974. Reproduit avec l'autorisation de la Rockefeller University Press).

tapissée par une seule couche extrêmement fine de cellules endothéliales, séparée des couches environnantes extérieures par une lame basale. L'épaisseur du tissu conjonctif et du muscle lisse dans la paroi vasculaire varie selon le diamètre et la fonction du vaisseau mais la couche endothéliale est toujours présente (Figure 17-11B). Dans les plus fines ramifications de l'arbre vasculaire — les capillaires et les sinusoïdes — les parois sont uniquement constituées de cellules endothéliales et d'une lame basale (Figure 17-12). Les cellules endothéliales tapissent donc entièrement le système vasculaire, du cœur jusqu'au plus petit des capillaires et elles contrôlent la pénétration des substances — et le transit des globules blancs — dans le flux sanguin, ainsi que leur sortie. Une étude de l'embryon révèle, en outre, que les artères et les veines elles-mêmes se sont développées à partir de simples petits vaisseaux constitués uniquement de cellules endothéliales et d'une lame basale : le tissu conjonctif et le muscle lisse sont ajoutés ensuite quand besoin est, sous l'influence de signaux émis par les cellules endothéliales.

Les nouvelles cellules endothéliales sont engendrées par simple duplication des cellules endothéliales existantes [13]

D'un bout à l'autre du système vasculaire adulte, les cellules endothéliales gardent la capacité de se diviser et de migrer. Si, par exemple, une partie de la paroi de l'aorte est endommagée et dénudée de ses cellules endothéliales, les cellules adjacentes à la lésion prolifèrent et migrent pour couvrir la surface exposée. Les cellules néoformées sont même capables de recouvrir la surface interne des tubes plastiques utilisés par les chirurgiens pour remplacer les parties endommagées des vaisseaux sanguins.

La prolifération des cellules endothéliales peut être démontrée en utilisant la thymidine tritiée pour marquer l'ADN des cellules (en phase S). Dans les vaisseaux normaux, la proportion de cellules endothéliales marquées est particulièrement élevée aux points de branchement des artères où la turbulence et l'usure des cellules endothéliales qui en résultent semblent stimuler le renouvellement cellulaire. Dans l'ensemble, cependant, les cellules endothéliales se renouvellent assez lentement avec une durée de vie cellulaire de plusieurs mois, voire de plusieurs années.

Les cellules endothéliales ne réparent pas seulement la paroi des vaisseaux sanguins existants, elles contribuent aussi à en créer de nouveaux. C'est ce qu'elles doivent faire dans les tissus embryonnaires pour marcher de pair avec la croissance, dans les tissus adultes normaux pour entretenir les cycles répétés de remodelage et de reconstruction ; et dans la réparation des tissus adultes endommagés.

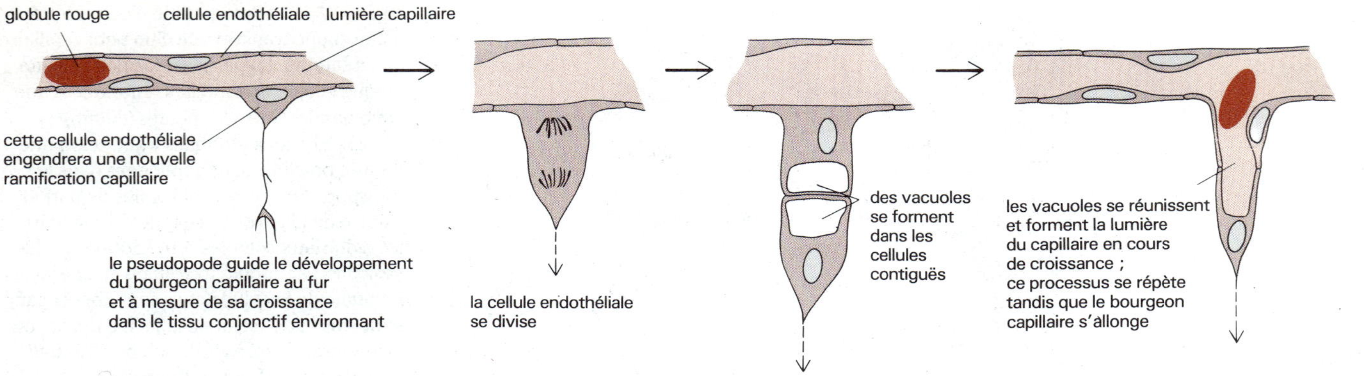

Figure 17-13 Un nouveau capillaire sanguin se forme par bourgeonnement d'une cellule endothéliale de la paroi d'un petit vaisseau pré-existant. Cette représentation schématique est basée sur l'observation de cellules de la queue transparente d'un têtard. (D'après C.C. Speidel, *Am. J. Anat.* 52:1-79, 1933).

Les nouveaux capillaires se forment par bourgeonnement [14,15]

Les nouveaux vaisseaux apparaissent toujours sous forme de capillaires qui bourgeonnent à partir de petits vaisseaux existants. Ce processus d'**angiogenèse** résulte d'une réponse cellulaire à des signaux spécifiques. Il a été démontré chez le lapin en perçant un petit trou dans l'oreille et en adaptant des lamelles de verre de chaque côté pour créer une chambre d'observation transparente dans laquelle les cellules qui entourent la plaie puissent pousser. L'angiogenèse peut aussi être observée commodément dans des structures qui sont naturellement transparentes comme la cornée de l'œil. L'application de produits irritants sur la cornée induit la croissance de nouveaux vaisseaux sanguins à partir du bord de la cornée qui est richement vascularisée, vers le centre qui, normalement, ne l'est pratiquement pas. La vascularisation de la cornée a donc lieu grâce à une invasion par les cellules endothéliales de l'épais tissu cornéen riche en collagène.

De telles observations montrent que les cellules endothéliales qui formeront un nouveau capillaire poussent à partir d'un côté d'un capillaire ou d'une petite veinule existant en allongeant des pseudopodes (Figure 17-13). Les cellules forment tout d'abord un bourgeon qui se creuse par la suite pour constituer un tube. Ce processus continue jusqu'à ce que le bourgeon rencontre un autre capillaire avec lequel il forme une connexion, permettant au sang de circuler. Des expériences de culture de tissu en milieu nutritif riche en facteurs de croissance montrent que des cellules endothéliales, même isolées des autres types cellulaires, forment spontanément des tubes capillaires. En culture, le premier signe de formation du tube est l'apparition, dans la cellule, d'une vacuole allongée qui est d'abord entièrement enveloppée par du cytoplasme (Figure 17-14A). Les cellules adjacentes forment des vacuoles similaires et, éventuellement, disposent leurs vacuoles bout à bout de sorte que celles-ci finissent par former un canal capillaire continu (Figure 17-14B). Les tubes capillaires formés dans une culture pure de cellules endothéliales ne contiennent pas de sang et rien ne les traverse. Il est donc clair que le flux et la pression du sang ne sont pas nécessaires au développement du réseau capillaire.

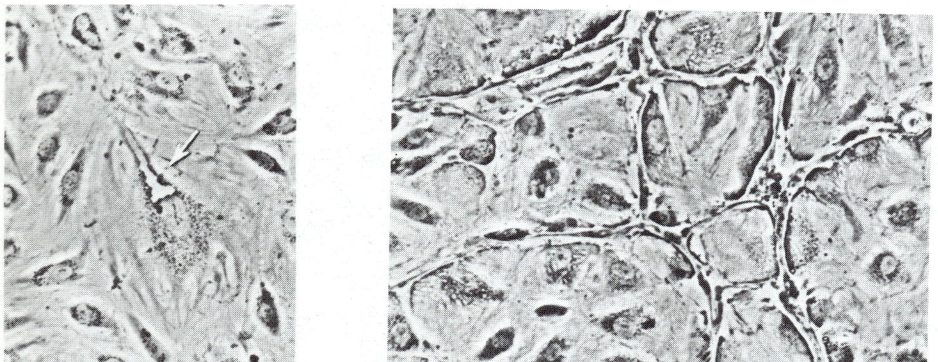

Figure 17-14 Des vacuoles internes se développent de façon spontanée dans les cellules endothéliales en culture. Leur réunion donne naissance à un réseau de tubes capillaires. Les photographies (A) et (B) montrent les étapes successives de ce processus ; la flèche en (A) indique une vacuole en cours de formation dans une cellule endothéliale unique. Les cultures sont démarrées à partir de petits groupes de 2 à 4 cellules endothéliales provenant de courts segments d'un capillaire. Ces cellules sont déposées à la surface d'une boîte de culture recouverte de collagène ; elles forment une petite colonie aplatie qui augmente régulièrement au fur et à mesure de la prolifération cellulaire. La colonie s'étend sur la boîte et, éventuellement, au bout de 20 jours à peu près, des tubes capillaires commencent à se former dans les régions centrales. Une fois la formation du tube commencée, des ramifications apparaissent rapidement, et, 5 à 10 jours plus tard, un important réseau est visible comme en (B). (D'après J. Folkman et C. Haudenschild, *Nature* 288:551-556, 1980. © MacMillan Journals Ltd.)

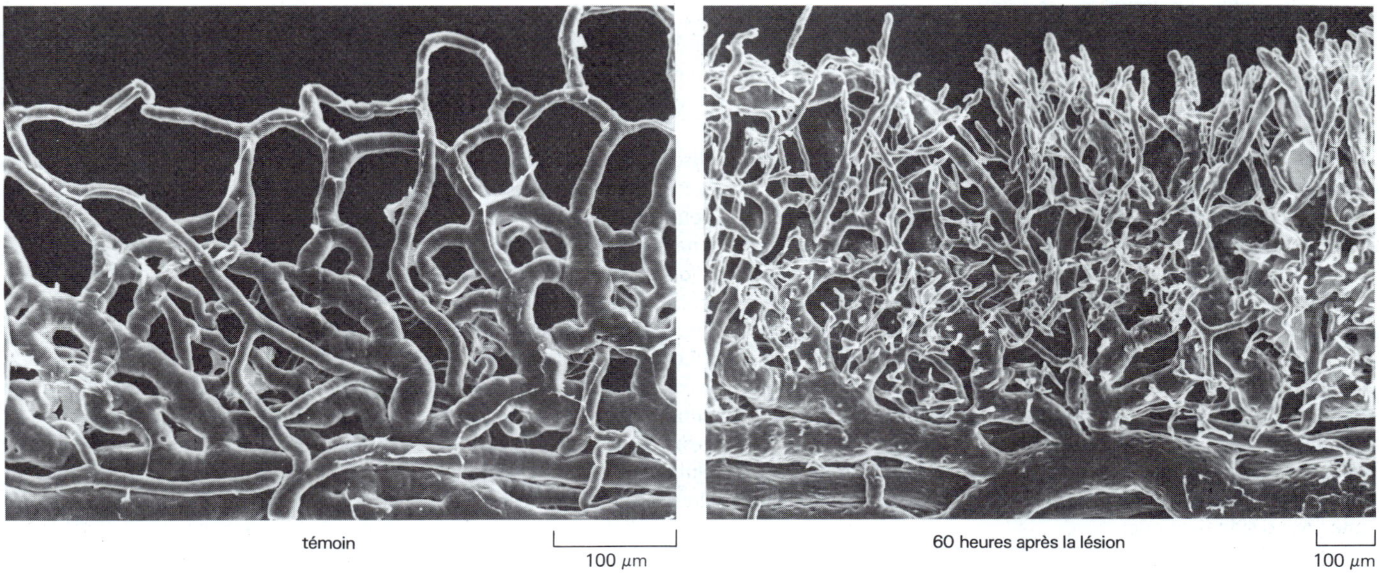

Figure 17-15 Projections du système vasculaire sanguin situé à la lisière de la cornée vues en microscopie électronique à balayage, montrant la réaction à une lésion. Les projections sont effectuées par injection de résine dans les vaisseaux sanguins ; cela permet de mettre en relief la forme de la lumière par rapport à la forme des cellules. Soixante heures après la lésion, de nombreux nouveaux capillaires ont commencé à bourgeonner vers le site endommagé qui se situe juste au-dessus du bord supérieur de l'image. Cette croissance orientée est le résultat de la réponse chimiotactique des cellules endothéliales au facteur angiogénique libéré à l'endroit de la lésion (avec l'aimable autorisation de Peter C. Burger).

La croissance du réseau capillaire est contrôlée par des facteurs libérés par les tissus voisins [15]

Chez l'animal, les cellules endothéliales forment de nouveaux capillaires partout où cela est nécessaire. Quand les cellules sont privées d'oxygène, il est vraisemblable qu'elles sécrètent des facteurs angiogéniques capables d'induire une nouvelle croissance capillaire. Probablement pour cette raison, presque toutes les cellules de vertébré sont localisées dans un rayon de 50 μm autour d'un capillaire. De la même façon, après une blessure, un bourgeon de croissance capillaire est stimulé autour du tissu endommagé (Figure 17-15). Des irritations locales ou des infections provoquent également la prolifération de nouveaux capillaires, la plupart régressent et disparaissent lorsque l'inflammation s'estompe.

L'angiogenèse est également importante dans la croissance des tumeurs. La croissance d'une tumeur solide est limitée par sa vascularisation : si elle n'était pas envahie par les capillaires, la tumeur ne disposerait, pour sa croissance, que d'éléments nutritifs diffusés par l'environnement proche et ne pourrait donc pas grossir au-delà d'un diamètre de quelques millimètres. Afin de se développer, une tumeur doit induire la formation d'un réseau de capillaires qui vont envahir la masse tumorale. L'implantation d'un petit échantillon d'un tel tissu tumoral dans la cornée entraîne la croissance rapide de vaisseaux sanguins à partir de la lisière vasculaire de la cornée vers l'implant (Figure 17-16), et le taux de croissance de la tumeur augmente fortement dès qu'elle est vascularisée.

Dans tous ces cas, les cellules endothéliales envahissantes doivent répondre à un signal produit par le tissu qui nécessite un apport sanguin. La réponse des cellules endothéliales comprend au moins trois éléments. Premièrement, les cellules doivent rompre la lame basale qui entoure le vaisseau sanguin existant ; il a été démontré que les cellules endothéliales sécrètent des *protéases* au cours de l'angiogenèse, tel *l'activateur du plasminogène*, qui leur permet de se frayer un chemin à travers la lame basale du capillaire parental ou de la veinule. Deuxièmement, les cellules endothéliales doivent se déplacer vers la source du signal. Troisièmement, elles doivent proliférer. Dans certaines circonstances, un ou deux composants

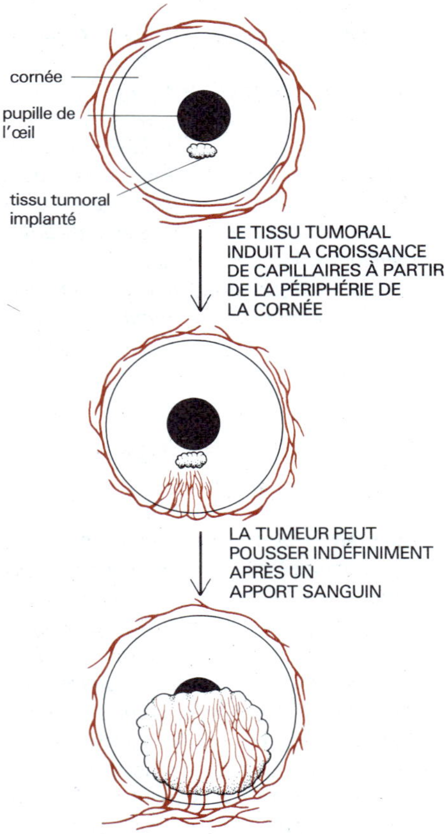

Figure 17-16 Le tissu tumoral implanté dans la cornée libère un facteur qui entraîne la croissance des capillaires. Ceux-ci apportent à la tumeur des nutriments sanguins qui lui permettent de se développer.

de la réponse tripartite peuvent être obtenus en l'absence des autres. Par exemple, des nouveaux capillaires se forment même si la prolifération des cellules endothéliales a été bloquée par irradiation ; un facteur présent dans le liquide issu des blessures a été mis en évidence par sa capacité d'attirer les cellules endothéliales, et de stimuler leur sécrétion de protéases, sans toutefois induire leur prolifération.

D'autres facteurs peuvent induire les trois éléments de la réponse cellulaire endothéliale à eux seuls. Le *facteur de croissance acide des fibroblastes* (FGF *acide*) et le *facteur de croissance basique des fibroblastes* (FGF *basique*) en sont deux exemples. Ces deux protéines, qui ont été purifiées indépendamment à partir de différentes origines et sont, par conséquent, connues sous plusieurs noms, ont des séquences d'acides amines identiques (55 p. cent d'homologie). En plus de leur effet spectaculaire sur les cellules endothéliales, elles stimulent toutes les deux la prolifération des fibroblastes et d'une variété d'autres types cellulaires et sont des régulateurs importants du développement embryonnaire précoce (voir p. 894). Leurs origines cellulaires précises sont peu connues. D'autres substances qui peuvent aussi agir comme facteurs angiogéniques semblent être libérées lors de la réparation tissulaire, de l'inflammation et de la croissance par une variété de types cellulaires, comprenant les macrophages, les mastocytes et les adipocytes. L'angiogenèse, comme le contrôle de la prolifération cellulaire en général, semble être réglée par des combinaisons complexes — et peut-être superflues — de signaux, plutôt que par un signal unique.

Résumé

La majorité des populations de cellules différenciées chez les vertébrés sont soumises à un changement par mort cellulaire et renouvellement. Dans certains cas, la cellule complètement différenciée se divise simplement et donne naissance à deux cellules filles de même type. La vitesse de prolifération des hépatocytes, par exemple, est contrôlée pour maintenir des quantités cellulaires totales appropriées et, si une partie importante du foie est détruite, les hépatocytes restants augmentent leur vitesse de division afin de reconstituer la perte. Dans les conditions normales, le renouvellement cellulaire maintient l'équilibre entre les nombres de cellules de chaque type dans un tissu donné. Cependant, la réparation peut être mal équilibrée en réponse à une lésion inhabituelle. Par exemple, dans le cas d'une lésion hépatique importante, les fibroblastes poussent plus rapidement que les hépatocytes, et les remplacent par du tissu conjonctif.

Les cellules endothéliales forment une couche cellulaire unique qui tapisse tous les vaisseaux sanguins et qui règle les échanges entre le sang et les tissus voisins. Les nouveaux vaisseaux sanguins se développent à partir des parois de petits vaisseaux existants par l'excroissance de ces cellules endothéliales qui ont la capacité de donner naissance à des tubes capillaires creux, même lorsqu'elles sont isolées en culture. Chez l'animal, les tissus anoxiques ou endommagés stimulent l'angiogenèse en libérant des facteurs angiogéniques, qui attirent les cellules endothéliales et stimulent leur prolifération et leur sécrétion de protéases.

Le renouvellement par des cellules souches : l'épiderme [8,16]

Après avoir traité du renouvellement de populations cellulaires par simple duplication, nous allons maintenant nous intéresser à celles qui sont renouvelées grâce aux **cellules souches**. Ces populations varient énormément non seulement du point de vue de leurs caractéristiques et de leur vitesse de régénération mais aussi dans la géométrie du processus de remplacement cellulaire. Ainsi les cellules qui tapissent l'intestin grêle sont organisées en un épithélium monocouche. Cet épithélium couvre les surfaces des *villosités* qui s'allongent dans la lumière intestinale et il tapisse les *cryptes* profondes qui s'enfoncent dans le tissu conjonctif sous-jacent (Figure 17-17). Les cellules souches se trouvent protégées dans les profondeurs des cryptes. Elles donnent naissance à des cellules différenciées qui migrent le long des villosités grâce à un mouvement de glissement parallèle au feuillet épithélial jusqu'à ce qu'elles atteignent leurs extrémités exposées d'où elles sont finalement éjectées. Un exemple opposé est trouvé dans l'épithélium constituant la surface externe de la peau : *l'épiderme*. L'épiderme est un épithélium composé de couches multiples, et les cellules différenciées migrent de leur lieu d'origine dans une direction perpendiculaire au plan du feuillet cellulaire. Dans le cas des cellules sanguines, le schéma spatial de production est complexe et apparemment inorganisé. Avant de rentrer dans de tels détails, cependant, nous devons définir ce qu'est une cellule souche.

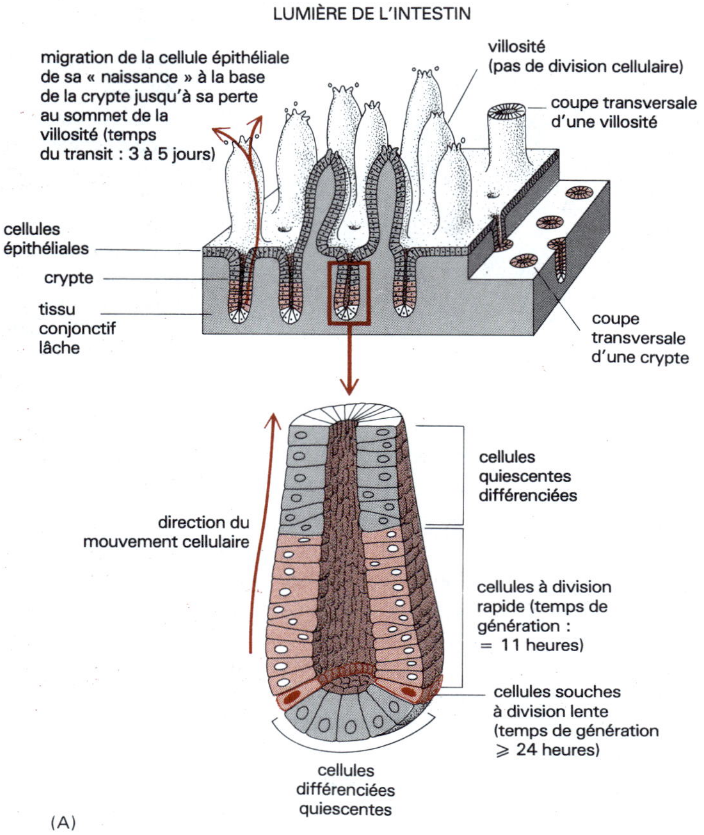

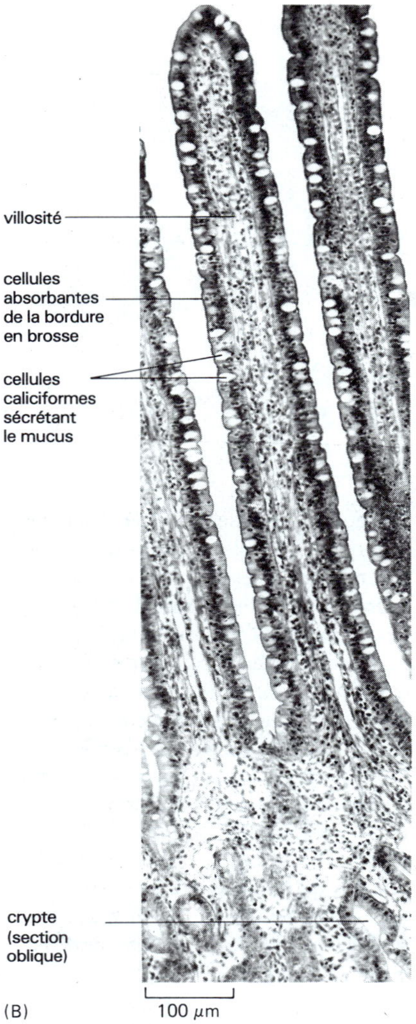

Figure 17-17 (A) Le mode de renouvellement cellulaire et de la prolifération des cellules souches de l'épithélium de la paroi de l'intestin grêle. (B) Photographie d'une coupe d'une partie de la paroi de l'intestin grêle montrant les villosités et les cryptes. Noter comment les cellules caliciformes (visualisées comme des ovales clairs) se mêlent aux cellules de la bordure en brosse de l'épithélium des villosités. Voir Figure 17-9 pour la structure des cellules. (Avec l'autorisation de Peter Gould).

Les cellules souches ont la capacité de se diviser indéfiniment et d'engendrer une descendance différenciée [17]

La cellule souche se définit par les propriétés suivantes :

1. Elle n'est pas elle-même totalement différenciée (c'est-à-dire, qu'elle n'est pas à la fin du processus de différenciation).
2. Elle peut se diviser indéfiniment (au moins durant la vie de l'animal).
3. Quand elle se divise, chaque cellule fille a le choix : soit rester une cellule souche comme la cellule parentale, soit entrer irréversiblement dans une succession d'étapes qui mènent à la différenciation terminale (Figure 17-18).

Les cellules souches sont nécessaires partout où il y a un besoin périodique de remplacer les cellules différenciées qui ne peuvent plus se diviser. Dans plusieurs tissus, l'état final de différenciation est clairement incompatible avec la division cellulaire. Par exemple, le noyau de la cellule peut être digéré comme dans les couches superficielles de la peau ou être expulsé, comme dans le cas des globules rouges de mammifères. D'autre part, le cytoplasme peut être si encombré de constituants, tels que les myofibrilles et les cellules de muscle strié, qu'il interdirait la mitose et la cytodiérèse. Dans d'autres cellules complètement différenciées, la chimie de la différenciation peut être, de façon plus subtile, incompatible avec la division cellulaire. Dans tous les cas, le renouvellement doit dépendre des cellules souches.

Le travail de la cellule souche n'est pas de transmettre la fonction différenciée, mais plutôt de produire des cellules qui le feront. Par conséquent, les cellules souches ont souvent

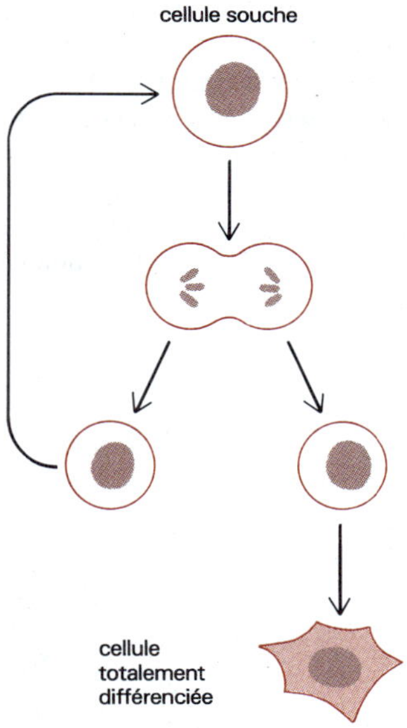

Figure 17-18 La définition d'une cellule souche. Chaque cellule-fille issue de la division d'une cellule souche peut rester une cellule souche, ou devenir totalement différenciée.

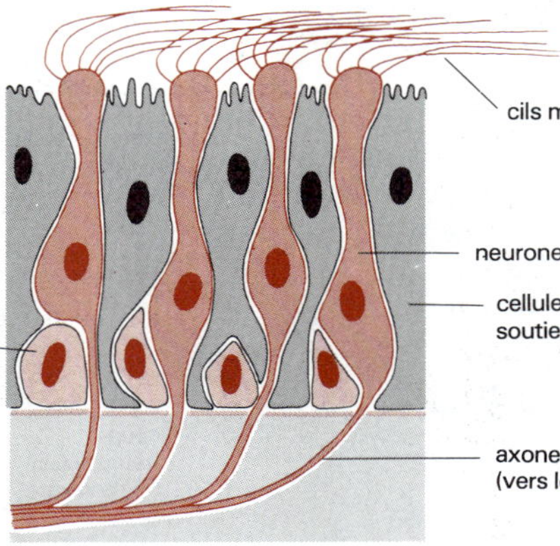

Figure 17-19 Représentation schématique d'une coupe transversale de l'épithélium olfactif (spécialisé dans l'odorat). Trois types cellulaires peuvent être distingués : les cellules de soutien, les cellules basales et les neurones olfactifs. Des expériences d'autoradiographie montrent que les cellules basales sont les cellules souches qui se différencient en neurones olfactifs et qui constituent une des rares exceptions à la règle selon laquelle les neurones sont des cellules permanentes. Chaque neurone olfactif survit à peu près un mois (chez un mammifère) avant d'être remplacé. Six à huit cils modifiés partent de la tête globulaire du neurone et ils contiennent probablement les récepteurs de l'odorat. L'axone, qui s'allonge à partir de l'autre extrémité du neurone, porte le message au cerveau. Un nouvel axone doit pousser et établir les connexions appropriées dans le cerveau chaque fois qu'une cellule basale se différencie en neurone olfactif.

une apparence assez peu spécifique qui rend leur identification difficile. Mais cela ne veut pas dire que les cellules souches soient toutes identiques. Bien qu'elles ne soient pas totalement différenciées, elles n'en sont pas moins *déterminées* (voir p. 898) : la cellule satellite musculaire, source des cellules du muscle squelettique ; la cellule basale de l'épiderme, source des cellules kératinisées de l'épiderme ; la spermatogonie, source des spermatozoïdes ; la cellule basale de l'épithélium olfactif, source des neurones olfactifs (Figure 17-19), etc. Les cellules souches qui donnent naissance à un seul type de cellules différenciées sont appelées cellules *unipotentes*, celles qui donnent naissance à un petit nombre de types cellulaires sont appelées *oligopotentes* alors que celles qui donnent lieu à de nombreux types cellulaires sont dites *multipotentes*.

Le fait que des tissus se forment à partir de cellules souches soulève de nombreuses questions importantes. Quels sont les facteurs déterminant quelle cellule souche se divise ou reste quiescente ? Selon quels mécanismes une cellule fille reste une cellule souche ou bien entre en processus de différenciation ? Comment est réglée la différenciation d'une cellule fille, une fois déterminée dans une voie de différenciation ? Nous allons d'abord nous intéresser à l'épiderme. Son organisation spatiale simple permet une étude aisée de l'histoire naturelle de ses cellules souches et du devenir de leur descendance.

L'épiderme est organisé en unités capables de proliférer [18,19]

La couche épidermique de la peau et l'épithélium qui tapisse les voies digestives sont les deux tissus les plus exposés aux atteintes du monde extérieur. Dans les deux cas, les cellules matures différenciées sont rapidement perdues à partir des sites les plus exposés et elles sont remplacées par la prolifération de cellules moins différenciées qui occupent des sites plus protégés.

L'**épiderme** est un épithélium à multiples couches composé en majorité de *kératinocytes* (appelés ainsi car leur activité différenciée caractéristique est la synthèse de kératine) (Figure 17-20). Ces cellules changent d'apparence d'une couche à l'autre. Celles qui se situent dans la couche la plus interne sont appelées *cellules basales*, et ce sont elles essentiellement qui

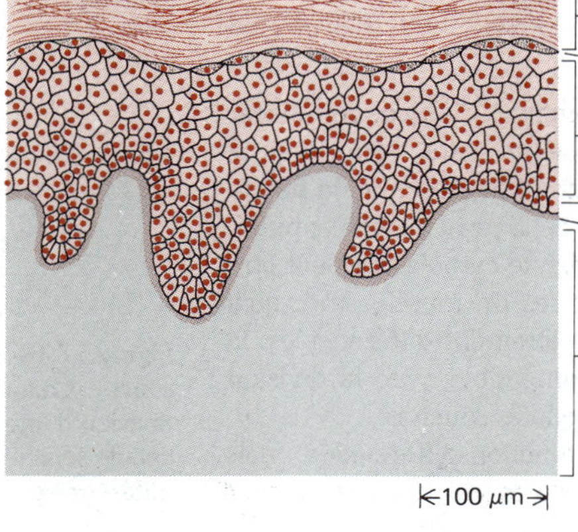

Figure 17-20 Coupe transversale d'un épiderme de mammifère d'épaisseur moyenne (voir aussi la Figure 17-1). Les *cellules granuleuses* entre les cellules épineuses et les squames aplatis sont à un stade avancé de kératinisation : elles semblent granuleuses parce qu'elles contiennent des agrégats sombres d'un matériel peu caractérisé appelé *kératohyaline* qui est vraisemblablement impliqué dans le tassement intracellulaire et la formation de liaisons croisées avec la kératine. La kératohyaline est principalement composée d'une protéine appelée *filaggrine*. En plus des cellules destinées à la kératinisation, les couches profondes de l'épiderme contiennent un petit nombre de cellules de caractère assez différent (non représentées ici) — les *cellules de Langerhans* proches des macrophages, dérivées de la moelle osseuse ; les *mélanocytes* dérivés des crêtes neurales et les *cellules de Merkel* qui sont associées aux terminaisons nerveuses dans l'épiderme.

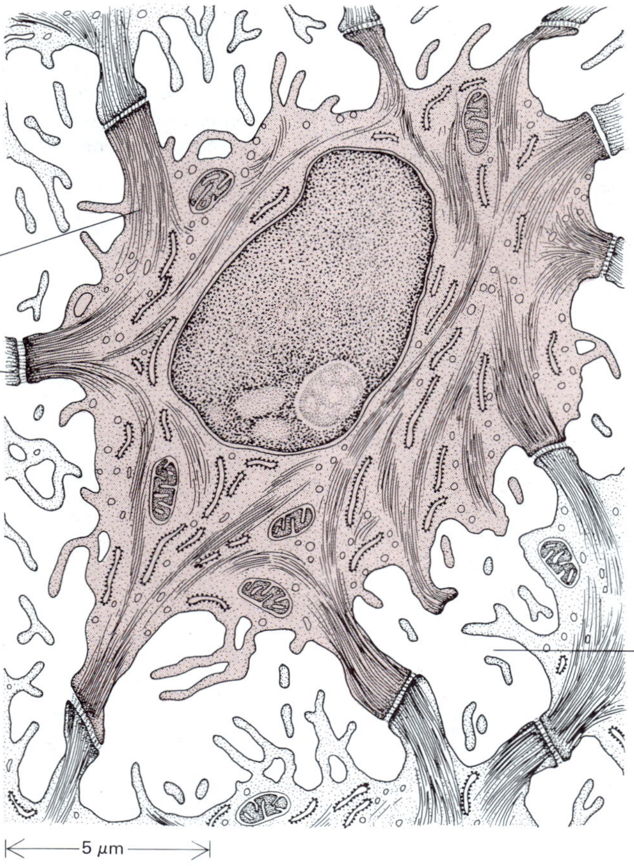

Figure 17-21 Dessin à partir d'une micrographie électronique d'une coupe d'une cellule épineuse de l'épiderme *(en couleur)* montrant les faisceaux de filaments de kératine qui traversent le cytoplasme et sont insérés au niveau de desmosomes qui lient la cellule à ses voisines. Notons, entre les cellules adjacentes, la présence de canaux ouverts qui permettent aux substances nutritives de diffuser librement à travers les couches métaboliquement actives de l'épiderme. Plus à l'extérieur, au niveau des cellules granuleuses, se trouve une barrière imperméable vraisemblablement formée d'un matériau d'étanchéité sécrété par les cellules granuleuses à partir de vésicules appelées « *granules de revêtement de la membrane* ». (D'après R.V. Krstić, Ultrastructure of the Mammalian Cell : An Atlas. Berlin : Springer, 1979).

subissent la mitose. Au-dessus des cellules basales se trouvent plusieurs couches de cellules plus volumineuses, les *cellules épineuses* (Figure 17-21), dont les nombreux desmosomes — point d'ancrage pour les épaisses touffes de filaments de kératine — sont visualisés en microscopie photonique comme de petites épines à la surface cellulaire (d'où les cellules tiennent leur nom). Au-dessus des cellules épineuses se trouve une fine couche de cellules granuleuses (voir Figure 17-20). Elle délimite la couche interne métaboliquement active et la couche externe constituée de cellules mortes où les organites cellulaires ont disparu. Ces cellules externes se réduisent à des structures aplaties ou *squames*, remplis de kératine très dense. Les membranes plasmiques des squames et des cellules granuleuses externes sont renforcées sur leur surface cytoplasmique par une couche fine (12 nm) et dure contenant une protéine intracellulaire appelée *involucrine*. Ces cellules sont si minces et comprimées qu'elles ne peuvent être dissociées par les préparations courantes utilisées en microscopie photonique. On peut cependant les faire gonfler légèrement dans une solution d'hydroxyde de sodium et une coloration appropriée met alors en évidence une disposition géométrique remarquablement ordonnée dans les régions où la peau est fine. Les squames sont empilés et forment des colonnes hexagonales qui s'emboîtent régulièrement bord à bord comme le montre la Figure 17-22. D'après son diamètre, on peut estimer que la colonne repose sur à peu près 10 cellules basales. On peut classer les cellules basales en cellules centrales ou périphériques selon qu'elles se trouvent au voisinage du centre ou de la périphérie de leur colonne. Les cellules périphériques, au contraire des cellules centrales (dans l'exemple que nous décrivons), passent parfois de la couche basale à la couche des cellules épineuses. Chaque colonne est appelée une *unité proliférative épidermique*. Bien que la disposition ordonnée des colonnes ne soit observée que dans certaines régions de la peau, elle illustre bien les principes généraux du renouvellement cellulaire de l'épiderme.

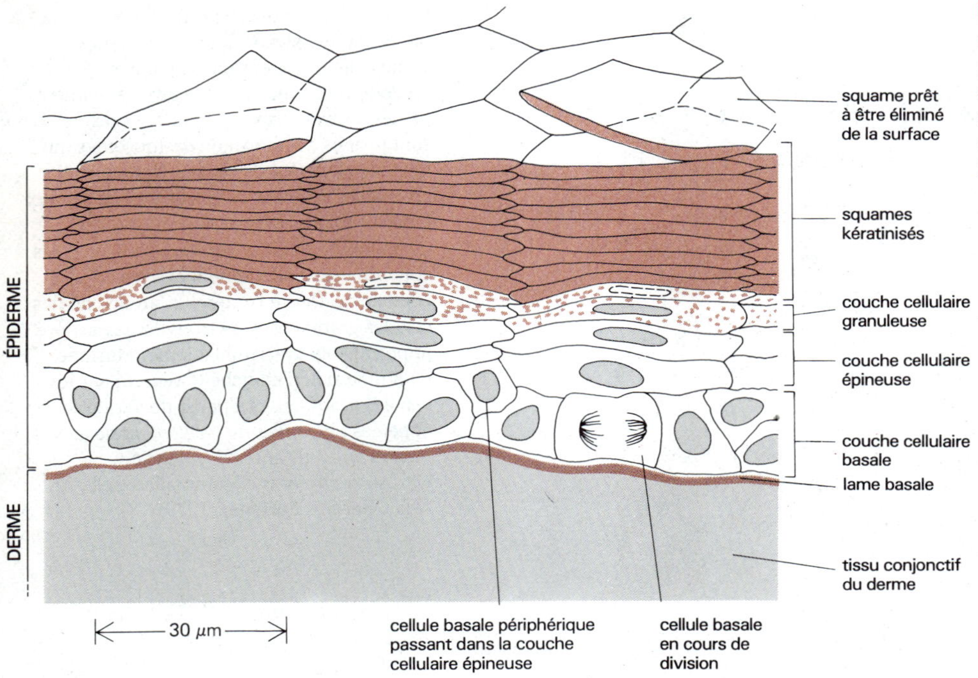

Figure 17-22 L'organisation en colonnes des squames de la couche épidermique de la peau. La structure est révélée par gonflement des squames kératinisés dans une solution contenant de la soude. Ce type d'organisation se trouve uniquement lorsque l'épiderme est fin.

Au cours de leur maturation, les cellules épidermiques synthétisent une séquence de différentes kératines [19]

Après avoir décrit l'organisation statique de l'épiderme, considérons maintenant son aspect dynamique. Les cellules centrales se divisent et certaines des cellules filles migrent à la périphérie de la couche basale lorsqu'elles se divisent à leur tour. Les cellules basales périphériques quittent la couche basale pour la couche des cellules épineuses, effectuant la première étape de son voyage vers l'extérieur. Quand elles atteignent la couche granuleuse, les cellules commencent à perdre leur noyau et leurs organites cytoplasmiques. Elles se transforment alors en squames kératinisés de la couche kératinisée. Finalement, ceux-ci se détachent par écailles de la surface de la peau (et deviennent un des constituants principaux de la poussière domestique). Le temps compris entre la naissance d'une cellule dans la couche basale de la peau humaine et son élimination à la surface varie de 2 à 4 semaines selon la région du corps.

Les transformations moléculaires accompagnant ce phénomène peuvent être analysées sur de fines coupes d'épiderme parallèles à la surface ou sur des couches successives de cellules que l'on décolle grâce à des applications répétées de ruban adhésif. Par exemple, les molécules de kératine, présentes en grande quantité dans toutes les couches de l'épiderme, peuvent être extraites et caractérisées. Il en existe plusieurs types (voir p. 662) codés par une grande famille de gènes homologues. Leur diversité est d'autant plus grande que les transcrits de ces gènes peuvent subir des épissages différentiels. Lorsque le nouveau kératinocyte à la base de la colonne se transforme en squame au sommet (voir Figure 17-22), il exprime une succession de choix différents à partir de son répertoire de gènes homologues des kératines. Au cours de ce processus, d'autres protéines caractéristiques, telle l'involucrine, commencent aussi à être synthétisées comme partie d'un programme coordonné de différenciation cellulaire terminale.

Le potentiel des cellules souches n'existe que pour les cellules qui sont en contact avec la lame basale [20]

Si chaque unité de prolifération épidermique est maintenue indéfiniment grâce à la prolifération de ses cellules basales, il doit y avoir au moins une cellule parmi ces dernières dont les descendants ne mourront pas au cours de la vie de l'animal. Nous appellerons une telle cellule, *cellule souche immortelle* (Figure 17-23). En principe, la division d'une cellule souche immortelle pourrait engendrer deux cellules filles initialement identiques dont les différents devenirs seraient gouvernés par les circonstances ultérieures. A l'opposé, la division de la cellule souche pourrait toujours être asymétrique : une cellule fille et une seule hériterait d'un caractère particulier nécessaire à l'immortalité alors que l'autre serait déjà légèrement modifiée au moment de sa naissance d'une manière qui la contraint à se différencier et finalement à mourir. Dans ce dernier cas, il ne pourrait jamais y avoir une augmentation du nombre existant de cellules souches immortelles ; et les faits contredisent cette seconde possibilité. En effet, si une partie de l'épiderme est détruite, la lésion est réparée par les cellules épidermiques saines environnantes qui vont migrer et proliférer afin de recouvrir la zone mise à nu. Dans ce processus, les nouvelles unités de prolifération épidermiques sont formées à partir de cellules basales centrales, qui proviennent de divisions qui engendrèrent deux cellules souches immortelles à partir d'une seule.

Le devenir des filles d'une cellule souche doit donc être gouverné, en partie du moins, par des facteurs externes. Un des facteurs déterminants possibles pourrait être le contact avec la lame basale, la perte de contact déclenchant la différenciation terminale. Des expériences de culture cellulaire viennent appuyer cette suggestion : les cellules de l'épiderme continuent à proliférer si elles sont cultivées en contact avec un substratum approprié, comme un tapis de fibroblastes, mais elles se différencient rapidement si elles sont gardées en suspension.

Cependant, ce type de contrôle par l'environnement n'est probablement pas le seul phénomène en cause. D'autres expériences suggèrent une chaîne opposée de cause et d'effet, selon laquelle les modifications conduisant à la différenciation terminale déclencheraient le détachement de la lame basale plutôt que l'inverse. Selon cette hypothèse, seule une petite proportion des cellules basales jouent le rôle de cellules immortelles. Ces cellules immortelles ont des propriétés de surface particulières qui leur permettent d'adhérer à la lame basale, et elles sont programmées pour engendrer une certaine proportion de cellules destinées à la différenciation terminale, dont l'un des aspects est la perte d'adhésivité. Dans les conditions particulières de réparation tissulaire, le rapport prolifération-différenciation dans la descendance serait modifié par des facteurs de croissance locaux de façon à engendrer des cellules supplémentaires pour recouvrir la blessure. Des arguments en faveur de cette hypothèse proviennent d'expériences dans lesquelles des kératinocytes sont cultivés dans un milieu sans Ca^{2+} qui les maintient en monocouche et donc en position basale. Dans ces conditions, certaines cellules s'engagent quand même dans la voie de la différenciation comme le montre la synthèse d'involucrine ; ces cellules en cours de différenciation émergent de la couche basale dès que la concentration en Ca^{2+} est augmentée (voir p. 828).

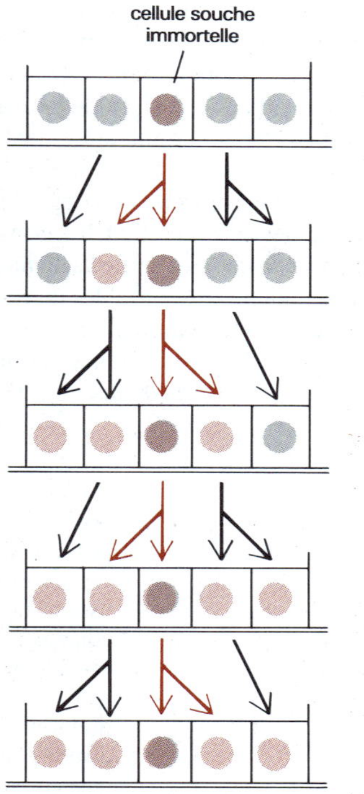

Figure 17-23 Chaque unité de prolifération, à chaque génération cellulaire, doit contenir au moins une cellule souche « immortelle » dont les descendants seront encore dans l'unité dans un futur lointain. Les flèches indiquent les lignes généalogiques. Une cellule souche immortelle est figurée dans la position centrale de base dans chaque génération cellulaire. Les autres cellules basales pourraient être nées chimiquement différentes d'une façon qui les détermine à quitter la membrane basale et à se différencier ; ou elles pourraient être aussi des cellules souches, de caractère équivalent à la cellule souche immortelle et mortelles uniquement en ce sens que leur descendance peut être ultérieurement expulsée de la couche basale et éliminée de la peau.

La prolifération des cellules basales est réglée selon l'épaisseur de l'épiderme [21]

Quel que soit le mécanisme qui détermine le choix entre la survie comme cellule souche ou la mort par différenciation, des contrôles supplémentaires doivent agir pour régler la vitesse de production des cellules de l'épiderme. Par exemple, l'élimination des couches externes de l'épiderme entraîne l'augmentation de la vitesse de division des cellules basales. Après une augmentation transitoire, l'épaisseur normale est rétablie, et la vitesse de division des cellules basales retourne à la normale. C'est comme si l'élimination des couches externes différenciées libérait les cellules de la couche prolifératrice basale d'une influence inhibitrice, qui est restaurée dès que les couches externes retrouvent leur épaisseur normale.

Bien que les kératinocytes en culture soient connus pour répondre à une variété d'hormones et de facteurs de croissance, comme le facteur de croissance de l'épiderme (EGF, epidermal growth factor), les mécanismes moléculaires qui règlent leur prolifération dans l'organisme restent un problème non résolu d'une grande importance chimique. Les conséquences d'un contrôle défectueux de la prolifération des cellules basales apparaissent dans le *psoriasis*. Dans cette maladie de peau fréquente, la vitesse de prolifération des cellules basales est fortement augmentée — l'épiderme s'épaissit et les cellules sont éliminées de la surface de la peau moins d'une semaine après leur émergence de la couche basale avant d'avoir la possibilité d'être complètement kératinisées.

Les cellules sécrétrices de l'épiderme sont enfermées dans les glandes qui ont leurs propres cinétiques de population [22]

Outre le rôle de barrière protectrice, la peau a d'autres fonctions et, dans certaines régions spécialisées, on trouve, en plus des cellules kératinisées, d'autres types de cellules qui se développent à partir de l'épiderme. En particulier, les sécrétions sont produites par des cellules de la peau regroupées en glandes situées en profondeur qui ont des modes de renouvellement assez différents de ceux des régions kératinisées.

Une *glande sudoripare* est l'exemple le plus simple d'une telle structure. Elle consiste en un long tube fermé à son extrémité basale et elle se développe comme une invagination de l'épiderme. La sueur est sécrétée par les cellules situées dans la partie inférieure du tube et est acheminée vers la surface de la peau par un canal excréteur (Figure 17-24). Les cellules de la région sécrétrice terminale forment un épithélium monocouche contenant un petit nombre de *cellules myoépithéliales* contractiles (voir Figures 17-25B et 17-38E), tandis que les cellules du canal excréteur forment un épithélium à deux couches dépourvu de composant myoépithélial. Les glandes qui sécrètent les larmes, le cérumen, la salive et le lait appartiennent à cette catégorie. Dans les glandes salivaires et mammaires, c'est le canal excréteur qui contient les cellules souches responsables du renouvellement de la population sécrétrice.

La glande mammaire a un intérêt particulier car la division et la différenciation cellulaires sont sous contrôle hormonal. La production de lait est déclenchée lors de la naissance d'un enfant et arrêtée lors du sevrage. Dans la glande mammaire « quiescente », le tissu glandulaire

Figure 17-24 Représentation schématique d'une glande sudoripare.

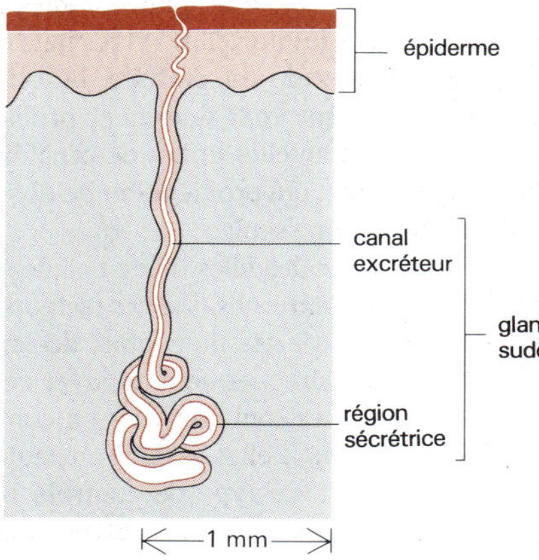

Figure 17-25 La glande mammaire. (A) Représentation schématique de la croissance des alvéoles à partir des canaux de la glande mammaire pendant la grossesse et la lactation. Seule une petite partie de la glande est représentée. La glande « quiescente » contient une petite quantité de tissu glandulaire inactif entouré d'une grande quantité de tissu conjonctif adipeux (*en gris pâle*). Pendant la grossesse, une prolifération considérable du tissu glandulaire se produit aux dépens du tissu conjonctif adipeux ; les parties sécrétrices de la glande se développent pour former préférentiellement des alvéoles. (B) Un des alvéoles sécréteurs de la glande mammaire avec le réseau de cellules myoépithéliales *(en couleur)* qui l'entoure. Les cellules myoépithéliales se contractent et expulsent le lait de l'alvéole en réponse à l'ocytocine, hormone libérée comme réponse réflexe au stimulus de succion. (C) Un seul type de cellule alvéolaire sécrétrice produit à la fois les protéines du lait et la graisse du lait. Les protéines sont sécrétées normalement par exocytose alors que la graisse est libérée sous forme de gouttelettes entourées de membrane plasmique détachée de la cellule. (B, d'après R. Krstić, Die Gewebe des Menschen und der Säugetiere. Berlin : Springer-Verlag, 1978 ; C, d'après D.W. Fawcett, A Textbook of Histology, 11th ed. Philadelphia : Saunders, 1986).

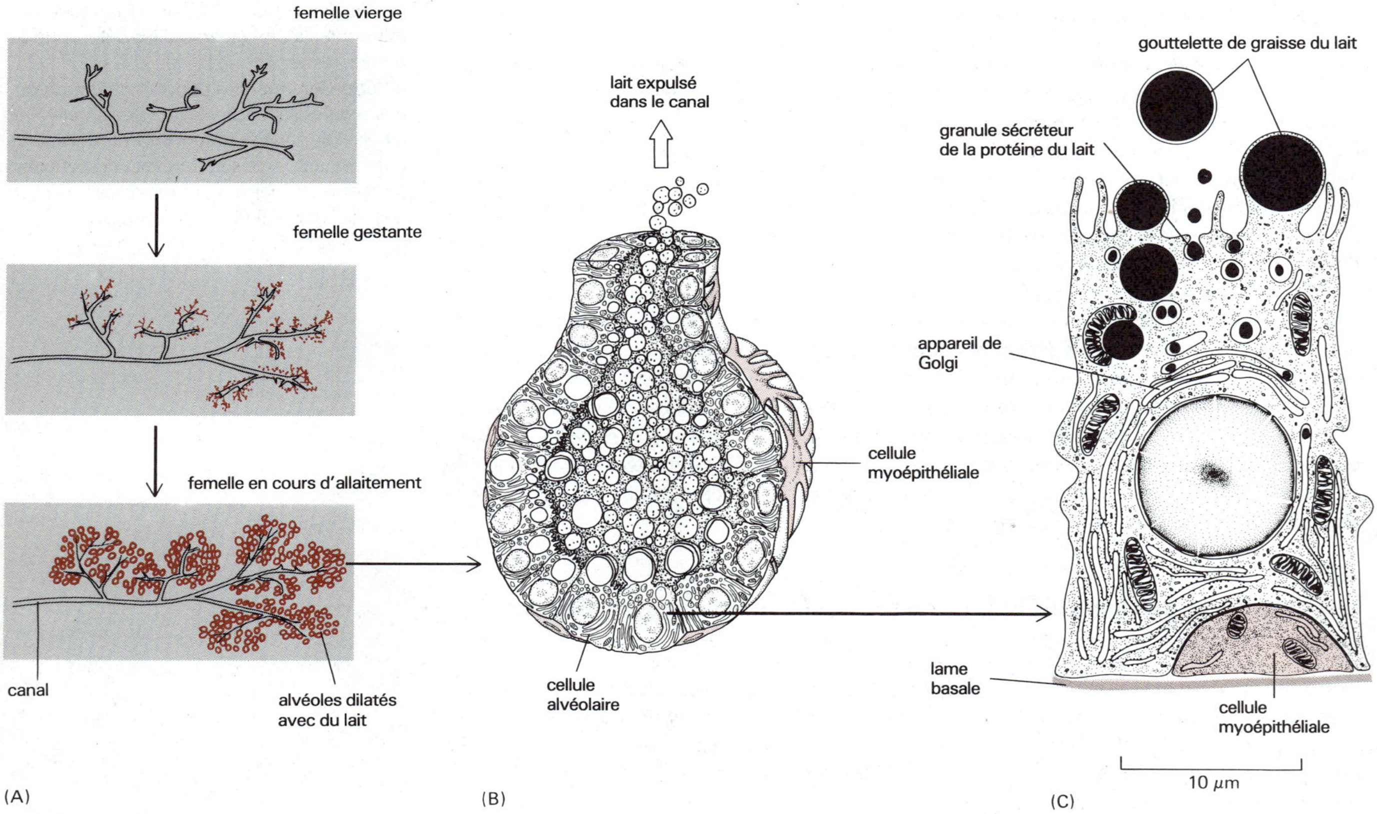

est constitué de systèmes arboriformes de canaux excréteurs enveloppés dans du tissu conjonctif et tapissés, dans leurs régions sécrétrices, par une couche unique de cellules épithéliales relativement inactives. Avant toute production massive de lait, les hormones présentes pendant la grossesse entraînent la prolifération des cellules des canaux, et la croissance et la ramification des régions terminales des canaux qui forment de petites poches dilatées ou *alvéoles*, contenant les cellules potentiellement sécrétrices (Figure 17-25). La sécrétion de lait commence seulement lorsque ces cellules sont stimulées par le mélange varié d'hormones circulant chez la mère après la naissance de l'enfant. Au moment de l'arrêt de l'allaitement, les cellules sécrétrices dégénèrent et la plupart des alvéoles disparaissent ; les macrophages éliminent les débris et la glande retourne à son état quiescent.

Résumé

De nombreux tissus, particulièrement ceux qui ont un temps de renouvellement rapide — tels que la paroi de l'intestin, la couche épidermique de la peau et les tissus formateurs de sang — sont renouvelés grâce à des cellules souches. Les cellules souches, par définition, sont indifférenciées, ont la capacité de se diviser indéfiniment durant toute la vie de l'organisme, conduisant à des cellules filles qui peuvent soit se différencier, soit rester des cellules souches. Dans la peau, les cellules souches de l'épiderme se trouvent dans la couche basale au contact de la lame basale. La descendance des cellules souches se différencie en quittant cette couche et, durant sa migration vers l'extérieur, synthétise une succession de types différents de kératines jusqu'à ce que, finalement, leurs noyaux dégénèrent, produisant une couche externe de cellules mortes kératinisées qui sont continuellement éliminées de la surface. Dans les régions où l'épiderme est fin, il est soigneusement organisé en unités de prolifération, ou colonnes, ayant chacune à leur base au moins une cellule souche « immortelle ». Le devenir des cellules filles d'une cellule souche est contrôlée par des facteurs de l'environnement peu connus. Ces facteurs permettent la génération de deux cellules souches à partir d'une seule au cours du processus de réparation, et ils règlent la vitesse de prolifération des cellules basales selon l'épaisseur de l'épiderme. Les glandes reliées à l'épiderme, telles que les glandes sudoripares et les glandes mammaires, possèdent leurs propres cellules souches, et leurs propres modes de renouvellement cellulaire.

Renouvellement par des cellules souches multipotentes : la formation de cellules sanguines [23,24]

Le sang contient de nombreux types cellulaires ayant des fonctions très différentes, qui vont du transport de l'oxygène à la production d'anticorps. Certaines de ces cellules voient leur fonction assignée au système vasculaire, alors que d'autres l'utilisent seulement comme moyen de transport et remplissent leur fonction dans d'autres tissus. Cependant, toutes les cellules sanguines ont certains points communs dans leur ontogenèse. Elles ont toutes des durées de vie limitées et elles sont produites continuellement pendant toute la vie de l'animal. Enfin, ce qui est le plus remarquable, elles sont finalement toutes issues d'une cellule souche commune présente dans la moelle osseuse. Cette *cellule souche hématopoïétique* est donc multipotente ; elle donne naissance à tous les types de cellules sanguines totalement différenciées.

On peut classer les cellules sanguines (Figure 17-26) en globules rouges ou globules blancs. Les **globules rouges**, ou **érythrocytes** circulent dans les vaisseaux sanguins et transportent

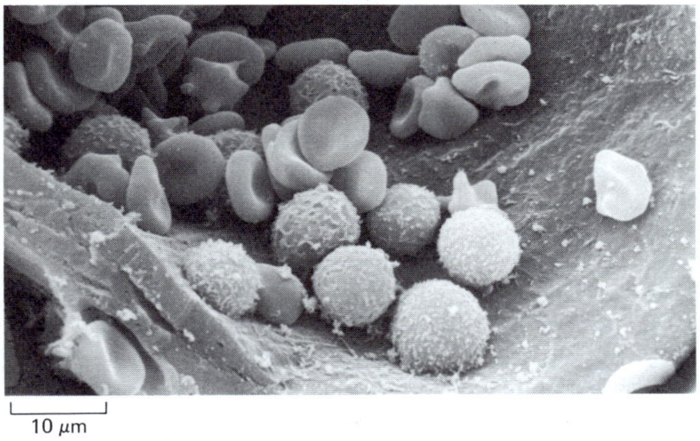

Figure 17-26 Photographie en microscopie électronique à balayage de cellules sanguines de mammifères dans un petit vaisseau sanguin. Les cellules les plus grosses, sphériques, à surface rugueuse sont les globules blancs ; les cellules les plus petites lisses et aplaties sont les globules rouges. (D'après R.G. Kessel et R.H. Kardon, Tissues and Organs : A Text Atlas of Scanning Electron Microscopy. San Francisco : Freeman 1979. © 1979 W.H. Freeman and Compagny).

O_2 et CO_2 fixés à l'hémoglobine. Les **globules blancs**, ou **leucocytes**, combattent l'infection, et, dans certains cas, piègent et digèrent les débris. Contrairement aux érythocytes, les leucocytes peuvent franchir les parois de petits vaisseaux sanguins et migrer dans les tissus avoisinants, pour accomplir leurs tâches. De plus, le sang contient un grand nombre de *plaquettes* qui ne sont pas des cellules complètes, mais des petits fragments cellulaires ou « mini-cellules » qui dérivent du cytoplasme cortical de cellules plus grosses, les *mégacaryocytes*. Les plaquettes adhèrent spécifiquement à la couche de cellules endothéliales des vaisseaux sanguins endommagés contribuant ainsi à la réparation des brèches dans les parois des vaisseaux et à la formation du caillot sanguin.

Il existe trois principales catégories de globules blancs : les granulocytes, les monocytes et les lymphocytes [23,24]

Tous les globules rouges sont semblables, comme le sont toutes les plaquettes, mais il y a de nombreux types différents de globules blancs. Ils sont habituellement groupés en trois catégories principales selon leur aspect en microscopie photonique : les *granulocytes,* les *monocytes* et les *lymphocytes*.

Tous les **granulocytes** contiennent de nombreux lysosomes et des vésicules sécrétrices (ou granules) et sont subdivisés en trois classes sur la base de la morphologie et des propriétés colorimétriques de ces organelles (Figure 17-27). Les différences de coloration observées sont dues à des propriétés chimiques et fonctionnelles différentes. Les **neutrophiles** (appelés également *leucocytes polynucléés* du fait de leur noyau multilobé) représentent le type de granulocyte le plus commun, ils phagocytent et détruisent des petits organismes. Les **basophiles** sécrètent de l'histamine (et, dans certaines espèces, de la sérotonine), participant ainsi aux réactions inflammatoires. Les **éosinophiles** aident à la destruction des parasites et modulent les réponses inflammatoires allergiques.

Après avoir quitté la circulation sanguine, les **monocytes** (voir Figure 17-27D) se transforment en **macrophages**, qui, avec les neutrophiles, sont les principaux « phagocytes professionnels » de l'organisme (voir p. 334). Ces deux types de phagocytes contiennent des organites spécialisés qui fusionnent avec des vésicules phagocytaires néoformées (les phagosomes), exposant les microorganismes phagocytés à un barrage de molécules fortement réactives et enzymatiquement produites : des molécules de superoxide (O_2^-) et d'hypochlorite (HOCL, le composé actif de l'eau de javel), ainsi qu'un mélange concentré d'hydrolases lysosomales. Cependant, les macrophages sont beaucoup plus volumineux et vivent plus longtemps que les neutrophiles et ils sont les seuls à être capables d'ingérer de gros microorganismes comme les protozoaires.

Il existe deux principales classes de **lymphocytes**, tous deux impliqués dans les réponses immunitaires : les *lymphocytes B* fabriquent les anticorps alors que les *lymphocytes T* tuent les cellules infectées par des virus et règlent l'activité des autres globules blancs (voir Chapitre 18). De plus, il y a des cellules de type lymphocytaire appelées *cellules tueuses naturelles* (NK, pour « natural killer »), qui tuent certains types de cellules tumorales et certaines cellules infectées par un virus. La production de lymphocytes est un phénomène particulier qui sera détaillé dans le Chapitre 18. Nous nous intéresserons ici principalement au développement des autres cellules sanguines, souvent appelées **cellules myéloïdes**.

Les différents types cellulaires du sang ainsi que leurs fonctions sont résumés dans le Tableau 17-1.

La production de chaque type de cellule sanguine dans la moelle osseuse est contrôlée individuellement [23,25]

La majorité des globules blancs sont actifs dans des tissus autres que le sang, ce dernier ne servant qu'à les transporter là où ils sont nécessaires. Par exemple, une infection locale ou une lésion dans n'importe quel tissu attire rapidement les globules blancs dans la région atteinte. Ils font partie de la **réponse inflammatoire**, qui aide à combattre l'infection ou à cicatriser la plaie. La réponse inflammatoire est complexe, et se fait par l'intermédiaire d'une variété de molécules informatives produites localement par les mastocytes, les terminaisons nerveuses, les plaquettes et les globules blancs, ainsi que par l'activation du complément (voir p. 1031). Certaines de ces molécules informatives agissent sur les capillaires adjacents ; l'adhérence des cellules épithéliales entre elles est diminuée mais leur surface devient adhérente pour les globules blancs circulants. Les globules blancs sont ainsi capturés comme des mouches sur du papier-mouche et peuvent ensuite s'échapper du vaisseau en se frayant un passage entre les

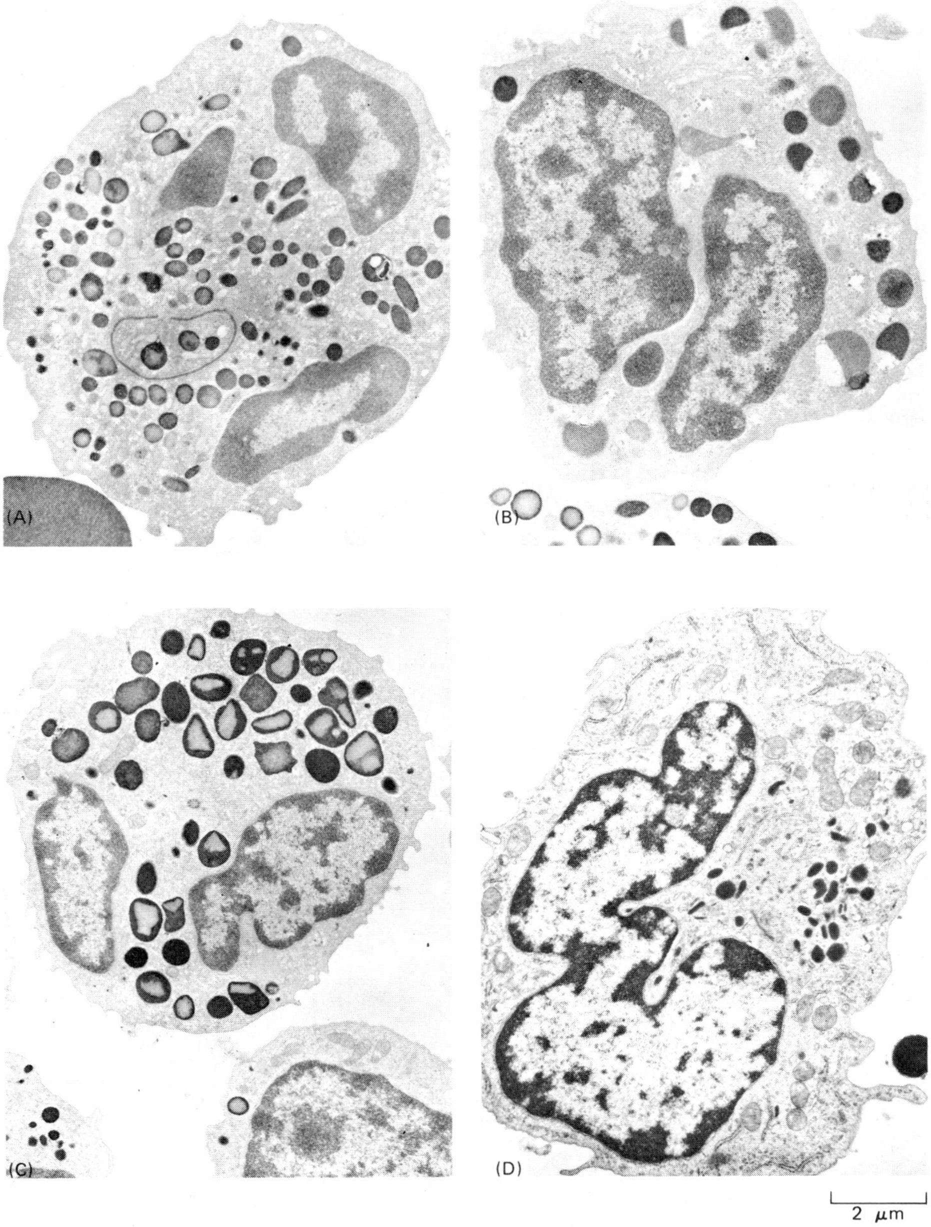

Figure 17-27 Micrographies électroniques de quatre types de globules blancs (leucocytes) : (A) neutrophile, (B) basophile, (C) éosinophile, (D) monocyte. Des micrographies électroniques de lymphocytes sont données Figure 18-4. Chacun des types cellulaires représenté ici a une fonction différente est le reflet d'un contenu de types distinctifs de granules sécréteurs et de lysosomes. Il n'y a qu'un noyau par cellule, mais il a une forme lobée irrégulière, et dans (A), (B) et (C), les connexions entre les lobes sont en dehors du plan de coupe. (Avec l'autorisation de Dorothy Bainton.)

cellules endothéliales et en traversant la lame basale à l'aide d'enzymes digestives. D'autres molécules chimiques agissent comme substances attractives pour des types spécifiques de globules blancs entraînant leur polarisation et leur reptation vers la source de substance attractive (voir p. 641). De cette façon, un grand nombre de globules blancs pénètrent dans le tissu endommagé (Figure 17-28).

D'autres molécules informatives produites au cours d'une réponse inflammatoire sont libérées dans le sang et stimulent une plus grande production de leucocytes et leur libération dans la circulation. La moelle osseuse est la cible clé pour une telle régulation car, à l'exception des lymphocytes et de certains macrophages, la majorité des types de cellules sanguines chez les mammifères adultes ne sont engendrés que dans la moelle osseuse. La régulation tend à être spécifique d'un type cellulaire donné : certaines infections bactériennes, par exemple, provoquent une augmentation sélective des neutrophiles, tandis que des infections par certains protozoaires ou d'autres parasites provoquent une augmentation sélective des éosinophiles. (Pour cette raison, les médecins utilisent couramment des numérations leucocytaires différentielles pour diagnostiquer plus facilement des maladies infectieuses ou inflammatoires.

Tableau 17-1 Cellules sanguines

Type de cellules	Fonctions principales	Concentration moyenne dans le sang humain (cellules/litre)
Globules rouges (érythrocytes)	transportent O_2 et CO_2	5×10^{12}
Globules blancs (leucocytes)		
Granulocytes		
Neutrophiles (leucocytes polynucléés)	phagocytent et détruisent les bactéries étrangères	5×10^{9}
Eosinophiles	détruisent de plus gros parasites et modulent les réactions inflammatoires allergiques	2×10^{8}
Basophiles	libèrent l'histamine et la sérotonine dans certaines réactions immunitaires	4×10^{7}
Monocytes	deviennent des macrophages tissulaires qui phagocytent et digèrent les microorganismes étrangers, les corps étrangers, et les cellules sénescentes	4×10^{8}
Lymphocytes		
cellules B	produisent les anticorps	2×10^{9}
cellules T	tuent les cellules infectées par un virus et règlent les activités des autres leucocytes	1×10^{9}
Cellules tueuses (*NK*)	tuent les cellules infectées par un virus et certaines cellules tumorales	1×10^{8}
Plaquettes (fragments cellulaires issus des mégacaryocytes dans la moelle osseuse)	déclenchent la coagulation du sang	3×10^{11}

L'organisme humain contient environ 5 litres de sang, représentant 7 p. cent de son poids. Les globules rouges représentent 45 p. cent de ce volume et les globules blancs environ 1 p. cent, le reste étant constitué par le plasma sanguin.

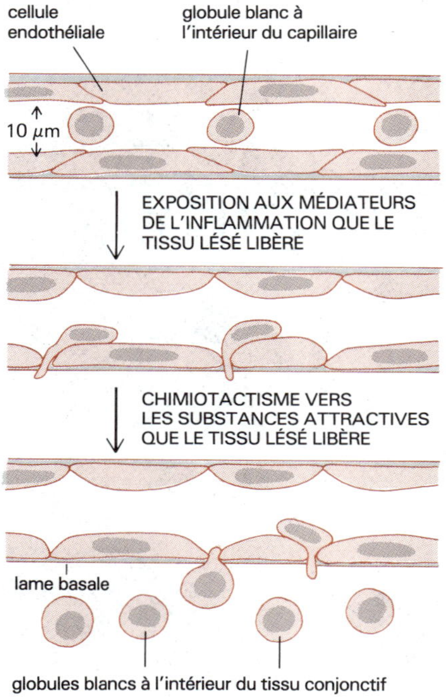

Figure 17-28 Les globules blancs migrent hors de la circulation sanguine vers les sites endommagés ou les tissus infectés ; ils font partie de la réponse inflammatoire. La réponse est initiée par une variété de molécules informatives produites localement par les cellules (du tissu conjonctif, essentiellement) ou par activation du complément. Certains de ces médiateurs agissent sur les cellules capillaires endothéliales provoquant la perte de leur ancrage aux cellules avoisinantes, de sorte que les capillaires deviennent plus perméables ; l'altération de la surface des cellules endothéliales provoque aussi l'adhérence des leucocytes à cette surface. D'autres médiateurs agissent comme substances chimioattractives, provoquant la migration entre les cellules endothéliales des capillaires des leucocytes vers le tissu.

Dans d'autres circonstances, la production d'érythrocytes est augmentée sélectivement — si, par exemple, un individu va vivre en haute altitude, là où l'oxygène est rare. Ainsi la formation des cellules sanguines (l'**hématopoïèse**) implique des contrôles complexes dans lesquels la production de chaque type de cellule du sang est réglée individuellement pour s'adapter aux besoins. Comprendre le mécanisme d'action de ces contrôles est un problème de grande importance médicale.

Chez l'animal, l'hématopoïèse est plus difficile à analyser que ne l'est le renouvellement cellulaire d'un tissu comme la couche épidermique de la peau. Dans l'épiderme, il y a une organisation spatiale simple et régulière qui facilite l'observation du processus de renouvellement et la localisation des cellules souches ; ce n'est pas le cas des tissus hématopoïétiques. Par contre, les cellules hématopoïétiques ont un style de vie nomade qui les rend plus accessibles aux études expérimentales par d'autres moyens. Les cellules hématopoïétiques prélevées peuvent être aisément transférées, sans aucune altération, d'un animal à un autre ; la prolifération et la différenciation des cellules isolées et de leur descendance peuvent être observées et analysées en culture. Pour cette raison, nous en savons plus sur les molécules qui contrôlent la production des cellules sanguines que sur celles qui contrôlent la production cellulaire dans d'autres tissus mammaliens. Il reste encore, cependant, de grandes lacunes dans notre compréhension.

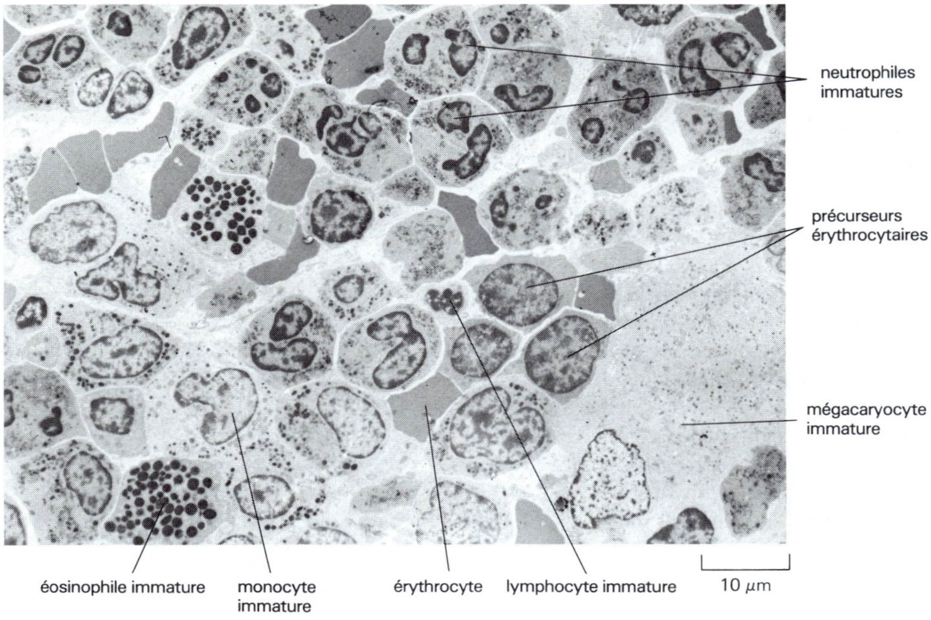

Figure 17-29 Micrographie électronique à faible grossissement d'une section de moelle osseuse. Ce tissu est la principale source de nouvelles cellules sanguines (sauf pour les lymphocytes T). Notons que les cellules sanguines immatures d'un type particulier tendent à se rassembler en « groupes familiaux ». (D'après J.A.G. Rhodin, Histology : A Text and Atlas. New York : Oxford University Press, 1974).

La moelle osseuse contient des cellules souches hématopoïétiques [23,26]

Les différents types de cellules sanguines ainsi que leurs précurseurs immédiats peuvent être reconnus dans la moelle osseuse grâce à leurs aspects distinctifs (Figure 17-29). Ils sont mélangés les uns avec les autres mais aussi avec les cellules adipeuses et d'autres *cellules stromales* (cellules du tissu conjonctif) qui forment un fin réseau de soutien de fibres de collagène et d'autres composants de la matrice extracellulaire. De plus, le tissu intact est richement pourvu de vaisseaux sanguins à fine paroi (appelés *sinusoïdes sanguins*) dans lesquels les cellules sanguines néoformées sont libérées. Les **mégacaryocytes** sont également présents ; contrairement aux autres cellules sanguines, ceux-ci restent dans la moelle osseuse après maturation et constituent l'une de ses caractéristiques les plus étonnantes par leur grande taille (leur diamètre peut atteindre 60 μm) et leur noyau très polyploïde. Ils tapissent généralement les parois des sinusoïdes, et étendent des prolongements par les trous de la paroi endothéliale de ces vaisseaux ; les plaquettes sont épincées de ces prolongements et entraînées dans le sang (Figure 17-30).

Du fait de l'organisation complexe des cellules dans la moelle osseuse, il est difficile d'en identifier aucune, hormis les précurseurs immédiats des cellules sanguines matures. Les cellules correspondant à des stades encore plus précoces de leur développement, avant que toute différenciation effective n'ait commencé, sont étonnamment semblables et il n'existe pas de caractéristique visible qui permette de reconnaître les cellules souches définitives. Afin d'identifier et de caractériser les cellules souches, il faut faire appel à un test fonctionnel qui permette

Figure 17-30 (A) Représentation schématique d'un mégacaryocyte parmi d'autres cellules dans la moelle osseuse. Sa taille importante est due à son noyau très polyploïde. Un mégacaryocyte produit environ 10 000 plaquettes qui se détachent de leurs prolongements situés dans la paroi du sinusoïde sanguin adjacent.
(B) Micrographie électronique à balayage de l'intérieur d'un sinus sanguin dans la moelle osseuse, montrant les prolongements de mégacaryocyte. (B, d'après R.G. Kessel et R.H. Kardon, Tissues and Organs : A Text-Atlas of Scanning Electron Microscopy. San Francisco : Freeman, 1979. © 1979, W.H. Freeman and Compagny).

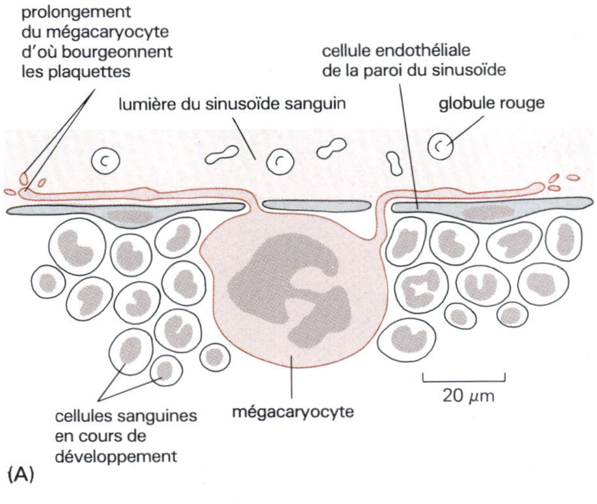

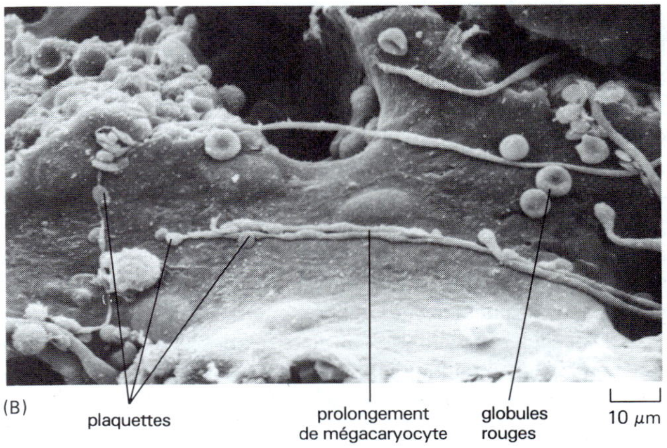

de suivre la descendance de cellules isolées. Comme nous le verrons, ceci peut être réalisé en culture simplement en examinant les colonies que produisent des cellules isolées *in vitro*. Cependant, le système hématopoïétique peut également être manipulé pour que de tels clones cellulaires puissent être reconnus dans l'animal intact.

Dans un organisme animal exposé à une dose massive de rayons X, les cellules hématopoïétiques sont détruites et l'animal meurt en quelques jours car il est incapable de produire de nouvelles cellules sanguines. L'animal irradié peut être pourtant sauvé grâce à une transfusion de cellules qui proviennent de la moelle osseuse d'un donneur sain et immunologiquement compatible. Parmi ces cellules, certaines vont coloniser l'hôte irradié et reformer son tissu hématopoïétique. La rate est un des tissus où les colonies cellulaires se développent. Cet organe est, chez la souris normale, un lieu supplémentaire et important d'hématopoïèse. Quand la rate d'une souris irradiée est examinée une semaine ou deux après la transfusion de cellules provenant d'un donneur sain, un certain nombre de nodules distincts sont visibles, chacun d'eux contenant une colonie de cellules myéloïdes (Figure 17-31) ; après deux semaines, certaines colonies peuvent contenir plus d'un million de cellules. L'apparition séparée de ces nodules suggère que chacun doit représenter, tout comme une colonie bactérienne sur une boîte de culture, un clone de cellules issues d'une cellule unique ; et grâce aux marqueurs génétiques, il est possible d'établir que c'est effectivement le cas.

La cellule unique à l'origine d'une telle colonie est appelée **cellule de formation de colonie** ou **CFC (colony-forming cell)** (également connue sous le nom d'unité de formation de colonie, CFU ou colony-forming unit). Les cellules de formation de colonies sont hétérogènes. Certaines donnent naissance à un seul type de cellule myéloïde alors que d'autres donnent naissance à des mélanges. Certaines subissent plusieurs cycles de division et forment de grandes colonies alors que d'autres se divisent moins et forment de petites colonies. La majorité des colonies meurent après avoir engendré un nombre restreint de cellules sanguines totalement différenciées. Cependant, certaines colonies peuvent se reproduire indéfiniment et produisent de nouvelles cellules de formation de colonie en même temps que de nouvelles cellules sanguines totalement différenciées. On suppose que les cellules souches, responsables de telles colonies qui s'auto-renouvellent, sont les cellules souches hématopoïétiques présentes dans la moelle osseuse transfusée.

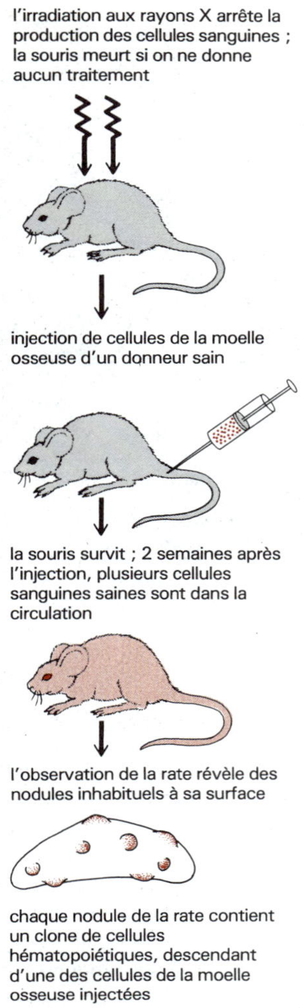

Figure 17-31 Le test des colonies sphériques, dans lequel la rate d'un animal fortement irradié est colonisée par transfusion de cellules de moelle osseuse d'un animal sain. Ce test a révolutionné l'étude de l'hématopoïèse en permettant pour la première fois l'analyse de précurseurs myéloïdes isolés.

Une cellule souche multipotente donne naissance à toutes les catégories de cellules sanguines[27]

Tous les types de cellules myéloïdes se trouvent souvent réunis dans une colonie splénique dérivée d'une cellule souche unique. La cellule souche hématopoïétique est, par conséquent, *multipotente* : elle donne naissance à de nombreux types cellulaires différents. Bien que les colonies spléniques ne semblent pas contenir de lymphocytes, une autre approche montre que les lymphocytes dérivent de la même cellule souche que les cellules myéloïdes. Cette démonstration utilise des marqueurs génétiques qui permettent d'identifier les éléments d'un clone même après leur libération dans la circulation. Bien que plusieurs types de marqueurs clonaux aient été utilisés dans ce but, le plus efficace est un rétrovirus manipulé spécialement. Le virus marqueur, comme tous les rétrovirus, peut insérer son génome dans les chromosomes de la cellule infectée, mais les gènes qui lui permettraient d'engendrer des particules infectieuses sont éliminés. Par conséquent, le marqueur est limité à la descendance des cellules initialement infectées ; la descendance d'une telle cellule peut être distinguée de la descendance d'une autre du fait que les sites chromosomiques d'insertion du virus sont différents. Afin d'analyser les lignées cellulaires hématopoïétiques, les cellules de la moelle osseuse sont tout d'abord infectées avec le rétrovirus (voir p. 254) *in vitro* puis transférées dans un receveur irradié létalement ; les sondes d'ADN (voir p. 189) peuvent ensuite être utilisées pour suivre la descendance de cellules infectées isolées dans les tissus hématopoïétiques et lymphoïdes de l'hôte.

Non seulement ces expériences confirment que toutes les catégories de cellules sanguines — myéloïdes et lymphoïdes — dérivent de la même cellule souche (Figure 17-32), mais, elles permettent aussi de suivre la descendance des cellules sanguines pendant très longtemps. Un mois ou deux après la transfusion de cellules de la moelle osseuse, la majorité des cellules sanguines trouvées dans une souris hôte irradiée sont les descendantes de moins d'une demi-douzaine de cellules souches multipotentes ; ceci est toujours vrai quelques semaines plus tard, mais les cellules sanguines sont alors les descendantes d'une poignée différente de cellules souches. Ces observations suggèrent qu'une cellule souche isolée n'a qu'une faible probabilité, dans une période de temps donné, de former un clone de cellules différenciées, mais que de

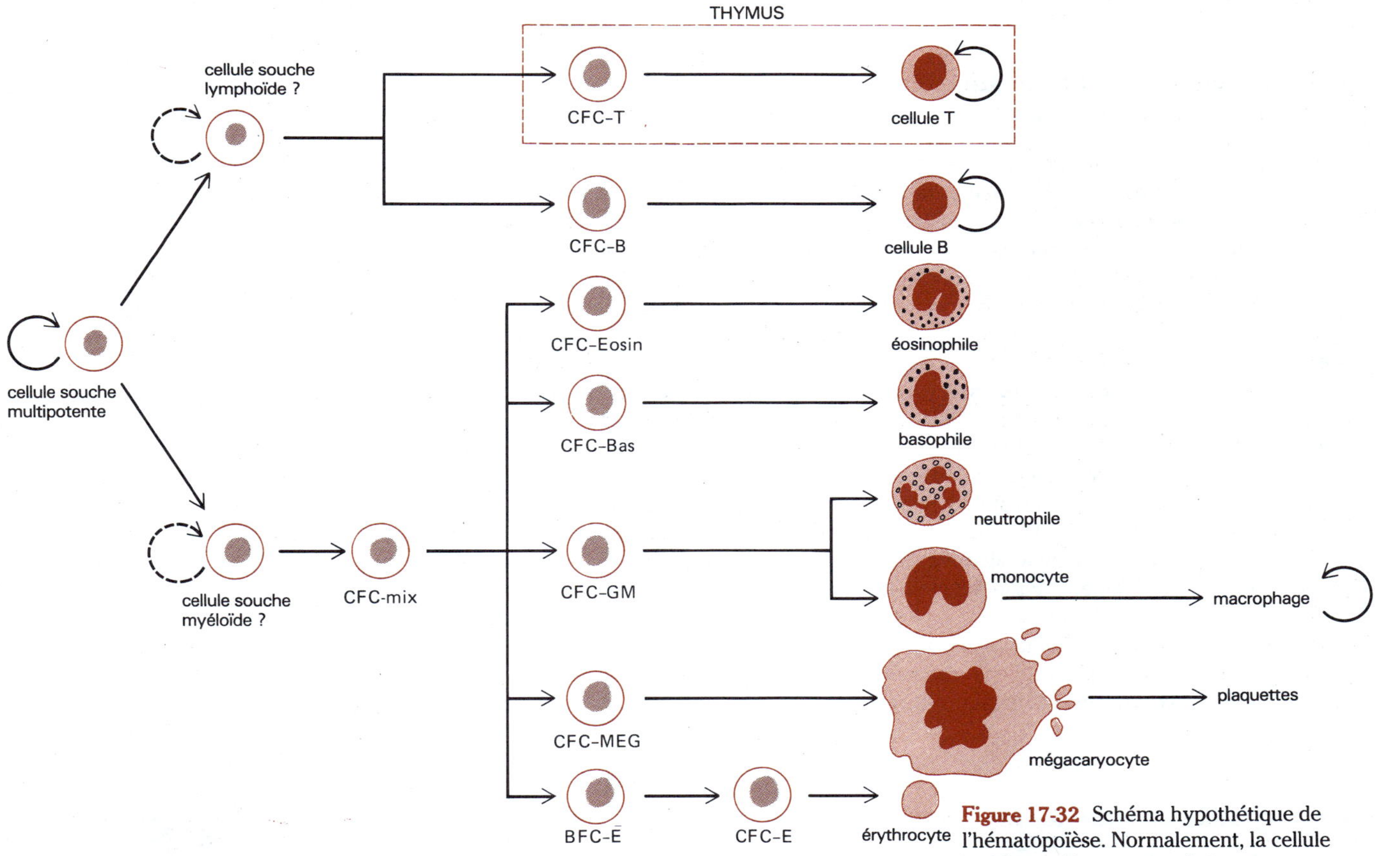

Figure 17-32 Schéma hypothétique de l'hématopoïèse. Normalement, la cellule souche multipotente se divise peu fréquemment pour engendrer plus de cellules souches multipotentes (auto-renouvellement) ou des *cellules précurseurs déterminées* (appelées CFC = colony forming cells, cellules de formation de colonies), qui sont déterminées de façon irréversible pour produire un seul ou quelques types de cellules sanguines. La prolifération des cellules précurseurs est stimulée par des facteurs de croissance spécifiques, mais ces cellules perdent progressivement leur capacité de division et se transforment en cellules sanguines totalement différenciées qui ne vivent généralement pas plus de quelques jours ou quelques semaines. Chez les mammifères adultes, toutes les cellules représentées se développent principalement dans la moelle osseuse — sauf les lymphocytes T qui se développent dans le thymus, et les macrophages qui se développent à partir des monocytes dans la majorité des tissus. La partie la plus controversée de ce schéma est le premier embranchement : l'existence de cellules souches exclusivement déterminées pour former des lymphocytes T et B et de cellules souches exclusivement déterminées pour former toutes les autres catégories de cellules sanguines (cellules myéloïdes) est incertaine. Il est probable que les cellules souches multipotentes donnent aussi naissance à différents types de cellules tissulaires non représentés sur ce schéma, comme les cellules NK, les mastocytes, les ostéoclastes et différentes classes de cellules présentant l'antigène (voir p. 1045) ; mais les voies de développement de ces cellules sont peu connues.

nombreuses divisions cellulaires séparent l'étape initiale et la différenciation finale, de sorte que le dernier clone de descendants est de très grande taille — de l'ordre d'un ou plusieurs millions de cellules. Malgré la fréquence apparemment faible des événements d'initiation, les cellules sanguines différenciées sont produites à un taux constant et régulier ; ceci est le reflet des contrôles qui interviennent aux étapes intermédiaires de la voie de différenciation pour régler le nombre final de cellules sanguines de chaque type.

Le nombre des cellules sanguines spécialisées est amplifié par les divisions des cellules précurseurs déterminées [23,28]

Une fois que la cellule s'est différenciée en érythrocyte ou en granulocyte ou encore en un autre type de cellule sanguine, il n'y a plus de retour possible : l'état de différenciation n'est pas réversible. Par conséquent, à certains stades du développement, la descendance d'une cellule souche multipotente devient irréversiblement engagée dans une voie de différenciation particulière. A quel stade cette détermination survient-elle ? Il est clair, d'après de simples observations de la moelle osseuse en microscopie photonique, qu'elle survient bien avant la division finale qui aboutit à la formation de la cellule différenciée mature : on peut reconnaître des cellules précurseurs spécialisées qui présentent déjà les signes d'un début de différenciation mais qui prolifèrent encore. Il semble donc que la détermination dans une voie de différenciation particulière soit suivie par une série de divisions cellulaires qui amplifient le nombre de cellules d'un type spécialisé donné.

Ainsi, le système hématopoïétique peut être représenté comme une hiérarchie de cellules. Les **cellules souches multipotentes** donnent naissance à des **cellules précurseurs déterminées** (committed progenitor cells), qui sont irréversiblement déterminées comme ancêtres d'un seul ou de quelques types de cellules sanguines. Les cellules précurseurs déterminées se divisent rapidement mais un nombre limité de fois. A la fin de cette série de *divisions amplificatrices*, elles se transforment en **cellules totalement différenciées**, qui généralement ne se divisent plus et meurent après quelques jours ou semaines. Des études en culture fournissent un moyen de découvrir le mode de régulation de ces événements cellulaires.

Les facteurs qui règlent l'hématopoïèse peuvent être analysés en culture [29]

Les cellules hématopoïétiques peuvent survivre, proliférer et se différencier en culture si, et seulement si, on leur fournit des facteurs de croissance spécifiques ou si on les cultive en présence de cellules qui produisent ces facteurs. Par exemple, la prolifération à long terme de cellules souches multipotentes peut être obtenue en cultivant des cellules hématopoïétiques de la moelle osseuse sur une couche de cellules stromales médullaires, reconstituant ainsi probablement l'environnement dans la moelle osseuse intacte ; de telles cultures peuvent engendrer tous les types de cellules myéloïdes. D'autre part, les cellules hématopoïétiques dispersées de la moelle osseuse peuvent être cultivées sur une matrice semi-solide d'agar ou de méthylcellulose diluée, et des facteurs dérivés d'autres cellules peuvent être artificiellement ajoutés au milieu. Dans cette matrice semi-solide, la descendance de chaque cellule précurseur isolée reste groupée pour former une colonie aisément repérable. Par exemple, une cellule précurseur déterminée pour engendrer des neutrophiles donnera lieu à un clone contenant des milliers de neutrophiles. De tels systèmes de culture fournissent un moyen d'analyser les facteurs nécessaires à l'hématopoïèse, de les purifier et d'étudier leurs actions. Ces substances sont des glycoprotéines et sont généralement appelées **facteurs de stimulateurs de colonies**, ou **CSF** (colony-stimulating factors). Parmi le nombre croissant de CSF qui ont été caractérisés et purifiés, certains circulent dans le sang et agissent comme des hormones, tandis que d'autres agissent comme médiateurs chimiques locaux (voir p. 682). Le mieux compris des CSF qui agissent comme des hormones est l'*érythropoïétine*, une glycoprotéine produite dans le rein qui règle l'*érythropoïèse* (la formation des érythrocytes).

L'érythropoïèse dépend de l'érythropoïétine [30]

L'érythrocyte est de loin le type cellulaire le plus courant dans le sang (voir Tableau 17-1). Une fois mature, il est rempli d'hémoglobine et ne contient pratiquement aucun des organites cellulaires habituels. Dans un érythrocyte de mammifère adulte, noyau, réticulum endoplasmique, mitochondries et ribosomes sont tous absents, ayant été expulsés de la cellule au cours de son développement (Figure 17-33). Par conséquent, l'érythrocyte ne peut plus croître ou se diviser ; seules les cellules souches peuvent produire de nouveaux érythrocytes. De plus, les érythrocytes ont une durée de vie limitée — environ 120 jours chez l'homme, 55 jours chez la souris. Les érythrocytes « usés » sont phagocytés et digérés par les macrophages dans le foie et dans la rate.

Un manque d'oxygène ou une insuffisance en érythrocytes stimule les cellules du rein afin qu'elles synthétisent et sécrètent une quantité plus importante d'**érythropoïétine** dans la circulation. L'érythropoïétine à son tour stimule la production d'un plus grand nombre d'érythrocytes. Une modification du taux de libération de nouveaux érythrocytes dans la circulation étant observée un ou deux jours après une augmentation du taux d'érythropoïétine dans le sang, cela signifie que l'hormone doit agir sur des cellules qui sont de très proches précurseurs des érythrocytes matures.

Les cellules qui répondent à l'érythropoïétine peuvent être identifiées en cultivant les cellules de la moelle osseuse sur une matrice semi-solide en présence d'érythropoïétine. En quelques jours, des colonies d'environ 60 érythrocytes apparaissent, chacune provenant d'une seule cellule précurseur déterminée de la lignée érythroïde. Cette cellule est connue comme **cellule de formation de colonie érythrocytaire** ou **CFC-E** (erythrocyte colony-forming cell), et donne des érythrocytes matures après environ six cycles de divisions cellulaires ou moins. Les CFC-E ne contiennent pas encore d'hémoglobine, et sont dérivées d'un type plus précoce de cellule précurseur dont la prolifération ne dépend pas de l'érythropoïétine.

Un second CSF, appelé **interleukine 3 (IL-3)**, favorise la survie et la prolifération des cellules souches multipotentes et de la plupart des cellules précurseurs déterminées. En sa présence, des colonies érythroïdes beaucoup plus importantes, comprenant jusqu'à 5 000 érythrocytes, se développent, en sept à dix jours, à partir de cellules de moelle osseuse en culture. Ces colonies dérivent de cellules précurseurs érythroïdes appelées **cellules d'éclosion érythrocytaire** ou **BFC-E** (erythrocyte burst-forming cells). La BFC-E se distingue de la cellule souche multipotente, par une capacité de prolifération limitée et donne des colonies qui ne contiennent que des érythrocytes, même dans des conditions de culture qui permettent à d'autres cellules précurseurs d'engendrer d'autres classes de cellules sanguines différenciées. Elle se distingue de la CFC-E par son insensibilité à l'érythropoïétine, et sa descendance doit subir au moins 12 divisions cellulaires avant de se transformer en érythrocytes matures (pour

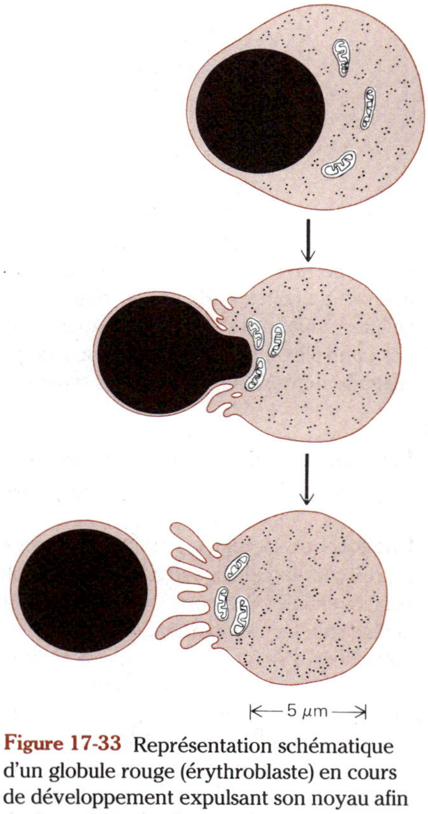

Figure 17-33 Représentation schématique d'un globule rouge (érythroblaste) en cours de développement expulsant son noyau afin de devenir un érythrocyte immature *(réticulocyte)* peu avant de quitter la moelle osseuse et de passer dans la circulation. Le réticulocyte perdra ses mitochondries et ses ribosomes en un jour ou deux pour devenir un érythrocyte mature. Les clones érythrocytaires se développent dans la moelle osseuse à la surface d'un macrophage qui phagocyte et digère les noyaux expulsés par les érythroblastes.

lesquels l'érythropoïétine est nécessaire). La BFC-E et de la CFC-E ont des tailles différentes, ce qui permet de les séparer par sédimentation. La BFC-E peut donc être considérée comme une cellule précurseur déterminée pour la différenciation des érythrocytes et un ancêtre précoce de la CFC-E (Figure 17-34).

De multiples CSF influent sur la production des neutrophiles et des macrophages [29,31]

Les deux cellules phagocytaires professionnelles, les neutrophiles et les macrophages, sont issues d'une cellule précurseur déterminée commune appelée **cellule précurseur des granulocytes/macrophages** (ou **GM**). Comme les autres granulocytes (éosinophiles et basophiles), les neutrophiles ne circulent dans le sang que quelques heures avant de migrer hors des capillaires dans les tissus conjonctifs ou les autres sites spécifiques, où ils survivent quelques jours puis meurent. A l'opposé, les macrophages peuvent survivre plusieurs mois et peut-être même quelques années, en dehors de la circulation sanguine, où ils peuvent être activés par des signaux locaux pour continuer à proliférer.

Jusqu'à présent, quatre CSF stimulant la formation de colonies de neutrophiles et de macrophages ont été identifiés. Ils agissent vraisemblablement selon différentes combinaisons pour régler la production sélective de ces cellules *in vivo*. Ces CSF sont synthétisés par différents types cellulaires — les cellules endothéliales, les fibroblastes, les macrophages et les lymphocytes — et leur concentration dans le sang augmente rapidement en réponse à une infection bactérienne dans un tissu, augmentant de ce fait le nombre de cellules phagocytaires de la moelle osseuse libérées dans le sang. L'IL-3 est le moins spécifique des quatre facteurs, agissant aussi bien sur les cellules souches multipotentes que sur la plupart des catégories de cellules précurseurs déterminées, y compris les cellules précurseurs des GM. Les trois autres facteurs agissent de façon plus sélective sur les cellules précurseurs déterminées des GM et leur descendance différenciée (Tableau 17-2), bien qu'à forte concentration, certains agissent aussi sur d'autres lignées.

Tous ces CSF, comme l'érythropoïétine, sont des glycoprotéines qui agissent à faible concentration (environ 10^{-12} M) en se liant spécifiquement à des récepteurs de surface cellulaire spécifiques. Ils agissent non seulement sur les cellules précurseurs pour favoriser la formation de colonies, mais activent également les fonctions spécialisées (comme la phagocytose et la destruction de cellules cibles) des cellules totalement différenciées. Les protéines produites à partir des gènes clonés codant ces facteurs sont de puissants stimulants de l'hématopoïèse chez les animaux de laboratoire, suggérant qu'elles pourraient se révéler utiles cliniquement dans la stimulation de la régénération du tissu hématopoïétique et dans le traitement des infections.

Des facteurs qui favorisent spécifiquement le développement des autres classes de cellules myéloïdes, comme les mégacaryocytes, les basophiles et les éosinophiles, ont également été déterminés mais ils sont moins bien caractérisés que les CSF que nous avons décrits. En

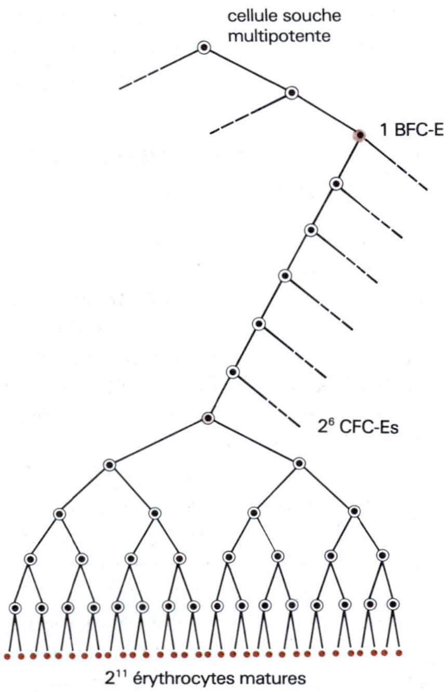

Figure 17-34 Arbre généalogique montrant les relations entre la cellule souche multipotente, la BCF-E, la CFC-E, et l'érythrocyte mature. Les BFC-E et les CFC-E sont des cellules précurseurs déterminées de la lignée érythroïde. Les BFC-E répondent à l'IL-3 mais pas à l'érythropoïétine alors que les CFC-E répondent fortement à l'érythropoïétine. Les séries de divisions cellulaires qui se produisent dans cette lignée sous l'influence de l'érythropoïétine représentent un puissant moyen de contrôle de la production d'érythrocytes sans nuire à la production des autres types cellulaires sanguins.

Tableau 17-2 Quelques facteurs de stimulation de colonies (CSF) qui influent sur la formation des cellules sanguines

Facteur	Masse moléculaire (chez la souris)	Cellules cibles	Cellules sécrétrices
Erythropoïétine	51 000 daltons	CFC-E	cellules rénales
Interleukine 3 (IL-3)	25 000 daltons	cellule souche multipotente, la majorité des cellules précurseurs, beaucoup de cellules totalement différenciées	lymphocytes T, cellules de l'épiderme
CSF des granulo-cytes/macrophages (GM-CSF)	23 000 daltons	Cellules précurseurs des GM	lymphocytes T, cellules endothéliales, fibroblastes
CSF des granulocytes (G-CSF)	25 000 daltons	Cellules précurseurs des des GM et des neutrophiles	macrophages, fibroblastes
CSF des macro-phages (M-CSF)	70 000 daltons (dimère)	Cellules précurseurs des GM et des macrophages	fibroblastes, macrophages, cellules endothéliales

plus des CSF solubles, dont certains sont sécrétés localement par les cellules stromales dans la moelle osseuse, il existe aussi d'autres signaux liés à la cellule et liés à la matrice extracellulaire dans la moelle osseuse qui règlent également l'hématopoïèse.

Le comportement d'une cellule hématopoïétique dépend en partie du hasard [29,32]

Les CSF sont définis comme des facteurs qui favorisent la production de colonies de cellules sanguines différenciées. Il est difficile de savoir précisément quelle est l'influence d'un CSF donné sur une cellule hématopoïétique isolée. Le facteur pourrait augmenter la probabilité de survie cellulaire ; il pourrait contrôler la vitesse de division cellulaire ou le nombre de cycles de division que la cellule précurseur effectue avant de se différencier ; il pourrait agir tardivement dans la lignée hématopoïétique pour faciliter la différenciation ; ou il pourrait agir précocément pour influer sur la détermination (Figure 17-35). En suivant le devenir des cellules hématopoïétiques isolées en culture, il a été possible de montrer qu'un seul CSF, comme le GM-CSF, peut avoir tous ces effets. Néanmoins, nous ne savons toujours pas quelles sont les actions importantes *in vivo*. Le comportement des cellules souches multipotentes reste particulièrement vague : ces cellules cruciales sont peu nombreuses — moins d'un millième des cellules de la moelle osseuse — et sont très difficiles à identifier sans ambiguïté.

De plus, des études *in vitro* indiquent qu'il y a une grande part de hasard dans le comportement d'une cellule hématopoïétique. Les CSF agissent en réglant les probabilités et non en dictant directement à la cellule ce qu'elle doit faire. Dans des cellules hématopoïétiques en culture, même si ces cellules ont été sélectionnées pour former une population aussi homogène que possible, il y a une grande diversité de taille et souvent de caractéristiques dans les colonies qui se développent. De plus, si deux cellules sœurs sont prélevées juste après une division cellulaire et cultivées séparément dans des conditions identiques, elles donneront fréquemment des colonies qui contiennent des types différents de cellules sanguines ou les mêmes types de cellules sanguines en nombre différent. Ainsi, la programmation de la division cellulaire et le processus de spécialisation semblent impliquer des événements aléatoires au niveau unicellulaire, même si le comportement du système multicellulaire dans son ensemble est réglé de façon fiable. Les mécanismes moléculaires qui sont à la base de ces événements représentent le plus fondamental et le plus provocateur des problèmes non résolus de l'hématopoïèse.

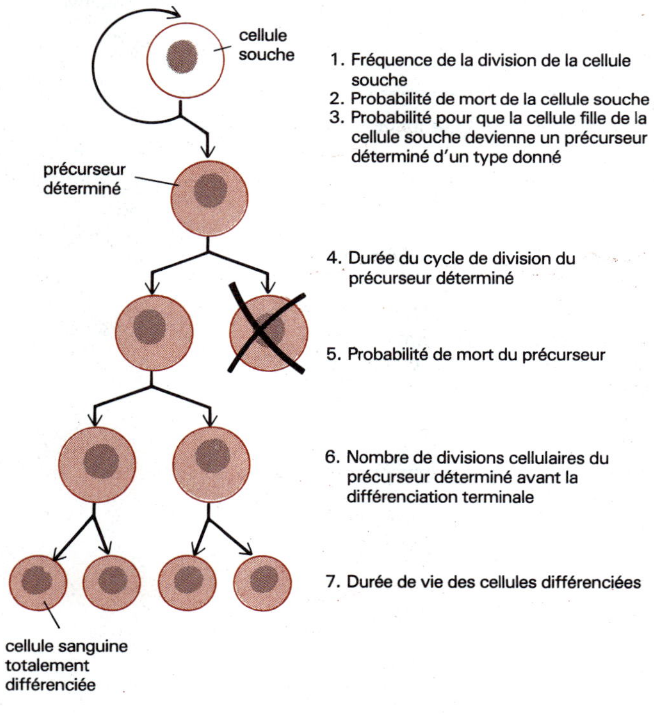

Figure 17-35 Certains des paramètres qui pourraient régler la production des cellules sanguines d'un type particulier. Des études effectuées *in vitro* suggèrent que les facteurs de stimulation de colonies (CSF, colony-stimulating factors) peuvent affecter tous ces aspects de l'hématopoïèse.

Résumé

Les nombreux types de cellules sanguines dérivent tous d'une cellule souche multipotente commune. Chez l'adulte, les cellules souches se trouvent en majorité dans la moelle osseuse, où elles ont normalement une faible fréquence de division pour donner un plus grand nombre de cellules souches et différentes cellules précurseurs déterminées, chacune n'étant capable de donner qu'un ou quelques types de cellules sanguines. Les cellules précurseurs déterminées se divisent abondamment sous l'influence de différentes molécules informatives glycoprotéiques (appelées facteurs stimulateurs de colonies ou CSF) et se différencient en cellules sanguines matures, qui meurent généralement après quelques jours ou quelques semaines. Des expériences in vitro, *dans lesquelles les cellules souches et les cellules précurseurs déterminées forment des colonies clonales sur une matrice semi-solide, ont permis une meilleure compréhension de l'hématopoïèse. Cependant, les cellules souches multipotentes sont rares et difficiles à identifier et nous ne savons toujours pas comment elles choisissent parmi les différentes voies de développement possibles.*

Genèse, modulation et régénération du muscle squelettique [33]

Le terme de « muscle » couvre une multitude de types cellulaires, tous spécialisés dans la contraction mais différents à d'autres égards. Comme nous l'avons noté dans le Chapitre 11, un système contractile qui fait intervenir actine et myosine est une caractéristique fondamentale des cellules eucaryotes en général. Mais les cellules musculaires ont développé ce mécanisme à un haut degré. Les mammifères possèdent quatre catégories principales de cellules spécialisées dans la contraction : les cellules du *muscle squelettique*, les cellules du *muscle cardiaque*, les cellules du *muscle lisse* et les *cellules myoépithéliales* (Figure 17-36). Leur fonction, leur structure et leur développement sont différents. Bien que toutes ces cellules semblent engendrer des forces contractiles grâce à des systèmes organisés de filaments constitués d'actine et de myosine, les molécules d'actine et de myosine utilisées ont des séquences d'acides aminés un peu différentes, sont disposées différemment dans la cellule et sont associées à différents groupes de protéines pour contrôler la contraction.

Les **cellules du muscle squelettique** dont le système contractile est discuté en détail dans le Chapitre 11, sont responsables de pratiquement tous les mouvements sous contrôle volontaire. Ces cellules peuvent être énormes (plus de 0,5 m de long et de 100 μm de diamètre chez l'homme adulte) et sont souvent appelées *fibres musculaires* du fait de leur forme très effilée. Chacune d'elles est un syncytium qui contient un nombre très important de noyaux dans un même cytoplasme. Les autres types de cellules musculaires sont plus conventionnels n'ayant qu'un seul noyau. Les **cellules du muscle cardiaque** ressemblent aux cellules du muscle squelettique du fait que leurs filaments d'actine et de myosine sont alignés en rangées très ordonnées qui leur donnent une apparence striée. Les **cellules du muscle lisse** (voir p. 625) doivent leur nom, par contre, à leur absence de striation. Les fonctions du muscle lisse sont très diverses allant de la progression des aliments dans l'appareil digestif à l'érection des poils sous l'effet du froid ou de la frayeur. Les **cellules myoépithéliales** n'ont également pas de striations mais, contrairement aux autres cellules musculaires, elles se trouvent dans les épithéliums et dérivent de l'ectoderme. Elles forment le muscle dilatateur de l'iris et elles servent aussi à l'expulsion de la salive, de la sueur et du lait hors des glandes spécialisées (voir Figure 17-36E).

Les quatre principales catégories de cellules musculaires peuvent être encore subdivisées en sous-groupes distincts qui a chacun ses propres caractéristiques. Nous nous intéresserons plus particulièrement ici à la cellule du muscle squelettique qui se développe de façon curieuse, qui possède une surprenante capacité de moduler son caractère différencié et qui adopte une stratégie de réparation inhabituelle.

Les nouvelles cellules du muscle squelettique se forment par fusion des myoblastes [2,34]

Le chapitre précédent décrivait comment certaines cellules, dérivant des somites d'un embryon de vertébré à un stade très précoce, se déterminent en *myoblastes* (précurseurs des cellules du muscle squelettique), et migrent dans le tissu conjonctif embryonnaire adjacent ou mésenchyme (voir p. 943). Comme nous en avons discuté page 556, la détermination vers un myoblaste (plutôt qu'un fibroblaste, par exemple) semble correspondre à l'activation d'un gène régulateur pilote spécifique. Après une période de prolifération, les myoblastes fusionnent les uns avec les autres pour former les cellules multinucléées du muscle squelettique (Figure 17-37). Au

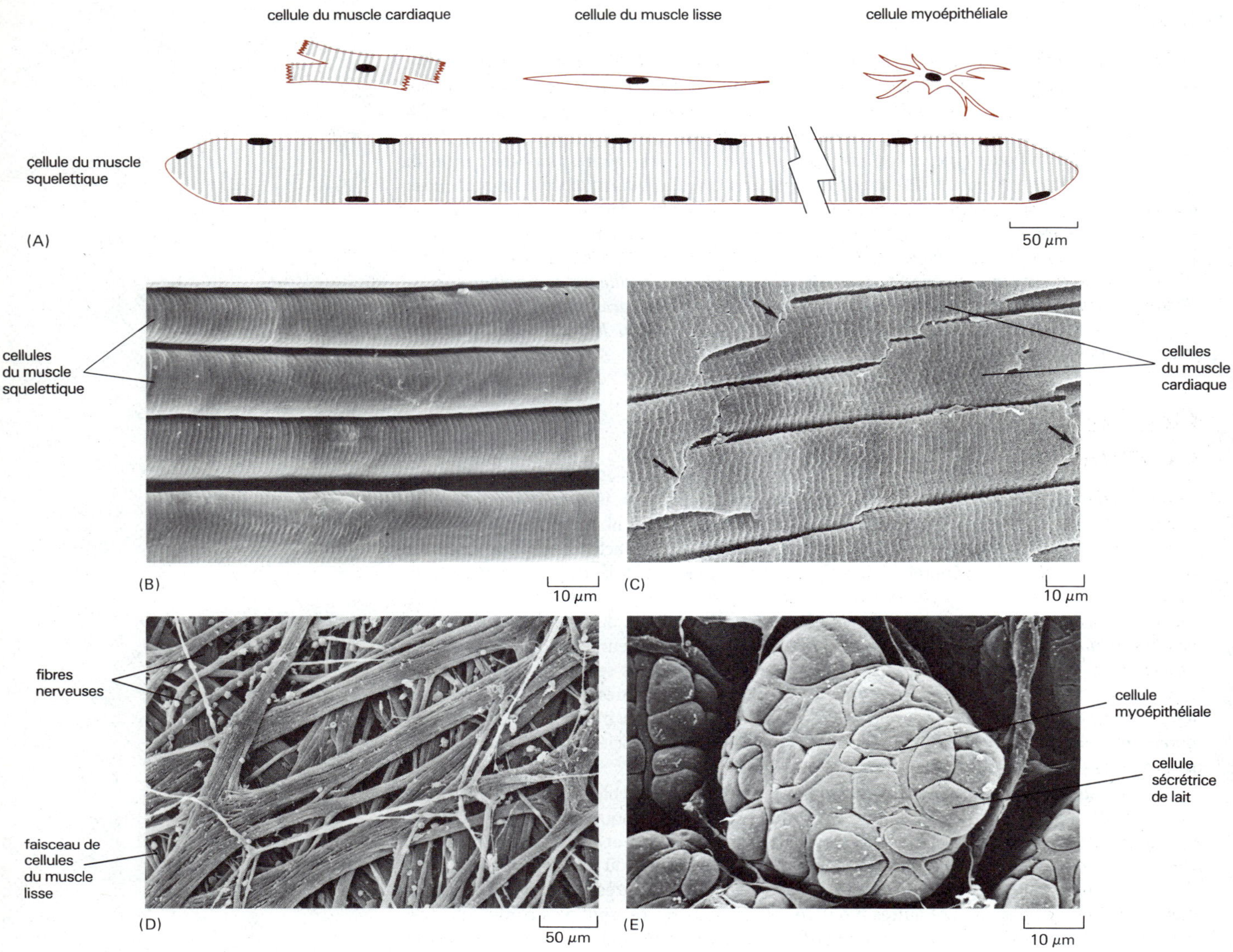

Figure 17-36 Les quatre catégories de cellules musculaires chez un mammifère. (A) Dessins schématiques (à l'échelle). (B-E) Photographies en microscopie électronique à balayage montrant (B) le muscle squelettique du cou de hamster, (C) le muscle cardiaque de rat, (D) le muscle lisse de la vessie d'un cobaye, et (E) des cellules myoépithéliales d'un alvéole sécréteur de glande mammaire d'une rate en lactation. Les flèches en (C) désignent les disques intercalés (voir p. 624). Noter que le muscle lisse est représenté à plus faible grossissement que les autres micrographies. (B, avec l'autorisation de Junzo Desaki ; C, d'après T. Fujiwara, *In* Cardiac Muscle *In* Handbook of Microscopic Anatomy [E.D. Canal, ed.]. Berlin : Springer Verlag, 1986 ; D, avec l'autorisation de Satoshi Nakasiro ; E, d'après T. Nagato, Y. Yoshida, A. Yoshida, et Y. Uehara, *Cell and Tissue Res.* 209 :1-10, 1980).

moment de la fusion, elles subissent un changement phénotypique important qui dépend de l'activation coordonnée de toute une batterie de gènes spécifiques du muscle (voir p. 556). Une fois la fusion terminée, les noyaux ne répliquent plus jamais leur ADN. La fusion implique une reconnaissance mutuelle spécifique entre les myoblastes eux-mêmes : ils ne fusionnent pas avec des cellules adjacentes non musculaires. La base moléculaire de ce mécanisme de reconnaissance est inconnue.

Des myoblastes qui ont été maintenus en culture aussi longtemps que deux ans gardent leur capacité de se différencier et de fusionner pour former des cellules musculaires en réponse à un changement approprié des conditions de culture. *Le facteur de croissance des fibroblastes* (*FGF* pour fibroblast growth factor) semble essentiel dans le milieu de culture pour que les myoblastes continuent à proliférer et ne puissent pas se différencier : si le FGF est supprimé, les cellules cessent rapidement de se diviser, fusionnent et se différencient. Cependant, le système de contrôle des myoblastes est complexe. Afin de se différencier, les myoblastes doivent, par exemple, adhérer à la matrice extra-cellulaire. De plus, le processus de fusion est coopératif : les myoblastes qui fusionnent sécrètent des facteurs inconnus qui stimulent la fusion des autres myoblastes.

Les cellules musculaires peuvent moduler leurs propriétés par un changement d'isoformes protéiques [35]

Une fois formée, une cellule du muscle squelettique est généralement présente tout au long de la vie de l'animal. Pendant cette période, elle prolifère, devient mature et module son caractère en fonction des besoins fonctionnels. Le génome contient de multiples copies différentes des

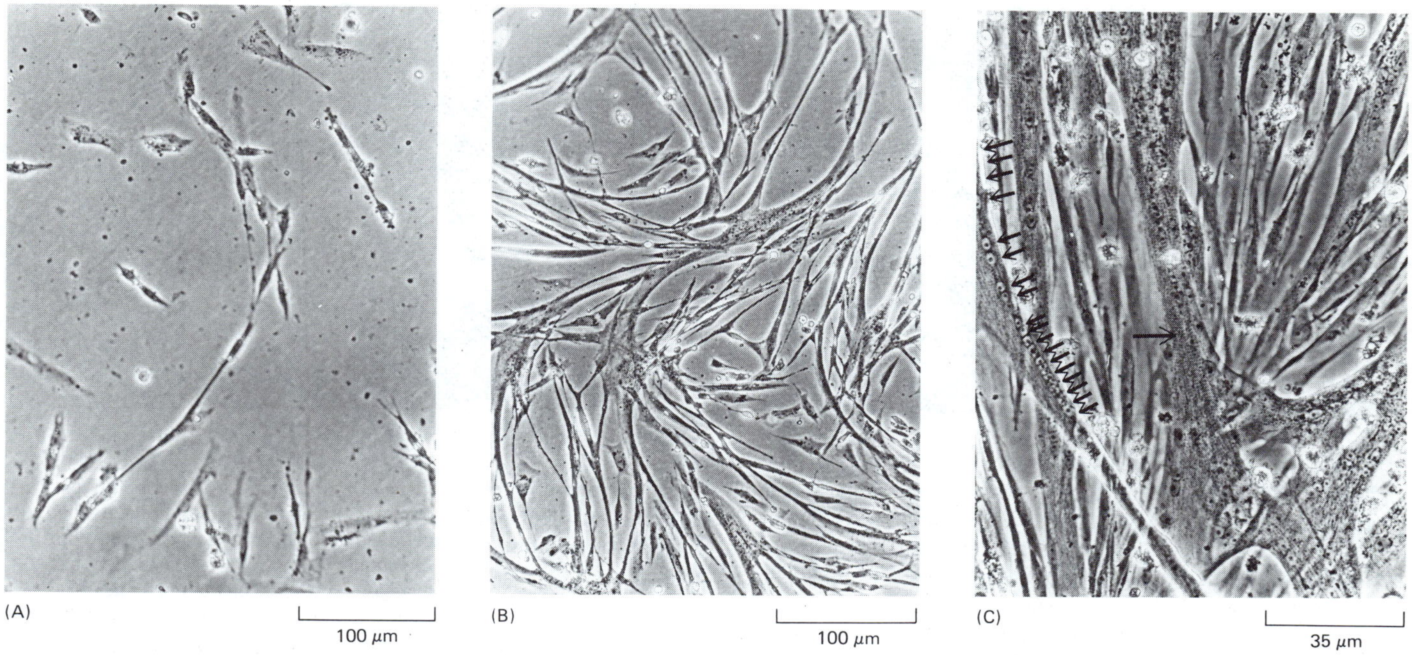

Figure 17-37 Micrographies en contraste de phase de myoblastes en culture montrant comment ces cellules proliféreront, s'aligneront puis fusionneront pour former des cellules musculaires polynucléées. (C) est à plus fort grossissement, montrant les stries transversales qui commencent seulement à être visibles alors que l'appareil contractile se développe (*flèche longue*) et, les accumulations de nombreux noyaux à l'intérieur d'une seule cellule (*flèches courtes*). (Avec l'autorisation de Rosalind Zalin.)

gènes qui codent un grand nombre de protéines caractéristiques de la cellule du muscle squelettique, et les transcrits d'un grand nombre de ces gènes peuvent être épissés de plusieurs façons. Il en résulte que l'appareil musculaire contractile est composé d'une multitude de variants protéiques (traditionnellement appelés *isoformes*). Au cours de la maturation de la cellule musculaire, différentes sélections d'isoformes sont produites, adaptées aux nécessités changeantes de vitesse, force et endurance dans le fœtus, le nouveau-né et l'adulte.

Plusieurs types différents de cellules du muscle squelettique, chacun avec différents jeux d'isoformes protéiques, peuvent être trouvés côte à côte dans un même muscle. Chez l'adulte, il est facile, même à l'œil nu, de reconnaître deux de ces types. Les *fibres musculaires rouges*, comme celles des muscles alaires du poulet, sont riches en myoglobine, protéine de fixation de l'oxygène. Les *fibres musculaires blanches*, comme celles des muscles pectoraux du poulet, sont pauvres en myoglobine. Cette différence de contenu en myoglobine — une protéine voisine de l'hémoglobine — est le reflet de besoins en oxygène différents : les fibres musculaires rouges sont spécialisées dans la phosphorylation oxydative, les fibres musculaires blanches dans la glycolyse anaérobie. Les fibres musculaires rouges répondent par une contraction lente à une stimulation, elles se fatiguent peu et résistent mieux à un effort prolongé. Les fibres musculaires blanches répondent par une contraction rapide, se fatiguent plus facilement et sont mieux adaptées à des mouvements rapides et intermittents. Un muscle particulier, comme le biceps, contient généralement un mélange de plusieurs types de cellules musculaires dans des proportions adaptées à sa fonction musculaire (Figure 17-38).

En modifiant chirurgicalement l'innervation des muscles ou en les stimulant artificiellement avec des électrodes implantées, on a pu montrer que la fréquence de l'excitation électrique influe fortement sur l'expression des gènes des cellules musculaires. Une cellule musculaire lente stimulée à des fréquences appropriées à un muscle rapide acquiert partiellement un caractère rapide et vice versa ; ceci est dû en partie aux différents isoformes protéiques que la cellule produit. Ces modifications ne sont pas réservées aux cellules musculaires : des changements dans l'expression génique qui donnent lieu à des ARNm variants se produisent souvent lorsqu'une cellule différenciée atteint la maturité ou réagit aux variations de l'environnement (voir p. 970).

Certains myoblastes persistent en tant que cellules souches quiescentes chez l'adulte [36]

Un muscle peut se développer de trois façons : les cellules musculaires différenciées qui le composent peuvent augmenter en nombre, en longueur ou en circonférence. Comme les cellules du muscle squelettique sont incapables de se diviser, elles ne peuvent être produites que par fusion des myoblastes. Le nombre de cellules du muscle squelettique multinucléées

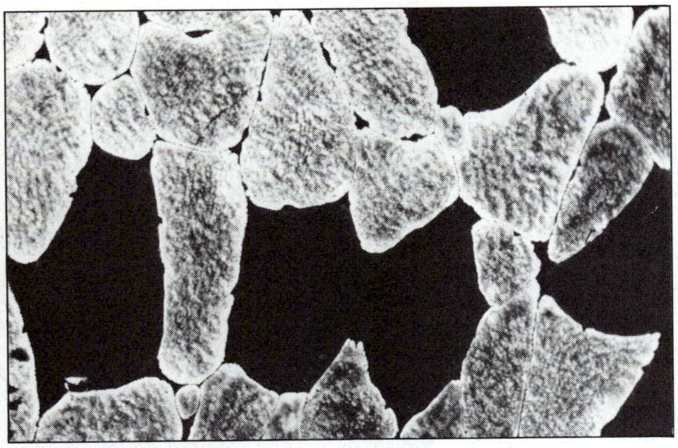

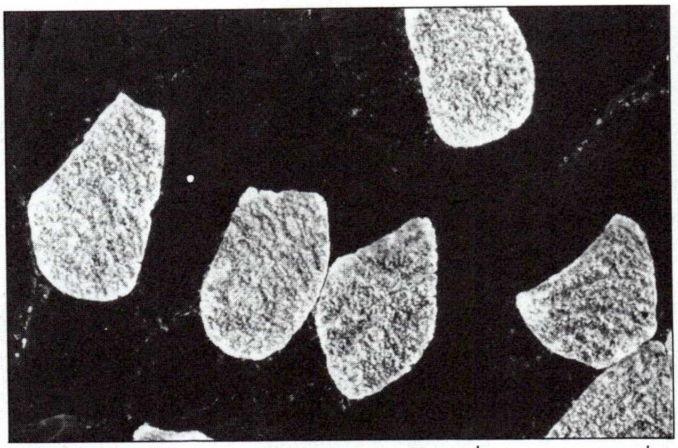

Figure 17-38 Deux coupes consécutives du même morceau de muscle de poulet adulte, colorées avec deux anticorps fluorescents spécifiques d'une isoforme différente de la myosine. En (A), les cellules blanches (contraction rapide) sont colorées avec les anticorps dirigés contre la myosine rapide ; en (B), les cellules rouges (contraction lente) sont colorées avec les anticorps dirigés contre la myosine lente. (D'après G. Gauthier *et al.*, *J. Cell Biol.* 92:471-484, 1982).

chez l'adulte est de fait atteint très tôt — avant la naissance chez l'homme. L'importante augmentation ultérieure de la masse musculaire est le résultat du développement cellulaire. La croissance du muscle en longueur est le résultat du recrutement d'un plus grand nombre de myoblastes dans les cellules multinucléées existantes, qui se produit généralement par fusion au niveau de leurs extrémités, augmentant ainsi le nombre de noyaux par cellule. Par contre, l'augmentation de diamètre, qui s'opère dans les muscles des haltérophiles, est due à l'augmentation de la taille et du nombre des myofibrilles contractiles contenues dans chaque cellule musculaire (voir p. 614), plutôt que de modifications du nombre de cellules musculaires ou de leurs noyaux.

Chez l'adulte cependant, on trouve encore quelques myoblastes sous forme de petites cellules aplaties et inactives qui sont en contact étroit avec la cellule musculaire mature et sont emprisonnées dans sa gaine de lame basale. Si le muscle est endommagé ou traité artificiellement avec du FGF, ces cellules, dites *cellules satellites*, sont induites à proliférer (Figure 17-39), et leur descendance peut fusionner pour former de nouvelles cellules musculaires. Les cellules satellites sont, par conséquent, les cellules souches du muscle squelettique adulte, normalement tenues en réserve dans un état quiescent mais disponibles pour servir de source d'autorenouvellement de cellules totalement différenciées, en cas de besoin.

Résumé

Les cellules du muscle squelettique représentent l'une des quatre principales catégories de cellules de vertébrés spécialisées dans la contraction. Elles sont responsables de la motricité volontaire. Chaque cellule est un syncytium et se développe par fusion de myoblastes. La prolifération des myoblastes est stimulée par des facteurs de croissance comme le FGF, mais après fusion, ils ne peuvent plus se diviser. La fusion myoblastique est généralement couplée au début de la différenciation de la cellule musculaire, au cours de laquelle de nombreux gènes codant des protéines spécifiques du muscle sont activés de façon coordonnée. Par la suite, les cellules peuvent moduler leur caractère différencié en modifiant la sélection des isoformes protéiques qu'elles synthétisent. Dans le muscle adulte, quelques myoblastes persistent à l'état quiescent sous forme de cellules satellites. En cas de lésion musculaire, ces cellules sont réactivées pour proliférer et fusionner pour remplacer les cellules musculaires perdues.

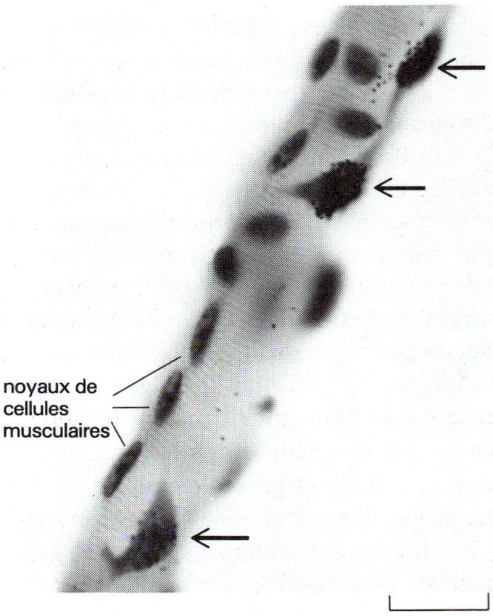

Figure 17-39 Autoradiographie d'une seule cellule musculaire multinucléée associée à des cellules satellites. La fibre a été isolée à partir d'un rat adulte puis transférée dans un milieu de culture contenant de la thymidine tritiée et un extrait de muscle endommagé qui stimule la division des cellules satellites. Les cellules satellites en division *(flèches)* se trouvent radiomarquées (grains d'argent visibles sous forme de points noirs) ; les noyaux de la cellule musculaire sont incapables de proliférer et restent non marqués. (D'après R. Bischoff, *Dev. Biol.* 115:140-147, 1986.)

Les fibroblastes et leurs transformations : la famille des cellules du tissu conjonctif [37]

Un grand nombre de cellules différenciées dans l'organisme adulte peuvent être groupées en familles dont les membres sont étroitement apparentés tant par l'origine que par le caractère. La famille des **cellules du tissu conjonctif** constitue un exemple important ; ses membres ne sont pas seulement apparentés mais également interchangeables. La famille comprend les *fibroblastes*, les *cellules cartilagineuses* et les *cellules osseuses*, toutes spécialisées dans la sécrétion d'une matrice extracellulaire de collagène et conjointement responsables de la charpente architecturale du corps, tout comme les *adipocytes* et les *cellules du muscle lisse* qui semblent partager avec elles une origine commune. Ces types cellulaires, ainsi que leurs interconversions possibles, sont illustrés dans la Figure 17-40. Les cellules du tissu conjonctif

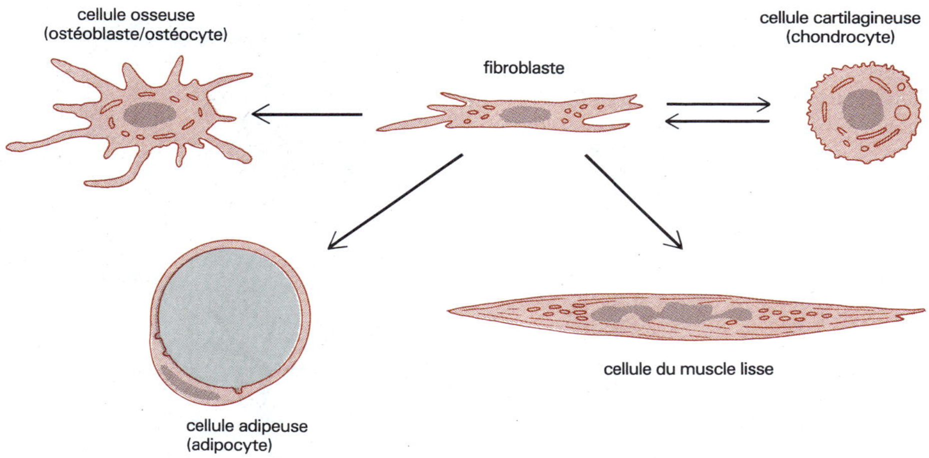

Figure 17-40 Les interconversions qui semblent se produire dans la famille des cellules du tissu conjonctif. Pour simplifier, le fibroblaste est considéré comme un type cellulaire unique, mais en réalité, nous ne savons pas avec certitude combien de types de fibroblastes existent et si le potentiel de différenciation des différents types peut être réduit de différentes façons.

jouent un rôle essentiel dans le soutien et la réparation de la majorité des tissus et des organes et l'adaptabilité de leur caractère différencié est une caractéristique importante des réponses à de nombreux types de lésions.

Les fibroblastes modifient leur caractère en réponse à des signaux dans la matrice extracellulaire[37,38]

Les **fibroblastes** semblent être les cellules les moins spécialisées de la famille des cellules du tissu conjonctif. Elles se trouvent dans le tissu conjonctif de la totalité de l'organisme où elles sécrètent une matrice extracellulaire souple riche en collagène de type I et de type III, comme décrit dans le Chapitre 14 (voir p. 809). Lorsqu'un tissu est lésé, les fibroblastes voisins migrent sur le lieu de la blessure, prolifèrent et produisent de grandes quantités de matrice de collagène qui contribue à isoler et réparer le tissu lésé. Cette aptitude à faire face à une lésion, ainsi que leur style de vie solitaire, peut expliquer pourquoi les fibroblastes sont les cellules les plus faciles à cultiver *in vitro* — une caractéristique qui en a fait le sujet favori pour des études de biologie cellulaire (Figure 17-41).

Comme l'indique la Figure 17-40, les fibroblastes semblent être aussi les plus versatiles des cellules du tissu conjonctif, car elles possèdent la remarquable capacité de se différencier en d'autres membres de la famille. Cependant, avant d'entrer dans les détails, nous devons faire une remarque importante. Il y a de bons arguments pour dire que les fibroblastes dans différentes régions de l'organisme sont intrinsèquement différents (voir p. 995), et il n'est pas du tout certain que tous les fibroblastes d'une même région soient équivalents. En l'absence de preuve évidente du contraire, il est plus simple de supposer qu'ils le sont, mais il est concevable que le tissu conjonctif puisse contenir un mélange de lignées fibroblastiques différentes, certaines capables de se transformer en chondrocytes, d'autres en adipocytes et ainsi de suite, plutôt qu'un seul type fibroblastique aux capacités de développement multiples. Il est possible également que des fibroblastes « matures » incapables de se transformer puissent coexister avec des fibroblastes « immatures » (appelés souvent *cellules mésenchymateuses*) qui peuvent se développer en une variété de types cellulaires matures.

Malgré ces incertitudes, il paraît clair, d'après des études *in vitro* et *in vivo*, que les cellules du tissu conjonctif peuvent subir des changements de leur caractère radicaux. Si une préparation de matrice osseuse, obtenue en broyant un os en poudre fine et en éliminant par dissolution le composant minéral dur, est implantée dans la couche dermique de la peau, certaines cellules — probablement les fibroblastes dermiques — se transforment en cellules cartilagineuses et d'autres, un peu plus tard, se transforment en cellules osseuses, créant de ce fait, un parfait morceau d'os avec son canal médullaire. Ces expériences suggèrent que les composants de la matrice extracellulaire peuvent considérablement influer sur la différenciation des cellules du tissu conjonctif. Nous verrons que des transformations cellulaires analogues sont importantes dans la réparation des fractures osseuses. De fait, la matrice osseuse contient de fortes concentrations de facteurs de croissance capables de modifier le comportement des cellules du tissu conjonctif. Parmi ces facteurs, se trouve le TGF-β (facteur de croissance transformant β, transforming growth factor β — voir p. 747) dont on dit qu'il induit la différenciation des cartilages *in vitro*.

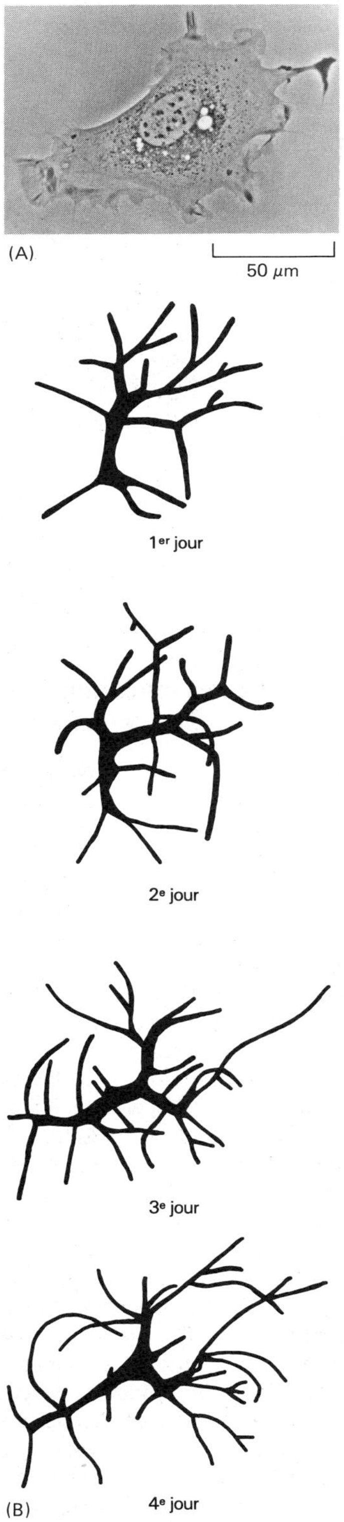

Figure 17-41 (A) Micrographie en contraste de phase d'un fibroblaste murin en culture. (B) Dessins d'une cellule vivante de type fibroblastique dans la queue transparente d'un têtard, montrant ses changements de forme et de positions à des jours consécutifs. Bien que les fibroblastes s'étalent en culture, noter qu'ils peuvent avoir des morphologies plus complexes dans les tissus. (A, avec autorisation de Guenter Albrecht-Buehler ; B, redessiné d'après E. Clark, *Am. J. Anat.* 13:351-379, 1912).

La matrice extracellulaire peut influer sur la différenciation des cellules du tissu conjonctif en modifiant la forme et l'ancrage des cellules [39]

La matrice extracellulaire peut influer sur l'état de différenciation des cellules du tissu conjonctif aussi bien chimiquement que physiquement. Ceci a été démontré grâce à l'étude des cellules cartilagineuses en culture, ou *chondrocytes*. Dans des conditions de culture appropriées, ces cellules proliféreront et maintiendront leur caractère différencié, continuant pendant de nombreuses générations à synthétiser de grandes quantités de matrice cartilagineuse très caractéristique avec laquelle elles s'entourent. Il se produit cependant une transformation lorsque les cellules sont maintenues à une densité relativement faible et restent en monocouche sur la boîte de culture : les cellules perdent leur forme arrondie qui est typique des chondrocytes, s'aplatissent sur le substratum et cessent de fabriquer la matrice cartilagineuse ; elles cessent, en particulier, de produire du collagène de type II — caractéristique du cartilage — et se mettent à produire du collagène de type I — caractéristique des fibroblastes. Au bout d'un mois de culture, la majorité des cellules cartilagineuses ont commuté l'expression de leurs gènes collagéniques et ont pris l'apparence de fibroblastes. La variation biochimique doit se produire brusquement car très peu de cellules produisent simultanément les deux types de collagène.

De nombreux résultats suggèrent que le changement de forme et la modification des ancrages cellulaires induisent, en partie du moins, le changement biochimique. Les cellules cartilagineuses qui ont subi une transformation fibroblastique, par exemple, peuvent être délicatement détachées de la boîte de culture et transférées dans une boîte d'agarose. En les entourant d'un gel, l'agarose maintient les cellules en suspension sans aucun point d'ancrage au substratum, les forçant à adopter une forme arrondie. Dans ces conditions, les cellules retrouvent rapidement le caractère chondrocytaire et recommencent à produire du collagène de type II. La façon dont la forme de la cellule et son ancrage pourraient contrôler l'expression des gènes est discutée page 749.

Pour la majorité des types cellulaires et notamment pour une cellule du tissu conjonctif, les possibilités d'ancrage et d'attachement dépendent de la matrice environnante, qui est généralement synthétisée par la cellule elle-même. Ainsi, une cellule peut créer un environnement qui réagit ensuite sur cette dernière pour renforcer son caractère différencié. De plus, la matrice extracellulaire sécrétée par la cellule agit également sur les cellules voisines et tend à les faire se différencier de la même façon. Un groupe de chondrocytes formant un nodule de cartilage, par exemple, dans un organisme en développement ou en culture *in vitro*, s'étendra du fait de la conversion des fibroblastes environnants en chondrocytes.

Différentes molécules informatives agissent séquentiellement pour régler la production des adipocytes [40]

Les **cellules adipeuses** ou **adipocytes** se développent sans doute aussi à partir de cellules de type fibroblastique aussi bien au cours du développement normal des mammifères que dans différentes conditions pathologiques — par exemple, dans la dystrophie musculaire, où les cellules musculaires meurent et sont peu à peu remplacées par du tissu conjonctif adipeux. La différenciation des adipocytes commence par la production d'enzymes spécifiques, suivie par l'accumulation de gouttelettes de graisse, qui fusionnent et s'élargissent jusqu'à ce que la cellule soit extrêmement distendue, le cytoplasme ne formant plus qu'un mince anneau autour de la masse lipidique (Figure 17-42).

Ce processus peut être étudié en culture (en utilisant des lignées cellulaires comme certaines variétés de cellules 3T3 murines), afin de pouvoir analyser les facteurs qui l'influencent. On a d'abord trouvé que le développement des adipocytes en culture nécessitait la présence de sérum de veau fœtal, un additif courant aux milieux de culture. On identifia plus tard le

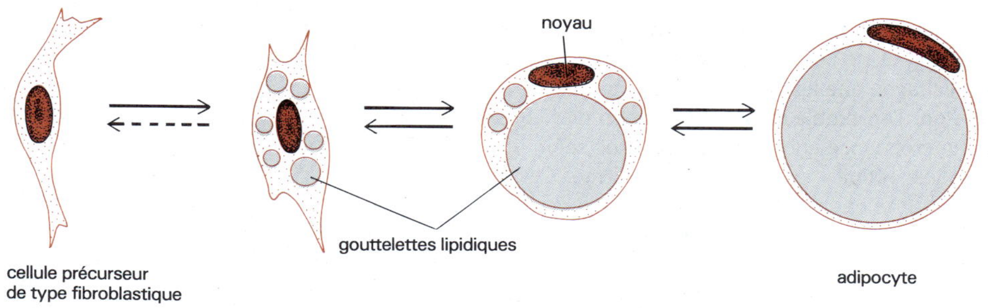

Figure 17-42 La conversion d'une cellule précurseur de type fibroblastique en une cellule adipeuse mature par l'accumulation et la fusion de gouttelettes lipidiques. Ce processus est partiellement réversible, comme l'indiquent les flèches. Les cellules peuvent se diviser aux stades précoce et intermédiaire, mais la cellule adipeuse mature ne le peut pas.

facteur sérique qui déclenche la différenciation des adipocytes à une *hormone de croissance* — une protéine normalement sécrétée dans la circulation par l'hypophyse. Il semble que l'hormone de croissance stimule aussi bien la différenciation des chondrocytes que celle des adipocytes *in vivo* comme *in vitro*. Cependant, elle n'est pas la seule molécule informative sécrétée à régler le développement des adipocytes. Les précurseurs des cellules adipeuses qui ont été stimulés par l'hormone de croissance deviennent sensibles à l'*IGF-1*, qui stimule la prolifération des adipocytes en cours de différenciation.

La différenciation des cellules adipeuses comme celle des chondrocytes est aussi sensible à des facteurs qui agissent sur la forme et l'ancrage cellulaires. La différenciation des cellules 3T3 en adipocytes, par exemple, est inhibée si on laisse les cellules s'étaler sur une boîte de culture recouverte de fibronectine, à laquelle elles adhèrent fortement. Cette inhibition est réversible cependant par traitement avec la cytochalasine qui rompt les filaments d'actine et provoque l'arrondissement des cellules.

Toutes ces expériences sur les cellules du tissu conjonctif illustrent un motif récurrent : la différenciation est réglée par un mélange de signaux solubles et de contacts avec la matrice extracellulaire. Les effets de chacun de ces facteurs dépendent du caractère de la cellule répondeuse, et celui-ci, à son tour, dépend de l'ontogenèse de la cellule.

Résumé

La famille des cellules du tissu conjonctif comprend les fibroblastes, les cellules cartilagineuses, les cellules osseuses, les adipocytes et les cellules du muscle lisse. Il semble que les fibroblastes puissent se transformer en n'importe quel autre membre de la famille — dans certains cas, de façon réversible — bien que nous ignorions si cela est le fait d'un seul type de fibroblaste multipotent ou d'un mélange de différents types de fibroblastes de potentiels plus restreints. Ces transformations de type cellulaire du tissu conjonctif sont réglées par la composition de la matrice extracellulaire environnante, par la forme de la cellule et par des hormones et des facteurs de croissance.

Les tissus mous et la matrice rigide : croissance, renouvellement et réparation dans l'os [41]

L'**os** est une forme particulière, très dense, du tissu conjonctif. Tel le béton armé, la matrice osseuse est un mélange de fibres rigides (fibrilles de collagène de type I), qui résistent aux forces de traction, et de particules solides (cristaux de phosphate de calcium et d'hydroxyapatite) qui résistent à la compression. Le volume occupé par le collagène est pratiquement le même que celui qu'occupe le phosphate de calcium. Les fibrilles de collagène de l'os adulte sont disposées en couches régulières comme du contre-plaqué, les fibrilles de chaque couche étant disposées parallèlement les unes aux autres mais perpendiculairement aux fibrilles des couches adjacentes.

En dépit de sa rigidité, l'os n'est en aucun cas un tissu permanent et immuable. Des canaux et des cavités occupés par des cellules vivantes traversent sa matrice extracellulaire rigide. Ces cellules représentent 15 p. cent du poids de l'os compact et sont engagées dans un processus continu de remodelage : une catégorie de cellules détruit la matrice osseuse usée tandis qu'une autre en dépose une nouvelle. Ce mécanisme permet un renouvellement et un remplacement continus de la matrice intra-osseuse.

L'os ne peut croître que par *apposition*, c'est-à-dire par dépôt de matrice supplémentaire et de cellules sur les surfaces libres du tissu rigide. Dans l'embryon, ce processus doit être coordonné à la croissance des autres tissus de telle façon que les proportions harmonieuses du corps soient préservées lors de son édification. Pour l'ensemble du squelette, et en particulier pour les os longs des membres et du tronc, cette croissance coordonnée s'effectue selon une stratégie complexe. Un ensemble d'os en « modèle réduit » est tout d'abord formé. Ces os minuscules sont constitués de cartilage qui est composé en grande partie de fortes concentrations de protéoglycannes (voir p. 806) et de collagène de type II. Chaque « modèle réduit » croît et tandis que du nouveau cartilage se forme, l'ancien est remplacé par de l'os. La croissance et l'érosion du cartilage sont si bien coordonnées avec le dépôt osseux pendant le développement, que l'os adulte, bien qu'il puisse atteindre 0,5 m de long, a presque la même forme que le modèle cartilagineux initial qui n'avait pas plus de quelques millimètres de long. Plutôt que de décrire la géométrie détaillée de ce processus, nous nous intéresserons aux activités cellulaires responsables de la croissance embryonnaire du cartilage et de l'os ainsi que de leur renouvellement chez l'adulte. Ces activités illustrent particulièrement bien la façon dont la conservation des tissus de l'organisme dépend de l'effet combiné de types cellulaires multiples.

Le cartilage peut croître par gonflement[39,42]

La collaboration de l'os et du cartilage dépend de leurs propriétés opposées. Les deux tissus sont formés à partir des cellules mésenchymateuses qui sécrètent de grandes quantités de matrice extracellulaire riche en collagène. Mais, alors que la matrice osseuse est rigide, la matrice cartilagineuse est déformable essentiellement composée de fortes concentrations de protéoglycannes et de collagène de type II. De ce fait, le **cartilage**, contrairement à l'os, est capable de croître par gonflement, au moment où les cellules déjà emprisonnées dans la matrice s'entourent d'un supplément de matrice qu'elles sécrètent.

Les cellules cartilagineuses, ou chondrocytes, sont séparées les unes des autres, chacune occupant dans la matrice une petite cavité ou *lacune*. Le cartilage ne contient généralement pas de vaisseaux sanguins et ses cellules sont entretenues par la diffusion à travers la matrice poreuse, de nutriments et de gaz vers et à partir de vaisseaux sanguins éloignés. Une couche compacte de tissu conjonctif riche en collagène, le *périchondre*, entoure la plus grande partie de la masse cartilagineuse (Figure 17-43). Le cartilage se développe de l'intérieur à mesure que les chondrocytes sécrètent une nouvelle matrice tandis que le périchondre fibreux a un rôle de « corset », limitant l'expansion et de ce fait en contrôlant les changements de forme. De nouvelles cellules sont formées au cours de ce processus de croissance : un chondrocyte, isolé dans sa lacune matricielle se divisera pour donner naissance à deux cellules, chacune sécrétant encore de la matrice si bien qu'une couche de matrice les sépare rapidement (Figure 17-44). Le cartilage peut aussi recevoir de nouvelles cellules du périchondre. Les cellules du périchondre ressemblent aux fibroblastes et subissent vraisemblablement une conversion au cours de

Figure 17-43 (A) Représentation schématique d'une coupe transversale d'une fibre de cartilage en voie de formation, montrant le périchondre fibreux qui l'entoure. Chaque chondrocyte occupe une cavité dans la matrice cartilagineuse. (B) Coupe transversale d'une fibre de cartilage d'un embryon de poulet. Cette micrographie représente un stade précoce du développement. Pendant la croissance du tissu, la quantité de matrice cartilagineuse par chondrocyte devient de plus en plus importante et la frontière entre le cartilage et le périchondre devient plus prononcée. (Avec l'autorisation de Peter Gould.)

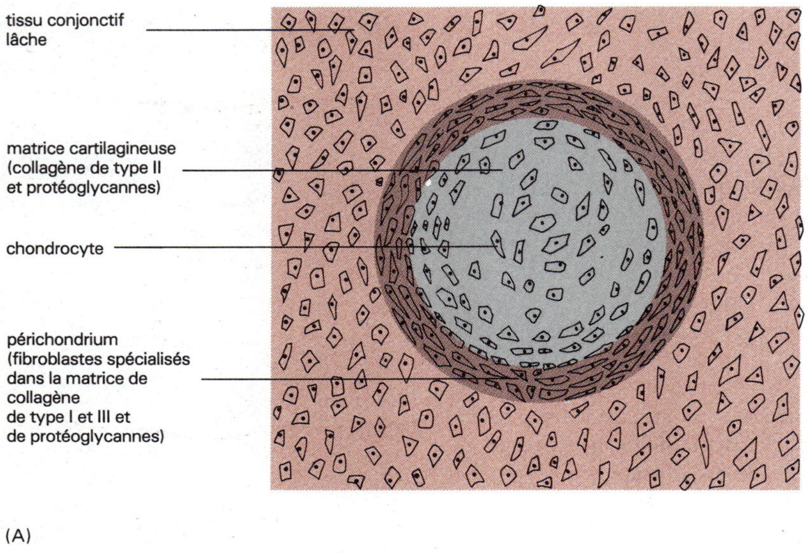

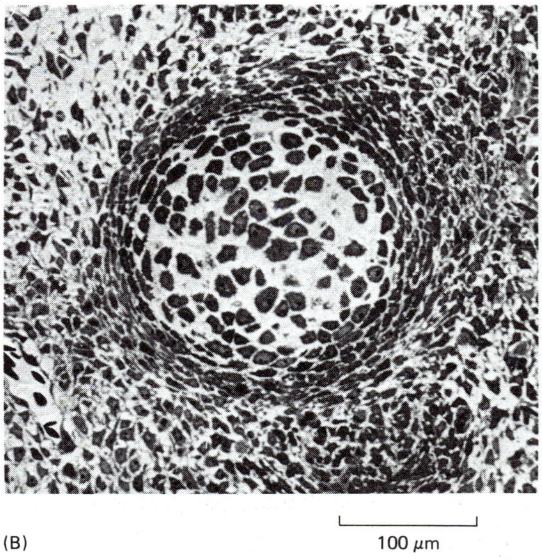

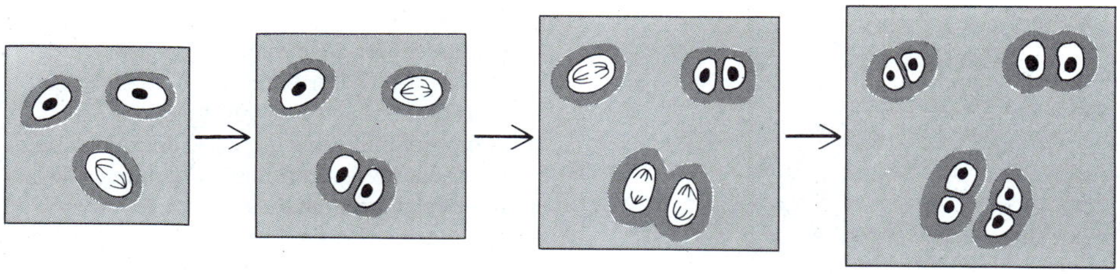

Figure 17-44 La croissance du cartilage. Le tissu se développe alors que les chondrocytes se divisent et produisent davantage de matrice. La matrice néosynthétisée avec laquelle chaque cellule s'entoure est figurée en gris foncé. Le cartilage croît aussi par recrutement de fibroblastes du périchondre et leur transformation en chondrocytes (voir Figure 17-43).

laquelle elles commencent à sécréter autour d'elles-mêmes une matrice cartilagineuse, et deviennent alors rapidement des chondrocytes à part entière. Ceci semble être un homologue *in vivo* des transformations décrites précédemment (voir p. 988) pour les cellules du tissu conjonctif en culture.

Les ostéoblastes sécrètent la matrice osseuse alors que les ostéoclastes la détruisent [41,43]

L'os est un tissu plus complexe que le cartilage. La matrice osseuse est sécrétée par les **ostéoblastes** qui se trouvent à la surface de la couche matricielle existante et y déposent de nouvelles couches d'os. Certains ostéoblastes restent libres à la surface tandis que d'autres se trouvent peu à peu inclus dans leur propre sécrétion. Le matériel néoformé (constitué principalement de collagène de type I) est appelé *ostéoïde*. Il est rapidement transformé en matrice osseuse rigide grâce aux dépôts de cristaux de phosphate du calcium. Une fois emprisonnée dans la matrice osseuse, la cellule à l'origine de la formation osseuse, appelée dès lors un **ostéocyte**, ne peut plus se diviser bien qu'elle continue à sécréter autour d'elle de la matrice en petite quantité. L'ostéocyte, tout comme le chondrocyte, occupe une petite cavité (ou lacune) dans la matrice, mais contrairement au chondrocyte, il n'est pas isolé de ses congénères. Des canaux minuscules, ou *canalicules*, rayonnent à partir de chaque cavité, et contiennent des prolongements cellulaires issus de l'ostéocyte résidant, qui leur permettent de former des jonctions de type gap avec les ostéocytes adjacents (Figure 17-45). Bien que les réseaux d'ostéocytes n'interviennent ni dans la synthèse, ni dans l'érosion de la matrice, ils doivent probablement jouer un rôle essentiel dans le contrôle de l'activité des cellules qui en sont responsables.

Alors que le dépôt de la matrice osseuse est effectué par les ostéoblastes, son érosion est due aux **ostéoclastes** (Figure 17-46). Ces cellules volumineuses plurinucléées sont issues, comme les macrophages, des cellules souches hématopoïétiques de la moelle osseuse. Ces cellules précurseurs sont libérées dans le sang et se rassemblent aux sites de résorption osseuse où elles fusionnent pour donner les ostéoclastes. Les ostéoclastes s'accrochent à la surface de la matrice osseuse et la phagocytent. Les ostéoclastes peuvent creuser profondément la substance de l'os compact, formant des cavités qui seront envahies par d'autres cellules. Un capillaire sanguin s'étend vers le centre du tunnel formé dont les parois se tapissent d'une couche d'ostéoblastes (Figure 17-47). Ceux-ci déposent des couches concentriques d'os néo-

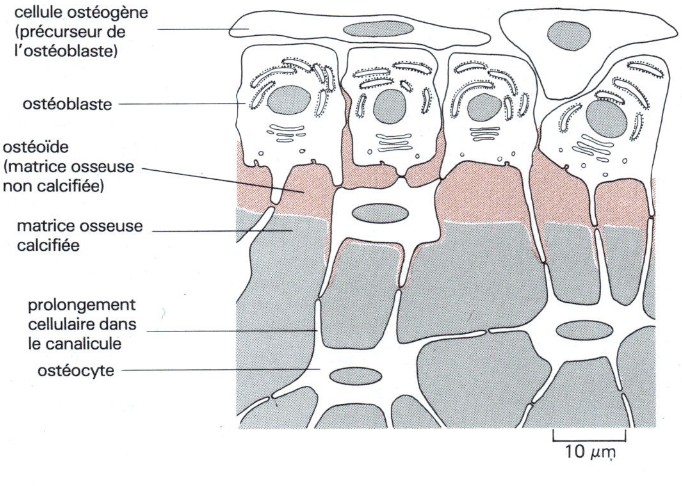

Figure 17-45 Représentation schématique de la façon dont les ostéoblastes qui tapissent la surface de l'os, sécrètent la matrice organique osseuse (ostéoïde) et se transforment en ostéocytes au fur et à mesure de leur inclusion dans cette matrice. La matrice se calcifie peu après son dépôt. Les ostéoblastes eux-mêmes dérivent vraisemblablement de cellules souches ostéogènes étroitement apparentées aux fibroblastes.

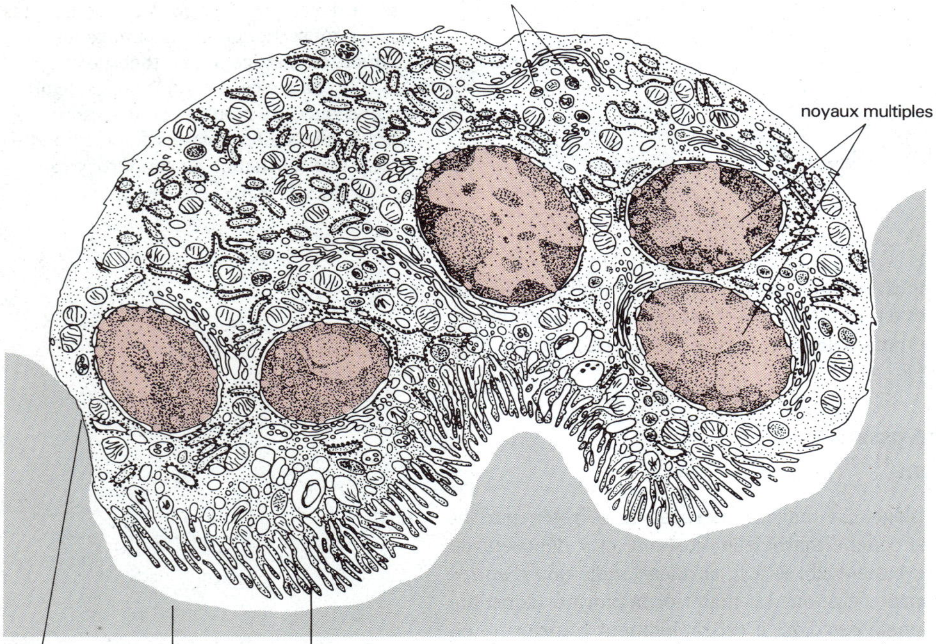

Figure 17-46 Un ostéoclaste est une cellule géante qui érode la matrice osseuse. La membrane « à bord ondulé » est le site de secrétion des acides (pour dissoudre les composés minéraux de l'os) et des hydrolases (pour digérer les composés organiques de la matrice). La cellule est représentée ici en coupe transversale. Les ostéoclastes sont de forme variable, ils sont mobiles et étendent souvent des prolongements pour éroder l'os en de nombreux sites. Ils se développent à partir des monocytes et peuvent être considérés comme des macrophages spécialisés. (D'après R.V. Krstić : Ultrastructure of the Mammalian Cell : An atlas. Berlin : Springer, 1979).

formé qui remplissent progressivement la cavité ; un étroit canal persiste qui contient le vaisseau sanguin. Beaucoup d'ostéoblastes se trouvent piégés dans la matrice osseuse et y persistent sous forme d'anneaux concentriques d'ostéocytes. Parallèlement au comblement osseux de certains tunnels, d'autres sont perforés par les ostéoclastes qui coupent à travers des systèmes concentriques plus âgés. Les conséquences de ce remodelage perpétuel sont parfaitement illustrées dans la structure stratifiée de la matrice observée dans l'os compact (Figure 17-48).

Il y a beaucoup de problèmes non résolus à propos de ces processus. Les os, par exemple, ont une remarquable capacité pour remodeler leur structure de façon à s'adapter à la charge qui leur est imposée, et ceci implique un contrôle du dépôt et de l'érosion de la matrice par des contraintes mécaniques locales. Nous ne comprenons pas les mécanismes qui

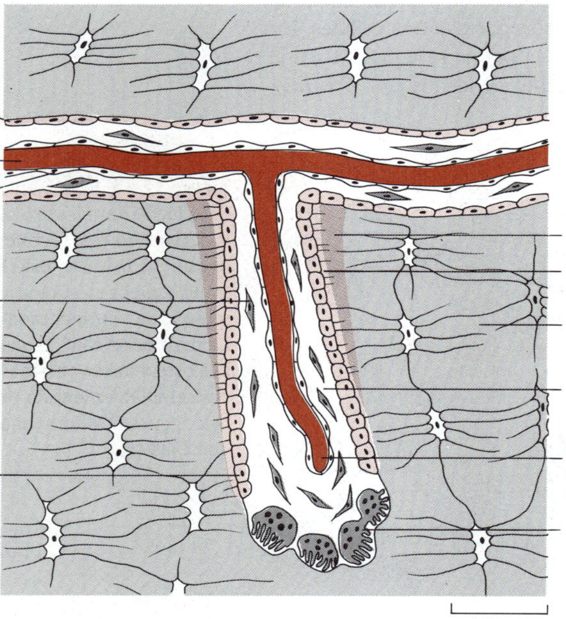

Figure 17-47 Le remodelage de l'os compact. Les ostéoclastes agissent ensemble en petits groupes, creusent un tunnel à travers l'os âgé à une vitesse de 50 μm par jour. Les ostéoblastes pénètrent dans le tunnel à leur suite, revêtent ses parois et commencent à former à nouveau de l'os, déposant des couches successives de matrice à la vitesse de 1 à 2 μm par jour. Au même moment, un capillaire bourgeonne vers le centre du tunnel. Celui-ci se remplit finalement de couches concentriques d'os, laissant un canal central étroit. Chacun de ces canaux est une voie d'accès pour les ostéoclastes et les ostéoblastes, mais contient en outre un ou plusieurs vaisseaux sanguins qui apportent les nutriments nécessaires à la survie des cellules osseuses. Typiquement, 5-10 p. cent de l'os chez un mammifère adulte sain sont ainsi remplacés chaque année. (D'après Z.F.G. Jaworski, B. Duck et G. Sekaly, *J. Anat.* 133:397-405, 1981).

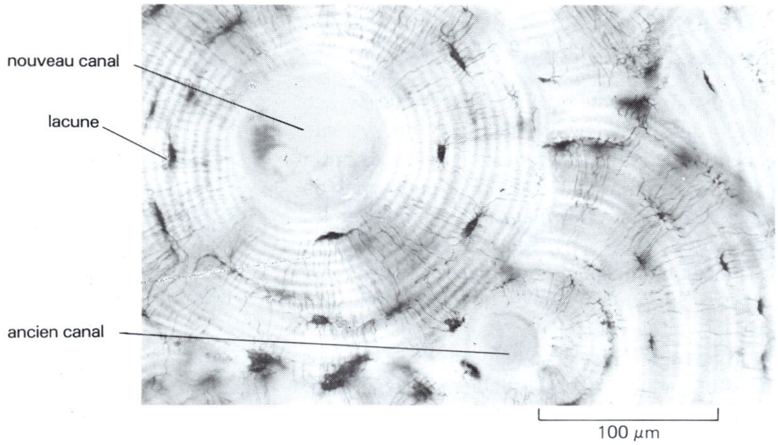

Figure 17-48 Micrographie d'une coupe transversale d'une partie extérieure compacte d'un os long, montrant les contours des canaux formés par les ostéoclastes puis envahis d'ostéoblastes lors des différentes étapes de remodelage osseux. La coupe a été préparée par broyage ; la matrice rigide a été préservée, mais pas les cellules. Les lacunes et les canalicules occupés auparavant par les ostéocytes sont pourtant clairement visibles. Les anneaux clairs et sombres alternés correspondent à une orientation alternée des fibres de collagène dans les couches successives de matrice osseuse ; ces couches ont été déposées pendant la vie par les ostéoblastes qui tapissent la paroi du canal. (Cette distribution est révélée ici par visualisation de l'échantillon entre deux filtres polaroïd partiellement croisés). Noter comment le système plus ancien de couches osseuses concentriques (*en bas à l'extrême droite*) a été partiellement sectionné et remplacé par un système plus nouveau dont le canal central est encore assez large car il est encore en cours de comblement.

décident du dépôt de la matrice par les ostéoblastes ou de son érosion par les ostéoclastes au niveau d'une surface osseuse donnée, mais il est probable qu'un rôle important est joué par des facteurs de croissance qui sont produits par les cellules osseuses, emprisonnées dans la matrice (voir p. 987), et libérées, peut-être, lorsque la matrice est dégradée ou subit certaines contraintes.

Au cours du développement, le cartilage est érodé par les ostéoclastes pour laisser la place à l'os [44]

Le remplacement du cartilage par l'os pendant le développement dépend vraisemblablement aussi des activités des ostéoclastes. Durant la maturation du cartilage, ses cellules dans certaines régions, prennent une ampleur considérable aux dépens de la matrice environnante, et la matrice elle-même commence, comme l'os, à se minéraliser par dépôt de cristaux de phosphate de calcium. Les chondrocytes gonflés meurent, laissant ainsi de volumineuses cavités vides. Les ostéoclastes et les vaisseaux sanguins envahissent ces cavités et il y a alors érosion de la matrice cartilagineuse minéralisée résiduelle. Dans leur sillage, les ostéoblastes commencent à déposer de la matrice osseuse. Le seul vestige cartilagineux dans l'os long adulte est une fine couche qui forme un revêtement régulier sur les surfaces osseuses au niveau des articulations (Figure 17-49).

Quelques cellules capables de former du nouveau cartilage persistent cependant dans le tissu conjonctif qui entoure l'os. Si l'os se casse, les cellules proches de la fracture exécutent la réparation par une reproduction grossière du processus embryonnaire original au cours duquel du cartilage est d'abord déposé pour combler la brèche puis est remplacé par de l'os.

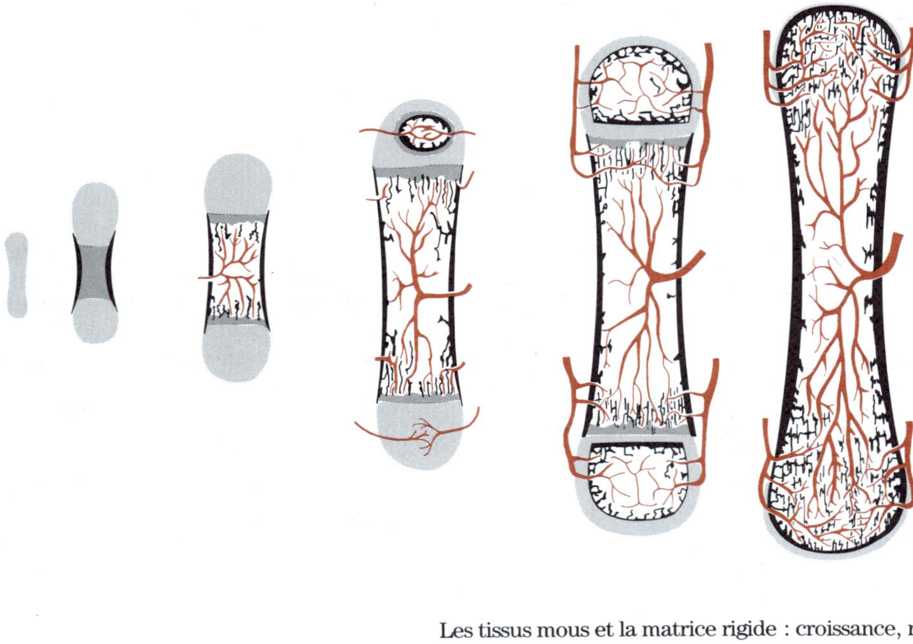

Figure 17-49 Le développement d'un os long (comme le fémur ou l'humérus) à partir d'une matrice cartilagineuse miniature. Le cartilage non calcifié est représenté en gris pâle, le cartilage calcifié en gris foncé, l'os en noir et les vaisseaux sanguins en couleur. Le cartilage n'est pas converti en os, mais l'os le remplace progressivement grâce à l'action des ostéoclastes et des ostéoblastes qui envahissent le cartilage, associés aux vaisseaux sanguins. Les ostéoclastes érodent le cartilage et la matrice osseuse alors que les ostéoblastes sécrètent de la matrice osseuse. Le processus d'ossification commence chez l'embryon et n'est terminé qu'à la fin de la puberté. L'os qui en résulte est constitué d'un cylindre creux à bords épais dont l'importante cavité est occupée par la moelle osseuse. Tous les os ne se développent pas de cette façon. Les *os membraneux* du crâne, par exemple, se présentent dès leur formation comme des plaques osseuses sans aucune matrice cartilagineuse préalable. (Adapté d'après D. Fawcett, A Textbook of Histology, 11th ed. Philadelphia : Saunders, 1986).

La structure du corps est stabilisée grâce à son réseau de tissus conjonctifs et par la cohésion sélective des cellules[45]

Un os, comme l'ensemble du corps, est un système dynamique qui maintient sa structure grâce à un équilibre entre les activités antagonistes d'une variété de cellules spécialisées. Tout système dynamique pose un problème de stabilité, et ceci nous conduit à une question générale sur la conservation de la structure corporelle. Nous avons vu comment, dans différents types de tissus, les cellules conservent leur état différencié, de façon contrôlée, pour remplacer les pertes, et comment la matrice extracellulaire est remodelée et renouvelée. Mais pourquoi les différents types de cellules ne se trouvent-ils pas peu à peu mélangés et déplacés ? Pourquoi la structure dans son ensemble ne s'affaisse-t-elle pas, ne se déforme pas ou ne change-t-elle pas de proportions lorsque de nouveaux éléments remplacent les anciens ?

Il est clair que, dans une certaine mesure, le corps s'affaisse et se déforme avec le temps — c'est un effet du vieillissement. Mais cette transformation est remarquablement légère. Le squelette, malgré un remodelage constant, fournit un cadre rigide dont les dimensions changent peu. Ceci est vraisemblablement dû au fait que les éléments osseux ne sont pas tous renouvelés en même temps mais petit à petit, un peu comme un édifice dont on remplacerait les briques une à une. En dehors d'un tel conservatisme dans le mode de renouvellement, des mécanismes homéostatiques actifs sont en jeu. Ainsi, de faibles déformations d'un os modifient les schémas de contraintes de façon à régler le remodelage osseux pour rendre à l'os sa forme normale (Figure 17-50).

La croissance et le renouvellement de beaucoup de parties molles de l'organisme sont aussi contrôlés de façon homéostatique pour que chaque élément s'adapte à la place qui lui est assignée. L'épiderme s'étend pour couvrir la surface du corps et les cellules s'arrêtent de migrer par *inhibition de contact* quand ce but est atteint (voir p. 673) ; le tissu conjonctif se développe juste ce qui est nécessaire pour combler une blessure, etc. Dans tout ceci, il faut plus qu'un simple contrôle du nombre des cellules. Les différents types de cellules différenciées doivent se maintenir non seulement dans des quantités relatives appropriées, mais aussi dans des positions relatives correctes. Le renouvellement tissulaire implique nécessairement des mouvements cellulaires. D'une manière ou d'une autre, ces mouvements doivent être limités ; les cellules doivent être soumises à des contraintes territoriales.

Ces contraintes sont de différents ordres. Des glandes et d'autres amas de cellules spécialisées, par exemple, sont souvent contenus dans des capsules rigides de tissu conjonctif. Certains types de cellules meurent si elles se trouvent hors de leur environnement normal, privées des facteurs de croissance spécifiques dont leur survie dépend probablement. Cependant, la stratégie qui est peut-être la plus importante pour maintenir les différentes cellules à leur place, est celle de l'adhérence intercellulaire sélective : les cellules de même type tendent à s'agglutiner (voir p. 829), soit en masses solides, comme les muscles lisses, soit en feuillets épithéliaux, comme la paroi intestinale. Comme nous l'avons décrit page 828, ce mécanisme permet à des cellules épidermiques dissociées, par exemple, de se réassocier spontanément pour former un épithélium de structure correcte. Et, sur une plus grande échelle, les feuillets épithéliaux stables servent à compartimenter le corps, maintenant les cellules correctement séparées et limitées à leurs territoires appropriés.

Il est clair que les contrôles et les équilibres, qui protègent la structure du corps et l'organisation de ses cellules contre un renouvellement continuel, sont subtiles et compliqués. L'importance de ces contrôles est douloureusement illustrée lorsqu'ils vont de travers, comme nous le verrons en abordant le sujet du cancer dans le dernier chapitre de ce livre.

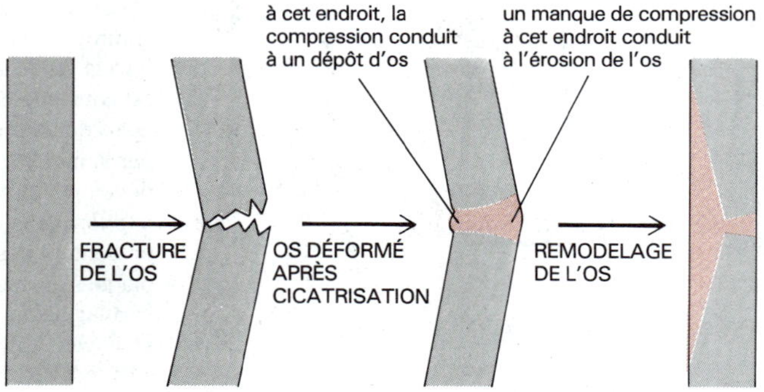

Figure 17-50 Remodelage d'un os long de la jambe après une fracture qui n'a pas cicatrisé dans l'alignement osseux. L'os déformé est exposé à des contraintes anormales. Là où les forces de compression sont augmentées, le taux de dépôt osseux augmente par rapport au taux d'érosion ; et là où les forces sont diminuées, le taux de dépôt diminue par rapport au taux d'érosion. De cette façon, l'os est graduellement remodelé selon sa forme normale.

Résumé

Le cartilage et l'os sont tous deux constitués de cellules incluses dans une matrice solide. Le cartilage possède une matrice déformable et peut se développer en gonflant, alors que l'os est rigide et ne peut se développer que par apposition à sa surface. L'os est néanmoins soumis à un perpétuel remodelage par l'action combinée des ostéoclastes (macrophages spécialisés) qui érodent la matrice et des ostéoblastes qui la sécrètent. Certains ostéoblastes sont piégés dans la matrice en tant qu'ostéocytes et interviennent en réglant le renouvellement de la matrice osseuse. La plupart des os longs se développent à partir de matrices cartilagineuses miniatures qui, lors de la croissance, servent de moules pour le dépôt osseux effectué grâce à l'action combinée des ostéoblastes et des ostéoclastes. De la même manière, au cours de la réparation d'une fracture chez l'adulte, la fissure est d'abord comblée par du cartilage qui est ensuite remplacé par de l'os. Bien que l'os, comme la plupart des autres tissus, soit sujet à un renouvellement continu, ce processus dynamique est réglé de telle façon que la structure globale est conservée. Grâce à ce processus et à d'autres mécanismes de régulation telle l'adhérence sélective intercellulaire, l'organisation du corps est maintenue de façon stable même si la majorité de ses composants sont sans cesse renouvelés.

Appendice

Les cellules du corps humain : un catalogue

Combien y a-t-il de types cellulaires distincts chez un être humain adulte ? Un volumineux manuel d'histologie en mentionnera environ 200, qui ont des noms individuels. Ces noms traditionnels, contrairement aux noms des couleurs, n'appartiennent pas à une seule famille subdivisée arbitrairement mais ils représentent, pour la plupart, des catégories nettement différentes et discrètes. Au sein d'une catégorie donnée, il y a souvent une certaine variation — les fibres du muscle squelettique qui animent le globe oculaire sont petites alors que celles qui assurent le mouvement de la jambe sont grosses ; les cellules ciliées auditives dans différentes régions de l'oreille peuvent s'accorder à différentes fréquences sonores, etc. Mais il n'y a aucun éventail de types cellulaires adultes de caractéristiques intermédiaires, entre, disons, la cellule musculaire et la cellule ciliée auditive.

La classification histologique traditionnelle est basée sur la forme et la structure de la cellule observée en microscopie ainsi que sur sa nature chimique, déduite très grossièrement des affinités de la cellule pour différents colorants. Des méthodes plus fines révèlent de nouvelles subdivisions dans cette classification traditionnelle. En effet, l'immunologie moderne montre que l'ancienne catégorie des « lymphocytes » comprend plus de 10 types cellulaires complètement distincts (voir Chapitre 18). De même, les tests pharmacologiques et physiologiques révèlent l'existence de nombreuses variétés de cellules du muscle lisse, celles de la paroi utérine, par exemple, sont très sensibles aux œstrogènes puis à l'ocytocine, à des stades plus tardifs de la grossesse, alors que celles de la paroi intestinale ne le sont pas. Des expériences d'embryologie du type de celles décrites dans le Chapitre 16 montrent l'existence d'un autre type important de diversité. Ces expériences montrent, dans beaucoup de cas, que des cellules apparemment semblables de diverses régions de l'organisme ne sont pas équivalentes, c'est-à-dire qu'elles sont héréditairement différentes dans leurs capacités de développement et dans leurs effets sur les autres cellules. Par exemple, les cellules du tissu conjonctif de différentes régions du derme ne doivent pas être équivalentes puisqu'elles induisent un comportement différent des cellules superficielles de l'épiderme (voir p. 942). Par conséquent, à l'intérieur de catégories comme celle des fibroblastes, il y a probablement de nombreux types cellulaires distincts qui diffèrent chimiquement d'une manière qu'il n'est pas facile de percevoir directement.

Pour ces raisons, toute classification des types cellulaires de l'organisme doit être quelque peu arbitraire par rapport à la subtilité de ses subdivisions. Dans le présent catalogue, nous ne répertorions que les types cellulaires de l'homme adulte, qu'un manuel d'histologie reconnaîtrait comme différents, groupés en familles grossièrement déterminées d'après leur fonction. Nous n'avons pas essayé de subdiviser la classe des neurones du système nerveux central. De plus, quand un type cellulaire unique, comme le kératynocyte, change successivement de nom au fur et à mesure de sa maturation, nous ne donnons que deux entrées — une pour la cellule en cours de différenciation, et une pour la cellule souche. Ces restrictions importantes étant faites, les 210 variétés de cellules du catalogue représentent une liste plus ou moins exhaustive des différents moyens d'expression d'un génome mammalien donné dans le phénotype d'une cellule normale de l'organisme adulte.

Cellules épithéliales kératinisées

kératinocyte de l'épiderme (= cellule de l'épiderme en cours de différenciation)
cellule basale de l'épiderme (cellule souche)
kératinocyte des ongles des doigts et des orteils
cellule basale du lit de l'ongle (cellule souche)
cellules de la tige du poil
- médullaire
- corticale
- cuticulaire

cellules de la gaine radiculaire du poil
- cuticulaire
- de la couche d'Huxley
- de la couche de Henle
- externe

cellule de la matrice du poil (cellule souche)

Cellules des barrières épithéliales humides stratifiées

cellule épithéliale superficielle de l'épithélium stratifié squameux de la cornée, de la langue, de la cavité buccale, de l'œsophage, du canal anal, de l'urètre distal, du vagin
cellule basale de ces épithéliums (cellule souche)
cellule de l'épithélium de la cornée externe
cellule de l'épithélium de l'appareil urinaire (paroi de la vessie et voies urinaires)

Cellules épithéliales spécialisées dans la sécrétion exocrine

cellules de la glande salivaire
- cellule muqueuse (sécrétion riche en polysaccharides)
- cellule séreuse (sécrétion riche en enzymes glycoprotéiques)

cellule de la glande de von Ebner dans la langue (sécrétion qui dissout les composants alimentaires)
cellule de la glande mammaire, sécrète le lait
cellule de la glande lacrymale, sécrète les larmes
cellule de la glande cérumineuse de l'oreille, sécrète le cérumen
cellule de la glande sudoripare de type eccrine, sécrète des glycoprotéines (cellule sombre)
cellule de la glande sudoripare de type eccrine, sécrète des petites molécules (cellule claire)
cellule de la glande sudoripare de type apocrine (sécrétion odoriférante, sensible à l'hormone sexuelle)
cellule de la glande de Moll dans la paupière (glande sudoripare spécialisée)
cellule des glandes sébacées, sécrète le sébum riche en lipides
cellule de la glande de Bowman dans le nez (sécrétion responsable du lavage de l'épithélium olfactif)
cellule de la glande de Brunner dans le duodénum, sécrète une solution alcaline de mucus et d'enzymes
cellule de la vésicule séminale, sécrète les composants du fluide séminal dont le fructose, source d'énergie des spermatozoïdes
cellule de la prostate, sécrète les autres composants du fluide séminal
cellule de la glande de Cooper, sécrète du mucus
cellule de la glande de Bartholin, sécrète le lubrifiant vaginal
cellule de la glande de Littré, sécrète du mucus
cellule de l'endomètre utérin, sécrète principalement des glucides
cellule caliciforme isolée des voies respiratoires et digestives, sécrète du mucus
cellule muqueuse de la paroi de l'estomac
cellule zymogène de la glande gastrique, sécrète le pepsinogène
cellule oxyntique de la glande gastrique, sécrète HCl
cellule acineuse du pancréas, sécrète des enzymes digestives et un bicarbonate
cellule de Paneth de l'intestin grêle, sécrète le lysozyme
pneumocyte de type II du poumon, sécrète un surfactant
cellule Clara du poumon (fonction inconnue)

Cellules spécialisées dans la sécrétion hormonale

cellules de l'hypophyse antérieure, sécrètent
- hormone de croissance
- hormone folliculo-stimulante
- hormone lutéinisante
- prolactine
- hormone adrénocorticotrope
- hormone thyréotrope

cellules du lobe intermédiaire de l'hypophyse, sécrètent l'hormone mélano-stimulante
cellules de la neuro-hypophyse, sécrètent
- vasopressine
- ocytocine

cellules de l'intestin et du tractus respiratoire, sécrètent
- sérotonine
- endorphine
- somatostatine
- gastrine
- sécrétine
- cholécystokinine
- insuline
- glucagon
- bombesine

cellules de la glande thyroïde, sécrètent
- hormone thyroïdienne
- calcitonine

cellules de la glande parathyroïde, sécrètent
- hormone parathyroïdienne
- cellules oxyphiles (fonction inconnue)

cellules des glandes surrénales, sécrètent
- adrénaline
- noradrénaline
- hormones stéroïdes
  - minéralocorticoïdes
  - glucocorticoïdes

cellules des gonades sécrètent
- testostérone (cellule de Leydig du testicule)
- œstrogène (cellule de la thèque interne du follicule ovarien)
- progestérone (cellule du corps jaune du follicule ovarien déhiscent)

cellules de l'appareil juxtaglomérulaire du rein
- cellule juxtaglomérulaire (sécrète la rénine)
- cellule de la macule dense
- cellule péripolaire
- cellule mésangiale

(il n'est pas sûr, mais probable, que ces cellules soient fonctionnellement liées ; elles sont peut-être impliquées dans la sécrétion d'étythropoïétine)

Cellules épithéliales absorbantes de l'intestin, des glandes exocrines et de l'appareil urogénital

cellule de la bordure en brosse de l'intestin (avec des microvillosités)
cellule du canal strié des glandes exocrines
cellule épithéliale de la vésicule biliaire
cellule de la bordure en brosse du tubule proximal du rein
cellule du tubule distal du rein
cellule non ciliée des canaux efférents
cellule principale de l'épididyme
cellule basale de l'épididyme

Cellules spécialisées dans le métabolisme et le stockage

hépatocyte (cellule du foie)
cellules adipeuses
- de la graisse blanche
- de la graisse brune
- adipocytes du foie

Cellules épithéliales assurant essentiellement une fonction de barrière, tapissant le poumon, l'intestin, les glandes exocrines et l'appareil urogénital

pneumocyte de type I (tapisse les alvéoles du poumon)
cellule du canal pancréatique (cellule centro-acineuse)
cellule non striée du canal de la glande sudoripare, de la glande salivaire, de la glande mammaire, etc. (diverses)
cellule pariétale du glomérule rénal
podocyte du glomérule rénal
cellule du segment fin de l'anse de Henle (dans le rein)
cellule du canal collecteur (dans le rein)
cellule du canal de la vésicule séminale, de la prostate, etc. (diverses)

Cellules épithéliales qui tapissent les cavités internes virtuelles de l'organisme

cellules endothéliales vasculaires des vaisseaux sanguins et des lymphatiques
- fenêtrées
- continues
- spléniques

cellule synoviale (tapisse les cavités articulaires et sécrète principalement l'acide hyaluronique)
cellule séreuse (tapisse les cavités péritonéale, péricardique, pleurale)
cellule squameuse tapissant l'espace périlymphatique de l'oreille
cellules tapissant l'espace endolymphatique de l'oreille
- cellule squameuse
- cellules cylindriques du sac endolymphatique
  - avec microvillosités
  - sans microvillosités
- cellule « foncée »
- cellule de la membrane vestibulaire (ressemble à la cellule du plexus choroïde)
- cellule basale de la stria vascularis
- cellule marginale de la stria vascularis
- cellule de Claudius
- cellule de Boettcher

cellule squameuse de l'arachnoïde
cellule du plexus choroïde (sécrète le liquide céphalorachidien)
cellules de l'épithélium cilié de l'œil
- pigmentées
- non pigmentées

cellule « endothéliale » de la cornée

Cellules ciliées avec une fonction de propulsion

de l'appareil respiratoire
de l'oviducte et de l'endomètre utérin (chez la femelle)
des testicules et des canaux efférents (chez le mâle)
du système nerveux central (cellule épendymale tapissant les cavités cérébrales)

Cellules spécialisées dans la sécrétion de matrice extracellulaire

épithéliales :
- adamantoblaste (sécrète l'émail des dents)
- cellule « planum semilunatum » de l'appareil vestibulaire de l'oreille (sécrète des protéoglycannes)
- cellule prismatique de la membrane spiralée de l'organe de Corti (sécrète la membrane tectoriale qui couvre les cellules ciliées de l'organe de Corti)

non épithéliales :
- fibroblastes (divers — du tissu conjonctif mou, de la cornée, du tendon, du tissu réticulé de la moelle osseuse, etc.)
- péricyte des capillaires sanguins

cellule du nucleus pulposus du disque intervertébral
cémentoblaste/cémentocyte (sécrète le cément de la racine de la dent)
odontoblaste/odontocyte (sécrète la dentine de la dent)
chondrocytes
du cartilage hyalin
du cartilage fibreux
du cartilage élastique
ostéoblaste/ostéocyte
cellule ostéoprogénitrice (cellule souche des ostéoblastes)
hyalocyte du corps vitré de l'œil
cellule étoilée de l'espace périlymphatique de l'oreille

Cellules contractiles

cellules du muscle squelettique
rouge (lente)
blanc (rapide)
intermédiaire
fuseau musculaire — sac nucléaire
fuseau musculaire — chaîne nucléaire
cellule satellite (cellule souche)
cellules du muscle cardiaque
ordinaires
nodales
fibre de Purkinje
cellules du muscle lisse (diverses)
cellules myoépithéliales
de l'iris
des glandes exocrines

Cellules du sang et du système immunitaire

globule rouge sanguin
mégacaryocyte
macrophages et cellules voisines
monocyte
macrophage du tissu conjonctif (divers)
cellule de Langerhans (dans l'épiderme)
ostéoclaste (dans l'os)
cellule dendritique (dans les tissus lymphoïdes)
cellule microgliale (dans le système nerveux central)
neutrophile
éosinophile
basophile
mastocyte
lymphocyte T
cellule T auxiliaire (ou helper)
cellule T suppresseur
cellule T cytotoxique
lymphocyte B
IgM
IgG
IgA
IgE
cellule tueuse
cellules souches et précurseurs déterminés pour les systèmes sanguin et immunitaire (diverses)

Transducteurs sensoriels

photorécepteurs
bâtonnets
cônes
sensibles au bleu
sensibles au vert
sensibles au rouge
cellules auditives
cellule ciliée interne de l'organe de Corti
cellule ciliée externe de l'organe de Corti
accélération et gravité
cellule ciliée de type I de l'appareil vestibulaire de l'oreille
cellule ciliée de type II de l'appareil vestibulaire de l'oreille
goût
cellule de type II du bourgeon gustatif
odorat
neurone olfactif
cellule basale de l'épithélium olfactif (cellule souche des neurones olfactifs)
pH sanguin
cellule du corps carotidien
type I
type II
toucher
cellule de Merkel de l'épiderme
neurones sensoriels primaires spécialisés dans le toucher (divers)
température
neurones sensoriels primaires sensibles à la température
sensibles au chaud
sensibles au froid
douleur
neurones sensoriels primaires sensibles à la douleur (divers)
configurations et forces dans le système musculo-squelettique
neurones sensoriels primaires proprioceptifs (divers)

Neurones autonomes

cholinégique (varié)
adrénagique (varié)
peptidergique (varié)

Cellules de soutien des organes des sens et des neurones périphériques

cellules de soutien de l'organe de Corti
cellule du pilier interne
cellule du pilier externe
cellule phalangienne interne
cellule phalangienne externe
cellule de bordure
cellule de Hensen
cellule de soutien de l'appareil vestibulaire
cellule de soutien du bourgeon gustatif (type I de la cellule du bourgeon)
cellule de soutien de l'épithélium olfactif
cellule de Schwann
cellule satellite (entoure les corps cellulaires des nerfs périphériques)
cellule entérique gliale

Neurones et cellules gliales du système nerveux central

neurones (grande variété de types, encore mal classifiés)
cellules gliales
astrocyte (divers)
oligodendrocyte

Cellules du cristallin

cellule épithéliale du cristallin antérieur
fibre cristalline (cellule contenant la cristalline)

Cellules pigmentaires

mélanocyte
cellule épithéliale pigmentée de la rétine

Cellules germinales

ovogonie/ovocyte
spermatocyte
spermatogonie (cellule souche du spermatocyte)

Cellules nourricières

cellule du follicule ovarien
cellule de Sertoli (dans les testicules)
cellule épithéliale du thymus

Bibliographie

Références générales

Clark, W.E. Le Gros. The Tissues of the Body, 6th ed. Oxford, U.K. : Clarendon Press, 1971.
Cormack, D. Ham's Histology, 9th ed. Philadelphia : Lippincott, 1987.
Fawcett, D.W. (Bloom and Fawcett) A Textbook of Histology, 11th ed. Philadelphia : Saunders, 1986.
Goss, R.J. The Physiology of Growth. New York : Academic Press, 1978.
Weiss, L., ed. Histology : Cell and Tissue Biology, 5th ed. New York : Elsevier, 1983.
Wheater, P.R. ; Burkitt, H.G. ; Daniels, V.G. Functional Histology, 2nd ed. Edinburgh : Churchill Livingstone, 1987.

Articles cités

1. Clark, W.E. Le Gros. The Tissues of the Body, 6th ed. Oxford, U.K. : Clarendon Press, 1971.
Montagna, W. The skin. *Sci. Am.* 212(2):56-66, 1965.
Wessels, N.K. Tissue Interactions and Development. Menlo Park, CA : Benjamin-Cummings, 1977.
2. Cahn, R.D. ; Cahn, M.B. Heritability of cellular differenciation : clonal growth and expression of differenciation in retinal pigment cells *in vitro*. *Proc. Natl. Acad. Sci. USA* 55:106-114, 1966.
Coon, H.G. Clonal stability and phenotypic expression of chick cartilage cells *in vitro*. *Proc. Natl. Acad. Sci. USA* 55:66-73, 1966.
Itoh, Y. ; Eguchi, G. *In vitro* analysis of cellular metaplasia from pigmented eptihelial cells to lens phenotypes : a unique model for studying cellular and molecular mechanisms of "transdifferentiation". *Dev. Biol.* 115:353-362, 1986.
Yaffe, D. Retention of differentiation potentialities during prolonged cultivation of myogenic cells. *Proc. Natl. Acad. Sci. USA* 61:477-483, 1968.
3. Anderson, J.E. The effect of steroid hormones on gene transcription. In Biological Regulation and Development (R.F.

Goldberger, K. Yamamoto, eds.), Vol. 3B, pp. 169-212. New York : Plenum, 1983.
Okada, T.S. ; Kondoh, H., eds. Commitment and Instability in Cell Differentiation. *Curr. Top. Dev. Biol.* 20, 1986.
4. Hosley, M.A. ; Hughes, S.E. ; Oakley, B. Neural induction of taste buds. *J. Comp. Neurol.* 260:224-232, 1987.
Kinnamon, S.C. Taste transduction : a diversity of mechanisms. *Trends Neurosci.* 11:491-496, 1988.
Zalewski, A.A. Neuronal and tissue specifications involved in taste bud formation. *Ann. N.Y. Acad Sci.* 228:344-349, 1974.
5. Goss, R.J. The Physiology of Growth. New York : Academic Press, 1978.
6. Clayton, R.M. Divergence and convergence in lens cell differentiation : regulation of the formation and specific content of lens fibre cells. In Stem Cells and Tissue Homeostasis (B. Lord, C. Potten, R. Cole, eds.), pp. 115-138. Cambridge, U.K. : Cambridge University Press, 1978.
Goss, R.J. The Physiology of Growth, pp. 210-225. New York : Academic Press, 1978.
Maisel, H., ed. The Ocular Lens : Structure, Function, and Pathology. New York : Dekker, 1985.
Wistow, G.J. ; Piatigorsky, J. Lens crystallins : the evolution and expression of proteins for a highly specialized tissue. *Annu. Rev. Biochem.* 57:479-504, 1988.
7. Fawcett, D.W. (Bloom and Fawcett) A Textbook of Histology, 11th ed. Philadelphia : Saunders, 1986.
Gevers, W. Protein metabolism in the heart. *J. Mol. Cell. Cardiol.* 16:3-32, 1984.
Young, R.W. Visual cells. *Sci. Am.* 223(4):80-91, 1970.
8. Aherne, W.A. ; Camplejohn, R.S. ; Wright, N.A. An Introduction to Cell Population Kinetics. London : Edward Arnold, 1977.
Wright, N.A. ; Alison, M.R. Biology of Epithelial Cell Populations, Vols. 1-3. Oxford, U.K. : Oxford University Press, 1984.
9. Fawcett, D.W. (Bloom and Fawcett) A Textbook of Histology, 11th ed., pp. 679-715. Philadelphia : Saunders, 1986.
Moog, F. The lining of the small intestine. *Sci. Am.* 245(5):154-176, 1981.
10. Fausto, N. New perspectives on liver regeneration. *Hepatol.* 6:326-327, 1986.
Gohda, E. ; et al. Purification and partial characterization of hepatocyte growth factor from plasma of a patient with fulminant hepatic failure. *J. Clin. Invest.* 81:414-419, 1988.
Goss, R.J. The Physiology of Growth, pp. 251-266. New York : Academic Press, 1978.
Holder, N. Regeneration and compensatory growth. *Br. Med. Bull.* 37:227-232, 1981.
11. Anderson, J.R., ed. Muir's Textbook of Pathology, 12th ed. London : Edward Arnold, 1985.
Robbins, S.L. ; Cotran, R.S. ; Kumar, V. Pathologic Basis of Disease, 3rd ed. Philadelphia : Saunders, 1984.
12. Campbell, J.H. ; Campbell, G.R. Endothelial cell influences on vascular smooth muscle phenotype. *Annu. Rev. Physiol.* 48:295-306, 1986.
Development of the Vascular System. *Ciba Symp.* 100. London : Pitman, 1983.
Fawcett, D.W. (Bloom and Fawcett) A Textbook of Histology, 11th ed., pp. 367-405. Philadelphia : Saunders, 1986.
Ryan, U.S., ed. Endothelial Cells, Vols. 1-3. Boca Raton, FL : CRC Press, 1988.
13. Goss, R.J. The Physiology of Growth, pp. 120-137. New York : Academic Press, 1978.
Hobson, B. ; Denekamp, J. Endothelial proliferation in tumours and normal tissues : continuous labelling studies. *Br. J. Cancer* 49:405-413, 1984.
14. Folkman, J. The vascularization of tumours. *Sci. Am.* 234(5):58-73, 1976.
Folkman, J. ; Haudenschild, C. Angiogenesis *in vitro. Nature* 288:551-556, 1980.
Madri, J.A. ; Pratt, B.M. Endothelial cell-matrix interactions : *in vitro* models of angiogenesis. *J. Histochem. Cytochem.* 34:85-91, 1986.
15. Folkman, J. ; Klagsbrun, M. Angiogenic factors. *Science* 235:442-447, 1987.
Kalebic, T. ; Garbisa, S. ; Glaser, B. ; Liotta, L.A. Basement membrane collagen : degradation by migrating endothelial cells. *Science* 221:281-283, 1983.
Knighton, D.R. ; et al. Oxygen tension regulates the expression of angiogenesis factor by macrophages. *Science* 221:1283-1285, 1983.
Leibovich, S.J. ; et al. Macrophage-induced angiogenesis is mediated by tumour necrosis factor-alpha. *Nature* 329:630-632, 1987.
Schweigerer, L. ; et al. Capillary endothelial cells express basic fibroblat growth factor, a mitogen that promotes their own growth. *Nature* 325:257-259, 1987.
16. Cairnie, A.B. ; Lala, P.K. ; Osmond, D.G., eds. Stem Cells of Renewing Cell Populations. New York : Academic Press, 1976.
Cheng, H. ; Leblond, C.P. Origin, differentiation, and renewal of the four main epithelial cell types in the mouse small intestine. V. Unitarian theory of the origin of the four epithelial cell types. *Am. J. Anat.* 141:537-562, 1974.
17. Graziadei, P.P.C. ; Monti Graziadei, G.A. Continuous nerve cell renewal in the olfactory system. In Handbook of Sensory Physiology, Vol. IX : Development of Sensory Systems (M. Jacobson, ed.), pp. 55-82. New York : Springer-Verlag, 1978.
18. Allen, T.D. ; Potten, C.S. Fine-structural identification and organization of the epidermal proliferative unit. *J. Cell Sci.* 15:291-319, 1974.
Bereiter-Hahn, J. ; Matoltsy, A.G. ; Richards, K.S., eds. Biology of the Integument, Vol. 2 : Vertebrates. New York : Springer, 1986.
MacKenzie, I.C. Ordered structure of the stratum corneum of mammalian skin. *Nature* 222:881-882, 1969.
Sengel, P. Morphogenesis of skin. Cambridge, U.K. : Cambridge University Press, 1976.
Stenn, K.S. The skin. In Histology : Cell and Tissue Biology (L. Weiss, ed.), 5th ed., pp. 569-606. New York : Elsevier, 1983.
19. Fuchs, E. ; Green, H. Changes in keratin gene expression during terminal differentiation of the keratinocyte. *Cell* 19:1033-1042, 1980.
Green, H. The keratinocyte as differentiated cell type. *Harvey Lectures* 74:101-139, 1979.
Sawyer, R.H., ed. The Molecular and Developmental Biology of Keratins. *Curr. Top. Dev. Biol.* 22, 1987.
20. Barrandon, Y. ; Green, H. Three clonal types of keratinocyte with different capacities for multiplication. *Proc. Natl. Acad. Sci. USA* 84:2302-2306, 1987.
Green, H. Terminal differentiation of cultured human epidermal cells. *Cell* 11:405-415, 1977.
Watt, F.M. Selective migration of terminally differentiating cells from the basal layer of cultured human epidermis. *J. Cell Biol.* 98:16-21, 1984.
21. Barrandon, Y. ; Green, H. Cell migration is essential for sustained growth of keratinocyte colonies : the roles of transforming growth factor-alpha and epidermal growth factor. *Cell* 50:1131-1137, 1987.
Read, J. ; Watt, F.M. A model for *in vitro* studies of epidermal homeostasis : proliferation and involucrin synthesis by cultured human keratinocytes during recovery after stripping off the suprabasal layers. *J. Invest. Dermatol.* 90:739-743, 1988.
22. Fawcett, D.W. (Bloom and Fawcett) A Textbook of Histology, 11th ed., pp. 568-576, 901-912. Philadelphia : Saunders, 1986.
Neville, M.C. : Neifert, M.R. Lactation : Physiology, Nutrition, and Breast-Feeding. New York : Plenum, 1983.

Patton, S. Milk. *Sci Am.* 221(1):58-68, 1969.
Richards, R.C. ; Benson, G.K. Ultrastructural changes accompanying involution of the mammary gland in the albino rat. *J. Endocrinol.* 51:127-135, 1971.
Vonderhaar, B.K. ; Topper, Y.J. A role of the cell cycle in hormone-dependent differentiation. *J. Cell. Biol.* 63:707-712, 1974.
23. Dexter, T.M. ; Spooncer, E. Growth and differentiation in the hemopoietic system. *Annu. Rev. Cell Biol.* 3:423-441, 1987.
Weiss, L., ed. Histology : Cell and Tissue Biology, 5th ed., pp. 447-509. New York : Elsevier, 1983.
Wintrobe, M.M. Blood, Pure and Eloquent. New York : McGraw-Hill, 1980.
24. Stossel, T.P. The molecular biology of phagocytes and the molecular basis of nonneoplastic phagocytic disorders. In The Molecular Basis of Blood Diseases (G. Stamatoyannopoulos, A.W. Nienhuis, P. Leer, P.W. Majerus, eds.), pp. 499-533. Philadelphia : Saunders, 1987.
Zucker, M.B. The functioning of blood platelets. *Sci. Am.* 242(6):86-103, 1980.
25. Robbins, S.L. ; Cotran, R.S. ; Kumar, V. Pathologic Basis of Disease, 3rd ed. Philadelphia : Saunders, 1984.
Taussig, M.J. Processes in Pathology and Microbiology, 2nd. ed. Oxford, U.K. : Blackwell, 1984.
26. Magli, M.C. ; Iscove, N.N. ; Odartchenko, N. Transient nature of haematopoietic spleen colonies. *Nature* 295:527-529, 1982.
Till, J.E. ; McCulloch, E.A. A direct measurement of the radiation sensitivity of normal mouse bone marrow cells. *Radiat. Res.* 14:213-222, 1961.
27. Lemischka, I.R. ; Raulet, D.H. ; Mulligan, R.C. Developmental potential and dynamic behavior of hematopoietic stem cells. *Cell* 45:917-927, 1986.
Wu, A.M. ; Till, J.E. ; Siminovitch, L. ; McCulloch, E.A. Cytological evidence for a relationship between normal hematopoietic colony-forming cells and cells of the lymphoid system. *J. Exp. Med.* 127:455-462, 1968.
28. Till, J.E. ; McCulloch, E.A. Hemopoietic stem cell differentiation. *Biochim. Biophys. Acta* 605:431-459, 1980.
29. Dexter, T.M. ; Heyworth, C. ; Whetton, A.D. The role of growth factors in haemopoiesis. *Bioessays* 2:154-158, 1985.
Metcalf, D. Clonal analysis of proliferation and differentiation of paired daugther cells : action of granulocyte-macrophage colony-stimulating factor on granulocyte-macrophage precursors. *Proc. Natl. Acad. Sci. USA* 77:5327-5330, 1980.
Metcalf, D. The Hemopoietic Colony-Stimulating Factors. Amsterdam : Elsevier, 1984.
30. Goldwasser, E. Erythropoietin and the differentiation of red blood cells. *Fed. Proc.* 34:2285-2292, 1975.
Heath, D.S. ; Axelrad, A.A. ; McLeod, D.L. ; Shreeve, M.M. Separation of the erythropoietin-responsive progenitors BFU-E and CFU-E in mouse bone marrow by unit gravity sedimentation. *Blood* 47:777-792, 1976.
Ihle, J.N. ; et al. Biologic properties of homogeneous interleukin 3. *J. Immunol.* 131:282-287, 1983.
Suda, J. ; et al. Purified interleukin-3 and erythropoietin support the terminal differentiation of hemopoietic progenitors in serum-free culture. *Blood* 67:1002-1006, 1986.
31. Metcalf, D. The Wellcome Foundation Lecture, 1986. The molecular control of normal and leukaemic granulocytes and macrophages. *Proc. R. Soc. Lond. (Biol.)* 230:389-423, 1987.
Roberts, R. ; et al. Heparan sulphate-bound growth factors : a mechanism for stromal cell-mediated haemopoiesis. *Nature* 332:376-378, 1988.
32. Spangrude, G.J. ; Heimfeld, S. ; Weissman, I.L. Purification and characterization of mouse hematopoietic stem cells. *Science* 241:58-62, 1988.
Suda, T. ; Suda, J. ; Ogawa, M. Disparate differentiation in mouse hemopoietic colonies derived from paired progenitors. *Proc. Natl. Acad. Sci. USA* 81:2520-2524, 1984.
33. Cormack, D. Ham's Histology, 9th ed., pp. 388-420. Philadelphia : Lippincott, 1987.
Pearson, M.L. ; Epstein, H.F., eds. Muscle Development : Molecular and Cellular Control. Cold Spring Harbor, NY : Cold Spring Harbor Laboratory, 1982.
34. Clegg, C.H. : Linkhart, T.A. ; Olwin, B.B. ; Hauschka, S.D. Growth factor control of skeletal muscle differentiation : commitment to terminal differentiation occurs in G1 phase and is repressed by fibroblast growth factor. *J. Cell Biol.* 105:949-956, 1987.
Davis, R.L. ; Weintraub, H. ; Lassar, A.B. Expression of a single transfected cDNA converts fibroblasts to myoblast. *Cell* 51:987-1000, 1987.
Devlin, R.B. ; Emerson, C.P., Jr. Coordinate regulation of contractile protein synthesis during myoblast differentiation. *Cell* 13:599-611, 1978.
Konigsberg. I.R. Diffusion-mediated control of myoblast fusion. *Dev. Biol.* 26:133-152, 1971.
Menko, A.S. ; Boettiger, D. Occupation of the extracellular matrix receptor, integrin, is a control poit for myogenic differentiation. *Cell* 51:51-57, 1987.
Pinney, D.F. ; Pearson-White, S.H. ; Konieczny, S.F. ; Latham, K.E. ; Emerson, C.P. Myogenic lineage determination and differentiation : evidence for a regulatory gene pathway. *Cell* 53:781-793, 1988.
35. Buckingham, M. ; et al. Actin and myosin multigene families : their expression during the formation and maturation of striated muscle. *Am. J. Med. Genet.* 25:623-634, 1986.
Lomo, T. ; Westgaard, R.H. ; Dahl, H.A. Contractile properties of muscle : control by pattern of muscle activity in the rat. *Proc. R. Soc. Lond. (Biol.)* 187:99-103, 1974.
Miller, J.B. ; Stockdale, F.E. What muscle cells know that nerves don't tell them. *Trends Neurosci.* 10:325-329, 1987.
Sanes, J.R. Cell lineage and the origin of muscle fibre types. *Trends Neurosci.* 10:219-221, 1987.
36. Bischoff, R. Proliferation of muscle satellite cells on intact myofibers in culture. *Dev. Biol.* 115:129-139, 1986.
Goldspink, G. Development of muscle. In Differentiation and Growth of Cells in Vertebrate Tissues (G. Goldspink, ed.), pp. 69-99. London : Chapman and Hall, 1974.
Moss, F.P. ; Leblond, C.P. Satellite cells as the source of nuclei in muscles of growing rats. *Anat. Rec.* 170:421-435, 1971.
37. Gabbiani, G. ; Rungger-Brändle, E. The fibroblast. In Tissue Repair and Regeneration (L.E. Glynn, ed.), pp. 1-50. Handbook of inflammation, Vol. 3. Amsterdam : Elsevier, 1981.
Fawcett, D.W. (Bloom and Fawcett) A Textbook of Histology, 11th ed., pp. 136-187. Philadelphia : Saunders, 1986.
38. Conrad, G.W. ; Hart, G.W. ; Chen, Y. Differences *in vitro* between fibroblast-like cells from cornea, heart, and skin of embryonic chicks. *J. Cell Sci.* 26:119-137, 1977.
Hauschka, P.V. ; Mavrakos, A.E. ; Iafrati, M.D. ; Doleman, S.E. ; Klagsbrun, M. Growth factors in bone matrix : isolation of multiple types by affinity chromatography on heparin-Sepharose. *J. Biol. Chem.* 261:12665-12674, 1986.
Reddi, A.H. ; Gay, R. ; Gay, S. ; Miller, E.J. Transitions in collagen types during matrix-induced cartilage, bone, and bone marrow formation. *Proc. Natl. Acad. Sci. USA* 74:5589-5592, 1977.
Schor, S.L. ; Schor, A.M. Clonal heterogeneity in fibroblast phenotype : implications for the control of epithelialmesenchymal interactions. *Bioessays* 7:200-204, 1987.
Seyedin, S.M. ; et al. Cartilage-inducing factor-A : apparent identity to transforming growth factor-beta. *J. Biol. Chem.* 261:5693-5695, 1986.
39. Benya, P.D. ; Schaffer, J.D. Dedifferentiated chondrocytes reexpress the differentiated collagen phenotype when cultured in agarose gels. *Cell* 30:215:224, 1982.
Caplan, A.I. Cartilage. *Sci. Am.* 251(4):84-94, 1984.

von der Mark, K. ; Gauss, V. ; von der Mark, H. ; Müller, P. Relationship between cell shape and type of collagen synthesized as chondrocytes lose their cartilage phenotype in culture. *Nature* 267:531-532, 1977.

Zanetti, N.C. ; Solursh, M. Induction of chondrogenesis in limb mesenchymal cultures by disruption of the actin cytoskeleton. *J. Cell Biol.* 99:115-123, 1984.

40. Spiegelman, B.M. ; Ginty, C.A. Fibronectin modulation of cell shape and lipogenic gene expression in 3T3 adipocytes. *Cell* 35:657-666, 1983.

Sugihara, H. ; Yonemitsu, N. ; Miyabara, S. ; Yun, K. Primary cultures of unilocular fat cells : characteristics of growth *in vitro* and changes in differentiation properties. *Differentiation* 31:42-49, 1986.

Zezulak, K.M. ; Green, H. The generation of insulin-like growth factor-1-sensitive cells by growth hormone action. *Science* 233:551-553, 1986.

41. Cormack, D. Ham's Histology, 9th ed., pp. 264-323. Philadelphia : Lippincott, 1987.

Fawcett, D.W. (Bloom and Fawcett) A Textbook of Histology, 11th ed., pp. 188-238. Philadelphia : Saunders, 1986.

Jee, W.S.S. The skeletal system. In Histology : Cell and Tissue Biology (L. Weiss, ed.), 5th. ed., pp. 200-255. New York : Elsevier, 1983.

42. Hall, B.K. Cartilage, Vols. 1-3. New York : Academic Press, 1983.

43. Marcus, R. Normal and abnormal bone remodeling in man. *Annu. Rev. Med.* 38:129-141, 1987.

Osdoby, P. ; Krukowski, M. ; Oursler, M.J. ; Salino-Hugg, T. The origin, development, and regulation of osteoclasts. *Bioessays* 7:30-34, 1987.

Vaughan, J. The Physiology of Bone, 3rd ed. Oxford, U.K. : Clarendon Press, 1981.

44. Cormack, D. Ham's Histology, 9th ed., pp. 312-320. Philadelphia : Lippincott, 1987.

45. Currey, J. The Mechanical Adaptations of Bone. Princeton, NJ : Princeton University Press, 1984.

Goss, R.J. The Physiology of Growth. New York : Academic Press, 1978.

Rogers, S.L. The Aging Skeleton. Springfield, IL : Thomas, 1982.

Sinclair, D. Human Growth After Birth, 4th ed. Oxford, U.K. : Oxford University Press, 1985.

Le système immunitaire

18

Notre système immunitaire nous sauve d'une mort certaine par infection. Tout enfant né avec un système immunitaire gravement déficient mourra rapidement à moins que des mesures exceptionnelles ne soient prises pour l'isoler de tout porteur d'agents infectieux, bactérien, viral, fongique ou parasitaire. En fait, tout vertébré immunologiquement déficient court le même risque mortel.

Tous les vertébrés ont un système immunitaire. Les systèmes de défense trouvés chez les invertébrés sont plus primitifs, et dépendent souvent essentiellement des cellules phagocytaires. Ces cellules (principalement les macrophages et les neutrophiles) jouent un rôle important, chez les vertébrés, dans la défense contre l'infection (voir p. 974), mais elles ne sont qu'un élément d'une stratégie défensive beaucoup plus complexe et sophistiquée.

L'*immunologie*, ou l'étude du système immunitaire, est née de l'observation courante qu'une personne guérie de certaines infections est « immunisée » contre ces maladies. Après cela, elle ne développe plus que rarement les mêmes maladies. L'immunité est très spécifique : un individu guéri de la rougeole est protégé contre le virus de la rougeole, mais ne l'est pas contre d'autres virus courants comme les oreillons ou la varicelle. Une telle spécificité est une caractéristique fondamentale des réponses immunitaires.

Les différentes réponses du système immunitaire détruisent et éliminent les organismes envahissants et toute molécule toxique qu'ils produisent. Comme les réactions immunitaires sont destructrices, il est nécessaire qu'elles ne se produisent qu'en réponse à des molécules étrangères à l'hôte et non à celles de l'hôte lui-même. Cette faculté de distinguer les molécules *étrangères* de ses *propres* molécules est une autre des propriétés fondamentales du système immunitaire. Il échoue parfois dans cette distinction et réagit contre les propres molécules de l'hôte ; de telles maladies *autoimmunes* peuvent être fatales.

Tandis que le système immunitaire s'est développé pour protéger les vertébrés contre les infections par les microorganismes ou de plus gros parasites, la plus grande partie de ce que nous savons sur l'immunité vient de l'étude de la réponse d'animaux de laboratoire à des injections de substances non infectieuses telles que des protéines étrangères et des polysaccharides. Presque toutes les macromolécules, aussi longtemps qu'elles sont étrangères au receveur, peuvent induire une réponse immunitaire. Toute substance capable de déclencher une telle réponse porte le nom d'**antigène**. D'une manière remarquable, le système immunitaire peut distinguer deux antigènes très voisins — tels que deux protéines qui ne diffèrent que par un seul acide aminé ou deux isomères optiques de la même molécule.

Il existe deux grands types de réponses immunitaires : (1) la réponse immunitaire de type humoral et (2) la réponse immunitaire à médiation cellulaire. La **réponse humorale** implique la production d'anticorps qui sont des protéines appelées *immunoglobulines*. Les anticorps circulent dans le sang et autres fluides de l'organisme, où ils se lient spécifiquement à l'antigène étranger qui a induit leur synthèse. La liaison de l'anticorps à l'antigène inactive les toxines virales et bactériennes (comme le tétanos ou la toxine botulinique) en bloquant leur fixation aux récepteurs des cellules cibles. La liaison de l'anticorps à l'antigène favorise la destruction des microorganismes, en permettant aux cellules phagocytaires de les ingérer plus facilement ou en activant un complexe protéique du sang, appelé *complément*, qui va les tuer.

La **réponse immunitaire à médiation cellulaire,** le second type de réponse immunitaire, entraîne la production de cellules spécialisées qui réagissent principalement avec les antigènes étrangers à la surface des cellules de l'hôte. Ces cellules peuvent tuer une cellule de l'hôte infectée par un virus, qui porte les protéines virales à sa surface, éliminant ainsi la cellule infectée avant que le virus ne se soit répliqué. Dans d'autres cas, ces cellules sécrètent des signaux chimiques qui vont activer les macrophages, pour qu'ils favorisent la destruction des microorganismes étrangers.

Le principal défi, en immunologie, est de comprendre comment le système immunitaire reconnaît spécifiquement et réagit contre un nombre virtuellement illimité de macromolécules étrangères différentes, tout en ne réagissant pas contre les dizaines de milliers de macromolécules du « soi » exprimées ou produites par les cellules de l'hôte. Nous commencerons notre discussion par la manière dont le système immunitaire accomplit cet exploit en considérant les bases cellulaires des deux types de réponse immunitaire. Nous examinerons ensuite en détail la fonction et la structure des anticorps, le système du complément et les particularités de l'immunité à médiation cellulaire.

Les bases cellulaires de l'immunité

Le système immunitaire de l'homme est composé de milliards de lymphocytes [1]

Les cellules responsables de l'immunité sont des leucocytes sanguins appelés **lymphocytes**. Ils sont présents en grand nombre dans le sang et la lymphe (liquide incolore des vaisseaux lymphatiques qui réunissent les ganglions dans le corps) et dans les **tissus lymphoïdes** spécialisés, comme le thymus, les ganglions lymphatiques, la rate et l'appendice (Figure 18-1).

Le nombre total des lymphocytes du corps humain est très important ($\sim 2 \times 10^{12}$ chez l'homme) ; la masse cellulaire du système immunitaire est comparable à celle du foie ou du cerveau. Bien que les lymphocytes aient été depuis longtemps reconnus comme le composant

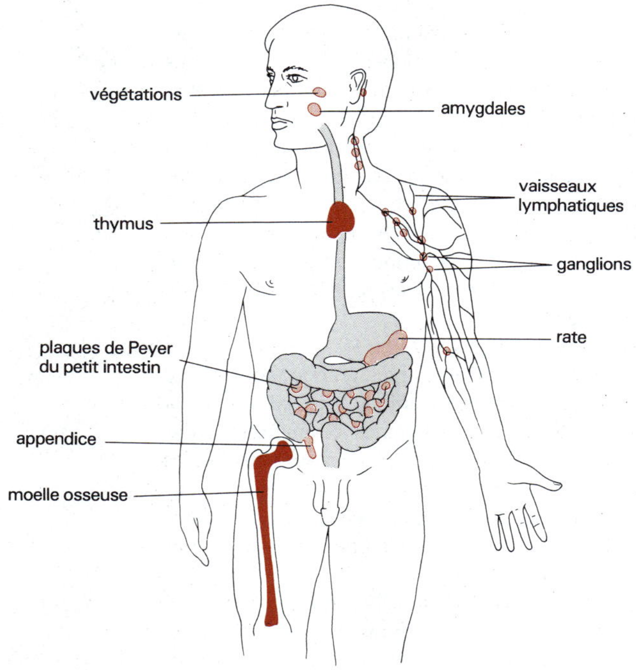

Figure 18-1 Les organes lymphoïdes humains. Les lymphocytes se développent dans le thymus et la moelle osseuse (*coloration sombre*) qui sont ainsi définis comme les *tissus lymphoïdes centraux*. Les lymphocytes néoformés migrent des tissus lymphoïdes centraux vers les *tissus lymphoïdes périphériques* (*coloration claire*) où ils peuvent réagir avec l'antigène. Seuls quelques organes lymphoïdes périphériques sont représentés sur la Figure.

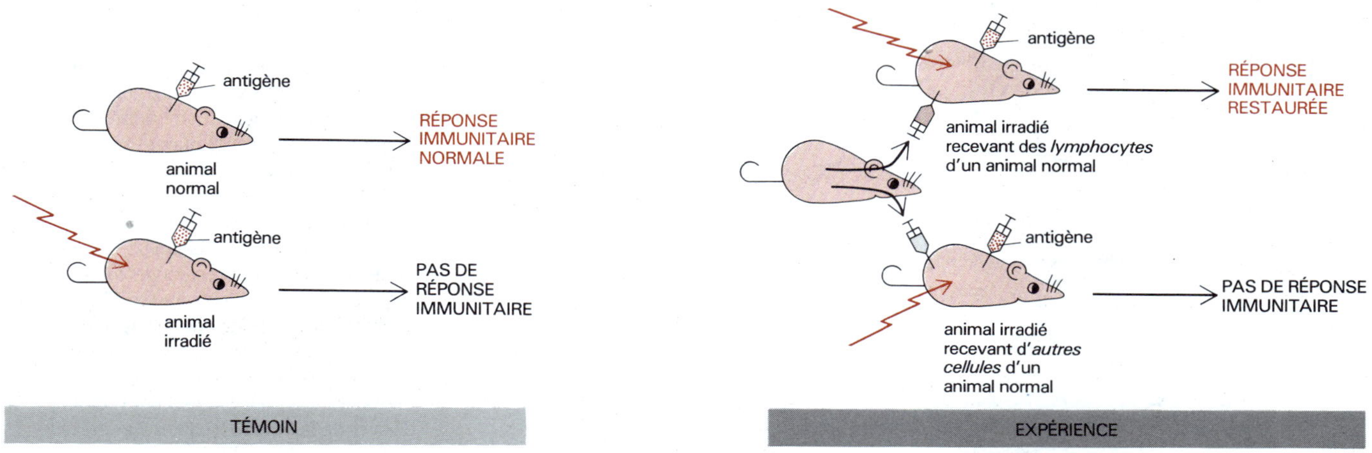

Figure 18-2 Cette expérience classique montre que les lymphocytes sont responsables de la reconnaissance et de la réponse à l'égard des antigènes étrangers. Le point essentiel de toutes les expériences de transfert cellulaire est que les cellules sont transférées d'un animal à l'autre, issus de la même *lignée*. Les éléments d'une même lignée sont génétiquement identiques. Si les lymphocytes sont transférés à un animal irradié, génétiquement différent, ils réagissent contre les antigènes « étrangers » de l'hôte et peuvent tuer l'animal.

cellulaire principal du sang, ce n'est que dans les années 1950 que l'importance de leur rôle dans l'immunité fut démontrée. La preuve en fut donnée par des expériences dans lesquelles des rats étaient fortement irradiés, de manière à tuer le plus grand nombre de leurs leucocytes circulants, lymphocytes inclus. De tels rats étant incapables de répondre sur le plan immunitaire, il est possible de leur transférer différents types cellulaires et de déterminer quels sont ceux qui annulent la déficience. Seuls les lymphocytes restauraient la réponse immunitaire des animaux irradiés (Figure 18-2). Puisque les réponses humorale et à médiation cellulaire étaient restaurées, ces expériences établissaient que les lymphocytes sont responsables des deux types de réponses immunitaires. A l'époque où ces expériences furent réalisées, les lymphocytes étaient, chez les vertébrés, les cellules les moins connues ; actuellement, elles sont parmi celles que nous comprenons le mieux.

Les lymphocytes B induisent les réponses humorales ; les lymphocytes T induisent les réponses à médiation cellulaire [2]

Au cours des années 1960, il fut démontré que les deux principaux types de réponses immunitaires avaient lieu par l'intermédiaire de différentes classes de lymphocytes. Les **cellules T** qui se développent dans le *thymus* sont responsables de l'immunité à médiation cellulaire ; les **cellules B** qui, chez les mammifères, se développent dans la *moelle osseuse* adulte ou dans le foie fœtal, produisent les anticorps. Cette dichotomie du système lymphoïde a initialement été démontrée chez des animaux, chez lesquels des immunodéficiences expérimentales étaient induites. Ainsi, l'ablation du thymus chez un animal nouveau-né dégrade sensiblement ses réponses à médiation cellulaire, mais a un effet moindre sur sa réponse anticorps. Chez les oiseaux, on peut montrer un effet inverse du fait que les lymphocytes B se développent dans un « organe lymphoïde central » qui leur est propre : la *bourse de Fabricius*. L'ablation de la bourse de Fabricius, lors de l'éclosion, diminue la capacité des oiseaux à induire la production d'anticorps mais a peu d'effet sur l'immunité à médiation cellulaire. Les études sur les enfants nés avec une déficience immunitaire révèlent le même type de dichotomie. Alors que certains enfants ne peuvent pas faire d'anticorps, mais ont une immunité à médiation cellulaire normale, d'autres présentent une déficience inverse, avec une diminution sélective des réponses à médiation cellulaire, liée presque toujours à des anomalies thymiques.

Un des points obscurs de ces études sur l'immunodéficience animale restait que des individus déficients en cellules T (parce que leur thymus était enlevé à la naissance ou anormal) n'étaient pas seulement incapables de réponses à médiation cellulaire, mais que leurs réponses humorales étaient aussi quelque peu diminuées. Nous savons maintenant qu'un déficit de la production d'anticorps est dû au fait que certaines cellules T jouent un rôle crucial dans la réponse humorale en aidant les cellules B.

En réalité, la majorité des lymphocytes T jouent un rôle régulateur dans l'immunité, soit en augmentant, soit en supprimant la réponse des autres leucocytes circulants. Ces cellules, appelées respectivement *cellules T auxiliaires* ou *helper* et *cellules T suppressives*, forment le groupe des **cellules régulatrices**. D'autres lymphocytes, appelés *cellules T cytotoxiques*, tuent les cellules infectées par les virus. Les cellules T cytotoxiques et les lymphocytes B sont directement impliqués dans la défense contre l'infection et forment, par conséquent, le groupe des **cellules effectrices**.

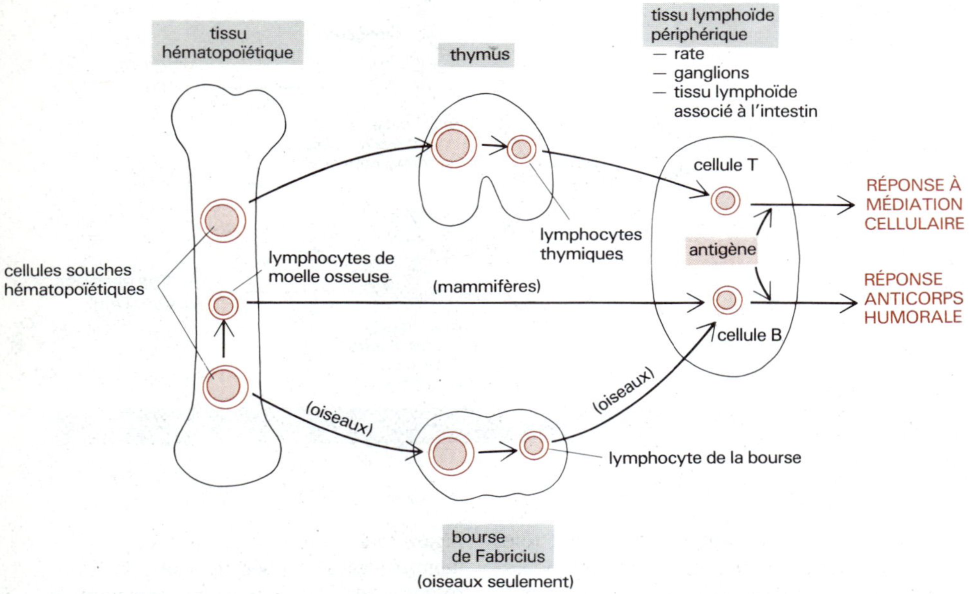

Figure 18-3 Le développement des lymphocytes T et B. Chez les mammifères et les oiseaux, un petit nombre de cellules précurseurs migre via le sang vers le thymus où elles se différencient en lymphocytes thymiques. Bien que la majorité de ces lymphocytes meurent dans le thymus, d'autres migrent vers les tissus périphériques lymphoïdes pour devenir des lymphocytes dérivés du thymus (cellules T). Chez les oiseaux, les cellules précurseurs migrent vers la bourse de Fabricius où elles se différencient en lymphocytes de la bourse ; beaucoup de ces lymphocytes meurent, mais d'autres migrent vers les tissus lymphoïdes périphériques pour devenir des lymphocytes dérivés de la bourse (cellules B). Chez les mammifères, les cellules précurseurs destinées à devenir des cellules B se différencient en lymphocytes dans le tissu hématopoïétique lui-même et migrent ensuite vers les tissus lymphoïdes périphériques pour devenir des cellules B. Les termes de cellules T et de cellules B sont souvent utilisés pour décrire les lymphocytes qui se trouvent, respectivement, dans le thymus et dans la bourse (ou la moelle osseuse). L'étape à laquelle les cellules précurseurs se trouvent déterminées pour devenir des lymphocytes T ou B est encore inconnue. Nous verrons plus tard dans ce chapitre pourquoi tant de lymphocytes meurent dans les organes lymphoïdes centraux (voir pp. 1028 et 1052).

Les lymphocytes se différencient dans les organes lymphoïdes centraux, mais réagissent avec les antigènes étrangers dans les organes lymphoïdes périphériques [3]

Les lymphocytes sont issus des *cellules souches hématopoïétiques multipotentes* qui engendrent toutes les cellules du sang, y compris les hématies, les globules blancs et les plaquettes (voir p. 978). Ces cellules souches sont, à l'origine, localisées dans les *tissus hématopoïétiques* — le foie chez le fœtus et la moelle osseuse chez l'adulte. Chez les mammifères, les cellules B sont issues des cellules souches du tissu hématopoïétique ; chez les oiseaux, les cellules B se développent dans la bourse de Fabricius à partir de cellules précurseurs qui migrent du tissu hématopoïétique vers la bourse par voie sanguine. Les tissus hématopoïétiques, la bourse de Fabricius et le thymus sont définis comme étant les **organes lymphoïdes centraux**, car ils sont les sites de production et de différenciation des lymphocytes à partir des cellules précurseurs (voir Figure 18-1).

Bien que la majorité des lymphocytes meurent rapidement après s'être développés dans le tissu lymphoïde central (voir pp. 1028 et 1052), d'autres migrent, via le sang, vers les **tissus lymphoïdes périphériques** — principalement les ganglions, la rate et les tissus lymphoïdes associés au tissu digestif (plaques de Peyer dans le petit intestin, appendice, amygdales et végétations) (voir Figure 18-1). C'est principalement dans les tissus lymphoïdes périphériques que les cellules T et les cellules B entrent en contact avec l'antigène étranger (Figure 18-3).

Étant donné que l'essentiel de la migration des lymphocytes du thymus et de la bourse de Fabricius apparaît tôt au cours du développement, l'ablation de chacun de ces organes, chez l'animal *adulte*, n'a qu'un effet relativement peu important sur la réponse immunitaire. C'est pourquoi leur rôle dans l'immunité est demeuré si longtemps inconnu. A l'opposé, la moelle osseuse, chez les mammifères, produit continuellement, tout au long de la vie, de nombreuses cellules B (environ 5×10^7/jour chez la souris).

Grâce aux marqueurs cellulaires de surface, il est possible de distinguer et de séparer les cellules T et les cellules B [4]

Les cellules T et les cellules B ne deviennent morphologiquement différentes seulement après avoir été stimulées par l'antigène. Les cellules T et B non stimulées (au repos) paraissent très semblables même en microscopie électronique. Toutes les deux sont habituellement petites, légèrement plus grosses que les hématies, leur volume est principalement occupé par le noyau (Figure 18-4A). Toutes les deux sont activées par l'antigène pour proliférer et se différencier. Les cellules B activées évoluent en cellules sécrétrices d'anticorps, les plus matures sont les *plasmocytes*, pourvus d'un important réticulum endoplasmique rugueux (Figure 18-4B). A

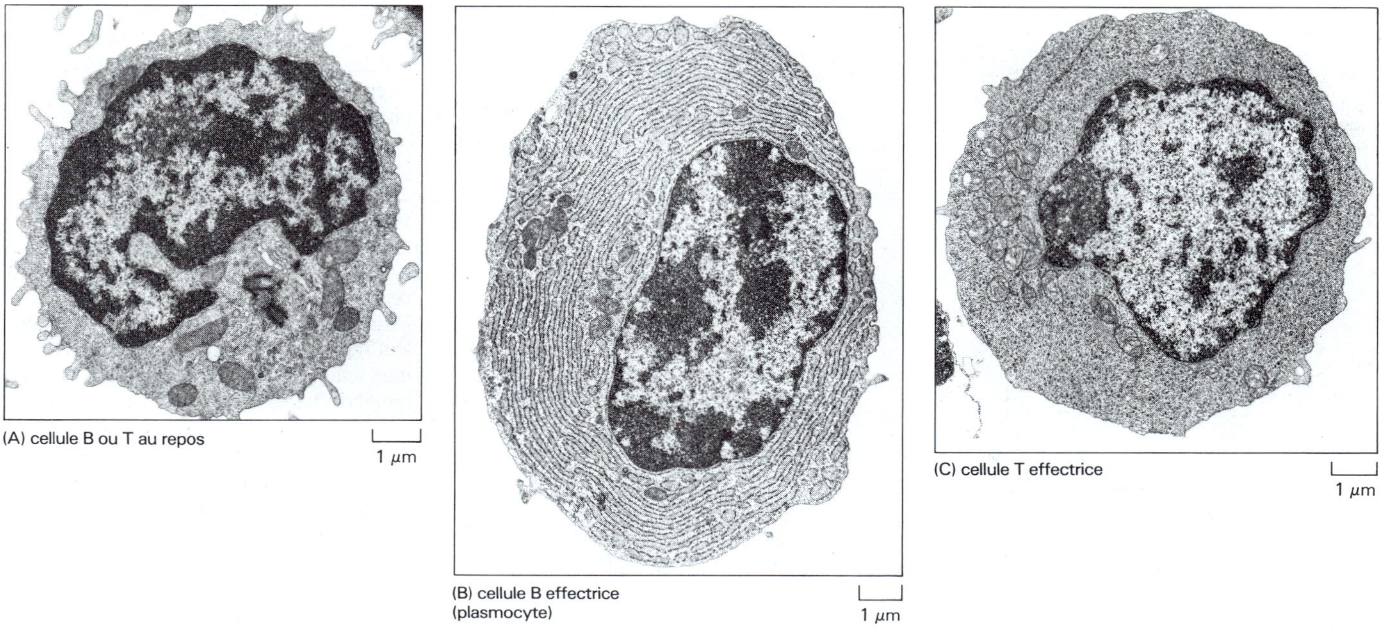

Figure 18-4 Micrographies électroniques d'un lymphocyte au repos (A), d'une cellule B effectrice (B) et d'une cellule T effectrice (C). Le lymphocyte au repos peut être une cellule B ou une cellule T, car ces cellules sont difficiles à distinguer morphologiquement jusqu'à ce qu'elles aient été activées. La cellule B effectrice (plasmocyte) est remplie par un réticulum endoplasmique rugueux dense (RE) gonflé par des molécules d'anticorps, tandis que la cellule T effectrice a un réticulum endoplasmique rugueux relativement petit mais est occupée par des ribosomes libres. Les trois types de cellules sont présentés au même grossissement.
(A, avec l'autorisation de Dorothy Zucker-Franklin ; B, de Carlo Grossi ; A et B, d'après D. Zucker-Franklin et al., Atlas of Blood Cells : Function and Pathologie, 2e ed. Milan, Italy : Edi. Ermes, 1988 ; C, avec l'autorisation de Stefanello de Petris.)

l'inverse, les cellules T activées renferment un réticulum endoplasmique peu important et ne sécrètent pas d'anticorps (Figure 18-4C).

Étant donné que les cellules T et les cellules B sont présentes dans tous les tissus lymphoïdes périphériques, il fut nécessaire de trouver des méthodes adéquates pour distinguer et séparer les deux types cellulaires, afin d'étudier leurs propriétés individuelles. Heureusement il existe de nombreuses différences au niveau des protéines de la membrane plasmique des cellules T et B, qui peuvent servir de marqueurs de reconnaissance. Un des marqueurs le plus couramment utilisé est la *glycoprotéine Thy-1* que l'on trouve, chez la souris, sur les lymphocytes T mais pas sur les lymphocytes B. Les anticorps anti-Thy-1 peuvent être utilisés pour séparer ou purifier les cellules T dans une population hétérogène de lymphocytes murins. De même, chez l'homme, comme chez la souris, les anticorps dirigés contre les *glycoprotéines CD4* et *CD8* (voir p. 1050) sont très utilisés pour distinguer et séparer les cellules T helper et les cellules T cytotoxiques, respectivement.

Le système immunitaire fonctionne par sélection clonale [5]

La plus remarquable caractéristique du système immunitaire est qu'il peut répondre à des millions d'antigènes étrangers différents avec une très grande spécificité — par exemple, en synthétisant des anticorps qui réagissent spécifiquement avec l'antigène qui a induit leur production. Comment le système immunitaire peut-il produire une telle diversité d'anticorps spécifiques ? L'une des hypothèses qui a dominé la pensée immunologique des années 1940 était que les anticorps sont faits de chaînes polypeptidiques non repliées dont la conformation finale est déterminée par les contours de l'antigène, autour duquel elles se replient. En ce temps-là, cela semblait être le moyen le plus simple d'expliquer que les animaux puissent faire des anticorps spécifiques contre des substances synthétiques qui n'existent pas dans la nature. Néanmoins, cette *hypothèse « informatrice »* dut être abandonnée quand les chimistes des protéines découvrirent que la structure repliée tridimensionnelle d'une molécule protéique, comme un anticorps, n'est déterminée que par sa séquence d'acides aminés. De fait, une molécule d'anticorps dénaturée (non repliée) peut parfois se replier pour former son site de liaison antigénique original, même en l'absence de l'antigène.

L'hypothèse informatrice fut remplacée dans les années 1950 par la **théorie de la sélection clonale**. Celle-ci est basée sur le fait que, durant son développement, chaque lymphocyte est déterminé pour réagir avec un antigène particulier, avant d'y être exposé. La cellule réalise cette fonction en exprimant un récepteur protéique de surface qui fixe spécifiquement l'antigène. La

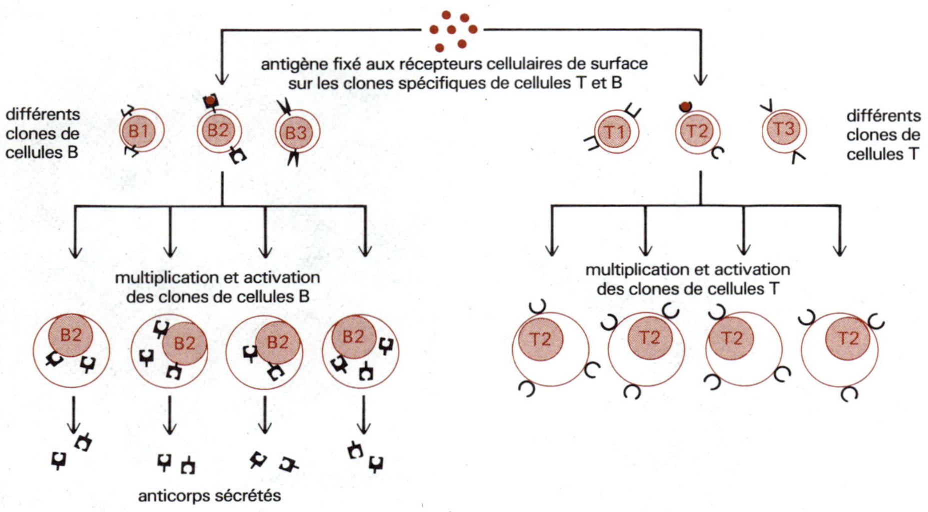

Figure 18-5 Théorie de la sélection clonale. Un antigène n'active que les clones de cellules T et B qui sont déjà déterminés pour y répondre. On pense que le système immunitaire consiste en des millions de clones de lymphocytes différents, dont des centaines peuvent être activés par un antigène particulier (voir plus loin). Nous verrons plus tard que les clones lymphocytaires répondent rarement de façon autonome à l'antigène, comme le décrit cette figure et comme le suggérait initialement la théorie de la sélection clonale ; leur réponse est généralement réglée par des interactions avec d'autres clones lymphocytaires (voir p. 1047). De plus, les cellules T ne répondent pas à un antigène libre comme nous le montrons ici ; elles répondent uniquement à un antigène qui est lié à la surface d'une cellule de l'hôte (voir p. 1037).

fixation de l'antigène sur son récepteur active la cellule et induit sa multiplication et sa différenciation. Ainsi, un antigène étranger stimule sélectivement les cellules qui portent des récepteurs antigéniques complémentaires et qui sont ainsi engagées pour y répondre. C'est ce qui fait la spécificité des réponses immunitaires (Figure 18-5).

Le terme « clonal » dans « sélection clonale » provient du postulat selon lequel le système immunitaire est composé de millions de familles cellulaires différentes, ou *clones*, chacune constituée de lymphocytes T ou B descendant d'un ancêtre commun. Puisque chaque cellule ancestrale est engagée à l'avance pour fabriquer un récepteur protéique particulier pour un antigène spécifique, toutes les cellules d'un clone donné ont la même spécificité antigénique. Ainsi, conformément à la théorie de la sélection clonale, le système immunitaire fonctionne plutôt selon le principe du « tout fait » plutôt que du « fait sur mesures ». La question de savoir comment un animal fabrique autant d'anticorps différents devient par conséquent un problème de génétique plutôt que de chimie des protéines.

Il existe des preuves convaincantes pour appuyer la théorie de la sélection clonale. Par exemple, quand les lymphocytes issus d'un animal qui n'a pas été immunisé sont incubés dans un tube à essai avec des antigènes radioactifs — antigènes appelés A, B, C et D —, seule une très petite proportion (< 0,01 p. cent) fixe chaque antigène, suggérant que peu de cellules portent les récepteurs spécifiques pour A, B, C ou D. Cette interprétation est confirmée par une expérience d'irradiation létale de cellules incubées avec un antigène A fortement radioactif ; la population restante n'est plus apte à produire une réponse immunitaire contre A, tandis qu'elle peut encore répondre normalement contre B, C ou D. Le même résultat peut être obtenu en construisant une colonne d'affinité (voir p. 168) de billes de verre recouvertes d'antigène A, et en déposant ensuite les lymphocytes sur la colonne. Les cellules qui possèdent le récepteur pour A s'accrochent aux billes, tandis que les autres cellules passent au travers ; il en résulte que les cellules qui sortent de la colonne ne sont plus capables de répondre à A, tandis qu'elles répondent normalement aux autres antigènes (Figure 18-6).

Ces deux expériences indiquent que 1) les lymphocytes sont engagés pour répondre à un antigène particulier avant d'y avoir été exposés, et 2) les lymphocytes ont des récepteurs de surface qui fixent spécifiquement l'antigène. Les deux propositions majeures de la théorie de la sélection clonale sont ainsi confirmées. Bien que la majorité des expériences de ce type aient impliqué des cellules B et des réponses anticorps, d'autres expériences montrent que l'hypothèse de la sélection clonale est aussi valable pour les réponses à médiation cellulaire.

La majorité des antigènes stimulent beaucoup de clones lymphocytaires différents [6]

La majorité des macromolécules, y compris virtuellement toutes les protéines et la plupart des polysaccharides, peuvent servir d'antigène. Les régions de la surface d'un antigène qui se combinent avec le site de combinaison antigénique sur une molécule d'anticorps ou sur un récepteur lymphocytaire sont appelées **déterminants antigéniques** (ou *épitopes*). Les molécules qui se lient spécifiquement à un tel site de liaison antigénique, mais ne peuvent pas induire de réponses immunitaires, sont appelées **haptènes**. Les haptènes sont généralement des petites molécules organiques ; bien qu'ils soient trop petits pour induire seuls une réponse, ils devien-

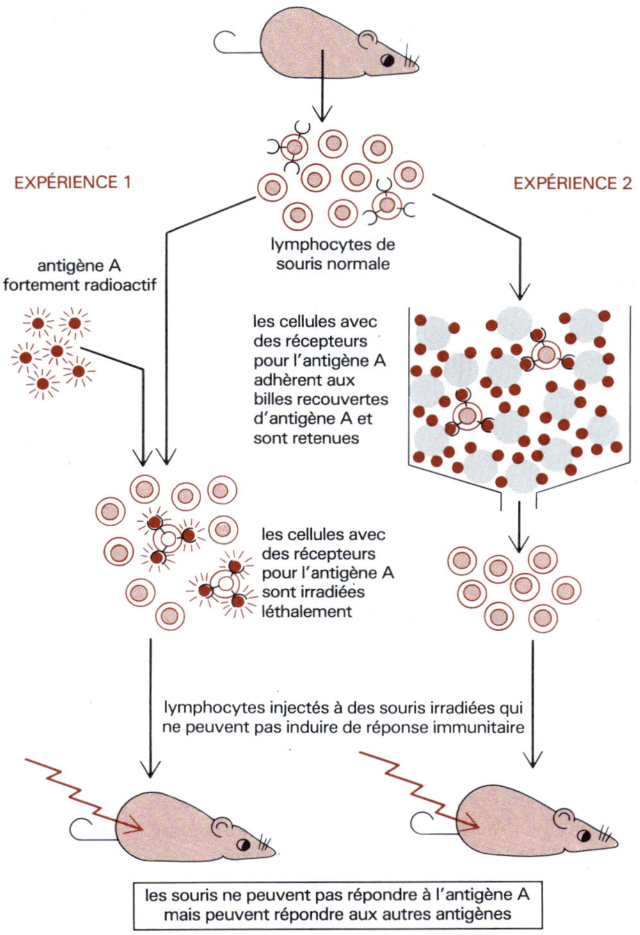

Figure 18-6 Deux types d'expériences qui confirment la théorie de la sélection clonale. Par souci de simplicité, les récepteurs de surface cellulaire ne sont présentés que pour les lymphocytes déterminés pour répondre à l'antigène A. En réalité, tous les lymphocytes T et B ont des récepteurs antigéniques spécifiques à leur surface. Les expériences décrites ont été réalisées principalement sur les cellules B, puisque les cellules T ne reconnaissent un antigène que s'il est lié à la surface d'une cellule hôte (voir p. 1037).

nent antigéniques s'ils sont couplés à une macromolécule *porteuse appropriée* ou *carrier*. Les haptènes ont été des outils importants en immunologie expérimentale. Un haptène couramment utilisé est le groupement *dinitrophényle* (*DNP*), qui est habituellement couplé à une protéine dans le but de la rendre antigénique (Figure 18-7).

La majorité des antigènes ont une variété de déterminants antigéniques qui stimulent la production d'anticorps ou les réponses des cellules T. Certains déterminants sont plus *immunogéniques* (antigènes majeurs) que d'autres, de sorte que la réaction vis-à-vis d'eux peut dominer l'ensemble de la réponse ; de tels déterminants sont dits *immuno-dominants*.

Comme on pouvait le prévoir dans un système qui fonctionne par sélection clonale, même un simple déterminant antigénique activera en général de nombreux clones différents, chacun d'eux induisant un site de combinaison antigénique avec des affinités différentes pour le déterminant. Par exemple, même la structure relativement simple du groupement DNP peut être présentée de plusieurs manières. Ainsi, quand il est couplé à des protéines porteuses différentes, il déclenche normalement la production de plusieurs centaines d'espèces d'anticorps anti-DNP, chacune produite par un clone de cellules B différent. De telles réponses sont dites *polyclonales*. Quand seuls quelques clones répondent, la réponse est dite *oligoclonale*, et quand l'ensemble de la réponse est le fait d'un seul clone B ou d'un seul clone T, elle est dite *monoclonale*. La réponse à l'égard de la majorité des antigènes est polyclonale.

Même un antigène qui active de nombreux clones ne stimulera qu'une infime fraction de la population lymphocytaire totale. Afin de faire en sorte que ces quelques lymphocytes soient exposés à l'antigène, les antigènes sont collectés dans les organes lymphoïdes périphériques à travers lesquels les lymphocytes B et T recirculent continuellement. Les antigènes, qui traversent l'intestin, sont piégés dans les tissus lymphoïdes associés à l'intestin, ceux qui entrent par la peau ou les voies respiratoires sont transportés par la lymphe vers les ganglions lymphatiques locaux, et ceux qui pénètrent dans le sang sont éliminés dans la rate.

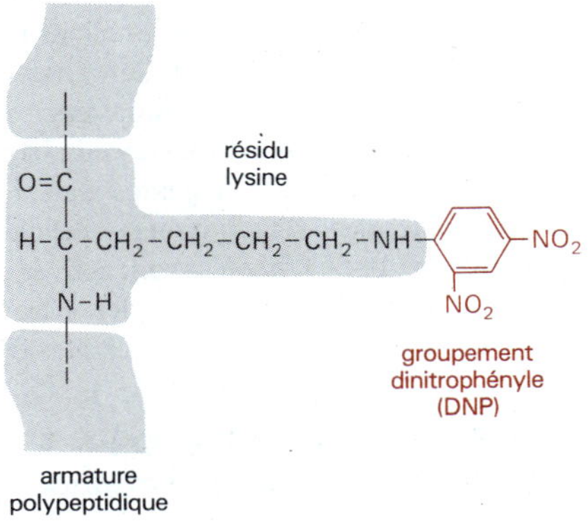

Figure 18-7 Couplage covalent de l'haptène simple DNP à une chaîne latérale lysine sur une protéine. Les haptènes ne peuvent induire une réponse immunitaire qu'en étant couplés à une telle macromolécule porteuse.

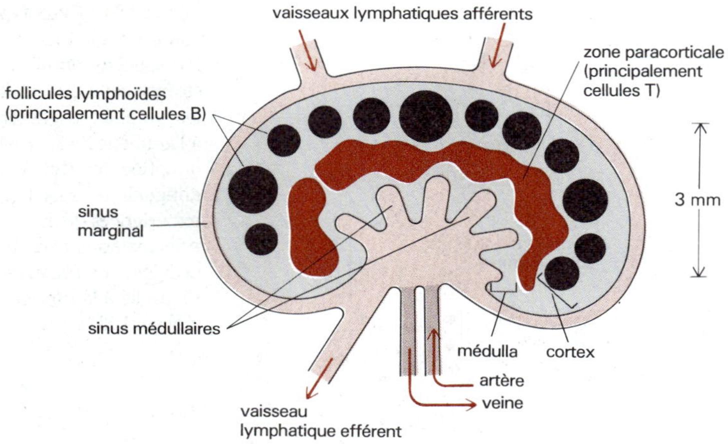

Figure 18-8 Un dessin très simplifié d'un ganglion lymphatique humain. Initialement, les lymphocytes B sont localisés dans le cortex où ils sont groupés en structures appelées *follicules lymphoïdes*. Les lymphocytes T sont trouvés essentiellement dans la *zone paracorticale*. Les deux types cellulaires pénètrent dans le ganglion à partir du sang via de petites veines spécialisées de la zone paracorticale (non représentées). Tandis que les cellules T restent dans cette zone, les cellules B migrent dans les follicules lymphoïdes. En fin de compte, les cellules B et T migrent vers les sinus médullaires et quittent le ganglion par le vaisseau lymphatique efférent. Ce vaisseau se déverse finalement dans la circulation, permettant aux lymphocytes de recirculer dans un organe lymphoïde périphérique.

Les antigènes étrangers, qui pénètrent dans le ganglion lymphatique, sont exposés à la surface de *cellules présentant l'antigène* (sous la forme de complexes antigène-anticorps) aux cellules B dans les follicules lymphoïdes ; un autre type présente l'antigène aux cellules T dans la zone paracorticale (voir p. 1045).

La majorité des lymphocytes recirculent continuellement [7]

La majorité des lymphocytes B et T recirculent continuellement entre le sang et les organes lymphoïdes périphériques. Par exemple, dans un ganglion lymphatique, les lymphocytes quittent la circulation sanguine, en s'insérant entre les cellules endothéliales ; après avoir traversé le ganglion, ils s'accumulent dans les petits vaisseaux lymphatiques qui quittent le ganglion et se raccordent à d'autres vaisseaux lymphatiques qui traversent ensuite d'autres ganglions lymphatiques en aval (Figure 18-8). Passant dans des vaisseaux de plus en plus larges, les lymphocytes entrent finalement dans le vaisseau lymphatique principal *(canal thoracique)* qui les fait retourner dans le sang. Cette continuelle recirculation assure non seulement le contact entre l'antigène et les lymphocytes appropriés, mais permet également la rencontre des lymphocytes spécialisés entre eux ; nous verrons que les interactions entre certaines catégories de lymphocytes jouent un rôle crucial dans les réponses immunitaires.

La recirculation des lymphocytes dépend d'interactions spécifiques entre la surface cellulaire des lymphocytes et la surface des cellules endothéliales qui bordent les petites veines (appelées *veinules post-capillaires*) dans les organes lymphoïdes périphériques : parmi tous les types cellulaires sanguins qui entrent en contact avec ces cellules endothéliales, seuls les lymphocytes adhèrent transitoirement et migrent à travers les veinules post-capillaires. Des anticorps monoclonaux (voir p. 178), qui se lient à la surface des lymphocytes et sont capables d'inhiber leur capacité de liaison aux cellules endothéliales dans les coupes d'organes lymphoïdes périphériques et leur recirculation *in vivo*, facilitent la détermination des récepteurs impliqués dans la migration des lymphocytes *(« phénomène de homing »)*. La majorité des cellules B et T possèdent, à leur surface, un type donné de glycoprotéine qui est nécessaire pour recirculer à travers les ganglions lymphatiques et un autre qui leur permet de recirculer à travers les plaques de Peyer. Certains lymphocytes ne portent que cette dernière glycoprotéine et recirculent sélectivement à travers les plaques de Peyer ; ils constituent un sous-système de lymphocytes, spécifique de l'intestin, spécialisé dans la réponse aux antigènes qui pénètrent dans l'organisme par la voie intestinale. D'autres récepteurs lymphocytaires sont probablement responsables de la ségrégation des cellules B et T dans différentes zones d'un organe lymphoïde (voir Figure 18-8). Lorsqu'ils sont activés par l'antigène, les lymphocytes perdent ces récepteurs qui leur permettent de recirculer à travers les organes lymphoïdes et ils en acquièrent de nouveaux qui les dirigent vers les sites d'inflammation.

La mémoire immunologique est due à l'expansion clonale et à la différenciation lymphocytaire [8]

Le système immunitaire comme le système nerveux peut se souvenir. C'est pourquoi nous développons une immunité de longue durée contre beaucoup de maladies virales courantes après un contact initial avec le virus. Le même phénomène peut être aisément démontré par expérimentation animale. Si un animal est injecté une seule fois avec un antigène A, sa réponse immunitaire (humorale ou à médiation cellulaire) débutera après une période de latence de plusieurs jours, augmentera rapidement et exponentiellement, et ensuite s'éteindra lentement.

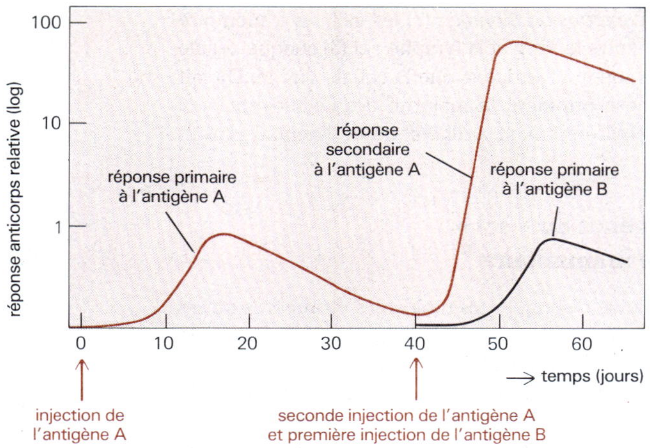

Figure 18-9 Réponses anticorps primaire et secondaire induites respectivement par une première et une seconde exposition à l'antigène A. La réponse secondaire est plus rapide et plus importante que la réponse primaire et est spécifique de A, indiquant que le système immunitaire s'est spécifiquement « souvenu » d'avoir déjà rencontré l'antigène A. Une preuve du même type de mémoire immunologique est obtenue si l'on mesure les réponses à médiation cellulaire plutôt que les réponses anticorps.

C'est le déroulement caractéristique d'une **réponse primaire** pour un animal exposé à un antigène pour la première fois. Si on laisse passer plusieurs semaines, plusieurs mois ou, éventuellement, plusieurs années, et que l'animal reçoit une nouvelle injection de l'antigène A, il produira alors une **réponse secondaire** très différente de la réponse primaire. La période de latence sera plus courte, de même que l'intensité et la durée de la réponse seront plus grandes (Figure 18-9). Ces différences indiquent que l'animal s'est « souvenu » de la première exposition à l'antigène A. Si, au lieu d'une seconde injection de l'antigène A, l'animal reçoit un antigène différent (par exemple l'antigène B), la réponse est de type primaire et non secondaire à l'égard de B ; ainsi, la réponse secondaire reflète la **mémoire antigénique** spécifique pour l'antigène A.

La théorie de la sélection clonale reflète une infrastructure conceptuelle intéressante pour comprendre les bases cellulaires de la réponse immunitaire. Chez un animal mature, dans le tissu lymphoïde périphérique, les cellules T et B sont un mélange de cellules à au moins trois stades de maturation qui peuvent être désignés comme *cellules vierges, cellules à mémoire* et *cellules effectrices*. Quand les **cellules vierges** entrent en contact avec un antigène pour la première fois, quelques-unes d'entre elles sont incitées à se multiplier et deviennent des **cellules effectrices** que nous définirons comme des cellules activement engagées dans l'induction d'une réponse (les cellules T effectrices déclenchent des réponses à médiation cellulaire tandis que les cellules B effectrices sécrètent les anticorps). Quelques cellules vierges T et B, d'autre part, sont stimulées pour se multiplier et pour se différencier en **cellules à mémoire** — ce sont des cellules qui ne peuvent pas elles-mêmes déclencher une réponse immunitaire, mais qui sont préinduites pour devenir des cellules effectrices par un contact plus tardif avec le même antigène (Figure 18-10). Les lymphocytes vierges sont supposés ne survivre que peu de temps dans les tissus lymphoïdes périphériques ; ils meurent probablement au bout de quelques jours, à moins qu'ils ne rencontrent un antigène qui leur soit spécifique. En revanche, les cellules à mémoire peuvent vivre de nombreux mois ou même des années sans se diviser — recirculant continuellement entre le sang et les organes lymphoïdes périphériques. De plus, les cellules à mémoire répondent plus facilement à l'antigène que les cellules vierges. Nous verrons plus tard (voir p. 1026) que l'augmentation de la réponse des cellules B à mémoire est due en partie au fait que les récepteurs de ces cellules présentent une plus grande affinité pour l'antigène.

Selon ce schéma, les cellules à mémoire sont engendrées durant la réponse primaire car (1) la prolifération des cellules vierges activées par l'antigène engendre de nombreuses cellules

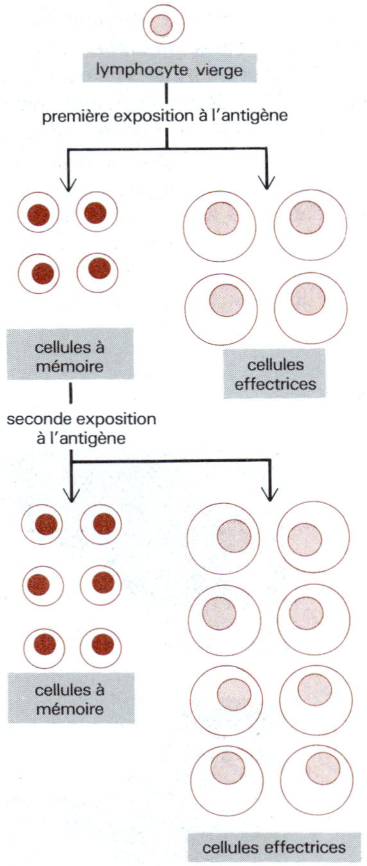

Figure 18-10 Quand les cellules vierges T et B sont activées par leur antigène spécifique, elles prolifèrent et se différencient ; certaines sont activées pour donner une réponse tandis que d'autres deviennent des cellules à mémoire. Après une exposition ultérieure à l'antigène, les cellules à mémoire répondent plus efficacement que les cellules vierges : elles prolifèrent et donnent des cellules effectrices ou un plus grand nombre de cellules à mémoire. Dans le modèle décrit, une cellule vierge isolée peut donner, selon les conditions, soit une cellule à mémoire, soit une cellule effectrice. Dans un autre modèle (non décrit), les cellules vierges qui se différencient en cellules à mémoire sont différentes de celles qui se différencient en cellules effectrices. Nous ne savons pas lequel de ces deux modèles est correct.

à mémoire — correspondant au phénomène d'*expansion clonale* ; (2) les cellules à mémoire ont une durée de vie augmentée et recirculent entre le sang et la lymphe ; et (3) chaque cellule à mémoire est capable de répondre plus rapidement à l'antigène que la cellule vierge. Du fait des changements induits au cours de la réponse primaire, la majorité des cellules du pool lymphocytaire recirculant correspondent à l'environnement antigénique de l'animal et sont déjà induites et prêtes à agir.

L'impossibilité de répondre aux antigènes du « soi » est due à l'acquisition de la tolérance immunitaire [9]

Comment le système immunitaire est-il capable de distinguer les molécules étrangères de ses propres molécules ? Une possibilité serait qu'un animal hérite de gènes qui codent des récepteurs pour des antigènes étrangers et non pour ceux du « soi », de sorte que son système immunitaire soit génétiquement constitué pour répondre seulement aux premiers. Une autre possibilité est que le système immunitaire pourrait héréditairement répondre aux antigènes étrangers comme à ceux du « soi », mais qu'il pourrait apprendre, tôt au cours de son développement, à ne pas reconnaître le « soi ». La dernière explication est probablement la plus correcte. Une observation faite en 1945 en apporta la première preuve. Normalement, quand des tissus sont transplantés d'un individu à un autre, ils sont reconnus comme étrangers par le système immunitaire et sont détruits. Des jumeaux bovins hétérozygotes (c'est-à-dire non identiques) qui avaient échangé *in utero* des cellules sanguines par la fusion spontanée de leurs placentas, étaient devenus susceptibles d'accepter des greffes de peau de l'un à l'autre. Plus tard, ces découvertes furent reproduites expérimentalement chez le poulet, en permettant aux vaisseaux sanguins de deux embryons différents de fusionner et, chez la souris, par transfert néonatal de cellules spléniques provenant d'une autre lignée. Ces cellules, pour la plupart, survivaient aussi longtemps que l'animal receveur. Dans chaque cas, les greffes venant de faux jumeaux ou d'animaux donneurs, et effectuées à l'âge adulte, étaient acceptées (Figure 18-11), tandis que les greffes venant d'une autre source étaient rejetées. Ainsi, la présence continue des antigènes du « non-soi » avant la maturation du système immunitaire conduit à une incapacité de réponse permanente à l'égard de ces antigènes. Cet état d'incapacité de réponse immunologique à l'égard d'un antigène spécifique induit est connu sous le nom de **tolérance immunitaire acquise**.

Le manque de réponse immunitaire d'un animal à l'égard de ses propres macromolécules *(tolérance immunitaire naturelle)* est acquis de la même façon et n'est pas congénital. Par exemple, des souris normales ne peuvent pas répondre à leur propre protéine du complément C5 (voir p. 1032) mais des souris mutantes dépourvues du gène codant C5 (mais génétiquement identiques aux souris normales) peuvent répondre à cette protéine. Il est donc clair que le système immunitaire est génétiquement capable de répondre au « soi », mais apprend à ne pas le faire. Dans certains cas, au moins, l'apprentissage implique l'élimination des lymphocytes réagissant au « soi » (voir p. 1051), bien que nous ne sachions pas comment cela se produit. Il est possible que de nombreux lymphocytes réagissant au « soi » soient éliminés dans les organes lymphoïdes centraux, lorsqu'ils rencontrent l'antigène. Cette réponse inhabituelle à l'antigène peut être due à un environnement spécial dans ces organes ou à la réponse unique d'un

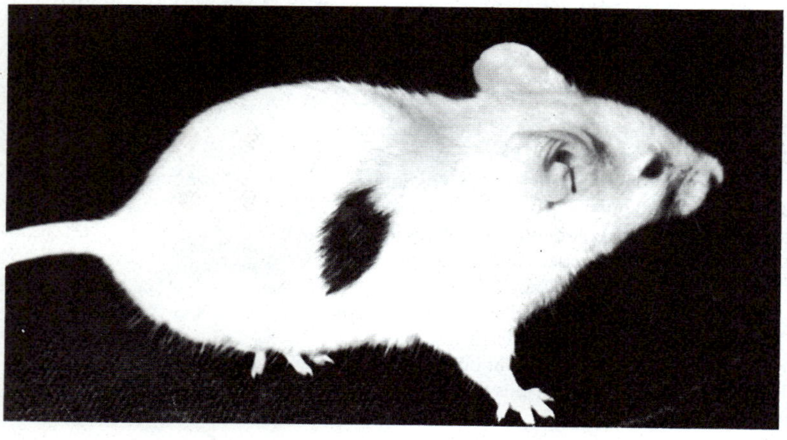

Figure 18-11 La greffe de peau montrée ici, transplantée d'une souris brune adulte à une souris blanche adulte, a survécu de nombreuses semaines, uniquement parce que cette dernière avait été rendue tolérante par injection de cellules sanguines de la souris brune, au moment de sa naissance. (Avec l'autorisation de Leslie Brent, de I. Roitt, Essential Immunology. 6e ed. Oxford, U.K. : Blackwell Scientific, 1988.)

lymphocyte néoformé. Étant donné que les lymphocytes réagissant au « soi » continuent probablement à être produits à partir des cellules souches toute la vie durant, le maintien de la tolérance au « soi » requiert la présence constante des antigènes du « soi ». Si l'on supprime un antigène, tel que C5, chez un animal, celui-ci acquiert à nouveau la capacité de répondre à cet antigène après quelques semaines ou quelques mois.

La tolérance à l'égard des antigènes du « soi » quelquefois s'effondre, entraînant la réaction des cellules T ou B (parfois les deux) contre leurs propres antigènes tissulaires. De telles **réactions auto-immunes** sont responsables de nombreuses maladies. Par exemple, la myasthénie est une maladie auto-immune, provoquée par la formation d'anticorps contre les récepteurs de l'acétylcholine situés sur les cellules du muscle squelettique (voir p. 319) ; les anticorps interférant avec le fonctionnement normal des récepteurs, les patients myasthéniques s'affaiblissent et peuvent mourir de détresse respiratoire.

La tolérance immunitaire aux antigènes étrangers peut aussi être induite chez un animal adulte [10]

Il est en général beaucoup plus difficile d'induire la tolérance immunitaire à l'égard d'un antigène étranger chez un animal adulte que chez un animal immature. Cependant, ceci peut être fait expérimentalement avec quelques antigènes en les injectant 1) à très fortes doses, 2) à petites doses répétées, 3) en même temps qu'un immunodépresseur, ou 4) en intraveineuse après le couplage chimique de l'antigène à la surface de lymphocytes B ou ultracentrifugation pour éliminer les agrégats, de façon à ce que les mécanismes habituels de présentation de l'antigène (voir p. 1046) soient inopérants. Ainsi, la liaison d'un antigène à ses récepteurs complémentaires sur un lymphocyte T ou B peut stimuler la division et la maturation d'un lymphocyte, afin qu'il devienne une cellule effectrice ou une cellule mémoire, ou elle peut éliminer et inactiver le lymphocyte, provoquant alors la tolérance. Les mécanismes moléculaires qui déterminent l'une ou l'autre des réponses ne sont pas bien compris ; cependant, le fait qu'un antigène active ou induise la tolérance dépend beaucoup (1) de la maturité du lymphocyte, (2) de la nature et de la concentration de l'antigène et (3) des interactions complexes entre les différentes classes de lymphocytes ainsi qu'entre les lymphocytes et des *cellules présentant l'antigène*, dont nous parlerons dans une prochaine partie de ce chapitre.

Résumé

Le système immunitaire se développe pour défendre les vertébrés contre l'infection. Il est composé de millions de clones lymphocytaires différents. Les lymphocytes de chaque clone partagent un récepteur de surface unique qui leur permettra de fixer un « déterminant antigénique » particulier, consistant en un arrangement donné d'atomes sur une partie de la molécule antigénique. Il y a deux classes de lymphocytes : les cellules B qui synthétisent les anticorps et les cellules T qui induisent la réponse immunitaire à médiation cellulaire.

Très tôt au cours du développement lymphocytaire, de nombreux lymphocytes qui réagiraient contre des déterminants antigéniques de molécules du « soi » sont éliminés ou supprimés ; il en résulte que le système immunitaire ne répond normalement qu'aux antigènes étrangers. La fixation d'un antigène étranger à un lymphocyte entraîne une réponse de la cellule qui participe à l'élimination de l'antigène. Dans le cadre de la réponse, quelques lymphocytes prolifèrent et se différencient en cellules à mémoire ; ainsi, quand le même antigène est à nouveau rencontré, la réponse immunitaire est plus rapide et plus forte.

Les propriétés fonctionnelles des anticorps [11]

Les vertébrés meurent rapidement d'infection s'ils ne sont pas capables de produire des anticorps. Les anticorps leur permettent de se défendre contre l'infection en inactivant les virus et les toxines bactériennes, en activant le système du complément et en recrutant différents types de globules blancs, afin de tuer les microorganismes étrangers et les parasites. Il existe des millions d'anticorps différents, synthétisés exclusivement par les lymphocytes B, chaque anticorps présentant une séquence d'acides aminés différente et un site de combinaison antigénique différent. Globalement appelés **immunoglobulines** (abréviation **Ig**), les anticorps représentent une des classes majeures des protéines trouvées dans le sang, constituant environ 20 p. cent de la masse totale des protéines du plasma. Dans cette partie du chapitre, nous décrirons les cinq classes d'anticorps des vertébrés supérieurs, chacune étant médiateur d'une réponse biologique caractéristique après liaison de l'antigène.

Les récepteurs spécifiques d'un antigène sur les cellules B sont des molécules d'anticorps [12]

Comme l'hypothèse de la sélection clonale le prévoyait, toutes les molécules d'anticorps synthétisées par chaque cellule B ont le même site de combinaison antigénique. Les premiers anticorps synthétisés par une cellule B néoformée ne sont pas sécrétés ; en fait, ils sont insérés dans la membrane plasmique, où ils servent de récepteurs pour l'antigène. Chaque cellule B exprime de l'ordre de 10^5 molécules d'anticorps sur sa membrane plasmique.

Quand un antigène se fixe à des molécules d'anticorps à la surface d'une cellule B au repos, il initie une série compliquée d'événements peu connus, culminant dans la prolifération et la différenciation cellulaires pour produire des cellules sécrétrices d'anticorps (voir p. 1047). De telles cellules fabriquent alors une grande quantité d'un anticorps soluble (et non lié à la membrane) avec le même site de combinaison antigénique que les anticorps de surface cellulaire et le sécrètent dans le sang. Tandis que les cellules B activées peuvent commencer à sécréter un anticorps alors qu'elles sont encore de petits lymphocytes, l'étape finale dans cette voie de différenciation est le grand plasmocyte (voir Figure 18-4B) qui sécrète environ 2 000 molécules d'anticorps par seconde. Les plasmocytes semblent avoir engagé une partie si importante de leur mécanisme de synthèse pour fabriquer l'anticorps qu'ils sont incapables de toute croissance et division ultérieures et meurent après quelques jours.

Les cellules B peuvent produire des anticorps *in vitro* [13]

Dans les années 1960, deux types de progrès obtenus révolutionnèrent la recherche sur les cellules B. Le premier fut le développement de la **technique des plaques d'hémolyse**, qui permet l'identification et le dénombrement de cellules B isolées sécrétant des anticorps contre un antigène spécifique. En ce qui concerne cet essai dans sa forme la plus simple, les lymphocytes (provenant ordinairement de la rate) sont prélevés sur des animaux qui ont été immunisés contre des globules rouges de mouton (GRM). Ils sont ensuite incorporés dans de l'agar avec un excès de GRM, de telle sorte que la boîte de Pétri contienne un tapis de GRM immobilisés, parsemé de lymphocytes. Dans ces conditions, les cellules sont incapables de se déplacer, mais l'ensemble des anticorps anti-GRM sécrétés par les cellules B diffusera dans la gélose et se fixera sur tous les GRM situés dans le voisinage des cellules sécrétrices. Une fois les GRM recouverts par les anticorps, ils peuvent être lysés par addition de complément (voir p. 1031). De cette façon, la présence de chaque cellule productrice d'anticorps est identifiée par l'apparition d'une zone claire, ou *plage de lyse*, dans la couche opaque des GRM. La même expérience peut être utilisée pour dénombrer les cellules sécrétant des anticorps contre d'autres antigènes, comme des protéines ou des polysaccharides, simplement en fixant ces antigènes à la surface des GRM.

Le second progrès important fut la démonstration selon laquelle les lymphocytes B peuvent être induits à fabriquer des anticorps en les exposant à l'antigène en culture, où il est possible de manipuler les interactions cellulaires et de contrôler l'environnement. Ceci conduisit à la découverte que les cellules T et les cellules spécialisées dans la *présentation de l'antigène* sont nécessaires à la stimulation de la sécrétion d'anticorps par les cellules B, pour la majorité des antigènes ; les interactions cellulaires impliquées seront décrites ultérieurement dans ce chapitre (voir p. 1047).

Les anticorps ont deux sites de combinaison antigénique identiques [11]

Les molécules d'anticorps les plus simples sont des molécules en forme de Y, avec deux sites de **combinaison antigénique** identiques — un site à l'extrémité de chaque bras du Y (Figure 18-12). Du fait que ces molécules ont deux sites de combinaison antigénique, elles sont dites *divalentes*. De telles molécules d'anticorps peuvent former un réseau important par liaisons croisées avec les molécules d'antigènes, aussi longtemps que chaque molécule d'antigène a chacune trois ou plus de trois déterminants antigéniques (Figure 18-13). Une fois qu'il atteint une certaine taille, le réseau se sépare de la solution par précipitation. Cette tendance des complexes immuns d'une certaine importance à précipiter est utile pour détecter la présence d'anticorps et d'antigènes. L'efficacité de la liaison à l'antigène et des réactions de liaisons croisées avec les anticorps est grandement améliorée par la flexibilité de la *région charnière* des anticorps qui permet de faire varier la distance entre les deux sites de combinaison antigénique (Figure 18-14).

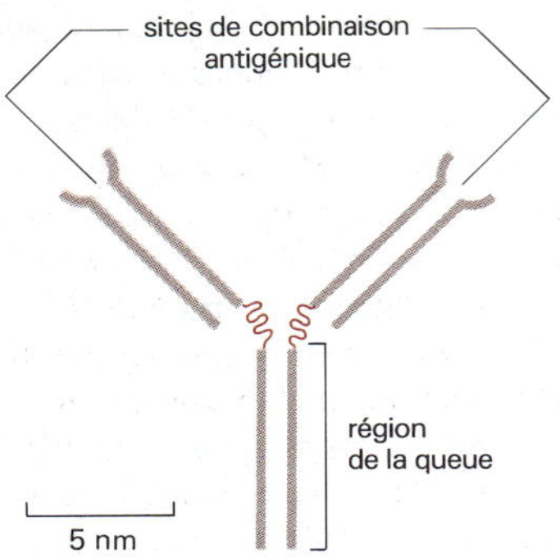

Figure 18-12 Une représentation schématique d'une molécule d'anticorps.

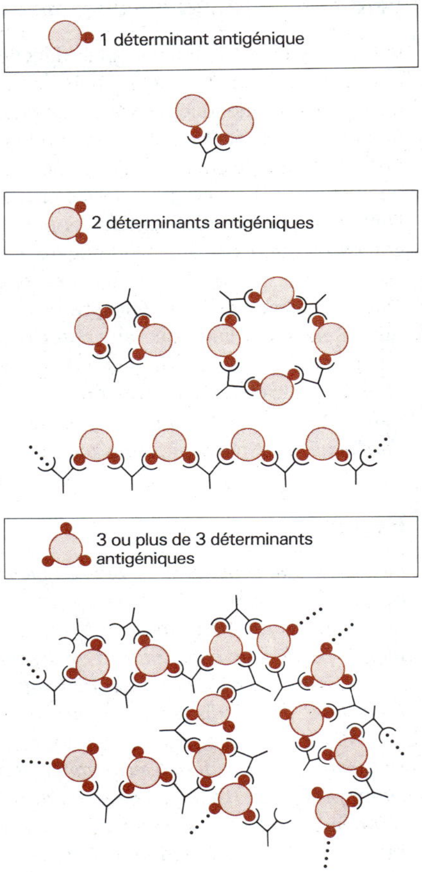

Figure 18-13 Du fait que les anticorps ont deux sites de combinaison antigénique identiques, ils peuvent former des liaisons croisées entre les antigènes. Le type de complexes anticorps-antigène qui se forme dépend du nombre de déterminants antigéniques sur l'antigène. Ici, une seule espèce d'anticorps (un anticorps monoclonal) se lie à des antigènes contenant une, deux ou trois copies d'un seul type de déterminant antigénique. Les antigènes à deux déterminants antigéniques peuvent former des complexes cycliques ou des chaînes linéaires avec l'anticorps, alors que les antigènes à trois déterminants antigéniques ou plus peuvent former de grands réseaux tridimensionnels qui précipitent facilement.

L'effet protecteur des anticorps n'est pas seulement dû à leur capacité de fixer l'antigène. Les anticorps interviennent au cours de différentes activités biologiques dans lesquelles la jambe du Y sert d'intermédiaire. Cette partie de la molécule détermine le devenir de l'antigène une fois fixé. Du fait du mode de synthèse des immunoglobulines (voir p. 1029), les anticorps comportant les mêmes sites de combinaison antigénique peuvent avoir n'importe laquelle des différentes régions terminales, chacune d'elles conférant à l'anticorps des propriétés fonctionnelles différentes, comme la capacité d'activer le complément (voir p. 1032) ou de se lier aux cellules phagocytaires (voir p. 1015).

Une molécule d'anticorps est composée de quatre chaînes polypeptidiques — deux chaînes légères identiques et deux chaînes lourdes identiques [14]

L'unité structurale de base d'une molécule d'anticorps consiste en quatre chaînes polypeptidiques. Deux **chaînes légères (L)** identiques (chacune constituée d'environ 220 acides aminés) et deux **chaînes lourdes (H)** identiques (chacune constituée d'environ 440 acides aminés). Les quatre chaînes sont liées entre elles par une combinaison d'interactions non covalentes et de liaisons covalentes (ponts disulfure). La molécule est composée de deux moitiés identiques dans lesquelles les chaînes lourdes et légères contribuent à peu près également aux deux sites identiques de combinaison antigénique (Figure 18-15).

Les enzymes protéolytiques, papaïne et pepsine, scindent la molécule d'anticorps en différents fragments caractéristiques : la *papaïne* donne deux **fragments** séparés et identiques **Fab** (« Fragment Antigen Binding »), chacun d'eux avec un site de combinaison antigénique, et un **fragment Fc** (appelé ainsi parce qu'il cristallise facilement). La *pepsine* donne un **fragment F(ab')₂**, ainsi appelé car il consiste en deux fragments F(ab') liés de manière covalente (chacun sensiblement plus long qu'un fragment Fab) ; le reste de la molécule est dispersé en plus petits fragments (Figure 18-16). Étant donné que les fragments $F(ab')_2$ sont divalents, ils peuvent encore se lier aux antigènes et former des précipités, contrairement aux fragments Fab monovalents. Aucun de ces fragments n'a les autres propriétés biologiques des molécules d'anticorps intactes puisqu'il leur manque la région Fc qui est responsable de ces propriétés.

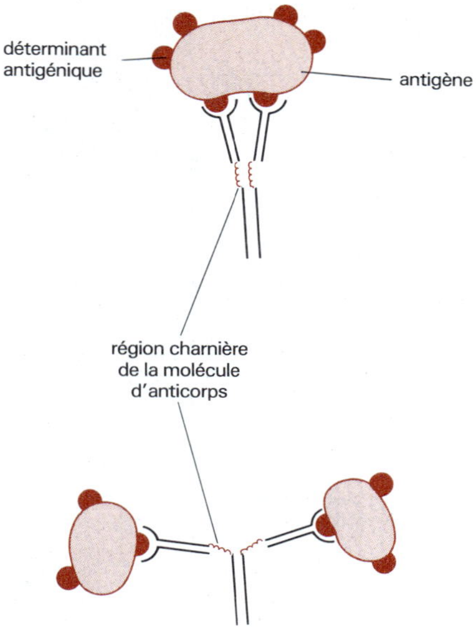

Figure 18-14 La région charnière d'une molécule d'anticorps augmente l'efficacité de la fixation avec l'antigène et de la liaison croisée.

Il y a cinq classes différentes de chaînes lourdes, chacune avec des propriétés biologiques différentes [11,15]

Chez les vertébrés supérieurs, il y a cinq *classes* différentes d'anticorps : IgA, IgD, IgE, IgC et IgM, chacune avec sa propre classe de chaînes H — respectivement α, δ, ϵ, γ et μ ; les molécules d'IgA ont des chaînes α, les molécules d'IgC ont des chaînes γ et ainsi de suite (Tableau 18-1).

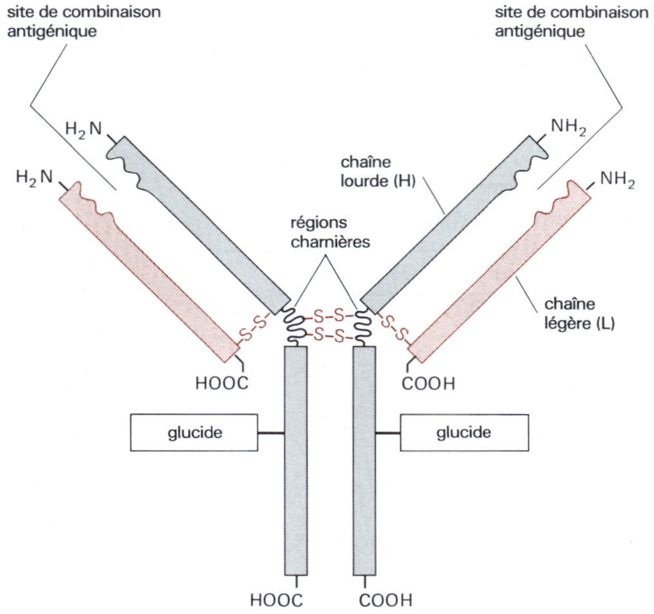

Figure 18-15 Une molécule typique d'anticorps est composée de deux chaînes lourdes (H) identiques et de deux chaînes légères (L) identiques. Noter que les sites de combinaison antigénique sont formés par un complexe des régions amino-terminales des deux chaînes L et H, mais la queue et la région charnière sont formées uniquement par les chaînes H. Chaque chaîne H comporte une ou plusieurs chaînes oligosaccharidiques dont la fonction est inconnue.

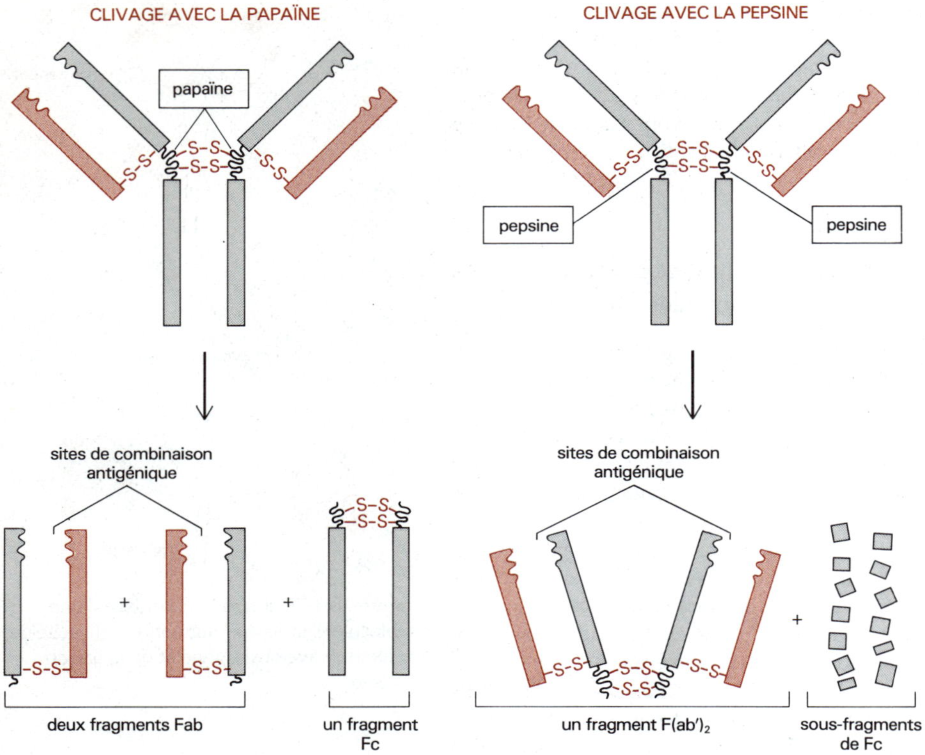

Figure 18-16 Les différents fragments produits quand les molécules d'anticorps sont clivées par la papaïne et la pepsine, deux enzymes protéolytiques.

De plus, il existe un certain nombre de sous-classes d'IgG et d'IgA ; par exemple, il y a quatre sous-classes d'IgG (IgG1, IgG2, IgG3 et IgG4) ayant respectivement les chaînes lourdes γ_1, γ_2, γ_3, γ_4. Les diverses chaînes H confèrent une conformation différente aux régions charnière et des anticorps, donnant à chaque classe (et sous-classe) des propriétés caractéristiques (voir Tableau 18-1).

Les **IgM** sont toujours la première classe d'anticorps produite par une cellule B en cours de développement, bien que de nombreuses cellules B changent finalement pour fabriquer d'autres classes d'anticorps (voir p. 1029). Le précurseur immédiat d'une cellule B, la **cellule pré-B**, ne synthétise initialement que des chaînes μ qui s'accumulent dans la cellule. Par la suite, la cellule pré-B commence à synthétiser aussi les chaînes légères ; celles-ci se combinent avec les chaînes μ pour former des molécules d'IgM quadricaténaires (chacune avec deux chaînes μ et deux chaînes légères) qui s'insèrent dans la membrane plasmique. La cellule possède alors les récepteurs de surface nécessaires à la liaison de l'antigène ; elle est alors appelée *lymphocyte B vierge*. De nombreuses cellules B vierges commencent rapidement à synthétiser aussi des molécules d'**IgD** de surface, possédant le même site de combinaison antigénique que les molécules d'IgM.

Tableau 18-1 Propriétés des principales classes d'anticorps chez l'homme

	Classes des anticorps				
Propriétés	**IgM**	**IgD**	**IgG**	**IgA**	**IgE**
Chaînes lourdes	μ	δ	γ	α	ϵ
Chaînes légères	$\varkappa$ ou λ	$\varkappa$ ou λ	$\varkappa$ ou λ	$\varkappa$ ou λ	$\varkappa$ ou λ
Nombre d'unités quadricaténaires	5	1	1	1 ou 2	1
P. cent des Ig totales dans le sang	10	< 1	75	15	< 1
Active le complément	++++	—	++	—	—
Traverse le placenta	—	—	+	—	—
Se lie aux macrophages et aux neutrophiles	—	—	+	—	—
Se lie aux mastocytes et aux basophiles	—	—	—	—	+

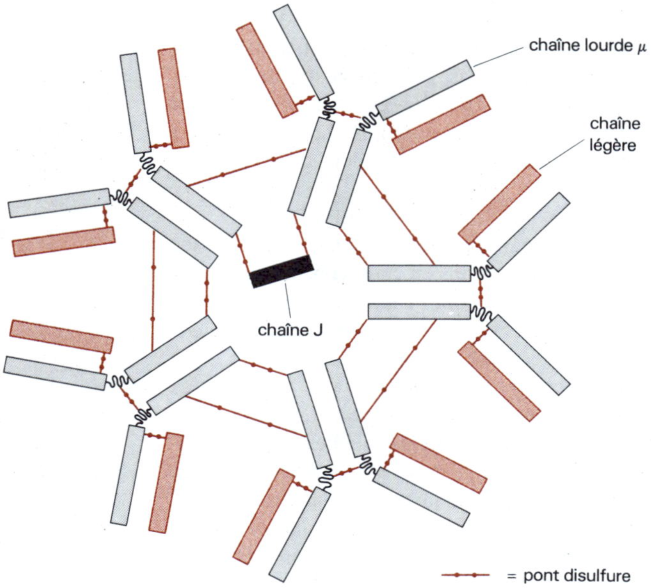

Figure 18-17 Une molécule d'IgM pentamérique. Les cinq sous-unités sont reliées entre elles par des ponts disulfure. Une seule chaîne J (≃ 15 000 daltons), liée par un pont disulfure à deux chaînes lourdes μ, ferme la structure circulaire et empêche une plus grande polymérisation. La chaîne J est homologue à un domaine d'Ig unique (voir p. 1020).

La classe des IgM n'est pas seulement la première à apparaître à la surface d'un lymphocyte B en cours de différenciation, elle est également la classe majeure d'anticorps sécrétés dans le sang au cours des stades précoces de la réponse *primaire*. Dans sa forme sécrétée, l'IgM est un pentamère composé de cinq unités de quatre chaînes, avec un total de 10 sites de combinaisons antigéniques. Chaque pentamère renferme une copie d'une autre chaîne polypeptidique, appelée *chaîne J (joining)*, qui est produite par les cellules sécrétrices d'IgM et insérée de manière covalente entre deux régions Fc adjacentes, où elle ferme l'oligomère circulaire et empêche une polymérisation ultérieure (Figure 18-17).

La liaison de l'antigène aux régions Fab de la molécule d'IgM pentamérique sécrétée induit la liaison des régions Fc au premier composant du *système du complément,* et de ce fait son activation. Lorsque l'antigène est à la surface d'un microorganisme étranger, l'activation résultante du système du complément déclenche une attaque biochimique qui détruit le microorganisme (voir p. 1031). Contrairement aux IgM, les molécules d'IgD sont rarement sécrétées par une cellule B effectrice et leurs fonctions — autres que celle de récepteurs de l'antigène — sont inconnues.

Les anticorps **IgG** constituent la classe prédominante des immunoglobulines dans le sang. Ils sont produits au cours des réponses *secondaires*. Non seulement la région Fc d'une molécule d'IgG a la capacité d'activer le système du complément, mais elle se lie à des récepteurs spécifiques portés par les macrophages et les neutrophiles. C'est grâce à ces **récepteurs Fc** que les cellules phagocytaires lient, ingèrent et détruisent les microorganismes étrangers qui ont été recouverts d'anticorps de type IgG, produits en réponse à l'infection (Figure 18-18). Différents types de globules blancs qui expriment les récepteurs Fc peuvent également tuer des cellules eucaryotes étrangères recouvertes d'IgG, sans les phagocyter. Ce processus, appelé *destruction à médiation cellulaire dépendant des anticorps*, peut être exécuté par les macrophages, les neutrophiles et les éosinophiles (voir plus loin), aussi bien que par les cellules tueuses (*cellules K*), qui sont des cellules de type lymphocytaire apparemment spécialisées dans la destruction des cellules anormales de l'hôte (voir p. 1039).

Les molécules d'IgG sont les seuls anticorps qui peuvent passer de la mère au fœtus. Les cellules placentaires au contact avec le sang maternel ont des récepteurs qui fixent la région Fc de la molécule d'IgG et servent d'intermédiaires à leur passage dans le fœtus. Les anticorps sont d'abord ingérés par endocytose par l'intermédiaire de récepteurs, puis transportés à travers la cellule dans des vésicules et libérés par exocytose dans le sang fœtal (un processus appelé *transcytose*, voir p. 332) ; les autres classes d'anticorps ne se fixent pas à ces récepteurs et ne peuvent donc pas traverser le placenta.

Les **IgA** sont la classe principale d'anticorps dans les sécrétions (lait, salive, larmes, sécrétions respiratoires et intestinales). Elles existent soit sous forme d'un monomère quadricaténaire (comme les IgG), soit sous forme d'un dimère de deux de ces unités transportant une chaîne J unique et une chaîne appelée *composant sécrétoire* (Figure 18-19). Dans les sécrétions

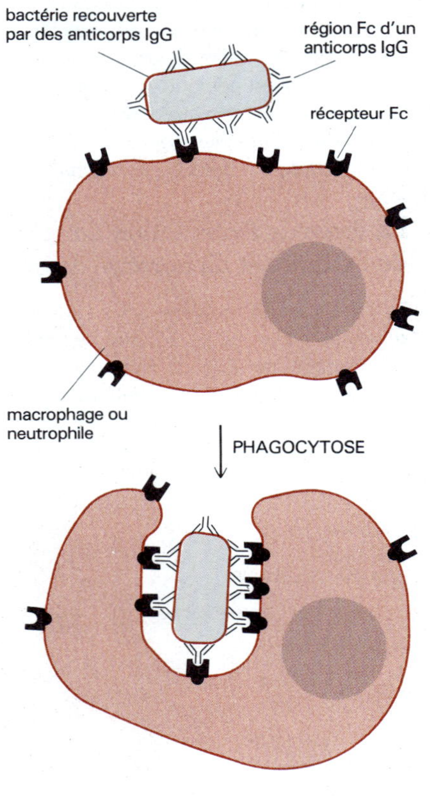

Figure 18-18 Une bactérie recouverte d'anticorps IgG est efficacement phagocytée par un macrophage ou un neutrophile qui a des récepteurs de surface cellulaire capables de fixer la région Fc des molécules d'IgG. La liaison de la bactérie recouverte d'anticorps à ces récepteurs Fc active le processus phagocytaire.

l'IgA est un dimère. Elle est transportée du liquide extracellulaire dans le liquide de sécrétion par le même type de mécanisme de transport transépithélial (transcytose) qui transfère les molécules d'IgG du sang maternel au sang fœtal. Dans ce cas, le transport s'effectue par l'intermédiaire d'une classe spéciale de récepteurs de la région Fc ; ces récepteurs sont présents à la surface non luminale des cellules épithéliales qui tapissent l'intestin, les bronches, ou les canaux transportant le lait, la salive et les larmes. Là, ils se lient aux dimères d'IgA présents dans le liquide extracellulaire (Figure 18-20).

La région Fc des molécules d'**IgE** se fixe avec une très grande affinité (Ka ~ 10^{10} litres/mole — voir plus loin) à une autre classe de récepteurs Fc. Ces récepteurs sont localisés à la surface des *mastocytes* dans les tissus, et des *basophiles* dans le sang (voir p. 974), et les molécules d'IgE qui s'y fixent servent à leur tour de récepteurs pour l'antigène. La fixation de l'antigène déclenche la sécrétion, par ces cellules, d'une variété d'amines biologiquement actives, en particulier l'*histamine* et, dans certaines espèces, la *sérotonine* (Figure 18-21). Ces amines provoquent une vasodilatation et une plus grande perméabilité des vaisseaux sanguins et sont largement responsables des manifestations cliniques de certaines réactions *allergiques* comme le rhume des foins, l'asthme et l'urticaire. Dans des conditions normales, les modifications des vaisseaux sanguins ainsi induites peuvent permettre l'accès des globules blancs, des anticorps et des composants du complément aux sites de réaction inflammatoire. Les mastocytes sécrètent également des facteurs qui attirent et activent une classe spéciale de globules blancs appelés *éosinophiles* (voir p. 974) qui peuvent tuer différents types de parasite, en particulier si ces parasites sont recouverts d'anticorps IgG.

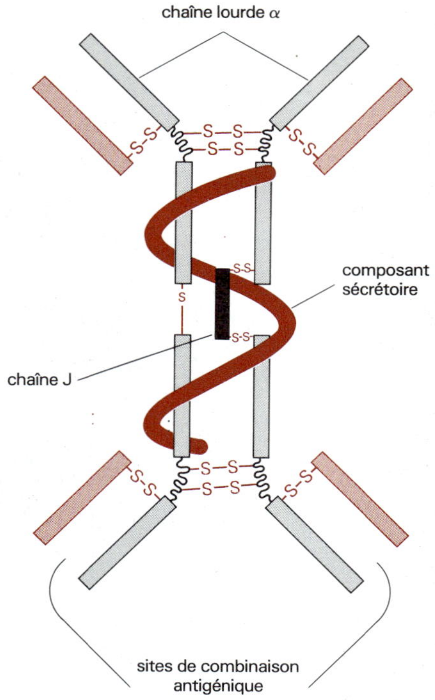

Figure 18-19 Une représentation très schématique d'une molécule dimérique d'IgA trouvée dans les sécrétions. En plus des deux monomères IgA, qui sont reliés par des ponts disulfure au niveau d'une de leurs chaînes lourdes α, il y a une seule chaîne J et une chaîne polypeptidique additionnelle de 70 000 daltons appelée *composant sécrétoire* qui semble protéger les molécules d'IgA de la digestion par les enzymes protéolytiques dans les sécrétions.

Les anticorps peuvent avoir des chaînes légères ϰ ou λ mais jamais les deux

En plus de cinq classes de chaînes H, les vertébrés supérieurs ont deux types de chaînes L, ϰ et λ, l'une ou l'autre peut être associée à n'importe quelle chaîne lourde H. Chaque molécule d'anticorps est toujours composée de chaînes L et de chaînes H identiques ; ses sites de combinaison antigénique sont donc toujours identiques. Cette symétrie est essentielle pour la fonction de liaison croisée des anticorps sécrétés. En conséquence, une molécule d'anticorps peut avoir des chaînes légères ϰ ou λ, mais jamais les deux. Aucune différence dans la fonction biologique de ces deux types de chaîne L n'a été trouvée jusqu'à présent.

La force de l'interaction antigène-anticorps dépend à la fois de l'affinité et du nombre des sites de combinaison [16]

La fixation d'un antigène à un anticorps, comme la liaison d'un substrat à une enzyme, est réversible. Elle est le résultat de nombreuses forces non covalentes relativement faibles comprenant les liaisons hydrophobes et hydrogène, les forces de Van der Waals et les interactions ioniques. Ces faibles forces ne sont efficaces que dans le cas où la molécule

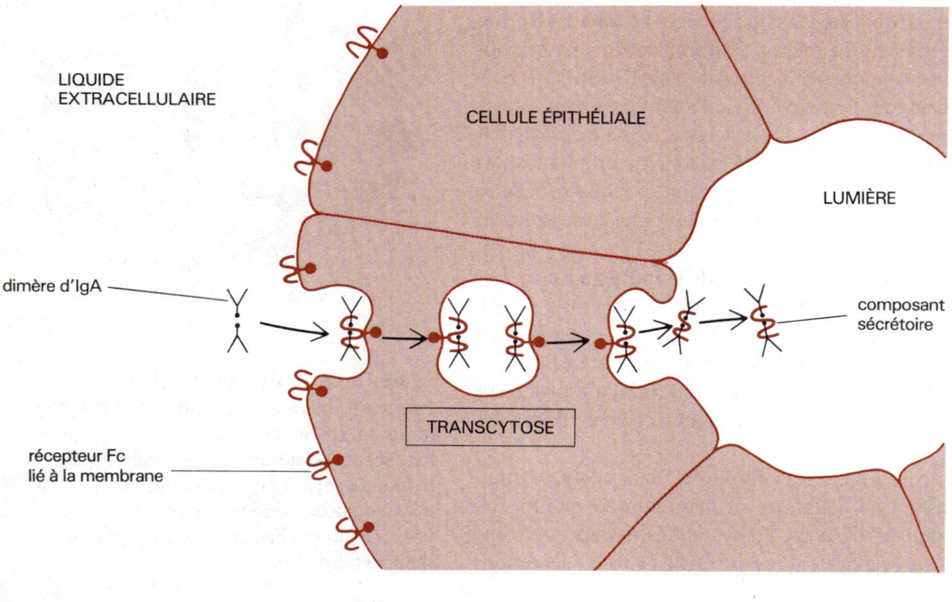

Figure 18-20 Le mécanisme de transport d'une molécule dimérique d'IgA à travers une cellule épithéliale. L'IgA se lie à un récepteur Fc transmembranaire spécialisé sur la surface externe de la cellule épithéliale. Les complexes récepteur-IgA sont ingérés par endocytose par l'intermédiaire de récepteurs, transférés dans des vésicules à travers le cytoplasme des cellules épithéliales, et sécrétés dans la lumière sur le côté opposé de la cellule par exocytose. Lorsqu'elle est exposée à la lumière, la partie du récepteur Fc qui est liée au dimère d'IgA (le *composant sécrétoire*) est séparée de sa queue transmembranaire, libérant ainsi l'anticorps sous forme de complexe dans la lumière. Les dimères d'IgA pénètrent dans le liquide extracellulaire des organes sécréteurs en provenance de deux sources. Ils sont produits localement dans ces organes par les plasmocytes sécréteurs d'IgA et ils sont produits dans la rate et les ganglions lymphatiques d'où ils se déversent dans la circulation sanguine, s'échappant des capillaires dans divers tissus.

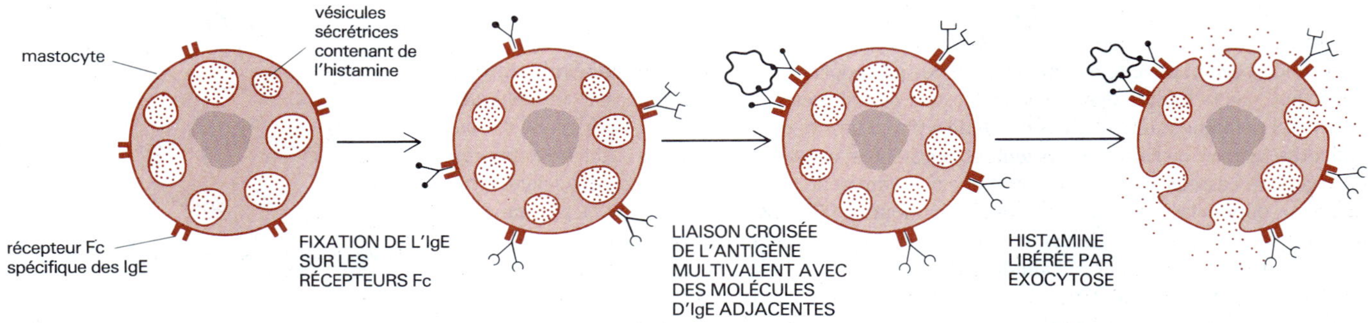

Figure 18-21 Les mastocytes (et les basophiles) acquièrent passivement des récepteurs de surface cellulaire qui fixent l'antigène. Les anticorps IgE sécrétés par les lymphocytes B activés pénètrent dans les tissus et se fixent aux récepteurs protéiques sur la surface des mastocytes qui reconnaissent spécifiquement la région Fc de ces anticorps. Ainsi, contrairement aux cellules B, les mastocytes (et les basophiles) individuels ont des anticorps de surface avec une variété de sites de combinaison antigénique. Lorsqu'une molécule d'antigène se lie à ces anticorps IgE liés à la membrane, de façon à ce que des liaisons croisées s'établissent entre ces derniers et leurs voisins, le mastocyte est activé et libère l'histamine par exocytose.

d'antigène est assez compacte pour permettre à quelques-uns de ses atomes de s'adapter aux cavités complémentaires à la surface de l'anticorps. Les régions complémentaires d'une unité anticorps quadricaténaire sont ses deux sites de combinaison antigénique identiques ; la région correspondante sur l'antigène est un *déterminant antigénique* (Figure 18-22). La majorité des macromolécules antigéniques ont de nombreux déterminants antigéniques différents, si deux ou plus de deux d'entre eux sont identiques (comme dans un polymère qui a une structure répétitive), on dit que l'antigène est *multivalent* (Figure 18-23).

La réversibilité de la réaction de fixation entre un antigène avec un déterminant antigénique unique (noté Ag) et un site de combinaison antigénique unique (noté Ab) peut être exprimée ainsi :

$$\mathrm{Ag + Ab \rightleftharpoons AgAb}$$

Le point d'équilibre dépend à la fois des concentrations de Ab et Ag et de la force de leur interaction. En clair, une plus grande fraction de Ab s'associera à Ag à mesure que la concentration en Ag est augmentée. La force de l'interaction est généralement exprimée par la **constante d'affinité (K_a)** (voir Figure 3-7, p. 94) où

$$K_a = [\mathrm{AgAb}]/[\mathrm{Ag}][\mathrm{Ab}]$$

La constante d'affinité, appelée aussi *constante d'association*, peut-être déterminée par la mesure de la concentration de l'antigène libre nécessaire pour occuper la moitié des sites de combinaison antigénique sur l'anticorps. Quand la moitié des sites sont occupés, [AgAb] = [Ab] et $K_a = 1/[\mathrm{Ag}]$. Ainsi, l'inverse de la concentration antigénique, qui est responsable de la moitié de la fixation, est égale à la constante d'affinité de l'anticorps pour l'antigène. Le domaine de valeurs habituel va de valeurs aussi faibles que 5×10^4 à des valeurs aussi fortes que 10^{11} litres/mole. La valeur de la constante d'affinité à laquelle une molécule d'immunoglobuline cesse d'être considérée comme un anticorps à l'égard d'un antigène particulier est quelque chose d'abstrait, mais il est improbable qu'un anticorps avec un K_a inférieur à 10^4 puisse être biologiquement efficace. Il est aussi improbable que des cellules B avec des récepteurs d'aussi faible affinité pour un antigène soient activées par l'antigène.

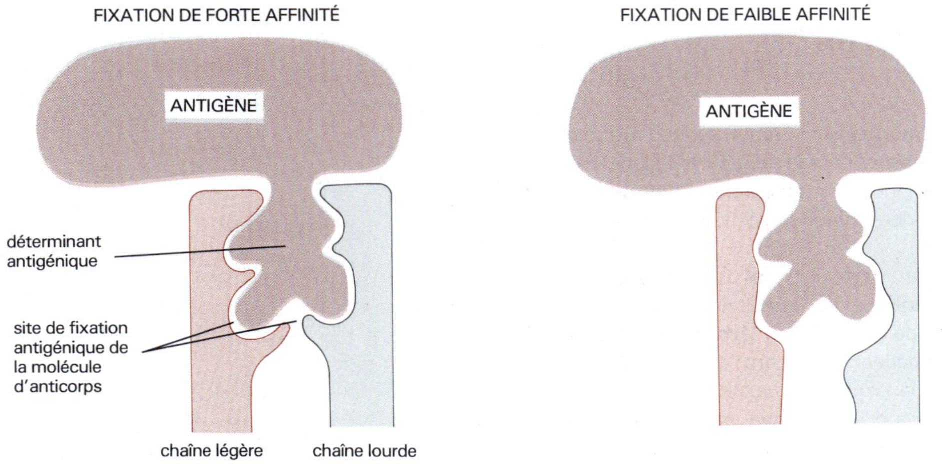

Figure 18-22 Représentation très schématique de la fixation d'un déterminant antigénique d'une macromolécule à un site de combinaison antigénique de deux molécules d'anticorps différentes, l'une avec une forte et l'autre avec une faible affinité. Le déterminant antigénique est maintenu dans le site de combinaison par différentes forces faibles non covalentes. Noter que les chaînes lourde et légère de la molécule d'anticorps participent au site de combinaison antigénique.

L'**affinité** d'un anticorps reflète la force de liaison d'un déterminant antigénique à un site de combinaison antigénique unique et elle est indépendante du nombre de sites. L'**avidité** totale d'un anticorps pour un antigène multivalent, tel qu'un polymère avec des sous-unités répétitives, est définie par la totalité des forces de liaisons de tous ses sites de combinaison antigénique. Lorsqu'un antigène multivalent se combine à plus d'un site de combinaison antigénique sur un anticorps, la force de liaison est fortement augmentée, car toutes les liaisons antigène-anticorps doivent être cassées simultanément avant que l'antigène et l'anticorps ne se dissocient. Une molécule d'IgG classique se fixera donc au moins 1 000 fois plus fortement à un antigène multivalent si les deux sites de combinaison antigénique sont engagés au lieu d'un seul.

Pour la même raison, si l'affinité des sites de combinaison antigénique d'une molécule d'IgG et d'une molécule d'IgM est la même, la molécule d'IgM (ayant 10 sites de combinaison) aura une beaucoup plus grande avidité pour un antigène multivalent qu'une molécule d'IgG (qui a deux sites). Cette différence d'avidité, qui peut être 10^4 fois ou plus, est importante car les anticorps produits tôt dans la réponse immunitaire ont habituellement une affinité plus faible que ceux produits plus tard. (L'augmentation de l'affinité moyenne des anticorps produits avec le temps qui suit l'immunisation est appelée *maturation de l'affinité* — voir p. 1026.) En raison de son avidité totale élevée, l'IgM — classe majeure d'Ig produite au cours des réponses immunitaires précoces — peut fonctionner efficacement, même si chacun de ses sites de combinaison n'a qu'une faible affinité.

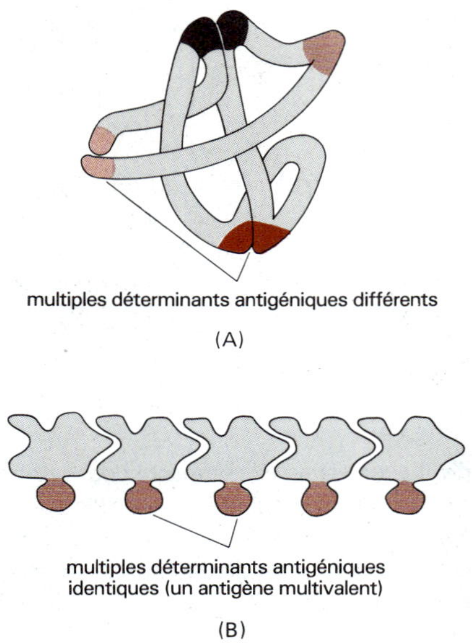

Figure 18-23 Molécules avec des déterminants antigéniques multiples. (A) Une protéine globulaire avec un certain nombre de déterminants antigéniques *différents*. Noter que les différentes régions des chaînes polypeptidiques peuvent se réunir en une structure repliée pour former un simple déterminant antigénique à la surface de la protéine. (B) Une structure polymérique avec de nombreux déterminants *identiques*. Ce genre de molécule est appelé *antigène multivalent*.

Résumé

Une molécule type d'anticorps est une protéine en forme de Y avec deux sites de combinaison antigénique identiques aux extrémités du Y (les régions Fab), et des sites de fixation pour des composants du complément et/ou différents récepteurs de surface cellulaire à la base du Y (région Fc). Les anticorps protègent les vertébrés contre les infections par inactivation des virus et des toxines bactériennes et par recrutement du complément et de différentes cellules pour tuer et ingérer les microorganismes étrangers.

Chaque clone de cellules B synthétise des molécules d'anticorps avec un seul site de combinaison antigénique. Initialement, les molécules sont insérées dans la membrane plasmique où elles servent de récepteurs pour l'antigène. La liaison de l'antigène à ces récepteurs active la multiplication et la maturation des cellules B (généralement avec l'aide des cellules T), soit en cellules à mémoire, soit en cellules sécrétrices d'anticorps, qui sécrètent des anticorps comportant le même site de combinaison antigénique que les anticorps liés à la membrane.

Chaque molécule d'anticorps est composée de deux chaînes lourdes (H) identiques et de deux chaînes légères (L) identiques. Des parties des deux chaînes H et L forment les sites de combinaison antigénique. Il y a cinq classes différentes d'anticorps (IgA, IgD, IgE, IgG et IgM), chacune avec une chaîne H distinctive (respectivement α, δ, ϵ, γ et μ). Les chaînes H forment aussi la région Fc de l'anticorps qui détermine quelles autres protéines se fixeront à l'anticorps et, par conséquent, les propriétés biologiques de la classe. N'importe quel type de chaîne L (κ ou λ) peut être associé avec n'importe quelle classe de chaîne H, mais le type de chaîne légère ne semble pas influer sur les propriétés de l'anticorps.

La structure fine des anticorps

Il existe tant d'anticorps différents que, dans un organisme immunisé, une forme ne constitue qu'un millionième des molécules d'immunoglobulines dans le sang. Ce fait place les immunochimistes face à un problème d'une difficulté exceptionnelle en chimie des protéines : comment obtenir assez d'un seul de ces anticorps pour déterminer sa séquence d'acides aminés et sa structure tridimensionnelle.

Le problème fut résolu grâce au caractère particulier des cellules tumorales d'un type de cancer, connu sous le nom de **myélome multiple** (du fait du développement de tumeurs multiples dans la moelle osseuse). Les cellules de ce myélome sécrètent de grandes quantités d'une seule espèce d'anticorps dans le sang du patient. L'anticorps est homogène, ou monoclonal, car le cancer débute habituellement par la croissance incontrôlée d'une cellule unique (voir p. 1190) et dans les myélomes multiples la cellule unique est un plasmocyte sécréteur d'anticorps. L'anticorps, qui s'accumule dans le sang, est connu comme **protéine de myélome**.

Il est connu depuis le dix-neuvième siècle que l'urine des malades atteints de cette maladie contient souvent des protéines inhabituelles appelées *protéines de Bence-Jones*, du nom du médecin anglais qui fut le premier à les décrire ; mais ce fut seulement au cours des années 1950 que ces protéines furent reconnues comme des chaînes L libres d'immunoglobulines. Une grande partie de ce que nous connaissons de la structure détaillée des anticorps vient de l'étude des protéines de myélomes extraites des urines ou du sang de malades, ou de souris chez lesquelles des cancers similaires ont été induits. Récemment, il a été possible d'immortaliser des cellules B sécrétrices d'un seul type d'anticorps en les fusionnant avec des cellules de myélome non sécrétrices d'anticorps ; les *hybridomes* résultant de cette fusion représentent une source d'anticorps disponibles monoclonaux, qui peuvent être produits en quantité illimitée contre n'importe quel antigène choisi (voir p. 178).

Les chaînes L et H sont constituées de régions constantes et variables [11,14]

La comparaison des séquences d'acides aminés de nombreuses protéines de myélomes révéla une caractéristique étonnante avec des implications génétiques importantes et surprenantes. Les chaînes L et H ont une séquence variable à leurs extrémités N-terminales, mais une séquence constante à leurs extrémités C-terminales. Par exemple, quand les séquences d'acides aminés des chaînes κ de nombreux myélomes différents (chacune avec une longueur de 220 acides aminés) sont comparées, les moitiés carboxy-terminales sont les mêmes, ou montrent seulement des différences minimes, alors que les moitiés amino-terminales sont toutes différentes. Ainsi, les chaînes L ont une **région constante** d'environ 110 acides aminés de long et une **région variable** de même taille. La région variable amino-terminale des chaînes H est aussi d'environ 110 acides aminés de long, mais la région constante de la chaîne H est longue de 330 à 440 acides aminés environ selon la classe (Figure 18-24).

Ce sont les extrémités amino-terminales des chaînes L et H qui se réunissent pour former le site de combinaison antigénique, et la variabilité de leur séquence d'acides aminés fournit la base structurale de la diversité des sites de combinaison antigénique. L'existence des régions variables et constantes dans les molécules d'anticorps soulève d'importantes questions génétiques que nous discuterons plus tard. Mais avant qu'il devint possible d'étudier directement ces questions génétiques, d'autres caractéristiques importantes de la structure des anticorps se dégagèrent d'études structurelles sur des protéines de myélomes.

Les chaînes L et H sont chacune constituées de trois régions hypervariables qui forment ensemble le site de combinaison antigénique [17]

Seule une partie de la région variable participe directement à la fixation de l'antigène. Cette conclusion fut déduite en premier lieu de l'estimation de la taille maximale d'un site de combinaison antigénique. Les mesures, qui impliquent l'utilisation d'oligomères de taille croissante comme « mètres moléculaires », étaient fabriquées initialement sur des anticorps réagissant contre le dextrane, un polymère du D-glucose. Quand des disaccharides, des trisaccharides ou des polysaccharides du glucose sont utilisés pour inhiber la fixation du dextrane aux anticorps anti-dextrane, l'inhibition augmente avec la longueur de la chaîne jusqu'à environ six unités de glucose ; de plus longs polysaccharides n'ont pas un effet plus important. Ceci suggère que les sites de combinaison antigénique les plus grands peuvent au plus entrer en contact avec cinq ou six résidus glucidiques d'un antigène — ainsi il est très improbable que l'ensemble des 220 acides aminés des régions variables des chaînes L et H contribuent directement au site de combinaison antigénique.

En fait, il est clair à présent que le site de combinaison des anticorps n'est formé que de 20 à 30 résidus d'acides aminés dans la région variable de chacune des chaînes. Ceci fut

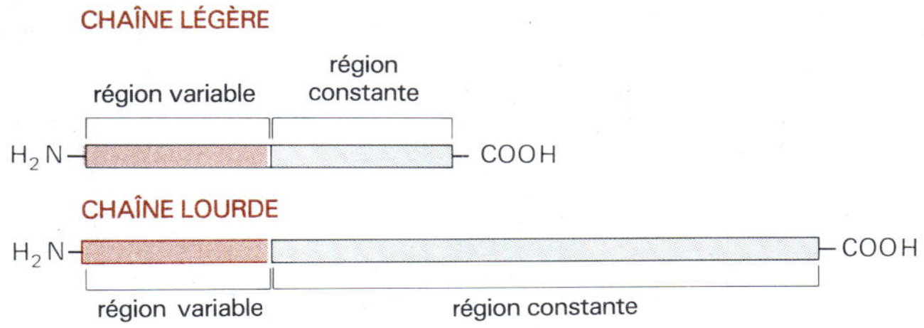

Figure 18-24 La chaîne légère et la chaîne lourde d'une molécule d'Ig ont des régions *constantes* et *variables* distinctes. Pour la chaîne légère, les moitiés carboxy-terminales des chaînes de même type (κ ou λ) ont toutes la même séquence (avec des différences mineures occasionnelles), tandis que les moitiés amino-terminales sont toutes différentes. La région variable amino-terminale de la chaîne lourde, comme celle de la chaîne légère, est d'environ 110 résidus d'acides aminés, alors que la région constante est, selon la classe d'anticorps, trois à quatre fois plus longue que la région constante de la chaîne légère.

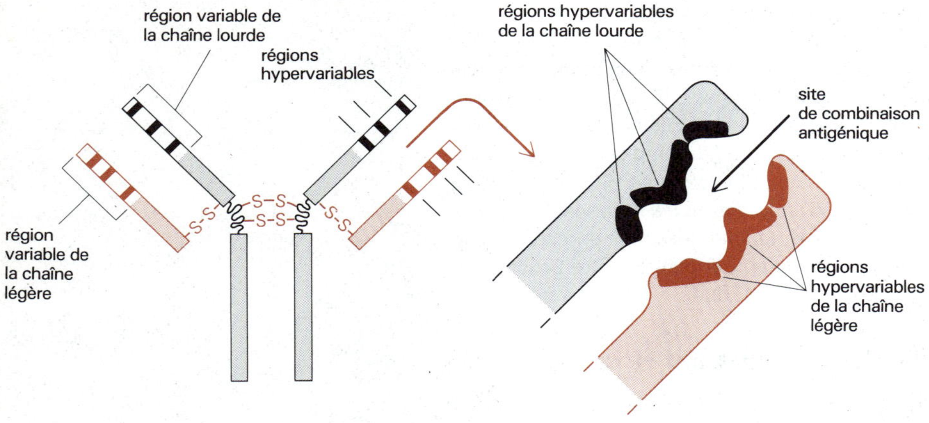

Figure 18-25 Représentation très schématique de la manière dont les trois régions hypervariables dans chaque chaîne légère et lourde forment ensemble le site de combinaison antigénique d'une molécule d'anticorps. Les régions hypervariables sont quelquefois appelées *régions de détermination de la complémentarité.*

suggéré, en premier lieu, par les données de séquences d'acides aminés qui montrent que la variabilité des régions variables des chaînes L et H est pour la plus grande part réduite à trois petites **régions hypervariables** dans chaque chaîne. Les parties restantes de la région variable sont *les régions de l'armature* ou « *framework regions* » et sont relativement constantes. Ces résultats conduisirent à la prédiction que seuls 5 à 10 acides aminés de chaque région hypervariable forment le site de combinaison antigénique (Figure 18-25), une prédiction qui a été confirmée par des études par diffraction des rayons X de molécules d'anticorps (voir plus loin).

Les chaînes L et H sont repliées en domaines répétitifs homologues [11,16,18]

Avec le séquençage de la première chaîne lourde qui fut achevé à la fin des années 1960, une autre caractéristique importante de la structure des immunoglobulines devint manifeste. Ce nouvel aperçu vint, en premier lieu, de la séquence de la région constante, qui est environ trois fois plus longue dans la plupart des chaînes H qu'elle ne l'est dans les chaînes L. Il s'avéra que la région constante des chaînes H consiste en trois segments homologues longs chacun d'environ 110 acides aminés et ayant chacun un pont disulfure intracaténaire. Les séquences de ces trois segments ont un degré significatif d'homologie non seulement entre elles, mais aussi avec la région constante des chaînes L. De façon similaire, les domaines variables uniques dans les deux types de chaînes sont analogues les uns aux autres et, à un moindre degré, aux domaines constants.

Il fut suggéré à juste raison, compte tenu de ces découvertes, que les chaînes L et H sont constituées de segments répétitifs, ou **domaines**, chacun se repliant de manière indépendante pour former une unité compacte fonctionnelle. Comme le montre la Figure 18-26, une chaîne

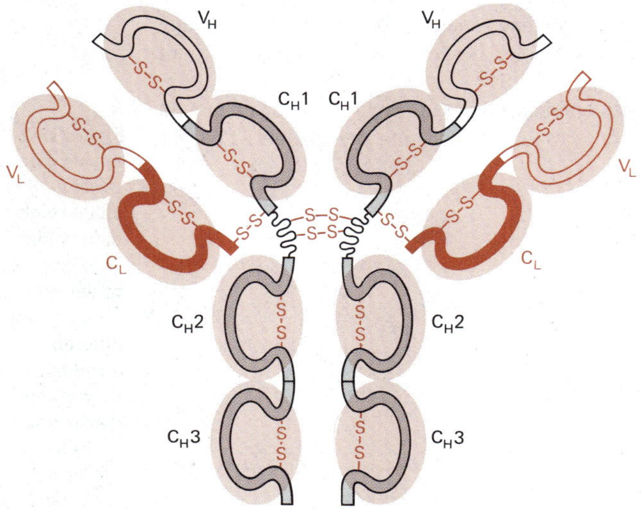

Figure 18-26 Les chaînes lourdes et légères d'une molécule d'Ig sont repliées en des domaines répétitifs qui sont semblables les uns aux autres. Tandis que les domaines variables des chaînes lourdes et légères (V_L et V_H) déterminent le site de combinaison antigénique (voir Figure 18-25), les domaines constants des chaînes lourdes (essentiellement C_H2 et C_H3) déterminent les autres propriétés biologiques de la molécule. Les chaînes lourdes des anticorps IgM et IgE ont un domaine constant supplémentaire (C_H4).

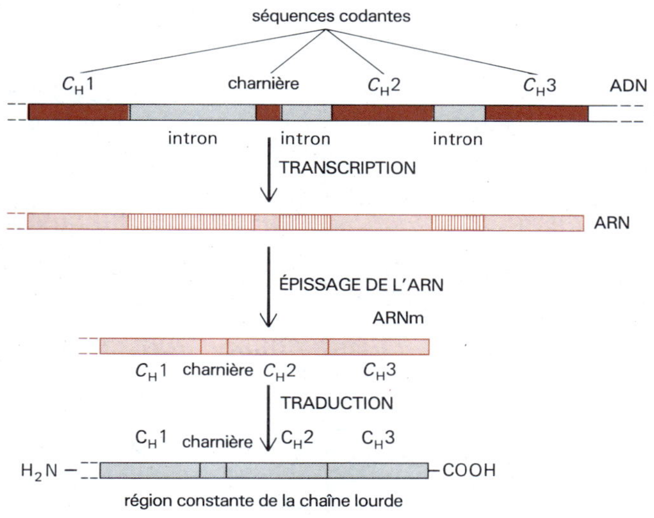

Figure 18-27 Organisation des séquences d'ADN qui codent la région constante d'une chaîne lourde d'immunoglobuline. Les séquences codantes (exons) pour chaque domaine et pour la région charnière sont séparées par des régions non codantes (introns). Les séquences d'introns sont retirées par épissage des transcrits primaires pour former un ARNm. L'ADN codant la région variable de la chaîne lourde n'est pas représenté. La présence d'introns dans la séquence d'ADN peut avoir facilité les duplications accidentelles de segments d'ADN qui donnèrent des gènes d'anticorps, au cours de l'évolution (voir pp. 536 et 602).

L est donc composée d'un domaine variable (V_L) et d'un domaine constant (C_L), tandis que la plupart des chaînes H consistent en un domaine variable (V_H) et trois domaines constants (C_H1, C_H2 et C_H3). Les chaînes μ et les chaînes ϵ ont chacune un domaine variable et quatre domaines constants. Les domaines variables sont responsables de la fixation de l'antigène, alors que les domaines constants des chaînes H (à l'exception de C_H1) forment la région Fc qui détermine les propriétés biologiques de l'anticorps.

L'homologie de leurs domaines suggère que les chaînes d'immunoglobulines résultèrent probablement, au cours de l'évolution, d'une série de duplications de gènes, commençant avec un gène primitif codant un domaine unique de 110 acides aminés de fonction inconnue (voir p. 1053). Cette hypothèse est confirmée par le fait que chaque domaine de la région constante d'une chaîne H est codé par une séquence codante (exon) différente (Figure 18-27).

Les études par diffraction des rayons X révèlent les structures tridimensionnelles des domaines des immunoglobulines et des sites de combinaison antigénique [19]

Même lorsque la séquence d'acides aminés d'une protéine est connue dans sa totalité, il n'est pas possible d'en déduire sa structure tridimensionnelle. L'étude de cristaux de protéine par diffraction des rayons X est nécessaire (voir p. 151). Jusqu'à présent, plusieurs fragments de protéines de myélomes et une molécule intacte d'IgG ont été cristallisés, et les études de leurs structures par diffraction des rayons X ont confirmé les hypothèses des immunochimistes. Plus important, ces études ont révélé la manière dont des millions de sites de combinaison antigénique sont construits à partir d'un « canevas » structural commun.

Comme l'illustre la Figure 18-28, tous les domaines d'immunoglobulines ont des structures tridimensionnelles très similaires fondées sur ce qui est à présent appelé le **repliement des immunoglobulines**. Chaque domaine est approximativement un cylindre de 4 × 2,5 × 2,5 nm et est composé d'un « sandwich » de deux couches de protéines allongées : une des couches contient trois brins de chaîne polypeptidique tandis que l'autre en contient quatre. Dans chaque couche, les brins adjacents sont antiparallèles et forment un feuillet β (voir p. 109). Les deux couches sont grossièrement parallèles et sont reliées par un simple pont disulfure intracaténaire.

Les domaines variables sont uniques en ce que chacun a son jeu particulier de trois régions hypervariables, qui sont arrangées en trois *boucles hypervariables* (voir Figure 18-28). Les boucles hypervariables des domaines variables des chaînes L et H sont rassemblées pour former le site de combinaison antigénique, comme cela avait été prédit. Un principe important, qui se dégage de ces études, est que la région variable d'une molécule d'anticorps consiste en un squelette rigide hautement conservé avec des boucles hypervariables attachées à une extrémité. Ainsi, par la seule variation de la longueur et de la séquence d'acides aminés des boucles hypervariables, il est possible d'engendrer une énorme diversité des sites de combinaison antigénique, sans perturber la structure tridimensionnelle globale nécessaire à la fonction anticorps.

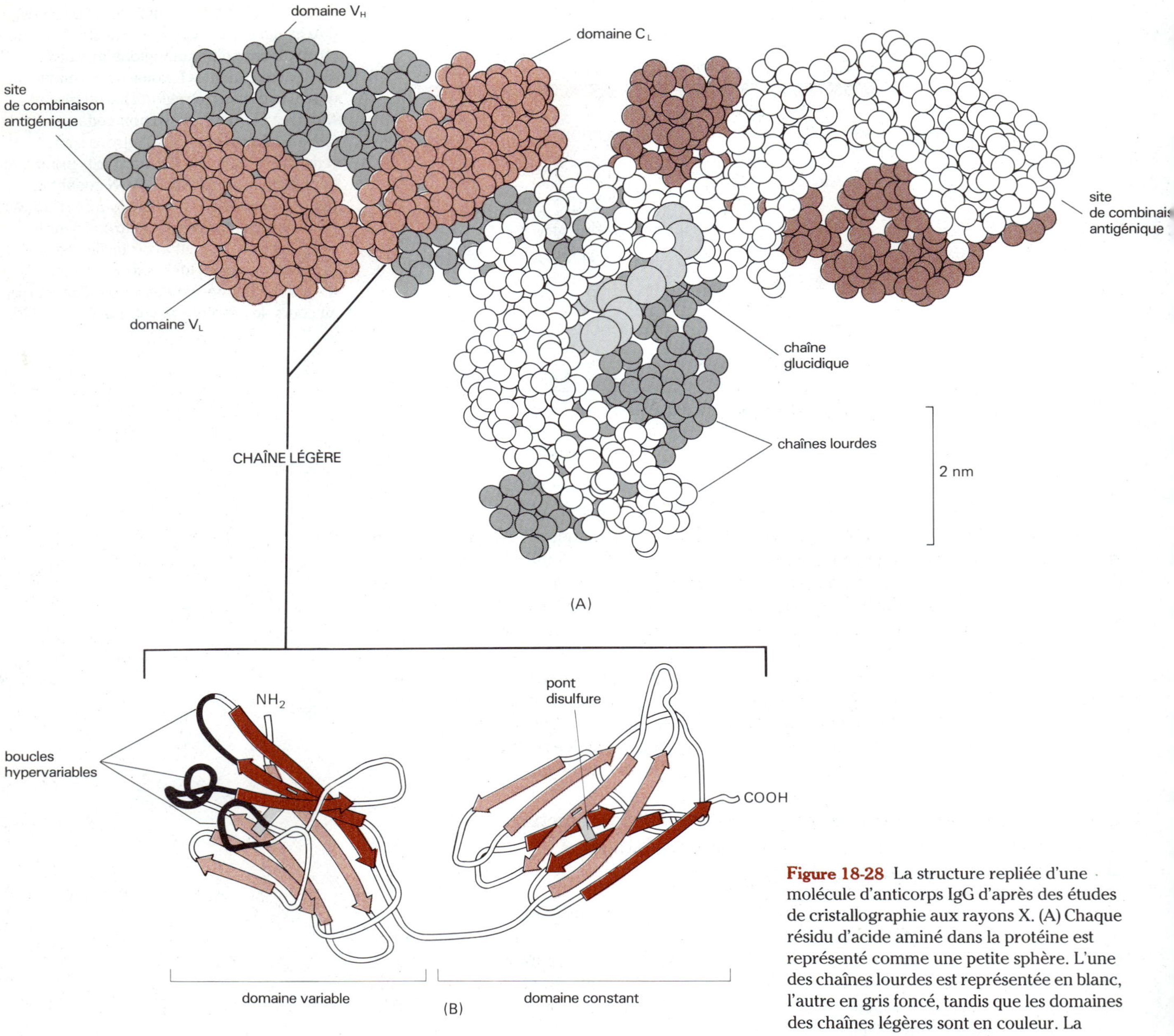

Figure 18-28 La structure repliée d'une molécule d'anticorps IgG d'après des études de cristallographie aux rayons X. (A) Chaque résidu d'acide aminé dans la protéine est représenté comme une petite sphère. L'une des chaînes lourdes est représentée en blanc, l'autre en gris foncé, tandis que les domaines des chaînes légères sont en couleur. La chaîne polysaccharide attachée à un domaine C_H2 est en gris clair. (B) Le trajet de la chaîne polypeptidique est esquissé pour une chaîne légère complète. Les domaines variables et constants sont composés tous deux de deux feuillets β (l'un des deux est composé de trois brins et l'autre de quatre brins). Les chaînes de ces deux feuillets sont de différentes couleurs ; les feuillets sont réunis par un pont disulfure. Noter que l'ensemble des régions hypervariables forme des boucles à l'extrémité du domaine variable où elles se réunissent pour former le site de combinaison antigénique.
(A, d'après E.W. Silverton, M.A. Navia et D.R. Davies, *Proc. Natl. Acad. Sci. USA* 74:5140, 1977 ; B, d'après M. Schiffer, R.L. Girling, K.R. Ely et A.B. Edmundson, *Biochemistry* 12:4620, 1973. Copyright 1973 American Chemical Society.)

L'analyse aux rayons X de cristaux de fragments d'anticorps liés à un antigène ou à un déterminant antigénique (haptène) a montré exactement comment les boucles hypervariables des domaines variables L et H coopèrent pour former une surface de liaison antigénique dans des cas particuliers (Figure 18-29). Les dimensions et la forme de chaque site différent dépendent de la conformation de la chaîne polypeptidique dans les boucles hypervariables, qui, à son tour, est déterminée par la séquence des chaînes latérales d'acides aminés contenues dans les boucles. Ainsi, les principes généraux de la structure des anticorps sont à présent bien définis.

Résumé

Chaque chaîne L et H d'immunoglobuline est composée d'une région variable d'environ 110 résidus d'acides aminés à son extrémité amino-terminale, suivie par une région constante, qui est de même taille dans la chaîne L et trois ou quatre fois plus longue dans la chaîne H. Chaque chaîne est constituée de domaines répétitifs repliés de la même façon : une chaîne L a une région variable (V_L) et une région constante (C_L), tandis qu'une chaîne H a une région variable (V_H) et trois ou quatre régions constantes (C_H). La variation de la séquence d'acides aminés dans les régions variables des chaînes L et H est, pour l'essentiel, limitée à plusieurs petites

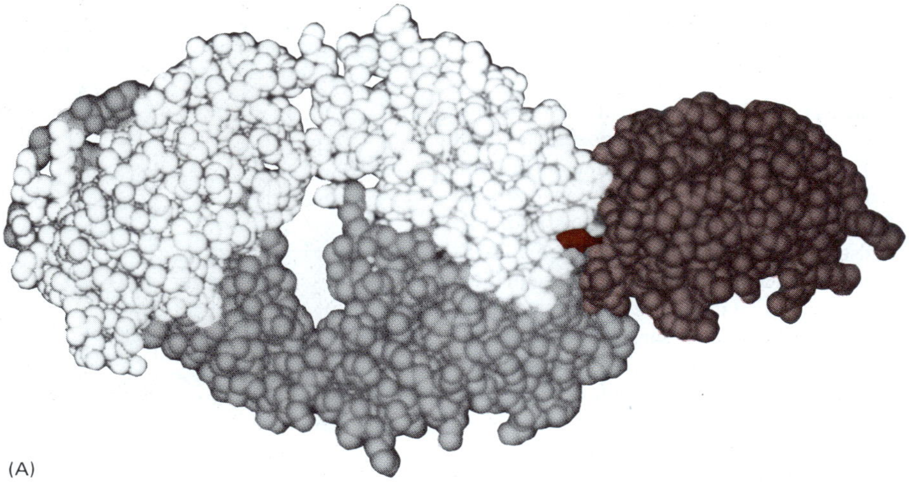

(A)

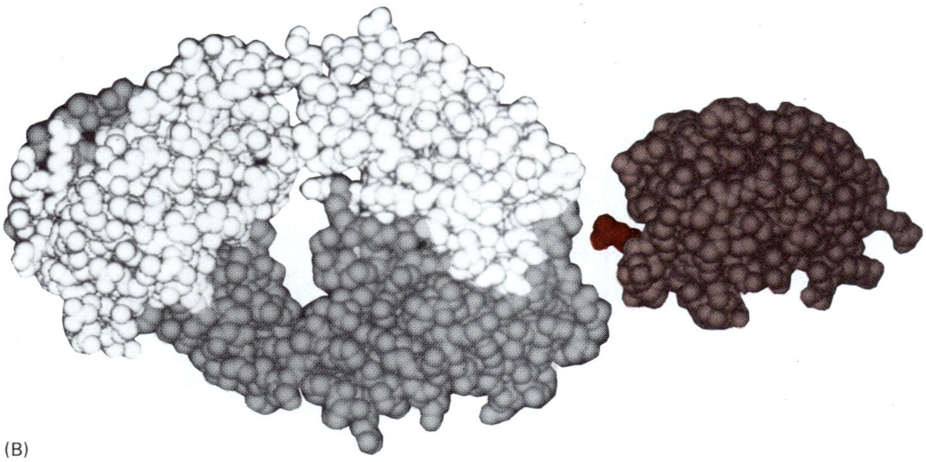

(B)

Figure 18-29 La structure tridimensionnelle d'un complexe antigène-anticorps déterminée par diffraction des rayons X. L'antigène, ici le lysozyme, est *en couleur*. Le site de combinaison antigénique du fragment Fab de l'anticorps est formé par la chaîne légère *(en blanc)* et la chaîne lourde *(en gris)*. En (B), l'antigène et l'anticorps ont été séparés pour révéler leurs surfaces de contact complémentaires. La partie de l'antigène qui dépasse de la surface complémentaire est un résidu glutamine. Dans plusieurs autres molécules d'anticorps, ainsi étudiées, le site de combinaison antigénique (pour un petit haptène) est formé par un sillon beaucoup plus profond. (D'après A. Amit, R. Mariuzza, S. Phillips, et R. Poljak, *Science* 233:747-753, 1986. Copyright 1986 par AAAS.)

régions hypervariables, qui se réunissent à une extrémité de la molécule pour former le site de combinaison antigénique. Chaque site de combinaison antigénique est en général juste assez grand pour entrer en contact avec un déterminant antigénique de la taille de cinq ou six résidus glucidiques.

La génération de la diversité des anticorps

On estime qu'une souris, même en l'absence de stimulation antigénique, peut produire plusieurs millions de molécules d'anticorps différentes — son *répertoire pré-immun d'anticorps.* Du fait que les sites de combinaison antigénique de nombreux anticorps peuvent réagir de façon croisée avec une variété de déterminants antigéniques apparentés mais différents, il semble que le répertoire pré-immun soit suffisant pour que corresponde un site de combinaison antigénique à presque tous les déterminants antigéniques potentiels.

Puisque les anticorps sont des protéines, et que les protéines sont codées par des gènes, la diversité des anticorps pose donc un problème génétique particulier : comment un animal peut-il synthétiser plus d'anticorps qu'il y a de gènes dans son génome ? (le génome humain par exemple contient moins de 10^5 gènes). Ce problème n'est pas aussi insoluble qu'il y paraît. Les régions variables des chaînes L et H contribuant au site de combinaison antigénique, un animal avec 1 000 gènes codant les chaînes L et 1 000 gènes codant les chaînes H pourra combiner leurs produits de 1 000 × 1 000 façons différentes pour produire 10^6 sites de combinaison antigénique différents (en supposant que n'importe quelle chaîne L peut se combiner avec n'importe quelle chaîne H pour former un site de combinaison antigénique). Néanmoins, le système immunitaire a développé des mécanismes génétiques uniques qui lui permettent d'engendrer un nombre presque illimité de chaînes H et L différentes. Ces mécanismes peuvent varier parmi les espèces : par exemple, les mammifères et les poulets utilisent des stratégies très différentes. Nous nous intéresserons aux mécanismes utilisés par les mammifères.

Les gènes codant les anticorps sont assemblés à partir de segments géniques séparés au cours du développement des cellules B [20]

Les études des séquences d'acides aminés des protéines de myélomes laissaient pressentir que les régions variables (V) et constantes (C) de chaque chaîne d'Ig étaient codées par deux segments géniques séparés qui étaient réunis dans l'ADN d'une manière ou d'une autre avant d'être exprimés. La première évidence directe du réarrangement de l'ADN au cours du développement des cellules B fut obtenue en 1976 grâce à des expériences dans lesquelles l'ADN d'embryons murins précoces, qui ne synthétise pas d'anticorps, était comparé à l'ADN de cellules de myélome murin qui en synthétise. Les expériences montrèrent que les séquences spécifiques codant les régions V et C qu'utilisaient les cellules de myélome étaient situées sur les mêmes fragments de restriction dans les cellules de myélome, mais sur deux fragments de restriction différents chez l'embryon, démontrant que les séquences d'ADN codant une molécule d'anticorps sont réarrangées, à un stade donné, au cours de la différenciation des cellules B (Figure 18-30).

Nous savons maintenant que, pour chaque type de chaîne d'Ig — chaîne légère κ, chaîne légère λ et chaînes lourdes —, il existe un pool séparé de segments géniques à partir duquel une seule chaîne polypeptidique est finalement synthétisée. Chaque pool est sur un chromosome différent et comporte généralement un grand nombre de segments géniques codant la région V d'une chaîne d'Ig et un petit nombre de segments géniques codant la région C. Au cours du développement des cellules B, une séquence codante complète de chacune des deux chaînes d'Ig est assemblée par recombinaison spécifique de site (voir p. 246), réunissant la séquence codante de la région V et la séquence codante de la région C. En dehors de la réunion des segments géniques séparés du gène codant un anticorps, ces réarrangements activent aussi la transcription au niveau du promoteur, probablement en modifiant les positions relatives des activateurs et des inhibiteurs d'expression agissant sur le promoteur (voir p. 564). Ainsi, une chaîne d'Ig ne peut être synthétisée qu'après le réarrangement de l'ADN. Ce processus de jonction des segments de gène contribue de plusieurs manières à la diversité des sites de combinaison antigénique.

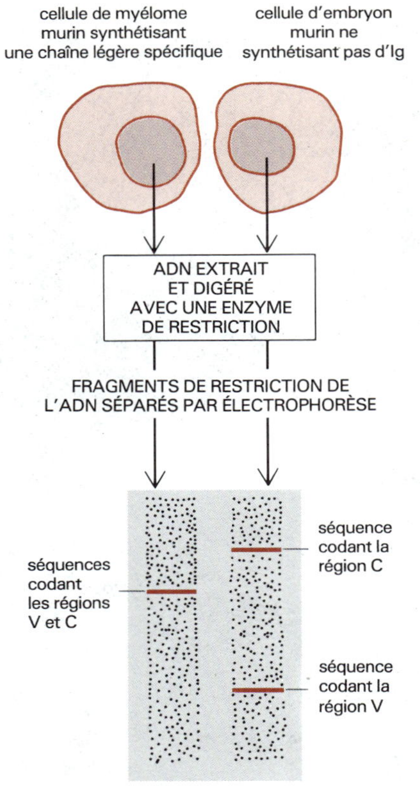

Figure 18-30 L'expérience qui démontra directement que l'ADN est réarrangé durant le développement des cellules B. L'ADN fut extrait d'un plasmocytome murin (myélome) synthétisant une chaîne légère d'Ig spécifique et d'un embryon murin de 13 jours. Les deux préparations d'ADN furent digérées avec une nucléase de restriction et soumises à une électrophorèse sur gel d'agar. Les fragments séparés portant la séquence codant la région C de la chaîne L et ceux portant la séquence codant la région V de la chaîne L furent détectés par hybridation à deux sondes d'ADN radioactives — l'une complémentaire de la séquence codant la région V et l'autre complémentaire de la séquence codant la région C de la molécule d'ARNm caractérisant la chaîne L spécifique du myélome (voir p. 1018). Les séquences codant les régions C et V furent trouvées sur le même fragment d'ADN, dans l'ADN des cellules du myélome, mais sur deux fragments séparés dans l'ADN extrait de l'embryon (et dans l'ADN extrait d'un myélome différent synthétisant une chaîne L différente — non représenté).

Chaque région V est codée par plus d'un segment de gène [21]

Quand les séquences d'ADN génomique codant les régions V et C furent analysées, on découvrit qu'un seul **segment de gène *C*** code la région C d'une chaîne d'immunoglobuline, mais que plus d'un segment de gène code chaque région V. Chaque région V de chaîne L est codée par une séquence d'ADN assemblée à partir de deux segments de gène — un long **segment de gène *V*** et un court *segment de jonction* ou **segment de gène *J*** (à ne pas confondre avec la *chaîne J* qui est codée autre part dans le génome — voir p. 1015). La Figure 18-31 illustre les mécanismes génétiques impliqués dans la production d'une chaîne L.

Chaque région V de chaîne H est codée par une séquence d'ADN assemblée à partir de trois segments de gène — un segment *V*, un segment *J* et un segment de *diversité* ou **segment de gène *D***. La Figure 18-32 montre l'organisation des segments de gène utilisés pour la synthèse des chaînes H.

Ce grand nombre de segments de gène *V, J,* et *D* hérités, disponibles pour coder des chaînes d'immunoglobulines, contribue considérablement à la diversité des anticorps, mais la réunion combinatoire de ces segments (appelée *diversification combinatoire*) augmente encore beaucoup cette contribution. Chez la souris, par exemple, chacun des quelque 300 segments *V* du pool de segments géniques des chaînes légères κ peut être raccordé à n'importe lequel des 4 segments *J* (voir Figure 18-31), de sorte que ce pool peut coder au moins 1 200 (300 × 4) différentes régions V de chaînes κ. (Le pool des chaînes légères ne contient que deux segments V chez la souris, mais il en contient beaucoup plus chez l'homme.) De même, chacun des quelque 1 000 segments *V* du pool des chaînes lourdes chez la souris peut être raccordé à n'importe lequel des 4 segments *J* et à n'importe lequel des 12 segments *D* pour coder au moins 48 000 (1 000 × 4 × 12) différentes régions V de chaînes lourdes. Ce ne sont que des estimations brutes, car le nombre exact des segments de gène *V* dans ces différents pools n'est pas connu.

Le mécanisme le plus important pour diversifier les sites de combinaison antigénique des anticorps est la diversification combinatoire qui résulte de l'assemblage de différentes combinaisons de segments de gène *V, J* et *D* hérités. Comme nous l'avons vu, en ne tenant compte que de ce mécanisme, on estime qu'une souris pourrait produire au moins 1 000 régions V_L différentes et de l'ordre de 50 000 régions V_H différentes. Celles-ci pourraient être ensuite

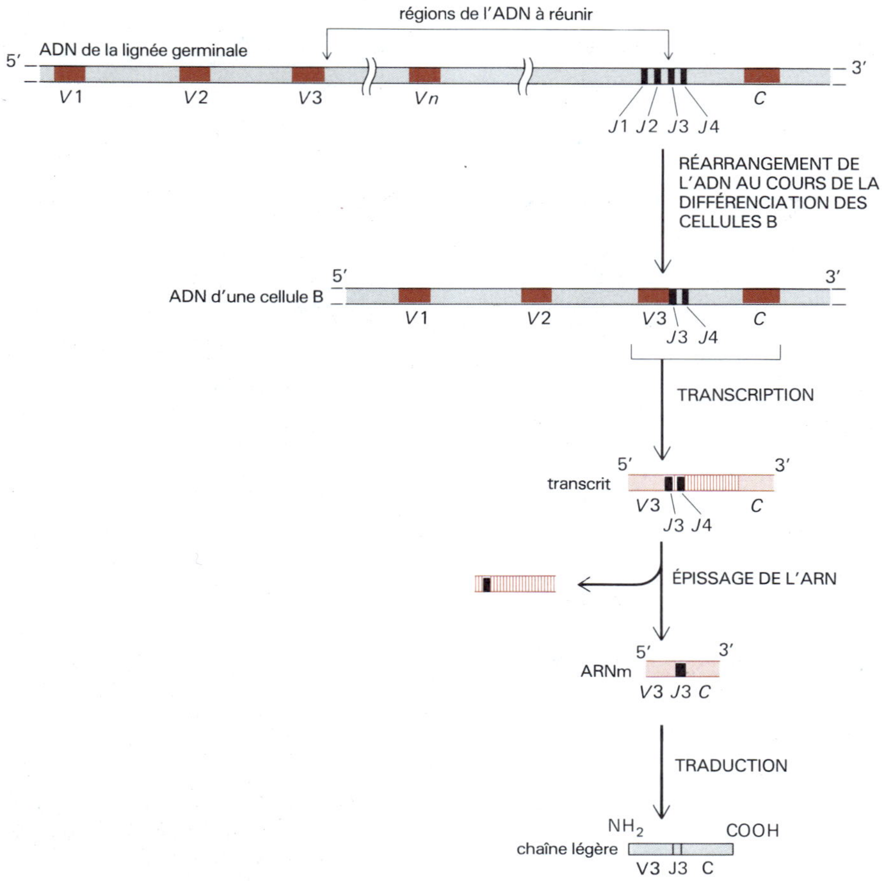

Figure 18-31 Le processus de jonction *V-J* impliqué dans la fabrication de la chaîne légère κ chez la souris. Dans l'ADN de la lignée germinale (où les gènes d'immunoglobulines ne sont pas exprimés et ne sont donc pas réarrangés), les quatre segments de gène *J* sont séparés du gène *C* par un court intron, et des 300 segments de gène *V* par des milliers de paires de nucléotides. Un segment de gène *J* code les 15 acides aminés carboxy-terminaux de la région *V*, et la jonction du segment *V-J* coïncide avec la troisième région hypervariable. Bien qu'ils ne soient pas représentés ici, les segments de gène *V* sont souvent groupés sur un chromosome en familles homologues, qui semblent s'étendre sur une région de plus de 500 000 nucléotides.

Au cours du développement des cellules B, le segment de gène *V* choisi (*V*3 dans ce cas) est déplacé afin de se trouver précisément à côté d'un des segments de gène *J* (*J*3 dans ce cas). Le gène *J* « en plus » (*J*4) et l'intron sont transcrits (avec les segments de gène recombinés *V*3, *J*3 et *C*), puis enlevés par épissage de l'ARN, pour donner des molécules d'ARNm dans lesquelles les séquences *V*3, *J*3 et *C* sont contiguës. Ces ARNm sont ensuite traduits en chaînes légères κ.

combinées pour donner 5×10^7 sites de combinaison antigénique différents. De plus, le mécanisme de jonction lui-même, comme nous allons le voir maintenant, augmente considérablement ce nombre (probablement plus de 1 000 fois), le rendant plus important que le nombre total de lymphocytes B chez la souris (environ 10^8).

La jonction imprécise des segments de gène augmente la diversité des régions V [21]

Le mécanisme de jonction des segments de gène, qui peuvent être distants de centaines de milliers de paires de nucléotides, pour former une séquence codant une région V_L ou V_H fonctionnelle n'est pas connu en détail. Des séquences d'ADN conservées sont disposées de part et d'autre de chaque segment de gène et servent probablement de sites de reconnaissance pour une enzyme de recombinaison spécifique de site (voir p. 246), garantissant que seuls les segments de gène appropriés se recombinent. Ainsi, par exemple, un segment *V* s'associera toujours à un segment *J* ou *D* et jamais à un autre segment *V* (Figure 18-33).

Dans la plupart des cas de recombinaison spécifique de site, la jonction de l'ADN est précise mais la jonction des segments de gène des anticorps ne l'est pas. Un nombre variable de nucléotides est souvent perdu aux extrémités des segments de gène recombinants et, dans le cas de la chaîne lourde, un ou plusieurs nucléotides choisis au hasard peuvent aussi être insérés. Ce gain ou cette perte aléatoires de nucléotides aux sites de jonction (appelé *diversification de jonction*) augmente de façon considérable la diversité des séquences codant

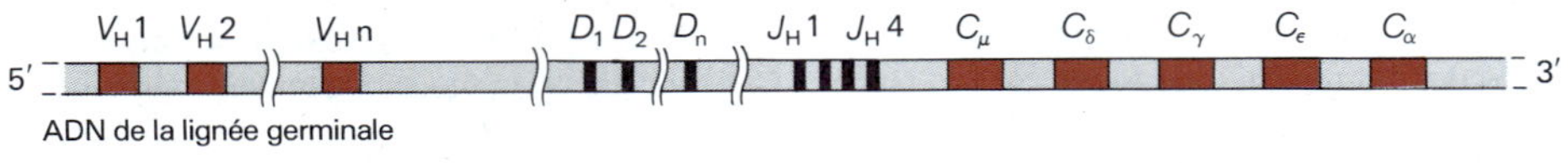

Figure 18-32 Le pool de segments de gène de chaîne H chez la souris semble contenir environ 1 000 segments *V*, au moins 12 segments *D*, 4 segments *J* et un groupe ordonné de segments *C*, chacun codant une classe différente de chaîne H. Le segment *D* code de 1 à 15 acides aminés de la région hypervariable de la région V. La Figure n'est pas dessinée à l'échelle, et il manque de nombreux détails. Par exemple, (1) il y a 4 segments de gène C_γ ($C\gamma_1$, $C\gamma_{2a}$, $C\gamma_{2b}$, $C\gamma_3$) ; (2) chaque segment de gène *C* est composé de nombreux exons (voir Figure 18-27) ; et (3) environ 200 000 nucléotides séparent les segments de gène J_H1 et $C\alpha$, et les segments de gène V_H sont groupés sur un chromosome en familles homologues, comme dans le cas des segments de gène V_κ. Les mécanismes génétiques impliqués dans la production d'une chaîne H sont identiques à ceux décrits sur la Figure 18-31 pour les chaînes L, si ce n'est que deux étapes de réarrangements d'ADN sont requises au lieu d'une : tout d'abord un segment *D* se lie à un segment *J*, puis un segment *V* se lie aux segments *DJ* réarrangés.

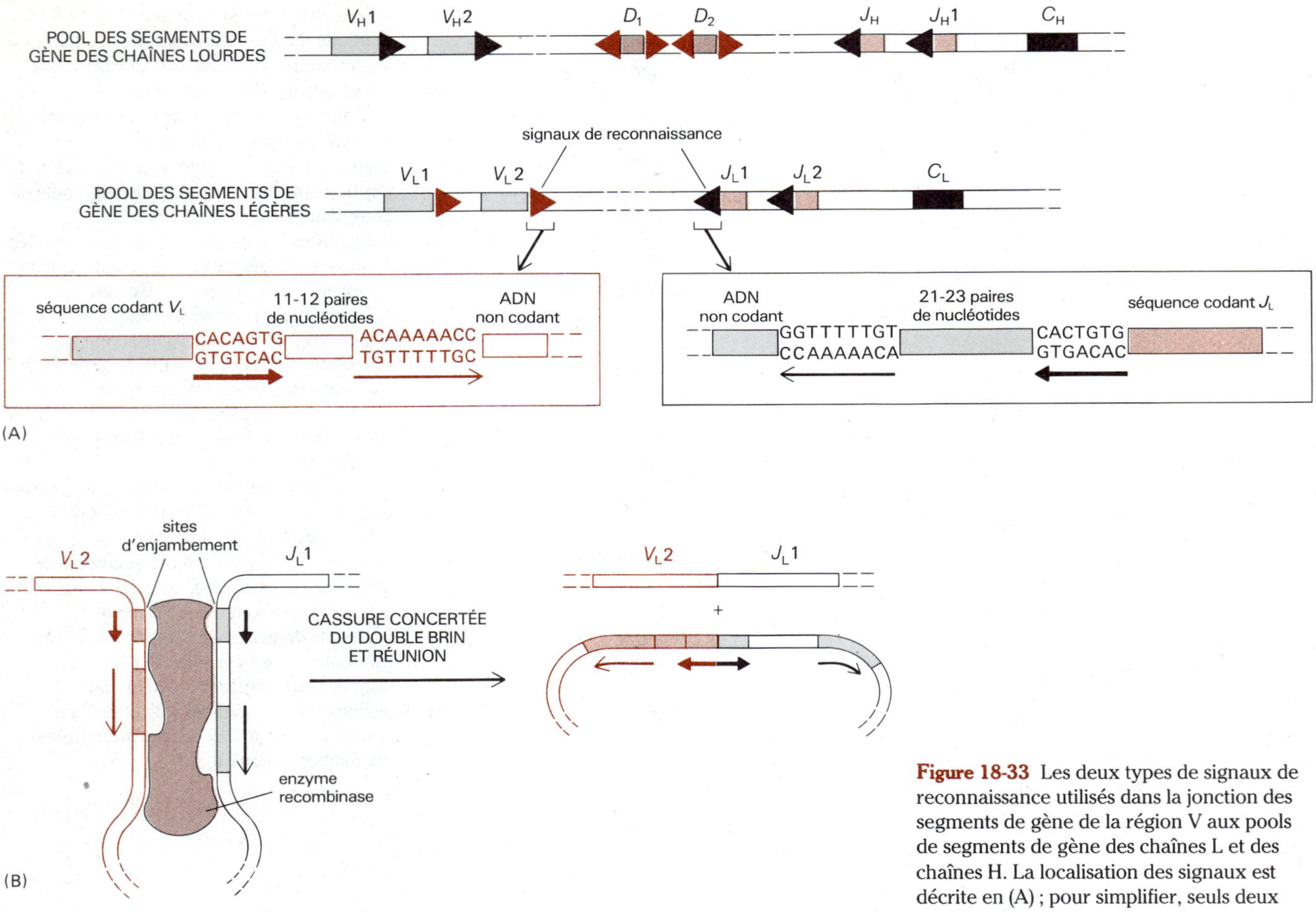

Figure 18-33 Les deux types de signaux de reconnaissance utilisés dans la jonction des segments de gène de la région V aux pools de segments de gène des chaînes L et des chaînes H. La localisation des signaux est décrite en (A) ; pour simplifier, seuls deux segments de chaque type de segments de gène sont représentés. Les deux types de signaux sont constitués de séquences heptamériques et nonamériques conservées, décrites en (A), séparées par un espaceur non conservé : dans un cas (◄), l'espaceur est de 21 à 23 paires de nucléotides (environ deux tours de l'hélice d'ADN) ; dans l'autre (►), il est de 11 ou 12 paires de bases (environ un tour d'hélice d'ADN). La réunion ne se produisant que lors de la combinaison d'un signal espaceur « un tour » avec un signal espaceur « deux tours » (la règle de jonction 12/23), seuls les segments de gène appropriés se recombinent. Comme il est décrit en (B), les signaux de reconnaissance semblent être reconnus par une enzyme de recombinaison spécifique de site (une recombinase) qui catalyse la réunion.

La destinée des séquences intercalaires lorsque deux segments de gène d'Ig se réunissent dépend de l'orientation de ces segments. Si les deux segments ont la même orientation transcriptionnelle, la séquence intercalaire est libérée sous forme de cercle et éliminée comme le décrit la Figure *(jonction de délétion)* ; à l'inverse, s'ils sont de directions opposées, la séquence intercalaire est maintenue dans une orientation inversée *(jonction d'inversion)*. Les mécanismes de jonction sont biochimiquement identiques dans les deux cas.

la région V et créées par recombinaison, spécialement dans la troisième région hypervariable. Dans ce cas, l'augmentation de la diversification se paye, car elle résultera souvent en un décalage de la phase de lecture qui aboutira à la production d'un gène non fonctionnel ; de telles jonctions « improductives » se produisent fréquemment dans les cellules B en cours de développement.

Une hypermutation somatique dépendante de l'antigène règle les réponses humorales avec précision [22]

Après immunisation, l'affinité des anticorps produits contre l'antigène augmente généralement progressivement avec le temps. Ce phénomène, connu sous le nom de **maturation d'affinité,** est dû à l'accumulation de mutations somatiques dans les séquences codant la région V, après stimulation antigénique des lymphocytes B. Cela a été démontré de façon très convaincante par l'étude des réponses anticorps oligoclonales (voir p. 1007) chez des souris consanguines, chez lesquelles les régions V des chaînes lourdes ou des chaînes légères sont codées de façon prédominante par une seule combinaison de segments de gène. Du fait de l'uniformité initiale de ces séquences codant la région V, il est facile de détecter les mutations qui s'y produisent en fonction du temps. L'expérience consiste à prendre, à différents temps après immunisation, des cellules B murines activées, de les fusionner avec des cellules de myélome non sécrétrices d'anticorps pour engendrer des hybridomes, chacun d'eux ne sécrétant qu'une seule espèce d'anticorps (voir p. 178). Ces cellules immortelles représentent une source illimitée d'ARN et d'ADN codant les régions V des anticorps ; il est donc possible de déterminer les séquences de ces acides nucléiques et d'y rechercher des modifications dans les séquences initiales codant la région V. De telles études montrent qu'après des immunisations répétées, ces séquences accumulent rapidement avec le temps des mutations ponctuelles. Le taux de mutations somatiques dans ces séquences a été estimé à 10^{-3} par paire de nucléotides et par génération cellulaire, ce qui est environ un millier de fois supérieur au taux de mutation spontanée dans les autres gènes. Ce processus est donc appelé **hypermutation somatique**, et il se produit vraisemblablement lorsque les cellules B sont activées par l'antigène pour engendrer des cellules à mémoire plutôt que pour engendrer des cellules sécrétrices d'anticorps. La génération de cellules B à mémoire s'effectue principalement dans les follicules lymphoïdes des organes lymphoïdes périphériques (voir Figure 18-8).

La prolifération des cellules B étant stimulée par la liaison de l'antigène, n'importe quelle mutation qui a lieu au cours d'une réponse immunitaire et qui augmente l'affinité d'une molécule d'anticorps de surface provoquera la prolifération préférentielle de la cellule B productrice d'anticorps, surtout lorsque la concentration de l'antigène diminue avec le temps après immunisation. La maturation d'affinité est donc la conséquence de cycles répétés d'hypermutations somatiques suivis d'une sélection dépendante de l'antigène au cours de la réponse anticorps.

La jonction des segments de gène codant les anticorps est réglée pour assurer la monospécificité des cellules B [23]

De nombreuses preuves expérimentales ont montré, comme le prédit la théorie de la sélection clonale, que chaque cellule B est *monospécifique*, c'est-à-dire qu'elle synthétise un anticorps avec un seul type de site de combinaison antigénique. La monospécificité des cellules B est importante pour au moins deux raisons. Premièrement, si chaque cellule pouvait produire plus d'un type de site de combinaison antigénique, certaines pourraient produire des anticorps autoréactifs (auto-anticorps) aussi bien que des anticorps utiles ; il serait plus difficile alors de sélectionner l'immunité aux antigènes étrangers, tout en gardant la tolérance aux antigènes du « soi ». Deuxièmement, la monospécificité assure que tous les anticorps produits par une cellule sont composés de deux moitiés identiques et contiennent donc deux sites de combinaison antigénique identiques ; cela permet aux anticorps sécrétés de former d'importants réseaux d'antigènes entrecroisés, facilitant ainsi l'élimination de l'antigène (voir Figure 18-13).

L'exigence d'une monospécificité signifie qu'il doit exister un mécanisme garantissant que chaque cellule B, lors de l'activation des gènes des immunoglobulines au cours du développement, ne synthétise qu'un type de région V_L et un type de région V_H. Puisque les cellules B, comme les autres cellules somatiques, sont diploïdes, chaque cellule a six pools de segments de gène pour coder les anticorps : deux pools pour les chaînes H, un en provenance de chaque parent, quatre pools pour les chaînes L, un pool κ et un pool λ en provenance de chaque parent. Par conséquent, les réarrangements d'ADN pourraient en principe se produire indépendamment dans chaque pool de chaînes lourdes et de chaînes légères ; et en assemblant les différentes séquences codant les régions V de chaque pool, une seule cellule pourrait synthétiser jusqu'à huit anticorps différents, chacun possédant un site de combinaison antigénique différent. En fait, chaque cellule B n'utilise que deux de ses six pools : un des quatre pools de gènes les chaînes L et un des deux pools de gènes les chaînes H (Figure 18-34). Ainsi, tout comme elle choisit entre les chaînes légères κ et λ, une cellule B doit aussi choisir entre les pools de gènes des anticorps maternels ou paternels. L'expression du seul allèle maternel ou paternel d'un gène d'immunoglobuline dans chaque cellule B est appelé **exclusion allélique** ; elle semble se produire uniquement dans les gènes qui codent les anticorps (et dans les gènes qui codent les récepteurs des cellules T étroitement apparentés — voir p. 1037). Pour d'autres protéines codées par des gènes autosomaux, les gènes maternels et paternels d'une cellule paraissent s'exprimer à peu près de façon égale.

Le mécanisme de l'exclusion allélique et du choix des chaînes légères κ ou λ au cours du développement des cellules B n'est pas bien défini, mais certains résultats suggèrent que ce phénomène se produit grâce à une *rétro-régulation* du réarrangement de l'ADN : le réarrangement fonctionnel d'un des pools de segments de gène semble réprimer les réarrangements des autres pools qui codent le même type de chaîne polypeptidique. Ceci fut en partie prouvé par des expériences dans lesquelles des gènes clonés et déjà assemblés sont injectés dans le noyau d'œufs de souris fécondes pour engendrer des *souris transgéniques* (voir p. 267) qui portent le gène réarrangé dans tous leurs lymphocytes. Dans des clones de cellules B, isolés à partir de souris transgéniques portant un gène de chaîne légère réarrangé, par exemple, le réarrangement des gènes endogènes des chaînes légères est généralement réprimé ; de même, l'introduction d'un gène μ réarrangé réprime le réarrangement des gènes des chaînes lourdes endogènes.

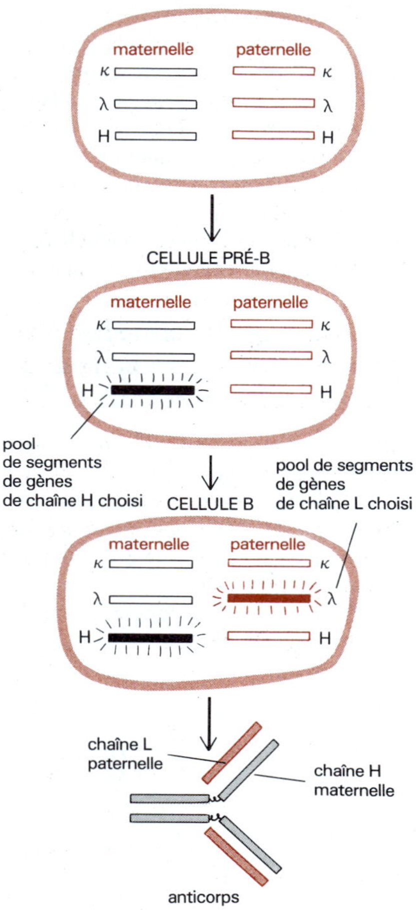

Figure 18-34 Les choix séquentiels dans l'activation des gènes d'immunoglobuline que les cellules B en cours de différenciation doivent faire pour produire des anticorps avec un seul type de sites de combinaison antigénique. La cellule doit choisir un des quatre pools de segments de gènes pour les chaînes L et un des deux pools de segments de gènes pour les chaînes H. Au cours du développement, une cellule précurseur active d'abord un pool de gènes pour les chaînes lourdes, pour devenir une *cellule pré-B*, fabriquant des chaînes lourdes μ. Après une période de prolifération importante, une cellule pré-B active un pool de chaînes légères $\varkappa$ ou λ pour devenir une cellule B qui synthétise une unique molécule d'IgM.

L'assemblage des séquences codant les régions V dans une cellule B en cours de développement semble se poursuivre dans un ordre strictement programmé, commençant par le pool des chaînes lourdes et se déroulant segment après segment. Premièrement, les segments *D* s'unissent aux segments J_H sur les deux chromosomes parentaux. Ensuite, la jonction entre V_H et D-J_H se produit sur l'un de ces chromosomes. Si ce réarrangement donne un gène fonctionnel, la production résultante de chaînes μ (ce sont toujours les premières chaînes lourdes produites) empêche les réarrangements ultérieurs des autres segments de gène codant les régions V_H et donne le signal des réarrangements des régions V_L.

La jonction V_L-J_L se produit d'abord dans le pool de segments de gène κ. Si ceci échoue, l'autre pool de chaînes κ se réarrange. Si ceci échoue aussi, la jonction s'effectue dans l'un des pools λ puis dans l'autre. Si, à une étape, la jonction « en phase » conduit à la production de chaînes légères, celles-ci se combineront avec les chaînes μ préexistantes pour former des molécules d'IgM, qui stoppent l'assemblage ultérieur des séquences codant les régions V_L.

La production d'une chaîne μ intacte semble être suffisante pour arrêter l'assemblage des séquences codant les régions V_H, mais l'arrêt de l'assemblage des séquences codant les régions V_L semble nécessiter la synthèse d'une molécule d'anticorps complète. Si une cellule B en cours de développement ne réussit pas à assembler une séquence codant une région V_H fonctionnelle et une séquence codant une région V_L fonctionnelle, elle est incapable de synthétiser des molécules d'anticorps et meurt probablement.

Bien qu'aucunes différences biologiques entre les chaînes légères κ et λ n'aient été découvertes, il est certainement avantageux d'avoir deux pools séparés de segments de gènes qui codent les chaînes L : cela augmente les chances pour qu'une cellule pré-B, qui a assemblé avec succès une séquence codant la région V_H, continue pour assembler une séquence codant la région V_L pour devenir une cellule B.

Le passage de la forme liée à la membrane à la forme sécrétée du même anticorps a lieu par suite d'un changement des transcrits des chaînes lourdes [24]

Nous passons maintenant des mécanismes génétiques qui déterminent le site de combinaison antigénique d'un anticorps à ceux qui déterminent ses propriétés biologiques — les mécanismes génétiques qui déterminent quelle forme de région constante de chaîne lourde est synthétisée. Tandis que le choix des segments d'ADN particuliers qui codent le site de combinaison antigénique est un engagement pour la vie d'une cellule B et de sa descendance, le type de région C_H fabriquée change au cours du développement de la cellule B. Ce changement peut être de deux types : la même région C_H peut passer d'une forme membranaire à une forme sécrétée, ou bien, la classe de la région C_H produite peut être modifiée.

Figure 18-35 Une cellule B passe de la fabrication d'une forme liée à la membrane plasmique à une forme sécrétée de la même molécule d'anticorps par altération des transcrits des chaînes H qu'elle produit quand elle est activée par l'antigène. Ceci est le résultat supposé d'un changement dans la manière dont les transcrits initiaux des chaînes H sont clivés et polyadénylés à leurs extrémités 3′. Les deux formes de chaîne H diffèrent seulement par leurs extrémités carboxylées : la forme membranaire a une queue hydrophobe qui la maintient dans la membrane, tandis que la forme sécrétée a une queue carboxylée hydrophile qui lui permet de s'échapper de la cellule. Le transcrit long polyadénylé, qui caractérise la forme membranaire de la chaîne H, a un site donneur et un site accepteur permettant de retirer, par épissage de l'ARN, la séquence d'ARN codant la queue hydrophile de la forme sécrétée ; cependant, le transcrit court polyadénylé qui caractérise la forme sécrétée n'a qu'un site donneur d'épissage, et la séquence d'ARN hachurée ne peut donc pas être éliminée.

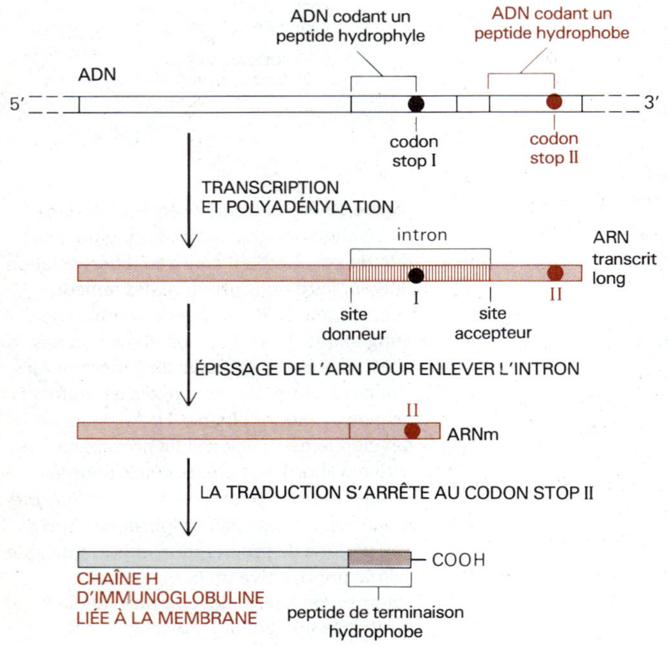

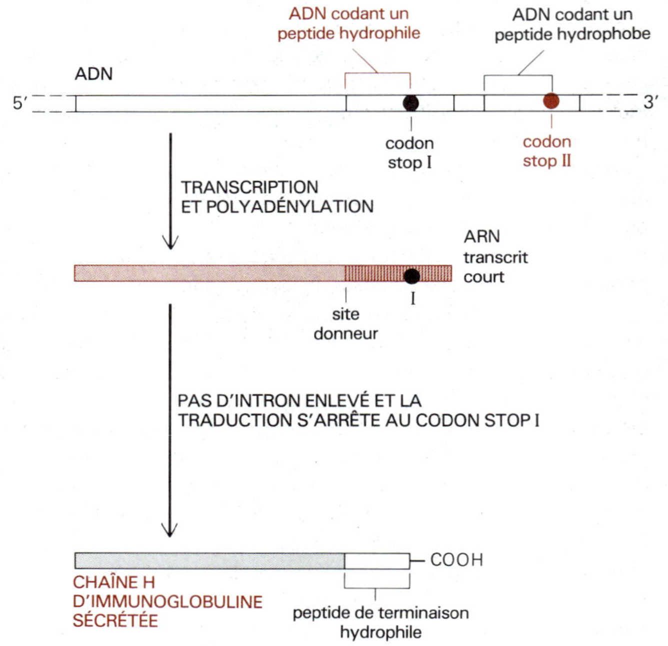

Toutes les classes d'anticorps peuvent être fabriquées sous une forme liée à la membrane aussi bien que sous une forme sécrétée, soluble. Les anticorps liés à la membrane servent de récepteurs antigéniques à la surface des cellules B, tandis qu'après stimulation par un antigène les mêmes anticorps sont produits sous forme sécrétée. La seule différence entre les deux formes réside dans l'extrémité carboxylée de la chaîne lourde — les chaînes lourdes des molécules d'IgM liées à la membrane, par exemple, ont une extrémité carboxylée hydrophobe qui les ancre dans la double couche lipidique de la membrane plasmique des cellules B, tandis que celles des molécules d'IgM sécrétées ont à la place une extrémité carboxylée hydrophile qui leur permet de s'échapper de la cellule. Puisqu'une cellule B renferme une seule copie du segment de gène C_μ par génome haploïde et n'utilise qu'un seul de ses deux pools de gène de chaîne lourde pour synthétiser des anticorps, sa capacité de synthèse de chaînes μ avec deux types de régions constantes parut d'abord paradoxale. Le paradoxe fut résolu lorsque l'on découvrit que l'activation d'une cellule B par un antigène induit un changement dans le mode de maturation des transcrits de la chaîne μ dans le noyau, comme le décrit la Figure 18-35 (voir aussi p. 591). Il est probable que le passage d'une forme liée à la membrane à une forme sécrétée des autres classes d'anticorps implique un mécanisme similaire.

Les cellules B peuvent commuter la classe d'anticorps qu'elles produisent [25]

Au cours de leur développement, de nombreuses cellules B passent de la production d'un anticorps à celle d'un autre — un processus appelé **commutation de classes (class switching)**. Toutes les cellules B commencent leur vie de cellules productrices d'anticorps par la synthèse de molécules d'IgM par leur insertion dans la membrane plasmique en tant que récepteurs antigéniques. Avant qu'elles n'aient interagi avec l'antigène, la plupart des cellules B commutent alors et synthétisent à la fois des molécules d'IgM et d'IgD comme récepteurs antigéniques liés à la membrane. Après stimulation par l'antigène, certaines de ces cellules sont activées pour sécréter des anticorps IgM, qui sont dominants dans la réponse anticorps primaire (voir p. 1015). D'autres cellules stimulées par l'antigène commutent pour fabriquer des molécules d'IgG, d'IgE ou d'IgA ; les cellules à mémoire expriment ces molécules à leur surface (souvent simultanément avec les molécules d'IgM) alors que les cellules B activées les sécrètent. Les molécules d'IgG, d'IgE et d'IgA sont collectivement désignées sous le nom de classes *« secondaires »* d'anticorps, car elles ne sont vraisemblablement produites qu'après stimulation antigénique et sont dominantes dans les réponses anticorps secondaires.

La classe d'un anticorps étant déterminée par la région constante de sa chaîne H (voir p. 1021), le fait que les cellules B puissent commuter la classe d'anticorps qu'elles synthétisent, sans changer le site de liaison antigénique, signifie que la même séquence assemblée codant la région V_H peut s'associer séquentiellement avec différents segments de gène C_H. Cette propriété a d'importantes implications fonctionnelles : elle signifie, chez l'animal, qu'un site de combinaison antigénique particulier, qui a été sélectionné par les antigènes de l'environnement, peut être distribué entre les différentes classes d'immunoglobulines, et acquérir ainsi les différentes propriétés biologiques caractéristiques de chaque classe.

La commutation de classes se produit selon deux mécanismes moléculaires distincts. Quand des cellules B vierges passent de la seule production d'IgM liées à la membrane à la production simultanée d'IgM et d'IgD liées à la membrane, il semble que la commutation soit due à un changement dans la maturation des ARN. Les cellules produisent de grands transcrits primaires qui contiennent la séquence assemblée codant la région V_H et les séquences C_μ et C_δ ; les molécules d'IgM et d'IgD sont alors produites par épissage différentiel de ces transcrits (Figure 18-36). Il semble que le même mécanisme soit à l'origine des commutations des autres classes d'Ig liées à la membrane, lorsque les cellules B vierges sont stimulées par l'antigène pour se transformer en cellules B à mémoire qui portent à leur surface des IgG, des IgE ou des IgA comme récepteurs antigéniques.

A l'opposé, la maturation terminale d'une cellule B en une cellule B activée sécrétant une des classes secondaires d'anticorps s'accompagne d'une modification irréversible au niveau de l'ADN — un processus appelé *recombinaison de commutation* (*switch recombination*). Il entraîne la délétion de tous les segments de gène C_H situés en amont (c'est-à-dire du côté de l'extrémité 5′ par rapport au brin codant) du segment C_H particulier que la cellule doit exprimer (Figure 18-37). Des expériences sur des cellules de myélome apportent la preuve de l'intervention d'une délétion de l'ADN dans cette étape de la commutation de classes : les cellules de myélome sécrétrices d'IgG sont dépourvues d'ADN codant les régions C_μ et C_δ, et celles qui sécrètent les IgA ne possèdent pas l'ADN codant toutes les autres classes de régions C des chaînes H.

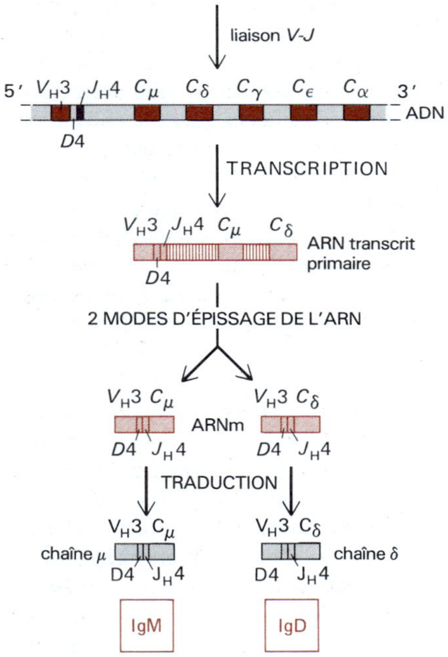

Figure 18-36 Les cellules B qui synthétisent simultanément des molécules d'IgM et d'IgD liées à la membrane plasmique ayant le même site de combinaison antigénique produisent de longs transcrits qui contiennent les séquences $C\mu$ et $C\delta$. Ces transcrits sont épissés de deux manières différentes pour donner des molécules d'ARNm qui ont la même séquence codant la région V_H, liée soit à une séquence $C\mu$, soit à une séquence $C\delta$. Il est possible que les transcrits produits par de telles cellules soient encore plus longs que ceux décrits et qu'ils contiennent l'ensemble des différentes séquences C_H.

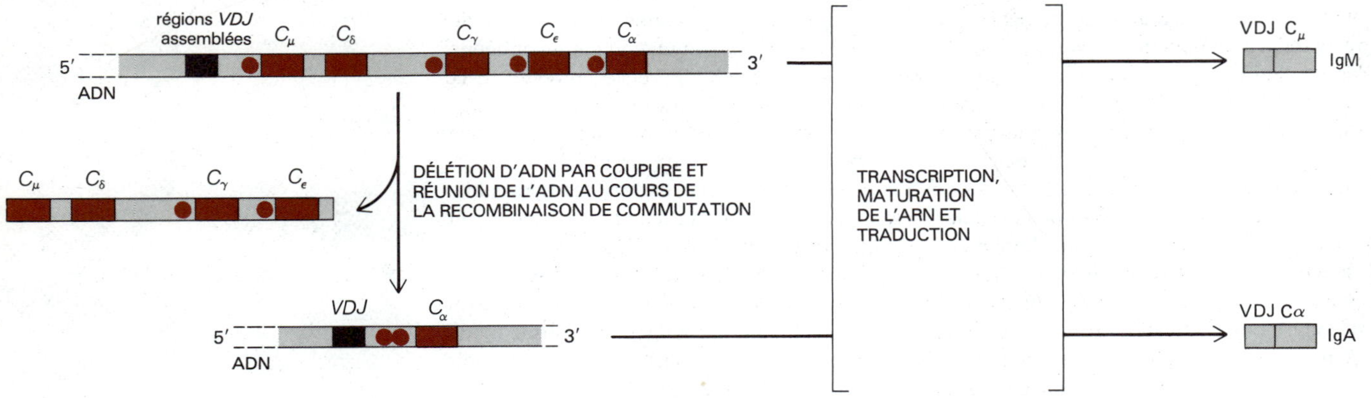

Figure 18-37 Un exemple du réarrangement d'ADN qui se produit au cours de la « recombinaison de commutation » des régions C_H. Lorsqu'une cellule B synthétisant des anticorps IgM à partir d'une séquence *VDJ* assemblée est stimulée par un antigène pour se transformer en une cellule sécrétrice d'IgA, elle élimine l'ADN qui se trouve entre les séquences *VDJ* et le segment de gène $C\alpha$. Les séquences d'ADN spécifiques (*séquences de commutation* représentées par les sphères colorées), situées en amont de chaque segment de gène C_H (excepté $C\delta$), se recombinent les unes avec les autres pour éliminer l'ADN intercalaire.

Les idiotopes sur les molécules d'anticorps forment la base d'un réseau immunologique [26]

En dehors de la défense de l'organisme contre les infections, les anticorps jouent eux-mêmes un rôle important dans la régulation de la réponse immunitaire. L'extinction d'une réponse antigénique est partiellement déterminée par la fixation de l'anticorps sécrété à l'antigène, qui est ainsi dans l'impossibilité de se fixer aux récepteurs des cellules B ; en conséquence, les cellules B cessent d'être stimulées. En plus de leur participation à cette forme simple d'inhibition rétroactive, les anticorps peuvent jouer un rôle plus sophistiqué dans l'immunorégulation, en tant que partie d'un **réseau immunologique** compliqué.

Les anticorps sont eux-mêmes antigéniques, et il est possible de produire des anticorps qui pourront reconnaître des déterminants antigéniques à la fois sur les régions constantes et les régions variables des chaînes d'immunoglobulines. Les déterminants antigéniques (épitopes) sur les régions variables des chaînes L et H qui sont associés à un site de combinaison antigénique sont appelés **idiotopes** (Figure 18-38). Chaque site de combinaison antigénique spécifique a son propre jeu caractéristique d'idiotopes ; ainsi, un animal avec des millions de sites de combinaison antigénique différents possédera des millions d'idiotopes différents. Puisque tout idiotope particulier n'est présent qu'en quantité infime dans l'organisme, un animal n'est pas tolérant à l'égard de ses propres idiotopes et produira à la fois des réponses cellulaires T et B contre ces derniers, s'il est immunisé de façon appropriée avec n'importe lequel de ses propres anticorps.

On pourrait s'attendre à ce qu'un animal immunisé avec un antigène A produise d'abord de grandes quantités d'anticorps anti-A, et produise ensuite des anticorps contre les idiotopes de ces anticorps anti-A — et tour à tour des anticorps contre les anti-idiotopes, et ainsi de suite. En fait, ce type de *réseau* a été démontré dans certaines réponses immunitaires, mais son importance dans l'immunorégulation est inconnue.

Comme nous le verrons plus tard, les récepteurs des cellules T ressemblent aux anticorps liés à la membrane : il en existe des millions de formes, chacune avec son site unique de combinaison antigénique et son mélange d'idiotopes particuliers. Il est probable qu'un animal possède des anticorps ainsi que des récepteurs des cellules T qui reconnaissent la majorité de ses propres idiotopes, avec un site moyen de combinaison antigénique reconnaissant probablement au moins un idiotope de son propre système immunitaire. Ainsi, tous les sites

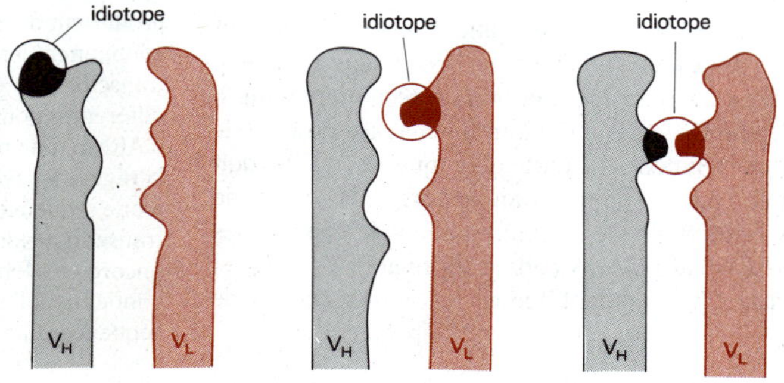

Figure 18-38 Un *idiotope* est un déterminant antigénique situé dans ou près du site de combinaison antigénique d'une molécule d'anticorps. Il peut être formé par V_H, V_L ou les deux. Chaque site de combinaison antigénique différent a son jeu unique d'idiotopes qui constitue son *idiotype*. Les idiotopes sont également associés avec les sites de combinaison antigénique des récepteurs des cellules T.

de combinaison antigénique dans le système immunitaire sont potentiellement liés en un réseau complexe d'interactions idiotope-anti-idiotope (Figure 18-39). Comme les cellules nerveuses du système nerveux, nombreux sont les lymphocytes qui interagissent plutôt avec un autre lymphocyte qu'avec le monde extérieur. Une réponse immunitaire pourrait donc être vue comme le reflet d'une perturbation du réseau immunologique plutôt que comme une réponse de lymphocytes indépendants réactifs à un antigène.

Résumé

Les anticorps sont produits à partir de trois pools de segments de gène, codant respectivement les chaînes κ, λ et H. Dans chaque pool, les segments de gène séparés qui codent les différentes parties des chaînes H et L peuvent être réunis par des événements de recombinaison spécifique de site au cours de la différenciation des cellules B. Le pool de gènes des chaînes L renferme un ou plusieurs segments de gène constants (C) *et des groupes de segments de gène variables* (V) *et de jonction* (J). *Le pool des chaînes H contient un groupe de segments de gène* C *et des groupes de segments de gène* V, J *et de diversité* D. *Pour fabriquer une molécule d'anticorps, un segment de gène* V_L *est recombiné à un segment de gène* J_L, *pour donner une séquence d'ADN codant la région* V *de la chaîne légère, et un segment de gène* V_H *est recombiné avec un segment de gène* D *et un segment de gène* J_H *pour une séquence d'ADN codant la région* V *de la chaîne lourde. Chacun des segments de gène assemblés est ensuite co-transcrit avec la séquence de région C appropriée pour produire une molécule d'ARNm qui code la chaîne polypeptidique complète. En combinant de différentes façons des segments de gène hérités codant les régions* V_L *et* V_H, *les vertébrés peuvent fabriquer des milliers de chaînes L différentes et des milliers de chaînes H différentes qui peuvent s'associer pour former des millions de molécules d'anticorps différentes. Ce nombre est encore augmenté par la perte et le gain de nucléotides au cours de la jonction des segments de gène et par des mutations somatiques qui se produisent à très haute fréquence dans ces segments de gène après stimulation antigénique.*

Toutes les cellules B synthétisent initialement des anticorps IgM. Certaines commutent plus tard pour synthétiser des anticorps d'autres classes mais avec le même site de combinaison antigénique que les anticorps IgM initiaux. Une telle commutation de classe permet la répartition des mêmes sites de combinaison antigénique parmi des anticorps avec de nombreuses propriétés biologiques différentes.

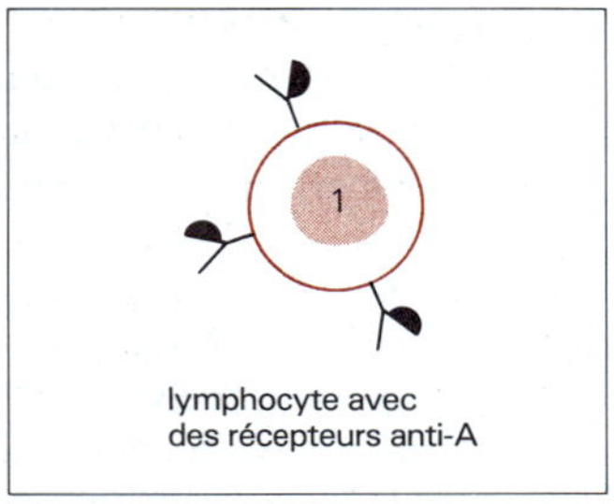

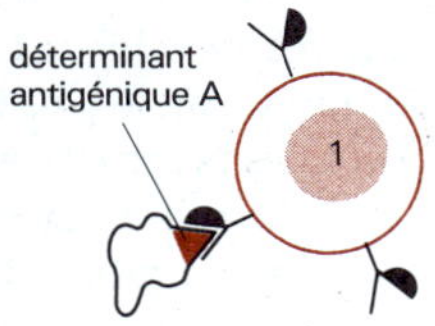

le lymphocyte 1 peut fixer
le déterminant antigénique A

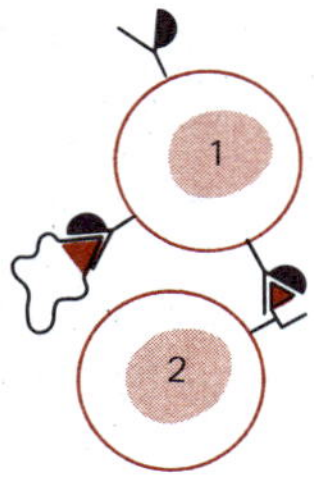

le lymphocyte 1 peut aussi interagir
avec les récepteurs du lymphocyte 2
qui exprime un idiotope qui ressemble
au déterminant antigénique A

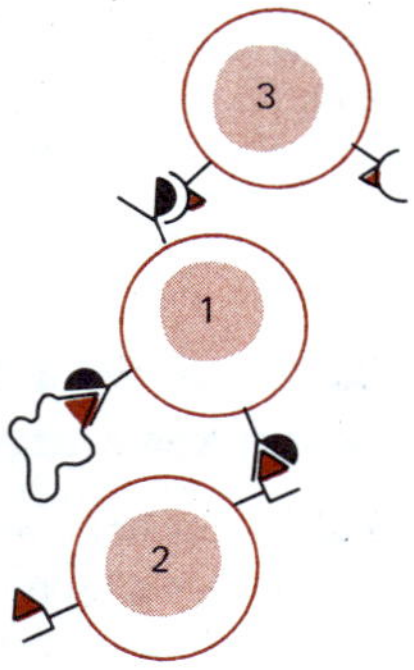

le lymphocyte 1 peut aussi interagir
avec le lymphocyte 3 qui possède un
récepteur reconnaissant un idiotope sur
le récepteur anti-A du lymphocyte 1

Figure 18-39 Un lymphocyte donné peut être fonctionnellement mis en relation avec d'autres lymphocytes par des réactions idiotope-anti-idiotope. L'importance d'un tel réseau idiotopique est potentiellement considérable car chaque lymphocyte qui interagit avec un lymphocyte anti-A peut aussi interagir, de cette façon, avec d'autres lymphocytes. L'importance du rôle de telles interactions anti-idiotopiques dans la régulation des réponses immunitaires est encore mal définie.

Le système du complément

Le **complément**, appelé ainsi du fait qu'il *complète* et amplifie l'action des anticorps, est le principal moyen par lequel les anticorps défendent les vertébrés contre la plupart des infections bactériennes. Il se compose de nombreuses protéines sériques qui peuvent être activées par les complexes antigène-anticorps ou les microorganismes ; cette activation déclenche une cascade de réactions protéolytiques qui aboutissent à la formation de *complexes lytiques*. Ces complexes, en trouant la membrane des microorganismes, les tuent. Parallèlement, des fragments protéolytiques, libérés au cours du processus d'activation, favorisent la réaction de défense en dilatant les vaisseaux sanguins et en attirant les cellules phagocytaires vers le site de l'infection. Le complément aide également les cellules phagocytaires à se fixer aux microorganismes attaqués, à les ingérer et à les détruire.

Des sujets avec une déficience en l'un des principaux composants du complément (C3) sont atteints par des infections bactériennes répétées, tout comme les sujets déficients en anticorps. Les personnes déficientes en complément peuvent également souffrir de *maladie des complexes immuns*, maladie au cours de laquelle les complexes antigène-anticorps précipitent dans les petits vaisseaux sanguins de la peau, des articulations, des reins et du cerveau, provoquant une réaction inflammatoire et détruisant les tissus ; cela suggère que le complément favorise normalement la solubilisation de tels complexes quand ils se forment au cours de la réponse immunitaire.

L'activation du complément implique une cascade protéolytique amplificatrice axée sur le clivage de la protéine C3 [27]

Le complément se compose d'environ 20 protéines conjuguées, dont les composants actifs sont désignés par C1-C9, facteur B, facteur D — le reste comprenant une variété de protéines régulatrices. Les composants du complément sont tous des protéines solubles. Elles sont synthétisées en majorité par le foie et circulent dans le sang et dans le liquide extracellulaire. La plupart sont inactives, à moins d'être activées directement par un microorganisme étranger ou indirectement par une réponse immunitaire. La conséquence finale de l'activation du complément est l'assemblage des **composants tardifs du complément** (C5, C6, C7, C8, et C9) en un complexe protéique important qui est responsable de la lyse cellulaire (le *complexe lytique*).

La fonction principale de l'activation du complément étant d'attaquer la membrane des cellules microbiennes, elle est focalisée sur la membrane de la cellule microbienne, où elle est déclenchée soit par l'anticorps lié au microorganisme, soit par les polysaccharides de l'enveloppe microbienne, qui activent tous deux les **composants précoces du complément**. Il y a deux groupes de composants précoces appartenant à l'une ou l'autre des deux voies d'activation du complément : C1, C2 et C4 appartiennent à la *voie classique* qui est déclenchée par la liaison de l'anticorps ; le facteur B et le facteur D appartiennent à la *voie alterne* qui est déclenchée par les polysaccharides microbiens. Les composants précoces des deux voies agissent finalement sur C3, qui est le composant le plus important du complément (Figure 18-40). Les composants précoces et C3 sont des proenzymes qui sont activées séquentiellement par clivage protéolytique ménagé : la première proenzyme étant activée par clivage, elle engendre une sérine protéase qui clive la proenzyme suivante et ainsi de suite. Beaucoup de ces clivages libèrent un petit fragment peptidique, mettant à jour un site de liaison membranaire sur le plus grand fragment. Le plus grand fragment se lie étroitement à la membrane de la cellule cible par son site de liaison membranaire nouvellement exposé et favorise le déroulement de la réaction suivante de la séquence. De cette façon, l'activation du complément est essentiellement limitée à la surface cellulaire, où elle a commencé. Le plus petit des deux fragments agit souvent indépendamment comme un signal diffusible qui induit une réponse inflammatoire (voir p. 1034).

L'activation de C3 par clivage est la réaction centrale dans la séquence d'activation du complément et c'est à ce niveau que la voie classique et la voie alterne convergent (voir Figure 18-40). Dans les deux voies, C3 est clivé par un complexe enzymatique appelé **C3 convertase**. Une C3 convertase différente est produite par chaque voie ; elle est formée par un assemblage spontané de deux composants du complément activés plus précocement dans la cascade. Les deux types de C3 convertase clivent le C3 en deux fragments. Le plus gros des deux (C3b) se lie de façon covalente à la membrane de la cellule cible et se combine à C5. Une fois liée, la protéine C5 est clivée par la C3 convertase (agissant alors comme une C5 convertase) et va initier l'assemblage spontané des composants tardifs — C5 à C9 — qui constituent le complexe lytique.

Puisque chaque enzyme activée clive de nombreuses molécules de la pro-enzyme suivante dans la chaîne, l'activation des composants précoces constitue une *cascade protéolytique* amplificatrice : chaque molécule activée au début de la séquence conduit à la production de nombreux complexes lytiques.

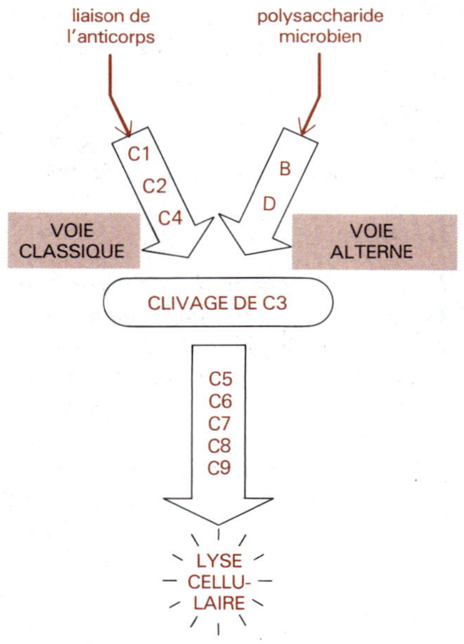

Figure 18-40 Les principales étapes de l'activation du complément par les voies classique et alterne. Dans les deux voies, les réactions d'activation du complément se produisent généralement à la surface du microorganisme envahissant, comme une bactérie.

La voie classique est activée par les complexes antigène-anticorps [27,28]

La **voie classique** est habituellement activée quand les anticorps IgG ou IgM sont liés aux antigènes à la surface d'un microorganisme. La liaison de l'antigène à ces anticorps permet à leur région constante de se lier au premier composant de la voie classique, C1, qui est un grand complexe composé de trois sous-composants — C1q, C1r et C1s (Figure 18-41). La liaison de la tête globulaire de C1q à une IgG ou une IgM déjà liée à un antigène active le C1q à démarrer la cascade protéolytique précoce de la voie classique (Figure 18-41B). Étant donné qu'il faut la liaison de plus d'une tête globulaire avant que l'activation se produise, un agglutinat de déterminants antigéniques étrangers est nécessaire pour déclencher la voie classique. Une fois encore, cela sert à focaliser l'activation du complément sur la surface des microorganismes, où les déterminants antigéniques sont naturellement regroupés.

L'activation du sous-composant C1q du complexe C1 active C1r qui devient protéolytique et qui, à son tour, clive et active C1s. Le C1s activé clive ensuite C4 en deux fragments, C4a et C4b (par convention, le fragment le plus grand dans de tels clivages est désigné par b et le plus petit par a) ; C4b se lie immédiatement de façon covalente à la membrane et se combine avec C2. Une fois lié, C2 est également clivé par C1s activé ; le plus grand fragment, C2b, reste lié à C4b, formant ainsi le complexe C4b,2b, qui est la C3 convertase produite par la voie classique. Comme l'illustre la figure 18-42, C4b,2b clive C3 pour produire deux fragments, C3a et C3b ; ce dernier se lie rapidement à la membrane cible et se combine avec C5. Le C5 lié est clivé par C4b,2b (rappelons que la C3 convertase est également la C5 convertase) en C5a et C5b, et C5b se combine avec C6 afin d'initier l'assemblage des composants tardifs pour former le complexe lytique.

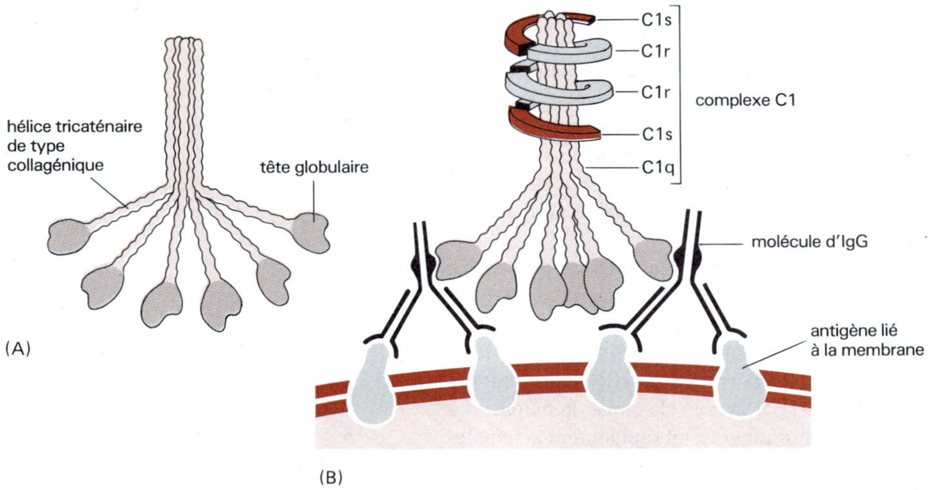

Figure 18-41 (A) La structure inhabituelle de C1q. C'est une grosse protéine (≃ 450 000 daltons) composée de 6 sous-unités identiques, chacune d'elles composée de trois chaînes polypeptidiques différentes. Les moitiés carboxy-terminales de chacune des trois chaînes polypeptidiques dans une sous-unité sont repliées en une structure globulaire, tandis que les moitiés amino-terminales ont une séquence d'acides aminés typique du collagène et s'enroulent pour donner une hélice tricaténaire de type collagénique (voir p. 808). Les six sous-unités sont associées de façon covalente par des ponts disulfure placés entre leurs tiges en triple-hélice formant une structure qui ressemble à un bouquet de tulipes. Ce sont les têtes des tulipes qui fixent les anticorps IgG ou IgM ; ainsi chaque molécule C1q possède six sites de combinaison anticorps. (B) La liaison de C1 à deux molécules d'Ig liées à un groupe de déterminants antigéniques à la surface de la cellule cible. Chaque complexe C1 est composé d'une molécule de C1q liée faiblement à un tétramère (figuré schématiquement) composé de deux molécules de C1r et de deux molécules de C1s.

Les microorganismes peuvent directement activer la voie alterne [27,29]

Les polysaccharides de l'enveloppe cellulaire des microorganismes peuvent activer la **voie alterne** même en l'absence d'anticorps, et l'activation de la voie classique peut également activer la voie alterne par rétro-régulation positive. La voie alterne permet donc la mise en place d'une première ligne de défense contre une infection avant qu'une réaction immunitaire puisse être élaborée et elle amplifie également les effets de la voie classique une fois la réponse immunitaire déclenchée.

Nous avons simplifié les choses en affirmant que les polysaccharides microbiens activaient directement la voie alterne. En réalité, c'est C3b qui active la voie alterne ; les polysaccharides, eux, ne font qu'empêcher C3b d'être rapidement inactivé par un mécanisme qui protège les cellules normales du voisinage des attaques du complément activé (voir plus loin). C3b, qui déclenche la voie alterne, peut être produit soit par la voie classique (d'où la rétro-régulation

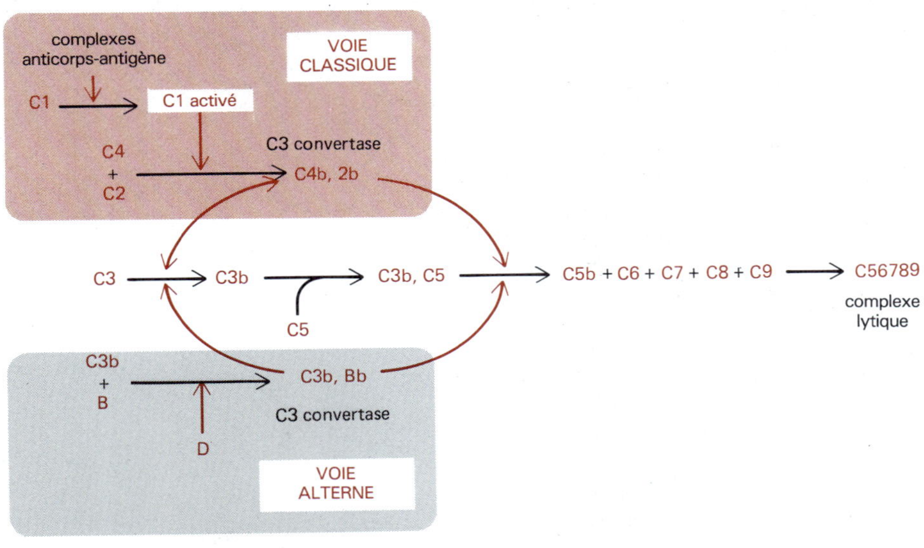

Figure 18-42 Formation de la C3 convertase par les voies classique et alterne. Dans les deux cas, la C3 convertase est formée par l'assemblage de deux composants du complément activés plus tôt dans la cascade. C3 et C5 sont des protéines homologues ; C5, en se liant à C3b, en vient à ressembler à C3 et est clivé par la C3 convertase (qui agit alors comme une C5 convertase) pour produire C5b, qui initie l'assemblage du complexe lytique. Les composants activés du complément sont souvent désignés par une barre en exposant — par exemple le C1 activé est $\overline{C1}$. Pour simplifier le texte nous avons omis ces barres.

positive), soit par la faible protéolyse spontanée de C3, qui se produit même lorsque la cascade du complément n'a pas été activée.

L'étape suivante de l'activation de la voie alterne est la liaison du facteur B au C3b lié à la membrane. Le facteur D (qui circule dans le sang sous forme active) clive ensuite le facteur B lié, pour former le fragment actif Bb et produire ainsi C3b, Bb, qui est la C3 convertase de la voie alterne, engendrant par conséquent une quantité plus importante de molécules C3b, dont certaines se lient à C5. Comme dans la voie classique, la C3 convertase peut également agir comme une C5 convertase et cliver les molécules de C5 liées à la membrane afin d'initier l'assemblage du complexe lytique (voir plus loin Figure 18-43).

La lésion des membranes des cellules de l'hôte par le complément activé via la voie classique est évitée grâce à la nécessité d'un anticorps lié pour activer C1. Cependant, la voie alterne est activée par C3b qui peut se lier à n'importe quelle membrane, et qui est produit spontanément en faibles quantités comme nous l'avons mentionné précédemment. Des mécanismes spéciaux sont donc requis pour protéger les cellules normales de l'hôte des attaques par cette voie. Contrairement aux nombreux C3b produits par la voie classique, la plupart des molécules de C3b formées spontanément se lient aux membranes et sont rapidement inactivées par une protéine inhibitrice spécifique appelée *facteur H*, qui entre en compétition avec le facteur B pour se fixer sur C3b. Les molécules de C3b liées aux membranes microbiennes sont protégées de l'action de cette protéine inhibitrice (par un mécanisme inconnu) grâce aux polysaccharides de l'enveloppe cellulaire microbienne. Ces molécules C3b peuvent donc lier le facteur B et activer ainsi la voie alterne.

L'activation du complément induit la phagocytose et l'inflammation [27]

Le C3b produit par l'une ou l'autre des voies, classique ou alterne, possède un certain nombre de propriétés importantes. Comme nous l'avons vu, il active la voie alterne pour produire plus de C3b et se lie à C5, permettant le clivage de C5 par la C3 convertase. Cependant, le complément n'agit pas uniquement en créant des complexes lytiques et C3b a un troisième rôle important. Il se fixe à des récepteurs spécifiques existant sur les macrophages et les neutrophiles et permet à ces cellules de phagocyter une cellule microbienne à laquelle C3b est fixé ; ainsi, C3b apporte une contribution cruciale à la défense contre les bactéries, indépendante de la lyse cellulaire par l'intermédiaire du complément.

Au cours de la cascade protéolytique du complément, plusieurs petits fragments protéiques, biologiquement actifs, sont formés. Les plus importants de ces fragments sont C3a et C5a, qui sont tous deux des peptides, très basiques, clivés à partir de l'extrémité amino-terminale des protéines parentales. Ils provoquent tous deux la contraction des muscles lisses et stimulent la sécrétion d'histamine par les mastocytes et les basophiles. L'histamine augmente localement la perméabilité des vaisseaux sanguins et permet la pénétration du foyer infecté par les globules blancs, le complément et les anticorps. C5a est un agent chimiotactique pour les neutrophiles et il active des mécanismes permettant aux neutrophiles de tuer les bactéries ingérées. Ces deux peptides sont principalement responsables de la réponse inflammatoire locale qui est généralement associée à l'activation du complément.

L'assemblage des composants tardifs du complément induit la formation d'un grand complexe lytique [27,30]

L'assemblage des composants tardifs commence lorsque C5, qui est déjà faiblement lié à C3b sur la membrane de la cellule cible, est clivé par la C3 convertase, produite par la voie classique ou alterne, pour donner C5a et C5b. Comme nous venons de le décrire, C5a est libéré et induit une réponse inflammatoire. C5b reste lié à C3b et peut transitoirement se lier à C6 pour former C56, puis à C7 pour former C567. Le complexe C567 se fixe alors sur la membrane grâce à C7. Une molécule de C8 s'ajoute à ce complexe pour former C5678, qui fixe ensuite 8 à 18 molécules de C9, qui se déplient partiellement et polymérisent en un canal transmembranaire (Figure 18-43). Des déterminations de séquences d'ADN suggèrent que les protéines C6, C7, C8 et C9 sont toutes apparentées.

Les **complexes lytiques** ont un aspect caractéristique sur les micrographies électroniques en coloration négative : ils forment des pores aqueux qui traversent la membrane (Figure 18-44). Ces pores perturbent la structure de la bicouche lipidique dans leur voisinage et rendent la membrane perméable. Le mécanisme cellulaire normal de contrôle de l'équilibre aqueux est désorganisé du fait que les petites molécules entrent ou sortent de la cellule autour et par les complexes, alors que les macromolécules restent à l'intérieur. L'eau est donc attirée par osmose à l'intérieur de la cellule, provoquant son gonflement et son éclatement (voir Planche

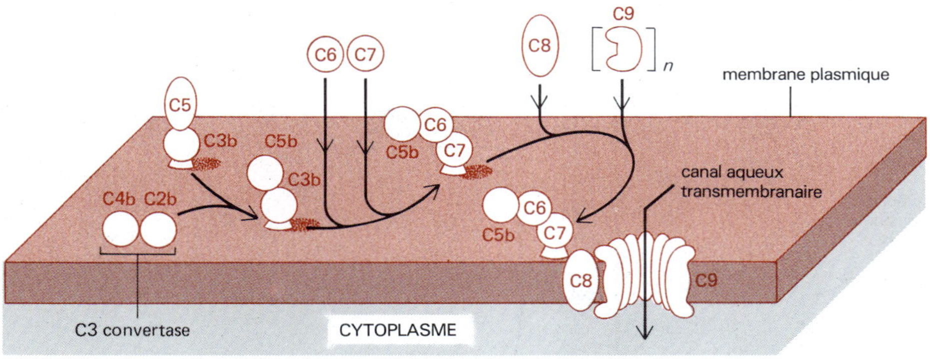

Figure 18-43 L'assemblage des composants tardifs du complément pour former le complexe lytique. La liaison de la molécule C9 à C5678 induit un changement conformationnel de C9 qui expose une région hydrophobe et provoque l'insertion de C9 dans la bicouche lipidique de la cellule cible à côté de C8. Ceci déclenche une réaction en chaîne au cours de laquelle le C9 modifié se lie à une seconde molécule de C9 qui subit aussi un changement conformationnel et s'insère dans la bicouche lipidique, où il peut lier une autre molécule de C9 et ainsi de suite. De cette façon, un large canal transmembranaire est formé par une chaîne de molécules de C9. Le complexe final C5678(9)$_n$ contient jusqu'à 18 molécules de C9 et peut avoir un poids moléculaire de près de 2 millions (chaque molécule de C9 contient 537 acides aminés). Les complexes C5678 produisent eux-mêmes de petits pores transmembranaires.

6-1, p. 308). Le processus est si efficace qu'un très petit nombre de complexes lytiques (peut-être même un seul) peut tuer un globule rouge. Même un virus à enveloppe qui n'a pas un gradient de pression osmotique important à travers sa membrane et n'est par conséquent pas sensible à une telle lyse osmotique, peut encore être détruit par ces complexes, probablement du fait que ces derniers désorganisent la membrane virale.

La réaction en cascade du complément est étroitement réglée [27,31]

Les propriétés destructrices, auto-amplificatrices de la réaction en cascade du complément font qu'il est essentiel que les composants-clés activés soient rapidement inactivés après leur formation, afin que les cellules avoisinantes de l'hôte ne soient pas attaquées. L'inactivation est réalisée de deux façons, au moins. Premièrement, des inhibiteurs protéiques spécifiques présents dans le sang mettent fin à la cascade par fixation ou clivage de certains composants une fois qu'ils ont été activés par clivage protéolytique. Par exemple, les inhibiteurs protéiques se fixent aux composants activés du complexe C1 et bloquent leur action ultérieure, tandis que d'autres inhibiteurs protéiques clivent C3b et ainsi l'inactive. Sans ces inhibiteurs, tous les C3 du sérum pourraient être épuisés par la boucle rétroactive positive créée par la voie alterne.

Un second mécanisme de régulation important est basé sur l'instabilité d'un grand nombre des composants activés de la cascade : à moins de se fixer immédiatement à un composant approprié de la chaîne, ou à une membrane proche, ils deviennent rapidement inactifs. C4b et C3b en sont des exemples particulièrement frappants. Quand l'un ou l'autre de ces composants est formé par clivage, il subit une série de changements de conformation rapides qui crée une forme active à courte durée de vie. Cette forme active a un site hydrophobe ainsi qu'une chaîne latérale glutamique fortement réactive qui est produite par la rupture mécanique d'une liaison thioester inhabituelle dans la protéine (Figure 18-45). Il en résulte que la glutamine forme une liaison covalente avec une protéine ou un polysaccharide sur une membrane proche. En raison de la très courte demi-vie de leurs formes actives (moins de 0,1 milliseconde), C4 et C3b ne se fixent normalement qu'aux sites membranaires très proches du site où les composants du complément sont activés. L'attaque du complément est ainsi limitée à la membrane d'un microorganisme et ne peut s'étendre aux cellules normales voisines de l'hôte.

Comment évolua un tel système complexe de composants du complément ? Il se développa vraisemblablement par étapes successives, beaucoup des composants les plus élaborés, comme ceux de l'important complexe lytique (composants C5 à C9), s'étant ajoutés assez tardivement dans l'évolution du système. Il semble vraisemblable que le système développa à l'origine autour de C3, pour créer d'abord le complexe covalent entre C3b et les membranes cellulaires étrangères. Ce complexe seul augmente considérablement la capacité des macrophages et des neutrophiles d'ingérer et de détruire les microorganismes. En effet,

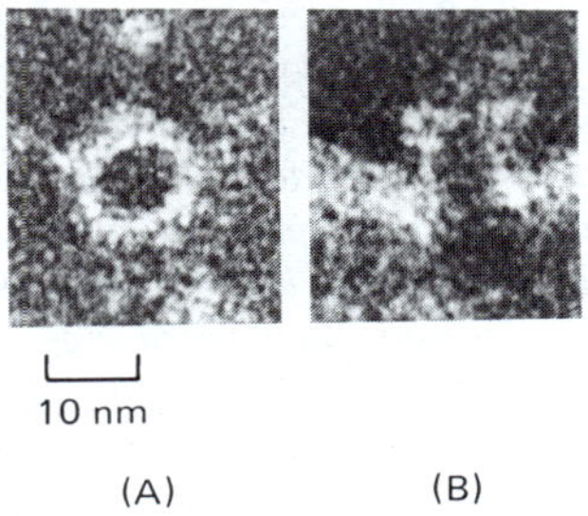

Figure 18-44 Micrographies électroniques en coloration négative des lésions induites par le complément dans la membrane plasmique d'un globule rouge. La lésion en (A) est vue *de face* tandis qu'en (B) elle est vue *de côté* comme un canal transmembranaire apparent. Le colorant négatif remplit les canaux individuels qui ainsi paraissent noirs. (D'après R. Dourmashkin, *Immunology* 35:205-212, 1978.)

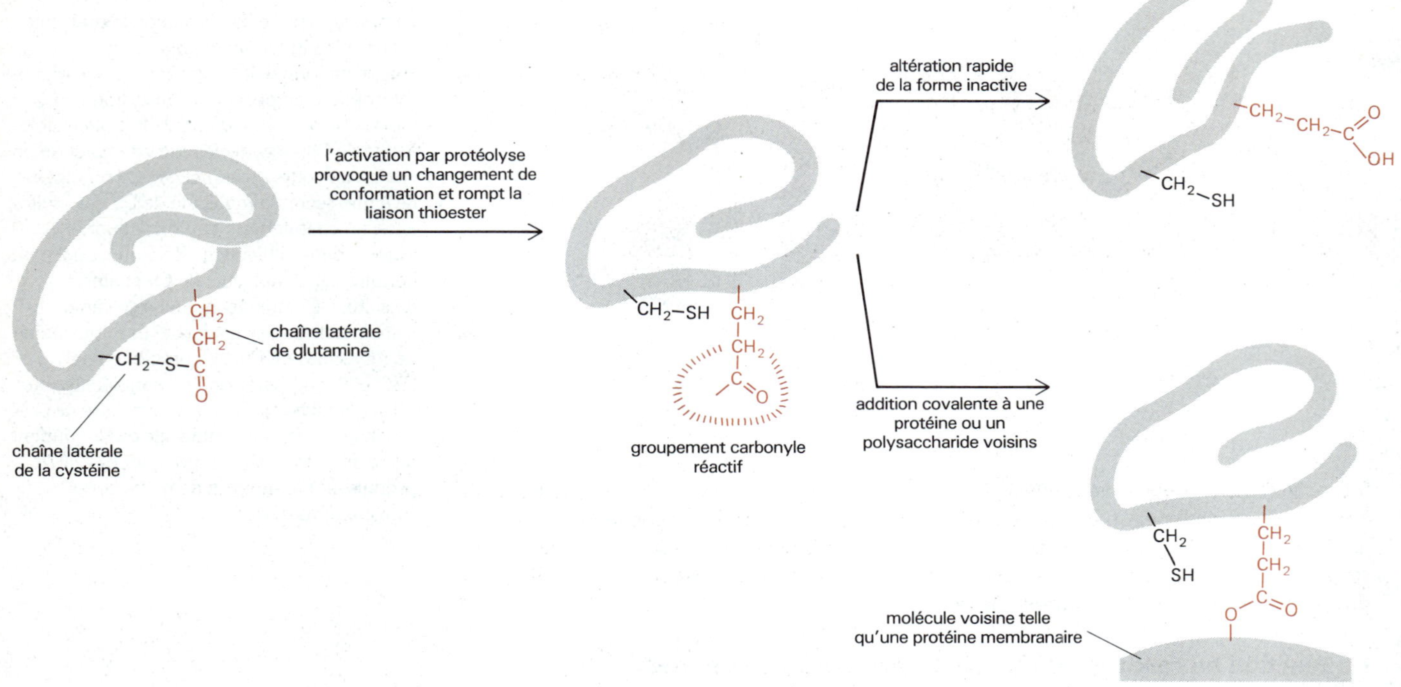

Figure 18-45 L'activation protéolytique de C3 ou de C4 induit un changement de conformation dans la protéine, rompant la liaison covalente intramoléculaire, inhabituelle, représentée ici. La rupture de cette liaison thioester entre des chaînes latérales protéiques engendre un groupement carbonyle très réactif, qui se couple de façon covalente à une autre macromolécule, formant une liaison ester ou amide. Cependant, la possibilité qu'a la protéine de réagir de cette façon diminue avec une demi-vie de 60 μsec, réduisant la réaction aux membranes qui sont très proches du site où l'activation du complément a débuté. C3 et C4 sont constitués de plus d'une chaîne polypeptidique ; les réactions décrites sont subies par la chaîne la plus longue.

les individus auxquels manque un des composants tardifs et qui sont par conséquent incapables d'assembler le complexe lytique, sont encore protégés contre toutes les bactéries infectantes, sauf celles qui sont capables de survivre à l'intérieur des cellules phagocytaires et pour le contrôle desquelles la lyse par le complément joue un rôle très important. Les voies alterne et classique évoluèrent probablement à partir d'un tel système de complément primitif. La voie alterne a probablement évolué en premier comme une forme de protection innée non spécifique contre l'infection, la voie classique évoluant bien plus tard pour relier l'activation du C3 à la liaison des anticorps et, de ce fait, à des réponses immunitaires spécifiquement adaptées. Le fait que beaucoup de leurs composants soient homologues, comme les sérineprotéases C1r, C1s, C2, le facteur B et le facteur D, est en accord avec cette hypothèse.

Résumé

Chez les vertébrés, le système du complément agit de manière indépendante et en coopération avec les anticorps dans la défense contre l'infection. Les composants précoces sont des proenzymes du sang qui sont séquentiellement activées selon une série amplificatrice de réactions protéolytiques limitées soit par la voie classique — qui est déclenchée par la fixation des anticorps IgG ou IgM à l'antigène — soit par la voie alterne — qui peut être déclenchée directement par les enveloppes cellulaires des microorganismes envahissants. Le composant le plus important du complément est la protéine C3 qui est activée par clivage protéolytique et qui se fixe ensuite de façon covalente aux membranes voisines ; les microorganismes présentant le C3 activé (C3b) à leur surface sont rapidement ingérés et détruits par les phagocytes. De plus, C3b favorise l'initiation de l'assemblage des composants tardifs du complément qui forment un important complexe lytique, capable d'entraîner la lyse des microorganismes. L'activation du complément libère aussi une variété de petits fragments peptidiques solubles qui attirent et activent les neutrophiles et stimulent la sécrétion de l'histamine par les mastocytes : ceci a pour résultat une réponse inflammatoire au niveau des sites d'activation du complément. La cascade protéolytique du complément reste focalisée sur les membranes des microorganismes envahissants qui activent la cascade, du fait que plusieurs composants du complément, y compris C3b, restent activés moins de 0,1 milliseconde, et ne peuvent donc étendre l'attaque aux cellules activées voisines de l'hôte.

Les lymphocytes T et l'immunité à médiation cellulaire

Les diverses réponses des cellules T sont collectivement appelées *réactions immunitaires à médiation cellulaire*. Comme les réponses anticorps, elles sont importantes dans la défense des vertébrés contre l'infection, particulièrement par certains virus et champignons. Aussi, comme les réponses anticorps, elles sont exclusivement spécifiques de l'antigène.

Cependant, les cellules T diffèrent des cellules B en plusieurs points essentiels : (1) tandis que certaines cellules T combattent l'infection directement en tuant les cellules infectées par des virus, la majorité d'entre elles règlent l'activité d'autres cellules effectrices, comme les cellules B et les macrophages. (2) Les cellules T effectrices et régulatrices interagissent à proximité des cellules qu'elles tuent ou règlent ; les cellules B, par contre, sécrètent des anticorps qui peuvent agir au loin. (3) C'est probablement pour cette raison que les cellules T ne fixent l'antigène étranger que s'il est à la surface d'une autre cellule de l'organisme ; l'antigène est reconnu en association avec une classe spéciale de glycoprotéines de surface, connues sous le nom de molécules du CMH, car elles sont codées par un complexe de gènes appelé le *complexe majeur d'histocompatibilité (CMH)* (voir p. 1040). Ainsi, les cellules T sont activées uniquement lorsqu'elles entrent en contact avec une autre cellule de l'hôte, et c'est la plus importante des différences dans la reconnaissance de l'antigène par les cellules T et les cellules B.

Les récepteurs des cellules T sont des hétérodimères ressemblant aux anticorps [32]

Les cellules T n'étant activées qu'au travers d'un contact étroit avec d'autres cellules, leurs récepteurs antigéniques n'existent que sous forme de récepteurs liés à la membrane. Ainsi, contrairement aux anticorps qui sont sécrétés (mais qui peuvent également être liés à la membrane), les récepteurs des cellules T pour l'antigène furent difficiles à isoler et l'identification de ces molécules et des gènes qui les codent a pris plus de temps. Les récepteurs protéiques furent identifiées pour la première fois en 1983, quand il devint possible de faire pousser, en culture, des clones purs de cellules T spécifiques d'un antigène (voir p. 1047), et de produire ainsi de grandes quantités de cellules T portant les mêmes récepteurs. Il fut ensuite possible de fabriquer des anticorps monoclonaux contre les cellules clonées, et ceux qui reconnaissaient le récepteur des cellules T furent identifiés par leur capacité de bloquer les réponses induites par l'antigène des celules T d'origine, mais pas celles des autres clones de cellules T. Les anticorps furent ensuite utilisés pour purifier les molécules de récepteur qui sont composées de deux chaînes polypeptidiques (appelées α et β) liées par deux ponts disulfure. Chacune de ces chaînes partage avec les anticorps la propriété distinctive de posséder une région amino-terminale variable et une région carboxy-terminale constante (Figure 18-46).

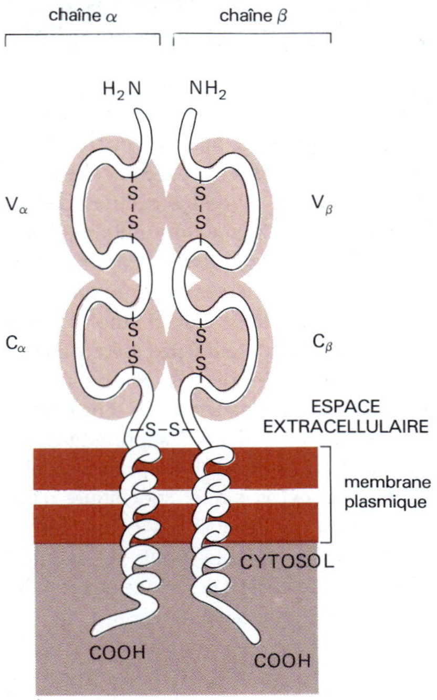

Figure 18-46 Un hétérodimère de récepteur des cellules T est composé d'une chaîne polypeptidique α et d'une chaîne polypeptidique β, qui sont toutes deux glycosylées (non représenté). Chaque chaîne est longue d'environ 280 acides aminés et son importante partie extracellulaire est repliée en deux domaines du type des immunoglobulines — un variable (V) et un constant (C). A partir de l'analyse de la séquence d'acides aminés déduite des clones d'ADNc, il semble qu'un site de combinaison antigénique formé par les domaines V_α et V_β ait une dimension et une géométrie globales identiques à celles du site de combinaison antigénique d'une molécule d'anticorps. Cependant, contrairement aux anticorps qui ont deux sites de combinaison antigénique, les récepteurs des cellules T n'en ont qu'un (probablement parce qu'ils sont toujours liés à la membrane plasmique, où ils peuvent agir de façon coopérative). L'hétérodimère α/β décrit est associé de façon non covalente à un groupe invariant de protéines membranaires appelé le complexe CD3 (non représenté). Une cellule T classique possède 20 000 à 40 000 récepteurs α/β à sa surface.

Ce caractère semblable à celui des anticorps fut un élément important dans la stratégie utilisée, une année plus tard, pour isoler les gènes codant ces récepteurs. Comme les lymphocytes B et T sont très étroitement apparentés, la majorité des gènes qu'ils transcrivent sont les mêmes et ils contiennent en majorité les mêmes ARNm. Cependant, seule la cellule T possède l'ARNm correspondant au récepteur des cellules T. En préparant les ARNm totaux de clones de cellules T et en enlevant, par hybridation soustractive (voir p. 262), les ARNm produits par les cellules B, il fut possible d'isoler une petite population d'ARNm caractéristiques des cellules T. Une banque d'ADNc fut alors préparée à partir de ces ARNm (voir p. 260), et l'on utilisa chaque clone d'ADNc de cette banque pour préparer des sondes d'ADN radioactives. En supposant que la variabilité des extrémités amino-terminales du récepteur des cellules T, comme celle des régions V des anticorps, est le produit de réarrangements d'ADN, chaque sonde d'ADN fut utilisée pour examiner l'ADN génomique correspondant pour mettre en évidence les réarrangements au cours du développement des cellules T. C'est ainsi que les pools de gènes, qui codent les chaînes α et β, furent finalement localisés sur des chromosomes différents et l'on montra qu'ils contenaient, comme les pools de gènes des anticorps, des segments de gène *V, D, J,* et *C* séparés, qui sont réunis par recombinaison spécifique de site au cours du développement des cellules T dans le thymus.

Tous les mécanismes utilisés par les cellules B pour diversifier les anticorps sont utilisés par les cellules T pour diversifier leurs récepteurs, à une exception près. Des mécanismes de diversification de jonction sont cependant supposés jouer un rôle particulièrement important dans la diversification des récepteurs des cellules T. Le seul mécanisme que ne semble pas utiliser les cellules T dans la diversification de leurs récepteurs est l'hypermutation somatique dirigée par l'antigène (voir p. 1026). Ceci est probablement dû au fait que l'hypermutation aurait tendance à produire des cellules T réagissant contre les molécules du « soi ». Ceci est moins problématique en ce qui concerne les cellules B, puisque la majorité des cellules B auto-réactives ne peuvent être activées sans l'aide des cellules T helper auto-réactives (voir p. 1047).

Un second type de récepteur hétérodimérique, composé de chaînes γ et δ, a été récemment découvert. Ces récepteurs sont exprimés dans des sous-populations cellulaires du thymus, de l'épiderme et de l'épithélium intestinal, dont les fonctions sont encore inconnues.

Les récepteurs α/β et γ/δ sont physiquement associés à la surface cellulaire à un ensemble invariant de chaînes polypeptidiques appelée le *complexe T3* (ou *CD3)*. Ce complexe est présent à la surface de toutes les cellules T matures et il sert sans doute à la transmission d'un signal d'un récepteur des cellules T activé par l'antigène, à l'intérieur de la cellule.

Les différentes réponses des cellules T sont induites par différentes classes de cellules T [33]

Les cellules T tuent les cellules infectées par un virus, et elles favorisent ou inhibent les réponses des autres globules blancs. Ces trois fonctions sont remplies par différentes classes de cellules T — appelées, respectivement, *cellules T cytotoxiques*, *cellules T auxiliaires* ou *helper* et *cellules T suppressives*. Avec les cellules B, les cellules T cytotoxiques sont les principales *cellules effectrices* du système immunitaire ; les cellules T auxiliaires et les cellules T suppressives sont collectivement répertoriées comme *cellules T régulatrices*.

Des trois classes majeures de cellules T, ce sont les cellules T suppressives qui sont les moins bien connues. Par exemple, alors que les cellules T auxiliaires et cytotoxiques utilisent les mêmes récepteurs (les hétérodimères α/β) pour reconnaître l'antigène, la nature des récepteurs utilisés par les cellules T suppressives est encore incertaine (bien que certaines au moins semblent utiliser les hétérodimères α/β). Une des raisons pour lesquelles nous connaissons si mal les cellules T suppressives est qu'il est extrêmement difficile d'obtenir, en culture, des clones de cellules T suppressives, alors qu'il fut assez facile d'obtenir des clones de cellules T helper et cytotoxiques spécifiques d'un antigène (voir p. 1047).

Bien que les cellules T auxiliaires et cytotoxiques utilisent des récepteurs antigéniques codés par les mêmes pools de segments de gène, elles ne reconnaissent pas les mêmes molécules du CMH à la surface des cellules. Cette différence est le reflet des différentes fonctions de ces deux types cellulaires.

Les cellules T cytotoxiques tuent les cellules infectées par un virus [34]

Du fait que les virus prolifèrent à l'intérieur des cellules où ils sont à l'abri de l'attaque des anticorps, le moyen le plus efficace pour éviter qu'ils se propagent dans d'autres cellules est de tuer la cellule infectée avant que l'assemblage des virus n'ait commencé. Ceci représente la fonction principale des **cellules T cytotoxiques**. Étant donné ce pouvoir destructeur, il est essentiel que de tels lymphocytes limitent strictement leur attaque aux cellules infectées. Des analyses microcinématographiques ont montré qu'une cellule cytotoxique dirigeait son attaque sur une seule cellule cible à la fois, même lorsque plusieurs cellules cibles lui sont fixées. Comment dirige-t-elle son attaque avec une telle précision ?

Le mécanisme d'attaque semble dépendre d'un réarrangement du cytosquelette dans la cellule T cytotoxique, déclenché par le contact spécifique avec la surface de la cellule cible. Lorsqu'une cellule T cytotoxique, saisie dans l'action de tuer sa cible, est marquée avec des anticorps anti-tubuline, son centrosome apparaît orienté vers le point de contact établi avec la cellule cible (Figure 18-47). De plus, lorsque la même cellule est marquée avec des anticorps dirigés contre la *taline*, une protéine qui est supposée favoriser la liaison des récepteurs de surface cellulaire aux filaments d'actine corticaux (voir p. 636), on trouve la taline concentrée dans le cortex de la cellule cytotoxique au point de contact. Il y a des preuves montrant que l'agrégation des récepteurs des cellules T au site de contact conduit à une accumulation locale, dépendante de la taline, des filaments d'actine ; un mécanisme dépendant des microtubules oriente ensuite le centrosome et l'appareil de Golgi associé vers le site de contact, focalisant le mécanisme de destruction sur la cellule cible. Une polarisation analogue du cytosquelette est observée lorsqu'une cellule helper interagit fonctionnellement avec la cellule qu'elle induit.

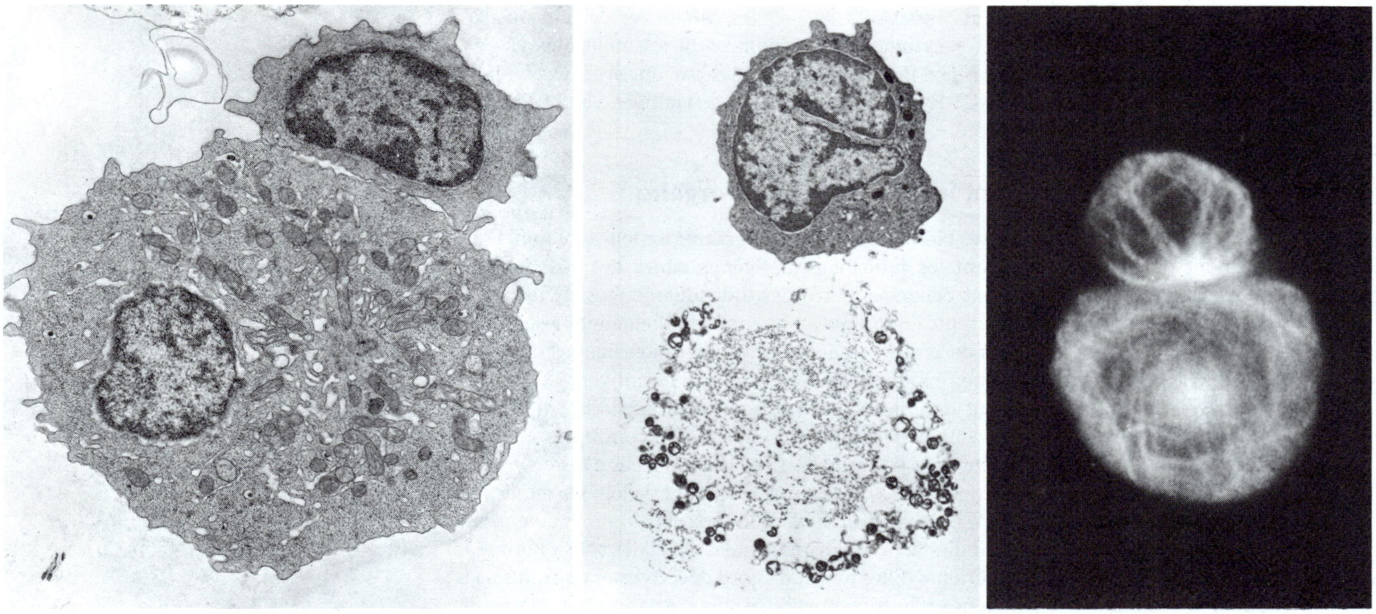

Figure 18-47 Les cellules T cytotoxiques (les petites cellules) au cours du processus de destruction des cellules cibles en culture, visualisées par microscopie électronique en (A) et (B) et par microscopie en immunofluorescence après marquage avec des anticorps dirigés contre la tubuline en (C). Les cellules T cytotoxiques furent obtenues à partir de souris immunisées avec les cellules cibles, qui sont des cellules tumorales étrangères. Les cellules T vues liées à la cellule cible en (A) et (C) et après avoir tué la cellule en (B). Noter que le centrosome et les microtubules qui en irradient sont orientés vers le point de contact intercellulaire dans la cellule T, mais pas dans la cellule cible (C). (A et B, d'après D. Zagury, J. Bernard, N. Thierness, M. Feldman et G. Berke, *Eur. J. Immunol.* 5:818-822, 1975 ; C, reproduit à partir de B. Geiger, D. Rosen et G. Berke, *J. Cell Biol.* 95:137-143, 1982, Copyright Rockefeller University Press.)

Comment les cellules cytotoxiques tuent-elles leurs cibles ? [35]

Les cellules T cytotoxiques nous défendent contre les cancers d'origine virale de la même façon qu'elles nous défendent contre les infections virales classiques. Cependant, les tumeurs d'origine virale comptent pour moins de 20 p. cent des cancers humains, et il y a peu de preuves que les réponses immunitaires nous protègent contre la majorité des autres formes de cancer : alors que les patients immunosupprimés et les animaux de laboratoire sont plus sensibles aux tumeurs d'origine virale (et aux tumeurs d'origine virale supposée), ils ne sont pas plus sensibles aux tumeurs spontanées ou induites chimiquement. Cependant, l'importance possible de mécanismes de défense non immunitaires contre le cancer, est une éventualité très intéressante. La destruction des cellules tumorales pourrait être réalisée par les macrophages ou par les **cellules tueuses naturelles** (**NK** pour Natural Killer cells). Les cellules NK sont des cellules de type lymphocytaire qui sont probablement identiques aux *cellules K*, qui tuent les cellules eucaryotes recouvertes d'anticorps (voir p. 1015). Mais les cellules NK peuvent également tuer, spontanément et de manière non spécifique, en culture, une variété de cellules tumorales et de cellules infectées par un virus en l'absence d'anticorps. Dans ce cas, nous ne savons pas comment elles procèdent pour distinguer les cellules anormales des cellules normales.

Le mécanisme utilisé par les cellules T cytotoxiques et les cellules NK pour tuer leurs cibles est peu connu. Certaines lignées de cellules NK et de cellules T cytotoxiques, qui peuvent être maintenues en culture indéfiniment, semblent utiliser un mécanisme analogue à celui qu'utilise le système du complément. La liaison de la cellule cible stimule ces cellules cytotoxiques à libérer des protéines formant des pores, appelées **perforines**, qui polymérisent dans la membrane plasmique de la cellule cible et forment des canaux transmembranaires. En provoquant une perméabilité de la membrane, les canaux semblent aider à la destruction de la cellule. Les perforines, qui sont homologues au composant C9 du complément, sont stockées dans des vésicules de sécrétion et sont libérées par exocytose locale au point de contact avec la cellule cible ; les vésicules de sécrétion contiennent également des sérine estérases, mais nous ne savons pas si elles jouent un rôle dans la destruction de la cellule cible. En microscopie électronique, les canaux membranaires formés par les perforines au niveau de la cellule cible ressemblent beaucoup aux canaux formés par C9, apportant un argument supplémentaire à l'idée que ces cellules cytotoxiques et le complément tuent selon des mécanismes voisins. Les cellules T cytotoxiques normales et les cellules NK peuvent cependant tuer leurs cellules cibles par un mécanisme indépendant des perforines, dont la base moléculaire est inconnue. Il se pourrait que les cellules T cytotoxiques activent un mécanisme interne d'auto-destruction dans la cellule cible, entraînant son suicide.

Nous ignorons quelles molécules reconnaissent les cellules NK sur les cellules qu'elles tuent, mais nous savons que les cellules T cytotoxiques reconnaissent les molécules virales, liées aux glycoprotéines du CMH à la surface des cellules infectées par un virus. Cependant, ce rôle crucial joué par les molécules du CMH dans la présentation de l'antigène aux cellules T n'a été que très récemment pris en compte.

Les molécules du CMH induisent le rejet de greffe d'organe [36]

Les molécules du CMH furent découvertes bien avant que ne soit comprise leur fonction. Elles furent initialement définies comme étant les principaux antigènes cibles des **réactions de transplantation**. Quand des greffons sont échangés entre des individus adultes de la même espèce *(allogreffes)* ou d'une espèce différente *(xenogreffes)*, ils sont habituellement rejetés. Au cours des années 1950, des expériences de greffes de peau entre différentes lignées de souris démontrèrent que le *rejet de greffe* est une réponse immunitaire contre les antigènes étrangers de la surface des cellules greffées. Il fut démontré plus tard que ces réactions s'effectuent essentiellement par l'intermédiaire des cellules T et qu'elles sont dirigées contre des versions génétiquement « étrangères » de glycoprotéines de surface, appelées *molécules d'histocompatibilité* (« histo » signifiant tissu). Les plus importantes de ces molécules sont de loin les *molécules majeures d'histocompatibilité*, une famille de glycoprotéines codées par un complexe de gènes appelé **complexe majeur d'histocompatibilité (CMH)**. Les molécules du CMH sont exprimées sur les cellules de tous les vertébrés supérieurs. Elles furent d'abord découvertes chez la souris et furent appelées **antigènes H-2** (antigènes d'histocompatibilité 2). Chez l'homme, elles sont appelées **antigènes HLA** (antigènes associés aux leucocytes humains, human-leucocyte-associated antigens) car elles furent d'abord mises en évidence sur les leucocytes (les globules blancs).

Pendant longtemps, trois propriétés remarquables des molécules du CMH déroutèrent les immunologistes. Premièrement, les molécules du CMH sont de loin les cibles antigéniques préférées des réactions de transplantation à médiation cellulaire. Deuxièmement, une fraction de cellules T d'une importance inhabituelle est capable de reconnaître les molécules de CMH étrangères : alors que moins de 0,001 p. cent des cellules T d'un individu répondent à un antigène viral typique, à peu près 0,1 p. cent d'entre elles répondent à un antigène de CMH étranger. Troisièmement, un grand nombre des loci codant les molécules du CMH sont les plus *polymorphes* connues chez les vertébrés supérieurs ; cela signifie que, dans une espèce donnée, il y a un nombre extraordinaire d'*allèles* (différentes formes du même gène) à chaque locus (souvent plus de cent), chaque allèle étant présent à une fréquence relativement élevée dans la population. Pour cette raison, et parce que chaque individu possède sept loci, au plus, codant les molécules du CMH (voir plus loin), il est très rare que deux individus aient les mêmes glycoprotéines du CMH, rendant très difficile la concordance entre donneur et receveur de greffe d'organe chez l'homme (sauf dans le cas de jumeaux génétiquement identiques).

Néanmoins, un vertébré n'a pas besoin d'être protégé contre une invasion de cellules étrangères venant d'autres membres de l'espèce de sorte que cette apparente obsession des cellules T d'un animal vis-à-vis des antigènes du CMH et le polymorphisme extrême de ces molécules ne furent pas seulement un obstacle en chirurgie de greffe d'organe, mais constituèrent également un puzzle pour les immunologistes. Le puzzle fut résolu seulement après avoir découvert que les molécules du CMH servaient à diriger les lymphocytes T sur les cellules

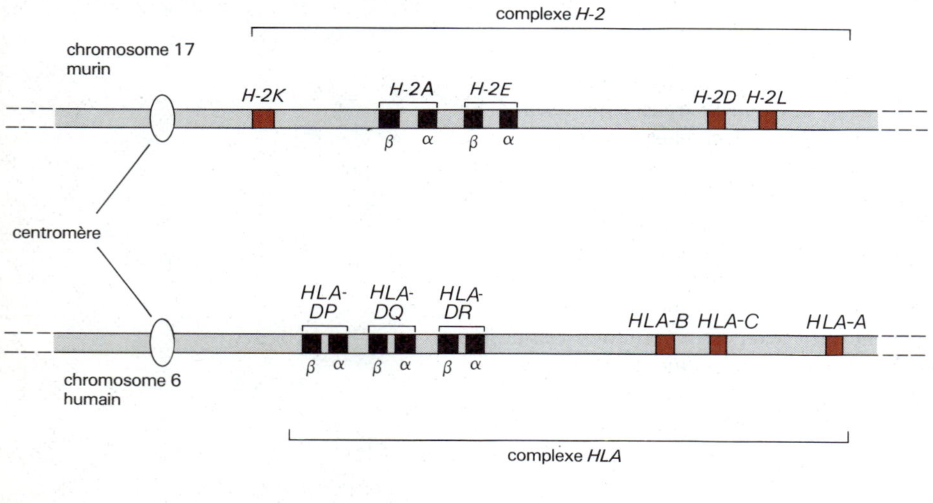

Figure 18-48 Représentation schématique des complexes géniques *H-2* et *HLA*, montrant la localisation des loci qui codent les glycoprotéines de classe I *(en couleur)* et de classe II *(en noir)* du CMH. Il y a trois types de glycoprotéines de classe I (H-2K, H-2D et H-2L chez la souris, et HLA-A, HLA-B et HLA-C chez l'homme), chacune composée d'une chaîne α, codée par le locus décrit, et d'une chaîne de β_2-microglobuline, codée sur un autre chromosome. Il y a deux types de glycoprotéines de classe II du CMH chez la souris, H-2A et H-2E, chacune composée d'une chaîne α et β. Trois types de molécules humaines de classe II sont représentés ici — HLA-DP, HLA-DQ et HLA-DR (chacune composée d'une chaîne α et β), mais il en existe au moins une ou deux autres. Les molécules humaines DP et DR sont homologues à H-2E, chez la souris, et DQ est homologue à H-2A. Tous ces loci sont très polymorphes sauf $H\text{-}2E_\alpha$ et ses homologues chez l'homme, DP_α et DR_α, qui le sont beaucoup moins. Il existe de nombreux autres loci dans le complexe qui code des molécules du type de celles de la classe I du CMH, mais leurs fonctions sont inconnues.

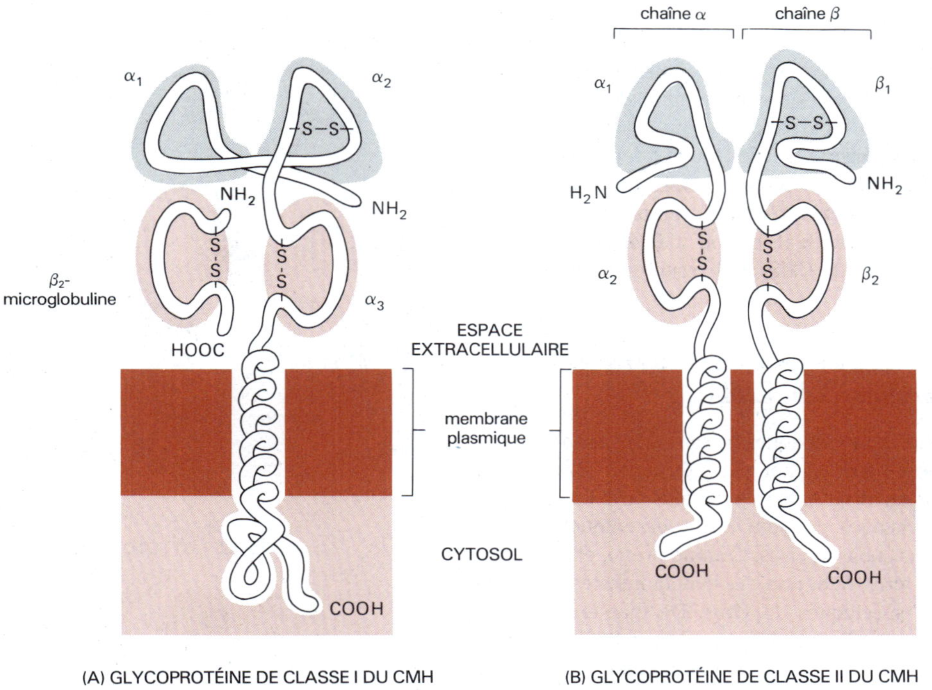

Figure 18-49 Les molécules glycoprotéiques de classe I (A) et de classe II (B) du CMH. La chaîne α de la molécule de classe I, qui est longue d'environ 345 acides aminés, possède trois domaines extracellulaires, α_1, α_2, et α_3 qui sont codés par différents exons. Elle est associée de façon non covalente à une petite chaîne polypeptidique, la β_2-microglobuline (96 acides aminés) qui n'est pas codée au niveau du CMH. Le domaine α_3 et la β_2-microglobuline sont homologues aux domaines des immunoglobulines. Alors que la β_2-microglobuline est invariable, la chaîne α est extrêmement polymorphe, principalement dans les domaines α_1 et α_2. En fabriquant des gènes hybrides (par des techniques de génie génétique) contenant un mélange d'exons α_1, α_2 et α_3 de différents allèles au niveau d'un locus donné, et en les transfectant dans des fibroblastes en culture, on a montré que les déterminants antigéniques reconnus par les cellules T sont formés par l'interaction des domaines α_1 et α_2.

Dans les molécules de classe II du CMH, les deux chaînes sont polymorphes (β plus que α), principalement au niveau des domaines α_1 et β_1 ; les domaines α_2 et β_2 sont homologues aux domaines des immunoglobulines. Des expériences de transfection analogues à celles décrites pour les molécules de classe I indiquent que les déterminants antigéniques sur les molécules de classe II, reconnus par les cellules T, sont formés par l'interaction des domaines α_1 et β_1.

Ainsi, il y a d'étonnantes similitudes entre les glycoprotéines de classe I et de classe II : elles ont quatre domaines extracellulaires, dont trois possèdent des ponts disulfure intracaténaires. Les deux domaines les plus proches de la membrane ressemblent aux domaines des immunoglobulines. Les deux autres domaines interagissent pour former une surface complexe tridimensionnelle qui, comme nous le verrons plus tard, semble se lier à l'antigène étranger et le présenter aux cellules T. Toutes les chaînes sont glycosylées sauf la β_2-microglobuline (non représenté).

de l'hôte qui ont un antigène étranger à leur surface — par exemple, sur les cellules infectées par un virus. La manière dont cette découverte aida à résoudre une bonne partie du puzzle sera discutée plus loin (voir p. 1043).

Il y a deux classes principales de molécules du CMH [37]

Il y a deux classes principales d'antigènes du CMH, la *classe I* et la *classe II*, chacune comprenant un groupe de glycoprotéines de surface cellulaire codées par deux groupes de gènes liés, qui forment le complexe majeur d'histocompatibilité (Figure 18-48). Les glycoprotéines des deux classes du CMH sont des hétérodimères avec des structures globales homologues ; il semble que leurs domaines amino-terminaux soient spécialisés dans la liaison de l'antigène et sa présentation aux cellules T.

Chaque **gène de classe I du CMH** code une seule chaîne polypeptidique transmembranaire (appelée α) dont la plus grande partie est repliée en trois domaines globulaires extracellulaires (α_1, α_2, α_3). Chaque chaîne α est associée de façon non covalente à une petite protéine extracellulaire, non glycosylée, la *β_2-microglobuline*, qui ne traverse pas la membrane et est codée par un autre gène sur un autre chromosome (Figure 18-49A). La β_2-microglobuline et le domaine α_3, qui sont les plus proches de la membrane, sont homologues à un domaine d'immunoglobuline. Les deux domaines amino-terminaux de la chaîne α, qui sont les plus éloignés de la membrane, contiennent les résidus polymorphes (variables) qui sont reconnus par les cellules T dans les réactions de transplantation.

Comme les molécules de classe I du CMH, les **molécules de classe II du CMH** sont des hétérodimères comprenant deux domaines du type des immunoglobulines, conservés, proches de la membrane, et deux domaines polymorphes (variables), amino-terminaux, plus éloignés de la membrane. Néanmoins, les deux chaînes sont codées par le CMH et traversent la membrane (Figure 18-49B). La présence de domaines du type des immunoglobulines dans les glycoprotéines de classe I et de classe II suggère que les molécules du CMH et les anticorps ont un passé commun (voir p. 1053).

Il existe des preuves convaincantes que les régions polymorphes des molécules du CMH des deux classes interagissent avec un antigène étranger et que c'est le complexe que forme la molécule du CMH avec l'antigène étranger qui est reconnu par le récepteur des cellules T. Avant d'aller plus loin, il nous faut comprendre les différents rôles joués par les molécules de classe I et de classe II dans le guidage des lymphocytes T helper et cytotoxiques, respectivement, vers leurs cellules cibles appropriées.

La différence fonctionnelle majeure entre les molécules du CMH de classe I et de classe II se reflète dans leur distribution tissulaire. Les molécules de classe I sont virtuellement exprimées sur toutes les cellules nucléées, alors que l'expression des molécules de classe II est restreinte aux cellules du système immunitaire. Ceci est probablement dû au fait que les molécules de classe I sont reconnues par les cellules T cytotoxiques, qui doivent être capables de se diriger sur n'importe quelle cellule de l'organisme, qui se trouve infectée par un virus, alors que les molécules de classe II sont reconnues par les cellules T auxiliaires qui interagissent principalement avec les autres cellules impliquées dans les réponses immunitaires, comme les cellules B et les *cellules présentant l'antigène* (Figure 18-50 et voir p. 1045). Les principales caractéristiques des deux classes de glycoprotéines du CMH sont résumées dans le Tableau 18-2.

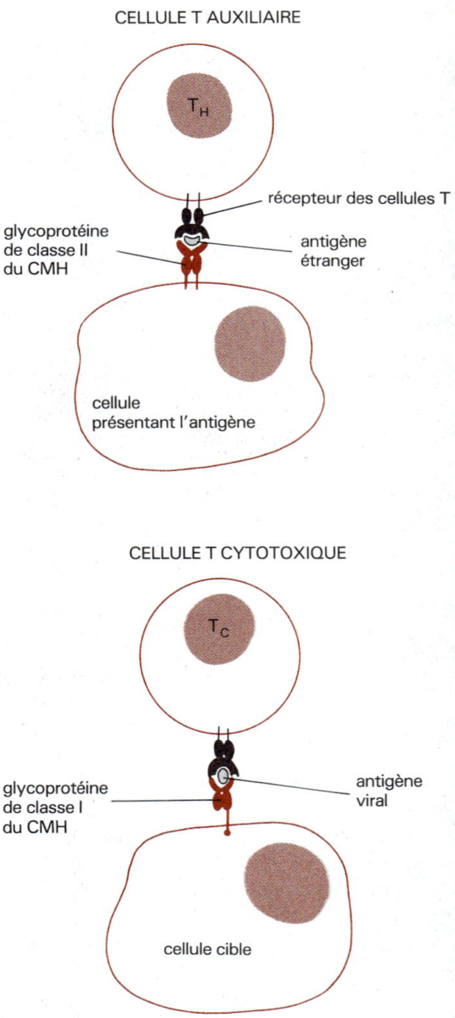

Figure 18-50 Les cellules T cytotoxiques reconnaissent les antigènes viraux étrangers en association avec les glycoprotéines de classe I du CMH à la surface de n'importe quelle cellule hôte, alors que les cellules auxiliaires reconnaissent les antigènes étrangers en association avec les glycoprotéines de classe II du CMH sur la surface d'une *cellule présentant l'antigène*. Dans les réactions de transplantation aussi, les cellules T auxiliaires réagissent contre les glycoprotéines étrangères de classe II et les cellules cytotoxiques réagissent contre les glycoprotéines étrangères de classe I.

Les cellules T cytotoxiques reconnaissent les antigènes étrangers en association avec les molécules de classe I du CMH [38]

Une expérience réalisée en 1974 sur les cellules cytotoxiques a clairement montré, pour la première fois, que les molécules du CMH présentent les antigènes étrangers aux cellules T. Des souris d'une lignée X furent infectées par un virus A. Sept jours plus tard, les rates de ces souris contenaient des cellules T cytotoxiques actives, qui pouvaient tuer, en quelques heures en culture, les fibroblastes de la lignée X, infectés par le virus. Comme prévu, elles ne tuaient les fibroblastes que s'ils étaient infectés par le virus A, et non s'ils étaient infectés par un virus B. Ainsi, les cellules T cytotoxiques étaient spécifiques du virus. De manière inattendue, cependant, les mêmes cellules T étaient incapables de tuer des fibroblastes de souris de lignée Y, infectés par le même virus A (Figure 18-51). Les cellules T cytotoxiques reconnaissaient donc non seulement le virus, mais aussi certaines différences entre les deux sortes de fibroblastes. En utilisant des lignées spéciales de souris *(lignées congéniques)* génétiquement identiques sauf pour leurs loci de classe I du CMH, ou génétiquement différentes sauf pour leurs loci de classe I du CMH, il fut possible de montrer que les cellules cibles infectées n'étaient détruites que si elles exprimaient au moins l'une des molécules de classe I du CMH exprimées par la souris infectée initialement. Ceci indiquait que les glycoprotéines de classe I du CMH sont nécessaires à la présentation, aux cellules T cytotoxyques, des antigènes viraux liés à la surface cellulaire. Du fait que les cellules de tout individu ne reconnaîtront un antigène qu'en association avec molécules du CMH exprimées par cet individu, cette co-reconnaissance est souvent appelée *restriction du CMH*. Il fallut cependant attendre dix ans pour qu'une série d'expériences sur les cellules T cytotoxiques réagissant au virus de la grippe démontrent la nature chimique des antigènes viraux reconnus par les cellules T cytotoxiques.

Tableau 18-2 Propriétés des glycoprotéines des classes I et II du CMH

	Classe I	**Classe II**
Loci génétiques	*H-2K, H-2D, H-2L* chez la souris ; *HLA-A, HLA-B, HLA-C* chez l'homme	groupes *I-A et I-E* chez la souris, *DP, DQ, DR* et un ou deux autres groupes chez l'homme
Structure des chaînes	chaîne α (45 000 daltons) + β_2-microglobuline (11 500 daltons)	chaîne α (29 000 à 34 000 daltons) + chaîne β (25 000 à 28 000 daltons)
Distribution cellulaire	presque toutes les cellules nucléées	les cellules B, les cellules présentant l'antigène, les cellules de l'épithélium thymique, et quelques autres
Impliqué dans la présentation de l'antigène aux	cellules T cytotoxiques	cellules T auxiliaires
Les domaines polymorphes impliqués dans la reconnaissance des cellules T et la liaison de l'antigène	$\alpha_1 + \alpha_2$	$\alpha_1 + \beta_1$

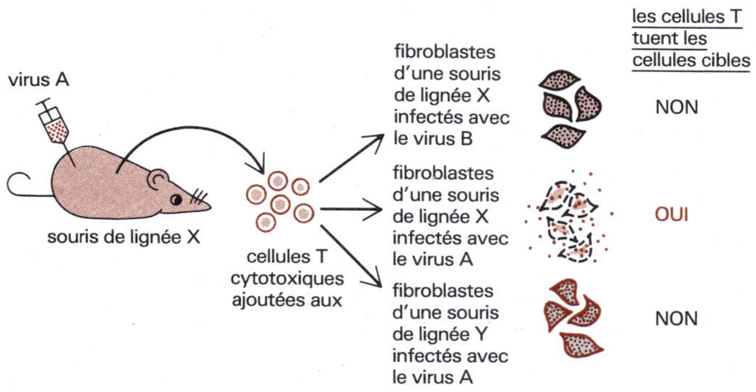

Figure 18-51 L'expérience classique montrant qu'une cellule T cytotoxique reconnaît une certaine caractéristique de la surface de la cellule cible hôte en plus d'un antigène viral. En répétant cette expérience avec des cellules cibles qui ne diffèrent des cellules de la souris infectée que dans des régions limitées de leur génome, on montra que la caractéristique de la surface de la cellule cible, reconnue par les cellules T cytotoxiques, est une glycoprotéine de classe I du CMH.

La méthode la plus commode pour mesurer la capacité de destruction des cellules T cytotoxiques utilise l'isotope ^{51}Cr radioactif, qui est capté par les cellules vivantes, et uniquement libéré quand les cellules meurent. Pour mesurer l'activité des cellules T cytotoxiques, il est nécessaire de les incuber pendant plusieurs heures avec des cellules cibles contenant du ^{51}Cr et de mesurer, ensuite, la quantité de ^{51}Cr libérée par les cellules cibles tuées.

Les cellules T cytotoxiques reconnaissent des fragments de protéines virales à la surface des cellules infectées par un virus [39]

Nous savons depuis 1960 que les cellules T, contrairement aux cellules B (et aux anticorps) ne reconnaissent généralement pas les déterminants antigéniques sur la structure repliée d'une protéine (voir Figure 18-23A, p. 1018) ; au lieu de cela elles reconnaissent les déterminants sur la chaîne polypeptidique déployée. La raison en devint évidente au fur et à mesure de l'accumulation des preuves (obtenues initialement par des études sur le mode reconnaissance antigénique des cellules T auxiliaires — voir p. 1044, ci-dessous) que les antigènes reconnus par les cellules T sont normalement dégradés à l'intérieur de la cellule hôte avant d'être présentés à sa surface. L'observation que quelques cellules T cytotoxiques activées par le virus de la grippe reconnaissaient spécifiquement des protéines internes du virus qui ne sont pas accessibles dans la particule de virus intact, démontra pour la première fois l'existence de ce mécanisme de présentation de l'antigène aux cellules T cytotoxiques. Par la suite, d'autres expériences suggérèrent que les cellules T reconnaissaient des fragments dégradés des protéines virales. Puisque les virus sont des parasites intracellulaires, dont les protéines sont synthétisées à partir des gènes viraux à l'intérieur de la cellule infectée (voir p. 250), il est supposé que quelques fragments de protéines virales, une fois synthétisés, « s'échappent » vers la surface d'une cellule infectée, s'associant aux molécules du CMH soit à la surface de la cellule, soit quelque part à l'intérieur de la cellule (Figure 18-52).

Deux types d'expériences sont en accord avec cette hypothèse. Premièrement, si des fibroblastes normaux en culture sont brièvement exposés à des fragments d'une protéine interne du virus de la grippe (la nucléoprotéine, NP — voir Figure 18-52), ils sont reconnus puis tués par des cellules T cytotoxiques initialement activées par des fibroblastes infectés par le virus de la grippe, mais uniquement si les deux types de fibroblastes expriment les mêmes glycoprotéines de classe I du CMH. Deuxièmement, si une séquence d'ADN, codant un fragment de la nucléoprotéine grippale, est introduite dans des fibroblastes normaux, les cellules

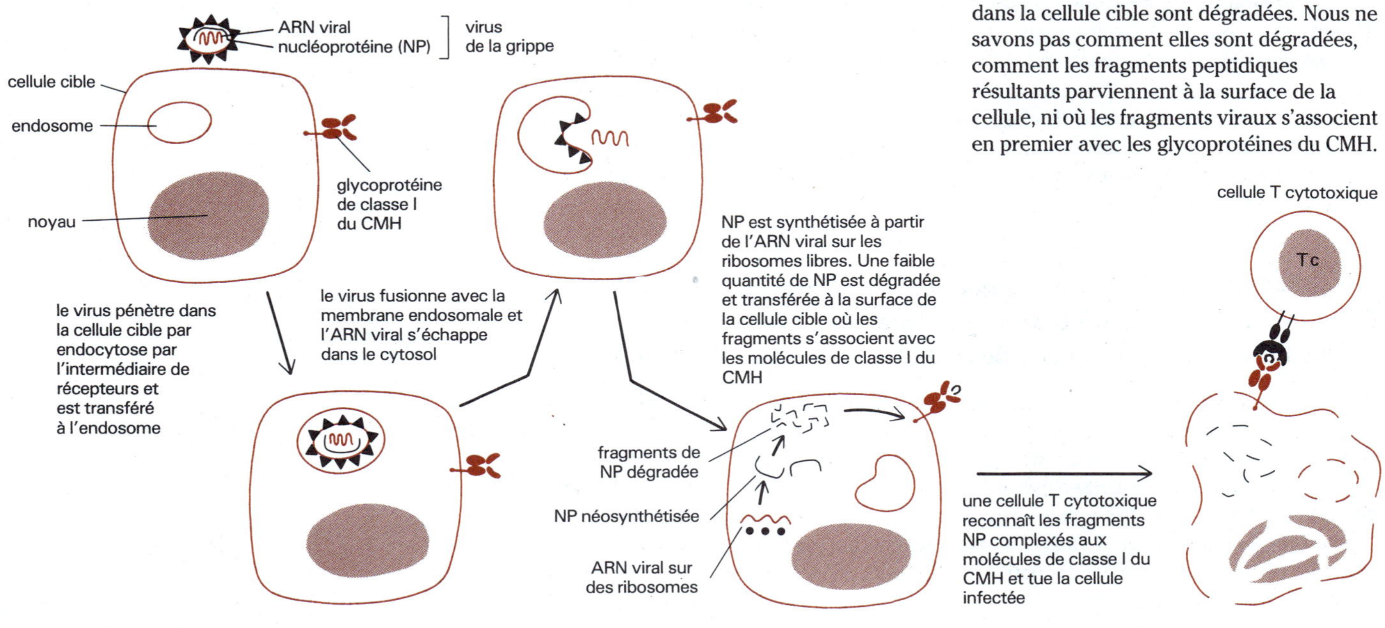

Figure 18-52 Une cellule T cytotoxique va tuer une cellule infectée par un virus lorsqu'elle reconnaît des fragments de protéines virales liés aux molécules de classe I du CMH à la surface de la cellule infectée. Dans le cas décrit ici, les fragments peptidiques proviennent de la nucléoprotéine (NP) du virus de la grippe ; pour simplifier, c'est la seule protéine virale interne représentée. Seule une très petite proportion des protéines virales synthétisées dans la cellule cible sont dégradées. Nous ne savons pas comment elles sont dégradées, comment les fragments peptidiques résultants parviennent à la surface de la cellule, ni où les fragments viraux s'associent en premier avec les glycoprotéines du CMH.

transfectées sont tuées par les cellules T cytotoxiques décrites dans la première expérience. Ces expériences, ainsi que d'autres, suggèrent que les fragments des protéines virales peuvent parvenir à la surface cellulaire et s'associer avec les molécules de classe I du CMH.

Il n'est pas difficile de comprendre comment les protéines virales peuvent être dégradées dans les cellules infectées puisque presque toutes les protéines cellulaires sont connues pour être continuellement dégradées (voir p. 418). Il est plus difficile de comprendre comment les fragments de la nucléoprotéine grippale parviennent à la surface de la cellule puisque la protéine est synthétisée sur les ribosomes cytoplasmiques et n'aurait pas accès normalement à la lumière du réticulum endoplasmique d'où partent les protéines destinées à la surface cellulaire (voir p. 412). Cependant, la reconnaissance des cellules T ne nécessite probablement que de petites quantités d'antigènes, la migration anormale d'une petite fraction de fragments nucléoprotéiques à la surface cellulaire devrait suffire à ce qu'une cellule devienne la cible d'un lymphocyte T cytotoxique approprié.

Les études par diffraction des rayons X révèlent le site de liaison antigénique d'une glycoprotéine de classe I du CMH [40]

L'obtention, en 1987, de la structure tridimensionnelle d'une glycoprotéine de classe I du CMH humain par diffraction des rayon X fut un progrès majeur dans notre compréhension de la façon dont les molécules du CMH présentent l'antigène aux cellules T. Comme le montre la Figure 18-53A, la protéine possède un seul site présumé de liaison à l'antigène, situé à une extrémité de la molécule. Le site consiste en un profond sillon situé entre deux longues hélices α dérivées des domaines α_1 et α_2 pratiquement identiques ; la base du sillon est formée par huit chaînes β dérivées des deux mêmes domaines. Le sillon fait 2,5 nm de longueur, 10 nm de largeur et 11 nm de profondeur, ce qui est largement suffisant pour accueillir un peptide d'environ 10 à 20 acides aminés, selon l'importance de la compression du peptide par enroulement ou flexion. Singulièrement le sillon dans la protéine cristallisée n'était pas vide : il contenait une petite molécule d'origine inconnue, peut-être un peptide, qui était co-purifiée et co-cristallisait avec la glycoprotéine du CMH (Figure 18-53B). Cette découverte suggère fortement que le sillon est le site de liaison de l'antigène et qu'un peptide, une fois lié à ce site, se dissocie très lentement ; le fait que des fibroblastes exposés pendant une courte période à des fragments de la nucléoprotéine du virus de la grippe restent les cibles des cellules T cytotoxiques spécifiques du virus pendant au moins 3 jours corrobore cette conclusion.

La majorité des acides aminés polymorphes d'une glycoprotéine du CMH (ceux qui diffèrent dans les formes alléliques de ce type de molécule) sont situés dans le sillon, où ils seraient supposés se lier à l'antigène, ou en bordure du sillon où ils seraient accessibles à la reconnaissance par le récepteur des cellules T. La variabilité des molécules de classe I du CMH a été probablement choisie pour leur permettre de fixer et de présenter de nombreux peptides viraux. Cependant, il reste surprenant qu'un petit nombre de sites de liaison antigénique différents antigénique, associés avec les molécules de classe I du CMH chez un individu (un maximum de six chez l'homme), puisse lier le grand nombre de peptides viraux, que les cellules T peuvent reconnaître spécifiquement. A cet égard, les glycoprotéines de classe II du CMH, qui ont, pense-t-on, une structure tri-dimensionnelle très voisine de celle des molécules de classe I, sont encore plus étonnantes. Bien qu'un individu ne produise environ que 10 à 20 types de molécules de classe II, chacune avec un site unique de liaison à l'antigène, ces molécules semblent capables de fixer et de présenter une variété apparemment illimitée de peptides étrangers aux *cellules T auxiliaires*, qui jouent un rôle crucial dans presques toutes les réponses immunitaires.

Les cellules T auxiliaires reconnaissent des fragments d'antigènes étrangers en collaboration avec les glycoprotéines de classe II du CMH à la surface des cellules présentant l'antigène [41]

Les **cellules T auxiliaires** (ou **helper**) sont nécessaires à la majorité des autres types de lymphocytes pour répondre de façon optimale à l'antigène. L'importance cruciale des cellules T auxiliaires dans l'immunité est dramatiquement mise en évidence dans le *Syndrome d'Immuno-Déficience Acquise (SIDA)*. Un rétrovirus (virus d'immuno-déficience humain, VIH) est à l'origine de cette maladie ; il tue les cellules T auxiliaires, paralysant ainsi le système immunitaire et rendant le patient sensible à l'infection par des microorganismes qui attaquent rarement les individus normaux. La plupart des patients atteints du SIDA meurent de ces infections quelques années après les premiers symptômes.

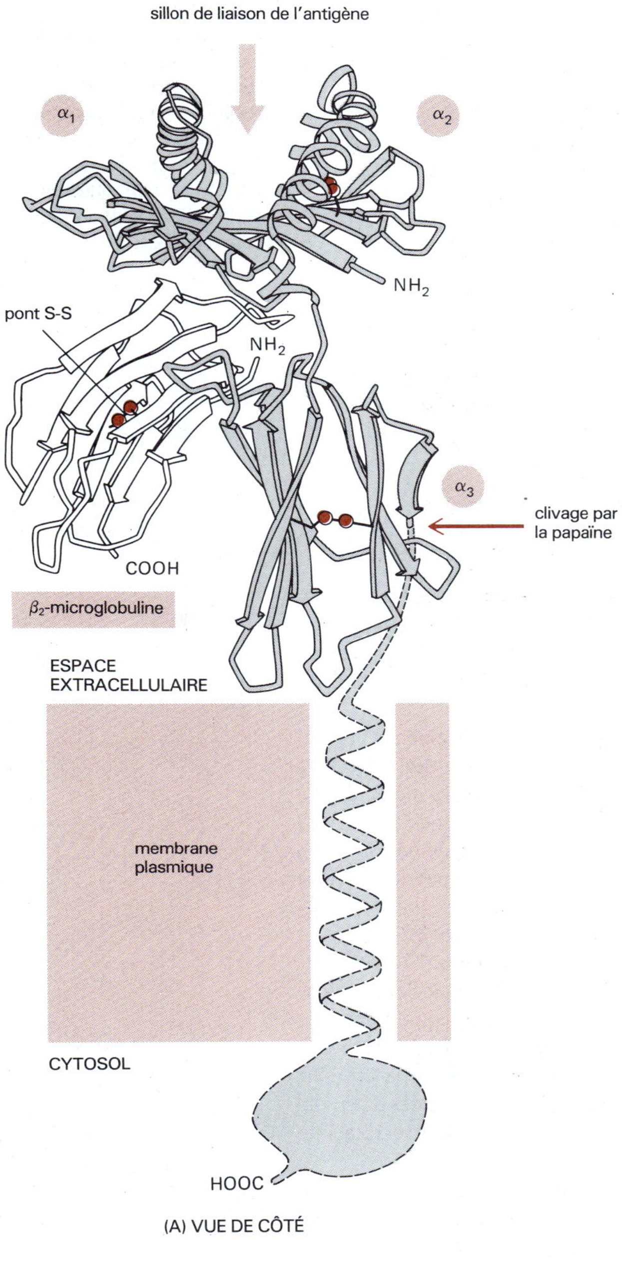

Figure 18-53 (A) La structure d'une glycoprotéine de classe I du CMH déterminée par analyse de cristaux de la région extracellulaire de la molécule, par diffraction des rayons X. La région extracellulaire a été séparée du segment transmembranaire par une enzyme protéolytique, la papaïne. Chacun des deux domaines les plus proches de la membrane plasmique (α_3 et la β_2-microglobuline) ressemble à un domaine d'immunoglobuline (voir Figure 18-28B), alors que les deux domaines les plus éloignés de la membrane (α_1 et α_2) sont très ressemblants et forment ensemble, au sommet de la molécule, un sillon qui est vraisemblablement le site de combinaison antigénique. Les molécules de classe II du CMH ont sans doute la même structure. (B) Le sillon supposé de liaison de l'antigène vu du dessus, contenant une petite molécule (supposée être un peptide) qui co-purifie avec la protéine du CMH. C'est aussi la région de la molécule qui interagit avec le récepteur des cellules T. (D'après P.J. Bjorkman, M.A. Saper, B. Samraoui, W.S. Bennett, J.L. Strominger et D.C. Wiley, *Nature* 329:506-512, 1987.)

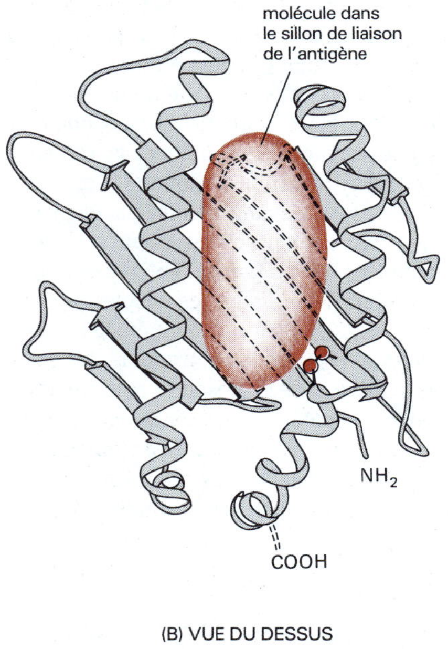

Avant de pouvoir aider les autres lymphocytes à répondre à l'antigène, les cellules T auxiliaires doivent être activées. Cette activation se produit quand une cellule T auxiliaire reconnaît un antigène étranger, lié à une glycoprotéine de classe II du CMH à la surface d'une **cellule présentant l'antigène**. Les cellules présentant l'antigène se trouvent dans la majorité des tissus. Elles proviennent de la moelle osseuse et sont très hétérogènes ; elles comprennent les *cellules dendritiques* des organes lymphoïdes, les *cellules de Langerhans* de la peau et certains types de macrophages. Avec les cellules B, qui peuvent également présenter l'antigène aux cellules T auxiliaires (voir plus loin), et les cellules épithéliales du thymus (voir p. 1052), ces cellules spécialisées dans la présentation de l'antigène sont les principaux types cellulaires qui expriment normalement les molécules de classe II du CMH (voir Tableau 18-2).

De nombreuses expériences démontrent le rôle primordial des molécules de classe II du CMH dans la présentation des antigènes étrangers aux cellules T auxiliaires. Par exemple, la liaison d'anticorps aux molécules de classe II sur les cellules présentant l'antigène bloque la

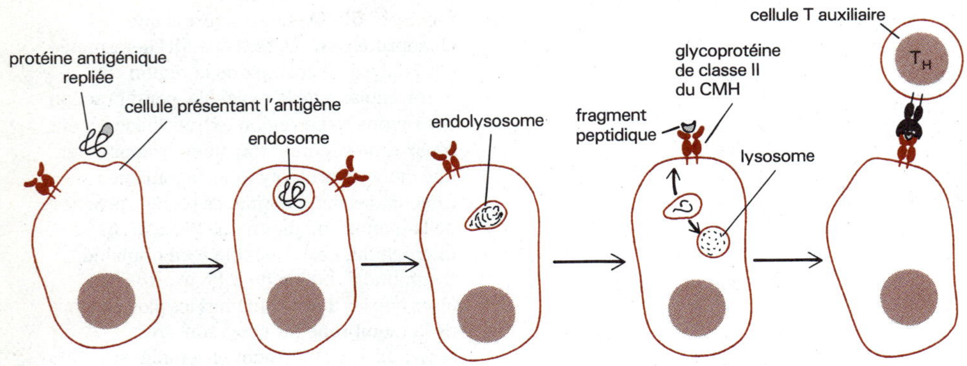

Figure 18-54 Schéma hypothétique de la manière dont un antigène peut être « traité » par une cellule présentant l'antigène. Quand les glycoprotéines de classe II du CMH sont recyclées dans le compartiment endosomal, elles peuvent s'associer initialement avec des fragments peptidiques dans le compartiment endolysosomal, puis retourner à la surface de la cellule, liées à un peptide (non représenté).

capacité de ces cellules de présenter l'antigène étranger aux cellules T auxiliaires. D'autre part, les fibroblastes, qui ne produisent pas de molécules de classe II du CMH et ne peuvent pas présenter d'antigènes étrangers aux cellules T auxiliaires, peuvent être convertis en cellules présentant l'antigène s'ils sont transfectés avec un gène codant une molécule de classe II du CMH.

Comme les antigènes viraux présentés aux cellules T cytotoxiques, les antigènes présentés aux cellules T auxiliaires par les cellules spécialisées sont généralement des fragments dégradés d'une protéine étrangère. Ces peptides se lient vraisemblablement aux molécules de classe II du CMH de la même façon que les peptides viraux se lient aux molécules de classe I du CMH (voir Figure 18-53). Cependant, contrairement à la cellule cible (infectée par un virus) d'une cellule T cytotoxique, la cellule présentant l'antigène ne synthétise pas la protéine étrangère. Il semble plutôt que la protéine étrangère soit ingérée par endocytose puis partiellement dégradée dans le milieu acide des endosomes ou des endolysosomes (voir p. 331), avant que des fragments choisis soient renvoyés à la surface cellulaire — une séquence d'événements appelée **présentation de l'antigène (antigen processing)** (Figure 18-54). Si l'on bloque l'endocytose en fixant légèrement les cellules présentant l'antigène avec un produit chimique comme le formaldéhyde, ou si l'on inhibe la protéolyse dans les endolysosomes et les lysosomes par une drogue telle que la chloroquine, les cellules ne sont plus capables de transformer la protéine étrangère et de la présenter aux cellules T auxiliaires. Cependant, les cellules traitées ainsi sont encore capables de présenter la protéine si celle-ci est coupée en petits peptides (10-15 acides aminés de long) avant d'être ajoutée aux cellules.

Une cellule présentant l'antigène a la propriété remarquable de pouvoir transformer et présenter n'importe quel antigène à la cellule T auxiliaire appropriée. Ce manque de spécificité antigénique suggère que l'antigène pénètre passivement dans les cellules présentant l'antigène plutôt que par un processus d'endocytose par l'intermédiaire de récepteurs (voir p. 328). Si cela est vrai, la majorité des protéines ingérées et dégradées seront alors des protéines de l'hôte (du « soi »), dont les fragments peptidiques occuperont le site de liaison de nombreuses molécules de classe II du CMH. La liaison des peptides étrangers à une petite proportion seulement de molécules du CMH semble suffisante pour activer une cellule T auxiliaire.

Les cellules T auxiliaires stimulent la prolifération des lymphocytes T activés en sécrétant le l'interleukine II [42]

L'activation d'une cellule T auxiliaire est un processus complexe impliquant la sécrétion de protéines appelées **interleukines**, qui agissent comme médiateurs chimiques locaux. Il semble que l'activation commence lorsque la cellule T, par des moyens inconnus, stimule la cellule présentant l'antigène pour qu'elle produise une ou plusieurs interleukines. Le médiateur le mieux caractérisé est l'**interleukine 1 (IL-1)**. Cependant, l'action combinée de l'IL-1 (et probablement d'autres interleukines) et de la liaison de l'antigène ne stimule pas directement la prolifération des cellules T auxiliaires. Au lieu de cela, elle entraîne la cellule T à stimuler sa propre prolifération, en l'induisant à sécréter un facteur de croissance appelé **interleukine 2 (IL-2)** et à synthétiser des récepteurs de l'IL-2 qu'elle exprime à sa surface. C'est la liaison de

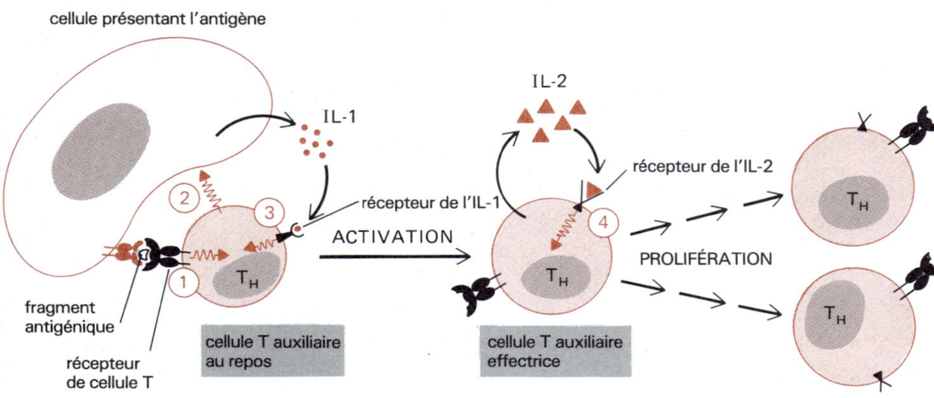

Figure 18-55 Schéma hypothétique de la séquence d'événements informatifs qui semblent se produire lorsqu'un antigène stimule la prolifération des cellules T auxiliaires (T_H). La liaison de la cellule T à l'antigène à la surface des cellules présentant l'antigène indique au récepteur des cellules T de déclencher la voie des phosphoinositides (voir p. 702) (signal 1). Ceci provoque la stimulation de la cellule présentant l'antigène par la cellule T, selon un mécanisme inconnu (signal 2). La cellule présentant l'antigène sécrète alors des interleukines, comme l'interleukine 1 (IL-1) qui active la cellule T (signal 3). La cellule T effectrice synthétise des récepteurs de l'interleukine 2 (IL-2) et sécrète de l'IL-2 ; la liaison de l'IL-2 à ses récepteurs (signal 4) stimule la croissance et la division des cellules. Lorsque l'antigène est éliminé, les cellules T cessent finalement de synthétiser l'IL-2 et les récepteurs de l'IL-2, de sorte que la prolifération cellulaire s'arrête.

l'IL-2 à ces récepteurs qui stimule la prolifération des cellules T. Ainsi, la cellule T auxiliaire peut continuer à proliférer grâce à un *mécanisme autocrine* (voir p. 690), après s'être physiquement séparée de la cellule présentant l'antigène (Figure 18-55). La cellule T auxiliaire peut également stimuler la prolifération de n'importe quelle autre cellule T, y compris les cellules T cytotoxiques, si elles expriment les récepteurs de l'IL-2. L'expression des récepteurs de l'IL-2 étant cependant strictement dépendante de la stimulation par l'antigène, ceci n'entraîne pas la prolifération sans distinction de toutes les cellules T, mais seulement de celles qui ont rencontré l'antigène.

Les conditions de prolifération des cellules T une fois trouvées il fut possible d'établir, en culture, des *lignées de cellules T* spécifiques d'un antigène en les cultivant en permanence dans un milieu contenant de l'IL-2 et en les stimulant périodiquement avec l'antigène pour maintenir l'expression des récepteurs à l'IL-2. Des cellules individuelles issues de telles lignées peuvent être ensuite isolées pour engendrer des **clones de cellules T**. Comme nous l'avons vu, ces clones sont d'une importance primordiale dans la recherche sur les cellules T. Ils permettent par exemple d'isoler des récepteurs des cellules T et leurs gènes ; ils ont été également largement utilisés pour étudier les mécanismes d'activation des cellules T et le rôle des cellules T auxiliaires dans la stimulation des réponses des autres lymphocytes.

La majorité des cellules B ont besoin des cellules T auxiliaires pour répondre à l'antigène [43]

Les cellules T auxiliaires sont essentielles pour les réponses anticorps des cellules B à la majorité des antigènes. Ceci fut découvert dans le milieu des années 1960 grâce à des expériences dans lesquelles des thymocytes ou des cellules de moelle osseuse furent injectées avec un antigène à des souris irradiées. Les souris qui n'avaient reçu que des cellules de moelle osseuse ou des thymocytes étaient incapables de synthétiser des anticorps ; mais, si un mélange de cellules de moelle osseuse et de thymocytes était injecté, de grandes quantités d'anticorps étaient produites. Il fut démontré, plus tard, il fut démontré que les cellules T étaient issues du thymus et les cellules B de la moelle osseuse (Figure 18-56). L'utilisation d'un marqueur chromosomique spécifique pour distinguer les cellules T des cellules B injectées montra que les cellules B étaient les cellules sécrétrices d'anticorps, conduisant à la conclusion que les cellules T devaient aider les cellules B à répondre à l'antigène.

Il y a certains antigènes, cependant, parmi lesquels de nombreux polysaccharides microbiens, qui peuvent stimuler la prolifération et la maturation des lymphocytes B sans l'aide des cellules T. De tels *antigènes indépendants des cellules T*, sont généralement de grands polymères composés d'une répétition de déterminants antigéniques identiques dont la liaison « multi-sites » aux molécules d'anticorps liées à la membrane (qui servent de récepteurs antigéniques sur les cellules B) peut engendrer un signal assez fort pour activer directement les cellules B. Il semble que les cellules qui répondent, de cette façon, aux antigènes multimériques fassent partie d'une sous-classe de cellules B qui a évolué pour réagir contre les polysaccharides microbiens, sans l'aide des cellules T.

Les cellules T auxiliaires facilitent l'activation des cellules B en sécrétant des interleukines [44]

Une fois activée par un antigène étranger, situé à la surface d'une cellule présentant l'antigène, une cellule T auxiliaire adéquate peut faciliter l'activation d'une cellule B en se liant au même antigène étranger sur la surface de la cellule B. La cellule présentant l'antigène ingère et présente les antigènes de façon non spécifique (voir p. 1046), mais une cellule B ne présente

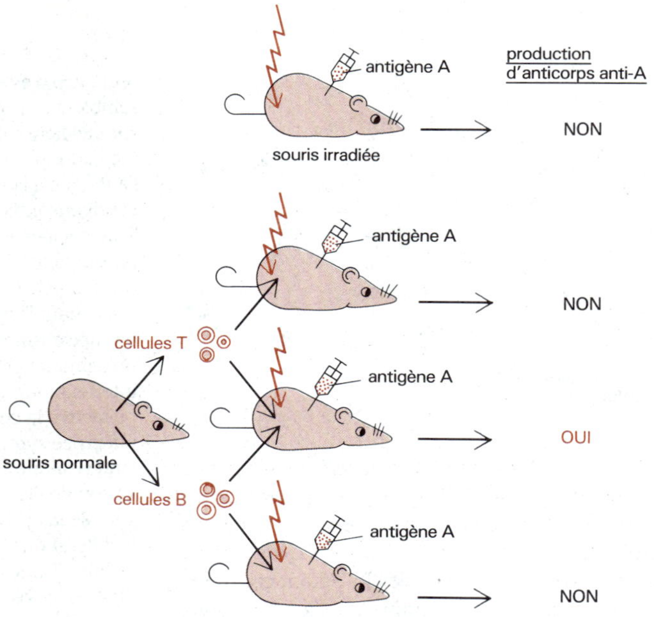

Figure 18-56 L'expérience qui suggéra pour la première fois que les deux types de cellules T et B sont nécessaires pour déclencher une réponse immunitaire. La dose d'irradiation utilisée tue les cellules T et les cellules B de la souris irradiée.

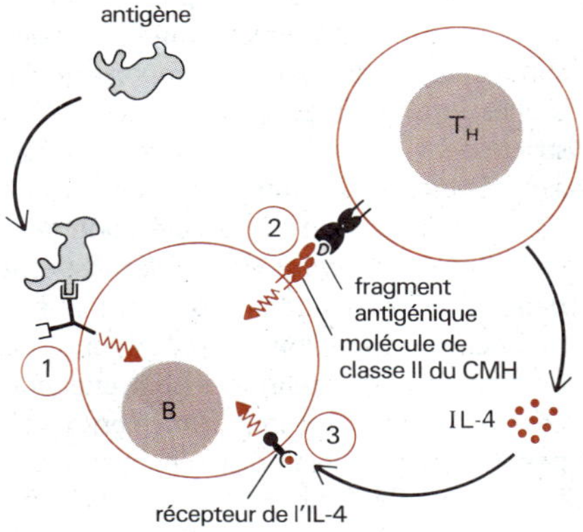

Figure 18-57 Au moins trois types de signaux sont impliqués dans les premières étapes de l'activation des cellules B. L'importance relative de ces signaux est incertaine et peut varier selon le type de cellule B et l'antigène. Le signal 1 résulte de la liaison de l'antigène et semble avoir lieu par l'intermédiaire de la voie des phosphoinositides (voir p. 702) ; il favorise l'activation des cellules B et peut induire l'expression de récepteurs de certaines interleukines produites par les cellules T auxiliaires. La cellule B ingère ensuite et dégrade l'antigène (non représenté), et présente de petits fragments d'antigène aux cellules T auxiliaires en association avec les molécules de classe II du CMH. Nous ne savons pas clairement si la liaison des cellules T transmet un signal à la cellule B (signal décrit comme signal 2) ou si elle sert uniquement à diriger la sécrétion de l'interleukine 4 (IL-4) et d'autres interleukines (non représenté) sur la surface de la cellule B (signal 3). Non seulement le signal 3 active la cellule B mais il stimule aussi la cellule pour qu'elle produise davantage de glycoprotéine de classe II du CMH, augmentant ainsi la capacité qu'a la cellule B de recevoir l'aide de la cellule T. Une fois la cellule B activée, les autres interleukines dérivées des cellules T auxiliaires (comme l'IL-5, l'IL-6 et l'interféron γ) favorisent la prolifération de la cellule et sa maturation en cellule sécrétrice d'anticorps (non représenté).

qu'un antigène, qui soit reconnu spécifiquement. La sélection de l'antigène se fait par sa liaison aux anticorps spécifiques liés à la membrane (récepteurs antigéniques) à la surface de la cellule B ; l'antigène est ensuite ingéré par endocytose par l'intermédiaire de récepteurs (voir p. 328), puis dégradé et recyclé à la surface cellulaire sous la forme de peptides liés aux glycoprotéines de classe II du CMH pour la reconnaissance par la cellule T auxiliaire. Ainsi, la cellule T auxiliaire reconnaît les mêmes complexes antigène-CMH sur la cellule B auxiliaire que sur la cellule présentant l'antigène, qui est responsable de l'activation de la cellule T.

Le contact spécifique entre une cellule T auxiliaire et une cellule B initie un réarrangement interne du cytoplasme de la cellule helper qui oriente son centrosome et son appareil de Golgi vers la cellule B, comme ceci a été décrit précédemment pour une cellule T cytotoxique qui entre en contact avec une cellule cible (voir Figure 18-47). Dans ce cas, cependant, l'orientation semble permettre à la cellule T auxiliaire de diriger la sécrétion des interleukines (et peut-être de concentrer des molécules informatives liées à la membrane), vers la surface de la cellule B. Ces interleukines comprennent l'*IL-4*, qui aide à initier l'activation des cellules B, l'*IL-5* qui stimule la prolifération des cellules B activées, et l'*IL-6* qui induit la maturation des cellules B activées en cellules sécrétrices d'anticorps. Certaines des interleukines mentionnées, ainsi que d'autres, peuvent induire le phénomène de commutation de classe d'anticorps (voir p. 1029). Certains des signaux qui semblent être impliqués dans l'activation initiale des cellules B sont illustrés sur la Figure 18-57.

Comment les signaux passent-ils des récepteurs de surface cellulaire activés à l'intérieur de la cellule lorsque les cellules B et T sont stimulées par les antigènes et les interleukines ? La réponse n'est pas connue dans le cas des récepteurs des interleukines, mais il y a des preuves solides que les récepteurs de l'antigène sur les cellules B comme sur les cellules T préviennent la cellule en activant la voie des phosphoinositides décrite dans le Chapitre 12 (voir p. 702).

Certaines cellules T auxiliaires activent les macrophages en sécrétant l'interféron γ [45]

L'action facilitante des cellules T auxiliaires n'est pas limitée aux lymphocytes. Les cellules T auxiliaires qui sécrètent de l'IL-2 lorsqu'elles sont stimulées par l'antigène, sécrètent également d'autres interleukines, comme l'*interféron* γ, qui attire les macrophages et les active, les rendant plus efficaces dans la phagocytose et la digestion des microorganismes étrangers. La capacité des cellules T d'attirer et d'activer les macrophages est particulièrement importante dans la défense contre les infections par des microorganismes qui peuvent survivre à une simple phagocytose par des macrophages non activés. La tuberculose en est un exemple.

La sécrétion déclenchée par l'antigène d'interféron γ et d'autres interleukines activatrices des macrophages, par les cellules T auxiliaires, est à la base du test tuberculinique cutané. Si la tuberculine (un extrait de la bactérie responsable de la tuberculose) est injectée en intradermique à des individus qui ont eu la tuberculose ou qui ont été vaccinés contre la tuberculose, une réponse immunitaire caractéristique apparaît au niveau de la peau. Elle est provoquée au site d'injection par les interleukines sécrétées par les cellules T auxiliaires à mémoire qui réagissent à la tuberculine. Ces interleukines attirent les macrophages et les lymphocytes au site d'injection, provoquant alors le gonflement caractéristique d'une réaction positive à la tuberculine.

Un autre effet important de l'interféron γ est d'induire l'expression des glycoprotéines de classe II du CMH à la surface de certaines cellules (comme les cellules endothéliales), qui normalement ne les expriment pas. De cette façon, les cellules T auxiliaires peuvent recruter un nombre plus important de cellules présentant l'antigène si le besoin se fait sentir.

Il existe au moins deux sous-classes de cellules T auxiliaires. L'une d'elles semble plutôt agir en aidant les cellules B et sécrète de l'IL-4 et de l'IL-5 ; l'autre semble plutôt agir en aidant les macrophages et les autres cellules T et sécrète de l'IL-2 et de l'interféron γ. La liste de certaines interleukines sécrétées par les cellules T auxiliaires ou les cellules présentant l'antigène est donnée dans le Tableau 18-3.

Les protéines d'adhérence intercellulaire stabilisent les interactions entre les cellules T et leurs cibles [46]

La liaison spécifique des complexes antigène-CMH sur la surface d'une cellule cible aux récepteurs antigéniques α/β sur la surface d'une cellule T n'est souvent pas assez forte pour provoquer une interaction fonctionnelle entre les deux cellules. Différentes protéines d'adhérence intercellulaire (voir Chapitre 14, p. 824) situées sur les cellules T aident à stabiliser de telles interactions en augmentant la force totale des liaisons intercellulaires. Nous avons déjà discuté dans le Chapitre 14 (voir p. 822) du rôle que joue la protéine associée à la fonction lymphocytaire (*lymphocyte-function associated* protein), *LFA-1,* dans l'adhérence des cellules

Tableau 18-3 Propriétés de certaines interleukines *

Interleukine (IL)	Autre nom	Poids moléculaire approximatif	Source	Cible	Action
IL-1	—	15 000	cellules présentant l'antigène	cellules T auxiliaires	favorise l'activation
IL-2	facteur de croissance des cellules T	15 000	certaines cellules T auxiliaires	toutes les cellules T activées	stimule la prolifération
IL-3	multi CSF (voir p. 980)	25 000	certaines cellules T auxiliaires	diverses cellules hématopoïétiques (voir p. 981)	stimule la prolifération
IL-4	facteur 1 de stimulation des cellules B (BSF-1)	20 000	certaines cellules T auxiliaires	les cellules B, les cellules T, les mastocytes	favorise l'activation et stimule la prolifération : augmente le nombre de molécules de classe II du CMH sur les cellules B
IL-5	facteur 2 de croissance des cellules B (BCGF-2)	50 000 (dimère)	les mêmes cellules T auxiliaires qui produisent l'IL-4	les cellules B, les éosinophiles	induit la prolifération et la maturation
IL-6	facteur 2 de stimulation des cellules B (BSF-2)	25 000	certaines cellules T auxiliaires et les macrophages	les cellules B activées, les cellules T	induit la maturation des cellules B en cellules sécrétrices d'Ig et favorise l'activation des cellules T
Interféron γ	—	25 000 (dimère)	les mêmes cellules T auxiliaires qui produisent l'IL-2	les cellules B, les macrophages, les cellules endothéliales	induit l'expression des molécules de classe II du CMH et active les macrophages

* Les **interleukines** sont des peptides et des protéines sécrétés qui servent de médiateurs aux interactions locales entre les globules blancs (leucocytes), mais ne se lient pas à l'antigène : celles qui sont sécrétées par les lymphocytes sont également appelées **lymphokines**. La séquence d'acides aminés est connue pour toutes les protéines répertoriées ici. Les sources, les cellules cibles et les actions qui figurent sur le tableau sont celles qui sont les plus importantes pour le système immunitaire ; la majorité des interleukines ont de plus nombreuses sources, cibles et actions que celles décrites ci-dessus et sont, par conséquent, appelées plus justement **cytokines.**

T et B (et de divers globules blancs) aux autres cellules et à la matrice extracellulaire. Les cellules T expriment également une protéine de surface cellulaire appelée *CD2* qui facilite leur adhérence à leurs cellules cibles en se liant à une glycoprotéine complémentaire, appelée *LFA-3*, présente à la surface de la cellule cible.

Parmi les protéines d'adhérence intracellulaire les mieux caractérisées sur les cellules T, il y a les glycoprotéines **CD4** et **CD8**, qui sont exprimées, respectivement, à la surface des cellules T auxiliaires et cytotoxiques. Ces deux glycoprotéines possèdent des domaines extracellulaires homologues aux domaines des immunoglobulines et semblent se lier à des parties invariables des molécules du CMH—CD4 aux glycoprotéines de classe II et CD8 à celles de classe I (Figure 18-58).

Certaines des glycoprotéines accessoires présentes à la surface des lymphocytes T sont résumées dans le Tableau 18-4.

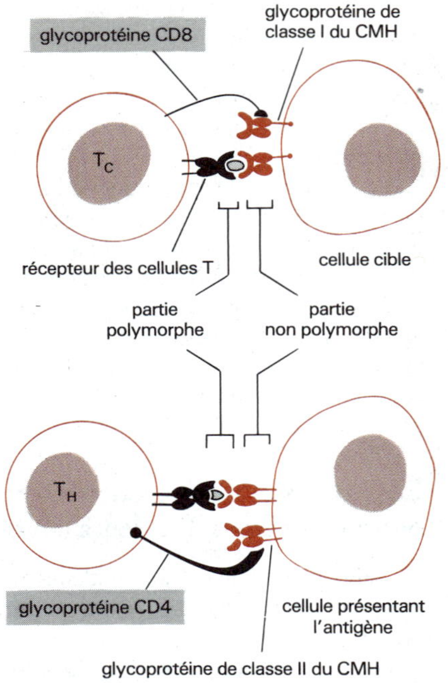

Figure 18-58 Le rôle des deux récepteurs accessoires présents à la surface des cellules T. La glycoprotéine CD8 située sur les cellules cytotoxiques est supposée se lier aux molécules de classe I du CMH, et la glycoprotéine CD4 située sur les cellules T auxiliaires aux molécules de classe II du CMH. Dans les deux cas, la liaison semble se produire sur les parties constantes des molécules du CMH. Ces protéines d'adhérence intercellulaire stabilisent la liaison entre les récepteurs des cellules T et les complexes antigène-CMH sur la cellule cible, spécialement lorsque la liaison est faible ; dans ces cas-là, les anticorps dirigés contre ces récepteurs accessoires inhibent l'activation des cellules T.
Les anticorps anti-CD4 et anti CD-8 sont largement utilisés pour distinguer les cellules T auxiliaires et cytotoxiques respectivement. Le virus (HIV) qui est responsable du SIDA infecte les cellules T auxiliaires en se liant initialement aux molécules de CD4 à la surface de ces cellules.

Les cellules T suppressives inhibent principalement les cellules T auxiliaires [47]

La découverte que des lymphocytes T peuvent *aider* des cellules B à produire des réponses anticorps fut suivie plusieurs années plus tard par la découverte qu'ils peuvent aussi *supprimer* la réponse des cellules B, ou d'autres cellules T aux antigènes. Une telle activité suppressive des cellules T fut démontrée pour la première fois chez des souris qui étaient devenues spécifiquement non répondeuses (tolérantes) aux antigènes de globules rouges de mouton (GRM par des injections répétées de grands nombres de GRM). Quand les cellules T des souris tolérantes furent injectées à des souris normales, ces dernières devinrent aussi spécifiquement tolérantes à l'égard des GRM. Ceci implique que l'état de tolérance dans ce cas est dû à la suppression de la réponse par des cellules T. Des expériences ultérieures utilisant des marqueurs antigéniques de surface suggérèrent que les cellules responsables étaient une classe particulière de lymphocytes T, appelées **cellules T suppressives**. Cependant, comme nous le verrons plus loin, toutes les formes de tolérance immunitaire ne sont pas dues aux cellules T suppressives.

Il est admis que les cellules T auxiliaires et T suppressives contrôlent ensemble l'activité des cellules B et des cellules T cytotoxiques, les principales cellules effectrices du système immunitaire. Les cellules T auxiliaires agissent directement sur ces cellules effectrices, tandis que les cellules T suppressives semblent agir indirectement en inhibant les cellules T auxiliaires dont dépendent les cellules effectrices, bien que le mécanisme d'inhibition ne soit pas encore connu. Comment les cellules T suppressives reconnaissent-elles les cellules T auxiliaires qu'elles répriment ? Étant donné la façon dont les cellules T auxiliaires reconnaissent les antigènes étrangers (voir p. 1046), il semble improbable qu'il y ait assez d'antigènes étrangers (ou de fragments d'antigène) à leur surface pour que les cellules T suppressives les reconnaissent. Il semble plutôt que les cellules T suppressives interagissent souvent avec les cellules T auxiliaires en reconnaissant des déterminants antigéniques associés aux sites de combinaison antigénique du récepteur des cellules T auxiliaires — les *idiotopes* (voir p. 1030), comme l'illustre la Figure 18-59.

La découverte des cellules T suppressives soulève la question de savoir si elles jouent un rôle dans la tolérance du « soi » en réprimant les lymphocytes auto-réactifs. La controverse existe encore. Il semble que la tolérance du soi soit principalement due à l'élimination des lymphocytes auto-réactifs (appelée *délétion clonale*) et ne dépende pas des cellules T suppressives. Puisque la majorité des cellules B ont besoin des cellules T auxiliaires pour répondre à l'antigène, il est seulement nécessaire, en principe, d'éliminer les cellules T helper auto-réactives, afin que les cellules B ne répondent pas aux molécules du soi. C'est la stratégie utilisée par de nombreux antigènes du soi. Par exemple, des souris normales ne produisent pas d'anticorps contre leur propre composant C5 du complément. Cependant il est possible d'induire la synthèse de tels anticorps par les cellules B de ces souris en injectant à ces dernières des cellules T auxiliaires d'une souris mutante dépourvue de composant C5, mais, par ailleurs, identique à la souris normale. La seule raison pour laquelle la souris normale ne produit pas d'anticorps contre cette protéine sérique est que les cellules T helper, qui reconnaissent C5, sont absentes ou inactivées.

Cependant, ce mécanisme n'est pas valable pour tous les antigènes du soi. Par exemple, les macromolécules du soi qui peuvent activer les cellules B sans l'aide des cellules T, semblent éliminer les cellules B qui les reconnaissent, comme le font les macromolécules du soi qui sont présentes en forte concentration. De la même façon, les cellules T cytotoxiques qui pourraient réagir contre les molécules de surface cellulaire normales de l'hôte doivent être éliminées puisque, dans une certaine mesure, les cellules T cytotoxiques peuvent être activées par l'antigène sans l'aide des cellules T auxiliaires (bien que la réponse soit beaucoup plus forte en leur présence). Il est probable que les cellules T suppressives jouent principalement un rôle de

Tableau 18-4 Les glycoprotéines accessoires présentes à la surface des cellules T

Protéine *	Autre nom	Poids moléculaire approximatif	Exprimée sur	Fonction présumée
CD2	T11	50 000	toutes les cellules T	induit l'adhérence entre les cellules T et leurs cellules cibles en se liant à LFA-3 sur les cellules cibles
CD3	T3	chaîne γ = 25 000 chaîne δ = 20 000 chaîne ϵ = 20 000 chaîne ξ = 16 000	toutes les cellules T	favorise la transduction du signal lorsque le complexe antigène-CMH se lie aux récepteurs des cellules T
CD4	T4 chez l'homme L3T4 chez la souris	50 000	cellules T auxiliaires	induit l'adhérence aux cellules présentant l'antigène et aux cellules B, probablement en se liant aux molécules de classe II du CMH
CD8	T8 chez l'homme Lyt2 } chez la Lyt3 } souris	60 000 (homodimère) 70 000 (hétérodimère)	cellules T cytotoxiques	induit l'adhérence aux cellules cibles infectées par un virus, probablement en se liant aux molécules de classe II du CMH
LFA-1	—	chaîne α = 190 000 chaîne β = 95 000	la majorité des globules blancs	induit l'adhérence cellule-cellule et cellule-matrice

* CD signifie *« cluster of differenciation » (groupe de différenciation)*, car chaque protéine CD était initialement définie comme un « antigène de différenciation » des cellules T reconnu par des anticorps monoclonaux multiples. Leur identification dépendit de collaborations à grande échelle, pour lesquelles des centaines d'anticorps de ce type, produits par de nombreux laboratoires, furent comparés ; on trouva qu'ils se composent d'assez peu de groupes, chacun reconnaissant une seule protéine de surface.

soutien dans la tolérance du soi, n'intervenant que si le mécanisme primaire de délétion clonale échoue.

Les cellules T en cours de différenciation qui réagissent fortement à leurs propres molécules du CMH sont éliminées dans le thymus [48]

Comme nous l'avons vu précédemment, la preuve précoce de l'implication des glycoprotéines du CMH dans la reconnaissance de l'antigène des cellules T fut donnée par des expériences montrant que les cellules T peuvent répondre à l'antigène en collaboration avec leurs propres molécules du CMH, mais pas en collaboration avec des molécules d'un CMH étranger : cela signifie qu'il existe une *restriction liée au CMH* (voir p. 1042). Peu après, des expériences de greffes de thymus suggérèrent que, lors de leur développement dans le thymus, les cellules T *apprennent* à « voir » l'antigène en association avec leurs propres molécules du CMH, plutôt qu'avec celles d'un CMH étranger. Par exemple, si le thymus d'une lignée Y est transplanté dans une souris de lignée X, qui a été irradiée afin d'éliminer toutes ses cellules T matures puis alimentée en moelle osseuse fraîche pour lui en fournir de nouvelles, les nouvelles cellules T de la lignée se développeront dans le thymus de la lignée Y. Dans la plupart des cas les cellules T matures de la lignée X reconnaissent l'antigène étranger en association avec les glycoprotéines du CMH de la lignée Y et non de la lignée X. L'interprétation la plus simple de cette découverte est qu'au cours de la différenciation des cellules T dans le thymus, les cellules qui ont des récepteurs qui peuvent reconnaître l'antigène en association avec les types de molécules du CMH exprimées dans le thymus sont sélectionnées, d'une manière ou d'une autre, pour proliférer. Un corollaire de cette hypothèse est que, au cours de cette *sélection positive*, les cellules cytotoxiques sont choisies pour leur reconnaissance des molécules de classe I tandis que les cellules auxiliaires le sont pour leur reconnaissance des molécules de classe II. En accord avec cette idée, les anticorps dirigés contre les molécules de classe II bloquent spécifiquement la différenciation des cellules T auxiliaires, alors que les anticorps dirigés contre les molécules de classe I bloquent spécifiquement celui des cellules T cytotoxiques.

Cependant, cette interprétation n'est pas totalement satisfaisante, car elle ne permet pas d'expliquer comment se produit la sélection en l'absence des antigènes étrangers qui seront reconnus plus tard par les cellules T. Il est possible que les cellules T se lient faiblement aux molécules de leur propre CMH pour survivre et se différencier, et qu'elles soient ainsi sélectionnées pour leur faible degré de reconnaissance de leur propre CMH qui, à lui seul, serait insuffisant pour activer les cellules T matures ; l'activation aurait seulement lieu lorsque l'addition d'un antigène étranger à une molécule du CMH du soi donne une structure à laquelle le récepteur des cellules T peut se lier fortement.

La preuve de l'existence d'une *sélection positive* pour la faible reconnaissance du CMH du soi dans le thymus est moins convaincante que celle d'une *sélection négative* qui élimine

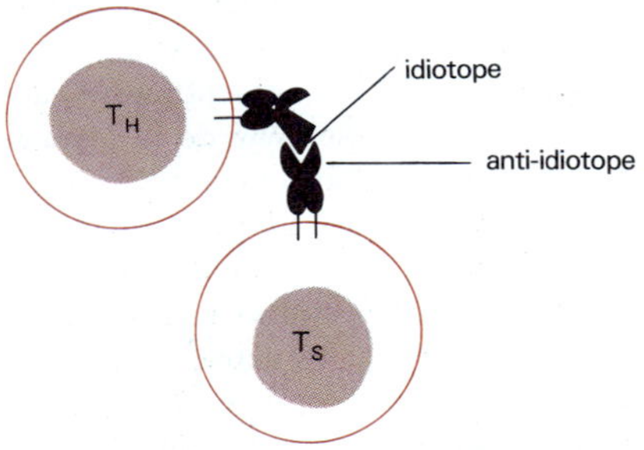

Figure 18-59 Une interaction entre une cellule T auxiliaire (T_H) et une cellule T suppressive (T_S), au cours de laquelle le récepteur sur une des cellules reconnaît un idiotope (un déterminant antigénique associé au site de combinaison antigénique) sur le récepteur de l'autre cellule. Une autre possibilité est que la cellule suppressive reconnaît un idiotope sur un fragment du récepteur d'une cellule auxiliaire, qui est exposé à la surface des cellules auxiliaires, en association avec une molécule du CMH (non représenté). Dans l'un et l'autre des cas, la cellule suppressive inhibe la fonction de la cellule auxiliaire par un mécanisme inconnu.

les cellules, dans le thymus, qui se lient trop fortement aux molécules de leur propre CMH ou à ces molécules en association avec d'autres molécules du « soi ». La preuve la plus convaincante de l'élimination des cellules T fortement réactives à leur propre CMH dans le thymus provient d'études génétiques chez la souris. Une telle étude dépend de la découverte fortuite que l'un des segments de gène V codant la chaîne β du récepteur des cellules T confère à toute cellule T qui l'exprime une forte reconnaissance d'une molécule du CMH de classe II (appelé H-2E), sans que soient impliquées les régions J et D associées à la chaîne β, ou la région V de la chaîne α. (Cette découverte suggère que les segments de gène V des récepteurs des cellules T peuvent avoir été sélectionnés au cours de l'évolution pour leur capacité de coder les récepteurs qui se lient aux molécules du CMH.) Cependant, toutes les lignées de souris n'expriment pas H-2E. Dans les lignées qui ne l'expriment pas, on trouve les cellules T exprimant le segment V spécifique de la chaîne β parmi les thymocytes immatures et matures. Dans les lignées qui l'expriment, de telles cellules ne se trouvent que dans la population de thymocytes immatures ; apparemment de telles cellules sont éliminées avant leur maturation dans le thymus.

Des expériences de greffe de thymus suggèrent que la sélection positive proposée pour expliquer la restriction du CMH, et la sélection négative qui confère la tolérance à son propre CMH, se produisent séparément. La sélection positive semble se produire à la surface des cellules épithéliales du thymus alors que la sélection négative semble se produire à la surface des cellules qui migrent de la moelle osseuse dans le thymus ; les deux types de cellules expriment à la fois les molécules de classe I et de classe II du CMH à leur surface.

Les mécanismes responsables de la sélection des cellules T dans le thymus sont inconnus. La sélection positive se fait peut-être par l'intermédiaire de signaux de croissance ou de survie fournis par l'épithélium thymique aux cellules T faiblement liées. Dans la sélection négative, les cellules dérivées de la moelle osseuse agissent peut-être comme des cellules présentant l'antigène perverties, tuant plutôt qu'activant les cellules T qui les reconnaissent ; les cellules ayant cette propriété, appelées *cellules « veto »*, ont été mises en évidence *in vitro*.

Une caractéristique remarquable du développement des cellules T dans le thymus est que plus de 95 p. cent des cellules meurent sans quitter le thymus. Ce gâchis est probablement dû la sélection importante qui s'opère sur les cellules T en cours de différenciation.

Certaines formes alléliques des molécules du CMH ne peuvent présenter d'antigène spécifique aux cellules T : gènes de la réponse immunitaire *(Ir)* [49]

Contrairement aux gènes de classe I du CMH qui furent identifiés pour la première fois par leurs effets sur le rejet de greffe, les gènes de classe II du CMH furent mis en évidence pour la première fois grâce à leurs effets sur les réponses immunitaires à médiation cellulaire à des antigènes solubles spécifiques. Lorsqu'un antigène simple est injecté à des animaux, certains développent de fortes réponses immunitaires alors que d'autres ne répondent pas du tout. Des études génétiques indiquèrent que la capacité de répondre à un antigène était contrôlée par un seul gène, appelé **gène de la réponse immunitaire *(Ir)***, et que les réponses à différents antigènes étaient souvent contrôlées par des gènes *Ir* différents. Les gènes *Ir* qui contrôlent la réponse des cellules T auxiliaires à un antigène furent les premiers localisés, ce sont les loci de classe II du CMH. Ceux qui contrôlent la réponse des cellules T cytotoxiques à un antigène furent localisés plus tard à l'un des loci de classe I du CMH.

Ces observations extrêmement embarassantes furent difficiles à comprendre jusqu'à ce que l'on se rende compte du rôle crucial des glycoprotéines du CMH dans la présentation de l'antigène aux cellules T. Actuellement, elles peuvent être interprétées facilement si l'on admet qu'un individu génétiquement non répondeur à un antigène simple (généralement un antigène avec un seul déterminant) ne possède pas la molécule du CMH capable de lier et de présenter efficacement le déterminant antigénique à la cellule T adéquate. Des études *in vitro*, montrant que les molécules de classe II du CMH d'un animal *répondeur* sont capables de lier le peptide antigénique approprié tandis que celles d'un animal génétiquement *non répondeur* ne le sont pas, viennent à l'appui de cette idée. D'autres expériences de liaison ont montré que les molécules de classe II ont un site de combinaison antigénique unique (comme les molécules de classe I du CMH — voir Figure 18-57), qui peut lier une grande variété de peptides avec une constante d'affinité moyenne (K_a) d'environ 10^6 litres/mole (un ΔG de — 8,5 kcal/mole, équivalent à l'énergie de liaison d'environ huit liaisons hydrogène — voir p. 89). De plus, la vitesse de liaison est lente (environ 10^5 fois plus lente que celle d'une réaction antigène-anticorps typique) et, une fois lié, le peptide est libéré avec une demi-vie de plus d'un jour, suggérant qu'un lent changement de conformation de la molécule de CMH peut s'être produit pour libérer le peptide.

Un autre mécanisme semble être impliqué dans certains cas d'absence génétique de réponse à des antigènes spécifiques. Certaines combinaisons associant des molécules du CMH du soi et des peptides étrangers peuvent ressembler à d'autres molécules du CMH du soi. Du fait de l'élimination des cellules T auxiliaires qui réagissent à de telles combinaisons par sélection négative au cours de la différenciation des thymocytes (voir p. 1052), un animal peut être génétiquement incapable de répondre à ces peptides étrangers.

La co-reconnaissance du CMH peut expliquer les réactions de transplantation et le polymorphisme du CMH

La co-reconnaissance du CMH peut expliquer pourquoi de si nombreuses cellules T répondent à des molécules d'un CMH étranger et, de ce fait, le rejet des greffes d'organe étranger. Les cellules T ont peut-être une hantise des glycoprotéines de CMH étranger, car ces molécules (seules ou complexées avec d'autres molécules sur la surface des cellules étrangères) ressemblent à diverses combinaisons de molécules du soi complexées avec des peptides étrangers. Ainsi, par exemple, il a été démontré que certains clones de cellules T, qui réagissent à une antigène viral en association avec une molécule de classe I de leur propre CMH, réagissaient à une molécule de classe I étrangère en l'absence de l'antigène viral.

La co-reconnaissance du CMH peut également expliquer le polymorphisme extensif des molécules du CMH. Au cours de la guerre évolutive entre les microorganismes pathogènes et le système immunitaire, les microorganismes tendront à modifier leurs antigènes pour éviter de s'associer aux molécules du CMH. Quand l'un d'eux y parvient, il sera capable d'envahir une population, comme une épidémie. Dans de telles circonstances, les quelques individus qui produisent une nouvelle molécule du CMH, qui peut s'associer à un antigène du microorganisme modifié, auront un grand avantage sélectif. De plus, les individus avec deux allèles différents pour chaque molécule du CMH (hétérozygotes) auront une meilleure chance de résister à l'infection que ceux ayant des allèles identiques en n'importe quel locus donné du CMH. Ainsi, la sélection tendra à promouvoir et à maintenir une grande variété de molécules du CMH dans la population.

Bien que la co-reconnaissance du CMH ait fourni des réponses au moins préliminaires à un grand nombre de questions posées par les expériences de greffe d'organes, elle en a soulevé une autre à leur place. Comment, chez un animal, moins de deux douzaines de molécules différentes du CMH peuvent-elles s'associer à un nombre suffisant de peptides différents pour que les cellules T puissent répondre à pratiquement toutes les protéines antigéniques ? Les interactions de l'antigène avec les anticorps et les glycoprotéines du CMH de classe I ont été étudiées par diffraction des rayons X. De telles analyses devraient être étendues à l'interaction entre le complexe antigène-CMH et le récepteur des cellules T. Le génie génétique devrait bientôt permettre d'obtenir de grandes quantités de récepteurs des cellules T sous forme soluble, rendant de tels projets réalisables. Des études utilisant le génie génétique ont déjà montré que toutes ces protéines — les molécules du CMH, les récepteurs des cellules T et les anticorps — ont un passé commun.

Les molécules de reconnaissance immunitaire appartiennent à une ancienne superfamille [50]

La majorité des glycoprotéines qui interviennent dans la reconnaissance intercellulaire ou la reconnaissance de l'antigène dans le système immunitaire comportent des éléments structuraux apparentés, suggérant que les gènes qui les codent ont un passé commun. Cette **superfamille d'Ig** comprend les *anticorps*, les *récepteurs des cellules T*, les *glycoprotéines du CMH*, les protéines d'adhérence intercellulaire *CD2, CD4* et *CD8*, certaines des chaînes polypeptidiques du *complexe CD3* associées aux récepteurs des cellules T, et les différents *récepteurs Fc* sur les lymphocytes et les autres globules blancs — tous comportent un ou plusieurs domaines du type des immunoglobulines *(unités d'homologie avec les Ig)*. Chacun de ces domaines est long d'environ 100 acides aminés et semble se replier en formant une structure « en sandwich » composée de deux feuillets β antiparallèles, généralement stabilisés par un pont disulfure conservé (voir p. 1021). Beaucoup de ces molécules sont des dimères ou des oligomères de plus haut degré de polymérisation dans lesquels les unités d'homologie avec les Ig d'une chaîne interagissent avec celles d'une autre (Figure 18-60).

Chaque unité d'homologie avec les Ig est généralement codée par un exon séparé, et il semble vraisemblable que la famille entière de supergènes ait évolué à partir d'un gène codant une seule unité d'homologie avec les Ig — semblable à celui codant l'antigène Thy-1 ou la

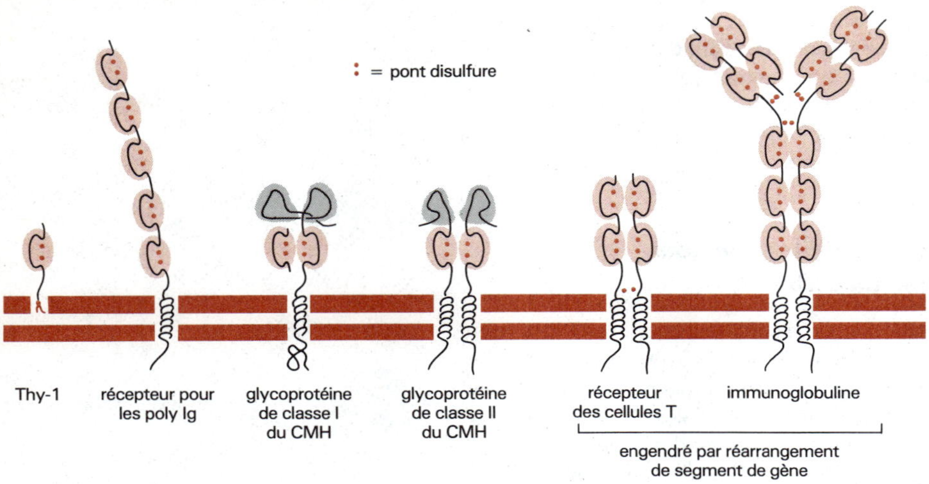

Figure 18-60 Certaines des protéines membranaires appartenant à la *superfamille des immunoglobulines*. Les domaines homologues des immunoglobulines et du type des immunoglobulines sont représentés en couleur ; noter que les ponts disulfures relient les extrémités de chaque boucle formant un tel domaine. La majorité des domaines interagissent avec les domaines homologues d'une chaîne polypeptidique associée. Il est également probable que certains des domaines du récepteur pour les poly Ig (immunoglobulines) interagissent les uns avec les autres (non représenté) ; ce récepteur se lie aux IgA dimériques (voir p. 1016) et aux IgM polymériques, d'où son nom. La glycoprotéine Thy-1 est liée à la membrane par liaison covalente à une molécule phospholipidique glycosylée (voir p. 448). Les protéines accessoires CD4 et CD8, respectivement sur les cellules auxiliaires et cytotoxiques, le complexe protéique CD3 associé aux récepteurs des cellules T, et CD2 (voir Tableau 18-4), qui contiennent tous des domaines du type des immunoglobulines, ne sont pas inclus dans la Figure. La superfamille des immunoglobulines comprend également les protéines de surface cellulaire impliquées dans les interactions intercellulaires hors du système immunitaire, comme la molécule d'adhérence des cellules neurales (N-CAM, voir p. 830).

β_2-microglobuline (voir Figure 18-54), qui ont peut-être été impliqués dans les interactions intercellulaires médiatrices. Puisqu'une molécule du type de Thy-1 a été isolée à partir du cerveau des calmars, il est probable qu'un tel gène si primordial apparut avant que les vertébrés divergent de leurs ancêtres invertébrés, il y a 400 millions d'années. De nouveaux membres de la famille apparurent probablement par duplications de gènes et d'exons, et des événements de duplication semblables engendreront probablement les multiples segments de gène qui codent les anticorps et les récepteurs des cellules T.

Les remarquables pouvoirs de reconnaissance du système immunitaire en font un système presque unique parmi les systèmes cellulaires ; seul le système nerveux est plus complexe. Les deux systèmes sont composés d'un très grand nombre de cellules phénotypiquement distinctes, organisées en réseaux complexes. A l'intérieur du réseau, les cellules individuelles peuvent interagir positivement ou négativement, et la réponse d'une cellule se répercute à travers le système sur de nombreuses autres cellules. Tandis que le réseau neural est relativement fixe dans l'espace, les cellules qui constituent le réseau immunologique changent continuellement de place et interagissent transitoirement avec d'autres cellules. Dans le chapitre suivant, nous étudierons les cellules du système nerveux des vertébrés, qui est, de loin, le système cellulaire le plus complexe et le plus sophistiqué.

Résumé

Il existe au moins trois sous-classes fonctionnellement différentes de cellules T : (1) les cellules T cytotoxiques qui peuvent tuer directement les cellules infectées par un virus ; (2) les cellules auxiliaires ou helper qui sécrètent une variété de médiateurs locaux (interleukines), qui facilitent la réponse anticorps des cellules B, stimulent la prolifération des cellules T et activent les macrophages ; (3) les cellules T suppressives qui semblent principalement inhiber les réponses des cellules T auxiliaires. Les cellules T auxiliaires et suppressives sont les principaux agents régulateurs des réponses immunitaires.

Le récepteur des cellules T est un hétérodimère du type des anticorps, codé par des gènes assemblés à partir de multiples segments de gène au cours du développement des cellules T dans le thymus. Les cellules T sont activées lorsque les récepteurs se lient aux fragments de l'antigène étranger qui est lui-même associé aux glycoprotéines du CMH à la surface d'une autre cellule de l'hôte. Ce processus de co-reconnaissance du CMH garantit que les cellules T ne reconnaissent l'antigène que s'il est lié à la cellule cible appropriée. Il y a deux classes principales de molécules du CMH : (1) les molécules de classe I qui sont exprimées sur presque toutes les cellules somatiques nucléées et présentent les fragments de protéines virales aux cellules T cytotoxiques ; (2) les molécules de classe II qui sont exprimées sur les cellules B et les cellules spécialisées dans la présentation de l'antigène, et présentent les fragments d'antigènes étrangers aux cellules T auxiliaires. Le fait que certaines formes alléliques des molécules de classe I et de classe II du CMH soient inopérantes dans la présentation de certains déterminants antigéniques aux cellules T explique probablement pourquoi ces molécules sont si polymorphes.

Bibliographie

Références générales

Golub, E.S. Immunology : A Synthesis. Sunderland, MA : Sinauer, 1987.

Hood, L.E. ; Weissman, I.L. ; Wood, W.B. ; Wilson, J.H. Immunology, 2nd ed. Menlo Park, CA : Benjamin-Cummings, 1984.

Male, D. ; Champion, B. ; Cooke, A. Advanced Immunology. London : Gower, 1987.

Paul, W.E., ed. Fundamental Immunology. New York : Raven, 1984.

Roitt, I.M. ; Brostoff, J. ; Male, D.K. Immunology. London : Gower, 1985.

Articles cités

1. Gowans, J.L. ; McGregor, D.D. The immunological activities of lymphocytes. *Prog. Allergy* 9:1-78, 1965.
2. Greaves, M.F. ; Owen, J.J.T. ; Raff, M.C. T and B Lymphocytes : Origins, Properties and Roles in Immune Responses. Amsterdam : Excerpta Medica, 1973.
3. Cooper, M. ; Lawton, A. The development of the immune system. *Sci. Am.* 231(5):59-72, 1974.

   Owen, J.J.T. Ontogenesis of lymphocytes. In B and T Cells in Immune Recognition (F. Loor, G.E. Roelants, eds.), pp. 21-34, New York: Wiley, 1977.
4. Möller, G., ed. Functional T Cell Subsets Defined by Monoclonal Antibodies. *Immunol. Rev.*, Vol. 74, 1983.

   Raff, M.C. Cell-surface immunology. *Sci. Am.* 234(5):30-39, 1976.

   Reinhertz, E.L. ; Schlossman, S.F. The differentiation and function of human T lymphocytes. *Cell* 19:821-827, 1980.
5. Ada, G.L. Antigen binding cells in tolerance and immunity. *Transplant. Rev.* 5:105-129, 1970.

   Ada, G.L. ; Nossal, G. The clonal selection theory. *Sci. Am.* 257(2):62-69, 1987.

   Burnet, F.M. The Clonal Selection Theory of Acquired Immunity. Nashville, TN : Vanderbilt University Press, 1959.

   Wigzell, H. Specific fractionation of immunocompetent cells. *Transplant. Rev.* 5:76-104, 1970.
6. Pink, J.R.L. ; Askonas, B.A. Diversity of antibodies to cross-reacting nitrophenyl haptens in inbred mice. *Eur. J. Immunol.* 4:426-429, 1974.
7. Butcher, E.C. ; Weissman, I.L. Lymphoid Tissues and Organs. In Fundamental Immunology (W.E. Paul, ed.), pp. 109-127. New York : Raven, 1984.

   Gallatin, M. ; et al. Lymphocyte homing receptors. *Cell* 44:673-680, 1986.

   Gowans, J.L. ; Knight E.J. The route of re-circulation of lymphocytes in the rat. *Proc. R. Soc. Lond. (Biol.)* 159:257-282, 1964.

   Sprent, J. Migration and lifespan of lymphocytes. In B and T Cells in Immune Recognition (F. Loor, G.E. Roelants, eds.), pp. 59-82, New York : Wiley, 1977.

   Woodruff, J.J. ; Clarke, L.M. ; Chin, Y.H. Specific cell-adhesion mechanisms determining migration pathways of recirculating lymphocytes. *Annu. Rev. Immunol.* 5:201-222, 1987.
8. Greaves, M.F. ; Owen, J.J.T. ; Raff, M.C. T and B Lymphocytes : Origins, Properties and Roles in Immune Responses, pp. 117-186. Amsterdam : Excerpta Medica, 1973.

   Rajewsky, K. ; Forster, I. ; Cumano, A. Evolutionary and somatic selection of the antibody repertoire in the mouse. *Science* 238:1088-1094, 1987.
9. Billingham, R.E. ; Brent, L. ; Medawar, P.B. Quantitative studies on tissue transplantation immunity. III. Activity acquired tolerance. *Philos. Trans. R. Soc. Lond. (Biol.)* 239:357-414, 1956.

   Harris, D.E. ; Cairns, L. ; Rosen, F.S. ; Borel, Y. A natural model of immunologic tolerance. Tolerance to murine C5 is mediated by T cells and antigen is required to maintain unresponsiveness. *J. Exp. Med.* 156:567-584, 1982.

   Lindstrom, J. Immunobiology of myasthenia gravis, experimental autoimmune myasthenia gravis and Lambert-Eaton syndrome. *Annu. Rev. Immunol.* 3:109-132, 1985.

   Nossal, G.J.V. Cellular mechanisms of immunologic tolerance. *Annu. Rev. Immunol.* 1:33-62, 1983.

   Owen, R.D. Immunogenetic consequence of vascular anastomoses between bovine twins. *Science* 102:400-401, 1945.
10. Howard, J.G. ; Mitchison, N.A. Immunological tolerance, *Prog. Allergy* 18:43-96, 1975.
11. Davies, D.R. ; Metzger, H. Structural basis of antibody function. *Annu. Rev. Immunol.* 1:87-118, 1983.

    Kabat, E.A. Structural Concepts in Immunology and Immunochemistry, 2nd ed. New York : Holt, Rinehart & Winston, 1976.

    Nisonoff, A. ; Hopper, J.E. ; Spring, S.B. The Antibody Molecule. New York : Academic Press, 1975.
12. Möller, G., ed. Lymphocyte Immunoglobulin : Synthesis and Surface Representation. *Transplant. Rev.* Vol. 14, 1973.
13. Dutton, R.W. ; Mishell, R.I. Cellular events in the immune response. The *in vitro* response of normal spleen cells to erythrocyte antigens. *Cold Spring Harbor Symp. Quant. Biol.* 32:407-414, 1967.

    Jerne, N.K. ; et al. Plaque forming cells : methodology and theory. *Transplant. Rev.* 18:130-191, 1974.
14. Edelman, G.M. The structure and function of antibodies. *Sci. Am.* 223(2):34-42, 1970.

    Porter, R.R. Structural studies of immunoglobulins. *Science* 180:713-716, 1973.
15. Ishizaka, T. ; Ishizaka, K. Biology of immunoglobin E. *Prog. Allergy* 19:60-121, 1975.

    Koshland, M.E. The coming of age of the immunoglobulin J chain. *Annu. Rev. Immunol.* 3:425-454, 1985.

    Morgan, E.L. ; Weigle, W.O. Biological activities residing in the Fc region of immunoglobulin. *Adv. Immunol.* 40:61-134, 1987.

    Solari, R. ; Kraehenbuhl, J.-P. The biosynthesis of secretory component and its role in the transepithelial transport of IgA dimer. *Immunol. Today* 6:17-20, 1985.

    Underdown, B.J. ; Schiff, J.M. Immunoglobulin A : strategic defense initiative at the mucosal surface. *Annu. Rev. Immunol.* 4:389-418, 1986.

    Unkeless, J.C. ; Scigliano, E. ; Freedman, V. Structure and function of human and murine receptors for IgG. *Annu. Rev. Immunol.* 6:251-282, 1988.
16. Berzofsky, J.A. ; Berkover, I.J. Antigen-antibody interactions. In Fundamental Immunology (W.E. Paul, ed.), pp. 595-644. New York : Raven, 1984.
17. Capra, J.D. ; Edmundson, A.B. The antibody combining site. *Sci. Am.* 236(1):50-59, 1977.

    Wu, T.T. ; Kabat, E.A. An analysis of the sequences of the variable regions of Bence Jones proteins and myeloma light chains and their implications for antibody complementarity. *J. Exp. Med.* 132:211-250, 1970.
18. Sakano, H. ; et al. Domains and the hinge region of an immunoglobulin heavy chain are encoded in separate DNA segments. *Nature* 277:627-633, 1979.
19. Alzari, P.M. ; Lascombe, M.-B. ; Poljak, R.J. Three-dimensional structure of antibodies. *Annu. Rev. Immunol.* 6:555-580, 1988.

Capra, J.D. ; Edmundson, A.B. The antibody combining site. *Sci. Am.* 236(1):50-59, 1977.

20. Dreyer, W.J. ; Bennett, J.C. The molecular basis of antibody formation : a paradox. *Proc. Natl. Acad. Sci. USA* 54:864-869, 1965.

Hozumi, N. ; Tonegawa, S. Evidence for somatic rearrangement of immunoglobulin genes coding for variable and constant regions. *Proc. Natl. Acad. Sci. USA* 73:3628-3632, 1976.

21. Alt, F.W. ; Blackwell, T.K. ; Yancopoulos, G.D. Development of the primary antibody repertoire. *Science* 238:1079-1087, 1987.

Leder, P. The genetics of antibody diversity. *Sci. Am.* 246(5):72-83, 1982.

Tonegawa, S. The molecules of the immune system. *Sci. Am.* 253(4):122-131, 1985.

Tonegawa, S. Somatic generation of antibody diversity. *Nature* 302:575-581, 1983.

22. Gearhart, P.J. ; Johnson, N.D. ; Douglas, R. ; Hood, L. IgG antibodies to phosphorylcholine exhibit more diversity than their IgM counterparts. *Nature* 291:29-34, 1981.

Griffiths, G.M. ; Berek, C. ; Kaartinen, M. ; Milstein, C. ; Somatic mutation and the maturation of immune response to 2-phenyl oxazolone. *Nature* 312:271-275, 1984.

Möller, G., ed. Role of Somatic Mutation in the Generation of Lymphocyte Diversity. *Immunol. Rev.*, Vol. 96, 1987.

Rajewsky, K. ; Forster, I. ; Cumano, A. Evolutionary and somatic selection of the antibody repertoire in the mouse. *Science* 238:1088-1094, 1987.

23. Alt, F.W. ; et al. Ordered rearrangement of immunoglobulin heavy chain variable region segments. *EMBO J.* 3:1209-1219, 1984.

Yancopoulos, G.D. ; Alt, F.W. Regulation of the assembly and expression of variable region genes. *Annu. Rev. Immunol.* 4:339-368, 1986.

24. Early, P. ; et al. Two mRNAs can be produced from a single immunoglobulin μ gene by alternative RNA processing pathways. *Cell* 20:313-319, 1980.

25. Cebra, J.J. ; Komisar, J.L. ; Schweitzer, P.A. C_H isotype switching during normal B-lymphocyte development. *Annu. Rev. Immunol.* 2:493-548, 1984.

Shimizu, A. ; Honjo, T. Immunoglobulin class switching. *Cell* 36:801-803, 1984.

26. Jerne, N.K. The immune system. *Sci. Am.* 229(1):52-60, 1973.

Jerne, N.K. Toward a network theory of the immune system. *Ann. Immunol. Inst. Pasteur (Paris)* 125C:378-389, 1974.

Möller, G. ed. Idiotype Networks. *Immunol. Rev.*, Vol. 79, 1984.

Rajewsky, K. ; Takemori, T. Genetics, expression and function of idiotypes. *Annu. Rev. Immunol.* 1:569-608, 1983.

27. Lachmann, P.J. Complement. In Clinical Aspects of Immunology, 4th ed. (P.J. Lachmann, D. Peters, eds.), pp. 18-49. Oxford, U.K. : Blackwell, 1982.

Müller-Eberhard, H.J. Molecular organization and function of the complement system. *Annu. Rev. Biochem.* 57:321-348, 1988.

Reid, K.B.M. ; Porter, R.R. The proteolytic activation systems of complement. *Annu. Rev. Biochem.* 50:433-464, 1981.

28. Cooper, N.R. The classical complement pathway : activation and regulation of the first complement component. *Adv. Immunol.* 37:151-216, 1985.

29. Müller-Eberhard, H.J. ; Schreiber, R.D. Molecular biology and chemistry of the alternative pathway of complement. *Adv. Immunol.* 29:1-53, 1980.

30. Müller-Eberhard, H.J. The membrane attack complex of complement. *Annu. Rev. Immunol.* 4:503-528, 1986.

31. Campbell, R.D. ; Carroll, M.C. ; Porter, R.R. The molecular genetics of components of complement. *Adv. Immunol.* 38:203-244, 1986.

Lachmann, P.J. ; Hobart, M.J. Genetics of complement. *Trends Genet.* 1:145-149, 1985.

Reid, K.B. Activation and control of the complement system. *Essays Biochem.* 22:27-68, 1986.

32. Allison, J.P. ; Lanier, L.L. The structure, function and serology of the T cell antigen receptor complex. *Annu. Rev. Immunol.* 5:503-540, 1987.

Clevers, H. ; Alarcon, B. ; Wileman, T. ; Terhorst, C. The T cell receptor/CD3 complex : a dynamic protein ensemble. *Annu. Rev. Immunol.* 6:629-662, 1988.

Davis, M.M. ; Bjorkman, P.J. T-cell antigen receptor genes and T-cell recognition. *Nature* 334:395-402, 1988.

Hedrick, S.M. ; Cohen, D. ; Nielsen, E.A. ; Davis, M.M. Isolation of cDNA clones encoding T cell-specific membrane-associated proteins. *Nature* 308:149-153, 1984.

Kronenberg, M. ; Siu, G. ; Hood, L.E. ; Shastri, N. The molecular genetics of the T-cell antigen receptor and T-cell antigen recognition. *Annu. Rev. Immunol.* 4:529-592, 1986.

Toyonaga, B. ; Mak, T. Genes of the T-cell antigen receptor in normal and malignant T cells. *Annu. Rev. Immunol.* 5:585-620, 1987.

Marrack, P. ; Kappler, J. The T cell receptor. *Science* 238:1073-1079, 1987.

33. Cantor, H. T lymphocytes. In Fundamental Immunology (W.E. Paul, ed.), pp. 57-67. New York : Raven, 1984.

Fathman, C.G. ; Frelinger, J.G. T-lymphocyte clones. *Annu. Rev. Immunol.* 1:633-656, 1983.

Parnes, J.R. Structure and function of T lymphocyte differentiation antigens. *Trends Genet.* 2:179-183, 1986.

34. Nabholz, M. ; MacDonald, H.R. Cytolytic T lymphocytes. *Annu. Rev. Immunol.* 1:273-306, 1983.

35. Herberman, R.B. ; Reynolds, C.W. ; Ortaldo, J. Mechanisms of cytotoxicity by natural killer (NK) cells. *Annu. Rev. Immunol.* 4:651-680, 1986.

Möller, G., ed. Molecular Mechanisms of T-Cell Mediated Lysis. *Immunol. Rev.*, Vol. 103, 1988.

Young, J.D.-E. ; Liu, C.-C. Multiple mechanisms of lymphocyte-mediated killing. *Immunol. Today* 9:140-145, 1988.

36. Bach, F.H. ; Sachs, D.H. Transplantation immunology. *New Engl. J. Med.* 317:489-492, 1987.

Mellor, A. The class I MHC gene family in mice. *Immunol. Today* 7:19-24, 1986.

Widera, G. Molecular biology of the histocompatibility complex. *Science* 233:437-443, 1986.

37. Klein, J. ; Figueroa, F. ; Nagy, Z.A. Genetics of the major histocompatibility complex : the final act. *Annu. Rev. Immunol.* 1:119-142, 1983.

Möller, G. ed. Molecular genetics of class I and II MHC antigens. *Immunol. Rev.*, Vols. 84 and 85, 1985.

Sachs, D.H. The major histocompatibility complex. In Fundamental Immunology (W.E. Paul, ed.), pp. 303-346. New York : Raven, 1984.

38. Zinkernagel, R.M. ; Doherty, P.C. MHC-restricted cytotoxic T cells : studies on the biological role of polymorphic major transplantation antigens determining T-cell restriction-specificity, function and responsiveness. *Adv. Immunol.* 27:51-177, 1979.

Zinkernagel, R.M. ; Doherty, P.C. Restriction of *in vitro* T cell-mediated cytotoxicity in lymphocytic choriomeningitis within a syngeneic or semiallogeneic system. *Nature* 248:701-702, 1974.

39. Townsend, A.R. Recognition of influenza virus proteins by cytotoxic T lymphocytes. *Immunol. Res.* 6:80-100, 1987.

Wraitch, D.C. The recognition of influenza A virus-infected cells by cytotoxic T lymphocytes. *Immunol. Today* 8:239-245, 1987.

40. Bjorkman, P.J. ; et al. Structure of the human class I histocompatibility antigen, HLA-A2. *Nature* 329:506-512, 1987.

Bjorkman, P.J. ; et al. The foreign antigen binding site and T

cell recognition regions of class I histocompatibility antigens. *Nature* 329:512-518, 1987.
41. Allen, P.M. Antigen processing at the molecular level. *Immunol. Today* 8:270-273, 1987.
Babbit, B.P. ; Allen, P.M. ; Matsueda, G. ; Haber, E. ; Unanue, E.R. ; Binding of immunogenic peptides to Ia histocompatibility molecules. *Nature* 317:359-361, 1985.
Grey, H.M. ; Chesnut, R. Antigen processing and presentation to T cells. *Immunol. Today* 6:101-106, 1985.
Shevach, E.M. ; Paul, W.E. ; Green, I. Histocompatibility-linked immune response gene function in guinea pigs. Specific inhibition of antigen-induced lymphocyte proliferation by alloantisera. *J. Exp. Med.* 136:1207-1221, 1972.
42. Durum, S.K. ; Schmidt, J.A. ; Oppenheim, J.J. Interleukin-1 : an immunological perspective. *Annu. Rev. Immunol.* 3:263-288, 1985.
Fathman, C.G. ; Frelinger, J.G. T-lymphocyte clones. *Annu. Rev. Immunol.* 1:633-656, 1983.
MacDonald, H.R. ; Nabholz, M. T-cell activation. *Annu. Rev. Cell Biol.* 2:231-253, 1986.
Smith, K.A. Interleukin-2 : inception, impact, and implications. *Science* 240:1169-1176, 1988.
43. Claman, H.N. ; Chaperon, E.A. Immunologic complementation between thymus and marrow cells — a model for the two-cell theory of immunocompetence. *Transplant. Rev.* 1:92-113, 1969.
Davies, A.J.S. The thymus and the cellular basis of immunity. *Transplant. Rev.* 1:43-91, 1969.
44. Chesnut, R.W. ; Grey, H.M. Antigen presentation by B cells and its significance in T-B interactions. *Adv. Immunol.* 39:51-94, 1986.
DeFranco, A.L. Molecular aspects of B-lymphocyte activation. *Annu. Rev. Cell Biol.* 3:143-178, 1987.
Kishimoto, T. ; Hirano, T. Molecular regulation of B lymphocyte response. *Annu. Rev. Immunol.* 6:485-512, 1988.
Möller, G. ed. IL-4 and IL-5 : Biology and Genetics. *Immunol. Rev.*, Vol. 102, 1988.
Paul, W.E. ; Ohara, J. B-cell stimulating factor-1/Interleukin 4. *Annu. Rev. Immunol.* 5:429-460, 1987.
Cambier, J.C. ; Ransom, J.T. Molecular mechanisms of transmembrane signaling in B lymphocytes. *Annu. Rev. Immunol.* 5:175-200, 1987.
45. Möller, G., ed. Gamma Interferon. *Immunol. Rev.*, Vol. 97, 1987.
Mosmann, T.R. ; Coffman, R.L. Two types of mouse helper T-cell clone — implications for immune regulation. *Immunol. Today* 8:223-227, 1987.
Powrce, F. ; Mason, D. Phenotypic and functional heterogeneity of $CD4^+$ T cells. *Immunol. Today* 9:274-277, 1988.
46. Littman, D.R. The structure of the CD4 and CD8 genes. *Annu. Rev. Immunol.* 5:561-584, 1987.
Springer, T.A. ; Dustin, M.L. ; Kishimoto, T.K. ; Marlin, S.D. The lymphocyte-function associated LFA-1, CD2 and LFA-3 molecules : cell adhesion receptors of the immune system. *Annu. Rev. Immunol.* 5:223-252, 1987.
47. Asherson, G.L. ; Colizzi, V. ; Zembala, M. An overview of T suppressor cell circuits. *Annu. Rev. Immunol.* 4:37-68, 1986.
Dorf, M.E. ; Benacerraf, B. Suppressor cells and immunoregulation. *Annu. Rev. Immunol.* 2:127-158, 1984.
Gershon, R.K. T-cell control of antibody production. *Contemp. Top. Immunobiol.* 3:1-40, 1974.
Harris, D.E. ; Cairns, L. ; Rosen, F.S. ; Borel, Y. A natural model of immunologic tolerance. Tolerance to murine C5 is mediated by T cells and antigen is required to maintain unresponsiveness. *J. Exp. Med.* 156:567-584, 1982.
Mitchison, N.A. ; Griffiths, J.A. ; Oliveira, D.B.G. Immunogenetics of suppression. *Br. J. Clin. Pract.* 40:225-229, 1986.
48. Bevan, M. In a radiation chimera, host H-2 antigens determine the immune responsiveness of donor cytotoxic cells. *Nature* 269:417-419, 1977.
Kappler, J.W. ; Roehm, N. ; Marrack, P. T cell tolerance by clonal elimination in the thymus. *Cell* 49:273-280, 1987.
Sprent, J. ; Lo, D. ; Gao, E.-K. ; Ron, Y. T cell selection in the thymus. *Immunol. Rev.* 101:5-19, 1988.
Sprent, J. ; Webb, S. Function and specificity of T cell subsets in the mouse. *Adv. Immunol.* 41:39-133, 1987.
von Boehmer, H. The developmental biology of T lymphocytes. *Annu. Rev. Immunol.* 6:309-326, 1988.
49. Allen, P.M. ; Babbitt, B.P. ; Unanue, E.R. T cell recognition of lysozyme : the biochemical basis of presentation. *Immunol. Rev.* 98:171-187, 1987.
Buus, S. ; Sette, A. ; Grey, H.M. The interaction between protein-derived immunogenic peptides and Ia. *Immunol. Rev.* 98:115-142, 1987.
Mengle-Gaw, L. ; McDevitt, H.O. Genetics and expression of murine I_A antigens. *Annu. Rev. Immunol.* 3:367-396, 1985.
Schwartz, R.H. Immune response (Ir) genes in the murine major histocompatibility complex. *Adv. Immunol.* 39:31-201, 1986.
50. Williams, A.F. ; Barclay, A.N. The immunoglobulin superfamily — domains for cell surface recognition. *Annu. Rev. Immunol.* 6:381-406, 1988.

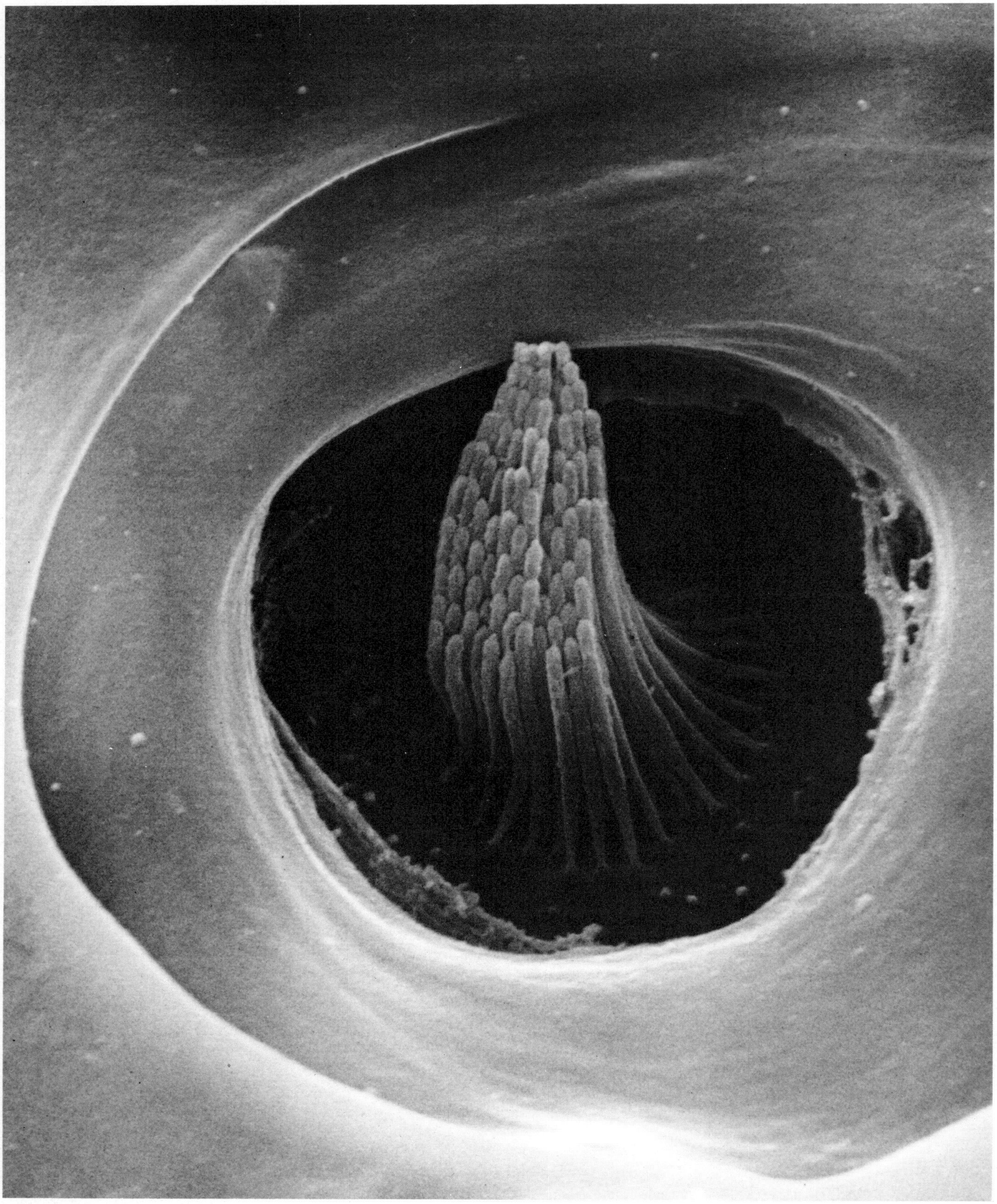

Photographie à microscopie électronique à balayage d'une cellule ciliée sensorielle de l'oreille interne d'une grenouille. (Avec l'aimable autorisation de Richard Jacobs ; d'après *Nature* 281 (5733), 1979).

Le système nerveux

19

Comment pouvons-nous espérer comprendre le fonctionnement de notre propre cerveau ? Ce réseau, composé de plus de 10^{11} cellules nerveuses, et de 1 000 fois plus d'interconnexions, est plus complexe, et semble dans bien des cas plus performant, que les plus gros des ordinateurs modernes. Cependant, notre compréhension actuelle du système nerveux est si élémentaire qu'une telle comparaison n'a peut-être aucun sens. Nous ne savons pas, par exemple, dénombrer les familles de cellules nerveuses fonctionnellement différentes contenues dans le cerveau ; pas plus que nous ne pouvons donner un aperçu de la mathématique neuronale qui entre en jeu pour entendre un mot ou atteindre un objet, sans parler de la résolution d'un théorème ou de l'écriture d'un poème.

Cependant, il est paradoxal que le cerveau, pris dans son ensemble, reste le plus déroutant des organes du corps, alors que les propriétés des cellules nerveuses isolées, ou *neurones*, sont mieux comprises que celles de presque tous les autres types cellulaires. Au niveau cellulaire au moins, des principes simples et généraux peuvent être énoncés ; ils permettent de commencer à comprendre la façon dont fonctionnent de petites régions du système nerveux. D'importants progrès ont été faits, par exemple, dans l'explication du mécanisme cellulaire du comportement réflexe simple et de la perception visuelle. D'un point de vue pratique, la connaissance de la biologie moléculaire des neurones fournit une base au contrôle biochimique de la fonction cérébrale par les drogues, et elle fait espérer un traitement plus efficace pour de nombreuses formes de maladie mentale.

Ce chapitre sera consacré à la cellule nerveuse, et nous essaierons d'illustrer la façon dont ses propriétés donnent un aperçu de l'organisation neurale à des niveaux plus élevés.

Les cellules du système nerveux : un aperçu de leur structure et de leur fonction [1]

Le système nerveux assure une communication rapide entre des parties très éloignées du corps. Grâce à son rôle de réseau de communications, il gouverne les réactions aux stimuli, il traite l'information, et crée des circuits élaborés de signaux pour contrôler les comportements complexes. Le système nerveux est également capable d'apprendre : pendant qu'il traite et enregistre une information sensorielle sur le monde extérieur, il subit des rectifications qui ont pour résultat de futurs modes d'action modifiés.

Les principales voies neurales de communication furent tracées, il y a plus de cent ans, avant que le rôle des cellules nerveuses isolées ne soit compris. Le plan de base est donné dans la Figure 19-1. Tel un vaste centre de calcul, le système nerveux des vertébrés est constitué

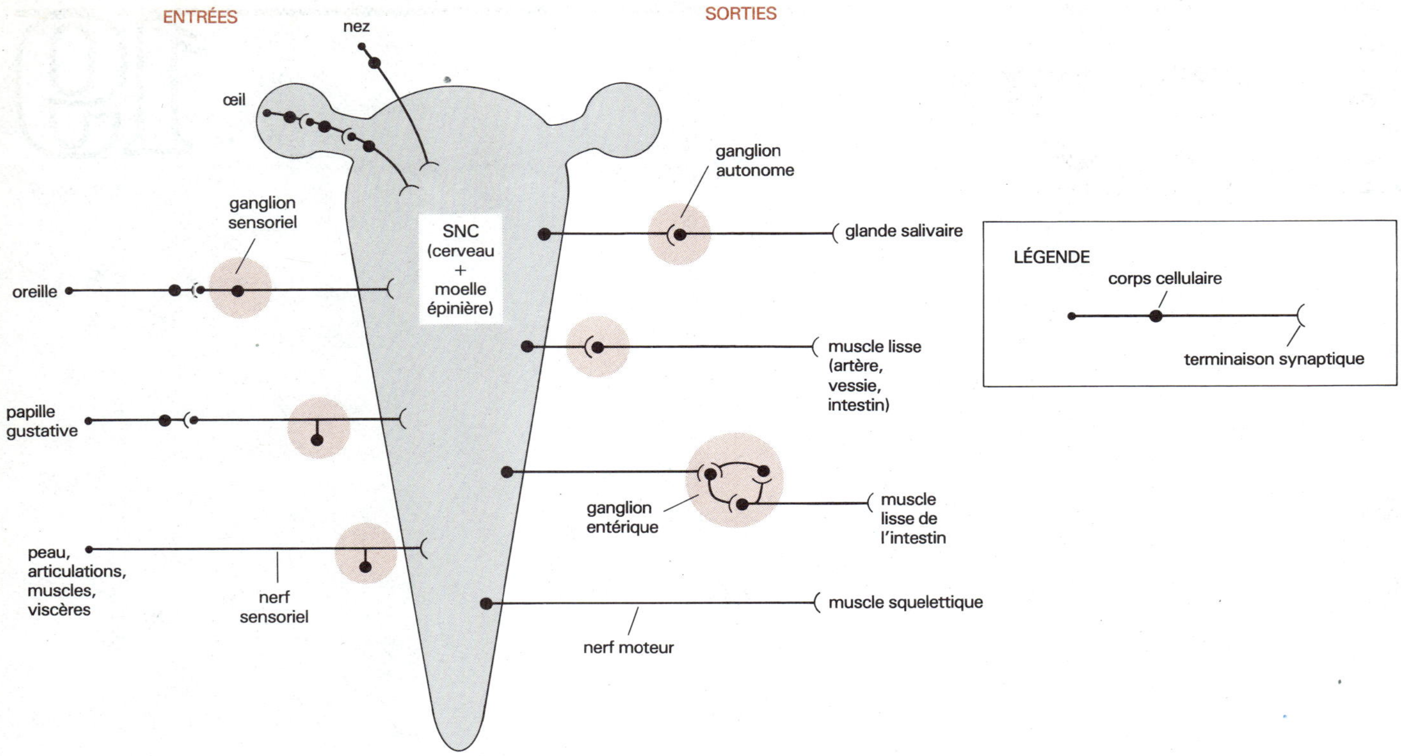

Figure 19-1 Une représentation très schématique du système nerveux d'un vertébré, montrant la façon dont les données sensorielles sont transmises de la périphérie vers le système nerveux central (SNC) et dont les sorties motrices sont transmises à la périphérie à partir du SNC. Les signaux sensoriels et moteurs sont transmis depuis et vers les organes périphériques par les cellules nerveuses dont les corps cellulaires (*gros points noirs*) sont regroupés, dans de nombreux cas, dans des ganglions (*cercles colorés*) à l'extérieur du SNC, et dont les axones sont associés en faisceaux pour former des *nerfs* (*traits noirs*). L'ensemble des nerfs, des ganglions, et des organes sensoriels constitue le *système nerveux périphérique*. Certains ganglions sont de simples stations relais ; d'autres — notamment la sous-classe de ganglions autonomes qui contrôlent les contractions péristaltiques de l'intestin (les *ganglions entériques*) — sont des systèmes complexes de neurones conjugués capables de fonctionner même isolés du SNC. A l'intérieur du SNC, il existe des amas de neurones interconnectés qui ne sont pas représentés sur cette figure.

d'une unité de traitement principale, le **système nerveux central**, comprenant le cerveau et la moelle épinière qui est reliée par des câbles, les *nerfs*, à un grand nombre de structures périphériques : les organes sensoriels pour l'entrée, et les muscles (et à un degré moindre les glandes) pour la sortie. Il existe également des connexions avec des groupes de cellules nerveuses périphériques appelées *ganglions* qui, dans certains cas, servent simplement de communication entre la périphérie et le centre, et dans d'autres cas, servent de mini-ordinateurs auxiliaires. Il existe un système analogue chez les invertébrés, bien qu'ils n'aient généralement pas de systèmes nerveux centraux aussi complexes, et que leurs ganglions aient un rôle plus important et une plus grande autonomie.

A l'intérieur de ce système général, les circuits particuliers de connexions neurales varient considérablement d'une espèce à l'autre. Toutefois, les propriétés des neurones isolés sont pratiquement les mêmes, qu'il s'agisse d'un mollusque, d'un insecte, d'un amphibien ou d'un mammifère.

La fonction d'une cellule nerveuse dépend de sa structure allongée [2]

La rôle fondamental du **neurone** est de recevoir, de propager et de transmettre des signaux. Pour remplir ces fonctions, les neurones sont en général très allongés : chez l'homme, une seule cellule nerveuse qui s'étend de la moelle épinière à un muscle du pied, peut mesurer un mètre. Chaque neurone est constitué d'un *corps cellulaire ou soma* (qui contient le noyau) et d'un certain nombre de longs et fins prolongements qui rayonnent à partir de ce corps cellulaire. Il n'y a en général qu'un long **axone**, qui véhicule les signaux du corps cellulaire vers des cibles éloignées, et plusieurs **dendrites** plus courts et ramifiés, qui s'allongent comme des antennes à partir du corps cellulaire et offrent ainsi une plus grande surface de réception pour les signaux qui proviennent des axones d'autres cellules nerveuses (Figure 19-2). Les signaux sont également reçus sur le corps cellulaire lui-même. L'axone se divise habituellement à son extrémité en de nombreuses ramifications, et peut ainsi transmettre simultanément son message à de nombreuses cellules cibles. De plus, la ramification des dendrites peut être suffisante, dans certains cas, pour qu'un seul neurone reçoive jusqu'à 100 000 entrées. Il existe une surprenante diversité dans le mode de ramification des axones et des dendrites des neurones de différentes classes fonctionnelles (Figure 19-3).

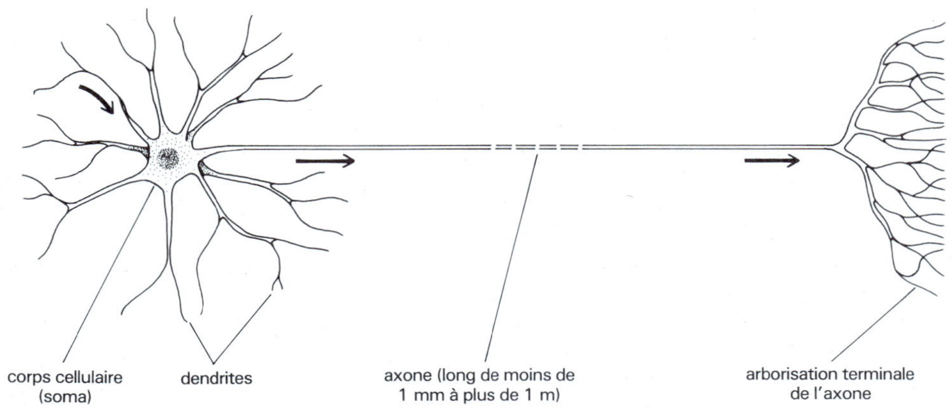

Figure 19-2 Représentation schématique d'un neurone typique de vertébré. Les flèches indiquent la direction dans laquelle les signaux sont propagés. Les neurones les plus longs et les plus larges chez un être humain ont une longueur d'environ un mètre et un diamètre axonal d'environ 15 μm.

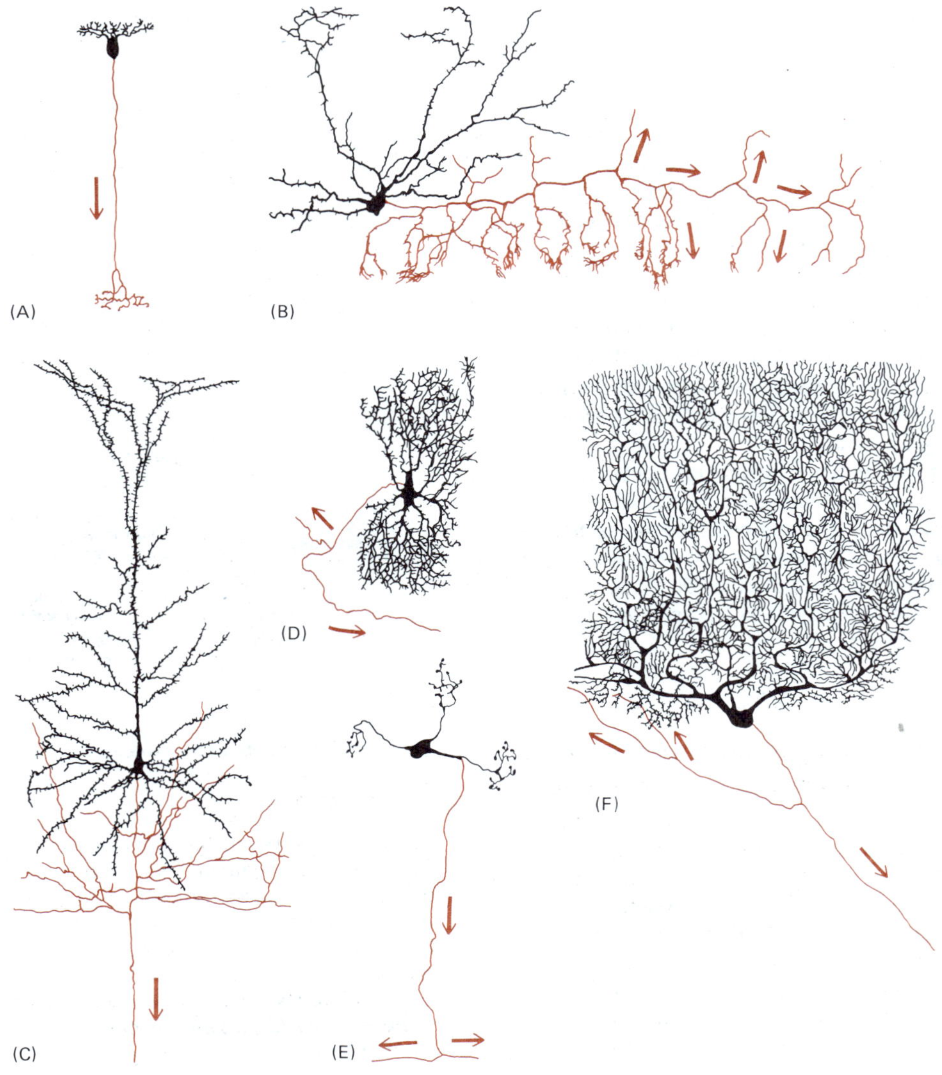

Figure 19-3 Quelques-uns des nombreux types de neurones dans le système nerveux d'un vertébré tels qu'ils apparaissent après coloration selon la technique de Golgi. Ce procédé, qui implique l'immersion du tissu dans une solution de sels métalliques, choisit au hasard une petite quantité de cellules, les colorant en noir intense de sorte que l'on peut observer leur délicat réseau de prolongements ramifiés. Beaucoup de dendrites, pour recevoir des signaux, rayonnent à partir du corps cellulaire de chaque neurone, et un seul axone mince et ramifié propage les signaux dans la direction indiquée par les flèches. L'axone est dessiné en couleur, les dendrites et le corps cellulaire en noir. Les cellules (A) et (B) ont des axones courts que l'on voit dans leur totalité. Les cellules (C), (D), (E) et (F) ont de longs axones dont seule la partie initiale est montrée. (A) est une cellule bipolaire de rétine de lézard ; (B) est une cellule en panier du cervelet de souris ; (C) est une cellule pyramidale du cortex cérébral de lapin ; (D) est une cellule du tronc cérébral humain ; (E) est une cellule granuleuse du cervelet de chat et (F) est une cellule de Purkinje du cervelet humain. Cette dernière cellule, avec son important réseau de dendrites, reçoit des afférences de plus de 100 000 autres neurones. Elle constitue une partie du mécanisme cérébral de contrôle des mouvements complexes. Les dessins ne sont pas à l'échelle : (A) mesure environ 100 μm tandis que la partie de la cellule (F) représentée dans le dessin a environ 400 μm de large (la longueur de son axone qui n'est pas représenté est de l'ordre de quelques centimètres). (D'après S. Ramón y Cajal, Histologie du système nerveux de l'homme et des vertébrés. Paris : Maloine, 1909-1911 ; reprinted, Madrid, C.S.I.C., 1972.)

Les cellules nerveuses transmettent des signaux électriques [3]

La portée des signaux propagés par un neurone dépend du rôle joué par chaque cellule dans le fonctionnement global du système nerveux. Les signaux transmis par un *neurone moteur* commandent la contraction d'un muscle particulier. Un *neurone sensoriel* excité signale qu'une stimulation spécifique, telle que la lumière, une force mécanique ou une substance chimique, se produit dans une région définie du corps. Dans un *interneurone*, qui établit un contact entre deux neurones, les signaux représentent des éléments de synthèses élaborées qui combinent l'information issue de nombreuses sources différentes et règlent le comportement complexe.

Malgré la signification variée des signaux, leur *nature* est la même, et se traduit par des variations de potentiel électrique de part et d'autre de la membrane plasmique du neurone. La communication a lieu quand une perturbation électrique produite dans une région de la cellule se propage dans le reste de la cellule. Une telle perturbation s'atténue lorsque la distance à la source augmente s'il n'y a pas de dépense d'énergie pour l'amplifier au cours de sa propagation. Sur de courtes distances, cette atténuation est négligeable ; de nombreux petits neurones transmettent ainsi leurs signaux passivement, sans amplification. Par contre, une telle propagation passive ne convient pas à une communication à longue distance. Ainsi, les plus longs neurones ont développé un mécanisme actif de signalisation qui constitue l'une de leurs caractéristiques les plus étonnantes : une impulsion électrique qui dépasse un certain seuil provoque une explosion d'activité électrique qui se propage rapidement le long de la membrane plasmique du neurone et qui est maintenue par une amplification automatique sur tout son trajet. Cette onde d'excitation électrique, connue sous le nom de *potentiel d'action* ou *influx nerveux* , peut propager un message sans atténuation d'une extrémité d'un neurone à l'autre à une vitesse qui peut atteindre 100 m/s et parfois plus.

Les cellules nerveuses communiquent chimiquement au niveau des synapses [4]

Les signaux neuronaux sont transmis d'une cellule à l'autre au niveau de sites de contact spécialisés, les **synapses**. Le mécanisme habituel de transmission paraît singulièrement indirect. Les cellules sont électriquement isolées l'une de l'autre, la *cellule présynaptique* étant séparée de la *cellule postsynaptique* par une *fente synaptique*. Une variation du potentiel électrique dans la cellule présynaptique provoque la libération d'une substance chimique, appelée *neurotransmetteur*, qui est stockée dans des *vésicules synaptiques* limitées par une membrane et libérée par exocytose. Le neurotransmetteur diffuse ensuite à travers la fente synaptique et provoque une variation électrique dans la cellule postsynaptique (Figure 19-4). Comme nous le verrons, la transmission via de telles *synapses chimiques* est beaucoup plus plurivalente et souple que le couplage électrique direct, par l'intermédiaire des jonctions de type gap (voir p. 799), qui est également utilisé, mais à un degré moindre.

La synapse chimique est un lieu d'activité biochimique intense, qui nécessite la dégradation, le renouvellement, et la sécrétion continuels de protéines et d'autres molécules. Le centre de biosynthèse neuronal, toutefois, est localisé dans le corps cellulaire où se trouvent les instructions fondamentales pour la synthèse protéique . Le neurone doit donc avoir un système de transport intracellulaire efficace pour transmettre des molécules du corps cellulaire aux extrémités de l'axone et des dendrites. Comment ce système de transport est-il organisé, et quelles sont les molécules effectivement transportées ?

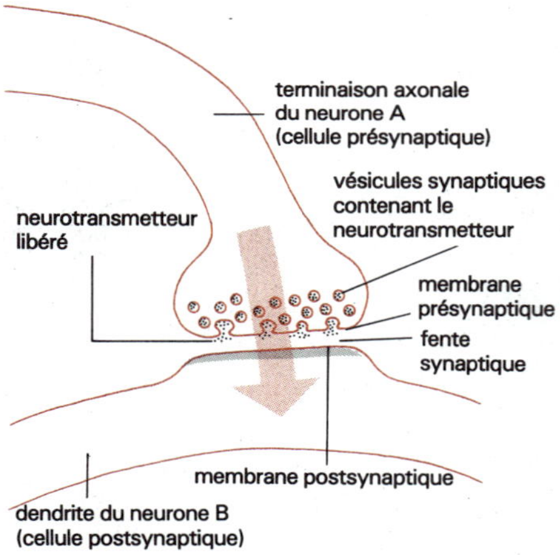

Figure 19-4 Représentation schématique d'une synapse typique.Un signal électrique qui atteint la terminaison axonale du neurone A induit la libération d'un messager chimique (le neurotransmetteur) qui traverse la fente synaptique et provoque une variation électrique dans la membrane du dendrite du neurone B. Une flèche large indique la direction de transmission du signal.

Les matériaux néosynthétisés sont acheminés par des mécanismes de transport lent et rapide du corps cellulaire à l'axone et aux dendrites [5]

La microscopie électronique révèle que le corps cellulaire d'un grand neurone typique contient de nombreux ribosomes, certains entassés dans le cytosol, d'autres attachés au réticulum endoplasmique rugueux (RE) (Figure 19-5A). Bien que les dendrites contiennent souvent quelques ribosomes, il n'y en a pas dans l'axone, et ses protéines doivent par conséquent être fournies par les nombreux ribosomes du corps cellulaire (Figure 19-5B). Les besoins de l'axone sont considérables : chez l'homme, par exemple, l'axone d'un neurone moteur peut atteindre 15 μm de diamètre et un mètre de long, correspondant à un volume d'environ 0,2 mm^3, soit environ 10 000 fois le volume d'une cellule hépatique. Puisqu'un tel neurone ne contient qu'un

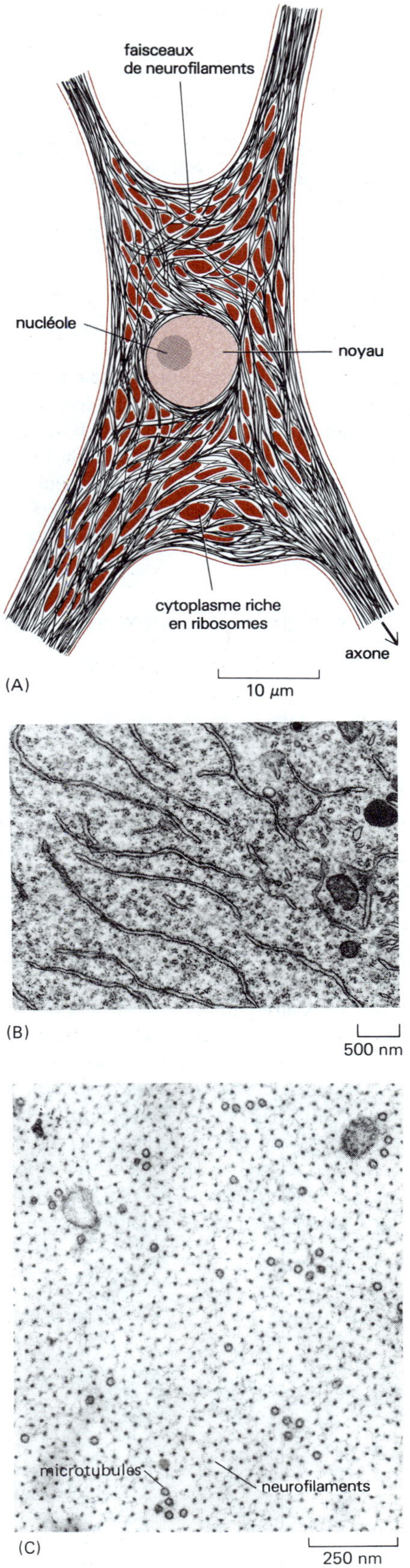

Figure 19-5 L'organisation du cytoplasme dans une grande cellule nerveuse typique (un neurone moteur dans la moelle épinière). (A) Un schéma du corps cellulaire à faible grossissement, montrant comment des régions de cytoplasme riches en ribosomes sont entassées dans les intervalles entre des faisceaux de neurofilaments et d'autres protéines du cytosquelette. (B) Une micrographie électronique d'une région riche en ribosomes de ce type ; certains ribosomes sont libres, d'autres sont attachés au RE rugueux. (C) Une micrographie électronique montrant une partie d'une coupe transversale d'un axone : on peut voir de grandes quantités de neurofilaments et de microtubules, mais aucun ribosome n'est présent. Les vésicules membraneuses situées dans l'axone se déplacent probablement le long des microtubules adjacents par transport axonal rapide. (B, avec l'autorisation de Jennifer La Vail. C, avec l'autorisation de John Hopkins).

seul noyau, son rapport cytoplasme-ADN est beaucoup plus élevé que celui de n'importe quel type cellulaire non neuronal dans le corps humain.

Les protéines les plus abondantes présentes dans l'axone sont celles qui constituent les microtubules, les neurofilaments (une catégorie de filaments intermédiaires) et les filaments d'actine (Figure 19-5C). Ces protéines du cytosquelette sont exportées depuis le corps cellulaire et se déplacent le long de l'axone à des vitesses de 1 à 5 mm par jour grâce au **processus de transport axonal lent** (un transport analogue existe dans les dendrites, qui contiennent un ensemble légèrement différent de protéines du cytosquelette — voir p. 659). D'autres protéines cytosoliques, y compris de nombreuses enzymes, sont également acheminées par ce transport axonal lent, dont le mécanisme n'est pas compris.

Les matériaux non cytosoliques nécessaires au niveau de la synapse, comme des protéines sécrétées et des molécules liées à la membrane, sortent et s'éloignent du corps cellulaire selon un mode de transport beaucoup plus rapide. Ces protéines et ces lipides passent de leurs sites de synthèse dans le réticulum endoplasmique à l'appareil de Golgi, qui est situé près du noyau, faisant souvent face à la base de l'axone. A partir de là, empaquetés dans des vésicules membranaires, ils sont acheminés par **transport axonal rapide**, à des vitesses allant jusqu'à 400 mm par jour, le long de voies formées par les microtubules dans l'axone ou les dendrites (voir p. 660) ; les mitochondries sont transportées par les mêmes moyens. Puisque des populations différentes de protéines sont expédiées de cette façon le long des axones et des dendrites, on suppose que les molécules transportées sont réparties dans le corps cellulaire dans des types séparés et distincts de vésicules de transport (voir p. 468).

Parmi les protéines rapidement transportées le long de l'axone, il y a celles qui seront sécrétées au niveau de la synapse, comme les *neuropeptides*, que de nombreux neurones libèrent en tant que neurotransmetteurs, souvent de concert avec des transmetteurs non protéiques. Du point de vue de leur organisation interne, les neurones peuvent être considérés comme des cellules sécrétrices dans lesquelles le site de sécrétion a été transporté à une distance considérable du site d'origine des protéines et des membranes (Figure 19-6).

La terminaison nerveuse peut communiquer chimiquement avec le corps cellulaire grâce au transport rétrograde[5,6]

Au cours du développement, le transport axonal rapide est nécessaire à la croissance des axones et des dendrites, qui s'allongent par addition de nouvelle membrane à leurs extrémités. Le transport axonal rapide a également lieu dans un neurone dont la croissance est terminée et dans lequel il n'y a aucune accumulation de membrane aux extrémités de l'axone et des dendrites. Dans ce cas, le transport rapide de membrane à partir du corps cellulaire, appelé *transport antérograde rapide*, doit être exactement compensé par le *transport rétrograde rapide* de membrane à partir des extrémités des prolongements cellulaires. Ces deux mécanismes de transport rapide sont comparables mais ne sont pas identiques. Le transport rétrograde rapide est environ deux fois plus lent que le transport antérograde rapide. Il est entraîné par un moteur protéique différent (voir p. 660), et transporte des vésicules un peu plus volumineuses. Les structures qui retournent au corps cellulaire sont constituées en partie d'organites cytoplasmiques vieillissants, tels que les mitochondries, et en partie de vésicules formées par l'endocytose nécessaire à la réparation de la membrane au niveau de la terminaison axonale après libération du neurotransmetteur (voir Figure 19-20). Les molécules présentes dans le milieu extracellulaire

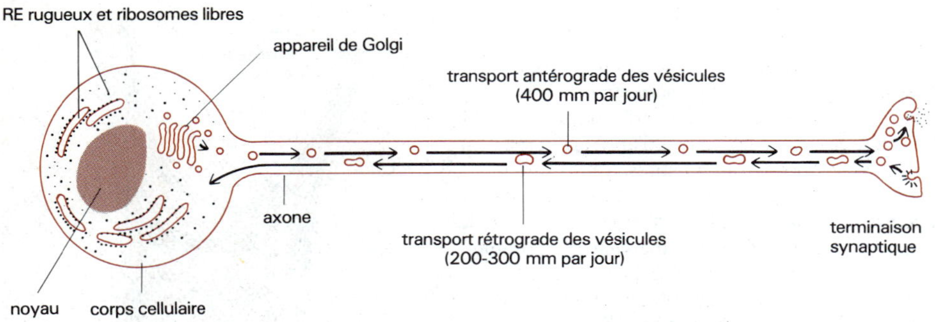

Figure 19-6 Un neurone vu schématiquement comme une cellule sécrétrice dont le site de sécrétion (la terminaison axonale) est très éloigné du site de synthèse macromoléculaire (le corps cellulaire). Ce type d'organisation nécessite un mécanisme rapide de transport axonal. Le schéma n'est pas destiné à faire supposer que toutes les vésicules synaptiques doivent être transportées depuis le corps cellulaire ; dans la majorité des neurones, les vésicules synaptiques se forment en grande partie par recyclage local de la membrane dans la terminaison axonale.

qui entoure la terminaison axonale sont susceptibles d'être capturées par endocytose dans ces vésicules de retour, et transportées, par ce moyen, de la terminaison axonale vers le corps cellulaire. Ainsi, le mécanisme de biosynthèse dans le corps cellulaire peut étalonner les conditions existant au niveau de la terminaison axonale et répondre de façon appropriée, comme nous le verrons ultérieurement (voir p. 1119).

Le transport rétrograde est extrêmement utile aux neuroanatomistes, qui l'utilisent de façon courante pour suivre les connexions neuronales, comme nous l'expliquons dans la Figure 19-7.

Les neurones sont entourés par différents types de cellules gliales [7]

L'ensemble du tissu nerveux, qu'il soit périphérique ou central, est composé de deux catégories principales de cellules. Les neurones jouent les « premiers rôles », mais ils sont surpassés en nombre, dans un rapport de 10 à 1 dans le cerveau des mammifères, par une « troupe » de **cellules gliales** qui les secondent. Les cellules gliales entourent les neurones (leurs corps cellulaires et leurs prolongements), et remplissent les espaces qu'ils n'occupent pas. Les mieux comprises de ces cellules sont les *cellules de Schwann* dans les nerfs périphériques des vertébrés, et les *oligodendrocytes* dans le système nerveux central des vertébrés, qui forment tout deux des *gaines de myéline* isolantes autour des axones (voir p. 1073, ci-dessous). Les trois autres types de cellule gliale dans le système nerveux central sont les cellules microgliales, les cellules épendymales, et les astrocytes (Figure 19-8). Les *cellules microgliales* appartiennent à une classe à part : elles sont fonctionnellement apparentées aux macrophages (voir p. 974), et, comme eux, proviennent du tissu hématopoiétique. A cela près, toutes les cellules gliales et les neurones avec lesquels elles sont associées ont une origine embryonnaire commune ; cependant, contrairement à la plupart des neurones, elles ne sont pas, en règle générale, électriquement excitables. De plus, la majorité des cellules gliales restent capables de se diviser pendant toute la vie, tandis que les neurones, une fois différenciés, cessent de se diviser.

Les *cellules épendymales* bordent les alvéoles internes du cerveau et de la moelle épinière (voir Figure 19-8), et leur disposition épithéliale est un souvenir de l'origine du système nerveux central à partir d'un tube épithélial (voir p. 1109).

Les *astrocytes* (voir Figure 19-8) sont les cellules gliales les plus abondantes et les plus variées mais également les plus énigmatiques : leurs fonctions sont encore très vagues, bien qu'il semble clair qu'elles jouent un rôle important dans le guidage de la construction du

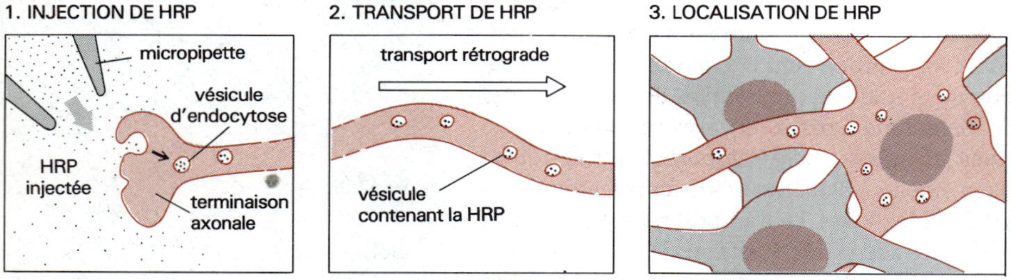

La HRP est injectée au niveau du site intéressant et elle est captée par endocytose dans les terminaisons axonales voisines

On laisse plusieurs heures ou jours s'écouler afin de donner le temps aux vésicules contenant la HRP de circuler le long de l'axone par transport rétrograde

Des coupes tissulaires sont traitées avec des réactifs afin de révéler la HRP par réaction colorée. On identifie ainsi les somas des cellules nerveuses qui allongent des axones vers le site éloigné d'injection de HRP

Figure 19-7 Façon dont le transport rétrograde rapide est exploité pour identifier et localiser des corps cellulaires éloignés dont les axones s'allongent vers un site d'intérêt donné. La peroxydase du raifort (HRP, pour horseradish peroxydase) est le traceur le plus généralement utilisé dans ce but, puisqu'elle peut être détectée en très petites quantités par les produits colorés de la réaction qu'elle catalyse.

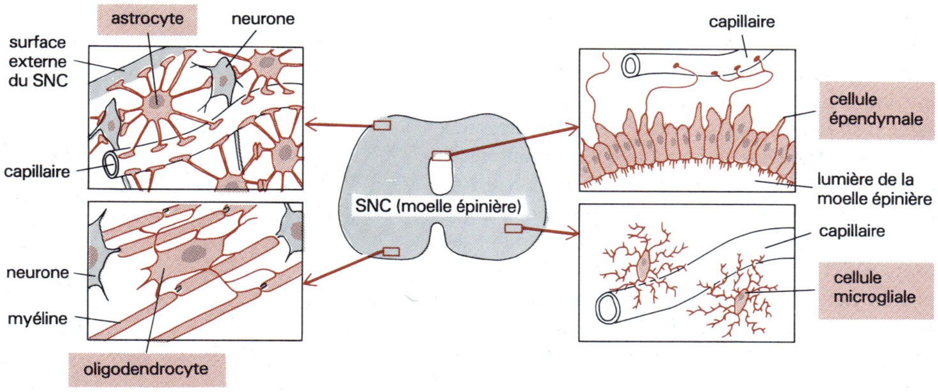

Figure 19-8 Les quatre principales catégories de cellules gliales dans le système nerveux central des vertébrés. Les cellules gliales sont représentées en couleur. Les astrocytes, qui sont les plus abondants, ont de nombreux prolongements rayonnants. Certains de ces prolongements se terminent sur les surfaces des neurones ; d'autres, dont les extrémités sont déployées, vont former la couche superficielle externe du SNC et la gaine qui entoure les vaisseaux sanguins dans le SNC, collaborant avec les cellules endothéliales des capillaires sanguins pour créer la barrière sang-cerveau. Les cellules épendymales forment le revêtement épithélial cilié de la cavité centrale du SNC, et, comme les astrocytes, elles ont souvent des prolongements qui se terminent sur les vaisseaux sanguins. Les oligodendrocytes forment les gaines isolantes de myéline autour des axones dans le SNC. Les cellules microgliales ont une origine et une fonction voisines de celles des macrophages, et sont impliquées dans les réactions à la lésion et à l'infection tissulaires : elles ont tendance à se trouver dans le voisinage des vaisseaux sanguins.

système nerveux (voir p. 1110) et dans le contrôle de l'environnement chimique et ionique des neurones. Ainsi, un type d'astrocyte se prolonge par des excroissances qui se déploient en spécialisations terminales et qui, liées par des complexes de jonction semblables à l'un de ceux que l'on trouve dans les épithéliums (voir p. 792), forment une barrière étanche à la surface extérieure du système nerveux central. Les astrocytes se prolongent également par des excroissances qui forment des spécialisations terminales analogues sur les vaisseaux sanguins, où elles induisent l'interadhérence des cellules endothéliales (dans le cas des capillaires et des veinules) par des jonctions étanches inhabituellement bien développées de façon à former la *barrière sang-cerveau*. Cette barrière empêche le passage de molécules hydrosolubles du sang dans le tissu cérébral, à moins qu'elles ne soient spécifiquement portées par des protéines de transport dans les membranes plasmiques des cellules endothéliales qui tapissent les vaisseaux. Les neurones occupent par conséquent un environnement protégé et contrôlé, dont le mécanisme moléculaire de transmission des signaux électriques dépend d'une manière cruciale.

Résumé

Les cellules nerveuses, ou neurones, sont des cellules exceptionnellement allongées, qui conduisent les signaux électriques sous la forme de potentiels d'action — des ondes d'excitation électrique. De façon typique, plusieurs dendrites ramifiés et un seul long axone sortent du corps cellulaire nerveux. Les signaux sont généralement reçus par les dendrites et le corps cellulaire, propagés le long de l'axone, et transmis à d'autres cellules au niveau de synapses chimiques. Là, le signal électrique dans la terminaison axonale présynaptique déclenche la sécrétion d'un neurotransmetteur qui provoque une variation électrique dans la cellule postsynaptique.

On peut considérer le neurone comme une cellule sécrétrice qui libère son produit — le neurotransmetteur — à une distance très éloignée du corps cellulaire, où les macromolécules sont synthétisées. La membrane et les protéines de sécrétion néosynthétisées sont exportées le long de l'axone et des dendrites par le transport axonal rapide, dans lequel de petites vésicules membranaires sont propulsées le long de voies formées par les microtubules. Les microtubules et d'autres composants non membranaires du cytosol neuronal sont exportés à partir du corps cellulaire par un mécanisme assez différent de transport axonal lent. Le transport axonal rapide s'effectue aussi dans un sens rétrograde, acheminant des vésicules membranaires des terminaisons axonales vers le corps cellulaire.

Les neurones sont entourés de cellules gliales qui participent de différentes manières au contrôle de l'environnement chimique et électrique des neurones.

Canaux à ouverture réglée par la tension et potentiel d'action [3,4,8]

Comme nous en avons discuté au Chapitre 6, la différence de tension qui existe de part et d'autre de la membrane plasmique — c'est-à-dire le **potentiel de membrane** — dépend de la distribution de charge électrique (voir p. 314). La charge est véhiculée de part et d'autre de la membrane de la cellule nerveuse par des ions inorganiques — principalement les ions Na^+, K^+, Cl^- et Ca^{2+} — qui traversent la double couche lipidique en passant par des canaux ioniques sélectifs formés par des protéines transmembranaires spécifiques (voir p. 312). Quand les canaux ioniques s'ouvrent ou se ferment, la distribution des charges est modifiée et le potentiel de membrane change. La transmission neuronale dépend ainsi de canaux dont la perméabilité est réglée — les **canaux contrôlés** ou **à ouverture intermittente** (*gated ion channels*).

Deux types de tels canaux sont d'une importance primordiale : (1) les *canaux dont l'ouverture est réglée par la tension (voltage-gated channels)* — et particulièrement les canaux Na^+ — jouent un rôle clé dans les « explosions » d'activité électrique qui permettent la propagation des potentiels d'action le long d'un axone ; et (2) les *canaux dont l'ouverture est réglée par un ligand* (*ligand-gated channels*), qui convertissent les signaux chimiques extracellulaires en signaux électriques, et jouent un rôle central dans le fonctionnement des synapses. La description, dans le Chapitre 6 (pp. 312-319), des canaux ioniques et de leur rôle dans la transmission des signaux électriques constitue la base de l'étude plus approfondie de la transmission neuronale qui sera faite dans cette partie du chapitre. Quelques principes d'électrochimie qui sont particulièrement en rapport avec les cellules nerveuses sont passés en revue dans la Planche 19-1.

Les variations de tension peuvent se propager passivement dans un neurone [3,4,8,9]

Les potentiels d'action sont typiquement déclenchés à une extrémité d'un axone et se propagent sur toute sa longueur. Pour comprendre le mécanisme, il est utile d'étudier tout d'abord le mode de propagation des perturbations électriques le long d'une cellule nerveuse en absence de potentiels d'action. Comme nous l'avons mentionné plus tôt, une telle *propagation passive* est courante, particulièrement dans les nombreux neurones qui ont des axones très courts ou aucun axone ; souvent ces cellules n'ont que peu ou pas de canaux Na^+ à ouverture réglée par la tension, et leur mode de transmission repose entièrement sur la propagation passive, qui se traduit par des *potentiels locaux qui* s'atténuent progressivement

Dans un axone au repos, le potentiel de membrane est uniformément négatif, l'intérieur de l'axone étant partout au même potentiel négatif par rapport au milieu extérieur. Comme nous l'avons expliqué au Chapitre 6 (voir p. 314), la différence de potentiel dépend des forts gradients de concentration de Na^+ et de K^+ établis par la pompe Na^+-K^+. La membrane au repos est surtout perméable aux ions K^+ grâce aux *canaux de fuite Na^+* de sorte que le potentiel de repos est voisin du potentiel d'équilibre des ions K^+ qui se situe généralement aux environs de — 70 mV (voir Planche 19-1). Un signal électrique peut prendre la forme d'une *dépolarisation*, dans laquelle la chute de tension à travers la membrane est réduite, ou d'une *hyperpolarisation*, dans laquelle elle est augmentée. Pour illustrer la propagation passive d'un signal électrique, regardons ce qui se produit lorsqu'on dépolarise localement un axone en lui injectant un courant par une microélectrode. Si le courant est faible, la dépolarisation sera inférieure au niveau de base : aucun canal Na^+ ne s'ouvrira et il n'y aura aucune activation d'un potentiel d'action. Dans l'état stable qui est rapidement atteint, le flux de courant entrant à travers la microélectrode est parfaitement équilibré par le flux de courant sortant (transmis principalement par les ions K^+) à travers la membrane axonale. Une fraction de ce courant sortira au voisinage de la microélectrode, tandis qu'une autre fraction circulera à l'intérieur de l'axone sur une certaine distance dans toutes les directions, avant de s'échapper. Il en résulte une décroissance exponentielle de la perturbation du potentiel de membrane avec la distance à l'origine de la perturbation (Figure 19-19). Cette propagation passive d'un signal électrique le long d'un prolongement de cellule nerveuse est analogue à la propagation d'un signal dans un câble télégraphique sous-marin : tandis que le courant « dévale » le conducteur central (le cytoplasme), une partie fuit à travers la gaine d'isolement (la membrane) dans le milieu extérieur de telle sorte que le signal s'atténue progressivement. Pour cette raison, les caractéristiques électriques impliquées dans la propagation passive sont souvent désignées sous le nom de *propriétés de câble* de l'axone.

Cependant, les axones sont de beaucoup plus mauvais conducteurs que les câbles électriques, et la propagation passive est inadaptée à la transmission d'un signal au-delà d'une distance de quelques millimètres, particulièrement si le signal est de courte durée et transitoire. Cela n'est pas seulement dû à la fuite de courant, mais aussi à l'existence d'un certain temps de latence avant l'amorce d'une variation de potentiel membranaire résultant du flux de courant. Le temps de latence dépend de la capacitance de la membrane, c'est-à-dire de la quantité de charges qui doit s'accumuler de chaque côté de la membrane pour engendrer un potentiel de membrane donné (voir Planche 19-1). La capacitance membranaire a le double effet de ralentir la transmission passive des signaux le long de l'axone et de les déformer de telle façon qu'une forte impulsion excitatrice émise en un point sera détectée quelques millimètres plus loin comme une augmentation, puis une chute de potentiel lentes et progressi-

1. Des couches séparées de charges créent un gradient de tension.

Le gradient de tension à travers la membrane cellulaire, ou *potentiel de membrane*, est créé par un excès de charges positives d'un côté et un excès équivalent de charges négatives de l'autre côté. Les charges sont concentrées dans une mince couche (< 1 nm) de part et d'autre de la membrane.

2. La capacitance membranaire détermine la charge nécessaire pour créer une différence de tension donnée.

La quantité de charge (en coulombs) nécessaire de part et d'autre de la membrane pour créer une différence de tension de 1 V est appelée la *capacitance* membranaire (en farads).

Les membranes cellulaires ont typiquement une capacitance d'environ 1 $\mu F/cm^2$, ou 0,01 $pF/\mu m^2$. Par conséquent, un mouvement de charge de 0,001 pC à travers 1 μm^2 de membrane modifiera le potentiel de membrane de 100 mV.

UNITÉS

Charge : coulomb (C) (= 6,2 X 10^{18} X charge d'un électron)

Potentiel électrique : volt (V)

Courant : ampère (A) (= coulomb par seconde)

Capacitance : farad (F) (= coulomb par volt)

Conductance : siemens (S) (= ampère par volt)

mV : millivolt (10^{-3} V)

μF : microfarad (10^{-6} F)

nC : nanocoulomb (10^{-9} C)

pS : picosiemens (10^{-12} S)

3. Le nombre d'ions qui forment une couche de charge adjacente à la membrane est minime comparé au nombre total à l'intérieur de la cellule.

Un coulomb est la charge portée par environ 6 X 10^{18} ions univalents, de sorte que 0,001 pC est équivalent à 6 000 ions univalents. Par conséquent, le mouvement de 6 000 ions Na^+ à travers 1 μm^2 de membrane portera une charge suffisante pour modifier le potentiel de membrane d'environ 100 mV. Puisqu'il y a environ 3 X 10^7 ions Na^+ dans 1 μm^3 de masse cytoplasmique, un tel mouvement de charge aura généralement un effet négligeable sur les gradients de concentration des ions à travers la membrane.

4. La « force motrice » électrochimique est la somme d'un effet du potentiel de membrane et d'un effet du gradient de concentration.

Pour un ion univalent positif, tel que Na^+ ou K^+, à température ambiante, la « force motrice » nette à travers la membrane est proportionnelle à

$$V - 58 \log_{10} \left(\frac{C_o}{C_i}\right),$$

où V est le potentiel de membrane en millivolts, et C_o et C_i sont, respectivement, les concentrations extracellulaire et intracellulaire de l'ion. La « force motrice » pour les ions positifs est nulle lorsque

$$V = 58 \log_{10} \left(\frac{C_o}{C_i}\right) \text{mV}.$$

C'est l'*équation de Nernst* dans sa forme la plus simple (voir p. 315). Elle définit le *potentiel d'équilibre* pour l'ion positif donné. Pour l'axone du calmar, les potentiels d'équilibre V_{Na}, V_K, et V_{Cl} pour Na^+, K^+ et Cl^- sont, respectivement, d'environ + 55 mV, — 75 mV et — 65 mV. Les forces motrices nettes pour chaque ion sont proportionnelles à $V - V_{Na}$, $V - V_K$, et $V - V_{Cl}$.

5. Le courant ionique est proportionnel à la force motrice multipliée par la conductance membranaire.

Par exemple, le courant des ions Na^+ traversant la membrane (mesuré en ampères) est

$$i_{Na} = g_{Na} \times (V - V_{Na}),$$

où g_{Na} est la *conductance* Na^+ de la membrane. La conductance Na^+ est proportionnelle au nombre de canaux Na^+ qui sont ouverts à chaque instant. La conductance d'un seul canal Na^+ ouvert est d'environ 4 pS dans l'axone de calmar, et il y a environ 75 canaux $Na^+/\mu m^2$ de membrane.

6. Un flux de courant établit une charge.

Pour une membrane d'un axone de calmar au maximum du potentiel d'action,

$$g_{Na} = 300\ pS/\mu m^2 ;$$

le courant Na^+ correspondant est environ

$$i_{Na} = 5\ pA/\mu m^2.$$

Si aucun autre ion ne traverse la membrane, la charge transmise par le courant Na^+, s'il était maintenu pendant 0,2 milliseconde à la valeur maximale observée pendant le potentiel d'action, serait de 0,001 $pC/\mu m^2$. Cette charge modifierait le potentiel de membrane de 100 mV — voir (1) et (2), ci-dessus.

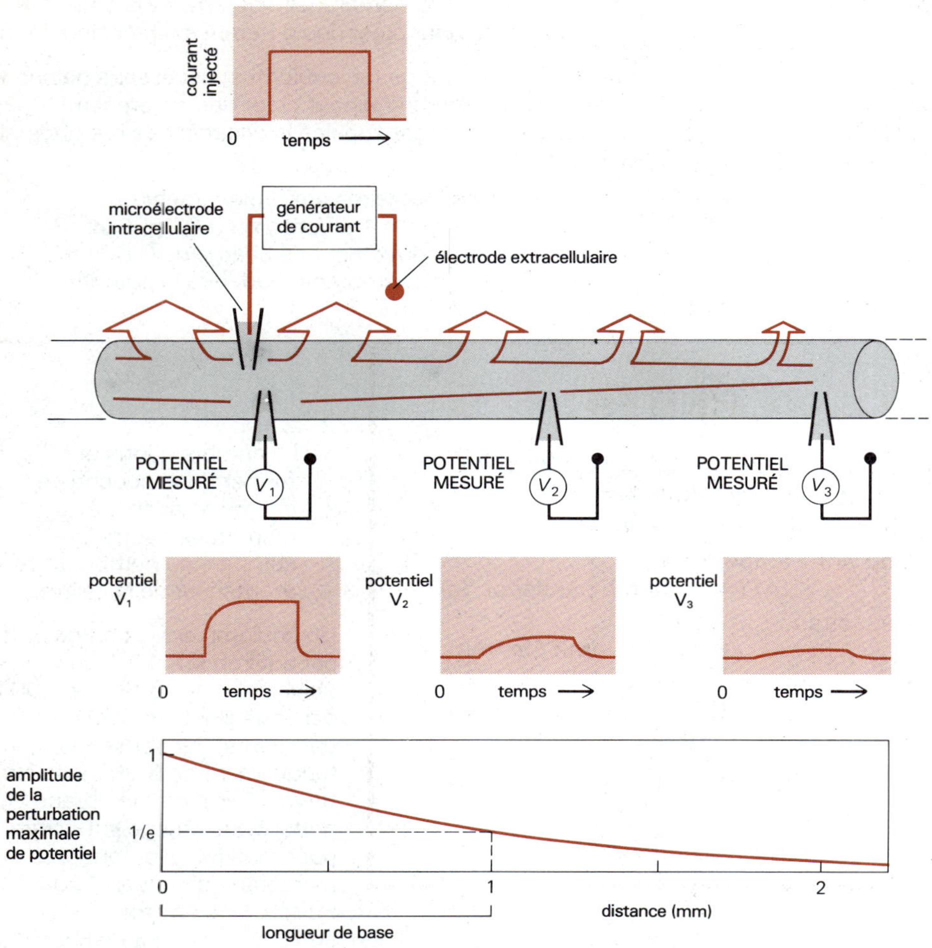

Figure 19-9 Le courant injecté dans l'axone grâce à la microélectrode retraverse la membrane plasmique ; l'amplitude du courant de sortie décroît exponentiellement avec la distance à la microélectrode. On suppose que le flux de courant est faible, provoquant une dépolarisation de la membrane, inférieure au niveau de base. Les graphiques montrent comment la perturbation du potentiel de membrane produite par l'injection d'une impulsion de courant diminue en fonction de la distance à l'origine de la perturbation. La longueur de base est la distance sur laquelle l'amplitude de la perturbation du potentiel de membrane diminue d'un facteur $1/e$. La longueur de base est comprise entre 0,1 mm environ (pour un axone très petit avec une membrane assez peu étanche) et 5 mm environ (pour un très grand axone avec une membrane assez étanche). Cette longueur est ici de 1 mm.

ves, d'amplitude très diminuée (voir Figure 19-9). Par conséquent, pour transmettre fidèlement un signal sur plus de quelques millimètres, un axone a besoin, en plus des propriétés passives de câble, d'un mécanisme actif qui maintient constantes l'intensité et la forme ondulatoire du signal lorsqu'il se propage. Ce signal automatiquement amplifié est le *potentiel d'action.*

Les canaux Na^+ dont l'ouverture est réglée par la tension engendrent le potentiel d'action ; les canaux K^+ dont l'ouverture est réglée par la tension le maintiennent brièvement [3,4,8,10]

Le mécanisme électrochimique du **potentiel d'action** fut établi en premier dans les années 1940 et 1950. Les techniques d'étude des événements électriques dans de petites cellules isolées n'avaient pas encore été mises au point, et les expériences ne furent possibles que grâce à l'utilisation d'une cellule géante, ou plutôt d'une partie d'une cellule géante : un axone géant provenant d'un calmar (Figure 19-10). Des recherches ultérieures montrèrent que les potentiels d'action dans les neurones de la plupart des animaux sont conduits de la même façon. Quelques-unes des premières expériences clés sont indiquées dans la Planche 19-2. Malgré les nombreux progrès techniques accomplis depuis lors, la logique de l'analyse originale continue à servir de modèle pour les travaux actuels. La découverte de l'influence des variations de potentiel membranaire sur la perméabilité de la membrane aux ions Na^+ et K^+ fut un élément déterminant ; en d'autres termes, la membrane contient des canaux pour les ions Na^+ et K^+

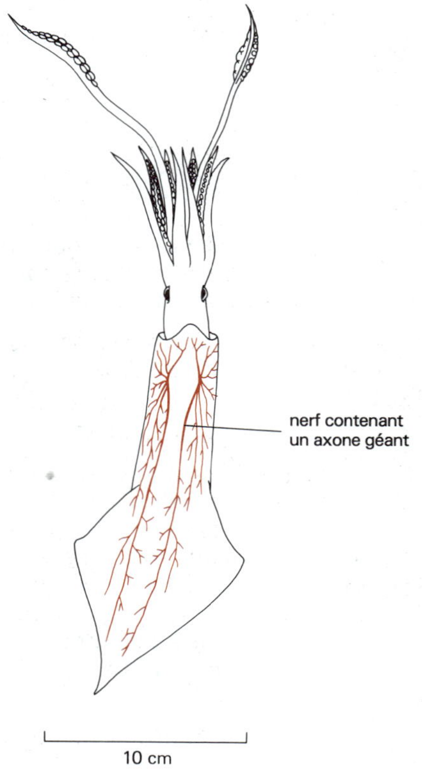

Figure 19-10 Un calmar montrant l'emplacement des axones géants dont la grande taille a permis l'analyse initiale du mécanisme du potentiel d'action. (D'après H. Curtis, Biology, 4th ed. New York Worth, 1983 ; d'après Keynes R.D. The Nerve impulse and the squid, *Scientific American*, December 1958, Copyright © 1958 par la Scientific American Inc. Tous droits réservés).

1 Les potentiels d'action sont enregistrés avec une électrode intracellulaire.

L'axone géant de calmar a un diamètre d'environ 0,5 à 1 mm et mesure plusieurs centimètres (Figure 19-10). Une électrode sous la forme d'un capillaire de verre contenant une solution conductrice peut être enfoncée suivant l'axe de la cellule de façon à ce que son extrémité soit dans l'épaisseur du cytoplasme. A l'aide de cette microélectrode, on peut mesurer la différence de tension entre l'intérieur et l'extérieur de la cellule — c'est-à-dire le potentiel de membrane lorsqu'un potentiel d'action passe rapidement dans l'électrode. Le potentiel d'action est déclenché par un bref choc électrique à l'une des extrémités de l'axone. Peu importe l'extrémité, puisque l'excitation peut se propager dans les deux directions ; peu importe aussi l'importance du choc d'activation , aussi longtemps qu'il est supérieur à un certain seuil ; le potentiel d'action est du type *tout ou rien*.

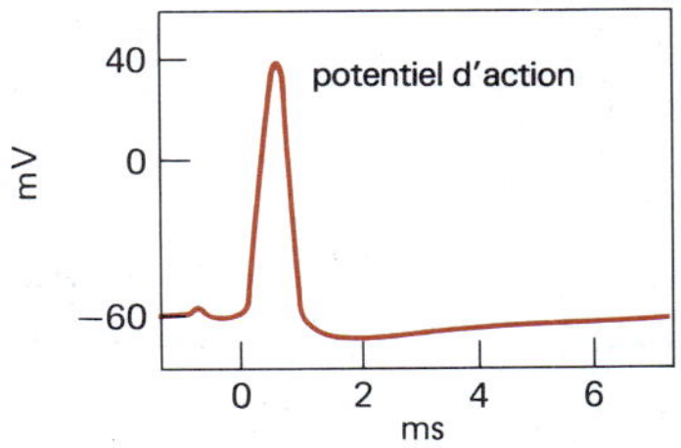

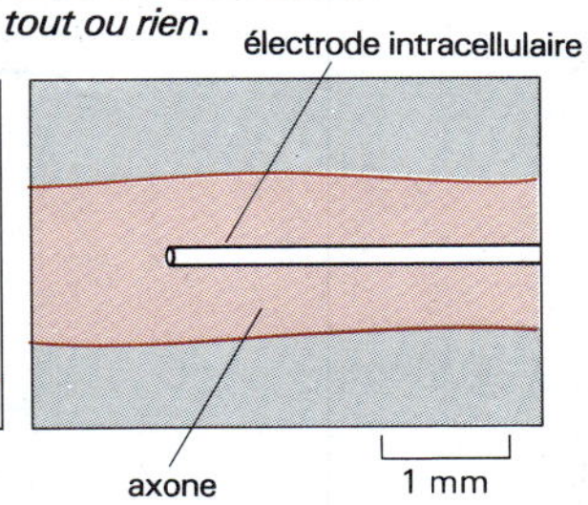

2 Les potentiels d'action ne dépendent que de la membrane plasmique neuronale et des gradients Na^+ et K^+ qui la traversent.

Les trois ions les plus abondants, à l'intérieur comme à l'extérieur de l'axone, sont Na^+, K^+ et Cl^-. Comme dans d'autres cellules, la pompe Na^+-K^+ maintient un gradient de concentration : la concentration des ions Na^+ est environ 9 fois plus faible à l'intérieur de l'axone qu'à l'extérieur, alors que la concentration des ions K^+ est environ 20 fois plus élevée à l'intérieur qu'à l'extérieur. Quels sont les ions importants pour le potentiel d'action ?
L'axone géant de calmar est si volumineux et si robuste qu'il est possible d'en extraire le cytoplasme, comme la pâte dentifrice d'un tube, et de le faire pénétrer ensuite par perfusion avec des solutions pures artificielles de Na^+, K^+, et Cl^-ou SO_4^{2-}. De façon remarquable, si (et seulement si) les concentrations d'ions Na^+ et K^+ à l'intérieur et à l'extérieur sont proches de celles trouvées dans la nature, l'axone propagera encore des potentiels d'action de forme normale (voir ci-dessus). La partie importante de la cellule dans la transmission de signaux électriques, par conséquent, doit être la membrane ; les ions importants sont Na^+ et K^+ ; et leurs gradients de concentration à travers la membrane doivent fournir une source suffisante d'énergie libre pour déclencher le potentiel d'action, puisque toutes les autres sources d'énergie métabolique ont probablement été éliminées par la perfusion.

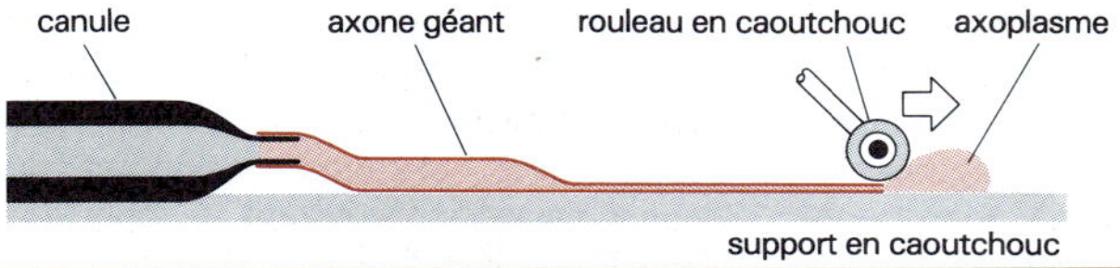

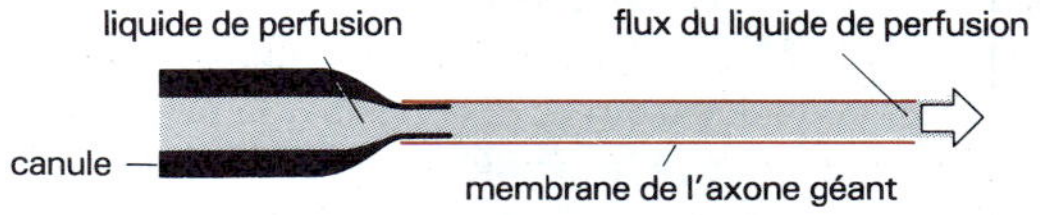

3 Au repos, la membrane est principalement perméable aux ions K^+ ; pendant le potentiel d'action, elle devient momentanément perméable aux ions Na^+.

Au repos, le potentiel de membrane est proche du potentiel d'équilibre des ions K^+. Lorsque la concentration externe en ions K^+ est modifiée, le potentiel de repos varie à peu près selon l'équation de Nernst pour K^+ (voir Planche 19-1 et p. 315). Au repos, par conséquent, la membrane est principalement perméable aux ions K^+ ; les canaux de fuite K^+ fournissent la voie principale de passage des ions à travers la membrane.
Si la concentration externe en ions Na^+ est modifiée, il n'y a aucun effet sur le potentiel de repos. Toutefois, l'amplitude maximale du potentiel d'action varie à peu près selon l'équation de Nernst pour Na^+. Pendant le potentiel d'action, par conséquent, la membrane semble être principalement perméable aux ions Na^+ ; les canaux Na^+ se sont ouverts. Dans la période qui suit le potentiel d'action, le potentiel membranaire revient à une valeur négative qui dépend de la concentration externe en ions K^+ et qui est même plus proche du potentiel d'équilibre pour les ions K^+ que ne l'est le potentiel de repos. Il semble alors que la membrane a perdu sa perméabilité aux ions Na^+ et est même devenue plus perméable qu'avant aux ions K^+ : les canaux Na^+ se sont fermés et des canaux K^+ supplémentaires se sont ouverts.

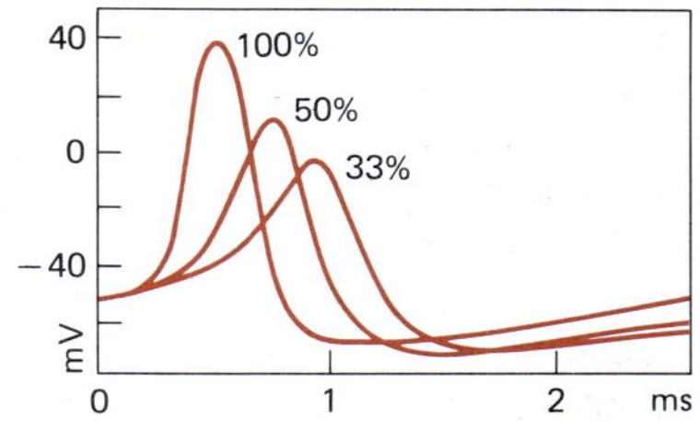

La forme du potentiel d'action lorsque le milieu extérieur contient 100 p. cent, 50 p. cent ou 33 p. cent de la concentration normale d'ions Na^+

4 La technique de blocage du potentiel (voltage clamping) révèle le mode de contrôle de l'ouverture et de la fermeture des canaux ioniques par le potentiel d'action.

Le potentiel de membrane peut être maintenu constant (tension imposée) tout le long de l'axone en faisant passer un courant convenable à travers un fil métallique dénudé inséré le long de l'axe de l'axone, tout en contrôlant le potentiel de membrane avec une autre électrode intracellulaire (voir Figure 19-11). Lorsque la membrane est brusquement écartée de son potentiel de repos et maintenue dans un état dépolarisé (A), les canaux Na^+ s'ouvrent rapidement jusqu'à ce que la perméabilité de la membrane aux ions Na^+ soit beaucoup plus importante que la perméabilité aux ions K^+ ; ils se referment ensuite spontanément, même si le potentiel de membrane est imposé et inchangé. Les canaux K^+ s'ouvrent également mais avec un retard, de sorte que la perméabilité aux ions K^+ devient plus importante lorsque la perméabilité aux ions Na^+ diminue (B). Si l'expérience est alors répétée très rapidement, en ramenant brièvement la membrane au potentiel de repos puis en la dépolarisant rapidement à nouveau, la réponse est différente : la dépolarisation prolongée a provoqué l'entrée des canaux Na^+ dans un *état inactivé*, de sorte que la seconde dépolarisation ne parvient pas à provoquer une augmentation et une baisse semblables à la première. La récupération à partir de l'état complètement inactivé prend un temps assez long — environ 10 millisecondes — pendant lequel le potentiel de membrane reste à sa valeur de repos (repolarisé).

Dans un axone normal non contrôlé, une entrée soudaine d'ions Na^+ par des canaux Na^+ ouverts produirait le pic du potentiel d'action ; l'inactivation des canaux Na^+ et l'ouverture des canaux K^+ ramèneraient la membrane au potentiel de repos.

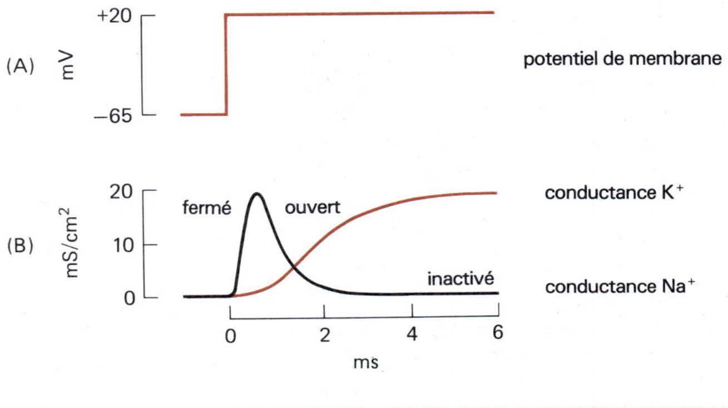

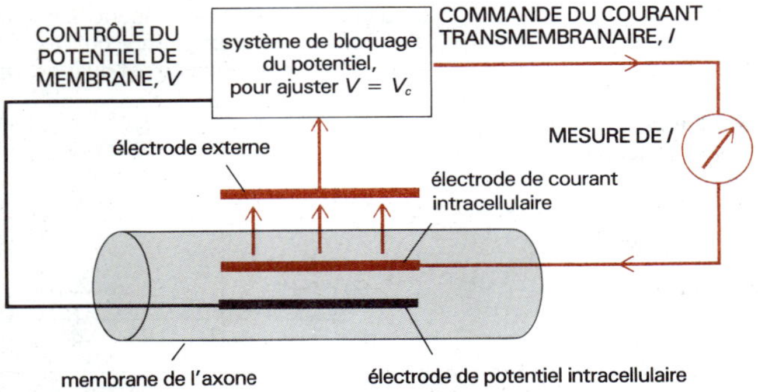

Figure 19-11 La technique du potentiel imposé (voltage clamp) pour l'étude du comportement des canaux ioniques par la mesure du courant qui traverse la membrane plasmique lorsque le potentiel de membrane est maintenu constant à un niveau choisi quelconque. Deux électrodes intracellulaires sont utilisées, l'une d'elles pour contrôler le potentiel de membrane, l'autre pour faire passer un courant déterminé à travers la cellule. Le courant introduit dans la cellule par l'intermédiaire de l'électrode de courant ressort à nouveau par les canaux ioniques dans la membrane plasmique ; le circuit est figuré en couleur. Tant que le potentiel de membrane est constant, le courant I qui pénètre à l'intérieur de l'axone par l'électrode de courant est exactement égal au courant total qui ressort par toutes les régions de sa membrane (sans cela, la charge nette intracellulaire changerait, provoquant une modification du potentiel de membrane). Le potentiel de membrane peut être modifié en stimulant la circulation d'un courant plus ou moins intense à travers la membrane. Le dispositif électronique désigné par « système de blocage du potentiel » contrôle le potentiel de membrane V et contrôle le courant I de façon à maintenir V constant : n'importe quelle faible déviation d'un « potentiel de commande » V_c prédéfini provoque automatiquement un ajustement compensateur du courant de façon à ce que le potentiel de membrane soit *bloqué à* $V = V_c$. Pour étudier le comportement des canaux membranaires en fonction du temps, on peut passer brusquement d'une valeur fixée de V_c à une autre et observer le courant correspondant sur un oscilloscope. En répétant les mesures du courant pour différentes concentrations de Na^+ et de K^+ dans le milieu, il est possible de déduire la quantité de courant transmembranaire transmis par chacun de ces ions, et de faire ainsi la distinction entre les contributions des canaux sélectifs pour Na^+ et des canaux sélectifs pour K^+. La technique du potentiel imposé peut être adaptée pour analyser le comportement des canaux ioniques isolés dans une très petite pièce membranaire recouvrant l'extrémité d'une microélectrode ; c'est la méthode d'enregistrement *de canaux isolés (ou patch-clamp* recording).

dont l'ouverture est réglée par la tension. La technique du potentiel imposé (voltage clamp) (Figure 19-11) permit de déterminer les règles détaillées d'ouverture et de fermeture des canaux en fonction du potentiel d'action, et on montra alors que le potentiel d'action était une conséquence directe de l'application de ces règles.

Un potentiel d'action est amorcé lorsque la membrane est momentanément dépolarisée en dessous d'un certain *seuil*. Comme nous l'avons expliqué au Chapitre 6, une telle dépolarisation, appliquée à une région donnée de la membrane, provoque l'ouverture de canaux Na^+ réglés par la tension qui s'y trouve ; ceci permet la pénétration d'ions Na^+ selon leur gradient de concentration, augmentant la dépolarisation, et entraînant l'ouverture d'autres canaux Na^+, et ainsi de suite, selon un mode d'auto-amplification explosive, jusqu'à ce que la membrane, dans cette région, atteigne le potentiel d'équilibre des ions Na^+ (voir Planche 19-1). A ce stade, deux facteurs contribuent au retour de la membrane à son potentiel négatif d'origine : les canaux Na^+ adoptent spontanément l'état *inactivé* fermé, et les *canaux* K^+ *dont l'ouverture est réglée par la tension* s'ouvrent. Ces canaux K^+ répondent à peu près de la même manière que les canaux Na^+ à des variations du potentiel de membrane, mais suivant une cinétique légèrement plus lente (pour cette raison, ils sont parfois appelés *canaux* K^+ *retardés*). Une fois les canaux K^+ ouverts, l'influx transitoire de Na^+ est rapidement submergé par un flux sortant de K^+, entraînant le retour de la membrane au potentiel d'équilibre K^+, avant même que l'inactivation des canaux Na^+ ne soit achevée. Cette repolarisation entraîne à nouveau la fermeture des canaux K^+ réglés par la tension, et permet aux canaux Na^+ inactivés de se retrouver dans leur état initial fermé mais activable. De cette façon, la « pièce » de membrane peut être prête à décharger un autre potentiel d'action en moins d'une milliseconde.

Des expériences ultérieures montrèrent que les neurones ne dépendent pas tous de canaux K^+ réglés par la tension pour mettre fin au potentiel d'action. En particulier, dans les axones myélinisés de mammifères (voir p. 1073), les canaux K^+ réglés par la tension ne sont présents qu'en très petit nombre, et le retour à l'état de repos est simplement effectué par inactivation des canaux Na^+. Bien que les canaux K^+ réglés par la tension ne soient donc pas indispensables à la propagation des potentiels d'action, nous verrons (voir p. 1089) qu'ils jouent un rôle crucial dans le mécanisme de déclenchement des potentiels d'action en réponse à une stimulation du corps cellulaire.

Les potentiels d'action propagés pourvoient à une communication rapide sur une longue distance [3,4,8,11]

Du fait des propriétés de câble de l'axone, l'important influx local d'ions Na^+ pendant un potentiel d'action provoque la circulation d'un courant le long de l'axone, dépolarisant les régions membranaires voisines jusqu'à ce qu'elles atteignent un seuil qui leur permettra de produire à leur tour des potentiels d'action (Figure 19-12). Ce processus continue le long de l'axone, une région « enflammant » la suivante, à une vitesse qui varie, chez les vertébrés, de moins de 1 m/s à plus de 100 m/s, selon le type d'axone.

La vitesse de propagation dépend principalement des propriétés de câble de l'axone ; plus la capacitance membranaire est grande, plus la charge nécessaire à la dépolarisation est importante ; et plus la résistance interne du cytoplasme axonal est grande, plus les courants qui circuleront seront faibles, et plus il faudra de temps pour que la charge nécessaire s'accumule. La résistance et la capacitance d'une longueur unitaire d'un axone dépendent toutes les deux du diamètre de l'axone, et un calcul simple montre que l'augmentation du diamètre de l'axone

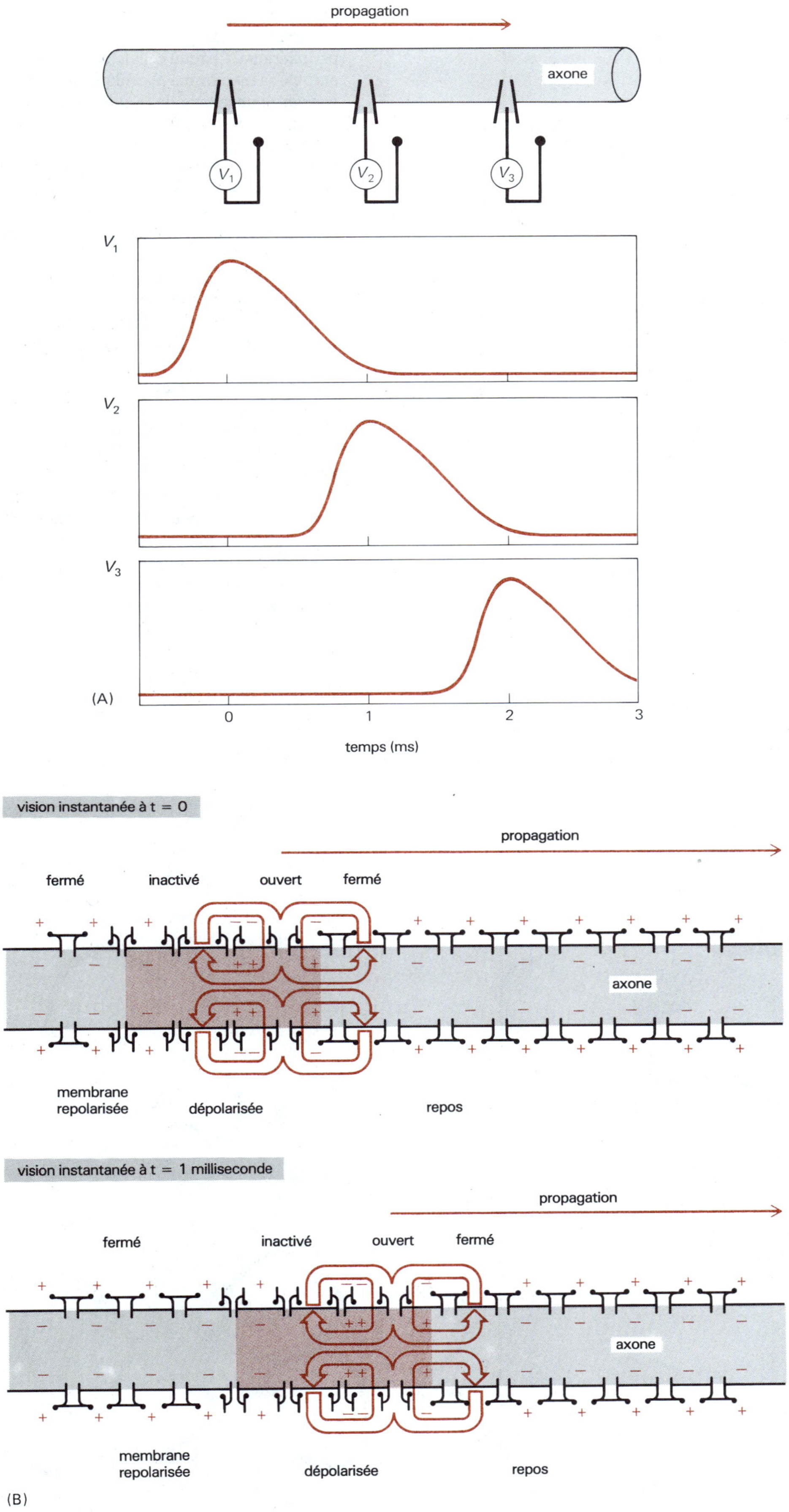

Figure 19-12 Schéma de propagation d'un potentiel d'action. (A) indique les tensions qui seraient enregistrées au niveau d'une série d'électrodes intracellulaires disposées de place en place le long de l'axone. (B) montre les changements de configuration des canaux Na^+, et les flux de courant (*courbes colorées*) qui donnent lieu à une perturbation progressive du potentiel de membrane. La région de l'axone dont la membrane est dépolarisée est représentée en couleur.

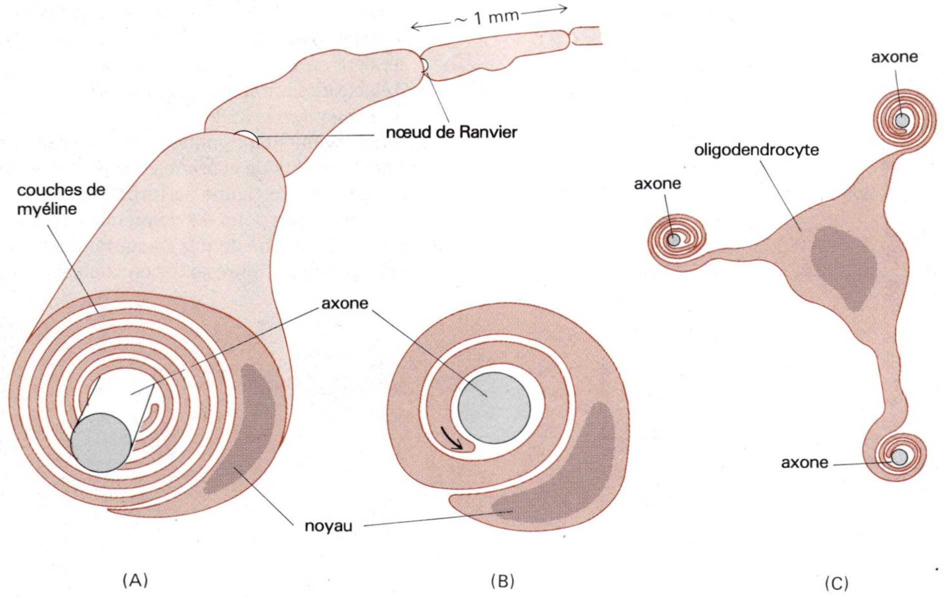

Figure 19-13 (A) Représentation schématique d'un axone myélinisé d'un nerf périphérique. Chaque cellule de Schwann enroule sa membrane plasmique de manière concentrique le long de l'axone pour former un segment de manchon de myéline d'environ 1 mm de long. Pour la clarté du dessin, les couches de myéline ne sont pas aussi étroitement serrées qu'elles le sont en réalité (voir D). (B) Schéma d'une cellule de Schwann aux stades précoces de formation d'une spirale de myéline autour de l'axone, au cours du développement. Noter que c'est la languette interne de la cellule de Schwann (indiquée par une flèche) qui continue à s'étendre autour de l'axone, ajoutant ainsi des tours de membrane au manchon de myéline. (C) Dessin d'un oligodendrocyte qui forme les manchons de myéline dans le système nerveux central. Un oligodendrocyte unique myélinise plusieurs axones séparés. (D) Micrographie électronique d'une coupe d'un nerf dans la patte d'un rat. On peut voir deux cellules de Schwann : l'une commence juste à myéliniser son axone, l'autre à former un manchon de myéline presque mature. (E) Micrographie électronique d'un oligodendrocyte dans la moelle épinière d'un chaton déployant des processus pour myéliniser au moins deux axones. (D et E, d'après C. Raine, dans Myéline [P. Morell, ed.] New York : Plenum, 1976.)

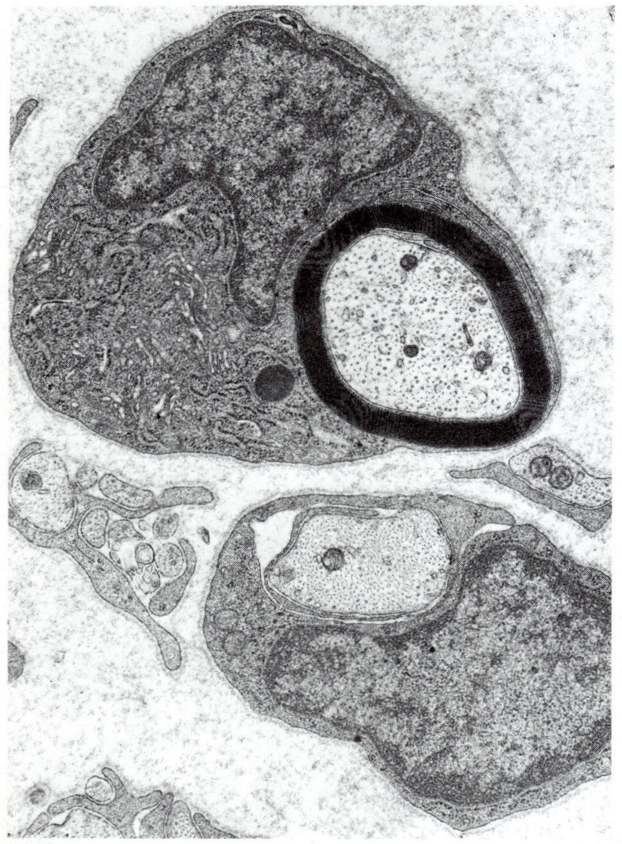

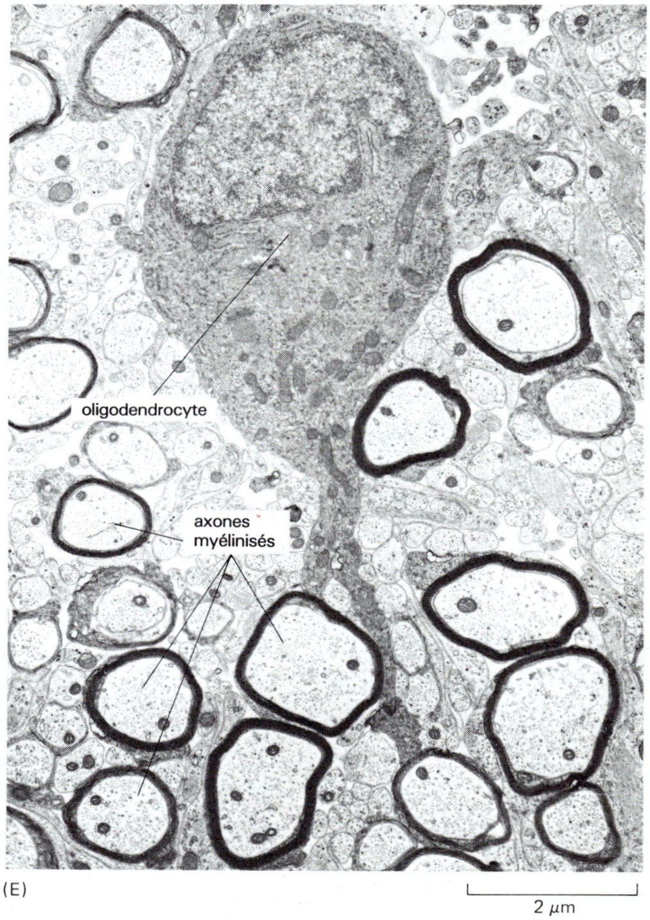

a pour effet net d'accroître la vitesse de propagation des potentiels d'action. Le calmar et différents autres invertébrés ont ainsi développé, pour une transmission rapide, des axones d'un diamètre gigantesque. Toutefois, les vertébrés atteignent des vitesses de conduction aussi élevées d'une manière beaucoup moins encombrante en entourant un grand nombre de leurs axones d'une *gaine de myéline*.

La myélinisation accélère la vitesse et augmente l'efficacité de propagation des potentiels d'action chez les vertébrés [8,12]

La **gaine de myéline** est fabriquée par des cellules gliales spécialisées — les *cellules de Schwann* dans les nerfs périphériques, et les *oligodendrocytes* dans le système nerveux central. Ces cellules enroulent leur propre membrane en couches superposées qui forment une spirale serrée autour de l'axone (Figure 19-13). Chaque cellule de Schwann est destinée à myéliniser un axone unique en formant un segment de manchon d'environ 1 mm de long ; les oligodendrocytes forment le même type de segments mais le font simultanément pour de nombreux axones indépendants.

La couche isolante constituée par la gaine de myéline réduit la capacitance effective de la membrane de l'axone de façon radicale, et prévient en même temps presque toute fuite du courant qui la traverse. Entre deux segments de manchon, de petites régions de la membrane axonale restent à nu (Figure 19-14). Ces régions, dites *nœuds de Ranvier*, d'une longueur qui ne dépasse pas 0,5 μm, sont des foyers d'activité électrique. A peu près tous les canaux Na^+ de l'axone sont concentrés dans ces nœuds, leur densité atteignant plusieurs milliers par μm^2, tandis que les régions myélinisées de la membrane en sont presque totalement dépourvues. Ainsi, les portions gainées de la membrane axonale ne sont pas excitables, mais ont d'excellentes propriétés de câble — une faible capacitance et une grande résistance aux fuites de courant. En conséquence, les courants associés au potentiel d'action nodal sont efficacement canalisés par propagation passive vers le nœud suivant, le dépolarisant rapidement et amorçant le déclenchement d'un autre potentiel d'action. De ce fait la conductance est saltatoire : le signal se propage le long de l'axone par bonds de nœud en nœud. La myélinisation donne deux avantages essentiels : les potentiels d'action circulent plus rapidement, et l'énergie métabolique est conservée puisque l'excitation active est restreinte à de petites régions nodales.

Résumé

La signalisation électrique dans les cellules nerveuses dépend de variations du potentiel de membrane dues à la circulation d'un petit nombre d'ions à travers des canaux ioniques à ouverture intermittente. La pompe Na^+-K^+ emmagasine une importante quantité d'énergie pour diriger cette circulation en créant de forts gradients de concentration de Na^+ et de K^+ à travers

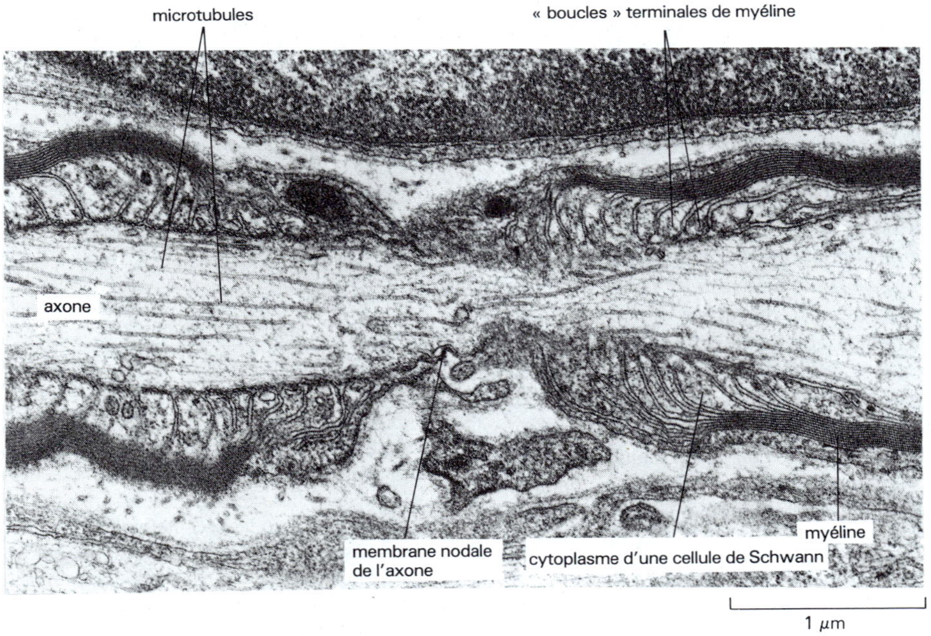

Figure 19-14 Micrographie électronique d'une coupe longitudinale d'un axone myélinisé de nerf périphérique, montrant un nœud de Ranvier, où une faible partie de la membrane plasmique de l'axone est laissée exposée entre les extrémités de deux segments adjacents de manchon de myéline. (Avec l'autorisation de Richard Bunge.)

la membrane de la cellule nerveuse. Dans le neurone au repos, les canaux de fuite sélectifs pour K^+, situés dans la membrane, la rendent plus perméable aux ions K^+ qu'aux autres ions, et, par conséquent, le potentiel de membrane est proche du potentiel d'équilibre K^+ qui est de — 70 mV environ. Un potentiel d'action est amorcé quand un bref stimulus dépolarisant provoque l'ouverture de quelques canaux Na^+ ; il rend la membrane plus perméable aux ions Na^+ et entraîne ainsi la dépolarisation du potentiel de membrane vers le potentiel d'équilibre Na^+. Cette rétro-action positive entraîne l'ouverture d'un plus grand nombre de canaux Na^+, entraînant un potentiel d'action « tout ou rien ». Dans chaque région de la membrane, le potentiel d'action est rapidement stoppé par l'inactivation des canaux Na^+ et, dans de nombreux neurones, par l'ouverture de canaux K^+ réglés par la tension.

La propagation d'un potentiel de membrane le long d'une fibre nerveuse dépend des propriétés passives de câble de cette dernière : quand la membrane est localement dépolarisée et décharge un potentiel d'action, le courant qui pénètre à ce niveau par les canaux Na^+ ouverts se propage passivement pour dépolariser les régions avoisinantes de la membrane, où des potentiels d'action sont amorcés à leur tour. Dans de nombreux axones de vertébrés, la vitesse et l'efficacité de propagation des potentiels d'action sont accrues par des feuillets isolants de myéline, qui modifient les propriétés de câble de l'axone et ne laissent exposées que de petites régions de membrane excitable.

Les canaux ioniques dont l'ouverture est réglée par un ligand et la transmission synaptique rapide [13]

Le couplage électrique direct par l'intermédiaire des jonctions de type gap (ou jonctions ouvertes) est le moyen le plus simple, pour un neurone, de transmettre son signal à un autre neurone. La transmission se fait sans délai grâce à de telles **synapses électriques**. Cependant, elles ne sont pas aussi riches en possibilités de réglage et de contrôle que les **synapses chimiques** qui sont responsables de la majorité des liaisons entre cellules nerveuses. La communication électrique par l'intermédiaire des jonctions de type gap a été examinée dans le Chapitre 14 (pp. 798-801). Nous restreindrons ici notre étude aux synapses chimiques.

Les principes qui régissent la communication chimique au niveau d'une synapse ou la communication chimique au moyen d'hormones hydrosolubles sont les mêmes (voir Chapitre 12). Dans les deux cas, une cellule libère par exocytose un messager chimique dans le milieu extracellulaire et ce messager agit ensuite sur une autre cellule, ou un groupe de cellules, en se fixant aux récepteurs protéiques de membrane. Toutefois, à l'opposé d'une hormone, le messager chimique au niveau d'une synapse — le **neurotransmetteur** — agit à proximité.

La stimulation électrique de la cellule présynaptique provoque la libération d'un neurotransmetteur par exocytose (voir Figure 19-4) ; une fois que le neurotransmetteur a traversé la fente — une fraction de micromètre — qui existe entre les cellules pré- et postsynaptique, le signal chimique doit être reconverti en signal électrique. Cette conversion se fait par l'intermédiaire des récepteurs localisés dans la membrane plasmique de la cellule postsynaptique qui se rangent dans deux catégories distinctes : les *récepteurs liés à un canal* ou *récepteurs ionotropiques* et les *récepteurs qui ne sont pas liés à un canal* ou *récepteurs métabotropiques* (Figure 19-15). Les récepteurs liés à un canal peuvent être également qualifiés de *canaux à ouverture réglée par un ligand*. Un récepteur lié à un canal, lors de la liaison d'un neurotransmetteur, change rapidement de conformation de façon à créer un canal ouvert qui permette le passage d'ions spécifiques à travers la membrane, modifiant ainsi la perméabilité de la membrane. Ce type de récepteur est à la base du mode de transmission synaptique des signaux chimiques le plus connu et le mieux compris, dans le cas d'une transmission très rapide.

Ce sont les mêmes mécanismes qui sont responsables du fonctionnement des récepteurs métabotropiques, et des réponses aux hormones hydrosolubles et aux médiateurs chimiques locaux dans tout l'organisme (voir p. 694). Dans de tels récepteurs, le site de liaison du neurotransmetteur est fonctionnellement couplé à une enzyme qui, en présence du neurotransmetteur, catalyse habituellement la production d'un messager intracellulaire tel que l'AMP cyclique. Le messager intracellulaire, à son tour, provoque des modifications dans la cellule postsynaptique, y compris des modifications des canaux ioniques situés dans sa membrane. A côté des récepteurs liés à un canal, ces récepteurs assurent généralement les activités assez lentes et prolongées des neurotransmetteurs. Il est possible que certains d'entre eux aient un rôle dans les modifications neuronales de longue durée qui sont à la base de l'apprentissage et de la mémoire (voir p. 1094).

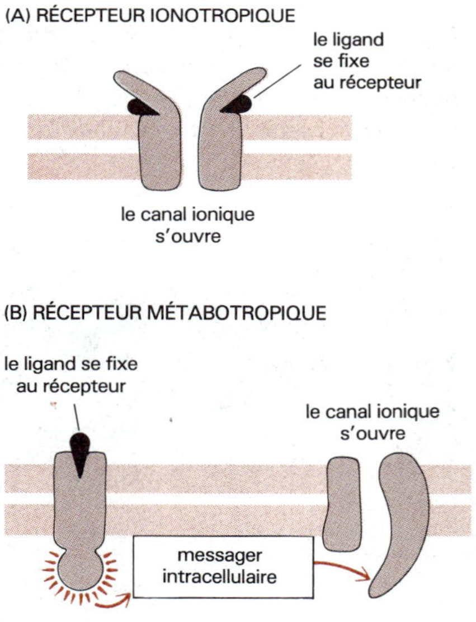

Figure 19-15 Un neurotransmetteur peut exercer son action sur une cellule postsynaptique au moyen de deux types fondamentalement différents de récepteurs protéiques : les récepteurs liés à un canal ou ionotropiques et les récepteurs qui ne sont pas liés à un canal ou métabotropiques. Les récepteurs lié à un canal sont aussi connus sous le nom de canaux à ouverture réglée par un ligand.

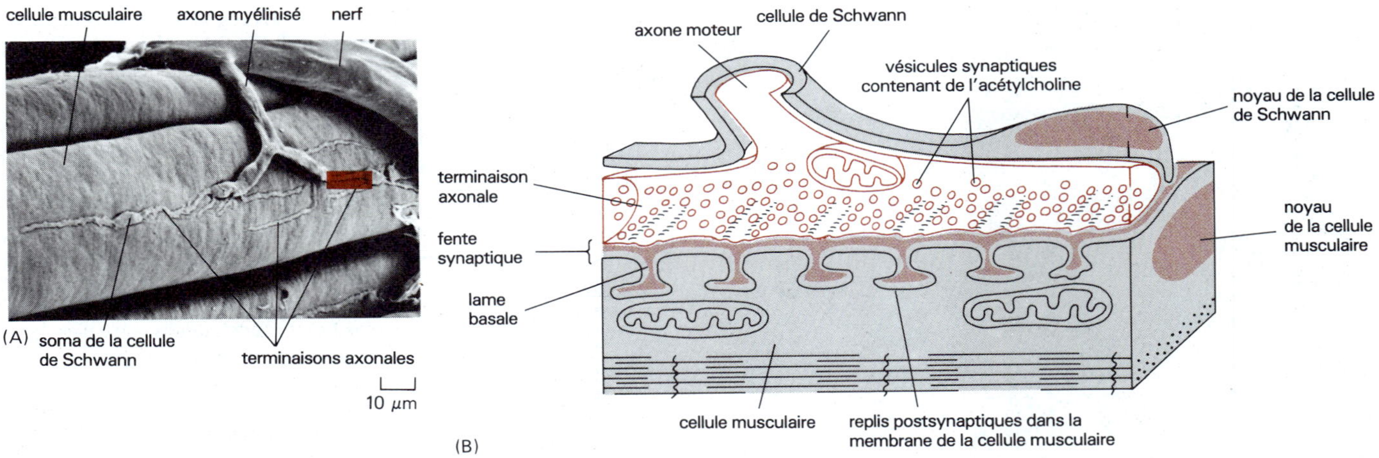

Figure 19-16 Une jonction neuromusculaire chez une grenouille. (A) Photographie en microscopie électronique à balayage à faible grossissement de la terminaison d'un axone unique sur une cellule du muscle squelettique. (B) Représentation schématique d'une partie de la jonction encadrée en (A), montrant les principales caractéristiques visibles en microscopie électronique par transmission. La distribution des petites ramifications terminales de l'axone au niveau de la jonction varie selon les espèces et selon le type de cellule du muscle squelettique. D'après son aspect chez les mammifères, la jonction neuromusculaire est souvent appelée *plaque motrice*. (A, d'après J. Desaki et Y. Uehara, *J. Neurocytol.* 10 : 101-110, 1981, avec la permission de Chapman & Hall.)

Dans cette partie du chapitre, nous discuterons de la transmission synaptique rapide, fondée sur des canaux ioniques réglés par un ligand. Nous discuterons des caractéristiques particulières de la transmission synaptique des signaux qui repose sur les récepteurs métabotropiques et du rôle de ces récepteurs dans la modification synaptique de longue durée dans une autre partie du chapitre (voir p. 1091).

La jonction neuromusculaire est la synapse la mieux comprise[14]

La densité des neurones dans le système nerveux central est si forte qu'il est extrêmement difficile d'effectuer des expériences sur des synapses isolées à l'intérieur de ce système. Ce sont principalement les travaux sur les jonctions entre nerf et muscle du squelette de la grenouille, et, pour une part moins importante, les travaux sur les synapses entre neurones géants de calmar et d'autres mollusques qui ont permis une compréhension détaillée de la jonction synaptique.

Chez les vertébrés, les cellules musculaires, comme les cellules nerveuses, sont électriquement excitables et la **jonction neuromusculaire** (Figure 19-16) s'est révélée un bon modèle des synapses chimiques dans leur ensemble. Un nerf moteur et son muscle peuvent être isolés des tissus environnants et maintenus dans un bain de composition déterminée. Le nerf peut être excité avec des électrodes extracellulaires, et la réponse d'une cellule musculaire unique peut être suivie assez facilement avec une microélectrode intracellulaire (Figure 19-17). La Figure 19-18 compare la structure fine d'une jonction neuromusculaire et celle d'une synapse typique entre deux neurones dans le système nerveux central.

La jonction neuromusculaire a été la source d'une longue et fructueuse série de recherches qui commença au cours des années 1950. Les premières expériences ont pour origine la découverte, au début des années 1920, que l'acétylcholine est libérée par stimulation du nerf pneumogastrique vers le cœur et agit sur le muscle cardiaque pour ralentir son battement. Ce fut la première preuve de l'existence de la neurotransmission chimique, et elle conduisit rapidement à la découverte, au cours des années 1930, que la stimulation d'un nerf moteur innervant un muscle squelettique provoque aussi la libération d'acétylcholine, et que l'acétylcholine à son tour stimule la contraction du muscle. L'acétylcholine fut ainsi identifiée comme neurotransmetteur au niveau de la jonction neuromusculaire. Mais comment la libération d'acétylcholine se fait-elle, et comment exerce-t-elle son action sur le muscle ?

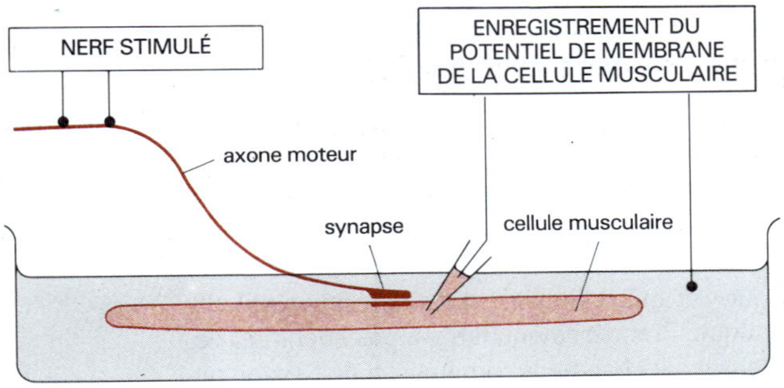

Figure 19-17 Schéma du montage expérimental utilisé pour étudier la transmission synaptique au niveau d'une jonction neuromusculaire.

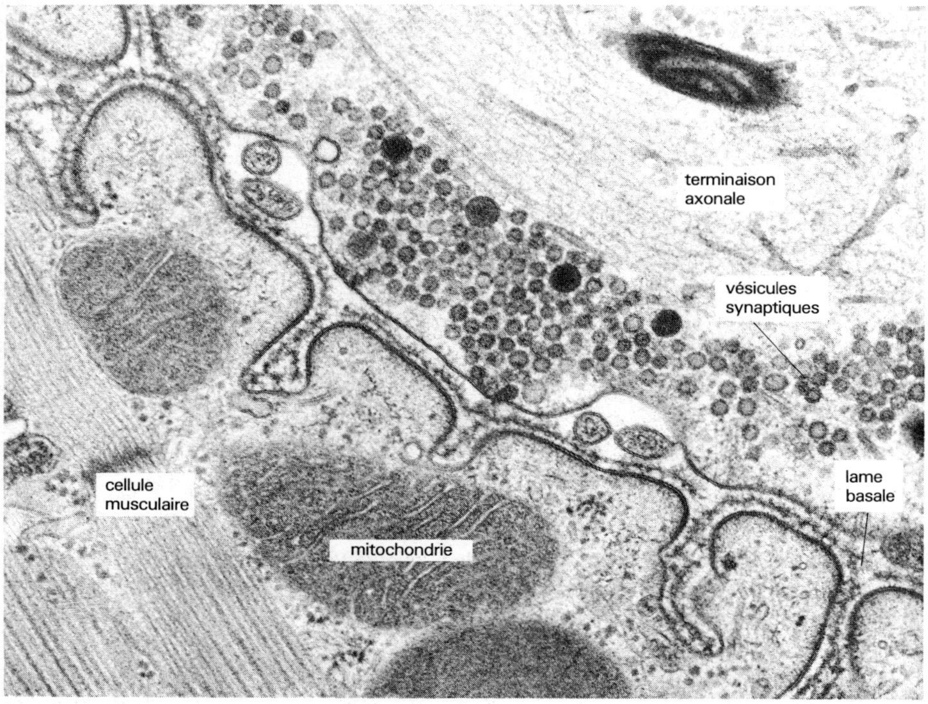

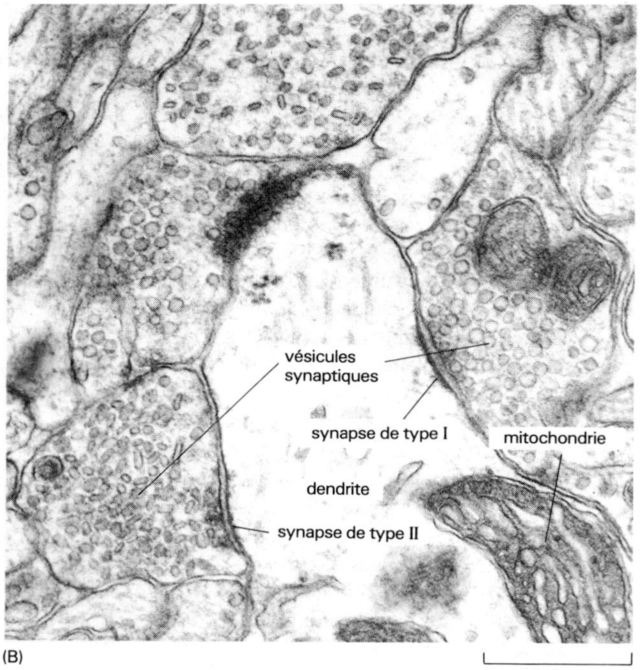

Figure 19-18 Micrographies électroniques, (A) d'une partie d'une jonction neuromusculaire, (B) d'une petite région du cerveau d'un rat. Deux synapses sont clairement visibles en (B), chacune montrant les membranes pré- et postsynaptiques, une fente synaptique qui les sépare et des vésicules synaptiques sur la face présynaptique comme en (A). Les deux synapses marquées en (B) sont différentes l'une de l'autre par la taille et la forme de leurs vésicules : les vésicules de la synapse de type I sont rondes, tandis que celles de la synapse de type II sont aplaties et contiennent sans doute un neurotransmetteur différent. Noter l'aspect « épaissi » caractéristique de la membrane postsynaptique et, moins prononcé, de la membrane présynaptique dans les deux clichés (A) et (B). Il n'y a pas interposition d'une lame basale entre les membranes pré- et postsynaptiques des synapses du cerveau, bien qu'un peu de matériel extracellulaire, qui rappelle celui vu au niveau d'un desmosome, soit faiblement apparent dans la fente. L'absence de lame basale représente la différence de structure essentielle entre une synapse dans le système nerveux central et une jonction neuromusculaire. (A, avec l'autorisation de John Heuser ; B, avec l'autorisation de G. Campbell et A.R. Lieberman.)

La libération du neurotransmetteur est associée aux potentiels d'action par l'intermédiaire des canaux calciques réglés par la tension [15]

Le potentiel d'action est propagé le long de l'axone par l'ouverture et la fermeture de canaux Na^+ jusqu'à ce qu'il atteigne la jonction neuromusculaire. Dans ce cas, le potentiel d'action ouvre des *canaux calciques réglés par la tension* dans la membrane plasmique de la terminaison axonale, permettant aux ions Ca^{2+} de pénétrer et de provoquer la libération d'acétylcholine (Figure 19-19).

Trois observations simples montrèrent que cet influx de Ca^{2+} dans la terminaison de l'axone est essentiel pour la transmission synaptique. Premièrement, il n'y a pas libération de neurotransmetteur si le milieu extracellulaire dans lequel baigne la terminaison de l'axone ne

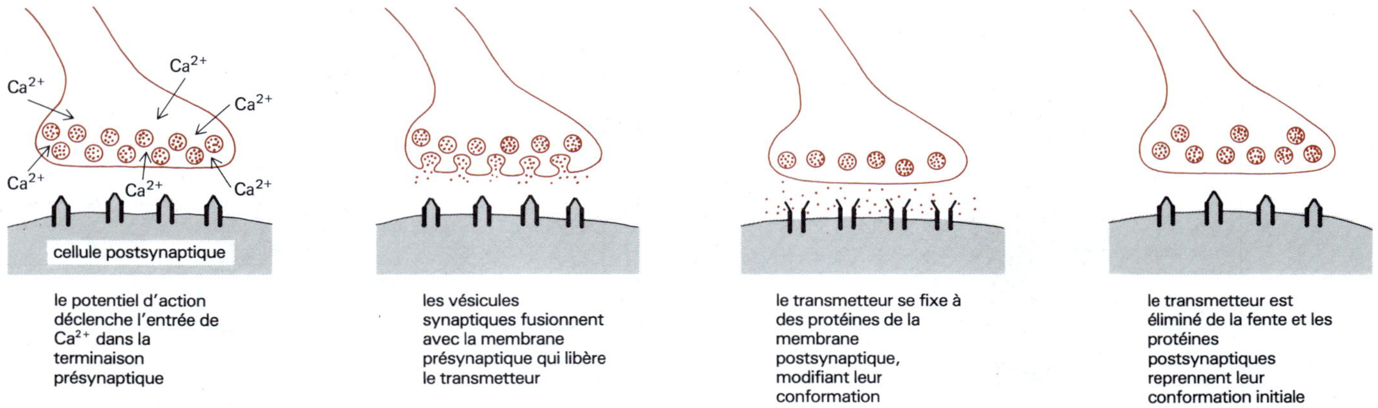

Figure 19-19 Résumé des événements principaux qui se produisent au niveau d'une synapse chimique après l'arrivée d'un potentiel d'action dans la terminaison axonale.

contient pas de Ca^{2+} lorsque le potentiel d'action arrive, et la transmission échoue. Deuxièmement, le transmetteur est immédiatement libéré si les ions Ca^{2+} sont injectés artificiellement dans le cytoplasme au niveau de la terminaison axonale à l'aide d'une micropipette, même sans stimulation électrique de l'axone (la terminaison axonale est si petite que cette micro-injection est difficile à effectuer au niveau de la jonction neuromusculaire, mais elle a été réalisée au niveau d'une synapse entre neurones géants chez le calmar). Troisièmement, la pénétration de Ca^{2+} et la libération du transmetteur sont obtenues par dépolarisation artificielle de la terminaison axonale (une fois de plus au niveau de la synapse géante du calmar), en absence de potentiel d'action et avec blocage des canaux Na^+ et K^+ par des toxines spécifiques ; de plus, il n'y a aucune libération de neurotransmetteur si le potentiel de membrane est inversé par la dépolarisation, au point que la force motrice électrochimique pour la pénétration des ions Ca^{2+} soit annulée.

Le canal protéique qui laisse pénétrer les ions Ca^{2+} dans la cellule — le **canal calcique réglé par la tension** — a un rôle exeptionnellement important. Il est le seul responsable connu de la conversion des signaux électriques — dépolarisations passagères de la membrane — en modifications chimiques dans les cellules nerveuses. Comme l'explique la Planche 19-1, les canaux réglés par la tension pour Na^+, K^+ ou Cl^- ne sont d'aucune utilité dans cette conversion : les flux ioniques entraînés à travers ces canaux par un seul potentiel d'action sont si faibles qu'ils ne modifient pas les concentrations ioniques dans le cytosol de façon significative. Dans l'absolu, le flux ionique qui traverse des canaux calciques réglés par la tension n'est pas plus important, et sa contribution au courant électrique qui circule à travers la membrane est généralement faible ; mais il est beaucoup plus important par rapport à la concentration intracellulaire d'ions Ca^{2+} libres, qui est normalement maintenue à environ 10^{-7} M, ce qui correspond à moins de 100 ions $Ca^{2+}/\mu m^3$. En 1 milliseconde, un seul canal calcique ouvert laisserait passer plusieurs centaines d'ions Ca^{2+}, activé par le potentiel de membrane et les concentrations extracellulaires relativement élevées d'ions Ca^{2+} (habituellement $\simeq$ 1 à 2 mM). Ainsi, un petit nombre de canaux calciques réglés par la tension dans la terminaison présynaptique, qui s'ouvrent en réponse à un potentiel d'action, peuvent facilement augmenter d'un facteur 10 à 100 la concentration intracellulaire d'ions Ca^{2+} libres. Le flot d'ions Ca^{2+} libres agit ensuite comme un messager intracellulaire, déclenchant la libération d'un neurotransmetteur à une vitesse qui augmente très fortement avec la concentration d'ions Ca^{2+} libres.

L'augmentation de la concentration d'ions Ca^{2+} libres est de courte durée, car les ions Ca^{2+} qui pénètrent dans la terminaison axonale sont rapidement piégés par des protéines de liaison de Ca^{2+}, des vésicules de rétention de Ca^{2+} et des mitochondries tandis que les pompes calciques situées dans la membrane plasmique, activées soit par l'hydrolyse de l'ATP, soit par le gradient électrochimique de Na^+, les pompent hors de la cellule (voir p. 307 et p. 700). De cette façon, la terminaison est prête à transmettre un autre signal aussi rapidement que l'axone est prêt à en délivrer un.

Le neurotransmetteur est rapidement libéré par exocytose [16]

La terminaison axonale au niveau de la jonction neuromusculaire est bourrée de milliers de vésicules sécrétrices semblables (~ 40 nm de diamètre) appelées *vésicules synaptiques*, chacune contenant de l'acétylcholine (voir Figure 19-18). L'entrée de Ca^{2+} s'accompagne d'une forte augmentation de l'exocytose au cours de laquelle les vésicules fusionnent avec la membrane présynaptique, libérant leur contenu dans la fente synaptique pour agir sur la cellule postsynap-

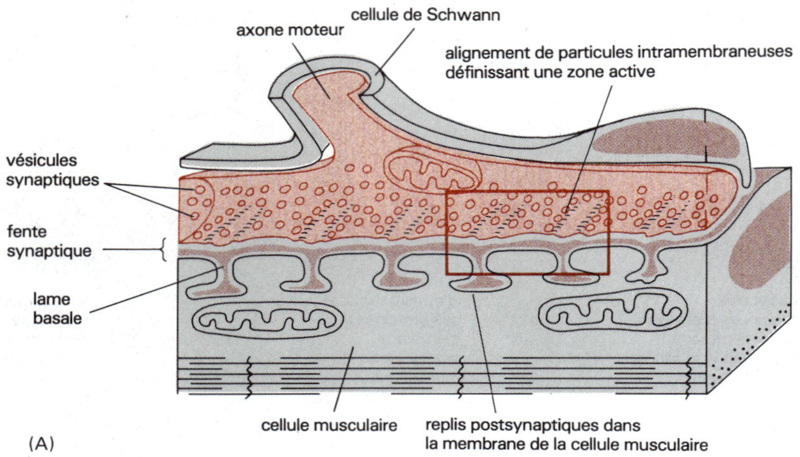

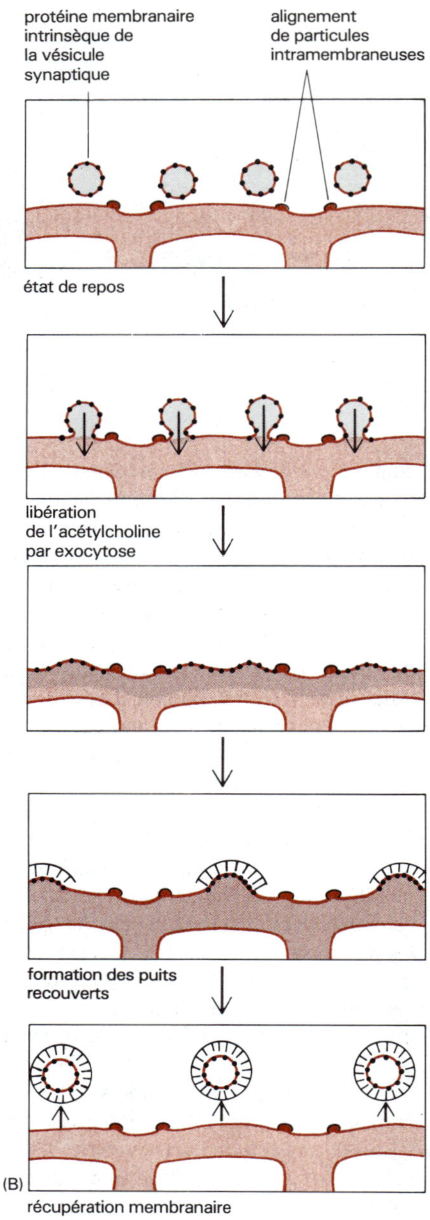

tique. L'exocytose est limitée à des régions spécialisées connues sous le nom de *zones actives*, exactement en face des récepteurs sur la cellule postsynaptique ; le temps de latence associé à la diffusion du neurotransmetteur à travers la fente est ainsi très bref. La membrane des vésicules synaptiques déchargées est ensuite détachée de la membrane plasmique présynaptique par endocytose.

Il est prouvé que l'influx de Ca^{2+} dans la terminaison axonale, non seulement déclenche l'exocytose mais active aussi une protéine kinase Ca^{2+}/calmoduline-dépendante (Ca-kinase II, voir p. 711), qui phosphoryle un certain nombre de protéines dans la terminaison, y compris la *synapsine I*, une protéine fixée à la surface des vésicules synaptiques. Il se pourrait que la phosphorylation libère la synapsine I et permette ainsi l'accumulation des vésicules au niveau de la zone active de la membrane présynaptique, où elles sont nécessaires pour remplacer les vésicules de cette région, perdues par exocytose. Le cycle complet d'événements qui est déclenché par un seul influx nerveux a été démontré avec brio par une congélation très rapide du tissu neuromusculaire et sa préparation pour la microscopie électronique. Certains des résulats obtenus sont présentés dans la Figure 19-20.

La libération d'un neurotransmetteur est quantifiée et aléatoire [17]

Une terminaison axonale typique, au niveau d'une jonction neuromusculaire, libère quelques centaines de ses milliers de vésicules synaptiques en réponse à un seul potentiel d'action. Chaque vésicule, en déchargeant son contenu dans la fente synaptique, contribue à la production d'une variation de tension dans la cellule musculaire postsynaptique, qui peut être enregistrée avec une électrode intracellulaire (Figure 19-21). La membrane de la cellule musculaire est ainsi dépolarisée au-dessous de son seuil et décharge un potentiel d'action. Cette excitation se propage dans la cellule (Figure 19-22), provoquant une contraction, comme nous le décrivons page 621.

Même quand la terminaison axonale est électriquement au repos , on observe de brèves dépolarisations de la membrane musculaire dans le voisinage de la synapse. Ces **potentiels synaptiques miniatures** ont une amplitude à peu près uniforme, voisine de 1 mV — bien inférieure au seuil — et elles se produisent au hasard avec une faible probabilité par unité de temps — typiquement, environ une fois par seconde (Figure 19-23). Chaque potentiel miniature est le résultat de la fusion d'une vésicule synaptique unique avec la membrane présynaptique de sorte qu'elle décharge son contenu. L'amplitude enregistrée dans une cellule musculaire donnée est à peu près uniforme puisque toutes les vésicules contiennent pratiquement le même nombre de molécules d'acétylcholine, de l'ordre de 5 000. Ce nombre représente la quantité minimale ou *quantum* de transmetteur libéré. Des signaux plus importants sont composés de multiples intégrés de cette unité de base. Les ions Ca^{2+}, qui pénètrent dans la terminaison axonale pendant un potentiel d'action, agissent en une fraction de milliseconde pour augmenter la fréquence des événements d'exocytose plus de 10 000 fois au-dessus de la fréquence spontanée au repos. Néanmoins, le phénomène reste aléatoire, et des stimulations identiques du nerf ne produisent pas toujours le même effet postsynaptique : si, par exemple, 300 quanta sont libérés, en moyenne, ils peuvent être libérés en plus petit ou en plus grand nombre dans telle ou telle circonstance particulière.

Figure 19-20 Le cycle des événements membranaires dans la terminaison axonale au niveau d'une synapse neuromusculaire après stimulation. Pour suivre l'action, des échantillons de tissu sont préparés par congélation rapide à des moments déterminés après le stimulus. Pour rendre le travail techniquement plus facile, les conditions d'excitation sont artificiellement ajustées de façon à ralentir la durée normale d'un facteur de 5 ou 10 et à augmenter le nombre des vésicules qui subissent l'exocytose. (A) Schéma simplifié d'une jonction neuromusculaire, montrant les zones actives où se produit la libération du transmetteur. (B) L'aire encadrée en (A) est élargie et représentée schématiquement en coupe transversale à des moments différents après la stimulation du nerf. (C, H) L'aspect

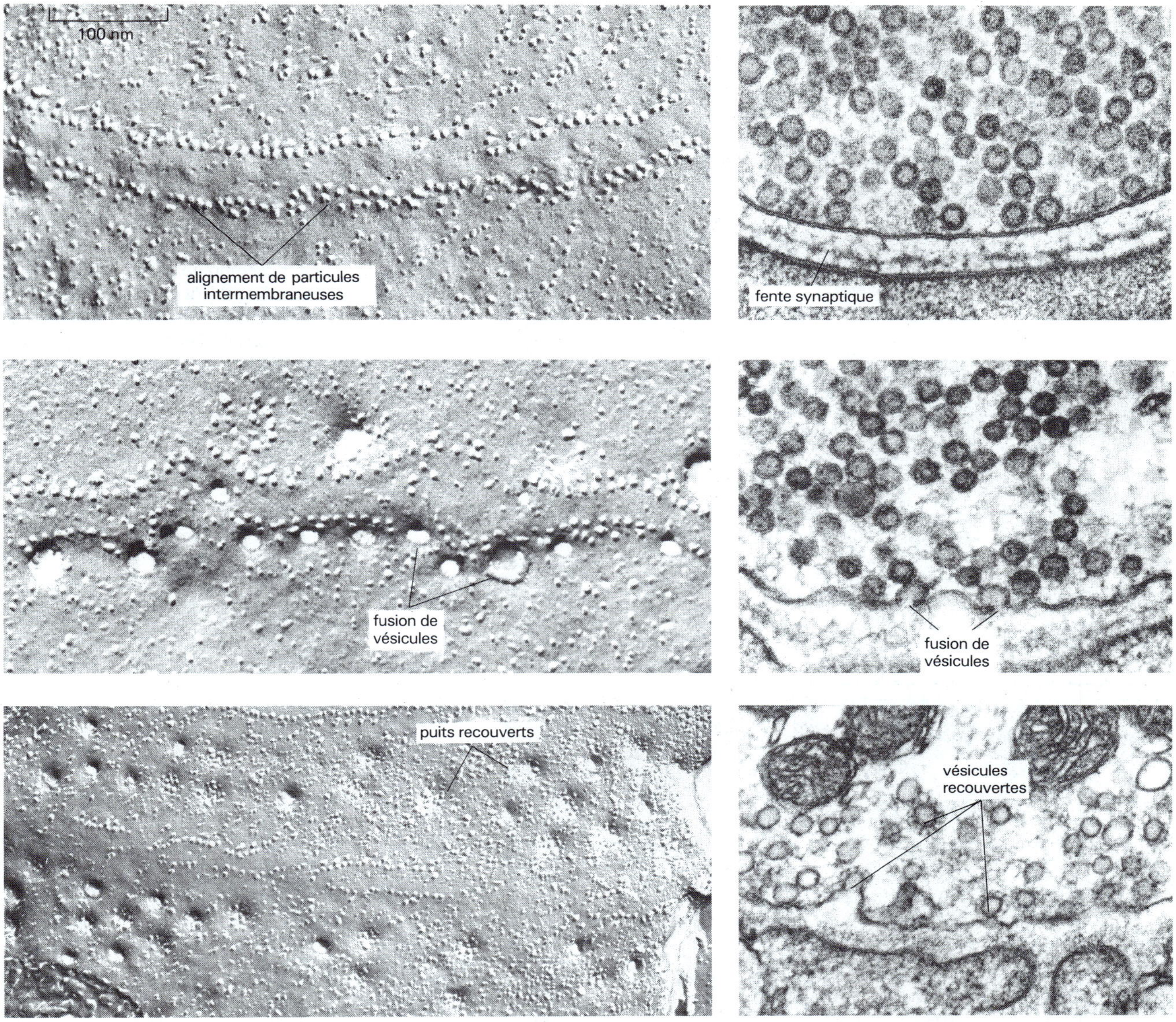

(C) (F) (D) (G) (E) (H)

Figure 19-20 (*suite*) réel de la membrane telle qu'elle est observée en microscopie électronique. Les micrographies électroniques obtenues par cryofracture de la moitié cytoplasmique de la membrane présynaptique sont montrées sur la gauche ; des micrographies de coupes fines sont montrées sur la droite. (C, F) Etat de repos. (D, G) Fusion des vésicules synaptiques avec la membrane plasmique au niveau d'une zone active (marquée par les alignements de particules intramembraneuses). (E, H) Restauration de la membrane des vésicules synaptiques par l'intermédiaire de puits recouverts et de vésicules recouvertes.
On peut voir que les vésicules synaptiques ont commencé à fusionner avec la membrane plasmique moins de 5 millisecondes après le stimulus (D, G) ; chacune des ouvertures dans la membrane plasmique visibles en (D) représente le lieu de fusion d'une vésicule synaptique. La fusion est achevée dans les 2 millisecondes qui suivent. Les premiers signes de la restauration membranaire deviennent apparents en 10 secondes environ lorsque les puits recouverts (voir p. 326) se forment, et commencent ensuite, après 10 secondes de plus, à se détacher par endocytose pour former des vésicules recouvertes (E, H). Ces vésicules contiennent les protéines membranaires initiales de la vésicule synaptique ainsi que des molécules capturées dans le milieu extérieur. Le cycle prend fin lorsque l'enveloppe se dissocie de la vésicule recouverte, qui se remplit d'acétylcholine pour former une vésicule synaptique régénérée à surface lisse. Ce système est probablement responsable de la taille incroyablement uniforme des vésicules synaptiques, une taille déterminée par les dimensions de l'enveloppe de clathrine en forme de réseau (voir p. 327).

Des preuves supplémentaires de ce système de récupération peuvent être obtenues en stimulant le nerf en présence de marqueurs extracellulaires denses aux électrons tels que la ferritine. Ces marqueurs apparaissent rapidement à l'intérieur des vésicules recouvertes et se retrouvent finalement dans les vésicules synaptiques.

Noter cependant que certains spécialistes ont douté de ces expériences, interprétant une partie des phénomènes comme des artefacts. (C-H, avec l'autorisation de John Heuser.)

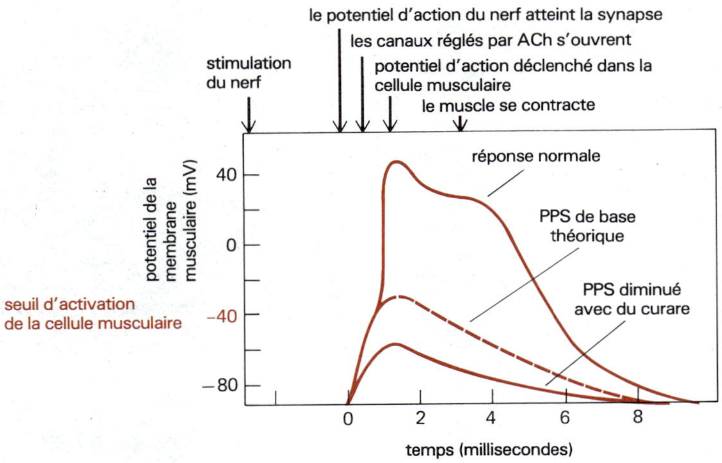

Figure 19-21 La réponse postsynaptique à une seule impulsion nerveuse au niveau de la jonction neuromusculaire : une représentation graphique de la variation de tension dans une cellule de muscle de grenouille enregistrée, comme dans la Figure 19-17, avec une électrode intracellulaire située à proximité de la synapse. Normalement, le potentiel postsynaptique (PPS) — la dépolarisation directement produite par le neurotransmetteur agissant sur la membrane de la cellule nerveuse — est suffisamment important pour déclencher un potentiel d'action qui complique l'analyse. Il est possible d'obtenir un PPS pur, sans potentiel d'action pour le parasiter, par addition d'une concentration raisonnable de *curare* au milieu extracellulaire. Cette toxine, en se liant à certains des récepteurs et en bloquant leur réponse au neurotransmetteur, réduit la taille du PPS à un niveau où aucun potentiel d'action n'est déclenché.

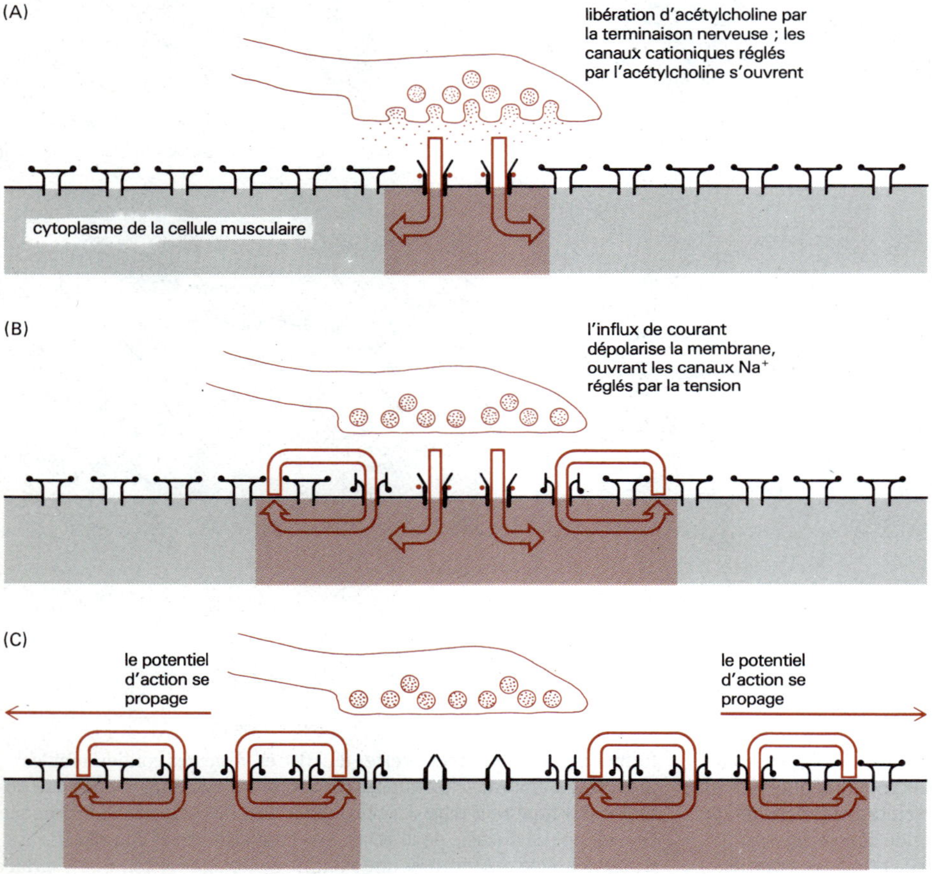

Figure 19-22 Les phénomènes électriques dans la membrane d'une cellule musculaire au niveau de la jonction neuromusculaire. (A) L'ouverture des canaux ioniques réglés par l'acétylcholine au niveau de la jonction neuromusculaire amorce un potentiel d'action (B) qui se propage le long de la membrane de la cellule musculaire (C) provoquant la contraction de la cellule musculaire.

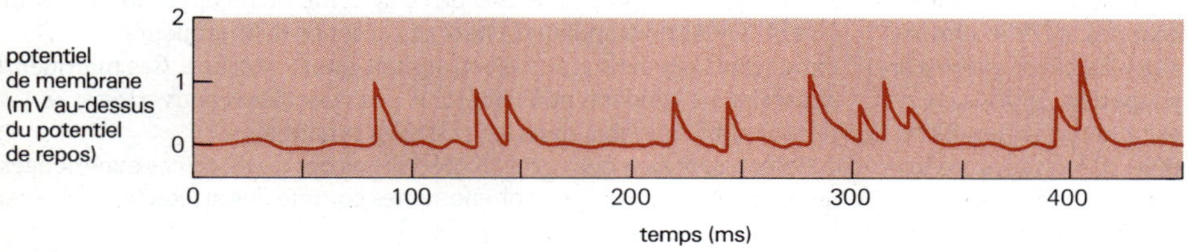

Figure 19-23 Potentiels synaptiques miniatures (souvent appelés potentiels miniatures de plaque terminale) enregistrés sur une cellule de muscle de grenouille avec une électrode intracellulaire introduite près de la jonction neuromusculaire. Chaque crête dans l'enregistrement est un potentiel synaptique miniature induit par la libération du contenu d'une seule vésicule synaptique à partir de la terminaison axonale. (Redessiné à partir de P. Fatt et B. Katz, *J. Physiol.* 117 : 109-128, 1952.)

Les canaux dont l'ouverture est réglée par un ligand reconvertissent le signal chimique en signal électrique [18]

Au niveau d'une synapse, la membrane d'une cellule musculaire se comporte comme un transducteur, qui convertit en signal électrique un signal chimique sous forme d'un neurotransmetteur. La conversion est réalisée par des **canaux ioniques dont l'ouverture est réglée par un ligand**, (c'est-à-dire, des **récepteurs liés à un canal**) dans la membrane postsynaptique : lorsque le neurotransmettteur se lie à ces protéines, elles changent de conformation — s'ouvrant pour laisser les ions traverser la membrane — et, de cette façon, modifient le potentiel de membrane. Le changement de potentiel de membrane, s'il est suffisamment important, provoquera à son tour l'ouverture de canaux réglés par la tension, déclenchant ainsi un potentiel d'action (Figure 19-24). Contrairement aux canaux ioniques réglés par la tension qui sont responsables des potentiels d'action et de la libération du transmetteur, les canaux ioniques réglés par un ligand sont assez insensibles au potentiel de membrane. C'est pourquoi ils ne peuvent pas provoquer à eux seuls une excitation « tout ou rien » ou amplificatrice. Au lieu de cela, ils engendrent une variation électrique qui est « calibrée » selon l'intensité et la durée du signal chimique extérieur — c'est-à-dire selon la quantité de transmetteur libérée dans la fente synaptique et le temps qu'il y reste. Cette caractéristique des canaux ioniques réglés par un ligand est importante pour le traitement de l'information au niveau des synapses, comme nous l'étudierons plus tard.

Les canaux postsynaptiques réglés par un ligand ont deux autres propriétés importantes. D'une part, dans leur rôle de récepteurs, ils ont une spécificité de type enzymatique pour certains ligands, de telle sorte qu'ils ne répondent qu'à un seul neurotransmetteur — celui qui est libéré de la terminaison présynaptique ; les autres transmetteurs sont sans effets. D'autre part, dans leur rôle de canaux, ils sont caractérisés par des sélectivités ioniques différentes : certains peuvent être perméables de manière sélective aux ions K^+, d'autres aux ions Cl^-, et ainsi de suite, alors que d'autres encore peuvent, par exemple, être relativement non sélectifs pour les cations mais imperméables aux anions. Nous verrons que la sélectivité ionique des canaux réglés par un ligand détermine la nature de la réponse postsynaptique.

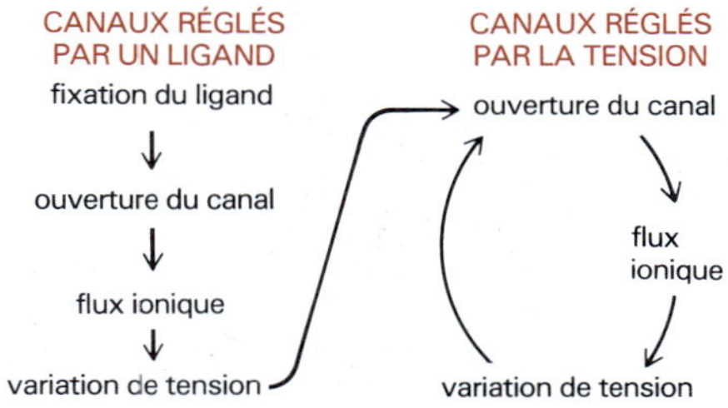

Figure 19-24 Schéma résumant la fonction des canaux réglés par un ligand ou par la tension en réponse à un neurotransmetteur. Les flèches indiquent les relations causales.

Le récepteur de l'acétylcholine est un canal cationique réglé par un ligand [19]

Le canal présent dans la membrane d'une cellule de muscle squelettique, contrôlé par l'acétylcholine, et connu sous le nom de **récepteur de l'acétylcholine,** est le mieux compris des canaux ioniques réglés par un ligand et ses propriétés moléculaires ont déjà été passées en revue (voir p. 319).

Comme le canal Na^+ réglé par la tension, le récepteur de l'acétylcholine a un certain nombre de conformations discrètes (Figure 19-25). Lorsqu'il a fixé l'acétylcholine, il passe brutalement d'un état fermé à un état ouvert, et reste ensuite ouvert, avec le ligand lié, pendant une durée aléatoire variant, en moyenne, autour de 1 milliseconde, selon la température et l'espèce. Quand le canal est ouvert, il est perméable sans distinction aux petits cations, y compris Na^+, K^+ et Ca^{2+}, mais il est imperméable aux anions (Figure 19-26).

Puisque la sélectivité vis-à-vis des cations est faible, leurs contributions relatives au courant qui traverse le canal dépendent principalement de leurs concentrations et des forces motrices électrochimiques. Si la membrane de la cellule musculaire est à son potentiel de repos, la force motrice pour les ions K^+ est voisine de zéro, puisque le gradient de tension équilibre à peu près le gradient de concentration K^+ à travers la membrane. Par contre, pour les ions Na^+, le gradient de tension et le gradient de concentration agissent tous deux dans la même direction pour faire pénétrer les ions Na^+ dans la cellule. C'est également le cas pour les ions Ca^{2+}, mais la concentration extracellulaire d'ions Ca^{2+} est si faible par rapport à celle d'ions Na^+ que la concentration des ions Ca^{2+} au courant total est modeste. L'ouverture du canal récepteur de l'acétylcholine aboutit ainsi principalement à un important influx net d'ions Na^+ qui provoque la dépolarisation de la membrane.

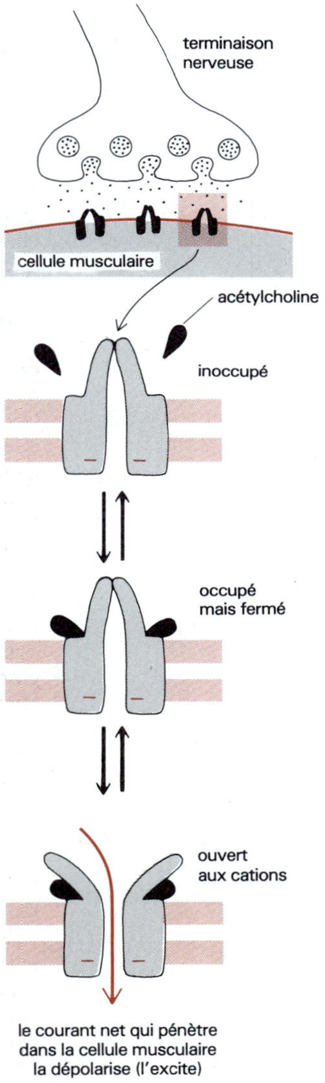

Figure 19-25 La réponse du récepteur de l'acétylcholine à l'acétylcholine. Le récepteur entre encore dans un autre état (non représenté) par suite d'une exposition prolongée à de fortes concentrations d'acétylcholine ; dans cet état il est inactivé et ne s'ouvrira pas même en présence d'acétylcholine.

L'acétylcholine est éliminée de la fente synaptique par diffusion et par hydrolyse [20]

Pour un contrôle précis de la cellule postsynaptique par la combinaison de signaux émis par la cellule présynaptique, l'excitation postsynaptique doit être interrompue rapidement lorsque la cellule présynaptique « s'apaise ». Ceci est réalisé, à la jonction neuromusculaire, par une élimination rapide de l'acétylcholine hors de la fente synaptique, selon deux mécanismes.

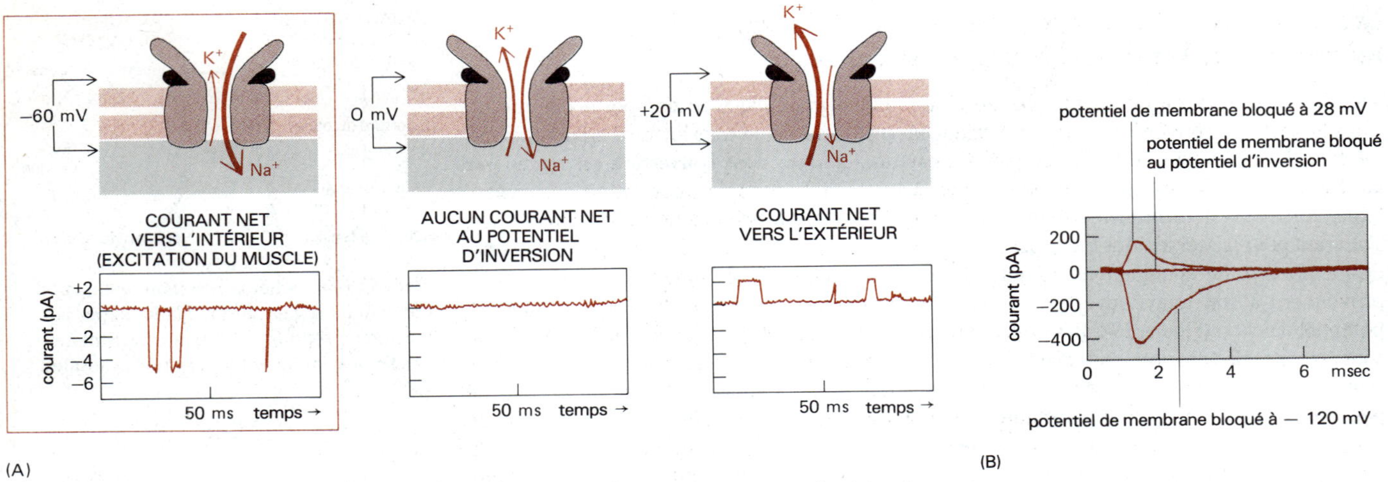

Figure 19-26 Mesures du courant qui traverse le récepteur de l'acétylcholine ouvert, pour différentes valeurs du potentiel de membrane. De telles mesures peuvent être utilisées pour découvrir la sélectivité ionique du canal. Un courant propagé à travers un canal ouvert par un type d'ion particulier variera avec le potentiel de membrane d'une façon caractéristique qui diffère d'un type d'ion à un autre selon son gradient de concentration à travers la membrane. Connaissant les gradients de concentration des principaux ions présents, on peut ainsi obtenir une indication importante sur la sélectivité ionique du canal simplement en mesurant son rapport courant/tension ; et il est possible d'obtenir des informations plus complètes en répétant ces mesures avec des concentrations ioniques modifiées.
(A) Enregistrements du courant qui traverse un canal isolé maintenu dans un bain contenant une concentration donnée d'acétylcholine, le potentiel de membrane étant bloqué à trois tensions différentes (technique de blocage du potentiel ou « patch-clamp »). Le canal passe, de façon aléatoire, de l'état ouvert à l'état fermé de la même façon dans chaque cas, mais à une certaine valeur du potentiel de membrane, appelée le *potentiel d'inversion*, le courant est nul même lorsque le canal est ouvert. Dans cet exemple particulier, il se trouve que le potentiel d'inversion est approximativement de 0 mV. (B) Il est possible d'observer le même phénomène en contrôlant le courant total qui traverse une importante population de récepteurs de l'acétylcholine dans la membrane postsynaptique, au niveau d'une synapse neuromusculaire, après une seule stimulation du nerf. Les graphiques représentent des enregistrements locaux de ce courant, réalisés avec des électrodes intracellulaires. Les canaux s'ouvrent au cours de la brève exposition à l'acétylcholine, mais, là encore, le courant est nul lorsque le potentiel de membrane est bloqué à la valeur du potentiel d'inversion. Puisque les canaux ouverts sont perméables aux ions Na^+ et aux ions K^+, et que les forces motrices électrochimiques pour ces ions sont différentes, un courant net nul correspond à l'équilibre de courants d'ions Na^+ et K^+ différents de zéro et de sens opposés. (Les canaux sont aussi perméables aux ions Ca^{2+} mais le courant Ca^{2+} est faible car les concentrations en Ca^{2+} sont faibles). La valeur du potentiel d'inversion et sa sensibilité aux concentrations ioniques dans le milieu extérieur donnent une indication utile de la perméabilité relative du canal aux différents ions. Par exemple, certains autres canaux réglés par un ligand sont sélectivement perméables aux ions Cl^- (voir p. 1083) ; ils sont reconnaissables à leur potentiel d'inversion d'environ — 60 mV, proche du potentiel d'équilibre de Cl^-, et la valeur de ce potentiel dépend de la concentration extracellulaire de Cl^- mais pas de Na^+ ou de K^+. (A, données d'après B. Sakmann, J. Bormann, et O.P. Hamill, *Cold Spring Harbor Symp. Quant. Biol.* 48 : 247-257, 1983 ; B, résultats d'après K.L. Magleby et C.F. Stevens, *J. Physiol.* 223 : 173-197, 1972.)

Premièrement, l'acétylcholine se disperse par diffusion, un mécanisme rapide puisque les dimensions impliquées sont petites. Deuxièmement, l'acétylcholine est hydrolysée en acétate et choline par l'*acétylcholinestérase*. Cette enzyme est sécrétée par la cellule musculaire et vient s'ancrer par une courte « queue » de nature collagénique à la lame basale qui se situe entre l'extrémité du nerf et la membrane de la cellule musculaire. Chaque molécule d'acétylcholinestérase peut hydrolyser jusqu'à 10 molécules d'acétylcholine par milliseconde de sorte que tout le transmetteur est éliminé de la fente synaptique en quelques centaines de microsecondes après avoir été libéré de la terminaison nerveuse. Ainsi, l'acétylcholine n'est disponible qu'un bref instant pour se fixer à ses récepteurs et les amener à la conformation ouverte qui produit la variation de conductance dans la membrane postsynaptique (Figure 19-27). Le minutage très précis des signaux présynaptiques est donc conservé dans les réponses postsynaptiques soigneusement réglées.

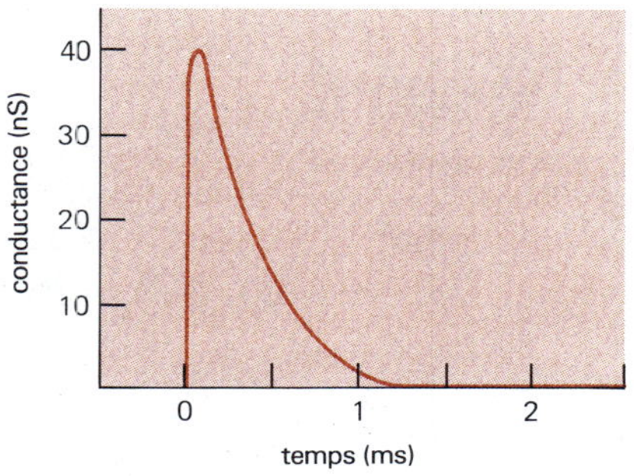

Figure 19-27 La variation de la conductance produite dans la membrane postsynaptique par un seul quantum (une vésicule) d'acétylocholine à la jonction neuromusculaire de grenouille. Au moment où la conductance atteint son maximum, 1 600 canaux environ sont ouverts et chaque canal reste ouvert en moyenne pendant 400 microsecondes.

La transmission synaptique rapide se fait par l'intermédiaire d'un petit nombre de neurotransmetteurs [13,21]

Tout ce qui concerne la jonction neuromusculaire semble être conçu pour la rapidité : le grand axone moteur myélinisé ; les zones actives dans la terminaison axonale, avec des vésicules synaptiques maintenues prêtes à libérer leur acétylcholine, exactement en face des récepteurs postsynaptiques ; l'étroite fente synaptique ; les canaux réglés par un ligand dans la membrane postsynaptique, prêts à s'ouvrir instantanément lorsque le transmetteur se fixe ; l'acétylcholinestérase dans la fente pour stopper rapidement la transmission. Le temps de latence synaptique, entre le pic du potentiel d'action présynaptique et le pic du potentiel d'action postsynaptique, est de l'ordre d'une milliseconde ou moins. Il semble de plus en plus certain que les synapses chimiques rapides dans le système nerveux central emploient également des canaux réglés par un ligand et qu'elles sont construites selon les mêmes principes, avec des zones actives, une fente étroite, et des récepteurs localisés exactement en face des sites d'exocytose. De plus, il semble que cette transmission rapide des signaux ne soit le fait que d'un petit nombre de neurotransmetteurs. Ces généralisations sont cependant préliminaires ; il est étonnamment difficile d'identifier avec certitude le neurotransmetteur qui agit au niveau d'une synapse donnée.

Il est probable que l'évolution des systèmes de transmission synaptique rapide se soit produite il y a longtemps, puisque les espèces animales les plus disparates, des mollusques aux mammifères, utilisent les mêmes neurotransmetteurs. Parmi les neurotransmetteurs à action rapide, il y a l'acétylcholine, le γ-aminobutyrate (GABA), la glycine, le glutamate, et probablement l'aspartate et l'ATP (Figure 19-28) ; de plus, un neurone donné ne sécrète, en général, qu'un seul (ou occasionnellement deux) de ces transmetteurs —le même au niveau de toutes ses synapses. Des études de canaux isolés (patch-clamp) apportent une preuve directe de la liaison des récepteurs pour l'acétylcholine, le GABA, la glycine et le glutamate à un canal ; c'est probable mais non prouvé pour les autres récepteurs. Des études de séquences d'ADN indiquent que les récepteurs pour l'acétylcholine, le GABA et la glycine sont homologues, suggérant que tous les canaux ioniques réglés par un ligand ont la même origine.

L'acétylcholine et le glutamate interviennent dans l'excitation rapide ; le GABA et la glycine interviennent dans l'inhibition rapide [19,22]

Les neurotransmetteurs peuvent être classés selon leurs modes d'action. Nous avons vu que, dans la membrane d'une cellule musculaire, l'acétylcholine agissant sur son récepteur ouvre un canal cationique et dépolarise ainsi la cellule vers son niveau de base pour activer un potentiel d'action. Ce récepteur du transmetteur est par conséquent le médiateur d'un effet *excitateur*. Le **glutamate** paraît agir sur un même type de récepteur ; on a montré qu'il était un transmetteur excitateur au niveau de la jonction neuromusculaire d'un insecte, et il est supposé être le principal transmetteur excitateur dans le système nerveux central des vertébrés — un équivalent de l'acétylcholine qui est le principal transmetteur excitateur dans le système nerveux périphérique des vertébrés (et qui a également d'importantes activités centrales). L'*aspartate* peut agir sur les mêmes récepteurs que le glutamate, avec des conséquences analogues. Il existe quelques preuves de l'action de l'ATP comme transmetteur excitateur rapide au niveau des synapses de certains types de muscles *lisses*.

Compensant ces effets excitateurs, le **GABA** et la **glycine** interviennent dans l'*inhibition* rapide. Les récepteurs auxquels ils se fixent sont liés à des canaux qui, lorsqu'ils s'ouvrent, acceptent de petits ions négatifs — principalement Cl^- — mais qui sont imperméables aux ions positifs. La concentration en Cl^- est beaucoup plus élevée à l'extérieur qu'à l'intérieur de la

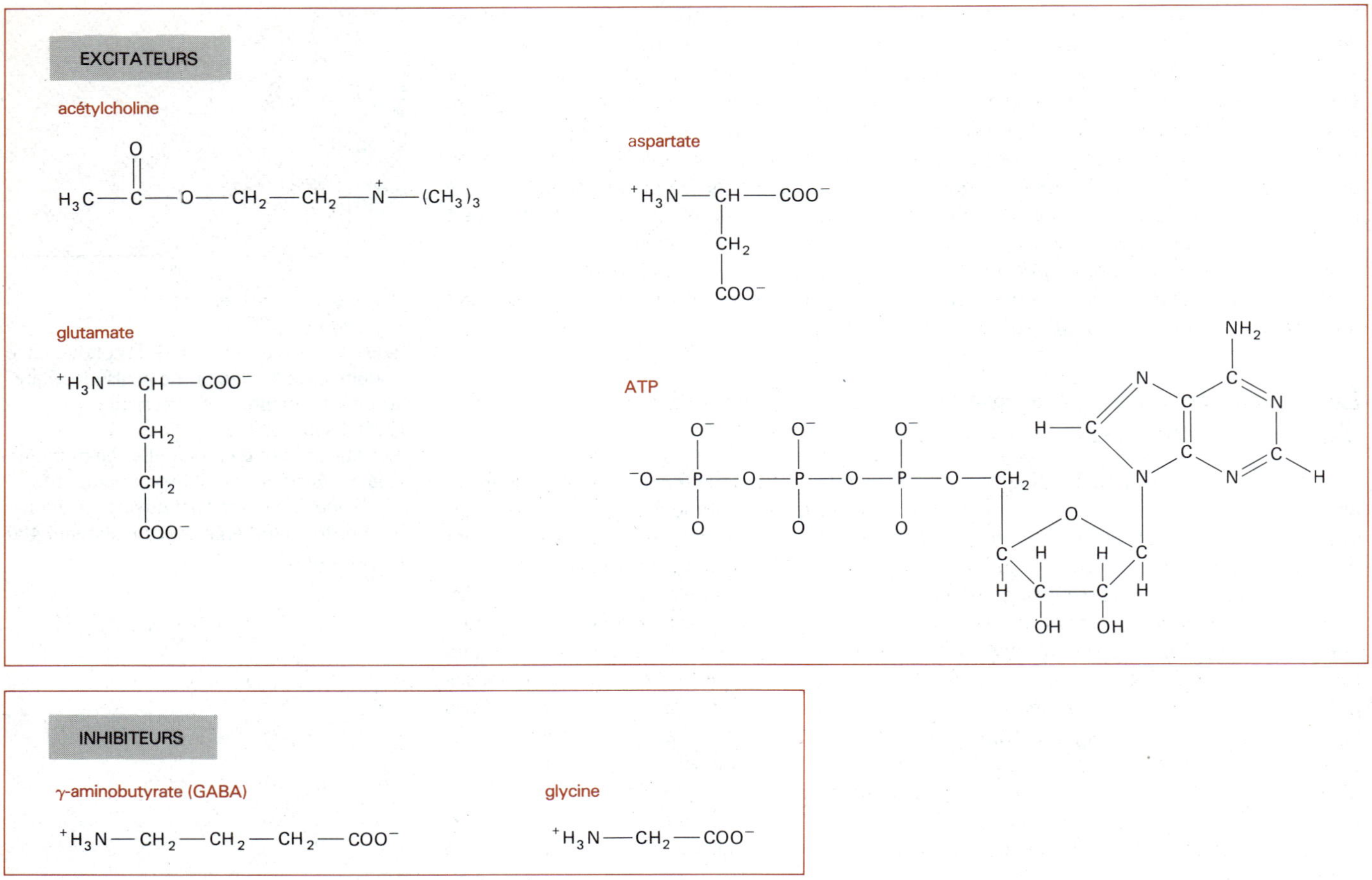

Figure 19-28 Les structures chimiques des principaux neurotransmetteurs qui sont supposés agir sur des récepteurs liés à un canal servant ainsi de médiateurs pour la transmission synaptique rapide

cellule, et le potentiel d'équilibre pour les ions Cl^- est voisin du potentiel de repos normal ou même plus négatif. Ainsi, l'ouverture de ces canaux Cl^- tend à maintenir le potentiel de membrane à sa valeur de repos ou même à une valeur d'hyperpolarisation, ce qui rend plus difficile la dépolarisation de la membrane et,de ce fait, l'excitation de la cellule (Figure 19-29). Le GABA et la glycine sont vraisemblablement les principaux médiateurs de l'inhibition rapide dans le système nerveux central des vertébrés, et le GABA est aussi connu pour exécuter la même fonction au niveau des jonctions neuromusculaires chez les insectes et les crustacés. L'importance des transmetteurs inhibiteurs est démontrée par les effets de toxines qui bloquent leur action : la strychnine, par exemple, en se liant aux récepteurs de la glycine et en bloquant son action provoque des spasmes musculaires, des convulsions et la mort.

Il existe souvent plusieurs types de récepteurs pour un seul neurotransmetteur[23]

L'action d'un neurotransmetteur ne tient pas tant à sa propre chimie qu'au récepteur auquel il se lie. De fait, il y a souvent plusieurs types de récepteurs pour le même neurotransmetteur. Chez les vertébrés, par exemple, l'acétylcholine agit de deux façons opposées sur les cellules musculaires du squelette ou du cœur, excitant les premières et inhibant les secondes. Les récepteurs de l'acétylcholine sont différents dans les deux cas : un récepteur métabotropique est le médiateur de l'effet inhibiteur, qui est beaucoup plus lent que l'effet excitateur sur le muscle squelettique.

Les récepteurs liés à un canal qui sont les médiateurs des actions excitatrices rapides de l'acétylcholine sont appelés *nicotiniques*, car ils peuvent être activés par la nicotine ; les récepteurs métabotropiques qui sont les médiateurs des actions lentes de l'acétylcholine, qui peuvent être inhibitrices ou excitatrices, sont appelés *muscariniques*, car ils peuvent être activés par la muscarine (une toxine fongique). En dehors de ces activateurs spécifiques d'un récepteur (appelés *agonistes*), il existe également de puissants inhibiteurs spécifiques d'un récepteur (*appelés antagonistes*) qui différencient les deux types de récepteurs de l'acétylcholine. Par exemple, le curare et l'α-bungarotoxine se lient spécifiquement aux récepteurs nicotiniques de l'acétylcholine, bloquant leur activité, alors que l'atropine agit d'une façon analogue sur les récepteurs muscariniques. D'autres agonistes et antagonistes font la distinction entre les récepteurs pour d'autres neurotransmetteurs, et il est courant d'identifier, de localiser, et de contrôler les différents récepteurs selon les agonistes et antagonistes qui leurs sont liés.

Les synapses sont les cibles principales pour l'action des drogues [23,24]

Les récepteurs pour les neurotransmetteurs sont des cibles importantes pour les toxines et les drogues. Un serpent paralyse sa proie en injectant de l'α-bungarotoxine pour bloquer le récepteur nicotinique de l'acétylcholine. Un chirurgien peut provoquer une détente musculaire pour la durée d'une opération en bloquant les mêmes récepteurs avec du curare. Le cœur, pendant ce temps, continue à battre normalement car le curare ne se fixe pas aux récepteurs muscariniques de l'acétylcholine. Ainsi, les propriétés différentes de liaison à un ligand de ces deux récepteurs de l'acétylcholine permettent le ciblage précis de l'action de la drogue.

Le majorité des drogues psychoactives exercent leurs effets au niveau des synapses, et beaucoup d'entre elles agissent en se liant à des récepteurs spécifiques. Les récepteurs pour le GABA en sont un exemple. Les récepteurs $GABA_A$ sont les mieux étudiés ; ce sont des canaux Cl^- dont l'ouverture est réglée par un ligand, qui sont des médiateurs de l'inhibition rapide comme nous l'avons décrit ci-dessus. Ils sont activés à la fois par les « tranquillisants » benzodiazépines, tels que le Valium® ou le Librium®, et par les barbituriques utilisés dans le traitement de l'insomnie, de l'anxiété et de l'épilepsie. Le GABA, les benzodiazépines et les barbituriques se lient de façon coopérative en trois sites différents sur le même récepteur protéique : les drogues modifient apparemment le comportement en permettant l'ouverture du canal Cl^- par des concentrations plus faibles de GABA, *potentialisant* ainsi l'action inhibitrice du GABA.

Il est aussi possible de perturber la transmission synaptique de bien d'autres façons — par exemple, en interférant avec la dégradation ou l'élimination du transmetteur de la fente synaptique. Il existe des drogues qui inhibent l'activité de l'acétylcholinestérase au niveau des jonctions neuromusculaires de telle sorte que l'acétylcholine s'attarde plus longtemps sur la cellule musculaire. Ceci aide à soulager la faiblesse des patients souffrant de myasthénie, qui ont un nombre insuffisant de récepteurs fonctionnels de l'acétylcholine (voir p. 1011). D'autres neurotransmetteurs, tels que le GABA, ne sont pas dégradés enzymatiquement dans la fente synaptique, mais sont, au lieu de cela, récupérés par les terminaisons présynaptiques qui les sécrètent ou par des cellules gliales voisines. Typiquement, les membranes plasmiques des terminaisons nerveuses et des cellules gliales contiennent des protéines de transport spécifiques pour le captage actif du neurotransmetteur. Certaines drogues psychoactives bloquent ou potentialisent le mécanisme de récupération au niveau de classes spécifiques de synapses, provoquant des effets cliniquement bénéfiques.

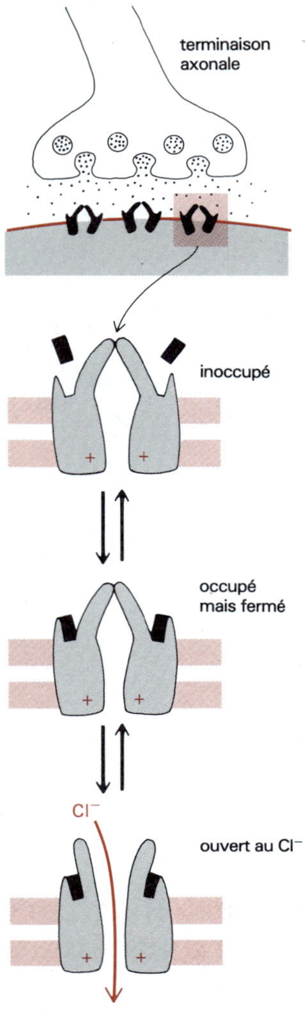

Figure 19-29 Le comportement des récepteurs du GABA liés à un canal. En réponse à la liaison du GABA, ils forment un canal ouvert qui est sélectivement perméable aux ions Cl^-. De cette façon, ils sont les médiateurs d'un effet inhibiteur : les canaux Cl^- ouverts tendent à maintenir la membrane proche du potentiel d'équilibre de Cl^-, qui est lui-même proche du potentiel de repos.

Résumé

Les signaux neuronaux passent d'une cellule à une autre au niveau des synapses qui peuvent être électriques (jonctions de type gap) ou chimiques. Au niveau d'une synapse chimique, la dépolarisation de la membrane présynaptique par un potentiel d'action ouvre des canaux Ca^{2+} réglés par la tension et l'influx d'ions Ca^{2+} résultant déclenche la sécrétion, par exocytose, d'un neurotransmetteur hors des vésicules synaptiques. Le neurotransmetteur diffuse à travers la fente synaptique et se lie aux récepteurs protéiques membranaires de la cellule postsynaptique ; il est rapidement éliminé de la fente par diffusion, digestion enzymatique ou « recaptage » dans les terminaisons nerveuses ou les cellules gliales. Il y a deux catégories de récepteurs pour les neurotransmetteurs : les récepteurs ionotropiques (liés à un canal) et les récepteurs métabotropiques (qui ne sont pas liés à un canal). Les récepteurs ionotropiques, aussi connus en tant que canaux ioniques réglés par un ligand, sont médiateurs des effets postsynaptiques rapides, qui se produisent en quelques millisecondes. Seul un petit nombre de neurotransmetteurs sont connus pour agir sur de tels récepteurs. En particulier, l'acétylcholine et le glutamate (et probablement l'aspartate et l'ATP) ouvrent des canaux réglés par un ligand, qui ne sont perméables qu'aux cations et produisent ainsi des potentiels postsynaptiques excitateurs rapides, alors que le GABA et la glycine ouvrent des canaux homologues qui sont principalement perméables au Cl^- et de ce fait produisent des potentiels postsynaptiques inhibiteurs rapides. Tous ces neurotransmetteurs, ainsi que beaucoup d'autres, peuvent aussi agir comme des récepteurs métabotropiques, avec des conséquences plus lentes et plus complexes.

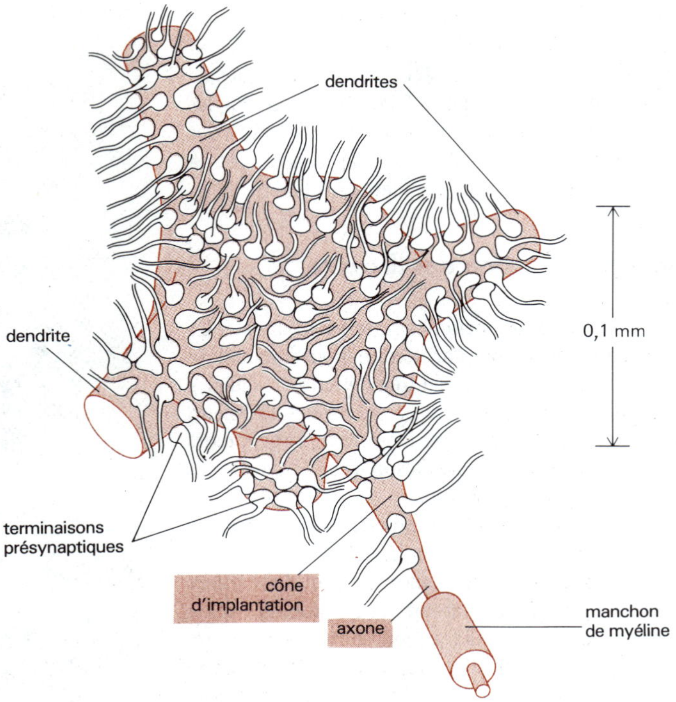

Figure 19-30 Un neurone moteur dans la moelle épinière, montrant quelques terminaisons nerveuses parmi les milliers qui forment des synapses sur la cellule et transmettent des signaux d'autres régions de l'organisme pour contrôler sa décharge. Les régions de la membrane plasmique du neurone moteur qui ne sont pas recouvertes de terminaisons synaptiques sont recouvertes de cellules gliales (non représenté).

Le rôle des canaux ioniques dans la mathématique neuronale[25]

Dans le système nerveux central, les neurones reçoivent typiquement des données de nombreuses cellules présynaptiques — le nombre peut aller de une à plusieurs milliers. Par exemple, plusieurs milliers de terminaisons nerveuses de centaines ou peut-être de milliers de neurones, forment des synapses sur un neurone moteur typique dans la moelle épinière ; elles recouvrent presque totalement son soma et ses dendrites (Figure 19-30). Certaines de ces synapses transmettent des signaux à partir du cerveau, d'autres communiquent l'information sensorielle à partir des muscles ou de la peau, et d'autres encore fournissent les résultats des calculs effectués par les interneurones dans la moelle épinière. Le neurone moteur doit combiner l'information reçue de ces nombreuses sources et réagir en transmettant des signaux le long de son propre axone.

Le neurone moteur fournit un exemple typique de la façon dont les neurones remplissent chacun leur fonction dans le travail fondamental de calcul d'une sortie à partir d'une série complexe d'afférences. Parmi les nombreuses synapses sur un neurone moteur, certaines tendront à l'exciter, d'autres à l'inhiber. Bien que le neurone moteur sécrète le même neurotransmetteur au niveau de toutes ses terminaisons axonales, il produit de nombreux types différents de récepteurs protéiques, et les concentre sur sa surface en différents sites postsynaptiques. Au niveau de chaque site de ce type, la décharge de la cellule présynaptique provoque l'ouverture ou la fermeture d'un groupe spécifique de canaux, conduisant à une variation de tension caractéristique ou **potentiel postsynaptique** (PPS, PSP en anglais) dans le neurone moteur. Un *PPS excitateur* (produit, par exemple, par l'ouverture des canaux perméables aux ions Na^+) est habituellement une dépolarisation ; un *PPS inhibiteur* (produit, par exemple, par l'ouverture de canaux Cl^-) est généralement une hyperpolarisation. L'amplitude et la durée des PPS engendrés au niveau de différentes synapses sur un seul neurone varient de manière considérable. Une excitation nerveuse afférente peut entraîner une dépolarisation de moins de 0,1 mV au niveau d'une synapse d'un neurone moteur et une dépolarisation de 5 mV au niveau d'une autre. Toutefois, comme nous allons le voir maintenant, les propriétés du système sont telles que même de faibles PPS peuvent s'associer pour produire une réaction importante.

La variation du potentiel de membrane dans le soma de la cellule postsynaptique représente une sommation dans l'espace et dans le temps de nombreux potentiels postsynaptiques [25,26]

Bien que riche en récepteurs protéiques, la membrane des dendrites et du soma de la majorité des neurones contient peu de canaux sodiques réglés par la tension, et est donc assez peu excitable. En général, un PPS isolé n'induit pas la membrane postsynaptique à décharger un potentiel d'action. Chaque signal afférent est plutôt fidèlement reproduit dans un PPS dont l'amplitude diminue avec la distance au site synaptique. Si des signaux arrivent simultanément à différentes synapses dans la même région de l'arbre dendritique, le PPS résultant sera approximativement la somme des PPS individuels, les PPS inhibiteurs apportant une contribution négative au total. La perturbation électrique nette produite dans la région postsynaptique s'étendra en même temps aux autres régions grâce aux propriétés passives de câble de la membrane dendritique.

Le corps cellulaire, où convergent les effets des PPS, est assez petit (de diamètre généralement inférieur à 100 μm) comparé à l'arbre dendritique (dont les branches peuvent s'étendre sur des millimètres). Dans le soma et son environnement immédiat, le potentiel membranaire sera donc à peu près uniforme ; ce sera une combinaison des effets de tous les signaux qui convergent sur la cellule, pondérée selon les distances des synapses au corps cellulaire. On dit que le **potentiel postsynaptique global** du corps cellulaire représente une **sommation spatiale** de tous les stimuli reçus. Ce sera une dépolarisation si les afférences excitatrices sont prédominantes ; s'il y a prépondérance des afférences inhibitrices, ce sera une hyperpolarisation.

Alors que la sommation spatiale cumule les effets des signaux reçus en différents sites de la membrane, la **sommation dans le temps** combine les effets des signaux reçus à des moments différents. Quand un potentiel d'action parvient à une synapse, le neurotransmetteur libéré induit un PPS dans la membrane postsynaptique qui atteint rapidement un maximum grâce à l'ouverture transitoire de canaux ioniques réglés par un ligand, puis décroît jusqu'au niveau de base à peu près selon une exponentielle dans le temps (qui dépend de la capacitance membranaire). Si un potentiel d'action arrive avant l'extinction complète du premier PPS, l'amplitude du second PPS s'ajoutera à l'amplitude résiduelle du premier. S'il y a, après une période d'inactivité, une succession rapide de nombreux potentiels d'action, chaque PPS s'ajoute au PPS résiduel précédent : cette addition aboutit à un PPS important et prolongé dont l'amplitude reflète la vitesse d'activation du neurone présynaptique (Figure 19-31). Ceci est la définition de la sommation dans le temps : elle traduit la *fréquence* des signaux afférents en *amplitude* d'un PPS net.

Pour une transmission à longue distance, le PPS global est traduit en fréquence d'impulsion nerveuse [27]

Les vitesses d'activation de nombreux neurones présynaptiques contrôlent conjointement le potentiel de membrane dans le soma d'une cellule postsynaptique grâce à la double sommation dans l'espace et dans le temps. L'étape finale du calcul neuronal effectué par la cellule postsynaptique est la génération d'une sortie, habituellement sous forme de potentiels d'action, pour transmettre un signal à d'autres cellules souvent très éloignées. Le signal de sortie traduit l'amplitude du PPS global dans le corps cellulaire. Toutefois, alors que le PPS global est une variable corrigée de façon continue, les potentiels d'action sont du type « tout ou rien » et de dimension uniforme. Dans la transmission de signaux par des potentiels d'action, la seule variable est l'intervalle de temps entre un potentiel d'action et le suivant. Pour la transmission à longue distance, l'amplitude du PPS global est par conséquent traduite, ou *codée*, en terme de *fréquence* de décharge de potentiels d'action (Figure 19-32). Ce codage est effectué par un groupe particulier de canaux ioniques réglés par la tension, présents en forte densité à la base de l'axone, adjacente au corps cellulaire, dans une région connue sous le nom de **cône d'implantation (axone hillock)** (voir Figure 19-30).

Avant d'envisager la façon dont ces canaux fonctionnent, nous devons faire certaines réserves. La décharge même d'un potentiel d'action provoque des variations considérables du potentiel de membrane du corps cellulaire, qui ne reflète plus directement la stimulation synaptique réelle que la cellule reçoit. Donner une analyse rigoureuse du mécanisme de codage

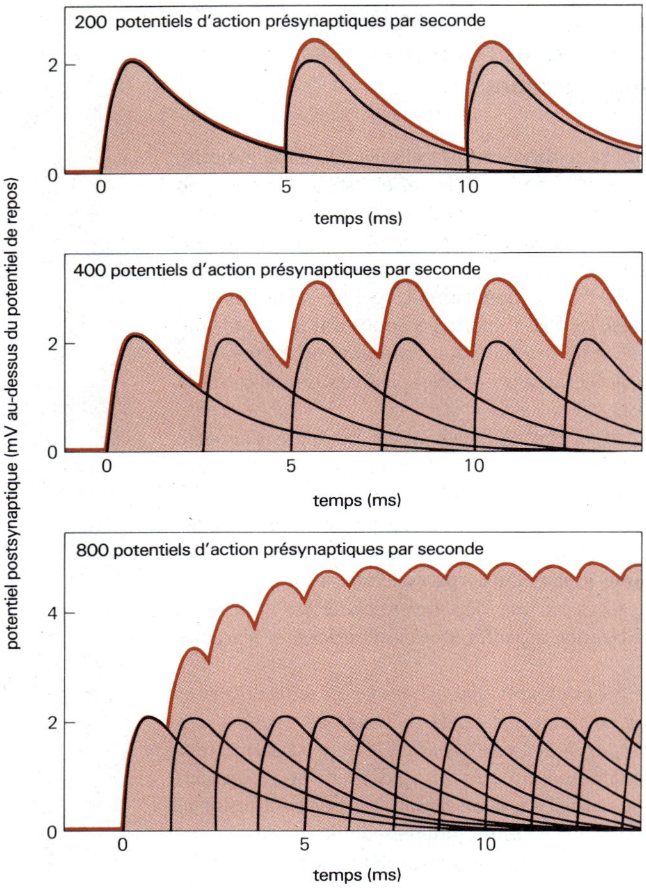

Figure 19-31 Sommation dans le temps. Les courbes qui se chevauchent à l'intérieur de la région ombrée de chaque graphique représentent les contributions individuelles au potentiel postsynaptique total, provoquées par l'arrivée de potentiels d'actions présynaptiques consécutifs.

est par conséquent un problème complexe. Dans le simple exposé qualitatif qui suit, nous nous rapporterons sans précision à « l'intensité de la stimulation synaptique » ou au « PPS global », dans le sens d'un PPS global qui serait observé si l'on empêchait, d'une manière ou d'une autre, la décharge des potentiels d'action ; et nous supposerons que ce PPS global fondamental est la cause de la décharge de potentiels d'action.

Le codage nécessite l'association de différents canaux ioniques [28]

La propagation des potentiels d'action dépend principalement et, presque exclusivement dans de nombreux axones de vertébrés, de canaux sodiques réglés par la tension. Les potentiels d'action sont amorcés dans la membrane du cône d'implantation qui contient un grand nombre de canaux Na^+. Mais, pour remplir sa fonction particulière de codage, la membrane dans ce voisinage contient en outre au moins quatre autres classes de canaux contrôlés. Trois d'entre elles sont sélectives pour les ions K^+, la quatrième est sélective pour les ions Ca^{2+}. Les trois catégories de canaux K^+ ont des propriétés assez différentes : nous les dénommerons respectivement, canaux K^+ *retardés* (delayed), *précoces* (early) ou *activés par les ions* Ca^{2+} (Ca^{2+}- activated). L'étude la plus complète des fonctions de ces canaux dans le codage a été faite sur les neurones géants des mollusques, mais les principes en sont semblables pour la majorité des autres neurones.

Pour comprendre la nécessité de plusieurs type de canaux, envisageons d'abord le comportement qui serait observé si les canaux Na^+ étaient les seuls canaux réglés par la tension présents dans la cellule nerveuse. En dessous d'un certain seuil de stimulation synaptique, la dépolarisation de la membrane du cône d'implantation serait insuffisante pour amorcer un potentiel d'action. En augmentant peu à peu la stimulation, le seuil pourrait être dépassé ; les canaux Na^+ s'ouvriraient et un potentiel d'action se déchargerait. Le potentiel d'action s'annulerait de la manière habituelle par l'inactivation des canaux Na^+. Avant qu'un autre potentiel d'action puisse être déclenché, ces canaux devraient se rétablir de leur inactivation. Mais ce rétablissement nécessiterait le retour du potentiel de membrane à une valeur très négative, qui ne se produirait pas tant que le puissant stimulus dépolarisant (provenant des

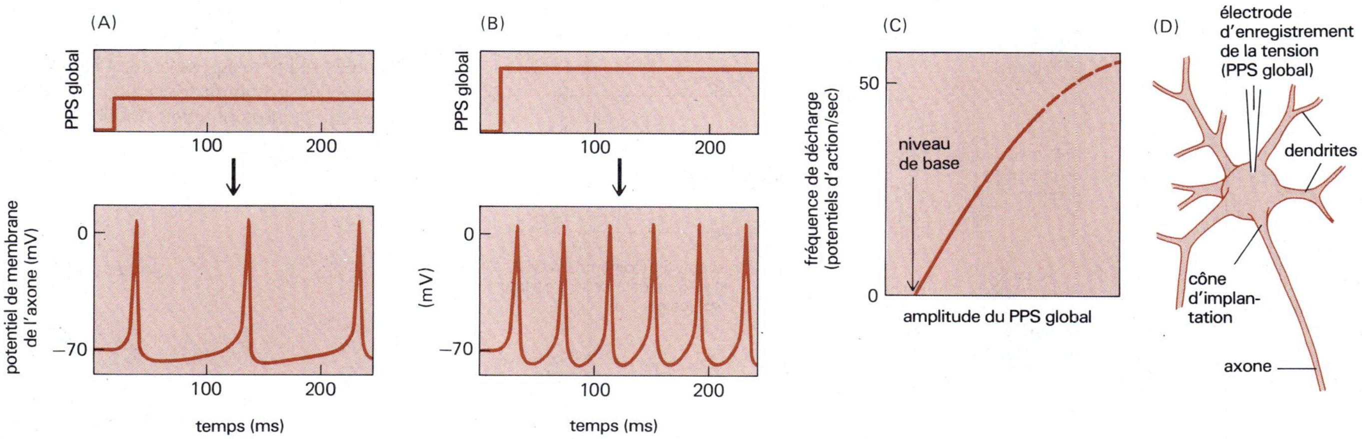

Figure 19-32 Le codage, par un axone, du PPS global sous la forme d'une fréquence de décharge de potentiels d'action. Une étude comparée de (A) et (B) montre comment la fréquence de décharge d'un axone augmente avec l'accroissement du PPS global, tandis que (C) résume la relation générale. (D) montre le dispositif expérimental pour la mesure du PPS global. Dans (A) et (B), les figures du haut (indiquées « PPS » global) montrent l'intensité nette d'une stimulation synaptique telle qu'elle est reçue par le corps cellulaire, tandis que les figures du bas montrent les trains résultants de potentiels d'action qui sont transmis le long de l'axone. Les figures du haut peuvent être considérées comme des représentations du PPS global qui devrait être observé si la décharge des potentiels d'action était bloquée d'une manière quelconque.

PPS) serait maintenu. Un type de canal supplémentaire est donc nécessaire pour repolariser la membrane après chaque potentiel d'action afin de préparer la cellule à en décharger un autre. Ces canaux sont les **canaux K^+ retardés**, dont nous avons déjà parlé au cours de notre discussion sur la propagation du potentiel d'action (voir p. 1070). Ils sont réglés par la tension et répondent à peu près de la même façon que les canaux Na^+ à la dépolarisation de la membrane, mais avec un temps de latence plus long. En s'ouvrant pendant la phase de décroissance du potentiel d'action, ils permettent le passage d'un flux d'ions K^+ qui court-circuite l'effet d'un stimulus dépolarisant même prolongé et ramène la membrane au potentiel d'équilibre K^+. Ce potentiel est si négatif que les canaux Na^+ se rétablissent de leur état d'inactivation. De plus la conductance K^+ s'annule elle-même : la repolarisation de la membrane provoque aussi la fermeture des canaux K^+ retardés (sans jamais atteindre l'état inactivé). Une fois la repolarisation effective, le stimulus dépolarisant des afférences synaptiques devient apte à augmenter à nouveau la tension membranaire jusqu'au seuil qui entraînera la décharge d'un autre potentiel d'action. De cette façon, une stimulation continue des dendrites et du corps cellulaire conduit à une activation répétitive de l'axone.

Une activation répétitive n'est cependant pas suffisante en elle-même : la fréquence de décharge doit refléter l'intensité de la stimulation. Des calculs détaillés montrent qu'un simple système de canaux Na^+ et de canaux K^+ retardés ne répond pas à cette exigence. La cellule ne sera pas activée tant qu'un certain niveau de base de stimulation stable ne sera pas atteint. Au-dessus de ce seuil, la cellule commencera à s'activer sans transition avec une vitesse assez rapide. Le problème est résolu par les **canaux K^+ précoces** (aussi connus en tant que *canaux A*). Ils sont également réglés par la tension et s'ouvrent lorsque la membrane est dépolarisée, mais leur sensibilité spécifique à la tension et leur cinétique d'inactivation sont telles qu'ils interviennent dans la réduction de la fréquence de décharge à des niveaux de stimulation qui sont juste au-dessus du seuil. De cette façon, ils aident à la suppression de l'intervalle entre la fréquence de décharge et l'intensité de la stimulation. Le résultat est une fréquence de décharge qui est proportionnelle, dans un très large domaine, à l'intensité du stimulus de dépolarisation (voir Figure 19-32).

L'adaptation atténue la réponse à un stimulus invariant[29]

On observe couramment une modification supplémentaire du processus de codage assurée par les deux autres types de canaux ioniques localisés dans le cône d'implantation, qui furent cités au début — les *canaux Ca^{2+} réglés par la tension* et les *canaux K^+ activés par les ions Ca^{2+}*. Les premiers sont identiques aux canaux Ca^{2+} qui agissent en médiateurs dans la libération de neurotransmetteur au niveau des terminaisons axonales ; ceux qui sont présents au voisinage du cône d'implantation s'ouvrent lors de la décharge d'un potentiel d'action, permettant aux ions Ca^{2+} de pénétrer dans l'axone. Le **canal K^+ activé par les ions Ca^{2+}** est différent de tous les autres types de canaux déjà décrits. Il s'ouvre, au niveau de la face cytoplasmique de la membrane de la cellule nerveuse, en réponse à une augmentation de concentration des ions Ca^{2+}.

Supposons qu'un puissant stimulus dépolarisant soit appliqué pendant longtemps, entraînant un long train de potentiels d'action. Chaque potentiel d'action permet une entrée d'ions Ca^{2+} de courte durée par les canaux Ca^{2+} réglés par la tension de telle sorte que la concentration intracellulaire de Ca^{2+} augmente progressivement jusqu'à un niveau élevé. Ceci entraîne

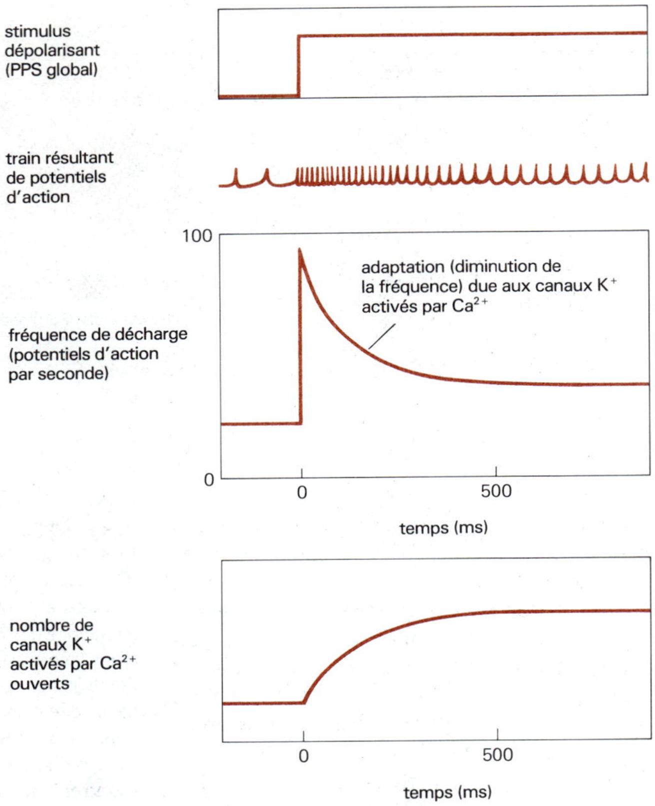

Figure 19-33 Adaptation. Quand une stimulation stable est prolongée, la cellule stimulée réduit progressivement l'amplitude de sa réponse, comme le traduit la fréquence de décharge des potentiels d'action.

l'ouverture des canaux K^+ activés par les ions Ca^{2+}, et la perméabilité croissante de la membrane aux ions K^+ rend sa dépolarisation plus difficile et augmente l'intervalle de temps entre un potentiel d'action et le suivant. De cette façon, un neurone stimulé continuellement pendant une longue période devient peu à peu moins sensible à un stimulus constant. C'est le phénomène d'**adaptation** qui peut aussi se produire suivant d'autres mécanismes (Figure 19-33). L'adaptation permet à un neurone, et, bien sûr, au système nerveux en général, de réagir avec sensibilité à un *changement*, en dépit même d'une stimulation stable à niveau de base élevé (voir p. 1107). C'est l'une des stratégies qui nous aident, par exemple, à sentir un frôlement de l'épaule et cependant à ignorer la pression constante de nos vêtements.

Tous les signaux ne sont pas transmis par l'axone[30]

Dans un neurone typique comme nous l'avons décrit, la structure et la fonction des dendrites et de l'axone les différencient nettement. Certains neurones, toutefois, ne sont pas conformes à ce modèle, bien que les principes moléculaires de leur fonctionnement soient les mêmes. Par exemple, chez la plupart des invertébrés, la majorité des neurones ont une organisation *unipolaire* : le corps cellulaire est relié par une « tige » unique au système de ramification des prolongements cellulaires, parmi lesquels il n'est pas toujours facile de voir une différence de structure entre dendrites et axone (Figure 19-34). La différence fonctionnelle peut aussi être floue, chez les vertébrés comme chez les invertébrés : les prolongements, dont la structure est celle des dendrites, forment souvent des spécialisations aussi bien présynaptiques que postsynaptiques et envoient des signaux aussi bien qu'ils les reçoivent. Inversement, des afférences synaptiques aboutissent parfois à des sites stratégiques le long de l'axone — par exemple, à proximité de la terminaison axonale, où elles peuvent inhiber ou favoriser la libération de neurotransmetteur à partir de cette terminaison particulière sans influer sur la transmission au niveau des terminaisons d'autres ramifications du même axone (Figure 19-35). Nous verrons plus tard (voir p. 1097) un exemple de cet important mécanisme d'*inhibition présynaptique* ou de *facilitation présynaptique*.

Les synapses au niveau desquelles un dendrite transmet un stimulus à une autre cellule, jouent un rôle important dans la communication entre deux neurones voisins, séparés au plus de quelques millimètres. Sur de telles distances, les signaux électriques peuvent se propager

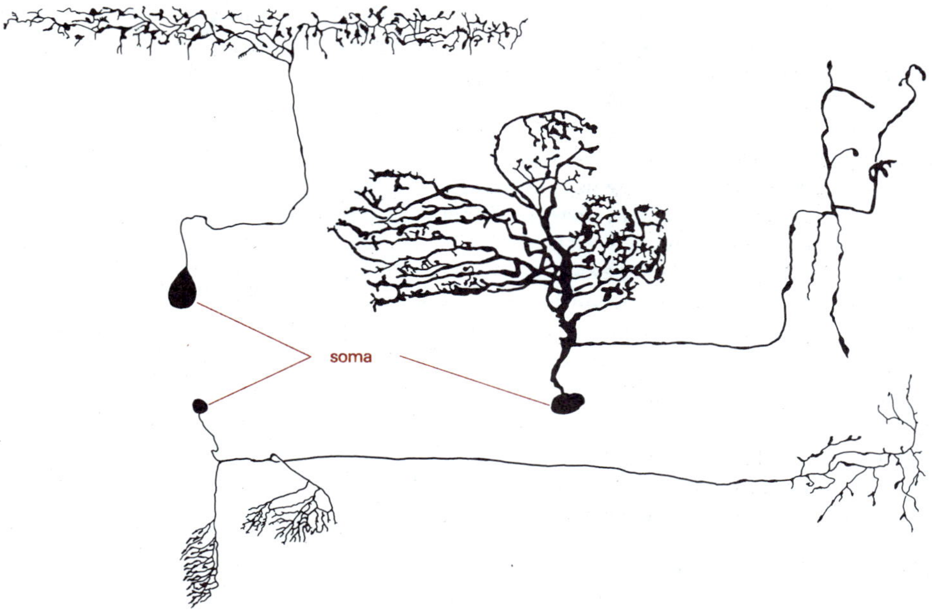

Figure 19-34 Neurones d'une mouche montrant la structure typique de la plupart des neurones chez les invertébrés, dans lesquels le corps cellulaire (soma) est rattaché par une tige au système de prolongements de la cellule nerveuse et n'a pas de dendrites qui en soient directement issus. Les neurones sensoriels dans les ganglions spinaux des vertébrés ont une organisation semblable. (D'après N. Strausfield, Atlas of insect brain, New York : Springer, 1976.)

passivement des sites postsynaptiques sur la membrane dendritique où ils sont reçus, aux sites présynaptiques sur la même membrane dendritique, où ils contrôlent alors la libération de transmetteur. Il y a, bien sûr, des neurones qui n'ont pas d'axones, qui ne conduisent pas de potentiels d'action, et qui transmettent tous leurs signaux par l'intermédiaire des prolongements conventionnellement appelés dendrites. De plus, dans l'acheminement de l'information et dans la communication, des parties distinctes de l'arbre dendritique, s'il est grand, peuvent se comporter comme des voies plus ou moins indépendantes. Dans certains neurones, le domaine des possibilités est encore élargi par la présence, dans la membrane dendritique, de canaux ioniques réglés par la tension, qui permettent aux dendrites de conduire des potentiels d'action. Ainsi, un seul neurone peut se comporter comme un système mathématique très complexe.

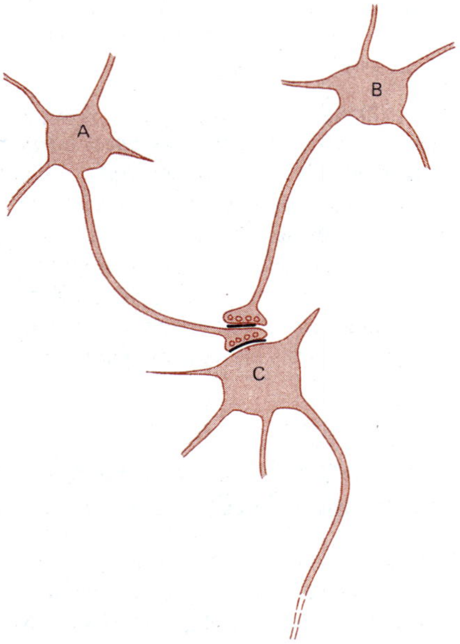

Figure 19-35 Une synapse axo-axonale. Le neurotransmetteur libéré de la terminaison axonale de la cellule B agit sur les canaux de la terminaison axonale de la cellule A, modifiant ainsi le nombre de quanta de neurotransmetteur libérés au niveau de C lorsque A se décharge. Si la décharge de B entraîne une diminution du stimulus envoyé par A à C, on dit que B exerce une *inhibition présynaptique* ; l'action contraire est appelée *facilitation présynaptique*.

Résumé

Un neurone typique reçoit sur ses dendrites et son soma un grand nombre d'afférences synaptiques, excitatrices ou inhibitrices, qui se combinent par sommation dans l'espace et dans le temps pour produire, dans le corps cellulaire, un potentiel postsynaptique global. Pour une transmission à longue distance, l'amplitude de ce potentiel est traduite (codée) sous forme de fréquences de décharge de potentiels d'action, par un système de canaux ioniques contrôlés, situés dans la membrane du cône d'implantation. Il y a adaptation du mécanisme de codage de telle sorte que la réponse de la cellule soit faible pour un stimulus constant mais intense pour une variation du stimulus. Il y a de nombreuses variantes à ce schéma de base : les neurones ne produisent pas tous une réponse sous forme d'un potentiel d'action, les dendrites peuvent être aussi bien présynaptiques que postsynaptiques, et les axones peuvent aussi bien être postsynaptiques que présynaptiques.

Les récepteurs métabotropiques et la modulation synaptique [13,31]

Au niveau des synapses qui utilisent des récepteurs ionotropiques, l'effet du neurotransmetteur est immédiat, simple et bref, et le site de réception du message est défini avec une haute précision ; le transmetteur libéré d'une terminaison axonale n'agit que sur une seule cellule postsynaptique. Par contre, les récepteurs métabotropiques tiennent compte des effets lents, complexes, de longue durée, et souvent diffus dans l'espace ; le transmetteur libéré à partir d'une seule terminaison peut agir sur de nombreuses cellules dans le voisinage de cette terminaison. On donne souvent ces effets lents comme exemples de *neuromodulation*, car ils modulent les réponses rapides qui se font par l'intermédiaire de récepteurs liés à un canal sur la même cellule. Les mécanismes d'action moléculaire des récepteurs métabotropiques et ceux des récepteurs des hormones et des médiateurs chimiques locaux à l'extérieur du système nerveux sont les mêmes — en vérité, beaucoup d'entre eux sont probablement identiques.

Comme nous l'avons vu au Chapitre 12 (voir p. 695), les récepteurs métabotropiques de surface cellulaire pour les molécules informatives forment deux grandes familles : (1) les **récepteurs catalytiques**, la plupart étant des protéines kinases spécifiques de la tyrosine, qui, lorsqu'elles sont activées par la fixation d'un ligand, phosphorylent directement les résidus tyrosine sur des protéines intracellulaires ; et (2) des **récepteurs liés à la protéine G**, qui transmettent des signaux à l'intérieur de la cellule en activant une protéine régulatrice de la liaison du GTP, ou *protéine G*, qui, à son tour, active ou inactive une enzyme liée à la membrane ou à un canal ionique. La majorité des récepteurs métabotropiques des neurotransmetteurs étudiés jusqu'à présent semblent être liés à une protéine G ; celle-ci est employée de l'une des trois façons suivantes :

1. Les protéines G peuvent activer ou inactiver l'adényl cyclase, contrôlant ainsi le taux d'AMP cyclique dans la cellule postsynaptique. L'AMP cyclique règle ensuite l'activité de la protéine kinase dépendante de l'AMP cyclique (*kinase A* — voir p. 709), qui, parmi d'autres protéines cibles, peut phosphoryler des canaux ioniques dans la membrane plasmique, modifiant leurs propriétés. L'AMP cyclique peut aussi régler certains canaux ioniques en s'y fixant directement.
2. La protéine G peut activer la voie des phosphoinositides (voir p. 702), activant ainsi la protéine kinase C (kinase C) et libérant des ions Ca^{2+} dans le cytosol à partir d'un compartiment de rétention de Ca^{2+} dans la cellule postsynaptique. La kinase C peut régler le fonctionnement des canaux ioniques en les phosphorylant. Les ions Ca^{2+} peuvent modifier le fonctionnement des canaux ioniques directement, ou indirectement via une protéine kinase Ca^{2+}-dépendante qui phosphoryle le canal (voir p. 711).
3. La protéine G peut interagir directement avec les canaux ioniques, provoquant leur ouverture ou leur fermeture.

Dans chacun des cas, un groupe de molécules dans la cellule postsynaptique agissent comme médiateurs ou *messagers intracellulaires* qui diffusent à l'intérieur de la cellule pour transmettre le signal du récepteur à d'autres composants cellulaires. Plus il y a d'étapes dans cette cascade de messagers intracellulaires, plus il y a d'opportunités pour l'amplification et la régulation du signal initial (voir p. 713).

On a identifié plus de 50 neurotransmetteurs qui agissent sur des récepteurs métabotropiques pour provoquer ces effets variés et complexes. Certains, comme l'acétylcholine, se lient également à des récepteurs ionotropiques, alors que ce n'est apparemment pas le cas pour d'autres, comme les neuropeptides (voir ci-dessous).

Les récepteurs métabotropiques sont les médiateurs de réponses lentes et diffuses [32]

Alors que les récepteurs ionotropiques n'ont pas besoin de plus de quelques millisecondes pour provoquer des modifications électriques dans la cellule postsynaptique, cela prend des centaines de millisecondes ou plus aux récepteurs métabotropiques. Ceci est vraisemblable, car il faut l'intervention d'une succession de réactions enzymatiques entre le signal initial et la réponse finale. De plus, il est fréquent que la diffusion du signal soit non seulement temporelle mais aussi spatiale.

Un exemple clair est fourni par l'innervation du muscle lisse par des axones libérant la *noradrénaline* qui active l'adényl cyclase via un récepteur lié à une protéine G. Dans ce cas, la libération du transmetteur n'a pas lieu à partir des terminaisons nerveuses, mais à partir de turgescences ou *varicosités* le long de l'axone (Figure 19-36). Ces varicosités contiennent des vésicules synaptiques mais ne contiennent pas de zones actives pour définir les sites exacts de libération. De plus, les varicosités ne sont pas étroitement apposées à des sites récepteurs spécialisés sur une cellule postsynaptique ; au lieu de cela, le transmetteur diffuse largement pour agir sur de nombreuses cellules du muscle lisse dans le voisinage, à la manière d'un médiateur chimique local (voir p. 682). Il est vraisemblable qu'un grand nombre de molécules informatives qui agissent sur les récepteurs catalytiques et les récepteurs liés à une protéine G dans le système nerveux central fonctionnent également selon ce mode *paracrine*. En effet, beaucoup de ces neurotransmetteurs servent également d'hormones ou de médiateurs chimiques locaux à l'extérieur du système nerveux ; par exemple, la noradrénaline, et son proche parent l'*adrénaline* sont également libérées en tant qu'hormones de la glande surrénale.

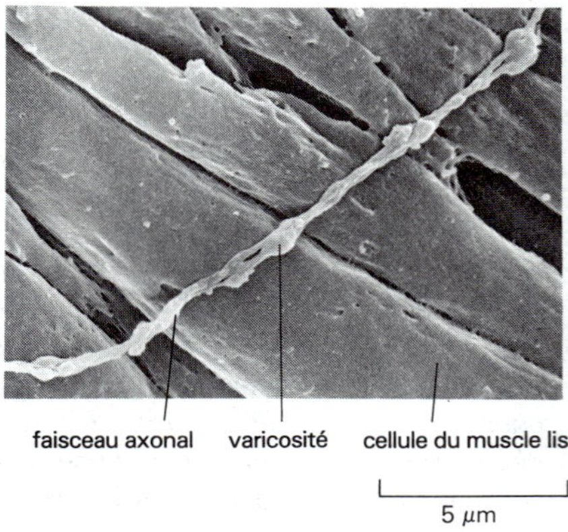

Figure 19-36 Photographie en microscopie électronique à balayage d'un petit faisceau d'axones moteurs autonomes innervant des cellules du muscle lisse dans la paroi de l'uretère. Les varicosités (renflements) contiennent des vésicules synaptiques chargées de noradrélanine. Les synapses observées ici sont des structures mal définies, avec une fente qui peut mesurer 0,2 μm entre le site de libération du neurotransmetteur et la membrane de la cellule musculaire la plus proche sur laquelle il agit. (D'après S. Tachibana, M. Takeuchi, et Y. Uehara, *J. Urol.* 134:582-586, 1985, © Williams & Wilkins, 1985.)

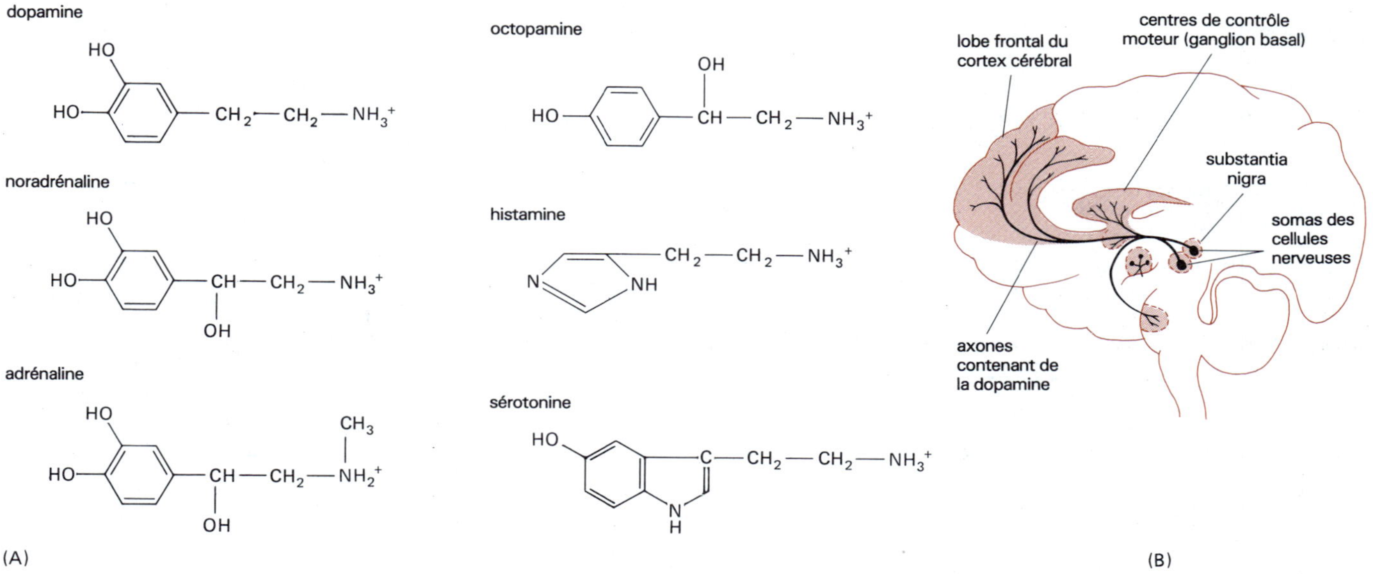

Figure 19-37 (A) La famille des monoamines. (B) Représentation schématique de la distribution des neurones contenant de la dopamine dans le cerveau humain. Les troubles du mouvement de la maladie de Parkinson sont dus à la mort d'un grand nombre de cellules d'un ensemble particulier de neurones contenant de la dopamine (ceux présents dans la substance noire) ; les symptômes peuvent être atténués par des traitements qui augmentent la synthèse de dopamine et inhibent sa dégradation. La distribution des neurones contenant des monoamines peut être mise en évidence en traitant des coupes tissulaires par du formaldéhyde, qui réagit avec les monoamines pour donner des produits fluorescents.

L'adrénaline et la noradrénaline sont des neurotransmetteurs de la famille des **monoamines**, qui ont des fonctions très universelles chez les vertébrés comme chez les invertébrés, et qui ont une grande importance médicale (Figure 19-37A). Il est possible de fabriquer des drogues qui interfèrent avec la synthèse, le captage ou la dégradation de monoamines particulières, ou qui interagissent avec des sous-classes particulières de récepteurs de monoamines ; certaines de ces drogues ont fait leurs preuves dans le traitement des maladies psychiatriques et neurologiques. Il est souvent possible, par exemple, de traiter la schizophrénie avec succès par des drogues qui bloquent certaines classes de récepteurs de la *dopamine*, tandis que l'on obtient une amélioration spectaculaire des troubles de la motilité dans la maladie de Parkinson grâce à des drogues qui augmentent les concentrations de dopamine dans le cerveau (Figure 19-37B). Les drogues qui augmentent les concentrations synaptiques de la noradrénaline et/ou de la sérotonine sont souvent efficaces dans le traitement d'une dépression profonde.

Les neuropeptides sont de loin la famille de neurotransmetteurs la plus importante [32,33]

La majorité des molécules informatives utilisées dans d'autres régions du corps sert également aux neurones. Ceci est vrai notamment pour le réseau de petites molécules protéiques, ou peptides, qui servent d'hormones et de médiateurs chimiques locaux pour le contrôle de fonctions corporelles telles que le maintien de la pression sanguine, la sécrétion d'enzymes digestives et la prolifération des cellules.

L'immunocytochimie a largement contribué aux progrès rapides réalisés dans ce domaine au cours des dix dernières années. Il est possible de produire des anticorps dirigés contre un peptide, une fois ce dernier identifié dans un tissu donné, et de les utiliser pour rechercher ce peptide ainsi que d'autres peptides de structure voisine dans d'autres tissus. On a trouvé de cette façon que les neurones contiennent des peptides dont la fonction neurale était jusqu'alors insoupçonnée, y compris de nombreuses variétés nouvellement découvertes. Dans la majorité des cas, la preuve que ces **neuropeptides** (Figure 19-38) servent de neurotransmetteurs est convaincante mais incomplète. Par exemple, on pourrait montrer qu'un anticorps anti-peptidique marque certains neurones et leurs terminaisons axonales, alors que le peptide lui-même, appliqué localement, pourrait mimer l'effet de l'activité de ces neurones. De façon plus convaincante, on pourrait montrer que le peptide est sécrété quand les neurones sont actifs, et que les conséquences de leur activité sont bloquées par des anticorps dirigés contre le peptide. Il semble que les neuropeptides soient particulièrement importants dans la régulation des sensations et des comportements, comme la peine, le plaisir, la faim, la soif et le sexe.

Les neurotransmetteurs non peptidiques sont synthétisés par des enzymes qui sont habituellement présentes dans le corps cellulaire et dans les terminaisons axonales, de sorte que, même si l'axone est long, les réserves de neurotransmetteur au niveau de la synapse peuvent être rapidement reconstituées. Les neuropeptides, par contre, sont synthétisés sur les

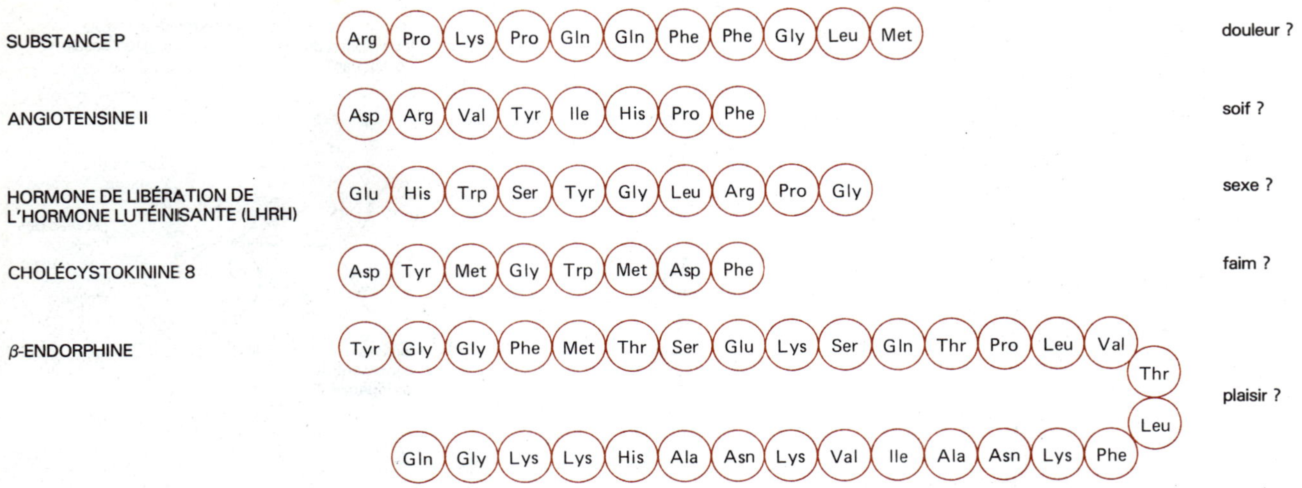

Figure 19-38 Quelques neuropeptides, ainsi qu'une indication approximative de certaines des sensations et des pulsions dans lesquelles ils pourraient être impliqués.

ribosomes du réticulum endoplasmique rugueux dans le corps cellulaire et doivent être exportés vers les terminaisons axonales par transport axonal rapide — un voyage qui peut prendre plus d'un jour pour un axone de grande taille. Les neuropeptides dérivent de plus gros précurseurs protéiques par clivage enzymatique ; dans de nombreux cas, le clivage d'un seul précurseur donne plus d'un peptide fonctionnel, ce qui lui a valu le nom de *polyprotéine*. On peut habituellement reconnaître les vésicules synaptiques chargées de neuropeptides par leur grande taille comparée à celle des vésicules contenant de l'acétylcholine, des transmetteurs d'acides aminés ou des monoamines.

La sécrétion de neuropeptides au niveau de beaucoup de synapses s'accompagne de la libération d'un neurotransmetteur non peptidique, et les deux transmetteurs agissent de concert mais de façons différentes. Les terminaisons axonales présynaptiques dans certains ganglions autonomes d'une grenouille mugissante, par exemple, contiennent à la fois de l'acétylcholine et un peptide qui ressemble étroitement à l'hormone de reproduction LHRH (hormone de libération de l'hormone lutéinisante ou luteinizing-hormone releasing hormone). La membrane de la cellule postsynaptique contient au moins trois types de récepteurs : un récepteur nicotinique (lié à un canal) de l'acétylcholine qui est le médiateur d'une réponse rapide, un récepteur muscarinique (lié à une protéine G) de l'acétylcholine qui est médiateur d'une réponse beaucoup plus lente, et un récepteur (probablement lié à une protéine G) pour le peptide de type LHRH qui est médiateur de la réponse la plus lente de toutes (Figure 19-39A). L'action du peptide de type LHRH est non seulement plus lente que celle de l'acétylcholine mais elle est aussi plus diffuse, de sorte que les molécules de peptide libérées au niveau d'une synapse sur une cellule postsynaptique entraînent également un potentiel postsynaptique dans d'autres cellules du voisinage (Figure 19-39B).

Si, comme cela paraît vraisemblable, d'autres transmetteurs neuropeptidiques ont des propriétés similaires, on peut comprendre pourquoi il faut un grand nombre de neuropeptides. La diffusion des peptides étant importante, leur site de libération ne délimite pas leur site d'action ; il en résulte que, si les peptides libérés à partir de différentes terminaisons présynaptiques dans le même environnement doivent agir sur des cibles postsynaptiques différentes, les peptides et leurs récepteurs doivent être chimiquement différents.

Des modifications durables du comportement reflètent des modifications dans des synapses spécifiques[34]

Les réponses qui se font par l'intermédiaire de récepteurs métabotropiques sont durables non moins que lentes au départ. C'est en cela que réside l'essentiel de leur importance particulière dans le contrôle du comportement : elles occasionnent une modification persistante des règles qui gouvernent la réaction immédiate du système nerveux aux entrées qu'il reçoit, et semblent donc être la base de certaines formes de mémoire. Des études effectuées sur un mollusque, l'escargot de mer *Aplysia*, le démontre de façon saisissante (Figure 19-40). Chez cet animal, il est possible de suivre les modifications expérimentales du comportement pour identifier les circuits neuraux, et de déchiffrer leurs mécanismes moléculaires.

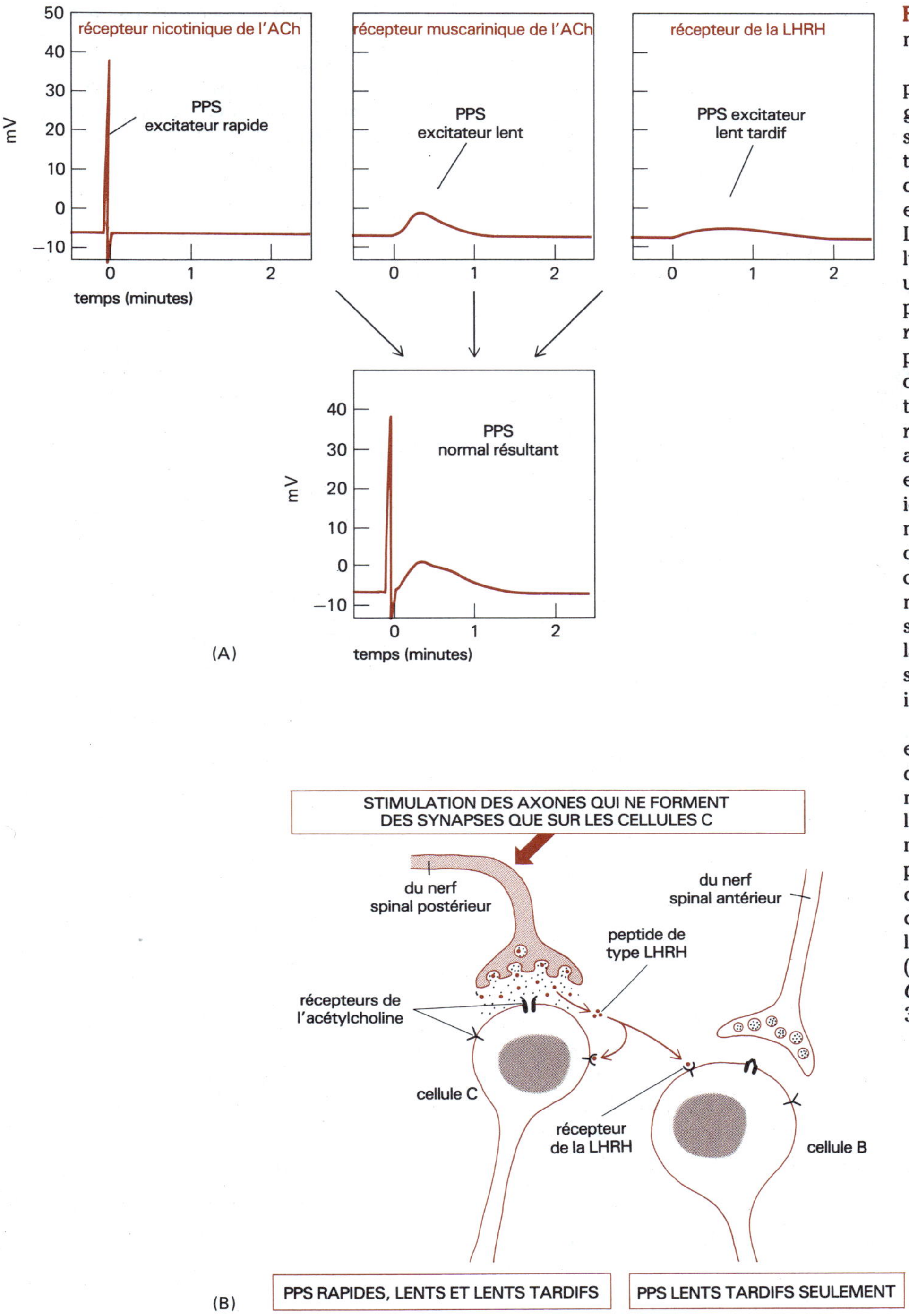

Figure 19-39 Les types de réponses à un neurotransmetteur peptidique.

(A) Les trois composantes du potentiel postsynaptique observé dans une cellule ganglionnaire d'une grenouille après stimulation du nerf présynaptique. La terminaison axonale présynaptique libère deux neurotransmetteurs — l'acétylcholine et un peptide qui ressemble étroitement à LHRL (hormone de libération de l'hormone lutéinisante). Le PPS complexe normal est une combinaison des réponses qui se font par l'intermédiaire de trois types de récepteurs — deux pour l'acétylcholine et un pour le peptide de type LHRH. Il est possible d'observer indépendamment chacun des trois composants en bloquant les récepteurs responsables des deux autres composants avec des toxines spécifiques. Seul le PPS excitateur rapide, dont le récepteur ionotropique de l'acétylcholine est médiateur, est suffisamment important pour déclencher un potentiel d'action. Les deux composants lents, qui ont probablement pour médiateurs des récepteurs métabotropiques, servent à moduler l'excitabilité de la cellule, la rendant plus sensible à n'importe quel stimulus qui suit rapidement le stimulus initial.

(B) Représentation schématique d'une expérience réalisée sur le même ganglion qui démontre le mode d'action diffus du neuropeptide de type LHRH. Celui-ci est libéré en même temps que l'acétylcholine au niveau des synapses formées sur l'une des populations cellulaires (les cellules C), mais il diffuse sur des distances de plusieurs dizaines de micromètres pour produire un PPS tardif lent dans d'autres cellules voisines également (les cellules B). (A, d'après Y.N. Jan *et al.*, *Cold Spring Harbor Symp. Quant. Biol.* 48 : 363-374, 1983.)

Aplysia rétracte ses ouïes si son siphon est touché (voir Figure 19-40). Si l'on touche le siphon de façon répétée, l'animal **s'accoutume** et cesse de répondre au stimulus. L'accoutumance est une fonction semblable à l'adaptation, bien qu'elle agisse sur une échelle de temps plus longue et, comme nous le verrons, en un point différent sur le trajet neural. Une expérience désagréable, comme un bruit violent ou un choc électrique, supprime l'accoutumance et laisse l'animal **sensibilisé**, de telle façon qu'il répond à nouveau fortement à un contact. La sensibilisation persiste pendant plusieurs minutes ou pendant des heures, selon l'intensité du bref stimulus nocif qui l'a provoquée, et représente une forme simple de *mémoire à court terme*. Si l'animal est touché ou subit un choc de façon répétée pendant plusieurs jours, la sensibilisation — c'est-à-dire la mémoire — devient à long terme et dure des semaines. On peut

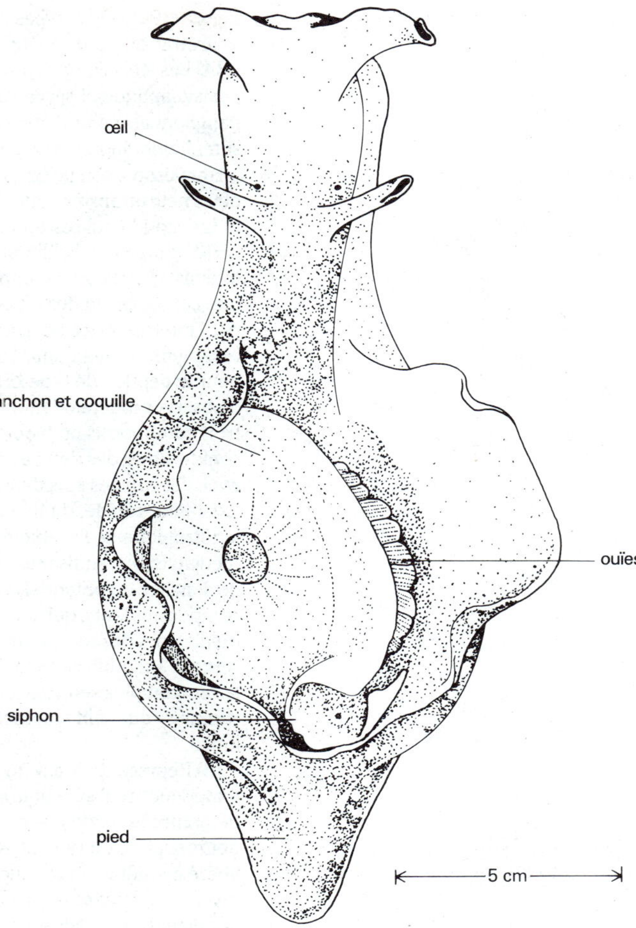

Figure 19-40 L'escargot de mer *Aplysia punctata* vu du dessus. Un opercule surjacent est dessiné de côté pour faire apparaître les ouïes sous le manteau et la coquille protecteurs. (D'après J. Guiart, *Mem. Soc. Zool. France* 14 : 219, 1901.)

Les neurones d'*Aplysia* sont longs ($\sim$ 100 μm), relativement peu nombreux ($\sim 10^5$), et leur aspect individuel est stéréotypé. Le fait de toucher le siphon entraîne la décharge d'une série de *neurones sensoriels*. Les neurones sensoriels forment des synapses excitatrices sur les *neurones moteurs de rétraction des ouïes*, qui commandent les muscles responsables de la rétractation des ouïes, et des modifications dans ces synapses sont à la base du phénomène comportemental. Pendant l'accoutumance, on observe que le PPS provoqué dans les neurones de rétraction des ouïes décroît avec la décharge répétitive des cellules sensorielles. La sensibilisation a un effet inverse, augmentant le PPS. Dans les deux cas, les changements sont dus à des modifications dans la quantité de neurotransmetteur que libèrent les terminaisons axonales présynaptiques des neurones sensoriels lorsqu'ils se déchargent. Le problème se réduit par conséquent à la recherche du mode de modulation du transmetteur libéré au niveau de ces synapses.

Les récepteurs liés à une protéine G servent de médiateurs dans la sensibilisation chez *Aplysia*[35]

Comme nous l'avons mentionné à la page 1077, la quantité de neurotransmetteur libéré au niveau d'une synapse est contrôlée par la quantité d'ions Ca^{2+} qui pénètrent dans la terminaison pendant la durée du potentiel d'action. Dans le phénomène d'accoutumance, l'activation répétée des cellules sensorielles conduit à une modification des canaux protéiques dans les terminaisons, de telle sorte que l'entrée de Ca^{2+} soit réduite et que la quantité de neurotransmetteur libéré diminue ; dans le phénomène de sensibilisation, au contraire, l'entrée de Ca^{2+} est augmentée, entraînant la libération d'une plus grande quantité de neurotransmetteur. Le détail des modifications moléculaires à l'origine de ces formes simples de la mémoire est mieux compris dans le cas de la sensibilisation.

Au cours de la sensibilisation — provoquée, par exemple, par des coups sur la tête —, le remaniement de la libération du transmetteur par les neurones sensoriels est opéré par la

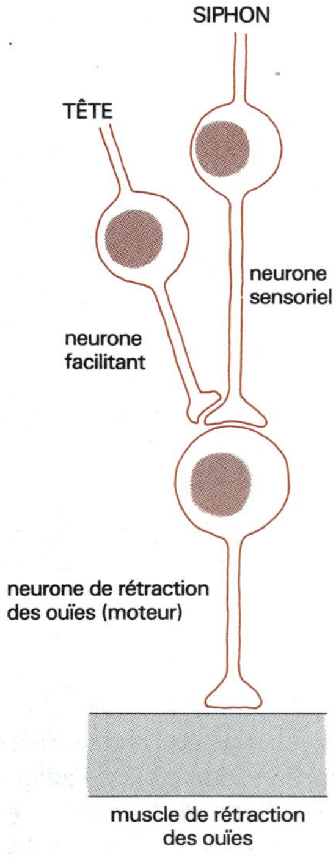

Figure 19-41 Schéma simplifié des trajets neuronaux impliqués dans l'accoutumance et la sensibilisation du réflexe de rétraction des ouïes chez *Aplysia*. Un seul neurone type de chaque catégorie est représenté.

décharge d'un autre groupe de neurones qui sont sensibles au stimulus nocif. Ces *neurones « facilitants »* forment des synapses sur les terminaisons présynaptiques des neurones sensoriels (Figure 19-41), où ils libèrent de la sérotonine (ainsi que certains neuropeptides). Leurs effets peuvent être stimulés en appliquant directement la sérotonine sur la membrane des neurones *sensoriels*, dont les terminaisons axonales présynaptiques contiennent des récepteurs de la sérotonine. Ces récepteurs fonctionnent via une protéine G : la liaison de la sérotonine active l'adényl cyclase, provoquant ainsi une augmentation de la concentration intracellulaire d'AMP cyclique, qui, à son tour, active une kinase A (voir p. 709). C'est cette protéine kinase qui modifie les propriétés électriques de la membrane des neurones sensoriels par phosphorylation d'une classe particulière de canaux K^+ (Figure 19-42).

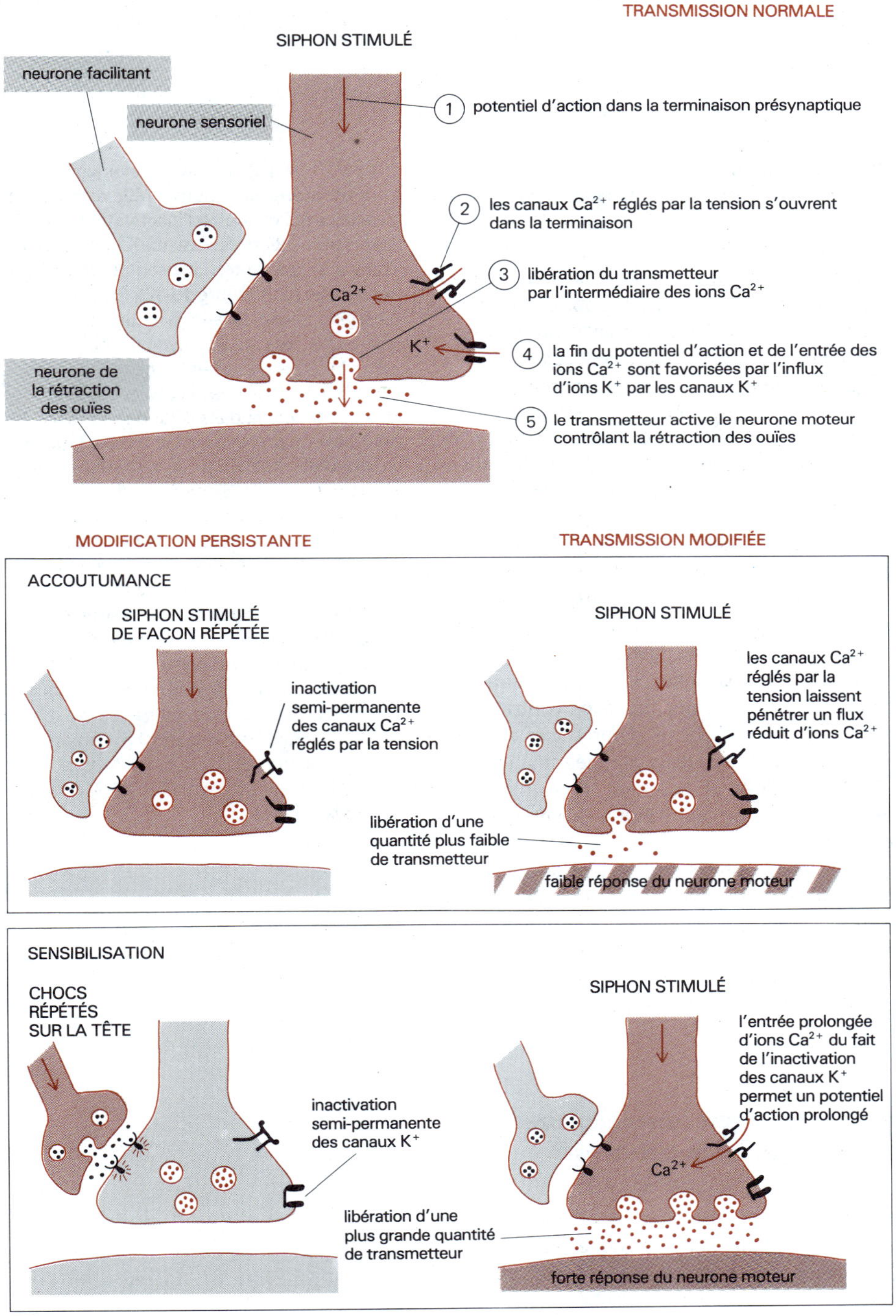

Figure 19-42 Les mécanismes qui provoquent l'accoutumance et la sensibilisation du réflexe rétractile des ouïes chez *Aplysia*. Dans chaque schéma, les neurones électriquement actifs sont représentés en couleur. Le schéma supérieur montre le mécanisme normal de transmission du neurone sensoriel au neurone moteur de rétraction des ouïes. Dans chacun des deux schémas inférieurs, le dessin de gauche montre la nature de la modification permanente dans la terminaison nerveuse sensorielle qui est à l'origine du phénomène de mémoire, alors que le dessin de droite montre comment cette modification affecte la transmission synaptique du neurone sensoriel au neurone moteur de rétraction des ouïes. Les mécanismes indiqués sont moins certains pour l'accoutumance que pour la facilitation.

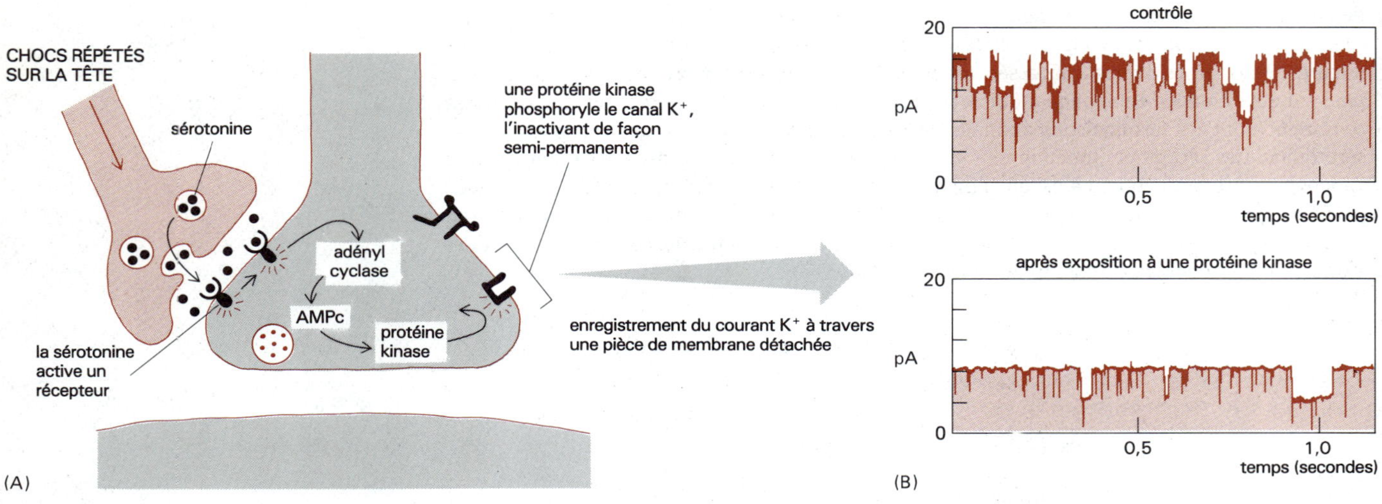

Figure 19-43 (A) La chaîne d'événements au cours de la sensibilisation du réflexe rétractile des ouïes qui conduit à l'inactivation d'une classe particulière de canaux K^+ (appelés canaux S) dans la terminaison nerveuse sensorielle (voir Figure 19-42). (B). Enregistrements locaux du courant traversant ces canaux lorsqu'ils oscillent entre les états ouvert et fermé. La « pièce », qui a été détachée de la cellule, contient quatre canaux, et dans l'état de référence, ils sont ouverts presque tout le temps. Lorsque la sous-unité catalytique de la protéine kinase dépendante de l'AMP cyclique (la kinase A) est ajoutée au milieu baignant la face cytosolique de la pièce, deux des quatre canaux sont phosphorylés et, de ce fait, se ferment, tandis que les deux autres continuent à passer la majeure partie de leur temps dans l'état ouvert ; ceci réduit le courant moyen qui traverse la pièce à la moitié de sa valeur de référence (Résultats de « patch-clamp » reproduits avec la permission de M.J. Schuster, J.S. Camardo, S.A. Siegelbaum, et E.R. Kandel, *Nature*, 313 : 392-395, 1985, Copyright © 1985 Macmillan Journals Limited.)

Le comportement de ces canaux K^+, appelés *canaux S*, peut être analysé par enregistrement local (patch-clamp recording) (voir p. 318). Ils s'immobilisent dans l'état fermé lorsque l'extérieur de la cellule est mis en présence de sérotonine (Figure 19-43). De plus, ils se ferment de la même façon lorsque le morceau de membrane qui les contient est détaché de la cellule et transféré dans un bain de milieu synthétique dans lequel les canaux sont directement phosphorylés par la sous-unité catalytique de la kinase A. Ceci suggère fortement que la phosphorylation des canaux S (ou des protéines qui leurs sont étroitement associées) est la cause de leur fermeture persistante. Le potentiel de repos étant normalement rétabli grâce au flux d'ions K^+, la fermeture des canaux S prolonge les potentiels d'action qui se propagent dans la terminaison axonale. Les potentiels d'action prolongés maintiennent ouverts, pendant plus longtemps, les canaux Ca^{2+} réglés par la tension, permettant un influx plus important d'ions Ca^{2+} ; à son tour, celui-ci entraîne la libération d'un plus grand nombre de vésicules synaptiques, produisant un potentiel postsynaptique plus important, et de ce fait une rétraction plus vigoureuse des ouïes.

Ces expériences démontrent la façon dont un récepteur lié à une protéine G peut permettre à un signal transitoire de provoquer une modification persistante des propriétés électriques d'une synapse, et, de là, du comportement de l'animal. La phosphorylation des canaux S représente une forme de mémoire, mais ce n'est qu'une mémoire à court terme, facilement effacée par l'action phosphoprotéine de phosphatases (qui déphosphorylent les canaux S) et limitée par la durée de vie finie des canaux protéiques S. Le mécanisme de la *mémoire à long terme* qui suit une stimulation nocive répétée est inconnu, mais, contrairement à la mémoire à court terme, elle nécessite une néosynthèse d'ARN et de protéines et semble impliquer des modifications dans la structure aussi bien que dans les propriétés chimiques des terminaisons présynaptiques (voir p. 1132). L'AMP cyclique et la kinase A semblent aussi intervenir dans ces modifications, probablement en phosphorylant d'autres protéines dans la cellule et en modifiant de cette façon le mode d'expression génique. Les détails de ce mécanisme ne sont pas encore compris, mais il semble qu'une étape intermédiaire dans la création de l'empreinte de la mémoire à long terme soit une activation prolongée de la kinase A, elle-même due à une diminution de la concentration des sous-unités de régulation qui l'inhibent (voir p. 710). On suppose que ces sous-unités régulatrices sont dégradées pendant la période au cours de laquelle les niveaux d'AMP cyclique sont élevés car, lors de la fixation de l'AMP cyclique, elles se dissocient des sous-unités catalytiques et se trouvent ainsi exposées à la protéolyse.

Les ions Ca^{2+} et l'AMP cyclique sont des messagers intracellulaires importants dans l'apprentissage associatif chez les invertébrés [36]

L'accoutumance et la sensibilisation, comme nous les avons introduites précédemment, sont des types d'apprentissage très simples. L'associativité est une caractéristique essentielle des types plus complexes d'apprentissage les plus étudiés par les psychologues : ainsi, dans les expériences célèbres de Pavlov, le chien apprend à associer le son d'une cloche à la nourriture.

Aplysia est également capable d'apprentissage associatif. Par exemple, si un stimulus sensibilisant (un choc électrique violent, comme ci-dessus) est couplé à plusieurs reprises à un léger stimulus particulier qui n' excite normalement qu'un faible réflexe de rétraction, l'animal se comporte comme s'il avait appris que le léger stimulus spécifique était associé au choc et il devient fortement et spécifiquement sensibilisé au léger stimulus. Ce sont les mêmes classes de neurones qui sont supposées intervenir dans le cas présent comme dans le cas de la sensibilisation simple décrit plus tôt. Des stimulus couplés, dirigés vers différentes parties du corps, provoquent la décharge simultanée de neurones sensoriels et « facilitants ». Ainsi, tandis qu'un potentiel d'action se propage dans les terminaisons axonales sensorielles, provoquant l'ouverture de leurs canaux calciques réglés par la tension, des neurones facilitants libèrent la sérotonine (ou un neuropeptide) à l'extérieur de ces terminaisons, provoquant une augmentation de la concentration d'AMP cyclique intra-axonale. L'AMP cyclique par lui-même provoquerait une sensibilisation simple. On suppose que l'influx simultané d'ions Ca^{2+} intensifie cet effet, entraînant une sensibilisation plus forte que celle qui résulterait de la décharge des neurones facilitants, le neurone sensoriel étant au repos.

Il est difficile de déterminer jusqu'où l'on peut extrapoler ces découvertes faites chez *Aplysia*. Que les souvenirs, chez d'autres animaux, soient généralement enregistrés dans des modifications présynaptiques ou dans des modifications postsynaptiques, dans les propriétés chimiques ou dans la structure synaptique, ou même pas du tout dans les synapses, sont autant de questions non résolues. Des expériences réalisées sur des mutants de *Drosophile* suggèrent cependant que des mécanismes moléculaires analogues à ceux décrits ci-dessus chez *Aplysia* peuvent intervenir dans de nombreuses autres formes d'apprentissage. En particulier, il est possible de dresser des *Drosophiles* sauvages à éviter une odeur spécifique si elles reçoivent de façon répétée un choc électrique en association avec l'odeur. Les mouches qui oublient rapidement ou ne réussissent pas à apprendre l'association peuvent être facilement éliminées car elles s'égareront dans des régions où l'odeur est forte. Il a été ainsi possible d'isoler des mutants stupides et négligeants. Deux d'entre eux, *dunce (dnc)* et *rutabaga (rut)*, sont capables d'apprendre mais ont une mémoire de durée très réduite — de l'ordre de quelques dizaines de secondes dans le cas de *dunce*. Chez *dunce*, il se trouve que la mutation se situe dans une phosphodiestérase qui dégrade l'AMP cyclique ; chez *rutabaga*, elle se situe dans une adényl cyclase Ca^{2+}- dépendante qui synthétise l'AMP cyclique. Il semble que trop ou trop peu d'AMP cyclique peut interférer avec le développement de la mémoire. Un autre mutant, appelé *Ddc*, semble être incapable d'apprendre ; dans ce cas, la déficience est localisée dans un gène codant pour la dopa décarboxylase, une enzyme qui catalyse une étape essentielle de la production de sérotonine et de dopamine. Tous ces mutants défectueux dans l'apprentissage associatif sont également défectueux dans leur prédisposition à la sensibilisation. Les deux processus ont évidemment certains mécanismes en commun, et il semble que ces mécanismes, comme la sensibilisation chez *Aplysia*, fassent intervenir un neurotransmetteur monoamine à une étape initiale et des phosphorylations protéiques — contrôlées par l'AMP cyclique et par Ca^{2+} — pour la génération d'un effet durable.

L'apprentissage dans l'hippocampe des mammifères dépend de l'entrée de Ca^{2+} par un canal doublement contrôlé [37]

Pratiquement tous les animaux peuvent apprendre, mais les mammifères semblent apprendre exceptionnellement bien (c'est du moins ce que nous aimons penser). Ceci peut traduire le fonctionnement de quelques mécanismes moléculaires uniques. Chez les mammifères, l'hippocampe, une région du cortex cérébral, semble jouer un rôle particulier dans l'apprentissage : lorsque cette région est détruite des deux côtés du cerveau, la faculté de garder en mémoire de nouvelles expériences est en grande partie perdue, bien que les souvenirs antérieurs acquis depuis longtemps demeurent. Utilisées de façon répétée, certaines synapses dans l'hippocampe présentent de graves altérations fonctionnelles. Alors que des potentiels d'action uniques et occasionnels dans les cellules présynaptiques ne laissent aucune trace durable, une brève rafale de décharges provoque une **potentialisation à long terme**, telle que de nouveaux potentiels d'action isolés, dans les cellules présynaptiques, provoquent une réponse fortement augmentée dans les cellules postsynaptiques. L'effet dure des heures, des jours ou des semaines, selon le nombre et l'intensité des rafales de décharges. La potentialisation n'est observée que dans les synapses qui étaient activées ; les synapses restées au repos sur la même cellule postsynaptique ne sont pas affectées. Par contre si la cellule reçoit une rafale de stimulations via un groupe de synapses, et si un potentiel d'action isolé est appliqué au niveau d'une *autre* synapse sur sa surface, cette dernière synapse subira aussi une potentialisation à long terme, même si, à un autre moment, aucune empreinte durable de ce type ne lui serait laissée par un potentiel d'action isolé. Ceci fournit clairement une base à l'apprentissage associatif.

Il semble que la règle fondamentale dans l'hippocampe soit qu'*une potentialisation à long terme se produit chaque fois qu'une cellule présynaptique se décharge (une ou plusieurs fois) à un moment où la membrane postsynaptique est fortement dépolarisée* (que ce soit par une récente succession de décharges de la même cellule présynaptique ou par d'autres moyens). Il y a de bonnes raisons de penser que cette règle reflète le comportement d'une classe particulière de canaux ioniques dans la membrane postsynaptique. La plus grande partie du courant de dépolarisation responsable du PPS excitateur est conduite de la façon habituelle par des canaux ioniques réglés par un ligand qui fixe le glutamate. Mais le courant a, en plus, un second et plus mystérieux composant qui circule par l'intermédiaire d'une sous-classe distincte de récepteurs du glutamate liés à un canal connus sous le nom de **récepteurs NMDA** car ils sont sélectivement activés par un analogue synthétique du glutamate, le N-méthyl-D-aspartate. Les canaux du récepteur NMDA sont doublement contrôlés, s'ouvrant seulement lorsque deux conditions sont satisfaites simultanément : la membrane doit être fortement dépolarisée (les canaux sont soumis à une forme particulière de régulation de la tension qui dépend des ions Mg^{+} extracellulaires), et le glutamate neurotransmetteur doit être lié au récepteur. Les récepteurs NMDA sont décisifs pour la potentialisation à long terme. Lorsqu'ils sont sélectivement bloqués par un inhibiteur spécifique, la potentialisation à long terme n'a pas lieu, même si la transmission synaptique habituelle continue. Un animal traité par cet inhibiteur n'effectue pas le type de travail d'apprentissage qui est supposé dépendre de l'hippocampe, mais, par ailleurs, se comporte presque normalement.

Comment les récepteurs NMDA interviennent-ils dans un effet aussi singulier ? La réponse semble être que ces canaux, lorsqu'ils sont ouverts, sont très perméables aux ions Ca^{2+}, qui agissent comme messager intracellulaire près de leur site d'entrée dans la cellule postsynaptique, déclenchant les variations locales responsables de la potentialisation à long terme. La potentialisation à long terme ne se produit pas lorsque l'on maintient artificiellement une faible concentration en Ca^{2+} dans la cellule postsynaptique par injection d'EGTA, un chélateur des ions Ca^{2+}, et peut être induite artificiellement par une forte augmentation transitoire des concentrations extracellulaires en Ca^{2+}. La nature des modifications à long terme provoquées par les ions Ca^{2+} n'est pas claire, mais il se pourrait que des modifications structurales dans la synapse soient impliquées.

Malgré les différences qui existent entre cet exemple d'un mécanisme de mémoire chez les mammifères et les exemples précédents chez les invertébrés, il existe un motif commun. Les neurotransmetteurs libérés au niveau des synapses, hormis la transmission de signaux électriques transitoires, peuvent aussi modifier les concentrations des messagers intracellulaires, qui activent des cascades enzymatiques qui provoquent des modifications durables dans l'efficacité de la transmission synaptique. Mais il reste plusieurs grands mystères, et nous ne comprenons pas encore comment ces modifications peuvent durer des semaines, des mois, voire toute une vie compte tenu du renouvellement normal des constituants cellulaires. Nous verrons plus tard que le développement du système nerveux soulève des problèmes très voisins.

Résumé

Contrairement aux récepteurs ionotropiques, les récepteurs des neurotransmetteurs métabotropiques répondent à leur ligand en déclenchant une cascade de réactions enzymatiques dans la cellule postsynaptique. Dans la plupart des cas étudiés jusqu'à présent, la première étape de cette cascade est l'activation d'une protéine G, qui peut soit interagir directement avec les canaux ioniques, soit contrôler la production de messagers intracellulaires tels que l'AMP cyclique ou les ions Ca^{2+}. Ceux-ci, à leur tour, règlent ou activent des kinases qui phosphorylent diverses protéines, y compris des canaux ioniques. Des récepteurs ionotropiques et des récepteurs métabotropiques sont présents au niveau de nombreuses synapses, répondant au même neurotransmetteur ou à des neurotransmetteurs différents. Les réponses qui se font par l'intermédiaire de récepteurs métabotropiques démarrent lentement et durent longtemps ; elles peuvent moduler l'efficacité d'une transmission synaptique ultérieure, fournissant ainsi la base de quelques formes de mémoire. Les récepteurs ionotropiques qui permettent la pénétration des ions Ca^{2+} dans la cellule, comme le récepteur NMDA, peuvent aussi intervenir dans les effets de mémoire à long terme.

Entrée sensorielle [38]

Nous avons vu la façon dont les cellules nerveuses conduisent les signaux électriques, les intègrent, les enregistrent et les transmettent aux muscles pour provoquer le mouvement. Mais comment les signaux prennent-ils naissance ? Il existe deux types de source : la décharge spontanée et l'entrée sensorielle. Les exemples de neurones spontanément actifs, comme ceux qui, dans le cerveau, engendrent le rythme respiratoire, sont banals : des combinaisons appropriées de canaux ioniques contrôlés, comme celles que nous avons déjà rencontrées en étudiant le calcul neural, peuvent provoquer des modes de décharges très complexes dans une cellule unique. L'entrée sensorielle implique de la même façon des principes qui nous sont déjà familiers, mais ils sont mis en application dans des cellules de types les plus divers et les plus remarquables.

Les **organes sensoriels** ont évolué pour satisfaire à des impératifs fonctionnels exceptionnellement rigoureux : ils distinguent avec précision des stimuli de types différents, fonctionnent dans des gammes d'intensités de stimulus remarquablement étendues, et approchent du dernier degré de sensibilité permis par les lois de la physique. Une cellule olfactive chez le zigzag mâle peut détecter une molécule unique d'une substance sexuelle attractive spécifique (une *phéromone*) libérée dans l'air par une femelle située à plus d'un kilomètre de distance. L'œil humain peut voir aussi bien en plein soleil que dans une nuit étoilée, où l'éclairement est 10^{12} fois plus faible ; et cinq photons absorbés dans la rétine humaine sont perçus comme un flash.

Nous concentrerons notre attention sur deux exemples, pour lesquels les mécanismes cellulaires de l'entrée sensorielle commencent à être compris : les oreilles et les yeux des vertébrés. A chacune de ces entrées dans le système nerveux, se tient un type très spécialisé de **cellule sensorielle**, très différent dans les deux cas, mais remarquable dans les deux cas pour sa sélectivité, son champ de manœuvre et sa sensibilité. Avant d'entrer dans les détails, il est cependant utile de discuter certains principes généraux.

Le potentiel du récepteur est l'image de l'amplitude du stimulus [38,39]

Tout signal qui doit être injecté dans le système nerveux doit être d'abord converti en une forme électrique. La conversion d'un signal d'une sorte en un signal d'une autre sorte est connue sous le nom de transduction, et toutes les cellules sensorielles sont par conséquent des **transducteurs**. En effet, dans un sens général, presque tous les neurones sont des transducteurs recevant des signaux chimiques au niveau des synapses et les convertissant en signaux électriques. Ainsi, bien que certaines cellules sensorielles répondent à la lumière, certaines à la température, d'autres à des substances chimiques particulières, d'autres encore à une force mécanique ou à un déplacement, etc, la transduction dans toutes ces cellules implique un grand nombre des principes de base déjà étudiés au sujet de l'activation synaptique par les neurotransmetteurs. Dans certains organes sensoriels, le transducteur fait partie d'un *neurone sensoriel* qui propage des potentiels d'action. Dans d'autres, c'est une partie d'une *cellule sensorielle* spécialisée dans la transduction mais non dans la communication à longue distance ; une telle cellule transmet son signal à un neurone adjacent par l'intermédiaire d'une synapse (Figure 19-44). Mais, dans tous les cas, l'effet du stimulus externe est de provoquer une variation

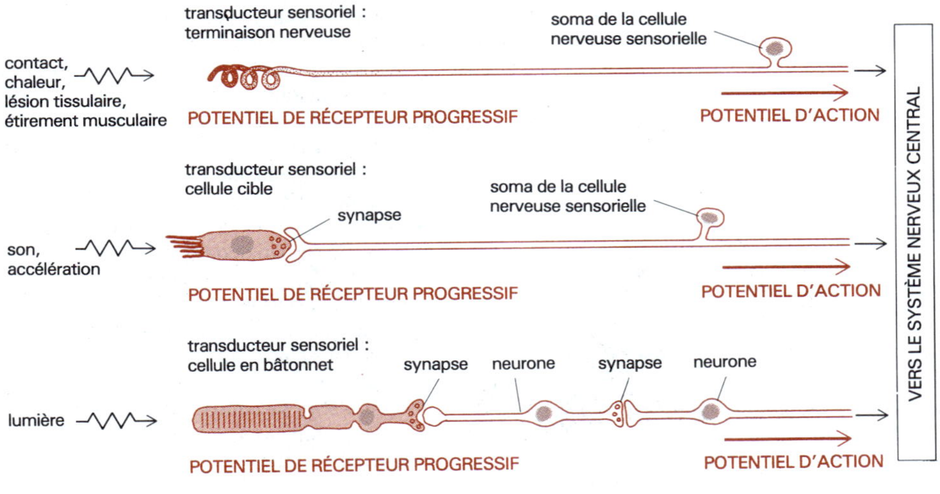

Figure 19-44 Différents modes de transmission des stimuli sensoriels au système nerveux. Dans certains cas, le transducteur sensoriel fait partie d'un neurone (dessin du haut) ; dans d'autres cas, c'est une cellule sensorielle distincte (deux dessins du bas). Dans les trois cas, un potentiel de récepteur progressif (indiqué en couleur) est induit dans le transducteur sensoriel et traduit en fréquence de décharge de potentiels d'action, qui transmettent rapidement le signal dans le SNC.

de tension, appelée **potentiel de récepteur**, dans la cellule transductrice. Celui-ci est analogue à un potentiel postsynaptique, et, de plus, sert finalement à contrôler la libération de neurotransmetteur à partir d'une autre partie de la cellule.

De plus, comme au niveau d'une synapse, le stimulus externe peut exercer son effet électrique directement, en agissant sur un canal ionique, ou indirectement, en agissant sur un récepteur qui engendre un messager intracellulaire qui influe sur les canaux ioniques. Bien qu'il y ait encore quelques incertitudes, il semble que les cellules sensorielles de l'oreille utilisent le mode direct, basé sur des récepteurs ionotropiques, alors que celles de l'œil utilisent le mode indirect, basé sur des récepteurs liés à une protéine G.

Les cellules ciliées situées dans l'oreille répondent à l'inclinaison de leurs cils stéréoscopiques [40]

L'oreille ne sert pas seulement à entendre. Elle fournit également des informations sur l'accélération de la pesanteur et sur sa direction, et est ainsi importante pour l'équilibre et la coordination des mouvements. Toutes ces fonctions sensorielles de l'oreille dépendent de la *mécanoréception* — c'est-à-dire la détection de petits mouvements produits par des forces agissant sur l'environnement des cellules sensorielles de l'oreille. Les mouvements sont des oscillations rapides dans le cas des sons, et des déplacements plus lents et plus prolongés dans la cas de l'accélération de la pesanteur. Toutes les cellules responsables des divers types de mécanoréception dans l'oreille ont une forme analogue et caractéristique ; chacune d'entre elles possède une touffe de microvillosités géantes, qui font saillie de sa surface supérieure et qui sont appelées, d'une façon qui prête à confusion, *cils stéréoscopiques* (Figure 19-45 et voir p. 675). Elles sont par conséquent connues sous le nom de **cellules ciliées**.

Les cellules ciliées chez les vertébrés supérieurs se trouvent toutes dans l'épithélium du *labyrinthe membraneux* de l'oreille interne, où elles sont groupées dans plusieurs régions sensorielles distinctes. Les cellules ciliées de chaque groupe sont tenues en place par une charpente de *cellules de soutien* interposées, tandis qu'elles sont couvertes par un feuillet de matrice extracellulaire gélatineuse fixée aux extrémités des touffes de cils stéréoscopiques (Figure 19-46). Le mouvement de ce feuillet de matrice qui les recouvre rabat les cils stéréoscopiques et produit une déformation mécanique des cellules ciliées qui donne naissance au potentiel de récepteur (Figure 19-47). Les fonctions particulières des différents groupes de cellules ciliées sont déterminées principalement par la nature des structures environnantes qui leur transmettent des forces. Dans le cas des cellules ciliées qui répondent à l'accélération linéaire et à la force de pesanteur, la matrice surjacente est alourdie par des cristaux denses de carbonate de calcium : lorsque la tête est accélérée ou inclinée, la matrice alourdie se déplace par rapport aux cellules ciliées, et les cils stéréoscopiques sont déviés. Par contre, les cellules ciliées qui sont sensibles à l'accélération rotationnelle sont disposées de telle façon que le tourbillonnement d'un fluide dans les canaux semi-circulaires de l'oreille interne, lorsque la tête tourne exerce une force latérale sur leur matrice surjacente.

Le montage mécanique le plus élaboré se trouve dans les cellules ciliées qui détectent les sons dans les oreilles des mammifères (voir Figure 19-46). Ces *cellules ciliées de l'ouïe* sont déposées en rangées sur un mince feuillet élastique de tissu — la *membrane basilaire* — qui forme une longue et étroite cloison de séparation entre deux canaux en spirale remplis de liquide, orientés parallèlement à l'intérieur de la région de l'oreille interne appelée *colimaçon*. Les sons aériens provoquent des vibrations du tympan qui sont propagées, par l'intermédiaire d'os minuscules situés dans l'oreille moyenne, aux canaux remplis de liquide de l'oreille interne, où elles entraînent des vibrations de la membrane basilaire et de là des cils stéréoscopiques

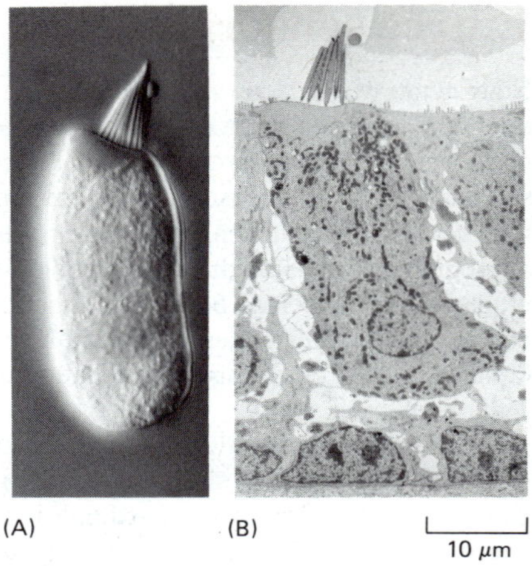

Figure 19-45 (A) Photographie d'une cellule ciliée sensorielle isolée à partir de l'oreille interne d'une grenouille mugissante, montrant le faisceau de cils stéréoscopiques sur sa surface apicale. (B) Photographie en microscopie électronique à transmission, à faible grossissement, de la cellule ciliée dans son environnement normal, au milieu des cellules de soutien. (D'après A.J. Hudspeth, *Sciences* 230 : 745-752, 1985. Copyright 1985, par l'AAAS.)

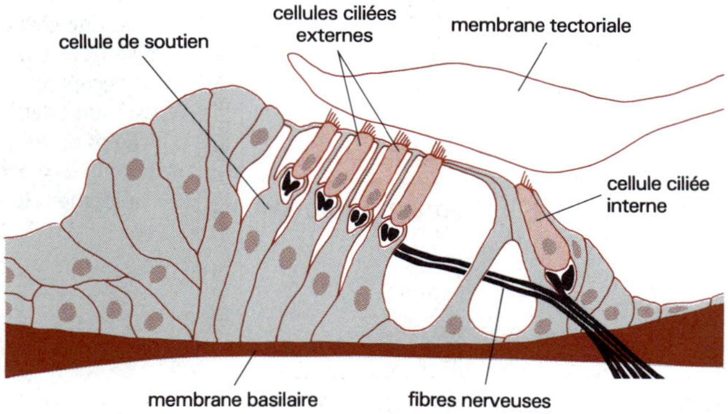

Figure 19-46 Coupe transversale schématique de l'appareil auditif (l'organe de Corti) situé dans l'oreille interne d'un mammifère, montrant les cellules ciliées de l'ouïe incluses dans une structure élaborée de cellules de soutien et recouvertes par la membrane tectoriale (une masse de matrice extracellulaire). Les cellules ciliées internes sont vraisemblablement les récepteurs en grande partie responsables de l'ouïe, au moyen du mécanisme de transduction discuté dans le texte ; elles forment des synapses avec des neurones qui propagent les signaux auditifs, de l'oreille vers le cerveau. Les cellules ciliées externes, par contre, sont abondamment innervées par un ensemble supplémentaire d'axones qui propagent les signaux du cerveau vers l'extérieur, et leur fonction est encore une énigme. Un certain nombre d'éléments semblent indiquer qu'elles peuvent agir (selon un mécanisme inconnu) comme des transducteurs en sens opposé — comme des haut parleurs plutôt que comme des microphones — et qu'elles agissent comme une partie d'un système rétroactif pour moduler le stimulus mécanique transmis aux cellules ciliées internes.

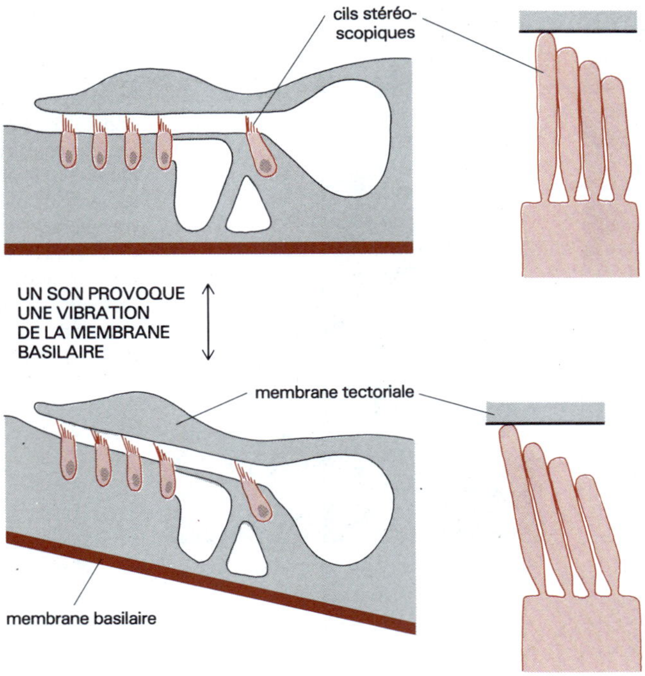

Figure 19-47 Façon dont un mouvement relatif de la matrice extracellulaire surjacente (la membrane tectoriale) incline les cils stéréoscopiques des cellules ciliées de l'ouïe dans l'oreille interne d'un mammifère. Les cils stéréoscopiques se comportent comme des bâtonnets rigides articulés à la base. Les extrémités des faisceaux de cils stéréoscopiques peuvent être mécaniquement couplées à la matrice surjacente par liaison directe, ou indirectement, par résistance élastique créée par le liquide interstitiel.

des cellules ciliées de l'ouïe. Le mécanisme du colimaçon est tel que les cellules dans différentes positions répercutent des sons de différentes fréquences ; la vibration du colimaçon atteint une amplitude maximale en différentes positions sur sa longueur selon la fréquence du son incident.

Des canaux cationiques réglés mécaniquement au niveau de l'extrémité des cils stéréoscopiques s'ouvrent lorsque les faisceaux de cils stéréoscopiques s'inclinent [40,41]

Lorsque le feuillet de matrice qui recouvre une région de cellules ciliées est brusquement déplacé latéralement de façon à ce que les cils stéréoscopiques s'inclinent de quelques degrés, les cellules ciliées répondent en modifiant leur perméabilité membranaire de sorte qu'un courant, appelé *courant de récepteur*, s'y propage (Figure 19-48). La réponse atteint un plateau en 100 à 500 microsecondes, ce qui correspond à peu près à la vitesse d'ouverture du canal cationique activé par l'acétylcholine au niveau de la jonction neuromusculaire et est beaucoup plus rapide que les variations électriques produites par aucun des récepteurs métabotropiques connus. Il semble très probable, par conséquent, que le stimulus mécanique ouvre directement un canal ionique. Des études au cours desquelles les concentrations ioniques extracellulaires sont modifiées ont montré que ce *canal ionique réglé mécaniquement*, comme le récepteur de l'acétylcholine, est plutôt perméable aux petits cations sans distinction et que le courant qui le

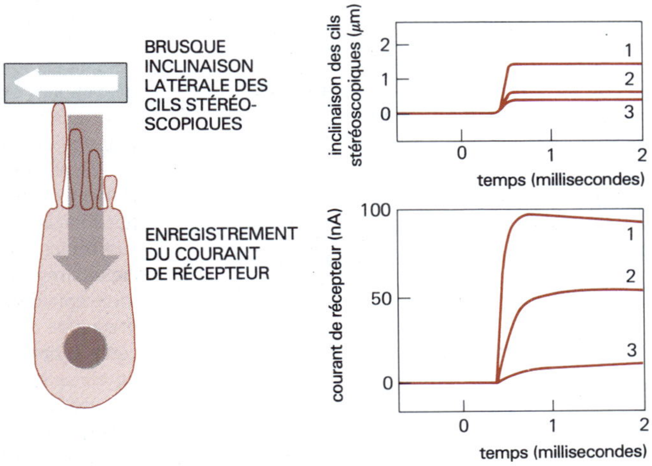

Figure 19-48 Enregistrements du courant de récepteur qui pénètre dans les cellules ciliées de l'oreille interne d'une grenouille mugissante en réponse à un brusque fléchissement du faisceau de cils stéréoscopiques. Plus l'inclinaison est grande, plus la quantité de courant est importante. (Résultats d'après D.P. Corey et A.J. Hudspeth, *J. Neurosci.* 3 : 962-976, 1983.)

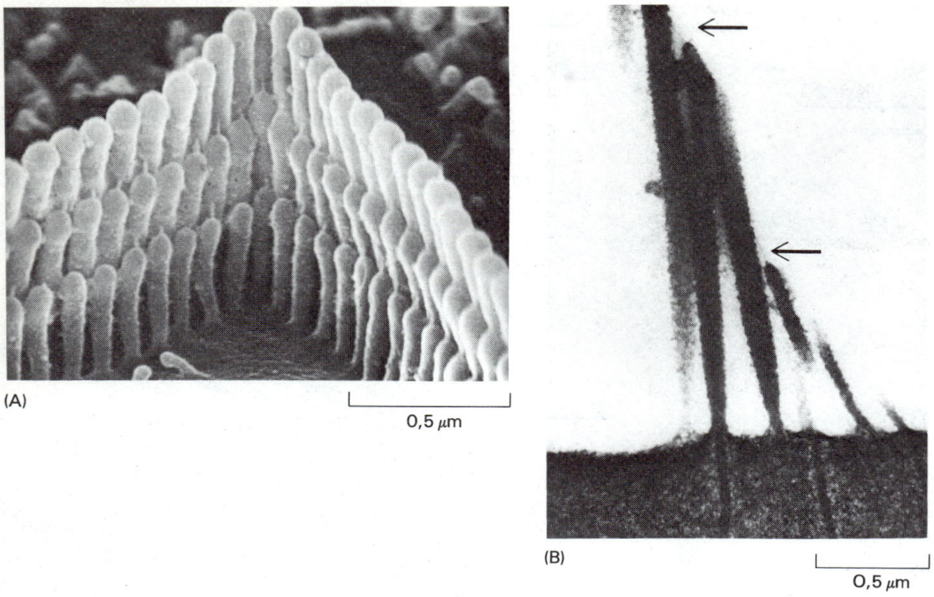

Figure 19-49 (A) Photographie par microscopie électronique à balayage d'une cellule ciliée de l'ouïe d'un mammifère, montrant les minces filaments qui s'étendent depuis les extrémités des cils stéréoscopiques les plus courts pour se fixer plus haut sur les côtés des cils stéréoscopiques dans la rangée suivante de plus grande taille. (B) Une coupe transversale des mêmes structures, observées en microscopie électronique à transmission. Les flèches désignent les filaments. (B, photographie par M.P. Osborne ; A et B, repris avec la permission de J.D. Pickles. *Prog. Neurobiol.* 24 : 1-42, 1985. Copyright 1985, Pergamin Press, plc.)

traverse est en grande partie transmis par les ions K^+ (les conditions ioniques dans l'oreille sont inhabituelles, et il existe un fort gradient électrochimique d'ions K^+ à travers la membrane de la cellule ciliée). Mais où sont localisés de tels canaux ioniques dans la cellule ciliée, et quelle relation y a-t-il entre la structure élaborée de la cellule et le processus de transduction ?

Sur chaque cellule, les cils stéréoscopiques sont disposés comme des tuyaux d'orgue en rangées très serrées de tailles différentes (voir Figures 19-45 et 19-49). Il y a souvent un seul vrai cil, ou *kinocil*, à l'arrière-centre de la rangée la plus haute ; il est toujours présent au cours du développement mais ne joue aucun rôle dans la transduction et est parfois (comme dans les cellules ciliées de l'ouïe des mammifères) perdu au cours de la maturation. Lorsqu'ils sont déviés avec une microsonde, les cils stéréoscopiques se comportent comme un faisceau cohérent de bâtonnets rigides, qui pivotent individuellement autour de leur site d'attachement au sommet de la cellule ciliée, glissant donc parallèlement les uns sur les autres, de sorte que leurs extrémités subissent un décalage relatif. En dehors des attaches latérales qui relient les cils stéréoscopiques dans un faisceau, la microscopie électronique met en évidence un mince filament qui part plus ou moins verticalement de la pointe de chaque cil stéréoscopique de plus petite taille pour se fixer en un point plus élevé sur son voisin de plus grande taille (Figure 19-49). Lorsqu'une microélectrode est utilisée pour enregistrer à partir des cellules ciliées, on observe la réponse maximale de dépolarisation lorsque les cils stéréoscopiques sont déviés dans la direction dans laquelle les minces filaments verticaux devraient se tendre au maximum. De plus, le courant transmembranaire induit par la déviation (qui donne naissance au potentiel de récepteur) semble pénétrer dans la cellule ciliée près des extrémités des cils stéréoscopiques. Ainsi, la structure globale semble être conçue de sorte qu'une traction mécanique ouvrira les canaux ioniques proches des extrémités des cils stéréoscopiques lorsque le faisceau de cils stéréoscopiques est dévié (Figure 19-50).

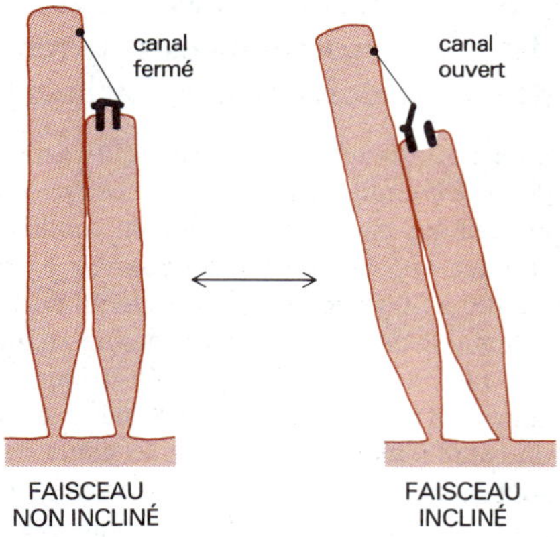

Figure 19-50 Dessin suggérant la façon dont l'inclinaison des cils stéréoscopiques sur une cellule ciliée peut être couplée à l'ouverture des canaux ioniques. Grâce à des mesures mécaniques extrêmement délicates, associées à des enregistrements électriques d'une cellule ciliée isolée lorsque le faisceau de cils stéréoscopiques est dévié avec une sonde flexible en verre, il est en réalité possible de détecter une « contribution » supplémentaire du faisceau lorsque les canaux réglés mécaniquement cèdent à la force appliquée et s'ouvrent, suivant la prédiction du modèle. On peut montrer de cette façon que la force nécessaire pour ouvrir un seul des canaux hypothétiques est environ de 2×10^{-13} newtons, et que sa porte oscille sur une distance d'environ 4 nm lorsqu'il s'ouvre.

Le mécanisme des cellules ciliées est étonnamment sensible ; on a estimé que les sons audibles les plus faibles provoquaient un allongement moyen des filaments verticaux attachés aux sommets des cils stéréoscopiques d'environ 0,04 nm, ce qui est juste inférieur au rayon d'un atome d'hydrogène. De plus, des analyses du courant de récepteur dans une cellule ciliée indiquent qu'il n'y a sans doute qu'un à cinq canaux ioniques réglés mécaniquement dans chaque cil stéréoscopique ; il y a environ 100 cils stéréoscopiques dans chaque cellule ciliée responsable de l'ouïe humaine ; et il y a environ 3 500 cellules ciliées de ce type dans chaque oreille. Apparemment, nous devons notre ouïe à moins de 4 millions de transducteurs.

Les photorécepteurs sont sensibles et adaptables mais assez lents[42]

La sensibilité des photorécepteurs dans l'œil des vertébrés approche la limite extrême fixée par la nature quantique de la lumière. De plus, le domaine fonctionnel, de la lumière la plus brillante tolérable à la lumière la plus faible perceptible, est extraordinairement étendu. Mais la rapidité de réponse, comparée à celle des transducteurs de l'ouïe, est très faible. Dans des conditions optimales, il faut environ 25 millisecondes aux plus rapides des photorécepteurs de l'œil humain pour atteindre le pic de leur réponse électrique à un éclair de lumière — ce qui est environ cent fois plus long que le temps de réponse d'une cellule ciliée typique. La lenteur relative de la réponse visuelle reflète probablement une limitation essentielle imposée par la nature du mécanisme de transduction visuel.

Le potentiel de récepteur dans une cellule en bâtonnet est dû à la fermeture de canaux Na^+ [43]

Comme nous l'avons décrit dans le Chapitre 17 (voir p. 956), les photorécepteurs dans l'œil des vertébrés sont de deux types. Les **cellules en cône** (ou **cônes**) servent à la vision des couleurs et à la perception des menus détails, et nécessitent une lumière assez vive. Les **cellules en bâtonnet** (ou **bâtonnets**) pourvoient à la vision monochromatique en lumière faible, et elles peuvent produire un signal électrique mesurable en réponse à un photon unique (Figure 19-51). Les bâtonnets et les cônes paraissent agir selon des principes analogues, mais les bâtonnets ont été beaucoup plus étudiés.

La cellule en bâtonnet (Figure 19-52) est formée d'un *segment externe*, contenant le dispositif photoréceptif, d'un *segment interne*, contenant de nombreuses mitochondries, d'une *région nucléaire*, et, à la base, d'une *région synaptique* qui assure le contact synaptique avec les cellules nerveuses de la rétine (voir Figure 17-6, p. 957). Paradoxalement, la cellule est très fortement dépolarisée dans le noir ; la dépolarisation maintient ouverts les canaux Ca^{2+} réglés par la tension dans la région synaptique, et l'influx résultant de Ca^{2+} produit une libération constante de neurotransmetteur. La dépolarisation est due à des canaux Na^+ ouverts dans la membrane plasmique du segment externe. Un éclairement provoque la fermeture de ces canaux, de telle sorte que les potentiels de récepteur prennent l'allure d'une *hyperpolarisation*, qui conduit à une diminution de l'influx de Ca^{2+} au niveau de la synapse et, par conséquent, à une diminution de la vitesse de libération du transmetteur (voir Figure 19-52). Le transmetteur ayant une action inhibitrice sur un grand nombre des neurones postsynaptiques, l'éclairement débarrasse ces neurones de l'inhibition et ainsi, de fait, les excite. Le taux de libération du transmetteur hors des photorécepteurs est réglé selon l'intensité de la lumière ; plus la lumière est vive, plus l'hyperpolarisation et la diminution de l'émission du transmetteur sont importantes. Quand l'éclairement de fond est très faible, de telle sorte que la cellule soit dans son état

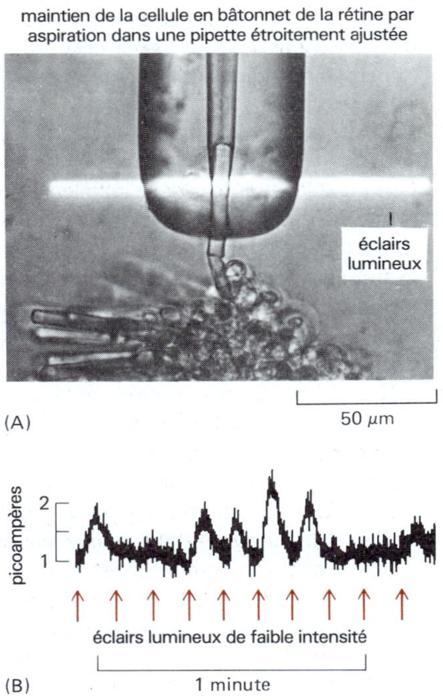

Figure 19-51 Les réponses électriques d'une cellule en bâtonnet à des photons isolés. (A) Photomicrographie illustrant la technique d'enregistrement. Un fragment de la rétine d'un crapaud est isolé par dissection, et le segment externe d'une seule cellule en bâtonnet est aspiré dans l'extrémité très effilée d'une pipette de verre, qui sert alors d'électrode pour recevoir et enregistrer le courant qui traverse la membrane dans la cellule en bâtonnet. (B) Enregistrement des variations de courant de la cellule en bâtonnet en réponse à une série d'éclairs de 10 dim ; le nombre de photons absorbés par le bâtonnet à chaque éclair est variable, mais il s'agit toujours d'un nombre entier ; la plupart des grands pics visibles sur l'enregistrement correspondent à une absorption d'un ou de deux photons, mais beaucoup des éclairs n'entraînent pas de réponse car aucun photon n'est absorbé. (D'après D.A. Baylor, T.D. Lamb, et K.-W. Yau, *J. Physiol.* 288 : 589-611, 1979.)

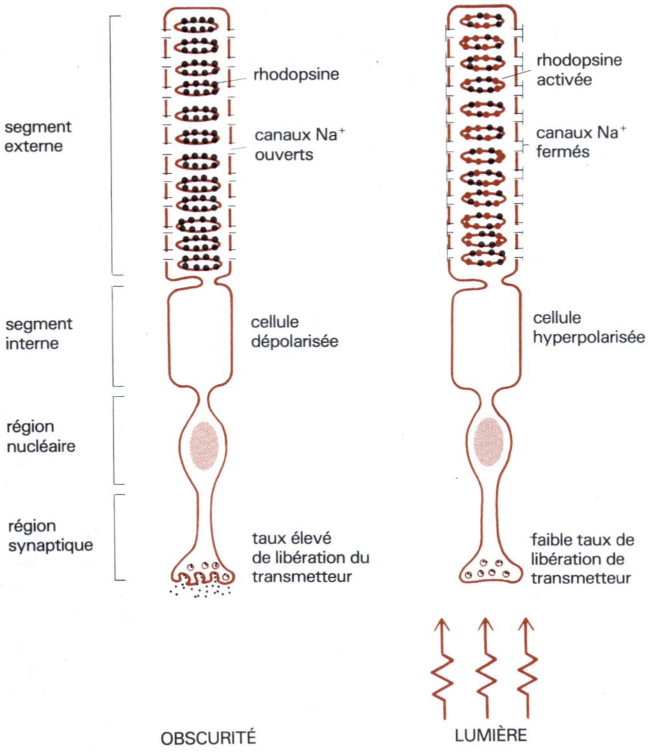

Figure 19-52 La réponse à l'éclairement d'un photorécepteur en bâtonnet. Les photons sont absorbés au hasard par les molécules de rhodopsine situées dans le segment externe ; ceci conduit à la fermeture des canaux Na^+ dans la membrane plasmique et réduit la vitesse de libération du transmetteur à partir de la région synaptique.

« adapté au noir » le plus sensible, l'absorption d'un seul photon arrête l'influx d'un million ou plus d'ions Na^+ qui, sans cela, auraient pénétré dans la cellule, engendrant ainsi une hyperpolarisation d'environ 1 mV.

Les photons modifient la conformation des molécules de rhodopsine[43,44]

Comment la lumière est-elle initialement détectée par la cellule, et quelle chaîne d'événements provoque ensuite la fermeture des canaux Na^+ ? Ces étapes essentielles de la transduction du signal lumineux se produisent dans le segment externe des bâtonnets, qui est une structure cylindrique contenant un empilement d'environ mille *disques* (Figure 17-7). Chaque disque est formé par une membrane fermée dans laquelle sont enfouies des molécules photosensibles de **rhodopsine**, étroitement serrées les unes contre les autres avec une densité d'environ $10^5/\mu m^2$. Chaque molécule de rhodopsine se compose d'une glycoprotéine transmembranaire, l'*opsine* (348 résidus d'acides aminés), et d'un groupement prosthétique lié de façon covalente, le 11-*cis*-rétinal, enfoui à l'intérieur de la molécule. Le 11-*cis*-rétinal est sensible à la lumière : l'absorption d'un photon provoque son isomérisation presque instantanément en all-*trans*-rétinal, modifiant sa propre forme et imposant ainsi une modification plus lente de la conformation de l'opsine, qui prend environ 1 milliseconde. Après un délai supplémentaire d'environ 1 minute, le all-*trans*-rétinal se dissocie de l'opsine par hydrolyse de la liaison qui les unit, et est libéré dans le cytosol, où il est finalement reconverti en forme 11-*cis*, qui se réassocie ensuite avec l'opsine pour régénérer une molécule de rhodopsine photosensible. C'est le changement de conformation précoce de la rhodopsine en réponse à la lumière qui provoque la fermeture des canaux Na^+ dans la membrane plasmique. Mais puisque la rhodopsine est située dans les disques, à une certaine distance des canaux Na^+, il faut un système de messagers pour relier les deux événements.

La fermeture des canaux sodiques dans la membrane plasmique est due à une baisse de GMP cyclique dans le cytosol de la cellule photoréceptrice, induite par la lumière[43,44,45]

Lorsque la lumière tombe sur une cellule en bâtonnet, les concentrations intracellulaires de Ca^{2+} et de GMP cyclique varient, de sorte que l'une ou l'autre de ces molécules pourrait être, en principe, le messager intracellulaire. On a montré par la technique d'enregistrement local (voir p. 156), que le signal critique est une diminution de la concentration cytosolique en GMP cyclique. Dans l'expérience clé, une microélectrode fut appuyée contre le côté du segment externe puis retirée, entraînant avec elle un morceau de membrane dont la face cytosolique se trouva alors exposée au milieu externe (Figure 19-53). Le GMP cyclique fut ensuite ajouté au milieu et une différence de potentiel électrochimique appliquée de part et d'autre du morceau de membrane ; ceci provoqua la propagation d'un courant Na^+. Lors de l'élimination du GMP cyclique, le courant cessa, sans tenir compte de la concentration en Ca^{2+}. De fait, le GMP cyclique ouvre les canaux Na^+, et la lumière, en provoquant une chute de la concentration de GMP cyclique, entraîne la fermeture des canaux. Tandis que les nucléotides cycliques agissent généralement en activant une protéine kinase protéique pour phosphoryler des protéines spécifiques (voir p. 708), le GMP cylique dans les cellules en bâtonnet agit directement sur les canaux Na^+ pour les maintenir ouverts. Mais comment le changement de conformation de la rhodopsine induite par la lumière diminue-t-elle la concentration en GMP cyclique dans le cytosol de la cellule en bâtonnet ?

L'absorption d'un seul photon de lumière par une seule molécule de rhodopsine conduit à l'hydrolyse de nombreuses molécules de GMP cyclique. Cette amplification s'effectue grâce

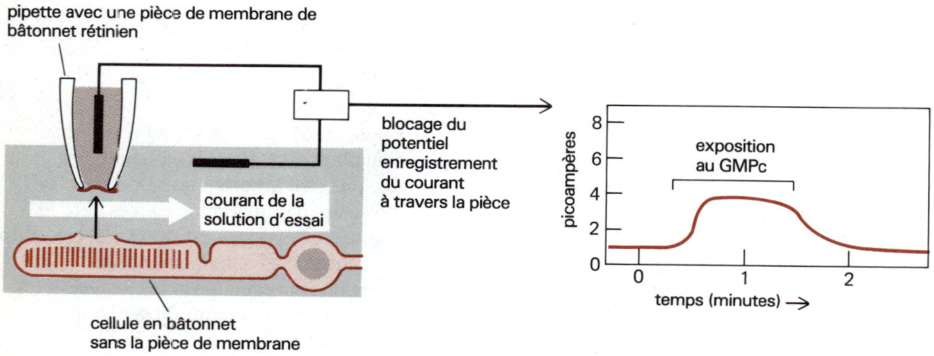

Figure 19-53 Une expérience montrant que le GMP cyclique appliqué sur la face cytoplasmique de la membrane plasmique d'une cellule en bâtonnet agit directement pour contrôler l'ouverture et la fermeture des canaux ioniques. L'augmentation et la chute régulières et assez lentes du courant lorsque le GMP cyclique est ajouté puis éliminé reflètent le temps nécessaire pour modifier la composition de la solution d'essai ; la vitesse de réponse des canaux au GMP cyclique est beaucoup trop rapide pour être déterminée par cette technique de flux. (D'après E.E. Fesenko, S.S. Kolesnikov, et A.L. Lyubarsky, *Nature*, 313 : 310-313, 1985.)

à une cascade catalytique. L' unique molécule de rhodopsine activée catalyse l'activation d'une protéine G, appelée *transducine*, à la vitesse considérable d'environ 1 000 molécules de transducine par seconde. La transducine est homologue de la protéine G (voir p. 696) qui associe fonctionnellement différents récepteurs à l'adényl cyclase (et la rhodopsine elle-même est homologue de tels récepteurs — voir p. 706). Toutefois, au lieu d'interagir avec l'adényl cyclase, chaque molécule de transducine activée active une molécule de *GMP cyclique phosphodiestérase*, qui hydrolyse spécifiquement le GMP cyclique à une vitesse d'environ 4 000 molécules de GMP cyclique par seconde, provoquant la baisse rapide des niveaux de GMP cyclique. Cette cascade catalytique dure environ 1 seconde et aboutit à l'hydrolyse de plus de 10^5 molécules de GMP cyclique pour un seul quantum de lumière absorbé, qui ferme de façon transitoire 250 canaux Na^+ dans la membrane plasmique (Figure 19-54).

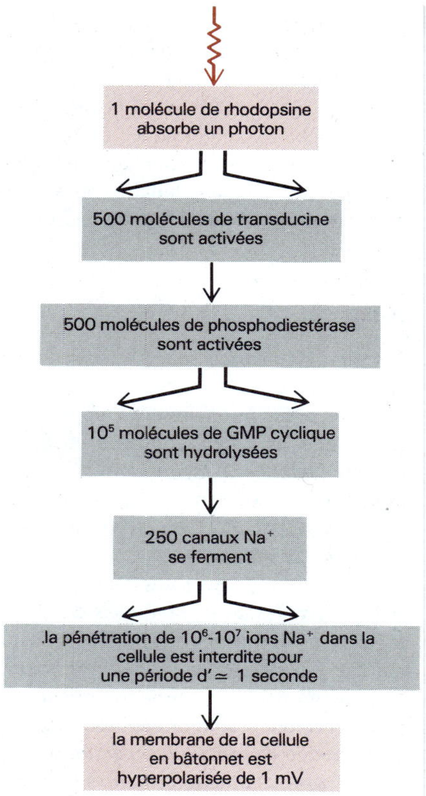

Figure 19-54 La cascade catalytique qui conduit de l'absorption d'un seul photon dans une cellule en bâtonnet adaptée à l'obscurité à la production d'un potentiel de récepteur. Les flèches divergeantes indiquent les étapes auxquelles se produit l'amplification.

Le photorécepteur s'adapte à l'intensité de la lumière [46]

Chaque réaction de la cascade catalytique activée par la lumière doit être compensée par une réaction d'inactivation correspondante, de façon à rétablir le photorécepteur dans son état de repos après qu'il ait été excité par la lumière. Il semble que la lumière accélère les réactions d'inactivation comme les réactions d'activation, mais avec un léger décalage entre les deux effets, de sorte qu' il y ait momentanément une forte réponse nette, qui est ensuite rapidement amortie lorsqu'une lumière est allumée. Tout en contribuant à garantir une réponse brève à un bref éclair de lumière, cette inactivation différée permet au photorécepteur de *s'adapter* : une lumière constante, au lieu d'entraîner simplement la cellule vers un état saturé avec une concentration de GMP cyclique proche de zéro, exerce deux effets contraires qui s'annulent presque, laissant encore à la cellule la capacité de signaler des variations d'éclairement ultérieures.

Il semble qu'une baisse de concentration en Ca^{2+}, induite par la lumière, ait un rôle essentiel dans l'extinction de la réponse à un éclair de lumière ainsi que dans la médiation de l'adaptation. Lorsque les variations de concentration intracellulaire en Ca^{2+} sont anormalement différées par l'injection artificielle de tampon Ca^{2+} dans un photorécepteur, les réponses électriques aux éclairs de lumière sont très prolongées, et la cellule devient excessivement lente à s'adapter à un éclairement constant ; et si un photorécepteur est immergé dans une solution qui bloque complètement la diffusion des ions Ca^{2+} à travers la membrane plasmique, on observe les mêmes effets, encore plus accentués, et l'adaptation est complètement abolie. Normalement, les canaux par lesquels les ions Na^+ pénètrent dans le segment externe du photorécepteur sont un peu perméables à d'autres cations, y compris Ca^{2+}. La lumière, en fermant les canaux, bloque l'entrée des ions Ca^{2+}, alors que la sortie des ions Ca^{2+} (qui se fait par l'intermédiaire d'un anticorps Ca^{2+}-Na^+ dans la membrane plasmique du bâtonnet) se poursuit. Il en résulte une baisse de la concentration intracellulaire de Ca^{2+}. Il est probable que ceci accélère les réactions enzymatiques (y compris, en particulier, la synthèse de GMP cyclique par la guanyl cyclase) qui compensent la baisse de concentration du GMP cyclique induite par la lumière, facilitant ainsi l'adaptation de la cellule.

Les calculs neuronaux traitent les données brutes provenant des cellules sensorielles réceptrices [47]

Un courant d'informations sensorielles pénètre dans le système nerveux via les cellules sensorielles réceptrices. Le cerveau doit traiter cette information pour isoler les caractères significatifs : il doit repérer des mots dans le tintamarre, reconnaître un visage dans le clair-obscur, etc. Ceci représente une seconde phase neurale du traitement sensoriel, qui est de loin plus subtile et complexe que celle qui se produit dans les cellules réceptrices. Il implique des calculs effectués par des réseaux enchevêtrés de neurones, chacun d'eux recevant typiquement une multitude d'afférences convergentes, certaines excitatrices, d'autres inhibitrices. Le neurone isolé répond par la génération d' une sortie qui représente la présence ou l'absence d'une certaine répartition spécifique dans les données fournies par les cellules réceptrices. Certaines classes de cellules dans les centres visuels du cerveau, par exemple, déchargent des potentiels d'action lorsque l'œil voit une ligne orientée d'une certaine façon. Les signaux de sortie d'un groupe de neurones sont reçus par d'autres neurones encore, qui poursuivent le processus, et ainsi de suite vers des niveaux toujours plus élevés de découverte de caractères, culminant dans la reconnaissance d'entités aussi subtiles et complexes que des mots significatifs et les expressions sur des visages.

Ce type de mathématique neuronale dépend de l'arrangement incroyablement complexe des connexions anatomiques entre les cellules nerveuses. Les détails des relations entre la neuro-anatomie et les fonctions neurales supérieures ne rentrent pas dans le domaine d'un ouvrage de biologie cellulaire. Mais selon quels mécanismes de base l'anatomie compliquée mais ordonnée se développe-t-elle ? Ceci sera le sujet de la prochaine partie.

Résumé

Les stimuli sensoriels sont traduits en signaux électriques par des transducteurs spécialisés. Les cellules ciliées sensorielles dans l'oreille des vertébrés, par exemple, sont des mécanorécepteurs : chacune possède un faisceau de cils stéréoscopiques (microvillosités géantes) sur sa surface exposée, et lorsque ce faisceau est incliné, la cellule répond en ouvrant ou en fermant des canaux ioniques de façon à modifier son potentiel de membrane. Les cellules photoréceptrices dans l'œil des vertébrés modifient leur potentiel de membrane lorsque la lumière arrive sur les molécules de rhodopsine qu'elles contiennent. Dans les deux cas, la variation électrique dans la cellule sensorielle — le potentiel de récepteur — est transmise aux neurones adjacents par l'intermédiaire de synapses chimiques. Toutefois, les deux cas illustrent des stratégies opposées pour la génération de potentiels de récepteur, l'une d'elle est basée sur des récepteurs ionotropiques, l'autre sur des récepteurs métabotropiques. Dans la cellule ciliée, les liaisons physiques entre les cils stéréoscopiques semblent exercer des forces mécaniques directement sur les canaux ioniques dans la membrane plasmique, qui, en réponse, s'ouvrent ou se ferment très rapidement. Dans la cellule en bâtonnet, les molécules de rhodopsine activées par la lumière déclenchent une cascade de réactions enzymatiques qui conduisent à l'hydrolyse du GMP cyclique dans le cytosol, provoquant la fermeture de canaux Na^+ dans la membrane plasmique. Le mécanisme de réponse catalytique, bien qu'intrinsèquement lent, permet la détection d'un photon unique.

Naissance, croissance et mort des neurones [48]

Le développement du système nerveux pose un problème exceptionnel. Comment les axones et les dendrites de milliards de neurones trouvent-ils leurs partenaires appropriés, de façon à créer un réseau fonctionnel ?

La majorité des composants du système nerveux — les différentes catégories de neurones, de cellules sensorielles et de muscles — proviennent de lieux très éloignés dans l'embryon et ne sont pas initialement connectés. Ainsi, dans la première phase du développement neural, les différentes parties se développent selon leurs propres programmes locaux, suivant les principes de la diversification cellulaire commune aux autres tissus de l'organisme, comme nous l'avons vu au Chapitre 16. La phase suivante met en jeu un type de morphogenèse particulier au système nerveux, au cours duquel un ensemble provisoire mais ordonné de connexions s'établit entre les régions du système nerveux par l'excroissance des axones et des dendrites suivant des itinéraires spécifiques. Des régions qui étaient à l'origine séparées peuvent alors commencer à interagir. Dans la troisième et dernière phase, qui continue au cours de la vie adulte, les connexions sont adaptées et affinées par des interactions entre les composants dispersés d'une façon qui dépend des signaux électriques qu'ils transmettent et reçoivent.

Les neurones sont engendrés par des programmes limités de division cellulaire [48,49]

A quelques exceptions près, trois principes s'appliquent à la génération des neurones dans presque toutes les espèces, des vers nématodes aux vertébrés : (1) les neurones matures ne se divisent pas ; (2) dès que la génération du complément adulte des neurones est terminée, aucune cellule souche ne continue à en engendrer d'autres ; et (3) chaque petite région du système nerveux en développement engendre des neurones grâce à son propre programme de divisions cellulaires, indépendamment des influences de groupes de cellules éloignés avec lesquels des connexions neurales s'établiront plus tard.

Le système nerveux des vertébrés se développe principalement à partir de deux groupes de cellules — celles du *tube neural* (voir p. 887), et celles de la *crête neurale* (voir p. 944) — toutes deux provenant de l'ectoderme. Le tube neural forme le système nerveux central (le cerveau et la moelle épinière), alors que la crête neurale est la source de la majorité des neurones et des cellules de soutien dans le système nerveux périphérique. De plus, des épaississements de l'ectoderme ou *placodes* sur la tête donnent naissance à certaines des cellules sensorielles et nerveuses de cette région, y compris celles de l'oreille et du nez (Figure 19-55).

Le **tube neural**, auquel nous nous intéresserons ici, est composé initialement d'un épithélium simple (monocouche) qui donne à la fois les neurones et les cellules gliales du système nerveux central (Figure 19-56). Au cours du processus, l'épithélium simple se transforme en une structure plus épaisse et plus complexe, avec de nombreuses couches de cellules de types variés. Le mode de prolifération cellulaire a été analysé en marquant les cellules qui sont en phase S du cycle de division cellulaire avec de la thymidine tritiée et en fixant du tissu soit immédiatement, pour voir quelles sont les cellules en cours de division (voir p. 729), soit après un long délai, pour voir quelles sont les cellules matures issues des ancêtres qui se divisaient lors de l'administration de la thymidine tritiée. De telles études du système nerveux en développement sont particulièrement utiles en faisant connaître les « dates de naissance » des différents neurones : les neurones différenciés ne se divisant pas, la dernière division de chaque précurseur neuronal doit avoir lieu à une date précise avant que sa maturation en neurone ne commence. Chez les vertébrés comme chez les invertébrés, on trouve généralement toutes les dates de naissance des neurones d'un type donné dans une période du développement strictement limitée, après laquelle aucun autre neurone de ce type n'est engendré. Chaque région du tube neural en développement a son propre programme de divisions cellulaires, et les neurones qui ont des dates de naissance différentes sont généralement destinés à des fonctions différentes. Puisque les cellules souches ne subsistent habituellement pas une fois la production des cellules nerveuses terminée et la formation des connexions neuronales commencée, le nombre des cellules nerveuses ne peut ensuite que diminuer, à cause de la mort des cellules (voir p. 1120, ci-dessous).

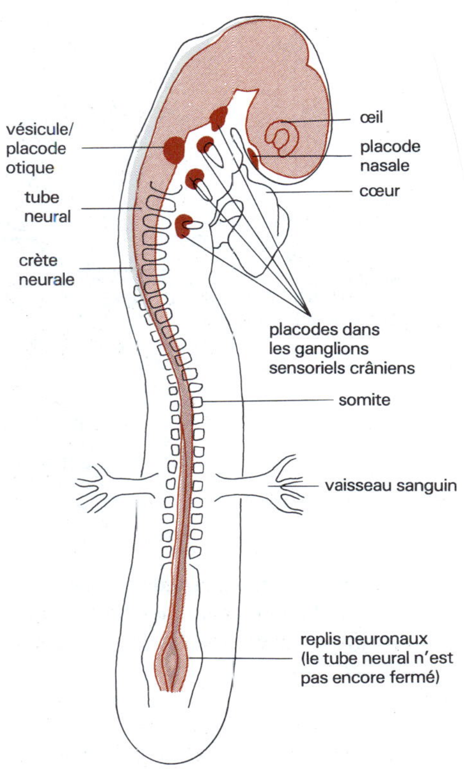

Figure 19-55 Schéma d'un embryon précoce de poulet (2 jours 1/2), représentant les origines du système nerveux. Le tube neural (*couleur pâle*) s'est déjà fermé, sauf à l'extrémité de la queue, et se trouve à l'intérieur sous l'ectoderme, dont il faisait partie à l'origine (voir Figure 16-13). La crête neurale (*gris*) se trouve dans la région dorsale entre le sommet du tube neural et l'ectoderme. Les placodes sont des épaississements de l'ectoderme superficiel qui donneront naissance à certaines cellules sensorielles et à certains neurones. A ce stade, l'invagination de la placode otique est pratiquement terminée pour former la vésicule otique — l'ébauche de l'oreille interne et la source des neurones dans le ganglion qui lui est associé ; la placode nasale s'invaginera pour former le revêtement interne du nez, y compris les neurones olfactifs responsables de l'odorat ; les autres placodes crâniennes fourniront des cellules aux ganglions sensoriels crâniens, qui sont responsables de la plus grande partie de l'innervation sensorielle de la tête et du cou, sauf l'ouïe, l'odorat, et la vision. Contrairement aux autres cellules sensorielles, celles de l'œil sont, à l'origine, une partie du tube neural.

Les cellules gliales radiales forment un échafaudage provisoire pour guider la migration des nouveaux neurones[50]

Avant d'étendre son axone et ses dendrites, le neurone immature quitte généralement son lieu de naissance pour se fixer dans quelqu'autre emplacement. Il est possible de suivre ces migrations à l'aide de thymidine tritiée : les cellules précurseurs qui effectuent leur dernière division en un certain endroit sont marquées, et les neurones marqués qui en sont issus peuvent

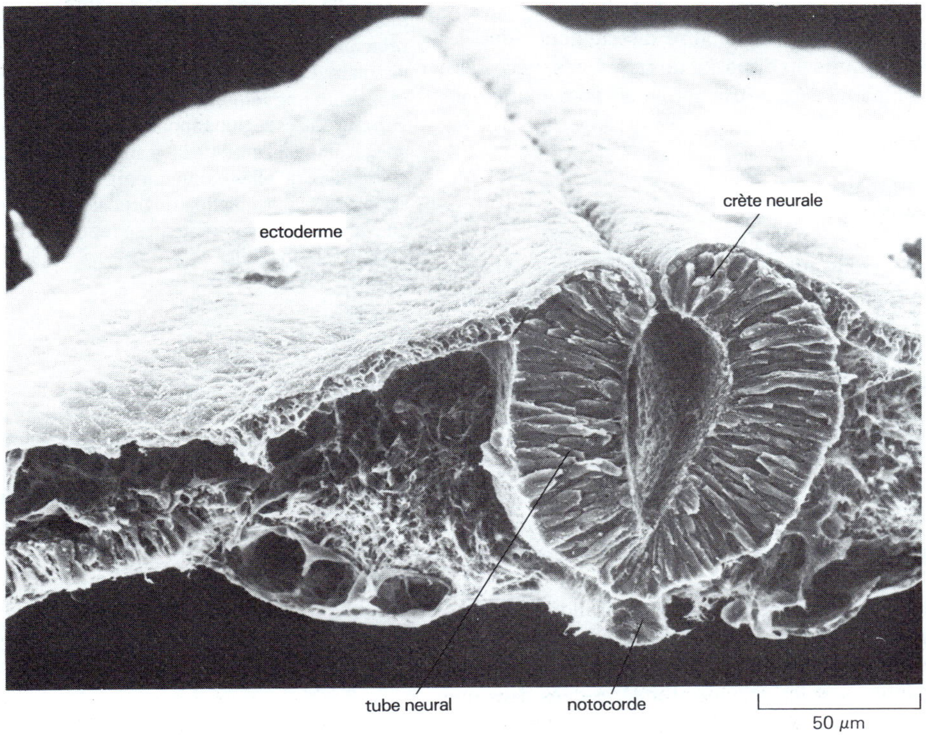

Figure 19-56 Photographie en microscopie électronique à balayage d'une coupe transversale du tronc d'un embryon de poulet de 2 jours. Le tube neural est près de se fermer et de se détacher par pincement de l'ectoderme ; à ce stade, il est composé d'un épithélium qui n'a qu'une cellule d'épaisseur. (Avec l'autorisation de Jean-Paul Revel.)

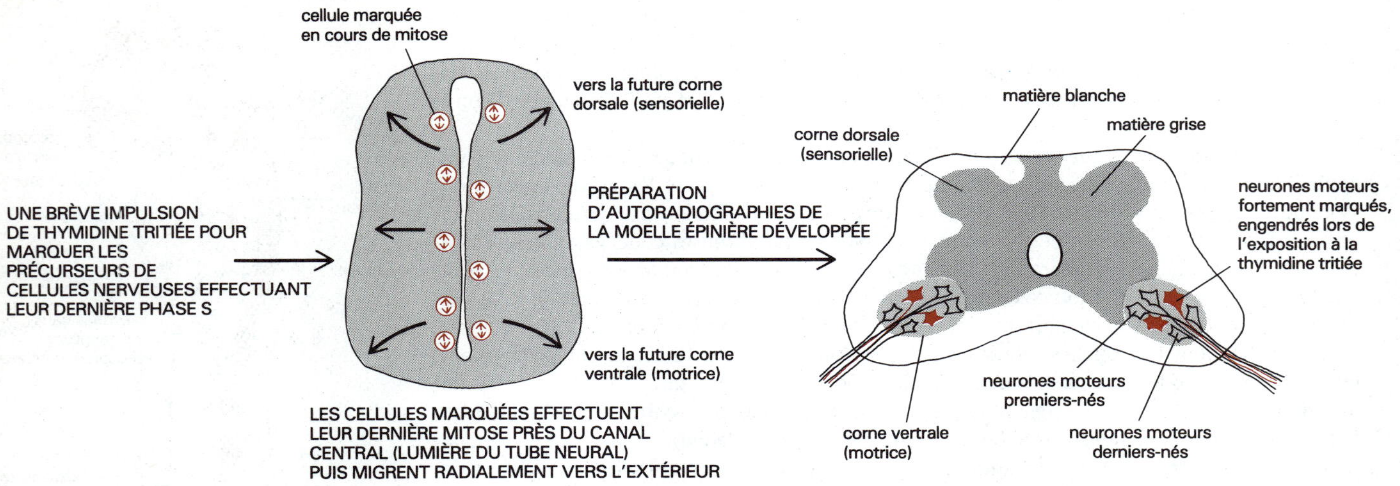

Figure 19-57 Les origines des neurones moteurs dans la moelle épinière, révélées par autoradiographie suivant une brève administration de thymidine tritiée à un stade précoce. Les schémas représentent des coupes transversales du tube neural précoce (*sur la gauche*) et de la moelle épinière relativement mature qui se développe à partir de ce dernier (*sur la droite*) ; les cellules radiomarquées sont représentées en couleur. Les cellules qui sont fortement marquées au stade tardif sont celles qui effectuaient leur dernier cycle de synthèse d'ADN dans l'embryon précoce lors de l'administration de la thymidine tritiée. Pour simplifier, seuls les neurones moteurs sont indiqués dans la moelle épinière mature, dont la *matière grise* (*ombrée*) contient aussi de nombreux autres somas de cellules nerveuses. La *matière blanche* (*non ombrée*) est constituée principalement de faisceaux d'axones circulant le long de la moelle épinière et réunissant une région de la matière grise à une autre. (Ces régions apparaissent blanches chez l'adulte à cause de la grande quantité de myéline qu'elles contiennent). Pour un exposé sur la production des cellules gliales au cours du développement, se reporter au Chapitre 16 (p. 909).

être ultérieurement rencontrés ailleurs. Après avoir effectué leur dernière division près de la lumière du tube neural, les neurones moteurs qui innervent les membres, par exemple, s'en éloignent radicalement pour se fixer dans la *corne ventrale* de la future moelle épinière (Figure 19-57).

Les somas des cellules nerveuses sont dirigés dans leur migration par une classe particulière de cellules du tube neural, les *cellules gliales radiales* (voir Figure 19-58A). Celles-ci peuvent être considérées comme des cellules permanentes de l'épithélium cylindrique primitif du tube neural qui devient incroyablement tendu, tandis que la paroi du tube s'épaissit : chacune des cellules gliales radiales s'étend de la surface interne à la surface externe du tube, sur une distance qui peut atteindre 2 cm dans le cortex cérébral du cerveau en développement d'un primate. Des reconstitutions en trois dimensions obtenues à partir de coupes sériées en microscopie électronique révèlent que les neurones immatures migrants s'accrochent solidement aux cellules gliales radiales et rampent manifestement à leur surface (Figures 19-58 B et C).

Les cellules gliales radiales restent pendant plusieurs jours — plusieurs mois dans certaines espèces — une population de cellules quiescentes, nettement différentes des neurones et de leurs précurseurs. Parfois, vers la fin du développement, elles disparaissent de la plupart des régions du cerveau et de la moelle épinière : on a suggéré que beaucoup d'entre elles se transformaient en astrocytes, mais ceci n'a pas encore été démontré directement. Ainsi les cellules gliales radiales peuvent être envisagées comme un dispositif de croissance, nécessaire — comme un échafaudage — au processus complexe de construction, mais abandonné dans presque toute la structure finale.

Le caractère et les connexions futures d'un neurone dépendent de sa date de naissance[50,51]

Il existe une relation précise entre la « date de naissance » d'un neurone dans le système nerveux central des vertébrés, et son lieu de repos (un écho, peut-être, de la relation stricte qui existe entre lignée cellulaire et localisation cellulaire observée chez des invertébrés comme les nématodes — voir p. 902). Dans le cortex cérébral, par exemple, les neurones sont disposés en couches selon leurs dates de naissance : les cellules dernières-nées ayant migré au-delà des premières-nées vers la périphérie. Au cours de leur maturation, les cellules de ces couches successives du cortex prendront une forme et une taille différentes, et auront des modes de connexions différents avec les autres cellules. Ainsi, les petites cellules pyramidales, nées tardivement, se trouvent dans une couche externe et allongent leurs axones vers d'autres régions du cortex cérébral, alors que les grandes cellules pyramidales de forme irrégulière, nées plus tôt, se trouvent dans les couches internes et allongent leurs axones vers des régions extérieures au cortex cérébral.

Ces différences sont-elles assujetties à la date de naissance ou à la localisation finale ? La souris *reeler* nous apporte une réponse. Chez ce mutant, qui doit son nom à sa démarche non coordonnée, le mécanisme de migration des cellules nerveuses est défectueux : les cellules dernières-nées se trouvent dans une couche interne et les cellules premières-nées dans une couche externe. Malgré cette inversion de leurs positions normales, les cellules corticales se

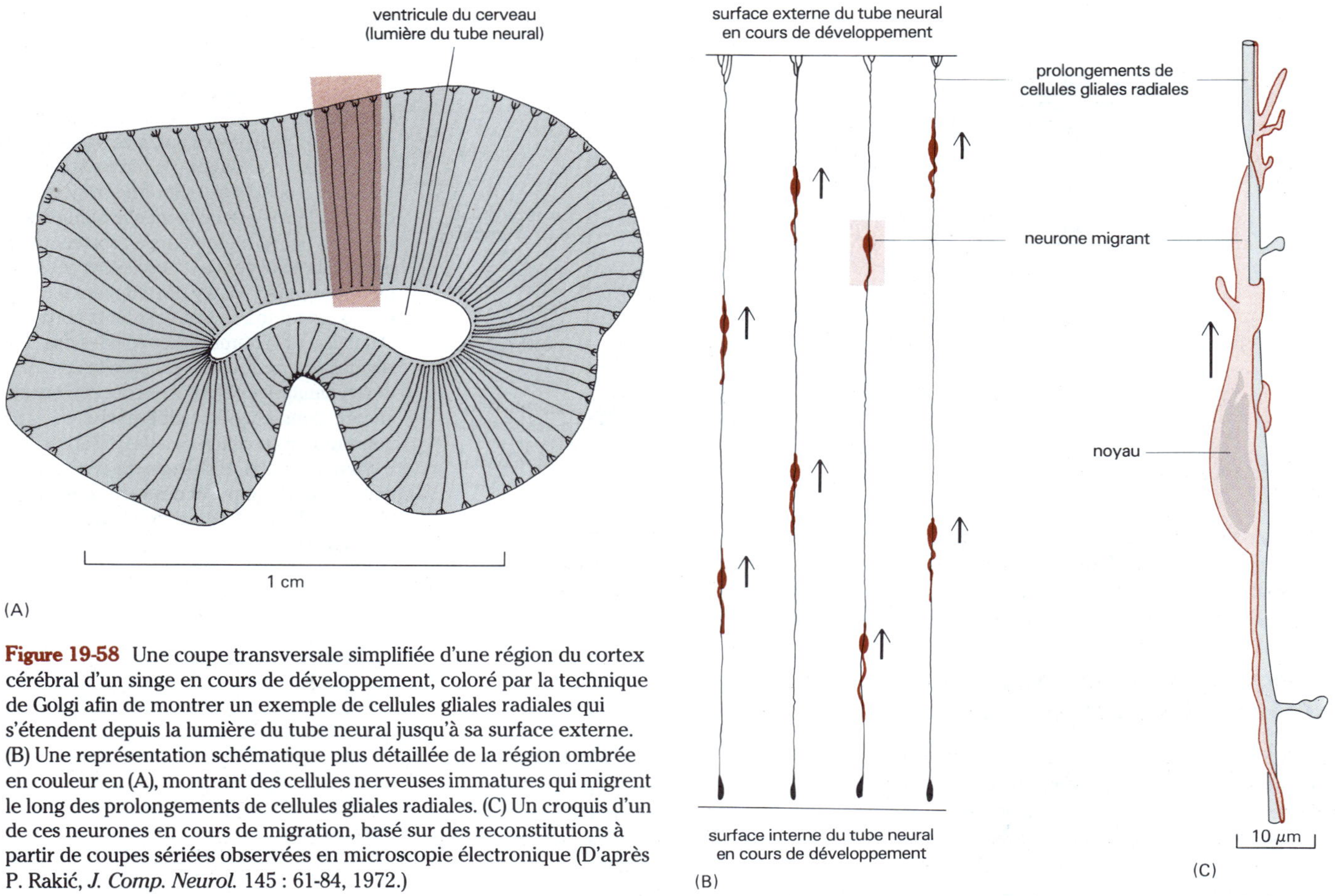

Figure 19-58 Une coupe transversale simplifiée d'une région du cortex cérébral d'un singe en cours de développement, coloré par la technique de Golgi afin de montrer un exemple de cellules gliales radiales qui s'étendent depuis la lumière du tube neural jusqu'à sa surface externe. (B) Une représentation schématique plus détaillée de la région ombrée en couleur en (A), montrant des cellules nerveuses immatures qui migrent le long des prolongements de cellules gliales radiales. (C) Un croquis d'un de ces neurones en cours de migration, basé sur des reconstitutions à partir de coupes sériées observées en microscopie électronique (D'après P. Rakić, *J. Comp. Neurol.* 145 : 61-84, 1972.)

différencient selon leurs dates de naissance ; les cellules dernières-nées deviennent de petits neurones pyramidaux, alors que les cellules premières-nées deviennent de grands neurones pyramidaux ou de forme irrégulière. Dans ce système, par conséquent, le caractère cellulaire est déterminé par la date de naissance plutôt que par la localisation finale (Figure 19-59). De fait, il semble généralement que le caractère d'un neurone est en grande partie dicté par son ascendance et le lieu et la date de sa naissance.

Le caractère intrinsèque de la cellule gouverne à son tour les connexions qu'elle formera — un principe général important dont nous reparlerons plus longuement (voir p. 1118). Ainsi, les neurones mal placés chez la souris *reeler* forment, avec assez peu d'erreurs, les connexions correspondant à leurs dates de naissance plutôt qu'à leurs positions : les petites cellules

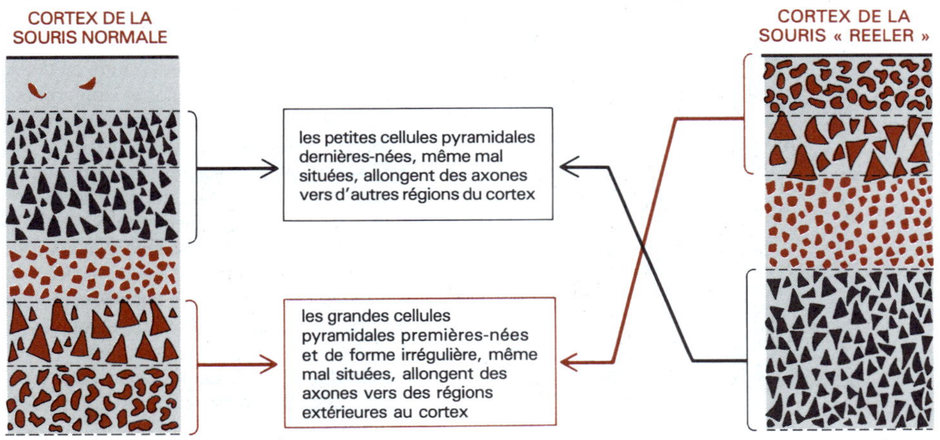

Figure 19-59 Comparaison de la disposition en couches des neurones dans les cortex de souris normale et *reeler*. Chez le mutant *reeler*, un anomalie de la migration cellulaire provoque une inversion approximative de la relation normale qui existe entre la date de naissance et la position des neurones. Les neurones mal placés se différencient néanmoins selon leurs dates de naissance et forment les connexions correspondant à leurs dates de naissance.

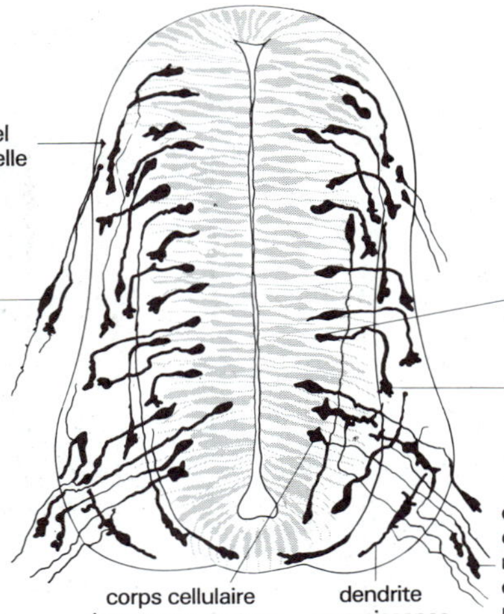

Figure 19-60 Cônes de croissance dans la moelle épinière en cours de développement chez un embryon de poulet de trois jours, vus dans une coupe transversale colorée par la technique de Golgi. Apparemment, la plupart des neurones n'ont, à ce stade, qu'un seul processus allongé — le futur axone. Les cônes de croissance des interneurones restent à l'intérieur de la moelle épinière, ceux des neurones moteurs en sortent (pour tracer leur voie vers les muscles), et ceux des neurones sensoriels s'y développent à partir de l'extérieur (où se trouvent leurs corps cellulaires). De nombreuses cellules des régions plus centrales de la moelle épinière embryonnaire prolifèrent encore et n'ont pas encore commencé à se différencier en neurones ou en cellules gliales. (D'après S. Ramón y Cajal, Histologie du système nerveux de l'homme et des vertébrés. Paris : Maloine, 1909-1911 ; reprinted, Madrid : C.S.I.C., 1972.)

pyramidales allongent des axones vers d'autres régions du cortex, alors que les grandes cellules pyramidales de forme irrégulière allongent leurs axones vers des régions extérieures au cortex. Pour comprendre le mode de formation de telles connexions sélectives, nous devons d'abord étudier le mécanisme de fabrication des axones et des dendrites.

Chaque axone ou dendrite s'allonge au moyen d'un cône de croissance localisé à son extrémité [52]

En général, l'axone puis les dendrites commencent à pousser hors du soma de la cellule nerveuse, peu de temps après qu'elle a atteint sa localisation finale. A l'origine, la séquence d'événements fut observée dans le tissu embryonnaire intact par coloration selon la technique de coloration de Golgi (Figure 19-60). Cette technique, ainsi que d'autres développées ultérieurement, mettent en évidence un élargissement, d'une forme irrégulière et hérissée, à l'extrémité de chaque prolongement de la cellule nerveuse en cours de développement. Cette structure, qui est appelée **cône de croissance**, semble avancer en rampant à travers le tissu environnant. Il comprend à la fois le moteur responsable du mouvement et le système de direction qui guide l'extrémité de chaque prolongement le long de sa trajectoire propre.

La plupart des informations que nous possédons actuellement sur les propriétés des cônes de croissance viennent d'études en culture cellulaire ou tissulaire. Les cellules nerveuses embryonnaires en culture envoient des prolongements qu'il est difficile d'identifier comme axone ou dendrite : on leur a donné le nom diplomatique de *neurite*. Le cône de croissance à l'extrémité de chaque neurite se déplace à une vitesse d'environ 1 mm par jour. C'est une expansion large et plate du neurite, comme la paume d'une main, avec de nombreux et longs *spicules* qui le prolongent comme des doigts (Figure 19-61). Les spicules sont continuellement en activité : certains se rétractent dans le cône de croissance, alors que d'autres s'étendent hors

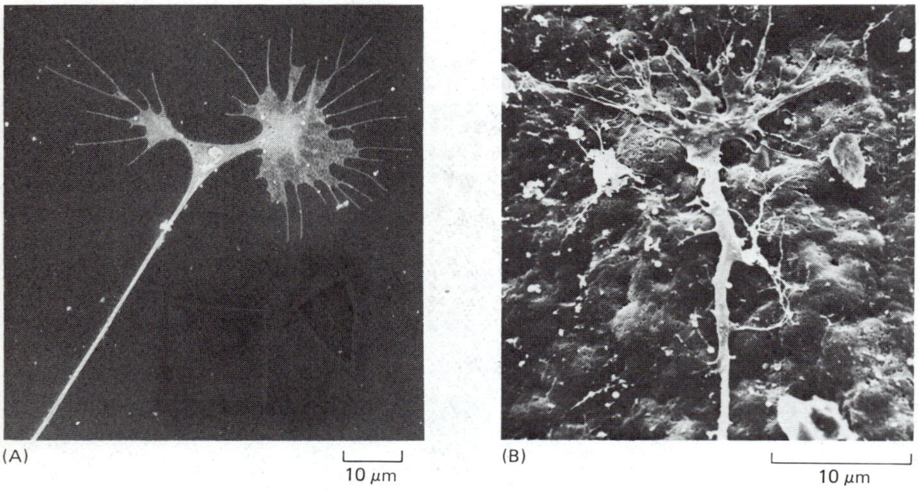

Figure 19-61 (A) Cliché en microscopie électronique à balayage de cônes de croissance à l'extrémité d'un neurite émis par un neurone sympathique de poulet en culture. Un cône de croissance d'abord unique s'est, ici, récemment scindé en deux. Noter les nombreux spicules et l'apparence tendue du neurite due à la tension créée par le mouvement d'avance des cônes de croissance, qui sont souvent les seuls points solides d'attachement au substratum. (B) Cliché en microscopie électronique à balayage du cône de croissance d'un neurone sensoriel *in vivo*, rampant sur la surface interne de l'épiderme d'un têtard de *Xénope*. (A. D'après D. Bray, dans Cell Behaviour, R. Bellairs, A. Curtis et G. Dunn, eds. Cambridge, U.K. : Cambridge University Press, 1982. B, d'après A. Roberts, *Brain Res.* 118 : 526-530, 1976.)

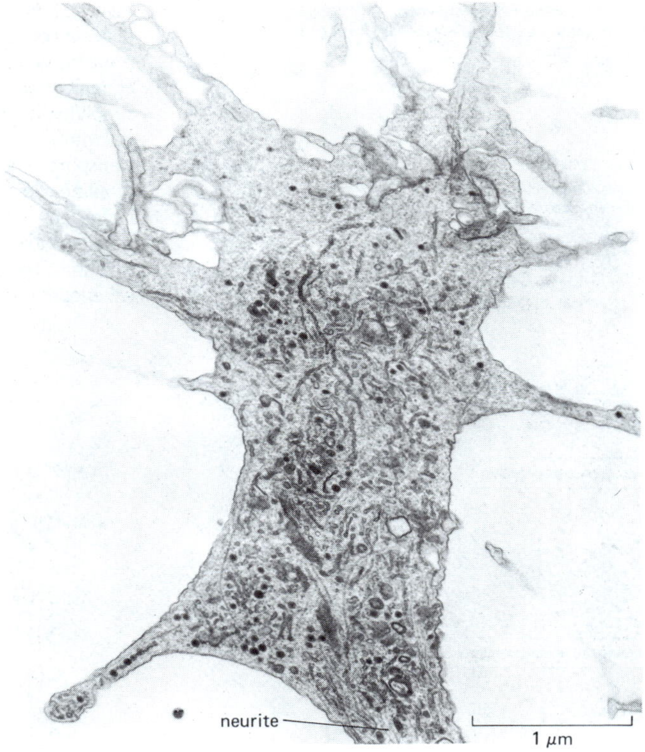

Figure 19-62 Micrographie électronique d'une coupe à travers un cône de croissance montrant les nombreuses vésicules limitées par une membrane et de tailles variées qu'il contient. Ceci reflète probablement un taux élevé d'exocytose et d'endocytose au niveau du cône de croissance. (Avec l'autorisation de Gerald Shaw.)

du cône, ondulent autour, atteignent le support et y adhèrent. Les « palmures » ou « voiles » entre les spicules ont une membrane ondulée (voir p. 638). La microscopie électronique montre que les microtubules et les neurofilaments présents dans le neurite prennent fin dans le cône de croissance, et que la large « paume » est pleine de sacs et de vésicules membraneux aplatis ainsi que de quelques mitochondries (Figure 19-62). Il y a un réseau dense de filaments d'actine qui se trouve immédiatement sous les bords ondulants du cône de croissance et qui remplit les spicules. Toutes ces observations par microscopie suggèrent que le cône de croissance avance en rampant à peu près de la même façon que le bord avant d'une cellule, tel un neutrophile ou un fibroblaste (voir p. 670).

Le cône de croissance est un site d'assemblage de matériaux pour la croissance[53]

En dehors de son rôle de « locomotive » dans l'élongation du neurite, le cône de croissance sert de site de construction mobile où sont insérés de nouveaux composants de la cellule en croissance (Figure 19-63). Les ribosomes d'un neurone en cours de développement étant essentiellement limités au corps cellulaire, ce dernier doit être le site de synthèse des protéines utilisées pour l'élongation du neurite. Une nouvelle membrane est également synthétisée dans le corps cellulaire et transportée, sous forme de petites vésicules, jusqu'au cône de croissance par transport axonal rapide (voir p. 1063). Une fois arrivées là, les vésicules sont insérées dans la membrane plasmique par exocytose. Bien qu'une partie de la membrane soit récupérée par endocytose et recyclée, il y a globalement addition de nouvelle membrane au niveau du cône de croissance. On a pu démontrer ce mode de croissance en observant le déplacement de petites particules de poussière collées à la surface externe du neurone en cours de développement : sur le cône de croissance lui-même, ces particules se déplacent rapidement, mais lorsqu'elles sont fixées à une partie plus proximale du neurite, elles restent immobiles par rapport au corps cellulaire même lorsque le neurite s'allonge. Les microtubules sont des « rails » pour le transport axonal rapide (voir p. 660), et les vésicules membranaires qui voyagent le long de ces rails sont évidemment livrées là où les rails s'arrêtent. Plusieurs expériences semblent indiquer que les microtubules fixent le lieu où les cônes de croissance peuvent exister, et ils le font en contrôlant la livraison de membrane de cette façon.

L'ensemble du cytosquelette doit croître en même temps que les microtubules eux-mêmes. La tubuline est expédiée hors du corps cellulaire par transport axonal lent (voir p. 1063), mais on ne connaît pas avec certitude le lieu où les sous-unités s'assemblent en

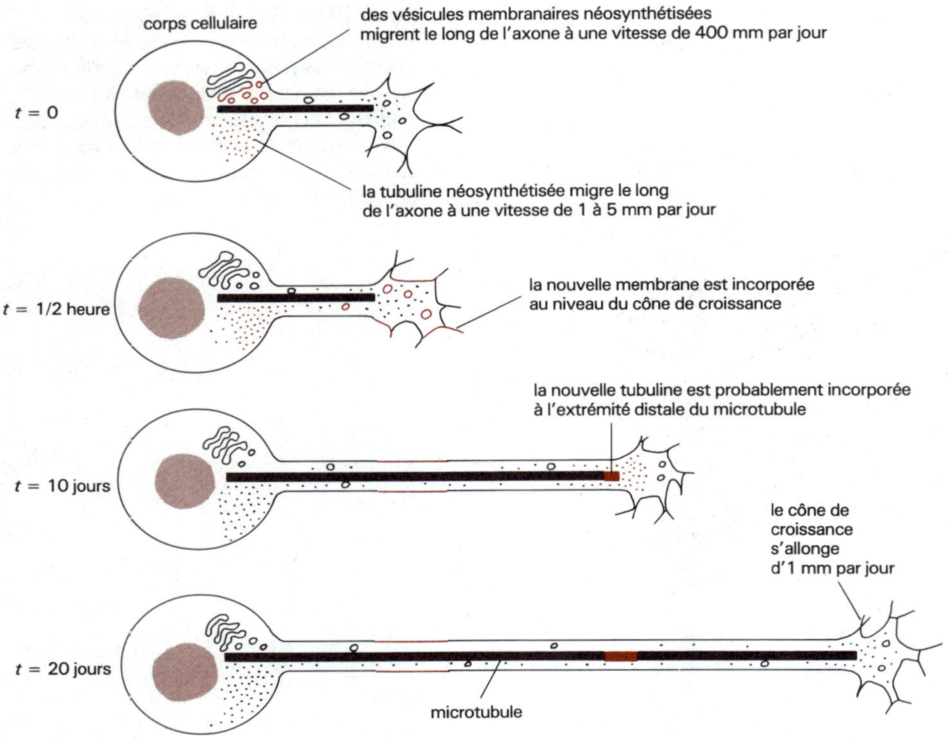

Figure 19-63 La façon dont les matériaux nécessaires à la croissance des neurites sont transmis du soma de la cellule nerveuse au cône de croissance et s'y incorporent. Pour simplifier, un microtubule est représenté. Les microtubules servent de voies pour le transport axonal rapide de membrane. La tubuline elle-même est transportée vers l'extérieur depuis le corps cellulaire par transport axonal lent : le site d'addition des sous-unités pour l'extension des microtubules est encore controversé.

microtubules. On sait toutefois que les microtubules sont généralement orientés de façon à ce que leurs extrémités « plus », ou extrémités à croissance rapide (voir p. 653), soient au niveau du cône de croissance, et que le cône de croissance est exceptionnellement sensible à une application locale de drogues qui interfèrent avec l'assemblage des microtubules. Ceci suggère que les microtubules s'allongent par addition de sous-unités dans le cône de croissance.

Le cône de croissance peut être dirigé *in vitro* par adhérence sélective, par chimiotaxie, et par champs électriques[52,54]

Dans les conditions simplifiées de la culture cellulaire, on peut étudier les mécanismes qui pourraient diriger les mouvements des cônes de croissance chez l'animal. Comme un neutrophile ou un fibroblaste, un cône de croissance confronté à un choix de supports montre une préférence pour la surface à laquelle il peut adhérer le plus solidement (Figure 19-64). Lorsqu'il avance, il allonge continuellement des spicules dans les régions qui se trouvent sur l'avant et sur les côtés. Certains de ces prolongements peuvent entrer en contact avec un substratum moins adhérent, et se rétractent, dans ce cas, assez rapidement ; d'autres entrent en contact

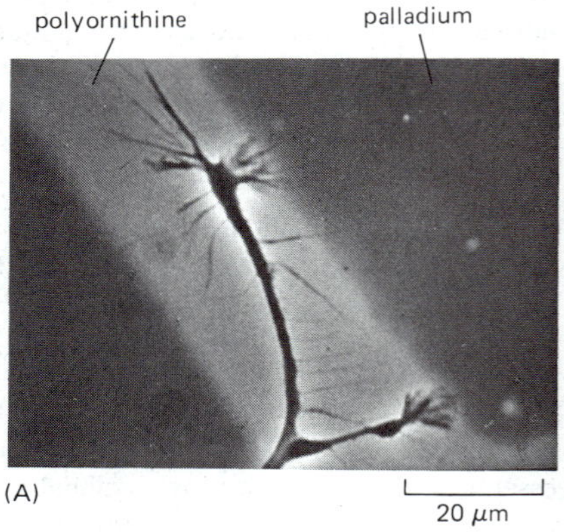

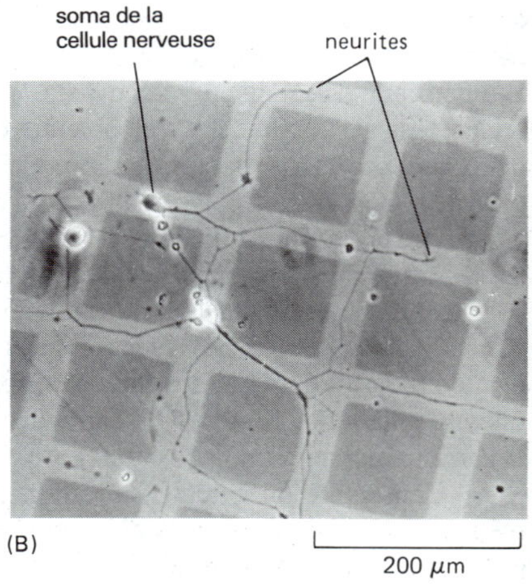

Figure 19-64 On peut offrir aux cônes de croissance un choix de supports en cultivant les cellules dans une boîte dont la surface a d'abord été recouverte de polyornithine et sur laquelle des carrés de palladium ont ensuite été déposés. Comme la surface cellulaire est chargée négativement, ils adhèrent solidement à la polyornithine qui est chargée positivement. Les cônes de croissance migrent le long des travées de polyornithine et restent en dehors du palladium. S'ils avaient à choisir entre le palladium et un support encore moins adhésif, ils se déplaceraient sur le palladium. (A) Cliché en contraste de phase à fort grossissement, montrant les cônes de croissance à la frontière entre deux supports. (B) est un cliché en contraste de phase à plus faible grossissement ; les chemins suivis par les cônes de croissance se retrouvent dans la disposition des neurites étirés derrière eux et qui continuent à adhérer à la polyornithine. (D'après P. Letourneau, *Dev. Biol.* 44 : 92-101, 1975.)

avec un substratum plus adhérent et restent plus longtemps. Il semble que les spicules jouent un rôle d' antennes qui permettent d'explorer les surfaces qui se trouvent dans le voisinage du cône de croissance et de le diriger le long de la voie la plus adhérente.

Toutefois, l'adhésivité du substratum n'est pas la seule influence directrice à laquelle le cône de croissance répond. La forme du support est également importante : les cônes de croissance qui s'accrochent à des fibres, par exemple, tendront à suivre leur orientation — un phénomène connu sous le nom de *guidage de contact*. Il semble que des substances dissoutes dans le liquide extracellulaire jouent aussi un rôle. Par exemple, lorsque l'on met en culture le ganglion embryonnaire contenant les neurones sensoriels qui innerveront la mâchoire, à une distance d'environ un millimètre de l'ébauche de la mâchoire embryonnaire, les neurites s'allongent de façon prédominante dans la direction de l'ébauche de la mâchoire, suggérant que ce tissu cible sécrète des molécules qui ont un effet chimiotactique. Des champs électriques ont également un grand pouvoir d'orientation, provoquant, dans des cultures de cellules nerveuses, la migration des cônes de croissance vers l'électrode négative : un champ aussi faible que 7 mV/mm est efficace.

Bien que de telles expériences de culture montrent quels types de facteurs peuvent diriger les cônes de croissance, elles n'indiquent pas quelles sont les influences importantes chez l'animal en cours de développement. Les cônes de croissance sont-ils normalement contraints de suivre des voies spécifiques, ou vont-ils à la découverte au hasard ? Quelques réponses sont fournies par des études du comportement des cônes de croissance dans leurs environnements naturels.

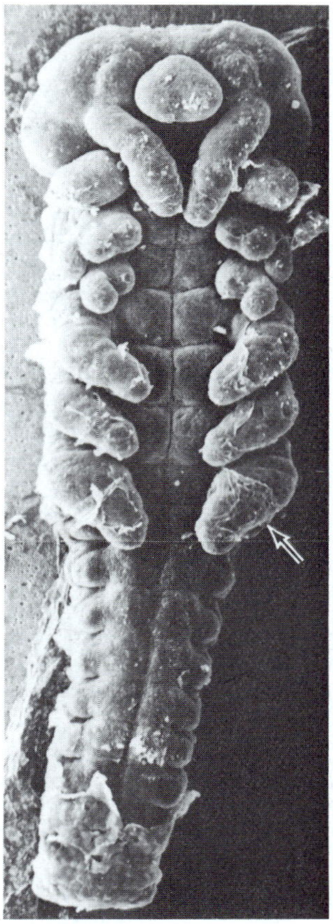

Figure 19-65 Cliché en microscopie électronique à balayage d'un embryon de sauterelle observé du côté ventral, montrant les bourgeons des pattes (*flèche*). (D'après D. Bentley et H. Keshishian, *Science* 218 : 1082-1 088, 1982, Copyright 1982 par AAAS.)

In vivo, le cône de croissance pilote le neurite en cours de développement le long d'une voie définie avec précision : la doctrine de l'haptotaxie [55]

En général, chez les animaux vivants, les cônes de croissance migrent vers leurs cibles le long de voies déterminées avec précision. Le mécanisme détaillé de cette **haptotaxie** (pathway guidance) est difficile à étudier chez la majorité des vertébrés ; il est un peu plus facile à étudier chez certains invertébrés, comme la sauterelle, où l'innervation des pattes en cours de développement a été analysée en détail (Figure 19-65).

Les neurones sensoriels dans une patte de sauterelle proviennent de cellules de l'épithélium de la patte embryonnaire ; les somas des cellules nerveuses restent à la périphérie et renvoient les axones vers le système nerveux central le long de voies en zigzag bien définies. Au départ, ces voies sont suivies, dans chaque bourgeon de patte, par un ou deux axones « pionniers », qui peuvent être sélectivement marqués par des anticorps colorés ou par injection de jaune lucifer dans leurs corps cellulaires. A chaque changement de direction, on voit le cône de croissance pionnier prendre contact avec une cellule signalisatrice ou « borne » spécifique (Figure 19-66), avec laquelle elle forme transitoirement des jonctions de type gap : si le jaune lucifer a été injecté dans l'axone, la cellule signalisatrice sera également fortement colorée. Un cône de croissance pionnier allonge des spicules qui peuvent mesurer jusqu'à 50 ou même 100 μm de long — assez longs pour atteindre la prochaine cellule « borne » le long de la voie. Les spicules qui entrent en contact avec cette cellule particulière sont stabilisés, tandis que les autres se rétractent. De cette façon, le cône de croissance est guidé pas à pas vers le système nerveux central. Si une cellule « borne » spécifique est détruite par un faisceau laser avant que le cône de croissance pionnier ne l'ait atteinte, le cône de croissance s'écarte de sa route en ce point (voir Figure 19-66). Là où il n'y a pas de cellules « bornes » le long de la voie normale, le cône de croissance pionnier est guidé au lieu de cela par des différences progressives de l'adhésivité de la lame basale sur laquelle repose l'épithélium du membre (voir p. 819). Au cours de tous ses voyages, un cône de croissance dépend de molécules spécifiques à sa surface qui lui permettent d'adhérer au substratum approprié. Certaines de ces molécules d'adhérence commencent à être identifiées.

Les cônes de croissance utilisent des molécules d'adhérence spécifiques pour adhérer aux surfaces cellulaires et à la matrice extracellulaire [56]

Une fois que les premiers neurones ont frayé un chemin donné, d'autres neurones suivent par guidage de contact : les cônes de croissance s'accrochent aux neurites existants et migrent le long de ces neurites. C'est une tendance universelle, chez les vertébrés comme chez les invertébrés. Puisque la cohésion entre deux neurites aussi bien qu'entre un neurite et un cône de croissance est solide, il s'ensuit que les fibres nerveuses chez un animal mature se trouvent habituellement groupées en faisceaux serrés et parallèles, ou *fascicules*. Les gros nerfs

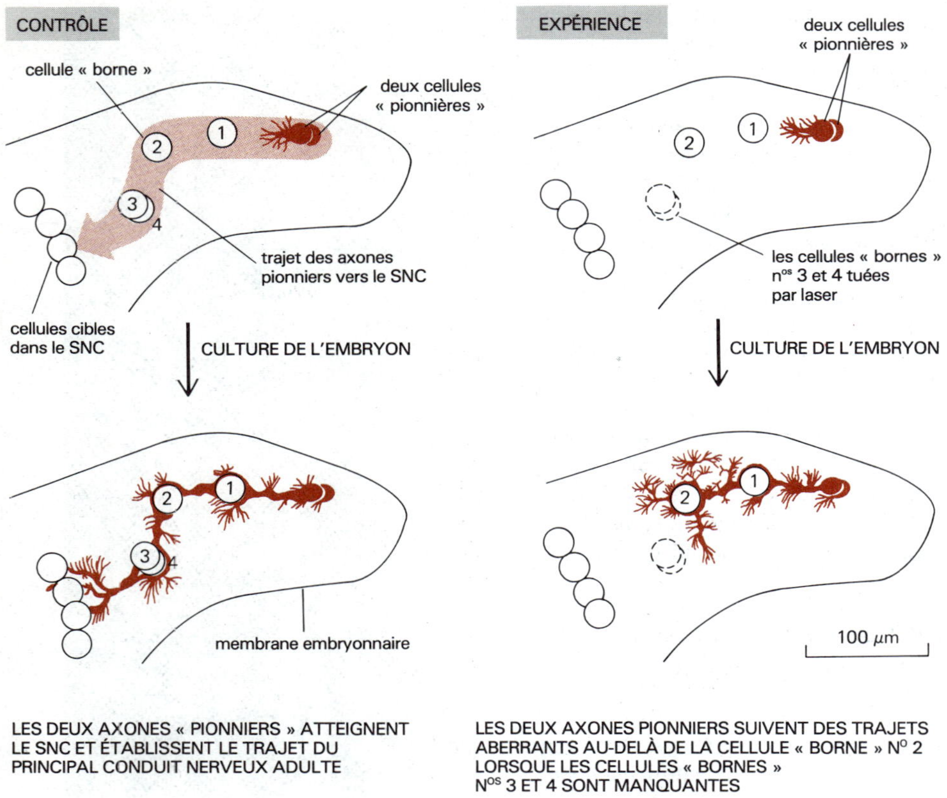

Figure 19-66 Le guidage des axones pionniers par des cellules « bornes » spécifiques dans l'épithélium d'un membre embryonnaire de sauterelle. Si les cellules « bornes » sont détruites, les axones pionniers ne suivent pas leur voie normale. Les cellules « bornes » elles-mêmes sont destinées plus tard à se différencier en neurones dont les axones iront vers le SNC en suivant les routes empruntées par les pionniers. (D'après D. Bentley, et M. Caudy, *Nature*, 304 : 62-65, 1983.)

périphériques d'un vertébré, visibles à l'œil nu, prennent naissance de cette façon (bien que les axones soient ensuite enveloppés et isolés les uns des autres par des cellules de Schwann). On a identifié chez les vertébrés des glycoprotéines membranaires intrinsèques spécifiques qui interviennent dans cette cohésion des neurites. Deux exemples très étudiés sont : la *molécule d'adhérence des cellules neurales*, ou *N-CAM* (voir p. 829) et la *glycoprotéine L1* aussi connue sous le nom de *molécule d'adhérence entre neurones et cellules gliales*, ou *Ng-CAM*. Des anticorps dirigés contre ces glycoprotéines, qui sont des membres de la super-famille des immunoglobulines (voir p. 822 et p. 830) inhibent la tendance qu'ont les neurites en cours de développement à se grouper en fascicules, et on peut montrer qu'ils perturbent le mode normal de croissance de l'axone (à des degrés variés dans différentes régions du système nerveux). N-CAM est non seulement présente sur les neurones, mais aussi sur les cellules gliales et, au cours du développement et de la régénération, sur de nombreuses cellules non neurales, y compris des cellules musculaires. Dans le dernier cas, elle peut aider à attirer les cônes de croissance des neurones moteurs dans des régions où ils doivent former des synapses.

Les cônes de croissance ne sont pas seulement guidés par leur adhérence à la surface d'autres cellules, mais aussi par leur adhérence à divers composants de la matrice extracellulaire. La régénération nerveuse en est un exemple important. Lorsqu'un nerf périphérique est sectionné, les axones se régénèreront généralement en formant des cônes de croissance au niveau de leurs extrémités coupées. Ces cônes de croissance rampent vers des tunnels de lame basale, sécrétés à l'origine par les cellules de Schwann qui gainent les axones dans la partie distale dégénérée du nerf. Il est probable que la *laminine* (voir p. 819), ou un complexe de laminine et d'héparane sulfate, joue un rôle essentiel dans un tel guidage en se liant à des récepteurs matriciels de la famille des *intégrines* (voir p. 822) dans la membrane du cône de croissance. Les deux éléments favorisent la croissance du neurite *in vitro*, et des anticorps qui se lient au complexe laminine/protéoglycanne inhibent la régénération nerveuse chez les animaux.

Bien que des protéines telles que N-CAM, Ng-CAM, et la laminine semblent jouer un rôle important en favorisant l'adhérence cellulaire et en guidant la migration du cône de croissance, elles n'apportent pas une réponse claire à la question cruciale de savoir pourquoi certains cônes de croissance empruntent une voie donnée alors que d'autres en empruntent une autre.

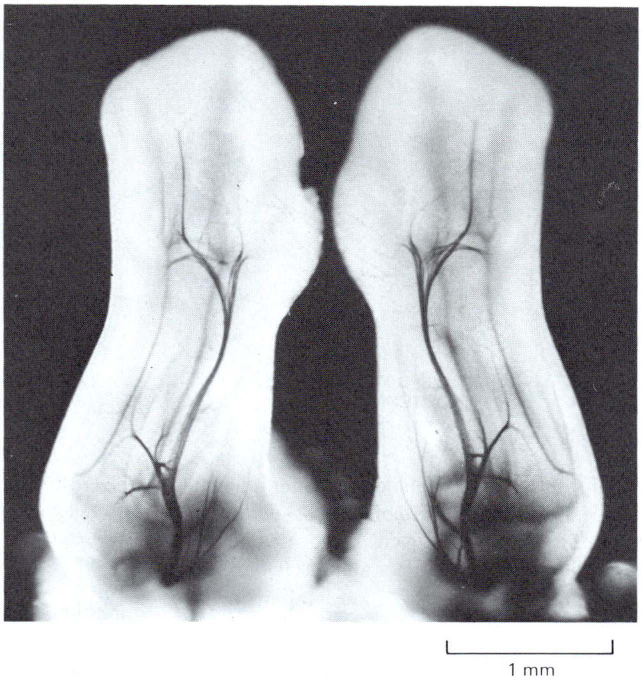

Figure 19-67 Micrographie des ailes d'un embryon de poulet de huit jours, colorées à l'argent, pour montrer la distribution des nerfs. Comparer l'aile droite et l'aile gauche : les nerfs suivent des chemins presque exactement symétriques sur les deux côtés du corps, impliquant l'existence d'un système de guidage précis pour leur croissance. Les cônes de croissance isolés sont confrontés à des choix en des points où les routes se ramifient ; les choix sont faits selon des règles strictes.

La distribution des connexions nerveuses est réglée par la non-équivalence des caractères des neurones : la doctrine de la spécificité neuronale [57]

Dans la patte en cours de développement d'un embryon de poulet, comme dans d'autres systèmes, les axones en cours de croissance sont limités à un ensemble de voies bien défini (Figure 19-67). Ces chemins se ramifient en cours de route, avec des branchements différents qui mènent à des cibles différentes. Chaque cône de croissance est ainsi confronté à une succession de choix au niveau d'embranchements successifs. Les choix sont faits selon des règles précises, avec, pour conséquence, un système de connexions très ordonné qui s'établit entre les neurones et leurs cellules cibles. On peut repérer les connexions par la technique de marquage à la peroxydase du raifort (voir p. 1064), qui montre que les somas des neurones moteurs innervant un muscle donné se trouvent groupés en un site de la moelle épinière qui est le même chez tous les animaux mais qui diffère selon les muscles (Figure 19-68).

Comment le chemin est-il choisi ? Les cônes de croissance sont-ils d'une façon ou d'une autre canalisés vers leurs différentes destinations comme une conséquence directe de leurs différentes positions de départ, comme des conducteurs sur une autoroute à plusieurs voies où il est interdit de changer de voie ? Cette hypothèse a été contrôlée en coupant une petite partie du tube neural d'un embryon à un stade précoce, avant le début de la croissance axonale et en le remplaçant par son axe antéropostérieur opposé. Ainsi les précurseurs des neurones qui

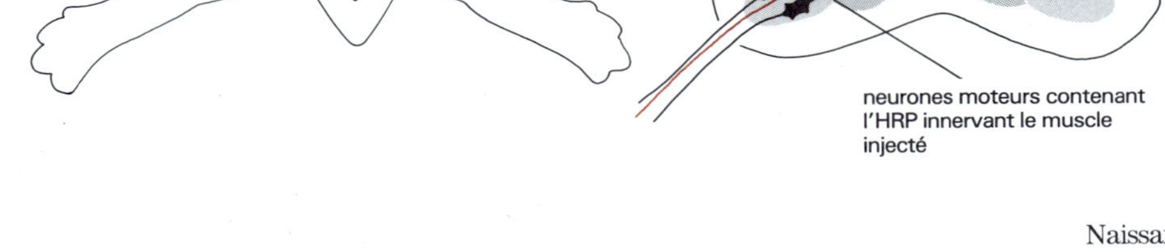

Figure 19-68 L'utilisation du transport rétrograde de la peroxydase du raifort (HRP) peut être utilisée pour identifier, dans la moelle épinière, les neurones moteurs qui innervent un muscle particulier. Pour plus de clarté, les tailles des neurones moteurs sont exagérées dans la coupe transversale, et seuls trois d'entre eux sont représentés ; en réalité, chaque muscle est pourvu d'un nerf qui contient les prolongements de nombreuses cellules nerveuses (typiquement quelques centaines) dont les corps cellulaires sont groupés dans la moelle épinière.

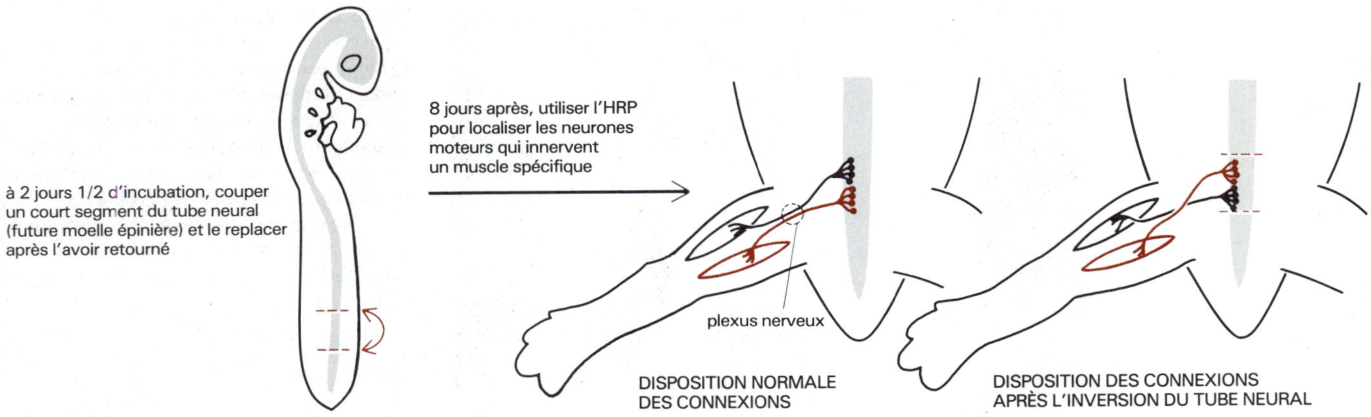

Figure 19-69 Représentation schématique d'une expérience sur l'embryon de poulet qui démontre que les neurones moteurs, même lorsqu'ils sont mal placés, envoient néanmoins leurs axones aux muscles appropriés à leurs positions d'origine dans la moelle épinière de l'embryon. Noter que les axones des neurones moteurs, à différents niveaux le long de la moelle épinière, sont rassemblés dans un plexus à la base du membre et ensuite à nouveau séparés pour innerver leur cible particulière. Un cône de croissance qui traverse la région du plexus a devant lui un choix important de cibles disponibles.

étaient à l'origine destinés à innerver le muscle A, furent mis à la place des neurones qui étaient à l'origine destinés à innerver le muscle B et vice versa. Dans de telles conditions, en admettant que le changement de position ne soit pas trop extrême, les cônes de croissance des neurones mal placés auront coutume de suivre des voies modifiées pour s'associer au muscle correspondant à leur position *initiale* dans le tube neural. Ceci implique que les neurones moteurs destinés à innerver des muscles différents ne sont pas équivalents (voir p. 915) ; comme les neurones du cortex cérébral de la souris *reeler*, on ne les distingue pas uniquement les uns des autres par leurs positions, mais aussi par leurs propriétés chimiques intrinsèques. Une telle absence d'équivalence entre les neurones est couramment désignée sous le nom de **spécificité neuronale**. Comme nous l'avons vu au Chapitre 16, les cellules du tissu conjonctif dans différentes régions du bourgeon de la patte sont également non équivalentes et peuvent fournir les marqueurs qui permettent à un cône de croissance particulier de sélectionner un embranchement particulier du « système d'autoroutes ».

Dans le système nerveux central, il existe également des preuves, chez les vertébrés comme chez les invertébrés, que des sous-ensembles particuliers de neurones ou de cellules gliales présentent des marqueurs spécifiques qui sont reconnus par d'autres neurones et aident ainsi à diriger le formation de connexions nerveuses sélectives. Mais, jusqu'à présent, on dispose de très peu d'informations sur les molécules impliquées dans le système nerveux central ou périphérique.

Les tissus cibles libèrent des facteurs neurotrophiques qui contrôlent la croissance et la survie des cellules nerveuses [58]

Au cours de la partie initiale de son voyage, le cône de croissance est généralement guidé par les tissus qu'il traverse. En approchant de sa destination, il se retrouve sous l'influence de la cible elle-même, souvent avant même que le contact intercellulaire ait eu lieu, par l'action de *facteurs neurotrophiques* qui proviennent des cellules cibles. Comme nous l'avons vu dans l'exemple du ganglion trigéminal qui innerve la mâchoire embryonnaire, de tels facteurs peuvent servir de substances attractives chimiotactiques pour les cônes de croissance. Plus fondamentalement toutefois, ils contrôlent la *survie* des cônes de croissance, des ramifications axonales et des neurones entiers.

Le premier facteur neurotrophique qui fut identifié, et qui est de loin le mieux caractérisé, est connu simplement sous le nom de **facteur de croissance nerveux** ou « nerve growth factor » (**NGF**). Il fut découvert par accident au cours d'expériences de transplantation de tissus étrangers et de tumeurs dans des embryons de poulet. L'innervation des transplants d'une tumeur particulière devint exceptionnellement dense et ceux-ci provoquèrent une extension impressionnante de certains groupes de neurones périphériques au voisinage de la greffe. Seules deux catégories de neurones furent touchées : les *neurones sensoriels* et les *neurones sympathiques* (une sous-classe de neurones périphériques autonomes qui contrôlent les contractions du muscle lisse et la sécrétion des glandes exocrines). Des extraits solubles provenant de la tumeur stimulaient aussi la croissance de neurites à partir de ces neurones en culture. Des travaux ultérieurs montrèrent qu'un tissu particulier, la glande salivaire de la souris mâle, produit le même facteur en quantités considérables. Ce caprice de la nature est encore troublant, puisqu'il n'y a aucune relation évidente entre la production massive de NGF par les cellules de la glande salivaire de souris mâle et les fonctions principales du facteur, mais il a permis de purifier le NGF en quantités suffisantes pour découvrir ses propriétés chimiques et étudier ses fonctions.

On trouva que la molécule active était un dimère protéique composé de deux chaînes polypeptidiques identiques de 118 acides aminés de long. Une fois le NGF purifié, il était possible de produire des anticorps pour bloquer son activité. Si l'on administre des anticorps anti-NGF à des souris dont le système nerveux est toujours en cours de développement, la majorité des neurones sympathiques et certains neurones sensoriels meurent.

De plus, en culture les neurones sympathiques et certains neurones sensoriels meurent en absence de NGF ; si le NGF est présent, ils survivent et déploient des neurites (Figure 19-70). La survie neuronale et la production de neurites représentent deux effets distincts du NGF. Ceci a été clairement démontré en plaçant des cellules dans le compartiment central d'une boîte de culture à trois compartiments, dont les compartiments latéraux sont séparés du compartiment central par des barrières qui empêchent le mélange des milieux des trois compartiments mais permettent aux neurites de passer (Figure 19-71). Si le NGF est présent dans les trois compartiments, les neurites s'allongent dans les trois compartiments. Si le NGF est absent d'un des compartiments latéraux, aucun neurite ne s'allongera dans ce compartiment ; et si la totalité du NGF est retiré de l'un des compartiments latéraux lorsqu'il y a déjà des neurites, ils dépériront et se rétracteront au-delà de la séparation. Les cellules situées dans le compartiment central ne survivront ni ne déploieront de neurites à moins que le NGF soit initialement présent ; mais si ces trois compartiments contiennent à l'origine du NGF et si celui-ci est ensuite retiré du compartiment central lorsque les neurites se sont déployés dans les compartiments latéraux, les cellules survivent et la croissance des neurites continue dans les compartiments latéraux.

Ainsi, le NGF agit à la fois localement à la périphérie de la cellule, entretenant et stimulant les neurites et les cônes de croissance qui lui sont exposés, et centralement, comme un facteur de survie, pour toute la cellule. L'effet local sur les cônes de croissance est direct, rapide, et indépendant de la communication avec le corps cellulaire ; lorsqu'un milieu contenant du NGF est remplacé par un milieu dépourvu de NGF, les cônes de croissance privés de NGF stoppent leurs déplacements en une minute ou deux. En dehors de leur réponse directe au NGF, les cônes de croissance des cellules sensibles au NGF prélèvent le NGF par endocytose dans des vésicules, qui sont renvoyées par transport rétrograde vers le corps cellulaire, où le NGF (ou quelque messager intracellulaire) exerce probablement son action sur la survie cellulaire.

Figure 19-70 (A) Photographies en microscopie à fond noir d'un ganglion sympathique cultivé pendant 48 heures avec (*en haut*) ou sans (*en bas*) NGF. La croissance des neurites, à partir des neurones sympathiques, ne s'effectue qu'en présence de NGF dans le milieu. Chaque culture contient aussi des cellules de Schwann qui ont migré hors du ganglion ; celles-ci sont insensibles au NGF. (B) Photographies en microscopie à contraste de phase montrant le comportement de neurones sensoriels cultivés pendant 24 heures avec du NGF (*gauche*), dans un milieu témoin sans NGF (*centre*), ou dans un milieu contenant un extrait de muscle squelettique (*droite*). Les neurones sensoriels que l'on voit dans la rangée supérieure de photos font partie d'un groupe qui normalement innerve principalement la surface du corps (mais qui envoient aussi quelques fibres vers le muscle squelettique et ailleurs) ; la majorité de ces cellules répondent au NGF comme les neurones sympathiques en (A). Les neurones sensoriels dans la rangée inférieure de photos font partie d'un groupe qui innerve normalement le muscle squelettique (pour fournir une rétroaction sensorielle) ; ceux-ci sont insensibles au NGF mais répondent fortement à un extrait préparé à partir du muscle squelettique. (A, avec l'autorisation de Naomi Kleitman ; B, d'après A.M. Davies, *Dev. Biol.* 115 : 56-67, 1986.)

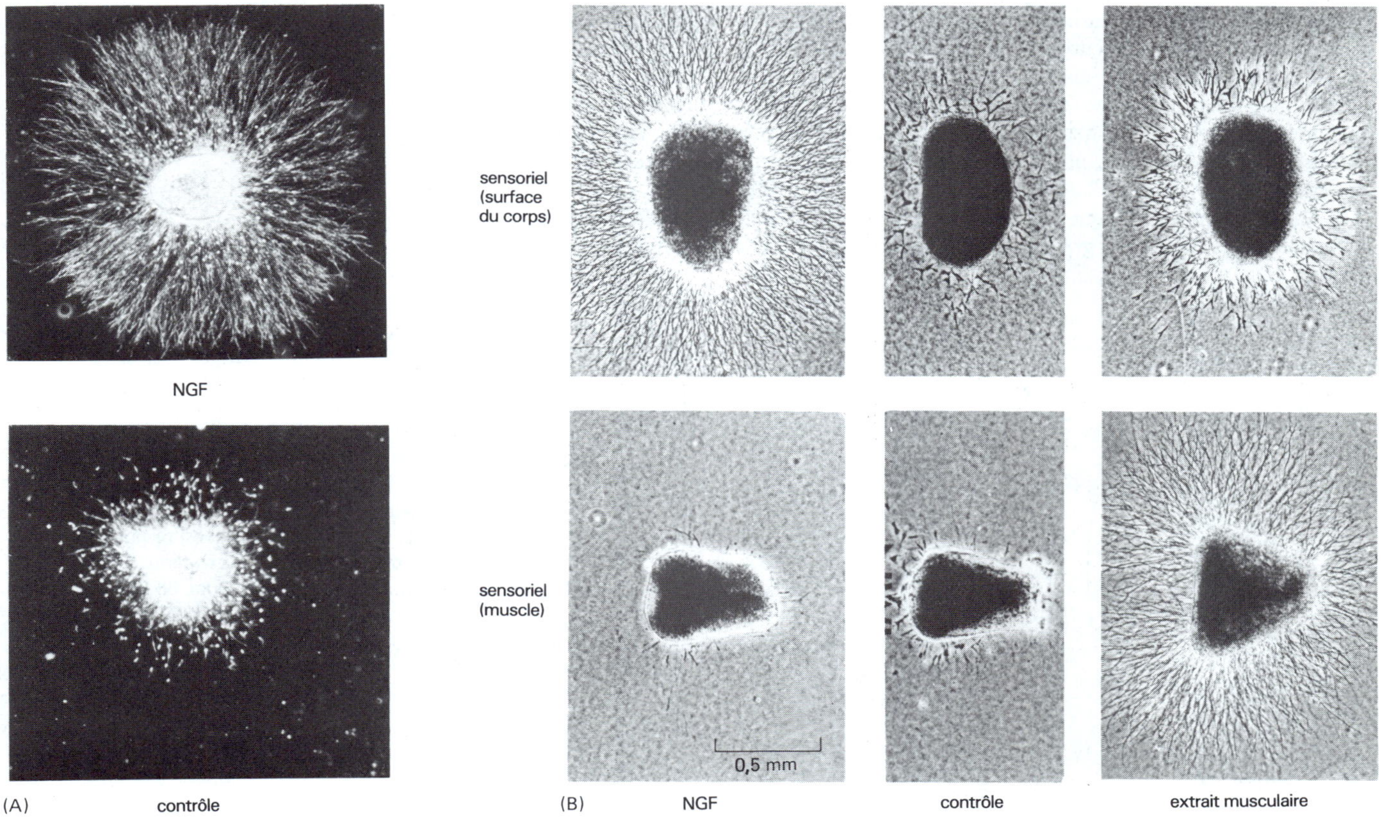

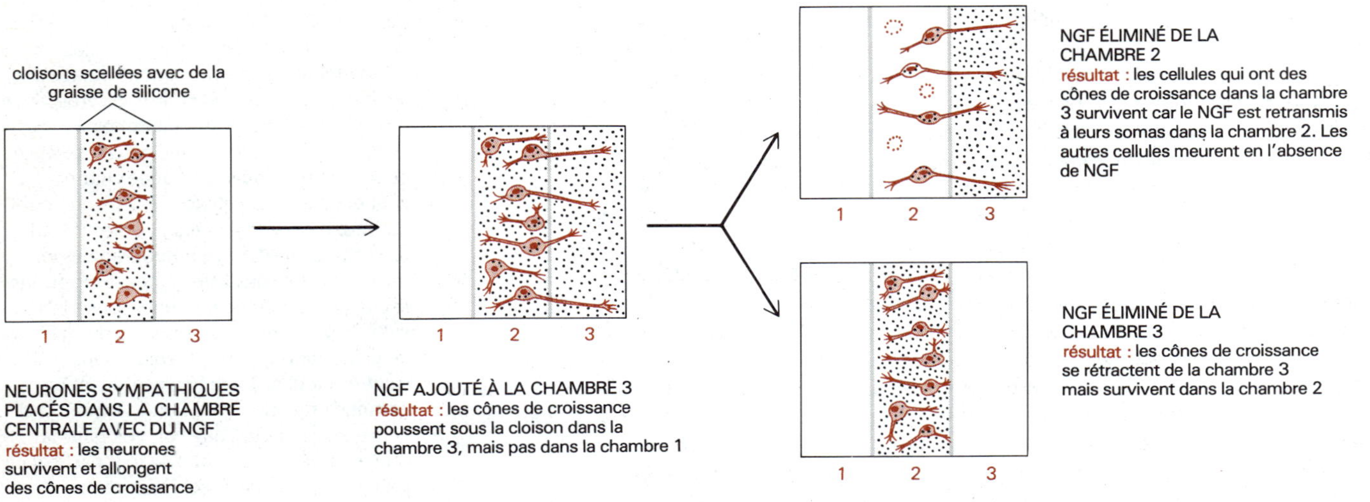

Figure 19-71 Représentation schématique d'expériences en culture cellulaire démontrant que les neurones sympathiques, en dehors de leur besoin en NGF pour survivre, ne peuvent allonger des cônes de croissance et conserver des neurites que dans les régions où le NGF est présent. Noter que la survie neuronale ne nécessite pas de NGF dans le voisinage du corps cellulaire tant que la cellule possède un neurite qui s'étend dans une région qui contient du NGF.

La mort neuronale règle le nombre des neurones qui survivent suivant la quantité de cible[59]

Chez un vertébré, les ganglions spinaux sensoriels sont formés selon un mode de segmentation régulier correspondant aux catégories de vertébrés. Chaque ganglion est constitué d'un groupe de neurones sensoriels dérivés de la crête neurale, chaque neurone allongeant un neurite vers la périphérie du corps et un autre vers la moelle épinière. Les ébauches de ganglions ont d'abord toutes la même taille, mais chez l'animal mature, les ganglions qui innervent les régions du corps auxquelles sont attachés des membres sont beaucoup plus gros et contiennent plus de neurones que les ganglions qui innervent les segments thoraciques, dépourvus de membres (Figure 19-72). La mort neuronale est la cause essentielle de cette disparité ; une plus grande proportion de neurones ganglionnaires meurent au niveau thoracique. Si l'on élimine un bourgeon de membre en le sectionnant à un stade précoce, la taille des ganglions adjacents est réduite à celle des ganglions thoraciques ; réciproquement, si l'on greffe un bourgeon de membre supplémentaire sur le thorax embryonnaire, il devient innervé et un nombre anormalement élevé de neurones ganglionnaires survivent à cet endroit. On suppose que le contrôle de la survie des neurones ganglionnaires suivant la quantité de tissu cible se fait en grande partie par l'intermédiaire du NGF sécrété par la cible. Si l'on injecte une quantité supplémentaire de NGF dans l'embryon au cours de la période appropriée du développement, une grande proportion des neurones ganglionnaires thoraciques qui auraient dû mourir, sont sauvés, comme le sont les neurones ganglionnaires adjacents à un bourgeon de membre amputé.

Il peut sembler prodigue de former un excédent de neurones puis d'ajuster leur nombre à la quantité de tissu cible, grâce à la mort neuronale. Cependant, cette stratégie est triviale

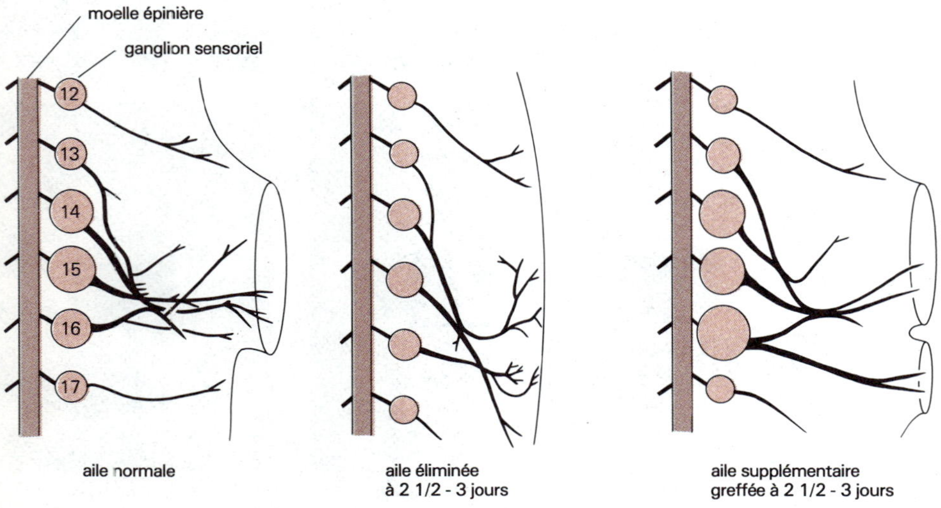

Figure 19-72 Le contrôle de la survie des cellules nerveuses dans les ganglions sensoriels spinaux d'un embryon de poulet. Les ganglions spinaux (*colorés*) et les nerfs (*noirs*) sont dessinés d'après des embryons de 8 à 9 jours. La taille de chaque ganglion reflète le nombre de neurones qui ont survécu, qui, à son tour, est gouvernée par la quantité de tissu qui est disponible pour être innervée par le ganglion. (D'après V. Hamburger, *J. Exp. Zool.* 68 : 449-494, 1934, et *J. Exp. Zool.* 80 : 347-389, 1939.)

dans l'ensemble du système nerveux des vertébrés — dans le groupe des cellules sensorielles comme dans celui des cellules motrices, et dans les systèmes nerveux central aussi bien que périphérique. Environ 50 p. cent de tous les neurones moteurs qui envoient des axones vers les muscles squelettiques, par exemple, meurent au cours du développement embryonnaire moins de quelques jours après avoir établi le contact avec leurs muscles cibles. Une variété de facteurs trophiques dérivés des cellules cibles, analogues au NGF, paraissent régler la survie neuronale dans ces systèmes. La stratégie a plusieurs avantages principaux. Premièrement, elle fournit un système automatique pour corriger les variations des tailles relatives des différentes parties du corps. Deuxièmement, elle facilite l'évolution : si des mutations modifient la taille d'une des parties du corps, il y aura une rectification automatique du nombre des neurones qui y sont connectés sans que d'autres mutations soient nécessaires pour modifier les programmes qui engendrent les neurones. Finalement, un petit nombre de facteurs neurotrophiques, comme le NGF, peuvent régler l'appariement quantitatif individuel d'un grand nombre de cibles et de sources d'innervation, même si le système de connexions est très complexe. Grâce au transport axonal, le facteur produit par une cible donnée est livré sélectivement aux neurones qui innervent cette cible et non aux autres neurones qui peuvent avoir des corps cellulaires pareillement localisés et des récepteurs analogues, mais qui envoient leurs axones ailleurs. Ainsi, la mort neuronale réglée par des facteurs de croissance neurotrophiques peut aider à établir des correspondances précises et détaillées entre les densités cellulaires dans différentes parties du système nerveux.

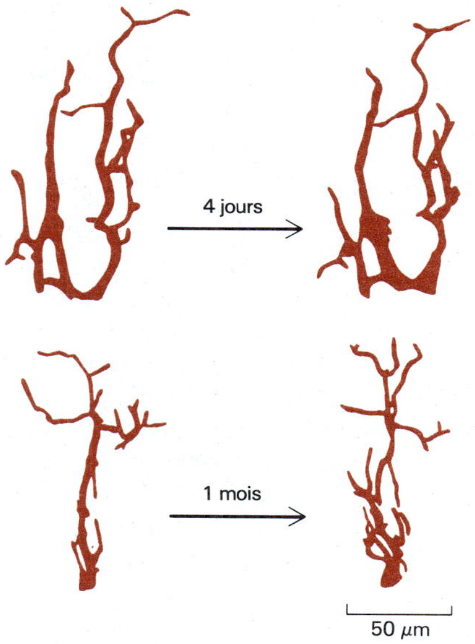

Figure 19-73 Remodelage des dendrites de neurones dans le ganglion cervical supérieur (autonome) d'une souris. Le ganglion est dénudé par dissection soigneuse sur un animal anesthésié, et un colorant fluorescent est injecté dans l'un des somas de cellules nerveuses afin de révéler ses dendrites. La blessure est ensuite recousue, et, après quelques jours ou quelques semaines, la dissection est répétée et le colorant est reinjecté dans le même neurone. Les illustrations du haut et du bas représentent deux neurones laissés au repos pendant différentes périodes de temps. Plus l'intervalle entre la première et la seconde injection est long, plus la modification que l'on observe dans la distribution des dendrites de la cellule est importante. (Reproduit avec la permission de D. Purves et R.D. Hadley, *Nature* 315 : 404-406, 1985. Copyright © 1985 Macmillan Journals Limited.)

Des connexions neuronales sont établies et rompues toute la vie durant[60]

Même dans un tissu nerveux normal et intact, les dendrites et les terminaisons axonales se rétractent et repoussent continuellement. Dans un ganglion autonome mature de souris, par exemple, on peut voir des neurones isolés déterminés dont certaines ramifications dendritiques se rétractent et d'autres bourgeonnent sur une période d'un mois (Figure 19-73). Un tel remaniement se produit lentement et de façon limitée dans des circonstances normales, mais il intervient d'une façon frappante lorsqu'une certaine proportion de cellules cibles dans un tissu sont privées d'innervation. Dans le cas d'un muscle squelettique, ceci peut être obtenu en sectionnant un certain nombre, mais pas la totalité, des axones qui l'innervent. Les fibres musculaires énervées sécrètent alors apparemment un « facteur de bourgeonnement » diffusible, qui stimule un bourgeonnement abondant de nouveaux cônes de croissance à partir des terminaisons axonales qui survivent sur les fibres musculaires innervées voisines (Figure 19-74). Les facteurs de bourgeonnement produits par un muscle squelettique énervé n'ont pas encore été identifiés, mais, dans le cas du muscle lisse, on a montré que le NGF joue un rôle tout à fait analogue. L'énervation conduit à une augmentation de la quantité de NGF disponible provenant du muscle lisse (en partie du moins car il y a moins de terminaisons nerveuses transportant le NGF à distance), et l'excès de NGF stimule la croissance des axones vers le muscle de façon à rétablir son innervation.

Il est clair que le NGF agit chez l'animal comme il le fait dans une boîte de culture, à la fois comme un facteur de survie, pour déterminer quelles cellules vivront ou mourront, et comme un stimulus local pour l'activité du cône de croissance, afin de contrôler le bourgeonnement des terminaisons axonales. Le premier mode d' action est dominant au cours du développement ; le second est important pendant toute la vie. Mais les deux tendent vers un même but : ils ajustent l'importance de l'innervation aux besoins de la cible. Des preuves de l'existence d'autres facteurs de croissance neurotrophiques, qui remplissent des fonctions

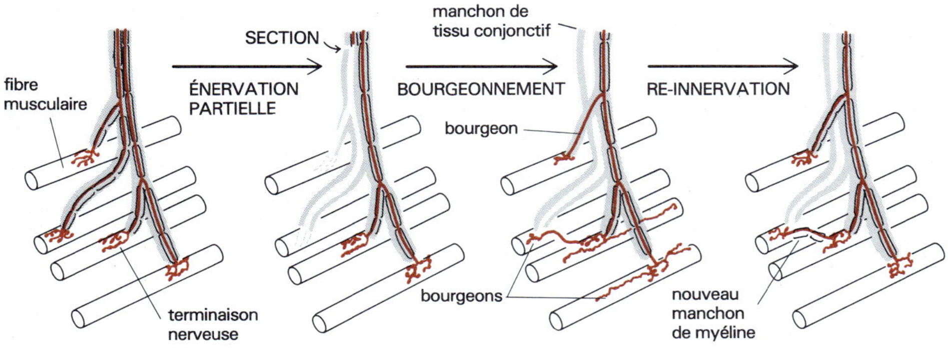

Figure 19-74 En sectionnant certains des axones qui innervent un muscle squelettique, il est possible de priver d'innervation certaines des cellules musculaires, tout en laissant intacte l'innervation d'autres cellules musculaires adjacentes. Les axones sectionnés dégénèrent, bien qu'ils n'aient subi aucun préjudice direct, les axones qui survivent sont incités à bourgeonner là ou ils sont proches de fibres musculaires énervées. En un mois ou deux, les bourgeons qui ont trouvé leur chemin vers des sites vacants sur les fibres musculaires énervées y ont formé des synapses stables, restaurant leur innervation, et les autres bourgeons se sont rétractés. De tels phénomènes suggèrent que les fibres musculaires énervées libèrent un « facteur de bourgeonnement » diffusible. (Reproduit avec l'autorisation de M.C. Brown, R.L. Holland, et W.G. Hopkins, *Ann. Rev. Neurosci.* 4 : 17-42, 1981. 1981 © par Annual Reviews Inc.)

analogues par rapport à d'autres catégories de cellules nerveuses, s'accumulent rapidement (voir Figure 19-70). Nous verrons, dans le paragraphe suivant, que de tels facteurs peuvent aussi intervenir dans certains des effets importants de l'activité électrique dans le mode de développement des connexions nerveuses.

Résumé

Le développement d'un système nerveux peut être commodément divisé en trois phases qui se chevauchent partiellement. Dans la première phase, les neurones sont formés par des programmes finis de prolifération cellulaire, et les nouvelles cellules migrent depuis leurs lieux de naissance pour se fixer avec ordre en d'autres emplacements. Dans la seconde phase, les axones et les dendrites s'allongent à partir des corps cellulaires au moyen de cônes de croissance. Les cônes de croissance se déplacent le long de voies précisément déterminées, guidés en grande partie par des interactions de contact avec d'autres surfaces cellulaires ou avec des composants de la matrice extracellulaire. Les neurones qui doivent se lier à des cibles différentes se comportent comme s'ils avaient intrinsèquement des caractères différents (la spécificité neurale), exprimés par des caractéristiques de surface distinctives qui permettent à leurs cônes de croissance de sélectionner des chemins différents. Au bout de son chemin, un cône de croissance rencontre la cellule cible avec laquelle il doit former une synapse, et se trouve assujetti à des facteurs neurotrophiques qui proviennent de la cible. Ceux-ci gouvernent le bourgeonnement et le mouvement du cône de croissance dans le voisinage de la cible et contrôlent également la survie du neurone dont dérive le cône de croissance. De ces deux façons, les facteurs neurotrophiques, comme le facteur de croissance nerveux (NGF), règlent la densité d'innervation des tissus cibles. Dans la troisième phase du développement neural, qui sera étudiée dans le prochain paragraphe, des synapses se forment et l'organisation des connexions est agencée par des mécanismes qui dépendent de l'activité électrique.

Formation et élimination des synapses [61]

La rencontre d'un cône de croissance avec sa cellule cible est un moment décisif du développement neuronal : le cône de croissance et la cellule cible subissent tous les deux une transformation et la communication synaptique peut commencer. Mais le processus de développement ne s'arrête pas là : beaucoup des synapses formées initialement sont ensuite éliminées, et de nouvelles synapses se forment ailleurs sur la même cellule cible. Cette réorganisation locale de l'agencement des connexions synaptiques fournit une occasion pour la correction des erreurs et le réglage fin ; en premier lieu, le système est grossièrement mis en place lorsque les cônes de croissance migrent le long de voies spécifiques à proximité de leurs cellules cibles ; puis, des connexions synaptiques préliminaires se forment, permettant aux cellules pré- et postsynaptiques de communiquer ; enfin, les connexions initiales sont révisées et ajustées par des mécanismes qui nécessitent à la fois des facteurs neurotrophiques et des signaux électriques sous forme de potentiels d'action et de transmission synaptique. Ainsi, des stimuli externes qui excitent l'activité électrique dans le système nerveux peuvent influer sur le développement du schéma des connexions neurales.

Dans cette partie du chapitre, nous étudierons les événements moléculaires de la formation des synapses, les règles qui décident de la formation ou de l'élimination des synapses, et le rôle joué par l'activité électrique dans le contrôle de ces processus. Nous commencerons par les synapses qui se forment entre les neurones moteurs et les cellules du muscle squelettique, car ce sont les mieux connues.

Le contact synaptique induit la mise en place des éléments responsables de la transmission dans l'axone en croissance comme dans la cellule cible [62]

C'est en culture que l'on observe le mieux les événements précoces de la formation des synapses neuromusculaires. Dans ces conditions, il est possible de voir que la majorité du mécanisme moléculaire de la transmission synaptique est présent avant même qu'un cône de croissance ait établi un contact avec une cellule musculaire. Lorsque le cône de croissance avance en rampant, il libère par impulsions de très petites quantités d'acétylcholine en réponse à une excitation électrique du soma de la cellule nerveuse (Figure 19-75). Sa membrane contient déjà des canaux Ca^{2+} réglés par la tension pour coupler l'excitation à la sécrétion, et ces canaux servent aussi à propager les potentiels d'action le long du neurite embryonnaire (qui est, au départ, dépourvu de canaux Na^{+}). Avant son innervation, la cellule musculaire contient déjà

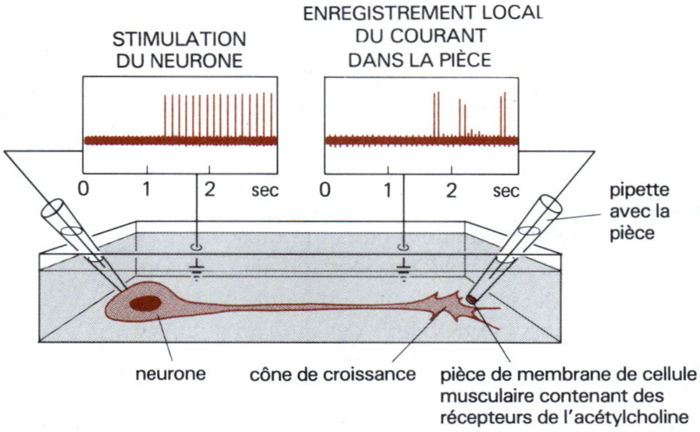

Figure 19-75 Une expérience *in vitro* montrant qu'un neurone moteur en cours de croissance libère de l'acétylcholine par impulsions à partir de son cône de croissance en réponse à une stimulation du corps cellulaire. On détecte les quantités minimes d'acétylcholine libérées en mesurant leur effet sur le courant au travers d'une pièce isolée de membrane de cellule musculaire, riche en récepteurs de l'acétylcholine, et couvrant l'extrémité d'une pipette. La libération de l'acétylcholine à partir du cône de croissance est beaucoup moins abondante et moins fiable que la libération à partir d'une terminaison synaptique mature.

des récepteurs pour l'acétylcholine et répond à l'acétylcholine par dépolarisation et contraction.

On peut démontrer l'existence d'une forme assez inefficace de transmission synaptique dans les minutes qui suivent le premier contact du cône de croissance avec la cellule musculaire. Cependant, pour former une synapse mature, le cône de croissance et la cellule cible doivent tous les deux développer des spécialisations structurales et biochimiques — un processus qui prend généralement plusieurs jours. Le cône de croissance stoppe ses déplacements, accumule des vésicules synaptiques, et construit des « zone actives » pour la libération rapide et localisée d'acétylcholine (voir p. 1078). La cellule musculaire concentre ses récepteurs à l'acétylcholine au niveau de la synapse et les élimine d'autres régions de sa membrane plasmique. Comment s'effectue ce réarrangement des récepteurs du neurotransmetteur ? La question est aussi pertinente pour les neurones que pour les cellules musculaires, puisque les neurones aussi, comme nous l'avons vu, doivent être capables de concentrer des classes particulières de récepteurs et de canaux ioniques dans des régions spécifiques de leurs membranes plasmiques pour être fonctionnels dans la signalisation et le traitement mathématique.

Les récepteurs de l'acétylcholine diffusent dans la membrane de la cellule musculaire et se fixent au niveau de la synapse en cours de formation [63]

Dans une cellule musculaire adulte, la concentration des récepteurs de l'acétylcholine au niveau de la synapse est plus de mille fois supérieure à ce que l'on trouve dans tout autre endroit de la membrane plasmique. Des expériences d'extinction de fluorescence (voir p. 295) montrent que les récepteurs au niveau de la synapse sont attachés sur place et ne sont pas libres de diffuser dans le plan de la membrane. Dans une cellule musculaire embryonnaire non innervée, par contre, les récepteurs sont initialement distribués sur toute la surface et diffusent plus librement. Lorsqu'un axone moteur établit un contact avec la cellule musculaire, ces récepteurs de l'acétylcholine commencent à s'agréger en deçà de la terminaison axonale ; de plus, des récepteurs de l'acétylcholine néosynthétisés sont alors préférentiellement insérés au niveau de la synapse en cours de développement (Figure 19-76). Les récepteurs se fixent en cet endroit — peut-être en adhérant les uns aux autres, ou bien en s'ancrant au cytosquelette sous-jacent ou à la matrice extracellulaire juxtaposée. Des études sur la régénération des connexions neuromusculaires ont fourni quelques renseignements importants, comme la façon dont la terminaison axonale repère le site de la synapse.

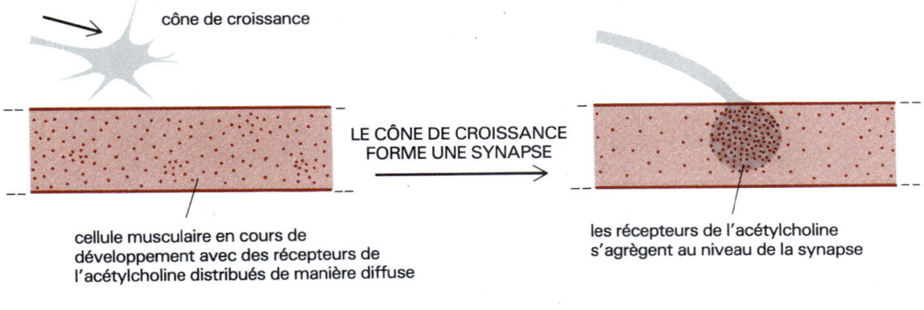

Figure 19-76 L'agrégation des récepteurs de l'acétylcholine dans la membrane d'une cellule musculaire en cours de développement au niveau du site où une terminaison axonale motrice établit un contact pour former une synapse. L'agrégation dépend en partie de la diffusion des récepteurs vers ce site à partir de régions voisines de la membrane de la cellule musculaire, et en partie de l'insertion de récepteurs néosynthétisés dans la membrane en cet endroit. L'agrégation au niveau de la synapse semble être indépendante de la libération du neurotransmetteur par la terminaison nerveuse, puisqu'elle a également lieu en présence d'agents qui bloquent les potentiels d'action dans les cellules nerveuses ainsi qu'en présence de fortes concentrations d'α-bungarotoxine dans le milieu extracellulaire (l'α-bungarotoxine est un poison extrait du venin de serpent qui se lie aux récepteurs de l'acétylcholine et bloque leur interaction avec l'acétylcholine). Les récepteurs agrégés au niveau de la synapse y sont piégés d'une façon ou d'une autre ; ils ont une vitesse de renouvellement beaucoup plus faible que celle des récepteurs localisés ailleurs dans la membrane, survivant au moins 5 jours avant d'être dégradés et remplacés.

Le site d'une synapse neuromusculaire se distingue par une spécialisation persistante de la lame basale[64]

Chaque cellule musculaire dans un muscle adulte est enveloppée dans une lame basale (voir Figures 19-16 et 19-18A). Si le muscle est gravement endommagé, il dégénère et meurt, et des macrophages y pénètrent pour éliminer les débris. Cependant, la lame basale reste et fournit un échafaudage à l'intérieur duquel de nouvelles fibres musculaires peuvent être construites à partir des cellules souches survivantes (voir p. 986). De plus, même si une fibre musculaire et sa terminaison axonale ont été toutes deux détruites, le site de l'ancienne jonction neuromusculaire se distingue encore de l'aspect strié de la lame basale à cet endroit. Cette *lame basale de jonction* a un caractère chimique particulier, et il est possible d'obtenir des anticorps qui s'y fixent sélectivement. Singulièrement, c'est la lame basale de jonction qui contrôle la localisation des autres composants de la synapse.

Une série d'expériences chez les amphibiens a permis de démontrer l'importance de la lame basale au niveau de la jonction neuromusculaire. En détruisant à la fois les cellules nerveuses et musculaires, ne laissant qu'une enveloppe vide de lame basale, il est facile de montrer que les molécules d'acétylcholinestérase qui hydrolysent l'acétylcholine libérée par la terminaison axonale sont attachées dans la lame basale de jonction. De plus, la lame basale de jonction maintient la terminaison nerveuse en place : si la cellule musculaire est détruite et non le nerf, la terminaison nerveuse reste attachée à la lame basale pendant de nombreux jours. D'autre part, la digestion de la lame basale par la collagénase provoque le détachement de la terminaison axonale même si la cellule musculaire est encore présente.

De fait, il apparaît que la lame basale peut par elle-même diriger la régénération d'une terminaison axonale. Ceci fut démontré en détruisant à la fois le muscle et le nerf et en permettant au nerf de se régénérer tandis que la lame basale reste vide : un axone en cours de régénération cherche normalement le site synaptique initial et s'y différencie en terminaison synaptique. La lame basale de jonction contrôle aussi la localisation des récepteurs de l'acétylcholine au niveau de la région synaptique. Si le muscle et le nerf sont tous les deux détruits, mais que l'on permet alors au muscle de se régénérer tandis que l'on empêche le nerf de le faire, les récepteurs de l'acétylcholine synthétisés par le muscle régénéré se localisent essentiellement dans la région des anciennes jonctions, même si le nerf est absent (Figure 19-77). Comme l'on pouvait s'y attendre, des extraits préparés à partir de la lame basale de jonction contiennent une protéine, appelée *agrine*, qui favorise le regroupement des récepteurs dans des cellules musculaires en culture.

Il est clair qu'à son site de jonction avec une cellule musculaire, une terminaison axonale dépose, ou fait déposer par la cellule musculaire, des macromolécules spécialisées, y compris l'agrine, qui stabilisent la connexion synaptique. Le rôle de la lame basale n'est cependant

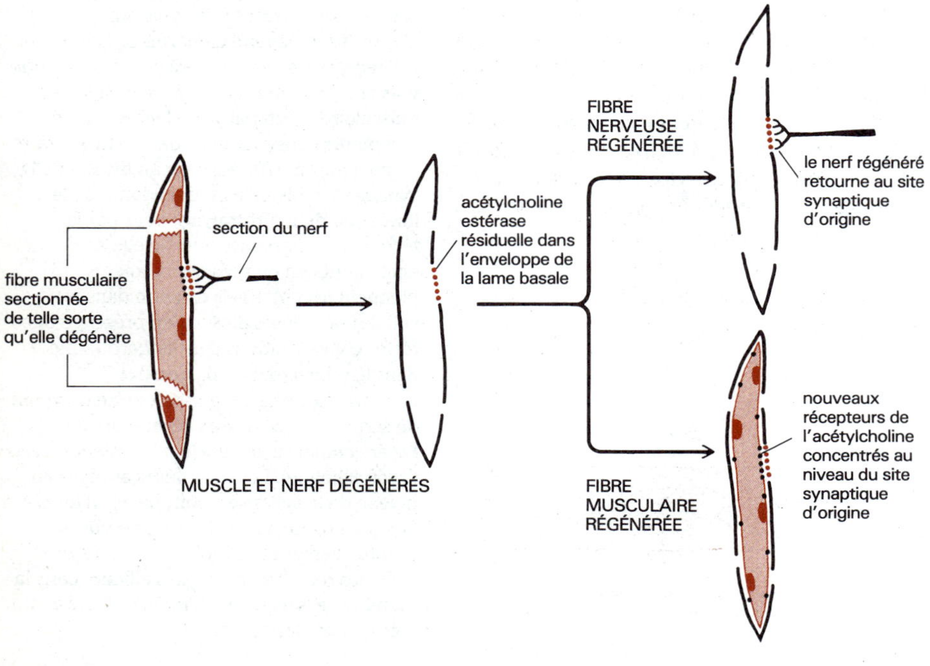

Figure 19-77 Expérience montrant que le caractère spécialisé de la lame basale au niveau de la jonction neuromusculaire contrôle la localisation des autres composants de la synapse.

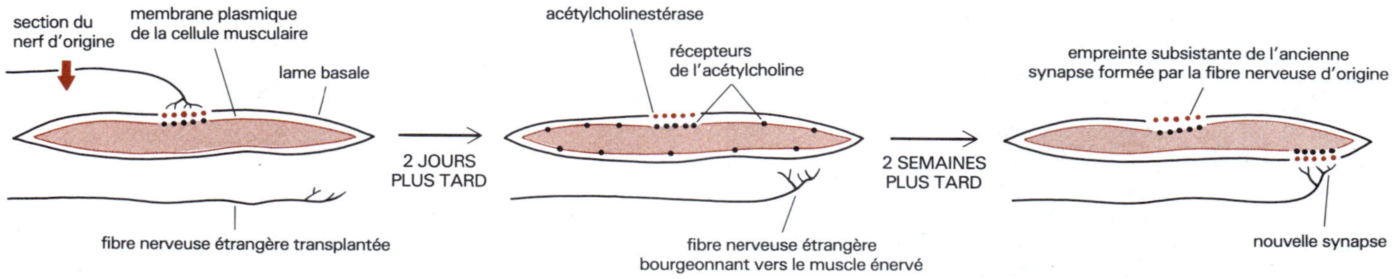

Figure 19-78 Une expérience réalisée sur le muscle solaire d'un rat, démontrant la façon dont une cellule musculaire devient réceptive à la formation de synapses par la transplantation d'une fibre nerveuse étrangère lorsque (et seulement dans ce cas) le nerf d'origine est sectionné. Noter que la distribution des récepteurs à l'acétylcholine dans la membrane de la cellule musculaire varie par suite de l'énervation : il y a distribution de nouveaux récepteurs extra-jonctionnels sur toute la surface de la cellule, bien que la concentration des récepteurs reste particulièrement élevée au niveau du site de l'ancienne jonction neuromusculaire. L'excitabilité électrique de la membrane change également après l'énervation, par l'apparition d'une nouvelle classe de canaux réglés par la tension qui sont assez résistants à la tétrodotoxine.

qu'une partie de l'histoire de la formation des synapses neuromusculaires. Car les rencontres entre axone et cellule musculaire ne conduisent pas toutes à la formation d'une synapse, pas plus que les synapses néoformées ne sont toutes absolument stables.

La réceptivité d'une cellule musculaire est contrôlée par son activité électrique[63,65]

Si un nerf de rat est sectionné et que l'extrémité coupée est déviée de façon à se retrouver sur un muscle adjacent sain et normal, les axones sectionnés se régénèreront et pousseront sur la surface de ce muscle ; mais aussi longtemps que le propre apport nerveux du muscle est intact, ces axones étrangers n'établiront pas de contact avec les cellules musculaires individuelles, et n'y formeront pas de synapses. Si le nerf normal du muscle est alors sectionné, il se produit des changements étonnants. En quelques jours, les cellules musculaires modifient leurs propriétés membranaires et leur métabolisme : en particulier, de grandes quantités de nouveaux récepteurs de l'acétylcholine sont synthétisés et insérés dans la membrane de chaque cellule musculaire sur la totalité de sa surface, la rendant hypersensible à l'acétylcholine. Au même moment, les cellules musculaires deviennent réceptives à la formation de nouvelles synapses par les axones étrangers qui ont poussé sur la surface du muscle. Bien que les axones montrent une préférence pour les sites où des synapses existaient auparavant, ils peuvent également former des synapses en de nouveaux emplacements sur les cellules musculaires. Une fois les synapses formées, la distribution diffuse des récepteurs de l'acétylcholine disparaît, comme dans le développement embryonnaire, ne laissant une forte concentration de récepteurs qu'au niveau des sites des synapses (Figure 19-78).

Une cellule musculaire énervée est privée des stimulations de son nerf, et c'est apparemment le manque d'activité électrique dans la cellule musculaire qui est responsable des modifications décrites plus haut, ainsi que de la libération du « facteur de bourgeonnement » mentionné précédemment (voir p. 1121). Il est possible de simuler tous ces effets de l'énervation, qui rendent le muscle plus réceptif à la formation des synapses, par l'application d'un anesthésique local sur le nerf intact, bloquant ainsi la stimulation du muscle. Réciproquement, si un muscle énervé est stimulé artificiellement par des électrodes implantées, il y a suppression de la sensibilité extrajonctionnelle à l'acétylcholine et prévention de la formation de nouvelles synapses. Normalement, l'activité électrique provoquée par un neurone qui a déjà établi une synapse, empêche la cellule musculaire de recevoir une innervation supplémentaire indésirable.

De manière analogue, l'activité électrique règle l'élimination des synapses au cours du développement. Chez l'embryon, où de nombreuses terminaisons nerveuses rencontrent une cellule musculaire non innervée plus ou moins simultanément, il se forme initialement un important excès de connexions nerveuses. La distribution adulte, dans laquelle chaque cellule musculaire ne reçoit normalement qu'une seule synapse, se fait en deux étapes distinctes séparées dans le temps. La première implique la mort des neurones moteurs excédentaires (*mort neuronale*) ; la seconde implique l'élagage des ramifications axonales (*élimination synaptique*).

L'activité électrique dans le muscle influe sur la survie des neurones moteurs embryonnaires[59,66]

Comme nous l'avons déjà mentionné, environ 50 p. cent des neurones moteurs embryonnaires meurent peu de temps après l'établissement des jonctions neuromusculaires. Cette mort des neurones excédentaires est empêchée si l'on bloque la transmission neuromusculaire au moyen d'une toxine telle que l'α-bungarotoxine, et est augmentée si le muscle reçoit une stimulation électrique directe. Ces découvertes suggèrent que l'activité électrique dans le muscle contrôle la production d'un facteur neurotrophique musculaire nécessaire à la survie des neurones moteurs embryonnaires. Par analogie avec le NGF, il se pourrait que ce facteur soit identique au « facteur de bourgeonnement » vraisemblablement responsable du bourgeonnement des terminaisons axonales vers une cellule musculaire énervée. Un muscle qui est inactif, soit par blocage de la transmission synaptique, soit par défaut d'innervation, produirait le facteur en grande quantité pour signaler son besoin d'innervation ; l'activation électrique du muscle, soit par stimulation artificielle, soit par décharge spontanée des neurones moteurs qui l'innervent, diminuerait la production du facteur, et certains des jeunes neurones moteurs, chez l'embryon, mourraient au cours de la compétition pour le peu qu'il y a.

L'activité électrique règle l'élimination compétitive des synapses selon une règle de synchronisation de l'activité synaptique [61,67]

Même après la disparition de la moitié des neurones moteurs embryonnaires, les muscles en cours de développement conservent un grand excès d'afférences synaptiques. Chaque neurone moteur se ramifie abondamment, formant des synapses sur de nombreuses cellules musculaires ; une cellule musculaire typique se retrouve innervée par les ramifications de plusieurs neurones. Pour parvenir à la configuration adulte, il faut que toutes les synapses, sauf une, soient éliminées sur chaque cellule musculaire. Le processus d'**élimination synaptique** au cours du développement a été bien étudié dans le muscle solaire de la patte de rat, où une moyenne d'environ trois neurones moteurs innervent chaque cellule musculaire à la naissance. Au cours des 2 ou 3 semaines suivantes, chaque neurone rétracte une grande partie de ses ramifications terminales jusqu'à ce que chaque cellule musculaire ne soit innervée que par une seule ramification d'un seul axone moteur (Figure 19-79).

Si l'excédent de ramification axonale était éliminé au hasard, certaines cellules musculaires se retrouveraient sans aucune synapse, alors que d'autres en conserveraient plusieurs. Le fait que chaque cellule musculaire conserve exactement une synapse implique que le processus d'élimination synaptique soit compétitif. De fait, l'élimination synaptique compétitive dans l'ensemble du système nerveux est l'un des processus les plus importants gouvernant le développement des connexions neurales, et, comme nous le verrons plus tard, leur modification ultérieure par l'apport de l'environnement. Bien que les mécanismes moléculaires de l'élimination synaptique compétitive ne soient pas compris, la compétition semble être, dans la plupart des cas, gouvernée par un ensemble de principes simples et généraux, applicables à la fois aux synapses neuromusculaires et aux synapses interneuronales.

Premièrement, lorsque la compétition a lieu, elle comporte une part de hasard ; mais l'issue finale est nette, et chaque synapse survit ou est complètement éliminée. Deuxièmement, la compétition n'a généralement lieu qu'entre des synapses assez rapprochées et sur la même cellule cible. Ainsi, dans le développement normal d'une cellule typique du muscle squelettique de mammifère, l'ensemble des terminaisons nerveuses afférentes forment initialement des synapses dans la même petite région de la « plaque motrice », et elles entrent ensuite en compétition jusqu'à ce qu'il n'en reste plus qu'une. Lorsque l'on induit la formation de

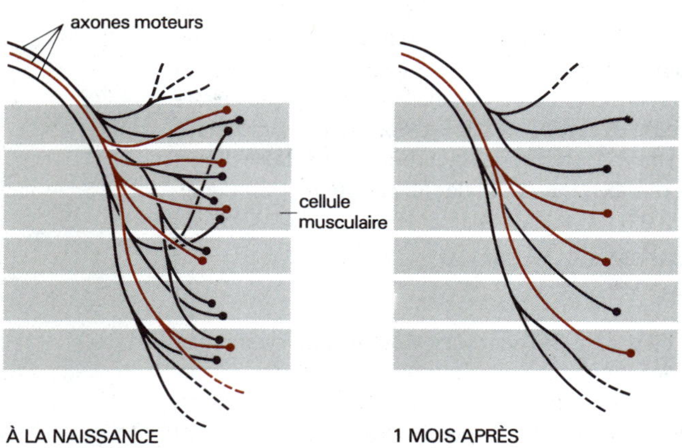

Figure 19-79 Elimination de l'excédent de synapses dans un muscle squelettique de mammifère pendant la période qui suit la naissance. Dans ce schéma, pour plus de clarté, seule une fraction du nombre total des branchements terminaux de chaque axone moteur est représentée. En réalité, dans un muscle mature, un axone moteur unique se ramifie pour innerver plusieurs centaines de fibres musculaires. Toutes les ramifications axonales qui innervent une cellule musculaire immature forment généralement leurs synapses dans le même étroit voisinage sur la cellule musculaire et sont en compétition jusqu'à ce qu'il ne reste plus qu'une synapse.

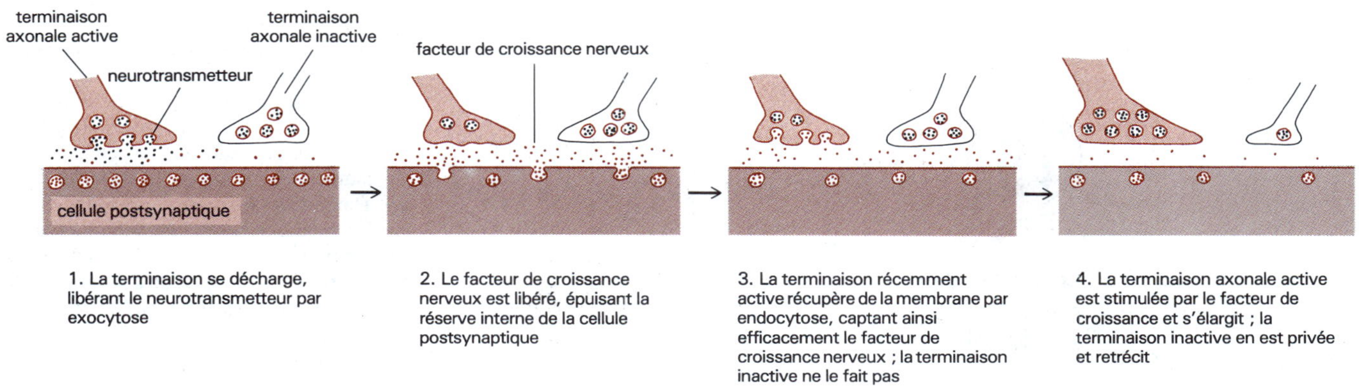

Figure 19-80 Un des nombreux mécanismes moléculaires supposés qui pourraient être à l'origine de la règle de synchronisation de l'activité électrique. Le maintien d'une synapse dépend d'un facteur de croissance nerveux libéré depuis la cellule postsynaptique. La libération est localement déclenchée par la stimulation électrique qui suit l'émission d'un potentiel d'action au niveau de la synapse ; à d'autres moments, il y a une libération spontanée de plus faible amplitude. Le facteur est capté dans les terminaisons axonales actives depuis peu pendant la récupération de la membrane par endocytose qui suit immédiatement l'exocytose du neurotransmetteur (voir p. 1079). Les terminaisons axonales qui absorbent le facteur par endocytose répondent par l'augmentation et le dépôt de matériaux qui renforcent la liaison synaptique. Plus le muscle est fréquemment stimulé, plus sa réserve interne de facteur s'épuise et plus la vitesse de libération spontanée est faible en absence de stimulation. Ainsi, des terminaisons axonales inactives qui sont en compétition avec des terminaisons actives ne reçoivent pas le facteur de croissance adéquat et rétrécissent donc pour être finalement éliminées. Deux terminaisons axonales qui sont actives à des moments différents seront en compétition pour la quantité limitée de facteur de croissance que contient la cellule postsynaptique. Si des terminaisons de taille importante absorbent une plus grande quantité de facteur de croissance, qui les rend encore plus volumineuses, l'issue d'une telle compétition peut dépendre de légères différences de la taille initiale.
Une autre hypothèse propose que la stimulation de la cellule postsynaptique provoque la libération locale ou l'activation d'une protéase qui tend à détruire les synapses inactives, mais contre laquelle des synapses actives depuis peu sont protégées, d'une façon ou d'une autre.

nombreuses synapses sur la même cellule en des sites séparés d'1 mm ou plus, l'innervation multiple est conservée.

Troisièmement, et c'est le principe le plus important pour le sujet de ce paragraphe, l'élimination compétitive des synapses dépend de l'activité électrique dans les axones comme dans les cellules cibles qu'ils innervent. Par exemple, l'élimination synaptique est retardée si l'on bloque l'excitation d'un muscle en cours de développement par un anesthésique local appliqué au nerf ou par l'α-bungarotoxine appliquée au niveau de la jonction neuromusculaire. De plus, dans la majorité des systèmes étudiés, si certains des axones innervants sont paralysés alors que d'autres restent actifs, les axones actifs acquièrent le contrôle d'un nombre plus important de cellules cibles. Tout se passe comme si, dans le voisinage d'une synapse active, la cellule cible stimulée produisait quelque chose qui tende à détruire les autres synapses dans cette région de sa surface, ou ne pouvait produire quelque chose qui est nécessaire à leur maintien.

Mais ceci est paradoxal. Si la stimulation synaptique de la cellule cible repousse les contacts synaptiques, comment la synapse qui la stimule peut-elle se maintenir et se stabiliser ? La réponse semble se trouver dans la **règle de synchronisation de l'activité électrique** (firing rule) suivante :

> Chaque excitation de la cellule cible tend à consolider toute synapse au niveau de laquelle la terminaison axonale présynaptique vient d'être active, et à provoquer le rejet de toute synapse au niveau de laquelle la terminaison axonale présynaptique vient d'être au repos.

Ainsi, la distribution relative de l'activité est de la plus haute importance, et là ou plusieurs neurones indépendamment actifs forment des contacts adjacents avec une seule cellule cible, chacun d'entre eux tend à stabiliser sa propre synapse tout en favorisant l'élimination des synapses formées par les autres.

Les mécanismes moléculaires qui servent de base à la règle de synchronisation de l'activité électrique sont inconnus ; la Figure 19-80 donne un aperçu d'une suggestion spéculative qui a été avancée, et la légende en mentionne une autre. Néanmoins, la règle de synchronisation de l'activité électrique a été démontrée dans de nombreux systèmes différents, et nous allons examiner certaines de ses applications à des synapses différentes de celles de la jonction neuromusculaire.

Les terminaisons axonales dont l'activité est synchrone s'entraident dans la construction de leurs synapses [68]

Un des corollaires de la règle de synchronisation de l'activité électrique est démontré dans le ganglion submandibulaire du rat, où chaque neurone est innervé à la naissance par les axones d'environ cinq neurones présynaptiques localisés à l'arrière du cerveau. Vers la fin du premier mois de vie post-natale, chaque neurone dans le ganglion n'est innervé que par un seul de ces axones par suite de l'élimination synaptique compétitive. Mais, dans l'intervalle, cet axone a formé un grand nombre de nouvelles ramifications terminales qui forment des synapses sur la même cellule en de nombreux sites, de sorte que le nombre total des synapses est en définitive plus important qu'il ne l'était initialement (Figure 19-81). Les ramifications d'un axone donné ont en commun une propriété indiscutable qui les distingue des ramifications des autres axones du même type : elles déchargent toutes en même temps. En accord avec la règle de synchronisation, les terminaisons axonales voisines qui déchargent de façon synchrone ont collaboré à la formation des synapses, alors que les terminaisons qui déchargent de façon asynchrone ont été en compétition.

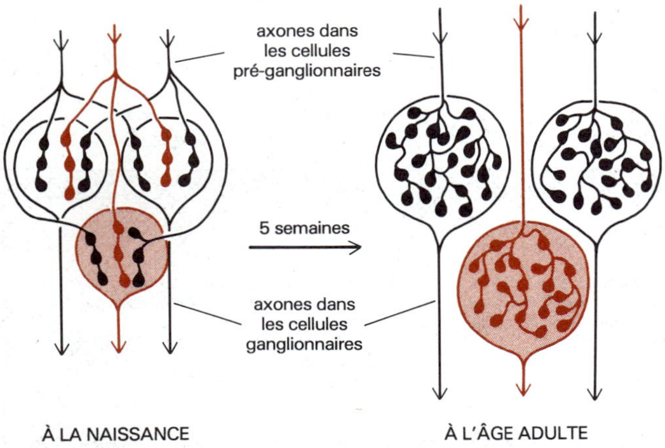

Figure 19-81 Les modifications qui se produisent peu de temps après la naissance dans la distribution des synapses sur des neurones dans le ganglion submandibulaire d'un rat. Initialement, chaque cellule est innervée par plusieurs axones. Ceux-ci sont en compétition jusqu'à ce qu'un seul axone, par élimination synaptique, demeure en place ; cet axone, dans l'intervalle, augmente le nombre de ses synapses sur la cellule, qui ne montrent aucun signe de compétition les unes avec les autres. (D'après D. Purves et J.W. Lichtman, *Physiol. Rev.* 58 : 821-862, 1978.)

Le nombre des afférences qui survivent dépend du nombre de dendrites sur le neurone postsynaptique[69]

La compétition entre les synapses pour la survie dépendant en partie de la distance qui les sépare, l'issue finale dépend de la structure de la cellule postsynaptique. Le neurone du ganglion submandibulaire est un neurone assez atypique puisqu'il n'a pas de dendrites, et, suivant une compétition synaptique qui a lieu près du corps cellulaire, il ne conserve que les afférences provenant d'un seul axone. La majorité des autres neurones ont de nombreux dendrites et continuent, au cours de la vie adulte, à recevoir des afférences de sources multiples, ceci étant essentiel pour leur fonction d'intégration. Le rôle des dendrites dans l'élimination synaptique régulatrice est démontré dans le ganglion ciliaire d'un lapin, où certains des neurones ont de nombreux dendrites alors que d'autres en ont peu ou pas du tout (Figure 19-82). A la naissance, tous les neurones sont innervés de la même façon par environ quatre ou cinq axones présynaptiques. Mais, chez l'adulte, les cellules sans dendrites reçoivent des afférences d'un seul axone, tandis que le nombre des axones fournissant des afférences aux autres cellules augmente proportionnellement au nombre des principaux dendrites. Cependant, les synapses sur un seul dendrite tendent à n'être formées que par les ramifications d'un seul axone. Ainsi, il semble que chaque dendrite ménage un territoire séparé et indépendant, de telle sorte que

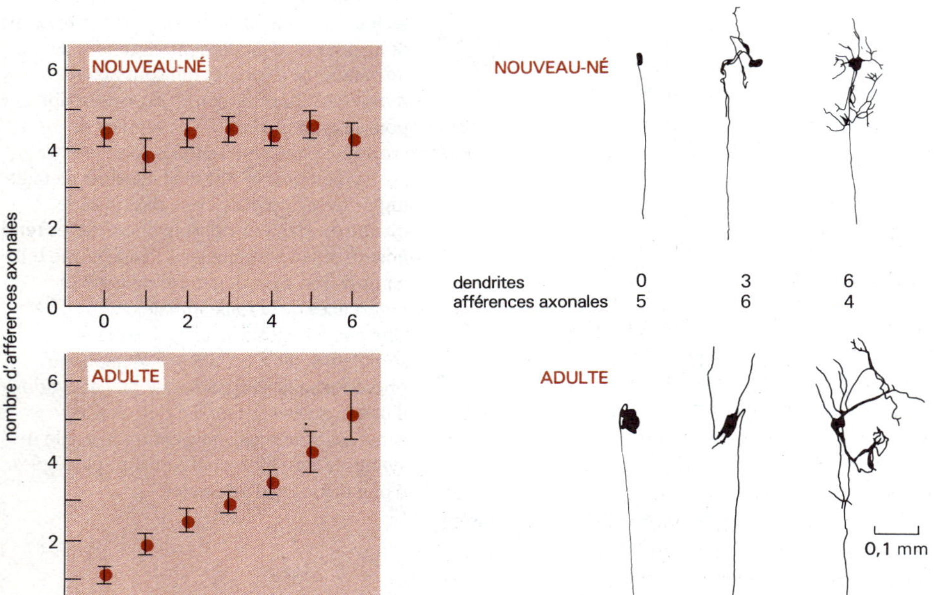

Figure 19-82 La relation qui existe au cours du développement entre le nombre des dendrites primaires et le nombre des afférences axonales vers chacune des cellules du ganglion ciliaire d'un lapin. A la naissance, le nombre moyen d'afférences est indépendant du nombre de dendrites ; chez un adulte, le nombre moyen d'afférences qui ont survécu à la période d'élimination compétitive des synapses est proportionnel au nombre de dendrites. A droite, la relation est illustrée par des dessins de cellules ganglionnaires isolées. (D'après D. Purves et R.I. Hume, *J. Neurosci.* 1 : 441-452, 1981 ; et R.I. Hume et D. Purves, *Nature*, 293 : 469-471, 1981.)

les synapses sur un dendrite ne soient pas en compétition avec celles sur un autre. Comme dans le muscle squelettique, la compétition est locale, et elle obéit aux prédictions de la règle de synchronisation de l'activité électrique.

Cependant, il est probable que les modes de contrôle des stimuli du monde extérieur sur les ajustements des connexions anatomiques entre neurones sont la conséquence la plus importante de la règle de synchronisation. Ceci est particulièrement évident d'après des études sur le développement du système visuel des vertébrés. Nous concentrerons ici notre attention sur des résultats obtenus chez les mammifères.

Chez les jeunes mammifères les connexions visuelles sont adaptables et sensibles à l'expérience visuelle [70]

Le système visuel d'un mammifère n'est pas mature à la naissance. Les premières années (chez l'homme) ou les premiers mois (chez les charts ou les singes) de la vie postnatale sont une *période sensible* (ou *critique*) au cours de laquelle la distribution des connexions neurales est encore adaptable, et une expérience visuelle anormale peut avoir des conséquences drastiques et irréversibles. Un exemple courant est « l'œil paresseux », qui peut résulter d'un strabisme de l'enfance. Les enfants atteints de strabisme prennent souvent l'habitude de n'utiliser qu'un seul œil et de négliger la contribution de l'autre, qui est perpétuellement mal dirigé et reçoit rarement sur sa rétine une image nettement focalisée. Si le strabisme est corrigé précocement et que l'enfant apprend à se servir de ses deux yeux, les deux yeux continueront à fonctionner normalement. Mais si le strabisme n'est pas corrigé pendant l'enfance, l'œil inutilisé devient presque complètement aveugle d'une façon permanente qu'aucune lentille ne peut corriger — une situation connue sous le nom d'*amblyopie*. L'œil lui-même reste normal : le défaut se situe dans le cerveau. Avant d'expliquer la nature du défaut, nous devons rapidement décrire l'anatomie du système visuel des mammifères adultes.

Dans le système visuel des mammifères les synapses actives tendent à évincer les synapses inactives [71]

Chez un mammifère tel que l'homme ou le chat, chaque œil voit presque le même champ visuel, et les deux visions sont combinées dans le cerveau pour assurer une vision stéréoscopique binoculaire. Ceci est possible car les axones qui retransmettent l'information à partir de régions équivalentes dans les deux rétines forment des synapses dans la même région du cerveau (Figure 19-83). Ainsi, sur le *cortex visuel primaire* du côté gauche du cerveau adulte, il y a deux cartes ordonnées de la moitié droite du champ visuel, l'une d'elles reçue de l'œil gauche, et l'autre de l'œil droit. Ces deux cartes toutefois ne sont pas parfaitement en registre ; au lieu de

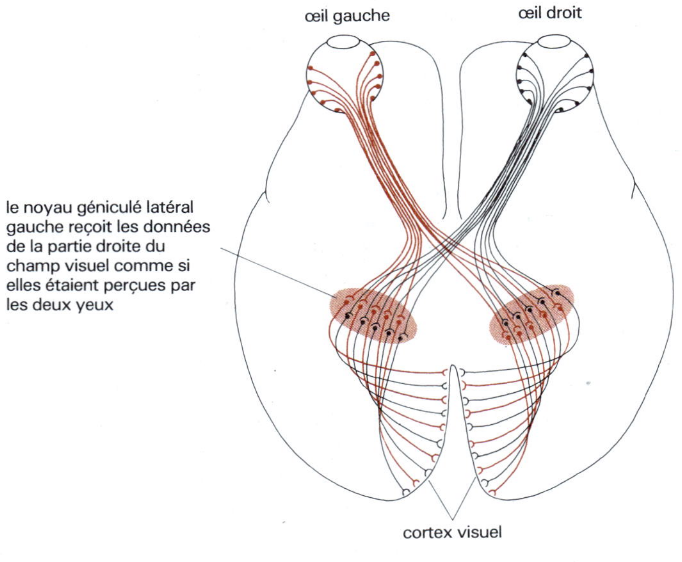

Figure 19-83 Trajet visuel principal chez l'homme, montrant comment les signaux afférents à partir des yeux droit et gauche sont distribués pour que les courants d'information relatifs soient réunis dans la même région du cerveau. Noter que toute l'information obtenue par le côté gauche de chaque œil (en relation avec le côté droit du champ visuel) est retransmise au côté gauche du cerveau et vice versa.

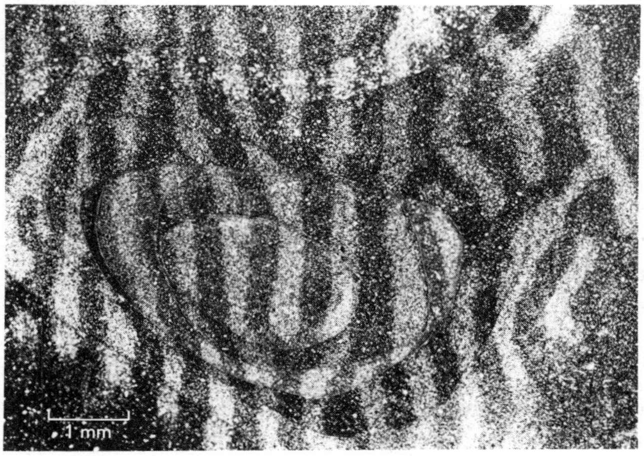

Figure 19-84 Colonnes de dominance oculaire dans le cortex visuel d'un singe normal. On injecte de la proline radioactive dans l'un des yeux et on laisse ensuite l'animal vivre pendant 10 jours au cours desquels le marqueur radioactif est transporté vers les régions du cortex qui reçoivent leur information de cet œil. Des coupes du cortex sont effectuées tangentiellement à sa surface et des autoradiographies sont préparées. Avec un éclairement en fond noir, les grains d'argent qui couvrent les régions radioactives apparaissent clair sur un fond noir. L'image est un montage composé de photographies de plusieurs coupes effectuées à des profondeurs légèrement différentes dans l'épaisseur du cortex. Les colonnes de dominance oculaire associées à l'œil marqué (*bandes claires*) sont de la même largeur que celles qui sont associées à l'œil non marqué (*bandes sombres*). (D'après D.H. Hubel, T.N. Wiesel et S. Le Vay, *Philos. Trans. R. Soc.* [*Biol.*] 278 : 377-409, 1977.)

cela, les données qui viennent des deux yeux sont séparées selon un arrangement de bandes étroites et alternées, les **colonnes de dominance oculaire**. Cet arrangement est représenté schématiquement dans la Figure 19-83, et peut être démontré directement par une technique de marquage qui comporte l'injection d'acides aminés radioactifs dans un œil. Les molécules marquées sont captées par les neurones rétiniens et incorporées dans des protéines, qui sont convoyées par transport axonal vers le cortex visuel ; les protéines marquées passent d'une manière ou d'une autre d'un neurone au suivant au niveau d'une station synaptique relais (le noyau géniculé latéral). Des autoradiographies de coupes du cortex visuel du cerveau de singe adulte, par exemple, montrent des bandes marquées d'environ un demi-millimètre de large, recevant leur information de l'œil marqué, alternant avec des bandes non marquées de même largeur, recevant leur information de l'œil non marqué (Figure 19-84).

Au cours du développement, cependant, lorsque les connexions visuelles sont établies pour la première fois, aucune colonne de dominance oculaire n'est visible : les projections des deux yeux se superposent complètement. Ce n'est que plus tard (généralement pendant les premières semaines qui suivent la naissance) que les projections se séparent pour adopter la disposition adulte en bandes alternées, au moyen de l'élimination compétitive des terminaisons axonales qui se chevauchent. Le processus se déroule apparemment grâce à l'application de la règle de synchronisation : les axones qui retransmettent des excitations à partir de sites adjacents dans un œil tendent à se décharger en étroit synchronisme les uns par rapport aux autres mais souvent sans synchronisme avec les axones qui retransmettent les excitations à partir de l'autre œil. Les axones dont la décharge est synchronisée collaborent pour établir leur propre ensemble de synapses sur une cellule corticale donnée, tout en éliminant les synapses des autres axones. La séparation en bandes alternées peut être stoppée soit par stimulation artificielle des deux nerfs optiques de manière à forcer les axones de l'œil gauche à se décharger en parfait synchronisme avec ceux de l'œil droit, soit par suppression de l'activité électrique par des injections de tétrodotoxine (qui bloque les canaux Na^+ réglés par la tension) dans les deux yeux.

Les effets les plus frappants, d'un point de vue fonctionnel, sont observés lorsque l'on couvre un œil, le privant ainsi de stimulation visuelle au cours de la période sensible. Lorsque l'œil est découvert, l'animal se comporte comme s'il était aveugle ou moitié aveugle de l'œil privé d'expérience visuelle. Le marquage par autoradiographie montre un important rétrécissement des colonnes de dominance oculaire associées à l'œil privé d'expérience visuelle, alors que les colonnes associées à l'œil qui a eu une expérience normale se sont élargies pour occuper l'espace vacant (Figure 19-85). Encore une fois en accord avec la règle de synchronisation, il y a eu élimination des synapses formées par les axones inactifs, tandis que les axones actifs ont consolidé leurs synapses et en ont formé davantage. De cette façon, le territoire cortical est alloué aux axones qui transmettent l'information et n'est pas gaspillé pour ceux qui sont silencieux. L'effet est irréversible dès que la période sensible a pris fin. Ainsi, la stimulation qu'une voie sensorielle reçoit au début de la vie détermine la quantité d'appareils corticaux — le nombre de neurones et de synapses — qui sera disponible pour traiter cette information chez l'adulte.

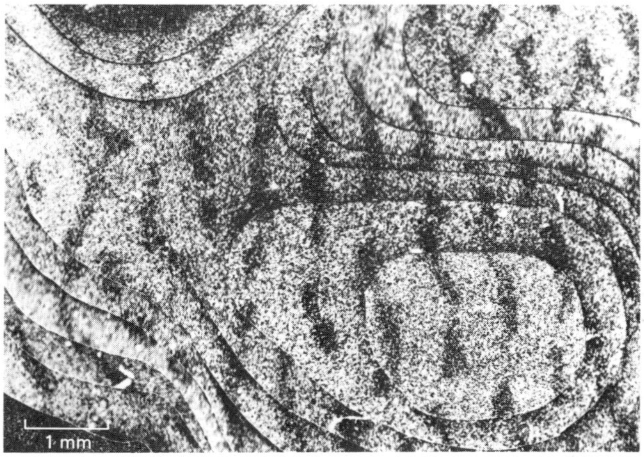

Figure 19-85 Colonnes de dominance oculaire dans le cortex visuel d'un singe dont un œil a été couvert pendant la période sensible du développement. L'autre œil a reçu une injection de proline radioactive, et les autoradiographies ont été préparées comme dans le cas décrit Figure 19-84. Les colonnes de dominance oculaire associées à l'œil privé d'expérience visuelle (*bandes sombres*) sont anormalement étroites, tandis que celles qui sont associées à l'autre œil sont anormalement larges. Si l'œil privé d'expérience est marqué, on observe une image inversée, avec des bandes claires étroites et des bandes sombres larges en alternance. (D'après D.H. Hubel, T.N. Wiesel et S. Le Vay, *Philos. Trans. R. Soc.* [*Biol.*] 278 : 377-409, 1977.)

Les connexions convergentes de la vision binoculaire dépendent de la stimulation binoculaire synchronisée [70,71,72]

La formation des connexions nerveuses qui nous permettent de voir illustre aussi, de façon plus subtile, l'importance de l'expérience visuelle précoce. Par exemple, certains enfants avec un strabisme non corrigé, au lieu de négliger un œil, utiliseront les deux yeux mais en alternative plutôt qu'ensemble. Les deux yeux restent donc fonctionnels, mais la perception de la profondeur (stéréopsis) est définitivement perdue. Des études du comportement de cellules isolées dans le cerveau montrent que ce phénomène peut aussi s'expliquer par la règle de synchronisation de l'activité électrique.

La vision stéréoscopique dépend des neurones *activés de manière binoculaire* — c'est-à-dire les neurones qui reçoivent simultanément des deux yeux des afférences synaptiques convergentes, et y répondent. De tels neurones peuvent être mis en évidence chez des animaux expérimentaux en insérant une microélectrode d'enregistrement dans le cortex visuel du cerveau, puis en observant l'activation d'une cellule isolée en réponse à une stimulation des deux yeux. On trouve ces cellules dans des couches particulières du cortex visuel, au-dessus et en dessous de la couche contenant des neurones activés de manière monoculaire rangés dans des colonnes de dominance oculaire bien définies. Chez un animal normal, les neurones activés de manière binoculaire sont abondants. Mais on n'en trouve presque aucun chez un animal qui a été spécifiquement privé de stimulation binoculaire synchrone au cours de la période sensible (soit en couvrant alternativement un œil ou l'autre, un jour sur deux, soit par suite d'un grave strabisme). Il est évident que l'information transmise par chaque œil à un neurone activé de manière binoculaire n'est conservée que si les deux afférences sont fréquemment activées simultanément. Quand on empêche la stimulation synchrone, les axones qui apportent l'information provenant d'un œil sont en compétition avec ceux qui apportent, au même neurone, une information provenant de l'autre œil, selon la règle de synchronisation pour l'élimination et le maintien des synapses, jusqu'à ce qu'un des deux yeux acquiert le contrôle de ce neurone, et la vision stéréoscopique est perdue.

La règle de synchronisation de l'activité électrique guide l'organisation du système nerveux à la lumière de l'expérience [73]

Le développement de la vision binoculaire illustre un principe général d'organisation : l'activation synchrone tend à établir des connexions convergentes. Ce principe, qui résulte de la règle de synchronisation, peut nous aider à expliquer la façon dont le cerveau finit par contenir des neurones qui répondent de façon spécifique à des combinaisons complexes particulières de sensations qui sont provoquées de façon répétée par des objets ordinaires dans le monde qui nous entoure. Les cerveaux des primates, par exemple, contiennent des neurones qui semblent s'activer spécifiquement en réponse à la vision d'un visage particulier. Plus généralement, on peut commencer à comprendre la façon dont le cerveau peut être réglé à la lumière de l'expérience pour représenter dans ses propres structure et fonction l'existence de relations entre un événement extérieur et un autre. Dans ce sens, les règles de formation et d'élimination précoces des synapses fournissent une base à l'apprentissage et à la mémoire précoces.

On a déjà suggéré dans ce chapitre que la mémoire d'un adulte implique la modulation de la transmission synaptique au moyen de modifications chimiques durables déclenchées par la liaison de neurotransmetteurs à certains types de récepteurs. Existe-t-il une quelconque relation entre ceci et le phénomène de développement que nous venons de décrire, dont découleraient des modifications structurales relativement importantes dans la distribution des connexions synaptiques ? Dans certains cas du moins, les modifications synaptiques chimiques et structurales semblent être étroitement liées. Par exemple, lorsqu'*Aplysia* est soumis à une accoutumance ou à une sensibilisation persistante (voir p. 1095), par un entraînement répété jour après jour, la modulation chimique de la transmission synaptique se trouve renforcée par des modifications de la taille des structures présynaptiques. Il convient de noter que les colonnes de dominance oculaire chez une grenouille sont modifiées lorsqu'elles sont mises en présence d'agonistes ou d'antagonistes du récepteur NMDA, qui joue vraisemblablement un rôle dans la mémoire de l'hippocampe de l'adulte (voir p. 1100).

Cependant, en dehors de ces indications, on ne peut que spéculer ; la mémoire et les mécanismes de formation et d'élimination des synapses ne sont pas encore convenablement compris. Mais il est clair qu'ils font partie des problèmes qui vont au cœur de la biologie des cellules nerveuses, et dont les solutions promettent d'éclairer et d'unifier notre compréhension du cerveau à presque tous les niveaux.

Résumé

Les synapses se forment d'abord précocement au cours du développement, mais la distribution initiale des connexions subit un remodelage prolongé par l'élimination d'anciennes synapses et la formation de nouvelles synapses. La formation d'une synapse entre un neurone moteur et une cellule musculaire entraîne des modifications dans les deux cellules et le dépôt de composants particuliers dans la lame basale qui les sépare. La lame basale de jonction spécialisée survit à la destruction des neurones moteurs et des cellules musculaires et contrôle l'emplacement des spécialisations synaptiques dans le muscle et dans la terminaison axonale lorsqu'ils se régénèrent.

Chez un mammifère au moment de la naissance, chaque cellule musculaire a généralement plusieurs synapses à sa surface, mais elles sont ensuite toutes éliminées, sauf une, par un mécanisme de compétition. L'activation d'une cellule musculaire au niveau d'une synapse tend à provoquer la disparition des autres synapses dans le voisinage de celle qui est active si ces synapses ne sont pas elle-mêmes actives au même moment ; mais, là où les activités pré- et postsynaptiques se produisent simultanément, la synapse tend à se consolider. Cette « règle de synchronisation de l'activité électrique », dont le mécanisme moléculaire est inconnu, semble expliquer le phénomène de formation et d'élimination des synapses dans de nombreuses régions différentes du système nerveux en cours de développement. Il aide, en particulier, à expliquer la façon dont les connexions synaptiques dans le cerveau s'ajustent selon l'expérience du monde extérieur qu'a un animal.

Bibliographie

Ouvrages généraux

The Brain. *Sci. Am.* 241(3), 1979. (Toute une publication sur la neurobiologie.)

Cooke, I. ; Lipkin, M., eds. Cellular Neurophysiology : A Source Book. New York : Holt, Rinehart and Winston, 1972. (Une anthologie.)

Hille, B. Ionic Channels of Excitable Membranes. Sunderland, MA : Sinauer, 1984.

Kandel, E.R. ; Schwartz, J.H. Principles of Neural Science, 2nd ed. New York, Elsevier, 1985.

Kuffler, S.W. ; Nicholls, J.G. ; Martin, A.R. From Neuron to Brain, 2nd ed. Sunderland, MA : Sinauer, 1984.

Molecular Neurobiology. *Cold Spring Harbor Symp. Quant. Biol.* 48, 1983.

Patterson, P.H. ; Purves, D. Readings in Developmental Neurobiology. Cold Spring Harbor, NY : Cold Spring Harbor Laboratory, 1982. (Une anthologie.)

Purves, J. ; Lichtman, J.W. Principles of Neural Development. Sunderland, MA : Sinauer, 1985.

Ramón y Cajal, S. Histologie du Système Nerveux de l'Homme et des Vertébrés. Paris : Maloine, 1909-1911. (Reprinted, Madrid : Consejo Superior de Investigaciones Cientificas, Instituto Ramón y Cajal, 1972.)

Articles cités

1. Bullock, T.H. ; Orkand, R. ; Grinnell, A. Introduction to Nervous Systems, pp. 6 and 393-496. San Francisco : Freeman, 1977.

   Nauta, W.J.H. ; Feirtag, M. Fundamental Neuroanatomy. New York : Freeman/Scientific American Library, 1986.

2. Ramón y Cajal, S. Recollections of My Life (E.H. Craigie, trans.). In Memoirs of the American Philosophical Society, Vol. 8. Philadelphia, 1937. Reprinted, New York : Garland, 1988. La plus intéressante de toutes les introductions à la neurobiologie cellulaire, par le père fondateur de cette science.

Stevens, C.F. The neuron. *Sci. Am.* 241(3):48-59, 1979.

3. Hokgkin, A.L. The Conduction of the Nervous Impulse. Liverpool, U.K. : Liverpool University Press, 1964.
4. Katz, B. Nerve, Muscle, and Synapse. New York : McGraw-Hill, 1966.
5. Bunge, M.B. The axonal cytoskeleton : its role in generating and maintaining cell form. *Trends Neurosci.* 9:477-482, 1986.
   Grafstein, B. ; Forman, D.S. Intracellular transport in neurons. *Physiol. Rev.* 60:1167-1283, 1980.
   Peters, A. ; Palay, S.L. ; Webster, H. de F. The Fine Structure of the Nervous System. Philadelphia : Saunders, 1976.
   Schwartz, J.H. The transport of substances in nerve cells. *Sci. Am.* 242(4):152-171, 1980.
6. Jones, E.G. Pathways to progress — the rise of modern neuroanatomical techniques. *Trends Neurosci.* 9:502-505, 1986.
   LaVail, J.H. ; LaVail, M.M. Retrograde axonal transport in the central nervous system. *Science* 176:1416-1417, 1972.
   Schnapp, B.J. ; Vale, R.D. ; Sheetz, M.P. ; Reese, T.S. Single microtubules from squid axoplasm support bidirectional movement of organelles. *Cell* 40:455-462, 1985.
   Vale, R.D. Intracellular transport using microtubule-based motors. *Annu. Rev. Cell Biol.* 3:347-378, 1987.
7. Goldstein, G.W. ; Betz, A.L. The blood-brain barrier. *Sci. Am.* 255(3):74-83, 1986.
   Kuffler, S.W. ; Nicholls, J.G. ; Martin, A.R. From Neuron to Brain, 2nd ed., pp. 323-375. Sunderland, MA : Sinauer, 1984.
   Perry, V.H. ; Gordon, S. Macrophages and microglia in the nervous system. *Trends Neurosci.* 11:273-277, 1988.
8. Hille, B. Ionic Channels of Excitable Membranes, pp. 21-75. Sunderland, MA : Sinauer, 1984.
   Kandel, E.R. ; Schwartz, J.H. Principles of Neural Science, 2nd ed., pp. 49-86. New York : Elsevier, 1985.
   Kuffler, S.W. ; Nicholls, J.G. ; Martin, A.R. From Neuron to Brain, 2nd ed., pp. 97-206. Sunderland, MA : Sinauer, 1984.
9. Hodgkin, A.L. ; Rushton, W.A.H. The electrical constants of a crustacean nerve fibre. *Proc. R. Soc. Lond. (Biol.)* 133:444-479, 1946.
   Roberts, A. ; Bush, B.M.H., eds. Neurones Without Impulses. Cambridge, U.K. : Cambridge University Press, 1981.
10. Baker, P.F. ; Hodgkin, A.L. ; Shaw, T. The effects of changes in internal ionic concentrations on the electrical properties of perfused giant axons. *J. Physiol.* 164:355-374, 1962.
   Chiu, S.Y. ; Ritchie, J.M. ; Rogart, R.B. ; Stagg, D. A quantitative description of membrane currents in rabbit myelinated nerve. *J. Physiol.* 292:149-166, 1979.
   Hodgkin, A.L. Chance and design in electrophysiology : an informal account of certain experiments on nerve carried out between 1934 and 1952.
   Hodgkin, A.L. ; Huxley, A.F. Currents carried by sodium and potassium ions through the membrane of the giant axon of Loligo. *J. Physiol.* 116:449-472, 1952.
   Hodgkin, A.L. ; Huxley, A.F. ; Katz, B. Measurement of current-voltage relations in the membrane of the giant axon of Loligo. *J. Physiol.* 116:424-448, 1952.
   Hodgkin, A.L. ; Katz, B. The effect of sodium ions on the electrical activity of the giant axon of the squid. *J. Physiol.* 108:37-77, 1949.
11. Hodgkin, A.L. ; Huxley, A.F. A quantitative description of membrane current and its application to conduction and excitation in nerve. *J. Physiol.* 117:500-544, 1952.
12. Bray, G.M. ; Rasminsky, M. ; Aguayo, A.J. Interactions between axons and their sheath cells. *Annu. Rev. Neurosci.* 4:127-162, 1981.
   French-Constant, C. ; Raff, M.C. The oligodendrocyte-type-2 astrocyte cell lineage is specialized for myelination. *Nature* 323:335-338, 1986.
   Morell, P. ; Norton, W.T. Myelin. *Sci. Am.* 242(5):88-118, 1980.
13. Brown, D.A. Synaptic mechanisms. *Trends Neurosci.* 9:468-470, 1986.
   Katz, B. Nerve, Muscle and Synapse, pp. 97-158. New York : McGraw-Hill, 1966.
   Kuffler, S.W. ; Nicholls, J.G. ; Martin, A.R. From Neuron to Brain, 2nd ed., pp. 207-320. Sunderland, MA : Sinauer, 1984.
14. Dale, H.H. ; Feldberg, W. ; Vogt, M. Release of acetylcholine at voluntary motor nerve endings. *J. Physiol.* 86:353-380, 1936.
   Fatt, P. ; Katz, B. An analysis of the end-plate potential recorded with an intracellular electrode. *J. Physiol.* 115:320-370, 1951.
   Feldberg, W. The early history of synaptic and neuromuscular transmission by acetylcholine : reminiscences of an eyewitness. In The Pursuit of Nature (A.L. Hodgkin, et al.), pp. 65-83. Cambridge, U.K. : Cambridge University Press, 1977.
15. Hille, B. Ionic Channels of Excitable Membranes, pp. 76-98. Sunderland, MA : Sinauer, 1984.
   Katz, B. ; Miledi, R. The timing of calcium action during neuromuscular transmission. *J. Physiol.* 189:535-544, 1967.
   Llinas, R. Calcium in synaptic transmission. *Sci. Am.* 247(4):56-65, 1982.
   Miller, R.J. Calcium signalling in neurons. *Trends Neurosci.* 11:415-419, 1988. (Un ensemble introductif de revues.)
16. Couteaux, R. ; Pécot-Dechavassine, M. Vésicules synaptiques et poches au niveau des zones actives de la jonction neuromusculaire. *Comptes Rendus Acad. Sci. (Paris)* D 271:2346-2349, 1970.
   Heuser, J.E. ; et al. Synaptic vesicle exocytosis captured by quick freezing and correlated with quantal transmitter release. *J. Cell Biol.* 81:275-300, 1979.
   Heuser, J.E. ; Reese, T.S. Structural changes after transmitter release at the frog neuromuscular junction. *J. Cell Biol.* 88:564-580, 1981.
   Smith, S.J. ; Augustine, G.J. Calcium ions, active zones and synaptic transmitter release. *Trends Neurosci.* 11:458-464, 1988.
17. Del Castillo, J. ; Katz, B. Quantal components of the end-plate potential. *J. Physiol.* 124:560-573, 1954.
   Fatt, P. ; Katz, B. Spontaneous subthreshold activity at motor nerve endings. *J. Physiol.* 117:109-128, 1952.
18. Hille, B. Ionic Channels of Excitable Membranes, pp. 117-147. Sunderland, MA : Sinauer, 1984.
19. Lester, H.A. The response to acetylcholine. *Sci. Am.* 236(2):106-118, 1977.
   Sakmann, B. ; Bormann, J. ; Hamill, O.P. Ion transport by single receptor channels. *Cold Spring Harbor Symp. Quant. Biol.* 48:247-257, 1983.
20. Massoulié, J. ; Bon, S. The molecular forms of cholinesterase and acetylcholinesterase in vertebrates. *Annu. Rev. Neurosci.* 5:57-106, 1982.
   Taylor, P. ; Schumacher, M. ; MacPhee-Quigley, K. ; Friedmann, T. ; Taylor, S. The structure of acetylcholinesterase : relationship to its function and cellular disposition. *Trends Neurosci.* 10:93-95, 1987.
21. Barnard, E.A. ; Darlison, M.G. ; Seeburg, P. Molecular biology of the GABA-A receptor : the receptor/channel superfamily. *Trends Neurosci.* 10:502-509, 1987.
   Grenningloh, G. ; et al. The strychnine-binding subunit of the glycine receptor shows homology with nicotinic acetylcholine receptors. *Nature* 328:215-220, 1987.
   Hille, B. Ionic Channels of Excitable Membranes, pp. 371-383. Sunderland, MA : Sinauer, 1984. (Evolution of channels.)
22. Gottlieb, D.I. GABAergic neurons. *Sci. Am.* 258(2):38-45, 1988.
   Mayer, M.L. ; Westbrook, G.L. The physiology of excitatory amino acids in the vertebrate central nervous system. *Prog. Neurobiol.* 28:197-276, 1987.
   Sneddon, P. ; Westfall, D.P. Pharmacological evidence that adenosine triphosphate and noradrenaline are co-transmitters in the guinea pig vas deferens. *J. Physiol.* 347:561-580, 1984.

23. Snyder, S.H. Drug and neurotransmitter receptors in the brain. *Science* 224:22-31, 1984.
Nathanson, N.M. Molecular properties of the muscarinic acetylcholine receptor. *Annu. Rev. Neurosci.* 10:195-236, 1987.
24. Bormann, J. Electrophysiology of GABA-A and GABA-B receptor subtypes. *Trends Neurosci.* 11:112-116, 1988.
Snyder, S.H. Drugs and the Brain. New York : W.H. Freeman/Scientific American Books, 1987.
Tallman, J.F. ; Gallager, D.W. The GABAergic system : a locus of benzodiazepine action. *Annu. Rev. Neurosci.* 8:21-44, 1985.
25. Kuffler, S.W. ; Nicholls, J.G. ; Martin, A.R. From Neuron to Brain, 2nd ed., pp. 407-430. Sunderland, MA : Sinauer, 1984.
26. Barrett, J.N. Motoneuron dendrites : role in synaptic integration. *Fed. Proc.* 34:1398-1407, 1975.
27. Coombs, J.S. ; Curtis, D.R. ; Eccles, J.C. The generation of impulses in mononeurones. *J. Physiol.* 139:232-249, 1957.
Fuortes, M.G.F. ; Frank, K. ; Becker, M.C. Steps in the production of motoneuron spikes. *J. Gen. Physiol.* 40:735-752, 1957.
28. Connor, J.A. ; Stevens, C.F. Prediction of repetitive firing behaviour from voltage clamp data on an isolated neurone soma. *J. Physiol.* 213:31-53, 1971.
Hille, B. Ionic Channels of Excitable Membranes, pp. 99-116. Sunderland, MA : Sinauer, 1984.
Rogawski, M.A. The A-current : how ubiquitous a feature of excitable cells is it ? *Trends Neurosci.* 8:214-218, 1985.
29. Meech, R.W. Calcium-dependent potassium activation in nervous tissues. *Annu. Rev. Biophys. Bioeng.* 7:1-18, 1978.
Tsien, R.W. ; Lipscombe, D. ; Madison, D.V. ; Bley, K.R. ; Fox, A.P. Multiple types of neuronal calcium channels and their selective modulation. *Trends Neurosci.* 11:431-438, 1988.
30. Bullock, T.H. ; Horridge, G.A. Structure and Function in the Nervous System of Invertebrates, pp. 38-124. San Francisco : Freeman, 1965.
Llinas, R. ; Sugimori, M. Electrophysiological properties on *in vitro* Purkinje cell dendrites in mammalian cerebellar slices. *J. Physiol.* 305:197-213, 1980.
Sheperd, G.M. Microcircuits in the nervous system. *Sci. Am.* 238(2):92-103, 1978.
31. Breitwieser, G.E. ; Szabo, G. Uncoupling of cardiac muscarinic and beta-adrenergic receptors from ion channels by a guanine nucleotide analogue. *Nature* 317:538-540, 1985.
Levitan, I.B. Modulation of ion channels in neurons and other cells. *Annu. Rev. Neurosci.* 11:119-136, 1988.
Nairn, A.C. ; Hemmings, H.C. ; Greengard, P. Protein kinases in the brain. *Annu. Rev. Biochem.* 54:931-976, 1985.
Pfaffinger, P.J. ; Martin, J.M. ; Hunter, D.D. ; Nathanson, N.M. ; Hille, B. GTP-binding proteins couple cardiac muscarinic receptors to a K channel. *Nature* 317:536-538, 1985.
32. Iversen, L.L. The chemistry of the brain. *Sci. Am.* 241(3):118-129, 1979.
Snyder, S.H. Drugs and the Brain. New York : W.H. Freeman/Scientific American Library, 1988.
33. Bloom, F.E. Neuropeptides. *Sci. Am.* 245(4):148-168, 1981.
Hokfelt, T. ; Johansson, O. ; Goldstein, M. Chemical anatomy of the brain. *Science* 225:1326-1334, 1984.
Jan, Y.N. ; Bowers, C.W. ; Branton, D. ; Evans, L. ; Jan, L.Y. Peptides in neuronal function : studies using frog autonomic ganglia. *Cold Spring Harbor Symp. Quant. Biol.* 48:363-374, 1983.
Scheller, R.H. ; Axel, R. How genes control an innate behavior. *Sci. Am.* 250(3):44-52, 1984. (Neuropeptides chez *Aplysia*).
34. Farley, J. ; Alkon, D. Cellular mechanisms of learning, memory and information storage. *Annu. Rev. Psychol.* 36:419-494, 1985.
Kandel, E.R. Small systems of neurons. *Sci. Am.* 241(3):60-70, 1979.
Morris, R.G.M. ; Kandel, E.R. ; Squire, L.R., eds. Learning and Memory. *Trends Neurosci.* 11:125-181, 1988.
35. Greenberg, S.M. ; Castellucci, V.F. ; Bayley, H. ; Schwartz, J.H. A molecular mechanism for long-term sensitization in Aplysia. *Nature* 329:62-65, 1987.
Montarolo, P.G. ; et al. A critical period for macromolecular synthesis in long-term heterosynaptic facilitation in Aplysia. *Science* 234:1249-1254, 1986.
Schwartz, J.H. ; Greenberg, S.M. Molecular mechanisms for memory : second-messenger induced modifications of protein kinases in nerve cells. *Annu. Rev. Neurosci.* 10:459-476, 1987.
Siegelbaum, S.A. ; Camardo, J.S. ; Kandel, E.R. Serotonin and cyclic AMP close single K^+ channels in Aplysia sensory neurons. *Nature* 299:413-417, 1982.
36. Dudai, Y. Neurogenetic dissection of learning and short-term memory in Drosophila. *Annu. Rev. Neurosci.* 11:537-563, 1988.
Kandel, E.R. ; et al. Classical conditioning and sensitization share aspects of the same molecular cascade in Aplysia. *Cold Spring Harbor Symp. Quant. Biol.* 48:821-830, 1983.
37. Bliss, T.V.P. ; Lomo, T. Long-lasting potentiation of synaptic transmission in the dentate area of the anaesthetized rabbit following stimulation of the perforant path. *J. Physiol.* 232:331-356, 1973.
Collingridge, G.L. ; Bliss, T.V.P. NMDA receptors — their role in long-term potentiation. *Trends Neurosci.* 10:288-293, 1987. (Ce même numéro du journal contient un excellent ensemble de revues sur différents aspects des récepteurs NMDA).
Cotman, C.W. ; Monaghan, D.T. ; Ganong, A.H. Excitatory amino acid neurotransmission : NMDA receptors and Hebb-type synaptic plasticity. *Annu. Rev. Neurosci.* 11:61-80, 1988.
Lisman, J.E. ; Goldring, M.A. Feasibility of long-term storage of graded information by the Ca^{2+}/calmodulin-dependent protein kinase molecules of the postsynaptic density. *Proc. Natl. Acad. Sci. USA* 85:5320-5324, 1988.
Mishkin, M. ; Appenzeller, T. The anatomy of memory. *Sci. Am.* 256(6):80-89, 1987.
Morris, R.G. ; Anderson, E. ; Lynch, G. ; Baudry, M. Selective impairment of learning and blockade of long-term potentiation by an N-methyl-D-aspartate receptor antagonist, AP5. *Nature* 319:774-776, 1986.
38. Barlow, H.B. ; Mollon, J.D., eds. The Senses. Cambridge, U.K. : Cambridge University Press, 1982.
Schmidt, R.F., ed. Fundamentals of Sensory Physiology. New York : Springer, 1978.
Sheperd, G. Neurobiology, 2nd ed., pp. 205-353. New York : Oxford University Press, 1988.
39. Katz, B. Depolarization of sensory terminals and the initiation of impulses in the muscle spindle. *J. Physiol.* 111:261-282, 1950.
40. Hudspeth, A.J. The cellular basis of hearing : the biophysics of hair cells. *Science* 230:745-752, 1985.
Roberts, W.M. ; Howard, J. ; Hudspeth, A.J. Hair cells : transduction, tuning, and transmission in the inner ear. *Annu. Rev. Cell Biol.* 4:63-92, 1988.
von Bekesy, G. The ear. *Sci. Am.* 197(2):66-78, 1957.
41. Corey, D.P. ; Hudspeth, A.J. Kinetics of the receptor current in bullfrog saccular hair cells. *J. Neurosci.* 3:962-976, 1983.
Howard, J. ; Hudspeth, A.J. Compliance of the hair bundle associated with mechanoelectrical transduction channels in the bullfrog's saccular hair cell. *Neuron* 1:189-199, 1988.
Pickles, J.O. Recent advances in cochlear physiology. *Prog. Neurobiol.* 24:1-42, 1985.
42. Barlow, H.B. ; Mollon, J.D. ; eds. The Senses, pp. 102-164. Cambridge, U.K. : Cambridge University Press, 1982.
43. Baylor, D.A. ; Lamb, T.D. ; Yau, K.-W. Response of retinal

rods to single photons. *J. Physiol.* 288:613-634, 1979.
Schnapf, J.L. ; Baylor, D.A. How photoreceptor cells respond to light. *Sci. Am.* 256(4):40-47, 1987.

44. Stryer, L. The molecules of visual excitation. *Sci. Am.* 257(1):32-40, 1987.

45. Fesenko, E.E. ; Kolesnikov, S.S. ; Lyubarsky, A.L. Induction by cyclic GMP of cationic conductance in plasma membrane of retinal rod outer segment. *Nature* 313:310-313, 1985.
Stryer, L. The cyclic GMP cascade of vision. *Annu. Rev. Neurosci.* 9:87-119, 1986.

46. Koch, K.-W. ; Stryer, L. Highly cooperative feedback control of retinal rod guanylate cyclase by calcium ions. *Nature* 334:64-66, 1988.
Matthews, H.R. ; Murphy, R.L.W. ; Fain, G.L. ; Lamb, T.D. Photoreceptor light adaptation is mediated by cytoplasmic calcium concentration. *Nature* 334:67-69, 1988.
Nakatani, K. ; Yau, K.-W. Calcium and light adaptation in retinal rods and cones. *Nature* 334:69-71, 1988.

47. Hubel, D.H. Eye, Brain, and Vision. New York : W.H. Freeman/Scientific American Library, 1988.
Kuffler, S.W. ; Nicholls, J.G. ; Martin, A.R. From Neuron to Brain, 2nd ed., pp. 19-96. Sunderland, MA : Sinauer, 1984.
Masland, R.H. The functional architecture of the retina. *Sci. Am.* 255(6):102-111, 1986.

48. Cowan, W.M. The development of the brain. *Sci. Am.* 241(3):106-117, 1979.
Hopkins, W.G. ; Brown, M.C. Development of Nerve Cells and their Connections. Cambridge, U.K. : Cambridge University Press, 1984.
Parnavelas, J.G. ; Stern, C.D. ; Stirling, R.V., eds. The Making of the Nervous System. Oxford, U.K. : Oxford University Press, 1988.
Purves, D. ; Lichtman, J.W. Principles of Neural Development. Sunderland, MA : Sinauer, 1985.

49. Alvarez-Buylla, A. ; Nottebohm, F. Migration of young neurons in adult avian brain. *Nature* 335:353-354, 1988. (Un exemple de cellules souches neurales persistant chez l'adulte)
Le Douarin, N.M. ; Smith, J. Development of the peripheral nervous system from the neural crest. *Annu. Rev. Cell Biol.* 4:375-404, 1988.
Stent, G.S. ; Weisblat, D.A. Cell lineage in the development of invertebrate nervous system. *Annu. Rev. Neurosci.* 8:45-70, 1985.
Williams, R.W. ; Herrup, K. The control of neuron number. *Annu. Rev. Neurosci.* 11:423-453, 1988.

50. Holliday, M. ; Hamburger, V. An autoradiographic study of the formation of the lateral motor column in the chick embryo. *Brain Res.* 132:197-208, 1977.
Rakic, P. Mode of cell migration to the superficial layers of the fetal monkey neocortex. *J. Comp. Neurol.* 145:61-84, 1972.

51. Caviness, V.S. Neocortical histogenesis in normal and reeler mice : a developmental study based on [3H]thymidine autoradiography. *Dev. Brain Res.* 4:293-302, 1982.
McConnel, S.K. Developmental and decision-making in the mammalian cerebral cortex. *Brain Res. Rev.* 13:1-23, 1988.
Rakic, P. Specification of cerebral cortical areas. *Science* 241:170-176, 1988.

52. Bray, D. ; Hollenbeck, P.J. Growth cone motility and guidance. *Annu. Rev. Cell Biol.* 4:43-61, 1988.
Harrison, R.G. The outgrowth of the nerve fiber as a mode of protoplasmic movement. *J. Exp. Zool.* 9:787-846, 1910.
Yamada, K.M. ; Spooner, B.S. ; Wessells, N.K. Ultrastructure and function of growth cones and axons of cultured nerve cells. *J. Cell Biol.* 49:614-635, 1971.

53. Bamburg, J.R. The axonal cytoskeleton : stationary or moving matrix ? *Trends Neurosci.* 11:248-249, 1988.
Bamburg, J.R. ; Bray, D. ; Chapman, K. Assembly of microtubules at the tip of growing axons. *Nature* 321:788-790, 1986.
Bray, D. Surface movements during the growth of single explanted neurons. *Proc. Natl. Acad. Sci. USA* 65:905-910, 1970.
Letourneau, P.C. ; Ressler, A.H. Inhibition of neurite initiation and growth by taxol. *J. Cell Biol.* 98:1355-1362, 1984.

54. Davies, A.M. Molecular and cellular aspects of patterning sensory neurone connections in the vertebrate nervous system. *Development* 101:185-208, 1987.
Kater, S.B. ; Mattson, M.P. ; Cohan, C. ; Connor, J. Calcium regulation of the neuronal growth cone. *Trends Neurosci.* 11:315-321, 1988.
Letourneau, P.C. Cell-to-substratum adhesion and guidance of axonal elongation. *Dev. Biol.* 44:92-101, 1975.
Lumsden, A.G.S. ; Davies, A.M. Earliest sensory nerve fibres are guided to peripheral targets by attractants other than Nerve Growth Factor. *Nature* 306:786-788, 1983.
Patel, N. ; Poo, M.-M. Orientation of neurite growth by extracellular electric fields. *J. Neurosci.* 2:483-496, 1982.

55. Bentley, D. ; Caudy, M. Navigational substrates for peripheral pioneer growth cones : limb-axis polarity cues, limb-segment boundaries, and guidepost neurons. *Cold Spring Harbor Symp. Quant. Biol.* 48:573-585, 1983.
Berlot, J. ; Goodman, C.S. Guidance of peripheral pioneer neurons in the grasshopper : adhesive hierarchy of epithelial and neuronal surfaces. *Science* 223:493-496, 1984.
Goodman, C.S. ; Bastiani, M.J. How embryonic nerve cells recognize one another. *Sci. Am.* 251(6):58-66, 1984.

56. Bixby, J.L. ; Pratt, R.S. ; Lillien, J. ; Reichardt, L.F. Neurite outgrowth on muscle cell surfaces involves extracellular matrix receptors as well as C^{2+}-dependent and -independent cell adhesion molecules. *Proc. Natl. Acad. Sci. USA* 84:2555-2559, 1987.
Chang, S. ; Rathjen, F.G. ; Raper, J.A. Extension of neurites on axons is impaired by antibodies against specific neural cell adhesion molecules. *J. Cell Biol.* 104:355-362, 1987.
Jessell, T.M. Adhesion molecules and the hierarchy of neural development. *Neuron* 1:3-13, 1988.
Sanes, J.R. ; Schachner, M. ; Covault, J. Expression of several adhesive macromolecules (N-CAM, L1, J1, NILE, uvomorulin, laminin, fibronectin, and a heparan sulfate proteoglycan) in embryonic, adult, and denervated adult skeletal muscle. *J. Cell Biol.* 102:420-431, 1986.
Tomaselli, K.J. ; et al. N-cadherin and integrins : two receptor systems that mediate neuronal process outgrowth on astrocyte surfaces. *Neuron* 1:33-43, 1988.

57. Lance-Jones, C. ; Landmesser, L. Motoneurone projection patterns in the chick hindlimb following early partial reversals of the spiral cord. *J. Physiol.* 302:581-602, 1980.
Landmesser, L. The development of specific motor pathways in the chick embryo. *Trends Neurosci.* 7:336-339, 1984.
Sperry, R.W. Chemoaffinity in the orderly growth of nerve fiber pattern and connections. *Proc. Natl. Acad. Sci. USA* 50:703-710, 1963.
Udin, S.B. ; Fawcett, J.W. Formation of topographic maps. *Annu. Rev. Neurosci.* 11:289-327, 1988.

58. Campenot, R.B. Local control of neurite development by nerve growth factor. *Proc. Natl. Acad. Sci. USA* 74:4516-4519, 1977.
Davies, A. ; Lumsden, A. Relation of target encounter and neuronal death to nerve growth factor responsiveness in the developing mouse trigeminal ganglion. *J. Comp. Neurol.* 223:124-137, 1984.
Greene, L.A. The importance of both early and delayed responses in the biological actions of nerve growth factor. *Trends Neurosci.* 7:91-94, 1984.
Levi-Montalcini, R. ; Calissano, P. The nerve growth factor.

Sci. Am. 240(6):68-77, 1979.

59. Cowan, W.M. ; Fawcett, J.W. ; O'Leary, D.D.M. ; Stanfield, B.B. Regressive events in neurogenesis. *Science* 225:1258-1265, 1984.
Davies, A.M. Role of neurotrophic factors in development. *Trends Genet.* 4:139-144, 1988.
Hamburger, V. ; Levi-Montalcini, R. Proliferation, differentiation and degenaration in the spinal ganglia of the chick embryo under normal and experimental conditions. *J. Exp. Zool.* 162:133-160, 1949.
Hamburger, V. ; Yip, J.W. Reduction of experimentally induced neuronal death in spinal ganglia of the chick embryo by nerve growth factor. *J. Neurosci.* 4:767-774, 1984.
Williams, R.W. ; Herrup, K. The control of neuron number. *Annu. Rev. Neurosci.* 11:423-453, 1988.

60. Brown, M.C. ; Holland, R.L. ; Hopkins, W.G. Motor nerve sprouting. *Annu. Rev. Neurosci.* 4:17-42, 1981.
Davies, A.M. The survival and growth of embryonic proprioceptive neurons is promoted by a factor present in skeletal muscle. *Dev. Biol.* 115:56-67, 1986.
Edental, T. ; Olson, L. ; Seiger, A. ; Hedlund, K.-O. Nerve growth factors in the rat iris. *Nature* 286:25-28, 1980.
Purves, D. ; Voyvodic, J.T. Imaging mammalian nerve cells and their connections over time in living animals. *Trends Neurosci.* 10:398-404, 1987.

61. Purves, D. ; Lichtman, J.W. Principles of Neural Development. Sunderland, MA : Sinauer, 1985.

62. Hume, R.I. ; Role, L.W. ; Fischbach, G.D. Acetylcholine release from growth cones detected with patches of acetylcholine receptor-rich membranes. *Nature* 305:632-634, 1983.
Jaramillo, F. ; Vicini, S. ; Schuetze, S.M. Embryonic acetylcholine receptors guarantee spontaneous contractions in rat developing muscle. *Nature* 335:66-68, 1988.
Spitzer, N.C. Ion channels in development. *Annu. Rev. Neurosci.* 2:363-397, 1979.
Young, S.H. ; Poo, M.-M. Spontaneous release of transmitter from growth cones of embryonic neurones. *Nature* 305:634-637, 1983.

63. Poo, M.-M. Mobility and localization of proteins in excitable membranes. *Annu. Rev. Neurosci.* 8:369-406, 1985.
Schuetze, S.M. ; Role, L.W. Developmental regulation of nicotinic acetylcholine receptors. *Annu. Rev. Neurosci.* 10:403-457, 1987.

64. Burden, S.J. ; Sargent, P.B. ; McMahan, U.J. Acetylcholine receptors in regenerating muscle accumulate at original synaptic sites in the absence of the nerve. *J. Cell Biol.* 82:412-425, 1979.
Nitkin, R.M. ; et al. Identification of agrin, a synaptic organizing protein from Torpedo electric organ. *J. Cell Biol.* 105:2471-2478, 1987.
Sanes, J.R. ; Hall, Z.W. Antibodies that bind specifically to synaptic sites on muscle fiber basal lamina. *J. Cell Biol.* 83:357-370, 1979.

65. Frank, E. ; Jansen, J.K.S. ; Lømo, T. ; Westgaard, R.H. The interaction between foreign and original motor nerves innervating the soleus muscle of rats. *J. Physiol.* 247:725-743, 1975.
Jones, R. ; Vrbová, G. Two factors responsible for denervation hypersensitivity. *J. Physiol.* 236:517-538, 1974.
Lømo, T. ; Jansen, J.K.S. Requirements for the formation and maintenance of neuromuscular connections. *Curr. Top. Dev. Biol.* 16:253-281, 1980.
Lømo, T. ; Rosenthal, J. Control of ACh sensitivity by muscle activity in the rat. *J. Physiol.* 221:493-513, 1972.

66. Oppenheim, R.W. Cell death during neural development. In Handbook of Physiology, Vol. 1 ; Neuronal Development, (W.M. Cowan, ed.). Washington, DC : American Physiological Society, 1988.
Pittman, R. ; Oppenheim, R.W. Cell death of motoneurons in the chick embryo cord. IV. Evidence that a functional neuromuscular interaction is involved in the regulation of naturally occurring cell death and the stabilization of synapses. *J. Comp. Neurol.* 187:425-446, 1979.

67. Brown, M.C. ; Jansen, J.K.S. ; Van Essen, D. Polyneuronal innervation of skeletal muscle in new-born rats and its elimination during maturation. *J. Physiol.* 261:387-422, 1976.
Callaway, E.M. ; Soha, J.M. ; Van Essen, D.C. Competition favouring inactive over active motor neurons during synapse elimination. *Nature* 328:422-426, 1987. (Décrit une exception évidente à la règle générale.)
O'Brien, R.A.D. ; Ostberg, A.J.C. ; Vrbová, G. Protease inhibitors reduce the loss of nerve terminals induced by activity and calcium in developing rat soleus muscles in vitro. *Neurosci.* 12:637-646, 1984.
Ribchester, R.R. ; Taxt, T. Motor unit size and synaptic competition in rat lumbrical muscles reinnervated by active and inactive motor axons. *J. Physiol.* 344:89-111, 1983.

68. Lichtman, J.W. The reorganization of synaptic connexions in the rat submandibular ganglion during post-natal development. *J. Physiol.* 273:155-177, 1977.
Purves, D. ; Lichtman, J.W. Principles of Neural Development, pp. 271-328. Sunderland, MA : Sinauer, 1985.

69. Purves, D. Modulation of neuronal competition by postsynaptic geometry in autonomic ganglia. *Trends Neurosci.* 6:10-16, 1983.

70. Barlow, H. Visual experience and cortical development. *Nature* 258:199-204, 1975.
Wiesel, T.N. Postnatal development of the visual cortex and the influence of environment. *Nature* 299:583-591, 1982.
Fawcett, J.W. Retinotopic maps, cell death, and electrical activity in the retinotectal and retinocollicular projections. In The Making of the Nervous System (J.G. Parnavelas ; C.D. Stern ; R.V. Stirling, eds.), pp. 395-416. Oxford, U.K. : Oxford University Press, 1988.
Hubel, D.H. ; Wiesel, T.N. Ferrier lecture : functional architecture of macaque monkey visual cortex. *Proc. R. Soc. Lond. Biol.* 198:1-59, 1977.
Hubel, D.H. ; Wiesel, T.N. ; Le Vay, S. Plasticity of ocular dominance columns in monkey striate cortex. *Philos. Trans. R. Soc. Lond. Biol.* 278:377-409, 1977.
Rakic, P. Prenatal genesis of connections subserving ocular dominance in the rhesus monkey. *Nature* 261:467-471, 1976.
Stryker, M.P. ; Harris, W.A. Binocular impulse blockade prevents the formation of ocular dominance columns in cat visual cortex. *J. Neurosci.* 6:2127-2133, 1986.

71. Hubel, D.H. ; Wiesel, T.N. Binocular interaction in striate cortex of kittens reared with artificial squint. *J. Neurophysiol.* 28:1041-1059, 1965.
Le Vay, S. ; Wiesel, T.N. ; Hubel, D.H. The development of ocular dominance columns in normal and visually deprived monkeys. *J. Comp. Neurol.* 191:1-51, 1980.

73. Baylis, G.C. ; Rolls, E.T. ; Leonard, C.M. Selectivity between faces in the response of a population of neurons in the cortex in the superior temporal sulcus of the monkey. *Brain Res.* 342:91-102, 1985.
Cline, H.T. ; Debski, E.A. ; Constantine-Paton, M. N-methyl-p-aspartate receptor antagonist desegregates eye specific stripes. *Proc. Natl. Acad. Sci. USA* 84:4342-4345, 1987.
Greenough, W.T. ; Bailey, C.H. The anatomy of a memory : convergence of results across a diversity of tests. *Trends Neurosci.* 11:142-147, 1988.
Perrett, D.I. ; Mistlin, A.J. ; Chitty, A.J. Visual neurones responsive to faces. *Trends neurosci.* 10:358-364, 1987.

Caractères distinctifs des cellules végétales

20

Chacun est capable de distinguer une plante à fleurs d'un mammifère. Même le fait de juger si une cellule isolée est d'origine animale ou végétale est habituellement chose aisée, quoiqu'il existe des cas douteux. Mais lorsque le niveau d'analyse s'étend à l'intérieur de la cellule — au cytoplasme, aux organites et aux molécules — les ressemblances entre les deux règnes commencent à l'emporter sur les différences. La distinction des mitochondries, des noyaux, des ribosomes, ou des composants du cytosquelette des végétaux supérieurs de leurs équivalents animaux exige des méthodes sophistiquées. En effet, les différences entre les végétaux et les animaux tendent à ne pas exister au niveau des caractéristiques moléculaires fondamentales, telles que la réplication de l'ADN, la synthèse des protéines, la production d'ATP mitochondrial ou l'architecture moléculaire fondamentale des membranes de la cellule. Elles concernent plutôt des fonctions cellulaires et tissulaires d'ordre supérieur.

Les comparaisons de séquences d'ARN ribosomal suggèrent que les végétaux, les levures, les invertébrés et les vertébrés ont divergé les uns des autres relativement tardivement au cours de l'évolution des organismes eucaryotes (voir Figure 1-16, p. 13). Les différences existant entre les végétaux et les animaux apparurent, semble-t-il, au cours d'une période d'environ 600 millions d'années, et la majorité d'entre elles peuvent être rapportées à deux acquisitions fondamentales des précurseurs des végétaux : la capacité de fixer le dioxyde de carbone par la photosynthèse (voir Chapitre 7) et la production d'une *paroi cellulaire* rigide. La première acquisition donna aux végétaux une source interne de composés carbonés pour la croissance et le métabolisme ; la seconde établit plusieurs contraintes sévères sur le comportement des végétaux. Dans ce chapitre, nous étudierons les caractères distinctifs des cellules végétales qui résultent de ces deux acquisitions.

L'importance de la paroi cellulaire

La paroi de la cellule végétale est une matrice extracellulaire élaborée qui entoure chaque cellule dans un végétal. Alors que les cellules animales possèdent également des composants de matrice extracellulaire à leur surface (voir p. 802), la paroi de la cellule végétale est généralement plus épaisse, plus solide et — c'est le point le plus important — plus rigide. De fait, la plupart des différences entre les végétaux et les animaux — dans la nutrition, la digestion, l'osmorégulation, la croissance, la reproduction, la communication intercellulaire, les mécanismes de défense ainsi que la morphologie — peuvent être imputées à la paroi de la cellule végétale. En élaborant des parois relativement rigides, dont l'épaisseur varie de $0,1 \mu m$ à plusieurs micromètres, les cellules végétales ont perdu l'aptitude de ramper ; ce style de vie immobile a persisté chez les végétaux pluricellulaires. Ce furent les parois cellulaires épaisses du liège, visibles au microscope, qui permirent à Robert Hooke, en 1663, de distinguer clairement les cellules et de les dénommer comme telles.

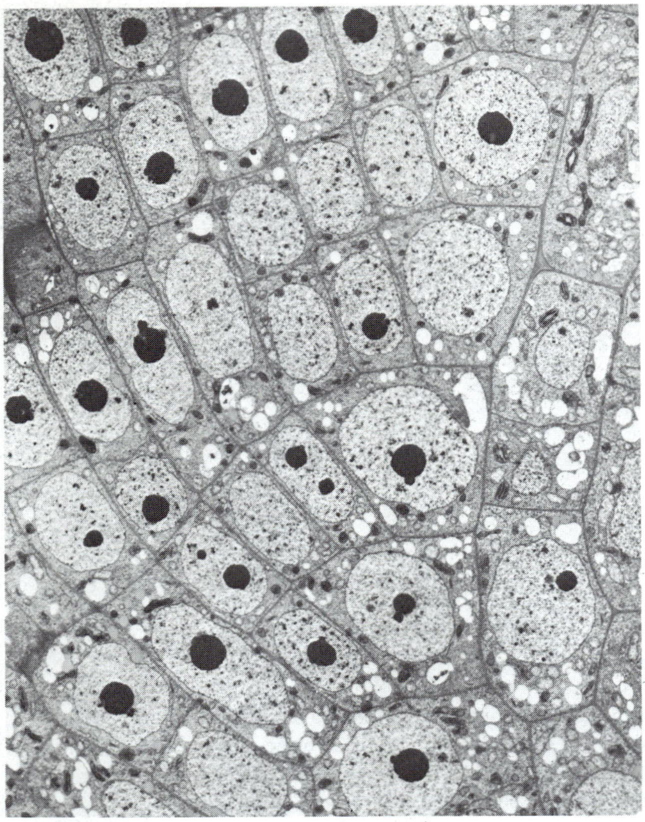

Figure 20-1 Micrographie électronique d'une extrémité de racine de jonc montrant l'organisation des cellules qui résulte d'une série ordonnée de divisions de cellules à paroi rigide. (Avec l'autorisation de Brian Gunning.)

La paroi cellulaire fournit un « logement » protecteur à la cellule végétale qui se trouve à l'intérieur. Chaque paroi cellulaire se lie à ses voisines, cimentant les cellules pour former un végétal intact (Figure 20-1). Même si chaque cellule végétale est enfermée dans sa propre « boîte en bois », la communication directe entre cellules est toujours possible par l'intermédiaire des *plasmodesmes*. Des milliers de ces canaux de cytoplasme doublés de membrane plasmique traversent la paroi cellulaire, reliant des cellules adjacentes, et permettant à de petites molécules de migrer d'une cellule à l'autre. De plus, les fluides s'infiltrent le long des parois cellulaires et à travers elles. La paroi cellulaire végétale a donc des fonctions de transport ainsi que des fonctions protectrice et squelettique.

Lorsque les cellules végétales se spécialisent, elles produisent généralement des parois qui sont particulièrement bien adaptées pour l'une ou l'autre de ces fonctions. Ainsi, les différents types de cellules dans un végétal peuvent être reconnues et classées selon la forme et la nature de leurs parois cellulaires. Dans cette partie du chapitre, nous examinerons les moyens développés par les cellules végétales pour exploiter leur environnement clos. Le point de départ est la description de la nature de la paroi cellulaire elle-même.

La paroi cellulaire est composée de fibres de cellulose incluses dans une matrice de polysaccharides et de protéines [1]

La majorité des cellules néoformées dans un végétal pluricellulaire sont produites dans des régions particulières du végétal appelées *méristèmes*, comme nous l'expliquerons ultérieurement (voir p. 1173). Ces nouvelles cellules sont généralement petites par rapport à leur taille finale. Pour permettre la croissance cellulaire ultérieure, les parois de telles cellules, appelées **parois cellulaires primaires** (Figure 20-2), sont minces et seulement semi-rigides. Une fois la croissance terminée, la capacité de s'étendre n'est plus nécessaire à la paroi. Bien que la cellule mature quiescente puisse simplement conserver sa paroi cellulaire primaire, elle l'augmente beaucoup plus fréquemment en produisant une **paroi cellulaire secondaire**, soit en épaississant la paroi primaire, soit en déposant à l'intérieur de celle-ci de nouvelles couches de parois résistantes de composition différente (voir p. 1146).

Bien que la composition et l'organisation détaillée des parois cellulaires primaires des végétaux supérieurs varient énormément, elles sont construites comme toutes les matrices

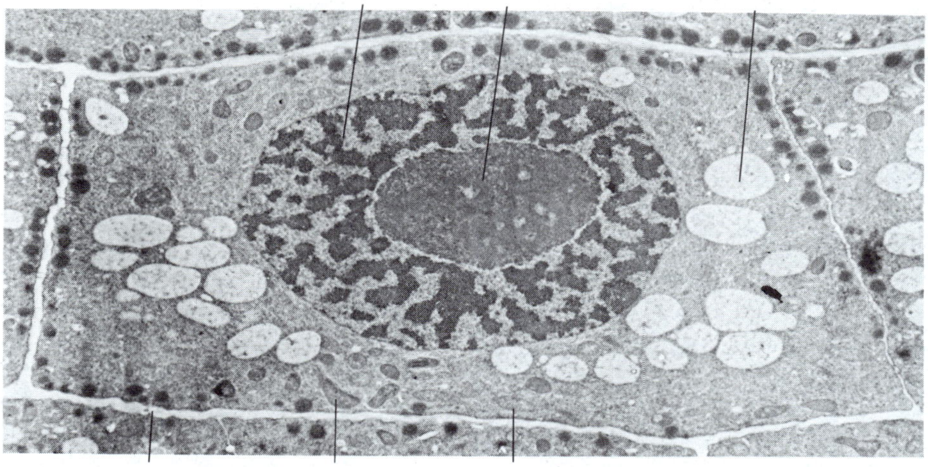

Figure 20-2 Micrographie électronique d'une jeune cellule de l'extrémité d'une racine d'oignon, montrant les organites principaux et la mince paroi cellulaire primaire. (Avec l'autorisation de Brian Wells.)

extracellulaires selon un principe commun : elles détiennent leur résistance élastique de longues fibres réunies par une matrice de protéines et de polysaccharides qui est très résistante à la compression. Le même principe architectural (des fibres robustes résistantes aux tensions, enrobées dans une matrice amorphe résistante aux compressions) est utilisé dans la construction des os des animaux (voir p. 989) et dans des matériaux de construction aussi courants que les fibres de verre et le béton armé. Dans les parois cellulaires des végétaux supérieurs, les fibres sont généralement constituées d'un polysaccharide, la *cellulose*, la macromolécule organique la plus abondante sur la terre. La matrice est surtout composée de deux autres types de polysaccharides — l'*hémicellulose* et la *pectine* —, ainsi que de glycoprotéines de structure (Figure 20-3). Les fibres et les molécules de la matrice sont réticulées par une combinaison de liaisons covalentes et de forces non covalentes en une structure très complexe dont la composition est généralement spécifique de la cellule (Figure 20-4). Les principales molécules qui forment la paroi cellulaire sont connues pour de nombreux types cellulaires, mais on ne sait pas si toutes les molécules constitutives sont présentes dans tous les types cellulaires, ni comment elles sont réticulées et organisées en trois dimensions.

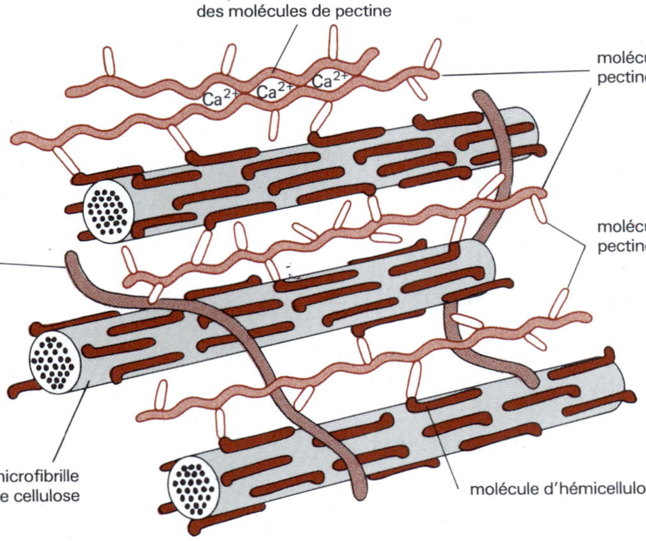

Figure 20-3 Interconnexions entre les deux principaux composants de la paroi cellulaire primaire, les microfibrilles de cellulose et la matrice. Les molécules d'hémicellulose (par exemple des xyloglucanes) sont liées par des liaisons hydrogène à la surface des microfibrilles de cellulose. Certaines de ces molécules d'hémicellulose sont liées à leur tour à des molécules de pectine acide (par exemple des rhamnogalacturonanes) par de courtes molécules de pectine neutre (par exemple des arabinogalactanes). Les glycoprotéines de la paroi sont étroitement entremêlées dans la texture de la paroi pour compléter la matrice.

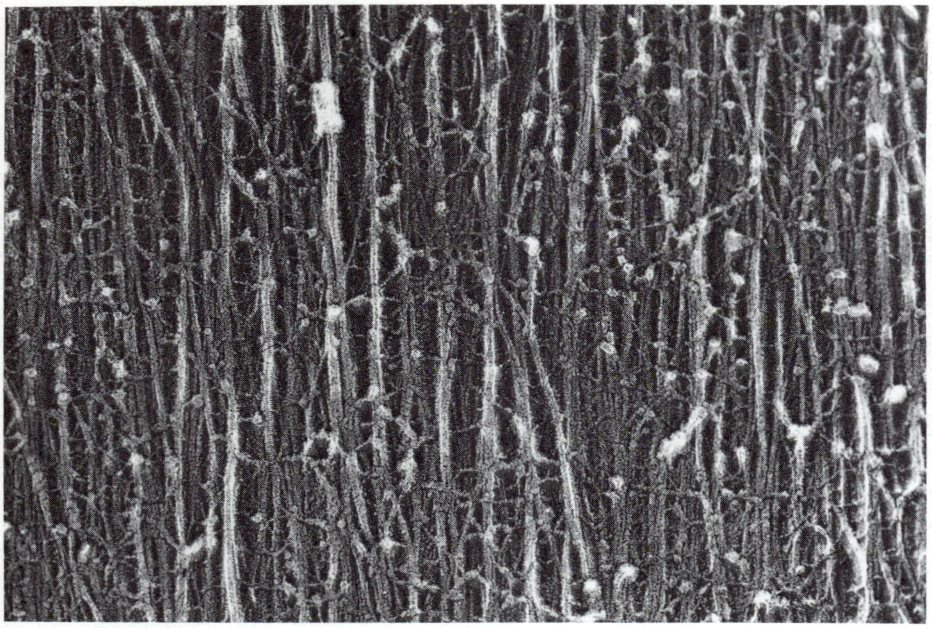

(A)

200 nm

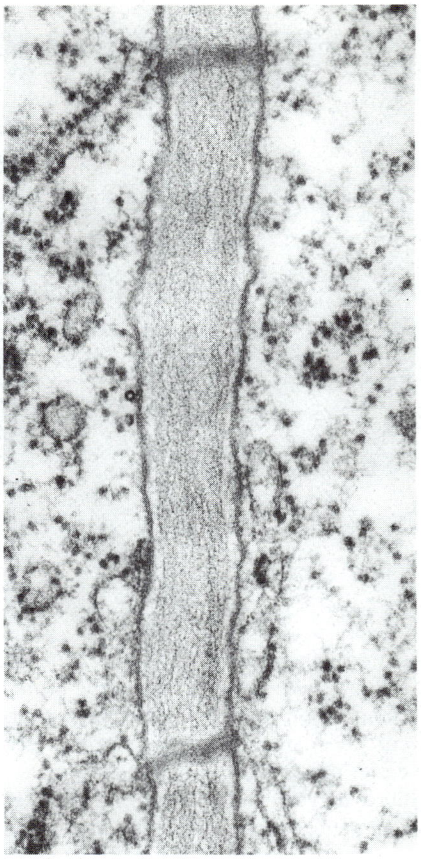

(B)

200 nm

Figure 20-4 (A) Micrographie électronique de la paroi cellulaire primaire d'une cellule de carotte préparée par congélation rapide et cryodécapage (voir p. 147). Les microfibrilles de cellulose sont réticulées par un tissu complexe de molécules matricielles. Comparer cette micrographie avec le modèle représenté dans la Figure 20-3. (B) Coupe fine d'une paroi cellulaire primaire typique séparant deux cellules végétales adjacentes. (A, avec l'autorisation de Brian Wells et Keith Roberts ; B, avec l'autorisation de Jeremy Burgess.)

Les microfibrilles de cellulose sont réticulées en un réseau complexe avec des molécules d'hémicellulose, de pectine et de glycoprotéine [1,2]

Une molécule de **cellulose** est composée d'une chaîne linéaire d'au moins 500 résidus glucidiques liés de façon covalente les uns aux autres par des liaisons glycosidiques $\beta 1 \rightarrow 4$, qui donnent à chaque molécule une structure en forme de ruban, stabilisée par des liaisons hydrogène intramoléculaires. Des liaisons hydrogène intramoléculaires entre molécules de cellulose adjacentes les font adhérer fortement les unes aux autres, en rangées parallèles et chevauchantes, formant un faisceau de 60 à 70 chaînes de cellulose qui ont toutes la même polarité. Ces agrégats cristallins très structurés, longs de plusieurs micromètres, sont appelés **microfibrilles de cellulose** (Figure 20-5).

Le nom d'**hémicellulose** désigne un groupe hétérogène de polysaccharides ramifiés constituant la matrice, qui se lient étroitement mais de manière non covalente à la surface de chaque microfibrille de cellulose et les uns aux autres, recouvrant les microfibrilles et favorisant leur réticulation en un réseau complexe via des liaisons hydrogène (voir Figure 20-3). Il existe de nombreuses classes d'hémicellulose, mais elles possèdent toutes un long squelette linéaire composé de résidus d'un seul type de glucide en $\beta 1 \rightarrow 4$, duquel saillent de courtes chaînes latérales d'autres glucides (Figure 20-6). Ce sont les molécules glucidiques dans le squelette qui forment des liaisons hydrogène le long des microfibrilles de cellulose. Les glucides du squelette et des chaînes latérales sont caractéristiques de l'espèce végétale et de son stade de développement.

Les **pectines** constituent le troisième type majeur de polysaccharides des parois cellulaires. Il s'agit de molécules hétérogènes ramifiées, qui contiennent de nombreux résidus d'acide galacturonique chargés négativement (Figure 20-7). Du fait de leur charge négative, les pectines sont très hydratées et se lient avec avidité aux cations. Lorsque des ions Ca^{2+} sont ajoutés à une solution de molécules de pectine, ils les associent par des liaisons croisées pour former un gel semi-rigide (la pectine est ajoutée au jus de fruit pour faire de la gelée). Il semble que de telles liaisons croisées avec Ca^{2+} aident à maintenir la cohésion des composants de la paroi cellulaire. Certaines pectines sont particulièrement abondantes dans la *lamelle moyenne*, la région centrale spécialisée qui cimente entre elles les parois cellulaires de cellules adjacentes (voir Figure 20-17). Cette couche s'interrompt à certains endroits, formant les espaces intercellulaires remplis d'air trouvés dans de nombreux tissus (Figure 20-8).

En plus de ces trois classes de polysaccharides, la paroi cellulaire primaire contient aussi des glycoprotéines qui peuvent représenter jusqu'à 10 p. cent de la masse de la paroi. L'ADN qui code les glycoprotéines majeures a été cloné et séquencé, révélant que ces protéines sont inhabituelles du fait qu'elles contiennent de nombreuses séquences répétitives. L'hydroxypro-

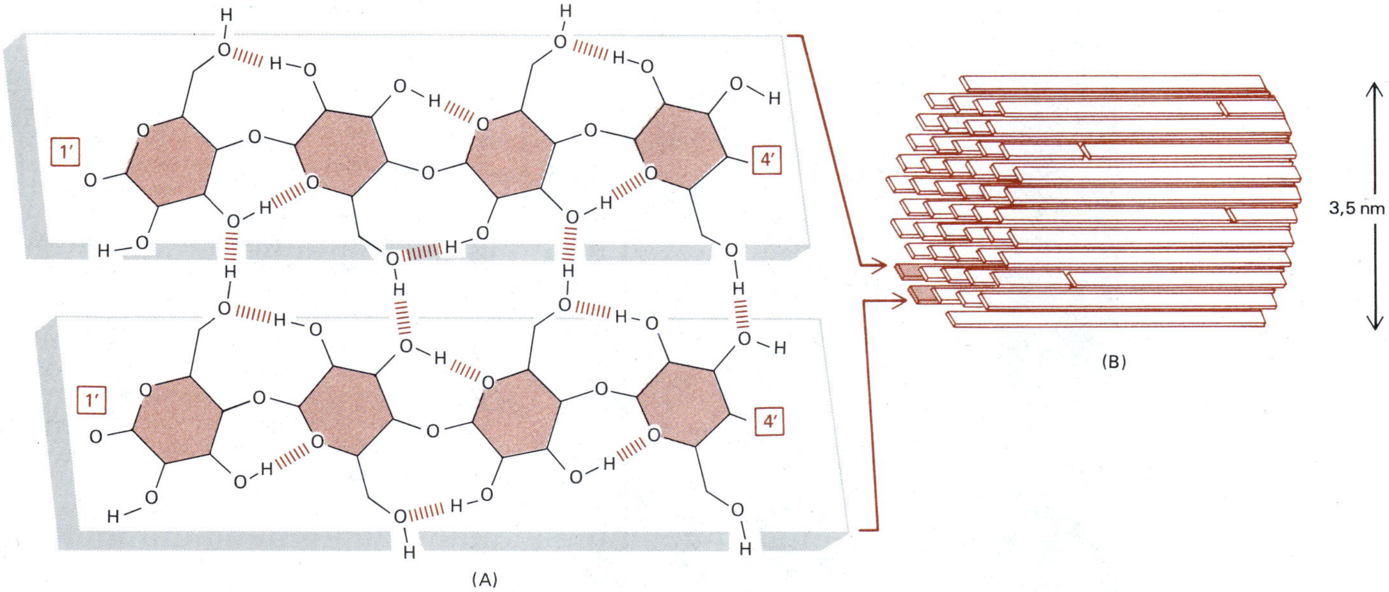

Figure 20-5 La structure de la cellulose. (A) Une petite partie de deux molécules de cellulose ; chaque molécule de cellulose est composée d'une longue chaîne plane d'unités glucose liées en $\beta 1 \rightarrow 4$ qui peut mesurer plusieurs micromètres de long. Des liaisons hydrogène intramoléculaires stabilisent chaque chaîne ; des liaisons hydrogène intermoléculaires associent étroitement les chaînes adjacentes par des liaisons croisées. D'autres liaisons hydrogène (non figurées) associent de la même façon chaque chaîne à d'autres chaînes situées au-dessus et au-dessous dans la microfibrille. (B) Une microfibrille de cellulose dans laquelle de nombreuses molécules parallèles de cellulose sont reliées par des liaisons hydrogène. Dans la majorité des végétaux supérieurs, une microfibrille mesure environ 3,5 nm de diamètre mais, chez certaines algues, elle peut être 10 fois plus longue. Chaque molécule de cellulose a une polarité (avec une extrémité 1′ et une extrémité 4′), et toutes les molécules de chaque microfibrille ont la même polarité.

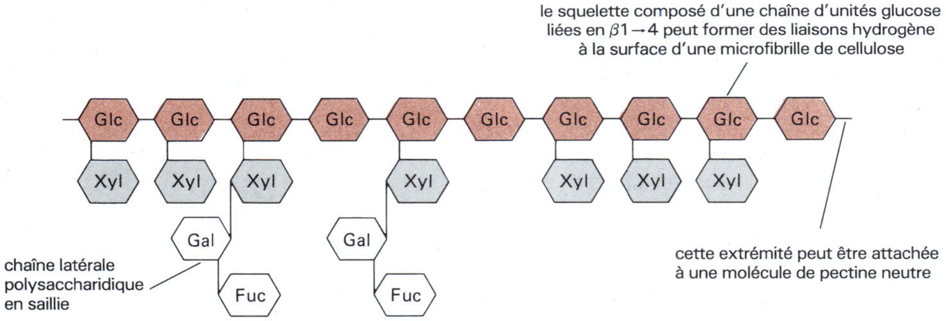

Figure 20-6 Une molécule d'hémicellulose de la paroi cellulaire d'une plante à fleurs typique. Dans cet exemple, le squelette (un xyloglucane) est composé d'une chaîne de résidus glucose, qui se lie par des liaisons hydrogène à la surface des microfibrilles de cellulose. Cependant, les hémicelluloses diffèrent de la cellulose par leurs ramifications glucidiques latérales comme le xylose. Comme cela est indiqué, d'autres glucides, tels que le galactose et le fucose, peuvent aussi être présents. Chez les monocotylédones, l'hémicellulose principale a un squelette composé d'une chaîne de résidus xylose liés en $\beta 1 \rightarrow 4$, au lieu de résidus glucose.

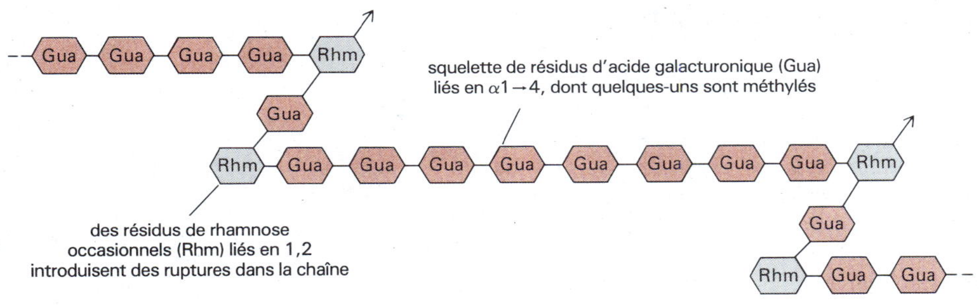

Figure 20-7 Une molécule de pectine acide (un rhamnogalacturonane) de la paroi d'un végétal supérieur. Des ruptures dans la chaîne linéaire de résidus d'acide galacturonique chargés négativement sont introduites de temps à autre par les résidus de rhamnose qui servent aussi de sites d'attachement pour les pectines neutres qui relient la molécule de pectine et l'hémicellulose par des liaisons croisées (voir Figure 20-3).

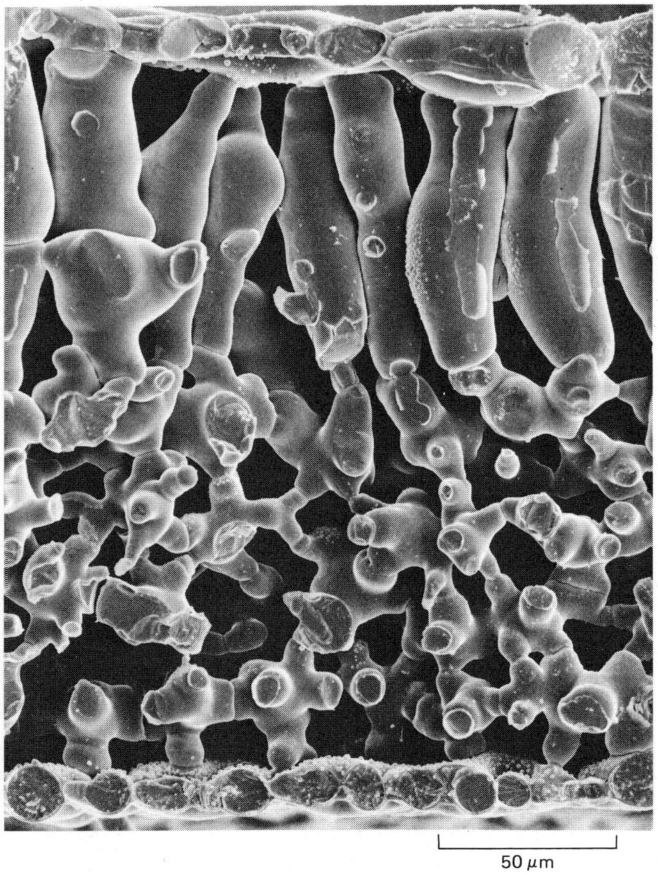

Figure 20-8 Photographie en microscopie électronique à balayage de l'intérieur d'une feuille de haricot qui a été rapidement congelée et ouverte pour mettre en évidence les cellules qui s'y trouvent. En haut se trouve le feuillet unique de cellules qui forme l'épiderme supérieur, et en bas se trouve l'épiderme inférieur. Entre ces deux épidermes il existe un grand nombre de cellules du mésophylle. Lorsque ces cellules photosynthétiques de la feuille poussent et s'allongent, leurs parois se séparent au niveau de régions définies le long de la lamelle moyenne, donnant un réseau ouvert de cellules, qui ont toutes facilement accès au dioxyde de carbone dans les grands espaces aériens qui les entourent. (D'après C.E. Jeffree, N.D. Read, V.A.C. Smith et J.E. Dale, *Planta* 172 : 20-37, 1987.)

line, un acide aminé formé par l'hydroxylation post-traductionnelle de résidus proline (comme dans le collagène, voir p. 811), peut représenter jusqu'à 30 p. cent des résidus de ces glycoprotéines. Beaucoup de chaînes latérales oligosaccharidiques courtes sont attachées aux chaînes latérales d'hydroxyproline et de sérine, de sorte que les glucides représentent plus de la moitié du poids de chaque glycoprotéine. Il est difficile d'extraire ces glycoprotéines sans détruire la structure de la paroi cellulaire, suggérant qu'elles sont étroitement intriquées dans le réseau polysaccharidique tridimensionnel complexe de la paroi. On suppose qu'elles agissent comme de la colle pour accroître la résistance de la paroi, et, significativement, les taux de certains des ARNm qui codent ces glycoprotéines augmentent de façon dramatique lors de la réponse de l'hôte à une infection ou à une blessure.

Pour qu'une cellule végétale croisse et modifie sa forme, la paroi cellulaire doit s'étendre ou se déformer. Du fait de leur structure cristalline, les microfibrilles individuelles de cellulose sont incapables de s'allonger et, par conséquent, de telles modifications doivent impliquer le glissement des microfibrilles les unes par rapport aux autres et/ou l'écartement des microfibrilles adjacentes. Comme nous en discuterons ultérieurement, la direction dans laquelle la cellule en croissance s'agrandit dépend de la façon dont les microfibrilles de cellulose résistantes à la tension sont déposées dans la paroi primaire (voir p. 1168).

La porosité limitée des parois cellulaires restreint l'échange de macromolécules entre les cellules végétales et leur environnement [3]

Toutes les cellules absorbent leurs nutriments et excrètent leurs déchets à travers leur membrane plasmique. Elles répondent également à des signaux chimiques provenant de leur environnement. Dans le cas de cellules végétales, ces molécules et ces signaux doivent traverser la paroi. La matrice de la paroi étant un gel polysaccharidique très hydraté (la paroi primaire est constituée de 60 p. cent d'eau, en poids), l'eau, les gaz et les petites molécules hydrosolubles diffusent rapidement à travers elle. La structure pontée de la paroi cellulaire ne gêne que légèrement la diffusion de petites molécules telles que l'eau, le saccharose ou les ions K^+ (même dans le cas d'une cellule ayant une paroi de 15 μm d'épaisseur, seule 10 p. cent de la résistance au flux aqueux établi entre le cytoplasme et le milieu extérieur est attribuable à la paroi, les 90 p. cent restants étant attribuables à la membrane plasmique). Cependant, le diamètre moyen des espaces existant entre les macromolécules réticulées dans la majorité des parois cellulaires est d'environ 5 nm ; ceci est suffisamment petit pour rendre extrêmement lent le mouvement de n'importe quelle macromolécule globulaire de poids moléculaire très supérieur à 20 000. Par conséquent, les végétaux doivent vivre de molécules de faible poids moléculaire, et toutes les molécules informatives intercellulaires qui ont à traverser la paroi cellulaire doivent aussi être de petite taille et hydrosolubles. De fait, la majorité des molécules informatives connues chez les végétaux, comme les facteurs régulateurs de croissance — auxines, cytokinines et gibbérellines —, ont des poids moléculaires inférieurs à 500 (voir p. 1181).

La résistance élastique des parois permet aux cellules végétales d'engendrer une pression hydrostatique interne appelée turgescence [4]

La résistance mécanique de la paroi cellulaire permet aux cellules végétales de survivre dans un environnement extracellulaire qui est hypotonique par rapport au milieu intérieur de la cellule. Le fluide extracellulaire chez les végétaux supérieurs est composé de la phase aqueuse de toutes les parois cellulaires, ainsi que du fluide des longs tubes formés par les parois cellulaires des *éléments vasculaires du xylème* morts (voir p. 1153). Ces tubes transportent l'eau (le *courant de transpiration*) depuis les racines vers les sites d'évaporation situés principalement dans les feuilles. Bien que le fluide extracellulaire contienne plus de solutés que la solution diluée dans le milieu externe du végétal (par exemple, la terre), il est encore hypotonique par rapport au fluide intracellulaire. Ceci peut être démontré facilement par la digestion de la paroi cellulaire par des cellulases ou d'autres enzymes de dégradation de la paroi, puis par l'observation du comportement de la cellule dépourvue de sa paroi, qui est alors appelée *protoplaste* (voir Figure 20-71). Si un protoplaste sphérique de ce type est exposé au fluide hypotonique dans lequel baigne normalement la cellule végétale, il absorbe de l'eau par osmose, gonfle, et finit par éclater (Figure 20-9). Par contre, une cellule possédant sa paroi, placée dans le même environnement, absorbe de l'eau mais ne peut gonfler que jusqu'à une certaine limite. La cellule développe une pression hydrostatique interne qui engendre une poussée vers l'extérieur sur la paroi cellulaire, plutôt comme une chambre à air appuyant contre un pneu de bicyclette. Cette pression hydrostatique amène la cellule à un équilibre osmotique et empêche tout influx net d'eau supplémentaire (pour une discussion détaillée sur l'osmose, se référer à la Planche 6-1, p. 308).

La **pression de turgescence** externe (ou **turgescence**) de toutes les cellules végétales, provoquée par le déséquilibre osmotique entre les liquides intra- et extracellulaires, est vitale pour les végétaux. C'est la principale force responsable de l'expansion cellulaire au cours de la croissance, et elle assure la plus grande partie de la rigidité des tissus végétaux vivants. Il suffit de comparer la feuille flétrie d'une plante déshydratée à une feuille turgescente d'une plante bien arrosée.

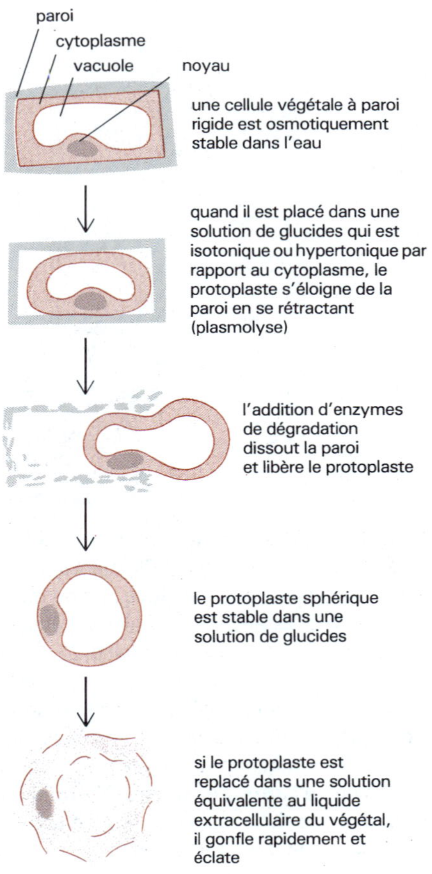

Figure 20-9 Une cellule végétale dépourvue de sa paroi cellulaire, appelée protoplaste, est osmotiquement instable, et elle gonfle et éclate si on la place dans l'eau ou dans le liquide extracellulaire hypotonique qui baigne les cellules végétales. Toutefois, à l'intérieur de sa paroi cellulaire rigide, son augmentation de volume est limitée par la paroi. La pression exercée par la cellule contre la paroi maintient la turgescence de la cellule et son équilibre osmotique, de sorte que l'eau ne peut plus pénétrer dans la cellule (voir Planche 6-1, p. 308).

La croissance des cellules végétales dépend à la fois de la pression de turgescence et d'un affaissement contrôlé de la paroi [5]

Le rôle de la pression de turgescence s'étend bien au-delà du seul maintien de la dilatation des tissus végétaux. Chaque fois que la paroi cellulaire cède à la pression de turgescence interne engendrée, il en résulte une augmentation irréversible du volume cellulaire ; en d'autres termes, la cellule croît. La croissance cellulaire ne peut se produire que si la pression de turgescence dans la cellule excède la tension élastique locale de la paroi. En principe, la cellule végétale pourrait donc utiliser deux stratégies pour croître ; elle pourrait augmenter sa turgescence, ou elle pourrait affaiblir la paroi cellulaire dans des régions localisées. Un nombre de preuves suffisant indique que les cellules végétales adoptent la seconde stratégie et affaiblissent leurs parois selon une variété de mécanismes, y compris la sécrétion locale d'ions H^+ dans la paroi par une pompe ATPasique d'ions H^+ localisée dans la membrane plasmique. Bien que les détails moléculaires ne soient pas clairs, on suppose que le pH localement diminué réduit le nombre des liaisons faibles qui soutiennent la paroi, de sorte que ses macromolécules constitutives glissent les unes sur les autres sous l'influence de la pression de turgescence. Afin de faciliter encore la croissance de la paroi, d'autres modifications plus complexes se produisent également, comme l'activation d'enzymes qui hydrolysent les liaisons glycosidiques et d'autres liaisons covalentes.

Dans la plupart des cas, l'augmentation du volume cellulaire n'est pas uniforme par rapport au contenu de la cellule, la principale augmentation étant due à un agrandissement de la *vacuole* plutôt que du cytoplasme. La rétention d'une quantité presque constante de cytoplasme riche en azote réduit le « coût » métabolique de la fabrication de cellules de grandes dimensions (Figure 20-10). Ceci est un avantage particulier pour les végétaux, pour lesquels

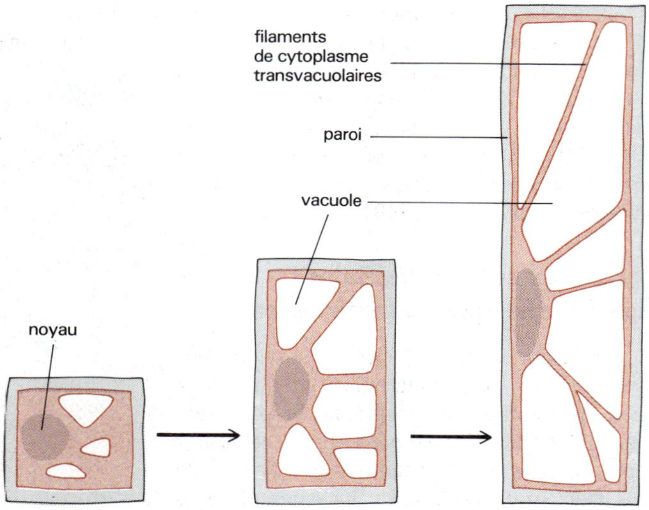

Figure 20-10 On peut obtenir une augmentation importante du volume cellulaire sans augmenter le volume du cytosol. Le relâchement de la paroi oriente l'expansion cellulaire conduite par la turgescence qui accompagne l'absorption d'eau dans une vacuole en expansion. Le cytoplasme est finalement limité par une mince couche périphérique, qui est connectée à la région nucléaire par des filaments transvacuolaires de cytoplasme qui contiennent des faisceaux de filaments d'actine (voir Figure 20-53).

l'azote est souvent un nutriment limitant. Afin de maintenir la pression de turgescence nécessaire à la poursuite de l'expansion cellulaire, des solutés doivent être activement accumulés dans la vacuole en croissance afin de maintenir son osmolarité.

La croissance des cellules végétales est toutefois plus subtile qu'un simple gonflement de la cellule, comme celui d'un ballon. Les cellules ont aussi besoin d'avoir une forme appropriée, et, en pratique, la croissance cellulaire est un mélange de deux processus complexes. D'abord, il y a un processus cyclique, avec des contrôles rétroactifs appropriés, de production progressive de paroi cellulaire, suivi par le rétablissement de la turgescence. Ensuite, il y a un contrôle local de production de la paroi, qui permet à certaines régions de la paroi de rester rigides alors que d'autres s'étendent, déterminant ainsi la forme de la cellule. La base de ce contrôle de la forme de la cellule se trouve dans des événements cytoplasmiques que nous décrirons ultérieurement (voir p. 1169).

La turgescence est réglée par des mécanismes rétroactifs qui contrôlent les concentrations des solutés intracellulaires [6]

Compte tenu de l'importance de la pression de turgescence chez les végétaux, il n'est pas étonnant que les cellules végétales aient développé des mécanismes sensibles pour régler leur taille. La pression de turgescence est très variable d'un végétal à l'autre et d'une cellule à l'autre ; elle est de l'ordre d'une demi-atmosphère chez certaines algues à grandes cellules et atteint près de 50 atmosphères chez certaines cellules de garde stomatiques de certains végétaux supérieurs (Figure 20-11). Les cellules peuvent élever leur pression de turgescence en augmentant la concentration de solutés osmotiquement actifs dans le cytosol — soit en les pompant à partir du liquide extracellulaire à travers la membrane plasmique, soit en les engendrant à partir des polymères de réserve osmotiquement inactifs, habituellement localisés dans la vacuole. Dans les deux cas, des boucles rétroactives contrôlent et règlent le niveau de la turgescence.

Comment de tels systèmes de contrôle rétroactifs fonctionnent-ils ? Des expériences indiquent qu'un « détecteur de pression de turgescence » localisé dans la membrane plasmique

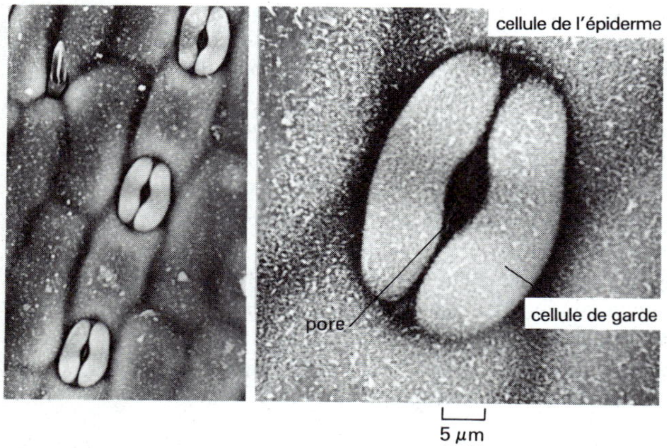

Figure 20-11 Photographies en microscopie électronique à balayage de stomates ouverts dans l'épiderme foliaire d'une herbe tropicale, observés à deux grossissements. Les **stomates** sont des pores formés à la surface de la feuille par deux cellules de garde, dont les mouvements réglés par la turgescence contrôlent la taille du pore et règlent donc l'échange de gaz entre la feuille et l'environnement. Chez la plupart des végétaux, les stomates sont ouverts durant la journée pour permettre l'entrée du dioxyde de carbone et le dégagement des produits de la photorespiration ; la nuit, ils sont normalement fermés. Les cellules épidermiques sont recouvertes d'une cuticule imperméable à l'eau qui possède une couche externe de cire (voir aussi la Figure 20-18). (Avec l'autorisation de H.W. Woolhouse et G.J. Hills.)

induit un transport ionique vers l'intérieur, le plus souvent un pompage actif de K^+ dans la cellule, en réponse à une chute soudaine de la pression de turgescence, alors qu'une brusque élévation de la turgescence provoque une sortie de K^+. Ces réponses sont très rapides et reflètent des modifications dans l'activité de protéines de transport spécifiques dans la membrane plasmique.

Les détecteurs de pression de turgescence liés à la membrane induisent aussi probablement des modifications dans la vitesse à laquelle des solutés osmotiquement actifs sont synthétisés dans le cytoplasme et la vacuole. Ces modifications se produisent beaucoup plus lentement mais sont critiques pour la régulation de la turgescence dans les végétaux exposés à des environnements dont les propriétés osmotiques sont extrêmes ou fluctuantes. Par exemple, les végétaux vivant dans des habitats salins doivent accumuler des concentrations internes en solutés très élevées pour maintenir leur turgescence. Comme l'accumulation d'ions tels que K^+ à des taux aussi élevés altérerait probablement les activités d'enzymes vitales, les cellules végétales dans de tels environnements accumulent plutôt des solutés organiques spécifiques : des composés polyhydroxyliques tels que le glycérol ou le mannitol, des acides aminés tels que la proline, ou des dérivés *N*-méthylés d'acides aminés tels que la glycine bétaïne. Ces solutés peuvent atteindre des concentrations très élevées (0,5 M) dans le cytosol sans affecter le métabolisme de la cellule. La vacuole et son contenu sont très impliqués dans la régulation de la pression de turgescence en réponse à des fluctuations de l'environnement (voir p. 1163).

Des modifications réglées de la turgescence engendrent également les mouvements limités des végétaux. Les cellules de garde des stomates, par exemple, contrôlent la vitesse d'échange des gaz entre les feuilles et l'air environnant par des mouvements qui ouvrent ou ferment le pore qu'elles forment (voir Figure 20-11). Au cours de la journée, lorsque les stomates sont ouverts, la lumière active des pompes sélectives d'ions K^+ localisées dans la membrane plasmique des cellules de garde, ce qui provoque un influx de K^+ qui augmente la pression de turgescence de sorte que les cellules de garde gonflent vers l'extérieur pour ouvrir les pores. Des modifications très rapides de la turgescence dans des cellules stratégiquement localisées sont responsables de beaucoup de mouvements spectaculaires tels que la fermeture du piège chez certaines plantes carnivores et les mouvements rapides des parties florales dans certains mécanismes de pollinisation. Les modifications de la turgescence responsables de ces phénomènes sont provoquées par des augmentations drastiques de la perméabilité des membranes dans des cellules placées de façon critique, qui agissent comme une « charnière » réglée par la turgescence. La manière dont un léger contact sur une surface réceptrice induit un dégonflement de la turgescence dans ces cellules n'est pas compris ; il est possible que des canaux ioniques réglés par la tension soient impliqués.

La paroi cellulaire est modifiée au cours de la création de types spécialisés de cellules [7]

Il existe de grandes différences dans la structure et la stratégie de reproduction des différents groupes de végétaux (Figure 20-12). Néanmoins, ils sont tous construits sur des principes

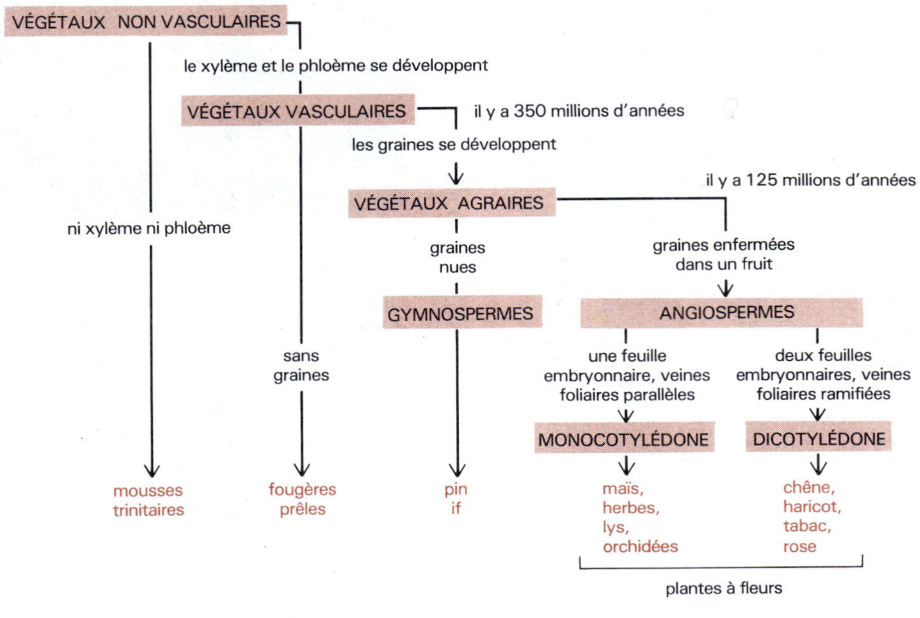

Figure 20-12 L'évolution des végétaux terrestres. Une division importante dans le royaume végétal, excluant les algues, se situe entre les *végétaux vasculaires* (qui possèdent les tissus du phloème et du xylème pour le transport) et leurs ancêtres, les *végétaux non vasculaires* (comme les mousses), qui sont petits et relativement primitifs. Comme le montre la Figure, les végétaux vasculaires subirent une étape supplémentaire, il y a environ 350 millions d'années, lorsque les graines se développèrent. La graine fournit un environnement protecteur à l'embryon en développement, qui peut rester dormant jusqu'à ce qu'il rencontre les conditions favorables à son développement ultérieur. Puisque les végétaux vasculaires porteurs de graines sont devenus les végétaux dominants à la surface de la terre, ils constituent le sujet principal de ce chapitre.

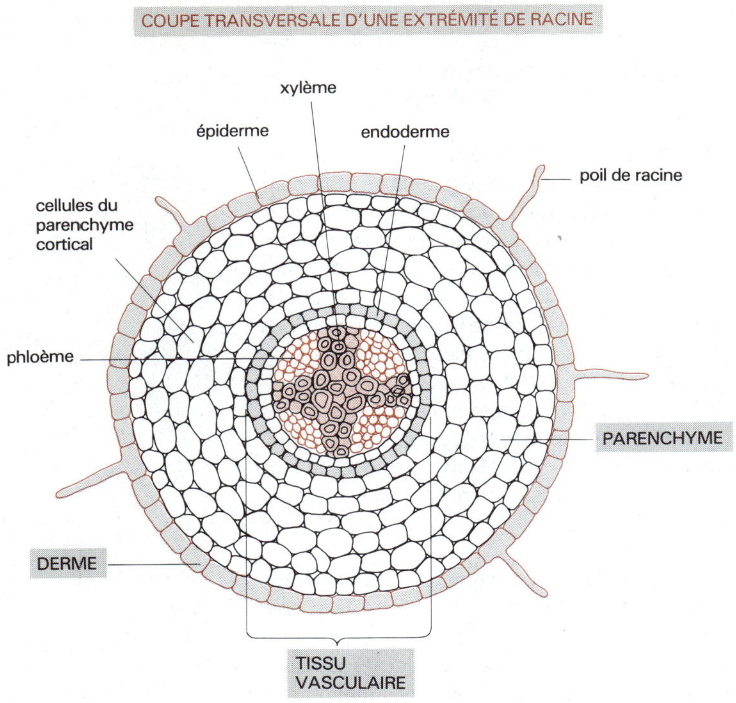

Figure 20-13 Les divers organes d'un végétal supérieur (tels que feuille, tige et racine) sont composés, chacun, de trois *systèmes tissulaires* aisément reconnaissables — vasculaire, parenchymateux et dermique. Dans cette coupe transversale de l'extrémité d'une racine, le *système tissulaire vasculaire* est enrobé dans le *système tissulaire parenchymateux* qui est, à son tour, entouré par le *système tissulaire dermique*. Ces trois mêmes systèmes tissulaires, dans différents arrangements, constituent toutes les parties d'un végétal supérieur. Chacun est composé d'un assez petit nombre de types cellulaires classiques dont certains sont illustrés dans la Planche 20-1.

similaires à partir d'un répertoire très limité de tissus et de types cellulaires. Les végétaux sont presque tous agencés suivant des traits modulaires, un module type étant composé d'une tige, d'une feuille et d'un bourgeon (voir Figure 20-58). De plus, tous contiennent les mêmes types cellulaires spécialisés organisés dans les trois mêmes systèmes tissulaires principaux : *dermique* (fournissant l'enveloppe), *parenchymateux* (assurant le support et la nutrition) et *vasculaire* (assurant le transport des fluides) (Figure 20-13).

Les principaux types cellulaires sont présentés dans la Planche 20-1. Ils dérivent de cellules possédant une *paroi cellulaire primaire* par un processus de croissance cellulaire suivi par une différenciation cellulaire. Lorsque les cellules se différencient, la paroi cellulaire primaire est élaborée pour former la *paroi cellulaire secondaire*. Dans certains cas, cela implique simplement l'addition de couches supplémentaires de cellulose, alors que, dans d'autres cas, de nouvelles couches de composition différente sont déposées. Les molécules de cellulose déposées dans les parois secondaires sont en général beaucoup plus longues (~ 15 000 résidus glucidiques) que celles que l'on trouve dans les parois primaires (500 à 5 000 résidus glucidiques). De plus, les composants pectiques très hydratés, caractéristiques de la paroi cellulaire primaire, sont en grande partie remplacés par d'autres polymères ; il en résulte que la paroi secondaire est considérablement plus dense et moins hydratée que la paroi primaire.

Les parois cellulaires secondaires constituent le principal support mécanique du végétal. Elles fournissent également les composants essentiels dans l'alimentation de beaucoup d'animaux et sont la base de produits tels que le bois et le papier. La forme et la composition de la paroi cellulaire finale sont très étroitement corrélées à la fonction d'un type cellulaire spécialisé particulier : il est facile de distinguer chaque type cellulaire par sa morphologie, comme le montre l'exemple des parois cellulaires secondaires d'une grande spécificité d'espèces déposées à la surface des grains de pollen matures (Figure 20-14).

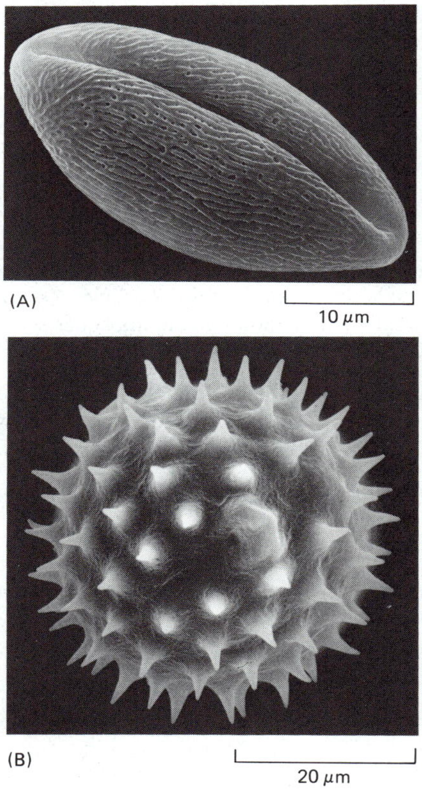

Figure 20-14 Photographies en microscopie électronique à balayage de grains de pollen : (A) le pétunia, (B) le tournesol. La paroi sculptée est faite de sporopollénine, un polymère d'hydrocarbures complexe et très résistant qui forme un motif caractéristique et spécifique d'espèces. Les pores existent dans la paroi, et c'est par eux que le tube pollinique émergera lorsque la graine germe. (Avec l'autorisation de Colin MacFarlane et Chris Jeffree.)

Toutes les modifications majeures de la composition et de l'architecture des parois cellulaires primaires et secondaires reflètent des événements cytoplasmiques, un principe dont la meilleure illustration est donnée par le développement des vaisseaux du xylème. Au cours de leur différenciation initiale, les éléments vasculaires du xylème présents dans de jeunes tissus en croissance déposent des épaississements de paroi riches en cellulose selon des motifs définis par des faisceaux de microtubules cytoplasmiques qui se trouvent dans le cortex juste sous la membrane plasmique. Ces faisceaux de microtubules sont généralement disposés selon des modèles hélicoïdaux ou en forme de cerceau (Figure 20-15), et proviennent d'un regroupement des microtubules plus régulièrement distribués qui constituent les rangées corticales normales (voir p. 1169). Le dépôt des microfibrilles de cellulose extracellulaires parallèlement aux microtubules cytoplasmiques corticaux est un exemple particulier de la règle générale dont nous parlerons plus tard (voir p. 1169).

Les régions de paroi de cellulose épaissie dans les cellules du xylème en développement

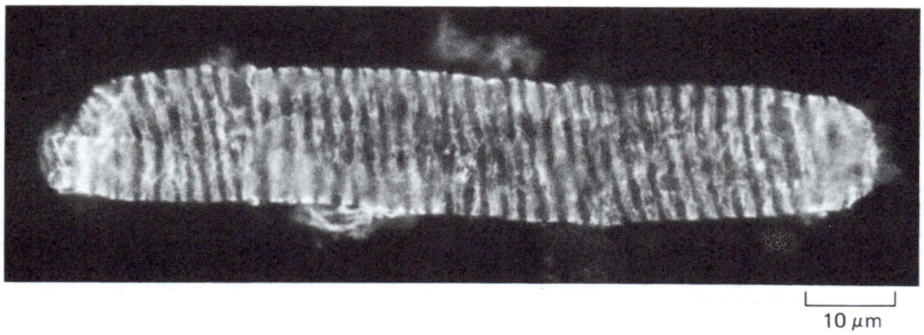

Figure 20-15 Microtubules dans le cortex d'une cellule du xylène en développement d'une pousse de pois.
Le marquage par immunofluorescence montre le groupement des microtubules corticaux en une rangée hélicoïdale, qui définit la surface de la paroi cellulaire qui sera initialement épaissie avec de la cellulose puis avec de la lignine (voir Planche 20-1). La cellule est grande, et la profondeur de champ permet seulement d'observer un côté de la rangée hélicoïdale. (Avec l'autorisation de Ian Roberts.)

sont ultérieurement consolidées par dépôt de *lignine*, un polymère très insoluble d'unités phénoliques aromatiques, qui forme un vaste réseau ponté à l'intérieur de la paroi cellulaire et qui est le principal composant du bois. La suppression localisée de matériau à partir des parois terminales donne finalement naissance aux vaisseaux rigides de faible résistance utilisés pour le transport de l'eau dans le xylème (Figure 20-16). Un remodelage aussi important des parois cellulaires primaires a lieu au cours du développement des tubes criblés du phloème dans les tissus vasculaires des végétaux (voir Figure 20-16 et Planche 20-1).

La paroi cellulaire secondaire est habituellement déposée entre la membrane plasmique et la paroi cellulaire primaire, parfois en couches successives (Figure 20-17). Dans d'autres cas, cependant, des macromolécules particulières sont aussi déposées *à l'intérieur* de la paroi primaire (comme l'est la lignine dans les cellules du xylème) ou sur sa surface externe. Par exemple, les cellules épidermiques qui couvrent la surface externe du végétal ont habituellement des parois cellulaires primaires épaissies dont la face externe est recouverte d'une fine *cuticule* imperméable à l'eau, qui aide à protéger le végétal d'une infection, d'un dommage mécanique, d'une perte d'eau et de la lumière ultraviolette nuisible (voir Planche 20-1, pp. 1148-1149). La cuticule est sécrétée lorsque les cellules épidermiques se différencient. A l'origine, elle est composée de *cutine* (ou d'un composé voisin, la subérine, dans l'écorce), qui est un polymère d'acides gras à longues chaînes, qui forme un vaste réseau ponté à la surface du végétal. La couche de cutine est fréquemment imprégnée et recouverte d'un mélange complexe de *cires*, qui sont des esters entre des alcools à longues chaînes et des acides gras (Figure 20-18). La cuticule de la cellule végétale a une composition très différente des cuticules des cellules d'insectes et de crustacés, qui sont composées de protéines et de polysaccharides.

Même une paroi mature est une structure dynamique [8]

La composition et l'architecture de la paroi cellulaire dans un végétal mature ne sont pas fixées : des composants peuvent être ajoutés ou supprimés, et les pontages entre les composants peuvent changer. La suppression localisée de matériau de paroi, au cours du développement des parois terminales des éléments des vaisseaux du xylème et des tubes criblés du phloème, fournit un exemple particulièrement frappant de tels changements (voir Figure 20-16).

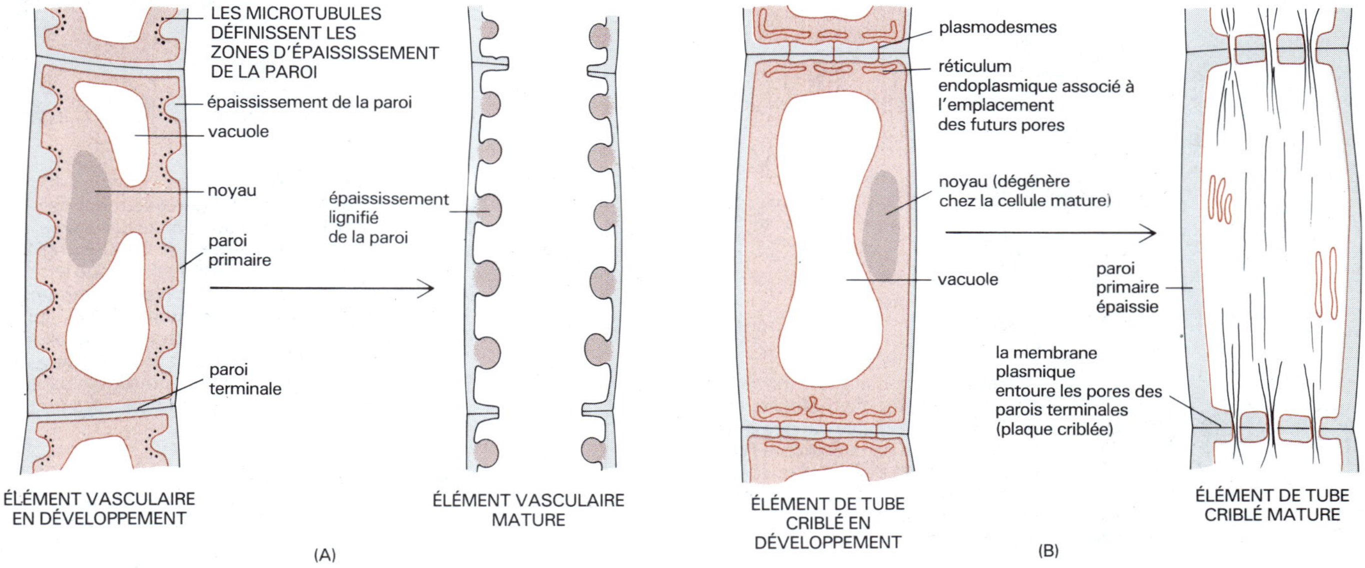

Figure 20-16 Deux exemples des voies d'élaboration et de modification de la paroi cellulaire au cours de la formation de types cellulaires spécialisés. (A) Schéma d'une coupe longitudinale d'un petit élément vasculaire en développement du xylème. Cette cellule forme des épaississements de paroi annulaires, mais de nombreuses autres structures existent également. Finalement, le protoplaste et les parois terminales disparaissent pour créer un tube à extrémités ouvertes. L'élément mature est mort et il a perdu son protoplaste. (B) Schéma d'une coupe longitudinale du développement d'un élément de tube criblé dans le phloème. La paroi cellulaire primaire s'épaissit et la paroi aux extrémités des cellules se perfore pour former les plaques criblées qui font communiquer les éléments adjacents du tube criblé. La cellule mature conserve sa paroi primaire, mais perd son noyau et la majeure partie de son cytoplasme.

LA PLANTE

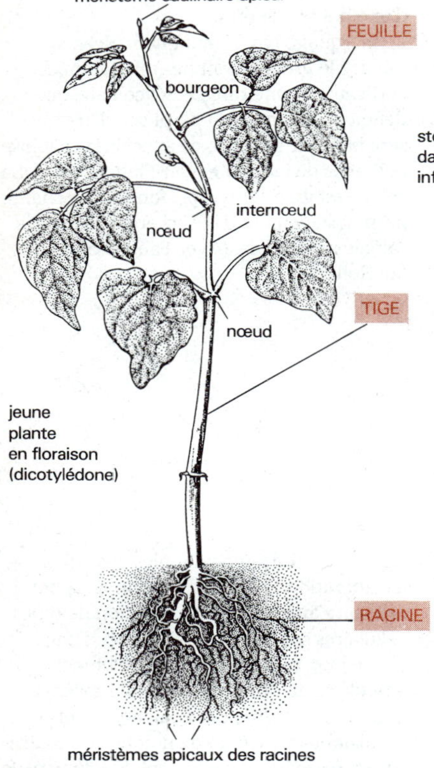

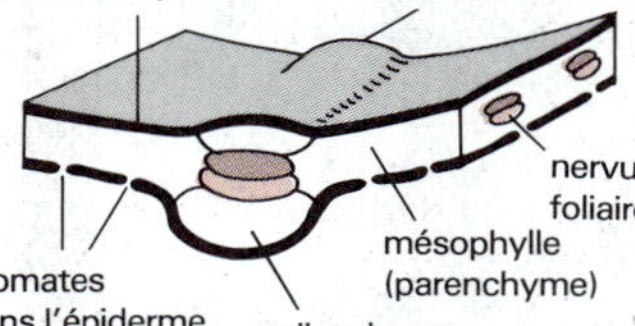

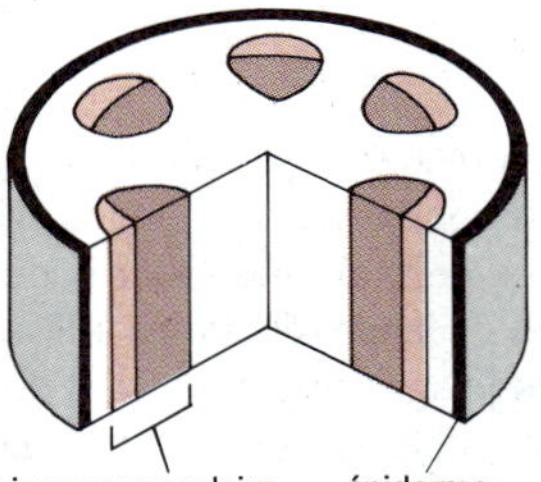

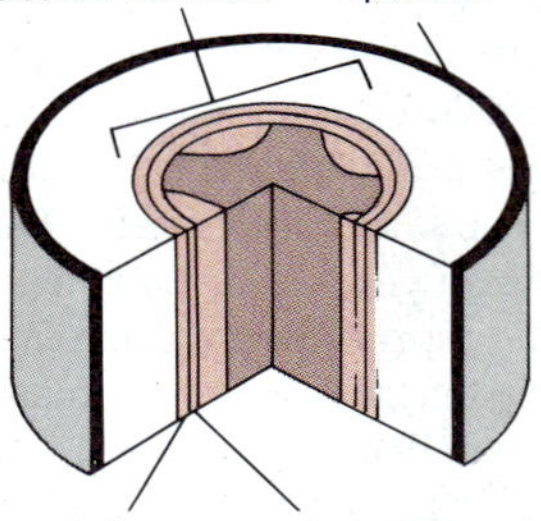

La jeune plante à fleurs représentée sur la gauche est construite à partir de trois types principaux d'organes : les feuilles, les tiges et les racines. Chaque organe végétal est à son tour fabriqué à partir de trois systèmes tissulaires : parenchymateux, dermique et vasculaire (voir Figure 20-13).

Ces trois systèmes tissulaires dérivent en fin de compte de l'activité de prolifération cellulaire des méristèmes apicaux des pousses et des racines, et chacun contient un nombre relativement faible de types cellulaires spécialisés. Ces trois systèmes tissulaires courants ainsi que les cellules qui les composent sont décrits dans cette planche.

LES TROIS SYSTÈMES TISSULAIRES

La division, la croissance et la différenciation cellulaires donnent naissance aux systèmes tissulaires qui ont des fonctions spécialisées.

LE TISSU DERMIQUE (▬) C'est la couverture externe protectrice du végétal qui est en contact avec l'environnement. Elle facilite l'absorption de l'eau et des ions dans les racines et régularise les échanges gazeux dans les feuilles et les tiges.

LE TISSU VASCULAIRE Le phloème (▭) et le xylème (▭) forment à eux deux un système vasculaire continu à travers tout le végétal. Ce tissu conduit l'eau et les solutés entre les organes et fournit aussi un support mécanique.

LE TISSU PARENCHYMATEUX (▭) Ce tissu d'habillage et de soutien est responsable de la plus grande partie de la masse du jeune végétal. Il joue aussi un rôle dans la fabrication et le stockage de la nourriture.

LE TISSU PARENCHYMATEUX

Le système tissulaire parenchymateux regroupe trois types cellulaires principaux appelés parenchyme, collenchyme et sclérenchyme.

Les cellules **parenchymateuses** sont présentes dans tous les systèmes tissulaires. Ce sont des cellules vivantes, généralement capables de divisions supplémentaires, et qui possèdent une mince paroi cellulaire primaire. Ces cellules ont un certain nombre de fonctions. Les cellules des méristèmes apicaux et latéraux des tiges et des racines fournissent les nouvelles cellules nécessaires à la croissance. La production et le stockage des aliments ont lieu dans les cellules photosynthétiques de la feuille et de la tige (appelées cellules du mésophylle) ; le parenchyme de stockage forme la masse de la majorité des fruits et des légumes. Du fait de leur capacité de prolifération, les cellules du parenchyme servent également de cellules souches pour la cicatrisation des blessures et la régénération.

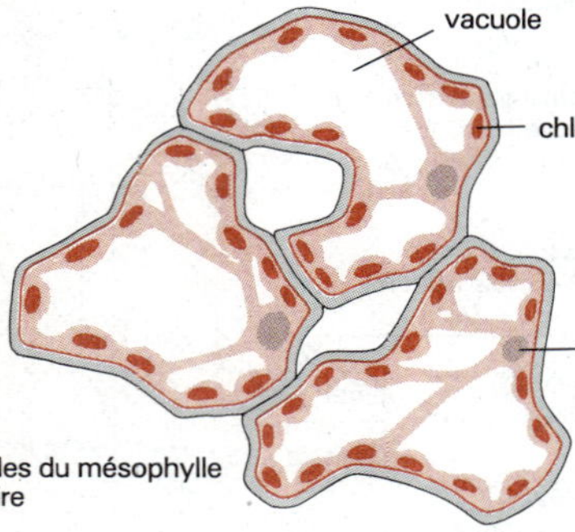

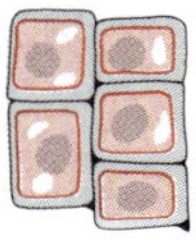

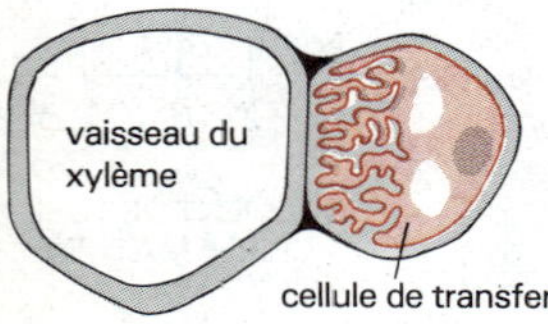

La cellule de transfert, une forme spécialisée de la cellule parenchymateuse, est facilement identifiable par des invaginations élaborées de la paroi cellulaire primaire. L'augmentation de la surface de la membrane plasmique située sous ces parois facilite le transport rapide de solutés vers et depuis les cellules du système vasculaire.

Le **collenchyme** est composé de cellules vivantes semblables aux cellules du parenchyme, si ce n'est qu'elles ont des parois cellulaires beaucoup plus épaisses et qu'elles sont habituellement allongées et empaquetées dans de longues fibres en forme de bâtonnet. Elles sont capables d'allongement et fournissent un soutien mécanique dans le système tissulaire parenchymateux des régions en élongation de la plante. Les cellules du collenchyme sont particulièrement courantes dans les régions sub-épidermiques des tiges.

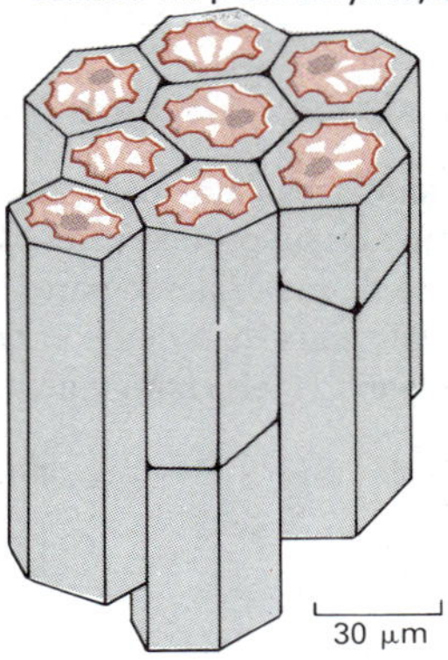

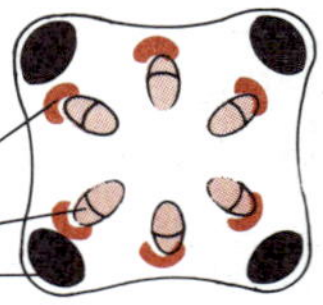

Le **sclérenchyme**, comme le collenchyme, a des fonctions de résistance et de soutien. Toutefois, ce sont généralement des cellules mortes aux parois cellulaires secondaires épaisses et lignifiées qui les empêchent de s'allonger lorsque le végétal pousse. Deux types communs sont les *fibres* (voir Figure 20-17), qui forment souvent de longs faisceaux, et les *scléréides*, qui sont des cellules ramifiées plus courtes présentes dans le tégument des graines et dans les fruits.

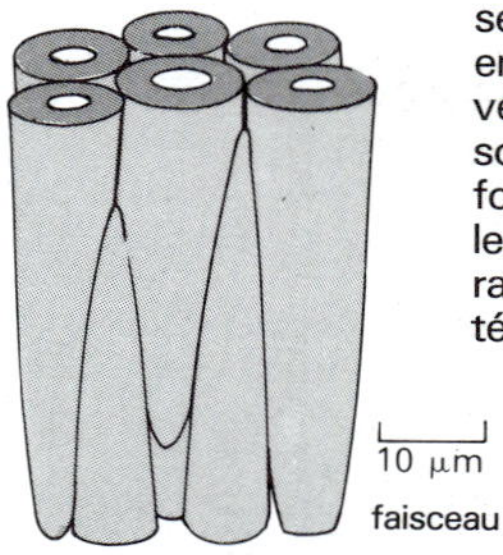

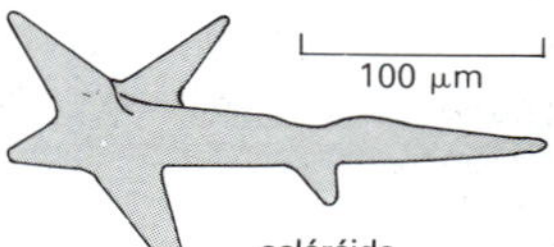

LE TISSU DERMIQUE

L'épiderme est la couverture protectrice externe primaire de l'organisme végétal. Les cellules de l'épiderme sont également modifiées pour former des stomates et des poils de types variés.

L'épiderme

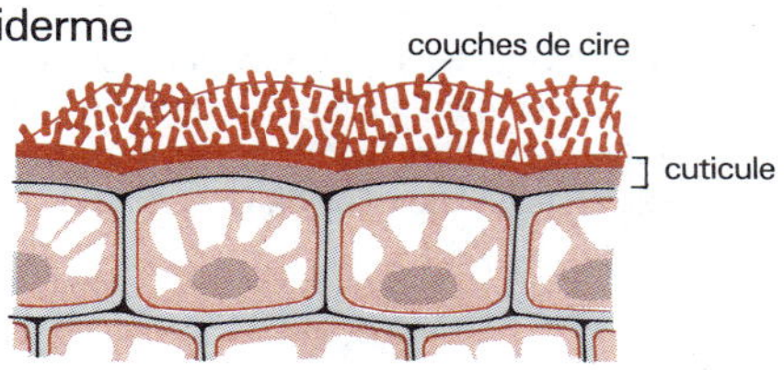

L'épiderme (normalement de l'épaisseur d'une couche de cellules) couvre toute la tige, les feuilles et les racines du jeune végétal. Les cellules sont vivantes, ont des parois cellulaires primaires épaisses, et sont couvertes sur leur surface externe d'une cuticule particulière ainsi que par une couche externe de cire (voir Figure 20-18). Les cellules adhèrent étroitement les unes aux autres de façon différente.

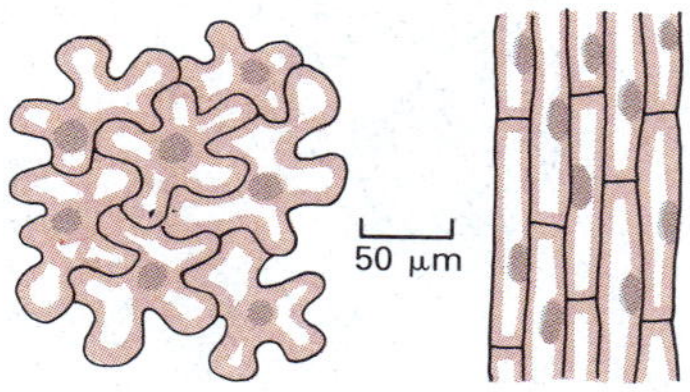

épiderme supérieur d'une feuille — épiderme d'une tige

Les stomates

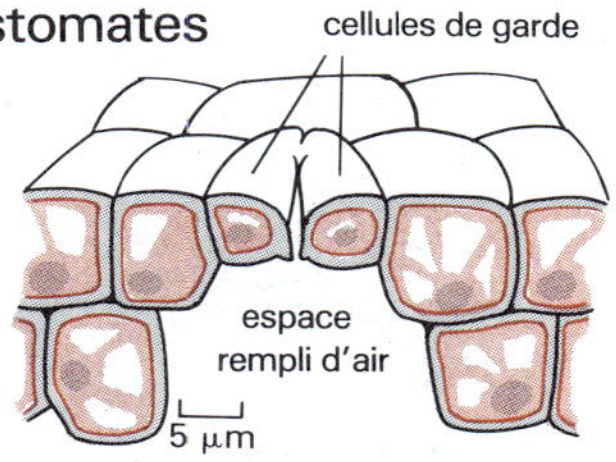

Les stomates sont des ouvertures dans l'épiderme, qui existent principalement sur la surface inférieur de la feuille, et qui règlent l'échange gazeux dans le végétal. Ils sont formés par deux cellules épidermiques spécialisées appelées cellules de garde (voir Figure 20-11), qui règlent le diamètre du pore. Les stomates sont distribués selon un motif spécifique d'espèce à l'intérieur de chaque épiderme.

Les poils (ou trichomes) sont des appendices dérivés de cellules épidermiques. Ils existent sous une variété de formes et sont couramment présents dans toutes les parties du végétal. Les poils jouent un rôle dans la protection, l'absorption et la sécrétion.
Exemples :

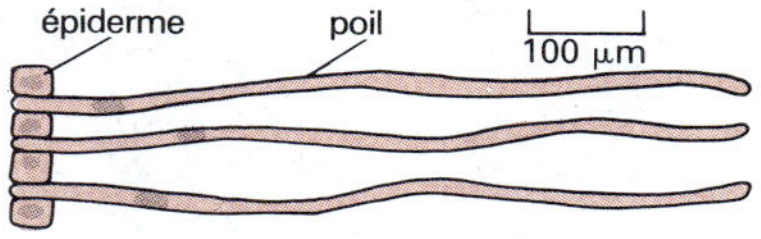

de jeunes poils composés d'une seule cellule dans l'épiderme de la graine de coton (voir Figure 20-45). Lorsque ces poils grandissent, les parois sont épaissies secondairement par de la cellulose pour former les fibres du coton.

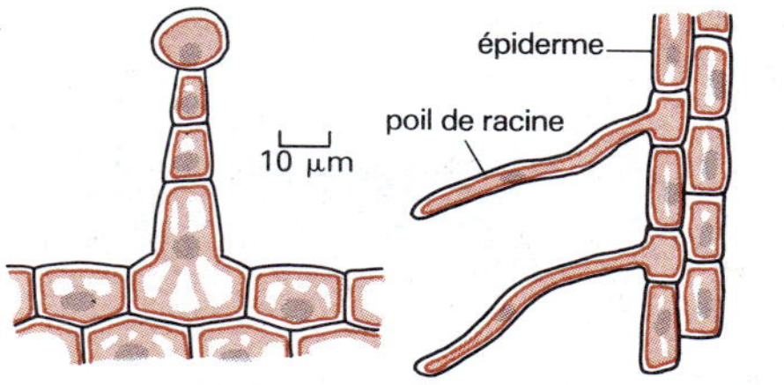

un poil sécréteur multicellulaire d'une feuille de géranium — les poils de racine à cellule unique ont une fonction importante dans l'absorption de l'eau et des ions

Les faisceaux vasculaires

Dans les racines, il y a normalement un seul faisceau vasculaire, mais, dans les tiges, il y en a plusieurs. Ils sont disposés suivant une stricte symétrie radiale chez les dicotylédones, mais sont plus irrégulièrement dispersés chez les monocotylédones.

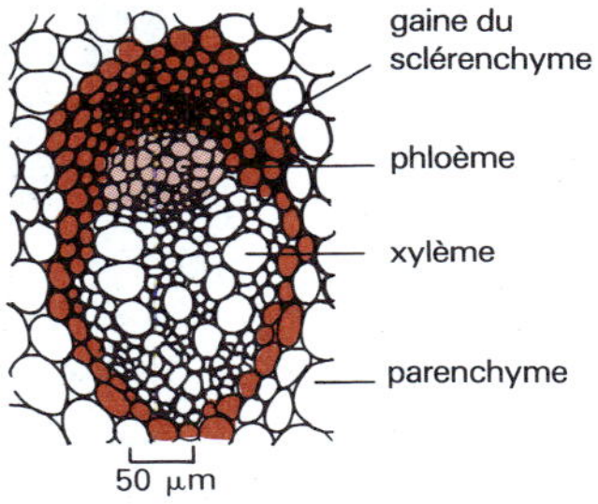

un faisceau vasculaire typique d'une jeune tige de bouton d'or

LE TISSU VASCULAIRE

Le phloème et le xylème forment ensemble un système vasculaire continu dans tout le végétal. Chez les jeunes végétaux, ils sont normalement associés avec une variété d'autres types cellulaires dans des *faisceaux vasculaires*. Le phloème et le xylème sont des tissus complexes. Leurs éléments conducteurs sont associés aux cellules parenchymateuses qui maintiennent et échangent des matériaux avec les éléments conducteurs. De plus, des groupes de cellules du collenchyme et du sclérenchyme fournissent un support mécanique.

Le phloème

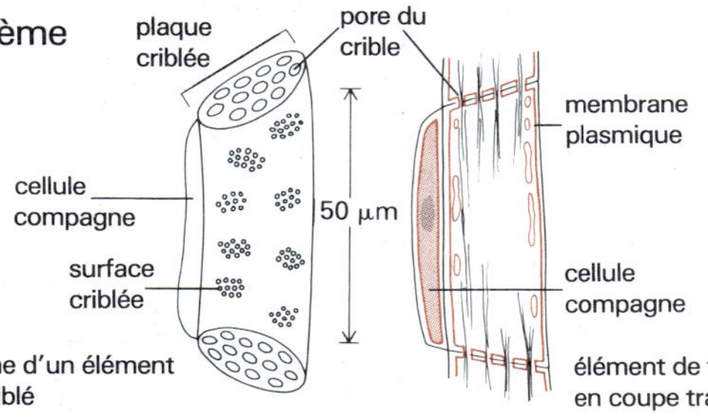

vue externe d'un élément de tube criblé — élément de tube criblé en coupe transversale

Le phloème est impliqué dans le transport de solutés organiques dans le végétal. Les principales cellules conductrices (éléments) sont alignées pour former des tubes appelés *tubes criblés*. Les éléments des tubes criblés sont, à maturité, des cellules vivantes, communiquant par des perforations dans leurs parois terminales formées par des plasmodesmes élargis et modifiés (plaques criblées). Ces cellules conservent leur membrane plasmique, mais elles ont perdu leur noyau et la plus grande partie de leur cytoplasme ; elles comptent par conséquent sur les *cellules compagnes* associées pour leur survie. Ces cellules compagnes ont en outre la fonction de transporter activement les molécules alimentaires solubles dans et hors des éléments des tubes criblés à travers les surfaces criblées poreuses de la paroi.

Le xylème transporte de l'eau et des ions dissous dans le végétal. Les principales cellules conductrices sont les éléments vasculaires représentés ici, qui sont des cellules mortes dépourvues de membrane plasmique à maturité. La paroi cellulaire a été secondairement épaissie et fortement lignifiée. Comme on le montre ci-dessous, sa paroi terminale est en grande partie éliminée, permettant la formation de très longs tubes continus.

Le xylème

La paroi qui relie les éléments vasculaires alignés en série dans un tube peut être perforée de plusieurs petits pores. Cette paroi, toutefois, est souvent complètement éliminée dans beaucoup de vaisseaux matures.

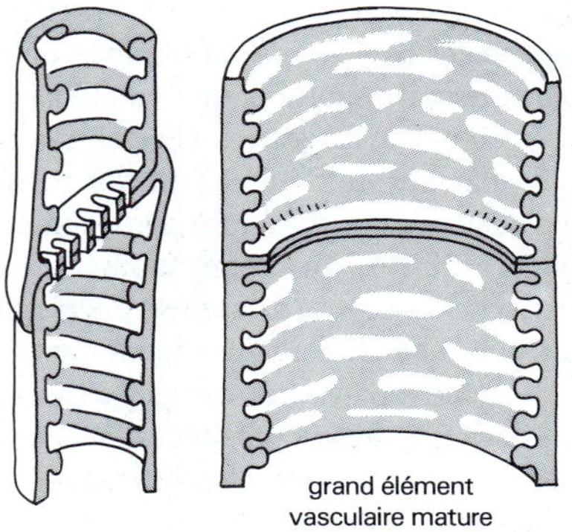

petit élément vasculaire dans une pointe de racine — grand élément vasculaire mature

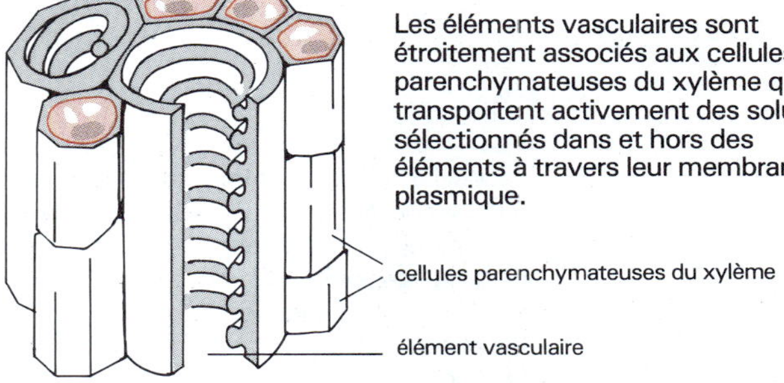

Les éléments vasculaires sont étroitement associés aux cellules parenchymateuses du xylème qui transportent activement des solutés sélectionnés dans et hors des éléments à travers leur membrane plasmique.

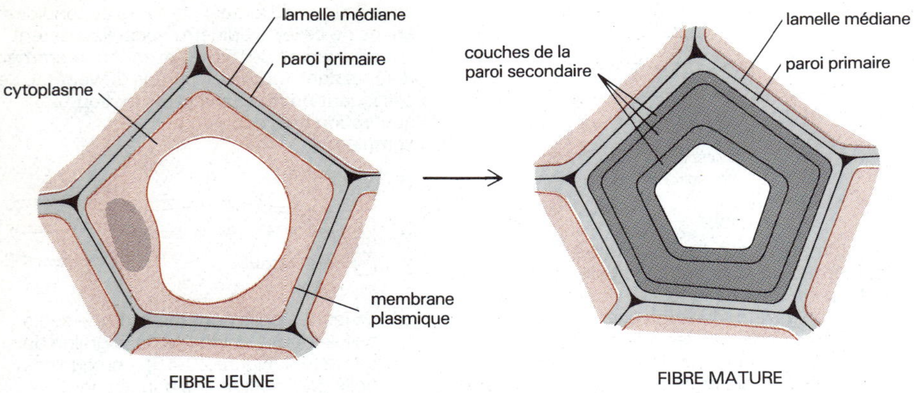

Figure 20-17 Dépôt d'une paroi cellulaire secondaire représenté schématiquement sur une coupe transversale d'une fibre. Dans ce cas, trois nouvelles couches ont été déposées au-dessous de la paroi cellulaire primaire. Comme l'orientation du réseau de microfibrilles de cellulose est différente dans chaque couche, il en résulte un effet de « contre-plaqué » prononcé. Dans de nombreuses fibres matures, ainsi qu'on le voit ici, la cellule meurt à l'intérieur de le paroi.

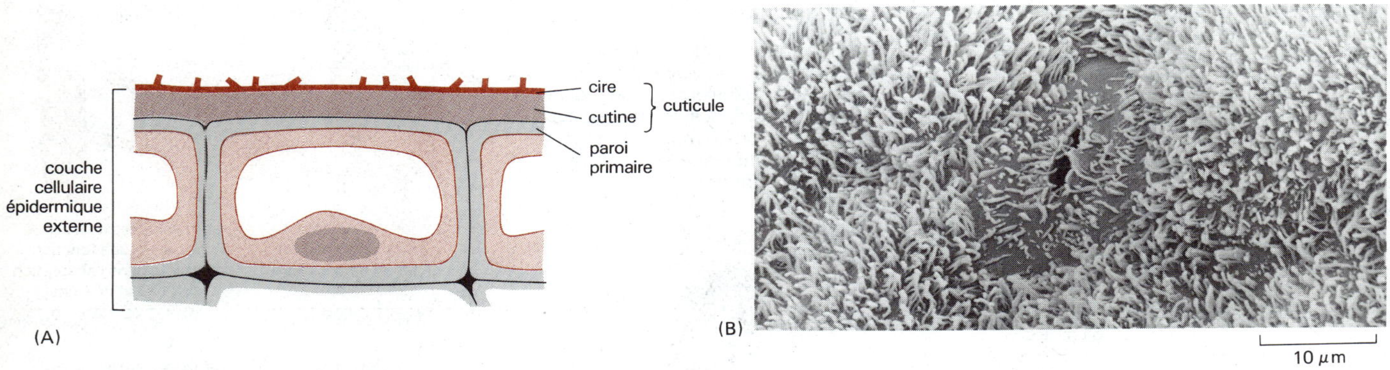

Figure 20-18 (A) Schéma d'une coupe d'une cellule épidermique mature typique d'une feuille. Sur la face externe de la paroi cellulaire épaisse, une couche de cutine imperméable à l'eau a été déposée avec une couche de cire pour produire la cuticule. La couche de cire donne souvent à la cuticule une forme sculptée élaborée. (B) Photographie en microscopie électronique à balayage de l'épiderme inférieur d'une feuille de pois, montrant le mode de dépôt de la cire autour d'un pore stomatique. (Avec l'autorisation de Paul Linstead.)

Le comportement dynamique des parois cellulaires matures est également illustré par des modifications qui se produisent au cours de l'*abscission* — la perte contrôlée d'une partie du végétal, comme une feuille morte. Lorsqu'une feuille meurt, les polymères cellulaires sont dégradés et les glucides, les acides aminés et les ions sont recyclés dans le végétal. De plus, un gaz, l'*éthylène*, est produit en petites quantités par la feuille sénescente. Une couche particulière de cellules dans une zone localisée entre la base du pédoncule de la feuille et la tige (la *zone d'abscission*) répond à une combinaison complexe et mal comprise d'éthylène et d'autres régulateurs de croissance végétale endogènes (voir Figure 20-67) en fabriquant et en sécrétant des enzymes de dégradation des parois, telles que la pectinase et la cellulase, qui agissent localement pour dissoudre partiellement les parois cellulaires dans une couche de séparation (Figure 20-19). Au même moment, la couche de cellules située du côté tige de la zone d'abscission dépose de la subérine résistante à l'eau pour protéger la « blessure » qui apparaîtra lorsque la feuille sera finalement tombée, conséquence de la digestion enzymatique.

Une réponse cellulaire localisée analogue se produit au cours de la maturation des fruits. Dans ce cas, des taux faibles d'éthylène stimulent des cellules cibles dans le fruit (orange ou banane, par exemple) à sécréter des enzymes de dégradation de la pectine qui affaiblissent les adhérences entre cellules adjacentes. Ceci résulte en un ramollissement ou une « maturation » du fruit.

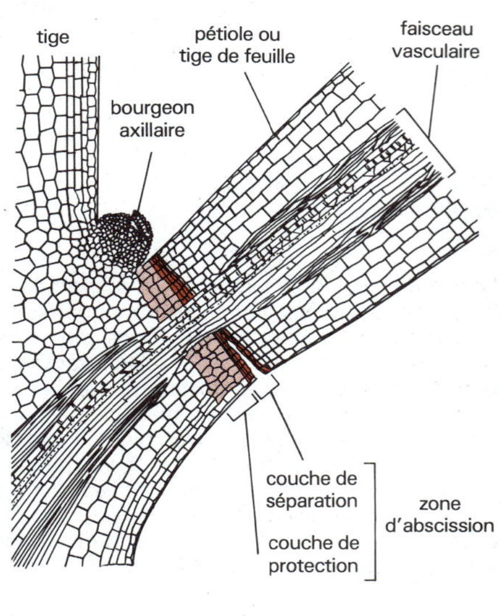

Figure 20-19 Des couches spécialisées de petites cellules à la base du pédoncule foliaire sont impliquées dans l'abscission de la feuille. Deux ou trois couches de petites cellules sécrètent des enzymes de dégradation de la paroi qui conduisent à la séparation cellulaire. Le pétiole se sépare de la tige dans cette région où les parois cellulaires sont plus minces, et quelques cellules lignifiées traversent la zone d'abscission. Les cellules qui restent exposées au niveau de l'abscission déposent de la subérine et forment une couche protectrice sur la blessure.

Résumé

Les végétaux supérieurs sont constitués d'un grand nombre de cellules cimentées entre elles dans des positions fixes par les parois rigides qui les entourent. Un grand nombre des caractéristiques des végétaux sont liées directement ou indirectement à la présence de cette paroi dont la composition et l'aspect reflètent les différents types de cellules végétales et leurs fonctions. La structure fondamentale de toutes les parois est toutefois remarquablement uniforme. Des fibres de cellulose résistantes sont incluses dans une matrice fortement pontée, constituée de polysaccharides, comme les pectines et les hémicelluloses, et de glycoprotéines. Ceci forme une paroi primaire qui possède une grande résistance élastique, et qui n'est perméable qu'aux molécules de taille assez réduite. Une cellule végétale dépourvue de paroi (protoplaste) placée dans l'eau absorbe de l'eau par osmose, gonfle et éclate. Par contre, à l'intérieur de sa paroi, elle gonfle et appuie sur cette dernière, créant une pression appelée turgescence. La turgescence est étroitement réglée et est vitale pour la croissance cellulaire et la rigidité mécanique du jeune végétal.

Un nombre relativement faible de types cellulaires spécialisés sont utilisés dans la construction d'une grande variété de végétaux supérieurs. Au cours de la formation de ces types cellulaires spécialisés — par exemple les cellules des deux tissus vasculaires, le xylème et le phloème —, la paroi cellulaire est considérablement modifiée. Certaines régions de la paroi peuvent être renforcées, souvent par addition d'une ou de plusieurs nouvelles couches pour former une paroi cellulaire secondaire. D'autres régions de la paroi peuvent être sélectivement supprimées, comme le sont les parois terminales au cours de la formation d'un tube conducteur à partir d'une longue rangée de cellules cylindriques. Ces modifications dans la paroi cellulaire sont contrôlées par des modifications temporelles et spatiales dans le cytoplasme de la cellule en développement. La paroi cellulaire est une structure dynamique dont la composition et la forme peuvent changer de façon étonnante, non seulement au cours de la croissance et de la différenciation cellulaires, mais aussi une fois les cellules matures.

Le transport entre les cellules

Dans la partie précédente, nous avons décrit la façon dont la paroi rigide d'une cellule végétale limite l'échange de molécules entre le cytoplasme de la cellule et son environnement. La paroi cellulaire réduit également les moyens d'interaction et de communication de la cellule végétale avec ses voisines. Toutefois, les cellules végétales ont développé des systèmes ingénieux pour surmonter ces restrictions. La communication directe entre les cellules est aussi importante chez les végétaux pluricellulaires qu'elle l'est chez les animaux pluricellulaires, et des canaux particuliers se sont développés pour relier le cytoplasme d'une cellule végétale à celui de ses voisines — permettant ainsi le passage contrôlé des ions et des petites molécules. Chez les végétaux vasculaires, de plus, de longues colonnes de cellules cylindriques sont reliées bout à bout par des perforations qui engendrent de longs tubes à travers lesquels l'eau et les nutriments s'écoulent.

Les cellules végétales communiquent avec leurs voisines par des canaux cytoplasmiques appelés plasmodesmes [9]

A l'exception de quelques rares types cellulaires spécialisés, chaque cellule vivante, dans un végétal supérieur, communique avec les cellules voisines par de fins canaux cytoplasmiques appelés **plasmodesmes**, qui traversent les parois des cellules concernées. Comme le montre la Figure 20-20, la membrane plasmique d'une cellule est en continuité avec celle de la cellule voisine au niveau de chaque plasmodesme. Un plasmodesme est un canal approximativement cylindrique entouré par une membrane, et dont le diamètre est de 20 à 40 nm. Le *desmotubule* est une structure cylindrique plus étroite qui passe de cellule en cellule par le centre de la plupart des plasmodesmes ; les micrographies électroniques du desmotubule montrent sa continuité avec des éléments de la membrane du réticulum endoplasmique de chacune des cellules connectées (Figure 20-21). Entre la face externe du desmotubule et la face interne de la membrane plasmique cylindrique se trouve un anneau de cytosol (voir Figure 20-20), qui paraît souvent étranglé à chaque extrémité du plasmodesme. Ces étranglements peuvent avoir une grande importance car ils sont localisés à des endroits où chaque cellule pourrait, en principe, contrôler le flux des molécules à travers l'anneau qui relie les deux cytosols.

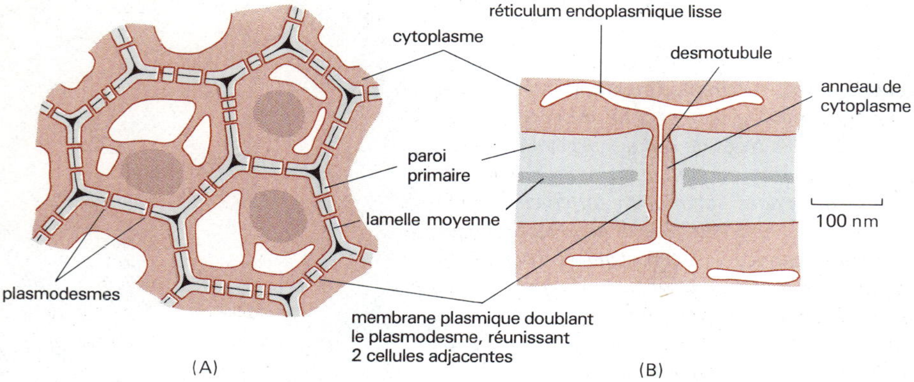

Figure 20-20 (A) Des canaux cytoplasmiques appelés plasmodesmes percent la paroi et font communiquer toutes les cellules d'un végétal. (B) Le plasmodesme est doublé par une membrane plasmique commune à deux cellules reliées, et contient habituellement une fine structure tubulaire, le desmotubule, dérivé du réticulum endoplasmique lisse.

Les plasmodesmes sont normalement formés autour d'éléments du réticulum endoplasmique qui sont piégés au cours de la cytodiérèse à l'intérieur de la nouvelle paroi cellulaire qui va diviser la cellule parentale (voir Figure 13-71). Cependant, on trouve également des plasmodesmes dans les parois qui séparent deux cellules non sœurs et leur nombre peut augmenter au cours de la croissance cellulaire, démontrant qu'ils peuvent apparaître *de novo*.

Les plasmodesmes permettent aux molécules de passer directement d'une cellule à l'autre [9,10]

Les vitesses mesurées du mouvement des solutés d'une cellule végétale à une autre sont beaucoup plus rapides que celles auxquelles on peut s'attendre lorsque la perméabilité de la membrane plasmique seule est impliquée ; il est donc vraisemblable de penser que la continuité cytoplasmique produite par les plasmodesmes en est responsable. En dehors de leur structure évocatrice, il existe des preuves solides du rôle des plasmodesmes dans la communication intercellulaire. Ils sont particulièrement fréquents dans les parois des colonnes des cellules qui conduisent aux sites de sécrétion intense tels que les glandes sécrétrices de nectar ; dans ces cellules, il peut y avoir 15 plasmodesmes ou plus par micromètre carré de paroi, alors qu'il y en a souvent moins d'un par micromètre carré dans d'autres parois.

Cependant, la preuve la plus directe du transport intercellulaire par l'intermédiaire des plasmodesmes est fournie par des expériences d'injection intracellulaire de colorants ou d'impulsions de courant électrique. Si des colorants fluorescents qui traversent difficilement la membrane plasmique sont injectés dans une cellule d'une feuille, ils se déplacent facilement dans les cellules voisines. De la même façon, si des impulsions de courant électrique sont injectées grâce à une électrode dans une cellule, une électrode de mesure localisée dans une cellule adjacente détectera les mêmes charges, quoique atténuées. On a montré que le degré d'atténuation varie à la fois avec la densité des plasmodesmes dans les parois intermédiaires et avec le nombre de cellules existant entre les deux électrodes ; puisqu'une électrode de mesure placée à l'extérieur de la membrane cellulaire ne détecte pas ces impulsions, celles-ci doivent emprunter une voie intracellulaire.

Il semble par conséquent vraisemblable que les plasmodesmes jouent un rôle d'intermédiaires dans le transport entre cellules végétales adjacentes, tout comme les jonctions de type gap interviennent dans le transport entre cellules animales adjacentes (voir p. 798). L'injection de colorants fluorescents couplés à des peptides de différentes tailles apporte des preuves qui suggèrent que les plasmodesmes permettent le passage de molécules de poids moléculaire inférieur à environ 800 (Figure 20-22), correspondant environ au poids moléculaire de fermeture des jonctions de type gap. Un faisceau de preuves suggère que le transport par l'intermédiaire des plasmodesmes est soumis à une régulation complexe. Ainsi, les expériences d'injection de colorants montrent qu'ils peuvent même être des barrières au déplacement de matériaux de faible poids moléculaire entre certains systèmes tissulaires, malgré la présence de connexions entre plasmodesmes apparemment normales. Par exemple, aucun mouvement de colorant n'est observé entre des cellules de la coiffe et de l'apex de racine, ou entre des cellules épidermiques et corticales, dans les racines ou dans les pousses. Les mécanismes de régulation qui limitent la communication dans ces cas-là ne sont pas compris, bien qu'il existe quelques preuves de l'implication des ions Ca^{2+} et de la phosphorylation protéique. A l'inverse, certains virus des végétaux peuvent élargir leurs plasmodesmes afin d'emprunter cette voie pour passer

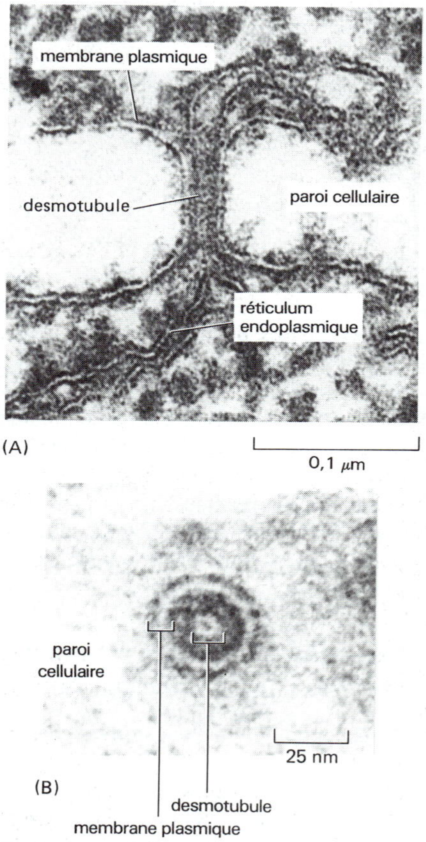

Figure 20-21 Plasmodesmes observés en microscopie électronique. (A) Coupe longitudinale d'un plasmodesme de fougère aquatique. La membrane plasmique entoure le pore et est en continuité d'une cellule à la suivante. On peut voir le réticulum endoplasmique et son association avec le desmotubule central. (B) Un plasmodesme similaire en coupe transversale. (Avec l'autorisation de R. Overall.)

d'une cellule à l'autre (Figure 20-23). On a démontré pour le virus de la mosaïque du tabac que cette capacité d'outrepasser les contrôles normaux sur le transport par l'intermédiaire des plasmodesmes réside dans une seule protéine virale de 30 000 daltons (P30) : un virus défectueux qui ne peut se propager d'une cellule à l'autre dans des plants normaux de tabac y arrivera dans des plants de tabac transgéniques qui contiennent le gène P30 et expriment de faibles concentrations de la protéine P30.

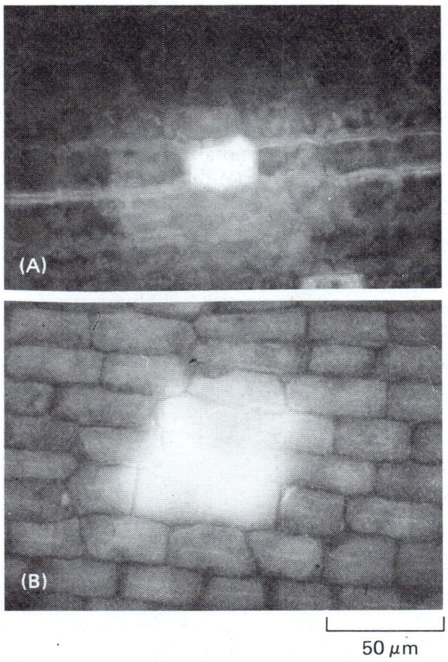

Figure 20-22 L'utilisation des peptides de tailles variées couplés à la fluorescéine pour déterminer la taille fonctionnelle des canaux dans les plasmodesmes. En (A), le peptide fluorescent était > 850 daltons, alors qu'en (B) il était < 850 daltons. Dans les deux cas, le peptide fut injecté dans une seule cellule épidermique d'un potamot luisant. Noter que la sonde la plus volumineuse s'est difficilement déplacée, alors que la sonde plus petite est passée dans de nombreuses cellules voisines. (Avec l'autorisation de P.B. Goodwin.)

Les liquides dans un végétal vasculaire sont répartis en un grand compartiment intracellulaire et en un grand compartiment extracellulaire

Les plasmodesmes relient à la fois les membranes plasmiques de cellules adjacentes et leurs cytoplasmes, et transforment ainsi un végétal en une communauté interconnectée de protoplastes vivants. Par conséquent, l'organisme végétal dans son ensemble peut être considéré comme étant constitué de deux compartiments séparés par une membrane plasmique continue : (1) un compartiment intracellulaire, connu sous le nom de **symplaste**, qui est composé de la totalité de la communauté des protoplastes — y compris les tubes criblés du phloème —, lié par les membranes plasmiques fusionnées de toutes ces cellules vivantes ; et (2) un compartiment extracellulaire, ou **apoplaste**, composé de toutes les parois cellulaires, les cellules mortes et vides des tubes du xylème, et l'eau qu'ils contiennent (Figure 20-24). L'apoplaste et le symplaste ont leurs propres processus de transport interne, peuvent être localement fermés, et sont sujets à des modifications locales qui règlent le flux des liquides et des matériaux entre eux.

Les cellules photosynthétiques et absorbantes sont liées par des tissus vasculaires comprenant le xylème et le phloème [11]

La pluricellularité permet le partage du travail, différents types cellulaires s'épaulant mutuellement grâce à des fonctions spécialisées qu'ils acquièrent au cours de leur différenciation. Deux exemples de cellules végétales aux fonctions spécialisées sont les **cellules photosynthétiques**, qui contiennent les chloroplastes et sont des sources de composés contenant du carbone, comme le saccharose, et les **cellules absorbantes**, qui prélèvent des nutriments minéraux dans l'environnement. Chez la majorité des végétaux supérieurs, ces deux fonctions ne peuvent être remplies par les mêmes cellules, car l'une demande de la lumière et l'autre a lieu dans l'obscurité en dessous de la surface du sol. Chaque processus possède également des exigences particulières. La photosynthèse requiert un micro-environnement particulier dans lequel l'humidité relative et l'alimentation en dioxyde de carbone sont étroitement contrôlées. Ceci est effectué par les pores de *stomates* qui sont localisés dans l'épiderme de la feuille recouvert d'une cuticule, et dont l'ouverture et la fermeture s'effectuent par les mouvements de leurs cellules de garde réglés par la turgescence (voir Figure 20-11). A l'opposé, l'absorption nécessite une surface très étendue, fournie par les racines, ainsi que les systèmes de transport transmembranaire qui sont souvent augmentés par des associations symbiotiques avec des microorganismes. Les cellules photosynthétiques et les cellules absorbantes s'alimentent mutuellement. En outre, elles fournissent aux autres régions du végétal les composés minéraux et organiques nécessaires à la biosynthèse. Pour faciliter ce transport sur de longues distances, les tissus photosynthétiques et absorbants sont liés par un réseau de tissu vasculaire comprenant deux types d'éléments conducteurs — le *xylème* et le *phloème* — chacun étant composé de chaînes de cellules cylindriques qui sont jointes par leurs extrémités pour former des tubes (voir Planche 20-1, pp. 1148-1149, et Figure 20-16).

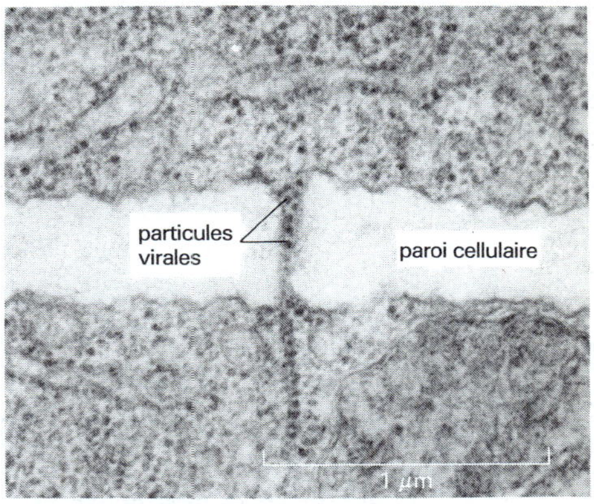

Figure 20-23 Micrographie montrant de petits virus sphériques de végétaux passant d'une cellule à l'autre à travers un plasmodesme. Ces virus ont un diamètre de 25 nm ; ce diamètre est beaucoup plus grand que celui des peptides qui ne passent pas à travers ces ouvertures. (Avec l'autorisation de Kitty Plaskitt.)

L'eau et les sels dissous se déplacent par l'intermédiaire du xylème [12]

Les vaisseaux du **xylème** sont composés de longs tubes dans le tissu vasculaire. Bien qu'ils proviennent de cellules vivantes à parois minces, les éléments du xylème fonctionnel mature sont des cellules mortes composées seulement de paroi renforcée, la totalité du cytoplasme étant éliminée. Ces tubes ont des parois secondaires inhabituellement épaisses qui sont renforcées par de fortes concentrations locales de lignine, qui représente 20 à 30 % du poids de la paroi (voir Planche 20-1, pp. 1148-1149). Ils sont responsables de la conduction de l'eau et des ions inorganiques dissous des racines au reste du corps végétal (Figure 20-25). (Le xylème fournit aussi un support vital, particulièrement chez les végétaux ligneux.) Le transport dans

LA FLEUR

Les fleurs, qui contiennent les cellules reproductrices des végétaux supérieurs, proviennent des méristèmes apicaux de pousses végétatives (voir Figures 20-60 et 20-62). Elles mettent fin à toute nouvelle croissance végétative à partir de ces méristèmes. Les facteurs de l'environnement, les rythmes nychtéméral et de la température, notamment, provoquent le passage du développement végétatif au développement floral. Les cellules germinales proviennent tardivement, au cours du développement végétal, de cellules somatiques plutôt que d'une lignée de cellules germinales comme chez les animaux.

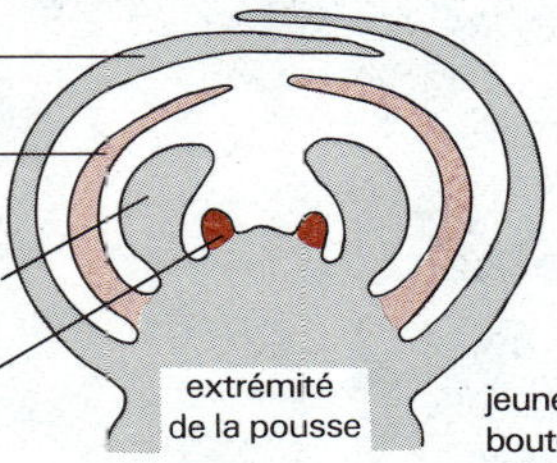

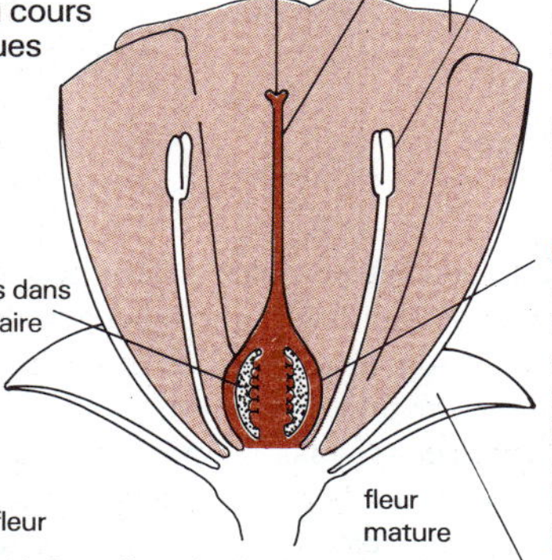

La structure florale est à la fois spécifique de variété et d'espèce mais généralement constituée de quatre groupes de structures disposés de façon concentrique dont chacun peut être considéré comme des feuilles modifiées.

Pétale : Structure caractéristique en forme de feuille, de couleurs vives ; ils facilitent la pollinisation en attirant, par exemple, des insectes.

Étamine : Les étamines contiennent des cellules qui subissent la méiose et forment des grains de pollen haploïdes (voir Figure 20-14), chacun d'elles contenant deux noyaux reproducteurs. Le pollen, transféré à un stygmate, germe, et le tube pollinique transmet les deux noyaux reproducteurs non mobiles à l'ovaire.

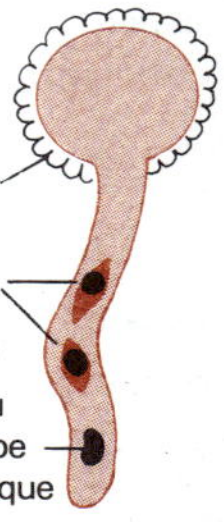

Carpelle (Angiosperme) : Le carpelle contient un ou plusieurs ovaires qui contiennent eux-mêmes des ovules. Chaque ovule héberge des cellules qui subissent la méiose et forment un sac embryonnaire qui contient l'oosphère. Au moment de la fécondation, un des deux noyaux reproducteurs fusionne avec cet oosphère et formera le futur embryon diploïde, tandis que l'autre fusionne avec les deux cellules du sac embryonnaire pour former l'albumen triploïde (voir p. 1173).

Sépale : Structure en forme de feuille qui constitue une couverture protectrice au cours du développement floral précoce.

LA GRAINE

Une graine contient un embryon dormant, une réserve nutritive et un tégument. A la fin de son développement, son contenu en eau peut chuter de 90 % à 5 %. La graine est généralement protégée dans un *fruit* dont les tissus sont d'origine maternelle.

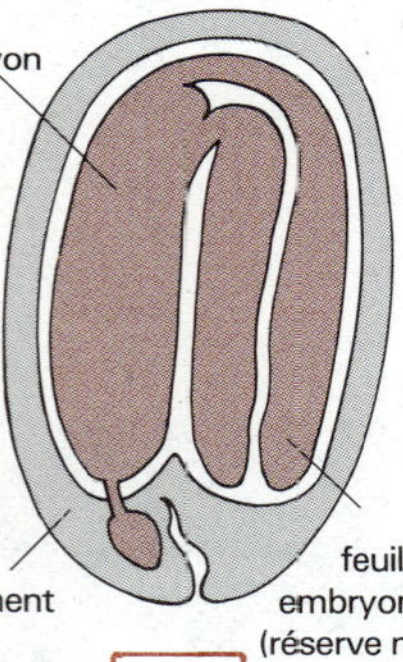

L'EMBRYON

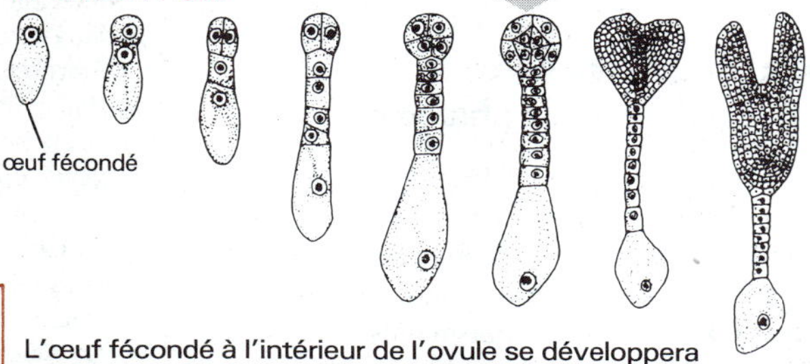

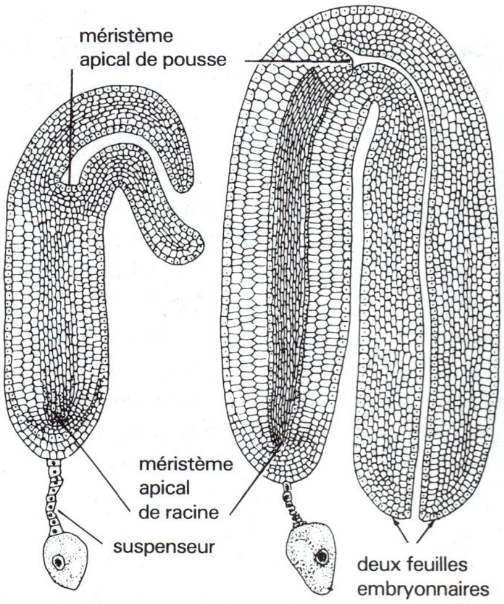

L'œuf fécondé à l'intérieur de l'ovule se développera pour former un embryon en utilisant les nutriments transformés à partir de l'albumen par le suspenseur (voir p. 1173). Un ensemble complexe de divisions cellulaires, illustré ici pour la bourse-à-berger (une « mauvaise » herbe), produit un embryon formé d'un méristème apical de racine, un méristème apical de pousse et une (monocotylédone) ou deux (dicotylédone) feuilles embryonnaires ou cotylédones.

Le développement est stoppé à ce stade et l'ovule, contenant l'embryon, devient alors une graine adaptée pour se propager et survivre.

LA GERMINATION

Pour que la croissance embryonnaire continue, la graine doit germer, un processus qui dépend à la fois de facteurs internes (dormance) et de facteurs de l'environnement comme l'eau, la température et l'oxygène. Les réserves nutritives pour la phase précoce de la germination peuvent être soit l'endosperme (maïs), soit les cotylédons (pois et haricot).

La racine primaire émerge généralement de la graine en premier pour assurer une provision d'eau précoce au semis. Le (ou les) cotylédon(s) peuvent sortir de terre, comme le haricot représenté ici, ou peuvent rester dans le sol, comme les pois. Dans les deux cas, les cotylédons disparaissent par dessèchement.

Le méristème apical peut alors manifester sa capacité de croissance continue, formant une répartition typique de nœuds, d'entre-nœuds et de bourgeons (voir p. 1174).

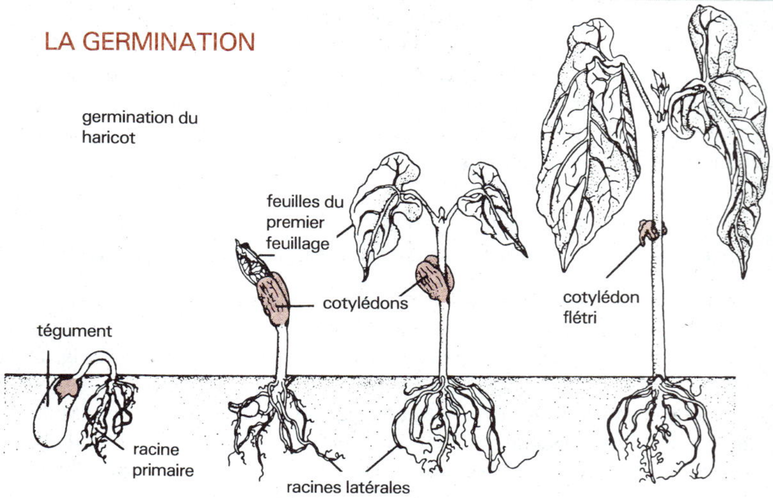

le xylème est à sens unique vers les surfaces d'évaporation ; l'eau est poussée à travers des tubes semblables à des capillaires par la succion engendrée par l'évaporation. Le mode de dépôt de la lignine autour du vaisseau de xylème donne naissance à une structure qui est très résistante à la compression, propriété nécessaire pour un tube qui transporte un liquide sous une pression négative. Sans un tel renforcement, les longs tubes s'applatiraient comme des pailles.

Les solutés transportés dans le liquide véhiculé par le xyléme, principalement des sels minéraux et des composés azotés, y sont activement pompés par des cellules spécialisées situées dans les racines. L'écoulement inverse provenant des tubes dans l'apoplaste à proximité du site de chargement du xylème est inhibé par des dispositifs apoplastiques (*bandes de Caspary*), dont la fonction est analogue à celle des jonctions étanches situées entre les cellules épithéliales animales (Figure 20-26). A un niveau plus élevé dans le végétal, les cellules possédant des protéines de transport membranaire spécifiques pompent les solutés à partir du fluide véhiculé par le xylème dans des cellules réceptrices situées dans les tissus photosynthétiques. La plus grande partie du solvant (eau) qui s'infiltre à travers le xylème s'évapore en fin de compte, principalement à la surface du tissu photosynthétique de la feuille.

Un peu comme un mécanisme de sauvegarde, le pompage des solutés dans le xylème des racines peut provoquer un flux osmotique capable de distribuer des solutés aux feuilles et aux pousses même lorsque les conditions atmosphériques sont défavorables à l'évaporation. Les perles de sève que l'on peut observer au niveau des pointes des feuilles sur une pelouse tôt le matin ont été expulsées, au niveau de pores particuliers, par ce phénomène de *pression des racines* induite osmotiquement (pour une description de certains des types cellulaires impliqués, voir Planche 20-1, pp. 1148-1149).

Les glucides se déplacent sous la pression existant dans le phloème [13]

Le **phloème** est un ensemble complexe de cellules dans le tissu vasculaire qui est responsable du transport du produit principal de la photosynthèse, le saccharose, des cellules photosynthétiques de la feuille jusqu'au reste du végétal (voir Figure 20-25). Le principal organe conducteur du phloème est le *tube criblé*, une longue colonne de cellules cylindriques vivantes (appelées les éléments du tube criblé) qui communiquent par les perforations de leurs parois terminales (les plaques criblées). Le saccharose est pompé dans les cellules des tubes criblés dans les feuilles, créant une solution concentrée de saccharose (généralement 10 à 25 p. cent). Les

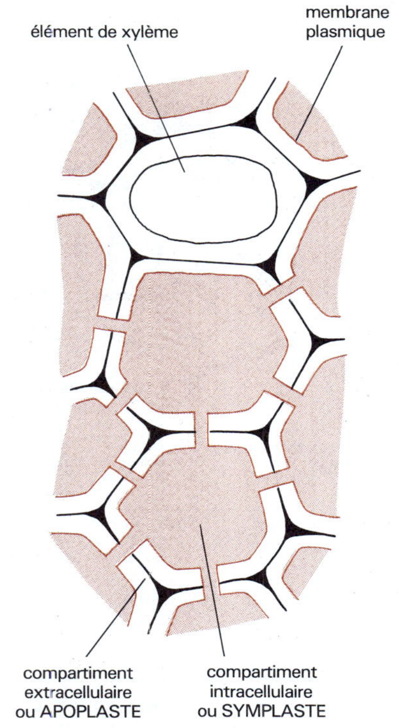

Figure 20-24 Représentation très schématique d'un groupe de cellules végétales communiquant par des plasmodesmes qui sont doublés par une membrane plasmique. Cette membrane divise le végétal en un espace extracellulaire (l'apoplaste, figuré en blanc) et un espace intracellulaire (le symplaste, figuré en couleur). Pour plus de clarté, aucun organite n'est représenté. Noter que l'élément du xylème est dépourvu de membrane plasmique et qu'il fait par conséquent partie de l'apoplaste.

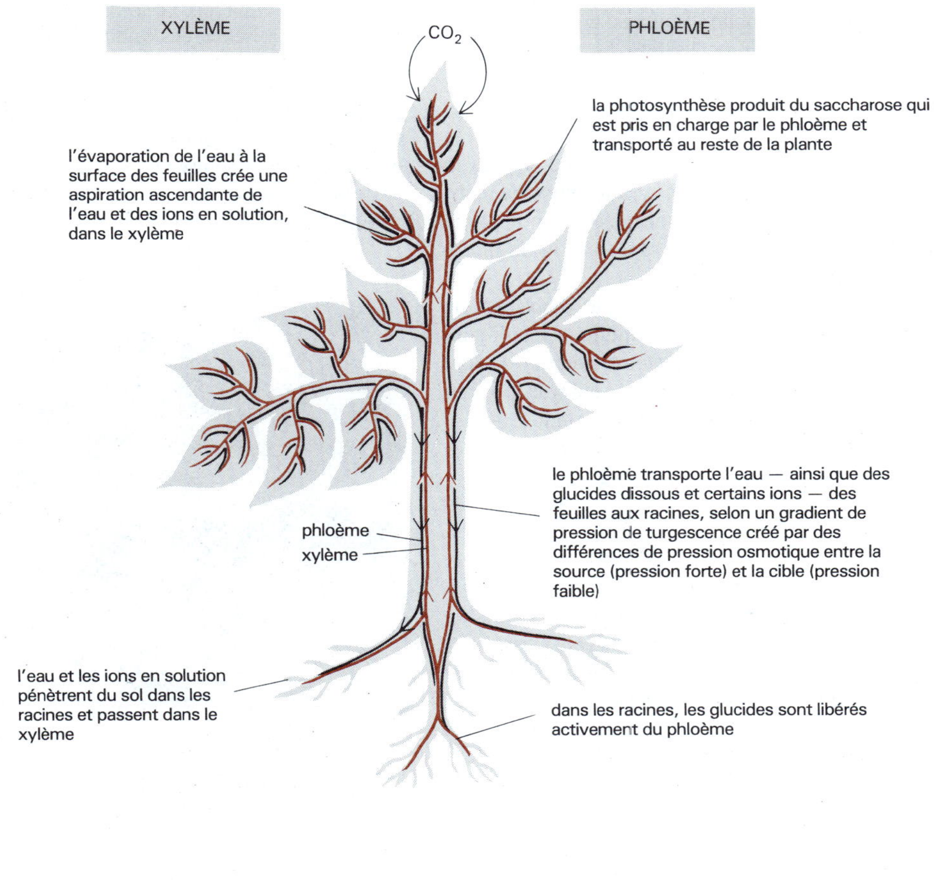

Figure 20-25 Les deux principales voies, le xylème et le phloème, par lesquelles l'eau et les solutés sont transportés dans le végétal. Ces voies ont été très simplifiées ; par exemple, un échange d'eau latéral important qui s'opère entre le xylème et le phloème n'est pas représenté.

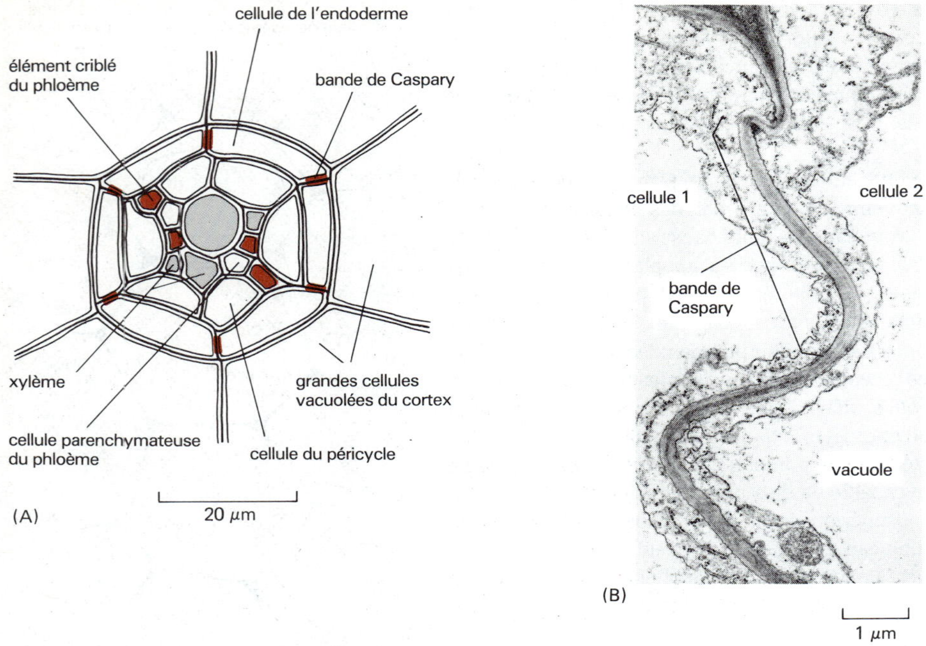

Figure 20-26 (A) Le réseau vasculaire dans la racine d'un végétal simple — la fougère aquatique *Azolla* — représenté en coupe transversale. Cette plante présente un arrangement extrêmement simple de cellules conductrices, avec quatre vaisseaux du xylème et quatre éléments des tubes criblés du phloème. La plupart des végétaux supérieurs ont une organisation des cellules du tissu vasculaire bien plus complexe. On remarquera que le xylème et le phloème sont entourés par les cellules de l'endoderme, et que les bandes de Caspary qui occupent une position stratégique dans la paroi des cellules de l'endoderme empêchent la fuite d'eau vers l'extérieur, à travers l'apoplaste. (B) La bande de Caspary entre deux cellules endodermiques de racine semblables à celles qui sont représentées en (A). Par rapport à une paroi primaire normale, la bande a une texture lisse due à une forte imprégnation par de la cutine résistante à l'eau, qui rend cette paroi spécialisée imperméable à l'eau. (B, d'après B. Gunning et M. Steer, Ultrastructure and the Biology of Plant Cells. London : Arnold, 1975.)

forces osmotiques entraînent l'eau dans le tube criblé, créant une pression de turgescence locale élevée (jusqu'à 30 atmosphères) qui entraîne la solution de saccharose d'une cellule à l'autre le long du tube. Les cellules à parois épaissies forment un tube de faible résistance pour le transport des liquides sous haute pression. Bien que les éléments matures des tubes criblés soient des cellules vivantes, avec des membranes plasmiques fonctionnelles (et qui font donc partie du symplaste), ils ont perdu leurs noyaux et la plus grande partie de leur cytoplasme. Pour leur subsistance, ils s'en remettent aux *cellules compagnes* associées qui transportent des molécules alimentaires solubles et d'autres composants dans et hors des éléments du tube criblé à travers des groupes de plasmodesmes amassés dans les parois latérales communes (voir Planche 20-1, pp. 1148-1149).

Le transport par l'intermédiaire du phloème est plus complexe que le transport par l'intermédiaire du xylème parce qu'il n'est pas limité à une seule direction : il transporte des solutés, principalement du saccharose, de divers sites de production (sources) vers des sites de consommation et de stockage (puits), indépendamment de leur localisation. Le saccharose est activement transporté dans et hors des éléments des tubes criblés par des *cellules de transfert* donneuses et réceptrices spécialisées, présentes au niveau des sources et des puits, respectivement (Figure 20-27). L'augmentation de la concentration glucidique au niveau des sources provoque l'entrée d'une plus grande quantité d'eau dans le phloème en ces points, créant la pression nécessaire pour qu'un flux massif de liquide traverse les tubes criblés vers les puits. Là, le sucre est activement déchargé et l'eau est ensuite éliminée par osmose, en grande partie vers le xylème. Le liquide se déplace à travers le phloème à des vitesses d'environ un mètre par heure, ce qui est de loin plus important que la vitesse de diffusion.

Le transport des liquides d'une partie à l'autre d'un végétal diffère par deux aspects importants de la circulation des liquides chez les animaux. Premièrement, les animaux possèdent un seul appareil circulatoire pour tous les nutriments — le système sanguin — alors que les végétaux ont deux systèmes distincts — le phloème et le xylème — qui transportent des solutions différentes. Deuxièmement, la sève ne circule pas continuellement chez les végétaux, comme le fait le sang chez un animal ; il existe à la place deux canalisations ouvertes avec un mouvement net d'eau et de solutés dans chacune d'elles (voir Figure 20-25).

Figure 20-27 Les **cellules de transfert** spécialisées dans la petite nervure d'une feuille. Un élément du tube criblé du phloème (S) est entouré de trois cellules de transfert (T) dont les replis sinueux du matériel de la paroi cellulaire, bordés par la membrane plasmique, augmentent la surface de la cellule jusqu'à vingt fois. Les cellules de transfert sont présentes en de nombreux sites dans l'organisme végétal, où la vitesse de transport de solutés à travers la membrane plasmique est particulièrement élevée — par exemple, dans les régions où les ions inorganiques sont pompés du xylème vers les tissus ou, comme dans le cas présent, où le saccharose est pompé dans le phloème.

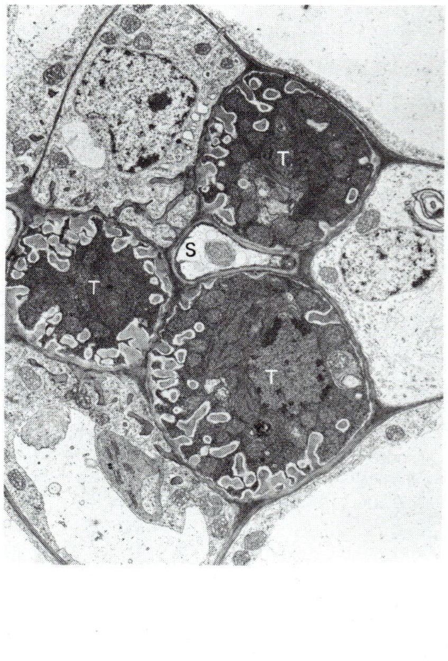

Résumé

La présence d'une paroi cellulaire résistante relativement imperméable influe profondément sur les voies d'intercommunication des cellules végétales. Toutes les cellules vivantes dans un végétal sont reliées les unes aux autres par des plasmodesmes — de petits canaux cytoplasmiques limités par une membrane plasmique qui traverse la paroi cellulaire et par lesquels le mouvement contrôlé des solutés a lieu. Tous les protoplastes vivants de l'organisme végétal sont ainsi liés pour former un espace intracellulaire interconnecté de grande dimension appelé le symplaste. L'espace extracellulaire, à travers lequel la plus grande partie du transport de l'eau a lieu, est également interconnecté et est appelé l'apoplaste. Les cellules photosynthétiques des végétaux produisent des glucides qui sont activement transportés dans les tubes du phloème. Ces tubes, composés de cellules vivantes, font partie du symplaste, et ils transportent des glucides vers le reste du végétal en exploitant des gradients de pression osmotique. Les cellules des racines absorbent l'eau et captent activement les minéraux dissous dans le sol, et les transportent dans les feuilles par l'intermédiaire de tubes formés par les cellules mortes du xylème, une partie de l'apoplaste ; dans ce cas d'évaporation, ce sont encore des forces physiques qui poussent une colonne continue d'eau à partir des racines jusqu'aux feuilles.

Les interactions entre les végétaux et les autres organismes

Les systèmes des racines et des pousses de tous les végétaux sont en contact intime avec une myriade d'organismes, tels que les bactéries, les champignons et divers invertébrés comme des nématodes et des insectes. Les végétaux ont développé des voies complexes — génétique, chimique et anatomique — pour interagir avec ces organismes, voies qui s'étendent des réponses de défense contre des pathogènes mortels jusqu'aux relations symbiotiques avec des organismes qui deviennent ensuite essentiels à la survie du végétal. Nous allons brièvement étudier quatre exemples de telles interactions qui illustrent la complexité des événements informatifs et les réponses impliquées.

La majorité des végétaux vasculaires sont en relation symbiotique avec des champignons du sol [14]

Si les plants d'un arbre de forêt cultivés dans des conditions stériles sont plantés dans un sol de prairie, ils courent un grand risque de mourir de malnutrition, même s'il y a des nutriments adéquats dans le nouveau sol. Cependant, si le plant est mis en présence d'une petite quantité de terre de forêt, une croissance normale est garantie (Figure 20-28). Les ingrédients fondamentaux présents dans le sol de la forêt sont des champignons qui forment une association symbiotique étroite avec les racines du végétal et produisent un *mycorhize*, ou racine fongique, que l'on trouve dans plus de 90 p. cent des végétaux vasculaires. Les hyphes du champignon occupent une très grande surface et forment autour de la racine une enveloppe semblable à du feutre, pénétrant entre et, dans certains cas, dans les cellules corticales de la racine. Les champignons sécrètent des facteurs de croissance qui stimulent le développement et la prolifération des cellules corticales, provoquant ainsi le gonflement et la ramification des racines. En modifiant le pH du sol, le champignon augmente également l'apport en nutriments inorganiques du sol, en particulier en phosphate, les rendant disponibles à l'absorption par la plante ; en retour, le végétal approvisionne le champignon en glucides et en acides aminés. Chaque végétal ne forme un mycorhize qu'avec un nombre limité d'espèces fongiques et, dans de nombreux cas, le champignon est essentiel à la survie du végétal. Par exemple, la réussite de la croissance qui suit la germination de graines d'orchidées dépend absolument de la présence des mycorhizes corrects. Il est probable que les limites géographiques de nombreux végétaux sont fixées par leurs besoins en champignons particuliers. Les détails moléculaires de l'interaction champignon-végétal dans les mycorhizes sont encore mal connus. On dispose de beaucoup plus d'informations sur l'association symbiotique de certaines racines végétales avec des bactéries.

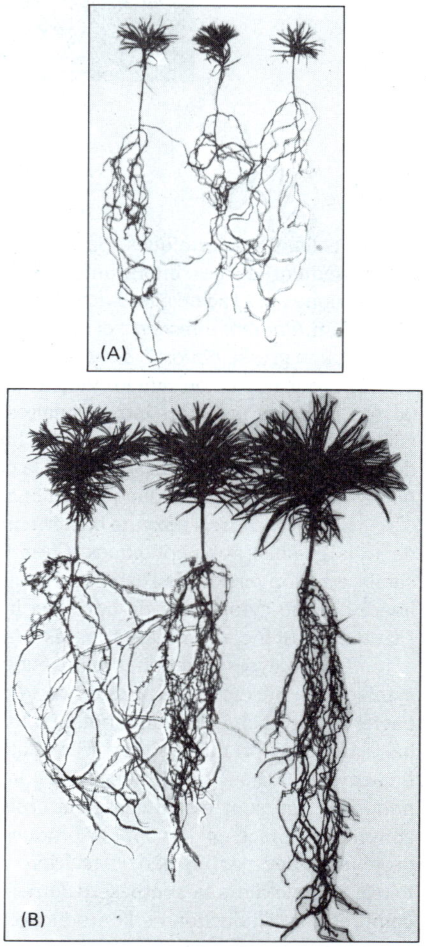

Figure 20-28 L'effet des mycorhizes sur la croissance végétale. Les deux séries de plants de pin ont passé leurs 2 premiers mois dans une solution nutritive stérile et sont maintenant vieux de 9 mois. Une série (A) est transférée directement dans un sol de prairie, alors que l'autre (B) passe 2 semaines dans un sol de forêt avant d'être placée dans le sol de prairie. Seuls ces derniers plants (B) ont bénéficié des mycorhizes présents dans le sol de forêt. (Avec l'autorisation du Dr Jaya G. Iyer, Department of Soil Science, University of Wisconsin, for the late Dr S.A. Wilde, University of Wisconsin.)

Les bactéries symbiotiques permettent à certains végétaux d'utiliser l'azote atmosphérique [15]

Les matériaux bruts nécessaires à la croissance végétale sont des composés inorganiques — principalement O_2, CO_2, H_2O — et des minéraux. La majorité des minéraux absorbés dans le sol par les racines proviennent de roches désagrégées. L'azote est une exception. La majorité de l'azote présent dans les organismes vivants dérive de l'azote atmosphérique qui a été incorporé (fixé) dans des composés organiques par des processus qui requièrent une grande quantité d'énergie (d'où le coût élevé des engrais azotés produits artificiellement). Les seuls organismes capables de fixer l'azote atmosphérique sont des procaryotes (certaines eubactéries et les cyanobactéries). Tandis que certains de ces organismes vivent en liberté dans le sol, d'autres (par exemple la bactérie *Rhizobium*) peuvent aussi former d'étroites associations symbiotiques avec les racines de certains végétaux, tels que les *légumineuses* (pois, haricot et trèfle), où elles contribuent de façon importante aux ressources azotées du sol.

La reconnaissance spécifique, par les bactéries, de minces poils absorbants qui font saillie

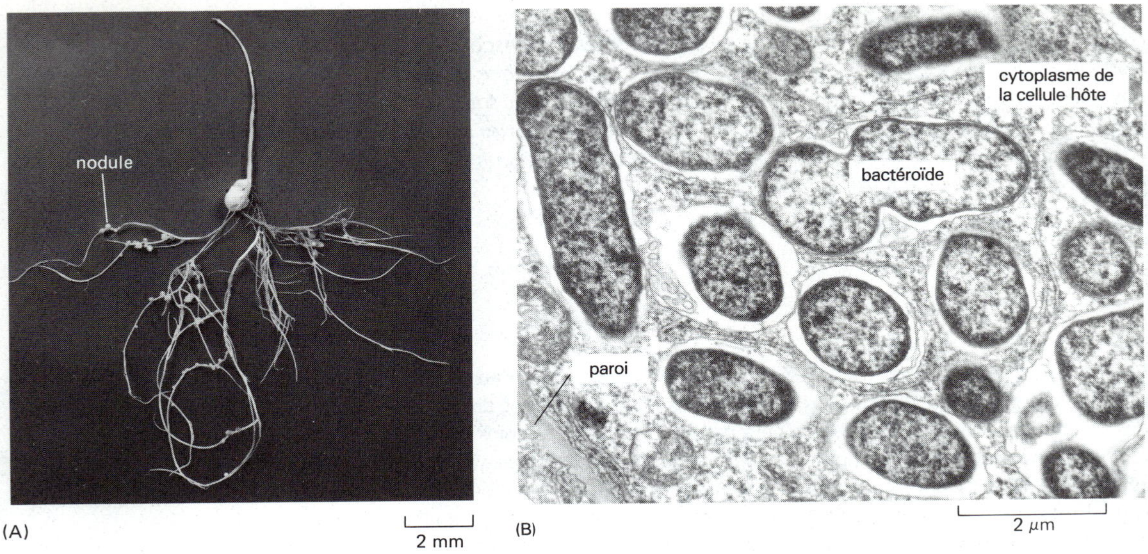

sur des cellules épidermiques spécialisées de la plante hôte constitue la première étape dans l'établissement de ces importantes associations symbiotiques. Après fixation aux cellules épidermiques des racines, les bactéries en croissance pénètrent dans le végétal par l'intermédiaire d'un *filament infectieux* et stimulent la division des cellules corticales sous-jacentes qui forment une grosse *nodosité de racine* (Figure 20-29A). Les bactéries envahissent les nouvelles cellules corticales, colonisant le cytoplasme. Chaque nodosité mature contient environ la moitié de son poids en bactéries intracellulaires, qui ont perdu en grande partie leur propre paroi cellulaire. La membrane plasmique de chaque bactérie est entourée par une autre membrane dérivée de la membrane plasmique de la cellule hôte. Ce sont ces bactéries modifiées, appelées *bactéroïdes*, qui fixent l'azote qui sera finalement utilisé par le végétal (Figure 20-29B).

La *nitrogénase*, l'enzyme bactérienne qui catalyse la fixation de l'azote, est un complexe de trois chaînes polypeptidiques. Chez les *Rhizobia* symbiotiques, ce complexe protéique catalyse la conversion de l'azote atmosphérique en ammoniaque, qui est ensuite rapidement libéré dans le cytoplasme de la cellule hôte, où il est transformé en glutamine. Finalement, l'azote fixé est incorporé dans tous les autres acides aminés.

Des analyses génétiques montrent que l'établissement et le maintien de cette interaction symbiotique nécessite l'expression coordonnée de nombreux gènes à la fois dans les cellules bactériennes et chez la plante hôte. La fixation et l'invasion du poil absorbant de l'hôte par la bactérie est la première étape d'un dialogue entre la cellule hôte et la bactérie qui active finalement un ensemble de gènes de l'hôte codant des protéines de la cellule végétale appelées *nodulines*, qui sont essentielles à la croissance et à la fonction de la nodosité. Le dialogue commence lorsqu'un flavonoïde produit par la cellule végétale hôte se fixe et active une protéine codée par un gène bactérien *nod* (Figure 20-30). Cette protéine activée, appelée *nod*D, stimule alors la synthèse d'autres produits du gène bactérien *nod*, dont les fonctions comprennent l'induction de la production de nodulines de la plante hôte. Un grand plasmide porté par la bactérie contient la majorité des gènes bactériens *nod*, ainsi que les gènes *nif* qui codent les enzymes impliquées dans la fixation de l'azote, dont la nitrogénase. Une bactérie *Rhizobium*, qui ne forme normalement des nodosités que sur les haricots, peut être transformée en un *Rhizobium* qui ne forme des nodosités que sur les pois si les gènes du plasmide appropriés sont remplacés par ceux du plasmide porté par un *Rhizobium* spécifique du pois.

Les nodulines de la cellule hôte comprennent des protéines impliquées dans la stimulation de la division des cellules corticales des racines, des composants structuraux de la nodosité, des enzymes qui permettent au végétal d'assimiler des composés azotés fixés, et des protéines spécialisées qui maintiennent la fonction du bactéroïde. L'une des protéines les plus importantes est la *leghemoglobine*, une protéine cytoplasmique fixant l'oxygène, analogue à la myoglobine des mammifères. Le complexe nitrogénase bactérien est irréversiblement inactivé par l'oxygène libre et des mécanismes élaborés sont nécessaires pour garantir que les bactéroïdes restent dans un environnement de la racine dont la pression en oxygène est tamponnée de façon à maintenir la respiration nécessaire au processus de fixation de l'azote demandeur d'énergie sans inactiver la nitrogénase. L'induction, par le *Rhizobium*, de la production par les

Figure 20-29 (A) Un jeune plant de pois qui a déjà formé un association symbiotique avec la bactérie *Rhizobium* fixatrice d'azote. Les nodosités contenant les bactéries sont clairement visibles. (B) Micrographie électronique d'une coupe mince au travers d'une nodosité de racine de pois semblable à celles représentées en (A). Les bactéroïdes de *Rhizobium* fixateurs d'azote, entourés par une membrane dérivée de celle de la cellule hôte, remplissent le cytoplasme de la cellule hôte. (A, avec l'autorisation de Andy Johnston ; B, avec l'autorisation de B. Huang et Q.S. Ma.)

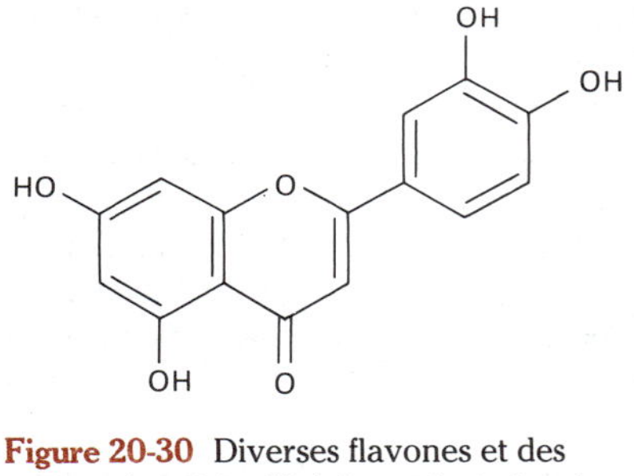

Figure 20-30 Diverses flavones et des composés voisins libérés par la racine de l'hôte se fixent à des bactéries spécifiques qui forment les nodosités, et les activent. La lutéoline, représentée ici, est une flavone de l'alfalfa, qui induit les gènes *nod* chez *Rhizobium meliloti*. Cette molécule informative se lie probablement à la protéine nodD, qui, sous sa forme active, stimule les gènes de formation des nodosités bactériennes précoces. Les flavones sont étroitement apparentées aux pigments anthocyaniques des fleurs et des fruits. Différents végétaux libèrent différentes combinaisons de molécules flavonoïdes, qui activent des espèces spécifiques de *Rhizobium*.

cellules hôtes de grandes quantités de leghemoglobine qui agit comme un tampon à oxygène constitue une partie de ce mécanisme. La partie globine de la molécule est codée par un gène de l'hôte, alors que le groupement prosthétique de l'hème peut être fourni par le partenaire bactérien — un exemple remarquable de co-adaptation évolutive.

La fixation de l'azote consomme une grande quantité d'énergie, fournie finalement par le soleil grâce à la photosynthèse. On estime que la fixation d'une molécule d'azote (N_2) par *Rhizobium* nécessite entre 25 et 35 molécules d'ATP. Ces procaryotes contribuent pour une quantité d'azote fixée pour la croissance végétale considérablement plus importante ($\sim 2 \times 10^8$ tonnes/an), en grande partie dans les écosystèmes intacts, que celle fournie par les engrais azotés.

Figure 20-31 Tumeurs induites par *Agrobacterium tumefaciens* sur une plante grasse en pot. (Avec l'autorisation de Paul J.J. Hooykaas, d'après *Genetic Eng.* 1 : 155, 1979.)

Agrobacterium est un pathogène végétal qui transfère des gènes à sa plante hôte [16]

Une autre bactérie du sol qui est étroitement apparentée au *Rhizobium* est *Agrobacterium tumefaciens*. Cette bactérie provoque la maladie de *crown-gall* (ou *galle du collet*) chez les végétaux : lorsqu'elles sont exposées à *Agrobacterium*, les cellules végétales normales sont transformées en cellules tumorales formant des galles par un processus qui implique un transfert de gènes de la bactérie au végétal (Figure 20-31).

Les cellules tumorales induites par *Agrobacterium* sont remarquables de plusieurs façons. Premièrement, contrairement à la plupart des cellules végétales normales, elles peuvent être isolées à partir de la galle et pousser indéfiniment en culture sans addition de facteurs de croissance et sans la présence continue de cellules d'*Agrobacterium*. Deuxièmement, elles synthétisent un certain nombre de substances chimiques inhabituelles appelées *opines* ; ces dérivés d'acides aminés peuvent être catabolisés et utilisés préférentiellement par la souche de bactérie qui induit leur synthèse par les cellules végétales — un arrangement qui présente un avantage évident pour la survie d'*Agrobacterium*.

Ce sont des études de génétique moléculaire qui ont fourni les explications pour un grand nombre des propriétés des cellules tumorales induites par *Agrobacterium*. La capacité d'*Agrobacterium* d'induire des tumeurs est associée à un grand plasmide à ADN appelé Ti (pour *T*umor - *i*nducing, c'est-à-dire inducteur de tumeur), dont une petite partie, l'**ADN-T** *(ADN transféré),* s'intègre dans le génome nucléaire de la cellule végétale. Les bactéries ne peuvent infecter un végétal sensible qu'au niveau d'une blessure, là où les cellules végétales sécrètent des composés phénoliques inhabituels, par exemple l'*acétosyringone* (Figure 20-32). Ce composé, produit en réponse à une blessure, identifie les sites d'entrée sensibles au pathogène et active une série de réactions dans la bactérie qui conduisent à l'excision de l'ADN-T du plasmide Ti et à son transfert dans le génome de la cellule hôte (Figure 20-33). Une fois intégré dans un chromosome de la cellule hôte, l'ADN-T est transcrit et traduit par la cellule hôte pour produire trois classes de protéines. L'une d'elles est l'enzyme qui provoque la synthèse d'une opine spécifique par le végétal, alors que les deux autres sont des enzymes qui catalysent la synthèse de régulateurs de croissance des végétaux, l'*acide indole-acétique* et la *cytokinine* (voir Figure 20-67). L'équilibre anormal et l'augmentation de la concentration de ces deux régulateurs de croissance, produits en raison de l'activité des gènes ADN-T intégrés, sont responsables de la croissance et de la division continues des cellules végétales transformées, et expliquent la raison pour laquelle ces cellules peuvent continuer à croître en l'absence de régulateurs de croissance additionnels et des bactéries d'origine.

La capacité d'intégration stable de l'ADN-T d'*Agrobacterium* dans le génome de son hôte a conduit à son exploitation universelle comme vecteur pour la transformation génétique des cellules des végétaux supérieurs par des molécules d'ADN recombinant (voir p. 1183).

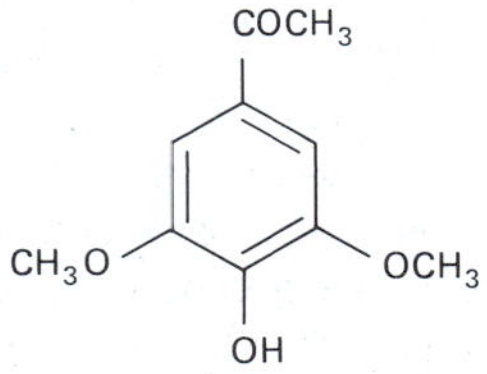

Figure 20-32 L'acétosyringone, une molécule informative présente dans les exsudats de cellules végétales blessées mais métaboliquement actives, active spécifiquement les gènes de virulence sur le plasmide Ti d'*Agrobacterium* qui stimulent la formation du brin d'ADN-T qui est transféré à la plante hôte (voir Figure 20-33).

Les produits de dégradation de la paroi cellulaire agissent souvent comme des signaux dans les interactions végétaux-pathogènes [17]

Un grand nombre des métabolites végétaux très spécialisés servent d'agents de protection pour les végétaux. Certains composés, tels que les glycosides dans l'huile de moutarde et la grande famille des alcaloïdes (par exemple la caféine, la morphine, la strychnine et la colchine), agissent probablement pour éloigner les herbivores bien qu'il existe toujours quelques prédateurs qui peuvent tolérer ou détoxifier de telles armes chimiques. En plus de ces mécanismes de défense constitutifs, les végétaux ont développé des mécanismes de défense plus complexes et plus adaptés qui sont seulement activés lorsque l'hôte et le pathogène interagissent.

Un grand nombre de ces réponses impliquent les composants de la paroi cellulaire de l'hôte ou du pathogène. Par exemple, une réponse courante des cellules végétales à l'infection

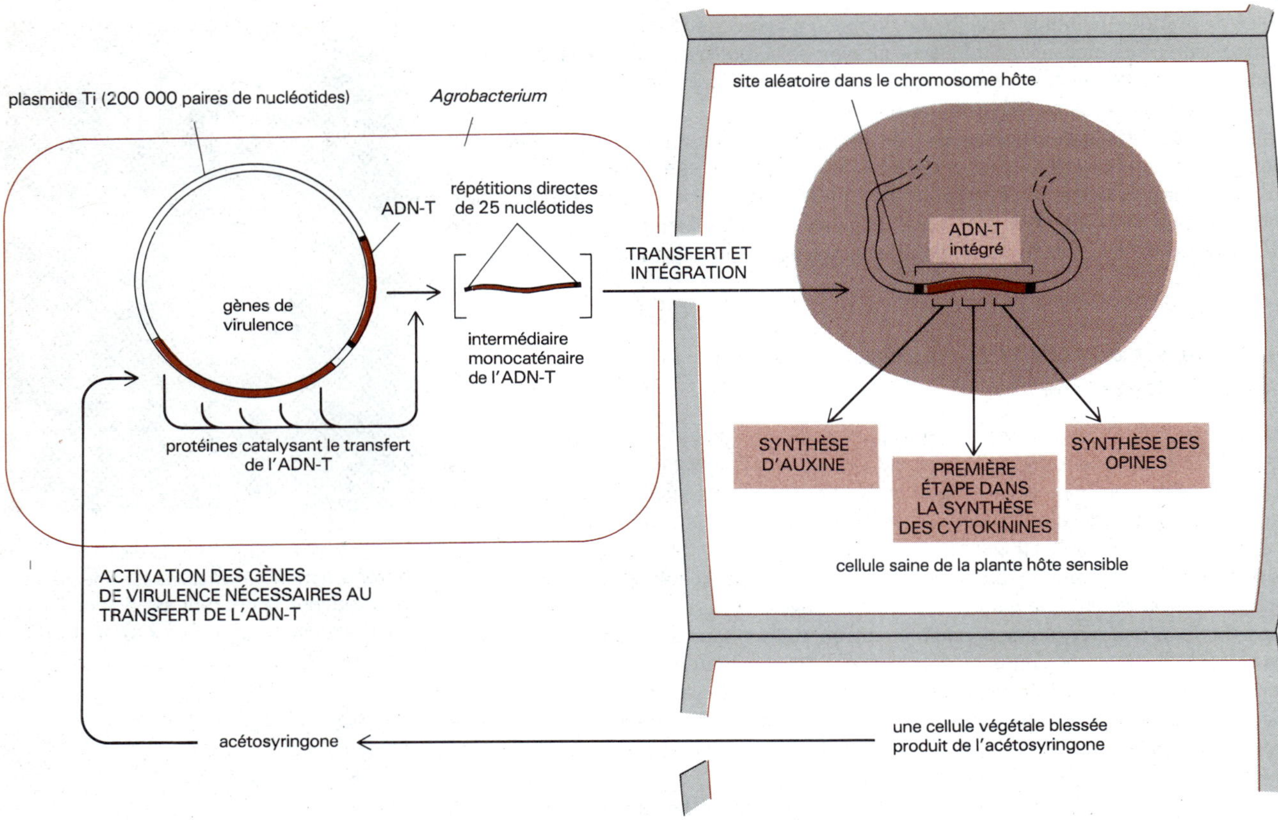

Figure 20-33 Certains des événements précoces au cours de l'infection d'une plante sensible à la bactérie *Agrobacterium tumefaciens*. L'ADN-T, transféré du plasmide bactérien inducteur de tumeur (Ti) à la cellule végétale, est intégré en un site aléatoire dans un chromosome de l'hôte. Parmi ses produits géniques, il y a des enzymes impliquées dans la synthèse des régulateurs de croissance végétale, qui sont responsables de la formation des tumeurs.

par un pathogène bactérien ou fongique est le renforcement de leurs parois par une augmentation du dépôt de polymères de paroi cellulaire — y compris la lignine et des glycoprotéines riches en hydroxyproline. Cependant, les pathogènes ont leurs propres armes dans cette guerre contre les végétaux. Considérons, par exemple, ce qui se produit lorsqu'un champignon pathogène (*Fusarium solani*) attaque une plante de pois. Lorsque les spores fongiques atterrissent sur la plante, elles sécrètent de très faibles concentrations de cutinase qui dégrade une petite quantité de cutine dans la cuticule qui recouvre la feuille. Les monomères de cutine libérés stimulent les spores fongiques selon une boucle rétroactive positive afin d'augmenter la production de cutinase. En conséquence, la cuticule est dissoute et les hyphes fongiques en germination peuvent pénétrer dans la feuille.

Les produits de la dégradation de la paroi cellulaire provoquée par un pathogène envahissant peuvent cependant agir comme des signaux d'avertissement précoce utiles à la cellule végétale hôte. Les cellules végétales exposées à un pathogène synthétisent communément des molécules de faible poids moléculaire appelées *phytoalexines*, qui sont des antibiotiques toxiques pour certaines bactéries et champignons pathogènes. Plusieurs des molécules responsables de la stimulation de la biosynthèse de la phytoalexine par le végétal (appelées révélateurs, *elicitors* en anglais) ont maintenant été identifiées comme étant de courts oligosaccharides, dérivés des polysaccharides de la paroi, qui sont actifs à très faible concentration (10^{-9}—10^{-10} M). Le premier révélateur de ce type à être bien caractérisé fut l'hepta-β-glucoside dérivé de la paroi cellulaire d'un champignon qui attaque le soja (Figure 20-34). Les révélateurs oligosaccharidiques de la synthèse de phytoalexine peuvent aussi être issus des parois de cellules végétales. Dans ce cas, ce sont des fragments du squelette de l'acide galacturonique des molécules de pectine qui peuvent être libérés de la paroi de la cellule végétale par des enzymes sécrétées par un pathogène envahissant ou, dans certains cas, par des enzymes de la cellule végétale elle-même qui sont activées par la blessure.

Une simple lésion mécanique des végétaux peut induire la synthèse de protéines qui inhibent à la fois les protéases d'insectes et de microbes (inhibiteurs protéasiques). Cette réponse protectrice normale est vraisemblablement induite localement par de petits fragments de polysaccharides pectiques libérés à la suite de la lésion. Il est intéressant de noter qu'un autre mécanisme de signalisation à longue portée non identifié pour le moment doit aussi exister, puisque des feuilles situées assez loin d'une feuille blessée finissent aussi par produire des inhibiteurs protéasiques.

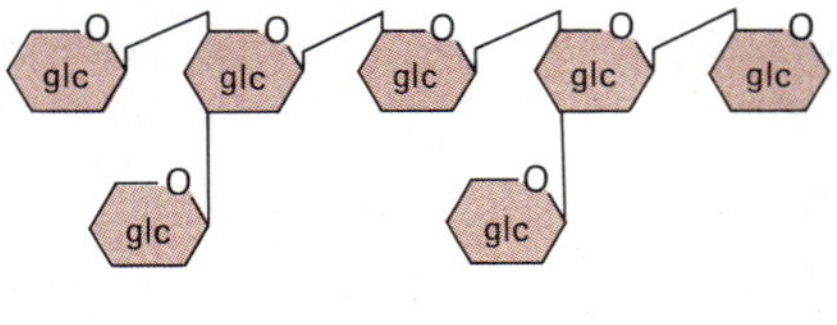

Figure 20-34 Cet heptaglucoside (un oligosaccharide contenant sept résidus glucose [glc]) est libéré de la paroi cellulaire de *Phytophthora megasperma*, un pathogène fongique du soja. Il possède un squelette glucose $\beta 1 \rightarrow 6$ avec deux chaînes latérales de glucose $\beta 1 \rightarrow 3$, et, à de très faibles concentrations, il active spécifiquement plusieurs gènes du soja, y compris ceux impliqués dans la biosynthèse de la phytoalexine. La modification des liaisons ou des positions de n'importe lequel de ces résidus glucose résulte en une perte d'activité.

La paroi cellulaire peut être une source importante de signaux de la cellule végétale normale [18]

Des expériences récentes suggèrent que la signalisation cellulaire qui dépend de la libération enzymatique d'oligosaccharides à partir des parois des cellules végétales fonctionne également au cours de la croissance et du développement normaux du végétal. L'élongation cellulaire, par exemple, est favorisée par un régulateur de croissance végétal, l'auxine (voir p. 1181), mais son effet peut être dominé par de très faibles concentrations d'un fragment complexe de neuf glucides dérivés de l'hémicellulose. La production de ce fragment de paroi est stimulée par l'auxine, suggérant qu'il fait partie du système rétroactif de régulation du contrôle de l'expansion cellulaire normale (voir p. 1168). Plus généralement, on a suggéré que la matrice extracellulaire des cellules végétales — la paroi de la cellule végétale — peut servir de réserve immobilisée de nombreuses molécules informatives qui sont libérées localement pour influer sur le développement cellulaire. Cette hypothèse est en cours d'analyse dans de nombreux laboratoires.

Résumé

Les végétaux rencontrent inévitablement une grande variété de bactéries et de champignons, et ils ont développé des moyens complexes d'interagir avec ceux-ci. Beaucoup de ces interactions sont bénéfiques au végétal. Ainsi, la majorité des systèmes de racines végétales coexistent-ils avec un réseau fongique élaboré qui augmente la disponibilité mutuelle en nutriments. De plus, une grande partie de l'azote présent dans les molécules des organismes vivants dérive en fin de compte de l'azote atmosphérique fixé par des procaryotes tels que Rhizobium, *qui peuvent former des associations symbiotiques complexes avec les racines de certains végétaux. D'autres interactions semblent n'être bénéfiques qu'au microorganisme.* Agrobacterium, *un pathogène végétal, provoque des tumeurs végétales en insérant son ADN-T dans le génome de la cellule hôte ; l'expression des gènes nouvellement introduits résulte en un déséquilibre des molécules de régulation de la croissance normale du végétal. Des molécules de faible poids moléculaire spécifiques, libérées par le végétal, activent des gènes dans* Rhizobium *aussi bien que dans* Agrobacterium *pour commencer leurs processus invasifs. D'autres petites molécules servent de signaux qui déclenchent la réponse défensive de l'hôte contre les pathogènes ; ces molécules informatives comprennent des produits de dégradation oligosaccharidiques spécifiques des polysaccharides de la paroi cellulaire. Des produits similaires dérivés de la paroi cellulaire peuvent servir de signaux dans le développement normal du végétal.*

L'organisation interne particulière des cellules végétales

Les cellules des végétaux supérieurs possèdent tous les compartiments intracellulaires précédemment décrits chez les cellules animales, y compris le cytosol, l'appareil de Golgi, le réticulum endoplasmique, le noyau, les mitochondries, les peroxysomes et les lysosomes. De même, les cellules végétales ont un cytosquelette composé de filaments d'actine, de microtubules et de filaments intermédiaires comparables à ceux que l'on trouve dans les cellules animales. On peut toutefois facilement distinguer les cellules végétales des cellules animales par la présence de deux types de compartiments limités par la membrane — les *vacuoles* et les *plastes*. Ces deux organites sont associés au mode de vie immobile des cellules végétales. Ils seront, ainsi que d'autres traits caractéristiques de l'organisation interne de la cellule végétale, le sujet de cette partie du chapitre.

Le chloroplaste est un membre d'une famille d'organites qui est propre aux végétaux : les plastes [19]

En général, les végétaux sont entièrement dépendants des nutriments organiques qu'ils produisent eux-mêmes grâce à la photosynthèse, qui a lieu dans les **chloroplastes** (voir p. 366). Les produits de la photosynthèse peuvent être directement utilisés par les cellules photosynthétiques pour les biosynthèses, mis en réserve dans un polysaccharide inerte du point de vue osmotique (habituellement l'amidon), ou convertis en un glucide de faible poids moléculaire (habituellement le saccharose) qui est exporté pour satisfaire aux besoins métaboliques des autres tissus du végétal.

Les chloroplastes ne sont qu'un des membres d'une famille d'organites, les **plastes**. Les plastes sont présents dans toutes les cellules végétales vivantes, chaque type cellulaire ayant son propre effectif caractéristique. Tous les plastes ont en commun certaines caractéristiques.

Plus particulièrement, tous les plastes d'une espèce végétale donnée contiennent de multiples copies du même génome relativement petit (voir Figure 7-69) et sont entourés par une enveloppe composée de deux membranes concentriques. La structure et la fonction du chloroplaste ayant été décrites en détail dans le Chapitre 7, nous nous intéresserons ici aux autres membres de la famille.

Tous les plastes, y compris les chloroplastes, se développent à partir de **proplastes** qui sont des organites relativement petits, présents dans les cellules méristématiques (Figure 20-35). Les proplastes se développent en fonction des besoins de chaque cellule différenciée ; si une feuille croît à l'obscurité, ses proplastes s'agrandissent et se développent en *étioplastes*. Ces derniers possèdent un réseau semi-cristallin de membranes internes qui, à la place de la chlorophylle, contiennent de la *protochlorophylle* (un précurseur jaune de la chlorophylle) (Figure 20-36A). Quand ils sont exposés à la lumière, les étioplastes se transforment rapidement en chloroplastes en convertissant la protochlorophylle en chlorophylle et en synthétisant une nouvelle membrane, de nouveaux pigments, de nouvelles enzymes photosynthétiques et de nouveaux composants de la chaîne de transport d'électrons (Figure 20-36B).

Il n'est pas surprenant que la lumière règle de nombreux processus chez les végétaux. Selon des voies encore obscures, des photorécepteurs tels que le *phytochrome* (voir p. 1180) contrôlent la transcription de nombreux gènes activés par la lumière et impliqués dans le développement du chloroplaste, non seulement dans le chloroplaste lui-même mais aussi dans le noyau. Approximativement un cinquième des 120 gènes chloroplastidiens (voir p. 391) sont réglés d'une manière dépendant de la lumière.

Les **chromoplastes** constituent un autre type de plaste (Figure 20-37A). Ils accumulent des pigments caroténoïdes, et, dans de nombreuses espèces, ils sont responsables de la coloration jaune, orange ou rouge des pétales (par exemple, les jonquilles) et des fruits (par exemple, les tomates). Les **leucoplastes** sont des plastes qui existent dans de nombreux tissus épidermiques et internes qui ne deviennent ni chlorophylliens, ni photosynthétiques. Ce ne sont guère que des proplastes agrandis. Un type commun de leucoplaste est l'*amyloplaste* (Figure 20-37B), qui accumule l'amidon dans les tissus de réserve. Chez certains végétaux,

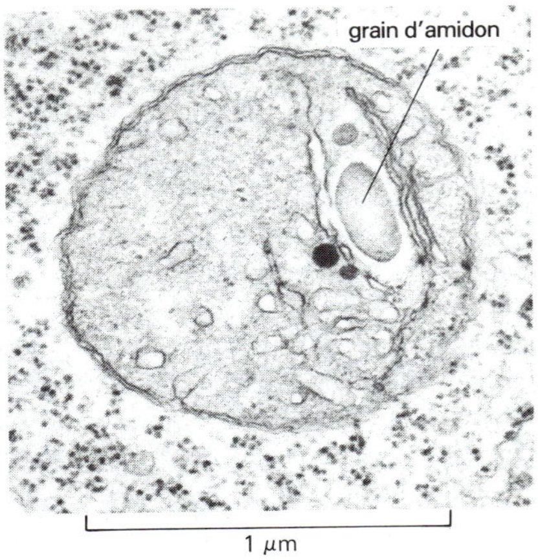

Figure 20-35 Micrographie électronique d'un proplaste typique d'une cellule de l'extrémité de la racine de haricot. Il est entouré par une enveloppe constituée de deux membranes ; la membrane interne donne naissance au système membranaire interne clairsemé. (D'après B. Gunning et M. Steer, Ultrastructure and the Biology of Plant Cells. London : Arnold, 1975.)

Figure 20-36 Micrographies électroniques de deux formes de plastes présents dans des plants d'avoine. (A) Un étioplaste d'une plantule qui a poussé dans l'obscurité. L'arrangement semi-cristallin des membranes internes contient de la protochlorophylle. (B) Exposé à la lumière, l'étioplaste se développe en chloroplaste. On peut voir une partie d'un jeune chloroplaste en train de verdir. Le réarrangement des membranes de l'étioplaste est en cours : la chlorophylle est maintenant présente, et de petits grana commencent à se former. (Avec l'autorisation de Brian Gunning.)

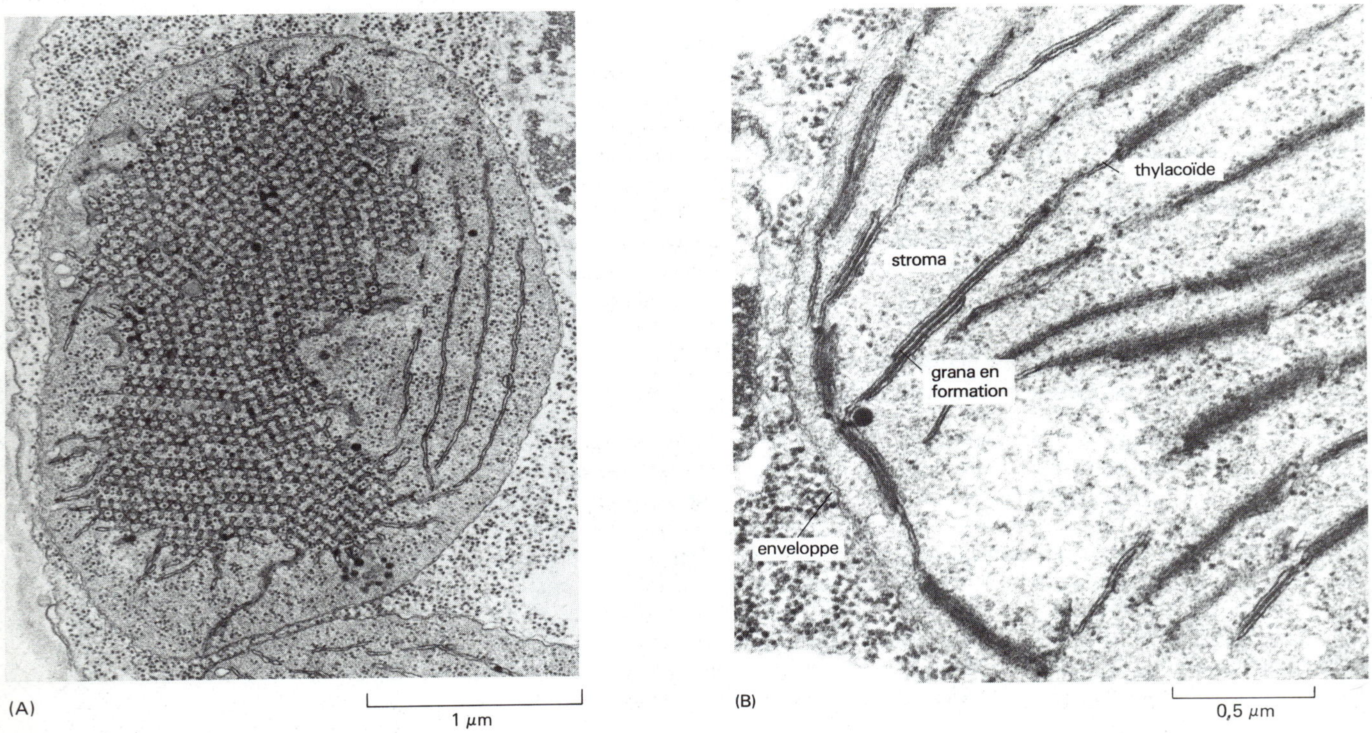

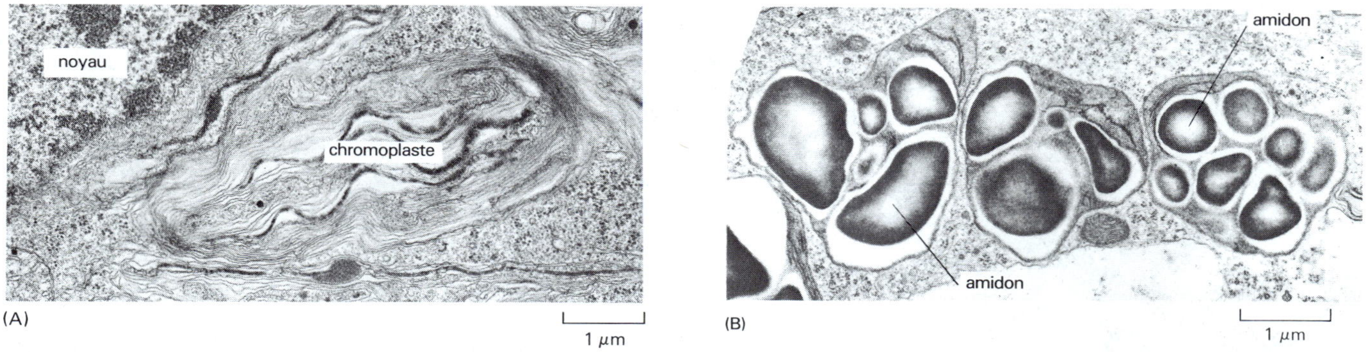

Figure 20-37 La diversité des plastes. (A) Chromoplastes contenant un pigment, provenant d'une cellule de pétales jaune-orangé de jonquille. Les contours de ces plastes sont sinueux et le β-carotène, qui donne leur couleur aux pétales, est dissous dans leurs membranes internes désorganisées. (B) Trois *amyloplastes* (une forme de leucoplaste), ou plastes d'accumulation de l'amidon, dans une extrémité de racine de soja. (D'après B. Gunning et M. Steer, Ultrastructure and the Biology of Plant Cells. London : Arnold, 1975.)

comme la pomme de terre, les amyloplastes peuvent croître jusqu'à devenir aussi volumineux qu'une cellule animale moyenne.

On ne sait pas comment est réglé le choix de la voie de différenciation du proplaste vers telle ou telle forme plus différenciée de plaste, mais il est clair que le génome nucléaire joue un rôle dominant. Des mutations au niveau de l'ADN nucléaire peuvent commuter les voies de développement conduisant au chromoplaste ou au chloroplaste, ou bloquer le développement, donnant naissance soit aux diverses formes de leucoplastes, soit aux chloroplastes immatures à faible pigmentation que l'on trouve chez de nombreuses espèces ornementales.

Les plastes peuvent proliférer dans le cytoplasme par croissance et division (voir p. 389). Chez les végétaux supérieurs, le seul type cellulaire qui perde sa population de plastes est le gamète mâle chez certaines espèces. Par conséquent, certains végétaux (par exemple le maïs) héritent leurs plastes uniquement de l'ovule : les plastes chez ces végétaux, comme les mitochondries chez les animaux, sont donc un héritage maternel (voir p. 395).

Il est important de réaliser que les plastes ne sont pas seulement des sites de photosynthèse et de dépôt de matériaux de stockage. Les végétaux ont exploité leurs plastes dans le cloisonnement cellulaire du métabolisme intermédiaire. Les plastes fournissent plus que l'énergie et le pouvoir réducteur (sous forme d'ATP et de NADPH) qui sont utilisés pour les réactions biosynthétiques du végétal. La synthèse des purines et des pyrimidines, de la plupart des acides aminés et de tous les acides gras a lieu dans les plastes, tandis qu'elle se fait dans le cytosol des cellules animales.

La vacuole de la cellule végétale est un organite remarquablement polyvalent [20]

Le compartiment le plus apparent dans la plupart des cellules végétales est une très grande vésicule remplie de liquide appelée **vacuole** (Figure 20-38). Il peut y avoir plusieurs vacuoles dans une seule cellule, chacune étant séparée du cytoplasme par une membrane unique appelées **tonoplaste**. Les vacuoles occupent généralement plus de 30 p. cent du volume cellulaire, mais ceci peut varier de 5 à 90 p. cent selon le type cellulaire. Par convention, la majorité des biologistes des cellules végétales ne considèrent pas cet organite comme une partie du cytoplasme ; ainsi, on dit que l'intérieur de la cellule végétale est composé du noyau, de la vacuole et de cytoplasme — ce dernier contenant tous les autres organites limités par une membrane, y compris les plastes.

Initialement, les vacuoles prennent naissance dans les jeunes cellules en division, probablement par fusion progressive de vésicules dérivant de l'appareil de Golgi. Par leur structure et leur fonction, elles sont apparentées aux lysosomes des cellules animales et peuvent contenir une grande variété d'enzymes hydrolytiques. La vacuole a beaucoup de fonctions. Elle peut agir comme un organite d'accumulation à la fois des nutriments et des déchets, comme un compartiment lysosomal, comme une façon économique d'augmenter la taille des cellules, et comme un contrôleur de la pression de turgescence. Différentes vacuoles avec des fonctions différentes (par exemple, lysosomales et d'accumulation) sont souvent présentes dans la même cellule. Nous avons déjà étudié le rôle d'occupation de l'espace des vacuoles dans le contexte de la croissance cellulaire (voir Figure 20-10) ; ici, nous examinerons leurs fonctions d'accumulation.

Les vacuoles peuvent fonctionner comme des organites d'accumulation [20]

Les vacuoles peuvent accumuler de nombreux types de molécules. En particulier, elles peuvent piéger des substances qui sont potentiellement nocives si elles sont présentes en grande quantité dans le cytoplasme. Les vacuoles de certaines cellules spécialisées, par exemple, contiennent des produits aussi dignes d'intérêt que le latex (chez *Hevea brasiliensis*) ou l'opium (chez

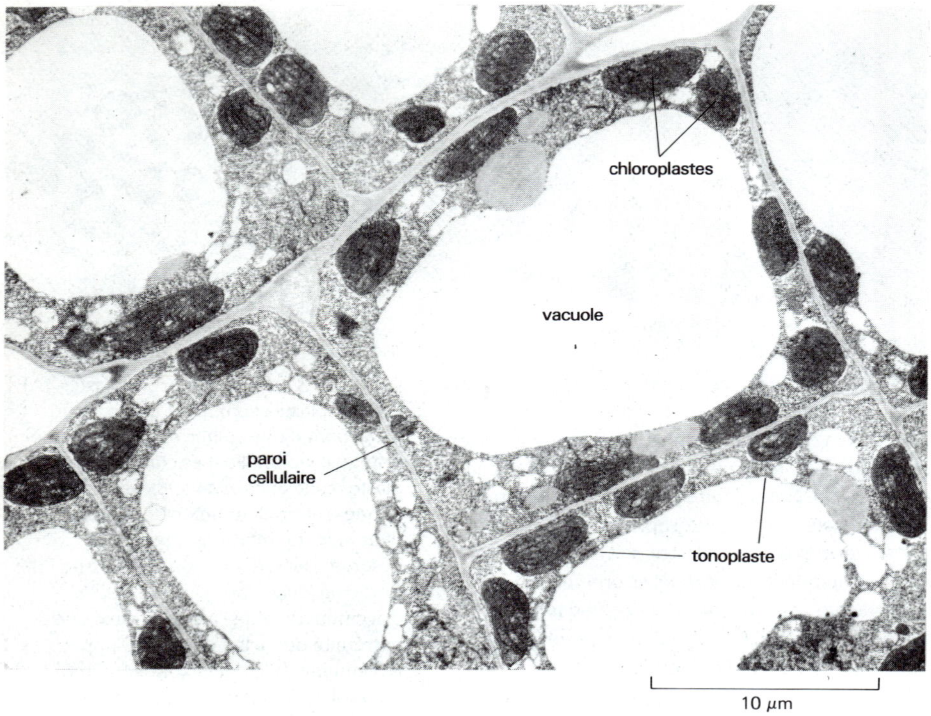

Figure 20-38 Micrographie électronique de cellules d'une jeune feuille de tabac. Dans ces cellules très vacuolées, le cytoplasme est limité à une mince couche contenant de nombreux chloroplastes comprimés contre la paroi cellulaire. (Avec l'autorisation de J. Burgess.)

Papaver somniferum). Même des molécules aussi ubiquistes que Na^+ sont accumulées dans ces organites, où leur activité osmotique contribue à la pression de turgescence. L'analyse des cellules géantes de l'algue *Nitella* indique que les pompes à Na^+ localisées dans le tonoplaste maintiennent de faibles concentrations de Na^+ dans le cytosol et des concentrations quatre à cinq fois plus élevées dans la vacuole ; comme la vacuole occupe un volume bien plus grand que le cytoplasme chez *Nitella*, la plus grande quantité de Na^+ cellulaire se trouve dans la vacuole.

La vacuole a une importante fonction homéostatique dans les cellules végétales qui sont soumises à de grandes variations dans leur environnement. Par exemple, lorsque le pH de l'environnement chute, le flux de H^+ dans le cytoplasme est tamponné — au moins en partie — par un transport accru de H^+ dans la vacuole. De façon similaire, de nombreuses cellules végétales maintiennent la pression de turgescence à des niveaux remarquablement constants en présence de variations importantes de la tonicité du liquide dans leur environnement immédiat. Elles réalisent cela en modifiant la pression osmotique du cytoplasme et de la vacuole — en partie par la dégradation et la resynthèse contrôlées de polymères tels que les polyphosphates dans la vacuole, et en partie en modifiant les vitesses de transport à travers la membrane plasmique et le tonoplaste. La perméabilité de ces deux membranes est réglée en partie par la pression de turgescence et est déterminée par l'ensemble distinct de protéines de transport membranaire qui transfèrent des oses spécifiques, des acides aminés et d'autres métabolites à travers chaque double couche lipidique (voir Chapitre 6). Les substances présentes dans la vacuole diffèrent qualitativement et quantitativement de celles contenues dans le cytoplasme. Cependant, du fait de la faible résistance mécanique du tonoplaste, la pression hydrostatique doit rester approximativement la même dans le cytoplasme et la vacuole, et les deux compartiments doivent agir ensemble sur l'équilibre osmotique pour maintenir la turgescence.

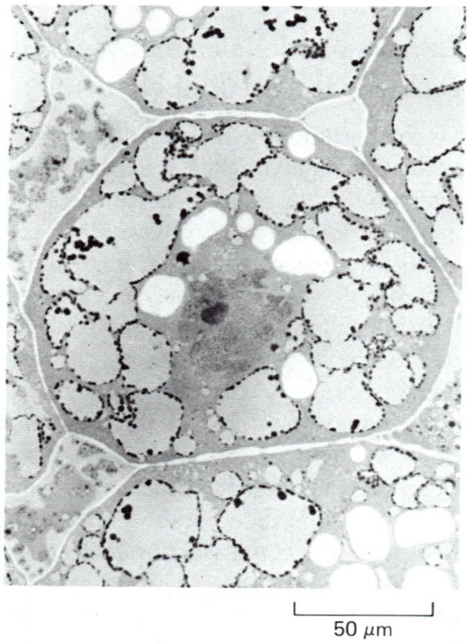

Figure 20-39 Micrographie d'une cellule de cotylédon de graine de pois. Les stades précoces de dépôt protéique peuvent être observés à la périphérie du vaste système vacuolaire. Les légumineuses telles que le pois et le haricot accumulent de grandes quantités de protéines dans de telles vacuoles afin d'entretenir la croissance de l'embryon lors de la germination de la graine. (Avec l'autorisation de S. Craig.)

Certains des produits accumulés dans les vacuoles ont une fonction métabolique. Les plantes grasses, par exemple, ouvrent leurs stomates et absorbent du dioxyde de carbone la nuit (lorsque les pertes dues à la transpiration sont moindres que pendant le jour) et le convertissent en acide malique. Cet acide est accumulé dans les vacuoles jusqu'au jour suivant, lorsque l'énergie lumineuse peut être utilisée pour le transformer en glucide alors que les stomates sont maintenus fermés. On peut citer un deuxième exemple : les protéines peuvent être accumulées pendant des années sous forme de réserve pour la croissance future dans les vacuoles de cellules de réserve de nombreuses graines, comme celles des pois et des haricots. Lorsque les graines germent, les protéines sont hydrolysées et les acides aminés sont mobilisés pour fournir un apport nutritif à l'embryon en développement (Figure 20-39).

D'autres molécules accumulées dans les vacuoles sont impliquées dans des interactions du végétal avec des animaux ou avec d'autre végétaux. Les pigments anthocyaniques, par exemple, colorent les pétales de certaines fleurs de façon à attirer les insectes de pollinisation. D'autres molécules défendent le végétal contre les prédateurs. Les métabolites nocifs libérés des vacuoles lorsque les cellules sont ingérées ou, sans cela, endommagées, vont des alcaloïdes toxiques aux inhibiteurs de la digestion d'un goût désagréable. Les inhibiteurs de la trypsine normalement présents dans les graines et les inhibiteurs de protéases de cellules foliaires induits par une blessure et mentionnés auparavant (voir p. 1160) s'accumulent, les uns et les autres, dans la vacuole, et sont probablement conçus pour interférer avec les processus digestifs des herbivores. Les végétaux comme les animaux ont utilisé de telles armes pour se livrer à une guerre chimique subtile au cours de l'évolution, l'équilibre se déplaçant quand une nouvelle arme de dissuasion potentielle contre les herbivores apparaît ou, à l'inverse, quand un insecte trouve le moyen de dégrader un métabolite végétal toxique de telle sorte qu'il peut se nourrir et même être attiré par les végétaux qui possèdent la substance.

Les vésicules de Golgi délivrent des matériaux de la paroi cellulaire à des régions spécifiques de la membrane plasmique [21]

La majorité des constituants de la matrice de la paroi cellulaire sont transportés par l'intermédiaire de vésicules dérivées de l'appareil de Golgi, et sécrétés par exocytose au niveau de la membrane plasmique — une voie décrite en détail au Chapitre 8. Toutefois, l'appareil de Golgi chez les végétaux est principalement chargé de produire et de sécréter une variété très étendue de polysaccharides extracellulaires, plutôt que les glycoprotéines typiques des cellules animales (Figure 20-40). Les voies précises impliquées dans la synthèse de ces polysaccharides ne sont pas connues. Ceci n'est peut être pas surprenant, puisque (1) chaque polysaccharide de la matrice de la paroi cellulaire est fait de deux ou plusieurs glucides, (2) au moins 12 types de monosaccharides sont utilisés, (3) la plupart des polysaccharides sont ramifiés, et (4) de nombreuses modifications covalentes sont introduites dans les polysaccharides après leur synthèse. On a estimé que plusieurs centaines d'enzymes différentes sont impliquées dans l'assemblage des composants polysaccharidiques nécessaires à la construction d'une paroi cellulaire primaire type. La plupart de ces enzymes sont présentes dans le réticulum endoplasmique et l'appareil de Golgi, bien que certaines, concernées par les modifications covalentes ultérieures des polysaccharides, soient présentes dans la paroi cellulaire elle-même, et lui sont parfois liées de façon covalente.

Puisque la composition et la morphologie de la paroi varient selon la localisation à la périphérie de la cellule, les vésicules dérivées du Golgi doivent être dirigées vers des régions spécifiques de la membrane plasmique. Ceci est accompli, en partie du moins, par le cytosque-

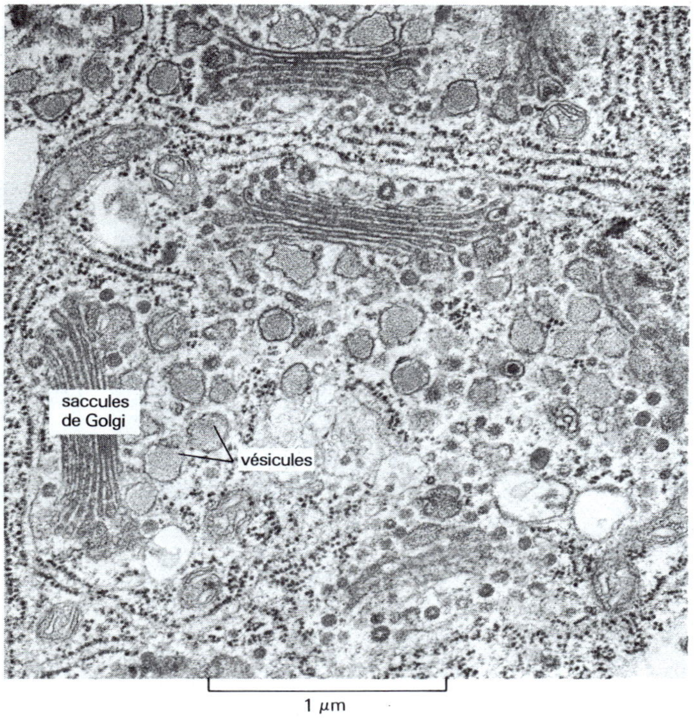

Figure 20-40 Micrographie électronique d'une cellule ciliée de l'algue verte *Bulbochaete*. On peut voir de nombreux empilements discrets de saccules de Golgi ainsi que des vésicules de transport associées contenant le polysaccharide qui doit être sécrété. Une nette organisation polaire peut être observée à partir du RE en passant par les saccules de Golgi *cis*, *médian* et *trans*, vers les vésicules de transport. Contrairement à la plupart des cellules animales, les saccules de Golgi appartenant à des empilements différents ne sont pas interconnectées. (Avec l'autorisation de T. W. Frazer, d'après B. Gunning et M. Steer, Ultrastructure and the Biology of Plant Cells. London : Arnold, 1975.)

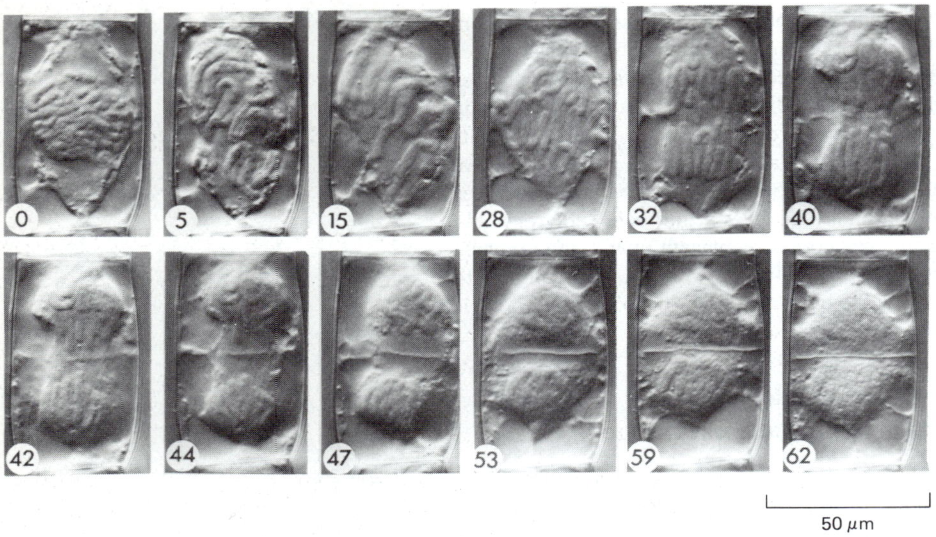

Figure 20-41 Succession de micrographies d'une cellule ciliée d'étamine en division. Le temps écoulé en minutes est indiqué sur chaque photographie, dans l'angle inférieur gauche. Les vésicules qui s'alignent pour former la plaque cellulaire sont visibles après 42 minutes. La plaque s'étend ensuite latéralement jusqu'à ce qu'elle atteigne la paroi de la cellule mère et fusionne avec elle. (Avec l'autorisation de Peter Hepler.)

lette. Considérons, par exemple, la formation d'une nouvelle paroi cellulaire primaire qui sépare deux cellules filles après la mitose (Figure 20-41). A la fin de la télophase, une région discoïde — le **phragmoplaste** — se forme dans le plan du fuseau équatorial primaire. Le phragmoplaste contient un double anneau de courts microtubules aboutissant au niveau du plan de division, de part et d'autre de ce dernier (Figure 20-42), et un ensemble de filaments d'actine alignés parallèlement aux microtubules. Les vésicules dérivées de l'appareil de Golgi qui contiennent des précurseurs de la paroi cellulaire, et la pectine en particulier, sont guidées vers l'intérieur le long de ces microtubules orientés jusqu'à ce qu'elles atteignent le phragmoplaste, où elles fusionnent les unes avec les autres pour former la **plaque cellulaire**. L'anneau de microtubules effectue un mouvement centrifuge vers la périphérie, tandis que les vésicules du Golgi continuent d'ajouter des précurseurs à la plaque cellulaire en cours de croissance. Finalement, la plaque fusionne avec la paroi de la cellule mère pour créer deux cellules filles séparées (voir Figures 20-41 et 13-71). On ne sait pas quels composants du phragmoplaste, les microtubules ou les filaments d'actine (ou les deux), sont responsables du mouvement et du guidage des vésicules dérivées du Golgi.

Tous les polysaccharides fabriqués et sécrétés par l'appareil de Golgi ne sont pas destinés à la paroi cellulaire : par exemple, un exsudat riche en fucose sécrété par les cellules de l'extrémité des racines se déplace à travers la paroi et sert à lubrifier la surface externe de la racine lors de son passage dans le sol (Figure 20-43).

Figure 20-42 (A) Micrographie électronique d'un phragmoplaste d'une cellule végétale en division. Les microtubules guident les vésicules contenant les précurseurs de la paroi cellulaire vers la plaque cellulaire en croissance. Pour les détails, voir la Figure 13-71, page 782. (B) Micrographies en fluorescence d'une cellule d'extrémité de racine d'oignon au moment de la cytodiérèse. La plaque cellulaire en développement et les deux lots de microtubules du phragmoplaste situés de part et d'autre de celle-ci sont révélés par immunofluorescence (*à gauche*), alors qu'un colorant fluorescent spécifique à l'ADN (*à droite*) met en évidence les positions des deux noyaux fils qui seront séparés par la nouvelle paroi cellulaire. (A, avec l'autorisation de Jeremy Pickett-Heaps.)

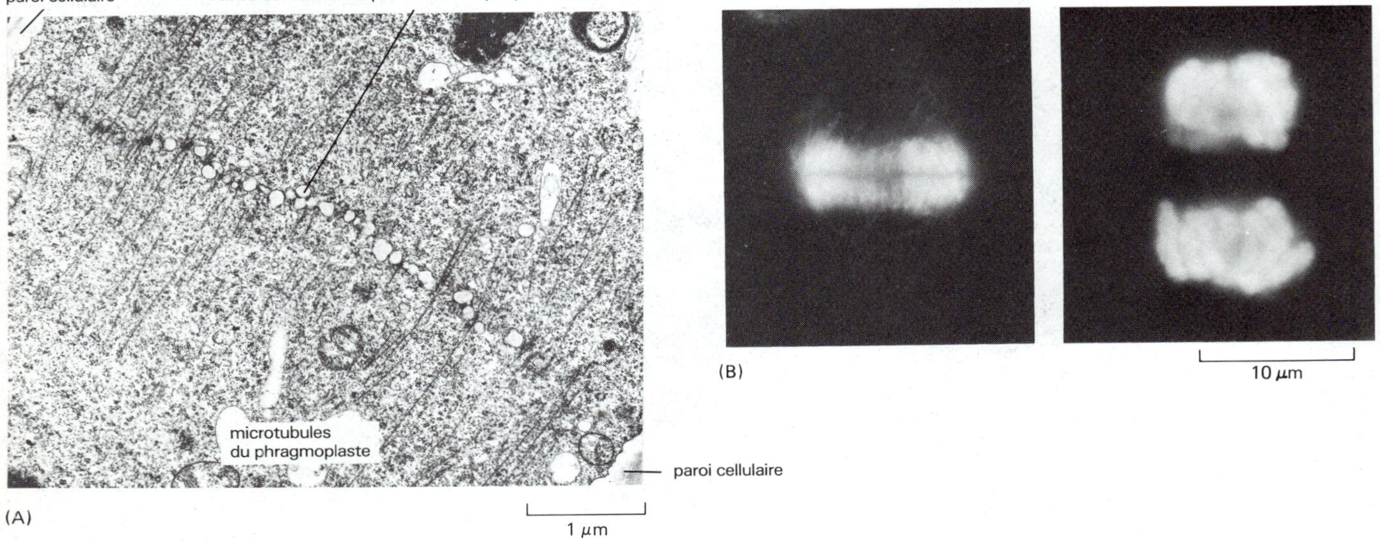

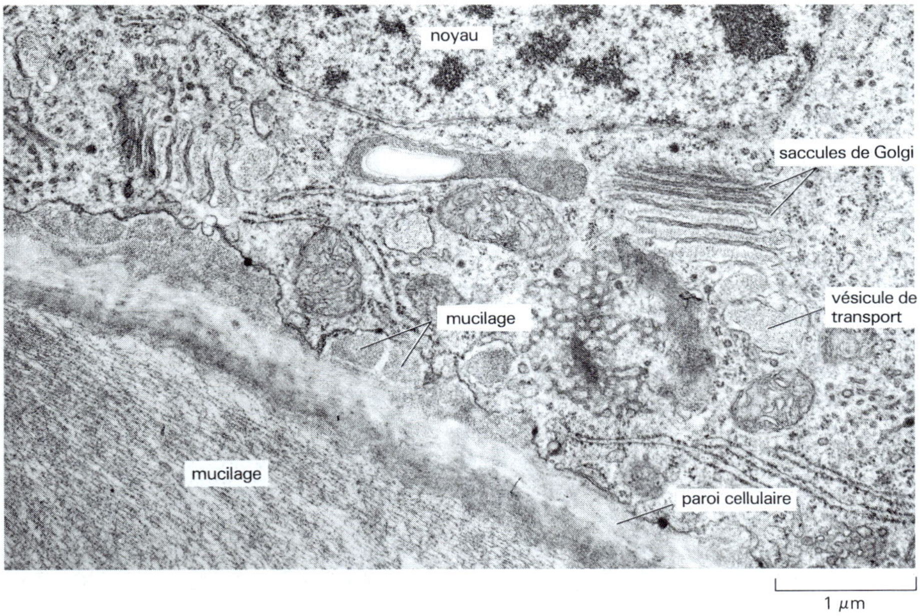

Figure 20-43 Micrographie électronique d'une cellule de la coiffe de *Phleum pratense* (Phléole des prés). Dans ces cellules, l'appareil de Golgi intervient principalement dans la fabrication, l'« emballage » et la libération du mucilage (glu) à la surface de l'extrémité de la racine pour lubrifier sa traversée du sol. On peut aussi voir un matériel identique à celui visualisé dans les saccules de Golgi dans des vésicules et immédiatement à l'extérieur de la membrane plasmique. (D'après B. Gunning et M. Steer, Ultrastructure and the Biology of Plant Cells. London : Arnold, 1975.)

La membrane est rapidement recyclée selon le processus d'endocytose en phase liquide [22]

Que se passe-t-il lorsqu'une grande quantité de membrane nouvelle est ajoutée à la membrane plasmique existante par fusions répétées de vésicules ? Dans certaines cellules végétales sécrétant activement, le nombre de vésicules du Golgi impliquées dans l'exocytose conduirait au doublement de la surface de la membrane plasmique toutes les 20 minutes. Il est clair que si la membrane plasmique doit maintenir une surface constante, une certaine forme de récupération membranaire doit fonctionner. De nombreux puits recouverts se trouvent dans la membrane plasmique des cellules végétales (Figure 20-44A), et ils fonctionnent vraisemblablement dans le recyclage membranaire, exactement comme ils le font dans les cellules animales (voir p. 326). Cette voie d'endocytose en phase liquide a récemment été démontrée dans les cellules végétales par contrôle de l'absorption de marqueurs denses aux électrons tels que la ferritine ou l'or colloïdal dans des protoplastes de cellules végétales. Le marqueur dense aux électrons, absorbé par les protoplastes, est rapidement transféré à un ensemble complexe de tubes membraneux auquel on a donné le nom de *réticulum partiellement recouvert* (Figures 20-44B et C), un organite qui est sans doute fonctionnellement équivalent au compartiment endosomal des cellules animales (voir p. 460). De là, le marqueur est transféré à de grandes vésicules et se retrouve en fin de compte dans la vacuole.

Ainsi, les voies principales intracellulaires de synthèse, de tri, d'empaquetage, de ciblage et de sécrétion, ainsi que la voie d'endocytose, sont très similaires dans les cellules végétales et animales.

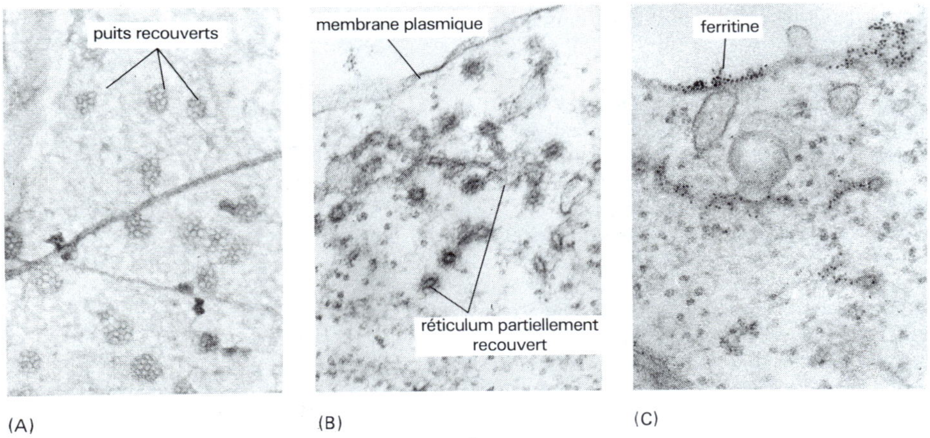

Figure 20-44 L'endocytose dans un protoplaste de soja, révélée par microscopie électronique. (A) Une vue de la face cytoplasmique de la membrane plasmique. Le protoplaste fut fixé à une grille de microscopie électronique, puis lysé par choc osmotique, lavé et coloré en négatif. Il est possible de voir les microtubules corticaux en plus des nombreux puits recouverts qui sont impliqués dans l'endocytose. (B) Le « réticulum partiellement recouvert » visible dans une coupe fine. Il est composé d'un compartiment tubulaire complexe limité par une membrane avec de nombreuses vésicules recouvertes de clathrine qui se forment à partir de celui-ci, et on pense qu'il est équivalent au compartiment endosomial des cellules animales. (C) Le matériel endocyté — ici un marqueur dense aux électrons, la ferritine — apparaît d'abord dans le réticulum partiellement recouvert. (Avec l'autorisation de Larry Fowke.)

La synthèse de cellulose a lieu à la surface des cellules végétales [23]

Il existe une exception importante à la règle selon laquelle les polysaccharides de la paroi sont produits dans l'appareil de Golgi et sécrétés par exocytose. Chez la plupart des végétaux, la cellulose est synthétisée à la surface de la cellule par un complexe enzymatique lié à la membrane plasmique, la **cellulose synthétase**, qui utilise un précurseur nucléotide-ose fourni par le cytosol, probablement l'UDP-glucose. Lorsqu'elles commencent à être synthétisées, les chaînes naissantes de cellulose s'assemblent spontanément en microfibrilles qui forment une couche à la surface de la membrane plasmique (une lamelle), dans laquelle toutes les microfibrilles ont plus ou moins le même alignement. La cellulose étant synthétisée au niveau de la membrane plasmique, chaque nouvelle lamelle de paroi se forme intérieurement par rapport à la précédente. La paroi est par conséquent composée de lamelles disposées de façon concentrique, les plus anciennes étant situées à l'extérieur.

Malgré beaucoup d'efforts, il n'a pas été possible de reconstituer les réactions de synthèse de la cellulose *in vitro*, et ce, en partie du moins, du fait que la réaction paraît nécessiter une membrane plasmique fonctionnellement intacte. Des micrographies électroniques de cellules de végétaux supérieurs après cryofracture ont montré des « rosettes » évocatrices de particules intramembranaires sur la face de fracture protoplasmique de la membrane plasmique. Ces rosettes peuvent être des complexes de cellulose synthétase, puisqu'elles sont concentrées dans des régions où de nouvelles microfibrilles de cellulose sont déposées — par exemple, dans la membrane recouvrant les épaississements ordonnés de la paroi de jeunes éléments vasculaires du xylème (Figure 20-45 et voir p. 1147).

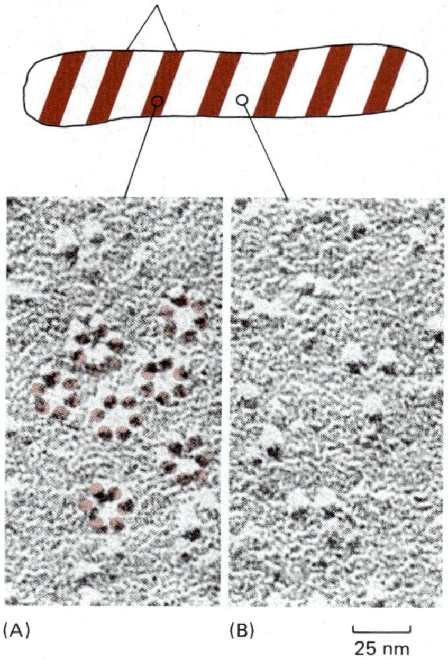

Figure 20-45 Les « rosettes » visibles en microscopie électronique après cryofracture (voir p. 147) dans la membrane plasmique d'un élément vasculaire de xylème en développement d'une racine de cresson (comparer avec la Figure 20-15). Ces groupes hexagonaux de protéines membranaires sont concentrés sur la surface au niveau de laquelle la paroi cellulaire s'épaissit (A) et sont rares dans les zones intermédiaires (B). On a suggéré que les « rosettes » sont des complexes de cellulose synthétase. Chacun de ces complexes synthétise probablement les 60 à 70 chaînes de cellulose qui forment chaque microfibrille. (Avec l'autorisation de Werner Herth.)

L'organisation des microfibrilles de cellulose détermine la forme de la cellule végétale en croissance [24]

La forme finale de chaque cellule végétale en croissance, et donc la forme finale du végétal, est déterminée par une expansion cellulaire contrôlée. Comme nous l'avons décrit précédemment (voir p. 1143), le mécanisme général d'expansion repose sur une combinaison de la pression de turgescence et de la plasticité de la paroi. Mais nous n'avons pas encore expliqué comment cette pression non polarisée est récupérée pour produire une élongation cellulaire *directionnelle*. Les microfibrilles déposées le plus récemment dans les parois latérales de cellules en élongation se trouvent normalement perpendiculaires à l'axe d'élongation, entourant la cellule de lamelles dont les composants microfibrillaires sont disposés de façon hélicoïdale. Bien que l'orientation des microfibrilles dans les lamelles externes qui furent déposées plus tôt puisse être différente, c'est l'orientation de ces lamelles internes qui a une influence prédominante sur la direction de l'expansion cellulaire.

Si les microfibrilles de cellulose dans les lamelles néoformées sont orientées transversalement, elles limiteront l'expansion latérale, mais du fait que les microfibrilles de cellulose voisines situées à l'intérieur d'une lamelle peuvent être séparées par la pression de turgescence, l'élongation cellulaire sera favorisée (Figure 20-46). Au cours de l'expansion cellulaire, il est nécessaire que de nouveaux composants matriciels et microfibrillaires soient ajoutés à la paroi cellulaire existante afin de maintenir son épaisseur et sa résistance. Les composants matriciels nouvellement sécrétés sont probablement intercalés dans l'épaisseur de la paroi, alors que les éléments microfibrillaires additionnels sont déposés dans de nouvelles lamelles au niveau de la face externe de la membrane plasmique.

Les cellules végétales anticipent donc leur morphologie future lorsqu'elles produisent leurs parois cellulaires primaires. La façon dont la distribution précise de tous les composants de la paroi est déterminée n'est pas claire, mais le dépôt de cellulose est apparemment réglé par la distribution des microtubules dans le cortex cellulaire.

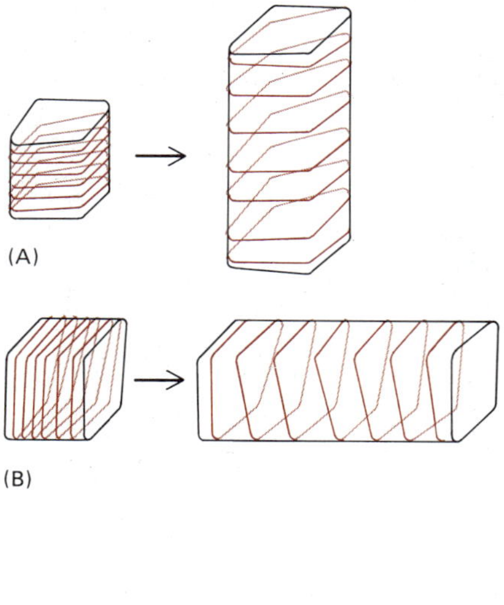

Figure 20-46 Représentation schématique de l'influence de l'orientation des microfibrilles de cellulose à l'intérieur de la paroi, sur la direction d'élongation de la cellule. (A) et (B) sont au départ des cellules de forme identique (représentées ici sous forme de cubes) avec des orientations différentes de microfibrilles de cellulose. La combinaison de l'affaiblissement de la paroi cellulaire et de la pression de turgescence provoque l'élongation de chaque cellule dans une direction perpendiculaire à l'orientation de ses microfibrilles. La forme finale d'un organe, tel qu'une pousse, sera à son tour profondément influencée par la direction dans laquelle toutes les cellules qui le constituent se développent. Bien que les fibrilles apparaissent en forme de cerceaux, de nombreuses études suggèrent qu'elles sont enroulées de façon hélicoïdale comme on le montre ici.

Les microfibrilles de cellulose extracellulaires sont déposées parallèlement aux microtubules corticaux [25]

Comme nous venons de le voir, l'orientation des microfibrilles de cellulose est cruciale dans la détermination de la forme finale des cellules végétales. La découverte que la majorité des microtubules cytoplasmiques sont disposés dans le cortex d'une cellule végétale selon la même orientation que les microfibrilles de cellulose, qui sont généralement déposées dans cette région, constitue une indication importante.

Les microtubules corticaux se situent à proximité de la face cytoplasmique de la membrane plasmique (Figure 20-47) et sont principalement orientés perpendiculairement à l'axe d'élongation de la cellule. Lorqu'elle est observée par microscopie en immunofluorescence, cette *rangée corticale* apparaît composée de microtubules, dont le nombre et la longueur sont indéterminés, enroulés autour de la cellule en hélices condensées (Figure 20-48). Les microtubules sont ancrés à la membrane plasmique par des protéines mal caractérisées.

Une orientation conforme de la rangée corticale de microtubules (située juste à l'intérieur de la membrane plasmique) et des microfibrilles de cellulose (situées juste à l'extérieur de la membrane plasmique) se rencontre dans de nombreux types et de nombreuses formes de cellules, et existe à la fois pendant le dépôt des parois primaire et secondaire (Figure 20-49). Les microtubules corticaux sont particulièrement concentrés dans des régions d'important dépôt local de paroi — comme c'est le cas lors de la formation des épaississements de la paroi cellulaire du xylème en des sites spécifiques à la surface cellulaire (voir Figure 20-15).

Si la totalité du système des microtubules corticaux est désassemblée par traitement d'un tissu végétal avec une drogue de dépolymérisation des microtubules, les conséquences sur le dépôt ultérieur de cellulose ne sont pas aussi nettes que l'on aurait pu s'y attendre. Le traitement n'a aucun effet sur la production de nouvelles microfibrilles de cellulose, et, dans certains cas, les cellules peuvent continuer à déposer de nouvelles microfibrilles selon l'orientation préexistante. Cependant, au cours du développement, tout changement dans le motif de dépôt des microfibrilles, qui se produirait normalement entre des lamelles successives, est invariablement bloqué. De plus, une cellule qui devrait normalement commencer à développer des épaississements réguliers de la paroi pour former une vaisseau du xylème, dépose à la place un amas désorganisé de constituants de la paroi en présence de la drogue (Figure 20-50). La conclusion générale est qu'une orientation préexistante des microfibrilles peut être reproduite même en l'absence de microtubules, mais que toute modification dans le dépôt des microfibrilles de cellulose nécessite que des microtubules intacts soient présents pour déterminer la nouvelle orientation.

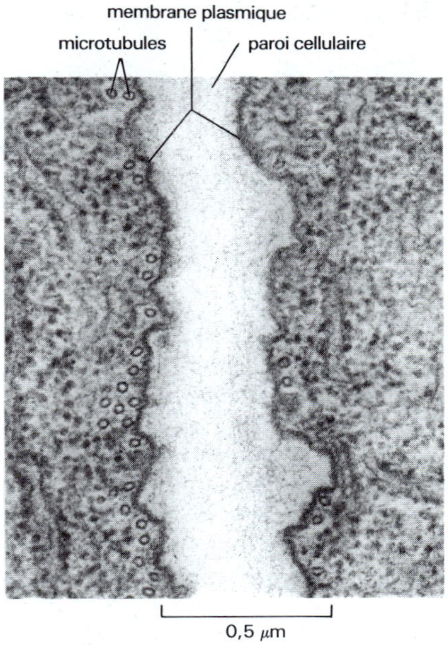

Figure 20-47 Micrographie électronique de deux cellules adjacentes d'une extrémité de racine de blé, montrant, en coupe transversale, les nombreux microtubules corticaux typiques des cellules interphasiques.

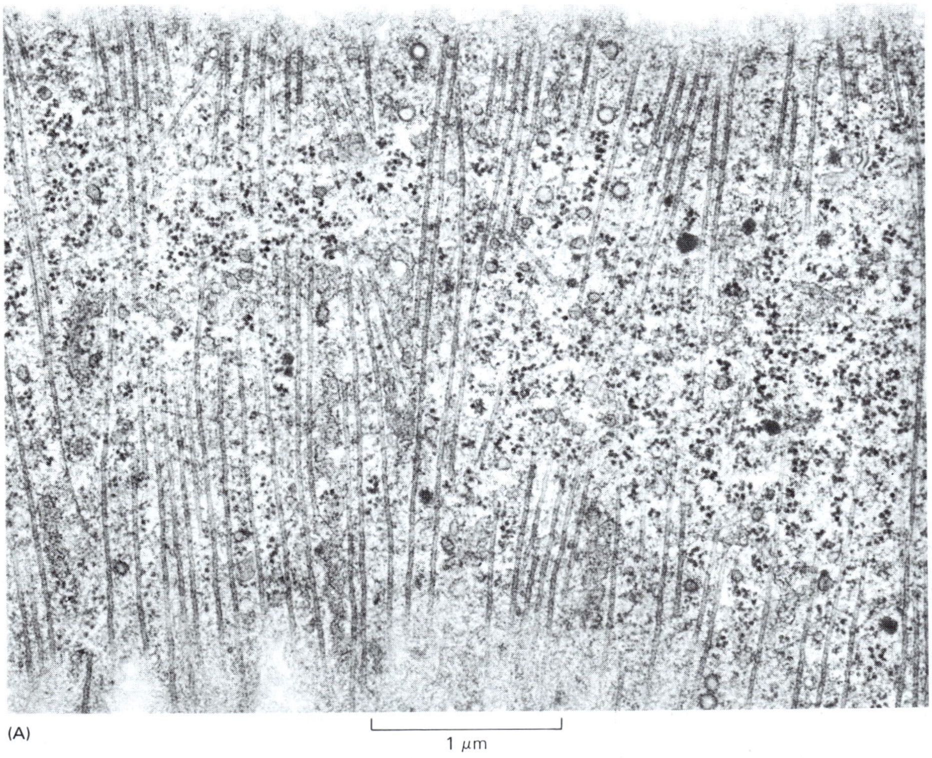

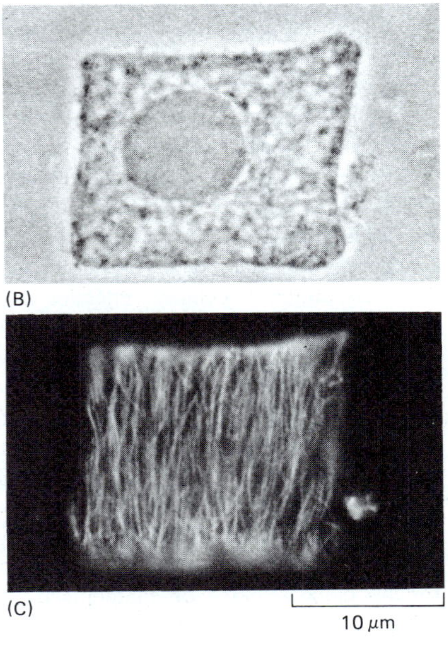

Figure 20-48 La rangée de microtubules corticaux. (A) Coupe tangentielle d'une cellule de l'extrémité d'une racine de *Phleum pratense* (Phléole des prés) montrant des microtubules corticaux situés immédiatement sous la membrane plasmique. Ces microtubules sont orientés perpendiculairement au grand axe de la cellule. (B) Une cellule isolée de l'extrémité d'une racine d'oignon. (C) La même cellule, marquée par immunofluorescence, pour montrer la rangée transversale de microtubules corticaux. (A, avec l'autorisation de Brian Gunning ; B et C, avec l'autorisation de Kim Goodbody.)

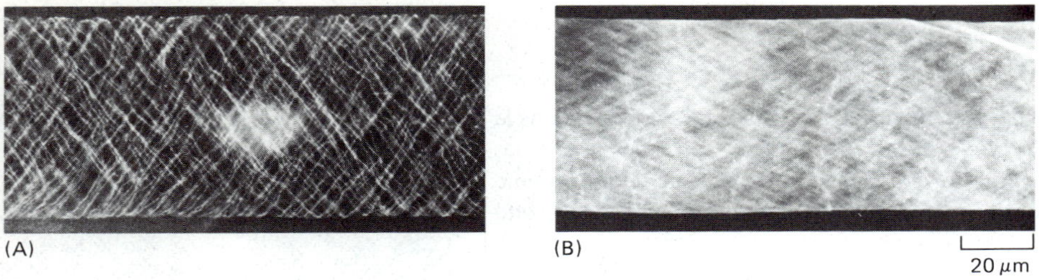

Figure 20-49 Les microtubules et les microfibrilles de cellulose dans des fibres de coton en cours de développement. Les microtubules (A) sont marqués par immunofluorescence et sont disposés de façon hélicoïdale. La cellule est applatie, et on peut voir l'avant et l'arrière des hélices. Des microfibrilles de cellulose nouvellement déposées dans une cellule analogue (B) sont marquées par le blanc de calcofluor, qui fluoresce lorsqu'il est lié aux molécules de cellulose naissantes. Un arrangement hélicoïdal similaire est visible. Cet arrangement de cellulose, comme les fils renforcés d'un tuyau d'arrosage, communique une grande résistance à la paroi de la fibre de coton. (Avec l'autorisation de Robert Seagull.)

Les complexes de synthèse de la cellulose inclus dans la membrane plasmique sont supposés filer de longues molécules de cellulose. Au fur et à mesure que leur biosynthèse couplée et leur auto-assemblage se poursuivent, l'extrémité distale de la microfibrille forme probablement des pontages indirects avec la couche précédente de matériau de la paroi. Au niveau de l'extrémité en croissance (proximale), les complexes de synthèse devraient par conséquent se déplacer le long de la membrane dans la direction de la synthèse. En principe, les microtubules pourraient influer sur la direction de ce mouvement et, de ce fait, sur l'orientation des microfibrilles de deux façons. Le domaine cytoplasmique du complexe de la cellulose synthétase pourrait être lié, directement ou indirectement, aux microtubules corticaux. Ou bien, la direction dans laquelle les complexes synthétasiques se déplacent pourrait être limitée par des frontières déterminées par les microtubules dans la membrane plasmique, qui agissent comme les berges d'un canal pour contraindre le mouvement des complexes synthétasiques à suivre un axe parallèle (Figure 20-51). Ce second modèle a l'avantage de considérer la synthèse de cellulose comme une activité indépendante des microtubules, spatialement limitée seulement lorsque les microtubules corticaux sont présents pour définir des domaines membranaires à l'intérieur desquels le complexe enzymatique peut se déplacer. On ne sait pas comment est contrôlée l'organisation des microtubules corticaux. Il faut rappeler que le cytosquelette d'une cellule animale détermine de la même façon l'orientation des composants de la matrice extracellulaire que la cellule sécrète, et que les protéines allongées comme le collagène et la fibronectine sont déposées par ces cellules en étroite association avec leur membrane plasmique (voir p. 822).

Le mouvement des matériaux dans les grandes cellules végétales est dirigé par le courant cytoplasmique [26]

Le métabolisme cellulaire nécessite que les substrats, les médiateurs, les cofacteurs, les molécules informatives intracellulaires et les enzymes soient capables de se déplacer d'une partie du cytoplasme à une autre. Dans les cellules de petite taille, telles que les bactéries ou même la plupart des petites cellules animales, la diffusion permet aux petites molécules en solution de se déplacer sur des distances comparables à la taille de la cellule en quelques fractions de seconde. Cependant, les cellules végétales, grâce à leur paroi, à leurs vacuoles et à la turgescence, sont capables d'atteindre une taille importante. Elles mesurent couramment plus de 100 μm de long, et certaines sont longues de quelques millimètres ou même de quelques centimètres. Sur de telles distances, la diffusion est relativement inefficace. En effet, le temps nécessaire à une molécule pour atteindre sa destination par la seule diffusion augmente avec le carré de la distance considérée (voir p. 92). De plus, les cellules d'un végétal adulte sont souvent séparées de leurs sources vitales d'oxygène et de nutriments par un grand nombre de cellules. Il n'est donc pas surprenant que les cellules végétales de grande taille créent un **courant cytoplasmique (courant de cyclose)** directionnel qui agite leur cytoplasme et fait rapidement circuler les matériaux d'une extrémité de la cellule à l'autre.

L'examen de cellules végétales vivantes montre que plus la cellule est grande, plus les mouvements de son cytoplasme sont importants. Comme dans les cellules animales, on observe dans les petites cellules végétales des mouvements discontinus de leurs organites, mouvements connus sous le nom de *saltations* (du latin *saltare* : danser ou sauter), au cours desquels les organites s'arrêtent et reprennent leur mouvement, brusquement propulsés à grande vitesse dans une direction déterminée. Dans les cellules végétales plus grandes, les mouvements cytoplasmiques sont plus orientés ; et dans les cellules qui possèdent un mince cordon de cytoplasme entourant une grande vacuole centrale, il est fréquent que le cytoplasme circule presque continuellement à une vitesse de plusieurs micromètres par seconde. Dans les cellules de l'algue géante *Nitella*, ce mouvement rapide est dirigé par la myosine qui se déplace le long de faisceaux orientés de filaments d'actine corticaux (voir p. 632). De tels mouvements

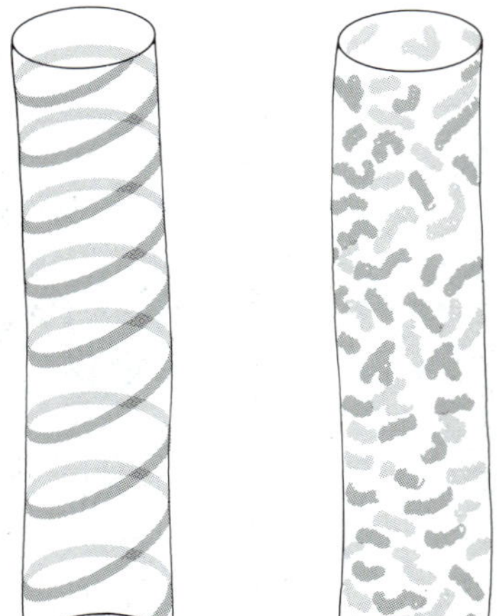

Figure 20-50 Le mode d'organisation des épaississements de la paroi formés au cours de la différenciation normale de la cellule du xylème (A) dépend de la présence de rangées ordonnées de microtubules corticaux (voir Figure 20-15). En présence de colchicine, ces microtubules sont dépolymérisés et il en résulte une disposition désorganisée des épaississements de la paroi (B).

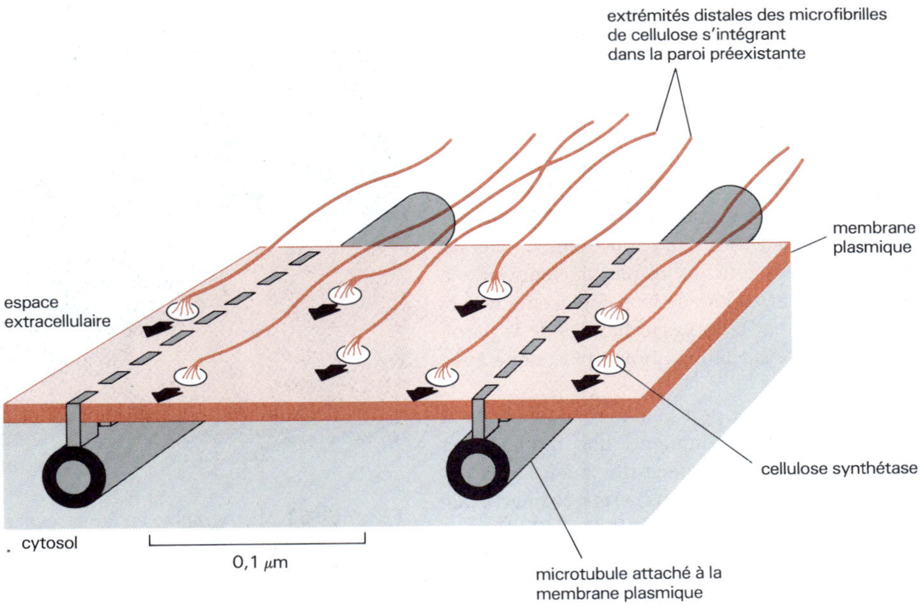

Figure 20-51 Un modèle simple qui pourrait expliquer la façon dont l'orientation des microfibrilles de cellulose nouvellement déposées peut être déterminée par l'orientation des microtubules corticaux. Les grands complexes de cellulose synthétase sont des protéines membranaires intrinsèques qui assemblent continuellement les microfibrilles de cellulose sur la face externe de la membrane plasmique. Puisque les extrémités distales des microfibrilles rigides s'intègrent dans la texture de la paroi, leur élongation à l'extrémité proximale pousse le complexe synthétasique dans le plan de la membrane. Puisque les microtubules sont fixés à la membrane plasmique d'une façon qui limite ce complexe à des canaux membranaires définis, l'orientation des microtubules peut déterminer l'axe le long duquel les microfibrilles sont déposées.

cytoplasmiques facilitent non seulement la circulation intracellulaire, mais aussi le transport intercellulaire en transférant les solutés vers les ouvertures des plasmodesmes reliant les cellules adjacentes.

Les cellules minces qui forment les poils présents à la surface des végétaux sont transparentes ; par conséquent, leurs mouvements cytoplasmiques peuvent être aisément observés dans la cellule vivante. Ces cellules contiennent de grandes vacuoles à travers lesquelles passent de fins filaments transvacuolaires de cytoplasme d'environ 1µm de diamètre (Figure 20-52). On peut observer le déplacement rapide de particules isolées, telles que les mitochondries, à travers les filaments de cytoplasme. Ces filaments, qui contiennent des faisceaux de filaments d'actine mais ne semblent pas contenir de microtubules, paraissent provenir d'une région proche du noyau cellulaire (Figure 20-53). On peut également les voir changer continuellement de forme et de position, fusionnant, se ramifiant, disparaissant et se formant à nouveau.

Le cytosquelette des cellules végétales répond à des signaux extracellulaires [27]

Dans les cellules végétales, limitées par leurs parois, des réponses subtiles à des modifications de l'environnement, particulièrement à la lumière, ont une grande importance. Comme nous l'avons vu, des changements dans la direction de la croissance de la cellule végétale se font souvent par l'intermédiaire du cytosquelette, et il n'est donc pas surprenant qu'à la fois les microtubules et les filaments d'actine qui composent le cytosquelette puissent répondre de façons complexes aux stimuli externes.

De nombreuses cellules végétales peuvent répondre à des changements dans l'intensité et la direction de la lumière en modifiant la position de leurs chloroplastes. Aux faibles intensités lumineuses, les chloroplastes tendent à s'aligner en une couche unique, perpendiculaire à la source de lumière, de telle sorte que leur exposition à la lumière soit maximale. Les fortes intensités lumineuses induisent cependant une réponse protectrice au cours de laquelle les chloroplastes s'alignent le long des parois cellulaires qui sont parallèles à la lumière incidente, réduisant ainsi leur exposition au minimum (Figure 20-54). La base moléculaire de tels mouvements a été étudiée chez une algue peu commune.

Mougeotia est une algue dans laquelle chaque cellule cylindrique contient un unique chloroplaste en forme de plaque. En réponse à la lumière, le chloproplaste tourne jusqu'à ce qu'il soit aligné ou perpendiculaire à la lumière incidente, selon l'intensité. Les molécules photoréceptrices qui initient la réponse sont le *phytochrome* (voir p. 1180) et un récepteur de la lumière bleue, localisé sur ou très près de la membrane plasmique. L'éclairement de ces récepteurs par un micro-faisceau provoque un influx d'ions Ca^{2+} par un mécanisme inconnu ; les ions Ca^{2+} se lient à la calmoduline, qui active à son tour un réseau de filaments d'actine attaché à la fois à la membrane externe de l'enveloppe du chloroplaste et à la membrane plasmique, qui est médiateur de la rotation. Si un micro-faisceau localisé est utilisé pour éclairer seulement une petite région de la cellule, seule la partie éclairée du chloroplaste s'infléchit,

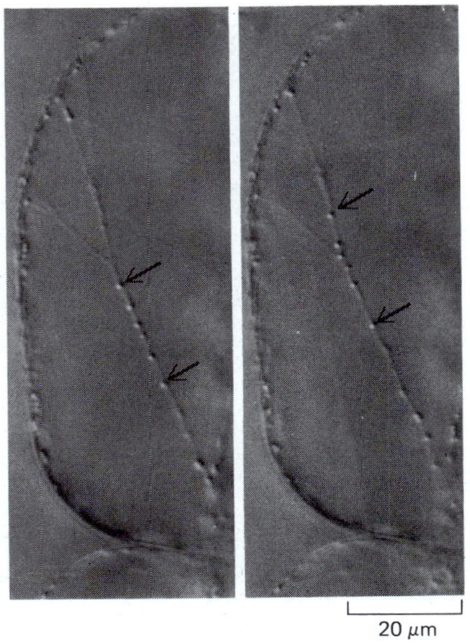

Figure 20-52 Les étamines de la fleur de *Tradescantia* sont recouvertes de longs poils fins, chacun étant composé d'une seule rangée de grandes cellules.
Les micrographies prises à 5 secondes d'intervalle montrent le courant rapide qui existe le long des filaments cytoplasmiques qui traversent la vacuole, avec des organites qui se déplacent à des vitesses supérieures à 5 µm/seconde.

indiquant que différentes régions du cytosquelette d'actine dans une cellule isolée peuvent répondre indépendamment (Figure 20-55).

La rangée de microtubules corticaux peut aussi répondre rapidement à des stimuli externes. Comme nous en avons discuté précédemment, la forme d'une cellule végétale et, de là, la forme du végétal, dépend du dépôt ordonné de couches orientées de cellulose, la couche la plus externe étant la plus importante (voir p. 1168). On trouve généralement que les couches externes de cellulose dans la paroi ont des orientations différentes de la couche interne la plus récemment déposée. Les nouvelles et les anciennes pourraient parvenir à des orientations différentes selon deux mécanismes au moins, qui semblent tous deux fonctionner dans les cellules végétales : (1) les microfibrilles de cellulose dans les couches les plus anciennes de la paroi pourraient se réarranger les unes par rapport aux autres lors de leur déplacement vers l'extérieur par rupture et reformation de liaisons qui pontent les polysaccharides de la paroi, et (2) de nouvelles couches de paroi pourraient se déposer sur la membrane plasmique avec des orientations différentes de celles qui leur sont extérieures.

Puisque l'orientation du nouveau dépôt de paroi cellulaire est liée à l'orientation de la rangée de microtubules corticaux, tout changement dans l'un implique une modification correspondante dans l'autre. Par conséquent, le second mécanisme nécessite que les microtubules modifient leur orientation. De telles modifications dynamiques dans la rangée hélicoïdale peuvent être observées directement. Les régulateurs de croissance végétale, l'éthylène et l'acide gibbérellique par exemple, ont deux effets opposés sur l'orientation des faisceaux de microtubules (et donc sur la direction de l'expansion cellulaire) dans les cellules épidermiques de jeunes pousses de pois. L'acide gibbérellique favorise une nette orientation de la rangée de microtubules corticaux qui est perpendiculaire à l'axe longitudinal de la cellule ; ceci provoque un dépôt correspondant de cellulose qui permet seulement aux cellules de s'allonger, produisant des pousses fines et allongées. Mais si ces pousses sont traitées avec l'éthylène, les rangées de microtubules se réorientent en une heure dans une nette direction longitudinale. Le dépôt de cellulose se poursuit dans cette direction, et les cellules ne s'étendent alors que latéralement, produisant des pousses épaisses et rabougries (Figure 20-56). Les mécanismes moléculaires à la base de ces réarrangements importants du cytosquelette sont encore inconnus.

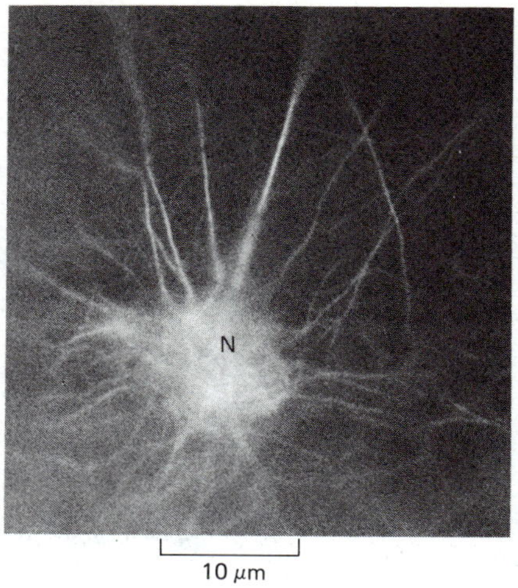

Figure 20-53 Micrographie en fluorescence d'une petite partie d'une grande cellule souche vacuolisée, montrant les faisceaux de filaments d'actine dans les filaments transvacuolaires. La cellule a été colorée avec de la phalloïdine marquée à la rhodamine, une drogue qui se lie étroitement et spécifiquement aux filaments d'actine (voir p. 642). On pense que les faisceaux d'actine, qui rayonnent à partir de la région entourant le noyau (N), sont les médiateurs du courant rapide trouvé dans la majorité des cellules vacuolisées des végétaux supérieurs, probablement par un processus basé sur la myosine. (Avec l'autorisation de Clive Lloyd.)

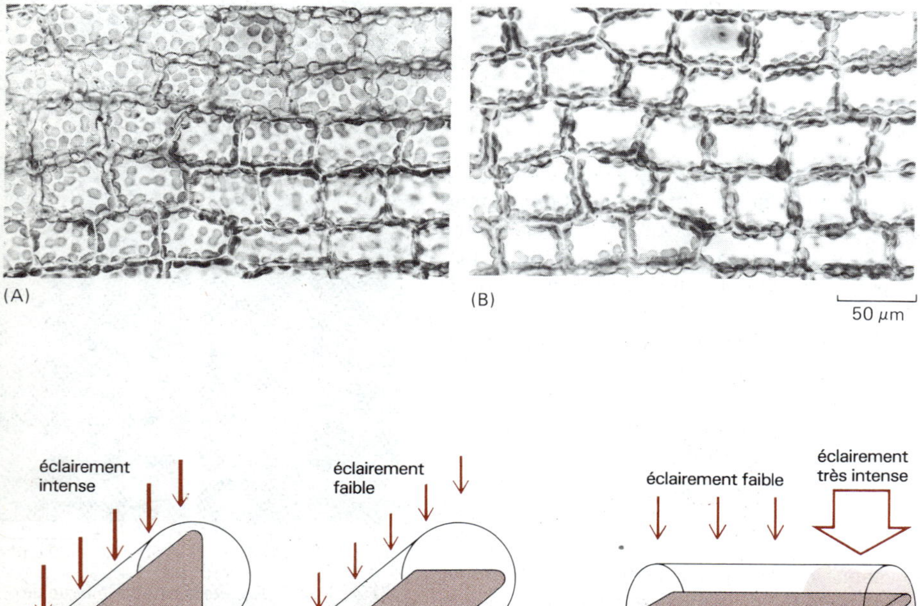

Figure 20-54 Micrographies de cellules foliaires d'une mousse montrant comment les chloroplastes se déplacent sous l'influence de la lumière. La direction de l'éclairement est perpendiculaire au plan de la page. (A) Sous un faible éclairement, les chloroplastes en forme de disques s'orientent de manière à augmenter au maximum l'absorption de la lumière. (B) Lorsque la même surface est examinée après 30 minutes d'éclairement intense, on observe que les chloroplastes ont migré de telle sorte qu'ils sont maintenant alignés le long des parois, parallèlement à la lumière incidente.

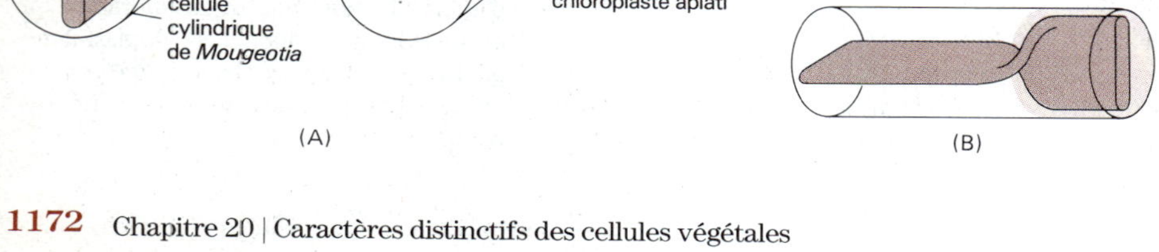

Figure 20-55 Les mouvements du chloroplaste de l'algue verte *Mougeotia*. La cellule cylindrique contient un unique chloroplaste long et aplati, qui s'oriente de manière à contrôler la quantité de lumière absorbée (A). On peut provoquer la rotation d'une partie du chloroplaste indépendamment du reste en l'exposant à une lumière très intense, ce qui montre que la réponse est à médiation locale (B).

Résumé

Deux organites remarquables caractérisent les cellules végétales, les plastes et les vacuoles. Les plastes constituent un groupe diversifié d'organites qui contiennent un génome commun. L'exemple le plus familier est le chloroplaste photosynthétique présent dans tous les tissus chlorophylliens. La vacuole est un grand espace rempli d'eau entouré par une membrane appelée tonoplaste. Les vacuoles sont utilisées par les cellules végétales de différentes façons — elles constituent, par exemple, un moyen économique de remplir l'espace pendant la croissance cellulaire et d'accumulation de réserves alimentaires ou de métabolites toxiques. Bien que les cellules végétales ne puissent se déplacer, leur cytoplasme, particulièrement dans les cellules possédant de très grandes vacuoles, est continuellement agité par un courant cytoplasmique actif. Dans certaines cellules, on a montré que ce courant dépend de filaments d'actine.

L'organisation interne de la cellule végétale et celle de son cytosquelette sont importantes pour l'orientation du dépôt de la paroi cellulaire, qui détermine à son tour la direction de l'expansion cellulaire et par conséquent la forme de la cellule. Les constituants de la matrice de la paroi cellulaire sont synthétisés et exportés par l'appareil de Golgi, mais les microfibrilles de cellulose sont synthétisées in situ, *à la surface de la cellule. Le site de dépôt des constituants de la paroi, ainsi que l'orientation spécifique des fibres de cellulose, sont contrôlés par des rangées de microtubules corticaux. Les composants du cytosquelette des végétaux, y compris les microtubules et les filaments d'actine, peuvent se réorganiser rapidement en réponse à des stimuli extracellulaires tels que des facteurs de croissance et la lumière.*

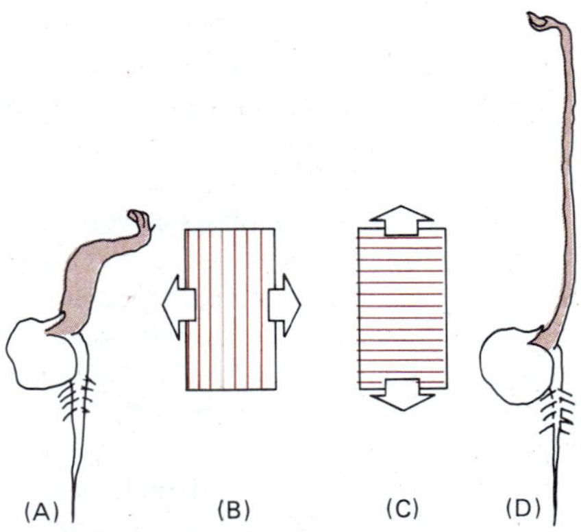

Figure 20-56 Les régulateurs de croissance des végétaux tels que l'éthylène et l'acide gibbérellique exercent des effets rapides et opposés sur l'orientation de la rangée des microtubules corticaux dans les cellules de jeunes pousses de pois. La majorité des cellules traitées par l'éthylène (B) montrent une nette orientation longitudinale des microtubules, tandis que la majorité des cellules traitées par l'acide gibbérellique (C) montrent une nette orientation transversale. De nouvelles microfibrilles de cellulose sont déposées parallèlement aux microtubules. Puisque ceci influe sur la direction de l'expansion cellulaire, l'acide gibbérellique et l'éthylène encouragent la croissance dans des directions opposées : les plants traités par l'éthylène développeront de courtes tiges épaisses (A), alors que les plants traités par l'acide gibbérellique développeront de longues tiges minces (D).

Les aspects cellulaires du développement végétal

En dépit de la très grande variété de plantes à fleurs dans le monde, certaines caractéristiques de leur forme et de leur développement sont remarquablement constantes. La présence d'une paroi cellulaire contraint certains végétaux à adopter des stratégies pour la reproduction, la croissance et le développement, qui sont très différentes de celles adoptées par les animaux. Dans cette partie du chapitre, nous examinerons certaines de ces caractéristiques générales et discuterons de leur base cellulaire. Les stratégies particulières que les végétaux utilisent pour se reproduire sont résumées dans la Planche 20-2, p. 1154. Nous commencerons avec le zygote fécondé et nous suivrons certains des événements précoces de son développement. Les végétaux, comme les animaux, font un usage intensif de la différenciation cellulaire spatialement réglée. Cependant, au lieu des migrations et des réassortiments des cellules, qui jouent un si grand rôle dans le développement des embryons animaux (voir Chapitre 16), des divisions cellulaires orientées et des expansions cellulaires strictement réglées sont essentielles à la morphogenèse des végétaux. Ces processus sont influencés par des facteurs de l'environnement tels que la lumière, les matières nutritives et la gravité, agissant tous en synergie avec des régulateurs de faible poids moléculaire de la croissance des cellules végétales. La disponibilité de ces « facteurs de croissance » végétaux a permis de faire pousser des cellules et des tissus végétaux en culture, fournissant des moyens performants pour étudier la croissance et le développement des végétaux et pour les manipuler génétiquement.

Le développement embryonnaire débute par l'établissement d'un axe racine-tige puis s'arrête à l'intérieur de la graine [28]

Dans les stades les plus précoces du développement, le zygote d'un végétal supérieur se divise de façon asymétrique pour établir la polarité du futur embryon. Un des produits de cette division est une petite cellule avec un cytoplasme dense, qui deviendra le véritable embryon. L'autre est une grande cellule vacuolisée qui se divise encore et forme une structure appelée *suspenseur*, qui, par certains aspects, est comparable au placenta des mammifères. Le suspenseur attache l'embryon au tissu maternel et fournit également une voie pour le flux de substances nutritives vers l'embryon en développement à partir de l'*endosperme* environnant (l'endosperme est un tissu nutritif triploïde qui se forme séparément au cours du processus de fécondation — voir Planche 20-2, p. 1154).

Au cours de l'étape suivante du développement, la cellule diploïde de l'embryon prolifère pour former une pelote de cellules dans laquelle se constituent les premiers *méristèmes* du végétal. La division cellulaire chez les végétaux est limitée presque entièrement à des régions spécialisées appelées **méristèmes**, qui sont composées de cellules souches qui s'autorenouvellent. Les méristèmes sont habituellement de deux types : (1) les *méristèmes apicaux*, aux extrémités des racines et des pousses en croissance, qui sont principalement impliqués dans l'apport de nouvelles cellules qui s'allongeront et se différencieront en tissus de racine d'une part, et en tissus de tiges et primordia foliaires d'autre part ; et (2) les *méristèmes latéraux*, disposés en circonférence à l'intérieur du végétal, sont impliqués principalement dans la production de cellules qui augmenteront l'épaisseur du végétal (Figure 20-57). Le *cambium* est un méristème latéral important qui existe chez tous les végétaux — ce sont les couches de cellules qui constituent les tissus vasculaires.

La pelote de cellules embryonnaires devient rapidement polarisée en deux groupes de cellules méristématiques — l'un à l'extrémité du suspenseur de l'embryon, qui deviendra un méristème apical de racine, et l'autre au pôle opposé, qui deviendra un méristème apical de tige. Ces deux méristèmes définissent l'axe principal racine-tige du futur végétal. Ensuite, lorsque l'embryon s'allonge, le cambium vasculaire se forme pour fournir le futur tissu de transport entre la racine et la tige. Peu après, au cours du développement, le méristème apical de la tige produit les feuilles embryonnaires, ou cotylédons — un dans le cas des monocotylédones et deux dans le cas des dicotylédones (voir Figure 20-12). A ce stade, le développement ultérieur cesse normalement et l'embryon est enfermé dans une *graine*, qui est spécialisée dans la dispersion et la survie dans des conditions difficiles.

L'embryon dans la graine est stabilisé par déshydratation, et il peut rester dormant très longtemps — même pendant des milliers d'années, comme nous le prouve le cas des graines de céréales trouvées dans les tombes égyptiennes. Lorsqu'elles sont réhydratées, les graines germent et le développement embryonnaire continue. Les embryons dépendent pour leur développement d'importantes réserves alimentaires accumulées dans le tissu triploïde de l'endosperme (voir Planche 20-2, p. 1154). Au cours du développement de la graine, ce matériau alimentaire peut être transféré dans des proportions variables aux cotylédons. Ainsi, les graines de monocotylédones (comme le blé et le maïs) et de certaines dicotylédones (y compris les pois et les haricots) dépendent des nutriments stockés dans les cotylédons charnus.

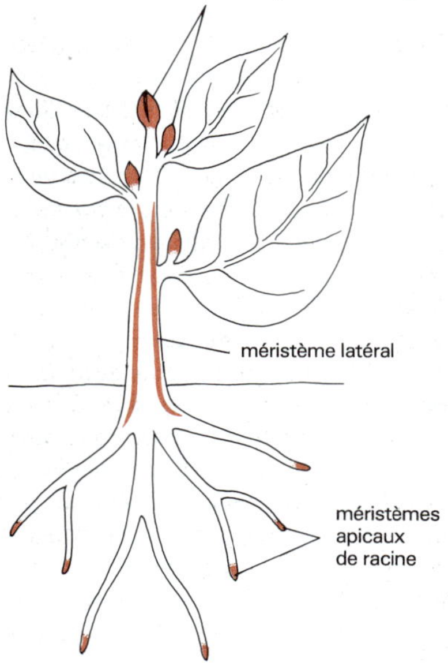

Figure 20-57 Représentation très schématique d'un végétal supérieur, montrant les localisations des principaux méristèmes, les zones de division cellulaire très rapide et continue. L'activité des méristèmes apicaux des tiges et des racines est responsable de l'augmentation de longueur, alors que l'activité d'un méristème latéral, comme le cambium, est responsable de l'augmentation d'épaisseur des diverses parties du végétal.

Les méristèmes produisent continuellement de nouveaux organes et de nouveaux méristèmes, créant une série périodique de modules similaires [29]

Un embryon de vertébré est une version réduite de l'adulte qui possède déjà la plupart de ses organes caractéristiques. L'embryon végétal à l'intérieur de la graine, au contraire, ne ressemble pas du tout au végétal adulte. Chacun de ses deux méristèmes a cependant la capacité de produire un ensemble complet de nouveaux organes au moment opportun. Dès que l'enveloppe de la graine se rompt au cours de la germination, une expansion cellulaire rapide a lieu, la racine émergeant la première pour établir un ancrage immédiat dans le sol. Cet événement est suivi par des divisions cellulaires rapides et continues dans les méristèmes apicaux : par exemple, dans le méristème apical d'une racine de maïs, les cellules se divisent toutes les 12 heures, produisant 5×10^5 cellules par jour. Les racines et les pousses en croissance rapide sondent l'environnement — les racines augmentant leur capacité de prélever l'eau et les minéraux dans le sol, les pousses augmentant leur capacité de photosynthèse (voir Planche 20-2, p. 1154).

Deux types de structures végétales sont formées par les méristèmes apicaux : (1) le système principal de racines et de pousses, dont la croissance perpétue les méristèmes eux-mêmes, et (2) des structures telles que les feuilles et les fleurs, dont la croissance est limitée. Le premier est responsable du développement continu et persiste toute la vie du végétal (et dans le cas des greffes, telles que les pommes McIntosh ou Cox's Orange Pippin, considérablement plus longtemps). Le dernier a une durée de vie courte, subissant invariablement la sénescence programmée. Il y a un contraste entre le renouvellement saisonnier des feuilles et l'absence virtuelle de renouvellement parmi les cellules somatiques du reste du végétal.

Lorsque la pousse s'allonge, le méristème apical produit une séquence structurée de *nœuds* et d'*entre-nœuds*. De cette façon, l'activité continue du méristème produit un nombre toujours croissant de **modules** similaires, chacun étant composé d'une tige, d'une feuille, et d'un bourgeon (Figure 20-58). Les modules sont reliés les uns aux autres par des tissus de soutien et de transport, et des modules successifs sont précisément localisés l'un par rapport à l'autre, engendrant des structures modelées qui sont caractéristiques des végétaux (Figure 20-59).

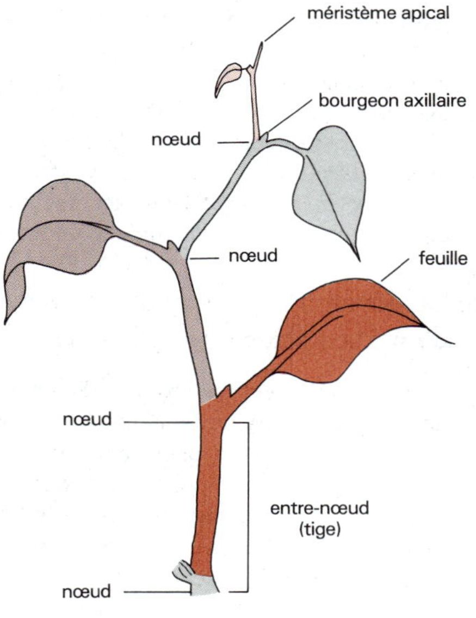

Figure 20-58 Un exemple simple de la construction modulaire des végétaux. Chaque module (coloré différemment) est composé d'une tige, d'une feuille, et d'un bourgeon contenant un méristème potentiel. Les modules apparaissent séquentiellement par l'activité continue du méristème apical.

Chaque module individuel a un certain degré d'autonomie, de sorte que l'on peut considérer, à bien des égards, que les végétaux matures possèdent certaines des caractéristiques d'organismes coloniaux tels que les éponges et les coraux. Ainsi, chaque module apparaît sous la forme d'un gonflement de même taille au niveau du méristème apical, mais l'environnement local qu'il rencontre au cours de la croissance peut modifier sa forme finale. Par exemple, des feuilles vertes de taille inhabituelle se développeront normalement dans un endroit ombragé, alors que de courtes et épaisses tiges foliaires se développeront dans un endroit venté. Des

Figure 20-59 La localisation précise des modules successifs à partir d'un seul méristème apical produit ces motifs élaborés mais réguliers dans les feuilles (A), les fleurs (B) et les fruits (C). (Avec l'autorisation de Andrew Davies.)

expériences montrent que ces adaptations locales sont des propriétés de chaque module et non de tout le végétal. De plus, dans l'angle aigu formé par la tige et une branche feuillée (axillaire), un bourgeon se forme dans chaque module, bourgeon qui contient un nouveau méristème apical, pouvant ainsi potentiellement produire une autre branche. Beaucoup de ces nouveaux méristèmes, toutefois, ne deviendront actifs que si les méristèmes apicaux initiaux sont endommagés ou éliminés — un fait bien connu des jardiniers, qui épincent les extrémités des branches pour stimuler la croissance latérale.

La nature modulaire des végétaux est mise en évidence par la pratique expérimentale de la culture des méristèmes. En utilisant des milieux de croissance convenables, on peut induire la croissance de méristèmes apicaux excisés et la régénération de végétaux normaux entiers, et cette méthode est maintenant utilisée en horticulture pour propager des spécimens précieux, des roses, des orchidées, et certains végétaux cultivés tels que les fraises et la canne à sucre.

La forme du végétal est déterminée par des mécanismes de formation types dans les méristèmes apicaux [30]

Le type de croissance répétitif de la branche au niveau des entre-nœuds suivi par la différenciation des nœuds nécessitent que les cellules du méristème apical soient capables d'évaluer leur distance et de s'orienter par rapport au nœud précédent, de façon à se différencier de manière appropriée. Comme dans le développement animal, les mécanismes de formation modèles sont nécessaires pour agir sur des distances inférieures à un millimètre, et n'impliquent donc que d'assez petits groupes de cellules (voir p. 914). Ainsi, les précurseurs de chaque nouveau nœud (un point de ramification naissant) peuvent être détectés comme des gonflements successifs qui se forment à proximité de l'extrémité du méristème, chacun se constituant de peut-être 100 cellules (Figure 20-60). Dans les modèles les plus simples proposés pour expliquer ce processus, chaque nouveau nœud produirait un *morphogène* diffusible qui inhiberait la

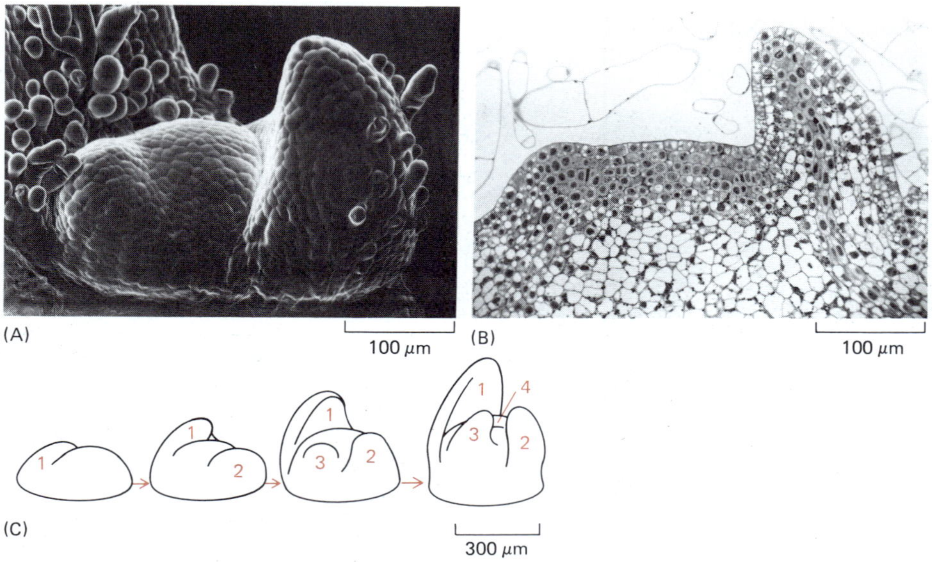

Figure 20-60 Apex de jeune plant de tabac. (A) Photographie en microscopie électronique à balayage montrant l'apex de la tige avec deux primordia foliaires qui émergent séquentiellement, visibles ici sous la forme de gonflements des deux côtés du méristème apical en forme de dôme. (B) Une coupe fine d'un apex similaire montrant que les primordia foliaires les plus jeunes proviennent d'un petit groupe de cellules (environ 100) dans les quatre ou cinq couches externes de cellules. (C) Un dessin très schématique montrant que l'apparition séquentielle des primordia foliaires a lieu sur une petite distance et très tôt au cours du développement de la tige. La croissance de l'apex formera en fin de compte des entre-nœuds qui sépareront les feuilles de façon ordonnée le long de la tige (voir Figure 20-58). (A et B, d'après R.S. Poethig et I.M. Sussex, *Planta* 165 : 158-169, 1985.)

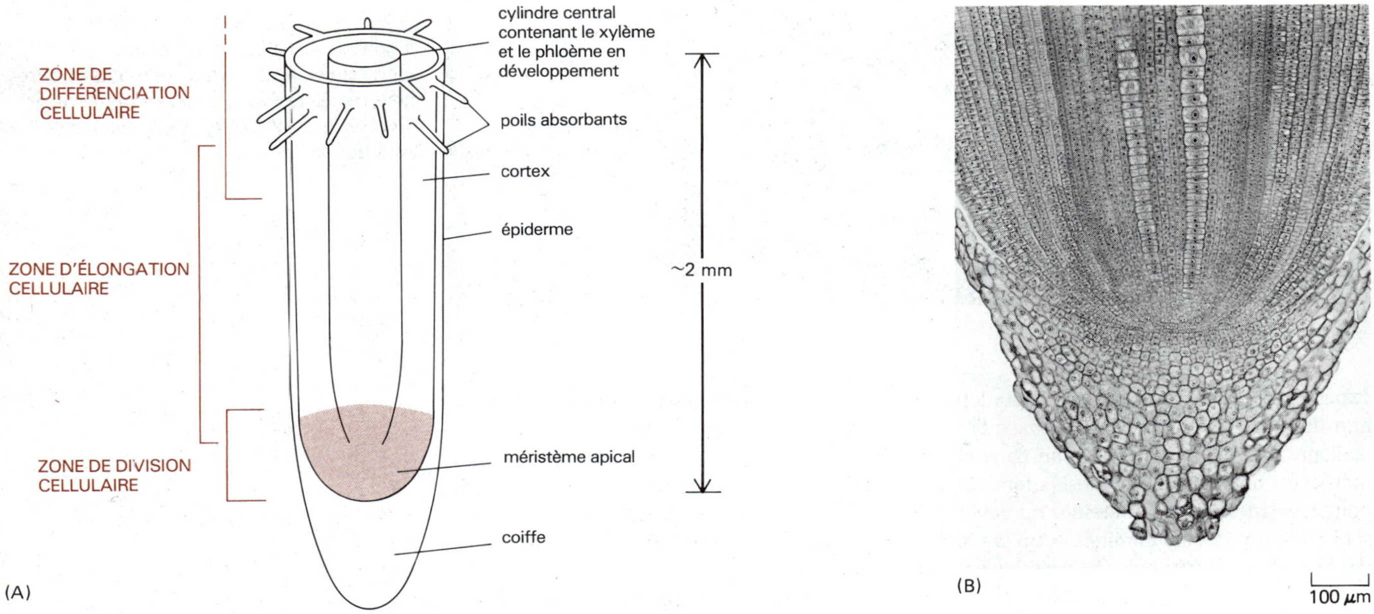

Figure 20-61 (A) L'organisation des 2 derniers millimètres d'une extrémité de racine en croissance. Les zones approximatives dans lesquelles on peut trouver des cellules en division, en élongation, et en différenciation sont indiquées. (B) Le méristème apical et la coiffe de la racine d'une extrémité de racine de maïs, montrant les colonnes régulières de cellules formées. (B, d'après P.H. Raven, R.F. Evert et S.E. Eichhorn, Biology of Plants, 4th ed. New York : Worth, 1986.)

formation du nœud suivant jusqu'à ce que le morphogène soit dilué par un intervalle fixé de croissance des inter-nœuds. On ne connaît cependant presque rien sur les mécanismes moléculaires qui servent de médiateurs à ce mécanisme central de modélisation dans le royaume végétal.

La génération de nouvelles structures dépend de la division, de l'expansion et de la différenciation coordonnées des cellules [31]

Notre discussion au sujet du développement des végétaux supérieurs s'est jusqu'à présent largement limitée au descriptif des tissus et des organes. Quelle est la base cellulaire de ces événements complexes ? Puisque les cellules végétales sont immobilisées par leurs parois cellulaires, la morphogenèse végétale doit dépendre d'une division cellulaire réglée couplée à une expansion cellulaire strictement orientée. La majorité des cellules produites dans le méristème de la pointe de racine, par exemple, passent par trois phases distinctes de développement : la division, la croissance (élongation) et la différenciation. Ces trois étapes, qui se chevauchent à la fois dans l'espace et dans le temps, donnent naissance à l'architecture caractéristique d'une extrémité de racine. Bien que le processus de différenciation cellulaire commence souvent alors qu'une cellule s'allonge encore, il est comparativement facile de distinguer, dans une extrémité de racine, une zone de division cellulaire, une zone d'élongation cellulaire (qui est responsable de la croissance en longueur de la racine) et une zone de différenciation cellulaire (Figure 20-61). Lorsque la différenciation est terminée, certains des types cellulaires différenciés restent vivants (par exemple les cellules du phloème), alors que d'autres meurent (par exemple, les éléments vasculaires du xylème).

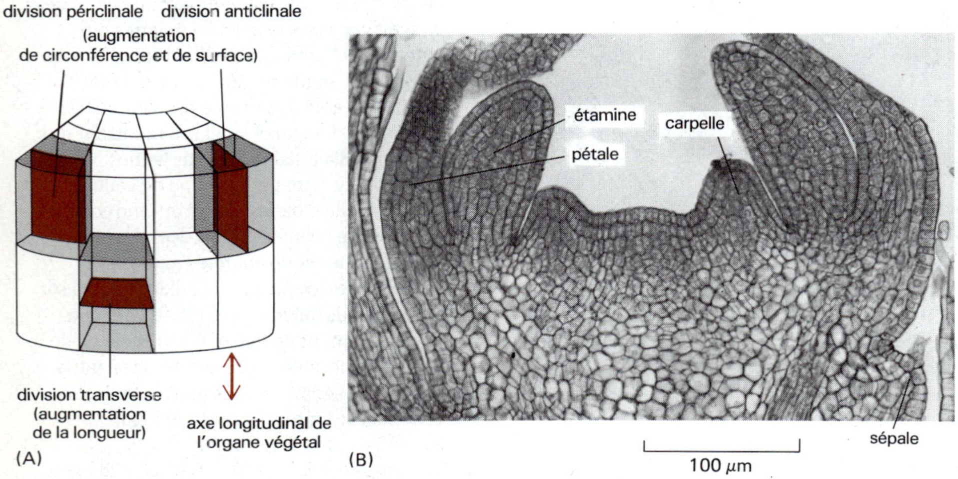

Figure 20-62 La relation entre le plan de division, l'expansion cellulaire et la morphogenèse. (A) Les trois plans de division cellulaire trouvés dans un organe végétal typique. Des variations de la proportion relative de chacun d'eux, combinées à l'expansion cellulaire orientée, peuvent expliquer les types morphogénétiques trouvés chez les végétaux. (B) Une coupe longitudinale d'un jeune bourgeon de fleur de pervenche. Les petits dômes de cellules destinées à devenir les différentes parties florales sont apparus grâce à une combinaison de nouveaux plans de division et d'expansion cellulaire directionnelle, déterminés par les anneaux de cellulose consolidés dans la paroi cellulaire. (D'après N.H. Boke, *Am. J. Bot.* 36 : 535-547, 1949.)

Le plan exact dans lequel les cellules se divisent est essentiel à la morphogenèse végétale, et de nombreux processus de développement, tels que le développement des stomates ou des primordia foliaires, commencent par une modification du plan de division cellulaire. Les divisions cellulaires continuelles dans un méristème donnent souvent naissance à des colonnes de cellules filles orientées parallèlement à l'axe de croissance (voir Figure 20-61), et des modifications du plan de division sont souvent associées à des événements morphogénétiques. Des divisions *anticlinales* ont fréquemment lieu dans l'épiderme, et elles fournissent des cellules supplémentaires aux couches superficielles. Celles-ci peuvent ajuster l'augmentation de circonférence qui résultera des divisions *périclinales* (Figure 20-62A). Une combinaison de modifications locales dans la fréquence et l'orientation des divisions cellulaires est responsable de la formation d'organes tels que les fleurs, les feuilles, et les racines latérales (Figure 20-62B).

Nous avons déjà vu que l'expansion turgescence-dépendante d'une cellule végétale, dont le volume peut souvent augmenter de plus de cinq fois, est d'abord orientée par l'orientation des microfibrilles de cellulose dans la paroi cellulaire, qui est à son tour déterminée par l'orientation de la rangée corticale de microtubules. Le cytosquelette joue aussi un rôle en définissant le plan de division cellulaire.

Une charpente cytosquelettique détermine le plan de division cellulaire [32]

La croissance organisée d'un végétal nécessite que des cellules en des sites choisis se divisent dans un plan déterminé et à un moment particulier, afin de mettre en place des lignées cellulaires correctement orientées. Les microtubules jouent très tôt un rôle dans la détermination du plan de division cellulaire. Ainsi, le premier signe visible de l'engagement d'une cellule de végétal supérieur à se diviser dans un plan déterminé est observable juste après la disparition de la rangée corticale interphasique de microtubules en préparation à la mitose. A ce stade, une étroite bande périphérique de microtubules apparaît et forme un anneau tout autour de la totalité de la cellule, juste sous la membrane plasmique (Figure 20-63). Cette rangée de microtubules apparaissant en G_2 avant le début de la prophase, elle est appelée **bande préprophasique**. La bande disparaît juste avant que la métaphase soit atteinte, cependant la

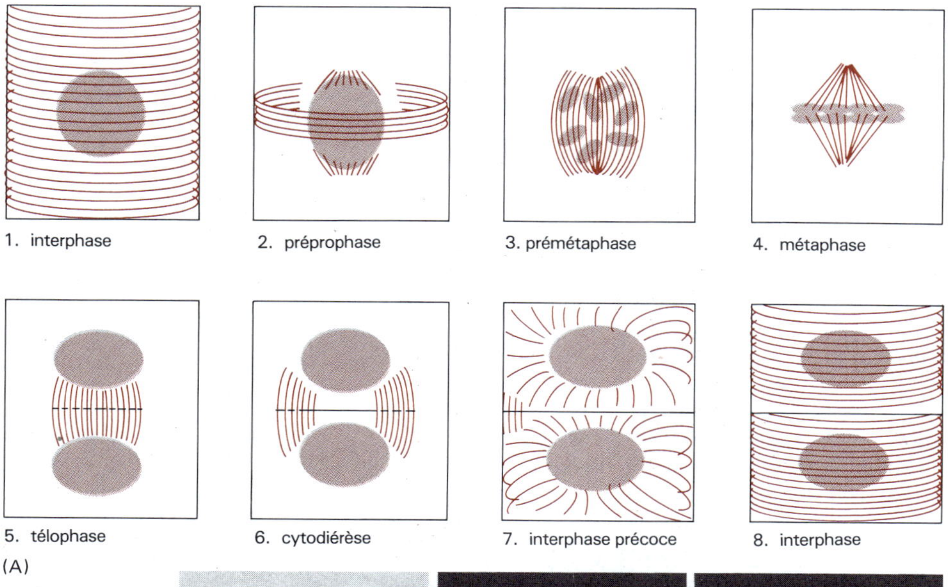

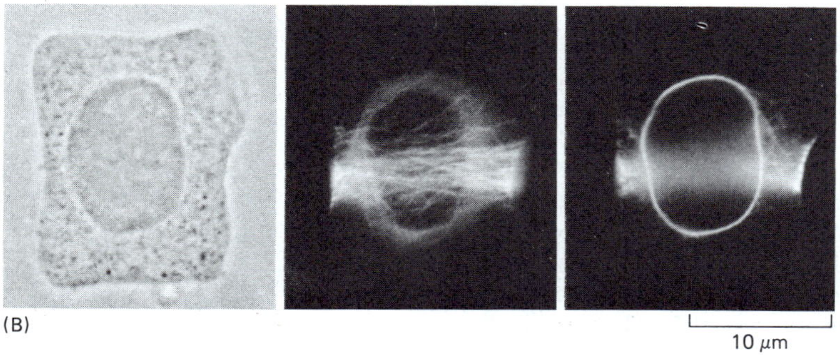

Figure 20-63 La bande préprophasique des microtubules dans une cellule de végétal supérieur. (A) Représentation simplifiée de la distribution changeante des microtubules au cours du cycle cellulaire dans les cellules des végétaux supérieurs, soulignant quatre types de rangées. Lorsque les cellules quittent l'interphase et entrent en prophase, la rangée corticale de microtubules (1) s'assemble en une bande *préprophasique dense* (2), qui est large de 1 à 3 µm et contient souvent plus d'une centaine de microtubules. Cette bande préprophasique détermine le plan ultérieur de division cellulaire. Le fuseau mitotique (3) se forme ensuite et aligne les chromosomes sur la plaque métaphasique (4). Finalement, les microtubules sont organisés au cours de la cytodiérèse dans le phragmoplaste (5), qui dépose la nouvelle paroi cellulaire (6) (voir Figure 13-71, p. 782). La rangée interphasique est rétablie (8) dans les cellules filles à partir des microtubules polymérisés à partir du matériel centrosomique amorphe à la surface du noyau (7). (B) Coloration en immunofluorescence de microtubules dans la bande préprophasique d'une cellule d'extrémité de racine d'oignon. Sur la gauche, on montre la cellule isolée, alors que sur la droite, deux plans de focalisation clarifient la relation entre la bande et la formation précoce du fuseau à l'extérieur du noyau. (C) Même si les deux cellules représentées ici sont de même forme, la bande préprophasique prédit que la cellule du haut se divisera transversalement alors que la cellule du bas se divisera longitudinalement. (B et C, avec l'autorisation de Kim Goodbody et Clive Lloyd.)

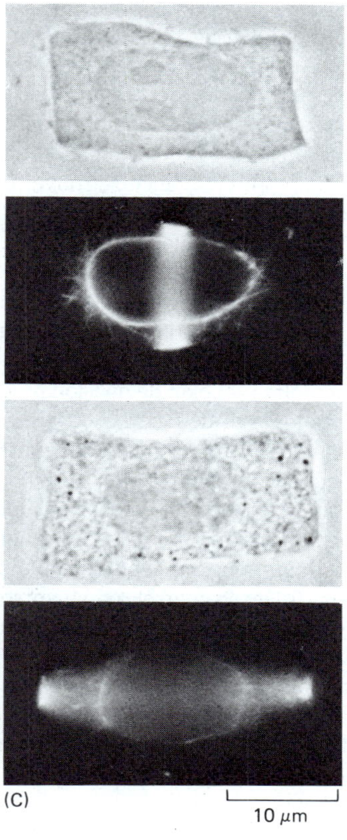

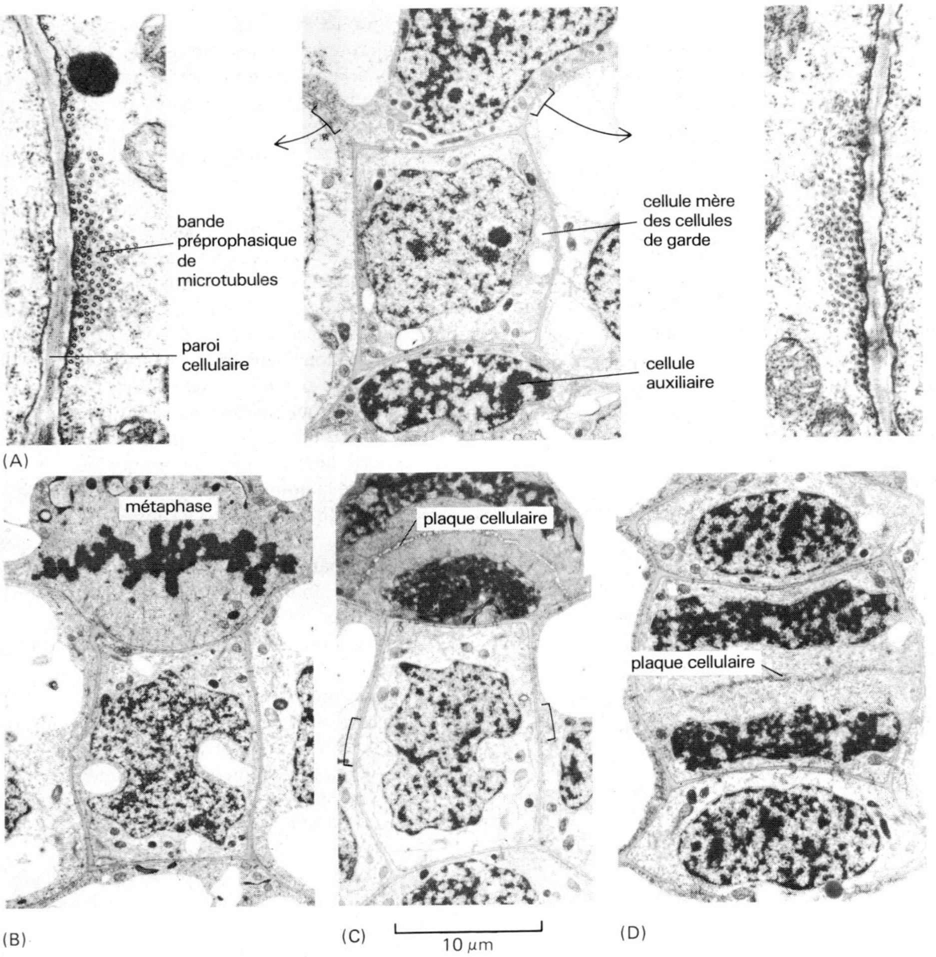

Figure 20-64 Séries de micrographies électroniques de cellules d'épiderme foliaire de canne à sucre montrant comment la formation de stomates implique une succession précise de divisions cellulaires symétriques et asymétriques. Le plan de chaque division est exactement prédit par une bande préprophasique. (A) La cellule du haut est sur le point de se diviser de façon asymétrique pour former une cellule auxiliaire (celle du bas a déjà été formée). La position de la bande préprophasique est indiquée par des crochets et la bande est représentée plus en détail de chaque côté. (B) Un peu plus tard, la cellule du haut est en métaphase et la bande préprophasique a disparu. (C) La plaque cellulaire est maintenant en formation dans la cellule du haut au cours de la cytodiérèse et s'incurve vers le bas selon la position antérieure de la bande préprophasique. Pendant ce temps, la grande cellule centrale, cellule mère des cellules de garde, est sur le point de se diviser de façon symétrique, et la position de sa bande préprophasique est indiquée par des crochets. (D) La cytodiérèse est achevée dans la cellule mère des cellules de garde. La dernière division donnera naissance aux deux cellules de garde qui flanquent le pore stomatique (voir Figure 20-11). (Avec l'autorisation de C. Busby.)

limite du plan de division a été imprimée d'une façon ou d'une autre : lorsque la nouvelle plaque cellulaire se forme ultérieurement au cours de la cytodiérèse, elle grandit vers l'extérieur pour fusionner avec la paroi de la cellule mère, précisément à l'endroit qui était occupé auparavant par la bande préprophasique (Figure 20-64). Même si les constituants cellulaires sont déplacés par centrifugation après la disparition de la bande préprophasique, la plaque cellulaire en croissance retrouvera son chemin vers le plan défini auparavant par la bande préprophasique.

On sait maintenant que la bande préprophasique contient de nombreux filaments d'actine en plus des microtubules. Les filaments d'actine ne sont pas limités au cortex cellulaire mais forment aussi une rangée radiale discoïde de filaments qui traverse la vacuole et se raccorde et apporte son soutien au noyau central en division. Après dépolymérisation des microtubules dans la bande préprophasique, ces filaments d'actine radiaux demeurent et constituent une « mémoire » du plan de division prédéterminé. Au cours de la cytodiérèse, lorsque le phragmoplaste s'élargit de façon centrifuge comme une ride circulaire dans un étang, les bords de la plaque cellulaire en croissance sont reliés au site de la bande préprophasique par des filaments d'actine (voir Figure 13-73, p. 783).

Indépendamment du fait que la division soit symétrique ou asymétrique, ou qu'elle soit transversale, périclinale ou anticlinale, la bande préprophasique d'une cellule végétale détermine toujours l'endroit où la cellule va se diviser *avant* d'entrer en mitose (voir Figure 20-63C). De tels contrôles spatiaux sont particulièrement importants dans les divisions cellulaires asymétriques qui créent deux cellules filles dont le développement futur sera différent : les cellules stomatiques, les cellules de racine et les cellules génératrices de grains de pollen, par exemple, se développent toutes à partir de la plus petite des deux cellules filles. Au cours de telles divisions, le noyau migre vers une localisation adéquate dans la cellule avant la mitose (Figure 20-65). Bien que le mécanisme de migration nucléaire soit mal connu, un certain nombre de preuves indiquent que les microtubules et les filaments d'actine sont tous deux impliqués.

Le contrôle précis sur les plans de division cellulaire que nous venons de décrire n'est possible que si le tissu végétal et ses cellules constitutives possèdent une polarité structurale qui peut ultérieurement être consolidée ou modifiée. Bien que la base structurale de l'établissement de la polarité cellulaire chez les végétaux supérieurs soit inconnue, il existe, chez les végétaux inférieurs, des exemples bien étudiés qui peuvent fournir des modèles pertinents.

La polarité des cellules végétales dépend de la distribution asymétrique de canaux ioniques et de transporteurs protéiques liés à la membrane [33]

La polarité d'un végétal et de ses cellules constitutives est remarquablement stable : de courtes longueurs de tige (même sens dessus dessous) régénèrent toujours des racines et des pousses à leurs extrémités basale et apicale initiales respectivement. La façon dont une telle polarité cellulaire est établie, maintenue, et transmise aux cellules filles est encore mal connue, mais il existe des preuves que des canaux ioniques et des transporteurs protéiques distribués de façon asymétrique dans la membrane plasmique peuvent participer à l'établissement de la polarité cellulaire en engendrant des courants ioniques intracellulaires.

Un exemple particulièrement bien étudié est le *Fucus*, une algue marine brune commune. Cette grande algue libère des milliers de spermatozoïdes et d'ovules indépendants dans l'eau de mer qui l'entoure. Les gros œufs sphériques fécondés du *Fucus* sont initialement homogènes, sans polarité intrinsèque. Toutefois, en dix-huit heures, les zygotes deviennent polarisés et subissent une division asymétrique dans laquelle la cellule basale la plus petite se développera en une structure destinée à l'ancrage de l'algue à un rocher, et la cellule apicale la plus grande se développera en thalle (la partie photosynthétique). L'existence d'un faible courant qui traverse le zygote précoce fournit une indication sur le mécanisme de polarisation de ce dernier. Ce courant est engendré et maintenu en partie par une entrée passive d'ions Ca^{2+} au niveau du pôle basal et une sortie active d'ions Ca^{2+} qui se produit ailleurs, reflétant probablement une distribution asymétrique des canaux Ca^{2+} et des pompes Ca^{2+}, respectivement, dans la membrane plasmique. Ce courant qui traverse l'œuf est capable de déplacer des composants intracellulaires fortement chargés par électrophorèse, et un certain nombre de preuves indiquent que l'un des résultats de la polarisation est l'accumulation de vésicules sécrétrices au pôle basal, suivie par le dépôt localisé, dans la paroi cellulaire à cet endroit, de polysaccharides sulfatés spécifiques.

Le zygote non polarisé du *Fucus* se polarise en réponse à un stimulus externe, généralement sous la forme d'un gradient continu — par exemple, un gradient de lumière ou de gravité. L'information située dans le gradient conduit vraisemblablement à une hétérogénéité initiale dans la distribution des ions Ca^{2+} dans l'œuf (Figure 20-66). Même de petites hétérogénéités des ions Ca^{2+} peuvent avoir des effets importants, puisqu'elles peuvent être rapidement amplifiées et propagées par des boucles rétroactives pour produire le flux soutenu et autodirigé d'ions Ca^{2+} que l'on observe. Bien que la façon dont l'axe du zygote se stabilise ne soit pas claire, le processus nécessite à la fois des filaments d'actine et une paroi cellulaire. Les éléments du cytosquelette aident peut-être à relier les canaux Ca^{2+} aux fibrilles des parois par des ponts transmembranaires au niveau du futur pôle basal.

Les gradients intracellulaires de Ca^{2+} sont supposés exister dans de nombreux autres types de cellules végétales qui montrent une croissance polarisée. On a par exemple montré que des courants électriques portés en partie par les ions Ca^{2+} pénètrent dans les apex en croissance d'une variété de structures polarisées — y compris les poils de racine, les tubes polliniques et les racines entières — et quittent des régions qui ne sont pas en croissance. Ainsi, les observations faites sur les œufs du *Fucus* peuvent avoir un intérêt général sur la génération de la polarité des cellules végétales.

La croissance et le développement des végétaux sont modulés en réponse à des indications de l'environnement [34]

Les conditions de l'environnement ont souvent une influence plus profonde sur le développement des végétaux que sur celui des animaux. Les végétaux ont développé des systèmes compliqués pour contrôler la pesanteur, les conditions nutritionnelles, la température et l'intensité et la durée de l'éclairement. Les réponses à ces stimuli sont complexes et peuvent être rapides ou brèves (c'est le cas des mouvements chloroplastidiens induits par la lumière discutés page 1171), ou lentes et persistantes (comme dans les longues périodes de lumière solaire nécessaires pour induire la floraison de certaines plantes, ou les longues périodes de froid nécessaires avant la germination de nombreuses graines).

Les réponses à la lumière font partie des réponses les plus élaborées, et elles se rangent en deux catégories. Les réponses à long terme impliquent généralement des modifications de

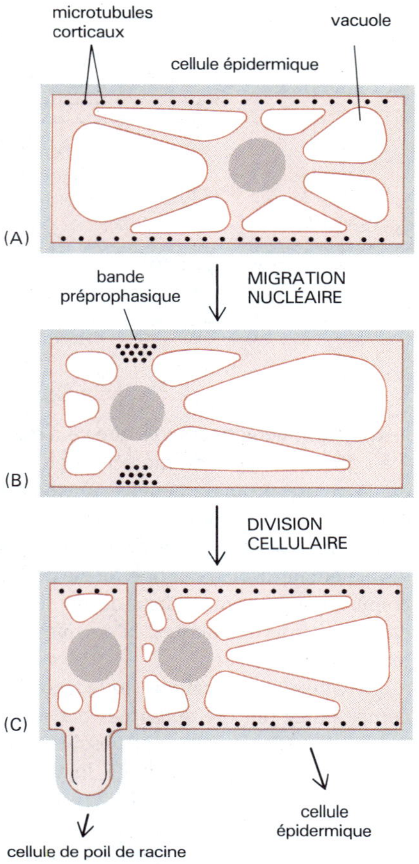

Figure 20-65 Division asymétrique dans une cellule allongée d'épiderme de racine. A l'interphase (A), les microtubules corticaux sont répartis le long de la paroi cellulaire. Au cours de la préprophase (B), toutefois, ils s'assemblent pour former une bande discrète qui encercle la cellule. Cette bande préprophasique de microtubules indique précisément où la nouvelle paroi cellulaire rejoindra l'ancienne lorsque la cellule se divise (C). Cette cellule épidermique se divise de façon asymétrique pour donner une grande cellule fille qui demeurera une cellule épidermique, et une petite cellule fille qui deviendra une cellule de poil de racine.

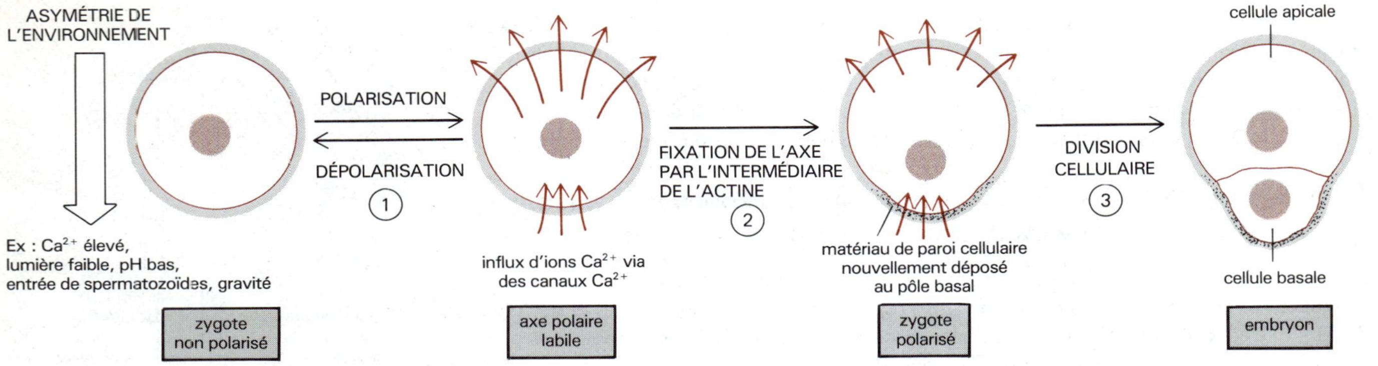

Figure 20-66 Représentation schématique illustrant la façon dont l'œuf fécondé de *Fucus*, une algue marine brune, pourrait devenir polarisé (1). En réponse à l'une des asymétries indiquées dans l'environnement, les canaux et les pompes Ca^{2+} dans la membrane plasmique deviennent localisés (ou activés) et établissent un flux d'ions Ca^{2+} à travers la cellule (2). Cet axe initialement labile devient fixe au cours d'une étape dépendante de lactine, et des polysaccharides de la paroi chargés négativement sont ensuite déposés au niveau de la future extrémité basale (3). Cette asymétrie structurale initiale est perpétuée grâce à la première division cellulaire, qui produit une grande cellule apicale et une petite cellule basale. La polarité des cellules des végétaux supérieurs peut résider dans une distribution asymétrique semblable de canaux et de pompes ioniques dans la membrane plasmique.

l'expression génique, tandis que ce n'est pas le cas pour les réponses à court terme. Bien qu'il y ait plusieurs types de molécules photoréceptrices chez les végétaux, la mieux caractérisée est la grosse protéine appelée **phytochrome** (124 000 daltons). Cette protéine est composée d'un chromophore qui est sensible à la lumière et peut exister sous deux formes interconvertibles : une forme *inactive*, produite par exposition à la lumière rouge lointaine (entre le rouge visible et l'infrarouge) et une forme *active* produite par la lumière rouge. Le phytochrome est connu pour intervenir dans de nombreuses réponses activées par la lumière, y compris la différenciation des plastes, la germination des graines, l'élongation de la tige, l'initiation des feuilles, et la floraison.

Quelques indications sur la façon dont le phytochrome déclenche la réponse des cellules compétentes ont été apportées par des expériences réalisées avec la fougère *Onoclea*. Les spores de cette fougère ont besoin de lumière rouge pour germer, mais la germination est inhibée par la lumière rouge lointaine. Le signal initial engendré par une molécule de phytochrome activée semble être un influx transitoire d'ions Ca^{2+} du milieu extérieur, qui augmente les taux de Ca^{2+} cytosoliques. Les ionophores Ca^{2+} induisent la germination en absence de lumière. La façon dont le phytochrome intervient dans les réponses à long terme induites par la lumière, qui impliquent des modifications de la transcription génique, n'est pas claire ; il est possible que les protéines kinases, activées par un influx de Ca^{2+}, phosphorylent, et de ce fait activent des facteurs de transcription qui sont spécifiques des gènes réglés par la lumière.

Le phytochrome peut agir dans un domaine remarquablement étendu de niveaux d'éclairement, qui va des photons isolés au plein soleil, chaque processus étant saturé à une intensité lumineuse différente. Dans presque tous ces types de processus, toutefois, la lumière agit en synergie avec d'autres facteurs de l'environnement, ainsi qu'avec une ou plusieurs molécules de régulation de la croissance des végétaux.

La croissance et le développement des végétaux sont contrôlés par des médiateurs chimiques [35]

Beaucoup de composés, y compris des nutriments inorganiques, ont des effets importants sur la croissance végétale normale. Mais un groupe de molécules informatives, en particulier les **régulateurs de croissance végétale** (parfois appelés *hormones végétales*), agissent spécifiquement sur cette capacité et jouent un rôle essentiel dans le développement des végétaux. Il existe cinq classes connues de régulateurs de croissance végétale : les **auxines**, les **gibbérellines**, les **cytokinines**, l'**acide abscissique**, et un gaz, l'**éthylène**. Comme le montre la Figure 20-67, toutes sont de petites molécules qui traversent facilement les parois cellulaires. Elles sont toutes synthétisées par la majorité des cellules végétales et peuvent soit agir localement, soit être transportées pour agir sur des cellules cibles situées à une certaine distance. Par exemple, l'auxine (qui, parmi ses autres propriétés, induit la formation des faisceaux vasculaires) est transportée de cellule en cellule à une vitesse d'environ 1 cm par heure de l'extrémité d'une pousse à sa base. Chaque régulateur de croissance a de multiples effets, et ceux-ci sont modulés par les autres régulateurs, ainsi que par les signes de l'environnement et l'état nutritionnel. Ainsi, l'auxine seule peut favoriser la formation des racines ; mais, associée à la gibbérelline, elle peut favoriser l'élongation de la tige, associée à la cytokinine, elle peut supprimer l'excroissance latérale des pousses, et associée à l'éthylène, elle peut stimuler la croissane latérale des racines.

La programmation de chaque type de cellule pour répondre à des signaux particuliers selon des modes particuliers est un important principe général dans la signalisation chimique, chez les végétaux comme chez les animaux (voir p. 684). De plus, un type donné de cellule répond souvent différemment au même signal selon son stade de maturation. Ainsi, la maturation du fruit est déclenchée par l'éthylène (voir p. 1150), mais les cellules n'acquièrent leur sensibilité à l'éthylène que tardivement au cours du développement du fruit. De la même façon, dans les graines d'orge, l'acide gibbérellique libéré par l'embryon déclenche la libération d'enzymes qui immobilisent les réserves en amidon dans l'endosperme, mais les cellules sensibles dans l'enveloppe de la graine ne deviennent sensibles à l'acide gibbérellique qu'après qu'elles sont passées par le processus de déshydratation nécessaire à la maturation des graines.

On ne connaît pas avec certitude la façon dont les régulateurs de croissance végétale agissent sur leurs cellules cibles. Les récepteurs protéiques correspondants n'ont pas encore été purifiés ou bien caractérisés. Toutefois, comme dans les cellules animales, il semble y avoir au moins deux classes de récepteurs : (1) ceux localisés dans la membrane plasmique qui activent des canaux ioniques ou la voie de signalisation des phospholinosilides (et peut-être d'autres voies encore à définir), et (2) ceux situés à l'intérieur de la cellule qui agissent sur le noyau pour régler l'expression génique.

La disponibilité de régulateurs de croissance végétale purs a permis la culture *in vitro* de cellules et de tissus végétaux, fournissant un moyen efficace pour étudier certains aspects de la croissance et du développement des végétaux.

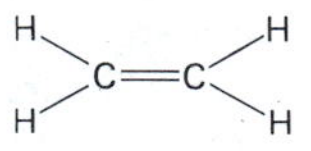

éthylène

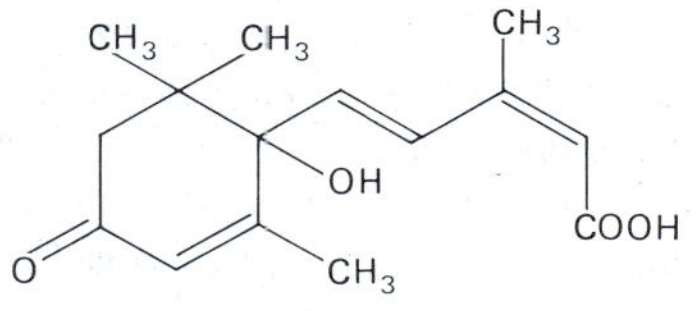

acide abscissique (ABA)

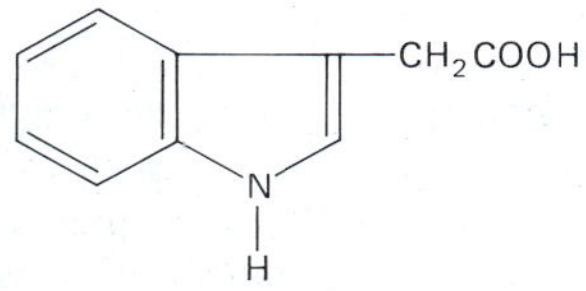

acide indole-3-acétique (IAA) [une auxine]

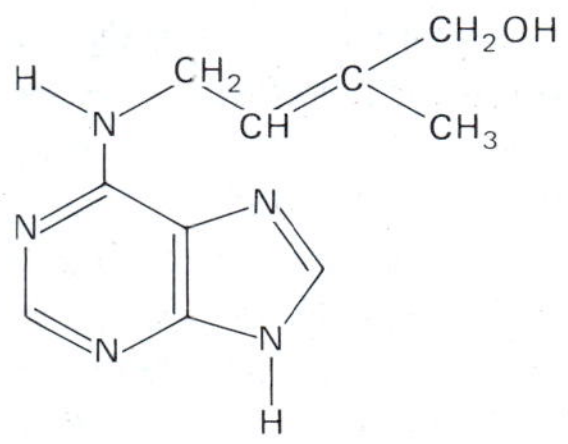

zéatine [une cytokinine]

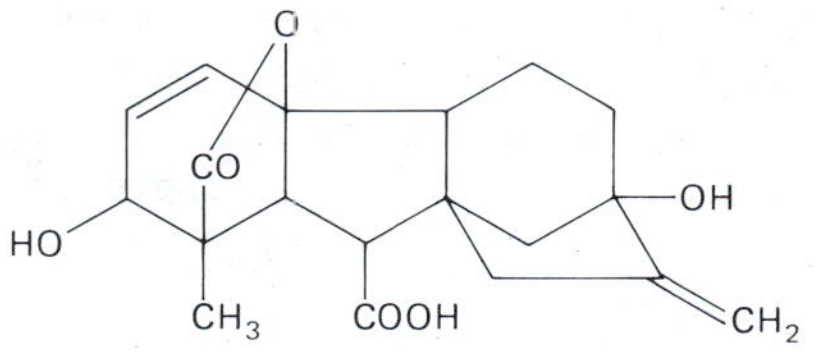

acide gibbérellique (GA3) [une gibbérelline]

Figure 20-67 Les formules d'une molécule naturelle représentative de chacun des cinq groupes de molécules régulatrices de la croissance végétale.

Les cultures cellulaire et tissulaire sont des outils performants pour étudier le développement des végétaux [36]

Dans certaines conditions, les cellules somatiques d'un végétal mature peuvent poursuivre leur division ou se différencier en un autre type cellulaire. Cette souplesse permet aux végétaux de se réparer eux-mêmes après une lésion. Par exemple, si une tige est coupée, la division de certaines cellules proches est stimulée pour réparer la blessure, alors que d'autres cellules se redifférencient en cellules du xylème pour restaurer la continuité vasculaire autour de la blessure (Figure 20-68).

Les cellules végétales font aussi preuve de souplesse en culture. Lorsqu'un morceau de tissu végétal est cultivé en milieu stérile contenant des substances nutritives et les régulateurs de croissance appropriés, la division de nombreuses cellules est stimulée. De telles cellules en culture prolifèrent souvent indéfiniment, d'une manière désorganisée, produisant une masse de cellules relativement indifférenciées appelée *cal*. En manipulant soigneusement les nutriments et les régulateurs de croissance, des méristèmes apicaux de pousses puis de racines peuvent être induits à se former à l'intérieur du cal et, dans de nombreuses espèces, une nouvelle plante peut être régénérée dans sa totalité (Figure 20-69).

Les cultures de cals peuvent être mécaniquement dissociées en cellules isolées qui pousseront et se diviseront sous forme d'une culture cellulaire en suspension. Les cellules dans de telles cultures ont de minces parois cellulaires primaires et de grandes vacuoles traversées par de minces filaments cytoplasmiques et paraissent toutes très semblables (Figure 20-70). Chez un certain nombre de végétaux — comme le tabac, le pétunia, la carotte et la pomme de terre —, une cellule unique provenant d'une culture cellulaire en suspension peut être cultivée jusqu'à former un petit amas (un *clone*) à partir duquel un végétal entier peut être régénérée. Cette aptitude d'une cellule somatique unique à régénérer un nouveau végétal entier illustre clairement la *totipotence* de beaucoup de cellules végétales.

Les végétaux régénérés à partir de culture de cellule présentent un degré de variabilité génétique d'une ampleur inattendue, un phénomène désigné sous le nom de *variation somaclonale*. Le même phénomène est observé lorsque des végétaux intacts sont soumis à un stress. Dans des conditions de stress (et ceci comprend les conditions de culture), les cellules végétales subissent une variété de réarrangements chromosomiques qui créent rapidement une grande variété de modifications génétiques (voir p. 607). Les végétaux semblent être beaucoup plus tolérants que les animaux aux modifications génomiques importantes, et lorsque de nouveaux gamètes se forment à partir de cellules somatiques modifiées, certains des végétaux mutants produits peuvent avoir un avantage pour l'adaptation à un environnement changeant et hostile. En fait, la variation somaclonale est aujourd'hui exploitée par les agronomes pour créer des espèces améliorées de végétaux en culture.

La génétique moléculaire aide à résoudre les problèmes du développement des végétaux

La possibilité de régénérer un végétal à partir de cellules somatiques clonées en culture a permis de manipuler génétiquement des cellules pour produire des végétaux transgéniques. Une façon de faciliter l'introduction d'un ADN étranger dans ces cellules est d'utiliser des cellules végétales dont les parois ont été éliminées par des enzymes de dégradation de la paroi pour donner des **protoplastes** (Figure 20-71). Une fois l'ADN étranger introduit dans ces cellules végétales sphériques nues, on peut souvent les inciter à reformer leurs parois, à se diviser et à régénérer un végétal nouveau.

Un vecteur fréquemment utilisé pour introduire un ADN étranger directement dans des cellules végétales normales est l'ADN-T d'*Agrobacterium*, décrit précédemment (voir p. 1159). Dans ce genre d'expérience, les gènes de l'ADN-T qui provoquent les tumeurs végétales sont éliminés par génie génétique et remplacés par un nouveau gène souhaité. Après transfert de l'ADN-T modifié dans un plasmide Ti approprié dans *Agrobacterium*, les bactéries sont co-cultivées avec un morceau de feuille. Ce système permet l'intégration de l'ADN-T dans un chromosome végétal, ajoutant ainsi le nouveau gène de façon permanente à tout le végétal (Figure 20-72). Actuellement, cette méthode ne fonctionne efficacement que sur certaines familles de dicotylédones.

Des développements récents comme ces derniers ont fourni aux biologistes des cellules végétales le même choix de techniques de l'ADN recombinant que celles utilisées par les biologistes des cellules animales ; d'énormes progrès dans des domaines de recherches aussi importants que l'isolement des récepteurs des régulateurs de croissance végétale, l'élucidation des voies morphogénétiques et l'analyse des mécanismes de l'expression génique. De plus, la technologie de l'ADN recombinant a ouvert de nombreuses nouvelles possibilités en agriculture qui pourraient être bénéfiques à la fois aux agriculteurs et aux consommateurs. Parmi ces possibilités, on peut citer la capacité de modifier les réserves de lipides, d'amidon, et de protéines dans les graines, de communiquer aux végétaux une résistance aux insectes nuisibles et aux virus, et de créer des végétaux modifiés qui supportent des habitats extrêmes tels que des marais salants et des sols détrempés.

La compréhension du développement animal a fait des progrès considérables grâce à des études sur les invertébrés, qui sont de bons sujets pour une analyse génétique intensive ainsi que des manipulations expérimentales ; c'est le cas de la *Drosophile* (voir p. 920) et du nématode *Caenorhabditis* (voir p. 901). Les progrès effectués en biologie du développement chez les végétaux ont été comparativement assez lents. Beaucoup des organismes qui se sont révélés les sujets les meilleurs pour l'analyse génétique, tels que le maïs et la tomate, ont des cycles biologiques longs et de très grands génomes, rendant les analyses génétiques classiques et moléculaires très longues. C'est pourquoi l'on accorde une attention accrue à une petite herbe, l'anabette commune (*Arabidopsis thaliana*), qui présente plusieurs avantages majeurs en tant que « modèle végétal ». Elle est si petite (Figure 20-73) qu'elle peut être cultivée, en grande quantité, dans des tubes à essai. Avec un temps de génération minimal de cinq semaines seulement, elle peut produire des milliers de descendants par plante après huit à dix semaines. *Arabidopsis* possède aussi le plus petit génome végétal connu (7×10^7 paires de nucléotides), comparée à la levure (2×10^7 paires de nucléotides), à *C. elegans* (8×10^7 paires de nucléotides)

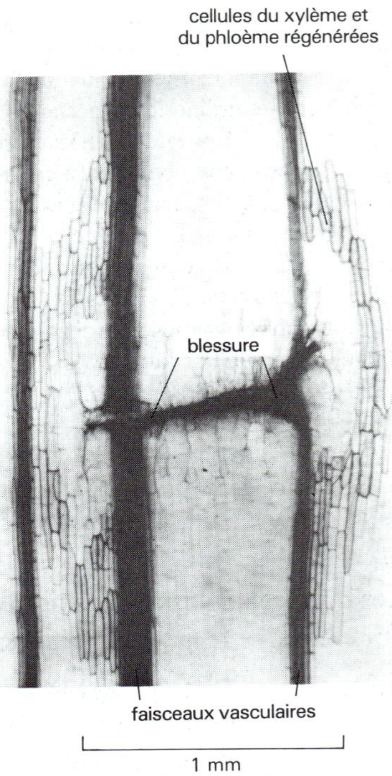

Figure 20-68 Photographie en microscopie photonique montrant la réaction à une blessure par les cellules du parenchyme qui entourent le faisceau vasculaire dans la plante d'appartement commune *Coleus*, vue en coupe longitudinale. Les faisceaux vasculaires ont été endommagés au niveau de la blessure. Sept jours plus tard, après la stimulation de la division et la redifférenciation des cellules corticales avoisinantes, un ensemble de nouvelles cellules du xylème et du phloème ont été régénérées pour restaurer la continuité vasculaire autour de la blessure. Une certaine quantité d'auxine est normalement transportée de l'apex de la tige vers la base du végétal, et la blessure produit vraisemblablement un flux d'auxine nouvellement ordonné qui induit à son tour la régénération vasculaire représentée ici. (Avec l'autorisation de N.P. Thomson.)

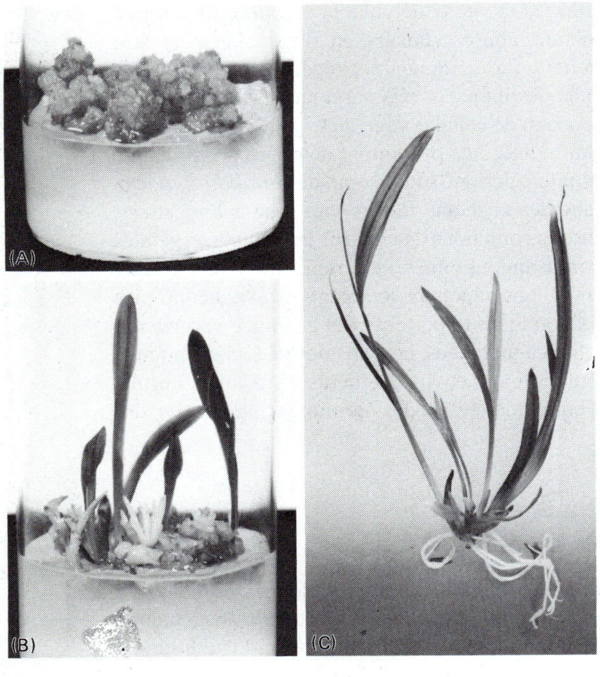

Figure 20-69 Production de plantes autonomes à partir de cals en culture. On a induit, dans une culture de cals de *Freesia* (A), la production de pousses (B), puis de racines (C) en modifiant l'équilibre hormonal d'auxine et de cytokinine. Un taux élevé de cytokinine paraît nécessaire à l'induction de pousses et de feuilles. (Avec l'autorisation de Graham Hussey.)

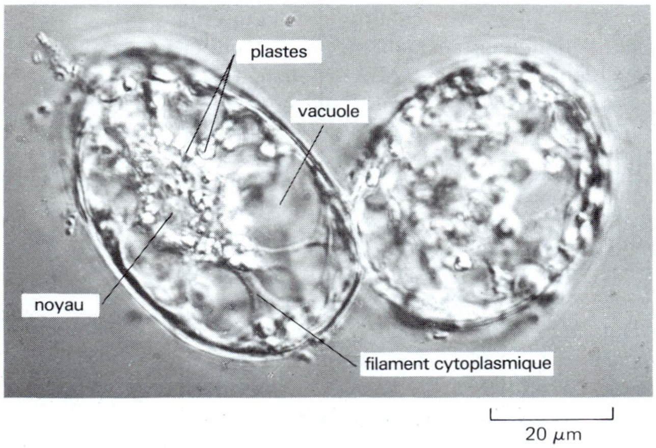

Figure 20-70 Des cellules cal peuvent être cultivées comme des cellules isolées vivant librement en suspension dans des milieux liquides. On voit ici deux cellules de ce type issues d'un cal de sycomore. Il s'agit de cellules très vacuolées avec des filaments cytoplasmiques rayonnant à partir de la région du noyau et une paroi cellulaire primaire.

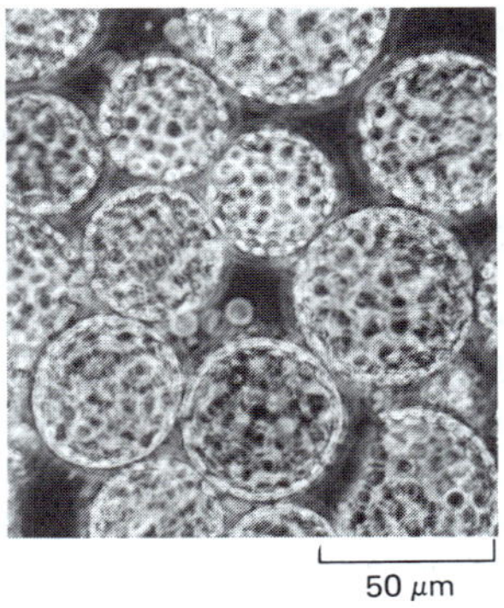

Figure 20-71 Micrographie de protoplastes préparés à partir de cellules chlorophylliennes d'une feuille de tabac. En l'absence de leur paroi, les cellules s'arrondissent et ont besoin d'être stabilisées dans une solution glucidique qui correspond à la pression osmotique de leur cytoplasme. On peut voir de nombreux chloroplastes disposés à la périphérie de chaque protoplaste. (Avec l'autorisation de J. Burgess.)

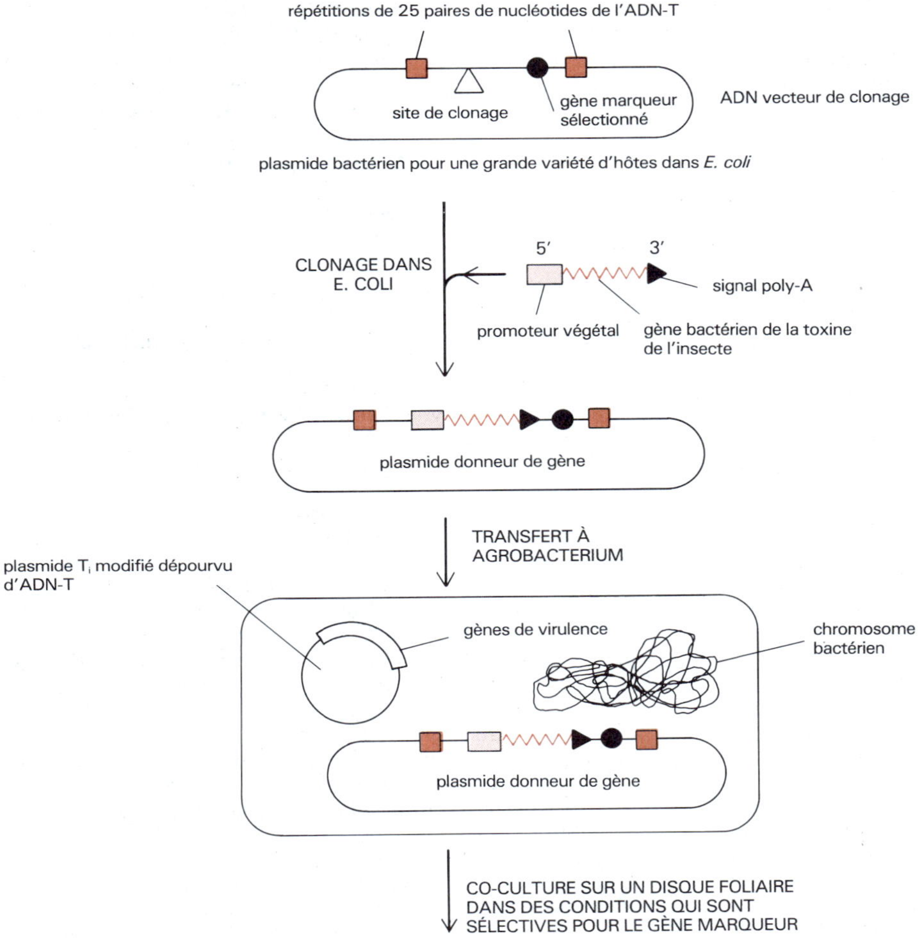

Figure 20-72 Une stratégie utilisée pour obtenir des végétaux transgéniques. Dans cet exemple, le gène qui est transféré code une protéine bactérienne qui est toxique pour les insectes. Afin de permettre au gène d'être exprimé dans une cellule végétale, l'extrémité 5′ du gène est attachée à un promoteur du végétal et l'extrémité 3′ au site d'addition poly-A. Le gène modifié de la toxine est inséré dans un plasmide qui contient aussi un gène marqueur (comme un gène de résistance à la kanamycine) qui peut être choisi pour cela dans le végétal (voir p. 259). Le plasmide est conçu de façon à ce que le gène marqueur et le gène de la toxine soient encadrés de répétitions de 25 paires de nucléotides particulières qui encadrent normalement l'ADN-T. Le plasmide est cultivé dans *E. coli* puis transféré à un *Agrobacterium* qui contient les gènes de virulence sur un plasmide séparé. Lorsque cet *Agrobacterium* est co-cultivé avec un disque foliaire, les produits des gènes de virulence reconnaissent les répétitions d'ADN-T et transfèrent l'ADN qui contient les gènes du marqueur et de la toxine dans un chromosome du végétal. La prolifération de toutes les cellules du disque foliaire est stimulée par le milieu de croissance, mais seules les cellules végétales qui contiennent le gène marqueur sélectionné sont capables de se diviser et de former un cal. Le cal est ensuite utilisé pour produire des végétaux transgéniques, qui expriment le gène bactérien de la toxine de l'insecte, et qui sont par conséquent anormalement résistants à l'attaque des insectes.

et à la *Drosophile* (10×10^7 paires de bases). Des méthodes de culture de cellules et de transformation cellulaire ont été mises au point, de nombreux mutants intéressants ont été isolés, et la création d'une collection complète et ordonnée de clones d'ADN génomique est en cours (voir p. 260). Regroupées, les caractéristiques séduisantes d'*Arabidopsis* suggèrent qu'elle peut bientôt devenir la *Drosophile* de la biologie du développement des végétaux.

Figure 20-73 *Arabidopsis thaliana*, un membre de la famille des moutardes — ou des crucifères —, est une herbe sans valeur économique mais d'une grande valeur potentielle pour les expériences de génétique moléculaire chez les végétaux. Son petit génome (7×10^7 paires de nucléotides) est d'une taille comparable à celle du génome de *Drosophile* (10×10^7 paires de nucléotides). (Avec l'autorisation de Chris Sommerville.)

Résumé

Dans les stades les plus précoces du développement embyronnaire d'un végétal supérieur, la division cellulaire a lieu dans tout l'organisme embryonnaire. Cependant, lorsque l'embryon se développe, l'addition de nouvelles cellules se limite à certaines régions de l'organisme végétal connues sous le nom de méristèmes. Le végétal adulte peut être considéré comme une série de modules périodiques construits selon des mécanismes de modélisation qui ont lieu dans ces méristèmes.

La morphogenèse végétale dépend de la division coordonnée, de l'expansion et de la différenciation de cellules non mobiles. Le contrôle sur le plan de division cellulaire ainsi que sur l'expansion orientée des cellules végétales est en partie exercé par des microtubules associés à la face interne de la membrane plasmique. La croissance et la division des cellules végétales sont influencées par la lumière, la pesanteur, la température, et d'autres facteurs de l'environnement, ainsi que par des régulateurs de croissance spécifiques de faible poids moléculaire, tels que les auxines et les cytokinines.

De nombreux aspects de la croissance et du développement des cellules végétales peuvent être étudiés en culture cellulaire et tissulaire. Les cellules somatiques végétales montrent une souplesse dans le potentiel de développement qui n'existe pas chez les cellules somatiques animales. Une démonstration spectaculaire de la totipotence de nombreuses cellules végétales est la régénération habituelle d'un végétal entier à partir d'une seule cellule somatique en culture.

Les protoplastes sont des cellules végétales dépourvues de leurs parois cellulaires. Ils peuvent être manipulés en culture de la même façon que des cellules animales, mais ils possèdent la propriété supplémentaire de pouvoir régénérer des végétaux entiers.

Les protoplastes et les cellules entières peuvent être manipulés génétiquement par génie génétique afin d'introduire n'importe quel gène nouveau souhaité dans leurs chromosomes ; dans de nombreux cas, ces cellules peuvent ultérieurement être utilisées pour produire des végétaux transgéniques.

Bibliographie

Ouvrages généraux

Cutter, E.G. Plant Anatomy, 2nd ed., Part 1, Cells and Tissues ; Part 2, Organs. London : Arnold, 1978.

Esau, K. Anatomy of Seed Plants, 2nd ed. New York : Wiley, 1977.

Grierson, D. ; Covey, S.N. Plant Molecular Biology, 2nd ed. New York : Methuen, 1988.

Gunning, B.E.S. ; Steer, M.W. Ultrastructure and the Biology of Plant Cells. London : Arnold, 1975.

Raven, P.H. ; Evert, R.F. ; Eichhorn, S.E. Biology of Plants, 4th ed. New York : Worth, 1986.

Roberts, K. ; Johnston, A.W.B. ; Lloyd, C.W. ; Shaw, P.J. ; Woolhouse, H.W., eds. The Cell Surface in Plant Growth and Development. *J. Cell. Sci.*, Suppl. 2. Cambridge, U.K. : Company of Biologists Ltd, 1985.

Salisbury, F.B. ; Ross, C.W. Plant Physiology, 3rd ed. Belmont, CA : Wadsworth, 1985.

Articles cités

1. Bacic, A. ; Harris, P.J. ; Stone, B.A. Structure and Function of Plant Cell Walls. In Biochemistry of Plants : A Comprehensive Treatise (J. Preiss, ed.), Vol. 14 : Carbohydrates, pp. 298-371. San Diego, C.A : Academic Press, 1988.

   Brett, C.T. ; Hillman J.R., eds. Biochemistry of Plant Cell Walls. SEB Seminar Series, 28. New York : Cambridge University Press, 1985.

   McNeil, M. ; Darvill, A.G. ; Fry, S.C. ; Albersheim, P. Structure and function of the primary cell walls of plants. *Annu. Rev. Biochem.* 53:625-663, 1984.

   Rees, D.A. Polysaccharide Shapes. London : Chapman and Hall, 1977.

2. Cassab, G.I. ; Varner, J.E. Cell wall proteins. *Annu. Rev. Plant Physiol.* 39:321-353, 1988.

   Fry, S. Cross-linking of matrix polymers in the growing cell walls of angiosperms. *Annu. Rev. Plant Physiol.* 37:165-186, 1986.

   Selvendran, R.R. Developments in the chemistry and biochemistry of pectic and hemicellulosic polymers. *J. Cell Sci.* (Suppl. 2):51-88, 1985.

3. Carpita, N. ; Sabularse, D. ; Montezinos, D. ; Delmer, D.P. Determination of the pore size of cell walls of living plant cells. *Science* 205:1144-1147, 1979.

   Milburn, J.A. Water Flow in Plants. London : Longman, 1979.

4. Street, H.E. ; Öpik, H. The Physiology of Flowering Plants, 3rd ed. London, U.K. : Edward Arnold, 1984.

5. Fry, S.C. The Growing Plant Cell Wall : Chemical and Metabolic Analysis. New York : Wiley, 1988.

   Masuda, Y. ; Yamamoto, R. Cell-wall changes during auxin-induced cell extension. Mechanical properties and constituent polysaccharides of the cell wall. In Biochemistry of Plant Cell Walls ; (C.T. Brett, J.R. Hillman, eds.), pp. 269-300.

SEB Seminar Series 28. New York : Cambridge University Press, 1985.

6. Baker, D.A. ; Hall, J.L. Ion Transport in Plant Cells and Tissues. Amsterdam : North-Holland, 1975.

Cheeseman, J.M. Mechanisms of salinity tolerance in plants. *Plant Physiol.* 87:547-550, 1988.

Morgan, J.M. Osmoregulation and water stress in higher plants. *Annu. Rev. Plant Physiol.* 35:299-319, 1984.

Zimmerman, U. Cell turgor pressure regulation and turgor pressure-mediated transport processes. *Symp. Soc. Exp. Biol.* 31:117-154, 1977.

7. Esau, K. Anatomy of Seed Plants, 2nd ed. New York : Wiley, 1977.

Tanner, W. ; Loewus, F.A., eds. Encyclopedia of Plant Physiology, New Series. Vol. 13B : Plant Carbohydrates II, Extracellular Carbohydrates. Heidelberg : Springer-Verlag, 1982.

8. Dugger, W.M. ; Bartnicki-Garcia, S., eds. Structure, Function, and Biosynthesis of Plant Cell Walls. *Proc. 7th Annu. Symp. Botany* Rockville, MD : American Society of Plant Physiologists, 1984. (Plusieurs articles utiles figurent dans cette collection.)

Fry, S. The Growing Plant Cell Wall : Chemical and Metabolic Analysis. New York : Wiley, 1988.

9. Gunning, B.E.S. ; Overall, R.L. Plasmodesmata and cell-to-cell transport in plants. *Bioscience* 33:260-265, 1983.

Gunning, B.E.S. ; Robards, A.W., eds. Intercellular Communication in Plants : Studies on Plasmodesmata. New York : Springer-Verlag, 1976.

10. Baron-Epel, O. ; Hernandez, D. ; Jiang, L-W. ; Meiners, S. ; Schindler, M. Dynamic continuity of cytoplasmic and membrane compartments between plant cells. *J. Cell Biol.* 106:715-721, 1988.

Gunning, B.E.S. ; Hughes, J.E. Quantitative assessment of symplastic transport of pre-nectar into the trichomes of *Abutilon* nectaries. *Aust. J. Plant Physiol.* 3:619-637, 1976.

Terry, B.R. ; Robards, A.W. Hydrodynamic radius alone governs the mobility of molecules through plasmodesmata. Planta 171:145-157, 1987.

Zaitlin, M. ; Hull, R. Plant virus-host interactions. *Annu. Rev. Plant Physiol.* 38:291-315, 1987.

11. Aloni, R. Differentiation of vascular tissue. *Annu. Rev. Plant Physiol.* 38:179-204, 1987.

Moorby, J. Transport Systems in Plants. New York : Longman, 1981.

12. Baker, D.A. Transport Phenomena in Plants. London, U.K. : Chapman and Hall, 1978.

Clarkson, D.T. Factors affecting mineral nutriment acquisition by plants. *Annu. Rev. Plant Physiol.* 36:77-115, 1985.

Milburn, J.A. Water Flow in Plants. London : Longman, 1979.

Passioura, J.B. Water transport in and to roots. *Annu. Rev. Plant Physiol. Plant Mol. Biol.* 39:245-265, 1988.

13. Cronshaw, J. Phloem structure and function. *Annu. Rev. Plant Physiol.* 32:465-484, 1981.

Cronshaw, J. ; Lucas, W.J. ; Giaquinta, R.T., eds. Phloem Transport. New York : Liss, 1986.

Gunning, B.E.S. Transfer cells and their roles in transport of solutes in plants. *Sci. Prog. (Oxford)* 64:539-568, 1977.

Ho, L.C. Metabolism and compartmentation of imported sugars in sink organs in relation to sink strengh. *Annu. Rev. Plant Physiol. Plant Mol. Biol.* 39:355-378, 1988.

14. Gianinazzi-Pearson, V. ; Gianinazzi, S., eds. Physiological and Genetical Aspects of Mycorrhizae. Paris : INRA, 1986.

Smith, S.E. ; Gianinazzi-Pearson V. Physiological interactions between symbionts in vesicular-arbuscular mycorrhizal plants. *Annu. Rev. Plant Physiol. Plant Mol. Biol.* 39:221-244, 1988.

15. Downie, J.A. ; Johnston, A.W.B. Nodulation of legumes by *Rhizobium* : the recognized root ? *Cell* 47:153-154, 1986.

Peters, N.K. ; Frost, J.W. ; Long, S.R. A plant flavone, luteolin induces expression of *Rhizobium meliloti* nodulation genes. *Science* 233:997-980, 1986.

Rolfe, B.G. ; Gresshoff, P.M. Genetic analysis of legume nodule initiation. *Annu. Rev. Plant Physiol. Plant Mol. Biol.* 39:297-319, 1988.

16. Buchanan-Wollaston, V. ; Passiatore, J.E. ; Cannon, F. The *mob* and *oriT* mobilization functions of a bacterial plasmid promote its transfer to plants. *Nature* 328:172-175, 1987.

Klee, H. ; Horsch, R. ; Rogers, S. *Agrobacterium*-mediated plant transformation and its further applications to plant biology. *Annu. Rev. Plant Physiol.* 38:467-486, 1987.

Stachel, S.E. ; Messens, E. ; Van Montagu, M. ; Zambryski, P. Identification of the signal molecules produced by wounded plant cells that activate T-DNA transfer in *Agrobacterium tumefaciens. Nature* 318:624-629, 1985.

17. Ayers, A.R. ; Ebel, J. ; Finelli, F. ; Berger, N. ; Albersheim, P. Host pathogen interactions. *Plant Physiol.* 57:751-759, 1976. (Ce texte doit être lu en même temps que les trois articles apparentés qui le suivent.)

Darvill, A.G. ; Albersheim, P. Phytoalexins and their elicitors—a defence against microbial infection in plants. *Annu. Rev. Plant. Physiol.* 35:243-275, 1984.

Ralton, V.E. ; Smart, M.G. ; Clarke, A.E. Recognition and infection process in plant pathogen interactions. In Plant-Microbe Interactions. (T. Kosuge, E.W. Nestor, eds.), Vol. 2, pp. 217-252. New York : Macmillan, 1987.

Ryan, C.A. Oligosaccharide signalling in plants. *Annu. Rev. Cell Biol.* 3:295-317, 1987.

18. McDougall, G.J. ; Fry, S.C. Inhibition of auxin-stimulated growth of pea stem segments by a specific monosaccharide of xyloglucan. *Planta* 175:412-416, 1988.

Thanh Van, K.T. ; et al. Manipulation of the morphogenetic pathways of tobacco explants by oligosaccharins. *Nature* 314:615-617, 1985.

19. Anderson, J.M. Photoregulation of the composition, function, and structure of thylakoid membranes. *Annu. Rev. Plant Physiol.* 37:93-136, 1986.

Mullet, J.E. Chloroplast development and gene expression. *Annu. Rev. Plant Physiol. Plant Mol. Biol.* 39:475-502, 1988.

Thomson, W.W. ; Watley, J.M. Development of nongreen plastids. *Annu. Rev. Plant Physiol.* 31:375-394, 1980.

20. Boller, T. ; Kende, H. Hydrolytic enzymes in the central vacuole of plant cells. *Plant Physiol.* 63:1123-1132, 1979.

Boller, T. ; Wiemken, A. Dynamics of vacuolar compartmentation. *Annu. Rev. Plant Physiol.* 37:137-164, 1986.

Marin, B., eds. Plant Vacuoles : Their Importance in Solute Compartmentation in Cells and Their Applications in Plant Biotechnology. NATO ASI Series, Vol. 134. New York : Plenum, 1987.

Matile, P. Biochemistry and function of vacuoles. *Annu. Rev. Plant Physiol.* 29:193-213, 1978.

21. Mollenhauer, H.H. ; Morré, D.J. The Golgi apparatus. In The Biochemistry of Plants—A Comprehensive Treatise. (N.E. Tolbert, ed.), Vol. 1, pp. 437-488. New York : Academic Press, 1980.

Moore, P.J. ; Staehelin, L.A. Immunogold localization of the cell-wall-matrix polysaccharides rhamnogalacturonan I and xyloglucan during cell expansion and cytokinesis in *Trifolium pratense* L. ; implications for secretory pathways. *Planta* 174:433-445, 1988.

Northcote, D.H. Macromolecular aspects of cell wall differentiation. In Encyclopedia of Plant Physiology, New Series. Vol. 14A : Nucleic Acids and Proteins in Plants I (D. Boulter, B. Parthier, eds.), pp. 637-655. Berlin : Springer-Verlag, 1982.

22. Coleman, J.; Evans, D.; Hawes, C.; Horsley, D.; Cole, L. Structure and molecular organization of higher plant coated vesicles. *J. Cell Sci.* 88:35-45, 1987.

Robinson, D.G. ; Depta, H. Coated vesicles. *Annu. Rev. Plant Physiol. Plant Mol. Biol.* 39:53-99, 1988.

Tanchak, M.A. ; Griffing, L.R. ; Mersey, B.G. ; Fowke, L.C. Endocytosis of cationized ferritin by coated vesicles of soybean protoplasts. *Planta* 162:481-486, 1984.

23. Brown, R.M. Cellulose microfibril assembly and orientation : recent developments. *J. Cell Sci.,* (Suppl. 2):13-32, 1985.
Delmer, D.P. Cellulose biosynthesis. *Annu. Rev. Plant Physiol.* 38:259-290, 1987.
Schneider, B. ; Herth, W. Distribution of plasma membrane rosettes and kinetics of cellulose formation in xylem development of higher plants. *Protoplasma* 131:142-152, 1986.
24. Green, P.B. Organogenesis—a biophysical view. *Annu. Rev. Plant Physiol.* 31:51-82, 1980.
Herth, W. Plant cell wall formation. In Botanical Microscopy (A.W. Robards, ed.), pp. 285-310. New York : Oxford University Press, 1985.
25. Lloyd, C.W., ed. The Cytoskeleton in Plant Growth and Development. New York : Academic Press, 1982. (Les chapitres 5 et 8 sont particulièrement utiles.)
26. Kersey, Y.M. ; Hepler, P.K. ; Palevitz, B.A. ; Wessels, N.K. Polarity of actin filaments in characean algae. *Proc. Natl. Acad. Sci. USA* 73:165-167, 1976.
Parthasarathy, M.V. F-actin architecture in coleoptile epidermal cells. *Eur. J. Cell Biol.* 39:1-12, 1985.
Sheetz, M.P. ; Spudich, J.A. Movement of myosin-coated fluorescent beads on actin cables *in vitro*. *Nature* 303:31-35, 1983.
Williamson, R.E. Organelle movements along actin filaments and microtubules. *Plant Physiol.* 82:631-634, 1986.
27. Haupt, W. Light-mediated movement of chloroplats. *Annu. Rev. Plant Physiol.* 33:205-233, 1982.
Roberts, I.N. ; Lloyd, C.W. ; Roberts, K. Ethylene-induced microtubule reorientations : mediation by helical arrays. *Planta* 164:439-447, 1985.
Virgin, H.I. Light and chloroplast movements. *Symp. Soc. Exp. Biol.* 22:329-352, 1968.
Wagner, G. ; Klein, K. Mechanism of chloroplast movement in *Mougeotia*. *Protoplasma* 109:169-185, 1981.
28. Cutter, E.G. Plant Anatomy, 2nd ed., Part 2, Organs. London : Arnold, 1978.
Johri, B.M. Embryology of Angiosperms. Berlin : Springer-Verlag, 1984.
Raven, P.H. ; Evert, R.F. ; Eichhorn, S.E. Biology of Plants, 4th ed. New York : Worth, 1986. (Les chapitres 19 et 22 donnent une bonne vue d'ensemble du développement végétal.)
29. Harper, J.L., ed. Growth and Form of Modular Organisms. London : Royal Society, 1986. (Il y a de nombreux articles utiles dans cette collection.)
Walbot, V. On the life strategies of plants and animals. *Trends Genet.* 1:165-169, 1985.
30. Green, P.B. A theory for influorescence development and flower formation based on morphological and biophysical analysis in *Echeveria*. *Planta* 175:153-169, 1988.
McDaniel, C.N. ; Poethig, R.S. Cell lineage patterns in the shoot apical meristem of the germinating corn embryo. *Planta* 175:13-22, 1988.
Sachs, T. Controls of cell patterns in plants. In Pattern Formation (G.M. Malacinski, S.V. Bryant, eds.). New York : Macmillan, 1984.
Steeves, T.A. ; Sussex, I.M. Patterns in Plant Development, 2nd ed. New York : Cambridge University Press, 1988.
31. Gunning, B.E.S. Microtubules and cytomorphogenesis in a developing organ : the root primordium of *Azolla pinnata*. In Cytomorphogenesis in Plants (O. Kiermayer, ed.), pp. 301-325. New York : Springer, 1981.
Poethig, R.S. Clonal analysis of cell lineage patterns in plant development. *Am. J. Bot.* 74:581-594, 1987.
32. Gunning, B.E.S. ; Wick, S.M. Preprophase bands, phragmoplasts and spatial control of cytokinesis. *J. Cell Sci.*, Suppl. 2:157-179, 1985.
Lloyd, C. Actin in plants. *J. Cell Sci.* 90:185-188, 1988.
Lloyd, C.W. The plant cytoskeleton : the impact of fluorescence microscopy. *Annu. Rev. Plant Physiol.* 38:119-139, 1987.
Pickett-Heaps, J.D. ; Northcote, D.H. Organization of microtubules and endoplasmic reticulum during mitosis and cytokinesis in wheat meristems. *J. Cell Sci.* 1:109-120, 1966.
Wick, S.M. ; Seagull, R.W. ; Osborn, M. ; Weber, K. ; Gunning, B.E.S. Immunofluorescence microscopy of organized microtubule arrays in structurally stabilized meristematic plant cells. *J. Cell Biol.* 89:685-690, 1981.
33. Hepler, P.K. ; Wayne, R.O. Calcium and plant development. *Annu. Rev. Plant Physiol.* 36:397-439, 1985.
Kropf, D.L. ; Kloareg, B. ; Quatrano, R.S. Cell wall is required for fixation of the embryonic axis in *Fucus zygotes*. *Science* 239:187-190, 1988.
Quatrano, R.S. ; Griffing, L.R. ; Huber-Walchli, V. ; Doubet, R.S. Cytological and biochemical requirements for the establishment of a polar cell. *J. Cell Sci.*, Suppl. 2:129-141, 1985.
Schnepf, E. Cellular polarity. *Annu. Rev. Plant Physiol.* 37:23-47, 1986.
34. Jordan, B.R. ; Partis, M.D. ; Thomas, B. The biology and molecular biology of plytochrome. *Ox. Sur. Plant Mol. Cell Biol.* 3:315-362, 1986.
Kuhlemeier, C. ; Green, P.J. ; Chua, N. Regulation of gene expression in higher plants. *Annu. Rev. Plant Physiol.* 38:221-257, 1987.
Tobin, E.M. ; Silverthorne, J. Light regulation of gene expression in higher plants. *Annu. Rev. Plant Physiol.* 36:569-593, 1985.
Verma, D.P.S. ; Goldenberg, R.B. Temporal and Spatial Regulation of Plant Genes. New York : Springer-Verlag, 1988.
von Wettstein, D. ; Chua, N-H., eds. Plant Molecular Biology. NATO ASI Series A, Vol. 140. New York : Plenum, 1987. (De nombreux articles utiles dans cette collection.)
35. Hoad, G.V. ; Lenton, J.R. ; Jackson, M.B. ; Atkin, R.K. Hormone Action in Plant Development : A Critical Appraisal. London : Butterworth, 1987.
Salisbury, F.B. ; Ross, C.W. Plant Physiology, 3rd ed. Belmont, CA : Wadsworth, 1985. (Les chapitres 16 et 17 sont utiles.)
Theologis, A. Rapid gene regulation by auxin. *Annu. Rev. Plant Physiol.* 37:407-438, 1986.
Trewavas, A.J. Growth substance sensitivity : the limiting factor in plant development. *Physiol. Plant.* 35:60-72, 1982.
36. Applications of Plant Cell and Tissue Culture. CIBA Foundation Symposium 137. New York : Wiley, 1988.
Lee, M. ; Philips, R.L. The chromosomal basis of somaclonal variation. *Annu. Rev. Plant Physol. Plant Mol. Biol.* 39:413-437, 1988.
Vasil, I.K., ed. Perspectives in Plant Cell and Tissue Culture. *Int. Rev. Cytol.*, Suppl. 11A and B, 1980.
37. Bevan, M. Binary *Agrobacterium* vectors for plant transformation. *Nuc. Acids Res.* 12:8711-8721, 1984.
De Block, M. ; Herrera-Estrella, L. ; Van Montagu, M. ; Schell, J. ; Zambryski, P. Expression of foreign genes in regenerated plants and in their progeny. *EMBO J.* 3:1681-1689, 1986.
Finkelstein, R. ; Estelle, M. ; Martine-Zapater, J. ; Somerville, C. *Arabidopsis* as a tool for the identification of genes involved in plant development. In Temporal and Spatial Regulation of Plant Genes (D.P.S. Verma, and R.B. Goldberg, eds.), pp. 1-25. New York : Springer-Verlag, 1988.
Myerowitz, E.M. *Arabidopsis thaliana*. *Annu. Rev. Genet.* 21:93-111, 1987.
Vaeck, M. ; et al. Transgenic plants protected from insect attack. *Nature* 328:33-37, 1987.

21 Le cancer

Une personne sur cinq environ dans les pays riches du monde mourra d'un cancer ; mais ce n'est pas la raison pour laquelle un chapitre de cet ouvrage est consacré au cancer. Les maladies cardiaques provoquent plus de décès et beaucoup d'autres maladies mènent à une détresse aussi profonde ; dans le monde entier, les autres problèmes de santé, comme la malnutrition et les infections parasitaires, sont plus graves. Cependant, dans le cadre de la biologie cellulaire, le cancer a une importance exceptionnelle, car la famille de maladies groupées sous cet intitulé traduit des bouleversements des règles les plus fondamentales du comportement des cellules dans un organisme pluricellulaire. Pour comprendre le cancer et pour mettre au point des méthodes rationnelles pour le traiter, nous devons comprendre à la fois le fonctionnement interne des cellules et leurs interactions sociales dans les tissus de l'organisme. Ainsi notre connaissance des cellules normales a beaucoup progressé grâce à la recherche fondamentale sur le cancer. Des produits secondaires de la recherche sur le cancer sont devenus des instruments essentiels dans l'actuelle révolution de la biologie cellulaire — des outils tels que la transcriptase reverse provenant de virus tumorigènes à ARN, utilisée pour fabriquer de l'ADNc (voir p. 183), et les lignées de cellules de myélome dérivées des lymphocytes B cancéreux, utilisées pour fabriquer des anticorps monoclonaux. On peut discuter du pourcentage des moyens considérables consacrés à la recherche sur le cancer qui a directement contribué jusqu'à présent aux progrès dans le traitement du cancer ; mais il ne peut y avoir aucun doute qu'en contribuant aux progrès en biologie cellulaire, l'effort fait dans la recherche sur le cancer a été extrêmement favorable à un domaine de connaissances médicales beaucoup plus vaste que celui du seul cancer.

Nous avons déjà discuté de la façon dont la mise en évidence des mécanismes moléculaires qui sont à l'origine des contrôles normaux de la croissance et de la division cellulaire a commencé grâce à la recherche sur le cancer (voir pp. 752-761). Dans ce chapitre de conclusion, nous analyserons la maladie elle-même. Dans la première partie, nous étudierons la nature du cancer et l'histoire naturelle de la maladie d'un point de vue cellulaire ; dans la seconde partie, nous nous concentrerons sur sa base moléculaire.

Le cancer en tant que processus micro-évolutif [1]

Le corps d'un animal peut être considéré comme une société ou un écosystème dont les individus sont les cellules qui se reproduisent par division cellulaire et sont organisées en assemblées coopératives ou tissus. Dans notre précédente discussion sur la conservation des tissus (dans le Chapitre 17), nos intérêts étaient semblables à ceux de l'écologiste : naissances, morts, biotopes, limitations territoriales, maintien de la taille des populations, etc. Le seul thème écologique manifestement absent était celui de la sélection naturelle : nous n'avons rien dit de la compétition ou des mutations parmi les cellules somatiques. La raison en est qu'un organisme sain est, à cet égard, une société très particulière, dans laquelle l'auto-sacrifice, plutôt que la compétition, est la règle pour toutes les classes de cellules sauf une : toutes les lignées de cellules somatiques doivent mourir, ne laissant aucune descendance mais consacrant leur existence à l'entretien des cellules germinales, qui sont seules à avoir une chance de survie. Ceci n'a rien de mystérieux, car l'organisme est un clone et le génome des cellules somatiques est le même que celui des cellules germinales ; ainsi, par leur auto-sacrifice pour la sauvegarde des cellules germinales, les cellules somatiques aident à propager des copies de leur propres gènes.

Cependant à l'opposé des cellules indépendantes comme les bactéries qui sont en compétition pour survivre, les cellules d'un organisme pluricellulaire doivent collaborer. Toute mutation qui donne lieu à un comportement égoïste de la part de membres isolés de la coopérative compromettra l'avenir de toute l'entreprise. Les mutations, la compétition et la sélection naturelle opérant à *l'intérieur* de la population des cellules somatiques sont ainsi les éléments d'un désastre. C'est, essentiellement, ce type de catastrophe qui se produit dans le cancer : le cancer est une maladie dans laquelle des cellules isolées commencent à prospérer égoïstement aux dépens de leurs voisines, mais finissent par détruire la totalité de la société cellulaire et mourir.

Dans cette partie du chapitre, nous étudierons le développement du cancer comme un processus micro-évolutif qui se produit sur des mois ou des années dans une population de cellules de l'organisme, mais qui dépend des mêmes principes de mutation et de sélection naturelle qui gouvernent l'évolution à long terme de tous les organismes vivants.

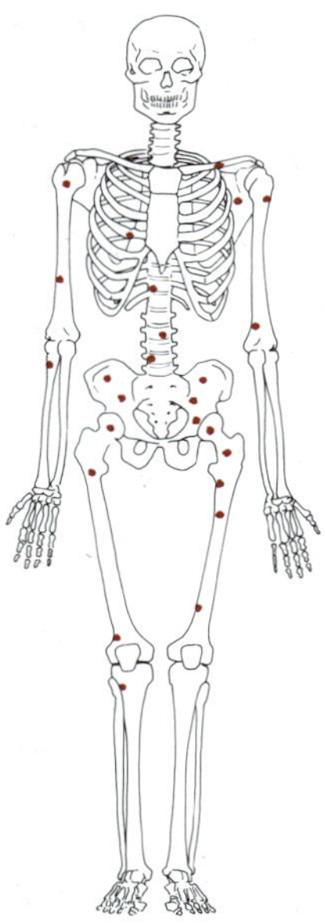

Figure 21-1 Les tumeurs malignes produisent typiquement des métastases, rendant le cancer difficile à extirper. Ce dessin montre les sites habituels des métastases, dans la moelle osseuse, d'un carcinome de la glande prostatique. (D'après Union internationale contre le cancer, TNM Atlas : Illustrated Guide to The Classification of Malignant Tumors, 2nd ed. Berlin : Springer, 1986.)

Les cancers diffèrent selon le type de cellules dont ils dérivent [2]

Les cellules cancéreuses sont définies par deux propriétés héréditaires : elles et leur descendance (1) se reproduisent à l'encontre des contraintes normales et (2) envahissent et colonisent des territoires normalement réservés à d'autres cellules. C'est la combinaison des ces caractères qui rend les cancers particulièrement dangereux. Une cellule anormale isolée qui ne prolifère pas plus que ses voisines normales ne provoque pas de dommage significatif, quelles que soient les autres propriétés fâcheuses qu'elle peut avoir ; mais si elle prolifère sans contrôle, elle donnera une tumeur ou **néoplasme** — une masse de cellules anormales qui augmentera sans rémission.Toutefois, tant que les cellules néoplasiques restent groupées en une masse unique, la tumeur est dite **bénigne** et l'ablation chirurgicale de la masse conduit habituellement à une guérison complète. Une tumeur n'est considérée comme un cancer que si elle est **maligne**, c'est-à-dire uniquement si ses cellules ont la capacité d'envahir le tissu environnant. L'invasion implique généralement une capacité de s'échapper, de pénétrer dans le sang ou les vaisseaux lymphatiques et de former des tumeurs secondaires ou **métastases** en d'autres régions du corps (Figure 21-1). Plus les métastases se répandent, plus il est difficile d'éradiquer un cancer.

Les cancers sont classés selon le tissu et le type cellulaire dont ils proviennent. Les **carcinomes** sont les cancers issus de cellules épithéliales ; ceux qui proviennent du tissu conjonctif ou des cellules musculaires sont les **sarcomes**. Les cancers qui n'entrent dans aucune de ces deux grandes catégories comprennent les différentes **leucémies**, qui dérivent des cellules hématopoïétiques, et les cancers dérivés des cellules du système nerveux. Les types de cancers qui sont courants aux États-Unis ainsi que leur fréquence et le taux de mortalité dont ils sont responsables figurent dans le Tableau 21-1. Chacune de ces grandes catégories a de nombreuses subdivisions selon le type cellulaire spécifique, la localisation dans l'organisme et la structure de la tumeur ; beaucoup de noms utilisés sont établis par tradition et n'ont aucune base moderne rationnelle. Parallèlement à la dénomination des tumeurs malignes, il existe une dénomination voisine pour les tumeurs bénignes : un *adénome*, par exemple, est une tumeur épithéliale bénigne avec une organisation glandulaire, le type de tumeur maligne correspondant étant un *adénocarcinome* (Figure 21-2) ; un *chondrome* et un *chondrocarcinome* sont, respectivement, des tumeurs bénigne et maligne du cartilage. Environ 90 p. cent des cancers humains sont des carcinomes du fait, peut-être, que l'essentiel de la prolifération cellulaire dans le corps a lieu dans les épithéliums ; en effet les tissus épithéliaux sont plus fréquemment exposés aux diverses formes de dommages physiques et chimiques qui favorisent le développement du cancer.

Les caractéristiques de chaque cancer reflètent son origine. Ainsi, par exemple, les cellules d'un *carcinome des cellules basales* de l'épiderme, qui dérivent d'une cellule souche de kératinocyte de la peau, continueront généralement à synthétiser des filaments intermédiaires de cytokératine, tandis que les cellules d'un *mélanome*, qui dérivent d'une cellule pigmentaire de la peau, continueront souvent (mais pas toujours) à fabriquer des granules pigmentaires. Les cancers issus de différents types cellulaires sont, en général, des maladies très

Tableau 21-1 Fréquence des cancers et mortalité due aux cancers aux États-Unis, en 1986.

Type de cancer	Nombre de cas/an		Nombre de morts/an	
Ensemble des cancers	930 000		472 000	
Cancers des épithéliums : carcinomes	789 000	(85 %)	381 400	(81 %)
Cavité buccale et pharynx	29 500	(3 %)	9 400	(2 %)
Appareil digestif (total)	217 800	(23 %)	119 700	(25 %)
Côlon et rectum	130 000	(14 %)	60 000	(13 %)
Pancréas	25 500	(3 %)	24 000	(5 %)
Estomac	24 700	(3 %)	14 300	(3 %)
Foie et système biliaire	13 600	(1 %)	10 600	(2 %)
Système respiratoire (total)	164 500	(18 %)	135 400	(29 %)
Poumon	149 000	(16 %)	130 100	(28 %)
Sein	123 900	(13 %)	40 200	(9 %)
Peau (total)	(>400 000)*		7 500	(2 %)
Mélanomes malins	23 000	(2 %)	5 600	(1 %)
Organes de reproduction (total)	169 800	(18 %)	49 400	(10 %)
Glande prostatique	90 000	(10 %)	26 100	(6 %)
Ovaire	19 000	(2 %)	11 600	(2 %)
Col de l'utérus	14 000	(2 %)	6 800	(1 %)
Utérus (endomètre)	36 000	(4 %)	2 900	(1 %)
Appareil urinaire (total)	60 500	(7 %)	19 800	(4 %)
Vessie	40 500	(4 %)	10 600	(2 %)
Cancers du système hématopoïétique et immunitaire : leucémies et lymphomes	70 100	(8 %)	41 100	(9 %)
Cancers du système nerveux central et de l'œil : gliomes, rétinoblastomes, etc.	15 600	(2 %)	10 600	(2 %)
Cancers des tissus conjonctifs, des muscles, et de la vascularisation : sarcomes	7 100	(1 %)	4 200	(1 %)
Tous les autres cancers + sites non spécifiques	48 200	(5 %)	34 800	(7 %)

* Les cancers de la peau qui ne sont pas des mélanomes ne sont pas inclus dans la somme de tous les cancers, car presque tous sont facilement guéris et beaucoup ne sont pas enregistrés.

Dans le monde entier, les cinq cancers les plus courants sont les cancers du poumon, de l'estomac, du sein, du côlon/rectum et du col de l'utérus, et le nombre total des nouveaux cas de cancer est d'environ 6 millions par an. Noter que la moitié seulement des individus qui développent un cancer en meurent. (Données d'après l'American Cancer Society, Cancer Facts and Figures, 1986.)

Figure 21-2 Un adénome (une tumeur glandulaire bénigne) et un adénocarcinome (une tumeur glandulaire maligne) mis en contraste. De telles tumeurs peuvent prendre de nombreuses formes : cette figure illustre schématiquement les types que l'on pourrait trouver dans le sein.

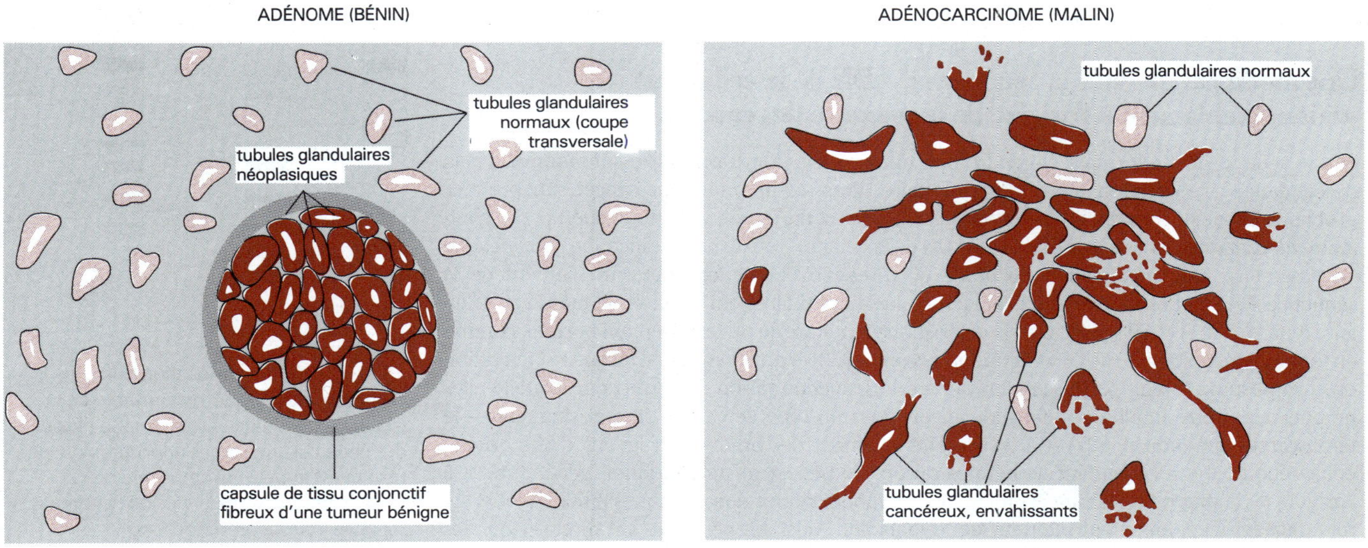

différentes. Le carcinome des cellules basales, par exemple, n'est que localement envahissant et forme rarement des métastases, alors que le mélanome est beaucoup plus malin et donne rapidement de nombreuses métastases (comportement qui rappelle les tendances migratoires des précurseurs normaux des cellules pigmentaires au cours du développement — voir p. 944). Le carcinome des cellules basales est généralement facile à éliminer chirurgicalement, conduisant à une guérison complète ; mais le mélanome malin, lorsqu'il a formé des métastases, est souvent impossible à extraire et par conséquent mortel.

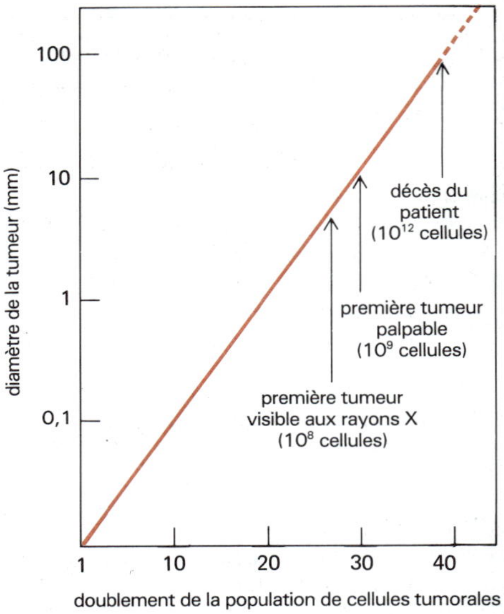

Figure 21-3 La croissance d'une tumeur humaine typique, le diamètre de la tumeur étant reporté sur une échelle logarithmique. Des années peuvent s'écouler avant que la tumeur ne devienne détectable.

La majorité des cancers dérivent d'une seule cellule anormale [3]

La majorité des cancers ont pour origine une seule **tumeur primaire** isolée ; ceci suggère qu'ils dérivent, par division cellulaire, d'une seule cellule qui a subi quelque modification héréditaire qui lui permet de croître plus vite que ses voisines. Cependant, lorsqu'elle est détectée pour la première fois, une tumeur typique contient déjà au moins un milliard de cellules (Figure 21-3), parmi lesquelles il y a souvent de nombreuses cellules normales — des fibroblastes par exemple dans le tissu conjonctif de soutien qui est associé à un carcinome. Il n'est pas facile de prouver que les cellules cancéreuses sont un clone issu d'une seule cellule anormale ; mais l'origine monoclonale du cancer est généralement confirmée à chaque fois que l'on dispose de preuves. Chez presque tous les patients atteints de *leucémies myéloïdes chroniques*, par exemple, les leucocytes leucémiques se distinguent des cellules normales par une anomalie chromosomique spécifique (le chromosome de Philadelphie, créé par une translocation entre les bras longs des chromosomes 22 et 9, comme le montre la Figure 21-4). Il est peu probable que l'accident génétique responsable de cette anomalie se soit produit dans plusieurs cellules à la fois chez le même individu ; il est beaucoup plus vraisemblable que toutes les cellules leucémiques sont les descendantes de la même et seule cellule mutante. En effet, lorsque l'ADN au niveau du site de translocation est cloné et lorsque sa séquence est déterminée, on trouve que le site de coupure et de réunion des fragments transloqués est identique dans toutes les cellules leucémiques de n'importe quel patient donné, mais diffère légèrement (par quelques centaines ou milliers de paires de bases) d'un patient à l'autre, comme on peut s'y attendre si chaque cas de leucémie est le résultat d'un accident unique survenant dans une seule cellule.

Une autre façon de démontrer que le cancer a une origine monoclonale est d'exploiter le phénomène d'inactivation du chromosome X (voir p. 577). Une femme normale est un mélange aléatoire ou une mosaïque, de deux catégories de cellules — celles dans lesquelles le chromosome X paternel est inactivé et celles dans lesquelles le chromosome X maternel est inactivé. L'inactivation de l'un des chromosomes X dans chaque cellule est un phénomène précoce du développement embryonnaire, et, par la suite, le chromosome X inactivé dans les cellules filles d'une cellule somatique en cours de division est celui de la cellule parentale. Il en résulte que l'état d'inactivation du chromosome X — maternel ou paternel — peut être utilisé comme marqueur héréditaire pour suivre la filiation des cellules dans l'organisme. Dans la grande majorité des tumeurs qui ont été analysées — à la fois bénignes et malignes — on a trouvé que toutes les cellules tumorales ont le même chromosome X inactivé, suggérant fortement qu'elles sont dérivées d'une seule cellule désorganisée (Figure 21-5).

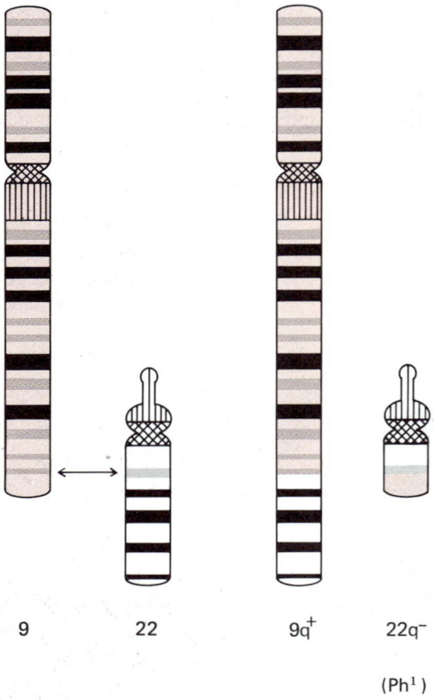

Figure 21-4 La translocation entre les chromosomes 9 et 22 responsable de la leucémie myéloïde chronique. Le plus petit des deux chromosomes anormaux qui en résulte est appelé chromosome de Philadelphie, d'après la ville où l'anomalie fut signalée pour la première fois.

Une modification dans la séquence d'ADN de la cellule est vraisemblablement à l'origine de la majorité des cancers [4]

Si une seule cellule anormale engendre une tumeur, elle doit transmettre son anomalie à sa descendance : l'aberration doit être héréditaire. Pour comprendre un cancer, un premier problème est de découvrir si l'aberration héréditaire est due à une variation génétique — c'est-à-dire un remaniement de la séquence d'ADN de la cellule — ou à une modification *épigénétique* — c'est-à-dire une modification du mode d'expression des gènes sans remaniement de la séquence d'ADN. Les modifications épigénétiques héréditaires qui reflètent la mémoire cellulaire (voir p. 570 et p. 898) sont une caractéristique familière du développement normal, comme en témoignent la stabilité de l'état différencié (voir p. 952) et un phénomène tel que l'inactivation du chromosome X (voir p. 577) ; et il n'y a, a priori, aucune raison évidente pour laquelle elles ne pourraient être impliquées dans le cancer. Pour un type de cancer rare et singulier — le tératocarcinome (voir p. 897) — il existe effectivement des preuves en faveur d'une origine épigénétique. Il y a cependant de bonnes raisons de penser qu'une variation génétique est à l'origine de la majorité des cancers (bien que les modifications épigénétiques puissent jouer un rôle dans le développement ultérieur de la maladie). Ainsi, on peut souvent montrer que les cellules d'un cancer donné partagent une anomalie dans leur séquence d'ADN, comme nous venons de le voir dans le cas de la leucémie myéloïde chronique. Nous étudierons beaucoup d'autres exemples dans la seconde moitié de ce chapitre, mais ceci ne prouve pas qu'une modification génétique est une première étape essentielle dans la causalité du cancer. Le fait que la majorité des agents connus pour induire un cancer provoque une variation génétique est un argument plus convaincant et, réciproquement, les agents qui provoquent une modification génétique induisent le cancer. Cette corrélation entre **carcinogenèse** (la génération du cancer) et *mutagenèse* est certaine pour trois catégories d'agents : les carcinogènes chimiques (qui provoquent de façon typique de simples remaniements localisés de la séquence nucléotidique), les rayonnements ionisants tels que les rayons X (qui provoquent typiquement des cassures et des translocations chromosomiques), et les virus (qui introduisent de l'ADN étranger dans la cellule). Le rôle des virus dans le cancer sera envisagé ultérieurement ; nous nous arrêtons ici pour étudier les **produits chimiques carcinogènes**.

En général, un cancer donné ne peut être entièrement imputé à un seul événement ou à une seule cause ; comme nous le verrons, les cancers résultent en règle générale de la rencontre fortuite dans une cellule donnée, de plusieurs accidents indépendants dont les effets sont cumulatifs. L'environnement de la cellule influe sur la fréquence de ces accidents de multiples façons et la majorité des cancers devraient être considérés comme le résultat d'un processus aléatoire dont la probabilité est augmentée par la contribution combinée de facteurs de l'environnement (voir p. 1195). Il existe cependant certains agents exceptionnellement carcinogènes qui augmentent la probabilité des événements critiques de sorte qu'il devient pratiquement sûr, pour une dose suffisamment élevée, qu'une cellule, au moins, de l'organisme deviendra cancéreuse. Le composé 2-naphtylamine, utilisé dans l'industrie chimique au début de ce siècle, en est un exemple notoire : dans une usine britannique, tous les hommes qui avaient été employés pour le distiller (et qui avaient, par conséquent, été soumis à une exposition prolongée) finirent par développer un cancer de la vessie.

On a montré que de nombreux produits chimiques assez disparates sont vraisemblablement carcinogènes, lorsqu'ils sont injectés expérimentalement à des animaux ou étalés de façon répétée sur leur peau. Certains de ces produits carcinogènes agissent directement sur les cellules cibles ; beaucoup d'autres n'agissent qu'après avoir été transformés en une forme plus réactive par des processus métaboliques — notamment par un groupe d'enzymes intracellulaires, connues sous le nom de cytochrome P-450 oxydases, qui facilitent normalement la conversion des toxines ingérées et des matériaux liposolubles étrangers en composés inoffensifs et facilement excrétés, mais qui ne peuvent y parvenir avec certaines substances, les transformant à la place en produits carcinogènes directs (Figure 21-6). Bien que les produits chimiques carcinogènes connus soient très divers, la majorité d'entre eux ont au moins une propriété en commun : ils provoquent des mutations. Cette propriété mutagène peut être démontrée par diverses méthodes, l'une des plus commodes étant le *test de Ames ;* ce test consiste à mélanger le produit carcinogène et un extrait activateur préparé à partir de cellules hépatiques de rat, et à l'ajouter à une culture de bactéries spécialement étudiée ; le taux de mutation résultant des bactéries est ensuite évalué (Figure 21-7). La majorité des composés répertoriés comme mutagènes par ce test bactérien provoquent aussi des mutations et/ou des aberrations chromosomiques dans des cellules de mammifère en culture et leurs structures chimiques sont telles qu'elles impliquent un pouvoir de réaction avec l'ADN. Lorsque les données de ces différentes sources sur les propriétés mutagènes sont combinées et comparées aux données sur les propriétés carcinogènes d'après des études sur l'induction du cancer *in vivo*, on trouve que la majorité des produits carcinogènes connus sont mutagènes et, réciproquement, que la majorité des composés mutagènes sont carcinogènes.

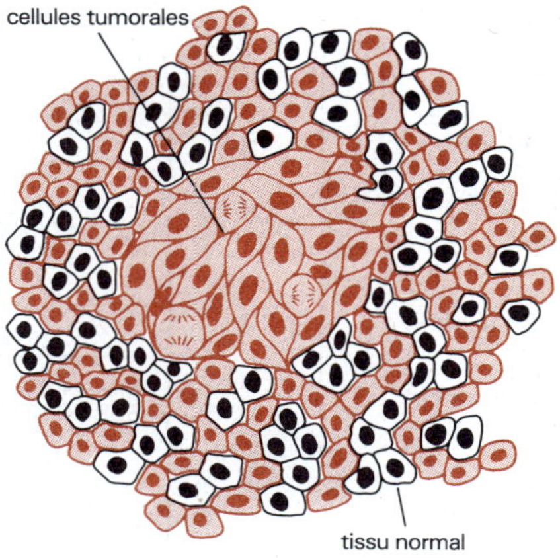

Figure 21-5 Démonstration d'après l'analyse des mosaïques aux rayons X de l'origine monoclonale des cancers. Par suite d'un processus aléatoire qui se produit chez l'embryon précoce, la presque totalité des tissus normaux dans un corps de femme est un mélange de cellules avec différents chromosomes X inactivés de façon héréditaire (indiqués ici par le mélange de cellules colorées et de cellules noires dans le tissu normal). Cependant, quand on étudie l'expression d'un gène marqueur lié au chromosome X dans les cellules d'un cancer, on découvre habituellement qu'elles ont toutes le même chromosome X inactivé.

Figure 21-6 Beaucoup de produits chimiques carcinogènes doivent être activés par une translocation métabolique avant de provoquer des mutations par réaction avec l'ADN. Le composé représenté ici est l'*aflatoxine B1*, une toxine provenant d'une moisissure (*Aspergillus flavus oryzae*) qui pousse sur les céréales et les arachides lorsqu'elles sont stockées dans des conditions tropicales humides ; on suppose que ceci contribue au cancer du foie sous les tropiques.

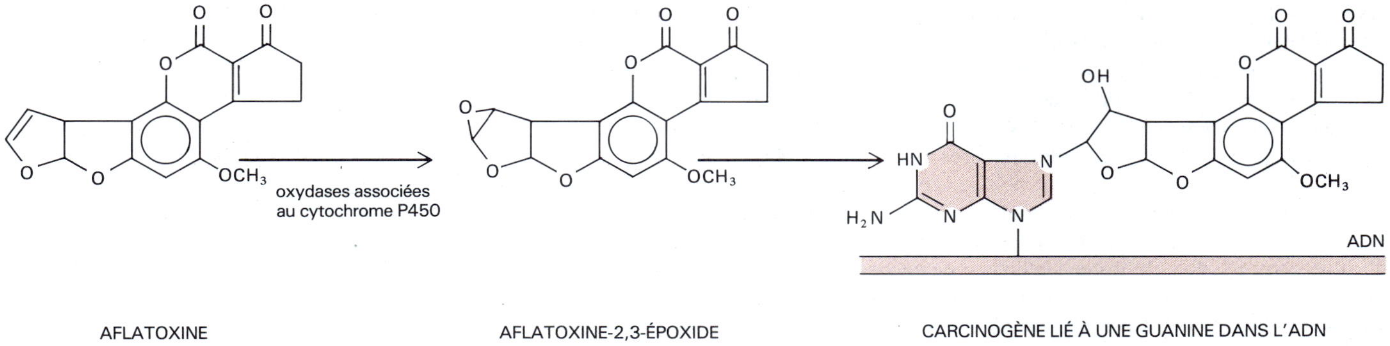

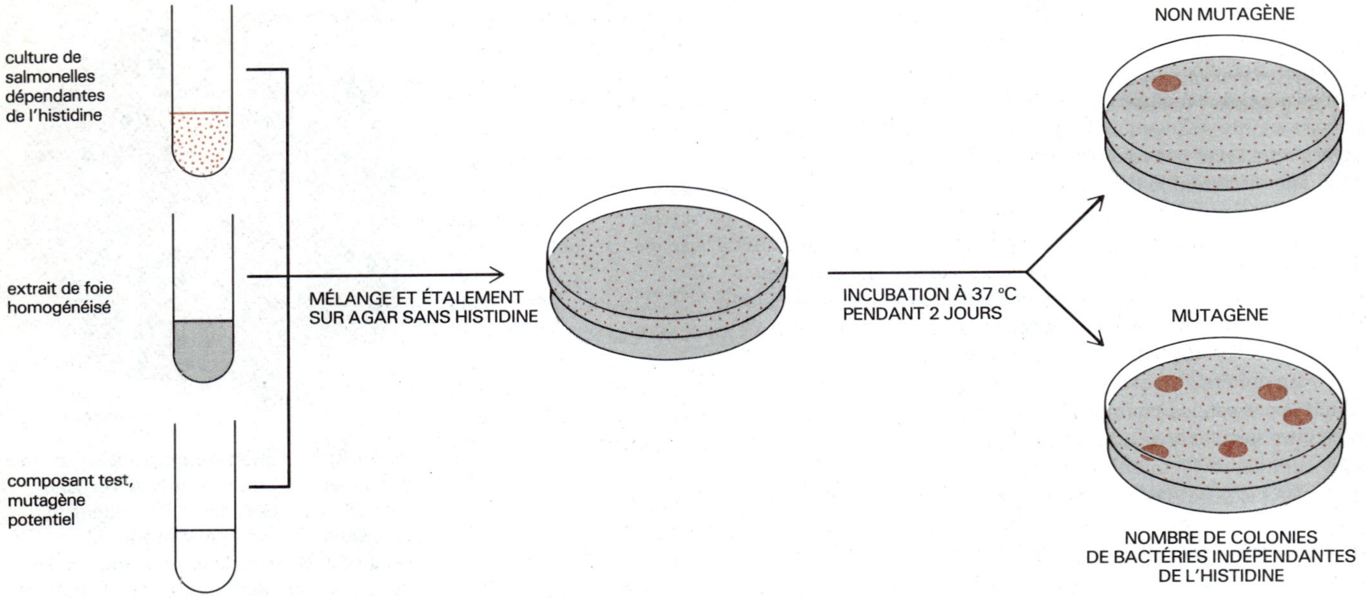

Figure 21-7 Le test de Ames pour la mutagénicité. Le test utilise une souche de bactéries *Salmonella* qui ont besoin d'histidine dans le milieu du fait d'un défaut dans le gène nécessaire à la synthèse de l'histidine. Des mutagènes peuvent provoquer une autre modification dans ce gène qui annule le défaut, créant des bactéries revertantes qui n'ont pas besoin d'histidine. Afin d'augmenter la sensibilité de ce test, les bactéries ont aussi un défaut dans leur mécanisme de réparation de l'ADN qui les rend particulièrement sensibles à des agents qui lèsent l'ADN. Une majorité des composés mutagènes d'après des tests comme celui-ci sont aussi carcinogènes et vice-versa.

Il y a cependant un petit nombre significatif de produits carcinogènes qui ne semblent pas être mutagènes. Nous discuterons plus loin (p. 1196) de la façon dont les substances non mutagènes peuvent promouvoir le développement du cancer en modifiant le comportement de cellules mutantes préexistantes. Mais nous devons étudier, en premier lieu, la fréquence vraisemblable d'apparition de telles cellules mutantes dans le cours normal des événements.

Une seule mutation n'est pas suffisante pour provoquer le cancer [1,5]

Au cours d'une vie, il se produit à peu près 10^{16} divisions cellulaires dans le corps humain ; chez une souris, avec son plus petit nombre de cellules et sa durée de vie plus courte, le nombre de divisions est d'environ 10^{12}. Même dans un environnement dépourvu de composés mutagènes, les mutations se produiront spontanément, à un taux estimé d'environ 10^{-6} mutations par gène et par division cellulaire — une valeur fixée par les limitations fondamentales de la précision de la réplication et de la réparation de l'ADN (voir p. 229). Ainsi, au cours d'une vie, chaque gène a environ 10^{10} chances distinctes de mutation chez chaque individu, ou environ 10^{6} chances chez une souris. On pourrait s'attendre à ce qu'un grand nombre des cellules mutantes qui en résultent présentent des perturbations dans les gènes impliqués dans la régulation de la division cellulaire et désobéissent par conséquent aux limitations normales de la prolifération cellulaire. De ce point de vue, il ne semble pas que le problème du cancer soit de savoir pourquoi il se produit, mais plutôt pourquoi il se produit aussi rarement.

Il est évident que la survie des mammifères doit dépendre d'une certaine forme de double — ou peut-être plus que double — assurance dans les mécanismes qui nous protègent contre l'envahissement par des clones mutants de cellules qui ont un avantage sélectif sur nos cellules normales et saines : si une seule mutation dans quelque gène particulier était suffisante pour transformer une cellule saine en une cellule cancéreuse, nous ne serions pas des organismes viables. Un grand nombre de preuves montrent que la genèse d'un cancer nécessite en effet la rencontre simultanée de plusieurs accidents rares, indépendants dans une cellule. Ce sont des études épidémiologiques de l'incidence du cancer en fonction de l'âge qui ont fourni une telle indication. Si une seule mutation, se produisant avec une probabilité constante par an, était responsable du cancer, la probabilité de développer un cancer au cours d'une année donnée serait indépendante de l'âge. De fait, pour la plupart des types de cancer, la probabilité augmente très fortement avec l'âge — typiquement comme la troisième, quatrième ou cinquième puissance (Figure 21-8). A partir de telles statistiques, on a estimé qu'il faut environ de trois à sept événements aléatoires indépendants, chacun de faible probabilité, pour transformer une cellule normale en une cellule cancéreuse ; les plus petits nombres s'appliquent aux leucémies, les valeurs les plus grandes aux carcinomes.

Les mutations spécifiques responsables du développement du cancer ayant été identifiées, il est devenu possible de tester l'influence des gènes mutants chez des souris transgéniques (voir p. 267) ; comme nous le verrons ultérieurement (p.1212), les résultats de ces tests apportent des preuves supplémentaires et plus directes à l'hypothèse selon laquelle une seule mutation

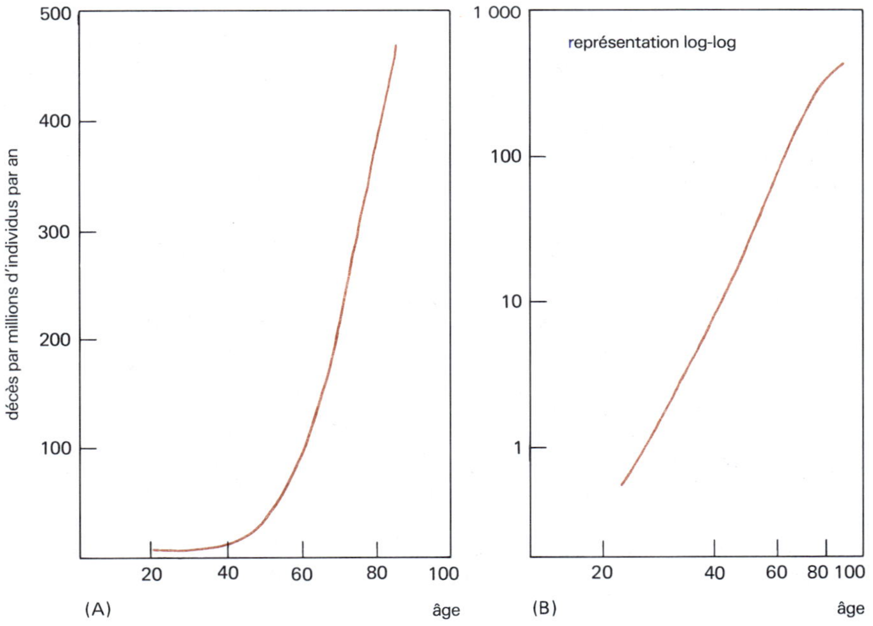

Figure 21-8 Nombre de décès par cancer du gros intestin aux Etats-Unis en une année, représenté en fonction de l'âge au moment du décès ; les mêmes données sont représentées sur une échelle linéaire ordinaire en (A) et sur une échelle logarithmique en (B). La fréquence du cancer augmente fortement en fonction de l'âge — en gros comme une puissance cinq dans cet exemple [c'est-à-dire que la pente de la courbe log-log en (B) est environ de 5]. Ceci suggère qu'une cellule doit accumuler les effets néfastes de plusieurs accidents génétiques indépendants avant d'engendrer un cancer. (D'après U.S. Department of Health, Education and Welfare : Vital Statistics of the United States. Vol II : Mortality, Washington, D.C. : U.S. Government Printing Office, 1968.)

ne suffit pas à provoquer un cancer. L'hypothèse est également étayée par de nombreuses études plus anciennes du phénomène de **progression tumorale**, par lequel une légère perturbation initiale du comportement cellulaire évolue progressivement en un cancer. De plus, ces observations sur le mode de développement des tumeurs fournissent un aperçu de la nature des multiples changements qui doivent s'opérer pour qu'une cellule normale devienne cancéreuse, et des facteurs qui contrôlent leur apparition.

Les cancers se développent lentement à partir de cellules légèrement anormales [1,5,6]

Dans le cas des cancers qui ont une cause externe identifiable, il y a presque toujours un long délai entre le ou les événement(s) responsable(s) et le début de la maladie : l'incidence du cancer du poumon chez un grand fumeur ne commence à augmenter fortement qu'au bout de dix ou vingt ans. Il n'y a pas eu de nette augmentation de la fréquence des leucémies à Hiroshima et Nagasaki au cours des cinq années qui ont suivi l'explosion des bombes atomiques, et cette fréquence n'a atteint un pic maximal que huit ans après ; les ouvriers exposés pendant une période limitée à des produits chimiques carcinogènes ne développent généralement les cancers caractéristiques de leur profession qu'après dix ans, vingt ans ou même plus (Figure 21-9), etc. Au cours de cette longue période d'incubation, les futures cellules cancéreuses subissent une succession de modifications. La leucémie myéloïde chronique, mentionnée précédemment, fournit un exemple clair et simple. Cette maladie commence par une affection caractérisée par une surproduction non létale de leucocytes et continue ainsi plusieurs années

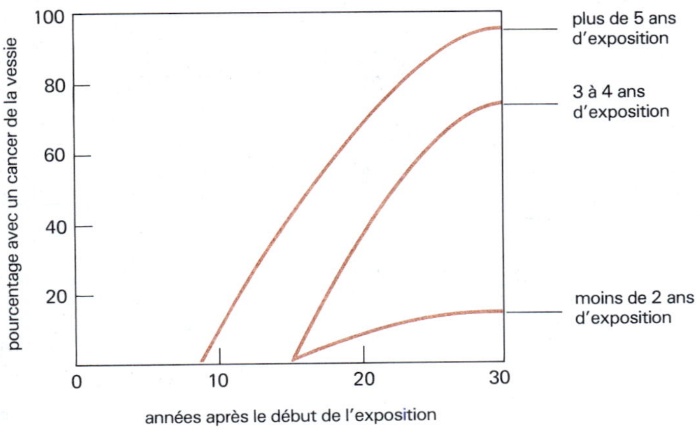

Figure 21-9 Durée du délai qui précède le début d'un cancer de la vessie dans un ensemble de 78 hommes qui ont été exposés au carcinogène 2-naphtylamine, regroupés selon la durée de leur exposition. (Adapté d'après J. Cairns, Cancer : Science and Society, San Francisco : Freeman, 1978. D'après M.H.C. Williams, dans Cancer, Vol III (R.W. Raven, ed). London, Butterfield, 1958.)

avant d'évoluer en une maladie dont la progression est beaucoup plus rapide et qui aboutit habituellement au décès en quelques mois. Dans la phase chronique précoce, les cellules leucémiques de l'organisme se différencient simplement par la présence de la translocation chromosomique mentionnée précédemment (voir p. 1190). Dans la phase qui suit, le système hématopoïétique est envahi par des cellules qui ont plusieurs autres anomalies chromosomiques en plus de celle-ci. Tout se passe comme si les membres du clone mutant initial avaient subi de nouvelles mutations qui les font proliférer plus rapidement (ou effectuer un plus grand nombre de divisions avant de se différencier), de sorte qu'ils finissent par être plus nombreux que les cellules hématopoïétiques normales ainsi que leurs cousines qui ne présentent que l'affection d'origine.

On pense que les carcinomes et d'autres tumeurs solides évoluent de la même façon. Bien que l'on ne diagnostique la majorité de ces cancers, chez l'homme, qu'à un stade assez tardif, il est possible, dans quelques cas, d'observer les étapes précoces du développement de la maladie. Les cancers du *col de l'utérus* (le col de la matrice) en sont un exemple typique. Ces cancers proviennent de l'épithélium cervical à plusieurs couches dont l'organisation est semblable à celle de l'épiderme de la peau (voir p. 968). Normalement, la prolifération n'a lieu que dans la couche basale, engendrant des cellules qui se déplacent ensuite vers la surface, se différenciant au cours de leur déplacement en cellules aplaties, riches en kératine et quiescentes, qui finissent par se détacher de la surface (Figure 21-10A). Cependant lorsque de nombreux échantillons de cet épithélium provenant de différentes femmes sont examinés, il n'est pas rare de trouver des régions de **dysplasie**, dans lesquelles les cellules en cours de division ne se cantonnent plus à la couche basale et le processus de différenciation se trouve perturbé (Figure 21-10B). Les cellules se détachent de la surface à des stades de différenciation anormalement précoces, et la présence de dysplasie peut être détectée en prélevant par raclage un échantillon cellulaire à la surface et en l'examinant au microscope (la technique du « frottis de Pap » — Figure 21-11). Isolées, les régions dysplasiques régresseront le plus souvent spontanément ; toutefois, plus rarement, elles peuvent progresser, sur une période de plusieurs années, pour engendrer des régions appelées **carcinomes *in situ*** (Figure 21-10C). Dans ces lésions plus sérieuses (dont le nom est un peu trompeur car elles ne sont pas encore totalement malignes), le mode habituel de division et de différenciation cellulaires est beaucoup plus sévèrement atteint, et toutes les couches de l'épithélium sont composées de cellules indifférenciées en cours de prolifération, dont la taille et le caryotype sont souvent très variables ; les cellules anormales sont cependant encore limitées au côté épithélial de la lame basale. A ce stade, il est encore facile de parvenir à une guérison complète par destruction ou élimination chirurgicales du tissu anormal. Sans traitement de ce type, la région anormale peut encore régresser spontanément ; mais dans un nombre de cas estimé à 20-30 p. cent, elle se développera à nouveau pendant plusieurs années pour donner naissance à un carcinome cervical réellement malin (Figure 21-10D), dont les cellules sortent de l'épithélium en traversant la lame basale et commencent à envahir le tissu conjonctif sous-jacent.La guérison chirurgicale devient progressivement plus difficile lorsque la croissance envahissante s'étend.

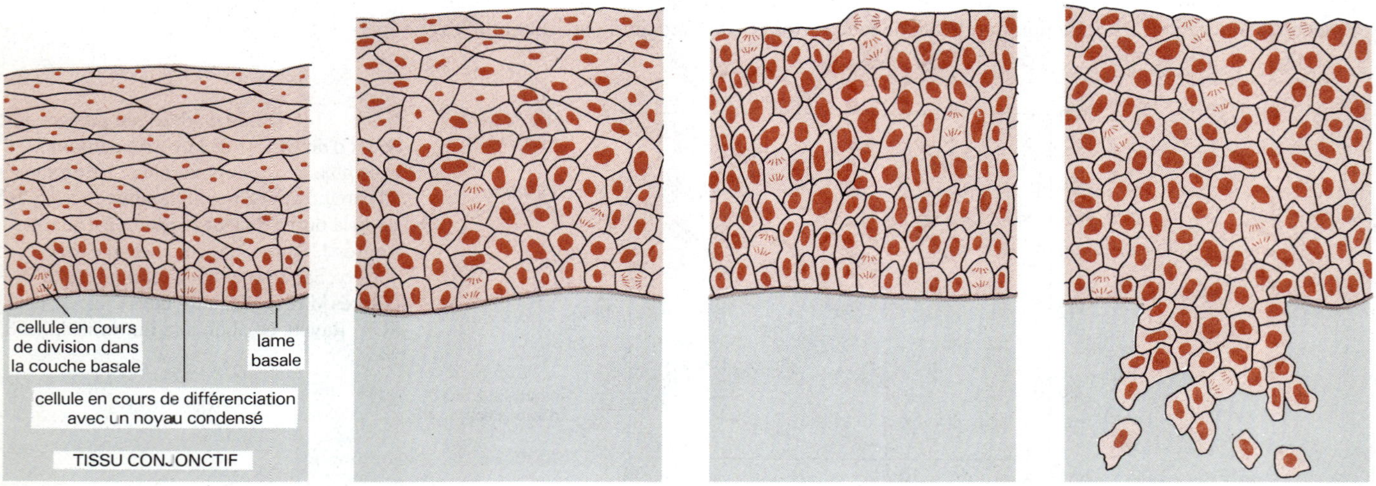

Figure 21-10 Les stades d'évolution dans le développement du cancer de l'épithélium du col de l'utérus. Dans la dysplasie, les cellules les plus superficielles montrent encore quelques signes de différenciation ; mais celle-ci est incomplète, et le site des cellules en cours de prolifération est anormalement éloigné de la couche basale. Dans les carcinomes *in situ*, les cellules prolifèrent dans toutes les couches et sont apparemment indifférenciées. La malignité réelle débute lorsque les cellules traversent la lame basale et commencent à envahir le tissu conjonctif sous-jacent. Plusieurs années peuvent s'écouler entre les premiers signes de dysplasie et le début d'un cancer.

(A)

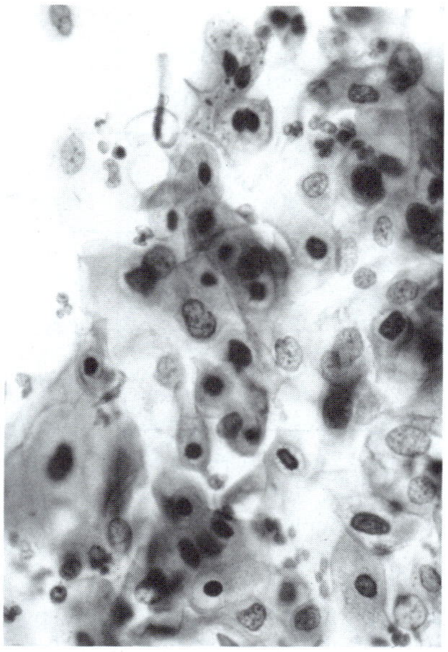

(B)

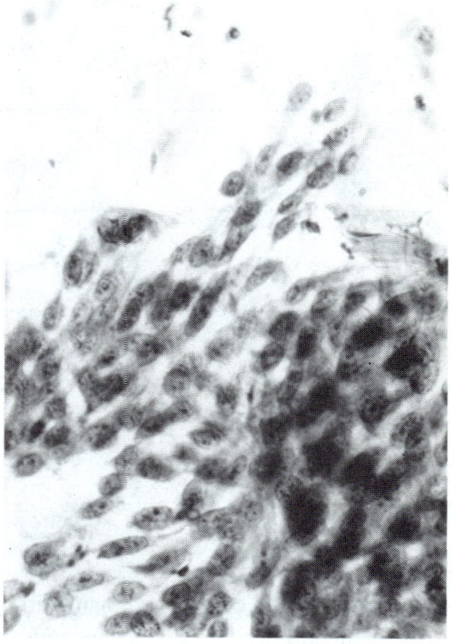

(C)

Figure 21-11 Photographies de cellules prélevées par grattage de la surface du col de l'utérus (technique de Papanicolaou ou technique de « frottis de Pap »). (A) Etat normal ; les cellules sont grosses et bien différenciées, avec les noyaux fortement condensés. (B) Dysplasie ; les cellules se trouvent à des stades de différenciation variés, certains assez immatures. (C) Carcinome envahissant ; les cellules apparaissent toutes indifférenciées, avec un cytoplasme succinct et un noyau assez volumineux ; les débris dans le fond comprennent des cellules sanguines qui se sont échappées au niveau du site de l'ulcère créé par le carcinome. (Avec l'autorisation d'Edward Miller.)

La progression tumorale implique des cycles successifs de mutation et de sélection naturelle [6,7]

Comme le montrent les deux exemples très différents que nous venons d'étudier, les cancers semblent en général survenir selon un processus dans lequel une population initiale de cellules légèrement anormales, descendantes d'une cellule mutante unique, évolue de mal en pis par des cycles successifs de mutation et de sélection naturelle. Cette évolution implique un important facteur de chance et prend habituellement plusieurs années ; la plupart d'entre nous meurent d'autres maladies avant qu'un cancer n'ait eu le temps de se développer. Pour comprendre la causalité du cancer, il est essentiel de comprendre les facteurs qui peuvent accélérer le processus.

En général, on s'attend à ce que la vitesse de l'évolution, que ce soit dans une population de cellules exploitant les occasions d'un comportement cancéreux dans l'organisme ou une population d'organismes s'adaptant à un nouvel environnement à la surface de la Terre, dépende de quatre paramètres principaux : 1) le *taux de mutation,* c'est-à-dire la probabilité par gène et par unité de temps pour que n'importe quel membre donné de la population subisse une modification génétique ; 2) le *nombre d'individus dans la population* ; 3) la *vitesse de reproduction*, c'est-à-dire le nombre moyen de générations de descendants produites par unité de temps ; et 4) l'*avantage sélectif* dont disposent les individus mutants qui survivent, c'est-à-dire le rapport entre le nombre moyen de descendants fertiles survivants qu'ils produisent par unité de temps et le nombre de descendants fertiles survivants produit par des individus non mutants. L'avantage sélectif dépend à la fois de la nature de la mutation et des conditions de l'environnement, et des complications supplémentaires surgissent si des modifications épigénétiques héréditaires se produisent, que ce soit de façon aléatoire ou par réaction à des caractères spécifiques.

Des études expérimentales sur l'induction du cancer chez les animaux illustrent ces principes évolutifs. A la lumière de telles études, on peut commencer à comprendre la diversité des facteurs qui influent sur l'incidence des cancers humains — facteurs allant de la fumée de cigarette (pour le cancer des poumons) à l'âge auquel une femme a son premier enfant (pour le cancer du sein). Le taux de mutation par cellule n'est pas la seule variable significative dans le développement du cancer.

Le développement d'un cancer peut être favorisé par des facteurs qui ne modifient pas la séquence d'ADN des cellules [6,8]

C'est dans la peau que l'on peut le plus facilement observer les phases de progression d'une lésion initiale bénigne vers la cancérisation. Les cancers de la peau peuvent être provoqués chez les souris par exemple en badigeonnant la peau de façon répétée avec un produit chimique carcinogène mutagène tel que le benzo[a]pyrène (un constituant du goudron et de la fumée de

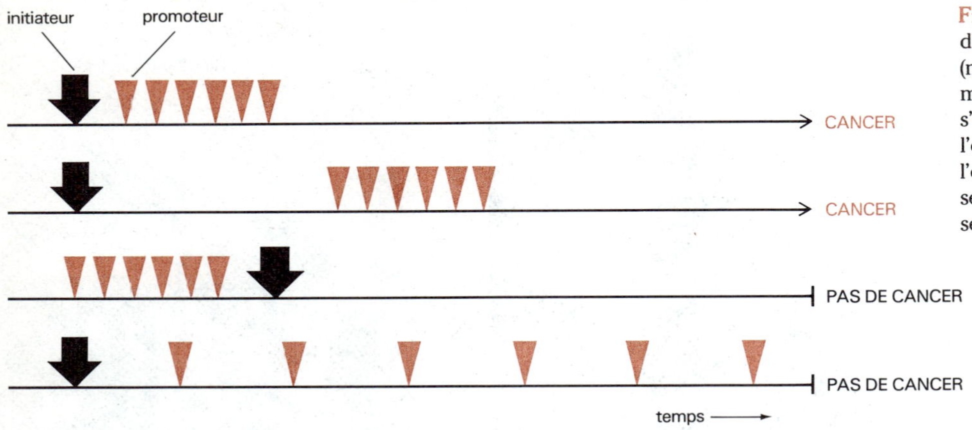

Figure 21-12 Quelques schémas possibles d'exposition à un initiateur tumoral (mutagène) et à un promoteur tumoral (non mutagène), et leurs résultats. Un cancer ne s'ensuit que si l'exposition au promoteur suit l'exposition à l'initiateur et si l'intensité de l'exposition au promoteur dépasse un certain seuil. Une exposition répétée à l'initiateur seul peut aussi engendrer un cancer.

cigarette) ou le composé voisin diméthylbenz[a]anthracène (DMBA). D'habitude cependant, une seule application du carcinogène n'engendre pas par elle-même une tumeur ou tout autre anomalie durable évidente. Elle provoque toutefois une lésion génétique latente et celle-ci peut-être détectée grâce à une fréquence de cancer fortement accrue lorsque les cellules sont soumises à des traitements supplémentaires avec la même substance ou à d'autres traitements assez différents. On dit qu'un produit carcinogène qui « sème les graines » d'un cancer de cette manière agit comme un **initiateur tumoral**. Une simple blessure de la peau qui a été exposée une fois à un tel initiateur peut provoquer le développement d'un cancer à partir de certaines des cellules situées au bord de la blessure. D'autre part, une exposition répétée sur une période de plusieurs mois à certaines substances connues comme **promoteurs tumoraux**, qui ne sont pas elles-mêmes mutagènes, peut provoquer un cancer, précisément dans la peau précédemment exposée à l'initiateur tumoral. Les promoteurs tumoraux les plus étudiés sont les *esters de phorbol*, tels que l'acétate de tétradécanoylphorbol (TPA), que nous avons déjà rencontrés dans un autre contexte comme activateurs de la protéine kinase C (et de là comme agents activateurs d'une partie de la voie de transmission intracellulaire du phosphatidylinositol — voir p. 704). Ces substances ne provoquent des cancers à des fréquences élevées que si elles sont appliquées *après* un traitement par un initiateur tumoral (Figure 21-12).

Comme on pourrait s'y attendre dans le cas des lésions génétiques, les remaniements cachés provoqués par un initiateur tumoral sont irréversibles. Ainsi, ils peuvent même être découverts longtemps après par traitement avec un promoteur tumoral. L'action immédiate du promoteur semble être de stimuler la division cellulaire (ou de provoquer la poursuite de la division de cellules qui devraient normalement subir une différenciation terminale) ; et ceci aboutit à la croissance de nombreuses petites tumeurs bénignes ressemblant à des verrues, appelées *papillomes* dans la région qui a été préalablement exposée à l'initiateur. Plus la dose initiale d'initiateur est élevée, plus le nombre de papillomes induits est grand ; on pense que chaque papillome (au moins pour les doses faibles d'initiateur) est composé d'un seul clone de cellules issu d'une cellule mutante que l'initiateur a engendré. La lésion ainsi que l'application du promoteur agissent probablement en induisant l'expression de certains des gènes de « contrôle social » qui influent directement ou indirectement sur la prolifération cellulaire (voir p. 752). De tels gènes peuvent rester quiescents dans l'épithélium au repos, de sorte que n'importe quelle mutation qu'ils ont subie en réponse à l'initiateur reste indétectable ; en

Figure 21-13 Une des hypothèses proposée pour expliquer l'effet observé des promoteurs tumoraux sur le développement des tumeurs. D'après une autre hypothèse, le gène mutant pourrait s'exprimer de façon constitutive mais n'avoir aucun effet jusqu'à ce que le promoteur active d'autres gènes nécessaires à la prolifération cellulaire.

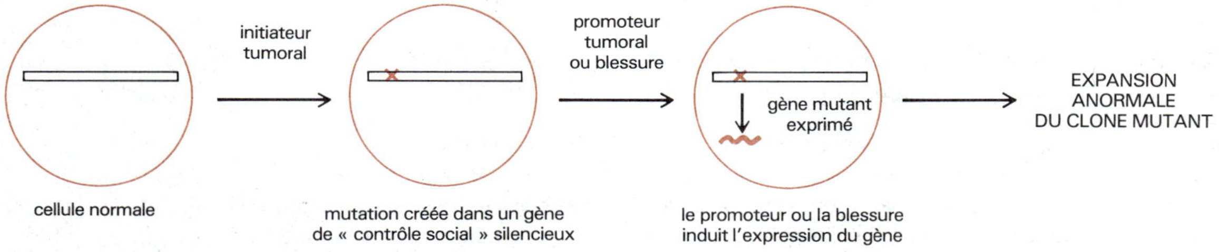

induisant l'expression des gènes, le promoteur ou le stimulus qui provoque la lésion peut révéler les mutations et leur permettre de commencer à influer sur la prolifération cellulaire (Figure 21-13).

Un papillome typique pourrait contenir environ 10^5 cellules — plus de mille fois le nombre de cellules dans une unité épidermique normale en cours de prolifération (voir p. 969). Si l'on interrompt l'exposition à un promoteur tumoral, la grande majorité des papillomes régressent, et la peau reprend un aspect en grande partie normal — comme le laissait prévoir l'hypothèse illustrée dans la Figure 21-13. Cependant, dans un petit nombre de papillomes, de nouveaux remaniements ont lieu, permettant une poursuite incontrôlée de la croissance même après l'élimination du promoteur. Ces modifications semblent prendre naissance de temps à autre dans des papillomes isolés, environ à la fréquence prévue pour des mutations spontanées. De cette façon, une petite proportion de papillomes évoluent pour devenir des cancers. Ainsi, le promoteur tumoral favorise apparemment le développement du cancer, dans ce système tout au moins, en multipliant la population de cellules qui portent une mutation initiale : plus ces cellules sont nombreuses, plus grande sera la probabilité pour que l'une d'elles au moins subisse une autre mutation qui la fera progresser d'une étape de plus dans la voie conduisant à la malignité. Bien que les cancers qui se déclarent naturellement ne passent pas nécessairement par la séquence spécifique d'étapes distinctes d'initiation et de promotion qui viennent d'être décrites, leur évolution doit être gouvernée par des principes analogues. Eux aussi évolueront à une vitesse qui dépend à la fois de la fréquence des mutations et des facteurs qui influent sur la survie, la prolifération et la propagation de certains types de cellules mutantes dès leur origine.

La majorité des cancers sont produits par des combinaisons de facteurs d'environnement qui peuvent être évitées [9]

Le développement d'un cancer comporte généralement de nombreuses étapes, chacune étant gouvernée par des facteurs multiples ; certains de ces facteurs dépendent de la composition génétique de l'individu, d'autres dépendent de son environnement et de son mode de vie. Par conséquent, en modifiant notre milieu ou nos habitudes, nous pourrions, en principe, réduire de façon importante le risque que nous courrons de développer un type de cancer quel qu'il soit. La comparaison de la fréquence du cancer dans différents pays le démontre très clairement : pour presque tout cancer courant dans un pays donné, il existe un autre pays dans lequel sa fréquence est plusieurs fois inférieure (Tableau 21-2) ; et, les populations migratrices tendent à adopter la distribution de la fréquence du cancer typique des pays hôtes, impliquant que les différences sont dues à des facteurs d'environnement et non à des facteurs génétiques. A partir de telles données, on estime que 80 à 90 p. cent des cancers pourraient être évités. Malheureusement, les facteurs d'environnement qui risquent d'induire un cancer sont différents selon les cancers, et un pays qui parvient à échapper à un tel danger n'échappera vraisemblablement pas plus que les autres pays au reste ; ainsi la fréquence de tous les cancers associés (parmi les individus d'un âge donné) est la même d'un pays à l'autre. Il y a cependant quelques sous-groupes dont le mode de vie sobre semble réduire le taux de mortalité total par le cancer : la fréquence du cancer chez les Mormons de l'Utah, par exemple, n'est environ que la moitié de celle que l'on observe chez les Américains en général.

Tandis que de telles observations épidémiologiques montrent que le cancer peut être évité, il reste difficile d'identifier les facteurs d'environnement spécifiques qui l'induisent ou d'établir leur mode d'action. Certains agissent certainement comme des initiateurs tumoraux mutagènes, provoquant directement des modifications génétiques ; d'autres servent probablement de promoteurs tumoraux qui favorisent l'expansion de la population de cellules susceptibles de progresser, grâce à d'autres mutations vers un cancer métastatique. Les produits carcinogènes de la fumée de cigarette, tout comme l'aflatoxine sur les arachides tropicales (voir Figure 21-6) appartiennent sans doute principalement à la première catégorie, alors que les hormones de reproduction qui circulent dans l'organisme féminin à différents moments peuvent appartenir à la seconde catégorie (Figure 21-14). Il est possible que certains facteurs agissent de façons encore différentes — par exemple en provoquant des variations épigénétiques héréditaires. Bien sûr il n'est pas nécessaire de comprendre le mode d'action des agents carcinogènes pour les identifier et montrer comment les éviter. Dans cette mission, l'épidémiologie du cancer a connu quelques succès notoires et en promet d'autres dans l'avenir ; en mettant simplement en évidence le rôle du tabac, elle a montré un moyen de réduire de 30 p. cent le taux de mortalité total par cancer en Amérique du Nord et en Europe. La prévention du cancer n'est pas seulement meilleure que la guérison mais semble être aussi, étant donné l'état actuel de nos connaissances, beaucoup plus facilement réalisable.

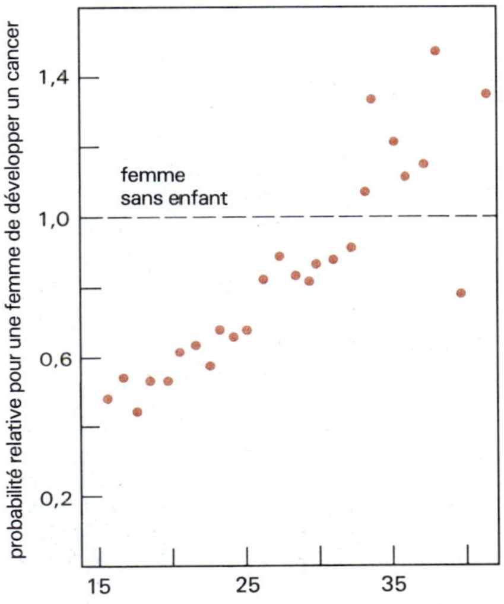

Figure 21-14 La probabilité relative pour qu'un cancer du sein se développe à un certain moment de la vie d'une femme représentée en fonction de l'âge auquel elle donne naissance à son premier enfant. Le graphique montre la valeur de la probabilité par rapport à celle pour une femme sans enfant. Plus le délai qui précède la première grossesse est long, plus la probabilité du cancer du sein est élevée, suggérant que l'exposition à certaines associations d'hormones de reproduction peut contribuer au développement du cancer. Certaines études expérimentales ont montré que la première grossesse à terme peut entraîner une modification épigénétique permanente dans les cellules mammaires, modifiant leurs réponses ultérieures aux hormones. Beaucoup d'autres facteurs — par exemple, la quantité de graisse dans le régime alimentaire — sont aussi en étroite corrélation avec le cancer du sein. (D'après J. Cairns, Cancer : Science and Society. San Francisco : Freeman, 1978. D'après B. MacMahon, P. Cole et J. Brown, *J. Natl. Cancer Inst.* 50 : 21-42, 1973.)

Tableau 21-2 Variation de la fréquence de quelques cancers courants selon les pays

Sites d'origine du cancer	Régions de fréquence élevée	Fréquence cumulative (%) dans les régions de fréquence élevée	Région de faible fréquence	Rapport des fréquences dans les régions de fréquences élevée et faible
Peau	Australie (Queensland)	20	Inde (Bombay)	> 200
Œsophage	Iran	20	Nigeria	300
Poumon	Angleterre	11	Nigeria	35
Estomac	Japon	11	Ouganda	25
Col de l'utérus	Colombie	10	Israël (communauté juive)	15
Prostate	Etats-Unis (noirs)	9	Japon	40
Foie	Mozambique	8	Angleterre	100
Sein	Canada	7	Israël (communauté non juive)	7
Côlon	Etats-Unis (Connecticut)	3	Nigeria	10
Utérus	Etat-Unis (Californie)	3	Japon	30
Cavité buccale	Inde (Bombay)	2	Danemark	25
Rectum	Danemark	2	Nigeria	20
Vessie	Etats-Unis (Connecticut)	2	Japon	6
Ovaire	Danemark	2	Japon	6
Nasopharynx	Singapour (chinois)	2	Angleterre	40
Pancréas	Nouvelle-Zélande (maoris)	2	Inde (Bombay)	8
Larynx	Brésil (São Paulo)	2	Japon	10
Pharynx	Inde (Bombay)	2	Danemark	20
Penis	Parties de l'Ouganda	1	Israël (communauté juive)	300

Les données sur le col de l'utérus, le sein, l'utérus et l'ovaire concernent les femmes, les autres concernent les hommes. La fréquence cumulative est définie comme le pourcentage de la population qui développerait le cancer indiqué à l'âge de 75 ans, en absence d'autres causes de décès ; le rapport des fréquences est calculé pour le groupe d'âge de 35 à 64 ans. (Légèrement modifié d'après R. Doll et R. Peto, The Causes of Cancer. New York : Oxford University Press, 1981.)

La recherche de traitements du cancer est difficile mais non sans espoir [10]

La difficulté de guérir un cancer est comparable à la difficulté de se débarrasser des mauvaises herbes. Les cellules cancéreuses peuvent être éliminées chirurgicalement ou détruites par des substances chimiques ou des radiations toxiques ; mais il est difficile de toutes les éliminer. La chirurgie permet rarement de découvrir toutes les métastases, et les traitements qui tuent les cellules cancéreuses sont également toxiques en général pour les cellules normales. S'il ne reste même que quelques cellules cancéreuses, elles peuvent proliférer et entraîner une reprise de la maladie ; et, contrairement aux cellules normales, elles peuvent développer une résistance aux poisons utilisés pour les détruire. Toutefois, l'avenir n'est pas désespéré. En dépit des difficultés, des traitements efficaces au moyen de drogues anticancéreuses (seules ou associées à d'autres traitements) ont été trouvés pour certains cancers autrefois très mortels (notamment le lymphome de Hodgkins, le cancer du testicule, les choriocarcinomes et certaines leucémies et autres cancers de l'enfant). De plus, pour plusieurs des cancers les plus courants, une chirurgie appropriée ou une radiothérapie locale permettent à une grande partie des patients de se rétablir si la maladie est diagnostiquée à un stade assez précoce ; et même dans les cas où une guérison semble actuellement hors d'atteinte, il existe des traitements qui prolongeront la vie ou au moins soulageront la souffrance.

Une grande partie de la recherche clinique sur le cancer est axée sur les moyens de tuer sélectivement les cellules cancéreuses. Dans la plupart des cas, les méthodes courantes exploitent des différences assez subtiles de vitesse de prolifération de métabolisme et de radiosensibilité entre les cellules normales et néoplasiques, et elles ont des effets secondaires toxiques et désagréables. Quelques types de cellules cancéreuses sont particulièrement vulnérables à une attaque sélective du fait de leur dépendance vis-à-vis d'hormones spécifiques ou de leurs caractéristiques chimiques superficielles inhabituelles qui peuvent être reconnues par des anticorps. En général, néanmoins, les progrès concernant le problème contrariant de la sélectivité anticancéreuse ont été lents — une question de tâtonnements et de conjoncture autant que de calcul rationnel.

Dans la recherche des meilleures façons d'infléchir la survie, la prolifération et la propagation des cellules cancéreuses, il est important d'étudier de plus près leurs stratégies pour prospérer et se multiplier.

La croissance cancéreuse dépend souvent de dérèglements de la différenciation cellulaire [11]

Nous avons jusqu'à présent insisté sur le fait que les cellules cancéreuses défient les contrôles normaux de la division cellulaire : c'est leur principale propriété. Mais beaucoup de tissus sont organisés de telle façon que même une augmentation incontrôlée de la fréquence de la division cellulaire ne produira pas par elle-même une croissance tumorale continue. Ce point est illustré par l'exemple du col de l'utérus dont nous avons parlé ci-dessus (page 1194). L'épithélium du col de l'utérus comme l'épiderme de la peau ou de nombreux autres épithéliums se renouvelle normalement de façon continue en éliminant de sa surface externe les cellules dont la différenciation est terminée et en engendrant leur remplacement à partir des cellules souches de la couche basale (voir p. 970). En moyenne, chaque division d'une cellule souche normale engendre une cellule souche fille et une cellule qui est condamnée à se différencier et à cesser de se diviser. Si la cellule souche se divise simplement plus rapidement, les cellules totalement différenciées seront produites et éliminées plus rapidement et un équilibre sera toujours maintenu entre la genèse et la destruction. Ainsi, si une cellule souche transformée doit former un clone de descendants à croissance continue, les règles fondamentales doivent être bouleversées : il faut que plus de 50 p. cent des cellules filles restent sous forme de cellules souches, ou bien que le processus de différenciation soit déréglé de telle sorte que les cellules filles embarquées dans cette voie conservent la capacité de se diviser indéfiniment et d'éviter le rejet à la fin de la chaîne de production (Figure 21-15).

Il est probable que le développement de telles propriétés est à l'origine de la progression d'une dysplasie bénigne du col de l'utérus vers un carcinome *in situ* et un cancer malin (voir Figure 21-10). Des considérations analogues s'appliquent au développement du cancer dans d'autres tissus qui reposent sur les cellules souches, tels que la peau, la paroi de l'intestin et le système hématopoïétique. Plusieurs formes de leucémie, par exemple, semblent être dues à une rupture du programme normal de différenciation, comme dans le cas d'un précurseur engagé d'un type particulier de cellule sanguine qui continue à se diviser indéfiniment au lieu de terminer de se différencier de manière normale après un nombre de cycles de division

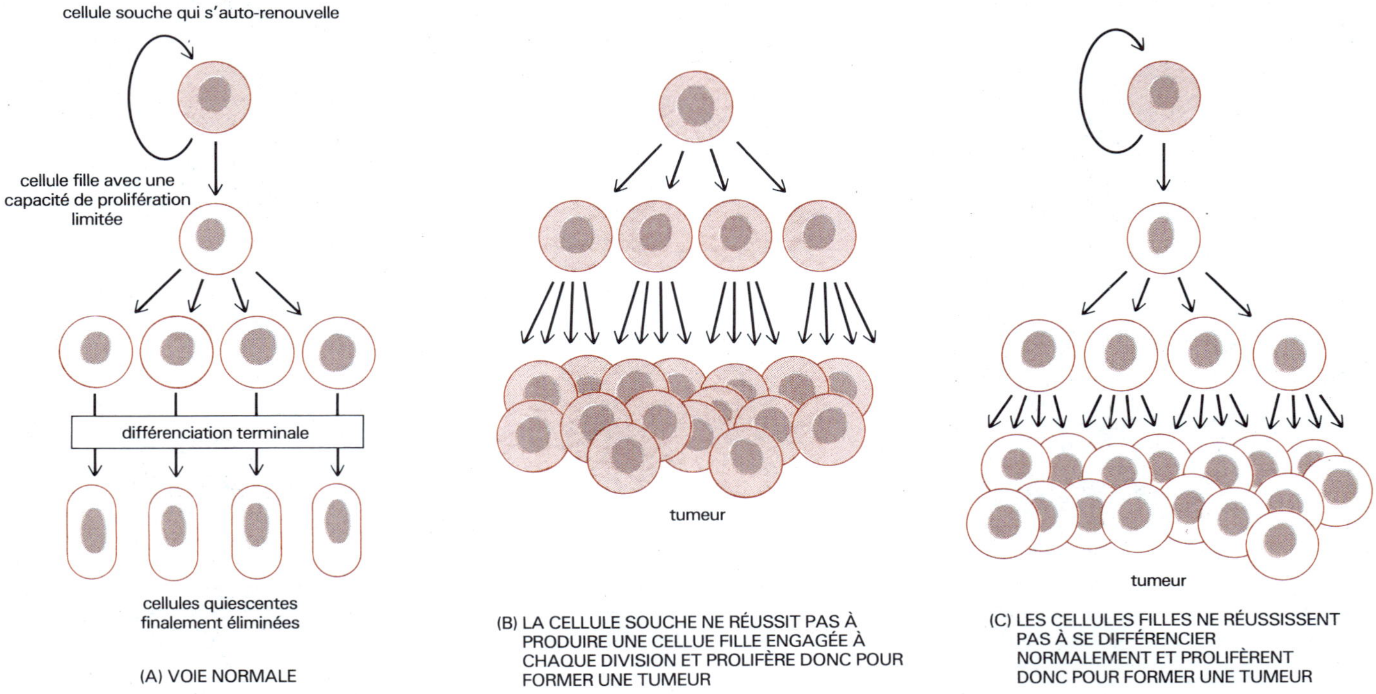

Figure 21-15 La stratégie des cellules souches pour la production de nouvelles cellules différenciées et deux types de dérèglement qui peuvent provoquer la prolifération débridée du cancer. Noter qu'un taux excessif de divisions des cellules souches n'aura pas cet effet à lui seul.

strictement limité (voir p. 979). En général, les mutations ou les modifications épigénétiques qui bloquent la maturation normale des cellules vers un état final de différenciation quiescent doivent jouer un rôle essentiel dans de nombreux cancers. Dans le traitement du cancer, par conséquent, il y a un avenir possible dans l'utilisation des drogues qui favorisent la différenciation cellulaire comme une alternative utile ou un supplément aux drogues qui tuent simplement des cellules en cours de division.

Pour métastaser, les cellules cancéreuses doivent pouvoir traverser la lame basale [12]

C'est la capacité métastatique qui rend si difficile l'excision chirurgicale des cancers ou leur éradication par radiothérapie localisée. Pour se propager dans l'organisme, les cellules d'une tumeur solide typique doivent pouvoir se défaire de leur adhérence à leurs premières voisines et s'échapper du tissu d'origine, creuser au travers d'autres tissus jusqu'à ce qu'elles atteignent un vaisseau sanguin ou lymphatique, traverser la lame basale et la paroi endothéliale du vaisseau afin d'entrer dans la circulation, réussir à sortir de la circulation dans une autre région de l'organisme, survivre et proliférer dans le nouvel environnement dans lequel elles se retrouvent. La dernière étape est probablement la plus difficile : beaucoup de tumeurs libèrent des nombres de cellules assez importants dans la circulation mais seule une proportion infime de ces cellules parvient à fonder des colonies métastatiques.

Quelques types de cellules normales, notamment les leucocytes, ont déjà certaines ou l'ensemble des propriétés nécessaires pour se propager dans l'organisme, mais pour la majorité des cancers, la capacité métastatique nécessite probablement des mutations ou des variations épigénétiques supplémentaires. On suppose que de telles transformations, comme les autres transformations qui jouent un rôle dans le développement d'un cancer, se produisent au hasard dans la population tumorale initiale : seules les quelques cellules qui acquièrent les propriétés

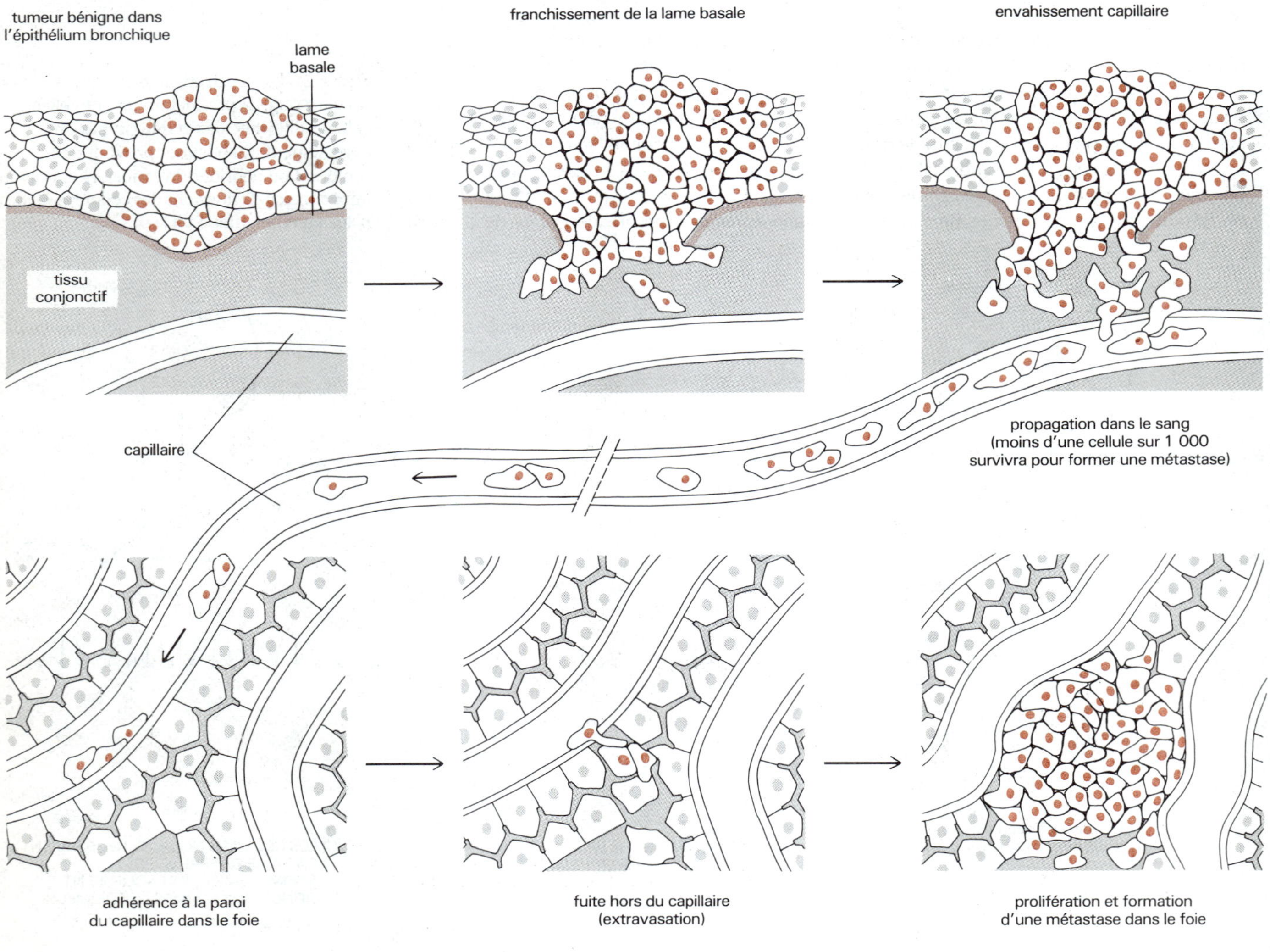

Figure 21-16 Etapes du processus de métastase. Cet exemple illustre la propagation d'une tumeur du poumon vers le foie. Les cellules tumorales peuvent pénétrer directement dans le sang en traversant la paroi d'un vaisseau sanguin, comme nous le montre ce schéma, ou plus couramment peut-être en traversant la paroi d'un vaisseau lymphatique. Les vaisseaux lymphatiques déchargent finalement leurs contenus (lymphe) dans le sang mais les cellules tumorales qui ont pénétré dans un vaisseau lymphatique se trouvent souvent emprisonnées en cours de chemin dans des nodules lymphatiques, engendrant des métastases des ganglions lymphatiques. Des études sur les animaux montrent que, de façon typique, moins d'une cellule tumorale maligne sur chaque millier de cellules qui pénètrent dans le sang survivra pour donner une tumeur en un nouveau site. La probabilité d'une métastase dépend des caractéristiques du tissu hôte ainsi que de celles de la cellule cancéreuse.

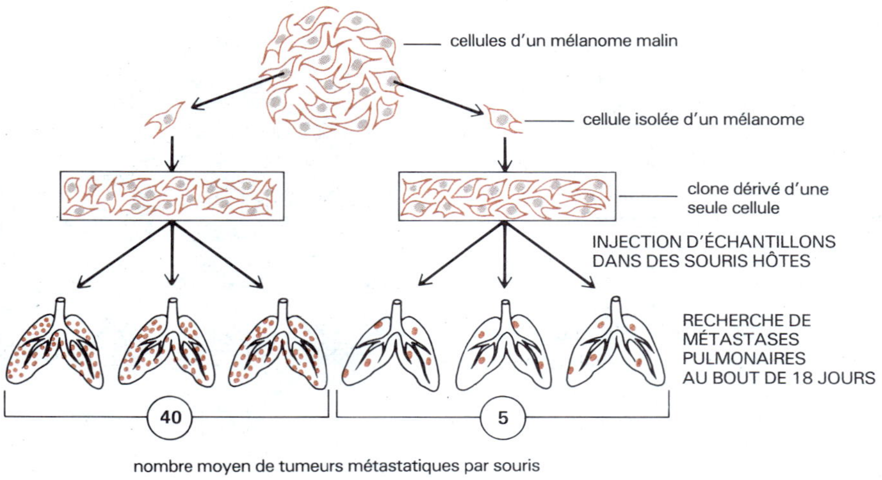

Figure 21-17 Expérience montrant qu'il existe des différences transmises de façon clonale entre les cellules d'une seule tumeur quant à la capacité de donner des métastases. Les cellules dérivées d'une seule lignée de cellules cancéreuses sont sous-clonées et des parties aliquotes standard de chaque clone sont testées par injection dans la circulation sanguine de souris hôtes. Les sous-clones diffèrent nettement par le nombre de métastases résultantes par souris.

nécessaires pour former des métastases et qui aboutissent dans un environnement convenable pourront fonder des tumeurs secondaires. En accord avec ce concept d'évolution par variation aléatoire et sélection naturelle, on trouve que la capacité métastatique d'une seule tumeur est hétérogène (Figure 21-17).

La compréhension des mécanismes moléculaires de la métastase permettrait finalement de mettre au point des traitements pour la bloquer. Quelques progrès se font suivant ces idées. On a montré par exemple que les cellules tumorales, pour traverser une lame basale, doivent avoir des récepteurs pour la laminine (voir p. 822) qui permettent aux cellules d'adhérer à la lame basale, et doivent sécréter de la collagénase de type IV, qui les aide à digérer la lame basale (Figure 21-18). On a trouvé que des anticorps ou d'autres réactifs, qui bloquent l'attachement de la laminine ou l'activité de la collagénase de type IV, bloquent la métastase chez des animaux de laboratoire. Il reste à voir si l'on peut aider des patients cancéreux par des traitements qui stoppent l'expansion métastatique de cette façon.

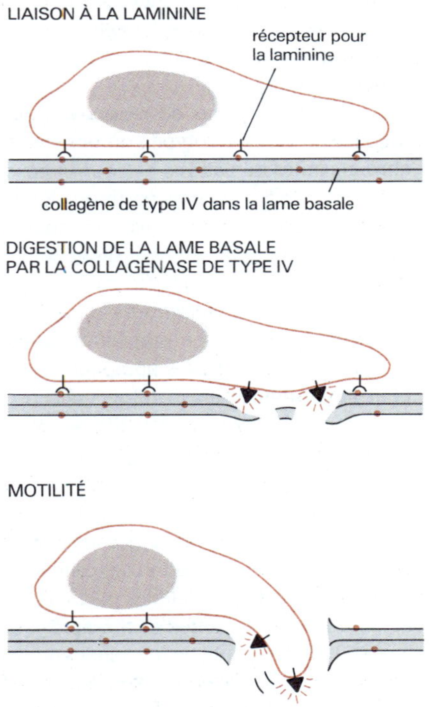

Figure 21-18 Trois étapes dans la traversée d'une lame basale — une tâche que les cellules tumorales envahissantes doivent être capables d'accomplir.

Les défauts de réparation, de réplication et de recombinaison de l'ADN accélèrent le développement du cancer [1,13]

Comme nous l'avons souligné, la fréquence des tumeurs et leur vitesse de progression de l'état bénin à l'état malin dépend de la fréquence des mutations. Le taux de mutation peut être élevé du fait de composés mutagènes présents dans l'environnement ou de défauts intracellulaires dans le mécanisme qui gouverne la réplication, la recombinaison et la réparation de l'ADN. Par exemple, des personnes atteintes de la maladie génétique rare *xeroderma pigmentosum* ont un défaut dans le système enzymatique nécessaire à la réparation du type de lésion de l'ADN provoquée par rayonnement ultraviolet (voir p. 225) ; il en résulte que la plus petite exposition de la peau à la lumière solaire est susceptible de provoquer des cancers de la peau. Une prédisposition plus générale au cancer est observée dans le *syndrome de Bloom*, où il existe un défaut de l'*ADN ligase 1*, nécessaire à la réplication et à la réparation de l'ADN, et dans l'*anémie de Fanconi* et la *télangiectasie-ataxie*, où il existe des défauts moins bien caractérisés dans les mêmes fonctions. Dans ces maladies génétiques rares, l'anomalie est héritée via la lignée germinale et est donc présente dans toutes les cellules de l'organisme. Toutefois, des défauts génétiques analogues dans le métabolisme de l'ADN peuvent également survenir par l'intermédiaire de mutations qui apparaissent dans les cellules somatiques, et un certain nombre de preuves permettent de suggérer que de telles aberrations sont un facteur commun et important dans le développement de nombreux cancers.

La taille et la forme des noyaux des cellules cancéreuses (Figure 21-19) ainsi que le nombre et la structure de leurs chromosomes varient souvent de façon anormale ; en effet, une morphologie nucléaire anormale est une des caractéristiques clefs utilisée par les pathologistes pour diagnostiquer un cancer. Lorsque l'on cultive des cellules cancéreuses, on trouve souvent qu'elles ont un caryotype extraordinairement instable : les gènes sont amplifiés ou éliminés et les chromosomes sont perdus, dupliqués ou transloqués avec une fréquence plus élevée que dans les cellules normales en culture. Une telle variabilité chromosomique pourrait être simplement la conséquence de cycles de division cellulaires précipités survenant dans une cellule différenciée qui est mal adaptée à une prolifération rapide ; ou bien elle pourrait refléter une déficience génétique dans le mécanisme ou le contrôle de la réplication, de la réparation ou de la recombinaison de l'ADN, survenant par mutation somatique dans n'importe lequel des nombreux gènes impliqués dans ces processus complexes. Une telle mutation serait susceptible d'augmenter la probabilité de mutations ultérieures dans d'autres classes de gènes. Pour cette raison, on pourrait s'attendre à ce que ce soit une caractéristique commune aux cellules qui subissent les multiples mutations nécessaires pour devenir cancéreuses. Supposons, par exemple, qu'il faille trois mutations dans les gènes gouvernant le comportement social des cellules pour transformer une cellule normale en cellule cancéreuse, et que chacune de ces mutations se produise normalement à raison de 10^{-4} par cellule et par durée de vie humaine. La probabilité pour qu'une seule cellule avec un niveau normal de mobilité accumule ces trois mutations au cours d'une vie serait de $10^{-4} \times 10^{-4} \times 10^{-4} = 10^{-12}$ par cellule. Mais supposons maintenant que chacune de ces mutations se produise à raison de 10^{-2} par cellule et par durée de vie, une première mutation ayant eu lieu dans quelque enzyme particulière impliquée dans la réplication ou la réparation de l'ADN. Si cette dernière mutation elle-même a une probabilité de 10^{-4}, la fréquence d'apparition des cellules cancéreuses sera la plus élevée par la voie qui commence par la mutation qui augmente la mutabilité : cette voie (étant donné les hypothèses possibles les plus simples) implique une combinaison de quatre événements dont la somme des probabilités est de l'ordre de $10^{-4} \times 10^{-2} \times 10^{-2} \times 10^{-2} = 10^{-10}$ par cellule et par durée de vie ; c'est donc 100 fois plus vraisemblable que la voie impliquant seulement les trois mutations minimales.

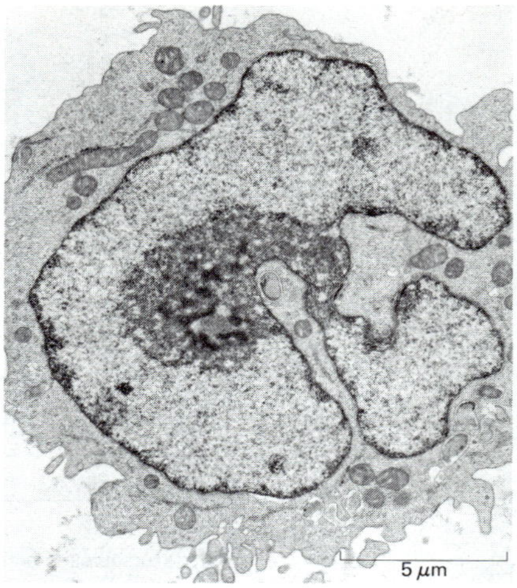

Figure 21-19 Anomalies typiques dans l'aspect du noyau d'une cellule cancéreuse — dans cet exemple, une cellule érythroleucémique. Le noyau de la cellule cancéreuse est volumineux par rapport à la quantité de cytoplasme, avec une enveloppe aux dentelures irrégulières et un nucléole qui est aussi anormalement volumineux et de structure complexe. (Avec l'autorisation de Daniel Friend.)

L'augmentation de la mutabilité aide les cellules cancéreuses à éviter la destruction par les drogues anticancéreuses [10,14]

Quelles que soient les origines de la mutabilité anormalement élevée des cellules cancéreuses, la plupart des populations de cellules tumorales malignes sont hétérogènes à bien des égards et capables d'évoluer à une vitesse alarmante lorsqu'elles sont soumises à de nouvelles pressions sélectives. Ceci augmente les difficultés du traitement du cancer. Il est possible d'utiliser des traitements répétés avec des drogues qui sont sélectivement toxiques pour les cellules en cours de division pour tuer la majorité des cellules néoplasiques chez un patient cancéreux, mais il est rarement possible de les tuer toutes : en général, une petite proportion est résistante à la drogue et l'effet du traitement est de favoriser la propagation et l'évolution des cellules qui ont ce caractère. Pire encore, les cellules qui sont exposées à une drogue développent souvent une résistance non seulement à cette drogue mais aussi à d'autres drogues auxquelles elles n'ont jamais été exposées.

Ce phénomène de **résistance multidrogue** correspond fréquemment à une curieuse modification du caryotype : on observe que la cellule contient des paires supplémentaires de chromosomes miniatures — les *chromosomes double-minute* — ou qu'elle présente une *région colorée de façon homogène* intercalée dans la distribution normale des bandes d'un de ses chromosomes normaux. Ces deux aberrations consistent en des nombres fortement amplifiés de copies d'un petit segment du génome (voir Figures 21-26 et 21-31, ci-dessous). Le clonage de cet ADN amplifié a révélé qu'il contient souvent un gène spécifique, connu sous le nom de gène de *résistance multidrogue* (*mdr* 1), qui code une ATPase de transport liée à la membrane plasmique et supposée empêcher l'accumulation intracellulaire de certaines catégories de drogues lipophiles en les pompant hors de la cellule. L'amplification d'autres types de gènes peut aussi donner un avantage sélectif à la cellule cancéreuse : ainsi le gène de l'enzyme dihydrofolate réductase (DHFR) se trouve amplifié en réponse à une chimiothérapie avec l'antagoniste de l'acide folique, le méthotrexate, et nous verrons que certains des proto-oncogènes impliqués dans le contrôle de la division cellulaire sont amplifiés de la même façon dans certains cancers (voir p. 1214).

Tandis que des défauts dans la réplication, la recombinaison ou la réparation de l'ADN peuvent favoriser l'évolution des cellules cancéreuses en augmentant leur mutabilité, ils peuvent également rendre les cellules plus vulnérables à certains types d'attaque. Ceci peut expliquer l'observation — exploitée en thérapie — selon laquelle les cellules de nombreuses tumeurs sont tuées plus facilement que les cellules normales par irradiation ou après exposition à des drogues spécifiques qui interfèrent avec le métabolisme de l'ADN. Au fur et à mesure de la progression de nos connaissances sur les mécanismes moléculaires de la réplication, de la recombinaison et de la réparation de l'ADN, nous devrions pouvoir trouver des tests pour localiser les défauts dans ces fonctions pour des cas particuliers de cancers. En utilisant une telle information il est possible que nous sachions mieux comment tuer les cellules responsables par des drogues conçues à dessein pour exploiter leurs faiblesses particulières.

Résumé

Les cellules cancéreuses, par définition, prolifèrent en dépit des contrôles normaux (c'est-à-dire qu'elles sont néoplasiques) et sont capables d'envahir et de coloniser les tissus environnants (c'est-à-dire qu'elles sont malignes). En formant des tumeurs secondaires ou métastases, elles deviennent difficiles à éradiquer par chirurgie. Les cellules cancéreuses conservent habituellement de nombreuses caractéristiques du type cellulaire spécifique dont elles dérivent. Il est probable que la majorité des cancers proviennent d'une seule cellule qui a subi une modification somatique, mais les descendantes de cette cellule doivent subir d'autres modifications nécessitant probablement des mutations supplémentaires avant de devenir cancéreuses.Ce phénomène de progression tumorale, qui prend habituellement plusieurs années, reflète le fonctionnement de l'évolution par mutation et sélection naturelle parmi les cellules somatiques ; la vitesse du processus est accélérée à la fois par des agents mutagènes (initiateurs tumoraux) et par certains agents non mutagènes (promoteurs tumoraux), qui influent sur l'expression génique, stimulent la prolifération cellulaire, et modifient la balance écologique des cellules mutantes et non mutantes. Ainsi, de nombreux facteurs contribuent au développement d'un cancer donné et, puisque certains de ces facteurs sont des caractéristiques de l'environnement auxquelles on peut se soustraire, une grande proportion des cancers est en principe évitable.

Dans la recherche sur le cancer, bien des efforts sont consacrés à la recherche de moyens pour guérir la maladie en exterminant les cellules cancéreuses tout en épargnant leurs voisines normales. Une approche rationnelle de ce problème nécessite une compréhension des propriétés particulières des cellules cancéreuses qui leur permettent d'évoluer, de se multiplier et de se répandre. Ainsi, la prolifération cellulaire néoplasique semble souvent associée à un blocage de la différenciation tandis que la descendance d'une cellule souche se trouve à même de continuer à se diviser au lieu d'entrer dans un état terminal quiescent ; on pourrait en principe infléchir la prolifération en amorçant la différenciation cellulaire. Pour devenir malignes, les cellules tumorales doivent pouvoir traverser la lame basale ; il est possible de fabriquer des anticorps qui interfèrent avec cette capacité, retardant ainsi la métastase. On trouve souvent que les cellules cancéreuses ont une mutabilité anormale ; ceci accélère l'évolution de l'ensemble complexe de propriétés nécessaires à la néoplasie et à la malignité, et favorise le développement d'une résistance des cellules cancéreuses aux drogues anticancéreuses. Cependant, les défauts du métabolisme de l'ADN qui sont à l'origine d'une telle mutabilité peuvent extraordinairement sensibiliser les cellules cancéreuses à une attaque thérapeutique bien conçue.

La génétique moléculaire du cancer [15]

Le cancer étant le résultat d'une série d'accidents génétiques aléatoires soumis à la sélection naturelle, il n'y a même pas deux cas de la même variété de la maladie qui aient une chance d'être génétiquement identiques. Néanmoins, on peut s'attendre à ce que tous les cancers impliquent une rupture des contraintes normales de la prolifération cellulaire et, pour chaque type cellulaire, le nombre de façons dont une telle rupture peut se produire est fini. De plus, certaines parties du mécanisme de régulation de la prolifération cellulaire sont vraisemblablement les mêmes dans beaucoup ou dans tous les types cellulaires et sont également vulnérables. De fait, le dérèglement de la division cellulaire dans le cancer semble être dû en grande partie à des modifications dans un groupe de gènes assez restreint. L'identification et la caractérisation d'un grand nombre de ces gènes ont été l'un des grands triomphes de la biologie moléculaire au cours des dix dernières années.

La prolifération cellulaire peut être réglée, grâce au mécanisme qui détermine si une cellule franchit le point de restriction du cycle de division cellulaire, directement (voir p. 745), ou indirectement — par exemple, via la régulation de l'engagement vers la différenciation finale (voir p. 967). Dans les deux cas, les gènes de régulation normaux peuvent être classés de manière abusive dans deux catégories : ceux dont les produits aident à stimuler la prolifération cellulaire et ceux dont les produits aident à l'inhiber. Il existe également deux voies de mutation vers la prolifération cellulaire incontrôlée qui caractérise le cancer. La première consiste à fabriquer un gène stimulateur hyperactif : ce type de mutation a un effet dominant — une seule des deux copies géniques de la cellule a besoin d'être modifiée — et le gène altéré est appelé **oncogène** (l'allèle normal étant un **proto-oncogène**). La seconde est d'inactiver un gène inhibiteur : ce type de mutation a un effet récessif — les deux allèles du gène doivent être inactivés ou éliminés pour libérer la cellule de l'inhibition — et le gène perdu est parfois appelé, à défaut d'un meilleur terme, **gène suppresseur de tumeur**.

Outre les mutations courantes, il existe un autre type de modification génétique qui peut conduire à un cancer : le système de contrôle de la division cellulaire peut être bouleversé par l'introduction, par un virus, d'ADN étranger dans la cellule. De fait, l'étude de tels **virus tumorigènes** nous donna un premier aperçu sur la génétique moléculaire du cancer et prépara le terrain à une « explosion » de découvertes d'oncogènes et de proto-oncogènes. Plus récemment, malgré une plus grande difficulté, l'identification et le clonage des gènes suppresseurs de tumeur ont progressé comme nous le verrons à la fin de cette partie du chapitre.

Les virus à ADN comme les virus à ARN peuvent provoquer des tumeurs [15,16]

Les virus à ADN et les virus à ARN — les rétrovirus en particulier — peuvent jouer un rôle dans la transformation des cellules saines en cellules cancéreuses. Ceci peut être démontré expérimentalement sur des animaux de laboratoire chez lesquels certains virus provoquent des cancers, et en culture cellulaire, où les mêmes virus transforment le comportement des cellules infectées, leur permettant de se diviser dans des circonstances où des cellules non transformées ne le feront pas (voir p. 753 pour une description des propriétés des cellules transformées en culture). Deux exemples ont été très étudiés, ce sont : le *virus SV40*, un virus à ADN isolé à partir de cellules de singe, et le *virus du sarcome de Rous*, un rétrovirus isolé à partir des poulets. Il est cependant plus difficile d'impliquer les virus dans le cancer humain : ils n'occupent pas une place prépondérante parmi les multiples facteurs causals impliqués dans presque toutes les variétés de la maladie, et il est vraisemblable qu'ils ne jouent aucun rôle dans la majorité des cancers humains courants. Ceci peut venir du fait que le système immunitaire, détruisant les cellules infectées par des virus, nous protège de nombreux cancers induits par des virus qui pourraient survenir. Néanmoins, nous disposons à présent de preuves suffisantes du rôle causal que jouent les virus dans plusieurs types de cancers humains (Tableau

Tableau 21-3 Virus associés aux cancers humains

Virus	Tumeurs associées	Régions de fréquence élevée	Autres facteurs de risque supposés
Virus à ADN			
Famille des papovavirus			
Papillomavirus (nombreuses souches différentes)	verrues (bénignes)	monde entier	—
	carcinomes du col de l'utérus	monde entier	cigarette
Famille des virus de l'hépatite			
Virus de l'hépatite B	cancer du foie (carcinome hépatocellulaire)	Asie du sud-est ; Afrique tropicale	aflatoxine provenant d'une contamination fongique de la nourriture ; cigarette ; autres virus
Famille des virus de l'herpès			
Virus d'Epstein-Barr	Lymphome de Burkitt (cancer des lymphocytes B)	Afrique de l'ouest ; Nouvelle-Guinée (Papouasie)	malaria
	carcinomes nasopharyngiens	Chine du Sud Groenland (esquimaux)	génotype d'histocompatibilité (?), poissons salés dans l'enfance (?)
Virus à ARN			
Famille des rétrovirus			
leucémies T humaines virus de type I (HTLV-1)	leucémie T chez l'adulte/ lymphome	Japon (kyushu) Antilles	—
Virus d'immunodéficience humaine (HIV-1, le virus du SIDA)	sarcome de Kaposi [cancer des cellules endothéliales des vaisseaux sanguins (?)]	Afrique centrale	déficience ou suppression immunitaire ; infection par d'autres virus (?)

Pour tous les virus cités, le nombre d'individus infectés est beaucoup plus important que le nombre de personnes qui développent un cancer : les virus doivent agir de concert avec d'autres facteurs. De plus, certains des virus ne contribuent probablement au cancer que de façon indirecte ; par exemple, HIV-1, en supprimant les défenses immunitaires à médiation cellulaire peut permettre à des cellules endothéliales transformées par un autre agent de se développer en tumeur au lieu d'être détruites par le système immunitaire.

21-3) — dans certains cas probablement par des actions promotrices indirectes, dans d'autres cas en facilitant directement la transformation néoplasique dans les cellules qu'ils infectent.

Si une cellule doit être transformée de façon stable par un virus,une association parasitaire stable doit s'établir : le virus ne doit pas tuer la cellule, et la cellule doit conserver les gènes viraux d'une génération cellulaire à l'autre — généralement en intégrant ces gènes dans un ou plusieurs de ses propres chromosomes, parfois en les gardant sous forme d'un plasmide extrachromosomique qui se réplique en phase avec les chromosomes. Le virus SV40 et les rétrovirus, par exemple, sont intégrés dans les chromosomes des cellules qu'ils transforment ; les *papillomavirus* — une catégorie de virus à ADN responsables des verrues humaines et impliqués dans les carcinomes du col de l'utérus (voir Tableau 21-3) — sont maintenus dans certaines conditions sous forme de plasmides et dans d'autres sous forme d'éléments intégrés. Dans les deux cas, le résultat est une cellule dotée d'un génome modifié de façon héréditaire. Il existe cependant une différence fondamentale entre les virus à ADN et les rétrovirus dans la nature des gènes viraux qui provoquent la transformation néoplasique et dans la relation qui existe entre la formation cellulaire et le cycle de vie normal du virus.

La prise de contrôle de la division cellulaire fait partie de la stratégie des virus tumorigènes à ADN pour survivre [15,17]

Comme nous l'expliquons au Chapitre 5 (p. 250), un **virus tumorigène à ADN** comme SV40 se propage normalement dans la nature selon un processus qui ne dépend pas de la production du cancer. Une fois entré dans une cellule hôte, un virus SV40 n'est pas spécifiquement incorporé de façon stable dans le génome de la cellule hôte. Au lieu de cela, une protéine (ou un groupe de protéines) codée par le gène viral active rapidement le mécanisme de réplication de l'ADN de la cellule hôte et le virus utilise ensuite ce matériel détourné pour repliquer son propre génome, qui dirige à son tour la synthèse des autres composants viraux, aux dépens de la cellule hôte jusqu'à ce qu'elle soit tuée, libérant une horde de nouvelles particules virales infectieuses. Beaucoup plus rarement, le virus peut pénétrer dans une cellule hôte d'un type *non permissif* pour la prolifération virale, et peut y rester par suite d'un accident génétique qui aboutit à l'incorporation stable du virus dans un ou plusieurs des chromosomes de la cellule hôte. Dans ces circonstances, le gène viral qui active le mécanisme de réplication de l'ADN de l'hôte peut encore être transcrit, faisant ainsi entrer la cellule hôte en phase S et la forçant à effectuer des cycles de division répétés : le gène viral agit comme un oncogène, provoquant une transformation cancéreuse. Il est cependant différent des autres classes d'oncogènes dont nous discuterons plus loin du fait qu'il n'a pas d'homologue dans le génome normal de la cellule hôte ; il a évolué en tant que partie essentielle du matériel du virus pour son mode de propagation normal, et non par mutation à partir d'un proto-oncogène cellulaire.

Il existe une grande diversité parmi les virus à ADN mais les principes généraux qui viennent d'être décrits s'appliquent, avec quelques variations, à la majorité de ceux qui sont impliqués dans le cancer. Une variante importante est illustrée par les papillomavirus, pour lesquels une association permanente avec la cellule hôte est une partie normale du cycle de vie. Ces virus appartiennent à la famille des papovavirus qui comprend SV40, mais ils peuvent apparemment osciller entre un mode d'infection improductif, dans lequel ils se répliquent en phase avec la cellule hôte sans l'affecter, et un mode productif dans lequel ils se reproduisent rapidement et tuent la cellule hôte, libérant ainsi de grandes quantités de nouvelles particules virales pour infecter d'autres cellules. Comme SV40, ces virus doivent pouvoir prendre le contrôle du mécanisme de synthèse d'ADN de la cellule hôte, et les gènes viraux qui ont cette fonction peuvent agir comme des oncogènes. D'après des études sur le cancer du col de l'utérus, il semble que la carcinogenèse par les papillomavirus chez les humains nécessite l'intégration d'un gène de réplication viral spécifique dans un chromosome de l'hôte, comme l'illustre la Figure 21-20.

Les rétrovirus prélèvent des oncogènes par accident [15,18]

A l'opposé des virus à ADN, la plupart des **rétrovirus** (voir p. 254 et p. 754) sont plus ou moins inoffensifs pour la cellule hôte, dont ils sont libérés continuellement par bourgeonnement à partir de la membrane plasmique, sans provoquer de transformation néoplasique. Parfois, cependant, un rétrovirus acquiert accidentellement de son hôte un gène de contrôle cellulaire — ou une copie altérée ou un fragment d'un tel gène — qui n'a pas de fonction utile dans le

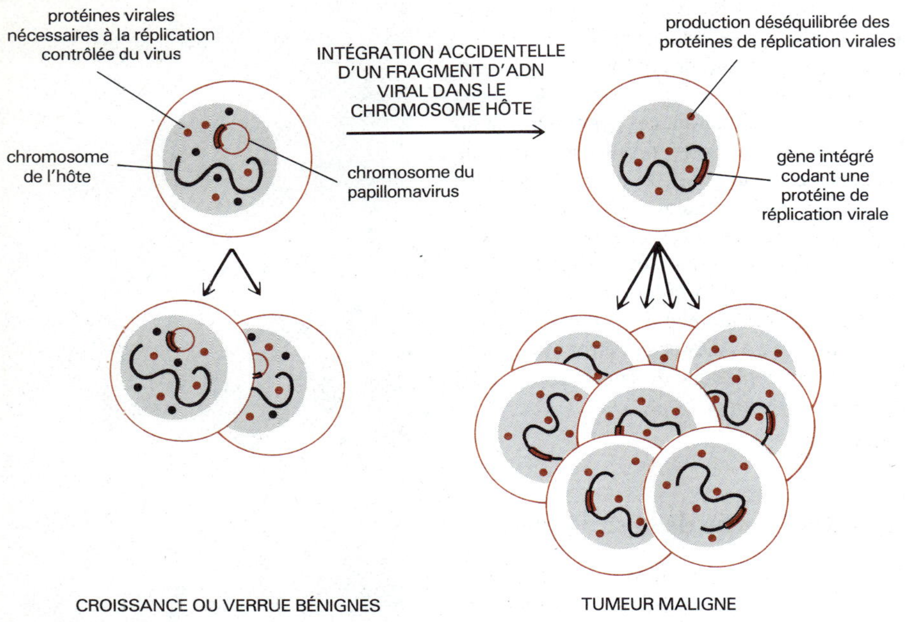

Figure 21-20 Manière dont certains papillomavirus sont supposés donner naissance au cancer du col de l'utérus. Les papillomavirus ont des chromosomes d'ADN circulaires bicaténaires d'environ 8 000 paires de nucléotides. Dans une verrue ou une autre infection bénigne, ces chromosomes sont maintenus de façon stable dans les cellules basales de l'épithélium sous forme de plasmides dont la réplication est réglée de façon à rester en phase avec les chromosomes de l'hôte *(à gauche)*. Des accidents rares peuvent provoquer l'intégration d'un fragment d'un tel plasmide dans un chromosome de l'hôte, modifiant l'environnement des gènes viraux et perturbant le contrôle de leur expression. La surproduction résultante d'une protéine de réplication virale tend à entraîner la cellule hôte en phase S, l'aidant ainsi à engendrer un cancer *(à droite)*.

cycle viral, mais qui peut influer de façon drastique sur les cellules hôtes ultérieures. En particulier, comme nous l'avons vu au Chapitre 13 (voir p. 754), il sera facile de détecter un rétrovirus comme le virus du sarcome de Rous qui a pris un oncogène dérivé de l'hôte (Figure 21-21) du fait de son effet transformant dominant sur les cellules hôtes infectées, qui sont conduites à une prolifération excessive. L'oncogène peut être identifié par dissection génétique du rétrovirus ; on peut ensuite préparer des sondes d'ADN à partir de cet oncogène pour rechercher les gènes homologues dans les cellules normales. Plus de 20 oncogènes ont été découverts de cette manière (Tableau 21-4), chacun correspondant étroitement à son propre homologue — un proto-oncogène — présent dans le génome des cellules normales de vertébrés (voir p. 754). Comme nous en avons discuté page 756, ces oncogènes font partie de plusieurs

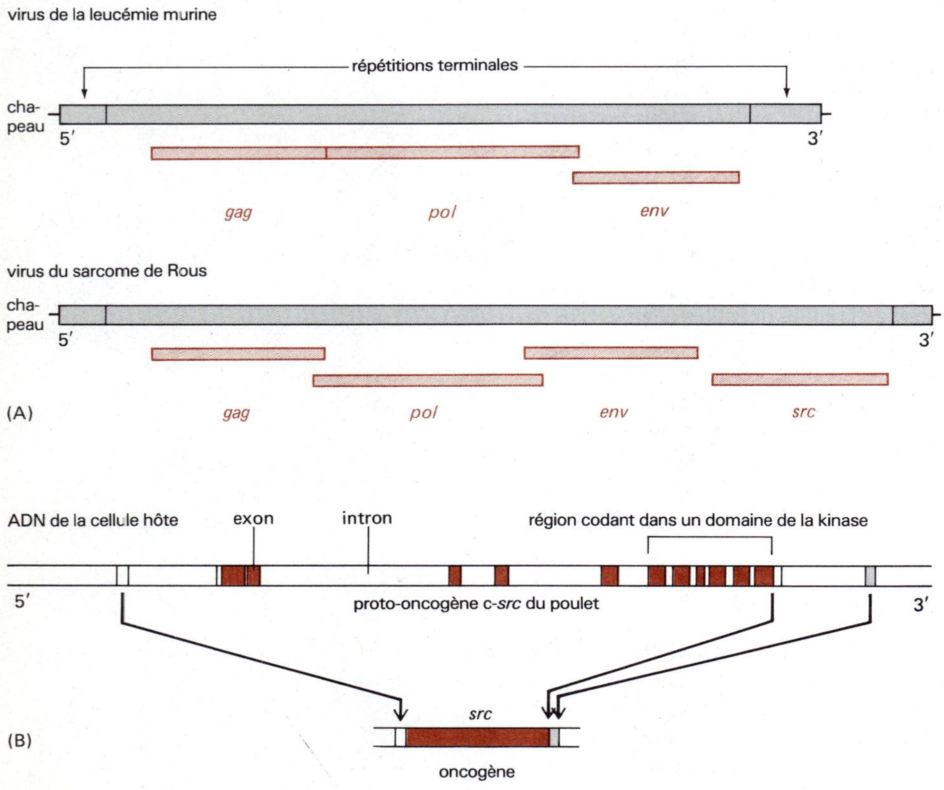

Figure 21-21 La structure du virus du sarcome de Rous. (A) L'organisation du génome viral comparé à celui d'un rétrovirus plus typique (le virus de la leucémie murine). Parmi les rétrovirus qui portent des oncogènes, le virus du sarcome de Rous se distingue par le fait qu'il conserve les trois gènes viraux nécessaires au cycle de vie normale du virus : *gag* (qui produit une glycoprotéine qui est clivée pour former les protéines de la capside), *pol* (qui produit une transcriptase reverse et une enzyme impliquée dans l'intégration du chromosome viral dans le génome de l'hôte) et *env* (qui produit la glycoprotéine de l'enveloppe). Dans d'autres rétrovirus oncogènes, un ou plusieurs de ces gènes viraux sont totalement ou partiellement perdus lors de l'échange pour l'acquisition de l'oncogène transformant (voir Figure 21-22), et des particules infectieuses du virus transformant ne peuvent par conséquent être engendrées que dans une cellule simultanément infectée par un *virus helper* non transformant et non défectueux, qui fournit les fonctions manquantes. (B) La relation entre l'oncogène v-*src* et le proto-oncogène cellulaire c-*src* dont il dérive. Les introns présents dans c-*src* ont été éliminés de v-*src* par épissage. De plus, v-*src* contient des mutations qui modifient la séquence d'acides aminés de la protéine v-*src* qui devient hyperactive et dont l'activité tyrosine kinase devient incontrôlée (voir p. 757). Le virus du sarcome de Rous a été très souvent choisi (par des chercheurs travaillant sur le cancer) pour sa capacité de transformer des cellules en cellules néoplasiques avec une vitesse et une efficacité inhabituelles.

Tableau 21-4 Oncogènes initialement identifiés par leur présence dans des rétrovirus transformants

Oncogènes	Fonction du proto-oncogène (lorsqu'elle est connue)	Source du virus	Tumeur induite par le virus
abl	protéine kinase (tyrosine)	souris chat	leucémie pré-B sarcome
akt	?	souris	lymphome B
crk	activateur de(s) protéine(s) kinase(s) spécifique(s) de la tyrosine	poulet	sarcome
erb-A	récepteur de l'hormone thyroïdienne	poulet	(augmente l'action de v-*erb*-B)
erb-B	protéine kinase (tyrosine) : récepteur du facteur de croissance épidermique (EGF)	poulet	érythroleucémie fibrosarcome
ets	protéine kinase (sérine/thréonine)	poulet	(augmente l'action de v-*myb*)
fes/fps	protéine kinase (tyrosine)	chat/poulet	sarcome
fgr	protéine kinase (tyrosine)	chat	sarcome
fms	protéine kinase (tyrosine) : récepteur du facteur de stimulation des colonies de macrophages (M-CSF)	chat	sarcome
fos	protéine nucléaire	souris	ostéosarcome
jun	protéine nucléaire : facteur de transcription AP-1	poulet	fibrosarcome
kit	protéine kinase (tyrosine)	chat	sarcome
mil/raf	protéine kinase (sérine/thréonine)	poulet/souris	sarcome
mos	protéine kinase (sérine/thréonine)	poulet	sarcome
myb	protéine nucléaire	poulet	myéloblastome
myc	protéine nucléaire	poulet	sarcome ; myélocytome ; carcinome
H-*ras*	protéine G	rat	sarcome ; érythroleucémie
K-*ras*	protéine G	rat	sarcome ; érythroleucémie
rel	protéine nucléaire	dinde	réticuloendothéliose
ros	protéine kinase (tyrosine)	poulet	sarcome
sea	protéine kinase (tyrosine)	poulet	sarcome ; leucémie
sis	facteur de croissance dérivé des plaquettes, chaîne B	singe	sarcome
ski	protéine nucléaire	poulet	carcinome
src	protéine kinase (tyrosine)	poulet	sarcome
yes	protéine kinase (tyrosine)	poulet	sarcome

familles distinctes, le groupe le plus important étant la famille des gènes des protéines kinases à laquelle appartient l'oncogène du virus du sarcome de Rous (l'oncogène *src*) (Figure 21-22).

Un proto-oncogène peut être transformé en oncogène après avoir été incorporé dans un rétrovirus de deux façons : la séquence du gène peut être modifiée ou tronquée de telle sorte qu'elle code une protéine avec une activité anormale, ou bien le gène peut se trouver soumis au contrôle de promoteurs et d'activateurs d'expression puissants dans le génome viral, qui provoquent la fabrication de son produit en surplus ou dans des circonstances inappropriées ; les deux actions sont souvent simultanées. Les rétrovirus peuvent aussi exercer des effets oncogènes analogues sans avoir à prélever des gènes de l'hôte et à les transporter d'une cellule à l'autre : des copies d'ADN de l'ARN viral peuvent simplement s'insérer dans le génome de la cellule hôte au niveau de sites proches, ou même à l'intérieur des proto-oncogènes. La rupture génétique qui en résulte est appelée **mutagenèse par insertion** et toute la descendance de la cellule hôte primitive hérite du génome altéré. L'insertion aléatoire de copies d'ADN de l'ARN viral dans l'ADN de l'hôte fait partie du cycle de vie normal d'un rétrovirus, et, quel que soit l'endroit où elle s'effectue, sur une longueur d'environ 10 000 paires de nucléotides à partir d'un proto-oncogène, une insertion est susceptible de provoquer une activation anormale de

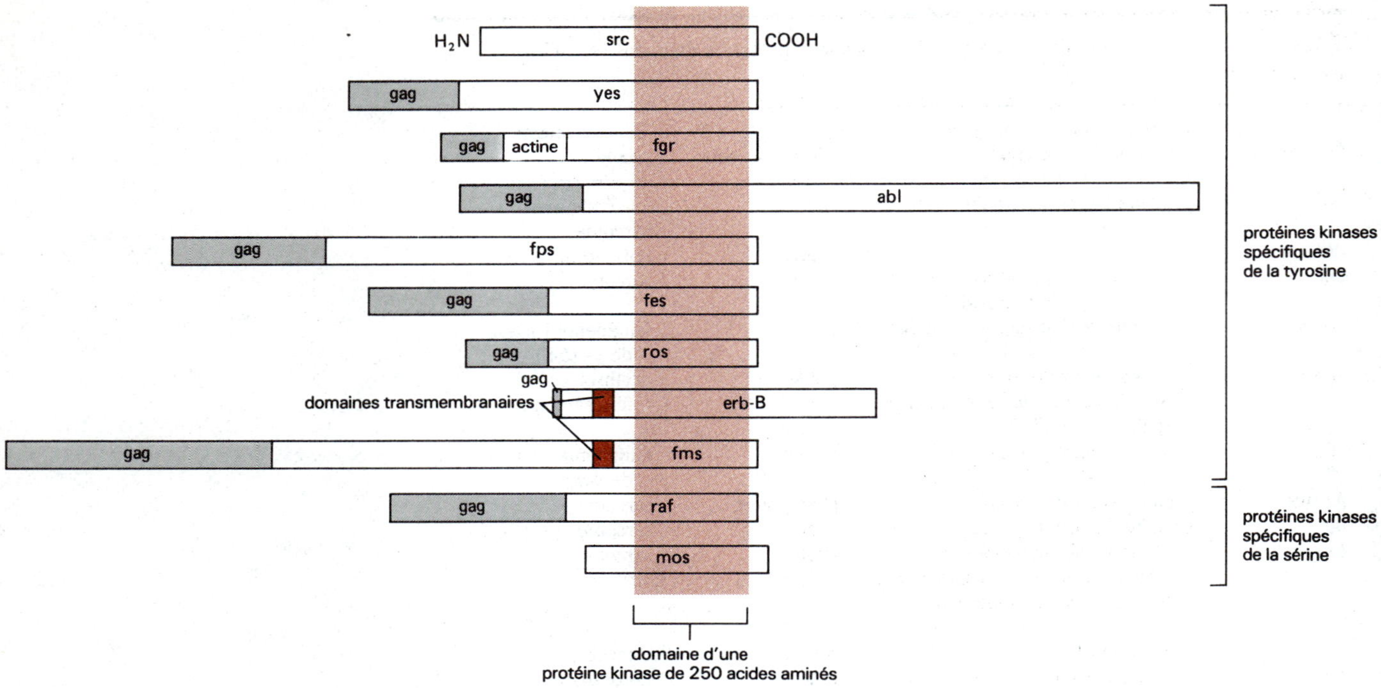

ce gène. La mutagenèse d'insertion fournit un important moyen d'identification des proto-oncogènes, que l'on peut dépister d'après leur proximité par rapport au rétrovirus inséré. Il s'avère que les proto-oncogènes identifiés ainsi et ceux qui sont découverts pour leur homologie avec les oncogènes que les rétrovirus transportent d'une cellule à l'autre sont souvent les mêmes, mais on en a également découvert quelques nouveaux (Tableau 21-5). Le gène *int*-1, activé par mutagenèse d'insertion dans les cancers mammaires chez les souris infectées par le virus de la tumeur mammaire de souris, en est un exemple (Figure 21-23). Une fois cloné et séquencé, on trouva que ce gène était très proche du gène *wingless* de *Drosophile* (voir p. 929), qui joue apparemment un rôle dans les communications intercellulaires qui règlent les détails du mode de segmentation de la mouche.

Figure 21-22 Un grand nombre des protéines produites par les oncogènes portés par des rétrovirus transformés sont des protéines kinases ; le diagramme compare schématiquement leurs structures primaires. Noter que la majorité des oncogènes ont des gènes viraux normaux interrompus et produisent par conséquent des protéines de fusion qui contiennent l'extrémité aminée de la protéine virale gag. (D'après T. Hunter. *Sci. Am.* 251 (2) : 70-79, 1984.)

Les différentes recherches sur les bases génétiques du cancer convergent sur des perturbations dans le même petit groupe de proto-oncogènes [15,19]

Tandis que certains chercheurs poursuivaient leurs recherches dans la voie conduisant des rétrovirus aux oncogènes, d'autres adoptèrent une approche plus directe et recherchèrent, dans les cellules cancéreuses humaines, les séquences d'ADN qui, introduites dans les cellules non cancéreuses, pourraient provoquer leur prolifération incontrôlée. Cet essai fut réalisé sur des cellules en culture, en utilisant, pour hôtes non cancéreux, les cellules d'une lignée murine 3T3 particulière — les cellules NIH 3T3 — et en les transfectant avec de l'ADN provenant de cellules tumorales humaines (voir p. 755 et Figure 13-33). Les résultats furent intéressants : les oncogènes furent détectés dans de nombreuses lignées de cellules cancéreuses humaines, et il s'avéra dans plusieurs cas, qu'ils étaient des allèles mutants de certains des proto-oncogènes identifiés selon l'approche rétrovirale, ou de gènes très voisins. On trouva par exemple qu'une tumeur humaine sur quatre environ contenait un membre mutant de la famille des gènes *ras*

Figure 21-23 Mutagenèse d'insertion qui active un gène appelé *int*-1 et engendre un cancer mammaire chez des souris infectées par le virus de la tumeur mammaire de souris (MMTV). Les flèches indiquent les sites d'intégration de MMTV dans 19 isolats tumoraux. Noter que les insertions peuvent activer la transcription du gène *int*-1 à plus de 10 000 paires de nucléotides de part et d'autre du gène. Cet effet est attribué à une séquence d'ADN promoteur puissante présente dans les répétitions terminales du génome MMTV.

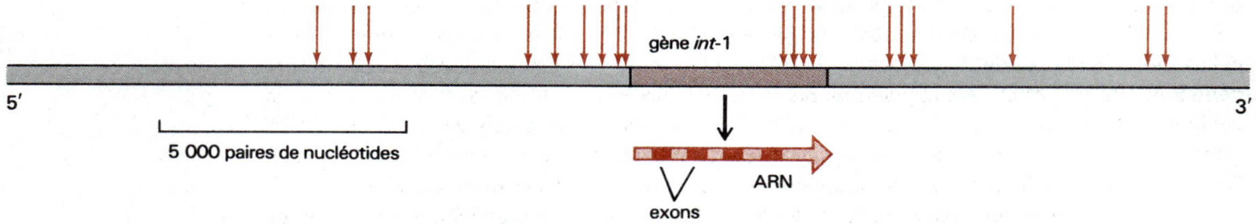

Tableau 21-5 Quelques oncogènes identifiés à l'origine par d'autres moyens que leur présence dans des rétrovirus transformants

Moyens de détection	Oncogènes
Amplification :	L-*myc*, N-*myc*, *Gli*
Transfection :	*mas*, *met*, *neu*, N-*ras*, *trk*, *onc*-F, « *thy* »
Translocation :	*bcl*-1, *bcl*-2, *tcl*-1, *tcl*-2, *tcl*-3a, *tcl*-3b
Mutation par insertion :	*evi*-1, *int*-1, *int*-2, *int*-3, *int*-4, *Mlvi*-2, *Mlvi*-3, *Pim*-1, *Flvi*-1, *Gin*-1, *fis*-1, *lck*, *dsi*-1, *fim*-1, *ahi*-1, *mis*-1, *mis*-2, *mis*-3, *mis*-4, *spi*

(voir p. 705), découverts auparavant en tant qu'oncogènes portés par des rétrovirus qui provoquent des sarcomes chez les rats. Deux voies de recherches convergèrent ainsi sur les mêmes gènes.

Une autre approche encore qui conduisait à certains des mêmes proto-oncogènes était basée sur la détermination du caryotype des cellules tumorales. Comme nous l'avons déjà mentionné (voir p. 1190), on trouve la même translocation chromosomique, entre les chromosomes 9 et 22, dans les cellules leucémiques de la majorité des patients atteints de leucémie myéloïde chronique ; de même dans le lymphome de Burkitt, il y a régulièrement une translocation entre le chromosome 8 et l'un des trois chromosomes contenant les gènes qui codent pour les molécules d'anticorps. Dans ces deux types de cancer, on trouva que le point de rupture de la translocation où une partie d'un des chromosomes est reliée à l'autre, coïncidait exactement avec la localisation d'un proto-oncogène déjà connu d'après des études de rétrovirus — *c-alb* dans la leucémie myéloïde chronique, *c-myc* dans le lymphome de Burkitt. Des translocations chromosomiques analogues sont associées de la même façon à d'autres cancers. D'après des études de séquence d'ADN, il semble que, dans certains cas, la translocation transforme un proto-oncogène en oncogène en fusionnant le proto-oncogène avec un autre gène de façon à produire une protéine modifiée (Figure 21-24) ; dans d'autres cas, la translocation déplace un proto-oncogène dans un environnement chromosomique inapproprié qui active sa transcription, produisant ainsi un surplus de protéine normale.

Il existe de nombreuses manières de transformer un proto-oncogène en oncogène [14,15,20]

On a découvert, jusqu'à présent, environ 60 proto-oncogènes (voir Tableaux 21-4 et 21-5) ; chacun d'eux peut être transformé en un oncogène qui joue un rôle prépondérant dans des cancers d'une sorte ou d'une autre. On a rencontré la majorité des gènes de ce type répétés

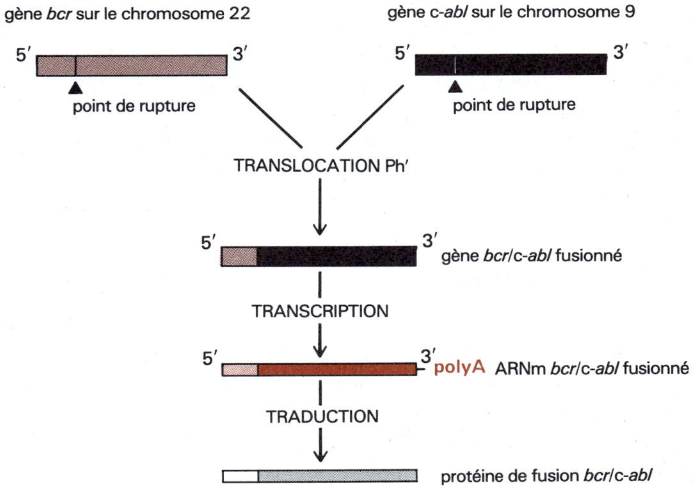

Figure 21-24 La conversion du proto-oncogène c-*abl* en oncogène chez des patients atteints de leucémie myéloïde chronique. La translocation chromosomique responsable relie le gène *bcr* sur le chromosome 22 au gène c-*abl* sur le chromosome 9, formant ainsi un chromosome de Philadelphie (voir Figure 21-4). Dans la protéine de fusion résultante, l'extrémité aminée de la protéine bcr est liée à l'extrémité carboxylée de la protéine kinase abl spécifique de la tyrosine ; il en résulte que le domaine de la kinase abl acquiert probablement une activité inappropriée, entraînant une prolifération excessive d'un clone de cellules hématopoïétiques dans la moelle osseuse.

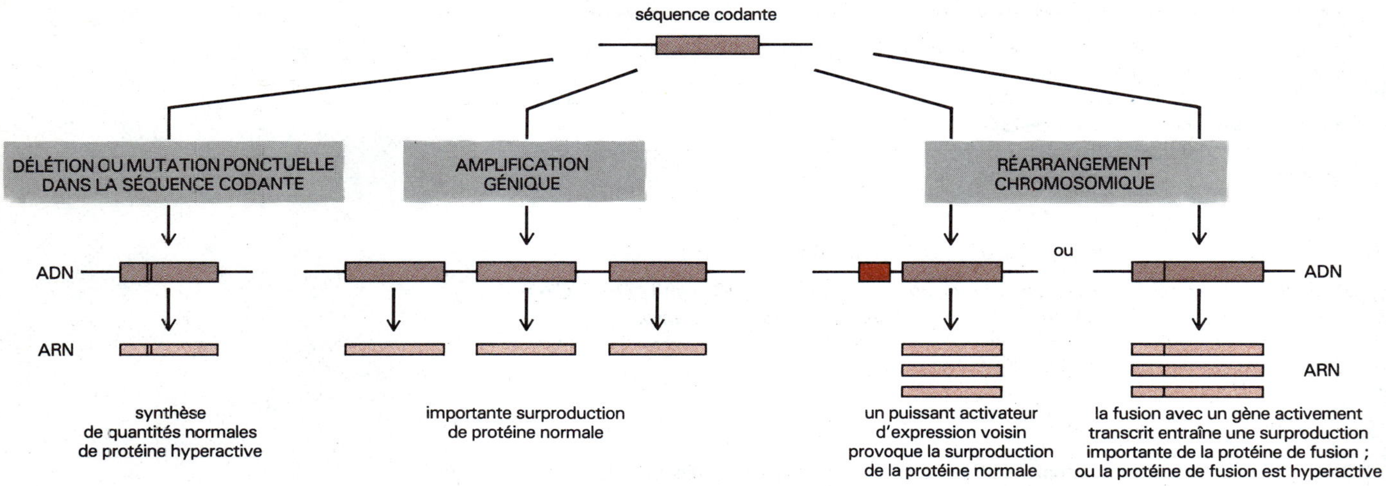

Figure 21-25 Trois modes de conversion d'un proto-oncogène en oncogène. Un quatrième mécanisme (non représenté) fait intervenir une recombinaison entre l'ADN rétroviral et un proto-oncogène : ceci a les mêmes résultats que ceux d'un réarrangement chromosomique, amenant le proto-oncogène sous le contrôle d'un activateur d'expression viral et/ou le fusionnant à un gène viral qui est activement transcrit.

dans une variété de mutants déguisés et dans plusieurs formes différentes de cancer, suggérant que l'on a sans doute déjà identifié le plus grand nombre des proto-oncogènes de mammifères. Il y a de nombreux modes de rupture génétique imaginables qui pourraient convertir un proto-oncogène en oncogène, et l'on connaît des exemples de presque chacun d'eux (Figure 21-25). Le gène peut être altéré par une mutation ponctuelle, ou via une translocation chromosomique, ou par insertion d'un élément génétique mobile tel qu'un rétrovirus. La modification peut se produire dans une région qui code une protéine, donnant un produit hyperactif, ou dans des régions de contrôle adjacentes de sorte que le gène est simplement surexprimé. D'autre part, le gène peut être surexprimé par suite d'une amplification jusqu'à un nombre important de copies par un processus qui commence probablement par une réplication chromosomique anormale (Figure 21-26). Des types spécifiques d'anomalies sont caractéristiques de gènes particuliers et de réponses à des carcinogènes particuliers. Des membres de la famille des gènes *myc*, par exemple, sont fréquemment surexprimés ou amplifiés, alors que 90 p. cent des tumeurs de la peau provoquées chez les souris par l'initiateur tumoral diméthylbenz[a]anthracène (DMBA) ont un changement de A en T exactement au même site dans un gène H-*ras* mutant.

On commence à élucider les fonctions moléculaires des proto-oncogènes mutés de ces différentes façons, et un nombre croissant d'entre elles peuvent être attribuées à des voies particulières de signalisation cellulaire, comme nous en avons discuté aux Chapitres 12 et 13 (voir p. 705 et p. 756). Beaucoup de ces produits géniques semblent interagir les uns avec les autres comme composants d'un réseau de contrôle élaboré (Figure 21-27). Ainsi, certains proto-oncogènes codent des facteurs de croissance, certains codent des récepteurs de facteurs de croissance, et d'autres des protéines kinases ; d'autres encore codent les protéines G de la famille *ras* (voir p. 705) et les protéines régulatrices de gènes localisées dans le noyau. On commence également à comprendre les mécanismes moléculaires de la carcinogenèse : par mutation d'un gène (c-*sis*) pour un facteur de croissance (PDGF) qui conduit à son expression incorrecte, les cellules deviennent capables de stimuler elles-mêmes leur division perpétuelle ; par mutation d'un gène (c-*erbB*) pour un récepteur de facteur de croissance (le récepteur de l'EGF), elles se comportent comme si le facteur de croissance correspondant était constamment présent ; par des mutations qui amplifient l'expression d'un gène (c-*myc*) dont le produit est supposé intervenir dans les modifications nucléaires nécessaires à la prolifération cellulaire, les cellules se trouvent condamnées à proliférer indéfiniment. Toutefois, nous ignorons encore beaucoup de choses. Malgré une profusion d'informations sur les séquences d'ADN et les structures moléculaires des proto-oncogènes, des oncogènes et de leurs produits, nous n'avons toujours qu'une vague notion des rôles que la majorité d'entre eux jouent dans la physiologie de la cellule.

Les actions des oncogènes peuvent être expérimentées chez des souris transgéniques [21]

Le concept d'un oncogène est paradoxal. Comme nous en avons discuté en détail dans la première partie de ce chapitre, une seule mutation n'est pas suffisante pour provoquer un cancer ; toutefois, un oncogène est défini comme un gène actif dominant, et il est typiquement titré d'après sa capacité de provoquer à lui seul une transformation néoplasique de cellules en culture. Cette contradiction apparente reflète l'abîme qui existe entre les modèles simplifiés de

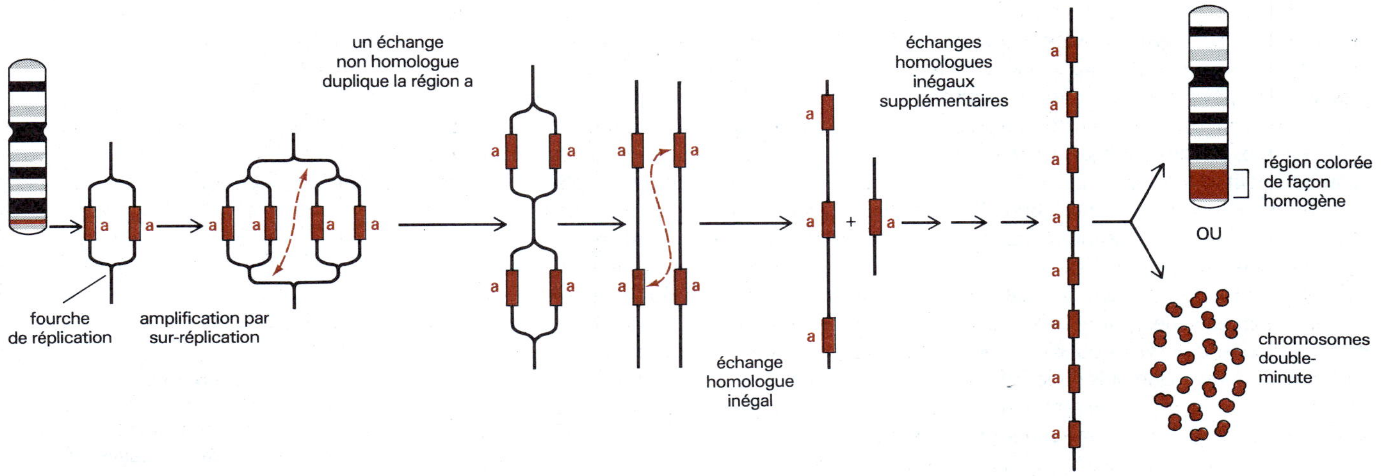

Figure 21-26 Un mécanisme possible d'amplification génique conduisant à une surproduction d'une protéine. Le processus commence par un événement de duplication génique dont le mécanisme n'est pas bien compris mais qui doit impliquer une recombinaison illégitime. Le mécanisme illustré ici tient compte de la suggestion selon laquelle la recombinaison illégitime peut être une conséquence d'un effet déstabilisant d'une réplication illégitime excessive de l'ADN. Une fois qu'une duplication génique s'est produite, des échanges inégaux de chromatides sœurs, dus à une recombinaison entre des copies géniques identiques au cours de la réplication de l'ADN, peuvent encore amplifier le nombre de copies géniques (voir p. 600), jusqu'à ce que les chromosomes en contiennent des dizaines ou des centaines. En présence de nombreuses répétitions d'ADN, le segment qui les contient peut devenir visible sous forme d'une *région colorée de façon homogène* dans le chromosome, ou peut — probablement par un autre événement chromosomique — être excisé de son locus initial et donner des chromosomes *double-minute* indépendants (voir p. 1202). La séquence d'ADN qui se trouve répétée par un tel mécanisme d'amplification est généralement longue de plus de 100 000 paires de nucléotides.

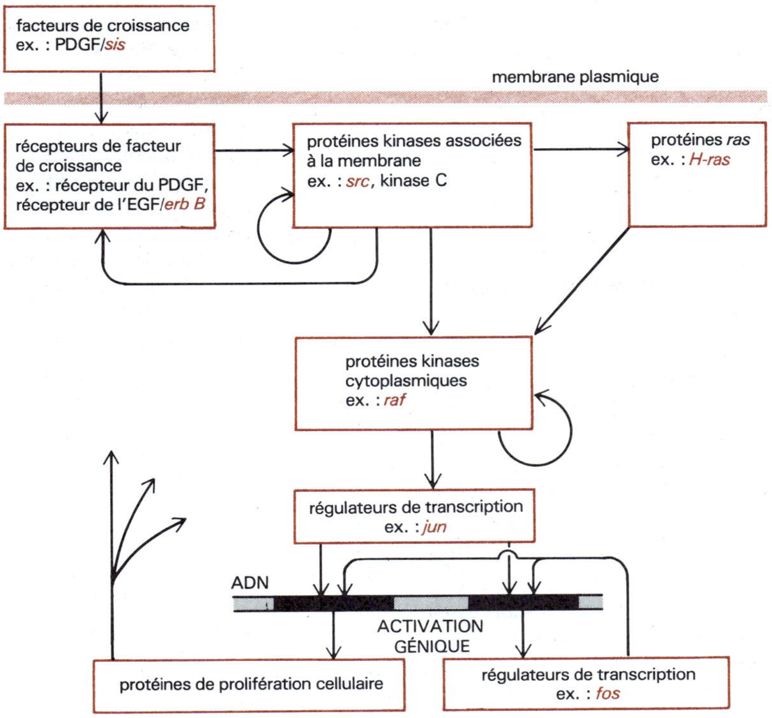

Figure 21-27 Un aperçu expérimental des relations des principales classes de proto-oncogènes dans le réseau de contrôle intracellulaire par lequel les signaux externes stimulent la prolifération cellulaire. Un seul proto-oncogène type est indiqué pour chaque classe. Une flèche de A à B indique que, dans une cellule normale, l'activation de A exerce son action en activant B (directement ou indirectement). Le schéma est basé en partie sur des études de cellules dans des systèmes acellulaires et en partie sur des études de cellules dans lesquelles des composants particuliers sont activés par l'introduction d'oncogènes, ou inactivés par la micro-injection d'anticorps appropriés. Noter que chacune des classes de molécules régulatrices se compose de nombreux membres, de sorte que chaque flèche du schéma représente potentiellement de nombreuses flèches parallèles reliant chaque membre d'une classe à un membre d'une autre classe. De plus, dans de nombreux cas, les membres d'une classe donnée peuvent interagir entre eux — par phosphorylation mutuelle, par exemple — ainsi qu'avec les membres des classes situées en amont ou en aval. L'existence de multiples voies parallèles interconnectées participe probablement à la sécurité de la cellule, de telle sorte qu'une seule mutation oncogène ne suffira pas normalement à la transformer en cellule cancéreuse ; mais cette complexité, et la présence de boucles rétroactives, rend difficile l'analyse expérimentale du système. Pour plus de détails voir pp. 566,705-708 et 756-758.

cancers les plus étudiés par les biologistes moléculaires et la complexité de la maladie humaine réelle. L'essai standard pour identifier les oncogènes n'examine pas leurs actions sur les cellules somatiques humaines normales, mais sur une lignée cellulaire 3T3 dérivée de la souris ; en fait, les cellules 3T3, par leur mise en culture, ont déjà subi des mutations qui les rendent anormalement faciles à transformer par une seule variation génétique ultérieure. De plus, comme nous l'avons expliqué à la page 1192, les souris, avec leur durée de vie plus courte et leur plus petit nombre de cellules, courent un risque de cancer intrinsèquement plus faible que les êtres humains, de sorte que leurs cellules peuvent être moins sérieusement protégées contre les conséquences de mutations carcinogènes que ne le sont les cellules humaines.

Cependant, même chez une souris, un seul oncogène n'est généralement pas suffisant pour transformer une cellule normale en cellule cancéreuse. Ceci peut être démontré de façon étonnante grâce à des études de souris transgéniques. Un oncogène sous forme d'un fragment d'ADN, dérivé d'un virus ou d'une cellule tumorale, peut être relié à une séquence d'ADN promoteur convenable puis injecté dans le noyau d'un ovule de souris. Cette molécule d'ADN recombinant s'intégrera souvent dans un chromosome de la souris, conduisant à la génération d'une lignée de souris transgéniques qui portent l'oncogène dans toutes leurs cellules. L'oncogène introduit de cette façon peut être exprimé dans de nombreux tissus ou seulement dans un petit nombre choisi, selon la spécificité tissulaire du promoteur associé. Typiquement, chez les souris qui sont ainsi dotées d'un oncogène *myc* ou H-*ras*, certains des tissus qui expriment l'oncogène atteignent une taille exagérée ; et, avec le temps, des cellules subissent d'autres modifications et donnent des cancers. Cependant, la grande majorité des cellules d'une souris transgénique qui expriment l'oncogène *myc* ou H-*ras* ne donnent pas de cancer, démontrant qu'un seul oncogène n'est pas suffisant pour provoquer une transformation néoplasique.

Cette démarche a été poursuivie en croisant une paire de souris transgéniques, l'une d'elles portant un oncogène *myc*, l'autre un oncogène H-*ras*, de façon à obtenir une progéniture portant les deux oncogènes. Le taux de cancers développés par ces descendants est beaucoup plus élevé que celui de l'une ou l'autre des lignées parentales (Figure 21-28), mais, encore une fois, les cancers se forment sous l'aspect de tumeurs isolées et dispersées parmi les cellules non cancéreuses. Ainsi, même avec deux oncogènes exprimés, les cellules doivent subir d'autres modifications produites au hasard pour devenir cancéreuses.

Bien que ce soit un résultat typique, on a signalé quelques exceptions où toutes les cellules d'un tissu particulier d'un type de souris transgénique portant un seul oncogène sont simultanément transformées en cellules cancéreuses. Mais, il est clair, dans ces cas là, que l'oncogène doit être doublement activé, par mutation dans sa séquence codante ainsi que par le couplage à une séquence de contrôle anormale qui entraîne sa surexpression ou son expression incorrecte dans le tissu affecté. Ainsi, même s'il suffit parfois d'un seul oncogène pour provoquer la transformation d'une cellule normale en cellule cancéreuse, une seule lésion génétique ne suffit probablement pas.

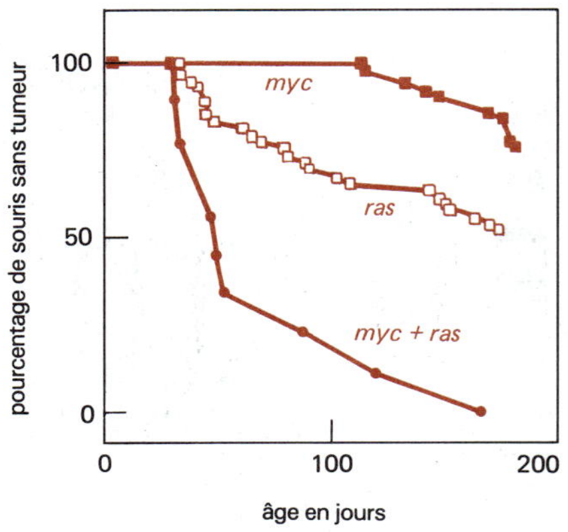

Figure 21-28 La fréquence des tumeurs chez trois types de souris transgéniques, l'un d'eux portant un oncogène *myc*, un autre portant un oncogène *ras* et le troisième portant les deux oncogènes. Pour ces expériences, deux lignées de souris transgéniques furent construites. L'une d'elles porte une copie insérée d'un oncogène créé par fusion du proto-oncogène c-*myc* avec le promoteur-activateur d'expression du virus de la tumeur mammaire murine (qui entraîne ensuite la surexpression de c-*myc* dans des tissus spécifiques tels que la glande mammaire). L'autre lignée porte une copie insérée de l'oncogène v-H-*ras* sous le contrôle du même promoteur-activateur d'expression. Les deux lignées de souris développent des tumeurs beaucoup plus fréquemment que les lignées normales, le plus souvent dans des glandes mammaires ou salivaires. Les souris qui portent les deux oncogènes à la fois furent obtenues par croisement des deux lignées. Ces hybrides développent des tumeurs à une fréquence encore plus élevée, supérieure à la somme des fréquences valables pour les deux oncogènes séparément. Néanmoins, les tumeurs n'apparaissent qu'après un temps de latence et à partir d'une petite proportion de cellules dans les tissus où les deux gènes sont exprimés. Il faut apparemment une autre modification accidentelle, en plus des deux oncogènes, pour le développement d'un cancer. (D'après E. Sinn et al. *Cell* 49 : 465-475, 1987.)

Le cancer implique la perte de gènes suppresseurs de tumeurs tout comme l'acquisition d'oncogènes [22]

D'après toutes les preuves dont nous disposons, il semble que le système de contrôle qui règle la prolifération cellulaire ait un dispositif de sécurité, dans ce sens qu'aucun accident génétique isolé n'est désastreux pour son fonctionnement correct : la prolifération est généralement maintenue dans des limites de sécurité même si un composant isolé, quel qu'il soit, déraille. En règle générale, un seul oncogène ne peut exercer son effet dominant en provoquant un comportement cancéreux que si le système de contrôle est déjà sévèrement perturbé ; les scientifiques qui découvrirent les oncogènes furent heureux dans le choix de lignées cellulaires appropriées à leurs expériences.

Il a été beaucoup plus difficile d'identifier et d'isoler les gènes suppresseurs de tumeurs — les gènes dont le rôle habituel est d'inhiber une prolifération cellulaire excessive. Il semble cependant d'après un certain nombre de preuves que la perte de tels gènes joue un rôle dans le cancer. Par exemple, comme nous l'avons vu à la page 755, lorsqu'on fusionne une cellule transformée en culture et une cellule non transformée, la cellule hybride résultante se comporte souvent comme si elle n'était pas transformée ; la cellule hybride ne retrouve un comportement cancéreux que si elle perd un chromosome spécifique provenant du partenaire non transformé. Dans un tel cas, le chromosome spécifique contient probablement la seule copie d'un gène suppresseur de tumeur particulier que possède la cellule.

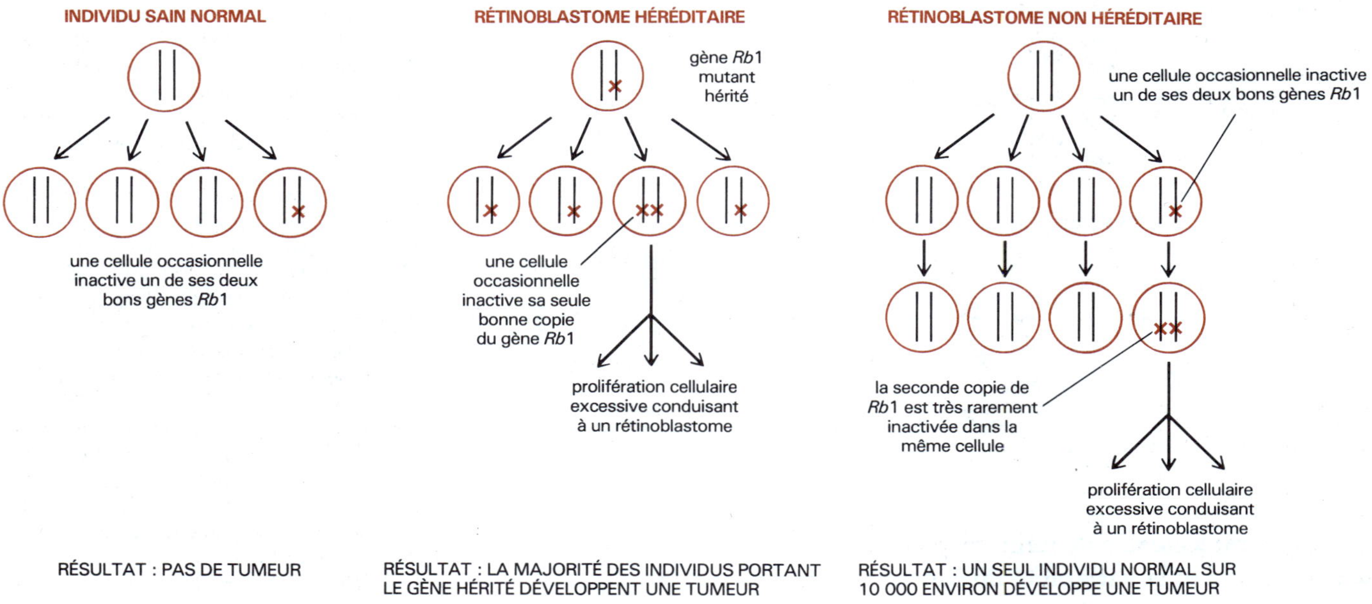

Figure 21-29 Les mécanismes génétiques à l'origine du rétinoblastome. Dans la forme héréditaire, toutes les cellules de l'organisme sont dépourvues de l'une des deux copies fonctionnelles normales d'un gène suppresseur de tumeur, et les tumeurs se développent là où la copie restante est perdue ou inactivée par une mutation somatique. Dans la forme non héréditaire, toutes les cellules contiennent initialement deux copies fonctionnelles du gène, et c'est la perte ou l'inactivation des deux copies par la coïncidence de deux mutations somatiques dans une cellules qui est à l'origine de la tumeur.

Dans une cellule diploïde normale, il faudra généralement la perte ou l'inactivation des deux copies d'un gène suppresseur de tumeur avant qu'il y ait une perte du contrôle de la croissance : une mutation qui contribue au cancer en supprimant ou en inactivant le gène sera récessive. Une mutation qui crée un oncogène, par contre, peut influer sur le comportement cellulaire même en présence d'une copie normale du proto-oncogène correspondant. Ainsi, en principe, des simples critères génétiques permettent de reconnaître et de distinguer les gènes suppresseurs de tumeurs défectueux des oncogènes. Ceci est illustré par un cancer rare de l'enfant connu sous le nom de *rétinoblastome*, dans lequel des tumeurs se développent à partir de cellules nerveuses précurseurs dans la rétine immature. Il existe deux formes de la maladie, l'une est héréditaire, l'autre ne l'est pas. Dans la forme héréditaire, de multiples tumeurs se forment en général de manière indépendante, touchant les deux yeux et survenant aussi parfois dans les os ; dans la forme non héréditaire, un seul œil est touché, et par une seule tumeur. De plus, on trouve que quelques patients atteints de rétinoblastome héréditaire ont un caryotype visiblement anormal, avec une délétion d'une bande spécifique sur le chromosome 13 ; des délétions dans ce même locus sont également observées dans des cellules tumorales de patients atteints de la maladie non héréditaire. Ceci laisse supposer que ce cancer peut s'expliquer par la perte d'un gène suppresseur de tumeur plutôt que par l'acquisition d'un oncogène. Plus précisément, les observations suggèrent que les cellules des patients atteints de la maladie héréditaire ont une disposition à devenir cancéreuses car elles sont toutes dépourvues d'une des deux copies normales d'un certain gène suppresseur de tumeurs, le rétinoblastome ou gène *Rb*1 ; il suffira alors d'une mutation somatique qui altère la bonne copie restante du gène dans une cellule sur les millions de cellules rétiniennes en cours de croissance pour induire un cancer. Chez les enfants sans prédisposition héréditaire, les rétinoblastomes seront très rares car ils nécessitent la coïncidence de deux mutations somatiques dans une seule cellule rétinienne pour détruire les deux copies du gène *Rb*1 (Figure 21-29). Le gène *Rb*1 est à présent cloné ; il code une protéine qui est normalement exprimée dans la rétine (et dans de nombreux autres tissus), qui contient des « doigts à zinc » semblables à ceux que l'on trouve dans beaucoup de protéines de liaison à l'ADN (voir p. 490), et qui se lie à des protéines codées par les oncogènes de certains virus à ADN. Des sondes d'ADN préparées à partir du gène *Rb*1 cloné ont été utilisées pour confirmer que les cellules tumorales diffèrent de leurs voisines non transformées par des délétions de *Rb*1 ou des lésions qui l'inactivent dans leurs deux jeux de chromosomes maternels et paternels ; la perte peut se produire de plusieurs façons (Figure 21-30). On a montré que des mécanismes analogues (impliquant d'autres gènes) étaient responsables de certains autres cancers de la petite enfance, comme la tumeur rénale de Wilms, qui a une forme héréditaire. Bien que ces cancers soient rares et assez exceptionnels, il y a de plus en plus de preuves pour suggérer que la perte ou l'inactivation de gènes suppresseurs de tumeurs jouent également un rôle dans de nombreux cancers courants survenant au cours de la vie adulte.

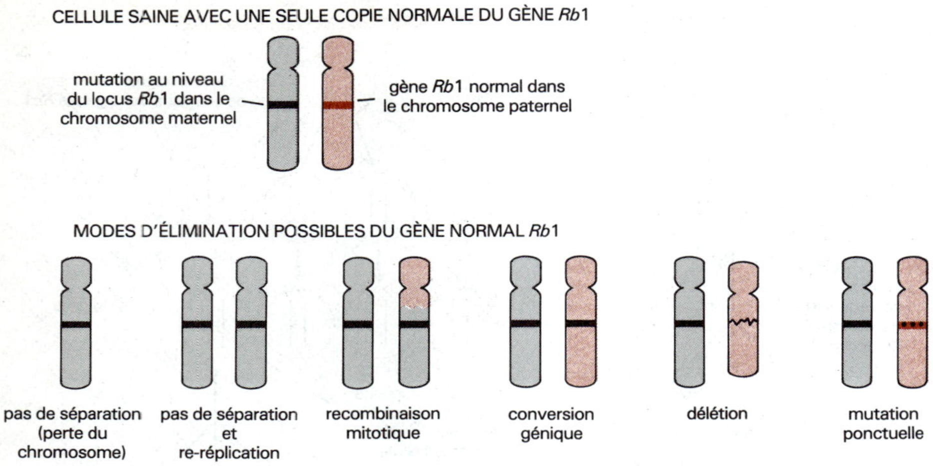

Figure 21-30 Mécanismes possibles par lesquels une cellule, dont l'un des deux allèles d'un gène suppresseur de tumeurs est manquant, peut également perdre la fonction de l'autre allèle, et devenir ainsi cancéreuse. Des sondes d'ADN clonées peuvent être utilisées en association avec des polymorphismes de longueur de fragments de restriction (voir p. 270) pour analyser l'ADN tumoral et découvrir ainsi quel type d'événement s'est produit chez un patient donné. Noter que le résultat de la majorité des mécanismes est une cellule totalement dépourvue de la copie maternelle ou paternelle du gène suppresseur de tumeurs. La version restante est elle-même défectueuse et peut être présente en deux ou en une seule copie. Une telle réduction à l'homozygotie ou à l'hémizygotie est un caractère destructif d'un cancer qui dépend de la perte de la fonction d'un gène suppresseur de tumeur. (D'après W.K. Cavenee et al., *Nature*, 305 : 779-784, 1983.)

L'analyse moléculaire de tumeurs pulmonaires démontre la complexité et la variabilité du cancer humain [23]

Chaque année, on diagnostique environ 140 000 nouveaux cas de cancer du poumon aux Etats-Unis. Actuellement, on ne peut pas faire grand chose pour sauver ces patients, et plus de 90 p. cent d'entre eux meurent dans l'année qui suit le diagnostic. Afin d'obtenir un aperçu sur la biologie moléculaire de la maladie, des études détaillées ont été réalisées sur l'une de ces formes, le *carcinome du poumon à petites cellules*, qui représente environ 20 p. cent des cancers du poumon. On suppose que les carcinomes à petites cellules dérivent des cellules neuroendocrines pulmonaires, qui sécrètent le *peptide de libération de la gastrine* (*GRP*, aussi connu sous le nom de *bombésine*, pour sa similitude avec un neuropeptide amphibien de ce nom) et d'autres médiateurs chimiques locaux. Plus d'une centaine de lignées cellulaires en culture ont été établies à partir de tumeurs de différents patients atteints de ce cancer et soumises à une analyse moléculaire. Elles manifestent un grand nombre d'anomalies qui sont différentes d'une lignée cellulaire à l'autre. On trouve des cas de perturbations dans dix oncogènes et gènes suppresseurs de tumeurs connus, si ce n'est plus, de nombreuses délétions et translocations chromosomiques, et des désordres qui provoquent la sécrétion de molécules informatives qui affectent la prolifération cellulaire.

Ainsi, par exemple, beaucoup de lignées cellulaires montrent une surexpression du proto-oncogène *myc* ou des gènes voisins N-*myc* et L-*myc* qui résulte souvent d'une amplification génique, visible dans le caryotype sous forme de chromosomes double-minute ou de régions chromosomiques colorées de façon homogène (Figure 21-31 ; voir aussi p. 1202). Dans les mêmes cellules, on trouve souvent que les gènes de la famille *ras* ont subi des mutations ponctuelles spécifiques. L'amplification de *myc* correspond régulièrement à une croissance particulièrement rapide des cellules tumorales en culture et à une expression réduite des propriétés différenciées ; les patients qui ont des tumeurs avec cette amplification génique ont une espérance de vie particulièrement courte.

Plusieurs des lignées de cellules cancéreuses ont, avec d'autres anomalies chromosomiques, de gros défauts chromosomiques dans la région du gène *Rb*1, et plus de la moitié des lignées ne synthétisent aucun ARN messager *Rb*1 détectable, même si celui-ci est synthétisé dans les cellules pulmonaires normales et dans la majorité des autres types de cancers. De plus, beaucoup de lignées cellulaires tumorales ont des délétions très visibles qui englobent une bande spécifique sur le chromosome 3, suggérant que la perte d'un gène dans cette région peut jouer un rôle dans le développement du cancer. Des sondes d'ADN clonés complémentaires du chromosome 3 dans cette région fournissent un moyen précis et fiable de déceler les délétions de la région et d'identifier toutes ses copies restantes selon qu'elles sont des versions héritées de la mère du patient ou du père du patient (la technique repose sur l'exploitation des polymorphismes de longueur des fragments de restriction — voir p. 270). Cette approche révèle que, dans presque tous les cas (des carcinomes à petites cellules aux autres formes principales de cancer du poumon), une des copies parentales de la région identifiée du chromosome 3 a été perdue. Des cellules non cancéreuses de ces mêmes patients ne montrent pas une telle perte, et celle-ci n'est généralement pas observée dans d'autres types de cancers chez d'autres patients. Il y a par conséquent une forte probabilité pour qu'une étape cruciale dans le développement du cancer du poumon soit l'élimination d'un gène suppresseur de tumeurs

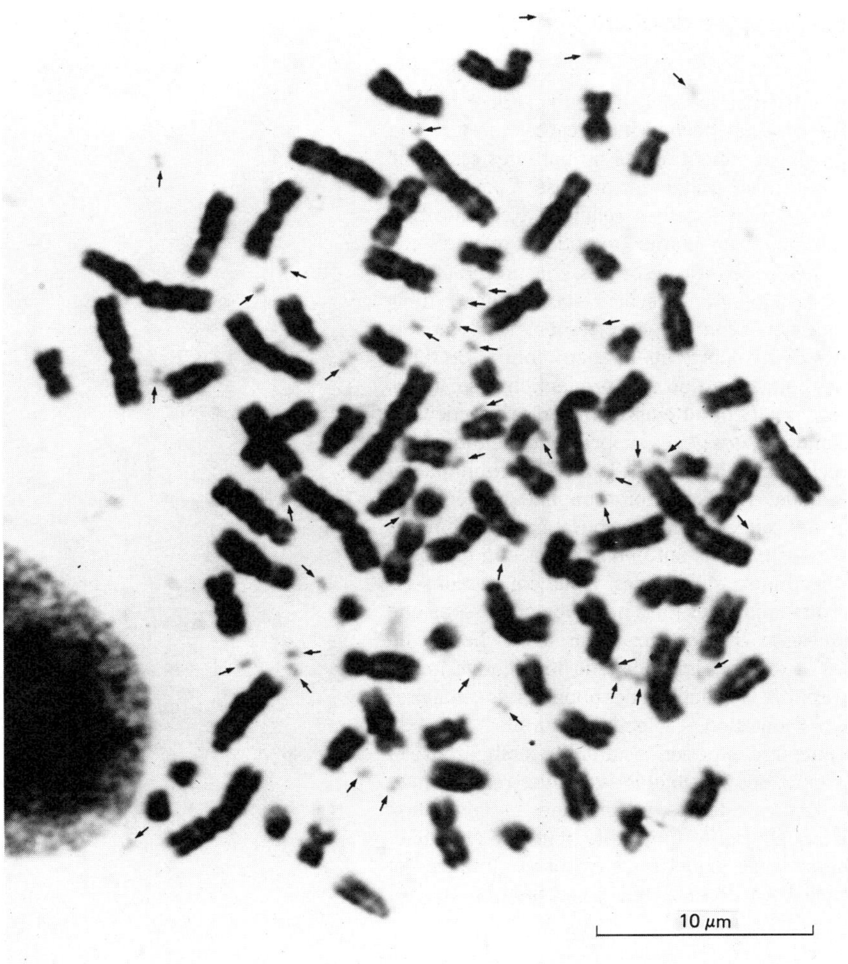

Figure 21-31 Caryotype d'une cellule provenant d'un cancer du poumon à petites cellules, montrant des chromosomes double-minute *(flèches)* reflétant l'amplification d'un gène *myc*. (Avec l'autorisation de J. Whang-Peng et J.D. Minna.)

spécifique sur le chromosome 3, par un mécanisme de même type que ceux qui sont schématisés dans le cas du rétinoblastome (voir Figure 21-30) ; dans une cellule pulmonaire cancéreuse typique, une des deux bonnes copies originales du gène suppresseur du cancer du poumon est perdue par délétion du segment chromosomique qui la contient, alors que l'autre est inactivée par une mutation moins visible qui ressemble plus à une mutation ponctuelle. L'analogie avec le rétinoblastome suggère que certaines personnes peuvent hériter d'un défaut récessif au niveau de ce locus, qui les prédispose au cancer du poumon. Comme le cancer nécessite vraisemblablement des modifications dans d'autres gènes également et est fortement dépendant des facteurs de l'environnement, une prédisposition héréditaire de ce type pourrait être moins nette que pour le rétinoblastome et aurait pu facilement passer inaperçue dans le passé (bien que, de fait, une variation génétique dans la sensibilité ait été parfois rapportée). On a récemment obtenu des preuves indirectes analogues de la perte de gènes suppresseurs de tumeurs au niveau d'un locus différent dans un autre cancer très courant, le *carcinome colorectal* (le carcinome du gros intestin) ; on sait qu'il existe, dans ce cas, une forme héréditaire rare de la maladie, bien que sa relation moléculaire avec la forme non héréditaire ne soit pas évidente. Des études moléculaires comme celles que nous venons de décrire devraient nous aider à identifier les individus chez lesquels le risque pour certains types spécifiques de cancer est élevé et qui pourraient bénéficier de mesures préventives appropriées.

Une autre découverte clinique importante d'après l'analyse moléculaire des cancers pulmonaires à petites cellules repose sur le peptide GRP/bombésine, qui agit comme un facteur de croissance, stimulant la prolifération des lignées cellulaires tumorales. Certaines lignées cellulaires, mais pas toutes, répondent à ce facteur et le sécrètent, créant ainsi une boucle autocrine par laquelle elles stimulent leur propre division. En culture, la prolifération de telles cellules peut être inhibée par un anticorps qui se lie au peptide, bloquant la stimulation. Ceci laisse espérer une possibilité d'inhiber la croissance tumorale par un blocage analogue des facteurs de croissance chez les patients atteints de ce variant particulier de cancer du poumon à petites cellules.

Chaque cas de cancer représente une expérience distincte dans l'évolution cellulaire

Tout progrès médical dépend d'un diagnostic précis. S'il est impossible d'identifier correctement une maladie et de la distinguer des autres, on ne peut pas découvrir ses causes, prédire son évolution, sélectionner le traitement approprié pour un patient donné ou faire des essais sur une population de patients pour juger de l'efficacité d'un traitement proposé. Comme nous venons de le voir dans le cas du carcinome du poumon à petites cellules, la classification traditionnelle des cancers est insuffisante. Il s'avère, après un examen minutieux, qu'une seule des catégories conventionnelles est une collection hétérogène de désordres, chacun caractérisé par son propre ensemble de lésions génétiques. La biologie moléculaire commence à nous fournir des outils pour rechercher précisément quels gènes sont amplifiés, lesquels sont éliminés et lesquels sont mutés dans les cellules tumorales de n'importe quel patient donné. De telles informations peuvent se révéler aussi importantes pour la gestion et la prévention des cancers que l'est l'identification des microorganismes chez des patients atteints de maladies infectieuses.

La découverte des oncogènes, et plus récemment, des gènes suppresseurs de tumeurs a marqué la fin d'une ère de tâtonnements à la recherche d'indices sur la base biochimique du cancer. Mais il est encore dégrisant de passer des modèles de laboratoire simplifiés de néoplasie qui ont rendu ces succès possibles à la complexité des cancers humains courants. Nous sommes loin de comprendre totalement ces maladies et nous n'avons fait péniblement que quelques progrès dans la mise au point de traitements rationnels et efficaces. Nous connaissons les séquences d'ADN de nombreux oncogènes et proto-oncogènes mais nous ne connaissons que les fonctions physiologiques précises de quelques-uns d'entre eux. Nous avons besoin de mieux comprendre la façon dont ces molécules et d'autres interagissent pour gouverner le comportement de la cellule isolée, de mieux comprendre la génétique des populations cellulaires qui gouverne la genèse des cellules cancéreuses par mutation et sélection naturelle.

Chaque patient atteint d'un cancer représente une expérience naturelle malheureuse et indépendante de l'évolution cellulaire. La complexité des possibilités évolutives rend compte de la complexité du phénomène du cancer et, en même temps, les principes de l'évolution assurent une perspective unificatrice à partir de laquelle cette complexité peut être étudiée et comprise. Ainsi le cancer nous renvoie au thème avec lequel nous avons commencé cet ouvrage : comme nous l'avons dit, en biologie, rien n'a de sens sauf si l'on tient compte de l'évolution.

Résumé

La prolifération des cellules normales est réglée à la fois par des molécules de contrôle inhibitrices et stimulatrices correspondant respectivement aux gènes suppresseurs de tumeurs et aux proto-oncogènes. Une prédisposition à un comportement cancéreux peut résulter de la perte ou de l'inactivation des deux copies d'un gène suppresseur de tumeur ou de l'amplification ou de l'hyperactivation de l'une des deux copies d'un proto-oncogène. Le contrôle de la prolifération cellulaire peut aussi être perturbé de façon héréditaire par un matériel génétique viral étranger. Les rétrovirus peuvent devenir oncogènes en prélevant une copie d'un proto-oncogène dans une cellule hôte et en la convertissant en oncogène au cours du processus ; ils peuvent également créer un oncogène en agissant comme un agent mutagène par insertion lorsqu'ils s'intègrent à côté d'un proto-oncogène dans le génome de l'hôte. Bien que la majorité des cancers humains ne soient sans doute pas provoqués par des virus, ils impliquent fréquemment des mutations qui touchent les mêmes proto-oncogènes identifiés grâce à des études de rétrovirus. Dans les cancers humains, on a trouvé que les proto-oncogènes donnent des oncogènes par mutations ponctuelles, par amplification du nombre des copies des gènes ou par des translocations chromosomiques qui perturbent le contrôle de leur expression ou les associent à un autre gène pour produire une protéine de fusion. De plus, des gènes suppresseurs de tumeurs peuvent être fonctionnellement perdus par des types de mutations variés ; une personne qui hérite d'une délétion ou d'une copie défectueuse de l'un de ces gènes peut montrer une forte prédisposition à un type spécifique de cancer, un exemple notoire étant le rétinoblastome. Une analyse moléculaire de cellules tumorales de patients partageant l'une des formes communes du cancer révèle une collection complexe et hétérogène de lésions génétiques y compris l'activation d'un oncogène et la perte d'un gène suppresseur de tumeurs. Ces observations reflètent le caractère aléatoire du processus évolutif d'apparition des cancers, et suggèrent que chaque cas de cancer représente vraisemblablement une maladie unique d'un point de vue moléculaire.

Bibliographie

Ouvrages généraux

Cairs, J. Cancer : Science and Society. San Francisco : Freeman, 1978

Cancer Biology : Readings from Scientific American. New York : W.H. Freeman. 1986.

Darnell, J.E. ; Lodish, H.F. ; Baltimore, D. Molecular Cell Biology. pp. 1035-1080. New York : W.H. Freeman/Scientific American Books, 1986.

De Vita, V.T. ; Hellman, S. ; Rosenberg, S.A. ; eds. Cancer : Principles and Practice of Oncology, 2nd ed. Philadelphia : Lippincott, 1985.

Farmer, P.B. ; Walker, J.M., eds. The Molecular Basis of Cancer. New York : Wiley, 1985.

Franks, L.M. ; Teich, N. eds. Introduction to the Cellular and Molecular Biology of Cancer. Oxford. U.K. : Oxford University Press, 1986.

Prescott, D.M. ; Flexer, A.S. Cancer : The Misguided Cell, 2nd ed. Sunderland. MA ; Sinauer, 1986.

Watson, J.D. ; Hopkins, N.H. ; Roberts, J.W. ; Steitz, J.A. ; Weiner, A.M. Molecular Biology of the Gene, 4th ed., pp. 962-1096. Menlo Park, CA : Benjamin-Cummings, 1987.

Articles cités

1. Cairns, J. Mutation selection, and the natural history of cancer. *Nature* 255:197-200, 1975.

   Nowell, P.C. The clonal evolution of tumor cell populations. *Science* 194:23-28, 1976.

2. Doll, R. ; Peto, R. Epidemiology of cancer. In Oxford Textbook of Medicine (D.J. Weatherall, J.G.G. Ledingham, D.A. Warell, eds.), 2nd ed., pp. 4.95-4.123. Oxford, U.K. : Oxford University Press, 1987.

   Parkin, D.M. ; Laara, E. ; Muir, C.S. Estimates of the worldwide frequency of sixteen major cancers in 1980. *Int. J. Cancer* 41:184-197, 1988.

   Ritchie, A.C. The classification, morphology, and behaviour of tumours. In General Pathology (H. Florey, ed.), 4th ed., pp. 668-719. London : Lloyd-Luke, 1970.

   Robbins, S.L. ; Cotran, R.S. ; Kumar, V. Pathologic Basis of Disease, 3rd ed., pp. 214-272. Philadelphia: Saunders, 1984.

3. Fearon, E.R. ; Hamilton, S.R. ; Vogelstein, B. Clonal analysis of human colorectal tumors. *Science* 238:193-197, 1987.

   Fialkow, P.J. Clonal origin of human tumors. *Biochim. Biophys. Acta* 458:283-321, 1976.

   Groffen, J.J. ; et al. Philadelphia chromosomal breakpoints are clustered within a limited region. *bcr*, on chromosome 22. *Cell.* 36:93-99,1984.

   Nowell, P.C. ; Hungerford, D.A. A minute chromosome in human granulocytic leukemia. *Science* 132:1497, 1960.

4. Ames, B. ; Durston, W.E. ; Yamasaki, E. ; Lee, F.D. Carcinogens are mutagens : a simple test system combining liver homogenates for activation and bacteria for detection. *Proc. Natl. Acad. Sci. USA* 70:2281-2285, 1973.

   Ashby, J. ; Tennant, R.W. Chemical structure, *Salmonella* mutagenicity and extent of carcinogenicity as indicators of genotoxic carcinogenesis among 222 chemicals tested in rodents by the U.S. NCI/NTP. *Mutation Res.* 204:17-115, 1988.

   Case, RMP. Tumours of the urinary tract as an occupational disease in several industries. *Ann. R. Coll. Surg. Engl.* 39:213-235, 1966.

   Doll, R. Strategy for detection of cancer hazards to man. *Nature* 265:589-597, 1977.

   Hay, A. How to identify a carcinogen. *Nature* 332:782-783, 1988.

   Walker, J.M. Testing for carcinogens. In The molecular Basis of Cancer (P.B. Farmer, J.M. Walker, eds.), pp. 181-200. New York : Wiley, 1985.

5. Armitage, P. ; Doll, R. The age distribution of cancer and a multi-stage theory of carcinogenesis. *Br. J. Cancer* 8:1-12, 1954.

   Peto, R. Cancer epidemiology, multistage models, and short-term mutagenicity tests. In Origins of Human Cancer (H.H. Hiatt, J.D. Watson, J.A. Winsten, eds.), pp. 1403-1428. Cold Spring Harbor, NY : Cold Spring Harbor Laboratory, 1977.

6. Cairns, J. Cancer : Science and Society, pp. 144-156. San Francisco : Freeman, 1978.

   Campion, M.J.; McCance, D.J. ; Cuzick, J. ; Singer, A. Progressive potential of mild cervical atypia : prospective, cytological, colposcopic, and virological study. *Lancet* 2:237-240, 1986.

   Farber, E. ; Cameron, C. The sequential analysis of cancer development. *Adv. Cancer Res.* 31:125-225, 1980.

   Foulds, L. The natural history of cancer. *J. Chronic Dis.* 8:2-37, 1958

   McIndoe, W.A. ; McLean, M.R. ; Jones, R.W. ; Mullins, P.R. The invasive potential of carcinoma in situ of the cervix. *Obstet. Gynecol.* 64:541-464, 1984.

7. Albanes, D. ; Winick, M. Are cell number and cell proliferation risk factors for cancer ? *J. Natl. Cancer Inst.* 80:772-775, 1988.

   Schnipper, L.E. Clinical implications of tumor-cell heterogeneity. *N. Engl. J. Med.* 3114:1423-1431, 1986.

8. Berenblum, I. A speculative review : the probable nature of promoting action and its significance in the understanding of the mechanism of carcinogenesis. *Cancer Res.* 14 : 471-477, 1954.

   Berenblum, I. ; Shubik, P. The role of croton oil applications associated with a single painting of a carcinogen in tumour induction in the mouse's skin. *Br. J. Cancer* 1:379-383, 1947.

   Dolberg, D.S. ; Hollingsworth, R. ; Hertle, M. ; Bissel, M.J. Wounding and its role in RSV-mediated tumor formation. *Science* 230:676-678, 1985.

   Lamph, W.W. ; Wamsley, P. ; Sassone-Corsi, P. ; Verma, I.M. Induction of proto-oncogene JUN/AP-1 by serum and TPA. *Nature* 334:629-631, 1988.

   Reddy, A.L. ; Fialkow, P.J. Influence of dose of initiator on two-stage skin carcinogenesis in BALB/c mice with cellular mosaicism. *Carcinogenesis* 9:751-754, 1988.

9. Cairns, J. The treatment of diseases and the war against cancer. *Sci. Am.* 253(5):51-59, 1985.

   Cohen, L.A. Diet and cancer. *Sci. Am.* 257(5):42-48, 1987. Doll, R. ; Peto, R. The Causes of Cancer. New York : Oxford University Press, 1981. Enstrom, J.E. Cancer and mortality among active Mormons. *Cancer* 42:1943-1951, 1978.

   Pike, M.C. ; Ross, R.K. Breast cancer. *Br. Med. Bull.* 40:351-354, 1984.

10. Fentiman, I. The local treatment of cancer. In introduction to the Cellular and Molecular Biology of Cancer (L.M. Franks, N. Teich, eds.), pp. 350-362. Oxford, U.K. : Oxford University Press, 1986.

    Malpas, J. Chemotherapy. In Introduction to the Cellular and Molecular Biology of Cancer (L.M. Franks, N. Teich, eds.), pp. 363-377. Oxford, U.K. : Oxford University Pres, 1986.

11. Sachs, L. Growth, differentiation, and the reversal of malignancy. *Sci. Am.* 254(1):40-47, 1986.

12. Fidler, I. ; Hart, I. Biological diversity in metastatic neoplasms : origins and implications. *Science* 217:998-1003, 1982.

Liotta, L.A. Tumor invasion and metastases — role of the extracellular matrix : Rhoads Memorial Award lecture. *Cancer Res.* 46:1-7, 1986.

McCarthy, J.B. ; Skubitz, A.P.N. ; Palm, S.L. ; Furcht, L.T. Metastasis inhibition of different tumor types by purified laminin fragments and a heparin-binding fragment of fibronectin. *J. Natl. Cancer Inst.* 80:108-116, 1988.

Nicholson, G. Cancer metastasis : *Sci. Am.* 240(3):66-76, 1979

Schirrmacher, G. Cancer metastasis : experimental approaches, theoretical concepts, and impacts for treatment strategies. *Adv. Cancer. Res.* 43:1-73, 1985.

13. German, J. ed. Chromosome Mutation and Neoplasia. New York : Liss, 1983.

Hanawalt, P. ; Sarasin, A. Cancer-prone hereditary diseases with DNA processing abnormalities. *Trends Genet.* 2:124-129, 1986.

Lindahl, T. Regulation and deficiencies in DNA repair. *Br. J. Cancer* 56:91-95, 1987.

Nowell, P.C. Mechanisms of tumor progression. *Cancer Res.* 46:2203-2207, 1986.

14. Alt, F.W. ; Kellems, R.E. ; Bertino, J.R. ; Schimke, R.T. Selective multiplication of dihydrofolate reductase genes in methotrexate-resistant variant of cultured murine cells. *J. Biol. Chem.* 253:1357-1370, 1978.

Gerlach, J.H. ; et al. Homology between P-glycoprotein and a bacterial haemolysin transport protein suggests a model for multidrug resistance. *Nature* 324:485-489, 1986.

Roninson, I.B. ; Abelson, H.T. ; Housman, D.E. ; Howell, N. ; Varshavsky, A. Amplification of specific DNA sequences corelates with multi-drug resistance in Chinese hamster cells. *Nature* 309:626-628, 1984.

Schimke, R.T. Gene amplification in cultured cells. *J. Biol. Chem.* 263:5989-5992, 1988.

15. Klein, G. The approaching era of the tumor suppressor genes. *Science* 238:1539-1545, 1987.

Watson, J.D. ; Hopkins, N.H. ; Roberts, J.W. ; Steitz, J.A. ; Weiner, A.M. Molecular Biology of the Gene, 4th ed., Chapters 26-27. Menlo Park, CA: Benjamin-Cummings, 1987.

Wyke, J.A. Viruse and Cancer. In Introduction to the Cellular and Molecular Biology of Cancer (L.M. Franks, N. Teich, eds.), pp. 176-199. Oxford, U.K. : Oxford University Press, 1986.

16. Kripke, M.L. Immunoregulation of carcinogenesis : past, present, and future. *J. Natl. Cancer Inst. 80:722-727, 1988.*

17. Lazo, P.A. Human papillomaviruses in oncogenesis. *Bioessays* 9:158-162, 1988.

Steinberg, B.M. ; Brandsma, J.L. ; Taichman, L.B. Cancer Cells 5/Papillomaviruses. Cold Spring Harbor, NY : Cold Spring Harbor Laboratory, 1987.

18. Bishop, J.M. Oncogenes. *Sci. Am.* 246(3): 80-92, 1982.

Rijsewijk, F. ; et al. The *Drosophila* homolog of the mouse mammary oncogene int-1 is identical to the segment polarity gene wingless. *Cell* 50:649-657, 1987.

Varmus, H.E. The molecular genetics of cellular oncogenes. *Annu. Rev. Genet.* 18:553-612, 1984.

19. Bishop, J.M. The molecular genetics of cancer. *Science* 235:305-311, 1987.

Croce, C.M. ; Klein, G. Chromosome translocations and human cancer. *Sci. Am.* 252(3):44-50, 1985.

Weinberg, R.A. A molecular basis of cancer. *Sci. Am.* 249(5):126-142, 1983.

20. Bradshaw, R.A. ; Prentis, S. Oncogenes and Growth Factors. Amsterdam : Elsevier, 1987. (An anthology of articles from *Trends Biochem. Sci., Trends Genet.,* and *Immunol. Today.*)

Hunter, T. The proteins of oncogenes. *Sci. Am.* 251(2):70-79, 1984.

Kahn, P. ; Graf, T., eds. Oncogenes and Growth Control. Berlin : Springer, 1986. (Un excellent recueil d'articles courts.)

Quintanilla, M, ; Brown, K. ; Ramsden, M. ; Balmain, A. Carcinogen-specific mutation and amplification of Ha-ras during mouse skin carcinogenesis. *Nature* 322:78-80, 1986.

Smith, M.R. ; DeGudicibus, S.J. ; Stacey, D.W. Requirement for c-ras proteins during viral oncogene transformation. *Nature* 320:540-543, 1986. (Traite de la façon dont les anticorps peuvent être utilisés pour analyser l'organisation du réseau de contrôle des proto-oncogènes.)

21. Hanahan, D. Dissecting multistep tumorigenesis in mice. *Annu. Rev. Genet.* 22:[sous-presse], 1988.

Land, H. ; Parada. L.F. ; Weinberg, R.A. Tumorigenic conversion of primary embryo fibroblasts requires at least two cooperating oncogenes. *Nature* 304:596-602, 1983.

Quaife, C.J. ; Pinkert, C.A. ; Ornitz, D.M. ; Palmiter, R.D. ; Brinster, R.L. Pancreatic neoplasia induced by *ras* expression in acinar cells of transgenic mice. *Cell.* 48:1023-1034, 1987.

Sinn, E. ; et al. Coexpression of MMTV/v-Ha-*ras* and MMTV/c-*myc* genes in transgenic mice : synergistic action of oncogenes *in vivo. Cell.* 49:465-475, 1987.

22. Hansen, M.F. ; Cavence, W.K. Retinoblastoma and the progression of tumor genetics. *Trends Genet.* 4:125-129, 1988.

Harris, H. The genetic analysis of malignancy. *J. Cell. Sci.* Suppl. 4:431-444, 1986.

Knudson, A.G. Hereditary cancer, oncogenes, and antioncogenes. *Cancer Res.* 45:1437-1443, 1985.

Lee, E.Y.-H.P, ; et al. Inactivation of the retinoblastoma susceptibility gene in human breast cancers. *Science* 241:218-221, 1988.

Weinberg, R.A. Finding the anti-oncogene. *Sci. Am.* 259(3):34-41, 1988.

23. Bodmer, W.F. ; et al. Localization of the gene for familial adenomatous polyposis on chromosome 5. *Nature* 328:614-627, 1987.

Harbour, J.W. ; et al. Abnormalities in structure and expression of the human retinoblastoma gene in SCLC. *Science* 241:353-357, 1988. (SCLC = small-cell lung cancer.)

Kok, K. ; et al. Deletion of a DNA sequence at the chromosomal region 3p21 in all major types of lung cancer. *Nature* 330:561-578, 1987.

Leppert, M. ; et al. The gene for familial polyposis coli maps to the long arm of chromosome 5. *Science* 258:1411-1413, 1987.

Minna, J.D. ; et al. Molecular genetic analysis reveals chromosomal deletion, gene amplification, and autocrine growth factor production in the pathogenesis of human lung cancer. *Cold Spring Harbor Symp. Quant. Biol.* 51:843-853, 1986.

Liste des tableaux

Tableau

1-1 Comparaison des organismes procaryotes et eucaryotes 19

2-1 Composition chimique approximative d'une cellule bactérienne 43
2-2 Quelques coenzymes impliqués dans les réactions de transfert de groupements 76

3-1 Compositions chimiques approximatives d'une bactérie et d'une cellule de mammifère typiques 88
3-2 Liaisons chimiques covalentes et non covalentes 89
3-3 Relation entre les différences d'énergie libre et les constantes d'équilibre 95

4-1 Quelques découvertes importantes dans l'histoire de la microscopie photonique 136
4-2 Les événements principaux dans le développement du microscope électronique et son application à la biologie cellulaire 143
4-3 Les événements marquants dans le développement de la cristallographie aux rayons X et son application aux molécules biologiques 152
4-4 Composition type d'un milieu de culture de cellules de mammifères 161
4-5 Quelques lignées cellulaires couramment utilisées 162
4-6 Quelques points de repère dans le développement de la culture tissulaire 164
4-7 Quelques coefficients de sédimentation caractéristiques 165
4-8 Les étapes importantes dans le développement de l'ultracentrifugation et de la préparation d'extraits acellulaires 166
4-9 Les événements marquants dans le développement de la chromatographie et de l'électrophorèse et leur application aux molécules biologiques 173
4-10 Quelques réactifs couramment employés pour rompre des liaisons peptidiques dans les protéines 173
4-11 Quelques radioisotopes d'un usage courant dans la recherche en biologie 175
4-12 Les étapes principales du développement de la technologie de l'ADN recombinant 181

5-1 Inhibiteurs de la synthèse des protéines ou des ARN 218
5-2 Taux de changement des séquences d'acides aminés observés dans plusieurs protéines au cours de l'évolution 221

6-1 Compositions lipidiques approximatives de différentes membranes cellulaires 281
6-2 Lectines végétales couramment utilisées et disponibles dans le commerce ainsi que les résidus glucidiques spécifiques qu'elles reconnaissent 299
6-3 Comparaison des concentrations ioniques à l'intérieur et à l'extérieur d'une cellule de mammifère typique 301

7-1 Le couplage chimiosmotique 349
7-2 Taille des génomes des organites 389
7-3 Quantités relatives d'ADN des organites dans quelques cellules et tissus 390
7-4 Quelques différences entre le code génétique « universel » et les codes génétiques mitochondriaux 392

8-1 Volumes relatifs occupés par les principaux compartiments intracellulaires dans une cellule du foie (hépatocyte) 407
8-2 Quantités des types membranaires dans deux cellules eucaryotes pour former des organites intracellulaires 408
8-3 Séquences typiques de peptide signal 415
8-4 Drogues qui inhibent les étapes de la *N*-glycosylation 454

9-1 La taille de quelques gènes humains en milliers de nucléotides 486
9-2 La population de molécules d'ARNm dans une cellule typique de mammifère 528
9-3 Quantités d'ARN dans une cellule typique de mammifère 531

10-1 Quelques protéines régulatrices de gènes de mammifères bien connues et leurs sites spécifiques de liaison à l'ADN 566
10-2 L'expression d'un gène transféré à une souris met en évidence des effets de position chromosomique avec des taux d'activité différents dans des animaux transgéniques indépendants 580
10-3 Trois familles importantes d'éléments transposables 605

11-1 Les principaux composants protéiques des myofibrilles du muscle squelettique de vertébré 623
11-2 Les principales structures protéiques de l'axonème ciliaire 648
11-3 Quelques drogues qui se lient à la tubuline (agents antimitotiques) 653
11-4 Comparaison des polymères d'actine et de tubuline 654
11-5 Principaux types de protéines des filaments intermédiaires 662

12-1 Quelques exemples de molécules informatives 685
12-2 Quelques effets induits par les hormones dans différentes cellules cibles avec l'AMP cyclique pour médiateur 696
12-3 Quelques protéines de liaison du GTP régulatrices impliquées dans la transmission cellulaire de signaux 699
12-4 Quelques réponses cellulaires par l'intermédiaire de la voie de transmission de signaux par les phosphoinositides 703

13-1 Quelques facteurs de croissance et leurs actions 747
13-2 Quelques changements couramment observés lorsqu'une cellule normale en culture est transformée par un virus tumorigène 753

14-1 Une classification fonctionnelle des jonctions cellulaires 792
14-2 Les glycosaminoglycannes 805
14-3 Les quatre principaux types de collagène et leurs propriétés 810

15-1 Séquence des événements qui suivent la fécondation des œufs d'oursin 875

17-1 Cellules sanguines 976
17-2 Quelques facteurs de stimulation de colonies (CSF) qui influent sur la formation des cellules sanguines 981

18-1 Propriétés des principales classes d'anticorps chez l'homme 1014
18-2 Propriétés des glycoprotéines des classes I et II du CMH 1042
18-3 Propriétés de certaines interleukines 1049
18-4 Les glycoprotéines accessoires présentes à la surface des cellules T 1051

21-1 Fréquence des cancers et mortalité due aux cancers aux États-Unis en 1986 1189
21-2 Variation de la fréquence de quelques cancers courants selon les pays 1198
21-3 Virus associés aux cancers humains 1204
21-4 Oncogènes initialement identifiés par leur présence dans des rétrovirus transformants 1207
21-5 Quelques oncogènes identifiés à l'origine par d'autres moyens que leur présence dans des rétrovirus transformants 1209

Index

Les numéros de pages en caractères **gras** font référence aux principaux thèmes développés. Les numéros de pages suivis d'un F font référence à une figure, suivis de FF à deux ou plusieurs figures et suivis d'un T à un tableau. Cf signifie « comparer avec ».

A

Accélération rétroactive positive, 716-717, 717F
Accepteur d'électrons, dans la photosynthèse, 373, 374-375, 375F
Accoutumance, **1095-1096**
Acétosyringone, 1159, 1159FF
Acétyl CoA, 45
comme coenzyme, 76
dans le cycle de l'acide citrique, oxydation de, 64-65, 64F, 67-69, 68F, 348, 348F, 350
formule structurelle, 65F
modèle, 345F
polymérisation dans la synthèse lipidique, 88T
synthèse, 345-346, 346F
synthèse du cholestérol à partir de, 81F
Acétylation des protéines, dans le cytosol, 417, 417F
Acétylcholine, 319-320, 321F, 685T, 703T
voir aussi Récepteur de l'acétylcholine
canal membranaire réglé par un ligand, stimulation d'un, **1081**, 1081FF, **1083**
contraction du muscle squelettique, stimulation de, 684, 688F, 1075
élimination de la fente synaptique, **1081, 1083**
jonction neuromusculaire, exocytose au niveau de, **1075-1078**, 1077FF
stockage dans les vésicules synaptiques, 1077, 1077F, 1079F
synapses neuropeptidiques, libération au niveau des, 1094, 1095F
Acétylcholinestérase, 1083, 1124
Acide, définition, 47F
Acide abscissique (ABA), 1180-1181, 1181F
Acide(s) aminé(s), 43, 45, 45F, **54FF**, 58F
voir aussi les différents acides aminés
activation dans la synthèse protéique, **206-208**, 207FF
ARNt, attachement au, 103-104, 103F, **206-208**, 207FF
chaînes latérales, 45, 45F, **54FF**
code génétique et, 102, 103F, **209**, 210F
dérivés
comme hormones, 687T
comme médiateurs chimiques locaux, 685T
devenir métabolique, 70
essentiels, chez les vertébrés, 70, 70F
familles d', 54FF
formation prébiotique simulée, 4, 4F
formules structurelles, 42F, 54FF
ionisation en solution, 58F
dans les milieux de culture de cellules de mammifères, 161T
neurotransmetteurs, 685T
pK des résidus, 58F
séquences, *voir* Séquence(s) d'acides aminés
comme sous-unités protéiques, 45, 45F, **54FF**
taille, 87F
transport, dépendant d'un gradient sodique, 309, 310FF
voies métaboliques, 80, 82F
Acide arachidonique, 704
Acide ascorbique, déficience, synthèse de collagène et, 811
Acide chlorydrique, sécrétion par les cellules oxyntiques, 960F
Acide désoxyribonucléïque, *voir* ADN
Acide fumarique, oxydation de l'acide formique dans la chaîne de transfert des électrons, 383, 383F
Acide galacturonique, 1140, 1141F
Acide gibbérellique, réseau de microtubules, orientation et, 1172, 1173F
Acide glutamique, 45F, 55F, 58F
Acide hyaluronique, **804-805**, 804F, 805T
organisation dans la matrice extracellulaire, 807, 807F
Acide indole 3 - acétique (AIA), 1159, 1160F, 1181F
Acide myristique, 417-418, 418F
Acide N-acétylneuraminique, *voir* Acide sialique
Acide palmitique, 417-418, 418F
rendement en ATP à partir de l', 354
structure, formule, 44, 44F
Acide rétinoïque, comme morphogène, développement des membres chez les vertébrés, 917, 917FF
Acide ribonucléique, *voir* ARN
Acide sialique, 283, 283F
dans les glucides complexes, 452F, 453
de la glycophorine, 291
Acides gras, 43, **44-45**, 44F, **52FF**
acétyl CoA, conversion en, **345-346**, 346F
comme aliment, 44-45
catabolisme dans les péroxysomes, 432
en tant que composant de la membrane, 44-45, 44F, **52FF**
dérivés, comme médiateurs chimiques locaux, 685T
fluidité et structure de la double couche lipidique, 279-280, 279F
formation prébiotique simulée, 4, 4F
oxydation
cycle, 346, 346F
vitesse, contrôle de, 364
dans les phospholipides, 277F
types et structures, 52F
Acides nucléiques, 57F, 58, 59F, **95-107**, 96FF
voir aussi Polynucléotides ; et les différents acides nucléiques
étude par RMN, 153-155, 154F
hybridation, 181
synthèse, réaction de polymérisation, 78, 79F
Actine, 642T, 643
voir aussi Filaments d'actine
anticorps, pour visualisation, 635F
G (globulaire), 616, 617F
gel, **630-631**, 630F
isoformes, 628
isolement, 616
localisation dans les cellules métaphasiques, 140F
monomère, pourcentage dans les cellules, 630
myosine ATPase, activation de, 619-620, 621F
polymérisation, 616, **637-639**, 637FF
contrôle par la profiline de, 641
contrôle via les sites de nucléation, **641**
dans le développement des cils stéréoscopiques, 676, 677F
drogues actives sur, **642-643**, 642F
prolongement acrosomien, **641**, 641F, 869, 869F
quantité dans les cellules, 629-630
(rôle) dans la phagocytose, 335
« tapis roulant »
au niveau du bord avant, **640**, 640F
des sous-unités dans un polymère, **638-640**, 638F, 640F
tubuline, comparaison, 652-654, 654T
Actine G (globulaire), 616, 617F
α-actinine, 623T, 624, 624F, 642T, 643, 643F
dans les corpuscules denses, 628F
dans les points de contact focaux, 636-636F
Actinomycine D, 218T
Activateur de la phase S, 732, 733F
apparition séquentielle, 735
Activateur du plaminogène, 758
sécrétion par les cellules endothéliales, 965
Activateur de traduction, 594, 594F
Activateurs d'expression ou amplificateurs, **564-569**, 565FF, 566T
définition, 564
éléments transposables, dans des amplificateurs mobiles, 607, 608F
pour le gène de la β-globine, identification et régulation, 565, 565F
des gènes du complexe bithorax, 587, 587F
interrupteurs moléculaires chez les eucaryotes et, 575, 575F
mécanisme d'action, 569, 569F
traduction, 593-594, 594F
Adaptation
de la cellule postsynaptique, **1089-1090**, 1090F
dans les cellules en bâtonnet, 1107
des cellules cibles, **718-724**, 719FF
dans la chimiotaxie bactérienne, **721-724**, 723F
modifications de la protéine G, 719, 719F
modifications des récepteurs dans, 718-719
Adénine, 45, 56FF
dans l'ADN, 95-96, 99F
dans l'ARN, 5, 5F, 98F, 101
Adénocarcinome, 1188, 1189F
Adénomes, 1188, 1189F
Adénovirus, 249F
épissage différentiel de l'ARN dans, 536, 536F
exportation de l'ARN hors du noyau, 593
réplication du génome, 252, 252F
Adényl cyclase, 695-696, 695FF
adrénaline, activation de, 709-710, 709FF
amplification de l'effet, 713-714, 714F
Ca^{2+}-calmoduline, régulation par, 712
inhibition via la protéine G_i, 699
dans la mémoire, **1097-1099**, 1097FF
protéine G_s, activation par, 697, 698F
protéines réceptrices, interaction avec, 696, 696F, 698F, 713-714, 714F
Adhérence et assemblage de la double couche
dans l'exocytose et l'endocytose, 323, 324F
dans la fusion membranaire, 336-337, 336F
Adhérence cellulaire
dans l'activation des lymphocytes T cibles, 1049-1050, 1050F, 1051T
dans le cône de croissance, guidage de, 1114-1116, 1114FF
dépendante des ions Ca^{2+}, 827, 828, 830-831
développement épidermique *in vitro*, 828
Dictyostelium, protéines pour, **827**
différentiation épithéliale et, 942-943
dans les disques imaginaux des insectes, 935
formation du modèle, stabilisation par, 940, 940F
formation de tissus et, 824, 824F, 833
indépendante des ions Ca^{2+}, 827, 829-831
intégrines, rôle dans l', 822
par l'intermédiaire de la cadhérine, 830-831, 831F
par l'intermédiaire de N-CAM, 829-830, 830F
dans le jeune embryon, induction de

différences cellulaires, 896, 897F
jonctions cellulaires, développement à partir de, 833
à la matrice
intégrines, rôle de, **821-823**, 821F
dans l'organogenèse, 945
au niveau des points de contact focaux, mécanisme, 758, 758F, 823
relâchement par la plasmine, phosphorylations, 757-758, 758F, 823
rôle de la fibronectine, **816-818**, 818F
tenascine et, 818, 820F
mécanisme de locomotion cellulaire, **672**, 672F
mécanismes
résumé, 832F
types de liaison, 827, 829F, 830
dans la migration cellulaire, 670, 670F
dans la morphogenèse, **882-884**, 887-888
motilité cellulaire, et détection d'un gradient d'adhérence, 832, 833
prolifération cellulaire et, 759-760, 759FF
protéines *src*, effets sur, 757-758, 758F
dans le réassemblage de cellules de vertébrés dissociées, 827-829, 829F
dans la reconnaissance intercellulaire, **824-833**, 824FF
spermatozoïde et ovule, spécifique de l'espèce, 869-870, 870F
dans la stabilité territoriale des tissus adultes, 994
Adhérence cellule-matrice, *voir* Adhérence cellulaire, à la matrice
Adipocytes, 346
fibroblastes, conversion en, 988-989, 989F
ADN, 4
voir aussi Chromatine ; Chromosome ; Génome ; Acides nucléiques
appariement de bases
de nucléotides, **96-97**, 96F, 99F
dans la synthèse des brins fils, 96, 100F
bases, 45, 56FF, 58, 59F, 95-96, 96F, 99F
formes tautomériques, 229-230, 230F
cartes de restriction, 182, 182FF
chloroplastes, *voir* ADN chloroplastique
chromosome
voir aussi Chromatine ; Chromosomes
eucaryotes, 23, 26, 26F
une molécule par, 483
séquences nécessaires pour un ADN fonctionnel, 483-484, 484F
circulaire, des organites, **389**, 390F
clonage, *voir* Clonage de l'ADN
codage, **485-488**, 486T, 487F, 506-507, 507F, 523
régions distinctes du, 487-488
complexe stéroïde-récepteur, liaison de, 691, 691F
coupure par des nucléases de restriction, **181-183**, 182FF
délétion
dans la commutation de classes, **1029**, 1030F
« réunion » (joining) du gène de l'immunoglobuline, 1026F
délétions et substitutions de paires de bases, 222-223, 222F
dénaturation, 188
dépurination, 222F, 223
désamination, 222F, 223, 225-226, 225FF
désoxyribose, 56FF, 58, 59F, 95-96, 96F, 99F
égoïste, 605
éléments transposables, 23
empaquetage, dans les organites, 390
espaceur, entre les gènes des ARNr, 539, 540F
évolution de la fonction héréditaire, 10, 10F
flexibilité, 563F
fragments de restriction, 182-183, 182FF, **258-259**, 259F
analyse de séquences, **185-187**, 186FF
marquage par isotopes, 185, 185F
séparation par électrophorèse sur gel, 184-185, 184F
génie génétique, 181
histones, associées avec l', 496, 499, 500F
information génétique dans, 95-97
inversion, « réunion » du gène de l'immunoglobuline, 1026F
lésion spontanée, 222F, 222-223
localisation par autoradiographie, 176
localisation dans les cellules métaphasiques, 140F
longueur dans un chromosome humain, 483, 503
marquage par fluorescence, en cytofluorométrie, 730, 730F
marquage par isotope radioactif de, 185, 185F
en tant que matériel héréditaire, 10
méthylation, *voir* Méthylation de l'ADN
mitochondrial, *voir* ADN mitochondrial
monocaténaire
retard de la mitose par, 734
comme sonde pour des séquences nucléotidiques complémentaires, 189-193, 189FF
non codant, **485-488**, 486T, 487F, 507, 507F, 523, **604-609**, 604FF, 605T
régions déterminantes d', 487-488
dans le nucléosome, **496-498**, 497FF
oligonucléotides synthétiques, 191
plasmides, 259, 259F
ponts phosphodiester, 95-96, 96F, 99F
pourcentage de la masse cellulaire, 88T
protéines de liaison, *voir* Protéines de liaison à l'ADN
quantités
dans les cellules eucaryotes, 23, 26F
variations entre espèces, 483, 485, 486F
par rapport aux protéines, survol, 101-104, 101FF
réarrangements, *voir* Réarrangements de l'ADN
de remplissage, 393
réparation, *voir* Réparation de l'ADN
répétitions en tandem, 600-601, 600F
réplication, *voir* Réplication de l'ADN
satellite, 513, **604-605**, 604F
séparation
des ADN monocaténaires et bicaténaires, 262F
électrophorèse sur gel, 184-185, 184F
séquences nucléotidiques, *voir* Séquences nucléotidiques de l'ADN
séquences répétées dispersées, 604
sondes dans la technologie de l'ADN recombinant, 189-193, 189FF
structure, *voir* Structure de l'ADN
technologie de l'ADN recombinant, **180-196**, 181T, 182FF
ADN complémentaire, *voir* ADNc
ADN « égoïste », ADN satellite comme, 605
ADN de forme B, 488, 488F, **492-494**, 493FF
ADN génomique, *voir* Clones d'ADN ; Banque d'ADN
ADN gyrase, 581, 582F
ADN hélicases, **231-233**, 232FF, 235, 235F
mouvement directionnel à partir d'une modification allostérique, 130, 131FF
protéine recBCD en tant qu', 240, 241F
ADN intercalaire, 539, 540F, 600-601, 600F
ADN ligase
dans le clonage de l'ADN, 259, 259F
dans la réparation de l'ADN, 223, 223FF
dans la réplication de l'ADN, 229, 231
ADN mitochondrial
évolution de l', 13, 13F
humain, 392-393, 392F
introns chez les végétaux et les champignons, 394
de liaison, 393
tailles, quantités, empaquetage, 389-390, 389TT, 393
transcription des deux brins, 393-394
ADN non codant, 485-488, 486T, 487F, 507, 507F, 523, **604-609**, 604FF, 605T
ADN polymérase, 97, 100F, 225
activité de l'exonucléase et « correction sur épreuves », 230, 233-234, 230F
amorce, nécessité d'une, 230-232, 230FF
et conversion génique, 247F
dans la PCR, 271, 271F
dans la recombinaison spécifique d'un site, 247, 248F
dans la réparation de l'ADN, 223, 223F
dans la réplication de l'ADN, **227-229**, 228FF, **231-233**, 231FF, **235**, 235F
dans la synthèse d'ADNc, 260, 260F
transcriptase reverse, fonctionnant comme une, 254, 255F
ADN polymérase, alpha et delta, 517
ADN répété dispersé, 604
ADN répétitif, **600-601**, 600F
ADN satellite, 577, **604-605**, 604F
ADN-T, **1159**, 1159FF, **1182**, 1183F
ADN topoisomérase, **236**, 237F
intégrase lambda et, 246
ADN topoisomérase II, dans les boucles chromosomiques, 502F
ADNc
avantages de l'utilisation d', 261
comparaison avec des clones d'ADN génomique, 261
enrichissement d'ARNm spécifiques pour, 261-262, 262F
hybridation, à l'ARN, dans l'hybridation soustractive, 262, 262F
préparation des clones et des banques, 260-261, 260FF
utilisation dans la surproduction de protéines spécifiques, 265
ADP
antiport avec l'ATP dans les mitochondries, 353-354, 353F
formation lors de l'hydrolyse de l'ATP, 74, 74F, 129
phosporylation
par la créatine kinase, 619F
dans les mitochondries, 353
Adrénaline, 687T, 695-696, 696T
formule structurelle, 1093F
métabolisme du glycogène, effet sur, 709-710, 709F, 712
en tant que neurotransmetteur, 1092-1093, 1093F
Adresses moléculaires, codant pour, 930
Aéquorine, 156, 157F
Afférences sensorielles vers le système nerveux, **1101-1108**, 1101FF
auditives, **1102-1104**, 1102FF
calculs neuronaux des données sensorielles, **1107-1108**
potentiel du récepteur, 1102, **1103-1104**, 1103FF, **1105-1106**, 1105FF
vision, **1104-1107**, 1105FF, **1129-1131**, 1129FF
Aflatoxine, carcinogène provenant de, 1191, 1191F, 1197
Agarose, dans la chromatographie, 168F
Agents découplants, 364, 364F
naturels, graisse brune, 365
Agents réducteurs, ponts disulfure et, 108, 108F
Agitation mitotique, 731, 731F
Agonistes, 1084
Agrégation cellulaire
de cellules de vertébré dissociées, **827-829**, 829F
Dictyostelium, **825-826**, 825FF
dans la formation des tissus, 824, 824F
spécifique d'un tissu, embryonnaire, 829, 829F
Agrégats lipidiques, 53F
Agrine, 1124
Agrobacterium tumefaciens, 1159, 1159FF, 1182, 1183F
Alanine, 45F, 55F
Alcaloïdes
pour la défense chez les végétaux, 1159
stockage dans les vacuoles végétales, 1165
Alcool
empoisonnement du foie (cirrhose), 961
oxydation biologique, 351F
rôle du NAD$^+$, 68F
Algue *Fucus*, œuf, polarité, 912
Algues
alignement des chloroplastes dans la lumière, **1171-1172**, 1172F
courant cytoplasmique, 632, 632F, **1170-1171**
polarité des cellules, base pour, **1179**, 1180F
Algues bleu-vert, *voir* Cyanobactéries

Algues vertes, 27, 28F
Allèle, **841-843**, 842F, 844F
Allèles mutants létaux, 842, 842F
Allèles mutants nuisibles, 842-843, 842F
Allèles récessifs mutants, 842-843, 842F
Allogreffes, 1040
Allolactose, 558, 558F
α-amanitine, 218T, 525
Amblyopie, 1129
Amibes
Dictyostelium, 825-826, 825FF
mouvement, inhibition par la phalloïdine, 642-643
osmorégulation, 306-308
Amides, 49F
Amidon, 44
stockage chez les végétaux, 369F, 370-371, 1162, 1163F
Amiloride, inhibiteur de l'échangeur Na^+-H^+, 310
Amines, 49F
Aminoacyl-ARNt, 207-208, 207FF
correction sur épreuves, liaison au site A et, 217, 217F
site de liaison sur le ribosome, 210, 212-213, 212F, 214F, 217F
Aminoacyl-ARNt-protéine transférases, 420
Aminoacyl-ARNt synthétases, **207-208**, 207FF
et correction sur épreuves dans la synthèse protéique, 217
γ-aminobutyrate (GABA), 685T
comme neurotransmetteur inhibiteur, 1083-1085, 1084FF
Aminoptérine, 179F
Ammoniac
dans l'origine des molécules organiques, 4, 4F
synthèse dans les chloroplastes, 380
Amoeba proteus, taille cellulaire, 742
Amorces d'ADN
dans la réaction de polymérisation en chaîne (PCR), 271, 271F
dans la synthèse d'ADNc, 260F
AMP, formation au cours de l'hydrolyse de l'ATP, 75, 75F
AMP cyclique, 45, 1092
et addition de morphine, 719, 719F
dans l'apprentissage associatif, 1098-1099
Ca^{2+}, interaction dans la régulation cellulaire, 711-712, 712F
canaux sodiques, effet direct, 713
cellules cibles, raison pour des effets différents, 710
découverte, 695
Dictyostelium, substance chimioattractive chez, 826, 826FF
effets hormonaux, par l'intermédiaire de l', 696T
formule structurelle, 57F, 695, 695F
jonctions de type gap, diffusion à travers, 801
kinase des chaînes légères de myosine, régulation de, 626, 626F
liaison à CAP, 123F
maturation de l'ovocyte, déclenchement par la diminution de, 860
dans la mémoire
à court terme, **1097-1098,** 1097FF
à long terme, 1098
comme messager intracellulaire, 34, 694F, 695, 696T, **709-717,** 709FF
bactéries, 560, 560F
métabolisme du glycogène et, 709-710, 709FF, 712
mode d'action, **708-717,** 709FF
modèle compact, 695F
operon *lac,* effet sur, 560, 560F
protéine kinase, activation de, **709-712,** 709FF
régulation de la protéine phosphatase, **710,** 711F
synthèse et dégradation, 695, 695F
transcription génique, activation, 709-710
dans la transmission synaptique, 1074
Amphibiens
voir aussi les différentes espèces
amplification des gènes d'ARNr, 857, 858F
blastula, **881-882**, 880F, 882F
clivage, **880-881**, 881F
formation des somites, **888-889**, 889F
gastrulation, 884-886, 885FF
neurulation, **887-888**, 888FF, 890
œuf, 880, 881F
ovocyte
maturation, événements moléculaires, 860-861, 861F
transplantation nucléaire dans, 891-892, 891F
régénération des membres, **916**, 916F
Amplificateurs de la transcription, 692
Amplification génique, **692**, 692F
dans la carcinogenèse, 1210, 1210FF, **1214**, 1215F
mécanisme génétique, 600, 600F
dans les ovocytes matures, 857, 858F
AMPPNP, 660
Amyloplaste, 1162, 1163F
Analyse par diffraction des rayons X, **150-152**, 150FF
de la bactériorhodopsine, 293, 293F
du centre réactionnel photosynthétique, 294, 294F
conformation d'une protéine et, 109
développement historique, 152T
formation de la capside virale, 120F
de la glycoprotéine du CMH, 1044, 1045F
hémaglutinine, 446T
d'une molécule d'immunoglobuline, 1021-1022, 1022F
résolution, 152
des sites de liaison de l'AMPc et de CAP, 123F
d'une structure cristalline, 151-152, 151FF
Analyse de lignées, **902-911**, 902FF
cellules de mammifères *in vitro*, 909-911, 909FF
méthodes, 902
ver nétamode, 903-909, 904FF
Analyse de séquences
acides aminés dans des protéines, 172-174
de l'ADN, fragments clonés, 181, 185-187, 186FF
Anaphase
assemblage de l'anneau contractile, 780
méiotique, 849, 851, 853F, 854F
mitotique, 763, 763FF, **767**, **773-777**
Anaphase A, 774-776, 774FF
Anaphase B, 774, 774F, 776-777, 776F
Anémie falsiforme, 172, 191
Anémie de Fanconi, 1201
Angiogenèse, **964-966**, 964FF
Angiospermes, 1145F
Angiotensine II, 1093, 1094F
Anhydride d'acide, 49F
Animaux transgéniques, **267-269,** 268F
expression génique, effets de la position, 579-580, 580T
Anions fixés, et potentiel de membrane, 316
Anisomycine, 218T
Ankyrine, 289, 289FF, 633, 633F, 634
Anneau contractile, 762, 780, 781F
actine et myosine dans, 626-627, 627F
position, dépendante du fuseau, 673
Antagonistes, 1085
Antibiotiques
en tant qu'inhibiteurs
de la synthèse de l'ARN, 218, 218T
de la synthèse protéique, 218, 218T, 388, 388F
ionophores en tant que, 322
phytoalexines, 1160
Anticodon, 206, 206F, 208FF, 217, 217F
de l'ARNt, 103-104, 103FF
Anticorps, 33, **1011-1031**, 1012FF
voir aussi Immunoglobulines ; et les différents anticorps indexés sous le nom de leurs antigènes
en tant qu'antigène, 1030-1031, 1030FF
antigène, détection des, **177-180**, 177FF
avidité, 1018, 1018F
bivalents, 1012, 1012F
en tant que déclencheur de la phagocytose, 334-335
les différentes classes et leurs propriétés, **1013-1016**, 1014T, 1015FF
fonctions d'effecteurs, 1011-1013
voir aussi les différents anticorps de différentes classes, 1013-1016, 1019T, 1015FF
lyse cellulaire par le complément, **1031-1036**, 1032FF
forme, 1012, 1012FF
hypermutation somatique dans des gènes pour, 1026-1027
idiotypes, **1030-1031**, 1030FF
liés à la membrane, 1012
transition avant la sécrétion, **1028-1029**, 1028F
micro-injection dans des cellules, 180
monoclonal, 1018-1019
à partir d'hybridomes, 178-179, 179F
pour les nouveau-nés, transcytose de, 332
en tant qu'outils en biologie cellulaire, **177-180**, 177FF
« patching » ou regroupement ou redistribution en agrégats et « capping » ou redistribution polaire, 333-334, 334F
protéolyse par la papaïne et la pepsine, 1013, 1014F
en tant que récepteur antigénique sur une cellule B, 1012, 1029
rôle dans la réponse humorale, **1003-1004**, 1004F
voir aussi Lymphocyte B ; Réponse immunitaire
sites de liaison des antigènes, 1012-1013, 1012F, **1016-1018**, 1017FF, 1030-1031, 1030FF
synthèse
dans la cellule pré-B et la cellule B vierge, 1014
commutation de classe, 1029, 1029FF
passage de la forme liée à la membrane à la forme sécrétée, mécanisme, **591**, 592F
utilisation
dans le FRAP, 296, 296F
pour identifier des produits géniques clonés, 265-266
en immunocytochimie indirecte, 177, 178F
molécules adhésives, identification par, 828F
dans la sélection de l'ARNm pour la synthèse d'ADNc, 262
dans la séparation des cellules, 159
pour la visualisation de macromolécules, 139, 140F
Anticorps monoclonal, **178-179**, 179F, 1018-1019
Antigène, 177, 703T
voir aussi Glycoprotéines du CMH
capture dans les organes lymphoïdes secondaires, 1007
définition, 1001
liaison à un récepteur cellulaire, 1005-1007, 1006FF
maturation
dans une cellule présentant l'antigène, 1046, 1046F
dans une cellule T cytotoxique cible, 1043-1044, 1043F
purification par chromatographie d'affinité, 168, 168F
reconnaissance
en association avec des glycoprotéines du CMH, **1042-1046**, 1042FF, 1053
par des lymphocytes B, **1005-1007**, 1006FF, 1009-1011, 1009F, 1012, **1047-1048**, 1048F
par des lymphocytes T, **1040-1046**, 1041FF, 1042T, 1053
du « soi » et du « non-soi », 1001-1002, 1010-1011, 1010F, 1050-1052
spécificité de la réponse immunitaire, 1005-1007, 1006FF
spécifique d'un tissu, 1010-1011
valence, 1017-1018, 1018F
viral, 1038-1040, 1042-1044, 1042FF
Antigène T, 489
initiation de la réplication de l'ADN par, 517
peptide signal nucléaire, 424-425, 425F
Antigènes H-2, 1040, 1040FF, 1042T
Antigènes HLA, 1040, 1040FF, 1042T
Antigènes du « soi » et du « non-soi », 1001-1002

Antigènes viraux, traitement, complexes avec les protéines du CMH, 1043-1044, 1043F
Antiport, 303-304, 303F
Antiport à sodium-calcium, dans les cellules en bâtonnet, 1107
Antiporteurs
voir aussi les différents antiporteurs
ions sodium-calcium, 307, 700, 700F, 1107
Antisérum, 178
AP1, 566T
AP2, 566T
Aplysia punctata
apprentissage associatif, 1098-1099
mémoire à court terme chez, 1095-1098, 1096FF
Apolipoprotéine B, nouvelle édition d'ARN, 597
Apoplaste, 1153
Appareil de Golgi, 16F, 20, 20F, 406, 406FF, 407TT, **451-458**, 451FF
assemblage de protéoglycannes, 456
des cellules végétales, 1161, **1165-1168**, 1165FF
dans la formation des parois cellulaires, 781-782, 782F, **1165-1166**, 1165FF
synthèse et emballage de mucilage, 1166, 1167F
compartiments *cis, médian,* et *trans*, 451F, 452, 457-458, 457FF
exocytose, rôle dans, 324, 324F
galactosyl transférase comme marqueur, 453
et glycolipide, distribution asymétrique, 282
glycosylation des protéines, *O*-liée, 456
hydrolases lysosomales, addition de M6P, 463, 464F
localisation dans la cellule, dépendante des microtubules, **661**, 661F
oligosaccharides, modification des, **452-458**, 452FF, 454T, 464
polarisation, 451F, 452
biochimique et fonctionnelle, **457-458**, 457FF
protéines de transport intracellulaire, des ribosomes au Golgi, **411-415**, 410FF
récepteur protéique du M6P, **461-462**, 462F
recyclage membranaire, Golgi et endolysosomes, **461-462**, 462FF
réseau *trans* du Golgi (TGN), 452, 457-458, 458F
voir aussi Réseau *trans* du Golgi
structure, **451-452**, 451FF
sulfatations, 456
vésicules recouvertes originaires de, 328, 462, 462F
dans la voie sécrétrice, 410FF, **411-414**
Appariement des bases des nucléotides, 5-6, 5F, 6F, 58
dans l'ADN, 96, 96F, 99F
extrémités cohésives des fragments de restriction, 182, 183F, 259, 259F
dans l'ARN, 98F, 101
ARN catalytique, dans, 106, 106F
dans les ARNr, 211F
de l'ARNr avec l'ARNm, 219
ARNt, dans, 103, 103F
dans l'atténuation transcriptionnelle, 588, 589F
codon avec anticodon, 103-104, 104F, 206, 208FF, 209, 212, 212F, 217, 217F
dans la conversion génique, mauvais appariement, 244, 246
dans la recombinaison générale, **239-243**, 239FF
réparation, **223**, 223FF, **225-227**
réplication, **227-231**, 228FF
par les snRNP, 533
dans la synthèse de l'ARN, 202FF, 203
Appariement complémentaire, *voir* Appariement des nucléotides
Apprentissage chez les animaux, 35-37
Apprentissage associatif, 1098-1099
Arabidopsis thaliana, utilisation pour des études de développement des végétaux, 1182-1184, 1184F
Archéobactéries, 11, 11F
ARN, 4
voir aussi Acides nucléiques ; et les différents ARN
en tant qu'adaptateur, dans l'évolution, 7, 7F, 10, 10F
antisens, 195-196, 195F, 598
appariement de bases dans, 98F, 101
auto-épissage de, **598**, 598F
bases, 45, 56FF, 58, 98F
catalytique, 105-106, 105FF, **598**, 598F
dans l'évolution, **6-7**, 7F
détection d'ARN spécifiques, par hybridation, 553, 553FF
double brin
contrôle de la synthèse protéique et, 588, 589F, 593, 593F, 595, 595FF
forme A, 492, 493F
hybridation d'ARN sens et antisens, 195-196, 195F
comme signal de terminaison, 205F
épissage, *voir* Épissage de l'ARN
dans l'évolution précoce, 6-8, 6F, 7F
fixation dans le noyau par le complexe d'épissage, 538-539, 539F
forme, stabilité, appariement de nucléotides, 6, 6F
hybridation, 181, 189, 189F, 190-191, 190F
localisation par hybridation *in situ*, 193, 193F
comme matrice, 5, 5F
pourcentage de la masse cellulaire, 88T
quantités de chaque type dans une cellule de mammifère, 531T
régulateur, réplication de plasmides, 598, 598F
structure, **98F**, 101
structure ramifiée, 535F
transformation, *voir* Transformation de l'ARN
transport hors du noyau, 425-426, 482, 482F, 529, 532, **538-539**, 539F, 541
sélectivité, **592-593**
dans les viroïdes, 257, 598, 598F
ARN messager, *voir* ARNm
ARN mitochondrial
auto-épissage de certains, 537-538, 538F
nouvelle édition de certains, 597
ARN nucléaire hétérogène, *voir* ARNnh
ARN polymérase
amorceurs, 230-231, 231F
bactérienne, 203-205, 202FF, 524, 524F
contrôle par des protéines régulatrices de gènes, **558-562**, 558FF
E. coli, 524, 524F
pour la transcription chloroplastique, 390
eucaryote, 204-205, 525-527, 525FF
évolution, similitude de l'évolution bactérienne et eucaryote, 524, 524F
facteurs d'élongation, 524F, 525
facteurs d'initiation, 524, 524F
holoenzymes et régulation de gènes, 562, 563F
mécanisme de base, **202-205**, 204FF, **524**, 524F
octamère nucléosomique, après la transcription, 499, 500F
protéine régulatrice, site de fixation éloigné pour, 561-562, 562FF
séquences promoteur et, 204, 204FF
pour des systèmes *in vitro*, 534F
ARN polymérase I, **525-526**, 525FF, 540-541, 542F
sensibilité à l'alpha-amanitine, 218T
ARN polymérase II, **525-527**, 525FF, 529F
facteur TATA et stimulation de, 526-527, 527FF
facteurs de coiffage (« capping ») et de polyadénylation de l', **529**, 530F
unités de transcription, taille, efficacité, 527, 529F
ARN polymérase III, **525-526**, 525FF
promoteur en aval, 526, 526F
synthèse de l'ARNr 5S, 540, 542F
synthèse d'ARNt, 540, 542F
ARN primase, dans la réplication de l'ADN, **231-233**, 231FF, **235**, 235F
ARN ribosomal, *voir* ARNr
ARN de transfert, *voir* ARNt
ARN viroïdes des végétaux, 598, 598F
ARNm, 101, 101F, 201, 205-206
chapeau 5', 528, 530F
codon, 102-104, 102FF
enrichissement en ARNm spécifiques, 261-262, 262F
chez les eucaryotes,
caractères particuliers, 214, 215F, 217F
revue, 101F, 102
exportation via des pores nucléaires, **538-539**, 539F
fixation d'un répresseur protéique à, 593, 593F
fixation à un ribosome, 104, 104F, 210, 212F, 212-213
localisation, spécifique de quelques, 596-597
polycistronique et monocistronique, 214, 216F
pour la préparation de clones d'ADNc, 260-261, 260FF
procaryotes, 214, 215F
proportion de l'ARN dans une cellule, 528T, 531T
d'une protéine non fonctionnelle, régulation, génique et, 590, 590F
pour des protéines cytosoliques, 435, 435F
pour des protéines désignées pour le RE, 435, 435F
purification par sélection d'hybrides, 265, 265F
quantités des différents ARNm dans la cellule, 528T
queue poly-A, 528, 530F
renouvellement, **595-596**, 596FF
séparation sur une colonne poly-dT, 529
synthèse chez les eucaryotes, *voir* ARN polymérase I ; ARN polymérase II
tailles, 486T, 527, 532
traduction en protéine sur un ribosome, *voir* Synthèse protéique
ARNnh
ARN polymérase II, transcription par, **528-529**, 530F
clivage, 528-529, 530F, 532F
site, modification dans, 591, 592F
coiffage (« capping ») et polyadénylation, 528-529, 530F
contrôle transcriptionnel de la synthèse d', 553, 553FF
démonstration de l'existence d'introns dans, 531, 531F
excision d'introns, 533-535, 534FF
longueurs, 527, 532
nouvelle édition, 597
obtention par un déplacement nucléaire sur, 553, 553F
particules RNPnh, 532
renouvellement, 529, 531, 531T
séparation sur des colonnes poly-dT, 529
ARNr, 210, 211F, **539-543**, 540FF
catalytique, 105-106, 105FF
empaquetage avec les protéines ribosomales dans le nucléole, 540F, **541**, 542F
fonction dans l'évolution, 219
maturation du transcrit primaire, **540-541**, 540F, 542F
proportion d'ARN dans une cellule, 528T, 531T
quantités nécessaires, 539
structures, 211F
ARNr 5S
action de TF III A, 490
gène, 497
synthèse, 540, 542F
ARNt, 201, **205-208**, 206FF
anticodon, 103-104, 103FF, 208, 208FF, 209, 212, 212F
catalytique, 105-106, 105FF
initiateur, 213-214, 214F
liaison aminoacyle, 207-208, 207FF
liaison peptidique, 208-209, 209F
liaison à un ribosome, dans la synthèse protéique, 210, 212, 212F, 217, 217F
maturation du précurseur, RNAse P, 598
des mitochondries, 344F, 390
modifications post-transcriptionnelles, 206-207, 207F
structure, 205-207, 206FF
en feuille de trèfle, 103, 103F
phénylalanine, 103F
triplets de bases, 103, 103F
Arrestine, 719
Ascidiens, lignée cellulaire, suivie de la, 902, 902F
Aspartate, en tant que neurotransmetteur, 1083, 1084F

Aspartate transcarbamoylase, régulation allostérique de, 129F
Aspirine, 689F, 690
Assemblage spontané
voir aussi Auto-assemblage
des filaments d'actine, 616, 637
prévention par des étapes irréversibles, 121-122, 121FF
des virus, 119, 121, 120FF
Assemblages actine-myosine
dans les cellules non musculaires,
ceintures d'adhérence, 627, 627F
transitoires, **626-627**, 627F
Associations hydrophobes, effet de détergents, 286
Asters, 652, 656, 656F, 763, 764FF
localisation du sillon de division et, 779-780, 779FF
spermatozoïde, 874
Astrocytes, 1064-1065, 1065F
type 1 et type 2, nerf optique, 909, 909F
Asynapsis (diplotène), 848, 849FF, 852F
Ataxie-télangiectasie, 1201
ATF, 566T
Athérosclérose, 328
ATP, 44
antiport avec l'ADP dans les mitochondries, 353-354, 353F
bourgeonnement de vésicules de transport, 473, 474F
en tant que coenzyme, 75, 76T
dans la fixation de l'azote, 1159
fonction, 45
formes radioactives, 176F
hydrolyse, *voir* Hydrolyse de l'ATP
liaison phosphate riche en énergie, 62
mesure dans les cellules par RMN, 154, 154F
en tant que neurotransmetteur, 1083, 1084F
rapport ADP, contrôle rétroactif et, 364
structure chimique, 58F
synthèse, *voir* Synthèse de l'ATP
taux de collision, 94
comme transporteur d'énergie dans les cellules, 62-63, 63F
vitesse de renouvellement dans les cellules, 126
ATP synthétase, 69, 309, 349, 350F, 352, 352F, **356-358**, 356FF
chez les bactéries, 356, 358, 365, 365F
bactéries pourpres, 376, 376F
du chloroplaste, 380, 380F
photophosphorylation non cyclique, 377, 378F
évolution, 382-383, 383F
fonction dans les membranes artificielles, 356-357, 357F
gènes chloroplastiques pour, 391
gènes mitochondriaux pour, 392F
des mitochondries, 344F, 380, 380F, **387-388**, 388F
pompe protonique, fonction inverse dans, **357-358**, 357F
purification et reconstitution, **356**, 356F
structure, 356
vitesse, contrôle de, 364
ATPase
dynéine, 649, 649F
dynéine cytoplasmique, 660, 660F
F_1, 356
F_oF_1, 356, 357F
ion hydrogène vacuolaire, 330
kinésine, **660-661**, 660F
myosine, **618, 620**, 621F, 626
pompe calcique, **307**, 700, 700F
pompe ionique sodium-potassium (Na^+-K^+), 131, **304-307**, 305FF
protéine recA, 242-243
protéine recBCD, 240-241F
vésicules non recouvertes et recouvertes, 327
ATPase des ions calcium, **307**
des cellules végétales, 1179, 1180F
gradient électrochimique de protons, dirigé par, 353
pour maintenir une faible concentration en Ca^{2+}, 700-701, 700F
réversibilité, 358
ATPase de la myosine, 619
activée par l'actine
muscle lisse, 626
muscle squelettique, **619-622**, 620FF
Atropine, 1085
Atténuation transcriptionnelle, 588, 589F
Attraction de Van der Waals, dans les macromolécules, 88, 90F-91F
Auto-assemblage
voir aussi Assemblage spontané
des agrégats macromoléculaires, 119, 121, 120FF
régulation de la longueur, 121, 121F
des fibrilles de collagène, 812
de la myosine non musculaire, 626, 627F
des structures cellulaires, limitations, 121-122
Autocatalyse, par l'ARN, 105-106, 105FF
Autogreffes, 1040
Autophagie, 460, 461F
Autophagolysosome, 460, 461F
Autophagosomes, 436
Autophosphorylation, du MPF, 736
Autoradiographie, 176
dans les analyses de séquences d'ADN, 186FF
cycle cellulaire, étude par, 729-730, 729FF
de fragments d'ADN, 184FF, 185
pour la microscopie électronique, 410F
Autosome, 578
Autotolérance, 1010-1011, 1050-1052
base dans la délétion clonale, 1050-1052
Auxines, 1159, 1160F, 1161, **1180-1181**, 1181FF
perméabilité de la paroi cellulaire aux, 1143
Axone, 1060, 1061F
bourgeonnement, 1121, 1121F, 1126-1128, 1126F
cône d'implantation, 1087-1090, 198FF
constante de longueur, 1068F
développement, *voir* Cône de croissance du neurite en développement
géant du calmar, 1068F
myéline, isolation par, 1072F, 1073
neurofilaments, 666, 667F
nœud de Ranvier, 1073, 1073F
polarité des microtubules dans, 653, 654F, 660, 660F
potentiel de membrane, *voir* Potentiel d'action ; Potentiel de membrane
potentiels d'action, *voir* Potentiel d'action
propriétés de câble, 1066, 1068, 1068F, 1070, 1071F, 1073
reconstruction chez l'adulte, 1121, 1121F
régénération dans un muscle énervé, **1124**, 1124F
synapse axo-axonale 1090, 1091F
terminal, au niveau d'une jonction neuromusculaire, 1075-1078, 1075FF
trajet vers la cible, au cours du développement, **1117-1118**, 1117F
Axonème, **645-650**, 645FF, 648T
acétylation de la tubuline de, 658
corpuscule basal et régénération, 650-651
5-azacytosine 583, 583F
Azolla, 1156F
Azoture, 361

B

Bactéries, 11, 11FF, 134F
aérobies, apparition au cours de l'évolution, **385**, 386F
agrégation et différenciation, 27, 28T
anaérobies, **381-383**, 382FF, 385
ATP synthétase, 356
chimiotaxie, **720-724**, 720FF
mécanisme moléculaire, 721-724, 722FF
composition chimique d'une cellule, 43, 43T, 88T
cytosquelette, absence de, 613
demi-vie de l'ARNm, 595
évolution des relations dans la famille, 11F, 13F
expression, contrôle, transcription génique, **557-562**, 558F
fission, 785, 786F
flagelles, structure et rotation, 720, 720F
formation de spores, 23, 27, 28F
fractionnement des protéines par 2-D PAGE, 172F
gradient électrochimique de protons, 341-342, 341F, 344F
gram négatives par rapport à gram positives, 312F
infection par un virus, 8F
introns, perte de, 603-604
nage
comportement, 720, 721FF, 722-724
contrôle chimiotactique, 721, 721F, 723-724, 724F
nucléases de restriction, 182-183, 182FF
osmorégulation, **308**
phase M, 762
photosynthétique, 366
fixation du carbone, évolution de, **383-384**, 384F
pompe protonique, 382-383, 383F
régulation génique, contrôle, par atténuation transcriptionnelle, **588**, 589F
remplacement génique, 195-196, 195F
réplication par scissiparité, 11
sources d'énergie, 11, 365, **381-384**, 382FF
synthèse d'ARN, 202-205, 202FF
synthèse protéique, 104, 104F
taille, 136F
transport actif
dirigé par un gradient d'ions hydrogène, 309
protéines de liaison du substrat, 312, 313F
translocation de groupe, 311-312, 312F
voies de la fermentation, **381-382**, 382F
Bactéries lysogènes, 253, 253F
Bactéries photosynthétiques, 366
Bactéries pourpres
gradient électrochimique de protons, synthèse d'ATP et de NADPH, 375-377, 376F
non sulfureuses, chaîne de transport d'électrons, aperçu, 387F
transferts d'électrons dans une réaction photochimique, 375, 375F
Bactéries vertes sulfureuses, photosynthèse par, 384, 384F
Bactériophage, 183
types d'ADN linéaires et monocaténaires, 250, 251F
voies lysogène et lytique, **253**, 253F
Bactériophage lambda, 121, 122F, 251F
cycle biologique, 253, 253F
états lytique et lysogénie, mécanismes pour, **574-575**, 574F
insertion et exclusion génomiques de l'hôte, **246**, 247FF, 253, 253F, **495**, 495F, 574
vecteurs cosmides, 264
Bactériophage Mu, enzyme de recombinaison spécifique d'un site, 247
Bactériophage R17, réplication du génome, 251, 252F
Bactériophage T4, 249, 249F
réplication, 250
Bactériophage φX, 174, 257
réplication du génome, 252, 252F
Bactériophages lysogènes, 253, 253F
Bactériorhodopsine, 292-293, 293F, 298, 298F, 357, 357F
profil d'hydropathie, 444F
Bactéroïdes, 1158-1159, 1158F
Bande 3 des érythrocytes, 289, 289FF, **291-293**
Bande 4,1, 289, 289FF
Bande A, du sarcomère, 614F, 615
Bande I, du sarcomère, 614F, 615
Bande préprophasique, 783
division des cellules végétales et, **1177-1178**, 1177FF
Bandes de Caspary, 1155, 1156F
Bandes G, dans les chromosomes métaphasiques, 505, 505F, 521
Bandes R, dans les chromosomes métaphasiques, 505, 505F, 521
Banque d'ADN
ADNc, 260-261, 261F
hybridation soustractive, 262, 262F

génomique, 260-261
et marche sur le chromosome, 263-265, 264F
humain, vecteur YAC pour la propagation, 484, 485F
identification de clones, **262-265**, 263FF
préparation de, 259-260, 259F
dans des vecteurs d'expression, 265-266
Barbituriques, 1085
Barrière air-sang, 1065
Base, définition, 47F
Base nucléotidique, 95-96, 96F, 98FF, 101
Basophile, 974, 975F, 976T, 979F
réactions allergiques, mécanisme, 1017, 1017F
Benzo(a)pyrène, comme carcinogène, 1195-1196, 1197
Benzodiazépines, 1085
Bile, 961, 961F
Bindine, 869-870, 870F
Biogenèse chloroplastique
aperçu, 387-388, 388F
gènes nucléaires, contrôle par les, 396
importation de protéines, 397-398, 398F
synthèse lipidique, 398
du système génétique, aperçu, 400F
Biogenèse mitochondriale, **387-388**, 388F, 400F
aperçu, 400F
division, **388-389**, 389F
génome nucléaire, importance du, 396-397, 396F
importation de lipides, **398**, 450, 450F
importation de protéines, **397-398**, 398F, **426-429**, 427FF
Biosphère, 60
Biosynthèse
voir aussi Réactions métaboliques
besoin de pouvoir réducteur, 77, 77FF
des chloroplastes, 387-388, 388F
du cholestérol, 77, 77F, 81F
coenzymes, **75-76**, 76T, 77T
de la glutamine, 74F
hydrolyse de l'ATP et réactions couplées, 62-63, 71, 73-75, 74FF, 78, 79F
des mitochondries, 387-388, 388F
des nucléotides, 76F
et ordre biologique, **71-78**, 74FF, 76T
de polymères par déshydratations répétées, 78, 79F
thermodynamique, **71-75**, 74FF
Biotine, 124
en tant que coenzyme, 76, 76T, 77F
dans l'hybridation *in situ*, 192, 193F
dans l'immunocytochimie indirecte, 177, 178F
indicatrice de la tubuline, 771F
Bivalent
anticorps, 1012, 1012F
chromosome, *voir* Méiose, bivalent
Blanc de calcofluor, 1170F
Blastème, 916, 916F
Blastocèle
chez les amphibiens, **881-882**, 882F
des mammifères, 894, 895F
chez l'oursin, 882-883, 882F
Blastocyte, 894, 895F, 896
dans la création de chimères, 896, 896F, 898F
Blastoderme
activation du gène sélecteur homéotique, 930
cellulaire, de la *Drosophile*, 921-922, 923F
Blastomère, 880-881, 881F, 895F
compactage, cadhérine E et, 831
différences dans les blastomères des non-mammifères, 892, 892F
interaction, pour le développement complet, 893-894
polarisation de la souris, 896, 897F
Blastopore, lèvre dorsale, 884-886, 885F, 887F
Blastula, **881-882**, 880F, 882F
carte des territoires présomptifs, 886, 885FF
Boîte TATA, 526-527, 527F, 562-563
Bombésine, 1214
Bord avant
développement du, **669-670**, 669FF
dynamique de l'actine dans, **638**, 638F, **640**, 640F
exocytose au niveau du, 672-673, 673F
inhibition par les cytochalasines, 642, 642F
organisation du cytosquelette dans, 671, 671F
Boucles hypervariables, 1021, 1022F
Bourgeon de membre du poulet, 916-917, 916FF
Bourgeonnement
à partir d'un endosome, 328, 329F
chez les levures, 573, 573F, 738, 738F
de vésicules
non recouvertes de clathrine, 473-474, 473FF
transport, 411, 412FF, 460, 462FF
transport intracellulaire de protéines, 411, 412FF
de virus à enveloppe, 250, 250F
Bourgeons gustatifs, **953-954**, 954F
Bourse de Fabricius, 1003, 1004F
BPTI, modèles moléculaires, 112, 113F
Bras de dynéine
de l'axonème, **647-650**, 647FF, 648T
dans le mécanisme de glissement des microtubules, **648-649**, 648FF
Bromoconduritol, 454F
5-bromodésoxyuridine, 519, 519F
Bromure de cyanogène, 172, 173T
Bromure d'éthidium, 184, 184F
α-bungarotoxine, 320, 1085
formation de synapses et, 1126-1127
Bunyavirus, 471

C

C. elegans, voir Caenorhabditis elegans
Ca-kinase, 711-712
indépendance vis-à-vis de Ca^{2+} après autophosphorylation, 717
Ca-kinase II, 711
dans une cellule présynaptique active, 1078
Cadhérines, **830-831**, 831F
dans les ceintures d'adhérence, 796
mouvements morphogéniques dans l'embryon et, 940, 941F
Caenorhabditis elegans
voir aussi Vers nématodes
carte des clones génomiques pour, 264
développement précoce, 784-785, 784F
Cafards, régénération de membres, 918-919, 918FF
Caféine, 734
Calmar, axone, 1068F
Calmoduline, 711, 711F
activation allostérique, 711, 712F
alignement des chloroplastes chez les végétaux, **1171-1172**, 1172F
kinase des chaînes légères de la myosine, activation dans le muscle lisse, **626**, 626F
liaison de Ca^{2+}, coopérativité de, 716
dans les œufs, 873
phosphorylase kinase, association avec, 712, 712F
comme récepteur de Ca^{2+}, **710-712**, 711FF
troponine C, comparaison avec, 622
Cals, 1181, 1182FF
Calséquestrine, 700, 701F
CAM, *voir* Molécules d'adhérence cellulaire
CAM-L, *voir* Cadhérines
Cambrium, **1174**, 1174F
Canal cationique réglé mécaniquement, dans la perception auditive, 1103-1104, 1104F
Canal potassique activé par les ions calcium, **1089-1090**, 1090F
Canal sodique réglé par un ligand, dans les cellules en bâtonnet, sensible au GMPc, 1105-1107, 1106FF
Canalicules
du foie, 960-961, 961F
des os, 991, 991FF
Canaux calciques
des cellules végétales, 1179, 1180F
libération, dans le réticulum sarcoplasmique, 621, 622F
réglés par la tension, *voir* Canaux calciques réglés par la tension
Canaux calciques réglés par la tension, **318-319**, 321-322, 321F, 701-702, 701F
dans l'adaptation d'une cellule postsynaptique, 1089-1090
dans une cellule en bâtonnet, 1103-1107
dans un cône d'implantation, 1088-1089, 1089F
couplage du potentiel d'action à la libération présynaptique d'acétylcholine, 321-322, 321F, **1076-1078**, 1077FF
dans la mémoire à court terme, 1097F, 1098
dans un neurone en développement, 1122
réaction acrosomienne et, 869, 869F
Canaux ioniques, **313-323**, 313FF
voir aussi Canaux protéiques ; Canaux ioniques réglés par un ligand ; Canaux ioniques réglés par la tension
blocage du potentiel pour étudier, 1069, 1070T
canal de fuite des ions potassium, **314-316**
des cellules nerveuses, **1065-1074**, 1068FF, **1076-1100**, 1074FF
enregistrement de canaux isolés, études avec, 156, 156F, 318-319, 318FF
mathématique neuronale, rôle de, **1086-1091**, 1086FF
au niveau d'une jonction neuromusculaire, activation séquentielle, 321-322
à ouverture contrôlée, différents types, 313-314, 313F
à ouverture contrôlée mécaniquement dans les cellules ciliées, 1103-1104, 1104F
phosphorylation
action du neurotransmetteur et, 1092
mémoire à court terme et, **1097-1098**, 1098F
dans la photoréception, 1105-1107, 1105FF
potentiel membranaire, création d'un, **314-316**
protéine G, activation par, 706
comme récepteurs liés à un canal, 694-695
régulation, **1097-1098**, 1097FF, 1100
sélectivité ionique, 313, 313F
types, 314
Canaux ioniques à ouverture contrôlée, *voir* Canaux ioniques réglés par un ligand ; Canaux ioniques réglés par la tension ; et les différents canaux
Canaux ioniques à ouverture doublement contrôlée, 1100
Canaux ioniques réglés par un ligand, **1074**, 1074FF, **1083-1100**
doublement réglés, mémoire et, 1100
et flux ioniques dans une cellule postsynaptique, 1080, 1083, 1081FF
potentiels d'inversion pour, 1082F
en tant que transducteurs, membrane postsynaptique, 1081-1083, 1081FF
Canaux ioniques réglés par la tension, 313
voir aussi les différents canaux réglés par la tension
canaux réglés par un ligand, comparaison avec, 1081, 1081F
dans une cellule postsynaptique, 321F, **322**
dans une cellule présynaptique, **1076-1078**, 1077FF
dans le cône d'implantation, 1087-1090, 1090F
dans la membrane dendritique, 1091
potentiel d'action, génération de, **316-319**, 317FF, **1065-1073**, 1068FF
Canaux ioniques réglés par un transmetteur, 314, **319-322**, 319FF
récepteur de l'acétylcholine, **319-322**, 320FF
similitudes structurelles et évolution de, 321
Canaux potassiques
activés par les ions calcium, 1089-1090, 1090F
canal de fuite et potentiel de membrane, **314-316**, 316F
dans la mémoire à court terme, 1097FF, 1098
protéine G, activation par, 706
réglés par la tension, *voir* Canaux potassiques réglés par la tension
Canaux potassiques réglés par la tension
dans l'activation répétitive, 1089, 1089F
blocage du potentiel (voltage clamp), 1069, 1070F
repolarisation, après un potentiel d'action, 1070, 1070F
retardés et précoces dans le cône d'implantation, **1088-1089**, 1089F
Canaux potassiques retardés, 1070

Canaux protéiques, 302, 302FF, **312-323**, 313FF
voir aussi Canaux ioniques ; et canaux à ouverture contrôlée particuliers
Canaux réglés par un ligand, 314, 1066
voir aussi Canaux ioniques réglés par un neurotransmetteur ; et les différents canaux
Canaux réglés par un nucléotide, 314
Canaux S, dans la sensibilisation, 1097FF, 1098
Canaux sodiques
voir aussi Récepteur de l'acétylcholine ; Canaux sodiques réglés par la tension
AMP cyclique, effet direct, 713
effet du GMP cyclique sur, cellules en bâtonnet, 713
Canaux sodiques réglés par la tension
blocage du potentiel des, 1069, 1070F
changements de conformation, 317, 317F
conductance, 1067
dans le cône d'implantation, 1088-1089
sur les dendrites ou le corps cellulaire, 1087
enregistrement local, 318-319, 318FF
inhibiteurs, 318
au niveau des nœuds de Ranvier, 1073
dans un potentiel d'action
génération, **317-318**, 317FF, **1068-1070**, 1070F
propagation, 1070, 1071F, 1073
structure, 318
dans la transmission neuromusculaire, 321F, 322, 716
Cancer, **1187-1216**, 1188FF, 1189T, 1204T, 1207T, 1209T
voir aussi Cellules cancéreuses ; Transformation cellulaire ; Oncogènes ; Proto-oncogènes ; Gènes de suppression de tumeurs ; Virus tumorigènes ; et les différents cancers
anomalies génétiques, dans le cancer du poumon, **1214-1215**, 1215F
causes
carcinogènes chimiques, **1191-1192**, 1191FF
environnement, 1197, 1197F, 1198T
mutations somatiques, **1201-1202**
virus, **1204-1208**, 1204T, 1206FF, 1207T, 1209T, 1210
courbe de croissance, 1190, 1190F
défauts de réparation, réplication et recombinaison de l'ADN, 224F, 225, **1201-1202**
définition, 752
différentiation cellulaire, perturbations de, **1199-1200**, 1199F
élimination par les cellules T cytotoxiques, les cellules NK, ou les macrophages, 1039
formes héréditaires, 1213-1215, 1213F
gènes suppresseurs de tumeurs et, 1203-1204, **1212-1216**, 1213FF
génétique moléculaire, **1203-1216**, 1204T, 1206FF, 1207T, 1209T
humain, virus du, 1204, 1204T
incidence, 221
augmentation avec l'âge, 1192, 1193F
et mortalité aux U.S.A., 1189T
variation dans différents pays des types de, 1197, 1198T
initiation
événements multiples pour l', **1192-1193**, 1193F, 1212, 1212F
par une modification de l'ADN, 1190-1191, 1196
comme maladie unique d'un point de vue moléculaire, 1216
métastases, 1188, 1188F
étapes et mécanismes, **1200-1201**, 1200FF
mutations, et, **1191-1196**, 1191FF, **1201-1202**
dominantes dans un proto-oncogène, 1203
en tant qu'initiateurs de tumeurs, 1196-1197, 1196F
nombre de mutations nécessaires, 761
récessives dans les gènes suppresseurs de tumeurs, 1213, 1213F
oncogènes et, 254-255, 1203, **1205-1212**, 1206FF, 1207T, 1209T, 1214
origine monoclonale, 1190, 1190FF
prévention, 1197
comme processus microévolutif, **1187-1202**, 1188FF, 1189T
progression
modifications cellulaires au cours de, **1193-1194**, 1193FF
vitesse, facteurs affectant la, 1195
promoteurs tumoraux, 1196-1197, 1196F
résistance multidrogue, base de la, 1202
et taux de mutation, 221
traitements, 1198-1199, 1200, 1201-1202, 1215
drogues, 653, 653T
types, 1188-1190, 1189F
Cancer cervical
papillomavirus, cause du, 1205, 1206F
stades du développement, 1194, 1194FF, 1199
Cancer du poumon, anomalies génétiques dans le, **1214-1215**, 1215F
Cancer du sein, probabilité de développement, 1197F
CAP, *voir* Protéine de régulation positive
Capacitance membranaire
définition, 315, **1067**
différence de tension, effet sur, 1066-1068, 1068F
propagation d'un potentiel d'action, vitesse, 1070, 1073
Capillaire(s)
formation (angiogenèse), **964-966**, 964FF
dans les os, remodelage des, 991-992, 992F
structure, 963, 963F
vésicules de transcytose, 963F
Capping, *voir* Redistribution polaire
Capside, 249-250, 249FF, 254, 255F, 468F, 469
protéines, 595, 595F
sphérique, formation, 119, 120F
synthèse dans une cellule hôte, 496F, 470
taille du génome, limitation de la, 257
Caractéristiques sexuelles, œstradiol et, 684, 688
Carcinogènes, chimiques, **1191-1192**, 1191FF
Carcinogenèse
voir aussi Cancer ; Cellules cancéreuses
multiples événements d'initiation, 1192-1193, 1193F, 1212, 1212F
mutagenèse, corrélation, 1191-1192, 1192F
par des oncogènes, **1210-1212**, 1211FF
promoteurs de tumeurs pour la, **1195-1197**, 1196F
Carcinome des cellules basales, 1188, 1190
Carcinome colo-rectal, 1215
Carcinome à petites cellules du poumon, **1214-1215**, 1215F
Carcinomes, 1188, 1189F, 1189T
Cardiolipine, 343, 398
β-carotène, 1163F
Caroténoïdes, dans le complexe d'antenne, 374
Carte génétique, chloroplaste, trinitaire, 391, 391F
Carte peptidique, 172, 173F
Carte de restriction
de l'ADN, 182, 182FF
des gènes de l'hémoglobine, 183F
Carte des territoires présomptifs
blastoderme de la *Drosophile*, 923F
de la blastula, 886, 885F
Carte visuelle, développement, **1129-1131**, 1129FF
besoin de l'expérience visuelle, 1130-1131, 1131F
colonnes, de dominance oculaire, développement, 1130, 1130F
élimination synaptique dans, 1130-1131, 1130FF
période critique, 1129-1131, 1131F
Cartilage
collagène dans le, 810T
croissance
conversion fibroblaste en chondrocyte, **988**, **991**
par gonflement, **990-992**, 990FF
érosion, pour fabriquer les os, 993, 993F
ultrastructure, protéoglycannes dans, 807, 808F
Caryotype, 503, 505-506, 505F
humain, 505F
modifications dans les cellules cancéreuses, 1201-1202, 1209, **1213-1215**, 1215F
Caryotype humain, 505F
Castanospermine, 454T
Catabolisme
compartimentation des réactions enzymatiques, **84-85**, 85F
étapes, résumé, 64-65, 64F
dans les mitochondries, 69
des molécules nutritives, **64-70**, 64FF
Catabolisme anaérobie
composés organiques non fermentables, **381-382**, 382F
fermentation, **381-382**, 382F
glycolyse, **65-67**, 66FF
Catabolisme oxydatif, évolution et efficacité, 67
Catalase, 431-432
composants et assemblage, 433
vitesse de catalyse, 93
Catalyse, par l'ARN, 6-7, 7F, 105-106, 105FF
Catalyse enzymatique
voir aussi Enzyme
par l'ARN, 105-106, 105FF
concentration du substrat, effet sur, 124-125, 126F
énergie d'activation, 62, 62F
hydrolyse de l'ATP, couplée à, **126**
K_M, 125, 126F
liaison au substrat, 88, 124-125, 125FF, 128, 128F
limitée par la diffusion, 126-127, 127F
nombre de renouvellements, 124
régulation allostérique, 128, 128FF
régulation rétroactive, **80-84**, 82FF, 128, 128FF
passage du catabolisme à la synthèse, 80, 82
dans la rétroaction positive accélératrice, 716-717, 717F
V_{max}, 124, 126F
vitesses, 93-94
Ceinture d'adhérence, **796**, 796FF
actine et myosine dans, 627, 627F
contraction dans la morphogenèse, 674-675, 675F
points de contact focaux, comparaison avec, 636
Cellule
voir aussi Cellule eucaryote ; Cellule procaryote
analyse thermodynamique de la, 59-60, 60F
animale
mitose, micrographies, 764F
osmorégulation, 308
comparaison avec des cellules quiescentes, en prolifération, 749-750, 750F
composants chimiques de la, **41-58**, 42FF
composition chimique de la, 41-42, 42F, 88T
conditions chimiques dans les cellules vivantes, techniques, **153-158**, 154FF
définition, 3
différences protéiques parmi les, 552-553
diffusion de molécules dans les, 92-94
énergie
et photosynthèse, 60, 61F
et réactions chimiques, 60-63, 61FF
évolution, **3-39**, 4FF
forme
cortex cellulaire et, 629-630
microtubules et, 673
molécules protéiques, quantités, 405
multinucléée, génération de, 741
permanente, chez les vertébrés supérieurs, **954-959**, 955FF
polarité
effet des microtubules sur la, **656, 658**
génération de polarité dans une cellule en migration, **669-670**, 669FF
support mécanique provenant de filaments intermédiaires, 666
taille, 135, 136F
types, **24-25**, 32, **995-997**
végétale, ultrastructure, 145F
voir aussi Cellule végétale
Cellule adipeuse, *voir* Adipocytes
Cellule en bâtonnet, **956-959**, 957FF
diffusion de la rhodopsine dans, 295-296, 296F
potentiel du récepteur, 1105, 1105FF
réponse à la lumière, mécanisme, 713

  structure, 1105, 1105F
Cellule bipolaire de la rétine, 1061F
Cellule ciliée auditive, **1102-1104**, 1102FF
  courant récepteur, 1103, 1103F
  sensibilité, 1104
Cellule ciliée de la racine, différenciation, 1178, 1179F
Cellule en corbeille, du cervelet, 1061F
Cellule épithéliale
  composants membranaires
    distribution asymétrique, 297, 297F
    plasmique, tri dans le TNG, 468
  contrôle par des facteurs angiogéniques, 966
  division et migration cellulaires dans l'intestin, 744, 744F
  enveloppe de mucus, 452F, 456
  formation du corpuscule basal, 651
  kératines des, 662, 662T, 663F, 665-666
  du limaçon
    voir aussi Cellule ciliée auditive
    développement, **675-676**, 676FF
  mécanismes d'adhérence, 832F
  microvillosités, **633-635**, 634F
  tractus respiratoire
    cils du, 646
    mutants ciliaires, 650
  transcytose, 309-311, 311F, 332
    d'IgA, 1016, 1016F
  des végétaux, 1171, 1171F, 1178, 1179F
Cellule eucaryote
  voir aussi Cellule
  ADN, quantités, 23
  ARN polymérases, 204-205, 525-527, 525FF
  ARNm, revue, 101F, 102
  composition et structure des chromosomes, 23, 26, 26F
  définition, 15
  diagrammes des systèmes animaux, végétaux et membranaires, 16F-17F
  différences avec les cellules procaryotes, 19T, 20
  divergence évolutive, 13, 13F
  inhibiteurs, protéine, et synthèse d'ARN, 218, 218T
  ribosome, 211
  synthèse protéique, initiation, 214-215, 214F
  types chez les vertébrés, **24-25**
Cellule « gobelet » de l'épithélium intestinal, 452, 452F, 960F
Cellule granuleuse du cervelet, 1061F
Cellule indicatrice, dans le développement du tronc nerveux, 1115, 1116F
Cellule de Leydig, 435, 436
Cellule lymphocytaire active, 1009, 1009F
Cellule lymphocytaire vierge, 1009-1010, 1009F
Cellule musculaire, 25F
  voir aussi Filaments d'actine ; Filaments de myosine ; Jonction neuromusculaire
  activité
    effet sur l'axone, 1125-1126
    effet sur la membrane et le métabolisme, 1125-1126
    élimination des synapses excédentaires, 1126-1127, 1126FF
  aperçu, 32F, 33
  caractéristiques, spécifiques d'un type cellulaire, 556
  catégories chez les mammifères, 983, 984F
  desmine de la, 662-663, 662T, 666
  différenciation, **983-984**, 985F
  énervée, 1124-1125, 1125F
    réinnervation de la, 1121, 1121F, 1125, 1125F
  expression génique, modifications du mode d', 985
  isoformes protéiques, production, 984-985, 986F
  ME par congélation rapide, cryodécapage, 149F
  migration à partir de somites, 943, 943F
  potentiels d'action, *voir* Potentiels d'action
  pré-innervées, 1123, 1123F
  production de facteurs neurotrophiques, 1126
  régénération, 1124-1125, 1124F
  systèmes membranaires intracellulaires, 621, 622F
Cellule oxyntique de l'estomac, 960F
Cellule polyploïde, définition, 507
Cellule postsynaptique, 1062, 1062F, 1074, 1075FF
  membrane, 1062F, 1076F, 1083
    dans la mémoire à long terme, 1100
    en tant que transducteur, 1081, 1081FF
Cellule pré-B, 1014, 1027-1028, 1027F
Cellule précurseur des granulocytes/macrophages, 981, 981T
Cellule précurseur O-2A, développement dans les cellules gliales, 909-911, 910F
Cellule présentant l'antigène, 1008F, 1011, 1042F, 1042T, **1045-1047**, 1046FF
  activation des cellules T auxiliaires, 1042F, 1045-1047, 1046FF
  cellule B, stimulation de, 1012
  macrophages de, 334
  maturation d'un antigène étranger par, 1046, 1046F
  sécrétion d'interleukines, 1046-1047, 1047F
Cellule présynaptique, 1062, 1062F, 1074, 1075FF
  voir aussi Jonction neuromusculaire ; Synapse
  particules intramembranaires au niveau de la zone active, 1078FF
Cellule procaryote
  voir aussi Cellule
  âge dans l'évolution, 10
  distinction des cellules eucaryotes, 19T, 20
  noyau, absence dans, 481-482, 482F
  réarrangements de l'ADN dans l'activation des gènes, 570-571, 571F
  ribosome, 210, 210FF
  synthèse d'ARN, 482
  synthèse protéique
    inhibiteurs, 218, 218T
    initiation, 214, 215FF
Cellule pyramidale, cortex cérébral, 1061F
Cellule souche quiescente, renouvellement à partir de, 986, 986F
Cellule source
  dans la formation de tissus, 824, 824F
  de la structure des nématodes, 904-905, 904F
Cellule 3T3
  cycle cellulaire et privation de sérum, 750
  dans les tests d'oncogènes, 755F
Cellule T régulatrice, 1038
Cellule T suppresseur, 1003, 1038, 1049T, **1050**, 1051F, 1051T
Cellule transductrice, 1101-1102, 1101F
  potentiel du récepteur, 1102
Cellule transformée
  besoins en croissance, générale, 759-760, 759FF
  différence avec une cellule normale, 753, 753T
  indépendance d'ancrage, 759, 759FF
  lignées, 162
  niveaux de fibronectine et adhérence, 822
Cellule zymogène de l'estomac, 960F
Cellules absorbantes, des végétaux, 1153
Cellules acineuses
  enzymes, 411
  voie sécrétrice dans, 409-414, 410FF
Cellules à bordure en brosse, 960F
Cellules cancéreuses
  voir aussi Cancer ; Transformation cellulaire ; Oncogènes ; Proto-oncogènes
  capacité métastatique, **1201**, 1201F
  changement épigénétique dans certaines, 1190
  définition, 1188
  évolution, éléments transposables et, 607
  forte mutabilité dans, 1201-1202
  modifications du caryotype dans, 1201-1202, 1209, **1213-1215**, 1215F
  origine monoclonale, 1190, 1190FF
Cellules ciliées, catalogue des, 996
Cellules compagnes, **1149**, 1156
Cellules en cône, de la rétine, 956-957, 957F, 1105
Cellules contractiles, catalogue des, 997
Cellules de la crête neurale, migration et différenciation, dans l'embryon, 824, 824F
Cellules du cristallin, catalogue des, 997
Cellules déterminées
  voir aussi Détermination cellulaire
  spécificité des molécules de surface cellulaire sur, 940-941, 940FF
Cellules de diatomées
  anaphase dans, 776, 776F
  fuseaux mitotiques, noyau interne, 785-786, 786F
Cellules diploïdes, 839-840, 840F
  homologues, deux copies de, 845, 846F
  chez les levures, 739, 739F
  lézard, 760, 761F
  méiose, 840, 840F
Cellules d'éclosion érythrocytaire (BFC-E pour burst-forming cell-E), 980-981, 981F
Cellules effectrices, du système immunitaire, 1038
Cellules électriquement excitables, canaux réglés par la tension et potentiel d'action, 316-319, 317FF
Cellules embryonnaires de vertébrés, agrégation, 829, 829F
Cellules endocrines, 682-683, 682FF
Cellules endodermiques, des végétaux, 1146F, 1156F
Cellules endothéliales, 951-952, 952F
  du foie, 961F, 962
  lame basale, associées, 962FF, 963
  renouvellement au cours de la réparation ou angiogenèse, **963-966**, 964FF
  dans la réponse inflammatoire, 974-975, 976F
  vaisseaux sanguins, unités fondamentales des, **962-966**, 962FF
Cellules épendymales, 1064, 1065F
  des végétaux, 1147, **1149**, 1150F, 1178, 1178FF
Cellules épithéliales de la cornée, molécules de la matrice extracellulaire, nécessité, 822
Cellules folliculaires, 856, 859, 859F
Cellules formant des colonies (CFC)
  comme cellules précurseurs engagées, 979, 979F
  comme cellules souches multipotentes, **978-979**, 978FF
  CFC-E et BFC-E, relations parmi, 980-981, 981F
Cellules formant des colonies érythrocytaires (CFC-E pour colony forming cell-E), 980-981, 981F, 981T
Cellules en forme de bouteille, de la gastrula d'amphibien, 884, 886F
Cellules en G_0, propriétés, 750, 750F
Cellules de la gaine périvasculaire des végétaux, 371, 372F
Cellules de garde des stomates, **1149**
  formation, 1178F
  mouvement, 1144F, 1145
Cellules germinales, 25F, 32, 840
  catalogue des, 997
  différentiation dans l'embryon de mammifère, 855
  gènes spécifiques de tissus, inactivation et méthylation, 586
  primaires, migration vers les gonades, 856, 858F
  primordiales, 855
    dans la spermatogenèse, 865F
  stabilité, 221-222
  survie, aux dépends des cellules somatiques, 1188
Cellules gliales, **1064-1065**, 1065F
  catalogue des, 997
  cellule précurseur O-2A, voie inductive, de la, 910-911, 910F
  dans l'embryogenèse du système nerveux, 1109-1110, 1111F
  PDGF, effets sur le développement, 910, 910F
  programmes de développement des différentes, **909-911**, 909FF
  protéine gliale fibrillaire acide des, 662-663, 662T, 663F, 667F
  recapture d'un neurotransmetteur, 1085
  tube neural, origine, 1109, 1109F
  types dans le nerf optique, 909, 909F
Cellules de la graisse brune, respiration, 365
Cellules haploïdes, 839, 840F
  chez les levures, 739, 739F
  méiose, production dans, 845-847, 846F
  triton, 760, 761F
Cellules hématopoïétiques, 1188, 1189T

culture cellulaire des, 980
voie de différenciation, caractère aléatoire du choix, 982
Cellules hybrides homme-souris, 162-163, 163F, 295, 295F
Cellules hybrides et lignées cellulaires, 162-163, 163F
Cellules infectées par des virus, tuées par des cellules T cytotoxiques, **1038-1039**, 1039F
Cellules K (killer ou tueuses), 1015, 1039
Cellules de Kupffer, 961F, 962
Cellules de mammifères
composition chimique des, 88T
milieu de culture pour, 161T
Cellules à mémoire du système immunitaire, 1009-1010, 1009F
hypermutation somatique dans, 1026-1027
Cellules mésenchymateuses, 987
os et cartilage, formation à partir, 990
vimentine et, 662-663, 662T, 663F, 665, 666
Cellules du mésophylle, 1142F, **1148-1149**
pompe à dioxyde de carbone des, 371, 372F
Cellules du muscle cardiaque, permanence, 954
Cellules du muscle squelettique, régénération, 986, 986F
Cellules myéloïdes, 974, 975F, 979F
Cellules myoépithéliales, 624, 972, 972F, 983, 984F
Cellules nerveuses, 683, 682FF, **1060-1132**, 1060FF
voir aussi Neurone ; et les différentes cellules nerveuses
activation de la kinase C, effet sur, 704
canaux calciques réglés par la tension, 701-702, 701F
canaux ioniques, 314
voir aussi Canaux ioniques réglés par un ligand ; Canaux ioniques réglés par la tension
connexions et comportements, 35-37, 36F
fonctions, 34-35, 35F
chez *Hydra*, 29F, 30
maintien des bourgeons gustatifs par, 953-954, 954F
permanence, 954-955
pompe ionique sodium-potassium dans, 304
potentiels d'action, mécanisme, **316-318**, 317FF, **1068-1070**, 1070F
prolifération des cellules nerveuses olfactives, 968F
revue des, 32F, 33
Cellules neuroendocrines, 683-684, 684F
Cellules NK (natural killer), 974, 976T, **1039**
Cellules non adhérentes
dans les cellules transformées, anomalies, 753T
division cellulaire et, 749
Cellules non permissives, 254
Cellules nourricières, 857-859, 859F
et asymétrie de l'œuf, 912, 912F
catalogue des, 997
synthèse de l'ARNm *bicoïde,* 924
Cellules pentaploïdes, 760, 761F
Cellules permanentes, **954-959**, 955F
voir aussi les différentes cellules
Cellules permissives, 254
Cellules phagocytaires, 1015, 1015F, 1016
voir aussi Macrophages ; Neutrophiles
Cellules en phase G_1
activateur de la phase S, effet sur, 732, 733F
condensation chromosomique dans les, effet du MPF, 734, 734F
Cellules en phase G_2
activateur de la phase S et, 732-733, 733F
biosynthèse membranaire, 780
blocage de la re-réplication de l'ADN dans, 522, 523F, 732-733, 733F
condensation chromosomique dans les, effet du MPF, 734, 734F
Cellules en phase M
collection comme population synchrone, 731, 731F
fusion avec les cellules G_1, S et G_2, 733F, 734, 734F
signal retardateur, 733-734
Cellules en phase S
activateur de la phase S dans, 732-733, 733F
assemblage des histones dans la chromatine, 517-518, 518F
condensation des chromosomes dans, effet du MPF, 734, 734F
Cellules photoréceptrices, de la rétine, **956-959**, 957FF
Cellules pigmentaires
catalogue des, 997
dérivées de la crête neurale, 887, 944, 944F
Cellules polarisées, synthèse de membrane plasmique dans, 468
Cellules du pôle, 922, 923F
Cellules radiales gliales, 1109-1110, 111FF
Cellules réceptrices olfactives, 713
Cellules rouges du sang, *voir* Érythrocyte
Cellules sanguines, 25F
voir aussi les différentes cellules sanguines
catalogue, 997
formation, *voir* Hématopoïèse
Cellules satellite, des fibres musculaires, 986, 986F
Cellules de Schwann, 24F, 951-952, 952F, 1064
au niveau d'une jonction neuromusculaire, 1075F
revue, 32F, 33
synthèse de la gaine de myéline, 1072F
Cellules sécrétrices, 324-325, 324FF
des glandes mammaires, 972F, 973
de la peau, renouvellement, 971-973, 973F
Cellules sécrétrices d'hormones, catalogue des, 996
Cellules sécrétrices de la matrice extracellulaire, catalogue des, 996
Cellules sensorielles, 25F
voir aussi Cellule transductrice ; et les différents transducteurs
placodes ectodermiques, origine dans, 1109, 1109F
Cellules somatiques, 32, 840
stabilité, 221-222
Cellules souches, 750, **966-982**, 967FF, 986, 986F
absence dans le tissu nerveux adulte, 1108
cellules parenchymateuses des végétaux, 1148
croissance anormale, dépendante de l'environnement, 897-898, 898F
définition, 967
détermination, 968, 979, 979F
différentiation terminale de la descendance, 967
épithéliales, dans l'intestin, 744F
immortelles, nécessité de, 970-971, 971F
nécessité dans un tissu différencié qui ne se divise pas, 967-968
perturbations dans le cas du cancer, 1199-1200, 1199F
pluripotentes, **973-982**, 973FF, 976T, 981T, 991
quiescentes, **986**, 986F
dans le renouvellement cellulaire, *voir* Renouvellement cellulaire
dans le renouvellement de l'épiderme, **966-973**, 967FF
des tératocarcinomes et des embryons normaux, 897-898, 898F
des végétaux, **1173-1174**, 1174F
Cellules souches hématopoïétiques, 973
cellule formant une colonie, 978, 979F
clones
identification, *in vitro,* 977-978, 978F
marqueur rétroviral pour, 978
pluripotentes, 1004, 1004F
Cellules stromales, de la moelle osseuse, 977
Cellules T auxiliaires (ou helper), 1003, 1038, 1042, 1042T, **1044-1050,** 1045FF, 1049T, 1051T
absence dans le SIDA, 1044-1045
activation des cellules B par, **1047-1048,** 1048F
activation de macrophages par, 1048-1049, 1049T
antigène, reconnaissance sur, cellules présentant l'antigène, **1045-1046,** 1046F
contrôle, gènes *Ir,* 1052-1053
prolifération, interleukine 2 et, 1046-1047, 1047F
protéines de classe II du CMH et, 1042F, **1045-1046,** 1046F
réarrangements cytosquelettiques dans, 1038, 1039F, 1048
sous-classes, 1049, 1049T
suppression, par des cellules T suppresseurs, 1050, 1051F
Cellules T cytotoxiques, 1003, **1038-1040,** 1041F, **1042-1044,** 1042FF, 1042T, 1049T, 1051T
cellules infectées par un virus
mécanismes de destruction, 1038-1039, 1039F
mécanismes de reconnaissance dans les, **1043-1044,** 1043F
modifications du cytosquelette lors de liaison, 1038, 1039F
reconnaissance, **1040-1044,** 1041FF, 1042T
cellules T, activation des, 1050
essai pour, 1043F
prolifération, interleukines et, 1046-1047, 1047F
reconnaissance de l'antigène, associée au CMH, **1042-1044,** 1042FF, 1042T
Cellules de tératocarcinome, et remplacement génique chez les souris, 269
Cellules des tissus conjonctifs
différentiation, forme et attachement des cellules, effets sur, 988
famille des, **986-989,** 987FF
interconversions parmi, 953, 986-987, 987F
support et réparation de l'organisme, 986-987
Cellules de transfert, des végétaux, 1148, 1156, 1156F
Cellules tueuses, *voir* Cellules K (killer)
Cellules tueuses naturelles, *voir* Cellules NK (natural killer)
Cellules urticantes, de l'épiderme, 969, 968FF
Cellules végétales, 367F, **1137-1184**, 1138FF
voir aussi les différents types cellulaires
ADN mitochondrial, de liaison, 393
amidon, comme molécule de stockage, 369F, 370-371
appareil de Golgi, **1165-1168**, 1165FF
chlorophylle, *voir* Chlorophylle
chloroplastes, *voir* Chloroplastes
courant cytoplasmique, **1170-1171**, 1171FF
croissance
direction, contrôle de, **1168-1170**, 1168F, **1172**, 1173
division et, **1154**, **1172-1184**, 1173FF
pression de turgescence et, 1143-1144, 1144F
relâchement de la paroi cellulaire, 1143-1144, 1144FF
signaux de la paroi cellulaire, 1160
vacuole et, 1143-1144, 1144F
cytodiérèse, 781-783, 782FF, 1166, 1166F
cytosquelette
dans la formation de la paroi cellulaire, **1165-1166**, 1166F, **1169-1170**, 1169FF
mécanisme de polarisation et, **1179**, 1180F
réorganisation sous l'effet d'un stimulus, **1171-1172**, 1172FF
division cellulaire, plan, détermination du, **1177-1179**, 1178FF
endocytose, 1167, 1167F
fixation du carbone, *voir* Fixation du carbone
forme, contrôle des microfibrilles de cellulose de, 1168, 1168F
gradients intracellulaires de Ca^{2+}, **1179**, 1180F
microtubules, *voir* Microtubules
microtubules corticaux, **1169-1170**, 1169FF, **1172**, 1173F
mitochondries, 366
mitose, micrographies, 765F
organites, 15F, 17F, 1139F, **1161-1167**, 1162FF
osmorégulation, 308
paroi cellulaire, *voir* Paroi cellulaire, végétale
peroxysomes, dans la photorespiration et le cycle du glyoxylate, 432, 432F
photosynthèse, *voir* Photosynthèse
phragmoplaste, 781-783, 782FF, 1166, 1166F
phytochrome, 1171
plaque cellulaire, 1166, 1166F
plasmodesmes, **1151-1153**, 1152FF

plastes, **1161-1163**, 1162FF
poisons, stockage de, 1165
polarité, bases de la, **1179**, 1180F
pression de turgescence, **1143-1145**, 1143FF
proplaste, 1162, 1162F
protoplastes, 1181-1182, 1183F
recyclage membranaire, 1167, 1167F
tonoplaste, **1163-1164**, 1164F
totipotence de nombreuses, 1181, 1183F
transformation, avec de l'ADN-T, **1159**, 1159FF
transport intracellulaire, **1151-1156**, 1152FF, 1171
types chez les végétaux supérieurs, 1146, **1148-1149**
vacuoles, **1163-1165**, 1164F
fonction de stockage, **1163-1165**, 1164F
voie d'exocytose, **1165-1166**, 1165FF
Cellulose, 808, 1139-1140, 1139FF
de la paroi cellulaire secondaire, **1146-1147**
synthèse, **1168-1170**, 1168FF
Cellulose synthétase, **1168**, 1168F, **1170**, 1171F
Centre organisateur du nucléole, 541
Centre d'organisation des microtubules (MTOC), **656**, 657FF, 763
Centre réactionnel, photochimique, 373-374, 374F
transferts d'électrons dans, 374-375, 374FF
Centre réactionnel photosynthétique, de *Rhodopseudomonas viridus*, structure, 293-294, 294F
Centres d'agrégation, 826, 827F
Centres fer-soufre, 359-361, 360F
dans le photosystème I, 377, 378F
Centriole, **650-652**, 650FF
absence dans certaines MTOC, 656
comme centre cellulaire, 651
comme corpuscule basal, 650-651
formation
par duplication au cours du cycle cellulaire, **651-652**, 651F, **763**, 765F
de novo, 651-652
dans la formation d'un zygote, 874, 876
régions péricentriolaires en tant que MTOC, 656, 657F
ségrégation, 763, 765F
structure, 650, 650F
Centromère, 484, 484FF, 503, 503F, 513, 852F
ADN satellite du, 513, 577, 605
formation du kinétochore, 768-769, 769FF
hétérochromatine du, 513, 513F
constitutive, 577, 577F
réplication tardive, 520
séquences d'ADN au niveau du, 768-769, 770F
Centrosome, 651, 763, 764FF
en tant que centre organisateur des microtubules (MTOC), **656**, 656FF
dans le fuseau mitotique, 772, 772F
localisation périnucléaire, 481F
localisation du RE et, 661
polarité des microtubules et, 653, 654F
dans la prophase précoce, 763, 765FF
protéine de la région péricentriolaire, 656, 657F
Céramide, 282, 282F, 449
Cerveau
neurones, nombre de, 1059
synapse, structure fine, 1076F
α-cétoglutarate, dans le cycle de l'acide citrique, 68F, 69, 348F
CFC, *voir* Cellules formant des colonies
Chaîne H, *voir* Chaîne lourde d'un anticorps
Chaîne J (de liaison)
dans l'IgA, 1016F
dans l'IgM, 1015, 1015FF
segment génique J, 1024
voir aussi Gènes des anticorps
Chaîne L, *voir* Chaîne légère d'un anticorps
Chaîne légère d'un anticorps, 1013, 1013F, 1016
chaîne lourde, combinaison avec, 1019, 1020F, 1021, 1023F
domaines, **1020-1022**, 1020F, 1022FF
gènes, *voir* Gènes des anticorps
production, mécanisme génétique, **1024-1026**, 1025FF
protéines de Bence Jones, 1019
région, variable, **1019-1022**, 1019FF
région constante, **1019-1021**, 1019FF
région hypervariable, **1020-1022**, 1020F, 1022F, 1026
Chaîne légère de la myosine, 617, 617F, 625-626, 626F
Chaîne lourde d'un anticorps, 1013, 1013F
chaîne légère, combinaison avec, 1019, 1020F, 1021, 1023F
classes et propriétés, **1013-1016**, 1014T, 1015FF
domaines, **1020-1022**, 1020F, 1022FF
pool de gènes, **1024**, 1025FF, **1027-1029**, 1028F
production, mécanisme génétique, **1024**, 1025FF
région constante, **1019-1021**, 1019FF
région hypervariable, **1020-1022**, 1020F, 1022F, 1026
région variable, **1019-1022**, 1019FF
synthèse, différentes régions C, **1029**, 1029FF
Chaîne lourde de la myosine, 617, 617F
Chaîne respiratoire, 350-352, 350FF, 356, **358-365**, 359FF, 387F
voir aussi les différents complexes enzymatiques chez les bactéries, 365, 365F
à base de sodium chez certaines bactéries, 365
comparaison des chaînes respiratoires mitochondriale, chloroplastique, bactérienne, 387F
complexe cytochrome oxydase, 360-362, 361FF
complexe NADH déshydrogénase, 360-362, 360FF, 363F
complexes enzymatiques, 350, **360-364**, 361FF
conversion d'énergie en gradient électrochimique de protons, 351-352, 352F
découplage, 364, 364F
gradient électrochimique de protons, *voir* Gradient électrochimique de protons
localisation des enzymes, 343, 344F
pompe à protons, 358-359
mécanisme, 362, **363-364**
transfert d'électrons, **350-352**, 350FF
contrôle, **364**
direction, 360-362, 361F, 366
stoechiométrie, 361, 364
transporteurs d'électrons, 359-360, 359FF
ubiquinone, 360-364, 360F, 363F
Chaîne de transport des électrons, 69-70, 69F, 341
voir aussi Gradient électrochimique de protons ; Chaîne respiratoire ; et les différents composants
dans les chloroplastes, **377-379**, 378FF
évolution, **381-387**, 382FF
résumé des trois types, 387F
utilisant des molécules inorganiques, 383-384, 384F
Chaînes hydrophobes des protéines, et conformation, 107-108, 107F
Chaînes de scellage, dans les jonctions étanches, 794, 794FF
Chaleur, équivalent énergétique de, 59-60
Champ électrique, cône de croissance du neurite, guidage du, 1115
Champignons, symbiose avec des végétaux, 1157, 1157F
Champignons myccorhiziens, 1157, 1157F
Changement de cadre pour la traduction, 595, 595F
Chapeau 5′
sur l'ARNm eucaryote, 214, 215FF
sur l'ARNnh, 528-529, 530F
Charge, définition, 1067
Charge électrique
focalisation isoélectrique, 171-172, 171FF
des protéines, variation avec le pH, 171, 171F
CheA, dans la chimiotaxie bactérienne, 723, 724F
CheW, CheY, CheZ, dans la chimiotaxie bactérienne, 723, 724F
Chiasma, définition, 847, 847F
Chimères, 896, 896F, 898F
Chimiotaxie, 824
bactérienne, **720-724**, 720FF
adaptation, 721-724, 723F
mécanisme moléculaire, 721-724, 722FF
récepteurs, 721-722, 722F
cône de croissance du neurite, guidage du, 1115
Dictyostelium, 826, 826FF
dans la migration cellulaire au cours de l'organogenèse, 945
par les neutrophiles, 641, **670**, 671F
et protéines périplasmiques de liaison du substrat, 312
Chlamydomonas, 27, 28F, 451F
centriole et corpuscule basal, interconversion, 651
mutants non mobiles, 649-650, 650F
Chloral, 774
Chloramphénicol, 218, 218T
Chloramphénicol acétyltransférase (CAT), 565F, comme marqueur dans la fusion génique, 266-267
Chlorophylle, dans le complexe d'antenne, 373-374, 374F
capture de l'énergie lumineuse, 368, 373, 373F, 375, 375FF, 377-379, 378F
dans la photosynthèse, 14
protochlorophylle, conversion à partir de la, 1162, 1162F
sortie, voies de dégradation, 373, 373F
structure, 373F
Chloroplaste, **366-380**, 367FF, 406, 406F, 1161
ADN
importance de, 396
tailles, quantités, empaquetage, 389-390, 389TT
dans les algues vertes, 1171-1172, 1172F
alignement dans le cytoplasme cortical, 1171-1172, 1172F
ARN, auto-épissage de certains ARN, 537-538, 538F
ATP synthétase, 356, 380, 380F
biosynthèse dans le, 380
chaîne de transfert d'électrons, aperçu, 387 F
division, 388-389, 389F
étioplaste, développement à partir de, 1162, 1162F
évolution à partir des bactéries, 18, 366, **385-386**, 386F, 391, **398-399**, 399F, **408-409**, 409F
gènes
hérédité biparentale non mendélienne, 396
hérédité maternelle, 396
introns, 394
et leurs produits, 391, 391F
régulation par la lumière, 1162
génome, **387-391, 393-401**, 388FF, 389T, 390T, 392T
détermination de la séquence, 186
organisation trinitaire, 391, 391F
raisons pour, 400-401
similitudes avec les bactéries, 391
gradient électrochimique de protons, 341-342, 341F, 344F
cf. mitochondries, 379-380, 380F
grana, 367F
membrane externe, 367FF, 426, 426F
membrane interne, 367FF, 426, 426F
protéines porteuses, 380
proplastide, développement à partir de, 1162
protéines
importation depuis le cytosol, **430**, 430F
résumé de la synthèse, 388, 388F
transport intracellulaire, des ribosomes vers les mitochondries, 412, 413F
protéines spécifiques de tissus, 397
ribosomes, 390
stroma, 367F, 368, 379, 380F, 430
structure, 15F, 17F, 366, 367F, 368
synthèse d'ATP
photophosphorylation cyclique, 378-379, 379F
photophosphorylation non cyclique, 377, 378F, 379
synthèse protéique, ressemblance avec les bactéries, 390
taille, 368F
thylacoïde, 367FF, **368**, 377, 378F, 379, 380F, 426, 426F, 430, 430F

isolement, 380
Chloroquine, 462
Chlorure de césium, gradient de densité et, 165, 166F
Choc électrique, pour perméabiliser les cellules, 157-158, 158F
Cholate, détergent, 361F
Cholestérol
biosynthèse, 77, 77F, 81F
endocytose par l'intermédiaire de récepteurs, 328-331, 329FF
formule structurelle, 53F, 279F
dans la membrane plasmique, 278
bascule de, 279
effet sur, 279-280, 279F
modification dans le RE lisse, 436
régulation de la synthèse et adsorption, 329, 329F
synthèse dans le RE, 449
Choline, dans les phospholipides, 45
Chondrocyte, **990-991**, 990FF, 993
commutation au collagène fibroblastique, 988
Chondroïtine sulfate, 804, 805T
Chorion, 856
Chromatides sœurs, *voir* Méiose ; Mitose
Chromatine, 23, 26, 26F, 236, **496-513**, 496FF
voir aussi Chromosome ; Euchromatine ; Hétérochromatine
active
réplication précoce, 520-521, 521F
structure et biochimie, **506-513**, 506FF
condensation
lors de l'inactivation des gènes, 577-579, 578FF
et réplication de l'ADN en phase S, 520
décondensation, indépendante de la transcription de l'ADN, 583F
décondensation lors de l'activation de gènes, 499, 500F, **506-513**, 506FF
activation du complexe bithorax et, 587, 587F
chromosomes en écouvillon, 506-507, 506FF
chromosomes polyténiques, 509, 510FF
modèles, 582, 583F
protéines dans la, 512-513
région de contrôle d'un domaine et, 580-582, 580FF
sensibilité à la DNase I, 511, 512F
définition, 496
fibre, 30 nm, 497FF, **498-499**, 502F
hétérochromatine, 513, 513FF
histones, **496-500**, 496FF
localisation condensée dans le noyau, 545, 545F
maturation après réplication, 518
microscopie électronique, 527, 527FF
nucléosomes, **496-500**, 497FF
absence au niveau des sites hypersensibles, 498, 498F
positionnement préférentiel, 497-498, 498F
régions transcrites, 500, 501F
polarité, basée sur H_1, 499, 500F
protéines non histones, 496
protéines de liaison à l'ADN spécifiques d'une séquence, **488-496**, 488FF
Chromatographie, **167-169**, 167FF
et la détermination de séquences d'acides aminés dans les protéines, 173, 173F
développement historique, 173T
Chromatographie d'affinité, 168, 168F, 177
de l'ADN, 489
Chromatographie sur colonne, 167-168, 167FF
Chromatographie en couche mince, 167, 167F
Chromatographie par échange d'ions, 168, 168FF
Chromatographie par filtration sur gel, 168, 168FF
Chromatographie liquide à haute performance (HPLC), 168-169
Chromatographie sur papier, 167, 167F
Chromatographie de partition, 167, 167F
Chromocentres, 577
Chromomères, 507, 507F
Chromoplastes, 1162, 1163F
Chromosome, 95
voir aussi Chromatine ; Génome ; et types particuliers
ADN, *voir* ADN
arrangement dans le noyau interphasique, 544-545, 544FF
bandes
dans les chromosomes mitotiques, 503, **505-506**, 505F
dans les chromosomes polyténiques, 507-510, 508FF
localisation génique et, **510**
réplication, durée, 521
servant d'unités fonctionnelles dans l'expression génique, 521
unités de réplication, correspondance, 521
centromères, 503, 503F, 484 484FF, 513
formation des kinétochores au niveau du, 768-769, 770F
génération par amplification génique, 1211F
composition et structure chez les eucaryotes
voir aussi Chromatine
condensation
métaphase, **503-506**, 503FF
phosphorylation de H1 et, 736, 762
prématurée à l'interphase, 734-735, 734F
définition, 483
délétions, et carcinogenèse, 1214, 1214F
domaines en boucle, 502FF, **503-510**
ancrage à la matrice nucléaire, 546
élimination
dans l'embryogenèse, 891
dans les hétérocaryons, 162-163, 163F
enjambement, *voir* Recombinaison générale ; Méiose
gène
localisation, hybridation *in situ*, 192-193, 193F
organisation sur le, 487, 487F
linéaire, 483, 484, 484F
micrographie électronique, 200F
nodules (puffs), 692, 692F
protéines dans, **488-500**, 488FF
phosphorylation, dépendante du MPF, 861, 861F
réassemblage du nucléole au cours de la mitose, 543-544, 543F
réplication, *voir* Réplication de l'ADN
ségrégation, *voir* Méiose ; Mitose
structure, *voir* ADN ; Histones ; Nucléosomes
télomère, 484, 484FF, 519, 519F
Chromosome 3, cancer et, 1214-1215
Chromosome de Philadelphie, 1190, 1190F
Chromosome X, 850F, 851, 854, 867
inactivé
pour démontrer l'origine monoclonale du cancer, 1190, 1191F
héritage d'un, **577-578**, 578F
réplication tardive, 520
méthylation de l'ADN dans, 585
Chromosome Y, 850F, 851, 854, 867
Chromosomes double-minute
dans les cellules cancéreuses, 1202, 1214, 1215FF
génération par amplification génique, 1211F
Chromosomes en écouvillon, **506-507**, 506FF
Chromosomes polyténiques, **507-510**, 508FF, 692, 859
arrangement de l'ADN, 509, 509F
bandes, 508FF, 509-510
déroulement et transcription de l'ADN, 509, 511F
formation, 523F
gènes, dans les bandes et les interbandes, 510
hétérochromatine dans, 513, 514F
nodules, activation de gènes dans, 509, 510FF
non chevauchants dans le noyau, 544F, 545
Chromosomes sexuels, dans la méiose, 851, 854
Chymotrypsine, 115, 115FF, 173T
Cicatrisation d'une blessure
angiogenèse dans, 965-966, 965FF
fibroblastes et, 987
gel d'acide hyaluronique dans, 805
inhibition de contacts du mouvement, 674
unités prolifératives épidermiques dans, 971
chez les végétaux, 1181, 1182F
Cilié *Nassula*, MTOC chez, 656, 658F
Cils, **644**, 644F
formation et régénération, 650-651
mouvements des, 644FF, **645**
mutants, 649-650
polarité des microtubules dans les, 653, 654F
structure, **645-647**, 645FF, 648T
Cils, des cellules végétales, **1149**
Cils stéréoscopiques, 146F, **675-676**, 676FF, **1102-1104**, 1102FF
canaux ioniques réglés mécaniquement, 1103-1104, 1104F
développement des, 676, 677F
Cires, des végétaux, 1147, 1149, 1150F
Cirrhose, 962
Citrate, 348F
Classe α (alpha) des chaînes lourdes des anticorps, 1013, 1014T, 1015, 1015F, 1029, 1029FF
Classe δ (delta) des chaînes lourdes des anticorps, 1013, 1014T, 1029, 1029FF
Classe ϵ (epsilon) des chaînes lourdes des anticorps, 1013, 1014T, 1015, 1020F, 1021, 1029, 1029FF
Classe γ (gamma) des chaînes lourdes des anticorps, 1013-1015, 1014T, 1015F, 1029, 1029FF
Classe κ (kappa) des chaînes légères des anticorps, 1016, 1019, 1019F, 1027-1028, 1027F
Classe λ (lambda) des chaînes légères des anticorps, 1016, 1019F, 1027-1028, 1027F
Classe μ (mu) des chaînes lourdes des anticorps, 1013-1015, 1014T, 1015F, 1020F, 1021, 1028F, 1029
Clathrine, 327, 327F
bourgeonnement de vésicules sécrétrices, 465-466, 466FF
dans le bourgeonnement de vésicules de transport, 462, 462F, 465-466, 466FF
enveloppe, dans les vésicules recouvertes, 327-328, 327F
dans la phagocytose, 335
Clivage, asymétrique, déterminants localisés, et, 892, 892F
cytosquelette, contrôle des plans, 892
formation de la blastula, **880-881**, 881FF
formation d'un syncitium, *Drosophile*, 921-922, 923F
morula et formation de blastocytes, 894, 895F, 896
Clonage
de l'ADN, *voir* Clonage de l'ADN
des cellules en culture, 162, 163F
Clonage de l'ADN, 181, 183, **258-266**, 259FF
voir aussi Clones d'ADN ; Banque d'ADN
de gènes *cdc* de levure, 742-743, 743F
in vitro, PCR, **271-272**, 271F
protéines mineures, obtention par, 193
de proto-oncogènes, à partir de tumeurs humaines, 755, 755F
Clone
définition, 31, 162
différentiation, maintien de *in vitro*, 953
mutant
origine du cancer, 1190, 1190FF
recombinaison mitotique, génération par, 932-934, 933F
Clones d'ADN
voir aussi Clonage de l'ADN
ADNc, sélection de rares ARNm pour, 261-262, 262F
génomiques et complémentaires, 183, 260-261, 261F
identification
hybridation *in situ*, 262, 263F
par marche sur le chromosome, **262-265**, 264F
de produits protéiques, 265-266
par sélection d'hybrides, 265, 265F
Clones d'ADNc, 183
CMH (Complexe Majeur d'Histocompatibilité), **1040-1041**, 1040F, 1042T
locus du gène *Ir*, 1052
Co-adaptation évolutive, 1159
Code génétique, 102, 103F, 209, 210F
définition, 8
dégénérescence, 102, 103F, 209, 210F

mitochondrial, 392, 392T
Code morphogénétique, 831-833
Codon, 102, 103F
appariement avec un anti-codon d'ARNt, 103-104, 104F, 206, 209, 208FF, 212, 212F, 217, 217F
arrêt (stop), 209, **212-213**, 214F
départ (start), **214**, 214F, 216F
différences, universelles et mitochondriales, 392-393, 392T
Codon d'initiation, 214, 214F, 216F
Codon stop, 186, **212-213**, 213F
dégradation des ARNm d'histones et, 596
mitochondrial, 392-393, 392T
Coefficient de diffusion
dans la double couche lipidique, 278
mesure par la technique de FRAP, 296, 296F
de la rhodopsine et d'autres protéines membranaires, 296
Coefficients de perméabilité
définition, 301F
double couche lipidique, artificielle, 301F
Coefficients de sédimentation, 165, 165T
Cœlentérés, 29-30, 29F
29-31, 29F, 30F
Coenzyme A, 57F, 76T
Coenzyme Q, *voir* Quinones
Coenzymes
voir aussi les différents coenzymes
définition, 75-76
exemples, 75-76, 76T, 77F
liaison à une enzyme, 124, 124FF
provenant de vitamines, 76
Colchicine, 652-653, 653F
bourrelet neural, effet sur la formation, 888
croissance des neurites et, 670
organisation de la paroi des cellules végétales et, 1169, 1170F
Collagénase de type IV, dans les cellules cancéreuses métastatiques, 1201, 1201F
Collagénases, 811
utilisation pour la rupture des cellules, 159
Collagène, 803, **808-815**, 808FF, 810T
dans le cartilage, type et sécrétion, 990F
chaînes α, 808-810, 809F
composition, 809, 810T, 811, 811F
distribution tissulaire, 809, 810T
fibres, 809, 814F
fibrillaire, 809-815, 810T, 809FF
fibrilles, 809, 810F, 810T, 811, 811F
assemblage dans, 812-813, 812FF
liaisons transversales covalentes, 813, 813F
organisation dans la matrice extracellulaire, 813, 813F, 815, 815F
dans les os, 989, 991
ultrastructure, 812, 812F
fibronectine, liaison à, 817, 818F
gènes, 810
protéoglycanne, liaison au, 808
renouvellement, 811
structure, triple hélice, 110, 111F, 120F, 808-809, 809F
synthèse, sous forme de procollagène, **811**, 811F, 814F
transformation, extracellulaire, 812-813, 813FF
types, 809, 810T
IV, 810T, 815, 816F, 821F
passage du type I au type II *in vitro*, 988
Collenchyme, **1148-1149**
Colonne d'hydroxyapatite, dans l'hybridation soustractive, 262F
Colonnes de dominance oculaire, 1130-1131, 1130FF
Coloration des échantillons
pour la MET, 144
pour la microscopie photonique, 138, 138F
Coloration par immunofluorescence, mobilité des protéines membranaires et, 295-298, 295FF
Coloration négative, pour la microscopie électronique, **148-149**, 149F
Communication intercellulaire
voir aussi Hormones ; Médiateurs chimiques locaux ; Neurotransmetteurs ; Récepteurs ; Molécules informatives et types de signalisation particuliers
dans le développement, de distributions spatiales dans les organismes, 30-31
trois types, 681-682, 681F
Compartiment endosomal
dans les cellules végétales, 1167, 1167F
dans la voie d'endocytose, 330-331, 330FF
Compartiment de rétention du calcium, 700-701, 701F
libération de calcium, sous l'action d'un signal extracellulaire, 701F, 702-703, 703FF
Compartimentation cellulaire
voir aussi, Organites ; et information épigénétique d'organites isolés pour la synthèse d'organites, 415
dans les cellules les plus développées, **405-415**, 406FF, 408T, 415T
dans l'évolution, 9, 9F
fonctions, 26
maintien de l'identité des compartiments, **471-474**, 473F
noyau, fonction dans, 481-482, 482F
principaux compartiments, 406, 406FF
protéine
signaux de tri, **412-415**, 414F, 415F
voies de transport, **409-414**, 410FF
RE et appareil de Golgi, relation, 434, 434F
réactions métaboliques, séparation des, 84-85, 85F
synthèse et traduction de l'ARN, séparation de, 482, 482F, 529, **538-539**, 539F, **541**
volumes occupés, 407T
Compartiments
adhérence sélective des cellules dans, 940-940F
de la *Drosophile*, 934-935, 934FF
Complexe d'Antennapedia, 587, 587F, 929-930, 931F
gènes, 937
contrôle de, 936, 936F
Complexe d'antenne, 373-374, 374F, 378F
Complexe antigène-anticorps
activation du complément par la voie classique, 1032-1033, 1033F
structure tridimensionnelle, 1023F
Complexe b-c, bactéries pourpres, 375-376, 376F
Complexe b-c_1
de la chaîne respiratoire, 360-362, 361FF
conservation au cours de l'évolution, 386, 386F
Complexe b_6-f, 377-379, 378FF
Complexe bithorax, **929-930**, 931F
effets d'une délétion, 930, 930F
épissage différentiel des transcrits, 936-937
organisation du, **587**, 587F
Complexe C1, du complément, 1032, 1033F
Complexe d'épissage, **532-535**, 533FF
agrégats, 538-539, 539F
rétention de l'ARN dans le noyau par, 538, 539F
Complexe haptène-porteur, 1007
Complexe de jonction
épithélium intestinal, 802F
membranes des érythrocytes, 289, 290F
Complexe lytique, lyse cellulaire par le complément, 1031-1032, 1033F, 1034-1035, 1035F
Complexe majeur d'histocompatibilité, *voir* CMH
Complexe multienzymatique, 126-127
Complexe NADH déshydrogénase, 360-362, 360FF, 363F
bactéries pourpres, 376F, 377
gènes mitochondriaux, 392F
Complexe de pore nucléaire, **422-423,** 422FF
Complexe pyruvate déshydrogénase, 347, 347F
Complexe synaptonémal, 244
Complexe de transcription, pour l'ARN polymérase II, 563
Complexes enzymatiques respiratoires, 350, **360-364**, 361FF
organisation vectorielle, 362, 363F
potentiels redox, 362, 363F
Complexes protéiques, *voir* Protéines, assemblages
Comportement animal, bases neurales du, 35-37, 36F
Comportement social altruiste, des cellules, 1188
Composant fibrillaire du nucléole, 542, 543
Composant sécréteur, dans l'IgA, 1016, 1016F
Composants cellulaires, tailles, 136F
Composés carbonés de la cellule, **42-58**, 42FF, 43T
Composés phosphorés
mesure dans les cellules, par RMN, 154, 154F
dans le muscle, modifications avec l'activité, 154, 154F
Compteur Geiger, 175
Compteur à scintillation, 175
Concentration critique
définition, 639
pour la polymérisation de l'actine, extrémités plus et moins, 637-639, 637FF
Concentrations ioniques
extracellulaires, 301T
intracellulaires, 301T
régulation, 300
mesure
électrodes intracellulaires, **155-156**, 155FF
indicateurs photoluminescents, **156-157**, 157F
Conditions prébiotiques, terrestres et simulées, 4-6, 4F
Conductance
des canaux ioniques, **315**
définition, 1067
Conductance membranaire, **315, 1067**
membrane postsynaptique, modification au niveau de, 1083, 1083F
Conduction saltatoire, dans un potentiel d'action, 1073
Cône de croissance du neurite en développement, **1112-1119**, 1112FF
contact de la cellule cible, effet sur, **1122-1123**, 1123F
contact avec la cible ou mort de la cellule, **1119-1122**, 1120F
cytosquelette, 1113-1114, 1113FF
guidage
cône pionnier et cellule signalisatrice, **1115**, 1116F
de contact, **1115-1116**, 1116F
facteurs neurotrophiques, **1118-1119**, 1120F
in vitro, 1114-1115, 1114F
matrice extracellulaire, 1116
molécules d'adhérence spécifiques, **1115-1116**
inhibition de contact, 674
migration, base cytosquelettique, **670-671**, 671F
mouvements de l'actine dans, 638-640, 638F, 640F
spécialisation de pré-contact, 1122, 1123F
spicules, mouvement des, 1112-1113, 1112FF
synthèse membranaire, **1113-1114**, 1114F
voies vers les muscles cibles, **1117-1118**, 1117FF
Conformation des macromolécules
effets du champ électrique sur, 318
hélices, **89, 92,** 92F
liaisons non covalentes dans, **88-92,** 89T, 89FF
machines protéiques et, 131, 132F
protéine
guidée par gradient ionique, 131
guidée par l'hydrolyse de l'ATP, 129, 130F
régulation allostérique, **127-129,** 128FF
séquence d'acides aminés, dépendance de, 107-108, 107F
récepteur de l'acétylcholine, 1081, 1081F
Conjugaison, chez les levures, 739, 739F, 741F
Connexions nerveuses, marquage avec HRP, 1064, 1064F
Connexon, 799, 780FF
Constante d'affinité (Ka), 93, 94F, 95T, 1052
pour les sites de liaison antigène-anticorps, 1017
Constante d'association, 94F
Constante de dissociation, 94F
Constante d'équilibre, 93-94, 94F, 95T
Constante de longueur, de la propagation électrique passive, 1068F
Construction modulaire des végétaux, 1174-1175, 1174FF
Contraction musculaire, **613-629**, 614FF, 623T

activité de la créatine kinase au cours de la, 619F
déclenchement par les ions Ca^{2+}, **621-623**, 622FF
filaments d'actine, **616-617**, 616FF
association troponine et tropomyosine, 621-623, 622FF
têtes de myosine, interaction avec, **619-620**, 620FF
hydrolyse de l'ATP, **618-620**, 621F, 626
modèle du glissement des filaments, **615-616**, 615F
muscle cardiaque, **624**, 625FF
muscle lisse, **625-626**, 625FF
muscle squelettique, **613-624**, 614FF, 623T
myofibrilles, **614-615**, 614FF
myosine, **619-620**, 620FF
phosphocréatine, 618, 619F
régulation, par la troponine et la tropomyosine, **621-623**, 622FF
séquence des événements, représentation schématique, **620**, 621F
Contrôle de la dégradation des ARNm, **595-596,** 596FF
définition, 552F, 553
Contrôle mitotique, 741
Contrôle respiratoire, du transport d'électrons, **364**
Contrôle traductionnel de la synthèse protéique, **593-595,** 593FF
changement de cadre de la traduction, 595, 595F
contrôle négatif, 593, 593F
contrôle positif, facteurs augmentant la traduction, 593-594, 594F
définition, 552F, 553
extension, 594
Contrôle de la transcription
voir aussi Expression génique, contrôle de l'
définition, 552F, 553
preuve, hybridation des acides nucléiques, 553, 553FF
Contrôle du transport des ARNm
définition, 552F, 553
sélectivité des pores nucléaires, **592-593**
Conversion génique, **244, 246**, 247F
carcinogenèse et, 1214F
commutation de cassette dans la levure par, 572-574, 572FF
chez *Neisseria gonorrhoeae*, 571
perte d'introns et, 604
répétitions doubles, maintien par, 600-601, 600F
Convertase C3, du système du complément, 1032-1036, 1033F
Coopération
dans la liaison des histones et de l'ADN, 499, 500F
entre protéines de liaison à l'ADN, 492, 493F
dans la signalisation cellulaire, 716
Coopération métabolique entre cellules, jonctions de type gap, 798-799, 799F
Cornée
arrangement des fibrilles de collagène dans la, 813
vascularisation, 965, 965F
Corps, axes, définition, 880
Corps de Barr, 577-578, 578F
Corps basal, de l'axonème ciliaire, 650-651
Corps cellulaire, d'un neurone, 1060, 1061F
Corps intermédiaire, 780, 781F
Corps jaune, 863F
Corps polaire, 857, 858F
Corps polaires des fuseaux (SPB), chez les levures, 738F, 741F
Corps résiduels, 334
à partir de la différenciation d'une spermatide, 867F
Corps végétatifs, *Dyctyostelium*, 825, 825FF
Corpuscule, *voir* Peroxysome
Corpuscules denses
dans les fibroblastes, 628F
dans le muscle lisse, 625F
Correction sur épreuves
dans la réplication de l'ADN, 229-231, 230F, 233-234, 234F
dans la synthèse protéique, 215-217, 217F
Cortex, *voir* Cortex cellulaire
Cortex cellulaire, 291, **629-643**, 629FF
des cellules végétales, 1146, 1147
étirement, effet sur le, 669-670, 669F
propriétés mécaniques, 631
tension dans le, et locomotion cellulaire, **671-672**, 672F
Cortex cérébral, embryogenèse, 1110-1112, 1111F
Cortex visuel
colonnes de dominance oculaire, 1130-1131, 1130FF
neurones activés de façon binoculaire et vision stéréoscopique, 1131
perte visuelle, effet sur, 1130-1131, 1131F
Cortisol, 687T, 691, 691F
Cosmides, 264
Cotylédons, des végétaux, 1154, 1174
Couche, vitelline de l'œuf, 856, 857F
récepteur de la bindine, 869-870, 870F, 872, 873F
Couches germinales, définition, 884
Coupe des échantillons
pour la MET, 144, 144F
pour la microscopie photonique, 138, 138F
Coupelle optique, 953F
Couplage cellulaire, via des jonctions de type gap, **798-799**, 799F
dans l'embryon, 881, 882F
Couplage chimiosmotique, 341, 341F, **349**, 349FF, 349T
chez les bactéries, 365, 365F
basé sur les ions sodium, 365
Couplage chimique entre cellules, 798-800, 799F
Couplage électrique des cellules, **798-799**
cellules végétales, 1152
Courant, définition, 1067
Courant cytoplasmique
chez les algues, **632**, 632F, **1170-1171**
dans les cellules végétales, 1170-1171, 1171FF
transition gel-sol et, 631
Courant membranaire
voir aussi Courant ionique
mesures, enregistrement local, 318-319, 318FF
Courant de récepteur, dans les cellules ciliées du limaçon, 1103, 1103F
Courant de transpiration, des végétaux, 1143
Courants ioniques
voir aussi Flux ioniques à travers la membrane ; Courant membranaire
dans les canaux sodiques, 318, 319F
jonction neuromusculaire activée, courant ionique à travers, 320
et potentiels de repos, 314, 316, 316F
principes généraux, 1067
Créatine kinase, 619F
Crête neurale, 887, 888FF, 944, 944F, 1108-1109, 1109F
Cristal, analyse par diffraction des rayons X d'un, **151-152,** 151FF
Cristallins, 955-956
Cristaux de glace, formation en microscopie électronique, 147
Croissance cellulaire
cycle chromosomique, non couplé à la, 750, 750F
dans le cycle cytoplasmique, 727
oncogènes, effet sur, 705
Croissant gris, 880, 881F
de l'œuf d'amphibien, 886
Cryoprotecteur, 147
Crypte, du petit intestin, 744F, 966, 967F
CSF, *voir* Facteurs de stimulation de colonies
CTP, activité de l'aspartate transcarbamoylase et, 129F
Culture cellulaire, **160-163**, 161FF, 162T, 164T
voir aussi Lignée cellulaire ; Culture de tissus et Lignées cellulaires particulières
division cellulaire
dépendance d'ancrage, 748-749, 749F
inhibition dépendante de la densité, 748, 748F
état de prolifération par rapport à l'état de non-prolifération, 749-751, 750F
facteurs de croissance pour, 746-748, 747F, 747T
maîtrise du cycle cellulaire dans, 730-732, 730FF
milieu, 161, 161T
monocouche confluente, 748, 748F
sénescence cellulaire, 750-751, 752F
transformation cellulaire dans les, 752-753, 753F, 753T
Culture de cellules et de tissus, *voir* Culture cellulaire ; Culture tissulaire ; Tissus
Culture tissulaire
voir aussi Culture de cellules
des végétaux, 1181, 1182FF
Cultures cellulaires primaires, 161
Cultures cellulaires secondaires, 161
Cultures de cellules confluentes, 162
Curare, 1080F, 1085
Cuticule, des cellules végétales, **1147, 1149,** 1150F
Cutinase, 1160
Cutine, 1147, 1150F, 1156F, 1160
Cyanide, 361
Cyanobactéries, 366
chaîne de transfert des électrons, aperçu, 387F
différentiation cellulaire chez les, 28
évolution des photosystèmes, 384-385
fixation du carbone et de l'azote, 14
photophosphorylation non cyclique, 377, 378F, 379
symbiose avec des cellules eucaryotes, 18, 18F
Cycle de l'acide citrique, **67-69**, 68F, 345-346, **347-348**, 348F
dans le catabolisme, 64-65, 64F
contrôle de la vitesse du cycle par le rapport ATP : ADP, 364
localisation mitochondriale des enzymes, 85, 85F, 343, 344F
Cycle de l'acide tricarboxylique, *voir* Cycle de l'acide citrique
Cycle d'adénylation-désadénylation d'une protéine, 712
Cycle aromatique, 48F
Cycle de l'azote, 70, 70F
Cycle du carbone, 60-61, 61F
Cycle cellulaire
voir aussi Cycle chromosomique ; Cycle cytoplasmique ; Mitose ; et les différentes phases
analyses des cellules activées par la fluorescence, 730, 730F
arrêt
en G_1, 729, 741-742
en mitose, 773
dans les mutants *cdc*, 740, 740F
composants cellulaires, synthèse continue de la plupart des, 731-732, 731FF
contrôle
par la cycline, 737, 738F
phosphorylation-déphosphorylation du MPF, 736-737, 737F, 743, 762
couplage entre événements, analyse des gènes *cdc* et, 740-741, 741F
cycle chromosomique et cycle cytoplasmique, 727
départ ou initiation pour, **741-743**, 741F
division et croissance des organites au cours du, 388-389
durée
des phases, **728-730**, 728FF, **744-745**
en cas de privation, 741-742, 742F
variabilité aléatoire, eucaryotes supérieurs, 746, 746F
étapes et relations causales, **728-737**, 728FF
gènes *cdc*, 740
levures, un système modèle pour le, **738-743**, 738FF
métaphase et interphase, deux états stables, 778, 778F
mutants *cdc*, identification, 739-740, 740F
nucléole, variations dans, 543-544, 543F
point de restriction en G_1, 731-732, 745, 746F
populations cellulaires synchrones, 730-731, 731F
dans les segmentations précoces, 735-736, 375FF

transformation néoplasique par des virus tumorigènes à ADN et, 254
Cycle centrosomique, 727
étapes dans le, 765F
indépendance partielle vis-à-vis des autres cycles, levure, 740-741, 741F
Cycle chromosomique
contrôle, facteurs diffusibles, 734-735
croissance cellulaire, non couplée au, 750, 750F
cycle du MPF cytoplasmique, synchronisation entre, 737, 737FF
définition, 727
indépendance partielle des autres cycles, levure, 740-741, 741F
séquence dépendante des événements, 735
Cycle cytoplasmique
cycle chromosomique, synchronisation entre, 737, 737FF
définition, 727
indépendance partielle vis-à-vis des autres cycles, levure, 740-741, 741F
Cycle d'endocytose, migration cellulaire et, **672-673**, 673F
Cycle du glyoxylate, 432
Cycle de Krebs, *voir* Cycle de l'acide citrique
Cycle menstruel, ovulation durant, 862-863
Cycle de méthylation-déméthylation, dans la chimiotaxie bactérienne, 722-723, 723F
Cycle de phosphorylation-déphosphorylation des protéines
activité enzymatique et, 84
AMPc-dépendant, 710, 711F, 712
dans la chimiotaxie bactérienne, 723-724, 724F
et interrupteur mitotique, 778, 778F
dans les modifications allostériques, 129-131, 130FF
du MPF dans le cycle cellulaire, 736-737, 737F, 762
protéines de la lamina nucléaire, 777-778, 777FF
Cycle de l'urée, 397
Cycline
contrôle du cycle cellulaire et, 737, 738F
homologie avec le produit du gène *cdc* 13, 743
Cycloheximide, 218, 218T, 388T, 388, 596
Cystéine, 55F, 108, 108F
Cystinurie, 302
Cytochalasine, **642,** 642F, 822
croissance des neurites et, 671
Cytochrome, 359-362, 359FF
dans les bactéries pourpres, 375-376, 376F
du centre réactionnel photosynthétique, 294, 294F
hème en tant que coenzyme, 124, 125F
potentiels redox, 362, 363F
Cytochrome aa_3, 360
Cytochrome b_{562}, modèle, 114F
Cytochrome c, 359-362, 359FF
évolution et, 221-222, 221F, 221T
modèle compact, 125F
transporteur d'électrons, 361-362, 363F
Cytochrome c_2, 375-376, 376F
Cytochrome oxydase
complexe, 360-362, 361FF
peptide signal pour la, 427, 427F
sous-unités, gènes mitochondriaux, 392F
Cytochrome P450, 436
Cytodiérèse, 728, 728F, 763, 763FF, **767, 779-784**
voir aussi Division cellulaire
des cellules végétales, **781-783,** 782FF, **1166,** 1166F, 1177FF, **1178**
corps intermédiaire, 780, 781F
dans le cycle cytoplasmique, 727
définition, 762
division nucléaire, dépendance de, 741
inhibition par la cytochalasine, 642, 642F
interaction actine-myosine, anneaux contractiles, 780, 781F
mitose, dissociation de, 779, 782
sillon de division, 779-780, 779FF
Cytofluorimètre, 730, 730F
Cytokines, *voir* Interleukines
Cytokinines, 1159, 1160F, **1180-1181,** 1181F
perméabilité de la paroi cellulaire aux, 1143
Cytoplasme
définition, 406
organisation et structure, **668,** 668FF
organites du, 15, 16F-17F
voir aussi les différents organites
protéines dans le, micrographies électroniques de, 93F
Cytosine, 45, 56FF
dans l'ADN, 95-96, 99F
dans l'ARN, 5, 5F, 98F, 101
désamination, 222F, 223, 225F
formes tautomériques, 230F
Cytosol, **416-421,** 417FF
des cellules végétales, 1161
cytosquelette dans le, 416
définition, 20, 405-406
diffusion de particules dans le, 416
gouttelettes de graisse dans le, 345, 346F
organisation, 668, 669F
volume, pourcentage de la cellule totale, 407T, 416
Cytosquelette, 17F, 21, 21F, 177F, 416, **613-676,** 614FF, 623T
voir aussi les différents composants
dans la cellule mitotique, arrondissement, 731, 731F
d'une cellule végétale, 1161
dans la communication intercellulaire, **673-675,** 674FF
dans les cônes de croissance, 1112-1114, 1113FF
cortical, **629-643,** 629FF
définition, 613
distribution des déterminants localisés dans l'œuf et, 892
d'un érythrocyte, association avec la membrane, 289, 290F, 291
fécondation, réarrangement au moment de la, 880, 881F
dans la locomotion cellulaire, **669-674,** 669FF
dans la morphogenèse, contraction, 674-675, 675F
dans les neurones, 1112-1114, 1113 FF
transport axonal du, 1063
organisation
des composants cellulaires par le, **667-668,** 668FF
par la matrice extracellulaire, 822-823, 823F
micrographies de, 668, 668F
organites, association avec le, 668, 669F
réarrangement, dans les cellules cibles des lymphocytes, 1038-1039, 1048
réticulation des principaux filaments, 630-631, 630FF, 643, 643F
support mécanique de la membrane plasmique, 633, 633F

D

D-amino acide oxydase, des peroxysomes, 431
DEAE-cellulose, en chromatographie, 168F
Décapage profond, 147, 149F
Dédifférentiation des cellules végétales, **1181,** 1182FF
Délétion clonale, 1050
Demi-vie
des molécules intracellulaires, **714-715**, 715F
des radioisotopes, 175T
Dénaturation
de l'ADN, 188
des protéines, 107
par des détergents, 286
Dendrites, 1060, 1061F
voir aussi Neurite
apport axonal, régulation, 1128-1129, 1128F
remodelage chez l'adulte, 1121, 1121F
Densité de flottaison, des composants cellulaires, 165
Départ, dans le cycle cellulaire, **731-732, 741-743**, 741FF
gènes *cdc* pour le contrôle de, 742-743, 743F
taille cellulaire critique pour, 742
Dépendance de l'ARN, viral, *voir* Réplicases
Dépendance de la division cellulaire vis-à-vis de l'ancrage, 748-749, 749F
Dépolarisation membranaire, 1066
dans la cellule musculaire, postsynaptique, 1078, 1080FF,1081-1083
inférieur au seuil, propagation passive, 1066, 1068, 1068F, 1073
dans la mémoire à long terme, 1100
dans l'œuf, pendant la fécondation, 871-872, 872F, 875T
potentiel d'action
génération, **316-317**, 317F, **1068-1070**, 1070F
propagation, **1070-1073**, 1071F
seuil, 1070
de la terminaison axonale, jonction neuromusculaire, 1076-1077
Dépurination de l'ADN, 222F, 223
réparation, 223, 223F
Dermatane sulfate, 804, 805T
Dermatome, 888
Derme, 952F
différentiation épidermique, induction de la, 942-943, 942FF
non-équivalence dans les différentes régions du corps, 942, 943F
Désamination de l'ADN, 222, 223, 225, 225F
réparation, 225, 227, 225F
Désensibilisation, *voir* Adaptation
Désensibilisation hétérologue, 719
Désensibilisation homologue, 719
Déshydrogénase lactique, modèle, domaine de liaison au NAD^+, 114F
Desmine, **662-663**, 662T, 663F
Desmogléines, 798F
Desmoplakines, 798F
Desmosomes, 792, 792T, 795, 795F, **797-798**, 797FF
filaments de kératine avec, 665
localisation dans la cellule, 798F, 802F
dans le muscle cardiaque, 624, 625F
ponctuels, dans les cellules épineuses de l'épiderme, 969F
Desmotubule, 1151, 1152F
Désordre
énergie libre de Gibbs et, 71, 73
thermodynamique, 59, 60F, **72-73**
Désoxycholate, détergent, 360, 361F
Désoxymannonojirimycine, 454T
Désoxyribonucléase, *voir* DNase ; DNase I
Désoxyribonucléoside triphosphate, 97, 100F
Désoxyribose, 56FF, 58, 95-96, 96F, 99F
Destruction à médiation cellulaire dépendant des anticorps, **1015-1016**
Détergent anionique, 286, 286F
Détergent non ionique, 286, 286F
Détergents, 170, 170F, 286, 286FF, 360, 361F
pour perméabiliser des cellules, 157-158, 158F
Déterminant antigénique, 1017, 1017F, 1030, 1030FF
défini, 1006
Détermination des cellules, **896-901**, 897FF
voir aussi Différentiation cellulaire
autonomie cellulaire, 907, 910, 912, 913F, 934
chronologie, 899
définition, **898-899**
déterminants localisés dans l'œuf et, **924**, 924F, 892, 892F
dans le développement des cellules gliales, 910-911, 910F
chez la *Drosophile*,
voir aussi Drosophile
compartiment, **935**, 934FF
mécanismes génétiques moléculaires pour la segmentation, **924-937**, 924FF
test pour, 931-932, 932F
dans les embryons précoces de mammifères, **896-898**, 897F
cellules de tératomes, 897
gènes contenant une homéobox et, 937
gradient morphogène, réponse seuil au, 914
interactions intercellulaires, 907-909, 908F, 910-911, 910F, 935
mémoire de la cellule, 899-901, 900F, **912, 914-917**, 914FF
mémoire cytoplasmique, **899-900**

mémoire nucléaire, **900-901**, 900F
plan d'organisation
voir aussi Plan d'organisation ; Information de position ; Valeur de position de la cellule
spatial, **911-914**, 912F
chez les vertébrés, similitudes avec les insectes, 938, 938F
Détermination génique d'une séquence protéique, 100-101
Détermination du sexe, chez la *Drosophile*, régulation génique pour, 590, 590F
Détermination de la tension, des axones, 1069, 1070F
Développement
voir aussi Embryogenèse
contrôles de la division cellulaire dans le, 760-761, 761F
et différences de ploïdie, 760, 761F
des jonctions cellulaires, à partir de sites d'adhérence, 833
jonctions de type gap, rôle dans le, 800, 801F
mémoire cellulaire et, 31
programmes embryonnaires dans l'évolution, 31-32, 31F
vertébrés
cadhérine E et, 831, 831F
N-CAM et, 830
Développement cellulaire
voir aussi Détermination cellulaire ; Différenciation cellulaire
analyse généalogique, ver nétamode, **901-909**, 902FF
régulation génique combinatoire dans, 554-555, 555F
réseau informatique, analogie avec, 901-902, 910F, 911
Développement des membres, migration des cellules de vertébrés dans un tissu conjonctif, 943-945, 943FF
vertébrés, mésoderme, rôle, 941-942
Développement des membres, chez le poulet, **915-917**, 915FF
acide rétinoïque comme morphogène, 917, 918F
non-équivalence des membres antérieurs et postérieurs, 915-916, 915F
région de polarisation, 917, 917F
Développement des neurones, **1108-1122**, 1109FF
cône de croissance, *voir* Cône de croissance du neurite en développement
dérivation à partir de la crête neurale, 944, 944F
développement de l'axone et des dendrites, **1112-1119**, 1112F
devenir des cellules, dépendance vis-à-vis du jour de naissance, 1109, **1110-1112**, 1111F
facteurs neurotrophiques, **1118-1121**, 1119FF
migration cellulaire, 1109-1112, 1110F
mort des cellules au cours du, **1120-1121**, 1120F
spécificité neuronale, **1117-1118**, 1117FF
Diacinèse, 848, 849FF, 852F, 855F
Diacylglycérol
fécondation de l'œuf, médiation par, 873-874, 876
dans la signalisation intracellulaire, 703-705, 703FF
Dicotylédones, 1145F, 1149, 1154, 1174
Dictyosomes, de l'appareil de Golgi des végétaux, **451-452**, 451F
Dictyostelium discoideum
adhérence cellulaire, protéines, 827, 828F
agrégation, 826-827, 826FF
cycle de vie, 825, 825FF
mouvement sans myosine, 672
Didésoxyribonucléoside triphosphates, séquençage de l'ADN et, 187F
Didinium, 22, 23F
Différences morphologiques entre les espèces, contrôle de l'expression génique et, 222
Différentiation cellulaire
voir aussi Détermination cellulaire ; et dans des espèces et des cellules spécifiques
action de multiples amplificateurs et, 607, 608F
autonome par rapport à la cellule, 907, 910, 912, 913F, 934
cellule gliale *in vitro*, **909-911**, 909FF
constance de l'ADN au cours de la, **891**
définition, 899
dérèglements dans le cancer, **1199-1200**, 1199F
détermination cellulaire et, 899
division cellulaire, coordination avec, 907
état terminal, **967**
facteurs de croissance et, 989
forme des cellules, effet de, 988
gènes de contrôle du développement, ver nématode, 905-906, 905F, 908-909
héritabilité, **952-953**, 953F
héritage asymétrique de protéines régulatrices, **573-574**, 573F
héritage d'états alternatifs stables, **574-580**, 574FF
information de position, jonctions de type gap et, 800
interactions entre cellules, 907-909, 908F, 910-911, 910F, 935
« limace », 825, 825FF
maintien de, *voir* Différenciation cellulaire, maintien de
mécanismes génétiques moléculaires, **570-587**, 571FF
voir aussi Expression génique, contrôle de l'
méthylation de l'ADN, rôle de renforcement, 584-585
modulation par l'environnement, 953
molécules informatives
développement des cellules gliales, 910, 910F
vers nématodes, 909
programmes de contrôle du développement, ver nématode, **901-909**, 903FF
protéines pilotes de régulation de gènes dans, 555-556, 556F, 575-576, 575FF
chez *Salmonella*, flagellines H_2 et H_1, 570-571, 571F
séquences d'ADN, modifications réversibles héréditaires, **570-574**, 571FF
synthèse protéique, spécifique pour, 551-553, 554FF, 890
totipotence du noyau cellulaire, maintien différencié, 891, 891F
chez les végétaux, **1154, 1173-1184**, 1174FF
voie constitutive, 910
voie induite, 910-911, 910F
Différentiation cellulaire, maintien de, **951-954**, 952FF
voir aussi Renouvellement cellulaire ; et dans des cellules spécifiques
état déterminé *in vitro*, 953
par interaction entre cellules, 953-954, 954F
Diffraction
en microscopie photonique, 137, 137F
rayons X, **150-152**, 150FF
réseaux cristallins et, 151, 151F
Diffraction optique, 137
Diffusion
d'ionophores porteurs mobiles, 322
de molécules dans les cellules, 92-94, 92FF
simple et par l'intermédiaire d'un transporteur, 302, 303F
Diffusion facilitée, 302, 303F, 304, 304F
voir aussi Protéines porteuses ; Canaux protéiques ; et les différents transporteurs
Diffusion latérale
dans la double couche lipidique, 278, 278F
des protéines de la membrane plasmique, **295-298**, 295FF
Digestion, processus dans l'intestin, 959
Dihydrofolate réductase (DHFR), 428
Dimère, dans les protéines, 118-119, 118FF
Dimères pyrimidiques, réparation, 225
2,4-dinitrophénol, en tant qu'agent découplant, 364, 364F
Dinoflagellés, 34, 34F
fuseau mitotique, extranucléaire, 785, 786F
Dioxyde de carbone
dans le cycle de l'acide citrique, 67-69, 68F
dans le cycle du carbone, 60-61, 61F
échange HCO^-_3 et Cl^- dans les érythrocytes, 291-292
et origine des molécules organiques, 4, 4F
pompe, de cellule de mésophylle de feuille, 371, 372F
stockage, dans les plantes grasses, 1164
1,3-diphosphoglycérate, 66F, 67F, 83F
Diplotène, 848, 849FF, 852F, 855F
Disaccharide(s), liaisons dans les, 44F, 51F
Discoïdine-1, 827
Disque Z des sarcomères, 614, 614F
filament(s) d'actine
ancrage au niveau du, 624, 624F
polarité des, 619-620, 620F
filaments de desmine dans, 666
Disques imaginaux, *voir Drosophile*
Disques intercalés, dans le muscle cardiaque, 624, 625F
Dissociation, de cellules, de vertébrés et embryonnaires, 827
Distribution des bandes des chromosomes
métaphase mitotique, **503-506**, 505F
polyténique, **507-510**, 508FF
Divergence, d'un gène, 842
Diversité des anticorps
base génétique, **1023-1029**, 1024FF
diversification combinatoire, 1024-1025, 1025F
diversification de jonction, 1025-1026, 1026F
hypermutation somatique, 1026-1027
Division cellulaire
voir aussi Cycle cellulaire ; Prolifération cellulaire ; Cytodiérèse ; Méiose ; Mitose
chez les animaux adultes, 951
arrêt
dans certains types cellulaires, 954
neurones matures, 1108
asymétrique, 394
biochimiquement, 784-785, 784F
dans le développement des organismes pluricellulaires, 912, 912FF
dans les œufs, 892, 892F
au niveau de la taille, 779-780
chez les végétaux, 1173, **1177-1179**, 1177FF
dans des cellules transformées, anomalies, 753T
coordination avec un programme de différentiation, 907
déclenchement, signaux de contrôle social, 759-760, 760F
dépendance de l'ancrage et modifications, 749, 749F
chez les eucaryotes, 26, 27F
fusion membranaire dans la, 336, 336F
microtubules et, 21, 658, 1177-1179, 1177FF
molécules d'autorisation de division, 750
nécessité de la, 727
des organites cellulaires, 783-784
phase M, mécanisme de, **762-787**, 762FF
plan de, détermination de, 658, **1177-1179**, 1177FF
prévention
par des drogues antimitotiques, 652-653
par un facteur de croissance, épuisement en nutriments, 748, 748F
par microinjection d'antimyosine, 180
privation de sérum et, 750
retard, lésion de l'ADN et, 734
stimulée par le PDGF, similitude avec les effets de *src*, 758, 758F
Division cellulaire, contrôle
voir aussi Gènes de contrôle social
adhérence cellulaire et, 749, 757-758, 758F
aperçu, oncogènes et, 1211F
cytosquelette et, 749, 749F
dans l'embryogenèse, 760-761, 761F
facteurs de croissance, 746-748, 747F, 747F
facteurs diffusibles, 732-737, 733F
gènes *cdc*, **739-743**, 740FF
interrupteur mitotique (« on-off switch »), 778, 778F
phosphorylations et déphosphorylations, 778, 778F

signaux de position, 760-761, 761F
social
gènes de contrôle pour, **752-761**, 753FF, 753T
les organismes pluricellulaires, **743-752**, 744FF, 747T
dans les tissus adultes, 761
Division cellulaire asymétrique, 912, 913F
au cours de la croissance végétale et chez l'embryon, 1173, **1177-1179**, 1177FF
Division nucléaire, cytodiérèse, indépendance de, 741
Divisions anticlinales, 1176F, 1177
Divisions périclinales, 1176F, 1177
DNase, 496
DNase I
dégradation des gènes actifs et potentiellement actifs, 511, 512F
sites hypersensibles, détection, 498, 498F
Doctrine cellulaire, 135
Doctrine neuronale, 160
Doigts à zinc des protéines régulatrices de gènes, 490, 490F
Dolichol, porteur oligosaccharidique dans le RE, 446, 447F, 448
Dolichol phosphate, 53F
Domaines morphogénétiques, 914
Domaines d'une protéine, 112, 114
homologies, 117-118, 118F
recombinaison au cours de l'évolution des protéines, 116-117, 116FF
Donneurs d'électrons, dans la photosynthèse, 373, 374-375, 375F
Dopa décarboxylase, 1099
Dopamine, 1093, 1093F
dans l'apprentissage associatif, 1099
Dosage par retardement sur gel, 489, 489F
Double couche lipidique, **275-283**, 275FF, 281T
voir aussi Membrane ; Phospholipide ; Membrane plasmique
assemblage, spontané, 9, 9F, **276-277**, 277F
asymétrie, **281-282**, 281F
cholestérol, effet sur, 279-280, 279F
croissance et biosynthèse dans le RE, **448-450**, 449FF
détergents, effet sur, 286, 286F
diffusion latérale, 278, 278F
des molécules protéiques dans, **295-296**, 295FF
restrictions sur, **297-298**, 297FF
équilibrage entre les monocouches dans le RE, 449-450, 450F
faces E et P, 292, 291F
fixateurs pour microscopie électronique et, 144, 145F
fluidité, 278-280, 278FF
des membranes cellulaires, résumé, 45, 53F
microscopie électronique par cryofracture, 147, 147FF, 291-292, 291FF
mouvement de bascule (flip-flop), 278-279, 278F
mouvement des molécules dans, types, **278-280**, 278FF
particules intramembranaires, 147, 148F
perméabilité, 301, 301F
et types d'association dans, 284-285, 284FF
Double hélice
de l'ADN, *voir* Structure de l'ADN
dans l'ARN, 103, 103F, 205F, 492, 493F
Double hélice ARN-ADN, au cours de la transcription de l'ADN, 203, 202FF
Drogues antimitotiques, 653, 653F, 653T
Drosophile
axe antéro-postérieur, contrôle génétique du développement, **923-937**, 923FF
axe dorso-ventral, gènes de contrôle de l', 923, 923F
blastoderme cellulaire, 922, 923F
carte des territoires présomptifs, stade blastoderme, 923F
cellules germinales, primordiales, 922, 923F
cellules nourricières dans l'ovogenèse, 858-859, 859F
chromosomes polyténiques, structure et activation, **507-510**, 508FF
clivage, formation d'un syncytium, 921-922, 923F
compartiments, 934-935, 934FF
connexions visuelles et neurales, 36F
déterminants localisés, 924, 924F
détermination du sexe, mécanismes de génétique moléculaire, 590, 590F
développement
ecdysone et, 509, 510F
protéines de contrôle et, 575-576, 575FF
des segments, base génétique, 193FF, **924-937**, 924FF
séquences de nodules dans les chromosomes polyténiques, 509, 510F
synopsis, 921, 921F
disques imaginaux de, 931-932, 932F
cellules mutantes ciblées dans les, 934
compartiments, 934-935, 934FF
mécanisme de mémoire cellulaire dans, **935-936**, 936F
molécules d'adhérence cellulaire dans, 941, 941F
embryon
disposition des chromosomes dans l', 544-545, 544F
embryon précoce, mitoses simultanées, 157F
gastrulation, 922-923, 923F
gène et mutant *ftz*, 193FF
gènes et mutants de polarité de l'œuf, 921, **924-925**, 925F, **927-928**, 939
gènes de segmentation et mutants, 921, **925-929**, 926FF, 939
hétérochromatine, 513, 514F
mutants, 579, 579F
intégrine dans, 822
métaphase, localisation de l'actine, de l'ADN, de la tubuline, 140F
mutants, mémoire affaiblie, 1099
mutants de ségrégation défectueux, 867
mutations homéotiques, **929-930**, 930F, **934-937**, 934FF
voir aussi Mutations diverses
nodules chromosomiques, induits par l'ecdysone, 692, 692F
œuf, 921, 923F, 924
asymétrie, 912, 912F
parasegments, gènes sélecteurs homéotiques et, 930-931, 931F
plan d'organisation
déterminants localisés dans l'œuf, 924, 924F
gènes de contrôle, 923, 923F, **928**
gènes de polarité de l'œuf et, **924-925**, 925F, **927-928**
gènes de segmentation, **925-929**, 926FF
gènes sélecteurs homéotiques, **929-937**, 930FF
génétique du, **920-938**, 920FF
hiérarchie des gènes pour, 928-929
protéines de choc thermique, 420-421
recombinaison mitotique dans la production de clones mutants, **932-934**, 933F
séquence d'ADN satellite, 604F
transgénique, 268-269, 268F
Duplications géniques, 843-844, 844F
doubles répétitions provenant de, **600**, 600F
dans l'évolution
des gènes d'anticorps, 1021, 1021F
des gènes contenant une homéobox, 937
des protéines, 115, **601-602**, 601FF
Dynéine, 776
ATPase, 649, 649F
ciliaire, 649, 660F
cytoplasmique, 660, 660F
structure, 649F
Dynéine cytoplasmique, 660, 660F
Dysgénésie hybride, 608
Dysplasie, développement du cancer à partir de, 1194, 1194FF
Dystrophie musculaire, 988

E

E. Coli, *voir Escherichia coli*
Eau
masse cellulaire, pourcentage de la, 87, 88T
perméabilité des doubles couches lipidiques, 301, 301F
propriétés chimiques, 46FF
propriétés physiques, 42
structure, 46F
structure macromoléculaire, effet sur, 90F-91F, 123
transport chez les végétaux, 1153-1155, 1155F
Ecdysome, induction de nodules, 509, 510F, 692, 692F
Échange de brins croisés
initial, 240, 241F
dans la recombinaison générale, 239-240, 239F, 241F, **243-244**, 244F
Échange croisé de chromatides sœurs, 244, 246F
Échangeur Cl-HCO_3^-
bande 3, 290
dans la régulation du pH, 309
Échangeur ionique sodium-calcium, 700, 700F
Échangeur ionique sodium-hydrogène, 309-310
dans un œuf fécondé, 874, 875T
Ectoderme, 29-30, 29F
Ectoderme, développement à partir de blastomères uniques, 893
chez la *Drosophile*, 923
épiderme, origine de l', 887, 890
formation au cours de la gastrulation, 884, 885F
formation du cristallin à partir de l', 955
EDTA, utilisation pour la rupture des cellules, 159
EF-1, 217F
EF-Tu, 217F
Effecteurs allostériques
AMP cyclique et ions calcium comme, 708
pour l'interaction de l'ADN et des protéines hélice-tour-hélice, 491
Effet Donnan, 308, 316
EGTA, 872
Eicosanoïdes, 689F
Élastase, 115, 115FF
Élastine, 110-112, 111F, 803, **815-816**, 817F
Électricité et membranes, résumé des principes, 1067
Électrochimie, principes, aperçu, 1067
Électrode à potassium, 155, 155F
Électrons, transfert dans la chaîne de transfert des électrons, 69-70, 69F
Électrophorèse, 169-172, 170FF, 173T
de l'ADN, 184-185, 184F
développement, historique, 173T
Électrophorèse sur gel
dans la séparation de molécules d'ADN, 184-185, 184F
dans la séparation de protéines, **169-172**, 170FF, 173T
techniques de transfert capillaire ou blotting et, 189-191, 190F
Électrophorèse sur gel d'agarose, 184-185, 184F
Électrophorèse sur gel en champ pulsé, 184, 184F
Électrophorèse sur gel en deux dimensions, 171-172, 172F
Électrophorèse sur gel de polyacrylamide (PAGE), 169-172, 170FF, 173T
bidimensionnelle, 171-172, 171FF
dans la séparation de molécules d'ADN, 184-185, 184F
Électrophorèse sur gel de polyacrylamide-sodium dodécyl sulfate (SDS-PAGE), 170-172, 170FF
de membranes d'érythrocyte, 289F
de protéines membranaires, 286
Élément ARS, 484, 485F, 516
comme origine de réplication chez la levure, 516, 517F
Élément P, et remplacement de gène chez la *Drosophile*, 268-269, 268F
Élément promoteur d'amont, **564-566**, 565FF, 566T
Élément de réponse au fer, 593, 597F
Élément transposable L1, 605T, 608
Élément Ty1, 255-256, 255F
Éléments génétiques mobiles
recombinaison spécifique d'un site par des, **246-247**, 248F

virus en tant que, 249
Éléments de transition
association avec le Golgi *cis*, 452, 451F
du réticulum endoplasmique, 411, 412F, 436
Éléments transposables, 23, 26F, 248-249, **255-257**, 256FF, **605-609**, 605T, 606FF
brassage des exons par, 606, 606F
familles majeures, caractéristiques, 605, 605T
mouvement dans les chromosomes, 256, 256FF
comme mutagènes, caractères inhabituels, 606-608, 607F
recombinaison spécifique de site, **255-256,** 256FF
régulation génique, effets sur, 606-607, 607FF
rétrotransposons, **255-256,** 255F
salves de transposition et diversité biologique, 607-608, 607F
séquences d'ADN, effets sur, 605-606, 606F
séquences L1 et *Alu* des humains, 608-609, 605T, 609F
séquences répétitives inversées, 256F
elF-2, dans la synthèse protéique, 213, 214F, 215
Elicitors, des végétaux, 1160, 1160F
Élimination synaptique
activité électrique dans une cellule postsynaptique, **1125-1127**, 1127F
dans le cortex visuel, 1130-1131, 1130FF
facteurs neurotrophiques, postsynaptiques et, 1126, 1127F
règle de synchronisation de l'activité électrique pour, **1126-1132**, 1127FF
rôle des dendrites, 1128-1129, 1128F
ELISA (Enzyme-Linked Immuno Assay), 177
Élongation cellulaire dans la morphogenèse, 882FF, 883-884, 886F, 887-888
Embryogenèse
voir aussi les différentes classes ou espèces
adhérences cellulaires, effet sur le devenir des cellules, 896-898, 897FF
clivage et formation de la blastula, **880-882**, 880FF
contrôle de la division cellulaire, 907
couplage, via des jonctions de type gap, 800, 801F
déterminants localisés dans les œufs et blastomères, 892, 892F
diversification cellulaire et mémoire cellulaire, **890-901**, 891FF
effet de l'environnement sur le devenir des cellules, 897-898, 898F
facteurs de croissance dans l'embryogenèse précoce, 894, 894F
formation du cristallin, **955-956**, 955FF
formation des somites, 888-889, 889F
gastrulation, **882-886**, 882FF, 896
induction, **941-943**, 942FF
induction du mésoderme chez le *Xénope*, 893-894, 893FF
mammifères, comparaison avec d'autres, 894
mémoire cellulaire et, **898-901**
mémoire nucléaire dans l', **900-901**, 900F
migration cellulaire dans l', **943-945**, 943FF
neurulation, **887-888**, 888FF, 890, 896
plan d'organisation, formation dans l'embryogenèse précoce, **879-890**, 880FF
souriceau, 894-898, 895FF
du système nerveux, **1108-1132**, 1109FF
voir aussi Jonction neuromusculaire ; Élimination synaptique ; Formation des synapses ; Carte visuelle
vertébrés, comparaison entre les, 889-890, 889F
Embryon
voir aussi les différentes espèces
axes, 880, 881F
carte des territoires présomptifs, 886, 885F
modes de développement, évolution, 31-32, 31F
oscillations du MPF dans l'embryon précoce de *Xénope*, 736-737, 737F
parthénogénétique, 900
segmentations, embryon précoce de *Xénope*, 735-736, 735F
totipotence des cellules précoces, **896**, 896F
des végétaux, **1154, 1173-1174**
Embryon de poulet, 889F, 915F
migration des cellules de la crête neurale et des cellules musculaires, 943-945, 943FF
mode de formation, analogie avec les insectes, 938, 938FF
plumes et écailles, induction par le derme, 942-943, 942FF
transplants de cellules de caille, 943-944, 943F
Empreinte génomique, 900-901
voir aussi Mémoire nucléaire
Empreintes, des protéines, 172, 173F
Empreintes sur l'ADN, 187, 188F
pour localiser les sites de liaison stéroïde-récepteur, 691, 691F
du site de fixation de l'ARN polymérase, 204, 204FF
Endocytose, 323-324, 324F, **326-337**, 326FF
voir aussi Phagocytose ; Pinocytose ; Endocytose par l'intermédiaire de récepteurs
absorption d'un antigène, cellules présentant l'antigène, 1046, 1046F
dans une cellule présynaptique, 1063-1064, 1064F, 1078, 1078FF
dans les cellules végétales, 1167, 1167F
définition, 20
devenir des vésicules d'endocytose, *voir* Endolysosomes ; Endosomes
formation des lysosomes, 460, 461F
par l'intermédiaire de récepteurs, *voir* Endocytose par l'intermédiaire de récepteurs
locomotion et redistribution polaire ou « capping » cellulaires, rôle dans l', 333-334, 333FF
en phase liquide ; *voir* Endocytose en phase liquide
prélèvement de virus par, 336-337, 336F
puits recouverts, **326-327**, 326FF
transcytose, 332, 332F
Endocytose par l'intermédiaire de récepteurs, **322-332**, 328FF
absorption d'un antigène, cellules B, 1048, 1048F
concentration de récepteurs, régulation par, 718, 719F
d'enzymes lysosomales, 461
d'IgA, transcytose de, **332**, 1016, 1016F
prélèvement de l'insuline, 694
prélèvement et traitement viraux, 469, 1043, 1043F
prélèvement et transformation des LDL, **328-331**, 329FF
des protéines vitellines dans l'ovocyte, 857
de récepteurs catalytiques, 707
recyclage de récepteurs, **328**, 329FF, **331**
transport par l'intermédiaire de récepteurs, analogie avec, 461-462, 462FF
Endocytose en phase liquide, 328, 333
dans la cellule végétale, 1167, 1167F
Endoderme, 29-30, 29F
développement à partir de blastomères uniques, 893
formation au cours de la gastrulation, 884, 885F
intestin et structures associées, origine embryonnaire, 886, 890
Endoglycosidase, 454F
Endolysosome, 331, 331F, 1046, 1046F
dissociation du complexe récepteur-enzyme M6P, 461-462, 462F
formation et devenir, **460**, 461F
recyclage membranaire, entre le Golgi et, **461-462**, 462F
Endonucléase AP, dans la réparation de l'ADN, 223, 223F
Endonucléase *HO*, 573-574, 573F
Endorphines, 719F, 1093, 1093F
Endosomes, 406, 406FF, 407TT, 460, 461F
activation de protéines de fusion dans, 336, 336F
dans l'endocytose, 326
modifications du pH dans, 330, 461
périnucléaires, 330-331, 331F
périphériques, 330, 331F
tri de complexes ligand-récepteur, et acidité, 329F, **331-332**, 331FF
Endosperme, des végétaux, 1154, 1173
Énergie
pour la biosynthèse, **71-78**, 74FF
hydrolyse d'ATP, 74-75, 74FF
dans la polymérisation, 78, 79F
pouvoir réducteur, nécessité pour, 77, 77F
réactions de transfert de groupes, 75-76, 76T, 77F
changements allostériques dans les protéines et, **129-131**, 130FF
énergie libre, importance pour les cellules, **72-73**
énergie libre, variation de l', (ΔG), **71-75**, 74F
équation de Nernst, 315
équilibre et, **73**, 93-94, 94F, 95T, 354, 355F
hydrolyse de l'ATP et réactions couplées, **74-75**, 74FF, 354, 355F
négative et réaction spontanée, 71
polymérisation de l'actine, 639
réaction de l'ATP synthétase, contrôle de la direction de, 357-358, 357F
pour des réactions couplées, 71, 74-75, 74FF
réactions enzymatiques, 71, 73-75, 74FF
standard, 354, 355F
modifications des liaisons chimiques, chaleur et, **72-73**
et ordre biologique, **59-63**, 59FF
analyse thermodynamique de la cellule, 59-60, 60F
énergie calorifique, 59-60, 60F
énergie chimique, **60-63**, 61FF
dans la photosynthèse, 60, 61F
réactions métaboliques couplées, 62-63, 63F
synthèse d'ATP, 62, 63F
pour les pompes membranaires, 131
provenant du catabolisme des molécules alimentaires, **64-70**, 64FF
cycle de l'acide citrique, **67-69**, 68F
étapes du catabolisme, **64-65**, 64F
glycolyse, **65-67**, 66F
phophorylation oxydative, **69-70**, 69F
provenant de la chaîne respiratoire, **350-355**, 350FF
Énergie d'activation, enzymes et, 62, 62F
Énergie libre (de Gibbs), *voir* Énergie
Énergie lumineuse
capture par la chlorophylle, 368, 373, 373F, 375, 375FF, **377-379**, 378FF
énergie électrique, transduction dans les cellules en bâtonnet, 713
Enjambement (crossing-over) de chromosomes, *voir* Recombinaison générale ; Méiose ; Mitose
Enképhalines, 457, 685T, 719F
Enregistrement local, 156, 156F, 318-319, 318FF
Entactine, 819
Enthalpie, **72-73**
Entre-nœud, dans le développement des végétaux, 1174-1176, 1174FF
Entropie, **73**
Enveloppe
nucléaire, *voir* Enveloppe nucléaire
virale, 250, 250F, 254, 255F
Enveloppe cellulaire, *voir* Glycocalyx
Enveloppe nucléaire, **421-426,** 422FF
espace périnucléaire, 421, 422F
fonctions, 26, **481-482,** 482F
lamina nucléaire, *voir* Lamina nucléaire
dans la méiose, 854
membrane double, **421-422,** 422F, 481, 481F
dans la mitose
eucaryotes inférieurs, 785-786, 786F
levures, 738F
rupture et réassemblage, 770, **777-778,** 777F
plaque d'attachement pour les chromosomes, 852F
pores nucléaires, **422-424,** 422F
RE, continuité avec, 421, 422F, 434F, 481, 481F
structure, 481, 481FF
Enveloppe de l'œuf
voir aussi Zone pellucide
agent qui provoque la réaction acrosomienne, 869, 869F

spermatozoïde, fixation du, 868, 869F
Enzymes, 6, 62
voir aussi Catalyse enzymatique ; et les différentes enzymes
affinité, 124
cascades, amplification de l'effet, 713-714, 714F
coenzymes, 75-76, 76T, 77F
liaison aux, 124, 124FF
complexe, **126-127**
dans des réactions séquentielles, 84-85, 84F
évolution des, 7F, 8, 12-13, 12F, 13F
K_M, 125, 126F
phosphorylation et activité, 84, 709
purification, 165, 166F, 168, 168F
régulation, par une modification covalente, 84
site actif, 62, 128, 128FF
site régulateur, fixation du produit au, 128, 128FF
voies métaboliques, détermination des, 62, 63F
Enzymes digestives, sécrétion par exocytose, 324-325, 324FF
Enzymes hydrolytiques
des lysosomes, 459, 459F
et la réaction acrosomienne, 868-869, 869F, 876
d'une vésicule acrosomienne, 864
Enzymes inductibles, système SOS pour la réparation de l'ADN, 225-226
Enzymes protéolytiques, 172, 173F, 173T
Éosinophile, 688, 974, 975F, 976T, 977F, 979F, 1016
Épiderme, 952F
voir aussi Peau
assemblage *in vitro*, 828
cellules basales, 968F, 969, 970F
carcinome, 1188, 1190
prolifération, 971
cellules épineuses, 968FF, 969
différentiation, interactions inductives, **942-943**, 942FF
diversité des kératines, 666
épaisseur, régulation de, **971**
origine embryonnaire ectodermique, 887, 888, 889F, 890
renouvellement à partir de cellules souches, **968-973**, 968FF
structure, 968, 968F
territoires, contrôle homéostatique, 994
unités prolifératives, **968-971**, 970FF
cellules souches immortelles, 970-971, 971F
lame basale, importance, 970-971, 971F
des végétaux, 1142F, 1146F, 1147, **1149**,1150F
Épididyme, 864
Épingle à cheveu, ARN, signal de fin de transcription, 205F
Épissage de l'ARN, 101F, 102, 205, 487, 487F, **531-539,** 531FF
de l'ARNnh, **531-537,** 531FF
biochimie, 533-535, 534FF
complexe d'épissage, **532-535,** 533FF
jonctions d'épissage et, 533, 535, 534FF
structures en lasso, 534FF, 535, 537
catalysé par l'ARN, 598, 598F
dans le contrôle de l'expression génique, **589-591,** 590FF
épissage *trans,* 597
évolution de, 537-538
évolution des gènes et, 102
dans l'évolution de protéines et de gènes nouveaux, 102, 536
introns d'auto-épissage, **105,** 105F, **537-538,** 538F, 598, 598F
précision, 535
site nucléaire de, 482, 482F, 532, 538-539, 539F
sites alternatifs, 536, 536F
distributions observées, **591F**
pour les fibronectines, 818
forme constitutive, 589, 590, 590F
forme réglée, **589-591**, 590FF
pour les isoformes de protéines musculaires, 628-629
dans les thalassémies, 536-537, 537F
pour les transcrits de gènes homéotiques, 936-937
dans les virus, 536, 536F
systèmes *in vitro,* 534F
Épissage différentiel (alternatif) de l'ARN, **589-591**
Épithélium(s) exocrine(s), catalogue des types cellulaires, 996
Épithélium intestinal
ceinture d'adhérence, 796, 796F, 802F,
desmosome et hémidesmosome, 797-798, 797FF, 802F
jonctions cellulaires, distribution, 802F
jonctions étanches et perméabilité, 793-794, 793FF, 802F
microvillosités, **633-635**, 634F
mode de renouvellement cellulaire dans, 966, 967F
Épithélium kératinisé, catalogue des, 996
Épithélium olfactif, structure, 968, 968F
Épithélium pigmentaire de la rétine, 953, 953F, 956-957, 957FF
Épithéliums, 24FF, 791-792, 791F
voir aussi Feuillets cellulaires épithéliaux ; et les différents épithéliums
cancers des, 1188, 1187F, 1187T
catalogue des types humains d', 996
définition, 29
développement
adhérences cellulaires, 942-943
blastula, **881-882**, 882F
cadhérines E dans, 830-831, 831F
interactions inductrices, 942, 942FF
intestin, **883-886**, 882FF
invagination au niveau du blastopore, 884-886, 885FF
Épithéliums absorbants, catalogue des, 996
Épithéliums « tapissants », catalogue des, 996
Épitope, *voir* Déterminant antigénique
Éponges, 29
Équation de Nernst, **1067**
dérivation et utilisations, **314-315**
Équilibre, variations d'énergie libre dans, 354, 355F
Érythrocyte, 25F
comportement osmotique, 307F
développement
voir aussi Hématopoïèse
expression du gène de la β-globine, contrôle, 565-566, 567F
durée de vie dans l'organisme, 980
fantômes, 288-289, 288F, 305
fonctions principales, 973-974, 976T
forme, cytosquelette à base de spectrine et, 289, 290F
membrane, composition lipidique, 281T
micrographies, 973F, 977F
production d', 976, **980-981**, 980FF, 981T
protéines membranaires, **288-292**, 288FF
bande 3, **289**, 289FF, **291-293**, 289FF
dans les échanges gazeux, 291-293, 289FF
glycophorine, 289FF, **291**, 292F
spectrine, **289**, 289FF
réseau cortical, **633**, 633F
vésicules « envers », 288, 288F
Érythromycine, 218T
Érythropoïétine, **980-981**, 981F, 981T
Escherichia coli, 8F
ARN polymérase, 524
chimiotaxie, 720
voir aussi Bactéries, chimiotaxie
chromosome, domaine en boucle, 503
gènes de mutation et correction d'épreuves, 233-234, 234F
membrane
composition lipidique, 281T
double, structure, 312, 312F
métabolisme de l'azote, contrôle de, 561-562, 561FF
moteur flagellaire rotatoire, 720, 720F
opéron *lac*, 558-560, 558FF
opéron *trp*, 558F, 559
protéine de déstabilisation de l'hélice (SSB) dans la recombinaison générale, 241-242
protéine recA dans, 242-243, 243F
régulation génique, 557-562, 558FF
réponse SOS, 225-226
séquence promoteur, opéron *lac*, 558, 558F, 560, 560F
synthèse d'ARN, facteurs d'initiation et d'élongation, 524-525, 524F
Espace intermembranaire
du chloroplaste, 367FF, 426, 426F
des mitochondries, **343**, 344F, 426, 426F
Espace intrathylacoïde, 430, 430F
Espace matriciel, des mitochondries, **343**, 344F, 426, 426F
Espace périnucléaire, 421, 422F
Espace périplasmique, 312F
Espèces diploïdes
addition de nouveaux gènes au génome, **843**, 844F
avantage évolutif, 842-843, 842F
Espèces haploïdes, désavantage évolutif, 842-843, 842F
Esters de phorbol
pour mimer les effets du diacylglycérol, 704, 704F
comme promoteurs de tumeurs, 705, 1196
Étamine
État G_0
déclencheurs pour quitter l', 744-745, 745F
durée, variations, 744-745
État lysogène, du phage, contrôle de, 574-575, 574F
État lytique, du phage, contrôle de, 574-575, 574F
État de non-division, des cellules, 750-751, 750F, 752F
voir aussi Différentiation terminale ; Cellules en G_0 ; État G_0
État quiescent, *voir* Cellules en G_0 ; État G_0
Éthanol
oxydation dans les peroxysomes, 432
production anaérobie, glycolyse, 66-67
Éthanolamine, dans les phospholipides, 45
Éthylène
abscission et, 1150, 1150F
dans le contrôle de la croissance végétale, **1180-1181**, 1181F
mûrissement des fruits, 1150
réseau de microtubules, orientation et, 1172, 1173F
Étioplaste, 1162, 1162F
Eubactéries, N-glycosylation, absence, 455
Eucaryotes
origine symbiotique des, 18-19, 19T
protistes comme exemples, 22, 22F, 23F
relations évolutives, 38F
Euchromatine, définition, 513
Évolution
de l'ADN en tant que matériel héréditaire, 10, 10F
allèles favorables, établissement d', 841-843, 842F
ARN et, 6-8, 6F, 7F
de l'atmosphère, 14
des canaux ioniques réglés par un transmetteur, 320
des cellules, **3-39**, 4FF
des cellules eucaryotes, 18-19, 19T
des chaînes de transfert d'électrons, **381-387**, 382FF
des chloroplastes, 18, 385-386, 386F
hypothèse endosymbiotique, 398-399, 399F
de la compartimentation cellulaire, 408-409, 408FF
conservation des histones, 496, 496F
distribution des bandes chromosomiques, conservation, 506
duplication génique et organisme, 191, 601-602, 601F
éléments transposables, rôle dans, 256
embryogenèse, conservation précoce dans les classes de vertébrés, 889-890, 889F
épissage de l'ARN, rôle dans, 537
des familles protéiques, 842
de la fixation du carbone dans les bactéries photosynthétiques, 383-385, 384F
des gènes, 841
conversion génique et, 244
maturation de l'ARNm et, 102

dans un organisme sexué, diploïde, **841-844**, 842FF
dans un organisme sexué haploïde, 843, 844F
gènes de l'actine, conservation des, 616
des gènes d'anticorps, 1021, 1021F
de gènes contenant une homéobox, 937-938
par des gènes recombinés, 191
des gènes de la tubuline, conservation des, 646
du génome
voir aussi Évolution du génome
nucléaire, **599-609**, 600FF
des mammifères, 222
des mécanismes de phosphorylation oxydative, 382-383, 383F
des mécanismes de régulation des gènes eucaryotes, 568-569
membranes et, 8-9, 9F
du métabolisme oxydatif, 14-15
des mitochondries, 18, 385-386, 386F
hypothèse endosymbiotique, 398-399, 399F
des molécules à la première cellule, **4-10**, 4FF
des molécules protéiques, **115-118**, 115FF
brassage génétique, 117
combinaison de domaines polypeptidiques, 116-117, 116FF
des organismes pluricellulaires, 22-23
à partir de cellules isolées, **27-37**, 28FF
des organismes supérieurs, transfert viral de gènes chez les, 257
des organismes vivants, niveaux d'oxygène et, 385, 385FF
des procaryotes aux eucaryotes, **10-27**, 10FF
du processus mitotique, **785-786**, 786F
programmes de développement, conservation des, 31-32, 31F
des protéines de la famille des récepteurs des stéroïdes, 568, 568F
reproduction sexuée et, 32
séquences CG, perte des, 585, 586F
sources d'information à propos de, 3-4
acides aminés et ADN, 12-13, 13F
de la super-famille des Ig, 1053-1054
de la synthèse polypeptidique, 7F, 8
de la synthèse protéique, 219
du système du complément, 1035-1036
des systèmes nerveux, 35
taux de mutation dans, **220-221**, 221F
de la transmission synaptique rapide, 1083
des végétaux, 1145F
des virus, 257
vitesse
facteurs affectant la, 1195
des gènes mitochondriaux, 393
des voies métaboliques, 11-12, 12F
Évolution du génome, **599-609**, 600FF
conversion génique et, 600-601, 600F
par duplication génique, **600-602**, 600FF
éléments transposables et, **605-609**, 605T, 606FF
mélange d'exons par des éléments transposables, 606, 606F
mutation ponctuelle, 599
réarrangement de l'ADN, par des éléments transposables, 605-606, 606F
recombinaison d'exons, 602
recombinaison génétique et, **599-602**, 600F
par des salves de transposition, 607-608, 607F
par transposition d'éléments de régulation, **606-607**, 607FF
Excision, de parties d'un végétal, 1150, 1150F
Exclusion allélique, 1027, 1027F
Exocytose, **323-325**, 324FF, 336-337, 336F
dans les cellules végétales, 1165-1166, 1165FF
définition, 20
des granules corticaux des œufs, 872, 872FF
des IgA, transcytose, 1016, 1016F
libération de perforine par des cellules tueuses, 1039
locomotion et redistribution polaire ou « capping » cellulaire, rôle dans, 333-334, 333FF
dans la réaction acrosomienne, 864
de vésicules synaptiques, **1077-1078**, 1077FF
voies, contrôlées et constitutives, **324-325**, 409, 411, **467-468**, 467F
Exons, 531
définition, 102, 487
du gène de la fibronectine, 818
dans les gènes du collagène, 810
dans les gènes de l'immunoglobuline, 1021, 1021F
séquence de queue, 532F
séquence de tête, 532F
Expression génique
analyses par hybridation, **189-191**, 189FF
différences de vitesse dans différentes cellules, 585
dans la différentiation des eucaryotes, 23
empilement des nucléosomes dans des gènes actifs, 500, 501F
étude par
clonage de l'ADN, 262, 262F, 265
techniques de fusion génique, 266-267
et hybridation *in situ*, 193, 193F
Expression génique, contrôle de, **551-598**, 552FF
570-587, 571FF
activateurs d'expression ou amplificateurs, eucaryotes, **564-569**, 565FF, 566T
par l'AMP cyclique, 709-710
amplificateurs multiples et, 607, 608F
ARN de régulation, 598, 598F
atténuation de la transcription, 588, 589F
carcinogenèse et, 1207T, 1211F
commutateurs moléculaires
états lytique-lysogène des phages, 574-575, 574F
flagellines bactériennes, 570-571, 571F
signe ou type sexuel de la levure, 571-574, 572FF
par des complexes hormone stéroïde-récepteur, 691-692
conservation au cours de l'évolution, 568-569
contrôle de la traduction, 552F, 553, **593-595**, 593FF
contrôle de la transcription, **553-587**, 552FF
résumé des mécanismes bactériens, 563F
décondensation de la chromatine, **506-513**, 506FF, **580-582**, 580FF
voir aussi Chromatine, décondensation dans l'activation des gènes
chromosomes en écouvillon, 506-507, 506FF
nodules de chromosomes polyténiques, 509, 510FF
rôle de H1, 499, 500F
dégradation de l'ARN, 552F, 553, **595-596**, 596FF
dépendante de la lumière, gènes chloroplastiques, 1162
dérépression chez les bactéries, 558, 558FF
dans la détermination sexuelle chez la *Drosophile*, 590, 590F
et différences morphogéniques parmi les espèces, 222
effets de la position sur le chromosome, 579-580, 580T
ensembles de gènes transcrits dans différents types cellulaires, 552-553
épissage de l'ARN, **589-591**, 590FF
états lytique et lysogène du bactériophage lambda, **574-575**, 574F
facteurs de transcription, eucaryotes, **562-563**, 563F
forme des cellules, attachement et, 988
gènes pilotes de régulation, **586-587**, 587F
locus *MAT*, levure, **571-574**, 572FF
groupes de protéines de contrôle de gènes, hérédité, 576, 576F
hétérochromatine, inactivation de gènes dans, **577-579**, 578FF
holoenzymes de l'ARN polymérase et, 562
par des hormones stéroïdes, 691-693, 691FF
inactivation de gènes
gènes *SIR*, 573-574
hétérochromatine, 577-579, 578FF
méthylation de l'ADN et, 584-585
maturation de l'ARN, 552F, 553, **589-592**, 590FF
mécanisme de cassettes chez les levures, 572-574, 572FF
méthylation de l'ADN, rôle, 584-585
mitochondriale par des gènes nucléaires, 397
modèle en deux étapes, pour les eucaryotes, **581**, 581F
modifications dans une cellule musculaire differenciée, 985
par phosphorylation de ntrC chez les bactéries, **561-562**, 561FF, 569F
chez les procaryotes, **557-562**, 558FF
promoteurs d'amont, chez les eucaryotes, **564-566**, 565FF, 566T
promoteurs tumoraux, 1196-1197, 1196F
par des protéines activatrices, **559-561**, 559FF, 567, 567F
par des protéines de régulation, *voir* Protéines de liaison à l'ADN ; Protéines régulatrices de gènes ; et les différentes protéines
proéines régulatrices pilotes, **575-576**, 575FF
réarrangements de l'ADN, réversibles, **570-574**, 571FF
région de contrôle d'un domaine, 580-582, 580FF
région silencieuse, levure, 573-574
régulation combinatoire, **554-556**, 557FF, **565-566**, 565FF, **574-575**, 574F
régulation négative, 554, 554F, **557-559**, 558FF
régulation positive, 554, 554F, **559-560**, 559FF
par des répresseurs protéiques, **557-559**, 558FF, **574-575**, 574F
sites hypersensibles, 498, 498FF
sites de régulation éloignés, bactériens, 561, 562, 562FF
stratégies de, 550FF, **551-556**
surenroulement de l'ADN, 581-582, 582F
synthèse protéique, spécifique de types cellulaires, 553, 553FF
transport de l'ARN, 552F, 553, **592-593**
Extrémité de la racine
cellules, principaux organites, 1139F
distribution des cellules, 1138F
microtubules corticaux et croissance de la paroi cellulaire, 1169F
organisation, **1176**, 1176F
synthèse de mucilage dans, 1166, 1167F
systèmes tissulaires, 1146, 1146F, **1148-1149**
Extrémités cohésives, de fragments de restriction de l'ADN, 259, 259F

F

F_0F_1 ATPase, *voir* ATP synthétase
Face E de la double couche lipidique, 292, 291FF
Face P de la double couche lipidique, 291FF, 292
Facteur α (alpha), chez les levures, transformation, 456F
Facteur σ (sigma), de l'ARN polymérase, 524, 524F, 562, 563F
Facteur de croissance acide des fibroblastes, cellule endothéliale, effets sur, 966
Facteur de croissance basique des fibroblastes (FGF basique)
cellule endothéliale, effets sur, 966
Facteur de croissance des cellules T, *voir* Interleukine 2
Facteur de croissance dérivé des plaquettes (PDGF), 746, 747F, 747T, 749
cicatrisation des blessures, rôle dans, 746, 747F
concentration, 748
dans le développement des cellules gliales, 910, 910F
effets biologiques, similitudes avec *src*, 758, 758F
gène c-*sis* pour, 756, 756F
Facteur de croissance épidermique (EGF), 686T, 747T
sénescence cellulaire, effet sur, 751
Facteur de croissance des fibroblastes (FGF), 689, 747T
induction du mésoderme par, 894
prolifération des myoblastes par, 984
protéoglycanne héparane sulfate, liaison au, 808
Facteur de croissance nerveux, dans le

mécanisme de la règle de synchronisation de l'activité électrique, 1127F
Facteur de croissance nerveux (NGF), 685T, 747T, **1118-1121**, 1119FF
voir aussi Facteur neurotrophique ; et les différents facteurs de croissance
Facteur de croissance transformant β (TGF-β), 747T
Facteur de croissance transformant $\beta 2$ (TGF-$\beta 2$)
induction du mésoderme par, 894
Facteur cytostatique (CSF), 861
Facteur d'élongation (FE), dans la correction sur épreuves cinétique, 217, 217F
Facteur H, 1034
Facteur d'initiation eucaryote, *voir* eIF-2
Facteur libérant la LH, 687F
Facteur promoteur de la phase M (MPF), 734-735, 734F, **736-737**, 736FF
apparition séquentielle, 735
autocatalyse auto-amplifiée, 860-861
homologie avec le produit du gène *cdc2/28*, 743
dans l'initiation du cycle de division en G_1, 743
dans la maturation de l'ovocyte, modifications cycliques, 860-861, 861F
Facteur retardateur de la phase M, apparition séquentielle, 735
Facteur de stimulation de colonies de granulocytes (G-CSF), 981, 981T
Facteur de stimulation de colonies de granulocytes/macrophages (GM-CSF), 981, 981T
Facteur de stimulation de colonies de macrophages (M-CSF), 981, 981T
récepteur, gène c-*fms* pour, 756, 756F
Facteur TATA, 526-527, 527F, **562-563**
Facteur de transcription III A (TFIIIA), 489, **490**, 490F, 525-526
Facteur de transcription IID, *voir* Facteur TATA
Facteur(s) de transcription (FT), pour la synthèse d'ARN, chez les eucaryotes, **525-527**, 526FF
Facteur de transcription Sp1, 490, 490F
Facteurs angiogéniques, 966
Facteurs de croissance, 746-748, 747F, 747T
voir aussi facteurs de croissance spécifiques
activation du porteur échangeur de Na^+-H^+, 310
ARNm, stabilité des, 595, 596F
carcinogenèse et, 1211F, 1215
concentrations, 748
découverte et isolement par clonage de gènes, 266
dans les milieux de culture, 161-162
modifications intracellulaires, induites par, 757
sénescence cellulaire et, 751
tout ou rien, effets de certains, 715
des végétaux, *voir* Régulateurs de croissance des végétaux ; et différents régulateurs
Facteurs d'initiation
facteurs sigma en tant que, 562
dans la synthèse protéique, 213, 214F, 215
Facteurs de libération, dans la synthèse protéique, 212-213, 213F
Facteurs neurotrophiques
voir aussi Facteurs de croissance nerveux ; et les différents facteurs de croissance
dans la croissance et la survie des cellules nerveuses, **1118-1122**, 1119FF
dérivés du muscle, survie des neurones et, 1126
mort des cellules nerveuses, contrôle, 1120-1122, 1120F, 1126
Facteurs de stimulation des cellules B, *voir* Interleukines
Facteurs de stimulation de colonies (CFC pour colony-stimulating factor), **980-982**, 980FF, 981T
FAD et $FADH_2$
dans le cycle de l'acide citrique, 68F, 69, 348, 348F
dans la phosphorylation oxydative, 69·
transporteurs d'électrons, 349
Faisceaux, de fibres nerveuses, 1115, 1116
Famille de gènes, 191-192
Famille des gènes des globines, évolution de la, **601-602**, 601F
Famille des intégrines, 636, 636F, **821-823**, 821F, 1116
dans l'embryogenèse, 941
comme glycoprotéines de liaison transmembranaires, 797
trois familles, 822
Famille des papovavirus, 1204T
Famille des virus de l'hépatite, 1204T
Famille des virus de l'herpès, 1204T
Fantômes, d'érythrocytes, 288-289, 288F
Fascine, 634, 634F
Fécondation, 855, **868-877**, 868FF, 875T
activation de l'œuf, 857, 862, **870-874**, 871FF, 875T, 875-876, 876F
événements synthétiques tardifs, 874, 874F, 875T, 876
adhérence du spermatozoïde et de l'œuf, **869-870**, 876
comme déclencheur des segmentations précoces, 735, 735FF
fusion
de membranes, 872, 872FF, 876, 876F
des noyaux du spermatozoïde et de l'œuf, 874, 876
in vitro, chez les mammifères, **875-876**, 876F
initiation et échangeur Na^+-H^+, 310
réorganisation du cytosquelette, 880, 881F
spermatozoïde, activation du, **868-870**, 869FF
variations de Ca^{2+} sous l'effet de la, 156, 157F
Fente synaptique, 1062, 1062F, 1074, 1075FF
libération d'acétylcholine et élimination, **1077-1083**, 1080FF
Fer
concentration intracellulaire, contrôle de, 593, 595, 597F
endocytose avec la transferrine, 331
Fermentation, 66-67, 381-382, 382F
Ferredoxine, 378F
Ferritine, 178F
synthèse, contrôle traductionnel de, 593, 593F
Feuillet cellulaire épithélial, **29-31**, 29F, 791, 791F
ceinture d'adhérence dans, 796, 796F, 802F
desmosome et hémidesmosome, **797-798**, 797FF, 802F
formation dans l'embryogenèse, 824F
jonctions cellulaires, distribution, 802F
jonctions étanches et perméabilité, **793-794**, 793FF, 802F
lame basale, sous-jacente, 819FF
repliement
inhibition par les cytochalasines, **642**, 642F
dans la morphogenèse, **674-675**, 675F, 796, 797F
tissu conjonctif sous-jacent, 802, 803F
Feuillets bêta
dans une molécule d'immunoglobuline, 1021, 1022F
dans une protéine, 109, 109F, 111F, 112
Fibre A, de l'axonème et du centriole, 645, 645F, 647, 647F, 650F
Fibre musculaire, 614, 614F, 983
Fibres élastiques, 815-816, 816FF
Fibres de stress, **627**, 627F
ancrage à la membrane plasmique au niveau de points de contact focaux, **635-636**, 635FF, 642T, 643
organisation, par la matrice extracellulaire, 822, 823F
Fibrinogène, 822
Fibrinopeptides, taux de mutation et, 220, 221F
Fibroblastes
adipocytes, conversion en, 988-989, 989F
ancrage à un substratum, 627, **635-636**, 635FF
cellule musculaire, différenciation en, 556, 556F
en tant que cellules souches ostéogènes, 991F
chondrocytes, conversion en, 988, 991, 990FF
collagène
organisation par, 813, 815, 815F
synthèse et sécrétion, 811-812, 811FF, 991, 991F
différentiation, en d'autres types cellulaires, 556, 556F, **987-989**, 987F, 989F
fibres de stress, **627**, 627F
lignées cellulaires, croissance *in vitro*, 745
locomotion *in vitro*, 638, 638F, 640, 640F
matrice extracellulaire
organisée par, 813, 815, 815F
production de, 803, 803F, 951, 952F
migration
dirigée, dépendante des microtubules, 670, 671F
inhibition de contact, 673-674, 674F
non-équivalence des, 987
PDGF, effets sur, 746, 749
propriétés principales, **987**, 988F
récepteurs du PDGF, 748
SEM des fibroblastes *in vitro*, 161F
« tapis roulant » d'actine dans, 640, 640F
dans les tissus conjonctifs, 791F
ultrastructure, 810F
Fibroïne, 102, 109
Fibronectine, 636, 636F, 689, 797, 803, **816-818**, 818F
dans l'adhérence cellulaire, 636, 636F, 757, **816-817**
adhérence des cellules stimulées par le PDGF et des cellules transformées, 757, 758F
et cellules transformées, 757, 822
fonctions, 817
formes, 817
synthèse de multiples, 818
gastrulation, effet sur, 885, 885FF
gène, 818
pour la migration des cellules de la crête neurale, 945
organisation, par les filaments d'actine, 822-823, 823F
structure, 816-817, 818F
Filament épais du muscle squelettique, **614-617,** 614FF
ancrage, 624, 624F
dans le modèle du glissement des filaments, **615-616,** 615FF, **619-620,** 621F
myosine, *voir* Myosine
polarité, 619-620, 620F
Filaments d'actine, 21, 21F, 613, 1038
voir aussi Protéines de liaison à l'actine ; Filaments minces du muscle squelettique ; et les différentes protéines
en tant qu'assemblage dynamique, **637-643**, 637FF
dans les assemblages de type musculaire, transitoires, **626-627**, 627F
asymétrie de croissance de, **637-639**, 637FF
attachement (liaison)
à la membrane plasmique au niveau des points de contact focaux, **635-636**, 635FF, 642T, 643
sites dans le muscle lisse, 625F
« capping » ou redistribution polaire ou formation de la calotte, rôle dans, 334, 334F
dans les ceintures d'adhérence, 674-675, 675F
de la cellule végétale
alignement des chloroplastes, **1171-1172**, 1172F
bande préprophasique, 1178
dans la formation de la plaque cellulaire, 783, 783F, 1166, 1166F
migration nucléaire, 1178-1179F
dans les cils stéréoscopiques du limaçon, **676**, 676FF
dans les cônes de croissance et les fibroblastes, arrangement, 670-671, 671F
du cortex cellulaire
arrangement lors de l'étirement, 669-670, 669F
non musculaire, **629-643**, 629FF
dans le cortex cellulaire non musculaire, **629-643**, 629FF
dans le courant cytoplasmique
chez les algues, 632, 632F
chez les végétaux, 1170-1171
dans la division cellulaire, séparation moléculaire asymétrique, 785
état stable, 639
fibronectine extracellulaire, organisation de, 822-823, 823F

dans la formation des replis neuraux, 888, 888F
glissement
dans un gel cytoplasmique, 631, 631F
dans les muscles, *voir* Modèle du glissement des filaments
inhibition de la dépolymérisation, 642-643
dans les jonctions adhérentes, 796-797, 796F
dans les lamellipodes, 638, 640, 640F
liaison de la minimyosine dans les microvillosités, 634F, 635
dans le mécanisme de locomotion cellulaire, **671-672**, 672F
membrane plasmique, liaison à, **632-636**, 633FF
microtubules, comparaison, 652-654, 654T
microvillosités, stabilisation des, 633-635, 634F
dans la migration cellulaire, orientée, **670-671**, 671F
mouvement des organites et, 632-632F
du muscle, **616-617**, 616FF, **619-623**, 620FF, 623T
du muscle cardiaque, 624, 625F
dans les muscles lisses, organisation, 625, 625F
dans l'organisation des membranes érythrocytaires, 289, 290F
des points de contact focaux, 749, 757, 758F
poussée contre le substrat, **635-636**, 635FF
polarité, 617, 631, 631F
dans les microvillosités, 634-635, 634F
polymérisation aux extrémités plus et moins, **637-639**, 637FF
sarcomère, **619-620**, 620F
protéines de formation de la calotte, 636, 636F, 642T
protéines de formation des faisceaux, 634, 634F, 642T, 643
dans la réaction acrosomienne, 641, 641F
dans le réseau terminal, 634, 634F
réticulation des, **630-631**, 630F, **633**, 642T, **643**, 643F
dans le sarcomère, ancrage, 624, 624F
séparation, par la gelsoline, 631, 642T
dans les spicules, 638, 640, 640F
structure, 92, 119, 120F, **616-617**, 616F
têtes de myosine
décoration avec, 619, 620F
déplacement (marche) des, **620**, 621F
liaison aux, **619-622**, 620F, 626
tropomyosine et troponine avec, **622-623**, 622FF
Filaments de desmine, 666, 797
Filaments gliaux, 662, 667F
Filaments intermédiaires, 613, **661-667**, 662T, 663FF
assemblage
contrôle par la phosphorylation, **665**, 665F
des sous-unités dimériques, **664**, 664F
dans les desmosomes et les hémidesmosomes, 797-798, 798F
distribution cellulaire, 662-663, 662T
diversité, 662, 666
fonctions, 666-667
dans la mitose, localisation, 780, 780F
dans le muscle lisse, 625F
noyau, filaments environnants, 481, 481F
organisation cytoplasmique, 663F, 665
protéines
homologies structurelles, 663FF, **663-664**
types, **662-663**, 662T
protofilaments, 664F
régions variables et fixation de protéines, 666-667, 667F
dans le réseau terminal, 634, 634F
stabilité, 662, 665
Filaments minces du muscle squelettique, **614-618,** 614FF
ancrage, 624, 624F
filaments d'actine, *voir* Filaments d'actine
dans le modèle du glissement des filaments, **619-620,** 621F
polarité, 619-620, 620F
tropomyosine et troponine, **621-623,** 622FF
Filaments de vimentine, 666, 797
Filamine, **630-631**, 630F, 642T, 643, 643F
Filopodes, 638
dans la migration des cellules du mésenchyme, 883, 882FF
Fimbrine, 634, 634F, 642T, 643
Fixation de l'azote, 70, **1157-1159**, 1158F
par des cyanobactéries, 14
Fixation du carbone
bactéries V, 384, 384F
biosynthèse du saccharose, 370
par les cyanobactéries, 14
cycle, 369-370, 370F
évolution, **383-384**, 384F
à de faibles concentrations en CO_2, 371, 372F
glycéraldéhyde 3-phosphate, 369-371, 370F
hydrolyse de l'ATP, **369-370**, 370F
oxydation du NADPH, 369-370, 370F
3-phosphoglycérate, 369, 369FF, 371
réactions, 60, 61F, **368-372**, 369FF
ribulose 1,5-diphosphate, 369, 369FF, 371
ribulose 1,5-diphosphate carboxylase, 369, 369FF, 371, 372F
Fixation des échantillons
pour la MET, 144, 144F
pour la microscopie photonique, 138, 138F
Flagelle
axonème, *voir* Axonème
bactérien, **720**, 720F, **722**, 722F, 724F
formation et régénération, 650-651
mouvements du, 645, 645F
mutants, 649-650
du spermatozoïde, 863, 864F
structure, **645-647**, 645FF, 648T
Flagelline
bactérienne, 720, 720F
H1 et H2, passage entre, 570-571, 571F
Flavivirus, 471
Flavones, 1158, 1158F
Fleurs, 1154
Flottement
dans l'appariement des bases d'un codon et d'un anti-codon, 209, 210F
dans les mitochondries, diminution de, 392
Fluidité de la double couche lipidique, **278-280**, 278FF
Fluorescéine, 139, 140F, 178F, 295F
Flux inverse d'électrons, dans les bactéries pourpres, 376F, 377
Flux ioniques à travers les membranes
force motrice pour, **314-315**, 316F, **1067**
et modification du potentiel de membrane, 314, 316, 316F
résumé des principes, 1067
Focalisation isoélectrique des protéines, 171, 171FF
Foie
voir aussi Hépatocyte
kératines dans, 666
membrane plasmique, composition lipidique, 281T
origine embryonnaire endodermique, 886
régénération après perte partielle, **961-962**
structure, 959-960, 961F
Follicule(s), 862-863, 862FF
cavitaires, 862-863, 862FF
primordial, 862, 863F
Force protonique-motrice
dans un chloroplaste, 379-380, 380F
d'un gradient électrochimique, 352
à travers les membranes bactériennes, 365, 365F
Forces faibles non covalentes, interactions antigène-anticorps, 1016-1018, 1017F
Forces hydrophobes, dans des agrégats lipidiques, 53F
Formaldéhyde, comme fixateur en microscopie, 138
Formation de nodules, *voir* Chromosomes polyténiques
Formation d'une synapse, **1122-1132**, 1123FF
voir aussi Cône de croissance d'un neurite en développement ; Jonction neuromusculaire, développement ; Élimination synaptique ; Carte visuelle, développement
activation synchrone
pour des connexions convergentes, 1131-1132
et synapses multiples, 1127, 1128F, 1130
expérience et, 1130-1132, 1130FF
mémoire et, 1132
Forme A de l'ADN, 492-494, 493 F
Forme cellulaire, différenciation cellulaire, effet sur, 988
Forme Z de l'ADN, 493F, 494
Fractionnement cellulaire, **163-173**, 164FF, 165TT
développement historique, 166T
macromolécules, séparation de, *voir* Macromolécules, séparation
organites, séparation par ultracentrifugation, **163-165**, 164FF, 165T
Fractionnement cellulaire, techniques, 159
Fragment Fc des anticorps, 1013, 1014FF, 1015-1016, 1021
Fragments Fab des anticorps, 1012, 1014F, 1023F
Fragments d'Okasaki, 229, 229F, 231, 231F, 233F, 236
Fragments de restriction, de l'ADN, 182-183, 182FF, 258-259, 259F
Fragments S1, de la myosine, 617, 618F, 619, 620F
FRAP, *voir* Recouvrement de la fluorescence après photoextinction
Fréquence de résonance, 153, 154F
Fructose diphosphatase, 83
Fructose 1,6-diphosphate, 66F, 83-84, 83F
Fructose 6-phosphate, 66F, 83F
FT, *voir* Facteur(s) de transcription
Fucus, polarité cellulaire, base de, **1179**, 1180F
Fumarate, dans le cycle de l'acide citrique, 68F, 348F
Fumée de cigarette, carcinogènes dans, 1195, 1197
Fura - 2, 157, 157F
Fuseau mitotique, 652-653, 762, 1177F
chloral, effet du, 774
colchicine, effet de, 773
élongation, 774F, **776-777**, 776F
extranucléaire, eucaryotes inférieurs, 785, 786F
forces polaires
dans la métaphase, **771-772**, 772F
dans la séparation des chromosomes, **774-777**, 774FF
formation, 763, 764FF, 766, **768-773**, 768FF
formation du pôle, **763**, 766F, 768
localisation du sillon de division et, 779-780, 779FF
microtubules
voir aussi Kinétochores, microtubules ; Microtubules polaires
assemblage et désassemblage, 763, 768, 768F, 775F
polarité dans, 653, 654F
représentation schématique de la métaphase, 772F
Fusion cellulaire
études du cycle cellulaire utilisant la, 732-734, 733FF
pour former des cellules hybrides, 162-163, 163F
fusion membranaire dans la, 336, 336F
des myoblastes, 556, **983-984**, 985F
et réplication de l'ADN en phase S, 522
Fusion membranaire
dans la cytodiérèse végétale, 782, 782F
dans l'exocytose et l'endocytose, **323-324**, 324F
dans la fécondation, 869, 869F, 870, 872, 872FF, 876, 876F
induite par un virus, 336-337, 336F
dans la libération du transmetteur, 1078FF
mécanisme, possible, **336-337**, 336F

G

ΔG, *voir* Énergie
GABA, *voir* γ-aminobutyrate
GAG, *voir* Glycosaminoglycannes

Gaine interne, de l'axonème, 647-650, 647FF, 648T
Gaine de myéline, 1064, 1072F, **1073**
Galactocérébroside, 282F, 283
Galactose, 452FF, 453
Galactosyl transférase, comme marqueur pour l'appareil de Golgi, 453
Gamètes
voir aussi Ovule ; Spermatozoïde
définition, 840
haploïdie, 845
Ganglion lymphatique, 1008, 1008F
Ganglion submandibulaire, formation de synapses dans, 1127, 1128F
Ganglions, 1060, 1060F
Ganglions sensoriels, survie des cellules nerveuses, contrôle de, 1120, 1120F
Gangliosides, 283, 283F
Gastrula, 880F
ascidies, 892F
tardive, détermination cellulaire dans, 899
Gastrulation, **882-886**, 882FF, 896
chez les amphibiens, 884-886, 885FF
blastopore, lèvre dorsale, 884-886, 885F, 887F
cellules épithéliales, changement de forme des, 883-884, 883F, 886F
définition, 880
chez la *Drosophile*, 922-923, 923F
élongation convergente, 885, 886F
modifications des cadhérines au cours de la, 940, 941F
mouvements cellulaires dans, types, 884-885, 885FF
chez l'oursin, 882-884, 882FF
modèle sur ordinateur, 675, 675F
Gel
d'actine, 630-631, 630F
de glycosaminoglycannes, 804, 804F
de polysaccharides, *in vitro*, 808, 809F
transition gel-sol, 631
Gel polysaccharidique
hydraté, de la matrice extracellulaire, 803-804, 804FF
in vitro, 808, 809F
Gel de silice, chromatographie en couche mince, 167
Gelsoline, 631, 642T, 643
Gène(s), 95
voir aussi ADN ; Expression génique ; Contrôle de l'expression génique
addition, 195, 195F
pour étudier la fonction protéique, 195-196, 195F
ADN dans, 95
voir aussi ADN
amplification, *voir* Amplification génique
analyses
par hybridation, 189, 189F
par des techniques de transfert capillaire ou blotting, 190-191, 190F
cartes des liaisons génétiques, RFLP comme marqueur, 272-273, 272F
cartes physiques, 272
cartographie avec des hétérocaryons, 162-163, 163F
chevauchant, 592
viral, 257
chloroplaste, 391, 391F
clonage, *voir* Clonage de l'ADN ; ADNc ; Génie génétique ; Clones d'ADN ; Banques d'ADN
complexes stéroïde-récepteur, liaison à des gènes spécifiques, 691, 691F
constance, dans un organisme pluricellulaire, 552, 552F
pour le contrôle social de la division cellulaire, 752-761, 753FF, 753T
conversion, *voir* Conversion génique
définition, 95, 486
définition, modifiée, 591-592
comme déterminants du comportement, 35,36F
domestiques, *voir* Gènes domestiques
duplications, *voir* Duplication génique
épissage, 592
voir aussi Introns
évolution de, 602-603, 603F
évolution, 244, **841-844**, 842FF
par duplication et divergence, 842
des gènes, épissage de l'ARNm et, 102
exons, 487, 487F
extrachromosomique pour le centriole, 652
fusion
pour étudier des domaines protéiques de régulation génique, 567-568, 568F
dans la génération des oncogènes, 1209FF
identification de gènes clonés, **262-265**, 264FF
inactivation par des ARN double brin à partir d'ARN antisens, 195-196, 195F
insertion
dans un génome étranger, **194-196**, 194FF
dans des végétaux, **1181-1182**, 1183F
introns, 486T, 487, 487F
isolement, difficultés, 258
localisation chromosomique, bandes et interbandes, 510
localisation par hybridation *in situ*, 192, 193, 193F
modifiés
méthodes et utilisations, 266-267, 267F
résinsertion dans un organisme, 267-269, 268F
nombre de copies, distribution et mesure, 604
non mendéliens (hérédité cytoplasmique), 394-395, 395F
organisation, chez un eucaryote type, 487, 487F
pseudogènes, 602
réassortiment dans l'enjambement de chromosomes, 847
régulation, *voir* Expression génique, contrôle de
remplacement, *voir* Remplacement de gènes
répété en tandem, 600, 601F
évolution et maintien, 600-601, 600F
réplication, *voir* Réplication de l'ADN
séquence nucléotidique
dirigeant la séquence d'acides aminés d'une protéine, 100-102, 100FF
dirigeant la synthèse d'ARN, 101-102, 101F
stabilité et réparation de l'ADN, 223, 225
tailles de quelques gènes humains, 486, 486T
transfert de l'ADN mitochondrial à l'ADN nucléaire, 399
Gène de l'albumine, 602
analyse par transfert capillaire (Northern et Southern), 190-191, 190F
Gène antisens inductible, 196
Gène de l'ARN 7SL, séquence *Alu* et, 608-609, 609F
Gène *bicoïd*, homéobox, dans, 937
Gène c-*src*, 754
découverte, 754, 754F
gène v-*src*, comparaison, 1206F
Gène de la catalyse, 486T
Gène *engrailed* et expression, actions et contrôle, 928-929, 928F, 934-935, 934F, 937
Gène *env*, du VSR, 1206F
Gène *esc*, 936, 937F
Gène de l'α-fœtoprotéine, 579-580, 580T
Gène *gag*, de VSR, 1206F
Gène de la β-globine, 486T, 497
activateur d'expression ou amplificateur, identification et régulation, 565, 565F
évolution, 601-602, 601F
expression
au cours du développement, contrôles, 565-566, 567FF, 580-581, 580FF
locus de contrôle d'un domaine, 580-581, 580FF
intron, démonstration, 531, 531F
séquence d'ADN
exons et introns, 532F
de l'homme, 97F
Gène de la glutamine synthétase, régulation du gène bactérien, 561-562, 561FF
Gène de l'hémoglobine
cartes de restriction, 183F
conservation, 182, 183F
Gène de l'insuline, 486T
localisation chromosomique chez l'homme, 163
Gène *int*-1, mutagenèse d'insertion et, 1207-1208, 1208F
Gène *jun* et produit, 566T, 1207F, 1210, 1211F
Gène de la kératine, expression dans la différentiation des cellules épidermiques, 970
Gène *Krüppel*
homologie avec le gène TFIIIA, 927
et mutants, 926-928, 926FF
Gène et mutants *ftz (fushi tarazu)*
actions et contrôle, 193FF, 926-928, 927F, 936, 936F
homéobox dans, 937
Gène de l'ovalbumine
intron, démonstration, 531, 531F
maturation de l'ARNnh du, 535F
Gène *pol*, du VSR, 1206F
Gène *Rb1*, dans les rétinoblastomes, 1213, 1213FF
Gène du récepteur de LDL, 486T
Gène de résistance multidrogue (*mdr*1), 1202
Gène de la thyroglobuline, 486T
Gène *Ubx*, *voir* Gène *Ultrabithorax*
Gène *Ultrabithorax*
auto-régulation positive en retour, 936, 936F
produits multiples, 936-937
Gènes *src*, 754, 1207F, 1210, 1211F
Gènes *abl*, 1207T, 1209
Gènes de l'actine, 616, 628
Gènes des adénovirus
introns, 531, 531F
transcription des gènes tardifs, 526, 526F
Gènes des anticorps, 1021, 1021F, **1024-1029**, 1024FF
assemblage *V-DJ*, 1025F, 1028
assemblage *V-J*, 1025-1026, 1025FF, 1028
exclusion allélique et expression de, 1027-1028, 1027F
gènes de la région C, 1021, 1021F
hypermutation somatique dans, 1026-1027
recombination de commutation, 1029, 1030F
segment génique *C*, 1024, 1025FF, 1028-1029, 1028FF
segment génique *V*, 1024-1028, 1025FF
segments géniques *D* et *J*, 1024-1026, 1025FF, 1028, 1029F
Gènes des ARNr, **539-543,** 540FF
amplification dans un ovocyte d'amphibien, 857, 858F
chloroplastiques, 391
évolution et conservation, 600-601, 600F
introns d'auto-épissage de certains, 537-538, 538F
localisation sur les chromosomes, 543
mitochondriaux, 392T
nucléosomes dans des gènes transcrits, 511,512F
transcription de longs, 526, 526F
Gènes des ARNt, 540
chloroplastiques, 391
mitochondriaux, 392F
transcription des, 526, 526F
Gènes *cdc*, 740, 741F
clonage des gènes de contrôle du signal d'initiation, 742-743, 743F
produit des gènes *cdc*2/28 et *cdc*13, homologie avec le MPF et la cycline, 743
Gènes des chaînes lourdes de la myosine, 628
Gènes chevauchants, viraux, 257
Gènes de contrôle du développement, **905-906**, 906F
Gènes de contrôle social
voir aussi Proto-oncogènes
de la division cellulaire, **752-761**, 753FF, 753T
identification, par test de transformation cellulaire, 755, 755F
proto-oncogènes comme, 754
Gènes domestiques
dans les bandes riches en paires G-C, 521
définition, 520
identification et caractérisation, 586
îlots CG, promoteurs proches pour, 585-586, 586F
réplication précoce, 520-521, 521F
Gènes à effet maternel, définition, 924
Gènes à effet zygotique, définition, 925
Gènes *erbB*, 1207F, 1210, 1211F
Gènes *fos*, 1207F, 1210, 1211F

Gènes gap, **926-929**, 926FF
Gènes des histones, 517-518
évolution et maintien des, 600-601, 600F
Gènes homéotiques, de la *Drosophile*, 587, 587F
Gènes humains, clonage et analyse, cartes RFLP, 272-273, 272F
Gènes des immunoglobulines
voir aussi Gènes des anticorps ; et les différents gènes
durées de la réplication de l'ADN pour, 520
épissage de segments, 892
évolution, **602**
Gènes *Ir*, voir Gènes de la réponse immunitaire
Gènes mitochondriaux
expression, contrôle par des gènes nucléaires, 397
hérédité maternelle, mammifères, 395-396
hérédité non mendélienne (cytoplasmique), 394-395, 395F
vitesses d'évolution, 393
Gènes mutants, détection par hybridation, 190F, 191
Gènes et mutants *even-skipped*, 926, 926F, 929, 937
Gènes *myc*, 1207T, **1209-1210**, 1212, 1212F, 1214
Gènes *nif*, 1158
Gènes *nod*, 1158
Gènes « pair-rule », **926-929**, 926FF, 937
contrôles des gènes de polarité de segments, 928F, 929
Gènes de polarité de segments, **926**, 926F, 928F, **928-929**, 937
compartiments, définition par, **934-935**, 935FF
contrôle par des gènes « pair-rule », 929, 928F
Gènes *raf*, 1207F, 1210, 1211F
Gènes de régulation pilotes, contrôle chez la *Drosophile*, **587**, 587F
Gènes de la réponse immunitaire (*Ir*), 1052-1053
Gènes de segmentation, 921, **925-929**, 926FF, 939
classes, 926, 926F
contrôle de gènes homéotiques par, 930
contrôle par les produits d'autres gènes de segmentation, **928-929**, 928F
homéobox dans, 937
mutations et phénotypes, 925-926, 926F
subdivision de l'embryon par, 926-928, 927FF
Gènes sélecteurs, domaines d'action, 930
Gènes sélecteurs homéotiques, **929-937**, 930FF
adresses moléculaires, 930
compartiments, définition par, **934-935**, 934FF
contrôle
autres gènes, 936, 937F
par épissage différentiel, 936-937
par eux-mêmes et par d'autres gènes homéotiques, 930, 935-936, 936F
définition, 920-921, 930
expression, mode d', 930-931, 931F
gènes de segmentation, activation par, 930
homéobox dans, 937
mémoire cellulaire, mécanisme, **935-936,** 936F
mutations, *voir* Mutations homéotiques
Gènes *SIR*, de la levure, 573-574
Gènes *sis*, 708, 1207F, 1210, 1211F
Gènes des snARN, 600-601, 600F
Gènes spécifiques de tissus, méthylation et perte de CG, 585-586, 586F
Gènes suppresseurs de tumeurs, 1203-1204, **1212-1216,** 1213FF
chromosome 3 et cancer du poumon, 1214-1215
dans l'étiologie des rétinoblastomes, 1213, 1213FF
mécanismes possibles pour la perte des, 1213, 1214F
réduction à l'homozygotie ou à l'hétérozygotie, 1214F
Gènes de la troponine T, 628
Génétique inverse, 194-196, 194FF
Génie génétique, 181, **265-269**, 267FF
Génome
voir aussi ADN ; Gène ; Génome haploïde
cartographie et analyse, avec les techniques de l'ADN recombinant, 272-273, 272F
cartographie des génomes humains, de *C. elegans,* de la *Drosophile*, 264
cellule différenciée, génome inchangé dans, 891
des chloroplastes, **387-391**, **393-401**, 388FF, 389T, 390T, 392T
considéré comme un dictionnaire, 551
constance chez les organismes pluricellulaires, **552**, 552F
définition, 483
des mitochondries, **387-401**, 388FF, 389T, 390T, 392T
organisation du génome mitochondrial, caractéristiques particulières, 392-393, 392T
taille
E. Coli, 483, 486F
humain, 483, 486F
Génome haploïde
gènes des ARNr, quantités, 539
nouveau gène, création d'un, 843, 844F
variation dans l'ADN entre les espèces, 485, 486F
Génome des mammifères, îlots CG, nombres, 586
Génome mitochondrial, **387-401**, 388FF, 389T, 390T, 392T
ADN de remplissage chez les végétaux et les levures, 393
caractères inhabituels, 392-393
organisation, humain, 392, 392F
raisons pour un, 400-401
Génotype, définition, 6
Germination
de graines, 1154, 1174
des spores de fougère, Ca^{2+} et, 1180
Gibbérellines, **1180-1181**, 1181F
perméabilité de la paroi cellulaire aux, 1143
Glande sécrétant du nectar, 1152
Glande sudoripare, 972-972F, 983
Glande surrénale, dérivation de la crête neurale, 887
Glandes
voir aussi les différents types de glandes
renouvellement cellulaire, **971-973**, 972F
Glandes mammaires, structure, développement, sécrétion par, 972-973, 972F
GlcNAc phosphotransférase, hydrolases lyososomales et, 463-465, 464F
Glissement de filaments, dans un gel cytoplasmique, 631, 631F
Globine
voir aussi Hémoglobine ; Gène de l'hémoglobine
liaison de l'oxygène, 601
structure et composants, 601, 601F
β-globine
ARNm, demi-vie, 595, 596F
ARNnh, maturation anormale de, 536-537, 537F
Globules blancs
voir aussi les différents types cellulaires
catégories, **974**, 976T
dans la réponse inflammatoire, 974-975, 976F
vitesses de renouvellement, 975
Glomérules rénaux
lame basale, fonction, 819F, 820
protéoglycannes en tant que tamis, 807
Glucagon, effet sur la perméabilité des jonctions de type gap, 801
Glucide(s), 48F
voir aussi les différents glucides
addition aux oligosaccharides dans le RE et le Golgi, 453, 453FF
dérivés, 51F
fermentation, 381-382, 382F
formation, prébiotique simulée, 4, 4F
groupements chimiques, 43, 43F, 50F
métabolisme dans les mitochondries, 341
comme molécules alimentaires, 43-44
dans les nucléotides, 56F
oxydation au cours d'un exercice, 364
simple, **43-44**, 43FF, 50FF
taille, 87F
transport actif, bactéries, translocation de groupes, 311-312, 312F
transport dans les bactéries et chimiotaxie, 722, 722F
types, **43-44**, 43FF, 50FF
Gluconéogenèse
glycolyse
commutation à partir de la, 80, 82, 83F
comparaison avec, 82-84, 83F
réactions de dérivation, 82-84, 83F
Glucose
catabolisme, compartimentation, 85, 85F
comme composé alimentaire des cellules, 44
contrôle de l'opéron *lac* et, 560, 560F
formule, 43
glycolyse du, 65-67, 66FF
insuline, effet sur le métabolisme du, 684
rendement en ATP à partir du catabolisme entier, 354
structures, formes, 43F, 50F
synthèse, *voir* Gluconéogenèse
transport
actif et passif, 304
dépendant d'un gradient d'ions sodium, 309, 310FF
transépithélial, 310-311, 311F, 793-794, 793FF
Glucose 6-phosphate, 66F, 83F, 709
Glutamate, comme neurotransmetteur excitateur, 1083, 1084F
Glutamine, biosynthèse, 74F
Glutamine synthétase, 561
Glutaraldéhyde, comme fixateur
pour la microscopie électronique, 144, 144F
en microscopie photonique, 138
Glutathion, 445, 445F
Glycéraldéhyde 3-phosphate, 65-66, 66FF, 83F, 380
dans le cycle de fixation du carbone, 369-371, 370F
Glycéraldéhyde 3-phosphate déshydrogénase, structure moléculaire, 116, 117F
Glycérol
maintien de la turgescence chez les végétaux, 1145
dans les phospholipides, 45, 52F
dans la synthèse des glycolipides, 282
dans les triglycérides, 52F
Glycine, 685T
dans le collagène, 809, 809F
comme neurotransmetteur inhibiteur, 1083-1084, 1084F
Glycinebétaïne, 1145
Glycocalyx, 299-300, 299FF, 821
Glycogène, 44, **51F**, 345, **346**, 346F
catabolisme, 709-710, 709F, 712, 712F
dégradation, 346
métabolisme
AMPc-dépendant, 709-710, 709FF
effet de l'épinéphrine, 709
synthèse, régulation allostérique par les ions calcium, 128
Glycogène phosphorylase, 347F, 695
cristaux, 152F
phosphorylation-déphosphorylation, 709-710, 709FF
Glycogène synthétase, 347F
phosphorylation-déphosphorylation, 709-710, 709FF
Glycolate, 371
Glycolipides, 44, 53F, 282-283, 282FF
de la membrane plasmique, 278, 298-300, 299FF
distribution asymétrique, 281F, 282
membranes
orientation asymétrique dans, 454, 455F
quantités de différents glycolipides dans, 281T
comme récepteurs dans la signalisation intercellulaire, 283
Glycolipides neutres, 283, 282F
Glycolyse, **65-67**, 66FF, 341
ATP, synthèse nette, 66-67, 66FF
définition, 12
étapes irréversibles, 66F, 81, 82
dérivation dans la gluconéogenèse, 82-84, 83F
gluconéogenèse, comparaison avec, 82-84, 83F
localisation dans le cytosol, 66, 85, 85F
NADH, production, 66-67, 66FF
vitesse, contrôle, 364

Glycophorine, 289FF, **291**, 292F
profil d'hydropathie, 444F
Glycoprotéine accessoire, sur les lymphocytes T, 1049-1050, 1050F, 1051T
Glycoprotéine du CMH, **1040-1046**, 1041FF, 1042T, **1051-1054**, 1050FF
allélique, formes inactives, 1052-1053
auto-tolérance, développement, 1051-1052
en tant que membre de la super-famille des Ig, 1053-1054, 1054F
polymorphisme, 1053
dans les réactions de transplantation, 1053
Glycoprotéine du CMH, classe I, **1040-1044**, 1040FF, 1042T, 1051-1054, 1054F
distribution tissulaire, 1042, 1042T
locus génétiques, 1040F
polymorphisme, 1040, 1040F, 1044
dans la présentation de l'antigène viral aux cellules T cytotoxiques, **1042-1044**, 1042FF
protéine CD8 et, 1050, 1050F, 1051T
site de fixation de l'antigène, 1044, 1045F
structure, 1041, 1041F, 1042T, 1044, 1045F
Glycoprotéine du CMH, classe II, 1040FF, **1041-1042**, 1040FF, 1042T, **1044-1046**, 1046FF, 1051-1054, 1054F
activation des cellules B et, 1048, 1048F
sur des cellules présentant l'antigène, activation des cellules T auxiliaires, 1045-1046, 1046F
distribution tissulaire, 1042, 1042T
effet de l'interféron sur, 1049
glycoprotéine CD4 et, 1050, 1050F, 1051T
locus génétiques, 1040F
polymorphisme, 1040, 1040F, 1044
site de fixation de l'antigène, 1052
structure, 1041, 1041F, 1042T, 1044, 1045FF
Glycoprotéine Try-1, 1005, 1053-1054, 1054F
Glycoprotéine ZP3, dans la fécondation chez la souris, 875-876, 876F
Glycoprotéines, 44
dans les adhérences cellulaires, **827**
adhésives, séquence RGD dans toutes, 817
chaînes latérales oligosaccharidiques, 452F
complexe majeur d'histocompatibilité, *voir* Glycoprotéines CMH
distribution, 446
de la membrane plasmique, 298-300, 299FF
microfibrillaires, avec des fibres élastiques, 816
de la paroi des cellules végétales, 1139F, **1140-1142**
protéines d'enveloppe, 469-470, 469F
protéoglycannes, comparés aux, 806, 806F
structure moléculaire, 446F
synthèse dans le RE, **446-448**, 446FF
Glycoprotéines adhésives, dans la matrice extracellulaire, **816-819**, 818F, 820FF
Glycoprotéines CD4 et CD8, 1005, 1050, 1050F, 1051T
membres de la super-famille des Ig, 1053-1054, 1054F
Glycosaminoglycannes (GAGs), **803-807**, 804FF, 805T
composition, 803-804, 804F
formation de gels hydratés par, 803-804, 804F
groupes de, 804, 805T
organisation dans la matrice extracellulaire, **807-808**, 808FF
protéoglycanne, formation à partir de, 806, 806F
sulfatation dans le Golgi, 456
Glycosphingolipides, 282, 282F
synthèse dans le Golgi, 449
Glycosyl transférase
dans l'appareil de Golgi, 453, 453F, 456
glycosylation de protéines dans le RE, 447F
Glycosylases, dans la réparation de l'ADN, 223, 225-226, 223FF
Glycosylation de protéines
dans le cytosol, 417, 417F
dans le Golgi, *O*-glycosylation, 456
inhibiteurs, 454T
dans le RE, **446-448**, 446FF
Glyoxysomes, 432, 432F
GMP cyclique, 705
canal sodique, fermeture par le GMP cyclique dans les cellules en bâtonnet, 1106, 1106FF
hydrolyse, induite par la lumière dans les cellules en bâtonnet, **1106-1107**, 1107F
comme messager intracellulaire, **713**, 713F
transduction de l'énergie lumineuse en énergie électrique, dans les cellules en bâtonnet, 713
Gonadotropines, maturation de l'ovocyte et, 859-863, 861F
Gradient de densité, dans l'ultracentrifugation, 165, 166F
Gradient électrochimique
APT synthétase, guidage, 356-357, 357F
définition, 302
pour les ions perméables et le potentiel de membrane, **314-316**, 316F
Gradient électrochimique de protons, 69, 69F, 341-342, 341F
ATP synthétase, guidage, **356-358**, 357F
bactéries pourpres, synthèse d'ATP et de NADH, 375-377, 376F
dans les chloroplastes, *cf.* mitochondries, 379-380, 380F
composants du pH et de la tension, 352, 352F
contrôle du flux électronique et, 364
évolution, 383, 383F
ΔG pour l'hydrolyse de l'ATP et, **73**
génération
par la chaîne respiratoire, **351**, 352F, **362**, 363F
dans le schéma en Z, **377**, 378F, 379
importation de protéines, nécessité, 427, 428F
modification de l'énergie libre du transfert de protons, 357-358, 357F
pompe calcique, guidage, 353
rotation flagellaire bactérienne, 720F
transport de molécules, guidage, 352-353, 353F
Gradient ionique à travers les membranes, énergie du, 131, 349, 351-352
Gradient morphogène
réponse seuil à un, 914
comme signal spatial, **913-914**, 914F, **917**, 918F
Gradient de protons, *voir* Gradient électrochimique de protons
Gradient de tension à travers les membranes, *voir* Potentiel de membrane
Graine
développement de l'embryon dans, **1173-1174**, 1174F
germination, 1154, 1174
Graines d'orchidées, 1157
Graines végétales, 1145F
Grains de pollen, 1146F, 1154
Graisses, stockage, 345-346, 346F
Gramicidine A, 322-323, 322F
Grana, du chloroplaste, 367F
Granules corticaux, 856, 857F, 862F, 871
exocytose, et formation de la membrane de fécondation, 872, 872FF, 875T
Granules P, développement des cellules germinales et, 784-785, 784F
Granules polaires, 855
Granules zymogènes, 411, 411F
Granulocyte, 974, 975F, 976T
Greffes
rejet, 1010, 1040
tolérance immunologique, 1010
Greffes de peau, chez des jumeaux, 1010
Groupement acétyle, transfert par le coenzyme A, 76T
Groupement aldéhyde
dans les glucides, 43, 43F, 50F
transfert de la thyamine pyrophosphate, 124
Groupement amine, 42, 49F
dans les acides aminés, 45, 45F, 54F
Groupement carboxyle, 42, 49F
dans les acides aminés, 45, 45F, 54F
dans les acides gras, 44, 52F
transfert par la biotine, 76, 76T, 77F, 124
Groupement cétone dans les glucides, 43, 43F, 50F
Groupement hydroxyle, 42, 49F
dans les glucides, 43, 43F, 50F
Groupement méthyle, 42, 48F
transfert par la S-adénosylméthionine, 76T
Groupement non polaire, 46FF, 276, 277F
Groupement prosthétique, des enzymes, 76T
Groupements hydrophiles, 46FF, 276, 277F
dans les acides gras, 44, 52FF
Groupements hydrophobes, 46FF, 276, 277F
dans les acides gras, 44, 52FF
Groupements polaires, 46F, 276, 277F
Groupes d'équivalence, dans le développement des vers nématodes, **907-909**, 908F
GTP
hydrolyse
correction sur épreuves dans la synthèse protéique, 217, 217F
dans la gluconéogenèse, 82-84, 83F
dans les mouvements des microtubules, **654-655**
par la protéine G, 697, 698F
dans la synthèse protéique, 212
synthèse, cycle de l'acide citrique, 67-69, 68F, 348, 348F
Guanine, 45, 56FF
dans l'ADN, 95-96, 99F
dans l'ARN, 5, 5F, 98F, 101
Guanosine monophosphate cyclique, *voir* GMP cyclique
Guanyl cyclase, 713
comme récepteur sur le spermatozoïde pour *resact*, 869F
Guidage de contact, 824, 1115-1116, 1116F
Dictyostelium, 827

H

H et ΔH, *voir* Enthalpie
Halobacterium halobium, 293, 293F, 408
Haptène, 1006, 1007F, 1022, 1023F
Haptène DNP (dinitrophenyl), 1007, 1007F
Haptotaxie, 1115, 1116F
Hélice
voir aussi Hélice α ; Structure de l'ADN
de l'ADN, 96, 96F, 99F
dans des assemblages supramoléculaires, **119,** 119FF
dans les macromolécules, types, 89, 92, 92F
sens de giration des hélices, 92, 92F
Hélice α, 109, 110, 110FF, 112
dans les peptides signaux, matrice mitochondriale, 427, 427F
dans les protéines des filaments intermédiaires, 663, 663FF
dans les protéines membranaires, 285, 285F, 289, 291, 293-294, 293F
dans le récepteur de l'acétylcholine, 321F
surenroulement, 617, 617FF
Hémagglutinine, 833
structure tridimensionnelle, 446F
Hématopoïèse, **973-982,** 973FF, 976T, 981T
cellule souche multipotente, **978-979,** 979F
cellules précurseurs engagées, **979-982,** 979FF
cellules totalement différenciées, **979,** 979F
précurseurs des globules blancs, formation, 981-982, 981T
production d'érythrocytes, **980-981,** 980FF, 981T
régulation
CSF, **980-982,** 980FF, 981T
sites possibles pour, 982, 982F
spécifique d'un type cellulaire, 974-976
schéma hypothétique de, 978-979, 979F
types de cellules sanguines, 973T, 974, 975F, 976T
Hématoxyline, 139
Hème, 124, 125F, 373F, 433, 1159
dans les cytochromes, 359, 359F
Hémicellulose, 782, 1139-1140, 1139FF
Hémidesmosomes, 792T, 795, **798**
localisation dans les cellules, 798F, 802F
Hémoglobine
coenzyme de l'hème, 124
évolution et, 221-222, 221F, 221T
Héparane sulfate, 804, 805T
Héparine, 804, 805T
fibronectine, liaison à, 817, 818F

Hépatocyte
distribution dans le foie, 960, 961F
fonctions, 960-961
origine embryonnaire endodermique, 959
préparation de microsomes lisses, 437-438
réactions de détoxification, 436
renouvellement, **961-962**
Hérédité, et structure de l'ADN, 96
Hérédité cytoplasmique
voir aussi Hérédité non mendélienne
chez les levures, 394-395, 395F
chez les mammifères, 395-396
Hérédité maternelle
de certains plastides, 1163
des gènes mitochondriaux chez les mammifères, 395-396
Hérédité non mendélienne, 394-395, 395F
voir aussi Hérédité cytoplasmique
Héritage clonal
de l'ADN méthylé, 583-584, 584F
du chromosome X inactif, 577-578, 578F
Hétérocaryon, 162-163, 163F
mouvement des protéines de la membrane plasmique, 295, 295F
Hétérochromatine, 513, 513FF
ADN satellite, 605
chromosome X chez les femelles, hérédité du, 577-578, 578F
constitutive et facultative, **577**, 577F
extension chez des mutants de la *Drosophile,* 579, 579F
formation, protéines nécessaires, 579
inactivation de gènes dans l', **577-579,** 577F
réplication tardive, 520
Hétérochromatine constitutive, localisation et modifications, 577, 577F
Hétérochromatine facultative, **577-578**, 578F
Hétérozygote, avantage, 842-843
Hexoses, exemples, structures, 50F
Hind III, séquence de reconnaissance pour, 182F
Hippocampe, formation de la mémoire, **1099-1100**
Histamine, 685T, 688
exocytose, au cours de réactions allergiques, 1016, 1067F
formule structurelle, 1093F
dans la réponse inflammatoire, 1034
sécrétion par exocytose, 324-325, 325F
Histidine, 54F, 58F
Histone, 23, 26, 26F, 236, **496-500,** 496FF
absence
dans les organites, 390
dans les spermatozoïdes, 864
acétylation, 512
acides aminés, 496, 496F
ARNm, renouvellement, contrôle, 596, 596F
dans la chromatine, *voir* Chromatine
dans la chromatine active, 512
conservation, au cours de l'évolution, 496, 496F
groupe de gènes, *Drosophile,* 498, 498F
importation dans le noyau, 425
nucléosomale, **496-500,** 496FF
synthèse et assemblage avec l'ADN au cours de la phase S, 517-518, 518F, 732
Histone acétylase, 512
Histone H1, 498FF, **499**
absence, chez les levures, 583
dans la chromatine active, 512
empilement des nucléosomes dans des fibres de 30 nm, **499,** 499FF
liaison coopérative, 492, 493F, 499, 500F
phosphorylation
dans la mitose, 503
par la MPF kinase, 736, 762
Histone H4, évolution et, 221-222, 221F, 221T
Holecystokinine 8, 1093, 1094F
Homéobox
évolution, conservation au cours de, 938
dans les gènes de contrôle du plan d'organisation, 937
Homologue (chromosome homologue), 845
distributions aléatoires aux cellules germinales, 847, 847F
formation du complexe synaptonémal, 848, 849FF
reconnaissance et appariement, 845, 846F
Horloge biologique, 34, 34F
à partir d'oscillations dans des intermédiaires métaboliques, 84
Hormone adrénocorticotrope (ACTH ou adrenocorticotropic hormone), 686T, 696T
Hormone folliculo-stimulante (FSH ou follicule-stimulating hormone), 686T, 862
Hormone de libération de l'hormone lutéinisante (LHRH), 1094, 1094FF
Hormone de libération de la TSH (TRH), 684F
Hormone lutéinisante (LH ou luteinizing hormone), 686T, 696T, 862, 863F, 866
Hormone stéroïde, 690
voir aussi les différentes hormones
exemples, 687T
fixation au récepteur, 690-691
mécanisme d'action, **690-693**, 691FF
protéine porteuse, 688, 689F
régulation génique
coopération, 716, 716F
dans différentes cellules cibles, 692-693, 693F
réponse cellulaire
primaire et secondaire, 692, 692F
spécificité, 693
vitesse, 715-716, 716F
stabilité de l'ARNm, contrôle, 595
synthèse dans le RE lisse, 436
Hormone thyréotrope (TSH ou thyroid-stimulating hormone), 684F, 686T
rôle de l'AMP cyclique, 696T
Hormones, 34, 35F, 682, 682F, 686TT
voir aussi les différentes hormones
différentiation cellulaire, dans la modulation de, 980-981, 981F, 981T
érythropoïétine, **980-981,** 980FF
maturation de l'ovocyte et, 735, 736F
maturation de l'ovule et ovulation, 862-863, 863F
sécrétion par exocytose, 324-325, 324FF
spermatogenèse, contrôle par, 866
des végétaux, *voir* Régulateurs de croissance des végétaux
Hormones, par l'intermédiaire de l'AMPc
cellules cible, effets sur différentes, 696, 696T
récepteurs, activation de l'adényle cyclase, 696-697, 696F, 698F
rôle des protéines G, 697-699, 698F, 699T
Hormones, stéroïdes, *voir* Hormones stéroïdes ; Récepteurs des hormones stéroïdes
Hormones corticostéroïdes, 689F
Hormones de croissance, développement des cellules adipeuses avec, 988-989
Hormones polypeptidiques, traitement protéolytique dans le Golgi, 456F, 457
Hormones sexuelles, comme déclencheurs, prolifération cellulaire, 744-745
Hormones thyroïdiennes, 687T
mécanisme d'action, **690-693**, 691FF
dans la métamorphose de la grenouille, 688, 688F
protéine porteuse, 688, 689F
régulation par les hormones hypophysaires, 684, 684F
Humain
carte des gènes de l'hémoglobine, 183F
cartographie du génome, 264
développement des ovocytes, 862-863, 863F
embryon, 889F
évolution
divergence avec la souris, 487
séquences, L1 et *Alu* dans, 608-609, 609F
nombre de cellules dans le corps, 744
Hyaluronidase, 805
Hybridation des acides nucléiques, 181
pour détecter des séquences nucléotidiques spécifiques, **188-193,** 189FF
pour purifier des protéines mineures, 193
stringence et faible stringence, 191-192, 192F
Hybridation de l'ADN, 181, **188-193**, 189FF
à l'ARN
détection de séquences nucléotidiques spécifiques, **189-191**, 189FF, 553, 553FF
forme *A* de l'ADN, 492, 493F
Northern blotting, 190-191, 190F
dans la sélection d'hybride, 265, 265F
dans la transcription reverse, 254-255, 255FF
conditions de stringence vs. condition de faible stringence, 191-192, 192F
expression génique, étude de, 189-191, 189FF
in situ, 192-193, 193F
nombre de copies d'un gène et, 189, 604
Southern blotting ou transfert capillaire selon Southern, 191, 190F
transformation *in vitro*, 240-241, 242F
Hybridation en condition de faible stringence, 192F
Hybridation *in situ*, **192-193**, 193F
identification de gènes via, 262, 263F
Hybridation soustractive, pour purifier les rares clones d'ADNc, 262, 262F
Hybridomes, 1019
Hydra, 29-31, 29F, 30F
bourgeonnement, 839F
déplacement de, 30-31, 30F
régénération, mécanisme autocatalytique, 912, 913F
Hydrolases acides des lysosomes, 459, 459F
Hydrolyse de l'ATP, 74-75, 74FF
dans l'actine
polymérisation, 616
« tapis roulant », 683-639
dans l'activation des acides aminés, 207, 207F
activité de l'ADN topoisomérase de type II et, 237F
ATP synthétase, fonction dans, 357-358, 357FF
catalyse enzymatique, couplage à, 126
changements conformationnels allostériques et, **120-131**, 130FF
au cours de la contraction musculaire, **618-620**, 621F, 626
dans le courant cytoplasmique, 632
dans le cycle de fixation du carbone, 369-370, 370F
dégradation protéique, dépendante de l'ubiquitine, 419, 420F
dans la gluconéogenèse, 82-84, 83F
dans la glycolyse, 65-66, 66F
hélices d'ADN et, 231, 232F
importation de protéines
dans les chloroplastes, 398
dans les mitochondries, 428, 428F
dans le noyau, 424
au cours de la mitose, 775, 775F
dans le mouvement ciliaire, **648-649**, 648FF
et ordre biologique, 62-63, 63F
au cours des polymérisations, 78, 79F
réactions biosynthétiques, 71, 73-75, 74FF, 78, 79F, 353-354
rôle dans le transport axonal rapide, **660**, 660F
surenroulement de l'ADN, génération de, 581, 582F
translocation de protéines chloroplastiques, 430, 430F
dans le transport actif, 303
liaison périplasmique du substrat par l'intermédiaire de protéines, 312, 313F
pompe Ca^{2+}, 307
pompe Na^{+}-K^{+}, 287F, **304-305**, 305FF
pompes membranaires, 131, 132F
transport ionique, couplage à, 304-309, 305FF
variation d'énergie libre et équilibre, **73-74**, 74F, 354, 355F
Hydroxyapatite, dans les os, 989
Hydroxylysine, dans le collagène, 810T, 811, 811F, 813, 813F
Hydroxyméthylcytosine, liaison, ADN, 250
Hydroxyproline
dans le collagène, 810T, 811
dans les glycoprotéines des végétaux, 1142
Hypermastigots, fuseau mitotique, 785, 786F
Hypermutation somatique, dans des gènes d'anticorps, 1026-1027
Hyperpolarisation membranaire, 1066, 1084, 1086
potentiel de récepteur d'une cellule en bâtonnet, 1105, 1105F
Hyperthyroïdie pathologique, 694

Hypochlorite, dans les phagosomes, 974
Hypoderme, 952F
Hypophyse, 683, 684F
Hypothalamus, 683, 684F
Hypothèse endosymbiotique, 398-399, 399F
Hypothèse « informatrice », 1005
Hypothèse du signal, **438-443**, 439FF
Hypoxanthine, 226, 226F

I

Idiotype, **1030-1031**, 1030FF
  anti-idiotype, interaction T_H—T_S, 1050, 1051F
  définition, 1030F
Ig, *voir* Immunoglobulines ; et immunoglobulines spécifiques,
Ilôts CG, 585-586, 586F
Immunité
  acquisition, 1001
  base cellulaire de, **1002-1011**, 1002FF
  à médiation cellulaire, *voir* Immunité à médiation cellulaire
Immunité à médiation cellulaire, 1002-1003, **1037-1054**, 1037FF, 1042T, 1049T, 1051T
  cellule T
    récepteurs, 1037-1038, 1037F
    sous-populations, 1038
  cellules T auxiliaires
    activation des cellules B, 1047-1048, 1048F
    prolifération, 1046-1047, 1047F
    reconnaissance des antigènes étrangers, 1042F, **1045-1046**, 1046F
  cellules T cytotoxiques, **1038-1040**, 1041F, **1042-1044**, 1042FF, 1042T, 1049T, 1051T
  cellules T suppressives, 1050, 1051F
  gènes du CMH et protéines, **1040-1046**, 1040FF, 1042T, 1051-1054, 1054F
  réactions de transplantation, 1040-1041, 1042F
Immunocytochimie indirecte, 177, 178F
Immunoglobuline, 1011
  voir aussi Anticorps ; et les différentes immunoglobulines
  homologie
    avec CD4 et CD8, 1050, 1053, 1054F
    avec les molécules du CMH, 1041, 1041F
  molécule, représentation schématique, 602F, 1013F
  repliement, 1021, 1022F
  dans la réponse des anticorps, 1001-1002
  structure, tridimensionnelle, 1021, 1022, 1022F
    feuillets β, 109F, 111F
    modèle de chaîne légère, 114F
Immunoglobuline A (IgA)
  structure, propriétés, fonctions, 1013, 1014T, 1015-1016, 1016F
  synthèse, 1024, 1025FF, 1028-1029, 1028FF
Immunoglobuline D (IgD)
  structure, propriétés, fonctions, 1013-1015, 1014T
  synthèse, 1024, 1025FF, 1028-1029, 1028FF
    dans les cellules B vierges, 1014
Immunoglobuline E (IgE)
  domaine C_H4 de la chaîne lourde, 1021
  structure, propriétés, fonctions, 1013, 1014T, 1015, 1016T
  synthèse, 1024, 1025FF, 1028-1029, 1028FF
Immunoglobuline G (IgG)
  fixation du complément C1, activation, 1032, 1033F
  structure, propriétés, fonctions, 1013-1015, 1014T, 1015F
  synthèse, 1024, 1025FF, 1028-1029, 1028FF
Immunoglobuline M (IgM)
  avidité, 1018
  domaine C_H4 de la chaîne lourde, 1020F, 1021
  fixation du complément C1, activation, 1032, 1033F
  liée à la membrane vs. sécrétée, 1028F, 1029
  structure, propriétés, fonctions, 1013-1015, 1014T, 1015F
  synthèse, 1024, 1025FF, 1028-1029, 1028FF
    dans les cellules pré-B et les cellules B vierges, 1014, **1027-1028**, 1027F
Immunologie, définition, 1001
Importation co-traductionnelle de protéines, 434, 435F, **438-443**, 439FF
Importation post-traductionnelle de protéines, 434, 440-441, 441F
Impulsion nerveuse, *voir* Potentiel d'action
In vitro, définition, 160
In vivo, définition, 160
Inclusion d'échantillons 138
  pour la MET, 144
  pour la microscopie photonique, 138, 138F
Indépendance d'ancrage des cellules transformées, 759, 759F
Index mitotique, 729
Indicateurs émettant de la lumière, concentration ionique, pour mesurer, 156-157, 157F
Induction, embryonnaire
  par le mésoderme, 887, 941-942
  du mésoderme chez le *Xénope*, **893-894**, 893FF
  par une série d'interactions successives, 893, 893F,
  du tube neural, 887, 941-942
  de la vulve du ver nématode, 907-909, 908F
Infection, par un virus à ARN, 254, 255F
Infection virale, détection par PCR, 272
Infection virale lytique, 253, 253F
Inflammation
  angiogenèse dans, 965-966
  et prostaglandines, 690
Information génétique contenue dans l'ADN, 97, 97F, 100F
Information de position, **911-919**, 912FF
  voir aussi Plan d'organisation ; Valeur de position de la cellule
  dans la détermination cellulaire, *voir* Détermination cellulaire
  dans le développement des membres, *voir* Développement des membres ; Régénération des membres, cafard
  différentes interprétations de l', 916
  dans la différentiation cellulaire, jonctions de type gap et, 800
  dans les disques imaginaux des insectes, 931-932, 932F
  domaine d'influence, 914
  gradients morphogènes, **913-914**, 913F, **917**, 917FF
  inductions à courte portée pour, 893, 893F
  mémoire cellulaire et, **914-917**, 914FF
  mésoderme, en tant que porteur chez les vertébrés, 941-942
  molécules d'adhérence cellulaire, traduction de, 940-941, 941F
  dans l'organogenèse, **940-946**, 940FF
Inhibiteur protéique des phosphatases AMPc-dépendantes, 710, 711F
Inhibiteur de la trypsine pancréatique basique, *voir* BPTI
Inhibition de contact
  de la division cellulaire, 674
  du mouvement, **673-674**, 674F
  dans la stabilité territoriale des tissus adultes, 994
Inhibition de la division cellulaire dépendante de la densité, 748, 748F
  perte dans les cellules transformées, 753, 753F, 753T
Initiateur de tumeurs, 1196
Inositol triphosphate ($InsP_3$), dans la transduction de signaux, **702-703**, 703FF, 873
Insecte
  voir aussi Drosophile ; Régénération de limbes, chez les blattes
  chromosomes polyténiques larvaires, 507-510, 508FF
  gènes contenant une homéobox, 937-938
  muscle du vol, 614, 615FF
  structure segmentaire du corps, 921, 922F
Instabilité dynamique, des microtubules, **654-655**, 656F
Insuline, 686T
  assemblage irréversible, 122, 122F
  captage par endocytose, 694
  métabolisme du glucose, effet sur, 684
  sécrétion, exocytose dans, 323
  séquence d'acides aminés, 100, 101F
  dans des vésicules sécrétrices, 466F
Intégrase lambda
  courbure de l'hélice d'ADN par, 495F
  intégration et excision de l'ADN de lambda, **246**, 247FF, 253, 253F, **495**, 495F, 574
  production de, 595, 595F
Intensificateur d'images
  pour enregistrer des modifications des ions Ca^{2+}, 157F
  systèmes en microscopie photonique, 142, 142F
Interaction actine-myosine
  dans l'anneau contractile, **626-627**, 627F
  dans les ceintures d'adhérence, 627, 627F
  dans la contraction musculaire, *voir* Contraction musculaire
  dans le déplacement de la cellule non musculaire, **672**
  effets de la troponine sur, 622-623, 623F
Interaction antigène-anticorps, 1012-1013
  affinité de liaison et nombre de sites, 1016-1018, 1017FF
  maturation d'affinité, 1026-1027
Intercalation, règles d', **918-919**, 919F
  disques imaginaux et, 935
Interféron γ, 1048-1049, 1049T
Interleukine-1 (IL-1), 1046, 1047T, 1049T
Interleukine-2 (IL-2), 747T, 1046-1047, 1047T, 1049, 1049T
Interleukine-3 (IL-3), **980-981**, 981F, 981T
Interleukines, **1046-1049**, 1047FF, 1049T
  dans l'activation, la prolifération, et la maturation des cellules, 1047-1048, 1048F, 1049, 1049F
  dans la prolifération des cellules T auxiliaires, 1046-1047, 1047F, 1049T
  propriétés de certaines, 1049T
Interneurone, 1062
  cône de croissance, 1112, 1112F
Interphase, **728-736**, 728FF
Intestin
  cancers, et différenciation cellulaire, 1199-1200, 1199F
  cellules spécialisées de, 959, 960F
  cils de l', 646, 646F
  épithéliums, catalogue des, 996
  formation embryonnaire à partir de l'endoderme, 883-886, 882FF, 890
Intron
  ARN catalytique provenant de, 105-106, 105FF
  auto-épissage, **537-538**, 538F
  définition, 102, 487
  démonstration, par boucles R, 531, 531F
  évolution, 602-603, 603F
  excision, de l'ARNnh, **531-537**, 531FF
  dans les gènes de l'immunoglobuline, 1021F, 1025F, 1028F
  dans les gènes mitochondriaux et des champignons, 394
  localisation par des techniques d'hybridation, 189
  nombre dans certains gènes humains, 486T, 535
  perte au cours de l'évolution, 603-604
  recombinaison, facilitée par, 602
  séquences
    consensus au niveau des sites d'épissage, 533, 534F
    déchets, 533
    dans le gène de la β-globine, 532F
    origine ancestrale, 394, 603, 603FF
  sites d'épissage différentiel, création d', 536-537, 537F
Involucrine de l'épiderme, 969, 970
Ion calcium
  activation de la protéine kinase C, 704
  adhérence intercellulaire, épiderme, 828
  alignement des chloroplastes chez les végétaux, **1171-1172**, 1172F
  AMP cyclique, interaction dans la régulation cellulaire, **711-712**, 712F
  dans l'apprentissage associatif, 1098-1099
  chélation par l'EDTA, 159
  concentration
    extracellulaire, 301T, 1077

gradient de, intracellulaire, et polarité cellulaire, végétaux, **1179**, 1180F
gradient à travers la membrane plasmique, 321, 699, 701
intracellulaire, 301T, 699, 701, 710, 1077
maintien de la concentration intracellulaire, 307
contraction musculaire, initiation de la, squelettique, **621-623**, 622FF
exocytose, rôle dans l', 321-322, 321F, 325
formation du complexe calmoduline, 711, 712F
indicateurs
émetteurs de lumière, 156-157, 157F
pour perméabiliser les cellules, 157-158, 158F
initiation de l'anaphase par, 773, 773F
interaction actine-myosine, contrôle de, **621-623**, 622FF, **626**, 626F
ionophores, 322
pour imiter InsP$_3$, 704, 704F
dans les jonctions cellulaires
intégrité, 793-794, 796, 798F, 801
intervalle, fermeture par, 801
kinase de la chaîne légère de myosine, régulation dans le muscle lisse, **626**, 626F
libération d'acétylcholine, en tant que signal, 321-322, 321F
en tant que messager intracellulaire, 694F, 695, **701-704**, 701FF, 708, 710-717, 711FF
dans la libération de l'acétylcholine, **1076-1078**,1077FF
neurones, 1092
mode d'action, comme messager intracellulaire, 322, 708, **710-717**, 711FF
dans l'œuf fécondé
augmentation, 871, 871F, 875T, 876
développement, initiation par, 872-874, 875T, 876
dans la polarité de l'œuf, algues, 912
dans la potentialisation à long terme, 1100
rétention
dans les organites, 699-701, 700F
au niveau des terminaisons axonales, 1077
dans la sensibilisation et l'accoutumance, 1096-1098, 1098F
synthèse du glycogène et, 128
terminaison présynaptique, effet dans la, 321-322, 321F, **1077-1078**, 1077FF
transition gel-solution, et liaison de la gelsoline, 631
troponine, liaison à, 622-623, 622FF
voie de signalisation des phosphoinositides, libération dans, 701F, 702-703, 703FF
Ion chlorure
concentration intracellulaire et extracellulaire, 301T
flux
à travers les membranes, 314, 316
au niveau de synapses inhibitrices, 1083-1084, 1085F
potentiel d'équilibre (V_{cl}), 1067
Ion hydrogène
concentration, intracellulaire et extracellulaire, 301T
gradients
pour guider le transport de nutriments, 309
synthèse d'ATP et, 307, 309
ionophore pour, 322-323
Ion hydrure, transport par NADH, 350, 351F
Ion magnésium, concentration, intracellulaire et extracellulaire, 301T
Ion potassium
concentration, intracellulaire, 301T, 306
gradient de concentration, 301T
dans les cellules ciliées, 1104
et potentiel de membrane, 314-316, 316F
ionophores pour (valinomycine), 322
potentiel d'équilibre (V_K), 315, 1067
sortie, au cours d'un potentiel d'action, 1070, 1070F
transport
par une pompe N$^+$-K$^+$, 304-307, 305FF
dans les végétaux, turgescence et, 1144-1145
Ion sodium
concentration, intracellulaire et extracellulaire, 301T
dans le contrôle du volume cellulaire, 306, 308F
courant au cours d'un potentiel d'action, 1067
influx
dans la dépolarisation membranaire, dans un œuf fécondé, 871, 872, 875T
dans un potentiel d'action, **316-318**, 317F, **1069-1070**, 1070F
ionophore pour, 322-323
potentiel d'équilibre (V_{Na}), 315, 317, 317F, 1067
sortie, par une pompe Na$^+$-K$^+$, 304-307, 305FF
stockage, dans les vacuoles végétales, 1164
dans le transport actif des oses et des acides aminés, 309, 310FF, 311, 311F
Ionophore A23187, 322, 872
Ionophore formant un canal, 322-323, 322F
Ionophore protonique, découplage par, 364, 364F
Ionophores, 322-323, 323F
Ions
diffusion à travers la double couche lipidique, 301, 301F
pourcentage dans les cellules, 88T
Iris, cellules myoépithéliales de, 983
Irradiation
comme agent de coupure de l'ADN, 240
et perte de la réponse immunitaire, 1003, 1003F
Irradiation aux rayons X, destruction des cellules hématopoïétiques par, 978, 978F
Isocitrate, et cycle de l'acide citrique, 68F, 348F
Isoenzymes, 82F
Isoleucine, inhibition rétroactive de la synthèse, 82F
Isomères optiques, des acides aminés, 54F
Isomérisation dans la recombinaison générale, 244, 245F
Isotope, radioactif, dans le marquage de molécules, 174-176, 175FF, 175T

J

Jonction décalée, *voir* Liaison hétéroduplex
Jonction hétéroduplex
conversion génique et paires de bases mal appariées, 244, 246, 247F
dans la recombinaison générale, 239-242, 239F
dans la recombinaison spécifique d'un site, 246, 248F
Jonction de Holliday, *voir* Échange de brins croisés
Jonction neuromusculaire, 32-33, 32F, 319, **1075-1083**, 1075FF
activation, étapes et canaux ioniques à ouverture contrôlée, **321-322**, 321F
développement, **1122-1127**, 1123FF
élimination d'acétylcholine, 1081, 1083
élimination des synapses en excès, 1126-1127, 1126FF
événements post-synaptiques, électriques, 322, 716, **1078**, 1080FF, **1081-1083**
formation, activité électrique et, **1125-1127**, 1126FF
lame basale, rôle de régénération, 820-821, 1124-1125, 1124F
libération d'acétylcholine, étapes dans, **1076-1078**, 1077FF
potentiels synaptiques miniatures, 1078, 1080F
récepteur de l'acétylcholine, **319-322**, 320FF, 1081, 1081FF, 1083
recyclage membranaire dans une jonction active, **1077-1078**, 1078FF
régénération dans un muscle énervé, 1124, 1124F
structure, 1075, 1075FF
Jonctions adhérentes, 792, 792T, **795-797**, 795FF
entre cellules et matrice, 796-797
intercellulaires, 796
localisation dans les cellules, 796, 795FF, 802F
Jonctions d'ancrage, **795-798**, 795FF, 802F
définition, 792
types, 792, 792T
Jonctions cellulaires, **792-801**, 792T, 793FF
voir aussi jonctions particulières
classifications, 792, 792T
dans le développement, apparition, 833
distribution dans un feuillet épithélial, 802F
chez *Hydra*, 30
protéine, conservation, 831
Jonctions cellule-matrice, 791
voir aussi Jonctions cellulaires
Jonctions communicantes
définition, 792
types, 792, 792T
Jonctions étanches, **793-794,** 793FF, 802F
analogie avec les bandes de Caspary des végétaux, 1155, 1156F
cellules embryonnaires, entre, 881, 882F, 894
diffusion latérale, blocage par, 297, 297F
fonction, 793-794, 793FF
localisation dans la cellule, 793FF, 802F
et transport transcellulaire, intestinal, 311, 311F
structure, 794, 794FF
Jonctions imperméables, 792-794, 792T, 793FF, 802F
voir aussi Jonctions étanches
Jonctions intercellulaires, *voir* Jonctions cellulaires
Jonctions de type gap, 681, 681F, 792, 792T, **798-801**, 799FF
cellules embryonnaires, couplage de, 800, 801F, 881, 882F, 888
cellules folliculaires et ovule, jonction de type gap entre, 859, 859F, 862F
cône de croissance et cellule signalisatrice ou « borne », 1115, 1116F
connexons, 799, 780FF
fonctions dans le couplage cellulaire, **798-800**, 799FF
du mésoderme, absence lors de la formation des somites, 888
dans le muscle cardiaque, 624, 625F
ostéocytes, jonctions entre, 991, 991F
perméabilité, **798-799**, 799F
régulation, 800, 801
des synapses électriques, 1074
Jumeaux
et équivalence fonctionnelle des cellules de l'embryon précoce, 896
tolérance des greffes, 1010

K

Kératane sulfate, 804, 805T
Kératine, **662**, 662T, 663F
des cellules épidermiques, **968-970**, 969F
filaments, 274F
dans les desmosomes, 665, 797, 798F
diversité, 662, **666**
α-kératine, analyse par diffraction des rayons X, 109
Kératinocytes
différentiation et arrangement *in vitro*, 828
dans l'épiderme, 968-971, 968F
Kinase A, 707F, 709-710, 709FF, 1092
effet sur les taux de Ca^{2+}, 712
maturation de l'ovocyte, inactivation de, 860
dans la mémoire
à court terme, **1097-1098**, 1097FF
à long terme, 1098
régulation allostérique de, 710, 710 F
substrats, différentes cellules cibles, 710
Kinase C, dans l'action des neurotransmetteurs, 1092
Kinase des chaînes légères de myosine, **626**, 626FF, 711
Kinase G, *voir* Kinase dépendante du GMP cyclique
Kinase GMPc-dépendante, 707F, 713F
Kinase multifonctionnelle réglée par Ca^{2+}/calmoduline, *voir* Ca-kinase II
Kinase PI, 707
Kinésine, **660-661**, 660F, 776
Kinétochore

formation au niveau de centromères, 768-769, 769FF
dans la méiose, 851, 854F
pôle du fuseau, interaction avec, 770-771
protéines dans, 769, 770F
séparation des chromatides sœurs, 773, 774F
structure, 768, 769F
Kinocils, 1104
Klebsormidium, 389F
K_M, 125, 126F
de protéines porteuses, 303, 303F

L

Lactate, formation dans la fermentation, 67, 381-382, 382F
Lacune
du cartilage, 990
des os, 991, 991F, 993F
Lame basale, 802, 803F, **818-821**, 819FF
absence au niveau de synapses neuronales, du cerveau, 1076F
cellules cancéreuses, migration à travers, 1194, 1194F, **1200-1201**, 1200FF
collagène de type IV dans, 809, 810T, 815, 816F
composants, 819, 820FF
distribution, 818-819, 819F
de follicule, 862F
fonctions, 819, **820-821**, 819F, 824, 824F
au niveau d'hémidesmosomes, 798, 798F
au niveau d'une jonction neuromusculaire, 1075FF, **1124**, 1124FF
du muscle, 1124, 1124FF
potentiel de la cellule souche, maintien de, **970-971**, 971F
dans la régénération
des cellules musculaires, 1124, 1124F
des nerfs, 1116, 1124, 1124F
structure, 819, 819FF
dans les vaisseaux sanguins, 962FF, 963
Lame basale de jonction, 1124
Lamelle
interne, des cellules végétales, 1168
moyenne, des cellules végétales, 1140, 1142F
Lamelle moyenne, de la paroi des cellules végétales, 1140, 1142F
Lamellipodes, 638, 638F, 640, 640F, **669-671**, 669FF, 674
inhibition par contact cellulaire, 673-674, 674F
Lamina nucléaire, 662T, **663, 665,** 665F
phosphorylation, dans les ovocytes, 861, 861F
phosphorylation-déphosphorylation au cours de la mitose, 777-778, 777F
Laminine, 803, **818-819**, 820FF, 1116
Laser, microchirurgie, 907
Latence, virale, 253
LDL
absorption et traitement par endocytose par l'intermédiaire de récepteurs, **328-329**, 329F
particule, 328, 328F
Lectines, 299, 299T, 827
regroupement ou redistribution en agrégats (patching) et redistribution polaire ou capping, 333-334, 334F
Leghemoglobine, 1158-1159
Légumineuse, symbiose avec des bactéries fixant l'azote, 1157-1159, 1158F
Lentille, 953F, **955-956**, 955FF
Leptotène, 848, 849FF, 852F, 855F
Leucémie, 1188, 1189F, 1189T
Leucémie myélogène chronique, 1190, 1190F, 1193-1194
translocation chromosomique dans la, 1209, 1209F
Leucocytes, *voir* Globules blancs ; et les différents types cellulaires
Leucocytes polymorphonucléaires, *voir* Neutrophile
Leucoplastes, 1162, 1163F
Leucotriènes, 689F
Levure, 2F
ADN mitochondrial
introns, 394
de remplissage, 393
cellules haploïdes, 394, 395F
chromosome
séparation, 184, 184F
séquences TEL, CEN, ARS nécessaires pour la fonction, 483-484, 484FF
conjugaison, 571, 739, 739F, 741F
contrôle de la synthèse protéique
manque de quelque eucaryote supérieur, 583,
positifs de traduction, 593-594, 594F
protéine gal4, 567, 568F
cycle biologique, 739, 739F
cycle cellulaire, 738, 738F
en carence, 741-742, 742F
départ du, **741-743**, 741FF
comme modèle pour l'étude du, **738-743**, 738FF
séquences dépendantes, 740-741, 741F
élément Ty1 de, 255-256, 255F
éléments ARS, comme origines de réplication, 516, 517F
états haploïde et diploïde, 571, 572FF
fuseau mitotique, à l'intérieur du noyau, 785-786, 786F
gène de contrôle de départ *cdc*2/28, et produit, 742-743, 743F
gènes de choc thermique, 421
gènes mitochondriaux, hérédité cytoplasmique, 394-395, 395F
hérédité asymétrique dans, 573-574, 573F
hérédité mendélienne, 395F
interconversion de type conjugaison, **571-574**, 572FF
introns, perte de, 603-604
manque en histone H1, 496
mitose, cellules haploïdes, 840
mutants *cdc*, gènes et produits géniques, **739-743**, 740FF
mutants « petite »
cytoplasmiques, 396, 396F
nucléaires, 397
remplacement génique, 195-196, 195F
reproduction, sexuée et asexuée, 394-395, 395F
vecteur chromosomique artificiel, 484, 485F
LH, *voir* Hormone lutéinisante,
Liaison covalente, 48F
Liaison covalente d'une macromolécule
force, 88-89T
longueur, 88, 89T
Liaison de haute énergie
dans l'ATP, 62
dans NADH et NADPH, 77, 77FF
Liaison hydrophobe, 88, 91F
Liaison ionique, dans les macromolécules, 88, 90F-91F
Liaison non covalente d'une macromolécule **88-92**, 89T, 89FF
dans l'assemblage des structures cellulaires, 118-119, 121
dans la conformation, détermination de la, **88-92,** 89T, 89FF, 107-108, 107F
force, 88, 89T, 90F, 93
liaisons multiples et surfaces adaptées, 88, 89F
Liaison peptidique, 45, 45F, 54F, 100
clivage, 172, 173T
formation, 54F, 208, 209F
Liaison phosphodiester, dans les acides nucléiques, 57F, 58, 59F
Liaison thioester, 418F, 1035, 1036F
Liaisons α, dans les glucides, 51F
Liaisons β, dans les glucides, 51F
Liaisons chimiques faibles, **88-91,** 89F
voir aussi Liaison non covalente d'une macromolécule
Liaisons hydrogène, 46F, 90F
dans l'appariement des bases de l'ADN, 96, 96F, 99F
dans l'ARN, 98F
ARNt, 103, 103F
catalytique, 106, 106F
CAP et AMPc, liaisons hydrogène entre, 123F
dans la conformation des protéines, 107-108, 107FF
eau, effet sur, 123
dans les feuillets β des protéines globulaires, 109, 109F
dans une hélice α, 110, 110F
liaisons hydrogène entre l'ADN et les protéines de liaison à l'ADN, 488, 488F
dans les macromolécules, 88, 90F, 91F
dans une molécule d'eau, réseau, 90F, 123
dans les parois des cellules végétales, 1139F, 1140, 1141F
dans les protéines transmembranaires, 285, 285F
dans la triple hélice de collagène, 811
Ligand, 116F
définition, 122, 123F
dégradation de récepteurs, induction de la, 718, 719F
dans les modifications allostériques des protéines, 127-129, 128FF
en tant que molécule informative, 693-694
Lignée cellulaire 162, 162T
cellules gliales, nerf optique, 909
de cellules hématopoïétiques, **978-982**, 979F, 981F
gènes de contrôle du développement pour, **905-906**, 906F, 908-909
hybridomes, 178-179, 179F
non transformée, *voir* Lignées cellulaires non transformées
chez les vers nématodes, **903-908**, 903F, 908F
Lignée cellulaire HeLa, 162T
Lignée cellulaire d'hybridomes, pour des anticorps monoclonaux, **178-179,** 179F
Lignée cellulaire 3T3, 745, 749F, 750-751, 755
Lignée sauvage, de souris, 1003F
Lignées cellulaires non transformées, dans les études de la division cellulaire, 745-752, 746FF
Lignées congéniques, de souris, 1042
Lignées germinales, cellules des, 840
Lignine, 1146-1147, 1147F, 1149, 1153, 1155
Limaçon, **675-676**, 676FF, 1102-1104, 1102FF
Limitation de la diffusion
de la catalyse enzymatique, 126-127, 127F
de la formation et de la dissociation de complexes, **93**
Limite de résolution, 137, 138F
Lipide
voir aussi Double couche lipidique ; Phospholipide ; et les différents lipides
catabolisme, aperçu, 64-65, 64F
définition, 53F
importation dans les mitochondries, 398
intracellulaire, transport, topologie du transport par l'intermédiaire de vésicules, 411, 413F
marquage des spins des groupements polaires, 278
dans la membrane plasmique, 275FF, **276-283**, 281T
synthèse
dans les chloroplastes, 398
dans la membrane du RE, 436, **448-450**, 449FF
Lipocortine, 689F
Lipoprotéine de faible densité, *voir* LDL
Liposomes, 158F, 278, 278F, 362
Lipoxines, 689F
Locomotion cellulaire, **669-674**, 669FF
voir aussi Migration cellulaire ; Cytosquelette
bord avant, dynamique de l'actine dans la, **638-640**, 638F, 640F
du cône de croissance, *voir* Cône de croissance du neurite en développement
cycle endocytose-exocytose dans la, 333-334, 333FF
dans l'embryogenèse, **882-884**, 883F
inhibition par la cytochalasine et la phalloïdine, **642-643**, 642F
mécanisme moléculaire, possible, **671-673**, 672FF
polymérisation contrôlée de l'actine, sites de nucléation, **641**
Locus génétique, 841
Locus génétique du signe (MAT), contrôle chez les levures, 571-574, 572FF

Longueur d'onde d'un électron, résolution en microscopie électronique, 142
Longueur d'onde de la lumière, résolution dans un microscope photonique, 137, 138F
Lumière
définition, 405
du RE, 434, 434FF
Lupus érythémateux systémique, 532
Lutéoline, 1158F
Lymphe, 1002
Lymphocyte, 33, 951, 952F, 974, 976T, 977F, 1002-1003
voir aussi Lymphocyte B ; Lymphocyte T
cellules effectrices, 1003, 1038
cellules de régulation, 1003, 1038
différentiation, 1009
récepteurs, spécifiques d'un antigène, **1005-1007**, 1006FF, 1012, 1037-1038, 1037F
ségrégation, dans le tissu lymphoïde, 1008, 1008F
dans le tissu hématopoïétique, 1004, 1004F
Lymphocyte B, 974, 976T, 979F, **1003-1011**, 1004FF
voir aussi Lymphocyte
activation
cellules T auxiliaires, **1047-1048**, 1048F
cellules T suppresseurs et, 1050
indépendante des cellules T, 1047
interleukines dans, 1048, 1048F, 1049T
cellules à mémoire, 1009-1010, 1009F
clonage, pour la production d'anticorps monoclonaux, **178-179**, 179F
développement, 1003-1004, 1004F, 1012
des B vierges aux sécrétrices d'Ig, 1029, 1029F
commutation de classe pour la synthèse d'anticorps, 1029, 1029FF
réarrangement de l'ADN, **1024-1029**, 1024FF
synthèse d'anticorps monospécifiques, base, 1027-1028, 1027F
maturation, interleukines dans la, 1048, 1048F, 1049F
migration, 1004, 1004F
monospécificité, génération, 1027-1028, 1027F
morphologie, 1004-1005, 1005F
phénomène de homing, 1008
plasmocyte, maturation en, 1004, 1005F, 1012
production d'anticorps, 1003, 1005-1010, 1006F, 1009F, 1012, 1014
voir aussi, Anticorps, synthèse
besoin des cellules T, 1012
identification, 1012
interaction antigène-anticorps, 1012-1013
prolifération, interleukines dans la, 1048, 1048F, 1049F
récepteurs (anticorps), 1012
recirculation, entre le sang et la lymphe, 1008, 1008F
dans les réponses des anticorps, **1003-1004**, 1004F
dans les réseaux idiotypiques, **1030-1031**, 1031F
stimulation antigénique, 1004-1007, 1005FF, 1012
Lymphocyte T, 974, 976T, 979F, **1003-1011**, 1004FF
voir aussi Cellule T cytotoxique ; Cellule T auxiliaire ; Lymphocyte ; Cellule T suppresseur
auxiliaire ou helper, *voir* Cellule T auxiliaire
cellule B
différences avec, 1037
interactions avec, **1047-1048**, 1048F, 1050, 1051T
cellules à mémoire, 1009-1010, 1009F
clones, spécifiques d'un antigène, 1047, 1047F
CMH du « non-soi », sélection dans le thymus, 1051-1052
développement, 1004, 1004F, 1051-1052
fonctions, 1038
glycoprotéines du CMH et, **1041-1046**, 1042FF, 1042T, 1053
dans l'immunité à médiation cellulaire, **1003**, 1004F, **1037-1054**, 1037FF, 1042T, 1049T, 1051T
marqueurs
purification de marqueurs spécifiques, 262, 262F
surface, 1005
migration, 1004, 1004F
modifications du cytosquelette lors de la liaison à une cellule cible, 1038, 1039F
morphologie, 1004, 1005F
phénomène de homing, 1008
prolifération, interleukines et, 1046-1047, 1047F
dans les réactions de transplantation, 1040-1041, 1042F, 1053
récepteur, **1037-1038**, 1037F, **1053-1054**, 1054F
récepteurs protéiques accessoires sur, 1049-1050, 1050F, 1051T
remise en circulation, entre le sang et la lymphe, 1008, 1008F
sous-populations, 1038
stimulation antigénique, 1004-1007, 1005FF, 1012
suppresseur, *voir* Cellule T suppresseur
Lymphocytes B vierges, classes d'anticorps produits par, 1014
Lymphokines, *voir* Interleukines
Lymphome de Burkitt, 1209
Lyse cellulaire
par fixation du complément, 1031-1032, 1032F, **1034-1035**, 1035F
par des virus lytiques, 249
Lysine, 45F, 54F, 58F
acétylation dans les histones, 496F
dans le collagène, 110
Lysosomes, **16F**, 20, 406, 406FF, 407TT, **459-465**, 459FF, 1046, 1046F
voir aussi Endolysosome ; Endosome
dans l'autophagie, 460, 461F
des cellules végétales, 1161
compartiment prélysosomal, 331, 460, 461F
définition, **459-460**, 461F
effets de la chloroquine ou de l'ammoniaque, 462
dans l'endocytose, 326, 460, 461F
fonctions digestives, **459-460**, 461F
formation, trois voies de, **460**, 461F
fusion avec des endosomes, 330-331, 331F, 461F
pH, contrôle du, 459-460
dans la phagocytose, 334, 460, 461F
phosphatase acide comme marqueur, 459F
protéines, *voir* Protéines lysosomales
recyclage de membranes, **461-462**, 462F
Lysosomes primaires, 461F
Lysosomes secondaires, 461F
Lysozyme, modèle compact, 125F

M

Macromolécules
voir aussi les différentes molécules
assemblage à partir de sous-unités, 87
diffusion, vitesse de, **93**, 93F
endocytose de macromolécules spécifiques, **328-332**, 328FF
enfermement dans des vésicules, 323-324, 324F
étude par RMN, 153-155, 154F
formation et dissociation de complexes, 93
hélices dans, types, occurrence, **89, 92,** 92F
information biologique dans, **87-89**, 89F
information génétique dans, 96-97
liaisons non covalentes, **88-92**, 89T, 89FF
localisation visuelle
en coupe fine, 145, 145F
en MET, **148-149**, 149FF
microscopie en fluorescence, 139, 140F
techniques, 139, 140F, 141
microinjection dans des cellules, 180
poids moléculaires, 87
déterminations, 168, 168FF
processus de reconnaissance, **87-95**, 88TT, 89FF
erreurs et réparation, 94-95
sédimentation par ultracentrifugation, 164-165, 165F
séparation
par chromatographie, 167-169, 167FF
par électrophorèse, 169-172, 170FF, 173T
par ultracentrifugation, **163-165**, 164FF, 165TT, 173T
structure tridimensionnelle (conformation), **88-92**, 89FF
Macrophage, 33, 334, 951, 952F, 974, 976T, 979F, 1601
voir aussi Cellules phagocytaires
cellules T auxiliaires et interleukines, activation, **1048-1049**, 1049T
phagocytose par, 334-335, 334FF
production à partir de cellules souches, 981-982, 981T
vitesses d'endocytose, 333
Maladie auto-immune, 1001, 1011
Maladie de crown-gall ou gale du collet, 1159, 1159FF
Maladie de Parkinson, 1093, 1093F
Maladies du complexe immunitaire, 1031
Maladies génétiques
cancer et, 1201
« cartographie » des gènes par RFLP, 272-273, 272F
défaut du récepteur de LDL, 329, 329F
détection par PCR, 272
diagnostic prénatal, 191
Ehlers-Danlos, 812
identification de défauts moléculaires pour, 264
des intégrines, 822
maladies d'accumulation lysosomales, 464-465
syndrome de Werner, 751
thalassémies, 536-537, 537F
Xeroderma pigmentosum, 225
Maladies lysosomales d'accumulation, 464-465
Malate, dans le cycle de l'acide citrique, 68F, 348F
Mammifère
diversité des anticorps, génération de, 1023-1031, 1024FF
embryogenèse, *voir* Souris
embryon, non-équivalence des chromosomes de l'ovule et du spermatozoïde, 900-901, 901F
évolution, 222
fécondation *in vitro*, 875-876, 876F
gènes homéotiques et leurs fonctions, 938
œuf, 892, 894, 895F
Mannitol, maintien de la turgescence chez les végétaux, 1145
Mannose 6-phosphate (M6P), comme marqueur sur les hydrolases lysosomales, 461, 463
« Marche » sur le chromosome, utilités et possibilités, 262-265, 264F
Marquage par « pulse-chase », 175, 175F
Marquage radioactif de molécules, **174-176**, 175FF, 175T
Marquage vectoriel des protéines de la membrane plasmique, 288-289
Masse de cellules internes, des blastocystes, 895F, 896
Mastocytes
histamine, sécrétion déclenchée de, 325, 325F, 688
dans la mort à médiation cellulaire dépendante des anticorps, 1016
réactions allergiques, mécanisme, 1016, 1017F
Mathématique neuronale, canaux ioniques, rôle dans, **1086-1091**, 1086FF
Matière blanche, de la moelle épinière, 1110F
Matière grise, de la moelle épinière, 1110F
Matrice
du cartilage, 990-991, 990FF
des os, 989-990, 990FF
Matrice, pour la polymérisation des nucléotides, **5-6**, 5F, 7, 7F, 96-97, 100FF
Matrice extracellulaire, 29, 790F, 791, **802-824**, 802FF, 805T, 810T
voir aussi les différents types et composants
cellules
associées, 803, 803F
effets sur, 822

liaisons à la, 821-822, 821F
différentiation des cellules des tissus conjonctifs et, **987-988**
diversité dans différents tissus, 802-803
fonction, 803
frontière avec la membrane plasmique, 299
macromolécules
formes et tailles de certaines, 821F
résumé, 803
organisation, par l'actine et les cellules, **822-823**, 823F
organisation du cytosquelette, effet sur, 674
paroi des cellules végétales en tant que, 1137-1139, 1139FF
points de contact focaux, attachement aux filaments d'actine via, **636**, 636F
prolifération cellulaire, rôle dans, 759-760, 760F
protéines, exocytose, voie sécrétrice constitutive, 465
récepteurs, 821-822, 821F
code morphogénétique et, 831
dans la régénération nerveuse, 1116
résistance mécanique d'un tissu, 951
structure, 802-803, 802FF
Matrice nucléaire, 546
Maturation de l'ARN, **528-541,** 530FF
voir aussi Épissage de l'ARN
de l'ARNnh, coiffage et polyadénylation, **529,** 530F
dans le contrôle de l'expression génique, 552F, 553
correction de l'ARN, 597
dans la différentiation cellulaire, 536, 536F
site de clivage, changement dans, 591, 592F
d'un transcrit primaire d'ARNr, **540-541,** 540F, 542F
des transcrits des gènes des immunoglobulines, 1021, 1021F, 1025F, **1028-1029,** 1028FF
Mécanisme autocrine, de la prolifération des cellules T, 1046-1047, 1047F
Mécanisme de cassettes, de la régulation génique, 572-574, 572FF
Mécanisme « en fermeture éclair » de la membrane, dans la phagocytose, 335, 335F
Mécanisme de glissement des microtubules, d'un axonème, **648-650**, 648FF
Mécanisme du « tapis roulant »
protéine recA dans la migration de branches, 243, 243F
des sous-unités d'actine
dans le bord avant, **640,** 640F
dans un polymère, **638-640**, 638F, 640F
Mécanismes de défense, des végétaux, **1159-1160,** 1160F
Mécanoréception, dans l'oreille, 1102-1104, 1102FF
Médiateur(s) chimique(s) local(ux), **682-683**, 682F, 685T
facteurs de croissance comme, 748
immobilisation, 689
interleukines et croissance des cellules T, 1046-1047, 1047F
neurotransmetteur comme, 1074
protéines de la matrice extracellulaire comme, 689
vitesse de dégradation, 688
Médiateurs intracellulaires, *voir* Messagers intracellulaires
Mégacaryocyte, 974, 977, 977F, 979F
Méiose, 239, **845-854**, 846FF
voir aussi Recombinaison générale
alignement des chromosomes, 848, 850FF, 851, 854F
arrêt
en division II, 861
en prophase I, par des phosphorylations AMPc-dépendantes, 860
bivalent
complexe synaptonémal, 848, 849FF, 852F
définition, 845, 847F
enjambement dans, 847-849, 847FF
séparation en anaphase, 849, 851, 854F
chiasmata, 847-848, 847FF, 852F
dans la ségrégation des chromosomes, **849, 851**, 854F
chromosomes sexuels, appariements et ségrégation, 850F, 851, 854
complexe synaptonémal, **848**, 849FF, 852F
conversion génique, 244, 246, 247F
division II, 854, 854F
divisions I et II, 846, 846F
durée, 855F
échange de brins croisés, 244, 246F
enjambement, 846F, **847-849**, 847FF
dans un follicule antral, 862, 863F
chez les levures, 739, 739F
mitose, comparaison avec, 845, 846F, 849, 851, 854F
modules de recombinaison, **848-849**, 849F
production d'un ovocyte secondaire, 856-857, 858F
production d'un ovule mature, 857, 858F, 862-863, 863F
prophase I, 847F, 848, 849FF, 852F, 855F, 860
en tant que phase G_2, 860
ségrégation des chromosomes, 849, 851, 854F
spermatide, production de, 864, 865F, 867F
stade diplotène, chromosomes en écouvillon, 506-507, 506FF
stades, 848, 852FF, 855F
Mélanine, 953, 953F
Mélanocytes, 951-952
Mélanomes, 1188, 1190
Membrane
voir aussi Membranes internes ; Double couche lipidique ; Membrane plasmique
dans les bactéries, membranes spécialisées, 408, 408F
dans le cycle cellulaire, 780
détergents, effet sur, 286, 286F
distribution entre types plasmique et interne, 407, 408T
enveloppes virales, 250, 250F
formation, dans l'évolution, 9, 9F
glucides, **298-300**, 299FF, 299T
topologie dans le transport vésiculaire, 454, 455F
interne, *voir* Membranes internes et différents organites
interne et externe des bactéries gram négatives, 312, 312F
microscopie électronique après cryodécapage, 147, 147FF
noire, 278, 278F
perméabilité ionique, ionophores et, 322-323, 322F
propriétés électriques, résumé des principes, 1067
recyclage
dans les cellules végétales, 1167, 1167F
par endocytose et exocytose, 326, 328, **331-332**, 331FF
endolysosome et Golgi, recyclage entre, **461**
sécrétion contrôlée, **466-467**, 467F
structure, générale, 275-276, 275F
synthèse
cône de croissance du neurite, 1113, 1114F
dans le réticulum endoplasmique, 21, 285, 434, 435F, **438-443**, 439FF, **448-450**, 449FF
systèmes de la cellule eucaryote, 16F-17F, 20
dans le transport via des vésicules, *voir* Endocytose ; Exocytose ; Transport vésiculaire
dans l'ultracentrifugation, 163-164, 165FF
Membrane basale, 819
voir aussi Lame basale
Membrane basilaire, du limaçon, 1102-1103, 1102FF
Membrane externe
des chloroplastes, 367FF, 368, 426F
des mitochondries, **343,** 344F, 426, 426F
Membrane interne
des chloroplastes, 367FF, 368
des mitochondries, **343-345**, 343FF, 368F, 426, 426F
Membrane noire, 278, 278F
Membrane nucléaire
voir aussi Enveloppe nucléaire
pourcentage des membranes cellulaires totales, 408T
Membrane plasmique, 9, 9F, 16F, 18, **275-337**, 274FF, 281T, 299T, 301T
voir aussi Double couche lipidique ; Membrane,
actine
ancrage des filaments, **632-636**, 633F
sites de nucléation pour, 640, 640F
asymétrie, 281-282, 281F, 285, 285F, 298
attachement de filaments intermédiaires à la, 665
Ca^{2+}-ATPase, 700, 700F
de la cellule végétale, 1147, 1149, 1150F, 1165, 1167, 1171, **1179, 1181**, 1180F
perméabilité, 1143
plasmodesmes, 1151-1153, 1152FF
synthèse de cellulose, **1168-1170**, 1168FF
transport sensible à la turgescence, 1144-1145
des cellules polarisées, synthèse, 468
dans les cellules transformées, anomalies, 753T
cortex cellulaire et, **629-630, 632-643**, 629FF
croissance, par exocytose, 324-325, 324FF
fluidité, importance de, 280
glucides, **298-300**, 299FF
glycolipides, 282-283, 282FF
gradient de tension à travers, *voir* Potentiel de membrane
internalisation, vitesses, 333
locomotion cellulaire
flux au cours de, 333, 333F
sites de nucléation de l'actine, 641
microélectrodes, pour l'étude de la, 155-156, 155FF
microvillosités, stabilisation du cytosquelette, **633-635**, 634F
minimyosines, liaison à la, 632, 635
de l'œuf, 856, 857F, 870FF, 871-874, 875T
points de contact focaux, **635-636**, 635FF
potentiel, *voir* Potentiel de membrane
protéines, *voir* Protéines membranaires
puits recouverts, 326-327, 326FF
recyclage dans les cellules présynaptiques actives, **1077-1078**, 1078FF
sites d'ancrage, dans le muscle lisse, 625F
support mécanique assuré par le cytosquelette, **633**, 633F
transport de composants vers
des ribosomes à la membrane, **411-415**, 410FF
voie constitutive, **467-468**, 467F
voie contrôlée, 468
Membrane pourpre, de *Halobacterium halobium*, 293, 293F, 408
Membranes cellulaires, *voir* Double couche lipidique ; Membrane ; Membrane plasmique
Membranes internes
voir aussi Membranes ; et différents organites
asymétries des résidus glucidiques, 298
dans les cellules eucaryotes, **20**
dans la compartimentation des cellules, 127, **406-415**, 406FF, 408T
évolution des, 408-409, 408FF
quantités relatives dans les organites, 407, 408T
Membranes du thylacoïde, ME par cryofracture des, 148F
Mémoire
à court terme, mécanisme, **1094-1098**, 1096FF
formation d'une synapse et, 1132
immunologique, 1008-1010, 1009F
à long terme, 1098
dans l'hippocampe, **1099-1100**
récepteurs métabotropiques et, **1094-1098**, 1096FF
Mémoire cellulaire
voir aussi Expression génique, contrôle de ; Expression génique, maintien de
analyse de lignées et, **902-911**, 902FF
dans le cancer, 1190-1191
dans la détermination, **899-901**, 900F
information de position, enregistrement de, **914-917**, 914FF

maintien de, 952-953
dans la différentiation cellulaire, **890-901**, 891FF
dans les disques imaginaux de la *Drosophile*, 931-932, 932F, **935-936**, 936F
dans l'embryogenèse, **898-901**
et expression génique, régulation de la, **570-586**, 571FF
gènes contenant une homéobox et, 937
gènes sélecteurs homéotiques, auto-régulation, **935-936**, 936FF
cytoplasmique, **899-900**
immunologique, **1008-1010**, 1009F
nucléaire, **900-901**, 900F
Mémoire à court terme, *voir* Mémoire, court terme ; Sensibilisation
Mercaptoéthanol, 170, 170F
Méristème latéral, **1174**, 1174F
Méristèmes, 1138, **1154**, **1173-1176**, 1174FF
Méristèmes apicaux, **1148-1149**, **1154**, **1173-1176**, 1174FF
MES, *voir* Microscopie électronique à balayage
Mésenchyme
développement du tissu conjonctif à partir de, 943
mésoderme, formation à partir de, 887
primaire, de l'embryon d'oursin, 882-884, 882FF
Mésoderme
chez la *Drosophile*, 923, 923F
formation, contrôle chez les vertébrés, 941-942
formation dans la gastrulation, 884, 885F
induction de l'ectoderme, 941-942
induction chez le *Xénope*, 893-894, 893FF
plaque latérale, 943
segmentation, dans la formation des somites, 888-890, 889F
tissus, provenance à partir de, 886-887, 888, 890
Mésosome, 409F
Messager secondaire, *voir* Messagers intracellulaires
Messagers intracellulaires, 695
AMPc comme, 694F, **695-696**, 696T
amplification dans la voie des, 713-714, 714F
dans l'apprentissage associatif, 1098-1099
dans la chimiotaxie bactérienne, 723-724, 724F
inositol triphosphate ($InsP_3$), **702-703**, 703FF, 873
ions calcium, 694F, 695, **699-704**, 701FF
dans la libération d'un neurotransmetteur, **1077-1078**, 1077FF
mode d'action de l'AMPc et des ions Ca^{2+}, **708-717**, 709FF
dans les neurones postsynaptiques, 1092
produits du gène c-*ras* et, 757, 756F
transduction de signaux extracellulaires, **708-717**, 709FF
dans la transmission synaptique, 1074
MET, *voir* Microscopie électronique à transmission
Métabolisme de l'azote, contrôle chez *E. Coli*, 561-562, 561FF
Métabolisme cellulaire, matrice extracellulaire, effets sur, 822
Métabolisme intermédiaire
voir aussi Biosynthèse ; Voies métaboliques
dans les plastides des cellules végétales, 1163
Métabolisme oxydatif, évolution, 14-15
Métabolisme du pyruvate
en acétyl CoA dans les mitochondries, 345-348, 346FF
dans la fermentation, 66-67, 381-382, 382F
en glucose, gluconéogenèse, 82-84, 83FF
à partir du glucose dans la glycolyse, 65-67, 66FF
localisation mitochondriale, 85, 85F
transport dans les mitochondries, 345, 353, 353F
Métabolisme et stockage, catalogue des cellules spécialisées, 996
Métabolites, transport à travers la membrane mitochondriale, 352-353, 353F
Métamorphose de la grenouille, contrôle hormonal, 688, 688F
Métaphase
localisation de l'actine, de l'ADN, de la tubuline, 140F
méiotique, 853F, 849, 851, 854F
mitotique, 763, 763FF, **766**, **771-773**
Métastase, 752, 1188, 1188F, **1200-1201**, 1200FF
Méthodes des répliques en microscopie électronique, 147-148, 147FF
Méthyl estérase, 723F
Méthyl transférase, 723, 723F
Méthylase d'entretien, 583, 584, 584F
Méthylase d'initiation, 584
Méthylation
de l'ADN, *voir* Méthylation de l'ADN
dans la chimiotaxie bactérienne, 721-724, 722FF
des protéines, dans le cytosol, 417, 417F
Méthylation de l'ADN
absence dans la répression des gènes d'invertébrés, 583
de C dans la séquence CG, 583, 583F
dans la correction sur épreuves des mésappariements, réplication de l'ADN, 234, 234F
établissement dans l'œuf, 584
héritage dans les cellules de vertébrés, 583-584, 584F
maintien de la méthylase pour, 584, 584F
dans la mémoire nucléaire, 900-901
nucléases, protection contre les, 182, 250
5-méthylcytosine, dans l'ADN des vertébrés, 583, 583F
Micelle, 53F, 277,277F
détergent, 286, 286F
Microélectrodes, intracellulaires, **155-157**, 155FF, 318, 1152, 1153F
Microélectrodes à sélectivité ionique, 155, 155F
Microfibrilles de cellulose, 1139FF, 1140
organisation
forme de la cellule et, 1168, 1168F, 1172, 1173F
microtubules corticaux et, 1146, **1169-1170**, 1169FF, **1172**, 1173F
Microglie, 1064, 1065F
β-microglobuline, 1041, 1041F, 1044, 1045FF
Microinjection
des cellules, 180
de molécules pour lesquelles la membrane est imperméable, 157, 157FF
Micropipette, enregistrement de canaux isolés, 318F
Micropyle, des œufs de poisson, 871
Microscope à contraste d'interférence différentielle, **141-142**, 141F
électronique, 142, 142F
Microscope à contraste de phase, **141-142**, 141F
Microscope électronique à balayage (MEB), 144F, **146-147**, 146F
Microscope électronique à haute tension, 147
Microscope à fond noir, **141-142**, 141F
Microscopie
voir aussi Microscopie électronique ; Microscopie photonique
unités de longueur, 136F
Microscopie cryoélectronique, **149**, 150F
Microscopie électronique, **142-150**, 142FF, 143T
coloration négative, **148-149**, 149F
par cryodécapage, **147-148**, 148FF
par cryofracture, **147-148**, 148F
par cryoséchage, 147, 148F
de membrane d'érythrocyte, 291-292, 291FF
développements importants, 143T
images tridimensionnelles, 146, 146F
méthodes des répliques, 147-148, 147FF
microscopie cryoélectronique, **149**, 150F
ombrage, **147**, 147F, 148
préparation des échantillons, fixation, inclusion, coupe, coloration, 144-145, 144F
résolution, 142, 142F
reconstruction d'images, 150
techniques de traitement d'images, 149-150
utilisation d'anticorps en, 177, 177FF
Microscopie électronique à balayage, 134F
Microscopie électronique à transmission (MET), **142-145**, 143T, 144FF, **147-149**
Microscopie en fluorescence, **139-140**, 141
analyses de séquences d'ADN, 187F
indicateurs émettant de la lumière pour la, 157, 157F
techniques des anticorps avec la, 177, 178F
Microscopie en fond clair, 141F
Microscopie d'interférence électronique, 142.142F
Microscopie d'interférence de Nomarski, 141F
Microscopie interférentielle par réflexion, 635, 635F
Microscopie photonique, **137-142**, 136T, 136FF, 144F
augmentation du contraste, 141F
à contraste d'interférence différentielle, 141-142, 141F
à contraste de phase, **141-142**, 141F
découvertes, historique, 136T
diffraction, optique, **137**, 137F
électronique, 142, 142F
fluorescence, **139**, 140F, 141, 177, 177FF
sur fond clair, 141F
à fond noir, **141-142**, 141F
interférence, 137, 137F
interférentielle par réflexion, 635, 635F
préparation des échantillons, fixation, inclusion, coupe, coloration, **138-139**, 138F
résolution, **137**, 138F
traitement d'images électronique pour, **142**, 142F
Microsomes, 436-438, 437F
lisses, 437-438, 437F
rugueux, 437-438, 437F
sédimentation par ultracentrifugation, 164-165, 165F
Microsporidia, stades dans l'évolution et, 18
Microtome, 138, 138F
Microtubules, 21, 613
dans l'alignement interphasique, 763, 764FF
dans l'axone, 1061F
dans l'axonème, **645-647**, 645FF, 648T
cellules métaphasiques, localisation dans, 140F
dans les cellules T, dans les interactions cellulaires, 1038, 1039F
des centrioles, 650
colchicine, effet de la, 653, 653T, 768
cône de croissance, arrangement dans le, 670, 671F
croissance du neurite, besoins pour, 1113-1114, 1114F
fibroblaste, arrangement dans le, 670, 671F
filaments d'actine, comparaison, 652-654, 654T
dans le flagelle du spermatozoïde, 864FF
formation de l'aster, 656, 656F
dans la formation du repli neural, 888, 888F
forme de la cellule et, 673
dans le fuseau mitotique, 772, 772F
instabilité dynamique, **654-655**, 656F
kinétochore, *voir* Microtubules kinétochoriens
localisation des filaments d'actine et, 673
mécanisme de glissement dans le mouvement ciliaire, **648-650**, 648FF
dans la migration cellulaire, **672-673**, 673F
orientée, **670-671**, 671F
mitochondries, associés, 342, 342F
polarité, 649
extrémités plus et moins, **653-656**, 653FF
pôle, *voir* Microtubules polaires
polymérisation-dépolymérisation dans la formation du fuseau mitotique, 763, 768, 768F, 775F
dans la prophase précoce, 703, 765FF
protofilaments, 646-647, 646F
sous-unité, transport axonal lent dans le neurite, 1113-1114, 1114F
structure, **646**, 646F
taxol, effets du, 653, 653T, 768
tectine et doublets, 647
tubule C, 650F
tubules A et B, 645, 645F, 647, 647F
tubuline, *voir* Tubuline
visualisation
par microscopie interférentielle assistée par ordinateur, 142, 142F

dans la mitose, embryon, 157F
Microtubules, cellules végétales
bande préprophasique, **1177-1178**, 1177FF
corticaux
organisation des microfilaments de cellulose et, **1169-1170**, 1169FF, **1172**, 1173F
réorganisation sous l'action d'un stimulus, 1172, 1173F
croissance de la paroi cellulaire et, **1146-1147**, 1147F
dans la formation de la plaque cellulaire, 1166, 1166F
migration nucléaire, 1178, 1179F
mitose, 783, 783F
Microtubules cytoplasmiques, **652-661**, 653FF, 653T, 654T
cellule végétale
coiffage de l'extrémité plus, **654-655**, 658
croissance à partir des COMT, **654, 656**, 656FF, 658
demi-vie, 658
localisation du RE et du Golgi et, **660-661**, 661F
MAP, associées, **659-661**, 659F
organisation des filaments intermédiaires par, 665
polarisation cellulaire par, **656, 658**
polarité, 653, 654F, 660, 660F
stabilisation sélective *in vivo*, **658-659**, 659F
transport axonal bidirectionnel le long des, **660**, 660F
transport d'organites, saltatoire, 659-660
Microtubules astraux, 766F, 767F, 770, 772F, 776-777
Microtubules kinétochoriens, 766F, **768-776**, 769FF
attachement et assemblage, 769F, 768-770, 771F, 775F
capture et stabilisation, 770-771
dépolymérisation dans l'anaphase A, 774-777
Microtubules polaires, 770, 772F
dans le corps intermédiaire, 781F
dans la séparation des pôles, assemblage, 776
Microvillosités
cellules épithéliales intestinales, **633-635**, 634F
de l'œuf, dans la pénétration du spermatozoïde, 870, 870F
structure, 794F, 802
transport membranaire, 311
Migration de branche, dans l'ADN, 242-243, 243FF
Migration cellulaire
voir aussi Agrégation cellulaire ; Locomotion cellulaire
dans l'angiogenèse, 965-966
dans des cellules sans myosine, 672
dans la cicatrisation, 963, 965, 965FF
contrôlée
cycle d'endocytose et, **672-673**, 673F
dépendance de l'action ou des microtubules, **670-671**, 671F
établissement, **669-670**, 669FF
filaments d'actine du cortex, **671-672**, 672F
Dictyostelium discoideum, 825, 825F
dans l'embryogenèse, **943-945**, 943FF
des cellules de la crête neurale, 944-945, 944F
des cellules musculaires, 943, 943F
mutants, 945
principes gouvernant, **944-945**
du système nerveux, 945-946
fibronectine, promotion par, 817-818
dans la formation des tissus, 824, 824F
dans un gel d'acide hyaluronique, 805
inhibition de contact de la, **673-674**, 674F
de précurseurs des neurones le long de cellules gliales radiales, 1109-1110, 1111F
Milieu, culture de cellules, **161**, 161T
Minimyosine, 632, 642T, 643
dans les microvillosités, liaison actine-membrane plasmique, 635
Mitochondries, **341-356**, 341FF, 406, 406FF, 407TT
ATP synthétase, **356-358**, 356FF
voir aussi ATP synthétase
de la cellule végétale, 366, 1161
dans les cellules cardiaques, 625F
chaîne respiratoire, *voir* Chaîne respiratoire
chaîne de transport d'électrons, *cf.* bactéries et chloroplastes, 387F
code génétique, 392, 392T
couplage chimiosmotique, **349**, 349FF, 349T
crêtes, 344FF, **345**
demi-vie, 460
diagramme et micrographie électronique, 15F, 17F, 344FF
espace intermembranaire, **343**, 343FF, 368F, 426, 426F
évolution
à partir des bactéries, 18, 342, **385-386**, 386F, **398-399**, 399F, **408-409**, 409F
à partir des bactéries pourpres photosynthétiques, 385, 396, 399
forme, 342, 342F
fractionnement, 343, 343F, 356, 356F
gradient électrochimique de protons, 341-342, 341F, 344F
matrice, **343**, 343FF, 368F, 426, 426F
cycle de l'acide citrique dans, 347-348, 347FF
membrane externe, **343**, 343FF, 368F, 426, 426F
membrane interne, **343**, 343FF, 368F, 426, 426F
membranes
voir aussi membrane interne, membrane externe *ci-dessus*
composition lipidique, 281T
perméabilité, 344F
microtubules, associés aux, 342, 342F
NADH, génération de, 348-349, 348F, 350F
rétention des ions calcium, **353**, 700F, **701**
rhodamine 123, coloration par, 342F
ribosomes, 344F
sédimentation par ultracentrifugation, 164-165, 165F
sites de contact pour la translocation, 428, 428F
dans les spermatozoïdes, 864F
synthèse protéique, 388, 388F
régulation nucléaire, 397
ressemblance avec la synthèse protéique bactérienne, 390-391
systèmes de transport
à travers la membrane externe, 344F
à travers les membranes internes, 344F, 349T, 350F
translocation de protons, 349T, 350F, 358-359
cf. chloroplaste, 379-380, 380F
Mitose, **762-778**, 762FF
voir aussi Phase M ; Fuseau mitotique
anaphase, 763, 763FF, **767**, **773-777**
initiation par les taux de Ca^{2+}, 773, 773F
chromatide sœur, ségrégation aléatoire au cours de la prémétaphase, 770-771
chromosome
alignement sur la plaque équatoriale, 771-772, 772F
attachement au fuseau, 770-771
attachement aux kinétochores, 768-770, 769FF
condensation, 503-506, 503FF
distribution des bandes, 503, 505-506, 505F
enjambement, 932-934, 933F
mécanisme de séparation, **774-777**, 774FF
séparation à l'anaphase, 773, 773F
colchicine, vinblastine, effets sur, 773
dans le cycle chromosomique, 727
définition, 762
désassemblage et phosphorylation de la lamina nucléaire, **665**, 665F
division des chloroplastes dans la, 389, 389F
enveloppe nucléaire, rupture et réassemblage, 777-778, 777F
évolution à partir de mécanismes procaryotes, 785-786, 786F
filaments intermédiaires dans, 780, 780F
formation des asters, 763, 765F
formation des kinétochores, **768-770**, 769FF
fuseau, *voir* Fuseau mitotique
induction
par la caféine, 734
cycline et, 737, 738F
par le MPF, **734-737**, 734FF, 762
phosphorylation dans, 736-737F, 762
inhibition par des drogues antimitotiques, 652-653, 768, 773
méiose, comparaison avec, 845, 846F, 849, 851, 854F
métaphase, 763, 763FF, **766**, **771-773**
plaque, 771-772, 772F
prémétaphase, 763, 763FF, **766**
prophase, 763FF, **766-770**
réassemblage du nucléole, 543-544, 543F
retard, provoqué par une réplication incomplète de l'ADN, 733-734
comme stade du cycle cellulaire, 728, 728F
stades, 762-763, 763FF
télophase, 763, 763FF, **767**, **777-778**
Modèle de glissement des filaments
de la contraction du muscle cardiaque, 624, 625F
de la contraction du muscle lisse, 625-626
de la contraction du muscle squelettique, **615-616**, 615F
Modèle en ruban, d'une protéine, 113FF
Modèles compacts
de l'AMPc, 695F
de l'ARNt, 206F
du cytochrome c, 125F
du lysozyme, 125F
des protéines, 110, 111F, 113F
Modes de diffraction, 150-151, 150FF, 152T
rayons X, 151-152, 151FF
Modes de diffraction d'interférence, formation, 141, 141F, 150-151, 150FF
Modification covalente
d'enzymes, 84, 84F
de protéines, dans le cytosol, **416-418**, 417FF
Modulation synaptique, **1091-1100**, 1092FF
Moelle épinière, embryogenèse, 1110, 1110F, 1112, 1112F
Moelle osseuse
hématopoïèse, site d', 975, **977-982**, 977FF
lymphocytes, 1003-1004, 1004F
transplantation, 978, 978F
Molécule d'adhérence cellulaire neurale (N-CAM), 830-831, 830F, 1116
glycolipide, liaison à, 448, 448F
Molécule d'adhérence neurone-cellule gliale (CAM-Ng), 1116
Molécule d'ADN recombinante, 259
Molécules d'adhérence cellulaire (CAM)
cadhérines, 830-831, 831F
Dictyostelium, 827, 828F
dans la différentiation des cellules épithéliales, 942-943
dans le guidage des neurites et la régénération nerveuse, 1116
identification, 828F
morphogéniques
code et, 831
mouvements dans l'embryon et, **940-941**, 941F
N-CAM, **830-831**, 830F, 1116
séquence RGD dans une glycoprotéine, 817
types, résumé des, 827, 829F
Molécules amphiphiles
détergents, 286, 286F
lipides membranaires, 276-277
protéines transmembranaires, 284, 284F
Molécules qui s'autorépliquent, dans l'évolution, 6
Molécules informatives
voir aussi les différentes molécules
adaptation à une exposition prolongée à, **718-724**, 719FF
AMP cyclique pour *Dictyostelium*, 826, 826FF
amplification de l'effet, 713-714, 714F, 716-717, 716FF
dans la chimiotaxie, *voir* Chimiotaxie
concentrations, 684
dans le développement, ver nématode, 909
pour la différentiation des adipocytes, 988-989
dans la différentiation cellulaire, cellules gliales, 910, 910F
effets sur différentes cellules cibles, 684, 688F
dans l'embryogenèse précoce, 894, 894F, 897-898, 898F

fixation à des récepteurs, 688, 688F
catalytiques de surface cellulaire, 706-707
intracellulaires, 688, 689F, **690-693**, 691FF
de surface cellulaire, 688, 689F, 693-694, 694F, 696, 698F, 699, 701-702, 701F, 709, 713-714, 714F
hydrophile et hydrophobe, 688, 689F
dans les interactions végétaux-pathogènes, 1160, 1160F
intracellulaires, 695
messagers intracellulaires, *voir* Messagers intracellulaires
dans des organismes unicellulaires, 720-724, 720FF
dans la transmission nerveuse, *voir* Neurotransmetteurs
des végétaux, 1143
vitesse de la réponse cellulaire, 715-717, 716FF
Molécules informatives hydrophiles, 688, 689F
Molécules informatives hydrophobes, 688, 689F
Molécules majeures d'histocompatibilité, *voir* Glycoprotéine du CMH
Molécules pour lesquelles la membrane est imperméable, introduction dans les cellules, 157-158, 157FF
Molécules non polaires, diffusion à travers la double couche lipidique, 301, 301F
Molécules organiques
formation, prébiotique et simulée, 4, 4F
formules structurales de certaines, 4F
Molécules de « permis de division », 750
Monocotylédones, 1145F, 1149, 1154, 1174
Monocouches confluentes, 748, 748F
Monocyte, 974, 975F, 976T, 977F, 979F
Monosaccharides, 43-44, 43F, 50F
Morphine, **719**, 719F
Morphogène
acide rétinoïque comme, 917, 918
définition, 913
dans le développement des végétaux, 1175-1176
protéine *bicoïd* comme, 924-925, 925FF
Morphogenèse
voir aussi Embryogenèse
cellule migratrice, engendrant une polarité, **669-670**, 670F
code morphogénique, 831-833
feuillet cellulaire épithélial, repliement, **674-675**, 675F, 796, 797F
gel d'acide hyaluronique dans, 805
matrice extracellulaire, rôle dans, 817-818, 821
mobilité et adhésivité cellulaire, 832, 833
chez les végétaux, **1176-1177**, 1176F, 1181, 1182FF
Mort cellulaire
dans le développement du système nerveux, 1120-1122, 1120F, 1125-1126
de neurones moteurs, sans synapses, 1121, 1125-1126
Morula
formation, 894, 895F
polarité des blastomères dans la, 896, 897F
Motilité cellulaire, adhérence, détection de, 832-833
Mouche à fruit, *voir Drosophile*
Mouches transgéniques, analyse d'amplificateurs dans, 608T
Mougeotia, alignement des chloroplastes à la lumière, 1171-1172, 1172F
Mousses, 1172F
Mouvement cellulaire, *voir* Locomotion cellulaire
Mouvement ciliaire, **644-652**, 644FF
flagellaire, 649
du glissement à la flexion, 649
mécanisme de glissement des microtubules, **648-650**, 648FF
Mouvement ondulant (ruffling), de la membrane dans la locomotion, 638, 638F, 672
Mouvement thermique, complexes moléculaires et, 93-94
Mouvements de « flip-flop » dans la double couche lipidique, 278-279, 278F
Mouvements moléculaires, 93-94
Mouvements morphogéniques, **883-884**, 883F, 886F
dans l'embryogenèse précoce, **879-890**, 880FF
molécules d'adhérence cellulaire, de régulation, **940-943**, 941FF
Mouvements saltatoires, des organites, rôle des microtubules, 659-660
M6P, *voir* Mannose 6-phosphate
MPF, *voir* Facteur promoteur de la phase M
Mucolipidose de type II (I cell disease), 464-465
Mucopolysaccharides, *voir* Glycosaminoglycannes
Mucus, 452F, 456, 960F
Multi-CSF, *voir* Interleukines
Multidomaine, structure des protéines, 116-117, 116FF
Muscle, 1060, 1060F, 1188, 1189T
voir aussi Muscle cardiaque ; Insecte, muscle du vol ; Muscle squelettique ; Muscle lisse
cellule satellite, 968
composés phosphorés et activité, 154, 154F
origine embryonnaire, 887, 888, 943, 943F
protéines
épissage différentiel de l'ARN, 628-629
familles multigéniques pour, 628
types chez les vertébrés, 624
Muscle cardiaque, 614, **624**, 625F, 983, 984F
gouttelettes lipidiques, 346F
mitochondries, 342, 343F
Muscle lisse, 614, **625-626**, 625FF, 983, 984F
de la paroi des vaisseaux sanguins, 962, 962F
Muscle squelettique, **613-624**, 614FF, 623T, **983-986**, 984FF
voir aussi Filament épais du muscle squelettique ; Filament mince du muscle squelettique
Ca^{2+}, effets sur, 712
concentration, *voir* Contraction musculaire
croissance du, 985-986, 986F
différentiation, **983-985**, 985F
formation d'un tissu cicatriciel, 962
modulation, 985-986
protéines pilotes du, 623-624, 623T
rouge, blanc, et intermédiaire, 628, 985, 986F
syncytium, structure, 983
Muscles striés, définition, 614
Mutagènes, 194
test de Ames pour les, 1191, 1192F
Mutagenèse, 1191-1192, 1192F
Mutagenèse d'insertion, 1207-1208, 1208F
Mutant(s)
de l'activation d'expression du gène de la β-globuline, 565, 565F
bicoïde et *oscar*, 924-925, 925F
dans les cellules migratrices embryonnaires, 945
conditionnel, 739
fonction protéique, détermination à partir de, **194-196**, 194FF
gène de l'albumine, analyse, 190-191, 190F
hétérochromatine, *Drosophile*, 579, 579F
insertion de gènes dans un génome étranger, 194-196, 194FF
maladies génétiques, 191
perte de mémoire, *Drosophile*, 1099
de ségrégation, 867
de sites d'épissage de l'ARN, 536-537, 537F
souris *reeler*, 1110-1112, 1111F
pour la voie sécrétrice, 473
Mutants conditionnels, 739, 740F
Mutants du cycle de division cellulaire (*cdc*), **739-743**, 740FF
Mutants et gène *gooseberry*, 926, 926F, 937
Mutants *oskar,* 924
Mutants « petite »
cytoplasmiques, 396, 396F
de *Euglena*, 396
chez les levures, 396-397, 396F
nucléaires, 397
Mutants de ségrégation, 867
Mutants sensibles à la température, 739, 740F
cycle de division cellulaire *(cdc),* **739-743**, 740FF
dans l'oncogène v-*Src*, 754, 754F
pour la voie sécrétrice, 473
Mutation(s)
dans l'ADN codant et non codant, 485-486
allèles, génération d'allèles favorables, 841-843, 842FF
dans la carcinogenèse, **1191-1197**, 1191FF, **1201-1202**
dominante
création chez les eucaryotes supérieurs, 195-196, 195F
dans les proto-oncogènes, 1203
par des éléments transposables, 606-608, 607F
élimination par sélection naturelle, 221, 221T
à partir d'une erreur dans la réplication de l'ADN, 97, 100
gènes d'anticorps d'hypermutation somatique, 1026-1027
dans les gènes de contrôle du développement, ver nématode, **905-906**, 906F, 908-909
dans les gènes domestiques, 905
dans des gènes de protéines spécifiques d'un type cellulaire, 905
dans les gènes de segmentation, **925-926**, 926FF
hétérochromiques, 906, 906F
localisation de gènes clonés, utilité de la, 263-264
mauvais appariement de formes tautomériques de bases, 229-230, 230F
nuisibles, récessives, 842-843, 842F
ponctuelle, évolution du génome et, 599
dans les protéines de transport membranaires, 302
récessive, dans un gène suppresseur de tumeur, 1213, 1213F
récessive létale, 842, 842F
signification dans l'organisme, 1188
silencieuse, 100
au niveau de sites de transposition, 256
Mutation d'Antennapedia, 555, 920, 920F
Mutation *bicoïd* et protéine, 924-925, 925F
Mutation *bithorax*, 935, 935F, 936
Mutation ponctuelle, dans la carcinogenèse, 1210, 1214, 1214F
Mutation silencieuse, 100
Mutations hétérochroniques, 906, 906F
Mutations homéotiques, 587, 587F, 920-921, 920F, **929, 930,** 930F, **934-937**, 934FF
voir aussi différentes mutations
définition, 555
Myasthenia gravis, 1011, 1085
Mycoplasmes, **9-10**, 10F
Myéline
voir aussi Gaine de myéline
composition lipidique, 281T
galactocérébroside, 283, 282F
Myélome multiple, 1018
Myoblastes
comme cellules satellites, **986**, 986F
détermination, 983
différentiation, contrôle par myoD1, 556, 556F
fusion, et différentiation, **983-984**, 985F, 986
prolifération, 983-984, 985F
myoD1, 556, 556F
Myofibrilles, 614-615, 614FF
voir aussi Contraction musculaire
protéines pilotes des, 623-624, 623T
Myoglobine, 985, 110FF
Myomésine, 623T, 624
Myosine, 147F, **619-621**, 620FF, 623T, **624-628**, 624FF, 631
absence dans certaines cellules en migration, 672
ancrage dans un sarcomère, 624, 624F
dans l'anneau contractile, 626-627, 627F
anticorps, inhibition de la cytodiérèse, 780
dans des assemblages transitoires de type musculaire, **626-627**, 627F
bâtonnet, 617-618, 618F
chaîne légère, 617, 617F, 625-626, 626FF
phosphorylation de la, 626, 626FF
chaîne lourde, 617-618, 617F
dans le courant cytoplasmique, 632, 632F, 1170
digestion par la papaïne, 617, 618F
division cellulaire dans l'œuf et, 180
extraction à partir du muscle squelettique, 617, 617F
dans un filament épais, **617-618**, 619F
formation d'un filament
in vitro, 617-618, 619F

phosphorylation et, 626, 627F
fragments S 1, 617, 618F, 619, 620F
isoformes, rapide et lente, 986F
minimyosines, 632, 635
mouvement directionnel à partir d'un changement allostérique, 130, 131FF
du muscle lisse, **625-626**, 625FF
du muscle squelettique, **617-620**, 617FF, 623T
non musculaire, **626-627**, 627F, 631, 642T, 643, 643F
assemblage bipolaire et mécanisme de glissement, 631, 631F
dans le courant cytoplasmique, 632, 632F, 1170
mouvement cytoplasmique et, **631**
phosphorylation, dépendante du calcium dans le muscle lisse, **626**, 626FF
polarité, 617-620, 617FF
structure, **617-618**, 617FF
têtes, **617-620**, 617FF
décoration des filaments d'actine, 619, 620FF
fixation aux filaments d'actine, **619-622**, 620F, 626
marche le long des filaments d'actine, **620**, 621F
nombre des filaments épais, 620
Myosome, 888
Myxobactéries, 27, 28F

N

N-formylméthionine, initiation de la synthèse protéique, 390-391
N-méthyl désoxynojirimycine, 454T
N-CAM, *voir* Molécule d'adhésion cellulaire neurale (N-CAM)
NAD^+
dans le cycle de l'acide citrique, 68F, 69
dans la glycolyse, 66-67, 66FF
structure, 68F
NADH, 44
dans le catabolisme, 77
en tant que coenzyme, 76T, 77
génération, 66-67, 66FF, 69, 348, 348F, 350F
dans une paire redox conjuguée, 362, 363F
dans la phosphorylation oxydative, 69
structure, 68F
transporteur d'électrons, 349, 350F
transporteur d'ion hydrure, 350, 351F
$NADP^+$, réduction du, dans la photophosphorylation non cyclique, 377, 378F, 384F
NADPH
comme coenzyme, 76T, 77
dans la fixation du carbone, **369-370**, 370F
génération
bactéries pourpres, 376-377, 376F
photophosphorylation non cyclique, **377**, 378F, 379, 384F
dans les sulfobactéries vertes, 384, 384F
pouvoir réducteur dans la biosynthèse, 77, 77FF
dans la régulation des voies de la photophosphorylation, 379
structure, 78F
NANA, *voir* Acide sialique
Nébuline, 623T
Néoplasme, définition, 1188
Nerf optique, cellules gliales, voies de différenciation, 909-911, 909FF
Nerfs, 1060, 1060F
formation de faisceaux, 674
Nerfs périphériques
guidage de contact pour le développement, 1116
myélinisation par les cellules de Schwann, 1072F
Neurite
voir aussi Axone ; Dendrite
d'une cellule nerveuse embryonnaire, 1112, 1112F
cône de croissance, *voir* Cône de croissance du neurite en développement
Neurofilament, 663, 666, 667F, 1061F
Neuromodulation, *voir* Modulation synaptique
Neurone
activation spontanée, 1101
axone, *voir* Axone
comme cellule sécrétrice, 1063-1064, 1064F
cytosquelette, 1112-1114, 1113FF
division cellulaire, état G_0 dans un neurone mature, 750, 750F, 1108
interneurone, *voir* Interneurone
membrane plasmique, gangliosides dans, 283, 283F
modifications de la tension, propagation passive, 1066, 1068, 1068F, 1073
neurofilaments, 662T, 663, 663F, 666, 667F
organisation unipolaire, 1090, 1091F
potentiel d'action, *voir* Potentiel d'action
sensoriel, *voir* Neurone sensoriel
signaux électriques, transport de, 1062, **1070-1973**, 1071F
structure, 1060, 1061F
synapse, *voir* Cellule postsynaptique ; Cellule présynaptique ; Synapse
comme système mathématique, 1091
taille, 1060, 1061F, 1062
transport axonal dans, **1062-1064**, 1064F
ultrastructure, 1062, 1063F
volume, 1062
Neurone moteur, 1062
afférences synaptiques, 1086, 1086F
embryogenèse, 1110, 1110F, 1112, 1112F, 1117-1118, 1117FF
identification par marquage rétrograde, 1117, 1117FF
innervation des muscles
bourgeonnement pour la réinnervation, 1121, 1121F, 1125, 1125F
élimination des jonctions en excès, 1126-1127, 1126FF
spécificité, **1117-1118**, 1117FF
mort au cours du développement, 1121, **1125-1126**
potentiel d'action, *voir* Potentiel d'action
Neurone de Purkinje, 1061F
Neurone sensoriel, 1062
voir aussi Cellule transductrice ; les différents transducteurs
accoutumance, 1096, 1096FF
cône de croissance, 1112, 1112F
haptotaxie dans le développement, **1115**, 1116F
NGF, dépendance vis-à-vis de, 1118-1121, 1119FF
sensibilisation, 1096-1098, 1096FF
comme transducteurs, 1101, 1101F
Neurone sympathique, NGF, dépendance vis-à-vis du, 1118-1121, 1119FF
Neurones autonomes, liste des, 997
Neurones facilitants, 1096FF, 1097
Neurones périphériques, cellules de soutien, catalogue, 997
Neurones pyramidaux, différenciation en, 1111-1112, 1111F
Neuropeptides
libération de non-peptides avec, 1094, 1095F
neurotransmetteurs, **1093-1094**, 1094F
traitement protéolytique dans le Golgi, 456F, 457
Neurotransmetteur, 35, 35F, 319, 319F, 682, 685T
voir aussi les différents neurotransmetteurs
excitateur, **1083**, 1084F
famille des monomines, 1092-1093, 1093F
inhibiteur, **1083-1084**, 1084FF
libération
à partir d'une cellule présynaptique, **324-325**, 324FF, 1062, 1062F, 1074
de plusieurs neurotransmetteurs simultanément, 1094, 1095F
neuropeptides, **1093-1094**, 1094F
réabsorption par des neurones ou la neuroglie, 1085
récepteurs multiples pour un seul, 1084-1085
dans la signalisation paracrine, 682F, 683-684
stimulation d'une cellule post-synaptique, 1062, 1062F, 1074, 1074F
synthèse, 1093-1094
pour la transmission synaptique rapide, 1083-1084, 1085F
transport axonal rapide de certains, 1063, 1064F
Neurotransmetteurs monoamines, 1092-1093, 1093F
Neurula, 880F
Neurulation, 887-888, 888F, 890, 896
modifications des cadhérines au cours de la, 940, 941F
Neutrophile, 33F, 974, 975, 976T, 977F, 979F, 1001
voir aussi Cellules phagocytaires
migration, dirigée, dépendante de l'actine, 670, 671F
phagocytose par, 334-335, 334FF
production, à partir d'une cellule souche, 981-982, 981T
réponse chimiotactique, **641**
NF1, 566T, 567F
NGF, *voir* Facteur de croissance nerveux
Nitella, courant cytoplasmique, **632**, 632F, 1170-1171
Nitrocellulose, dans les techniques de transfert capillaire, 190, 190F
Nitrogénase, 1158
Nodule
racines, 1158-1159, 1158F
recombinaison, **848-849**, 849F
Nodule de racine, 1158-1159, 1158F
Nodule de recombinaison, 848-849, 849F
Nodulines, 1158
Nœud, dans le développement des végétaux, 1174-1176, 1174FF
Nœud de Ranvier, 1072FF, 1073
Non-équivalence
des cellules dans les disques imaginaux, 931
dans la détermination cellulaire, 915-916, 915FF
Non-ségrégation, 863, 863F
carcinogenèse et, 1214F
dans la méiose, 847, 849
Norepinéphrine, 685T
formule structurelle, 1093F
comme neurotransmetteur, 1092, 1092FF
Northern blotting, **189-191,** 190F
Notochorde, 886-887, 888FF, 890
Noyau, 406, 406FF, 407TT, **481-546,** 481FF
voir aussi Méiose ; Mitose ; Enveloppe nucléaire ; Pores nucléaires
biogenèse mitochondriale et chloroplastique, contrôle par, 396-397
coiffe périnucléaire des filaments intermédiaires, 665
évolution, 409, 409F
ordre dans, 545-546, 545F
sédimentation par ultracentrifugation, 164-165, 165F
ultrastructure, 15F, 17F, 481, 481FF
Noyau géniculé latéral, 1129F
Nucléase de microcoque, 496, 497F
Nucléase de restriction Eco RI, séquence de reconnaissance pour, 182F, 183F
Nucléase S1, dans la synthèse d'ADNc, 260F
Nucléases
définition, 496
de restriction, **181-183**, 181T, 182FF, **258-259**, 259F
dans la technique d'empreintes sur l'ADN, 187, 188F
Nucléation, pour la polymérisation de l'actine, 637, 637F, 640F, 641
Nucléation de l'hélice, dans la renaturation de l'ADN, 240, 242F
Nucléole, **541-544**, 541FF
cycle cellulaire, variations au cours du, 543-544, 543F
Nucléoline, 533F, 541
Nucléoplasme, 423
Nucléoplasmine, importation dans le noyau, 423, 424F
Nucléosome, 236, **496-500,** 497FF
absence au niveau de sites hypersensibles, 498, 498F
déplacement
dans les activateurs d'expression ou

amplificateurs, 565
par des protéines de liaison à l'ADN, 498, 499F
empilement dans la fibre de 30 nm, fonctions de H1, 498-499, 498FF
position sur l'ADN, préférentielle, 497-498, 498F
dans des régions transcrites, 500, 501F, 511, 512F
dans la réplication de l'ADN, 518, 518F
Nucléotide diphosphatase, localisation dans le Golgi, 145F
Nucléotide G, dans la catalyse par l'ARN, 105-106, 105FF
Nucléotides, 43, 45, **56FF,** 58, 58F
voir aussi Acides nucléiques
dans l'ADN, 99F
dans l'ARN, 98F
bases, 45, 56FF
dans un codon, 102, 103F
exemples, 57F
fonctions, 45, 57F, 58
formation prébiotique simulée, 4, 4F
inhabituels dans les ARNt, 206-207, 207F
polymérisation des, spontanée, 4-5, 5F
sources métaboliques pour, 70
taille, 87F
Nucléotides complémentaires, dans l'évolution, 5

O

Octamère d'histones, 496-497, 497F
Octoblaste, 991-993, 991FF
Octopamine, 1093F
Œil
voir aussi Vision ; Carte visuelle, développement
développement chez les vertébrés, 952-953, 953F, 955, 955F
d'insecte, 36F
mécanisme de photoréception, **1104-1108**, 1105FF
schéma général, 1101F
sensibilité, 1101
Œil paresseux, 1129
Œstradiol, 687T
réponse cellulaire, 684, 688, 716F
Œuf, **855-863**, 856FF
voir aussi les différents types ou espèces
activation parthénogénétique, 870-871
arrêt en phase M, 735, 736F
biosynthèse dans le clivage précoce, 855
cellules du follicule, dépendance pour la croissance, 859, 859F, 862-863, 863F
cellules nourricières, et croissance, 858-859, 859F
composants structuraux, 856, 857F
déterminants localisés dans les œufs de mammifères, 892, 892F
enveloppe, 856, 857F, 880, 881F
formation du centriole dans un œuf non fécondé, 651-652
mécanismes de croissance, **857-859**, 858FF
méthylation de l'ADN dans l', 584
MPF dans, 736, 736F
polarité, 856, 880, 881F, 921, 923D, 924
symétrie chez les mammifères, 892
synthèse protéique, contrôle traductionnel de la, 594
taille, 855, 856F, 857-859
vitellus, 856
Œufs mosaïques, 892, 892F
Œufs en cours de segmentation, réplication de l'ADN dans les, 521, 522F
Oligodendrocytes, 909, 909F, 1064, 1065F, 1072F
Oligonucléotide, synthétique
pour modifier des régions de gènes, 266, 267F
comme sondes d'ADN pour le clonage de l'ADN, 262, 263F
dans la synthèse d'ADNc, 260F
Oligonucléotides d'ADN
dans le diagnostic prénatal, 191
oligonucléotides, synthèse, 191
oligonucléotides, synthétiques, en PCR, 271, 271F
Oligosaccharide(s), **43, 44F,** 51F
complexes, 51F, 452FF, **453**
des glycophorines, 291
des glycoprotéines
N-liés, 299, 446, 446F, **452-453,** 452FF, **455-456,** 455F
O-liés, 299, 448, 456
région centrale, 446F, 453, 454F
synthèse dans le RE, 446, 447F
traitement dans le Golgi, **452-458,** 452FF, 454T, 464
transfert à une protéine, 446, 447F, 448
des hydrolases lysosomales, addition de M6P, 463, 464F
sur la membrane plasmique, 298-300, 299FF
N-lié, structure 3D, 455F
riche en mannose, 452F, 453
Oligosaccharides complexes, *voir* Oligosaccharide(s)
Ombrage d'échantillons, en microscopie électronique, 147, 147F
Oncogène, 254-255, 705, 1203, **1205-1212,** 1206FF, 1207T, 1209T
voir aussi les différents oncogènes
carcinogenèse par, **1210-1212,** 1211F
catalogue des oncogènes
associés à un rétrovirus, 1207T
non rétroviraux, 1209T
clonage à partir de tumeurs humaines, 755, 755F
définition, 754
identification
non rétrovirale, 1207-1208, 1209T
à partir de rétrovirus, 1206
récepteurs catalytiques anormaux, codés par, 707-708
Oncogène *neu*, 708
Oncogènes *ras*, protéine G, codage par, 705
Ondes lumineuses, diffraction et interférence, 137, 137F
Opéron, 558
Opéron lactose, 558-560, 558FF
Opéron *trp*, 558F, 559
Opiacés, endogènes, 719F
Opines, 1159, 1160F
Opium, stockage dans les vacuoles des végétaux, 1164
Opsines, 1106
Or colloïdal, 178F
comme indicateur en MET, 145
Oreille
mécanismes auditifs dans l', **1102-1104**, 1102FF
organisation générale, 1101F
Organes, définition, 791
Organes lymphoïdes, 1002, 1002F
centraux, 1002F, 1004, 1004F
périphériques, 1002F, 1004, 1004F
veinules postcapillaires, fonction, 1008
Organes sensoriels, 1060, 1060F
cellules de soutien, catalogue, 997
organisation générale des, **1101-1102**, 1101F
Organisation vectorielle, des enzymes respiratoires, 362, 363F
Organismes
diversité, rôle des éléments transposables, 607-609, 607FF
éléments dans, abondance relative, 41, 42F
Organismes pluricellulaires
voir aussi les différents organismes
cellules formant une colonie, **27-28**, 28F
cohésion entre cellules, **28-29**
communication cellulaire dans le développement des, 30-31
comportement, bases du, 35-37, 36F
division cellulaire
contrôles, au niveau cellulaire, **743-752**, 744FF, 747T
variabilité aléatoire, 746, 746F
vitesses de la, 744
évolution à partir de cellules isolées, 22-23, **27-37**, 28FF
feuillets épithéliaux et environnement interne, 29-31, 29F
mémoire cellulaire au cours du développement, 31-32
relations évolutives, 38F
signalisation hormonale et neuronale, 34-35, 35F
spécialisation cellulaire chez les, 85, 85F
Organismes transgéniques, **194-196,** 194FF
Organites, 15, 16F-17F, 405
voir aussi les différents organites
croissance, à partir de structures préexistantes, 415, 783
cytosquelette et localisation cellulaire des, 21, **660-661,** 661F, 665
division dans la croissance cellulaire, 388-389, 388FF
hérédité, dans la division cellulaire, 784
membrane, quantités, relatives, 407, 408T
mouvement
sur le cytosquelette, 668, 669F
minimyosines pour, 632
nombres par cellule, 407T
relations topologiques, 408
renouvellement par autophagie, 460, 461F
séparation, par ultracentrifugation, **163-165,** 164FF, 165TT
synthèse protéique, dans le RE, 434-435, 435F
transport
sur les microtubules, 659-660
rétrograde dans les axones, 1063-1064, 1064F
Organogenèse, **940-946,** 940FF
Orientation Rabl, des chromosomes, 544-545, 544F
Origine des cellules, résumé, 9, 10
Origine de la vie
âge des cellules, 7
appariement des nucléotides et, 5-6, 5F
Os, **989-994**, 990FF
collagène dans, 810T, 813, 813F
croissance
par apposition, 990
dans l'embryon, 990, 993, 993F
matrice, 989, 991, 991F
ostéoblastes, formation des os, 991-993, 991FF
ostéoclastes, détérioration des os, 991-993, 992F
remodelage, 991-992, 992F, 994, 994F
renouvellement des cellules, **989-994**, 990FF
squelette, croissance à partir du cartilage, 993,993F
Oscillateur, biologique, 84, 84F
Oscillateur cytoplasmique, dans le cycle cellulaire, 736-737, 737F
Oses-phosphates, dans les voies métaboliques précoces, 12
Osmolarité, intracellulaire, sources et contrôle, 306, 308
Osmose, définition, 47F
Ostéoblaste, 991, 991F
Ostéoclaste, 991-993, 992FF
Ostéocyte, formation à partir d'un ostéoblaste, 991, 991F
Ostéoïde, 991, 991F
OTF1, 566T
Ouabaïne, 304-306, 305F
Oursin, 868F
fécondation, 868-874, 868FF, 875T
séquence d'événements, 875T
gastrulation, 882-884, 882FF
modèle sur ordinateur, 675, 675F
œuf
activation, 870-871, 871F, 875T
dépolarisation de la membrane et blocage de la polyspermie, 871-872, 872F
réaction corticale, effets, 872, 873F, 875T
Ouverture numérique, 137, 138F, 140F
Ouverture réglée par la tension, et champ électrique, 318
Ovaire, 859-863
Ovocyte
voir aussi Ovogenèse
chromosomes en écouvillon dans, 506, 506F
développement, chez l'homme, **862,** 863F
développement de tératomes, 897
formation de vésicules recouvertes dans, 326F
maturation, 735, 736F, **860-863,** 861FF
déclenchement et changements moléculaires, 860-861, 861F

humains, 862-863, 863F
MPF dans, 736, 736F
polarité, 912, 912F
primaire, 856-857, 858F, 859F, 863F
secondaire, 857, 858F, 863F
Ovogenèse, **856-862,** 858FF
Ovogonie, 855, 858F, 862
Ovulation, 857
induction hormonale, 862, 863F
Ovule, 840, 840FF
Ovule, des végétaux, 1154
Oxaloacétate, 67, 68F, 69, 83F, 348, 348F
Oxydation, définition, 61
Oxydation de l'acide formique, 383, 383F
Oxydation des molécules biologiques
voir aussi Cycle de l'acide citrique ; Phosphorylation oxydative
mouvements des électrons, 61, 62F
Oxygène
électrons dans la chaîne respiratoire, 350, 350FF, 362
dans l'évolution, première production d', 384-385, 385FF
dans la photorespiration, 371, 372F, 377, 378F
photosynthèse, production dans, 369, 369F

P

Pachytène, 848, 849FF, 852F, 855F
PAGE, *voir* Électrophorèse sur gel de polyacrylamide (PAGE)
Paires redox conjuguées, de la chaîne respiratoire, 362
PAM, *voir* Protéines associées aux microtubules
Papaïne, 617, 618F, 1013, 1014F
Papilloma, 1196-1197
Papillomavirus, comme virus tumorigènes, 1204T, 1205, 1206F
Parathormone, 686T, 696T
Parenchyme, **1148-1149**
Paroi cellulaire, bactéries, 312
Paroi cellulaire, végétaux, 29, **1137-1150**, 1138FF
croissance, vésicules de Golgi et, **1165-1166**, 1165FF
dans la croissance de la cellule végétale
affaiblissement de la, 1143-1144
signaux de la, 1160
dégradation (abscission), 1150, 1150F
fonctions, résumé, 1138
force de tension et turgescence, 1143, 1143F
localisée par électrophorèse, 1179, 1180F
matrice, **1139-1142**, 1139FF, 1168
dans les mécanismes de défense des végétaux, 1160, 1160F
microfibrilles de cellulose, **1139-1140**, 1139FF, 1142, 1168, 1168F
modifications dans des cellules spécialisées, **145-1147**, 1146FF
perméabilité, 1142-1143
primaire, **1138-1150**, 1138FF, 1139FF, 1146
secondaire, 1138, **1146-1150**, 1146FF
structure et composition, **1138-1142**, 1139FF
synthèse
dans le Golgi, 1165
au niveau de la membrane plasmique, **1168-1170**, 1168FF
Parthénogenèse, 652, 871
Particule de reconnaissance de signal (PRS), dans la synthèse protéique, 439-440, 439FF
Particules β (bêta), 175
Particules intermembranaires, 147, 148F, 291-292, 291FF
Particules ribonucléoprotéiques, *voir* RNPnh ; snRNP
Particules RNPnh, **532**
Particules submitochondriales, 356, 356F, 359
Parvovirus, 250, 251F
Passage en phase M, 778, 778F
PCR, *voir* Réaction de polymérisation en chaîne
Peau
voir aussi Derme ; Épiderme
cancers, et différenciation cellulaire, 1199-1200, 1199F
collagène dans, 810T, 813, 813F
composition et structure, 952F
Pectine, 782, 1139-1140, 1139F, 1146, 1160
Pelomyxa palustris, étapes dans l'évolution et, 18
Pemphigus, 797
Pentoses, structures, 50F
Pepsine, 1013, 1014F
Pepsinogène, 960F
Peptide
hormones, 683, 686T
médiateurs chimiques locaux, 685T
neurotransmetteurs, 685T
Peptidoglycanne, dans l'espace périplasmique, 312F
Peptide de fin de transfert, pour la synthèse de protéines transmembranaires dans le RE, **441-443**, 442FF
Peptide de libération de la gastrine (GRP, « gastrin-releasing peptide »), 1214
Peptide signal, 398, **414**, 414F, 415T, 425F, 427, 427F
voir aussi Signaux de tri
découverte, 438, 439F
élimination
absence pour les peptides signal nucléaires, 425
après translocation, 425, 427, 429
identification par des techniques de fusion de gènes, 266
pour le RE
absence pour certaines synthèses de protéines membranaires, 441, 444F
interaction avec les SRP, **439-440**, 439FF
peptides de début et de fin de transfert, **441-443**, 442FF
rétention dans la lumière, **445**
séquences, 415T
pour la synthèse de protéines transmembranaires dans le RE, **441-443**, 442FF
Peptide de tête, 438-443, 439FF
voir aussi Peptide signal
Peptidyl transférase, 212
Perforines, 1039
Périchondrie, 990-991, 990FF
Perméabilité
de la double couche lipidique, 301, 301F
des feuillets cellulaires, 793-794, 793FF
des jonctions de type gap, 798-799, 799F
et potentiels de membrane, 316
Perméabilité cellulaire
voir aussi Perméabilité
méthodes pour surmonter l'imperméabilité, 157-158, 157FF
Perméabilité membranaire
voir aussi Transport membranaire
gradient de tension et, **314-316**, 1066
Péroxydase, comme indicateur en MET, 145
Péroxydase du raifort, 178F, 193, 902, 902F
pour identifier des neurones, 1064F
marquage des connexions neurales, 1117, 1117FF
Peroxysome, 16F, 20, 406, 406FF, 407TT, **431-433**, 431FF
assemblage à partir de molécules du cytosol, 433, 433F
des cellules végétales, 432, 432F, 1161
importation de lipides à partir du RE, 450, 450F
photorespiration, 371, 372F
protéines, transport intracellulaire, des ribosomes aux mitochondries, 412, 413F
réactions d'oxydation, 431-432
sédimentation par ultracentrifugation, 164-165, 165F
Petit intestin, *voir* Intestin
pH
activation de protéines fusogènes et, 336-337, 336F
définition, 47F
indicateurs fluorescents, 157
mesure dans les cellules, par RMN, 154, 154F
dans un œuf fécondé, augmentation du, 871, 871F, 874, 874F, 875T
régulation du pH intracellulaire par des systèmes d'antiport, 309-310
tri dans la voie d'endocytose, 331-332, 331FF
Phagocytose, 33, 33F, 326, **334-335**, 334FF
augmentation par le complément, 1034
dépendante d'un anticorps, 1015, 1015F
désassemblage local des filaments d'actine dans, 631
formation d'un phagolysosome, 460, 461F
inhibition par la cytochalasine, 642, 642F
interleukines, stimulation par, 1048-1049, 1049T
traitement et mécanisme, **334-335**, 334FF
Phagolysosomes, 326, **334**, **460**, 461F
Phagosome, 326, 334, 334FF, **460**, 461F, 974
Phalloïdine, **642-643**
Phase G_0, 729
Phase G_1, 728, 728F
arrêt en, 731
départ en, 741
longueur, variabilité
en état de privation, 741-742, 742F
eucaryotes supérieurs, **746**, 746F
mesure de, **729-730**, 729FF
point de restriction (R) dans la, 745, 746F
transition vers la phase S, initiateur diffusible, 522
Phase G_2, 728, 728F
longueur, mesure de, 729-730, 729FF
méiose de la prophase I, en tant que, 860
ovocyte, arrêt en, 735, 736F
réplication de l'ADN, blocage vers, 522, 523F
Phase (ou cadre) de lecture, dans la synthèse protéique, 102, 102F, 213
Phase M, 728, 728F, **762-787**, 762FF
voir aussi Cytodiérèse ; Mitose
aperçu, chez les eucaryotes, 762, 762F
arrondissement de la cellule, 731, 731F
bactéries, 762
initiation, niveau moléculaire, 762
longueur, 729-730, 729FF
longueurs des états, 763F
œuf, arrêt en, 735, 736F
Phase S, **514-522,** 515FF
initiation, 732-733, 733F
longueur, 514, 522
mesure de la, 729-730, 729FF
maintien, 733
mise en évidence par autoradiographie, 729, 729FF
synthèse d'ADN au cours de, 728-729, 728FF
Phénobarbitol, détoxification dans le RE lisse, 436
Phénotype, définition, 6
Phénylalanine, 45F, 55F
Phloème, 1147, 1147F, **1149**
cellules compagnes, 1156
développement, 1176-1177, 1176F
régénération au cours de la réponse à une blessure, 1181, 1182F
transport du saccharose, 1155-1156, 1155FF
tube criblé, *voir* Tube criblé
Phosphatase acide
comme marqueur des lysosomes, 459F
comme marqueur du TGN, 458F
Phosphatase alcaline, 178F
Phosphatase phosphoprotéique, 84
Phosphates, 49F, 56F
Phosphatidylcholine, 280, 280F, 281T, 398
synthèse dans le RE, 448-449, 449F
Phosphatidyléthanolamine, 280, 280F, 281T, 398
Phosphatidylinositol (PI), 448, 448F
dans la transduction de signaux, 702, 702FF
Phosphatidylsérine, 80, 280, 280F, 281T, 398, 704
Phosphocréatine, 618, 619F
changements avec l'activité musculaire, par RMN, 154F
Phosphocréatine kinase, 618
Phosphodiestérase de l'AMP cyclique, 695, 695F
Ca^{2+}-calmoduline, régulation par, 712
Phosphodiestérase du GMP cyclique, 713, 1107
Phosphoénolpyruvate, 66F, 83F
dans la translocation de groupes, 312, 312F
Phosphoénolypyruvate, 372F
Phosphofructokinase, 82-84, 84F
2-phosphoglycérate, 66F, 83F
3-phosphoglycérate, 66F, 67F, 83F

fixation du carbone, production dans, 369, 369FF, 371
Phosphoinositides, 280, 282
Phospholipase C spécifique des phosphoinositides, 702-703, 703FF
Phospholipide, 45, 52F
voir aussi Voies de signalisation, phosphoinositides
caractère amphiphile, 276-277, 277F
double couche
distribution asymétrique dans, 281-282, 281F
formation spontanée, 277, 277F
séparation de phases, 279
types de mouvements dans, 278-280, 278FF
dans l'eau, 9, 9F
formules structurales et symboles pour les principaux phospholipides, 280F
dans la membrane plasmique, 276-277, 277F
pourcentage du poids cellulaire, 88T
dans la reconstitution de protéines membranaires, 287, 287F
synthèse, **448-449**, 449F
synthèse de prostaglandines à partir de, 689, 689F
transfert du RE vers d'autres organites, **450**, 450F
Phosphorylase kinase, 707F, 711
phosphorylation-déphosphorylation, 709-710, 709FF
régulation par l'AMP cyclique et Ca^{2+}-calmoduline 712, 712F
Phosphorylation
dans l'adhérence cellulaire, 757-758, 758F, 760F
dépendante du sodium, de la pompe Na^+-K^+, 305, 306F
maturation de l'ovocyte, induction, 860-861, 861F
des protéines, dans le cytosol, 417, 417F
des protéines des filaments intermédiaires, 665
dans la régulation des récepteurs de surface cellulaire, 718-719, 719F
sur la sérine, par la kinase C, 704
niveau de substrat, 66, 67F
sur la thréonine, par la kinase C, 704
dans la translocation de groupe, bactérienne, 311-312, 312F
Phosphorylation oxydative, **69-70,** 69F, 341, 343
chaîne de transport des électrons, *voir* Chaîne de transport des électrons ; Chaîne respiratoire
efficacité, 354-355
évolution, 382-383, 383F
formation d'ATP, 69-70, 69F
localisation mitochondriale, 85, 85F
mécanisme, général, 352, 352F
nécessité d'une compartimentation, 358, 406
processus chimiosmotique, **349,** 349FF, 349T
Phosphorylation au niveau du substrat
dans le cycle de l'acide citrique, 348
dans la fermentation, 381-382, 382F
Photophosphorylation cyclique, **378-379,** 379F
Photophosphorylation non cyclique, **377,** 378F, **379,** 384F
Photorécepteur
adaptation, **1107**
sensibilité, 1104
vitesse de réponse, 1105-1107
Photoréception, **1104-1108**, 1105FF
Photorespiration, 371, 372F, 432
Photosynthèse, 366, **368-380**, 369FF, 1153
bactéries pourpres, 375-377, 376F
capture de la lumière par la chlorophylle, 368, 373, 373F, 375, 375FF, 377-379, 378FF
centre réactionnel photochimique, transferts d'électrons, 374-375, 374FF
chaîne de transport d'électrons, schéma en Z, 377, 378F, 379
complexe d'antenne, **373-374**, 374F
définition, 14
évolution, 383-386, 384FF
fixation de carbone, **368-372**, 369FF
photochimie de la chlorophylle, 373, 373F
photophosphorylation cyclique, 378-379, 379F
photophosphorylation non cyclique, schéma en Z, **377**, 378F, **379**
production de NADPH, 377, 378F, 379
production d'oxygène, 369
réactions de transfert d'électrons, 368-369, 369F, **373-380**, 373FF
résumé, 60, 61F
synthèse d'ATP, **377-379**, 378FF
transfert d'énergie par résonance, 373, 373F
transferts d'électrons, 373, 373F
Photosystème
composants, 373-374, 374F
évolution, 384-386
transfert d'électrons dans, 374-375, 374FF
Photosystème I, 377-379, 378FF
Photosystème II, 377, 378F, 379
Phragmoplaste, 781-783, 782FF, 1166, 1166F, 1177F
Phytoalexines, 1160
Phytochrome, 1162, 1180
Picornavirus, 593, 594F
Pigments anthocyaniques, 1164-1165
Pinocytose, 326-334, 326FF
Placenta, 894, 896
transcytose d'IgG, 1015
Placoglobine, 798F
Plan d'organisation
voir aussi Information de position
dans les cellules épidermiques du cafard, 918-919, 918FF
déterminants localisés dans un œuf, 892, 892F
dans le développement des végétaux, **1175-1176**, 1175F
divisions cellulaires asymétriques, amplification, **912**, 913F
chez la *Drosophile*, **920-938**, 920FF
dans l'embryogenèse précoce, **879-890**, 880FF
gènes pour
évolution de, 937-938
homéobox dans, **937-938**
inhibition mutuelle parmi, 928
génétique moléculaire de, **920-938**, 920FF
gradient de signal spatial, **912-914**, 913FF, **917**, 917FF
réponse seuil, 914
hiérarchie des contrôles pour, 927-928
via des interactions entre cellules
induction du mésoderme, 893-894, 893FF
ver nématode, 907-909, 908F
dans le membre de poulet, **915-917**, 915FF
principes de l'organisation tridimensionnelle, **911-919**, 912FF
régions informatives localisées, 913, 914F
règle d'intercalation dans, **918-919**, 919F
stabilisation par adhérences intercellulaires, 940, 940F
transitoire vs. permanent, 929
chez les vertébrés, comparaison avec les insectes, 938
Plantes en C_3 et en C_4, 371, 372F
Plantes vasculaires, 1145F
Plaque, 1012
Plaque d'ancrage, d'un chromosome à l'enveloppe nucléaire, 852F
Plaque cellulaire
formation à la cytodiérèse, 781-782, 782F
position, bande préprophasique et, 1117-1179, 1177FF
Plaque criblée, 1147F, 1149, 1155
Plaque métaphasique, 1177FF
Plaque neurale, 887-888, 888F
Plaques d'adhérence, *voir* Points de contact focaux
Plaquettes, 974, 976T, 977, 977F, 979F
Plasme polaire, 855
Plasmide Ti, **1159**, 1159FF
Plasmides, 183, 248-249, 254, **257**
évolution des virus et, 257
plasmide Ti, 1159, 1182, 1183F
Plasmine, 758
Plasmocytes, 1004, 1005F, 1012
Plasmodesmes, 29, 782, 782F, 1149, **1151-1153**, 1152FF
Plastes, de la cellule végétale, 341, **1161-1163**, 1162FF
Plastocyanine, 378F
Plastoquinone, 378F
Point d'équilibre d'une réaction chimique, 93-94, 94F, 125-126
Point isoélectrique, définition, 171, 171F
Point R du cycle cellulaire, *voir* Point de restriction du cycle cellulaire
Point de restriction (R) du cycle cellulaire, 731-732, 741, 745, 746F, 750
ancrage des cellules, nécessité de l', 749
Points de contact focaux, 627, **635-636**, 635FF, 749, 749F, 797
protéine *stc* dans, 757, 758F
Poisson, embryogenèse, 889F
Polarité, des cellules végétales, bases de, **1179**, 1180F
Pôle animal, de l'œuf, 856, 880, 881F
Pôle végétal
d'un œuf, 856
induction du mésoderme chez le *Xénope*, 893-894, 893FF
d'un œuf en division, 880, 881F
Pôles du fuseau, 763, 766, 772F
capture de microtubules par le kinétochore, 770-771
chromatides sœurs, attachement aux pôles opposés, 771
Poly A, 528-529, 530F
sur l'ARNm des eucaryotes, 214, 216F
formation, 5, 5F
Polyisoprenoïdes, 53F
Polymère, biologique, 78, 79F
Polymérisation, des polymères biologiques, 78, 79F
Polymérisation de queue, 78, 79F
Polymérisation de tête, 78, 79F, 208, 228
Polymorphisme, équilibré, 842-843
Polymorphisme des fragments de restriction (RFLP)
dans la cartographie d'un génome, 272-273, 272F
dans le diagnostic prénatal, 191
Polynucléotide kinase, marquage de l'ADN et, 185, 185F
Polynucléotides
biosynthèse, 76F
code génétique et, 102, 103F
définition, 4
comme matrices, 5-6, 5F
Polyomes, transformation néoplasique par, 254
Polypeptides
voir aussi Protéines
comme catalyseurs, dans l'évolution, 8
conformation, et séquence d'acides aminés, 107-112, 107FF
définition, 4
ponts disulfure dans, 108, 108F
séparation par électrophorèse en deux dimensions, 171-172, 171FF
Polyprotéine, traitement dans le Golgi, 456F, 457
Polyribosome, 214, 216FF, 435, 435F
définition, 104F
Polysaccharide, 43-44, 51F
voir aussi les différents polysaccharides
catabolisme, aperçu, 64-65, 64F
dans la matrice extracellulaire, 44
de la paroi cellulaire des végétaux, 1140, 1140FF
pourcentage de la masse cellulaire, 88T
synthèse
réaction de polymérisation, 78, 79F
chez les végétaux, 1165, 1168
Polysome, *voir* Polyribosome
Polyspermie, 871-872
blocage lent de la, 872, 872FF, 876
blocage rapide de la, 871-872, 872F
Pompe ionique calcique, *voir* ATPase des ions calcium
Pompe ionique sodique
dans les bactéries tolérant les alcalis, 365, 365F
de la blastula, 881-882
du tonoplaste, 1164
Pompe ionique sodium-potassium, 131, 287, 287F, **304-307**, 305FF
fonctions, 306-307, 307FF
potentiel de membrane, rôle dans, 314, 316
réversibilité, 358

solubilisation, purification, reconstitution, 287, 287F, 305
dans le transport transcellulaire de nutriments, 311, 311F
Pompe potassique, dans le mouvement des cellules végétales, 1145
Pompe protonique
ATP synthétase, **357-358**, 357F, **382-283**, 383F
des bactéries, 365, 365F, 382-383, 383F
dans les bactéries pourpres photosynthétiques, 375-376, 376F
bactériorhodopsine, 293, 293F, 357, 357F
chaîne respiratoire, 349T, 351-352, 352F, 358-359, **363-364**
dans un chloroplaste, *cf.* mitochondries, **379-380**, 380F
évolution, 382-383, 383F
des lysosomes, 459, 459F
de la membrane plasmique des cellules végétales, 1143
dans les membranes endosomales, 330
dans la photophosphorylation, 377, 378F, 379
dans le spermatozoïde, réaction acrosomienne, 869
Pont de nexine, de l'axonème, 647-649, 647F, 648T
Pont phosphodiester
dans l'ADN, 95-96, 96F, 99F
ADN ligase et, 224F
ADN topoisomérases et, 236, 237F
dans l'ARN, 98F
clivage au cours de la prise d'empreinte sur l'ADN, 187, 188F
Ponts cytoplasmiques
entre les cellules nourricières et les ovocytes, 858, 859F, 912, 912F
entre les cellules spermatiques en cours de différentiation, 866-867, 867F
chez les végétaux supérieurs, 29
chez *Volvox*, 28
Ponts disulfure, 55F
dans une chaîne polypeptidique, 108, 108F
dans la fibronectine, 816, 818F
formation dans la lumière du RE, 445, 445F
dans l'insuline, 122F
dans une molécule d'anticorps, 1013FF
dans les molécules du CMH, 1041F
dans le procollagène, 811F, 815
dans les protéines transmembranaires, 285F
réduction par le mercaptoéthanol, 170, 170F
Pool des gènes des chaînes légères κ (kappa), 1024, 1025FF, 1027-1028, 1028F
Pool des gènes des chaînes légères λ (lambda), 1024, 1026F, 1027-1028, 1028F
Population diploïde
allèle mutant létal diploïde, conséquences, 842, 842F
reproduction sexuée et maintien de la diploïdie, 842, 842F
Populations cellulaires synchrones
méthodes pour obtenir des, 730-731, 731F
perte de la synchronisation, 746
Pores nucléaires, 409, 409F, **422-424,** 422F, 777-778, 777F
disposition des, 546, 546F
exportation d'ARN, 425-426, 538-539, 539F
sélectivité, **592-593**
transport de protéines, **423-425,** 424FF
Pores à stomates, 1144F, 1153
Porines, 312, 313F, 343, 344F, 429
Porteurs ioniques mobiles (ionophores), 322, 322F
Potentialisation à long terme, **1099-1100**
Potentiel d'action, **316-318**, 317F, **1065-1073**, 1068FF
voir aussi Potentiel de membrane
canal à ouverture réglée par la tension
dans la génération du, **1068-1070**, 1070F
ion calcium dans une cellule présynaptique, 1076-1077
dans la cellule musculaire, postsynaptique, 1078, 1080F, 1081-1083, 1082FF
cellule postsynaptique, génération dans, 1087-1090, 1089FF
cône d'implantation, génération dans, 1087-1089, 1089FF
définition, 1062
dépolarisation de la membrane au cours du, 316-317, 317F, 1068-1070, 1070F
flux ioniques au cours du, **316-318**, 317FF, 1068-1070, 1070FF
fréquence de décharge
diminution au cours de l'adaptation, 1090, 1090F
proportionnelle au PPS global, neurone moteur, **1087-1089**, 1089F
proportionnelle au stimulus sensoriel, 1105
libération d'acétylcholine, couplage au, **1076-1078**, 1077F
dans des neurones sensibilisés, 1097FF, 1098
potentiel postsynaptique global, codage du, **1087-1090**, 1089FF
propagation
dans l'axone, **1070-1073**, 1071F
dans les axones myélinisés, 1073, 1073F
repolarisation de la membrane, 1070
rétroaction positive d'accélération, 716
tout ou rien, 1069
Potentiel d'équilibre (V)
pour les ions chlorure, 1067
pour les ions sodium et potassium, 315, 317, 317F, 1067
et potentiel de membrane, 315
Potentiel membranaire
voir aussi Potentiel d'action
base ionique, **314-316**, 316F, **1065-1067**
calcul, équation de Nernst, **315**
canaux de fuite des ions potassium et effet Donnan, **314-316**, 316F
capacitance membranaire et, **1066-1068**, 1068F
conductance et, **1067**
enregistrement de canaux isolés, 318-319, 319FF
membrane mitochondriale interne, à travers, 352, 352F
à travers les membranes cellulaires, 316
pompe sodium-potassium, rôle de, 306
potentiel inverse, 1082F
potentiels d'équilibre des ions, **315**, 317, 317F, 1067
propagation passive des modifications, 1066, 1068, 1068F, 1073
repos, **314-316**, 1066
transport membranaire et, 302
Potentiel postsynaptique (PPS)
dans l'accoutumance et la sensibilisation, 1096
dans une cellule voisine, 1094, 1095F
dépendance des propriétés de câble vis-à-vis de, 1087, 1088F
excitateur vs. inhibiteur, 1086
rapide, lent, et lent tardif au niveau de la même synapse, 1094, 1095F
sommation spatiale et temporelle, 1087, 1088F
Potentiel postsynaptique global, potentiel d'action, traduction en, **1087-1090**, 1089FF
Potentiel du récepteur
cellule en bâtonnet des vertébrés, 1105, 1105F
cellule transductrice, 1102
Potentiel de repos, *voir* Potentiel de membrane
Potentiels d'inversion, 1082F
Potentiels redox, de la chaîne respiratoire, 362, 363F
Potentiels synaptiques miniatures, 1078, 1080F
Pouvoir réducteur, dans des réactions biosynthétiques, 77, 77FF, 383-384, 384F
Poumon
barrières épithéliales, 996
origine embryonnaire endodermique, 886
Poxvirus, 250, 251F
Prémétaphase, mitotique, 763, 763FF, **766, 770-771**
Première loi de la thermodynamique, 72
Primosome, 232-233, 233F, 235, 235F
Privation, cycle cellulaire chez la levure, 741-742, 742F
Procaryotes
définition, 10-11
évolution vers les eucaryotes, **10-27**, 10FF
relations évolutives, 38F
Processus génétique, aperçu des processus fondamentaux, 201
Procollagène, 811-812, 811F, 814F
Produit du gène *c-myc*, comme marqueur du mode prolifératif, 757, 756F
Profil d'hydropathie, pour des protéines transmembranaires, 443, 444F
Profiline, 641, 642T, 643
Progestérone, 687T, 860
Proinsuline, 122F
Prolifération cellulaire
activation de la kinase C, effet sur, 704-705
adhérence cellulaire et, 759-760, 759FF
dans l'angiogenèse, 965-966
lors d'une blessure, réponse à, 745F
état prolifératif
cf. état quiescent, 749-751, 750F
protéine *c-myc* en tant que marqueur, 757, 756F
facteurs de croissance pour la, 746-748, 747F, 747T
initiation
échangeur Na^+-H^+ et, 310
spécifique, déclencheurs, 744-745, 745F
récepteurs de la protéine kinase spécifique de la tyrosine et, 707-708
dans la régénération, insectes, 918-919, 919F
régulation
deux sites généraux, 1203
protéines G et, 705
stimulée par des facteurs de croissance, modifications intracellulaires, 757
Proline, maintien de la turgescence chez les végétaux, 1145
Prolongement acrosomien, 641, 641F, 868-869, 869F
Promoteurs de tumeurs, 1196-1197, 1196F
esters de phorbol comme, 705
Pronucleus, 874, 876
transplantation, 900, 900F
Prophase
méiotique, 847F, 848, 849FF, 852F, 855F, 856-857, 858F, 860
mitotique, **763**, 763FF, **766-770**
Proplaste, 1162-1163, 1162F
Prostaglandines, 685T, 688, **689-690**, 689F, 704
fibroblastes désensibilisés et protéine G_s, 719
Protéase V8, 173T
Protéine associée à la fonction lymphocytaire (LFA-1), 1049-1050, 1050F, 1051T
Protéine C, du muscle squelettique, 623T
Protéine centrale, des protéoglycannes, 806, 806F
Protéine cro, *voir* Protéine cro de lambda
Protéine de déstabilisation de l'hélice, 232, 232FF
liaison coopérative, 492, 493F
et recombinaison générale, 241-242
Protéine disulfure isomérase, du RE rugueux, 445, 445F
Protéine fibreuse, 108, 119, 120F
Protéine fibrillaire gliale acide, **662-663**, 662T, 663F
Protéine de formation de la calotte, aux extrémités plus de l'actine, 643
Protéine de fusion, 266
Protéine G_i, 699, 699T
Protéine G inhibitrice, *voir* Protéine G_i
Protéine G stimulatrice, *voir* Protéine G_s
Protéine globulaire, 108-110, 109FF
dans des assemblages protéiques, 118-121, 118FF
domaines dans, 116-117, 116FF
hélices α dans, 110, 110F
Protéine G_s, 713
activation, 697, 698F
amplification du signal par, 697, 713-714, 714F
inactivation par la toxine cholérique, 697
prostaglandine PGE_1, désensibilisation à, 719
rôle dans la transduction de signaux, 697, 698F, 699T
structure, 697
Protéine hélice-tour-hélice
famille de protéines de liaison à l'ADN, 491, 492F
protéine répresseur du tryptophane, 558F
Protéine intégrase du phage lambda, *voir* Lambda intégrase
Protéine kinase, 84, 708, 712

carcinogenèse et, 1207T, 1211F
contrôle de la synthèse protéique et, 215
dépendante de l'AMP cyclique, **709, 712**
MPF en tant que, 736
produit du gène *cdc*2/28 de levure, 743
produits des oncogènes et des proto-oncogènes comme, 756-757, 756F, **1207**, 1207T, 1208F
Protéine kinase AMPc-dépendante, *voir* KinaseA
Protéine kinase C, 707F
voir aussi Kinase C
activation
par le diacylglycérol et les ions Ca^{2+}, 703-704, 703FF
et distribution asymétrique dans la double couche, 281-282
fécondation de l'œuf, effets dans, 873-874, 875T, 876
phosphorylation, 704
spécifique de la sérine, domaines catalytiques, 707F
spécifique de la tyrosine, 421
activité constitutive et prolifération cellulaire, 707-708
dans l'adhérence cellule-matrice, 823
codée par un oncogène, 756-757, 756F
protéine *src*, 757-758, 757FF
comme récepteurs catalytiques, 706-708
taille du gène, 486T
Protéine lexA, 598F
Protéine de liaison (BiP), pour le repliement protéique, **445**
Protéine nodD, 1158, 1158F
Protéine NtrB, 561
Protéine ntrC, 561-562, 561FF
Protéine recA, 225
liaison coopérative, 492, 493F
dans la recombinaison génétique, 242-243, 243F
Protéine recBCD, dans la recombinaison générale, 240, 241F
Protéine de régulation positive (CAP)
homologies de domaines avec d'autres protéines, 118F
liaison de l'AMPc, 123F
mode d'action, **560**, 560F
modèles moléculaires, 114F, 119F
structure et liaison à l'ADN, 491, 492F
Protéine régulatrice de liaison au GTP, *voir* Protéine G
Protéine répresseur, dans l'expression de gènes bactériens, contrôle, **557-559**, 558FF
Protéine répresseur du lactose, 489, 557, 558-560, 558F, 560F
CAP, coopération avec, 560, 560F
Protéine répresseur de lambda, 489, **574-575**, 574F
structure et liaison de l'ADN, 491, 492F
Protéine répresseur du tryptophane, 558F, 559
structure et liaison à l'ADN, 491, 592F,
Protéine *src*
ancrage à la membrane, pour la transformation, 417-418, 418F
effets biologiques, 757-758, 758F
localisation cellulaire, 757, 757FF
comme protéine kinase spécifique de la tyrosine, 757-758, 758F
synthèse d'isoformes, 589, 590F
Protéine v-*src*, 707, 1206F
Protéines, **107-131**, 107FF
voir aussi Protéines membranaires ; Polypeptides ; et les différentes protéines
acides aminés des, 45F, 54FF
agrégats, prévention, 420-421, 445
allostériques, **127-131**, 128FF
changement conformationnel, régulation, **129**, 130F
mouvement directionnel via, 130, 131FF
dans la signalisation cellulaire, **128-129**, 128FF
travail utile à partir de, 130-131, 131FF
analyse par diffraction des rayons X, 109
assemblages, 112, 114F, **118-122**, 119FF
centre réactionnel photosynthétique transmembranaire, 293-294, 294F
définition, 112
formation, spontanée, 118-119, 118FF, 121
types, **118-121**, 118FF
catabolisme, aperçu, 64-65, 64F
chaînes latérales polaires, 107-108, 107FF, 123-124, 124F
clonage de gènes pour, 262, 262F, 265
dans la compartimentation cellulaire, importance, 405
conformation, **107-115**, 107FF, 123
définition, 45, 45F
dégradation, signaux et voies, 419-420, 420F
dénaturation, 107, 286
différences parmi les cellules, 552-553
dimère, dans les structures agrégées, 118-119, 118FF
domaine, 112, 114F
homologies, 117-118, 118F
à domaines multiples, **116-117**, 116FF
empreinte des, 172, 173F
endommagée, dégradation ou réparation, 419-421, 420F
évolution de nouvelles molécules, **115-118**, 115FF, 842
feuillets β, 109, 109F, 111FF, 112
fonction(s), **122-132**, 123FF
fonction, détermination de
comparaisons de séquences avec d'autres protéines, 117-118, 118F
inactivation d'anticorps, 180, 194
isolement de protéines apparentées, 192, 192F
méthodes de l'ADN recombinant, 266-267, 267F
mutants génétiques et transformation, **194-196**, 194FF
formes, tailles, 112F
globulaire, tailles, 87F
glycosylation
voir aussi Glycosylation des protéines ; Synthèse protéique
N-glycosylation, fonction, 455-456
hélice α, 109-110, 110FF, 112
hormones, 686T
introduction dans les cellules, 157-158, 157FF
isoformes, 589, 590F
variations géniques et, 599-600
en tant que machines, 131, 132F
majeure et mineure, méthodes d'étude, 193
mécanismes de stabilisation, 419, 420-421
membrane, *voir* Protéine membranaire
modèles, 110, 111F, 112, 113FF, 125F
modification covalente, réversible, dans la régulation, 712
modifiées, méthodes et utilisations de l'ADN recombinant, 266-267, 267F
phosphorylation
changements conformationnels allostériques et, **129-131**, 130FF
dépendante de l'AMP cyclique, 709
et régulation de réactions cellulaires, 712
poids moléculaires
à partir de chromatographie par filtration sur gel, 168, 168F
à partir de SDS-PAGE, 170, 170F
point isoélectrique, 171, 171FF
pourcentage du poids de la cellule, 88T
purification, **167-172**, 167FF, 193
renouvellement, **418-419**, **956-959**, 958F
dégradations sélectives, **419-420**, 419FF
réparation des protéines endommagées, 420-421
RMN, étude des, 153-155, 154F
séquence d'acides aminés, détermination, 172-174, 173F, 173T, 186
signaux de déstabilisation, 419-420
sous-unités, 170, 170F
grandes structures à partir de, **118-122**, 118FF
spécifiques d'un tissu, dans les mitochondries, les chloroplastes, 397
structure, **107-122**, 107FF
familles, 115, 115FF
niveaux d'organisation, **112**, 113FF
primaire, 112
secondaire, 112, 114F
tertiaire et quaternaire, 114F
synthèse, *voir* Synthèse protéique
transport, intracellulaire, *voir* Transport de protéines, intracellulaire
transport à travers les membranes, *voir* Translocation de protéines
tri intracellulaire, *voir* Transport de protéines, intracellulaire ; Peptide signal ; Signaux de tri
Protéines activatrices de gènes, 559-561, 559FF, 567, 567F
dans l'assemblage du facteur TATA, 563
Protéines ambulantes sur les mitochondries, dans le kinétochore, 775F
Protéines associées aux microtubules (PAM), 646, **659-661**, 659FF
Protéines de Bence Jones, 1019
Protéines de choc thermique, **420-421**
Protéines chromosomiques non histones, définition, 496
Protéines cytosoliques
membranes, attachement aux, via des acides gras, **417-418**, 418F
modifications post-traductionnelles des, **416-418**, 417F
peptide signal, séquence, 414, 415T
renouvellement, 418-420, 419FF
dégradations sélectives, **419-420**, 419FF
tri des, 412, 413F
Protéines d'échange de phospholipides, 398, 450, 450F
Protéines d'enveloppe, 469-470, 469F
Protéines de fixation du calcium, affinité pour Ca^{2+}, 700, 710-711
Protéines de fusion, virales, 336-337, 336F
Protéines G
voir aussi les différentes protéines
adaptation, rôle dans l', 719, 719F
canaux à ouverture contrôlée, 314
découverte, 696
homologies structurales, 706
dans la libération d'un neurotransmetteur, 1092, 1094, 1095F
dans la mémoire à court terme, **1097-1098**, 1097FF
et morphinomanie, 719, 719F
oncogènes *ras*, codés par, 705
récepteurs, similitudes, 706, 706F
régulation de l'action des hormones au niveau des, **696-699**, 698F
transducine, 705-706, 706F
types et fonctions, 699T
voie de l'AMPc, 694F
voie des ions calcium dans, 694F
dans la voie des phosphoinositides, 702
Protéines Gag, 595, 595F
Protéines Gal4, 567, 568F
Protéines de haut poids moléculaire (HMW), 659, 659F
Protéines HMG, 512
Protéines hsp 70, 421
dépliement des protéines et, 428-429
dans le déshabillage des vésicules recouvertes, 327
Protéines kinases dépendantes de Ca^{2+}-calmoduline, *voir* Ca-kinase
Protéines cro de lambda, 489, **574-575**, 574F
structure et liaison à l'ADN, 490-491, 491F
Protéines de liaison à l'actine
voir aussi les différentes protéines
dissociation, **631**, 642T, 643
formation de faisceaux, **634**, 634F, 642T, 643
interactions coopératives et compétitives entre, **643**, 643F
résumé des principales classes chez les vertébrés, 642T, 643
réticulation, **630-631**, 630F, 633, 633F, 642T, 643, 643F
Protéines de liaison à l'ADN
codées par des proto-oncogènes, 756F, 757
déméthylation par, dans les cellules germinales, 586
détection, test de retardement sur gel, 489, 489F
distorsion de l'hélice d'ADN par les, 494, 494F

domaines en doigts à zinc, 490, 490F
facteurs de transcription (FT) eucaryotes, **525-527**, 526FF
famille « hélice-tour-hélice », 491, 491F
fonctions des protéines spécifiques d'une séquence, 488
formation de particules nucléoprotéiques par, 495, 495F
histones, **496-500**, 496FF
interaction
avec l'ADN, liaison hydrogène, 488, 488F
liaison compétitive entre, 492, 493F, 495, 495F
liaison coopérative entre, **492**, 493F, **495**, 495F
de protéines séparées, liées à l'ADN, 562, 563F, 569, 569F
isolement
par hybridation en faible stringence, 192
de protéines spécifiques d'une séquence, 489-490
monocaténaire (SSB), *voir* Protéines de déstabilisation de l'hélice
produit du gène *Rb*1 comme, 1213
produits de gènes contenant une homéobox, 937
protéine recA, 242-243, 243F
comme protéines régulatrices de gènes, 553-554
récepteur de l'acide rétinoïque, 917
séquences d'ADN, détermination des, 186-187, 188F
séquences d'ADN spécifiques, reconnaissance, **490-491**, 491FF
séquences de sites de liaison pour les mêmes, 566T
au niveau de sites hypersensibles aux nucléases, 498, 498FF
spécifiques d'une séquence, **488-496**, 488FF
Protéines de liaison à l'ARN
dans l'assemblage des ribosomes, 541
dégradation de l'ARNm et, 595, 597F
répresseurs de la traduction, 593, 593F
séquence consensus dans, 532, 533F
spécifiques d'une séquence, **597-598**
Protéines de liaison aux microtubules, 768, 768F
Protéines lysosomales
hydrolases, 459, 459F
addition de M6P, 463, 464F
glycoprotéines *N*-glycosylées, 461
transport intracellulaire par l'intermédiaire de récepteurs, **461-462**, 462FF
tri dans le Golgi, **461**, 462, 464
pompe à protons, 459, 459F
récepteur du M6P, recyclage, **461-462**, 462F
synthèse dans le RE rugueux, 434, 435F, **438-448**, 439FF, 460
transport
des ribosomes au lysosome, 410FF, **411-415**, **460-466**, 462FF
du TGN au lysosome, **460-466**, 462FF
voie indépendante du M6P, 465
voie de nettoyage, 461
Protéines membranaires, 274-275, 274F, **284-298**, 284FF
voir aussi Protéines membranaires intrinsèques ; Protéines membranaires périphériques ; Protéines transmembranaires ; et les différentes protéines
dans l'adhérence entre cellules, *voir* Molécules d'adhérence cellulaire
canaux protéiques, *voir* Canaux ioniques ; et les différents canaux à ouverture contrôlée
chaînes latérales glucidiques, 285, 285F
champ électrique, effet sur la conformation, 328
et composition lipidique des doubles couches, 280-281
et cytosquelette, association avec, 289, 290F, 291
diffusion latérale, **295-296**, 295FF
dans l'hétérocaryon, 162
restrictions sur, 297-298, 297FF
distribution asymétrique dans les cellules épithéliales, 310-311, 311F
double couche lipidique
asymétrie et, 281-282
types d'association avec, 284-285, 284FF
érythrocyte, **288-292**, 288FF
hélice α, 285, 285F, 289, 291, 293-294, 293F
intrinsèques, 284FF, 285-287
liaison à un glycolipide, 448, 448F
marquage fluorescent, 296
mobilité des glycoprotéines, 296
orientation asymétrique, 285, 285F
périphériques, 285, 284F
quantités dans les membranes, 284
reconstitution de protéines membranaires purifiées, 286-287, 287F
solubilisation, 286-287, 286FF
synthèse dans le RE rugueux, 285, **438-443**, 439FF
transmembranaires, 284-289, 284FF, 302-304, 302FF
transport
voir aussi Transport membranaire
bactériorhodopsine, 292-293, 293F
bande 3, **291-293**, 289FF
canaux, 302, 302FF, **312-323**, 313FF
canaux à ouverture contrôlée, **316-322**, 317FF
de la membrane interne du chloroplaste, 380
microscopie électronique après cryofracture, 291-293, 291FF
porteuses, **302-305**, 302FF
récepteur de l'acétylcholine, **319-322**, 320FF
renouvellement dans une cellule en bâtonnet, 957, 958F, 959
ségrégation dans une cellule épithéliale, 793-794, 793F
à traversée unique, 291, 292F
à traversées multiples, 291, 292F
Protéines membranaires intrinsèques, 285-287, 284FF
protéoglycannes, 808, 821
Protéines membranaires périphériques, 284F, 285
spectrine, 289, 289FF
Protéines méthylables de la chimiotaxie (MCPs), 721, 722F
Protéines mitochondriales
codées par l'organite, 426
conservation au cours de l'évolution, 400-401
distribution dans des compartiments, 344F
importation
besoins énergétiques, 427-428, 428F
dépliement au cours de, **428-429**, 428F
dans l'espace intermembranaire, 429, 429F
dans la matrice, **426-429**, 427FF
peptide signal, 414, 415T, 426, 426F, **427**, 429
membrane, insertion dans les membranes interne et externe, 429, 429F
précurseurs, 427-428
spécifiques d'un tissu, 397
transport intracellulaire, des ribosomes aux mitochondries, 412, 413F
Protéines de myélome, 1018
Protéines des neurofilaments, 662T, **663**
Protéines nucléaires
importation depuis le cytosol, **423-425,** 424FF
signaux de tri, 414, 415T, 424-425, 425F
transport intracellulaire, des ribosomes au noyau, 412, 413F
Protéines périplasmiques de liaison du substrat, 312, 313F
dans la chimiotaxie, 722, 722F
Protéines phosphatases, activité de l'AMP cyclique et, 710, 711F
Protéines porteuses, **302-305**, 302FF
distribution asymétrique dans les cellules épithéliales, 310-311, 311F
en tant qu'enzymes, 303-304, 303F
modèle, diffusion facilitée, 304, 304F
Protéines ras, 699T
comme intermédiaires pour les récepteurs de facteurs de croissance, 705
médiateurs intracellulaires, effets sur, 757, 756F
membrane, ancrage pour transformation, 417-418, 418F
Protéines de régulation de gènes, 205, 487, 525, **553-556**, 554FF
voir aussi Protéines de liaison à l'ADN
activateurs d'expression ou amplificateurs, liaison à, **564-569**, 565FF, 566T
activation de la kinase C, stimulation de, 704
changements de conformation dans, 558F
conservation de fonction, non de séquences, 568-569
contrôle, par de petites molécules informatives, 560, 560F, 568, 569F
découverte chez les bactéries, 557
dans la détermination du stade phagique, 574-575, 574F
dans le développement des érythrocytes, 567F
distorsion de l'hélice d'ADN par, 494-496, 494FF
doigts à zinc, 490, 490F
domaines avec des fonctions distinctes, **567-568**, 568F
facteur TATA en tant que, 563
facteurs liés à la polymérase, comparaison avec, 562
de gènes homéotiques, *Drosophile*, 587, 587F
hérédité
asymétrique de certains gènes de levure, **573-574**, 573F
de groupes de gènes liés, 576, 576F
homologies de domaines avec d'autres protéines, 118F
interactions entre, 554-555, 555F
dans l'interconversion, 572-574, 572FF
liaison compétitive entre, 492, 493F, 495, 495F
liaison coopérative entre, 492, 493F, 495, 495F
mécanisme d'activation, résumé, 568, 659F
mutation homéotique dans, 555,575
MyoD1 comme, 556, 556F
nécessité de seulement quelques, 566, 575
phosphorylation des, **561-562**, 561FF, 569F
promoteurs d'amont, liaison à, **564-566**, 565FF, 566T
propriétés de certaines protéines de mammifères, 566T
protéines activatrices, **559-561**, 559FF, 567, 567F
protéines de contrôle pilotes, **555-556**, 556F
dans le développement, 575-576, 575FF
dans la différentiation cellulaire, 556, 556F
dans l'organisation tissulaire, 555, 575-576, 575F
protéines hélice-tour-hélice en tant que, 490-491, 491FF
quantités par cellule, 553-554, 557
dans la régulation combinatoire, 554-556, 555F, **565-566**, 565FF, **572-575**, 572FF
régulation simultanée de nombreux gènes, 555-556, 556F, 574-576, 574FF
répresseurs protéiques, **557-559**, 558FF, **574-575**, 574F
sites de liaison éloignés, bactéries, **561-562**, 562FF
Protéines de régulation pilotes, 555-556, 556F, 575-576, 575FF
conservation d'une séquence d'ADN régulatrice, 576, 576F
Protéines de réponse aux stress, **420-421**
BiP de la lumière du RE comme, 445
repliement des protéines, aide, 421, 445
Protéines répresseurs de la traduction, 593, 593F
Protéines ribosomales, 210, 211F
assemblage dans les ribosomes, 121, **541**, 542F
gènes chloroplastiques pour, 391
Protéines sécrétées
exocytose des, 324-325, 324F
synthèse dans le RE rugueux, 434-435, 435F, **438-441,** 439FF, **445-448,** 445FF
traitement protéolytique dans le Golgi, 456F, 457
transport, *voir* Exocytose ; Voie sécrétrice contrôlée
transport intracellulaire, résumé de la voie de, **409-414,** 410FF
tri dans le TGN, 466
Protéines SSB, *voir* Protéines de déstabilisation

de l'hélice
Protéines SWI, des levures, 573, 573F
Protéines Tau, 659
Protéines transmembranaires, **284-289,** 284FF
voir aussi Protéines membranaires
ancrage des acides gras, 418, 418F
bactériorhodopsine, 292-293, 293F
bande 3, 291-293, 289F
canaux à ouverture contrôlée, **316-322,** 317FF
centre réactionnel photosynthétique, 293-294, 294F
glycophorine, 290F, 291, 292F
dans les jonctions cellulaires
adhérentes, 795-797, 795FF
desmosomes, 797-798, 798F
étanches, 794, 795F
de type gap, connexon, 799, 780FF
de liaison, 636, 636F
cadhérine E, 831
desmosome, **797**
récepteur de la fibronectine, 821F
marquage vectoriel, 288-289
microscopie électronique après cryofracture, 291-292, 291FF
orientation asymétrique
maintien, 454, 455F
maintien, dans le transport vésiculaire, 411, 412F, 443, 454, 455F
profil d'hydropathie, prédicateur de conformation, 443, 444F
récepteur de l'acétylcholine, 320, 321F
rhodopsine, 1106-1107
à sept traversées, famille de récepteurs, 706, 706F
synthèse dans le RE, 434-435, 435F, **438-443**, 439FF
transport de petites molécules, 300
à traversée unique
récepteurs catalytiques, **706-708,** 707F
synthèse dans le RE, **441,** 442F, 444F
à traversées multiples
pompe calcique, 304
synthèse dans le RE, **441-443,** 443FF
Protéines transmembranaires à traversées multiples, protéines de transport en tant que, 302, 304-305
Protéines de transport membranaire, *voir* Canaux ioniques ; Protéines membranaires
Protéines vitellines, synthèse dans le foie, 857
Protéoglycannes, 689, **806-808,** 806FF
assemblage dans l'appareil de Golgi, 456
collagène, liaison au, 808
fonction, 807
du glycocalyx, 298, 299FF
glycosaminoglycannes, formation à partir de, 806, 806F
membranaires intrinsèques, 808, 821
organisation dans la matrice extracellulaire, 807-808, 807FF
structure, 806, 806F
voie sécrétrice constitutive, pour libération, 465
Protistes, 21-22, 22F
relations évolutives, 38F
Protochlorophylle, 1162, 1162F
Protofilament
des filaments intermédiaires, 664F
tubuline, 646-647, 646F
Proto-oncogène(s), 705, 1203, **1206-1212**, 1206FF, 1207T, 1209T
voir aussi Gènes de contrôle social ; et les différents proto-oncogènes et leurs produits
classes de, activités et localisations cellulaires, 756, 756F, 1207T
expression, contrôle traductionnel de, 594
fonctions, **756**, 756F, 1207T, **1210**, 1211F
comme gènes de contrôle social normaux, 754
identification
méthodes non rétrovirales, 1207-1209, 1208F
via un oncogène rétroviral, 1206
par des tests de transformation cellulaire, 755, 755F
oncogène, conversion en, **1207-1210**, 1208FF
par amplification génique, 1210, 1210FF
par mutagenèse d'insertion, **1207-1208**, 1208F
par mutations ponctuelles, 1210, 1210FF
par translocation, 1209, 1209F
Protoplaste, 1143, 1143F, 1167, 1167F, 1181-1182, 1183F
Protozoaires, 21-22, 22F
osmorégulation, 308
phagocytose dans, 334
Provirus, 253, 253F
intégration dans le génome de l'hôte, 257
PS excitateur, 1086-1087
PS inhibiteur, 1086-1087
Pseudogènes, 602
Pseudopodes, des cellules épithéliales, dans l'angiogenèse, 964, 964F
Psoriasis, 971
p60[src], *voir* Protéine *src*
Puits recouverts, 274F, **326-327**, 326FF
captation de virus via, 336, 336F
dans les cellules végétales, 1167, 1167F
clathrine, 327, 327F
dans l'endocytose par l'intermédiaire d'un récepteur, **328-329**, 329FF
dans l'endocytose en phase liquide, 333
récepteur de LDL dans, 328, 329F
récepteurs dans, 329-330
dans le recyclage de la membrane, cellule présynaptique, 1078FF
Purine, 45, 56FF
Puromycine, 218, 218T
Pyrimidine, 45, 56F-57F
Pyrophosphate
hydrolyse, dans la réplication de l'ADN, 97, 100F
produit de l'hydrolyse de l'ATP, 74-75, 75F
Pyruvate déshydrogénase, structure, 84F

Q

Quin - 2, 157, 157F
Quinones, 360, 360F
dans la photosynthèse, bactéries pourpres, 374-377, 374FF
dans la synthèse de NADPH, 376, 376F, 378F, 379

R

Radicules striées, 650
Radioisotopes, **175-176**, 175T
ADN, marquage avec, 185, 185F
Rate, hématopoïèse, site d', 978, 978F
Rayon de Van der Waals, 89, 90F
Rayons radiaux, d'un axonème, 647-650, 647FF, 648T
RE, *voir* Réticulum endoplasmique
Réaction acrosomienne, 864, 868-869, 869F, 876, 876F
dans la fécondation chez la souris, 875-876, 876F
Réaction corticale, 872, 872FF, 875T, 876
Réaction de peroxydation, 431-432
Réaction de polymérisation en chaîne (PCR), 271-272, 271F
Réactions allergiques
mécanisme, rôle des IgE, 1016, 1017F
sécrétion d'histamine, 325, 325F
Réactions de déshydratation
couplées à l'hydrolyse de l'ATP, 71, 74, 74F
dans la polymérisation, 78, 79F
Réactions de détoxification
dans les peroxysomes, 431-432
dans le RE lisse, 436
Réactions métaboliques
compartimentation dans les cellules et les tissus, 84-85, 85F
évolution, 12-13, 13F
organisation, 80, 81
vitesse, effet de complexes multienzymatiques sur, 126-127
Réactions métaboliques couplées, 62, 63F
analyse thermodynamique de la cellule et, 59-60, 60F
dans la glycolyse, 66-67, 66FF
hydrolyse de l'ATP et biosynthèse, **74-75,** 74FF, 78, 79F
transfert d'hydrogène et, 77, 77F
variation d'énergie libre, 71, 74-75, 74FF
Réactions de la phase lumineuse de la photosynthèse, *voir* Réaction photosynthétique de transfert d'électrons
Réactions photosynthétiques de transfert d'électrons, 60, 61F, 368-369, 369F, **373-380**, 373FF
Réactions sombres de la photosynthèse, *voir* Fixation du carbone, réactions
Réactions de transfert de groupes, 75-76, 76T, 77F
Réactions de transplantation, immunologiques, 1040-1041, 1042F, 1053
Réarrangements de l'ADN, 117-118, 118F, **570-574**, 571F, 606, 606F
dans la carcinogenèse, 1209-1210, 1209FF
dans le développement des cellules B, **1024-1029**, 1024FF
par des éléments transposables, 606, 606F
dans les gènes des récepteurs des cellules T, 1037
régulation des gènes par, bactérien, 570-571, 571F
transpositions, au cours de, 256
Récepteur de l'acétylcholine
voir aussi Canaux ioniques réglés par un ligand ; Récepteurs des neurotransmetteurs ; Canaux ioniques réglés par un transmetteur
agrégation sur l'innervation, 1123-1125, 1123FF
comme canal cationique à ouverture contrôlée, **319-322**, 319FF, **1081**, 1081FF, **1083**
courants ioniques
des enregistrements de canaux isolés, 1082F
dans le récepteur ouvert, 320
différences, dans le cœur et le muscle squelettique, 684, 688F, 1084-1085
états conformationnels de, 320, 320F, 1081, 1081F
extrajonctionnel, 1125, 1125F
gènes, 320
isolement, purification, reconstitution, 319-320
dans le muscle non innervé, 1123, 1123F
nicotinique versus muscarinique, 1084-1085
sites de fixation de l'acétylcholine, 321F
structure, 320, 321F
synthèse dans le muscle énervé, 1125
Récepteur de l'acide rétinoïque, 917
Récepteur β-adrénergique, 706, 706F, 709
régulation par phosphorylation, 718, 719F
Récepteur du γ-aminobutyrate (GABA)
effets de la benzodiazepine et du barbiturate sur, 1085
influx d'ions chlorure, 1083-1084, 1085F
Récepteur de la bindine, 869-870, 870F, 872, 873F
Récepteur de l'œstrogène, 567-568, 568F
Récepteur du facteur de croissance dérivé des plaquettes (PDGF), 706, 707F
Récepteur du facteur de croissance épidermique (EGF), 706, 707F
devenir lors de l'endocytose, 331-332, 332F
gène *c-erbB* pour, 756, 756F
produit de l'oncogène *erbB*, 707
régulation, 718, 719F
Récepteur de la fibronectine, **821-822**, 821F
phosphorylation
adhérence, protéine *src* et, 757-758, 758F
découplage cellule-matrice, 823
dans les points de contact focaux, 636, 636F, 797
Récepteur des glucocorticoïdes, 567-568, 568F
Récepteur du glutamate, potentiation à long terme, 1100
Récepteur de l'insuline, 706, 707F
Récepteur du LDL, homologies de domaines avec d'autres protéines, 118F
Récepteur des lipoprotéines de faible densité

(LDL), 118F
Récepteur du mannose 6-phosphate, propriétés, recyclage, **461-462**, 462F
Récepteur de SRP, dans la synthèse de protéine, 440, 440F
Récepteur de la testostérone, 693, 693F
absence, conséquences de, 555
Récepteur de la transferrine, synthèse, contrôle de, 595, 597F
Récepteurs, **682-684**, 683F, **688**, 688F
voir aussi les différents récepteurs
pour les régulateurs de croissance des végétaux, **1181**
Récepteurs, de surface cellulaire, **693-699**, 694FF, **702**, 704FF, **705-707**, 709
catalytiques, 695, **706-708**, 707F
dans le système nerveux, 1092
chimiotaxie bactérienne, 721-724, 722F
classes, **694-695**
diffusion dans la membrane plasmique, 696, 696F
dans l'exocytose contrôlée, 325, 325F
fixations de ligands, 693-694
génération intracellulaire de signaux, 694F, 695
IL-2 sur les cellules T, 1046-1047, 1047F
liés à un canal, 694-695, **1074**, 1074FF, **1081-1091**
liés à une protéine G, 694F, **695-706**, 976FF
dans la mémoire à court terme, **1096-1098**, 1096FF
dans le système nerveux, **1092-1099**, 1092FF
matrice extracellulaire, 821-822, 821F
messagers intracellulaires, besoin de, 694
de méthylation, 723, 723F
dans la migration cellulaire au cours de l'organogenèse, 945
dans les molécules d'adhérence cellulaire, 831, 832F
non liés à un canal, **1074**, 1074F, **1091-1100**, 1092FF
pour la progestérone, 860
promoteurs de phagocytose, 334-335
protéine G_i, interaction avec, 699
protéine G_S, interaction avec, 697, 698F, 713-714, 714F
dans les puits recouverts, 329-330
récepteurs protéiques transmembranaires à sept traversées, 706, 706F
recyclage, dans l'endocytose, **328**, 329F, **331**, 331FF
réglés mécaniquement, dans des cellules ciliées, 1103-1104, 1104F
régulation
en aval via des lysosomes, **331-332**, 332F
par endocytose, 718, 719F
par phosphorylation réversible, 718-719, 719F
sites de nucléation de l'actine et locomotion cellulaire, **641**
spécifiques d'un antigène, 1005-1006, 1006F, 1012
transcytose de, 331-332, 332F, 1016, 1016F
Récepteurs de l'adrénaline
β et α_2-adrénergiques, 699
activation de l'adényle cyclase et, 696-697, 696F, 699
protéines G, interaction avec, 699
Récepteurs de facteurs de croissance
carcinogenèse et, 1207T, 1211F
intermédiaire protéique ras pour, 705
Récepteurs de Fc
en tant que membres de la super-famille des Ig, 1053-1054, 1054F
sur les phagocytes, 1015, 1015F
dans la phagocytose, 334-335, 334F
dans les réactions allergiques, 1016, 1017F
dans la transcytose de IgG et IgA, 1015, 1016, 1016F
Récepteurs des hormones stéroïdes, 421, 489, 490, 490F, **690-691**, 691F
activation génique, 691-692
activation par liaison de l'hormone, 691
liaison à l'ADN, **691**, 691F
mutant de la testostérone, 693, 693F
Récepteurs des hormones thyréotropes (TSH)
stimulation par des anticorps, 694
Récepteurs des hormones thyroïdiennes (HT), 567-568, 568F
gène c-*erb A* pour, 756, 756F
Récepteurs des IgE, sur les cellules, réponse allergique, 1016, 1017F
Récepteurs intracellulaires
pour l'absorption de protéines nucléaires, 423
pour des hormones stéroïdes, **690-693**, 691FF
recyclage, **461-462**, 462F
Récepteurs ionotropiques (liés à un canal), **1074**, 1074FF, **1076-1100**
dans la perception auditive, 1103-1104, 1104F
Récepteurs de la laminine dans les cellules cancéreuses métastatiques, 1201, 1201F
Récepteurs métabotropiques (non liés à un canal), **1074**, 1074F, **1091-1100**, 1092FF
dans la mémoire à court terme, **1094-1098**, 1096FF
récepteurs d'hormones et de médiateurs chimiques, chevauchement, 1092
réponses lentes diffuses, 1092-1094, 1092F, 1095F
Récepteurs muscariniques de l'acétylcholine, 706
Récepteurs des neurotransmetteurs
voir aussi Canaux ioniques réglés par un ligand ; et les différents récepteurs
plusieurs par cellule postsynaptique, 1094, 1095F
Récepteurs nicotiniques de l'acétylcholine, 706
Récepteurs NMDA, **1100**
Récepteurs spécifiques d'un antigène
sur les cellules B, 1012, 1029
sur les cellules T, 1037-1038, 1037F
Recombinaison générale, **239-246**, 239FF
voir aussi Méiose
complexe synaptonémal, 848-849, 849FF, 852F
conversion génique, 244, 246, 247F
échange de brins croisés, 239-240, 239FF, **243-244**, 244FF
étape d'appariement, modèle d'hybridation, 240-241, 242F
fonction hétéroduplex, 239-241, 239F
initiation au niveau d'une coupure monocaténaire, 240, 241F
isomérisation, 244, 245F
migration de branche, 242, 243FF
protéine recA, 242-243, 243F
protéine recBCD et, 240, 241F
séquences d'ADN homologues, appariement entre, 239-240, 239FF
synapsis, 242, 243F
Recombinaison génétique, 839
dans des cellules mitotiques, 932-934, 933F
dans l'évolution
du génome, **599-602**, 600FF
de nouveaux gènes, 843, 844F
des exons, 602
insertion de gènes étrangers dans le génome par, 194-196, 194FF
introns, facilitation par, 602
remplacement ou addition de gènes par, 195, 195F
dans la reproduction sexuée, **844-854**, 844FF
Recombinaison mitotique, **932-934**, 933F, 1214F
Recombinaison spécifique d'un site, 239, **246-247**, 247FF
par des éléments génétiques mobiles, 246-247, 248F
des gènes des récepteurs des cellules T, 1037
dans l'insertion et l'excision du génome du phage lambda, **246**, 247FF, 253, 253F, **495**, 495F
dans l'intégration du génome d'un virus à ARN dans l'hôte, 254, 255F
segments géniques des immunoglobulines *V, J*, et *D*, 1025-1026, 1026F
dans la transposition, 246-247, 248F, 255-256, 255F, 257F
Recombinase, 1026F
Reconnaissance
cellulaire, **824-833**, 824FF
lectines, 299
intracellulaire, **824-833**, 824FF
moléculaire, **87-95**, 88TT, 89FF
diffusion et, 92-95, 92FF
erreurs et réparation, 94-95
Reconstitution, d'une pompe ionique sodium-potassium fonctionnelle, 287F, 305
Reconstruction d'images, résolution, 150
Redistribution en agrégats, *voir* Regroupement
Redistribution polaire (capping), de ligands multivalents, 333-334, 334F
Réduction, définition, 61
Régénération
du foie, **961-962**
chez *Hydra*, mécanisme, 912, 913F
Régénération intercalaire, 919, 919F
Régénération de membres
amphibiens, 916, 916F
cafards, **918-919**, 918FF
triton, 916, 916F
Régénération tissulaire, lame basale, rôle dans, 820-821
Région C, d'une molécule d'anticorps, 1019-1021, 1019FF
Région charnière dans les anticorps, 1012, 1013F, 1014
Région codante de l'ADN, 485-488, 486T, 487F, 506-507, 507F, 523
Région colorée de façon homogène
dans les cellules cancéreuses, 1202, 1214
génération par amplification génique, 1211F
Région de contrôle d'un domaine, 580-582, 580FF
Région hypervariable
d'une molécule d'anticorps, **1020-1022**, 1020F, 1022FF
diversification de jonction et, 1025-1026
Région signal, **414-415**, 414F
sur des hydrolases lysosomales, 463, 464F
sur des protéines sécrétées, 466
Région V d'une molécule d'anticorps, **1019-1022**, 1019FF
Régions péricentriolaires, 656, 657F
Régions régulatrices des gènes, 487, 487F
activateurs d'expression ou amplificateurs, eucaryotes, **564-569**, 565FF, 566T
bactériennes
distance par rapport au promoteur, 561-562, 562FF
proches du promoteur, 557-558
conservation au cours de l'évolution, pour les gènes pilotes, 576, 576F
pour des gènes homéotiques, *Drosophile*, 587, 587F
promoteurs d'amont, eucaryotes, **564-566**, 565FF, 566T
région de contrôle d'un domaine, **580-582**, 580FF
régions pilotes, locus *MAT*, **571-573**, 572FF
régions silencieuses, levure, 573-574
Règle de synchronisation de l'activité électrique (firing-rule), pour l'élimination synaptique, **1127-1132**, 1127FF
Regroupement de la fluorescence après photodécoloration (FRAP), 295-296, 296F
Regroupement (patching)
de ligands multivalents, 333-334, 334F
des protéines de la membrane plasmique, 295
Régulateurs de croissance des végétaux, **1180-1181**, 1181FF
Régulation, métabolique
modifications des activités enzymatiques, **80-84**, 82FF
protéines allostériques dans la, 128, 128FF
Régulation allostérique d'une enzyme, 128, 128FF
Régulation génique combinatoire, 554-556, 555F
Régulation négative d'un gène, 554, 554F, 557-559, 558FF
Régulation négative des récepteurs, 332, 332F, **718**, 719F
Régulation positive d'un gène, 554, 554F, 559-560, 559FF
Régulation rétroactive, **80-84**, 82FF
oscillations et horloge biologique, 84, 84F
positive accélératrice, 716-717, 717F
du réarrangement de l'ADN dans les gènes d'anticorps, 1027
du récepteur de l'insuline, 706

de la sécrétion de l'hormone thyroïdienne, 684, 684F
de la turgescence des cellules végétales, **1144-1145**, 1144F
des voies métaboliques, 128, 128FF
Relations évolutives
diagramme, 38F
à partir des séquences d'acides aminés, dans les protéines, 221, 221F, 221T
Remplacement de gènes, 195, 195F
dans les cellules de mammifères, 267-269, 268F
chez la *Drosophile*, 268-269, 268F
pour étudier la fonction protéique, 195-196, 195F
chez les levures, 267
Renaturation de l'ADN, *voir* Hybridation de l'ADN
Renouvellement cellulaire
voir aussi Différentiation cellulaire, maintien de la
cellules épithéliales, **963-966**, 964FF
cellules hépatiques, **961-962**
cellules sanguines, *voir* Hématopoïèse
cellules souches, **966-973**, 967FF
voir aussi Cellules souches
pluripotentes, **973-982**, 973FF, 976T, 981T
quiescentes, **986**, 986F
contrôle homéostatique, 994, 994F
par duplication, **959-966**, 960FF
durées de renouvellement, 959
épiderme, **966-973**, 967FF
dans les glandes, 971-973, 972F
os, **989-994**, 990FF
photorécepteurs, **956-959**, 957FF
Renouvellement des molécules, 176, 714-715, 715FF
Renouvellement des protéines, 418-421
Réovirus, 250, 251F
Réparation de l'ADN
dans la conversion génique, 244, 246, 247F
double hélice, importance de, 226-227
gènes codant pour, 225
inductible, réponse SOS, 225-226
mécanismes, 220, **223-227**, 221FF, 221T
nucléases, dans la réparation de l'ADN, 223, 225, 223F, 225F
réparation de lésions volumineuses, 225
stabilité des gènes et, 223, 225
systèmes dans la réplication de l'ADN, 231, 232
Réparation d'une lésion volumineuse, 225
Réplicases, 251, 252F
Réplication de l'ADN, **514-522**, 515FF
absence en phase G_0, 750
activateur de phase S pour déclencher la, 732, 733F
ADN polymérases chez les eucaryotes, 517
ADN topoisomérases et, **236**, 237F
assemblage des histones dans, 517-518, 518F
blocage
pour la re-réplication, 522, 523F, 732-733, 733F
retard de la mitose et, 733-734
bulle (œil), 235, 235F, 515-516, 515FF, 522F
chaîne précoce, 229, 229F, 232-233, 233F
chaîne tardive, **229**, 229F, **232-233**, 233F
amorce d'ARN pour la, 231-233, 231FF
chromatine active, réplication précoce, 520-522, 521F
chronologie dans différentes régions chromosomiques, **519-522**, 519FF
complexes multienzymatiques et, 131, 132F
conservation, 733
dans le cycle chromosomique, 727
cytodiérèse, indépendance vis-à-vis de la, 741, 741F
direction, raisons, 230
enchevêtrement, prévention de, **236**, 236FF
eucaryotes, différences avec les procaryotes, 236-237
fidélité et correction sur épreuves, **229-231**, 230F, **233-234**, 234F
fourche, **228-229**, 228FF, **231-233**, 232FF, **235**, 235F, 733
mouvement bidirectionnel, 515, 515FF
vitesse du mouvement, 515, 515F, 519
fragments d'Okazaki et, 229, 229F, 231, 231F, 233F
hélicases, **231-233**, 232FF, 235, 235F
héritage de la méthylation, 583-584, 584F
hétérochromatine, réplication tardive, 520
initiation chez les eucaryotes, 517
machine, **232-233**, 232FF, 235, 235F
mécanismes, 97, 100F, **227-238**, 228FF
mutants, pour des études *in vitro*, 236, 238F
nécessité d'une amorce d'ARN, 231-233, 231FF
dans les organites, 388, 390
origines, 235, 235F, 251-252, 252F, 484, 484FF
intervalle, dans une unité de réplication, 515-516, 516F, 519
séquences, 516, 517F, 521-522
structure chromosomique et activation, 520-522, 521F, 523F
utilisation unique de chaque, 522, 523F
en phase S, démonstration, 728-729, 728FF
dans la phase de segmentation de l'embryon, 881
précision, 97, 100
primosome, **232-233**, 233F, 235, 235F
protéine initiatrice, 235, 235F
protéines de déstabilisation de l'hélice, 232, 232FF
réplication de SV40 *in vitro*, 517
semi-conservative, 97, 100F, 165, 166F, 228-229, 228FF
séparation d'ADN circulaires entrelacés, 236, 237F
structure de la chromatine, influence de, 520-522, 521F
système de correction sur épreuves des mésappariements chez les bactéries, 233-234, 234F
systèmes de réparation dans, 231, 232
des télomères, 484, 519, 519F
dans la transposition, 256, 257F
unités, 515
chronologie de la réplication, 519, 521
dans les virus à ADN, 251-252, 252F
vitesses, 227, 521-522
Réplication de l'ARN, dans des virus à ARN, 251-252, 252F
Réplication semi-conservative de l'ADN, 97, 100F
Répliques pour l'hybridation *in situ*, 262, 263F
Replis neuraux, 887-888, 888F
Réponse de l'anticorps, 1001-1003, 1003F
complément, lyse cellulaire par, 1031-1036, 1032FF
fonctions d'effecteur des classes d'anticorps, 1011-1016, 1014T, 1011FF
primaire contre secondaire, 1009, 1009F
régulation, 1030-1031, 1030FF
Réponse au choc thermique, 225
Réponse immunitaire
autotolérance, développement, 1051-1052
contrôle génétique, **1023-1029**, 1024FF
dans des individus à complément négatif, 1035-1036
interactions cellulaires dans, 1012, 1042F, **1044-1050**, 1046FF
par l'intermédiaire des cellules, 1002-1003, **1037-1054**, 1037FF, 1042T, 1049T, 1051T
voir aussi Immunité à médiation cellulaire
maturation d'affinité, 1018
primaire vs. secondaire, 1009, 1009F
régulation de la réponse des anticorps, 1030-1031, 1030FF
réponse des anticorps, 1001-1003, 1003F
théorie de la sélection clonale, **1005-1007**, 1006FF, 1009-1010, 1009F
Réponse immunitaire primaire, 1009-1010, 1009F
IgM dans les stades primaires, 1015, 1015F
et mémoire immunologique, 1009-1010
Réponse immunitaire secondaire, **1009-1010**, 1009F
sécrétion d'IgG dans la, 1015
Réponse inflammatoire, 974-975, 976F
augmentation par le complément, 1034
Réponse SOS, 225-226, 734
Réponse de type tout ou rien, 715-717, 716FF
Répresseur du bactériophage 434, liaison de l'ADN, distorsion de l'hélice par, 494, 494F
Reproduction, 32
voir aussi Reproduction asexuée ; Reproduction sexuée
Reproduction asexuée, 32, 839
dans l'évolution des gènes, 841-843
Reproduction sexuée, 32, 839
allèles, établissement d'allèles favorables, 841-843, 842FF
bénéfices, **839-844**, 840FF
diploïdie, maintien de, 842, 842F
dans les levures, 739, 739F, 741
phase diploïde, 839-840, 840F
phase haploïde, 839-840, 840F
Resact, 869F
Réseau cortical, des microtubules végétaux, 1169
Réseau cristallin, modèles de diffraction, 151, 151F
Réseau immunologique, **1030-1031**, 1031F
Réseau de microtubules interphasiques, 763, 764FF
Réseau terminal, des cellules épithéliales intestinales, 634-635, 634F
Réseau *trans* du Golgi (RTG), 452, 457-458, 458F
voir aussi Appareil de Golgi
hydrolases lysosomales, triage, empaquetage, **460-466**, 462F
recyclage des récepteurs, 461-462, 462F
sécrétion constitutive à partir de, **467-468**, 467F
vésicules sécrétrices, tri et empaquetage, **465-466**, 466FF
Résistance aux antibiotiques, dans le clonage de l'ADN, 259, 259F
Résistance membranaire
définition, 315
propagation d'un potentiel d'action, vitesse et, 1070, 1073
Résonance magnétique nucléaire (RMN), **153-155**, 154FF
Respiration
définition, 15
efficacité de la respiration cellulaire, **354-355**
Restriction du CMH, 1042
développement de, 1051-1052
Rétention de récepteurs, 718, 719F
Réticulation de molécules, anticorps et antigène, 1012, 1012F
Réticulum endoplasmique (RE), 16F, 20, 20F, 406, 406FF, 407TT, **433-450**, 433FF
voir aussi Microsomes
appareil de Golgi, relation avec, 434, 434F
de la cellule végétale, 1151, 1152F, 1161
éléments de transition, 411, 412F, 436
évolution, 409, 409F
formation d'autophagosomes, 460, 461F
formation de microsomes, 436
lisse, **436**, 435F
localisation dans la cellule, dépendante des microtubules, **660-661**, 661F
lumière
BiP dans la, 445
protéine disulfure isomérase, 445, 445F
repliement des protéines et formation de ponts disulfure, 445, 445F
membrane
biosynthèse lipidique, **448-450**, 449FF
composition lipidique, 281T
continuité avec la membrane nucléaire, 421, 422F, 434F, 481, 481F
diffusion latérale dans la, 437-438
facteur de translocation des phospholipides, 449, 450F
pourcentage de la membrane cellulaire totale, 407, 408T
protéines de translocation, 440-441, 440FF
récepteur de la SRP, 440, 440F
signal peptidase, 441, 442F
oligosaccharide
synthèse, 446, 447F
transformation, 448, 453, 454F
protéine
glycosylation, **446-448**, 446FF
liaison à un glycolipide, 448, 448F
synthèse, 434-435, 435F, **438-448**, 439FF
réticulum sarcoplasmique, 621, 622F

ribosomes, 434-435, 435F
rugueux, **434-435**, 435F
protéines de liaison aux ribosomes, 438
séparation des régions rugueuses et lisses, 436-437, 437F
synthèse de la membrane plasmique, asymétrie des phospholipides, 281
dans le tri intracellulaire, *voir* Protéine, tri ; Signaux de tri
vésicules provenant du, non recouvertes de clathrine, 328
voie protéique
des ribosomes au RE, 412, 413F
séquences signal, 414, 415T
dans la voie de sécrétion, 411-414, 410FF
Réticulum partiellement recouvert, dans les cellules végétales, 1167, 1167F
Réticulum sarcoplasmique, 436, 621, 622F
canaux de libération de calcium, 621, 622F
pompe calcique dans, 307
comme réservoir à calcium, 307, 701, 701F
Rétine
cellules épithéliales pigmentées, 957, 957F, 959
cellules photoréceptrices, **956-959**, 957FF
développement, et N-CAM, 830
Rétine neurale, 953F, 956-957, 957FF
Rétinien, 293
Rétinoblastomes, **1213**, 1213FF
Rétroaction positive
amplification de l'asymétrie dans le développement, 912, 913F
expression d'un gène homéotique, 936, 936F
Rétrotransposons, **255-256**, 255F
Rétrovirus, **254-255**, 255F, 705
pour les cancers humains, 1204T
cycle de vie, **254**, 255F
comme marqueur de cellules souches pluripotentes, 978
protéines, synthèse de, 595, 595F
transformation cellulaire par, 754
comme virus tumorigènes, 254, **1205-1208**, 1206FF, 1207T, 1210
RFLP, *voir* Polymorphisme de longueur d'un fragment de restriction (RFLP)
Rhamnogalacturonanes, 1139F, 1141F
Rhamnose, 1141F
Rhizobium, 1157-1159, 1158F
Rhodamine, 123, 342F
139, 140F, 157F, 178F, 295F
Rhodopseudomonas viridis, 293-294
Rhodopsine, 293
activation par la lumière et changements de conformation, 713, 1106
activité de la transducine et, 705-706
diffusion latérale, 295-296, 296F
régulation par phosphorylation, 718, 719F
Rhodopsine kinase, 719
Ribonucléase triphosphates, appariement de bases dans la synthèse d'ARN, 202FF, 203
Ribose, dans les nucléotides et l'ARN, 56F, 58, 98F, 101
Ribosomes, **210-217**, 210FF
ARN, *voir* ARNr
ARNt, fixation au, 210, 212-213, 212FF
assemblage
auto-assemblage en protéine et ARN, 121
dans le nucléole, 540F, **541**, 542F
en polyribosomes, 214, 216F
catalyse basée sur l'ARN, 106
chloroplastiques, similitude avec les ribosomes bactériens, 390
du cytosol, 406, 406FF, 412, **435**, 435F
avec le cytosquelette, 668
évolution et, 8
exportation de sous-unités depuis le noyau, 425-426
fixation à l'ARNm, 104, 104F
de la membrane du RE, liaison de la SRP, **439-440**, 439FF
des mitochondries, 344F, 391
dans les neurones, 1062, 1063F
protéines, *voir* Protéines ribosomales
sédimentation par ultracentrifugation, 164-165, 165F
séparation des polyribosomes, 214, 217F
structure, 210, 210FF
dans la synthèse protéique, **210-214**, 212FF
processus d'initiation, 213-214, 214F
taille, 87F
Ribosomes liés à la membrane, de la membrane du RE, 435, 435F, 438
Ribulose diphosphate carboxylase, 369, 369F, 371, 372F, 391, 391F
importation dans les chloroplastes, 398
Ribulose 1,5-diphosphate, dans le cycle de fixation du carbone, 369, 369FF, 371
Rifamycine, 218T
RMN, *voir* Résonance magnétique nucléaire
RNase P, 598
Rouge de ruthénium, 299

S

S et ΔS, *voir* Entropie
S-Adénosylméthionine, 76T
Sac amniotique, 894
Saccaromyces carlsbergensis, 394
Saccharomyces cerevisiae, 394
voir aussi Levure
Saccharose, 51F
fixation du carbone, produit de, 370
dans un gradient de densité, 165, 166F
transport chez les végétaux, 370, 372F, **1155-1156**, 1155FF
Saccules, de l'appareil de Golgi, 451, 451F, 1165F
Salamandre
différences de ploïdie et développement, 760, 761F
embryogenèse, 889F
Salmonella
chimiotaxie, 720, 720F
variation de phases, 570-571, 571F
Saltations, dans les cellules végétales, 1170
Sarcomère, 614, 620
espacement dans la contraction musculaire, **615-616**, 615F
maintien de l'organisation, 624, 624F
Sarcomes, 753, 1188, 1189F, 1189T
Saxitoxine, 318
Schéma en Z, de la photosynthèse, 377, 378F, 379
Schizophrénie, 1093
Schizosaccharomyces pombe, *voir* Levure, fission
Scléréides, des végétaux, 1148
Sclérenchyme, **1148-1149**
Scléroderme, 769
Sclérotome, 888
Scorbut, défaut dans, 811
SDS-PAGE, *voir* Électrophorèse sur gel de polyacrylamide de sodium dodécyl sulfate
Seconde loi de la thermodynamique, 59, **72-73**
Sécrétion, *voir* Exocytose
Sédimentation, par ultracentrifugation, 164-165, 164FF, 165T
Segment génique *C*, 1024
voir aussi Gènes d'anticorps
Segment génique *D*, 1024
voir aussi Gènes d'anticorps
Segment génique *V*, 1024-1028, 1025FF
voir aussi Gènes des anticorps
Segmentation
embryon précoce de *Xénope*, 735-736, 735FF
oscillations du MPF dans, 736-737, 737F
Segmentation, évolution de, 937-938
Ségrégation des chromosomes, *voir* Méiose ; Mitose
Ségrégation mitotique, 395-396, 395F
Sélection d'hybrides, 265, 265F
Sélection naturelle
des molécules d'ARN, 6, 6F, 9, 9F
et mutation génique, 100
mutations nuisibles, élimination, 221, 221T
dans la progression tumorale, 1195
des protéines, 112, 114
Sénescence cellulaire, **750-751**, 752F
Sensibilisation, **1095-1098**, 1096FF
Sépale, 1154
Séparation cellulaire, **159**, 160F
Séparations selon le poids moléculaire
chromatographie par filtration sur gel, 168, 168F
électrophorèse bidimensionnelle sur gel, 171-172, 171FF
SDS-PAGE, 170, 170FF
Séquençage de l'ADN
méthodes, 181, **185-187**, 186FF
séquences d'acides aminés dans les protéines à partir du, 117-118, 174
Séquence(s) d'acides aminés
analyse, 172-174
à partir de séquences d'ADN, avantages, 117-118, 118F, 186
assemblage en de nouveaux polypeptides, 116-117, 116FF
évolution et, 12-13, 13F
homologies dans les protéines, 117-118, 118F
de l'insuline, 100, 101F
dans des peptides signal, 414, 415T
dans une protéine, **100-101**, 101FF, 107-108, 107FF
Séquence d'activation d'amont (UAS), 567, 578F
Séquence *Alu*
propriétés, évolution, 608-609, 609F
comme sonde d'ADN de l'ADN humain cloné, 755F
Séquence CEN, 484, 484FF, 497
Séquence consensus, dans les promoteurs pour les ARN polymérases, 204, 205F
Séquence opérateur, 558, 558FF
Séquence promoteur, 203-205, 202FF, 557-558, 558F
contrôle depuis un site éloigné, bactéries, 561-562, 562F
liaison de FT chez les eucaryotes, **525-527**, 526FF
séquences consensus, 204, 205F
Séquence à réplication autonome, *voir* Élément ARS
Séquence RGD
agrégation de *Dictyostelium discoideum* et, 827
dans la fixation d'intégrine, 821-822, 821F
dans les protéines adhésives extracellulaires, 817
Séquence TEL, 484, 485F
Séquences d'initiation, 214
Séquences nucléotidiques de l'ADN
centromère, éléments conservés, 770F
colinéarité avec les séquences d'acides aminés des protéines, **100-102**, 101FF
courbure de l'hélice, induite par des, 494, 494F
détection de séquences spécifiques, **188-193**, 189FF
évolution dans des organismes apparentés, 13, 13F
excision par des nucléases de restriction, 182-183, 182FF
du gène de la β-globuline, 97F
identification, 182, 182F
et information génétique, 97, 97F
inversion de, 570-571, 571F
localisation de séquences spécifiques, **192-193**, 193F
maintien des, 220, 221F
organisation et évolution, *voir* Génome ; Évolution du génome
origines de réplication, levure, 516, 517F
perte de CG, au cours de l'évolution, 585, 586F
préférentielles pour les nucléosomes, 497-498, 498F
pour les protéines de liaison à l'ADN, 186-187, 188F
réarrangements, 117-118, 118F, **570-574**, 571F, 606, 606F
reconnaissance, pour des complexes stéroïde-récepteur, 691, 691F
séquences consensus, promoteur de l'ARN polymérase, 204, 205F
symétrique, fixation de protéines par des, **490-491**, 491FF
taux de mutation, **220-221**, 221F, 599
des télomères, 519, 519F
Séquences de reconnaissance, ADN, pour un

récepteur des stéroïdes, 691, 691F
Séquenceurs d'acides aminés, 173
Sérine, 45F, 55F
devenir métabolique, 80
dans les phospholipides, 45
phosphorylation, et activité enzymatique, 84, 129
Sérine protéases
famille d'enzymes, 115, 115FF
site actif, 124F
Sérotonine, 1093, 1093F
dans l'apprentissage associatif, 1099
neurone facilitant, libération par, 1097-1098, 1093FF
dans la réponse allergique, 1016, 1017F
Sérum
dans les milieux de culture, 745
privation et division cellulaire, 750
Sérum de veau fœtal, en culture de cellules, 161
SIDA, *voir* Syndrome d'immunodéficience acquise
Signal de début de transfert, pour la synthèse de protéines transmembranaires, dans le RE, **441-443**, 442FF
Signal de terminaison, pour la synthèse d'ARN, **203**, 202FF, **588**, 589F
Signalisation autocrine, 690
Signalisation cellulaire
voir aussi Hormones ; Médiateurs chimiques locaux ; Neurotransmetteurs ; Récepteurs ; Molécules informatives ; et types de signalisation particuliers
protéines allostériques et, **128-129**, 128FF
Signalisation chimique, *voir* Hormone ; Médiateurs chimiques locaux ; Neurotransmetteurs
Signalisation endocrine, 682, 682F
signalisation synaptique, comparée à la, 682-683, 683F
Signalisation paracrine, 682, 682F
dans le système nerveux, 1092
Signalisation synaptique, 682, 682F
signalisation hormonale, comparée à la, 683, 683F
Signaux de croissance, voie de signalisation des phosphoinositides et, 705
Signaux extracellulaires, transduction, échangeur Na^+-H^+, rôle dans, 309-310
Signaux de tri, **412-415**, 414F, 415T
voir aussi Peptide signal
absence pour la sécrétion constitutive, 467-468
pour les chloroplastes, 430, 430F
pour l'importation de protéines nucléaires, 424-425, 425F
mannose 6-phosphate, hydrolases lysosomales, 461, 463, 462FF
pour la matrice mitochondriale, 427, 427F
pour la membrane, 415T, **417-418**, 418F, **441-443**, 442FF
pour les membranes mitochondriales et l'espace intermembranaire, 429, 429F
sur les protéines de l'enveloppe virale, 470-471, 470F
pour le RE, 415T, 438-440, 439FF
rétention dans la lumière, 445
synthèse de protéines transmembranaires, **441-443**, 442FF
pour des vésicules sécrétrices, 466
Sillon de division, 779-780, 779FF
Singes, carte des gènes de l'hémoglobine, 183F
Sinus sanguins, de la moelle osseuse, 977
Sinusoïde, du foie, 960, 961F
Site A, *voir* Aminoacyl-ARNt, site de liaison
Site d'épissage 3' (site accepteur), **533**, 535, 534FF
Site d'épissage 5' (site donneur), **533**, 535, 534FF
Site de fixation d'un antigène
sur les glycoprotéines du CMH, 1044, 1045F
et structure de l'anticorps, **1019-1022**, 1020FF
Site de liaison, 210, 212-213, 212F, 214F, 217F
sur une protéine pour le ligand, 122, 123F
Site de liaison du peptidyl-ARNt, 210, 212, 212F
liaison de l'ARNt initiateur, 213, 214F
Site P, *voir* Site de liaison peptidyl-ARNt
Sites d'ancrage, dans la membrane plasmique du muscle lisse, 625F
Sites de contact
A et B, *Dictyostelium*, 827, 828F
dans les mitochondries et les chloroplastes, 398
Sites hypersensibles aux nucléases, 498, 498F, 580-581, 581F
Situs inversus, 650
snARN, 596
snRNP, **532-533**, 533FF
voir aussi Complexe d'épissage
dans l'assemblage du ribosome, 541
Sodium dodécyl sulfate (SDS), 170, 170F, 286, 286F
Solution hypertonique, 307F
Solution hypotonique, 307F
Solution isotonique, 307F
Somatomedine A (IGF-1), 686T, 747T, 989
Somatomedine C (IGF-2), 747T
Somatostatine, 687T
Somatotropine, 686T
Somite
différences des valeurs de position, 915-916, 915FF
formation, **888-889**, 889F
changements en cadhérine au cours de, 940, 941F
chez la *Drosophile*, 923
origine des cellules musculaires, 898, 943, 943F
du poulet, analogie avec les segments des insectes, 938, 938F
Souris
durée de la méiose, 855F
embryogenèse, **894-898**, 895FF
fécondation, **875-876**, 876F
remplacement de gènes, direct, 269
transgénique, 267-269F, 268F
Souris transgéniques
empreinte génomique dans, 901
portant un oncogène, 1212, 121F
Sous-composant C1q, du complément, 1032, 1033F
Sous-fibre B, d'axonème et de centriole, 645, 645F, 647, 647F, 650F
Sous-fibre C, du centriole, 650, 650F
Southern blotting ou transfert capillaire selon Southern, **189-191**, 190F
pour le diagnostic prénatal de maladies génétiques, 191
SP1, 566T
Spécificité neuronale, 1117-1118, 1117FF
Spectre RMN, 153, 154F
Spectrine, **289**, 289FF, 633, 633F, 634, 642T, 643
dans les tissus terminaux, 634, 634F
Spermatide, 864, 865FF
différentiation, 866-867, 866FF
Spermatocyte 864
développement des tératomes, 897
primaire et secondaire, 864, 865FF
Spermatogenèse, **864-867**, 865FF
échelle de temps, 866F
génome diploïde, dirigée par, 866-867
mutants de ségrégation, 867
spermatide
différentiation, 866-867, 866FF
étapes de la production, 864, 865FF
syncytium dans, fonction des, 867, 867F
Spermatogonies, 864, 865FF, 968
Spermatozoïde, 838F, 840, 840FF, **863-867**, 864FF
ADN et centriole, pour le zygote, 874
capacitation, 875
composants membranaires, distribution asymétrique, 297, 297F
composants structuraux, 863-864, 864FF
développement, *voir* Spermatogenèse
dans la fécondation, *voir* Fécondation
flagelle, 645, 645F
mitochondries, 342, 343F
mutant, non mobile, 650
noyau haploïde, 866
des végétaux, 1154
Spermatozoïdes, *voir* Sperme
Sphingomyéline, 280, 280F, 281T
synthèse dans le Golgi, 450
Sphingosine, dans la synthèse des glycolipides, 282, 282F
Spicules, **638**, 638F, 640, 640F, **669-671**, 669FF, 674
du cône de croissance des neurites, 1112-1113, 1112FF, 1115
cortex cellulaire dans la locomotion et, 669-670, 670F
inhibition par les cytochalasines, 671
« tapis roulant » d'actine dans, 640, 640F
Spores
Dyctyostelium, 825, 825FF
formation chez les bactéries, 23, 27, 28F
Sporopollénine, 1146F
Sporulation, chez les levures, 739, 739F
Squames, de l'épiderme, 968F, 969, 970F
Squelettes carbonés, 48F
SRF, 566T
SRP, *voir* Particule de reconnaissance d'un signal
Stéréoisomères, des glucides, 50F
Stéroïdes, structures, exemples, 53F
Stigmate, 1154
Stimulation antigénique
des clones lymphocytaires multiples, 1006-1007
des lymphocytes B, 1004-1007, 1005FF, 1012
des lymphocytes T, 1004-1007, 1005FF, 1012, **1041-1046**, 1042FF, 1042T
Stomates, 371, **1149**
des cellules végétales, 1144F, 1145
formation, 1178, 1178FF
Streptavidine
dans l'hybridation *in situ*, 192, 193F
dans l'immunocytochimie indirecte, 177, 178F
Streptomycine, 218T
Stroma, du chloroplaste, 367F, 368, 379, 380F, 430
Structure de l'ADN, **99F**
courbure de l'hélice
induite par une séquence, 494, 494F
dans les nucléosomes, 498, 498F
par des protéines de liaison à l'ADN, 495, 495F
distorsion de l'hélice par des protéines de liaison à l'ADN, 494, 494F
domaines, en boucle, 502FF, **503-510**
dans les chromosomes en écouvillon, 506-507, 506FF
dans les chromosomes polyténiques, **507-509**, 509F
formation du surenroulement, 581-582, 582F
origine de réplication pour, 515
comme unités fonctionnelles, **506-507**, 507F, **510**
double hélice, 96, 96F, 99F
avec l'ARN, 203, 202FF
en épingle à cheveux, 232, 232F
dans les mécanismes de réparation, 226-227
forme A, 492-494, 493F
forme B, 488F, **492-494**, 493FF
forme Z, 492-494, 493F
grand et petit sillons, 488, 488F
hélicoïdale, 92
surenroulement, 581-582, 582F
tridimensionnelle, 96, 96F, 99F
Structure des anticorps
domaines, 1020-1022, 1020F, 1022FF
fine, **1018-1022**, 1019FF
fragments, 1013, 1014F
moléculaire, **1013-1016**, 1012FF, 1014T
région constante (C), 1019-1021, 1019FF
région hypervariable, 1020-1022, 1020F, 1022F, 1026
région variable (V), 1019-1021, 1019FF
sites de fixation des antigènes, **1019-1022**, 1020FF
Structure artérielle, 962, 962F
Structure en feuille de trèfle de l'ARNt, 206F
Structure moléculaire
techniques pour déterminer
optique et par les rayons X, **149-152**, 150FF
la RMN, **153-155**, 154F
Structure primaire, d'une protéine, définition, 112
Structure quaternaire, d'une protéine, 114F

Structure secondaire, d'une protéine, définition, 112
Structure tertiaire, d'une protéine, 114F
Structures supramoléculaires, 118
assemblage spontané, 119, 121, 120FF
auto-assemblage, limitations, 121-122
Strychnine, 1084
Styela, développement précoce, étapes, 892, 892F
Subérine, 1150F
Substance chimio attractive, 720, 720F, 722-723, 722FF
AMP cyclique pour *Dictyostelium*, 826, 826FF
dans la réponse inflammatoire, 974-975, 976F
pour le spermatozoïde d'oursin, 869F
Substance chimiorépulsive, 720, 720F, 724F
Substance fondamentale, de la matrice extracellulaire, 803
Substances P, 1093, 1094F
Substrat
concentration
complexe multienzymatique local et, 126-127
membranes intracellulaires et, 127, 127F
vitesse de la réaction enzymatique et, 124-125, 126F
liaison à l'enzyme, **124**, 125FF
contrôle allostérique, 128, 128FF
états de transition, 124
Succinate
dans le cycle de l'acide citrique, 68F, 348F
formation dans la fermentation, 382F
Succinyl CoA, dans le cycle de l'acide citrique, 68F
Super-famille des immunoglobulines, 1053-1054, 1054F
molécules d'adhérence cellulaire, 829-831, 828F, 830FF
N-CAM et Ng-CAM comme, 1116
récepteur du PDGF, 707
Super-famille des récepteurs des hormones stéroïdes, 691F
comme protéines de régulation de gènes, domaines, évolution, **567-568**, 568F
Superoxyde, dans les phagosomes, 974
Superoxyde dismutase, 399
Surenroulement
des filaments intermédiaires, 664, 664F
dans les protéines, 110, 119, 120F, 617, 617FF
Surface cellulaire, glucide chez tous les eucaryotes, 298
Suspenseur, 1154, 1173
Swainsonine, 454T
Symbiose
bactéries fixatrice d'azote de la nodosité de racine, 1157-1159, 1158F
champignons myccorhiziens, 1157, 1157F
origine des cellules eucaryotes et, 15, 18-19, 19F
origine des mitochondries et des chloroplastes et, 18, 18FF
Symplaste, 1153
Symport, 303-304, 303F
Synapse(s)
voir aussi Transmission synaptique
actions des drogues sur, 1085
axo-axonale, 1090, 1091F
cellules présynaptique et postsynaptique, 1075FF
chimique, 1074
étapes d'activation, 319, 319F
dendritique, 1090-1091, 1091F
électriques, 1074
excitatrice et inhibitrice, **1083-1084**, 1084F
fente synaptique, 1075FF
jonction neuromusculaire, *voir* Jonction neuromusculaire
dans la mémoire
à court terme, **1094-1098**, 1096FF
à long terme, 1098
multitransmetteur, 1094, 1095F
muscle lisse, 1092, 1092F
remaniement chez l'adulte, 1121, 1121F
structure, diagramme, 1062, 1062F
structure fine du cerveau, 1076F
système nerveux central, principes généraux, 1083
type I et type II, 1076F
Synapse électrique, jonctions de type gap, 798-799
Synapses chimiques, *voir* Jonction neuromusculaire ; Synapse
Synapses excitatrices, *voir* Synapses
Synapsine I, 1078
Synapsis, de chromosomes, 242, 243F, **848**, 849FF, 852F
Syncytium, dans la spermatogenèse, 866-867, 867F
Syndrome de Bloom, 224F, 1201
Syndrome des cils non mobiles, 650
Syndrome de Down, 863, 863F
Syndrome d'immuno-déficience acquise (SIDA), 1044-1045
voir aussi Virus humain d'immuno-déficience
Syndrome de Kartagener, 650
Syndrome testiculaire de féminisation, 693, 693F
Syndrome de Werner, 751
Synthèse de l'ADN
dans la conversion génique, 244, 246, 247F
par la transcriptase reverse, 254-255, 255F
Synthèse d'ARN, 101-102, 101F, 104F, **202-205,** 202FF, 482-482F, **523-527,** 524FF, 528T, **539-543,** 540FF
voir aussi Expression génique, contrôle de
absence dans la mitose, 503
dans les chromosomes en écouvillon, 506-507, 506F
contrôle par des protéines régulatrices de gènes, 102, **553-587,** 552FF
dans le cycle cellulaire, 731, 731F
facteurs d'élongation, eucaryotes, 529, 530F
inhibiteurs, 218, 218T
initiation, 202FF, 203
procaryote
complexe de transcription et, 526-527, 526FF
étapes dans, 524, 524F
facteurs d'élongation, 524F, 525
promoteur, 202FF, 203-205
signal de terminaison, 202FF, 203, 205F
structure du nucléosome aux sites de, 500, 501F, 511, 512F
facteurs d'initiation, 524, 524F
système *in vitro,* 534F
terminaison, pré-ARNm eucaryote, 528-530, 530F
unités de transcription, visualisation de, 527, 529F
Synthèse de l'ATP
bactéries pourpres, 375-376, 376F
à partir du catabolisme des molécules alimentaires, résumé, 64-65, 64F
dans les chloroplastes, 341
dans le cycle de l'acide citrique, 67-69, 348-349, 348F, 350F
par des enzymes ion-dépendantes liées à la membrane, 307, 309
dans la fermentation, 381-382, 382F
dans la glycolyse, 12, **65-67**, 66FF
gradients ioniques et, 131
dans les mitochondries, 341
dans la phosphorylation oxydative, 69-70, **356-358**, 357F
dans la photophosphorylation
cyclique, **378-379**, 379F
non cyclique, 377, 378F
par une pompe sodium-potassium, 305, 306F
rendement à partir du catabolisme du glucose et du palmitate, 354
dans la respiration, 15
variation d'énergie libre, 357-358, 357F
Synthèse protéique, **104**, 104F, 201-202, **205-219**, 206FF, 434-435, 435F, **438-448**, 439FF
aperçu, à partir de l'ADN, 101-102, 101F
code génétique, 102, 103F, 209, 210F
complexes multienzymatiques et, 131, 132F
contrôle de, *voir* Expression génique, contrôle de ; Contrôle traductionnel de l'expression génique
dans le cycle cellulaire, continuité de la plus grande partie, 731-732, 731FF
dégradation sélective de l'ARNm et, 596
direction, 209
élongation, **212**, 212FF, 217, 217F
évolution, 7F, 8, 219
glycosylation
inhibiteurs, 454T
modification dans le Golgi, **452-458**, 452FF, 454T, 464
dans le RE, **446-448**, 446FF
induction de la surproduction d'une protéine, 265-266
inhibiteurs, 218, 218T, 388, 388F
initiation, **213-215**, 214FF
d'isoformes par épissage différentiel de l'ARN, 589, 590F
mitochondries, régulation nucléaire, 397
dans l'œuf au moment de la fécondation, 874, 875T, 876
dans les organites, similitude avec la synthèse protéique bactérienne, 390-391
un polypeptide de chaque ARNm, 214
précision, mécanismes de correction sur épreuves, **215-217**, 217F
dans le RE rugueux, 434-435, 435F, **438-448**, 439FF
formation de ponts disulfure, 445, 445F
glycosylation, **446-448**, 446FF
interaction peptide signal-SRP, **439-440**, 439FF
liaison glycolipidique, 448, 448F
repliement des protéines dans la lumière, 445
réaction de polymérisation, 78, 79F
dans un système acellulaire, 166
terminaison, **212-213**, 213F
traitement protéolytique dans le Golgi, 456F, 457
vitesses, 215, 539
Système acellulaire, 166
Système du complément, 1002, **1031-1036**, 1032FF
activation
complexe antigène-anticorps, 1032-1033, 1032FF
étapes principales, aperçu, 1032, 1032FF
par IgG et IgM, 1015
par des microorganismes, 1032, 1032FF, 1033-1034
complexe lytique
assemblage, 1033F, 1034, 1035F
lyse cellulaire par, 1031-1032, **1034-1036**, 1035FF
composants, 1031-1032, 1032FF
évolution, 1035-1036
inactivation, 1035, 1036F
réponse inflammatoire, stimulation, 1034
stimulation de la phagocytose, 1034
voie alterne, 1033-1034, 1033F
voie classique, composants et activation, 1032-1033, 1033F
Système de correction sur épreuves, 234, 234F
Système endocrine, 34, 35F
régulation par l'hypothalamus, 683-684, 684F
Système hématopoïétique, 1004, 1004F
cancers et différentiation cellulaire, 1199-1200, 1199F
Système immunitaire, **33-34**, 33F, **1001-1054**, 1002FF
catalogue des cellules, 997
théorie de la sélection clonale, **1005-1007**, 1006FF, 1009-1010, 1009F
Système nerveux, **34-37**, 35F, 36F, **1059-1132**, 1060FF, 1188, 1189T
cellules gliales, dans le, 1064-1065, 1065F
développement, aspects spinaux, 945-946
fonctions, revue, 1059
origine embryonnaire ectodermique, 887, 888, 889F, 890
plan, 1059-1060, 1060F
Système nerveux central, 1060, 1060F
cellules gliales et, **1064-1065**, 1065F
tube neural, origine, 1109, 1109F
Système nerveux périphérique, 1060, 1060F
développement et modifications des N-CAM au cours de, 830
origine de la crête neurale, 1109
Système uro-génital, origine embryonnaire, 887
Système vasculaire, des vertébrés, origine embryonnaire, 887, 890

Systèmes d'antiport
chez les bactéries, 365, 365F
dans les mitochondries, 353, 353F
pour la régulation du pH intracellulaire, 309-310
Systèmes de co-transport, dans la membrane mitochondriale interne, 353, 353F
Systèmes de symport, **309-311**, 310FF
chez les bactéries, 365, 365F
dans les mitochondries, 353, 353F
Systèmes tissulaires, des végétaux supérieurs, 1146, 1146F, **1148-1149**

T

Taille cellulaire
mécanisme d'analyse, 742
régulation, contrôles du cycle cellulaire et, 741-742, 742F
Taline, dans les points de contact focaux et les adhérences cellulaires, **636**, 636F, 757, 758F, 797, 821F, 823, 1038
Taux de mutation
et cancer, 221-222
détermination du, **220-221**, 221F
par le test de Ames, 1191, 1192
et évolution d'espèces apparentées, 221
et évolution de l'homme, 222
nécessité d'une faible valeur du, 221-222
spontané, 1192
dans les virus à ADN et à ARN, 227
Taxol, 653, 653T
TBSV, 120F
Technique de « frottis de Pap », 1194, 1195FF
Technique des plaques d'hémolyse, dosage des anticorps sécrétés, 1012
Technologie de l'ADN recombinant, **180-196**, 181T, 182FF, **258-269**, 259FF
voir aussi ADN ; Clonage de l'ADN ; Vecteurs de clonage ; Vecteurs d'expression
développement, historique, 181T
identification spécifique d'une séquence nucléotidique avec des sondes ADN, **189-193**, 189FF
nucléases de restriction, **181-183**, 181T, 182FF, **258-259**, 259FF
organismes transgéniques, 194-196, 194FF, 267-269, 268F, 1181-1184, 1183FF
régions de régulation génique, identification par, 564-565, 565F
séquences d'acides aminés des protéines en utilisant la, 174
pour les végétaux, 1182-1184, 1183FF
Tectine, 647
Télomère, 484, 484FF, 519, 519F
Télophase
méiotique, 853F
mitotique, 763, 763FF, **767**, **777-778**
Température, désordre et, **73**
Tenascine, 818, 820F
Tendon, ultrastructure, collagène et protéoglycannes, 808, 808F, 810T, 813
Tératocarcinomes, **897**, 1190
Tératomes, **897**
Terre
conditions prébiotiques, 4, 4F
éléments présents dans la, abondances relatives, 41, 42F
Test de Ames, 1191, 1192F
Test cutané de la tuberculose, 1048
Testostérone, 687T, 693, 693F, 866
formule structurelle, 53F
Têtard, 880F
Tétracycline, 218T
Tétrahymena
ARN catalytique chez, 105-106, 105FF
réplication du télomère, 519, 519F
Tétrodotoxine (TTX), 318, 1130
Tétroxyde d'osmium, comme fixateur pour la microscopie électronique, 144, 144F
TGN, *voir* Réseau *trans* du Golgi
Thalassémies, 580-581, 580F, 589
épissage de l'ARN dans, 536-537, 537F
Théorie de la sélection clonale, **1005-1007**, 1006FF, 1009-1010, 1009F
monospécificité des cellules B, 1027-1028, 1027F
stimulation de clones multiples, 1006-1007
Théorie symbiotique, de l'évolution des eucaryotes, 18-19, 19T
Thermodynamique, **72-73**
cellules et, 59-60, 60F
première loi de, 72
seconde loi de, 59, **72-73**
Thiamine pyrophosphate (TPP), 124, 124F
Thiorédoxine, 445, 445F
Thréonine
phosphorylation, 129
phosphorylation et activité enzymatique, 84
Thrombine, 703T
Thromboxanes, 689T
Thylacoïdes
chloroplastiques, 367FF, 368
isolement et étude, 380
Thymidine, 57F, 176
Thymine, 45, 56FF
dans l'ADN, 95-96,99F
dimère, 222F, 223
réparation, 225
Thymus
développement et sélection des cellules T dans, 1051-1052
élimination, effet de, 1003
lymphocytes, 1003-1004, 1004F
Tissu cicatriciel, 962
Tissu conjonctif, 24F, 791-792, 791F, 802, 803F, 1188, 1189T
dans l'embryogenèse
contrôle sur les cellules migratrices, **944-945**
information de position provenant de, **942**, **944-945**
migration cellulaire dans, 943-944, 943FF
lame basale, relation avec, 819F
origine embryonnaire mésodermique, 887, 890
résistance mécanique des tissus, 951-952, 952F
dans la stabilité territoriale des tissus adultes, 994
Tissus
voir aussi les différents tissus
apport sanguin, 951, 952F
conservation et renouvellement, **951-954**, 952FF, 1187-1188
cultures primaires de cellules, 161
définition, 791
formation, deux stratégies, 824, 824F
mécanisme de soutien pour tous les, **951-952**, 952F
organisation du cytosquelette dans, **674**
réassemblage *in vitro*, 827-829, 829F
rupture, techniques, 159
Tissus adipeux, stockage des graisses, 345-346
Tissus nerveux, 24F
Titine, 623T, 624, 624F
TN, *voir* Hormone thyroïdienne
Tolérance immunologique, **1010-1011**, 1010F, **1050-1052**
acquise, 1010, 1010F
cellules T suppresseurs et, 1050
induction chez les adultes, 1011
Tonicité des solutions, 307F
Tonoplaste, **1163-1164**, 1164F
Totipotence
des cellules de tératocarcinomes, 897-898, 898F
des cellules végétales, 1181, 1183F
du noyau des cellules différenciées, 891, 891F
Toxine cholérique
inhibiteur de G_S, 697
liaisons au ganglioside G_{M1}, 283
mécanisme d'action, 283
Toxine pertussis, inhibition de la protéine G_i, 699
TPP, 124, 124F
Tradescantia, courant cytoplasmique dans les étamines, 1171, 1171F
Traduction, *voir* Synthèse protéique
Traduction de l'ARN, *voir* Synthèse protéique
Traitement d'images
en microscopie photonique, **142**, 142F
techniques pour des cristaux ou des réseaux de molécules, 149-150
Transcriptase reverse, 183, 595, 595F
dans l'intégration de rétrovirus, **254**, 255F
perte d'introns et, 604
dans la synthèse d'ADNc, 260, 260F
dans la transcription de rétrotransposons, 255-256, 255F
Transcription de l'ADN, **101**, 101F, **202-205**, 202FF
voir aussi Synthèse de l'ARN
direction 5'-3' sur un brin, 204, 204FF
des gènes d'ARNr, **539-541**, 540FF
des gènes mitochondriaux, 393-394
dans les organites, 390
unité de transcription
aspect en arbre de Noël, 539, 540F
chromosomes en écouvillon, 506-507, 507F
chromosomes polyténiques, 509-510, 510FF
variation de l'efficacité, spécificité génique, 527, 528T
vitesses, gènes différents, 525
Transcription de l'ADN, *voir aussi* Synthèse de l'ARN
Transcrit primaire, 487, 487F, 528, 530F
voir aussi ARNnh
définition, 102
Transcytoses, **310-311**, 311F, 328, **331-332**, 332F
des IgA, 1016, 1016F
des IgG, au niveau du placenta, 1015
Transducine, 699T, **705-706**, 706F, **713**, **1107**, 1107F
Transducteurs sensoriels, catalogue des, 997
Transduction
voir aussi les différents transducteurs
sensorielle, **1101-1108**, 1101FF
Transduction de l'ADN, comme outil en biologie cellulaire, 257
Transfection
dans le clonage de l'ADN, 259, 259F
dans le génie génétique, 266-267, 269
des levures, 743F
Transferrine, dans l'absorption de fer par endocytose, 331
Transfert d'énergie de résonance, dans la photosynthèse, 373, 373F
Transfert de groupements phosphate
par l'ATP, 75, 76T
dans les protéines allostériques de contrôle, 129-131, 130FF
Transformants, permanents, 266-267
Transformation, néoplasique
in vitro, 162
par des virus tumorigènes à ADN, 254
Transformation cellulaire, 753, 753T, 753F
avec l'ADN-T, 1159, 1159FF
dosage, pour détecter des proto-oncogènes, 755, 755F
par des oncogènes, 754, 754F
multiples, 1212,1212F
par les protéines src et ras, exigences membranaires, 417-418, 418F
par des rétrovirus, **1205-1208**, 1206FF, 1207T, 1210
par des virus tumorigènes, 754, 754F
par des virus tumorigènes à ADN, **1204-1205**, 1206F
Transformations génétiques, 194-196, 194FF
Transgène, 579-580, 580T
Transhydrogénase, chez les bactéries pourpres, 376, 376F
Transition et séparations de phases, dans les doubles couches lipidiques, 279
Translocateur protéique
pour l'importation chloroplastique de protéines, 430
pour l'importation mitochondriale de protéines, 429, 429F
pour les protéines membranaires, **441-443**, 442FF
RE rugueux
changements de conformation, 443F
pour les protéines solubles, 439-441, 439FF
dans le transport de protéines, 413
Translocateurs de phospholipides, 278, 281
dans la synthèse de la double couche lipidique, RE, 449, 450F

Translocation, dans la carcinogenèse, 1209-1210, 1209FF, 1214
Translocation de groupes, 311-312, 312F
Translocation protéique
dans les chloroplastes, 397-398, 430, 430F
dépliement au cours de, 428-429, 428F
à travers les membranes, modèle général, 440-441, 441F
à travers les membranes intracellulaires, signaux, 414, 415T
dans les mitochondries, 397-398, **427-429**, 427FF
dans le noyau, **423-425**, 424FF
dans les peroxysomes, 433, 433F
post-traductionnelle, 423-425, 424FF, 426-430, 426FF, 433-434, 433F, 440-441, 441F
dans le RE, co-traductionnelle, 438-440, **440-443**, 441FF
Transmission synaptique, **1074-1100**, 1074FF
voir aussi Synapse ; Modulation synaptique
acétylcholine
élimination, 1081, **1083**
libération quantifiée, **1077-1078**, 1077FF
adaptation, **1089-1090**, 1090F
canal calcique réglé par la tension, 1089-1090
dans la libération du transmetteur, **1076-1078**, 1077F
canal potassique activé par les ions calcium, **1089-1090**, 1090F
canaux potassiques réglés par la tension, retardés et précoces, **1088-1089**, 1089F
chimique, 1074
effets des drogues sur, 1085
événements au niveau de, résumé, 1077F
excitatrice, **1083**, 1084F
inhibitrice, **1083-1084**, 1084F
lente, diffuse, **1092-1094**, 1092F, 1095F
mathématique neuronale, **1086-1091**, 1086FF
dans la mémoire à court terme, **1096-1098**, 1096FF
neurotransmetteurs
libération, **1077-1078**, 1077FF
monoamine, 1092-1093, 1092FF
neuropeptides, 1093-1094, 1094F
peptidiques et non peptidiques, libération au niveau d'une jonction, 1094, 1095FF
pour la rapidité, 1083, 1084F
récepteurs multiples pour un seul, 1084-1085
dans la potentialisation à long terme, **1099-1100**
potentiel postsynaptique global, **1087**
potentiel postsynaptique (PPS)
neurotransmetteurs peptidiques, **1094**, 1095F
neurotransmetteurs rapides, **1078**, 1080F, **1081**, 1082FF, **1086**
potentiels synaptiques miniatures, 1078, 1080F
rapide, utilisant des récepteurs ionotropiques, **1074-1091**, 1074FF
récepteur de l'acétylcholine, *voir* Récepteur de l'acétylcholine
récepteurs liés à la protéine G dans, **1096-1098**, 1096FF
récepteurs métabotropiques, **1091-1100**, 1092FF
recyclage membranaire avec libération de neurotransmetteur, **1077-1078**, 1078FF
signalisation hormonale, comparée à, 1074
au niveau de synapses dendritiques et axo-axonales, **1090-1091**, 1091F
synapses multiples sur un neurone moteur, 1086, 1086F
Transplantation, d'un pronucleus, 900, 900F
Transplantation nucléaire, 891-892, 891F
Transport
voir aussi Transport membranaire
axonal, *voir* Transport axonal
dans les bactéries, 365, 365F
intracellulaire, *voir* Transport de protéines, intracellulaire ; Signaux de tri ; Vésicules de transport
passif et actif, 302-303, 302F
de protéines à travers les membranes, *voir* Translocation protéique
transcellulaire, **310-311**, 311F, **322**, 793-794, 793FF, 1016, 1016F
dans les végétaux, **1151-1156**, 1152FF, 1171
Transport actif, 303, 303F
ATPase, rôle des ATPases liées à la membrane, **304-309**, 305FF
gradients ioniques, rôle des, **309-311**, 310FF
par l'intermédiaire de protéines périplasmiques de liaison au substrat, 312, 313F
membrane mitochondriale interne, transport actif à travers, 352-353, 353F
pompe calcique, 307
pompe sodium-potassium, 304-307, 305FF
translocation de groupes, **311-312**, 312F
Transport axonal
dans la croissance d'un neurite, 1113-1114, 1114F
lent, **1062-1063**, 1064F
par l'intermédiaire des microtubules, **660**, 660F
des neuropeptides, 1094
rapide, **660**, 660F, **1062-1063**, 1064F
kinésine et, 660, 660F
rétrograde, **1063-1064**, 1064F
dynéine cytoplasmique et, 660, 660F
Transport ionique
études par la technique des canaux isolés, 156, 156F
par les ionophores, 322-323, 322F
Transport membranaire
voir aussi Transport actif ; Diffusion facilitée ; Protéines membranaires, transport
ATP synthétases, 309
canaux protéiques, **312-323**, 313FF
dirigé par un gradient sodique, 309-311, 310FF
par des ionophores, 322-323, 322F
de macromolécules et de particules, **323-337**, 324FF
de petites molécules, **300-323**, 301T, 301FF
pompe calcique, 307
pompe ionique à sodium-potassium, **304-307**, 305FF
de protéines, 300, **302-314**, 302FF, **316-323**, 317FF, 380
voir aussi Translocation de protéines
synthèse d'ATP dirigée par, 307, 309
Transport nucléaire, *voir* Pores nucléaires ; Protéines nucléaires
Transport passif, *voir* Diffusion facilitée
Transport de protéines, intracellulaire
durée, 412
flux non sélectionné d'un transport sans signal, 467F, 468, **471-472**, 472FF
du Golgi vers les lysosomes, **460-466**, 462FF
par l'intermédiaire d'un signal
par rapport au non sélectif, 472, 473F
via des vésicules recouvertes de clathrine, 462, 463F, **472**, 472FF
mécanismes possibles, **471-474**, 473FF
du RE vers et à travers le Golgi, 451-452
signaux de tri, *voir* Peptides signal ; Signaux de tri
via un translocateur protéique, **413**
vésiculaire, **413-414**, 412FF
topologie, 411, 413F
vésicules recouvertes et non recouvertes de clathrine, 462, 463F, **472**, 472FF
voie cytosolique, **412**, 413F
voie sécrétrice
constitutive, 465, 466FF, **467-468**
contrôlée, **465-467**, 466FF
du RE vers l'exocytose, **409-414**, 410FF
Transport par l'intermédiaire d'un récepteur, des hydrolases lysosomales, 461-462, 462FF
Transport transcellulaire, *voir* Transcytose
Transport vésiculaire, 413-414, 462, 462F, **660, 660F**
voir aussi Transport de protéines, intracellulaire ; Vésicules de transport
gènes et mutants, 473
identité compartimentale, maintien, **471-474**, 473FF
reconstitution, système acellulaire, 473-474, 474F
Transporteur du lactose, 309
Transporteurs couplés, 303-304, 303F
transport actif dirigé par un gradient ionique, 309-311, 310FF
Transporteurs d'électrons, de la chaîne respiratoire, 359-360, 359FF
Transposases, 255-257, 256FF, 269, 606, 606F
Transposition
d'éléments transposables, mécanisme, **255-256**, 255FF
dans le remplacement génique chez la *Drosophile*, 268F, 269
Tri de cellules, *voir* Adhérence cellulaire ; Agrégation cellulaire
Triacylglycérols, 346, 346F
Trieur de cellules, activé par la fluorescence, 159, 160F
Triglycérides, 44-45, 52F
Triosephosphate isomérase, évolution, 603, 603F
Triplets de bases de nucléotides, dans l'ARNt, 103F
Trisaccharide, 43
Trisaccharide de liaison, des protéoglycannes, 806, 806F
Triskelion, 327, 327F
Triton, détergent, 286, 286F
Trophectoderme, 895F, 896
Tropocollagène, 812
Tropomyosine, 622, 623T
dans la contraction du muscle squelettique, contrôle par, **621-623**, 622FF
gènes, 628
non musculaire, 642T, 643, 643F
Troponine, 622, 623T
dans la contraction du muscle squelettique, contrôle par, **621-623**, 622FF
Troponine C, 622-623, 622FF, 711
Trypanosome
maturation de nouveaux ARNm, 597
minicercles d'ADN, 494F
Trypsine, 172, 173F, 173T
utilité pour casser les cellules, 159
TSH, *voir* Hormone stimulant la thyroïde
Tube criblé, **1149**, 1155-1156, 1156F
élément, développement de, 1147, 1147F
Tube neural, 887-888, 888F, 890
développement, cadhérines et, 831, 831F
formation, ceintures d'adhérence dans, 796, 797F
migration et différentiation des précurseurs des neurones dans, **1109-1112**, 1109FF
Tubes séminifères, 864, 866F
Tubules T, des cellules musculaires, 621, 622F
Tubuline
voir aussi Microtubules
acétylation, 658-659, 659F
actine, comparaison avec, 652-654, 654T
anticorps pour visualiser, 654, 656FF
détyrosinée, 658-659, 659F
dimère, de chaînes alpha et bêta, 646, 646F
gènes, 646
modifications post-traductionnelles, et stabilité, **658-659,** 659F
polymérisation, **654-655**
MAP et, 659
stimulation par le taxol, 653
protofilaments, 646-647, 646F, 648T
variations spécifiques de tissu, 646
Tubuline acétyl transférase, 658
Tumeur
voir aussi Cancer
bénigne et maligne, 1188, 1189F
causes, 755
induite par un virus, catalogue des, 1207T
progression, 1193-1195, 1193FF
vascularisation de, 965, 965F
chez les végétaux, **1159**, 1159FF
Tumeur de Wilm, 1213
Tunicamycine, 454T
Turgescence
dans la croissance des cellules végétales, 1143-1144, 1144F
génération, 1143
dans le mouvement des cellules végétales, 1144F, 1145F
perméabilité du tonoplaste, régulation, 1164
régulation, **1144-1145**, 1144F
Types cellulaires de l'organisme humain,

catalogue des, 995-997
Tyrosine, phosphorylation et activité enzymatique, 84

U

Ubiquinone
mobilité et pompage de protons, 363-364, 363F
transporteur d'électrons, 360-362, 360F, 363F
Ubiquitine, structure, 419F
UDP-glucose, 1168
Ultracentrifugation, **163-165**, 164FF, 165TT
préparative, 164-165, 164FF
Uniport, 303, 303FF
Unités électriques, 1067
Unités isoprène, 53F
Uracile, 45, 56FF
dans l'ARN, 5, 5F, 98F, 101
Uracil ADN glycosylase, 225, 225F
Uranyl acétate, en coloration négative, 148-149, 149F
Urate oxydase, du peroxysome, 431
Uridine, 176

V

Vacuole de la cellule végétale, **1163-1165**, 1164F
dans la croissance cellulaire, 1143-1144, 1144F
filaments cytoplasmiques, 1171, 1171F
dans la régulation de la turgescence, 1145
Vacuoles de condensation, 411, 411F
Valeur de position d'une cellule
continuité, 918-919, 919F
définition, 914
différence, dans des cellules non équivalentes du même type, 915-916, 915FF
discontinuité, croissance provoquée par, 917-918
dans l'embryon de la *Drosophile*, bases génétiques, 929
migration cellulaire dans l'embryogenèse et, 945
règle d'intercalation et, 918-919, 919F
Valinomycine, 322, 322F
Variation d'énergie libre standard, *voir* Énergie
Variation de phases, des flagellines bactériennes, 570-571, 571F
Variation somaclonale, chez les végétaux, 1181
Vascularisation d'un tissu, 963-966, 964FF
Vasopressine, 687T, 696T, 703T
Vecteurs, *voir* Vecteurs de clonage ; Vecteurs d'expansion
Vecteurs de clonage, 259, 259F
ADN-T en tant que, 1182, 1183F
chromosome artificiel de levure, 484, 485F
cosmides, 264
Vecteurs d'expression, 193, 265-266
Vecteurs plasmidiens, **259**, 259F
Végétaux, **1137-1184,** 1138FF
voir aussi Cellule végétale
abscission, 1150, 1150F
apoplaste, 1153, 1155F
cellules ciliées, 1171, 1171F
cellules du mésophylle, 1142F
construction modulaire, **1174-1175**, 1174FF
croissance et développement, **1154, 1172-1184**, 1173FF
voir aussi Cellule végétale, croissance
Arabidopsis comme modèle, 1182-1184, 1184F
caractères de l'environnement, **1179-1180**
contrôle par des médiateurs chimiques, **1180-1181**, 1181FF
dépendance vis-à-vis de champignons mycorrhiziens, 1157, 1157F
la lumière comme stimulant, 1180
méristèmes apicaux, **1154, 1173-1176**, 1174FF
nœuds et entre-nœuds, **1174-1176**, 1175F
polarité cellulaire, établissement, **1179**, 1180F
culture de cals, 1181, 1182FF
développement embryonnaire dans les graines, **1154, 1173-1174,** 1174F
épiderme, 1142F
espace extracellulaire, 1143
évolution
divergence dans, 1137
de la terre, 1145F
extrémité racinaire, *voir* Extrémité de la racine
extrémité de la tige, 1175-1176, 1175F
fleurs, **1154**
mécanismes de défense, **1159-1160**, 1160F
morphogenèse, **1176-1177**, 1176F, 1181, 1182FF
régénération complète *in vitro*, des, 552, 552F, **1181**, 1182F
relations symbiotiques, **1157-1159**, 1157FF
salves de transposition dans, 607F, 608
symplaste, 1153, 1155F
systèmes tissulaires, 1146, 1146F, **1148-1149**
technologie de l'ADN recombinant pour, **1181-1184**, 1183FF
tissus photosynthétiques et absorbants, lien entre, **1153-1156**, 1155FF
transgéniques, **1181-1184**, 1183FF
transport actif, dirigé par un gradient ionique d'hydrogène, 309
transport intercellulaire, **1151-1156**, 1152FF
transport du saccharose via des faisceaux vasculaires, 370, 372F
tumeur, induite par *Agrobactérium*, **1159**, 1159F
types, 1145F
variation somaclonale, 1181
Végétaux non vasculaires, 1145F
Végétaux transgéniques, **1181-1184**, 1183FF
Ver nématode, développement, **901-909**, 902FF
anatomie, 903, 903F
autonomie cellulaire, 907
formation de la vulve
contrôle de l'ancrage cellulaire, **907-909**, 908F
gènes de contrôle, 908-909
gènes de contrôle du développement, **905-906**, 906F
gènes homéotiques chez, 938
génome, 903
groupes d'équivalence, **907-908**, 908F
interactions entre cellules, 907-909, 908F
lignées cellulaires, **903-908**, 903F, 908F
mutations hétérochroniques, 906, 906F
Vertébrés
formation au cours de l'embryogenèse, 938, 938F
gènes contenant une homéobox, 937-938
plan d'organisation, analogies avec les insectes, 938, 938F
Vertébrés, origine embryonnaire, 887, 888
Vésicule acrosomienne, 864, 864F, 868, 869F, 876
Vésicule optique, 953F, 955
Vésicules
voir aussi Vésicules recouvertes
associées au Golgi, 451-452, 451FF
dans l'exocytose et l'endocytose, 323-324, 324F
retournées, 288, 288F
transport, par le transport axonal, **660**, 660F, 1063, 1064F
Vésicules membranaires
pour introduire des molécules pour lesquelles la membrane est imperméable, dans des cellules, 158, 158F
dans la plaque des cellules végétales, 781-782, 782F
Vésicules recouvertes, 274F, **326-327**, 326FF
associées au Golgi, 452, 457, 462, 463F
clathrine, 327-328
rôle dans la formation, 327
dans le transport par l'intermédiaire d'un signal, **472**, 473F
dans l'endocytose en phase liquide, 333
endosome, conversion en, 328, 329F, 331F
non recouvertes de clathrine, 328
dans le transport non sélectif, 472, 472FF
dans la récupération de membrane, cellule présynaptique, 1078FF
tris par l'intermédiaire de vésicules de transport, 462, 463F, 472, 473F
dans les voies de sécrétion contrôlée, **465-466**, 466FF
Vésicules sécrétrices, 177F, 409, 451FF, **465-467,** 466F
voir aussi Vésicules de transport
condensation, 466
exocytose des, 324-325, 324FF
maturation, 411, 411F
Vésicules synaptiques, 1076F
libération par exocytose, **1077-1078**, 1077FF
Vésicules transcytotiques, des capillaires, 963F
Vésicules de transport, 324, 324F, 409, 411, 412F, 413-414
voir aussi Vésicules sécrétrices
dans les cellules végétales, **1165-1166**, 1165F
dix types distincts, besoin de, 471
du RE vers le Golgi, 434, 434F
recouvertes et non recouvertes de clathrine, 472, 472FF
recyclage de récepteurs intracellulaires, 462, 463F
Vg1, induction du mésoderme par, 894, 894F
Vibrio alginolyticus, 365
Villosités, du petit intestin, 966, 967F
Vimentine, **662-663**, 662T, 663F
attachement à la membrane plasmique via l'ankyrine, 665
phosphorylation et assemblage, 665
Vinblastine, 653, 653T, 773
Vincristine, 653, 653T
Vinculine, 758, 758F
dans les ceintures d'adhérence, 796
dans les points de contact focaux, **636**, 636F
Viroïdes, ARN, 257, 598, 598F
Virus, **248-257**, 249FF
voir aussi Bactériophage ; Virus tumorigènes ; et les différents virus
absorption, par endocytose, 336-337, 336F
ADN, 250, 251F
cycle biologique, 249-250, 250F
insertion et excision du génome de l'hôte, **246-247**, 247FF, **252-254**, 253F, **495**, 495F, 574
réplication, **252**, 252F, 254
virus tumorigènes, 254, **1204-1205**, 1204T, 1206F
ARN, 250, 251F, 469, 469F
brin négatif, 251, 252F
brin positif, 251, 252F
cancers humains, 1204, 1204T
intégration dans le génome de l'hôte, **254**, 255F
réplication, **251-252**, 252F, **254**, 255F
transcriptase reverse et, 254, 255F
virus tumorigènes, **254-255**, 255F
bourgeonnement à partir d'une cellule hôte, 250, 250F, 470, 470F
capside, 468F, 469
comme éléments génétiques mobiles, 249
enveloppe, 468F, 469
signaux de tri, 470-471, 470F
enveloppes externes, 249-250, 249FF
enzymes codées par les génomes, 248-249
épissage différentiel de l'ARN, 536, 536F
évolution, **257**
fusion membranaire, induction de, 336-337, 336F
génome
intégration dans les chromosomes de l'hôte, **252-254**, 253F, 255F
réplication, **250-252**, 252F
types, 250, 251F
infection par, 8F, 249
lysogène et lytique, 253, 253F
oncogènes et, 254-255
protéines, synthèse et tri dans la cellule hôte, **469-471**, 469F
provirus, 257
sphérique, formation de la capside, 119, 120F
synthèse protéique, contrôle de la traduction positif, 593-594, 594F
des végétaux, 1152-1153, 1153F
Virus à ADN, *voir* Virus
Virus à ARN, *voir* Virus
Virus à ARN à brin négatif, 251, 252F
Virus à ARN à brin positif, 251, 252F

Virus en buisson qui retarde la croissance de la tomate (TBSV), 120F
Virus d'Epstein-Barr, 186, 1204T
Virus de la forêt de Semliki, 150F, 250F, 469-470, 468FF
Virus de la grippe, 249F
  activation de cellules T cytotoxiques, mécanisme, 1043-1044, 1043F
  bourgeonnement, 470, 470F
  protéines de fusion et fusion membranaire, 336-337, 336F
Virus de l'hépatite B, 1204T
Virus de l'herpès, 471
Virus de l'immunodéficience (HIV-1), *voir* Virus de l'immunodéficience humaine
Virus de l'immunodéficience humaine (HIV-1), 595F, 1204T
Virus de la leucémie des cellules T humaines de type I (HTLV-I), 1204T
Virus de la leucémie murine, 1206F
Virus de la mosaïque du tabac (VMT), 250, 251F
  auto-assemblage, 119, 121, 121F
  transport à travers les plasmodesmes, 1152-1153, 1153F
Virus oncogènes, *voir* Virus tumorigènes
Virus du sarcome de Rous, 753-754
  cycle de vie, 254, 255F
  génome, organisation, 1206F
  en tant que virus tumorigène, **1206-1207,** 1206FF, 1207T
Virus de la stomatite vésiculeuse
  bourgeonnement, 470, 470F
  maturation de la protéine G, 474F
  réplication du génome, 251, 252F
Virus SV40
  réplication du génome, 252, 252F
  comme virus tumorigène, 254, **1205**
Virus tumorigènes, **1204-1208,** 1204T, 1206FF, 1207T
  ADN, **1204-1205,** 1204T, 1206F
  rétrovirus, **1205-1208**, 1206FF, 1207T, 1210
  transformation cellulaire par, 753, 753T
Virus tumorigènes à ADN, 254, **1204-1205**, 1204T, 1206F
Virus tumorigènes à ARN, *voir* Rétrovirus
Virus des végétaux, passage intercellulaire, 1152-1153, 1153F
Virus X de la pomme de terre, 249F
Vision
  binoculaire, 1129-1131
  rôle de l'expérience, 1129-1131, 1130FF
  stéréoscopique, 1131
Vitamine C, *voir* Acide ascorbique
Vitamines
  dans les milieux de culture, 161T
  comme précurseurs des coenzymes, 76
Vitellus, 856, 880, 881F
  gastrulation, amphibiens, effet sur, 884, 885F
Vitesse d'association, 94F
Vitesse de dissociation de complexes moléculaires, 93-94, 94F
V_{max}
  de la catalyse enzymatique, 124, 126F
  d'une protéine porteuse, 303, 303F
Voie alterne du complément, **1033-1034**, 1033F
Voie constitutive, de la différenciation cellulaire, 910
Voie dépendante de l'ubiquitine, pour la protéolyse, 419-420, 420F
Voie sécrétrice, *voir* Voie de sécrétion constitutive ; Exocytose ; Voie de sécrétion contrôlée
Voie de sécrétion constitutive, 324-325, 324F, 411, 465, 466FF, **467-468**
  virus, utilisation par, 471
Voie de sécrétion contrôlée, 324-325, 324F, 409, **465-467**, 466FF, 468
  voir aussi Voie sécrétrice constitutive ; Exocytose
Voie de signalisation des phosphoinositides
  dans l'action des neurotransmetteurs, 1092
  dans l'activation de lymphocytes, 1048, 1048F
  dans la fécondation des œufs, **873-874**, 875T, 876
  et niveaux de GMP cyclique, 713
  protéines ras et, 705
  réponses cellulaires, par l'intermédiaire de la, **702**, 703T
Voies chimiques, radioisotopes dans l'étude de, 175-176, 175F
Voies métaboliques
  définition, 11
  détermination des, et enzymes, 62, 63F
  évolution, 11-12, 12F
  organisation dans le cytosol, 668
  radioisotopes dans l'étude des, 175-176, 175T
  régulation
    par modification covalente réversible des protéines, 712
    simple, **80-85**, 81FF
  régulation rétroactive, **80-84**, 82FF
  RMN dans l'étude des, 154, 154F
Volume cellulaire, contrôle de, **306-308**, 306F
Volvox, 28, 28F
Vulve, du ver nématode, développement, 907-909, 908F

W

Western blotting, définition, 170

X

Xenopus laevis
  amplification des gènes d'ARNr, 892
  clivage et formation de la blastula, **879-882**, 880FF
  embryon précoce, segmentations, 735-736, 735FF
  formation de somites, 888-889, 889F
  gastrulation, **884-886**, 885FF
  induction du mésoderme, 893-894, 893FF
  neurulation, 887-888, 888FF, 890
  œufs, assemblage nucléaire *in vitro* dans, 778
  ovocyte, dosage de MPF dans, 736, 736F
  protéine homéobox dans, 938
Xeroderma pigmentosum, 225, 1201
Xylème, 1143, 1146-1147, 1147F, **1149**, 1176
  dans l'apoplaste, 1153, 1155F
  développement, **1146-1147**, 1147F, 1176-1177, 1176F
  épaississement, **1168-1170**, 1168F, 1170FF
  régénération dans la réponse à une blessure, 1181, 1182F
  transport d'eau et de solutés, 1153, 1155, 1155F
Xyloglycannes, 1139F, 1141F
Xylose, 1141F

Z

Zone d'activité polarisante, dans un bourgeon membranaire de poulet, morphogène provenant de, 917, 917F
Zone de différentiation cellulaire, de l'extrémité de la racine, 1176, 1176F
Zone de division cellulaire, dans l'extrémité de la racine, 1176, 1176F
Zone d'élongation cellulaire, dans la pointe de racine, 1176, 1176F
Zone marginale, 886
Zone pellucide
  voir aussi Enveloppe de l'œuf
  de l'œuf, 856, 857F, 862FF, 894, 895F
  chez la souris, fécondation, 875-876, 876F
Zygote, 840F, 874, 876
  fusion des noyaux du spermatozoïde et de l'ovule, 874, 876
  mécanisme de polarisation, algues, **1179**, 1180F
Zygotène, 848, 849FF, 852F, 855F
Zymogènes, 411

Le code génétique

1re position (extrémité 5′) ↓	2e position U	C	A	G	3e position (extrémité 3′) ↓
U	Phe	Ser	Tyr	Cys	U
	Phe	Ser	Tyr	Cys	C
	Leu	Ser	STOP	STOP	A
	Leu	Ser	STOP	Trp	G
C	Leu	Pro	His	Arg	U
	Leu	Pro	His	Arg	C
	Leu	Pro	Gin	Arg	A
	Leu	Pro	Gin	Arg	G
A	Ile	Thr	Asn	Ser	U
	Ile	Thr	Asn	Ser	C
	Ile	Thr	Lys	Arg	A
	Met	Thr	Lys	Arg	G
G	Val	Ala	Asp	Gly	U
	Val	Ala	Asp	Gly	C
	Val	Ala	Glu	Gly	A
	Val	Ala	Glu	Gly	G

Les acides aminés et leurs symboles / Codons

Les acides aminés et leurs symboles			Codons					
A	Ala	Alanine	GCA	GCC	GCG	GCU		
C	Cys	Cystéine	UGC	UGU				
D	Asp	Acide aspartique	GAC	GAU				
E	Glu	Acide glutamique	GAA	GAG				
F	Phe	Phénylalanine	UUC	UUU				
G	Gly	Glycine	GGA	GGC	GGG	GGU		
H	His	Histidine	CAC	CAU				
I	Ile	Isoleucine	AUA	AUC	AUU			
K	Lys	Lysine	AAA	AAG				
L	Leu	Leucine	UUA	UUG	CUA	CUC	CUG	CUU
M	Met	Méthionine	AUG					
N	Asn	Asparagine	AAC	AAU				
P	Pro	Proline	CCA	CCC	CCG	CCU		
Q	Gln	Glutamine	CAA	CAG				
R	Arg	Arginine	AGA	AGG	CGA	CGC	CGG	CGU
S	Ser	Sérine	AGC	AGU	UCA	UCC	UCG	UCU
T	Thr	Thréonine	ACA	ACC	ACG	ACU		
V	Val	Valine	GUA	GUC	GUG	GUU		
W	Trp	Tryptophane	UGG					
Y	Tyr	Tyrosine	UAC	UAU				

Caractéristiques

Planche 1-1	Cellules eucaryotes, une vue d'ensemble de leurs principaux organites	16[illegible]
Planche 1-2	Quelques-uns des différents types de cellules présents chez les vertébrés	24-25
Planche 2-1	Les propriétés chimiques de l'eau et leur influence sur le comportement biologique	46-47
Planche 2-2	Liaisons et groupements chimiques couramment rencontrés dans les molécules biologiques	48-49
Planche 2-3	Un aperçu de quelques-uns des types de glucides couramment trouvés dans les cellules	50-51
Planche 2-4	Un aperçu de quelques-uns des types d'acides gras rencontrés communément dans les cellules et les structures qu'ils forment	52-53
Planche 2-5	Les 20 acides aminés impliqués dans la synthèse des protéines	54-55
Planche 2-6	Vue d'ensemble des principaux types de nucléotides et de leurs dérivés rencontrés dans les cellules	56-57
Planche 2-7	La variation d'énergie libre est une mesure de la variation d'entropie dans l'univers	72-73
Tableau 3-1	Compositions chimiques approximatives d'une bactérie et d'une cellule de mammifère typiques	88
Tableau 3-2	Liaisons chimiques covalentes et non covalentes	89
Planche 3-1	Les principaux types de liaisons non covalentes faibles qui maintiennent ensemble les macromolécules	90-91
Tableau 3-3	Relation entre les différences d'énergie libre et les constantes d'équilibre	95
Planche 3-2	La structure de l'ADN et de l'ARN	98-99
Tableau 6-3	Comparaison des concentrations ioniques à l'intérieur et à l'extérieur d'une cellule de mammifère typique	301
Planche 6-1	L'équilibre aqueux intracellulaire : le problème et sa solution	308
Planche 6-2	La dérivation de l'équation de Nernst	315
Tableau 8-1	Volumes relatifs occupés par les principaux compartiments intracellulaires dans une cellule du foie (hépatocyte)	407
Tableau 8-2	Quantités des types membranaires dans deux cellules eucaryotes pour former des organites intracellulaires	408
Tableau 9-3	Quantités d'ARN dans une cellule typique de mammifère	531
Planche 11-1	La polymérisation des filaments d'actine	639
Planche 11-2	La polymérisation des microtubules	655
Tableau 12-1	Quelques exemples de molécules informatives	685-687
Tableau 13-1	Quelques facteurs de croissance et leurs actions	747
Planche 13-1	Les six stades de la division cellulaire	766-767
Figure 15-18	Le comportement des chromosomes durant la méiose	852-853
Chapitre 17 Appendice	Les cellules du corps humain : un catalogue	995-997
Planche 19-1	Électricité, ions et membranes : un résumé de quelques principes fondamentaux	1067
Planche 19-2	Quelques-unes des expériences classiques sur l'axone géant de calmar	1069
Planche 20-1	Les types cellulaires et les tissus à partir desquels sont construits les végétaux supérieurs	1148-1149
Planche 20-2	Caractéristiques du développement précoce des plantes à fleur	1154

Composition : Nord-Compo, Villeneuve-d'Ascq
Imprimé en Août 1990
Tardy Quercy S.A. - Bourges, imprimeur (n° 16125)
Flammarion et Cie, éditeurs (n° 9882)
Dépôt légal : Septembre 1990
Imprimé en France